2024中国水利学术大会论文集

第一分册

中国水利学会 编

黄河水利出版社

U0805999

内容提要

本书是以“发展水利新质生产力，助力高水平科技自立自强”为主题的2024中国水利学术大会论文合辑，积极围绕当年水利工作热点、难点、焦点和水利科技前沿问题，重点聚焦水资源短缺、水生态损害、水环境污染和洪涝灾害频繁等新老水问题，主要分为水生态、智慧水利等板块，对促进我国水问题解决、推动水利科技创新、展示水利科技工作者才华和成果有重要意义。本书旨在助力我国水问题解决、推动水利科技创新，可供广大水利科技工作者和大专院校师生交流学习和参考。

图书在版编目（CIP）数据

2024中国水利学术大会论文集 ：全七册 / 中国水利学会编. -- 郑州 ：黄河水利出版社，2024. 12.
ISBN 978-7-5509-4078-9

Ⅰ. TV-53

中国国家版本馆CIP数据核字第2024KN8997号

策划编辑：杨雯惠　电话：0371-66020903　E-mail：yangwenhui923@163.com

出版发行	黄河水利出版社
	地址：河南省郑州市顺河路49号　邮政编码：450003
	网址：www.yrcp.com　E-mail：hhslcbs@126.com
	发行部电话：0371-66020550
承印单位	河南新华印刷集团有限公司
开　　本	889 mm×1 194 mm　1/16
印　　张	275（总）
字　　数	8 712千字（总）
版次印次	2024年12月第1版　　2024年12月第1次印刷
定　　价	1 260.00元（全七册）

《2024 中国水利学术大会论文集》

编 委 会

主　任： 段　虹

副主任：（以姓氏笔画为序）

丁留谦　王　孟　王　煋　牛志奇　白　涛　刘九夫
刘忠恒　刘雪梅　江恩慧　许继军　孙和强　李　江
李国玉　李瑞清　李锦秀　李德旺　杨　芳　张　阳
张文洁　张淑华　陈　文　周蓓蓓　郑小康　赵　勇
姚仕明　夏　军　钱　峰　凌红波　高俊峰　彭少明
彭文启　蒋云钟　韩宇平　韩瑞光　鲁胜力　谭徐明
潘保柱　戴长雷　鞠连义

委　员：（以姓氏笔画为序）

马志鹏　王　英　王　琼　朱　滨　刘　扬　刘　彧
刘　晓　刘建峰　刘姗姗　齐　莹　关　炜　李　琳
李云鹏　李军华　李聂贵　杨姗姗　何　凡　佟可欣
辛小康　宋锦焘　张　艳　张　翔　张广朋　张伟兵
张晓勤　张爱静　林　莉　季昭沁　周　普　郑小康
赵广举　赵进勇　倪城玲　徐　红　康爱卿　董　飞
曾　焱　熊卫红　颜文珠　霍炜洁

前言

PREFACE

学术交流是学会立会之本。作为我国历史上第一个全国性水利学术团体，90多年来，中国水利学会始终秉持“联络水利工程同志、研究水利学术、促进水利建设”的初心，团结广大水利科技工作者砥砺奋进、勇攀高峰，为我国治水事业发展提供了重要科技支撑。自2000年创立年会制度以来，中国水利学会20余年如一日，始终认真贯彻党中央、国务院方针政策，落实水利部和中国科协决策部署，紧密围绕水利中心工作，针对当年水利工作热点、难点、焦点和水利科技前沿问题、工程技术难题，邀请院士、专家、代表和科技工作者展开深层次的交流研讨。学术年会已成为促进我国水问题发现解决、推动水利科技创新、展示水利科技工作者才华成果的良好交流平台，为服务水利科技工作者、服务学会会员、推动水利学科建设与发展作出了积极贡献。为强化学术年会的学术引领力，自2022年起，中国水利学会学术年会更名为中国水利学术大会。

2024中国水利学术大会以习近平新时代中国特色社会主义思想为指导，认真贯彻落实党的二十大精神，紧紧围绕“节水优先、空间均衡、系统治理、两手发力”治水思路，以“发展水利新质生产力，助力高水平科技自立自强”为主题，聚焦发展水利新质生产力，从水旱灾害防御、河湖生态保护和治理、数字孪生水利建设、水资源集约节约利用等多领域，设置一个主会场和智慧水利·数字孪生、水利大模型、水生态等19个专题会议。

大会论文征集通知发出后，受到广大会员和水利科技工作者的广泛关注，我们收到来自有关政府部门、科研院所、大专院校和设计、施工、管理等单位科技工作者的论文共880余篇。为保证本次大会入选论文的质量，大会积极组织相关领域的专家对稿件进行了评审，共评选出653篇主题相符、水平较高的

论文入选论文集。按照大会各专题会议，本论文集共分7册予以出版。

本论文集的汇总工作由中国水利学会秘书处牵头、各专题会议协助完成。论文集的编辑出版也得到了黄河水利出版社的大力支持和帮助，参与评审、编辑的专家和工作人员付出了艰辛的劳动，在此一并表示感谢。同时，对所有应征投稿的论文作者表示诚挚的谢意。

由于编辑出版论文集的工作量大、时间紧，且编者水平有限，错漏在所难免。不足之处，欢迎广大作者和读者批评指正。

中国水利学会

2024年12月12日

目录

CONTENTS

智慧水利·数字孪生

旱区生态水利与绿色发展

智慧水利 · 数字孪生

利用信息化技术提升河湖库智慧化管理水平

孙洪林[1]　蒋新新[2]

（1. 水利部信息中心，北京　100053；
2. 水利部南京水利水文自动化研究所，江苏南京　210012）

摘　要：随着信息化技术的快速发展，利用先进技术提升河湖库管理水平已成为提高水资源管理效率、保护水域环境的重要手段。通过综合应用卫星遥感、智能识别、无人机、无人船、激光雷达、云计算和人工智能等高科技手段，实现河湖管理的数字化、智能化和精细化。本文结合“天、空、地、人”一体的河湖库立体监管体系，探讨利用多种信息化技术提升河湖库智慧化管理水平。

关键词：信息化技术；提升；智慧化；管理水平

1　引言

随着我国经济的快速发展和城市化进程的快速推进，河湖库管理问题日益突出，水资源短缺、水污染、水生态破坏等问题对经济社会的可持续发展构成严重的威胁。为解决这些问题，提升河湖管理效率和有效性，信息化技术的应用成为一种重要的途径。信息化技术的引入，特别是在河湖库管理中的应用，不仅可以提高管理的精准性和响应速度，还可以通过大数据分析、遥感监测、地理信息系统等技术手段，实现对水资源的精准管理和科学调度，从而更好地应对水资源短缺、水污染、水生态破坏等挑战。本文分析当前河湖库管理的现状，识别存在的问题，并在此基础上深入探讨信息化技术在河湖库管理中的应用。研究意义主要包括：①随着经济社会的快速发展，对水资源的需求不断增长，河湖库作为重要的水资源载体，其管理的效率和水平直接关系到国民经济的可持续发展和人民的生活福祉。因此，提升河湖库管理水平，对于保障水资源的合理配置、利用和保护具有重要的现实意义。②信息化技术的应用能够大幅提升河湖库管理的效率和精准性。通过信息化手段，可以实现对河湖库的实时监控、趋势预测和问题整治等，从而为管理决策提供科学依据，减少人为因素造成的管理误差。③信息化技术在河湖库管理中的应用，还有助于提高资源利用效率和环境保护水平。通过信息化平台实现精准调度，可以优化水资源配置，降低能源消耗，减少污染物排放，实现可持续发展。然而，信息化技术在河湖库管理中的应用也面临着一些挑战。例如：信息化建设需要大量的资金投入，而一些地区可能缺乏足够的经费支持；技术更新换代速度快，需要不断更新设备和维护系统，这就要求管理人员具备较强的学习能力和技术适应能力。同时，信息安全问题也是信息化过程中不可忽视的重要环节，需要建立健全安全保护措施以防止数据泄露和系统被破坏。

2　河湖库管理存在的问题和信息化技术应用现状

2.1　当前河湖库管理存在的问题

当前河湖库管理面临的问题复杂多样，存在的主要问题如下：

（1）管理体制是一个突出的问题。在许多情况下，相关管理机构的设置和职责分配不够明确，导致责任的推诿和执行的难度增加。如水利部门的上下级关系、跨区域管理职责等方面存在一定的真

作者简介：孙洪林（1969—），男，正高级工程师，主要从事国家防汛抗旱指挥系统工程、河湖长制管理信息系统等的研究工作。

空或重复管理的现象，对实现全面的河湖库管理构成障碍。

（2）监测手段是影响河湖库管理水平的重要因素。目前，许多地区的河湖库监测还采用人工巡查，缺乏自动化、智能化的监测设备和技术，遥感技术、卫星监测等现代化手段的应用还不够广泛。因此，对河湖库的水质、水量、水域岸线变化等关键要素的实时监控能力较弱，对潜在安全问题的及时发现与处理有一定程度的影响。

（3）信息化建设的不平衡也是河湖库管理中的一个难题。不同地区之间在技术基础、投入、人才等方面存在较大差距，导致信息化建设不均衡。一些经济基础较好的地区，信息化建设较为先进，而经济基础较弱的地区则投入有限，影响整体的管理效率和水平。

2.2 信息化技术在河湖库管理中的应用现状

信息化技术在河湖库管理中的应用是多方面的，并且随着技术的不断进步，这些应用的深度和广度也在不断扩大，体现在以下几个方面：

（1）遥感技术在河湖库管理中的应用已取得成效。遥感技术通过卫星图像、航空摄影等手段，对河湖库的实际情况进行实时监测，包括水位、水质以及周边环境的改变。

（2）物联网技术的应用在河湖库管理中扮演重要角色。通过物联网技术实现对河湖库各个监测点的远程控制和数据实时回传，极大地提高了管理的效率和实时性。

（3）大数据技术在河湖库管理中的应用逐渐深入。随着数据采集设备的广泛部署，各类监测仪器、传感器等，产生的数据量呈爆炸式增长，对数据的处理和分析提出更高要求。大数据技术可以有效整合和分析这些数据，揭示河湖库管理中的模式和趋势，为管理决策提供数据支撑。

3 信息化技术提升河湖库智慧化管理

3.1 卫星遥感技术及应用

卫星遥感技术作为一种非接触式、高效率的信息获取手段，在河湖库管理中扮演着越来越重要的角色[1]。管理者通过该技术对大范围内的河湖库进行实时的监控和管理，尤其在发现“四乱”问题、水资源调查、遥感图斑复核等方面发挥了巨大的作用，具体如下：

（1）提供高时间分辨率和大范围的观测数据。通过对遥感影像进行预处理、分类、变化检测等处理，有效地识别和定位河湖管理范围内地物的变化，如非法占用水域、不规范建设、水体污染等。

（2）提供关键的信息帮助确定水资源的分布、数量和质量。进行水资源的合理分配、调度和管理，保障河湖系统的健康和可持续发展。

（3）提高工作的准确性和效率。通过对比不同时间节点的遥感影像，管理者可以准确地监控和评估河湖库中的变化，如非法建筑、水域污染、生态破坏等；结合人工智能算法，进一步提高图像解读的精度和速度，为问题的快速发现和处理提供有力的技术支持。

（4）在“清四乱”专项行动中发挥重要作用。高效、精准监测并及时处理河湖库“四乱”问题，加强对河湖管理的实时性和预警能力，有效提升河湖管理的智慧化水平。

3.2 智能识别技术及应用

人工智能（AI）和机器学习（ML）技术发挥至关重要的作用，特别是智能识别和智能决策支持系统的应用，具体表现在以下几个方面：

（1）自动检测和分类水体中的异常事件。利用计算机视觉技术对河湖库的监控视频进行实时分析，识别出水面漂浮物，包括垃圾、水草、油污等，并进行自动分类，可以大大提高对水面漂浮物的监测效率，降低人工巡检的工作量和成本，同时也能更准确地进行水环境质量的评估。

（2）预测水质变化趋势和潜在的环境风险。通过部署在河湖库中的传感器网络，实时采集水体的物理、化学属性，如溶解氧、氨氮、化学需氧量和总磷等；通过深度学习模型分析这些数据，预测水质变化趋势和潜在的环境风险。

（3）帮助管理者更加科学决策分析。通过分析大量的历史水文、气象和气候数据，机器学习算法帮助预测未来的洪水或干旱事件，从而使管理者提前进行预防，保障水库的安全运行；通过监控水库的设备性能数据来预测潜在的故障，从而实现更为主动的维修，避免更大的经济损失和安全风险。

3.3 无人机技术及应用

无人机技术在河湖库管理中的应用已经越来越广泛，尤其是结合大数据技术的应用，为传统的水管理方式带来创新和突破。无人机搭载高清摄像头，可以在不同的高度和角度进行高效、精准的数据采集，并在复杂地形的河湖管理场景中，比传统的人工巡检方法具有更高的效率和更好的灵活性[2]。

以大数据技术为基础的无人机管理平台，对无人机采集的海量高清视频和照片进行快速处理和分析。通过5G等高速通信技术实时传输，保证数据的实时性和可靠性。大数据分析不仅可以用于识别和监测河湖库的“四乱”问题，还可以识别水面漂浮物、水质变化等关键信息，为水环境保护和管理提供科学依据。

武陟第一河务局利用无人机技术显著提升了水事监管效率。传统的人工巡检受限于人力和时间，特别是对于难以到达或者危险地区的监管工作，无人机可以有效克服这些难题。如无人机可以在高温、高压、高噪声等恶劣环境下工作，而且其搭载的高清摄像头可以捕捉到更多细节，为解决“四乱”问题提供可靠的视觉证据。

3.4 无人船技术及应用

无人船是无人驾驶模式下操作的水上平台，搭载多种传感器和通信设备，能在水域环境中独立执行监测、搜救、清洁和其他任务。无人船与中央控制系统相连，可以远程操控船只，也可以自动执行预设的任务。在河湖库管理中的应用包括以下几个方面：

（1）水质监测。无人船可以搭载水质监测传感器，如pH计、溶解氧传感器、浊度计等，对河湖库的水质进行定期自动监测。这些数据可以实时传输回中央监控系统，并与历史数据进行比较分析，帮助管理者及时掌握水质变化，发现异常并采取相应措施。

（2）水面清洁。无人船可以执行水面清洁任务，收集水面漂浮物。通过装备网格式的收集装置，无人船可以筛选并分类收集水体中的垃圾、水草等，有效地改善水质，并减轻人工清理的负担。

（3）生态调查。无人船可以对河湖库的水生态进行调查，搭载的摄像头和其他传感器可以收集水下和周边的生态信息，为水生态保护和修复提供重要数据。

（4）搜救任务。在进行河湖库管理或搜救行动时，无人船可以快速响应，提供搜索和定位服务，尤其在恶劣天气或夜间，可显著提高搜救效率和安全性。

3.5 激光雷达和云计算技术及应用

激光雷达（LiDAR）在河湖库管理中展现出独特优势和应用价值。激光雷达技术通过发射激光并接收反射信号，结合已知的激光速度，可以精准地测量并构建河湖库的三维地形图。其应用主要包括以下几个方面：

（1）高精度地形图制作。激光雷达技术通过获取大量的高密度点云数据来构建河湖库的详细三维地形图。为河湖的管理和保护提供准确的空间数据，帮助规划师和管理者更好地理解河湖库的实际情况，进行合理的开发和管理规划。

（2）监测与变化分析。通过长期的激光雷达监测，准确地跟踪和记录河湖库的地形变化，及时掌握水域的动态变化，如河湖库的扩张或缩窄、岸线的抬升或下沉等，对生态保护和灾害预防具有重要意义。

（3）管理决策支持。激光雷达技术生成的三维地形图为管理决策提供直观、准确的数据支持，更好地规划水域利用、环境影响评估、规划防洪措施等。

应用云计算技术进一步提升河湖库管理的效率和智能化程度，其应用主要包括以下几个方面：

（1）数据处理和存储。对于激光雷达等技术生成的大量数据，传统的本地处理和存储方式不仅成本高，而且效率受限。云计算技术可以有效地提供弹性的存储和计算资源，保证数据处理的高效性和低成本。

（2）数据管理与共享。云计算平台可以实现数据的集中管理和共享，便于不同地区、不同部门共享数据，加强合作，提升管理决策的科学性和协同性。

（3）远程监控和预警。利用云计算平台整合数据，建立远程监控和预警系统，实时监控河湖的健康状况，对潜在的风险因素进行预警，有效提升水域的安全管理水平。

"智慧湖面"通过部署在湖面的激光雷达和固定的水质监测站点，不断收集数据并上传云端。利用云计算平台的强大计算能力，对这些海量数据进行快速分析和处理，不仅提供湖面的实时监控（包括水质、水域使用情况等），还能对未来可能的变化和风险（如极端天气对水域的影响）进行预测，为管理者提供科学的决策支撑。

3.6 信息安全技术及应用

随着信息技术的迅速发展，河湖库管理领域不断引入新的技术手段，以提高管理效率和管理水平。信息安全技术作为其中的重要组成部分，对于确保数据的安全性、保障网络安全起到至关重要的作用。信息安全技术在河湖库管理中的应用包括以下几个方面：

（1）数据保护是河湖库管理中的重要因素。在河湖库管理中，需要收集、存储、处理和共享大量的水文、气象、工程等数据。信息安全技术通过采用数据加密脱敏、访问控制、用户身份认证等手段，确保数据在存储、传输和处理过程中的安全性。如采用先进的加密算法对敏感数据进行加密，有效地防止数据被未授权的第三方访问或盗取；通过设置严格的访问控制机制，只有授权的用户才能访问特定的数据，有效地保护数据的安全性。

（2）网络安全是河湖管理的重要措施。在河湖库管理中，信息系统的安全稳定运行至关重要。通过部署防火墙、入侵检测系统、安全审计和网络流量监控等手段，形成完整的网络安全防护体系。以白龟山水库的信息网络管理为例，通过设置硬件防火墙、绑定每台计算机 IP 地址与物理地址，实现对局域网用户的身份认证、攻击防护、病毒防护、流量管理和行为管理，确保网络使用的安全[3]。当出现潜在的网络安全威胁时，如病毒入侵、黑客攻击等，这些安全系统能及时发现并采取应对措施，如断网隔离、安全杀毒等，确保网络的安全与稳定[3]。

（3）提升信息系统的安全评估和应急响应能力。针对可能发生的网络和数据安全事件，需要建立一套完善的安全应急预案，确保在面对安全事件时能够迅速、有效地应急处置，最小化安全事件带来的损失。

4 信息化技术在河湖库管理中的优势、挑战和策略

4.1 在河湖库管理中的优势

信息化技术在河湖库管理中的优势如下：

（1）提升管理效率。通过建立统一信息平台，实现对河湖库各项数据的快速收集与整合，管理者可迅速响应各种情况，及时调整管理策略。

（2）降低管理成本。传统的河湖库管理往往需要大量的人力进行现场巡查，而信息化技术可以实现远程监控和自动化监测，减少对人力的依赖。

（3）增强决策的科学性。通过收集和分析大量数据，进行更为精确的模拟和预测，为河湖库的管理决策提供科学的依据。

（4）提升公众参与度。通过建立信息化平台，实现与公众的有效沟通，提高公众对河湖库保护工作的认识和参与度。

4.2 在河湖库管理中面临的挑战

信息化技术提升了河湖库智慧化管理水平，但在实际推进中存在以下一系列挑战和问题：

（1）数据质量问题。数据的准确性和质量是有效管理的基础，在河湖库管理中，需要收集和分析大量的数据，包括水质、水量、水文气象等。这些数据的获取往往依赖于传感器、遥感技术等。然而，这些数据的质量受到多种因素的影响，不准确或不完整的数据会直接影响决策的质量，可能导致

管理决策失误。

（2）技术更新迅速。随着技术的快速发展，如何快速适应和应用新技术成为一大挑战。大数据、云计算、物联网等新技术在提升管理效率方面有着巨大潜力，但同时也需要相关人员具有持续学习和更新知识的能力，以有效应用这些技术。

（3）基础设施建设滞后。一些地区相对落后的基础设施建设限制了信息化技术的应用，影响了信息化水平的提升。

（4）专业人才缺乏。信息化管理需要一批既懂技术又了解水利业务的复合型人才。目前，很多单位尤其是基层单位在这方面存在人才短缺的问题，制约了信息化工作的深入开展。

（5）资金和投入不足。信息化建设需要较大的资金投入，但一些地区由于财政预算的限制，资金投入跟不上需求的增长，影响了信息化建设的速度和质量。

（6）数据安全与隐私保护。随着信息化程度的提高，数据安全和个人隐私保护问题日益突出。如何确保数据的安全、遵守相关法律法规，也是信息化过程中需要重点关注的问题。

（7）系统集成和应用推广的复杂性。由于涉及的技术领域多、系统复杂，如何进行有效的系统集成和应用推广，实现数据和业务流程的无缝对接，是一个复杂的系统工程。

4.3 应对挑战的方法与策略

为了有效应对信息化技术在河湖库管理中面临的挑战，提高管理水平和效率，需要采取一系列的方法和策略：

（1）加强数据质量控制。设立严格的数据质量管理标准，确保所收集的信息准确无误；实施定期的数据质量审核，通过专业团队对数据库进行检查，发现并及时修正错误和不一致的数据；建立数据质量管理培训制度，提高管理人员和相关技术人员的专业水平，使其能够更好地识别和解决数据问题。

（2）推动技术更新与升级。鼓励采用新技术和新设备，如遥感技术、GIS等，以提高监测和管理的效率和精确度；定期对现有的信息化系统进行技术评估和升级，以保持技术的先进性和适应性；与科研机构和高校合作，引进先进的科研成果和技术，促进技术创新与实际应用的结合。

（3）强化信息化人才培养。设立专业的信息化培训计划，增加管理人员和技术人员的信息化知识和技能；建立激励机制，鼓励技术和管理人员参与信息化建设和创新活动；吸引外部专家资源，通过培训和顾问咨询等方式提升人才队伍的专业水平。

（4）加强跨部门合作与数据共享。建立跨部门的信息共享机制，打破信息孤岛，促进数据的交流和融合；与相邻区域的水利机构进行合作，共享资源，开展联合研究，提升整体的管理和监管能力；利用云计算等技术，建立云端的数据存储和分析平台，提高数据处理的灵活性和可访问性。

（5）强化信息安全与隐私保护。建立和完善信息安全管理体系，包括网络安全和数据安全管理措施；定期对信息系统进行安全漏洞扫描和风险评估，及时采取补救措施；增强员工的信息安全意识，开展定期的安全教育培训和演练。

5 结语

5.1 研究成果

随着信息化技术的快速发展，河湖库管理领域也在不断探索和应用新技术来提升管理效率和水平。信息化技术在河湖库管理中的应用是提高管理效率、保障水安全的重要手段，卫星遥感、智能识别、无人机、激光雷达等技术的应用可以有效提高河湖库管理的实时性、准确性和持续性。通过搭建覆盖水利部、流域管理机构、省市县级的河湖库管理信息化体系，实现对河湖库的动态监控和管理，从而快速响应各种管理需求，并提高防灾减灾的能力。然而，信息化技术在河湖库管理中也面临着一些挑战，如技术设备的更新换代、系统集成的复杂性、专业人才的短缺等挑战需要通过持续的技术创新、人才培养和系统优化来解决。

5.2 对未来河湖库管理信息化技术发展的展望

未来河湖库管理将依托现有的科技发展趋势，不断融入创新的理念和技术，以实现对河湖库资源的常态化、智慧化管理，具体表现在以下几个方面：

（1）智慧河湖库管理将是未来发展的重点。除传统的遥感、定位、卫星航片和视频监控技术的应用外，大数据、云计算、物联网、智能识别等现代信息技术将被更广泛地应用到河湖库管理中。如通过部署物联网传感器实时监测水位、流量、水质、河床位移等关键信息，通过大数据分析预测可能的环境风险，从而为河湖库管理提供更为科学的决策支持。

（2）数据共享是未来发展的重要方向。建立统一的数据标准和接口，实现不同层级、不同部门之间的数据共享和业务协同，通过建立全国性的河湖库管理信息平台，实现数据资源的共享，提升数据处理的时效性与准确性，为相关政策制定和资源分配提供数据支撑。

（3）信息化建设将更加注重与国际先进水平的接轨。随着全球化的深入，国际间的技术交流与合作日益频繁，引入国际上成熟的技术和管理经验，加快我国河湖库管理信息化的发展步伐。

5.3 建议与展望

针对提升河湖库管理信息化技术发展提出以下建议与展望：

（1）加强政策支持是提升河湖库管理信息化水平的关键。建议在政策制定上加大支持力度，提供更多的政策红利和资金支持，以保障河湖库管理信息化项目的顺利实施。

（2）推动产学研用深度融合是提升技术创新能力的重要途径。建议搭建产学研用合作平台，整合高校、科研机构和企业的资源和优势，形成创新链。

（3）建立健全的标准体系，是提高信息化建设水平的基础。建议制定河湖库管理信息化建设的技术标准和规范，统一数据格式、接口标准和安全标准等，确保信息化系统的互联互通和安全可靠；建立完善的质量管理体系，保障信息化建设的质量和效益。

（4）强化人才培养和技术培训是提高管理信息化水平的重要环节。建议设立专项基金支持相关人员的业务培训和技术教育，提升管理人员的信息化应用能力和水平，为河湖库管理信息化建设提供人才保障。

（5）建立健全运行维护体系，确保信息化系统安全可靠运行。建议制定长期的运维维保计划，确保系统的持续稳定运行；建立快速响应的问题解决机制，对出现的问题能够及时响应和处理，保障系统的高可用性。

参考文献

[1] 陈喜．水库工程管理信息化建设探讨［J］．电子技术与软件工程，2016（2）：224.
[2] 操金萍．水库工程管理信息化建设探讨［J］．城市建设理论研究（电子版），2019（9）：1.
[3] 李耀基．水库工程管理信息化探究［J］．黑龙江科学，2022，13（10）：126-128.

基于 GIS 和 UE 的水利数字孪生双引擎驱动技术研究

金有杰[1,2]

（1. 水利部南京水利水文自动化研究所，江苏南京 210012；
2. 江苏南水科技有限公司，江苏南京 210012）

摘 要：面向数字孪生水利建设，建立 GIS 和 UE 双引擎驱动的水利数字孪生平台，实现水利跨尺度对象的可视化表达，提高水利对象多元化三维表达方式和效率。通过建立基于水利对象的多源信息数据模型，实现多类型数据信息与可视化场景、模型的深度融合和便捷交互。最终形成数据模型-水利专业模型-智能模型-可视化模型的高度集成应用，实现水利流域、工程对象的预报、预警、预演、预案，达到数字孪生的最终目的。

关键词：数字孪生；引擎；驱动计划；GIS；UE

1 引言

在数字中国建设背景下，水利部党组明确：推进智慧水利建设是推动新阶段水利高质量发展的六条实施路径之一。需要按照“需求牵引、应用至上、数字赋能、提升能力”要求，以数字化、网络化、智能化为主线，以数字化场景、智慧化模拟、精准化决策为路径，以构建数字孪生流域为核心，全面推进算据、算法、算力建设，加快构建具有预报、预警、预演、预案功能的智慧水利体系[1-2]。

在水利行业自动化、信息化建设发展的基础上，当前智慧水利数字孪生流域、数字孪生工程、数字孪生灌区等建设如火如荼，在水文信息监测、水旱灾害防御、水资源管理及水利工程安全监管等方面发挥了重要作用[3]。但是在水利行业广泛应用的背景下，数字孪生平台建设在数字映射可视化方面还存在一些问题：

（1）以三维仿真替代数字孪生的应用误区。全国水利行业正在大兴数字孪生平台建设，但是大部分技术应用以三维仿真为主，单纯地把水利对象几何形态的复原当作数字孪生，未考虑全时间链条、强信息交互、高复原保真及优智能进化的数字孪生特征，造成三维仿真引擎支撑下的建设达不到数字孪生的预期效果。

（2）单一三维可视化引擎的局限性。目前，技术层面能够支撑数字孪生的引擎主要包括 WebGL 和 OpenGL 两种方式，WebGL 以 Cesium、OpenGIS 等为主，有利于网页端的访问应用和空间分析，但对网络带宽、服务器、终端设备要求较高[4-5]；OpenGL 则以 UE 系列、Unity3D 等游戏引擎为主，操作流畅、效果逼真，但无法支撑广泛的终端应用。因此，单一三维可视化引擎在数字孪生水利的应用中具有较大的缺陷。

（3）基于三维引擎的业务应用深度不足。数字孪生水利建设的最终目标是要以水旱灾害防汛、水资源动态调配、水工程安全监管等业务问题为牵引，解决实际水利业务问题。但以简易的三维场景建设，无法与业务需求紧密结合，更缺少与水利专业模型的深度融合，实际应用还主要停留于“看一看”的阶段[6-7]。

作者简介：金有杰（1987—），男，高级工程师，主要从事水利信息化方面的研究工作。

综上所述，提出一种基于 GIS 和 UE 的水利数字孪生平台双引擎驱动方法，能够解决单一引擎的数字孪生弊端，面向水利应用场景，综合 GIS 和 UE 引擎的优势，利用双引擎驱动实现水利业务的高效实现和水利多源数据的集成管理，进而提高数字孪生水利应用水平。

2 时空模型构建

2.1 总体设计

水利是一个复杂的动态变化应用场景，对不同尺度水利场景、水利对象需首先建立分尺度的标准化编码，并建立以水利对象为单元的同尺度八方向时空关联关系。在此基础上对多源异构空间数据进行融合，满足用户使用自有模型搭建多源数据应用场景，将不同源头、不同结构的空间数据融合建设成静态的数字孪生静态可视化场景。

建立以 GIS 为主驱动的大中尺度场景对象的可视化引擎，对流域、大型工程及重要区域进行三维加载、渲染。同时，建立以 UE 为主驱动的小微尺度场景对象的可视化引擎，对典型工程、操作区、监测断面、信息场等进行三维加载、渲染。在此基础上，建立混合引擎支撑下的水利对象三维驱动关系，形成多维数据驱动处理流程，主要包括数据治理、孪生场景编辑、孪生场景渲染、二次开发接口、模型算法集成等。

在双引擎平台统一管理下，将水文模型、水动力模型等各类专业模型进行集成，如图 1 所示。专业模型通过可视化界面构建完成后，双引擎驱动后台程序开始调用模型进行计算。后台程序从数据库中读取需要的数据后，通过空间离散、时间离散、缺失数据补充等方法将数据处理成符合模型要求的模型文件，驱动模型调用相关的模型执行模拟运算任务。抽析出关键数据和专业模型计算结果，采用图层渲染、数据分析、数据信息对比等方法进行加工处理，支撑防洪管理业务应用、工程安全运行、智能管理业务等应用场景的三维数字化动态展示交互。

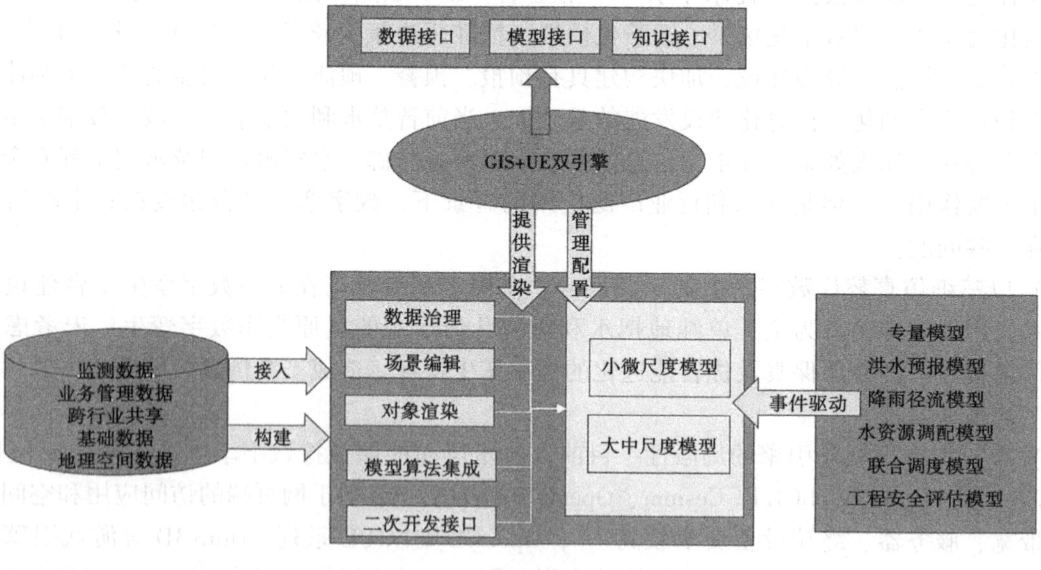

图 1 双引擎驱动总体结构设计

2.2 多源异构时空数据融合

对流域尺度水利场景、工程尺度水利对象及监测设施局部对象分别分尺度的标准化编码，并建立以水利对象为单元的八方向时空关联关系，见图 2。在对象描述中记录空间方向 X、Y、Z 及时间方向 T_1、T_2 的对应对象，同时外接当前对象属性表、对象事件表，通过时间戳记录不同时间下的对象行为及动作。

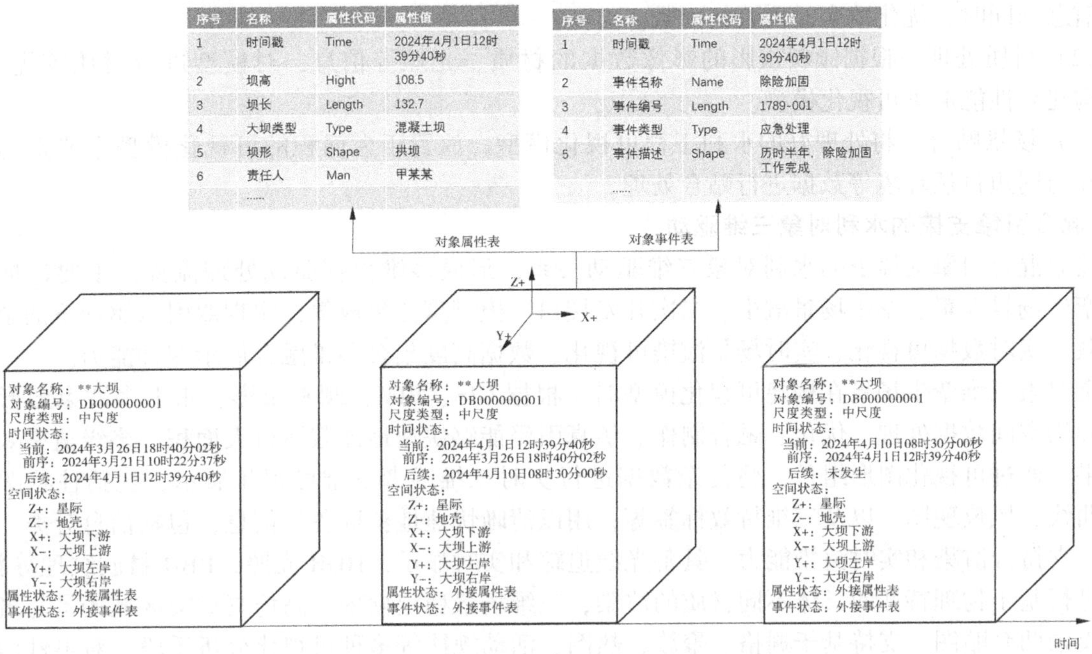

图2 水利对象分尺度标准化编码

对于多源异构空间数据，通过数据收集、元数据清洗、底板生成、模型处理、场景贴合、材质优化等步骤进行处理，使用相应的成熟工具、辅助工具、人工二次处理等技术手段，保障多源异构空间数据融合的物理合理性和视觉优化。

2.3 时空模型治理

大尺度模型治理：基于模型切片技术，数字孪生引擎将多源异构孪生空间数据划分为多个图层，各图层数据整合为链接对外输出，实现数字孪生相关业务的承载与展示。

中小精细尺度的数据治理：检查模型尺寸和单位，单位为米或者厘米，清理模型中无用的空物体，坐标轴尽量放置在模型中心底部，建模时避免几何体模型表面重叠，重叠面会产生闪面。

上传 FBX / RVT / NWC / NWD / DGN / IFC / GLTF / GLB / SKP / RFA / OBJ / LAS 等格式的模型文件，模拟仿真引擎可对模型进行解析，数模分离，将数据模型转换成场景统一格式，实现模型的导入和摆放。对于模型原始的属性信息，模型转换过程会对相应的数据与模型绑定映射关系，从而实现用户在数字孪生引擎中查看模型的构件详情数据。

3 双引擎驱动

3.1 基于 GIS 引擎的大中尺度场景构建

建立以 GIS 为主驱动的大中尺度场景对象的可视化引擎，对流域、大型工程及重要区域进行三维加载、渲染。流域场景可视化模型、行政区域场景可视化模型的数据源，均以 DEM/DSM 数据和 DOM 数据为主，同类型数据可重复加载不同精度图层。生成可以进行高性能渲染的流域大面积的可视化模型全要素场景底板。根据管理应用需要，增加可获取的建筑、道路、水系等矢量数据，在生成大面积的可视化模型全要素场景底板时，近似还原场景内的建筑、道路、水系。

3.2 基于 UE 引擎的小微尺度场景构建

建立以 UE 为主驱动的小微尺度场景对象的可视化引擎，对典型工程、操作区、监测断面、信息场等进行三维加载渲染。根据 BIM 模型和倾斜摄影模型，建设水利工程的可视化模型，重点工作包括轻量化处理、材质处理和场景贴合。

（1）轻量化处理。根据 BIM 数据，形成外观尺寸、构建信息一致的三维模型，在保留 BIM 模型基础信息的同时，优化渲染时需要的面数。

（2）材质处理。根据倾斜摄影的影像数据的材质、光照等信息，对模型进行材质等优化处理，最终构建高性能渲染可视化模型。

（3）场景贴合。将处理好的水利工程可视化模型，放置于大面积的可视化模型全要素场景底板中，并与周边自然环境等数据进行贴合处理。

3.3 混合引擎支撑的水利对象三维驱动

建立混合引擎支撑下的水利对象三维驱动关系，形成多维数据驱动处理流程，主要包括数据治理、孪生场景编辑、孪生场景渲染、二次开发接口、模型算法集成等，实现双引擎驱动下的全要素场景加载、实时数据可视化、实时场景渲染可视化、数据高度集合多维融合展示四种能力。

全要素三维孪生场景在构建可视化模型时，根据 GIS、BIM、倾斜摄影、水下多波束地形数据等多源异构空间数据处理、优化、融合制作。仿真引擎能够快速地加载运行大面积、多级渲染效果的制作成果。通过可视化图形组件，将复杂数据进行实时二维或者三维可视化展示，包括柱状图、饼状图、曲线、风玫瑰图，以及三维特效标签等，用以清晰快速地获取各类信息，包括信息分类、信息对比等。支持云渲染和实时渲染能力，具备光线追踪和实时显示，HDR 光照、PBR 材质纹理等新技术，能够进行基于物理特性的具体不同材质的渲染，三维场景稳定帧率，高仿真渲染区域场景建筑支持白天、夜景两套贴图。支持基于栅格、聚簇、热图、活动规律等多种可视化分析手段，对事件信息进行可视化分析研判，助力用户深度挖掘数据价值，提高决策人员决策的能力和效率。支持与水利专业分析算法和数据模型相结合，将现有信息资源与人工智能计算结果进行串并分析，充分利用已有信息化建设成果，为管理者提高综合管理效率提供智能化决策支持。

4 双引擎驱动下的流域防洪预警业务应用

4.1 防洪预警业务场景可视化展示

根据数据源性质不同，通过热力映射变化和箭头长短变化、颜色遮罩工具或者标签高亮闪烁、关键信息标签 POI 打点、前端窗口展示等方式，配合镜头自动聚焦，在数字孪生场景中展示对象的空间位置。

4.1.1 气象预警可视化展示

基于气象部门发布的气象预报、降雨监测、短临预报等数据信息和流域防洪气象风险预警信息，基于数字孪生底座，实现气象预警可视化展示。

4.1.2 水文预警可视化展示

根据水文部门提供的流域洪水预报、预警结果信息，基于数字孪生底座，实现水文预警可视化展示。

4.1.3 视频监控预警可视化展示

结合流域内视频监控人工观测、AI 智能分析成果，发现河道水位急速上涨、局部地区出现水淹等洪水预警信息，基于数字孪生底座，实现水文预警可视化展示。

4.1.4 淹没分析可视化展示

支持洪水漫溢过程水流分离，洪水冲击演进过程，淹没区域水效果可视化展示。

4.1.5 物资调配三维可视化渲染

支持物资调配合理路径分析的可视化展示。

4.1.6 人员转移三维可视化渲染

支持人员转移路线分析的可视化展示。

4.2 洪水预报可视化展示

洪水预报场景可视化展示的模拟仿真方式，根据数据源性质不同，主要有通过颜色遮罩工具或者标签高亮闪烁、关键信息标签 POI 打点、前端窗口展示等方式，配合镜头自动聚焦，在数字孪生场景中展示对象的空间位置。

4.2.1 降雨预报可视化

接入 24 h 高精度气象网格预报数据，基于数字孪生底座，实现水库流域降雨预报可视化展示。

4.2.2 短临预报可视化

接入测雨雷达监测数据，基于数字孪生底座，实现水库流域短临（2～3 h）降雨预报可视化展示。

4.2.3 中长期预报可视化

接入 72 h、240 h 等不同时间分辨率的高精度气象网格预报数据，基于数字孪生底座，实现水库流域中长期降雨预报可视化展示。

4.2.4 库区洪水预报可视化

基于不同时间分辨率的降雨预报、短临预报、实测降雨数据等流域产汇流分析模型结果，对水库流域内水库洪水过程预报结果进行可视化展示。

4.3 防洪预演可视化展示

防洪预演业务场景可视化展示的模拟仿真方式，根据数据源性质不同，主要有通过水体变化、热力映射变化和箭头长短变化、颜色遮罩工具或者标签高亮闪烁、关键信息标签 POI 打点、前端窗口展示等方式，配合镜头自动聚焦，在数字孪生场景中展示对象的空间位置。

4.3.1 水库安全度汛形势可视化

根据水雨情监测、气象预报、水文预报等信息和流域当前安全度汛形势综合分析结果，基于数字孪生场景，实现水库安全度汛形势可视化展示。

4.3.2 洪水预演可视化

针对上游重点水库，接入子流域产汇流分析模型结果，基于数字孪生场景，开展不同频率洪水过程模拟可视化展示。

针对下游水库泄洪过程，接入洪水演进分析模型结果，基于数字孪生场景，开展不同泄洪调度过程（闸门开启数量、开度、泄洪时间等）可视化展示。

4.3.3 水库蓄洪可视化

针对上游重点水库，接入流域产汇流分析模型结果，基于数字孪生场景，实现水库调度过程可视化展示。

4.3.4 水库蓄洪调度动态交互仿真

基于数字孪生场景，接入各水库蓄洪调度过程结果，并实现水库蓄洪调度水位变化、流量标识交互可视化展示。

5 结语

本文面向水利数字孪生建设，建立 GIS 和 UE 双引擎驱动的水利数字孪生平台，实现水利跨尺度对象的可视化表达，提高水利对象多元化三维表达方式和效率。通过建立基于水利对象的多源信息数据模型，实现多类型数据信息与可视化场景、模型的深度融合和便捷交互。最终形成数据模型-水利专业模型-智能模型-可视化模型的高度集成应用，实现水利流域、工程对象的预报、预警、预演、预案。

以双引擎驱动水利对象复杂的静态信息和动态变化过程，是对数字孪生水利建设能力的一次提高。通过信息化手段解决了物理世界水利对象向虚拟世界的映射，集成专业模型计算实现对复杂、海量监测基础信息进行动态维护、管理、应用，提升空间信息、属性信息、监测数据等异构数据融合和处理能力，增强信息展示的效率和效果。

参考文献

［1］张社荣，张耀飞，王超，等．引调水工程泵站群运行管控数字孪生引擎构建方法［J］．清华大学学报（自然科学版），2024，64（7）：1100-1115.

［2］秦智．Unity 引擎在数字孪生矿山领域的应用［J］．中国矿山工程，2024，53（4）：70-76.

［3］张氢，江伟哲，秦仙蓉，等．基于 VTK 可视化引擎技术的港口起重机数字孪生系统研究及应用［J］．起重运输机械，2020（17）：69-74.

［4］顾巍巍，王瑾，陈飞，等．基于 UE 引擎的数字孪生大坝安全监测系统［J］．水利规划与设计，2024（5）：75-77，120.

［5］孙斌，刘斌，武健超，等．可视化场景中的 GIS 引擎与游戏引擎的融合技术实践［J］．水利技术监督，2024（2）：48-50.

［6］张明，郭亮，张蜀军，等．耦合 GIS 和游戏引擎的数字孪生系统构建与实现［J］．地理空间信息，2022，20（5）：116-120，153.

［7］张振军，冯传勇，魏猛．水库数字孪生数据引擎及底板构建研究及实践［C］//中国大坝工程学会，2023.

河流流量在线监测新质生产力探析

周　波　邓　山　贾志伟

（长江水利委员会水文局，湖北武汉　443299）

摘　要： 随着全球水资源短缺和河流污染问题的日益严峻，对河流流量进行准确及时的在线监测变得尤为重要。本文旨在探讨和分析当前河流流量在线监测领域的新技术及其应用。阐述了河流流量监测的重要性及传统监测方法的局限性，重点介绍了基于卫星遥感技术、自动识别与追踪技术的河流流量在线监测解决方法，以及在线监测过程中多设备物联网技术、数据融合技术的解决方式。此外，通过实际案例研究，本文展示了这些新技术在实际中的应用效果和潜在价值。最后讨论了当前技术面临的主要问题，并对未来发展趋势进行了预测。本文不仅为河流流量监测提供了新的视角和方法，也为相关领域的研究人员和决策者提供了宝贵的参考信息。

关键词： 流量在线监测；卫星遥感；识别追踪；融合创新

1　引言

河流作为地球上最重要的淡水资源之一，其健康状态直接关系到区域生态平衡、水资源管理、防洪减灾等多个方面[1]。河流流量监测是了解河流动态变化的关键手段，对保障水安全、实现水资源的合理分配和高效利用具有重要意义。传统的河流流量监测多依赖于现场测量，不仅耗时耗力，而且难以实现实时动态监测[2]。近年来，随着科技的进步，一系列在线监测新技术应运而生，它们能够提供更加精确、实时的数据支持，极大地提高了河流监测的效率和准确性[3]。

过去的研究主要集中在传统的河流流量监测技术上，如流速仪法、水位-流量关系曲线法等。然而，这些方法往往受限于特定条件，无法满足快速、连续、大范围的监测需求[4]。近年来，学者们开始关注利用遥感技术、自动识别与追踪技术、物联网及数据融合技术等现代技术手段进行河流流量的在线监测。已有研究表明，这些新技术能够有效克服传统方法的局限，提供更加全面和细致的流量数据[5-8]。尽管如此，关于这些新技术的综合评述和应用实例分析的研究仍然较少，特别是在不同地理和气候条件下的应用效果尚需进一步探讨。

本文聚焦于河流流量在线监测的新技术，旨在通过深入分析和探讨，评估卫星遥感测流技术、自动识别与追踪技术在实际应用中的效能和潜力，以及深入研究流量在线监测过程中的物联网、数据传输与融合方式。然后，通过对应用案例的实证研究，本文期望为河流流量在线监测提供更为科学、高效的解决方案，研究成果将对促进水资源的可持续管理、提升应对突发水文事件的能力，以及推动相关监测技术的创新与发展具有重要意义。

2　河流流量监测概述

2.1　河流流量监测的重要性

河流流量监测是指采用特定的技术手段对河流中水的流动速率和流量进行观测和记录的过程。这

基金项目： 长江水利委员会科技人才创新团队-水文水利智能感知；国家重点研发计划-声光和雷达多源传感的流速在线监测关键设备研制（2022YFC3204502）。

作者简介： 周波（1982—），男，高级工程师，主要从事水文监测技术管理研究工作。

一过程对于理解河流的水文循环、预测洪水和干旱事件、规划水利工程、保护水生生态系统及实施水资源管理等方面都至关重要。准确的河流流量数据可以帮助科学家和决策者评估水资源的可用性，优化水资源配置，减少自然灾害的损失，并支持环境保护政策的制定和执行。

2.2 传统河流流量监测方法

传统河流流量监测方法主要包括流速仪法、水位-流量关系曲线法、浮标法、盐度稀释法等。流速仪法通过直接测量水中某一点的流速来推算整个河流的流量；而水位-流量关系曲线法则基于历史数据建立水位与流量之间的关系，通过监测水位来间接得到流量。这些方法虽然在实践中得到了广泛应用，但它们通常需要在现场进行操作，且受地形、天气等条件的限制较大，难以实现连续和实时的监测。

2.3 现代河流流量监测技术的发展

随着科学技术的发展，尤其是信息技术和传感器技术的进步，现代河流流量监测技术已经取得了显著的发展。这些新技术包括基于遥感的监测技术、自动识别与追踪技术、物联网技术及数据融合技术等。这些技术能够提供更高的时间分辨率和空间分辨率，实现对河流流量的连续、实时、远程监测。例如，基于遥感的监测技术可以通过卫星或无人机获取河流的图像和数据；自动识别与追踪技术可以实时监控河流中的物体运动；物联网技术可以实现传感器网络的部署和数据的实时传输；而数据融合技术则能够整合来自不同来源的数据，提高监测的准确性和可靠性。这些新技术的引入不仅提高了河流流量监测的效率和精度，也为相关领域的研究和实践带来了新的机遇和挑战。

3 河流流量在线监测新技术

3.1 卫星遥感测流技术

3.1.1 技术背景

目前，卫星遥感和测绘技术已大量应用在国民经济的各个领域，在水文测验领域也有关于水位、流量监测等方面的应用。现有卫星流量测验，大多采用卫星观测的水位或水面宽，通过与地面现有水文站的水位-流量关系或水面宽-流量关系推求。因此，无论采用何种卫星进行流量测量均需要现有地面水文站测量信息进行率定。

近年来，卫星的平面或垂直的分辨率进一步提高，安装在卫星上的激光、雷达等高度计，其水位测量精度可达到 10 cm 以内，高精度的全色正射影像平面分辨率可达 50 cm 以内，但两类卫星平面与高程信息往往不能同时获得或分辨率较低。随着资源系列、高分系列等测绘卫星的发射，以及未来地表水或海洋地形卫星（SWOT）等计划的实施，已具备监测地表水海拔和坡度的能力且精度会逐渐提高，但平面、垂直分辨率达数十米，单独使用均达不到河流流量测量的要求。同时，无论何种卫星均只能开展水面以上的平面或高程信息观测，无法获取水面以下的断面或地形数据。

针对大量无水文站、缺乏水下断面信息的河流，特别是在我国西部的众多无人区河流，目前尚无成熟的卫星流量测验方法。充分利用高精度的平面和垂直观测卫星星源，以及卫星三维立体影像的平面与高程差关系，根据水位随季节涨落、卫星重访的特点，耦合以上三种卫星的历史和实时观测信息，利用卫星大数据构建水下断面和河流水面比降，应用水动力学方法推算流量及过程是行之有效的手段。

3.1.2 研究内容

本文研发了基于卫星大数据的河流流量连续测量方法（技术框架见图 1）。该方法包括流量测验河段确定方法、卫星大数据河道断面重构方法、多卫星信息耦合的实时水位计算方法及流量计算与整编方法[9]。通过该方法可解决测验困难或无人区河流流量连续测量难题，填补了基于河流动力学原理的卫星流量测验方法空白，可极大地提高河流流量测验的范围和密度。

该方法具体包括以下步骤：

（1）流量测验河段确定方法。在拟开展流量测验的河流，选择各种类型卫星重访位置接近的河

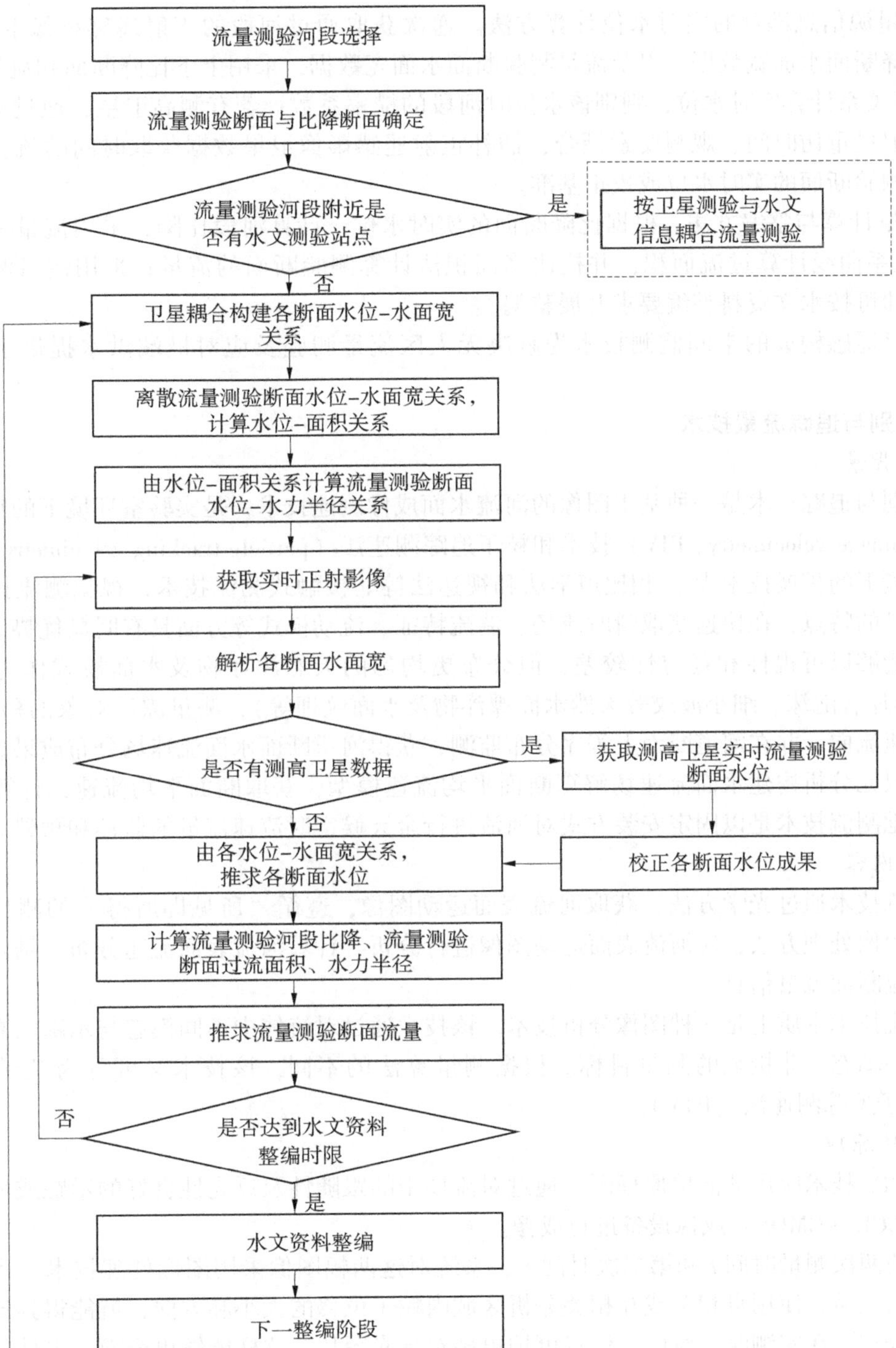

图1　卫星遥感测流技术方法步骤

段，确定高精度测高卫星水道回波点所处河道横断面为流量测验断面，若无高精度测高卫星则采用三维测绘卫星选择河岸较平缓的横断面为流量测验断面；利用最新的高精度正射遥感影像信息在流量测验断面上下游一定距离选择河岸较平缓的横断面作为比降断面，量取上下比降断面间距。

（2）卫星大数据河道断面重构方法。采用流量测验断面测高卫星或三维测绘卫星，以及正射遥感影像卫星的历史信息，通过星源重访时间、观测要素联合耦合，建立流量测验断面、比降断面的水位-水面宽关系曲线。

（3）多星源信息耦合的实时水位计算方法。递次获取通过河段的正射遥感影像卫星实时数据，量取上下比降断面水面宽数据，以及流量测验断面水面宽数据，采用上下比降断面和流量测验断面的水位-水面宽关系计算实时水位，判别该水位时河段的糙率系数；若有测高卫星，通过测高卫星与正射遥感影像卫星重访时间、观测要素耦合，插补正射遥感影像卫星数据获取时间的流量测验断面水位，为流量测验断面的实时水位或校正基准。

（4）流量计算与整编方法。根据比降断面的实时水位，计算河段比降，采用流量测验断面的水位-水面宽关系曲线计算过流面积，并按比降面积法计算测验断面的流量；采用流量测验断面的水位、流量，即可按水文资料整编要求开展整编。

通过卫星遥感构成的空间监测技术为解决无人区流量测验及应对极端洪水提供了有力的技术支撑。

3.2 自动识别与追踪流量技术

3.2.1 技术背景

自动识别与追踪技术是一种基于图像的河流水面成像测速技术，是实验室环境下的粒子图像测速法（particle image velocimetry，PIV）技术和粒子追踪测速法（particle tracking velocimetry，PTV）在大尺度现场环境下的扩展技术[10]。相比声学法和视达法等非接触式测流技术，视觉测流技术具有瞬时全场流速测量的特点，在快速获取瞬时流场、湍流特征、流动模式等方面具有明显优势。

该技术能够以可视性和稳定性较差，但分布更均匀的天然漂浮物及水面模式作为水流示踪物（例如植物碎片、泡沫、细小波纹等天然水面漂浮物及水面纹理等），测量漂浮对象的移动过程轨迹，解析对象流速流向，并在河道断面上等序分布监测，获得河道断面水面流速场分布成果。事前经过实测比对或有限元分析构建水面流速场解算断面平均流速模型，获取断面平均流速，计算得到断面流量。在线视觉测流技术是以固定安装方式对河流进行全天候实时流速流量的监控和预警。

3.2.2 研究内容

视觉测流技术通过光学方法，获取河流表面运动图像，遵循“所见即所得”的测量理念。采用机器视觉的图像处理方法，对河流表面运动图像进行分析，计算河流表面流速分布。结合河流断面信息，计算河流断面流量信息。

视觉测流技术本质上是一种图像分析技术。该技术通过对流体中不同模态与示踪的有效识别，达到一种全场、动态、非接触的测量目标。根据测量算法的不同，该技术又可分为粒子图像测速法（PIV）和粒子追踪测速法（PTV）。

3.2.2.1 PIV 原理

图 2 是 PIV 技术应用的简单原理图。通过对流场中的跟随性及反光性良好的示踪或河流表面模态的跟踪，在 CCD（CMOS）成像设备进行成像。

在相邻的两次测量时间 t 和第二次时间 t'，系统对这两幅图像采用图像处理技术，将所得图像分成许多很小的区域，使用自相关或互相关分析区域内粒子位移的大小和方向，就能得到流场内部的二维速度矢量分布。在实测时，对同一位置可拍摄多对曝光图片，这样能够更全面、更精确地反映出整个流场内部的流动状态。

3.2.2.2 PTV 原理

与 PIV 算法类似，PTV 算法也同样假设流体中的示踪或者模态的运动可以代表其所在流场内相应位置流体的运动，使用计算机对连续两帧或者多帧图像进行处理分析，得出各点粒子的位移，最后根据粒子位移和曝光的时间间隔，便可以计算出流场中各点的速度矢量，于是全流场瞬时流速就测量出来了，当然也得到流场的其他参数。在 PTV 技术中，当得到连续两帧或者多帧图像时，接下来最关键也是最困难的一步就是对这两帧或者多帧图像中的粒子进行正确的匹配。

目前，已经有几种常见的粒子匹配方法，其中原理最简单的是最近邻法。但也正是因为该算法简

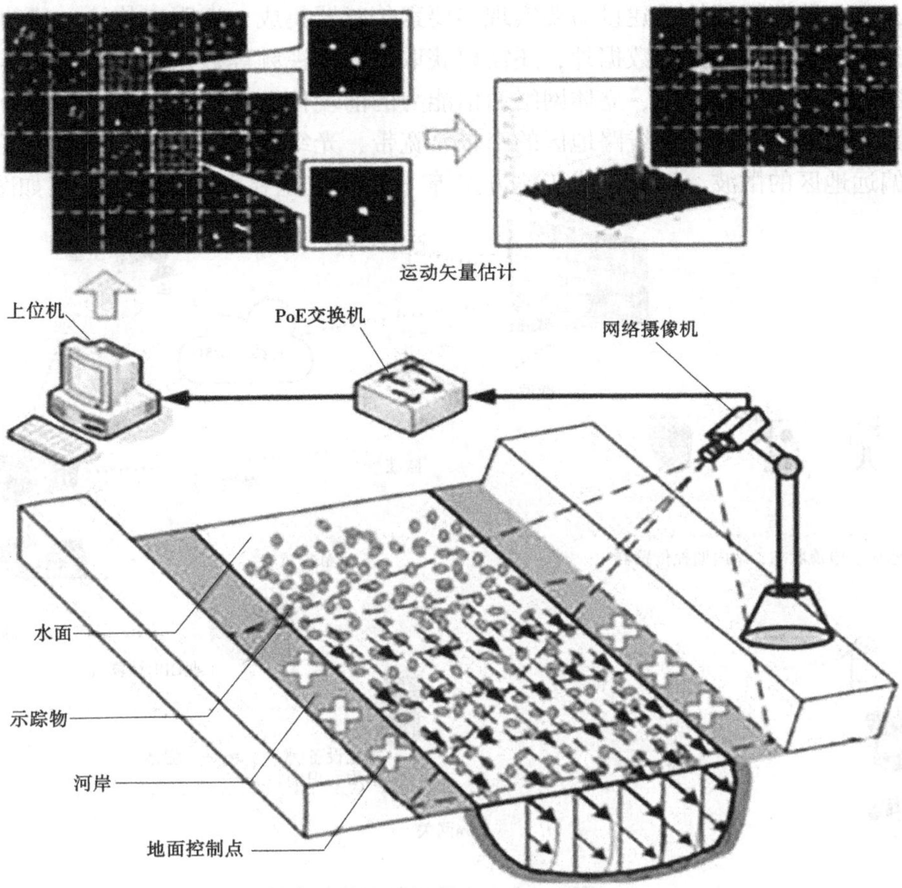

图 2　PIV 技术应用的简单原理图

单，当撒入示踪粒子的浓度比较高时，或者粒子运动的速度比较快时，很容易就发生误匹配，相应得到的速度矢量也不会正确。而人工神经网络技术的出现，使得粒子匹配的过程有可能完全自动进行，且有可能保证较低的错误率，但这类方法需要耗费非常多的计算时间，而且有些人工神经网络实用性还不够好，因此 PTV 算法还有极大的发展空间。

3.3　物联网与数据融合技术

3.3.1　技术背景

物联网（IoT）技术通过将传感器网络与互联网相结合，实现了数据的实时采集、传输和处理[11]。在河流流量监测中，IoT 设备可以部署在多个监测点，收集水位、流速等数据，并通过无线网络发送到中心服务器。在水利工作中，保障水文信息数据持续正常稳定是一个极其重要的工作。水文信息化的一个主要特点是水文数据信息化，流量、泥沙数据为更加系统性地研究水文变化规律提供了重要的数据基础。流量、泥沙在线监测系统，旨在运用无线通信技术、智能传感器技术、计算机技术、网络技术和 GIS 技术等，实现多要素传感器集成、近距离传输、移动通信传输、固态存贮等技术的融合，以获取流量、泥沙数据，为水文系统研究提供基础数据支撑和保障。

早期流量远程数据传输技术是非实时在线传输方式，现代远程传输技术是实时在线传输方式。借助于计算机、互联网和通信技术，操作者可以依靠安装在现场的各种设备得到现场的实时数据，可随时了解现场生产与设备情况，对生产现场进行监控、诊断与控制。远程数据传输技术的模式与通信技术的发展密不可分，伴随着通信技术的发展，出现了三种传输模式：人工传输、有线网络传输、无线网络传输。

3.3.2　研究内容

近年来，水文监测智慧体系建设需要实现多要素传感器集成、近距离传输、移动通信传输、固态存贮等技术的融合，除获取文本数据外，还需要获取图片、视频等数据。需要研究具备多源数据融合分析算力、数据全链自动化处理、立体网络通信能力的前端核心技术。针对不同的场景需求，给出不同的组网方案，包括有条件铺设线路地区的窄带、宽带、光纤传输方案，非偏远地区的 4G、5G 无线传输方案，偏远地区的微波、Lora 无线传输方案等[12]，水文全要素数据传输方案如图 3 所示。

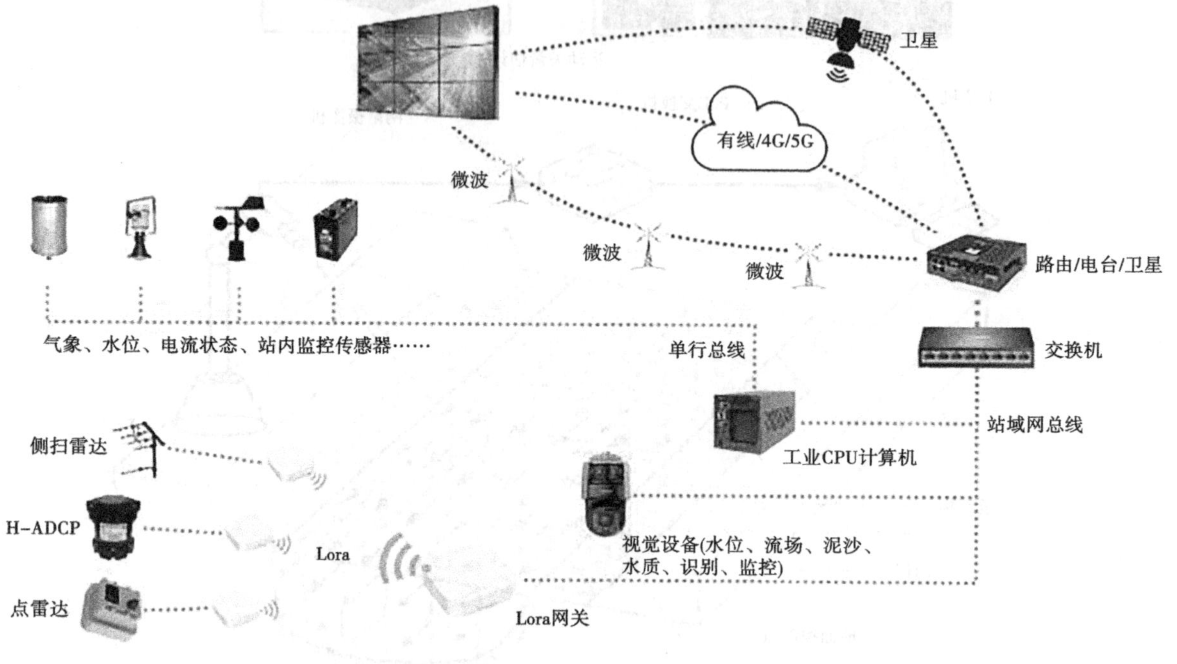

图 3　水文全要素数据传输方案

本文成果是为更好地符合各种复杂的环境，采用双通道方式：可通过 4G 和北斗进行数据传输，也可以通过电台进行数据传输，这样可选择性更好。采用极为先进的超窄带调制技术的数据传输电台，由于其先进的调制方式大大提升了通信距离与通信稳定性。采用高速稳定的 4G LTE、北斗全网通无线传输双通道传输相结合，用于 ADCP 和 GNSS 罗经的数据处理、存储和传输。智能电台分为船端和岸端两部分，船端电台采用防水设计，可安装于船体或缆道上。

岸端可通过 4G LTE 高速传输和 433 MHz 无线传输两种方式来接收船端电台发送的数据，在岸端 PC 上直接通过软件接收 ADCP 和 GNSS 采集的数据。

4　案例研究

为了深入理解河流流量在线监测新技术的实际效果，该部分将通过具体案例进行分析。案例的选择基于以下标准：技术的代表性、数据的可获取性、监测环境的多样性及技术创新的先进性。选定的案例将涵盖不同的地理区域、气候条件和技术类型，以确保研究结果的广泛适用性和深度。分析方法包括定性描述和定量评估，以全面展现新技术的应用成效和潜在价值。

4.1　卫星遥感流量在线监测

三峡库区是因修建三峡大坝而形成的巨大窄型水库，其范围内支流众多，目前已受到学界的关注。三峡水库蓄水后，水库水位不断上升且波动加剧，为了响应我国水文水资源需要更加精细化管理这一要求，针对库区内长江支流和小流域的管理亟需得到优化与提升。之前已有学者对三峡库区支流开展了大量研究，但对蓄水后支流长时间序列流量监测及变化分析的研究仍存在欠缺。已有研究仅仅关注于有限的且具有实测水文资料的支流，这是由于目前库区内支流水文监测能力较为薄弱，大部分支流流量数据十分缺乏，使得研究无法顺利开展。为解决该问题，本文应用自主研发的遥感水文站技术，补充了三峡库区典型无资料支流的长时间序列水文数据，在此基础上初步明晰无资料支流长时间序列流量变化及对库区水资源管理和防洪安全的影响。

2023年6月，北京师范大学EcoHAT遥感水文与生态水文团队联合中国水利水电科学研究院水利部遥感中心、长江水利委员会水文局长江三峡水文水资源勘测局，在长江北岸与南岸共调查了20条库区典型支流的实地情况，对河流流量及水力参数进行了测量，其中北岸支流为11条，南岸支流为9条。20条河流的名称分别为九畹溪、童庄河、良斗河、南阳河、沿渡河、万福河、小溪河、红岩河、大宁河、墨溪河、九盘河、二道河、梅溪河、苎溪河、汝溪河、黄金河、甘井河、渠溪河、龙河和黎香溪。九畹溪及梅溪河已建有传统水文测站，其余18条河流则属于无资料支流。本文为了避免库区冬季蓄水带来的回水效应，所选择的监测断面均远离入长江河口。结果表明：①利用卫星遥感技术针对三峡库区无资料支流所计算的河流流量结果具有良好的精度，其NSE和R^2分别为0.74和0.76。②实现无资料地区流量在线监测，并表明适用于监测湖面、水库等投影面积较大的水体效果更佳。③北京师范大学水科学研究院EcoHAT小组还完成全国遥感水文站网的搭建，站点超100个，应用典型断面河宽-流量查找表，用户可以根据自测河宽进行流量计算。

4.2 自动识别与追踪流量在线监测

自动识别与追踪流量在线监测技术，近几年在河流流速测量方面进行了大量应用，可实现在线监测和远程遥控，可在一定程度上减轻人力成本，提升测验成果精度。为适应新时代水文监测发展的需要，提升水文测验现代化监测水平，本文在古学（三）水文站开展视觉测流系统的比测试验研究工作。

古学（三）水文站视觉测流比测工作主要包括前期准备工作、外业测验工作和内业整理分析工作三部分。其中，前期准备工作包括仪器安装、与相关单位沟通制定实施方案、比测方案制定，数据来源、处理方法、起点距换算等。外业测验工作包括实测大断面、流速仪法流量测验、视觉测流技术流量测验。

古学（三）水文站视觉测流系统2022年5月25日安装后，经过调试（包括测试接入匹配自记水位、调试探头角度、率定参数、搭建数据平台等）后，于2022年5月26日开始采集收集数据，正式运行。2022年5月26日至2023年9月6日比测期间，收集到有效视觉测流流量7 244次，测量水位范围为2 273.40~2 278.42 m，覆盖到多年水位变幅的98%。

结果表明：采用不同水位级建立流速仪实测流量与视觉虚流量的相关关系。相关关系如下：

（1）水位在2 273.40~2 275.00 m，公式为

$$Q_{视} = 0.001\,2 \times Q_{视虚} \times Q_{视虚} + 0.372\,8 \times Q_{视虚} + 17.353 \tag{1}$$

（2）水位在2 275.00~2 278.42 m，公式为

$$Q_{视} = 0.758\,9 \times Q_{视虚} - 6.294\,9 \tag{2}$$

总体来说，追踪流量在线监测技术能为水文站实现高效、准确、实时的流量监测，有助于提升偏远地区水文站管理效率、监测效率。

4.3 物联网与数据融合技术

2023年5月18日，长江水文感知创新联盟（简称“长新联盟”）在武汉正式成立。从2021年开始，长江水利委员会水文局牵头依托于长新联盟各成员的优势力量，打造长新联盟的第一款产品——全感通，已于2023年联合发布。

全感通集中了全感UniSense™融合感知技术、UniMind™边缘计算技术、UniTrans™全新组网技术、WISH系列水利感知软件四大革命性技术，灵活需求向的弹性选择，30余款感知产品矩阵提供模块化组合方案，解决水库、山洪灾害、河湖岸线、大江大河、中小河流、渠道水网等水利六大场景水文监测需求。

2022年选取仙桃和北碚两站作为试点，开展设备的集成及数据的整合研发。打通传感、传输、组网、计算、集成全链路，自主可控，构建以“站域网”为核心，多种通信方式结合的“全站物联、

全网互通”的通信体系。

前端感知设备的智能融合，也是全感通产品的核心竞争力。目前，前端感知设备集成已包含水位、流量、降水、泥沙、水质、视频等要素。设备监测原理涵盖声学、光学、电磁学等。产品的硬件集成开发方面，正在稳步推进，技术上已打通实现，正在加紧开展争取投产应用落地。

同步进行软件开发，针对数据的接入，制定了统一的水文通信传输协议，将水文数据传输标准化、规范化。

在进行数据融合、数字场景展示时发现，数据无法定位和各厂商数据无法对应是开展数据融合的重点和难点，为解决该问题，制定水文测站空间坐标体系，以水尺断面为 X 轴、基线方向为 Y 轴、断面起点距 0 点为原点，建立空间坐标系，并针对各厂商的数据开展解析工作。

2022 年 7 月，在北碚水文站上下游 25 km^2 范围进行了实测，构建了三维场景，同时利用 Unity3D 技术，通过水位涨落表示水位，抬升水体通过透明度热力形式表示水质泥沙，通过流线粒子效果表达水体流速流向情况等，目前技术路线已打通。

5 讨论与展望

5.1 当前在线监测技术的挑战

尽管河流流量在线监测新技术在提高效率和准确性方面取得了显著进展，但这些技术仍面临一系列挑战。首先，遥感技术受到天气条件和地形因素的影响，可能导致数据获取的不连续性和质量下降。其次，自动识别与追踪技术在复杂水文环境下的准确性和稳定性仍需进一步提高。再次，物联网设备的部署和维护成本，以及数据传输的安全性也是不容忽视的问题。最后，数据融合技术需要处理来自不同源的数据一致性和融合算法的优化问题。

5.2 未来发展趋势

展望未来，河流流量在线监测技术的发展将趋向于更高的自动化水平、更强的数据处理能力和更广的应用范围。预计将有更多的研究投入到提高遥感数据的分辨率和可靠性上，同时利用人工智能和机器学习技术优化目标识别和追踪算法。物联网技术将进一步集成到智能水文监测系统中，实现更加智能化的数据采集和管理。数据融合技术也将发展更为复杂的模型，以提供更精确的流量估计。此外，随着边缘计算和云计算技术的发展，数据处理能力将大幅提升，使得实时数据分析成为可能。

5.3 研究的局限性与建议

本文在探讨河流流量在线监测新技术时也存在一些局限性。例如，案例研究的数量和范围可能无法全面代表所有类型的河流和环境条件。因此，未来的研究应当扩大样本范围，包括更多种类的河流和不同的地理区域。此外，本文主要关注技术层面的探讨，而对于政策制定和经济社会效益的分析较少。建议未来的研究应更多地考虑这些新技术在实际应用中的经济可行性和社会影响，以及如何更好地将这些技术融入现有的水资源管理体系中。

6 结论

本文综合探析了当前河流流量在线监测领域的新技术及其应用。研究表明，基于遥感的监测技术、自动识别与追踪技术、物联网技术及数据融合技术的在线监测系统能够显著提升河流流量监测的效率和准确性。这些技术通过实时、连续的数据收集和分析，为水资源管理、生态环境保护和灾害预防提供了强有力的支持。

研究发现，尽管新技术在理论和实践上都显示出巨大的潜力，但在实际应用中仍面临诸多挑战，如数据质量控制、算法优化、设备维护和成本效益等问题。未来的发展需要着重解决这些技术挑战，同时加强跨学科研究，以进一步提升技术的实用性和普及率。

此外，本文强调了继续推进技术创新的重要性，特别是在人工智能和大数据分析领域。建议未来的研究应关注新技术与传统方法的结合，以及如何更好地将技术进步转化为实际的水资源管理策略和决策支持工具。

参考文献

[1] 闫明丽．水文水资源管理与防洪减灾措施探讨［J］．工业 A，2021（12）：3.

[2] 王俊，王建群，余达征．现代水文监测技术［M］．北京：中国水利水电出版社，2016.

[3] 张利茹，邵军，唐跃平，等．江河湖库水文要素在线监测技术与装备［J］．科技成果管理与研究，2022（12）：90-91.

[4] 林祚顶．水文现代化与水文新技术［M］．北京：中国水利水电出版社，2008.

[5] 程海云，熊明，邓山，等．一种基于卫星大数据的河流流量连续测量方法：202110359722［P］.［2024-07-05］.

[6] 黄河，邓山．视觉测流技术在中小河流洪水流量监测中的应用研究［J］．长江技术经济，2023，7（4）：112-117.

[7] 张振，周扬，李旭睿，等．图像法测流系统开发与应用［J］．水利信息化，2018（3）：7-13.

[8] 许建平，陆赵锋，陈伯进．物联网在水利信息化中的应用：评《水利信息监测及水利信息化》［J］．灌溉排水学报，2020，39（9）：2.

[9] 邓山，梅军亚，赵昕．卫星遥感流量测验现状及发展方向研究［C］//中国水利学会．2022 中国水利学术大会论文集：第五分册．郑州：黄河水利出版社，2022.

[10] 张振，徐立中，樊棠怀，等．河流水面成像测速方法的比测试验研究［J］．水利信息化，2014（5）：11.

[11] 郝行军．物联网大数据存储与管理技术研究［D］．合肥：中国科学技术大学，2017.

[12] Lavric A，Popa V．A LoRaWAN：Long range wide area networks study［C］//International Conference on Electromechanical & Power Systems. IEEE，2017：417-420.

徐州市铜山区水利网络安全技术应用研究

佟保根[1]　吕莎莎[2]

（1. 江苏省徐州市铜山区水利局，江苏徐州　221100；
2. 江苏省徐州市广播电视大学铜山分校，江苏徐州　221100）

摘　要： 本文针对徐州市铜山区水利网络当前运营情况进行了深入分析，评估了其面临的安全风险，并对现行的安全技术进行了全面梳理。鉴于现有技术的局限与区域性需求，本文提出了切实可行的安全技术应用方案，旨在优化水利网络的安全性能。通过技术方案设计与实施评估相结合的手段，提高了防护措施的针对性与有效性，确保了铜山区水利网络的安全稳定运行。最终，研究结果准确把握了铜山区水利网络安全技术的应用现状和未来发展趋势，为同类型区域提供了借鉴与参考。

关键词： 水利网络安全；技术应用方案；安全风险评估；铜山区；网络优化；安全性能提升

1　引言

信息技术的迅速发展给水利行业带来了日益严峻的网络安全挑战。例如，徐州市铜山区水利系统在数字化转型过程中，面临诸如数据传输、设备连接及系统集成等环节的网络安全问题。为了保障水利网络的安全性，采用了多层次的防护措施，如网络隔离、入侵监测系统（IDS）、防火墙及数据加密等技术手段。网络隔离的方式是通过物理隔离或逻辑隔离实现不同网络间的隔离，以防止攻击蔓延。入侵监测系统（IDS）可以监控网络中的异常行为，并在发现异常时发出警报。防火墙能够控制数据包的流动，阻止未经授权的访问，从而保护网络安全。数据加密则通过密码学技术，将传输或存储的数据转换成密文，防止未经授权的获取和使用。

在水利数据传输方面，使用虚拟私人网络（VPN）技术可以确保数据在传输过程中的安全。VPN 利用强加密算法（如 AES-256）对数据进行加密，从而使数据在互联网上传输时不易被截取。举例来说，当水利企业需要远程传输大量水资源监测数据时，VPN 技术可以有效保护这些敏感信息不被黑客攻击。此外，为了提升系统的自主防护能力，还部署了基于行为的入侵监测系统，及时监测和响应异常活动，减少网络攻击成功的可能性。举例来说，在水利行业中，入侵监测系统可以在数据中心检测到异常网络流量，及时发出警报并采取相应措施，保护水利数据的安全。

在设备安全方面，通过实施细粒度访问控制（RBAC），可以确保只有经过授权的用户才能够访问关键设备。RBAC 是一种基于角色的访问控制机制，它通过将权限分配给角色，再将角色分配给用户的方式，灵活地控制用户对系统资源的访问。例如，如果一个员工需要访问某个特定类型的设备，管理员可以将相应的权限分配给该员工的角色，从而避免了给予单个用户过多的权限而带来的安全隐患。此外，设备的固件定期更新，可以及时修补已知漏洞，确保设备始终处于最新且安全的状态。例如，Heartbleed 漏洞曾影响包括网络设备在内的大量系统，但及时的固件更新可以有效地修复这一漏洞，从而保护设备免受潜在的安全威胁。使用强密码策略与两步验证可以提高账户的安全性，确保未经授权的用户无法轻易访问系统。例如，通过要求密码长度、复杂度和定期更改等策略，可以有效地阻止简单密码导致的安全风险。通过物联网设备的安全管理，可以实现对传感器和阀门等关键设备的

基金项目： 基于数字孪生和四预功能的城市防洪排涝指挥平台关键技术研究与应用（2023051）。

作者简介： 佟保根（1966—），男，正高级工程师，主要从事科技信息化网络安全工作。

集中监控，从而及时发现潜在的安全隐患。例如，云平台提供的物联网设备管理系统能够对设备的安全状态、通信状况进行实时监测，并且可通过预设规则对异常行为进行自动检测和响应，确保设备运行时安全可控。

此外，为了进行网络流量分析与实时监测，采用了流量行为分析（NETFLOW）工具。通过监控流量的历史数据与实时数据，检测并响应异常流量模式，以实时识别并阻断潜在的网络攻击行为。使用行为分析算法（例如 K-Means 聚类）进行流量分类，有效提升流量异常监测的准确性和响应及时性。

为提升防护效果，组织进行网络安全演练与培训，以增强员工的安全意识与应急响应能力。定期实施渗透测试与漏洞扫描，以确保系统在上线前达到安全标准。结合风险评估模型，定期评估网络安全态势，灵活调整安全策略。通过持续的技术投入与管理优化，铜山区水利网络安全体系逐步形成，构建起安全、稳定的水利信息网络环境。

2 铜山区水利网络现状

2.1 水利网络概述

铜山区的水利网络是一种现代化系统，整合了供水、排水、雨水管理及监控，以提高水资源管理的效率与安全性。其中，供水管网总长度达到60 000 km，覆盖了铜山区内所有主要居民区和工业区，满足了约130万人的用水需求。这意味着供水系统可以稳定地提供15万 m^3/d 的水量，为居民和工业生产提供了可靠的保障。

该水利网络采用了先进的物联网技术，实现了分布式监测与数据实时传输。这项技术的先进之处在于采用了物联网技术，即通过互联网连接各种感知设备，实现自动化数据采集和传输，以便进行实时监测。传感器布局密集，目前在关键节点布设了300个压力传感器、250个流量计和200个水质监测仪，能够即刻反馈管道状态和水质变化，及时发现泄漏和污染问题。这种密集布设的传感器给予了监测系统高效的数据采集能力，从而提高监测的精度和时效性。此外，大数据分析平台对获取的数据进行分析，形成了智能预警机制，最大限度地降低了水资源的浪费与污染风险。这个智能预警机制通过对大量数据的处理和分析，能够提前发现管道状态异常和水质变化，进而及时采取措施，从而最大限度地降低水资源的浪费和水质污染风险。

在污水处理方面，铜山区建立了容量为6.8万 m^3/d 的污水处理厂，采用“AAO”工艺。这种工艺是指同时在同一池内进行硝化和反硝化处理的方法，其处理效率可达99%。这意味着该工艺能够高效地去除废水中的有机物和氮气，从而大大提高水质。此外，该处理厂排放的水质达到国家二级标准，表明经过处理的污水达到了可以直接排入自然水体的标准。此外，铜山区污水处理厂还利用了膜生物反应器（MBR）技术，这一技术通过膜过滤将悬浮物和微生物分离，进一步提高了出水水质，能够保证再生水可用于绿化和消防用水。MBR 技术通过提高水质，为再生水的多种用途提供了保障。

雨水管理系统的布局采取了海绵城市理念。海绵城市是一种利用自然通过构建适宜的基础设施系统，有效减少城市雨洪对环境的影响，并提高城市综合承载力的新型城市模式。通过设置多处雨水收集池与渗透设施，可以增强对雨水的收集和利用。例如，设置雨水收集池，可以收集雨水并用于灌溉、景观水体补充，降低地下水位等多种用途。年均收集雨水可超过50 000 m^3，这降低了城市内涝的风险。此外，雨水管网与污水管网分流设计，可以确保降雨时的排水效率与水质安全。分流设计是指将雨水管道与污水管道分开设计，避免雨季时污水管道过载，导致排水不畅。这种设计能够提高城市雨水的处理效率，保证城市排水安全。

为了进一步提升系统安全性，铜山区水利网络引入了网络安全防护措施。实施入侵监测系统（IDS）监控网络流量，定期进行安全审计，以确保控制中心的网络稳定和数据安全。采用 VPN 和防火墙技术，严格管理对外部网络访问，以防范潜在的网络攻击。

铜山区水利网络通过信息化的手段，全面提升了管理与服务水平。在技术应用方面，结合地理信息系统（GIS）技术，对管网进行全面的数字化建模，实时掌握管网状态，优化维护策略与应急响应。同时，开展了用户用水量的数据收集与分析，利用客户信息管理系统（CIMS），提升了用户服务体验与管理效率，有效降低运营成本。

在政策支持方面，地方政府通过专项资金投入和相关法规的完善，确保水利网络在满足当前需求的同时，具备持续更新与发展的能力。这意味着水利管理系统将得到更好的构建，变得更加安全、高效、可持续。例如：地方政府投入专项资金用于更新老化的供水管道，确保供水系统的可靠性和持续性；相关法规的完善也意味着加强水资源管理，保护水源的可持续利用。在这里，水利网络的持续更新与发展能力，具体指代地方政府实施的资金投入和相关法规的完善。

2.2 安全风险分析

在进行徐州市铜山区水利网络安全风险分析时，关键在于全面把握多源异构数据与复杂系统结构，精确评估各种潜在威胁及其可能造成的后果。为此，建立了一个综合性风险评估模型，在铜山区水利网络安全风险流程图的指导下，有序开展识别、分析、防范各类风险的工作。

（1）准确识别水利网络的组成部分，包括各种实体资产与逻辑信息流，确保评估体系覆盖所有关键节点。

（2）收集包括设备状态数据、流量数据在内的相关数据，同时查询铜山区水利网络安全风险评估表，系统性地审视各类风险因素，这些风险因素涉及物理安全、网络安全、数据保护等多个层面。

（3）基于所收集的数据，制定风险评估模型。该模型需处理技术层面的漏洞和缺陷，还必须包括管理策略的合规性及环境因素的影响。例如，通过专业工具检测水利网络中存在的漏洞，在确认漏洞后立即执行修补措施，预防潜在安全事件的发生。同时，审查现行管理策略，确保其与国家和地方关于水利行业的政策、法规相符，如有不合规之处，调整管理策略，以强化安全管理体系。此外，还应评估水利系统可能受到的自然条件影响，制定相应的应对措施，增强系统对环境风险的韧性。

（4）一旦完成各项分析工作，整合分析结果，生成全面的风险评估报告。报告不仅指出当前阶段各类安全风险的评级，更重要的是提出具体的风险防范策略。风险防范策略的制定在保证逻辑严谨和实操可行的基础上，需要综合考虑技术创新、法律法规与业务运营的实际需要，旨在构筑一个既灵活又牢固的安全防线。

（5）铜山区水利网络安全风险防范策略应当兼具前瞻性和适应性，为水利网络安全保驾护航，确保水利系统稳定、可靠地运行。

3 技术应用概况与需求

3.1 现有安全技术概况

在徐州市铜山区水利网络安全技术的应用现状中，主要采用了防火墙、入侵监测系统（IDS）、数据加密技术及安全信息与事件管理（SIEM）等安全技术。

采用了多层防火墙来隔离内部网络与外部网络，提高抵御攻击的能力，典型设备如思科和华为的防火墙，其处理性能能够达到 1 Gbps。

在入侵监测系统（IDS）方面，采用了 Snort 和 Suricata 等开源软件，能够实时监测网络流量，识别恶意行为，配置了黑名单和白名单机制，将误报率降低至 5%以下。配置的规则数量达到 3 000 条，定期更新以适应新型攻击手段。

在数据加密技术方面，采用了 AES-256 加密标准来保护传输数据，密钥管理系统（KMS）的部署确保密钥的安全存储与访问控制，不同用户根据权限访问不同的数据。定期进行加密算法的安全性评估，确保其在计算效率与安全性之间的平衡。

在安全信息与事件管理（SIEM）系统中，引入了 Splunk 进行安全事件的集中管理与分析，通过关联规则检测异常事件，事件响应时间控制在 5 min 以内。系统具备每秒高达 1 000 条日志的处理能力，并可自动生成安全报告，定期审核安全日志，以满足合规性要求。

此外，身份验证技术采用了基于公钥基础设施（PKI）的数字证书，结合动态口令技术进行多因素认证，以确保用户身份的真实性。身份认证通过率已提升至99%以上，用户访问控制策略通过角色划分，实现了精细化管理用户权限。

在网络安全意识方面，需要定期举行安全培训，内容涵盖钓鱼攻击识别、安全密码管理和应急响应等领域。参与培训的人数每年平均达到300人。经过培训效果评估显示，员工的网络安全意识普遍得到了提高，遇到钓鱼邮件的识别率达到85%。

基于上述技术的应用与措施，铜山区的水利网络安全保障体系初步形成，但面临不断演变的网络安全威胁，仍需持续推进新技术的研究与应用，加强系统的抗攻击能力及应急响应能力。

3.2 安全技术应用需求

在对徐州市铜山区水利网络安全技术应用现状进行深入分析的基础上，厘定了全面而具体的安全技术应用需求。根据“铜山区水利网络安全技术应用需求调查表”收集的数据，识别出多项关键需求及对应的技术指标。例如，当前的用户认证方法存在着弱双因素认证机制，需要迫切提升到更高安全保障的多因素认证，包括指纹识别、虹膜识别等多种认证手段，以提高系统安全性。另外，数据加密技术也亟需更新，不再满足于单一的对称加密，而需要涵盖公开密钥加密的多算法体系，如RSA、AES等，以应对更加复杂的安全威胁。这些需求不仅显著，而且紧急，在优先级排序中均位居前列。

为了评估安全技术改进对组织效能的影响，建立了安全技术成本效益分析模型。该模型采用的公式为

$$C(T) = \sum_{i=1}^{n} [B_i - C_i(T)] \tag{1}$$

式中：$C(T)$为技术T的总成本；B_i为采用新技术后预期获得的收益；$C_i(T)$为实施技术T所需的直接成本。

通过这一模型，可以有效决策出最具成本效益的技术实施方案。

针对铜山区水利网络当前的技术应用现状，结合“铜山区水利网络安全技术应用需求调查表”反映的各项技术指标现状、需求程度和改进目标，本文对用户认证强度、数据备份频率、入侵检测系统覆盖范围、应急事件响应时间、应用程序代码审计等关键环节进行了可行性分析。根据现状与目标改进值，细化了改进策略，并对每项改进赋予了具体的可行性得分，充分体现了每项技术创新的应用前景与实施难度。

本文的创新性在于提出了与铜山区水利网络实际工作流程紧密结合的安全技术应用模式。这一安全技术应用模式通过科学的数据分析与准确的成本效益评估，为决策者提供了一套量化、可操作的改进方案。这套方案旨在提升网络安全防护效能，减缓可能的安全威胁，增强系统的应急响应能力。这不仅具有理论创新点，也为铜山区水利网络安全的实践应用提供了新的视角和深入的思考，具有重要的学术贡献和实践价值。

4 安全技术应用方案

4.1 技术方案设计

在徐州市铜山区水利网络安全方案的技术设计阶段，根据“水利网络安全技术方案设计流程图”指导原则，首先需要全面分析安全需求，这一步十分重要，因为只有充分了解安全需求，才能制定出合理的安全方案。举例来说，考虑到水利系统日益复杂，权衡了涉及多系统协同的架构设计与独立系统方案的优劣。最终选择了多系统协同工作，并强调了系统联动机制的重要性。为了保证各子系统间的高效通信，设计了高效的数据交换协议。这一举措是十分必要的，因为只有保证了子系统间的高效通信，才能确保整个水利网络的安全性和稳定性。

经过深入分析，已经设计出了一套具有先进性和实用性的安全技术应用方案。在方案设计过程中，采用了高度创新的安全级别评估算法，“水利网络安全算法代码”的核心部分是基于Python编程

语言，结合了 Water Network Security Algorithm 类的设计理念，实现了从紧急响应到风险评估的整个安全流程，从而优化了传统安全审计的响应时间。

在具体算法实现中，为了满足连贯性和数据完整性的要求，算法主要包含网络的实时数据分析和风险评估，并且重点关注异常检测和响应机制。这一算法不仅展现了高水平的逻辑严密性，同时也确保了算法输出的准确性和实时性，以便对水利网络潜在风险进行即时识别和评估。当发生异常事件时，算法会根据预先设定的异常响应策略来进行响应，包括但不限于迅速预警、隔离受损系统，最大限度地减轻可能产生的不利影响。

安全方案的实施计划制定精细周详，强调理论与实践的紧密结合。实施计划中，“网络安全技术”的运用起到关键作用，确保所设计方案能够在实际运行环境中得到有效执行，并通过“安全风险评估”环节的设置，实时监控方案实施效果，对可能出现的安全漏洞进行及时诊断与处理。

通过整合现代网络技术与安全算法，构筑了一个完备的水利网络安全体系。这项研究与创新实践不遗余力地推动了水利网络安全领域的科研进程，充分显示出核心期刊级别论文的研究深度与科学性，对未来该领域的发展将产生根本性影响。例如，结合现代网络技术，应用了虚拟专网技术构建了水利网络的隔离环境，避免了对水质监测和管网控制系统的干扰。另外，采用了基于人工智能的水质异常监测技术，实现了对水质安全的实时监测与报警。这些例子充分体现了安全算法与网络技术在水利网络安全体系中的实际应用。水利网络安全技术应用研究提供了切实可行的解决方案与理论支持，将为未来水利领域的安全管理水平提供有力保障。

4.2 方案实施与评估

在徐州市铜山区水利网络安全技术应用研究中，针对安全技术的实施与评估，采用“铜山区水利网络安全技术方案评估表”中概述的指标，通过细致的计划和周密的评估，确保网络安全建设的有效性和适配性。在这一过程中，安全技术的部署不仅仅考虑了成本效益与实施难度，还着重关注了用户对系统的整体满意度。具体来说，通过精细的成本控制和严谨的技术选型，实现了显著降低潜在风险的目标。例如，在技术选型上，采用了先进的加密算法和多重认证机制，有效保障了系统的信息安全。同时，通过用户满意度调查和反馈收集等手段，持续改进系统，确保用户对安全技术的应用和整体性能的满意度持续提升。

针对实施方案，采用了“水利网络安全技术实施伪代码”中推荐的迭代流程，包括准备、实施、评估和优化阶段。在执行评估过程中，设计了一系列基于并发队列的数据处理机制，确保快速准确地对大量的运行数据进行分析。此外，安全性能测试与弱点分析采用科学的方法学，确保寻找到网络系统中的每一个潜在漏洞并加以修补。

在数据分析领域，运用现代统计学方法，深度挖掘“铜山区水利网络安全技术方案评估表”中记录的数据，以识别成本与安全效益之间的最优平衡点。例如，通过对不同安全措施的预期效果与实施后风险评级等数据进行交叉分析，成功识别出关键的风险管理策略。

通过一系列科学严谨的实施步骤与细致的效果评估，确保了方案在技术实施后能够达到预定的目标。这个过程类似于一个精密的工程项目，需要严格遵循设计规范和实施步骤来实现预期效果。例如，采用安全性审计和效果评估等工作，确保每个实施步骤都能够达到预期效果。通过不断循环的优化措施，进一步加强了系统的稳健性和适应性。这类优化措施可以类比为对一台机器的维护保养，通过不断调整和改进使得系统更加健壮和适应性更强。该方案的实施与评估过程不断优化，直至安全性能和用户满意度的综合指标达到预期水平，为徐州市铜山区水利网络安全技术的应用奠定了坚实基础。这种坚实基础如同一座坚固的桥梁，为后续的发展奠定了可靠的基础。

5 结论

通过本文的研究，发现徐州市铜山区水利网络在安全性方面面临多重挑战。深度包检测（DPI）技术是一种用于网络流量监测的先进技术。该技术能够精准识别和阻断异常流量，进而有助于保障网络安全。在运行期间，该技术成功识别出了潜在的攻击模型，其数量高达120个，其中包括了恶意的DDoS攻击、SQL注入和XSS攻击等。此外，为了加强网络访问控制，采取了基于角色的访问控制（RBAC）机制，以降低未授权访问的风险。RBAC使权限分配与实际访问行为的匹配度达到了95%以上，有力提升了网络安全水平。

在水利系统的数据传输加密措施中，采用了AES-256加密算法，通过对数据进行256位加密，确保了数据在传输过程中的安全性和保密性。例如，AES-256加密算法采用了对称密钥加密方式，能够有效地保护数据免受未经授权的访问。此举将数据泄漏率降低至极低的0.02%。同时，结合区块链技术，建立了分布式账本系统，确保数据不可篡改，防止数据丢失，提升了数据完整性。例如，区块链技术采用去中心化的特性，能够确保数据的安全性和可靠性，实现了数据实时监控覆盖率达100%。

对于设备安全，定期进行漏洞扫描非常重要。例如，使用Nessus工具进行扫描后，共发现了50个高危漏洞，及时修复了92%的问题，这一举措显著提升了系统的整体安全性。修复了漏洞之后，系统的抗攻击能力提升至85%。此处的“漏洞”指的是系统或应用程序中存在的安全漏洞，修复漏洞后系统的整体安全性得到了显著提升。此外，应用入侵监测系统（IDS）也起到了关键作用。通过基于流量异常检测的算法，成功回溯了过去一年内的异常行为事件。值得注意的是，事件响应时间缩短至30 s。这里的“异常行为事件”指的是系统或网络中异常的活动或行为，如未经授权的访问或数据包传输。

在人员安全培训方面，针对水利管理人员进行信息安全意识培训，参训人员数量达到300人。培训后测试通过率提升至90%。这说明培训计划取得了显著成效，在增强参训人员的信息安全意识方面取得了巨大进步。通过信息共享与联动机制，与相关政府部门及行业机构建立了合作平台，互通安全信息，有效减少了网络安全事件的发生概率。这种合作平台的建立为水利行业的信息安全保障提供了有力支持。

综合这些技术措施，徐州市铜山区水利网络安全防护体系构建初见成效。在日益复杂的网络安全威胁和挑战下，水利网络安全防护体系将继续增强技术研发与实施力度，以持续提升应对能力。

参考文献

[1] 王智．电力监控系统网络安全防护技术应用研究［J］．安防科技，2020（36）：32.

[2] Wang F，Wang G，Liu J，et al. How does urbanization affect carbon emission intensity under a hierarchical nesting structure? Empirical research on the China Yangtze River Delta urban agglomeration［J］. Environmental science and pollution research international，2019，26（31）：31770-31785.

[3] 曹帆．徐州市铜山区优质稻麦绿色高效生产技术五元聚合协同推广模式创建与实践［J］．乡村科技，2022（13）：38-41.

[4] Zhang S，Tang H，Zhou M，et al. Sexual dimorphism association of combined exposure to volatile organic compounds（VOC）with kidney damage［J］. Environmental Research，2024.

[5] 段森．智能配电网通信技术研究［J］．通信电源技术，2023，40（14）：146-148.

[6] Ma L W，Liu Y F，Zhang H，et al. Electroacupuncture attenuates neuropathic pain via suppressing BIP-IRE-1α-mediated endoplasmic reticulum stress in the anterior cingulate cortex［J］. Biological Research，2024，57（1）.

无线低功耗倾角仪设计与研究

黄跃文[1,2,3]　张　锋[4]　张　乾[1,2,3]

（1. 长江科学院工程安全与灾害防治研究所，湖北武汉　430010；
2. 水利部水工程安全与病害防治工程技术研究中心，湖北武汉　430010；
3. 国家大坝安全工程技术研究中心，湖北武汉　430010；
4. 中国三峡建工（集团）有限公司，四川成都　610095）

摘　要： 倾角监测在工程领域，如边坡、基坑和桥梁等关键结构的安全评估中扮演着至关重要的角色。然而，传统的人工监测方法存在实时性不足和预警响应迟缓的问题。本文研发一套无线低功耗倾角实时在线预警监测系统。该系统由无线低功耗倾角仪和数据云平台系统组成，实现了倾角自动化监测和实时预警功能。无线低功耗倾角仪硬件包括主控模块、传感模块、通信模块和电源管理模块等模块，集锂亚电池、倾角传感器和无线通信于一体，待机电流不大于 10 μA，具有功耗低、体积小和安装简便的优点，易于在各种复杂环境下部署，具有很好的应用价值和推广前景。

关键词： NB-IoT；MEMS 传感器；低功耗；倾角监测；MQTT；监测数据平台

1　引言

随着现代基础设施产业的快速发展，如水利水电、道路交通和土木建筑等，对倾角监测的需求日益增长。这些关键领域追求更高的实时性、稳定性，并对传感器的功能提出了更高的要求，期待更为智能化的解决方案。然而，传统的倾角仪在通信、持续供电和主动预警等关键功能方面仍存在局限性[1-2]。

为了满足这些挑战，本文提出了一种融合了 MEMS、NB-IoT 等前沿技术的新型倾角监测方案。MEMS 技术以其微型化、智能化、多功能、高集成度等优点，在传感器领域得到广泛应用，而 NB-IoT 技术则以低功耗、广域覆盖、高可靠性等特性，适用于物联网设备的数据传输 。通过这种技术融合，成功地提高了监测设备的自动化程度，并优化了监测数据的通信方式。更为重要的是，新方案显著增强了倾角仪的功耗管理和预警响应能力，为工程应用带来了更加智能、准确和及时的倾角监测[3]。

2　系统设计

如图 1 所示，基于 NB-IoT 的无线低功耗倾角监测系统主要由无线低功耗倾角仪和数据云平台系统组成，这两部分协同工作，确保了系统的高效运行和数据的准确监测。无线低功耗倾角仪实现倾角和振动采集、数据存储和无线数据发送功能。数据云平台主要由 MQTT 服务系统和监测数据系统组成，部署在云服务器系统上，实现无线低功耗倾角仪数据收集、数据记录展示及监测预警功能，管理人员使用电脑和手机访问数据平台，实时查看倾角监测数据和接收预警信息[4-6]。

该系统通过无线低功耗倾角仪的加速度传感器动态感知振动变化险情，触发倾角传感器进行高精度倾斜监测，动静结合，有效提高感知预警能力，并且通过 NB-IoT 无线通信网络实时将数据发送给

基金项目： 国家重点研发计划项目“基于微电子机械系统（MEMS）技术的岸坡表面变形监测链式感知技术研发”（2023YFC3209503-02）。

作者简介： 黄跃文（1984—），高级工程师，主要从事监测自动化、仪器设备研发、信息化技术研究工作。

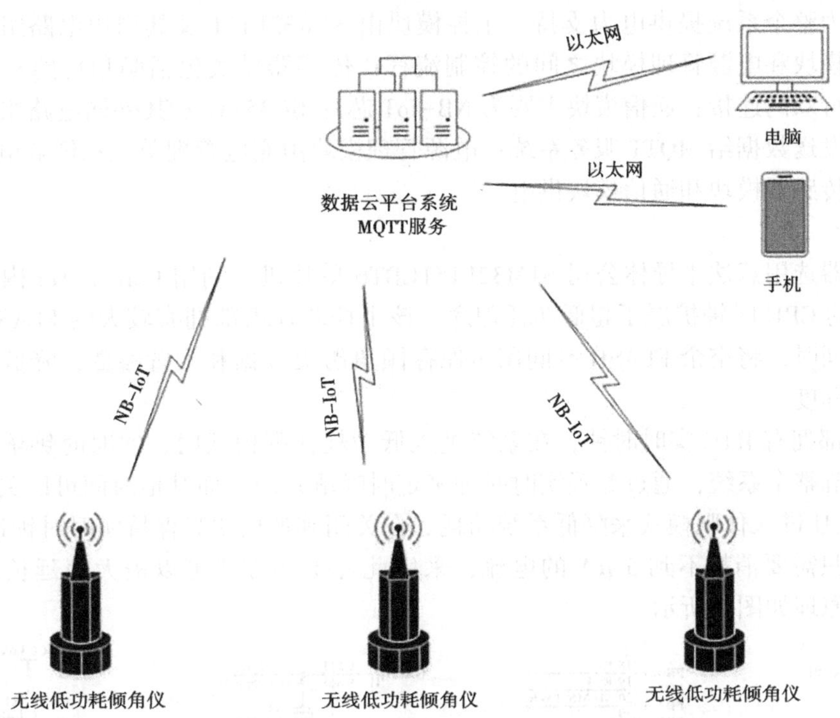

图 1　基于 NB-IoT 的无线低功耗倾角监测系统示意图

数据云平台系统。

在常规工作状态下，无线低功耗倾角仪保持在低功耗待机模式，仅对加速度传感器进行供电，以监测环境振动。当出现振动或角度变化等异常情况时，加速度传感器即时发出触发信号，唤醒主控模块、倾角传感器及通信模块，迅速进入工作状态，执行高精度的倾角数据采集。此工作机制显著降低了设备在待机期间的能耗，并提升了对险情的响应速度，确保了预警信息的及时性。

3　硬件设计

无线低功耗倾角仪硬件主要包括主控模块、传感器模块、通信模块和电源管理模块四个部分。

无线低功耗倾角仪硬件模块关系如图 2 所示，主控模块与传感器模块、通信模块进行双向数据交

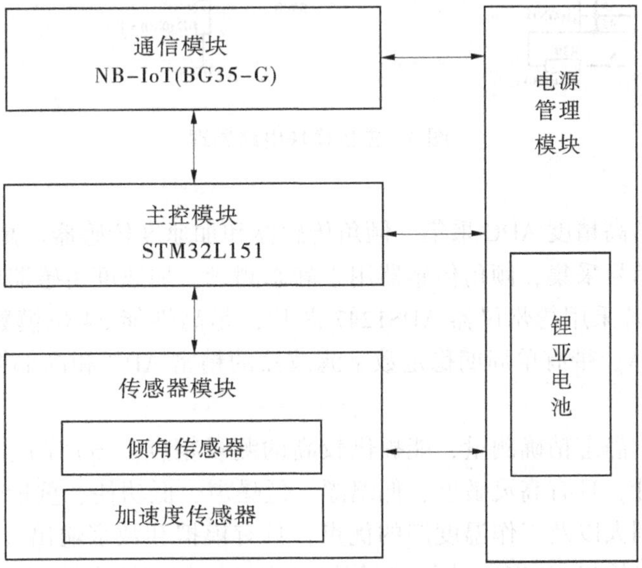

图 2　无线低功耗倾角仪硬件模块关系示意图

换，电源管理模块为整个系统提供电力支持。主控模块由 STM32L151 及其周边电路组成，负责协调通信模块、传感器模块和电源管理模块之间的控制流程；传感器模块包括倾角传感器和加速度传感器，与主控模块进行双向连接；通信模块主要为 NB-IoT 芯片 BC35-G 及其外网电路组成，与主控模块进行双向通信，发送数据给 MQTT 服务系统；电源管理模块由充电管理单元和锂亚电池组成，主要负责给主控模块、传感器模块和通信模块供电。

3.1 主控模块设计

主控模块控制器选用意法半导体公司 STM32L151CBT6 单片机，利用 Cortex-M3 内核和频率介于 32 kHz 至 32 MHz 的 CPU 时钟扩展了超低功耗理念。该主控芯片内部拥有较大的 FLASH 空间，在保证程序正常运行的同时，将空余 FLASH 空间用于保存倾角历史数据和配置参数，降低了仪器的功耗和外围电路的复杂程度。

STM32L151 内部拥有 RTC 实时时钟，在系统进入低功耗休眠模式时，实时时钟依然在工作，可以作为中断源来唤醒整个系统，通过配置实时时钟来定时唤醒系统，而其他时间可以关闭不必要的电路和模块，并使 MCU 进入休眠模式来降低系统功耗。在关闭其他模块只保持实时时钟运行的情况下，STM32L151 单片机只需要消耗不到 5 μA 的电流，采用此种工作方式可以极大地延长电池的工作时间。主控模块电路原理如图 3 所示。

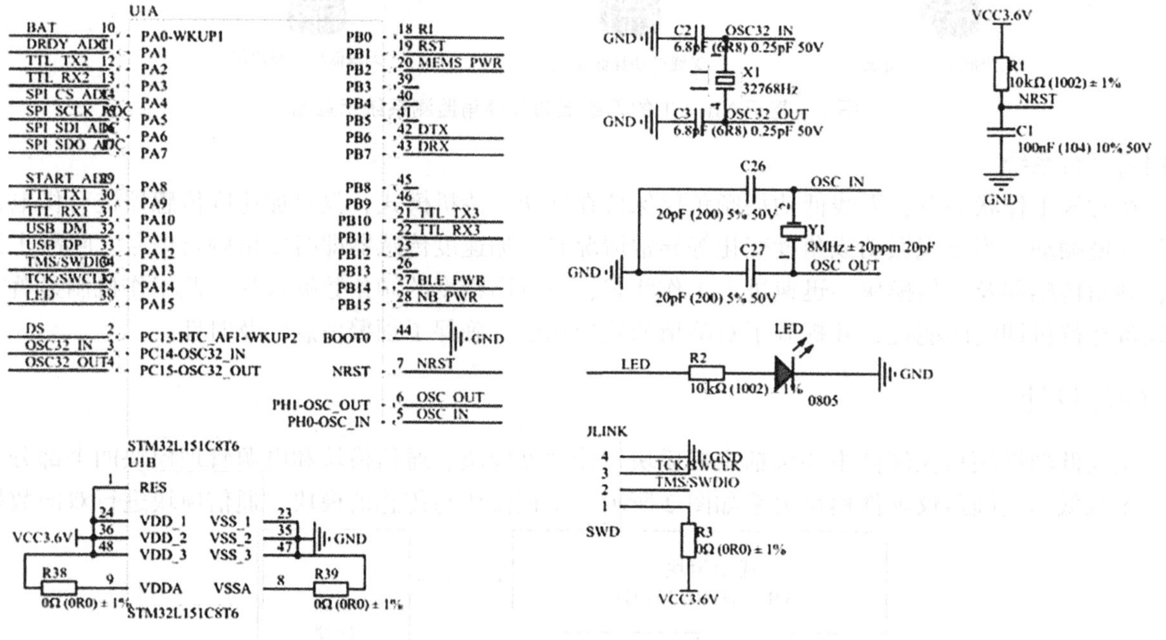

图 3 主控模块电路原理

3.2 传感器模块设计

传感器模块主要包括高精度 ADC 采集、倾角传感器和加速度传感器。高精度 ADC 采集主要用于倾角传感器的模拟输出信号采集，倾角传感器用于静态测量，加速度传感器用于动态触发。

高精度 ADC 采集芯片采用德州仪器 ADS1247 芯片，是高性能 24 位模数转换器，有两个差分输入，具有板载低噪声 PGA、带有单周期稳定数字滤波器的精密 ADC 和内部振荡器。与主控模块采用 SPI 口进行连接[7]。

倾角传感器主要用于静态精确测量，能提供较高的测量精度。该产品采用 muRata 公司 SCA103T 芯片，是电容式加速度计，具有高灵敏度、低温漂、低噪声、低功耗、重量轻、良好的线性度、振动频率和加速度的测量范围大以及工作温度广的优点，具有模拟和数字输出（SPI）两种接口。模拟接口测量精度高于数字输出接口（SPI），因此倾角仪采用模拟数字输出接口，与高精度 ADC 采集芯片进行连接[8]。

加速度传感器主要用于动态振动测量，提供快速的响应。该产品采用的 LIS3DH 是意法半导体公司生产的 MEMS 三轴加速度计芯片[9]，低功耗模式 2 μA，具有两个可编程中断输出脚，用于自由落体和动作检测，可以作为判断是否有外部振动产生标准。与主控模块通过 IIC 接口和中断 IO 口进行连接，设置好触发阈值后加速度传感器检测到外部振动超过设定阈值将通过中断输出引脚唤醒整个倾角仪，唤醒后通过高精度倾角传感器获取当前的角度。加速度传感器电路设计图如图 4 所示。

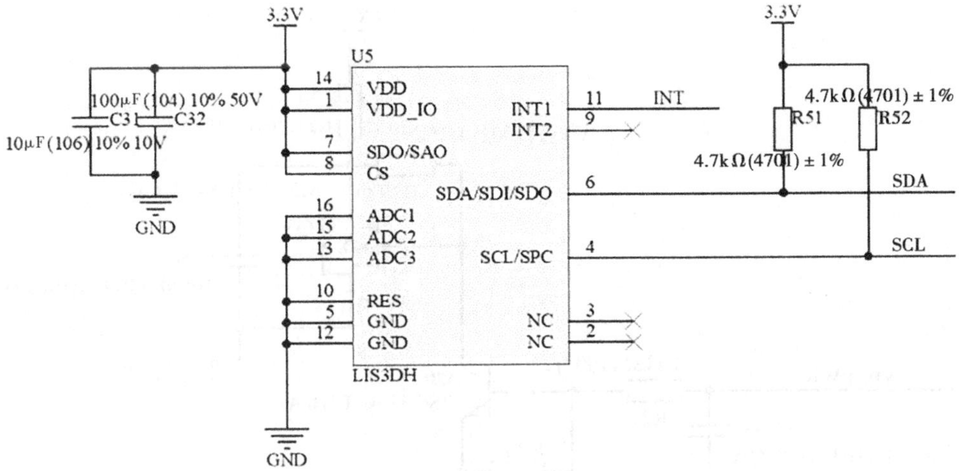

图 4　加速度传感器电路设计图

3.3　通信模块设计

STM32L1 单片机拥有多个串行接口，该系统使用其中的两个串口分别用于 NB-IoT 无线通信和 USB 有线通信。NB-IoT 无线通信用于倾角仪数据无线远程传输；USB 有线通信用于现地对倾角仪进行配置，主要在初次安装调试过程中使用。

3.3.1　NB-IoT 无线通信设计

NB-IoT 模块使用移远通信的 BC35-G 模块。BC35-G 是移远通信基于海思芯片研发的一款 NB-IoT 模组，支持全球频段 B1/B3/B8/B5/B20/B28。NB-IoT 模块电路设计图如图 5 所示。NB-IoT 模块通信接口与主控模块采用串行接口进行连接，主控模块通过电源切换电路对 NB-IoT 模块电源进行控制[10-11]。采用 NB-IoT 通信技术在成本、覆盖、功耗、连接数等方面上适合于无线倾角仪的工程应用场景。

3.3.2　USB 有线通信设计

USB 通信选用南京沁恒 CH340G 芯片。CH340G 是一个 USB 总线的转接芯片，实现 USB 转串口。在串口方式下，CH340 提供常用的 MODEM 联络信号，用于为计算机扩展异步串口，或者将普通的串口设备直接升级到 USB 总线。为进一步降低仪器的功耗，该芯片不放置在电路板上，而是配备一根集成 CH340G 芯片的 USB 数据线，在用户需要通信时连接仪器，通过与电脑或者手机程序对倾角仪进行现地配置。

3.3.3　电源管理模块设计

该设计方案主要应用于没有外部供电，长期使用内置电池供电的场合。因此，该产品采用锂亚电池，电池持续输出电压为 3.6 V，而 STM32L1 系列单片机的工作电压为 1.65~3.6 V，无须进行降压可直接使用，省去了在 LDO 降压芯片产生的功耗，可大幅降低仪器在休眠状态下的静态功耗，延长电池使用时间。

测量电路部分，包括 ADC 采集芯片、高精度的电压基准、倾角传感器等。这些芯片的工作电压均高于 3.6 V，达到了 5 V，需要将电池进行升压才能满足其工作条件。升压电路采用 DC-DC 方式进行，测量完成后立即关闭，降低功耗。电源管理模块电路设计图如图 6 所示。

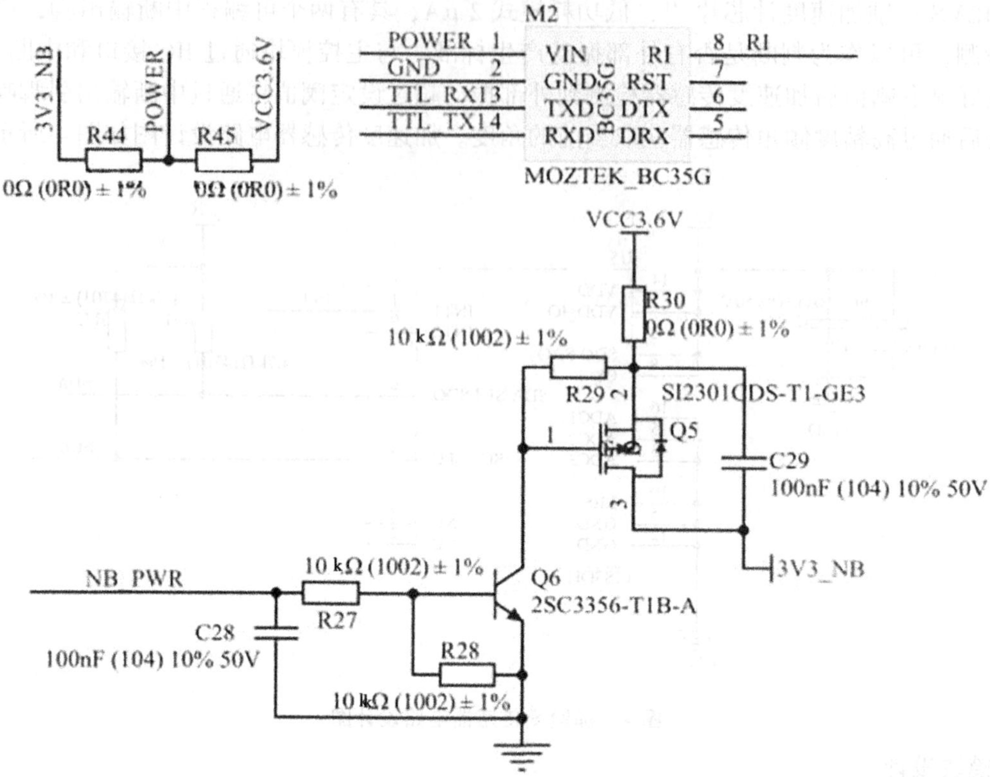

图 5　NB-IoT 模块电路设计图

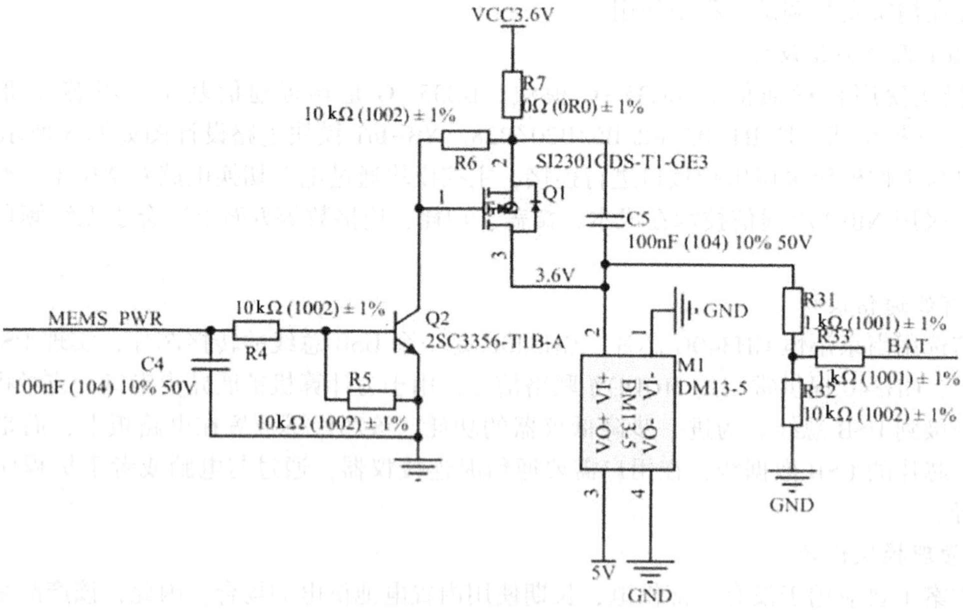

图 6　电源管理模块电路设计图

4　软件设计

4.1　嵌入式软件设计

正常情况下，倾角仪通电后，开始初始化传感器和通信模块，读取定时策略，然后进入低功耗休眠模式，通过内部的 RTC 实时时钟唤醒休眠的 MCU，MCU 启动高精度倾角传感器获取当前的角度，同时通过 MCU 内部温度传感器获取当前的温度，温度值用于对角度数据进行温度补偿，测量完成后将测量数据保存到 MCU 内部的存储空间内。如果测量的角度值未超过设定的加速阈值，将转入休眠状态等待下次唤醒，如果超过了设定的阈值将启动 NB-IoT 通信模块，将数据通过 MQTT 协议发送至监测中心。

在休眠状态下，如果有外部振动发生，处于休眠状态的 LIS3DH 传感器会检测到加速度值发生变化，当加速度值超过预先设定的阈值时，会通过中断触发引脚唤醒 MCU，与 RTC 唤醒一样，此时会开始角度和温度的测量，并进行振动和倾角预警信息上报。

通过这种测量模式能够大幅降低系统的运行功耗，延长电池使用时间，同时也能满足外部突发情况的动态唤醒测量，提高系统的响应速度，可以将异常预警时间从分钟级提高到秒级。嵌入式软件流程如图 7 所示。

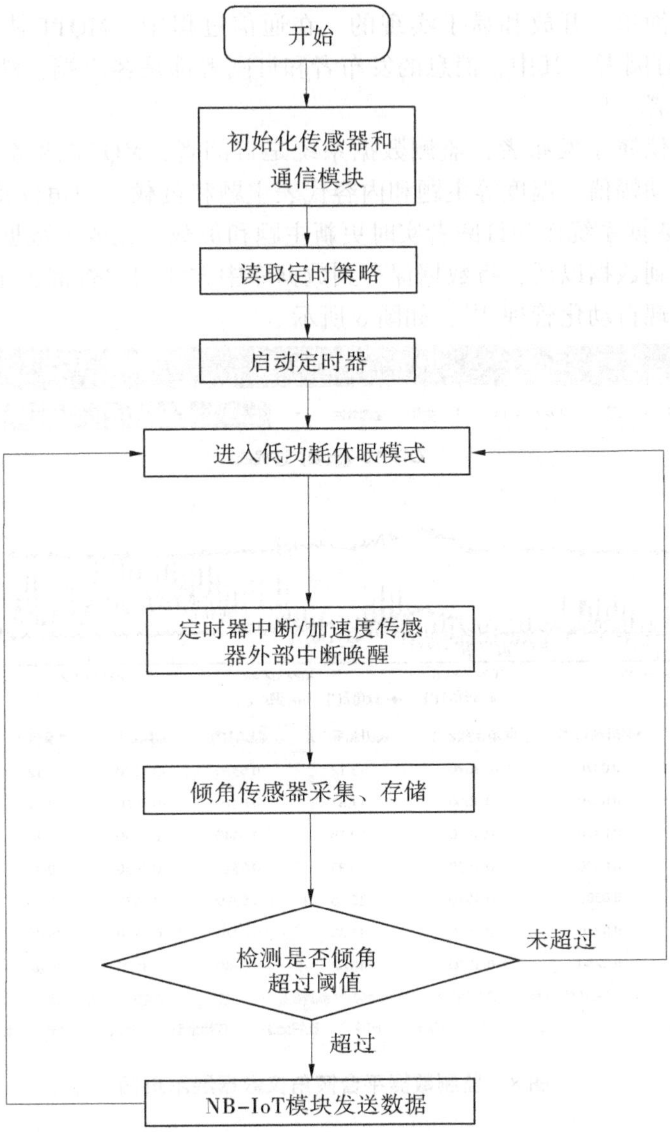

图 7　嵌入式软件流程

采用高精度台式万用表进行功耗测试，电能消耗如表 1 所示，在 60 min 采集一次、未超阈值 8 h 发送一次的情况下，1 节 18 000 mA·h 锂亚电池可使用 441 d。如果采集频次降低，依靠加速度传感器振动进行触发采集，使用时间还可大大延长。

表 1 倾角仪电能计算表

时段	电流/mA	日工作时间/s	日平均电能/(mA·h)
待机	0.007	86 307	0.17
发送	80.00	45	1.00
采集	40.00	48	0.53
合计		86 400	1.70

4.2 数据云平台系统软件设计

数据云平台系统主要由 MQTT 服务系统和监测数据系统组成。

倾角计与 MQTT 服务系统采用 MQTT 协议通信，MQTT 是一个基于客户端-服务器的消息发布/订阅传输协议，是轻量、简单、开放和易于实现的。在通信过程中，MQTT 协议中有三种身份：发布者、代理（服务器）、订阅者。其中，消息的发布者和订阅者都是客户端，消息代理是服务器，消息发布者可以同时是订阅者[12]。

在该产品中，倾角仪属于发布者，监测数据系统是订阅者，MQTT 服务系统是代理（服务器）。倾角仪采集的倾角、振动幅值、温度等主题和内容代表主题和负载。倾角仪将主题和负载发布到代理（服务器）上面，监测数据系统作为订阅者实时更新主题和负载，完成了数据获取和展示[13]。

监测数据系统接收到数据以后，将数据保存到数据库中方便用户查询，也可以通过图表等形式将数据展示出来，真正实现自动化管理[14]，如图 8 所示。

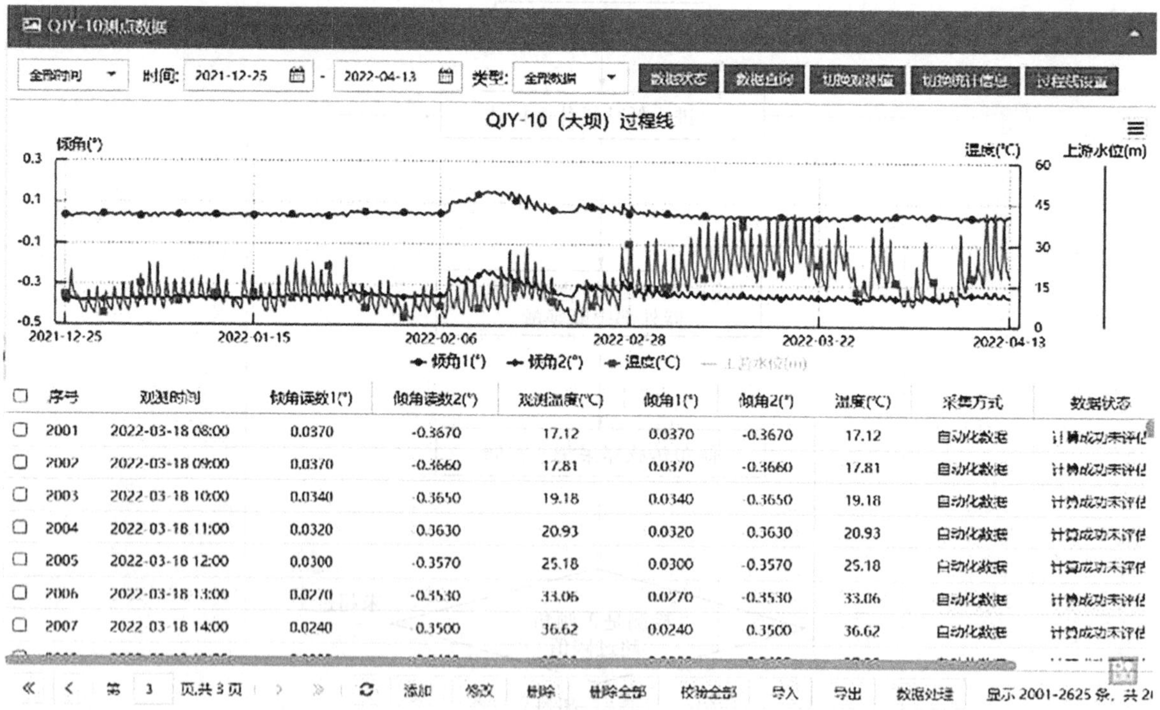

图 8 监测数据平台倾角仪数据展示页面

5 应用举例

白鹤滩水电站位于四川省凉山州宁南县和云南省昭通市巧家县境内，是金沙江下游干流河段梯级开发的第二个梯级电站，具有以发电为主，兼有防洪、拦沙、改善下游航运条件和发展库区通航等综合效益。水库正常蓄水位 825 m，相应库容 206 亿 m^3，地下厂房装有 16 台机组，初拟装机容量 1 600

万 kW，多年平均发电量 602.4 亿 kW·h 时。电站 2013 年主体工程正式开工，2021 年 6 月 28 日首批机组发电，2022 年工程完工。白鹤滩水电站建成后，为仅次于三峡水电站的中国第二大水电站。

在白鹤滩水电站，结合现场条件和监测预警需求，选择下红岩堆积体边坡部署了 3 套倾角仪，对边坡发生崩塌前兆进行监测和预警。

2022 年 1 月完成安装调试，接入监测数据平台，进行自动化监测数据，自动化数据测试频次为 24 次/d，取 3 套倾角仪数据 QJY-8、QJY-9、QJY-10 对 2022 年 1—3 月的数据进行统计分析，见图 9 和表 2。

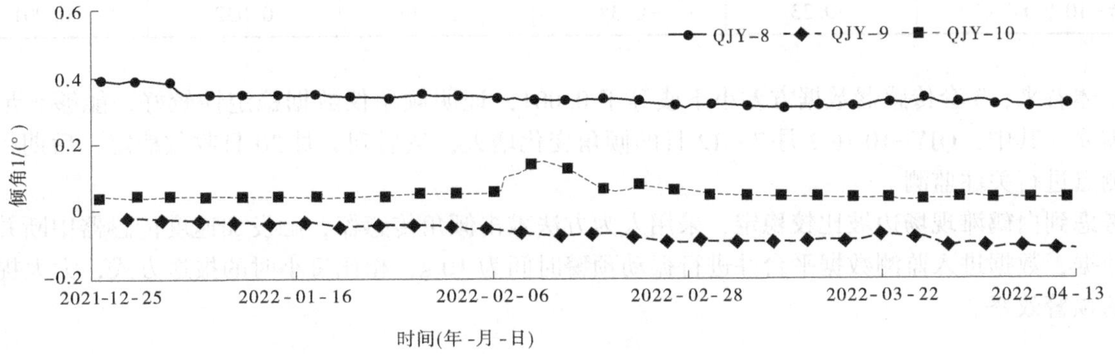

(a) X 轴倾角

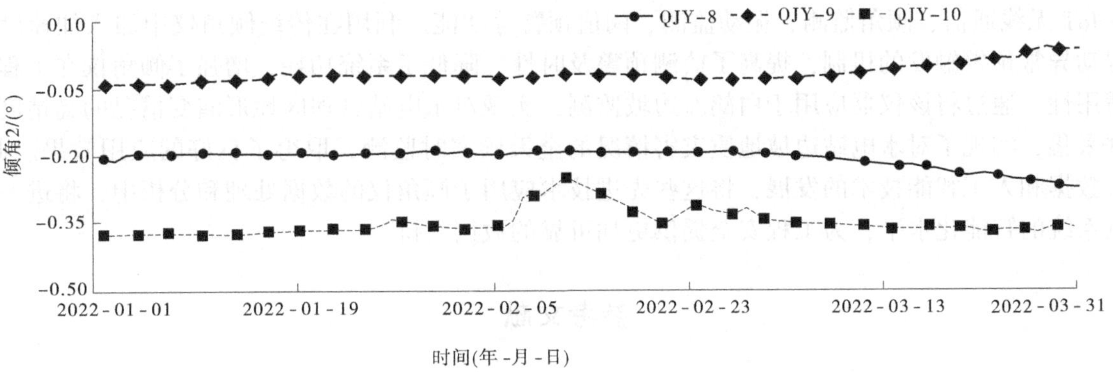

(b) Y 轴倾角

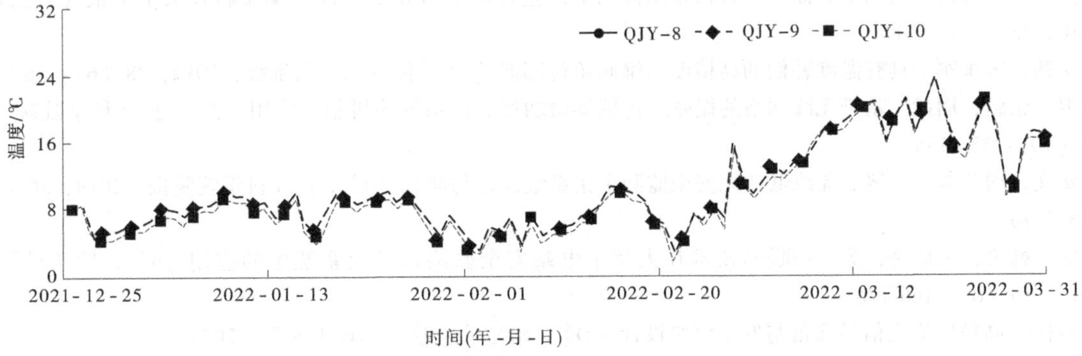

(c)温度

图 9　白鹤滩红岩堆积体边坡倾角仪数据展示

表 2 倾角仪数据统计

测点	最大值	最小值	平均值	标准差	方差
QJY-8，*X*/（°）	-0.024	-0.144	-0.074	0.027	0.001
QJY-8，*Y*/（°）	0.037	-0.047	-0.019	0.019	0
QJY-9，*X*/（°）	0.382	0.258	0.319	0.022	0
QJY-9，*Y*/（°）	-0.191	-0.301	-0.216	0.024	0.001
QJY-10，*X*/（°）	0.154	0.013	0.051	0.03	0.001
QJY-10，*Y*/（°）	-0.23	-0.38	-0.346	0.032	0.001

整体看来，3 套传感器数据方差小于或等于 0.001，证明倾角仪数据稳定性较好，能够满足现场监测需要。其中，QJY-10 在 2 月 7—12 日的倾角变化增大，然后到 2 月 20 日收敛稳定，后期将继续对该测点进行关注监测。

考虑到白鹤滩现场边坡比较稳定，采用人为方法敲击倾角传感器，触发加速度传感器中断并主动报送数据，数据进入监测数据平台并进行振动预警时间为 10 s，相比每小时的报送方式，大大提高了险情的预警效率。

6 结语

本文简要介绍了一种精度高、成本低且高度集成的基于 NB-IoT 的无线低功耗倾角仪，该设备具备 NB-IoT 无线通信、倾角监测、振动监测、阈值预警等功能。利用在传统倾角仪中加入加速度传感器做振动异常预警触发的机制，提高了监测预警及时性，降低了系统功耗，增强了倾角仪在工程应用中的适用性。通过将该仪器应用于白鹤滩边坡监测，实现对水电站管理区地形演变情况的高精度智能化数据采集，实现了对水电站边坡地质灾害情况的全天候实时监测，取得了良好的应用效果。此外，随着大数据和人工智能技术的发展，将这些先进技术应用于倾角仪的数据处理和分析中，将进一步增强监测系统的智能化水平，为工程安全提供更加可靠的数据支持。

参考文献

[1] 张海鹏，李杰，张波，等．基于椭球拟合的 MEMS 倾角仪现场快速标定系统［J］．中国测试，2019，45（2）：94-98.

[2] 朱国力，文香稳，潘明华．曲线拟合在倾角仪测量误差补偿中的应用［J］．华中科技大学学报（自然科学版），2010，38（5）：83-85.

[3] 张从鹏，宋来军．具有温度补偿的高精度二维倾角传感器［J］．传感器与微系统，2019，38（6）：86-88.

[4] 许卫，张乾，周武．基于无线网络的振弦式传感器微功耗测读系统的研制及应用［J］．长江科学院院报，2015，32（10）：134-138.

[5] 黄跃文，周芳芳，韩笑．无线低功耗安全监测采集系统设计与研究［J］．长江科学院院报，2019，36（6）：153-156，170.

[6] 易华，韩笑，王恺仑，等．物联网技术在大型水电站安全监测自动化系统中的应用［J］．长江科学院院报，2019，36（6）：166-170.

[7] 单冬梅．高精度应变信号测量与发生模块设计［D］．哈尔滨：哈尔滨理工大学，2020.

[8] 汪雪莲．基于 SCA100T 倾角传感器的姿态传感器设计［J］．声学与电子工程，2015（3）：23-25.

[9] 韩文正，冯迪，李鹏，等．基于加速度传感器 LIS3DH 的计步器设计［J］．传感器与微系统，2012，31（11）：97-99.

[10] 吴晓斌．基于 NB-IoT 的窨井盖及井下工况远程监控系统设计［D］．太原：中北大学，2018.

[11] 刘一均，冯黎兵，郑嘉龙，等．NB-IoT 在水利信息采集中的应用研究［J］．自动化技术与应用，2022，41（3）：

106-108.
[12] 姚丹，谢雪松，杨建军，等．基于 MQTT 协议的物联网通信系统的研究与实现［J］．信息通信，2016（3）：33-35.
[13] 杨鹏．基于 MQTT 协议的信息推送平台系统的设计与实现［D］．成都：电子科技大学，2015.
[14] 黄跃文，牛广利，李端有，等．大坝安全监测智能感知与智慧管理技术研究及应用［J］．长江科学院院报，2021，38（10）：180-185，198.

梁河水文站固定式多点雷达波在线测流系统比测分析

稽海祥[1]　李春华[2]　蒋飞卿[3]　陈宇飞[3]　赵兴周[2]　束庆林[3]

（1. 水利部南京水利水文自动化研究所，江苏南京　210012；
2. 云南省水文水资源局德宏分局，云南德宏　678400；
3. 江苏南水科技有限公司，江苏南京　210012）

摘　要：为了解河流水资源总量，对水资源进行更精细化管理，通过加快水文现代化建设，发展水文新质生产力，应用推广新技术设备进行水文监测工作，获取更精准的数据，推动水文高质量发展。根据梁河水文站河流断面实际情况，采用固定式多点雷达波进行河道在线流量监测，通过采集原始流速和水位数据，建立模型算法，引入虚流量进行实测流量的在线计算，通过人工数据对比分析获取流量模型参数，提升流量监测精度。根据比测分析结论得出，固定式多点雷达波在线流量监测能够满足梁河水文站流量监测要求。

关键词：水资源；精细化管理；固定式；多点；雷达波；在线测流；比测分析；流量精度

水资源管理是以实施水资源刚性约束制度为主线，以维系良好生态和保障经济社会高质量发展用水需求为目标[1]。如何获取准确的水资源总量数据，为持续复苏河湖生态环境，夯实水资源管理能力做好支撑，这些都依赖于准确的流量数据，流量监测不仅是水资源调配的基础，也是防洪抗旱、生态保护和环境治理的必要手段[2]。目前，在水利监测数字化方面，感知覆盖范围不足、监测要素不全、技术手段不够先进，50%的中小河流没有流量监测设施；智能化方面，模型能力不足、支撑决策精准化程度不高[3]，随着水利数字化、网络化、智能化等技术方面的进展[4]，加快水文现代化建设，发展水文新质生产力，推动水文高质量发展[5]，离不开水文监测新仪器的研发和推广。利用雷达波技术，进行河道流量在线监测，已成为河道在线流量监测的成熟方案[6]，通过科学的数据采集与分析手段，能够及时掌握河道流量情况，为全面建设社会主义现代化国家提供有力的水资源支撑。

1　水文站基本情况

1.1　基本情况

梁河水文站于1970年8月设立，2007年1月断面上迁4 km，现位于云南省德宏州梁河县河西乡红茂村，集水面积1 501 km²，距大盈江汇口23.7 km。该水文站为二类精度站，设站目的是服务水文基本规律探索、水资源管理、水资源开发利用、防汛抗旱、水土保持、水利工程运行管理、河湖长制、生态流量监测等。

1.2　测验河段及断面情况

测验河段顺直，测验断面呈U形，高水时主槽宽度约103 m，中低水时主槽宽度约40 m。断面上

基金项目：国家重点研发计划“山洪灾害风险防控区划与全过程监测防范关键技术”（2023YFC3006700）；国家自然科学基金重大研究计划“西南河流源区水文-环境多过程的立体感知及演变研究”（92047203）；水利部重大科技项目“冰期河道流量在线自动监测关键技术研究”（SKS-2022045）。

作者简介：稽海祥（1977—），男，正高级工程师，主要从事水文信息化、水旱监测与预警、防洪减灾等研究工作。

通信作者：蒋飞卿（1994—），女，工程师，主要从事水文信息化、水旱监测与预警、防洪减灾等研究工作。

游 100 m 和下游 500 m 处分别修建 2 座公路桥。在断面上游右岸约 180 m 处有一红茂小河汇入。河床由砂、卵石组成，断面稳定，断面下游约 250 m 处左岸有一沙滩，低水控制较好。

1.3 在线监测设备

梁河水文站水位自动监测采用浮子式水位计，每 5 min 采集水位，并通过定时报或加报方式向中心站发送。

流量在线自动监测采用固定式多点雷达波测流，主要由现场测流设备和中心站软件构成。其中，现场测流设备主要包括 1 台雷达水位计和 3 台雷达流速仪，中心站软件包括数据接收、流量计算等功能模块。探头根据河道断面特征结合河流流态分布进行布设（见图 1），能够有效地测量主河道水流的流速，其监测的流速具有一定的代表性。

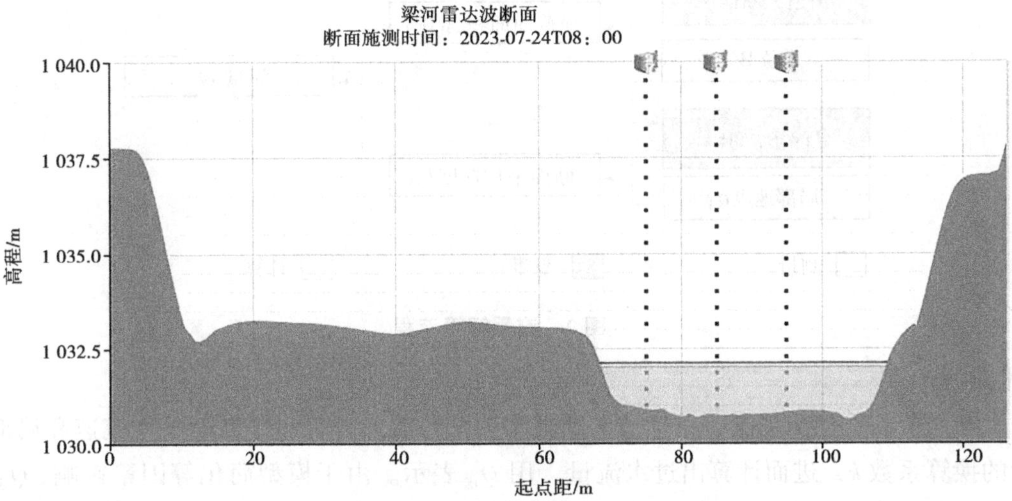

图 1 梁河水文站大断面及设备布设示意图

2 比测技术路线

2.1 模型建立

2.1.1 基础方程

流量计算基本公式为

$$Q = \frac{V}{t} \tag{1}$$

式中：Q 为流量，m^3/s；V 为水量，m^3；t 为时间，s。

通过使用连续性方程，可以将该方程转化为用于测量流量的基本方程。

$$Q = A \cdot v_m \tag{2}$$

式中：A 为过水面积，m^2；v_m 为断面平均流速，m/s。

雷达传感器测量的是水面局部速度 v_l，使用一个无量纲修正系数 k 计算平均速度 v_m。

$$\frac{v_m}{v_l} = k \rightarrow v_m = k \cdot v_l \tag{3}$$

k 因子取决于水流条件和断面条件，通常为 0.6~0.9。结合基本方程，可以得出雷达传感器的流量计算公式为

$$Q = A(W) \cdot k(W) \cdot v_l \tag{4}$$

可根据与水位 W 有关的横截面面积 $A(W)$ 和 k 因子 $k(W)$ 生成流量计算表。

2.1.2 *k* 因子

k 因子取决于水位、断面形状、断面剖面的粗糙度及雷达传感器的位置，可以通过数值水力模型建模确定。

2.1.3 过水面积

过水面积 $A(W)$ 是水位的函数，通常通过水位-面积关系进行获取。

2.1.4 流量模型建立及解算

过水面积和 *k* 因子存储在数据处理终端中，结合实时水位和流速数据，计算出过水面积和平均流速，即可计算出过水流量，如图 2 所示。

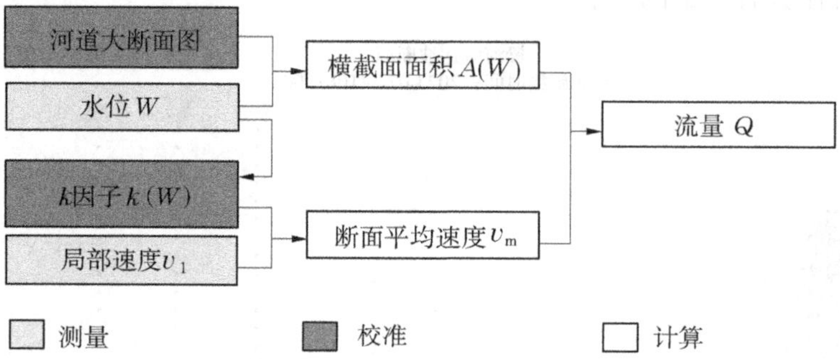

图 2　流量解算流程

2.2 技术路线

根据大断面资料、河床情况、雷达波流速探头安装位置，计算出了断面平均流速和局部流速在不同水位下的换算系数 k，进而计算出过水流量，用 $Q_{虚}$ 表示。由于模型简化等因素影响，$Q_{虚}$ 与实测流量之间不可避免地会产生偏差，因此需要根据人工实测数据对 $Q_{虚}$ 进行适当修正，计算出 $Q_{推}$ 为最终河道自动监测流量。具体率定分析技术路线如图 3 所示。

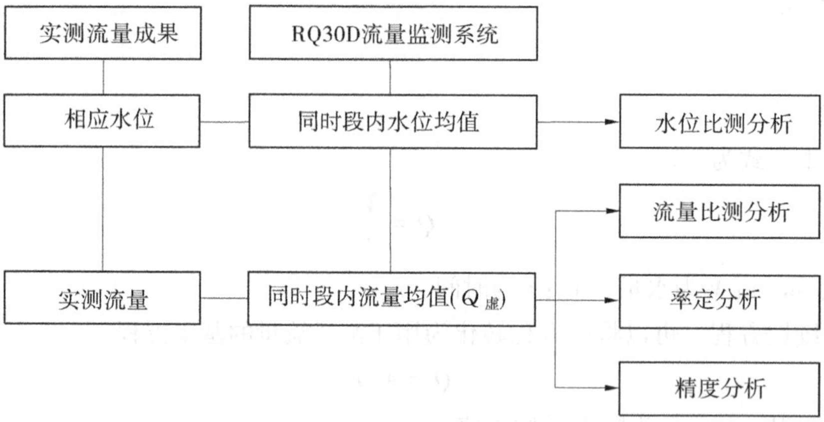

图 3　比测率定技术路线

2.3 精度检验方法

同一级别水位下获取不少于 10 个人工测流实测数据为样本，率定分析相关关系曲线，计算实测点对关系线的标准差、随机不确定度和系统误差，并进行关系曲线检验，包括符号检验、适线检验和偏离检验[7]。

2.3.1 标准差、随机不确定度和系统误差

（1）实测点标准差可按下式计算：

$$S_e = \left[\frac{1}{n-2}\sum_{i=1}^{n}\left(\frac{Q_i - Q_{ci}}{Q_{ci}}\right)^2\right]^{\frac{1}{2}} \tag{5}$$

式中：S_e 为实测点标准差（%）；Q_i 为第 i 个实测点的流量，m^3/s；Q_{ci} 为第 i 实测点的流量 Q_i 相应的曲线上的流量，m^3/s；n 为实测点总数。

（2）随机不确定度可按下式计算：

$$X'_Q = 2S_e \tag{6}$$

式中：X'_Q 为随机不确定度。

（3）实测点与关系线无明显系统偏离时，系统误差可采用实测点对关系线相对误差的平均值。

2.3.2 关系曲线检验

（1）进行符号检验时，应分别统计测点偏离曲线的正、负号个数（偏离值为零者，作为正、负号测点各半分配），按式（7）计算统计量 u 值并将其与给定的显著性水平 α 查表1对应的 $u_{1-\alpha/2}$ 值比较。当计算的 $u < u_{1-\alpha/2}$ 则认为合理，即接受假设；否则，应拒绝原假设。

$$u = \frac{|k - np| - 0.5*}{\sqrt{npq}} = \frac{|k - 0.5n| - 0.5}{0.5\sqrt{n}} \tag{7}$$

式中：u 为统计量；n 为测点总数；k 为正号或负号个数；p、q 为正、负号概率，各为0.5；* 为连续改正数（离散型转换为连续型）。

表1 临界值 $u_{1-\alpha/2}$ 与 $u_{1-\alpha}$

显著性水平 α	0.05	0.10	0.25
置信水平 $1-\alpha$	0.95	0.90	0.75
$u_{1-\alpha/2}$	1.96	1.64	1.15
$u_{1-\alpha}$	1.64	1.28	—

（2）进行适线检验时应按测点水位由低至高排列顺序，从第2点开始统计偏离正、负符号变换，变换符号记1，否则记0。统计记“1”的次数，按式（8）计算 u 值并与给定的显著性水平 α 查表1对应的 $u_{1-\alpha}$ 比较。当 $u < u_{1-\alpha}$ 则认为合理，即接受检验；否则，应拒绝原假设。

$$u = \frac{(n-1)p - k - 0.5}{\sqrt{(n-1)pq}} = \frac{0.5(n-1) - k - 0.5}{0.5\sqrt{n-1}} \tag{8}$$

式中：k 为变换符号次数，$k < 0.5(n-1)$ 时做检验，否则不做此检验；p、q 分别为变换、不变换符号的概率，各为0.5；其他符号含义同前。

（3）进行偏离数值检验时应按式（9）、式（10）分别计算 t 值、$S_{\bar{p}}$ 值，并将 t 值与用给定显著性水平 α 查表2对应的 $t_{1-\alpha/2}$ 值比较，当 $|t| < t_{1-\alpha/2}$ 时认为合理，即接受检验；否则，应拒绝原假设。

$$t = \frac{\bar{p}}{S_{\bar{p}}} \tag{9}$$

$$S_{\bar{p}} = \frac{S}{\sqrt{n}} = \sqrt{\sum (p_i - \bar{p})^2 / [n(n-1)]} \tag{10}$$

式中：t 为统计量；$\bar{p}$ 为平均相对偏离值；$S_{\bar{p}}$ 为 $\bar{p}$ 的标准差；S 为 p 的标准差；p_i 为测点与关系曲线的相对偏离值。

（4）当上述三种检验结果均接受原假设时，认为定线正确；若三种检验（或其中一、二种检验）

结果拒绝原假设，应分析原因，对原定线适当修改，重做检验。

（5）显著性水平 α 值的选用与临界值的确定要求如下：

①符号检验，α 值采用 0.25，临界值按表 1 确定。

②适线检验，α 值采用 0.05~0.10，临界值按表 1 确定。

③偏离数值检验，α 值采用 0.10~0.20，临界值按表 2 确定。

表 2　临界值 $t_{1-\alpha/2}$

α	k							
	6	8	10	15	20	30	60	∞
0.05	2.45	2.31	2.23	2.13	2.09	2.04	2.00	1.96
0.10	1.94	1.86	1.81	1.75	1.73	1.70	1.67	1.65
0.20	1.44	1.40	1.37	1.34	1.33	1.31	1.30	1.28
0.30	1.13	1.11	1.09	1.07	1.06	1.06	1.05	1.04

注： k 为自由度，对于偏离数值检验，取 $k=n-1$，n 为测点总数；对于 t（学生氏），取 $k=n_1+n_2-2$，n_1、n_2 分别为第一组、第二组的测点总数）。

3　数据资料收集

3.1　水位数据

人工水位监测数据采用站上日常人工观测记录水位。

自动水位监测数据采用浮子式水位计遥测系统数据和固定式多点雷达波测流系统中的雷达水位计数据。

3.2　流量数据

人工流量测验采用转子流速仪流量成果数据，包括测流起止时间、相应水位、流量、过水面积等数据。后期可采用走航 ADCP 进行人工流量的校核[8]。

在线流量测验采用雷达波在线测流系统数据，包括 1 个雷达水位计和 3 个雷达流速仪探头逐 5 min 流速数据、水位数据、系统逐 5 min 流量数据。

比测期间，转子流速仪与雷达波测流系统进行了同步流量比测，需剔除异常值，得到有效同步流量测验成果。

根据每个测次人工实测流量施测起止时间从数据库中读取相应时间雷达波测流系统的流速数据平均值，得数据如表 3 所示。

4　比测率定分析

4.1　水位比测

基本水尺水位（实测水位）与雷达水位计水位（测流系统水位）比较如表 4 所示。

测流系统所用雷达水位计量程为 0~15 m，根据《水位观测标准》（GB/T 50138—2010），允许测量误差为 0.03 m。由表 4 可知，18 次水位比测中有 15 次小于或等于 3 cm，占比 83.3%，有 3 次超过 3 cm。分析误差来源，测流系统水位和梁河水文站已有雷达水位计测量位置并不完全一致，以及风、漂流物、波浪等影响，都可能引起误差。根据以上分析，大部分测次水位满足误差要求，证明在线测流系统水位可靠性较高。

4.2　流量比测率定分析

比测期间，流速仪实测流量和雷达波测流系统流量的数据如表 5 所示。

表 3　梁河水文站实测流量及相应雷达点流速数据

测次	平均时间（年-月-日 T 时:分）	实测水位/m	实测流量/(m^3/s)	实测面积/m^2	实测平均流速/(m/s)	测流系统水位/m	测流系统流量/(m^3/s)	探头 1 流速/(m/s)	探头 2 流速/(m/s)	探头 3 流速/(m/s)
1	2024-03-21T11:03	1 031.37	10.1	21.3	0.47	1 031.37	10.78	0.497	0.678	0.665
2	2024-04-17T11:21	1 031.38	10.2	21.6	0.47	1 031.32	12.53	0.638	0.771	0.852
3	2024-04-21T15:56	1 031.74	36.3	32.2	1.13	1 031.76	40.04	1.052	1.463	1.419
4	2024-04-21T18:20	1 031.74	37.3	33.8	1.1	1 031.76	43.38	1.145	1.565	1.535
5	2024-04-25T17:57	1 031.39	10.3	21.1	0.49	1 031.42	10.48	0.386	0.61	0.622
6	2024-04-26T08:41	1 031.42	11.4	21.9	0.52	1 031.37	13.43	0.643	0.825	0.822
7	2024-04-29T11:20	1031.41	10.9	21.9	0.5	1 031.42	13.34	0.556	0.771	0.77
8	2024-05-09T09:35	1 031.46	13.2	23.3	0.57	1 031.43	17.20	0.706	0.939	0.954
9	2024-05-25T10:08	1 032.16	70.9	50.3	1.41	1 032.13	97.38	1.803	2.572	2.522
10	2024-05-25T11:19	1 032.23	78.4	54.6	1.44	1 032.21	107.24	1.781	2.586	2.549
11	2024-06-18T15:41	1 031.70	31.1	32.2	0.97	1 031.68	35.71	1.055	1.35	1.41
12	2024-07-01T11:39	1 033.30	198.0	117	1.69	1 033.29	226.81	2.829	3.481	3.331
13	2024-07-01T13:35	1 033.57	244.0	143	1.71	1 033.47	271.76	2.91	3.541	3.38
14	2024-07-01T19:24	1 033.68	273.0	157	1.74	1 033.67	336.06	3.091	3.562	3.534
15	2024-07-02T10:10	1 033.07	182.0	93.9	1.94	1 033.04	201.45	2.3	3.048	3.275
16	2024-07-03T10:01	1 032.63	117.0	72.3	1.62	1 032.63	144.53	1.717	2.699	2.707
17	2024-07-05T12:31	1 032.10	60.2	45.3	1.33	1 032.12	75.14	1.379	1.907	1.962
18	2024-07-10T12:08	1 032.35	94.6	60.4	1.57	1 032.34	110.25	1.636	2.54	2.397

表 4 基本水尺水位与雷达水位计水位比较

序号	平均时间 (年-月-日 T 时:分)	基本水尺水位/m	雷达水位计/m	水位误差/m
1	2024-03-21T11:03	1 031.37	1 031.37	0
2	2024-04-17T11:21	1 031.38	1 031.32	-0.06
3	2024-04-21T15:56	1 031.74	1 031.76	0.02
4	2024-04-21T18:20	1 031.74	1 031.76	0.02
5	2024-04-25T17:57	1 031.39	1 031.42	0.03
6	2024-04-26T08:41	1 031.42	1 031.37	-0.05
7	2024-04-29T11:20	1 031.41	1 031.42	0.01
8	2024-05-09T09:35	1 031.46	1 031.43	-0.03
9	2024-05-25T10:08	1 032.16	1 032.13	-0.03
10	2024-05-25T11:19	1 032.23	1 032.21	-0.02
11	2024-06-18T15:41	1 031.70	1 031.68	-0.02
12	2024-07-01T11:39	1 033.30	1 033.29	-0.01
13	2024-07-01T13:35	1 033.57	1 033.47	-0.10
14	2024-07-01T19:24	1 033.68	1 033.67	-0.01
15	2024-07-02T10:10	1 033.07	1 033.04	-0.03
16	2024-07-03T10:01	1 032.63	1 032.63	0
17	2024-07-05T12:31	1 032.10	1 032.12	0.02
18	2024-07-10T12:08	1 032.35	1 032.34	-0.01

表 5 流速仪实测流量和雷达波测流系统流量统计

测次	时间 (年-月-日 T 时:分)	实测水位/m	实测流量/(m^3/s)	测流系统流量/(m^3/s)
1	2024-03-21T11:03	1 031.37	10.1	10.78
2	2024-04-17T11:21	1 031.38	10.2	12.53
3	2024-04-21T15:56	1 031.74	36.3	40.04
4	2024-04-21T18:20	1 031.74	37.3	43.38
5	2024-04-25T17:57	1 031.39	10.3	10.48
6	2024-04-26T08:41	1 031.42	11.4	13.43
7	2024-04-29T11:20	1 031.41	10.9	13.34
8	2024-05-09T09:35	1 031.46	13.2	17.20
9	2024-05-25T10:08	1 032.16	70.9	97.38

续表 5

测次	时间 (年-月-日 T 时:分)	实测水位/m	实测流量/(m^3/s)	测流系统流量/(m^3/s)
10	2024-05-25T11:19	1 032.23	78.4	107.24
11	2024-06-18T15:41	1 031.70	31.1	35.71
12	2024-07-01T11:39	1 033.30	198.0	226.81
13	2024-07-01T13:35	1 033.57	244.0	271.76
14	2024-07-01T19:24	1 033.68	273.0	336.06
15	2024-07-02T10:10	1 033.07	182.0	201.45
16	2024-07-03T10:01	1 032.63	117.0	144.53
17	2024-07-05T12:31	1 032.10	60.2	75.14
18	2024-07-10T12:08	1 032.35	94.6	110.25

4.3 稳定性分析

该次比测分析利用雷达波测流系统计算的流量作为测流系统流量。转子流速仪实测流量与雷达波流量过程线对比如图 4 所示。

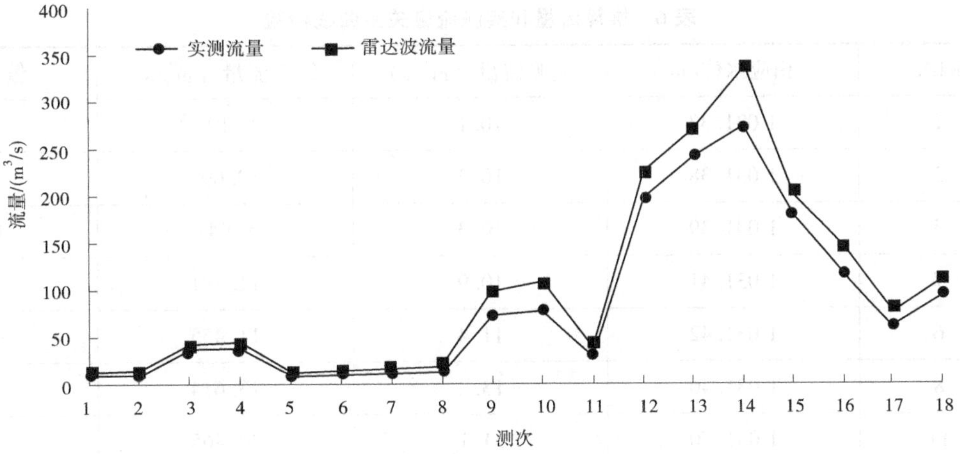

图 4 实测流量与雷达波流量过程线对比图

由图 4 可知，总体上雷达波流量和转子流速仪实测流量的变化趋势基本一致，说明雷达波测流数据稳定可靠。

4.4 相关关系率定

对雷达波流量和转子流速仪实测流量建立相关关系，如图 5 所示。

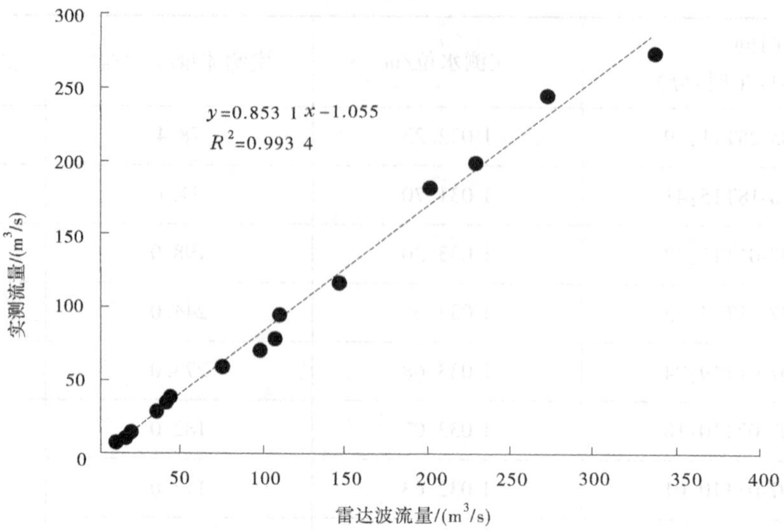

图 5　雷达波流量与流速仪实测流量的率定关系模型

由图 5 可知，两者之间相关性显著，相关系数 $R^2=0.993\ 4$。相关关系模型为一次方程：

$$Q_{推} = 0.853\ 1Q_{虚} - 1.055 \tag{11}$$

式中：$Q_{推}$为雷达波测流系统断面流量推算修正值；$Q_{虚}$为雷达波测流系统原始输出流量。

4.5　检验分析

采用式（11）计算各测次雷达波测流系统推算断面流量，与转子流速仪实测的断面流量进行精度检验分析，精度检验结果如表 6 所示。

表 6　推算流量和实测流量关系曲线检验

序号	测次	相应水位/m	实测流量/(m^3/s)	线上流量/(m^3/s)	偏差 P/%
1	1	1 031.37	10.1	9.193	8.98
2	2	1 031.38	10.2	10.693	-4.83
3	5	1 031.39	10.3	8.941	13.19
4	7	1 031.41	10.9	11.381	-4.41
5	6	1 031.42	11.4	11.455	-0.48
6	8	1 031.46	13.2	13.614	-3.14
7	11	1 031.70	31.1	30.465	2.04
8	3	1 031.74	36.3	34.154	5.91
9	4	1 031.74	37.3	37.005	0.79
10	17	1 032.10	60.2	63.044	-4.72
11	9	1 032.16	70.9	82.016	-15.68
12	10	1 032.23	78.4	80.431	-2.59
13	18	1 032.35	94.6	94.053	0.58
14	16	1 032.63	117	122.247	-4.48
15	15	1 033.07	182	171.86	5.57

续表 6

序号	测次	相应水位/m	实测流量/(m^3/s)	线上流量/(m^3/s)	偏差 P/%
16	12	1 033.30	198	193.487	2.28
17	13	1 033.57	244	231.84	4.98
18	14	1 033.68	273	285.64	-4.63
样本容量：N=18		正号个数：9		符号交换次数：9	
符号检验：u=-0.235 7		允许：1.15（显著性水平 μ=0.25）		合格	
适线检验：不需检验，因为符号交换次数=9>0.5(n-1)，n 为测数					
偏离数值检验：$\mid t \mid$ =0.237 4		允许：1.74（显著性水平 α=0.10）		合格	
标准差：S_e=6.79%		随机不确定度：13.58%		系统误差：0.37%	

4.6 精度评价

梁河水文站为流量二类精度站，根据《水文资料整编规范》（SL/T 247—2020）的规定，二类精度的水文站采用单一曲线法定线时定线精度指标为：系统误差±1%，不确定度 10%。由于雷达波测流系统测量表面流速方法相似水面浮标法测流，根据《水文资料整编规范》(SL/T 247—2020)规定，采用水面浮标法测流定线随机不确定度可增大 2%~4%。

由表 6 可知，采用一次方程对雷达波测流系统输出流量和人工实测流量建立关系，并进行关系曲线检验，结果显示：符号检验、偏离数值检验均合格，适线检验不需检验，系统误差为 0.37%（<1%），随机不确定度为 13.58%（<14%），定线满足二类精度站指标要求。

5 结论及建议

5.1 结论

对梁河水文站固定式多探头雷达波测流系统进行比测分析，将雷达波测流系统计算的流量与流速仪实测流量建立相关关系，符号检验、偏离数值检验均合格，适线检验不需检验，系统误差和随机不确定度满足要求，定线满足二类精度站指标要求。

5.2 建议

（1）继续开展资料收集，加强不同水位级流量的比测率定工作，确定不同水位级下洪水在线流量监测参数，进一步提升流量监测精度。

（2）在异常流速数据过滤算法方面进行进一步研究，有效过滤无效流速数据，提高流量计算的鲁棒性。

参考文献

[1] 李国英．为以中国式现代化全面推进强国建设、民族复兴伟业提供有力的水安全保障［R］．北京，2024.

[2] 中华人民共和国水利部．2019 中国水利发展报告［M］．北京：中国水利水电出版社，2019.

[3] 赵志博．新时期智慧水利建设的思考［J］．河南水利与南水北调，2020，49（5）：87-88.

[4] 蔡阳，成建国，等．加快构建具有“四预”功能的智慧水利体系［J］．中国水利，2021（20）：2-5.

[5] 嵇海祥，李春华，等．非接触式在线测流系统数据相关性及误差分析：以姐岗水文站为例［J］．中国防汛抗旱，2022，32（9）：65-69.

[6] 李雨，李薇，等．定点式雷达波测流优化方案研究及适用性分析［J］．水文，2021，41（5）：53-58.

[7] 中华人民共和国水利部．水文资料整编规范：SL/T 247—2020［S］．北京：中国水利水电出版社，2020.

[8] 韩宝豆，嵇海祥，等．基于雷达侧扫技术在高安水文站的应用［J］．中国水运（下半月），2022，22（10）：102-104.

基于单站气象雷达在城市防洪预报中的应用

张　明

（黄河水利委员会山东水文水资源局泺口水文站，山东济南　250100）

摘　要：单站气象雷达利用发射频率和回波频率变化来测定降水粒子谱分布，并以此推断气流速度、大气湍流等。通过这种方式增强了对强降雨的探测能力和中尺度天气系统的预报。单站气象雷达在城市防洪减灾和预报预警中的应用，有力地促进了城市防洪预报向现代化、及时性的转变，成为城市防洪预报现代化的重要标志，也为增加城市防洪的预报期、建立高质量城市发展提供了可行的气象依据。

关键词：单站气象雷达；城市防洪；预报

1　引言

单站气象雷达技术是一种利用电磁波探测大气中的气象目标的高科技手段，能够生成高精度的天气数据，进而精准预测天气变化趋势。在城市防洪预报中，它的作用尤其显著。通过及时发现降雨量较大的地区，预测降水灾害的可能性，为城市管理部门提供决策依据，从而保障城市居民的安全。此外，这种技术还可以为城市规划提供科学依据，提高城市的防洪能力，让城市在面对极端天气时更有保障。

单站气象雷达技术的工作原理是通过发送电磁波，探测大气中的气象目标，如云、雨、雪等。这些目标会反射或吸收电磁波，从而使得雷达接收到不同的回波信号。通过对这些信号的分析和处理，可以生成高精度的天气数据。这些数据可以实时传输给气象部门，为城市防洪预报提供数据支持。

在城市防洪方面，单站气象雷达技术的作用尤为突出。当城市遭遇强降雨时，雷达可以及时发现降雨量较大的地区，预测降水灾害的可能性。这为城市管理部门提供了决策依据，可以及时采取措施，如启动应急预案、疏散居民等，以保障城市居民的安全。

单站气象雷达技术还可以为城市规划提供科学依据。通过分析天气数据，可以了解城市的气候特点、降雨分布等情况，从而在规划阶段就考虑到这些因素，提高城市的防洪能力。例如，可以在城市规划中预留更多的绿地、湿地等，以增加城市的雨水吸收能力；还可以在建筑设计中考虑雨水收集和利用等方面，从而在面对极端天气时更有保障。

单站气象雷达技术在城市气象监测和防洪方面具有重要的作用。通过及时发现降雨量较大的地区、预测降水灾害的可能性，为城市管理部门提供决策依据，保障城市居民的安全。同时，还可以为城市规划提供科学依据，提高城市的防洪能力。随着科技的不断发展，相信这种技术在未来还将发挥更大的作用，为城市防洪、水库运用、城市规划作出贡献。

作者简介：张明（1981—），男，高级工程师，主要从事水文水资源、水环境、水生态等方面的研究工作。

2 单站气象雷达技术概述

2.1 单站气象雷达的基本原理和组成

单站气象雷达的基本原理是利用电磁波在空气中传播的特性。当雷达发送电磁波时，这些电磁波会以球形波束向周围传播。当这些电磁波遇到目标物时，它们会反射回来，并被雷达接收器接收。通过测量反射回来的电磁波的时间和方向，可以确定目标物的位置和速度。

单站气象雷达的组成包括以下几个主要部分：

（1）发射机。产生高频率的电磁波，并通过天线发送出去。

（2）接收机。接收反射回来的电磁波，并将其转换为可处理的信号。

（3）天线。用于发送和接收电磁波的设备。

（4）处理器。对接收到的信号进行处理。

2.2 单站气象雷达的主要功能和应用场景

单站气象雷达是一种广泛应用于气象监测和预警的设备，其主要功能和应用场景如下：

（1）气象监测。单站气象雷达通过发射电磁波，探测大气中的气象目标，如雪、雨、湿度、风力、风向等气象要素。通过实时监测这些气象数据，单站气象雷达能够提供准确的气象情报。

（2）灾害预警。单站气象雷达能够快速发现天气系统中的异常情况，如强风暴、龙卷风、冰雹等灾害天气。通过及时发布灾害预警，可以提醒公众采取必要的防范措施，减少灾害损失。

（3）交通气象服务。单站气象雷达可以提供实时的交通气象信息，如道路能见度、降雨情况等。这些信息对于驾驶人员和交通管理部门来说非常重要，可以帮助他们合理安排路线和交通管制措施，保障交通安全。

（4）农业气象服务。单站气象雷达能够提供准确的农田气象信息，如土壤湿度、温度、降雨等。这些数据对于农民和农业管理部门来说非常重要，可以帮助他们合理安排农业生产和管理措施，提高农作物产量和质量。

3 单站气象雷达在城市防洪预报中的优势

3.1 提高预报准确性和时效性

单站气象雷达与AI技术结合，使得AI技术能够从单站气象雷达海量数据中提取有价值的信息，并形成预测模型，极大地提高了预测的准确性和时效性。这种预报方式，不仅能够自动处理和分析数据，减少人为错误和遗漏，同时根据历史数据预测未来趋势，使天气预报更加精准可靠。

3.2 提高小尺度、高分辨率气象信息的捕捉能力

单站气象雷达可以利用先进的卫星观测技术，精确测量地球大气层的红外光谱、微波辐射等信号，从而获取高分辨率的气象信息。这些数据，如同时间的切片，为我们揭示了天气变化的真实面目（见图1）。

小尺度、高分辨率的气象信息捕捉能力，代表了气象监测系统对天气变化敏锐的洞察力。这一能力不仅展现了气象科技的高水平，更是在防灾、救援等关键领域发挥着重要作用。

4 单站气象雷达在城市防洪预报中的应用及应用思路

4.1 单站气象雷达在城市防洪预报中的应用

单站气象雷达探测的高空气象信息呈现了通过不同垂直高度分层对比，可以判读出所在城市将经

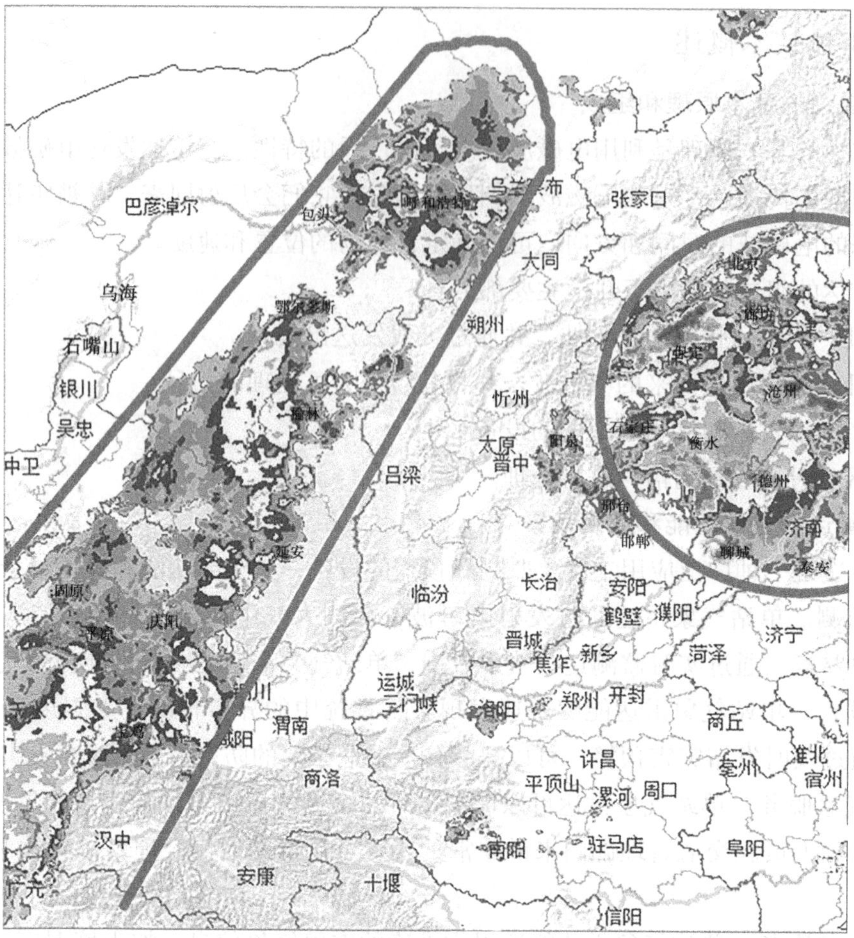

图 1　雷达基本发射率图

历多大降雨强度的降雨（见图 2）。

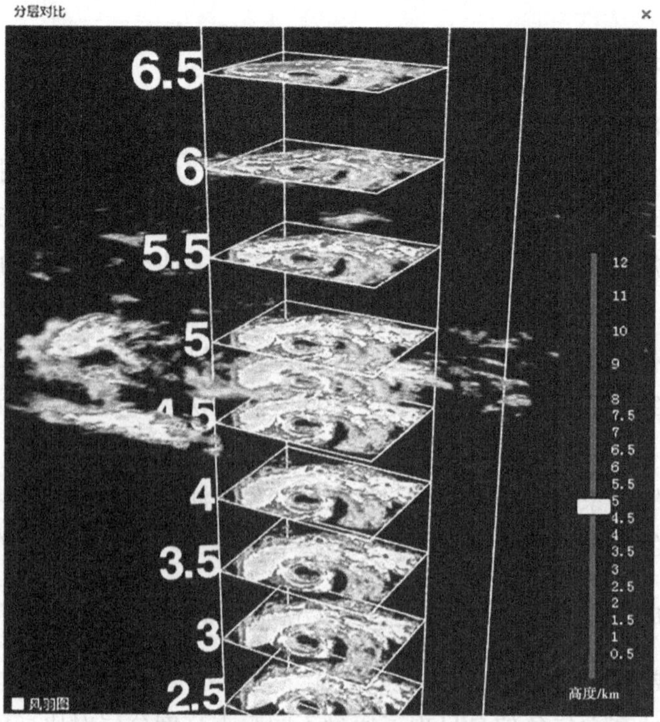

图 2　不同垂直高度分层基本发射率

如果分层由深红色到朱红色回波较多，那么区域内将普降大到暴雨，甚至特大暴雨，如果分层中由黄色到绿色回波较多，那么区域内将普降小到中雨，同时也可以通过其外围螺旋雨带的样式判断将要波及的区域有多大。

高空气象信息呈现了如图3所示的图片样式，它是通过每6 min雷达回波图，动态展示对流层折射的变化状态，可以判断所在城市将经历多长时间或者已经经历了多长时间的降雨。

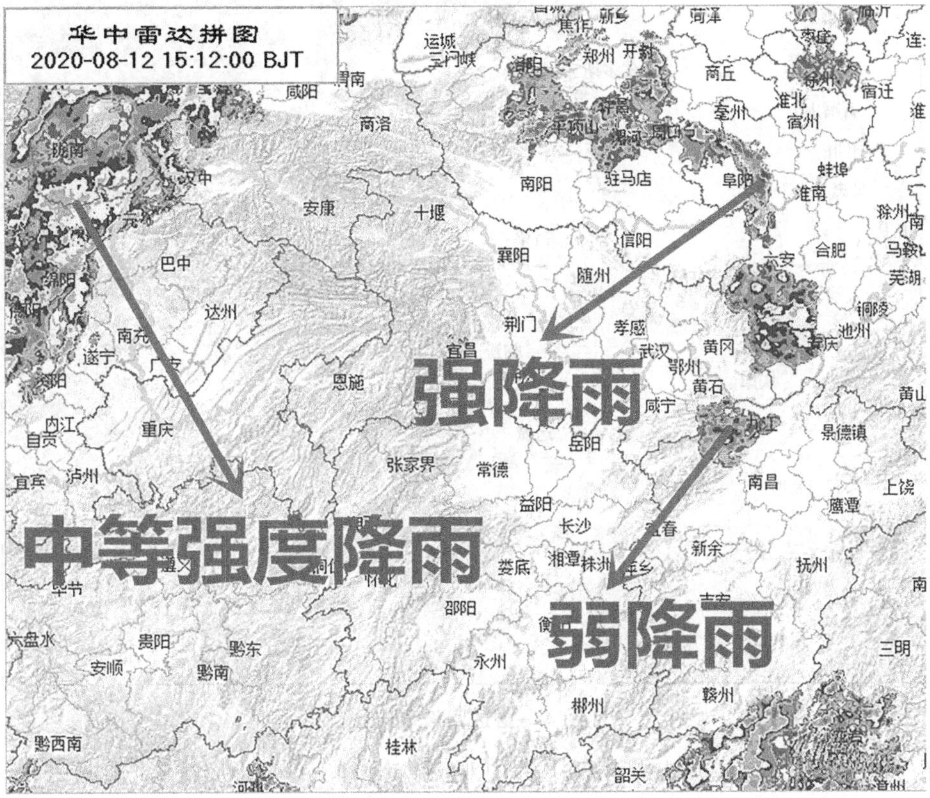

图3 不同时间、不同区域基本发射率图

从图4可以看出，淡蓝色回波包围的区域内一定有降雨出现。淡蓝色有可能出现降雨，浅绿色有小雨级别出现，较深绿色有小到中雨级别出现，黄色有中到大雨级别出现，红色有大到暴雨级别出现。

蓝色回波对应的区域表示当地被降水云系笼罩，但尚未出现降雨；绿色回波覆盖的区域代表为绵小雨；黄色到红色回波覆盖的区域有中到大雨。一般黄色区域对应降雨强度为10 mm/h左右；橙色雷达回波一般对应降雨强度为25 mm/h左右，并且有可能出现冰雹、短时雷雨大风等强对流天气。朱红色降雨强度在25～50 mm/h，大红色降雨强度在50～100 mm/h，深红色降雨强度在100～250 mm/h。紫色回波的区域降水强度最大，降雨强度在250 mm/h以上，该地区处于暴雨或者大暴雨，并有伴随冰雹、雷电大风等剧烈天气[1]。

此外，借助雷达回波动态图，也可以识别降雨未来趋势。从2021年7月12日8时00分至9时12分的华北雷达动态拼图中可以看到，有两个降雨带向东北方向缓慢移动，强度变化不大。从动态图上看，如果某地回波从蓝色到紫色渐变，表示回波强度由小到大，降雨强度也会逐渐加大；从雨带的移动趋势，也可以大致判断某地何时下雨、何时雨停。

4.2 应用思路

通过对降雨量的实时监测和预测，可以更好地了解和掌握降雨的变化和趋势，从而为城市防洪调度及防汛提供更加准确和及时的信息。在降雨预测方面，基于Negri-Adler方法和基于云移动模型的

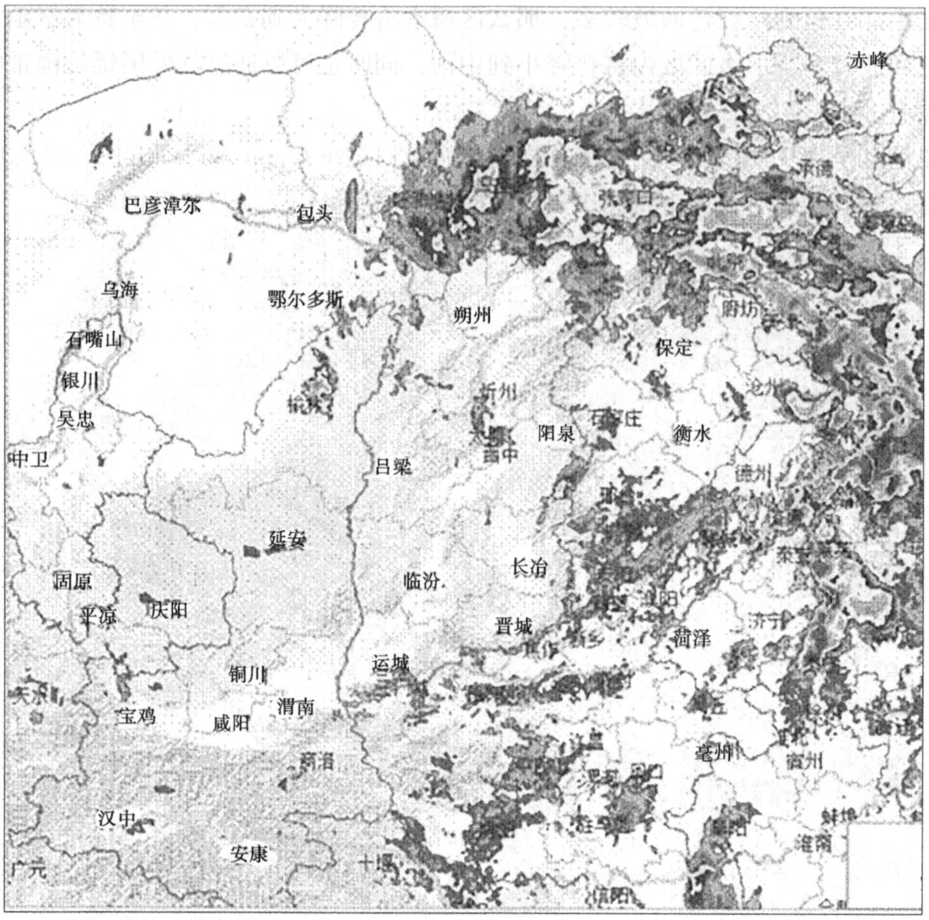

图 4　雷达回波动态图

Scofield 方法被广泛采用，这些方法能够利用历史观测数据和实时观测数据，预测未来一定时间范围内的降雨量。

通过以上不同类型的观测数据，采用基于 Negri-Adler 方法和基于云移动模型的 Scofield 方法进行拟合，可以制作出过去 6 h 和未来 6 h 面降雨量，获取城市内降雨的定点和定量信息，地面降雨估算方程为

$$R(\Delta t) = R_1(\Delta t) + R_2(\Delta t,\ r_1,\ r_d,\ F) \tag{1}$$

式中：R_1 为根据 $T-R_g$ 曲线由 GMS-5 红外云图资料反演的降水；R_2 为降水修正量；r_1 为云区面积占窗区负温度云总面积的比率；r_d 为可产生强降水云区面积占窗区重负湿度云面积的比率；F 为集水面积，km^2。

通过对降雨量的估算，可以获取城市内降雨的定点和定量信息，这对于城市防汛调度和防洪河道、水库防洪运用具有重要意义。在实际应用中，地面降雨估算方程通常被用于计算降雨量，该方程基于城市的地理信息和降雨观测数据，能够较准确地估算出城市内的降雨量。

在建立适合于研究城市的集“天气预报-降水预报”的预报模型方面，需要综合考虑多种因素，包括不同降雨分辨率条件下的预报精度、模型的稳定性和可靠性等。通过对不同降雨分辨率的分析和研究，可以进一步优化和提高降水预报的精度和准确性[2]。

5　单站气象雷达在城市防洪预报中的技术挑战与解决方案

5.1　单站气象雷达在城市防洪预报中的技术挑战

在城市防洪预报中，单站气象雷达面临着诸多技术挑战。城市环境的复杂性使得雷达信号在传播

过程中容易受到干扰，从而影响数据的准确性和可靠性。此外，城市建筑物对雷达信号的反射和折射效应可能会导致误判和漏判。同时，城市气象要素的快速变化和不确定性也增加了预报的难度。

5.2 单站气象雷达在城市防洪预报中的解决方案

（1）通过采用先进的雷达技术和算法，提高数据的准确性和可靠性。使用单站气象雷达与AI技术结合对数据进行处理和分析。

（2）通过建立城市模型，模拟城市环境对雷达信号的影响，从而减少误判和漏判。此外，利用城市模型还可以对城市气象要素进行精细化预报，提高预报的准确性和时效性。

（3）通过加强数据监测和共享，及时获取最新的气象数据和降水数据，为城市防洪预报提供可靠的数据支持。此外，还可以通过数据共享，与其他部门和机构开展合作，共同推进城市防洪预报技术的发展。

（4）通过加强技术研发和创新，不断优化和完善单站气象雷达技术，提高其在城市防洪预报中的性能和表现。此外，还可以借鉴其他领域的技术和经验，如智能交通、智慧城市等，为城市防洪预报技术的发展提供新的思路和方法。

6 单站气象雷达在城市防洪预报中的前景

6.1 技术进步带来的应用拓展

单站气象雷达在城市防洪预报中的技术进步，带来了无比广阔的应用前景。这一技术的持续发展，使得城市防洪预报的准确性和及时性得到了极大提升。

以往城市防洪预报主要依赖于气象预报和水利工程的监测数据。然而，这些方法往往存在一定的误差和局限性，使得预测结果并不尽如人意。单站气象雷达的出现，为我们提供了更加精准、高效的城市防洪预报手段。

单站气象雷达能够实时监测降雨量和降雨强度，通过先进的数据分析和模型预测，可以更加准确地预测降水的时间、地点和强度。

单站气象雷达还可以与AI、大数据等先进技术相结合，进一步提高城市防洪预报的精度和效率。AI技术可以对气象雷达数据进行深度分析，更加准确地预测降雨量和降雨强度；大数据技术则可以对历史气象数据进行深入挖掘和分析，预测未来一段时间内的气候变化趋势，从而更好地指导城市防洪工作。

单站气象雷达在城市防洪预报中的应用拓展，为城市管理提供了更加科学、有效的决策支持。随着技术的不断进步和应用拓展，单站气象雷达在城市防洪预报中必将发挥更加重要的作用。

6.2 在智慧城市和环境监测中的重要地位

在智慧城市与环境监测中，单站气象雷达以其独特的地位和功能，为城市防洪预报和环境监测提供了及时、准确、可靠的数据支持。

单站气象雷达具备强大的气象数据收集、处理与预测能力。通过精细的算法和模型，对未来的天气情况进行精准预测。在城市防洪预报方面，单站气象雷达的降雨预测功能可以为城市排水系统的规划与调度提供科学依据，避免突发性暴雨带来的城市内涝。

此外，单站气象雷达在城市环境监测方面也具有不可或缺的地位。它可以监测空气质量、PM2.5、温湿度等环境数据，为城市环境治理提供科学依据。同时，通过与其他监测设备的联动，单站气象雷达可以实现城市环境的全面监测和管理。

单站气象雷达在城市防洪预报和环境监测中发挥着越来越重要的作用。它的精确数据监测和预测能力为城市的可持续发展提供了有力的支持，也为我们的生活带来了更多的便利和安全。

6.3 与其他先进技术的结合与创新应用

单站气象雷达与物联网技术结合，使得城市的防洪设施变得更加智能化。根据河道水位、水库水量等实时信息，通过物联网技术相互连接，智能化的防洪设施能够自动调整运行状态，以最佳的方式应对可能的降水灾害。

单站气象雷达与云计算技术结合，云计算的高效存储和计算能力，将海量的气象数据和其他相关信息汇聚在一起，为城市的防洪工作提供了更加全面、准确、高效的信息支持。

参考文献

[1] 北京连山科技股份有限公司．一种基于气象雷达的 GIS 地图预警方法：202111139367.8 [P]．2021-09-26.

[2] 胡彩虹，张青山，杨帆．雷达在水文预报应用中的研究进展 [J]．气象与环境科学，2009，32 (1)：75-81.

黄河流域数字孪生建设工程伦理风险与规避研究

甄雨欣　聂宇航

（黄河水利委员会中游水文水资源局，山西晋中　030600）

摘　要：基于黄河流域数字孪生建设工程规划及实施方案，结合已建成水利工程及数字孪生工程伦理风险研究，探讨了黄河流域数字孪生建设工程中决策、设计、施工、模型构建及机器学习等环节存在的伦理风险，分析了黄河流域数字孪生建设工程在生态环境影响、水利信息安全、社会稳定、经济发展等方面涉及的伦理风险，并特别指出了数字孪生工程产生的数据滥用和算法滥用伦理风险。为降低黄河流域数字孪生工程伦理风险概率，减少黄河流域数字孪生建设工程伦理风险发生后产生的危害，针对各环节黄河流域数字孪生建设工程伦理风险提出规避方法。

关键词：数字孪生；伦理风险；黄河流域

1　引言

“十四五”以来，水利部审核通过了《数字孪生流域建设先行先试实施方案》和《“十四五”数字孪生流域建设总体方案》。第十三届全国人民代表大会第四次会议通过的《中华人民共和国国民经济和社会发展第十四个五年规划和2035年远景目标纲要》提出，加快数字化发展，建设数字中国；构建智慧水利体系，以流域为单元提升水情测报和智能调度能力。数字孪生概念兴起并被逐步应用，大数据、云计算等概念经过多年总结完善已逐渐成型，物联网模式广泛建立、发展日趋成熟。新技术、新方法的发展完善，为黄河流域生态保护和高质量发展提供了新的方向和思路。

随着黄河流域生态保护和高质量发展重大国家战略的提出和全面部署，国家对水利事业的投资力度和重视程度与日俱增。黄河流域适用于不同业务系统的水利工程建设已积累了丰富的规划设计及建设管理经验，组成了涵盖各类水利业务应用分支的黄河流域水利工程网络体系。通过学习成熟行业信息平台的模型架构[1]，并与黄河流域实际水文地质特征、基建项目建设现状和发展规划、新仪器新设备的使用试运行报告和适用性分析相结合，提出了一系列数字孪生工程建设思路和方向。为黄河流域数字孪生工程构想的实现提供了可能。

黄河流域数字孪生工程建设势在必行。在水利工程建设经验丰富、技术可行、经济合理的基础上，通过分析研判黄河流域数字孪生建设工程伦理风险，对工程建设从决策部署、前期设计、工程项目施工管理，到工程完工验收鉴定、工程移交及实际使用的基础设施建设中工程各个环节存在的水利工程建设伦理风险、水利工程建设导致的社会伦理风险、生态环境伦理风险、数字孪生模型建立产生的水利信息安全伦理风险进行归纳分析，对数字化程度与水利行业实际需求差异的伦理风险等进行风险分析及风险预警[2]。提前对黄河流域数字孪生建设工程可能产生的工程伦理风险进行有针对性的预防和准备，切实有效地降低工程伦理风险发生的可能性和发生后产生的危害。

2　黄河流域数字孪生建设工程概述

数字孪生黄河，指的是对现实中的黄河流域全要素和保护治理活动全过程进行数字映射、智能模

作者简介：甄雨欣（1995—），女，工程师，主要从事黄河流域水利工程规划计划及建设管理、水文测报升级等研究工作。

拟、前瞻预演，与现实中的黄河流域同步仿真运行、虚实交互，以实现对现实流域的实时监控，及时发现问题，优化水资源调度。数字孪生黄河建设的重点工程有黄河下游防洪工程安全监测工程、黄河流域全覆盖水监控系统、黄河流域水工程防灾联合调度系统、黄河流域水文基础设施建设工程、黄河流域水资源管理与调配应用系统、淤地坝安全度汛管理平台、数字孪生黄河关键技术研究与平台建设、黄河流域数字孪生应用示范。

为建设数字孪生黄河，需完成黄河流域数字孪生工程建设，为数字孪生黄河的构建打下基础设施和仪器设备等数据采集和预处理硬件及软件基础。数字孪生黄河，关键在于“数字”，即构建数字化黄河。利用黄河流域数字孪生工程获得大数据进行模型训练和算法优化，不断提升数字孪生黄河与实体黄河之间的联系，通过数据的在线处理分析，逐步实现水情预测、洪涝灾害预警预报、防洪工程安全监测、水生态水资源在线监测、水工程防灾调度及安全度汛等工作。

3　黄河流域数字孪生建设工程伦理风险

黄河流域数字孪生建设工程伦理是指从业人员在黄河流域数字孪生建设工程工作中，对公众、环境、社会及未来所负的责任，是处理利益与责任、局部利益与全局利益、经济效益与环境效益、现实需要与长远价值等关系中的价值取向问题，以及必须遵守的行为准则和道德规范[3]。

黄河流域数字孪生工程建设兼具水利工程和数字孪生工程的工程伦理风险，需将两者合并分析。黄河流域数字孪生工程在建设过程中，在各个建设环节中有来自各参建方的工程伦理风险；在数字孪生模型构建、机器学习和模型调试过程中，承担数据滥用和算法滥用的工程伦理风险。

3.1　水利工程存在的伦理风险

3.1.1　决策过程伦理风险

工程决策是工程决策主体（政府、企业或个人）针对特定的工程建设项目，运用科学的理论和方法确立总体工程部署，通过对若干工程建设方案进行分析评估，并对最终的实施方案进行抉择的过程。水利工程决策确定了水利工程建设项目的建设规模、建设任务、投资计划等关键因素，在水利工程建设全过程中是最重要的建设环节。因此，决策过程中的工程伦理风险控制就显得尤为重要。水利工程决策过程伦理风险包括决策者的伦理道德、社会责任意识、生态环境保护意识、社会维稳意识等。因大量水利工程投资额大，在决策阶段也需要避免出现政绩工程，严肃立项、合理规划工期、严把质量关和投资关，降低决策过程中的工程伦理风险。

3.1.2　设计过程伦理风险

工程设计是工程设计师根据工程规划要求，在一定的工程理念的指导下，依据技术规程设计出工程建设方案的过程。工程设计是包括人的思维、想象、目的、意志及手段等采取的计划过程，是一种带有目的性的人类思维活动。任何设计活动的成果都是设计者思想意识的产物，都存在着设计者的伦理价值取向，设计过程伦理贯穿于设计活动的始终。伦理风险也贯穿于工程设计的始终。工程设计是保证工程成功与否的一个决定性环节，在工程活动中设计就是一切。工程设计者是否具有道德责任感，对水利工程安全性具有重大意义。在进行工程技术设计时要兼顾人文关怀、生态关怀，要权衡这一设计对人类生存的利弊大小和对社会可持续发展的利弊大小，要考虑到生态环境的良性循环、资源的可持续利用，生态物种的和谐共生等[4]。

3.1.3　施工过程伦理风险

在施工过程中，工程伦理风险主要来源于施工单位和监理单位。施工单位是否转包、是否肢解分包；施工单位和监理单位能否严格控制工程质量、工程安全、工程进度和工程投资；监理单位能否按照规定进行旁站监测、平行检测……方方面面都需要遵章守法，严守底线，把控工程伦理风险。

3.1.4　验收移交环节伦理风险

验收移交过程中，参与验收的各方均应按规定委派专人到场，并签署验收鉴定书。确认验收合格后，工程方可移交给建设单位。在验收环节，各方能否遵循工程建设相关法律法规、行业相关制度标准，是把控该环节伦理风险的首要因素。对工程质量等方面的验收鉴定、对建设项目是否满足设计要求等担负验收责任，是验收移交环节的工程伦理风险。

3.1.5 水利工程与生态环境伦理风险

按照生态文明的要求重新审视水利工程建设中的人与自然的关系、人与人的关系以及经济利益和生态利益的关系，可将水利工程与生态环境伦理价值取向分为珍爱自然的伦理价值取向、可持续发展的伦理价值取向和环境公平的伦理价值取向[3]。

3.1.6 水利工程与社会稳定伦理风险

在水利工程建设项目中，社会稳定以移民安置问题为主。水利工程的兴建，从整体上可能会促进社会的发展，但对于水源区非自愿移民来说，却遭受了经济、文化、情感上的巨大伤害[5]。片面地让老百姓服从大局、个人利益服从国家利益的做法为工程的顺利施工起到了极大的促进作用，但就广大老百姓的无私牺牲使工程实施过程中轻视或忽略了必要的社会监督和伦理审视[4]。

3.1.7 水利工程与经济发展伦理风险

水利工程中有一部分重要工程涉及水力发电、调蓄、灌溉、通航等项目，为国家和企业带来了可观的经济效益。在决策阶段准确判断并公正比较项目建设及运行维护所需要的投资与该项水利工程带来的经济效益，是最直观的水利工程建设与经济的伦理风险。除直观的资金投入外，还有资源和环境投入也需公平公正、客观准确地折合为投资成本，这也是水利工程与经济发展另一大伦理风险。

3.2 数字孪生工程存在的伦理风险

数字孪生工程伦理风险主要包括数据的滥用和算法的滥用，主要发生在黄河流域数字孪生建设工程的模型构建及训练阶段。

3.2.1 数据滥用风险

数字孪生工程存在数据滥用风险。构建数字孪生模型需要底层数据的收集和使用，但具有数据收集权并不代表具有其所有使用权，也就是说，能够访问或收集数据并不意味着使用该数据是合乎道德的[6]。

3.2.2 算法滥用风险

数字孪生工程存在算法滥用风险。算法滥用主要指对算法及其结果进行的不正当的解释和使用。数字孪生模型与大多数的预测模型类似，本质上是数据的集合统计。虽然数字孪生模型不能保证结果的唯一性，却可以通过数据分析，获得存在各种结果的可能性，并给予使用者针对不同结果采取不同行动的依据。因此，数字孪生模型的构建存在其道德责任，且道德责任不会随着模型完成构建而结束。模型构建者还有责任去解释数字孪生模型及使用该模型的含义，以免造成算法解释的滥用[6]。

4 黄河流域数字孪生建设工程伦理风险规避

为规避黄河流域数字孪生工程伦理风险，需结合黄河流域数字孪生工程伦理风险的成因和类型，有针对性地进行风险分析和规避。

在决策阶段，黄河流域数字孪生工程风险主要包括决策者的伦理道德、社会责任意识、生态环境保护意识、社会维稳意识等。因大量水利工程投资额大，在决策阶段也需要避免出现政绩工程，严肃立项、合理规划工期、严把质量关和投资关，降低决策过程中的工程伦理风险。

在设计阶段，黄河流域数字孪生工程风险主要包括设计人员的伦理价值风险、道德责任风险、工程安全风险。在进行工程技术设计时要兼顾人文关怀、生态关怀，要权衡这一设计对人类生存的利弊大小和对社会可持续发展的利弊大小，要考虑到生态环境的良性循环、资源的可持续利用，生态物种的和谐共生等，可有效规避设计阶段的工程伦理风险。

在施工阶段，黄河流域数字孪生工程需考虑各参建方的责任意识及法治意识不足产生的工程伦理风险。严格控制工程质量、工程安全、工程进度和工程投资，做好质量检测和安全检查等工作，可有效防范施工阶段工程伦理风险。

在验收移交阶段，黄河流域数字孪生工程伦理风险主要在于参与验收的各方能否严守工程建设相关法律法规、行业相关制度标准，对工程质量等方面的验收鉴定、对建设项目是否满足设计要求等担负验收责任。

在模型构建及训练阶段，黄河流域数字孪生工程伦理风险主要包括数据滥用和算法滥用的风险。为规避建设过程工程伦理风险，需从制度入手，加强水利工程伦理相关法律制度和行业标准的建立和优化，并构建水利工程伦理评价机制和监督管理体系，增强法律制度建设、行业评价及行业社会监督，以制度和政策约束有效规避黄河流域数字孪生工程伦理风险。

黄河流域数字孪生工程伦理风险还需考虑生态环境、社会稳定及经济发展等外部因素相关的伦理风险。增强工程伦理与维护社会稳定、保护生态环境、树立责任意识等相关政策和制度的宣传教育，可有效提升决策方及参建各方的责任意识及道德法治意识，树立全局观念，降低黄河流域数字孪生工程伦理风险。

通过以上方法，可有效降低黄河流域数字孪生建设工程伦理风险发生的可能性，减少黄河流域数字孪生建设工程伦理风险发生后产生的危害，从而提升黄河流域数字孪生建设工程的工程质量和投资效率，减少生态环境破坏，保证社会稳定及经济可持续发展。

5 结论与展望

黄河流域数字孪生建设工程伦理风险的产生可能出现在从决策规划到验收移交的各个建设环节，各参建方都需要严守工程伦理，合理规避风险。在构建数字孪生模型的过程中，对大数据的收集分析处理、模型训练改进等环节都可能出现危害公共安全或不适用于黄河流域实际需求等工程伦理风险。加强水利工程伦理相关法律制度和行业标准的建立和优化、增强工程伦理与维护社会稳定、保护生态环境、树立责任意识等相关政策和制度的宣传教育、构建水利工程伦理评价机制和监督管理体系，可有效地降低黄河流域数字孪生建设工程伦理风险发生的可能性，减少黄河流域数字孪生建设工程伦理风险发生后产生的危害。

参考文献

[1] 陶飞，刘蔚然，张萌，等．数字孪生五维模型及十大领域应用［J］．计算机集成制造系统，2019，25（1）：1-18.

[2] 李丹勋．浅析水利工程伦理的核心内容［J］．水利发展研究，2020，20（1）：26-31，5.

[3] 刘河元．论水利工程建设的伦理价值取向［J］．农村经济与科技，2014，25（7）：159-160.

[4] 尹建平．南水北调工程的伦理风险与规避机制研究［D］．新乡：河南师范大学，2012.

[5] 潘景副，聂红梅，董治良，等．水利工程建设中的伦理问题初探［J］．水利科技与经济，2007（4）：213-215.

[6] 张贵红．大数据社会的伦理风险及其限度发展［J］．哲学探索，2021（2）：125-136.

基于小波神经网络的水库防洪调度效果预测模型及其应用

唐凤珍[1,2]　张　翎[1,2]　王远见[1,2]

（1. 黄河水利委员会黄河水利科学研究院，河南郑州　450003；
2. 水利部黄河下游河道与河口治理重点实验室，河南郑州　450003）

摘　要：针对水库工程特性和调度滞时的复杂动态变化，将小波神经网络应用到水库防洪调度效果预测当中。基于小波神经网络的基本原理，以洪峰流量、最大 1 d 雨量、最大 2 d 雨量和最大 3 d 雨量作为自变量，表征洪水来水过程，以坝前最高水位和最大下泄流量作为因变量，表征水库防洪调度效果，构建水库防洪调度效果预测模型。该模型在小波神经网络训练的过程中综合考虑了水库工程特性和调度滞时对水库防洪调度效果的影响，预测结果较 BP 神经网络预测结果更好。

关键词：防洪调度；小波神经网络；特征参数预测；动量梯度下降法

我国洪涝灾害发生频繁，时间集中，对农业种植及城市发展造成了极为严重的损失[1]。2017 年，30 个省（直辖市、自治区）遭受洪涝灾害的影响，受灾人口多达 5 514.90 万，104 座城市进水受淹或者发生内涝，直接经济损失高达 2 142.53 亿元。因此，合理利用水库进行防洪调度至关重要。影响水库防洪调度效果的因素主要包括洪水来水过程、水库工程特性及调度决策时间[2-3]：

（1）洪水来水过程。是水库防洪调度的基础，对水库防洪调度起着决定性的影响，洪峰越大，洪量越大，则防洪调度风险越大，在调度过程中也应较早开闸放水，洪水来水过程主要通过降雨量预报和产汇流计算获得。

（2）水库工程特性。水库的水位库容曲线和泄流能力曲线决定了水库的蓄洪和滞洪能力，水库不同的工程特性对洪水的调节效果也不同。水库工程特性通常是通过勘测的地形图采用地形等高线法、三角棱柱法和三维地形实体模型法等方法获得的。

（3）调度决策时间。水库运行管理单位在实施防洪调度操作前，至少需要经过洪水预报、调度方案拟定和上级主管部门批准方案三个步骤，这些过程中会出现实施调度方案时间的延误，调度滞时的长短与操作指令传递、决策会商、设备操作可靠性及操作人员的水平等密切相关，相同量级的洪水，在不同的调度滞时下防洪调度效果也不同。

目前，对水库防洪调度效果的预测主要还是通过洪水预报资料进行调洪计算获得的，水位库容曲线和泄流能力曲线也是按照设计情况考虑。但是，事实上水库的水位库容曲线、泄流能力曲线、调度滞时是动态变化的，其数据更新需要耗费巨大的人力物力，因此本文考虑将小波神经网络引入水库防洪调度效果的预测当中。

小波神经网络是在神经网络隐含层采用小波函数取代传统神经元的激活函数，由 Weniger 等[4]结合 BP 神经网络和非正交小波理论首先提出。相比于简单 BP 神经网络，小波神经网络集神经网络和小波分析优点于一身，通过尺度伸缩和平移对信号进行多尺度分析，有效提取信号的局部信息；根

基金项目：国家重点研发计划（2021YFC3200404）；塔管局科研项目（TGJJC-2023KYXMM0002）。

作者简介：唐凤珍（1994—），女，工程师，主要从事水库优化调度方面的研究工作。

据小波分析理论确定网络结构，有效规避 BP 神经网络结构设计的盲目性，因而广泛应用于故障诊断、水文预测、智能识别、交通管理等领域中[5-8]，但是在水库防洪调度效果预测中尚未有所应用。本文基于小波神经网络直接建立洪水来水过程特征参数与调洪后表征水库防洪调度效果的特征参数之间的关系，对水库防洪调度效果进行预测，该方法在小波神经网络训练和预测过程中综合考虑了水位-库容关系曲线、泄流能力曲线差和调度滞时、误差等因素对水库防洪调度效果的影响。

1 小波神经网络

1.1 小波神经网络结构

小波神经网络是神经网络与小波分析的融合，以 BP 神经网络拓扑结构为基础，把小波基函数作为隐含层节点的激发函数，信号前向传播的同时误差反向传播，输入层到隐含层的权值及隐含层的阈值分别被小波函数的尺度伸缩因子和时间平移因子所代替。以三层小波神经网络为例，输入层有 M 个神经元，隐含层有 K 个神经元，输出层有 N 个神经元，则三层小波神经网络拓扑结构见图 1。

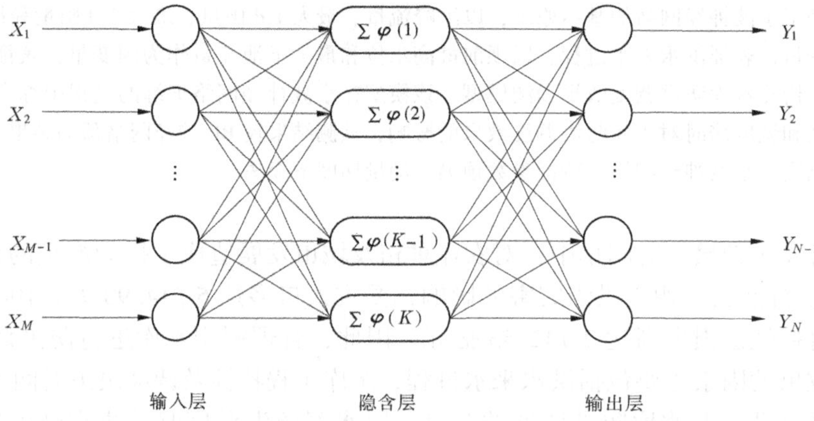

图 1 三层小波神经网络拓扑结构

给定 P 组输入输出样本，为了避免权值和阈值修正时发生的振荡，采用成批训练方法对样本进行训练，则隐含层输出为

$$O_k^p = h\left(\frac{\sum_{m=1}^{M}\omega_{km}x_m^p - b_k}{a_k}\right) \tag{1}$$

其中：x_m^p 为第 p 个样本输入层第 m 个节点的输入值；ω_{km} 为输入层第 m 个节点与隐含层第 k 个节点之间的权值；$h(\ )$ 为小波基函数；O_k^p 为第 p 个样本隐含层第 k 个节点的输出；a_k 为隐含层第 k 个节点的伸缩因子；b_k 为隐含层第 k 个节点的平移因子。

小波神经网络输出值为

$$y_n^p = \sum_{n=1}^{N}\omega_{nk}O_k^p \tag{2}$$

式中：y_n^p 为第 p 个样本输出层第 n 个节点的输出；ω_{nk} 为隐含层第 k 个节点与输出层第 n 个节点之间的权值。

小波神经网络的目标误差函数为

$$E = \sum_{p=1}^{P}E^p = \sum_{p=1}^{P}\sum_{n=1}^{N}(d_n^p - y_n^p) \tag{3}$$

式中：d_n^p 为第 p 个样本输出层第 n 个节点的期望输出；y_n^p 为第 p 个样本输入层第 n 个节点的实际网络输出值。

1.2 小波神经网络参数修正

小波神经网络通常采用梯度下降法进行权值修正，倘若对预测精度要求较高，也可采用动量梯度下降法进行网络权值更新。梯度下降法仅考虑了当前的梯度值，动量梯度下降法是在梯度下降法的基础上加入动量因子 λ，增加考虑了之前所有的梯度。其权值更新公式如下：

$$\omega_{nk}^{\text{new}} = \omega_{nk}^{\text{old}} + l_{r_1}\Delta\omega_{nk}^{\text{old}} + \lambda\Delta\omega_{nk}^{\text{new}} \tag{4}$$

$$\omega_{km}^{\text{new}} = \omega_{km}^{\text{old}} + l_{r_1}\Delta\omega_{km}^{\text{old}} + \lambda\Delta\omega_{km}^{\text{new}} \tag{5}$$

$$a_{k}^{\text{new}} = a_{k}^{\text{old}} + l_{r_2}\Delta a_{k}^{\text{old}} + \lambda\Delta a_{k}^{\text{new}} \tag{6}$$

$$b_{k}^{\text{new}} = b_{k}^{\text{old}} + l_{r_2}\Delta b_{k}^{\text{old}} + \lambda\Delta b_{k}^{\text{new}} \tag{7}$$

$$\Delta\omega_{nk}^{\text{new}} = -\frac{\partial E}{\partial\omega_{nk}^{\text{old}}} \tag{8}$$

$$\Delta\omega_{km}^{\text{new}} = -\frac{\partial E}{\partial\omega_{km}^{\text{old}}} \tag{9}$$

$$\Delta a_{k}^{\text{new}} = -\frac{\partial E}{\partial a_{k}^{\text{old}}} \tag{10}$$

$$\Delta b_{k}^{\text{new}} = -\frac{\partial E}{\partial b_{k}^{\text{old}}} \tag{11}$$

式中：ω_{nk}^{old}、ω_{nk}^{new} 分别为调整前、后隐含层第 k 个节点与输出层第 n 个节点之间的权值；ω_{km}^{old}、ω_{km}^{new} 分别为调整前、后输入层第 m 个节点与隐含层第 k 个节点之间的权值；a_{k}^{old}、a_{k}^{new} 分别为调整前、后隐含层第 k 个节点的伸缩因子；b_{k}^{old}、b_{k}^{new} 分别为调整前、后隐含层第 k 个节点的平移因子；l_{r_1} 为权值更新的学习效率；l_{r_2} 为伸缩因子和平移因子更新的学习效率。

$\Delta\omega_{nk}^{\text{old}}$、$\Delta\omega_{km}^{\text{old}}$、$\Delta a_{k}^{\text{old}}$ 和 $\Delta b_{k}^{\text{old}}$ 的计算方法与 $\Delta\omega_{nk}^{\text{new}}$、$\Delta\omega_{km}^{\text{new}}$、$\Delta a_{k}^{\text{new}}$ 和 $\Delta b_{k}^{\text{new}}$ 相同。

由此，可以得到小波神经网络训练的具体步骤如下：

（1）网络参数初始化。对小波神经网络连接权值、小波函数的伸缩因子和平移因子、学习率赋予初始值，输入样本计数器 $p=1$。

（2）输入学习样本，包括小波神经网络的输入值和期望输出。

（3）根据隐含层及输出层的输出来计算误差和梯度向量。

（4）输入下一个样本，即 $p=p+1$。

（5）判断算法是否结束。预先设定误差精度值 ε（$\varepsilon>0$），当误差 $E<\varepsilon$ 时停止网络的学习；否则，调整网络参数并且将计数器重置为 1，转步骤（2）循环。

（6）输出预测结果。

2 水库防洪调度效果预测模型

2.1 预测模型建立

水库防洪调度过程中影响水库防洪调度效果的主要因素为洪水来水过程，在水库防洪调度效果预测模型中以洪峰流量、最大 1 d 雨量、最大 2 d 雨量和最大 3 d 雨量作为自变量，确定洪水来水过程。水库防洪调度既要保证坝体工程安全，一旦坝前最高水位大于防洪高水位，则会对坝体安全产生威胁；同时也要保障下游防洪保护区的安全，一旦最大下泄流量超过下游防洪保护区安全泄量，下游保护区会产生淹没损失，则水库防洪调度效果的好坏主要取决于调洪后的坝前最高水位和最大下泄流量等特征值，因此在水库防洪调度效果预测模型中以坝前最高水位和最大下泄流量作为因变量来表征水库防洪调度效果。以洪峰流量、最大 1 d 雨量、最大 2 d 雨量、最大 3 d 雨量作为输入，调洪后的坝前最高水位和最大下泄流量作为输出，由此建立小波神经网络模型对表征防洪调度效果的特征参数进行预测。

$$[Z'_{\max}, Q'_{\max}] = F[Q_{峰}, H_1, H_2, H_3] \tag{12}$$

式中：$Z'_{\max}$为调洪后坝前最高水位预测值；$Q'_{\max}$为调洪后最大下泄流量预测值；$Q_{峰}$为洪峰流量；H_1为水库坝址以上流域最大 1 d 雨量；H_2为水库坝址以上流域最大 2 d 雨量；H_3为水库坝址以上流域最大 3 d 雨量。

对应于小波神经网络结构，则该预测模型的输入层神经元数目为 4，输出层神经元数目为 2。

2.2 小波神经网络结构构建和训练

小波神经网络的构建和训练主要包括选取小波基函数、确定训练误差函数、确定网络层数和隐含层单元数及网络参数修正 4 个步骤。

2.2.1 选取小波基函数

Haar 小波计算简单，但是在时域上是不连续的，所以作为小波基函数性能不是特别好；Daubechies 小波不具有对称性（$N=1$ 除外）并且没有明确的表达式。因此，本文中隐含层选取的神经元激励函数为 Morlet 小波，即

$$h(t) = \cos(1.75t)\exp(-0.5t^2) \tag{13}$$

2.2.2 确定训练误差函数

神经网络层数和隐含层单元数的确定与神经网络训练过程中每一步的训练误差相关，因此首先要给出小波神经网络训练误差函数的定义，即

$$E = \sum_{p=1}^{P} E^p = \sum_{p=1}^{P}\sum_{n=1}^{2}(d_n^p - y_n^p) \tag{14}$$

式中：d_n^p为第 p 个样本输出层第 n 个节点的期望输出，对应于调洪后坝前最高水位和最大下泄流量实测值；y_n^p为第 p 个样本输出层第 n 个节点的预测输出，对应于调洪后坝前最高水位和最大下泄流量预测值。

2.2.3 确定网络层数和隐含层单元数

依据小波神经网络训练误差函数的定义，确定神经网络层数与隐含单元数。通常情况下，神经网络隐层数的增多可以降低网络训练误差、提高预测精度，但隐层数越多，网络结构越复杂，这样就降低了网络训练速度，且会出现“过拟合”的倾向。因此，设计神经网络应优先考虑 3 层网络（1 个隐层）和 4 层神经网络（2 个隐层），若网络训练误差未达到设定要求，可通过增加节点数的方法来降低误差值。传统神经网络的隐层单元数目难以确定，而小波神经网络的隐层单元数目则可以自适应地确定：将小波神经网络的隐层单元数目 M 先确定为 1，经过小波神经网络学习迭代之后训练误差满足预设误差要求就停止训练，若在达到最大学习次数后依旧无法满足误差要求，则小波变换单元数目增加 1，然后重复上述过程直至满足误差要求为止。如此便可以依据具体问题自适应地确定小波单元数，从而克服传统神经网络的不足。

2.2.4 网络参数修正

该模型确定模型结构和网络参数修正方法之后，采用遗传算法对小波神经网络的权值参数、伸缩因子和平移因子初始赋值进行优化，得到小波神经网络参数初始赋值，代入小波神经网络模型进行训练，提高小波神经网络预测模型的预测效果。采用 Matlab 进行编程实现上述小波神经网络模型的构建和训练过程，得到稳定的小波神经网络模型。

在此基础上，另选若干场次洪水，将其洪峰、最大 1 d 雨量、最大 2 d 雨量、最大 3 d 雨量输入稳定的小波神经网络模型，即可预测出这些洪水场次表征防洪调度效果的特征值，并且对预测效果进行进一步分析。

2.3 预测效果分析

为了对预测效果进行进一步分析，选取相关系数、拟合度和确定性系数 3 个指标对坝前最高水位和最大下泄流量的预测效果进行计算，以坝前最高水位为例，即

$$r = \frac{\sum_{p=1}^{P}[Z_{max}(p) - \overline{Z}_{max}][Z'_{max}(p) - \overline{Z}'_{max}]}{\sqrt{\sum_{p=1}^{P}[Z_{max}(p) - \overline{Z}_{max}]^2 \sum_{p=1}^{P}[Z'_{max}(p) - \overline{Z}'_{max}]^2}} \tag{15}$$

$$E_c = 1 - \frac{\sqrt{\sum_{p=1}^{P}[Z_{max}(p) - \overline{Z}_{max}]^2}}{\sqrt{\sum_{p=1}^{P}Z_{max}^2(p)} + \sqrt{\sum_{p=1}^{P}Z'^2_{max}(p)}} \tag{16}$$

$$D_c = 1 - \frac{\sum_{p=1}^{P}[Z'_{max}(p) - Z_{max}(p)]^2}{\sum_{p=1}^{P}[Z_{max}(p) - \overline{Z}_{max}]^2} \tag{17}$$

式中：r 为相关系数；E_c 为拟合度；D_c 为确定性系数；P 为检测样本数；Z_{max} 为坝前最高水位期望值，即实测坝前最高水位；Z'_{max} 为坝前最高水位预测值；$\overline{Z}_{max}$ 为坝前最高水位期望值的平均值；$\overline{Z}'_{max}$ 为坝前最高水位预测值的平均值。

3 实例分析

某水库位于南方某省境内，是以防洪为主的大型水库，控制集雨面积为 34 097 km^2，占整个流域面积的 73%，流域多年平均降雨量为 2 365 mm，多年平均径流量为 346.90 亿 m^3。水库是不完全日调节水库，总库容为 19.03 亿 m^3，其中调洪库容为 13.36 亿 m^3，是调蓄流域洪水的关键性工程，影响下游耕地 160 万亩，保护下游城镇人口 330 万。水库工程设计洪水标准为 500 年一遇，洪峰流量为 22 700 m^3/s，设计洪水位为 31.17 m；校核洪水标准为 5 000 年一遇，洪峰流量为 27 400 m^3/s，校核洪水位为 33.17 m；水库下游防洪标准为 200 年一遇，洪峰流量为 20 700 m^3/s，安全泄量为 15 000 m^3/s，防洪高水位为 30.81 m。水库包括溢洪道、非常溢洪道和灌溉发电输水洞等泄流设施，溢洪道最大泄量为 28 700 m^3/s，非常溢洪道最大泄量为 1 870 m^3/s。

3.1 历史洪水资料

水库目前详细记录的洪水场次有 1999—2018 年共 86 组实测洪水资料，记录数据有洪峰流量 $Q_{峰}$、最大 1 d 雨量 H_1、最大 2 d 雨量 H_2、最大 3 d 雨量 H_3、调洪后最大下泄流量 $Q_{泄}$ 和坝前最高水位 Z_{max} 等指标，见表 1。

表 1 洪水场次原始资料

场次	$Q_{峰}$/(m^3/s)	H_1/m	H_2/m	H_3/m	$Q_{泄}$/(m^3/s)	Z_{max}/m
1	4 200	53	106	106	5 070	18.71
2	7 000	69	78	78	6 560	21.14
3	4 700	29	69	69	4 720	18.44
4	5 100	33	53	53	5 040	19.03
5	10 000	73	120	120	9 770	22.35
…	…	…	…	…	…	…
82	7 100	54.1	76.6	79.8	7 900	20.96
83	4 500	21.5	34	39.5	4 650	18.00
84	5 700	60.9	103.8	124.8	5 930	18.53
85	8 100	89.4	116.3	131.8	8 500	21.25
86	5 100	34.3	53.3	74.3	5 380	18.21

3.2 预测结果

经过试算和网络调整之后，确定网络结构为 3 层神经网络，输入层包含 4 个输入节点，隐含层包含 20 个神经元，输出层包含 2 个神经元节点。采用动量梯度下降法进行网络权值更新，动量因子 λ 取 0.9，权值更新和小波参数的学习效率均为 0.01，训练最大迭代次数为 100，采用 50 组样本来训练神经网络模型。另选 36 场预测样本输入训练好的小波神经网络模型，得到每场洪水表征防洪调度效果的特征参数预测结果（见表 2），包括坝前最高水位和最大下泄流量。

表 2 表征防洪调度效果的特征参数预测结果

洪水场次	实测 Z_{max}/m	预测 Z_{max}/m	误差 $\|\Delta Z\|$/m	实测 Q_{max}/(m^3/s)	预测 Q_{max}/(m^3/s)	误差 $\|\Delta Q\|$/(m^3/s)
1	18.09	18.09	0	5 230	5 019	211
2	22.18	21.72	0.46	9 100	9 078	22
3	21.81	21.38	0.43	8 500	8 408	92
4	18.33	17.67	0.66	3 820	4 338	518
5	19.47	19.01	0.46	5 780	6 156	376
…	…	…	…	…	…	…
32	20.96	21.03	0.07	7 900	7 767	133
33	18.00	17.85	0.15	4 650	4 821	171
34	18.53	18.67	0.14	5 930	5 981	51
35	21.25	21.29	0.04	8 500	8 500	0
36	18.21	18.23	0.02	5 380	5 695	315

对实测结果和预测结果进行分析，分别计算相关系数 r、拟合度 E_c 和确定性系数 D_c，验证结果的合理性，两个序列的相关系数 r 的绝对值一般在 0.8 以上，则认为两者之间有强的相关性，拟合度 E_c 和确定性系数 D_c 的值越接近 1，则说明对观测值的拟合程度越好。小波神经网络预测的坝前最高水位与实测值的相关系数 r 为 0.99，拟合度 E_c 为 0.99，确定性系数 D_c 为 0.97；最大下泄流量与实测值的相关系数 r 为 0.99，拟合度 E_c 为 0.98，确定性系数 D_c 为 0.99。由此可见，采用小波神经网络预测坝前最高水位和最大下泄流量，预测结果与实测值的拟合度较高，因此该神经网络预测模型的可靠度较高，可以考虑应用到表征水库防洪效果特征参数的预测中。

3.3 与 BP 神经网络对比分析

在整体网络结构不变的情况下，采用 BP 神经网络对水库的防洪调度结果进行预测，即将激励函数由 Morlet 小波基函数变为 logsig 函数，并且将小波神经网络的预测结果与 BP 神经网络的预测结果进行对比，分别计算相关系数 r、拟合度 E_c 和确定性系数 D_c，计算结果见表 3。

表 3 表征防洪调度效果的特征参数预测效果分析

神经网络类型	预测项目	r	E_c	D_c
BP 神经网络	坝前最高水位/m	0.97	0.99	0.91
	最大下泄流量/(m^3/s)	0.97	0.96	0.93
小波神经网络	坝前最高水位/m	0.99	0.99	0.97
	最大下泄流量/(m^3/s)	0.99	0.98	0.99

将 BP 神经网络、小波神经网络的预测结果进行对比，绘制坝前最高水位，最大下泄流量的预测结果比较图和预测误差比较图，见图 2~图 5。

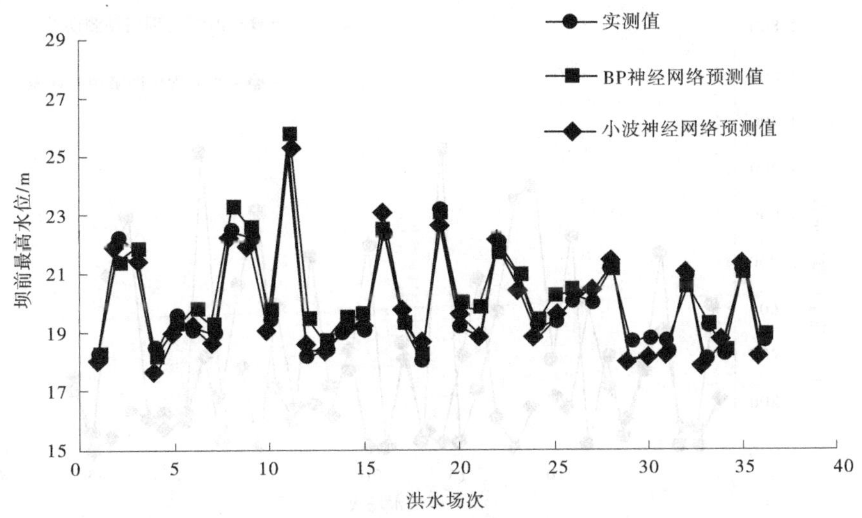

图 2　坝前最高水位预测结果

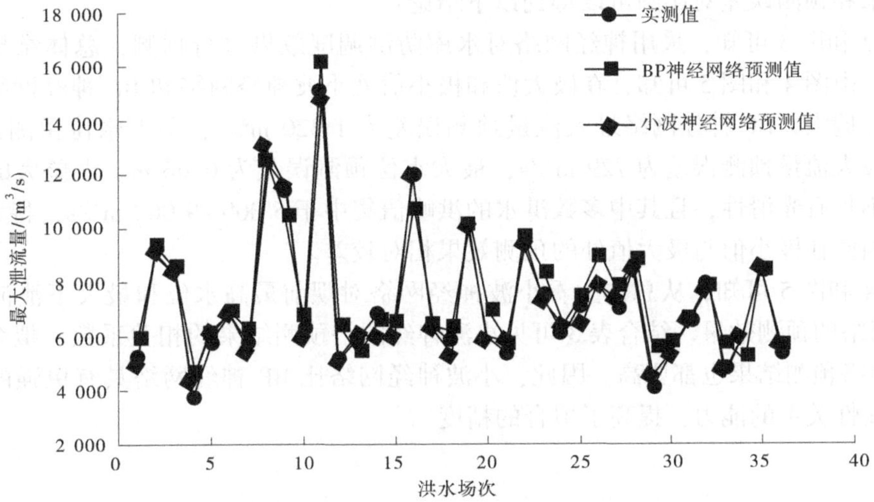

图 3　最大下泄流量预测结果

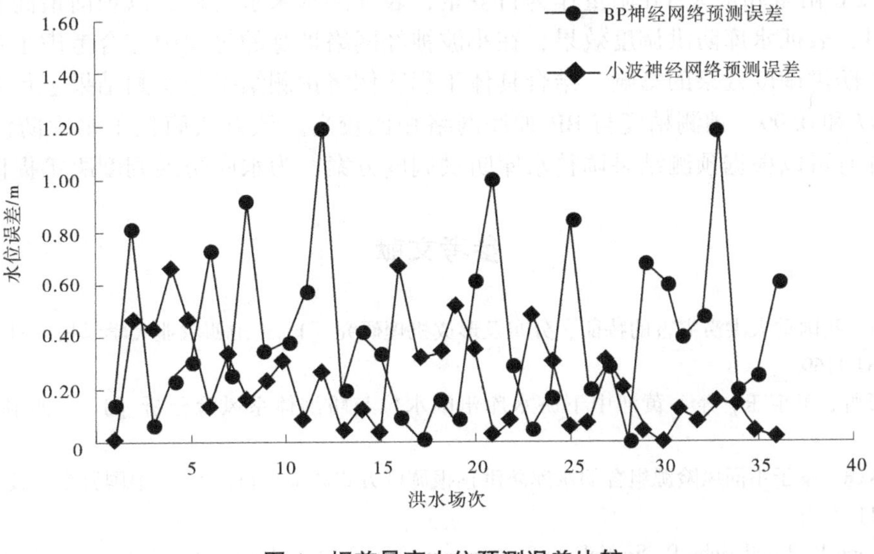

图 4　坝前最高水位预测误差比较

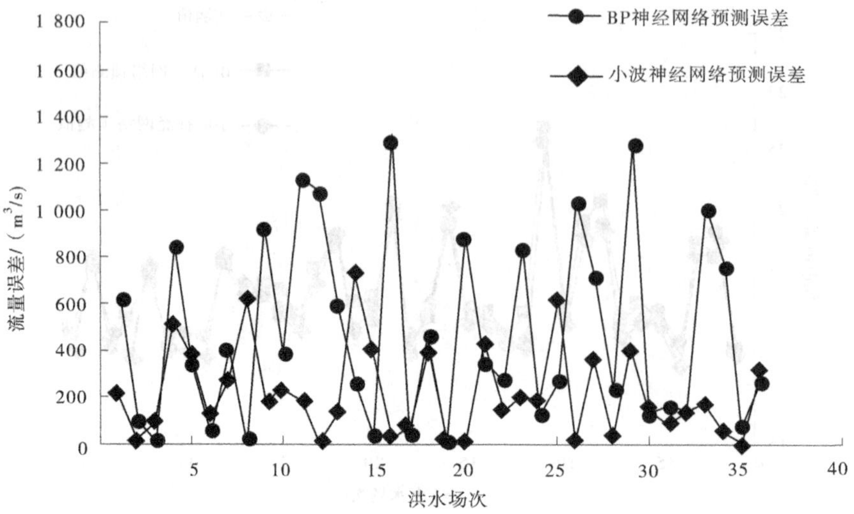

图 5 最大下泄流量预测误差比较

由预测结果和预测误差对比图可以得到以下结论：

（1）由图 2 和图 3 可知，采用神经网络对水库防洪调度效果进行预测，总体结果较好，与实测值吻合度较高。由图 4 和图 5 可知，在极大值和极小值处小波神经网络和 BP 神经网络的预测值和实际值之间误差都偏大，BP 神经网络最大流量预测误差为 1 320 m^3/s，最大水位预测误差为 1.19 m；小波神经网络最大流量预测误差为 729 m^3/s，最大水位预测误差为 0.66 m。误差大的原因可能在于训练样本数据不具有光滑性，且其中多数洪水的洪峰值集中于 5 000~9 000 m^3/s，特大洪水和较小洪水场次较少，因此在极小值与极大值处的预测效果相对较差。

（2）由图 4 和图 5 可知，从总体上看小波神经网络对坝前最高水位和最大下泄流量的预测效果优于 BP 神经网络的预测效果。结合表 3 可见小波神经网络预测结果的相关系数、拟合度和确定性系数比 BP 神经网络预测结果也都要高。因此，小波神经网络比 BP 神经网络具有更强的描述防洪调度过程中复杂非线性关系的能力，提高了拟合的精度。

4 结语

基于小波神经网络的基本原理，建立水库防洪调度效果预测模型并加以分析。以洪峰流量、最大 1 d 雨量、最大 2 d 雨量和最大 3 d 雨量作为自变量，表征洪水来水过程，以坝前最高水位和最大下泄流量作为因变量，表征水库防洪调度效果，在小波神经网络训练的过程中综合考虑了水库工程特性和调度滞时对水库防洪调度效果的影响。结合具体工程案例将预测结果与实测结果进行对比，确定性系数分别达到 0.97 和 0.99，预测精度与 BP 神经网络相比较高。该方法简化了水库防洪调度效果预测的计算过程，并且可以根据预测结果调整水库防洪调度方案，为水库防洪调度决策提供参考。

参考文献

[1] 谷洪波，顾剑．我国重大洪涝灾害的特征、分布及形成机理研究［J］．山西农业大学学报（社会科学版），2012，11（11）：1164-1169.

[2] 吴泽宁，胡彩虹，王宝玉，等．黄河中下游水库汛限水位与防洪体系风险分析［J］．水利学报，2006（6）：641-648.

[3] 刁艳芳，王本德．基于不同风险源组合的水库防洪预报调度方式风险分析［J］．中国科学：技术科学，2010，40（10）：1140-1147.

[4] Weniger M，Kapp F，Friederichs P. Spatial verification using wavelet transforms：a review［J］．Quarterly Journal of the Royal Meteorological Society，2017，143（702）：120-136.

[5] 卢娜，肖志怀，符向前．基于蚁群初始化小波网络的水电机组振动故障诊断［J］．水力发电学报，2014，33（2）：251-258.
[6] 余开华．小波神经网络模型在河道流量水位预测中的应用［J］．水资源与水工程学报，2013，24（2）：204-208.
[7] 贾君瑞，赵彤，李定华．小波神经网络在高维非线性系统辨识中的应用研究［J］．数学的实践与认识，2018，48（24）：212-216.
[8] 李振福，孙立谦．基于遗传小波神经网络的港口船舶交通流量预测模型比较［J］．中国水运，2019，19（1）：70-71，79.

水温对内陆河体 ADCP 流速测验的影响研究

邓颂霖　马经安　王金龙　别　刚

（长江水利委员会水文局荆江水文水资源勘测局，湖北荆州　434000）

摘　要：为研究水温对 ADCP 测验的影响，于 2020—2021 年在高坝洲站开展了表层水温和 H-ADCP 固定处水温及沿水深方向水温的测验；另外，也从 Snell 折射原理进行了影响分析。结果发现，ADCP 流速测验时沿水深方向和横向的流速受水温影响，但河流流速在沿水深方向分量非常小，不影响流速测验。ADCP 测验时水温成为影响横向流速的单一因素，且 6—10 月河流上下层水温值基本相当，表明水文行业用走航式 ADCP 比测 H-ADCP 时，绝大部分测次安排在汛期是科学合理的，在流量测验中用走航式 ADCP 比测 H-ADCP，测验成果是可行的。

关键词：ADCP；水温；流速测验；Snell 折射原理

1　引言

声学多普勒流速剖面仪（ADCP）是 20 世纪 80 年代国外发展起来的应用于流速（流场）测量的仪器，主要利用声学多普勒频移效应进行流速测验[1]，具有不扰动流场、连续施测、测流历时短的特点，能够提高所测流量的代表性，降低测验强度，是目前我国流量测验的主要测流设备[2]。

内陆河体中常使用走航式 ADCP、水平式 ADCP（H-ADCP）和坐底式 ADCP（V-ADCP），因走航式 ADCP 可利用测得的流速和河道断面面积直接计算流量[3]，但要走航式 ADCP 施测须渡河，载体不易实行在线监测；H-ADCP 经比测和率定后可实现流量在线监测，而坐底式 ADCP 易被泥沙淤积导致测验失效，故走航式 ADCP 和 H-ADCP 应用更广泛。随着《全国水文基础设施建设“十四五”规划》《水文现代化建设规划》的实施，在新建水文测站及测站改造升级等项目中首选 H-ADCP 进行流量在线监测。H-ADCP 为实现全量程或部分在线流量监测，不仅都安装在水面以下若干米，还需开展流量比测，建立水平流速（指标流速）-断面平均流速的关系，现常用的方法是用走航式 ADCP 对其开展流量比测。虽然走航式 ADCP 和 H-ADCP 测验原理一样，但一个处于水体表层一个位于水面以下，因位置不同导致的水体水温对测验的影响需深入研究。关于 ADCP 测验精度影响理论的研究较多，如王德维等[4] 提出从 ADCP 选型合理、安装要求、参数设置、测验方法及施测过程规范等控制测验精度；宋政峰等[5] 针对仪器参数设置、环境因素和测验作业因素探讨了减少 ADCP 流量测验误差的措施等，但基本未涉及内陆水体不同位置处水温对 ADCP 测验的影响研究。

为研究水温对 ADCP 测验的影响，于 2020—2021 年在清江高坝洲水文站开展表层水温和 H-ADCP 实测水温对比实验，并从水温差异和理论分析阐述水温对 ADCP 流速测验的影响。本文可丰富 ADCP 误差控制成果，为走航式 ADCP 比测 H-ADCP 测验成果提供理论依据。

2　ADCP 基本测验原理

2.1　ADCP 基本测验原理

ADCP 利用声学多普勒效应测量流速，当 ADCP 发射出去的固定频率的声波遇到运动中的浮游生

作者简介：邓颂霖（1984—），男，高级工程师，主要从事水文预报与分析工作。

通信作者：马经安（1974—），男，工程师，主要从事水文测验与分析工作。

物、泥沙等后，被颗粒反射回来的声波将发生多普勒频移。根据多普勒频移可以得到颗粒即水的运动速度。其计算公式为

$$v = 1\ 000 \times F_{\mathrm{D}} \frac{C}{2F_{\mathrm{s}}\cos A} \tag{1}$$

式中：v 为水流流速，mm/s；C 为 ADCP 换能器表面处的声速，m/s；F_{s} 为 ADCP 发射的声波频率，对应于 300 kHz、600 kHz、1 200 kHz 的 ADCP，其值分别为 307.2 kHz、614.4 kHz 和 1 228.8 kHz；A 为波束方向与流速方向的夹角；F_{D} 为多普勒频移。

2.2 比测原理

H-ADCP 是通过测量声波在水中的散射来确定水流速度，当高频率声波传播距离较远时，其衰减会导致测量精度大大降低，故 H-ADCP 的设计目标主要是用于近岸流速测量，如常见 600 kHz 的 H-ADCP 标称最大测量距离为 90 m。H-ADCP 通过测量近岸一部分断面的水层平均流速（指标流速），其他设备如水文缆道、走航式 ADCP 等测量整个断面的平均流速，据此建立部分断面的水层平均流速（指标流速）与全断面平均流速的关系，然后利用 H-ADCP 测得的实时水层平均流速跟已建立的模型关系换算为对应的全断面平均流速，再将全断面平均流速乘以断面面积，即为断面的瞬时流量。

因走航式 ADCP 具有测验耗时短、精度高、测量范围广和灵活可移动等优点，水文测站一般都选择其作为 H-ADCP 流量比测的仪器。

3 测站概况

高坝洲水文站为国家基本水文站、长江流域支流清江的出口控制站，为清江水电开发、荆江防洪提供水文数据。高坝洲水文站测验河段顺直，基本水尺断面上游 2 km 有高坝洲水利枢纽工程，下游约 0.7 km 有弯道，下游约 10 km 为汇入长江的清江河口，高坝洲水文站水系示意见图 1。该站测验断面呈“W”形，河床为卵石礁板，较为稳定，河床最高为 41.60 m，河宽约 340 m。高水时主泓居中，中低水时主泓偏右，在测验断面右岸紧贴岸边修建了一座垂直滑道型混凝土 H-ADCP 实验监测台，支架位于起点距 30.0 m 处（见图 2），根据实际比测分析成果，仪器安装高程分 2 级，中高水时为 41.81 m，低水时下移至 37.64 m。

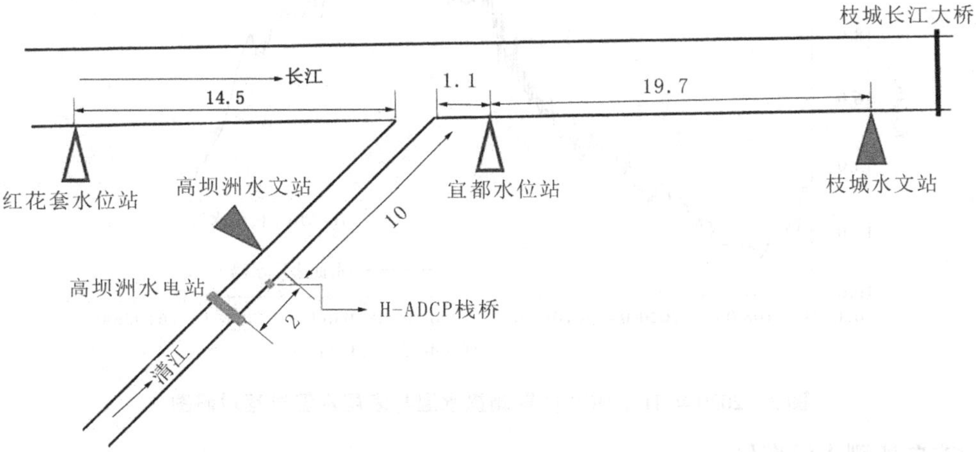

图 1　高坝洲水文站水系示意图　（单位：km）

4 表层水温与水下固定点水温分析

4.1 表层水温与 H-ADCP 实测水温关系实验

在进行 H-ADCP 流量比测时，走航式 ADCP 只需根据水位变化测量一定数量样本（一般小于 50 次）分析建模，而 H-ADCP 是在固定位置连续监测的，为了避免走航式 ADCP 测量水温数据样本少，

并结合目前主流走航式 ADCP 测量时吃水深度（一般在 0.1~0.52 m）和水温由其温度传感器测量的特点，采用电子水温计代替走航式 ADCP 开展在线水温监测。2020—2021 年持续在高坝洲水文站开展了表层水温（水下 0.5 m）和 H-ADCP 实测水温关系实验。表层水温（水下 0.5 m）采用浮球载 WQ101 水温传感器，其水温测量范围为-50~50 ℃，精度为±0.1 ℃；德立达 RD 仪器公司 300 kHz Channel Master H-ADCP 内置温度传感器测量范围为-4~40 ℃，精度为±0.2 ℃。

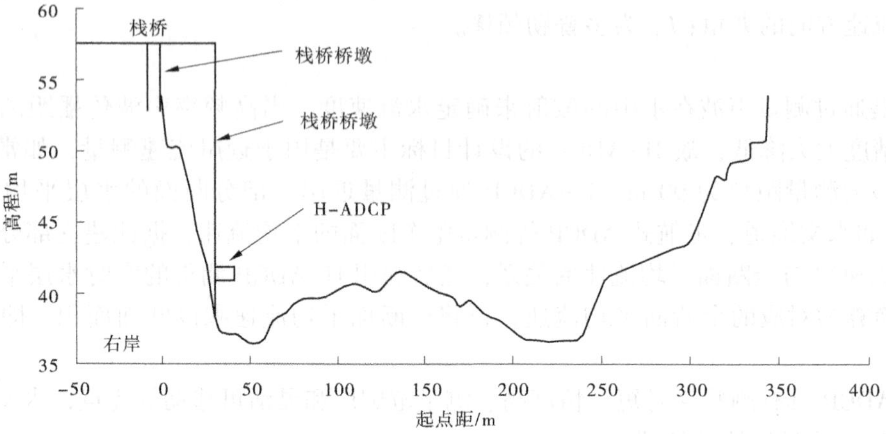

图 2　高坝洲水文站断面及 H-ADCP 安装示意图

2020—2021 年最高水位分别为 50.60 m（7 月 19 日）和 46.23 m（9 月 12 日），对应 H-ADCP 内置温度传感器最大水深值分别为 8.29 m 和 3.92 m，选取每天上午 8 时两者水温进行比较，发现 H-ADCP 测量水温 11 月至次年 5 月一般都高于表层水温，在 6—9 月表层水温与 H-ADCP 测量水温基本相当，2020—2021 年平均 H-ADCP 测量水温比表层水温分别高 0.22 ℃和 0.20 ℃。2020—2021 年水温过程见图 3 和图 4。

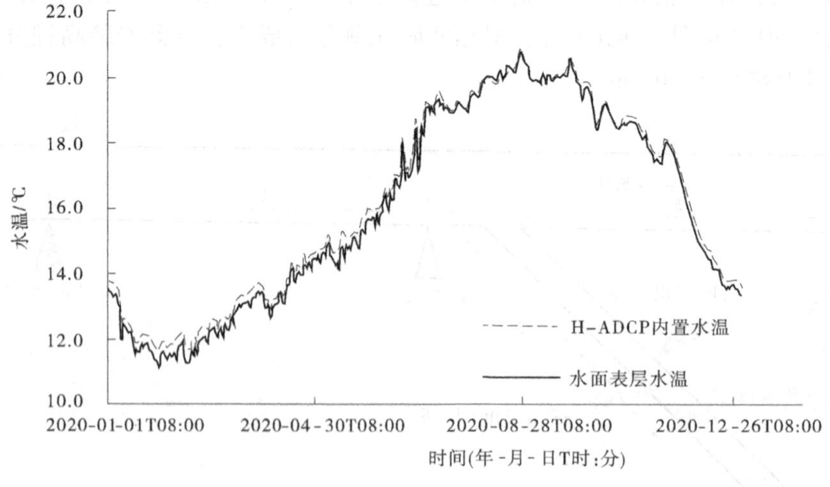

图 3　2020 年 H-ADCP 内置测量水温与表层水温过程对照图

4.2　沿水深方向实测水温变化

为了分析验证高坝洲水文站 H-ADCP 安装处水温沿水深方向的变化规律，于 2023 年 7 月 25 日采用 AML Plus X 声速剖面仪（量程：-2~32 ℃；精度：±0.003 ℃）进行了测验，测验 14：00 时水位为 40.91 m，下潜深度 3.27 m，下潜至 H-ADCP 处附近稍停留。沿水深方向实测水温变幅最大约为 0.015 ℃，见图 5。沿水深方向实测水温测验表明 2020—2021 年表层水温与 H-ADCP 处所测水温符合测验断面的水温沿水深方向变化规律。

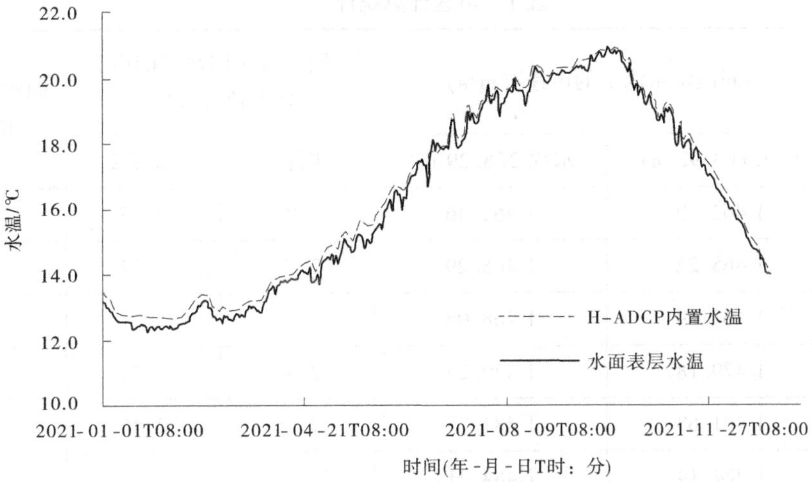

图 4　2021 年 H-ADCP 内置水温与表层水温过程对照图

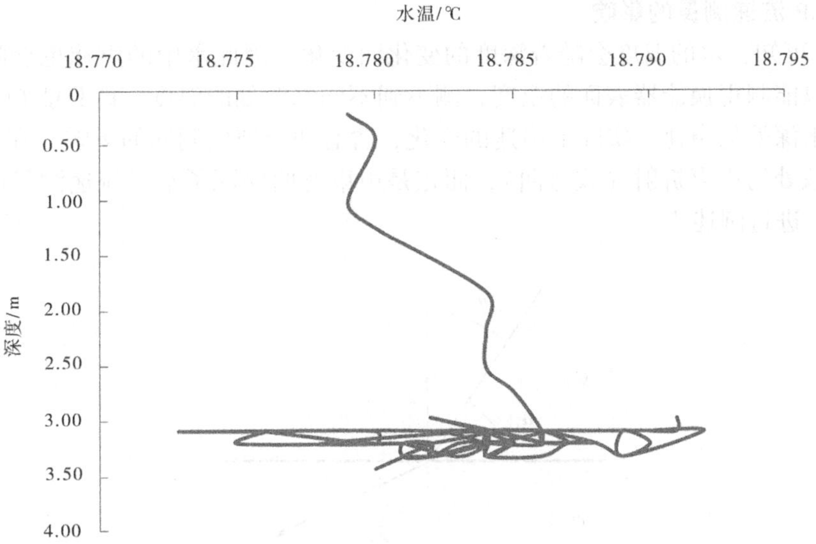

图 5　纵向实测水温变化图

5　不同水深水温变化对声速变动影响

5.1　水温对声速变化影响

水中声速值的大小与水的温度、盐度和深度有关，具体关系为

$$C = 1\,449.2 + 4.6T - 0.055T^2 + 0.000\,29T^3 + (1.34 - 0.01T)(S - 35) + 0.016D \tag{2}$$

式中：C 为水体中的声速，m/s；T 为水体的温度,℃；S 为水体的盐度（‰）；D 为深度，m。

ADCP 中，温度值由自带的温度传感器测定，据此 ADCP 可较准确地计算出换能器表面的声速 C 值。

根据式（2），对于高坝洲水文站 H-ADCP 断面，采用 H-ADCP 测量水温与表层水温差最明显的 5 月水温（差值最大 0.8 ℃），假定 H-ADCP 测量均值 15 ℃和 20 ℃，水深为 8.29 m 和 3.92 m，分别计算表层水温，计算结果见表 1。从表 1 可知，深度变化对声速影响较小，声速差值仅为-0.07 m/s，温度影响（相差 0.8 ℃）皆小于 2.9 m/s，并随着水温升高因温差导致的声速差值会减小，总体看温度引起的声速变化约是水深的 40 倍。

表 1 声速计算统计

序号	水温/℃	不同假定水深下的声速/(m/s)		同水深不同水温的声速差值/(m/s)		同水温不同水深的声速差值/(m/s)
		水深 1(3.92 m)	水深 2(8.29 m)	水深 1	水深 2	
1	14.2	1 462.39	1 462.46	2.83	2.83	-0.07
2	15.0	1 465.22	1 465.29	2.77	2.77	-0.07
3	15.8	1 467.99	1 468.06			-0.07
4	19.2	1 479.18	1 479.25	2.50	2.50	-0.07
5	20.0	1 481.68	1 481.75	2.46	2.46	-0.07
6	20.8	1 484.14	1 484.21			-0.07

5.2 声速对 ADCP 流速测量的影响

根据式（2）可知，水的温度会随着深度的变化而变化，因此水中的声速也会随着深度的变化而变化。而 ADCP 只能测得换能器表面的温度，测不到不同水深处的温度，即只能知道换能器表面的声速而不知道不同水深处的声速。实际上声速的变化，含有两个彼此制约的影响，在不同水深处的声速值变化会导致在该处的声束折射（或弯曲），而正是声束弯曲保证了水平流速测量的精度，这可用折射定律（见图 6）进行阐述[6]。

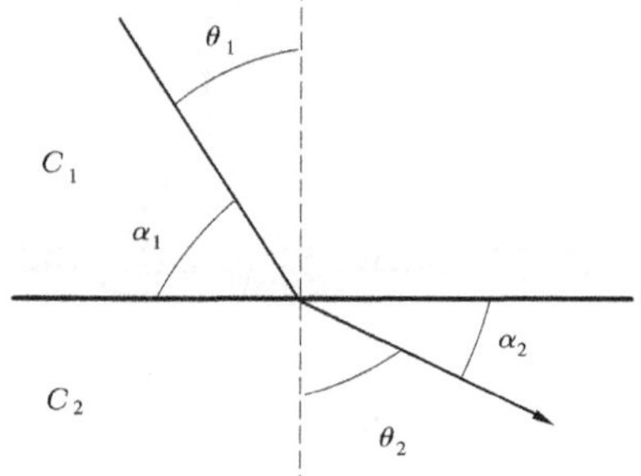

图 6 声波在两种介质界面发生折射

根据折射定律，当声波穿过声速不同的两种介质的分界面时，声波束将发生折射。折射的角度满足折射定律，即

$$\frac{C_1}{\cos\alpha_1} = \frac{C_2}{\cos\alpha_2} = 常数 \tag{3}$$

或

$$\frac{C_1}{\sin\theta_1} = \frac{C_2}{\sin\theta_2} = 常数 \tag{4}$$

式中：C_1、C_2 分别为折射面两边的声速；α_1、α_2 分别为入射声束和折射声束与分界面的夹角；θ_1、θ_2分别为入射声束和折射声束与分界面的法线的夹角。

对于 ADCP 来说，图 6 中的 α_1、α_2 正好相当于式（1）中波束方向与水平流速方向的夹角 A。将式（3）代入式（1），可得

$$v = 1\,000 \times \frac{F_D}{2F_s} \times 常数 \tag{5}$$

另从图6可见，式（4）左边的第一项和第二项在数学上（正弦函数）正好分别等于入射声束和折射声束在折射面平行的水平方向上的投影，即声传播的水平分量。根据折射定律，不管声波束在不同声速介质界面上发生多少次折射，声传播的水平分量是不变的，恒保持为常数，其具体值由声源处的声速值决定。对ADCP而言，声传播速度的水平分量值由换能器表面处水体中的声速决定，是不需要对不同水深处声速进行声速改正的，即ADCP的水平流速测量不受水体中声速变化的影响。对于流速沿水深方向分量来说，其将受声速变化的影响，但是因折射角一般只发生较小变化，使该分量测量值也非常小，因而由水体中的声速变化所造成的流速沿水深方向分量的绝对误差就更小。

对于H-ADCP来说，只需将图6旋转90°即可，结论是一致的。

6 结论

（1）分析2020—2021年高坝洲水文站表层水温和H-ADCP实测水温关系，以及沿水深方向水温分布测验成果，发现H-ADCP安装处水温在11.1~20.9 ℃，年平均H-ADCP测量水温比表层水温分别高0.22 ℃和0.20 ℃；11月至次年5月H-ADCP测量水温与表层水温差最明显，其他月份两者基本相当。实验结果说明，水文行业要求测站用走航式ADCP比测H-ADCP时，绝大部分测次安排在汛期是科学合理的。

（2）根据声速计算公式分析，内陆河流水体中深度变化对声速影响较小，温度对声速影响较明显但会随着水温升高使温差导致的声速差值缩小。

（3）从折射定律出发阐述了对ADCP而言，ADCP的水平流速测量不受水体温度（声速）变化的影响。对于流速沿水深方向分量测量将受声速变化影响，但该分量非常小，水体中的声速变化所造成的流速沿水深方向分量的绝对误差就更小，同时因6—10月水温沿水深方向变化基本一致，故在河流测验中用走航式ADCP比测H-ADCP测验成果是可行的，是不会由水温差异导致测验成果出现较大偏差的。

参考文献

[1] 杨庆福，王庆堂，王宏博．松花江通河站ADCP与流速仪比测分析［J］．黑龙江水利科技，2011，39（2）：101-102.

[2] 蒋建平，朱汉华．国产ADCP精度比测分析［J］．人民黄河，2022，42（8）：164.

[3] 蒋建平，叶飞，仲跻文．ADCP流量测验过程控制及资料检查方法［M］．南京：河海大学出版社，2022.

[4] 王德维，华晨，李巍，等．走航式ADCP测流精度控制措施研究［J］．江苏水利，2021（2）：47-49.

[5] 宋政峰，席占平．走航式ADCP流量测验主要误差来源及其控制［J］．水文，2016，36（1）：59-61.

[6] Teledyne R D Instruments. Acoustic Doppler Current Profiler Principles of Operation Acoustic Doppler Current Profiler Principles of Operation［M］. USA：Teledyne RD Instruments，2011.

基于图像的场次降雨相似性搜索方法研究

贾　克[1,2]　张　潇[1]　余宇峰[3]　吴攀琪[3]

（1. 长江水利委员会水文局，湖北武汉　430010；
2. 湖北一方科技发展有限责任公司，湖北武汉　430010；
3. 河海大学计算机与软件学院，江苏南京　210098）

摘　要：场次降雨是洪涝灾害的主要诱因，本文创新性地提出了一种基于图像的场次降雨相似性搜索方法，定量识别场次降雨特征并挖掘其与历史降雨的相似性，有助于对可能发生的洪涝灾害提前识别、智能预警。首先采用滑动窗口方法对研究流域历史时段日降雨量图像数据进行分割，提取场次降雨；然后构建包括降雨持续天数、累计降雨量、降雨时间分布、降雨空间分布、降雨中心运动轨迹指标的场次降雨过程特征指标体系，以各项指标的距离度量方法表征降雨相似性；进一步提出基于多族群灰狼优化算法的集合加权方法，融合各项特征指标，以加权融合的距离度量来进行场次降雨的相似性搜索和分析。将提出的方法应用于2020年8月嘉陵江流域的场次降雨搜索，结果表明提出的方法表现出良好的可用性，能够快速准确地挖掘出历史场景中的相似场次降雨过程，为智能降雨-洪水预报提供新的技术支持。

关键词：场次降雨；特征提取；相似性分析；多元特征距离融合；灰狼优化算法

近年来，极端天气频发，严重影响社会和经济发展[1]。诸多极端天气中，极端降雨是最为常见且极具危害的一类天气现象[2]。降雨发生的时间、地点、过程均对洪水的发展具有重要影响，因此定量识别场次降雨特征，对预防洪涝灾害有着重要意义[3]。

降雨-洪水相似性分析是水文领域开展雨洪特征分析、降雨-洪水预报的重要研究方向[4]。降雨-洪水相似性分析能帮助确定当前水文情况与历史水文情况之间的相似程度[5]，在历史相似性挖掘的基础上，实现对可能发生或正在发生的洪涝灾害的提前识别、快速研判、智能预警[6]。因此，降雨-洪水相似性分析在降雨预测、水文规律、洪涝灾害防御等领域具有重要应用前景[7-9]。

目前，水利学科诸多学者已经采用模糊数学、数据挖掘、机器学习等技术，开展了诸多降雨-洪水相似性分析相关研究。Xiao Zhangling 等[3] 提出了一种基于多尺度的降雨时间相似性分析模型，从模型相似性、暴雨空间分布相似性等多个角度对暴雨事件进行相似性的评价。Ohno 等[10] 开发了一种基于天气预报降雨图的深度学习方法判断水位是否会超过"洪水"阈值的预报技术。余宇峰等通过降雨量图的特征提取提出了一种基于流域日降雨量图的相似性搜索方法，验证了基于降雨量图研究洪水相关模式的可行性[11-12]。这些研究在方法层面上，从不同角度验证了降雨-洪水相似性分析对开展洪水预报预警工作的可行性和有效性，为洪水预报开辟了新的研究领域。随着水文数据的获取已经由过去的人工记录转变为系统自记，数据类型也从传统的时间序列拓展至半结构化和非结构化，这些变化的发生，使得数据类型更加丰富，已有的相似性分析方法在实际运用层面，精度和效率受到了冲击。同时，更加丰富的水文数据也为探索新的特征提取算法和相似性搜索算法、研究基于图像水文数据的相似性搜索提供了基础。鉴于此，本文面向水文预报实际需求，在文献［11-12］的基础上，进一步提出了一种基于图像的场次降雨过程相似性挖掘及降雨模式库构建方法，实现场次降雨过程的有效特征提取，进而挖掘历史场景中相似降雨过程。研究成果不仅为相似场次降雨过程的挖掘提供新的

作者简介：贾克（1980—），男，高级工程师，主要从事水文信息化建设、管理及研究工作。

研究思路和方法，也将为水文数据相似性搜索领域带来创新。

1 研究方法

1.1 场次降雨相似性搜索

场次降雨是指在一段时间内连续发生，且每个时间单位（通常是日）降雨量达到一定阈值以上的降雨过程。一场降雨中包含着多个单日降雨，通过设置单日降雨阈值并采用滑动窗口技术，可以对历史降雨序列进行分割，得到多个场次降雨过程。场次降雨的相似性搜索是基于单日降雨相似性搜索的扩展，对于分割的场次降雨过程图像，采用特征提取方法提取场次降雨过程的特征、频率、强度等信息，并设计距离度量方法计算待查降雨场次与历史降雨场次之间的相似度，实现场次降雨过程的相似性搜索[13]。

1.2 距离度量

距离度量是相似性搜索的基础，常见的距离度量包括适用于等长序列距离度量的欧式距离、闵可夫斯基距离，以及适用于不等长序列距离度量的动态时间弯曲距离[14]（dynamic time warp distance, DTW）等。

动态时间弯曲距离（DTW）通过拉伸或收缩序列的方法实现不等长序列对齐，使得序列间能进行一对多的比较。定义长度分别为 m 和 n 的序列 $Q=\{q_1, q_2, \cdots, q_m\}$ 和序列 $C=\{c_1, c_2, \cdots, c_n\}$。

(1) 当 $m=n$ 时，动态时间弯曲距离可以简化为简单的欧氏距离进行距离计算。

(2) 当 $m \neq n$ 时，构建大小为 $m \times n$ 的距离矩阵 $\boldsymbol{d}$，距离矩阵元素 $d(i, j)$ 表示 q_i 和 c_j 两点的欧氏距离。动态时间弯曲距离定义为从 (1, 1) 到 (m, n) 的最小累计距离，可通过动态规划思想求解，构造一个累计距离矩阵 $\boldsymbol{g}$，其中元素 $g(i, j)$ 表示从 (1, 1) 到 (i, j) 的路径最小累计距离，$g(i, j)$ 计算公式如下：

$$g(i, j) = d(q_i, c_j) + \min\begin{cases} g(i-1, j) \\ g(i, j-1) \\ g(i-1, j-1) \end{cases} \tag{1}$$

其中，$i=1,2,\cdots,m$；$j=1,2,\cdots,n$；$g(0,0)$ 为 0；$g(i,0)=g(0,j)=+\infty$；累计距离矩阵中的 $g(m,n)$ 就是序列 Q 和 C 的 DTW 值。

1.3 灰狼优化算法

灰狼优化算法[15]（grey wolf optimizer, GWO）是一种群体智能优化算法，模拟了自然界中的狩猎机制，整个灰狼群体按适应度划分为 α（头狼）、β（智囊团队）、δ（普通狼）、ω（其他狼）四层，由 α 狼、β 狼、δ 狼指导 ω 狼狩猎（求解）。灰狼围猎的过程数学建模公式如下：

$$D = |C \cdot X_p(t) - X(t)| \tag{2}$$

$$X(t+1) = X_p(t) - A \cdot D \tag{3}$$

式中：D 为灰狼个体与猎物之间的距离；X_p 为猎物的位置；t 为当前迭代次数；$X(t)$ 为灰狼个体第 t 代的位置；A 和 C 为系数。

A 控制灰狼群体的搜索范围。当 $|A|>1$ 时，灰狼群体进行全局搜索，收敛速率较快；当 $|A|<1$ 时，灰狼群体进行局部搜索，收敛速率较慢。A 值取决于收敛因子 a，A 和 C 的计算方法如下：

$$A = 2a \cdot r_1 - a \tag{4}$$

$$C = 2 \cdot r_2 \tag{5}$$

式中：r_1、r_2 为 [0, 1] 之间的随机值；a 的值在迭代过程中逐渐从 2 减少到 0。

狩猎通常由 α 狼来指挥，β 狼和 δ 狼有时也会参与狩猎。灰狼个体跟踪猎物位置的数学模型描述如下：

$$D_\alpha = |C_1 \cdot X_\alpha - X| \tag{6}$$

$$D_\beta = |C_2 \cdot X_\beta - X| \tag{7}$$

$$D_\delta = |C_3 \cdot X_\delta - X| \tag{8}$$

式中：D_α、D_β、D_δ 分别为 α 狼、β 狼、δ 狼与其他个体间的距离；X_α、X_β、X_δ 分别为 α 狼、β 狼、δ 狼的当前的位置；C_1、C_2、C_3 为随机数；X 为灰狼个体的当前位置。

$$X_1 = X_\alpha - A_1 \cdot D_\alpha \tag{9}$$

$$X_2 = X_\beta - A_2 \cdot D_\beta \tag{10}$$

$$X_3 = X_\delta - A_3 \cdot D_\delta \tag{11}$$

式中：X_1、X_2、X_3 分别为受 α 狼、β 狼、δ 狼影响后 ω 狼调整的位置，取平均值，即

$$X(t+1) = \frac{X_1 + X_2 + X_3}{3} \tag{12}$$

灰狼优化算法具有较强的收敛性能。它包括能够自适应调整的收敛因子及信息反馈机制，有助于在局部寻优与全局搜索之间实现平衡，在问题的求解精度和收敛速度方面都表现出良好的性能。

2 基于深度学习的场次降雨相似性搜索

2.1 整体流程

相似性搜索的性能取决于多种因素，包括特征表示、相似度度量方法、数据量、维度、索引方式等，本文专注于场次降雨相似性搜索的特征表示和相似性度量方法，算法步骤如下：

（1）场次降雨分割。采用滑动窗口技术对研究流域历史时段日降雨量图像数据进行分割：设置单日降雨阈值 δ_1，将日降雨量值 P 小于 δ_1 的日期定为无雨期，采用步长 Step=1 的滑动窗口技术遍历日降雨量图像序列，将历史降雨图像中第 1 个单日降雨总量 P 超过 δ_1 的降雨日定义为场次降雨过程 Proc_1 的第 1 天，若第 2 天日降雨量大于 δ_1，则将该日纳入场次降雨过程 Proc_1，否则直接监测第 3 天的降雨信息；若连续 2 d 降雨总量都小于 δ_1，Proc_1 结束。继续采用滑动窗口获得其他的场次降雨过程，直至遍历完所有降雨序列，得到场次降雨过程 $\mathrm{Proc}_1 \sim \mathrm{Proc}_w$。其中，$w$ 是历史降雨图像中的总降雨场次。

（2）特征提取。定义场次降雨过程特征为降雨持续天数 N、累计降雨量 SP、降雨时间分布 TD、降雨空间分布 SD、降雨中心运动轨迹 c_m。提取场次降雨过程 $\mathrm{Proc}_1 \sim \mathrm{Proc}_w$ 的特征信息并将其存入场次降雨过程特征数据库。

（3）特征相似度。依据特征分别定义距离度量指标 SIM_N、$\mathrm{SIM}_{\mathrm{SP}}$、$\mathrm{SIM}_{\mathrm{TD}}$、$\mathrm{SIM}_{\mathrm{SD}}$、$\mathrm{SIM}_{\mathrm{C}}$，表示不同场次降雨过程中 5 个降雨特征之间的相似度。

（4）特征相似度融合。采用多指标加权融合方法，通过多族群灰狼优化算法 IGWO 获得最优权重系数，对降雨持续天数相似度 SIM_N、累计降雨量相似度 $\mathrm{SIM}_{\mathrm{SP}}$、日降雨量分布相似度 $\mathrm{SIM}_{\mathrm{TD}}$、降雨空间分布相似度 $\mathrm{SIM}_{\mathrm{SD}}$、降雨中心运动轨迹相似度 $\mathrm{SIM}_{\mathrm{C}}$ 进行特征融合，最终得到场次降雨相似性的度量方法。

（5）降雨模式库构建。基于特征相似度融合度量，从历史库中挖掘不同类别的相似场次降雨过程，根据相似场次降雨过程对应的特征信息，构建相似降雨模式库。

场次降雨相似性搜索的详细流程如图 1 所示。

2.2 特征提取与相似性度量

场次降雨过程由多个单日降雨组成，在单日降雨量图像特征提取算法的基础上[11-12]，本文进一

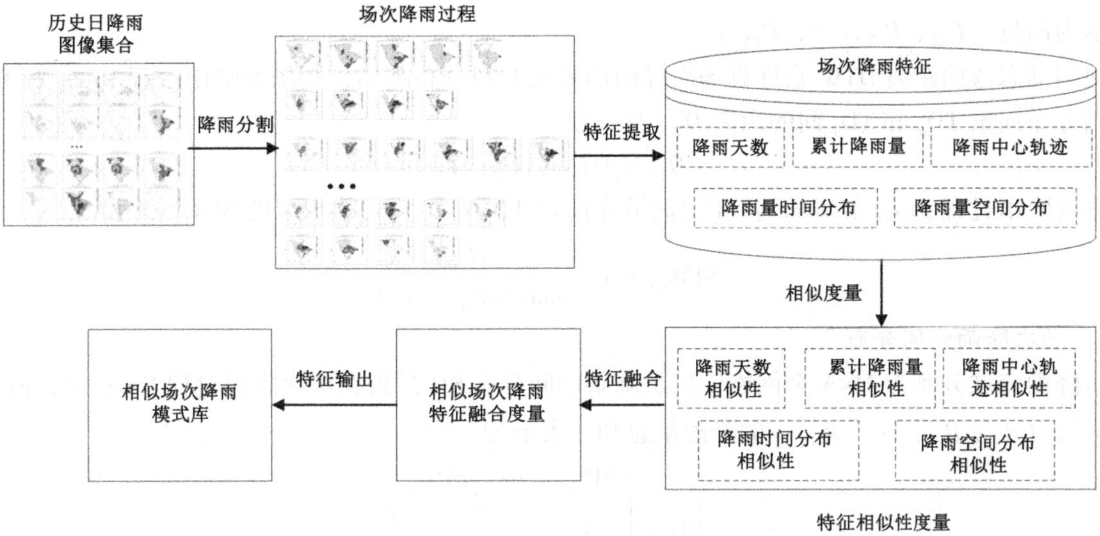

图1　场次降雨相似性搜索的详细过程

步提取了场次降雨过程的降雨特征。

2.2.1　降雨持续天数

降雨持续天数是指第 d 场场次降雨过程 Proc_d 的总降雨天数，使用 N_d 表示（$1\leqslant d\leqslant w$），其中 w 为历史降雨图像中的总降雨场次，通过计算场次降雨过程中包含的降雨量图像数量得到 N_d，使用曼哈顿距离来计算降雨持续天数距离，则场次降雨过程 Proc_d 和 Proc_s 降雨持续天数 N_d 和 N_s 之间的距离 D_N 为

$$D_N = |N_d - N_s| \tag{13}$$

式中：Proc_d 和 Proc_s 为两个不同场次降雨过程，且 $1\leqslant d\leqslant w$，$1\leqslant s\leqslant w$。

场次降雨过程 Proc_d 和 Proc_s 降雨持续天数 N_d 和 N_s 之间的相似度 SIM_N 表示为

$$\mathrm{SIM}_N = 1 - \frac{D_N}{\max(N_d,\ N_s)} \tag{14}$$

式中：$\max(N_d, N_s)$ 为 N_d 和 N_s 中最大的降雨持续天数。

2.2.2　累计降雨量

场次累计降雨总量 SP 是指第 d 场场次降雨过程 Proc_d 中的所有降雨量累计之和。设第 d 场次降雨过程的持续天数为 N_d，则该场次降雨总量为

$$\mathrm{SP}_d = \sum_{k=1}^{N_d} P_{dk} \tag{15}$$

式中：P_{dk} 为第 d 场场次降雨过程中第 k 天的降雨总量，使用曼哈顿距离计算场次降雨总量距离，则场次降雨过程 Proc_d 和 Proc_s 累计降雨量 SP_d 和 SP_s 之间的距离 D_{SP} 为

$$D_{\mathrm{SP}} = |\mathrm{SP}_d - \mathrm{SP}_s| \tag{16}$$

场次降雨过程 Proc_d 和 Proc_s 累计降雨量 SP_d 和 SP_s 之间的相似度 $\mathrm{SIM}_{\mathrm{SP}}$ 表示为

$$\mathrm{SIM}_{\mathrm{SP}} = 1 - \frac{D_{\mathrm{SP}}}{\max(\mathrm{SP}_d,\ \mathrm{SP}_s)} \tag{17}$$

式中：$\max(\mathrm{SP}_d, \mathrm{SP}_s)$ 为 SP_d 和 SP_s 中最大的累计降雨量。

2.2.3　场次降雨时间分布

场次降雨时间分布 TD 是指场次降雨过程 Proc_d 中每日的降雨量，设第 d 场场次降雨过程 Proc_d 的

降雨持续天数为 N_d，第 k 天的日降雨量为 P_{dk}，则第 d 场场次降雨过程的日降雨量时间分布 TD_d 形式化表示为向量 $[P_{d1}, P_{d2}, \cdots, P_{dN_d}]$。

使用动态弯曲距离 DTW 来计算场次降雨的降雨时间分布距离，则场次降雨过程 Proc_d 和 Proc_s 降雨时间分布向量 TD_d 和 TD_s 间的距离 D_{TD} 表示为

$$D_{TD} = \mathrm{DTW}(TD_d, TD_s) \tag{18}$$

场次降雨过程 Proc_d 和 Proc_s 降雨时间分布向量 TD_d 和 TD_s 间的相似度 SIM_{TD} 表示为

$$SIM_{TD} = 1 - \frac{D_{TD}}{\max(SP_d, SP_s)} \tag{19}$$

2.2.4 场次降雨空间分布

将降雨流域分割为 $M\times N$ 个网格，场次降雨空间分布 SD 是指在场次降雨过程 Proc_d 中，降落在各网格区域（R_{11}，R_{12}，…，R_{MN}）的降雨量总和，表示为

$$SD = \begin{bmatrix} SP_{R_{11}} & \cdots & SP_{R_{1N}} \\ \vdots & & \vdots \\ SP_{R_{M1}} & \cdots & SP_{R_{MN}} \end{bmatrix} \tag{20}$$

其中，网格区域 R_{ij}（$1<i\leqslant M$，$1<j\leqslant N$）的累计降雨量 $SP_{R_{ij}}$ 由公式（21）计算得到。

$$SP_{dR_{ij}} = \sum_{k=1}^{N_d} P_{dkR_{ij}} \tag{21}$$

式中：N_d 为第 d 场场次降雨持续天数；$P_{dkR_{ij}}$ 为第 d 场场次降雨中网格区域 R_{ij} 上第 k 天的降雨量。

场次降雨空间分布距离度量是一个 $M\times N$ 的矩阵，使用欧氏距离度量来计算场次降雨空间分布距离，场次降雨过程 Proc_d 和 Proc_s 降雨空间分布 SD_d 和 SD_s 间的距离 D_{SD} 表示为

$$D_{SD} = \left(\sum_{i=1}^{M}\sum_{j=1}^{N} | SP_{dR_{ij}} - SP_{sR_{ij}} |^2\right)^{\frac{1}{2}} \tag{22}$$

场次降雨过程 Proc_d 和 Proc_s 降雨空间分布向量 SD_d 和 SD_s 间的相似度 SIM_{SD} 表示为

$$SIM_{SD} = 1 - \frac{D_{SD}}{\max(SP_d, SP_s)} \tag{23}$$

2.2.5 降雨中心运动轨迹

场次降雨中心运动轨迹是指场次降雨过程 Proc_d 中最大降雨网格区域的空间变化情况，降雨中心轨迹在判断场次降雨相似性的工作中具有一定影响。

设第 d 场场次降雨过程的降雨持续天数为 N_d，该场场次降雨过程中第 k 天的降雨中心为 c_k，形式化的表示为$[R_{ij} | (1\leqslant i\leqslant M)$ 且 $i,j=\max\{P_{dkR_{11}}, P_{dkR_{12}}, \cdots, P_{dk_{RMN}}\}$ 对应的区域编号$]$，$1\leqslant d\leqslant w$，则第 d 场场次降雨过程 Proc_d 的降雨中心运动轨迹 C_m 形式化的表示为$[c_1, c_2, \cdots, c_{N_d}]$。

使用动态弯曲距离 DTW 求解降雨中心运动轨迹距离，则场次降雨过程 Proc_d 和 Proc_s 降雨中心运动轨迹 C_{md} 和 C_{ms} 间的距离 D_C 计算方式为

$$D_C = \mathrm{DTW}(C_{md}, C_{ms}) \tag{24}$$

场次降雨过程 Proc_d 和 Proc_s 降雨中心运动轨迹 C_{md} 和 C_{ms} 间的相似度 SIM_C 表示为

$$SIM_C = 1 - \frac{D_C}{D_{C\max}} \tag{25}$$

式中：$D_{C\max}$ 为降雨区域之间的最长距离。

2.3 场次降雨相似度搜索

场次降雨过程有多个特征，为准确描述场次降雨特征信息、提高场次降雨相似性搜索的准确性，

本文采用多指标加权融合方法[16]。场次降雨过程间的综合距离 SIM 表示为

$$\mathrm{SIM} = \omega_1 \mathrm{SIM}_N + \omega_2 \mathrm{SIM}_{\mathrm{SP}} + \omega_3 \mathrm{SIM}_{\mathrm{TD}} + \omega_4 \mathrm{SIM}_{\mathrm{SD}} + \omega_5 \mathrm{SIM}_C \tag{26}$$

式中：$\omega_1 \sim \omega_5$ 为 5 个特征相似度的权重系数。

从历史降雨图像数据库中选择 15 场降雨作为样本集，其中 3 场降雨等级为小雨，6 场降雨等级为中雨，6 场降雨等级为大到暴雨。按照 2：1的比例将样本划分为训练集和测试集，采用多族群灰狼优化算法（IGWO）来获取最优权重系数 $\omega_1 \sim \omega_5$。IGWO 步骤如下：

（1）初始化权重系数 $\omega_1 \sim \omega_5$，初始化 α 狼、β 狼、δ 狼的位置。

（2）计算全部灰狼适应度，使用综合相似度评价指标作为全部灰狼的适应度。

（3）更新权重系数 $\omega_1 \sim \omega_5$，更新 α 狼、β 狼、δ 狼的位置以及灰狼群的位置。

（4）判断是否达到最大迭代数，如果尚未达到最大迭代数，则重复进行步骤（2）~（4）；如果已经达到最大迭代数，则输出最优的权重系数 $\omega_1 \sim \omega_5$。

IGWO 优化过程如图 2 所示。

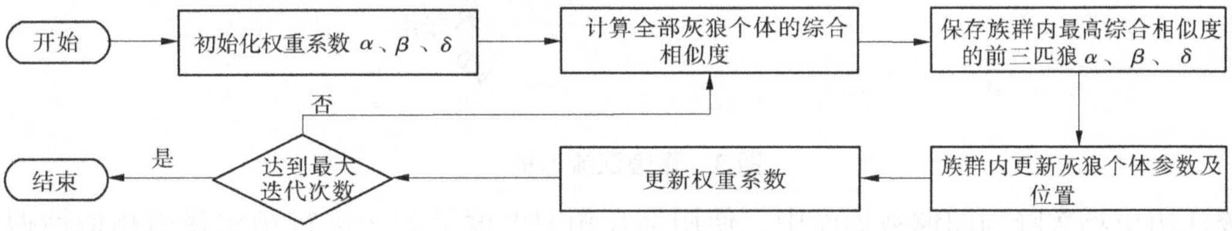

图 2　灰狼优化算法优化过程

3　实验与结果分析

3.1　数据准备和处理

嘉陵江是长江流域面积最大的支流,全长约 1 120 km;其流域范围位于北纬 29°17′30″~34°28′11″和东经 102°35′36″~109°01′08″，总面积约为 16 万 km^2（见图 3）。嘉陵江流域属于湿润季风气候区，年平均降雨量约为 931 mm[17]。在正常年份，嘉陵江流域的降雨主要集中在 7 月和 8 月，这时洪水灾害的发生频率较高。洪水表现出波动迅速、持续时间较短、流量较大、洪峰高等特点。这样的洪水特性对沿江居民的生命和财产构成了极大的威胁[18-19]。

本文采用多指标综合相似度度量来评估场次降雨的相似性。从嘉陵江历史场次降雨图像数据库中选择 15 场降雨作为样本集。其中，3 场降雨等级为小雨，6 场降雨等级为中雨，6 场降雨等级为大到暴雨，每场场次降雨都标注了与其最相似的 4 场场次降雨。

3.2　实验过程与结果

实验步骤如下：

（1）在灰狼优化算法的每次寻值和循环中，根据权重 $\omega_1 \sim \omega_5$ 计算样本场次降雨过程与历史所有场次降雨过程间的相似度，按照相似度值的大小进行排序，并选取相似度值排名前 4 的场次降雨过程，这 4 个场次降雨过程将作为样本场次降雨过程的搜索结果。

（2）在权重 $\omega_1 \sim \omega_5$ 下，根据综合距离计算方法分别计算样本搜索结果和标注结果之间的综合距离值。将取得的综合距离值进行平均，以得到单个样本搜索结果和标注结果的综合距离。

（3）将样本集中所有场次降雨过程的综合距离取平均值，得到最终的多指标综合相似度。

多指标综合相似度值越高，表示该组权重 $\omega_1 \sim \omega_5$ 越适用于场次降雨相似度搜索。通过这种方式可选择出最优的权重组合，从而实现准确、高效的场次降雨相似性搜索。

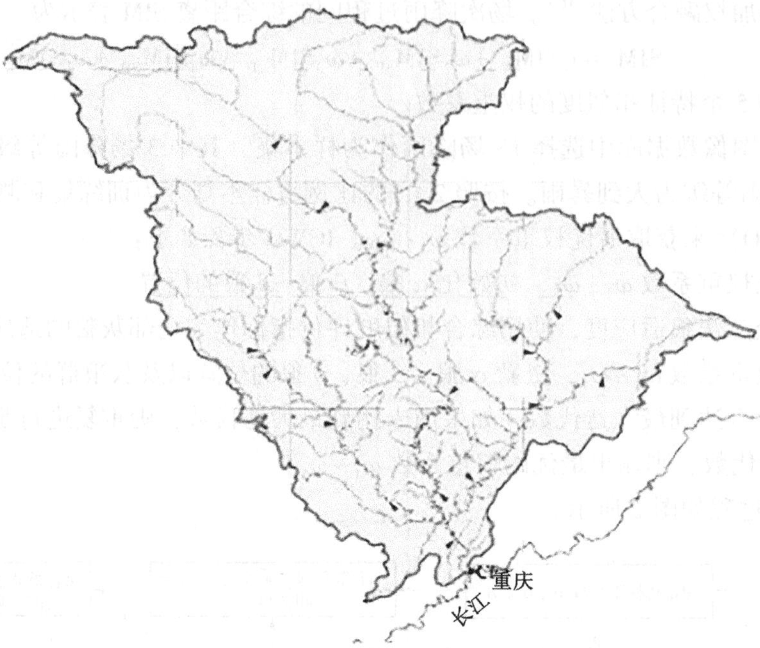

图 3 嘉陵江流域图

在嘉陵江历史场次降雨图像数据库中，使用综合相似度度量方法进行场次降雨相似性搜索实验。灰狼优化算法的灰狼数设为 20，迭代次数为 30，维度设置为 5，$\omega_1 \sim \omega_5$ 的下限值设为 0.05，上限值设置为 0.8，并限制 $\omega_1 \sim \omega_5$ 的和为 1，根据训练样本获得的场次降雨相似性搜索的最优权重 $\omega_1 = 0.18$，$\omega_2 = 0.2$，$\omega_3 = 0.22$，$\omega_4 = 0.27$，$\omega_5 = 0.13$；后续实验将采用上述优化得到的权重 $\omega_1 \sim \omega_5$ 来计算不同场次降雨之间的综合相似度，通过测试样本集验证使用该权重进行场次降雨相似性搜索的效果。相似度搜索结果如表 1 所示，实验搜索如图 4 所示。

表 1 场次降雨相似度搜索结果

场次降雨编号	场次降雨搜索序列相似度	标注序列与搜索序列相似度
19810710	[0.83, 0.81, 0.80, 0.79, 0.78]	[1.00, 0.70, 0.78, 0.74, 1.00]
19730903	[0.82, 0.81, 0.80, 0.79, 0.78]	[1.00, 0.77, 0.72, 1.00, 0.79]
19840630	[0.79, 0.78, 0.77, 0.77, 0.77]	[1.00, 1.00, 0.63, 0.74, 0.73]
19810813	[0.88, 0.85, 0.85, 0.85, 0.84]	[1.00, 0.81, 0.91, 0.79, 1.00]

结果表明，在场次降雨相似性搜索序列与专家标注的场次降雨序列相似性方面，本文选定的权重组 $\omega_1 \sim \omega_5$ 取得了良好的效果。该结果不仅在数据的相似性度量上有良好表现，还在具体的搜索应用中得以验证。在 4 个不同的测试用例中，搜索结果与专家标注结果非常接近，误差均在可控范围内。该实验证明了搜索方法的合理性和实用性。该搜索方法能找到与待搜索场次降雨过程最接近的历史降雨过程，通过分析历史时期相似降雨过程引起的水位变化来预测当前场次降雨过程可能引发的水位变化，为洪水预防提供了有力的数据支持。本文研究结果对于水文学和气象学领域具有重要意义，有望提高洪水管理和预测的效率和准确性。

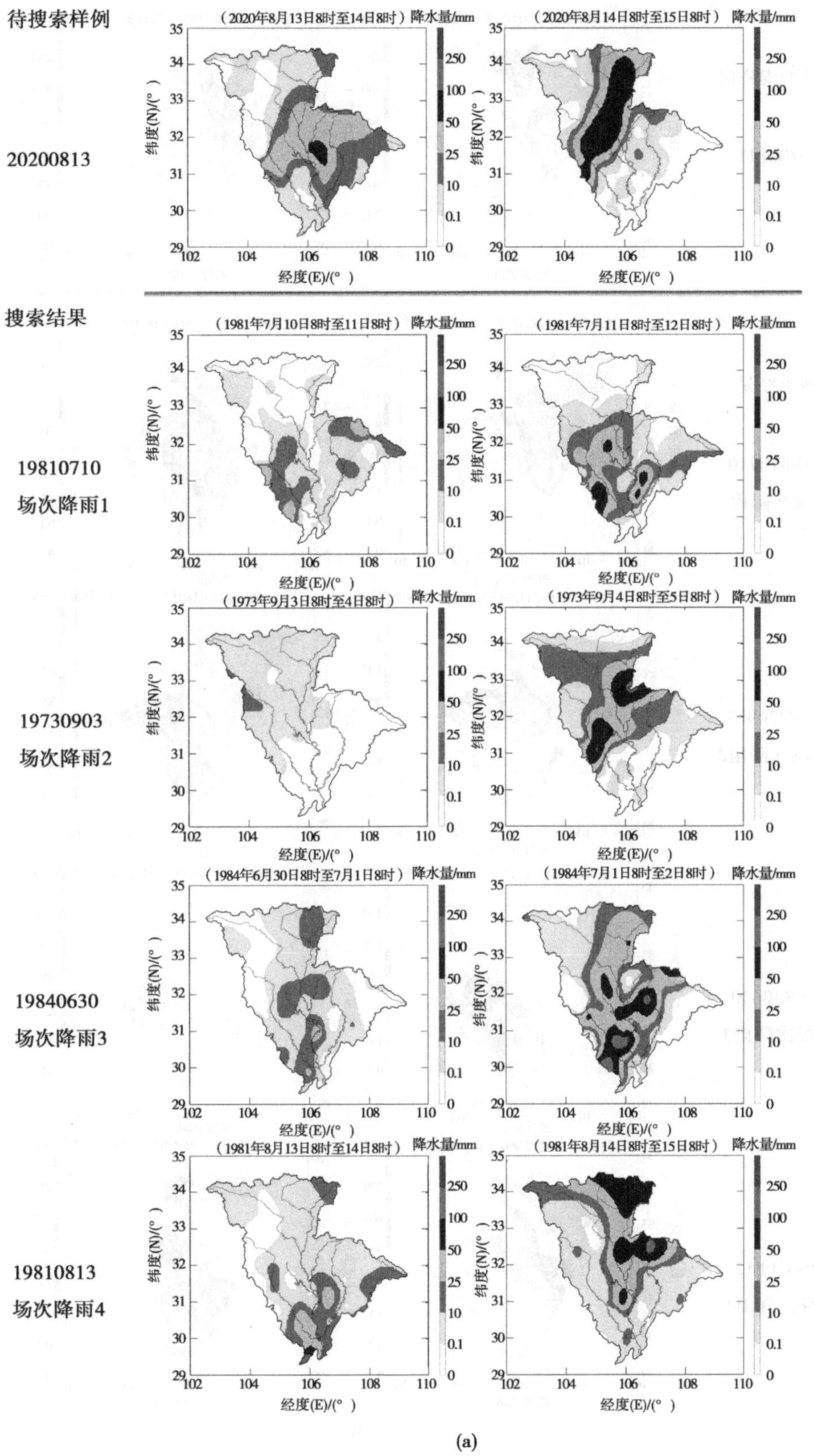

(a)

图4　20200813场次降雨搜索结果❶

❶图4（b）、（c）是图4（a）的连续搜索结果，因版面所限分开了。

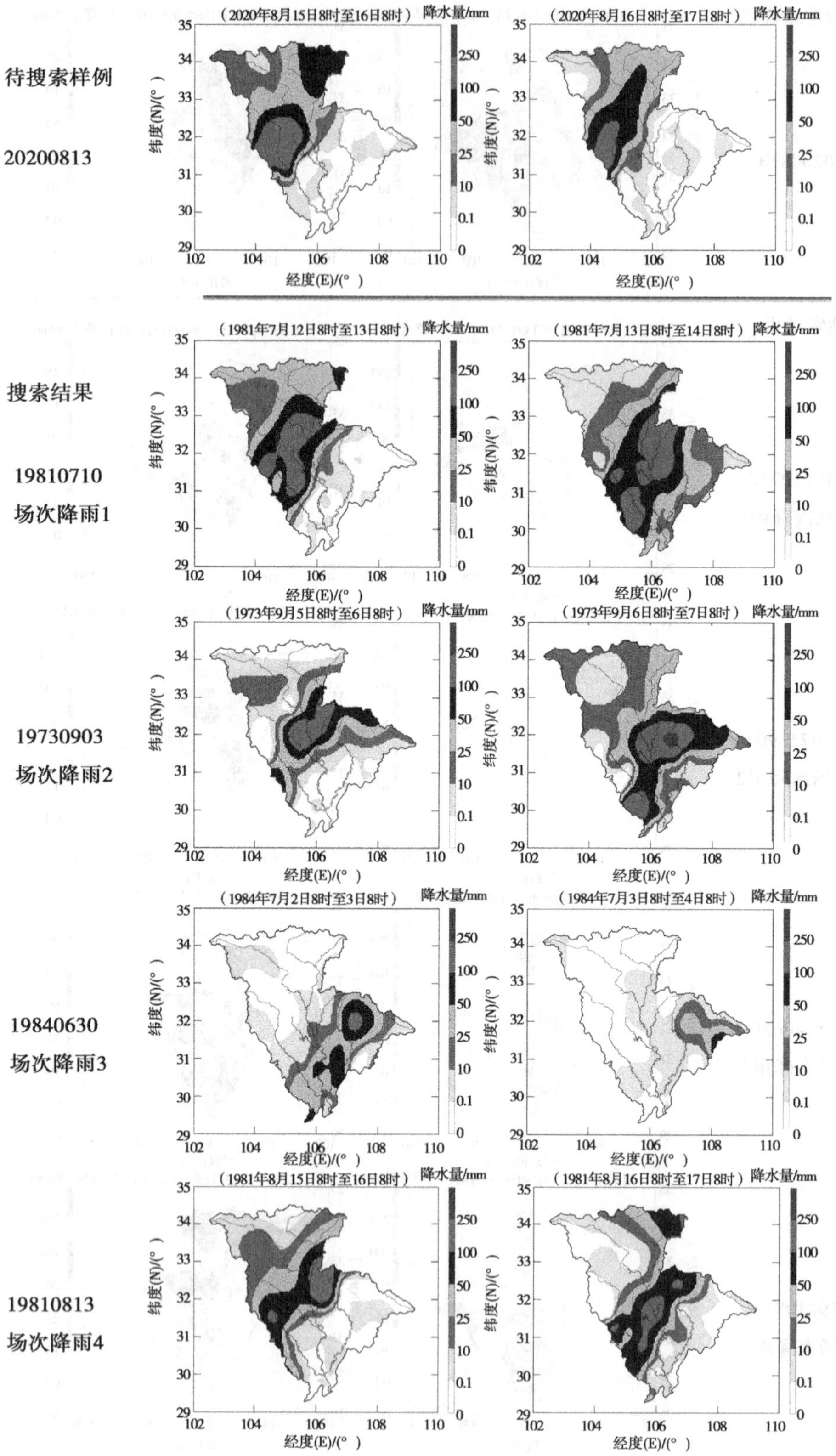
待搜索样例
20200813
（2020年8月15日8时至16日8时）
（2020年8月16日8时至17日8时）
搜索结果
19810710
场次降雨1
（1981年7月12日8时至13日8时）
（1981年7月13日8时至14日8时）
19730903
场次降雨2
（1973年9月5日8时至6日8时）
（1973年9月6日8时至7日8时）
19840630
场次降雨3
（1984年7月2日8时至3日8时）
（1984年7月3日8时至4日8时）
19810813
场次降雨4
（1981年8月15日8时至16日8时）
（1981年8月16日8时至17日8时）
降水量/mm
250
100
50
25
10
0.1
0
纬度(N)/(°)
经度(E)/(°)

(b)

续图 4

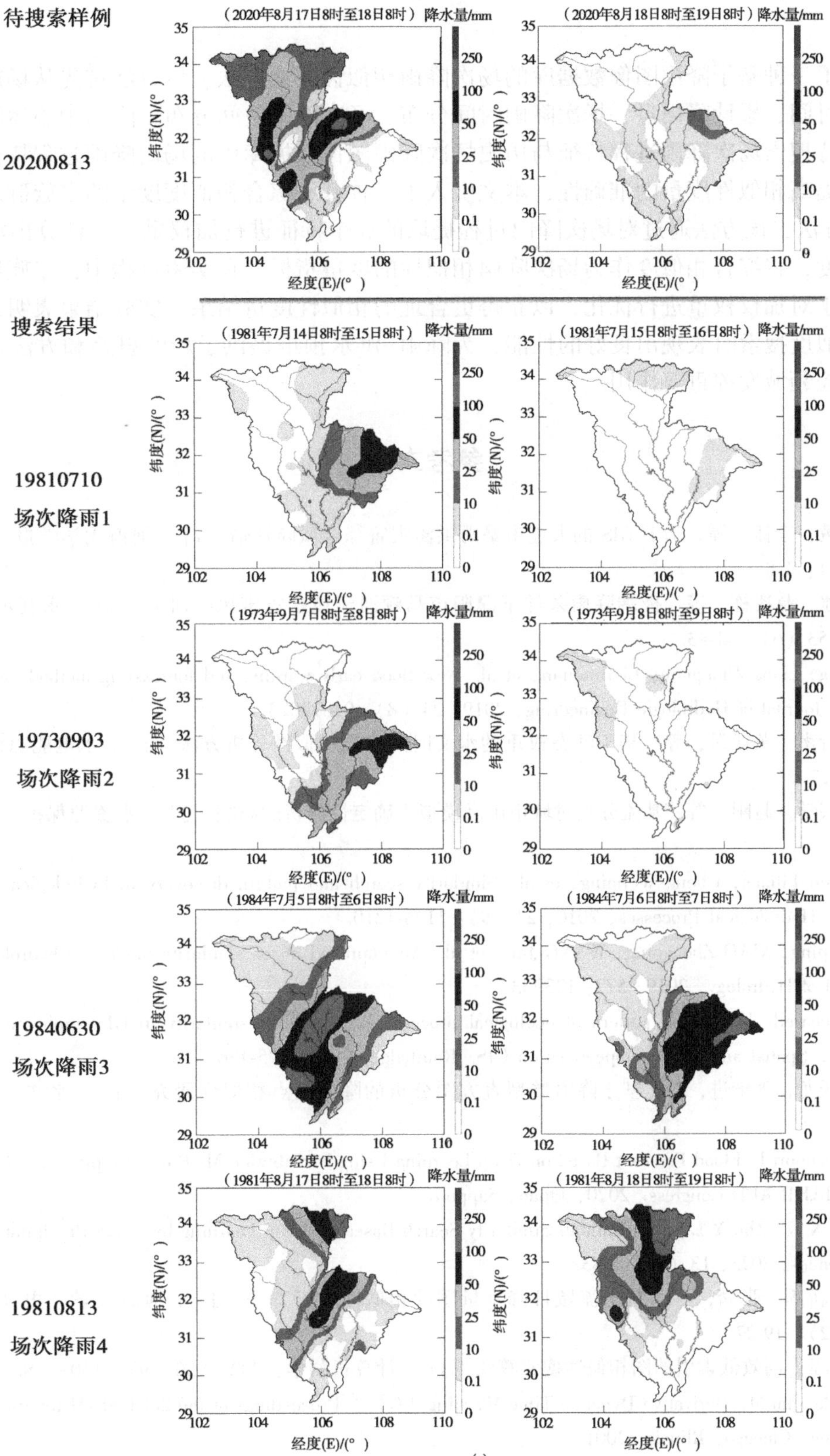
待搜索样例
20200813
（2020年8月17日8时至18日8时）
（2020年8月18日8时至19日8时）
搜索结果
19810710
场次降雨1
（1981年7月14日8时至15日8时）
（1981年7月15日8时至16日8时）
19730903
场次降雨2
（1973年9月7日8时至8日8时）
（1973年9月8日8时至9日8时）
19840630
场次降雨3
（1984年7月5日8时至6日8时）
（1984年7月6日8时至7日8时）
19810813
场次降雨4
（1981年8月17日8时至18日8时）
（1981年8月18日8时至19日8时）
降水量/mm
250
100
50
25
10
0.1
0
纬度(N)/(°)
经度(E)/(°)
102
104
106
108
110
29
30
31
32
33
34
35

(c)

续图 4

4 结语

本文提出了一种基于降雨图像数据库的场次降雨相似性搜索方法。该方法首先从场次降雨过程中提取降雨持续时间、累计降雨量、场次降雨时间分布、场次降雨空间分布、降雨中心运动轨迹等 5 个降雨特征。将待搜索场次降雨过程特征与历史场次降雨图像数据库中的场次降雨过程特征进行特征距离计算。为了提高相似性度量的准确性，本文引入了一种基于综合相似度度量的多族群灰狼优化算法 IGWO 的加权方法，该方法通过对场次降雨过程提取的 5 个特征进行加权融合，计算出场次降雨过程间的综合相似度，将综合相似度作为场次降雨相似性的度量指标。在实验过程中，多族群灰狼优化算法 IGWO 被用于对加权权重进行优化，以获得更合理的相似性度量结果。实验结果表明，该方法在进行场次降雨相似度搜索时表现出良好的性能，为降雨-洪水预报提供了新的思路和方法，有望在水文预测和洪水防控领域发挥重要作用。

参考文献

[1] 郑德凤，高敏，李钰，等．基于 GIS 的大连市暴雨洪涝灾害综合风险评估［J］．河海大学学报（自然科学版），2022，50（3）：1-8.

[2] 陈融旭，韩冰，赵凌栋，等．极端降雨条件下濮阳市马颊河流域水灾害风险研究［J］．水利水电技术（中英文），2022，53（6）：34-43.

[3] Xiao Zhangling，Liang Zhongmin，Li Binquan，et al. New flood early warning and forecasting method based on similarity theory［J］. Journal of Hydrologic Engineering，2019，24（8）：04019023.

[4] 赵圆元，张行南，黄钰凯，等．基于动态权重的水文时间序列相似性分析方法［J］．水电能源科学，2021，39（2）：9-12，17.

[5] 王京晶，徐宗学，赵刚，等．基流分割对城市雨洪模拟不确定性分析的影响［J］．水资源保护，2022，38（5）：65-71.

[6] Ourang R，Ren Liliang，Cheng Weiming，et al. Similarity search and pattern discovery in hydrological time series data mining［J］. Hydrological Processes，2010，24（9）：1198-1210.

[7] LIANG Zhongping，XIAO Zhongping，WANG Jun，et al. An improved chaos similarity model for hydrological forecasting［J］. Journal of Hydrology，2019，577：123953.

[8] Feoli E，Zuccarello V. Spatial pattern of ecological processes：the role of similarity in GIS applications for landscape analysis［J］. Spatial analytical perspectives on GIS. Routledge，2019：175-186.

[9] 章龙飞，朱跃龙，李士进，等．基于降雨类型直方图分析的降雨站点相似性研究［J］．水文，2013，33（3）：10-17.

[10] Ohno G，Kazunori I. Flood Forecast Based on Deep Learning Using Distribution MAP of Precipitation［C］//Proceedings of the 22nd IAHR APD Congress. 2020，Japan，Sapporo.

[11] Yu Y F，He X G，Zhu Y L，et al. Rainfall Similarity Search Based on Deep Learning by Using Precipitation Images［J］. Applied Sciences，2023，13（8）：4883.

[12] 余宇峰，贺新固，张潇，等．基于流域日降水量图的相似性搜索方法［J］．河海大学学报（自然科学版），2024，52（2）：19-27.

[13] 邱珍，郑朝晖．高效低索引的图相似性搜索算法［J］．计算机科学，2023，50（9）：130-138.

[14] Keogh E，Pazzani M. Derivative Dynamic Time Warping［C］// Proceedings of the 2001 SIAM international conference on data mining. Chicago，Illinois，2001.

[15] Mirjalili S，Mirjalili S M，Lewis A. Grey Wolf Optimizer［J］. Advances in Engineering Software，2014，69（3）：46-61.

[16] Paramanik A R，Sarkar S，Sarkar B. OSWMI：An Objective-Subjective Weighted method for Minimizing Inconsistency in multi-criteria decision making［J］. Computers & Industrial Engineering，2022，169.

[17] Wang M L，Zhang Y，Lu Y，et al. Attribution Analysis of Streamflow Changes Based on Large-scale Hydrological

Modeling with Uncertainties [J]. Water Resour Manag, 2023, 37 (2): 713-730.

[18] Xu Y S, Chen Y B, Ren Y F, et al. Attribution of Streamflow Changes Considering Spatial Contributions and Driver Interactions Based on Hydrological Modeling [J]. Water Resour Manag, 2023, 37: 1859-1877.

[19] Chen Y B, Wang M L, Zhang Y, et al. Cascade Hydropower System Operation Considering Ecological Flow Based on Different Multi-Objective Genetic Algorithms [J]. Water Resour Manag, 2023, 37 (8): 3093-3110.

汕头智慧水利平台建设与实践

徐 嫣 文 涛 郭晓辉 陈 祥

（广东华南水电高新技术开发有限公司，广东广州 510620）

摘 要：以水利部智慧水利总体框架为指导，在物联网、大数据、智能视频等新技术带来的时代变革及“智慧水利”建设大背景下，立足管理机构业务需求，提出汕头智慧水利平台技术架构，以汕头市水利局为研究对象，针对地方水旱灾害防御的薄弱环节和短板不足，利用信息化手段对重点地区和关键领域灾害风险隐患进行监测，汇聚多源数据进行分析，最大化利用沉淀数据资源价值，以较低的成本实现防灾减灾、预警预报的目标。

关键词：智慧水利；视频 AI；物联网；大数据

1 引言

为贯彻落实习近平总书记关于防灾减灾救灾重要论述精神[1]，以及水利部发布《“十四五”智慧水利建设规划》等政策性文件，根据广东省委，汕头市委、市政府的工作部署，汕头市水利局以水旱防御灾害应急管理为试点业务，针对防汛救灾薄弱环节和短板不足，利用信息化手段对重点地区和关键领域灾害风险隐患进行监管，通过建设汕头市智慧水利工程，真正把“时时放心不下”的责任感使命感转化为“事事心中有底”的行动力。

为应对汕头市水利全域感知站网的建设需求，扩大江河湖泊、水资源、水利工程、涉水活动的监测范围，为洪水、干旱等水旱灾害风险防控、水资源开发利用、重大水利工程建设管理等水利业务场景提供决策支持服务，实现水利数据“一数一源，一源多用”[2]，快速精准地应对水旱灾害，全力提升防汛抗旱事务应急管理水平。

2 技术框架

汕头市智慧水利应用架构主要包括防汛抗旱“四预”大屏、日常管理、水利工程管理、防汛抗旱管理、系统管理及移动应用（粤政易端）6 个模块，实现对汕头市水旱灾害防御业务的全方位、全流程监管，提升管理效能。整体技术架构如图 1 所示。

3 应用与实践

3.1 健全监测预报三道防线

坚持“预”字当先、关口前移、防线外推，加快构建汕头市气象卫星和测雨雷达、水利工程及河道雨水情测站、末梢感知监测设备组成的雨水情监测预报“三道防线”。在省、市已建监测设施的基础上，查漏补缺构建智慧水利感知监测网络，实现实时输出 1 km×1 km 网格降水实况[3]，打造“千里眼、顺风耳”；科学构建洪水预报模型，基于地面雨情监测信息，每 15 min 驱动汕头市洪水预报模型进行产汇流及洪水演进分析，滚动生成监测预警，补齐了防汛减灾短板和薄弱环节，为防汛减灾打出“提前量”。

作者简介：徐嫣（1981—），女，高级工程师，主要从事水利信息化相关研究工作。

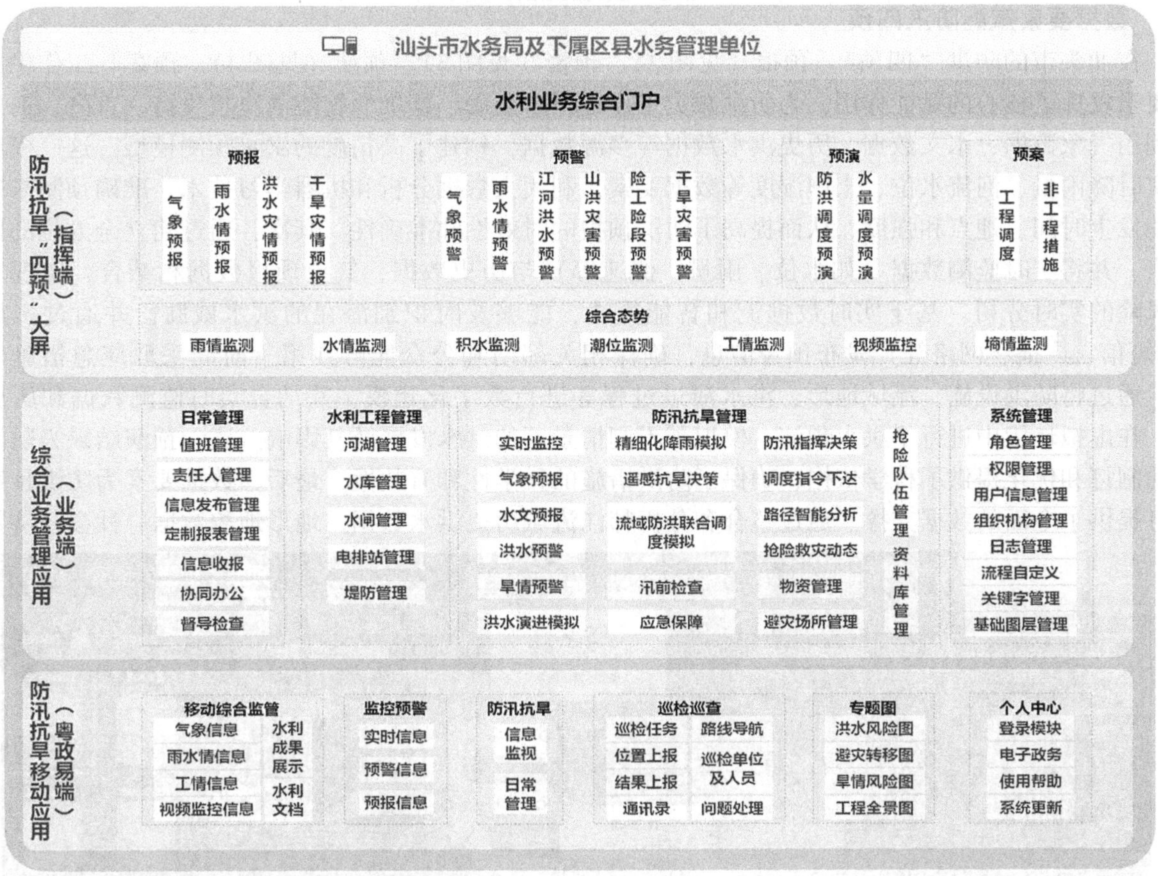

图1　汕头市智慧水利平台技术架构

3.2　高效汇聚水利应急数据

汕头智慧水利项目通过创新的数据应用策略，实现了全要素数据的共享与高效治理。首先，该项目对汕头市区全域的204座水库、413座水闸、82个河道断面、5处重点堤防、10宗电排站及5个重点桥闸进行了雨量、水位、流速、流量、水质及工程安全监测，共建设了800个监测站点和100个视频图像监测站，有效地支撑了汕头市的水旱灾害应急业务。其次，该项目还实现了与广东省水利厅、广东省气象局、汕头市城市管理和综合执法局、汕头市应急管理局等4个厅市局的同步对接，并共享了涉及的14类业务数据，汇聚了约1.3亿条监测数据，全面覆盖了汕头所有区县。最后，在项目实施过程中，严格遵循了“理-采-存-管-用”的数据治理流程。具体而言，项目团队完成了数据资源的系统梳理，实施了数据采集与清洗工作，设计了数据库并进行数据存储，实施了全面的数据管理，并最终实现了数据的有效使用。这一系列关键环节的顺利完成，为项目构建了高质量、高复用性、高流动性的数据要素体系。

3.3　盘活沉淀水利数据资产

汕头市水务局以前面临水利业务管理平台不统一的问题，导致各类业务数据分散存储于个人电脑或省、市系统上，进而造成数据共享困难、数据利用率低下的困境。为了解决这一业务痛点，构建了“视频汇聚+感知汇聚+大数据+数据仓库”的新一代数据管理体系。同时，利用知识图谱对于汇聚的数据进行整编，最终实现水利数据资料的查询共享和互联互通，整合并重构各类水利信息资源，从而打破数据孤岛现象，实现“一数一源，一源多用”的目标。通过这一体系，促进资源的共用共享，充分发挥数据资产的价值效能，推动水利监测、分析、决策、评估等全流程业务的融合与打通，降低了数据要素的使用壁垒，规范和加强了数据资产管理，促进了水利应急管理业务数字化，从而更好地推动了汕头市数字经济的发展。

3.4 数据要素赋能防汛四预

在汕头市的防洪“四预”［预报（见图2）、预警（见图3）、预演（见图4）、预案］工作中，数据要素发挥了核心的赋能作用，为防洪减灾工作提供了全面、精准、智能的决策支持。首先，通过综合利用气象数据、水文数据、历史洪水数据等多源数据，构建了高精度的洪水预测模型。这一模型通过实时降雨量、河流水位、土壤湿度等数据要素，利用大数据分析和机器学习技术，准确预测未来洪水的发生时间、地点和强度，从而提高了防洪预报的时效性和准确性。其次，通过建立全方位的监测网络，并将实时监测数据（如水位、雨量、流速等）与历史数据、气象预报数据相结合，实现了洪水风险的实时分析。基于实时数据流和智能算法，能够及时识别潜在的洪水威胁，并通过多渠道（如短信、广播、网络等）发布预警信息，确保相关部门和公众能够在第一时间采取应急措施。再次，通过将防洪设施、流域地形、洪水演进过程等进行数字化建模，并结合实时监测数据和历史数据，在虚拟环境中进行了洪水预演，模拟了不同情景下的洪水发展及其影响。这一预演结果为防洪方案的制订和优化提供了科学依据，确保了防洪措施的科学性和有效性。最后，数据要素为防洪预案的制订提供了全面的数据支撑。通过整合和分析韩江流域历史洪水数据、地形地貌数据、社会经济数据

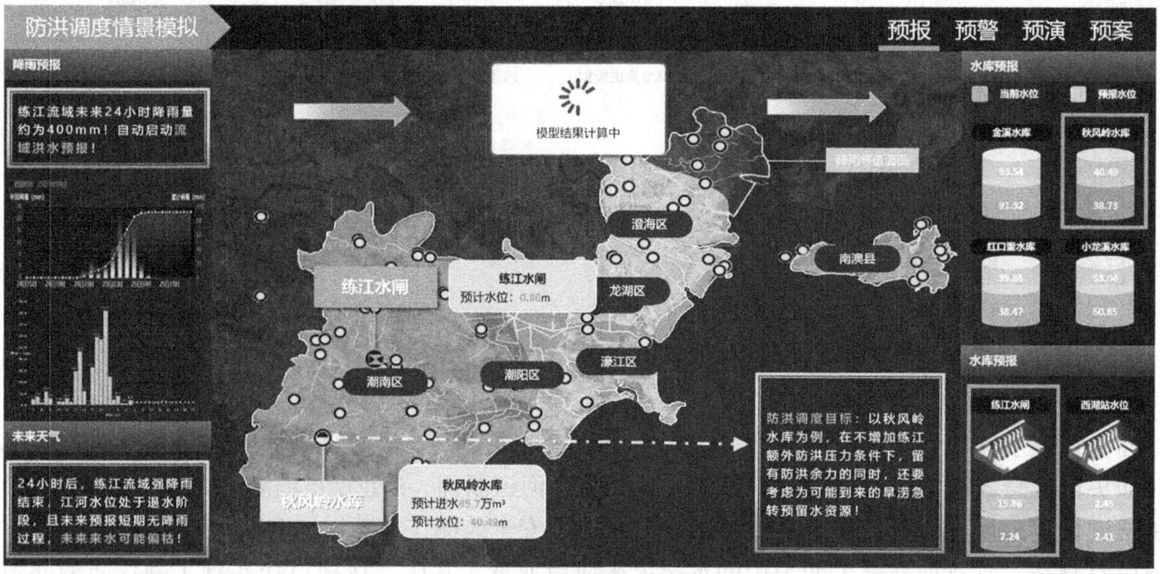

图2　预报

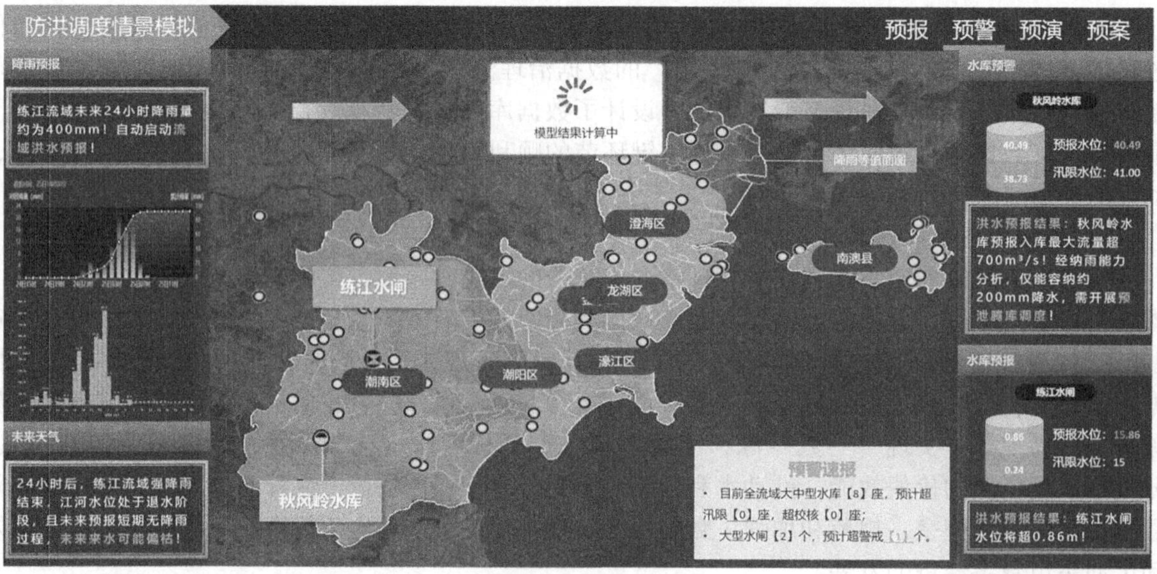

图3　预警

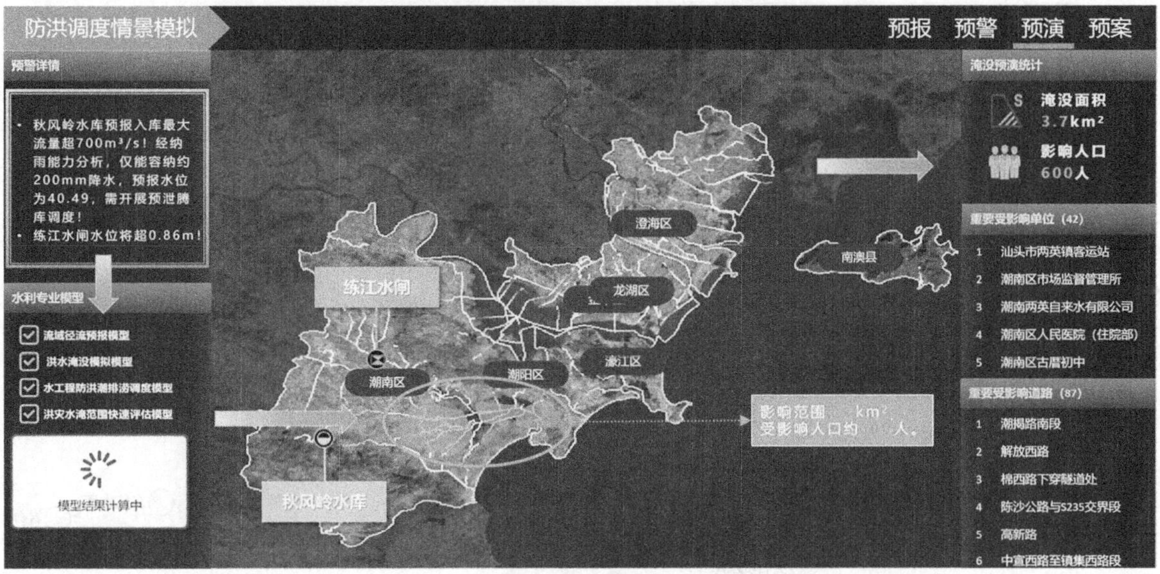

图4 预演

等，识别了流域内的高风险区域和关键防洪节点。基于数据驱动的风险评估和模拟分析，制订了科学合理的防洪预案，明确了应急响应措施和资源配置方案，提高了预案的实用性和可操作性。

4 先进性

该项目主要展现出技术、管理体系、防汛体系3个方面的先进性。

4.1 技术先进性

该项目展现了数据技术先进性。首先，实现了新建前端感知设备数据的统一接入管理，并与省、市、区、县各级及水文、气象、应急等关键信息化平台无缝对接，确保了数据的全面覆盖与实时更新；其次，通过支持多样化的数据库类型、数据传输方式及网络特性，成功整合了多源异构数据，构建起强大的数据基础；在此基础上，该项目创新性地融合了大语言模型与知识图谱技术，推出了“语音调度”这一交互新模式，极大地提升了决策者获取业务信息的效率与精准度。

此外，还充分利用数字化建模与仿真技术，为防洪预案提供科学支撑。以智能识别模型、水利专业模型、可视化模型、知识图谱（见图5）及大语言模型（见图6）构建支撑体系，为汕头市提供视频AI智能分析和洪水预报调度模拟分析能力。智能识别模型采用深度学习、机器学习等技术进行图像和视频的分析处理，能在各种复杂环境中完成电子围栏识别、水位识别、积水识别、堤防损坏识别等任务，识别率高达95%以上。水利专业模型中研发的水文水动力机理模型与智能深度学习模型融合的洪水过程快速预报模型，与传统机理模型相比，其网格淹没水深平均偏差小于4 cm，模拟速度由15 min缩短至10 s内。可视化模型则运用了倾斜摄影、三维建模等关键技术，可将实时采集的水利工程数据以三维可视化的形式呈现，使用户能够直观掌握工程运行状态和潜在风险。此外，还通过数据获取、知识融合、知识推理、图数据库等手段搭建知识图谱，并以图形化方式展示防汛“四预”数据，为智能化决策提供支持。

4.2 管理体系先进性

该项目在管理体系上实现了三大转变，显著提升了防汛工作的效率和精准度。

（1）防汛管理由被动处置型向主动发现型转变，通过集成物联网技术和感知监测设备，实现了对降雨、水位、流量等关键水文气象要素的全天候、高密度监测，使管理部门能够提前感知灾害风险，从“事后应对”转变为“事前预防”，显著提高了防汛工作的主动性和预见性。平台运用大数据分析和AI算法，为决策提供科学依据，增强了防汛工作的针对性和有效性。

（2）防汛管理由经验判断型向数据分析型转变，防汛决策不再仅仅依赖于历史经验和专家判断，

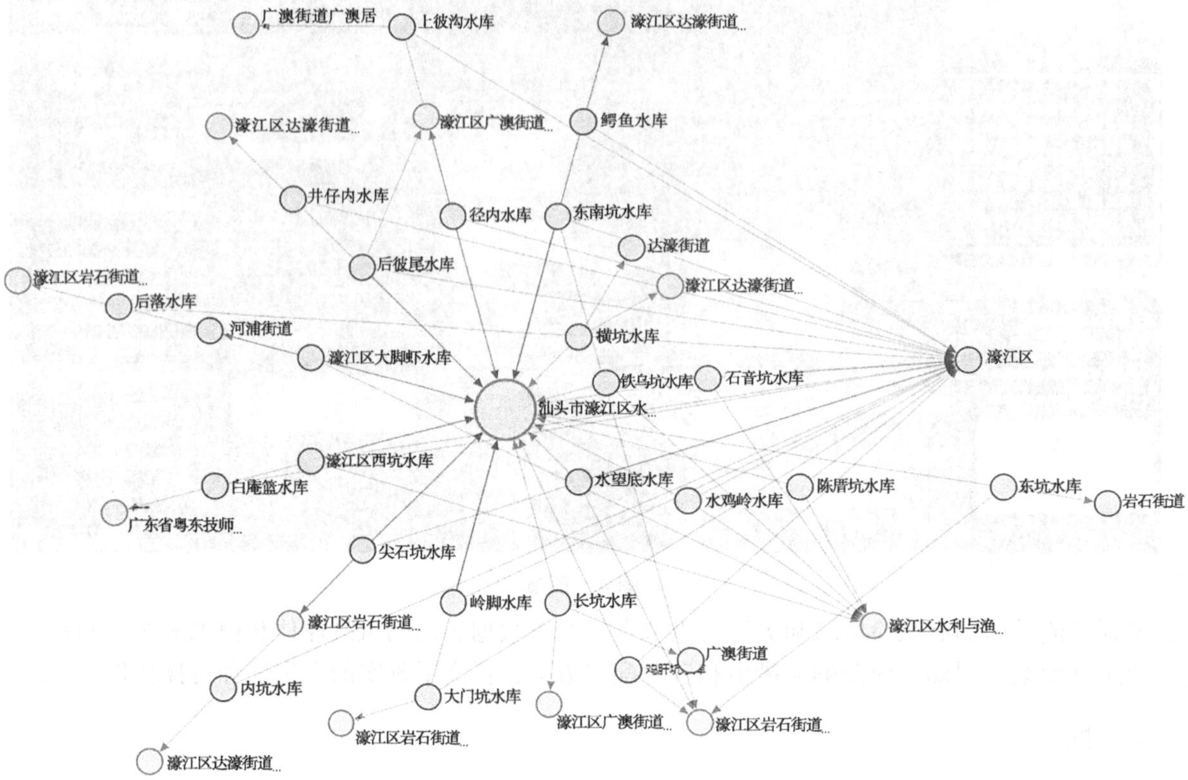

图 5　知识图谱

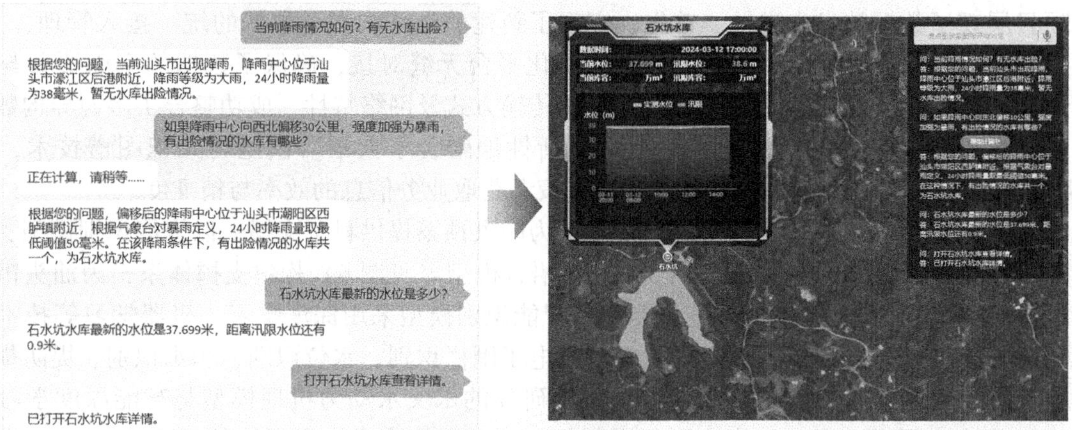

图 6　大语言模型

而是更加依赖于实时、准确的数据分析。平台能够汇聚多源数据，通过复杂模型进行综合分析，为决策者提供科学、量化的评估报告。基于数据分析的结果，平台能够动态调整防汛策略和资源配置，确保资源的有效利用和灾害应对的及时性。这种数据驱动的管理方式，减少了人为判断的误差，提高了防汛工作的精准度和效率。

（3）防汛管理由人力密集型向人机交互型转变，传统防汛管理中，需要大量人力资源投入巡查、监测和应急处置等环节。而平台通过引入智能化监测设备和自动化系统，显著减少了对人力的依赖。平台能实时监控和分析数据，自动发出预警信息，并提供决策支持。这一转变不仅提高了工作效率，降低了人力成本，还使得防汛工作更加精准和高效。

4.3　防汛体系先进性

该项目致力于构建一个以“眼、脑、手”三大体系为核心的“最强大脑”，旨在打造一个“共建、共治、共享”的先进防汛体系。

构建“天地一体化的监测体系”打造“眼”，设置了雨量、水质、水位、流量等监测站点，实时掌握水系各要素动态信息，为防汛调度提供数据支撑[4]。

集成流域水文预报模型、洪涝模拟及预报模型、纳雨能力分析等水利专业模型打造“脑”，对防汛灾情研判及调度指挥提供辅助作用。

对水闸和泵站等防汛设施进行自动化改造，搭建远程监测与控制系统打造“手”，集成视频、水位、水质、闸泵等监测站实时掌控现场水情，通过线上线下互备冗余，实现“远程操控、视频复核”效果，有力提高防汛应急处置效率。

5 结论与展望

5.1 数据赋能，打出防汛减灾提前量

汕头市智慧水利系统平台接入河道水位站、水文站、潮位站、雨量站等各类监测站总计800个，汇聚共计1.3亿多条监测数据。通过标准化接口确保数据的实时性和准确性，每小时实时采集上传1 600条数据，每日实时采集上传的数据多达4万条，并整合接入气象数据，筑牢雨水情监测预报“三道防线”。对“云中雨、落地雨、河中水”实时监测和预报预警，实现延长预见期、提高精准度双重目标，为打好现代防汛关键战提供有力有效的情报信息支撑。6月16日，韩江发生2024年第4号洪水，汕头市智慧水利系统平台提前4 h精准预报汕头市韩江流域潮安站洪峰流量，模型精度达到90%（见图7），支撑韩江下游五闸落实预排措施，提前降低河道水位，为上游即将到来的洪水腾出库容，为防汛减灾打出“提前量”，有效减轻了洪峰到达时的防洪压力。

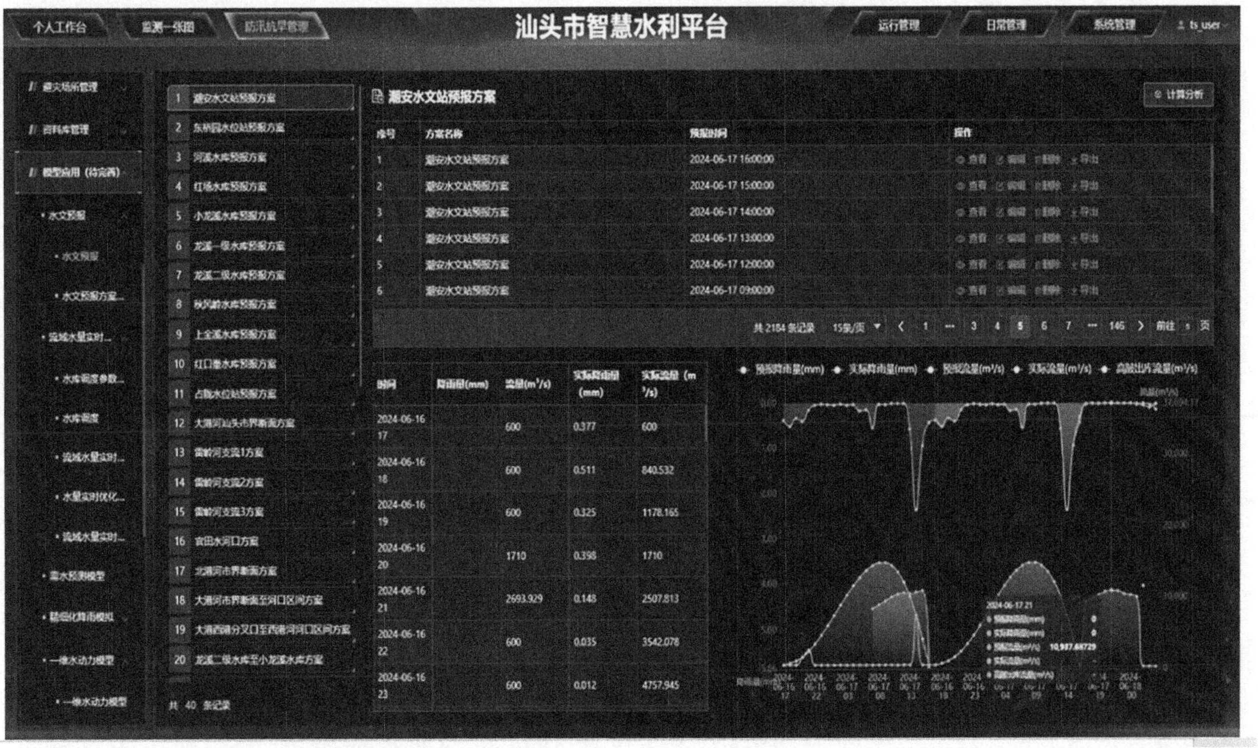

图7 韩江2024年第4号洪水预报成果

5.2 降本增效，提高数据要素利用率

通过构建统一标准的数据库和共享平台，接入共享广东省水利厅、广东省气象局、汕头市城市管理和综合执法局、汕头市应急管理局4个厅市局14类业务数据，汇聚约1.3亿条监测数据，覆盖汕头所有区县。提升了多源异构数据共享交换能力，支撑政务数据、视频图像数据及感知监测数据的互

联互通。从而打破了部门间的信息壁垒，使得防洪减灾、应急调度等关键任务能够基于实时、全面的数据进行决策，实现联防联控，有效支撑防洪减灾，保障广大人民生命财产安全。同时，通过数据治理与共享，提高了数据利用效率，减少跨部门沟通成本，减少大量人员管理资金，实现降本增效。2024 年，减少在信息资源开发建设、各类水利数据应用运行、人员管理与车辆投入 200 余万元，使得数据流转率与时效性提高了 50%以上，实际减少运行费用 300 余万元。

参考文献

[1] 韩建旭．习近平关于网络强国的重要思想研究［D］．北京：中央财经大学，2019.

[2] 徐嫣，等．中部欠发达地市智慧水利建设思路探索［C］//中国水利学会 2021 学术年会论文集：第四分册．郑州：黄河水利出版社，2021.

[3] 耿磊，徐嫣，雷佳明．基于空天地感知的流域智慧指挥平台研究与实现：以西江流域为例［J］．人民长江，2021（增刊 2）：52.

[4] 徐嫣，等．粤港澳大湾区区县智慧水务建设思路探析：以广州市白云区智慧水务建设为例［C］//中国水利学会 2023 学术年会论文集：第一分册．郑州：黄河水利出版社，2023.

XDR与GPT技术在徐州市铜山区水务网络安全领域的应用研究

佟保根

（江苏省徐州市铜山区水利局，江苏徐州　221100）

摘　要：随着现今网络科技的日益发展、网络规模和用户数量的急剧膨胀，网络安全形势日益严峻。实践证明，入侵破坏手段往往先于防御技术一步，因此现有的防御手段只能疲于应对频出的入侵网络等安全事件。本文提出将云处理技术、行为监测及数值分析结合起来应用到网络安全监测领域，这一策略可以对多种入侵攻击行为进行有效监测，及时发现隐患，满足网络管理的要求。

关键词：XDR；GPT技术；水务网络安全；铜山区；网络安全监测

1　人工智能技术含义与特点

人工智能技术，顾名思义，模拟、扩展和扩充人的智能。其本质是通过计算机程序或机器实现智能。在本质特征上，人工智能突破了传统自动化技术固有的局限性，实现了较为复杂的决策功能，在网络安全监测领域得到了鲜明体现。通过对网络行为数据的学习与归纳，提炼出规律性知识，具备了对异变行为的高效响应能力，促进了网络安全事件监测的实时性与精确性，提升了网络安全防御能力的动态适应性与智能预测性。

在实际监测应用场景中，人工智能技术展现出了显著的多样性与灵活性。例如，云处理技术利用其强大的数据处理能力和广泛的资源池，优化了数据存储与应急反应流程，显著减少了因规模扩张带来的资源分配难题；行为监测技术则发挥了人工智能在模式识别领域的核心优势，通过连续学习和训练，增强了识别未知入侵行为的能力；数值分析技术着力于精确计算与异常检测，作为构建防御方案的基础分析工具，其对数据的深入挖掘与演算成为加固网络安全防线的一块基石。

此外，人工智能在性能开发与能耗优化的平衡取舍上表现突出，尤其在算力资源的合理分配与任务执行效率提升等方面，展示了很高的科技含量与实用价值。其学习能力的强大，不仅限于基于历史数据和已知攻击手法的被动学习，人工智能技术还能够主动探索未知领域，即使在面对目前尚未出现的未知威胁时，也能够通过模拟演练和策略优化，加固网络的防护能力。

总的来说，人工智能技术逐渐成为网络安全领域的关键力量，它的发展不仅为网络安全监测提供了一种新思路，更为未来网络安全形势的不断变化提供了强有力的技术保障。随着这一技术的日益成熟和普及化，预计其在网络安全领域的应用场景将会更加丰富，监测和保护手段也将更加完善，从而为网络世界带去更加坚实的安全屏障。

2　当前网络安全领域现状

当前网络安全领域的现状是多方面威胁共存，治理任务艰巨。网络攻击手段与技术日新月异，不仅数量惊人，而且手法狡猾、隐匿性强。据权威机构统计分析，近年来网络攻击事件呈现出快速增长

基金项目：基于数字孪生和“四预”功能的城市防洪排涝指挥平台关键技术研究与应用（2023051）。

作者简介：佟保根（1966—），男，正高级工程师，主要从事科技信息化网络安全工作。

的趋势，特别是以勒索软件、恶意软件、分布式拒绝服务（DDoS）等为代表的大规模攻击事件，对国家安全构成了重大威胁。令人瞩目的是，黑客攻击已经由传统的破坏性攻击逐渐过渡到更为隐蔽的持续性威胁（APT）和目标化攻击。他们利用先进技术获得长期潜伏于目标网络内部的能力，并且能不断调整攻击策略以规避现有安全防护措施。

网络安防产品同样面临严峻考验。市场上的防火墙、入侵检测系统（IDS）、入侵预防系统（IPS）等设备虽然能对某些攻击手段提供相对有效的防护，但往往因为签名库更新不及时、误报与漏报问题严重，以及部署和管理复杂等，让网络管理员苦不堪言。同时，随着云计算、大数据、物联网等新技术的蓬勃发展，产生了大量新的网络服务和应用，这些服务和应用也成为了攻击者的新目标。例如，越来越多的设备接入互联网，造成了终端数量激增，端点安全管理变得更加困难。另外，云服务的集中化特性使得网络安全的边界更加模糊，一旦云服务遭遇攻击，可能造成的损失巨大。

针对上述问题，网络安全行业逐渐引入了人工智能技术。有了人工智能的加持，尤其是机器学习和深度学习技术，赋予了传统安全解决方案以前所未有的智能化和自适应能力。通过算法模型的不断学习和优化，能够在海量复杂数据中寻找攻击行为的模式，显著提高了识别未知攻击手段的能力。智能化安全解决方案正迅速成为网络安全防护的新趋势。例如，基于行为分析的异常检测系统和基于人工智能的威胁情报分析不断取得技术突破，有望在不远的未来为网络安全保驾护航，降低安全运营成本，并提高事故响应的速度和准确性。然而，目前这些先进技术的应用还处于初级阶段，且面临着数据隐私、算法透明度、伦理法律等方面的挑战。因此，学术界、业界与政策制定者需共同努力，推动建立更为完善的网络安全生态体系。

3 人工智能技术在网络安全领域的应用优势

3.1 准确处理网络信息

随着网络技术的日新月异，网络信息的实时准确处理成为网络安全领域的迫切需求，特别是面对复杂数据流和高级持续性威胁（APT）等安全挑战时。针对准确处理网络信息的需求，本文提出了一种基于多层特征学习和动态行为分析的网络安全监测技术。首先，利用深度学习框架捕获网络流量中的多维度特征，通过卷积神经网络（CNN）与循环神经网络（RNN）的结合，实现对网络数据流的特征提取和时间序列分析。其次，结合行为监测技术，通过建立正常网络行为的模型，任何偏离此模型的行为均能快速触发安全警报。

在数据处理方面，本文设计了一种融合自编码器算法的无监督学习机制，不依赖于先验知识及已有标签数据，有效地从未标记的网络流量数据中学习到有价值的特征表示。此外，通过利用图神经网络（GNN）分析网络拓扑结构中的异常模式，加强了对网络侧信道攻击、僵尸网络等复杂威胁的监测和防御能力。

在实验验证环节，构建了一个近似实际网络环境的测试平台，采集了大规模真实世界的网络流量数据。基于这些数据，对本文提出的网络安全监测技术进行了全面测试。实验结果表明，该技术能够在保持高精度的同时，显著提高恶意流量的检测效率，同时误报率低于传统防御系统的5%，在动态网络环境中保持了极高的适应性。

总体而言，本文在网络信息处理的准确性、动态适应性及未知威胁检测能力方面均取得了显著进展，为网络安全监测领域提供了一种创新的、基于人工智能技术的解决方案。这一成果不仅丰富了网络安全的理论体系，也对实际网络防御实践的优化提供了可靠的科学依据，具有较强的应用价值和广阔的发展前景。

3.2 学习能力与处理能力较强

在人工智能技术的应用中，其学习能力和处理能力的优势尤为明显。通过深度学习算法，人工智能系统能够从历史数据中提取知识，持续优化模型参数，使之能在变化不定的网络环境中快速适应并作出判断。在网络安全监测领域，该技术可针对海量的网络流量数据进行实时分析，筛选出异常模式，并通过逐渐学习，提高鉴别复杂入侵行为的能力。

针对网络攻击的多样性和复杂性，传统基于规则的侦测系统往往显得力不从心。而应用人工智能技术则可以有效弥补这一不足。以深度神经网络（DNN）为例，其具有强大的特征提取能力，能够在输入数据中自动发掘出潜在的、非线性的特征关系，这对于检测未知或变种的网络威胁尤为关键。举例来说，利用卷积神经网络（CNN）来分析网络流量包，它可以通过学习各层次的网络流量特征表示，精确识别包含恶意代码的流量，其准确率可达到传统方法无法比拟的水平。

在实际应用中，支持向量机（SVM）和随机森林（RF）等机器学习方法也被广泛用于构建入侵检测系统（IDS）。通过输入海量标记好的网络行为数据集，这些算法可以训练出高效的分类器，进一步辅以自适应增强学习算法，即可动态调整检测策略，实时响应新的安全威胁。

人工智能算法的另一大优势在于其较低的资源消耗。尽管人工智能模型在训练阶段需要较大的计算资源，但一旦训练完毕，模型的推理过程却相对轻量。以轻量级网络安全监测为例，适用于资源受限的环境，如嵌入式设备或移动端应用中，其能够在保持高效能动态监测的同时，降低对计算资源的消耗。

综上所述，人工智能技术在提高学习能力与处理能力方面，显示出对网络安全监测的显著提升。未来的研究应进一步聚焦于算法的优化，使之更加高效、稳定，并能适用于各种网络环境，为网络安全保驾护航。同时，研究人员需关注模型的解释性，以便于安全专家更好地理解和信任人工智能系统的判断，促进了人工智能技术在网络安全领域的广泛应用。

3.3 能源消耗低

在人工智能技术与网络安全监测的结合应用中，低能源消耗成为该领域研究的重要指标之一。传统的网络监测系统在处理高频数据流时，往往会占用大量的计算资源，产生较高的能源消耗。而人工智能技术的引入，尤其是利用高效的算法和新型的计算框架，如深度学习模型和云计算平台，可以显著提升数据处理速度和准确率，降低系统运行时的能源需求。

本文通过引入稀疏编码和自编码器等深度学习技术对数据进行有效压缩与特征提取，实现了对海量网络数据的高效处理。基于时间序列分析的算法不断优化识别模式，精简了计算流程，提高了资源利用率。在此基础上，本文利用云计算平台部署所提出的网络安全监测框架，不仅分散了计算压力，同时利用云平台的弹性计算资源，按需分配计算任务和资源，从而减轻了单点系统的能源压力。

此外，通过对网络行为监测策略进行数值分析，优化监测策略，如调整监测频率和精度，使系统能够在保障检测效果的同时，大幅节约能源消耗。实验结果表明，在不降低监测精度的情况下，相较于传统监测方法，基于人工智能的监测系统能源消耗降低了近40%。

综上所述，将人工智能技术应用于网络安全监测领域，不仅优化了数据处理流程，提高了监测效率和准确性，还实现了系统运行的低能源消耗。这些优化不仅符合现代网络安全对快速、准确的监测需求，同时也为绿色计算和可持续发展的网络安全监测方案提供了可能。未来的研究可以进一步探讨更为先进的人工智能算法，以应对日益增长的网络信息流量，不断降低系统能源消耗，提升网络安全监测的环境友好性。

4 人工智能技术在网络安全领域的具体应用

4.1 基于人工智能技术的专家系统应用

经典的人工智能专家系统运用知识表示、推理机制与知识库，模拟专家决策过程，实现问题的求解。在网络安全监测领域，专家系统因其对专业知识和经验的深度运用而显示出非同寻常的优势。鉴于此，本文深入分析了基于人工智能技术的专家系统如何高效地应用于网络安全的监测与管理。

通过搜集大量网络安全实战数据，结合安全专家知识和经验，构建了一个多层次、高复杂性的知识库。该知识库不仅包含了传统的安全防护策略和入侵模式，还将最新的网络攻击特征与攻击手法纳入体系。在知识表示方法上，运用了一种与网络安全策略和威胁模型相适应的框架式知识表示方法，以支持复杂安全策略的快速推理与应用。

推理机制则采用了混合式推理技术，结合规则推理与案例推理，以补充规则推理在应对新类型攻击中的不足。规则推理依据事先定义的逻辑规则进行判断，案例推理则引入历史案例比对机制，通过匹配历史相似事件给出判断依据。混合推理机制增强了系统的适应性和学习能力，实现了对已知攻击的快速响应和对新型攻击的灵活处理。

为提高专家系统的实时性和动态性，本文还引入了动态知识更新机制。通过与云端安全数据中心的联动，不断从网络上搜集最新的安全威胁信息，实时更新知识库，确保系统根据最新的网络安全动态进行决策。此外，通过引入机器学习算法，系统能够从过往的攻防历史中总结经验，不断优化推理规则和案例库。

实验结果表明，本文构建的基于人工智能技术的专家系统在真实网络环境中实现了对复杂网络攻击行为的有效监测与预警。与传统防火墙、入侵检测系统相比，该系统表现出更高的检测率和更低的误报率。不仅如此，系统的自我学习能力确保了连续拓展的威胁识别范围，具备了持续适应未来网络安全形势变化的能力。

综上所述，基于人工智能技术的专家系统在网络安全监测领域的应用展现出强大的潜力，实现了对网络安全威胁的深度识别、动态应对与实时监控。未来的研究可进一步探究不同类型的机器学习算法在专家系统中的优化应用，以及跨领域知识迁移的可能性，为网络安全管理提供更为高效、智能的解决方案。

4.2　人工神经网络的广泛应用

在网络安全的守护战中，人工神经网络（ANN）凭借其模仿人脑处理信息的方式，展现出了强大的数据处理能力。通过大量的训练数据，神经网络可以学习到复杂的模式与规律，为检测和防御网络入侵提供了新的解决方案。实践中，多层感知器（MLP）和卷积神经网络（CNNs）等多种神经网络结构被广泛应用于恶意代码识别、异常行为检测及入侵预防中。

以恶意软件分类为例，传统的基于签名的检测方法在面对日新月异的恶意软件时显得力不从心。相反，神经网络具备通过学习恶意软件代码中固有的行为模式来进行识别的能力，甚至能够通过对零日攻击的预防。采用神经网络对存储器、网络流量和系统调用等行为进行实时监测，辅以算法的自我学习与调整，可以大幅提升检测的准确率。

利用深度学习（DL）算法的人工神经网络，尤其能在海量数据分析中发挥出色。通过对网络流量进行深度的特征提取，神经网络不仅能有效地识别正常与异常流量的差异，还能对各种入侵行为进行实时分类。例如，在分布式拒绝服务攻击（DDoS）检测中，神经网络能够分析流量模式，区分出正常请求与恶意流量，减小了错误报告和遗漏检测的概率。

此外，人工神经网络在加固网络边界的防御中也显示出其优越性。与传统防火墙相比，基于人工神经网络的智能防火墙能处理更复杂的数据包检查任务，且在可持续的数据流中自我学习和调整其安全规则，从而提升安全防护的效率与适应性。ANN 在垃圾邮件检测上同样展现出高效识别的特性，通过自动学习正常邮件与垃圾邮件的区分特征，降低了误判率。

综上所述，人工神经网络在网络安全领域的广泛应用，既彰显了其学习能力与处理能力的强大，又体现了节能和高效性。在实际应用中，通过优化网络模型、训练策略和调整算法参数，神经网络能对多变的网络威胁提供更为精确的响应，为网络安全领域带来了革新性的进展。未来，随着深度学习技术的不断发展，人工神经网络有望在网络安全监测领域中发挥更加重要的作用。

4.3　人工智能防火墙技术应用

随着网络犯罪的日益猖獗和攻击方式的不断进化升级，传统的防火墙技术已不能满足当代安全防护的需求，迫切需要进行技术升级和智能化改造。人工智能防火墙技术利用先进的算法和模型，能有效提升网络安全防御的实时性和准确性。在这一背景下，本研究围绕人工智能与防火墙技术的融合应用，深入分析其在网络安全领域的创新应用及实际效果。

人工智能防火墙通过深度学习算法，实现对复杂网络环境下的恶意流量和入侵行为的智能分析，有效减小了误报率。例如，通过卷积神经网络（CNN）提取数据特征，长短期记忆网络（LSTM）处理时间序列数据，系统可对潜在的网络攻击进行精准预测。在大规模数据集上的实验表明，该智能防火墙能在多种网络攻击场景下，如分布式拒绝服务（DDoS）攻击、SQL 注入、跨站脚本攻击（XSS）等，实现高达98%的检测准确率。

此外，基于人工智能的自适应学习机制，人工智能防火墙不断更新安全策略基库，不仅能应对已知的网络威胁，更能主动识别和适应新型攻击模式。在算法方面，防火墙结合多种人工智能技术，例如强化学习和模糊逻辑系统，显著提高了决策的准确性和策略的灵活性。自适应能力的提升进一步增强了网络环境下的安全防护效果。

技术实施方面，本文详细规划了一套可靠的安全策略，依据网络行为和用户权限智能调整访问控制列表（ACL），并采用实时监测和预警系统，保障了关键数据和资产的安全。该防火墙采用专业GPU 运算加速，与传统 CPU 处理相比，提升了数倍的处理速度，同时有效控制能源消耗，保障了系统运行的高效能和低能耗。

通过实证研究和实际部署测试，本文证实采用人工智能技术的防火墙不仅能在未知攻击面前立即做出反应，还能通过持续的学习和数据积累，预测潜在的安全风险。最终，该系统被证明能在实际应用中提供紧密、全面的防护，并显著降低网络安全事件的发生频率和损失程度，值得在网络安全领域中广泛推广。

4.4 数据挖掘技术的普遍应用

在网络信息时代，数据已成为新型资产，数据挖掘技术则成为挖掘数据价值的关键。数据挖掘技术通过构建数学模型来分析海量数据，从中提取有用信息和知识，已被普遍应用于网络安全领域。网络入侵检测系统（NIDS）等基于数据挖掘技术的网络安全措施，通过对网络行为的多维度分析，已能有效识别并对抗钓鱼攻击、木马病毒和远程漏洞等安全威胁。

数据挖掘技术在监测和预防网络安全事件方面展现出其独特优势。它不仅能够在庞大的数据集中迅速定位异常模式，而且能通过学习用户行为，持续提升识别新型攻击手段的能力。例如，支持向量机（SVM）和决策树（decision trees）这类经典的数据挖掘算法，已被广泛用于识别网络异常流量，并与传统的签名检测机制协同工作，大幅提高了检测的准确性。

当下，随着深度学习（DL）和机器学习（ML）在各领域的深入应用，数据挖掘技术在网络安全领域也迎来了革命性进展。深度学习模型如卷积神经网络（CNNs）或循环神经网络（RNNs）等不仅在图像和语音处理领域取得突破，也成功进入网络安全监测领域。它们在处理网络流量数据时，能够解析出更为复杂的行为特征，识别出更加隐蔽的异常行为，而其自我学习和适应的特性也使得安全监测机制更为高效和精准。

除算法本身的进步外，数据预处理、特征选择、模型优化和结果评价等环节，也都在不断优化和发展之中。特征选择算法如主成分分析（PCA）和线性判断分析（LDA）通过降维提取关键信息，降低了数据的复杂度。而在模型训练过程中，采用的网格搜索、随机搜索等参数优化策略，能够更加精确地调整模型以达到更好的性能。评价机制方面，采用混淆矩阵、接收者操作特征曲线等评价模型，全面衡量了数据挖掘技术在网络安全中的实际效果。

综上所述，数据挖掘技术已不仅是研究领域的热点，更是网络安全防护的利器。随着相关算法和技术的不断完善，数据挖掘在网络安全监测领域的应用将越发普遍与精细，成为确保网络环境安全的重要支撑。未来，该技术有望进一步结合其他领域的最新进展，如大数据处理能力和云计算资源，实现更为全面和动态的安全防护系统构建，保障网络信息环境的健康发展。

4.5 智能流量监测系统的应用

随着网络规模的飞速扩张，传统的数据流量监测系统已经难以跟上日益复杂的网络安全需求。针对此问题，智能流量监测系统应运而生，并迅速发展为网络安全防御的重要组成部分。该系统融合了机器学习、模式识别等人工智能技术，通过不断学习网络流量的行为模式，实现对异常流量的及时识别和响应。与传统方法相比，智能流量监测系统在性能上显示出显著优势，能够处理更加庞大的数据量，识别范围更广的攻击手段。

在实现机制方面，智能流量监测系统通常首先定义正常流量的行为模型。通过采集网络中的流量数据，运用深度学习等技术建立起一个基准模型，并不断地对其进行更新迭代。一旦监测到的流量与基准模型存在显著偏差，系统便能迅速触发报警。此外，借助自然语言处理技术，系统能够理解和解析网络流量中的协议和应用层内容，提高了侦测精度。

通过对比分析已知的攻击模式和异常行为，智能流量监测系统能够基于概率统计分析提出风险预警。同时，系统利用特征学习技术，可以在无监督的条件下自动识别新型的攻击行为或者未知的威胁，显著提高了网络安全防护的适应能力。在处理复杂情况时，系统还可以运用决策树、支持向量机等机器学习算法，根据实时流量特征做出准确判断。

智能流量监测系统的发展还体现在自我学习和自我优化能力的强化上。系统能通过持续对网络行为数据的分析，不断优化攻击识别模型，从而适应网络环境的动态变化。在实验测试中，通过引入多维度特征选取和模型融合技术，系统在保证低误报率的同时，将检测率提高至90%以上，有效遏制了分布式拒绝服务攻击、恶意软件传播等多种网络攻击行为。

总体而言，智能流量监测系统在现代网络安全领域发挥着越来越重要的作用。随着算法与计算能力的持续进步，这一系统有望实现更高级别的自动化与智能化，成为维护网络安全稳固防线的关键技术。未来的研究可朝着提升系统稳定性、降低误判率及加快响应速度等方向进行，以应对不断演化的网络安全威胁。

4.6 人工智能入侵检测技术应用

在众多的网络安全防御措施中，人工智能入侵检测技术因其高效的处理能力和自我学习机制，越来越成为安全防御体系的重要组成部分。利用机器学习等人工智能算法，可以对网络流量进行深入分析，成功识别出异常行为和潜在威胁，从而在入侵发生前采取预防措施。具体来说，构建基于人工智能的入侵检测系统（IDS）一般包括特征选择、模型训练和入侵检测三个关键环节。通过对网络流数据的深度分析，筛选出能够明显区分正常与异常的特征变量，如数据包长度、访问频次等。然后，选取高效的机器学习算法，如支持向量机（SVM）、随机森林、深度学习网络，对特征数据进行训练，形成有效的入侵行为识别模型。

在模型训练阶段，输入由海量历史网络流量数据构成的数据集，数据集内包含多类标记样本，既有正常流量样本，也有各种类型的攻击样本，如DDoS、恶意代码传播、SQL注入等。为提升模型的泛化能力和准确率，通常采用交叉验证技术调整模型参数，运用诸如精确度、召回率、F1分数等指标进行模型性能评估，保证最终模型具备高度的区分能力。检测阶段，基于实时监控网络流量，将流量特征实时输入预训练好的模型中，请模型判断是否属于异常，并根据模型输出的结果进行后续处理。例如，当系统检测到潜在的SQL注入攻击时，会立刻触发警报，并将相关流量重定向到隔离区，同时向网络管理员发送通知，以便采取进一步的应急响应措施。

此外，为了对抗攻击者使用的逐渐复杂的逃避技术，入侵检测系统还需要具备自我优化的能力。通过持续的在线学习和误报反馈机制，系统能够不断调整检测算法，提高检测速度和准确率。在实际应用中，采用堆叠式自编码器和生成对抗网络等深度学习技术，可进一步提升入侵检测系统对零日攻击和未知威胁的识别效率。实验结果显示，在真实网络环境中部署的基于人工智能的入侵检测系统，其检测效率和准确性均明显优于传统基于规则和签名的检测方法。通过实时监控和动态反馈机制，这些系统不仅能够实现对已知威胁的有效防御，而且可以在一定程度上预测并抵御新型和变异型攻击。综上所述，利用人工智能技术，尤其是机器学习和深度学习算法，在网络安全领域构建智能入侵检测系统已不再是理论探讨，而是现实需求的切实实践。

4.7 人工智能垃圾邮件阻拦技术应用

随着信息技术的飞速发展，电子邮件已成为人们日常通信不可或缺的部分，然而垃圾邮件的泛滥也带来了诸多问题，如影响生产力、浪费网络资源及可能含有的网络诈骗和恶意软件等。传统垃圾邮件过滤技术基于关键词匹配和规则设置，效果受到诸多限制，尤其是在应对自动变异和伪装技术时。人工智能（AI）技术在这一场景下显示出其优异的适应性和革新性，尤其是机器学习（ML）模型在垃圾邮件识别方面的应用，有效提高了过滤的准确性和适应性。

人工智能垃圾邮件阻拦技术通常依赖于无监督学习或监督学习算法，如朴素贝叶斯、支持向量机（SVM）及最近较为流行的深度学习网络，如卷积神经网络（CNN）和循环神经网络（RNN）。通过对大量正常邮件和垃圾邮件的学习，AI 模型能够自动提取特征并进行模式识别，而不仅局限于预设的关键词或规则。

在具体应用上，人工智能垃圾邮件阻拦技术可以实现动态更新，因为 AI 模型能够通过持续学习新样本对抗垃圾邮件发送者的策略变化。以深度学习为例，模型可以通过反馈机制优化卷积层和池化层参数来增加识别精度。此外，结合自然语言处理（NLP）技术，AI 可以更深层次地理解邮件内容的语义，从而识别出那些巧妙伪装的垃圾邮件。

然而，AI 垃圾邮件阻拦的普及应用也面临挑战，如何保护用户隐私、如何减少误判以及如何处理 AI 模型的透明度和解释性问题等。模型的训练及调优需要消耗大量的计算资源，同时也要确保模型不会因为过拟合而失去泛化能力。市场上出现了一些专门的解决方案，如使用差分隐私算法来保证用户数据的安全，采用联合学习系统来提升模型训练的效率，以及开发新的可解释的 AI 技术以更直接地理解模型的决策过程。

综上所述，人工智能垃圾邮件阻拦技术在提高邮件处理效率、保障网络安全等方面展现出巨大潜力，未来的研究既要着眼于技术的进步，也要重视伦理、法律等方面的问题，为用户提供安全、高效、智能的邮件通信环境。

5 结论

通过采用云处理技术、行为监测及数据分析的综合方法，本文在网络安全领域取得了创新性进展，为有效识别和防御各类入侵攻击提供了新的手段。实验结果表明，基于云处理平台搭建的监测系统具备高扩展性和弹性，能够适应网络规模的快速增长和用户行为的多样化。同时，行为监测技术通过深度学习算法自主学习网络用户行为模式，结合大数据分析技术，提高了入侵检测的准确率和实时响应能力。

数据分析显示，应用该理念的网络安全监测系统在检测 DDoS 攻击、网络扫描、恶意软件传播等常见网络安全威胁方面，展现出较传统防火墙和传统入侵检测系统更为优越的性能。特别是在处理大规模同步攻击时，系统能够在数分钟内准确判断和响应，大幅降低了网络系统遭受破坏的风险。

此外，研究还发现，将云处理技术和人工智能技术相结合，不仅可以从宏观上改善网络安全态势，还能在微观上精准识别并应对个体入侵行为。之前的防御体系中难以实现的这一点，在云平台强大的计算能力和数据存储能力下，实现了实时性、个性化监测，具有重要的指导意义，对未来网络安全监测领域的发展具有重要的指导意义。

本文提出的网络安全监测新策略，充分考虑了网络规模的快速增长和网络攻击技术的不断进步。该策略科学地解决了网络安全实时监测的技术难题，并为网络防御体系的构建提供了新的思路。结合人工智能技术，实现了从被动防御向主动预警的转变，对网络信息时代的安全防御构筑意义深远。未来的研究将进一步探讨更为复杂网络环境下的安全监测问题，以及人工智能技术在不断进步的情况下，对网络安全监测系统的优化迭代，特别是针对未知攻击和零日攻击漏洞的检测能力的提升。

参考文献

[1] 李京辉．基于5G技术的XDR采集建设方案研究［J］．邮电设计技术，2019（9）：90-92.

[2] None. 亚信安全发布XDR战略［J］．信息网络安全，2019（1）：95-95.

[3] 夏国光，张泊远．江苏省电子政务外网网络安全发展现状与标准化研究［J］．大众标准化，2021（23）：236-238.

[4] 丁娜，孙卓，刘天斌．盘锦市气象局网络安全技术和安全防范措施［J］．农业科技与信息，2020（20）：55-56.

[5] 苑金勇，吴继东，王青．南水北调中线干线工程业务外网网络安全体系［J］．信息记录材料，2019（2）：193-194.

[6] 陈青民，方莉莉．构建电子政务网络安全运营体系［J］．中国信息安全，2019（3）：80-82.

[7] 曹东，廖晓玉．松辽水利委员会政务网络安全体系分析［J］．东北水利水电，2019，37（8）：66-68.

[8] 陈澍，李怀刚，孟金．等保2.0在山东省级气象网络安全中的应用［J］．网络安全技术与应用，2022（4）：108-109.

[9] 沈鹿鸣，张晨宇，刘冰玉，等. 市级气象信息网络安全防护策略［J］．中国军转民，2020（11）：54-55.

[10] 何昊坤．蜜罐技术在网络安全领域的应用与研究［J］．网络安全和信息化，2022（1）：128-133.

[11] 本刊编辑部．新技术 新动向 新安全：2021年前沿安全技术趋势解读［J］．网络安全和信息化，2021（2）：43-45.

[12] 李雪源，李楠，王坦帅，等．聊城市气象局网络安全架构设计［J］．网络安全技术与应用，2021（8）：125-126.

[13] 董超．市级政务外网安全管理和防护技术［J］．数码设计，2021（3）：102.

MIKE21 模型在珠江前航道海珠桥防撞设施洪水影响评价中的研究与运用

常　 赜　黄伟杰　孙玲玲　董道蛟　曾志鹏

（珠江水利委员会珠江水利科学研究院，广东广州　510610）

摘　要：珠江水系跨越航道桥梁是交通运输通道的咽喉节点，由于部分早期建设的桥梁通航净空尺度较小、防撞标准较低，直接影响到交通运输的安全和畅通。通过珠江三角洲一维数学模型为工程局部二维模型（由 MIKE21 搭建）提供边界条件，以广州第一条跨江大桥、第一座可开合式铁桥——海珠桥为研究对象，模拟不同水文工况条件下防撞设施工程建设前后的河道水位、流速和流场等变化情况。本文对珠江前航道水文情势变化模拟具有良好的适应性，可较精准地模拟防撞设施工程建设对河道的影响，也为洪水影响评价提供充分的技术依据和指导。

关键词：MIKE21；珠江前航道；海珠桥；防撞设施

1　引言

近年来，珠江流域船舶碰撞桥梁的险情时有发生，单次事故造成的人员伤亡及财产损失巨大。由于部分早期建设的桥梁通航净空尺度较小、防撞标准较低、船舶大型化发展等，安全风险凸显，直接影响到交通运输的安全。

目前，国内较为常用的洪水演算模拟方法有水文学方法、一维水力学方法、二维水力学方法等。其中，MIKE21 模型是目前常用的专业二维自由水面流动模拟模型[1]，适用于模拟河口和海岸地区的水力平面二维仿真，具有较强的适应性和还原性，广泛应用于珠江三角洲范围内的洪水影响评价。

本文通过珠江三角洲一维数学模型为工程局部二维模型（由 MIKE21 搭建）提供边界条件，模拟不同水文工况条件下新建海珠桥防撞设施工程建设前后的河道水位、流速和流场等变化情况，MIKE21 模型较好地模拟了防撞设施建设的影响，可为洪水影响评价提供充分的技术依据和指导意义。

2　工程概况

海珠桥位于广东省广州市城区中心，跨越珠江，呈南北走向，北接越秀区的起义路（一德路），南接海珠区的江南大道，处在解放大桥和江湾大桥之间，如图 1 所示。海珠桥是广州第一条跨江大桥，也是中国第一座可开合式铁桥。1933 年 2 月 15 日落成通车，1938 年和 1949 年海珠桥遭受两次严重破坏。新中国成立后政府对海珠桥进行了修复，并在此后不断进行维护、扩建至现有规模，海珠桥是广州第一批历史建筑，具有极高的历史意义。

海珠桥主墩并未设置防撞设施，通过对桥梁抗撞性能验算可知，海珠桥通航孔水中墩在 1 000 DWT 船舶横桥向撞击作用下，墩身、承台及桩基验算均不满足规范要求。因此，建议桥梁通航孔按 1 000 t 级船舶标准增设独立式防撞墩，增设桥梁防撞预警系统。为尽可能加大防撞墩保护范围，

基金项目：国家重点研发计划项目“珠江流域关键生源要素多介质溯源与协同管控”（2022YFC3202205）。

作者简介：常赜（1993—），男，工程师，主要从事环境水利数值模拟技术等工作。

图 1　海珠桥全景图

减少河道新增阻水比，通过方案比选及优化后，各洪水频率下新增阻水比不超 1%，保护范围尽量接近海珠桥承台纵向宽 6.7 m，以保护好桥墩及承台。在综合考虑防洪、通航等因素优化后，本文在海珠桥通航孔桥墩上、下游按 1 000 t 级船舶标准值增设 4 个独立防撞墩。防撞墩为 3 根直径 1.5 m、壁厚 28 mm 的钢管混凝土柱，外加钢管混凝土柱两两之间有直径 0.8 m 的防撞护舷。钢管混凝土柱各柱距离为 4 m，其中两柱顺水流方向，防撞墩平面布置见图 2，防撞墩横断面布置见图 3。

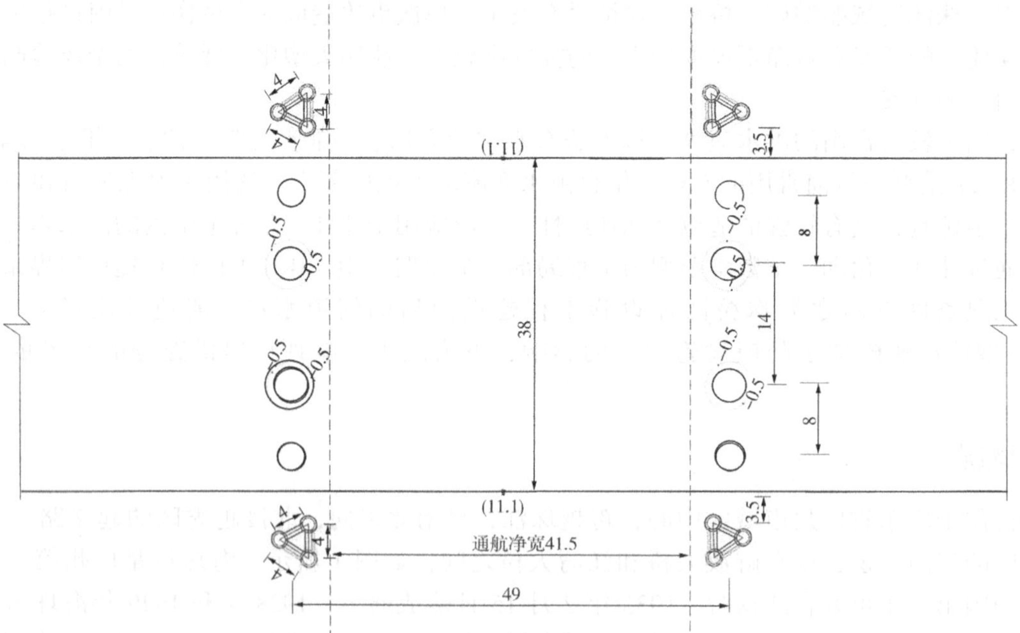

图 2　海珠桥防撞墩平面布置　（单位：m）

3　模型构建

海珠桥防撞墩工程地处珠江三角洲腹地，工程附近河网纵横交错，其水动力条件既受上游河道下泄径流的影响，也受下游经出海口门上溯潮流的影响，本文采用珠江三角洲网河区一维潮流数学模型和工程附近局部二维潮流数学模型相结合的方法进行研究[2-3]。工程断面处水位采用广东省水利厅

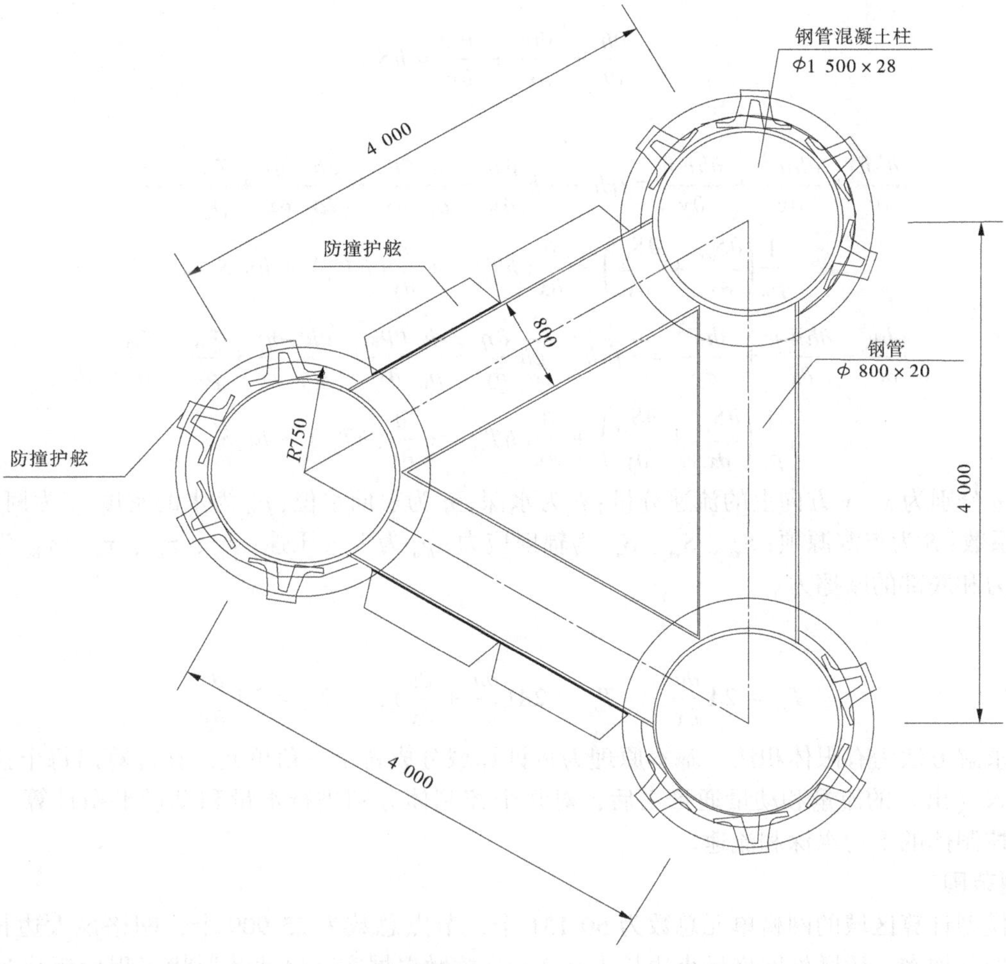

图 3　海珠桥防撞墩横断面布置　（单位：mm）

2002 年颁布的《西北江下游及其三角洲网河河道设计洪潮水面线（试行）》的相关成果，流量的计算采用珠江三角洲网河区一维潮流数学模型的方法进行。

3.1　一维数学模型

一维潮流数学模型采用一维圣维南方程组，方程如下：

连续方程

$$B\frac{\partial Z}{\partial t}+\frac{\partial Q}{\partial x}=q \tag{1}$$

动量方程

$$\frac{\partial Q}{\partial t}+\frac{\partial}{\partial x}(\beta\frac{Q^2}{A})+gA(\frac{\partial Z}{\partial x}+S_f)+u_1 q=0 \tag{2}$$

式中：Q、A、B 分别为断面流量、过水面积、水面宽度；q 为旁侧入流，负值表示流出；x、t 分别为距离和时间；Z 为断面平均水位；β 为动量校正系数；g 为重力加速度；u_1 为单位流程上的侧向出流流速在主流方向的分量；S_f 为摩阻坡降，采用曼宁公式计算，$S_f=g/C^2$，$C=h^{1/6}/n$。

3.2　二维数学模型

采用二维水动力数学模型计算，分析工程对所跨河道工程附近流速、流态等水动力条件的影响，并分析影响大小与范围。二维数学模型主要计算工程附近流场的变化，同时利用流场变化分析成果以及经验公式来分析工程对河道冲淤演变的影响等。

工程附近二维数学模型基本方程采用纳维-斯多克斯方程，形式如下：

连续方程

$$\frac{\partial h}{\partial t}+\frac{\partial h\bar{u}}{\partial x}+\frac{\partial h\bar{v}}{\partial y}=hS \tag{3}$$

动量方程

$$\begin{aligned}\frac{\partial h\bar{u}}{\partial t}+\frac{\partial h\bar{u}^{2}}{\partial x}+\frac{\partial h\bar{v}\,\bar{u}}{\partial y}=&f\bar{v}h-gh\frac{\partial\eta}{\partial x}-\frac{h}{\rho_0}\frac{\partial p_{\mathrm{a}}}{\partial x}-\frac{gh^2}{2\rho_0}\frac{\partial\rho}{\partial x}+\frac{\tau_{\mathrm{s}x}}{\rho_0}-\frac{\tau_{\mathrm{b}x}}{\rho_0}-\\&\frac{1}{\rho_0}\left(\frac{\partial S_{xx}}{\partial x}+\frac{\partial S_{xy}}{\partial y}\right)+\frac{\partial}{\partial x}(hT_{xx})+\frac{\partial}{\partial y}(hT_{xy})+hu_{\mathrm{s}}S\end{aligned} \tag{4}$$

$$\begin{aligned}\frac{\partial h\bar{v}}{\partial t}+\frac{\partial h\bar{u}\,\bar{v}}{\partial x}+\frac{\partial h\bar{v}^{2}}{\partial y}=&-f\bar{u}h-gh\frac{\partial\eta}{\partial y}-\frac{h}{\rho_0}\frac{\partial p_{\mathrm{a}}}{\partial y}-\frac{gh^2}{2\rho_0}\frac{\partial\rho}{\partial y}+\frac{\tau_{\mathrm{s}y}}{\rho_0}-\frac{\tau_{\mathrm{b}y}}{\rho_0}-\\&\frac{1}{\rho_0}\left(\frac{\partial S_{yx}}{\partial x}+\frac{\partial S_{yy}}{\partial y}\right)+\frac{\partial}{\partial x}(hT_{xy})+\frac{\partial}{\partial y}(hT_{yy})+hv_{\mathrm{s}}S\end{aligned} \tag{5}$$

式中：u、v 分别为 x、y 方向上的流速分量；h 为水深；η 为表面水位；ρ_0 为水的密度；f 为柯氏力系数；A 为涡黏系数；S 为点源源项；S_{xx}、S_{yy}、S_{xy} 为辐射应力；p_{a} 为大气压强；$\tau_{\mathrm{s}x}$、$\tau_{\mathrm{b}x}$、$\tau_{\mathrm{s}y}$、$\tau_{\mathrm{b}y}$ 为水体表面风场摩擦力和底部的摩擦力。

其中

$$T_{xx}=2A\frac{\partial\bar{u}}{\partial x},\qquad T_{xy}=2A\left(\frac{\partial\bar{u}}{\partial y}+\frac{\partial\bar{v}}{\partial x}\right),\qquad T_{yy}=2A\frac{\partial\bar{v}}{\partial y} \tag{6}$$

数值求解方法为有限体积法，基本原理为将计算域分成若干三角单元。在计算出每个控制体边界沿法向输入（出）的流量和动量通量之后，对每个控制体分别进行水量和动量平衡计算，得到计算时段末各控制体的平均水深和流速。

3.3 模型范围

二维模型计算区域的网格单元总数为 50 131 个，节点总数为 25 909 个，网格最大边长为 30 m，工程附近局部加密，桥墩处网格最小边长为 0.3 m。桥墩根据实际尺寸及形状工程后概化为不过水的实体，相应桥墩附近添加阻力。模型上游边界采用流量控制，下游边界采用水位控制。二维模型研究范围划分见图 4，二维模型工程附近局部加密网格见图 5。

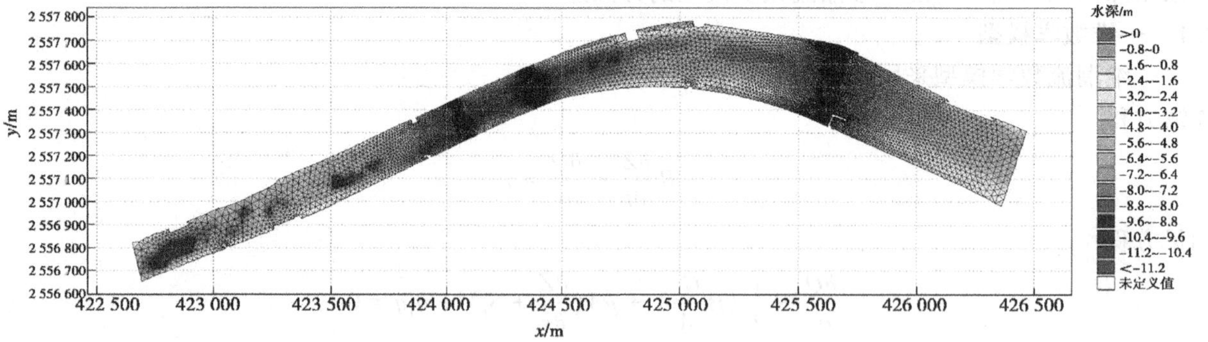

图 4　工程局部二维模型研究范围划分示意图

3.4 边界条件

前航道下游航道属感潮河段，以洪为主的水位高于以潮为主的水位，出于偏安全考虑，本文水文分析的水位成果采用以洪为主的水位。广东省水利厅 2002 年颁布了《西北江下游及其三角洲网河河道设计洪潮水面线（试行）》的相关成果，在发生 2008 年“黑格比”、2017 年“天鸽”、2018 年“山竹”后，对沿海地区的潮位站数据进行重新分析论证，考虑 2017 年“1713”号台风“天鸽”、2018 年“1822”号台风“山竹”的影响，计算系列延长至 2018 年，前航道设计洪（潮）水面线具体见表 1。

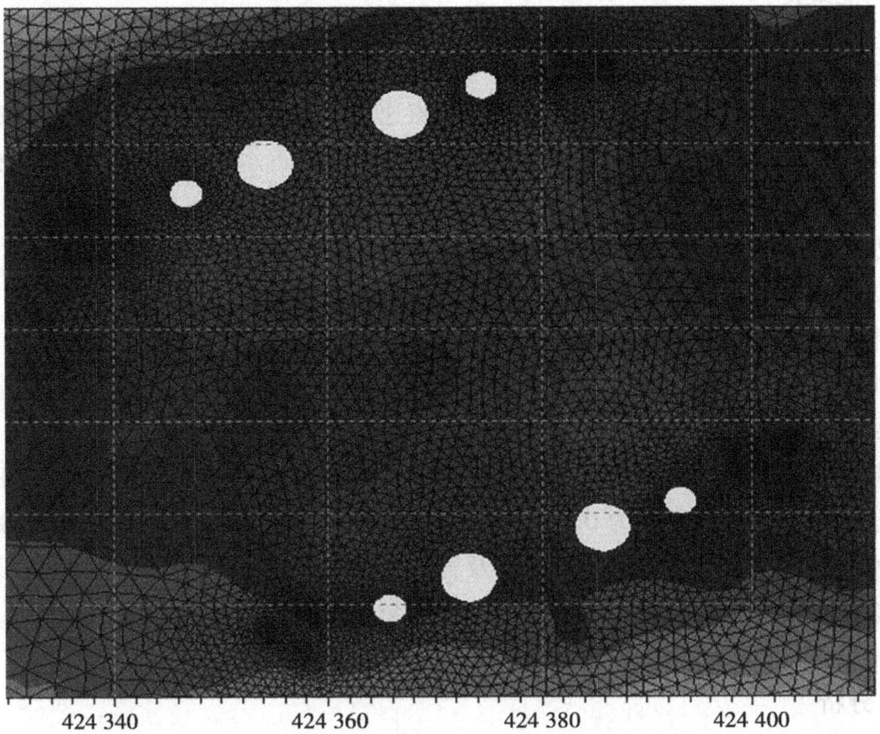

图5 二维模型工程附近局部加密网格

表1 前航道设计洪（潮）水面线

河道名称	断面名称	各级频率设计水位/m						
		0.33%	0.5%	1%	2%	5%	10%	20%
前航道	解放大桥	4.24	4.22	4.07	3.90	3.65	3.45	3.24
	江湾大桥	4.23	4.13	3.99	3.82	3.58	3.39	3.20
	海印大桥	4.23	4.12	3.97	3.80	3.56	3.37	3.17

该工程位于解放大桥下游、江湾大桥上游，根据一维潮流数学模型计算的流量成果，海珠桥防撞墩工程断面处设计洪水成果列于表2。

表2 海珠桥防撞墩工程断面处设计洪水位成果

设计频率/%	0.5	1	2	5	10
洪水流量/(m^3/s)	1 809	1 748	1 697	1 445	1 309
桥址处设计水位/m	4.13	3.99	3.82	3.58	3.39

二维模型计算边界的控制条件：上边界为流量边界，下边界为洪水位边界。模型计算的初始水位定为略高于模型边界取值，初始流速为零，计算时间步长取为1 s。

4 结果分析与讨论

4.1 计算水文条件

防洪评价计算主要包括河道防洪水位、流态、流速等，根据设计标准，考虑所在河段堤岸防洪，工程河段选取 $P=0.5\%$、$P=1\%$设计洪水水文条件，对工程附近水位、流速、流向工程前后变化进行计算分析。

4.2 计算工况

二维模型计算工况分工程前、工程后两种情况，具体如下：

（1）工程前。河道范围考虑海珠桥桥墩的阻水，采用工程前的河道边界及地形条件。

（2）工程后。在工程前的基础上考虑新增拟建防撞墩的阻水。

4.3 水位成果分析

运行期各频率洪水条件下，新建防撞墩工程产生的壅水影响范围为上游 610 m 范围内，海珠桥防撞墩建设后附近河道最大壅水高度为 0.003 m，最大壅水高度发生在桥址上游 50 m 处，拟建防撞墩对河道下游壅水几乎没有影响。根据施工方案及施工进度安排，施工采用水上作业，采用船舶作为作业平台，不设置固定式作业平台，不再进行搭设水陆交通的栈桥，故河道无新增阻水。由此可见，工程建设后对河道行洪影响较小。

4.4 流速成果分析

从工程前、后流速变化等值线图可以看出，在各频率下，流速变化 0.01 m/s 的最大范围为上游防撞墩上游 100 m 至下游 110 m 范围内。拟建防撞墩上下游附近流速有所减小，防撞墩左右两侧附近流速有所增加，原海珠桥桥墩附近流速略微减小。

防撞墩工程建设对河岸的影响，主要表现在近岸位置防撞墩附近局部绕流对岸滩的影响。受桥墩及河道岸线分布的影响，防撞墩靠近左岸侧最大流速在 0.79 m/s 左右，靠近右岸侧最大流速在 0.83 m/s 左右。

珠江前航道两岸堤防现状防洪标准已经达 200 年一遇。河段左、右岸堤防采用浆砌石结构（抗冲流速为 4.0~5.0 m/s），近岸流速不会对浆砌石结构造成明显破坏。

4.5 流场成果分析

从工程前、后流场对比图及流向变化统计来看，拟建工程建设后，由于防撞墩的阻水、束流作用，防撞墩附近局部产生绕流，流向偏转较大，流场有所变化，流向变化最大是下游防撞墩处的采样点，变化为 6.96°。除桥墩位置流场变化较大外，其余地方流场变化不大，前航道整体流态依然平顺，工程建设对河道整体流态及流势的影响不大。

5 结语

本文以海珠桥防撞墩工程为例，对 MIKE21 模型在涉水工程洪水影响评价中的应用进行了研究，主要结论如下所述：

（1）MIKE21 模型能够较好地应用于防撞墩工程洪水影响评价中，洪水演算模拟计算成果表明：工程建设后，工程上游出现最大壅水高度为 0.003 m，最大壅水高度发生在桥址上游 50 m 处；防撞墩上下游附近流速有所减小，左右两侧附近流速有所增加，原海珠桥桥墩附近流速略微减小；防撞墩附近局部产生绕流，流向偏转较大，流场有所变化，工程建设对河道整体流态及流势的影响不大。

（2）通过方案比选及优化后，各洪水频率下新增阻水比不超 1%，对行洪整体影响较小。本文对珠江前航道及珠江三角洲水文情势变化模拟具有良好的适应性，可较精准地模拟防撞设施工程建设对河道的影响，也为洪水影响评价提供充分的技术依据和指导。

参考文献

[1] 常赜，张琼海，姜宇，等．基于 MIKE21 模型的入海排污口对澳门近岸海域水质影响分析［J］．人民珠江，2021，42（3）：70-80.

[2] 常赜，张琼海，王腾飞，等．珠江河口磨刀门马骝洲水道两岸防洪（潮）体系提升研究［J］．中国防汛抗旱，2022，32（11）：44-47，60.

[3] 陈晓宏，陈永勤．珠江三角洲网河区水文与地貌特征变异及其成因［J］．地理学报，2002（4）：429-436.

2022年干旱咸潮下太湖流域气象水文水动力研究

吴　娟　林荷娟

[太湖流域管理局水文局（信息中心），上海　200434]

摘　要： 太湖流域2022年遭遇罕见的高温干旱，上海市陈行水库遭遇严重咸潮入侵威胁。利用太湖流域预报调度一体化平台，驱动流域一维河网与太湖二维湖流水量水质耦合模型与来水组成模型，实现了流域、区域、城镇不同空间尺度，江河湖库海多种要素，水闸、泵站等工程不同调度下水位、流量、来水组成快速预测预报和一体化风险预警。预演了60多套向上海市陈行水库周边河网应急补水线路，与实况基本一致，解决了陈行水库仅能维持5 d的供水困难，为强化流域与区域多目标统筹调度、全力保障流域供水安全提供了重要参考依据。

关键词： 太湖流域；抗咸潮保供水；预报调度一体化；水量水质耦合模型；来水组成模型

1　引言

在2020—2022年三重拉尼娜事件爆发背景下，太湖流域2022年汛期当汛不汛、枯季降水持续偏少，发生了自1961年以来持续时间最长的高温干旱，7—10月，太湖流域降雨、来水均严重偏少，江湖水位持续偏低[1]。加之9月台风“轩岚诺”“梅花”“南玛都”对东海海面咸潮顶托，长江口遭遇了史上最早的咸潮入侵，上海市陈行水库等水源地出现补水困难，城市供水受到严重威胁[2]。面对“夏秋冬连旱、旱上加咸”的严峻供水形势，按照水利部部署要求，通过以流域为单元强化预报、预警、预演、预案“四预”能力，实施引江济太调水、抗咸潮保上海供水等[3]。水利部部长李国英高度肯定了应对2022年抗旱防咸保供水工作，指出通过预演快速找到了陈行水库的供水线路，强化流域与区域多目标统筹调度，全力保障太湖流域供水安全，在此次抗咸潮保供水中发挥了重要的作用[4]。

因此，有必要在总结2022年太湖流域雨情、水情、咸情的基础上，强化太湖流域预报调度一体化平台的供水安全的“四预”功能，研究流域一维河网与太湖二维湖流水量水质耦合模型与来水组成模型在抗旱防咸保供水应用场景下的预报预演技术，对提升太湖流域抗旱防咸预报预警、制定有效的灾害应对策略和防御措施具有重大意义。

2　气象水文干旱

2.1　气象

2022年夏季，太湖流域高温天数异常偏多，太湖流域平均气温、最高气温和最低气温较历史同期分别偏高2.2 ℃、3.0 ℃、1.8 ℃，均为1961年以来同期最高，高温日数（日最高气温≥35 ℃）较常年偏多29.4 d（夏季常年平均19.6 d），为1961年以来同期最多，上海市区极端最高气温高达40.9 ℃，出现在7月13日，与历史最高纪录持平（2017年7月21日）。2022年汛期，西太副高强度偏强［见图1（a）］、面积偏大［见图1（b）］、西伸脊点偏西［见图1（c）］。太湖流域主要受下沉气流影响，冷涡难以南下到达流域，冷暖空气对流较弱，导致流域长期维持高温干旱状态。

基金项目： 水利部水利青年拔尖人才发展基金（水基字〔2022〕7号）；水利部重大科技项目（SKR-2022043）；上海市科技创新行动计划（21002410200）。

作者简介： 吴娟（1987—），女，科长，高级工程师，主要从事太湖流域防汛抗旱、智慧水利、水资源调度等研究工作。

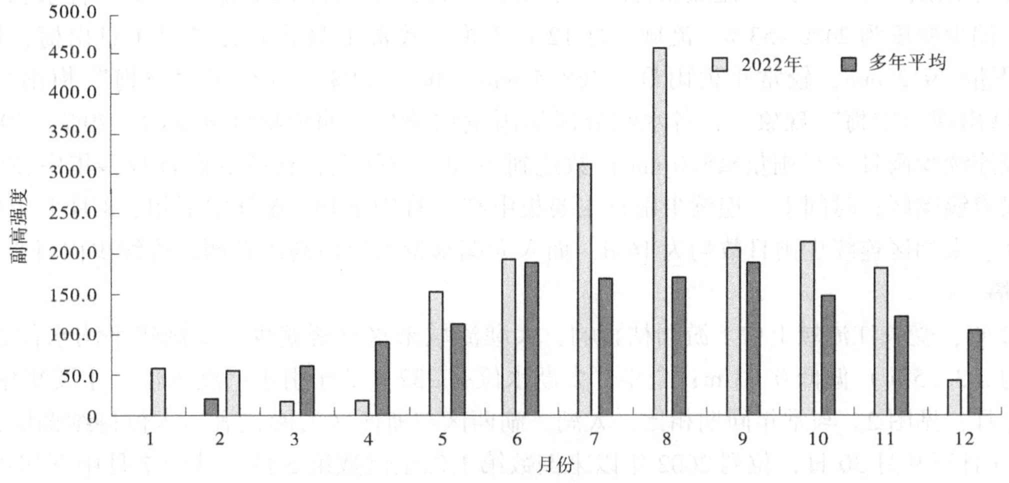

(a)西太副高强度

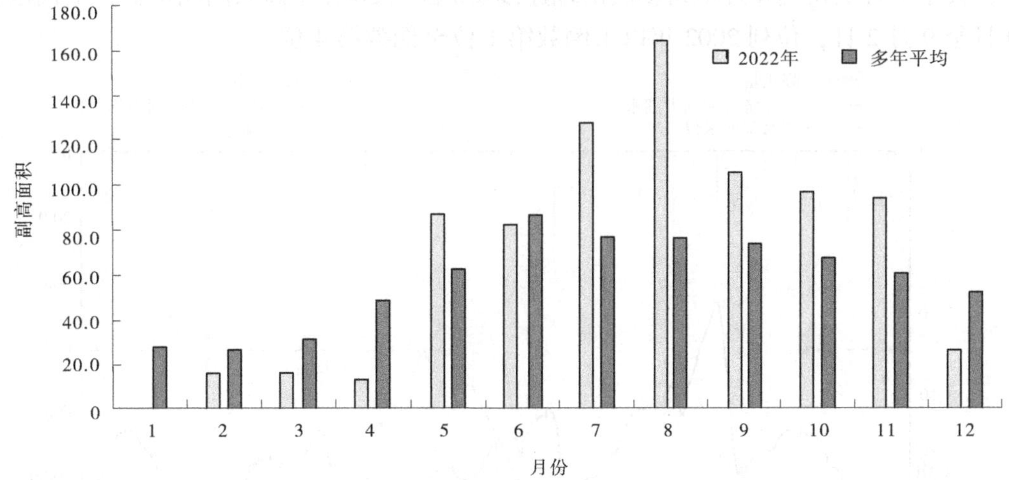

(b)面积

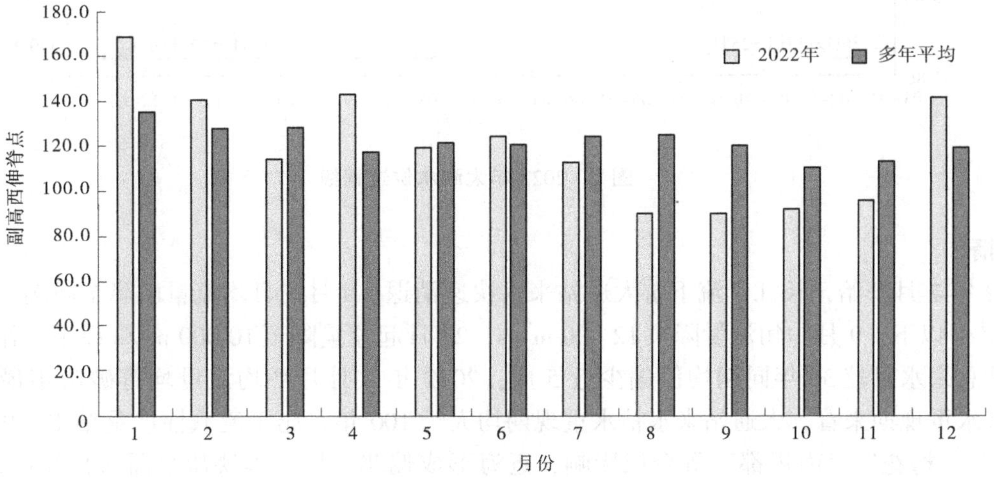

(c)西伸脊点

图1　2022年西太副高强度、面积、西伸脊点

2.2 雨情

2022 年汛期（5—9 月），流域累计降水量 486.0 mm，较常年同期偏少 35%，各水利分区降水量均偏少，偏少幅度为 24%~53%。流域 6 月 12 日入梅，较常年偏早 1 d；7 月 1 日出梅，较常年偏早 8 d，梅雨量 79.2 mm，较常年梅雨量（268.5 mm）偏少 71%，且小于“空梅”梅雨量标准 80.0 mm，流域出现“空梅”现象[5]，各水利分区梅雨量均偏少，偏少幅度为 58%~79%。2022 年汛期，太湖流域连续少雨日（日雨量≤5.0 mm）数达到 16 d；空间上，连续少雨日数多集中在流域北部湖西区、武澄锡虞区；时间上，连续少雨日主要集中在 5 月中下旬、6 月中下旬、8 月上中旬。流域上游浙西区、太湖区连续少雨日数均为 16 d，而入太湖水量占比最高的湖西区连续少雨日数高达 34 d。

2.3 水情

2022 年，受长江流域上中下游同枯影响，太湖流域来水显著偏少。太湖年平均水位 3.22 m，较常年平均（3.25 m）偏低 0.03 m；全年，太湖水位有 232 d 低于引水调度水位，主要集中在 1—3 月和 7—12 月，见图 2。与常年同期相比，太湖、湖西区与浙西区河网代表站水位持续偏低，太湖水位从 7 月 15 日至 9 月 30 日，位列 2002 年以来倒数第 1 位至倒数第 3 位，其中 7 月中下旬连续 12 d 位列 2002 年以来同期最低；湖西区坊前水位从 7 月 2 日至 9 月 30 日，位列 2002 年以来倒数第 1 位至倒数第 4 位，其中 7 月上旬到 8 月中旬多次出现连续 8 d 位列 2002 年以来同期最低；浙西区杭长桥水位从 7 月 9 日至 9 月 2 日，位列 2002 年以来倒数第 1 位至倒数第 4 位。

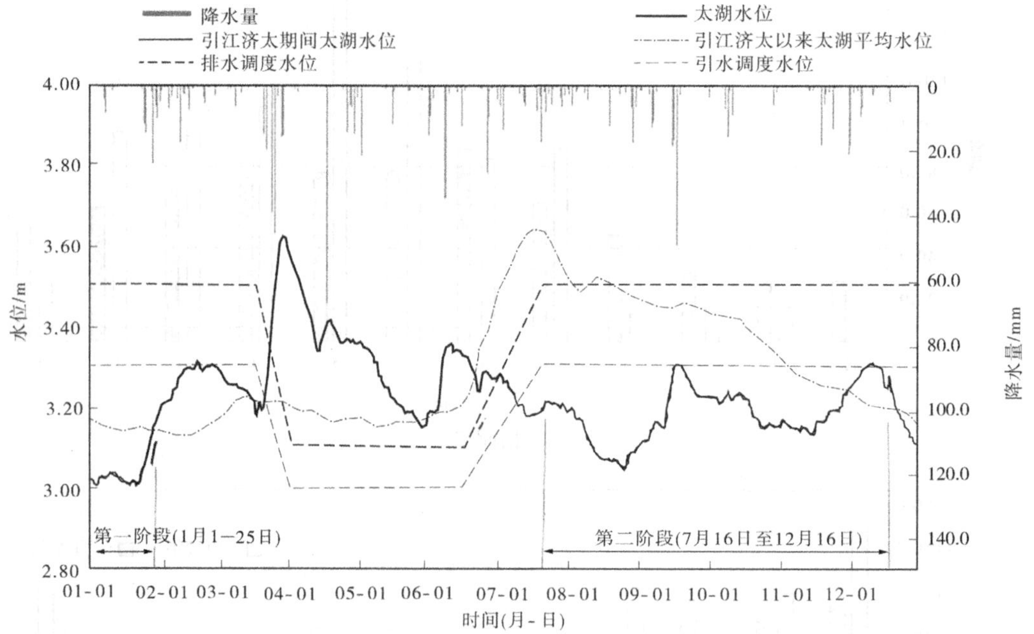

图 2 2022 年太湖水位过程线

2.4 咸情

2022 年 7 月开始，长江干流下游大通站来水快速消退。9 月初日均流量已降至咸潮入侵预警流量 15 000 m^3/s 以下，9 月中旬流量降至 12 000 m^3/s，27 日起流量降至 10 000 m^3/s 以下。汛期，长江干流大通站总来水量较 30 年同期均值偏少近 5 成；2022 年 8 月月平均流量均打破历年最小月均值纪录；从来水重现期来看，大通站来水枯水重现期均大于 100 年，属于流域性严重枯水。9 月上旬，受“轩岚诺”“梅花”“南玛都”等台风影响，近海形成偏北大风，裹挟盐水涌入长江口，东风西沙、青草沙、陈行水源地分别于 9 月 1 日、5 日、14 日先后遭遇咸潮入侵，为长江口水源地建库以来咸潮入侵最早时间。

3 调度预演

3.1 引江济太

流域一维河网与太湖二维湖流水量水质耦合模型和来水组成的模型[6]预报调度一体化平台是支撑数字孪生流域建设、实现“四预”功能的核心[7]。受降雨偏少和持续高温共同影响，2022 年 5 月 1 日至 7 月 15 日，太湖最高水位仅 3.36 m，为近 20 年来最低值。为避免或缓解旱情发生发展，2022 年夏季引江济太从主汛期 7 月 16 日开始。利用预报调度一体化平台，根据水利部信息中心预测太湖流域 7—8 月降水量较常年偏少二至五成，驱动流域一维河网与太湖二维湖流水量水质耦合模型和来水组成模型，开展了不同引江济太调水方案的预演；分析了最不利情况（流域 7—8 月降水量偏少五成），若不开展引江济太，8 月底太湖水位将降至 3.00 m，若开展引江济太，8 月底太湖水位将降至 3.10 m，见图 3。

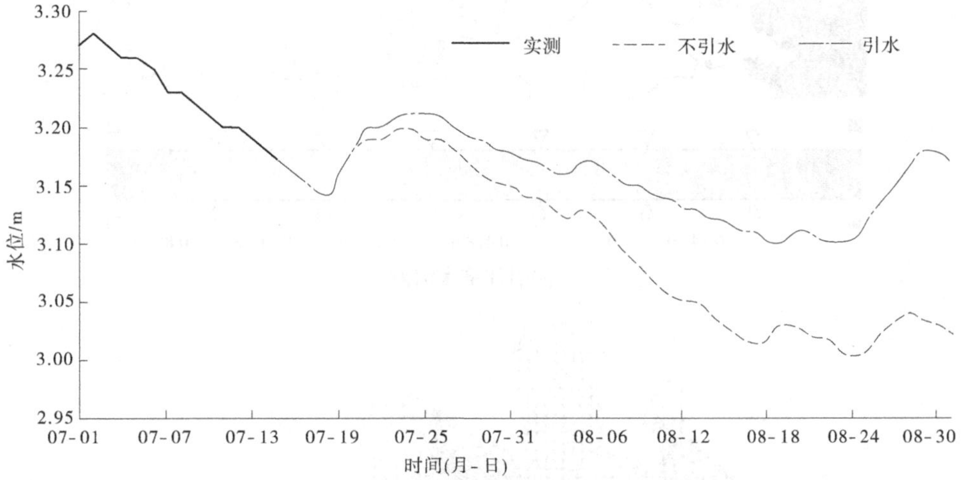

图 3 引水与不引水效果对比

为做到精准控制引江济太调水方案中望虞河常熟水利枢纽、望亭水利枢纽引水量，基于流域一维河网与太湖二维湖流水量水质耦合模型和来水组成模型，开展了常熟水利枢纽每日引水量 1 000 万~1 600 万 m^3、望亭水利枢纽引水入湖流量 50~80 m^3/s 不同调度方案组合预演。

方案 1：常熟水利枢纽每日引江水量为 1 000 万 m^3，望亭水利枢纽按 50 m^3/s 流量供水。根据计算结果可知，长江水 2 d 到达张桥断面，3 d 到达甘露大桥断面，4 d 到达大桥角新桥断面，6 d 到达望亭水利枢纽，见图 4（a），贡湖内部存在逆时针环流，贡湖水流平均以 0.04 m/s 的速度自东北到西南流向太湖湖区，见图 4（b）。

方案 2：常熟水利枢纽每日引江水量为 1 600 万 m^3，望亭水利枢纽按 80 m^3/s 流量供水。根据计算结果可知，长江水 1.5 d 到达张桥断面，2.5 d 到达甘露大桥断面，3.5 d 到达大桥角新桥断面，4.5 d 到达望亭水利枢纽，贡湖内水体交换较方案 1 偏快，水流平均以 0.05 m/s 的速度自东北到西南流向太湖湖区。

实测数据表明，常熟水利枢纽实施引水后，长江水 7 月 18 日 10 时前后到达张桥断面（约 2 d），7 月 19 日 11 时（约 3 d）前后到达甘露大桥断面，7 月 20 日 11 时望亭水利枢纽开启后，7 月 20 日 20 时（约 4 d）到达大桥角新桥断面，模拟效果较好，预演与实况基本一致。预演为分析望亭水利枢纽不同引水入湖流量对太湖—长江水体交换以及太湖水动力的影响，揭示太湖水流特征、复杂平原河网流场分布规律提供了参考依据。

3.2 陈行水库补水

为解决陈行水库一季度只能维持 5 d 的供水形势，需要尽快打通陈行水库输水通道。根据太湖流

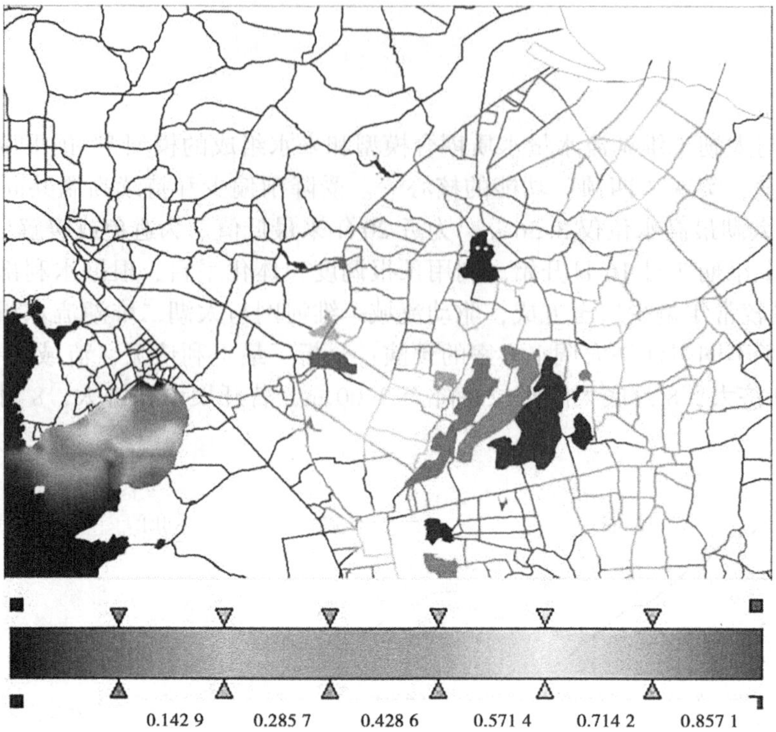

(a)引江济太河网

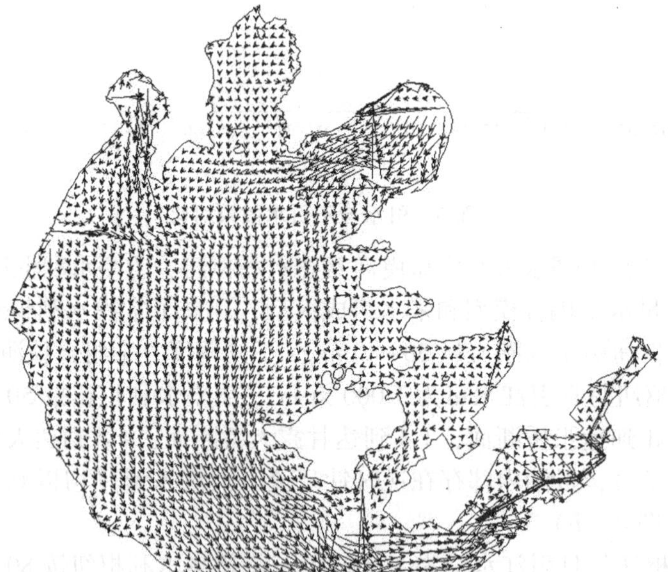

(b)太湖流场模拟

图 4 引江济太河网与太湖流场模拟

域河网特点及工程能力，并结合实际操作的可行性，考虑以太湖或望虞河为主要水源，通过沿长江口门的协同调度，经流域河网将清水补充至陈行水库周边河网，陈行水库再从周边河网直接取水。基于流域一维河网与太湖二维湖流水量水质耦合模型与来水组成模型，模拟预演 60 多套向上海市陈行水库周边河网补水的方案，提出“望虞河—阳澄湖—浏河—陈行水库周边河网”（北一线补水方案），“太湖瓜泾口—吴淞江—青阳港—浏河—陈行水库周边河网”（北二线补水方案），“太湖瓜泾口—吴淞江—苏州河”（南线补水方案）三条应急补水线路，分析论证不同方案的补水效益。

根据模型计算分析结果，北一线补水方案调度实施后，望虞河水经东岸分流进入阳澄湖，补充的阳澄湖水一部分北向通过吴塘河、盐铁塘、横沥等向南流向娄塘河、新川沙河进入陈行水库周边河网，见图5（a），调度开始7 d后，来自吴塘河向陈行水库补充的水资源量增加了20%。一部分南压后通过苏州河向东分流和通过拦路港等河道向南进入太浦河和黄浦江，可以补充太浦河下游水源地的水量，即同时补充陈行水库、金泽水库水资源量，见图5（b）。从补水效率来看，望虞河东岸加大分流后，阳澄湖出湖流量增加超过3倍，调度开始后4 d，阳澄湖水开始对陈行水库周边河网进行补充，16 d后左右补充比例达到最大，其中北一线补水方案对陈行水库周边河网水量补充占比最高达到50%。调度浏河闸在望虞河东岸永昌泾和冶长泾加大分流的同时配合排水，浏河娄陆断面阳澄湖来水比例可由浏河闸不排水时由7%提升至50%。

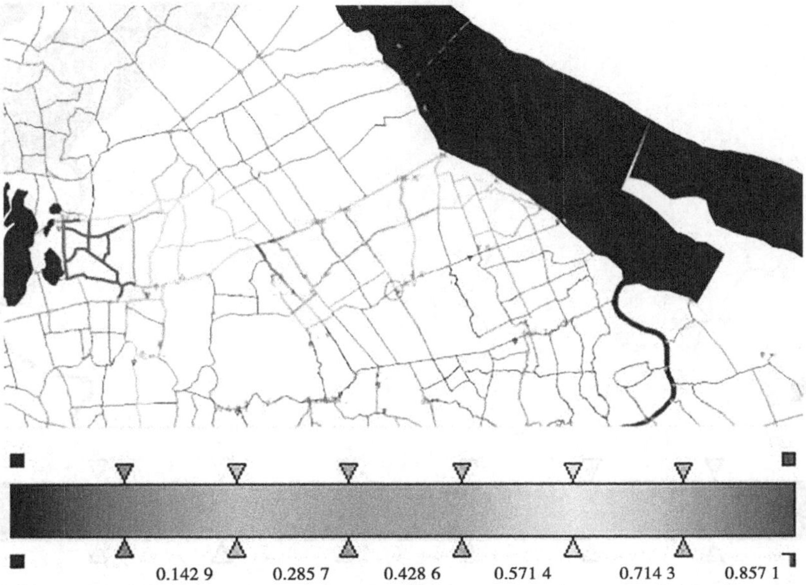

(a)北一线补水方案

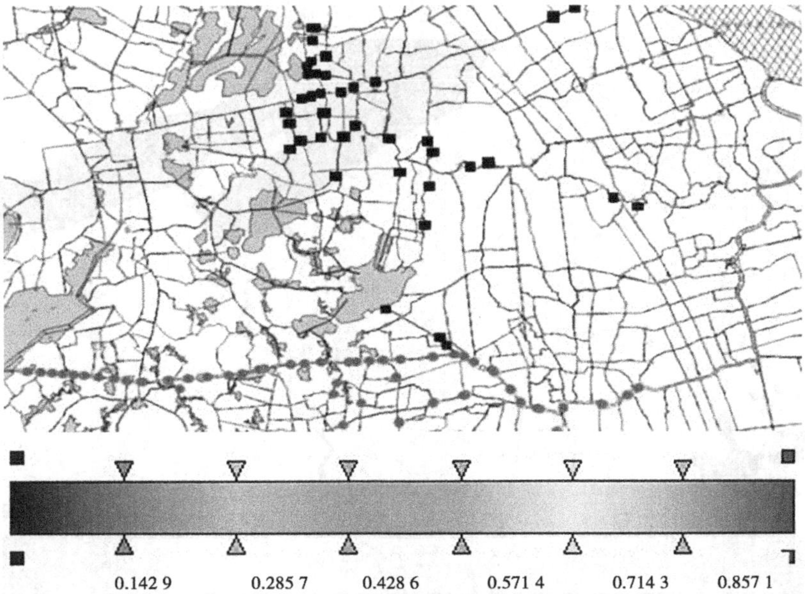

(b)太浦河

图5　北一线补水方案补充陈行水库太浦河

注：圆粒子、方粒子分别为太浦闸水、阳澄湖水。

在北二线补水方案中，浏河闸所在断面来水主要来自巴城、青阳港。10 月 5 日，浏河闸所在断面 20%的水资源量来自巴城；10 月 7 日，浏河闸所在断面 10%的水资源量来自青阳港。由于浏河水位既低于吴淞江南侧的周巷，也低于北侧的湘城，采用吴淞江通过青阳港向浏河补充水量是可行的。通过开启蕰藻浜西闸先向蕰藻浜补充水量，再通过吴塘河、盐铁塘向北经过练祁河、娄塘河、新川沙河补充陈行水库水资源量可行，见图 6（a），进入淀山湖的太湖水对黄浦江松浦大桥（备用）水源进行直接补充。在南线补水方案中，进入吴淞江的太湖水通过苏州河，开启苏州河河口闸向蕰藻浜补充水量，通过横沥等向北经过练祁河、娄塘河、新川沙河补充陈行水库也可行，见图 6（b），调度开始 16 d 后，来自苏州河向陈行水库补充的水资源量增加了 15%。

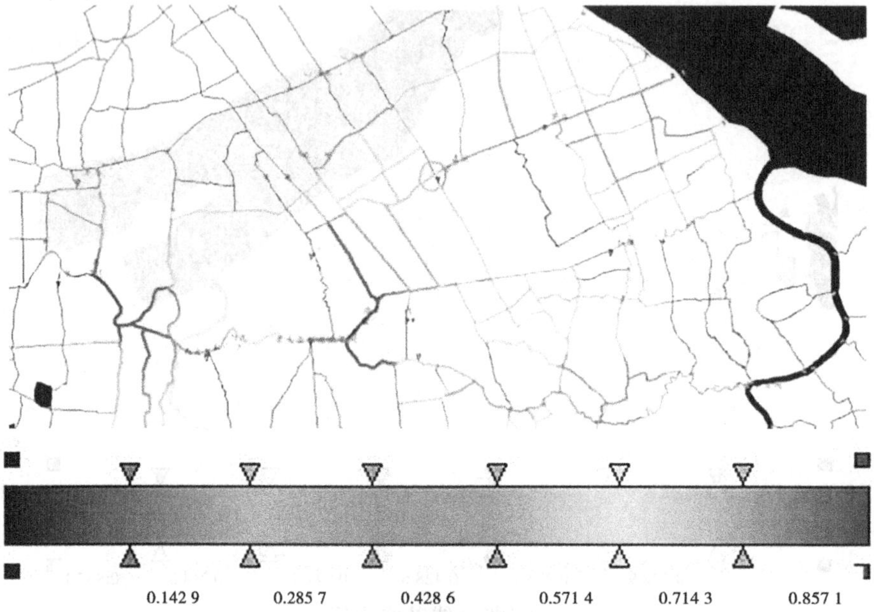

(a)北二线方案

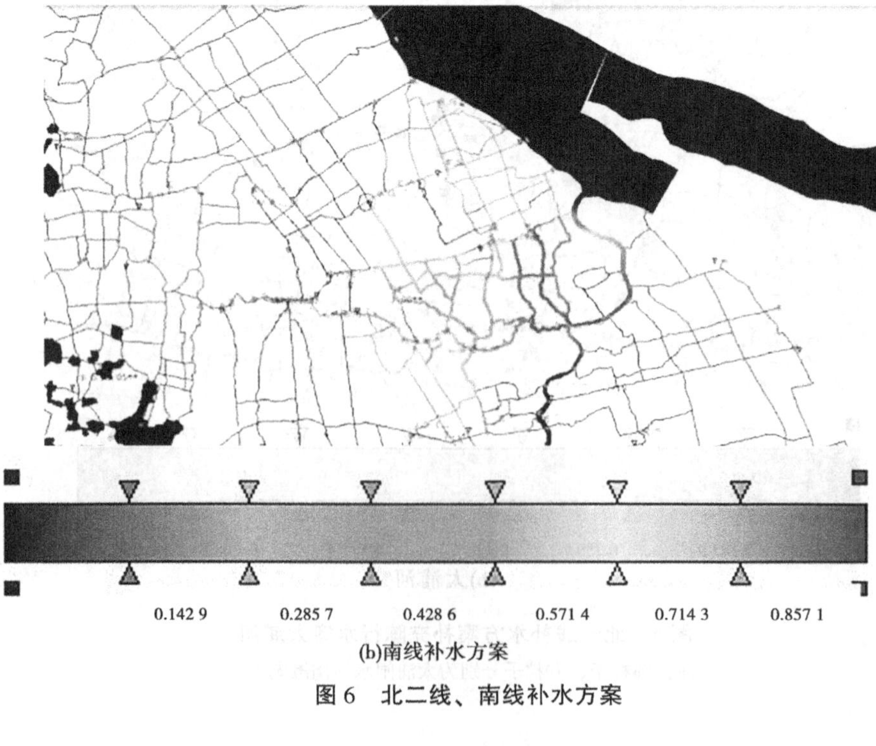

(b)南线补水方案

图 6　北二线、南线补水方案

由上可见，北一线补水方案效率更高，可以作为主要补水方案，其余两条可以作为补充方案。根据工作组现场查勘，通过望虞河向阳澄湖再向下游杨林塘、张家港，最后通向浏河补水的方案是可行的，模型预演与实况基本一致。预演在抗咸潮保上海供水安全专项行动中发挥重要作用，保障上海市主要饮用水源地切换至太浦河—黄浦江水源地期间，太浦河供水水量水质稳定，在既无前例可循又无经验可依的条件下，模拟预演了 60 多套向上海市陈行水库周边河网补水的方案，为快速找到陈行水库的供水线路，强化流域与区域多目标统筹调度，全力保障太湖流域供水安全提供了极为重要的参考依据。

4 效益

抗咸潮保上海供水自 2022 年 9 月 23 日开始至 2023 年 1 月 5 日结束。10 月 4 日，太湖和望虞河（阳澄湖）通过河网向陈行水库应急补水通道正式打通，成功缓解了陈行水库一度只能持续供水 5 d 的困境。抗咸潮保上海供水期间，通过太浦河—黄浦江补水 9.5 亿 m^3，通过望虞河—阳澄湖—浏河补水 2.5 亿 m^3，通过太湖—吴淞江—苏州河补水 3.3 亿 m^3。抗咸潮保上海供水调度，为陈行水库通过太湖流域河网蓄水创造了条件，保障了上海陈行水库供水安全。据统计，北一线补水方案应急补水启动后，望虞河东岸永昌泾和冶长泾向河网供水流量由 2 m^3/s 加大至 47 m^3/s，增加了 45 m^3/s；望虞河清水进入阳澄湖，抬高了阳澄湖区整体水位，配合沿长江浏河等闸门联合排水，拉动河网水流流动，有效排出陈行水库周边河网氯化物浓度超标水体。北二线、南线补水方案启动后，瓜泾口出太湖平均流量由 5 m^3/s 增加至 33 m^3/s，增加了 28 m^3/s，与太浦闸一起保障了太浦河下游、黄浦江上游水源地的水量水质安全。在迅速打通向陈行水库河网补水通道后，有效弥补了陈行水库原水供应缺口，保障了陈行水库的正常供水。

5 结论

（1）2022 年夏季，太湖流域发生了 1961 年有完整气象记录以来持续时间最长的大范围高温天气，太湖流域主要受下沉气流影响，冷涡难以南下到达流域，冷暖空气对流较弱，导致流域长期维持高温干旱状态。2022 年汛期（5—9 月），流域累计降水量 486.0 mm，较常年同期偏少 35%。与常年同期相比，太湖、上游区湖西区与浙西区河网代表站水位持续偏低，太湖水位从 7 月 15 日至 9 月 30 日，位列 2002 年以来倒数第 1 位至倒数第 3 位。长江干流大通站总来水量较 30 年同期均值偏少近五成，8 月月平均流量均打破历年最小月均值纪录，大通站来水枯水重现期均大于 100 年，属于流域性严重枯水。东风西沙、青草沙、陈行水源地分别于 9 月 1 日、5 日、14 日先后遭遇咸潮入侵，为长江口水源地建库以来咸潮入侵最早时间。

（2）利用太湖流域预报调度一体化平台，基于流域一维河网与太湖二维湖流水量水质耦合模型与来水组成模型，结果表明，常熟水利枢纽实施引水后，长江水约 2 d 后到达张桥断面，3 d 到达甘露大桥断面，约 4 d 后到达大桥角新桥断面，模拟效果较好，预演与实况基本一致。本文预演了 60 多套向上海市陈行水库周边河网补水的方案，提出北一线、北二线、南线三条应急补水线路。北一线补水方案效率更高，可以作为主要补水方案，其余两条为补充方案，预演与实况基本一致，为快速找到陈行水库的供水线路，强化流域与区域多目标统筹调度，全力保障太湖流域供水安全提供了极为重要的参考依据。

参考文献

[1] 吴娟，施春红，林荷娟，等．梅雨期太湖超标洪水水文气象特征分析［J］水文，2022，42（2）：73-79.

[2] 陈致远，吴敬文，乔红杰，等．极端干旱下长江口咸潮入侵成因及压咸补淡措施［J］．人民长江，2024，55（6）：98-105.

[3] 吴娟，林荷娟. 太湖流域新型突发水质异常事件研究与平台建设［C］//水利部防洪抗旱减灾工程技术研究中心，第十四届防汛抗旱信息化论坛论文集，2024.
[4] 吴娟，林荷娟，薛涛，等. 基于水量水质与来水组成模型的太湖与河网水动力研究［C］//中国水利学会. 2023 中国水利学术大会论文集：第四分册. 郑州：黄河水利出版社，2023.
[5] 吴娟，梁萍，林荷娟，等. 太湖流域梅雨的划分及其典型年异常成因分析［J］. 湖泊科学，2021，33（1）：255-265.
[6] 吴娟，林荷娟. 基于陆气耦合模型系统的太湖流域洪水风险预测［J］. 人民长江，2023，54（11）：1-7，22.
[7] 吴娟，林荷娟，姜桂花，等，太湖流域超标特大洪水风险预警系统建设及应用［J］，河海大学学报（自然科学版），2023，51（2）：164-170.

水利工程智慧管理系统建设研究与探索

孟　明[1,2,3]　赵　地[1]　张晨晓[1]　梁子锦[1]

（1. 黄河勘测规划设计研究院有限公司，河南郑州　450003；
2. 水利部黄河流域水治理与水安全重点实验室（筹），河南郑州　450003；
3. 河南省城市水资源环境工程技术研究中心，河南郑州　450003）

摘　要：随着“互联网+”、“工业 4.0”、数字孪生、全生命周期管理的理念在各行业普及，现代水利工程智慧管理系统的建设亟待推进，本文从智慧建管、智能物联网监测预警、智能运行管理、智能决策和智慧服务的构建理念出发，研究集信息采集、传输、处理、存储、管理、服务、应用为一体的安全、高效、领先的现代水利工程智慧管理系统，实现水利工程建设体系的立体化监测、智能化监控、精准化管理、科学化决策、规范化监督，全面提高主管部门的监测、预警、监控、决策、指挥能力，有力支撑国家水利工程发展战略部署。

关键词：BIM；水利工程；智慧管理；工程物联网；智能决策

1　引言

随着新一代信息技术呈现出爆发式增长态势，水利工程需着力增强 BIM、大数据、智能化、云计算、边缘计算、物联网等信息技术集成应用能力，在水利工程建设、管理、智慧决策方面，还未实现数字化转型，行业数据资源利用水平和信息服务能力较低，以水利工程全生命周期为主线的数字水利智慧建管模式未得到推广应用[1-2]。

本文从系统构建理念、系统建设总体框架和系统组成来研究探索智慧管理系统建设的关键要素，以统筹推进数字水利与智慧管理，着力增强水利工程信息化发展能力、提高信息化应用水平，建设水利工程智慧管理系统，不断加快水利水电勘察设计行业的数字化进程，达到工程运行的“全面感知、可靠传递、智能处理、高效协同、智慧应用”，支撑整体工程体系的全生命周期管理，确保防洪工程体系的安全运行，实现生态环境保护，满足城市发展需要，加快推进基于互联网的管理模式创新，有力支撑国家水利工程发展战略部署[3-5]。

2　系统构建理念

2.1　搭建“工程物联网”，突出工程的智慧化

将传感芯片植入工程建筑物，搭建智能感知工程物联网，构建“天空地”一体的工程立体化信息感知采集体系，增强工程综合体的类人智能，使工程综合体能够自我记忆、分析、判断、预测，各部分能够自我对话、调整、适应，使工程基础设施智能化。

2.2　树立“工程全生命周期管理”理念，最大化信息资源价值

从工程全生命周期全局，统筹工程设计、建设、运行等各阶段信息化建设，以及各阶段之间信息资源无缝继承和共享，避免信息资源丢失和断档，使各类信息化资源在工程全生命周期中发挥出最大价值。

基金项目：国家重点研发计划（2023YFC3208604）。

作者简介：孟明（1992—），男，工程师，主要从事生态水利工程设计与研究以及工程数字化设计关键技术研究工作。

2.3 坚持“孪生工程”理念，保持数字工程和现实工程同步发展

孪生工程是支撑新型智慧工程建设的复杂综合技术体系，是工程智能运行持续创新的前沿先进模式，是物理维度上的实体工程和信息维度上的虚拟工程共同生存，虚实交融的未来工程发展形态。孪生工程通过数据全面标识、状态精准感知、数据实时分析、模型科学决策、智能精准执行，实现工程的模拟、监控、诊断、预测和控制，解决工程规划、设计、建设、管理、服务、运维的全生命周期管理过程中的复杂性和不确定性，全面提高工程物质资源、智力资源、信息资源配置效率和运转状态，实现智慧工程的发展动力。

2.4 强化数据管理，深化大数据分析，推动应用智能升级

加强信息资源规划，丰富信息源，抓好信息资源建设，强化数据整合，建设有序共享的工程及相关信息资源体系，逐步形成多元化采集、主题化汇聚和知识化分析的大数据能力，挖掘数据资源、信息资源中潜藏着的巨大价值，实现高层次应用。

3 系统建设总体框架

根据水利工程信息化发展目标，智慧管理系统应以工程信息基础设施建设为先导，以信息资源建设和管理为核心，以业务应用系统推进为重点，以工程信息网络安全为保障，以信息化保障为基础，建立健全水利工程信息化综合体系，推进工程信息化全面渗透、深度融合，使信息化对工程体系的整体支撑提高到一个新阶段。水利工程智慧管理系统建设总体框架主要包括数据采集、云基础设施、支撑服务、业务应用、保障体系五大部分，如图1所示。

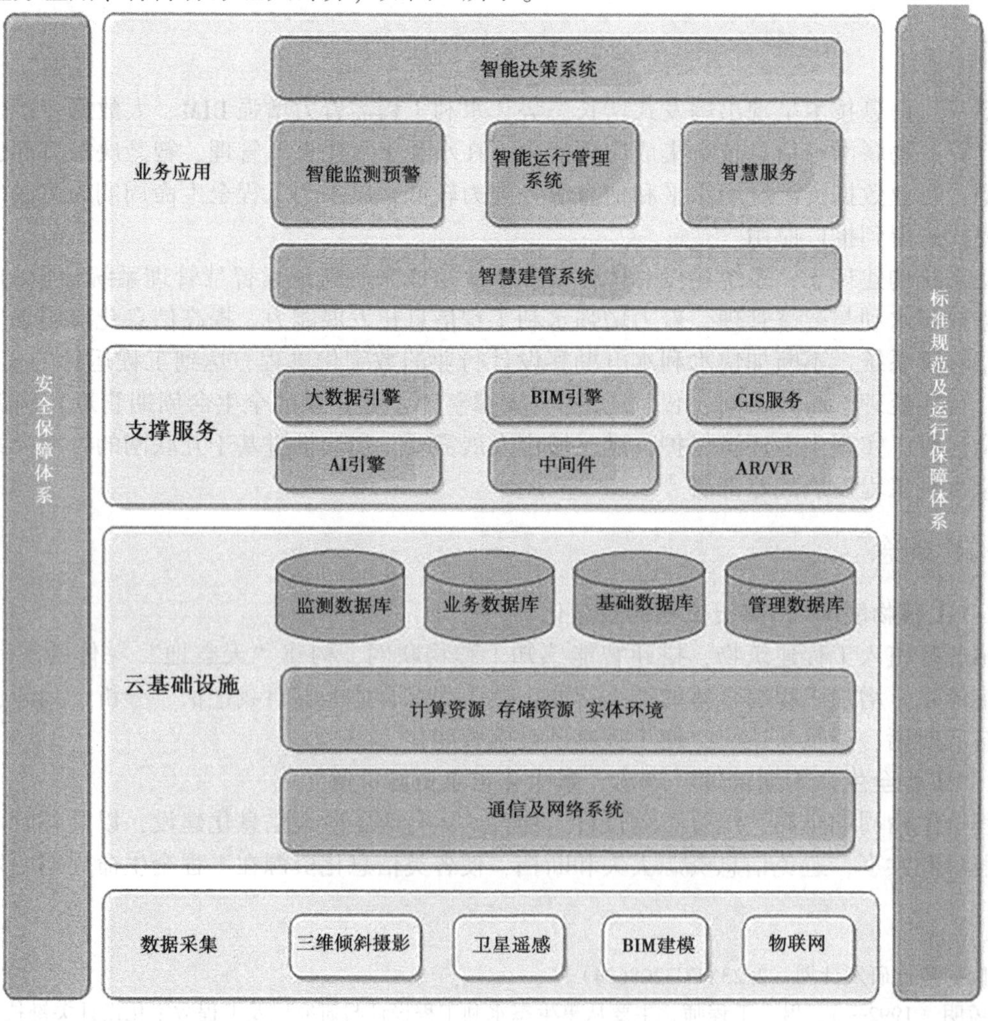

图1 水利工程信息化建设总体框架

3.1 数据采集

此部分包括主要的数据采集方式有三维倾斜摄影、卫星遥感、BIM 建模、物联网，丰富的数据采集方式为系统应用提供了强有力的数据支撑。

3.2 云基础设施

此部分包括硬件基础设施和云数据中心，其中基础设施包括计算资源、存储资源、实体环境，云数据中心包括监测数据库、业务数据库、基础数据库和管理数据库。

3.3 支撑服务

此部分为业务应用提供了技术支撑，以“GIS+BIM+物联网”有机融合为核心技术，充分发挥云计算、大数据、虚拟现实等新技术的支撑作用。

3.4 业务应用

此部分包括智慧建管系统、智能监测预警系统、智能运行管理系统、智慧服务、智能决策系统五大应用系统。

3.5 保障体系

此部分包括安全保障体系和标准规范及运行保障体系。

4 系统组成

4.1 智慧建管系统

利用现代化的信息手段，汇集工程规划、设计、施工建设等不同阶段和各相关参与方的海量信息，把水利工程建设全过程主要环节的文件、数据等通过网络终端和平台生成、传送、交换及储存，从勘察设计、招标投标、施工过程、质量、安全、进度、支付、合同、检查验收、视频监控等角度为建设方与工程现场之间搭建高效、统一的工作平台，监控施工过程和工程现场情况，为工程建设期与运行期提供建管信息和决策支持，达到工程建管统一可靠、施工管理精细高效、信息服务便捷畅通，实现工程建管智慧化[6-7]。

4.1.1 工程建设信息管理

结合水利工程建设相关管理制度和工作流程，对工程项目进度、质量、安全、合同、支付、施工现场等信息管理和监控，保障工程管理与各干系人的沟通管理，监视工程进度、质量、安全、投资等指标体系，进行项目管理各指标的统计分析。

4.1.2 工程移民安置管理

通过整合移民安置前期工作中形成的征地范围、实物指标、安置规划等信息，为移民安置的年度计划、安置实施、设计变更、监督评估、综合验收等管理工作提供业务辅助，并在业务过程中逐步建立涵盖移民安置全过程的“电子档案”，为相关单位搭建标准统一、互联共享的移民信息服务平台和安置管理工作平台，进一步规范移民安置管理工作，实现移民安置全过程的精细化管理，提高移民安置管理工作能力和信息化水平。

4.1.3 工程施工视频监控

工程施工现场安装摄像机和存储设备，具备 24 h 在线远程视频监控能力，建设工程施工视频监控系统，对各施工单位监控点进行远程监控，实时掌握工程关键点的设备生产、施工建设状况和生产环境状况。包括视频采集点管理、视频监控、图像监视显示、视频存储管理等功能。

4.1.4 工程建设期 BIM 管理与应用

按照地方相关 BIM 成果技术要求建立工程建设期 BIM 模型，并附带常规的属性信息，将 BIM 模型数据汇入数据平台，为工程建设管理全过程提供支撑。

4.2 智能物联网监测预警系统

对水文、气象、水质、生态环境、工程安全、工程险情、工程工况、市政环境与交通、视频等各类信息进行监测，能够采集实时监测信息，对采集的各类信息进行传输、存储、整编和分析，经过积累，形成监测大数据，运用智能分析手段进行数据挖掘和分析，根据分析和预测结果对异常数据进行预警，提前发现问题，提高工程管理智慧化水平。

4.2.1 水情气象监测预警

采用水位计、雨量计、流量计、流速仪、天气雷达、无人船、航空摄影等先进技术手段采集工程相关河流的关键断面，控制建筑物的水位、流量、流速、雨情、浪高、卫星云图、雷达图、天气预报、影像等信息，实现工程水情、气象实时监测信息的获取、查看和分析，为各级管理部门工作人员提供实时水情气象信息的自动监视和预警服务，以及深层次的专题统计和分析比较，为工程防洪、决策会商等提供数据支持。

4.2.2 水质监测预警

利用现代计算机和网络通信等技术采集工程相关河流重要节点水质指标，包括温度、pH 值、溶解氧、硝酸盐、需氧量（DOC）、总磷和总氮等指标，能够动态监测水质变化情况及趋势。实现水质在线监测、水质分析评价、水质监测资料整编、统计分析和自动预警等。根据水质的分类信息和主要指标，可以分析统计水质变化情况及发展趋势，为水质提升提供基础数据，实现水质管理工作的标准化、规范化、信息化，建立部门间高效顺畅的沟通协作模式，及时有效应对突发水污染事件，支撑白洋淀水环境治理。

4.2.3 生态环境监测预警

结合布设的生态环境监测站网，通过遥感、物联网监测设备，结合人工巡测，加强对工程沿线及周边的生态环境监测，实现工程管理区内空气、土壤、植被、耕地、湿地、动植物及影响生物生态活动的污染源、地下水等信息的动态监测、传输、管理、分析和预警，掌握生态环境变化情况，利用监测数据统计和大数据分析手段，建立可视化的生态环境模拟平台，研发生态环境模拟模型，模拟人类活动对生态环境的影响、水体内污染物的迁移转化过程、生物生态活动等，对生态环境状况进行评价模拟预测与管理，建立生态仿真演示系统，模拟分析水环境改善效果，为工程区水环境、水生态持续改善提供信息支持和大数据历史积累。

4.2.4 堤防安全监测预警

工程安全管理工作中，安全监测为安全管理工作提供了重要的数据支撑及预警判别依据，提高安全管理相关数据采集、整编、管理、综合分析及预警速度，将极大提高工程安全管理的效率，降低工程安全管理的成本，依托 GIS 与 BIM 技术建立一套集属性信息、安全监测信息与空间一体化数据管理体系于一体的智慧化的安全监测预警系统，通过工程安全数据采集、实时传输、信息存储管理，实现工程安全信息的自动采集、智能整编、智慧分析，对各建筑物的安全状况和工作性态运行安全评估和预警，实现有关工程安全状态的快速查询，以直观的图形或窗口形式供有关管理人员掌握和了解工程建筑物的各项指标，如表面变形情况、内部变形情况、渗流情况、压力情况、应力情况、警界值、分析拟合值等，为快速、准确、科学制定工程防洪及维护方案提供信息服务和决策支持[8]。

4.2.5 市政环境监测预警

通过各种市政环境监测手段，构建先进的市政环境监测体系，采集工程范围内实时市政环境状况指标，包括气温、光照、空气质量、噪声、人流量、车流量、车速、特征污染物等，对各类监测指标进行在线监控、趋势分析和智能预警，更好地支撑环境管理和人文生活需要，实现市政环境监测的自动化、智能化、网络化，提高市政环境监测公共服务能力。

4.3 智能运行管理系统

4.3.1 洪水预报

结合地方洪水预报业务现状，整合优化已开发的洪水预报系统成果，开发湖（河）系预报、中长期径流预测、抗暴雨能力等功能模块。建立流域产流模型、汇流模型及河道汇流模型，建立模型组合和流程关系等，对于同一预报断面可以有多种预报方案；通过数据文件导入各水文监测站点的历史降水摘录、洪水摘录、日降水量系列、日平均水位系列、日平均流量系列等信息；采取人工试错和自动优选相耦合、多模型多参数同时自动优选的模型进行参数率定，将流域特征参数、属性和率定后的模型参数配置到定制的预报方案中，构成洪水预报系统中的预报方案库，在选择好预报方案，设置好预报时间的基础上，根据实时检测数据信息，进行实时预报，对洪水预报结果进行实时校正以提高预报精度。根据原预报结果和最新的实测资料计算预报误差序列，建立回归方程，以估计未来时段的误差，并据此修正原预报结果[9]。

4.3.2 智能防洪服务及抢险

密切监视河流洪水雨情及防汛形势，综合运用大数据、云计算、数值分析等技术，辅助无人机监测手段，精确预报、预警洪水，预估未来形势对工程的影响趋势，在险情发生时，能够智能生成防汛抢险方案，及时调度防汛队伍及物资，保障工程安全运行和沿程防洪安全。

4.3.3 防汛智能值班巡检

基于人工智能技术，开发防汛值班机器人，利用大数据分析、智能巡检、智能预警等技术，实现安全指标、气象、水情、沙情、汛情、工况等多元数据叠加，为值班人员提供全方位的监视环境。综合运用BIM、VR/AR、智能巡检机器人、无人机、移动终端、卫星遥感等先进技术手段，实现工程的智能巡检，提高工程巡检效率和管理水平。

4.3.4 工程维修养护管理

建设基于BIM和GIS的工程运行维修养护系统，实现水利工程运行管理中工程维护自动化、维护方案制定科学化、设备维护养护预警化，实现工程基础信息及维护动态信息服务，提升工程运行管理水平，保障工程安全运行。

4.3.5 突发事件管理

对于在工程运行和管理中可能出现的各种紧急事件，能够实施应急响应，进行应急测控、处置，需要启动会商的，根据会商决策制定方案的执行，并跟踪执行效果，形成对应急事件的快速反应和跟踪管理体系。收集所有与工程相关的内部和外部应急信息，通过对收集信息进行分类和分析，对其严重性和影响程度、影响范围进行评价。当突发事件较为严重时，根据管理制度进行报告，将突发事件信息、评估信息等上报会商决策系统，启动应急响应流程。对突发事件从发生预警到处置指挥和效果的全过程进行归档和档案管理，包括应急的发生、告警、方案制定、执行和实际效果等全过程进行档案整理。

4.3.6 工程资产管理

基于BIM和二维码技术的工程资产管理，是与工程实体资产一一对应的数字化模型，具有工程的真实信息，是工程运行管理行为信息与实物资产的联系纽带，将有效提升工程资产或设施的管理水平。将设施设备与空间位置、运行维护有机结合在一起进行管理，追踪设备的维护更新、资产的调整，并维护数据记录，高效地进行设备等资产的维护管理。

4.3.7 综合视频监控

综合视频监控是智慧安全管理的重要组成部分，工程智能视频监控主要是综合运用物联网技术、数字视频技术、通信技术、计算机技术、网络技术、人工智能技术，全面、及时地采集视频数据，快速进行数据传输，高效地进行数据存储管理，围绕工程安全防护重点和安全风险等级，构建集视频监控、智能电子围栏、智能身份识别、综合报警、周边求助于一体的立体化智能安防系统，提升安全问题发现、监视、检测、处置能力，着力解决工程运行中各类安全防护问题，形成对应急事件快速反应体系的技术保障，降低安全事件和事故发生率，提升安全管理效率和效能，促进工程安全管理现代化，为工程安全和人身安全提供全方位的支撑。

4.4 智能决策系统

4.4.1 工程全景监视

结合GIS一张图，采用地图标绘、监视和预警等专题图制作、专题报表和图表结合的多种展现模式，汇聚各类工程实时运行数据、现地站控制指令和监测站实时监测数据、闸泵站视频图像、各类工程基础数据等，实现运行实时综合监视。汇聚各专业系统多类型、不同指标的实时报警信息，利用实测数据、历史报警和工程设计安全运行指标、控制指令执行结果、监测站警戒值和控制指标进行对比分析，实现运行分类报警和综合报警。

4.4.2 综合信息服务

满足决策层和管理层对工程全面信息检索、预警、分析的需要，为业务处理和决策指挥服务。综合利用各业务应用的专题信息，进行多角度检索分析，以简洁明了的图、表、文、声、像等形式，面向各层次需求，提供工程基础信息、实时水情信息、气象信息、水质信息、生态环境信息、工程安全信息、市政环境信息、洪水预报信息、工程运维信息、安防信息等各类监测监控监视信息，同时结合无人机遥感影像，在 GIS、BIM 模型的支持下，全方位地展现工程在时间上不同历时的场景，展现工程管理各个环节信息，帮助决策者在较短的时间内全面了解和掌握实际情况和问题。在针对某个主题进行会商之前，收集整理与该主题相关的所有信息，并对这些信息进行深层次分析，供会商决策人员参考。

4.4.3 会商决策支持

综合会商是围绕工程管理中的重大关键问题和突发问题，以案例分析、数据分析为手段，采用群体会商的形式，采用大数据分析技术，通过科学分析评估，辅助决策者做出重大决策。会商决策的过程是在各业务系统与数据库的支持下，全方位展现工程历史、现时信息，展现主题分析成果，分析相关案例经验，经过会商讨论后制定解决会商方案。综合会商主要处理两类主题事件：重大常规主题和重大突发主题。重大常规主题定期或不定期举行；重大突发问题，特别是某些可能影响到工程全局、对整个工程运行带来影响的重大突发事件，依赖预案启动会商。

4.4.4 应急指挥平台

应急指挥平台是实现应急管理的一个综合平台，对于建立和健全统一指挥、功能齐全、反应灵敏、运转高效的应急机制，预防和应对自然灾害、事故灾难、公共卫生事件和社会安全事件，减少突发公共事件造成的损失，具有重要意义。应急指挥平台是紧密结合应急管理业务，以数字化、模型化、可视化、实践化预案技术为核心，从应急指挥平台体系顶层设计入手，以应急信息采集与综合数据分析展示为依托，以公共安全技术、信息技术为支撑的综合技术平台。能够针对突发事件，快速启动预案，并根据预案迅速指挥与执行工作，组织调度人员与物资，开展应急的专业处理与相关配合工作，同时根据反馈情况，动态评估事件的发展情况，及时调整措施，最大限度地降低损失。通过应急指挥平台的建设，将大幅提升信息汇聚能力、信息展现分析能力、快速反应能力、信息整合和信息共享能力。

4.4.5 视频会议

建立视频会议系统，具备与上级主管部门、水文部门、环保部门、交通管理部门及相关流域机构的视频连接，满足工程建设管理、工程运行维护管理、工程安全管理、水环境监控管理等工程会商对视频会议的需求，以及满足行政管理、培训、技术交流对异地视频会议的需求。

4.5 智慧服务

4.5.1 智慧人员管理

根据地方对人员管理的要求，设计建设一套智慧人员管理系统，采用身份证、指纹、人脸、声纹识别等先进技术手段，结合摄像机、闸机、门禁、RFID 标签等设备，实现对现场人员信息进行自动化、实时性、精准的采集，实时归集人员数据，同时在显示屏上实时显示和统计各单位及工种进出人数，准确合理地管控现场人员，对非法进入人员进行预警，实现对工程现场更科学的管理[10]。

4.5.2 公众服务

公众服务主要包括防汛服务和景区服务两个方面。丰富防汛业务的公共服务手段，拓展防汛预警预报发布广度，发掘预警预报信息深度，实现汛情、灾情、险情的精准化推送。通过防汛信息网、政府网或相关官方网站发布防汛预警信息；通过通信运营商，向可能受到影响地区的手机用户精准发布防汛预警信息；通过微信公众号、电子屏幕等发布防汛预警信息，通过丰富便捷的互联网渠道，对公众推送防汛资讯，增强防汛工作宣传力度，使社会公众及时了解防汛工作最新动向，提高全民防汛意识，全面提升防汛能力。

以先进的信息技术为依托，结合景区的具体情况，能够通过智能网络对景区地理事物、自然资源、民众行为、景区工作人员行迹、景区基础设施和服务设施进行全面、透彻、及时的感知，对民众、景区工作人员实现可视化管理，优化再造景区业务流程和智能化运营管理，打造智慧景区，提高对民众的服务质量，实现景区环境、社会和经济的全面、协调和可持续发展。

5 结语

为使我国现代水利工程智慧化建设水平提升到更高层次，还需完善水利模型库，建设学习算法库、机器认知库、知识图谱库，完善基础组件，构建水利网格化管理平台，完善水利一张图，为上层应用提供公共组件功能和应用运行基础，提供“算法+数据+算力”云服务，提升预测预报、工程调度和辅助决策支持能力。

同时，随着智慧化进程的推进，数据安全、系统平台安全、网络安全将是对水利工程建设最大的考验，在大力发展的同时，还需兼顾统筹安全发展。制定由制度、规范、流程和规程构成的信息安全管理制度标准体系，形成安全纵深防御基础，提升纵深防御能力的信息安全技术体系；建立威胁感知预警系统，提升监测预警能力，构建集中安全管理控制平台、应急决策指挥系统，实现安全威胁事件应急响应准备、检测、控制、恢复等全过程管理，提升应急响应能力。开展日常威胁预测、威胁防护、持续检测、响应处置等安全运营工作，形成闭环安全运营体系，充分发挥人在信息安全中的主体地位，对安全威胁事件进行有效综合研判、及时处置，不断闭环对运营体系进行优化，有效保障信息安全技术、管理要求落地。

参考文献

[1] 苟其青，舒富林，周宝佳. 小型水库运行管理问题与对策［J］. 水利信息化，2023（1）：87-92.

[2] 王宁，王伟，谌东海. 典型水利工程配套智慧管理系统设计研究［J］. 水电站机电技术，2022，45（12）：28-31.

[3] 傅伟建. 水利工程智慧化运行管理方式的探索与分析［J］. 水电站机电技术，2022，45（8）：159-160.

[4] 蒋云钟，刘家宏，梅超，等. 智慧水利DIS体系构建研究与展望［J］. 中国水利水电科学研究院学报（中英文），2022，20（6）：492-496.

[5] 郭亮亮，罗天文，赵朝彬，等. 智慧水利背景下水库移民信息化建设［J］. 水利水电快报，2022，43（4）：123-127.

[6] 叶纪刚. 水利工程智慧化管理系统设计探究［J］. 四川水利，2022，43（1）：159-161，183.

[7] 卞晓燕，嵩文正. 水利工程智慧化运行管理方式分析［J］. 工程建设与设计，2021（8）：165-166，186.

[8] 李涛，张春，孟繁渠，等. 智慧水务技术在河道精细化管理中的应用［J］. 江苏水利，2020（6）：36-39.

[9] 谢龙，吴炎，方琛亮. 在建水利工程安全智慧管理系统的设计与实现［J］. 浙江水利科技，2019，47（4）：80-83.

[10] 卢鑫，刘双美，郭翔宇，等. 四川省智慧水利建设构想与思考［J］. 水利信息化，2019（3）：4-9.

基于数字孪生技术的城市内涝治理研究

覃立宁　靳亚男　崖恒堃

（广西珠委南宁勘测设计院有限公司，广西南宁　530007）

摘　要： 城市化进程的加速使城市暴雨内涝问题日益严峻，对城市基础设施和居民生活造成重大影响。本文通过对城市内涝成因的系统分析，提出基于数字孪生技术的城市暴雨排涝测控系统和一体化管道泵改造方案，实现排水系统的智慧化管理。在柳州市环岭南路桥下易涝区应用示范中，该提升改造方案成功缓解了内涝风险，取得了良好的经济社会效益。研究结果表明，融合物联网、大数据等数字孪生技术的排涝系统协同治理方案，可以有效应对城市内涝问题，提高城市运行效率，促进城市可持续发展。

关键词： 数字孪生；城市内涝；智慧水利；排涝系统改造；一体化管道泵

1　引言

城市暴雨内涝是城市化进程中亟待解决的问题之一。随着全球气候变化和城市化快速发展，城市暴雨事件频发，导致严重的内涝灾害，影响城市交通，破坏基础设施，引发公共卫生事件，对城市可持续发展构成威胁。城市防洪排涝技术的研究进展表明，传统的防洪排涝措施已难以满足当前城市发展的需求，需整合多种治理策略和技术手段，进行系统性的协同治理。徐宗学等提出海绵城市技术与市政排水工程群联合调度的协同治理模式，分析了联排联调技术对减小城市洪涝灾害的作用[1]。李东来等通过建立流域管道、河道及地面二维耦合模型，分析了市政排水与水利排涝标准之间的衔接关系[2]。黄华兵等通过广州市主城区暴雨内涝的时空演变特征分析，指出城市建设用地扩张对暴雨内涝的影响，强调内涝防治应重视城市不透水面格局的优化和调整[3]。付健等提出“拦蓄截洪、畅排强排、安全智控”治涝措施，通过截洪渠、浅层雨水管网提标、立体调蓄系统构建韧性防洪排涝工程[4]。

目前，国内外学者在降雨模式的预测、排水系统的优化设计，以及雨水资源的利用等方面进行了大量研究。而在智慧水利建设，市政排水与水利排涝两个系统的协同治理方面，仍需不断地创新实践。本文将通过分析城市内涝成因，进一步探讨基于数字孪生技术的城市内涝治理方案，提高排水效率，构建更为完善的城市防洪排涝体系。

2　城市暴雨内涝成因分析

城市暴雨内涝成因错综复杂，既受极端气候事件和地形条件等自然因素影响，也与城市化进程中不透水面积增加、排水系统建设不完善等人为因素密切相关。

2.1　自然因素

全球气候变化的加剧所产生的众多环境问题中，城市暴雨内涝因其突发性强、影响范围广、危害性大而成为焦点。城市不透水面积的急剧扩张引发了“雨岛效应”，极端天气事件的频发使得局部区域降水集中且强度增大，超出了城市排水系统的设计承载能力[5]。自然因素，如降雨特性、地形地

基金项目： 广西科技基地和人才专项项目（19-A-03-04）。

作者简介： 覃立宁（1981—），男，高级工程师，主要从事水利水电工程规划设计工作。

势、水文地质条件，以及河湖水系的水位和容量，都在城市内涝的形成中扮演着重要角色。降雨的强度、分布和持续时间直接考验排水系统的能力，尤其在短时强降雨情况下，易引发内涝。地形地势决定了水流的路径和速度，低洼地区更易积水，而陡峭地形可能加速洪水形成。地下水位的高低、土壤的渗透性及地表水体的分布影响雨水的渗透和蓄积，高地下水位和低渗透性土壤限制了雨水下渗，增加了地表径流。河湖水系的水位对城市排水效率有直接影响，高水位可能阻碍雨水外排。这些自然因素的相互作用，加上城市化带来的环境变化，共同构成城市内涝发生的复杂背景，对城市排水系统的设计和管理提出新的挑战。

2.2 人为因素

人为因素主要体现在城市规划、建设和管理方面的不足。

现有排水系统的不足，主要源于早期规划与设计缺乏前瞻性，未能预见当前城市发展的需求和气候变化带来的挑战。排水设施配备较小管径的管道，在面对突发性强降雨或台风等极端天气时，容易出现堵塞和溢出。

城市空间的局限性进一步加剧了排水系统改造和扩建的难度。在城市建成区，建筑物密集，道路狭窄，地下空间已被供水、供电、通信等各种管线和设施占据，限制了排水系统的扩展。此外，施工活动会对城市交通、环境和居民生活带来一定影响，增加了改造施工的难度。面对这些限制，我们亟需在有限的空间内探索创新的解决方案，通过数字孪生技术，统筹市政排水与水利排涝两个系统，实现排水系统的优化和升级。

3 城市排涝系统改造技术

已建市政管网易涝积水点治理需综合考虑内河顶托，以及市政排水管网的设计标准低、排水能力差、管道系统紊乱、管理不当等多种因素。本文提出的城市内涝治理技术包含：一体化管道泵改造方案，以及基于物联网、大数据等数字孪生技术的城市暴雨排涝测控系统的构建。

3.1 一体化管道泵改造方案

针对低洼易涝区域的已建雨水管网，一体化管道泵改造方案如下：

（1）排水管网总体线路保持不变，对管道系统的检查井或管道节点进行低影响改造。改造施工工作面较小，一般情况下不大于 5 m×6 m，必要时占用人行道及半个车行道，可采用标准化预制件施工。

（2）水泵。采用通用潜水泵立式安装，配备自动控制系统。

（3）进口段。保留原混凝土排水管，前端设置沉沙池。

（4）出口段改造。设置 h 型钢管连接至原排水管网。h 型钢管一端安装潜水泵，配套拦污格栅，避免垃圾、淤泥、杂物等进入水泵。h 型钢管另一端设置电动蝶阀。检查井内部设置电子液位计，根据电子液位器监测水位信息，由外部 PLC 现地控制或远程控制柜控制水泵及电动蝶阀启停。一体化管道泵作为排水线路上的主要节点，由城市暴雨排涝测控系统联合调度。

这一改造方案适用于老旧城区或城市建成区的道路两侧，特别是在人车流量密集、道路狭窄且改造难度较大的区域。在流速缓慢且易于淤积的管道中，一体化管道泵的引入，有助于改善管网排水效率。一体化管道泵改造方案如图 1 所示。易涝积水点抽排流程如图 2 所示。

一体化管道泵改造方案强调了自动化控制和低影响改造，依据现状排水检查井的基本条件，细分为改造式、增管式和分离式改造方案。当原有检查井空间不足以布置一体化管道泵时，使用改造式方案，在原位置拆除重建一个更大尺寸的排水检查井，井内安装潜水泵，与原排水管网连通；当原有检查井较深，可上下布置潜水泵时，使用增管式改造方案；当需要改造的检查井与各市政管网交错布置，改造施工对其他管线影响较大时，可使用分离式改造方案，在易涝点附近灵活布置独立的泵房，对原有排水管网进行加压增速，抽排涝水。根据不同区域的排水需求、管网现状和施工条件，选择最小施工干扰的改造方案。

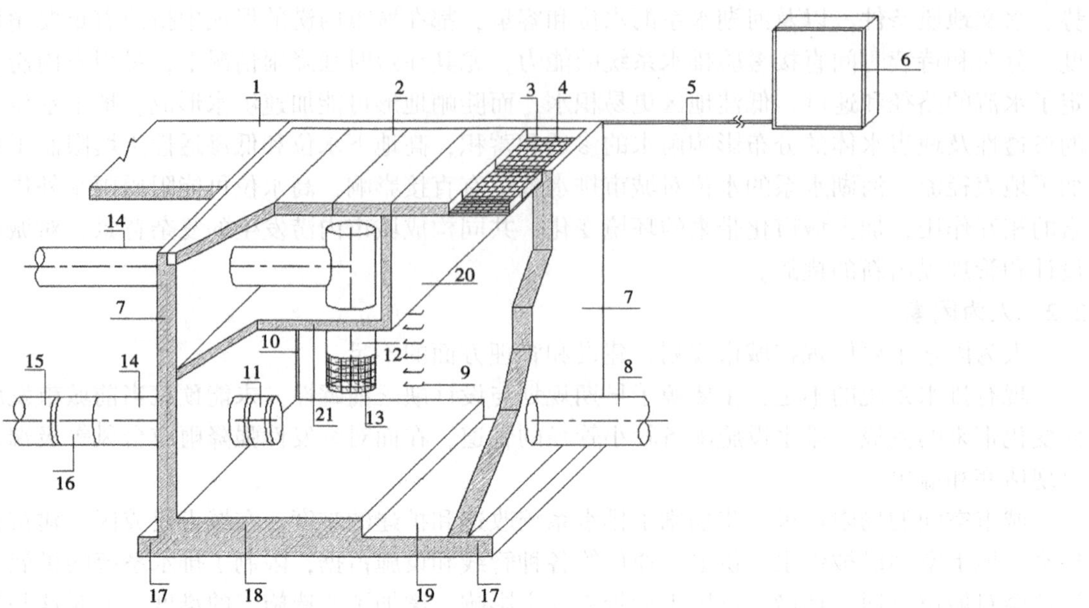

1—市政道路路面铺装层；2—新建钢筋混凝土盖板；3—扩大化落水口；4—落水口钢筋网防坠落拦污格栅；5—控制电缆；6—PLC 现地控制或远程控制柜；7—新建钢筋混凝土井筒；8—原道路预制混凝土雨水管进水侧；9—检修钢爬梯；10—电子液位计；11—电动蝶阀；12—通用潜水泵立式安装；13—钢筋拦污格栅；14—焊接钢管；15—原道路预制混凝土雨水管出水侧；16—钢管与混凝土管连接件；17—井筒底板扩大脚；18—水泵流道层；19—沉沙池；20—钢筋混凝土竖板；21—钢筋混凝土水泵层底板。

图 1　一体化管道泵改造方案

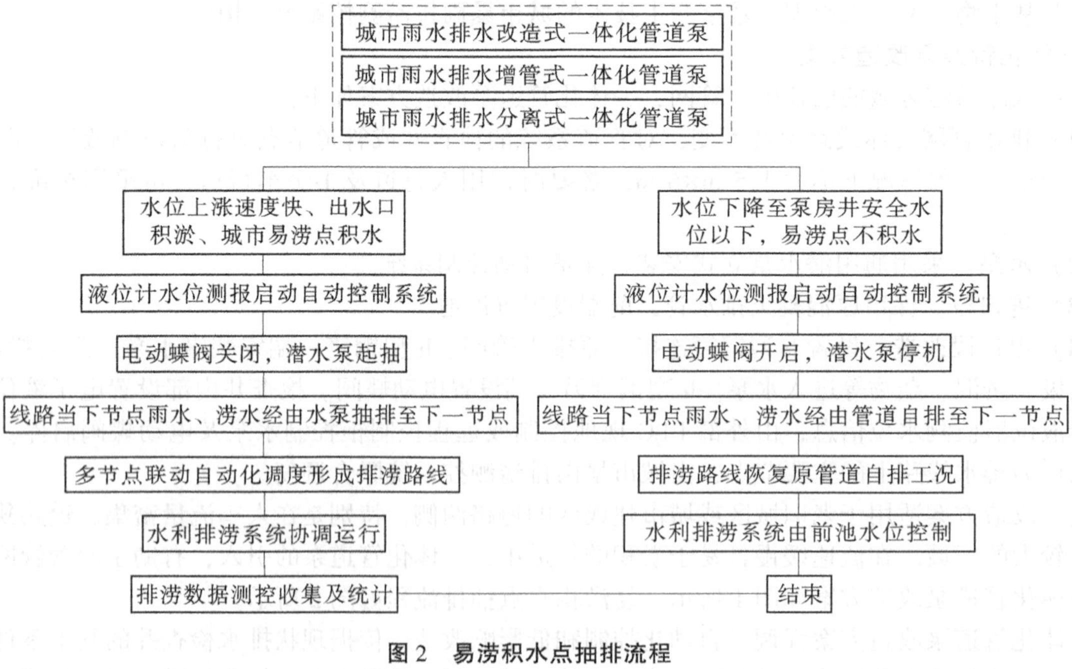

图 2　易涝积水点抽排流程

3.2　城市暴雨排涝测控系统

城市暴雨灾害治理是一项多领域交叉的复杂系统工程，本文提出的城市暴雨排涝测控系统，融合物联网、大数据和自动控制等数字孪生技术，实现内涝治理的智能化管理。该系统还能与城市内河及排洪泵站实现数据共享与联动，形成市政管网与水利排涝设施的协同作业，根据实时监测的内涝数据自动调整水利设施的运行，提高排涝时效性。

城市暴雨排涝测控系统架构分为4个层级：设备层集成了管道泵、旁路蝶阀、传感器和视频监控等前端设备；测控终端为内置PLC、物联网网关、变频器等构成的现地控制箱；通信层利用光纤或4G/5G无线信号，确保数据传输的高效与稳定；监控中心作为系统的大脑，部署大数据云平台，负责整个系统的运算和决策。

易涝区域排涝测控系统调度流程如下：

（1）现场设电子液位传感器。

（2）在集水井溢出发生内涝之前，各节点上传水位信息至大数据平台。

（3）在积水情况下，电子液位计侦测到水位上升，大数据云平台根据内置算法选择最优排放路径，路径上的节点设备根据水位情况顺序开启；系统在高水位情况下向现场PLC发送指令，打开管道泵，关闭旁路蝶阀。

（4）由于集水井体积有限，水位变化幅度大，PLC将采用逐级控制的方式调节管道泵抽排量，避免频繁启停，泵组出力从30%、60%、100%逐级递增。

（5）管道泵加压抽排的同时，时刻监控水位、管道压力、流速流量参数，大数据平台根据边界条件判断积水溢出、管道阻塞等风险并及时发出警告。

（6）集水井内水位持续下降，为避免节点设备频繁启停，大数据云平台会在接近预设低水位的时候降低管道泵出力，从而使抽排量与来水匹配，若水位继续下降至低水位，则管道泵停机，打开旁路蝶阀改为自排，强排过程结束。

（7）系统继续监控水情信号准备下一次调度。

基于数字孪生技术的城市排涝测控流程如图3所示。

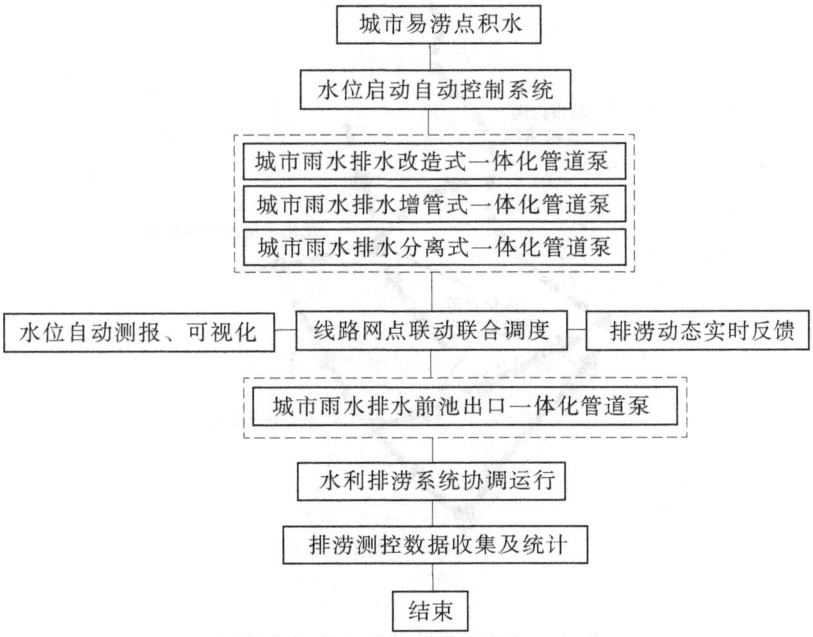

图3 基于数字孪生技术的城市排涝测控流程

联合调度约束条件如下：

（1）水量平衡约束。相邻两级站之间必须满足水量平衡。

（2）流量平衡约束。各级管道泵的实际抽排流量应大于下一级设施的最小流量，且不超过排水路径出口处水利排涝泵站最大抽排能力。

（3）管道水压及水力平衡约束。不能超过管道最大允许水压。

（4）扬程平衡约束。第一级站的进水位与最后一级站的出水位需平衡协调，确保排涝经济有效。

（5）相关预案和决策约束。各级抽排设施的扬程由各自的进、出水位决定，综合考虑各级设施及出口泵站区间的调蓄状况，根据区间淹没损失测算，预设站点保障优先级。

城市暴雨排涝测控系统是一套集测、报、控多功能于一体的智慧化管理平台，可以实现复杂多变场景下城市降雨、排水、内涝信息的自动监测、汇总、预警和控制，为高效排除内涝、救援撤离、绕行避险提供大数据测报信息支持和自动控制调度方案。

4 示范应用

环岭南路，作为柳州市柳东新区的交通要道，其桥下区域常因地势低洼和排水不畅，在暴雨期间遭受严重的内涝问题，严重影响交通和居民生活。经调查，该区域由于排水规划缺陷，竖向设计紊乱，在强降雨事件中，排水管网的排水能力不足，加之内河水位顶托等因素的共同作用，积水积聚，形成内涝。此外，由于缺乏有效的监测和预警系统，积水问题往往在发生后才被发现，应对时机的延误和风险损失的增加，急需进行排水系统升级改造。

本文针对环岭南路桥下易涝区域提出的改造方案如下：

（1）通过水力模型，模拟分析不同管径和积水深度下的过流能力。

（2）识别排水关键节点，在不翻建原有管道，不改变原有管道线路的情况下，改造雨水检查井，安装一体化管道泵抽排系统及电动蝶阀。

（3）安装电子液位计、远程控制柜，构建城市暴雨排涝测控系统，为排涝系统智能调度提供条件。易涝点改造及排水路径示意图如图 4 所示。

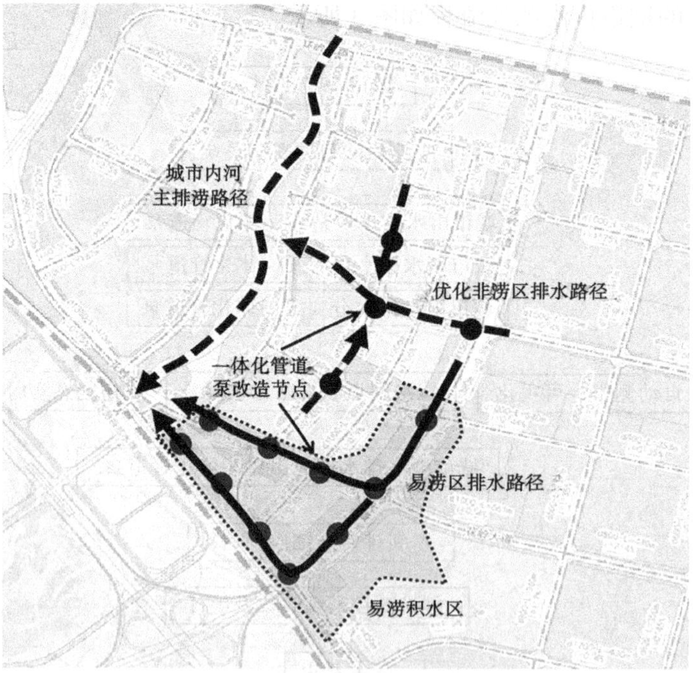

图 4　易涝点改造及排水路径示意图

在 2019 年 7 月 17 日和 2020 年 6 月 7 日的极端降雨事件中，智能排涝测控系统展现了快速的响应能力，成功识别并利用 2 条通道加速积水区排水，同时优化非涝区排水路径，减轻易涝区排水压力，实现涝水的有效传导和排除，缩短积水时间。自动化系统的运用降低了人力和维护成本，基于数字孪生技术的智能化管理提高了预警和响应速度。经测算，管理人员成本年均节省达 12 万元，工程维护费用年均节约 162 万元，汛期水情检测及防汛抢险费用年均降低 88 万元，展现了良好的经济社会效益。

5 结论和建议

本文针对城市暴雨内涝问题，提出基于数字孪生技术的城市内涝治理方案，通过一体化管道泵和城市暴雨排涝测控系统，在柳州市柳东新区的实践应用中，有效提升了城市防洪排涝效率，为低影响改造城市排涝体系提供了新的思路。然而，改造方案的普适性和推广性、实施成本和环境影响仍需要进一步的探讨和验证。建议在未来城市规划中，进一步强化防洪排涝系统的设计与优化工作，充分融合大数据与智能化技术在数据处理与决策支持方面的优势，充分整合市政管网与水利排涝资源，提升城市应对极端天气的风险防控能力，推动城市高质量发展。

参考文献

[1] 徐宗学，叶陈雷，廖如婷．城市洪涝灾害协同治理：研究进展与应用案例［J］．地球科学进展，2023，38（11）：1107-1120.

[2] 李东来，侯精明，申若竹，等．基于地块概化和路网精细模拟理念的城市雨洪过程分区自适应模型［J］．水科学进展，2023，34（2）：197-208.

[3] 黄华兵，王先伟，柳林．城市暴雨内涝综述：特征、机理、数据与方法［J］．地球科学进展，2021，40（6）：1048-1059.

[4] 付健，高小涛，乔明叶．极端天气灾害下城市防洪排涝整体解决方案探讨：以郑州市为例［J］．中国水利，2022（5）：39-42.

[5] 张庆霞．城市洪涝灾害治理的社会韧性研究［D］．兰州：兰州大学，2021.

以淮河流域蓄洪区工程为例浅析数字孪生水利工程建设

黄　举[1]　罗昱琛[2]

（1. 中水淮河规划设计研究有限公司，安徽合肥　230601；
2. 河海大学，江苏南京　210024）

摘　要：鉴于传统水利工程建设模式总体效率较低、协同决策困难等诸多问题，为推动我国水利新质生产力的发展，水利工程管理由传统手段向数字孪生方向转型已经成为一项迫切且必要的重要举措。随着国家和水利部对于数字孪生工作的大力推进，我国数字孪生水利工程建设已取得了阶段性的成效。本文简要分析了数字孪生概念、发展趋势及其在水利工程建设中的应用，并以淮河流域行蓄洪区建设工程数字管控的平台建设为例，阐述数字孪生在水利工程中的实际应用。

关键词：水利工程；数字孪生；智慧管控平台

1　引言

为了深入贯彻习近平总书记关于网络强国的重要思想，落实《数字中国建设整体布局规划》，推动水利工程建设高质量发展，水利部发布了《水利部印发〈关于推进水利工程建设数字孪生的指导意见〉的通知》（水建设〔2024〕93号），旨在通过引入BIM、GIS等先进数字技术，构建水利工程的数字孪生平台，实现工程信息的实时同步与智能管理。

鉴于传统水利管理模式总体效率较低、协同决策困难，实时感知、水信互联、过程跟踪、智能调度等物联网体系的生产管理形态支撑薄弱，难以满足人民群众日益增长的对优质水利服务的需求，这显著制约了水利行业服务经济社会发展与民生福祉的效能。因此，推动水利工程向数字孪生方向转型，从而促进水利新质生产力发展，成为一项迫切且必要的战略举措[1]。

2023年6月，水利部召开数字孪生水利建设会议，强调要积极推动数字孪生水利建设，以实现预报、预警、预演和应急机制功能，为水利决策管理提供前瞻性、科学性、精准性和安全性的支持。要对数字孪生流域、数字孪生水网和数字孪生工程进行顶层设计，最终形成数字孪生水利建设的框架体系。

2　数字孪生发展现状

2.1　数字孪生概念

数字孪生是以数字化方式创建物理实体的虚拟模型，借助数据模拟物理实体在现实环境中的行为，通过虚实交互反馈、数据融合分析、决策迭代优化等手段，为物理实体增加或扩展新的能力。作为一种充分利用模型、数据、智能并集成多学科的技术，数字孪生面向产品全生命周期过程，发挥连接物理世界和信息世界的桥梁和纽带作用，提供更加实时、高效、智能的服务[2]。

数字孪生应用于水利工程中，可更加细致地被定义为：将物理水利工程看作单元，依托实地勘测数据，采用数学模型，并以水利知识为驱动，对物理水利工程的所有元素及其全生命周期进行数字化

作者简介：黄举（1981—），男，高级工程师，主要从事水利工程建设和工程总承包研究工作。

映射、智能化模拟和前瞻性预测。它能够与实体工程同步运行并进行虚实交互和迭代优化，实现对物理水利工程的实时监测、问题发现及优化调度的新型施工方法。

2.2 数字孪生水利工程发展趋势

自2014年“智慧水利”理念提出以来，我国水利行业在建设管理方面面临不断增长的要求，施工人员不仅需要掌握传统的施工管理方法，而且亟需提升对数字孪生工程项目建设方法和技术的理解，在现代水利工程建设发展的背景下，数字孪生技术已经根据实际需求取得了阶段性的成果，但仍需根据未来发展方向和行业需求进行调整和优化。

在水利工程的实际应用中，应根据实际工程建设需要，充分结合新兴信息化技术，以扩大数字孪生的水利工程应用范围。这将增强水利工程建设“四预”制度的落实，明确水利项目的实际运行状态，从而实现水利管理的有效创新。在数字孪生技术推动现代水利工程建设管理的发展过程中，相关人员应统筹兼顾，结合质量、安全、进度及成本管理，以确保工程项目的稳定运行，减少风险，降本增效，推进新时代水利工程的建设。未来，抓住新时期的发展机遇，为数字孪生技术的应用提供更多支持，助力水利行业的快速发展[3]。

2.3 数字孪生在水利工程建设中的应用

数字孪生技术在水利工程建设中的应用主要可划分为4个方面，分别是规划设计阶段、建设施工阶段、运营维护阶段及各个阶段的决策支持和数据驱动。

（1）在水利工程的规划设计阶段，通常需要结合水文、地质、经济、人文等因素对不同设计方案进行比选。当前，数字孪生技术可以根据实际勘测数据提供更为精确的模拟仿真，优化水利工程性能，提高水利工程设计效率，降低水利工程投入成本，有效做到降本增效。

（2）在水利工程的建设施工阶段，数字孪生技术可以根据实际情况构建整个工程的虚拟模型，使整个工程以一种可视化的角度展现出来。通过构建数字孪生模型，预测施工过程中的潜在问题，从而优化施工流程，显著减少施工延误与成本超支。在安全管理层面，能够优化对于工程的平面管理，预先模拟施工环境，周密规划安全防范措施，进而显著降低施工过程中的潜在风险。

（3）在水利工程的运营维护阶段，数字孪生技术赋能水利工程，通过实时监测、预测性维护和灾害风险管理等应用，能够有效地预防因运营不当所造成的各种问题，同时降低维护成本，增加工程寿命。同时，依托工程前期或是以往类似工程数据分析比较提供强有力的决策支持，让管理者能更好地优化工程的运维策略。

（4）数字孪生技术整合实时数据、传感器反馈与虚拟模型，让管理者更全面地了解工程运行状态、性能及发展趋势，为决策提供强有力的保障。针对水利工程的可持续性而言，数字孪生技术作为一种强大的长期规划辅助工具，通过深度分析数据、模拟长期场景，科学评估工程的可持续性与长期性能。

3 实际案例应用分析

3.1 工程概况

安徽省淮河流域重要行蓄洪区建设工程是国家重点水利项目、38项进一步治淮项目之一。六安市裕安段项目主要建设内容是城东湖蓄洪区裕安区的固镇、佛庵、彭桥、陈圩4座保庄圩达标建设。工程主要建设内容包括：新建保庄圩堤防护坡5.75 km，加固堤防10.57 km，改建堤顶道路5.36 km，堤身两侧填塘1 241 m，修建上堤道路14条，重建泵站3座，新建、重建、接长涵（旱）闸35座。

3.2 项目重难点

项目涉及六安市裕安区固镇、佛庵、彭桥、陈圩4座保庄圩，总周长约15 612 m，工程区域跨度大、范围广、线路长。工程涉及建筑物多达38处，数量多、类型多，项目质量、安全及进度管理难度大。

项目管理强度大，调度频繁，现场验收等工作节奏快，难以实现现场施工分流水段同时进行，多协同管理难度大。

项目大部分施工区域位于保庄圩内，周边涉及农田、民房、道路等影响因素，施工现场狭窄，给现场平面管理带来了困难。

3.3 智慧管控平台主要功能

3.3.1 辅助设计优化

利用 BIM 技术，结合施工环境，快速、全面、直观地展示工程建设内容，从而对相关模型和施工工艺进行设计优化，提高工作效率，促进沟通，提升项目管理能力。本项目智慧管控平台辅助设计优化主要体现在以下方面：

（1）项目划分。利用智慧管理平台对项目进行划分，告别以往靠经验划分项目的方式方法，实现为项目管理和质量评定服务。通过 BIM 模型准确统计工程量，使项目划分更精确合理。根据项目划分，在施工管理过程中，将工作结构分解，出现问题分块解决，提高管理效率。同时，避免调用设备冲突、配置资源（包括建筑材料及人员等）不合理等情况，最大可能地实现流水作业过程，减少资源浪费与施工安全问题。

（2）建筑物模型（见图 1）。建立柴老庄排涝站、鱼塘三个涵、固镇北旱闸等建筑物立体化模型，建筑物模型可切换展示原地貌、建成效果，以及各阶段完成部位。同时，通过建立模型，对建筑物内部空间进行优化，为运维留取空间。此外，利用模型在施工前对混凝土浇筑、脚手架搭设等工序进行交底，实现数字化样板引路，让较为生动的图文、影音并茂的技术交底代替传统交底模式。

图 1 建筑物模型

3.3.2 施工管理

（1）施工平面管理（见图 2）。由于项目位于 4 座保庄圩内，现场施工条件受到限制，对施工过程中的场地规划要求更高。项目拟通过智慧管控平台辅助现场施工平面管理，通过对施工现场的各个重点区域实施科学严密的动态平面管理，实现生产生活区集约用地。

同时，项目料场平均运距 5.7 km，最长运距将近 8.6 km，通过智慧管控平台，对临时道路的需求进行模拟，并对比分析物料的运输距离，优化施工部署，从而达到最大限度地发挥场地价值的目的。

（2）安全教育与质量交底。通过建立模型、上传质量管理流程图、播放施工安全教育宣传视频（见图 3）等手段，事前对基坑开挖、混凝土浇筑、脚手架搭设、验收等工序进行交底（见图 4），实现数字化样板引路，让较为生动的图文、影音并茂的交底代替传统交底模式。

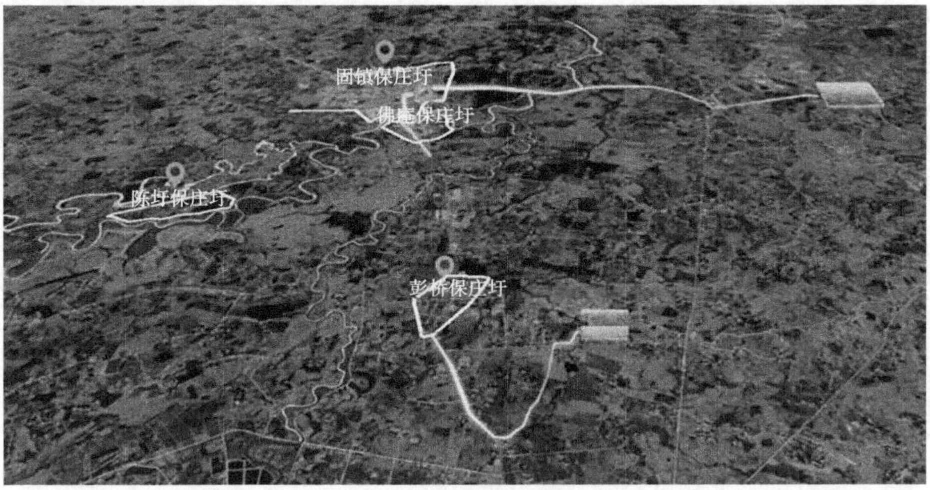

图 2　施工平面管理

图 3　施工安全教育宣传视频

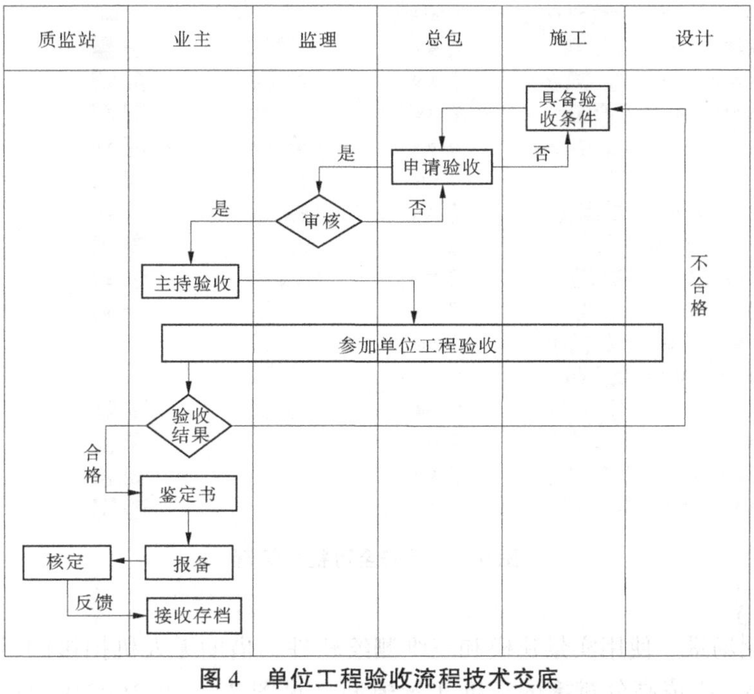

图 4　单位工程验收流程技术交底

3.3.3 现场管理

在施工过程中定期录入主要工程量、工程实际进度等信息并后台同步，进而实现进度计划与实际施工情况的对比统计。针对关键作业环节，设定了明确的滞后阈值，制订进度滞后的自动化警报机制。通过创新性地融合二维图表与数字信息模型，直观展示分析结果（见图 5），助力精准进度纠偏与工程量统计。此外，系统还能自动化编制进度报告，实现全方位的进度可视化管控。

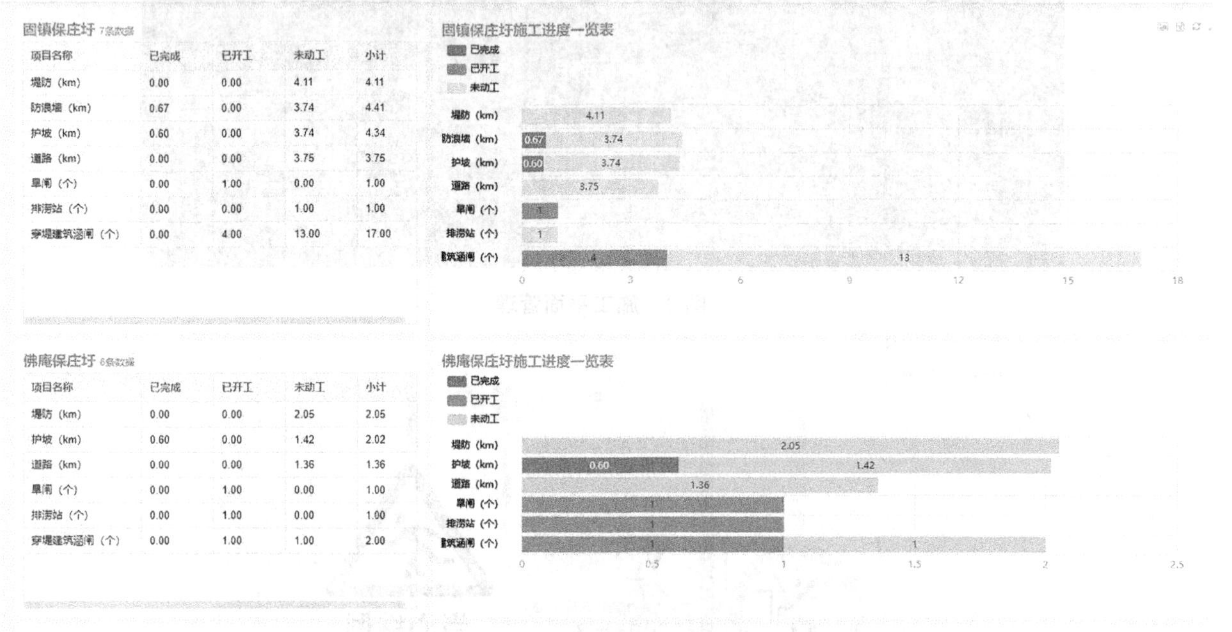
固镇保庄圩 7条数据

项目名称	已完成	已开工	未动工	小计
堤防（km）	0.00	0.00	4.11	4.11
防浪墙（km）	0.67	0.00	3.74	4.41
护坡（km）	0.60	0.00	3.74	4.34
道路（km）	0.00	0.00	3.75	3.75
旱闸（个）	0.00	1.00	0.00	1.00
排涝站（个）	0.00	0.00	1.00	1.00
穿堤建筑涵闸（个）	0.00	4.00	13.00	17.00

佛庵保庄圩 6条数据

项目名称	已完成	已开工	未动工	小计
堤防（km）	0.00	0.00	2.05	2.05
护坡（km）	0.60	0.00	1.42	2.02
道路（km）	0.00	0.00	1.36	1.36
旱闸（个）	0.00	1.00	0.00	1.00
排涝站（个）	0.00	1.00	0.00	1.00
穿堤建筑涵闸（个）	0.00	1.00	1.00	2.00

图 5　工程进度可视化管理

同时，在模型中建立相应视点，在相同部位拍下现场照片，通过与移动端应用集成，现场质量与安全人员拍摄的照片即时上传至系统指定区域，构建成 BIM 质量安全管理体系（见图 6）。项目管理者可借助多终端（移动端、网页端、客户端）随时掌握现场动态，提出整改指令。实施闭环管理，确保每项问题均得到有效解决，全面守护工程项目的安全与质量。

	问题	所属分部工程	责任人	状态	附件	最后修改人	创建人
6	柴老庄泵站施工区配电箱无配电线路图、检查记录表	佛庵保庄圩	李伟	已解决		李圣杰	李圣杰
7	鱼塘引水涵未明示重大危险源；鱼塘饮水涵警示标ip	固镇保庄圩	黄举	已解决		李圣杰	李圣杰
8	鱼塘临时用电二级柜和三级配电箱使用对应标识不洧	固镇保庄圩	黄举	已解决		李圣杰	李圣杰
9	二工区圆盘锯不符合要求。	佛庵保庄圩	李伟	已解决		李圣杰	李圣杰
10	脚手架作业层材料未清理。	佛庵保庄圩	李伟	已解决		李圣杰	李圣杰
11	启闭机平台多出临边及洞口未防护，且无警示标牌；	固镇保庄圩	黄举	已解决		李圣杰	李圣杰
12	佛庵南旱闸钢筋加工区电焊机直接从二级配电柜接电	佛庵保庄圩	李伟	已解决		李圣杰	李圣杰
13	柴老庄泵站施工现场交通桥材料堆放混乱，且交通桥	固镇保庄圩	黄举	已解决		李圣杰	李圣杰
14	柴老庄泵站施工现场进口段八字墙上口临边防护不到	固镇保庄圩	黄举	已解决		李圣杰	李圣杰
15	鱼塘涵启闭机房施工外架搭设不规范，，层间无腰杆	固镇保庄圩	黄举	已解决		李圣杰	李圣杰
16	黄大塘屋面施工脚手架缺少水平作业层缺少填芯杆和	固镇保庄圩	陈争取	已解决		陈争取	陈争取
17	黄大塘出口端预留洞口未做水平防护；	佛庵保庄圩	陈争取	已解决		陈争取	陈争取
18	固镇北旱闸脚手架作业层材料未清理；	固镇保庄圩	黄举	已解决		陈争取	陈争取
19	柴老庄泵站施工现场未进行重大危险源公示。	固镇保庄圩	黄举	已解决		陈争取	陈争取
20	佛庵旱闸钢筋场三级开关箱拆除未及时安装复原。	佛庵保庄圩	李伟	已解决		陈争取	陈争取

图 6　工程安全可视化管理

3.3.4 可视化管理

（1）构建数字化场景。使用实景建模和三维测绘软件，借助无人机拍摄的重叠影像和地面影像，辅以必要的激光扫描，生成高分辨率的三维实景模型（见图 7），可 2D/3D 切换展示。实景模型/格网信息按空间进行了分类，保庄圩中各个建筑物、堤防和其他要素与地表适用的 GIS 数据关联在一起，生成原始的工程级别实景模型，该模型具有足够的分辨率和可扩展性，可以放大某个区域并脱离网格直接执行工程工作。

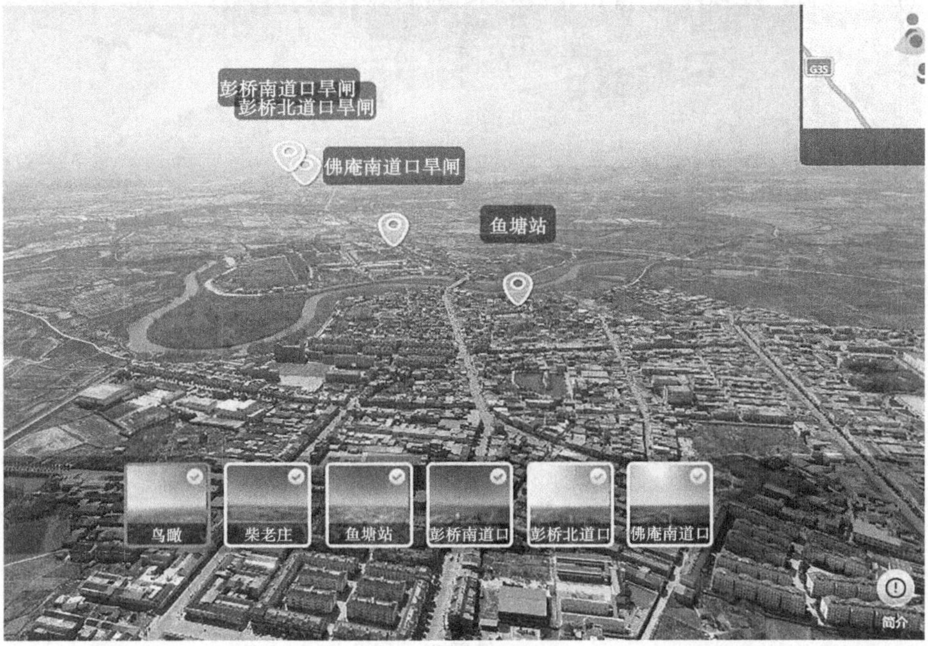

图 7　数字化场景

（2）视频中心（局部）。对项目各关键施工场地进行实时监控，智慧管控平台实现视频轮播，并可通过选择摄像头列表，切换视频画面，如图 8 所示。同时，显示在线摄像头总数和摄像头在线率，方便维修检查。

(a)

图 8　项目管理视频中心

(b)

续图 8

3.4 本工程智慧管控平台部分构想

3.4.1 智能碾压管理

堤防填筑压实机械上安装高精度卫星 GPS 定位模块、传感器、通信模块、显示模块、主控模块，项目管理人员通过智慧管控平台对土方碾压进行实时质量监测和控制，对于碾压过程中出现的质量波动，系统会自动显示在驾驶舱，给操作手进行智能碾压导航，可以让施工过程精准、快速地完成工程目标，避免和降低过压、漏压、返工等施工风险。

3.4.2 运输车辆管理

该模块展示各运料车辆的接料时间、下料时间、摊铺位置、车辆轨迹、行驶速度的检测信息。该模块一方面对运输车辆位置及工作状态进行监控，方便车辆后台调配，实现资源利用效率最大化，同时对运输车辆运输轨迹与运输时间进行记录，寻找最优运输路径；另一方面，对某单元土方工程运输车辆数量、运输趟数进行统计分析，估算已调配土方工程量。

4 结语

安徽省淮河流域重要行蓄洪区建设工程（六安市裕安段）中数字孪生建设所搭建的智慧管控平台，在一定程度上提高了工作效率，解决了传统管理模式中存在的诸多难题，数字孪生技术引进了新质生产力，带来了管理模式的创新和变革。未来，数字孪生技术在水利工程上的发展和应用将按照“需求牵引、应用至上、数字赋能、提升能力”总体要求，继续发展。

参考文献

[1] 王忠静，沈文欣，石羽佳，等. 数字孪生催动水利新质生产力与数字水利经济发展研究［J］. 中国水利，2024（15）：7-12.

[2] 陶飞，刘蔚然，刘检华，等．数字孪生及其应用探索［J］．计算机集成制造系统，2018，24（1）：1-18.
[3] 李蛟，邱梦晨．数字孪生技术在现代化水利工程中的应用［C］//河海大学，江苏省水利学会，浙江省水利学会，等．2024（第十二届）中国水利信息化技术论坛论文集，2024.

水利部无人机监测共享服务平台建设及应用研究

杨 燈[1] 熊龙海[2] 陈德清[1] 查晨峰[3] 唐俊杰[4]

（1. 水利部信息中心，北京 100053；
2. 珠江水利委员会珠江水利科学研究院，广东广州 510611；
3. 北京金水信息技术发展有限公司，北京 100053；
4. 北京北科博研科技有限公司，北京 100053）

摘 要：为支撑“天空地水工”一体化监测感知网构建，推动数字孪生水利建设，实施水利部无人机监测共享服务平台建设。平台基于 B/S 架构，利用测绘遥感数据建模、地理信息智慧分析和时空大数据管理等信息技术，开发了无人机任务规划与调度、数据处理、数据分析与三维展示、数据管理与服务等功能，实现了无人机资源数字调度、航摄数据高效集中处理、监测成果共享利用。通过标准化接口与国家防汛会商系统等水利业务系统无痕对接，实现成果业务化应用，在海河“23·7”流域性特大洪水及 2023—2024 年度黄河凌情防御工作中发挥了重要成效。

关键词：无人机；监测；水利应用；系统平台；数字孪生；数据共享

1 引言

数字孪生水利是发展水利新质生产力的关键路径[1]，布设“天空地水工”一体化监测感知网是数字孪生水利建设的重要内容。无人机作为空基监测平台，具有安全稳定、灵活性高、高精度、实时性、易操作等特点[2]，是“天空地水工”一体化监测重要组成之一。近年来，无人机在水利方面的应用愈发广泛，如洪水监测及风险评估、水资源调查和监测、河湖巡查和四乱监测、水利工程监测和管理、水生态保护和修复、水文监测和预报等[3]。各级水利部门的无人机种类多、数量大，据《2023 年度全国网信发展报告》不完全统计，全国水利系统约有 3 000 套无人机装备。多年来，积累形成了海量无人机监测数据资源，但数据主要分散在各地生产或管理单位，缺少数据汇交、统一存储管理共享平台，导致已有数据底数不清、使用效率不高、部分区域数据冗余等问题。为此，基于无人机技术、测绘遥感数据建模技术、时空大数据管理技术[4-5]、地理信息智慧分析技术[6] 及影像自动处理技术[7] 搭建水利部无人机监测共享服务平台（简称部无人机平台），实现无人机任务规划调度、数据归集、数据处理、数据管理、数据分析，并基于数据服务实现数据资源分级共享利用。

2 无人机平台设计

2.1 设计思路

在系统平台建设方面，按照“集中部署、分散应用；整合共享、应用至上”的原则设计并构建部无人机平台，主要集中部署在水利部本级，流域管理机构和地方水行政主管部门，可通过水利网或互联网进行访问、分散利用，支撑各级水利部门开展业务应用。同时，部无人机平台以整合调度水利

基金项目：国家重点研发计划项目（2021YFB3900605、2022YFC3002901）；珠科院科技创新自立项目（〔2023〕YF005）。

作者简介：杨燈（1995—），男，工程师，主要从事无人机遥感、数字孪生水利研究工作。

通信作者：陈德清（1971—），男，正高级工程师，主要从事水利遥感、水利信息化研究工作。

行业内无人机资源、归集监测数据为第一要务，支撑统一调度、数据重复使用，避免数据浪费，充分发挥数据价值；以分享无人机监测数据处理硬件资源、共性处理算法和基础智慧分析能力为第二要务，用有限的资源为整个水利行业无人机应用能力提升托底，支撑各级数字孪生水利建设与发展。此外，部无人机平台向下对接流域管理机构和地方水行政主管部门已建无人机应用系统，向上对接国家防汛会商系统等水利业务系统，牢牢把握“应用至上”基本准则，从数据共享利用和监测成果业务化应用两个角度双向发力。

在业务逻辑设计方面，在汇集的无人机设备信息基础上，各级用户利用部无人机平台进行无人机航飞任务的规划设计，任务执行部门依据航飞任务开展数据采集工作，航摄完成后通过数据处理系统进行视频剪辑、全景影像生成、数字正射影像图（DOM）生产等数据处理，并进一步在线开展数据分析、统计、成果管理、一张图展示，最后通过数据发布、共享服务支撑水利业务系统利用无人机监测数据成果开展业务应用。从水利业务需求出发，到水利业务系统接入无人机监测数据服务，实现全流程、业务化应用。

2.2 平台框架

从科学、实用和前瞻的角度出发，充分考虑架构的健壮性、可扩展性、可互操作性、稳定性、可移植性和安全性等因素，将平台总体逻辑架构分为基础设施层、数据资源层、应用支撑层、业务应用层、用户层等5个层级，同时信息安全体系、标准规范体系贯穿整体系统，具体框架如图1所示。

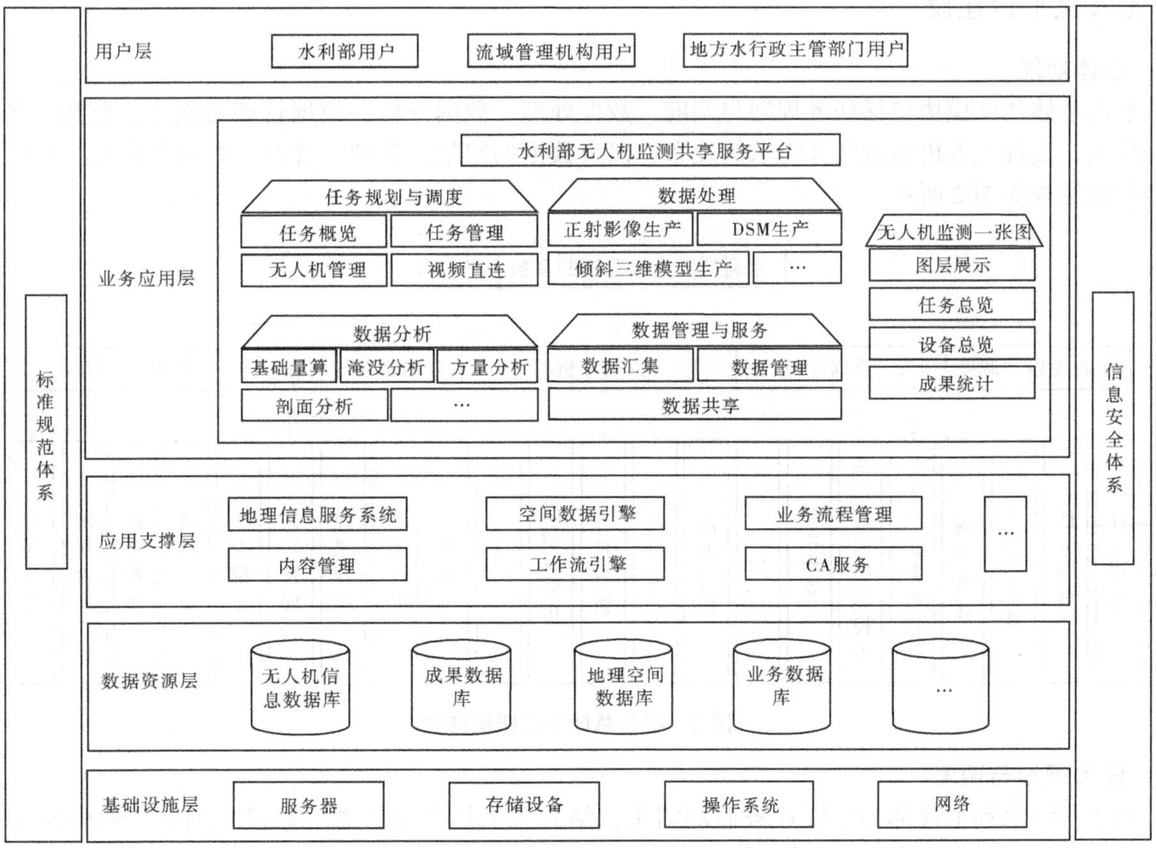

图1 平台总体架构

各层级主要内容和作用如下：

（1）基础设施层。主要涉及服务器、存储设备、操作系统、网络等基础环境的搭建，为平台提供运行环境和基础设施支持。

（2）数据资源层。主要包括无人机信息数据库、成果数据库、地理空间数据库、业务数据库等，为平台提供数据存储、访问、管理、共享交换等。

（3）应用支撑层。主要由各类支撑软件组成，包括地理信息服务系统、空间数据引擎、业务流程管理、CA 服务、工作流引擎、内容管理等，通过搭建统一的技术架构和运行环境，为平台提供通用应用保障和集成保障。

（4）业务应用层。负责实现无人机任务规划与调度、数据处理、数据分析、数据管理与服务，以及一张图功能和业务逻辑，支撑水旱灾害防御、河湖管理等业务应用。

（5）用户层。通过门户首页等信息页面建设，实现统一应用集成平台和信息门户服务，主要用户包括水利部、流域管理机构、地方水行政主管部门等，为用户提供系统的交互界面和功能。

2.3 技术架构

平台基于 J2EE[8-9] 技术的多层架构，整合了 HTML、JavaScript、Vue、Spring、SpringBoot、Python、Docker 等技术，实现了 B/S 结构的开发。通过采用组件化开发模式保证系统的可伸缩性、可扩展和开放性，实现不同服务及各业务间的兼容互通。遵循主流接口规程和协议标准，保障系统扩充升级及与上下级系统的互联。

平台设计和实现采用面向服务的架构（SOA）[10]，将业务应用划分为独立服务，并根据服务接口按照预先定义顺序调用，充分保证平台功能实现的灵活性和可扩展性。同时，SOA 体系下的 Web 服务能够支撑服务间的通信需求，数据服务满足各系统间的数据访问需求。

3 无人机平台建设

3.1 总体功能

平台总体功能模块包括任务规划与调度、数据处理、数据分析、数据管理与服务、监测一张图 5 个子模块，实现无人机监测任务需求的发布，以及数据的归集、处理、管理、展示和共享。平台总体功能模块结构如图 2 所示。

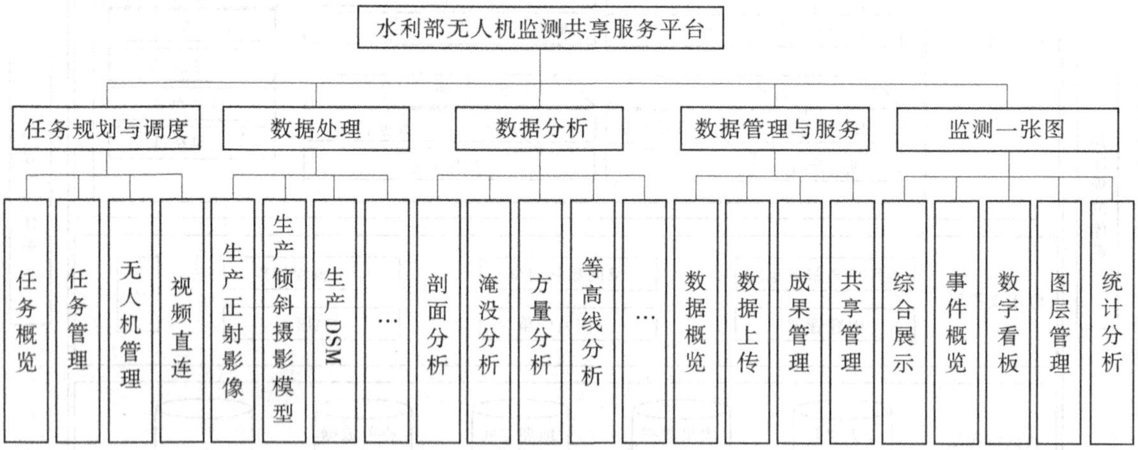

图 2 平台总体功能模块结构

3.2 任务规划与调度

基于各级水利主管部门实际业务监测需求，结合无人机存放位置、数量、类型、载荷等基本信息，对无人机飞行任务进行规划与调度，统一管理任务数据，查看任务整体进程。用户可单个填报或批量导入无人机基本信息，平台通过接口与流域管理机构、地方水行政主管部门无人机应用系统互联互通，可实现无人机基本信息的定期更新。在获取无人机基本信息的基础上，用户可在线填写任务名称、任务状态、任务目的、任务地点、紧急程度、预计时间等任务相关信息，提交任务至任务审核单位，审核通过后任务发布至执行单位，执行单位按照任务要求开展飞行任务。

3.3 数据处理

支持对无人机采集的原始影像数据进行处理，生产 DOM、倾斜摄影模型、数字表面模型（DSM）等空间数据，具备视频剪辑、图像处理等功能。可自适应常规各种载荷与数据格式的无人机影像，快速实现三维建模和纹理映射。处理后的数据可成为数字孪生水利数据底板的重要组成部分。

3.4 数据分析

支持对处理后的无人机数据进行空间分析，包括基础量算、淹没分析、专业计算及倾斜摄影模型场景应用等。基础量算包括空间量测与计算。淹没分析基于地形、DEM 等数据，根据指定的最大高程值、最小高程值及淹没速度，动态模拟某区域水位由最小高程涨到最大高程的淹没过程，可为防洪救灾提供数据支撑。专业计算支持目标区域挖、填方计算、等高线计算等。倾斜摄影模型场景应用支持在三维地图中进行数据展示、剖面分析、等高线分析等。

3.5 数据管理与服务

数据管理与服务主要包括数据概览、数据上传、成果管理、共享管理等。数据概览支持基于空间位置的数据查看和管理。数据上传主要是通过 Web 网页或接口对接两种方式归集无人机监测数据成果，包括航摄图像、视频、DOM、倾斜摄影模型、DSM、720 全景影像、矢量数据等文件。成果管理支持数据的增删改查。共享管理支持对流域管理机构共享的数据进行管理以及为多平台多系统提供数据共享服务。通过构建分布式时空数据库实现多源影像数据、成果数据、其他关联数据统一仓储，存储和管理能力达到 TB 级，数据库容量可水平化扩充。支持对接流域管理机构无人机应用系统，接收推送的数据，并根据不同的数据类型和数据产品加工层级分块分类存储到时空数据库。

3.6 一张图

监测一张图是部无人机平台展示窗口，界面如图 3 所示，主要包括综合展示、数字看板、事件概览、图层管理、统计分析等功能。支持任务点、无人机存放位置、成果数据及其他基础地理数据的空间可视化融合展示，以及无人机监测执行中通过 RTMP 等流媒体推流方式接入无人机实时航摄数据。

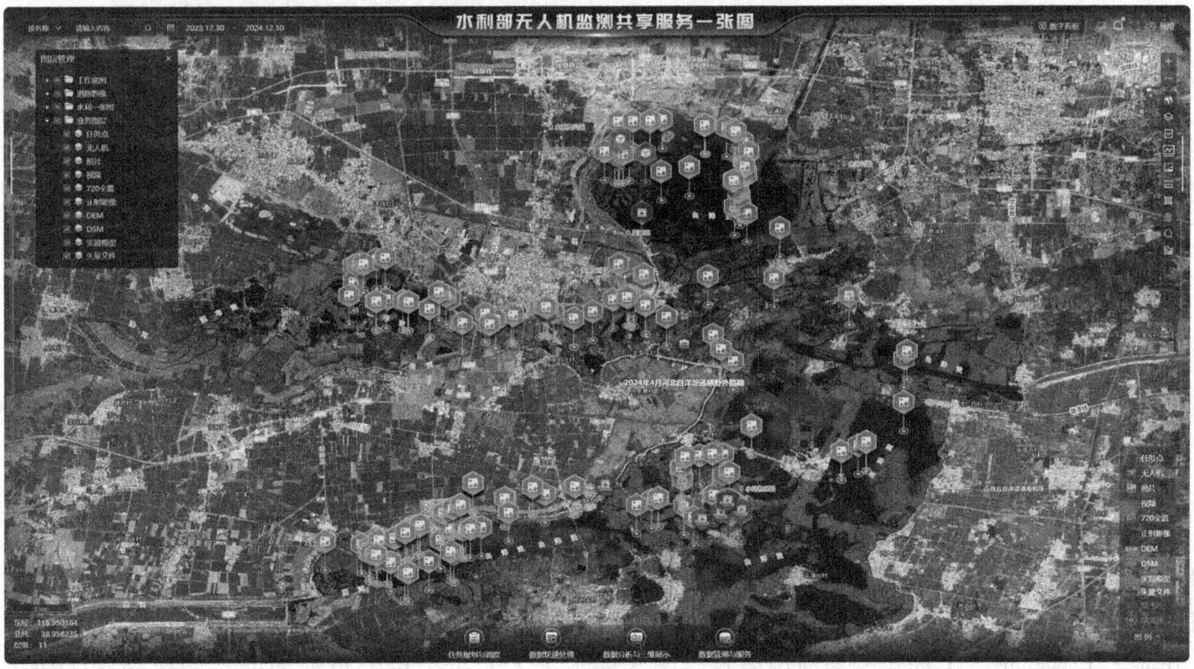

图 3 无人机平台监测一张图界面

3.7 平台集成与对接

部无人机平台基于水利部应用支撑平台，实现统一身份认证、统一用户管理、统一权限管理等。部无人机平台通过任务和数据双向接口，与流域管理机构或地方水行政主管部门无人机应用系统信息互联互通，接收无人机监测原始数据或成果数据；通过数据服务接口与国家防汛会商系统等水利业务系统无缝衔接，展示监测成果和分析数据，支撑业务应用。

4 无人机平台应用

4.1 洪水应急监测

在海河“23·7”流域性特大洪水防御中，基于部无人机平台及时汇集了全景影像、DOM、激光点云模型等 129 个约 81 GB 的无人机航摄数据，快速处理后及时为国家防汛会商系统提供数据服务，见图 4。对白沟河东茨村左堤、滩里干渠等工程险情，东淀蓄滞洪区、永定河泛区等蓄滞洪区洪水动态，以及涿州市区等重点淹没区情况开展了精细化监测，为有关决策机构及时了解洪水现场情况和洪水演进校准提供了基础数据支撑，发挥了重要成效。

图 4 会商系统业务化应用无人机监测数据

4.2 凌情应急监测

2023—2024 年度联合有关水利单位开展凌情监测，归集无人机监测图像、视频等数据资源，掌握黄河宁蒙河段、黄河中下游河段凌情发展动态。对处于封河期、开河期的黄河中上游（重点宁蒙河段）、黄河下游开展了精细、动态、长时相无人机监测，有效掌握堆冰卡冰、清沟、分段封河、分段开河、上滩险情、工程险情等现场信息，图 5 展示了无人机拍摄的黄河河曲县城段（距天桥大坝 53 km）流凌情况。在现场开展了凌情动态监测无人机视频直播作业，将凌情现场在国家防汛会商系统中实时展示，有效支撑了黄河凌情防御工作。

图 5　黄河河曲县城段（距天桥大坝 53 km）流凌情况（拍摄于 2023 年 12 月 22 日 10 时）

5　结语

水利部无人机监测共享服务平台具备无人机任务规划与调度、数据处理、数据分析、数据管理与服务功能，同时汇聚无人机监测一张图功能，支持无人机监测任务需求的发布，以及数据汇集、处理、管理、展示、应用和共享。向下对接流域管理机构、地方水行政主管部门无人机应用系统，向上对接国家防汛会商系统等水利业务系统，实现了水利行业无人机统一调度、数据高效利用、监测成果分级分类共享利用，提高了信息资源利用率，降低了管理成本，提升了水利管理工作效率。系统建成后在海河“23·7”流域性特大洪水防御、2023—2024 年度黄河凌情监测等工作中发挥了实际成效。下一步将从无人机机场（机巢）远程操控、大面积空间数据快速建模、水利业务信息智能分析与深度挖掘等方面持续优化部无人机平台，并进一步扩展无人机水利应用的深度和广度，推广应用到更多水利业务领域，更好地培育水利新质生产力，推进数字孪生水利建设和水利高质量发展。

参考文献

[1] 钱峰，夏润亮．数字孪生水利赋能水利新质生产力发展框架研究［J］．中国水利，2024（8）：6-10，5.

[2] 张明．基于无人机技术的下坂地水库智能巡检方案分析［J］．水利技术监督，2024（6）：250-253.

[3] 罗清虎，宋明琦．无人机低空遥感技术在水文监测中的应用［J］．中国金属通报，2021（10）：221-222.

[4] 张立．大数据环境下地理空间数据交换中心的升级与改造［J］．深圳职业技术学院学报，2022，21（5）：9-15.

[5] 王国杰，于建涛，王立平，等．地理时空大数据算法平台的研究［J］．工业控制计算机，2023，36（6）：113-114，117.

[6] 李凤，冯金．试析 GIS 技术在水文水资源中的应用［C］//中国智慧城市经济专家委员会．2023 智慧城市建设论坛广州分论坛论文集，2023.

[7] 程俊涛．无人机遥感影像数据管理与可视化系统的设计与实现［D］．石河子：石河子大学，2023.

[8] 赵允．基于 J2EE 的网络信息安全监测系统设计与实现研究［J］．数码世界，2018（8）：187.

[9] 凌育赵，凌蔚鹏，吴晓天，等．基于 J2EE 的基础化学网络虚拟实验系统设计与实现［J］．科技与创新，2020（7）：26-28.

[10] 何建治，赵拥晨．基于 SOA 的网站运维管控平台设计［J］．信息系统工程，2022（6）：125-127，132.

重庆市山洪灾害风险预警指标分析与应用

张乾柱[1]　卢　阳[1]　谢　谦[2]　杨　卓[2]　胡　月[1]　贯一凡[1]

（1. 长江水利委员会长江科学院重庆分院，重庆　400026；
2. 重庆市水旱灾害防御中心，重庆　401147）

摘　要：山洪灾害风险预警指标分析是山洪灾害管理与防范工作的基础。本文以不同重现期（2 年、5 年、20 年、50 年）下的 6 h 设计暴雨作为山洪灾害风险预警的阈值基准。综合考虑地形平均坡度作为危险性指标、公里网格内的人口数量作为承险体，以及网格化监测站点作为易损性指标，通过层次叠加分析对预警阈值基准进行修正。修正后的山洪灾害风险预警阈值与动态土壤含水量相叠加，实现了山洪灾害风险的动态预警。以重庆市 2023 年“7・4”暴雨过程为案例进行应用验证，结果表明，风险区域与降雨集中区域基本一致，验证了预警指标的合理性。

关键词：山洪灾害；风险指标；动态预警；重庆市

1　引言

山洪灾害一般指由山区降雨引发的小流域洪灾及其诱发的泥石流、滑坡等次生灾害[1-2]，具有突发性强、危害性大、预警困难等特点[3-4]，同时造成财产损失大、基础设施破坏严重等后果[5]。我国山洪灾害范围较大，涉及 30 个省 305 个市和 2 138 个县级单位[6]，为摸清山洪灾害基本情况，分批次、有计划地进行了山洪灾害防治项目建设，先后经历了 2010—2012 年县级非工程措施项目、2013—2015 年山洪灾害防治项目及 2016—2020 年山洪灾害防治补充建设阶段[7-8]。根据《全国山洪灾害防治项目实施方案（2021—2023 年）》要求，当前防治工作重点为建立山洪灾害动态预警体系，提高灾害预警精准度，延长预见期，扩大预警覆盖面[9]。叶金印等基于信息扩散技术建立气象风险等级与流域前期土壤含水量饱和度、不同时间尺度降雨量的气象风险预警组合指标[10]。徐辉等提供了一种基于潜在风险指数（FFPI）的山洪灾害风险预警技术，并在此基础上建立了全国 5 km 的格点化山洪致灾临界雨量，实现了山洪灾害风险预报[11]。涂勇等对山洪灾害风险影响因子进行了分析，建立了山洪灾害风险预警指标计算模型，并对不同土壤含水量条件下多时段不同风险等级的预警指标进行了修正[12]。研究表明，实测雨量（水位、流量）预警、洪水预报预警、山洪灾害气象风险警报是目前三种有效的山洪灾害预警方式[13]，其中，实测雨量（水位、流量）预警应用广泛但预见期短且精度不高，洪水预报预警预见期长但模型参数确定困难[12]。根据《山洪灾害动态预警指标分析技术要求（试行）》技术路线，山洪灾害气象风险预警是动态预警的核心内容，具体指以气象预报降雨为预警信息源，结合土壤含水量情况，建立山洪灾害预警等级，开展山洪灾害动态预警提示[14]。结合上述动态预警技术思路，在创建山洪灾害风险指标体系基础上，考虑土壤含水量状况，以重庆市为例，提出了一种山洪灾害的风险预警方法，为重庆市山洪灾害风险预报、预警、转移决策和社会化服务提供科技支撑。

基金项目：国家自然科学基金青年科学基金项目（42407108）；武汉市 2022 年度知识创新专项–曙光计划项目（2022020801020245）；国家重点研发计划项目（2021YFE0111900）；中央级公益性科研院所基本科研业务费（CKSF2021744/TB）。

作者简介：张乾柱（1989—），男，高级工程师，主要从事全球环境变化、灾害防治与流域物质循环方面的工作。

2 研究区概况及数据来源

2.1 研究区概况

重庆市处于青藏高原与长江中下游平原的过渡地带，受高空西风环流，印度洋、太平洋季风控制，降水量年际变化和地区差异大，如图1所示。境内75%的降水量主要集中在5—10月，空间上总体呈现“东多西少，南多北少”。地貌类型多以山地（75.8%）和丘陵（15.2%）为主，区域内中生界侏罗系与白垩系红色泥岩、砂岩、泥质（砂）砾岩软硬相间，河流切割构造发育，山地灾害多发。根据《全国山洪灾害防治规划》，重庆市8.24万km^2均属于山洪灾害防治区，重点防治区所占比例高达40%。根据山洪灾害调查，重庆市范围内发生有记录的山洪灾害831次，共造成75人失踪，房屋损坏483 914间，直接经济损失215亿元[15]，是全国12个重点山洪灾害防御试点省（市）之一。

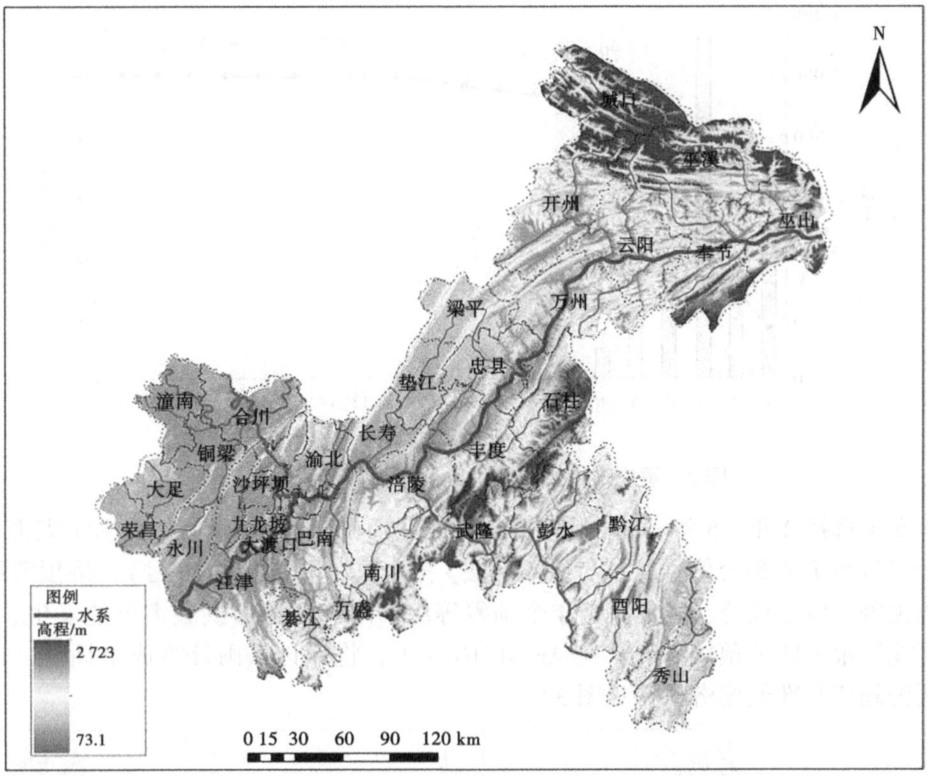

图1 重庆市水系及地势概况图

2.2 数据来源

重庆市山洪灾害危险区2年、5年、20年、50年、100年等重现期下10 min、1 h、6 h及24 h设计暴雨指标与自动监测站点来源于山洪灾害调查评价数据。坡度数据来源于国家地理数据中心平台获取重庆高程数据（30 m×30 m）后，经ArcGIS10.0处理得到。重庆市公里格网人口数据来源Land Scan人口数据集。重庆市动态土壤含水量数据和2023年7月3日20:00至7月4日20:00内1 h降雨量来源于重庆市气象局。

3 山洪灾害风险预警方法分析

山洪灾害风险预警指标总体技术路径如下：

（1）以2年、5年、20年、50年等不同重现期的6 h设计暴雨（1 km网格单元）作为山洪灾害风险预警阈值基准。

（2）通过主成分分析确定山洪灾害风险因子及其权重，计算山洪灾害风险评价指标。

（3）综合网格化的山洪灾害风险预警阈值基准、山洪灾害风险评价指标及实时土壤含水量，得到网格化的预警雨量指标。

3.1 风险预警阈值基准值

在 2013—2019 年重庆市山洪灾害调查评价中，分别计算了山洪灾害危险区 2 年、5 年、20 年、50 年、100 年等重现期下 10 min、1 h、6 h 及 24 h 设计暴雨[7]。在此基础之上，结合国内已有其他省市山洪灾害风险预警成果[10]，按照“底线思维”原则，选择 2 年、5 年、20 年、50 年四种重现期作为风险预警阈值参考标准。对于预警时段的选择，应综合考虑以下情况：预警时段越短，危险区转移预留时间越少，而预警时段越长，气象降雨预报精度越低，影响风险预警结果的可靠性。重庆市现有山洪灾害危险区所在小流域汇流时间统计情况显示（见图 2），约 90%危险区小流域汇流时间为 6 h 以下。因此，本文山洪灾害风险预警阈值基准值选取 6 h 设计暴雨值。

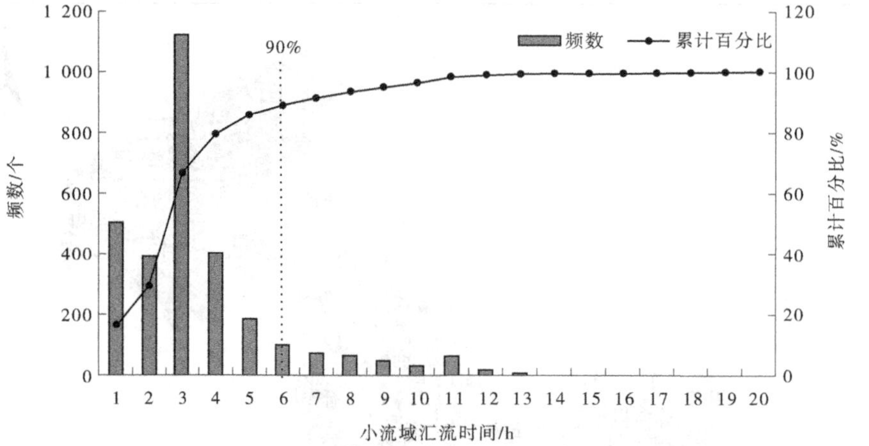

图 2 重庆市山洪灾害危险区小流域汇流时间统计

综上，本文拟选择 2 年、5 年、20 年、50 年重现期下 6 h 设计暴雨值作为山洪灾害风险预警阈值基准值，结合《气象灾害预警信号发布与传播办法》（中国气象局令第 16 号），将预警级别划分为蓝色预警、黄色预警、橙色预警、红色预警 4 个预警等级，用来描述山洪灾害可能发生、可能性较大、可能性大、可能性很大四类预警情况。在 ArcGIS10.3 中，将设计暴雨计算成果插值，得到重庆市山洪灾害风险预警阈值基准值栅格图（见图 3）。

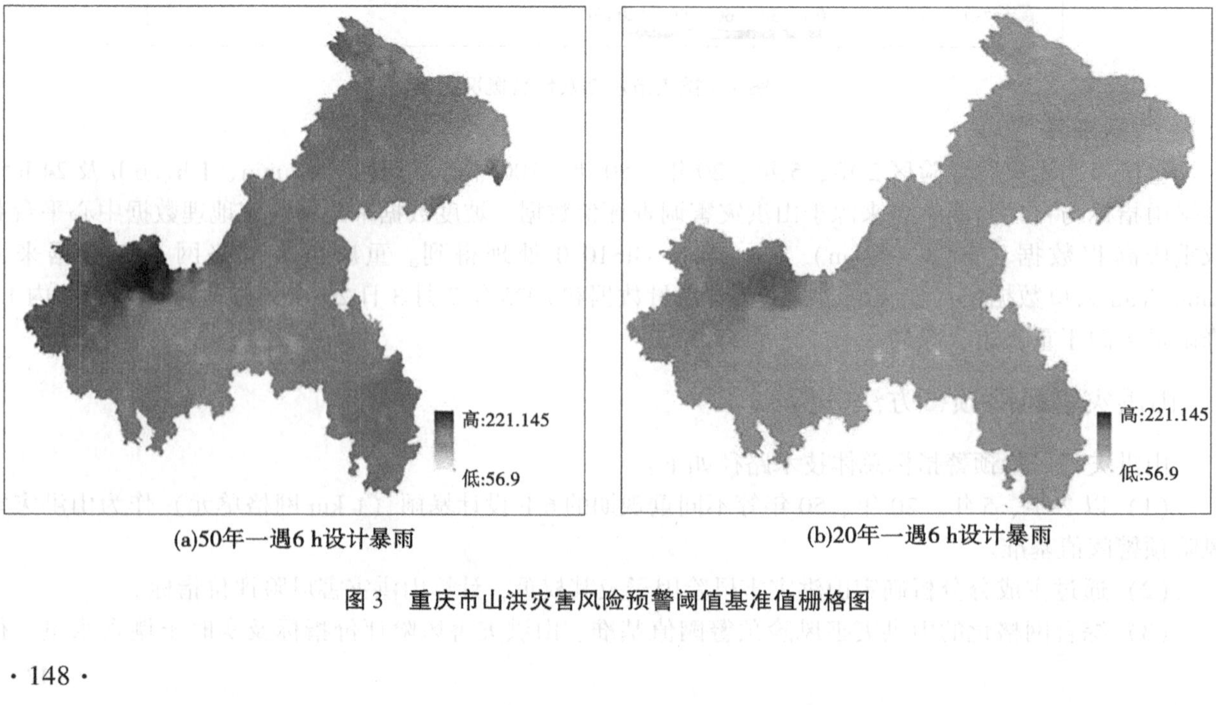

(a)50年一遇6 h设计暴雨　　(b)20年一遇6 h设计暴雨

图 3 重庆市山洪灾害风险预警阈值基准值栅格图

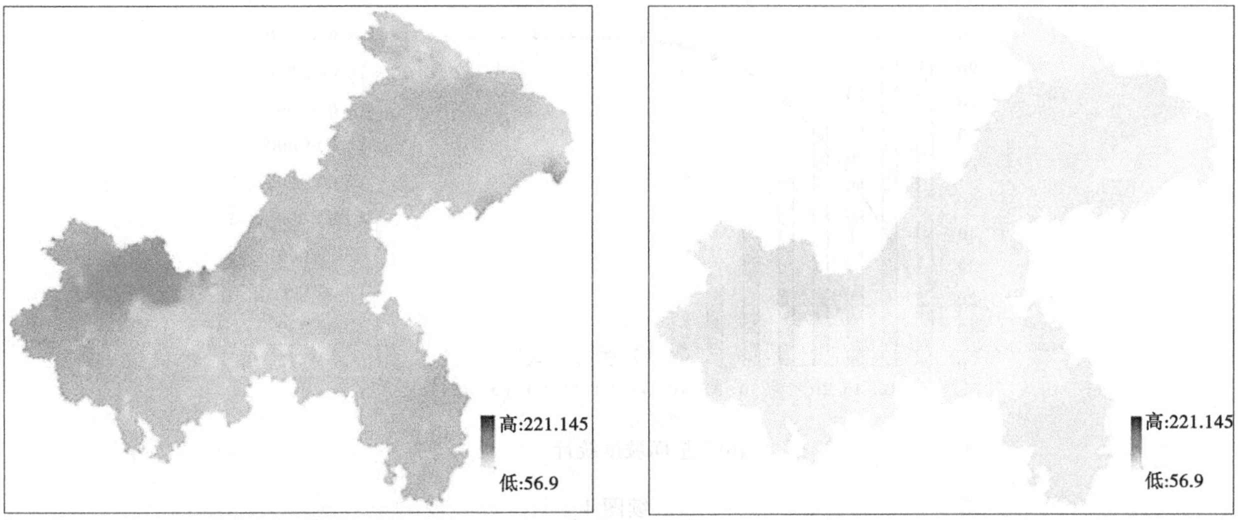

(c)5年一遇6 h设计暴雨　　(d)2年一遇6 h设计暴雨

续图 3

3.2　风险预警指标分析

根据已有山洪灾害风险评价成果，山洪灾害风险性由危险性、承载体和易损性三要素构成[16-17]，风险预警指标应在考虑预警阈值基础上，根据权重系数对其进行参数修正。

(1) 危险性指标分析。危险性体现自然属性，评价指标体系通常包括降雨和下垫面要素两大类[17]。由于风险预警阈值基准值已经考虑了降雨指标，因此本文危险性指标主要考虑下垫面要素。其中，地形坡度是下垫面要素的主控因子，也是影响产汇流的重要因素。因此，本文采用地形平均坡度作为危险性指标主要考虑因子。根据重庆市范围内下垫面坡度统计情况（见图4），其中近90%区域坡度在30°以下。因此，针对30°以下区域，按照等间距分割法，将坡度划分为平均坡度≤5°、5°<平均坡度≤10°、10°<平均坡度≤15°、15°<平均坡度≤20°、20°<平均坡度≤30°。考虑到降雨是影响山洪灾害发生的主控因子，地形坡度对其权重修正不低于0.9。一般情况，下垫面坡度越大，小流域汇流时间越短，越易形成溪河洪水，因此在坡度大的区域应适当下调预警阈值，按照影响权重等间距降低原则，不同坡度区间设置及权重系数见表1。

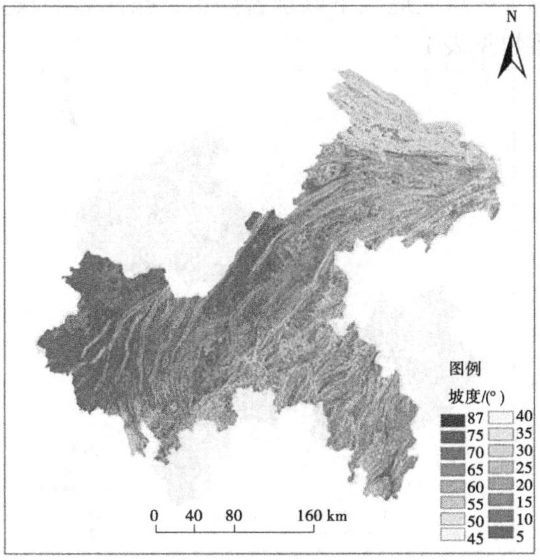

(a)下垫面坡度分布

图 4　重庆市范围内下垫面坡度分布及统计情况

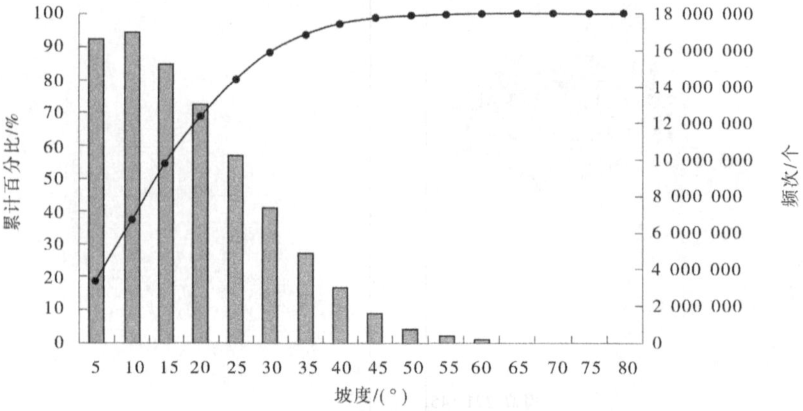

(b)下垫面坡度统计

续图 4

表 1　风险指标因子及权重系数

坡度		公里格网人数		网格监测	
划分/(°)	权重系数	划分	权重系数	站点密度/km^2	权重系数
≤5	1.00	人数≤15	1.00	站点密度≤1	1.00
5<坡度≤10	0.98	15<人数≤40	0.98	1<站点密度≤2	0.98
10<坡度≤15	0.96	40<人数≤100	0.96	2<站点密度≤3	0.96
15<坡度≤20	0.94	100<人数≤180	0.94	3<站点密度≤4	0.94
20<坡度≤30	0.92	180<人数≤500	0.92	4<站点密度≤5	0.92
坡度>30	0.90	人数>500	0.90	站点密度>5	0.90

（2）承险体指标分析。承险体反映了风险区域社会属性，按照“人民至上、生命至上”的山洪灾害防治理念，重点考虑灾害对人员的影响[18]。因此，承险体以公里格网人口数量来体现。根据重庆市公里格网人口数量统计情况，90%以上人数在 500 人以下（见图 5）。据此，针对公里格网人口 500 人以下区域，按照累计百分比等间距划分为 15 人以下、15~40 人、40~100 人、100~180 人、180~500 人等区间。在人数越多区域应适当下调预警阈值，按照影响权重等间距降低原则，不同公里格网人口区间设置以及权重系数见表 1。

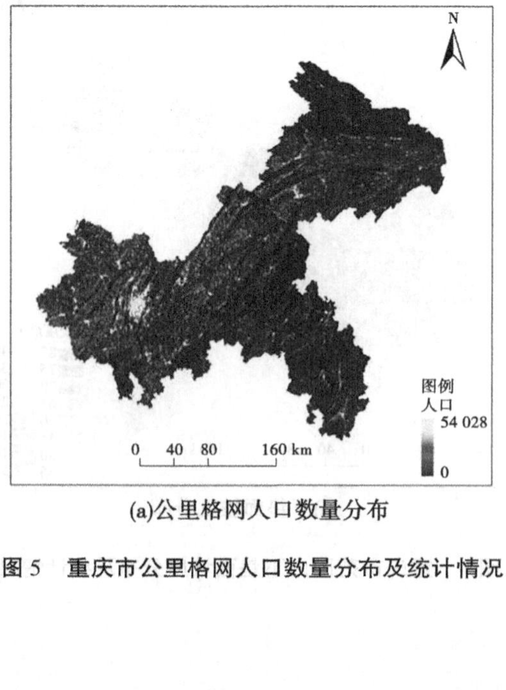

(a)公里格网人口数量分布

图 5　重庆市公里格网人口数量分布及统计情况

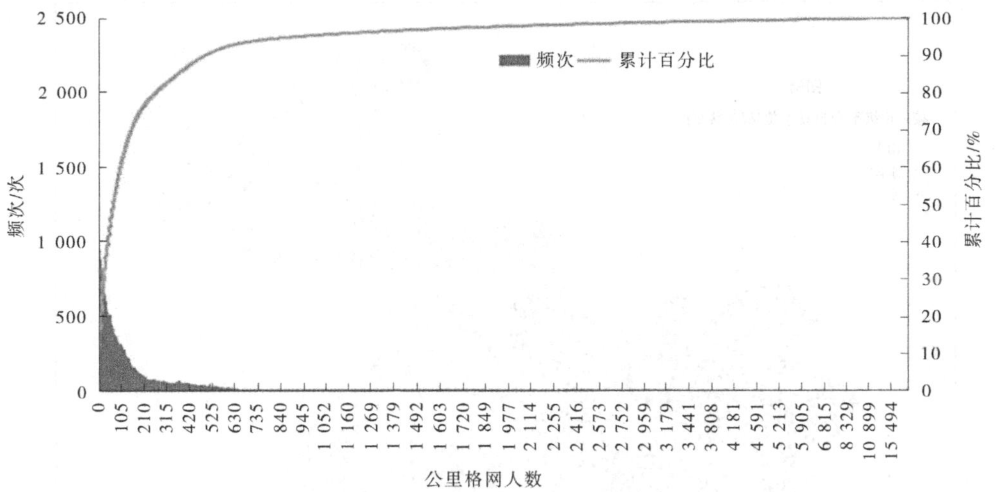

(b)公里格网人口数量统计

续图 5

（3）易损性指标分析。易损性主要反映风险区山洪灾害防御能力，在山洪灾害防御中，末端监测站点在预警预报中发挥重要作用。因此，本文选择市级山洪灾害监测预警平台中接入的自动水位站和自动雨量站网格化数量，作为反映区域山洪灾害抗灾能力的指标。根据现有资料统计，重庆市山洪灾害监测预警平台中共接入了 7 273 个自动监测站点，其中自动水位站 5 715 个、自动雨量站 1 558 个（见图 6）。利用公里化网格统计监测站数量，网格内监测站点密度为 0~6 km^2。据此，将其划分为网格监测站点密度≤1 km^2、1 km^2<网格监测站点密度≤2 km^2、2 km^2<网格监测站点密度≤3 km^2、3 km^2<网格监测站点密度≤4 km^2、4 km^2<网格监测站点密度≤5 km^2 及网格监测站点密度>5 km^2，并根据防御能力逐渐降低，设置相应权重系数（见表 1）。

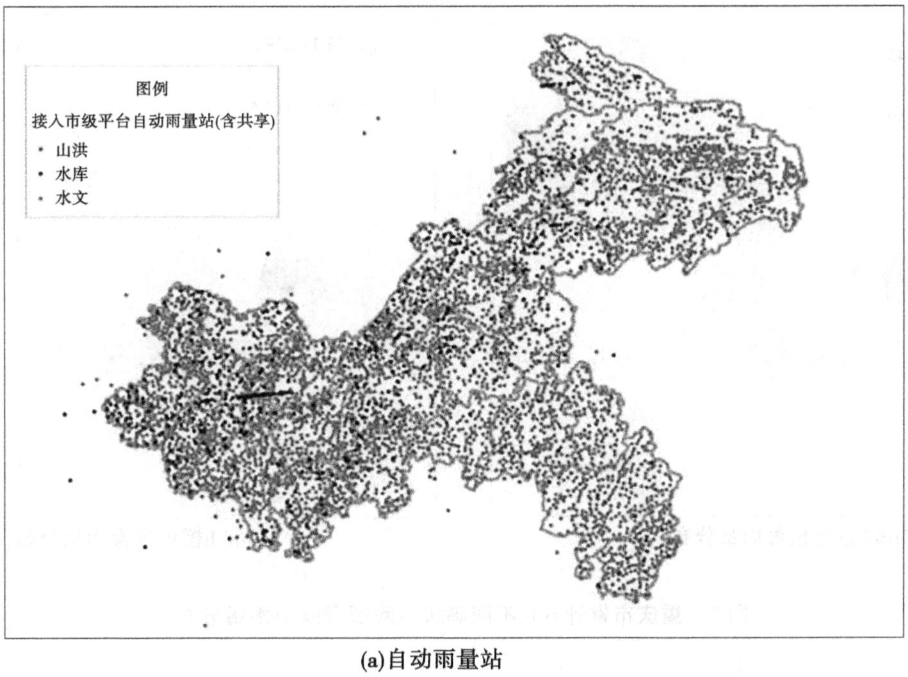

(a)自动雨量站

图 6　重庆市山洪灾害监测预警平台接入自动雨量站与自动水位站分布

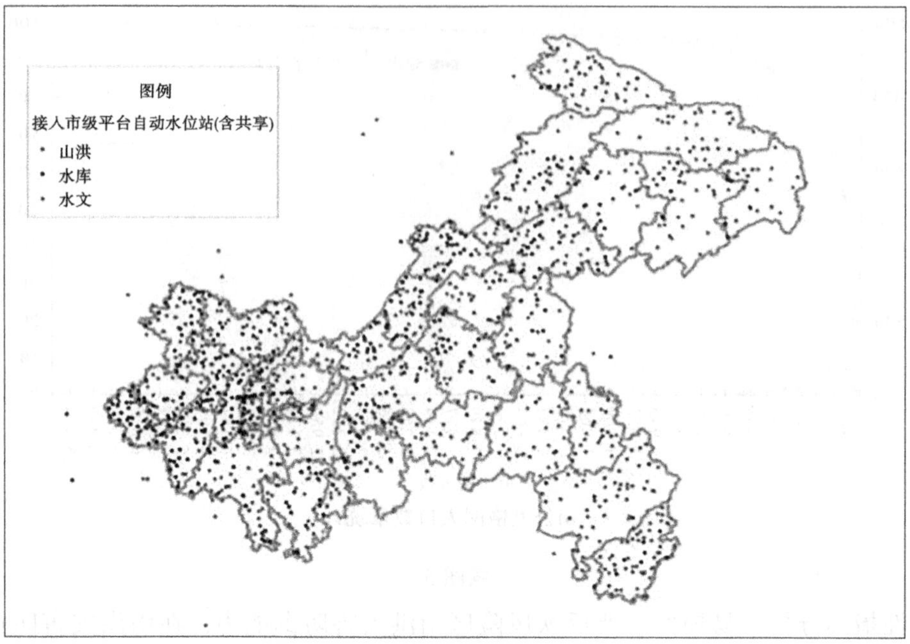

(b)自动水位站

续图 6

在 ArcGIS10.3 中，综合叠加危险性、承载体和易损性三要素图层，并根据权重系数综合分析得到重庆市山洪灾害风险预警阈值修正系数。在风险预警阈值基础上，考虑风险指标体系，利用上述修正系数对风险预警阈值进行修正处理，得到调整之后累计 6 h 红色预警、橙色预警、黄色预警、蓝色预警等级的山洪灾害风险预警阈值（见图 7）。

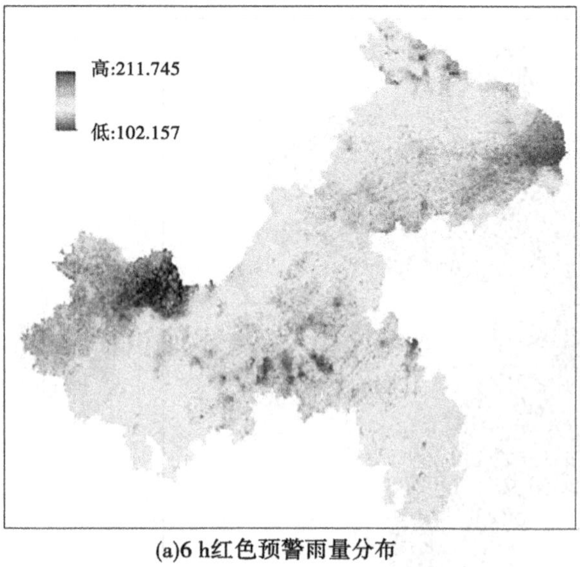

(a)6 h红色预警雨量分布

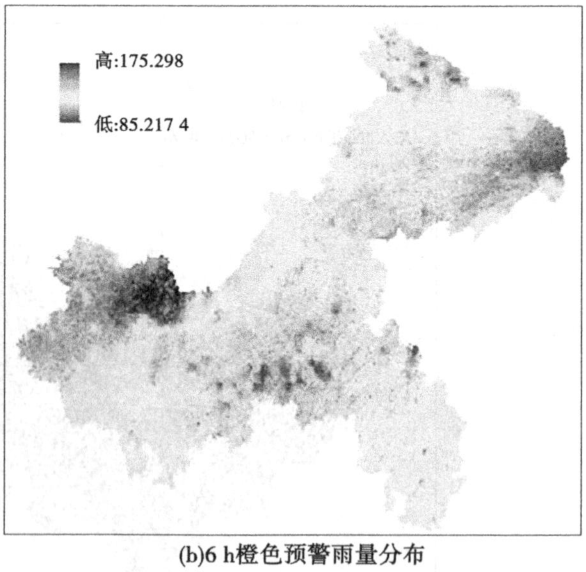

(b)6 h橙色预警雨量分布

图 7　重庆市累计 6 h 不同等级风险预警阈值雨量分布

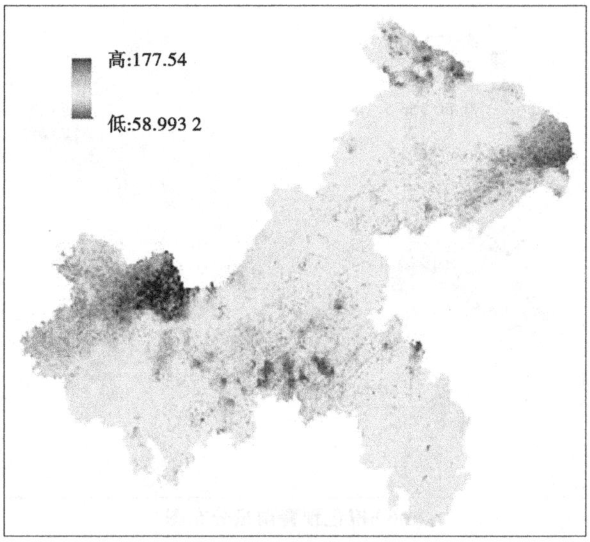

(c)6 h黄色预警雨量分布图

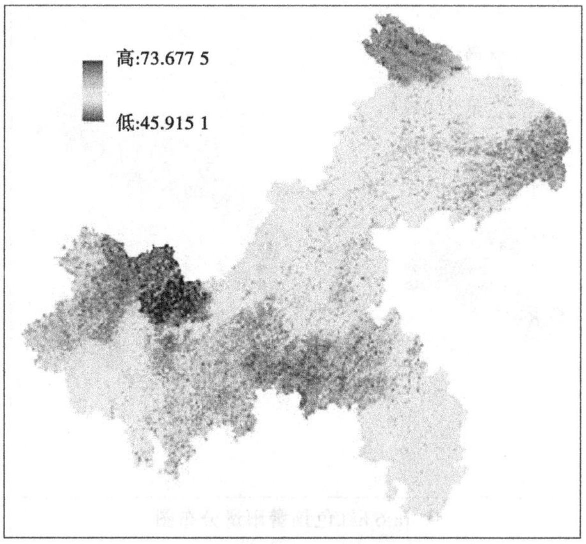

(d)6 h蓝色预警雨量分布图

续图 7

3.3 土壤含水量考虑

山洪灾害风险预警实现动态化预警的关键在于对土壤含水量动态变化的考虑，一般情况而言，下垫面初始土壤含水量（W_0）越高，危险区致灾临界降雨量越低，反之临界降雨量则越高。因此，根据下垫面土壤含水量情况，结合《山洪灾害调查评价技术指南》要求，以20%、50%、80%为土壤含水量状态划分界限（见表2）。土壤含水量越低可适当提高预警阈值，反之，则应降低预警阈值，根据上述原则，依次设置相应权重系数。

表 2 风险预警前期土壤含水量权重系数与风险预警条件

土壤含水量/%	权重系数	条件分析	预警等级
$W_0 \leqslant 20$	1.10	输入降雨量<6 h 蓝色预警	未达预警阈值
$20 < W_0 \leqslant 50$	1.05	6 h 蓝色预警≤输入降雨量<6 h 黄色预警	蓝色预警
$50 < W_0 \leqslant 80$	1.00	6 h 黄色预警≤输入降雨量<6 h 橙色预警	黄色预警
$80 < W_0 \leqslant 100$	0.95	6 h 橙色预警≤输入降雨量<6 h 红色预警	橙色预警
$W_0 > 100$	0.90	输入降雨量≥6 h 红色预警	红色预警

4 风险预警指标应用

2023 年 7 月 3—4 日，重庆市万州区长岭镇、长滩镇、龙驹镇、白羊镇、走马镇等乡镇在短时（7 月 4 日 3—8 时）发生强降雨过程，最大 3 h 降雨达 173.5 mm，最大 6 h 累计降雨 258.5 mm，多数地区暴雨达 50~100 年一遇，局部地区超 500 年一遇，引发山洪地质灾害，导致万州区五桥、长岭、白羊等 36 个乡镇街道 19 人死亡和严重财产损失。本文以重庆市 2023 年“7·4”暴雨过程为例，开展上述风险预警指标应用验证。考虑到本文对过去时段降雨进行预警应用，假设预报降雨、下垫面土壤含水量与实测值一致，用实测值代替预报值输入系统分析。在考虑当天土壤含水量基础上，对预警阈值指标进行动态调整，得到风险预警当天 6 h 红色、橙色、黄色及蓝色预警雨量阈值（见图 8）。

基于本文收集的重庆市 2023 年 7 月 3 日 20:00 至 7 月 4 日 20:00 内逐时降雨量，通过 Matlab 提取该时间段内 6 h 累计最大降雨量，作为本次预警输入雨量。将输入雨量与上述预警阈值进行叠加分析，根据下列计算条件进行等级赋值（见图 9）。

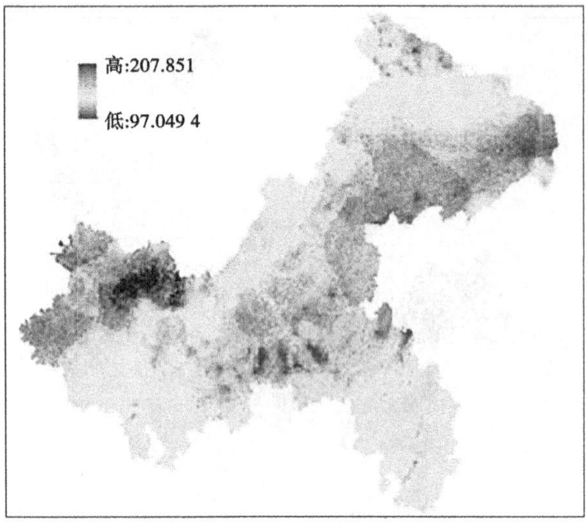

(a)6 h红色预警雨量分布图

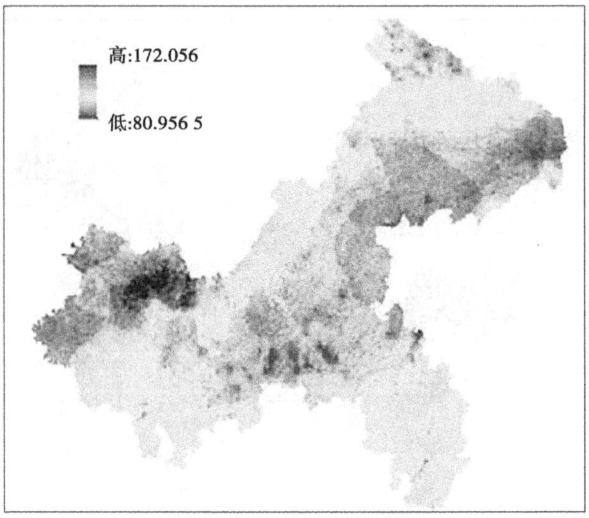

(b)6 h橙色预警雨量分布图

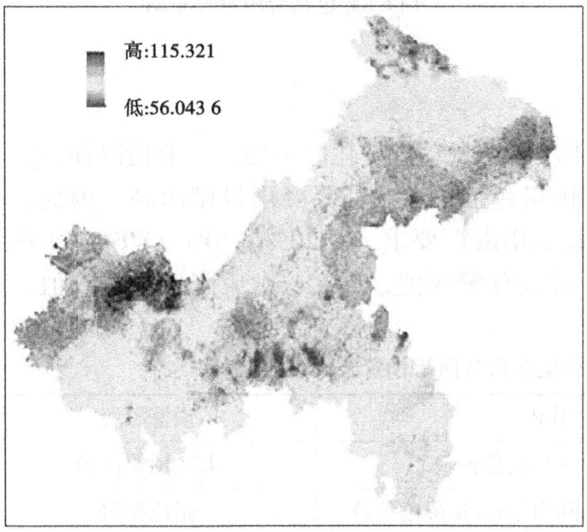

(c)6 h黄色预警雨量分布图

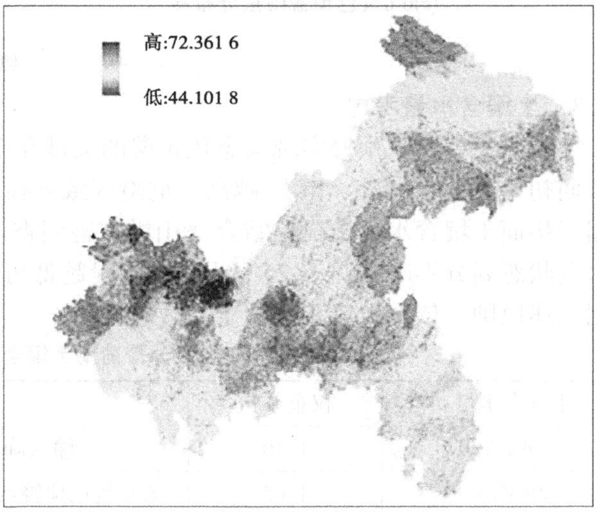

(d)6 h蓝色预警雨量分布图

图 8　重庆市 2023 年 7 月 4 日 6 h 各级风险预警雨量分布图

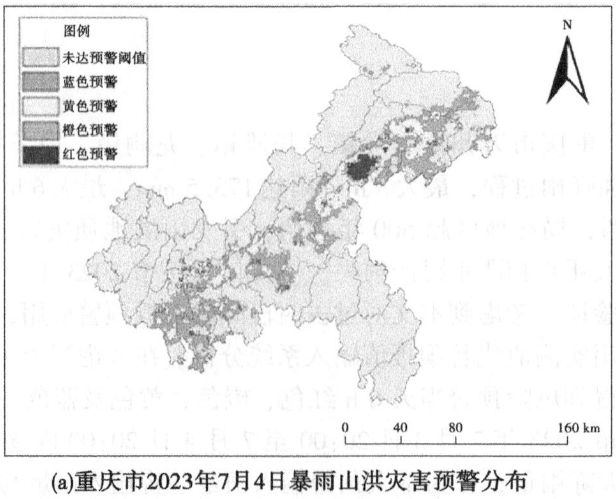

(a)重庆市2023年7月4日暴雨山洪灾害预警分布

图 9　重庆市 2023 年 7 月 4 日暴雨山洪灾害预警分布和 24 h 累计降雨量

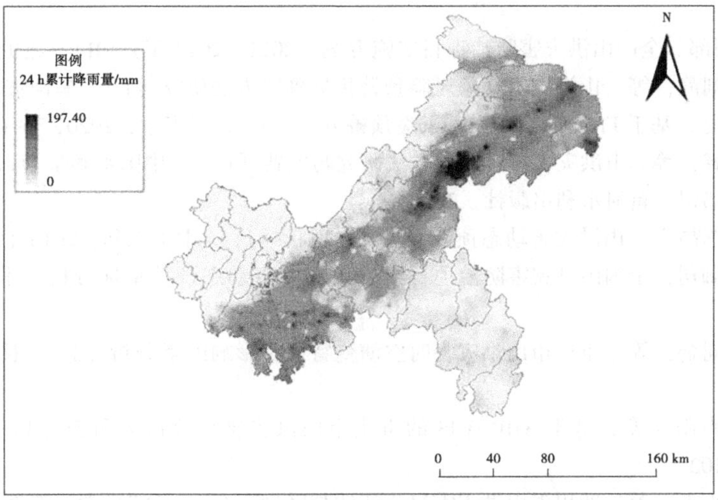

(b)24 h累计降雨量

续图 9

根据上述叠加分析及等级划分可知，7 月 4 日暴雨过程中万州区南部山洪灾害风险程度最高，出现大面积红色预警。此外，忠县东部、石柱县北部、奉节县西部及巫山县东南部都出现了局部黄色预警，同时渝西地区的江津区、綦江区、巴南区等区县及渝中部的涪陵区、武隆区出现了大面积蓝色预警，局部地区甚至达到黄色、橙色预警等级。将上述结果与 24 h 累计降雨统计对比，发现风险区域与降雨集中区域基本一致。

5 结论

本文的主要目的是基于《山洪灾害动态预警指标分析技术要求（试行）》，构建一套适用于重庆市的山洪灾害风险指标体系，并结合土壤含水量因素进行系统分析，提出一种综合性的山洪灾害风险预警方法，以增强重庆市在山洪灾害预报、预警、转移决策及社会服务方面的能力。研究中，以不同重现期（2 年、5 年、20 年、50 年）下的 6 h 设计暴雨作为山洪灾害风险预警的阈值基准。综合考虑以下几个关键指标：地形平均坡度作为危险性指标，公里网格内的人口数量作为承险体，网格化监测站点数量作为易损性指标。通过层次叠加分析，对预警阈值基准进行修正，并将修正后的预警阈值与动态土壤含水量相叠加，实现山洪灾害风险的动态预警。本文以 2023 年重庆市“7·4”暴雨过程为案例进行应用验证，结果表明，风险区域与降雨集中区域基本一致，验证了所提出预警指标的合理性和有效性。

参考文献

[1] 马建华，胡维忠．我国山洪灾害防灾形势及防治对策［J］．人民长江，2005（10）：5-8.
[2] 长江水利委员会．全国山洪灾害防治规划报告［R］．武汉，2005.
[3] 任洪玉，邹翔，张平仓．我国山洪灾害成因分析［J］．中国水利，2007（14）：18-20.
[4] 何秉顺，黄先龙，郭良．我国山洪灾害防治路线与核心建设内容［J］．中国防汛抗旱，2012，22（5）：19-22.
[5] 傅春梅，徐刚．重庆市山洪灾害的危害、成因及防治对策［J］．太原师范学院学报（自然科学版），2011（1）：145-148.
[6] 尚全民，黄先龙．以人为本因地制宜防治山洪灾害［J］．人民长江，2007，38（6）：3.
[7] 郭良，张晓蕾，刘荣华，等．全国山洪灾害调查评价成果及规律初探［J］．地球信息科学学报，2017，12（19）：6-14.
[8] 卢阳，张乾柱，胡月，等．重庆市山洪灾害调查评价成果深度挖掘与拓展应用［M］．北京：中国水利水电出版

社，2021.
[9] 中华人民共和国水利部．全国山洪灾害防治项目实施方案（2021—2023 年）［R］．北京，2020.
[10] 叶金印，李致家，刘静，等．山洪灾害气象风险预警指标确定方法研究［J］．暴雨灾害，2016，35（1）：6.
[11] 徐辉，曹勇，曾子悦．基于 FFPI 的山洪灾害风险预警方法［J］．灾害学，2020，35（3）：90-95.
[12] 涂勇，吕国敏，董睿，等．山洪灾害风险预警方法研究与实践［C］//中国水利学会．2022 中国水利学术大会论文集：第一分册．郑州：黄河水利出版社，2022.
[13] 张启义，张顺福，李昌志．山洪灾害动态预警方法研究现状［J］．中国水利，2016（21）：27-31.
[14] 水利部水旱灾害防御司，全国山洪灾害防治项目组．山洪灾害动态预警指标分析技术要求（试行）［R］．北京，2021.
[15] 张乾柱，卢阳，严同金，等．重庆市山洪灾害时空演变特征及影响因素分析［J］．长江科学院院报，2023，40（7）：80-87.
[16] 张乾柱，王彤彤，卢阳，等．基于 AHP-GIS 的重庆市山洪灾害风险区划研究［J］．长江流域资源与环境，2019，28（1）：91-102.
[17] 丁文峰，杜俊，陈小平，等．四川省山洪灾害风险评估与区划［J］．长江科学院院报，2015，32（12）：41-45.
[18] 朱翠霞，陈阿林，刘琳．基于 GIS 的区域人口统计数据空间化：以重庆都市区为例［J］．重庆师范大学学报（自然科学版），2013，30（5）：50-55.

基于改进 YOLOv10 模型的水面漂浮物自主感知

王 梦　赵永生

（中国南水北调集团中线有限公司，北京　100080）

摘　要：本文提出了一种基于 YOLOv10 的水面漂浮物自主感知方法，融合了 Gather-and-Distribute 和 Focal Loss。YOLOv10 模型通过改进特征金字塔网络和动态卷积，提升多尺度目标检测能力，Gather-and-Distribute 进一步增强了全局信息融合，提升了小目标检测精度。为应对类别不平衡问题，模型训练引入 Focal Loss，有效提高了模型的鲁棒性和准确性。通过水面漂浮物数据集实验验证，该方法不仅在精度和召回率上优于现有的检测模型，还能在保持高精度的同时实现实时性检测。

关键词：水面漂浮物自主感知；YOLO；Gather-and-Distribute；Focal Loss

1　引言

随着全球水体污染和环境保护问题的日益严重，水面漂浮物的检测和清理变得尤为重要。漂浮物不仅会对水生生态系统造成损害，还可能对航运安全、取水口设施和水力发电设备的正常运行构成威胁。因此，开发一种高效、精准的水面漂浮物自主感知方法，已成为当务之急。传统的水面漂浮物检测方法多基于手工特征提取，如颜色、纹理和形状分析。然而，这些方法在实际应用中往往受到环境因素的限制，如光照变化、波浪反射、漂浮物的形状和颜色多样性等，这使得它们在复杂场景中的表现较为局限。此外，传统方法通常需要大量的计算资源，难以满足实时检测的要求。

近年来，随着深度学习技术的快速发展，基于卷积神经网络（CNN）的目标检测方法在多个领域取得了突破性进展。YOLO（You Only Look Once）系列模型作为其中的代表，通过端到端的检测方式和高效的实时性能，在目标检测任务中表现出色。YOLOv10 作为 YOLO 系列的最新版本，结合了前几代模型的优点，在特征提取、目标检测和多尺度目标处理等方面实现了显著的性能提升。然而，尽管 YOLOv10 在通用目标检测任务中表现优异，但直接应用于水面漂浮物检测仍然面临一些挑战。首先，水面漂浮物通常为小目标，容易被复杂背景淹没，导致检测精度下降。其次，漂浮物在水面上的分布具有极大的不均匀性，背景区域往往占据大部分图像，而漂浮物仅占很小比例。

为解决上述问题，本文在 YOLOv10 模型的基础上提出了一种改进方法，引入了 Gather-and-Distribute，以增强模型对全局上下文信息的感知能力，从而提高对不同尺度目标的检测精度。此外，本文还结合了 Focal Loss[11]，旨在通过调节损失函数，减轻类不平衡问题对模型的负面影响。通过这些改进，所建模型在应对复杂水体环境下的检测任务时，展现出了更强的鲁棒性和精度。

2　相关工作

在水面漂浮物检测领域，随着环境保护和智能监控技术的进步，研究者们提出了许多方法来解决这一复杂的视觉任务。这些方法主要可以分为传统图像处理方法和基于深度学习的目标检测方法两大类。

2.1　传统图像处理方法

早期的水面漂浮物检测主要依赖传统的图像处理技术，如颜色分割、边缘检测、形状分析和纹理特征提取等。这些方法通常利用水面漂浮物在颜色、形状或纹理上的独特性来进行识别。例如，Jin

---

作者简介：王梦（1994—），女，工程师，主要从事水工金属结构运行维护与技术管理工作。

等[1] 提出了一种改进的基于 GMM 的自动分割方法，该方法基于高斯混合模型建立背景模型，并在 HSV 颜色空间中通过光影来进行分割。然而，这类方法在应对复杂背景、光照变化和多样化动态漂浮物形态时，往往表现出较大的局限性，难以实现高精度和实时性检测。

2.2 基于深度学习的目标检测方法

近年来，随着深度学习特别是卷积神经网络（CNN）的快速发展，目标检测技术得到了极大提升。在水面漂浮物检测领域，基于深度学习的方法逐渐成为主流。这类方法能够自动从数据中学习特征，不再依赖于手工设计的特征提取过程，因此在处理复杂场景时表现更加鲁棒。

Faster R-CNN：Ren 等[2] 提出的 Faster R-CNN 模型是经典的两阶段目标检测方法，它首先生成候选区域，然后在这些区域上进行分类和定位。尽管 Faster R-CNN 在很多任务中表现出色，但其在检测速度上相对较慢，难以满足实时检测的需求。

SSD（Single Shot MultiBox Detector）：Liu Wei 等[3] 提出的 SSD 模型通过单次前向传播同时完成多尺度目标的检测，显著提高了检测速度。然而，SSD 在检测小目标时的性能往往不如两阶段方法，因为其特征提取过程中的分辨率较低，导致对细小特征的捕捉能力不足。

YOLO 系列：Redmon 等[4] 提出的 YOLO 模型通过将目标检测任务转化为单阶段的回归问题，实现了高效的实时检测。YOLOv3[5]、YOLOv4[6] 和 YOLOv8[7] 等版本在检测精度和速度之间取得了良好的平衡。YOLOv10[8] 作为该系列的最新版本，进一步优化了特征提取和多尺度融合能力，使其在通用目标检测任务中表现更加出色。然而，直接应用 YOLO 模型于水面漂浮物检测仍面临小目标检测困难、类不平衡问题严重等挑战。

2.3 现有改进方法

针对 YOLO 模型在水面漂浮物检测中的不足，研究者们提出了一些改进方法。例如，某些研究尝试通过引入注意力机制来增强模型对小目标的检测能力。Zhang 等[9] 提出了一种基于通道注意力的改进 YOLOv3 模型，通过多尺度特征提取和融合模块，显著提高了对目标的检测精度。此外，结合注意力机制的改进方法也被广泛研究。Zhang 等[10] 通过在 YOLOv5 模型中加入自适应特征提取模块，提高了模型对小漂浮物的检测能力。然而，现有方法仍然在处理多尺度目标和小漂浮物的鲁棒性问题上存在一定不足。

3 方法

笔者提出了基于改进 YOLOv10 模型的水面漂浮物自主感知方法（见图 1），用于水面漂浮物检测。该方法主要由三部分组成：YOLOv10 模型结构、Gather-and-Distribute 的融合，以及 Focal Loss 的应用。每个部分的设计均针对水面漂浮物检测任务的特定挑战，旨在提高检测精度、鲁棒性和实时性。

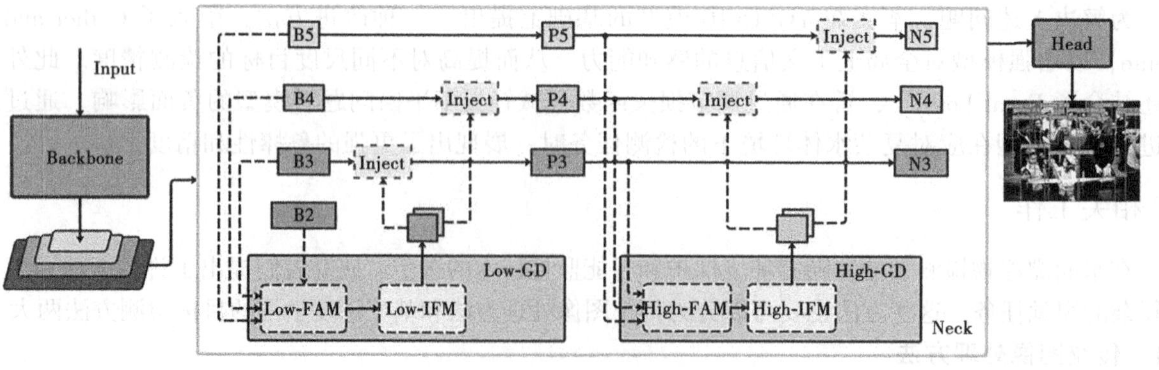

图 1　YOLOv10 模型框架图

3.1 YOLOv10 模型结构

YOLOv10 是 YOLO 系列中的最新版本，它继承了 YOLOv5 的核心架构，并在特征提取和多尺度融合方面进行了进一步优化。YOLOv10 的基本架构包含 3 个主要模块：Backbone、Neck 和 Head。

3.1.1 Backbone

YOLOv10 的 Backbone 部分使用了一个改进的 CSPNet（Cross Stage Partial Network）架构，通过部分卷积层共享权重来减少冗余计算，同时提高模型的特征表达能力。该模块能够高效提取输入图像的多层次特征，并通过多尺度的方式对特征图进行金字塔式融合。

3.1.2 Neck

不同于 YOLOv10 的 Neck 部分，引入 Gather-and-Distribute 模块，其通过全局融合不同层级语义特征，并将全局信息融入更高层次的特征中来实现信息交换，从而提高不同尺度目标的检测能力。这对于水面漂浮物检测任务中复杂背景下的小目标识别尤为重要。

3.1.3 Head

YOLO 中的 classification head 和 regression head 通常共享相同的架构，但是 regression head 对 YOLO 的性能具有更重要的影响。因此，在该方法中 regression head 采用了更为轻量级的 classification head 架构，其由 2 个 3×3 可分离卷积和 1×1 卷积组成。

3.2 Gather-and-Distribute **模块**

尽管 YOLOv10 在特征提取和多尺度融合方面表现优异，但在处理水面漂浮物检测任务中的不同尺度的目标时，仍然面临一些困难。为了增强模型对不同尺度的检测能力，可引入了一种 Gather-and-Distribute 模块。

（1）Gather 模块。通过引入全局上下文信息聚合模块，增强模型对场景整体信息的感知能力。具体来说，Gather 模块在不同尺度的特征图上执行全局上下文感知操作，通过自注意力机制聚合特征图中具有高相关性的局部信息。这使得模型在检测不同尺度目标时能够更好地理解目标与背景之间的关系，从而提高检测精度。

（2）Distribute 模块。为了在特征图的不同层次间有效分配信息，Distribute 模块将聚合后的全局特征重新分布到多个尺度的特征图中。这样做的目的是使模型能够在不同尺度的特征图中均衡地表达全局和局部信息，从而提高对多尺度目标的检测能力。

具体来说，Gather-and-Distribute 模块由特征对齐模块（FAM）、特征融合模块（IFM）和特征注入模块（Inject）组成（如图 2、图 3 所示）。首先特征对齐模块提取并对齐来自不同层次的特征，然后特征融合模块融合对齐后的特征以生成全局特征。特征注入模块使用注意力机制将这些全局特征分布到每个层次，并注入它，从而增强分支的检测能力。

此外，Gather-and-Distribute 模块包括 2 个分支：一个浅层 Gather-and-Distribute（Low-GD）分支和一个深层 Gather-and-Distribute（High-GD）分支，它们通过基于卷积的块和基于注意力的块提取和融合特征信息。浅层 Gather-and-Distribute 分支（见图 2），其融合从骨干网络获取的不同层次特征 B2、B3、B4、B5 以充分保留小尺度目标的特征信息。浅层特征对齐模块（Low-FAM）中使用平均池化（avgpool）和双线性插值（Bilinear）对不同尺寸的特征进行降采样以获取相同尺寸的特征。浅层特征融合模块（Low-IFM）包含多层重参数卷积块（RepConv-blocks）和分割操作。

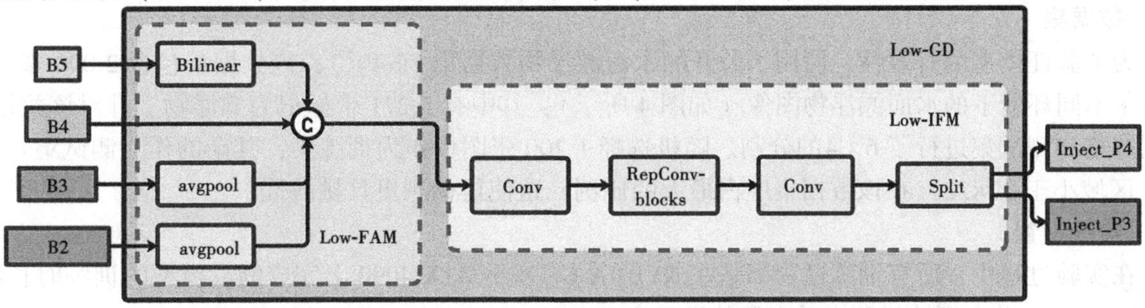

图 2 浅层 Gather-and-Distribute 分支框架图

深层 Gather-and-Distribute 分支（见图 3），其融合从浅层 Gather-and-Distribute 分支获取的不同层次特征 P3、P4、P5。深层特征对齐模块（High-FAM）中使用平均池化（avgpool）操作对不同尺寸的特征进行降采样以获取相同尺寸的特征。深层特征融合模块（High-IFM）包含多头注意力（Multi-Head Attention）、前馈网络（Feed-Forward Network）和分割操作。

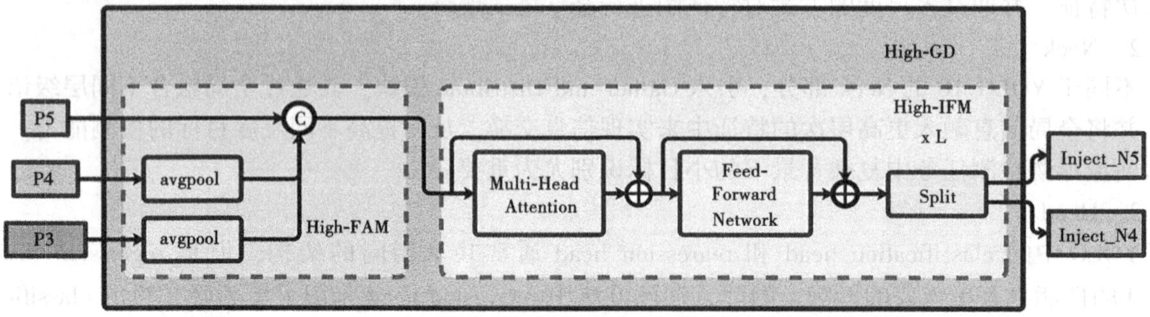

图 3　深层 Gather-and-Distribute 分支框架图

3.3　Focal Loss

在水面漂浮物检测中，由于背景区域通常占据图像的大部分，正负样本比例不平衡的问题尤为突出。传统的损失函数容易被大量简单负样本主导，导致模型在训练过程中对难分类的正样本关注不足，从而影响小目标的检测精度。

为了解决这个问题，将 Focal Loss 函数引入模型训练过程中。Focal Loss 函数通过动态调节损失函数的权重，使模型更加关注难分类的样本，其公式如下所示。

$$FL = -\alpha(1-p_i)^{\gamma}\ln p_i \tag{1}$$

具体而言，Focal Loss 函数在损失计算时引入了 2 个超参数：γ 和 α。γ 用于调节易分类样本的权重，使其对总损失的贡献减少；α 则用于平衡正负样本的比例。这种机制有效地缓解了类别不平衡问题，提高了模型在检测小目标和复杂背景下的鲁棒性。

3.4　模型训练

为了验证笔者提出的方法的有效性，模型在公开的水面漂浮物数据集上进行了训练和测试。为了增强模型的泛化能力，在训练过程中使用了多种数据增强技术，如随机裁剪、颜色抖动和旋转等。采用了 Adam 优化器，并设置了动态学习率调整策略，以确保模型在不同训练阶段都能稳定收敛。此外，通过引入 L2 正则化和 Dropout，防止模型过拟合。通过这些改进和优化，所建的模型在水面漂浮物检测任务中表现出更高的准确性和鲁棒性。

4　实验

为验证基于改进 YOLOv10 模型的水面漂浮物自主感知方法在水面漂浮物检测中的有效性，从数据集、实验设置、实验过程和结果分析等方面介绍。

4.1　数据集

为了验证模型的有效性，使用了公开的水面漂浮物数据集 FloW[12]，该数据集包含 2 000 张图像，涵盖了不同环境下的水面漂浮物图像（如图 4 所示），其中有 5 271 个标记为漂浮物。针对该数据集，对训练集和测试集进行了 6∶4的分割。随机选择 1 200 张图像作为训练集，其余的作为测试集。小物体（区域小于 32×32）在该数据集中占最大的比例，这使得检测更具挑战性。

4.2　实验设置

在实验过程中，所有训练过程都是在 NVIDIA GeForce RTX 4090 上完成的。模型的训练时长约为 400 个 epoch，并在训练过程中动态调整学习率。

评价指标：使用了平均精度（mAP）、召回率（Recall）、精确度（Precision）等指标来评估模型

(a)

(b)

(c)

图 4 FloW 中一些漂浮物示例

的检测性能。此外，根据实时检测的需求，还计算了每秒帧数（FPS）以评估模型的实时性。

4.3 结果与分析

实验结果表明，改进后的 YOLOv10 在水面漂浮物检测中表现出了最优的性能，如表 1 所示。其展示了该方法和其他几种流行检测模型在该数据集上的性能对比结果。

表 1 与其他方法的对比结果

方法	Precision/%	Recall/%	mAP/%	FPS
Faster R-CNN[2]	79.82	78.99	75.31	13
SSD[3]	78.96	78.52	71.46	28
EYOLOv3[9]	83.20	80.40	78.61	35

续表 1

方法	Precision/%	Recall/%	mAP/%	FPS
YOLOv5-FF[10]	87.40	83.66	82.35	36
YOLOv10[8]	86.97	85.84	81.85	38
所提出的方法	89.31	85.74	85.95	45

从实验结果可以看出，所提出的方法在数据集上展现出了最优的性能表现，此外，所提出的方法在保持高检测精度的同时，也能够以更高的 FPS 实现实时检测，这对于实际应用至关重要。所提出的方法的检测结果如图 5 所示，所提出的方法在不同光照条件下都展现了令人满意的结果，同时在小目标漂浮物检测上也展现了惊人的检测结果。

(a) (b) (c) (d) (e) (f)

图 5　所提出的方法的检测结果

5 结论与讨论

本文提出了一种基于改进 YOLOv10 模型的水面漂浮物自主感知方法，旨在提高水面漂浮物检测的精度和实时性。该方法结合了 Gather-and-Distribute 和 Focal Loss，以解决现有 YOLOv10 模型在水面漂浮物检测中的局限性。通过引入 Gather-and-Distribute 模块，增强了模型对全局上下文信息的感知能力，使其在处理小目标时表现更为优越。Focal Loss 的应用则有效缓解了类别不平衡问题，进一步提升了模型的检测性能。通过实验验证了本文所提出方法的有效性和可靠性。

尽管本文提出的改进模型在水面漂浮物检测中表现出色，但仍有一些方向可以进一步探索和优化：将可见光图像与红外图像、激光雷达数据等多模态数据进行多模态融合；针对计算资源受限的应用场景，研究更为轻量化的模型结构或通过剪枝和量化技术减少模型复杂度，将有助于提升模型的应用范围；考虑使用强化学习或元学习方法，动态调整模型在不同场景中的权重配置，从而实现更加自适应的检测性能；除水面漂浮物检测外，改进后的模型还可以应用于其他复杂场景的目标检测任务，如自然灾害监测、环境污染检测等，进一步扩展模型的应用价值。

参考文献

[1] Jin X , Niu P , Liu L . A GMM-based Segmentation Method for the Detection of Water Surface Floats [J] . IEEE Access, 2019 (99): 1.

[2] Ren S , He K , Girshick R , et al. Faster R-CNN: Towards Real-Time Object Detection with Region Proposal Networks [J] . IEEE Transactions on Pattern Analysis & Machine Intelligence, 2017, 39 (6): 1137-1149.

[3] Liu Wei , Dragomir A , Dumitru E , et al. SSD: Single Shot MultiBox Detector [J] . Springer, Cham, 2016: 21-37.

[4] Redmon J , Divvala S , Girshick R , et al. You Only Look Once: Unified, Real-Time Object Detection [C] //Computer Vision & Pattern Recognition. IEEE, 2016.

[5] Redmon J , Farhadi A . YOLOv3: An Incremental Improvement [J] . arXiv e-prints, 2018.

[6] Bochkovskiy A, Wang C Y, Liao H Y M. YOLOv4: Optimal Speed and Accuracy of Object Detection [J]. arXiv. 2004. 10934, 2020.

[7] Varghese R , Sambath M . YOLOv8: A Novel Object Detection Algorithm with Enhanced Performance and Robustness [C] //2024 International Conference on Advances in Data Engineering and Intelligent Computing Systems (ADICS). IEEE, 2024.

[8] Wang Ao, et al. YOLOv10: Real-time end-to-end object detection [J] . arxiv preprint, 2024: 2405. 14458.

[9] Zhang L, Xie Z, Xu M, et al. EYOLOv3: An Efficient Real-Time Detection Model for Floating Object on River [J] . Appl. Sci. 2023, 13: 2303.

[10] Zhang X, Min C, Luo J, et al. YOLOv5-FF: Detecting Floating Objects on the Surface of Fresh Water Environments [J] . Appl. Sci. 2023, 13, 7367.

[11] Lin T Y , Goyal P , Girshick R , et al. Focal Loss for Dense Object Detection [J] . IEEE Transactions on Pattern Analysis & Machine Intelligence, 2017 (99): 2999-3007.

[12] Cheng Y , Zhu J , Jiang M , et al. FloW: A Dataset and Benchmark for Floating Waste Detection in Inland Waters [J] . 2021.

珠江三角洲水资源配置工程“天空地水工”一体化感测技术研究

郑　栋[1]　李少林[1]　刘洪亮[1]　杜小平[2]　张　红[2]　梁栋才[1]　黄井武[3]

（1. 长江勘测规划设计研究有限责任公司，湖北武汉　430010；
2. 中国科学院空天信息创新研究院，北京　100094；
3. 广东省水利电力勘测设计研究院有限公司，广东广州　510635）

摘　要：工程多源信息感知是构建数字孪生系统的重要基础。本文通过研究和集成天基 InSAR 变形监测、空基无人机图像检测、地水工多维度监测等技术，探索了工程监测的新模式和新方法，形成了“天空地水工”一体化感测技术。依托珠三角工程，实现了长距离输水管线的广域地表变形信息获取，以及基于深度学习算法的无人机目标智能检测，建立了地表地下、水体水库、工程结构的长效监测系统，研发了监测预警三维可视化系统，提升了工程信息智能化感知能力和智慧化管理水平，研究成果为构建全覆盖、高精度、多维度、保安全的监测体系在感测方面提供了坚实基础。

关键词：数字孪生；信息感知；InSAR 变形监测；无人机图像检测；地水工监测；立体感测

1　引言

水利工程是关系国计民生和经济社会安全运行的重要基础性设施。智慧水利建设是推动新阶段水利高质量发展的重要实施路径，智慧监测体系的建设需要推动新一代通信技术、高分遥感卫星、人工智能等新技术应用，提高监测设备自动化、智能化水平，打造全覆盖、高精度、多维度、保安全的监测体系[1]。安全信息的多模、全面感测是加快智慧发展并完善监测体系的重要举措。

珠江三角洲水资源配置工程（简称珠三角工程）是党中央、国务院部署的国家重大水利工程、国家水网骨干工程，具有规模大、线路长、埋深大、水压高、扬程宽、交叉多、风险高等特点[2]，建筑物以深埋长隧洞为主，传统安全监测主要在地表一定范围和地下采用“点–线”为主的方式对水工结构进行监测[3]，难以实现工程施工和长久运行中不同维度、不同模式下的全方位信息感测。本文通过集成“天空地水工”多模态监测技术和方法，形成工程内外一体化立体全面的安全监测体系，筑牢工程数字孪生系统的感知层，对于保障工程施工和长久运行安全、提升工程抗风险能力具有重要意义。

星载合成孔径雷达干涉测量（InSAR）是一项具有高精度、固定周期监测大范围地表形变的空间对地观测技术[4]。国内外相关研究[4-5]表明，其具备应用于输水沿线地表沉降监测的可行性，能发现地表形变异常，做到管线全域地表形变监测。珠三角工程位于城市复杂地区，变形监测干扰因素多，有待进一步研究复杂城市环境下的水资源配置工程广域变形信息的获取技术，分析管线异常与地表响应的关联性，动态评估管线安全性。

不仅如此，融合 InSAR 结果和高分辨率光学影像的地表作业活动发现与交叉验证有待深入研究，基于深度学习的无人机图像入侵目标检测[6]及应用有待进一步发掘智能算法的潜力。进一步地，基于广域获取的 InSAR 变形监测信息和具象的无人机目标检测成果，集成水工安全监测系统，构建珠三角典型标段及周边三维可视化环境，形成监测与预警三维可视化系统[7]，为工程建设和运行管理

作者简介：郑栋（1990—），男，高级工程师，主要从事工程安全监测相关研究工作。

中的专家决策或预警提供全面技术支持。

感知体系主要反映实时运行状态和行为特征，是数字孪生的根本。本文通过研究和集成天基星载InSAR变形监测、空基无人机图像检测、地水工多维度监测等技术，探索了安全监测新模式和方法，形成了“天空地水工”一体化感测技术，并依托珠三角工程开展示范应用，研究成果为构建数字孪生系统在感知层提供了坚实基础。

2　珠三角输水沿线 InSAR 变形监测

2.1　SAR 数据集

为了全面分析珠三角工程输水线沿线及沿线周边区域内的地表形变特征，采用轨道号为 Path-11，Frame-71 的升轨哨兵 1A（Sentinel-1A）IW 数据作为时序 InSAR 处理的数据源，图像的覆盖范围如图 1 所示。SAR 数据集合的时间跨度为 2020 年 1 月至 2023 年 9 月共计 80 景。

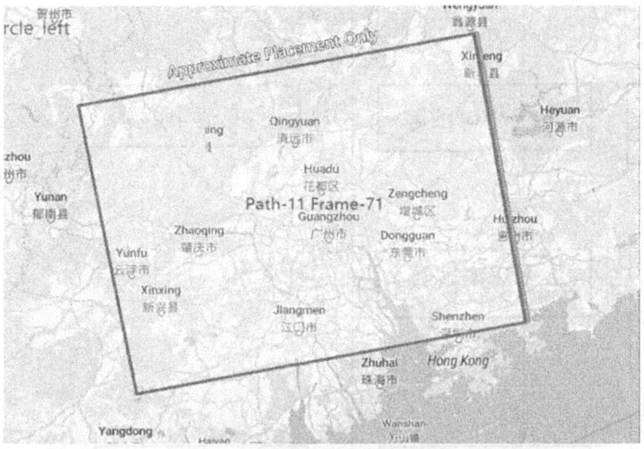

(a)Sentinel-1 SAR数据覆盖研究区域图

(b)Sentinel-1 VV与VH强度叠加合成的伪彩色图

图 1　图像的覆盖范围

2.2　InSAR 变形监测数据分析流程

针对不同尺度的监测需要，联合基于相干目标的 InSAR 方法和 SBAS-InSAR（小基线集 InSAR）方法开展输水沿线区域的地表形变监测（方法流程见图 2），以实现能更加精确地测量研究区域的地表变形。

SBAS-InSAR 技术按照短时空基线原则组合生成多主图像的序列干涉图后，首先对差分干涉相位进行空间滤波，然后基于平均空间相干性识别慢失相关滤波相位像素点；再进行三维相位解缠和奇异值分解，求解单主图像相位序列；最后采用时空滤波估计和去除大气延迟相位，得到地形高程误差和形变序列信息。

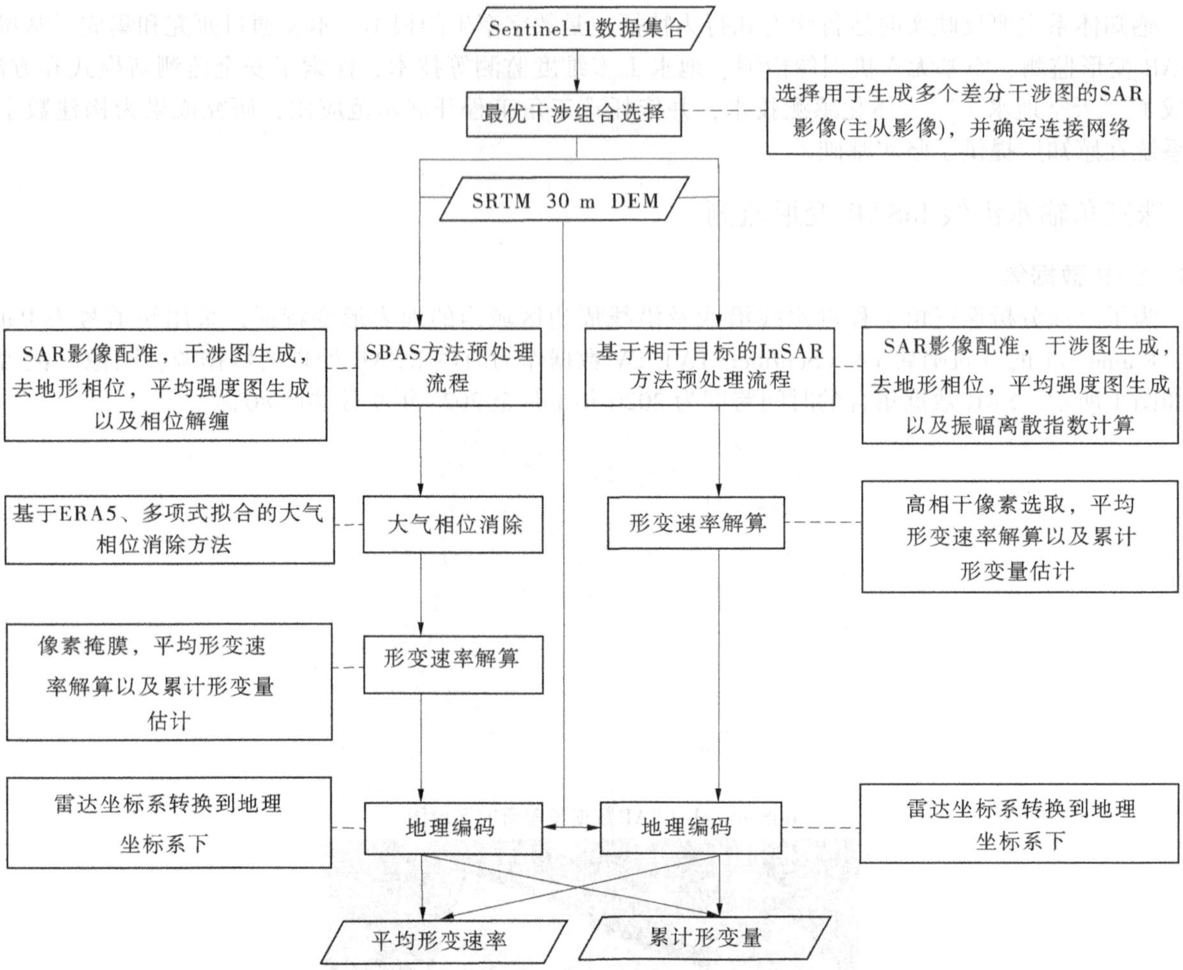

图 2　InSAR 监测数据处理和分析流程

2.3　InSAR 变形监测结果与分析

B2 标段沿线及施工区域 2021 年 InSAR 地表变形结果分析如下：

对 2021 年的 31 景、2022 年的 30 景和 2023 年的 20 景 SAR 开展 MT-InSAR（时序 InSAR）处理，得到各年度输水沿线及周围平均形变速率图（负值表示相对于参考点地表下沉，正值表示地表抬升），2022 年分析结果见图 3。

对比分析 2022 年与 2021 年形变结果，研究区域在 2022 年 1 月 9 日至 2022 年 12 月 23 日期间地表沉降呈增大趋势。高沙村、鱼窝头村、骝岗、庆胜站、留东村及长莫村的实测沉降速率超过 3 mm/a。

通过 SBAS-InSAR 技术获取输水沿线 B2 标段平均形变速率的基础上，进一步生成了从 2023 年 1 月 4 日到 2023 年 9 月 25 日的累计变形量结果，直观地反馈了研究区域地表变形的动态变化，该阶段的累计变形量如图 4 所示。

由图 4 可知，沉降特征开始出现（2023 年 2 月 9 日）在庆胜站（图 4 中 A 点）以及黄阁镇体育公园（图 4 中 B 点），形变量在-21 mm（2023 年 2 月 9 日）；随着时间推移，两个研究区域沉降量和范围不断加深（2023 年 9 月 25 日，庆胜站最大累计沉降量已达到 87 mm，黄阁镇体育公园最大累计沉降量已达 82 mm）。

进一步地，生成了 2021 年至 2023 年各季度累计形变量，分析了沿线 2.5 km 缓冲区内的危险等级。输水沿线 2.5 km 缓冲区 2022 年第 4 季度累计变形量及危险等级见图 5。

图3　输水沿线及周围2022年平均形变速率图

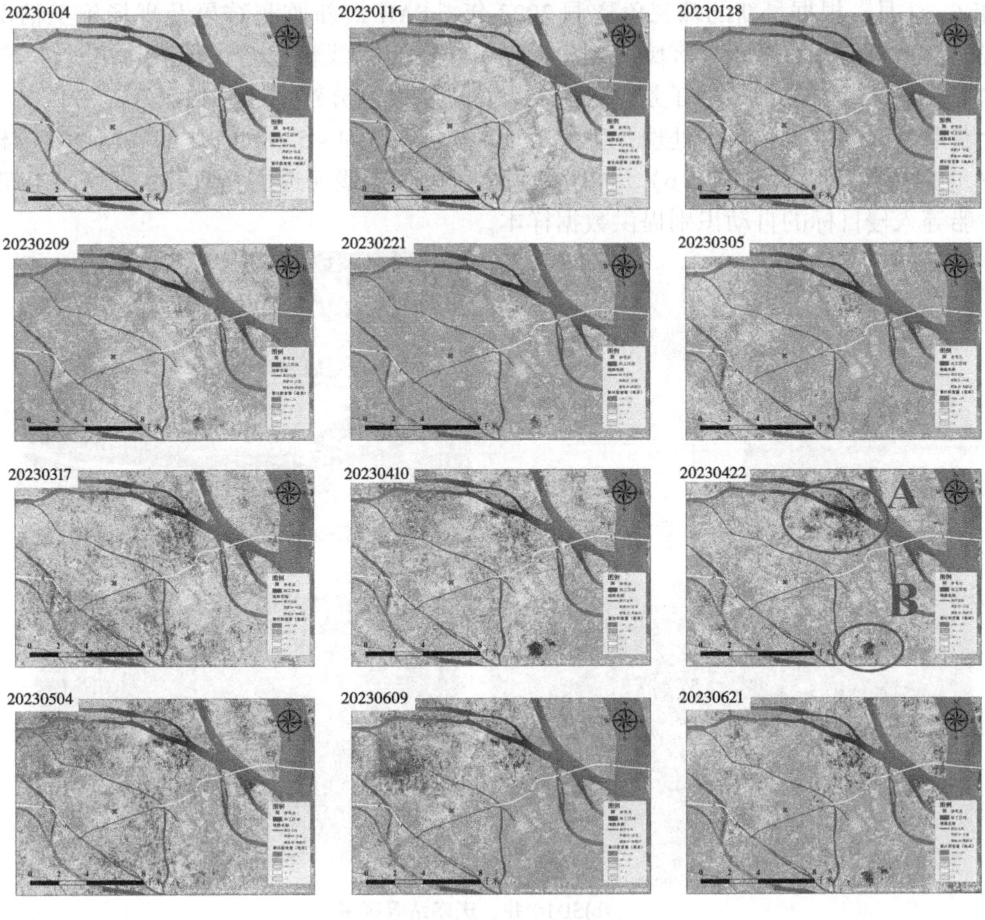

图4　输水线沿线2023年累计变形量分布图

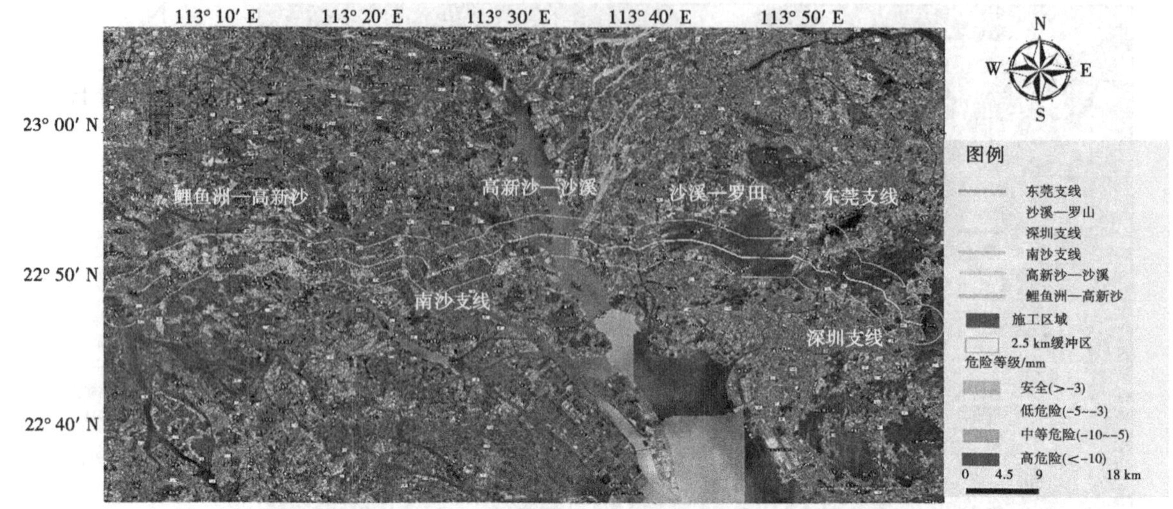

图 5　输水沿线 2.5 km 缓冲区 2022 年第 4 季度累计变形量及危险等级图

3　基于无人机图像的入侵目标检测

基于深度学习的无人机图像入侵目标检测，即采用深度学习方法，通过海量标注数据和先进深度学习网络进行训练得到的高精度模型，可在无人机视角下在多场景中快速而准确地检测出目标。

3.1　高分辨无人机光学数据

2023 年 6—7 月，根据最新的珠三角隧洞 2023 年 InSAR 最新监测结果及现场施工情况，进行了飞行任务规划，针对部分沉降明显区域、鲤鱼洲岛屿、起点沿线输水管线地表、项目部 2#井、SD10#井、庆盛站等重点区域实施了飞行任务，获取了大量高精度高分辨率遥感数据。

对以上获取的数据进行了数据处理，生成了地面分辨率为 1~5 cm/GSD 的高精度三维模型、DSM 地形、DOM 正射影像等成果（见图 6）。同时，采集了大量沿线河道内船只相关的无人机正摄原始数据，为采砂船等入侵目标的自动识别提供数据样本。

(a)起点沿线、鲤鱼洲

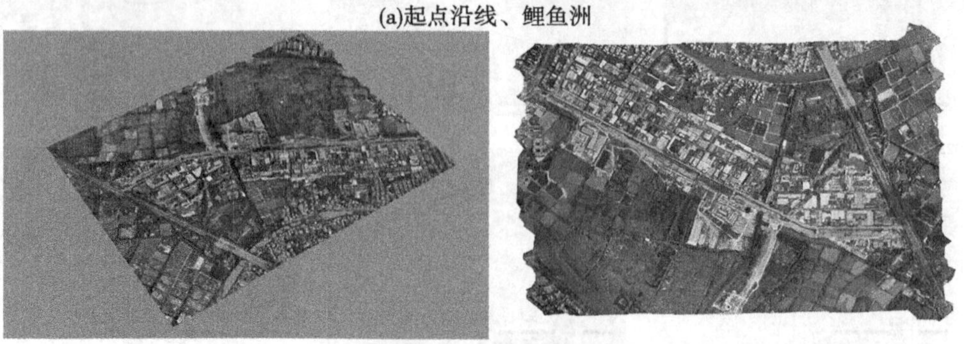

(b)SD10#井、庆盛站等区域

图 6　无人机遥感数据采集及生成的高精度三维模型、DSM、DOM 数据

(c)高新沙水库

续图 6

3.2 基于无人机影像的目标检测算法原理及精度验证

由于无人机图像分辨率较高，传统的基于目标检测会造成大量的目标漏检或错检，因此采用了基于分割融合的高分辨率目标检测算法来提升性能。如图 7 所示，首先通过图像切割算法将图像分割为最适用于网络模型的图像块，再通过基检测器进行检测，最终采用 NMS 融合算法将所有结果融合为最终结果。

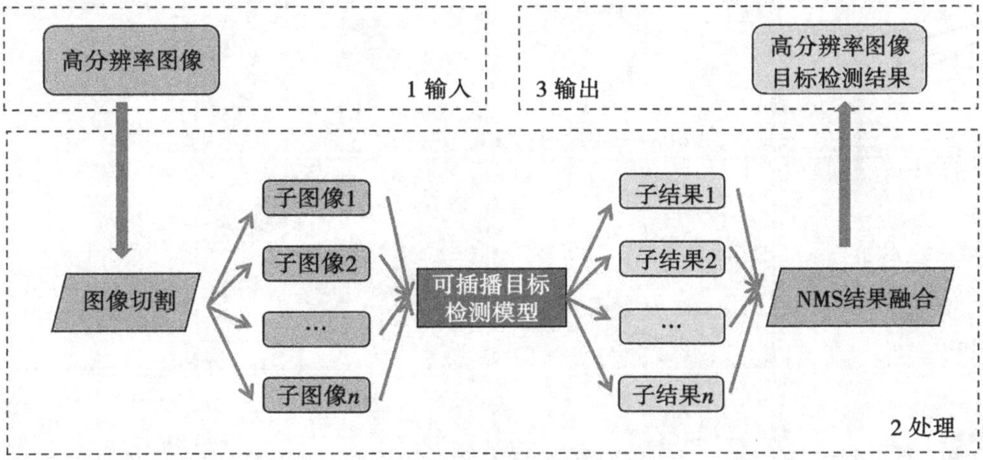

图 7　高分辨率目标检测算法基本原理

如图 8 所示，算法的数据输入是无人机的图像，无人机影像先被分割，接着通过基检测器进行检测得到子结果，最终融合得到原无人机影像的检测结果，即该无人机图像中检测目标的具体检测框。

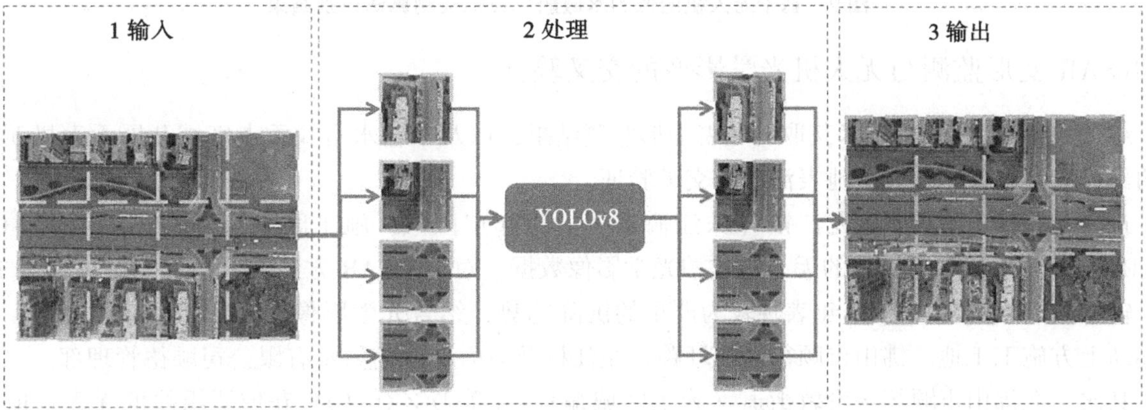

图 8　基于无人机图像的入侵目标检测算法流程

采用 YOLOv8 模型对无人机飞行实验获取的河道中各类船只正射影像数据进行检测，图 9 是算法检测的结果，在分割后的小影像中可以准确地检测到的各类船只并显示置信度，本文所提方法可以准确地识别出无人机影像中的各类目标。

图 9 中，矩形框将检测的目标类别及置信度显示出来，其中置信度是该物体是否存在的概率及该物体的类别概率之积，数值在 0 到 1 之间。置信度越高，代表着目标存在及目标是该类别的确信程度越高。可以观察，在原高分辨率无人机影像中的检测结果仍然具有较高的置信度，即从定性角度可以认为模型具有较好的检测性能。

综上，从定量和定性两个角度可以确定，模型对于船只具有较好的检测效果。

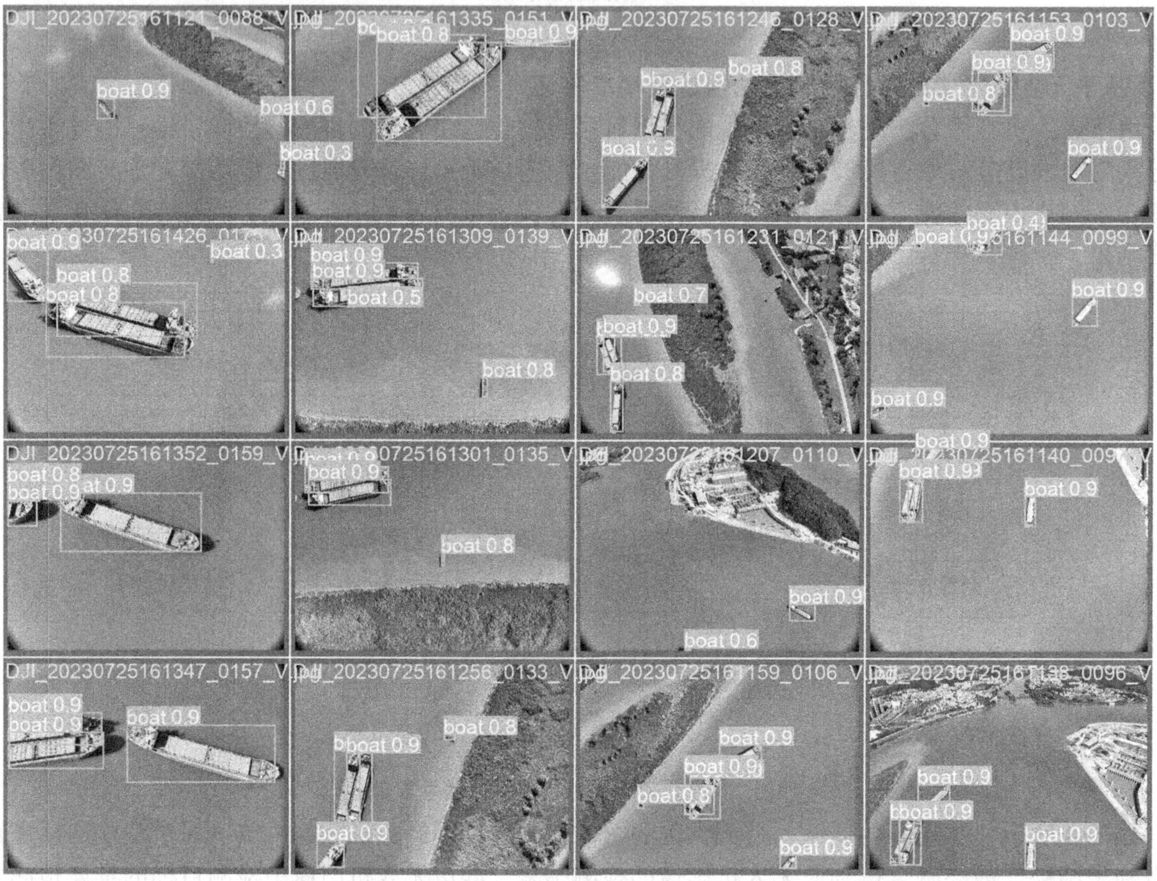

图 9　基于无人机图像的水域船只目标检测算法识别结果

4　InSAR 变形监测与无人机光学影像的交叉验证

结合 2023 年 InSAR 技术获取的地表变形监测结果，以及在输水沿线重点区域开展无人机航拍获取的部分光学影像，开展了地表活动的交叉验证。

首先，在佛山市顺德区龙江镇（珠江输水线沿线起点区域，施工区域编号：LG-DGGQ-01 到 LG-DGGQ-02）获取了沿线的无人机航拍光学影像数据，对比 InSAR 方法获取的形变结果如图 10 所示。输水线起点区域在 2023 年表现较为严重的沉降趋势，结合光学影像，沉降特征沿线分布，集中在小岛上方施工工地、佛山市顺德区新圩路、左江村及粤海珠三角供水有限公司顺德管理部。

其次，在佛山市顺德区伦教街道（施工区域编号：LG-DGGQ-10）获取了沿线的无人机航拍光学影像数据，对比 InSAR 方法获取的形变结果如图 11 所示。由于该区域地表活动主要为施工，因此输水线沿线存在较为严重的沉降趋势，集中在永丰工业园周围。

图 10 施工区域 LG-DGGQ-01 等沿线附近光学影像与 InSAR 形变结果的交叉验证

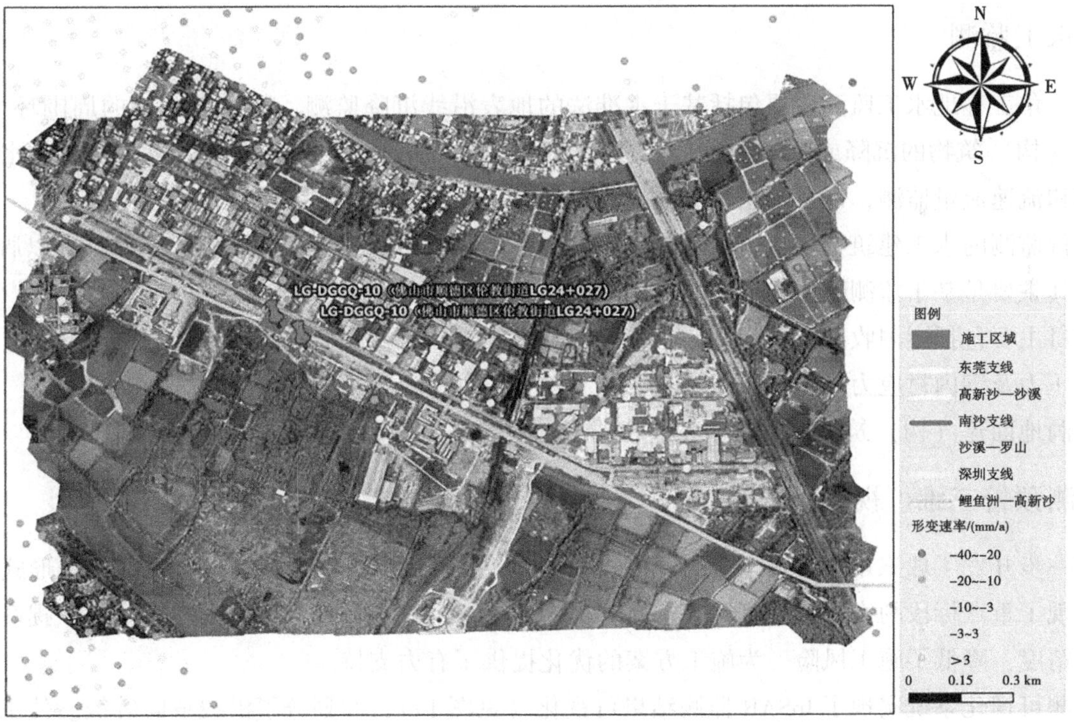

图 11 施工区域 LG-DGGQ-10 沿线附近光学影像与 InSAR 形变结果的交叉验证

在输水线 B2 标段沿线起始位置（广州市南沙区大岗镇高新沙水库，施工编号：LG-DGGQ-17、LG-SKGQ-1、GH-DGGQ-Q、GS-BZGQ-1 及 GS-DGGQ-01 区域）获取了无人机航拍光学影像数据，对比 InSAR 方法获取的形变结果如图 12 所示。该区域存在施工区域，因此导致较为严重的沉降特征。

图 12　施工区域 LG-DGGQ-17 等沿线附近光学影像与 InSAR 形变结果的交叉验证

5　地水工监测

珠三角工程地水工监测主要包括基于水准法的地表沿线沉降监测、竖井等结构的周围环境监测、地面建（构）筑物的沉降或倾斜监测、临近或穿越水体（库）的安全监测、管道中输送的水体的水质监测和流速流量监测，以及水工建筑物的监测。

进行监测的水工建筑物包括盾构隧洞、前池、泵站、高位水池、交通隧洞和竖井等。以盾构隧洞为例，其主要是基于监测断面的形式，利用"点"式仪器和"线"式感测光缆对隧洞结构进行监测，监测项目主要包括隧洞收敛及沉降变形、管片外侧水压力、管片应力及接缝变形、螺栓应力、管片内侧渗透压力及钢内衬应力应变等。

隧洞地面建（构）筑物主要包括民宅、厂房、公路、高架桥、堤防等建（构）筑物。

6　监测预警三维可视化系统

进一步开发了珠三角工程安全监测可视化系统（见图 13），将监测数据以直观的三维形式进行展现，实现了重点标段的实景三维可视化，使管理人员能够迅速掌握施工区域的动态变化，提高了监测效率和精度，降低了施工风险，为施工方案的优化提供了有力支持。

监测可视化系统实现了 InSAR 监测结果可视化（见图 14），并划分了沿线危险等级。使工程管理人员能迅速掌握施工区域沉降状况，有效制定风险控制措施，提升施工安全管理效率和专业水平，为工程安全实施提供坚实保障。

该系统还实现了 InSAR 沉降结果时序可视化（见图 15），能够清晰地展示以 12 d 为间隔的周期性监测数据，精准反映每个盾构井周边 2 km×2 km 范围内地表沉降的动态变化过程，为工程安全监测提供了直观、高效的技术手段。

图 13　珠三角输水隧洞 InSAR 安全监测可视化系统

图 14　珠三角输水隧洞 InSAR 监测结果可视化

图 15　珠三角输水隧洞 InSAR 沉降结果时序可视化

7 结语

本文依托珠三角工程，开展了多模态监测技术研究，形成了“天空地水工”一体化感测技术，并开展了示范应用，筑牢了工程数字孪生系统基础感知层。主要结论如下：

（1）在星载时序 InSAR 技术支持下，实现了长距离输水管线的广域地表形变信息获取，同时在深度学习模型支持下，识别了变形异常区域，并开展了交叉验证和形变原因分析。

（2）基于高分辨率无人机遥感图像，提出了单-双阶段相结合的船只入侵目标检测深度学习模型，并基于图像切割算法提高了模型的效率，在智能目标检测方面取得良好效果。

（3）构建了“天空地水工”一体化感测体系，提升了工程信息全覆盖、高精度、多维度感测能力，为建成工程数字孪生系统提供了重要技术支持。

参考文献

[1] 国家水网建设规划纲要［J］. 中国水利，2023（11）：1-7.

[2] 姚广亮. 珠江三角洲水资源配置工程构建全过程创新生态链［N］. 中国水利报，2024-05-28.

[3] 吴中如. 水工建筑物安全监控理论及其应用［M］. 北京：高等教育出版社，1990.

[4] 王超，张红，刘智. 星载合成孔径雷达干涉测量［M］. 北京：科学出版社，2002.

[5] Andrew K Gabriel，Richard M Goldstein，Howard A Zebker. Mapping small elevation changes over large areas：Differential radar interferometry［J］. Journal of Geophysical Research，1989，94：9183-9191.

[6] 付涵，范湘涛，严珍珍，等. 基于深度学习的遥感图像目标检测技术研究进展［J］. 遥感技术与应用，2022，37（2）：290-305.

[7] 徐琛，范湘涛，杜小平，等. 一种遥感数据的切片方法、装置和云服务器：CN202210334503.7［P］. 2023-01-20.

巴歇尔槽流量测验方法在小河站的应用研究

罗爱招[1,2] 朱志杰[1,2] 兰颖达[1,2] 欧阳千林[1,2]

（1. 赣江中游水文水资源监测中心，江西吉安 343900；
2. 鄱阳湖水文生态监测研究重点实验室，江西南昌 330002）

摘 要： 推进水资源管理、水生态保护、河湖生态流量保障等对流量监测精度提出了更高要求。打造“空天地”一体化水文监测体系、推进雨水情监测预报“三道防线”建设、探索水利新质生产力对实现流量自动监测提出了更新使命。本文探索采用测流槽对小河站小流量进行监测，提高测验精度，实现流量在线监测。

关键词： 小流量；测验；测流槽；在线监测；新质生产力

打造“空天地”一体化水文监测体系，实现水文全要素、全量程自动监测是加快发展水利新质生产力的一项重点工作。近年来，随着各类项目的建设和新技术的发展，侧扫雷达、缆道雷达波、图像测速法、H-ADCP、声学时差法等一批新技术新设备的引进，使水文站高洪测验能力得到极大提升。但水文站低枯水位、低流速小流量情况下流量测验还存在较大的困难，流量全量程在线监测还存在短板。巴歇尔测流槽，属于水力学法测流，通过测得的水位（水头）代入水力学公式计算出流量，可通过水位在线监测，实现流量在线监测，推进水文现代化进程。

1 测流槽原理及分类

一般地，当天然河道内有跌坎、河底比降突然增大或断面形态发生急剧收缩等情况时，水流将从缓流转变为急流，表现为局部河段内水面线将急剧地弯曲下降，此时在某一位置处会出现临界水深，该临界水深的高低与通过河道流量的大小呈稳定的函数关系。

测流槽就是人为建造的一种槽体，由进口收缩段、喉道段、出口扩散段组成。水流由行近河槽进入进口收缩段，水流被束窄，水面线急剧下降，在喉道段或者进口收缩段尾部可能发生临界水位，随后水流进入出口扩散段。若在适合的河道内按照规定尺寸完成测流槽的施工，那么在设计流量范围内可不再进行流量测验，直接采用稳定的水深-流量关系推算流量是可行的。

测流槽按其特性可分为巴歇尔槽、长喉道测流槽、孙奈利槽。其中，长喉道测流槽按槽体形状又分为矩形、U 形、梯形 3 种形式。

1.1 巴歇尔槽的设计与施工

巴歇尔槽，也被称为巴氏计量槽，设计原型是文丘里水槽，利用流体流动特性产生压力差的物理现象进行测流。最初于 1915 年美国的科罗拉多州（Colorado）开始，1922 年 F. L. Parshall 进行了变革，从而创建了广泛使用的巴歇尔槽。

巴歇尔槽包括 23 个标准系列槽，其中标准巴歇尔槽 13 种，大型巴歇尔槽 8 种，特大型巴歇尔槽 2 种。各种巴歇尔槽彼此之间不是几何相似模型，任一标准巴歇尔槽的大小是用它的喉道宽来表示的，而其他的尺寸是喉道宽的函数，各部位尺寸见图 1、表 1、表 2。所以，巴歇尔槽对结构、规格、安装等有严格要求。在设计安装时，不得随意改变给定的标准尺寸，也不得舍零取整。

巴歇尔槽能在自由流和淹没流条件下运行。在淹没状态下运行时，其优点是水头损失最小，但水

作者简介： 罗爱招（1988—），女，科员，主要从事水文测验、水文资料整编工作。

面起伏大，水头测量和流量测验的精度比自由流状态下低。

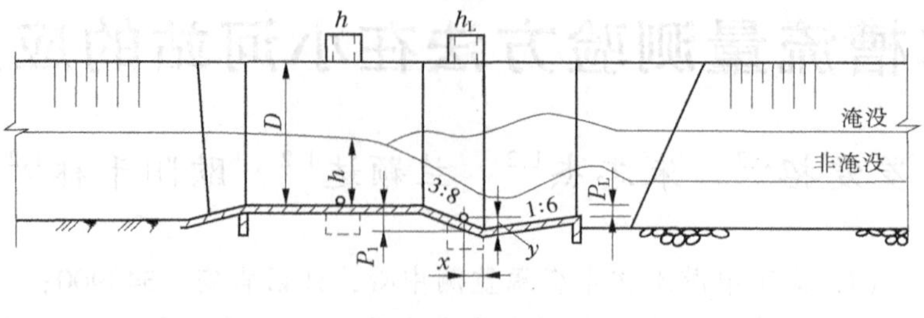

(a)立面

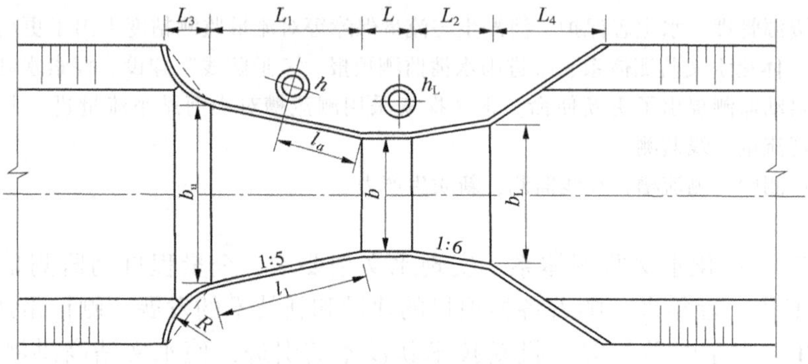

(b)平面

图 1　巴歇尔槽立面和平面

表 1　标准槽各部位尺寸　　单位：m

序号	喉道					进口段				出口段			翼墙高
	喉宽	喉长	下游进水管口位置坐标		槽底高	进口宽	进口长	翼墙斜长	测井到槽底距离	出口宽	出口长	槽底到逆坡顶高差	
	b	L	X	Y	P	b_u	L_1	l_1	l_a	b_L	L_2	P_L	D
1	0. 152	0. 305	0. 05	0. 075	0. 115	0. 40	0. 610	0. 620	0. 415	0. 39	0. 61	0. 08	0. 60
2	0. 25	0. 60	0. 05	0. 075	0. 23	0. 78	1. 325	1. 350	0. 900	0. 55	0. 92	0. 08	0. 80
3	0. 30	0. 60	0. 05	0. 075	0. 23	0. 84	1. 350	1. 380	0. 920	0. 60	0. 92	0. 08	0. 95
4	0. 45	0. 60	0. 05	0. 075	0. 23	1. 02	1. 425	1. 450	0. 967	0. 75	0. 92	0. 08	0. 95
5	0. 60	0. 60	0. 05	0. 075	0. 23	1. 20	1. 500	1. 530	1. 020	0. 90	0. 92	0. 08	0. 95
6	0. 75	0. 60	0. 05	0. 075	0. 23	1. 38	1. 575	1. 610	1. 074	1. 05	0. 92	0. 08	0. 95
7	0. 90	0. 60	0. 05	0. 075	0. 23	1. 56	1. 650	1. 680	1. 121	1. 20	0. 92	0. 08	0. 95
8	1. 00	0. 60	0. 05	0. 075	0. 23	1. 68	1. 705	1. 730	1. 161	1. 30	0. 92	0. 08	1. 00
9	1. 20	0. 60	0. 05	0. 075	0. 23	1. 92	1. 800	1. 840	1. 227	1. 50	0. 92	0. 08	1. 00
10	1. 50	0. 60	0. 05	0. 075	0. 23	2. 28	1. 950	1. 993	1. 329	1. 80	0. 92	0. 08	1. 00

续表 1

序号	喉道					进口段				出口段			翼墙高
	喉宽	喉长	下游进水管口位置坐标		槽底高	进口宽	进口长	翼墙斜长	测井到槽底距离	出口宽	出口长	槽底到逆坡顶高差	
	b	L	X	Y	P	b_u	L_1	l_1	l_a	b_L	L_2	P_L	D
11	1.80	0.60	0.05	0.075	0.23	2.64	2.100	2.140	1.427	2.10	0.92	0.08	1.00
12	2.10	0.60	0.05	0.075	0.23	3.00	2.250	2.300	1.534	2.40	0.92	0.08	1.00
13	2.40	0.60	0.05	0.075	0.23	3.36	2.400	2.453	1.636	2.70	0.92	0.08	1.00

表 2　大型槽各部位尺寸

单位：m

序号	喉道					进口段			出口段			翼墙高
	喉宽	喉长	下游进水管口位置坐标		槽底高	进口宽	进口长	测井到槽底距离	出口宽	出口长	槽底到逆坡顶高差	
	b	L	X	Y	P	b_u	L_1	l_a	b_L	L_2	P_L	D
14	3.05	0.91	0.305	0.23	0.343	4.76	4.27	1.83	3.66	1.83	0.152	1.22
15	3.66	0.91	0.305	0.23	0.343	5.61	4.88	2.03	4.47	2.44	0.152	1.52
16	4.57	1.22	0.305	0.23	0.457	7.62	7.62	2.34	5.59	3.05	0.029	1.83
17	6.10	1.83	0.305	0.23	0.686	9.14	7.62	2.84	7.32	3.66	0.305	2.13
18	7.62	1.83	0.305	0.23	0.686	10.67	7.62	3.45	8.94	3.96	0.305	2.13
19	9.14	1.83	0.305	0.23	0.686	12.31	7.93	3.86	10.57	4.27	0.305	2.13
20	12.19	1.83	0.305	0.23	0.686	15.48	8.23	4.88	13.82	4.88	0.305	2.13
21	15.24	1.83	0.305	0.23	0.686	18.53	8.23	5.89	17.27	6.10	0.305	2.13

1.2　巴歇尔槽的流量公式

不同喉道宽 b 的标准巴歇尔槽和大型巴歇尔槽的自由流流量计算公式、水头范围和非淹没限分别见表 3、表 4。

表 3　标准巴歇尔槽自由流流量公式及适用范围

序号	喉道宽 b/m	自由流流量计算公式 $Q=Ch^{\beta}$/(m^3/s)	水头范围/m		流量范围/(10^{-3} m^3/s)		非淹没限 h_L/h
			最小	最大	最小	最大	
1	0.152	$0.381h^{1.58}$	0.03	0.45	1.5	100	0.7
2	0.25	$0.561h^{1.513}$	0.03	0.60	3.0	250	0.7
3	0.30	$0.679h^{1.521}$	0.03	0.75	3.5	400	0.7
4	0.45	$1.039h^{1.537}$	0.03	0.75	4.5	630	0.7

续表 3

序号	喉道宽 b/m	自由流流量计算公式 $Q=Ch^{\beta}$/(m^3/s)	水头范围/m		流量范围/(10^{-3} m^3/s)		非淹没限 h_L/h
			最小	最大	最小	最大	
5	0.60	$1.403h^{1.548}$	0.05	0.75	12.5	850	0.7
6	0.75	$1.772h^{1.557}$	0.06	0.75	25.0	1 100	0.7
7	0.90	$2.147h^{1.565}$	0.06	0.75	30.0	1 250	0.7
8	1.00	$2.397h^{1.569}$	0.06	0.80	30.0	1 500	0.7
9	1.20	$2.904h^{1.577}$	0.06	0.80	35.0	2 000	0.7
10	1.50	$3.668h^{1.586}$	0.06	0.80	45.0	2 500	0.7
11	1.80	$4.440h^{1.593}$	0.08	0.80	80.0	3 000	0.7
12	2.10	$5.222h^{1.599}$	0.08	0.80	95.0	3 600	0.7
13	2.40	$6.004h^{1.605}$	0.08	0.80	100.0	4 000	0.7

表 4　大型巴歇尔槽自由流流量公式及适用范围

序号	喉道宽 b/m	自由流流量计算公式 $Q=Ch^{\beta}$/(m^3/s)	水头范围/m		流量范围/(10^{-3} m^3/s)		非淹没限 h_L/h	淹没流量修正系数 K_Q
			最小	最大	最小	最大		
14	3.05	$7.463h^{1.6}$	0.09	1.07	0.16	8.28	0.8	1.0
15	3.66	$8.859h^{1.6}$	0.09	1.37	0.19	14.68	0.8	1.2
16	4.57	$10.96h^{1.6}$	0.09	1.67	0.23	25.04	0.8	1.5
17	6.10	$14.45h^{1.6}$	0.09	1.83	0.31	37.97	0.8	2.0
18	7.62	$17.94h^{1.6}$	0.09	1.83	0.38	47.16	0.8	2.5
19	9.14	$21.44h^{1.6}$	0.09	1.83	0.46	56.33	0.8	3.0
20	12.19	$28.43h^{1.6}$	0.09	1.83	0.60	74.70	0.8	4.0
21	15.24	$35.41h^{1.6}$	0.09	1.83	0.75	93.04	0.8	5.0

1.3　推流与校核

巴歇尔槽各部位尺寸设计安装的允许偏差应符合下列要求：喉道底面纵横向平均坡度的允许偏差为±0.1%；上游进口渐变段长度的偏差为喉道长度的±0.1%；下游出口渐变段长度的偏差为喉道长度的±0.3%；其他垂直和倾斜面上的平面或曲线偏差为±1%。

符合要求的测流槽，可按给定的公式计算流量，其流量系数可不进行检定。自由流状态，只需要设置和观测上游水头 h，在表 3、表 4 中查找对应流量公式计算流量，也可提前做好流量查算表根据现场水头进行查算。

当发现在结构和安装方面与规范规定有偏离时，在巴歇尔槽断面上下游选择一处平直、没有分流的断面，用体积法或流速仪法等精确测定流量，并与按公式计算的流量进行对比检验。

2　巴歇尔槽在仙坑水文站的应用

2.1　测站概况

仙坑水文站位于遂川江二级支流仙溪水，控制流域面积 18.1 km^2。该站测验断面不稳定，历年低水位流量关系线呈多簇临时曲线，且由于流量和水深太小（多年平均流量 0.509 m^3/s，历年最小流量 0.018 m^3/s，多年平均水位 27.32 m，相应平均水深 0.33 m），无法实现在线监测，监测任务繁重。

2.2　测流槽推流可能性

测站断面呈自然流态：流域内无控制性水利工程，据汇合口约 2 km，不受干流顶托影响，且常年处于枯水期，水位较低，流量较小。

断面、弗劳德数 *Fr* 满足要求：以 2022 年为例，仙坑水文站流量测次 35 次，流量 0.077~14.8 m^3/s，大部分 *Fr* 在 0.13~0.5，且断面上有 30 m 左右属于顺直河段，断面较窄。

2.3　巴歇尔槽选取及施工

主槽断面宽度约 6 m，故可选取 2.4 m 宽的标准巴歇尔槽，对应翼墙高度 1.0 m，可计算最大水头为 0.8 m，可推算流量范围为 0.1~4.0 m^3/s，基本满足该站要求。又因进口的下游有不小于 0.2 m 跌水，可不设置喉道和下游扩散段。

行近河槽：浇筑 33 m 长度的行近河槽，底板采用 0.2 m 厚 C20 混凝土底板，底板坡降为 3‰（26.95~27.05 m），宽度为 4.8 m；两侧按 1∶1边坡设置挡墙，坡顶高程为 27.80~27.86 m。收缩段前行近河槽有一个高程从 26.95~27.00 m 的 1∶10 升坡。

垂直翼墙：与流向成 45°夹角；高度 0.8 m（顶高程为 27.80 m），迎水面进行花岗岩贴面。

进口收缩段：长 2.4 m，喉道宽 2.4 m，与流向成 11°夹角；底板高程为 27.00 m，采用 304 不锈钢板贴面。

下游行近河槽：长 10 m，采用 0.5 m 厚格宾笼护底，坡降为 3‰，高程为 26.67~26.70 m。

仙坑站巴歇尔槽平面布置如图 2、图 3 所示。

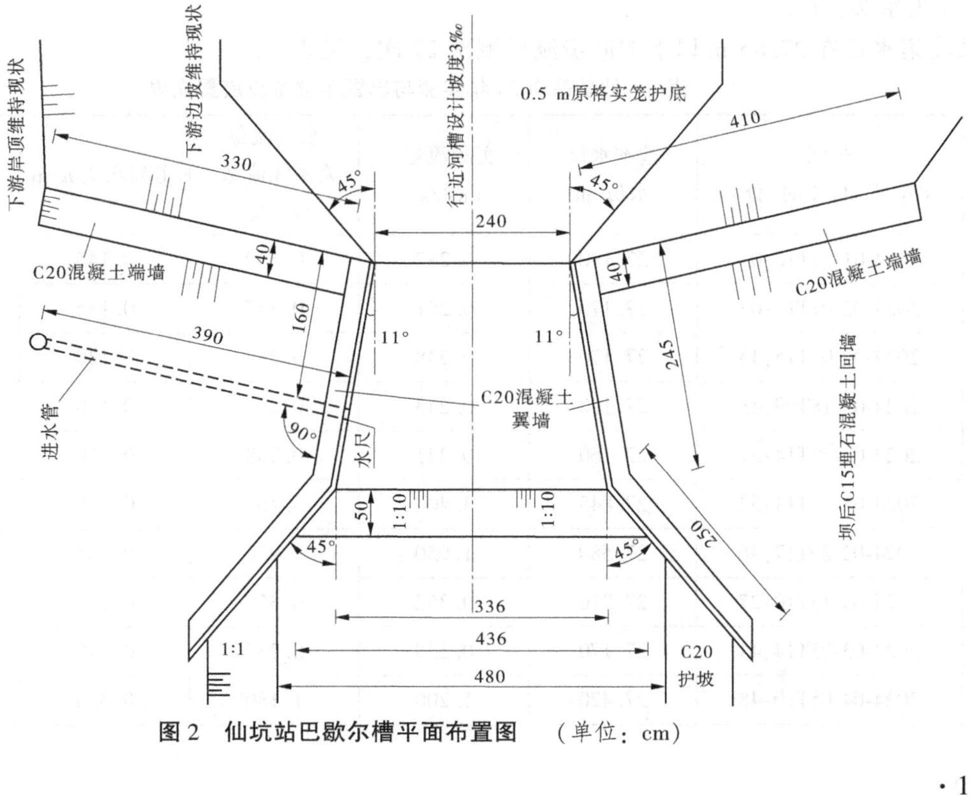

图 2　仙坑站巴歇尔槽平面布置图　（单位：cm）

图 3　仙坑站巴歇尔槽实景图

2.4　成果分析

2.4.1　水头观测

采用自记水位观测设施，同时每日 8 时通过远程视频监控系统进行人工与自记水位对比观测。

2.4.2　流量测验

同步在测流槽上游的基本水尺断面进行流量测验，主要采用缆道流速仪法、缆道移动雷达波法、涉水流速仪或小浮标施测，巴歇尔槽推求流量采用下式计算：

$$Q = 6.004h^{1.605} \tag{1}$$

式中：h 为水头，m。

共收集水位在 27.85 m 以下的同步流量测次 27 次，见表 5。

表 5　仙坑站 2024 年实测与巴歇尔槽推算流量成果

序号	时间（年-月-日 T 时:分）	基本水尺水位/m	实测流量/(m^3/s)	水位流量关系线流量/(m^3/s)	实测水头 h/m	自由流推算流量/(m^3/s)
1	2024-01-31T16:05	27.190	0.282	0.300	0.145	0.271
2	2024-02-01T11:03	27.170	0.261	0.257	0.135	0.241
3	2024-02-03T15:43	27.170	0.248	0.257	0.130	0.227
4	2024-02-18T09:43	27.170	0.243	0.257	0.130	0.227
5	2024-02-20T14:51	27.160	0.241	0.238	0.130	0.227
6	2024-02-29T14:52	27.845	3.400	3.460	0.710	3.460
7	2024-02-29T17:46	27.580	1.950	1.950	0.485	1.880
8	2024-03-13T10:27	27.210	0.352	0.350	0.180	0.383
9	2024-03-25T14:44	27.170	0.239	0.257	0.140	0.256
10	2024-04-05T10:48	27.420	1.200	1.180	0.355	1.140

续表 5

序号	时间 （年-月-日 T 时:分）	基本水尺 水位/m	实测流量/ (m^3/s)	水位流量 关系线流量/ (m^3/s)	实测水头 h/m	自由流推算流量/ (m^3/s)
11	2024-04-18T10:27	27.340	0.861	0.818	0.290	0.823
12	2024-04-20T16:52	27.495	1.460	1.510	0.430	1.550
13	2024-04-30T09:54	27.645	2.350	2.290	0.545	2.270
14	2024-05-11T09:48	27.310	0.654	0.697	0.260	0.691
15	2024-05-17T14:17	27.250	0.480	0.482	0.210	0.490
16	2024-05-20T14:02	27.300	0.673	0.661	0.250	0.649
17	2024-05-24T14:25	27.250	0.467	0.482	0.210	0.490
18	2024-05-29T16:18	27.240	0.455	0.448	0.200	0.454
19	2024-06-12T10:25	27.290	0.610	0.625	0.250	0.649
20	2024-06-14T22:04	27.790	3.100	3.060	0.670	3.160
21	2024-06-14T23:14	27.660	2.460	2.370	0.570	2.440
22	2024-06-28T10:54	27.270	0.569	0.553	0.235	0.587
23	2024-07-09T09:52	27.160	0.221	0.238	0.135	0.241
24	2024-07-24T07:16	27.130	0.174	0.183	0.115	0.187
25	2024-07-30T10:26	27.210	0.369	0.35	0.180	0.383
26	2024-08-12T10:28	27.180	0.290	0.277	0.150	0.286
27	2024-08-26T09:05	27.180	0.265	0.277	0.145	0.271

2.4.3 误差分析

点绘巴歇尔槽推算流量和实测流量相关关系，见图 4。

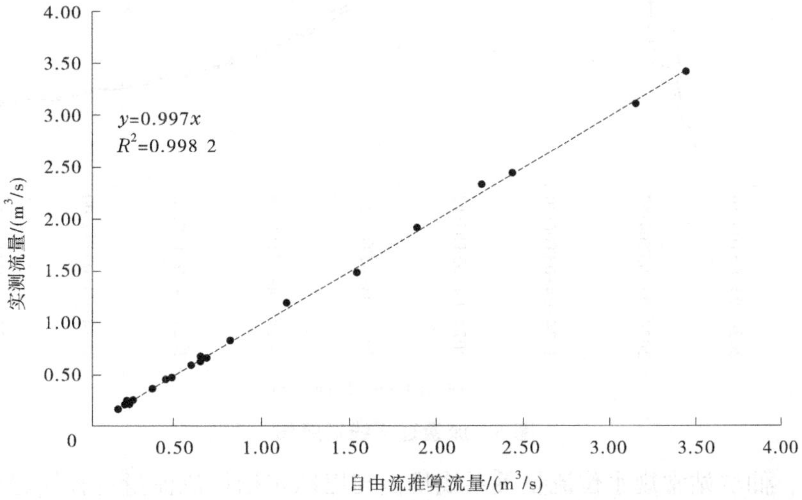

图 4 仙坑站实测流量与巴歇尔槽推算流量相关关系

从图 4 可以看出，实测流量和巴歇尔推算流量相关关系非常好，点群基本分布在 45°线左右。同时，对关系点及线进行三检分析，见表 6。表明关系曲线通过检验。

表 6　实测流量与巴歇尔槽推算流量关系线评定

指标	平均相对误差/%	相对标准差/%	随机不确定度/%	符号检验	适线检验	偏离数值检验
计算值	0.6	5.5	11.0	0	-1.77	0.58
误差上限	±2	±6	±12	1.15	1.28	±1.4

2.4.4　推算流量的水位流量关系曲线拟合

将使用范围内巴歇尔槽推算流量代替常规流量测验方法放入水位流量关系线进行同步三检，见表 7。表明巴歇尔槽推算的流量与原有测流方法无系统性偏差，可用于资料整编。

表 7　推算流量的水位流量关系线评定

指标	平均相对误差/%	相对标准差/%	随机不确定度/%	符号检验	适线检验	偏离数值检验
计算值	-0.4	5.4	10.9	0.38	0.20	-0.39
误差上限	±2	±6	±12	1.15	1.28	±1.4

2.4.5　径流成果验算

选取 2024 年 4 月 3 日 04:05 至 13:20 洪水水位过程，分别采用仙坑站常规的水位流量关系临时曲线推求的流量过程线，与巴歇尔槽推流流量过程线进行对比分析，见图 5。

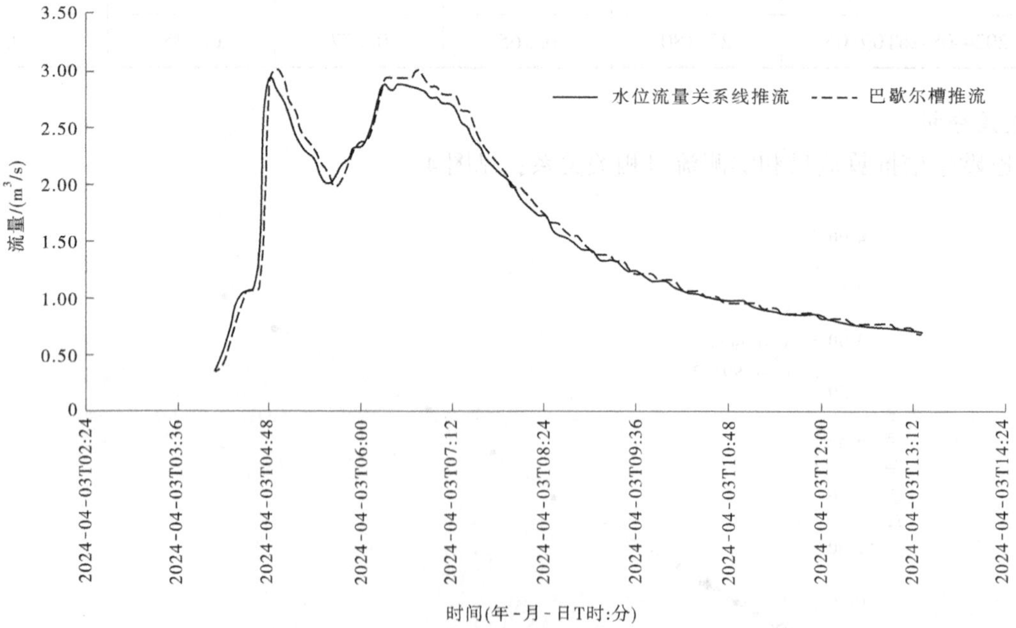

图 5　流量过程线对照图

从图 5 可看出，仙坑站常规水位流量关系线推流与巴歇尔槽推流流量过程线趋势基本一致。同时计算径流总量，见表 8。

表 8　洪水总量统计

洪水时间	洪水总量/万 m^3			洪峰流量/(m^3/s)		
	常规水位流量关系线推流	巴歇尔槽推流	相对误差/%	常规水位流量关系线推流	巴歇尔槽推流	相对误差/%
2024-04-03T04:05—2024-04-03T13:20	5.253	5.338	1.6	2.94	3.01	2.4

从表 8 可以看出，仙坑站常规水位流量关系线推流与巴歇尔槽推流洪水总量相对误差小于 1.6%，在误差范围内（三类精度的水文站一次洪水总量允许相对误差 8%），率定关系合理，可作为整编方法使用。

3　日常维护

为保证推流精度，减少推流误差，日常需对槽体进行巡查维护：①推流公式校核方面，每年选取不同水位级，采用流速仪法或 ADCP 法等流速面积法对推流公式进行校核，以保证流量测验的可靠性和精度；②水头观测维护方面，为保证水头测量精度，尽量选择高精度自记水位计为主要观测设备实现连续观测，并定期与校核水尺进行比测；③槽体维护方面，应经常性检查防止变形，保持各部位尺寸的准确和表面良好的光洁度；④测流槽至行近河槽宜保持清洁，浮筒井和行近河槽的入口也应保持清洁和没有沉积物。喉道和测流槽的弧形进口应保持清洁和没有水生物生长。

4　结语

仙坑站巴歇尔槽经验公式推求流量能通过 3 种检验和标准差计算，满足水文测验规范要求和整编规定要求，可有效解决低水头测验难题及低水水位-流量关系不稳定的问题。

巴歇尔槽形成平稳壅水面，测验精度较高，可强化对河湖生态流量监测分析，策应幸福河湖建设。

巴歇尔槽推流方法还可在小河流域、渠道、灌区等推广使用，按标准系列槽标注尺寸进行设计安装，可实现流量在线监测，推动水文现代化进程。

参考文献

[1] 中华人民共和国水利部．水工建筑物与堰槽测流规范：SL 537—2011［S］．北京：中国水利水电出版社，2011

[2] 中华人民共和国住房和城乡建设部．河流流量测验规范：GB 50179—2015［S］．北京：中国计划出版社，2016.

[3] 中华人民共和国水利部．水文资料整编规范：SL/T 247—2020［S］．北京：中国水利水电出版社，2021.

[4] 杨琳，等．三角形薄壁堰流量测验方法在山溪性小河中的应用［J］．人民珠江，2008（3）：65-67.

基于数字孪生技术的智慧清污机设计及验证

耿红磊[1]　李亚腾[2]　王延军[2]　杜培文[3]　张少卿[2]　樊建旗[1]

（1. 水利部水工金属结构质量检验测试中心，河南郑州　450044；
2. 曲阜恒威水工机械有限公司，山东济宁　273100；
3. 山东省水利勘测设计院有限公司，山东济南　250000）

摘　要：本文设计了一种基于数字孪生技术的智慧清污机，该智慧清污机集成了水面与水下多维度实时监控、基于 YOLOv7 算法的污物识别、齿耙杆弯曲监测、链条松紧监测等多项前沿技术，并通过构建数字孪生模型实时反映设备的物理状态并进行虚拟仿真，从而实现对设备的远程监控与智能化管理。通过实际的验证试验，该清污机在远程控制响应速度、实时报警准确率及关键监测参数的精度等方面表现突出，且大幅降低了运行和维护成本。本文不仅为清污机的智能化提供了新的解决方案，也探索了数字孪生技术在水利工程设备中的应用。

关键词：智慧清污机；数字孪生；YOLOv7 算法；智能运维；实时监测

1　引言

水利水电工程清污机是指水利水电工程中用于清除水电站、泵站、河道、渠道等拦污栅前污物的专用机械设备，直接关系到水利水电工程健康、高效运行。水利水电工程清污机保护水环境、修复水生态的重要手段，是践行“系统治理”的强力补充，是确保泄洪通畅、提高水头利用效率、减少能源浪费的有效工具。同时，随着水环境治理需求的不断增长，传统清污机在效率、可靠性等方面面临诸多挑战，其传统的运行模式也造成大量的电力浪费和运行故障。

近年来，随着物联网、人工智能、大数据等新兴技术的发展，数字孪生技术逐渐在各个领域得到应用。数字孪生通过构建物理设备的虚拟模型，实现物理世界与虚拟世界之间的数据同步和信息交互，从而为设备的实时监控、故障预测与智能运维提供了全新的技术手段。数字孪生技术的引入，使得设备管理从传统的“事后维护”向“预防性维护”乃至“预测性维护”转变，显著提升了设备的管理效率和运行稳定性。基于数字孪生技术的智慧清污机旨在通过集成远程控制、实时报警、水面与水下多维度实时监控、基于 YOLOv7 算法的污物识别、齿耙杆弯曲监测、链条松紧监测、水下淤泥厚度监测、流速与水位监测、电气柜状态监测、天气实时监测、皮带机运行状态监测、维保指导、备品备件管理及维修档案管理等功能，实现清污机的全方位智能化运行。同时，研制基于数字孪生技术的回转式智慧清污机也是实现“数字孪生工程”的重要组成部分。

2　相关研究

2.1　数字孪生技术在各行业中的应用

数字孪生技术最早起源于航空和航天领域，用于复杂设备的实时监控和故障预测。NASA 在太空探测器的维护中，通过虚拟模型模拟设备运行状态，为地面操作人员提供决策支持。这一成功应用为数字孪生技术的普及奠定了基础。

基金项目：水利部重大科技项目“水工程闸门和启闭机数字孪生与智慧运维关键技术及装备研发”（SKS-2022142）。
作者简介：耿红磊（1985—），男，高级工程师，主要从事水工金属结构检测、监测与创新的研究工作。

目前，数字孪生技术被广泛应用于生产线和设备的智能化管理。Qi 等[1] 在研究中提出，通过数字孪生模型的构建，可以实现对生产设备的全生命周期管理，包括实时监控、故障诊断、预测性维护等。这一技术显著提高了生产效率和设备的可靠性。房方等[2] 的研究表明，数字孪生技术在风力发电机的维护中，实现了设备状态的全方位感知和智能诊断，提升了设备的运行可靠性。

2.2 水利工程中数字孪生技术的应用

近年来，随着物联网、人工智能等新兴技术应用，水利工程智能化、数字化有了长远的进步。刘得俊[3] 在水利工程设备管理中引入了基于物联网的远程监控系统，实现了对水泵、水闸等设备的实时监控。王育杰等[4] 提出了一种基于数字孪生的水电站管理系统，通过虚拟模型对水电站设备进行实时监控和故障预测。这些研究表明，智能化和数字孪生技术在水利工程中的应用，可以显著提升设备管理的效率和安全性。

随着数字孪生流域和数字孪生水网的深度建设，更多的研究开始关注数字孪生在水利工程中的应用。这些研究为本文的回转式清污机数字孪生智能运维系统的构建提供了参考。

2.3 清污机的运维现状与挑战

在水利工程中，回转式清污机是保障水流畅通、提高水头利用率的重要设备。然而，传统的清污机运维方式主要依赖人工巡检和定期维护，存在监控不全面、故障发现不及时、维护成本高等问题。

近年来，部分研究开始探讨如何通过引入智能化技术改进清污机的运维方式。例如，张健等[5] 提出的智能视频联控清污系统已在部分工程中得到应用，实现了对设备的实时监测和故障预警。然而，这类系统在监控手段上仍然较为单一，无法实现全面的智能化运维管理。

2.4 基于 YOLO 算法的目标识别检测技术

YOLO（You Only Look Once）算法是一种基于深度学习的目标识别检测技术，因其快速高效的特性在多个领域得到了广泛应用。Redmon 等[6] 最早提出了 YOLO 算法，通过单次检测框架实现了实时目标检测。随着算法的不断迭代，YOLO 的检测精度和速度不断提升，在图像识别和监控系统中得到了广泛应用。

在水利工程中，目标识别检测技术主要用于水面漂浮物的识别与分类。近年来，随着 YOLO 算法的发展，研究人员开始尝试将其应用于水面垃圾的自动识别。例如，Zhang 等[7] 使用 YOLOv3 对水面垃圾进行检测，试验结果表明，该方法能够有效提高垃圾识别的准确率。本文借鉴了这一研究，采用 YOLOv7 算法[8]，以进一步提升清污机污物识别的效率和精度。

3 系统架构设计

该设计的核心目标是通过数字孪生技术结合物联网和人工智能，实现对回转式清污机的全方位智能化运维管理。系统架构设计采用模块化和分层次的方式，确保系统具备良好的扩展性、灵活性和稳定性。整体架构主要分为感知层、传输层、数字孪生层、应用层和用户层五个层次，每个层次分别承担不同的功能和任务。

3.1 感知层

感知层是系统的基础，负责实时采集清污机及其运行环境的各种数据。主要设备包括：

（1）传感器模块。布置在清污机和皮带机关键部位的各类传感器（见图 1 和图 2），用于监测设备的运行状态。例如，齿耙杆弯曲监测传感器、链条松紧传感器、水下淤泥厚度传感器、流速传感器、水位传感器等。这些传感器将设备运行过程中产生的物理量转化为可测量的数据，并传输到上位系统。

（2）视频监控系统。水面和水下视频监控设备，用于实时监控清污机的工作状态和周围环境。该系统集成了基于 YOLOv7 算法的污物识别功能，能够实时检测和识别水面漂浮物，并提供图像数据支持。

（3）环境监测模块。包括天气监测设备（如温度、湿度、风速传感器）及流速传感器、水位传感器，实时获取清污机运行环境的相关信息。

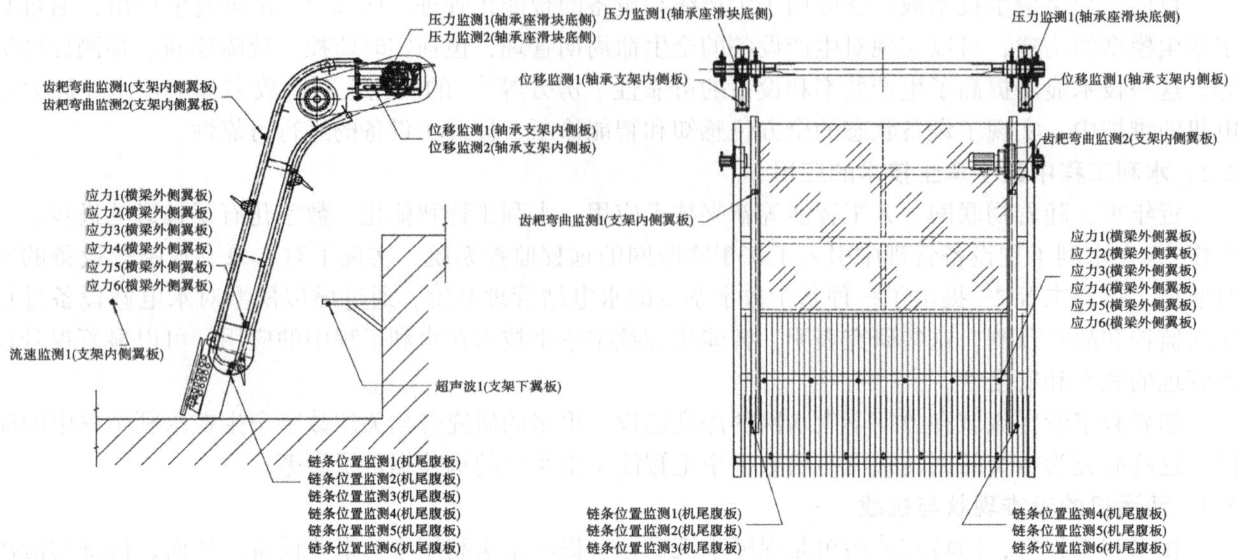

图1 清污机传感器布置图

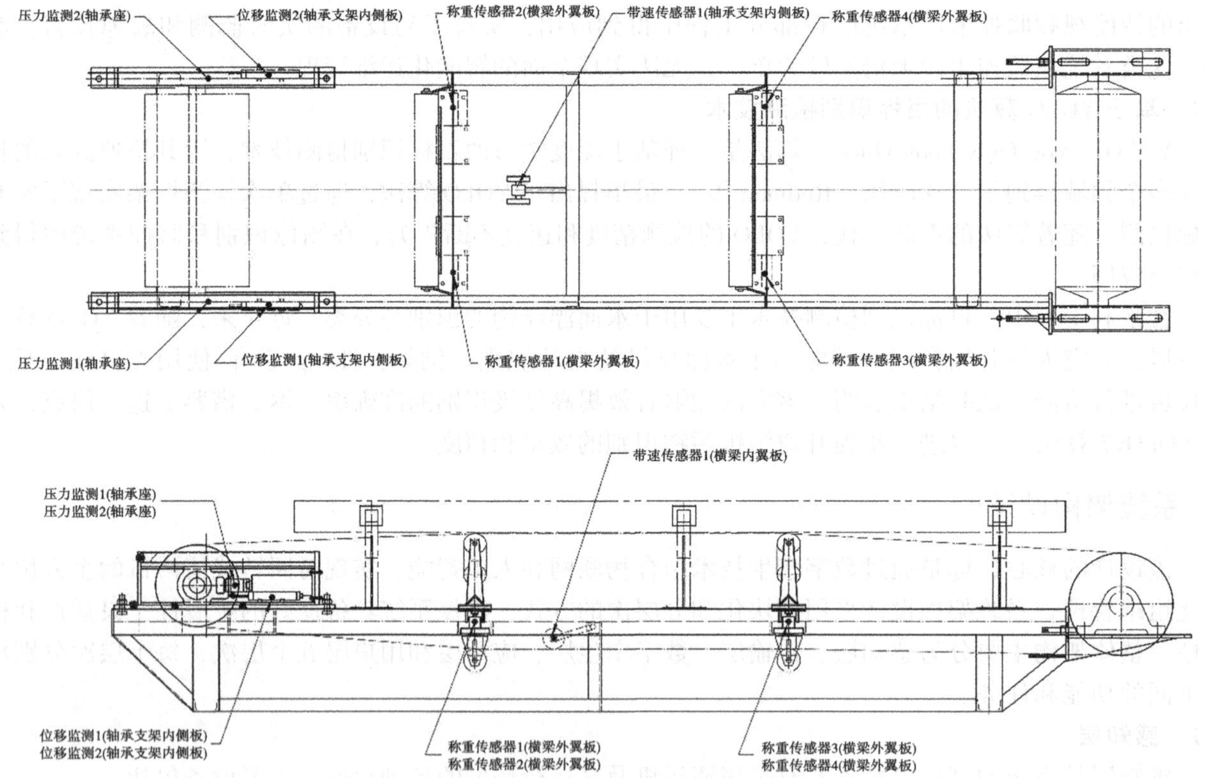

图2 皮带机传感器布置图

3.2 传输层

传输层的主要任务是将感知层采集到的各类数据实时、安全地传输到数字孪生层。其核心组件包括有线通信网络和边缘计算节点。其中，有线通信网络采用网线、光纤等通信技术，根据传输距离和速率要求选择适合的通信方式，确保数据的低延时和高可靠性。边缘计算节点则部署在现场电气柜的边缘计算设备，用于对传感器采集的数据进行初步处理和过滤，减少数据传输量，降低带宽压力。

3.3 数字孪生层

数字孪生层是系统的核心，它通过对清污机及其运行环境的虚拟建模，实现物理设备的数字映射和实时监控。该层的功能模块包括：

（1）数字孪生模型。基于实时数据更新的虚拟模型，精确反映清污机的结构、运动、运行状态等物理特性。该模型不仅能够可视化清污机的实时状态，还可以进行模拟分析和预测性维护。

（2）数据融合与分析引擎。对传输层上传的数据进行融合和分析。通过大数据分析和机器学习算法，对清污机的运行状态进行深度分析，识别故障并提供维护建议。

（3）智能运维模块。支持不同工况下的虚拟仿真，实时监测设备在特定条件下的运行表现，预测可能出现的故障，并提供应对措施，为运维人员提供决策支持。

3.4 应用层

应用层是系统与用户的直接交互界面，提供多种智能化管理和决策工具，主要功能包括远程控制与监控、实时报警与通知、维保指导与档案管理和数据可视化。①远程控制与监控通过可视化平台（见图3），运维人员可以远程监控清污机的运行状态，并根据需要进行操作控制，如启停设备等。②实时报警与通知集成智能报警机制，当监测数据超出设定阈值时，自动触发报警，并通过页面内通知等方式提醒运维人员及时处理。③维保指导与档案管理提供维护指导与档案管理功能，存储详细的维修档案，供后续查阅和参考。④数据可视化支持多维度的数据可视化展示，如历史数据趋势图、详细数据表等，如图4所示。同时，系统能够提供下载功能，便于存储和分析。

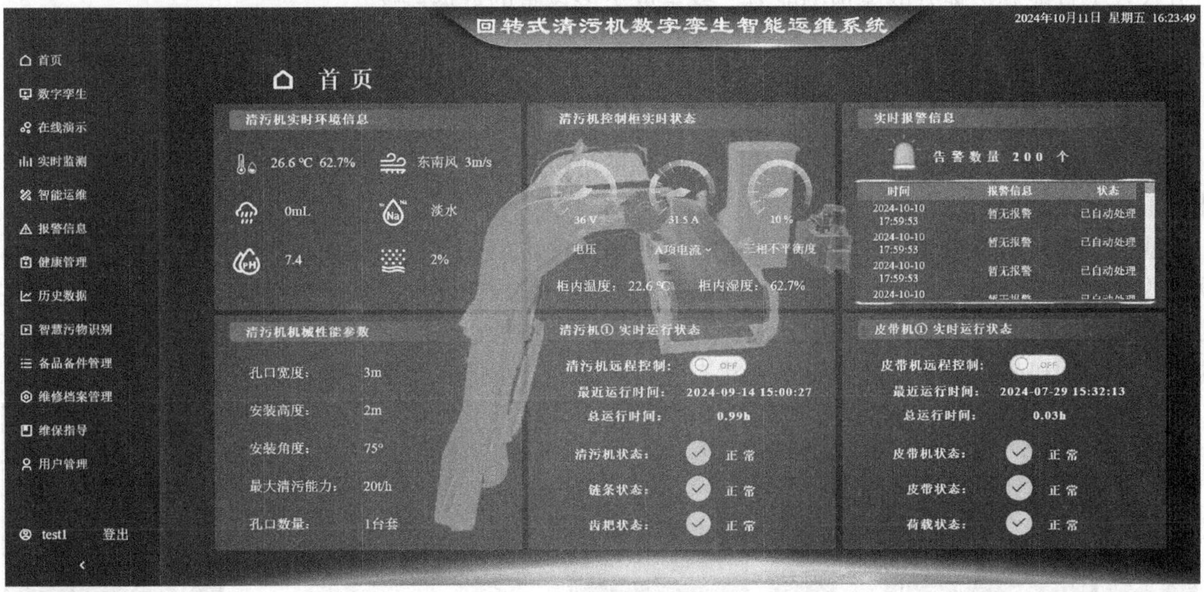

图3 系统交互界面

3.5 用户层

用户层是系统的最终服务对象，包括设备运维人员、工程管理人员及决策者等。该层通过应用层提供的界面和工具，实现对系统的直接使用和管理。用户层的设计注重用户体验，提供了友好的操作界面和个性化的功能定制，确保各类用户能够高效使用系统。

3.6 系统的安全性与可扩展性

为确保系统的可靠性与安全性，架构设计中特别考虑了以下方面：

（1）数据加密与访问控制。在数据传输和存储过程中，采用AES、RSA等加密技术，确保数据的机密性。同时，通过严格的身份验证和权限管理机制，保障系统的安全性。

（2）容错与备份机制。系统设计了多重容错机制，确保在传感器故障或通信中断的情况下，系统仍能维持基本功能。同时，系统支持数据备份与恢复，防止数据丢失。

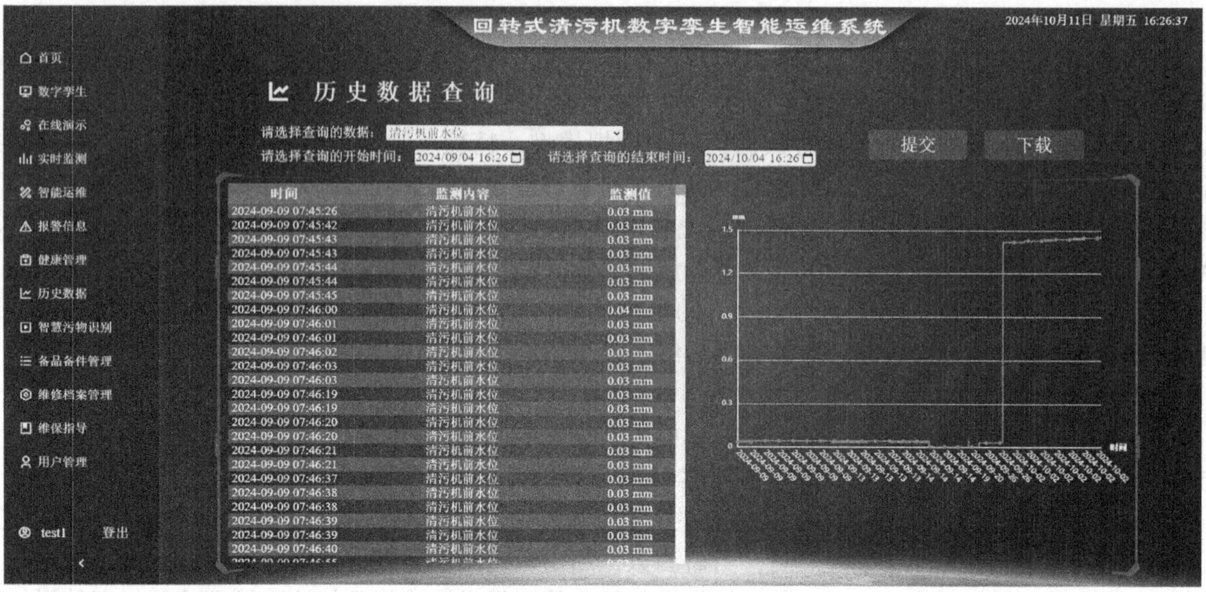

图 4　数据可视化界面

（3）模块化设计。系统各模块独立运行，功能可按需扩展，便于未来增加新的监测与管理功能，如引入人工智能算法提升故障预测能力，或集成更多设备的数据监控。

4　关键技术

4.1　数字孪生技术

数字孪生技术是该设计的核心，通过对物理清污机的精确建模，构建其数字孪生体。该技术的关键在于实时数据的同步与处理。

基于清污机的三维结构和运行参数，构建高精度的虚拟模型。模型通过实时数据更新，反映物理设备的当前状态，如图 5 所示。利用传感器采集的实时数据，通过高效的数据映射算法，将物理设备的运行状态实时投影到虚拟模型中，确保数字孪生体与物理设备的一致性。通过历史数据和实时数据的结合，利用机器学习算法对设备未来状态进行预测，并提前识别潜在故障，提供维护建议。

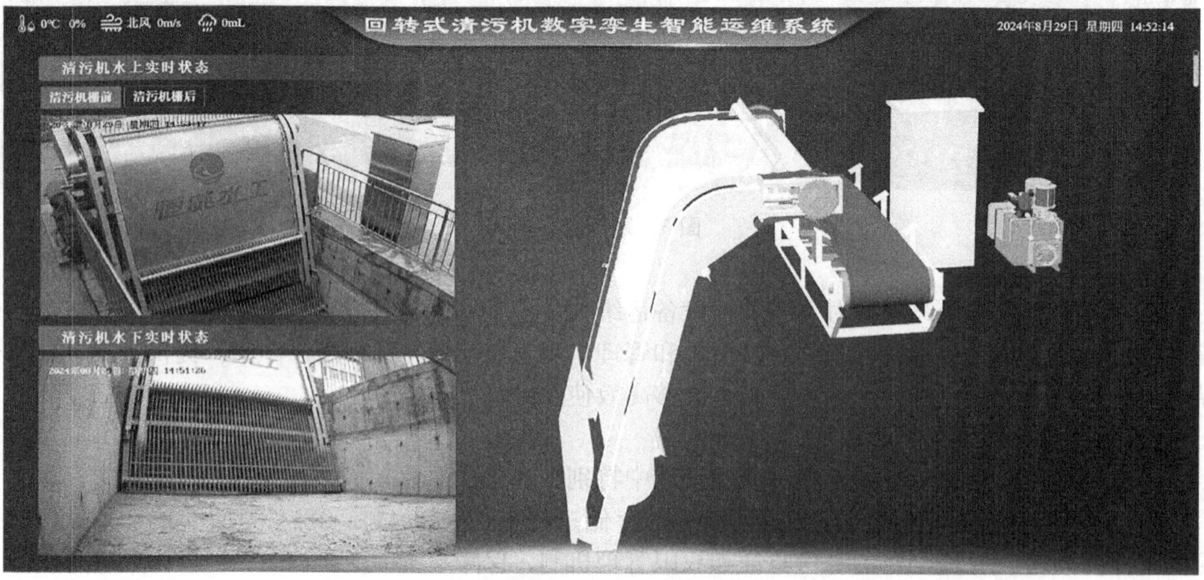

图 5　数字孪生可视化界面

4.2 基于 YOLOv7 的污物识别技术

污物识别是系统实现清污自动化的重要技术之一。系统采用了 YOLOv7 算法进行水面污物的实时检测与分类：

（1）YOLOv7 算法的优化。在传统 YOLOv7 算法的基础上，结合 Focal Loss 函数，有效地缓解了污物类别不平衡问题，适应了水面复杂环境下的污物检测需求。

（2）模型训练与优化。使用水面垃圾数据集进行模型训练，结合数据增强技术（如旋转、缩放、模糊处理等），增强模型的鲁棒性，并通过反向传播算法进行参数优化。

（3）实时识别与分类。系统实现了对水面漂浮物的实时识别与分类，并根据识别结果自动调整清污机和皮带机的启停。

4.3 多维度实时监控技术

为了全面掌握清污机的运行状态，清污机集成了水面和水下的多维度实时监控技术。

（1）传感器融合技术。通过融合不同类型的传感器数据（如水下淤泥厚度传感器、流速传感器、水位传感器等），实现对清污机工作环境的全面感知。

（2）边缘计算与数据处理。利用边缘计算技术，对现场采集的数据进行初步处理，如异常数据的过滤、数据压缩和预处理，减轻后台服务器的处理压力，并提高响应速度。

（3）视频监控与分析。集成了水面和水下的视频监控系统，通过图像处理算法实现对清污机和皮带机工作区域的动态监控，并结合 YOLO 算法进行污物的自动识别和处理。

4.4 远程控制与实时报警技术

该设计实现了对清污机和皮带机的远程控制和实时报警功能，提升了设备的管理效率和安全性。基于 Python 开发了远程控制界面，运维人员可以通过网页端对清污机进行操作，如远程启动、停止等。系统预设了多种报警条件（如设备过载、传感器异常等），当监测数据超出设定阈值时，自动触发报警，并通过网页内通知方式及时通知相关人员。

5 试验结果

5.1 试验环境与测试方法

为验证该设计的实际效果和性能，在某水利工程项目中部署该系统，进行了为期数月的试验测试。试验结果表明，该智慧清污机在提高清污机运行效率、减少设备故障率、优化运维流程等方面表现优异。

试验在实际的水利工程现场进行，测试系统包括清污机设备、传感器网络、数字孪生平台和远程控制系统。通过对污物识别准确率、设备运行监控、远程控制响应速度、报警机制有效性来测试。

5.2 试验数据分析

通过试验结果数据分析：

（1）污物识别。系统在不同光照和水流条件下，通过比较系统识别结果与人工标注结果，评估基于 YOLO 算法的污物识别准确率，对水面污物的识别准确率平均达到了 85%以上，远高于传统图像处理方法。

（2）设备监控与故障预警。系统能够实时监控清污机的关键部件状态，识别并报警的故障占总故障次数的 95%以上，显著减少了设备的非计划停机时间。

（3）远程控制。系统的远程控制响应时间在 200 ms 以内，操作精度高，能够满足实时性要求。

（4）报警响应。在试验中，系统在发生故障时能够在 1 s 内触发报警。

试验结果表明，本文设计的基于数字孪生的智慧清污机在实际应用中具有显著的优势。数字孪生技术的引入，能够实时监控设备的运行状态，并对潜在故障进行预测，有效提升了设备的管理水平。同时，基于 YOLO 算法的污物识别技术，显著提高了清污作业的自动化程度。

6 结论与展望

6.1 结论

本文设计并验证了一种基于数字孪生的智慧清污机，集成了远程控制、实时报警、多维度监控和基于 YOLO 的污物识别等功能。通过实际应用测试，验证了其在提升设备运行效率、减少故障率、降低运维成本等方面的有效性。智慧清污机的成功实施为水利工程中的清污设备管理提供了新思路，也为数字孪生技术在水利工程设备领域的应用奠定了基础。试验结果表明，智慧清污机能够显著提高清污机的智能化水平，减少设备非计划停机时间，具有较高的实用价值和推广潜力。

6.2 展望

尽管本文的研究取得了一定成果，但仍有一些领域值得进一步探索和改进：

（1）算法的持续改进。随着 YOLO 算法的不断发展，未来可以结合更多先进的深度学习算法，进一步提高污物识别的准确率和加快处理速度。

（2）系统的扩展性。未来可以考虑将系统应用于更多类型的水利设备，并集成更多传感器数据，实现更全面的智能运维管理。

（3）数据安全与隐私保护。随着系统功能的不断扩展，数据安全与隐私保护将成为重要议题，需要进一步加强对数据加密、访问控制等技术的研究。

总体而言，本文的研究为水利工程智能化运维提供了有力支持，并展现了数字孪生技术在复杂设备管理中的广泛应用前景，随着数字孪生技术的不断发展和完善，智慧清污机将在水环境治理中发挥更加重要的作用。

参考文献

[1] Qi Q , Tao F . Digital Twin and Big Data Towards Smart Manufacturing and Industry 4. 0: 360 Degree Comparison [J] . IEEE Access, 2018: 3585-3593.

[2] 房方，姚贵山，胡阳，等．风力发电机组数字孪生系统［J］．中国科学：技术科学，2022，52（10）：1582-1594.

[3] 刘得俊．物联网在现代水利建设中的应用［J］．现代农业科技，2015（10）：333-335.

[4] 王育杰，施凯敏，娄书建．数字孪生三门峡水利枢纽综合设计与应用研究［J］．水利信息化，2022（6）：1-6，14.

[5] 张健，贾新胜，邢龙，等．智能视频联控清污系统的研究与应用［J］．水电站机电技术，2024，47（8）：128-131.

[6] Redmon J , Divvala S , Girshick R , et al. You Only Look Once: Unified, Real-Time Object Detection [C] //Computer Vision & Pattern Recognition. IEEE, 2016.

[7] Zhang L, Xie Z, Xu M, et al. EYOLOv3: An Efficient Real-Time Detection Model for Floating Object on River [J] . Appl. Sci. 2023, 13, 2303.

[8] Wang C Y , Bochkovskiy A , Liao H Y M . YOLOv7: Trainable bag-of-freebies sets new state-of-the-art for real-time object detectors [J] . arXiv e-prints, 2022.

数字孪生水利工程电缆温度三维可视化监测平台设计与实现

洪德法

（中水东北勘测设计研究有限责任公司，吉林长春 130021）

摘　要：为提升水利工程电缆温度监测效果，更好地为水利工程管理决策提供依据，本文在研究数字孪生水利工程技术的基础上，提出数字孪生水利工程电缆温度三维可视化监测平台的总体方案；综合利用GIS、大数据技术，进行平台建设实践，实现了水利工程数字沙盘可视化展示、电缆温度查询、温度预警、温度数据检索、视频监控查看、系统管理功能。平台将水利工程GIS场景、BIM模型与电缆温度数据进行了融合应用，提高了电缆温度监测可视化效果、直观性和电缆巡检效率，提升了水利工程输电系统安全性，对于支撑水利工程数字化管理具有重要意义。

关键词：数字孪生水利工程；电缆温度；三维可视化；监测平台

1　引言

近年来，物联网、云计算、大数据、人工智能及空间信息等前沿信息技术快速发展，为水利行业转型升级提供了强大动力。将信息技术和水利深度融合的智慧水利成为解决水资源问题、提升水治理能力、推动水利高质量发展的关键路径[1]。数字孪生水利工程作为智慧水利的重要组成部分，是发挥数字孪生技术对重大水利工程建设的驱动作用，提升建设全要素、全过程管理能力。电缆是水电工程电能传输的关键，电缆缆芯温度关系电缆的使用寿命和绝缘安全，是评估电缆线路运行的关键指标。李成成等运用Matlab软件实现了电力电缆DTS测温数据的综合快速处理和可视化三维呈现[2]；王锟等提出具备信息管理、温度异常判断及报警功能的电力电缆头温度监测与报警系统[3]。现有系统仅能以二维曲线方式展示电缆温度，电缆温度预警与故障定位不直观。

为解决现有水利工程电缆温度监测系统的不足，本文提出基于GIS+BIM技术的水利工程电缆温度三维可视化监测平台的总体设计方案、关键技术，开展平台建设实践，实现水利工程数字沙盘可视化展示、电缆实时温度查询、温度预警、温度数据检索、视频监控查看、系统管理功能，对于水利工程电力电缆温度监测系统建设具有一定的研究意义。

2　总体设计

2.1　总体思路

集成水利工程电缆DTS系统（分布式光纤测温系统），对电缆温度数据流进行接入、解析、清洗、存储，利用GIS、BIM、大数据技术，构建数字孪生水利工程三维场景，将水利工程电缆模型与电缆温度数据进行融合关联，搭建面向水利工程管理的电缆温度可视化监测应用平台，实现水利工程三维场景和隧道的可视化展示、电缆温度监测和预警、数据查询、数据统计、视频监控查看等功能，为水利工程输电系统的安全运行提供决策支持。

2.2　总体架构

平台采用B/S架构模式，主要包括数据层、平台支撑层、应用层、标准和政策四部分，平台总

作者简介：洪德法（1984—），男，高级工程师，主要从事地理信息平台技术研究及应用工作。

体架构如图 1 所示。

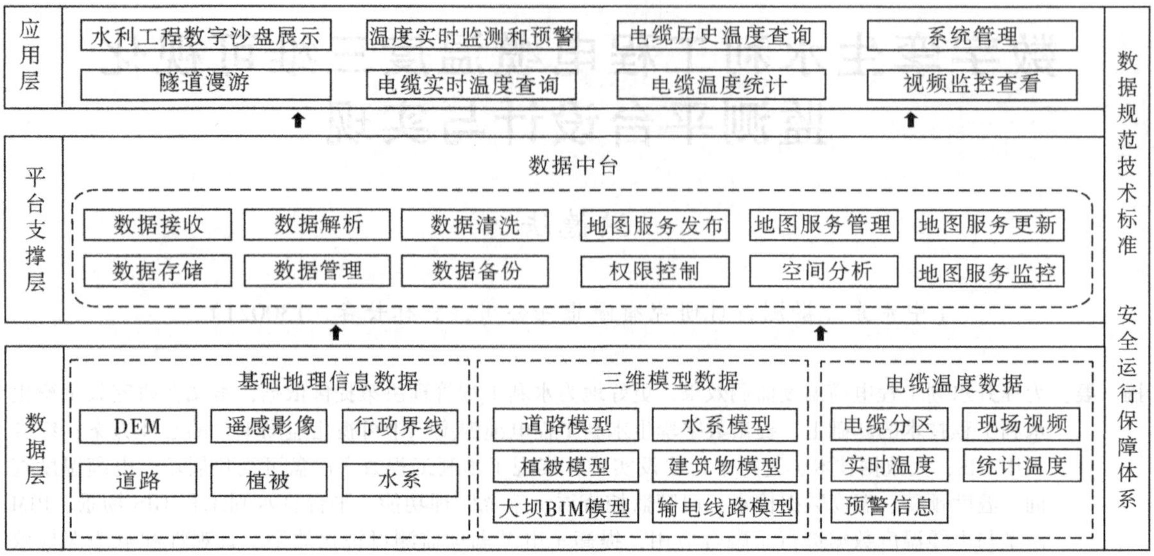

图 1　平台总体架构

（1）数据层。主要包括基础地理信息数据、三维模型数据、电缆温度数据，并按一定的层次结构组成三维场景。

（2）平台支撑层。实现地图数据服务的发布、管理、更新等，为上层应用系统提供统一的地图数据服务，并将电缆温度数据封装成数据接口[4]，为上层应用系统提供统一的电缆温度数据接口服务。

（3）应用层。依据水利工程管理需求，利用先进的数字化技术，开发 B/S 架构的应用系统，实现水利工程数字沙盘可视化展示、温度实时监测和预警、电缆实时温度查询、电缆历史温度查询、系统管理等功能，提升水利工程管理数字化水平。

（4）标准和政策。标准和政策是确保平台建设、维护和稳定运行的关键，包括数据规范技术标准体系和安全运行保障体系两部分。数据规范技术标准体系包括数据成果标准、数据接口规范等，安全运行保障体系主要是平台维护、数据管理、数据应用和共享等方面安全相关的管理制度。

3　关键技术

3.1　BIM 模型轻量化

为提升 BIM 模型的渲染速度，通过构建 LOD 模型、几何简化、纹理压缩三种方式对 BIM 模型进行轻量化处理。构建 LOD 模型是将 BIM 模型预先生成一系列不同精度的模型，在三维场景中显示模型时，根据相机远近自动加载适合精度的模型进行渲染和显示，实现远处加载粗模型，近处加载精细模型，减少视景体范围内的模型数据量；几何简化就是在保证模型外观基本不变的前提下尽可能地减少模型三角面的数量，降低模型数据量，减少模型加载、渲染显示的时间，常见的几何简化方法包括几何元素剔除法、采样法、自适应细分法和边折叠法[5]，本文在边折叠法基础上进行了改进；纹理压缩实现在保证模型纹理图片清晰度的情况下最大限度地对纹理图片进行压缩，减小纹理图片数据量，以提高模型加载效率。

3.2　Redis 缓存技术

Redis 是一个内存数据库，通过将用户数据存储在内存中，减少对数据库的查询，实现用户数据的快速读取和存储，提高用户数据的查询效率。本文利用 Redis 的缓存技术和数据分片策略，提高数据访问速度和平台的整体性能[6]，利用 Redis 将数据持久化至硬盘的能力，对用户数据进行备份，以此来保证数据在系统故障或重启后的完整性和高可用性。

4 平台实现

4.1 数据库建设

收集、接入、整理水利工程相关基础地理信息数据、三维模型数据和电缆温度数据，开展数据资源分类、编码工作，建立标准化的电缆温度数据库。其中，基础地理信息数据包括行政界线、影像、地名地址、道路、水系、绿化等 GIS 数据，通过 PostGIS 数据库存储；三维模型数据包括树木、水系、道路、建筑物的三维实景模型数据和水利工程的 BIM 模型数据，以文件形式进行存储；电缆温度数据包括电缆分区温度监测数据和温度统计数据，通过 MySQL 关系型数据库进行存储。

4.2 三维数字化场景搭建

将水利工程管理范围内的 DEM、影像进行叠加生成地形级三维场景，再添加道路、植被、建筑物三维实景模型和动态水面模型、三维文本标注标签，以及含有隧道和电缆模型的水利工程 BIM 模型，在隧道模型相应位置叠加实际视频监控摄像头的模型；设置场景光源的位置及相应参数[7]，加载天空动态云背景，提高三维场景的真实度和还原度，构建数字孪生水利工程三维数字化场景。

4.3 数据中台建设

基于微服务技术搭建数据中台，用于数据管理和数据服务，实现电缆温度数据和应用系统之间松散耦合关系[8]。数据中台实现行政界线、影像、地名地址等地图数据服务的发布、管理、更新，为上层应用系统提供统一的地图数据服务；对 DTS（分布式光纤感温系统）以 Modbus 协议发送的电缆温度数据进行接收，以 2 m 为采集间隔将温度数据进行解析、清洗、存储后，将温度数据成果发布为标准化数据接口，为上层应用系统提供统一的电缆温度数据接口服务。

4.4 应用系统建设

基于 Cesium 三维引擎和 SpringBoot+Vue 前后端分离技术搭建水利工程电缆温度三维可视化监测平台，集成水利工程三维数字化场景、电缆温度监测数据、电缆温度历史统计数据，实现水利工程数字沙盘可视化展示、电缆实时温度查询、电缆温度预警、历史温度数据检索、系统管理等功能。

4.4.1 数字沙盘可视化展示

4.4.1.1 三维场景浏览

以第一人称视角浏览数字孪生水利工程三维场景，通过三维场景放大、缩小、平移、前视图、后视图、量测、定位、导出场景等基础工具，在三维场景中实现交互操作。其中，定位工具实现了输入回路、相位、分区等条件，场景视角自动定位到隧道模型电缆相应的位置处。

4.4.1.2 隧道漫游

根据已经预设好的飞行路径，设置高度、角度、速度等参数，在隧道模型内部进行漫游飞行，或者采用鼠标操作方式在隧道内部进行漫游，加入碰撞检测、重力感应功能，便于直观了解隧道内部电缆、视频监控摄像头分布情况。

4.4.2 电缆实时温度查询

在水利工程隧道模型内部点击电缆的任意位置，弹窗显示该位置所对应电缆、相位、分区的实时温度曲线，温度曲线默认间隔点为 2 m，电缆温度查询如图 2 所示；还可通过选择电缆、相位、分区条件的方式，查询显示当前的温度曲线。

4.4.3 电缆温度预警

如果实时温度超过设定的预警值，系统弹出预警窗口并显示温度超过预警值的回路、相位、分区、监测点位置、预警类型等信息，如图 3 所示；点击“确认”按钮确认报警信息，或者点击“取消”按钮，取消报警信息。

4.4.4 历史温度数据查询

该模块具有两种查询历史数据的方式，一种可按“日期查询”，通过设置电缆、相位、分区、日期条件，查询光缆历史的温度数据，并以折线的形式显示各监测点的温度数据；另一种可以按“监

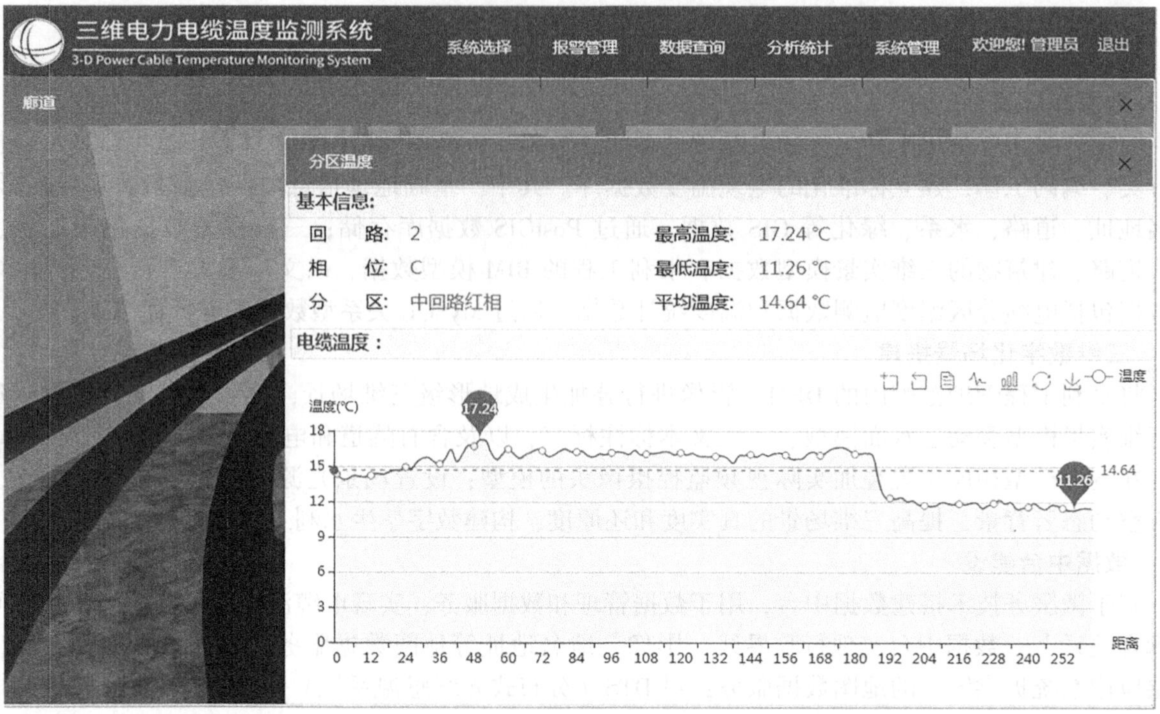

图 2 电缆温度查询

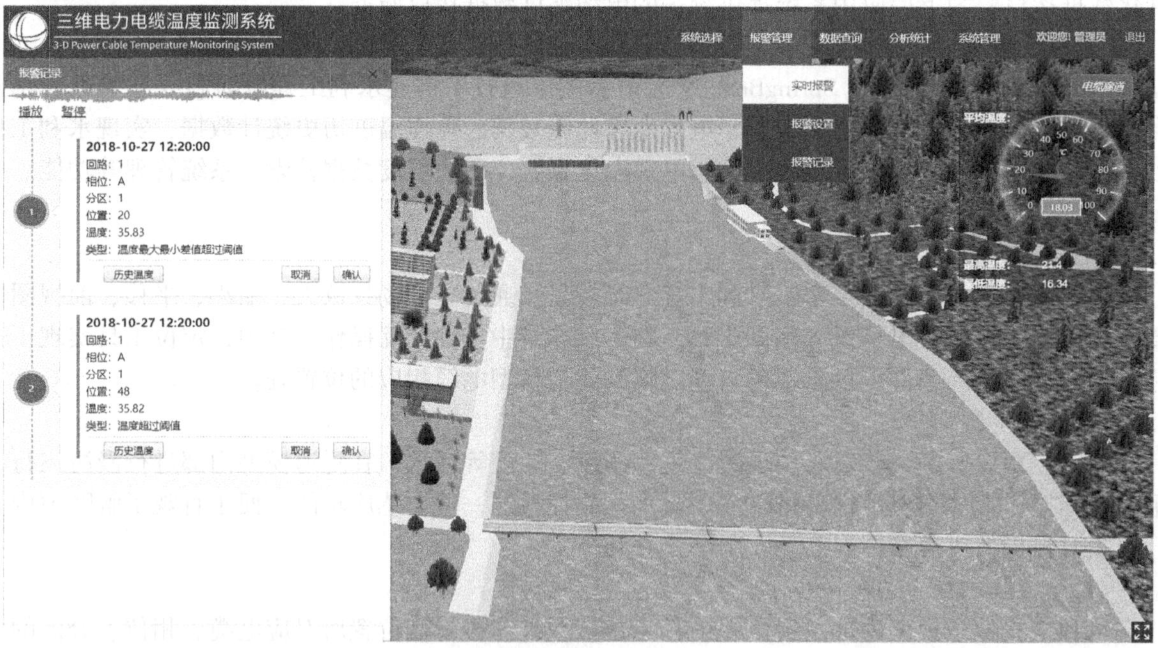

图 3 电缆温度预警

测点位”查询，通过选择电缆、相位、分区、监测点条件，查询某一监测点不同时间的温度数据，并以折线图的形式反映温度变化。

4.4.5 温度统计

以日、月、年为单位，统计每个回路、相位、分区的平均温度、最高温度、最低温度，并通过可视化折线图的方式进行展示。

4.4.6 查看视频监控

点击三维场景隧道模型内视频监控摄像头，调用对应的监控摄像头的视频流并显示实时视频画面；在视频监控摄像头列表中选择摄像头名称，调用对应的监控摄像头的视频流并显示实时视频画面。

4.4.7 系统管理

系统管理模块实现平台的用户管理、权限管理、日志管理、参数配置和数据库管理和备份等功能，简化平台运维管理操作，实现平台运维的高效便捷与动态灵活。

5 结语

为提升水利工程电缆温度监测效果，便于电缆温度数据的管理、查询、统计分析，本文提出了一种基于数字孪生的水利工程电缆温度三维可视化监测平台，并对平台进行了设计、关键技术探索、建设和应用。平台综合利用 GIS+BIM 技术，具有水利工程数字沙盘可视化展示、电缆实时温度查询、电缆温度监测和预警、电缆温度统计等功能，可提升水利工程数字化管理水平，保障水利工程输电安全，为电力电缆温度监测相关平台建设提供一定的参考价值和实用意义。在今后的工作中，将进一步深化应用数字孪生水利技术，优化水利工程三维数字化场景，融合应用 GIS、BIM、大数据技术对水利工程三维模型和电缆温度数据进行深度分析挖掘，支撑水利工程更多应用场景，为水利工程管理提供决策依据。

参考文献

[1] 李国英．为以中国式现代化全面推进强国建设、民族复兴伟业提供有力的水安全保障［J］．水利发展研究，2024，24（3）：1-3.

[2] 李成成，徐龙阳，张华，等．电力隧道监测中 DTS 数据可视化处理研究［J］．光纤与电缆及其应用技术，2022（5）：31-33.

[3] 王锟，谭王景，刘晓莎．电力电缆头温度监测与报警系统的设计与研究［J］．时代汽车，2022（10）：10-12.

[4] 杨瑞琦．基于分布式温度测量的大坝监测系统应用［J］．水利科学与寒区工程，2022，5（8）：34-37.

[5] 王文凯，黄昆学，李梦，等．倾斜摄影测量数据轻量化处理技术研究［J］．测绘通报，2020（9）：123-126.

[6] 党执政．基于 Kafka 和 Redis 的智慧社区用户数据采集系统设计［J］．计算机与网络，2024，50（1）：28-32.

[7] 高建岗，唐相桢．Unreal Engine 引擎支持下的三维规划审批关键技术研究［J］．测绘通报，2022（增刊2）：264-267.

[8] 牛广利，李天旸，杨恒玲，等．数字孪生水利工程安全智能分析预警技术研究及应用［J］．长江科学院院报，2023，40（3）：181-185.

小浪底大坝安全监测仪器补埋（第一阶段）监测设计与数据分析

吕佳凝　曹存相　卢渊博　魏立巍

（黄河水利水电开发集团有限公司，河南济源　459017）

摘　要： 为了解决小浪底大坝安全监测仪器因长久运行相继失效的问题，确保监测体系完备性，保障黄河下游防洪安全，对小浪底大坝安全监测仪器进行合理补埋十分重要。本文设计的监测仪器补埋方案是对小浪底左右岸山体、坝基渗压计的补充完善，进一步补充完善了小浪底工程监测系统，让其成为确保工程安全运行的"耳目"，对小浪底工程和大坝安全运行具有重要意义。通过监测数据分析，所埋设仪器运行状态良好，能很好地反映所在部位安全监测情况，实施效果显著。

关键词： 小浪底；渗压计；监测系统；仪器补埋

1　引言

小浪底水利枢纽工程位于河南省洛阳市以北约 40 km 的黄河干流上，上距三门峡大坝 130 km，下距焦枝铁路桥 8 km，距黄河京广铁路桥 115 km。该工程是一座以防洪、防凌、减淤为主，兼顾发电、灌溉、供水等综合利用的水利枢纽工程，枢纽由大坝、泄洪排沙建筑物、输水发电系统等组成。大坝采用斜心墙堆石坝，最大坝高 160 m，坝顶长度为 1 667 m，坝顶宽度 15 m，坝底最大宽度 864 m[1]。在大坝安全监测方面，小浪底大坝安全监测项目主要包括变形观测、渗流观测、结构应力应变观测等类型，监测设施测点共计 3 201 支（套），监测仪器已接入自动化监测系统，形成了规模庞大的安全监测系统[2]。

从工程目前的现状可以看出，大坝渗流监测仪器失效较为明显，左岸山体还存在部分监测空白区，已有仪器监测数据不能全面反映枢纽的实际工作状态。小浪底水库安全运行专家组编制的《关于小浪底水库高水位安全运行技术工作的报告》提出，有必要结合高水位运行期间大坝渗压监测暴露出的问题和大坝基础渗流测点实际分布情况，在有条件的部位增设一定数量的渗压测点，以加强、完善渗流场观测系统。同时，考虑数字孪生小浪底的建设要求，为全面掌握各主要建筑物安全运行状况和工程安全会商决策提供数据支撑，有必要在原设计的基础上，结合完备性评价等已有成果，有针对性地补埋部分安全监测仪器设施，以完善小浪底工程整体安全监测系统。

2　设计方案

小浪底大坝安全监测仪器补埋设计范围覆盖小浪底主坝、泄洪排沙建筑物及电站建筑物等所有主要建筑物，重点考虑主坝基础防渗帷幕后、F1 断层附近、心墙下游侧、左右岸结合部、左右岸山体包括地下厂房周边、进出水口边坡等，监测项目涵盖渗流监测和变形监测。补埋部位结合原监测设计、完备性评价、现场实施条件、安全监测系统自动化改造设计等内容进行统筹考虑[3-4]。

2.1　右岸山体补埋方案

为全面掌握右岸的渗流情况，对原 SP2、SP8 设计位置重新打孔增补 2 套测压管，管底高程和原

作者简介： 吕佳凝（1994—），男，中级工程师，主要从事大坝安全监测研究工作。

设计高程保持一致。同时，借助 195 m 平台，在 F1 断层和 F233 断层之间区域增补 2 套测压管 SP31、SP32，用于监测排水洞下游近坝区域的地下水位分布情况。在 1 号排水洞增补 2 套测压管 P320、P321，用于监测渗压水头折减情况。右坝肩补埋仪器布置见图 1，位置见表 1。

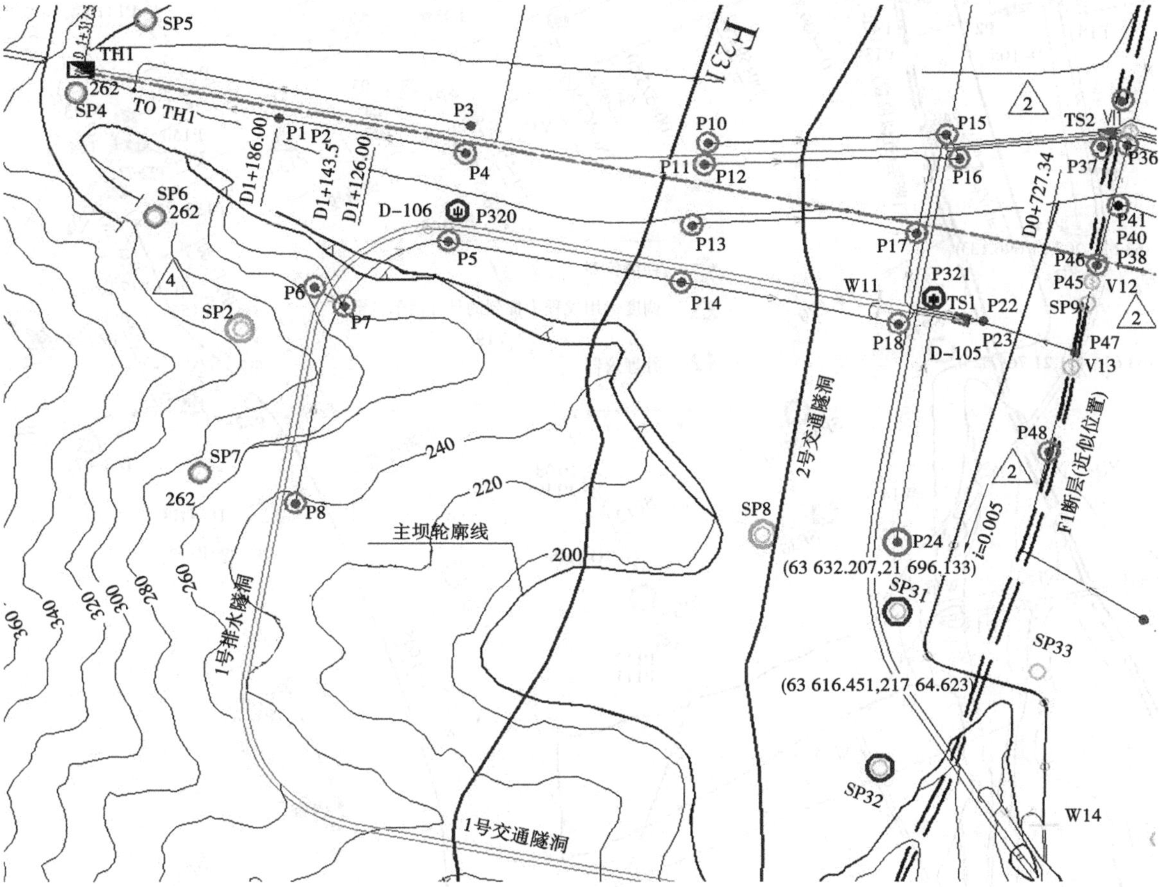

图 1　右坝肩补埋仪器布置图

表 1　右坝肩基础补埋仪器位置

监测仪器	类型	桩号	坝轴线距离/m	孔口高程/m	渗压计高程/m	孔深/m	8 区石碴压戗钻孔/m	覆盖层钻孔/m	基岩内钻孔/m
SP2	设计坐标	D1+186.00	150	274.93	140	138	0	0	138
SP8	放样坐标	D0+865	205.5	195	135	63	11	20	32
SP31	放样坐标	D0+773.16	237.3	195.31	120	79	29	12	38
SP32	放样坐标	D0+765.94	334.24	195.23	120	79	26	0	53
P320		RD0+316.00	排水幕轴线	149	140	—	—	—	—
P321		RD 0+010.00	排水幕轴线	148	135	—	—	—	—

2.2　河床坝段下游基础补埋方案

为全面掌握河床坝段下游侧基础的渗流情况，利用 155 m 平台增补 6 套测压管。其中，在 SP10、SP12 连线延长线的左右侧各增设 1 套测压管 SP33、SP35，尽可能靠近左右岸防渗齿墙附近，可以同时兼顾坝基渗流和截渗墙截渗效果监测。在 SP10 附近增设 1 套测压管 SP34，用于 SP10 的补充监测。另外，在 SP10、SP12 连线的下游侧增加 1 个纵向监测断面，新增 3 套测压管 SP36、SP37、SP38 和原测压管 SP10、SP12，以及本次新增的测压管联合形成渗流监测网。仪器分布图和位置明细见图 2、表 2。

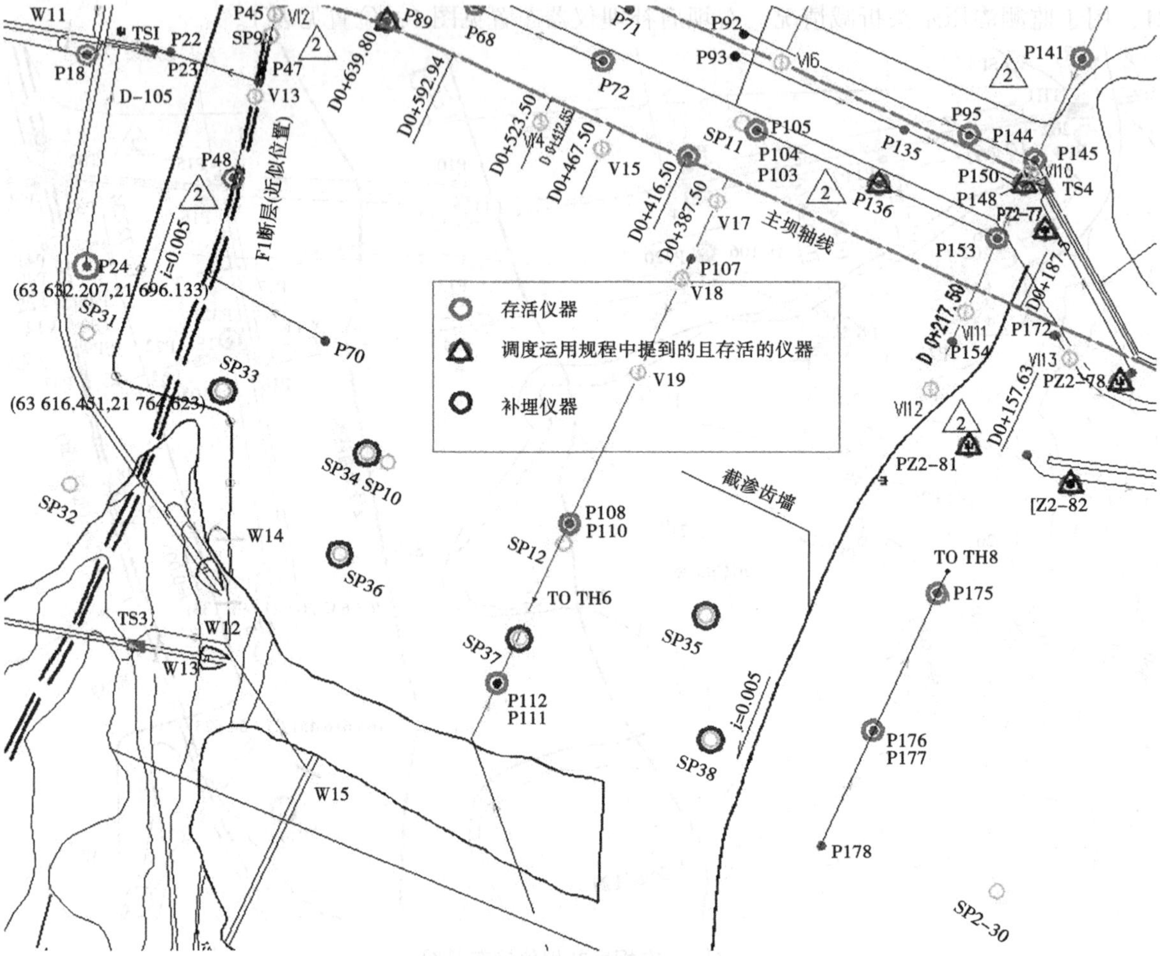

图 2　下游河床坝段基础补埋仪器布置

表 2　下游河床坝段基础补埋仪器位置

监测仪器	类型	桩号	坝轴线距离/m	孔口高程/m	渗压计高程/m	孔深/m	8 区石碴压戗钻孔/m	覆盖层钻孔/m
SP33	放样坐标	D0+642. 88	254. 75	157. 8	140	21	7	14
SP34	放样坐标	0+510	254. 85	157. 8	118. 5	43	17	26
SP35	放样坐标	D0+284	259. 67	157. 8	100	61	19	42
SP36	放样坐标	D0+509. 52	319. 64	156. 9	118. 5	42	20	22
SP37	放样坐标	D0+383. 54	321. 27	157. 1	100	61	26	35
SP38	放样坐标	D0+284	330. 55	157. 2	100	61	17	44

2. 3　左岸山体补埋方案

由于左坝肩帷幕和排水幕附近的渗压计存活数量较多，且测值均小于原设计资料分析计算出的等势线水头，主要考虑在 3 号交通洞右侧的监测空白区补埋少量测压管。在 3 号交通洞和 D0+157. 63 断面之间选择一条测线（D0+45），利用 220 m 平台增补 2 套测压管 SP2-30、SP2-31，作为失效渗压计 P178 的补充。仪器分布图和位置明细见图 3 和表 3。

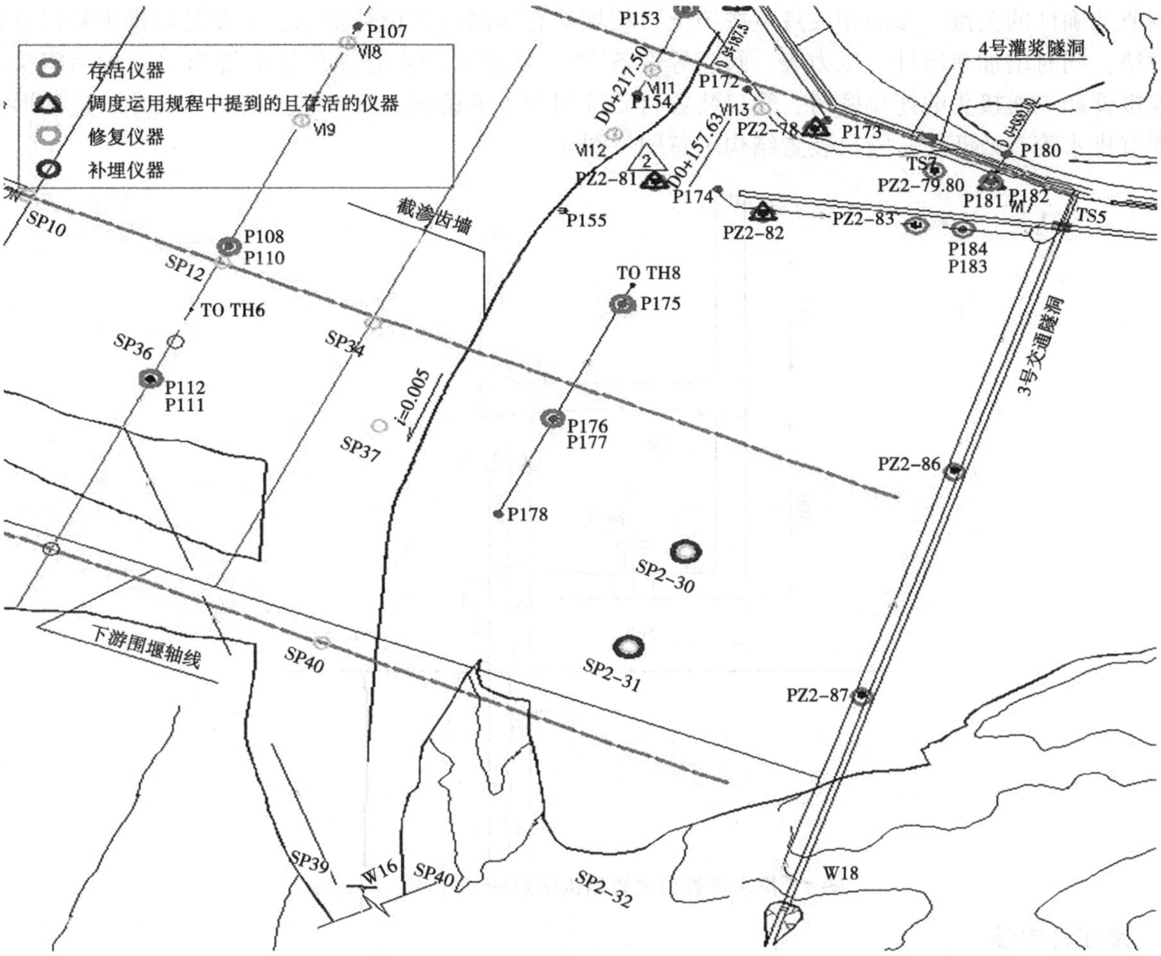

图 3　左坝肩补埋仪器布置

表 3　左坝肩基础补埋仪器位置

监测仪器	类型	桩号	坝轴线距离/m	孔口高程/m	渗压计高程/m	孔深/m	8 区石碴压戗钻孔/m	覆盖层钻孔/m	基岩内钻孔/m
SP2-30	放样坐标	D0+45.24	344.28	217.2	130	91	5	11	75
SP2-31	放样坐标	D0+45.28	424.67	216.4	130	90	11	12	67

2.4　自动化采集方案

自动化采集站需要配套供电和通信条件，已建工程的电缆和光缆敷设施工成本往往大于测站建设，本着节省投资、不新增采集站的原则，补埋增设的仪器优先接入现有或者自动化改造项目拟建的自动化测站内。考虑到需接入自动化的监测仪器均为振弦式渗压计，以及和现有数据采集单元（简称 DAU）匹配。如果已建或拟建测站内 DAU 通道数量充裕，可以将电缆直接接入；如果 DAU 通道数量不足，则在测站内新增 DAU。

3　施工工艺

3.1　排水管改造

鉴于排水管已使用多年且可能存在淤堵问题，为保证排水管内渗压计水位监测精度，需采用高压水对排水管底孔进行冲淤。同时，排水管管口装置安装作为排水管改造的重要工作流程，也是确保后期测值准确性的关键。参照相关规范按照土石坝坝基有压测压管设计要求，主要是对排水管口进行有效封堵，同时增加渗压计、压力表、阀门等设备[5-6]。实施关键点是渗压计电缆出线端封堵闷头、上部连接管和三通接头的连接密封，管口装置材质选用304不锈钢，管口装置的具体尺寸、连接形式应和现有排水管有效匹配，管口装置结构示意图见图4。

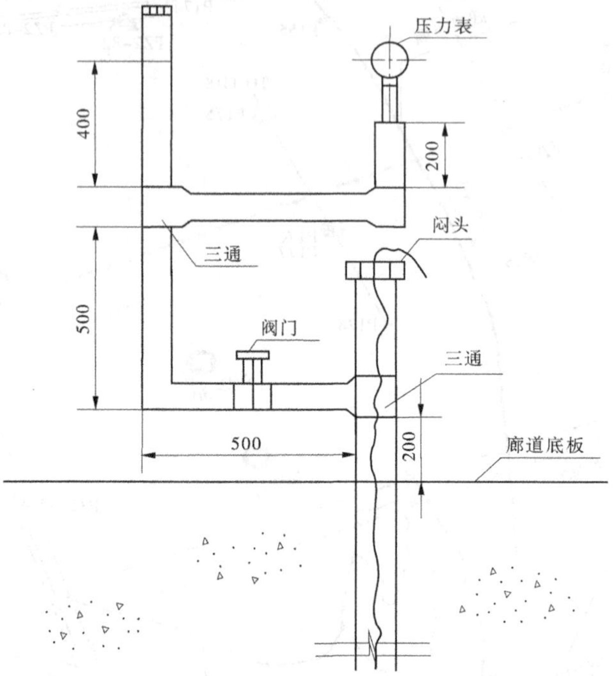

图4　排水管管口装置结构示意图　（单位：mm）

3.2　渗压计安装

渗压计连同电缆逐段固定在不锈钢丝上缓慢放至管内设计安装高程，安装前可在电缆上测量、标记出渗压计入管长度，到达标记后，将不锈钢丝固定在测压管孔口装置上，并记录初始读数和仪器安装高程。如果安装过程中存在水流过大、不易放入管内的情况，可用水泵对相邻排水管进行抽排水，直至渗压计安装完成，并且管口封堵后，停止抽排水。

3.3　电缆敷设保护

补埋仪器电缆基本需要在坝体表面牵引敷设，主要采用开挖、穿管、回填的敷设保护方案。电缆引线应保持一定的松弛度，避免超强拉伸造成电缆芯线损伤或损坏。同时，保证监测仪器至监测站的电缆应尽可能少用接头，仪器电缆接入监测站后预留一定的富余长度，电缆的连接和测试应按有关规程、规范和厂家的要求实施。电缆牵引敷设时，严格按照电缆走线设计图和技术规范施工，在电缆走线的线路上设置警告标志。针对暗埋线，应对准暗线位置和范围设置电缆标志桩。电缆敷设过程中，做好电缆头和编号标志的保护，防止其浸水或受潮，随时检测电缆和仪器的状态及绝缘情况，并记录和说明。

4　数据分析

小浪底大坝安全监测仪器补埋（第一阶段）在小浪底主坝下游侧及左右岸山体区域共计补埋14支测压管及4支水位计，均运行良好。本文取部分区域重点渗压计进行数据分析。

右岸山体补埋的SP321渗压计于2022年7月1日安装成功，此处选取最近一年的数据进行分析，过程线组合图如图5所示。从图5中的过程线分析可知，补埋的SP321测值连续且稳定，测值水头远低于上游库水位，过程线符合帷幕下游有效排水设施的渗流规律。同时，该支仪器的测值水头与上游水位呈现出正线性相关性，说明右坝肩存在绕坝渗漏情况，该部位需重点加强关注。

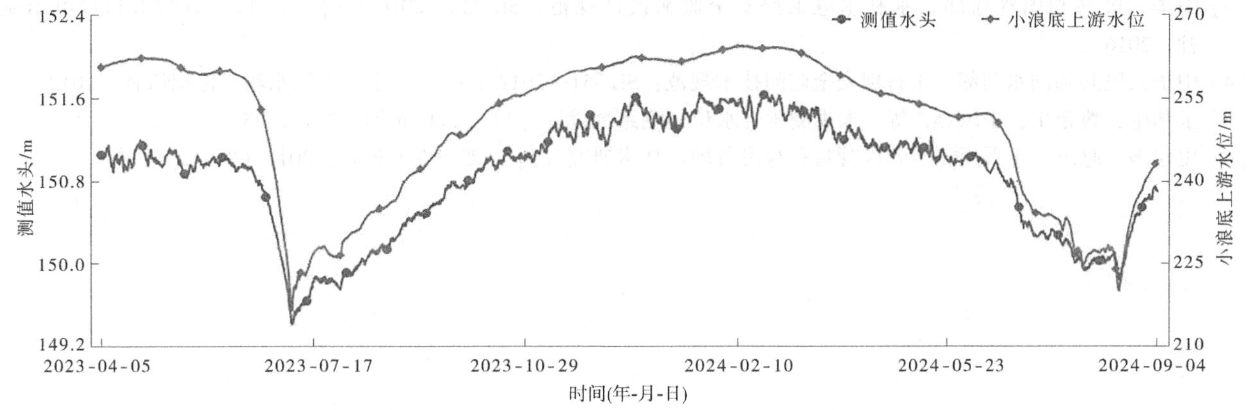

图 5　渗压计 SP321（小浪底水利枢纽→主坝→1 号交通洞）测值过程线

河床坝段下游基础安装补埋了测压管 SP33～SP38，均于 2022 年 6 月 22 日安装完成。此处选取 SP36 近一年数据进行分析，过程线组合图如图 6 所示。从图 6 中的过程线分析可知，河床坝段下游基础渗压计的工作水头基本稳定在 138 m 左右，与下游围堰水塘内安装的渗压计 P300 观测到的下游水位一致，且测值比较平稳，说明基本受下游水位的影响，与上游库水位相关性不大。

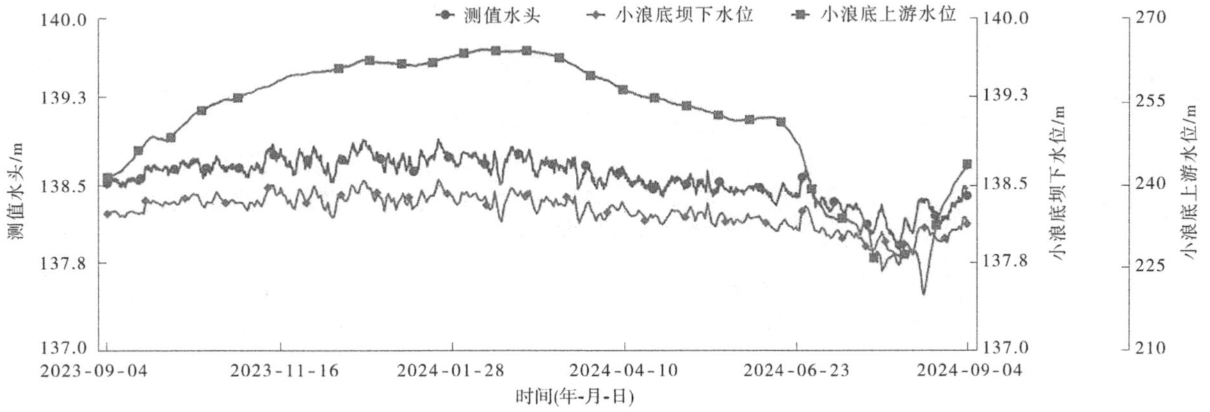

图 6　渗压计 SP36（小浪底水利枢纽→主坝→主坝基础）测值过程线

5　结语

小浪底大坝安全监测仪器补埋（第一阶段）在小浪底主坝下游侧及左右岸山体区域共计补埋 14 支测压管及 4 支水位计。该项目积极响应了当前数字孪生小浪底建设工作要求，满足安全监测“四性”要求，不断补充完善枢纽安全监测体系，增强枢纽监测全面感知能力，为数字孪生小浪底提供高质量的数据源。

针对该次安全监测仪器补埋工程，总结几点经验教训供同类工程借鉴和参考：

（1）坝基排水管改造测压管技术首次应用于小浪底大坝安全监测仪器补埋。既避免了施工风险，又大大节省了投资，同时缩短了整个施工时间。

（2）实施过程中对关键部位材质进行了升级，如测压管管口盖板、堵头、膨胀螺栓、保护装置、标识标牌等，选用了耐腐蚀的不锈钢材质，大大降低了未来运维成本。

参考文献

[1] 李治明．小浪底水利枢纽主坝坝体设计［J］．人民黄河，1995，(6)：31-34.

[2] 林秀山．黄河小浪底水利枢纽规划设计丛书：枢纽规划设计［M］．北京：中国水利水电出版社，2006.

[3] 中华人民共和国水利部．水利水电工程安全监测设计规范：SL 725—2016［S］．北京：中国水利水电出版社，2016.

[4] 中华人民共和国水利部．土石坝安全监测技术规范：SL 551—2012［S］．北京：中国水利水电出版社，2012.

[5] 王林生，曹建生，王风燕，等．大坝测压管水位监测系统设计［J］．人民黄河，2013，35（7）：2.

[6] 史建国，赵琳．土石坝测压管深管封孔与设备埋设技术研究［J］．现代农业科技，2011（9）：2.

数字孪生技术在水系钢坝智能化测控中的应用研究

覃立宁　宋根才

（广西珠委南宁勘测设计院有限公司，广西南宁　530007）

摘　要： 钢坝在河道治理、城市洪涝灾害防御体系建设中有着广泛应用。针对钢坝自检技术的精确性与可靠性不足问题，本文通过建立运行监测模型，设置比对监测传感器，以提高钢坝同步监测的准确性和控制逻辑的适应性。同时，通过优化钢坝运行调度方式，构建智能化测控平台，实现水资源的高效管理，为推动智慧水利建设提供了技术支持。柳东新区示范应用显示，基于数字孪生技术的水系钢坝智能化测控系统，可以有效提升城市水安全保障能力，具有长远的经济社会效益。

关键词： 数字孪生技术；钢坝；智能化测控；同步自检；城市水系

1　引言

随着城市化进程的加快，对水资源的合理调配和高效管理提出了更高要求。钢坝闸门，作为城市水系河道治理的关键节点设施，因其结构稳定、维护简便的特点，以及在河道水量调节、行洪排涝和景观水位管理中的作用，在我国丘陵平原地区城市水系建设中得到广泛应用。近年来，钢坝控制技术研究主要集中在液压控制系统的优化、传感器技术的应用及智能算法的开发等方面。李晶通过引入先进的液压同步控制系统，实现了钢坝闸门的同步启闭[1]。李天梁等采用光纤传感技术，提高了系统的响应速度和测量精度[2]。李才、赵芳等探索基于大数据平台的钢坝闸门调度控制技术，实现精细化的水资源管理[3-4]。然而，现有钢坝在实际运行中仍存在同步自检缺失、控制逻辑单一、智能化测控不完善等问题，制约了城市水系在水资源集约利用方面的进一步发展。

本文依托数字孪生技术构建水系智能化测控平台，通过钢坝自检技术创新、拦蓄调度策略优化，确保水利工程的安全运行，提高水资源管理水平。同时，利用物联网及大数据平台实现多源数据的集成和智能化管理，助力智慧水利建设，提升城市水安全保障能力。

2　现状问题分析

城市河道水系管理研究领域，尽管已取得一定的进展，一定程度上满足了城市水系的调控需求，但仍存在诸多挑战和问题，亟需进一步的技术创新和实践。

2.1　钢坝自检技术的精确性和可靠性问题

在现有水系钢坝闸门应用实践中，一些缺陷逐渐显现，主要表现在：

（1）单一传感器依赖性。过度依赖单一传感器的监测方案影响钢坝的安全调度运行，特别是在极端气候条件下，传感器发生故障或精度下降时，现地控制失误导致钢坝两侧行程差异加大，容易造成钢坝闸门底横轴设备损伤，如图1所示。

（2）同步精度有限。受限于传感器精度和安装误差，同步精度往往无法满足日益严苛的水系运行调度要求。

（3）缺乏实时监控与自适应调整机制。难以动态响应外部条件的变化，在复杂的水文条件和多

基金项目： 广西科技基地和人才专项项目（19-A-03-04）。

作者简介： 覃立宁（1981—），男，高级工程师，主要从事水利水电工程规划设计工作。

变的环境下，监测结果的误差增大，影响了闸门运行的稳定性和准确性。

（4）故障保护机制不足。在传感器或执行机构发生故障时，缺乏有效的故障保护机制，增加了因设备故障导致运行中断的风险。

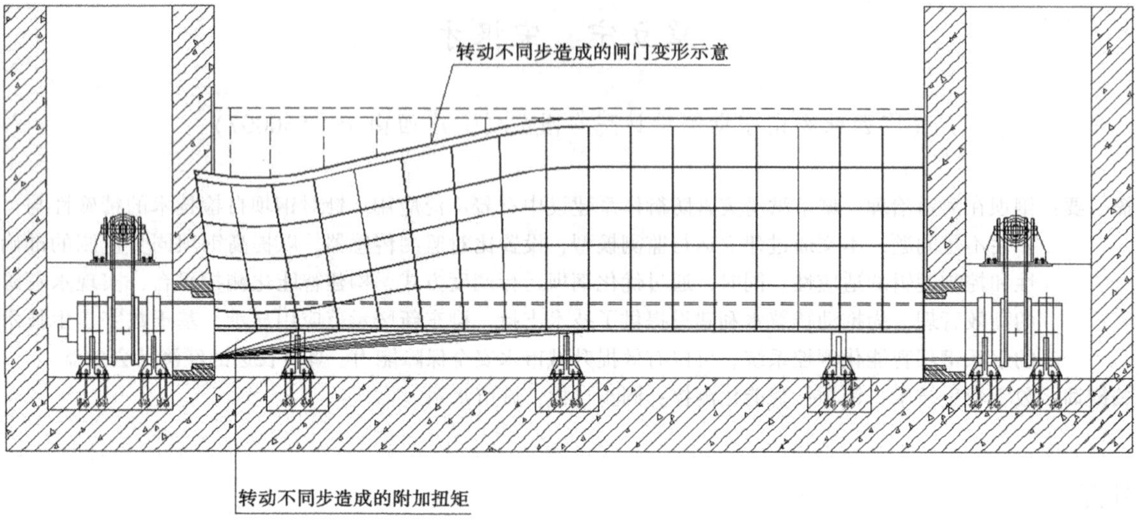

图 1　钢坝闸门底横轴设备损伤示意图

2.2　智能化测控水平不足

（1）智能化技术在钢坝闸门控制中的应用还不够广泛，传统的钢坝现地控制逻辑较为简单，受闸门开度级数的限制，不可避免地造成蓄水量的浪费，难以适应水资源节约、集约利用的要求。

（2）钢坝控制系统在数据采集上存在短板，控制逻辑的灵活性和可扩展性不足，难以快速响应复杂的控制需求和多变的运行环境。

（3）缺乏智能化的故障诊断和预警机制，限制了系统对突发事件的快速反应和预警处理能力。

（4）在数据共享和集成方面，数据“孤岛”现象依然存在，不同来源和不同格式的数据整合共享困难，影响了数据的充分利用，需依据大数据平台统一的数据标准和协议，实现不同设备之间的数据交换。

针对上述钢坝同步自检技术和智能化测控水平不足等问题，本文将通过行程角度比对监测、钢坝运行调度优化和智能测控系统构建，提升自检技术的精确性和可靠性，推动城市水系智能化控制进一步发展。

3　钢坝同步自检升级改造

在水系拦蓄调度控制中，钢坝闸门的稳定运行直接关系到水资源管理的效率和河道行洪安全。实际操作中，钢坝启闭液压杆与支臂之间必须保持同步运行，任何卡堵、脱钩或偏差都可能影响两者的同步性，若支臂与启闭液压杆连接出现故障，即使液压杆本身同步，支臂的偏差也可能使底轴受到附加弯矩，增加底轴或支臂断裂的风险。

为了解决单一传感器依赖性及同步精度有限问题，本文依据数字孪生技术，建立钢坝运行监测模型，通过支臂—液压杆—底轴受力平衡计算，分析支臂的转动角度与液压杆行程之间的运动关系，据此设置钢坝自检校正装置，如图 2 所示。该装置通过在启闭机两侧增设外置液压杆滚轮行程传感器和支臂角度脉冲传感器，形成一组比对监测。智能测控系统实时监测并比对两侧液压缸体行程传感器和底轴角度传感器数据，控制闸门启闭开度。当检测到钢坝两侧数据偏差时，测控系统会自动调整液压缸的进油量，修正启闭液压杆和支臂行程不同步的问题，确保闸门操作的精确性和安全性。同步程序运行机制如图 3 所示。

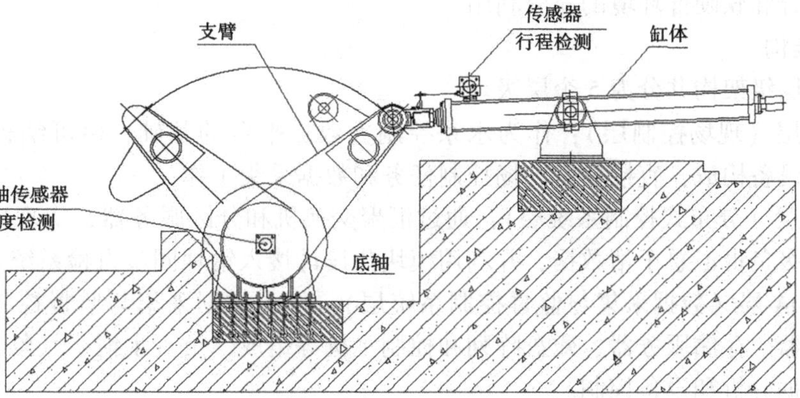

图 2　钢坝自检校正装置示意图

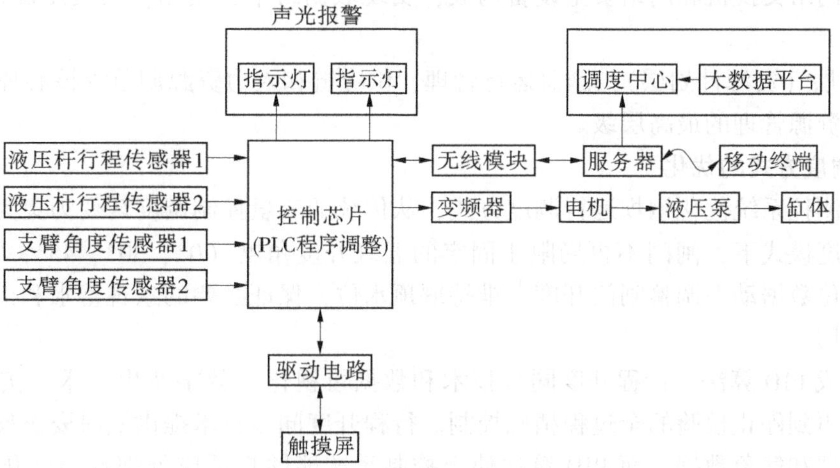

图 3　同步程序设备结构

智能化测控系统同时具备故障诊断能力。在自动调整无法纠正偏差或传感器发生故障时，系统会立即发出警报并启动应急处置措施，同步定位故障点，通过比对本次与历史操作数据，分析故障原因，给出排障建议，提示操作人员迅速响应，增强系统在面对故障时的鲁棒性。

防洪排涝极端工况下应急处置策略为：在遇到紧急泄洪需求时，如果同步自检系统发现钢坝两侧液压系统存在偏差，系统会通过模型数据分析，确定两侧液压系统运行状态，以及底轴受力情况，自动释放故障侧的油压，由正常侧的液压系统继续执行闸门的开启或关闭操作，避免因设备故障导致的洪水灾害发生。

4　智能化测控系统

基于数字孪生技术的水系智能化测控系统是城市智慧水利建设的核心，它通过整合水文监测网络、水利设施、用水单位的数据，综合考量枯水期与汛期水位变化、河道流量、钢坝间的补水联合调度、检修调试、施工影响、雨洪资源利用及江河湖库的连通性等因素，利用信息技术实现数据的高效传输、分布式存储和集中管理。

4.1　系统平台功能

平台由水利工程设施设备管理、水文气象信息采集、水质在线监测与预警、现场视频信号传输等 4 个功能板块组成，能够处理包括设备运维状态、气象、水情、水质和视频监控在内的大量复杂数据，通过数据挖掘，为城市防洪调度提供决策支持。此外，系统利用大数据平台解决了水利信息基础设施建设中存在的规范标准不统一和技术异构问题，可以进行跨区域多类型设备的集中控制管理，实现资源的高效整合和软硬件环境的充分利用。

4.2 系统层级架构

系统平台的层级架构共分为 5 个层级。

L1——PLC 层（现场控制层）：作为水系控制大数据平台的基础，由可编程逻辑控制器、传感器、仪表及前端设备构成，直接负责现场控制任务和数据采集工作。

L2——DCS 层（分布式控制系统层）：通过汇聚交换机和分区服务器，实现以河道为单位的数据分区管理。该层级负责汇总子站数据，并利用模块化设计接入钢坝同步自检系统。

L3——SCADA 层（数据采集与监督控制系统层）：作为数据采集与监督控制的核心，由核心交换机、冗余处理器、存储服务器、磁盘阵列和控制主机等组成，负责水情、气象、水质、设备和视频等业务板块的数据分析和设备控制。

L4——MES 层（制造执行系统层）：在 SCADA 层的基础上，进一步深化数据处理和应用，由数据服务器、主干网络交换机和网络安全设备构成，实现数据跨平台使用，负责工况模拟、趋势分析、运行决策等应用。

L5——ERP 层（资源计划层）：涵盖运行管理、供应链和人力资源调节等核心环节，负责决策优化，是水系运行资源管理的最高层级。

4.3 钢坝运行调度方式的优化

基于智能化测控系统优化钢坝运行调度方式，从传统的流量控制调度转变为更为灵活的水位控制调度。在新的调度模式下，闸门不再局限于固定的五级开度角度（0°、30°、45°、60°、90°），而是根据河道实时水位数据动态调整闸门开度，维持堰顶水位，保证必要的景观蓄水和市政用水，实现水资源的可持续利用。

测控系统集成 PID 算法、行程开度同步技术和数据可视化等数字孪生技术，实现钢坝从启动矫正到运行纠偏，再到停止校验的全过程精确控制。行程开度同步技术提供实时姿态反馈，大数据平台分析流域内的水情和气象数据，而 PID 算法使得控制系统能够自适应外部环境变化，根据监测数据动态调整控制策略，确保钢坝开度调节及时、准确[5]。此外，行程开度自检装置能够提供多种信号类型监测比对，增强参数输入的可靠性。在极端水文事件的应对中，系统通过数据采集和处理、模型构建、仿真分析，及时预警河道洪水情况，指导人工干预，优化控制策略，确保水系调度稳定、安全、可靠。

5 示范应用

柳州市柳东新区水系钢坝智能化测控系统示范应用区包含官塘核心区、滨江生活区和物流园区等多个城市功能区，如图 4 所示。区域河网密布连通，水资源丰富，设置各类蓄水分洪坝 38 座，均为钢坝坝型，其中蓄水坝 34 座，分洪坝 4 座，分布在十五主支河道上，将各河道分为 3~4 个梯级。在示范应用区内，对已建钢坝进行同步自检技术升级改造，在关键节点设置雨量、水位和流量监测站，形成一个全面的测控网络，构建水系智能测控系统，优化钢坝运行调度策略。

测控系统结构分三级设置：一级站作为核心控制中心，负责整体调度与监控；二级站作为各水域分区的监控管理分站，负责数据收集与上传，并执行一级站的指令；三级站则部署在具体的水利工程设施，负责现场数据采集和执行二级站的控制命令。系统能够实现雨量、水位、流量和流域水质的在线监测，以及钢坝群的联合调度指挥。通过钢坝同步自检技术的应用和基于数字孪生技术的智能化测控系统的建设，实现数据共享，优化水资源管理，提升区域防洪减灾能力。经济效益分析显示，该系统通过自动化监控和调度，降低了人力成本，提高了防洪和水资源利用的效率。据估算，智能化测控系统每年能够节省约 1 330 万元的运行和维护费用，具备长远的经济社会效益。

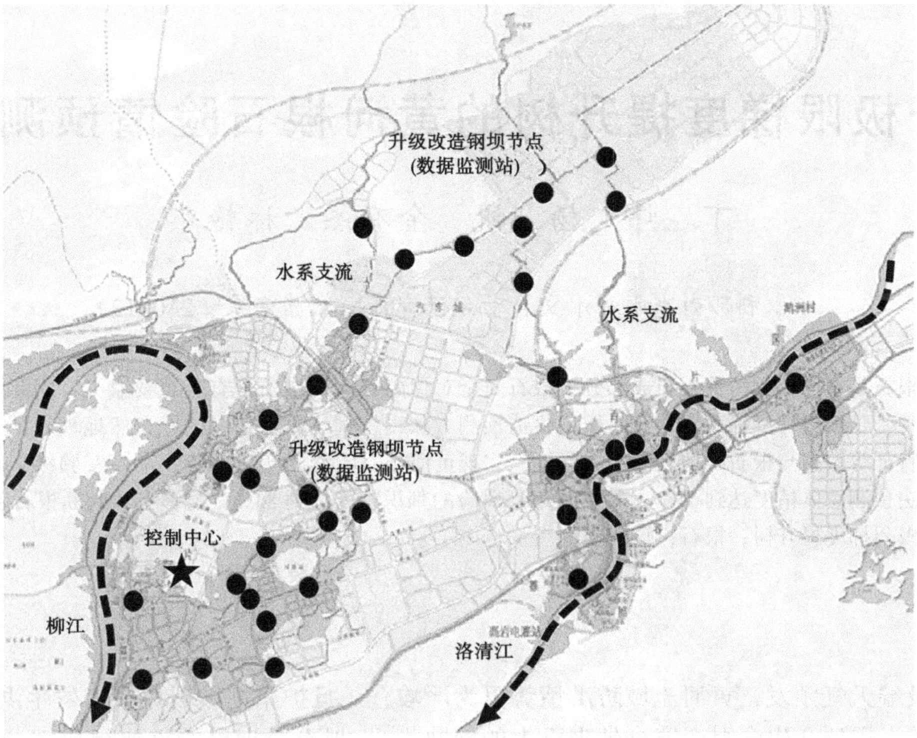

图4 柳东新区水系测控网络构建示意图

6 结语

本文实现了数字孪生技术在城市水系钢坝智能化测控中的应用，通过构建钢坝运行监测模型和同步自检校正装置，有效地解决钢坝同步自检缺陷和控制逻辑的单一性问题。研究开发的智能化测控系统，通过多源数据整合和动态调度策略，优化了水资源的管理和利用。目前，在系统的数据集成和处理、模型泛化能力提升方面仍有不足，今后可以利用人工智能和机器学习算法，进一步提升测控系统的预测能力和自适应性，优化水系调度策略。同时，加强跨学科合作，整合、挖掘多领域数据资源，实现更全面的水系智能化管理，为城市的高质量发展提供技术支持。

参考文献

[1] 李晶．基于模糊 PID 的变幅液压缸伺服位置自适应同步控制技术［J］．液压气动与密封，2024，44（3）：73-78.

[2] 李天梁，郭金秀，吴冬健，等．基于光纤传感的极端环境下装备制造与运行状态监测技术现状与发展［J］．机械工程学报，2022，58（8）：27-53.

[3] 李才，管林杰，杨坤，等．数字孪生架构下水工程数字底座建设研究［J］．水利规划与设计，2022（4）：70-73.

[4] 赵芳，华东，田质胜，等．基于水资源监测的多元大数据平台研究［J］．水利信息化，2020（3）：6-9，15.

[5] 刘金鑫，陈远龙，李回归．基于模糊 PID 的翻转闸门液压系统研究［J］．机械工程与自动化，2023（1）：26-28，31.

基于极限梯度提升树的黄河根石险情预测方法

丁　炜　杨　帆　金有杰　林艳燕

（水利部南京水利水文自动化研究所，江苏南京　210012）

摘　要：根石是坝垛工程的重要组成部分，根石安全对保障黄河堤岸安全有着重要意义，因此本文提出一种基于极限梯度提升树的黄河根石险情预测方法，挖掘气象水文、区域自然地理特征、根石监测特征等数据与根石险情之间的关联性，实现黄河根石险情的实时准确预测。实验结果显示，该方法预测总体精度达到78%，其中对于高风险的判识精度达到84%，能够有效判断根石险情状态。

关键词：极限梯度提升树；根石；险情预测

1　引言

近年来极端天气频发，黄河流域防洪情势更为严峻，一旦护岸坝坡坍塌或者发生洪水漫顶，将会给黄河两岸的人民群众生命财产安全带来巨大的威胁[1-3]。根石是坝垛的重要组成部分之一，是维持坝垛安全稳定、保障坝垛工程发挥消减急湍的水流动能，以及黄河河道稳定作用的基础[4]。根石是坝垛工程抵御急湍水流冲击的第一道防线，也是坝垛工程最易发生走失、出现险情的部位[5]。

当前利用对监测设备设定报警阈值的方法判识根石险情，然而阈值报警难以分辨传感器受水流冲击出现的监测数据异常、缺失等非险情情况[6]，需要管理人员进行反复的对比、赶赴现场开展调研，极大地增加了河段管理人员的负担[7]。由于不同地区黄河的自然地理条件、监测要素数据类型、管理人员经验丰富程度等方面有所差别，传统的阈值法在不同河段的分析预测效果无法发挥实际作用[8]。

因此，开展根石险情预测方法研究，利用机器学习方法挖掘监测数据与根石险情之间的关联，在根石出现早期异常或者走失前兆时进行预测，减少人工比对、判识过程，对于降低防洪工程损毁概率、节约人力物力资源、保障黄河沿岸坝垛工程持续发挥作用有着重要意义。

2　研究方法

极限梯度提升树是以树为基学习器的集成模型，其核心思想是将多个弱学习器联合成为拥有复杂问题识别能力的强学习器，再通过在训练过程中不断将特征输入目标函数，以及调整各项参数，最终实现目标函数无限逼近损失函数以达到最好的效果。

2.1　基本原理及算法参数

设f是函数空间F的一部分，可得第k次的树f_k（·）$\in F$，$k=1$，2，3，…，K，前k次的预测输出按式（1）计算：

$$\widehat{y_t} = \sum_{k=1}^{K} fk(x_t) \tag{1}$$

式中：x_t为输入值；$\widehat{y_t}$为预测值。

为将模型预测能力调整到最优，需将目标函数最小化。目标函数按式（2）计算：

基金项目：多维水利信息数字映射关键技术研究与示范应用（YJZA2323002）。

作者简介：丁炜（1992—），男，工程师，主要从事水利信息化及机器学习的研究工作。

$$\mathrm{obj} = \sum_{i}^{n} l(y_i, \widehat{y_i}) + \sum_{k=1}^{K} \Omega(f_k) \tag{2}$$

式中：$\sum_{k=1}^{K} \Omega(f_k)$ 为目标函数的正则项；$\sum_{i}^{n} l(y_i, \widehat{y_i})$ 为损失函数。

正则项可控制整体模型的复杂度，在提升模型预测精度的同时防止过拟合，按式（3）计算：

$$\Omega(f) = \gamma T + \frac{1}{2}\lambda w^2 \tag{3}$$

式中：T 为模型的叶子节点个数；w 为叶子节点权重；γ 为节点分裂的阈值；λ 为可调节的参数。

损失函数作用是不断计算输入的特征要素，建立不同特征要素与预测值之间的关联联系，化简后按式（4）计算：

$$\sum_{j=1}^{n} l(y_j, \widehat{y_j}) = -\sum_{i=1}^{I}\sum_{j=1}^{n} y_{ij}\log(p_{ij}) \tag{4}$$

式中：y_{ij} 为标签结果；p_{ij} 为模型的预测结果。

展开式（1）可得模型第 m 次预测输出，可按式（5）计算：

$$\widehat{y_t^{(m)}} = \sum_{k=1}^{m} f_k(x_t) = \widehat{y_t^{(m-1)}} + f_m(x_t) \tag{5}$$

令式（5）中 $\widehat{y_t^{(0)}} = 0$，化简目标函数，按式（6）计算：

$$l^m(y, \widehat{y}) = \sum_{t=1}^{n} l(y_t, \widehat{y_t^{(m)}}) + \Omega(f_m) \tag{6}$$

式（6）用泰勒二阶展开目标函数，按式（7）计算：

$$l^m(y, \widehat{y}) \approx \sum_{t=1}^{n} \{ l(y_t, \widehat{y_t^{(m-1)}}) + a_t f_m(x_t) + \frac{1}{2} b_t f_m^2(x_t) \} + \Omega(f_m) \tag{7}$$

式中：a_t 为 $l(y_t, \widehat{y_t^{(m-1)}})$ 的一阶导数；b_t 为 $l(y_t, \widehat{y_t^{(m-1)}})$ 的二阶导数。

设叶子 m 的集合 $I_m = \{t: q(x_t) = m\}$，化简后按式（8）计算：

$$l^m(y, \widehat{y}) \approx \sum_{m=1}^{T} \{ (\sum_{t \in I_m} a_t) w_m + \frac{1}{2}(\sum_{t \in I_m} b_t + \lambda) w_m^2 \} + \gamma T \tag{8}$$

通过最小化公式，可得最优目标函数，按式（9）计算：

$$l^{(m)} = -\frac{1}{2}\sum_{m=1}^{T} \frac{(\sum_{t \in I_m} a_t)^2}{\sum_{t \in I_m} b_t + \lambda} + \gamma T \tag{9}$$

计算公式（9）最优目标函数，其权重按式（10）计算：

$$w_m = -\frac{\sum_{t \in I_m} a_t}{\sum_{t \in I_m} b_t + \lambda} \tag{10}$$

2.2 根石险情预测流程

本文研究思路如图 1 所示，获取研究区的气象水文数据、地理空间数据、工情工况数据等多源数据，利用数据处理、数据转化、图像处理、数据清洗等方式分析，并将数据提取模型特征要素数据，构建模型输入特征数据集；利用极限梯度提升树算法构建根石险情预测模型，挖掘输入特征与根石险情之间的关联联系，实现黄河根石险情的快速识别。

2.3 模型评估方法

混淆矩阵是一种模型评估工具，可通过可视化的方式呈现模型预测分类结果和标签值的对应情况，从而多方面、客观地评估预测模型的预测能力，其包含的评价指标有精确率（Precision）、准确率（Accuracy）、召回率（Recall）及 F-score。混淆矩阵基本组成如表 1 所示。

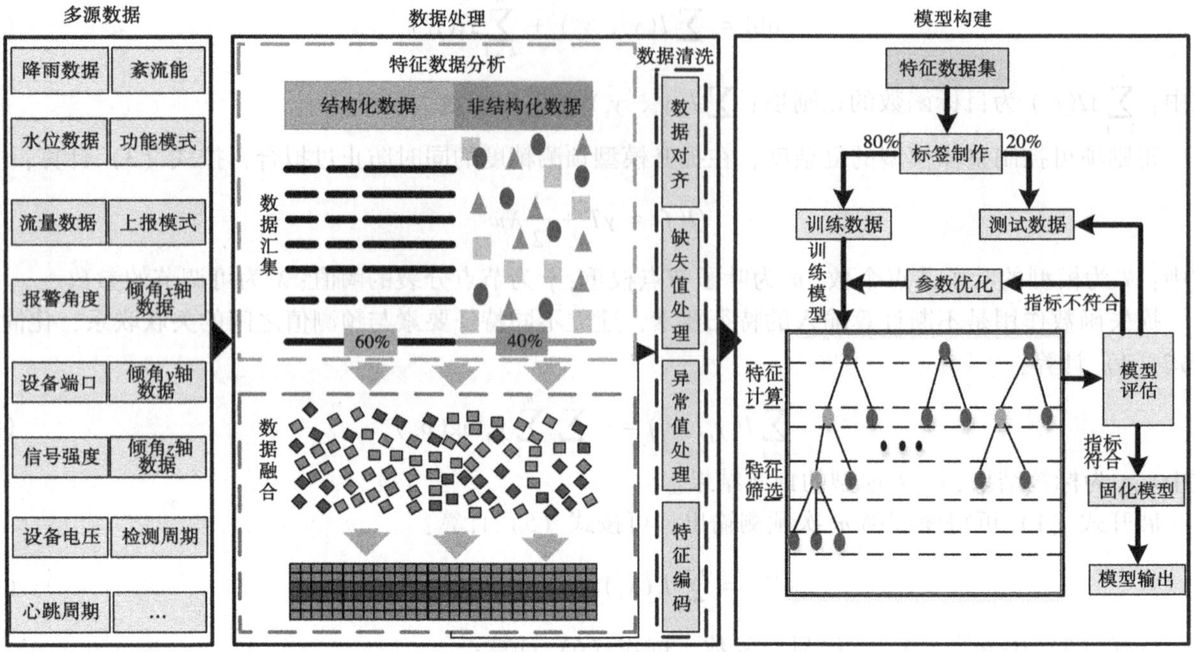

图 1　根石险情预测流程

表 1　混淆矩阵

预测值 标签值	Class 1	Class 2
Class 1	TP	FN
Class 2	FP	TN

TP 代表 Class 1 分类正确的样本；FP 代表将 Class 2 错分为 Class 1 的样本；FN 代表 Class 1 错分为 Class 2 的样本；TN 代表 Class 2 分类正确的样本。

评价指标按式（11）~式（14）计算：

$$\text{Accuracy} = \frac{\text{TP} + \text{FN}}{\text{TP} + \text{FN} + \text{TN} + \text{FN}} \tag{11}$$

$$\text{Precision} = \frac{\text{TP}}{\text{TP} + \text{FP}} \tag{12}$$

$$\text{Recall} = \frac{\text{TP}}{\text{TP} + \text{FN}} \tag{13}$$

$$F - \text{score} = (1 + \beta^2)\frac{\text{Precision} \times \text{Recall}}{(\beta^2 \times \text{Precision}) + \text{Recall}} \tag{14}$$

式中：Accuracy 为测试样本中分类正确的样本占全部样本的比值；Precision 为测试样本中分类结果是 Class 1 中分类正确的数量；Recall 为实际是 Class 1 的样本中被预测是 Class 1 的占比；F-score 为 Precision 和 Recall 的调和值，均衡评估模型分类能力；β 为 Precision 和 Recall 的权重。

3　实验验证

3.1　研究区及研究数据

本文选取黄河山东济南段（北纬 36.727 59°，东经 116.964 9°）为研究区，研究数据包括气象水文数据、传感器监测数据、工情工况数据、数值模型成果数据等，共计 32 225 条，数据详情如表 2

所示，并将根石险情评估结果分为三类，如表3所示。

表2 黄河根石险情影响要素

序号	名称	特征描述	数据类型
1	降水	根石所在区域雨量数据	图像
2	水位	根石附近水位站监测数据	数值型
3	流量	根石上下游附近流量站点监测数据	数值型
4	紊流能	根石所在区域受水流冲击的能量大小	图像
5	功能模式	根石传感器的功能模式	文本型
6	上报模式	根石传感器的上报模式	离散数值型
7	倾角 x 轴角度	传感器 x 方向偏移角度	数值型
8	倾角 y 轴角度	传感器 y 方向偏移角度	数值型
9	倾角 z 轴角度	传感器 z 方向偏移角度	数值型
10	检测周期	传感器自检测周期	数值型
11	心跳周期	传感器上报频率	数值型
12	报警角度	报警阈值角度	数值型
13	设备端口	设备数据对接端口	数值型
14	信号强度	数据通信信号强度	数值型
15	设备电压	设备电压值	数值型

表3 黄河根石险情情况

序号	根石险情分类	险情类别定义
1	低（Low）	根石出现微小位移并保持稳定，对防洪工程安全没有影响
2	中（Significant）	根石出现较大位移但保持稳定或者传感器监测、参数数据出现异常，对防洪工程安全有一定影响
3	高（High）	根石出现较大位移并且仍在持续变化、根石已走失，防洪工程将极有可能出现损毁，严重影响安全

3.2 研究数据预处理

将图像数据采样到相同空间分辨率，利用空间插值提取对应点位数据；将文本数据、数值数据、混合数据开展数据清洗、数据编码等处理，选取其中的80%数据作为训练数据，20%作为测试数据。其中，测试数据不参与训练过程，仅用作模型测试评估，以防止在训练过程中出现数据泄露，保障模型预测能力的客观性。

3.3 模型参数设置

预测模型最优参数选用交叉验证以及网格搜索进行计算，将训练数据划分为 m 个子集，其中 $m-1$ 个子集作为训练集，1个作为测试集。将 $m-1$ 个训练集输入模型进行训练，自定义模型参数个数，利用网格搜索在参数设定阈值区间内寻找最优值，评估模型预测精度；利用交叉验证算法计算 m 次并求取 m 次预测结果的平均值。模型最优参数确定为：n_ estimators = 20，gamma = 0.3，learning_ rate = 0.08，max_ depth = 7，min_ child_ weight = 0.9，reg_ alpha = 1×10^{-5}，booster = 'gbtree'，objective = 'multi：softmax'，subsample = 0.6。上述参数中 n_ estimators 代表基学习器的个数，gamma 代表节点分裂的损失函数下降最小值，learning_ rate 代表学习率，max_ depth 代表树深度，min_ child_ weight 代表模型算法保守程度，reg_alpha 代表 L1 正则化项，booster =´gbtree´代表基模型类型，objective 代表目标函数，subsample 代表在模型训练过程中生成树随机采样的占比。

3.4 实验结果分析与讨论

将训练模型应用于测试集数据，评估预测根石走失风险并获得每个特征因子的重要性排序结果，如表 4 所示。在 15 个特征中倾角 z 轴角度、倾角 y 轴角度、水位的重要性显著高于其他特征。相关实地调查报告以及研究结果表明，根石走失原因是坝前水流流速过大，水流对根石块体的作用力超过根石本身的抵抗能力，以及坝基受水流淘刷，坝体周围形成冲刷坑，根石向下蛰塌，冲刷根石走失。另外有研究表明，提出水流条件是影响坝岸根石稳定性的重要因素，尤其是具有游荡性的黄河河段，容易出现水流直接顶冲坝岸工程，坝基严重淘刷，坝垛表面的根石直接受到冲刷，造成坝岸工程的不稳定，坝岸根石容易发生走失，因为黄河是高含沙河流，高含沙水流的流变特性发生了变化，挟沙能力和冲刷强度大于一般的挟沙水流，加上河道束窄作用，水流单宽流量增大，水流集中，水流冲刷力增强，坝垛上跨角和坝前头容易出现较深的冲刷坑，易出现根石走失情况。倾角 z 轴角度、倾角 y 轴角度是监测根石出现位移的直接监测要素，同时水位与流速有着极为密切的关系，因此水位特征重要性相较于其他特征重要性比重更高，这表明模型在根石风险预测方面有一定的合理性。

表 4　特征重要性表

序号	特征名称	特征重要性权重
1	倾角 z 轴角度	0. 298 438
2	倾角 y 轴角度	0. 146 963
3	水位	0. 101 44
4	信号强度	0. 064 365
5	报警角度	0. 046 514
6	检测周期	0. 042 069
7	流量	0. 041 617
8	上报模式	0. 041 251
9	设备端口	0. 038 948
10	心跳周期	0. 034 817
11	设备电压	0. 032 724
12	紊流能	0. 030 758
13	倾角 x 轴角度	0. 028 719
14	功能模式	0. 026 052
15	降水	0. 025 326

分类结果预测准确度如图 2 所示混淆矩阵，高风险预测准确率为 84%，中风险预测准确率为 72%，低风险预测准确率为 79%。利用式（11）可得模型预测结果总体准确率为 78%。根石走失往往会带来极为严重的后果，因此工程应用中对高风险等级的预测准确率有着较高的要求，而本文模型高风险预测准确度达到 84%，同时在预测中风险和低风险中，更多地将风险识别为高风险，这对保障根石安全有重要的意义。

为了更全面地评估模型，利用式（12）~式（14）计算 Precision（精确率）、Recall（召回率）和 F-score，从表 5 中可以看到 3 种分类结果的 F-score 均超过 75%。

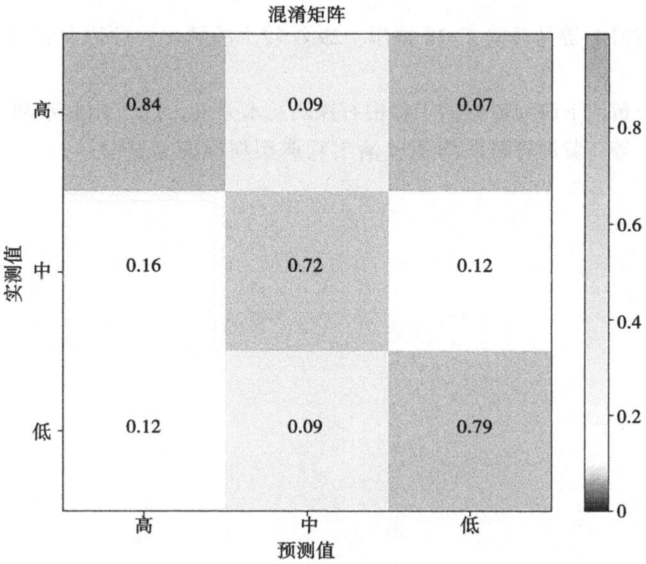

图 2　混淆矩阵

表 5　模型评价指标　%

指标 / 类别	精确率	召回率	F-score
高	75.5	84.4	79.7
中	78.7	72.1	75.2
低	79.9	77.3	78.6

4　结论与展望

本文针对根石险情相关资料提出了基于极限梯度提升树的根石险情预测方法，构建了险情预测模型。模型实验结果表明，模型在 Precision、Recall 和 F-score 指标上能够满足需求，可快速评估根石险情类别；同时，该模型需要的人工干预较少，且对缺失数据的敏感程度较低，具有良好的泛化性能，能够在实际场景中进行使用。

然而，基于极限梯度提升树的黄河根石险情预测方法研究目前包含 15 个特征因子，尚未将全部影响因素纳入研究范围，后续可以结合流速、根石粒径、含沙量等动态风险因子，针对根石险情预测做进一步研究。

参考文献

[1] 严建华，张建军，李绪鹏，等．黄河堤防丁坝（垛）水下根石动态监测预警系统研究［J］．中国水利，2023（16）：64-68.

[2] 宋兆谦，孙冬敏．图像识别技术在黄河坝岸根石走失监测中的应用研究［J］．中国防汛抗旱，2023，33（4）：66-70.

[3] 王国强，苏乃华，董继坤．黄河下游河道整治工程根石稳定性分析［J］．人民黄河，2024，46（增刊 1）：19-20.

[4] 牛玉国，李永强，张金鹏．新形势下黄河下游控导工程建设思路探讨［J］．人民黄河，2024，46（7）：39-41，78.

[5] 田永兰，沈洪．浅析黄河三盛公水利枢纽拦河闸下游左岸险工根石冲淘原因分析及防护措施［J］．内蒙古水利，

2024（增刊 2）：54-55.
[6] 张俊飞，潘磊，刘嘉森．黄河下游马渡险工 28 护岸、29 坝较大险情出险原因分析［J］．人民黄河，2022，44（增刊 1）：12-13，16.
[7] 袁占军，李长鹏，刘嘉森．黄河下游河道整治工程根石探测技术分析［J］．山东水利，2021（6）：36-38.
[8] 岳志春，周跃华，马晓阳，等．黄河青石段河道整治工程典型坝垛模型试验［J］．人民黄河，2019，41（2）：49-53，82.

BIM 技术在迈湾水利枢纽工程设计中的应用

李能淼　卢元伟

（中水珠江规划勘测设计有限公司，广东广州　510610）

摘　要：BIM 技术的应用可以大幅提升设计产品的质量及效率，实际应用中发现由于水利水电工程地形地质等边界条件的复杂性、当前主流三维设计平台在专业设计领域工具的不完善、三维设计流程不明确、造价软件平台局限等问题，BIM 技术实际应用效果远不及预期。本文以迈湾水利枢纽工程为例，系统研究了基于 Bentley 三维设计平台的水利水电工程 BIM 正向设计流程，以及基于模型的场地分析、模型创建、出图、算量、计算分析、数字造价等应用方法。工程实践表明，研究结果可明显提升设计产品的质量及效率，可为同类工程设计提供参考和借鉴。

关键词：水利水电工程；Bentley 平台；BIM 技术；三维正向设计；数字造价

1　引言

随着 BIM 技术的发展，三维设计手段逐步被应用到水利水电工程整个设计周期中，目前主要平台有 Autodesk、Bentley 及 Catia 等。李海圣[1]、王宁等[2] 研究了基于 BIM 技术的水利工程三维设计路径，对三维设计流程进行了梳理与研究；喻林等[3] 研究了 Autodesk 三维设计平台在碾压混凝土坝施工全过程中的应用，应用效果表明可提高施工效率、节约由于施工协调带来的成本；曹宁等[4] 研究了基于 BIM 技术的全过程造价管理方法，结果表明 BIM 技术能够显著提升工程数字造价管理的效率和精确性；刘馨蔚[5] 研究了 BIM 技术与工程造价系统相结合，通过对造价系统中的 BIM 进行分析，落实精细数字造价管理系统；黄春霞等[6] 研究了数字造价技术应用方法；吕贺[7] 研究了 BIM 技术在横江水库工程设计中的应用，着重研究了 BIM 技术在水利工程设计中的优势和应用策略；张鹏利等[8] 基于黄金峡水利枢纽工程研究了 Catia 平台下 3DEXPERIENCE 在水利水电工程中的应用，系统研究了参数化建模、工程量统计及三维出图等问题。

在利用 BIM 技术进行工程三维正向设计过程中，机电、金属结构、建筑等专业因设计边界条件比较清晰、明确，基本可实现三维正向设计；土建专业因与地形地质等结合紧密，边界条件限制因素多且不明确、设计工具不完善、设计流程不匹配等问题导致三维正向设计落地受阻。本文结合迈湾水利枢纽工程的实际应用，着重研究了水利工程设计中土建专业实现三维正向设计的解决方案，可为同类项目的三维设计提供参考。

2　工程概况

2.1　项目简介

海南省南渡江迈湾水利枢纽工程位于南渡江干流中游河段澄迈与屯昌两县交界处，是国家 172 项重大节水供水工程及海南省水利“十二五”重点水源工程。工程任务是以供水和防洪为主，兼顾灌溉和发电。工程规模为Ⅱ等大（2）型，枢纽布置 1 座主坝、7 座副坝，主坝为碾压混凝土重力坝，副坝为土石坝，电站厂房为坝后式厂房，总装机容量 40 MW。

作者简介：李能淼（1981—），男，高级工程师，主要从事工程造价研究与应用研究工作。

2.2 设计特点及难点

该工程在设计中主要存在以下特点及难点：

（1）地质条件复杂。地勘资料显示：弱风化岩面埋藏较深，河床部位左右岸存在风化深槽，右岸坡存在崩塌堆积体。如何利用有限的钻孔资料较全面地展示枢纽区复杂地质条件，为工程建筑物布置、设计方案比选提供更好的地质资料支撑，是该项目的一个重点。

（2）比选方案多。项目坝线坝型比选阶段，针对推荐坝址布置了 3 条比选坝线，根据地质条件重点进行了重力坝及混合坝 2 种坝型的比选。比选方案众多，需要考量不同方案的技术参数和造价指标，如何在有限的设计周期内比选出合理的推荐方案，是该项目方案设计阶段的难点。

（3）左右岸高边坡问题突出。结合海南省多雨、多台风的气候条件及工程区域的地形、地质条件，溢洪道泄量规模大、布置较困难，最终以折线形重力坝作为推荐方案。枢纽覆盖层较厚，坝顶以上土质边坡高达 150 余 m，如何优化边坡设计方案从而适当降低边坡高度、减少开挖量、降低工程造价，是该项目的另一个难点。

（4）项目设计成果需进行数字化交付。近年来国家及部委对水利行业智能工程、智慧水利、数字孪生工程及数字孪生流域等的建设提出了要求，作为勘察设计单位，如何将传统设计手段与新一代信息技术融合，较好地完成合同履约，完成数字化产品的交付，是该项目的一个重点研究方向。

3 BIM 技术应用概述

3.1 应用目标

迈湾水利枢纽工程 BIM 技术应用采用 Bentley 三维设计平台，以提高设计产品的质量、提升设计效率及项目成果交付能力为出发点，全面推进 BIM 技术在项目全生命周期的应用，实现基于三维模型的三维出图、计算分析、工程算量、计价、设计交底及数字化交付等成果输出目标；实现基于具体项目，探索三维正向设计技术落地方案的目标。

3.2 流程优化

在迈湾水利枢纽工程 BIM 技术应用过程中，项目团队对设计流程进行了优化：

（1）校审工作前移，即校审人员参与到各专业三维模型创建工作中，基于模型进行设计成果校审，确保在出图前设计模型已基本固化不再进行大的调整。

（2）基于三维协同设计平台采用三维模型提资，通过模型进行专业间提资及参考引用，确保各专业设计成果提资流转的唯一性。

（3）机电、金结专业会同土建专业基于三维模型会商开孔、开洞等问题，避免二维设计中出现的孔洞错、漏问题。

（4）设置项目总装负责人，利用三维设计可视化优势，通过成果的过程总装及最终总装，可及时对方案布置进行优化。

（5）造价专业基于方案比选阶段快速创建工程布置模型，提取工程量后，快速赋予项目造价指标，直观得出相应比选方案的工程造价。

通过对设计流程的优化，顺利推动项目三维正向设计工作的进行。

3.3 协同环境

该项目三维协同设计采用 Bentley Project Wies（PW）协同管理平台。该平台是一个模型、文档、人员权限管理平台，同时也是一个基于服务器/客户端的远程管理平台。平台具有较强的版本管理及文件一致性控制功能，能够针对以文件形式存在的模型、图纸及文档进行统一管理，使得同一文件在同一时间只能有一个有权限的用户以可读写的方式打开，保证了文件的一致性。同时，平台版本控制严密，能够保留产品的多个版本并可以查看历史记录，设计人员可以根据实际情况设置某个版本为当前版本，升级或更改版本时填写说明，以备查询。

4 BIM 技术应用成果

4.1 三维地质

迈湾水利枢纽工程采用 Gestation 软件创建三维地质模型，通过对地质勘探数据的录入，绘制地质图件，建立地质三维实体模型，并可在三维实体模型的基础上进行各种三维分析计算。该项目创建的地质模型要素包括地形面、地下水位面、3LU 值面、强风化面、弱风化面、断层、崩塌体、冲积层、残积层及基岩等，涵盖了工程枢纽区探明的所有地质要素，较好地为枢纽布置及建筑物设计提供三维可视化的地质边界条件支撑。三维地质模型见图 1。

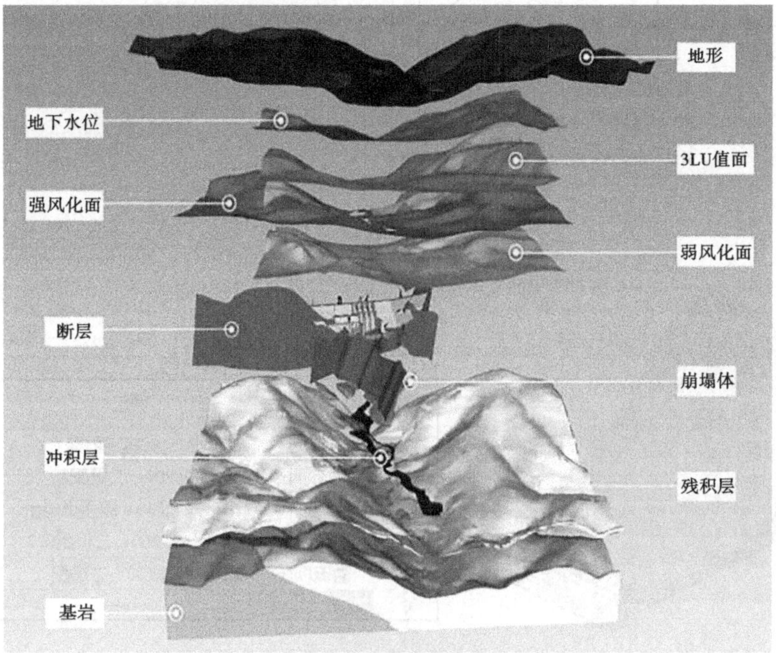

图 1 三维地质模型

4.2 结构建模算量

迈湾水利枢纽工程设计阶段，项目研发团队基于项目实际需求在 Bentley Microstation 平台上研发了“PrpsdcBIM 三维枢纽设计软件”，通过对三维设计平台基础功能的扩充完善，有针对性地解决了平台软件基础功能在专业设计领域工具缺失问题。研发的重力坝挡水坝段、溢流坝段、土石坝、厂房尾水管及蜗壳等复杂体型快速建模分区算量工具，大幅提升了项目在方案比选及施工图阶段模型创建、工程量提取的速度及精度；另外，创建的三维模型可为项目出图阶段提供模型基础。三维快速建模、算量示例分别见图 2、图 3。

4.3 三维开挖及算量

在该项目设计阶段，依托项目实际需求研发“PrpsdcBIM 三维开挖设计软件”。该软件提供了系统的三维开挖解决方案，大幅提高了项目方案比选的进度，提升了开挖图设计质量及效率。该软件主要功能如下：

（1）提供了便捷的适合各种建基面边线（如平面基线、空间基线等）的放坡工具及放坡方式。

（2）提供了满足项目各个阶段不同应用场景下开挖工程量便捷统计工具（如方案比选阶段总开挖工程量、施工图阶段现场分层开挖工程量复核等）。

（3）提供分区开挖面常规支护（锚杆、喷混凝土、挂网、排水管）工程量统计工具，并快速生成分区支护参数表、分区支护工程量表及总支护工程量表。

（4）提供了可包含地形线、开挖线、地层线、结构线等剖面图要素线的剖面图批量剖切工具。

（5）提供了平剖面图图面高程、坡比、控制点坐标、桩号、特征水位等常规标注的便捷工具集。

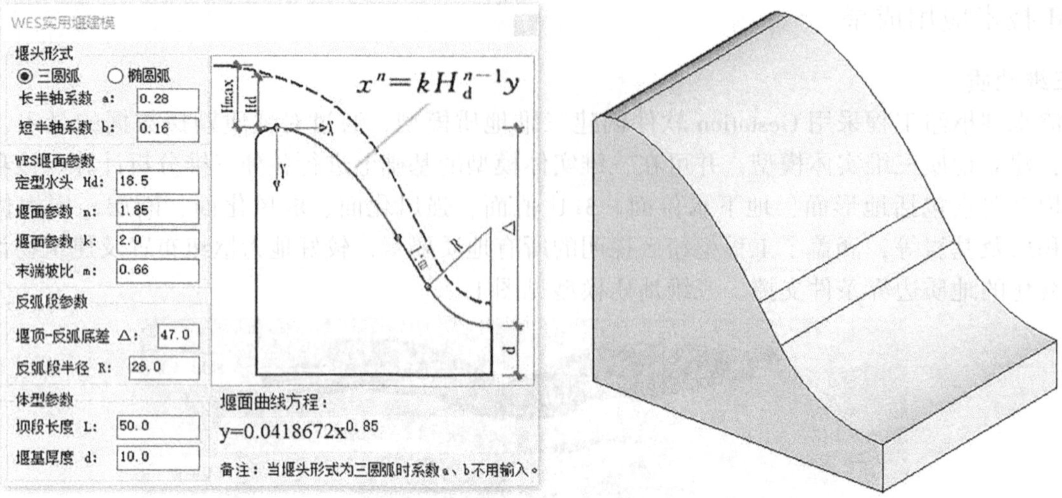

图 2　WES 堰快速建模

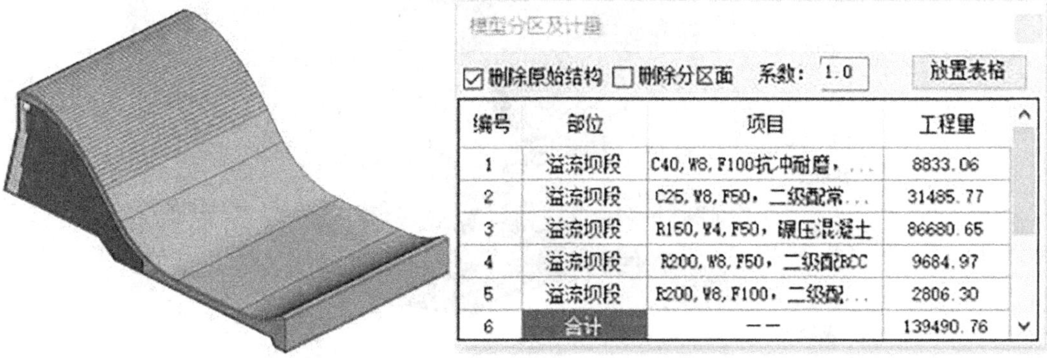

图 3　溢流坝段快速分区算量

利用研发软件快速便捷的优势，对工程左右岸高边坡设计方案进行了多方案的比选、优化设计，提高了边坡设计质量。三维开挖模型图及现场实际三维开挖照片见图 4、图 5。

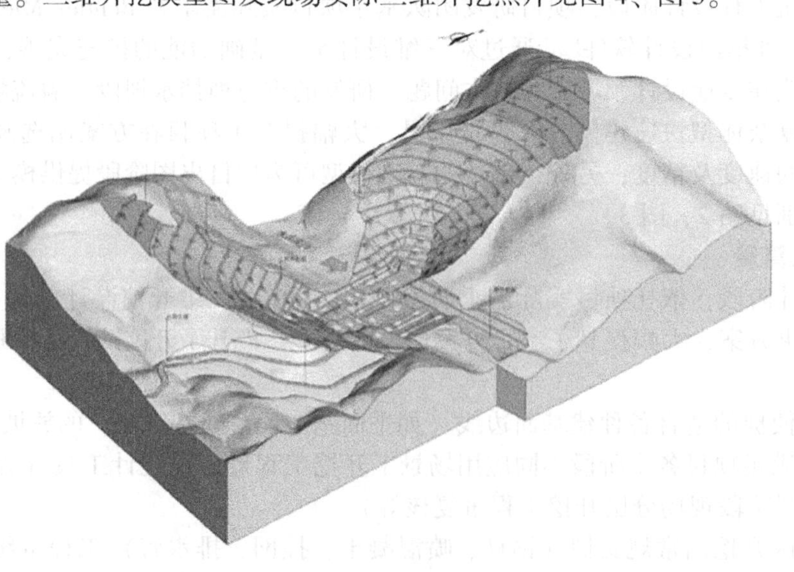

图 4　三维开挖模型

图 5　三维开挖现场照片

4.4　模型出图

项目设计过程中，项目团队对如何从三维模型抽取符合现行规范要求的施工图纸、如何优化出图流程使其更符合设计人员操作习惯以减少新软件推广应用受阻方面的问题进行了研究，研发了“PrpsdcBIM 三维出图标注设计软件”。该软件包含按实际出图比例的二、三维联动图纸剖切工具，二、三维图面高程坡比桩号等快速标注工具及标注修改类工具。

项目团队创新性地提出了在水利工程土建专业施工蓝图中采用二、三维并用的图面展示方式，大幅提升了施工现场技术人员读图、识图的便捷性。

4.5　数字造价

在方案比选阶段，设计人员创建工程布置模型，快速提取工程量后，通过平台迅速交付给造价人员，造价人员通过赋予造价指标，可快速得出不同方案的投资；经过分析对比后，将方案的经济性比选结果同步展示给设计人员。设计方案发生变化引起工程量调整后，可同步推送到造价专业，造价人员调整后又可同步反馈到设计人员。数字造价成果示例见图 6。

坝型坝线投资对比表

序号	工程或费用名称	中坝线重力坝	下坝线混合坝	差额=中-下
I	工程部分投资	218887.56	199653.37	19234.19
	第一部分：建筑工程	134818.92	119677.30	15141.62
	第二部分：机电设备及安装工程	13377.98	13377.98	0.00
	第三部分：金属结构设备安装工程	15003.84	15003.84	0.00
	第四部分：施工临时工程	16780.81	15902.66	878.15
	第五部分：独立费用	28482.80	26184.29	2298.51
	基本预备费	10423.22	9507.30	915.92
	静态总投资	218887.56	199653.37	19234.19
	总投资	218887.56	199653.37	19234.19

图 6　数字造价成果比选

4.6 工程模型交付

为更好地发挥 BIM 在施工建造期及后期运维阶段的优势，迈湾水利枢纽工程进行了设计端 BIM 模型的交付。交付物包含以下 2 种类型：

（1）三维图册交付。该项目除提交常规二维施工蓝图外，还提交了三维设计图册，结合三维设计图册现场施工人员可更好地理解施工蓝图，弥补了平面二维图纸可视化及展示效果差的缺点。

（2）BIM 模型交付。该项目按照项目施工监管及运维平台的要求，提供了完整的设计模型交付，交付内容、格式及相互关联信息均满足平台需求。

5 结语

（1）BIM 技术在迈湾水利枢纽工程勘察设计中的研究及其应用实践，为三维正向设计技术在水利水电工程领域的落地进行了有益的探索，应用结果表明 BIM 技术对提升设计成果的质量有明显作用，通过对组织架构、团队建设、设计流程及设计工具进行优化也可明显提升设计效率。

（2）当前主流的 BIM 设计软件主要是 Autodesk、Bentley 及 Dassault 等公司的平台软件，在实际工作开展过程中仍存在应用效率不高的情况，还需根据应用需求进行一定的定制与二次开发工作；如何更好地将 BIM 技术应用于工程建设全生命周期，与传统的设计流程相结合，充分体现 BIM 技术的应用价值，仍然是值得关注和需要继续探索的方向。

参考文献

[1] 李海圣．基于 BIM 技术的水利工程三维设计路径［J］．珠江水运，2021（23）：37-38.

[2] 王宁，陈嵘，杨新军，等．基于 BIM 技术的水利工程三维设计研究与实现［J］．人民长江，2017，48（增刊 1）：156-159.

[3] 喻林，杨若然．BIM 技术在碾压混凝土坝施工全过程中的应用［J］．建筑技术，2021，52（1）：15-19.

[4] 曹宁，孙倩倩．基于 BIM 技术的建筑工程全过程造价管理研究［J］．中国招标，2014，（4）：98-100.

[5] 刘馨蔚．BIM 在工程造价中的价值体现及实践研究［J］．建材与装饰，2018（23）：178.

[6] 黄春霞，杨谦．数字造价技术应用［M］．高等教育出版社，2023.

[7] 吕贺．BIM 技术在水利工程设计中的应用［J］．陕西水利，2021（7）：40-42.

[8] 张鹏利，崔超，贾宁霄．BIM 在黄金峡水利枢纽工程设计中的应用研究［J］．人民长江，2022，53（5）：149-155.

大坝边坡监测感知基准点高程测量计算方法

王建成[1]　刘　垚[2]　张　伟[1]　何宝根[1]

（1. 中水珠江规划勘测设计有限公司，广东广州　510610；
2. 贵州乌江水电开发有限责任公司思林发电厂，贵州铜仁　565100）

摘　要：为了实现大坝边坡安全监测感知，实时掌握边坡三维监测变化情况，通常利用全站仪机器人以基准点为测站进行边角测量，基准点高程精度关系到垂直位移监测的准确性，采用三角高程测量方法测量出基准网各边的边长和高差并对其改正计算，然后将改正的边长和高差建立数学模型，通过严密平差计算，最终得到基准点的高程。计算结果表明：三角高程测量计算的闭合差、每千米高程测量全中误差达到了二等精度要求，平差计算严密，成果精度高，能够满足边坡垂直位移监测要求，测量平差计算方法可在类似项目中推广应用。

关键词：边坡安全监测；三角高程测量；条件平差计算

数字孪生水利“天空地水工”一体化监测感知，是应用多种监测技术装备方法，在时空、范围、精度、频次等方面协同融合，实现水利对象全要素和治理管理全过程智能监测感知。其中，“工”是利用监测手段实现对水库大坝、堤防、水闸、隧洞、边坡等水利工程内外工情险情要素的实时精细监测感知。为了实现大坝边坡安全监测感知，实时掌握边坡三维监测变化情况，常采用全站仪监测、GNSS 监测等方法，在两岸稳定的地方布置监测基准点，通过基准点观测变形监测点的具体变化。GNSS 监测[1]虽然具有全天候实时定位的优势，但高程测量相对精度低，峡谷地区卫星数量少，影响高程测量精度；全站仪机器人自动化测量虽然受环境影响较大，但测量精度高，现场减弱或消除环境影响后，可充分发挥其测量优势。

陡峭的岩质边坡要求监测精度高，常采用全站仪测量方法通过边角网测量获得高精度的基准点平面坐标，然后利用极坐标法对边坡监测点进行平面位移监测；垂直位移监测常采用水准测量方法，但大坝坝体施工时，因对两岸坝肩进行了开挖，坝肩边坡海拔落差大，监测点无法进行常规水准测量，需利用基准点的高程通过全站仪三角高程测量方法[2]获得监测点的高程，这就需要有较高精度的基准点高程。大坝边坡基准点高程测量往往和平面测量同时进行，本文利用全站仪同时观测水平角、垂直角、边长，对边长进行改正计算[3]后，通过三角高程测量计算基准点相互间的高差，最后进行严密平差计算得到基准点的高程，其高程成果精度达到了规范二等精度。

1　点位分布情况

沿河布置了 7 个基准点（TNI－01、TNI－02、…、TNI－07）和 3 个工作基点（TPL1、TPL2、TPL3），基准点和工作基点点位分布图见图 1，点位埋设稳固、视野开阔、两两通视，网形结构稳固，7 个基准点基本位于同一个高程，3 个工作基点高程稍微低，位于交通便利的公路边。采用全站仪边角网测量方法，对水平角、垂直角、边长对向观测 12 个测回，同时记录测站、镜站的温度和气压，角度读至 0.1″、计算至 0.01″，边长读数至 0.1 mm、计算至 0.01 mm，温度读至 0.1 ℃，气压读至

基金项目：中水珠江勘测信息系统开发（企业创新基金项目 2022KY06）。

作者简介：王建成（1981—），男，高级工程师，主要从事安全监测方面的研究和管理工作。
通信作者：何宝根（1969—），男，正高级工程师，主要从事测绘生产和技术管理工作。

0.1 hPa。

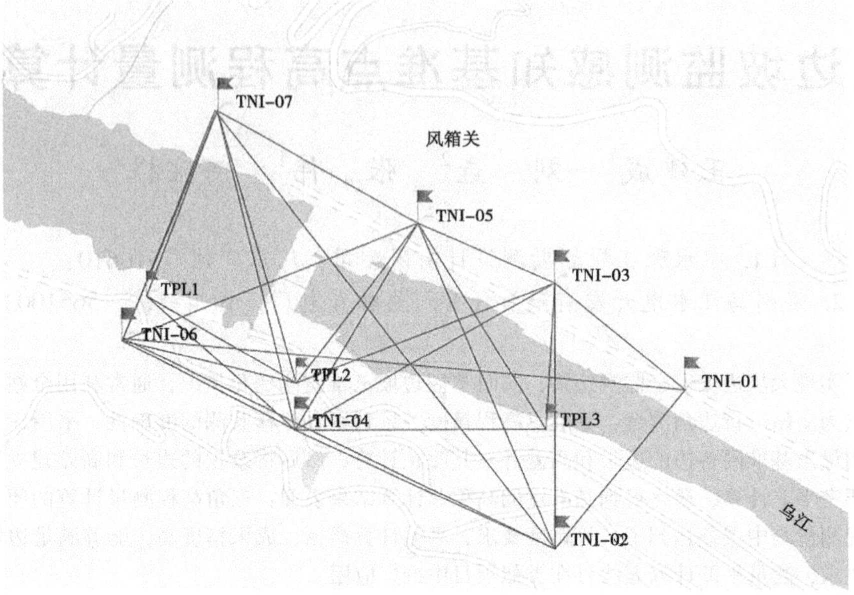

图 1　基准点和工作基点点位分布

2　三角高程测量

2.1　垂直角观测计算

对向观测两测站的垂直角在对称观测时段内进行，以中午附近大气垂直折光变化最小的时间段[4]观测。经计算统计，垂直角观测计算满足规范要求，具体测量精度见表 1。

表 1　垂直角观测测量值和限差值统计

序号	垂直角观测项目	最大测量值/(″)	限差值/(″)
1	二次照准目标读数的差	2.8	4
2	一测回中各方向指标差互差	6.7	8
3	测回差	3.75	5

2.2　边长观测计算

对测距边进行加常数、乘常数改正和气象改正[5]，利用改正后的斜距和垂直角进一步计算测距边平距[6]，将测距边水平距离归算到某一高程面上的长度，按公式（1）计算。

$$D_0 = D\left(1 + \frac{H_P - H_m}{R_A}\right) \tag{1}$$

式中：D_0 为测距边水平距离归算到某一高程面上的长度，m；D 为测距边水平距离，m；H_P 为规定的某一高程，m；H_m 为测距边两端点的平均高程，m；R_A 为测距边所在法截线的曲率半径，m。

经计算统计，边长观测计算满足规范要求，具体边长测量精度见表 2。

表 2　边长观测测量值和限差值统计

序号	项目	最大测量值/mm	限差值/mm
1	一测回中各次读数差	0.6	1.0
2	一时段内测回差	1.1	2.0

续表 2

序号	项 目	最大测量值/mm	限差值/mm
3	各项改正后各时段观测边长较差（TNI-02—TNI-07）	0.9	2.9
4	各项改正后对向观测边长较差（TNI-02—TNI-07）	1.3	2.9

2.3 高差计算

利用测距边水平距离计算对向观测高差[7]，按公式（2）计算。

$$h = [D_{AB} \times \cot\alpha_{AB} - D_{AB} \times \cot\alpha_{BA} + (i_A - l_B) - (i_B - l_A) + \frac{K_{AB} - K_{BA}}{2R} \times D_{AB}^2] \qquad (2)$$

式中：K_{AB} 为 A 站至 B 站大气垂直折光系数；K_{BA} 为 B 站至 A 站大气垂直折光系数；D_{AB} 为 A 站至 B 站的测距边平距，m；α_{AB} 为 A 站至 B 站的垂直角，(°)；α_{BA} 为 B 站至 A 站的垂直角，(°)；i_A、i_B 分别为 A 站、B 站的仪器高，m；l_A、l_B 分别为 A 站、B 站的棱镜高，m；R 为地球平均曲率半径，m。

最终共计算出 28 条边的边长和高差，测段边长和高差统计见表 3。

表 3 测段边长和高差统计

序号	边长	测段起讫点名	测段边长/m	测段高差/m
1	L_1	TNI-01—TNI-03	321.210 00	-13.936 86
2	L_2	TNI-02—TNI-07	1 061.074 12	23.118 72
3	L_3	TNI-02—TNI-03	513.727 03	-48.446 44
⋮	⋮	⋮	⋮	⋮
27	L_{27}	TPL3—TNI-05	534.738 13	81.128 73
28	L_{28}	TPL3—TNI-03	336.946 81	43.700 23

2.4 闭合差计算

按水准测量计算方法验证三角高程测量精度，为严密平差计算做准备，对基准网中邻近的三角网高差闭合差进行统计计算，经统计闭合差均在限差以内，闭合差精度满足《工程测量标准》(GB 50026）二等水准测量精度，即 $4\sqrt{S}$（S 为路线长度，km）要求，表 4 为三角高程测量路线闭合差统计。

表 4 三角高程测量路线闭合差统计

序号	线路名称	路线长度 S_i /km	闭合差 w_i /mm	按二等测量精度计算限差/mm
1	TNI-02—TNI-03—TNI-01	1.228	2.37	±4.43
2	TNI-02—TNI-06—TNI-01	2.386	1.53	±6.18
3	TNI-03—TNI-06—TNI-01	2.229	-0.21	±5.97
⋮	⋮	⋮	⋮	⋮
16	TNI-07—TPL2—TNI-06	1.386	0.60	±4.71
17	TNI-07—TPL3—TNI-06	2.310	2.58	±6.08
18	TNI-07—TPL1—TPL2	1.289	1.92	±4.54

3 平差计算

本次共计算了28条边的边长和高差，测量过程中多余观测点产生了平差问题，通过建立函数模型，求解出各边长高差改正数，进而求出观测点的最或然值，最后计算出基准网中待求高程点的高程。平差计算的方法很多，现采用条件平差法[8]对基准网的高差进行严密平差，图2为平差计算流程[9]。

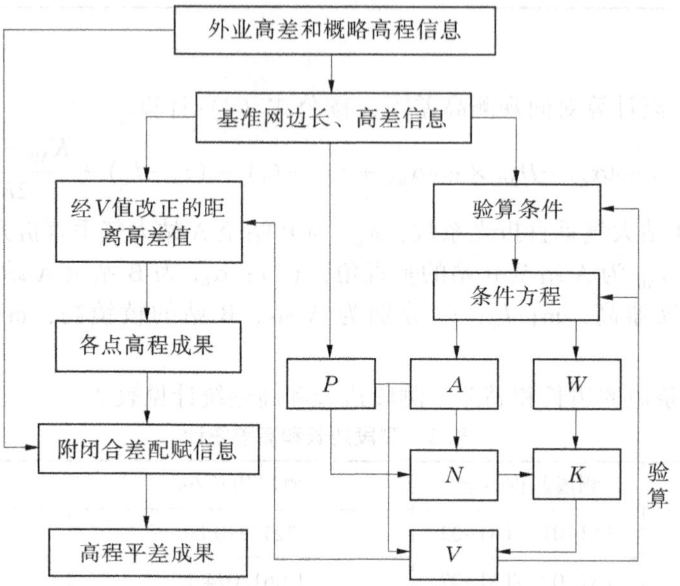

图2 平差计算流程图

3.1 确定条件方程

条件平差法就是以条件方程作为基本函数模型，按最小二乘原理[10]进行平差的方法，其函数模型可表示为

$$\boldsymbol{V}^{\mathrm{T}}\boldsymbol{P}\boldsymbol{V} = \min \tag{3}$$

式中：$\boldsymbol{V}$为改正数阵；$\boldsymbol{P}$为权阵。

实测基准网中有28条测段边长，10个待求基准点，可列出18个条件方程计算基准点的高程，条件方程为

$$\begin{cases} v_1 - v_3 + v_4 - 2.37 = 0 \\ v_4 - v_5 - v_{17} - 1.53 = 0 \\ v_1 - v_{16} + v_{17} + 0.21 = 0 \\ \vdots \\ v_{13} - v_{14} + v_{22} - 0.60 = 0 \\ v_{13} + v_{25} - v_{26} - 2.58 = 0 \\ v_{19} - v_{21} - v_{22} - 1.92 = 0 \end{cases} \tag{4}$$

3.2 定权

基准网三角高程测量的权按距离定权，令$C=1$，故有$P_i = \dfrac{1}{S_i}$，其中S_i为测段边长距离（km），由于各高差观测值是不相关观测值，可组成各观测值的权阵$\boldsymbol{P}$。

3.3 组成法方程并求解

根据条件方程的系数、闭合差及观测值的权阵组成法方程，计算K，法方程按式（5）计算。

$$AP^{-1}A^{T}K + W = 0 \tag{5}$$

式中：A 为条件方程系数阵；P 为权阵；K 为拉格朗日系数；W 为闭合差阵。

3.4 计算改正数

根据已知参数，计算改正数 V，改正数按式（6）计算。

$$V = P^{-1}A^{T}K \tag{6}$$

由基准网三角高程测量条件方程可知，v_i 系数可组成条件方程系数阵 A，$\frac{1}{S_i}$ 可组成权阵 P，闭合差可组成 W，最终可计算出改正数 V。

$$V = [-0.86, 0.59, 0.29, \cdots, 0.84, 1.17, -0.36]^{T} \tag{7}$$

3.5 计算高程值

TNI-01 为已知高程点，利用 TNI-01 的高程 H_i 、边长两端的高差 h_i 、高差改正数 v_i ，计算待求点 P_i 的高程 H_{P_i} ，将待求点的高程代入平差值条件式中进行检核，条件方程全部成立；从任意已知点和改正后的路线高差推算出的待求点高程都一样；将已知点高程、线路高差、高差改正数代入测量线路，计算附、闭合观测路线闭合差，显示闭合差全部为零。由此可见，严密平差出的改正数可以进行高差改正，通过 TNI-01 的高程最终计算出其他待求点的高程值。

4 精度评定

按水准测量计算方法验证三角高程测量的整体精度，根据各三角高程测量路线的闭合差及线路长度计算每千米高程测量全中误差 M_W ，按式（8）计算。

$$M_W = \pm\sqrt{\frac{1}{n}\left[\frac{ww}{S}\right]} \tag{8}$$

式中：w 为路线闭合差，mm；n 为水准闭合差个数；S 为路线长度，km。

经计算，三角高程网每千米高程测量全中误差 $M_W = \pm 0.68$ mm，小于《工程测量标准》（GB 50026）二等测量精度限差±2.0 mm 要求，最大高程中误差为 TPL1 = 0.74 mm，水准网整体精度可靠。

5 结语

（1）该次三角高程测量过程各项验证指标及精度均符合相应规范要求，计算过程中建立了可靠的函数模型，平差计算严密，成果精度高，求出了各个基准点的高程值，平差方法可在类似项目中推广应用。

（2）《工程测量标准》(GB 50026）中规定岩质边坡、土质边坡垂直位移监测的高程中误差分别为±5 mm、±10 mm，通过三角高程测量计算的闭合差、每千米高程测量全中误差达到了二等精度要求，基准点高程中误差较小，能够满足边坡垂直位移监测要求。

参考文献

[1] 李志聪，郦青．基于 GNSS 的边坡自动化监测系统应用研究［J］．测绘与空间地理信息，2024，47（8）：152-154，158.

[2] 白雷雷，刘明波．精密三角高程测量在高陡边坡垂直位移监测中的应用［J］．四川水力发电，2023，42（4）：90-93.

[3] 解运锋．全站仪支导线在井下测量中的精度估算与布测［J］．科技创新与应用，2019（11）：51-52.

[4] 谈道隆，蒋铁军，东海宇．气象条件对三角高程测量精度的影响［J］．甘肃科技，2010，26（14）：41-43，115.

[5] 樊辉．“一点一方向”平差法在 GPS 控制测量中的应用［J］．中国新技术新产品，2024（10）：100-102.

[6] 杨佩，汪过兵．高海拔地区大坝变形位移数据处理的关键技术研究［J］．甘肃科技纵横，2024，53（4）：66-72.
[7] 任俊飞．测量机器人精密三角高程测量方法及精度分析［J］．测绘，2024，47（4）：178-181.
[8] 武汉大学测绘学院测量平差学科组．误差理论与测量平差基础［M］．武汉：武汉大学出版社，2003.
[9] 王建成，杨青，张志文．多结点水准测量严密平差方法［J］．北京测绘，2020，34（3）：310-313.
[10] 鲁铁定．总体最小二乘平差理论及其在测绘数据处理中的应用［J］．测绘学报，2013，42（4）：630.

望城河智慧水务平台建设浅析

陈卫星[1]　齐　丹[2,3]

（1. 庐江县水务局，安徽合肥　231500；
2. 庐江县城市管理局，安徽合肥　231500；
3. 安徽建筑大学公共管理学院，安徽合肥　230041）

摘　要：为了更好地建设流域，改善流域信息化水平低、水资源管理落后、调度效率慢、泄洪能力弱、水质差等问题。本文以庐江县望城河为例，基于高性能和可扩展的网络体系结构，采用云计算、大数据、人工智能、物联网等新一代信息技术，构建望城河智慧水务平台。该平台以“技术先进、经济实用、质量稳定、安全可靠”为目标，对望城河流域水情、水质进行自动监测预警及防汛监控调度预警，监测排水管网水信息、合理分配流域水资源等，实现一网统一调度管理，提升流域信息化水平。

关键词：流域信息化；智慧水务平台；监控站网；望城河；庐江县

1　引言

随着时代的发展和科技的进步，传统水利逐渐暴露出调度效率慢、信息采集慢、灌溉效率低、供水不合理等弊端。因此，智慧水利应运而生[1-2]。《数字中国建设整体布局规划》中提出，构建以数字孪生流域为核心的智慧水利体系[3]。水利部将智慧水利建设作为推动新阶段水利高质量发展的六条实施路径之一，按照“需求牵引、应用至上、数字赋能、提升能力”的要求，充分运用新一代信息技术，系统构建数字孪生水利体系，为水利决策管理提供前瞻性、科学性、精准性、安全性支持，是推动新时代水利高质量发展的重要实施路径[4]。

近些年，诸多学者在水利信息化、建设智慧水利平台方面做出了如下研究：倪晋等[5]围绕巢湖防洪需求，设计防洪治理调度综合平台，提升了巢湖治理决策能力和管理运用现代化水平。张勤等[6]应对驷马山灌区现代化水平不高、水资源管理落后等问题，建设综合信息管理平台，提升灌区信息化水平；安觅等[7]通过建设信息化系统，实现实时掌握锦江水库大坝安全运行状态。

为了更好地建设流域，本文基于庐江县望城河的现状，建设智慧水务管理平台，为实现庐江县望城河水文、水环境信息的智能决策管理，构筑高效有序的智慧水务体系提供有力支持。

2　项目区概况

2.1　流域情况

望城河流经庐江县金牛、石头两个乡镇，是直接汇入庐江县白石天河的一条支流，位于白石天河右岸，流域面积 44.7 km^2。

望城河上游通过舒庐干渠支渠对河道补水，流域地势高程自南向北倾斜，地面高程 40~13 m。流域下游为圩区，地面高程 9~7 m。干流河道全长 5.6 km，其上游分为左、右两支，左支长 3.6 km，右支长 3.1 km。流域水系示意图见图 1。

2.2　项目区现状分析

（1）望城河流域基本无水位、闸位和降雨量等水情自动监测设施。水质监测仍使用人工手段，

作者简介：陈卫星（1994—），男，助理工程师，主要从事水利建设与管理等工作。

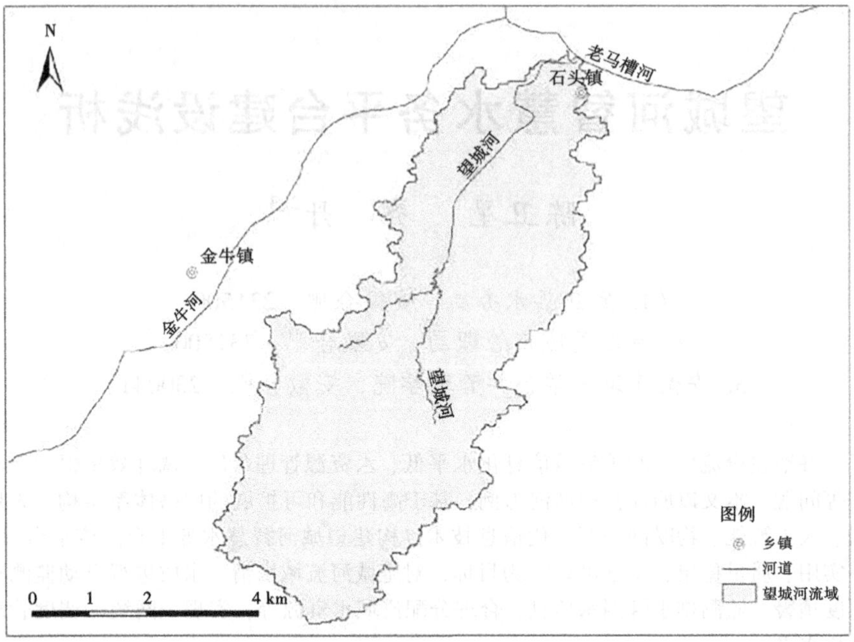

图 1　望城河流域水系示意图

部分河段有明显淤积现象，泄洪能力大大降低，河道水体流动性从一般到差均有覆盖。

（2）项目范围内居民分散，以农村风貌为主，镇区外无任何排水管网系统，镇区内排水设施不完善，排水管网系统存在污水直排、雨污错接、雨污混接等现象，缺失管网管理平台，大量污水直接排入河道，导致河道水体发黑发臭。

（3）望城河流域部分河段水体污染严重，河道无水质自动监测设施，主要依靠人工巡查监管河道污染情况。

总体来说，望城河流域水资源自动化监测水平较低，水资源信息收集尚未开展，信息化水平较低。因此，亟需建立智慧水务平台，加强望城河流域水利信息化管理。

3　项目建设方案

3.1　系统架构

望城河智慧水务平台系统架构分为四层结构，由获取底层数据的采集传输层、提供空间图形数据库和测站信息数据交换并共享信息资源的数据层、支撑系统内部设置和应用的应用层、提供功能服务的服务层组成。

（1）采集传输层。根据需求分析，在望城河流域范围内合理设置水质、水位、雨量与闸门、泵站、高清视频监控站。各站点的数据和工况信息通过 GPRS、光纤专网等各类通信网络实时传输至望城河智慧水务平台数据接收系统，保证测站设备正常运行，并提供远控接口。

（2）数据层。主要进行监测信息的存储与管理，主要包括 GIS 空间图形数据、系统运行时获取和累积的各类设备属性数据、运行管理数据、各类实时监测数据以及与庐江县防汛抗旱部门的共享数据。

（3）应用层。是为满足望城河智慧水务运行管理需求所涉及的功能系统架构。包括可视化三维模型展示、水资源综合调度、防汛预报预警、水质与排水口情况监测监视、设施设备信息查询与管理等。应用层负责各系统对接与设备远程控制，是整个项目实现业务管理应用的关键。

（4）服务层。可通过开发 Web 版、移动 App 应用客户端等多种平台应用方式，实现系统运行情况与三维模型相结合进行管控。服务层包括：运行情况监视和设备远程控制；对系统进行操作发现问题时，快速准确地定位和查找；设备设施的基础信息更新维护；排水管网水力模型模拟预测与展示；

水质情况监测和预报预警分析；维护巡检管理、对外发布等功能应用。

3.2 监测监控站网建设

为满足系统功能需求，在望城河流域建设包括水质自动监测站、水情监测站、泵站闸门监控站、管网监测站、视频监控站等5种类型自动监测监控站，形成系统的监测监控站网，并基于现代化信息通信技术、互联网技术、数据库存储技术等，全面实现望城河流域水质、水位、闸泵、管网、视频等信息的实时采集、传输与存储。监测监控站网分布图如图2所示。

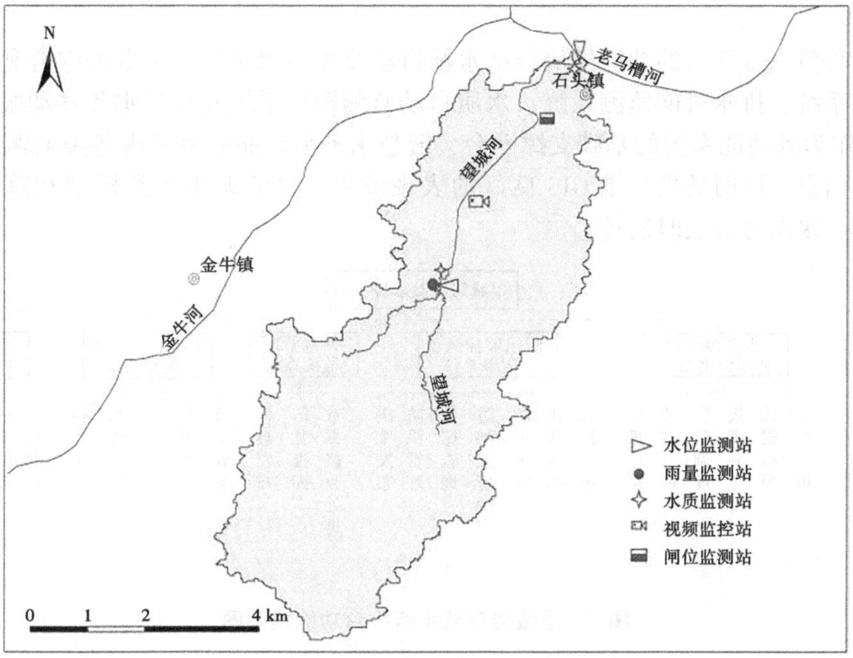

图2 监测监控站网分布图

3.2.1 水质监测站

（1）望城河出口水质监测站：在望城河流入白石天河出口处布设水质监测站1处，实时监测望城河出口处望城河水质情况。

（2）望城河上游两支流交汇处水质监测站：在望城河上游两支流交汇处布设水质监测站1处，实时监测望城河上游水质信息。

3.2.2 水情监测站

（1）望城河出口水位站：在望城河流入白石天河出口处望城河上布设水位监测站1处，实时监测望城河出口处水位，为计算望城河出水量提供数据支撑。

（2）两支流交汇处水位雨量站：在望城河上游两支流交汇处布设水位雨量站1处，实时监测望城河上游水雨情信息。

3.2.3 闸泵闸门监控站

望城河两岸存在闸门、泵站等水工建筑物，为实现望城河水资源综合利用调度与防汛监控预警的智慧化管理，需要对相关闸门、泵站等水工建筑内的设备进行远程自监控，并对闸门的启停、开度，泵站的抽排流量等工情要素进行实时监控。在望城河上主要闸门、泵站处布设闸门开度站，实时监测闸门、泵站开度信息，为整个流域洪水调度提供依据。

3.2.4 管网监测站

针对庐江县石头镇污水管网进行水质、流量在线监测，以实现石头镇范围内涉及管网工程重要节点信息的实时监测。通过实时监测数据的采集存储，为石头镇污水排放处理提供数据支撑，提高石头镇地下管线管理的信息化水平。

3.2.5 视频监控站

对望城河流域范围内所涉及的重点河道防洪断面、污染断面、重点企业排污口、水位站、水质站、闸门泵站等关键节点，建设相应的视频监控站，全面直观地掌握现场情况，实时监控关键节点主要污染源的排污情况、闸门启闭情况及河道水情信息。在望城河下游沿河路闸位站布设视频监控站，实时监控闸门启闭情况。

4 功能实现

构建望城河智慧水务平台的功能模块包括水情自动监测预警系统、水资源综合利用调度系统、防汛监控调度预警系统、排水管网监测系统、水质自动监测预警系统及智慧水务移动服务平台系统，具体功能见图 3。作为各功能系统的基础支撑平台，智慧水务平台能完整呈现各类监测监控站点的布设位置和基础业务信息。同时凭借三维 GIS 良好的表现效果，灵活调用各类模型和算法，对水位、雨量、水质、闸门、泵站进行实时监控。

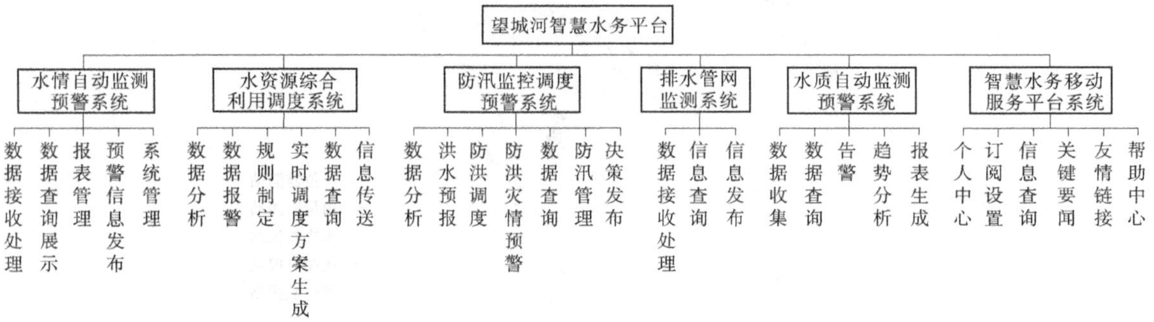

图 3 望城河智慧水务平台功能框架图

4.1 水情自动监测预警系统

涵盖管理所有测站设备的基本信息，提供系统日常管理。通过专用通信信道传输实时数据，并存储在数据库中，利用 GIS 平台查询业务、展示功能。将数据整理为各类报表，为各系统提供服务。同时，该系统对各类实时监测信息进行判断，当达到相关临界警戒值或发生相关突发状况时，系统将及时发送预警信息。

4.2 水资源综合利用调度系统

对望城河进行水资源综合利用调度，并将对河道的利用调度集成到调度平台中。通过各类涉水工程和非工程措施，加强望城河与其他河流之间供水、排水、补水、灌溉等功能，实现水资源在时间和空间上的合理分配，以协调好水资源与经济、社会、生态和环境之间的关系，为望城河建设生态清洁小流域提供技术支撑。

4.3 防汛监控调度预警系统

主要侧重于各河道的防汛预报预警。通过建立防汛监控调度预警系统，对望城河流域内洪水灾害有关数据进行实时采集、监控、管理和分析处理，制定防汛调度规则或方案，提供河道洪水灾害预警信息，为各河道的防汛指挥决策提供技术支持，以更充分地发挥水利工程的防洪减灾效益。

4.4 排水管网监测系统

可自动接收处理遥测站发送的流量、水质、水压、液位等数据，进行遥测数据的自动存储、界面展示和统计分析；进入系统可查询管网监测的流量、水质、水压、液位信息、地理信息，实时监测管网数据等信息，可形成图表进行分析。

4.5 水质自动监测预警系统

能够实时地从站点获取监测数据和仪器设备运行状态，支持断点续传与智慧水务平台之间的实时数据同步。收集的原始数据按照一定的规则进行数据校验，过滤发生异常的数据。以动态图表的形式实时显示水质自动监测站点的水质数据，并可对监测数据进行动态播放，动态显示水质的变化趋势。当发现水质超标问题，系统可自动报警。根据水质、水体实时状况，结合该历史数据，对监测数据进行同比、环比分析，从而判断水质变化趋势等。

4.6 智慧水务移动服务平台系统

管理巡查人员的基本信息，实时定位巡查人员的工作位置，推荐巡查路线，实时了解望城河流域的水情、雨情、水闸泵站、排水管网、水质状况等信息。提供气象信息、天气预报、站点数据及河道信息订阅。提供望城河流域范围内河道水资源管理、防汛抗旱、水质处理等新闻，提供水雨情、闸门启闭、水质超标等通知，并提供其他公共辅助功能。

5 结语

智慧水务系统管理是一项综合性措施，智慧水务管理系统建设不可或缺。庐江县望城河智慧水务平台的建设，可有效改善流域信息化水平低、水资源管理不足、无法统一调度、泄洪能力弱、水质差等问题。建议今后不断加强水利与其他部门之间的信息交互，真正实现远程管理和集中控制，实现水务与城市管理有机融合，将有利于大数据存储服务、传输通信网络及决策支持软件系统的集成。

参考文献

[1] 张建云，刘九夫，金君良．关于智慧水利的认识与思考［J］．水利水运工程学报，2019（6）：1-7.

[2] 曾焱，程益联，江志琴，等．“十四五”智慧水利建设规划关键问题思考［J］．水利信息化，2022（1）：1-5.

[3] 蔡阳．以数字孪生流域建设为核心构建具有“四预”功能智慧水利体系［J］．中国水利，2022（20）：2-6，60.

[4] 张潮．数字孪生水利建设中筑牢数字安全屏障的思考［J］．中国水利，2024（7）：62-66.

[5] 倪晋，虞邦义，顾李华，等．巢湖流域防洪治理调度综合平台设计［J］．中国水利，2022（16）：56-58，61.

[6] 张勤，常仁凯，梁云．驷马山灌区综合信息管理平台建设浅析［J］．江淮水利科技，2022（1）：42-45.

[7] 安觅，李瑶．水库大坝三维可视化安全监测平台研究与应用［J］．水利技术监督，2023（12）：47-50.

复杂水势影响下的流量在线监测技术应用研究

吴　剑　孙建民

（黄河水利委员会河南水文水资源局，河南郑州　450000）

摘　要：西霞院水库运行后，受小浪底水库、西霞院水库频繁调度与反调节运用的联合影响，小浪底水文站水位变化频繁且涨落幅度较大，尤其在蓄水期间，影响更为显著，致使水位-流量关系规律复杂多变，水位-流量关系曲线散乱。为探索解决复杂水势影响下的流量在线监测难题，本文通过对小浪底水文站雷达流量在线监测比测情况进行分析，为复杂水势情况下（变动回水、高含沙量等）流量在线监测提供了借鉴。

关键词：雷达在线测流；变动回水；复杂水势；调水调沙

1　引言

1.1　测站概况

小浪底水文站设立于 1955 年 4 月，位于河南省济源市坡头镇泰山村，集水面积 694 221 km^2，至河口距离 894 km，是国家重要水文站，也是小浪底水库的出库站，承担着向各级防汛部门提供实时水情的重要任务。

1.2　测站特性

洪水来源于小浪底水库下泄流量，受小浪底水库闸门启闭及西霞院水库调蓄影响，水位涨落快，流速沿断面和垂线分布变化较大，尤其是小浪底水库泄洪期间，西霞院水库库水位与小浪底水库排沙洞闸门开启位置和开启高度对下泄洪水的含沙量及流速有较大的影响，导致该站水位-流量关系散乱。该站每年 10 月至次年 5 月，河水清澈，含沙量趋近于零。每年 6—9 月受小浪底水库异重流排沙运用影响，含沙量明显增大，单断沙关系为直线。

该站测验河段顺直，长 400 m，宽约 330 m，河床系砂卵石组成，低水时右岸有一串沟，基本水尺断面下游 300 m 以下河道逐渐展宽，水面宽约 380 m。基上 4 km 处是小浪底水利枢纽大坝，基下 18 km 处是西霞院水库坝址。受西霞院反调节水库影响，蓄水时水面比降较小，洪水期畅泄时比降较大，并且随着小浪底水库下泄流量的增大而增大。

2　比测研究情况

2.1　项目背景

小浪底水文站受变动回水影响，水位变化频繁且涨落幅度较大，尤其在蓄水期间，影响更为显著，致使水位-流量关系复杂多变，水位-流量关系曲线散乱。长期以来，通过增加流量频次来达到有效控制流量变化过程的目的，测验强度大成为该站推行巡驻结合测验模式的瓶颈[1]。

河势条件的复杂化和两库频繁调节与反调节运用给该站流量测验带来很大困难，测流时机较难把握，测流期间水位涨落变化大，经常出现一次测流期间水位跨峰现象，影响流量测验成果精度，给水情报汛带来影响和不便；受变动回水影响，该站水位失去代表性，从水位高低很难判别是上游来水还

作者简介：吴剑（1987—），男，高级工程师，国家注册测绘师，科长，主要从事水文测报管理及数据处理方向的研究工作。

是下游蓄水，水位-流量关系散乱，规律性差，推算瞬时流量误差较大，推流时段很难确定，影响水量计算成果精度。

为探索解决受变动回水、水库排沙、水库频繁调度等复杂水势影响下，现行 ADCP 或者流速仪等测验方式中存在的过程控制难度大、测验时机无规律、测验次数多等难题，实现传统的人工测验方式向在线测验方式的转变，在小浪底水文站测流断面上游 667 m 跨河公路桥上安装了雷达流量在线监测系统，断面处水流稳定，两岸水深较大。其中，分别在起点距 17 m、37 m、97 m、177 m、237 m 和 267 m 处安装了 1 个雷达测速仪探头，起点距 177 m 处安装了雷达水位计及遥测数据传送前端机，实时收集在线水位、流量数据，雷达测速仪探头布设如图 1 所示。

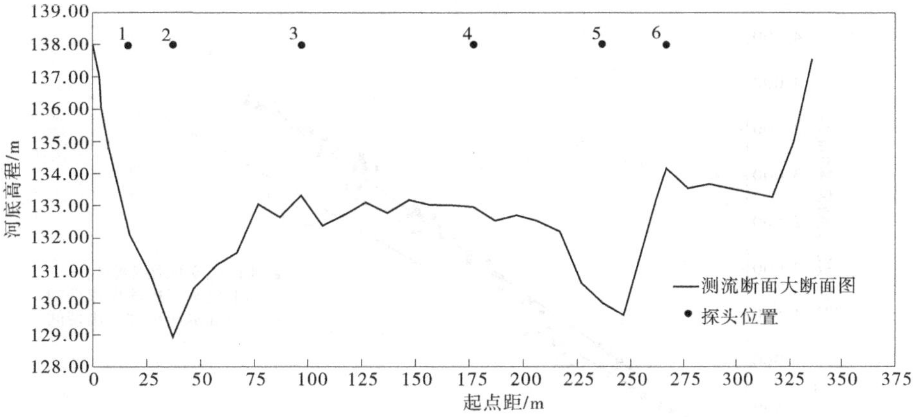

图 1　雷达测速仪探头布设

2.2　雷达流量在线监测系统简介

雷达流量在线监测系统主要由雷达波测速仪（6 台）、雷达水位计（1 台）、数据采集终端、通信传输设备及相关管理软件组成。系统能够实时测验和数据处理，具备远程传输功能，能够实时查询水位和流量数据，如图 2 所示。

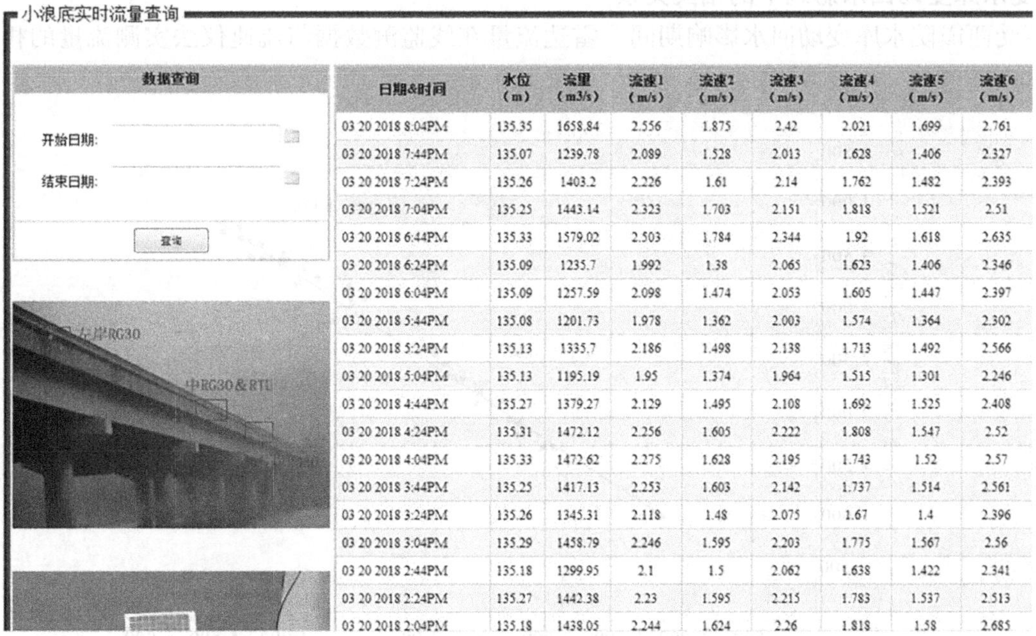

日期&时间	水位（m）	流量（m3/s）	流速1（m/s）	流速2（m/s）	流速3（m/s）	流速4（m/s）	流速5（m/s）	流速6（m/s）
03 20 2018 8:04PM	135.35	1658.84	2.556	1.875	2.42	2.021	1.699	2.761
03 20 2018 7:44PM	135.07	1239.78	2.089	1.528	2.013	1.628	1.406	2.327
03 20 2018 7:24PM	135.26	1403.2	2.226	1.61	2.14	1.762	1.482	2.393
03 20 2018 7:04PM	135.25	1443.14	2.323	1.703	2.151	1.818	1.521	2.51
03 20 2018 6:44PM	135.33	1579.02	2.503	1.784	2.344	1.92	1.618	2.635
03 20 2018 6:24PM	135.09	1235.7	1.992	1.38	2.065	1.623	1.406	2.346
03 20 2018 6:04PM	135.09	1257.59	2.098	1.474	2.053	1.605	1.447	2.397
03 20 2018 5:44PM	135.08	1201.73	1.978	1.362	2.003	1.574	1.364	2.302
03 20 2018 5:24PM	135.13	1335.7	2.186	1.498	2.138	1.713	1.492	2.566
03 20 2018 5:04PM	135.13	1195.19	1.95	1.374	1.964	1.515	1.301	2.246
03 20 2018 4:44PM	135.27	1379.27	2.129	1.495	2.108	1.692	1.525	2.408
03 20 2018 4:24PM	135.31	1472.12	2.256	1.605	2.222	1.808	1.547	2.52
03 20 2018 4:04PM	135.33	1472.62	2.275	1.628	2.195	1.743	1.52	2.57
03 20 2018 3:44PM	135.25	1417.13	2.253	1.603	2.142	1.737	1.514	2.561
03 20 2018 3:24PM	135.26	1345.31	2.118	1.48	2.075	1.67	1.4	2.396
03 20 2018 3:04PM	135.29	1458.79	2.246	1.595	2.203	1.775	1.567	2.56
03 20 2018 2:44PM	135.18	1299.95	2.1	1.5	2.062	1.638	1.422	2.341
03 20 2018 2:24PM	135.27	1442.38	2.23	1.595	2.215	1.783	1.537	2.513
03 20 2018 2:04PM	135.18	1438.05	2.244	1.624	2.26	1.818	1.58	2.685

图 2　数据成果界面

3 比测试验及应用分析

3.1 数据预处理

采用流速仪法与雷达流量在线监测系统进行流量测验比对分析时，考虑不同流量情况下洪水的演进时间[2]，取每次流速仪测流时间范围内雷达流量在线监测系统实测虚流量的平均值（采用面积包围法）参与计算。流速仪法测验数据选取小浪底水文站 2020 年 6 月至 2021 年 7 月实测流量整编成果，有效数据共 92 个。

通过数据预处理，参与计算的流速仪法实测流量、雷达流量在线监测系统时段平均流量相关关系见图 3。

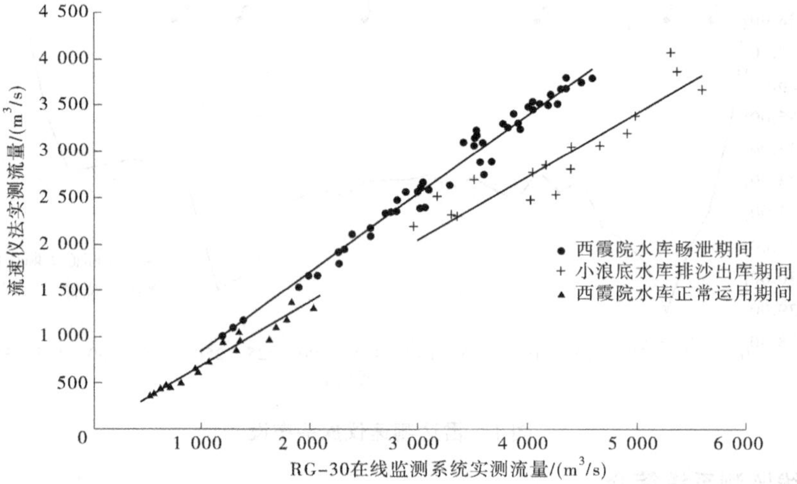

图 3 雷达流量在线监测数据与流速仪法实测流量相关关系线

从图 3 可以看出，在变动回水、水库排沙等不同水沙条件下，雷达流量在线监测数据与流速仪法实测流量的相关关系有不同的规律。

3.2 不受水库变动回水影响下的相关关系

在不受西霞院水库变动回水影响期间，雷达流量在线监测数据与流速仪法实测流量的相关关系如图 4 所示。

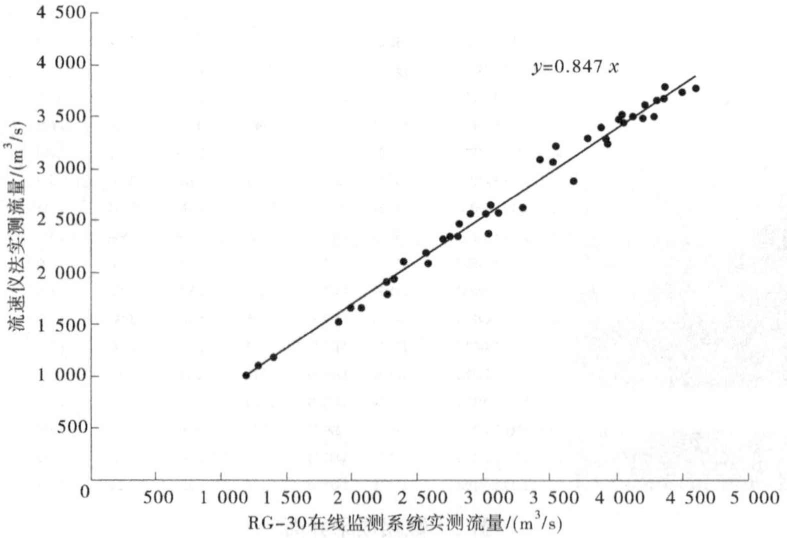

图 4 雷达流量在线监测数据与流速仪法实测流量相关关系线（不受变动回水影响）

由图 4 可知，$Q_{流速仪}=0.847Q_{RG-30}$，相关系数为 0.986。

3.3 小浪底水库排沙出库期间（含沙量大于 80.0 kg/m³）流量资料相关关系的建立

3.3.1 含沙量对水面流速系数的影响

雷达流量在线监测系统监测的是水面流速，其流量数据是用虚流量乘以系数确定的，因此水面流速系数是系统监测流量的关键因素。2021 年调水调沙期间，小浪底站使用流速仪实测流量 60 份。用流速仪实测成果与同时期雷达流量在线监测系统测得结果进行对比，来分析不同含沙量下水面流速系数对其测得结果的影响，分析见图 5、表 1。

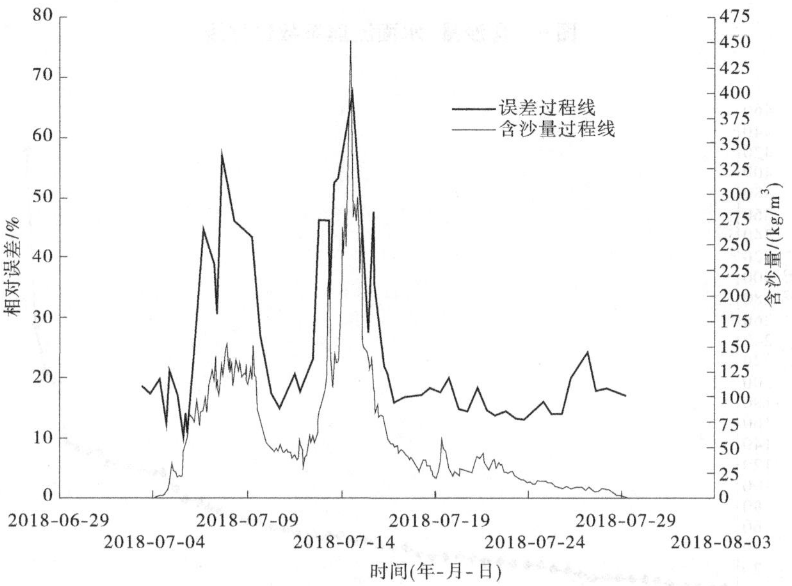

图 5 小浪底站含沙量、雷达流量在线监测系统与流速仪实测流量相对误差过程线

表 1 误差分布

误差分布	30%<相对误差	相对误差<30%	平均相对误差/%
数量	28	32	26

从图 5 中可以看出有以下两个特点：

（1）相对误差过程线的趋势和含沙量大小过程线的趋势基本一致。

（2）相对误差大于 30%的次数 28 次，都是含沙量大于 80 kg/m³ 实测的流量，当含沙量达到 400 kg/m³ 以上时，相对误差也达到了 68%。

3.3.2 水面流速系数的变化规律

根据含沙量实测资料，结合水面流速系数，点绘含沙量-水面流速系数过程线（见图 6）、含沙量-水面流速系数累加生成序列图（见图 7）。从图 6、图 7 可以看出，随着含沙量的增加，水面流速系数呈逐渐减小的趋势，在含沙量为 80 kg/m³、140 kg/m³ 处斜率出现突变，这是因为小浪底水库排沙洞开启的数量和位置不同造成流速的横向、纵向分布发生变化。因此，本文针对不同的含沙量情况下的水面流速系数进行分别确定。

3.3.3 不同含沙量情况下水面系数的选取

根据上面含沙量对水面流速的影响，重新分析小浪底站流速仪实测 60 份流量与在线监测数据。

（1）调水调沙期间（140 kg/m³≥含沙量>80 kg/m³），雷达流量在线监测数据与流速仪法实测流量相关关系见图 8。

由图 8 可知，$Q_{流速仪}=0.690Q_{RG-30}$，相关系数为 0.89。

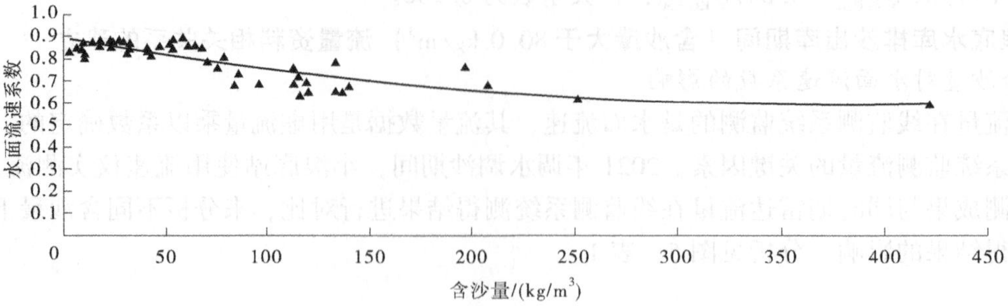

图 6　含沙量-水面流速系数过程线

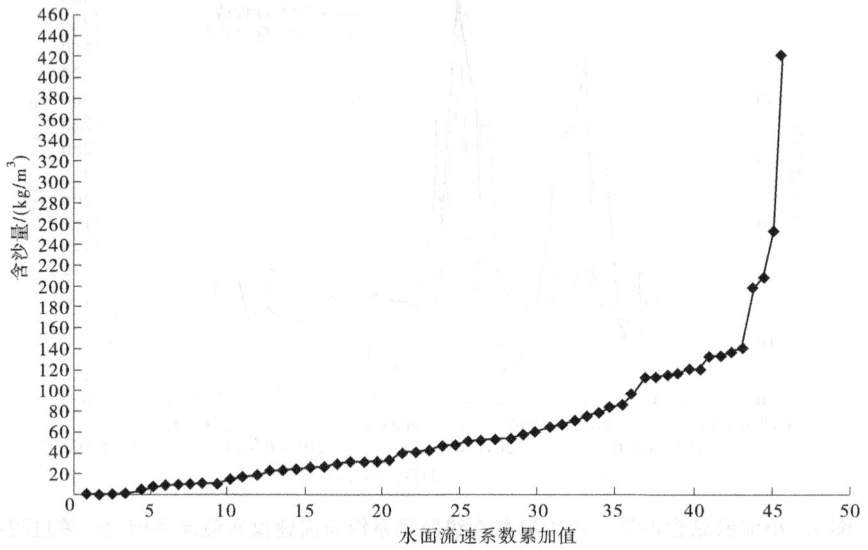

图 7　含沙量-水面流速系数累加生成序列图

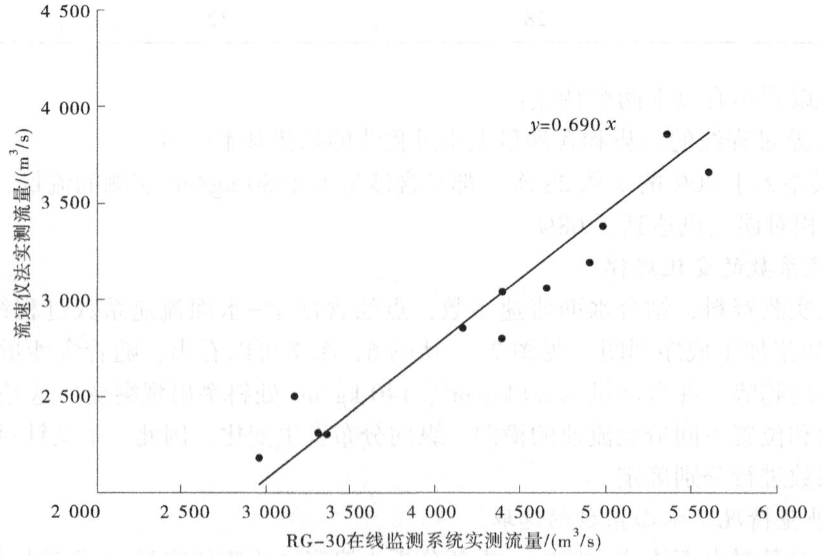

图 8　雷达流量在线监测数据与流速仪法实测流量的相关关系（140 kg/m³ ≥含沙量>80.0 kg/m³）

（2）调水调沙期间（含沙量>140 kg/m³），搜集的实测点较少（共 4 份），本文采用修正系数平均值 0.664 参与计算。

经过对数据进行分析，水面流速系数采用表 2 的数据。

表 2　小浪底站不同含沙量下修正系数采用表

含沙量/(kg/m^3)	80~140	140~435
修正系数	0.690	0.664

3.4　检验计算和成果评定

对相关关系线进行检验分析[3]，检验结果如下。

3.4.1　符号检验

经对相关关系线符号检验计算，$u_2=0$，$u_3=0.64$，$u_4=0.55$，均小于 1.15，说明相关关系线两侧点数均分配均衡合理，相关关系线符号检验合格。

3.4.2　适线检验

经对相关关系线适线检验计算，变换符号次数 $u_2=0.45<1.64$，$u_3=0<1.64$，$K_4=7>6$（不做检验），说明定线均无明显系统偏离，相关关系线适线检验合格。

3.4.3　偏离数值检验

经对相关关系线偏离数值检验计算，$t_2=0.37$，$t_3=-0.31$，$t_4=-1.36$，$a=0.10$，$t_{1-\alpha/2}=1.65$，$|t|<t_{1-\alpha/2}$，相关关系线偏离数值检验合格。

3.4.4　检验结论

相关关系线符号检验、适线检验、偏离数值检验均符合要求。

以上检验结果说明，相关关系线确定为分段单一线符合规范要求是可行的，可以应用于生产实际。

3.5　水量对照计算

根据小浪底水文站 2021 年 3—6 月的整编成果可知，总水量为 146.1 亿 m^3；利用雷达流量在线监测系统实测虚流量结合不同水沙情况下的水面流速系数，计算出来的水量为 139.4 亿 m^3。相对误差为 4.59%，符合规范要求。

4　结语

（1）雷达流量在线监测系统经过夏季的酷热和冬季的严寒，系统适应性好，能够显示流量、水位等实时水情信息，由于其测量方式为非接触式，系统安全系数较高，维修简单，目前已在小浪底水文站批复投产应用，为雷达流量在线监测系统投产应用于复杂水势条件（变动回水、高含沙量等）下的水文测验积累了应用经验。

（2）在雷达流量在线监测系统的比测分析过程中，根据小浪底水文站特有的测站特性（测流断面与雷达流量在线监测系统测流断面不一致、高含沙量水流影响、变动回水影响等因素带来的复杂水沙条件），采取的应对方案如下：

①比测试验考虑不同流量情况下洪水的演进时间，取每次流速仪测流时间范围内雷达流量在线监测系统实测虚流量的平均值（采用面积包围法）参与计算。

②根据含沙量实测资料，结合水面流速系数，点绘含沙量-水面流速系数过程线、含沙量-水面流速系数累加生成序列图，分析水面流速系数变化规律。

③根据小浪底水文站受西霞院水库回水影响程度及含沙量不同，分段率定水面流速系数。

（3）当小浪底水文站受下游西霞院水库回水影响（西霞院库水位高于 131 m 运用）时，$Q_{流速仪}=0.688Q_{RG-30}$。

当小浪底水文站基本不受下游西霞院水库回水影响（西霞院库水位低于 131 m 运用）时，根据含沙量（不同排沙洞启闭方式）的不同，采用分段系数：

①当含沙量≤80.0 kg/m^3 时，$Q_{流速仪}=0.847Q_{RG-30}$。

②当 140 kg/m^3≥含沙量>80.0 kg/m^3 时，$Q_{流速仪}=0.690Q_{RG-30}$。

③当含沙量>140 kg/m^3 时，$Q_{流速仪}=0.664Q_{RG-30}$。

参考文献

[1] 王怀柏，赵淑饶，陈卫芳，等．西霞院水库运用对小浪底站水文测报的影响［J］．人民黄河，2011，33（11）：18-20.

[2] 谢悦波．水信息技术［M］．北京：中国水利水电出版社，2009.

[3] 中华人民共和国水利部．水文资料整编规范：SL/T 247—2020［S］．北京：中国水利水电出版社，2020.

小型水库现代化运行管理矩阵构建思路探讨

靳亚男　覃立宁

（广西珠委南宁勘测设计院有限公司，广西南宁　530000）

摘　要：深入调研和分析了小型水库运行管理的现状和存在的共性问题，对标水利部关于加快构建现代化水库运行管理矩阵的基本要求，根据先行先试区域建设实践，对小水库“四全”管理、“四制（治）”体系、“四预”措施、“四管”工作思路进行了探索，以期为小型水库现代化运行管理矩阵建设提供参考。

关键词：小型水库；水库运行管理；现代化；矩阵

1　引言

为推动新阶段水利高质量发展，水利部于2023年8月印发了《水利部关于加快构建现代化水库运行管理矩阵的指导意见》（水运管〔2023〕248号），提出到2030年，水库安全得到有效保障、效益得到充分发挥，现代化水库运行管理矩阵基本建成，水库运行管理精准化、信息化、现代化基本实现。

我国有9.8万座水库，其中小型水库有9.4万座，占比超过95%。小型水库数量多、分布广，管理力量薄弱，基础硬件较差，欲基本建成现代化水库运行管理矩阵，小型水库方面工作是重点也是难点。水利部遴选了一批大中型水库和先行区域开展现代化水库运行管理矩阵建设，本文结合先行区域建设工作，提炼一些经验做法，可供参考。

2　建设目标

2.1　现代化水库运行管理矩阵内容

现代化水库运行管理矩阵基于矩阵管理的概念，结合水库管理实际情况，包含“四全”管理、“四制（治）”体系、“四预”措施、“四管”工作，实现多维度、多层次的矩阵管理系统的多视角、多层次、全元素集合，形成横向到边、纵向到底、覆盖水库[1]。“四全”管理主要内容包括：实施水库监管全覆盖，掌握水库运行全要素，实现水库管控全天候，强化水库管理全周期。“四制（治）”体系主要内容包括：完善水库管理体制，健全水库管理机制，强化水库依法管理，落实水库大坝安全责任制。“四预”措施主要内容包括：强化雨水情和工情监测预报，加强汛情险情预警，推进水库防洪仿真预演，完善调度规程和应急预案。“四管”工作主要内容包括：及时实施水库除险，常态化开展水库安全体检，加强水库维修养护，强化水库安全保障。

2.2　小型水库现代化运行管理矩阵建设要求

根据《水利部关于加快构建现代化水库运行管理矩阵的指导意见》（水运管〔2023〕248号），小型水库建成的达标条件为：全面实现水库“四全”管理，现代化水库运行管理体制机制、法规制度和技术标准体系健全完善，大型、防洪重点中型及“头顶一盆水”中小型水库“四预”措施全面落实，“四管”工作长效机制建立健全。相比较大中型水库，小型水库在“四制（治）”体系中大坝安全责任制、“四预”措施要求有所降低。

作者简介：靳亚男（1987—），女，高级工程师，主要从事水库安全运行管理研究工作。

3 小型水库已有建设基础和存在不足

3.1 小型水库现状

（1）小型水库硬件逐步改善。通过近些年的加强管理和实施除险加固，小型水库通信得到保障，上坝交通道路畅通，雨水情测报和大坝安全监测等设施基本配套到位，在水库大坝或者周边乡镇基本上都配备有应急抢险的物资，水库面貌得到改善。但是部分水库因洪水、地震等原因，工程老化毁损陆续进入病险行列。

（2）管理体制机制基本顺畅。小型水库产权基本明晰，大部分小（1）型水库权属县级水利部门，部分小（2）型水库权属乡镇或者村集体。各类产权水库都落实水库防汛“行政责任人”“技术责任人”“巡查责任人”制度，建立起政府监管、专业指导、权属单位负责的全链条责任制。基本建立完善的水库大坝注册登记、水库调度运用、维修养护、检查监测、安全鉴定、除险加固等运行管理工作机制。

3.2 对照现代化水库矩阵管理存在的不足

通过梳理小型水库现有的基础，对照建设要求，主要存在以下几个方面的不足：

（1）水库基本要素掌握不全不细。大部分小型水库库区淹没及下游洪水影响信息掌握不到位，部分水库雨水情和大坝安全监测设施维护不到位。

（2）制度体系不健全。部分小型水库缺少应急管理、安全生产、降等报废等机制；部分乡镇或者村集体管理水库保障机制不健全，缺乏专业技术人员；法治力量薄弱，未实现与司法部门、检察部门联动。

（3）信息化水平较低。尚未构建雨水情测报“三道防线”，预报精准化程度不够；监测数据分析能力不足，预警阈值不合理，无法实现精准分级预警；水库数据底板不足，不足以构建高精度预演场景。

（4）水库安全运行管理能力不够。部分水库专业化管护水平低，维修养护资金无法足额保障，隐患排查治理不彻底，水库确权划界、库容曲线复核、水库清淤、白蚁防治等工作滞后；查处水库违法行为不得力。

4 构建思路

在分析小型水库已有的工作基础和存在不足的条件上，以县域为建设单元，从“四全”管理、“四制（治）”体系、“四预”措施及“四管”工作进行立体化、多维度推进，构建小型水库现代化运行管理矩阵。

4.1 实现“四全”管理

（1）监管全覆盖方面，要加强和能源、交通、农业等其他主管部门沟通协调，对辖区内所有小型水库大坝纳入安全监管，落实监管责任，在全国水库运行管理系统动态更新水库信息。

（2）掌握全要素方面，在掌握已有的小型水库工程特性运行管理信息的基础上，采用卫星遥感结合无人机航测、人工实地普查的方式定期观测库区和下游风险区变化[2]。

（3）掌握全天候方面，目前所有小型水库都建有省级雨水情测报系统，小（1）型和坝高超过 15 m 的小（2）型水库都设有大坝安全监测系统，“头顶一盆水”等重点小型水库要在此基础上，在下游河道关键部位加设水位流量监测和视频监控设施并接入大坝雨水情监测系统，实现雨水情、工情、库区、下游风险区全天候实时管控。

（4）管理全周期方面，利用全国水库运行管理系统，建立“建设—运行—报废”全生命周期数字信息档案，并在系统上动态更新。对辖区内小型水库开展全面调查，结合经济社会发展需要，探索开展水库功能效益评估，适时调整水库功能，结合降等报废优化水库空间布局，积极探索水库提质增效，充分发挥水库防洪、灌溉、供水、生态等效益。

4.2 完善“四制（治）”体系

（1）完善水库管理体制。通过颁布省级水库管理法规，进一步明确各行业大坝主管部门和属地政府的职责，明晰水库管理单位主体责任。根据当地经济水平和水库分布特点，因地制宜地选择小型水库管护模式，可以组建专门的管理单位区域集中管理，也可以依托大中型水库管理单位采用以大带小模式，经济发达地区可以推行物业化管理，不断提高小型水库管护能力和水平[3]。

（2）健全水库管理机制。按要求定期开展小型水库安全鉴定、安全检测，每年编制水库调度运用方案、维修养护计划、防汛抢险应急预案，完善安全生产、降等报废等工作长效机制。逐库明确管护主体、落实人员，持续保障水库管护经费。

（3）强化水库依法管理。省级水行政主管部门要进一步梳理分析水库管理相关法规制度，通过“立改废释”工作，健全行政法规、部门规章，做到水库管理有法可依。县级水利部门要加强与司法部门、检察部门联动，建立长效协作机制，针对水库违法侵占、河湖库“四乱”等违法违规行为进行查处。

（4）落实水库安全管理责任制。落实以地方行政领导负责制为核心的大坝安全责任制防汛“三个责任人”制度，每年组织责任人参加培训，培训对象要覆盖区域内所有水库大坝安全和小型水库防汛“三个责任人”。由县级人民政府牵头制定，明确水库漫坝险情、垮坝事件调查制度，明确责任认定和问责措施，强化责任事故相关单位和人员追责问责。

4.3 落实“四预”措施

“四预”措施是实现现代化水库管理矩阵建设的重点，对于基础设施较薄弱、经费有限的小型水库来说也是最大的难点。为统筹资源、便于后期维护，可以开发省级水库运行管理平台，平台包括预警、预报、预演等多个模块，将已建成的水库雨水情和大坝安全监测数据接入平台，实现省级部署、省市县三级应用。

（1）落实预报精准化。首先要建立气象卫星和测雨雷达、雨量站、水文站“三道防线”，目前已具备有气象卫星和雨量站，通过省级统一规划，建设测雨雷达，实现区域全覆盖，一些集雨面积小的小型水库，可不建设水文站。要强化雨水情、工情专业计算分析，利用省级水库安全运行管理平台完善小型水库洪水预报模型，实现预报精准化。

（2）加强汛情险情预警。在水库雨水情、工情和水库下游设施分布及洪水淹没的基础上，加强监测信息的大坝安全分析判别，科学设置预警阈值，提升风险预警能力，实现精准分级预警[4]。

（3）实现水库仿真预演。预演数字化关键在于两方面内容：一是利用省级水库安全运行管理平台开发预演模块；二是完善各水库上下游、左右岸数据底板。预演可分为正向和逆向两种模式。正向预演洪水淹没范围及洪水到达重要防洪保护对象时间、淹没深度与损失；逆向推演重要水库大坝限制运用条件与限泄要求，为区域防洪调度指挥决策提供技术支撑。

（4）预案科学化。充分利用水库仿真预演成果，优化水库调度运用方案和应急预案，完善区域水库防汛交通、通信、电力等应急设施，落实抢险与救援力量，配备充足的抢险与救援设备物资。

4.4 加强“四管”工作

小型水库“四管”内容主要包括除险、体检、维修养护、安全四个方面，涉及小型水库全过程运行管理多个方面，要做好每个关键环节，提升水库管理水平，保障安全运行。

（1）及时实施水库除险。通过日常维修养护能消除的安全隐患，水库管理单位要及时消除，需要采取除险加固措施的水库，要限制运用并尽快实施除险加固。

（2）定期体检定期组织开展区域内水库防汛检查和隐患排查，遭遇特大洪水、地震，或工程出现重大险情后，及时组织开展专项检查。要严格安全鉴定工作程序，实现水库“到期即鉴”“有险即除”。

（3）加强维修养护。首先是要保障养护资金，利用各级财政预算资金，稳定维修养护资金投入渠道。其次是要规范养护工作，组织对区域内有防洪功能的水库开展库容曲线复核和库容量算，摸清水库淤积和库容侵占现状，积极推进水库淤积治理，要常态化开展白蚁等害堤动物防治、工程老化治理。

（4）保障水库安全。全面开展区域内小型水库管理和保护范围划界，依法查处危害水库安全和侵占溢洪道、库容等行为，进一步加强库区水域岸线管理。加强与其他行业部门、社会力量协调联动，落实超标准洪水应对措施。开展水利安全生产风险管控“六项机制”建设，落实安全生产责任。

5 结语

构建小型水库现代化运行管理矩阵是提高水库现代化管理水平、保障水库安全的重要举措。地方各级水行政主管部门尤其是县级部门要加强与交通、农林、应急等其他行业部门沟通协调，统筹行业内水政、水资源、河湖、水文、信息化等专业，充分利用现有的除险加固、信息化、标准建设基础查漏补缺，保障资金来源，全方位推进建设。

参考文献

［1］张文洁．现代化水库运行管理矩阵构建与重点问题解析［J］．中国水利，2023（22）：1-5.
［2］刘志雨．提升数字孪生流域建设“四预”能力［J］．中国水利，2022（20）：11-13.
［3］黎凤赓．小型水库实施标准化管理的对策措施［J］．江西水利科技，2019（45）：202-204.
［4］邓朝仁．四川省中小型水库信息化建设架构体系研究［J］．人民黄河，2023（45）：192-193.

堤防工程白蚁等害堤动物普查系统模块设计与开发

刘 岩[1] 王 荆[2,3] 刘书潭[2,3]

（1. 黄河古贤水利枢纽有限公司，河南郑州 450018；
2. 黄河水利委员会黄河水利科学研究院，河南郑州 450003；
3. 水利部堤防安全与病害防治工程技术研究中心，河南郑州 450003）

摘 要：为全面贯彻落实习近平总书记重要指示精神，做好水利工程白蚁等害堤动物防治工作，本文在全国堤防水闸信息系统的基础上进行了需求分析及功能设计，开发了白蚁等害堤动物普查与害堤动物整治台账系统，主要包括害堤动物危害及防治情况普查登记、情况汇总、害堤动物整治台账等功能。通过初步应用，已进行白蚁等害堤动物堤防工程普查共计 24.35 万 km，经统计，有 15 个省发现白蚁，18 个省境内发现獾、狐、鼠等其他动物。该系统推进了防治工作的制度化、专业化、常态化，确保了水利工程安全运行，为水利工程信息化管理提供参考依据。

关键词：堤防工程；信息化管理；害堤动物；普查整治

1 引言

千里之堤溃于蚁穴，白蚁、獾等动物在堤防筑巢、修道、繁殖，破坏堤防内部结构，极易诱发渗漏、管涌、跌窝甚至溃堤垮坝，其危害具有很强的隐蔽性、反复性、长期性等特点，是堤防工程的重大安全风险隐患[1-2]。水利部部长李国英多次强调，要认真贯彻落实习近平总书记“两个坚持、三个转变”防灾减灾救灾理念，统筹发展和安全，增强风险意识、忧患意识，高度重视白蚁等害堤动物防治工作，采取有效措施大力提高防治工作能力和水平，确保工程安全，保障人民群众生命财产安全[3]。当前白蚁等害堤动物防治工作的关键和难点在于发现和治理环节，需加快隐患探查技术攻关，积极运用现代技术开展新装备研发，实现对堤防内部巢穴及通道分布、结构破坏的实时高效精准探查，建立隐患动态监控和预警系统，加强白蚁等害堤动物防治基础研究，将白蚁等害堤动物习性规律研究透彻，从而有针对性地采取物理、化学、生物措施进行防治，实现由末端治理向前端预防的转变[4-6]。

按照水利部白蚁普查工作的总体要求[7]，为摸清水利工程白蚁等害堤动物危害及防治情况，水利部堤防安全与病害防治工程技术研究中心基于全国堤防水闸基础信息数据库现有功能，开发了害堤动物普查、害堤动物整治台账模块，为全面掌握堤防工程白蚁等害堤动物危害及其防治情况提供了平台与技术支撑。

2 数据库运行现状

全国堤防水闸基础信息数据库建立了由水利部，各流域管理机构和省、市、县各级水行政主管部门，工程管理单位组成的具有贯穿性的全行业全链条完整用户体系[8]，截至 2023 年 8 月，涉及全国各级单位 2.4 万个、用户 3.8 万人，累计访问量超 100 万人次。数据库共收录堤防 4.9 万段，总长达

基金项目：黄河水利科学研究院基本科研业务费专项项目（HKY-JBYW-2023-07）；水利部堤防安全与病害防治工程技术研究中心开放课题基金资助项目（LSDP202402）。

作者简介：刘岩（1974—），男，高级工程师，主要从事水利工程运行管理等方面的研究工作。

27.2 万 km，涉及水管单位 7 650 个，每段工程设置近百个字段，基本实现了全国堤防工程信息填报的全覆盖。其中，5 级以上 4.7 万段，总长 32.3 万 km；3 级以上 12.1 万段，总长 12.1 万 km；已审核入库的堤防险工险段 3 100 段，总长 3 322 km。

数据库构建了覆盖省、市、县水行政主管部门及各流域机构的权限分配机制，实现了全国堤防工程基础信息、工程特性指标、工程管理情况、险工险段和安全评价等信息的填报和汇总统计，为本次白蚁普查摸底工作提供了工作平台和数据基础[9]。

3 系统架构与技术原理

数据库为基于 J2EE 平台、B/S 结构的 Web 应用系统，采用 MVC 设计模式，并使用面向对象的软件工程技术。由于采用的 J2EE 平台具有跨平台性、易集成等优点，可以与水利部工程管理的其他子系统集成，实现系统的整合[10]。在系统的 MVC 体系结构中，由 JSP 实现视图层，Servlet 实现控制层，JavaBean 实现商务逻辑层，三个层次耦合良好。此种设计模式使软件具有扩展和升级的能力。系统中的权限管理模块采用基于角色的访问控制方式，保证系统的安全性、可维护性，并且充分考虑了未来的扩展需求和升级要求，系统具有可扩展性。

在白蚁等害堤动物普查与防治模块设计时，除充分考虑系统本身的功能、性能要求外，需要合理定位本文研发的模块在全国堤防工程信息化建设中的作用，充分利用已有的研究成果，在实现系统功能设计的同时，确保更好地将系统融入水利信息化建设中，同时在系统开发环境和运行环境的设计中，充分考虑硬件平台的约束性，选择合适的设计方案。由于日常要开展基层工程管理单位数据填报，基层工程管理单位负责人进行数据复核，工程归口上级水行政主管部门进行数据审核，工程归口省级水行政主管部门进行数据签发。实现堤防数据填报、复核、审核、签发的完整审核工作流程，确保填报信息的准确性，基层部门多而且覆盖面广，部署客户端不易，故系统采用 B/S 模式，集中部署。B/S 结构具有部署方便快捷、维护成本低的优点，管理单位可以通过网页浏览器将基础信息录入，便于上级堤防管理部门实时地了解堤防运行管理现状，保证了信息的及时获取，为全国范围内工作统一部署提供了平台支持。使得各级部门之间共享信息变得方便快捷，通过 IE6.0 以上版本的浏览器获得访问权限之后便可登录查看数据和报表统计，使得信息可以服务于更多部门。

同时，系统还兼顾系统数据处理响应速度、系统操作易用性、数据信息安全性、网络在线应用交互式处理要求等交互式操作要求。

3.1 系统架构

该系统采用前后端分离的架构设计，前端使用 React 框架，后端使用 Springboot 框架。前后端分离的架构设计是一种现代软件开发的模式，它将应用的前端和后端部分进行解耦，使得两者可以独立开发、部署和扩展。在这种架构中，前端负责展示界面和与用户交互，后端则负责处理业务逻辑和数据存储，如图 1 所示。

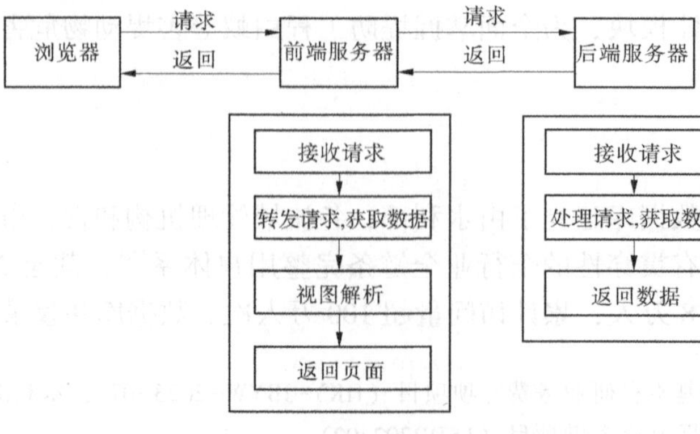

图 1　前后端分离设计流程

前端架构使用 React 框架作为基础，结合 Redux、React-Router 和 Axios 等库和工具，形成了一个功能完善、结构清晰的应用体系。React 作为整个前端架构的基础，负责构建和管理用户界面，它提供了组件和 Hooks 等机制来构建可重用的 UI 元素。Redux 是一个 JavaScript 状态容器，用于管理应用程序的状态，并且支持可预测性的更新，负责管理应用的全局状态，通过 Redux 的 Store，系统的状态可以在不同的组件之间共享和更新。React-Router 是一个 React 的路由库，用于管理应用程序的路由，并且支持嵌套路由和动态路由，包括页面的路径、组件等，React-Router 则根据这些配置来渲染相应的组件和处理导航。Axios 是一个基于 Promise 的 HTTP 客户端，用于在浏览器和 Node. js 环境中进行 HTTP 请求，并且支持拦截器和取消请求。

基于 Spring Boot 框架的后端架构，通过整合 MyBatis 的 ORM 映射功能、MySQL 数据库的关系型数据存储优势，以及 MongoDB 数据库的非关系型数据存储特性，构建了一个稳定、高效且可扩展的开发体系。这种架构的优点在于，它利用 Spring Boot 的自动配置和简化开发功能，显著减少了开发周期和成本，提升了开发效率。同时，MyBatis 的灵活映射机制使得数据访问层更加简洁和易于维护。MySQL 数据库的稳定性和事务处理能力确保了数据的完整性和一致性，而 MongoDB 的非关系型数据存储则能轻松应对大规模的非结构化数据和文件存储需求。综上所述，这种后端架构既具备快速开发和部署的能力，又能够满足复杂业务场景的数据处理需求，为构建高性能、高可靠性的后端服务提供了有力支持。

3.2 技术原理

将前端（用户界面）和后端（数据和业务逻辑）分开设计和开发，以实现更高效的系统架构。在前后端分离架构中，前后端之间的数据交互通常通过 RESTful API 技术实现。RESTful API 是一种基于 HTTP 协议的软件架构风格，它使用一系列的 HTTP 请求方法（如 GET、POST、PUT、DELETE 等）来操作资源，每个资源都有一个唯一的 URI（统一资源标识符）进行标识。

前后端分离架构的技术原理主要包括以下几点：

（1）前后端职责明确。前端负责处理用户界面的渲染、交互逻辑和用户体验，后端则负责处理数据和业务逻辑，提供 API 接口供前端调用。

（2）API 接口设计。后端定义一系列 RESTful API 接口，这些接口描述了数据的结构和操作方式。前端通过调用这些 API 接口来获取数据或发送请求。

（3）HTTP 协议通信。前端和后端之间通过 HTTP 协议进行通信。前端发送 HTTP 请求到后端，后端处理请求并返回 HTTP 响应。响应中通常包含数据、状态码和其他相关信息。

（4）数据格式标准化。前后端之间传输的数据通常采用 JSON 或 XML 等标准格式进行编码和解码，以确保数据的一致性和可读性。

（5）异步通信与事件驱动。前后端之间的数据交互通常是异步的，前端发送请求后不会立即等待响应，而是继续执行其他任务。当后端处理完请求并返回响应时，前端会根据事件驱动的方式处理响应结果。

通过采用这种前后端分离的架构模式和 RESTful API 技术，可以实现更高效、灵活和可扩展的系统架构。前后端开发人员可以并行工作，减少耦合和依赖，提高开发效率。同时，RESTful API 的标准化设计使得系统更易于维护扩展和性能优化，包括减少网络延迟、优化数据处理和缓存的使用等，也更容易与其他系统进行集成和交互。此外，该系统也充分考虑到前后端分离带来的如跨域请求、数据泄露和认证授权等安全问题。

4 模块功能设计

白蚁等害堤动物普查系统模块作为推进全国害堤动物防治工作制度化的平台基础，功能涵盖害堤动物管理的各方面，主要包括害堤动物危害及防治情况普查登记、情况汇总、害堤动物整治台账等功能。

4.1 白蚁等害堤动物危害及防治情况普查登记

各管理单位对堤防基本情况、害堤动物普查信息、危害和防治情况等基本信息进行填报和登记（见图 2），经过水行政主管部门和省级水利厅的审核，形成堤防工程白蚁等害堤动物危害及防治情况普查明细表和普查汇总表，实现了全国各地区、各级别堤防危害治理情况的汇总统计，为分地区、分级别或危害等级采取不同管理方式和措施提供了数据基础。

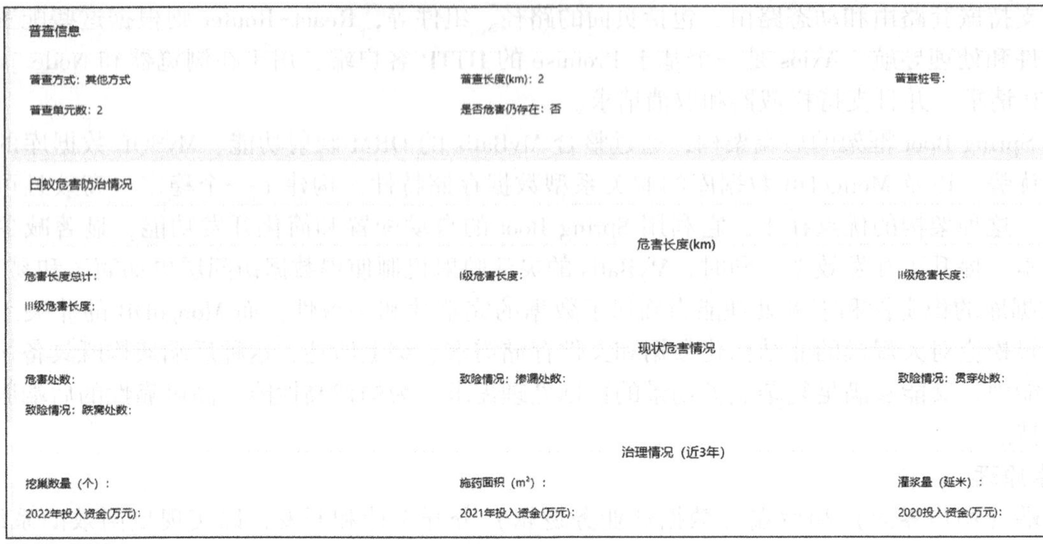

图 2 白蚁普查填报页面

4.2 害堤动物整治台账

对各堤防的白蚁危害情况包含危害点数、危害部位及整治情况（包括整治时间、具体措施及整治费用）等信息进行统计，形成害堤动物整治台账（见图 3），展现了防治工作的开展情况和成果，为完善应急整治工作方案，健全综合防治长效机制提供了工作基础。

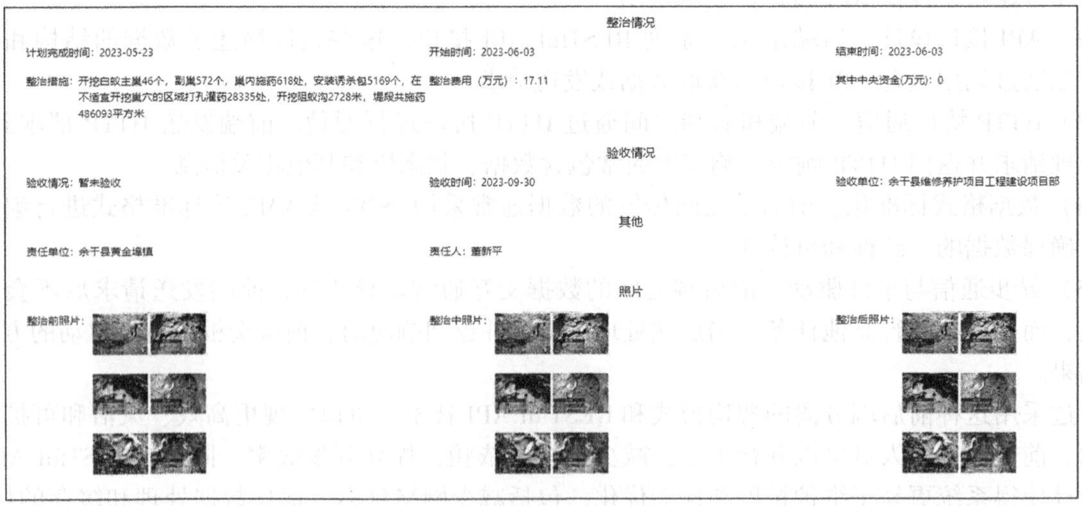

图 3 整治台账填报页面

5 功能实现与应用

根据工作任务，2023 年白蚁等害堤动物普查覆盖了除香港特别行政区和澳门特别行政区、台湾省外的全国 31 个省（自治区、直辖市）和新疆生产建设兵团，以及水利部直属 7 个流域管理机构管理的 5 级以上堤防。截至 2023 年 8 月，白蚁等害堤动物普查堤防工程共计 24.35 万 km。其中，1 级堤防工程 1.02 万 km，2 级堤防工程 3.16 万 km，3 级堤防工程 2.59 万 km，4 级堤防 8.38 万 km，

5级堤防9.19万km。

经统计，江苏、浙江、安徽、福建、江西、河南、湖北、湖南、广东、广西、海南、重庆、四川、贵州、云南等15个省（自治区、直辖市）境内发现白蚁；北京、河北、辽宁、黑龙江、江苏、浙江、安徽、福建、江西、山东、河南、湖北、湖南、广东、广西、四川、云南等17个省（自治区、直辖市）境内发现獾、狐、鼠等其他动物。

其中，江苏、浙江、安徽、福建、江西、河南、湖北、湖南、广东、广西、四川、云南等12个省（自治区、直辖市）两种危害均存在。海南、重庆、贵州堤防主要是白蚁危害；北京、河北、辽宁、黑龙江、山东堤防主要是獾、狐、鼠等其他动物危害。

该系统在普查统计过程中根据各地使用意见及水利部工作要求不断优化升级，为系统预防和彻底治理白蚁等害堤动物，全面完成应急整治任务，建立健全综合防治长效机制，确保工程安全运行提供了工作基础，提高了害堤动物普查工作的规范化以及信息化应用程度，实现资源整合，也提升了工作效率。

6 结论

本文设计并开发了堤防工程白蚁等害堤动物普查系统模块，为全国害堤动物防治工作提供了平台和数据基础，目前通过该系统已形成了全国害堤动物普查情况和整治台账，该系统是害堤动物防治工作制度化、专业化、常态化的基础，是实现水利工程运行管理现代化、智慧化和建设智慧水利的体现，是坚持问题导向、预防为主的系统实践，是水利行业高质量发展的必然要求。

参考文献

[1] 李国英．水利工程白蚁等害堤动物危害及防治调研报告［J］．中国水利，2023（15）：1-5.

[2] 温续余，张雨豪，季祥．《水利工程白蚁防治技术指南（试行）》解读［J］．中国水利，2023（15）：9-12.

[3] 蔡勤学，张树田，屈章彬，等．黄河大堤河南段白蚁种类及分布调查［J］．人民黄河，2023，45（5）：148-150，162.

[4] 张文洁．全面推动水利工程白蚁防治工作向制度化、专业化、常态化转变：《水利工程白蚁防治工作指导意见》解读［J］．中国水利，2023（15）：6-8.

[5] 黄求应，李刚华，刘龙，等．堤坝白蚁习性规律及其生物防治技术研究进展［J］．中国水利，2023（15）：54-59，53.

[6] 纪平．加强害堤动物防治 守牢工程安全底线［J］．中国水利，2023（15）：3.

[7] 水利部办公厅．水利部办公厅关于做好水利工程白蚁等害堤动物隐患应急整治工作的通知：办运管〔2023〕119号［A］．(2023-04-16)．

[8] 王荆，金锦，梅峰，等．全国水闸工程基础信息数据库设计与实现［J］．水利信息化，2022（6）：38-42.

[9] 张清明，金锦，王荆，等．基于J2EE平台的堤防工程信息管理系统设计与实现［J］．人民黄河，2021，43（1）：293-294.

[10] 程亚维，李攀．基于J2EE的Web应用程序开发研究［J］．数字通信世界，2021（9）：88-89.

小浪底水利枢纽卷扬启闭机载荷仪优化改造

张鹏飞　张全彪　田武慧　杨淇帆　王　迟　柯呈鹏

（黄河水利水电开发集团有限公司，河南郑州　450000）

摘　要：启闭机载荷仪测量数值是判断闸门启闭运行状态是否良好的重要数据支撑，小浪底载荷仪由于运行时间长，设备老化，测量数据不准确，对闸门启闭运行造成很大安全隐患，通过此次对荷载仪的升级改造，优化标定数据，增加报警数值，细化安装流程，保证了闸门运行的安全可靠性，也为业内卷扬启闭机荷载仪优化改造提供参考。

关键词：小浪底；卷扬启闭机；荷载仪；优化；改造

1　引言

闸门启闭起重机的载荷监测是保护起重设备及闸门的重要安全措施，对于额定载荷百吨以上的起重机，通常由称重传感器间接测量经过称重系统终端的运算得到提升载荷。由于启闭机形式和结构的不同，选择间接测量的位置也有所不同，小浪底卷扬启闭机称重系统的做法是将传感器安装于平衡轮两侧来测量承载力，再通过系统终端采集测量信号乘上系统倍率得到称量载荷。

2　工程概况

小浪底水利枢纽位于洛阳市以北 40 km 的黄河干流上，是三门峡枢纽以下唯一能取得较大库容的控制性工程，水库最高蓄水位 275 m，死水位 230 m，大坝为斜墙堆石坝，发电系统布置为地下式厂房，装机容量为 1 800 MW，是以防洪、减淤为主，兼顾供水、灌溉、发电等综合利用的大型水利枢纽。其中，小浪底水利枢纽水工固定卷扬启闭机主要位于进水塔和西沟坝，设备安装位置包括进水塔孔板洞事故闸门闸室、明流洞事故闸门闸室、排沙洞事故闸门闸室、灌溉洞事故闸门，以及西沟坝拦污栅和事故闸门闸室。

启闭机载荷仪测量数值是判断闸门启闭运行状态的重要数据，当前小浪底启闭机载荷仪已使用 20 余年，设备部件出现不同程度的老化情况，部分出现数据小范围偏差，不能满足启闭设备安全稳定的使用要求。为了更好地解决启闭机载荷仪老化和数据偏差问题，计划将小浪底水利枢纽固定卷扬启闭机载荷仪进行优化改造，提升启闭设备运行的安全可靠性[1]。

3　选型及工作原理

3.1　荷载仪选型

小浪底启闭机荷载仪采用 QCX-M 系列（见图 1）起重量限制器，是具有多种保护功能的限制器。采用数字电路设计方案，结合 MCS-51 系列单片机可编程技术，传感器信号不经过放大直接接入仪表，使仪表更具通用性，接线、调试、操作更为方便。控制仪表除具有超载报警和控制外，还具有实时重量显示、零点自动跟踪、超载次数记忆等功能，并可根据用户需要提供 4～20 mA、USB、

作者简介：张鹏飞（1986—），男，工程师，副科长，主要从事水利工程运行管理工作。

RS485 接口或大屏幕显示器等[2]。

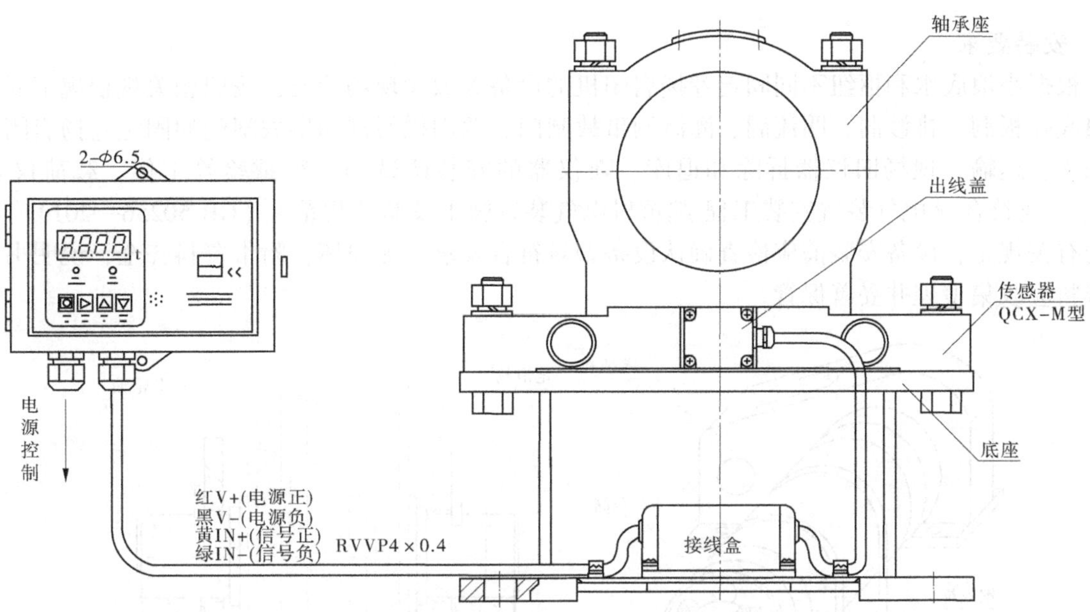

图 1　启闭机荷载仪 QCX-M

3.2　荷载仪参数

启闭机荷载仪采用 QCX-M 综合误差小于 5%F. S，当达到额定起重量的 90%，会触发预报警，断续声响，黄指示灯亮；当达到额定起重量的 105%，持续声响，红指示灯亮。配有自检功能，同时按上调、下调键，则重量变大直至超载。电源电压为 AC220V 或 AC380V±10% 。环境温度要求在-20~+70 ℃，湿度要求 90%RH。传感器过载能力为额定容量的 1.5 倍。传感器防护等级为 IP65。仪表箱防护等级为 IP44。仪表尺寸为宽 180 mm×高 120 mm×厚 65 mm。连接电缆采用 RVVP4×0.4 mm^2 以上的四芯屏蔽电缆。

3.3　荷载仪原理

荷载仪 QCX-M 型号采用位移、上调、下调键输入法进行设定。额定起重量在生产时就已设定好，用户一般不能擅自修改。若进行额定起重量的重新设置，仪表会根据设定值自动设置预警点、延时报警点、立即报警点，并把输出 4 mA、20 mA 的两个点按默认值设置，即 4 mA 对应零点，20 mA 对应额定重量的 125%。仪表会根据两个电流点的重量值计算出重量输出的对应关系。标定重量零点：确定闸门全关到位后，将此时重量进行调零，作为标定重量零点。标定重量满值[3]：将闸门提升至 1.5 m 左右，将此时显示重量加上闸门淤积重量作为标定重量满值[3]。在标定时最好边观察相应的重量采样值边标定：零点标定采样值尽量满足在 0.1~0.6 mV；额定起重量或满值点标定采样值尽量满足在 4.0~6.0 mV；如果满值达不到额度重量，则按比例计算出采样区间，确保荷载仪采集数据更加准确。

4　工作难点

（1）载荷仪属于启闭机测量装置，对专业施工人员的技能要求较高。

（2）安装过程需现场门式起重机配合吊装，司机、指挥需与安装作业人员协调同步，避免发生事故。

（3）钢丝绳定滑轮处施工，施工空间狭小，需改造现有工具。

（4）现场旧载荷仪传感器年代久远，固定螺栓有些已锈蚀，拆卸过程中需防止螺栓断裂。

（5）现场施工工期紧张，需在汛期前完成卷扬启闭机载荷仪的改造，确保汛期闸门能正常运行。

5 荷载仪安装

5.1 安装要求

根据小浪底水利枢纽不同固定卷扬启闭机的设备参数和现场情况，按照相关规程规范要求，完成小浪底孔板洞、排沙洞、明流洞、灌溉洞事故闸门、西沟拦污栅和事故闸门的固定卷扬启闭机载荷仪的采购、运输、现场旧仪器拆除和退库、新仪器的安装调试和运行试验等工作。载荷仪安装（见图 2），应符合《电气装置安装工程 起重机电气装置施工及验收规范》（GB 50256—2014）和相关规程的有关规定，设备安装前应检查确认设备型号符合要求，无损坏，附带资料齐全，说明书、合格证等资料应收集整理并妥善保管。

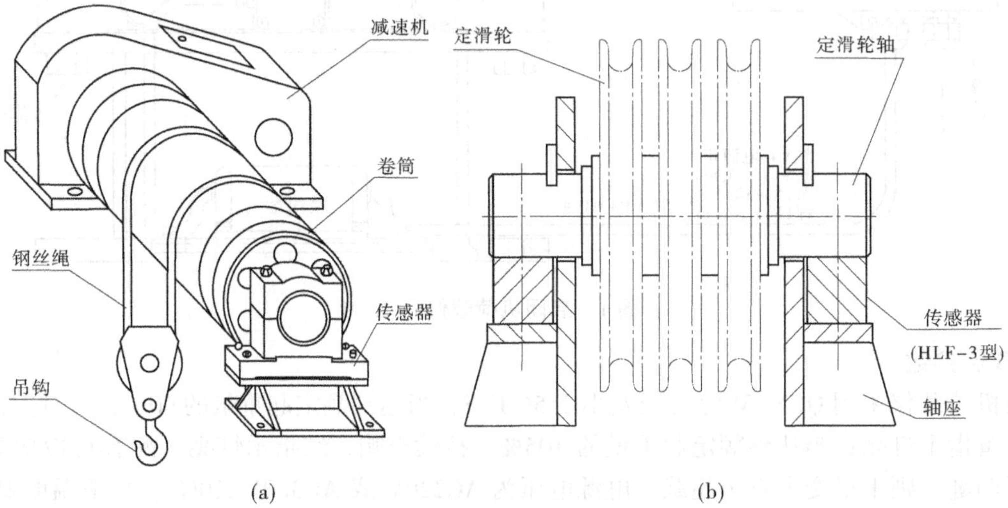

图 2 启闭机荷载仪安装示意图

5.2 安装过程

（1）将闸门落到检修位锁定，并将启闭机钢丝绳下放 1~2 m 使其完全放松。

（2）拆除旧载荷仪接线及固定螺栓，利用门机或电动葫芦起吊固定卷扬启闭机平衡滑轮直至离开传感器 10 cm 左右，将旧载荷仪取出[4]。

（3）施工安装过程，使用门机及电动葫芦配合安装，设备操作必须符合有关规定。

（4）打磨平整载荷仪安装基面，将新的载荷仪进行回装固定。

（5）将固定卷扬启闭机平衡滑轮下落至与新载荷仪可靠接触，并将所有螺栓紧固。

（6）按照载荷仪的说明书和图纸中的有关规定安装施工，以保证产品性能。

5.3 安装流程

（1）检查荷载仪外形尺寸、安装附件数量与图纸相符，确认壳体及附件外观质量良好，确认所装设备与图纸清单相符。

（2）荷载仪布局原则上按工艺安装布置，可根据实际情况合理布置。相同及类似机构布局应保持一致，安装画线使用记号笔，安装完毕清除痕迹。

（3）荷载仪限制器安装螺栓必须校准水平，安装时应使用水平仪进行校准，整体误差≤1 mm，固定完成后要遵循横平竖直使排列整齐，螺扣露出长度应不小于 3 扣，且不应大于 15 mm。

（4）荷载仪接线电缆采用屏蔽电缆，电缆弯曲半径应大于电缆外径的 5 倍，且不能损伤电缆。剥线长度误差应不超过在线鼻子尺寸 1~2 mm，且无断芯和划痕。压接后线芯伸出线鼻子部分不应超过 1~2 mm。

（5）控制柜内底部分别安装零排及地排，同时依据实际情况，按照选用规格合适的接地缆线。机构应设接地铜排，保护及工作接地的接地接线柱螺纹的直径应不小于 6 mm，并且应在附近粘贴明显的接地符号，电流互感器的次级线圈应单独可靠接地。

6 荷载仪调试

6.1 调试前准备

（1）检查载荷仪底座的结合面及螺栓紧固情况。

（2）载荷仪安装完成后，检查载荷仪全部连线是否正确，并用仪表测定各段线路是否符合设计要求；查看载荷仪显示器能否调整载荷数据；其他电器元件应按其本身的使用说明进行测试调整。

（3）卷扬启闭机进行全面检查，确认运行情况正常。

（4）根据启闭机载荷重量，进行载荷仪相关参数设定。

6.2 调试流程

（1）闸门提升至检修位并锁定，仪表通电，对载荷仪仪表进行零点校准，确认传感器输出信号的稳定、无跳变。

（2）闸门下落至全关，将载荷仪仪表调零。

（3）闸门提升至闸门脱离底坎，对载荷仪仪表满载标定，观察仪表显示重量并测量通信 4~20 mA 信号无跳变。

（4）荷载零点和满载标定完成后，进行启闭机静载和往复启闭动载试验，确认载荷仪测量数据准确、稳定。

7 结语

通过此次对卷扬启闭机荷载仪的优化改造，消除了卷扬启闭机在启闭过程中出现的载荷数据偏差问题，增加了载荷数据的实时显示和安全报警机制，对载荷仪的零点标定和满点标定都做了更进一步的优化，提高了载荷仪载荷数据标定的准确性，从而提升了卷扬启闭机运行的安全可靠性，确保了小浪底事故闸门的安全稳定运行。

参考文献

[1] 金树训，行少阜．小浪底水利枢纽闸门及启闭机械设计［J］．人民黄河，1995（6）：65-76.

[2] 秦绪友，黄海杨．水利工程卷扬式启闭机荷载传感器选型及布置［J］．科技创新与应用，2022，12（17）：51-58.

[3] 姚乐燕，任方林．小浪底工程卷扬启闭机卷绕机构设计特点［J］．人民黄河，1999（12）：41-42.

[4] 罗朝祥，汤双清，江全才，等．提高大型垂直闸门开度和载荷检测精度的方法［J］．三峡大学学报（自然科学版），2009，31（1）：73-75.

基于 MIKE 二维水动力学模块的石梁河水库设计洪水工况下水位及流速分布研究

李可也　李　庆

（中水淮河规划设计研究有限公司，安徽合肥　230000）

摘　要： 本文基于 MIKE 软件中的二维水动力学模块，建立石梁河水库数学模型。采用 2020 年 8 月中旬实测水文资料对模型合理性进行验证，模型计算得出水库最高水位为 24.75 m，与实测最高水位 24.77 m 相差较小，且出现时段基本一致。对水库 100 年一遇设计洪水演进情况进行数值模拟，结论如下：①模型计算得到了较为明确的设计洪水主流区，为宽 0.5~1 km、长约 12 km 的狭长通道，分布基本符合水库实测地形；②泄洪闸上水位为 26.78~26.80 m，水库中部水位为 26.80~26.81 m，库尾水位为 26.81~27.50 m，符合大型水库水位由坝前向上游不断抬高的一般规律；③主流区流速为 0.28~3.2 m/s，其中泄洪闸上流速为 0.6~2.0 m/s，水库中部流速为 0.28~2.0 m/s，库尾流速 2.0~3.2 m/s，主流区以外流速较小，大部分区域小于 0.1 m/s，流速分布符合实际的情况。本文的计算方法与成果可为石梁河水库后续工程建设提供实践指导与数据参考，对水库保护与治理有重要的意义。

关键词： 仿真石梁河水库；水动力学；数值模拟；MIKE

1　研究背景

石梁河水库功能以防洪、灌溉为主，兼顾发电、水产养殖、旅游等多项功能。汛期调节沂沭河洪水，削减洪峰，使沂沭河洪水就近东调入海，减轻南四湖、骆马湖及下游周边地区的防洪压力，提高沂沭泗地区的防洪标准，保障连云港市 100 万亩农田的安全。石梁河水库既是东调南下工程的重要组成部分，又是江苏省重点防洪保安工程，自建成以来发挥了巨大的社会效益和经济效益。

本文研究目的是通过建立石梁河水库数学模型，模拟水库洪水演进，研究石梁河水库 100 年一遇设计洪水工况下水库设计水位、洪水流场分布，为水库后续工程建设提供实践指导与数据参考。

2　数学模型计算方法

本文数学模型采用丹麦丹华公司开发的 MIKE 水动力学计算软件中的 MIKE21 FM 水动力学模块。MIKE21 FM 水动力学模块的基本原理是基于数值解的沿水深积分不可压缩的纳维叶-斯托克斯（Navier-Stokes）方程，因此模型包括连续性方程、动量方程等，可以模拟不同作用力下的水位、水流变化。既可以采用直角坐标，也可以采用球面坐标，在平面上采用非结构化网格[1]。

2.1　控制方程

MIKE21 FM 二维非恒定流计算模块服从 Boussinesq 假设与静水压力假设。

平面二维水流的连续性方程：

$$\frac{\partial h}{\partial t}+\frac{\partial h\bar{u}}{\partial x}+\frac{\partial h\bar{v}}{\partial y}=hS \tag{1}$$

式中：x、y 为笛卡尔空间坐标；u、v 分别为沿 x、y 方向的速度分量；$\bar{u}$、$\bar{v}$ 为基于水深的平均水流速

作者简介： 李可也（1989—），男，工程师，主要从事水利规划设计工作。

度；h 为总水头；S 为点源流量的大小。

2.2 数值解法

2.2.1 空间离散

用有限体积法对模拟区域进行空间离散，从而将连续的统一体划分为互不重叠的三角形或四边形单元。浅水方程的通用形式如下：

$$\frac{\partial U}{\partial t} + \nabla \cdot F(U) = S(U) \tag{2}$$

式中：U 为守恒矢量；F 为通量矢量；S 为源汇项。

二维浅水方程在笛卡尔坐标下可写成：

$$\frac{\partial U}{\partial t} + \frac{\partial (F_x^I - F_x^V)}{\partial x} + \frac{\partial (F_y^I - F_y^V)}{\partial y} = S \tag{3}$$

式中：I 为非黏性的通量；V 为黏性的通量。

2.2.2 时间积分

方程的一般形式：

$$\frac{\partial U}{\partial t} = G(U) \tag{4}$$

3 模型建立

3.1 模型范围

石梁河水库管理范围参照水库 2 000 年一遇水位 27.95 m（1956 黄海高程系）及周边堤防划定。根据水库管理范围及地形条件，考虑数学模型的成果精度，分析建模范围为石梁河水库主坝以上至新沭河入湖口的水库管理范围，见图 1。

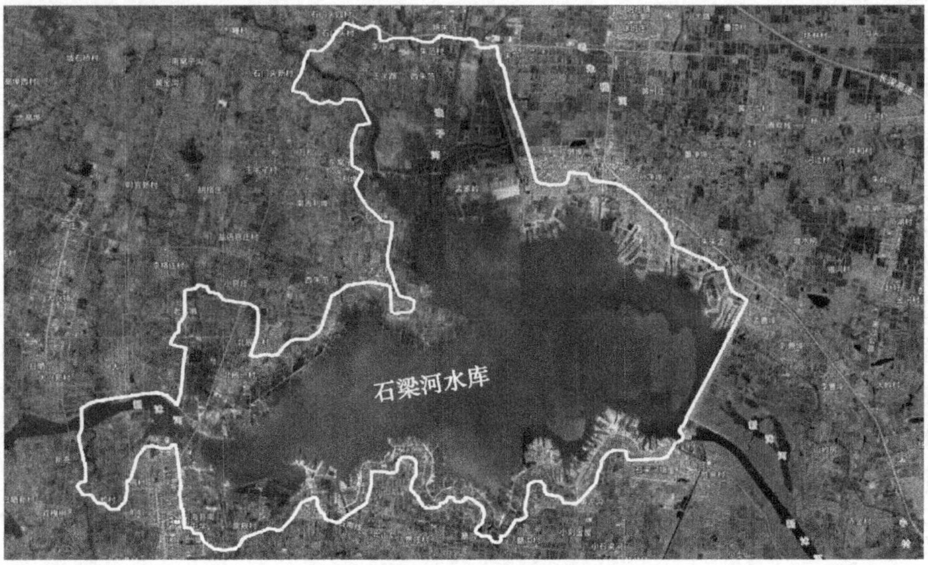

图 1　模型技术范围

3.2 网格剖分

二维水动力学数值模型依据带状地形图进行网格剖分，石梁河水库网格大小 2 000~3 000 m^2，网格剖分共计 43 908 个，见图 2。

3.3 糙率

石梁河水库库区水面较为整洁，且因为采砂等因素，水位较深；水库岸边多旱田、空地、村庄及道路等。参考有关手册综合确定库区兴利水位 24.5 m 以下糙率为 0.025，24.5 m 以上糙率根据现状

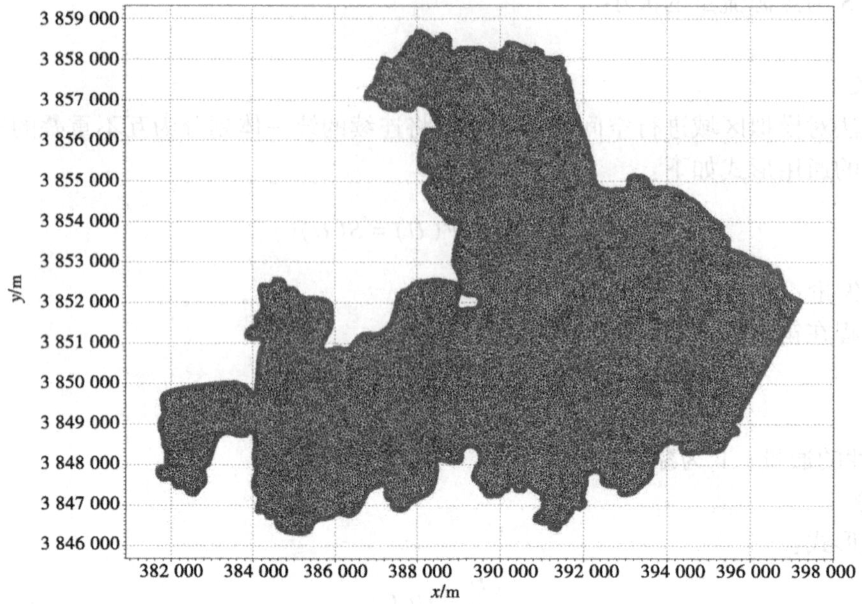

图 2　模型的网格剖分

取 0.03~0.07[2]。

3.4　边界条件

本文数学模型上边界为新沭河 100 年一遇入库流量过程，模型下边界为石梁河水库调度方案中的水库南、北泄洪闸 100 年一遇下泄流量过程。

4　模型合理性验证

4.1　实测洪水边界条件

该次实测洪水工况，数学模型上边界为新沭河大兴镇水文站实测入库洪水过程（2020 年 8 月 12 日 0 时至 8 月 19 日 0 时），模型下边界为石梁河水库水文站南、北泄洪闸实测下泄流量过程（2020 年 8 月 12 日 0 时至 8 月 19 日 0 时）。

4.2　实测洪水计算成果

经模拟计算，遭遇 2020 年实测洪水时，计算的水库水位最高值为 24.75~24.77 m，计算时间为 2020 年 8 月 16 日 1 时 30 分。根据《水闸设计规范》（SL 265—2016），计算闸孔宽度时，当闸前水面较宽（如湖面）时，闸上水位应与湖水位相同。该次泄洪闸水位采用 24.75 m，该水位为闸上计算成果不再发生急变处的水位。根据石梁河水库南、北闸水文站实测水位（见图 3、图 4），该时段实测闸上最高水位 24.77 m，实测最高水位发生时间为 2020 年 8 月 16 日 1 时 40 分，与计算水位相比较，相差较小。因此，模型是合理的。

5　设计洪水工况模型计算成果

本节对石梁河水库的洪水演进过程进行模拟计算，分析水库洪水位、行洪流场分布。水库遇 100 年一遇洪水时，计算成果分析如下：

（1）模型计算得到了较为明确的设计洪水主流区，为宽 0.5~1 km、长约 12 km 的狭长通道，其分布基本符合水库实测地形。

（2）泄洪闸上水位为 26.78~26.80 m，水库中部水位为 26.80~26.81 m，库尾水位为 26.81~27.50 m，符合大型水库水位由坝前向上游不断抬高的一般规律，见图 5。

（3）主流区流速为 0.28~3.2 m/s，其中泄洪闸上流速为 0.6~2.0 m/s，水库中部流速为 0.28~

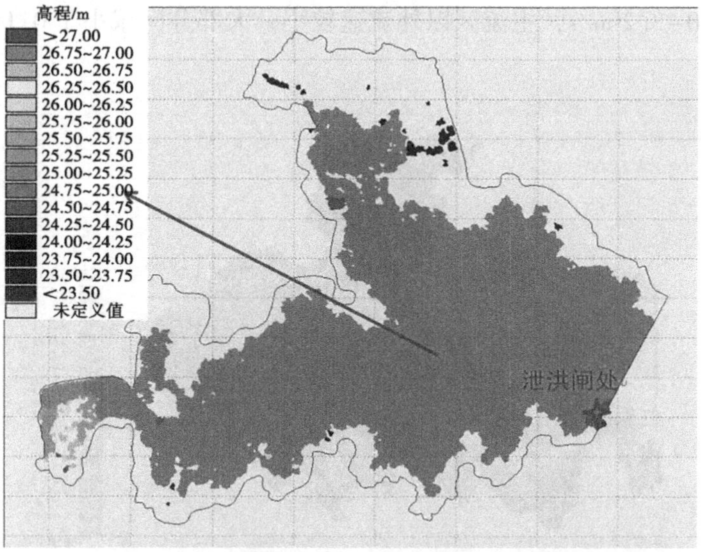

图 3　实测洪水（石梁河水库水位）示意图

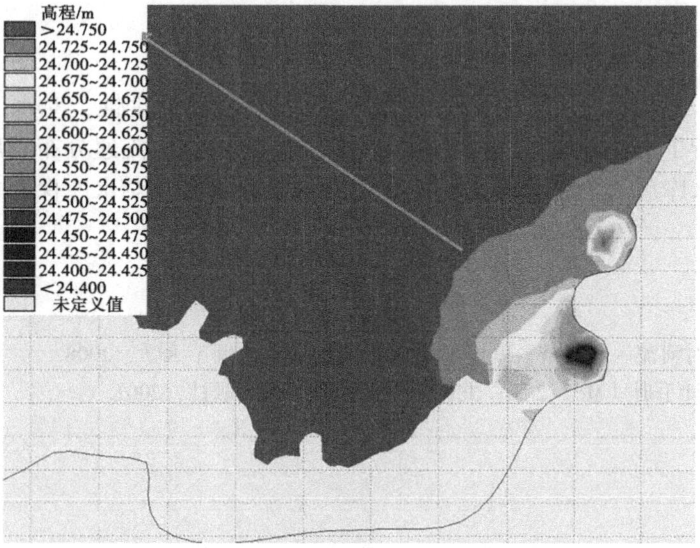

图 4　实测洪水（泄洪闸上）示意图

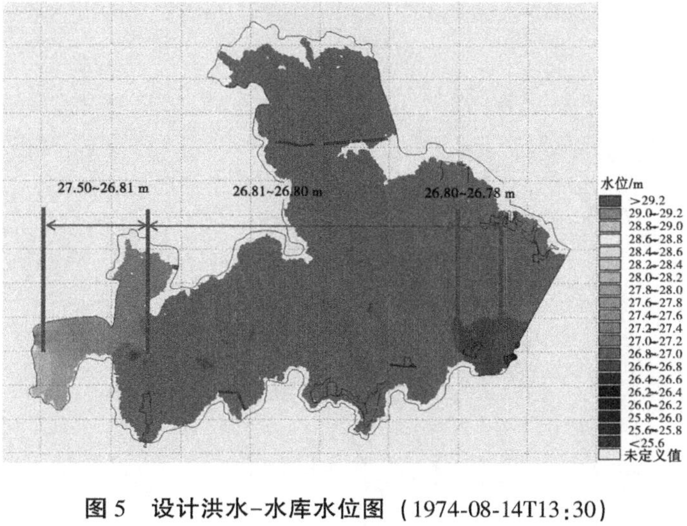

图 5　设计洪水-水库水位图（1974-08-14T13:30）

2.0 m/s，库尾流速 2.0~3.2 m/s，主流区以外流速较小，大部分区域小于 0.1 m/s，流速分布符合实际的情况，见图 6。

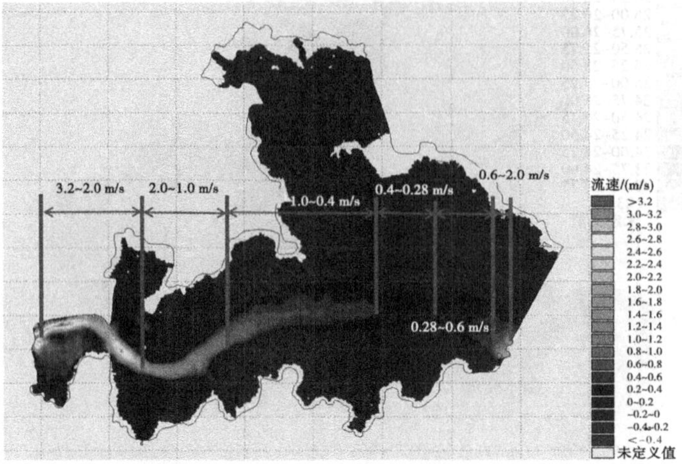

图 6　设计洪水-水库流速分布图（1974-08-14T13:30）

6　结语

通过 MIKE 软件，建立石梁河水库水动力模型，验证了模型合理性，对水库 100 年一遇设计洪水过程进行了模拟，分析了水库的水位、流场，成果符合水库水位、流速分布一般规律。本文的计算方法与成果可为石梁河水库后续工程建设提供实践指导与数据参考，对水库保护与治理有重要的意义。

参考文献

[1] 王瓴元. 应用 MIKE 对河流一、二维数值模拟 [D]. 大连：大连理工大学，2008.

[2] 索丽生，等. 水工设计手册 [M]. 2 版. 北京：中国水利水电出版社，2001.

黄河流域水安全保障信息化支撑体系架构研究与探索

李亮亮　黄　志

（黄河水利委员会信息中心，河南郑州　450003）

摘　要：黄河流域生态保护和高质量发展是重大国家战略，要共同抓好大保护、协同推进大治理，让黄河成为造福人民的幸福河。从信息化角度来说，需要坚持问题导向、精准思维、全局考虑，牢固树立“一盘棋”思想，在智慧水利顶层框架下谋划利用信息化手段推进水治理新质生产力发展，促进流域水治理体系和治理能力现代化，以信息化工程促进流域大保护和大治理。本文提出构建与流域水安全保障措施相匹配的信息化支撑体系建设的背景、现状、问题、思路举措、目标及实施意见等内容，有较强的指导性。

关键词：黄河流域生态保护和高质量发展；水安全保障；智慧水利；信息化保障体系

1　引言

黄河是中华民族的母亲河，孕育了5 000年光辉灿烂的华夏文明。黄河流域在我国经济社会发展和生态安全方面具有十分重要的地位。完善流域水安全保障体系[1]，既是协调黄河水沙关系、缓解水资源供需矛盾、保障黄河安澜的需要，也是黄河流域生态保护和高质量发展的重要内涵和基础保障。

党的十八大以来，以习近平同志为核心的党中央高度重视黄河流域生态保护和高质量发展。习近平总书记一直很关心黄河流域的生态保护和高质量发展，提出“治理黄河，重在保护，要在治理”的重要指示，2019年9月18日在郑州主持召开黄河流域生态保护和高质量发展座谈会，强调黄河流域生态保护和高质量发展是重大国家战略，要求共同抓好大保护，协同推进大治理，让黄河成为造福人民的幸福河。2021年10月，中共中央、国务院印发《黄河流域生态保护和高质量发展规划纲要》，明确了黄河流域生态保护和高质量发展的总体要求和主要任务。2021年10月22日，习近平总书记在济南主持召开深入推动黄河流域生态保护和高质量发展座谈会，从新的战略高度阐述了推动黄河流域生态保护和高质量发展的一系列重大问题，发出了为黄河永远造福中华民族而不懈奋斗的号召。

为履行好黄河流域治理保护职能，更好地发挥流域管理机构在流域统一治理管理中的作用，需要从加强生态环境保护，保障黄河长治久安，推进水资源节约集约利用，推进流域高质量发展，保护、传承、弘扬黄河文化等五个方面提出规划思路和举措，以及体制、机制、政策、法规等保障措施。同时，亟需研究探索构建与水安全保障规划措施相适应的信息化支撑体系，逐步有序开展“智慧黄河”[2] 规划和实施。通过建立涵盖黄河保护治理全要素、时空密度适用、“天空地”一体的智能感知网[2]，打造同步仿真运行的数字孪生流域[2]，建设流域智能大数据中心，建设数字孪生黄河[2] 应用体系，完善预报、预警、预演、预案体系，为黄河保护治理现代化提供技术支撑。

2　现状与成就

2001年开展“数字黄河”工程建设以来，黄河水利委员会深入贯彻落实中央“四化同步”的战略部署，按照水利部党组提出的“以水利信息化带动水利现代化”的总体要求和黄河水利委员会党

作者简介：李亮亮（1981—），男，副高级工程师，副主任，主要从事水利信息化规划、设计、建设等工作。

组提出的信息化建设思路，紧紧围绕治黄工作，全面推进黄河水利委员会信息化建设，进一步带动了治黄工作现代化。

2.1 采集方面

形成了以支撑水旱灾害防御和水资源调度管理为主的治黄信息采集体系，建成了流域内水文、水位、雨量、泥沙观测、蒸发观测、地下水观测、引退水、水土流失等监测体系。

视频监视采集方面，通过整合共享项目建设实现了防汛防凌、水量调度等 9 个系统 1 000 余路监控视频资源的集成，建成了统一的黄河视频资源共享管理与服务。

遥感及地理信息方面，开通了获取水利部信息中心遥感影像资源的通道，可免费接收高分 1 号、MODIS 和减灾星（A/B）等卫星的影像数据。

2.2 网络方面

通信网目前已建设形成公专结合、黄河水利委员会-委属单位-地市局-县局-沿河基层单位的五级专用通信传输网络架构。上中游地区，采用租用公网完成通信组网，具备 4 Mbps 带宽通信接入能力；下游地区采用微波通信技术，实现黄河水利委员会至河南、山东两省局 20 Mbps 带宽的通信接入能力。

计算机网络基本形成了覆盖黄河水利委员会网管中心、各省局（包括各所属单位）、市局和县局的四级网络。

2.3 数据资源方面

初步形成了以黄河数据中心为主体的黄河云数据存储管理体系和云服务体系。建成水利行业第一家数据中心，也是水利部北方数据灾备中心。

通过数据共享服务建设基本实现了基础地理、遥感、经济社会、水利水电工程、水文气象、水环境水生态、水土保持、防汛抗旱、水量调度与水资源管理、规划计划、科学研究和政务管理等 12 大类业务数据的统一集中存储，建立了黄河水利委员会数据资源的生产、存储、管理、维护和共享机制，建成了相应的服务支撑平台。

2.4 应用方面

通过防汛、水资源、水政、电子政务等重大项目建设，初步形成了治黄应用体系，有效支撑了黄河水利委员会水利现代化建设，为提升黄河水利委员会水利服务能力和管理水平发挥良好的作用。

2.5 网络安全方面

依据网络安全等级保护的相关要求，开展了重要信息系统的定级、备案和管理制度建设、技术措施建设，核心网初步实现了安全防护。

3 问题与挑战

3.1 采集方面尚未形成高时效全覆盖的“天空地”立体感知体系

（1）监测管理数据采集能力不足。采集覆盖范围和要素内容不全面，采集自动化、智能化程度低。

（2）采集覆盖范围和要素内容不全面。工程安全运行（河道、水库、淤地坝等）监测数据、节水用水数据、水生态保护与修复（水土流失）数据缺乏。

（3）采集自动化、智能化程度低。以传统人工监测和常规地面监测为主，利用新型传感设备、智能视频识别、卫星无人机遥感等先进技术手段不够，自动化程度不高，缺乏点、线、面协同感知。

3.2 通信基础设施薄弱、带宽不满足新阶段数字孪生业务应用的需要

计算机网络覆盖的深度和广度不足，县局以下基层单位和沿河信息采集点地处偏远（没有公网光纤宽带的有效覆盖），这些单位的通信和采集的数据通过自建的干支线微波传递，带宽容量不足（多为 4~8 Mbps 带宽），严重制约了智能业务应用的发展。

3.3 尚未形成能够支撑流域数字孪生平台[1]的基础设施

大数据安全存储和高效运行的云计算能力和大数据分析能力数据不全、共享和更新困难、分析应用不充分、计算存储能力不足等问题。目前，云平台在线存储占用率达82%，NAS存储占用率达76%，虚拟服务器资源已趋于耗尽，其规模和服务能力与流域级的“黄河云”还存在较大差距；流域省区水利业务数据没有充分整合，气象、环境、经济社会、国土资源等与水利事业密切相关的行业数据尚未建立汇集通道，还不具备流域内数据汇聚共享和大数据分析条件。

3.4 业务应用系统发展不均衡，支撑“四预”能力不足

水旱灾害防御方面，流域防洪“四预”应用系统功能尚未完善，防汛重点区域和工程的数字化映射尚未建立，预演三维仿真展现能力有待进一步增强。水资源管理业务缺少水资源动态监管分析和精细化配置调度能力，还缺少针对水生态文明建设、农村饮水、节约用水等业务的应用；工程建设和安全运行缺少应用系统支撑，大量的信息收集、处理、管理工作依靠人工，强度大、效率低、错误多、环节多、历时长，无法实施快速、高效的指挥调度，增加了防洪风险。

3.5 网络安全防护能力需要进一步提升

黄河水利委员会单位层次多、数量多，网络结构复杂，安全预警、防护和应急处置能力不足，亟待提升网络安全体系。网络安全缺乏事前防御和安全事件综合分析手段。目前，业务网对于网络安全攻击事件，没有事前防御或数据分析手段，只能依赖防火墙及安管平台，不能及时发现入侵攻击。控制网安全体系欠缺。沿黄建设的数百座涵闸监控系统，受通信条件制约，所有的控制指令还是通过水利业务网传输下达，存在严重安全隐患。

4 建设思路

深入学习贯彻习近平新时代中国特色社会主义思想，积极践行习近平总书记黄河流域生态保护和高质量发展座谈会精神和网络强国战略思想，坚持问题导向、精准思维、全局考虑，牢固树立“一盘棋”思想，在智慧水利顶层框架下着力加强统筹整合和共享共用，按照“安全、实用”总要求，初步构建“天空地”一体化监测感知体系，基本建成流域共享共用大数据中心和支撑“四预”应用大系统，力争10年时间取得明显成效，推进黄河治理体系和治理能力现代化，以信息化新质生产力促进流域大保护和大治理。

5 方案举措

加强监测感知能力建设，实时获取“四个确保”工作中所需的各类信息。加大卫星遥感、无人机、智能视频监视等先进监测手段使用力度，形成覆盖流域干流河段80%监管对象、重要支流60%监管对象的“天空地”一体化信息监测感知体系。

强化网络互联能力，畅通信息上传下达通道。强化通信基础设施保障能力，建成覆盖黄河省市县级河务局、沿河基层管理单位的高速信息传输通道，具备沿河基层管理单位20 Mbps、县局到市局50 Mbps、市局到省局100 Mbps、省局至黄河水利委员会1 000 Mbps的通信传输能力。

构建流域大数据中心，及时全面记录黄河保护治理“一盘棋”的情况。全面梳理黄河保护治理的“根子”和“表象”的相关数据资源，建立机制、标准规范体系，充分运用云计算、大数据等新技术，逐步建成能有力支撑黄河保护治理业务运行和决策的大数据中心。研发水文、灾害防御、水资源等专业模型，扩展智能识别模型，为流域水文测报预报、科学调度、综合决策和业务协同提供支撑。

搭建智能协同应用大系统[2]，支撑流域生态保护和高质量发展业务应用。基于流域大数据中心及现有业务应用系统，充分利用互联网、大数据、人工智能等先进技术，搭建流域智能协同应用体系。初步构建黄河水利委员会一体化监管协同平台，实现河湖、水资源、水工程、水土保持等业务应用和监管应用，实现监管事项全覆盖、监管过程全记录，以信息化手段为流域大保护和大治理提供强

有力的支撑。打造治黄公共服务品牌，高效利用网络空间传承弘扬黄河文化。提供一站式流域地理信息综合服务，打造和推广“黄河一张图公众版”“治黄融媒体”。提供流域重点区域洪水影响预报和风险预警产品，实现水情预报预警信息的定点精准推送，推进黄河文化平台建设。

提升黄河水利委员会网络安全防护能力，确保各级应用信息安全。加强网络安全监测预警、纵深防御和应急响应三个方面能力建设，进一步完善核心网络安全防护体系，保障黄河水利委员会网络与信息系统的安全运行。

6 体系架构

流域水安全保障信息化支撑体系架构如图 1 所示。

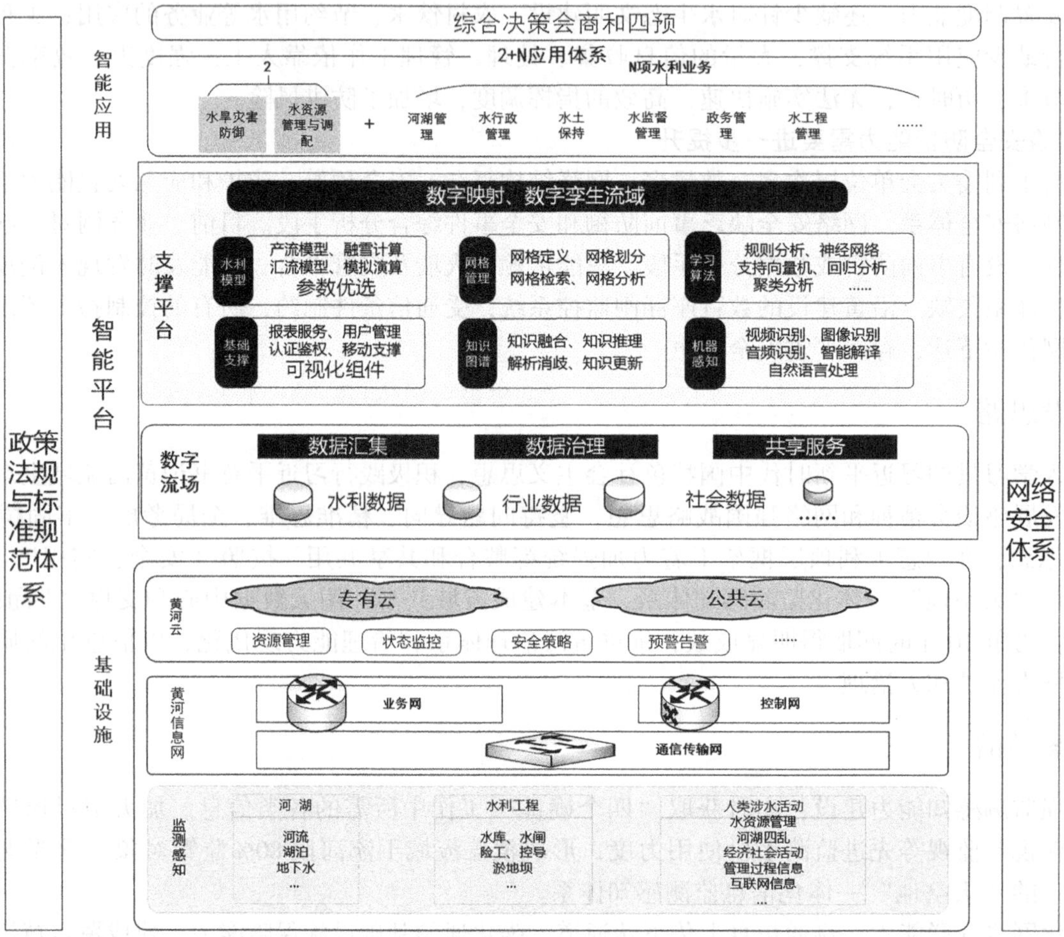

图 1 流域水安全保障信息化支撑体系架构

（1）基础设施。包括监测感知、黄河信息网、黄河云。运用遥感、北斗、物联网、智能视频、5G 等先进技术，加强新型监测手段应用，升级扩容网络传输通道，加强水文、水资源、水土保持、水利工程监测并实施智能化升级改造，共享相关部门及省区监测数据和社会经济数据。构建覆盖全流域、全要素、全融合的“空天地”一体化黄河涉水信息监测感知“一张网”，不断提升水安全全面感知能力、传输能力和存储分析能力，实现干支流监管一张网全覆盖[2]。

（2）智能平台。数字流场主要通过流域大数据中心项目建设，对水利、行业、社会等数据进行汇集、治理形成数据服务，将水利、行业、社会等数据映射信息空间，构成黄河流域数字流场，为支撑平台及智能应用提供支持；支撑平台为水旱灾害防御、水资源管理与调配、河湖管理、水行政管理、水土保持、水监督管理、政务管理、水工程管理等智能应用提供水利模型、网格管理、学习算法、基础支撑、知识图谱、机器感知等应用支撑服务。

（3）智能应用。主要为构建支撑流域保护治理各项业务的“2+N”项应用系统。

7 展望

到2025年，数字孪生黄河初步实现。初步建成覆盖黄河保护治理全要素的“天空地”一体化监测感知网，建成治黄高速信息网，全面形成主动感知、自动防御网络安全防护体系；建成支撑流域高质量发展的大数据中心，全面融合共享流域省区数据，围绕“2+N”业务体系突出水旱灾害防御和水资源调配等重点业务，治黄业务数字化、网络化、智能化水平明显提升。

2035年远景展望：流域智能应用全面迈入新时代，流域水利对象万物互联协同感知，基础设施按需服务，资源全面共享，网络安全有力保障，新一代信息技术全面深入应用，高效支撑流域生态保护和高质量发展。

参考文献

[1] 汪安南. 坚定不移贯彻落实“十六字”治水思路 全面提升黄河流域水安全保障能力［J］. 水利发展研究，2022，22（6）：1-5.

[2] 牛玉国. 黄河流域生态保护和高质量发展水安全保障布局和措施研究［J］. 人民黄河，2021，43（8）：1-6.

面向数字水利的智慧水务建设实施路径探讨
——以明光市为例

王敬磊[1]　刘　琦[1]　张　正[2]

（1. 中水淮河规划设计研究有限公司，安徽合肥　230601；
2. 明光市水务局，安徽明光　239400）

摘　要：推进智慧水利建设是提升水治理体系和治理能力现代化的重要抓手。按照数字水利发展总要求和智慧水务建设总架构，立足明光市水利信息化发展现状，探讨加强数字水利基础设施建设、构建整体协同智慧应用体系、完善智慧水务网络安全体系、健全标准化运行管理体制机制等措施建议，以期为明光市智慧水务体系建设和发展提供思路。

关键词：数字水利；智慧水务；信息化

1　引言

近年来，水利部相继印发智慧水利建设，以及数字孪生流域、水利工程、水网建设系列文件，明确了推进智慧水利建设的时间表、路线图、任务书、责任单。2023 年 5 月 25 日，中共中央、国务院印发了《国家水网建设规划纲要》，明确要求加快智慧发展，加强水网数字化建设、提升水网调度管理智能化水平、完善水网监测体系。智慧水利涉及多学科交叉、新技术融合，有诸多重点和难点，需要进行技术攻关和先行先试[1]。“十三五”以来，明光市在水利感知网、水利信息网和业务应用等方面取得了一些进展和成效，但数字化建设、调度管理智能化、全要素监测体系建设水平与新时代水网智慧水利建设的需求仍有较大差距，智慧水务工作整体处于起步阶段。基于数字水利发展总要求、智慧水务建设思路与架构，通过分析明光市水利信息化发展现状及存在问题，探讨智慧水务建设实施路径，以期推进明光市智慧水务发展。

2　水利信息化现状

2.1　建设进展及成效

（1）要素监测感知方面。明光市依托流域及省市水文水资源监测站网，基本实现重点区域雨水情和取用水在线监测。结合省市河湖监测站点建设工作安排，境内现有河湖、水库视频监控站点 18 处，已在 176 座中小型水库均安装水雨情自动测报系统，其中 43 座水库建有视频监控站；已在 4 座中型水库、17 座小（1）型水库实现大坝安全数据自动监测和预警，并与水利相关业务系统衔接，实现数据共享。

（2）水利信息网络方面。依托省市县三级水利专网、防汛会商系统，实现与滁州市水利局、安徽省水利厅互联互通，为视频会商、业务系统访问、数据共享等提供了专网应用环境；充分利用国家电子政务外网资源，市县水利部门作为政务外网一个节点，接入所在层级的政务环网，实现政务外网与水利专网互联。

（3）水利业务应用方面。依托省水利厅应用系统，主要涵盖了水旱灾害防御、水资源管理、河

作者简介：王敬磊（1991—），男，工程师，主要从事水文水资源、水利规划及智慧水利等研究工作。

湖管理、河长制管理、农村水利、节水调水、电子政务等领域。

2.2 存在差距

(1) 数字化建设程度不深。数据底板是智慧水利的算据基础，明光市现阶段数据底板相对比较薄弱，物理水网与数字孪生水网的动态实时交互不够，重点水利工程数字孪生覆盖率低。

(2) 水工程调度管理及智能化水平不高。水利工程建设、水利工程运行管理、水土保持、水行政执法、水利监督等业务缺乏相应的信息化管理手段，5G、AI 等新型信息技术在水利业务中尚未得到广泛应用，信息化应用覆盖面和调度管理智能化水平不高。

(3) 全要素监测体系不健全。明光市水利监测站点主要集中在工程建设的重点区域，水土保持、水工程安全运行、地下水水位、农村供水、墒情、河流水量和生态流量等监测要素尚不完全，感知覆盖范围仍需进一步扩大。遥感技术、智能摄像头、新型传感器、北斗、精确位置测量等应用不足，数字地图精度不高，无法支撑精细化工程调度与管理，已有监测手段自动化程度不高，与形成“空天地”一体化的综合感知网建设要求还有一定差距。

3 智慧水务建设思路与架构

明光市智慧水务体系构建总体框架如图 1 所示。

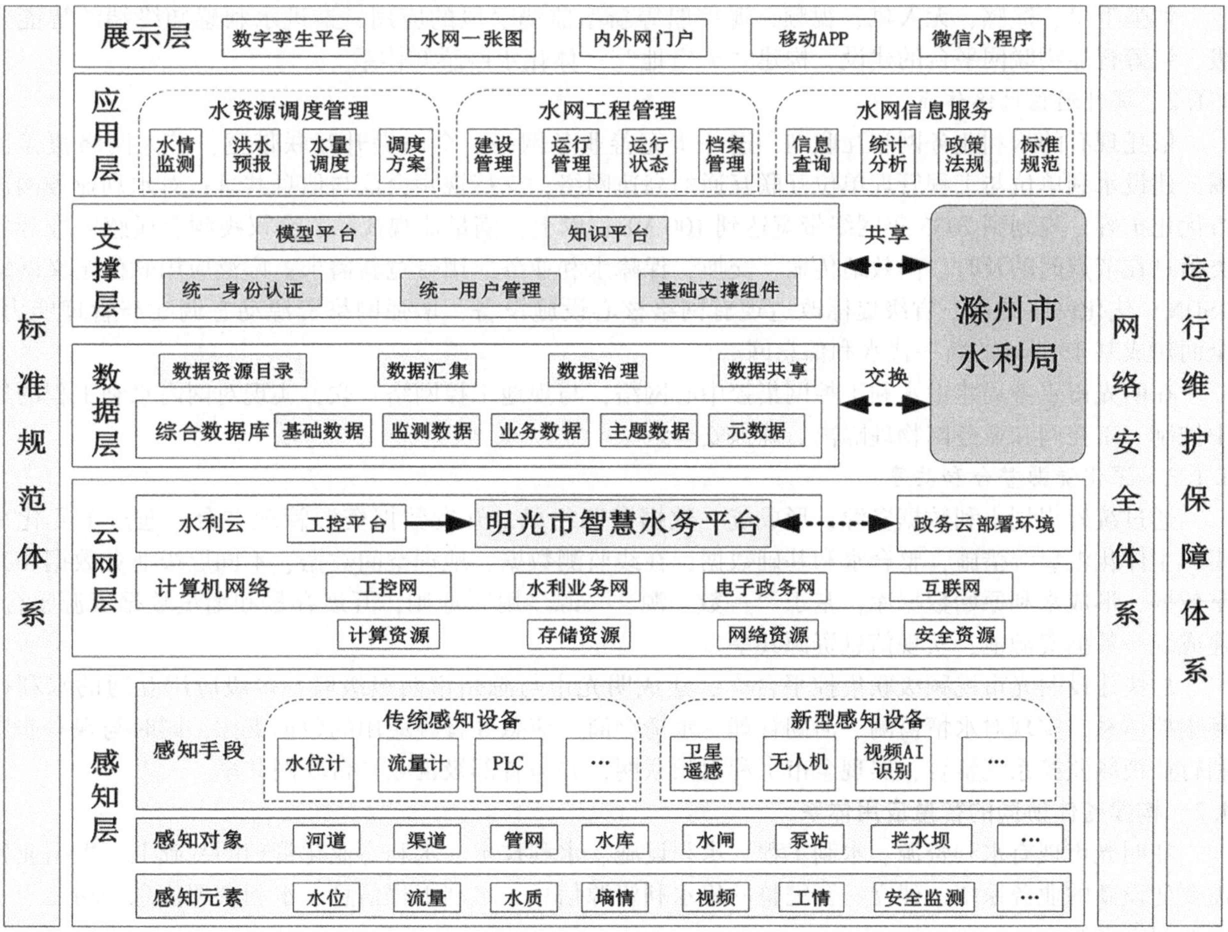

图 1 明光市智慧水务体系构建总体框架

遵循“需求牵引、应用至上、数字赋能、提升能力”的数字水利发展要求，基于明光市已有水利信息化基础、滁州市智慧水网建设总体框架及实施内容，以“数字化、网络化、智能化”为主线，加快明光市水利数字化转型，全面推进水利数据共享与业务协同融合，大力推进智慧水务系统、数字孪生水利工程建设，强化网络安全和运维保障体系支撑，全方位建设以“信息共享、业务协同、智慧应用”为核心的明光市智慧水务管理平台，为全面提升明光市水安全保障能力提供强有力的技术支撑，同时加强与安徽省骨干水网、滁州市级水网的协同融合，发挥水网工程的综合效益。

4 智慧水务建设实施方案

4.1 加强数字水利基础设施建设

4.1.1 完善水网感知体系

依托明光市城乡供水一体化工程、抗旱应急工程、水库除险加固工程、河湖综合治理工程、闸泵改造工程等，以工程信息化方式，完善工程自动化监测、监控。围绕防洪减灾、水资源调度、水工程运维、水土流失防治等水利业务和监督管理工作，在传统感知设备应用的基础上，利用新型监测技术提升遥感监测、视频监视和移动应急监测等能力。

进一步扩大江河湖库、闸泵工程等设施实时在线监测覆盖率，对池河明光段、南沙河等重要支流、已建及规划新建中型水库、“北水南调”东西线工程线路重要闸站等，完善水位、流量、水质、墒情、工情等要素监测内容，全面提升水灾害、水资源、工程运维等水利业务管理中的重要事件、行为和现象的监测能力，提高信息智能化处理、动态解析等感知能力，满足水利核心业务对数据和信息在时空尺度、监测频次等方面的需求。

加强卫星、遥感、无人机、视频、遥控船等新型监测手段的应用，推进水利感知终端的智能升级，统筹智能物联网平台的建设，构建“天空地”一体化水网感知体系。

4.1.2 提升通信网络体系

依托现有的水利业务网和互联网，进一步完善业务网络，全面提升互联带宽，扩大网络覆盖范围，建设水利单位与工程管理单位互联互通的高速网络，支持视频会议与信息共享；对水利业务网进行优化扩容，规划到2035年网络带宽达到100 Mbps以上，满足监视视频、会议视频、遥感影像等各类信息在节点间的及时、高效地传输、交换，保障水利业务应用带宽新需求；广泛应用软件定义网络（SDN）优化网络结构，省级提标改造现有网络核心设施设备，增强网络资源动态调配与管理能力，全面建成基于IPv6的新一代水利信息网。

在明光市水务局建设水利工控网集控中心网络，与现地工控网络互联，实现对网内水利工程的集中控制。工控网和业务网物理隔离，确保安全。

4.1.3 深化资源整合和共享

通过统筹规划水利数据资源，形成统一数据资源目录，开发数据资源管理平台，通过多元化采集、主体化汇集等措施，整合水利基础数据、在线监测数据、地理空间数据、不同层级业务数据和共享数据，形成水利原始数据库，基于“一数一源、一源多用”原则，开展存量和增量数据资源整合，建成统一数据资源池，实现信息资源共享。

加快建设明光市视频级联集控平台[2]，建成明光市与滁州市两级级联、多级应用互通的水利视频集控体系，实现对水情监测、河湖管理、水情会商、应急处置等应用的数据支撑，同时与现有非水利行业视频监控系统整合，实现全市水利视频联网，并与省部级视频平台联网共享。

4.2 构建整体协同的智慧应用体系

在明光市现有水利资源、水利工程、水利设施、水利技术、水利专业化管理的基础上，根据业务需要建设新的业务系统，建立一套完整的集水利资源信息、水利工程信息、水利管理信息等功能于一体的智能系统。

4.2.1 建设明光市智慧水务管理平台

以明光市实景正射影像为基础数据，充分运用物联网、大数据等新一代信息技术，整合明光市农村基层防汛监测预警、水库大坝安全监测等已有业务应用系统，建立包含智慧河长治理、水资源管理、防汛抗旱、水土保持、国有电力排灌站、水利工程建设、城乡供水一体化、办公信息化等功能模块的明光市智慧水务管理平台，打造智慧水利“一张图”，推动新型信息技术与水利业务深度融合，对接上级水行政主管部门，实现业务数据共享，建成集防洪、供水、灌溉、生态等多功能于一体的现代智慧决策系统。

4.2.2 建设水土保持信息化系统

依托省市现有水利信息网络资源，深入推进水土保持信息化建设工作，建成互联互通、资源共享的水土保持信息监控管理系统，全面提升全市水土保持信息化和现代化水平。与上级水行政主管部门做好对接，完善水土保持基础数据库，配合构建监督管理、综合治理、动态监测、数据发布等4个系统，实时动态采集与分析水土监测数据，实现水土保持“天地一体化”动态监控、“图斑”综合治理工作精细化管理，数据信息发布快捷有效。

4.2.3 建设供水管理系统

对明光市城镇住宅小区和集中居住区增设流量计以及水质水压检测设备，同时建设集水费收缴系统、管网GIS系统、漏损分区控制系统等于一体的供水信息化管理综合平台，实时感知供水系统的运行状态，实现供水工程在线自动监测、实时预报预警、远程监控、智慧监管等功能。

4.2.4 水库工情自动测报系统

进一步扩大水库大坝安全监测覆盖范围，覆盖明光市中型水库及重要小型水库。建立并完善水库雨水工情自动测报系统，系统主要由雨量、水位、视频及图像等监测站点组成，同时建立规范、统一的监测平台，集数据传输、信息共享、数据储存于一体，规范项目管理，消除安全隐患，提升信息化水平，保障水库安全运行。

4.2.5 建设数字孪生工程试点

按照“资源共享、协同推进”的思路，明光市在共享流域机构、省市水行政主管部门建设的L1、L2级数据底板的基础上，完善辖区内L2级数据底板，工程管理单位建设工程范围精细数字地形、BIM数据的L3级数据底板；共享流域机构及省市建设的数字孪生淮河、池河、蓄滞洪区等成果，以满足区域防洪调度，提升防洪减灾智慧化管理水平。

针对境内女山湖大型灌区和林东水库等中型灌区，构建灌区工程智慧管理体系，覆盖灌区管理处、闸站管理所和主要骨干工程，同步建设覆盖骨干渠道的量测水设施等。开展引淮济明工程、明光市“北水南调”东西双线引调水线路闸站工程、七里湖控制工程以及林东、分水岭等中型水库数字孪生工程建设试点；结合明光市城乡供水工程一体化、农村居民供水安全保障规划，选择规模较大、条件成熟的供水项目，同步开展数字孪生水厂、数字孪生水源泵站建设，实现重点工程数字化管理，完善水利工控网覆盖范围，以满足区域水资源调配、抗旱应急等管理需求。

4.3 完善网络安全体系

依据《信息安全技术 网络安全等级保护基本要求》（GB/T 22239—2019）等标准规范，完善涵盖安全技术、安全管理、安全运营的智慧水网网络安全主动防御体系，全面提升网络安全威胁防御、纵深防御、应急响应及处置和运维保障能力。

配备物联网安全管理中心、网络安全决策智慧系统、工业网络审计、工业主机卫士及安全管理平台等软件，强化安全态势感知和动态管理；建立本地容灾备份体系，实现二级及以上级别信息系统数据级本地备份；对已有的业务系统和新建的业务应用系统进行国家网络安全等级保护定级和测评，保障系统安全可靠运行。

4.4 健全标准化的运行管理体制机制

依据国际、国家及行业技术标准，结合明光市水网信息化的特点，建设相关标准，逐步实现智慧水网建设的标准化，加强与其他示范单位的合作，适时推出与明光市智慧水网建设相适应的标准语言体系，强化标准统一的实施与监督力度，为各项水网信息化工程的建设提供强有力的支持、保障和服务，构建一个科学、系统、先进和开放的水网信息化标准体系框架。

5 结语

通过对明光市水利要素监测感知、信息网络、业务应用等方面发展现状分析，指出数字化建设、调度管理智能化、全要素监测体系建设水平与新时期水网智慧水利建设需求存在的差距，探讨了加强数字水利基础设施建设、构建整体协同智慧应用体系、完善智慧水务网络安全体系、健全运行管理体制机制等实施路径，为构建明光市智慧水务体系、全面提升水利治理体系和能力现代化发展提供支撑。

参考文献

[1] 蔡阳．数字孪生水利建设中应把握的重点和难点［J］．水利信息化，2023（3）：1-7.

[2] 成春生，穆禹含，李薇，等．水利视频级联集控平台设计与实践［J］．水利信息化，2023（2）：76-80，92.

数字孪生技术与智慧水利系统的融合思考

肖　城　谢渝静

（水利部南京水利水文自动化研究所，江苏南京　210012）

摘　要：《中华人民共和国国民经济和社会发展第十四个五年规划和2035年远景目标纲要》明确提出，构建智慧水利体系，以流域为单元提升水情测报和智能调度能力。水利部也高度重视智慧水利建设，将推进智慧水利建设作为推动新阶段水利高质量发展的六条实施路径之一，并将智慧水利作为新阶段水利高质量发展的显著标志。本文围绕数字孪生技术与智慧水利系统的融合展开思考，并对其应用与未来发展方向进行探讨，以供参考。

关键词：数字孪生技术；智慧水利系统；融合

1　数字孪生技术概述

数字孪生技术是一种数字化创新，通过创建与现实世界中的物理实体相对应的数字模型，实现实时监控、深入分析并持续优化这些物理实体。该技术将物理世界中的各种物体及其复杂行为，综合运用物联网、云计算、大数据分析、人工智能等多种先进技术手段，转化为数字化信息，从而将物理实体的整个生命周期过程完整地再现在虚拟空间中。数字孪生技术并不局限于对物理对象的运行状态进行模拟和预测，它还可以在虚拟环境中进行各种实验和优化操作，然后对其进行科学的指导和决策支持。通过这一技术，在生产制造、城市规划、医疗卫生等领域，都可以实现对物理实体的全方位监控和管理，在水利领域数字孪生技术已经显示出巨大的应用潜力和价值，在提高资源利用效率、降低运行成本的同时，系统可靠性、安全性也得到了加强[1]。随着技术的不断进步，应用领域的不断扩大，未来推动各行各业数字化转型、智能化升级，数字孪生技术势必将扮演更加重要的角色。

2　数字孪生技术与智慧水利系统的融合

2.1　水利工程的全生命周期管理

数字孪生技术的引入，在水利工程的整个生命周期管理中，为实施精细化的管理工作提供了一条新的途径。数字孪生技术通过虚拟与现实的深度融合，对水利工程的各个环节进行精确模拟和预测，从而对工程的实际运行状况进行动态监测，并对历史数据进行趋势分析和故障预测，使工程的管理效率与安全水平得到了很大的提高。

（1）数字孪生技术在水利工程的规划与设计阶段，能够对工程的三维可视化模型进行生成，对不同设计方案的实际运行效果进行模拟和比较。对流体动力学模型和环境参数的模拟，对工程设计起到有效的优化作用，使设计阶段的盲目性得以降低。

（2）在施工阶段，数字孪生系统能够对建设过程中的进度控制、材料消耗和质量控制进行实时监控，并将实际施工情况与设计方案进行比较分析，发现偏差及时进行调整。

（3）数字孪生技术还能对复杂环境下的施工过程进行模拟，对潜在风险进行预测，并指导施工队伍对施工方案进行更为科学的调整和规划。

（4）在水利工程的运行和维修阶段，数字孪生系统能够对实时数据进行连续监测，对可能出现

作者简介：肖城（1978—），男，高级工程师，主要从事数字孪生技术、遥测与通信技术等方面的研究工作。

的异常情况进行及时发现和预警处理。因此，通过数字孪生技术的运用，为水利工程的运行和维修工作提供了有力的支撑与保障。采用数字孪生技术，可实现设备状态的全时段监控，对设备运行中的潜在故障点进行分析，并动态优化设备维护策略，结合大数据分析技术延长设备使用寿命，降低维护费用。

（5）数字孪生技术还可以预测水利工程的长期运行趋势，通过历史资料的积累和分析，为后续的扩容改造提供科学依据。

（6）水利工程全生命周期管理中应用数字孪生技术，在灾害预警和应急管理中也有一定的体现。该数字孪生系统通过对水文资料、气象资料和工程运行资料的整合分析，模拟工程在极端气象条件下的应急反应能力，对工程结构的抗灾能力进行评估，并在灾害发生前启动相应的防范措施。该系统可在灾害发生时，为减轻灾害对工程及周边地区的损害，提供最优的应急处理方案。

水利工程全生命周期管理将通过不断优化完善的数字孪生技术，更加智能高效，从而促进智慧水务体系的整体发展。

2.2 水资源调度与优化管理

数字孪生技术为智慧水利系统的建设提供强有力的技术支撑，使虚拟与现实得到高度精确的映射。

（1）在水资源的调度和优化管理中，数字孪生技术能够进行实时数据的采集和动态的建模与仿真推演，从而为水资源的科学管理提供科学可靠的依据。

（2）数字孪生系统在感知层、传输层和应用层的协同配合下，对各种水文数据和水利工程数据进行多源融合，形成水资源的全息数字模型，使决策者对水资源的时空分布特征有精确的把握，对水资源的利用效率进行动态的考核，对潜在的浪费与不足进行识别，从而对水资源的合理调配起到可靠的决策支撑作用。

（3）数字孪生技术还能使水资源调度方案具有更高的科学性和合理性，通过数字孪生模型对实时水文数据和预测模型进行集成，对不同的水资源调度方案进行仿真推演和效果评估，并对各种影响因素进行综合考量，以建立多维的调度优化模型，在先进的算法和优化方式的帮助下，对调度方案进行实时调整，使水资源的利用效率达到最高，浪费最小，对保障用水安全起到很大的作用[2]。

（4）数字孪生技术还能通过虚拟与现实的实时交互，对水资源的动态变化进行精确掌握，在优化管理中发挥重要作用。因此，在水资源的调度中，数字孪生技术的应用，使方案更科学更合理。智慧水务系统可实现多层次联动、全流程管控，依托数字孪生技术，管理者通过数字建模不同水利单元，如水库、河流、灌区等，可以对各水利单元的运行状态进行实时监控，对潜在风险点进行识别，并预先做好应对预案。

（5）数字孪生技术还能深入挖掘和分析历史数据，识别管理过程中的瓶颈和薄弱环节，提供数据支持，使管理策略更加优化。

（6）在水资源管理中，数字孪生技术也能高效调度和调配资源。数字孪生系统通过多源异构数据的整合处理，可以对水资源的流动路径进行实时跟踪，对水资源的供求平衡进行动态分析，并制定出合理的资源调配方案。水利管理部门在实际应用中，可依托数字化双生系统，对水库群进行优化联合调度，提高供水可靠性和稳定性。并且数字孪生技术还可以提供洪水、干旱等突发事件的预警和应急管理支持，保证水资源管理的灵活性和应变能力。

2.3 水环境与水质监测

在水环境与水质监测领域的融合发展尤为显著，数字孪生技术在智慧水利系统中的应用不断深化。通过引入数字孪生技术，实现多维度、全时段的水环境监控，从而精准数据支撑智慧水务系统建设。

（1）通过构建虚拟模型，在水环境监测过程中，实时反映水体动态变化。该技术以采集流域各类水文、水质参数为基础，以物理传感网络为基础，向数字化空间进行映射，形成具有动态演进能力的数字化双子。水环境的空间异质性通过融合遥感影像、地理信息系统（GIS）等数据源的方式得以全面展现，对污染扩散路径和水体演化过程进行了精确刻画。

（2）在水质监测方面，数字化双胞可以模拟水体理化特性的变化及其对环境扰动的响应，结合历史资料和实时监测资料。数字化孪生技术可以根据机理模型和数据驱动模型的融合应用，预测水质参数的变化趋势（如溶解氧、氨氮、总磷等），从而提供科学的水质预警依据。

（3）数字孪生可针对不同尺度水体的污染物迁移行为进行精细化表征，以多尺度建模和多源数据融合为基础，协助制定更为精确的水环境治理策略[3]。智慧水利系统的建设中，水环境与水质监测的精确性与实时性至关重要。通过引入数字孪生技术，能够在数字空间中实现水环境要素的全方位感知与动态模拟。各类传感器采集的水文、水质数据通过物联网技术实时传输至数字孪生系统，构建虚实结合的水环境监测网络。数字孪生体在获取数据后，通过内嵌的水文模型和水质模型，进行数据处理与分析，提供对水环境状态的动态评估。并且在水质监测的应用场景中，数字孪生技术可以通过高精度数值模拟，实现对污染事件的实时追踪与溯源。结合流域水动力学模型和水质模型，能够模拟出污染物的传播路径和扩散范围，进而制定出针对性的应急处理措施。

（4）数字孪生体可通过实时数据分析，识别出潜在的水质异常情况，并通过智能算法进行预警等级的自动化评估，确保对突发水质事件的快速响应。

通过虚拟模型的不断优化和升级，数字孪生技术在水环境与水质监测中的应用将更加成熟，为智慧水利系统的全面建设提供技术支持。

3 未来发展方向

为了更好地推动数字孪生技术与智慧水利系统的融合，未来可以从以下几个方面进行探索。

3.1 提高数字孪生模型的精确度和适应性

为使数字孪生模型的精确度和应用范围得到进一步的改善和提高，会在建模技术方面引入更为先进的理论和算法，对现有技术手段进行不断优化和升级，以期使数字孪生模型的模拟和预测精确度有较大幅度的增强。另外，针对不同类型的水利系统，会对数字孪生模型进行定制化开发，使之在应对复杂多变的水文条件和满足不同应用场景下的具体需求的同时，能够有更强的针对性和适应性。通过这种方式，希望能够为水利系统的规划管理和维护提供更为可靠高效的解决方案，从而对水利事业的发展起到更大的促进作用。

3.2 完善数据采集与处理技术

为使水利系统达到更高的现代化水平，将致力于在数据采集和处理技术方面加以改进。

（1）将在水利系统中推广物联网技术的应用，使各种传感器和监控设备能够对水位、流量、水质等关键指标进行实时监测，从而在数据获取的实时性和精确性上得到很大的提升。

（2）在大数据技术的基础上能对海量的水利资料进行智能化分析和处理，运用先进的算法和计算模型，从中提取出有价值的信息来为水利管理提供更为精确的数据支撑，并对潜在的风险和趋势做到心中有数。对水资源的合理配置和利用有重要保障作用，既能提高水利管理工作的效率，又能为决策提供科学依据。

（3）将对数字孪生模型进行进一步的改进，使之对水利系统的运行状况有更准确的模拟和预测。

把实时采集的数据与数字孪生模型相结合，对水利系统的实际运行状况有更精确的模拟和预测，从而能够提前发现潜在问题并采取相应的措施，在为水利系统的安全运行和可持续发展提供强有力的技术保障的同时，也有效地提高了水利管理的效率。

3.3 增强系统之间的协同与集成

为打破各子系统间的信息“孤岛”，实现各子系统内各模块的无缝协同与集成，需要采取一系列的措施，通过建立一个一体化的智慧水利管理平台，从而提升整个系统的效率和响应速度，并且应用这一平台，能够更好地利用数字孪生技术，充分发挥其在模拟、预测、优化等方面的潜力，从而为水利管理提供更加精确的决策支撑，使能够对各类复杂的水利问题进行更好的应对和解决，通过整合各子系统，在数据的共享利用上也会有很大的提升，同时实现资源的优化配置，进而使整个水利系统的运行效率得到提高，管理水平也能得到很大的提升。

3.4 推动技术标准化与推广应用

为保障数字孪生技术在智慧水利领域得到高效应用，应制定一系列的标准和规范来促进技术的标准化工作，以促进系统的互操作性和兼容性，并以此促进技术的推广应用。另外，还将加强与各地水利机构的合作力度，积极促成科研单位企业间的协同创新，以共同促进数字孪生技术在水利工程上得到广泛的应用，促进水利工程智能化程度的提高和水资源的有效管理与利用，在提高水利工程运行效率的基础上，为应对气候变化与水资源短缺的挑战提供有力的技术支撑。通过多方合作，实现数字孪生技术在水利工程上的应用，促进智慧水利的发展。

4 结语

数字孪生技术与智慧水利系统的融合，为水利工程建设和管理提供了一种全新的思路和手段。今后数字孪生技术将随着技术的不断进步和完善，在智慧水利系统中发挥越来越重要的作用，实现与水利物理对象同步仿真运行、虚实交互、迭代优化，为实现水资源的可持续发展提供强有力的技术支撑，通过该技术的应用，可实现对水资源的精细化管理、动态监测和智能调度，支撑“四预”（预报、预警、预演、预案）功能实现，有效提升水利系统的管理水平和应对能力。

参考文献

[1] 宋敏，周伊文．数字孪生技术赋能水利工程建设管理路径［J］．水利经济，2023，41（6）：73-78.

[2] 郭磊，张红旗，程五四，等．基于数据驱动的数字孪生技术研究现状与展望［J］．机械，2023，50（7）：1-10.

[3] 张雨，边晓南，张洪亮，等．数字孪生技术在大型灌区的应用前景研究［J］．灌溉排水学报，2022，41（增刊2）：71-76.

珠江流域东江编号洪水回顾与监测预报思考

卢康明　田　丹

（水利部珠江水利委员会水文局，广东广州　510635）

摘　要：为进一步夯实珠江流域东江水库群防洪联合调度工作基础，切实做好水文监测预报技术支撑，本文分析总结 1998 年以来的东江 5 场编号洪水的暴雨特征及成因、洪水过程特征、洪水遭遇与组成、洪水还原，从重要防洪水库入库洪水预报、干支流水文控制站洪水预报等方面研究东江洪水监测预报短板，提出雨水情监测预报“三道防线”建设的建议。

关键词：编号洪水；监测预报；东江

1　引言

2024 年，珠江流域（片）四大主要江河已发生 13 场编号洪水，其中东江发生近 10 年来首场编号洪水，整个洪水过程历时长达 18 d，水文控制站博罗站呈现多峰形态，4 月 29 日 6 时出现最高洪峰水位 7.71 m，最大洪峰流量 7 380 m^3/s。珠江水利委员会水文局跟踪全过程，滚动开展洪水预报，提前 2 d 预报东江发生编号洪水，博罗站洪峰流量预报相对误差仅为 2%。

东江流域已建设由新丰江、枫树坝、白盆珠水库及下游三角洲堤防共同构成的防洪工程体系[1]。2023 年，珠江水利委员会水文局初步完成包含三大水库为预报节点的河系洪水预报方案编制，在 2024 年东江编号洪水过程中得到了很好的应用实践。

为进一步做好东江洪水水库群联合调度的水文监测预报技术支撑，本文依据 1998 年以来的历史暴雨洪水资料，归纳比较东江编号洪水的雨水情特征，分析现有洪水预报手段的可利用性，总结监测预报短板，提出雨水情监测预报“三道防线”建设的建议。

2　资料与方法

2.1　编号洪水资料

根据《全国主要江河洪水编号规定》，东江洪水编号以博罗水文站流量达到 7 000 m^3/s 作为编号条件[2]。1998 年以来东江共发生 5 场编号洪水，即 2005 年、2006 年、2008 年、2013 年、2024 年各发生 1 场编号洪水。编号洪水基本信息见表 1。

收集与整理上述东江编号洪水期间的雨水情数据，涉及上义站、范家田站等 170 个雨量站降水量，龙川、河源、岭下和博罗 4 个水文站的流量，枫树坝、新丰江、白盆珠 3 座大型水库的入库流量和出库流量。

表 1　东江编号洪水基本信息

编号洪水代号	发生年份	起始日期	结束日期
“05.6”	2005	6 月 17 日	7 月 7 日
“06.7”	2006	7 月 14 日	7 月 22 日
“08.6”	2008	6 月 13 日	6 月 22 日
“13.8”	2013	8 月 16 日	8 月 27 日
“24.4”	2024	4 月 25 日	5 月 6 日

基金项目：水利部重大科技项目（SKR-2022038）。

作者简介：卢康明（1984—），男，高级工程师，主要从事水文情报预报工作。

2.2 统计分析方法

2.2.1 雨量水量统计方法

面平均降雨量计算方法采用泰森多边形法，该方法又称为垂直平分法，它只使用最近的单个点进行区域插值，是一种通过离散雨量点的雨量计算区域平均雨量的方法[3]。洪水总量采用洪水过程线的流量起涨时刻至退水段终止时刻之间的面积求得。

2.2.2 模拟预报方法

模拟预报方法采用河系预报，根据洪水组成及站点报汛情况选取 12 个站点构建了东江洪水河系预报方案，其结构示意图见图 1。河道汇流采用马斯京根法河道连续演算模型（MSK），区间采用新安江三水源蓄满产流模型（SMS_ 3）和三水源滞后演算模型（LAG_ 3）[4]。

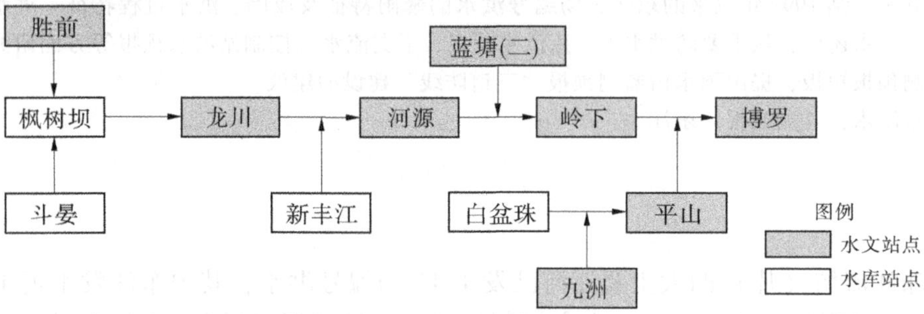

图 1 东江洪水河系预报方案的结构示意图

2.2.3 洪水还原计算方法

此次洪水还原分析计算通过东江水系上下游预报节点连续演算的方式，上游断面的河道演算结果叠加区间产汇流得到下游断面预报结果，逐级依次进行全流域河系洪水模拟预报计算，水库采用不控泄调度模式（出库流量等于入库流量）[5]。

3 编号洪水比较分析

3.1 暴雨特征与成因

比较东江 5 场编号洪水编号之前的降雨历时，“05.6”洪水历时最长，为 7 d；“08.6”历时最短，为 2 d。“05.6”洪水面平均降雨量最大，为 342.1 mm；“08.6”最小，为 203.7 mm。5 场编号洪水编号前暴雨中心主要集中在中下游，其中“05.6”集中在中游，“06.7”和“08.6”集中在下游。5 场编号洪水编号之前暴雨特征与成因见表 2，累计降雨分布图见图 2。

表 2 暴雨特征与成因

场次洪水	编号前降雨时段	天气系统	降雨历时/d	面平均降雨量/mm	暴雨中心位置
“05.6”	6 月 16—22 日	华南静止锋、切变线、高空槽	7	342.1	中游
“06.7”	7 月 14—16 日	低压、西南气流	3	266.8	下游
“08.6”	6 月 12—13 日	切变线、高空槽、低涡	2	203.7	下游
“13.8”	8 月 15—17 日	超强台风“尤特”、西南季风	3	215.7	中下游
“24.4”	4 月 23—28 日	切变线、高空槽、低空急流	6	229.8	中下游

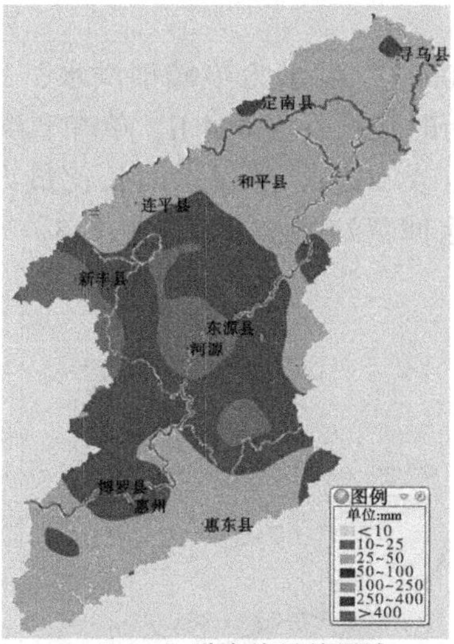

(a)“05.6”洪水编号前累计降雨分布图

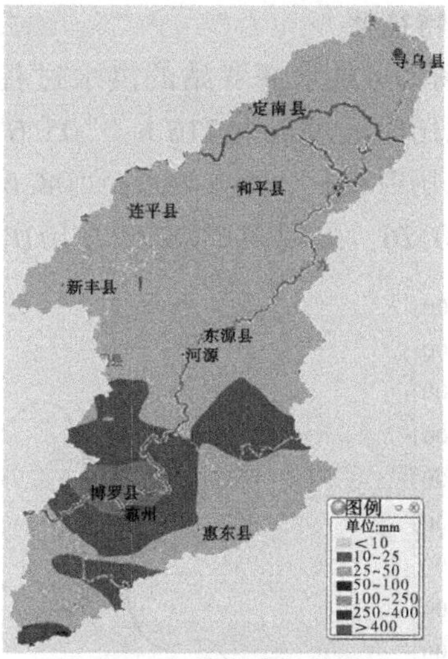

(b)“06.7”洪水编号前累计降雨分布图

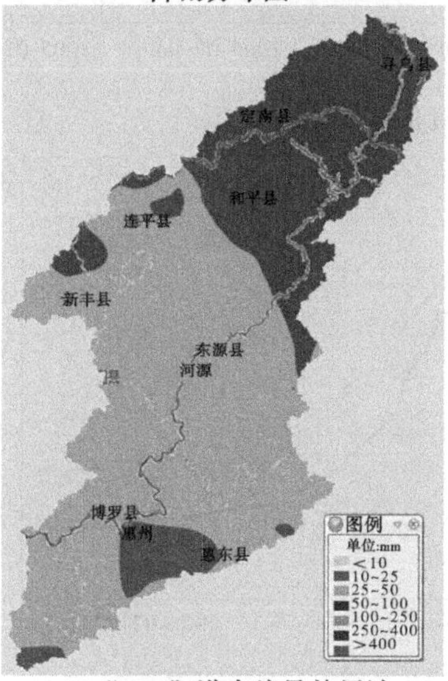

(c)“08.6”洪水编号前累计降雨分布图

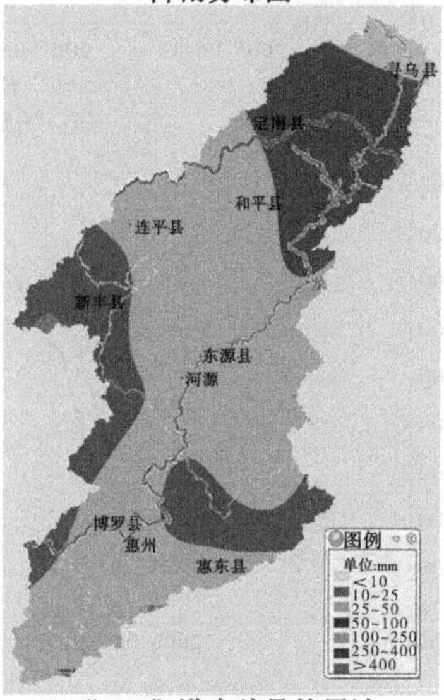

(d)“13.8”洪水编号前累计降雨分布图

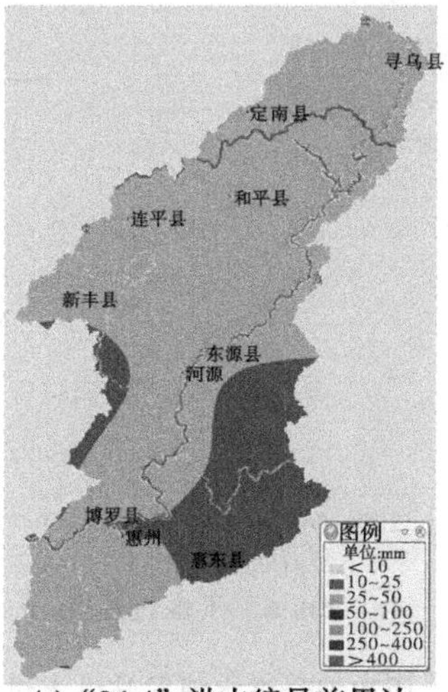

(e)“24.4”洪水编号前累计降雨分布图

图2　5场编号洪水编号前累计降雨分布图

3.2 洪水过程与特征值

比较东江 5 场编号洪水博罗站的洪水过程，仅“06.7”洪水为单峰型洪水，其余均为多峰型洪水。“06.7”洪水历时最短，为 216 h；“05.6”洪水历时最长，为 494 h，单峰型洪水历时相对更短。“05.6”洪水涨水历时最长，为 149 h；“08.6”最短，为 52 h。涨退水时长比最大为 0.58，出现在“06.7”；最小为 0.26，出现在“08.6”。历次编号洪水博罗站洪水过程线见图 3。

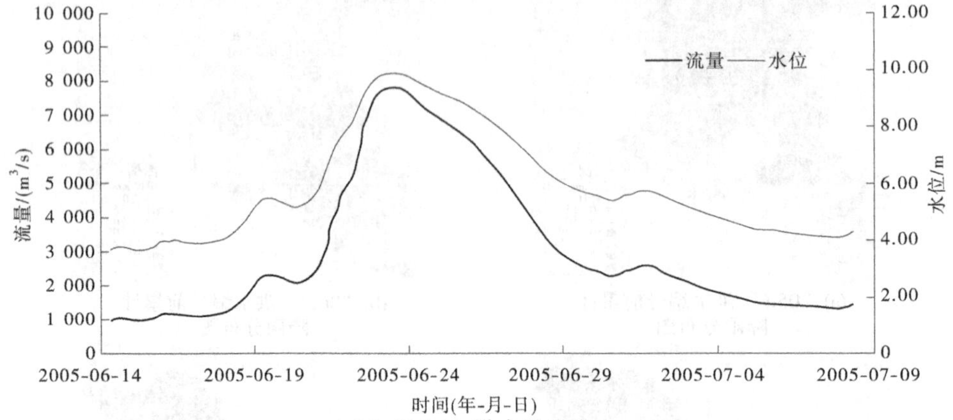

(a)“05.6”洪水过程线

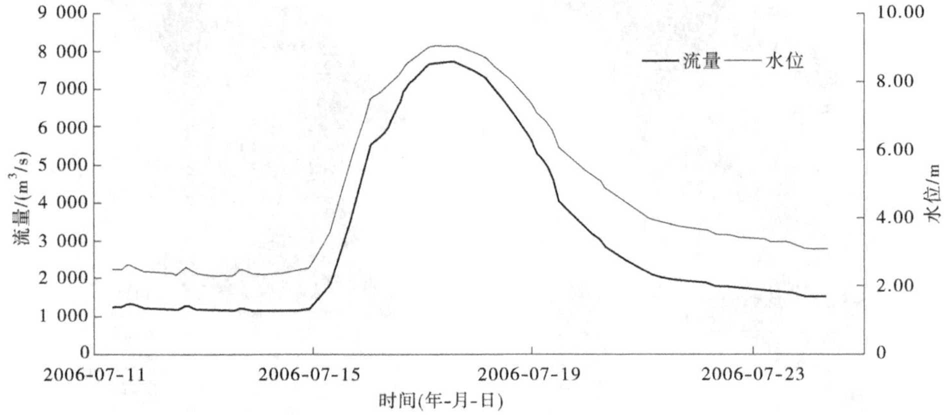

(b)“06.7”洪水过程线

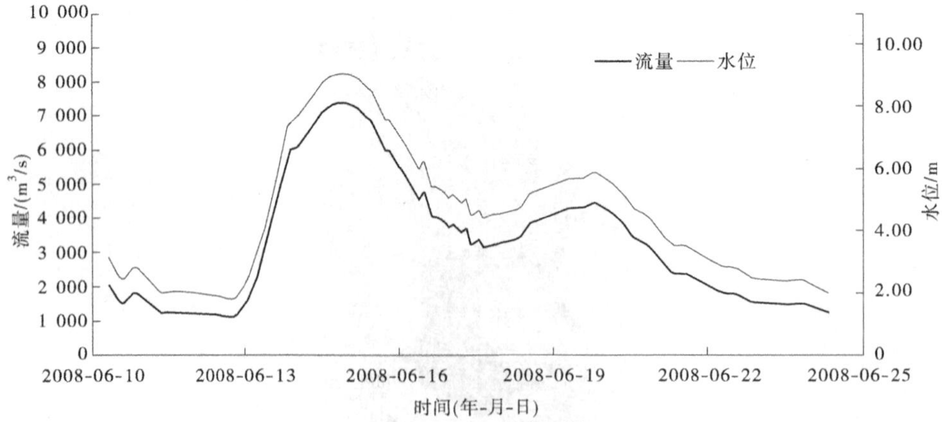

(c)“08.6”洪水过程线

图 3 历次编号洪水博罗站洪水过程线

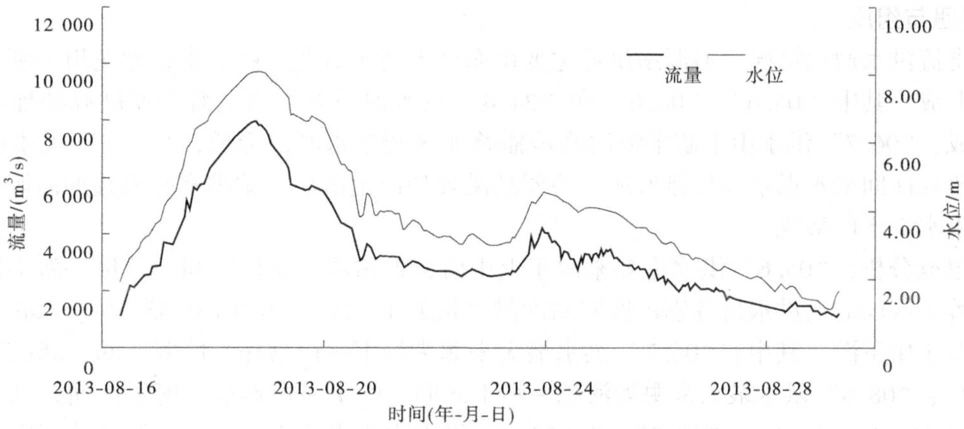

(d)“13.8”洪水过程线

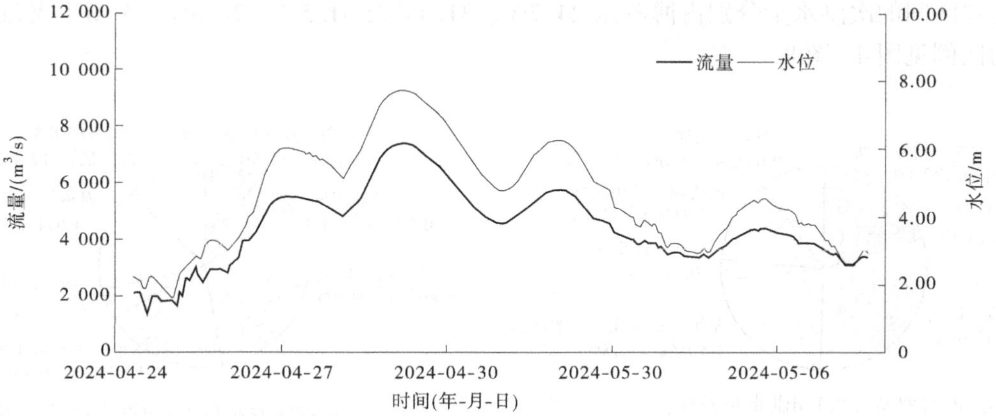

(e)“24.4”洪水过程线

续图3

从博罗站洪峰特征值来看，最高洪峰水位出现在“05.6”，洪峰水位为9.85 m；最低洪峰水位出现在“24.4”，洪峰水位为7.71 m。最大洪峰流量7 930 m^3/s，出现在“13.8”；最小洪峰流量7 370 m^3/s，出现在“08.6”。其中,“24.4”与“08.6”的洪峰流量相近，但“24.4”洪峰水位较“08.6”的低1.35 m。

从博罗站洪量特征值来看，最大1 d洪量、最大3 d洪量、最大7 d洪量及次洪水量均为“05.6”最高，分别为6.67亿m^3、18.65亿m^3、35.86亿m^3、59.58亿m^3；最大1 d洪量、最大3 d洪量最小值均为“08.6”，最大7 d洪量及次洪水量最小值均为“06.7”。博罗站编号洪水特征值统计见表3。

表3 东江编号洪水博罗站洪水特征值统计

场次洪水	洪水峰型	洪峰水位/m	洪峰流量/(m^3/s)	峰现时间(年-月-日T时:分)	涨水时长/h	洪水历时/h	涨退水时长比	最大1 d洪量/亿m^3	最大3 d洪量/亿m^3	最大7 d洪量/亿m^3	次洪水量/亿m^3
“05.6”	多峰	9.85	7 790	2005-06-23T11:00	149	494	0.43	6.67	18.65	35.86	59.58
“06.7”	单峰	9.03	7 710	2006-07-17T11:00	79	216	0.58	6.63	17.69	27.67	30.24
“08.6”	多峰	9.06	7 370	2008-06-15T00:00	52	252	0.26	5.76	15.20	27.94	34.97
“13.8”	多峰	8.06	7 930	2013-08-18T19:00	62	287	0.28	6.36	16.05	27.70	39.12
“24.4”	多峰	7.71	7 380	2024-04-29T06:00	101	295	0.52	6.07	15.72	32.66	48.81

3.3　洪水遭遇与组成

分析干支流洪水遭遇情况，河源站洪峰主要由东江上游干流龙川站来水叠加龙川—新丰江—河源的区间来水形成，其中“05.6”、“08.6”和“24.4”洪水河源站均由上游干流洪峰叠加区间来水退水段传播形成，“06.7”洪水由上游干流洪峰传播叠加区间来水峰值形成，“13.8”洪水由上游干流来水涨水段叠加区间来水退水段传播形成。博罗站洪峰均由上游河源站洪水峰值叠加河源—白盆珠—博罗的区间来水退水段形成。

从洪水组成分析，“05.6”洪水主要来源于上中游，枫树坝—龙川区间、龙川—新丰江—河源区间和河源—岭下区间的次洪水量分别占博罗站次洪水量的 14.5%、16.9%和 33.5%。“06.7”“08.6”洪水主要来源于中下游，其中：“06.7”洪水最大来源为岭下—白盆珠—博罗区间，其次洪水量占博罗站的 33.4%；“08.6”洪水最大来源为河源—岭下区间、岭下—白盆珠—博罗区间，其次洪水量分别占博罗站的 41.9%、33.4%。“13.8”和“24.4”洪水主要来源于下游，河源—岭下区间和岭下—白盆珠—博罗区间的次洪水量分别占博罗站 24.7%、31.4%及 31.5%、20.3%。5 场干支流洪水占博罗站洪水的比例见图 4~图 8。

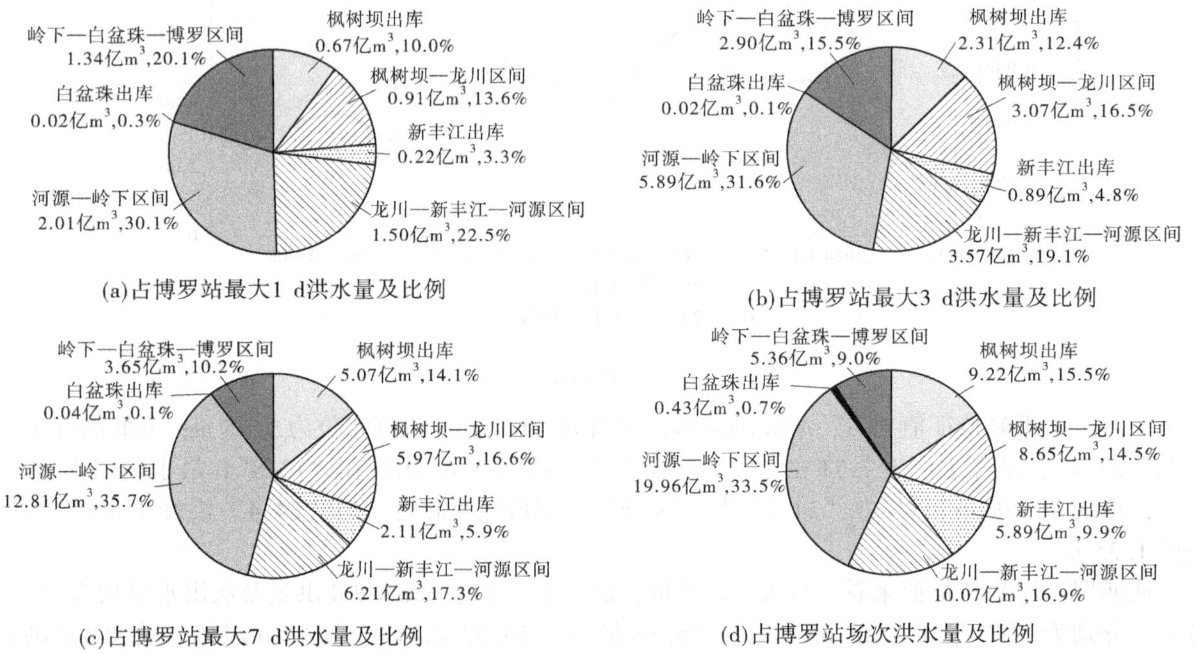

图 4　“05.6”干支流洪水占博罗站洪水的比例

新丰江和白盆珠两座水库在编号洪水过程中拦洪作用明显，避免了干支流洪水遭遇。如“05.6”洪水新丰江入库次洪水量为 31.77 亿 m^3，占博罗站的 53.3%，远超其面积比例，但出库水量仅占博罗站的 9.9%；“08.6”洪水中新丰江入库和白盆珠入库次洪水量分别为 12.73 亿 m^3 和 3.42 亿 m^3，分别占博罗站的 36.4%和 9.8%，均远超其面积比例，但出库水量分别仅占博罗站的 3.0%和 1.4%。当暴雨中心出现在下游，特别是东江支流西枝江时，白盆珠水库主要发挥错峰调度作用，如“13.8”洪水白盆珠入库次洪水量为 6.66 亿 m^3，占博罗站的 17.0%，远超其面积比例，出库次洪水量与入库基本相同，且出库水量主要集中在入库洪峰之后。

3.4　洪水还原分析

考虑东江流域枫树坝、新丰江、白盆珠三大水库的影响，分别对 5 场编号洪水中河源站和博罗站两个主要控制站进行洪水还原分析计算，其中河源站考虑枫树坝、新丰江两座水库，博罗站考虑枫树坝、新丰江、白盆珠三座水库。比较还原洪水过程可知，2005 年三座水库对河源站和博罗站的拦洪

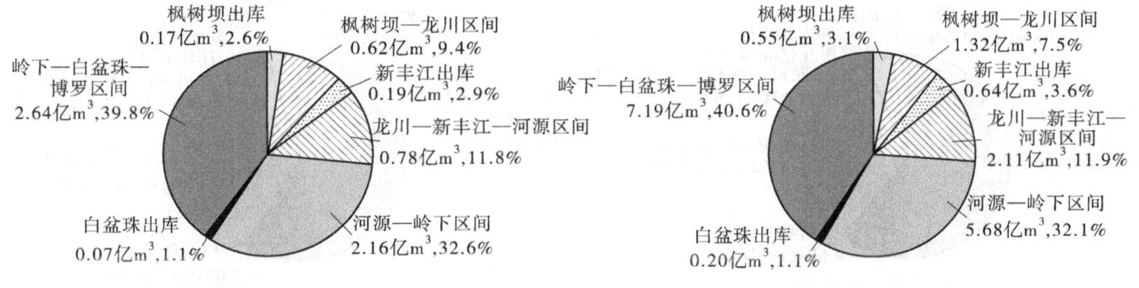

(a)占博罗站最大1 d洪水量及比例　(b)占博罗站最大3 d洪水量及比例

(c)占博罗站最大7 d洪水量及比例　(d)占博罗站场次洪水量及比例

图5　“06.7”干支流洪水占博罗站洪水的比例

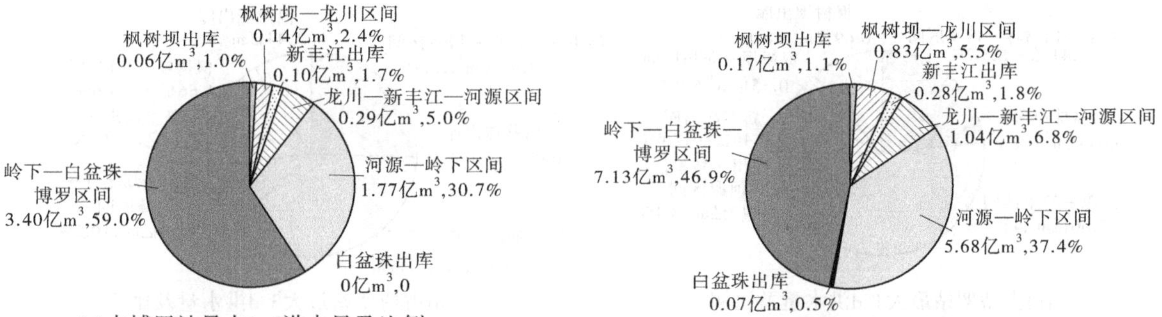

(a)占博罗站最大1 d洪水量及比例　(b)占博罗站最大3 d洪水量及比例

(c)占博罗站最大7 d洪水量及比例　(d)占博罗站场次洪水量及比例

图6　“08.6”干支流洪水占博罗站洪水的比例

量和削峰量均为最大，其中河源站、博罗站洪峰流量从12 400 m³/s、18 900 m³/s，分别削减到4 550 m³/s、7 790 m³/s，河源站由原来的超100年一遇洪水削减为低于5年一遇洪水，博罗站由原来的超100年一遇洪水削减为5~10年一遇洪水。

比较河源站和博罗站的实测次洪水量与还原次洪水量，枫树坝和新丰江拦洪量作用相对更大，白盆珠主要发挥错峰调度作用。5场东江编号洪水中河源站和博罗站实测与还原洪峰流量和次洪水量统计见表4。

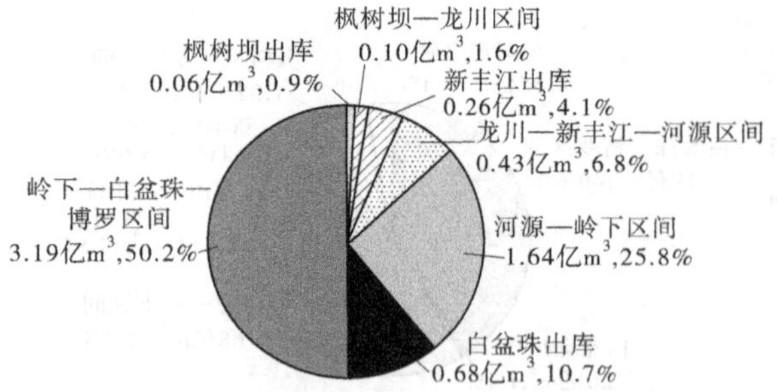

(a)占博罗站最大1 d洪水量及比例

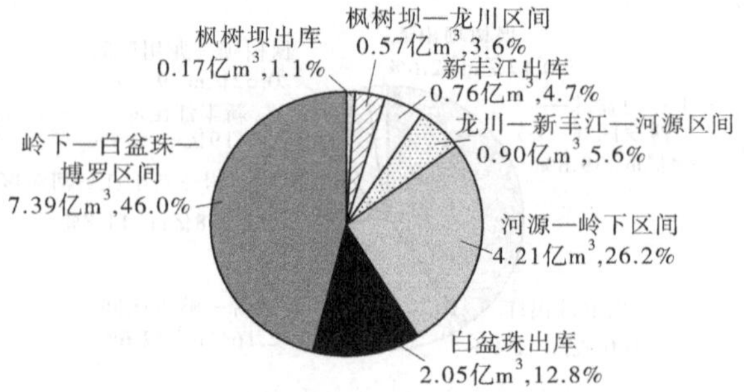

(b)占博罗站最大3 d洪水量及比例

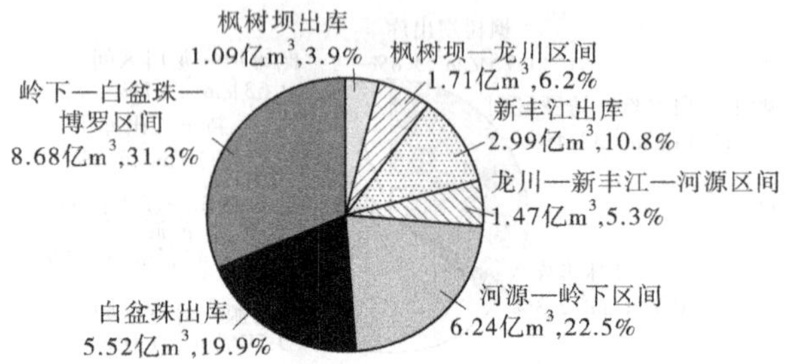

(c)占博罗站最大7 d洪水量及比例

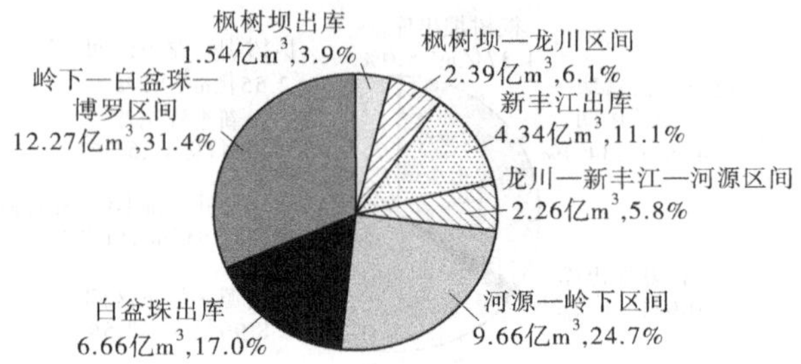

(d)占博罗站场次洪水量及比例

图7 "13.8"干支流洪水占博罗站洪水组成图

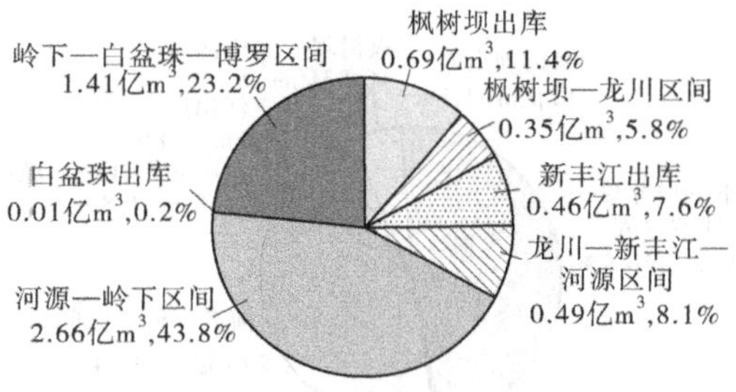

(a)占博罗站最大1 d洪水量及比例

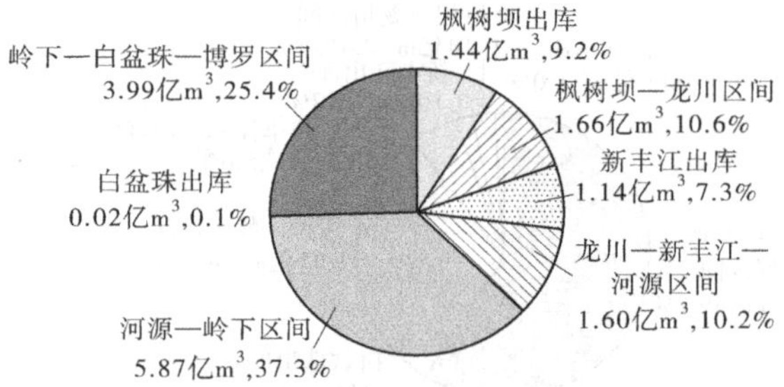

(b)占博罗站最大3 d洪水量及比例

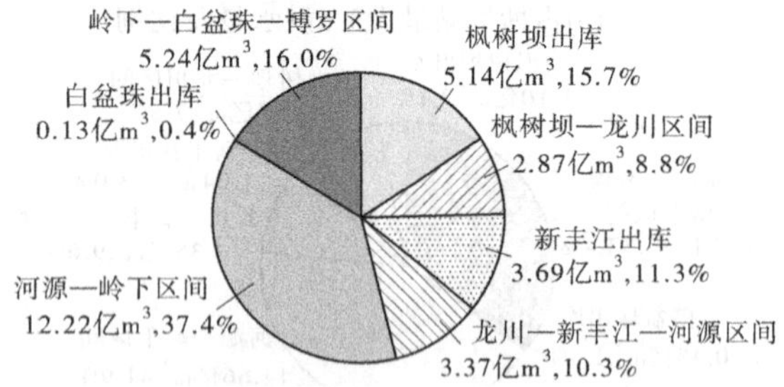

(c)占博罗站最大7 d洪水量及比例

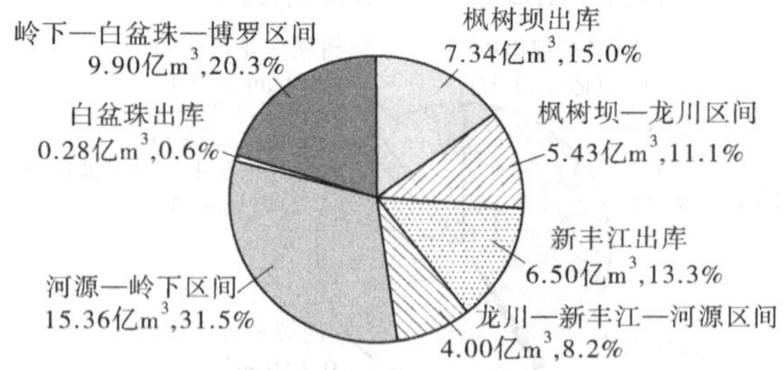

(d)占博罗站场次洪水量及比例

图8 "24.4"干支流洪水占博罗站洪水组成图

表4 5场东江编号洪水中河源站和博罗站实测与还原洪峰流量和次洪水量统计

场次洪水	站点	洪峰流量/(m³/s)			次洪水量/亿 m³		
		实测	还原	水库削峰量	实测	还原	水库拦洪量
"05.6"	河源	4 550	12 400	7 850	33.83	63.66	29.83
	博罗	7 790	18 900	11 110	59.58	91.45	31.87

续表 4

场次洪水	站点	洪峰流量/(m^3/s)			次洪水量/亿 m^3		
		实测	还原	水库削峰量	实测	还原	水库拦洪量
"06.7"	河源	2 610	4 480	1 870	9.85	18.21	8.36
	博罗	7 710	11 600	3 890	30.24	41.34	11.10
"08.6"	河源	1 340	4 410	3 070	8.16	23.26	15.10
	博罗	7 370	11 900	4 530	34.97	50.53	15.56
"13.8"	河源	2 330	5 990	3 660	10.53	19.75	9.22
	博罗	7 930	14 000	6 070	39.12	48.37	9.25
"24.4"	河源	3 850	6 890	3 040	23.27	35.93	12.66
	博罗	7 380	10 400	3 020	48.81	64.09	15.28

4 雨水情监测预报分析

4.1 雨水情监测预报“三道防线”

雨水情“三道防线”是以流域为单元，由气象卫星和测雨雷达、雨量站和水文站组成的雨水情监测预报体系，涉及“降雨—产流—汇流—演进”各个环节，统筹延长预见期和提高精准度。

第一道防线是气象卫星和测雨雷达系统。通过气象卫星提供的高分辨率卫星云图、图像和大范围气象数据等，对降雨情况进行测算，实现中长期“降雨—产流—汇流”预报，有效延长预见期，但精度相对较低；通过测雨雷达提供的高空间分辨率降雨信息，可在降雨前对天气系统进行实时监测，提供较高精度的局部降雨信息，但覆盖范围相对较小，降雨预报预见期仅为1~2 h。

第二道防线是雨量站网。依靠流域内科学布设的地面雨量监测站网，提供更为详细的地面降雨量观测数据，控制流域暴雨的时空变化，把握降雨与径流之间的转化规律，实现短期“降雨—产流—汇流”预报，进一步提高洪水预报精度。

第三道防线是水文站网。通过布设在流域河流干支流上的水文站网，实时监测江河、湖泊、水库的水位、流量等水文要素的变化，提供的数据最为准确，通过洪水实况告警、洪水“演进”预报，可为洪水防御提供最精准的支撑，但相对而言预留给洪水防御的反应时间较短[6]。

4.2 水库入库洪水

利用已建好的洪水预报方案，输入实测降雨过程，对枫树坝、新丰江、白盆珠三大水库在5场编号洪水中的入库来水进行模拟计算，其中枫树坝和新丰江实测入库水量与预报水量相比，模拟效果相对较好，合格率为100%，其现用于预报的雨量站密度、面雨量统计方法满足入库水量预报需要，但仍需加密雨量站建设以提高预报精度，而白盆珠入库水量预报合格率仅为60%，现用于预报的雨量站密度仍不满足入库水量预报的需要。枫树坝、新丰江、白盆珠水库实测入库水量和预报水量对比统计见表5。

此外，“24.4”洪水期间，枫树坝、新丰江水库已实现逐小时报送入库流量和出库流量，但白盆珠入库流量和出库流量仅一段制报汛，一段制报汛的入库峰值仅能出现在每日8时，不能满足水库调度需要掌握洪峰峰现时间的需求。

表 5　枫树坝、新丰江、白盆珠水库实测入库水量和预报水量对比统计

水库	场次洪水	降雨总量/亿 m^3	实测入库水量/亿 m^3	预报入库水量/亿 m^3	水量误差/%
枫树坝	"05.6"	29.00	10.55	11.78	12
	"06.7"	9.24	4.31	3.88	-10
	"08.6"	9.30	4.75	4.54	-4
	"13.8"	6.99	2.05	2.23	9
	"24.4"	15.27	8.81	8.75	-1
新丰江	"05.6"	49.15	31.77	35.92	13
	"06.7"	15.06	8.28	7.52	-9
	"08.6"	26.44	12.73	14.95	17
	"13.8"	25.20	12.96	14.16	9
	"24.4"	23.59	17.29	14.06	-19
白盆珠	"05.6"	3.60	2.79	1.86	-33
	"06.7"	3.04	2.25	1.77	-21
	"08.6"	5.28	3.42	3.64	6
	"13.8"	8.54	6.66	6.23	-6
	"24.4"	3.82	1.84	1.81	-2

4.3　干支流水文控制站

东江河系预报方案根据洪水组成及站点报汛情况共选取 12 个站点构建。首先对支流贝岭水胜前站以上区间进行产汇流计算得到胜前站的预报结果；通过河道演算和胜前—枫树坝区间产汇流计算得到枫树坝水库入库来水预报结果；以枫树坝出库作为入流断面，通过河道演算和区间产汇流计算得到龙川站预报结果；以此向下游依次演进计算，其中东江干流预报节点有龙川、河源、岭下控制站，最后对博罗—岭下—支流西枝江平山站区间进行产汇流计算，通过河道演算和区间产汇流计算最终计算合成出口断面博罗站的预报流量。

分别使用龙川、河源、岭下的流量监测数据进行预报校正和不校正两种情况的模拟预报，根据流量监测数据实时调整上游站点汇流参数进行预报校正，得到的洪水编号时间、洪峰流量和峰现时间结果更接近实测数据，预报效果更好，预报精度明显提高，说明河系洪水预报方案在编号洪水预报中的适用性较好，但预报峰现时间与实测相比仍有 3~4 h 差距，精准度仍需进一步提高。使用流量监测数据校正和不校正模拟预报结果对比情况见表 6。

表 6　使用流量监测数据校正和不校正模拟预报结果对比情况

洪水场次	洪水编号时间（年-月-日T时:分）	实测峰现时间（年-月-日T时:分）	实测洪峰流量/（m^3/s）	是否修正	预报洪水编号时间（年-月-日T时:分）	预报峰现时间（年-月-日T时:分）	预报洪峰流量/（m^3/s）
"05.6"	2005-06-22 T18:00	2005-06-23 T11:00	7 790	否	2005-06-21 T11:00	2005-06-22 T14:00	13 000
				是	2005-06-22 T14:00	2005-06-23 T11:00	8 210

续表 6

洪水场次	洪水编号时间（年-月-日 T时:分）	实测峰现时间（年-月-日 T时:分）	实测洪峰流量/（m^3/s）	是否修正	预报洪水编号时间（年-月-日 T时:分）	预报峰现时间（年-月-日 T时:分）	预报洪峰流量/（m^3/s）
“06.7”	2006-07-16 T18:00	2006-07-17 T11:00	7 710	否	2006-07-15 T17:00	2006-07-16 T23:00	10 000
				是	2006-07-16 T11:00	2006-07-17 T08:00	8 130
“08.6”	2008-06-14 T12:00	2008-06-15 T00:00	7 370	否	2008-06-13 T23:00	2008-06-14 T05:00	8 610
				是	2008-06-14 T14:00	2008-06-14 T20:00	7 610
“13.8”	2013-08-18 T06:00	2013-08-18 T19:00	7 930	否	2013-08-17 T17:00	2013-08-18 T11:00	8 620
				是	2013-08-18 T08:00	2013-08-18 T17:00	8 010
“24.4”	2024-04-28 T20:55	2024-04-29 T06:00	7 380	否	2024-04-28 T14:00	2024-04-29 T02:00	8 230
				是	2024-04-28 T17:00	2024-04-29 T05:00	7 500

根据“3.3　洪水遭遇与组成”分析可知，在东江河系中，龙川站的洪峰流量及峰现时间主要受枫树坝出库及枫树坝—龙川区间来水的影响，河源站洪峰流量及峰现时间主要受龙川站洪水峰值及龙川—新丰江—河源区间来水的影响，博罗站洪峰流量及峰现时间主要受上游河源站洪水峰值及河源—白盆珠—博罗区间来水影响。其中，枫树坝—龙川区间中较大支流为浰江，河源—岭下区间、岭下—白盆珠—博罗区间中较大支流为公庄河、秋香江及西枝江。上述主要支流在来水较大时，预见期仅为6~7 h，尚无法满足水库群联合调度对预报预见期的需要。因此，在河系洪水预报方案能够较好反映落地雨水与洪水预报过程的基础上，将可靠的短临（1~3 h）预报降雨、短期（1~3 d）预报降雨作为洪水预报方案的输入，是进一步延长东江洪水预见期和提高预报精度的关键手段。

5　结论与建议

本文分析总结珠江流域东江 1998 年以来编号洪水的暴雨特征及成因、洪水过程特征、洪水遭遇与组成、洪水还原，从重要防洪水库入库洪水预报、干支流水文控制站洪水预报等方面研究分析东江洪水监测预报存在的问题和改进建议，主要研究结论如下：

（1）东江编号洪水暴雨中心主要出现在中下游，东江干流主要控制站河源站洪峰主要由东江上游干流龙川站来水叠加龙川—新丰江—河源的区间来水形成，博罗站洪峰主要由上游河源站洪水峰值叠加河源—白盆珠—博罗的区间来水退水段形成。新丰江和白盆珠水库在编号洪水过程中拦洪作用明显，而当暴雨中心出现在东江支流西枝江时，白盆珠水库主要发挥错峰调度作用。

（2）东江流域依据 170 个雨量站提供的地面降雨量观测数据和水文站洪水过程数据，实现“降雨—产流—汇流—演进”预报，但预报峰现时间的精准度和重要防洪水库入库水量预报精度上仍需进一步提高。建议加密布设枫树坝、新丰江和白盆珠水库以上流域的雨量站，加强上述三大水库入库流量和出库流量报汛信息共享，适时研究水库上下游的入库和出库水文流量监测站点建设，补充完善雨水情“第二道防线”和“第三道防线”建设。

（3）区间洪水组成比例较大，对干流控制站洪峰预报影响明显。区间洪水的主要来源是浰江、公庄河、秋香江及西枝江等支流，预见期较短，建议在支流上试点开展雨水情“第一道”防线建设，延长预见期；结合雨水情“三道防线”建设迭代更新河系洪水预报方案，洪水预报过程中注重具体问题具体分析，及时优化模型参数，切实做好水文监测预报技术支撑。

参考文献

[1] 何治波，吴珊珊，张文明．珠江流域防汛抗旱减灾体系建设与成就［J］．中国防汛抗旱，2019，29（10）：71-79.

[2] 水利部．水利部关于印发全国主要江河洪水编号规定的通知：水防〔2019〕118 号［A］．2019-04-08.

[3] 高峰．泰森多边形法在小流域面雨量计算中的应用［J］．江淮水利科技，2023（5）：45-48.

[4] 包为民．水文预报［M］．北京：中国水利水电出版社，2017.

[5] 黄建波，刘文丽，王乐明．2022 年西江 4 次编号洪水还原分析［J］．广西水利水电，2023（1）：99-102.

[6] 林祚顶，刘志雨．加快构建雨水情监测预报“三道防线”工作思考［J］．中国水利，2023（12）：5-10.

小浪底工程近二十年坝基渗流渗压监测成果分析

卢渊博　吕佳凝　贾万波　王鑫科

（黄河水利水电开发集团有限公司，河南郑州　450003）

摘　要：大坝的渗流渗压监测成果分析是大坝安全评价的重要内容，对更好地发挥工程效益具有指导意义。本文结合国内外对大坝防渗体系的研究方法和小浪底历次安全鉴定结果，详细研究了坝基防渗体系的监测布置及利用不同维度对监测成果进行分析。在此基础上，根据坝前淤积层的变化，合理解释了防渗墙前渗压计和坝后渗流量的变化原因。结果表明，坝前泥沙淤积形成的水平铺盖具有一定的防渗效果，渗流量大体呈现明显下降趋势，防渗墙的防渗功能正常。本文的探索运用监测数据分析方式不仅丰富了渗流渗压数据分析方法，同时也为水库安全评价提供技术支撑。

关键词：土石坝；渗流渗压；实测资料；数据分析

1　引言

小浪底水利枢纽位于三门峡水利枢纽下游 130 km、河南省洛阳市以北 40 km 的黄河干流上，控制流域面积 69.4 万 km^2，占黄河流域面积的 92.3%，是一座以防洪、防凌、减淤为主，兼顾供水、灌溉和发电，蓄清排浑，除害兴利的大（1）型综合利用的水利枢纽[1-2]。挡水建筑物为黏土斜心墙堆石坝，坝高 160 m，坝顶长度 1 667 m，主坝河床坝基采用 1.2 m 厚 C35 混凝土防渗墙截断砂砾石覆盖层[3]，左右两岸岩体中采用帷幕灌浆防渗。根据两岸坝肩基岩不同的水文地质条件和结构要求，左岸山体地下洞室密布，设计要求排水幕后地下水位应低于 200 m 高程；右岸有承压水，水库蓄水后，承压水位将大幅上升。因而在左、右岸山体中均布置了排水幕，以降低山体中的地下水位，所以两岸山体中渗流控制措施布置的原则是“前堵后排，堵排结合，以排为主”[4]。

本文以大（1）型水库小浪底水利枢纽为例，利用土石坝安全监测资料分析理论，并参考相关监测设计规范[5-6]，对小浪底大坝近 20 年的坝基渗流渗压监测资料进行分析，以掌握小浪底坝基渗流渗压变化规律，进一步判断土石坝防渗排水系统的工作性态，为大坝的安全运行提供依据。

2　坝基渗流渗压监测方案

2.1　基础防渗处理措施

大坝基础防渗措施采用了以垂直防渗为主、水平防渗为辅的双重防渗体系，如图 1[7] 所示。坝基垂直防渗体系采用位于坝轴线上游 80 m 的混凝土防渗墙防渗，防渗墙轴线长 466 m，厚 1.2 m，总防渗面积 21 800 m^2，混凝土设计标号 R28 = 35 MPa，底部嵌入基岩不小于 1 m，上部插入黏土心墙 12 m，左右岸嵌入岩石 2 m[8]；上游围堰覆盖层基础采用塑性混凝土防渗墙和高压旋喷灌浆防渗墙相连接的防渗形式，同时在上游围堰的下游坡设置了 6 m 厚的掺合料内铺盖，它将大坝心墙、上游围堰斜墙及坝前泥沙淤积连接起来，作为坝基的水平辅助防渗措施。

2.2　坝基渗压监测仪器的布置

坝基渗压观测主要监测防渗系统的防渗效果，以及坝体、坝基覆盖层的渗透稳定性、观测仪器主要采用渗压计。

作者简介：卢渊博（1994—），男，工程师，主要从事水工建筑物运行管理等工作。

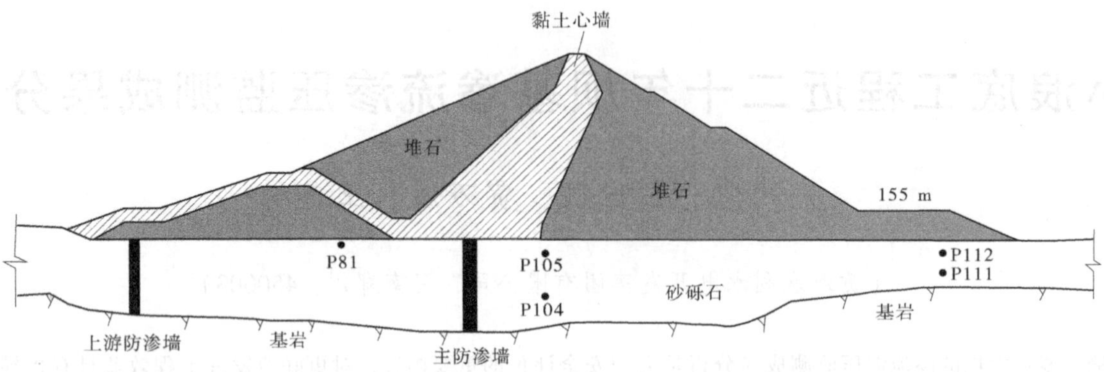

图 1　大坝及基础防渗剖面图（*B—B* 断面）

仪器分布为：①沿主坝防渗墙轴线上下游，在主坝防渗墙右部（*A—A* 断面与 *B—B* 断面之间）上游侧渗压计有 P66，下游侧渗压计有 P67、P68、P72 和 P89；②在 *C—C* 断面防渗墙轴线上游侧有渗压计 P95、P144 和 P145，下游侧有渗压计 P150、P148；③*B—B* 断面基础渗压计测值正常的有 P81、P104、P105、P111、P112 等 5 支仪器[9]。坝基渗压渗流监测仪器布置如图 2 所示。

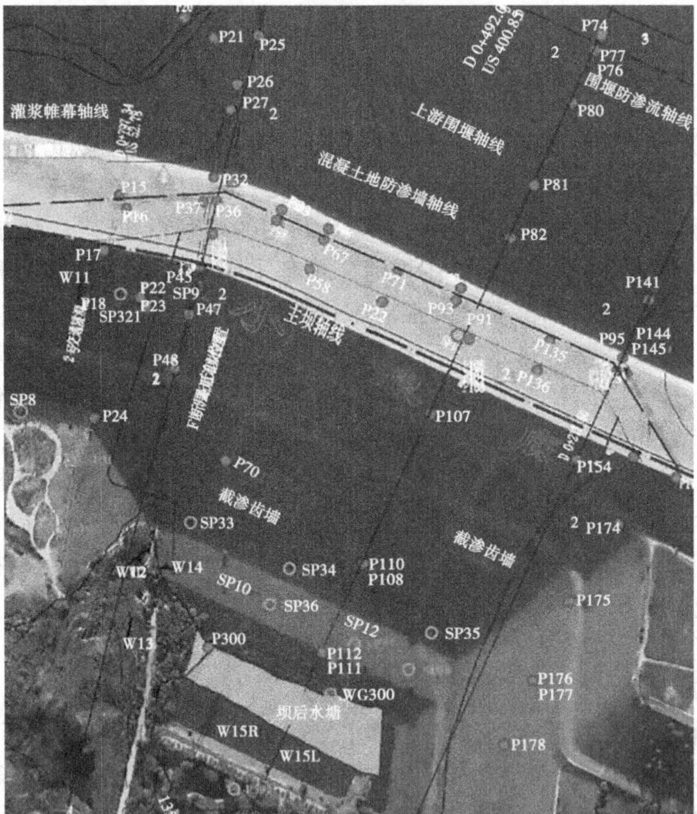

图 2　坝基渗压渗流监测仪器布置

2.3　坝基渗流监测仪器的布置

上游库区库水通过淤泥层进入原河底的砂砾石层中，通过或绕过上游防渗墙流向坝前封闭体中，绕过主防渗墙后进入下游砂砾石区域。在枢纽的原河床下游围堰的下游砂砾石地基上布置坝后水塘量水堰用于监测坝基渗水。坝后水塘的水经过下游围堰堆石体后流入左、右（WI5L 和 WI5R）两个量水堰（见图 3）。该量水堰于 2003 年 3 月 10 日建成并开始观测，堰宽分别为 80 cm 和 60 cm，WI5L

比 WI5R 堰顶高 10 cm，堰前水流平稳，堰后水流在正常情况下出流顺畅[10]。为方便观测，量水堰前安装微压计，并接入数据自动化采集系统，观测频次每 8 h 一次，如遇水库特殊运用时期，进行加密观测[10]。

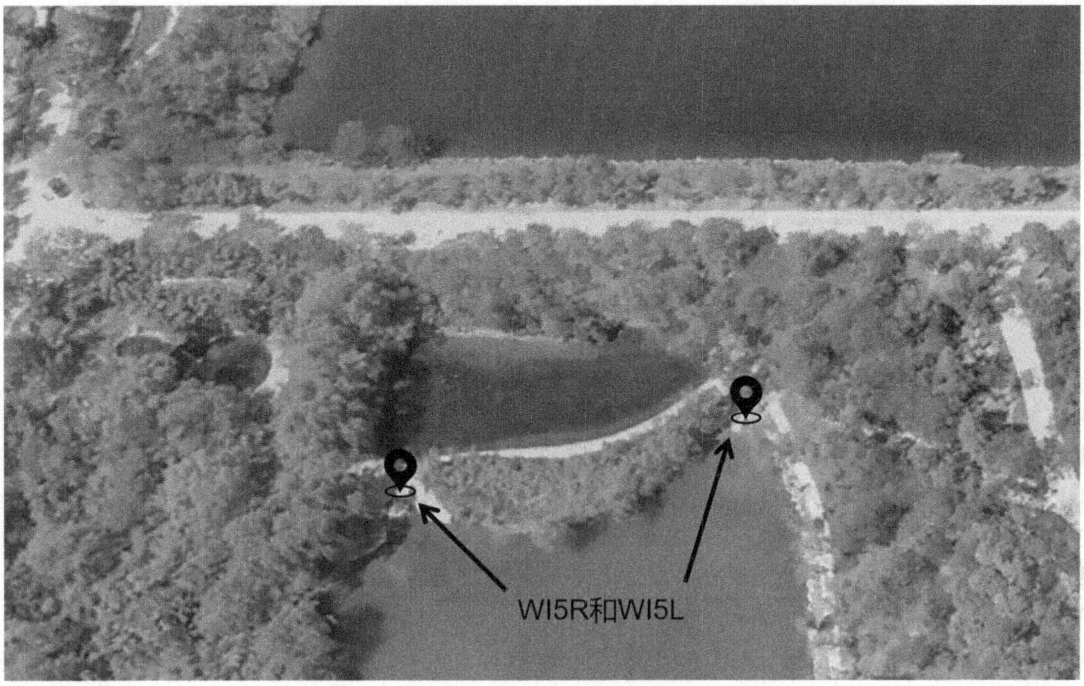

图 3　坝后量水堰布置图

3　大坝渗流渗压监测成果分析

3.1　防渗墙的坝基渗压

根据前述防渗墙前后渗压计的布设情况，选取防渗墙轴线上游侧渗压计 P144 和 P66，下游侧渗压计 P112、P148 和 P67，以及坝后测压管 SP10、SP12 和下游围堰水塘内安装的渗压计 P300，共 8 支仪器分析防渗墙前后的坝基渗压变化情况[6]。图 4 为 8 只仪器在 2023 年内最大值和最小值及对应的库水位。

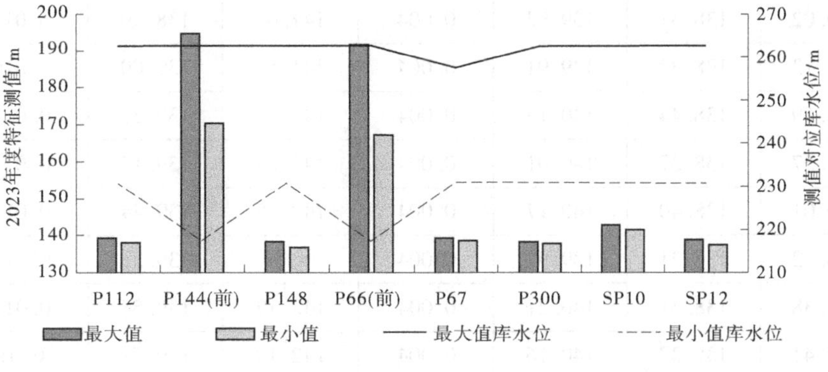

图 4　坝基渗压计 2023 年度特征值统计图

由图 4 可知，主坝防渗墙上游部位的基础渗压计（P144 和 P66）直接受库水位变化的影响，其变化趋势与库水位一致，最大、最小测值差达到 24 m 左右。而位于防渗墙下游侧基础渗压计的工作水头基本稳定在 140 m 左右，最大、最小测值差约 1 m，与坝后测压管 SP10、SP12 及下游围堰水塘内安装的渗压计 P300 观测到的下游水位一致。

进行多年渗压数据对比分析后选取防渗墙上游侧（前）的渗压计 P65 和 P81，防渗墙下游侧

（后）P105 和 P110，以及对照组坝后测压管 SP12 和坝后水塘渗压计 P300，共 7 支仪器，统计自 2003—2023 年间，年库水位最高时对应各仪器的实测值，绘制出逐年变化过程线[11]。测值统计情况见图 5。

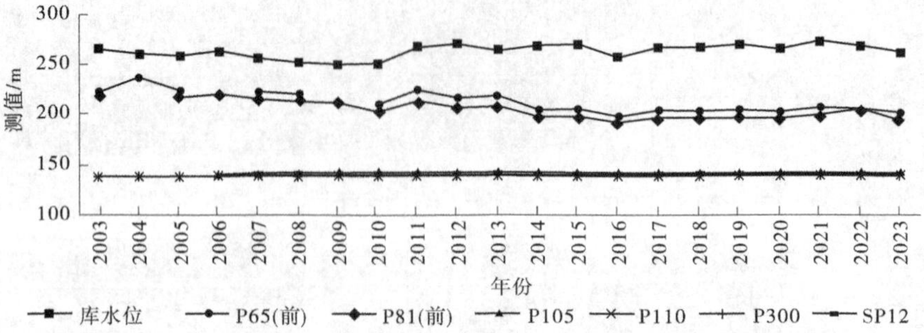

图 5　2003—2023 年最高库水位坝基典型渗压计过程线

由图 5 可知：

（1）位于防渗墙上游侧渗压计 P65 和 P81 随库水位变化规律一致，但根据库水位间的水头差变化可知，渗压计上呈现出逐年下降趋势，初步分析可能与坝前泥沙淤积逐步提高形成水平铺盖有关。

（2）位于防渗墙下游侧渗压计 P110 和 P105 测值基本保持稳定状态，且与测压管和坝后水塘渗压计基本一致，水位基本维持在 140 m 左右，表明大坝坝基防渗体系工作正常。

3.2　下游覆盖层渗流压力

根据埋设在主坝防渗墙下游侧覆盖层渗压计测值和坝后水塘渗压计 P300 的测值及上下游位置，计算出测点之间的渗透比降值，见表 1［P300 距 *B*—*B* 断面处主坝防渗墙的距离为 380. 54+80 = 460. 54（m）］[12-13]。

表 1　主坝下游覆盖层渗透比降统计

日期（年-月-日）	库水位/m	P300 测值/m	P72 测值/m	P72–P300 渗透比降	P105 测值/m	P110 测值/m	P105–P110 渗透比降	P110–P300 渗透比降
2012-11-19	270. 1	138. 60	140. 53	0. 005	142. 47	139. 64	0. 012	0. 006
2013-03-26	264. 08	138. 49	140. 45	0. 005	142. 44	139. 59	0. 012	0. 006
2014-12-12	269. 85	138. 53	140. 21	0. 004	142. 05	139. 42	0. 011	0. 005
2015-02-23	270. 02	138. 31	139. 92	0. 004	141. 64	138. 99	0. 011	0. 004
2016-02-26	255. 13	138. 32	139. 91	0. 004	141. 54	139. 00	0. 010	0. 004
2017-12-01	267. 59	138. 44	140. 13	0. 004	141. 99	139. 27	0. 011	0. 005
2018-02-21	267. 57	138. 37	140. 01	0. 004	141. 88	139. 17	0. 011	0. 005
2019-02-18	270. 01	138. 40	140. 17	0. 004	142. 15	139. 44	0. 011	0. 006
2020-03-21	266. 72	138. 21	139. 92	0. 004	141. 9	139. 22	0. 011	0. 006
2021-10-10	273. 38	138. 51	140. 21	0. 004	142. 17	139. 55	0. 011	0. 006
2022-02-11	269. 41	138. 37	140. 16	0. 004	142. 19	139. 71	0. 01	0. 008
2023-03-21	262. 71	138. 21	139. 93	0. 004	141. 89	139. 47	0. 01	0. 007

由表 1 可以看出，2012—2023 年 12 个蓄水周期内，在年最高库水位的特征水位下，下游覆盖层渗透比降实测值基本稳定，小于设计允许值 0. 1。

3.3　坝基渗流量

库水位和渗流量的时间过程线如图 6 所示。由多年实测资料分析，库水位在每年汛期处于上涨趋势，汛后处于下降趋势，渗流量与库水位变化规律基本保持一致，每年大多数均在同一时期达到最高点。不同的是，库水位每年的变化范围大致保持在一定区间，而渗流量却呈现出显著的周期性减小的趋势[14]。

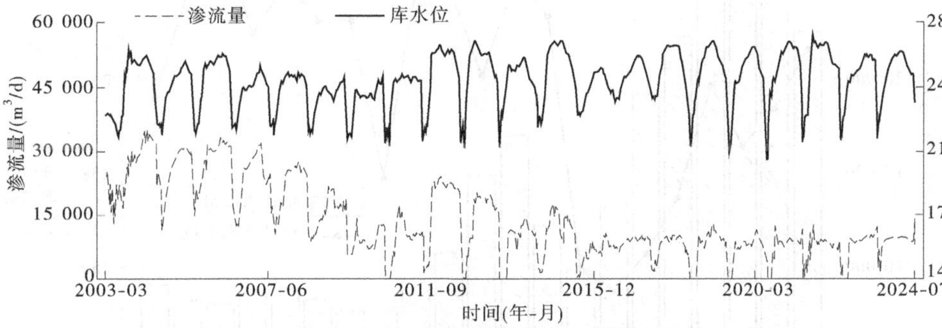

图 6　库水位和渗流量的时间过程线

对 2003—2023 年期间，历次蓄水周期最高库水位和对应的坝后渗流量进行统计。从表 2 可以看出，2006 年、2013 年和 2023 年库水位分别为 263.41 m、264.08 m 和 262.71 m，相差在 0.52%以内时，最大渗流量分别为 31 864 m³/d、18 260 m³/d 和 10 084 m³/d，相差高达 42%，呈现明显减小趋势。

表 2　历次蓄水周期库水位最高时的渗流量

时间（年-月-日）	库水位/m	坝后渗流量/（m³/d）	时间（年-月-日）	库水位/m	坝后渗流量/（m³/d）
2003-11-11	261.82	30 069	2014-12-12	269.85	15 073
2004-04-12	261.47	34 894	2015-02-23	270.02	9 538
2005-04-12	259.46	31 410	2016-12-31	257.59	9 729
2006-03-31	263.41	31 864	2017-12-01	267.59	9 225
2007-03-27	256.32	31 270	2018-02-21	267.57	9 197
2008-03-31	252.75	26 690	2019-01-25	268.87	10 880
2009-06-16	250.34	18 002	2020-03-22	266.70	9 812
2010-12-25	251.71	13 875	2021-10-10	273.38	10 394
2011-12-13	267.83	23 382	2022-02-11	269.41	8 905
2012-11-19	270.10	18 289	2023-03-21	262.71	10 084
2013-03-26	264.08	18 260			

为了更明显地分析水位与渗流量的关系，绘制库水位和渗流量的变化曲线，分析蓄水周期年最高库水位和年均渗流量的相关关系，如图 7 所示。

由图 7 可知，库水位随着丰水年和枯水年以及下游用水调度不同，无明显变化规律，但坝后渗流量大体呈现下降趋势，且于 2019 年之后年度间的变化基本趋于稳定。

由于黄河属于多泥沙河流，小浪底大坝下闸蓄水已达 20 余年，随着黄河的泥沙在坝前逐步淤积，形成了一层较厚的天然防渗层，这层防渗层对大坝的防渗有着极其重要的作用[15]。图 8 为 2006—2024 年小浪底坝前河床区平均淤积高程变化过程线。

由图 8 可知，坝前铺盖层泥沙淤积高程自 2006—2024 年，由 180 m 左右逐步提高到将近 205 m，约升高 25 m，特别是在 2019 年，淤积高度明显抬高。结合图 7 所示的渗流量过程线，表明泥沙淤积

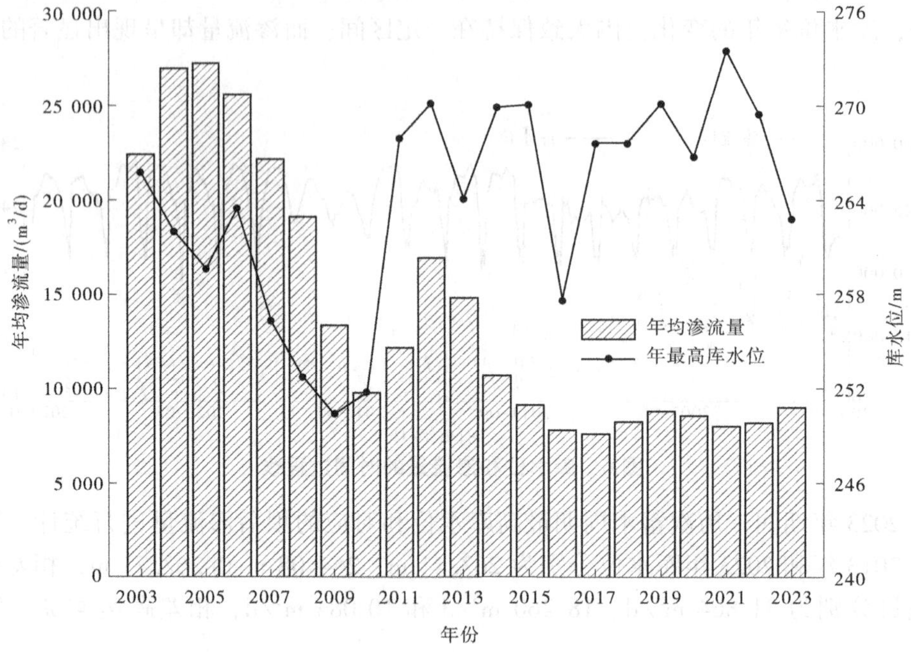

图 7　年最高库水位和年均渗流量关系线

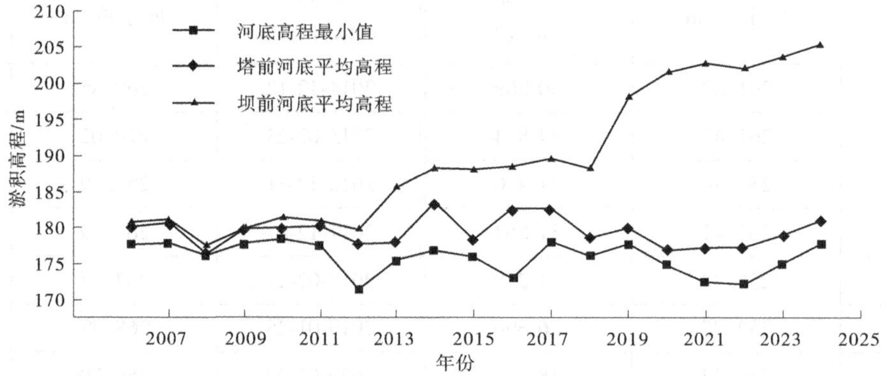

图 8　坝前河底平均高程变化过程线（漏斗区 01 断面）

水平铺盖的防渗效果较为明显。

4　结语

坝基渗流渗压监测分析是监控坝基安全、保障大坝安全运行的重要措施之一，本文通过对坝基渗流渗压监测仪器的布置、多年实测资料的多层次分析，对大坝安全稳定进行评价，主要结论如下：

（1）渗流量与库水位多年来具有一致的变化规律，且渗流量大体呈现下降趋势，分析坝前泥沙淤积高度的变化，表明泥沙淤积水平铺盖的防渗效果较为明显。

（2）坝基渗压分析表明，防渗墙前的渗压计与库水位关系密切，防渗墙后的渗压计基本保持在一定范围内，波动性较小，表明防渗墙的防渗效果较为明显。

2024 年是小浪底主体工程开工 30 周年，自 1999 年小浪底水库下闸蓄水运用，距今也已经 25 年。经过对坝基渗流和渗压的监测数据分析表明，大坝防渗效果显著，工程运行安全稳定。本文所采用的监测数据分析手段可为同类安全监测资料分析提供参考。

参考文献

[1] 张金良，胡春宏，刘继祥．多沙河流水库“蓄清调浑”运用方式及其设计技术［J］．水利学报，2022（1）：1-10.

[2] 安新代．黄河小浪底水库防洪减淤作用与效益跟踪分析［J］．人民黄河，2023，45（8）：37-42.

[3] 段世超，王素静．小浪底大坝防渗墙设计［J］．人民黄河，1996（7）：55-58，62.

[4] 王琳，胡守江．小浪底水利枢纽工程大坝防渗效果分析［J］．水电能源科学，2011，29（10）：36-38，100.

[5] 周明．何家沟水库大坝施工期及运行期监测成果分析［J］．水利水电技术（中英文），2022，53（增刊2）：372-379.

[6] 曹文彬，罗鹏飞，邓韶辉，等．特高土石坝首次蓄水期坝基渗控监测分析评价［J］．人民长江，2023，54（6）：231-235.

[7] 屈章彬，肖强，韩育红．小浪底水库蓄水初期运用坝基渗流分析与安全性评价［J］．水电能源科学，2011，29（10）：32-35，214.

[8] 张俊涛．小浪底大坝安全监测系统分析与评价［D］．南京：河海大学，2007.

[9] 陈友光，孟庆林．防渗墙的观测仪器埋设［J］．水力发电，1999（11）：28-30.

[10] 顾正聪，黄勇，向衍．小浪底水库大坝坝基渗漏影响分析［J］．水电能源科学，2015，33（3）：76-80，41.

[11] 代乔亨，陶子傲．龙头石水电站渗流渗压监测成果分析［J］．四川水力发电，2022，41（2）：105-109.

[12] 田静杰，胡长浩，李文海，等．溪洛渡拱坝运行期渗流渗压监测资料分析［J］．水电站机电技术，2022，45（12）：150-153.

[13] 蒋买勇，刘贤鹏，杨晓雅，等．基于监测反馈的病险土石坝防渗加固效果研究［J］．中国农村水利水电，2022（10）：204-210.

[14] 陈立楠，景若瑶，马彦雪．浅析渗流量与库水位变化过程的关系［J］．水利水电技术（中英文），2022（增刊1）：160-165.

[15] 孙海鲲，舒强．分析坝前泥沙淤积对大坝基础渗流影响［J］．黑龙江科技信息，2016（17）：222.

数字孪生流域平台集成方法研究与实践

李岸昀[1,2]　柳　嘉[1,2]　肖　涵[1,2]

（1. 长江水利委员会网络与信息中心，湖北武汉　430010；
2. 长江水利委员会流域管理数字赋能技术创新中心，湖北武汉　430010）

摘　要：数字孪生流域是构建以流域为单元的智慧水利体系的核心技术，流域范围内分散建设的众多数字孪生项目往往因业务侧重不同采用了不同技术路线开发，难以形成合力。本文在分析数字孪生流域特征和集成方法的基础上，建立数字孪生流域平台框架，统筹开发并集成流域内数字孪生流域与工程，并在数字孪生长江试点项目集成工作中实践，为数字孪生水利的统筹建设提供理论支持和技术参考。

关键词：数字孪生流域；系统集成；智慧水利体系；平台开发框架

1　引言

新质生产力是由技术革命性突破、生产要素创新性配置、产业深度转型升级而催生的当代先进生产力[1]，是与数字化的生产资料相适应的生产力跃迁，也对流域管理信息化与数字化提出了新要求。数字孪生水利建设是发展新质生产力的先进引领力，建设数字孪生流域是推动新阶段水利高质量发展的强劲驱动力[2]。

流域作为一个自然地理与经济社会活动高度交织的复杂系统[3]，其数字孪生构建工作涉及多个行政区划、不同部门及多源异构数据的深度融合。这种分散性不仅体现在数据来源的多样化上，还涵盖了技术标准的差异性、系统架构的异构性及管理机制的碎片化。以流域为单元进行统筹开展数字孪生水利建设，一个显著且亟需解决的挑战在于分散建设的困境与集成开发的复杂性。因此，在构建流域级数字孪生水利平台时，如何有效整合分散的数据底板、模型、知识、业务应用、基础设施，实现跨地区、跨部门的数据共享与业务协同，成为项目成功的关键瓶颈。目前，对数字孪生流域的理论、应用较多，对多个数字孪生流域及数字孪生工程集成方法的专项研究较少。

2　总体架构

数字孪生流域平台框架是业务应用的基础，与数据底板、模型平台、知识平台之间存在着紧密且相互依存的关系。这种关系构成了数字孪生流域平台的核心架构，支持平台的高效运行和智能决策。

数字孪生长江建设规划了“1+7+X”的体系，以此开启了试点建设工作。为统一建设思路，整合建设成果，数字孪生长江采用统一的数字孪生流域平台开发框架，新建试点项目基于同一技术框架开发，并共同支撑统一的综合决策应用，汇集“2+N”流域业务应用关键指标，集成长江水利委员会7个试点项目。数字孪生长江平台集成总体架构如图1所示。

数字孪生长江平台的各组成部分之间通过数据交换、模型调用、知识共享等方式实现紧密集成[4]。

数据底板是数字孪生流域平台的基础，负责汇聚各类水利数据，包括基础数据、监测数据、业务数据、外部共享数据、地理空间数据等[5]。数据底板通过数据模型进行数据关联与融合，形成基础

作者简介：李岸昀（1984—），男，高级工程师，主要从事水利信息化规划设计研究工作。

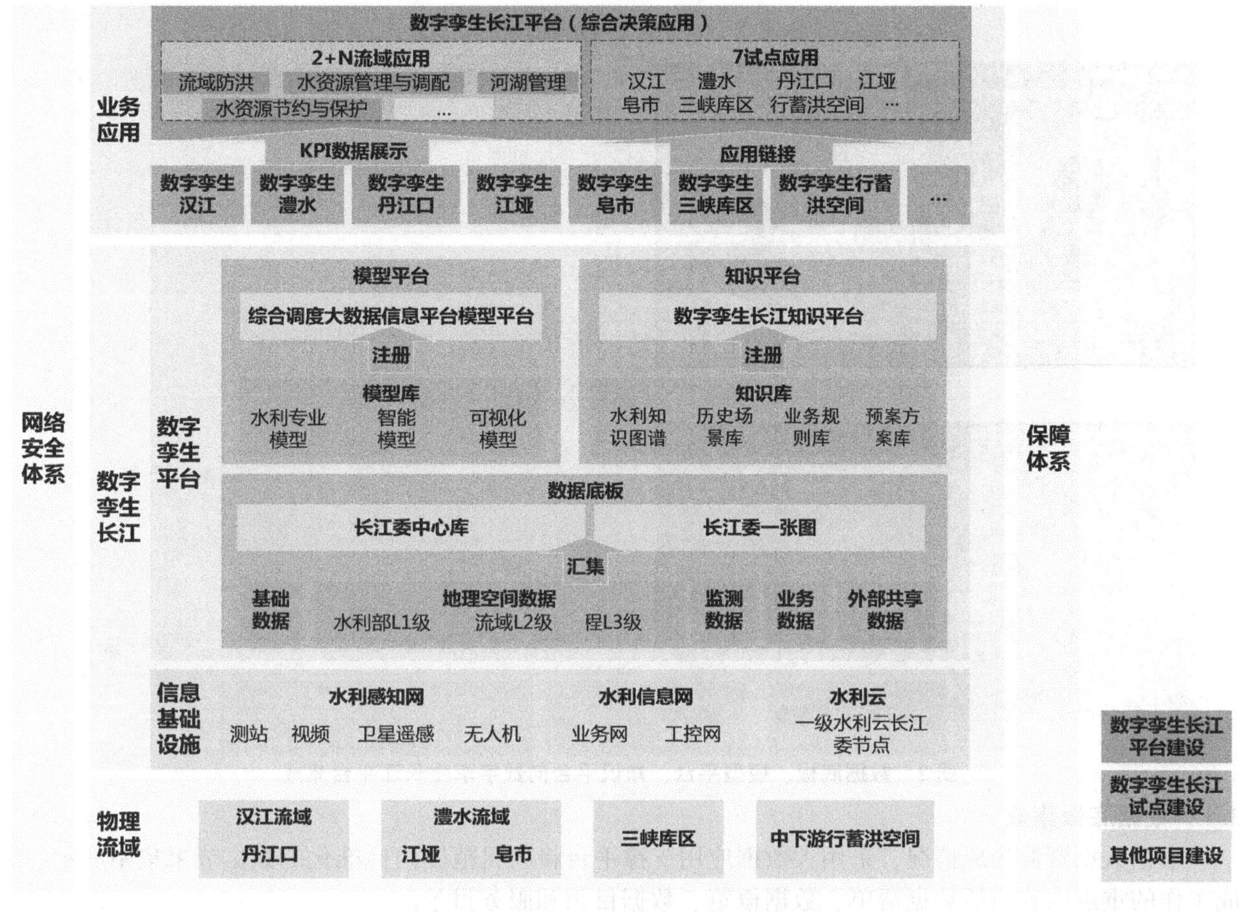

图1 数字孪生长江平台集成总体架构

数据统一、监测数据汇集、二三维一体化[6]、跨层级跨业务的数据支撑体系。

模型平台利用数据底板提供的数据，通过水利专业模型、智能模型、可视化模型、模拟仿真引擎等[5]，对物理流域的要素变化、活动规律和相互关系进行分析和模拟，采用微服务封装发布[7]，面向数字孪生场景业务提供支撑，为水利管理提供科学依据。

知识平台汇集数据底板和模型平台产生的相关数据和分析结果，通过水利知识引擎处理形成知识图谱[8]，为水利业务应用提供智能支持。知识平台还具备知识更新和共享功能，确保知识的时效性和可用性。

数字孪生长江平台以综合决策业务应用的形式呈现，与数据底板、模型平台、知识平台的关系如图2所示。

数据底板依托长江水利委员会中心库进行拓展，为模型平台提供基础数据支持，确保模型计算的准确性和可靠性；模型平台依托综合调度系统大数据信息平台拓展，基于数据底板进行仿真计算，生成模拟结果并反馈给知识平台和业务应用；知识平台在既有的大数据信息平台、数字孪生汉江等知识相关成果的基础上建立，利用知识图谱技术对模型结果和业务需求进行深度分析，提供优化建议和决策支持；业务应用面向流域防洪、水资源管理与调配、河湖管理、水资源节约与保护等重点业务方向开展，根据模型结果和知识建议进行业务处理，形成具体的业务操作指令或决策方案。

3 集成方法

数字孪生水利项目的集成不仅涉及数据底板、模型平台、知识平台的集成，业务应用集成更是其中的重点和难点，同时也涉及基础设施的集成共用。

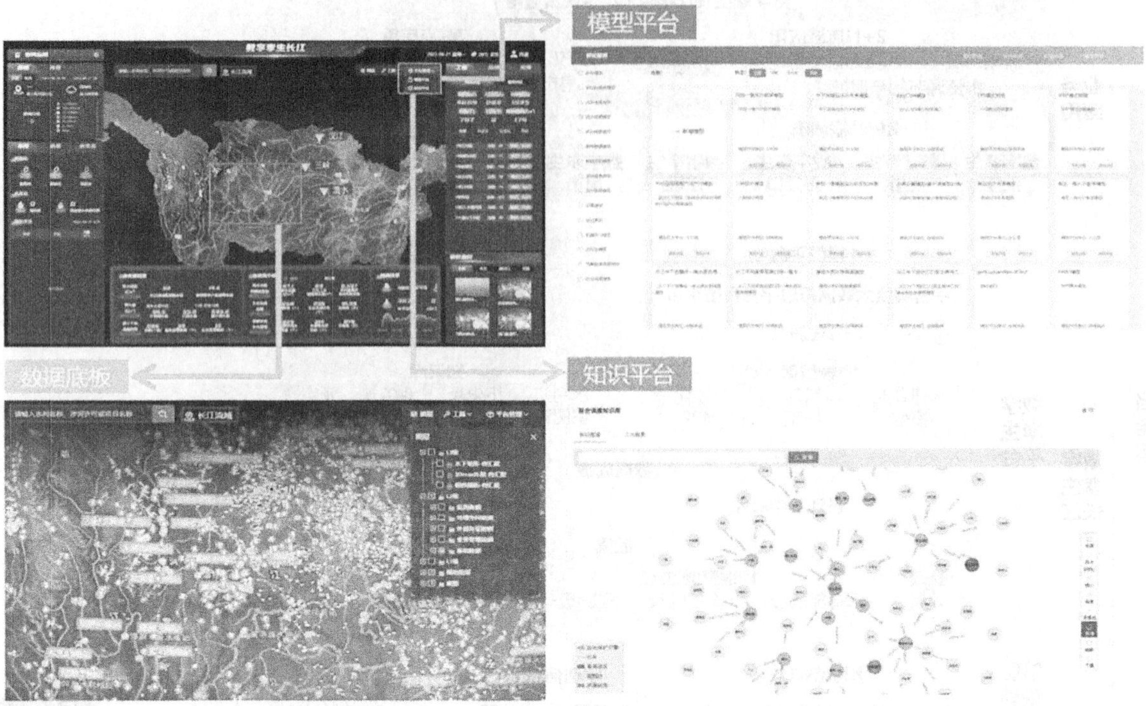

图 2　数据底板、模型平台、知识平台向数字孪生长江平台集成

3.1　数据底板集成

根据数据资源集成情况，采用大数据应用支撑平台将项目范围内标准化的数据成果集中展示。集成工作的重点内容包括数据清单、数据概览、数据目录和服务目录。

针对数据底板中发布的各类数据 API 等进行全面管理，实现从服务发布、服务管理、服务目录到服务鉴权的全过程。对数据安全、数据分类分级、数据活动、数据安全风险保障进行统一规范。

3.2　模型平台集成

模型平台的集成涉及模型平台建设与模型注册。

模型平台利用 API 网关提供统一的对外服务，对所有平台内的模型进行统一授权和访问控制管理，实现模型服务的授权访问。使用者通过申请模型使用，说明模型使用的平台、IP、时效和用途，由管理员审核后使用。

各数字孪生长江试点项目中建设的模型按照模型平台要求封装，上传至模型平台，根据模型平台要求进行注册，并支持各业务应用的调用。模型平台提供的注册方式以接口注册为主，模型描述接口负责对模型语义信息进行描述。通过模型描述接口，描述模型相关的语义信息（如模型的运行机理、适用区域以及建模原理等）和相关链接资源信息（如模型应用案例文档等）。

3.3　知识平台集成

知识平台的集成涉及知识平台建设与模型注册。

知识平台实现对各类知识的全周期管理。知识平台提供三种方式完成知识注册，用户可进入知识平台知识管理模块手动新增注册知识成果，后续也可通过此方式对知识成果进行更新、下架、删除等维护操作。知识建设成果统一在数字孪生长江知识平台上注册并实现调用。

3.4　业务应用集成

根据数字孪生长江试点建设阶段的现有基础，考虑自主可控条件，选取主流开发技术，整合已有应用框架，以 Mars3D 为可视化引擎，依托达梦数据库、麒麟操作系统的国产化环境，形成统一的技术路线选型。

3.5 基础设施集成

数字孪生长江下的数字孪生流域及工程建设项目统一采用数字孪生流域平台管理的云平台、计算资源、存储资源和安全设备设施，上述资源由数字孪生流域平台管理单位负责运行维护。各类数字孪生流域及工程建设项目统一提交计算与存储资源申请和网络安全策略申请，数字孪生流域平台管理单位评估后进行资源分配。

3.6 试点项目集成方式

根据试点项目建设的阶段和已建成果，选取合适的集成方式。定义典型集成方式为深度集成和KPI集成。

3.6.1 深度集成

对与数字孪生长江平台框架同步建设及框架推出后新建项目，采用深度集成方式，实现集成的“七个统一”，即采用与数字孪生长江平台框架统一架构、统一入口、统一用户、统一认证，前端统一技术路线、统一界面风格、统一一套代码。

3.6.2 KPI 集成

对在数字孪生长江平台框架提出前已经完成开发的试点项目，采用KPI集成方式，即前端统一KPI面板，各试点应用为数字孪生长江平台框架提供KPI数据源服务。

4 应用与实践

数字孪生流域平台的集成是一个复杂而关键的过程，涉及多个系统、模块的融合，以确保整个平台能够高效、稳定地运行。数字孪生长江试点工作中提出了数字孪生流域平台开发框架，在数字孪生三峡、数字孪生汉江先行先试等项目中进行了集成应用与实践。

4.1 数字孪生三峡

数字孪生三峡与数字孪生长江平台框架同步开发，因此采用深度集成方式，以数字孪生长江平台框架作为公共开发框架，以“安全运行、精准调度”为核心目标，建设了防洪精准调度、涉河建设项目监管、泥沙冲淤监测、排污口监测、水生态管理等业务应用[9]，按照信息系统集成“七个统一”要求在数字孪生长江平台下建设，如图3所示。

图3 数字孪生三峡业务应用

4.2　数字孪生汉江先行先试项目

数字孪生汉江先行先试项目重点围绕防洪调度和水资源管理与调配业务需求开展[10]，其启动时间早于数字孪生长江平台框架，在数字孪生长江平台框架启动时已形成了初步成果并投入使用。因此，对先行先试成果采用了 KPI 集成方式，拟在后续开发中逐步转变为深度集成方式。在 KPI 集成阶段，采用统一入口、统一用户、统一认证，前端统一技术路线、统一界面风格、统一一套代码。

KPI 面板集中显示汉江流域雨情状态、重点水库及控制站水情状态、引调水工程渠首引水流量状态、流域各区域水库群剩余防洪库容状态、重点关注水库剩余防洪库容及其防洪能力、行蓄洪工程当前运用状态等关键指标，如图 4 所示。

图 4　数字孪生汉江 KPI 面板

5　结语

数字孪生流域平台作为智慧水利的重要基础，具有广阔的应用前景和重要的战略意义。本文阐述了数字孪生流域的平台框架、集成的总体架构、集成应用与实践等方面的内容，为智慧水利建设提供了理论支持和技术参考。然而，数字孪生流域平台的发展仍面临诸多挑战和机遇，需要进一步加大技术研发力度和推广应用力度。未来，随着技术的不断进步和应用场景的不断拓展，数字孪生流域平台将在水利领域发挥更加重要的作用，为流域治理管理的可持续发展贡献力量。

推动数字孪生流域建设的深化发展，亟需加强顶层设计，制定统一的技术标准与数据规范，构建开放共享的数据平台与业务协同机制。同时，还应注重管理创新与模式创新，探索符合流域特色的数字孪生建设路径，以期实现流域智慧化管理和智慧水利服务的精准化供给。

参考文献

[1] 周文，许凌云．论新质生产力：内涵特征与重要着力点［J］．改革，2023（10）：1-13.

[2] 李国英．加快建设数字孪生流域 提升国家水安全保障能力［J］．中国水利，2022（20）：1.

[3] 李毅，黄诗峰，臧文斌，等．基于虚拟地理环境的数字孪生流域防洪应用技术探讨［J］．遥感学报，2024，28（5）：1330-1339.

[4] 黄艳，喻杉，罗斌，等．面向流域水工程防灾联合智能调度的数字孪生长江探索［J］．水利学报，2022，53

(3)：253-269.
[5] 谢文君，李家欢，李鑫雨，等.《数字孪生流域建设技术大纲（试行）》解析［J］. 水利信息化，2022（4）：6-12.
[6] 侯毅，华陆韬，王文杰，等. 数字孪生流域三维数据底板建设研究及应用［J］. 人民长江，2024，55（5）：234-240.
[7] 唐海华，黄瓅瑶，张振东，等. 面向数字孪生的水利专业模型构建关键技术［J］. 人民长江，2024，55（3）：1-5.
[8] 冯钧，朱跃龙，王云峰. 面向数字孪生流域的知识平台构建关键技术［J］. 人民长江，2023，54（3）：229-235.
[9] 黄艳，杨国俊，王勤思. 数字孪生三峡建设关键技术难点与解决方案［J］. 中国水利，2023（19）：27-34.
[10] 徐波，孙启伟，任金秋，等. 数字孪生汉江流域建设先行先试关键技术探讨［J］. 水利信息化，2023（6）：5-12.

乌东德水电站内观监测自动化方案研究

李少林[1,2]　唐贤琪[1,2]　段国学[1,2]

（1. 长江勘测规划设计研究有限责任公司，湖北武汉　430010；
2. 国家大坝安全工程技术研究中心，湖北武汉　430010）

摘　要：我国水能资源主要集中在西南地区，水利水电工程所在坝址区一般具有边坡陡峻、道路不便、供电和通信困难等特点，如何在施工期同步或分步实现监测自动化仍面临挑战。本文结合乌东德水电站工程特点，提出了基于物联网的施工期无线采集自动化方案和运行期非公网“有线+无线”监测自动化方案，前者在工程施工期同步建设，后者在蓄水初期建设并在工程完工前全面投入使用，为保障工程安全提供了重要支撑。本文的研究成果及实践经验可为西南地区水利水电工程建设提供参考。

关键词：乌东德水电站；安全监测；自动化；内观

安全监测是保障水电站大坝安全平稳运行的重要措施[1]。内观监测是工程安全监测的关键组成部分，它通过内埋式监测传感器探测结构内部安全性态变化，具有提前发现工程安全隐患的优势。以人工观测为主的内观监测手段在早期监测过程中发挥了重要作用，但其观测条件要求较高，观测频次有限，难以保证监测数据的稳定性和实时性[2-3]。随着水利信息化的不断深入，大坝内观自动化监测技术取得了空前的发展[4-6]。内观自动化监测能够在提升监测效率、降低人力成本的同时，完成较高频次和精度的观测，在此基础上实现监测数据的快速整编、及时分析、及时反馈，为大坝安全监测提供了实时高效、准确可靠的技术支撑。我国 200 m 以上的大坝或装机容量超 2 000 MW 的水电站主要集中在西南地区，西南地区水电工程所在坝址区一般具有边坡陡峻、道路不便、供电和通信困难的特点，如何在施工期实现监测自动化，以及如何有效实现高位自然边坡自动化仍面临挑战。

乌东德水电站是我国“十三五”期间西南地区建设投产的千万千瓦级巨型水电站，实时掌握施工过程中特别是高陡边坡开挖过程和运行期的监测数据，对保障工程安全意义重大。本文针对乌东德水电站工程特点，研究提出了乌东德水电站分步实施的内观自动化监测方案，在施工期同步构建了内观监测仪器自动化系统，并在工程完工时全面建成了集实时监测、远程监控、分析决策于一体的内观自动化监测系统，进一步提升了乌东德水电站安全管理水平。

1　工程概况

乌东德水电站是金沙江下游梯级开发的第一个梯级水电站，工程以发电为主，兼顾防洪、拦沙、改善库区及下游航运条件等综合效益。水库正常蓄水位 975 m，总库容 74.08 亿 m^3，电站装机容量 10 200 MW，多年平均发电量 389.1 亿 kW·h。枢纽工程主要由挡水建筑物、泄洪消能建筑物、左右岸引水发电系统及导流建筑物等组成，其中挡水建筑物为混凝土双曲拱坝，坝顶高程 988 m、最大坝高 270 m。乌东德大坝、地下厂房、工程边坡、高位自然边坡等系统布置了变形、应力应变及温度、渗流渗压、强震等监测设施监控工程安全。

基金项目：特高拱坝安全监测关键技术研究总结（CX2021Z17）；大坝安全在线监控与综合决策支持系统研发（CX2022Z01-3）；水利水电工程安全监测三维可视化系统研发（CX2022Z16-2）。

作者简介：李少林（1988—），男，高级工程师，主要从事水利水电工程安全监测技术与方法研究工作。

2 安全监测自动化系统总体结构

乌东德水电站安全监测自动化系统（见图1）主要包括两大子系统：①内观自动化；②外观自动化。内观自动化由大坝工程内观监测自动化、边坡工程内观监测自动化、地下工程内观监测自动化三部分组成。乌东德水电站自动化系统采用整体规划、分步实施的原则进行，其中边坡工程高位自然边坡内观监测仪器采用物联网技术在施工期同步实现监测自动化，大坝工程、地下工程、边坡工程中人工开挖的工程边坡在现场条件成熟后全面实现监测自动化。

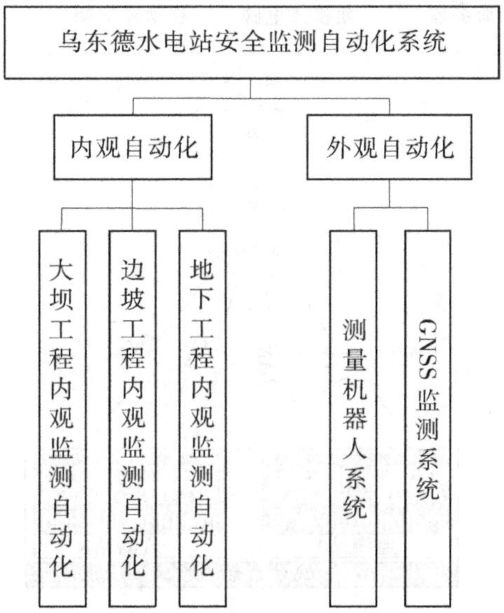

图1 乌东德水电站安全监测自动化系统总体结构

3 内观仪器监测自动化方案

3.1 系统网络结构

乌东德水电站内观监测自动化系统的建设分施工期和运行期2个阶段，结合施工期和运行期特点及工程需要，研究提出了两阶段乌东德水电站内观自动化监测系统结构，见图2和图3。其中，施工期内观仪器监测自动化在施工过程中提出和实施，施工期实现了高位自然边坡监测仪器的自动化；运行期内观监测仪器自动化在工程蓄水前提出并实施，并在工程完工前全部实现自动化。

乌东德内观仪器监测自动化系统采用两级设置，自上而下分为监测中心管理站和监测站，利用物联技术实现监测管理中心站对现场监测站的直接控制。监测中心管理站通过工作站和服务器等设备对所有监测信息进行系统分析和管理，并将分析成果反馈给网络管理单元计算机完成相关控制指令。监测站利用数据采集仪或无线采集终端对监测传感器进行数据采集、存储及上传，同时接收监测中心管理站上位机的控制指令。此外，监测管理中心站可接入流域管理中心和上级主管部门的网络系统，实现监测远程通信和上报。

3.2 通信方式

乌东德水电站内观监测自动化系统采用分布式网络结构，监测数据传输整体上采用“有线通信+无线通信”方式。系统通信路径包括传感器与监测站之间、监测站与监测中心管理站之间两个层级，其中传感器和监测站之间信号通过仪器电缆进行传输，监测站与监测中心管理站之间采用星形结构通过有线或无线方式通信。

在施工期，高位自然边坡的治理、防护、监测、预警是下部工程边坡安全施工的前提，但高位自然边坡安全监测具有监测范围广、仪器分散、交通不便等特点和难题。同时，施工期工程枢纽区的供

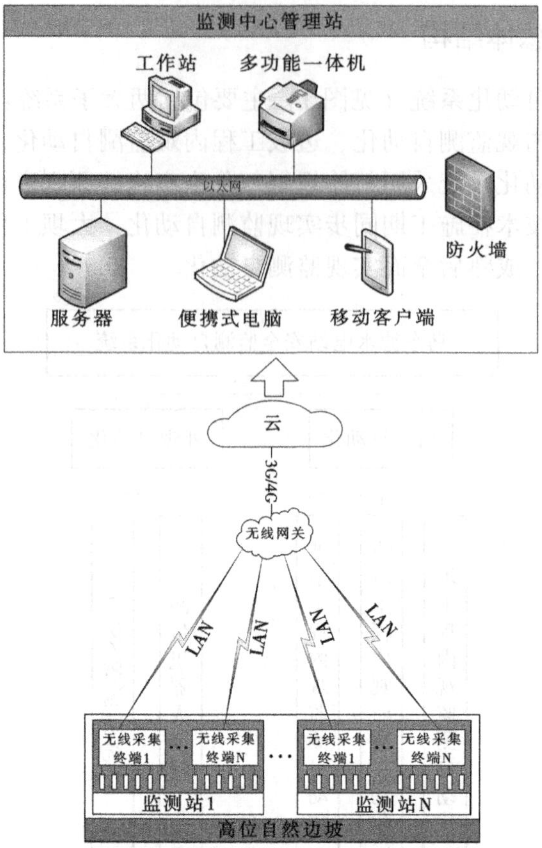

图 2 施工期内观监测自动化网络结构

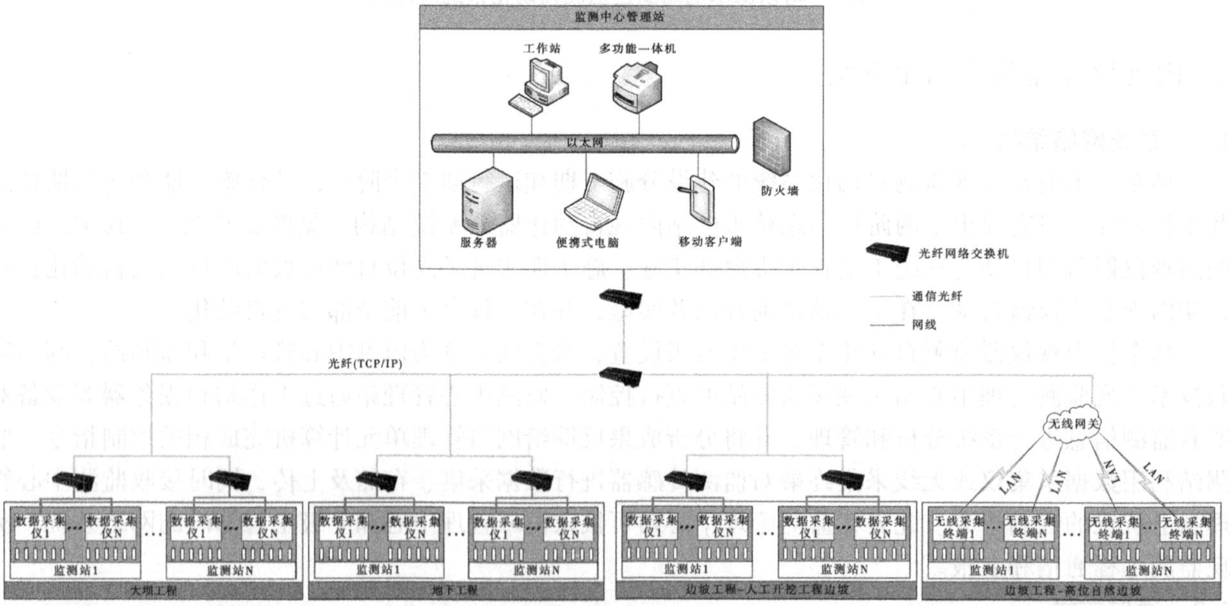

图 3 运行期内观监测自动化网络结构

电通信体系也尚未形成。因此，对于高位自然边坡，在施工期基于 Lora 物联网技术实现无线通信。在仪器布设部位安装无线采集终端，在枢纽区设置无线网关，无线采集终端和无线网关之间通过 Lora 技术进行通信，无线网关与监测中线管理站之间通过 3G/4G 网络进行通信。

在完工前，枢纽区通信网络已形成，因此运行期的内观监测自动化主要采用有线光纤通信方式，对于高位自然边坡的无线网关就近接入光纤网络，整体实现监测自动化的非公网传输，保证了监测数据的安全性。其中，大坝工程各监测站光纤通过廊道、通信竖井在5#坝段接入汇聚交换机再通过工程区主光纤将信号传输至监测中线管理站，地下工程光纤通过左、右岸地下厂房出线竖井牵引至5#坝段坝顶接入汇聚交换机，工程边坡各监测站光纤利用交通洞、交通支洞牵引至5#坝段坝顶接入汇聚交换机。

3.3 供电方式及防雷接地

自动化系统采用集中供电或就近供电，监测中心管理站和各监测站设置防雷和接地措施。监测中心管理站从站内配电箱引入多路220 V交流电对站内设备进行供电，同时配备一套交流不间断电源（UPS），蓄电池按维持设备正常工作48 h设置。大坝工程、地下工程、工程边坡采用220 V厂用电源供电，高位自然边坡采用微功耗无线采集终端自带可更换电池供电。

在防雷接地方面，从直击雷防护和雷电感应过电压防护两方面进行防护。监测中心管理站直接利用工程的防雷和接地设施，机房内设备的工作地、保护地采用联合接地方式与工程区公用接地网可靠连接。电源防雷采用三级电源防雷，主要由三相并联式电源防雷器、隔离变压器、稳压电源等组成，同时配置一台220 V交流电源防雷箱和一套防雷隔离稳压电源，兼防电网中的浪涌。进入监测中心管理站的所有金属管线和电缆金属外皮均接地，同时选择适合的避雷器加以保护，以满足通信防雷要求。监测站直接采用接地线（铜带）与工程区公用接地网连接；远离公用接地网的监测站，在其附近设置接地点，采用接地线与其连接。引入监测站的仪器电缆采用屏蔽电缆，其屏蔽层可靠接地。此外，对所有暴露在野外的信号电缆、通信电缆等加装钢管，保证系统在雷击和电源波动等情况下能正常工作。

3.4 监测站配置及接入仪器情况

乌东德内观监测自动化系统共设置215个监测站，其中大坝工程设置有25个监测站、地下工程设置69个监测站、边坡工程设置121个监测站。结合现场条件，大坝工程利用各高程廊道垂线观测室作为监测站，地下工程和工程边坡则在现场施工期观测站基础上建立自动化监测站，各监测站配备8、16、24、32、40等多种通道数的MCU，高位自然边坡采用6通道或1通道无线采集终端。

乌东德内观监测自动化系统共接入5 890支仪器，其中大坝工程共接入监测传感器1 850支、地下工程共接入监测传感器2 210支、边坡工程共接入监测传感器1 830支。接入的监测仪器包括多点位移计、锚索测力计、锚杆应力计、测缝计、应变计、无应力计、温度计、钢筋计、渗压计、测压管、量水堰等。测压管和量水堰分别通过安装渗压计和量水堰仪实现自动化，其余监测传感器通过电缆就近牵引至相应的监测站接入自动化。

3.5 监测自动化主要功能

乌东德水电站内观监测自动化系统主要采用4种运行方式，即中央控制方式、自动控制方式、远程控制方式和人工测量方式。内观监测自动化系统实现数据采集、计算分析、监测预警、三维可视化等功能，实现全部内观监测仪器的实时在线采集、分析和上报。

3.6 内观监测仪器自动化实施效果

高位自然边坡在工程治理防护过程中同步实现监测自动化，为下部边坡的开挖提供了实时监测数据，为保证边坡开挖施工提供了重要支撑。大坝工程在蓄水前就实现了监测自动化，实时掌握了工程蓄水各阶段的工作性态。在工程完工前，内观监测自动化全面建成，实时监测数据为各阶段安全鉴定和完工验收提供重要保障。

4 结语

本文结合乌东德水电站工程特点，提出了基于物联网的施工期无线采集自动化方案和运行期非公网“有线+无线”监测自动化方案，为监控工程安全提供了重要支撑。施工期通信、供电、交通条件差，各部位特别是高位自然边坡宜采用无线通信和自带高能电池供电方式。工程建设后期现场条件较好，各部位宜采用有线通信和厂用电方式，对于无线采集方式应采用非公网传输方式以保障数据安全。

参考文献

[1] 何金平．大坝安全监测理论与应用［M］．北京：中国水利水电出版社，2010.
[2] 王健，王士军．全国水库大坝安全监测现状调研与对策思考［J］．中国水利，2018（20）：15-19.
[3] 张进平，黎利兵，卢正超．大坝安全监测研究的回顾与展望［J］．中国水利水电科学研究院学报，2008，6（4）：317-322.
[4] 苏怀智，温志萍．大坝智能化安全监测新技术简论［J］．三峡大学学报（自然科学版），2004，26（3）：202-205.
[5] 卢正超，杨宁，韦耀国，等．水工程安全监测智能化面临的挑战、目标与实现路径［J］．水利水运工程学报，2021（6）：103-110.
[6] 王士军．水库大坝安全监测自动化技术［J］．中国水利，2008（20）：56-57，60.

新质生产力下数字孪生工程的建设与管理

郭　芳　刘　鑫　肖新宗　张爱静　刘信勇

（中国南水北调集团中线有限公司水质与环保中心，北京　100038）

摘　要：随着新质生产力技术的快速发展，数字孪生技术在水利工程中的应用已经取得显著成效。基于数字孪生南水北调中线水质保护工程的建设与管理，从预报、预警、预演和预案4个方面，探讨数字孪生技术在水质保护中的核心作用与优势。通过构建完善的监测体系和数字孪生模型，实现物理工程与水利管理治理活动的数字化映射，提升水质保护的实时性、精准性与可持续性。结果表明，数字孪生技术不仅显著提升了水质管理效率，还为水质变化的预警与应对提供了科学决策支持，对未来水利事业的可持续发展具有重要的指导意义。

关键词：新质生产力；数字孪生；南水北调中线；水质保护；数字化映射；科学决策

1　引言

南水北调工程是我国解决水资源区域不均衡、缓解北方水资源短缺问题的重大水利工程之一。作为该工程的关键环节，水质保护直接关系到调水的可持续性和经济社会效益。然而，传统水利工程虽然可以解决一些问题[1]，但存在着管理效率低、资源浪费、难以预测未来等挑战。一方面，因为工程涉及数据量庞大，对数据的处理、分析、运用等方面要求较高；另一方面，缺乏历史数据支撑，工程运行过程的评价、预测往往是周期性的、静态的，不具备动态调整能力，很难有效从数据中挖掘有价值的知识，使得工程管理比较被动[2]。

随着云平台[3]、大数据[4]、物联网[5]、高分辨率空间网格[6]及面向服务体系架构[7]的日益成熟，使得数字孪生在水利工程中的应用前景越来越广阔。其可以模拟和优化工程在不同条件下的运行，为工程规划、设计、建设、运营、维护等多方面提供更加准确和可靠的参考，确保工程的长期稳定运行，为工程建设和管理带来全新的思路和技术手段。基于数字孪生南水北调中线水质保护工程的建设和管理，深入探讨数字孪生在水质保护中的建设与管理方法，旨在为类似工程的建设和管理提供技术参考。

2　新质生产力与数字孪生技术概述

新质生产力是信息时代的产物，在推动各行业数字化转型中发挥着核心作用。数字孪生作为新质生产力技术的重要组成部分，已经成为基础设施管理和现代水利行业领域中不可或缺的工具。

2.1　新质生产力的理论基础

新质生产力概念核心在于通过数据驱动生产方式、资源配置及管理模式的根本性转变，关键在于三大支柱：数据、计算能力、智能决策。数据是基础，通过广泛的传感器网络，确保信息的全面和准确；计算能力依托高性能计算和云计算平台，快速处理海量数据并提供实时分析；智能决策则通过人工智能技术（如机器学习和深度学习），为管理者提供高效、可操作的解决方案。新质生产力与传统生产力最大的不同，在于它不再仅依赖于物质和人力的直接投入，而是通过对数据资源的挖掘与分析，驱动生产要素优化配置，提升系统整体效率。

作者简介：郭芳（1983—），女，副高级工程师，主要从事数字孪生南水北调中线水质保护建设工作。

2.2 数字孪生技术的定义与构成

数字孪生技术旨在通过数字化手段，创建物理实体的虚拟副本，进而实现物理系统的实时监控、预测和优化。数字孪生技术通过感知层、数据处理层、模型分析层和智能决策层等多个模块构成一个完整的系统。

（1）感知层。通过物联网技术，集成各种传感器设备，实时采集物理世界的状态数据。这些数据可以包括溶解氧、pH 值、有机物、污染物浓度等信息。感知层的建设是数字孪生系统成功的基础。

（2）数据处理层。负责对海量数据进行实时存储、管理和分析。数据的种类繁多、来源广泛，并且伴随着极高的时效性要求，需要先进的数据库技术、边缘计算和云计算平台来支持。

（3）模型分析层。通过一系列复杂的数学模型和算法，对采集到的数据进行建模、分析和预测。模型分析可以包括基于物理规则的机理模型，也可以是基于大数据驱动的机器学习模型。

（4）智能决策层。基于上述结果，进行智能化的调度和决策，可以体现在污染物扩散控制、应急调度优化等方面，决策过程能够变得更加自动化、科学化，减少人为干预的误差。

2.3 新质生产力与数字孪生技术的关系

新质生产力是数据创造性利用，推动智能化生产，而数字孪生技术则是这一理念的具体实现手段之一。两者之间的关系可以概括为：新质生产力为数字孪生提供了技术基础和发展方向，而数字孪生则是新质生产力在实际应用中的最佳实践。在新质生产力的框架下，数字孪生扮演着数据采集、分析、决策支持的重要角色，物联感知符合新质生产力中“数据驱动”的理念，模型平台动态预测物理系统的未来状态，优化决策，这也是新质生产力强调的“数据分析和计算能力提升”的体现。数字孪生不仅仅是一个静态的模型，它与物理系统之间保持动态交互，通过不断接收新数据，修正和优化其内部模型，使得虚拟模型与现实世界保持同步数字化映射。

以南水北调中线水质保护为例，传统的水质管理手段难以实现全局最优的水质保护。而在新质生产力框架下，数字孪生技术通过对水质的实时监测与动态模拟，可以实现从单点监控到全局联动的突破，极大提升水质保护的响应速度和处置效率。

3 数字孪生工程建设管理框架

3.1 规划与设计

数字孪生水质保护工程的建设首先需要科学的规划与系统化的设计，规划阶段需要对工程的整体目标、实施范围、关键节点、风险管控等进行全面考虑，并制定可执行的路线图。

（1）目标设定。水质保护目标是水质实时监控、异常事件预警及水质安全预测。因此，规划设计阶段需明确技术目标，比如监测参数选择，实时性要求及数据精度等。

（2）架构设计。数字孪生系统的核心在于感知层、数据处理层、模型分析层和智能决策层的有机协同。因此，架构设计需要着重考虑各层之间的数据交互、计算性能需求及系统扩展性。

（3）系统选型与集成。在系统选型过程中，需根据不同水域的环境特征和监测需求，选择合适的传感器设备、计算平台及数据处理工具；此外，还需要与现有管理平台实现互联互通，以确保信息流的统一。

3.2 建设与实施

系统建设是数字孪生工程的核心环节，涵盖硬件部署、软件开发、模型构建等多个方面。在实际建设过程中，需要确保各项技术在具体环境中的适配性，同时保证过程中的规范化和质量控制。

（1）监测设备部署。监测保证数字孪生系统的数据来源，应覆盖关键水域，并根据水文条件进行优化。例如，南水北调中线设置 13 个水质自动监测站和一些微型站，某些水域可能受到污染物扩散影响较大，可以加密监测点；还包含 30 个固定监测断面，作为自动监测的补充。

（2）模型开发与校准。建模基于大量的历史数据与实时监测数据。模型开发通常包括水体物理、化学过程的动态建模、污染物扩散模拟等。模型开发后需进行严格的校准，通过回测和验证，确保模型的预测精度。

（3）系统集成与测试。集成过程中，需将数据流、分析模型、可视化界面及决策支持模块有机结合，形成统一的工作平台，尤其是在突发事件或极端环境条件下，确保系统能够提供实时、有效的支持。

3.3 数据管理与协同优化

数据管理的重点包括数据采集、存储、传输、清洗与分析等环节，工程管理需要对数据的全生命周期进行严格控制，而数据的共享需要在人、技术、管理等方面形成协同管理机制。数字孪生技术的应用范围广泛，涉及多个部门、多个层级的协调与合作，因此管理机制的优化尤为重要。

（1）数据清洗与处理。传感器数据通常存在噪声和缺失现象，因此需要建立严格的数据清洗流程，确保数据的质量。常见的数据清洗方法包括去噪、缺失数据填补、数据平滑等。

（2）数据安全与隐私保护。水质数据涉及公共安全，因此数据安全性不可忽视。工程中需采取有效的加密技术，确保数据在传输和存储过程中的安全性。

（3）跨部门协同。系统涉及水质、工程、调度等多个部门、技术人员的协同工作。为了确保各方协作顺畅，需建立统一的门户平台和信息共享机制，并通过数字化手段实现信息的快速流转和反馈。

（4）决策优化与持续改进。基于数字孪生系统的数据，管理者可以迅速做出决策，也需定期对决策模型进行更新，并引入机器学习算法，确保系统能够适应环境的变化，不断提高预测与决策的精度。

4 数字孪生工程建设技术要点

4.1 监测体系建设

数字孪生的核心在于实时、全面、准确的数据获取，因此需要完备的监测体系，并根据水体的流动性进行优化配置，以确保监测的空间连续性和数据的可靠性。不仅如此，监测体系还需考虑水文、气象、地质等外部因素对水质的影响。水文监测可提供水体流速、流量等信息；气象监测则有助于理解降雨、温度变化对工程的短期冲击；地质监测能够识别水源地的土壤成分和潜在污染源的分布。通过多层次、多维度的数据采集，监测体系能够为后续的分析和预测提供坚实的基础。

4.2 数据治理平台建设

数据治理平台作为数字孪生水质保护系统的核心，承担着大规模数据的处理、存储和分析功能。分布式云存储和大数据处理技术的引入，可以支持数据的快速存取和并行计算，确保系统能够及时处理和分析监测数据。平台需要具备较强的扩展性，适应数据规模长及计算需求的增长。平台内部应配备严格的访问控制和数据备份机制，且定期的数据审计与异常检测有助于发现潜在的安全威胁，确保平台的运行稳定和数据的完整性。

4.3 模型平台建设

模型平台作用在于对监测数据进行深度分析，并通过构建高精度的水质变化模型和知识库实现对未来的预测和预警。传统的水质模型往往基于物理和化学定律，但在数字孪生技术的框架下，结合机器学习和深度学习算法，模型平台可以从大量的历史数据中提取复杂的数量关系和特征关系，并辅助决策者进行风险的识别和预测，从而实现知识驱动。模型平台的建设不仅要求具备强大的计算能力，还需要随着时间和环境的变化进行动态调整。通过集成自适应算法，模型平台可以自动识别并调整关键参数，提高预测的准确性。此外，平台应支持多模型集成，包括机理模型、数据驱动模型和混合模型的结合，从而提升模型的鲁棒性和全面性。

5 数字孪生在南水北调中线水质保护中的应用

5.1 预报功能

数字孪生能够在多种工况下对未来水质状况进行精确预报。基于海量历史数据和实时监测数据，预测未来一段时间内的水温、溶解氧、氨氮、总磷等关键指标。通过大数据分析手段，数字孪生能够识别潜在的水质变化趋势，提前预判水质恶化的可能性，帮助管理者及时采取相应措施，避免污染事件的发生。

5.2 预警功能

数字孪生依托物联网传感设备，能够实时监测水质变化，并通过智能算法对异常情况进行识别和分析。一旦监测到水质指标异常，如污染物浓度超标，系统将提示管理者采取应对措施，相比传统手段更具实时性和智能性。系统不仅能够预警已发生的异常，还可以基于分析结果，对未来可能出现的异常进行提前预警。

5.3 预演功能

通过仿真技术模拟不同情境下的水质变化，为应急管理提供演练平台。管理者可以在虚拟环境中进行各种情境测试，验证不同应急方案的有效性和适用性。预演不仅有助于评估现有预案的可行性，还可以为新方案的制定提供数据支持。例如，通过模拟渠道内突发污染物泄漏，管理者可以评估现有应急响应处置措施的有效性，并针对可能的漏洞进行补充优化。预演功能提高了管理者应对突发事件的准备程度，降低了实际事件中因反应不及时或措施不当而带来的风险。

5.4 预案制定与优化

数字孪生基于预报、预警和预演产生的数据和经验，帮助管理者制定更具针对性和灵活性的应急预案。通过模拟不同情景下的水质变化和应急响应措施的效果不断优化预案，确保其在实际应用中的可操作性与有效性。预案的优化不仅包括对污染事件的响应措施，还涵盖了对长期水质管理策略的调整。

6 结论

数字孪生技术在南水北调水质保护中的应用，不仅提升了水质管理的实时性、精准性与智能性，还为突发水质事件的应对提供了科学决策支持，其应用不仅有助于提升水质保护水平，也为水资源管理提供了重要借鉴。通过构建全方位、多层次的数字孪生水质保护体系，南水北调中线工程将进一步实现调水与生态保护的协同发展，助力我国水资源的可持续管理。

总的来说，数字孪生的全面应用不仅是提升水质保护效率的关键路径，也是未来智能化水利工程管理的发展趋势。随着人工智能、边缘计算和5G通信技术的进一步成熟，可以将卫星遥感或无人机拍摄的数据与水质模型结合，形成“天空地水”一体化监测体系，可以为南水北调中线水质保护提供更为有力的保障。此外，数字孪生的应用也可以逐步扩展至其他领域，如城市排水管理、农业灌溉优化、海绵城市建设等，为全球水资源管理提供新的解决方案。

参考文献

[1] 李威，张跃，李健．水利工程施工管理创新策略分析［J］．现代工程项目管理，2023，2（17）：237-239.

[2] 忠明彭．水利工程管理存在的问题及对策［J］．水电科技，2022，5（7）：34-37.

[3] Yu X，Zhai J，Ye J. Construction of Water Conservancy and Energy Engineering Structure Platform Based on Cloud Computing［J］. Wireless Communications and Mobile Computing，2022.

[4] 蒋云钟，冶运涛，赵红莉，等．水利大数据研究现状与展望［J］．水力发电学报，2020，39（10）：1-32.

[5] Ighalo J O，Adeniyi A G，Marques G. Internet of things for water quality monitoring and assessment：a comprehensive

review [J]. Artificial intelligence for sustainable development: theory, practice and future applications, 2021: 245-259.
[6] Lloyd C T, Chamberlain H, Kerr D, et al. Global spatio-temporally harmonised datasets for producing high-resolution gridded population distribution datasets [J]. Big earth data, 2019, 3 (2): 108-139.
[7] 白建峰，王相谦，孙丽娟．水利工程质量监督信息化智能化的几点思考［J］．水利建设与管理，2021，41（8）：73-77.

基于 Unet 神经网络的高分三号 SAR 影像洪水监测模型构建与应用

周晓雪[1,3]　王行汉[1,2]

（1. 珠江水利委员会珠江水利科学研究院，广东广州　510611；
2. 水利部珠江河口动力学及伴生过程调控重点实验室，广东广州　510611；
3. 水利部粤港澳大湾区水安全保障重点实验室，广东广州　510611）

摘　要： 珠江流域洪涝灾害频发，及时准确地获取灾害空间淹没范围对于洪灾防御和应急救援至关重要。本文以 2024 年 4 月北江流域特大洪水为研究对象，利用国产高分三号合成孔径雷达（SAR）影像，采用 Unet 神经网络算法构建洪水灾害监测模型，开展灾害期间淹没范围提取，并结合土地利用数据对不同地物受灾情况进行分析与评估。模型精度评价结果显示，Unet 神经网络模型在精确率、召回率、F1 分数和 IoU 指标上分别达到了 0.941、0.877、0.908 和 0.831 以上。研究结果表明，Unet 神经网络模型在复杂地形条件下具备较高的洪水淹没监测精度，适用于山区、丘陵和平原等多样地表环境，可为流域洪水灾害监测与评估提供有力的技术支持。

关键词： Unet 神经网络；高分三号；洪水监测；北江流域

1　引言

近年来，全球气候变化加剧[1]，极端天气事件频发，珠江流域暴雨过程日益增多，洪水灾害发生频率和强度不断攀升[2-4]。频繁的暴雨和洪涝灾害给流域内的城市基础设施、农业生产和居民生活带来了严峻挑战，也使得流域水旱灾害防御和水资源管理工作面临更高的难度。面对流域内洪水灾害高频次、广覆盖和突发性的特点，利用先进技术手段对洪水灾害进行精准、实时的自动化监测和评估，是洪涝灾害应急响应中亟需解决的核心问题和重要任务。

遥感技术，特别是雷达遥感，因其全天候、全天时的观测能力，已成为洪涝灾害监测的重要工具[5-7]。相比于光学遥感影像，雷达遥感影像能够穿透云层和降水干扰，对极端天气下的洪水灾害监测具有明显优势。高分三号雷达卫星作为我国自主研发的高分辨率 C 波段合成孔径雷达（SAR）卫星，具备多极化、高分辨率和宽覆盖的特性，能够获取高精度的地表水体信息，为洪水监测提供丰富的数据支持[8-9]。然而，珠江流域地貌多为山地和丘陵，平原面积小而分散，地形起伏较大，SAR 影像中山地和丘陵区域地物扭曲和山体阴影效应显著，这使得传统洪水监测方法往往存在精度不足和误判的情况，尤其是在山地阴影、建筑物反射等复杂背景下，更容易导致洪水水体提取效果不佳。机器学习技术的快速发展为遥感影像的自动化解译带来了新的契机[10]，其中 Unet 神经网络[11] 因其在语义分割任务中的优异表现，成为遥感影像水体提取的有效方法，其通过对影像的多尺度特征提取与融合，能够有效捕捉洪水边界和细节特征，提高水体识别的准确性和鲁棒性。此外，Unet 神经网络模型在数量有限的样本集中依然可以获得较准确的分类结果[12]，在处理大规模数据时具有较高的计算

基金项目： 国家自然科学基金面上项目（32371966）。

作者简介： 周晓雪（1995—），女，工程师，主要从事水资源遥感与水旱灾害防御研究工作。

通信作者： 王行汉（1987—），男，高级工程师，主要从事水资源遥感与水旱灾害防御研究工作。

效率，能够满足洪水灾害的实时监测需求。

2024 年 4 月，珠江流域北部连续遭遇强降雨过程，北江干支流水位全线上涨，22 日 9 时，广东北江干流石角水文站实测洪峰流量 18 100 m^3/s，北江发生超 100 年一遇特大洪水，为我国 2024 年主要江河首次发生编号洪水，也是自 1998 年全国有编号洪水统计以来最早发生洪水。此次洪水对北江沿江城市造成了严重的灾害影响，淹没范围较广，为准确识别洪水淹没范围并分析区域内的受灾情况，本文综合利用高分三号 SAR 影像，结合 Unet 神经网络模型开展北江流域洪水灾害监测和评估工作，以期为后续北江流域特大洪水监测和防御工作提供技术支持。

2 研究区域及数据

2.1 研究区域

北江是珠江流域第二大水系，发源于江西信丰县石碣大茅山，流经江西、湖南和广东 3 省，全长 468 km，平均坡降 0.7‰，集水面积 46 710 km^2。北江流域内地貌主要为山区和丘陵，地势北高南低，主要支流包括墨江、锦江、武江、南水、翁江、连江、滃江、滨江、绥江等 9 条一级支流，流域水系呈羽状分布，洪水汇流迅速，猛涨暴落，水位变幅较大，具有山区性河流的特点，如图 1 所示。

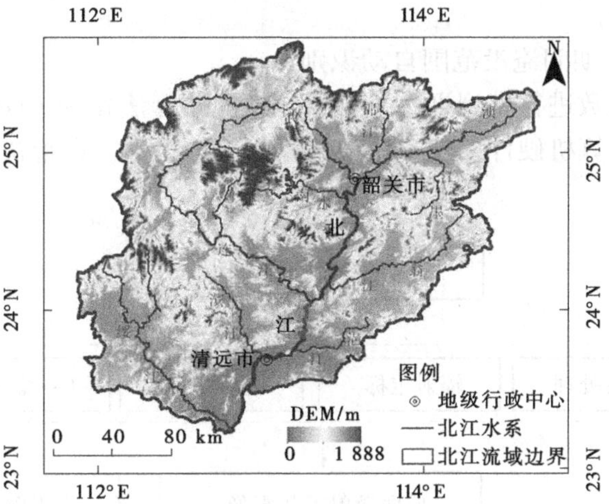

图 1 研究区域示意图

2.2 研究数据

高分三号卫星是我国自主研制的首颗分辨率达到 1 m 的 C 频段多极化雷达卫星，可以实现全球海洋及陆地全天候实时监测，目前已广泛应用于海洋、气象、水利及防灾减灾等多个领域，本次实验采用的 GF3 影像采用精细条带 FS II 成像模式，极化方式为 HH、HV 双极化，空间分辨率为 10 m。本文共收集了 6 景高分三号 SAR 影像，具体信息见表 1。

表 1 北江流域“2024. 4”洪水监测 SAR 影像

序号	成像时间（年-月-日）	传感器类型	轨道号	中心经度/(°)	中心纬度/(°)
1	2024-04-20	GF3	040510	113. 6	24. 7
2	2024-04-20	GF3	040510	113. 9	23. 7
3	2024-04-21	GF3C	010745	113. 0	25. 1
4	2024-04-21	GF3C	010745	113. 3	24. 1

续表 1

序号	成像时间（年-月-日）	传感器类型	轨道号	中心经度/(°)	中心纬度/(°)
5	2024-04-22	GF3B	012712	113.1	23.7
6	2024-04-22	GF3B	012712	113.3	23.6

3 研究方法

本文采用如图 2 所示路线开展此次洪涝灾害监测，主要包含以下步骤：

（1）首先对北江 2024 年 4 月洪涝灾害发生期间的 SAR 数据进行多视、辐射定标、地理编码、滤波、镶嵌裁剪等预处理工作。

（2）进行洪涝淹没水体标记，结合 DEM 数据构建洪涝灾害淹没范围监测样本集，划分训练集、验证集和测试集。

（3）利用训练集样本训练 Unet 神经网络模型，利用验证集样本选择模型的最优参数，利用测试集样本对模型进行精度评价。

（4）开展洪涝灾害发生期间淹没范围自动识别。

本文选择交叉熵损失函数进行模型训练，并采用 Adam 算法作为 Unet 神经网络模型训练的梯度下降优化方法，综合考虑计算机硬件条件、模型计算效率等因素，设置初始学习率为 10^{-4}，批处理大小为 8。

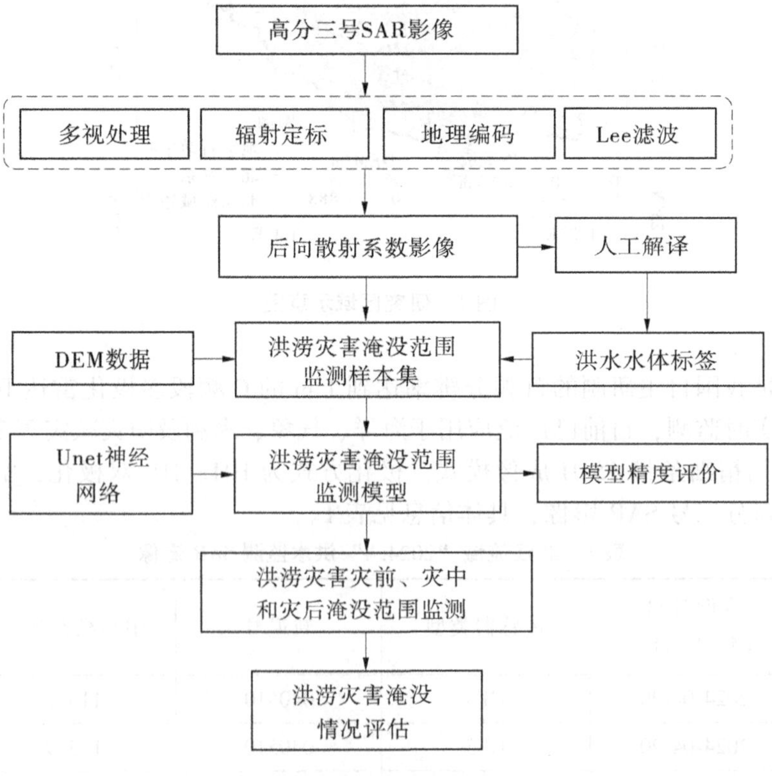

图 2　研究技术路线图

3.1　样本集制作

为减弱山体阴影的影响，实验中引入 DEM 数据作为模型输入的特征变量之一，结合 SAR 数据两个后向散射系数波段特征变量，叠加组合为新的三波段影像。以新的三波段影像裁剪典型区域作为训练影像和测试影像，训练区域和测试区域如图 3 所示。本文利用 1 000×1 000 网格为基本单元，将北江干流 2024 年 4 月 21 日 SAR 影像分为 81 个子区域，训练区域覆盖了山区水体、平原淹没水体、丘陵地区细碎水体、细小河流水体等不同洪涝水体场景，训练区域影像用于制作训练样本集，不同场景下的训练区域样本可以提高网络模型的泛化性。实验选择的 4 个测试区域用于评价模型预测的精度，4 个测试区域均是地形地貌复杂且受灾严重地区。

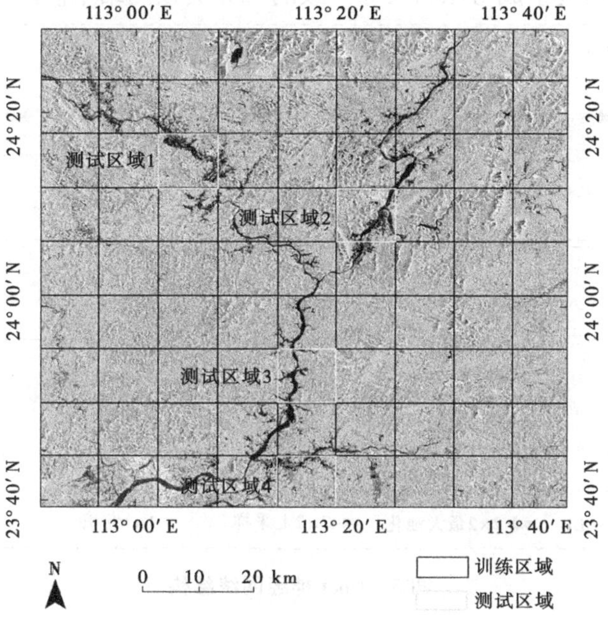

图 3　训练区域和测试区域示意图

本文采用人工目视解译的方法对北江流域训练区域和测试雷达影像进行水体标签标注，水体标注为 1，非水体标注为 0。以 25%的重叠度划分样本块，每块样本块尺寸大小为 256×256 像素。最终，实验获取了 2 074 块训练样本、518 块验证样本和 128 块测试样本，部分样本数据如图 4 所示。

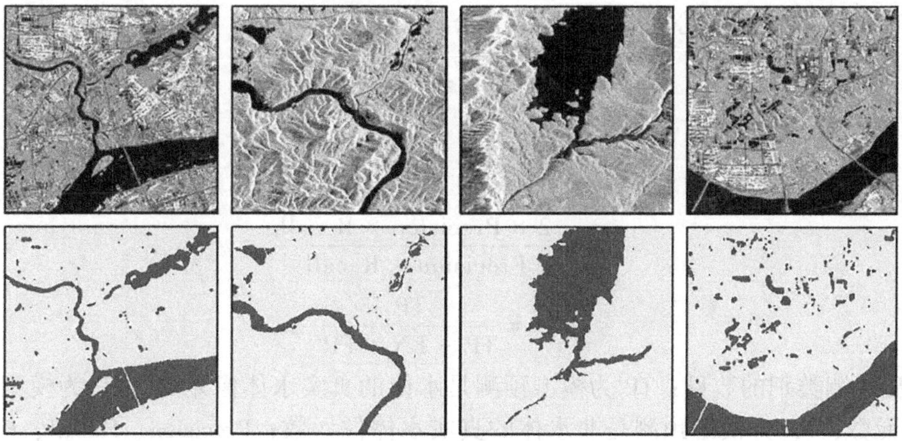

图 4　样本集数据示例

3.2　Unet 神经网络

Unet 神经网络结构如图 5 所示。Unet 神经网络模型为 U 形对称结构，一侧是用于深层特征及浅层特征提取的卷积和下采样操作，另一侧是用于恢复特征图维度的连接、卷积和上采样操作。其中，连接操作是指两个特征图在通道上的简单叠加，与 FCN 网络的相加操作不同，Unet 神经网络将卷积层提取的多尺度特征图一一连接到对应的上采样层，形成了更加丰富的特征空间，实现浅层和深层特征图的有效融合利用。本文中输入影像的尺寸为 256×256×3（通道数），影像通过图 5 中上半部分特征提取层和下采样层后可以获得雷达影像洪涝水体的纹理、上下文等多尺度特征，其中每个尺度的特征提取均是利用尺寸为 3×3 双卷积操作，下采样操作主要利用尺寸为 2×2 最大池化层实现。图 5 中下半部分为连接层及上采样层，通过连接层将上半部分提取的洪涝水体的多尺度特征和上采样层融合，使得影像中所有的水体纹理等深层特征和边界等浅层特征被全部利用，并通过 4 次 2×2 的上采样操作和 1×1 的卷积操作最终生成与原图尺寸一致的二分类预测结果。

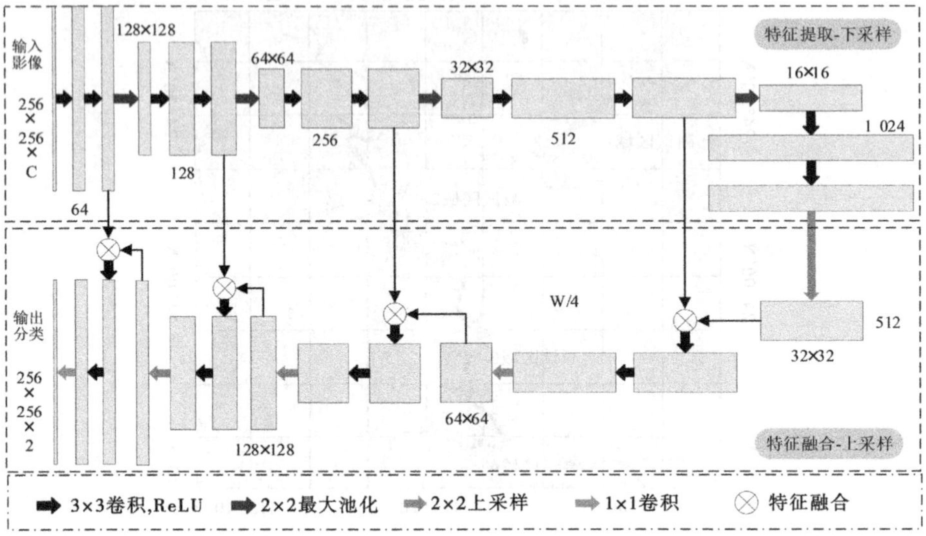

图 5 Unet 神经网络结构

3.3 精度评价指标

本文选用精确率（Precision）、召回率（Recall）、F1 分数、水体交并比（IoU）4 个指标来评估 Unet 神经网络模型的水体提取效果。精确率反映了模型提取水体的准确性，数值越高表示结果越精确；召回率则衡量了模型捕捉真实水体的能力，数值越高表示结果越可靠；F1 分数综合考虑了精确率和召回率，数值越高表示模型综合性能越好；IoU 综合考虑了模型提取的水体和非水体交并比，数值越高表示模型的提取效果越优秀。各指标计算公式如下：

$$\text{Precision} = \frac{TP}{TP + FP} \tag{1}$$

$$\text{Recall} = \frac{TP}{TP + FN} \tag{2}$$

$$F1 = \frac{2 \times \text{Precision} \times \text{Recall}}{\text{Precision} + \text{Recall}} \tag{3}$$

$$\text{IoU} = \frac{TP}{TP + FN + FP} \tag{4}$$

式中：n 为模型预测类别的数目；TP 为模型预测是水体的真实水体像元数；FP 为模型预测为水体的真实非水体像元数；FN 为模型预测是非水体的真实水体像元数；Precision、Recall、F1、IoU 分别为精准率、召回率、F1 指数、水体交并比。

4 结果与分析

4.1 模型精度评价结果

将 3.1 部分中 4 个测试区域的影像数据输入到已训练的 Unet 神经网络模型，获得预测结果，随后将模型预测的水体结果图与对应水体标签进行比较，Unet 神经网络模型在测试数据集上的精度如表 2 所示。Unet 神经网络模型在 4 个测试区域的洪水水体提取任务中表现出较高的整体精度。在测试区域 1，

Unet 神经网络模型精度和召回率分别达到 0.958 和 0.940，F1 值为 0.949，IoU 达到 0.903，模型能够有效地识别该区域洪水水体。类似地，在测试区域 2 和测试区域 3，模型也表现出较高的精度和 IoU 值，然而模型在测试区域 4 的精度稍低，召回率为 0.877，F1 值和 IoU 分别为 0.908 和 0.831。

表 2　Unet 模型精度测试结果

区域	Precision	Recall	F1	IoU
测试区域 1	0.958	0.940	0.949	0.903
测试区域 2	0.947	0.941	0.944	0.894
测试区域 3	0.945	0.983	0.964	0.931
测试区域 4	0.941	0.877	0.908	0.831

Unet 神经网络模型在测试区域的洪水提取结果如图 6 所示，可以看出，Unet 神经网络模型具有很强的健壮性，各个测试区域均展现出了较好的水体提取能力，在山区洪水、丘陵地区洪水等不同洪涝水体场景识别上具有显著的优势。综上所述可知，Unet 神经网络洪水提取模型具有较高的适应性和鲁棒性，能够有效地应对复杂地形和不同类型水体提取任务，在流域洪水监测中具有较大应用潜力。

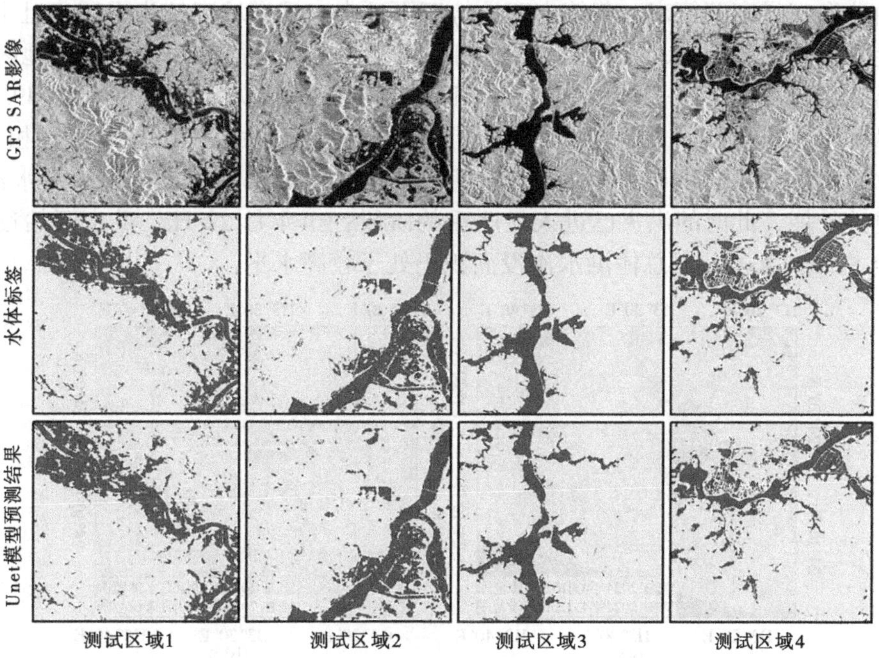

图 6　Unet 神经网络模型在测试区域洪水提取结果

4.2　北江“2024.4”洪水灾害分析

基于 2024 年 4 月 20 日、21 日、22 日采集的高分三号 SAR 影像，本文采用训练后 Unet 神经网络模型，对北江流域“2024.4”特大洪水灾害中受灾严重的区域进行淹没水体监测，主要监测的受灾区域包括英德市浛洸镇、英德市区及其周围乡镇，以及潖江蓄滞洪区。监测结果如下。

4.2.1　英德市浛洸镇

浛洸镇位于北江一级支流连江下游的平原地区，连江自西向东贯穿该镇全境。“2024.4”期间，浛洸镇发生了严重的洪涝灾害，淹没水体的监测结果如图 7 所示。根据监测数据，4 月 21 日为此次洪灾最为严重的时段。与 4 月 16 日灾前的水体面积 20.292 km^2 相比，4 月 21 日的水体淹没面积大幅增加至 68.803 km^2，表明洪水迅速蔓延并造成大范围的水体淹没。4 月 22 日，随着洪水逐渐消退，浛洸镇的洪水淹没面积有所缩减，降至 46.175 km^2，洪灾有所缓解。为评估不同地物类型受灾情况，本文将此次洪灾的水体淹没情况与土地覆盖数据进行叠加分析。分析结果表明，耕地和建成区是此次洪灾中受灾最为严重的两类地物。耕地受灾面积为 65.303 km^2，占总淹没面积的 95%，建成区的受灾面积为 1.606 km^2，林地受灾面积为 1.394 km^2。综上所述，此次洪涝灾害不仅给浛洸镇的农业生产和居民生活带来了严重影响，也对当地的生态环境产生严重破坏。

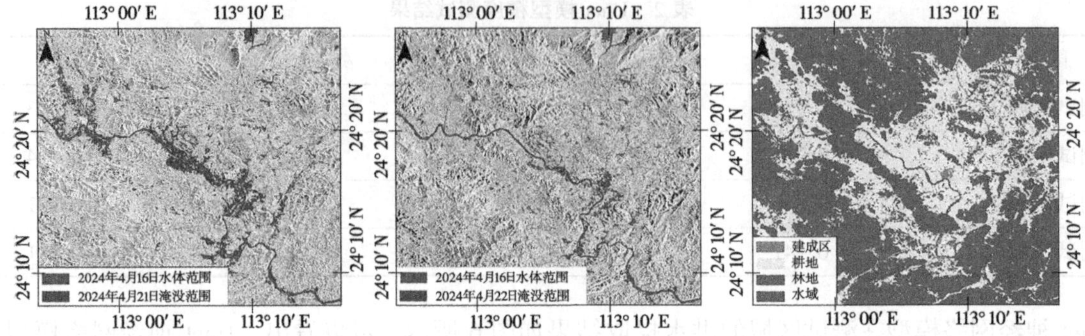

(a) (b) (c)

图 7 英德市浛洸镇淹没情况

4.2.2 英德市区及其周围乡镇

北江干流由北向南贯穿英德市，英德市区地势四面环山、河道坡度较为平缓，且干流河道出口狭窄，属于易发生涝灾的河谷地带，“2024.4” 期间的洪涝灾害对英德市区及其周边地区的影响较为严重。根据图 8 监测结果可知，4 月 16 日，英德市区及其周围乡镇灾前水体面积为 49.176 km^2；4 月 20 日，洪水淹没面积为 43.115 km^2，这一时期的洪水尚未达到最大范围，淹没程度相对较轻。然而，随着时间的推移，水体淹没面积显著扩大；至 4 月 21 日增至 53.697 km^2，表明洪水流量迅速上升，水体覆盖范围迅速扩展，此时的洪灾已进入最严重的阶段；至 4 月 22 日，洪水开始逐步消退，水体淹没面积减少至 51.387 km^2，但总体洪水淹没面积仍处于较高水平。

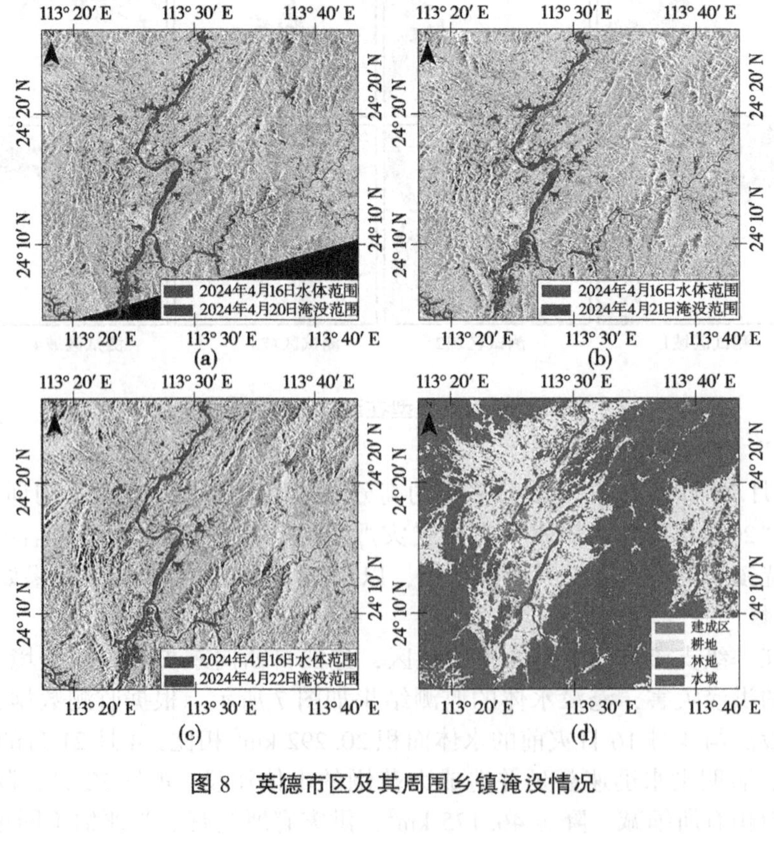

(a) (b) (c) (d)

图 8 英德市区及其周围乡镇淹没情况

进一步分析英德市区及其周围乡镇受灾地物类型可知，该地耕地受灾面积为 46.97 km^2，为淹没总面积的 87.5%，建成区的受灾面积为 2.261 km^2，林地受灾面积为 4.277 km^2。总体而言，“2024.4”洪涝灾害期间，英德市区及其周边地区耕地、建成区和林地等均遭受到不同程度的影响，英德市农业生产在此次洪涝灾害中遭受了极大的损失，城市基础设施和居民生活受到了严重威胁。

4.2.3 潖江蓄滞洪区

潖江蓄滞洪区位于飞来峡水利枢纽下游 10 km 左岸，涉及清远市下辖的清城区飞来峡镇、源潭镇和佛冈县龙山镇，是北江中下游防洪体系的重要组成部分。“2024.4”洪涝灾害期间，潖江蓄滞洪区的淹没情况如图 9 所示。根据雷达遥感监测结果，灾前 4 月 16 日水体面积为 16.369 km^2，至 4 月 21 日灾害淹没面积为 41.217 km^2，4 月 22 日淹没面积为 43.793 km^2。土地利用数据叠加分析表明，淹没区域内耕地面积达到 40.210 km^2，占淹没总面积 91.8%，建成区淹没面积为 2.537 km^2，林地淹没面积为 1.024 km^2，该结果进一步反映了洪涝灾害的对人类生产和生活环境的负面影响，后续需制定更加科学和高效的洪涝灾害应急预案及防御策略，以减轻未来洪涝灾害的潜在损失。

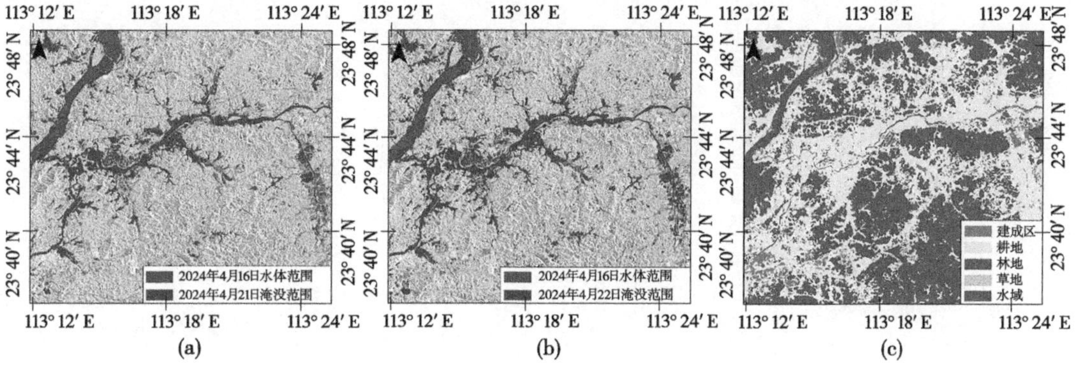

图 9 潖江蓄滞洪区淹没情况

5 结论

本文以国产高分三号雷达影像为数据源，以“2024.4”特大洪涝灾害为研究对象，通过 Unet 神经网络模型构建了北江流域洪涝灾害淹没范围识别模型，开展了英德市浛洸镇、英德市市区及周围乡镇和潖江蓄滞洪区的淹没信息提取工作。研究结果表明基于高分三号 SAR 影像的 Unet 神经网络模型具有较高的精度，在山区、丘陵等复杂地表的淹没水体识别上具有显著的优势，模型监测技术和数据可为洪涝灾害防御和应急救灾工作提供信息和技术支撑。

参考文献

[1] Najafi N, Devineni N. Recent trends in the frequency and duration of global floods [J]. Earth System Dynamics, 2018, 9 (2): 757-783.

[2] 水利部珠江水利委员会. 迎战珠江流域罕见水旱灾害纪实: 上册 防洪篇 [M]. 北京: 中国水利水电出版社, 2022.

[3] 杜勇, 陈学秋. 珠江“22·6”特大洪水预报实践 [J]. 中国水利, 2022 (22): 33-35.

[4] 田丹, 张尹, 苏明珍. 珠江流域 (片) “2024.4”暴雨洪水分析 [J]. 中国防汛抗旱, 2024, 34 (6): 1-7.

[5] 陈志国. 高分辨率 SAR 卫星影像洪水区域提取应用研究 [D]. 武汉: 武汉大学, 2017.

[6] Rattich M, Martinis S, WIELAND M. Automatic Flood Duration Estimation Based on Multi-Sensor Satellite Data [J]. Remote Sensing, 2020, 12 (4): 643-661.

[7] 周晗. 基于 Sentinel1/2 的斯里兰卡洪涝淹没范围提取研究 [D]. 北京: 中国科学院大学 (中国科学院遥感与数字地球研究所), 2018.

[8] 沈兰芝，谌华，范凤云，等. 基于 Q-OTSU 算法高分三号水体快速提取方法研究：以河南鹤壁洪涝灾害监测为例 [J]. 自然灾害学报，2022，31（4）：134-143.
[9] 杨雨晴，王冬梅，徐佳. 基于局部自适应阈值的 GF-3 SAR 影像洪涝水体提取 [J]. 地理空间信息，2021，19（6）：54-59，5.
[10] Zhu X X，Tuia Devis，Mou Lichao，et al. Deep Learning in Remote Sensing：A Comprehensive Review and List of Resources [J] . IEEE Geoscience and Remote Sensing Magazine，2017，5（4）：8-36.
[11] Ronneberger O，Fischer P，Brox T，et al. Unet：Convolutional Networks for Biomedical Image Segmentation [C] . medical image computing and computer assisted intervention，2015，234-241.
[12] 刘威. 基于多类特征深度学习的高分辨率遥感影像分类 [D]. 北京：北京建筑大学，2019.

基于数字孪生的水利水电工程巡检系统建设研究

纪传波[1,2]　李少林[1,2]　刘光彪[1,2]　戴　领[1,2]

（1. 长江勘测规划设计研究有限责任公司，湖北武汉　430010；
2. 国家大坝安全工程技术研究中心，湖北武汉　430010）

摘　要：在水利水电工程安全监测中，巡视检查是一种必不可少的手段，工程安全巡检系统在数字孪生工程中的集成应用也尤为重要。本文从巡检系统建设任务出发，结合数字孪生工程建设实际，指出智能化巡检业务要点，重点研究面向数字孪生的巡检系统建设方法，提出了通用可靠的系统架构，以及信息感知、数据分析、成果展示、安全预警等核心业务关键技术。研究成果在我国部分水利水电工程应用实践中均发挥了重要作用，为数字孪生工程建设及工程安全监测提供了有力保障。

关键词：工程安全；巡视检查；数字孪生

1　引言

智慧水利建设被作为推动我国新阶段水利高质量发展的实施路径之一。近年来，关于数字孪生水利工程建设出台了系列指导方案和文件，水利智能化业务应用和管理体系也在不断地丰富完善[1]。巡视检查（巡检）作为工程安全监测的重要手段之一[2]，再结合仪器监测方式能够有效捕捉工程性态反应[3]，进而对工程安全形状和发展趋势评判起到关键作用。智能化巡检有力支撑了数字孪生水利工程建设中的安全监测业务，通过对有效可靠的巡视检查数据的收集、分析和应用，可进一步反映工程安全状态。

在以往的工程实际中，巡视检查尤其是人工巡检采用的是人工现场搜集数据且手工整理分析归档的模式，不仅使得现场巡检工作繁杂，而且巡检成果不易直接集成在数字孪生应用中，难以充分发挥巡视检查成果的价值。为此，本文基于数字孪生建设需要，重点研究水利水电工程巡视检查系统构建方法，旨在给出一种通用可靠的数字孪生工程安全巡检业务建设方案。

2　巡检系统建设思路

2.1　巡视检查方法

常规的巡视检查方法为人工现场巡检，通过手工记录结合拍摄影像的方式来完成巡检工作任务，但因其需消耗一定的人力和时间，常采用定期定点的方式开展。在工程运行管理中，通常也会结合视频监控的方式实现远程查看安全状况，但视频监控因其视角局限性及清晰度的限制，只能作为日常关注重点区域的辅助手段。目前，随着新技术的发展，巡检机器人和无人机技术同时被应用到巡视检查中来[4]，能够有效配合巡视检查工作的开展。然而一般情况下人工现场巡检仍然是当前最通用且可靠的巡视检查方法，本文的研究则重点围绕人工巡检系统建设展开，同时给出其他自动化巡检方法的集成思路。

2.2　巡检业务需求

巡检系统建设应充分考虑全程无纸化工作的必要性，且面向当前数字孪生建设要求，巡检信息的

基金项目：长江勘测规划设计研究有限责任公司自主科研项目（CX2022Z01-3，CX2022Z16-2）。

作者简介：纪传波（1996—），男，工程师，主要从事智慧水利与监测信息化研究工作。

采集需具备一定的及时性和准确性，自动化巡检在一定程度上满足该要求，但人工巡检仍需要较完备的信息化技术支持。按照数字孪生水利工程建设需要，系统应能够保障巡检数据的感知、数据存储、成果分析及安全预警等核心业务[5]，为此，巡视检查系统建设需具备以下主要功能：

(1) 巡检任务制定。用户可以通过巡检系统多终端实现巡检任务的制定，包括巡检路线、巡检计划、巡检人员等任务信息的设定。

(2) 无线移动巡检。巡检人员在工程现场开展巡检工作时，使用手持移动终端快捷实现现场巡视检查的文字填写和影像记录。同时，移动巡检应能够辅助核实巡检信息的真实性，包括但不限于使用终端定位及现场扫码等方式进行验证识别。

(3) 巡检成果上报。移动巡检完成后，可通过手持终端或计算机设备进行巡检信息上报，系统应支持巡检人员快速提交上报成果，并结合管理机构审批流程实现巡检情况核实确认。

(4) 巡检记录分析。巡检记录保存完成后，系统能够利用巡检结论或在具备安全监测数据接入能力的条件下，结合监测成果分析研判工程安全性态，对于异常情况能够及时提醒相关人员进行加强关注或处置。

(5) 自动化巡检。系统支持同时接入视频监控、机器人巡检成果等信息，统一汇总为标准化巡视检查成果数据，包括结构化巡检数据和非结构化巡检数据。

2.3 系统建设路线

根据以上巡检业务需求，系统主要建设路线是构建一套支持跨终端使用的巡视检查管理系统，该系统能够保障用户完成巡检任务的制定和下发、巡检成果的查看和流程处理，并能够支持自动化巡检成果的展示和分析应用。同时，同步建设一套移动巡检软件，使用支持 GPS 或 NFC 等技术的手机或其他可替代终端设备安装软件后实现工程现场移动巡检。

3 基于数字孪生的巡检系统建设方法

为全面适应数字孪生工程建设要求，水利水电工程巡检系统除能够独立运行外，也支持提供数据接口或页面的形式集成至孪生工程中，且具备较强的及时性、安全性、可靠性和可扩展性。本文充分发挥目前移动终端和信息技术的优势，按照信息感知、数据分析、成果展示、安全预警的业务体系进行建设，以构建一套面向数字孪生业务的通用化系统。

3.1 系统架构

随着互联网应用的不断普及，不依赖于客户端应用程序的系统平台越来越受到青睐，用户仅需通过浏览器即可实现系统访问[6]，该系统亦主要采用 B/S 架构，其移动终端则通过巡检 App 进行访问。在体系架构中，服务端可对外提供数据接口，同时提供集成页面，不仅能够保障数字孪生平台独立建设巡检业务的需要，也可快捷集成系统应用功能。系统建设包括设备层、数据层、服务层和应用层，总体架构如图 1 所示。

(1) 设备层。主要为巡检人员的移动终端 GPS、巡检点 NFC 标签、巡检点二维码、视频监控设备、巡检机器人等自动化巡检设施、网络通信设备、安全防护设备等。

(2) 数据层。作为系统的数据存储中心，管理着所有巡检相关数据信息，包括结构化数据和非结构化数据。

(3) 服务层。为巡检系统的核心，驱动着数据调用与管理、巡检任务执行、巡检成果分析、视频监控处理、身份安全认证等业务运行，各服务按照核心业务的不同使用微服务形式建设。

(4) 应用层。为用户访问层，保障用户能够具备良好的交互操作和使用体验从而完成巡检相关任务，还提供便捷的数据接口以供孪生平台等调用访问。

3.2 巡检信息感知

巡检信息感知为数字孪生平台数据底板中监测数据建设的重点内容之一[7]，巡检系统的数据感知主要包括人工现场巡检时移动终端数据的获取，以及视频监控和自动化巡检设备的数据接入。对于

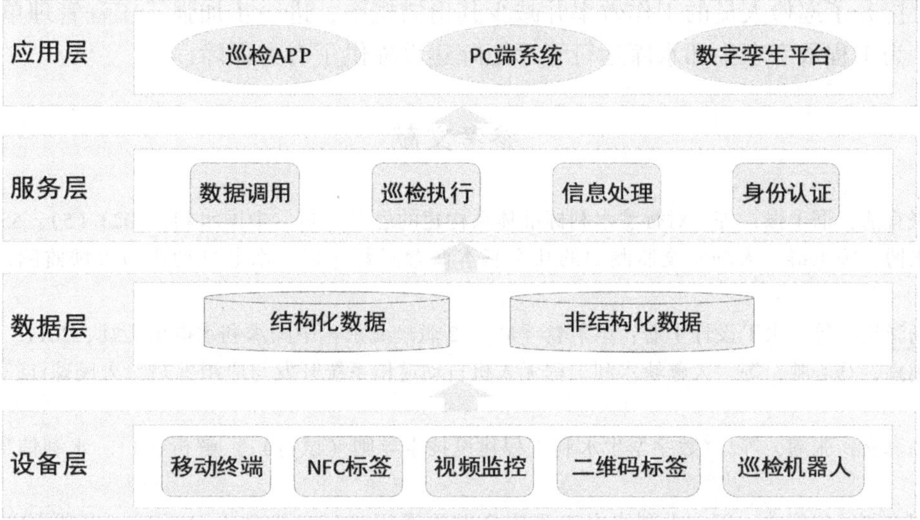

图1 系统架构

人工巡检可通过安装NFC或二维码标签的形式进行路线巡检点标记，以保障巡检成果的可靠性。移动终端设备主要获取的数据包括定位数据、NFC或二维码数据、现场巡检记录情况、巡检人员情况、巡检图像资料等。在巡检过程中，为保障数据能够及时上传，系统可配套建设VPN设施或Wi-Fi设施实现与服务器侧的网络互通。巡检信息采集完成后，成果上报也需通过消息通知形式及时告知审批人员以保障巡检业务的快速流转。

3.3 巡检数据分析

一般而言，巡视检查要求中会相应预置明确的巡检内容和具体问题应对，再结合安全监测仪器和视频监控、自动化巡检等设备数据，系统可具备综合数据管理和分析的功能。对于历史巡视检查结果，可由巡检人员及管理人员研判巡检结论进行填报，历次填报完成后系统将不断积累巡检成果，形成巡检经验库，后续可结合以往巡检情形的经验及巡检点附近具备的监测设施数据等信息自动分析，以判别工程安全状态。由于仪器监测往往具有片面性，巡检综合分析后，巡检成果则有效补充了工程安全状况综合研判机制。在具备条件的情况下，系统亦可接入图像或视频识别算法，由系统进行自动判别巡检点风险情况，巡检人员仅需拍照或录像则可快速完成巡查，进一步提升系统高效性和智能性。

3.4 巡检成果展示

在工程巡检中，巡检路线的制定和巡检成果的展示均能够以可视化的形式提供给用户，基础的图表为业务人员提供快捷的操作，结合GIS及BIM构建的可视化平台则更有利于直观呈现巡检任务和成果内容，该系统融合GIS+BIM及常规图表共同为用户侧提供友好的交互页面，且基于单页模式为孪生平台提供了良好的展示集成机制。系统在巡检成果详情中同时具备成果导出和报告打印功能，以便于将传统巡检成果归档方式与现行无纸化系统进行有效衔接。

3.5 巡检安全预警

系统经由预置巡检风险情况等级及险情内容，可识别巡检成果对应的异常状态。当巡检人员上报或系统分析出巡检异常情况后，系统自动启动报警机制，通过短信等消息提示快速向相关人员发送提醒，以实现安全预警并促使处置会商工作的推进开展。

4 结语

基于本文研究的技术架构和业务体系，现已建设了一系列包括水利枢纽工程、水电站工程、输水工程在内的多类别工程巡检系统，系统在运行后均取得了较好的应用效果。实践表明，本文提供的建设方案具有较强的工程通用性和实用性，能够实现传统巡检模式向智能巡检模式的转变，有效保障工程安全的同时提升了巡检人员的工作效率并减少其出错概率，进一步加强了工程管理单位对巡视检查的合理管控，为工程数字孪生和水库运行管理矩阵建设提供了有力保障。

参考文献

[1] 李宗礼，张宜清，邢子强，等. 对智慧水利标准体系构建的思考［J］. 中国水利，2023（5）：55-58.

[2] 何金平，张博，施玉群. 大坝安全监测中的几个基本概念问题［J］. 水电自动化与大坝监测，2009，33（3）：51-55.

[3] 张秀丽，杨泽艳，等. 水工设计手册：第1卷［M］. 2版. 北京：中国水利水电出版社，2011.

[4] 刘闯，黄鹏嘉，马心驰，等. 大藤峡水利工程无人机自动巡检系统开发与应用［J］. 人民珠江，2023，44（增刊1）：47-52.

[5] 詹全忠，陈真玄，张潮，等.《数字孪生水利工程建设技术导则（试行）》解析［J］. 水利信息化，2022（4）：1-5.

[6] 李少林，刘光彪，纪传波，等. 水利水电工程安全监测通用化信息管理平台［J］. 水利水电快报，2022，43（9）：6-7.

[7] 李智，胡文才，刘媛媛，等. 数字孪生工程数据底板建设与应用：以南四湖二级坝工程（试点）项目为例［J］. 中国水利，2023（20）：63-67.

矢量空间数据格式在水土保持业务中的应用研究

曾麦脉　顾祝军　罗　成

（珠江水利委员会珠江水利科学研究院，广东广州　510610）

摘　要：水土保持业务中，涉及不同类型空间数据的管理、共享和交换，例如生产建设项目水土流失防治责任范围和防治分区，遥感监管的人为扰动图斑，重点治理工程的点、线、面措施等。本文对比分析了当前常用空间数据格式的优缺点，说明了 GeoPackage、FlatGeobuf 等有前景的替代格式在读取效率、流式传输、实体对象建模方式等方面的优势，可以解决当前常用数据格式遇到的一些问题，如 Shapefile 多文件组成、GeoJSON 文本格式效率不高等，为行业应用开辟了新的视角。

关键词：水土保持；GIS；Shapefile；GeoPackage；GeoJSON；FlatGeobuf

1　引言

地球信息技术的迅猛发展为现代水土保持的发展开辟了广阔的前景[1]。在水土保持领域，涉及大量的空间数据交换与管理，数据格式的有效性与灵活性显得尤为重要。传统的 Shapefile 格式在空间数据存储与交换中应用广泛，但随着应用需求的提升，其固有的局限性也逐渐显现，如无法存储拓扑信息、文件大小限制及数据查询性能不佳等问题[2]。为应对这些挑战，诸如 GeoJSON[3]、GeoPackage[4]、FlatGeobuf[5] 等新型空间数据格式逐渐被引入和采用。这些格式不仅提高了数据存储的效率，还具备更强的灵活性和兼容性，在水土保持项目中的生产建设项目扰动图斑解译、防治责任范围等空间数据的管理和交换中具有应用潜力。此外，随着大数据时代的到来，空间数据的存储和传输需求更加复杂化，要求新的数据格式能够更好地支持大规模数据集的处理和应用。本文旨在探讨水土保持领域常用的几种空间数据格式及其局限性，分析其在实际应用中的优势与不足，同时探讨了有前景的替代格式，并通过对比实验进一步揭示这些格式在数据处理性能方面的差异，可为水土保持领域的工作者提供实际应用的参考，同时也为空间数据格式的发展和优化提供了依据。

2　空间数据格式的作用

在地理信息系统和地理信息应用领域，空间数据格式扮演着至关重要的角色。其主要作用在于规范地理信息的组织和表示方式，确保数据的一致性和准确性。这些格式的使用使得不同的 GIS 和地理数据应用能够更高效地进行数据交换和共享，从而实现更便捷的数据管理和分析。

为了能够在不同的空间数据库和应用软件之间交换数据，空间数据格式除满足数据的组织和存储的功能需求外，还需要遵循行业内被广泛认可的标准规范，以能够被不同的应用软件解析和理解。同时，很重要的一点是，需要保持公开开放的状态，以培育应用生态，获得广泛的平台解析支持。

在水土保持业务中，带有空间属性的业务数据（主要是线状、面状要素），需要从某个空间数据库交换到另一个空间数据库，或者仅在不依赖于空间数据库的桌面环境中开展工作，都需要使用特定的空间数据格式，如生产建设项目扰动图斑的解译、防治责任范围图的制作等[6]。

基金项目：国家自然科学基金项目资助（32371966）。

作者简介：曾麦脉（1983—），男，高级工程师，主要从事地理信息与遥感、系统开发、水土保持等水利应用研究工作。

3 水土保持领域常用的空间数据格式及其局限性

在水土保持领域中，常用的空间数据格式有 Shapefile、GeoJSON 和 KML 等，它们能够有效地储存和传输地理信息中的点、线、面和属性等数据，为地图展示、空间分析和查询等操作提供了基础。

3.1 Shapefile

Shapefile（shp）是由美国环境系统研究所公司（ESRI）开发的空间数据开放格式，该文件格式已经成为了地理信息软件界的开放标准，几乎所有的自由或商业程序都可以读取该格式，用于存储点、线、面等几何要素和相关属性数据。

Shapefile 指的是一种文件存储的方法，它由多个文件组成。其中“. shp”、“. shx”和“. dbf”三个文件必不可少，且同一组数据的文件名前缀相同。“shp”是矢量图形格式，用于存储几何实体。“. shx”用于图形索引。由于 Shapefile 是一种比较原始的矢量数据存储方式，它仅仅能够存储几何体的位置数据，而无法在一个文件之中同时存储这些几何体的属性数据，所以需要附带“. dbf”二维表用于存储 Shapefile 中每个几何体的属性信息。此外，一般还包括“. prj”坐标投影文件，“shp. xml”元数据文件，“. cpg”字符编码文件等。

Shapefile 文件的局限性主要在于：①无法存储地理数据的拓扑信息。②文件体积不能超过 2 GB，一个 Shapefile 最多存储 7 000 万个顶点坐标，由此决定了要素的存储数量。③字段名最多只能有 10 个字符，对于中文字段的取名常常构成挑战，另外，最多只能有 255 个字段。④ 一个 Shapefile 只可以存储单一的几何类型，所以治理工程的点状措施（点）、线性措施（折线类型）、面状措施（多边形类型）必须分开存储在三个不同的文件进行交换。⑤ 随着文件大小增加，性能会急剧下降，不适合承载大数据量，即使在 QGIS 上使用空间索引也难以改善。

在生产建设项目防治责任范围、人为扰动图斑、治理工程图斑等空间数据的导入导出环节，主要采用的是 Shapefile 格式。作为一种被广泛使用的空间数据格式，其通用性强。但是其数据模型以空间数据为主导，属性挂靠在空间数据上，点、线、面需分开数据存储，与业务对象的数据模型匹配性不高，所以只是用作部分空间相关数据的交换。

例如：国家系统的生产建设项目水土保持监管模块，在项目详情中可以一次导出一个项目的防治责任范围、防治分区、弃土弃渣场三类空间数据，对应三项同名 Shapefile 文件，每个 Shapefile 文件中附带少量属性，如图 1 所示。虽然可以交换单个项目的空间数据，但是难以整合项目的完整水土保持管理信息。

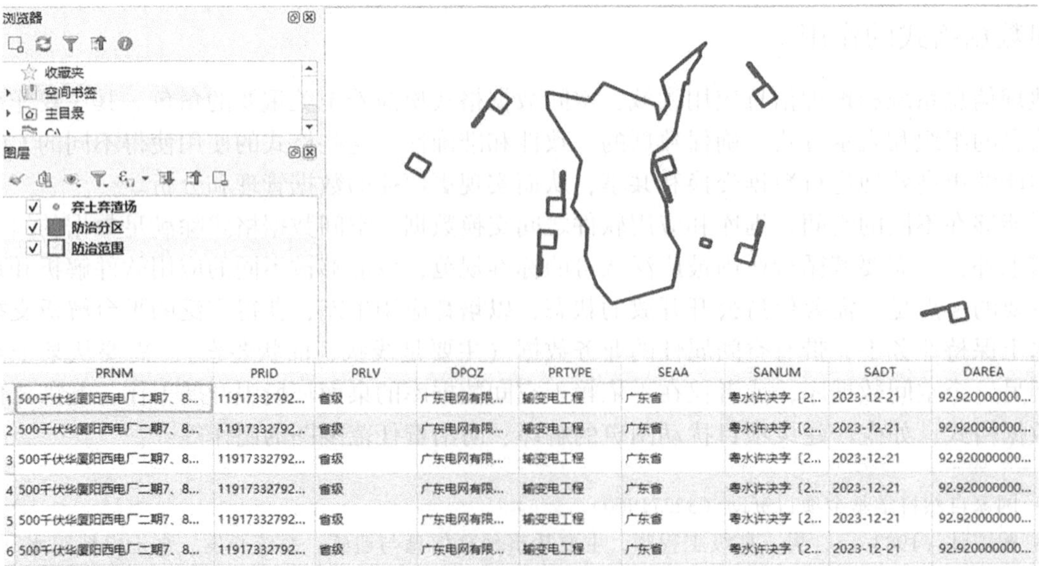

图 1　水土保持方案 Shapefile

3.2　GeoJSON

GeoJSON 是一种使用 JSON（JavaScript Object Notation）对地理数据结构进行编码的格式，它被设计为一种轻量级、基于文本且与语言无关的数据交换格式，由 RFC 7946 标准定义。一个完整的 GeoJSON 数据结构总是一个 JSON 对象，对象可以表示几何信息、要素或者要素集合。要素包含一个几何对象和属性对象，要素集合包含多个要素的集合。由于要素集合中的要素可以是不同类型（点、线、面）的空间对象，因此提供了更加灵活的空间对象建模方式。同时，由于基于 JSON，因此具备易于阅读和解析的特点，并且能支持流式处理，广泛用于 Web 地图应用中。

在国家水土保持系统中，已批水土保持方案的生产建设项目全过程管理信息的交换，就是使用的 GeoJSON 格式，将每个项目作为一个对象整体，属性和各种空间数据是其组成部分。其目录组织方式如图 2 所示。

其防治责任范围“.json”是一个 GeoJSON 文件，通过“type”和“coordinates”描述了其中的多个空间要素对象。“type”说明了空间数据的类型，如“Polygon”表示面状要素。“coordinates”中记录了组成要素的空间点位集合。

在遥感监管的扰动图斑复核数据交换中，同样使用了 GeoJSON 格式进行数据的交换，在同一个 json 文件内，除描述图斑的空间信息，同时还记录了图斑复核的属性信息，如图 3 所示。

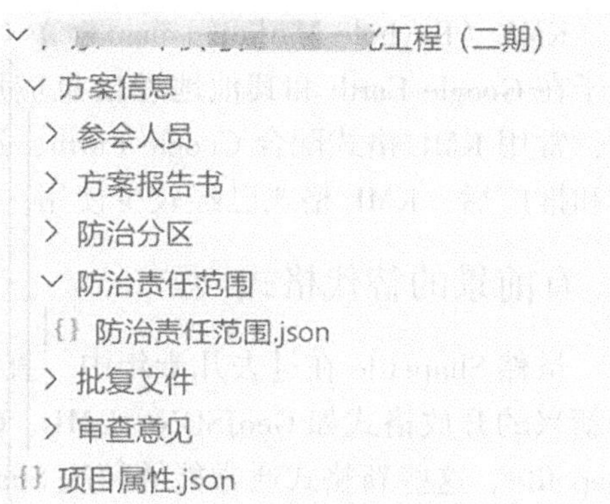

图 2　目录组织方式


```
"GEOMETRY": "{\"type\":\"Polygon\",\"coordinates\":[[[12604241.3,2642961.45],
    [12604241.85,2642968.45],[12604241.85,2642977.6],[12604245.65,2643004.25],
    [12604247.55,2643023.29999999],[12604248.95,2643030.75],[12604251.9,2643034.9],
    [12604241.3,2642961.45]]]}",
"QDNM": "202[illegible]_99",
"QTYPE": "施工扰动",
"QAREA": 2.1140970166075981,
"QDCS": "施工",
"QDTYPE": "新增扰动",
"BYD": "未批先建",
"RST": "否",
"PRNM": null,
"PRID": null,
"PRLV": "未知",
"DPOZ": null,
"PRTYPE": "未知",
"NOTE": null,
"LON": 113.22661835928565,
"LAT": 23.090811889578969,
"REGION": "440103",
"ADDR": null,
"NPRTYPE": "未知",
"ISSA": "否",
"SAAREA": 0.0,
"CAREA": 0.0,
"CPER": 0.0,
"SQNM": null,
"SQORG": null,
```


图 3　图斑复核 json 文件

作为一种轻量级的数据交换格式，GeoJSON 是在 JSON 格式基础上的拓展，解决了 shapefile 的多文件问题，可以在一个文件中，同时记录空间信息和属性信息，甚至同时记录不同的空间类型。但它也有自身的局限性，主要在于：①文件占用空间大，多数情况下，相似属性特征和矢量数据量，GeoJSON 的文件大小几乎是 Shapefile 的 2 倍。②GeoJSON 没有空间索引，因此在处理大量数据时，效率低。③只能整个文件加载到内存，因此文件的加载更慢，难以支撑大文件进行任务处理。④当文件大小超过 10 GB 级别的规模时，容易引起写入不完整错误，导致文件损坏。

3.3 KML

KML（Keyhole Markup Language）由 Google 开发，是一种 XML 格式的地理数据表示方法。KML 用于在 Google Earth 和其他地理信息应用中展示地理要素和相关属性。早期开展水土保持外业调查时，常用 KML 格式配合 Google Earth，进行现场定位和简单的属性记录。在水土保持行业 App 逐渐开发和推广后，KML 格式已经较少使用。

4 有前景的替代格式

虽然 Shapefile 在过去几十年中一直是主流的 GIS 数据格式，但随着技术的发展和需求的变化，一些新兴的开放格式如 GeoJSON、GML、GeoPackage 等逐渐受到更多关注，并在一些应用场景中取代了 Shapefile。这些新格式通常能够解决 Shapefile 存在的一些问题，并提供更高效、更灵活的地理信息存储和处理能力。

4.1 GeoPackage

GeoPackage 适宜传输地理空间信息，它是一种开放的、基于标准的、独立于平台的、可移植的、自描述的紧凑格式。它本质上是一个带有 OGC 编码标准的 SQLite 容器，是一种单文件的地理数据库，可用于存储矢量特征、瓦片矩阵（栅格数据）、非空间属性表格数据及其扩展。

由于 GeoPackage 是一个数据库容器，因此它支持直接以“本机”存储格式访问和更新其中数据，无须中间格式转换。这种特性使得其在连接和带宽有限的通信环境中的移动设备（如手机和平板电脑）上特别有用。同时，由于底层 SQLite 数据库是一种复杂的二进制格式，它不适合流式传输，必须将其写入本地文件系统或访问，更适合在文件系统上存储和随机访问地理空间数据。

此外，GeoPackage 的主要优势还包括：①开源、开放，软件广泛支持。②轻巧且跨环境高度兼容，比传统意义上的地理数据库轻量化，但是和地理数据库速度相差无几。③与 Shapefile 相比，其文件大小通常轻 1.1~1.3 倍，而与 GeoJSON 相比，文件大小几乎轻了 2 倍。④ GeoPackage 中的矢量图层具有 R-tree 索引（空间索引），比使用 shp 文件在加载、平移和缩放时更快。⑤ 几乎没有文件大小限制，最大数据量为 140 TB。⑥ 单文件，管理方便，单个包文件可以有多个矢量图层，每个层可以有不同的几何类型。

4.2 FlatGeobuf

FlatGeobuf（FGb）是一种为地理图形数据进行二进制编码的格式，基于 FlatBuffers，它能容纳 OGC 发布的 Simple Features（简单要素）规范下的数据。其设计目标是大数据量的静态数据读写速度超越传统格式，对于数据量、内容上没有大小的限制，并且适合流式或随机访问。

FlatGeobuf 的主要优势包括：① 高效的空间利用，相对于传统的 Shapefile 和 GeoJSON 等格式，FlatGeobuf 通常具有更小的文件大小。②快速的读写性能，支持高效的随机访问，特别适用于大型数据集。③ 兼容现有 GIS 库，可以与许多常见的 GIS 库和工具集成，包括 GDAL、PostGIS 等。④ 支持多种地理空间数据类型，可以存储点、线、多边形等不同类型的地理空间数据。

5 对比实验

对一个空间数据格式进行评价，可量化的几个指标主要包括数据包大小、读取速度、写入速度、空间查询效率。本实验基于这四个指标进行测试。实验环境：操作系统 Windows 11，GDAL 版本 3.6.2。

为了保障实验的全面性，实验数据包括点、线、面三种数据。通过公开渠道下载 OSM 免费数据，点数据采用广东省地址点（places）数据，该数据包含了 43 564 个点和相关的属性数据；线数据采用广东省道路（roads）数据，该数据包含了 771 737 条线和相关的属性数据；面数据采用广东省建筑物（buildings）数据，该数据包含了 341 302 宗面和相关的属性数据。实验原始数据情况如表 1 所示。

表 1　实验原始数据情况

数据类型	数据参数	
	数据量	数量描述
点数据	43 564 个	广东省地址点（places）数据
线数据	771 737 条	广东省道路（roads）数据
面数据	341 302 宗	广东省建筑物（buildings）数据

通过 gdal 提供的 api，将实验原始数据转成 GeoPackage、GeoJSON、PlatGeobuf、Shapefile，记录其读取、写入时间。随机取一个矩形，进行空间过滤查询，记录其过滤读取时间。经过多轮实验验证，取平均值，得到 GeoPackage、GeoJSON、FlatGeobuf、Shapefile 的读取、写入、空间过滤时间和数据包大小，如图 4 所示。

由此可见，GeoPackage 在写入耗时最高，数据包大小方面表现最优。GeoJSON 在读取、空间过滤、数据包大小方面表现最差。FlatGeobuf 在读取、写入、空间过滤方面表现都最好，数据包大小表现也比较优秀。Shapefile 各方面均比 FlatGeobuf 略差。

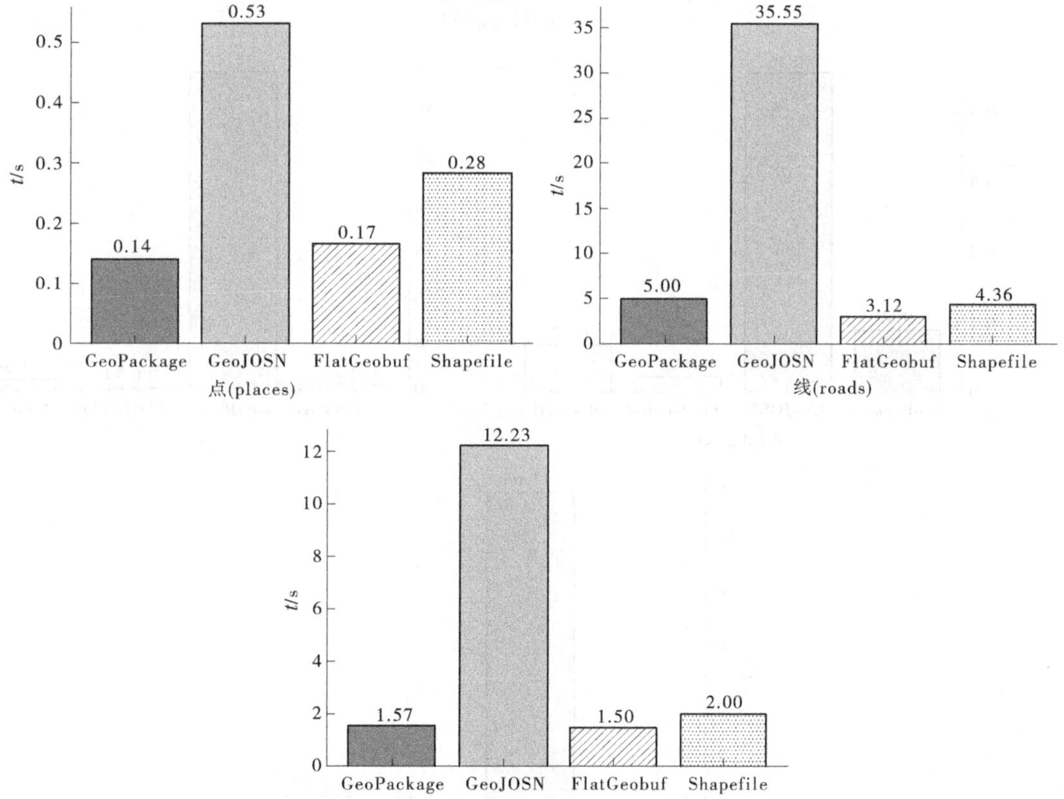

(a)读取时间

图 4　矢量格式性能指标图

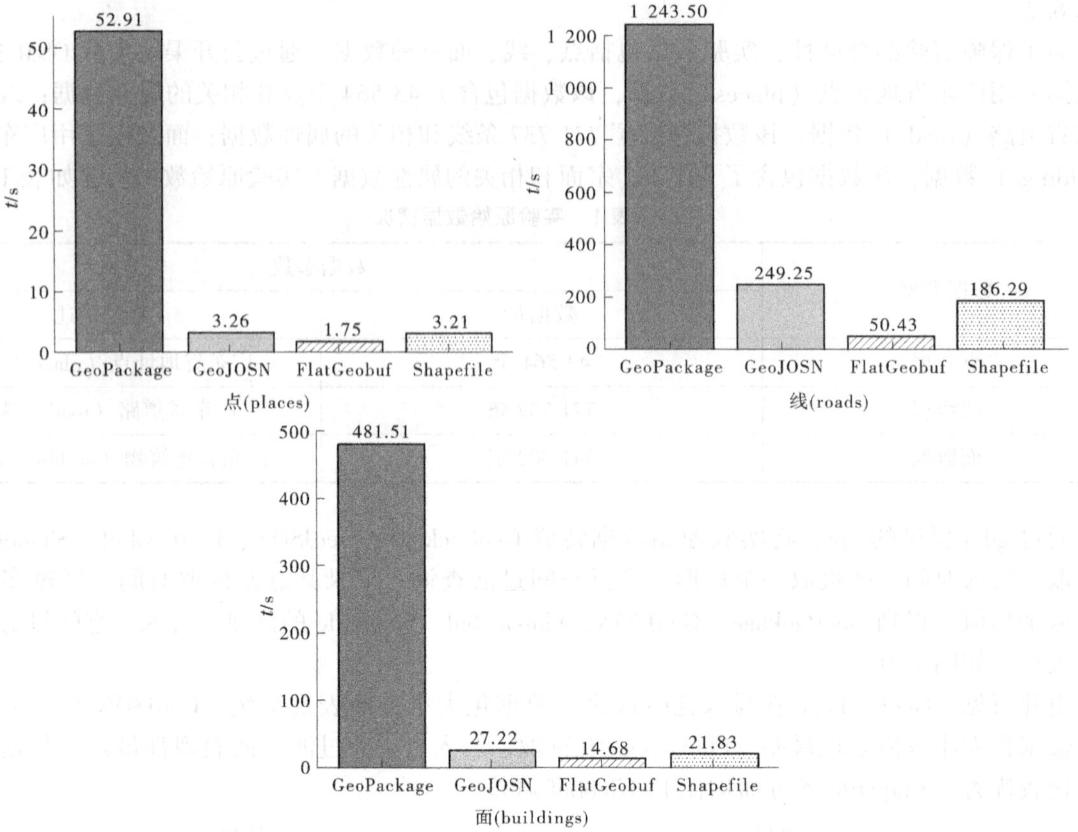

(b)写入时间

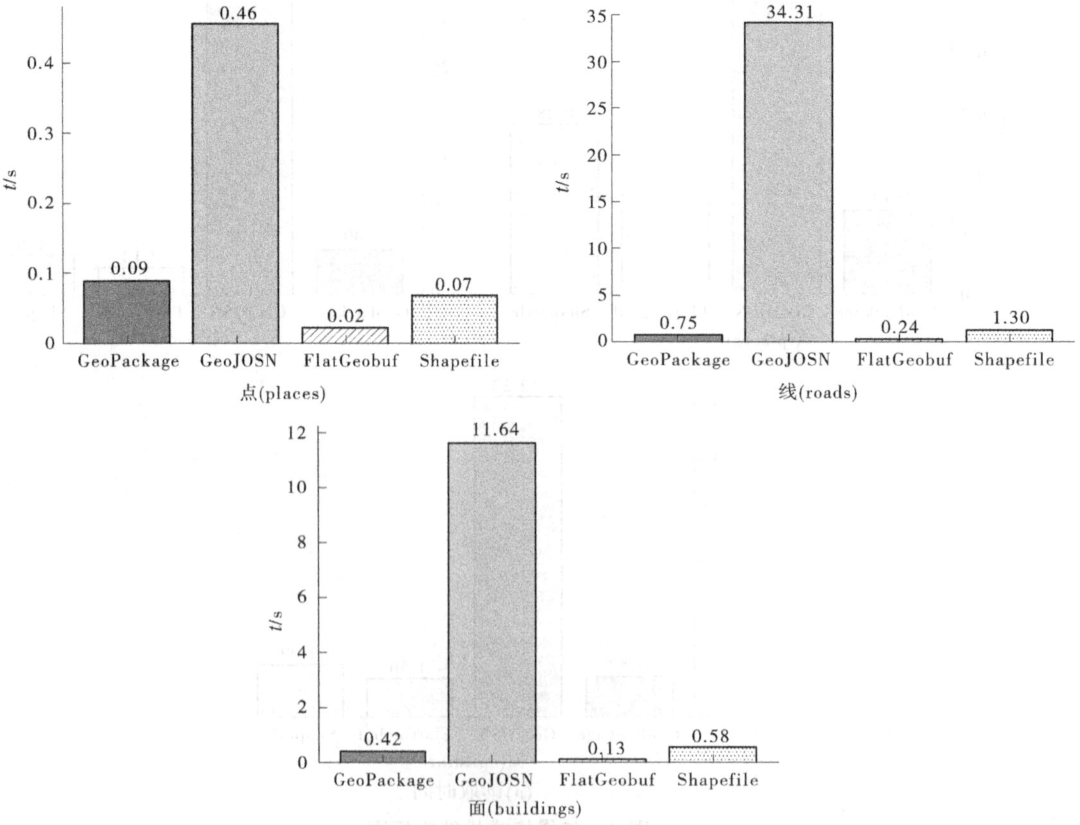

(c)空间过滤时间

续图 4

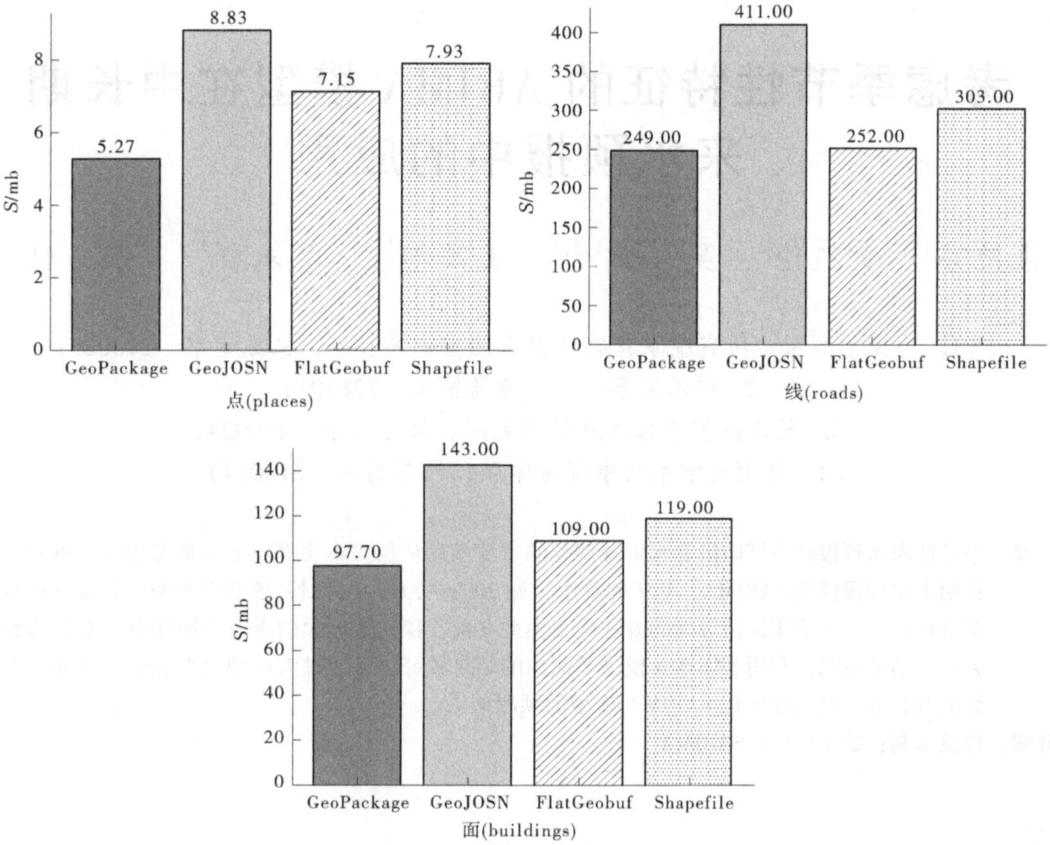

(d)数据包大小

续图 4

6 结语

随着大数据和 GIS 的发展，出现了更符合现代地理信息数据管理的数据格式，如 GeoPackage、GeoJSON、FlatGeobuf。GeoJSON 由于数据格式简单、可读性强，依托 json 数据格式，在数据量小的情况下，在 WEB 数据传输应用很普遍。GeoPackage 由于占用空间最小，在数据管理方面具备一定的优势。而 FlatGeobuf 格式出现得比较晚，不过具备良好的综合性能，在 WEB 数据传输、数据管理方面将会有更强的竞争力。

参考文献

[1] 许峰，曾大林．地球信息技术在水土保持生态环境监测中的应用［J］．中国水土保持，2001（8）：33-34.

[2] 孔帅可，乔保军，付征叶．基于 GDAL 的 ESRI Shapefile 格式文件处理［J］．计算机时代，2014（8）：43-45，47.

[3] 王东兴，朱翊．GeoJSON 在异构地理信息数据集成中的应用［J］．测绘与空间地理信息，2018，41（6）：138-140，146.

[4] Open Geospatial Consortium（OGC）．OGC GeoPackage Encoding Standard.［EB］．［2023-07-15］.

[5] Martin J，Tisdale M. FlatGeobuf：A new GIS vector data format［J］．Journal of Open Source Software，2016，3（27）：716.

[6] 卜崇峰，蔡强国．GIS 技术在水土保持中的应用［J］．水土保持研究，2004（4）：162-164.

考虑季节性特征的ARIMA模型在中长期来水预报中的应用

康艳芬[1]　黄凯伦[2]　吴　巍[1,3,4]　王高旭[1,3]　吴永祥[1,3]　张　轩[1,4]

（1. 南京水利科学研究院水灾害防御全国重点实验室，江苏南京　210029；
2. 皖江工学院，安徽马鞍山　238101；
3. 长江保护与绿色发展研究院，江苏南京　210024；
4. 河海大学水文水资源学院，江苏南京　210024）

摘　要： 中长期来水预报是流域防洪和水资源调配的重要基础依据。本文提出了一种考虑季节性特征的中长期来水预报模型SARIMA，基于锦屏水文站2008—2013年流量月度数据资料，建立SARIMA模型进行预测，并采用遍历寻优的方法确定模型参数，探究数据中的季节性周期分量对预报精度的影响。结果表明，利用SARIMA模型预测出的结果较好，且通过大量的模型测试，发现季节性参数的调整可以极大地优化SARIMA模型的预测结果。

关键词： 智慧水利；数字孪生；SARIMA

1　引言

智慧水利是水利高质量发展的显著标志之一，智慧水利的建设不仅能够提升水利行业的管理水平，还能够为经济社会的可持续发展提供坚实的水安全保障，其中在水资源调配方面，要构建来水预报、需水调配、水量分配、水量调度等模型，支撑提前规避风险，通过预报内容精准制定预案，为国家水网智慧调度奠定基础。常用的来水预报模型包括退水曲线法、前后期径流相关法、回归分析模型、时间序列分析法、聚类模型、人工神经网络模型、支持向量机和小波分析等。Mombeni等[1]在2013年以伊朗月用水量为原始数据，利用SARIMA模型对需水量进行预测，预测结果较好。Wang Wenchuan等[2]在2015年提出自回归差分移动平均（ARIMA）模型对年径流时间序列进行预测。鲍阳等[3]在2024年通过ARIMA时间序列模型对深圳东江水源的需水量进行预测，并计算模型的平均相对误差值为3.72%，表明模型具有较好的预测效果。

本文考虑径流序列的季节性周期分量在ARIMA模型预测过程中难以捕捉的难题，在ARIMA模型中引入季节性项，构建SARIMA模型（seasonal auto regressive integrated moving average model）进行预测，并采用遍历寻优的方法确定模型参数，以此来提高预报精度。拟利用2008—2013年锦屏水文站流量月度数据资料，建立SARIMA模型并探究该季节性周期分量参数对预报精度的影响，为中长期水文预报提供科学依据。

基金项目： 国家重点研发计划（2022YFC3204603）；云南省省市一体化专项（202202AH21007）；国家自然科学基金资助项目（42075191，52009080）。

作者简介： 康艳芬（2001—），女，硕士研究生，研究方向为水资源调度。

通信作者： 王高旭（1979—），男，正高，副主任，主要从事水资源调度、水利信息化研究工作。

吴巍（1991—），男，工程师，主要从事水资源调度、水利信息化研究工作。

2 方法

2.1 SARIMA 模型

ARIMA 方法是传统的时间序列分析方法，由 Box 和 Jenkins 于 1970 年提出，也称为 Box-Jenkins 法。ARIMA 模型主要由三部分构成，分别为自回归模型（AR）、差分过程（I）和移动平均模型（MA）。

SARIMA 是季节性自回归差分移动平均模型，是在 ARIMA 模型的基础上加入季节性的部分。

ARIMA 模型的一般表达式为 ARIMA（p，d，q），SARIMA 模型则表示为：ARIMA（p，d，q）（P，D，Q）［m］，用大写字符来标记模型中季节性的部分，用小写字符来标记非季节性的部分。其中：p、q 分别为自回归和移动平均阶数；d 为一般差分次数；P、Q 分别为季节性自回归和移动平均阶数；D 为季节性差分次数；m 为季节周期。

公式可表示为

$$\begin{cases}\Phi(B)\nabla^d x_t = \Theta(B)\epsilon_t \\ E(\epsilon_t)=0,\ \mathrm{Var}(\epsilon_t)=\sigma^2_{\epsilon_t},\ E(\epsilon_t\epsilon_s)=0,\ s\neq t \\ E(x_t\epsilon_t)=0,\ \forall s<t\end{cases} \tag{1}$$

式中：$\nabla^d=(1-B)^d$；$\Phi(B)=1-\varphi_1 B-\cdots-\varphi_p B^p$，为平稳可逆 ARMA（$p$，$q$）模型的自回归系数多项式；$\Theta(B)=1-\theta_1 B-\cdots-\theta_p q^q$，为平稳可逆 ARMA（$p$，$q$）模型的移动平均系数多项式。

2.2 遍历寻优方法

在 SARIMA 模型预测过程中，采用遍历寻优方法确定模型中的 p，d，q 和 P，D，Q 参数。该方法根据提供的信息标准（AIC、AICc、BIC 或 HQIC）为时间序列拟合最佳模型。在所提供的约束条件下，对可能的模型和季节顺序进行搜索（逐步搜索或并行搜索），并选择能使给定指标最小化的参数。

采用分步法进行搜索，分步法遵循 Hyndman 和 Khandakar[6] 提出的基本方法。

首先，尝试以下四种可能的模式：①ARIMA（2，d，2）（1，D，1）；②ARIMA（0，d，0）（0，D，0）；③ARIMA（1，d，0）（1，D，0）；④ARIMA（0，d，1）（0，D，1）。选择其中 AIC（或 BIC 或 AICc 等，取决于最小化标准）最小的模型作为“当前最佳 ”模型。

然后，考虑其他模型：每当找到一个信息标准更低的模型时，它就会成为新的当前最佳模型，该过程一直重复，直到找不到一个信息标准更低的模型。

“当前最佳模型”有如下变化：

（1）p、q、P 和 Q 中的任意一个与当前最佳模型相差±1。

（2）p 和 q 均与当前最佳模型相差±1。

（3）P 和 Q 均与当前最佳模型相差±1。

只要找到 AIC 较小的模型，它就成为新的“当前”模型，并重复该过程。当找不到具有较小 AIC 的接近当前模型的模型时，遍历寻优过程结束。

2.3 模型评价指标

本文以 2008—2011 年锦屏水文站流量数据拟合模型，利用 2012 年流量数据检验模型的预测效果。以均方根误差（root mean square error，RMSE）评价模型拟合、预测效果。

均方根误差，是评估预测模型精度的常用指标之一。它衡量的是预测值与真实值之间的偏差程度，计算的是预测值与真实值之差的平方和的平方根。RMSE 的取值范围是 0 到+∞，数值越小表示模型的预测误差越小，模型的预测能力越强。

计算公式为

$$\mathrm{RMSE}=\sqrt{\frac{1}{n}\sum_{i=1}^{n}(y_i-\hat{y}_i)^2} \tag{2}$$

式中：n 为样本个数；y_i 为真实值；$\hat{y}_i$ 为预测值。

3 结果

经过对季节性参数 m 的不断调整及遍历寻优方法，最终得出模型的参数为：SARIMA（0，0，0）（0，1，0）[24]，均方根误差 RMSE = 673.278。相同数据采用遍历寻优法得出的最优 ARIMA 模型的参数为：ARIMA（1，0，0），均方根误差 RMSE = 1 242.510。ARIMA 模型和 SARIMA 模型预测结果与水文站流量数据对比如图 1 所示。由图 1 可知，利用 SARIMA 模型预测出的结果较好。

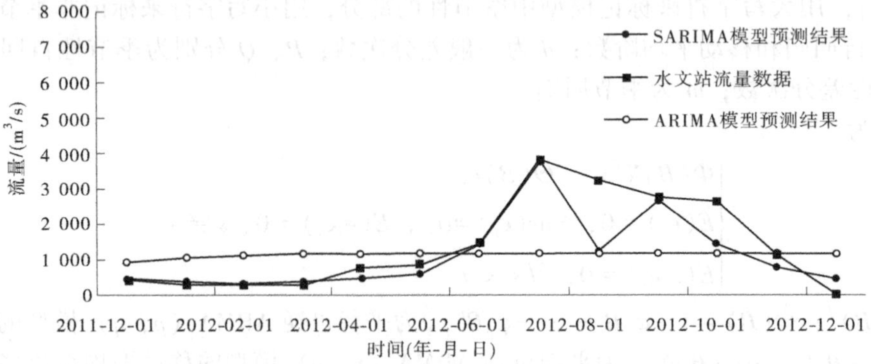

图 1 ARIMA 模型与 SARIMA 模型预测结果对比

水文流量数据本身具有季节性特点，单纯的 ARIMA 模型很难捕捉到该特点，引入季节性分量后，预测效果大幅提升。其中，参数 m 与每个季节周期的观测次数有关，该参数对应于某些经常性周期，比如 7 表示一周 7 天、12 表示一年 12 月、52 表示一年 52 周等。

对季节性参数 m 在［0，50］随机取样，发现参数 m 的改变可以极大地影响 SARIMA 模型的结果。在模型测试得出的结果中选取了误差最小的一组数据，如图 1 所示，即使得误差 RMSE 最小的季节性参数 m 值为 24。图 2 为部分测试数据的误差值对比图。

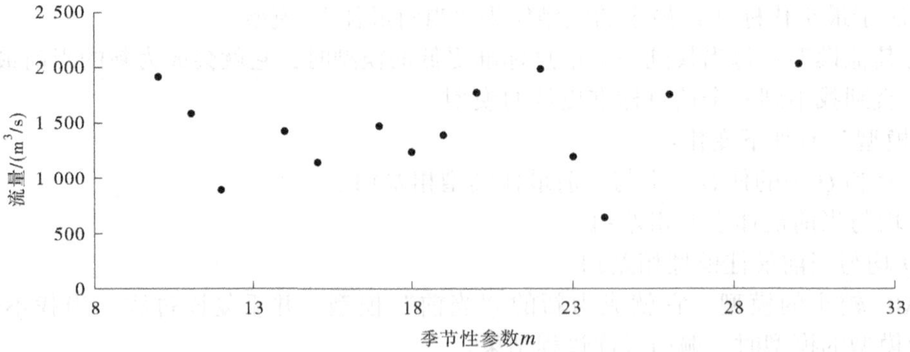

图 2 不同参数对应预测结果的 RMSE 对比图

4 结论

本文考虑径流序列的季节性周期分量在 ARIMA 模型预测过程中难以捕捉的难题，构建了 SARIMA 模型，并应用于中长期来水预报中，得出以下结论：

（1）考虑季节性特点的 SARIMA 模型建模简单，相较于 ARIMA 预测效果较好，预测结果能够更好地反映中长期来水的趋势。

（2）季节性参数对于 SARIMA 模型预测结果影响较大，说明径流序列的季节性制约了 ARIMA 预测效果，建立SARIMA模型提升预测精度十分必要。另外，辨识径流序列的季节性，确定合理的季节性参数，能显著提升SARIMA模型预测精度。

参考文献

[1] Mombeni H A, Rezaei S, Nadarajah S, et al. Estimation of Water Demand in Iran Based on SARIMA Models [J]. Environmental Modeling & amp; Assessment, 2013, 18 (5): 559-565.

[2] Wang W C, Chau K W, XU D M, et al. Improving Forecasting Accuracy of Annual Runoff Time Series Using ARIMA Based on EEMD Decomposition [J]. Water Resources Management, 2015, 129 (8): 2655-2675.

[3] 鲍阳，冯露，孔楠楠，等. 基于ARIMA模型对东江水源需水预测研究 [J]. 吉林水利，2024 (7): 8-12.

[4] 郭廓. ARIMA模型在阜新地区降水量预测中的适用性分析 [J]. 黑龙江水利科技，2024，52 (4): 37-39，79.

[5] 陈星，沈紫菡，许钦，等. 陕西省月用水量预测方法研究与分析 [J]. 水利水电科技进展，2024: 1-10.

[6] Hyndman R, Khandakar Y. Automatic time series forecasting: the forecast package for R [J]. Journal of Statistical Software, Journal of Statistical Software, 2007.

[7] 黄潇莹，张健. ARIMA模型在成都市供水量预测中的应用 [J]. 水资源与水工程学报，2010，21 (4): 111-113.

中小流域防洪排涝“四预”平台应用研究
——以广州市南岗河流域为例

王汉岗[1,2]　张　炜[1]　张文晴[1]

（1. 珠江水利委员会珠江水利科学研究院，广东广州　510611；
2. 水利部珠江河口海岸工程技术研究中心，广东广州　510611）

摘　要：为有效缓解日益严峻的洪涝灾害问题，针对中小流域，以广州市南岗河流域为例，构建了中小流域“四预”防洪排涝平台。通过洪涝要素监测、洪涝过程模拟、“库闸泵人车物”全景调度技术得到了中小流域尺度洪涝预报、预警、预演、预案的全方位应急决策措施，高效提升了流域水旱灾害防御科学化、精准化水平，为防洪调度决策提供重要支撑，在汛期洪涝灾害防御工作中，该平台发挥了重要作用。

关键词：防洪排涝；“四预”；南岗河；洪涝灾害

1　引言

2021年3月，水利部部长李国英在水旱灾害防御工作视频会议上提出，坚持预字当先、关口前移，强化“四预”（预报、预警、预演、预案），从而实现智慧水利体系建设，为防灾减灾提供精准化决策支持。要实现精准、超前的城市防洪排涝“四预”，必须准确把握城市气候水文特点、洪涝灾害演变规律、防洪工程体系调用以及防汛应急决策，这涉及多种学科、技术的联合应用，而构建数字孪生流域就是高效整合各类科技资源的一个重要手段[1-3]。

目前，针对大江大河的数字孪生流域建设已率先开启并奠定了重要的基础，但针对高密度城市型数字孪生流域的建设仍然面临着一些难题[4-5]：一是数据不足，普遍缺乏对城市洪涝全过程的持续动态监测，以及对高精度城市空间数据的获取度不足。二是洪涝模拟模型效能低，难以支撑对复杂城市水文过程的模拟，难以满足城市洪涝预报对时效性的高要求。三是业务整合程度低，洪涝灾害防御涉及跨部门和跨领域合作，目前缺乏有效的信息共享和协作机制。对此，亟需围绕上述问题，本文从算据、算法、系统平台等方面开展高密度城市型数字孪生流域防洪排涝“四预”及调度关键技术研发，并推动相关技术落地应用，为城市洪涝风险精准超前研判和应急管理工作的高效开展提供支撑。相关工作有望推进高密度城市洪涝智慧防御建设，具有重要的探索意义和示范价值。

2　案例背景及建设框架

2.1　案例背景

南岗河地处广州市黄埔区东部，是东江北干流的一级支流，发源于鹅山，流经木强水库、高田、石桥、南岗街，全长24.12 km，如图1所示。南岗河流域是黄埔区内最大的流域，集雨面积134.5 km^2，流域地势整体呈北高南低，上游为山区丘陵，中游低丘平原地处湾区腹地、中心城区，为科技创新产业区，下游汇入东江，毗邻滨江经济带，整体呈现“背山、穿城、面海”的空间格局。南岗

基金项目：国家重点研发计划项目（2021YFC3001000）。

作者简介：王汉岗（1984—），男，高级工程师，主要从事流域洪水治理研究工作。

河流域作为粤港澳大湾区“山海城一体”的代表性流域，其特殊的地理位置、地形地貌和水文情势等自然条件导致水安全问题复杂多样，极端洪涝灾害形势严峻。近年来，强降雨引发的洪涝灾害频发，强度不断增大，南岗河流域地处粤港澳大湾区核心腹地，战略地位突出，人口密集，因此针对该流域进行防洪排涝“四预”平台建设对保障区域生活生产正常平稳运转具有重要意义。

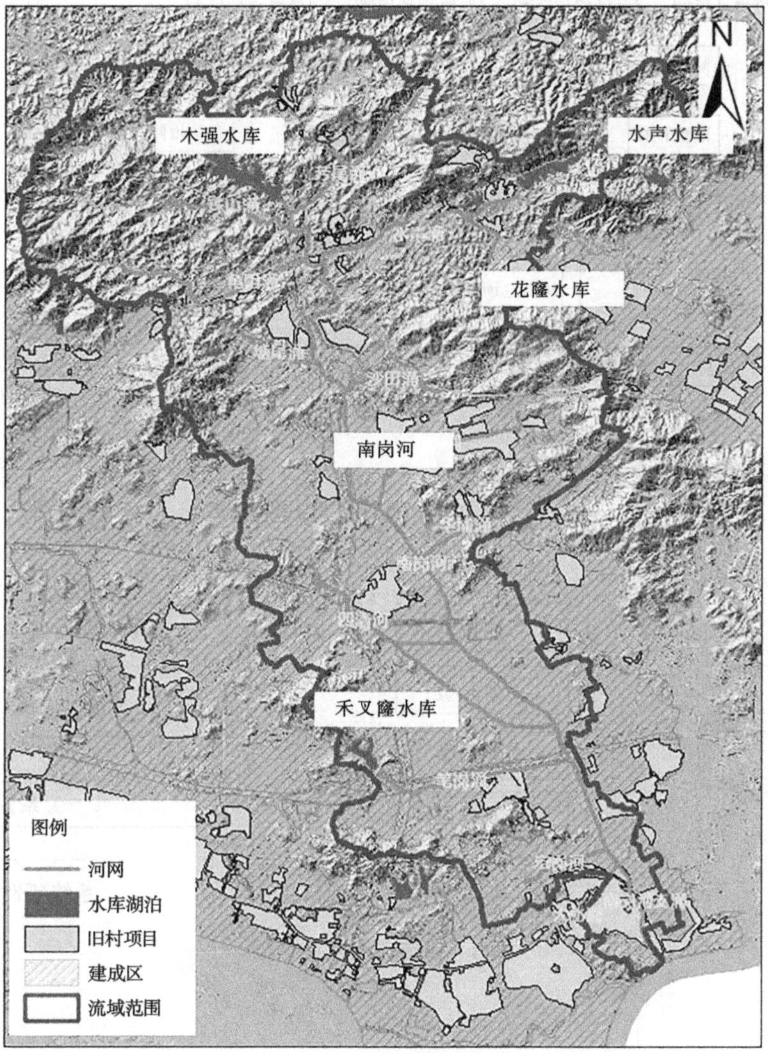

图 1　南岗河流域概况

2.2　建设框架

数字孪生南岗河防洪排涝“四预”及调度平台旨在升级完善流域防洪排涝“四预”功能，全方位保障南岗河流域的水安全。在预报上，通过构建气象水文模型、水文水动力模型、智能模型、水库群联合调度模型，实现“降水—洪水预报—防洪调度”全过程模拟。在预警上，通过扩展河流水文、水工程安全等的信息监测感知，提高预警信息的时效性、精细度和覆盖面。在预演上，通过扩展洪涝模拟计算和动态仿真等功能，支撑调度方案集合生成。在预案上，通过集成各类防洪方案、调度规则，扩展方案自动生成、多方案比选等功能，支撑形成防洪排涝调度决策优化方案。系统功能模块内容如图 2 所示。

采用多端架构（B/S、C/S 并存）进行系统建设，以满足一二维水动力模型、三维 GIS 模块对系统的高性能要求。采用 Fortran、Java、C++、C#、Html、JavaScript 多种前后端语言进行系统开发，采用 HTML5、WPF 新型界面框架技术进行友好高效便捷的交互界面设计与实现。系统以“用户场景”为基础，拟开发的子功能模块主要包括全流域场景模块、水库场景模块、河道场景模块、易涝点场景模块、系统管理。系统研发技术路线如图 3 所示。

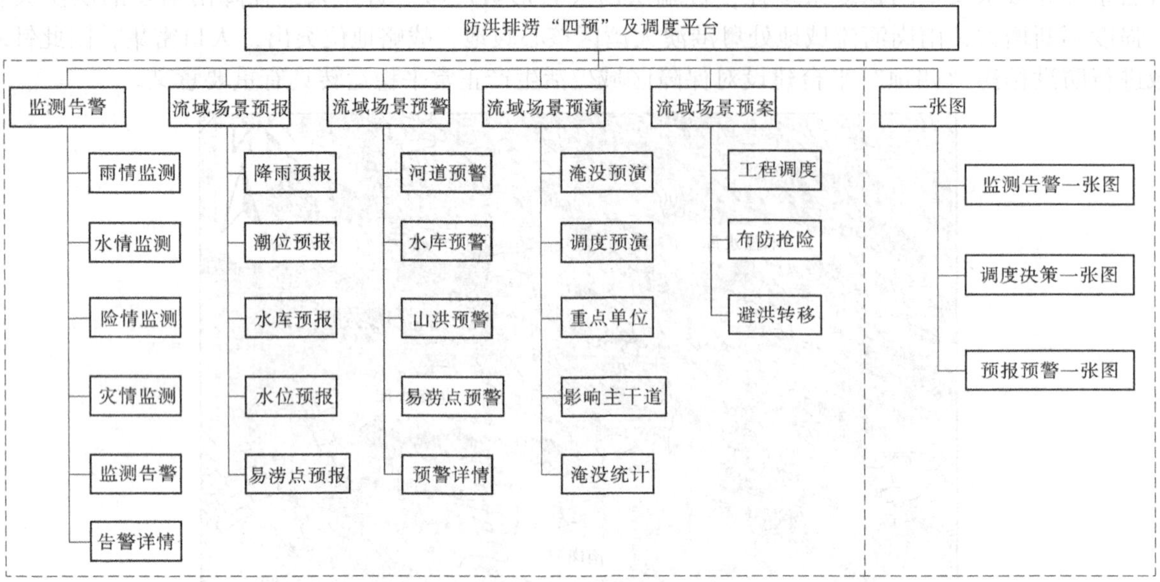

图 2　系统功能模块图

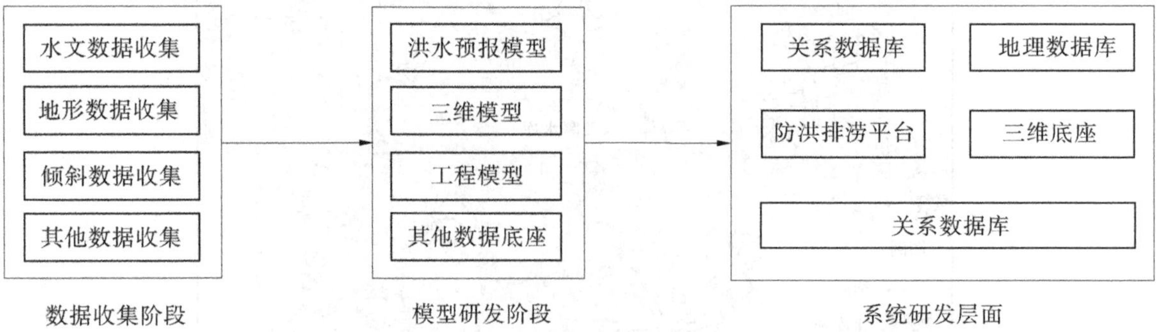

图 3　系统研发建设框架

3　建设内容

3.1　洪涝要素监测体系

3.1.1　雨水情、流量及视频监测

结合广州市黄埔区汛期应急监测项目中已建站点的情况，在南岗河流域上补充建设 20 个河流水雨情流量视频监测站（见图 4），包括 1 个水位流量视频监测站、1 个流量监测站、2 个流量视频监测站、16 个水位雨量流量视频监测站。

监测内容包括河道水位、雨量、流量及视频。每个监测站点包含水位、雨量、流量、视频的其中某一项监测内容或某几项监测内容。

3.1.2　积水监测与液位监测

根据南岗河流域统计的内涝风险点情况，在容易产生内涝积水的防御重点地方安装地面积水及排水管网液位监测设备（见图 5、图 6），可及时准确获取内涝信息。所选取的监测点要具有代表性，能够监测点位及其周边的特定监测指标的典型值，在相同的条件下尽量不要重复选取。另外，监测设备点位的选择也考虑了便利性原则，有较好的安装和后期运维条件，允许交通工具前往。

(a)　　　　　　　　　　(b)

图 4　水雨情流量视频监测

(a)　　　　　　　　　　(b)

图 5　内涝积水监测

(a)　　　　　　　　　　(b)

图 6　管网液位监测

3.1.3　潮位监测

在南岗河河口附近布设两套潮位监测设施，以掌握河口涨潮规律，为模型进行洪涝模拟提供边界输入。

3.2　洪涝模型构建

针对南岗河复杂的产汇流过程，南岗河洪涝模型构建成果主要包括南岗河流域山地水文模型、一维河网水动力模型、二维地表水动力模型及城市建成区一维管网水动力模型，如图 7 所示。

(a)山区及城市建成区水文模型

(b)一维河网水动力模型

(c)二维地表水动力模型

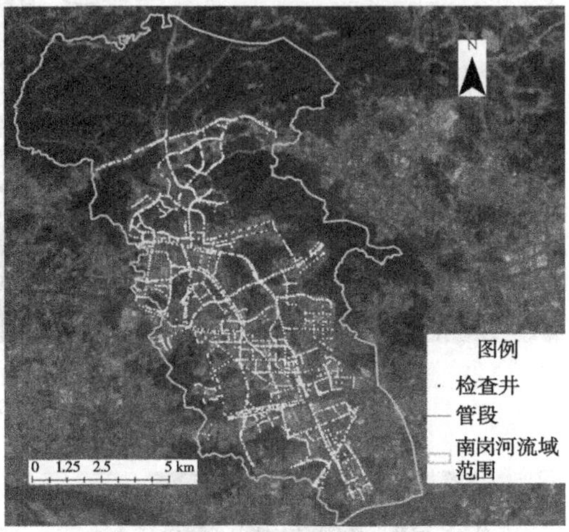

(d)一维管网水动力模型

图 7　南岗河流域洪涝模型示意图

为保证模型模拟的准确性，在实测降雨场次下对比河道断面及二维地表相关水力特征要素的模拟值及实测值，不断调整水文模型与水动力模型的特征参数，直至得到该场次降雨下模拟值与实测值最为接近的相关模型特征参数。

2020 年 5 月 22 日南岗河流域遭遇了特大暴雨袭击，经统计，“5. 22”暴雨 1 h 降雨量为 10～50 年一遇、3 h 降雨量超 100 年一遇、6 h 降雨量约为 100 年一遇。“5. 22”暴雨产生的洪水为 50～100 年一遇，超过南岗河流域干支流的现状防洪标准，在南岗河中下游漫溢出堤防，造成大范围淹水。

本文通过提取南岗河各雨量站“5. 22”暴雨实测降雨过程，采用模型复演的方式，计算南岗河“5. 22”淹没情况，并与实地调查成果进行对比，分析模型计算的合理性。“5. 22”暴雨过程中，实际受灾较为严重的几个区域的计算淹没水深和调查淹没水深对比如表 1 所示。各区域位置见图 8。

从对比结果看，模型计算得到的淹没范围基本与调查得到的淹没范围一致，模型计算得到的淹没水深与调查得到的淹没水深差别不大，因此认为模型的概化方式及参数设置基本合理，可以满足洪涝风险计算分析的需要。

表 1　各典型位置淹没水深对比结果

序号	位置	调查水深/m	计算结果/m
1	华埔涌出口附近	1.17	0.5~1.5
2	果园三路附近	0.5	0.3~0.5
2	广园快速路上游右岸	0.95~1	0.5~1.1
3	笔岗村	0~1.45	0~0.9
4	南岗村	0.4~0.8	0.5~1.5

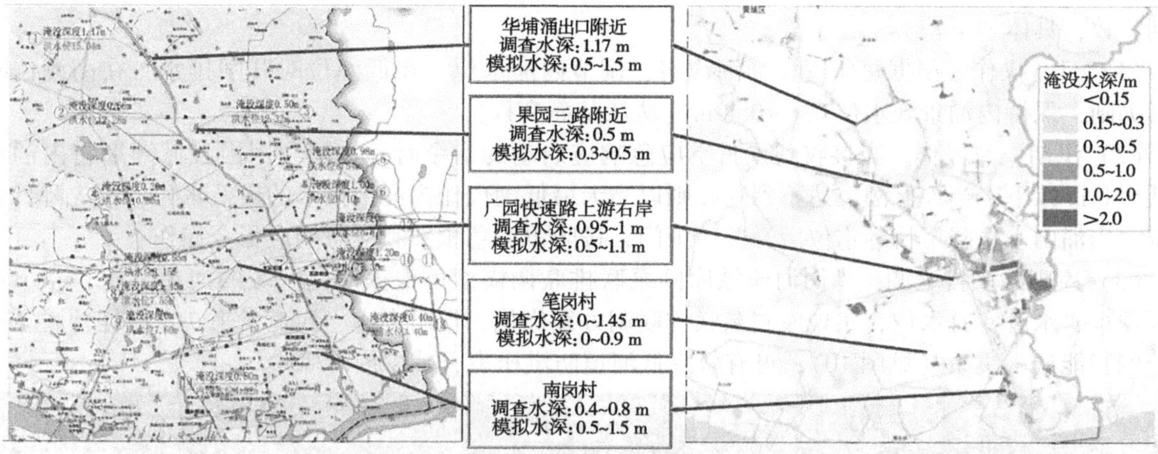

图 8　模型合理性分析——“5.22”暴雨调查结果（左）与计算结果（右）对比

在机理模型的基础上构建了基于人工智能的洪涝淹没快速预报模型，预见期为未来 6 h，相对于水动力模型，预报准确率损失 3%左右，计算耗时显著降低，150 万网格的计算耗时为 3 s，如图 9 所示。

(a)机理模型　　(b)智能模型　　(c)差异

图 9　$T=6$ h 时机理模型和智能模型的淹没情况对比及两者差异

3.3　“库闸泵人车物”全景调度模型

3.3.1　库闸泵联排联调模型

3.3.1.1　水库工程及调度

南岗河现有中、小型水库 4 座。其中，中型水库 1 座，为木强水库，以蓄水、灌溉、防洪为主；小型水库 3 座，其中小（1）型 1 座，小（2）型 2 座，以蓄水、灌溉、防洪为主。

（1）木强水库调度规则：木强水库位于黄埔区长岭街长平地域，南岗河流域上游，于 1958 年 10 月动工建设，1960 年竣工。木强水库溢洪道为开敞式，调洪计算中按敞泄考虑，起调水位与正常蓄水位相同，为 46.66 m。

（2）小（1）型水库调度规则：所有小（1）型水库溢洪道均不设闸门，调洪是按水库在蓄水至堰顶时产生洪水的情况下进行，洪水来时溢洪道系敞开自由泄流，当来水量大于泄流量时，水位上涨，最高水位在洪水主峰段出现，以后洪水开始退水，当来水量小于泄流量时，水位回落，直至水位回落至正常蓄水位即堰顶高程为止，调洪结束。

（3）小（2）型水库调度规则：所有小（2）型水库溢洪道均不设闸门，调洪是按水库在蓄水至堰顶时产生洪水的情况下进行，洪水来时溢洪道系敞开自由泄流，当来水量大于泄流量时，水位上涨，最高水位在洪水主峰段出现，以后洪水开始退水，当来水量小于泄流量时，水位回落，直至水位回落至正常蓄水位即堰顶高程为止，调洪结束。

3.3.1.2　水闸工程及调度

南岗河现有水闸 3 座，其中中型 2 座（南岗河水闸、金紫涌水闸），小型 1 座。各水闸调度运行规则一致，具体如下：

（1）日常操作。根据每年度黄埔潮汐表，调节内涌水位；在低潮位时开闸排水，在高潮位时补水后关闸，保持内涌景观水位 0.6~0.8 m（珠江基面高程）。

（2）汛期应急操作。当接收到预腾空应急响应启动的指令时，水闸利用当日低潮期将内涌水位降低至 0 m 以下，当天低潮位达不到 0 m 则以当天最低潮位作为涌内排水的最低水位，预先降低涌内水位。当涌内水位降至目标水位后，关闭闸门，按防汛应急预案和应急响应指令操作。

（3）库闸泵联排联调。南岗河流域库闸泵联排联调模型可根据研究区域的河道洪水预报、流域降雨预报、水库实时水位，实现库闸泵联排联调方案优化，得出水库、河道未来 7 d 最佳预腾空时机制定的智能调度决策（见图 10），可有效降低河道防洪压力，减少内涝风险。

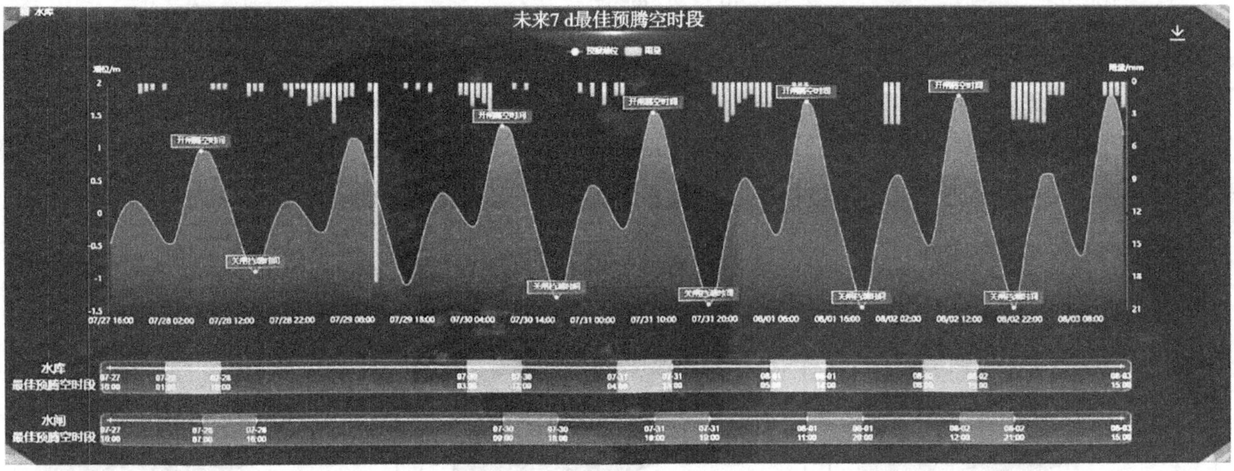

图 10　水库水闸未来 7 d 最佳预腾空时段推荐

3.3.2　人车物应急调配模型

当发生河道漫溢、内涝积水时，系统可根据积水点预报信息等，合理制定抢险人员、车辆、物资的调度分配及人员避险转移方案，确保人民群众生命安全。系统通过利用数字模拟仿真引擎、水利知识引擎等信息化技术，基于当前积水场景，结合历史调度方案及成效，预估方案实施后可能影响的对象、人员、经济损失等，在全面分析评估的基础上对比提出最优推荐调度方案，并通过可视化手段直观展示，自动形成文本材料，辅助下达抢险人员、车辆的调度指令。南岗河流域应急调度决策图如图 11 所示。

4　平台功能

4.1　“库河地管”洪涝全景滚动预报

在预报方面，平台基于南岗河流域未来 24 h 气象预报、未来 24 h 外江潮位预报、雨水情实时监测信息，在充分考虑流域水文地质特征（下垫面形态）的基础上，构建高密度城市洪涝预报模型体

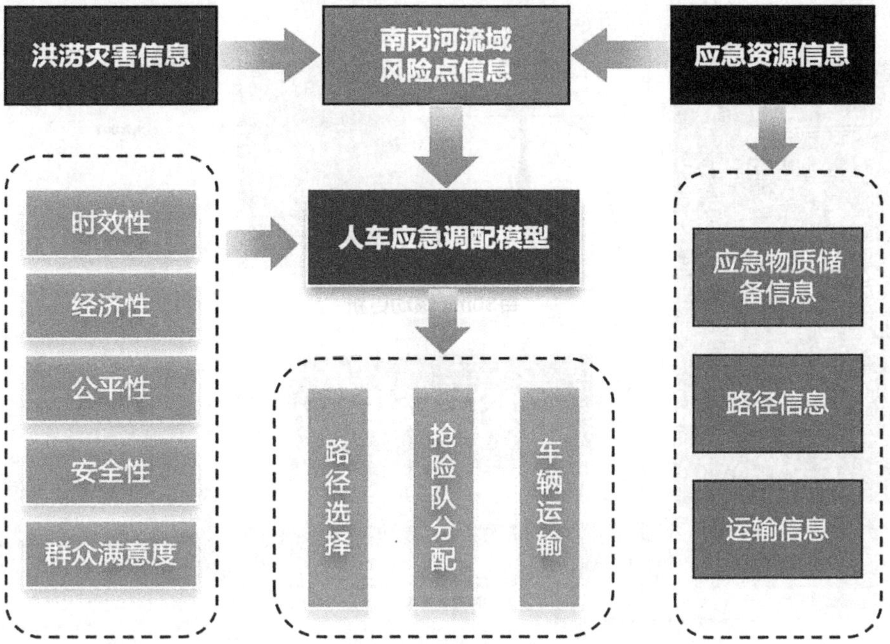

图 11　南岗河流域应急调度决策图

系，实现对木强水库最高水位、南岗河干流沿线任意断面流量及水位、地表内涝积水情况及管网水流状态的“库河地管”全景预报（见图 12），全面掌握流域洪涝风险动态，并基于滚动校正的预报模式，每 30 min 进行洪涝预报结果更新，进一步提升预报精准度。系统得出的洪涝预报结果将以快报的形式定向发送至防汛相关部门人员手中。

依托该平台，南岗河流域河道水位预报精度高于 80%，潮位预报精度高于 95%，易涝点积水预报命中率高于 70%。在模型效率上，机理模型可在 15 min 内完成南岗河流域未来 6 h 洪涝全过程预报；智能预报模型可实现水位及积水的秒级快速预报。

4.2　洪涝要素动态靶向预警

在预警方面，系统在监测感知站网的支撑下，对南岗河流域的防洪排涝业务进行全过程、全方位、立体化监控告警（见图 13）；在洪涝预报模型体系的支持下，对流域未来水安全形势、风险进行预测分析并预警；完善预警发布机制，全面提高流域水务精细化管理水平，以及应对相关事态的提前预判、快速反应的能力。预警包括雨量预报预警、雨量监测预警、河道水位预报预警、内涝积水监测预警、内涝积水预报预警、潮位监测预警、潮位预报预警。

在预警手段方面，重点使用手机短信平台作为预警信息的推送渠道。在预警对象方面，预警信息可靶向推送至水务局及下属机构、应急局、气象局、住建局、有呼必应平台等多方面用户，其主要通过录入的手机号实现定向人群的短信信息推送。在公众预警方面，在条件允许的情况下，联合三大运营商及应急部门，探索全区公众的预警信息无差别推送渠道，同时可尝试结合微信公众号、微博等新平台的预警信息发布。

4.3　多场景自定义预演

在预演方面，系统在对流域未来水安全态势进行合理、科学评估的基础上，以时间为轴，通过三维仿真模拟，对洪涝情势的发展过程、时空演变规律进行形象直观的模拟，为当前流域防洪调度态势研判及调度决策提供支撑。

在预演过程中，流域水工程调度与洪涝预报是紧密关联、互相影响的。一方面，水文预报和洪涝现状决定了水工程的调度方案；另一方面，水工程调度的结果又直接影响着流域的洪涝预报信息。因此，预演功能的实现必须实行预报调度一体化。为了提升预演功能的便捷性，系统设置了规则调度预演和优

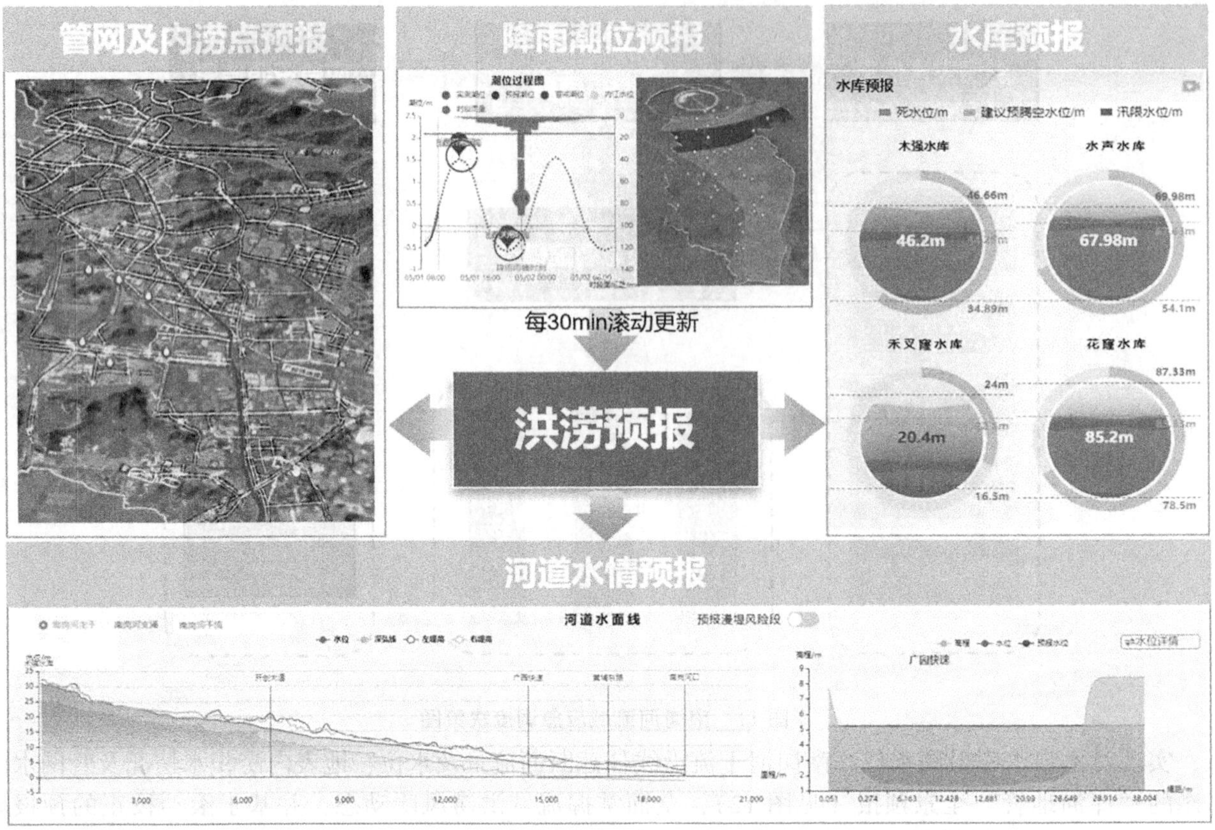

图 12 “库河地管”洪涝全景预报

图 13 洪涝要素预警

化调度预演两种预演模式。其中：规则调度预演是指预演过程中，水工程均根据其现有调度规程运行；优化调度预演是指预设了某一特定的调度目标，在该目标下进行预演，优化调度预演根据调度对象可分为水库调度预演、闸群调度预演、泵站排涝预演、库闸泵联合调度预演和积水抢排预演，见表 2。

表 2　预演模式选择

预演模式		说明
规则调度预演		预演过程中水工程均根据其现有调度规程运行
优化调度预演	水库调度预演	以保障水库大坝安全、下游防护对象安全、洪水损失最小等为目标进行预演
	闸群调度预演	以保障河道洪水不发生漫溢、重点防护对象无洪涝风险等为目标进行预演
	泵站排涝预演	以保障不发生严重内涝积水、确保洪水畅排、河道洪水不发生漫溢、重点防护对象无洪涝风险等为目标进行预演
	库闸泵联合调度预演	以保障不发生严重内涝积水、确保洪水畅排、河道洪水不发生漫溢、重点防护对象无洪涝风险等为目标进行预演
	积水抢排预演	以保障最短抢排时间、抢险人员及防汛设备物资合理调运、积水点处损失最小等为目标进行预演

4.4　洪涝调度预案智能推荐

在预案方面，充分利用数字模拟仿真引擎、水利知识引擎等信息化技术，基于不同目标下的预演结果，结合历史调度方案及成效，预估方案实施后可能影响的对象、人员、经济损失等，在全面分析评估的基础上对比提出最优推荐调度方案，并通过可视化手段直观展示，自动形成文本材料，辅助下达调度指令，如图 14 所示。

图 14　预案发布示意图

预案内容包括水库调度预案、闸门调度预案、泵站调度预案、库闸泵联合调度预案和积水抢排预案、人员避险转移预案、巡查抢险人员配备预案和物料设备配置预案。针对水工程的调度预案形成后，数字孪生南岗河防洪排涝“四预”平台可直接联动闸泵自动化控制平台，实现水工程的高效启用。

5　结语

南岗河防洪排涝“四预”平台建设成果在南岗河流域洪水防御工作中发挥重要作用，“四预”技术的应用极大程度地提升了当地水行政主管部门的应急决策能力，中小流域“四预”平台相较于其他大尺度流域“四预”平台建设需要更高的数据要求、更精准的预报结果、更快的预警能力、更全面的预演过程、更稳健的预案，通过本文中小流域“四预”平台的建设，可为其他中小流域智慧水利体系建设提供参考思路，以及促进防洪“四预”体系建设的进一步发展。

参考文献

[1] 李国英．加快建设数字孪生流域提升国家水安全保障能力［J］．中国水利，2022（20）：1.

[2] 宁方贵．数字孪生嫩江防洪“四预”应用研究［J］．水利发展研究，2024，24（9）：33-37.

[3] 潘益婷，宁海元．基于数字孪生的防洪“四预”智慧水利平台应用研究［J］．中国水运（下半月），2024，24（5）：99-101.

[4] 任明磊，赵丽平，陈智洋，等．面向防洪“四预”的数字孪生流域水利专业模型研发与实践应用：以数字孪生飞云江流域为例［J］．中国水利，2024（5）：58-64.

[5] 叶瑞禄，左翔，刘修恒．数字孪生秦淮河流域防洪四预平台建设与应用［J］．人民长江，2024，55（3）：13-20.

大型水库综合信息化智慧管理平台研发及应用

郑文勇[1]　周芳芳[2]　刘非男[3]　吴永亮[3]

（1. 福建省水利投资开发集团有限公司，福建福州　350000；
2. 长江水利委员会长江科学院，湖北武汉　430010；
3. 福建省水投数字科技有限公司，福建福州　350000）

摘　要：水库工程包含水工建筑物较多，分布较广，日常管理工作涉及多方面。本文基于远程测控、网络通信、计算机软件及GIS等技术，建立了多业务系统集成、全过程信息管理、智能监控预警、智慧模拟和决策支持的综合信息化平台，涵盖一张图、水质监测、水情测报、预报调度、水资源调配、大坝安全、工程管理、系统管理等功能模块，通过获取相关信息并开展综合分析处理，及时、全面掌握水库的运行工况，充分发挥工程效益，为保障大型水库工程安全稳定运行提供强有力的信息化管理手段和决策支持系统。

关键词：大型水库；综合信息化平台；智慧管理；实时监测

1　引言

水库工程包含水工建筑物较多，分布较广，日常管理工作涉及多方面，在传统模式下，涉及较多信息化系统，各自独立且难以交互，数据存放分散，缺乏统一的数据平台，形成了一个个数据“孤岛”。近年来，随着智慧水利建设的推进，水库信息化技术发展取得了一定的进步与成果[1]，但仍存在数据资源整合不足、业务系统智能化水平不高、模型分析计算能力不强等薄弱环节[2]。

为解决以上短板问题，实现水库有效监控、科学调度及数字化管理，本文基于远程测控、网络通信、计算机软件及GIS等技术，建立了多业务系统集成、全过程信息管理、智能监控预警、智慧模拟和决策支持的综合信息化平台，为保障大型水库工程安全稳定运行提供强有力的信息化管理手段和决策支持系统。平台通过获取相关信息并开展综合分析处理，及时、全面掌握水库的运行工况，充分发挥工程效益，显著提高大型水库自动化、信息化技术管理水平。

2　总体技术架构

水库综合信息化平台开发采用B/S结构，采用分布式架构、容器化部署和二三维融合渲染的技术体系，运用五层框架体系，包括现地测控传输层、数据共享层、数据资源层、支撑层、应用层、用户层，系统总体框架如图1所示，各层都以SOA方式接入，通过对软件层次结构的抽象和组合[3]，能够将数据访问、业务逻辑处理和用户界面展示部分进行分割和组装，以接口的方式为PC应用客户端、智能手机、平板电脑等提供各种服务，有利于提高整个系统的稳定性及部署维护的灵活性，更好地适应复杂的网络环境、数据库类型和不同层次用户的特殊需求。

2.1　现地测控传输层

利用现地测控、测量、捕获和传递信息的设备和装置，实现对水位、安全监测、水质、视频、闸门等信息的采集，并通过有线或无线网络传输方式实现信息的传输。

作者简介：郑文勇（1971—），正高级工程师，主要从事水利工程相关研究工作。

图 1　系统总体架构

2.2　数据共享层

通过汇集共享交换统一数据通信标准、统一数据解码标准、统一数据存储标准，对各类自控设备和现地测控层设备统一标准，实现数据整合、共享及智能应用。

2.3　数据资源层

数据中心主要包括基础信息、地理空间、实时监测、工程业务、多媒体等数据库。

2.4　支撑层

实现一张图单点登录，提供支撑模型服务、数据集成、数据共享、数据交换等功能，支撑模型主要包括水量预测预报模型、洪水预报模型。

2.5　应用层

实现智能化应用，为用户提供具体的业务服务，主要包括一张图显示系统 、洪水预报调度系统、大坝安全监测系统等。

2.6　用户层

面向领导层、运行管理人员、管理人员，为用户提供信息化服务、科学调度、辅助决策。

2.7 标准规范体系

标准规范，是保障水库综合信息化平台中各个组成部分能够协调一致地工作，是保障各类信息互联互通；是保障平台建设过程和运维管理规范、有序、高效的重要基础。

2.8 信息安全体系

遵照《中华人民共和国网络安全法》、《电力监控系统安全防护规定》及等级保护制度等要求，结合水库实际情况，构建信息安全体系，保障系统安全、稳定运行。

3 系统总体功能设计

水库综合信息化平台划分为一张图展示、三维仿真、水质监测、水情测报、预报调度、水资源调配、大坝安全、工程管理和系统管理共九个功能模块（见图2），采用统一技术架构、基于模块化方式构建统一的综合性平台。

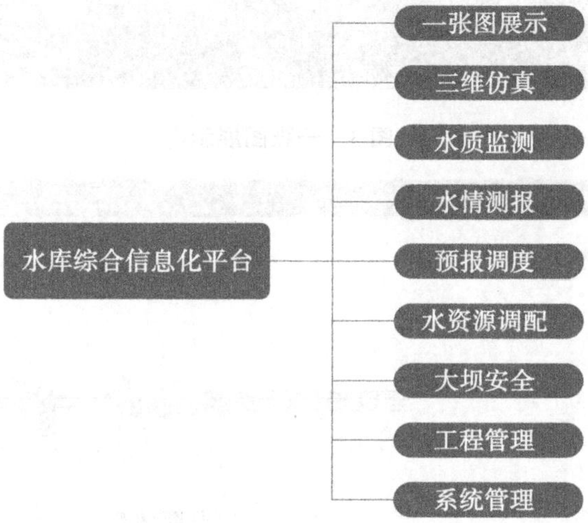

图2 总体功能结构

水库综合信息化平台采用模块化设计思路，基于统一技术架构，将水库综合信息化平台从一个复杂的系统划分为若干个功能单一、相对独立的模块，在模块内实现高内聚，模块间实现低耦合，有利于进行开发、测试及修改完善，且易于理解，使得模块的复用成为可能，提高了程序的复用率，缩短了开发周期，减少了重复性劳动。

3.1 一张图展示

一张图展示（见图3）以简洁明了的图表方式显示各类监控信息和结果，获取水库及周边区域水利地理图的图层信息，支持在BIM场景中查看水库综合管理信息，同时可为水库调度、水情监测、发电运行、视频监控、大坝安全和水质监测等水利业务数据提供集中展示的平台，并能对所涉及的业务功能实现初步的管理管控。

3.2 三维仿真

以三维可视化的形式展现工程信息，利用BIM技术提供水利工程外观几何尺寸信息和属性信息，构建并按照各工程部位细分工程三维模型。

对水库大坝工程，建立高精度三维仿真数字模型及其周边区域的地理景观数字模型。包括建立水库工程全貌及相应配套工程（含景观、道路、办公楼等）等部位的三维仿真数字模型（见图4），模型以三维设计数字模型为基础，准确反映工程完工后的真实场景面貌，并支持在模型上为各个工程部位设置属性。

3.3 水质监测

水质监测系统主要实现水质信息的管理查询、水质监测数据超标预警及水质分析评价，主要包括

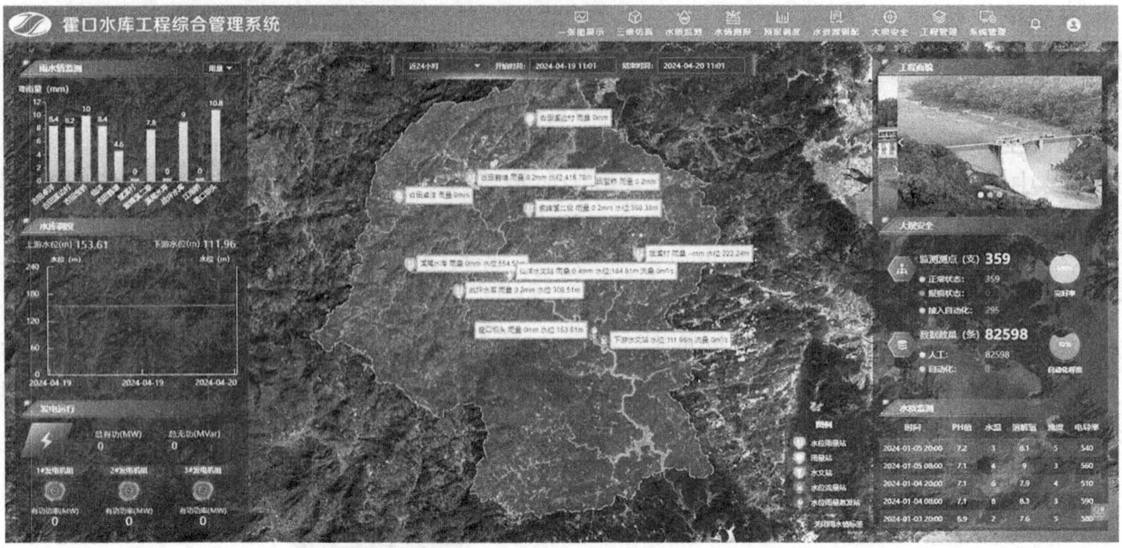

图 3　一张图展示

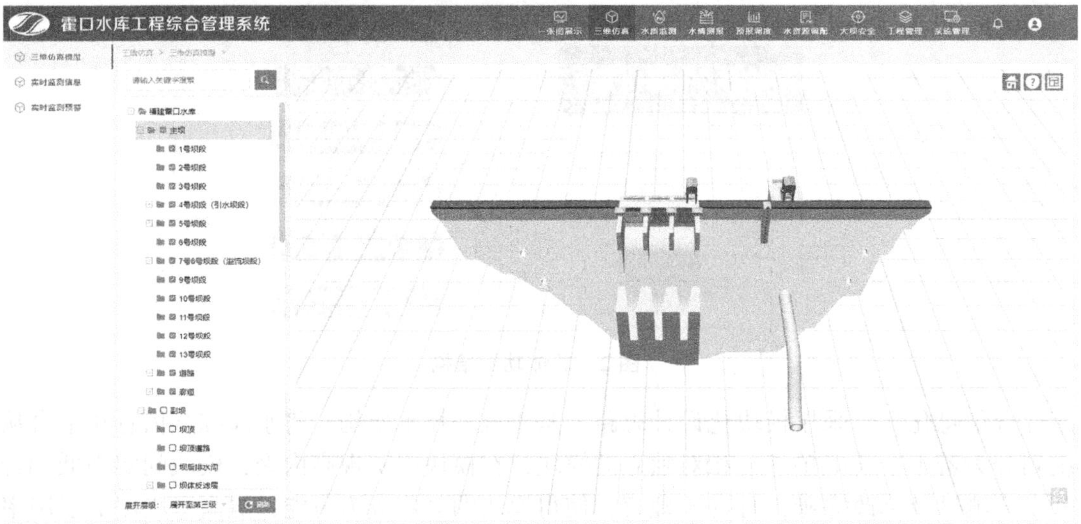

图 4　三维仿真数字模型

监测站点管理、水质监测数据、超标数据报警、报警阈值管理和水质统计报表。

3.3.1　监测站点管理

监测站点管理实现对水质监测站点信息的增加、修改和删除管理。水质监测站点信息包括测站名称、测站编码、测站类别、测站等级、经纬度信息、监测单位和监测频次等信息。

3.3.2　水质监测数据

水质监测数据实现对 pH 值、水文、溶解氧、浊度和导电率等各类水质数据等进行查询、添加、修改、删除、上传或下载等管理功能，支持以报表或过程线的形式查看数据。

3.3.3　超标数据报警

超标数据管理对超过报警阈值的水质监测数据进行管理，用户可以按照测站、监测参数和数据时段进行筛选，支持导出数据列表。

3.3.4　报警阈值管理

报警阈值管理实现对超标数据的阈值进行设置和管理，支持按照不同站点设置不同的阈值。

3.3.5　水质统计报表

水质统计报表以报表的形式综合展示水质数据的统计信息，包括数据特征值和特征值时间，能够按照日、月、年的时间区间统计数据。

3.4 水情测报

水情测报以实时水雨情数据、天气预报成果为基础，运用先进的气象、水利和信息技术，开发适合水库的预报方案编制和预报功能，提高洪水预报的精度和预见期，提升水文的服务能力和服务水平。

水情测报主要包括水雨情监测、气象云图监测、水雨情报表、水雨情预警和入库洪水预报等功能。

3.4.1 水雨情监测

水雨情监测实现水雨情站点和数据的管理，支持计算库区面雨量分布。

监测站点分布结合 GIS 地图实现了监测站点的分布展示，支持与地图热点进行互动展示最新实时数据。面雨量计算实现水库库区及周边不同地区面雨量的汇总计算，如图 5 所示。

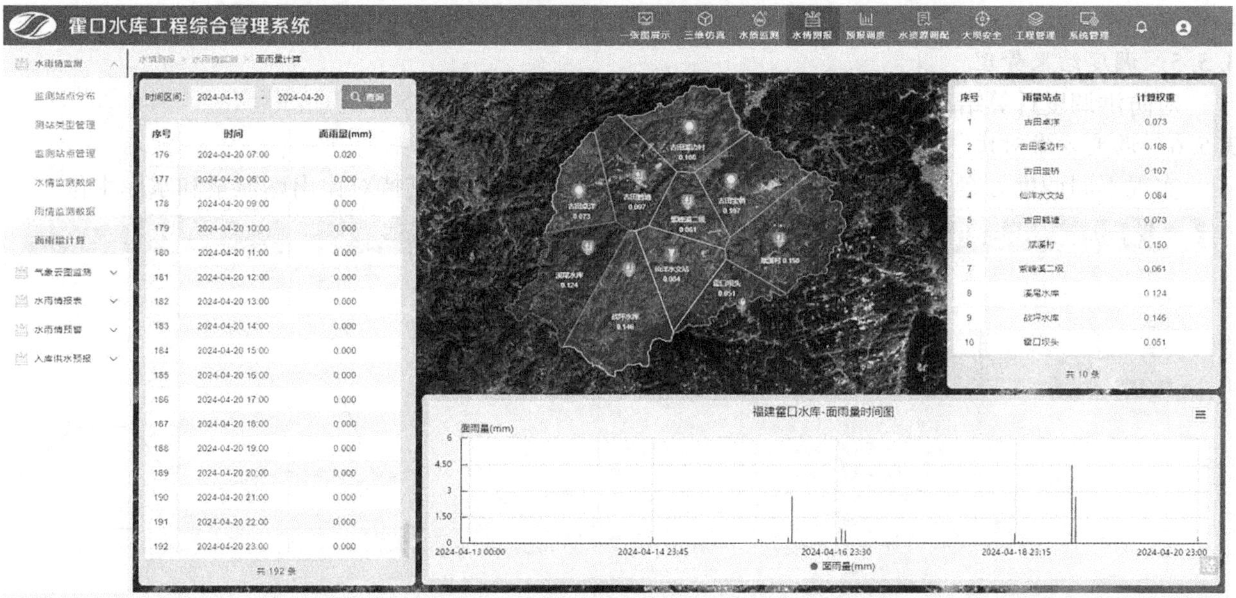

图 5 面雨量计算

3.4.2 气象云图监测

气象云图监测集成对接国家气象信息中心，实现气象云图的接入和管理。可对卫星云图、雷达拼图、预报降雨图进行实时同步和管理，支持按照时间播放，对比云层变化。

3.4.3 水雨情报表

水雨情报表实现水雨情数据统计展示，包括水位数据报表和降雨数据报表。可展示全年水位及降雨数据，包括数据和特征值信息。

3.4.4 水雨情预警

水雨情预警实时监控水雨情数据信息，通过对水情、流量、雨情等预警指标进行分级预警设置，可触发预警并发送提醒信息。支持防洪预警信息管理，能够在 GIS 地图上查看出现报警的测站位置分布。

3.4.5 入库洪水预报

入库洪水预报实现洪水过程预报计算，并能对历史洪水、预报方案、参数等进行管理，包括洪水预报计算、场次洪水管理、预报方案管理、预报参数管理和预报结果管理。

洪水预报计算与气象降雨预报结合实现实时洪水过程预报，场次洪水管理实现对历史典型洪水过程信息的管理，同时能够导入历史实测数据，对洪水预报结果进行精度评定。

3.5 预报调度

预报调度依据洪水预报及不同来水情形进行防洪调度，得到防洪调度方案，为用户进行防洪调度提供方案支持，主要包括水库调度规程、基础信息管理、调度模型管理、防洪调度计算、调度结果管理和调度方案对比等功能。

3.5.1 水库调度规程

水库调度规程展示了水库的防洪调度规则、调度流程图和水库调度方案。

3.5.2 基础信息管理

基础信息管理对防洪预报调度计算所需要的基础信息进行管理，包括水位库容曲线、泄流能力曲线和开度泄流能力曲线。支持库水位高程和库容蓄水量、泄流流量、三孔闸门开度的相互换算。

3.5.3 调度模型管理

实现各类调度模型的定制和模型名称、类别、接口等信息的管理。

3.5.4 防洪调度计算

防洪调度计算通过设置初始水位，选择调度模型、来水类型和洪水序列等计算条件，计算得到防洪调度方案，包括库水位、入库流量和出库流量的过程数据。

3.5.5 调度结果管理

对防洪调度计算结果进行管理，能够查看具体的调度方案数据。

3.5.6 调度方案对比

实现不同调度方案的对比（见图6），比较选择更优的方案，支持对比出库流量和水库水位。

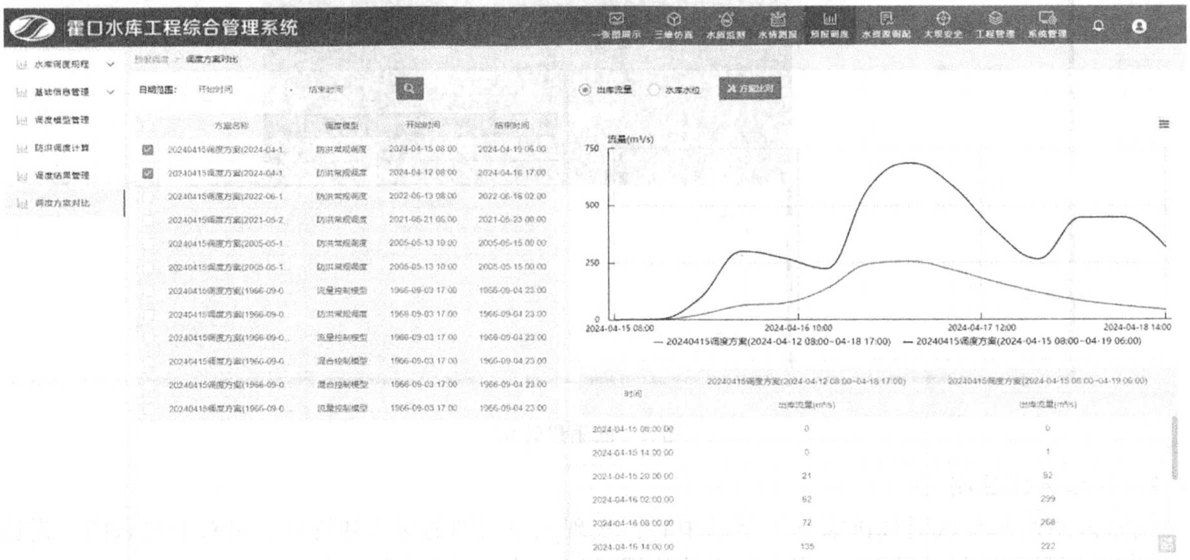

图6 调度方案对比

3.6 水资源调配

水资源调配实现水库调度运行方案的计算和编制，提供优化调度决策服务，主要包括日常业务管理、调度方案编制、实时供水调度、供水调度方案及规则和中长期径流预报等功能。

3.6.1 日常业务管理

日常业务管理实现供水调度日常业务处理工作，为实时调度、应急调度、用水计量和调度方案评价等提供依据，主要包括用水单位管理、用水需求上报和实际供水管理。

3.6.2 调度方案编制

根据来水过程线和需水过程线进行水量调度计算，得到调度方案，实现对来水总量、总蓄水量、核定供水量和供水保证率的统计，支持设置调度模型和来水模型。

3.6.3 实时供水调度

实时供水调度根据水量的供需关系，通过周期均值叠加等模型进行供水调度分析。

3.6.4 供水调度方案及规则

对供水调度方案的成果数据进行管理，能够查看具体的调度方案数据，展示水库供水调度规则。

3.6.5 中长期径流预报

根据站点中长期历史数据，结合专业预报模型得到径流和水文气象数据的拟合关系公式，支持以月或旬为尺度进行预测。

3.7 大坝安全

大坝安全监测是掌握大坝安全状态最有效的技术手段，大坝安全模块实现了大坝安全工作全流程信息化管理[4]，主要包括数据采集管理、监测信息管理、数据整编统计、监测资料分析、成果图形展示、工程运行管理和安全监控报警等功能，提高了大坝安全在线监控能力，为尽早发现事故隐患提供技术支撑。

3.7.1 数据采集管理

实现现地数据采集设备的采集设置、参数配置、状态监控等功能，包括网络拓扑结构、设备状态监控、监测站点管理、采集设备信息、采集策略管理、测点通道配置、设备厂家管理、设备类型管理和测点频次统计等子模块。

3.7.2 监测信息管理

主要实现测点考证信息、测点公式、测点布置图、测点类型和测点数据等信息的管理，同时支持对环境量监测信息的管理和分析，主要包括测点信息管理、测点类型管理、测点公式管理、测点布置图、环境量监测、测点数据管理和数据批量导入等子模块。

3.7.3 数据整编统计

提供快速、便捷的整编手段，支持资料整编规范中规定的格式以及用户自定义格式的各类数据报表、计算成果的生成功能，包括数据整编成册、整编分组管理、统计报表生成、统计分组管理、普通模板管理和整编类型管理等子模块。

3.7.4 监测资料分析

实现相关性和渗压折减等分析，通过相关图和渗压折减分布图展示分析成果。相关分析计算可实现不同相关性分组下的测点监测数据的相关性分析计算。

3.7.5 成果图形展示

实现各类成果图形分析和绘制，直观展示监测资料整编分析成果。包括测点过程线图、过程线组合图（见图7）、过程线分布图和成果展示分组。

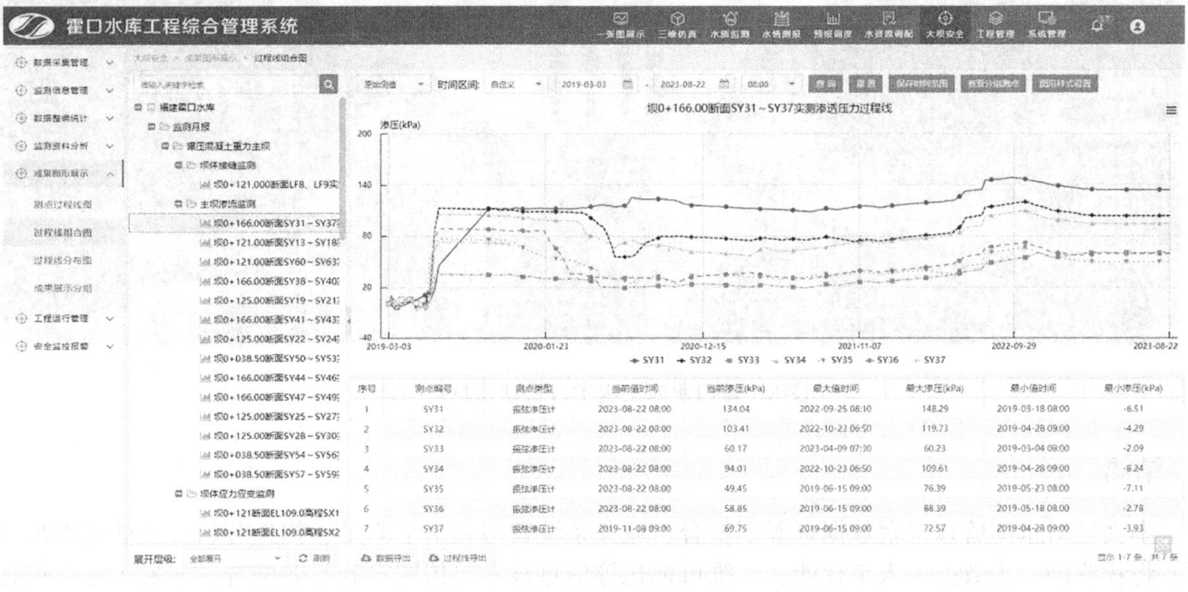

图7 过程线组合图

3.7.6 工程运行管理

实现对工程运行信息的管理，包括大坝注册登记、大坝安全鉴定和大坝安全责任人。

3.7.7 安全监控报警

设置分级监控预警指标，基于绝对值、变化量、变化速率等方法，结合实测数据实现分级判别报警，包括重点实时监控、监控报警数据、测点监控指标设置、指标计算类型管理、监控指标等级管理和监控指标批量设置。

4 工程应用

霍口水库坝址位于福建省福州市罗源县霍口畲族乡大王里桥下游约 360 m 处，距罗源县城 29 km，处于敖江干流中上游，为敖江干流六级开发的第二级，是流域梯级开发的骨干工程。

霍口水库工程的开发任务以供水为主，结合防洪，兼顾发电。水库新增多年平均可供水量 17 890 万 m^3；承担敖江下游连江县城区一定的防洪任务，可将南岸防洪标准从 20 年一遇提高到 30 年一遇，同时提高下游乡镇防洪能力；电站装机容量 60 MW（2 台 25 MW、1 台 10 MW），多年平均发电量 1.61 亿 kW·h。

霍口水库工程运用本文研发的管理平台，针对水库运行期业务管理需求，整合霍口水库各类监测设施及数据，采用微服务技术架构，构建标准的数据资源池，整合水雨情遥测、安全监测管理、水库洪水预报等功能，集成专业模型算法，实现了水库运行管理多业务系统集成、全过程信息管理、智慧模拟和决策支持，实现水库实时监测与运行管理的集中管控，提高了水库运行管理的信息化水平与工作效率，如图 8 所示。

图 8 霍口水库工程综合管理信息化平台

5 结语

本文针对水库管理平台数据资源不整合、业务系统智能化水平不足、模型分析计算能力不足等问题，将物联网、大数据、人工智能、三维可视化等信息技术与传统水利行业融合，研发了综合信息化智慧管理平台，实现了水库运行管理多业务系统集成、全过程信息管理、智慧模拟和决策支持，为智慧水利建设提供了技术保障。

参考文献

[1] 何向阳，谭界雄，高大水，等．基于云平台的水库安全管理信息化方案研究［J］．人民长江，2019，50（11）：233-236.

[2] 黄跃文，牛广利，李端有，等．大坝安全监测智能感知与智慧管理技术研究及应用［J］．长江科学院院报，2021，38（10）：180-185，198.

[3] 周超，唐海华，罗斌，等．水利行业大数据汇集管理体系建设的思考［J］．水利信息化，2021（4）：6-10.

[4] 牛广利，胡雨新，胡蕾，等．工程安全综合评价模型研究及数字孪生应用［J］．人民长江，2024，55（4）：239-243，261.

基于数据湖的高密度城市防洪排涝多源异构数据治理研究与应用

邹显勇[1]　王高丹[1,2]　田茂春[1,2]　赖　杭[1]　张水平[1]　刘怡心[1]

（1. 珠江水利委员会珠江水利科学研究院，广东广州　510611
2. 水利部粤港澳大湾区水安全保障重点实验室，广东广州　510611）

摘　要：随着我国城镇化进程快速发展，城市的规模、人口和财产大量增加，而气候变化影响下极端暴雨洪涝灾害多发频发，“城市看海”现象严重影响公共安全、制约社会经济高质量发展。本文考虑高密度城市建筑人口密集、洪涝成因复杂、防洪排涝数据多源异构等特点，提出了一种基于数据湖的防洪排涝多源异构数据管理架构，研究了数据汇集、存储、处理方法，在长三角杭嘉湖流域、珠三角前山河流域等防洪排涝实时调度决策支持平台研发中应用，为高密度城市防洪排涝实时调度决策支持提供了数据快速汇集、标准化存储及分析应用的基础。

关键词：智慧水利；防洪排涝；高密度城市；数据湖

近10年来，六成以上的城市都发生过内涝，以北京、上海、广州、深圳为代表的“一线城市”频繁遭受洪涝灾害，2018年广东佛山“6·8”暴雨、2020年广州“5·22”暴雨、2023年港深“9·7”暴雨等都造成了人员伤亡和巨大的经济损失。随着城市化快速发展，城市的规模、人口和财产大量增加，意味着洪涝灾害损失将更加巨大；在气候变化的影响下，城市极端降雨趋多、趋频、趋强，城市洪涝问题更加频繁和复杂[1-2]。当前形势下，洪涝灾害问题及其系列次生灾害，已成为影响城市公共安全、制约经济社会高质量发展的重要因素，做好灾害预报预警、减少灾害损失是城市管理工作中的一项重要课题。

随着城市基础地理信息、水利业务信息等数据资料的质量和精度不断提升，城市内涝监测预报相关技术得到较快发展，通过信息的精细化管理和分析、评估、预报，支撑城市内涝防御、降低人员伤亡和灾害损失成为一条行之有效的路径。当下，如何开展防洪排涝多源数据管理支撑暴雨内涝态势分析、构建精细化城市内涝模型，为城市规划、海绵城市建设、预报预警、风险管理等提供技术支撑，已经成为防灾减灾领域最为迫切解决的科学问题之一。

数据湖是一种大数据存储及处理的新架构，其特点在于可以快速汇集来自多个数据源的数据，以原生态的方式进行混合存储，再根据需求对数据进行分析，支撑上层业务应用。数据湖具有强大的数据存储、转换和共享能力，可支持所有的数据类型，对于各类数据均有较好的管理能力[3]；用户可以根据需要挖掘数据资源、分析数据内容、发掘数据价值并加以利用。数据湖技术已被初步应用于电信、安防、档案管理等领域，取得了一定的成效[4]。本文以数据湖为基本技术路线，探索高密度城市的防洪排涝数据治理关键技术，用以支撑洪涝预报、防灾预警、灾情预演和调度预案等上层业务应用。

作者简介：邹显勇（1981—），男，高级工程师，主要从事智慧水利、大数据与云计算、数字孪生技术应用等方面的研究工作。

通信作者：王高丹（1988—），女，高级工程师，主要从事数字孪生水利、水利信息化标准、水旱灾害防御、水利工程运行管理、河湖监管等方面的研究工作。

1 基于数据湖的数据架构研究

本文结合防洪排涝数据的特点和应用场景，进行了防洪排涝实时调度的数据湖架构设计，主要分为数据摄取层、数据存储层、数据转换层和数据服务层，具体如图 1 所示。

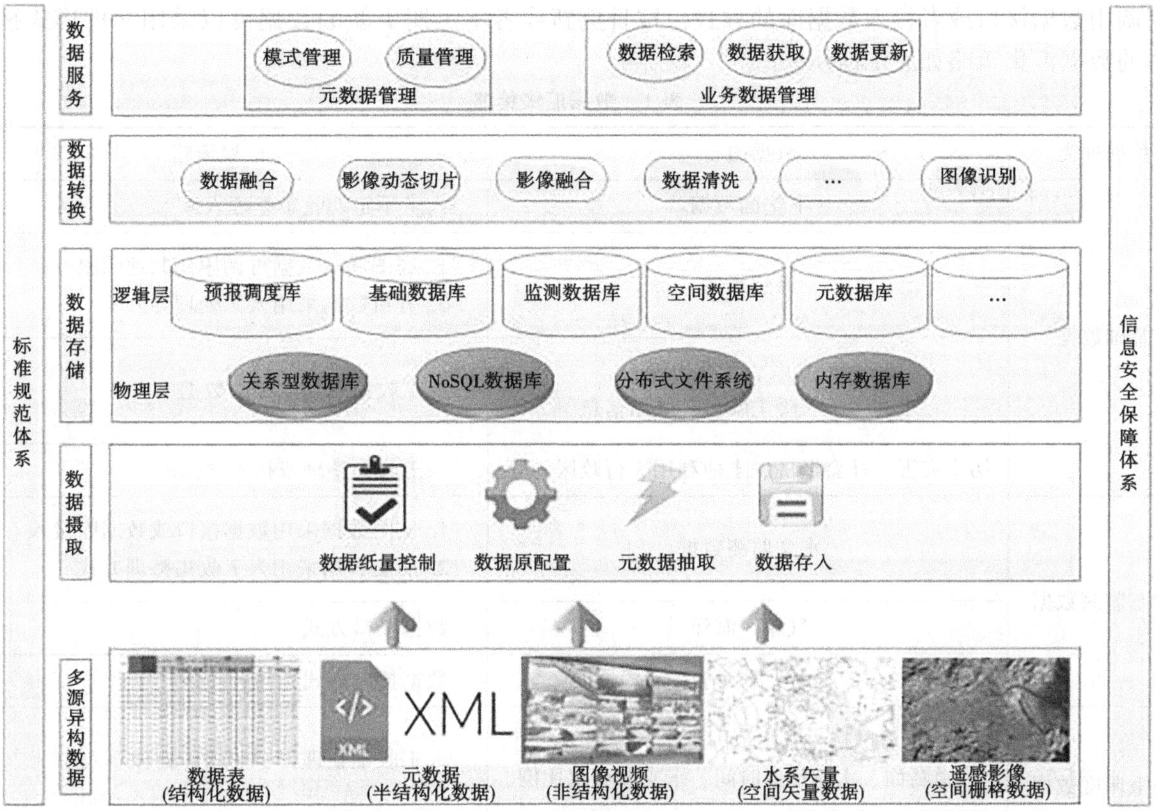

图 1　防洪排涝数据湖总体架构图

（1）数据摄取层。提供多数据源的数据导入功能，以原生态的方式加载各类数据，简化数据摄取处理过程；抽取数据源的配置信息并将其存储在数据库或者文件中，实现元数据和数据本身的自动化提取。

（2）数据存储层。核心组件包括元数据库，存储所有多源异构数据的元数据；业务数据库，存储结构化数据、图形、XML 等各种类型的数据。使用 JSON 格式的统一数据访问接口对混合存储架构进行封装，向用户提供统一的查询和访问方式，同时处理复杂查询逻辑。

（3）数据转换层。提供数据转换引擎，通过数据清洗、转换、整合等方式，将数据湖中的原生态数据转化为预定义的数据结构。根据防洪排涝实时调度平台各项功能的数据需求，对数据存储层的原生态数据进行有效整合，形成数据集市并在转换层维护。

（4）数据服务层。聚焦用户与数据湖的互操作，为业务应用等用户提供接口实现数据的各类操作。

2 数据汇集策略研究

目前，防洪排涝数据分散在各级水行政主管部门、工程管理单位、水文局、气象局、自然资源局等，需要按照当前数据上报方式分别制定汇集策略，实现基础数据、监测数据、业务管理数据、地理信息数据等汇集、交换和更新工作。主要有以下几种方式：

（1）人工不定期收集整理，包括从各主管部门、工程管理单位、跨行业部门收集，如新建涉水项目信息、土地利用类型数据等。

（2）调用相应的数据服务接口，如一些公共地图服务、监测数据服务、洪水预报服务。

（3）接入已建的各类数据库。

（4）通过 FTP、邮件等方式推送相应的文件。

其中，更新频率低于一年一次的数据主要采用人工收集整理再入库的方式，实时更新的数据一般采用调用数据接口或者接入数据库的方式，按日更新或者不定期更新的数据可以采用文件形式接入。具体的数据汇集策略如表 1 所示。

表 1　数据汇集策略

<table>
<tr><th>数据种类</th><th>数据内容</th><th>汇聚策略</th></tr>
<tr><td rowspan="4">基础数据</td><td>下垫面数据</td><td>人工不定期收集整理入库</td></tr>
<tr><td>遥感影像</td><td>1. 底图展示数据可调用公共地图服务
2. 分析数据采用人工处理导入</td></tr>
<tr><td>河流水系、流域边界、
水利工程、险工险段、测站信息</td><td>人工收集整理或接入数据库</td></tr>
<tr><td>历史灾害、社会经济、土地利用、行政区划等</td><td>人工收集整理或接入数据库</td></tr>
<tr><td rowspan="3">动态监测数据</td><td>水文监测数据</td><td>1. 实时数据采用数据接口或数据库接入
2. 历史数据采用人工收集整理方式</td></tr>
<tr><td>气象、海洋</td><td>数据接口方式</td></tr>
<tr><td>网络舆情</td><td>数据接口方式</td></tr>
<tr><td rowspan="2">预报调度数据</td><td>地形网格、集水范围、水文分区、
河道断面、水流传播时间、干支流分水比例</td><td>人工收集整理、专业软件处理后入库</td></tr>
<tr><td>调度方案、重要节点生态流量</td><td>人工收集、电子化、数字化后入库</td></tr>
<tr><td>综合数据</td><td>防洪排涝规划、相关法规条令、相关预案</td><td>人工收集整理</td></tr>
</table>

3　数据存储技术研究

3.1　数据库方案比选

数据存储层中为了实现不同格式的数据存储需采用多种存储技术，本文对不同类型数据库的写入和读取性能进行了对比研究，包括关系型数据库和非关系型数据库。数据类型包括雨水情监测数据和遥感影像数据，对比方式包括单条插入和批量插入、单站查询和多站查询统计，实验数据量从 100 条到 100 000 条，统计时间从 3 d 到 6 个月不等，对每种方案分别测试 100 次。根据对比分析的结果，无论是大量监测数据还是遥感影像等大文件的存取性能，非关系型数据库的性能参数均优于关系型数据库，如图 2 所示。

经比较，本文确定采取混合型存储方案：采用关系型数据库存储洪涝灾害数据中的基础属性、雨水情监测、社会经济等结构化数据；采用分布式数据库存储元数据、地理信息数据、网络舆情、图片等小数据量的半结构化或者非结构化数据；采用分布式文件系统存储遥感影像实时监控视频等数据量大、使用频率低的非结构化数据；采用内存数据库存储常用数据字典或者高频词汇，用于弥补普通关系型数据库在读取性能上的不足，提高系统运行的效率。

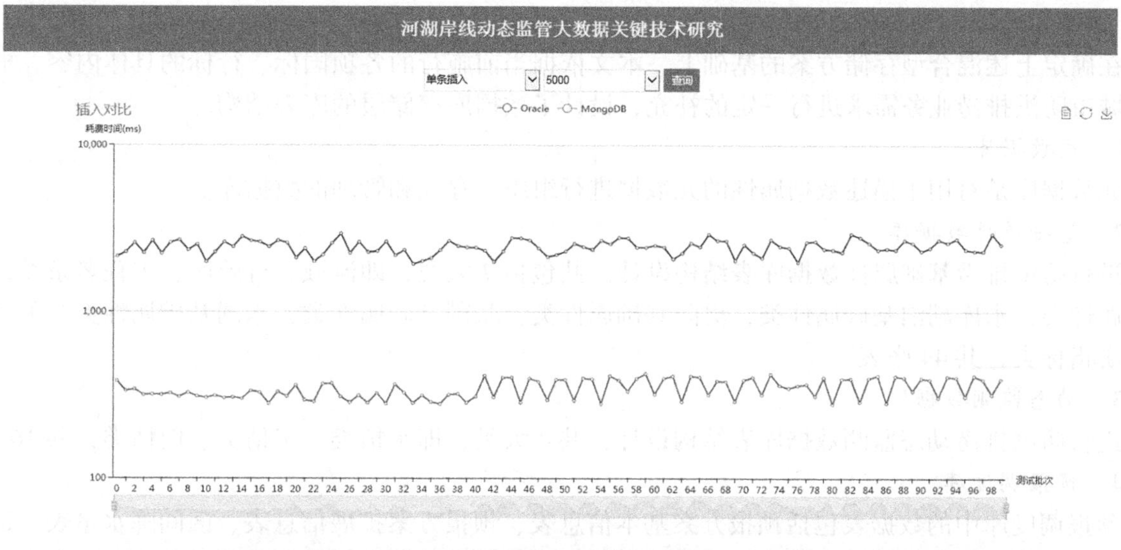

（a）关系型数据库与非关系型数据库的写入性能对比（单条插入：5 000）

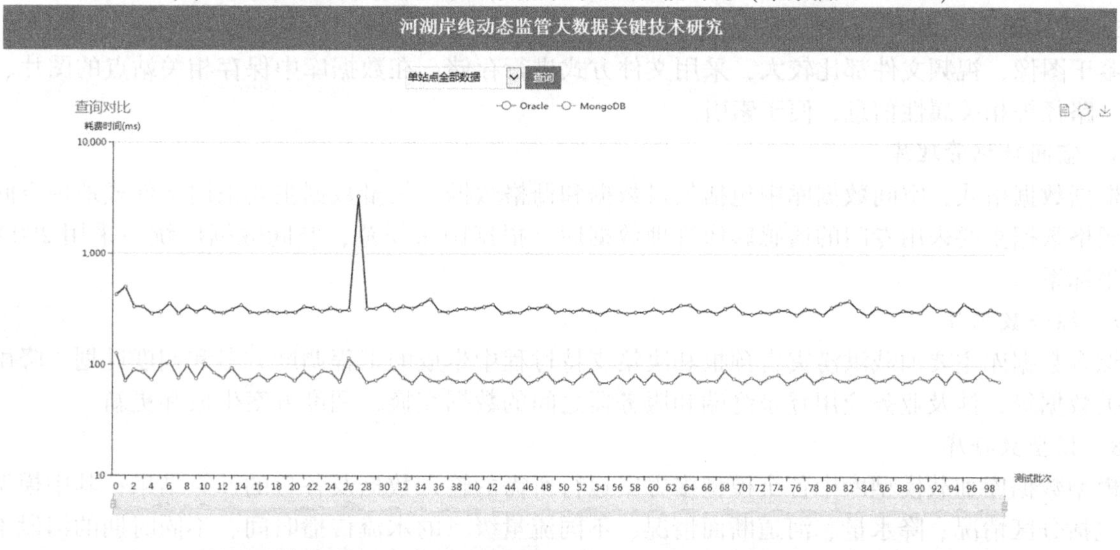

（b）关系型数据库与非关系型数据库的单站 1 个月累计雨量值读取性能对比

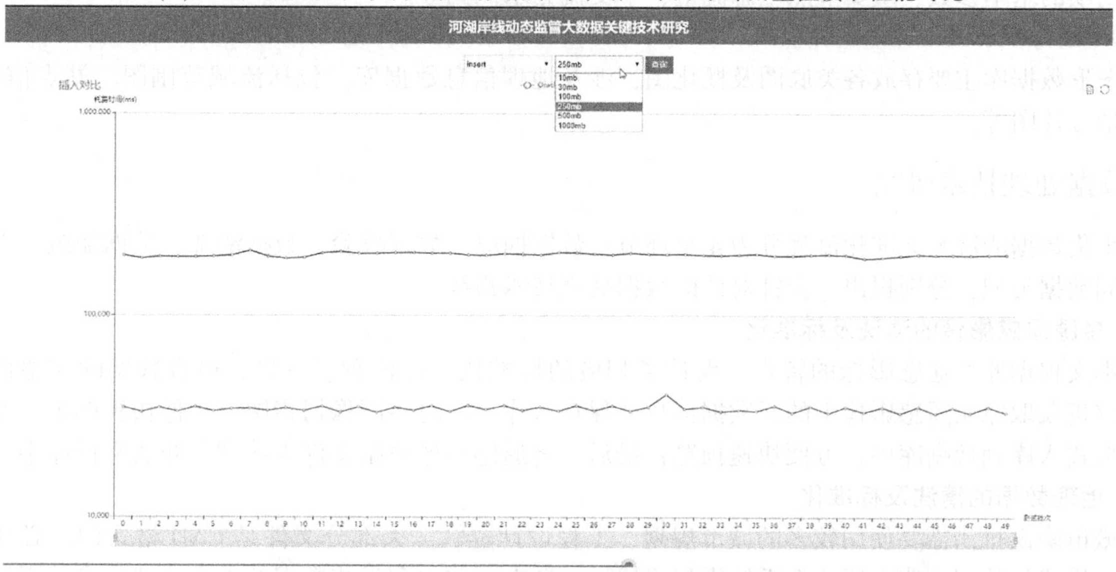

（c）关系型数据库与非关系型数据库的遥感影像数据入库性能对比（250M）

图 2　关系型数据库与非关系型数据库性能对比结果

3.2 数据库设计

在确定上述混合型存储方案的基础上，本文依据当前施行的各项国标、行标的具体内容，根据高密度城市防洪排涝业务需求进行一定的补充，设计了数据库存储层的库表结构。

3.2.1 元数据库

元数据库是对用于描述数据属性的元数据进行组织、存储和管理的数据库。

3.2.2 基础属性数据库

进行防洪排涝基础属性数据库表结构设计，共包括7大类，即流域、行政区、工程名录类，河流基础属性类，水库湖泊基础属性类，堤防基础属性类，联围基础属性类，水闸基础属性类，测站及防洪排涝指标类，共44张表。

3.2.3 动态监测数据库

进行防洪排涝动态监测数据库表结构设计，共4大类，即水情类、工情类、舆情类，共16张表。

3.2.4 预报调度库

预报调度库中的数据表包括预报方案基本信息表、预报方案扩展信息表、区间降水量表、边界条件数据表、内边界条件数据表、水文预报结果表、水库调度结果表、水闸调度结果表等8张表。

3.2.5 图像视频数据库

鉴于图像、视频文件都比较大，采用文件方式进行存储，在数据库中保存相关站点的图片、视频格式、路径等相关属性信息，便于索引。

3.2.6 空间数据管理库

根据数据格式，空间数据库中包括矢量数据和栅格数据。矢量数据主要采用文件式地理空间数据库；栅格数据主要采用专门的遥感影像管理数据库。根据国家规范，空间数据库统一采用2000国家大地坐标系。

3.2.7 综合数据库

综合数据库主要加载洪涝灾害预报和决策支持过程中生成的工程调度方案和调度计划、降雨和径流相关数据等，涉及业务应用登录终端和服务器之间的数据交换、调度方案生成和更新。

3.2.8 模型数据库

模型数据库加载模型库中各个模型多方案运行所需的输入数据及各自的计算结果，其中模型参数数据包括分区情况、降水量、河道断面情况、不同流量级下的水流传播时间、不同时期的河段不平衡量、闸坝的基本参数、重要节点生态流量、干支流分水比例等。

3.2.9 图形数据库

图形数据库主要存放各类底图及概化图，涉及地理信息数据库。包括流域范围图、站点信息图、雨水情分片图等。

4 数据处理技术研究

采集数据清洗及标准化流程分为4个环节：数据抽取、数据校验、数据清洗、数据加载。本文按照不同数据类型，分别提出一套针对性的数据处理技术路线。

4.1 多源遥感影像的清洗及标准化

本文根据原始遥感影像的特点，设计了相应的标准化入库流程。首先，检查数据的完整性；其次，解析获取原始遥感影像中的元数据信息并保存入库，同时将影像拇指图、影像快视图也一并以文件的形式入库到数据库中，方便快速预览；最后，将遥感影像原始文件入库到分布式文件库中。

4.2 地理数据的清洗及标准化

城市防洪排涝需要使用较多的城市规划、工程设计资料，大部分文件是CAD格式的，必须转换成GIS格式的数据才能方便地在系统中集成展示。还有一些水利设施数据的地理位置信息是用控制点坐标的形式表示的，需要将这些控制点坐标数字化为GIS矢量数据，再入库到相应的数据库中。

4.3 文档和图片数据的清洗及标准化

文档数据主要是完整性、正确性检查和格式转换，在方便文件查看和展示的同时防止文件内容被篡改。图片数据主要是完整性检查和压缩处理，方便图片的快速加载和展示。

4.4 综合数据的清洗及标准化——以涉水工程数据为例

涉水工程基础信息需通过简单的格式与内容检查后导入涉水工程管理数据库，其空间地理信息需按照上文方式进行数字化和坐标系转换；相应的文档附件及现场图片，则根据上述文档和图片数据的清洗及标准化流程进行处理，并做好数据关联。

5 应用效果

该技术在长三角杭嘉湖流域、珠三角前山河流域等防洪排涝实时调度决策支持平台研发中应用，为系统平台提供了数据接口，支撑了平台的各类数据信息展示、检索、统计及模型调用、预报运算等操作，以其数据湖体系高速存储、强包容性、智能分析等特点，解决了防洪排涝多源异构数据汇集及应用难题，如图3所示。

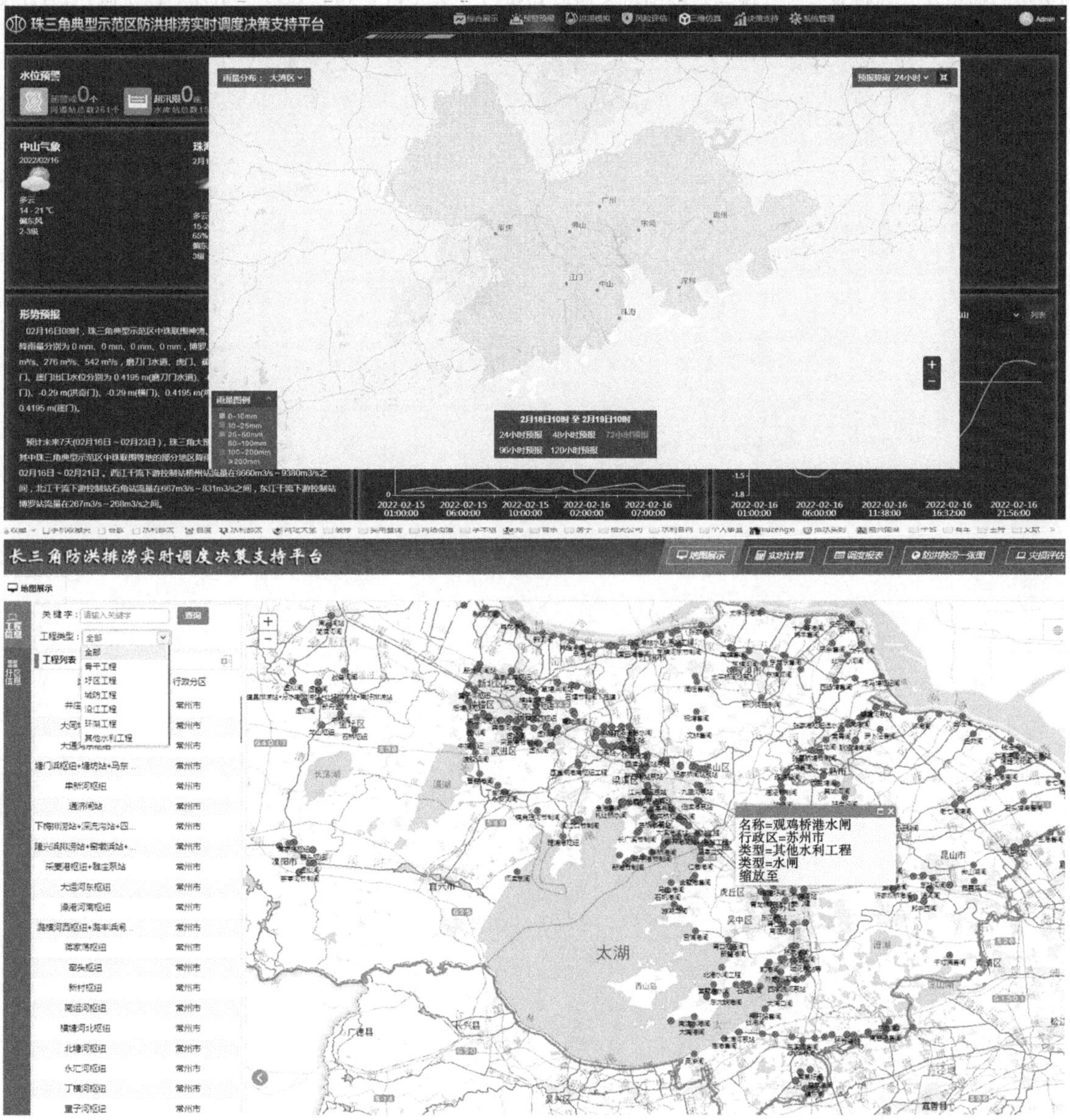

图3 前山河流域和太湖流域防洪排涝实时调度决策支持平台截图

6 结论与展望

本文针对高密度城市防洪排涝相关数据的现状及特性进行分析，提出了海量多源异构数据汇集、清洗及存储技术，构建了服务于高速存储、强扩展性的数据湖体系，解决了防洪排涝数据实时汇集及多源异构数据标准化管理难题，为防洪排涝实时调度决策支持平台提供数据快速汇集、标准化存储的基础。下一步，将继续研究全生命周期的防洪排涝数据质量评估和改进措施，通过提高数据质量支持洪涝防御业务决策智能化能力提升。

参考文献

[1] 张建云，王银堂，贺瑞敏，等．中国城市洪涝问题及成因分析［J］．水科学进展，2016，27（4）：485-491.

[2] 陈洋波，覃建明，董礼明，等．广州内涝形成原因与防治对策［J］．中国防汛抗旱，2017，27（5）：72-76.

[3] 陈氢，张治．融合多源异构数据治理的数据湖架构研究［J］．情报杂志，2022，41（5）：139-145.

[4] 刘志勇，何忠江，刘敬龙，等．统一数据湖技术研究和建设方案［J］．电信科学，2021，37（1）：121-128.

基于图像分割的水库大坝安全风险智能监控模型

沈梦瑶[1]　金鑫鑫[1]　周　畅[2]　徐小蓉[2]　聂　鼎[1]

（1. 中国水利水电科学研究院，北京　100038；
2. 华北电力大学，北京　100096）

摘　要：通过安全监测系统，结合无人机、遥感技术及现场视频监控系统，能够实时监控水库大坝安全情况，识别潜在风险。本文梳理了水库大坝运行过程中各结构部位的潜在风险及风险传递路径，同时基于视频抓拍图像或无人机遥感影像图片，建立典型水工建筑物的图像分割模型，根据分割结果，链接对应结构部位完整的风险路径并生成风险网络。本文基于某省份水库安全监测监管平台中的视频图像及遥感影像进行测试及训练，结果表明，提出的方法初步实现了对典型水工建筑物部位的自动分割，后续将根据分割结果对水库大坝进行系统性风险智能监控与追踪。

关键词：水库大坝；图像分割；风险智能监控；风险识别

1　引言

近年来，随着重大水利枢纽工程的兴建与投入使用，水库大坝的工程结构及运行安全越来越被广泛关注。目前，对于各类大型水库大坝，其工程安全管理主要依赖安全监测系统进行自动化或半自动化的运行管理，随着对水库大坝安全的重视不断提高，风险评估理论和识别方法的发展变得至关重要。早期，Baecher 等[1-2] 提出了大坝失效的效益/成本分析方法和风险分析方法，为大坝安全评估提供了重要参考。Lacasse 为挪威岩土协会（NGI）编制了《大坝风险评估和风险管理》手册[3]，系统阐述了大坝潜在的风险和失效模式，并为大坝的风险识别与评估提供指导方法。此外，澳大利亚大坝协会（ANCOLD）在 2003 年提出的《风险评价导则》和 ISO 2394：2015 分别为风险管理和结构可靠度提供了国际标准，为水利工程中的风险评估提供了规范和指导。

现阶段对于风险识别及评估模型大多数基于现场勘察、数据分析及仿真模拟等，缺乏智能化的风险自动识别及全流程追踪方法。同时，风险的研判往往侧重于重点关注或者脆弱部位，而对水库大坝整体的风险分布情况缺乏系统的分析，这也容易忽视或遗漏某些潜在风险，对大坝整体的风险评估失去参考价值。随着新兴技术及设备的发展，通过无人机、遥感技术及现场视频监控能够实时监控、备份记录和追溯现场水库大坝情况。为了高效利用已采集到的图像和视频，并对水库大坝风险分布及发展情况进行监控追踪，及时预警并采取风险控制措施，本文提出了基于图像分割的水库大坝安全风险智能监控模型与监测预警方法，以无人机航拍、遥感、水库视频监控抓拍的水库视频图像为数据集基础，通过图像分割算法进行训练并得到水库大坝典型建筑物部位自动识别模型，链接对应结构部位完整的风险路径并生成风险网络，实现水库大坝潜在风险的智能监控与实时追踪。

2　水库大坝结构部位风险破坏模式与破坏路径

针对混凝土坝和土石坝两种被广泛应用的坝型及其附属建筑物进行风险破坏模式与破坏路径梳

基金项目：水利部重大科技项目（SKS-2022138）；国家自然科学基金（52192672）；中国水科院基本科研专项（SS110145B0052024）。

作者简介：沈梦瑶（1993—），女，工程师，主要从事水工结构安全监控与智能化技术研发研究工作。

理，后期也将补充其他水工建筑物的风险破坏路径分析。其中，土石坝的通用潜在风险路径（部分）归纳如图 1（a）所示，混凝土重力坝的通用潜在风险路径（部分）如图 1（b）所示。本文以影响大坝及其附属建筑物安全的重点部位为基础总结了土石坝与混凝土重力坝普遍存在的风险隐患种类及其发展过程，以降雨为例，强降雨可能诱发的土石坝风险路径有：

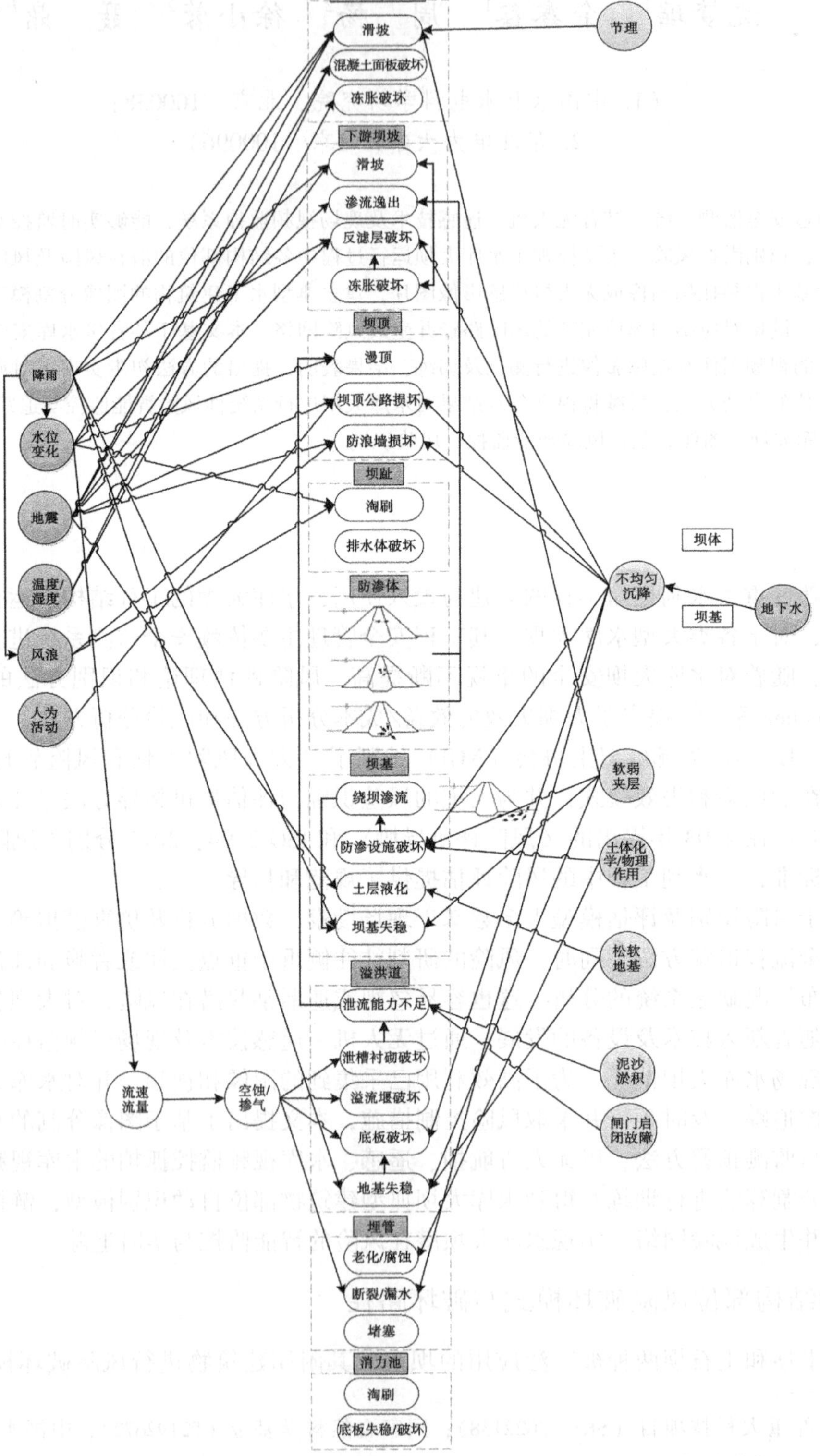

（a）土石坝的通用潜在风险路径（部分）

图 1　水库大坝典型风险路径

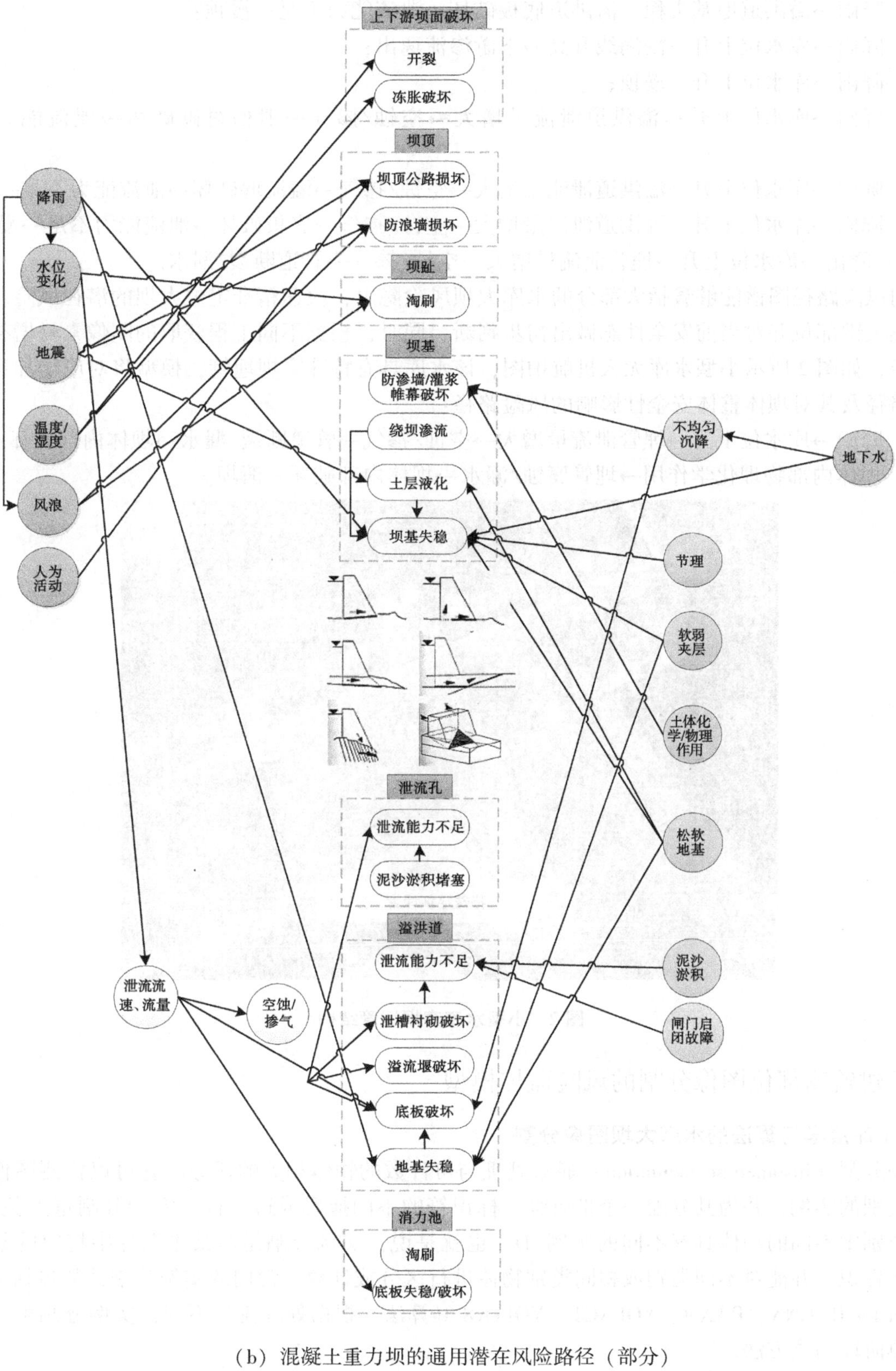

(b) 混凝土重力坝的通用潜在风险路径（部分）

续图 1

(1) 降雨→上、下游坝坡滑坡；

(2) 降雨→下游反滤层破坏；

(3) 降雨→坝基失稳；

（4）降雨→溢洪道地基失稳→溢洪道底板破坏→泄流能力不足→漫顶；

（5）降雨→库水位上升→浸润线升高→下游渗流逸出；

（6）降雨→库水位上升→漫顶；

（7）降雨→库水位上升→溢洪道泄流量增大→空蚀/掺气→泄槽衬砌破坏→泄流能力不足→漫顶；

（8）降雨→库水位上升→溢洪道泄流量增大→空蚀/掺气→溢流堰破坏→泄流能力不足→漫顶；

（9）降雨→库水位上升→溢洪道泄流量增大→空蚀/掺气→底板破坏→泄流能力不足→漫顶；

（10）降雨→库水位上升→埋管泄流量增大→空蚀/掺气→管道断裂/漏水。

通用风险路径图谱能够囊括大部分的水库大坝风险隐患，快速精准定位大坝的潜在风险及分布情况，聚焦关键部位并对当前安全性态做出初步判断。同时，根据不同工程获取的图像素材增补特定的风险路径，如图 2 所示小型水库无人机航拍图，该水库具有特殊穿坝埋管，模型将对应增加穿坝埋管的风险路径及其对坝体整体安全性影响的风险路径：

（1）降雨→库水位上升→埋管泄流量增大→空蚀/掺气→管道断裂/漏水→坝体内部破坏→溃坝；

（2）坝体内部物理化学作用→埋管腐蚀/漏水→坝体内部破坏→溃坝。

图 2　小型水库穿坝埋管结构

3　基于建筑物部位图像分割的风险监控模型

3.1　基于深度学习算法的水库大坝图像分割

实例分割（instance segmentation）通常处理与可计数的物体相关的任务。它可以检测图像中每个物体或类别的实例，并为其分配一个带有唯一标识符的不同掩码或边界框。实例分割重点关注前景，相同的类别中不同的物体具有不同的实例 ID。也就是说，实例分割是对某张图片中特定的某些物体进行检测标识，并能对不同类别或相同类别物体进行区分或计数。常用的实例分割计数包括 Mask R-CNN、Faster R-CNN、PANet、YOLACT、YOLOv8 等算法。根据处理流程不同，实例分割可以分为两阶段和单阶段两类方法。

对于大批量的图像处理与实例分割，单阶段方法直接在单个网络中同时进行目标检测和像素级分割任务，简化了两阶段方法的工作流程。通过直接预测目标的位置和边界框，同时生成每个实例物体的分割掩码，网络可以实现快速的实例分割任务。目前，单阶段检测的主流算法为 YOLO（You Only Look Once）系列算法[4]，本文选取了该系列中的 YOLOv8 模型，该模型于 2023 年 1 月由 Ultralytics

公司提出，关于该模型的构建原理可参考相关文献，本文不再赘述。

结合目前水库大坝所安装的摄像头抓拍图像、无人机航拍图像及在互联网采集的遥感图像等作为数据集，进行水库大坝各结构部位的分割训练，进而得到水库大坝风险监控模型。首先，对收集到的图像进行预处理，突出水库建筑物的特征，处理后的图像数据集包括 49 张遥感高分辨率图像和 48 张无人机拍摄图像，使用 Segment Anything Model（SAM）的半自动标注工具 ISAT with segment anything 对水库建筑物图像进行标注，包括大坝类型、水位建筑物类型、结构部位等信息，以便训练模型时进行监督学习。将标注文件转换成 YOLOv8 训练所需的标准格式，并按照一定比例（如 8∶2）进行划分，分为训练集和验证集两部分。采用 YOLOv8n-seg 深度学习算法，分别基于各个类型的建筑物部位的训练集进行模型训练，得到实例分割基线模型，并进行分割模型的功能验证，所提出的方法设计如图 3 所示。

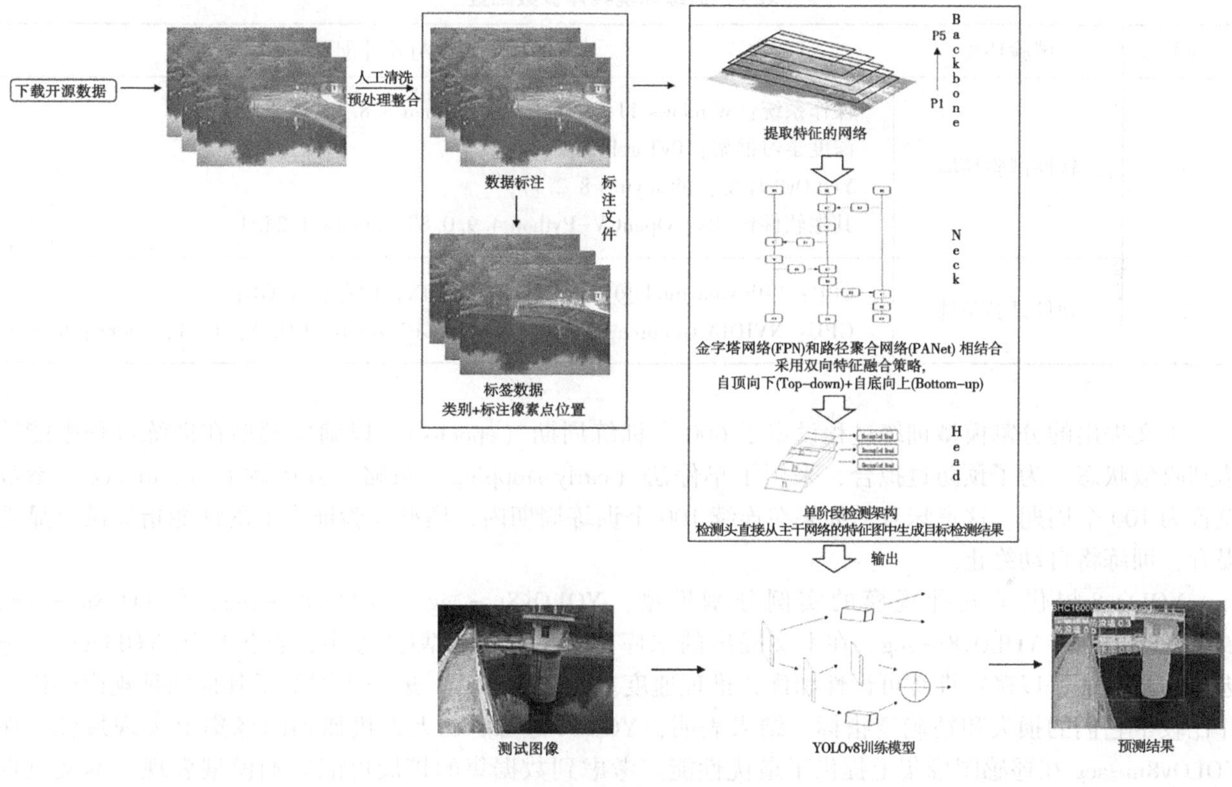

图 3　水库大坝图像分割方法

3.2　数据集准备与划分

本文使用的图像数据集包括 49 张遥感高分辨率图像和 48 张无人机拍摄图像。所有图像在训练前调整为 3 通道，并进行精确的像素级标注。标注过程采用了基于 Segment Anything Model（SAM，结构示意图见图 4）的开源半自动标注工具 ISAT with segment anything。标注步骤包括设置类别和路径、加载预训练 SAM 模型、选择和调整多边形区域，以及手动细节调整。完成标注后，生成的 JSON 格式文件被转换为 YOLO 格式的 txt 文件，以确保数据与 YOLOv8 模型兼容，提高训练效率和分割性能。

数据来源于互联网和开源图像数据集，内容涉及水库建筑物类别。样本数据被分为训练集和验证集，比例为 8∶2，测试集暂未开启使用。这种数据划分策略确保了模型训练和验证的充分性，同时避免了测试集对模型训练的干扰。

3.3　模型训练环境及参数设置

训练平台配置为 Windows 11 操作系统上的 Python 3.8.10 环境，搭载 14th Gen Intel Ⓡ Core^{TM} i7-14700HX 处理器和 NVIDIA GeForce RTX 4060 laptop GPU 8 GB 显卡。深度学习框架基于 PyTorch2.4.0，配置了 12.1 版本的 CUDA 和 9.3.0 版本的 cuDNN 以加速运算。具体参数见表 1。

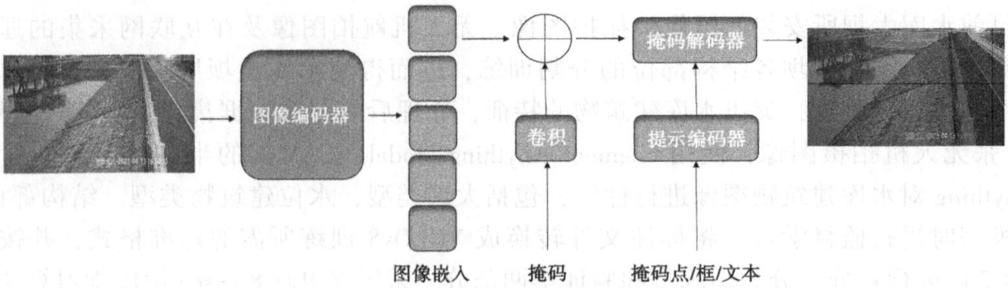

图 4　SAM 模型网络结构示意图

表 1　训练环境具体参数配置

序号	试验环境	详细环境版本与硬件配置
1	软件试验环境	操作系统：Windows 11；编程语言：Python 3.8.10； 深度学习框架：PyTorch 2.4.0； YOLOv8 环境：ultralytics 8.2.77； 其他软件包/库：OpenCV-Python 4.9.0.80　numpy 1.24.4
2	硬件试验条件	CPU：14th Gen Intel Ⓡ Core^{TM} i7-14700HX；内存：16 GB； GPU：NVIDIA GeForce RTX 4060 laptop GPU 8 GB；CUDA：12.1；cudnn：9.3.0

本文提出的分割模型训练过程设定了 600 个训练周期（epochs），以确保模型在训练过程中能够达到收敛状态。为了预防过拟合，采用了早停法（early stopping）策略，其中耐心（patience）参数设置为 100 个周期。这意味着，如果在连续 100 个训练周期内，模型在验证集上的性能指标没有显著提升，训练将自动终止。

YOLOv8 提供了五种规模的实例分割模型：YOLOv8n-seg、YOLOv8s-seg、YOLOv8m-seg、YOLOv8l-seg 和 YOLOv8x-seg。在本文提出的水库建筑物图像分割任务中，首先使用 YOLOv8n-seg 进行初步验证，以确定训练可行性和优化推理速度。验证成功后，进一步训练了其他四种规模的模型并比较了它们的损失和精确度指标。结果表明，YOLOv8s-seg 在无人机抓拍图像集上表现最佳，而 YOLOv8m-seg 在遥感图像集上提供了最优性能。考虑到数据集的扩展可能影响模型表现，本文重点介绍这两个模型的训练结果，分别代表各自数据集上的最佳分割效果。

3.4　训练结果与分析

本文使用 YOLOv8m-seg 模型进行图像语义分割任务。性能评价指标包括精确率（Precision，P）、召回率（Recall，R）和平均精度均值（mAP）等。本文主要通过精确率 P 和平均精度均值 mAP 来评估基线模型的性能。

精确率（Precision，P）是衡量模型预测结果准确性的关键指标，定义为被预测为正类的样本中，实际属于正类的比例。精确率通常是在一个固定的阈值（例如 IoU 阈值或分类置信度阈值）下计算的，它反映了模型在减少假阳性方面的能力，能够评估模型对正类目标的精确识别程度。计算公式如下：

$$P = \frac{\mathrm{TP}}{\mathrm{TP} + \mathrm{FP}} \tag{1}$$

其中，TP 代表真正例（True Positives），即被正确检测为目标类别的样本数量；FP 代表假阳性（False Positives），即被错误检测为目标类别的样本数量。

召回率（Recall，R）衡量模型识别所有正样本的能力，反映了实际为正类的样本中被正确预测的比例，强调模型在目标识别中的全面性。其计算公式如下：

$$R = \frac{\mathrm{TP}}{\mathrm{TP} + \mathrm{FN}} \tag{2}$$

其中，FN（False Negatives）代表假负例，实际为正类但未被模型预测为正类的样本数。

平均精度（Average Precision，AP）是评估单一目标类别检测性能的重要指标。针对该类别的所有预测框与真实框，根据设定的 IoU 标准，计算 $P-R$ 曲线与坐标轴围成的面积，以综合衡量模型在该类别上的目标检测能力。其数学表达式如下：

$$\mathrm{AP} = \int_0^1 P(R)\,\mathrm{d}R \tag{3}$$

本文采用平均精度均值 mAP50 评价模型训练结果，这里定义为平均精度（AP）在特定 IoU 阈值范围内的各训练批次计算结果的平均值。阈值设置源自目标检测任务中对预测框与真实框匹配的标准。当预测框与真实框的 IoU 超过设定阈值时，视为正确检测。IoU 值介于 0 和 1 之间，值越大，表示预测框与真实框的重叠程度越高。通过设定 IoU 阈值，可以有效区分正确预测（TP）和错误预测（FP），确保评价指标的一致性和可解释性。

其中，mAP50 指的是在 IoU 阈值固定为 0.5 时计算的平均精度（AP），反映模型在较低 IoU 阈值下的目标检测性能，通常对容错性要求较低的场景更加敏感：

$$\mathrm{mAP50} = \frac{1}{N}\sum_{i=1}^{N} AP_{i,\ \mathrm{IoU}=0.5} \tag{4}$$

其中 $AP_{i,\ \mathrm{IoU}=0.5}$ 是在 IoU 阈值为 0.5 时第 i 批次的平均精度，N 是总训练批次数。

表 2、图 5 和表 3、图 6 所示为抓拍图片和卫星遥感图片的识别结果，总体来说，对视频抓拍图片的模型训练效果较好，可较为准确识别出坝顶、溢洪道泄槽底板、上游坝坡及进水塔等细部结构。而对于某些结构如下游坝坡，左右岸边坡，由于样本数量的限制，识别精度并不理想且在总体上影响了模型的平均精度均值。后期也将通过增加数据集样本数量、对易混淆的类别进行数据增强等方法提升模型的识别精度。

表 2　YOLOv8s-seg 在视频抓拍图像集上训练结果指标

指标	类别	目标识别/%			实例分割/%		
		P	R	mAP50	P	R	mAP50
数值	边墙	0	0	3.02	0	0	3.02
	溢洪道泄槽底板	33.2	100	99.5	40	100	99.5
	水库	100	55.4	75.9	100	53.9	75.9
	上游坝坡	69.2	55.6	51.1	71	55.6	47.8
	防浪墙	64.2	40	39	65	40	39
	进水塔	94.3	50	76.6	94.9	50	76.6
	坝顶	100	66.5	89.3	100	65.8	87.4
	下游坝坡	69.6	33.6	44.6	61.3	28.6	32.8
	右岸土质边坡	100	0	5.13	100	0	5.13
	左岸土质边坡	100	0	6.22	100	0	6.22

图 5　模型对视频抓拍图片的分割结果及置信度

表 3　YOLOv8m-seg 在遥感图像集上训练结果指标

指标	类别	目标识别/%			实例分割/%		
		P	*R*	mAP50	*P*	*R*	mAP50
数值	水库	91. 8	92. 9	98. 6	89. 5	92. 9	98. 6
	上游坝坡	83. 7	62. 5	75. 3	61. 5	50	44. 4
	下游坝坡	79. 5	62. 5	80. 7	44. 7	50	57
	坝顶	72. 1	33. 2	49. 3	49	24. 3	16. 2
	溢洪道	48. 7	11. 1	24. 5	44. 1	11. 1	22. 8
	右岸岩质边坡	12. 1	84. 6	14. 2	13. 7	95. 7	14. 2
	下游河道	100	0	20. 7	100	0	20. 7

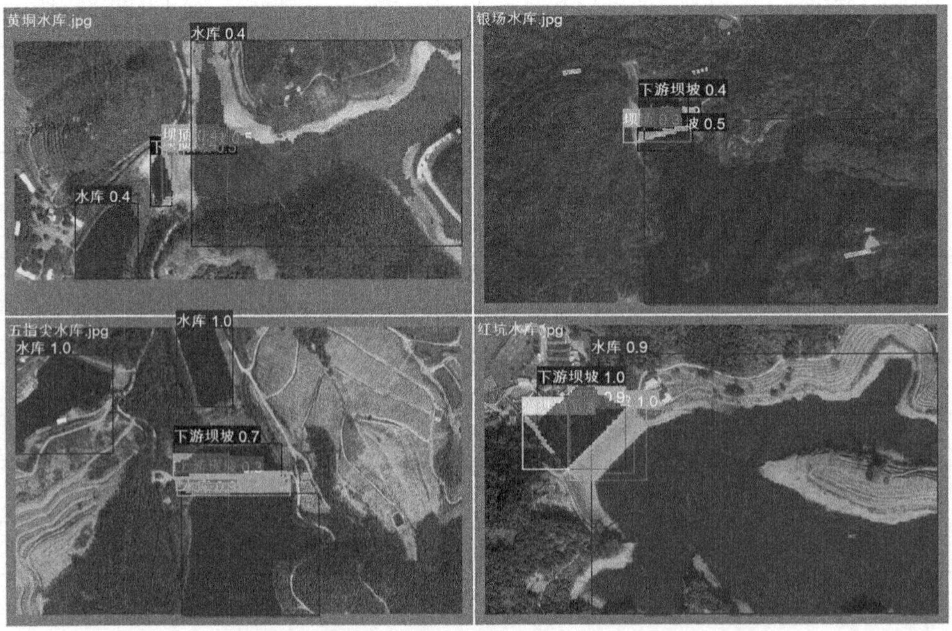

图 6　模型对遥感图片的分割结果及置信度

4 结语

水库大坝的工程结构及运行安全至关重要，对于工程安全风险及隐患的识别越来越受到广泛的关注，风险评估理论和识别方法也在不断发展。然而，对于风险的研判目前缺乏智能化的识别及全流程追踪方法，对水库大坝整体的风险分布情况也缺乏系统的分析，这也容易忽视或遗漏某些潜在风险，导致对大坝整体的风险评估失去参考价值。针对以上问题，本文提出了基于图像分割的水库大坝安全风险智能监控模型，以无人机航拍、卫星遥感、水库视频监控抓拍的水库图像为基础，选取了49张遥感高分辨率图像和48张视频抓拍图像建立数据集，并采用SAM模型对数据集进行了半自动化标注，通过YOLOv8图像分割算法进行训练，得到水库大坝典型建筑物部位自动识别模型。将模型识别出的各建筑物部位关联成完整的风险路径并生成风险网络，实现水库大坝潜在风险的智能监控与实时追踪。结果表明，所建立的图像分割模型对于视频抓拍图像的分割结果较为准确，能够识别出大部分水库大坝建筑物，而由于数据集限制，某些建筑物部位存在样本不足的情况，识别结果并不理想，也影响了模型的整体平均精度均值（60%左右）。笔者还将在后续研究中扩充数据集样本数，提高识别精度，并且将风险监控模型的识别结果与水库安全监测数据进行动态关联，对风险路径中的关键节点进行控制，从而达到有效控制风险的目的。

参考文献

[1] Baecher G regory B, Neufville Richard De, Marie-Elisabeth Paté. Dam failure in benefit/cost analysis [J]. Journal of the Geotechnical Engineering Division, 1980, 106 (1): 101-115.

[2] Baecher, Gregory B, M Elisabeth Paté, Neufville Richard De. Risk of dam failure in benefit-cost analysis [J]. Water Resources Research, 1980, 16 (3): 449-456.

[3] Suzanne Lacasse. Handbook-Risk assessment and risk management for dams [M]. NGI Report, 2020.

[4] Joseph Redmon, Santosh Kumar Divvala, Ross B. et al. You Only Look Once: Unified [J]. Real-Time Object Detection, 2015 (6): 779-788.

基于 YOLO 的水尺水位识别方法研究

金鑫鑫[1]　李嘉晨[2]　黎利兵[1]　徐小蓉[2]　聂　鼎[1]

（1. 中国水利水电科学研究院，北京　100038；
2. 华北电力大学水利与水电工程学院，北京　102206）

摘　要： 本文旨在研发利用机器视觉技术进行水尺水位识别的自动化模型，提升水位监测的保障率和效率。本文提出了基于 YOLO 的水尺识别模型，将水尺刻度“E”作为识别目标，并根据识别结果生成 ROI 区域范围，采用分水岭边缘检测法在 ROI 区域内进行水位线识别，最终根据水尺高程计算实时水位。通过图像处理算法和深度学习模型的优化，确保了在各种环境条件下的高识别精度及快速处理能力，证明了该模型在水尺识别上的有效性。

关键词： 图像识别；水尺读数；YOLO；分水岭边缘检测

1　引言

水位是水库大坝防洪调度、发电运行、取水灌溉等功能任务发挥的控制指标。由于水位的极端重要性，要求水位数据有极高的保障率，包括数据的精度和实时性[1]。水库大坝一般安装水位计、水尺进行水位监测，水位计多进行自动化测度，水尺主要依赖人工读数。人工读取水尺水位常常由于极端天气或恶劣条件而难以保证[2-3]。随着国家在水库大坝监测能力建设的投入的增多，视频监控已作为重要的监测手段，监视重要建筑物状态，如大坝、溢洪道等，以及对水尺的监视。通过视频图像，可补足自动化水位计在损坏等情况下的不足，提高数据保证率[4]。同时，将多源水位数据相结合进行交叉验证，可提高监测数据的准确性和可靠性。目前，基于视频图像的水尺测读一般依赖人工，耗时耗力，且难以形成长序列的水位数据。因此，有必要基于先进的图像处理技术实现实时自动识别水位的功能目标。

随着图像识别和机器学习技术的进步，使得基于图像识别的自动化水尺度数系统成为可能。机器视觉算法是当前人工智能算法发展的热点，Krizhevsky 等[5] 提出的 AlexNet 模型，是一个里程碑式的深度学习网络，证明了深度卷积神经网络在图像识别领域的巨大潜力。Simonyan 等[6] 提出了 VGG 网络，通过使用非常深的网络架构来提高图像识别的准确性，非常适合处理图像中的细节信息。Redmon 等[7] 提出的 YOLOv3 模型，是实时对象检测领域的一个重要进展，该模型在处理复杂背景下的图像识别任务中表现出色。He 等[8] 提出了残差网络（ResNet），该网络极大地推动了深度学习在图像识别任务中的性能，特别是在需要从复杂环境中提取细节信息。Liu 等[9] 提出了 SSD 模型，该模型是一种高效的单次检测模型，能够在单个网络传递中同时预测对象的边界框和类别，适用于需要快速且准确检测的场景。这些技术能够处理来自监控摄像头的实时图像，极大地提升了数据收集的安全性和效率。在众多模型中，已证明 YOLO 模型对于处理复杂和变化的图像背景具有出色的适应性。

基金项目： 水利部重大科技项目（SKS-2022138）；国家自然科学基金（52192672）；中国水科院基本科研专项（SS110145B0052024）。

作者简介： 金鑫鑫（1987—），女，副高级工程师，主要从事水库大坝安全监测相关研究工作。

本文致力于开发一种针对水库大坝水尺的自动识别系统，基于 YOLO 图像识别技术，对视频图像或视频流进行解读，实时准确地监测水位变化，为水库应急防汛、日常调度运行提供数据底板支持。

2 基于 YOLO 的水尺读数模型

2.1 算法总体流程设计

本文旨在开发一种基于深度学习的自动水尺水位识别模型，建模流程主要包括数据准备、模型训练、水位识别和水位计算等关键步骤。使用标签工具对训练集中的水尺图像进行人工标记，为了增强模型的泛化能力并适应不同的环境变化，采用图像扩充技术对标记过的数据集进行处理。使用改进的 YOLOv5 模型对扩充后的数据集进行训练，确保训练结果可以识别出水尺上所有的刻度。根据识别出的刻度确定水位线识别区域，采用边缘检测算法在识别区域内进行水位线识别，计算识别区域内的水位高度并结合 YOLO 识别刻度进行总水位计算（见图 1）。

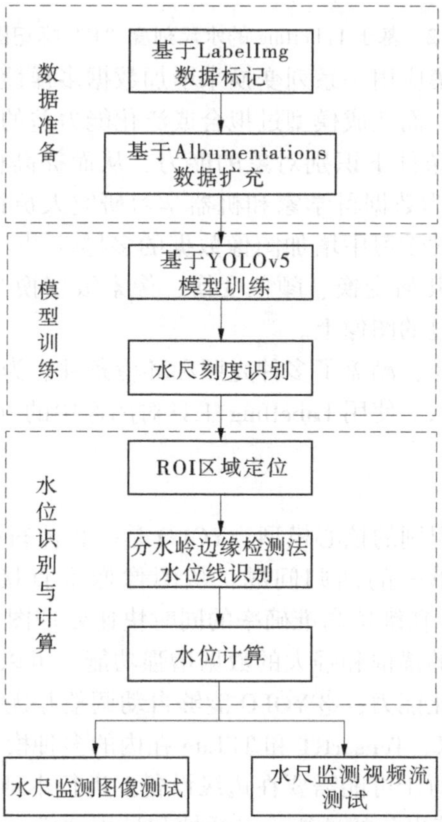

图 1 基于 YOLO 的水尺水位识别模型流程

2.2 数据准备

基于机器视觉的算法，尤其是监督学习，数据集标注是一个不可或缺的步骤。通过数据集标注，可为模型训练提供必要的真实信息，这些信息用来教会模型如何正确地识别和理解数据。在监督学习中，模型通过学习输入数据到已知标签的映射来建立关联关系。精确的标注可以帮助模型更好地理解目标特征，从而提高其在真实世界场景中的识别精度和鲁棒性。

现今应用最为普遍的水尺图像特征基本以“E”为主要刻度，对于“E”的准确识别是确定水位读数的基础。本文采用 LabelImg 工具对特定的刻度“E”进行精确标注，以保证模型能够学习到如何从整个图像中识别和解读这些关键信息[10]，见图 2。

图 2　基于 LabelImg 的水尺刻度“E”标记图

数据扩充是通过对原始数据集应用一系列变换来增加数据多样性的技术，数据集扩充可以解决由于原始数据集数量少、类型单一，而造成模型过拟合或泛化能力差的问题。数据集扩充可以帮助模型学习到从不同角度、大小和光照条件下识别对象的能力，从而提高模型的泛化性能。Albumentations 是一个功能强大的 Python 库，它为数据科学家和机器学习研究人员提供了一个高效的方式来进行图像预处理和增强，特别适合在深度学习中增加图像数据的多样性[11]。Albumentations 通过对图像应用一系列随机且复杂的变换（包括几何变换、颜色变换、像素级变换等）来增加数据集的多样性，帮助模型更好地泛化到新的、未见过的图像上。

本文共收集了 120 张水尺图像，涵盖了多种光照和环境条件。为了增强模型的泛化能力，通过图像扩充技术将数据量扩展至 300 张。使用 LabelImg 工具对图像中的刻度“E”进行精确标注，共标记出 6 835 个有效目标。

2.3　基于 YOLOv5 的模型训练

本文选择 YOLOv5 作为水尺识别的核心模型，YOLO 是一种流行的高效实时对象检测系统，其核心思想是将对象检测作为一个单一的回归问题，从图像像素直接到边界框坐标和类别概率[12]。YOLOv5 具备以下优势：①它可以在维持高准确率的同时快速处理图像，这对于需要实时反馈的应用场景非常关键；②具备自动学习的锚框和强大的数据增强功能，可以满足不同的环境和光线条件下快速准确地识别水位标记，提高泛化能力；③YOLO 能够自动调整并优化其检测框架，以适应不同的水尺标记；④YOLO 支持包括 ONNX、TensorRT 和 TFLite 在内的多种模型导出格式，这为将模型部署到不同的平台和设备提供了便利，对于可能需要在边缘设备上进行本地水尺检测的应用场景，这一特性尤其重要。综上所述，YOLO 以其出色的性能、灵活性和易用性成为进行水尺识别的理想选择。这些特点确保了模型在实际应用中可以实现快速、准确且稳定的水尺读数检测。

YOLO 将输入图像划分为 $S \times S$ 的网格。如果一个对象的中心落在一个网格单元内，那么这个网格单元就负责检测该对象。每个网格单元预测多个边界框。每个边界框包含五个预测：x，y，w，h（边界框的中心坐标、宽度和高度）和一个置信度分数。置信度分数反映了模型对边界框内是否包含对象及边界框准确性的自信程度。每个网格单元还预测 C 个条件类别概率，这些概率是给定网格单元包含特定类别对象的概率（见图 3）。

对于每个边界框，YOLO 的数学模型预测：

(x, y)：边界框中心相对于网格单元边界的位置，这些坐标被归一化到［0，1］范围内。

(w, h)：边界框的宽度和高度，通常相对于整个图像的宽度和高度进行归一化。

置信度 Confidence：$\mathrm{Pr}(\mathrm{Object}) \times \mathrm{IOU}_{\mathrm{pred}}^{\mathrm{truth}}$，即网格单元内存在对象的概率和预测框与真实框之间的交并比（IOU）的乘积。

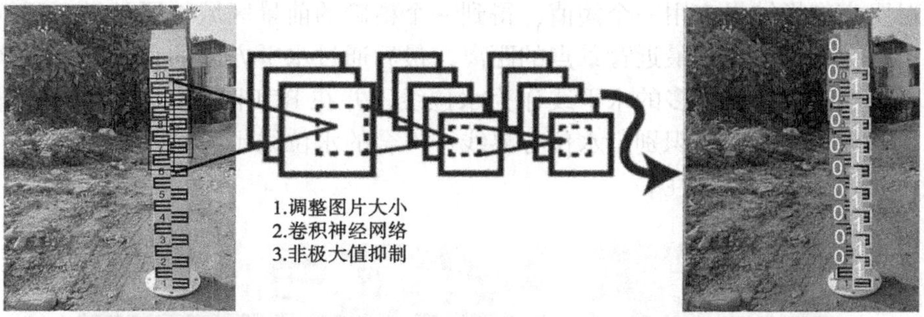

图3　基于 YOLOv5 的水尺刻度识别模型训练图

类别概率 Pr（Class_i | Object）与置信度相乘，得到每个类别的具体预测概率：

$$\Pr(\text{Class}_i \mid \text{Object}) \times \Pr(\text{Object}) \times \text{IOU}_{\text{pred}}^{\text{truth}} = \Pr(\text{Class}_i) \times \text{IOU}_{\text{pred}}^{\text{truth}} \tag{1}$$

当模型在验证集上的精确度和召回率达到预定的目标，通常意味着模型能够准确且全面地识别水尺中的刻度标记。检测框的 IOU 值代表模型预测边界框与真实边界框的重叠程度，较高的 IOU 值通常表明模型的检测精度较好。训练好的模型需具备较高的精确度及置信度。

2.4　基于分水岭的水位识别算法

通过 YOLO 识别出水尺上所有的刻度“E”后需对水位线进行识别并计算水位线所在刻度距离。本文以 YOLO 标记出的最后一个刻度“E”为参照，按照刻度尺寸进行扩充以确定 ROI（感兴趣区域），确保水位线位于 ROI 范围内。通过缩小图像处理区域，可以提高算法识别精度及执行速度，降低复杂的背景中如波纹、反射和阴影等因素对水位线识别的影响（见图4）。

图4　ROI 区域示意图

确定 ROI 后采用分水岭边缘检测法对水位线进行有效识别。分水岭算法常用于处理图像中的对象分割问题，其是一种基于拓扑地势概念的图像分割方法，在图像处理中，该算法可以视为基于灰度图的地形识别，其中亮区域代表高地，暗区域代表低地[13]。该算法采用 Sobel 算子计算图像的梯度，梯度图像将用作分水岭算法的基础，高梯度值表示潜在的边界。分水岭算法的目的是找到图像中对象的边界，通过对距离变换结果应用一个阈值，得到一个精确的前景区域，通常最亮区域代表水位线附近，计算前景中每一个像素点到最近背景点的距离，最后通过水平方向的直方图统计来找到最显著的水位线，选择直方图中重合点最多的水平线作为水位线，并在 ROI 图像进行标记（见图 5）。结果表明，分水岭算法可以较为准确地识别出水位分界线，拟合的水位线也与水位边缘线基本吻合，证明了分水岭算法在水位识别中的有效性。

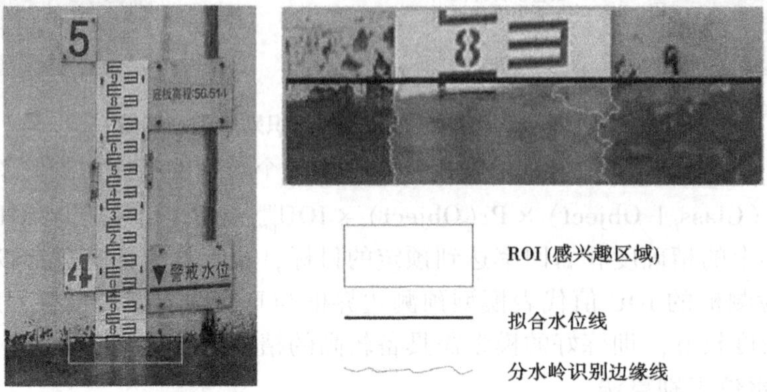

图 5　分水岭算法水位线识别示意图

2.5　水尺度数计算

识别出所有刻度“E”和水位线后计算刻度“E”的个数和 ROI 区域内的水位高度，用水尺总高程减去刻度高度再减去 ROI 区域内的水位高度，计算出最终水位。水位计算公式为

$$\text{实际水位} = \text{max\_water\_level} - (\text{num}_{\text{scales}} \times \text{scale}_{\text{length}}) - \left(\frac{\text{water\_line\_to\_E}_{\text{bottom}} \times \text{scale}_{\text{length}}}{\text{scale}_{\text{height}}}\right) \tag{2}$$

式中：max_water_level 为水尺总高程；$\text{water\_line\_to\_E}_{\text{bottom}}$ 为 ROI 中水位线至最下方识别刻度框底部的距离；$\text{num}_{\text{scales}}$ 为识别出刻度“E”的数量；$\text{scale}_{\text{length}}$ 为每个刻度的实际高度；$\text{scale}_{\text{height}}$ 为识别刻度框在图像中的像素高度。

3　模型测试结果与分析

为验证模型的性能，使用设备主机型号为 Intel Core i9-12900，内存 64 GB，GPU 型号为 NVIDIA GeForce RTX 4070，内存 8 GB，操作系统版本为 Windows 11，PyTorch 版本为 2.4.1+cu118，Python 版本 3.8，CUDA 版本 12.6，cuDNN 版本 cuDNN8.0.5。本文数据量为 300 张，使用 LabelImg 工具对图像中的刻度“E”进行精确标注，共标记出 6 835 个有效目标。设置训练参数 epochs 为 500，patience 参数为 50。

将训练结果在 30 张测试图像上进行识别，共识别出刻度“E”577 个，其中置信度在 8.0 以上的有 485 个，占识别总刻度的约 84.1%，而置信度在 9.0 以上的有 349 个，约占总识别刻度的 60.5%。测试结果表明，模型对大多数刻度的识别置信度较高，能够提供较为准确和可靠的预测。在精确度-置信度曲线（PCC）［见图 6（a）］中，曲线向上并向左弯曲，表示在较低置信度下仍能保持较高的精度，说明检测器在高召回率的同时能够保持低误报率，即对目标的识别准确性较高。在召回率-置信度曲线（RCC）［见图 6（b）］中，曲线在较高置信度水平下呈现较高召回率时，说明算法在目标检测时能够准确地预测目标的存在，并在过滤掉低置信度的预测框后依然能够维持高召回率，反映了算法在目标检测任务中的良好性能。在准确率-召回率 PRC 图［见图 6（c）］中，召回率升高时，精确率会降低，反之亦然。本测试中，曲线靠近右上角，表示模型在预测时能够同时保证高的精确率和高的召回率，即预测结果较为准确。

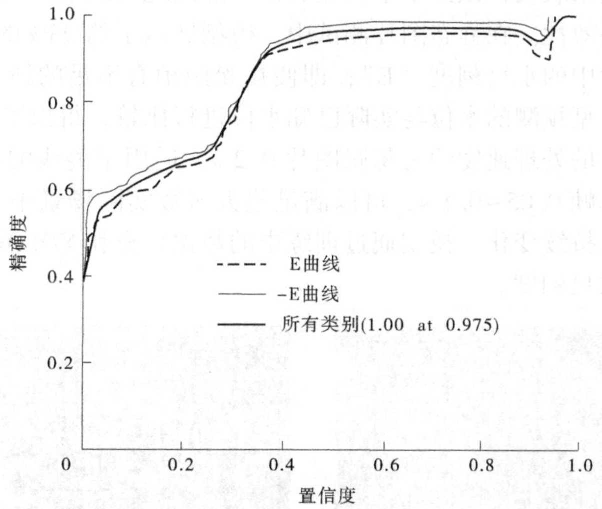

(a)PCC曲线图

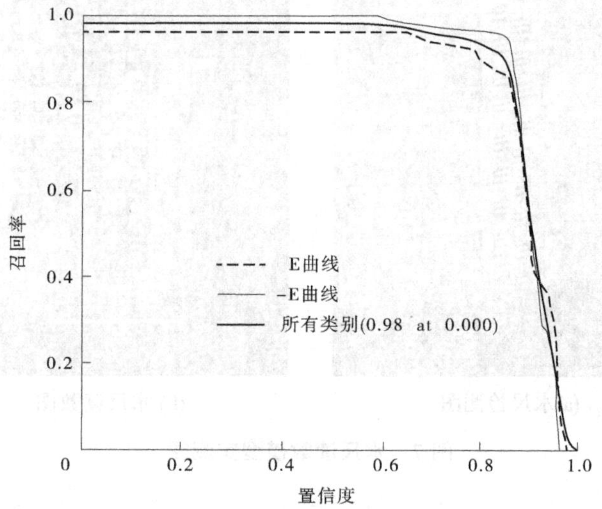

(b)RCC曲线图

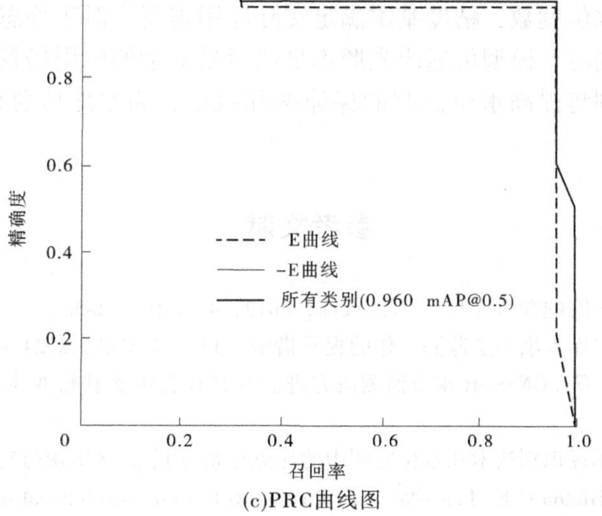

(c)PRC曲线图

图6 基于YOLOv5的水尺刻度识别模型训练结果图

模型训练和性能评估结果表明，该模型不仅能够快速准确地识别水尺刻度，还能在各种测试条件下展示出良好的稳定性和高效性。在静态图片测试中，模型展示了约 95%的精确度和 90%的召回率。它能够准确识别大部分图片中的水尺刻度“E”，即便在光照稍有不足的情况下，模型也能够保持较高的识别准确率。通过将模型预测的水位与实际已知水位进行比较，得出平均误差保持在 3 cm 之内。在处理速度方面，静态图片的处理速度约为每张图片 0.2 s，适用于离线的批量水位分析（见图 7）。对视频流处理速度保持在每帧 0.05~0.1 s，可以满足绝大多数实际场景中的实时水位监控需求。尽管视频中的光线和角度可能持续变化，模型通过训练中的数据扩充和 YOLOv5 的鲁棒性，能够持续跟踪水位变化并准确地识别水尺刻度。

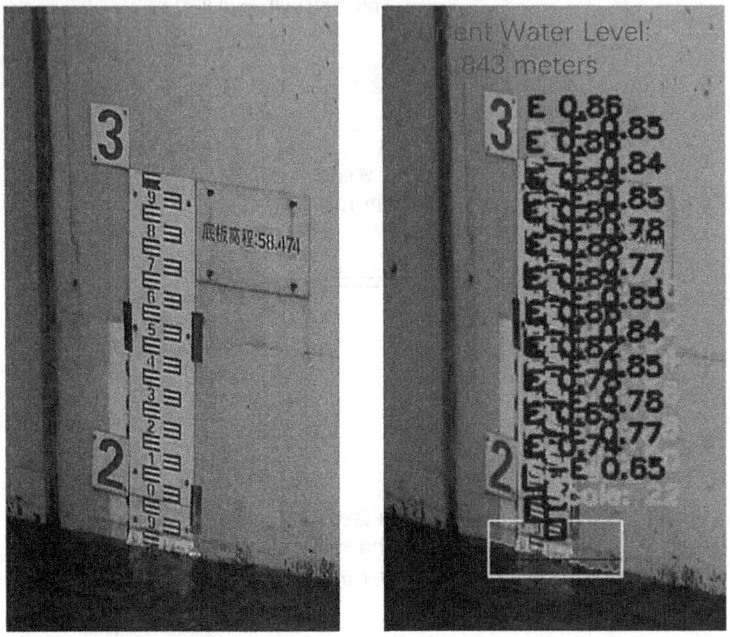

(a)水尺检测图　　(b) 水尺读数图

图 7　水尺读数模型实测图

4　结语

本文研发了一套基于深度学习的水尺识别模型，实现了对水尺水位的自动获取。基于 YOLO 及分水岭算法，可以精确获取水位度数，精度基本满足实际应用需要。对于静态图像及视频流的处理速度可以满足实时监控需求。同时，模型可适应光照不足或背景复杂的应用场景，具备较高的鲁棒性。基于视频图像的水位准确识别将提高水位监测的保障率和效率，为水库应急调度及风险控制提供数据支撑。

参考文献

[1] 郑守仁．我国水库大坝安全问题探讨［J］．人民长江，2012，43（21）：1-5.

[2] 朱建武，濮久武．中小型水库大坝安全监测工作的提升措施［J］．小水电，2024（4）：13-18.

[3] 张朋杰，庞治国，路京选，等．GNSS-R 水位监测研究进展与其在我国水利行业应用展望［J］．全球定位系统，2024，49（1）：34-44.

[4] 杨振宇，李坚，陈静姝．图像识别技术在水位监测中的比测分析［J］．水资源研究，2020，9（2）：218-225.

[5] Krizhevsky A，Sutskever I，Hinton G E．ImageNet classification with deep convolutional neural networks［J］．Communications of the ACM，2017，60（6）：84-90.

[6] Simonyan K，Zisserman A．Very Deep Convolutional Networks for Large-Scale Image Recognition［J］．arXiv preprint

arXiv：1409. 1556，2014.

[7] Redmon J，Farhadi A. YOLOv3：An Incremental Improvement [J] . arXiv preprint arXiv：1804. 02767，2018.

[8] He K，Zhang X，Ren S，et al. Deep Residual Learning for Image Recognition [J] . Proceedings of the IEEE conference on computer vision and pattern recognition，2016：770-778.

[9] Liu W，Anguelov D，Erhan D，et al. SSD：Single ShotMultiBox Detector [J] . European conference on computer vision，2016：21-37.

[10] Russell B C，Torralba A，Murphy K P，et al. A database and web-based tool for image annotation [J] . International Journal of Conputer Visin，2008，77：1-3.

[11] Buslaev A，Iglovikov V I，Khvedchenya E，et al. Albumentations：fast and flexible image augmentations [J]. Information，2020，11 (2)：125.

[12] 张阳婷，黄德启，王东伟，等. 基于深度学习的目标检测算法研究与应用综述 [J] . Journal of Computer Engineering & Applications，2023，59 (18) .

[13] 侯志强，赵梦琦，余旺盛，等. 基于 SLIC 与分水岭算法的彩色图像分割 [J] . 光电工程，2019，46 (6)：9.

基于数字孪生技术的桥闸管理系统

潘文俊　周惠荣　曲振方　胡　凡

（广东华南水电高新技术开发有限公司，广东广州　510620）

摘　要： 针对桥闸管理实时感知能力不足、智慧化程度不高的问题，研究数字孪生桥闸管理系统设计与实现，将物联网、数字孪生、水利专业模型与防洪调度管理相结合，研究数字孪生可视化表达方法，打造数字孪生桥闸管理系统。以汕头市数字孪生梅溪桥闸工程为应用示范，通过对桥闸物理全要素与场景进行数字化映射和智能化模拟，基于数字孪生技术的桥闸管理系统能够及时感知防汛要素与桥闸运行状态，为管理者提供基于模拟结果的预测和优化建议，实现桥闸精细化管理和调度智慧化决策。

关键词： 数字孪生；实景化建模；数据底板；桥闸工程

1　引言

随着水利部大力推进智慧水利建设部署，数字孪生水利工程已成为智慧水利的重要组成部分。数字孪生的关键技术是以构建现实场景与虚拟场景一一映射关系的数字孪生体，利用物联网、大数据、云计算、AI 等先进的技术手段，实现物理实体与孪生体的交互映射和协同联动，反映、控制、验证、模拟物理实体的全生命周期过程[1-2]。数字孪生技术下的水利工程管理，以工程实体及周边区域为单元，以多维时空数据为驱动，以算法模型及运维知识为核心，以数字化场景、智慧化模拟、精准化决策为路径，建立水利工程安全业务应用[3]。桥闸是建在河流或渠道上的低水头水工建筑物，通过桥闸控制流量和调节水位。桥闸在抵御上游洪水、保障下游生产生活用水安全等方面均扮演着极其重要的角色。现如今，大部分桥闸工程运行管理水平相对落后，信息化程度较低。针对上述问题，本文以物联网、数字孪生、水利专业模型为技术基础，通过构建数字孪生桥闸管理平台，对桥闸水利要素进行全面监测和感知，实现桥闸管理过程智慧化模拟和决策方案评估优化，提升桥闸调度智慧化与精细化管理水平。

2　系统架构

本文结合数字孪生桥闸管理实际业务应用需求，依据智慧水利与数字孪生建设相关规范[4-5] 进行系统架构设计。系统架构以桥闸水利实时感控体系为信息化基础设施的主要建设内容，汇集和分类管理桥闸物理实体大量实时数据，为上层应用提供数据支撑，以数据底板、模型库、知识库、模拟仿真引擎为数字孪生平台主要建设内容，为业务应用提供数据服务、专业模型分析、可视化等功能支持；以桥闸联合调配决策、防汛抗旱、水利工程建设运行管理为主要业务应用，实现桥闸的科学、合理、高效利用[6-7]。桥闸工程数字孪生系统总体架构如图 1 所示。

作者简介： 潘文俊（1982—），男，高级工程师，主要从事水利信息化、智慧水利及数字孪生的研究工作。

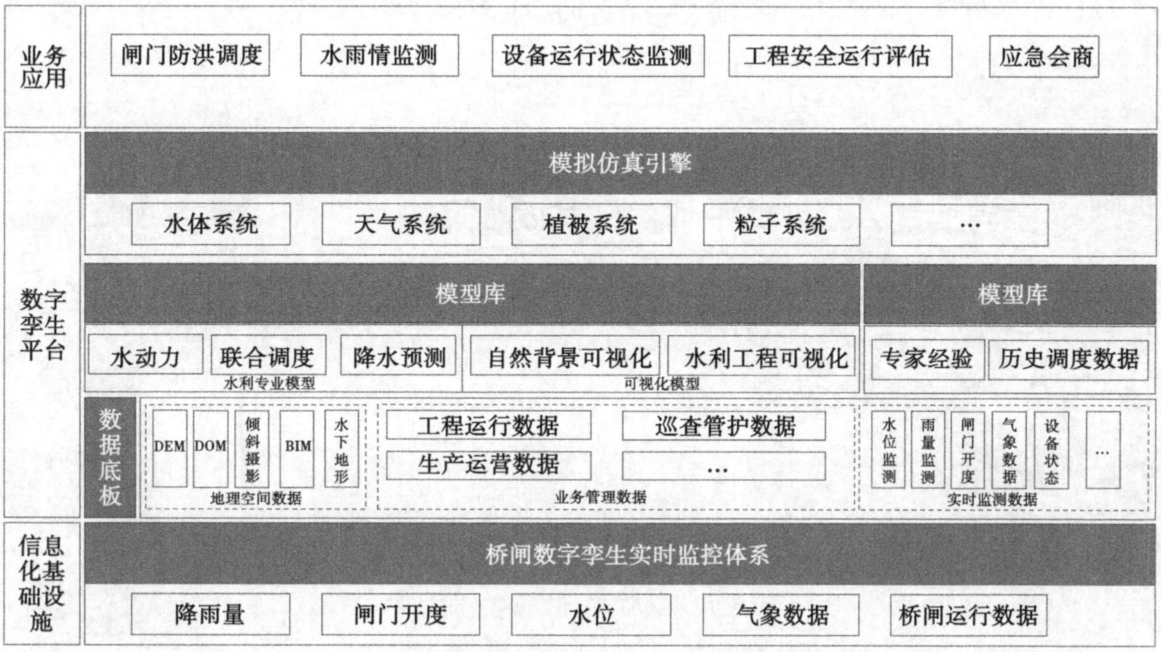

图1 桥闸工程数字孪生系统总体架构

3 关键技术

3.1 可视化场景构建

3.1.1 倾斜摄影三维建模

构建带有准确地理空间坐标的三维模型，进行数字孪生水利工程试点建设，直观、形象地了解水利工程的实况。

通过三维建模，综合巡查、环境量监测、工情监测、视频监控等综合信息展示方式完成综合展现服务。三维建模数据来源为无人机、遥感影像等项目建设范围内采集的成果数据以及通过倾斜摄影技术采集的三维实景模型数据。本文拟通过无人机航测平台收集的水利工程倾斜摄影数据进行三维建模。

倾斜摄影测量通过在一个飞行平台上搭载多台相机，可以从不同的角度采集地面影像。利用倾斜摄影技术，可以从影像中提取地物空间位置、建筑结构、色彩与纹理等，然后按照统一的坐标系迅速建立实景三维数据模型，用户能够直观地从三维模型上判读河流、水库、闸泵站及其他建筑物等。倾斜摄影建模如图2所示。

3.1.2 水利工程三维建模

利用3dsMax软件进行工程建模，直观地展示水利工程的各种元素和结构，如坝体、厂房、船闸、发电机组和泄水建筑物等关键部分的运行状态，有助于更好地进行管理和决策。建模主要包括以下步骤：

（1）收集资料。收集工程相关的资料，包括照片、工程CAD图纸、参考资料等。

（2）建立基础模型。使用基础的几何体（如长方体、球体、圆柱体等）建立水利工程的基础模型，确定其整体形状和大小。

（3）添加细节。在基础模型的基础上，逐步添加细节，如梯子、栏杆等。

（4）调整比例。根据实际情况，调整模型的比例，使其更加真实和逼真。

（5）优化和修正。对模型进行优化和修正，使其更加符合实际要求。

（6）模型导出。将模型导出为常用的FBX格式。

图 2　数字孪生梅溪桥闸倾斜摄影建模

3.1.3　模拟仿真引擎

使用虚幻引擎构建工程可视化场景。使用虚幻引擎搭建的场景具备仿真程度高、交互流畅的优点。具体内容可分为对水利工程周边区域遥感影像及地形的展示、高精度模型加载、地形地貌仿真、高质量光照渲染、水体材质模拟、天气模拟、实时水尺水位等。

场景模拟仿真流程如下：

（1）基础场景设置。在 Cesium 面板中增加地形及遥感影像选项，将世界定位的原点经度、原点纬度和原点高度属性更改为工程所在的坐标位置及高度。然后在场景中添加光源（Cesium SunSky 组件）和第一人称玩家控制器（Dynamic Pawn 组件）。

（2）局部地形导入。针对工程周边区域，获取重点区域的高精度 DEM 数据，经过预处理后导入到场景中。

（3）工程模型导入。通过 Datasmith 插件将 FBX 格式的工程模型导入到场景中，添加材质。

（4）地形地貌仿真。根据场景真实图像资料，使用地形及植被工具构建区域场景并进行调整。

3.2　桥闸相关监测数据可视化表达

桥闸数字化表达是对桥闸各种管控要素和关联要素进行精确、多维度、多尺度的数字化和语义化描述，在虚拟空间真实反映桥闸物理空间各要素的状态和行为，模拟或预测物理对象的变化过程，实现物理桥闸的精准数字化映射，为数字孪生桥闸全息表达、模拟仿真推演、智能分析决策等提供数据基础。

3.2.1　数据对接

结合工情监测、天气等信息，完成可视化模型展现服务。

根据监测设备返回的真实水位监测数据，可在场景中动态展示水闸内外江真实水位。

同步闸门状态，并根据工程调度指令控制场景中闸门运行状态及开闭动态效果，展示闸门水体状态及粒子效果。数据接入情况如图 3 所示。

根据指令模拟现实中的天气现象，系统可模拟雨、雾、风及云层、日出和日落等自然现象，在场景中营造逼真的氛围，丰富场景中的细节。

图3　数字孪生桥闸数据接入

3.2.2　BIM 建模

通过 BIM 模型的参数化设计功能，设定组件的动态属性，如应力、变形、磨损等参数。

（1）应力与变形判断：若应变计检测到某部件的变形超过设计允许的阈值（如 0.5 mm），可能表示部件受力异常或损坏。系统应触发报警，并在 BIM 模型中高亮显示该部件。

（2）振动分析：如果振动传感器记录的频率超过正常运行范围（如频率大于 50 Hz），且持续时间超过设定阈值，表示电机或液压系统可能存在故障。

（3）温度判断：当某部件的温度超过预设安全范围（如 80 ℃）时，系统应记录该事件，并生成警报，指示可能的过载或散热问题。

（4）腐蚀监测：当电化学传感器检测到腐蚀率超过设定阈值（如腐蚀率大于 0.1 mm/a），应触发维护提示，并在 BIM 模型中标记受影响部件。

这些参数将通过实时监测数据进行更新，确保模型能够反映电闸设施的实际运行状态。BIM 建模情况如图 4 所示。

图4　桥闸内部组件 BIM 建模

4 结语

本文阐述了如何基于数字孪生技术搭建桥闸工程运行管理系统，并将各类实测和分析成果数据与实景建模进行集成。通过融合区域大场景、工程高精度 BIM 模型、闸门开度数据、水利专业模型演算成果数据等孪生要素，模拟不同场景下工程关键部位安全指标变化过程，降低运维成本、提升管理能力，为桥闸安全运行关键业务提供指导和参考。

未来将继续深入研究桥闸安全运行机理规律及运维活动对其影响程度，不断完善各类模型算法，为桥闸安全智能管控提供应用支撑。

参考文献

[1] 张绿原，胡露骞，沈启航，等. 水利工程数字孪生技术研究与探索［J］. 中国农村水利水电，2021（11）：58-62.

[2] 陈志鼎，梅李萍. 基于数字孪生技术的水轮机虚实交互系统设计［J］. 水电能源科学，2020，38（9）：167-170.

[3] 蔡阳，成建国，曾焱，等. 加快构建具有“四预”功能的智慧水利体系［J］. 中国水利，2021（20）：2-5.

[4] 李喆，向大享，陈喆，等. 数字孪生驱动的长江流域干旱防御平台设计与开发［J］. 长江科学院院报，2024（6）：1-11.

[5] 李喆，叶松，杨星玥，等. 数字孪生驱动的南水北调中线水源工程水质平台设计与开发［J］. 长江科学院院报，2023，40（3）：174-180.

[6] 李才，管林杰，杨坤，等. 数字孪生架构下水工程数字底座建设研究［J］. 水利规划与设计，2022（4）：70-73.

[7] 戴领. 基于数字孪生的水利工程安全监测管理平台研发［C］//中国大坝工程学会 2023 学术年会，2023.

南京港某码头智慧化建设实践

曹宏生[1,2]　范平易[1,2]　江世海[2]　俞栋辉[2]

（1. 南京水利科学研究院，江苏南京　210029；
2. 南京水科院瑞迪科技集团有限公司，江苏南京　210029）

摘　要：结合智慧港口应用热点及当前行业发展的先进技术，以南京港某码头为例，针对码头装卸工艺、信息化管理中智慧系统的应用，从门机自动化、装卸机电磁吊具、智慧物流及污染物监测等方面做多角度论述，提出可在当前散杂货码头中落实的智慧化建设方案。该建设方案可提升码头综合作业效率，降低作业成本，提高装卸作业的安全性，推动港口智慧化发展，可为类似工程提供参考。

关键词：智慧化；自动化；电磁吊具

1　引言

为贯彻落实习近平总书记关于大力发展数字经济、智慧交通等重要指示精神，推动智慧港口和智慧航道建设发展，2023 年交通运输部印发的《关于加快智慧港口和智慧航道建设的意见》（交水发〔2023〕164 号）提出，到 2027 年，全国港口和航道基础设施数字化、生产运营管理和对外服务智慧化水平全面提升，建成一批世界一流的智慧港口和智慧航道[1]。2024 年江苏省交通运输厅编制印发《加快推进智慧港口建设的实施方案和加快推进智慧航道建设的实施方案》，提出到 2025 年，全省新建码头同步建成信息化、智能化管理系统，沿江沿海主要港口重点港区万吨级及以上集装箱、散货码头基本建成智能感知网，力争全省拥有 5 万吨级以上泊位的公共码头重点生产作业环节实现自动化、智能化技术覆盖[2-3]。为响应国家号召，加快智慧港口建设进程，南京港某码头通过智慧物流与信息化技术实现码头进出厂物流管理过程的智能化、自动化、可视化，并开发门机自动化系统，引入电磁吊具装卸钢板新模式，将科技成果转化为新质生产力，进一步提升码头智慧化水平，推进信息化、智慧化港口建设。

2　智慧港口建设方案

智慧港口作为港口建设与数字化融合发展的领域，是贯彻中央关于交通强国、数字中国等相关战略和建设交通强国的重要内容和有力抓手。本文以南京港某码头为例，论述当前行业发展中可在码头系统中落实的智慧系统模块的应用方案，以期为类似工程提供参考，推动科技成果向新质生产力转化。

2.1　门机自动化方案

门机作为大型工程机械装备，其作业范围较大，广泛应用于码头作业区。为适应当今港口发展需求，提升港口作业安全水平、作业效率，门机的自动化、智能化、信息化水平亟需提高。自动化门机主要由以下几部分组成：

作者简介：曹宏生（1974—），男，教授级高级工程师，主要从事水运工程设计、咨询等研究工作。

2.1.1 门机姿态定位系统

精确定位是一切自动化作业的基础保障，实时掌握抓斗三维定位数据与门机各机构姿态数据，是实现门机无人化装卸作业的必要技术前提。门机作业时，其上部的四连杆结构运动复杂，通过安装在门机起升开闭机构、变幅机构及回转机构上的多圈绝对值编码器，与单独安装的差分卫星定位系统协同配合提供数据，使自动化系统实时获取抓斗三维位置与门机各机构姿态的精确定位。

2.1.2 抓斗防摇、定位改造系统

门机有 360°旋转机构，在旋转方向上会产生变幅方向的离心力，导致旋转方向上的摇晃与变幅方向上的摇晃叠加到一起，增大了防摇定位难度[4]。为了满足自动化运行对防摇定位系统精度和实时性的要求，需要通过工控机算法对变幅和旋转机构进行实时速度控制，从而消除摆角。在自动化柜内工控机部署防摇软件，可对抓斗高度、回转和变幅速度、加速度、力矩及转动惯量等大量数据进行计算处理，输出控制信号经过验证、滤波后发送给变频器，从而抵消抓斗产生的角速度及角加速度，实现抓斗防摇功能。

同时，通过对固定卸料点的位置识别或设定，当抓斗运行到该点正上方，且垂直距离在设定范围以内时，配合防摇技术，抓斗能稳定地停在目标位置上，即自动定位功能，并依靠起升，变幅和回转机构上的绝对值编码器达到精准定位。

2.1.3 安全防护系统

在门机适当位置安装多台激光扫描仪，用于对所需的目标进行识别。所需识别目标包括：船舶舱口位置、船舷高度、物料、装卸位置识别等。通过云台动态控制激光雷达扫描俯仰角度范围，扫描区域可覆盖舱口及作业片区物料等区域。保证了对识别目标数据采集的完整性。数据接入工控机，进行建模。控制系统从中提取相关数据，确保在臂架伸缩、回转运动过程中能对臂架前端和臂架两侧的障碍物进行实时检测与防护。

2.1.4 监控系统

视频监控系统作为自动化控制系统的辅助监控系统，发挥重要作用。为保证摄像机传输的画面清晰稳定，球机具有自动增益、自动光圈、自动聚焦、自动曝光、背光补偿，白平衡具有钠灯补偿等功能。同时，将作业区若干视频信号整合，并在中央监控器中实时同步作业区及其周边的环境情况。摄像头的选取应能抵挡极端天气情况，以达到全方位、全天候的安全监测目标。

2.1.5 远程自动化控制系统

远程自动化控制是整个门机自动化系统的核心，通过各门机控制系统采集设备运行信息和数据，借助可靠的网络构架，将信息和数据汇总到地面中控室，通过服务器上的自动控制程序、组态对操控台的各种指令进行处理，将处理结果通过网络发送给各门机控制系统，执行相应的命令。

2.2 装卸机电磁吸盘系统

针对钢材作业流程和工艺，引入装船机旋转钩头配合电磁吊具装卸钢板的新模式，大幅改善该类作业效率低、人工辅助作业成本高、安全管控难度大等难题。电磁吸盘系统主要由控制系统、励磁与保磁电路、应急保护系统组成。

2.2.1 控制系统

电磁吸盘可通过远程 PLC 控制，每台设备带独立的控制系统，并带有保磁和故障显示灯功能。每套控制系统将励磁信号、保磁信号和故障信号等实时传输给装船机。电磁吸盘在吸料并达到足够吸力时，传输给设备无源控制信号，设备方能运行，以避免发生掉料事故。

2.2.2 励磁与保磁电路

励磁电路由 PLC 控制，具有欠压、失压和过压保护，报警功能。励磁时，一旦发生系统电源断电、交流电缺相、功率器件损坏、控制电路故障等造成电磁吸盘励磁电压降低，蓄电池立即投入保护。

2.2.3 应急保护系统

当励磁开关且设备运行时，若因误操作将电磁吸盘开关关断，电磁吸盘的PLC系统能判断出这种误操作，电磁吸盘照常励磁，以避免因误操作发生掉料事故。

2.3 智慧港口建设方案

依据《江苏省智慧港口建设技术指南 通用码头》（JSITS/T 0012—2023），结合港区已建设的丰富的数据资源优势，打造信息化智能化港口。

通过将码头生产调度、散杂货物联网集成等数据集成应用，建设一体化港口管控平台。在智慧管控平台上对码头整体监控，实现车船物的全局管控，通过精确调度，保证码头高效运转；实现对船运待装、在途、待卸、到达时间的实时预测，对厂内库存实时预测；结合生产用料计划，对报警物料全流程跟踪，包括在途、待卸、接卸、耗用、库存信息，有利于物流人员及时决策，从而形成闭环管理。对在途、锚地、在卸船只分别进行管控，根据排队时间实现码头船舶的智能指泊；实现车辆实时监控与管理定位；对接码头视频监控和云台控制，掌握码头作业进度、装卸进度、货场堆存等情况。通过对散杂货码头生产作业数据智能化感知和自动化采集，装卸船机等相关的全流程作业线实现远程全自动化智能控制。此外，在一体化港口管控平台中建设岸电使用管理、能源综合管理、雨水收集处理、船舶污染防治等模块，实现港口生态环境平台化的综合治理。

3 工程应用

3.1 信息化、智慧化港口建设

在南京港某码头提档升级过程中，结合智慧化建设需求，从以下几个方面开展信息化、智慧化港口建设。

3.1.1 码头设备智慧化改造

对现有的设备进行自动化改造，实现全自动作业功能。在全自动模式下，门机可以实现自动抓料与卸料，在物料转移的过程中，抓斗平稳无摇摆，且能有效避免与船舱、船舷、相邻门机的碰撞，整个过程无须司机操作。

在一些较复杂的工况下采取半自动模式，在半自动模式下，由司机手动选择取料点并控制抓斗落到取料点物料上，然后激活半自动控制，此时半自动控制系统接管起升、变幅和回转机构的控制权，负责将抓斗平稳、无摇摆地转移到目标位置（如料斗正上方），抓斗下放到料斗中开斗放料，放料结束后抓斗会自动回到原取料点位置，在半自动作业过程中司机可随时手动介入控制，半自动控制在检测到司机手动介入时立即解除。

3.1.2 码头工艺流程技术提升

对件杂货装船机吊具系统进行改造，引入吊运钢板电磁吸盘系统，装卸作业时船上、码头面无须人工操作，在解放人工、实现装卸作业智能化的同时，同步提高码头作业的安全性。

3.1.3 智慧物流建设

开展智慧物流系统建设，实现码头进出厂物流管理过程的智能化、自动化、可视化。

（1）将调度计划与船舶运行轨迹（船讯网）有机结合，实现货物运输过程的全面监管。

（2）构建原燃料库存的可视化、港口库存可视化、废钢库存预警机制，在途/待卸船只预警机制。

（3）推行船舶自动报港建设，结合水域锚地电子围栏，自动报港，保证港口调度公平性。

（4）建设码头作业动态仿真及码头作业监控等系统，提高码头生产原料进厂和钢材出厂物流作业效率，提升现场生产管理水平。

（5）建设码头门机停时预警机制、火车停时预警机制等。

3.1.4 码头污染物信息化提升

通过与岸电系统实时交互，获取船舶对岸电的使用实绩和分析统计报表，减少船舶停靠状态下辅机燃油发电造成的污染物排放；全面加强港口船舶智能污染物回收设备的建设和使用，实现船舶污染物智能回收的监管。所有船舶污染物收缴实现信息化、移动化的管理系统和制度支撑，并配合码头对收缴的污染物进行日报送制。

3.1.5 智慧消防建设

将码头范围内消防报警信号集中采集，并抛送至IOT平台，为码头智慧系统提供数据支撑，实现对重点部位的实时管控。

3.1.6 环保监测建设

对现有环保在线监测设备进行数据采集、数据多维度统计计算、数据展示。实现对码头区域污染情况实时数据监控，为突发事件的快速响应提供数据支撑。

3.2 效益分析

南京港某码头智慧港口建设实践，将信息智能化的管控系统与先进的码头作业技术结合，实时反映作业区门机与装卸吊具等的工作情况，提高了作业过程中的质量监控。全自动化/半自动化的作业模式无须在每个门机与装卸吊具上配备操作人员，仅需远程监控和操作，不仅提高了作业人员的安全管控，也提高了作业效率，从而提高了机械设备利用率，有效地降低了生产成本。吊运钢板电磁吸盘系统的投入使用可以将钢板类作业综合效率提升15%。

4 结论与展望

当前我国智慧港口的建设正在推进中，新一代信息技术与港口行业正在加速深度融合。生产作业领域中码头操作系统、设备控制系统、智能理货、智能闸口、智慧生产调度、安全生产监控、生产可视化管理等信息化、智能化的应用，有效地降低了人力资源和物力资源投入总量，提高了生产效率及安全性，经济效益显著。在技术日益提升与智慧港口标准不断完善的环境下，通过智慧港口各方共同努力，加强港口运营智能化管理，将不断提升港口物流系统竞争力，有效推动智慧港口可持续发展。

参考文献

[1] 王媛，席芳，汤伊琼．新形势下我国智慧港口建设现状与发展趋势［J］．水运工程，2024（8）：224-228，287.

[2] 席芳，王震，赵紫瑶，等．我国智慧港口标准体系建设现状评价及建议［J］．水运工程，2024（8）：241-244，249.

[3] 江苏出台实施方案加快推进智慧港口和智慧航道建设［EB/OL］．中国政府网［2024-09-11］．https：//www.gov.cn/lianbo/difang/202405/content_ 6953698.htm.

[4] 杨金祥．门座起重机自动化装卸技术应用探讨［J］．港口装卸，2024（4）：23-24.

中型灌区管理信息自动化系统建设与应用成效
——以龙平渠灌区为例

潘文俊　吴纬轶　查士详　韩正山

（广东华南水电高新技术开发有限公司，广东省州　510620）

摘　要：灌区续建配套与节水改造是水利系统建设的重要内容，对提高粮食综合生产能力具有关键作用[1]。灌区信息化作为当前灌区续建配套与节水改造的重点建设任务，其重要性不言而喻。目前，国内大部分中型灌区测控设施配套与调控手段相对落后，灌区服务能力弱，管理效率低下，跟不上现代化管理需求。本文以龙平渠灌区为例，探究如何依据中型灌区自身特点，打造一体化的灌区自动化管理平台，同时进行水闸自动化改造配套，通过平台对闸门进行远程智能调度，对渠道进行精细化动态调控管理，最大限度地实现配水目标，提高灌区自动化管理水平和运行效率。

关键词：灌区信息化；水闸自动化改造；灌区自动化管理平台；闸群联动控制

1　引言

1998年以来，国家投入大量资金开展中型灌区续建配套与节水改造工程。根据水利部下发的《2023—2025年中型灌区续建配套与节水改造项目实施清单》，明确中型灌区续建配套改造工作，主要包括工程体系建设、管理体系建设和生态体系建设，重点解决灌区工程完好率低、设施不配套、计量不完善等问题，促进灌区管理水平不断提升，提高灌区供水效率和效益，实现中型灌区“节水高效、设施完善、管理科学、生态良好”的总目标。

灌区信息化建设是当前灌区续建配套与节水改造的主要目标之一，通过完善灌区用水量测和自动化控制设施，利用信息化技术构建节水改造项目信息自动化系统[2]，实现灌区自动化管理，可以提升灌区配套节水系统工作效率，实现节水目的。

本文以龙平渠灌区为例，通过灌区管理信息自动化系统工程建设，对龙平渠灌区内重要水闸站点进行自动化改造，实时准确地获取灌区的水位、流量、闸门运行状态、现场视频、图像等信息，以对闸群进行远程联动控制，提高灌区运行效率，最终实现灌区管理信息化、调配水合理化、量测水精准化、控制自动化的目标，为实施最严格水资源管理制度、实现现代高效节水农业提供技术保障，提升工程效益。

2　总体设计

2.1　建设目标及任务

龙平渠灌区管理信息自动化系统工程的建设目标是解决龙平渠灌区管理手段落后、自动化程度低的问题，提高灌区自动化控制水平，促进灌区节约用水，建立现代化信息管理体系。具体任务包括：进行水闸自动化改造，把好“取用水关”；建设灌区自动化管理平台，落实用水量控制。

2.2　业务流程分析

业务流程分析如图1所示：

作者简介：潘文俊（1982—），男，高级工程师，主要从事水利信息化、智慧水利及数字孪生的研究工作。

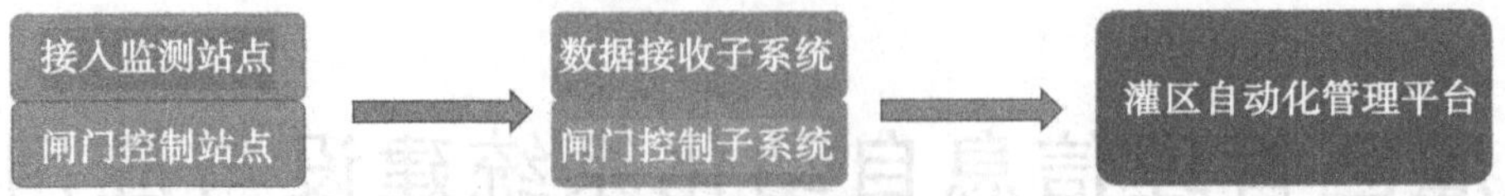

图 1　业务流程分析

(1) 接入龙平渠灌区已建的监测站点信息，将现有灌区的流量、水位和图像数据进行汇集；进行自动化改造的水闸闸门控制站点则通过测控一体化技术[3-5]，实时准确地采集灌区的水位、流量、闸门运行状态、现场视频、图像等信息，对灌区水闸实施远程自动控制，以及采集闸区的工况和安全监测数据。

(2) 采集完的数据自动定时加密发送到数据接收子系统，数据在传输过程中进行解密、校验等处理后，自动存储到系统后台数据库，数据接收子系统负责将数据入库。闸门控制器与闸门控制子系统建立通信，闸门控制子系统下发控制命令，闸门控制器执行相应命令。

(3) 建设灌区自动化管理平台，打造用水量测信息管理、灌区水资源调度与管理、灌区工程管理、灌区远程闸控业务应用、移动 App 应用的一体化综合业务平台，贯穿于综合监控监测、水资源调度、工程运行调度和工程维护管理等各个环节。

2.3　系统功能结构

系统功能结构如图 2 所示。

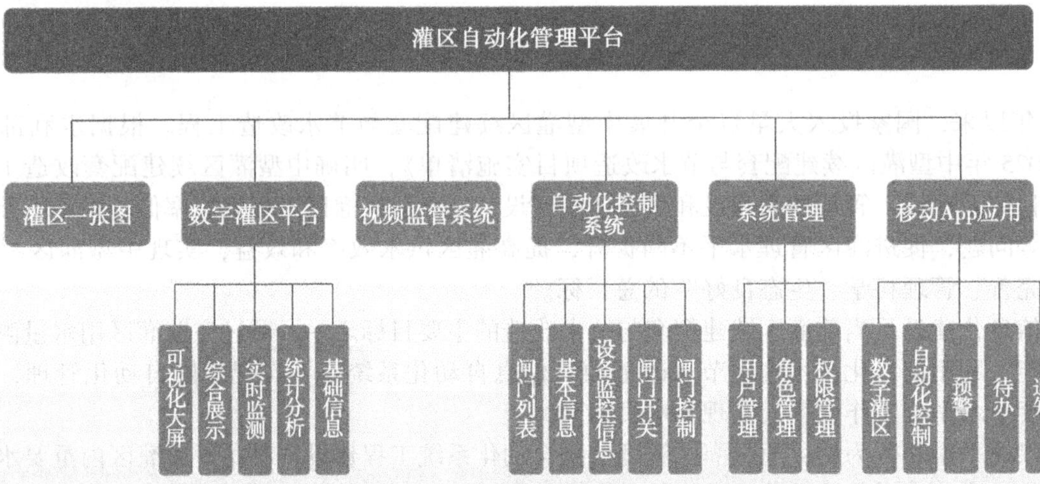

图 2　系统功能结构

通过龙平渠灌区自动化管理平台建设，将监测监控数据与灌区用水情况进行有机结合，实现灌区渠道闸群实时联动控制，达到渠系自动化调度目标，提高灌区水资源利用率，强化灌区日常管理和应急管理能力与效率。

2.4　系统体系结构

系统体系结构如图 3 所示。

龙平渠灌区自动化管理平台的系统体系结构由用户层、智能应用层、数据处理层、网络传输层、智能控制层，以及信息服务体系、支撑保障体系组成，构成“五横两纵”的体系结构。

3　应用实践

3.1　水闸自动化改造

龙平渠灌区属中型骨干型灌区，该次建设在灌区内选取 14 个水闸站点进行自动化改造，以实现闸门远程监控，并以龙平渠灌区管理处为控制和管理中心，通过灌区自动化管理平台集中管理该次自动化改造的 14 个闸站。水闸自动化改造的建设内容由闸门现地控制系统、视频监控系统 2 个部分组成。

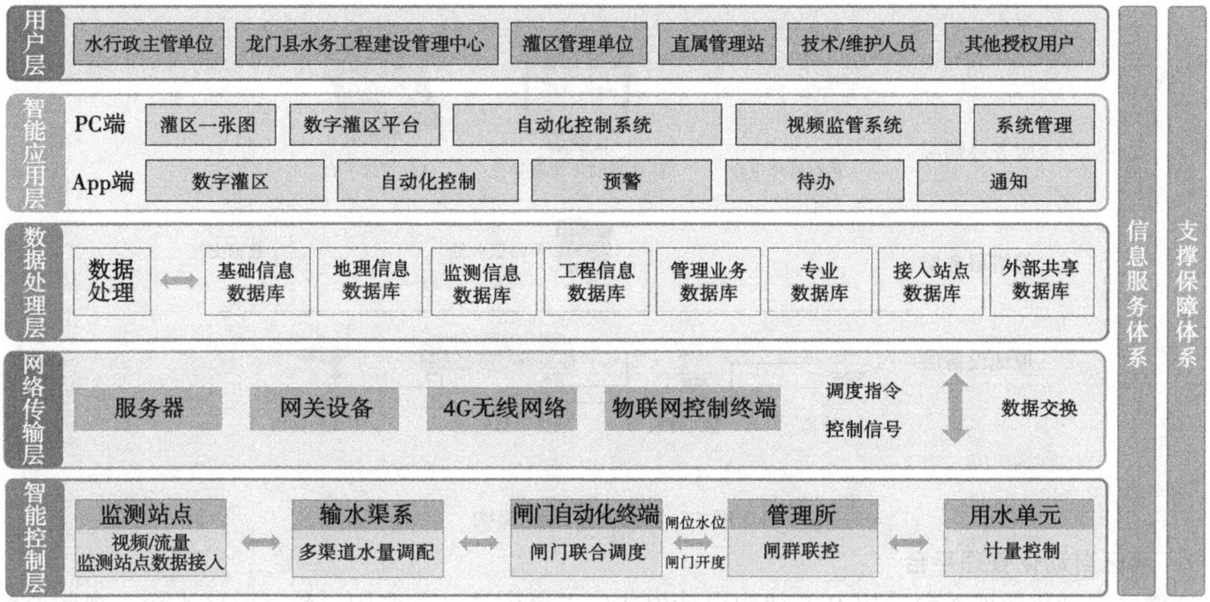

图 3　系统体系结构

3.1.1　闸门现地控制系统

闸门现地控制系统主要设备有闸门控制器、闸门控制柜、闸门控制系统、工业网关、闸门开度仪、荷重传感器、雷达水位计、声光报警装置、防雷器等，闸门控制系统构成如图 4 所示。每个站点闸门由控制柜进行控制，置于闸门启闭机室内。控制柜内配置闸门控制器，柜面配置触摸屏操作面板。在每孔闸门上分别安装配套的闸门开度仪和荷重传感器，闸门开度仪用于采集闸门的开度信息，荷重传感器用于卡阻警报与闸门安全运行保护。水闸上、下游方向各配置一套雷达水位计，用于监测水闸水位工况。每个闸门配套声光报警装置，用于水闸动态运行警示预报。以上设备数据连同闸门全开全关信号均接入闸门控制柜内，负责现地所有闸门集中监控的数据采集、显示和操作，并将现场实时数据上传至灌区自动化管理平台。

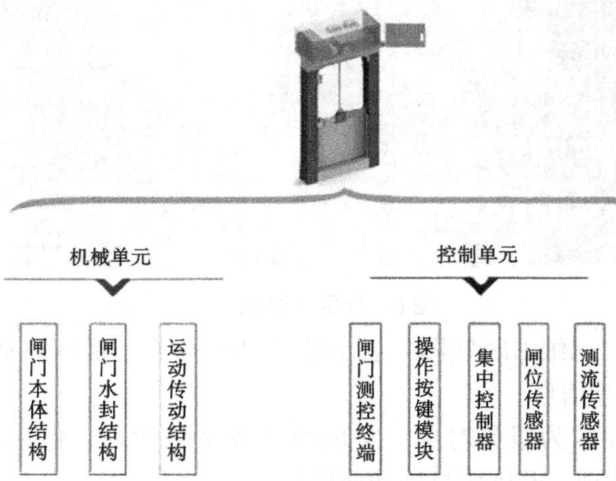

图 4　闸门控制系统构成

3.1.2　视频监控系统

对龙平渠灌区 14 处水闸站点的水闸上游、闸门启闭机室的现场情况进行 24 h 远程实时视频监控，并将现场摄像装置录摄的实时视频传输到自动化管理平台，灌区管理人员根据视频图像所反映的现场情况，可对闸门进行远程控制及事故处理。视频监控系统架构如图 5 所示。

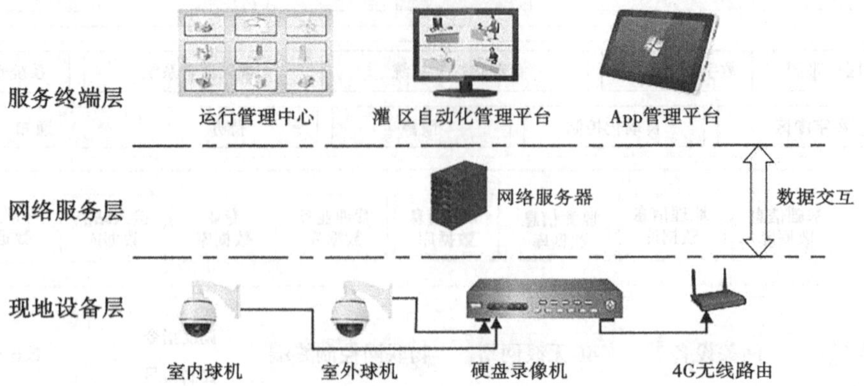

图 5　视频监控系统架构

3.2　灌区自动化管理平台

灌区自动化管理平台采用 B/S 架构设计模式，主要由灌区一张图、数字灌区平台、视频监管、自动化控制及移动 App（见图 6~图 9）等子应用组成。

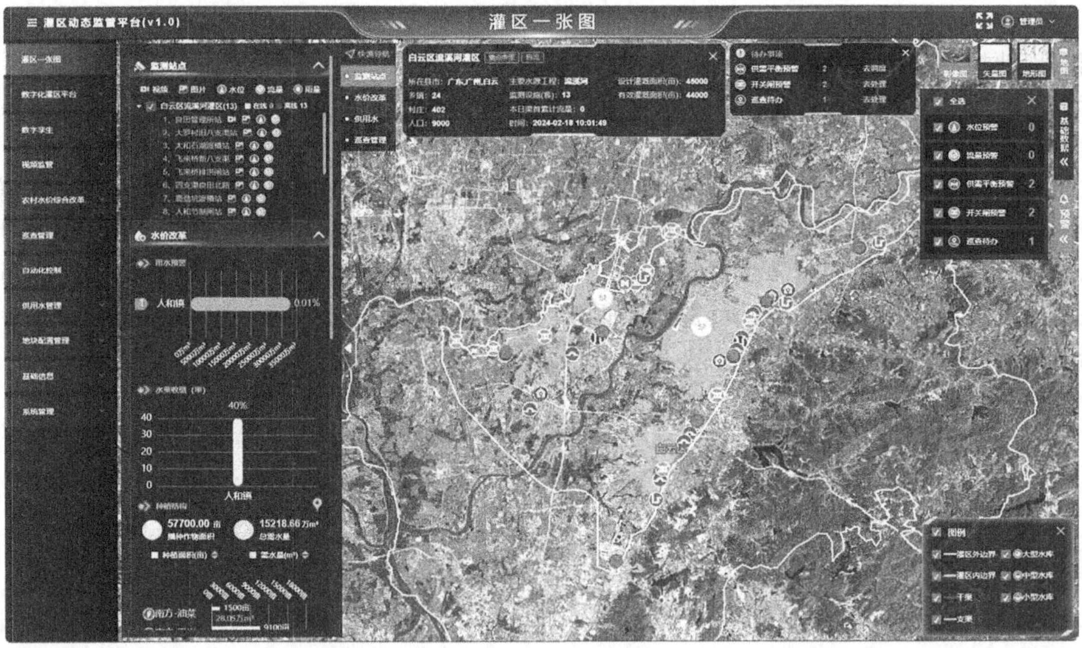

图 6　灌区一张图

（1）灌区一张图。采用二三维 GIS 底图，展示监测站点分布、灌区基础数据、工程信息，以及开关闸预警、水位/流量预警等信息。

（2）数字灌区平台。以灌区为服务对象，实现灌区数字化管理，包括可视化大屏、综合展示、实时监测、统计分析、调度管理、基础信息等功能模块。

（3）视频监管。提供在线视频实时监控功能，通过云台和设置预置点等控制摄像头的开闭，并可旋转摄像头进行多角度查看，支持历史视频回放、快进、后退、暂停等播放操作。

（4）自动化控制。实现闸门本地和远程启闭的自动化控制、水资源的自动化调度，可对多个闸门进行批量控制，达到无人值守、提高计量精度的管理效果。

（5）移动 App。结合业务需求及业务流程定制的移动便捷应用，大幅扩展灌区信息化管理的空间范围，包括数字灌区、自动化控制、预警、待办、通知等功能模块。

图 7　数字灌区平台

图 8　自动化控制

4　建设成效

本次龙平渠灌区管理信息自动化系统工程通过水闸自动化改造与灌区自动化管理平台建设，取得了显著的应用成效。

4.1　实现灌区水资源优化调度

围绕灌区续建配套与节水改造、渠系联合配水调度等核心业务，利用已建测站点接入自动采集和远程自动化控制技术实现对水信息自动化采集及对水闸的远程自动化控制，利用成熟无线传输技术和计算机网络技术实现灌区管理信息的安全传递，以及数据库技术和相应的存储设备对灌区基础与专业数据进行科学、有效地存储与管理，实现信息互通和资源共享，满足灌区管理单位对下一级供水对象

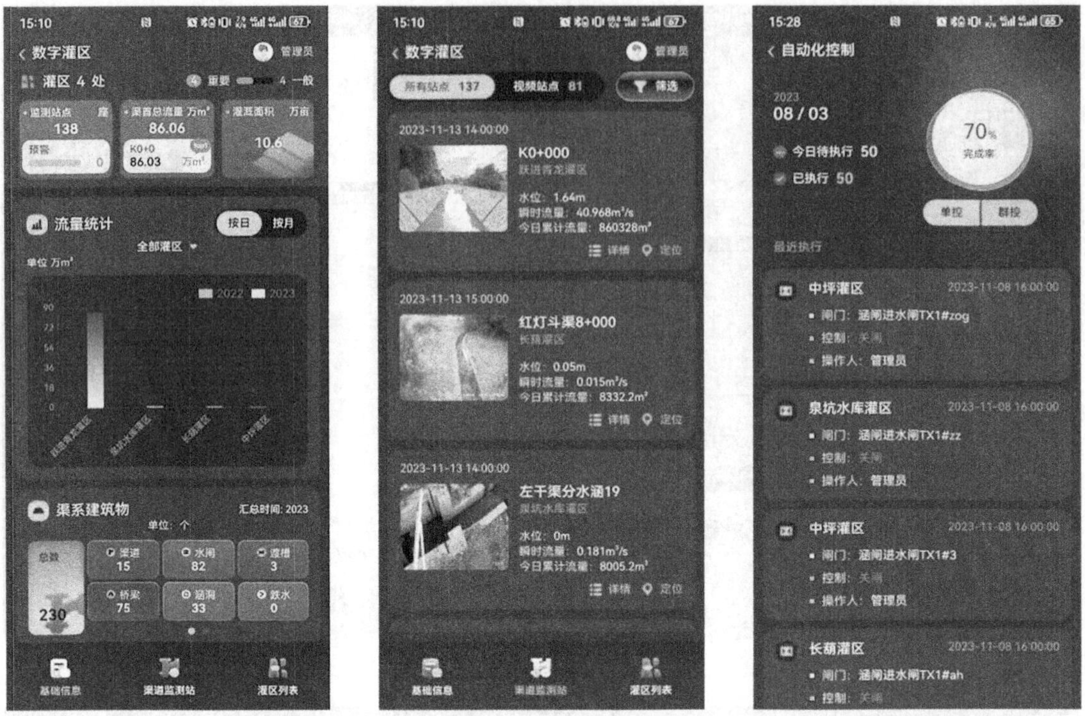

图 9　移动 App

的水量配置计量和水资源管理调度的自动化、智能化管理需求。灌区管理单位通过灌区自动化管理平台对灌区水资源进行统一调控和闸群联控，既能实现渠道供水的精确控制、精确计量、远程监控，又能减轻渠道管理人员的劳动强度，提高了工作效率，提升了灌区管理单位的管理水平，可为灌区节水改造、农业水价综合改革和水权流转奠定基础。

4.2　实现灌区信息化管理协同

利用灌区自动化管理平台完成灌区水资源优化调度、自动化控制的管理业务，面向灌区管理单位和用水户，建立协同管理工作体制，在业务和政务管理方面实现统一流程、用户、资源、配置的协作化管理。通过对目标、过程、执行及结果等管理的统一把控，使灌区业务管理人员的管理更加高效、共享和协同，实现精细化管理。

4.3　实现灌区高质量发展

以信息化手段促进灌区精细化管理，进一步提高了龙平渠灌区节水能力，恢复灌溉面积，极大改善当地农业灌溉条件，保障农业用水需求，提高农业供水保证率和农业抵御干旱灾害能力，为区域发展特色生态农业、优质特色粮食、特色蔬菜等农产品产业创造有利条件，为提高区域农业综合生产能力，实现现代化农业发展提供水利基础保障，保障区域经济社会高质量发展。

5　结语

目前，全国中型灌区普遍存在管理落后的问题，特别是信息化建设尚处于起步阶段。本文以龙平渠灌区为例，探讨在国家对灌区信息化建设的宏观要求[6]下，如何结合中型灌区自身管理的实际需要，结合龙平渠灌区的生产实践和灌区内水利工程的特点，遵循“因地制宜、视需定建，突出重点、量力而行，先搞试点，逐步扩展，高效可靠、确保效果”的原则，将计算机技术、自动控制技术、网络通信技术、传感技术、云技术和图像处理技术等充分融合，建设一个充分利用现代科学技术，集先进性、实用性和可扩展性于一体的中型灌区管理信息自动化系统。

参考文献

[1] 谢裕钦. 中型灌区续建配套与节水改造探讨［J］. 中国农村水利水电，2006（2）：14-15.

[2] 王红莉. 信息自动化管理在灌区管理中的应用［J］. 河南水利与南水北调，2019，48（12）：87-88.

[3] 高军，谈晓珊，周亚平，等. 测控一体化闸门在灌区的研究与应用［J］. 中国农村水利水电，2020（9）：45-48.

[4] 张仁田，肖 坚，鞠茂森，等. 灌区实时自动控制与优化运行系统关键技术［J］. 中国农村水利水电，2002（3）：9-11.

[5] 邓小刚，张巧惠，陶海涛，等. 大中型灌区自动化控制系统关键技术研究［J］. 中国水利水电科学研究院学报，2014，12（2）：206-210.

[6] 姜明梁，邓忠. 我国灌区信息化建设现状与发展对策［J］. 中国农村水利水电，2019（10）：132-138.

2024 年 7 月淮河流域性洪水与 2020 年洪水比较分析

冯志刚　陈邦慧　洪双玲　马亚楠　胡友兵

［淮河水利委员会水文局（信息中心），安徽蚌埠　233001］

摘　要：2024 年 7 月 8—18 日，淮河连续遭受多场强降雨过程，淮南支流、淮北支流水位全线上涨，淮河干流王家坝至盱眙河段全线超警戒水位，淮河发生流域性较大洪水。这是 2020 年淮河发生流域性较大洪水后又一次流域性洪水过程。本文从暴雨成因、暴雨特点、洪水过程、洪水组成、洪水调度等方面对这两场暴雨洪水进行详细分析比较，总结两场洪水水工程联合调度效果，为将来淮河洪水防御工作提供经验参考。

关键词：暴雨洪水；淮河流域；水工程调度

1　引言

2024 年 7 月上中旬，淮河流域连续遭受多场强降雨过程，降水总量大，降雨历时长，流域累计降水量达 342 mm，为 1954 年以来历史同期第 1 位。淮河南北支流洪水快速上涨，导致淮河干流水位全线上涨，淮河中游全线超警，淮河发生 2024 年第 1 号洪水。淮河水利委员会按照水利部专题会商部署，加密会商研判，精准调度上游水库削峰错峰，科学调度淮河中游临淮岗洪水控制工程，蚌埠闸、三河闸提前敞泄，适时启用分洪河道，成功抵御此次洪水，有效避免了杨庄、老王坡等蓄滞洪区运行。2020 年 7 月中旬，淮河南部山区出现持续性大暴雨过程，淮河形成流域性较大洪水。两场洪水均为流域性较大洪水，其暴雨洪水特性存在相似之处，又有差异之处，本文将从暴雨、洪水两个方面对淮河两次洪水进行对比分析，为淮河洪水防御提供决策参考。

2　暴雨分析

2.1　暴雨成因

2024 年 7 月，西太平洋副热带高压（简称副高）较历史同期强度偏强、西伸脊点偏西、脊线偏北。全国气温高于常年，大气含水量高，不稳定能量高，西南暖湿气流活跃，为流域强降水过程提供了极好的能量条件和水汽条件。中高纬度冷空气活动频繁，流域先后受江淮气旋、东北冷涡、低涡切变线、江淮切变线、黄河气旋、高空槽等天气系统影响，大暴雨频发、强降水过程接连不断。2020 年淮河流域超长梅雨期主要原因是副高位置偏西偏北、强度偏强，热带印度洋的持续增暖也有利于副高偏强，欧亚中高纬阻塞高压活动频繁，冷空气不断南下与西南低空急流在江淮地区频繁交汇，环流形势稳定，降水过程多、强度大，造成流域性较大洪水[1-2]。

2.2　暴雨时空分布

2024 年致洪暴雨为 7 月 8—18 日，雨带出现南北摆动，前期暴雨集中在淮河南部支流大别山区，后期雨带北抬暴雨集中在淮河北部支流。空间分布上淮南支流中上游、淮北支流中游为降水中心，降水量普遍在 250~500 mm（见图 1），淮河干流周边降水量相对较小，淮河水系累计降水量 199. 2 mm。暴雨时程分布较为均匀，最大日降水量出现在 7 月 8 日，淮河水系面雨量为 30. 6 mm，见图 2。

基金项目：安徽省自然科学基金项目（2208085UQ10）。

作者简介：冯志刚（1987—），男，高级工程师，主要从事天气预报和天气监测预警等研究工作。

2020 年致洪暴雨为 7 月 10—19 日，暴雨主要集中在淮河南部支流大别山区，累计降水量普遍在 250～500 mm，其中淮南支流史河中游、淠河中游达 500～600 mm，淮河北部支流降水量相对较小，淮河水系累计降水量为 182. 7 mm。从暴雨时程分布来看，强降水主要集中在 7 月 11 日、17 日和 18 日，淮河水系面雨量分别为 52. 3 mm、44. 8 mm、40. 8 mm，占总过程降水量的 76%。

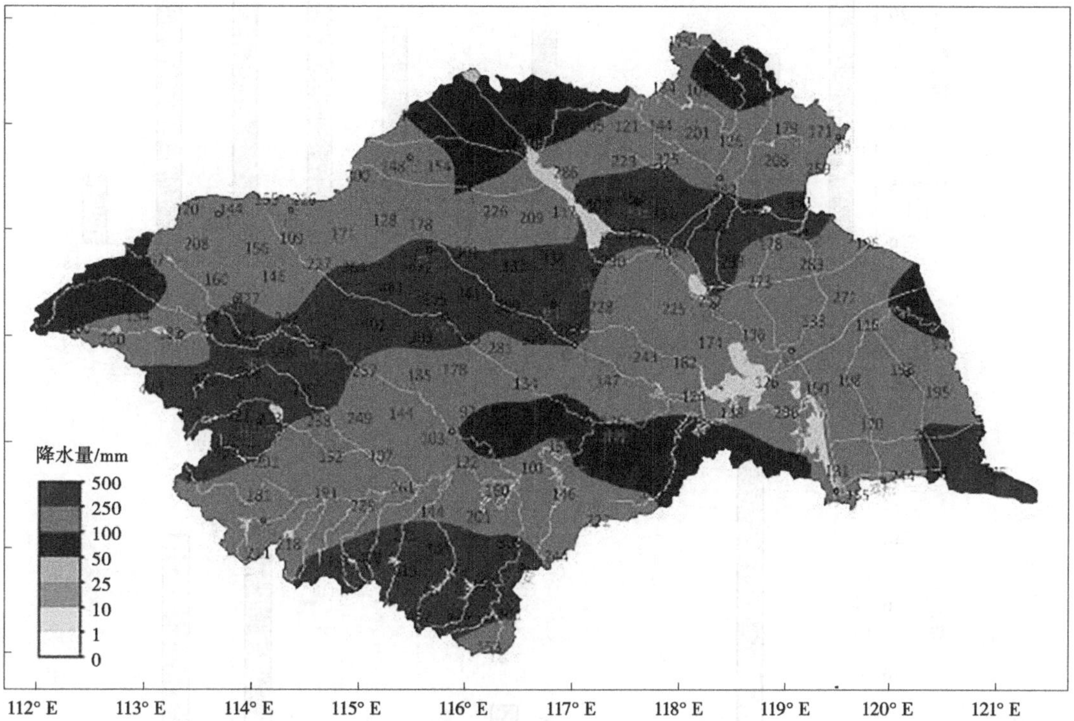

(a) 2024 年 7 月 8—18 日

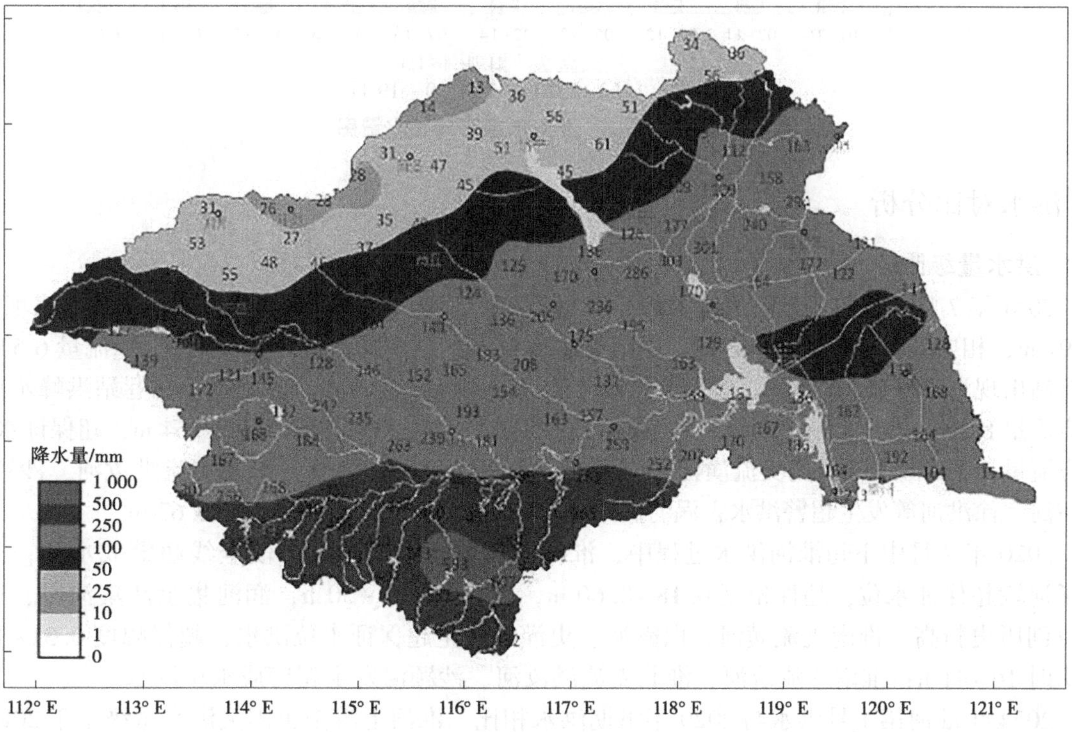

(b) 2020 年 7 月 10—19 日

图 1　淮河流域降水量分布图

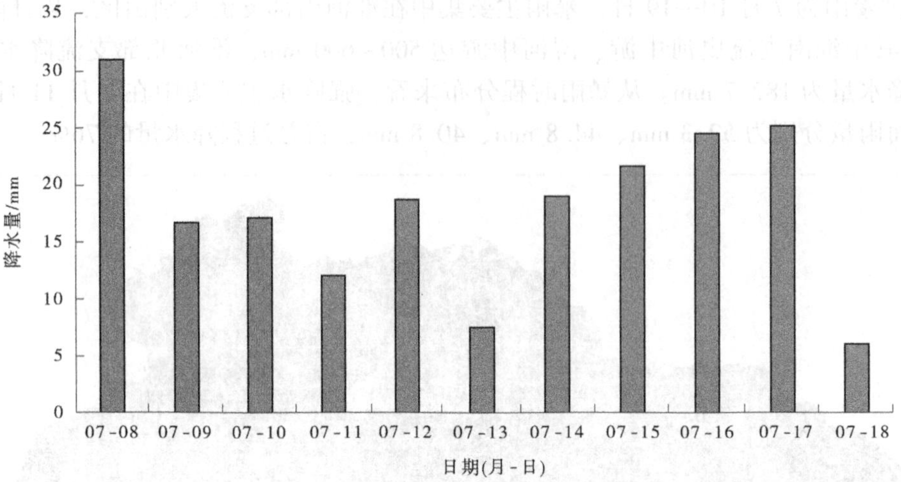

（a）2024 年 7 月 8—18 日

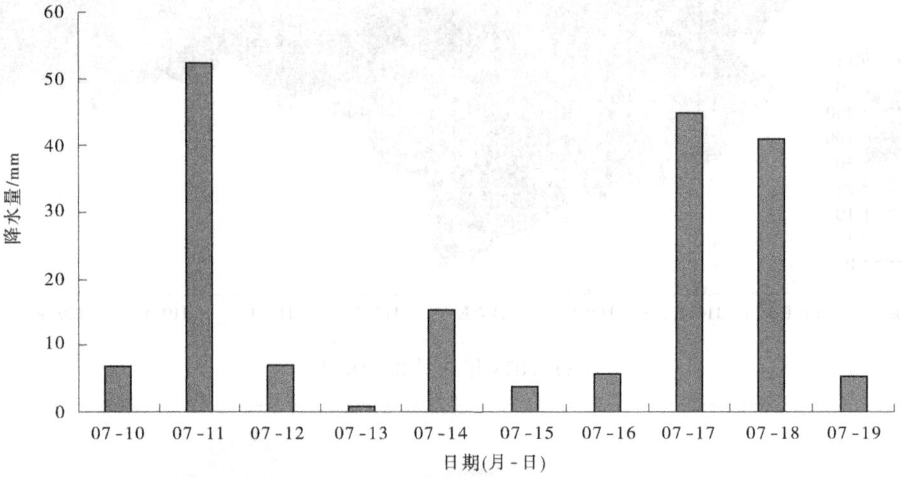

（b）2020 年 7 月 10—19 日

图 2　淮河水系逐日降水量图

3　洪水对比分析

3.1　洪水量级比较

2024 年 7 月中下旬，淮河干流中游王家坝至盱眙河段全线超警戒水位。淮河干流王家坝站洪峰水位 27.91 m，相应最大流量 3 830 m^3/s。正阳关（鲁台子）站洪峰水位 25.17 m，洪峰流量 6 540 m^3/s。吴家渡站出现洪峰水位 21.05 m，超警戒水位 0.75 m，相应流量 8 620 m^3/s。小柳巷站洪峰水位 17.85 m，相应流量 8 290 m^3/s。淮南支流白露河发生超保洪水，北庙集站洪峰水位 32.64 m，超保证水位 0.14 m，相应流量 1 340 m^3/s。淮南支流潢河、史灌河、淠河发生超警洪水。淮北支流洪汝河、沙颍河、涡河、新汴河、徐洪河等发生超警洪水，涡河涡阳闸发生超历史洪水，洪峰水位 30.67 m。

2020 年 7 月中下旬淮河洪水过程中，淮河干流踅子集至盱眙河段全线超警戒水位；王家坝至鲁台子河段超保证水位，超保幅度 0.18~0.60 m，超保历时 8~50 h，润河集至汪集河段、小柳巷河段水位创历史新高。淮南支流潢河、白露河、史灌河发生超保证水位洪水，超保幅度 0.31~1.21 m，超保历时 16~41 h；淮南支流淠河、淮北支流洪汝河、沙颍河发生超警戒水位洪水。

2024 年淮河第 1 号洪水与 2020 年汛期洪水相比，淮河上游至正阳关洪水量级小于 2020 年，淮河吴家渡以下洪水量级大于 2020 年，淮南支流洪水量级均小于 2020 年，淮北支流洪水量级均大于 2020 年，见表 1。

表1　2024 年淮河洪水与 2020 年淮河洪水主要站点洪水特征值统计

河流		站名	2024 年淮河洪水				2020 年淮河洪水			
			洪峰水位/m	洪峰水位出现时间/（月-日T时:分）	洪峰流量/（m^3/s）	洪峰流量出现时间（月-日T时:分）	洪峰水位/m	洪峰水位出现时间（月-日T时:分）	洪峰流量/（m^3/s）	洪峰流量出现时间（月-日T时:分）
淮河干流	淮河	王家坝	27.91	07-14T06:30	3 830	07-13T23:00	29.76	07-20T08:24	7 260	07-20T16:48
		正阳关（鲁台子）	25.17	07-20T13:42	6 540	07-16T18:25	26.75	07-20T16:54	9 120	07-20T16:00
		吴家渡	21.05	07-21T13:12	8 620	07-20T20:54	21.27	07-24T19:54	8 250	07-24T17:30
		小柳巷	17.85	07-21T17:12	8 290	07-21T08:28	18.12	07-24T22:42	7 970	07-24T15:26
淮南支流	竹竿河	竹竿铺	42.51	07-13T02:00	840	07-13T02:00	45.91	07-19T13:00	1 900	07-19T13:00
	潢河	潢川	38.54	07-13T06:00	1 830	07-13T02:00	39.31	07-19T17:30	1 850	07-19T15:00
	白露河	北庙集	32.64	07-13T10:30	1 340	07-13T10:00	33.71	07-20T00:00	1 760	07-19T22:00
	史灌河	蒋家集	32.04	07-13T11:00	2 780	07-13T09:00	33.64	07-19T20:00	4 610	07-19T19:00
	淠河	横排头	54.75	07-11T15:12	2 970	07-11T15:13	55.47	07-19T17:00	4 590	07-19T17:00
淮北支流	洪汝河	班台	35.3	07-19T21:00	2 060	07-19T13:24	33.92	07-26T07:00	1 360	07-25T21:00
	沙颍河	阜阳闸	30.93	07-19T19:12	2 330	07-19T18:29	28.99	07-25T01:06	1 630	07-27T17:00
	涡河	蒙城闸	26.63	07-20T04:36	1 750	07-19T08:00	25.25	07-26T12:18	937	07-23T16:06
	新汴河	团结闸	19.88	07-22T18:12	1 090	07-22T20:54	18.93	07-25T00:00	723	07-25T06:34
	徐洪河	金锁镇	15.67	07-09T23:00	980	07-09T20:00	14.71	07-23T18:00	631	07-23T17:00

3.2　洪水组成比较

在洪水组成上，2024 年 7 月致洪暴雨是淮南支流强降水叠加淮北支流强降水，洪水来源是淮南支流和淮北支流。2020 年 7 月强降水中心位于淮南支流，洪水来源是淮南支流。尽管两场暴雨洪水过程降水量级接近，但 2024 年洪水量级远小于 2020 年，主要是因为淮北平原地区径流系数小于淮南山区。

王家坝站洪水由淮河干流息县站、淮南支流潢河潢川站、淮北支流洪汝河班台站及区间来水组成。2024 年洪水王家坝站洪量为 43.5 亿 m^3，息县以上、潢川以上、班台以上、区间来水分别占比 23%、12%、42%、23%。2020 年洪水王家坝站洪量为 79.2 亿 m^3，息县以上、潢川以上、班台以上、区间来水分别占比 35%、14%、17%、38%。2024 年淮北支流洪汝河班台以上来水占主导地位，2020 年则是淮河干流息县以上和区间来水占主要地位。

正阳关（鲁台子）站洪水由淮河干流润河集站、淮南支流淠河横排头站和淮北支流沙颍河阜阳闸站及区间来水组成。2024 年洪水正阳关站洪量为 115.7 亿 m^3，润河集以上、横排头以上、阜阳闸以上、区间来水分别占比 58%、15%、19%、8%。2020 年洪水正阳关站洪量为 217.8 亿 m^3，润河集以上、横排头以上、阜阳闸以上、区间来水分别占比 62%、16%、7%、16%。两场洪水的差异在于阜阳闸以上和区间来水的占比大小，2024 年淮北支流沙颍河来水比重更大。

吴家渡站洪水由淮河干流鲁台子站、淮北支流涡河蒙城闸站、茨淮新河上桥闸站及区间来水组成。2024 年洪水吴家渡站洪量为 141.4 亿 m^3，其中鲁台子站来水占 81%，蒙城闸站占 9%、上桥闸站占 3%、区间来水占 7%。2020 年洪水吴家渡站洪量为 252.6 亿 m^3，其中鲁台子站来水占 86%，蒙城闸站占 3%、区间来水占 11%。两次洪水对比可以发现，2024 年洪水淮北支流涡河来水占比相对更大。

3.3 洪水特点比较

2024 年淮河 1 号洪水过程中南北支流相继形成洪水，淮河中游东段洪水流量大。2024 年 7 月 8 日开始，雨带先从淮河流域北部南退到淮南山区，14 日又北推到淮北支流并产生持续 4 d 的强降水。淮南支流淠河、白露河、潢川、史灌河于 7 月 11—13 日相继发生超警洪水；淮北支流洪汝河、沙颍河、涡河于 7 月 16—18 日相继发生超警洪水。淮南支流洪水迅速进入干流抬高水位，淮北支流产流慢、过程长，进入干流后，与干流水位同时抬高、同步演进，导致干流洪水峰高且持续时间长。淮河干流吴家渡站最大流量 8 620 m^3/s（见图 3），列有历史资料以来第 3 位。小柳巷站最高水位 17.85 m，列有历史资料以来第 4 位；最大流量 8 290 m^3/s，列有历史资料以来第 2 位。

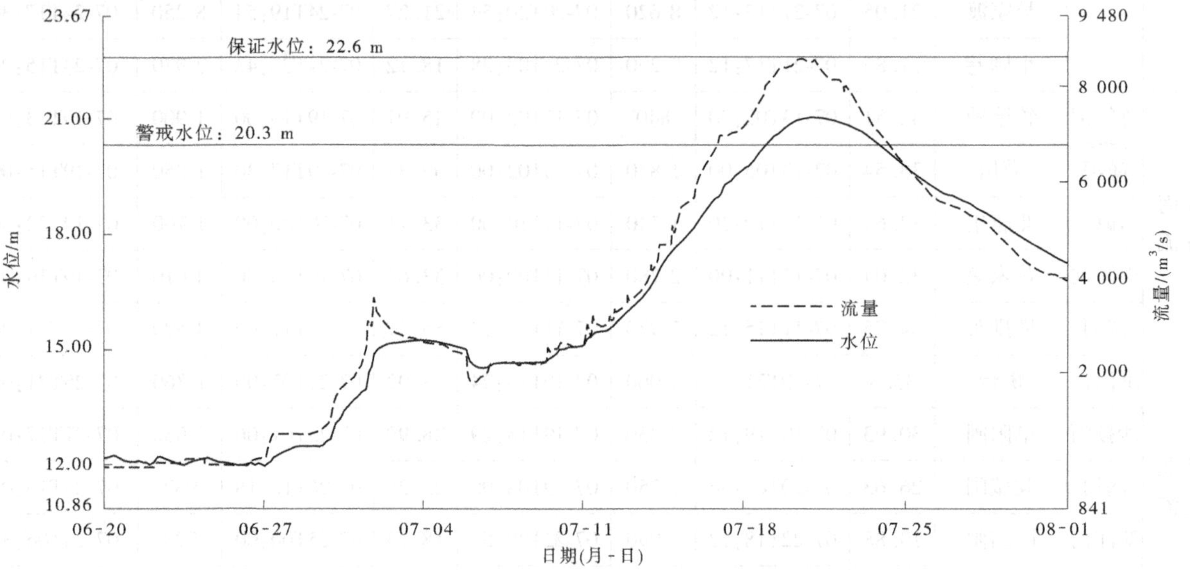

图 3　吴家渡站 2024 年洪水过程中水位流量过程线图

2020 年淮河洪水过程中，淮南支流控制站潢河潢川站、白露河北庙集站、史灌河蒋家集站（见图 4）、淠河横排头站 7 h 内相继出现洪峰水位，潢川站、北庙集站、蒋家集站 13 h 内从警戒水位涨至保证水位。蒋家集站洪峰水位 33.64 m，洪峰流量 4 610 m^3/s，分别列有资料记载以来第 1 位、第 2

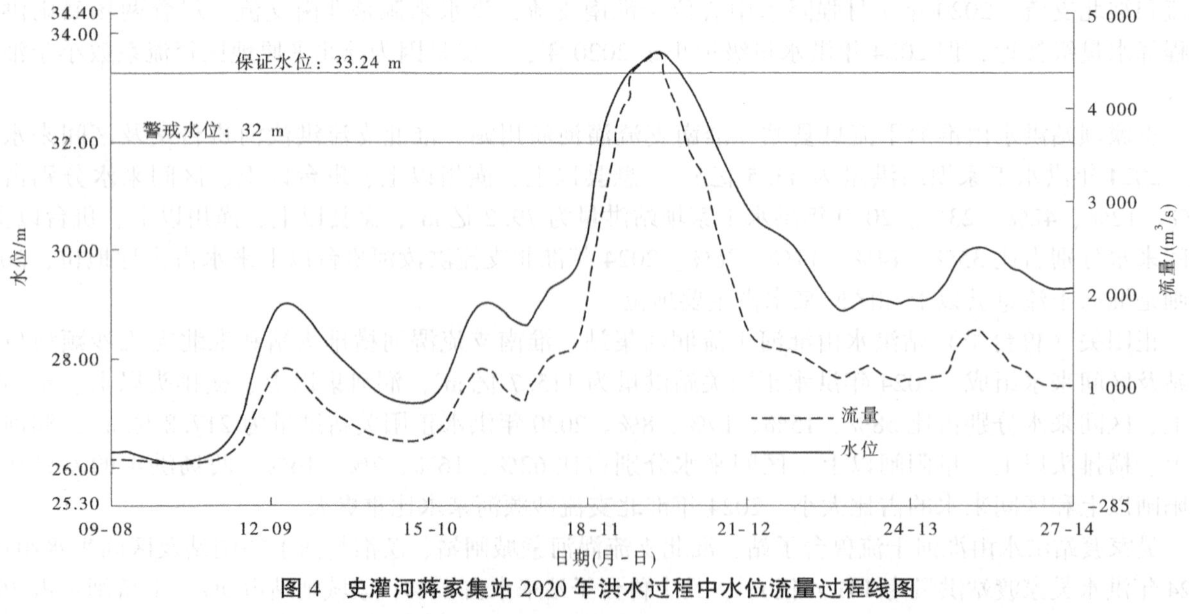

图 4　史灌河蒋家集站 2020 年洪水过程中水位流量过程线图

位；最大7 d洪量、最大15 d洪量重现期分别为28年、21年。淠河横排头站洪峰水位55.47 m，洪峰流量4 590 m^3/s，最大7 d洪量、最大15 d洪量重现期分别为27年、23年。北庙集站洪峰水位33.71 m，洪峰流量1 760 m^3/s，分别列有资料记载以来第2位、第1位。

4 洪水调度比较

为应对2024年淮河1号洪水，调度洪泽湖三河闸提前敞泄，腾出6.3亿 m^3 库容迎接上游来水。洪水期间，调度出山店、燕山、梅山、鲇鱼山、响洪甸等22座大型水库拦洪削峰，最大拦蓄洪量约13.29亿 m^3。洪汝河上游板桥、薄山、宿鸭湖、石漫滩水库削峰率分别为85%、78%、54%、71%，降低下游班台站洪峰水位约2.5 m，削减洪峰流量约600 m^3/s；史灌河上游鲇鱼山、梅山水库削峰率分别为88%、76%，降低下游蒋家集站洪峰水位约1.6 m，削减洪峰流量约2 600 m^3/s；淠河上游响洪甸、佛子岭、白莲崖、磨子潭水库削峰率分别为70%、51%、70%、80%，降低下游横排头站洪峰水位约1.0 m，削减洪峰流量约2 500 m^3/s。通过水库拦洪削峰，有效减轻了下游堤防行洪压力，避免了杨庄、老王坡等蓄滞洪区运行，全力保障了流域防洪安全。

为防御淮河2020年流域性较大洪水，史灌河鲇鱼山、梅山、淠河响洪甸、佛子岭等15座大型水库进行了拦蓄，最大拦蓄洪量近20亿 m^3，鲇鱼山、梅山、响洪甸水库削峰率近80%。流域北部板桥、宿鸭湖、燕山等水库拦洪作用明显，洪汝河板桥、薄山水库几乎拦蓄了上游全部洪水，经大型水库拦洪错峰，淮南支流史灌河、淠河洪峰量级削减约4成，降低淮河干流王家坝、润河集、正阳关和吴家渡洪峰水位分别为0.14 m、0.58 m、0.35 m、0.13 m[3]。淮河干流先后启用了蒙洼、南润段、邱家湖、上六坊堤、下六坊堤、姜唐湖、董峰湖、荆山湖共8个行蓄洪区，其中前7个行蓄洪区7月20日7 h内相继启用，属历史首次。沿淮行蓄洪区运用对王家坝、润河集、正阳关和吴家渡站减少洪峰流量分别为8.7%、5.4%、13.2%和17.6%，降低洪峰水位分别为0.14 m、0.13 m、0.40 m和0.33 m[4]。

5 结语

（1）2024年淮河1号洪水与2020年淮河洪水均属于流域性较大洪水，具有降水强度大、影响范围广的特点。两次暴雨过程均是在副高强度偏强、位置偏西的有利条件下形成的，2024年暴雨成因是能量和水汽条件好，冷暖空气交汇频繁，暴雨过程接连不断，2020年暴雨成因为中高纬阻塞高压活动，梅雨期环流形势稳定，形成超强暴力梅。

（2）2024年淮河1号洪水量级小于2020年淮河洪水。从洪水组成来看，2024年淮河洪水主要由淮南支流、淮北支流叠加形成，2020年淮河洪水主要是淮南支流。从洪水特性上看，2024年洪水中游东段水位更高、流量更大，峰形更宽胖，洪水历时更长。

（3）参照淮河2020年流域性洪水防御经验，调度洪泽湖提前预泄，承接上游来水，运用淮河上游干支流大中型水库充分发挥拦洪、削峰、错峰作用，极大地减轻了下游河道防洪压力，避免了相关蓄滞洪区应用，最大程度减轻了灾害损失。

参考文献

[1] 王蒙，张恒德，包红军，等．2020年淮河流域梅汛期极端暴雨洪涝雨水情分析［J］．水文，2022，42（3）：95-101.

[2] 何春杨，杜银，谢志清．2020年7月一场梅雨暴雨的异常空间分布及形成机制［J］．气象科学，2024，44（3）：512-526.

[3] 刘力强．南湾水库2020年暴雨洪水调度分析［J］．河南水利与南水北调，2021，50（8）：8-9.

[4] 李开峰，胡友兵，王义．2020年淮河流域性较大洪水防御工作及启示［J］．中国防汛抗旱，2021，1（31）：19-22.

数据和知识共同驱动的水利工程安全风险智能预警方法

李海瑞[1,4] 刘雪梅[1] 任秉枢[2] 李水兵[3,4] 李龙飞[3,4]

（1. 华北水利水电大学数字孪生水利高等研究院，河南郑州 450045；
2. 中国南水北调集团中线有限公司工程运维中心，北京 100080；
3. 讯飞智元信息科技有限公司，安徽合肥 230088；
4. 认知智能全国重点实验室，安徽合肥 230088）

摘　要： 本文根据水利工程安全风险预警的智能化需求，针对隐患识别不准确、风险评估不及时等问题，提出了数据和知识共同驱动的风险智能预警方法。在结构异常识别建模时引入监测变量间的因果知识，提升了隐患识别的准确率；在巡查数据分析建模时引入事理知识，提升了隐患分类分级的鲁棒性；将风险评估相关的逻辑知识进行结构化表示，以深度学习和知识推理相结合的方式，提出了动态风险评估方法。通过案例分析发现，该方法能够改善监测数据不完备、巡查数据不平衡和风险评估知识庞杂的问题，提升水利工程安全风险智能预警的时效性和准确性。

关键词： 水利工程安全风险；数据驱动；知识驱动；智能预警

1　引言

长期以来，我国承受着水资源短缺、水灾害频发、水环境污染和水生态损坏的严重危害。为减少这些问题造成的损失，国家大力推动水利基础设施建设，形成了以大江大河、引调水工程、水库大坝等为核心的全国水网布局，这些工程在国家经济、社会发展和生态保护中发挥着不可或缺的作用，但也面临着极端天气频发、设施材料老化、运营管理不善等因素带来的工程安全风险管理难题。2000年以来，我国学者围绕水利工程风险标准、风险识别、风险评估及风险处理等问题开展了系统性的研究[1]，但相对于发达国家的管理水平相对滞后，突出表现在信息化应用程度低，以至于溃坝等事故仍时有发生[2]。亟需通过现代信息技术、传感设备和数据分析手段等，对水利工程的安全状况进行实时监测、评估和预警，以及早发现潜在风险，减少水利工程安全事故的发生。

近些年来，水利部加强对智慧水利、数字孪生水利的政策引导和支持，旨在加强传统水利与现代信息技术的融合，充分应用大数据、人工智能、知识图谱等新一代信息技术，提升“四预”能力[3]，涌现出一系列的风险预警智能化研究成果。在安全监测方面，学者往往通过多元回归分析方法构建“环境量-效应量”响应模型来识别结构异常[4]，机器学习在回归建模中具有良好的非线性拟合能力，越来越多的研究人员使用机器学习和深度学习方法来构建结构响应模型，如神经网络、支持向量机，随机森林等[5]。在隐患排查方面，深度学习技术被引入工程巡查作业中，用于快速识别隐患的类别和严重等级[6]。在工程安全大数据分析推理的基础上，贝叶斯推理、D-S 证据理论等被应用工程安

基金项目： 河南省科学院科技开放合作项目（220901008）；2022 水利部重大科技项目（SKS-2022029）；认知智能全国重点实验室开放课题（COGOS-2024HE04）。

作者简介： 李海瑞（1989—），男，博士，主要研究方向为机器学习、知识图谱和水利工程风险管理。

通信作者： 刘雪梅（1965—），女，教授，主要从事智慧水利、数字孪生水利等研究工作。

全评价[7] 和风险评估中，实现多源信息的有效融合，为风险预警提供更加客观的决策依据[8]。

数据驱动的“感知-评估-预警”模式逐渐引领了水利工程安全风险管理的智能化潮流，但受限于风险数据的完备性无法满足人工智能基本假设，相关方法在落地中面临诸多难题，包括：数据缺失或不平衡，导致所构建的各类安全隐患识别模型的准确率不高、鲁棒性不强；多源数据描述的差异，使得计算过程中存在语义融合的问题，导致风险推理自动化程度低。这些固有缺陷使得数据驱动方法无法满足风险管控的时效性和精准化要求，引入工程结构、运行管理等领域知识来弥补数据不足，是指的探索和尝试的研究问题。

本文针对水利工程风险监测与预警的智能化建模问题进行讨论，提出数据和知识共同驱动的风险智能预警方法，从不同的角度分别将因果知识、事理知识、逻辑知识融入隐患识别和风险评估的建模过程中，从而减少漏报和误报的概率，提升风险预警的时效性和准确性。

2 数据和知识驱动的信息分析方法

随着近些年人工智能技术的不断发展，以及各行各业数字化转型的产业升级需要，我国信息管理正在逐渐进入数智发展新阶段，越发强调智能化赋能各项决策。而数智时代的信息分析方法主要体现在数据驱动和知识驱动两个方面。

2.1 数据驱动

2012 年，深度学习在图像处理任务上大放异彩，掀起了数据密集型研究和应用的浪潮，并推动了数据驱动的决策范式。该方式强调数据是现实世界事物、现象和行为在数字空间的映射，数据中蕴含着现实世界的运行规律，利用数据可以挖掘模式，进而实现智能化推理。数据驱动是充分利用大数据和大算力的规模效应，其基本假设包括模型空间的大容量、训练数据的完备性、损失度量的独立性、正则项的先验决定、分析框架的欧几里得假设[9]。然而，实际场景往往无法满足这些假设，特别是训练数据的完备性问题广泛存在，但由于深度学习方法的黑盒特性，这些问题带来的后果并不容易被揭示。因而，数据驱动方法还有很大的改善空间。

2.2 知识驱动

图灵奖获得者费根堡姆提出 AI 应该具有认知和推理能力，而要实现这一目标的关键是建立机器可理解的结构化知识[10]。知识驱动的信息分析强调融合知识工程思想，利用结构化知识使机器具备人类的认知功能，通过知识推理、计算等进行知识发现。近年来，虽然 AI 研究者构建出了上千亿、万亿参数的大模型，但研究表明大模型并未真正理解知识，现阶段知识图谱、知识增强、知识补全等知识驱动模型不可或缺。同时，知识驱动的方法不善于复杂模式的描述和感知，也依赖数据驱动的方法进行增强。

2.3 数据和知识共同驱动

笔者认为，复杂业务是由一系列的感知、认知、推理等环节组成的，因而在实际任务中完全依靠数据驱动或者知识驱动的方法都存在较大的局限性。在通用人工智能的理论和技术尚未建立的阶段，应充分利用相关领域的数据和知识，为复杂业务的决策提供更好支持，这需要在挖掘数据智能的过程中通过不同方式来引入知识，主要包括三个方面：

（1）因果知识。哲学上把现象和现象之间“引起和被引起”的关系称为因果关系，现实世界中充满了因果关系。Pearl 将人工智能的推理按照由易到难程度分成 3 个层次[11]：从可观测结果中得到的数据关联（association）、对观测结果进行干预介入（intervention）后的决策问题、对已经发生的结果进行否定的反事实推理（counterfactual）。在智能模型构建过程中引入因果知识就是为了消除混淆变量（confounder）对干预变量（treatment）的影响，从而得到更合理的判别模型。

（2）事理知识。事理的概念是人们对世界的认识和理解，它包含了事物间相互关系的原则、规律和道理，这些知识在很大程度上指导着人类的行为模式。现实中的数据标签可能是不充分、不准确、不平衡，结合事理知识，在深度学习建模时调整网络结构和正则化项，提供了引入先验知识的途径，从而改善模型的性能。

（3）逻辑知识。逻辑知识作为传统的知识之一，包括谓词逻辑、时序逻辑等，目前主要以知识图谱的形式进行表示。数据驱动与知识图谱相结合已有较多研究工作，具体应用可以分为知识图谱内部和外部两种方式，内部方式是使用深度学习实现基于命名实体识别、实体链接等知识图谱构建工作；外部方式是将知识图谱作为数据输入到深度学习模型中辅助推理。

3 水利工程安全风险智能预警方法

3.1 风险智能预警框架

2016 年，印发了《国务院安委会办公室关于实施遏制重特大事故工作指南构建双重预防机制的意见》（安委办〔2016〕11 号）。2021 年，双重预防机制被正式写入修改后的《中华人民共和国安全生产法》，其中提到主要负责人要组织建立并落实安全风险分级管控和隐患排查治理双重预防工作机制。这表明，风险分级管控与隐患排查治理双重预防机制将长期开展下去，为建立智能化的风险预警模式的构建提供了良好的实践基础。

本文针对当前水利工程安全风险预警存在时效性不足、分析研判不准确等问题，基于“安全风险分级管控和隐患排查治理双重预防工作机制”构建水利工程安全风险智能预警框架，如图 1 所示。该方法利用人工智能技术实时分析工程安全监测和巡查数据，识别工程的内外观安全隐患，并构建和利用工程安全风险知识图谱进行风险推理，给出相关对象的风险评估结果，进行分级预警。

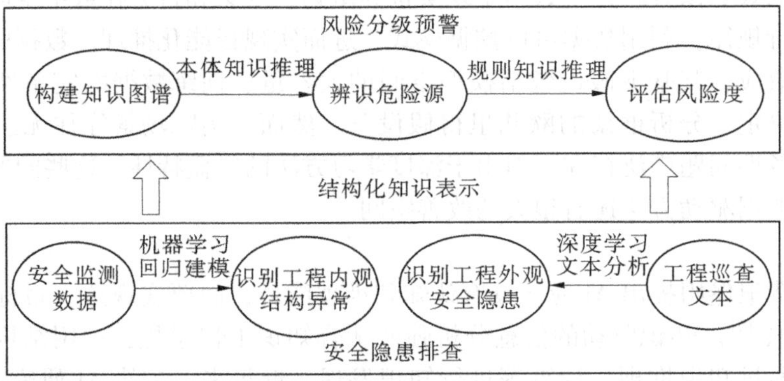

图 1 水利工程安全风险智能预警框架

在日常的水利工程安全隐患排查工作中，主要采用两种方式发现安全隐患，包括工程安全监测和巡视检查。在相关数据的采集和分析上，安全监测利用埋设在工程内部的传感器来对表征结构形态的物理量（效应量）及对其有影响的环境量进行监测，一般由具有工程结构专业背景的工程师来分析监测数据，并判定结构是否正常。工程巡查通过安排巡查人员每天到水库等建筑物周围和室内进行检查，然后通过手机 App 将发现的异常描述上报，经由运行管理人员研判后，判定安全隐患的类型和严重等级。如本文引言所述，通过对数据的挖掘分析，可以自动识别各类工程安全隐患，并推送给运行管理人员用于后续的危险源评估工作。

在风险评估工作中，危险源是事故发生的根源，即首先要识别出安全隐患所属的危险源，然后利用风险评估相关领域知识对可能发生的事故、可能性和后果严重性进行分析。最后，采用统一的计算方法得到风险度评价结果，并划分风险的等级。风险评估工作涉及大量知识和经验的运用，运行管理单位根据工程特性，编制“危险源辨识与风险评价导则”作为风险评估的主要依据。该方法以知识图谱的形式对这些知识进行抽取、表示，并用于风险推理。

3.2 基于监测数据的结构异常识别

3.2.1 方法和问题

水利工程结构效应量随着环境量的变化而变化，通过观测传感器每天上传的数据，结合工程知识、经验和数据分析方法，可以判别结构的安全性态是否发生了改变。回归分析法是最常用的数据挖掘分析方法，其原理是利用历史实测数据构建描述环境量 x 到效应量 y 映射关系的回归模型，即

$$y = f(x) + u \tag{1}$$

环境量 x 一般包括温度、水位、时间等，常见的效应量 y 如位移、渗透压、应力应变。如果某个时间点所观测到的数据不符合该映射关系（一般考虑实测值 y 与模型估计值 $\hat{y}$ 的偏差小于 3 倍标准差）就被视为异常数据，说明此时测点位置附近可能存在额外的荷载。

此外，因为有不少环境量无法观测，通常还要再考虑监测区域附近多个效应量测点之间的关联性是否保持。但在实施过程中会面临两个问题：一是理论上对于如何利用相邻效应量测点间的关联性还缺少支撑；二是工程实践中常将相邻效应量作为环境量进行统计建模，忽视了回归分析的内生性问题。

3.2.2 改进思路

本文提出一种新的考虑相邻效应量测点关联性的结构异常识别建模方法。相比已有方法，该方法突破原有的面向预测的建模方式，采用因果推断方法，克服回归建模过程中混淆效应导致的误报和漏报问题。模型构建流程包括构建因果图、回归建模、模型解释和异常识别 4 个步骤，如图 2 所示。首先，对监测断面的变量间作用关系进行合理假设，构建因果图；其次，结合梯度提升树算法，提出混淆去偏的机器学习回归建模方法；再次，模型训练后，使用 SHAP（SHapley Additive exPlanations）模型[12] 来解释模型的推理模式；最后，在确认模型响应合理的情况下，基于"3σ"准则识别测试数据是否异常。

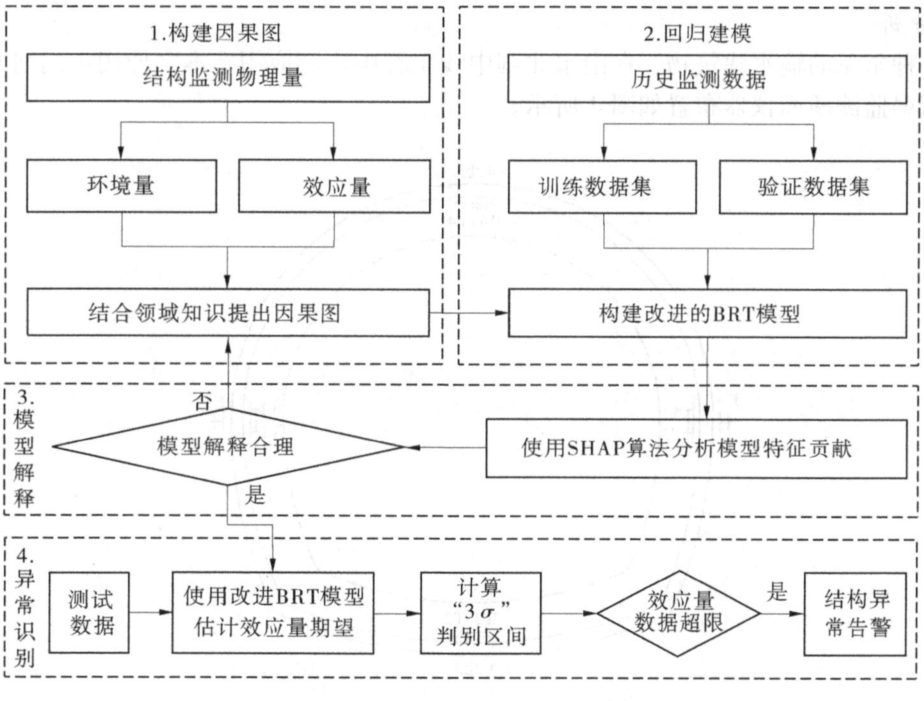

图 2　多效应量融合的结构安全异常识别模型构建流程

尽管不同传感器所采集的变量彼此相关，但产生相关性的原因并不相同。因此，在进行因果推断之前，需要通过构建因果图来描述变量之间的荷载传递关系，如图 3 所示。

基于图 3 假设，正常工况下同断面效应量测点 x 和 y 之间的相关性完全来源于环境量的共同作用，在对可观测环境量 x 进行条件限定情况下，可以利用 t 来估计未观测环境量 u 对 y 产生的荷载。基于此，对 BRT 模型的构建过程进行改进，提出混淆去偏的 BRT 模型（deconfounding boosted regression tree，DBRT）建立如下的方程组：

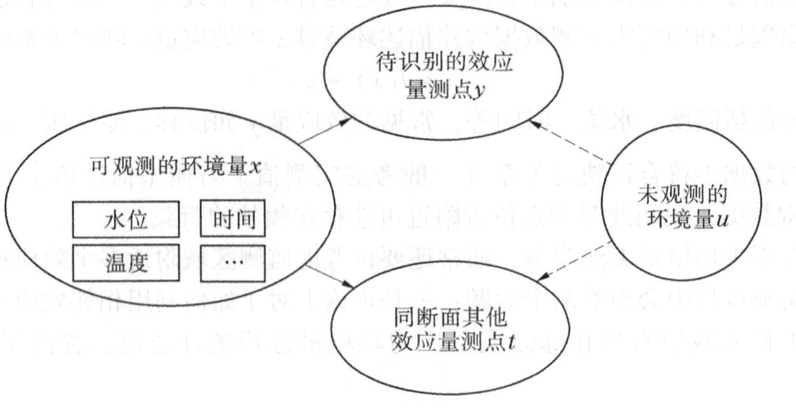

图 3　结构监测变量因果图

$$\begin{cases} y = \theta t + g(x) + \epsilon \\ t_i = m_i(x) + v_i \end{cases} \tag{2}$$

m_i 和 g 是非线性转换函数，在训练阶段使用梯度提升树模型（boosted regression tree，BRT）进行参数学习，y 的回归方程采用 t 和 g 线性组合。模型学习过程分为 2 个步骤：

（1）使用 BRT 模型先后学习 $\hat{m}_i$ 和 $\hat{g}$，其中 $\hat{g}$ 参数学习时采用简化形式 $y = g(x) + \epsilon$。

（2）计算 $\hat{v}_i = t_i - \hat{m}_i(z)$，估计偏线性系数 $\hat{\theta} = \left(\frac{1}{n}\sum_{i\in I}\hat{v}_i t_i\right)^{-1}\frac{1}{n}\sum_{i\in I}\hat{v}_i[y - \hat{g}(x)]$。

3.2.3　案例分析

暗渠是一种常见的输水建筑物，在南水北调中线工程中广泛应用。本文使用山门河暗渠作为案例进行分析，暗渠监测断面仪器布置如图 4 所示。

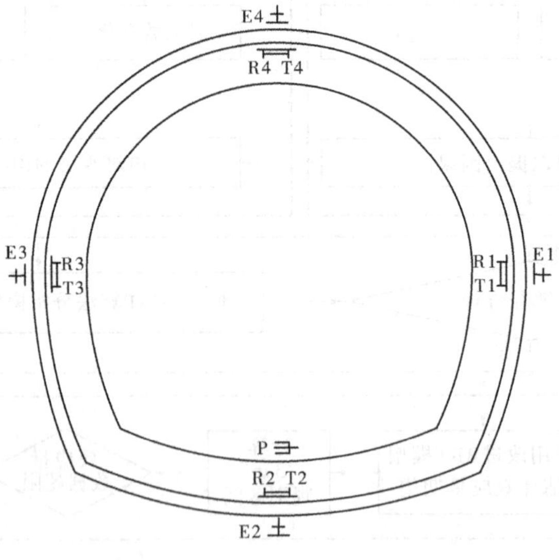

图 4　山门河暗渠的监测仪器布置

基于该设计，以构建钢筋计 R3 的回归模型为例，在考虑是否引入相邻效应量测点的情况下，对应模型的输入特征如表 1 所示。

使用 2018 年 6 月至 2022 年 6 月的山门河暗渠监测数据进行模型训练和验证。在完成训练后，首先用 SHAP 图对每个模型的特征重要度进行对比，如图 5 所示。

表 1　不同回归模型及其输入特征

输入特征	因果 BRT	非因果 BRT	DBRT
土壤压力	相邻土壤压力计 *E*	相邻土壤压力计 *E*	相邻土壤压力计 *E*
温度	相邻温度计 *T*	相邻温度计 *T*	相邻温度计 *T*
水位	*P*	*P*	*P*
时间	*t*	*t*	*t*
非因果特征		其他钢筋计 R1、R2、R3	其他钢筋计 R1、R2、R3

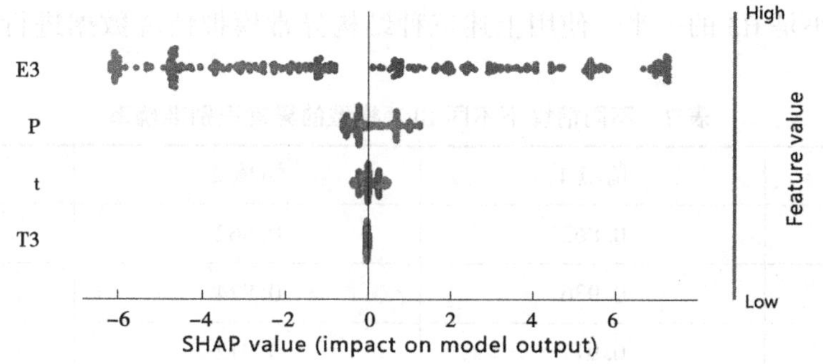

(a) 因果 BRT 模型 SHAP 图

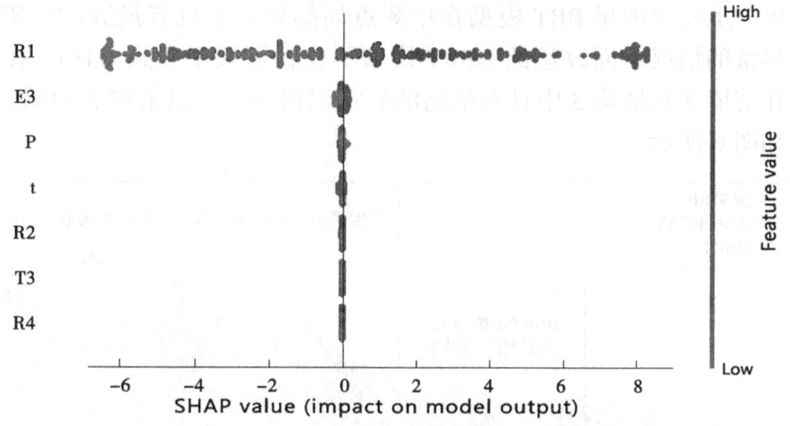

(b) 非因果 BRT 模型 SHAP 图

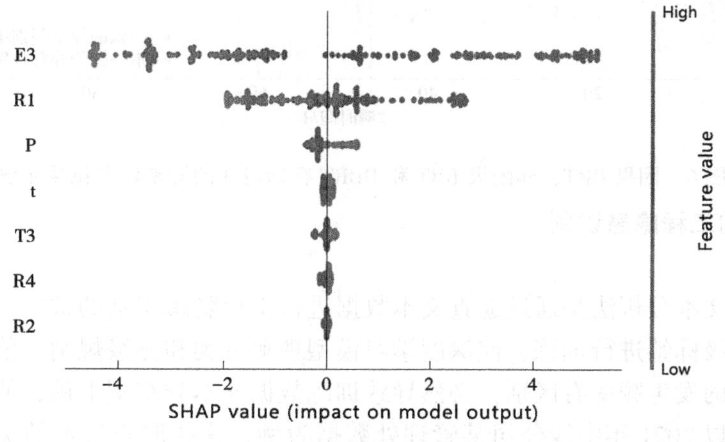

(c) DBRT 模型 SHAP 图

图 5　不同 BRT 模型的 SHAP 图

图 5（a）描述了因果 BRT 模型解释钢筋应力的主要来源依次为土压力、水位、时间和温度。在图 5（b）描述的非因果 BRT 模型特征重要度分布中，钢筋计 R3 的对称位置测点 R1 成为了主导因素，这说明模型存在明显的伪回归问题。图 5（c）描述的 DBRT 模型的特征重要度分布与因果 BRT 模型较为相似，且 R1 特征具有一定的重要度，这说明 DBRT 在利用相邻效应量测点的同时，缓解了混淆效应造成的伪回归问题。

进一步地，使用模拟的异常数据来测试不同模型的异常识别性能。异常数据的生成方式是对监测断面的 4 个钢筋计施加时间线性相关的偏差，来模拟不同类型的结构异常模式，包括单测点局部异常（情境 1）、非均匀整体异常（情境 2）和均匀的整体异常（情境 3）。情境 1 只对待识别的钢筋计 R3 施加偏差；情境 3 对所有钢筋计施加同等大小的偏差；情境 2 对所有钢筋计施加偏差，但对 R1、R2 和 R4 施加的偏差大小是 R3 的一半。使用上述三种结构异常模拟情境数据进行测试，异常识别效果如表 2 所示。

表 2　不同情境下不同 BRT 模型的异常识别准确率

模型	情境 1	情境 2	情境 3
因果 BRT	0.862	0.862	0.862
非因果 BRT	0.936	0.824	0.745
DBRT	0.917	0.912	0.908

从表 2 可以看出，虽然非因果 BRT 模型在单测点局部异常中具有最高的识别准确率，但它无法有效识别整体结构异常的情况。而改进的 DBRT 模型不仅在情境 1 中具有比因果 BRT 模型更高的异常识别能力，而且在情境 2 和情境 3 中具有最高的异常识别能力。以情境 3 为例，对部分异常数据识别过程进行展示，如图 6 所示。

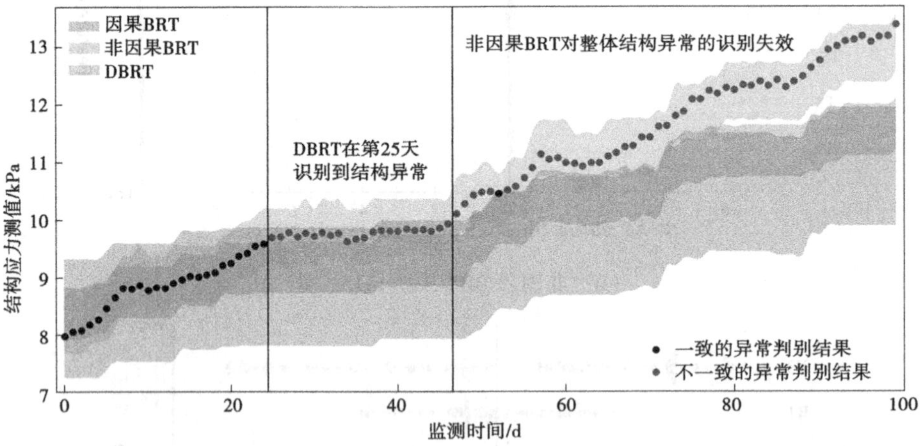

图 6　因果 BRT、非因果 BRT 和 DBRT 在情境 3 的异常识别结果示例

3.3　基于巡查数据的工程隐患识别

3.3.1　方法和问题

基于深度学习的文本分析法是通过巡查文本数据进行工程隐患识别的常见方法，该方法利用历史巡查文本的类别和等级标签进行训练，使深度学习模型理解分类和分级规则。值得注意的是，不同类型和等级的巡查问题的发生频率有区别，必然导致训练数据样本分布不平衡，使得少样本问题的识别存在欠拟合的问题。以 2021 年中线公司某管理处数据为例，这些巡查文本的类型和等级分布如图 7 所示。可以看出，不同等级的巡查问题分布大致符合海因里希法则（1∶29∶300∶3 000）。同时，巡查问题类别多种多样，而且发生频率差异较大。

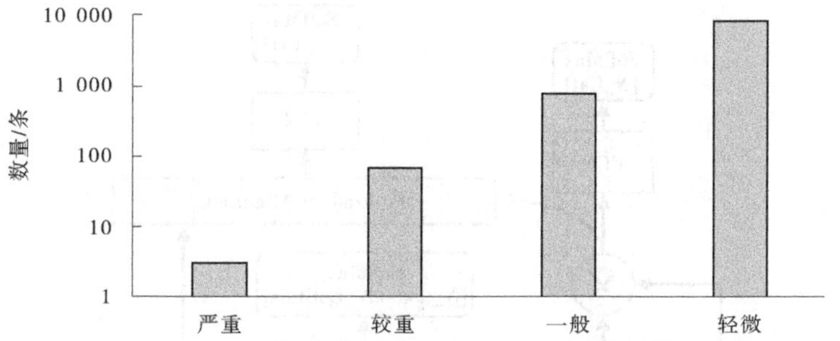

(a)2021年度某管理处不同级别工巡问题数量汇总

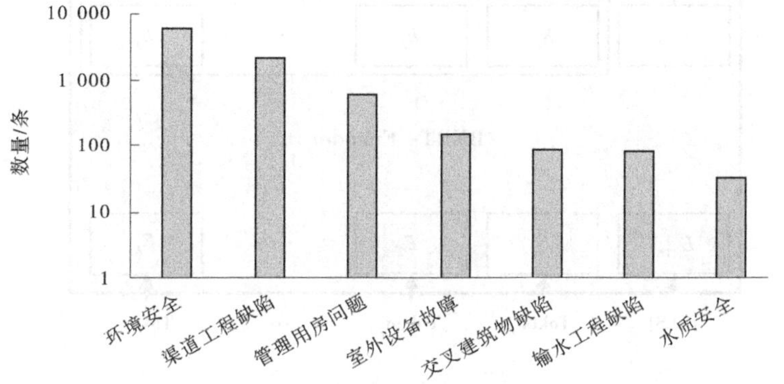

(b)2021年度某管理处不同类型工巡问题数量汇总

图7　工程巡查问题等级和问题类型分布柱状图

3.3.2　改进思路

为缓解样本分布不平衡造成模型错判的问题，本文又提出了一种基于多任务学习的巡查文本分类分级模型。该模型基于预训练的BERT模型（bidirectional encoder representations from transformers）进行巡查文本相关的多个任务共同学习，包括巡查问题特征识别、问题分类和问题分级。其原理是通过引入事理知识，利用多个任务之间的依赖性，进行模型结构的改进和设计，提升模型的学习能力。

模型由共享层和任务相关层组成，如图8所示。其中，共享层采用BERT编码器模块，对输入文本进行字符编码，得到具有上下文语义信息的巡查文本句子编码。编码器的输出被多个任务相关层利用，自下而上包括识别巡查问题的特征、类别和级别，采用级联式结构设计。

问题特征识别属于自然语言处理中的命名实体识别任务，直接将BERT编码器的字向量编码作为模型输入，经过全连接层和SoftMax层，得到巡查文本中每个字符的特征类别（如建筑物、部位、失效设施等）：

$$y_{n,i} = \mathrm{SoftMax}(W_n h_i + b_n) \tag{3}$$

问题分类和分级属于自然语言处理中的本文分类任务，模型首先对所有字向量编码结果进行均值池化（mean pooling），$h_p = \sum_{i=1}^{n} h_i / n$。然后，与BERT编码器的句向量编码结果 h_{CLS} 进行哈达玛积融合得到 $h_c = h_{\mathrm{CLS}} \odot h_p$。通过全连接层和SoftMax层进行问题分类：

$$y_c = \mathrm{SoftMax}(W_c h_c + b_c) \tag{4}$$

问题分级模块利用点乘注意力机制将 h_c 与 h_i 进行融合得到 h_g，同样通过全连接层和SoftMax层进行问题分级：

$$y_g = \mathrm{SofTmax}(W_g h_g + b_g) \tag{5}$$

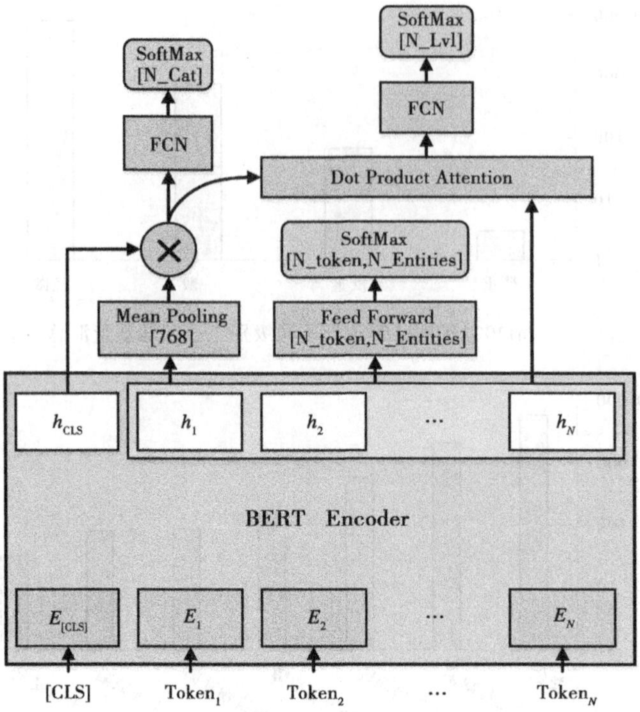

图 8　工程巡查文本分析多任务学习模型结构

3.3.3　案例分析

为验证多任务学习在不平衡巡查文本分类任务中的有效性，对比基于 BERT 编码器的若干单任务模型（STL-Category、STL-Level）和并行多任务学习模型（PMTL），使用某管理处 19 696 条数据进行模型训练，对比模型性能。性能指标包括 F1 值、G-mean 和 AUC。各模型性能的结果如表 3 所示。

表 3　各模型在问题分类和分级的性能对比

模型	问题分类			问题分级		
	F1	G-mean	AUC	F1	G-mean	AUC
STL-Category	0. 773	0. 856	0. 872	—	—	—
STL-Level	—	—	—	0. 794	0. 768	0. 822
PMTL	0. 831	0. 898	0. 896	0. 835	0. 827	0. 874
CMTL	0. 874	0. 912	0. 908	0. 844	0. 842	0. 903

从表 3 可以看出，相对于单任务学习模型，多任务学习模型在两个巡查文本分类任务上的各项性能指标均有提升，且本文提出的级联式多任务学习效果最好。这说明多任务学习有助于缓解不平衡巡查数据的欠拟合问题。

3.4　基于知识图谱的工程安全风险评估

3.4.1　方法和问题

通过智能化技术识别各类安全隐患，为动态评估工程安全风险提供了基础。许多学者通过构建数学模型和方法，实现工程安全风险评估相关过程的自动推理或计算，包括：建立事件的相关性测度，并利用关联关系挖掘方法识别风险因素；构建描述事故演化过程的贝叶斯网络模型，预测事故风险发生的可能性；建立层次分析模型，通过主客观赋权和计算，评价事故风险等级。但由于水利工程安全风险因素多、类型复杂，现有方法在应用于动态的风险评估时存在以下问题：

（1）未实现全流程的风险信息管理。风险评估涉及对危险源、隐患、事故风险属性和风险等级等诸多对象的分析和推理，现有的方法往往只涉及某一环节，信息化程度不足。

（2）风险推理的智能化程度低。许多方法的实施过程需要根据专家经验或主观认知进行判别，在推理时需要人工对大量数据进行整理和分析，特别是具有专业知识和工程经验的人员。

（3）可维护性差。由于指标选择和参考标准的不同，各类方法难以集成使用。模型难以根据工程运行状况和风险评估规则的变化进行调整，不利于风险评估计算过程的管理和维护。

3.4.2 改进思路

本文提出了一种基于知识图谱的水利工程安全风险动态评估方法，该方法按照知识建模、知识抽取和知识推理的步骤，运用深度学习和语义网推理技术构建风险评估知识库，实现对风险评估对象和规则的结构化知识表示，并利用3.2和3.3部分得到的监测巡查数据判别结果，进行智能化的风险推理，如图9所示。

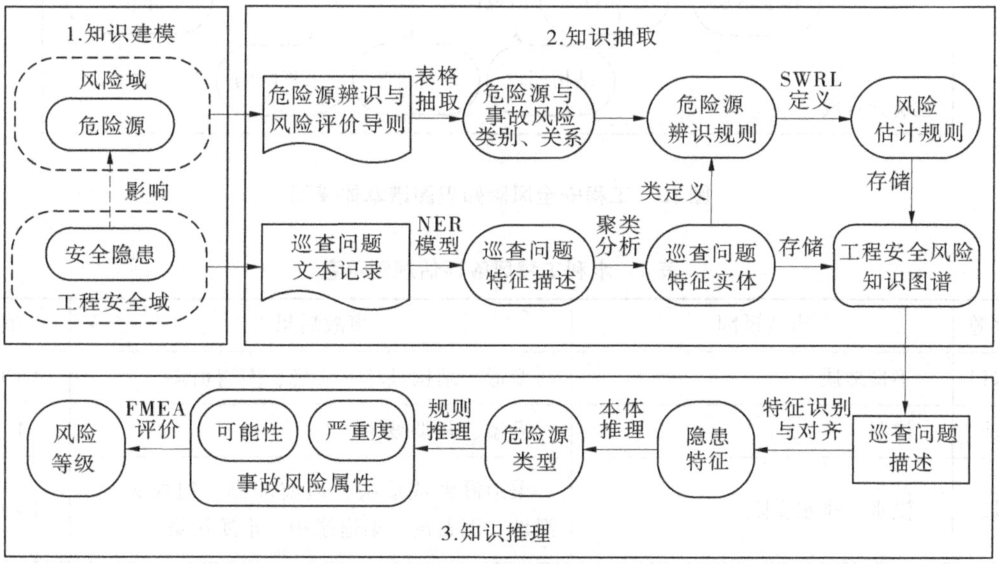

图9 基于知识图谱的水利工程安全风险动态评估方法

（1）基于领域知识构建本体模型，描述风险评估所涉及的安全隐患、危险源、事故、风险等对象之间的关系，具体结果如图10所示。工程运行域关注工程运行过程中出现的安全隐患，主要围绕事实知识进行本体建模，根据安全隐患所属的问题类型不同，分为物的不安全状态、人的不安全行为和管理，不同类型的问题有不同的描述特征。风险域关注事故的发生规律，主要围绕风险评估的相关规则知识进行建模，即各种危险源及其可能导致的事故。

（2）根据本体模型，利用相关资料对各类对象实例进行抽取。基于本文3.2部分的预训练语言模型进行隐患描述特征的识别，实现巡查问题的结构化表示。此外，根据工程运行管理单位编制的“危险源辨识与风险评价导则”（见表4）。建立风险评估涉及术语的层次化表示，并使用SWRL (Semantic Web Rule Language) 描述风险属性估计规则，即“危险源类型（? x）^安全隐患特征（x, value）->事故类型（y）^事故可能性（y, L）^后果严重性（y, S）”。

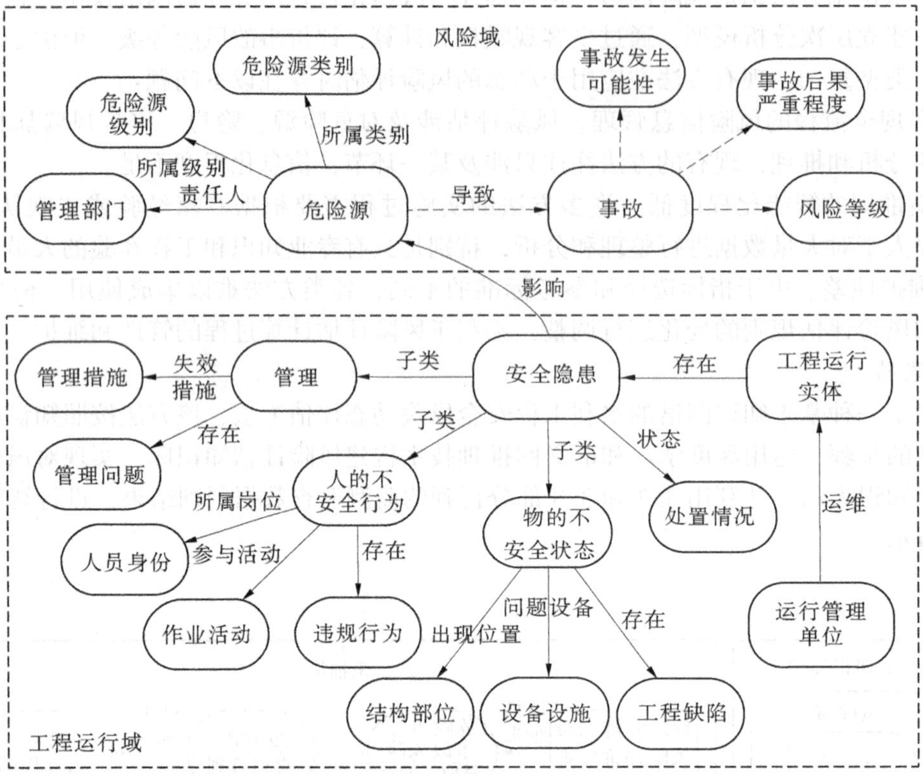

图 10　工程安全风险知识图谱本体模型

表 4　水利工程风险评估规则示意

序号	危险源	事故诱因	事故后果	L 值	S 值
1	进水口	不良地质	变形、结构破坏、失稳、围岩坍塌	1~3	1~6
2	前池	渗漏	漫溢、开裂破坏	1	1~6
3	渠坡	洪水、排水受阻	渠道漫溢或溃决、边坡冲刷、边坡失稳、滑坡、泥石流、渠道淤积、水质污染	1~3	2~5
4	管道	变形、开裂、沉降	渗漏、失稳、爆管	2~3	2~4
5	渠道	水流冲刷、地基失稳、混凝土开裂、止水失效、渗漏	渠道失稳、破坏、淤积、堵塞、供水中断、水体外泄、冲淹	1~3	1~6
6	隧洞	洪水、不良地质、地基失稳、止水失效、渗漏、地下水入渗	结构破坏、裂缝、剥蚀、空蚀、供水中断、水质污染	2~4	1~6
7	地基	软弱地层、地形条件改变、地基渗漏破坏、违规占压、违规采砂	进出口挡土墙倒塌、渠水外泄、闸倾斜移位、结构失稳	1~3	3~5
8	挡土墙	闸前水位超高、挡土墙填土失稳、地下水位上升	挡土墙倒塌、渠水外泄、防渗体系破坏、结构失稳	1~3	1~6

（3）基于所构建的知识图谱，进行风险推理，得到各类不同工程对象的各类事故属性估计结果，结合风险矩阵等评价方法，计算事故的风险度和风险等级。

3.4.3 案例分析

本文选择中线工程某左排渡槽作为分析对象。基于上述过程，将抽取得到的数据以 RDF 三元组的形式记录，并导入到 Protégé 数据库中。对工程安全隐患数据抽取结果进行存储，最终构建了图谱，图谱中部分结果示意，如图 11 所示。

图 11 工程安全风险图谱示意图

基于所构建的知识图谱，利用某左排渡槽 2019 年期间的运行数据，得到风险评估结果，分析方法的合理性。该建筑物 2019 年共有 96 条安全隐患数据，录入图谱分析后识别到危险源 77 条，部分分析结果如表 5 所示。

表 5 某左排渡槽 2019 年部分安全分析结果

序号	安全隐患描述	危险源类别	可能引发的事故	L 值	S 值
1	风险点未存储反滤料	防汛抢险，准备不足	影响工程防汛抢险	1	3
2	右岸上游 10 m 处衬砌面板被洪水冲刷，水面以上有 5 块面板破损、变形	护坡水流冲刷	塌陷	2.5	2
3	进口测站内 MCU 未采集数据	安全监测系统功能失效	不能及时发现工程隐患	2	1.5
4	下游渠道一级马道有 1 处纵向排水沟侧墙倾斜变形	护坡沉降变形	脱坡	1	2.5
5	下游渠道三级边坡排水沟局部破损、淤堵，排水不畅	排水设施失效	边坡失稳	0.8	2

其中，一些问题由于未包含于“危险源辨识与风险评价导则”描述范围内，未被识别为危险源，如环境卫生脏乱差、私自取水等问题。对识别的危险源分析后，经过风险评价模型，得到风险评价结果，排序靠前的 10 个事故分析结果如表 6 所示。

表 6　某左排渡槽 2019 年部分风险评价结果

排序	事故	频度 O	严重度 S	风险度	风险等级
1	塌陷	2.4	3.75	3.345	橙色预警
2	脱坡	3.57	1.675	2.355	黄色预警
3	洪水漫溢	0.875	3.245	2.165	黄色预警
4	电气系统损伤	3.16	1.465	2.115	黄色预警
5	边坡失稳	1.775	2.345	2.035	黄色预警
6	人员伤亡	1.3	2.13	1.59	蓝色预警
7	机械伤害	1.205	1.74	1.455	蓝色预警
8	管涌	0.345	2.19	1.28	蓝色预警
9	影响工程防汛抢险	0.775	1.25	1.2	蓝色预警
10	不能及时发现工程隐患	0.685	0.885	1.155	蓝色预警

风险评估结果表明，该左排渡槽在 2019 年及未来一段时间主要面临的风险包括塌陷、脱坡、洪水漫溢等。综合来说，工程安全养护缺陷方面的风险较为严峻，应加强工程养护方面的投入，同时加强工程巡查和问题跟踪。工程管理方面的风险主要表现在安全监测和防汛抢险方面，需健全工程运行管理监督机制。

4　结语

本文根据水利工程安全风险预警的智能化需求，针对隐患识别不准确、风险评估不及时等问题，提出了数据和知识共同驱动的风险智能预警方法。在结构异常识别建模时引入监测变量间的因果知识，提升了隐患识别的准确率；在巡查数据分析建模时引入事理知识，提升了隐患分类分级的鲁棒性；将风险评估相关的逻辑知识进行结构化表示，以深度学习和知识推理相结合的方式，提出了动态风险评估方法。通过案例分析发现，该方法能够改善监测数据不完备、巡查数据不平衡和风险评估知识庞杂的问题，提升水利工程安全风险智能预警的时效性和准确性。

参考文献

[1] 顾冲时，苏怀智，刘何稚．大坝服役风险分析与管理研究述评［J］．水利学报，2018，49（1）：10.

[2] 盛金保，厉丹丹，蔡荨，等．大坝风险评估与管理关键技术研究进展［J］．中国科学，2018，48（10）：1057-1067.

[3] 蔡阳，成建国，曾焱，等．加快构建具有“四预”功能的智慧水利体系［J］．中国水利，2021（20）：4.

[4] 盛金保，向衍，杨德玮，等．水库大坝安全诊断与智慧管理关键技术与应用［J］．岩土工程学报，2022（7）：44.

[5] Salazar F，Conde A，Gonzalez J I，et al. Anomaly Detection in Dam Behaviour with Machine Learning Classification Models［J］. Water，2021，13（17）：2387.

[6] 程彭圣男，刘雪梅，李海瑞．基于 BERT-BiLSTM 模型的输水工程巡检文本智能分类［J］．中国农村水利水电，2023（10）：150-155，160.

[7] 刘帅，盛金保，王昭升，等．基于模糊神经网络的水电施工安全隐患评价［J］，水利水运工程学报，2020（1）：7.

[8] Lv L，Li H，Wang L，et al. Failure Mode and Effect Analysis（FMEA）with Extended MULTIMOORA Method Based on

Interval-Valued Intuitionistic Fuzzy Set: Application in Operational Risk Evaluation for Infrastructure [J]. Information (Switzerland), 2019 (10).

[9] 徐宗本. 人工智能的10个重大数理基础问题 [J]. 中国科学：信息科学，2021，51 (12)：1967-1978.

[10] Chen X J, Jia S B, Xiang Y. A review: Knowledge reasoning over knowledge graph [J]. Export Systems with Appliation, 2020, 141 (Mar.): 112948. 1-112948. 21.

[11] Guo Ruocheng, Cheng Lu, Li Jundong, et al. A Survey of Learning Causality with Data: Problems and Methods [J]. arXiv: 1809. 09337v4, 2018.

[12] Scott L, SuIn Li. A unified approach to interpreting model predictions [J]. arXiv: 1705. 07874, 2017, 30: 4765-4774.

数字孪生流域建设与系统运维

苏文松　邱梦凌

［淮河水利委员会水文局（信息中心），安徽蚌埠　233001］

摘　要： 大力推进智慧水利是推动新阶段水利高质量发展的重要实施路径之一，数字孪生流域建设是推进智慧水利建设的重要举措。数字孪生淮河逐步从概念到规划到实施运用，对提升流域水利防洪决策、水资源管理等方面发挥了重要作用。数字孪生流域系统建设具有其特殊性，系统运维“伴随”系统建设部署全过程，其特殊性加剧了系统运维工作的难度。本文通过系统分析淮河水利委员会运维现状及存在问题，结合数字孪生淮河流域建设实际提出运维工作的建议思考，构建了数字孪生流域运维整体框架，力求为今后数字孪生流域建设背景下的运维管理工作提供参考和借鉴。

关键词： 数字孪生流域建设；系统运维；运维管理；全过程运维

1　引言

党的十九届五中全会对数字中国建设作出一系列重要部署，指出要加强数字社会、数字政府建设，提升公共服务、社会治理等数字化、智能化水平。进入新发展阶段，智慧化已成为行业发展水平的重要指标。《国民经济和社会发展第十四个五年规划和 2035 年远景目标纲要》提出了构建智慧水利体系的明确要求。2021 年 3 月，水利部党组提出将智慧水利作为新阶段水利高质量发展的显著标志大力推进。水利部部长李国英多次对智慧水利建设提出有关思路和要求，为加快推进智慧水利建设指明了方向。

为贯彻落实好水利部党组决策部署，加快推进数字孪生淮河建设，服务淮河保护治理高质量发展，2021 年 3 月，淮河水利委员会部署启动数字孪生淮河总体规划编制工作；2022 年，淮河水利委员会印发《数字孪生淮河总体规划》。同年，淮河水利委员会印发“十四五”时期推进数字孪生淮河建设实施方案，依据规划部署，结合治淮工程建设等，淮河水利委员会先后批复实施数字孪生蚌浮段、沂沭河，数字孪生二级坝和数字孪生淮河干流出山店—王家坝段先行先试项目。

随着诸多项目陆续建成部署，数字孪生淮河逐步从概念到规划到实施运用，对提升流域水利防洪决策、水资源管理等方面科学、精准、高效能力和水平发挥越来越重要作用。系统运维“伴随”系统建设部署全过程，运维发展经历过三个阶段，即 NSM（网络系统管理）—ITSM（IT 服务管理）—BSM（面向业务的服务管理），运维也逐步从传统（基础）运维逐渐到标准化运维服务，运维之于系统、之于数字孪生流域如此重要，促使我们对数字孪生流域建设与系统运维进行思考。本文从数字孪生流域与信息系统运维概念出发，构建了数字孪生流域系统运维整体框架，结合数字孪生淮河流域建设实际提出运维工作的建议思考，力求为今后数字孪生流域建设背景下的运维管理工作提供参考和借鉴。

基金项目： 水利部重大科技项目（SKS-2022013）；水利部重大科技项目（SKS-2022139）；水利青年人才发展资助项目“淮河流域中小河流洪水预测预报关键技术研究与应用”。

作者简介： 苏文松（1969—），男，高级工程师，主要从事水利信息化等研究工作。

通信作者： 邱梦凌（1991—），女，工程师，主要从事水利信息化建设与管理等研究工作。

2 数字孪生流域与运维相关概念

2.1 数字孪生流域

2021年底，水利部部长李国英在出席“推进数字孪生流域建设工作会议”的讲话中指出：数字孪生流域是以物理流域为单元、时空数据为底座、数学模型为核心、水利知识为驱动，对物理流域全要素和水利治理管理全过程的数字化映射、智能化模拟，实现与物理流域同步仿真运行，虚实交互、迭代优化。数字孪生流域建设是推进智慧水利建设的重要举措，通过数字化、网络化、智能化的思维、战略、资源、方法，提升水利决策与管理的科学化、精准化、高效化能力和水平。数字孪生流域建设框架智慧水利总体架构如图1所示。

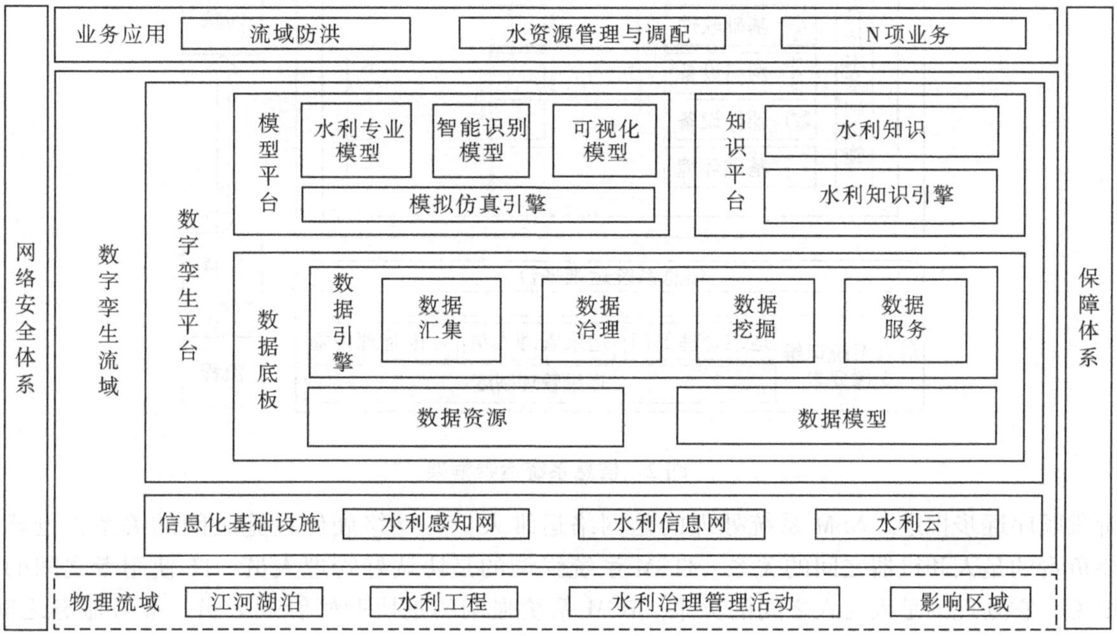

图1 智慧水利总体架构

数字孪生流域建设相较于以往信息系统建设具有其特殊性：①信息系统具有使用规模巨大、跨行业支撑、跨部门使用的特点。不同于以往单一部门系统建设，除涉及水利行业，需要气象、国土、统计等行业为孪生流域建设提供支撑，孪生流域系统建设是在统一孪生流域平台之上支持“2+N”项业务系统。②涉及新理念与诸多新技术。进入新发展阶段，云计算、大数据、人工智能技术快速发展，虚拟现实技术逐步走向成熟，拓展人类感知能力，推动水利发展向数字化、网络化、智能化转变的技术条件已经完全具备。③对国产化要求高。强调切实推进国产化软硬件系统建设，共同构建国产化软硬件环境下的数字孪生流域。④以时空数据为底座，对物理流域全要素和水利治理管理全过程的数字化映射，数据的即时性强、需求量巨大。⑤通过数字化、网络化、智能化的思维、战略、资源、方法，提升水利决策与管理的科学化、精准化、高效化能力和水平，应用系统与业务系统紧密结合，业务工作流程数字化需要重塑。

2.2 信息系统运维

信息系统运行与维护是指基于规范化的流程，以信息系统为对象，以例行操作、响应执行、优化改善、咨询评估为重点，使信息系统安全、可靠、可用、透明、可控地运行，保障业务持续、正常、稳定开展，提升信息系统对组织的有效支持，实现信息系统的价值。信息系统运维框架如图2所示。

信息系统运维的发展沿着NSM（网络系统管理）、ITSM（IT服务管理）、BSM（业务服务管理）

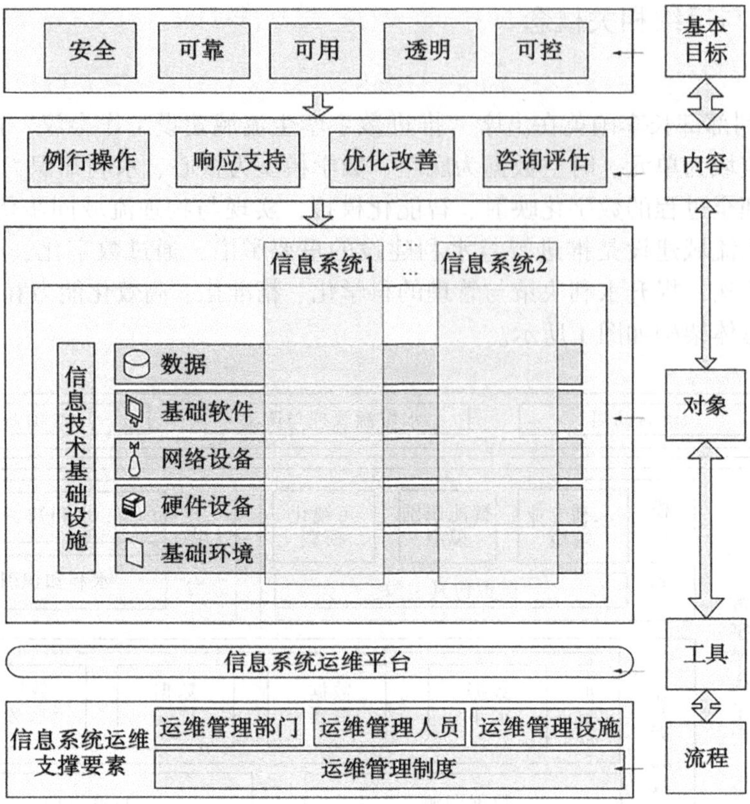

图 2　信息系统运维框架

三个阶段顺序逐步推进。NSM 系统处理的是网络运维人员与网络硬件设施之间的关系，也就是说，它主要负责的是人和机器之间的关系。ITSM 系统强调的是协调好管理人员、IT 使用者之间的关系，简单地说，它处理的是人与人之间的关系。BSM 系统强调的是协调好管理人员、业务服务之间的关系，简单地说，它处理的是人与业务工作之间的关系。

为实现我国信息技术服务的标准化和国际化，中国电子工业标准化技术协会信息技术服务分会充分借鉴了质量管理原理和过程改进方法的精髓，规定了 IT 服务的组成要素和生命周期，并对其进行标准化。IT 服务的组成要素包括人员、流程、技术和资源。IT 服务生命周期由规划设计、部署实施、服务运营、持续改进和监督管理五个阶段组成。

3　运维现状及存在问题

3.1　运维现状

淮河水利委员会水利信息化经历多年发展和建设，积累了丰富多样的信息化资源，开发部署多个信息系统，目前多个信息系统的运维模式还处于 NSM 阶段，即对网络设备、网络流量及服务器等元素进行监控，主要侧重于关注网络的可用性、性能监控和故障管理等；同时也存在如综合办公系统运维实现了以用户为中心、以流程为重点来提供 IT 服务，确保 IT 服务满足业务需求，同时注重持续改进和优化服务流程，系统根据业务提出的需求变动进行调整，不断提高服务质量和效率，初步实现 ITSM；淮河防汛系统运维则重点关注防汛业务情况，与其他系统针对业务提出的需求做被动式调整有所不同，其侧重强调从实现业务目标的视角出发，根据业务需求的变化动态优化 IT 服务，实现了 IT 与业务的融合，基本实现 BSM。总的来说，目前淮河水利委员会运维工作发展水平基本还处于由 NSM 阶段到 ITSM 阶段过渡的时期。虽然在系统运维管理方面取得一定的成效，有了体制机制的长期保障，在整体规划与运维模式及标准化等方面仍存在不足。

3.2 存在问题

现阶段，相对于信息系统的建设，系统运维工作普遍受重视程度不足。鉴于数字孪生流域信息系统的特殊性，很大程度上加剧了系统运维工作的难度，距实现 BSM 还存在较大差距。

（1）缺少规划指导。信息系统运维是一个综合性的系统工程，要实现运维效率的最大化，离不开全局性、前瞻性的指导框架，统筹规划人员、流程、技术、资源等多方面内容。当前的运维工作缺乏顶层设计，忽视了运维工作的前瞻性和战略性，与业务融合程度有限，影响整体运维效率与服务质量。

（2）运维模式不合理。孪生流域系统的主要特征之一即系统与业务紧密结合，ITSM 阶段可以实现运维流程的标准化，BSM 阶段则可以实现 IT 与业务的融合。目前，淮河水利委员会采用被动响应式运维，流程尚未实现统一标准化，预防性维护不足，缺乏持续改进机制，运维模式总体处于 ITSM 初级阶段，难以满足孪生流域系统运维要求。

（3）人员差距。ITSS 要求从事运维服务的人员需具备相匹配的知识、技能和经验，而孪生流域运维不仅涉及基础软硬件、数据库等信息技术基础设施的运维，系统更新完善还需要运维人员对业务工作有足够的理解，只有复合型人才才能完成如此运维。现有运维人员在能力水平方面仍存在差距，对业务工作的理解也不够深入，加之系统运维工作受重视程度不够，难以吸引和留住高素质人才，均限制了运维的发展。

（4）保障不足。孪生流域信息系统对国产化、数据更新、资源占用等方面要求较高，为此在运维过程中必须持续投入人力、物力、财力和时间等资源。然而目前信息系统重建设轻管理现象严重，各方面均缺乏充足保障，保障不足造成运维资源短缺，难以满足运维工作实际需求。

4 数字孪生流域运维工作的思考与建议

4.1 构建数字孪生流域运维整体框架

要做好数字孪生流域建设大背景下的运维工作，离不开全局性、系统性的规划指导，制定数字孪生流域系统运维的顶层设计就显得尤为重要。在数字孪生流域建设大背景下，系统运维不再是单纯的技术问题，而是与服务、管理以及业务相互融合。运维的重点不应局限于信息技术基础设施本身，而在于整个数字孪生流域系统，运维服务的对象以各个平台和应用为单元，服务范围贯穿于 ITSS 标准系统整个生命周期。数字孪生流域建设系统运维框架如图 3 所示。

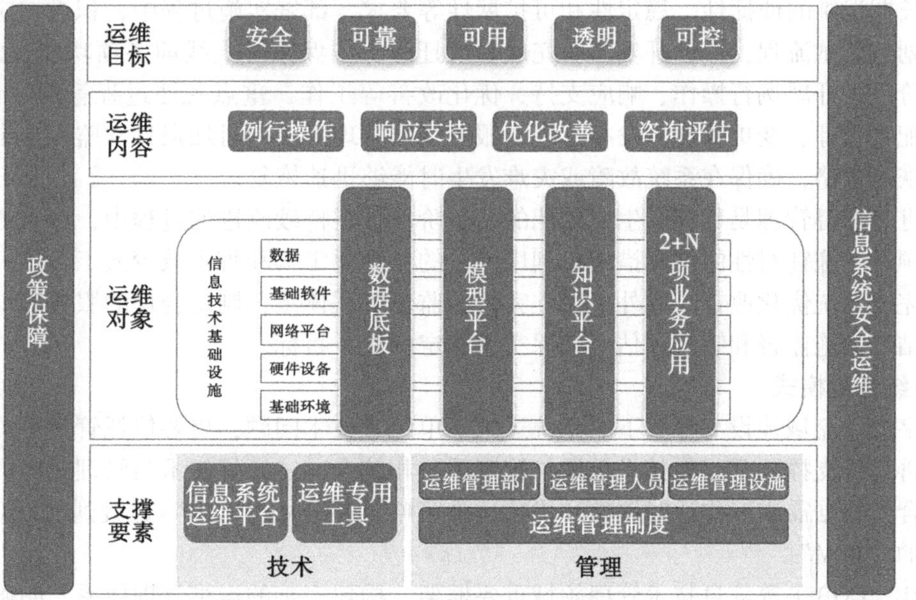

图 3 数字孪生流域建设系统运维的框架

数字孪生流域运维体系包括支撑要素、运维对象、运维内容、运维目标、政策保障和信息系统安全运维六大部分。

（1）支撑要素。包含技术和管理两个层面，技术层面主要指通过统一集成的运维平台或专用工具，实现对运维事件的全面信息采集、及时处理与合理分析。管理层面主要是从运维管理部门、人员、设施、制度等方面入手，实现运维管理流程的标准化和规范化。

（2）运维对象。包括基础运维对象和数字孪生流域运维对象，基础运维对象是指信息技术基础设施，主要包括基础环境、硬件设备、网络平台、基础软件、数据等，数字孪生流域运维对象主要包括数据底板、模型平台、知识平台以及“2+N”项业务应用。

（3）运维内容。包括例行操作、响应支持、优化改善、咨询评估四个方面，运维服务范围覆盖规划设计、部署实施、服务运营、持续改进、监督管理等生命周期五个阶段的全过程。

（4）运维目标。是确保数字孪生流域系统的安全、可靠、可用、透明和可控。

（5）政策保障。可为数字孪生系统运维提供资金与人才保障。

（6）信息系统安全运维。为数字孪生流域系统提供安全保障，是一个动态的过程，贯穿于信息系统生命周期全过程，强调通过综合多方面的安全保障要求来实现安全的目标。

4.2 实现运维与业务融合

鉴于数字孪生流域系统的特殊性和重要性，建设的系统通常规模巨大且跨部门使用，做好数字孪生流域运维工作，要促进运维与业务工作的不断融合，综合、系统地开展运维工作，更好发挥系统作用。通过建立多部门之间的沟通协作机制，运维团队作为业务单位和开发单位之间沟通的桥梁，为其建立沟通渠道，解决系统在其他阶段发现的问题或者完善需求，提出改进策略和方案，最大化提高工作效率，这也在一定程度上融合了研发运维一体化的思想。另外，运维团队需要深入了解业务需求和业务流程，鼓励运维人员学习业务知识，同时也要让业务人员了解系统运维的相关技术知识，培养具有跨领域能力的复合型人才，促进运维与业务的深度融合。

4.3 实行全过程运维

运维对象除信息技术基础设施外，重点需关注数据底板、模型平台、知识平台及“2+N”项业务应用这些孪生系统的组成部分，同时开展包含规划设计、部署实施、持续改进、监督管理的全过程运维，保障系统持续稳定运行。

运维管理部门从规划设计阶段开始参与，评估系统架构、技术选型，确保其在满足业务需求的同时，也符合长期运维的便捷性、稳定性和可扩展性等要求。部署实施过程中，积极响应支持，部署详细严格的计划与测试流程，协助开发团队完成系统迁移，确保系统上线前各项功能正常、性能达标。在服务运营阶段，开展例行操作、响应支持、优化改善等工作，重点关注过程管理，包括事件管理、问题管理、配置管理、变更管理、发布管理、服务级别管理等，同时加强日常监控与维护，制定应急响应计划和恢复策略，确保在系统故障或灾难发生时能够迅速恢复。

持续改进和监督管理是贯穿全生命周期的两个阶段，在持续改进的过程中，深入分析系统性能数据，识别瓶颈并实施针对性的优化措施，利用先进的自动化工具和脚本减少人工干预，提高运维效率和准确性，完成系统优化改善。另外，建立完善的监督管理体系，制定合理的服务测量指标，对服务过程、交付结果实施监督和绩效评估，确保实现预定的服务目标。

4.4 转变系统运维模式

做好数字孪生流域建设大背景下的系统运维不单纯是技术问题，更要依托管理手段，转变系统运维模式。完善运维支撑要素，将技术手段与管理手段相结合，统筹好技术与管理之间的关系，更好地实现业务融合，根据需求变化适时调整和优化运维策略，逐渐从“NSM”过渡到“ITSM”，最终实现与业务结合的“BSM”。

结合 ITIL、COBIT 等信息技术管理领域重要框架，构建完善的运维管理体系。明确运维工作目标和策略，确定运维管理的组织结构、职责分工及标准化工作流程，确保分工合理且高效。依据运维管理的目标和策略，制定详细的运维管理制度和规范，结合实际制定可操作性强的运维手册，涵盖系统监控、故障排查、数据备份与恢复、版本控制、安全审计等各个环节的标准操作流程。制定并执行标准化的运维流程，如事件处理流程、变更管理流程、问题管理流程等，确保运维工作有序进行。通过不断完善运维管理体系，确保运维工作的有序进行，减少人为错误和遗漏，强化信息安全保障，提高运维效率，逐步实现系统运维数字化、智能化转型。

4.5 高度重视数据运维

时空数据是孪生流域底座，应高度重视数据运维。数据资源的维护是信息系统运维的重要组成内容，数据也是数字孪生流域建设中的重要资源。加强运维部门与业务部门之间的沟通与协作，建立有效的沟通机制，重视数据资源维护，形成合力，共同推动系统的持续改进和优化，有助于实现数据驱动决策。在数据架构方面，根据业务实际做好数据需求分析，在系统规划设计阶段就要明确数据类型和来源、数据模型、物理存储及分布和数据流等，不断完善包含数据标准、数据质量、数据安全在内的数据管理，建立数据治理长效机制。此外，也要注重数据运维人才团队的培养，组建专业的运维团队负责数据运维。

5 结语

本文探讨了在数字孪生流域建设大背景下系统运维所面临的现状及问题，结合数据孪生流域建设框架与信息系统运维主要内容，提出数字孪生流域运维整体框架及今后运维工作的思考与建议。数字孪生流域建设是推进智慧水利建设的重要举措，是实现水利高质量发展六条实施路径之一，要从服务水利决策与管理能力和水平高度来看待系统运维。BSM 所提供的服务是一种把 IT、业务及人员三者有效结合起来的运维服务，通过 BSM 模型，实现 IT 从模糊化到精细化的运维管理，不过，真正实现 IT 与业务融合的 BSM 阶段不仅需要先进的技术，更需要行政权力的长期推进。信息系统运行维护的趋势是向智能化、自动化迈进，未来运维对人员、流程、技术和资源有着更高的要求，要做好充足准备以应对复杂多变的运维挑战。

参考文献

[1] 葛世伦，尹隽．信息系统运行与维护［M］．北京：电子工业出版社，2012.

[2] 李国英．加快建设数字孪生流域提升国家水安全保障能力［J］．中国水利，2022（20）：1.

[3] 蔡阳，成建国，曾焱，等．大力推进智慧水利建设［J］．水利发展研究，2021，21（9）：32-36.

[4] 国家市场监督管理总局．信息技术服务 运行维护 第1部分：通用要求：GB/T 28827.1—2022［S］．北京：中国标准出版社，2022.

[5] 雷发林．基于 DevOps 理念的某银行云数据中心自动化运维管理研究［D］．武汉：华中科技大学，2018.

十八联圩生态湿地蓄洪区数字孪生系统建设构思

杨 帆[1] 金有杰[1,2] 丁 炜[2]

（1. 江苏南水科技有限公司，江苏南京 210000；
2. 水利部南京水利水文自动化研究所，江苏南京 210000）

摘 要：本文基于《关于推进水利工程建设数字孪生的指导意见》，提出十八联圩生态湿地蓄洪区数字孪生系统的建设构思。本文研究了十八联圩生态湿地蓄洪区信息化系统现状、业务需求、总体架构设计、信息基础设施建设、数据底板建设、模型库建设、知识库建设及业务应用系统构建的总体方案，实现对生态湿地蓄洪区的实时监测、动态感知、精确分析、智能预警和精细管理，为生态湿地蓄洪区信息化系统建设提供实践参考。

关键词：生态湿地蓄洪区；数字孪生；生态保护；防洪排涝

1 引言

2020年8月19日，习近平总书记在考察安徽省合肥市肥东县长临河镇巢湖大堤罗家疃段，察看巢湖水势水情时，首次提出“生态湿地蓄洪区”的概念。2021年，十八联圩生态湿地蓄洪区工程项目被列入国家150项重大水利工程之一，并纳入长三角一体化发展规划“十四五”重大项目。项目通过实施蓄洪区建设工程和生态湿地修复工程等，充分发挥生态湿地的行蓄洪和生态保护功能，项目目前正在建设中，计划于2025年工程全部完成[1]。

根据《水利部印发〈关于推进水利工程建设数字孪生的指导意见〉的通知》（水建设〔2024〕93号），充分发挥数字孪生技术对水利工程建设高质量发展的驱动作用，到2025年，新建大型和重点中型水利工程普遍开展信息化基础设施体系、数字孪生平台和业务应用体系建设，实现对水利工程建设过程动态感知、智能预警、智慧响应，数字孪生工程与实体工程同步验收、同步交付[2]。

本文根据水利部关于数字孪生系统建设的相关要求，对十八联圩生态湿地蓄洪区数字孪生系统提出建设构思，为湿地蓄洪区的信息化系统建设提供应用参考。

2 十八联圩生态湿地蓄洪区数字孪生系统总体方案

2.1 现状

十八联圩生态湿地蓄洪区位于巢湖北岸，南淝河入巢湖口以东，依据巢湖相关上位规划和设计方案，十八联圩生态湿地蓄洪区具有以下功能：①生态湿地，作为入巢湖河口湿地，承担丰富区域生物多样性功能；②旁路净化系统，作为南淝河的旁路湿地系统，承担适度净化南淝河污染水体，减少入湖污染负荷的功能；③蓄滞洪区，当南淝河流域遭遇超标准洪水时，将十八联圩作为南淝河超标准洪水蓄滞洪场所。

各功能指标为：①年处理水量约29 723万m^3，平均日处理水量约81万m^3；提升水质，保证南淝河国控断面优于考核标准。②蓄滞洪水，预计可调蓄洪水约1.09亿m^3。③营造多样的生境，为

基金项目：多维水利信息数字映射关键技术研究与示范应用（YJZA2323002）。
作者简介：杨帆（1990—），女，工程师，主要从事智慧水利等相关研究工作。
通信作者：金有杰（1987—），男，高级工程师，主要从事智慧水利等相关研究工作。

110种鸟类，40余种鱼类提供栖息场所[3]。

十八联圩生态湿地蓄洪区包括六大功能区：西部湿地净化区、东中部湿地净化区、中部渗滤净化区、西南部湿地净化区、东部林灌草恢复区、东南部湿地恢复及宣教区。

生态湿地蓄洪区内现状仅兴隆桥站配置有自动化监控系统及视频监视系统。十八联圩数字孪生系统建成后需要与上级管理部门巢湖管理局已建数字巢湖平台进行互联。

2.2 业务需求

根据十八联圩生态湿地蓄洪区的承担功能，其数字孪生系统的业务包括以下需求：

（1）通过部署生物监测体系，利用物联网技术，实现各类生态数据的实时分析和生态预警，开展湿地监测和科学研究，动态管理湿地，保护湿地生物资源。

（2）通过构建蓄洪区水文水动力模型，模拟预演不同降雨条件下蓄洪区调度措施，优化蓄洪区调度运用方案，促进蓄洪区建设和管理。

（3）实时监测净化系统水质情况，通过模型模拟不同生态修复措施，改善旁路净化系统的运用条件。

2.3 总体架构设计

十八联圩生态湿地蓄洪区数字孪生系统的建设目标是通过建立全方面多维度的湿地蓄洪区动态监视系统，专业的水利、环境、生态模型，实现对生态湿地蓄洪区的实时监测、动态感知、精确分析、智能预警、智能响应、精细管理。其建设的总体架构见图1。

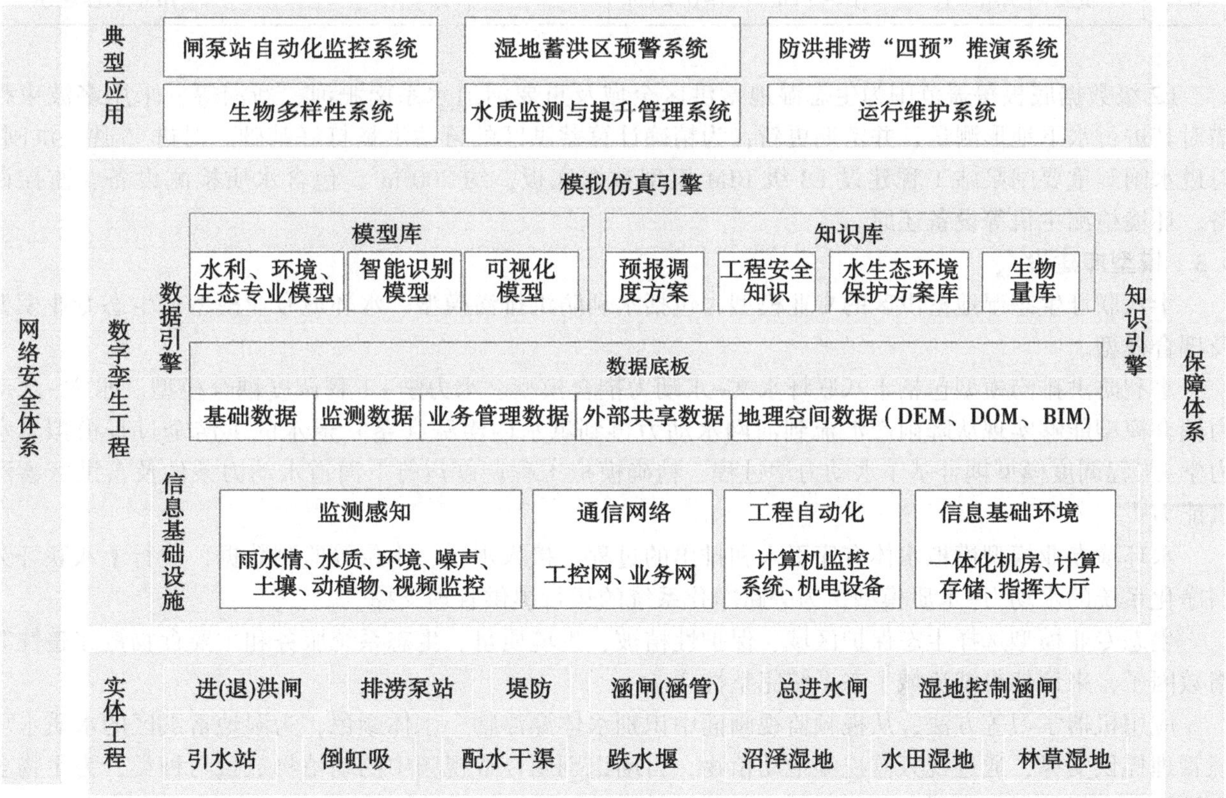

图1　十八联圩生态湿地蓄洪区数字孪生系统总体架构设计

3 十八联圩生态湿地蓄洪区数字孪生平台建设

3.1 信息基础设施

健全感知监测，建设水质（氨氮、COD_{Mn}、总磷、总氮、pH、温度、电导率、溶解氧等要素）、大气［污染极细颗粒物（PM2.5、PM10）、温度、湿度、风速、风向等要素］、水文（雨量、水位、流量）、噪声、土壤（土壤温度、土壤湿度、土壤 pH 等要素）的自动监测站，动植物视频监测站及视频监控，结合湿地面积，配置无人机、无人船等设备作为定期与应急信息监测数据获取方式，形成多专业立体实时监测感知体系。

3.2 数据底板建设

参照《数字孪生水利工程建设技术导则（试行）》的规定，在共享水利部 L1 级、巢湖管理局及安徽省水利厅 L2 级已有数据底板资源的基础上，利用十八联圩生态湿地蓄洪区建设施工设计图纸、BIM 模型等资料，并通过共享和采集十八联圩流域范围 100 km^2 GIS 数据、十八联圩 27.6 km^2 正射影像、18 km^2 倾斜摄影数据、200 m^2 全景图及照片约 10 类设备全景图及照片等资料，构成十八联圩数据底板建设的素材，建设完善湿地蓄洪区 L2 级和 L3 级数据底板，如表 1 所示。

表 1 十八联圩湿地蓄洪区数据底板建设

级别	覆盖范围	分辨率			技术要求	数据来源
		DEM	DOM	水下地形		
L1	生态湿地蓄洪区流域范围	30~10 m	2~0.5 m	—	以统一发布的数据更新为准	卫星遥感影像
L2	生态湿地蓄洪区全域	100~5 cm	100~5 cm	100~10 cm	每年更新一次	倾斜摄影、无人船
L3	重要闸泵站工程	10~5 cm	5~0.2 cm	—		BIM 工程建模

L2 级数据底板覆盖范围为生态湿地蓄洪区全域及重要河道水系南淝河、新河等，采用多波束扫描对其进行水下地形测量，并定期更新，为精确计算蓄洪区的可蓄洪量打好基础。对进（退）洪闸、总进水闸等重要闸泵站工程建设 L3 级 BIM 模型数据底板，约 200 m^2，包含水质检测设备、监控设备、环境检测主机等设备还原。

3.3 模型库建设

十八联圩生态湿地蓄洪区的专业模型，包括水利防洪排涝模型、水环境专业模型、生态专业模型及耦合模型。

水利防洪排涝模型包括十八联圩水文-水动力耦合模型、水力学-工程调度耦合模型。水文-水动力耦合模型能够实现从降雨产汇流到河网水动力再到洪水内涝涨（蓄）退水的洪涝全过程模拟。水力学-工程调度模型耦合基于水动力学过程，精确模拟工程调度运行下河道水动力条件及蓄洪区蓄滞洪能力[4]。

水环境专业模型模拟水体有序引入和排出的过程，接入水质、水位等监测数据，进行十八联圩旁路净化系统的水动力-水质模型，为旁路净化系统的运行提供管理支撑[5]。

生态专业模型选择生态保护区域、保护性植被、生境质量、生态系统服务和主要食物链完整性等指数因子，来评估巢湖流域生态系统完整性[6]。

应用机器学习等方法，从视频监视画面中识别水体漂浮物、水体颜色，为湿地蓄洪区的水质水环境管理提供支撑，通过视频监视湿地动植物，自动识别图片或视频中的动植物数量与种类，为生物多样性研究与保护提供支撑。

可视化模型与表达需要展现湿地区基础场景效果、地形起伏、水域分布、湿地风貌及植被种植效果；还原湿地重点区域生态保护区 8 km^2 L3 高精度设备及闸站、多种乔灌木等生态植被模型，1：1仿真还原，用于支撑前端业务管理及湿地生态保护、仿真推演功能。对于闸泵站需手动还原建筑模型形状及结构、外立面材质贴图；对于建筑的窗户结构及立体模型结构进行精细化表达。

3.4 知识库建设

知识库建设包括工程安全库、预报调度方案、生物量库、水生态环境保护方案等内容。工程安全库主要涵盖闸泵站建筑物安全、堤防安全、调度运行安全、机组安全、电气设备安全、防侵入安全等数据，预案、管理文件等知识。预报调度方案包括蓄洪区汛期防洪排涝调度及水质旁路净化调度，形成各种场景下的调度方案。生物量库对湿地各类动植物进行统计记录，记载各类动植物的种群、生长状态、生态功能等信息。水生态环境保护方案包括湿地生态多样性保护、生态修复工程、监测与评估、环境风险管理等内容。

4　十八联圩生态湿地蓄洪区业务应用系统建设

4.1　闸泵站自动化监控系统

闸泵站自动化监控系统，针对十八联圩生态湿地蓄洪区涉及的14座水工建筑物（水闸、泵站），以通信、计算机网络为平台，以计算机监控系统、视频监视系统为组成部分，构建一个闸泵站运行信息化系统，包括数据采集、远程控制、视频监控、分析与报表等功能，实现无人（少人）值守，集中监控和统一调度，提高闸泵站运行的智能化。

4.2　湿地蓄洪区预警系统

十八联圩生态湿地蓄洪区涉及6个村，预警系统需要满足覆盖面广、信息传递准确、快捷等要求，能够迅速将分洪指令传达到区内各单位和家庭的通信预警系统。包括预警反馈通信系统、计算机网络系统、警报信息发布系统。包括监测预警、信息发布、通信联络、应急响应、无人机应急管理、预案演练等功能。为蓄滞洪区内群众安全避洪、及时撤退赢得时间，有助于蓄滞洪区能够适时启用。

4.3　防洪排涝“四预”推演系统

针对十八联圩蓄滞洪区流域多目标综合调度的复杂性，在预测预报成果的基础上，及时进行预警，利用专业模型和数据分析工具开展模拟、仿真、分析、预测，为防洪排涝调度决策提供决策支持，保障巢湖流域南淝河十八联圩区域水安全。

（1）精准化预报。结合蓄洪区防洪排涝模型知识库中的模型算法进行数据分析，根据历史数据、实时数据和趋势分析，对未来一段时间内降雨、水位、流量、地下水位等各种水文信息方面的情况进行预报。

（2）自动化预警。基于监测传感器的监测数据，使用蓄洪区防洪排涝模型知识库进行分析计算并设置相关预警阈值，明确预警任务，制定预警指标，通过平台多渠道发布预警信息，第一时间将预警信息送至防洪排涝工作一线。

（3）可视化预演。结合数字孪生技术，在虚拟环境的场景下模拟蓄洪区流域洪水、水灾等各种事件，通过水利工程调度模拟预演洪涝事件发展态势。设定调度目标、预演节点、边界条件，基于预设条件和影响因素敏感性分析，精准复演水情和工情，对历史重大洪水和预测预报水情进行仿真模拟，并通过定制化脚本以动画模拟的形式进行可视化预演。发现问题识别风险，保证预演的前瞻性、合理性和可行性。

（4）场景化智能预案。预案是智慧防洪预演的脚本，预演的结果会反馈到预案修改和优化，围绕调度目标，构建预案的数字化指标体系，结合结构化调度方案及专家经验，建立流域数字预案数据库，实现预案管理，并根据调度目标和水雨情预报成果，智能生成系列调度建议方案。根据不同预案的预演结果，会商决策、分析评估，不断优化完善预案，确定最优方案。

4.4　生物多样性系统

生物多样性系统中在生物量库中动植物、鸟类资料库的基础上，实现多样性监测设备管理、生物多样性数据管理、鸟类智能识别、珍稀物种预警、生物多样性信息GIS地图展示等功能，形成生物多样性信息档案，对生物生存现状及发展趋势进行数据分析，提供湿地科学研究数据，支持生物多样性保护和生态恢复的科学研究。

4.5　水质监测与提升管理系统

水质监测与提升管理系统通过湿地水质进行实时监测，结合水环境模型对湿地净化系统的模拟，对旁路净化系统水质提升功能进行管理。主要包括实时监测、模型仿真分析、预警提示、调度控制、生态修复等功能，实现对水质指标的实时监测分析，评估水质状况，通过模拟分析水质变化趋势，自动向管理人员发出预警，集成自动化控制系统，优化引水闸站的运行策略，改变水位流速，评估各生态修复措施的净化效果，提高湿地的水质净化效果。

4.6 运行维护系统

运行维护系统面向生态湿地蓄洪区的日常运行管理，包括火情管理系统、外来防护系统、物联管理系统、巡查巡护系统等，从火情识别与预警、非法入侵、非法捕猎、各类传感器与设备的连接和管理、巡护人员与任务管理等方面对生态湿地蓄洪区的运行进行助力。

5 结语

十八联圩生态湿地蓄洪区数字孪生系统的建设，将极大提升该区域在生态保护、防洪排涝、水质监测和生物多样性管理方面的能力。通过构建全方位的监测体系和高度集成的信息化平台，将有助于实现生态湿地蓄洪区的可持续发展，为湿地蓄洪区的信息化建设提供借鉴和参考。

参考文献

[1] 安徽省水利厅. 巢湖流域水生态修复与治理工程：十八联圩生态湿地蓄洪区项目建设工作情况［EB/OL］.（2023-12-18）［2024-09-20］. https：//slt. ah. gov. cn/public/21731/122034451. html.

[2] 水利部 . 水利部印发《关于推进水利工程建设数字孪生的指导意见》的通知：水建设〔2024〕93 号［A］. 2024-10-01.

[3] 央广网 . 合肥与巢湖，共生共荣：全国首个生态湿地蓄洪区开建启示［EB/OL］.（2022-09-17）［2024-09-30］.

[4] 徐宗学，叶陈雷 . 城市暴雨洪涝模拟：原理、模型与展望［J］. 水利学报，2021，52（4）：381-392.

[5] 赵琰鑫，张万顺，汤怡，等 . 湖泊-河网耦合水动力水质模型研究［J］. 中国水利水电科学研究院学报，2011，9（1）：53-58.

[6] 刘晓娜，刘春兰，张丛林，等 . 青藏高原国家公园群生态系统完整性与原真性评估框架［J］. 生态学报，2021，41（3）：833-846.

智能化技术在防洪排涝泵站改造中的应用研究

覃立宁　陶俊杰

（广西珠委南宁勘测设计院有限公司，广西南宁　530007）

摘　要：随着城市化进程的加快，城市防洪排涝设施面临着更新换代的需求。本文以柳州竹鹅溪泵站为研究对象，分析了城市老旧排涝泵站在设计、建设和运行中存在的问题。针对设备维护困难，以及运行管理、监控手段、通信方式落后等问题，研究采用BIM技术进行改造施工及后期运行维护全过程模拟，构建泵站安全监管信息系统，确保泵站安全稳定运行。改造后的泵站提高了内涝应急响应速度，实现了智能化管理，为城市防洪排涝设施的技术升级提供参考。

关键词：智慧水利；城市排涝；BIM技术；泵站改造；智能化管理

1　引言

城市内涝问题已成为制约城市可持续发展的重要因素。随着城市化进程的加快，下垫面硬化程度增加，导致雨水渗透能力下降，给城市排水系统带来越来越大的压力[1]。此外，极端天气事件频发，使得城市内涝问题愈发突出。

改造城市排涝泵站不仅能够提高城市的防洪排涝能力，减少内涝灾害带来的经济损失，还能够提升城市居民的生活质量，保障城市运行的安全与稳定[2]。国内外对城市防洪排涝泵站的研究主要集中在泵站的设计、优化运行、自动化控制以及应急管理等方面。如戴启璠等综合考虑排涝、蓄水水位控制、河道水生态循环等因素，通过合理选择水泵类型和配置，有效满足了多重功能需求[3]。王琴、袁浩通过分析泵站设施、设备存在的问题，从水泵选型、电机改造、自控系统等方面进行升级改造[4-5]。然而，随着信息技术的发展，BIM技术、智能化监控系统等现代技术手段在泵站改造中的应用仍然偏少，在追求提高应急排涝响应速度和促进城市可持续发展的背景下，如何实现泵站改造的技术创新和效益最大化，仍是一个值得深入探讨的问题。本文对柳州市竹鹅溪泵站的现状进行分析，结合城市防洪排涝规划和需求，应用BIM技术进行泵站改造施工及运行维护的全过程模拟，构建智能化监控系统对泵站运行进行实时监管，探讨泵站改造中的关键技术和信息化管理方法，为柳州市及其他城市的防洪排涝泵站智能化改造提供科学、系统的解决方案。

2　现状问题分析

柳州市竹鹅溪泵站于1997年11月3日动工兴建，1999年6月9日竣工试运行，设计抽排流量为86.0 m^3/s，是柳州市城区最大的排涝泵站。现有泵站设备由于长时间的运行，存在老化、损坏、可靠度及安全性降低的问题，不能满足现代城市发展的需要。特别是在极端天气条件下，排涝泵站在运行过程中逐渐暴露出一些问题，应急排涝响应能力不足，导致片区内涝问题频发。

（1）安全隐患与维护困难。随着设备的老化，泵站的安全隐患日益突出。老旧泵站需技术供水、油系统等辅助系统，长时间停机需要多人人工盘车后才能启动，操作极为不便，启动响应时间久。同时，由于部分设备已经停产，备品备件的缺失使得泵站的维修变得困难，影响了泵站的正常运行和维护。

基金项目：广西科技基地和人才专项项目（19-A-03-04）。

作者简介：覃立宁（1981—），男，高级工程师，主要从事水利水电工程规划设计工作。

（2）运行管理方式落后。竹鹅溪泵站管理方式依赖于传统的人工操作，缺乏自动化、智能化管理手段，影响泵站运行效率，增加设备运行管理的风险。

（3）监控手段落后。泵站监控设备缺失，机组运行状态监控依靠操作员根据经验观察完成，缺乏水情、雨情信号采集措施，导致环境变量数据无法获取。这种依靠人工观察、记录的方式容易产生错误和遗漏，如何实现泵站的精确监控，是竹鹅溪泵站面临的一个重要挑战。

（4）通信手段落后。站内设备缺乏现代化通信能力，通信方式单一，仅能通过程控电话进行语音通信。通信功能的不完善严重制约了泵站运行管理方式，距离智慧水利、智慧防排的要求仍有较大差距。

柳州市竹鹅溪泵站使用年限超过 20 年，依据《泵站更新改造技术规范》（GB/T 50510—2009），为了确保泵站安全可靠运行、充分发挥其防洪效益，依据《泵站安全鉴定规程》及《泵站设计标准》（GB 50265）对竹鹅溪泵站进行综合安全类别评定为三类泵站，需进行更新改造。

3 泵站信息化改造总体方案

竹鹅溪泵站改造的目标是提高泵站的抽排能力，并通过自动化和信息化手段升级老旧设备，实现泵站运行的数字化和智能化管理，提升应急响应速度，增强城市防洪排涝系统的整体效能。信息化改造方案为：首先，构建泵站实时监测系统，收集水位、流量、雨量等关键数据，为洪水预测和防洪排涝调度决策提供科学依据。利用视频实时监控泵站的运行状态和周边环境，便于管理人员迅速识别并响应潜在的风险。其次，为了进一步增强数据的利用效率，通过综合信息服务系统集成泵站监测、气象和地理信息系统（GIS）数据，提升数据综合运用能力。同时，依靠巡查巡检系统保障泵站设施持续安全运行，及时发现并处理安全隐患。在容错设计方面，系统应具备完善的查询分析功能，能够做到故障检测、资源隔离、服务兜底、数据备份和恢复，建立监控报警和自愈机制，纠正操作人员的误操作，确保泵站运行的安全可靠。

泵站信息化建设框架由五个关键层构成，以实现数据的实时监测、高效处理及智能应用。

（1）信息采集层。在泵站关键点部署的水位传感器、流速流量计、雨量计实时监测关键数据，而视频监控和设备状态监测设备则监控泵站运行状况并捕捉异常。采集到的数据经初步处理后，通过网络传输至中央监控平台，为数据分析、决策支持和预警提供基础信息。

（2）基础支撑层。由高速通信网络、服务器、存储设备、网络安全设施和数据库管理系统组成，确保数据的实时传输和安全存储。基础支撑层为处理和存储大量数据提供了硬件基础，保障信息化管理系统的高效运行。

（3）数据资源层。负责数据的集成、存储、管理和分析。数据集成技术将泵站数据整合至统一平台，确保数据一致性和可访问性。建立数据仓库满足安全存储需求，通过清洗—转换—加载等数据管理流程提高数据调用准确性和可用性。数据分析、查询、报表生成和可视化工具使用户能够便捷地访问和利用数据资源。

（4）应用支撑层。作为技术平台，通过工作流管理系统，优化泵站操作流程，并利用消息传递系统和服务接口促进应用程序的集成和数据交换。应用支撑层缓存服务和日志管理可以提升系统性能和稳定性，构成灵活的应用支撑平台，为上层业务应用提供技术基础。

（5）业务应用层。综合监控信息系统实时展示泵站运行参数和视频监控，使管理人员能够掌握泵站状态。预警系统基于实时数据分析自动触发预警，应急响应系统在紧急情况下迅速执行预案，确保泵站运行安全。内置的决策支持系统利用数据统计和模型模拟过程分析，为管理人员提供决策依据。

通过信息化改造中五个层次的协同工作，提高泵站监测和应急响应速度，增强运行决策的科学性和准确性。

4 泵站运行监控系统的设计与实现

基于BIM技术构建的安全监管信息系统，通过融合物联网和信息化技术，可以实现对施工现场、物资、资料、人员的全周期、无盲区管理[6]。该系统不仅在施工阶段提供全面的数据记录和规范整编，而且能够与泵站的运行维护管理系统无缝衔接，实现从施工到运行再到维护的全过程数字化管理。泵站运行监控BIM工作流程如图1所示。

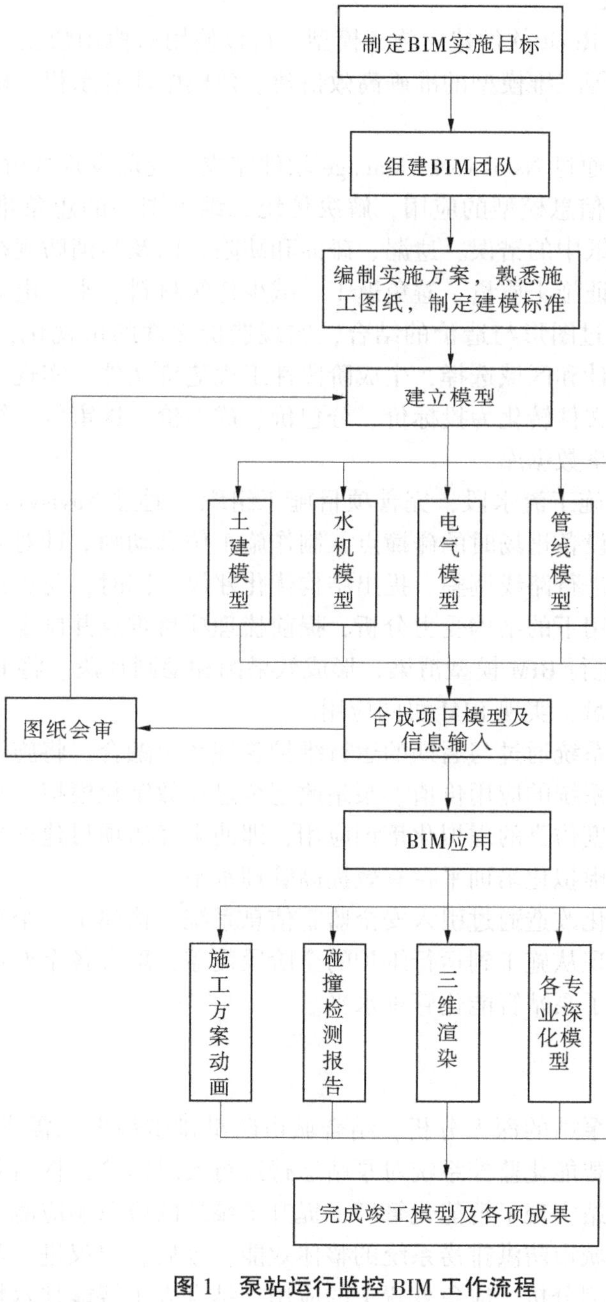

图1 泵站运行监控BIM工作流程

4.1 BIM全过程模拟技术要求

BIM全过程模拟涉及项目启动到竣工的各个阶段，其模拟技术要求如下：

（1）创建一个包含建筑、结构、机电和水文等所有相关专业的三维BIM模型，并根据实际情况对二维CAD施工图、文字报告、数据、图表等资料进行补充和完善。随着施工进度的推进，BIM模型也应实时更新，以确保其与实体工程的一致性。

（2）BIM 模型应支持施工方案的三维可视化和 4D 施工过程模拟，提供图片和动画视频等文件，以优化参建各方的施工组织设计。在施工过程中，BIM 模型还应支持施工图的深化设计，并进行归集管理。

（3）BIM 模型的信息集成和实施验证是确保竣工模型与实体工程一致性的关键，需提交一个真实准确的竣工 BIM 模型，并在模型中添加机电设备资料及参数设置提醒，以确保运维阶段的信息充足。

4.2 BIM 全过程模拟技术要点

（1）依据设计图纸，采用 Revit 软件建立施工模型。可以使用橄榄山快模、理正易建等辅助设计插件，确保泵站建筑物、场区等三维模型的准确高效搭建。建模中注意水机、电气、金属结构设备的准确定位和管线布置。

（2）模型整合和碰撞检测通过 Navisworks Manage 软件完成，提前发现并解决设计图纸中的问题，优化施工流程。通过三维 BIM 信息模型的应用，解决传统二维审图中的想象难度、遗漏问题和效率低下的问题，提前发现设计图纸中的错误、遗漏、碰撞和缺陷，以及与消防规范、施工规范等规范的冲突问题，合理安排工期，保证施工质量，避免返工，减少建筑材料、水、电等资源的消耗。

（3）在造价管理方面，通过图形与造价的结合，实现造价文件的可视化，完成算量软件与造价软件的无缝连接。通过条件统计和区域选择，生成阶段性工程造价文件，实现对整体、单位工程数据的动态集成管理，按需将预算文件转化为投标价、分包价、成本价、送审价、结算价、审定价等多种形式的造价文件，搭建造价共享数据库。

（4）组织进度计划，细分施工流水段，完善项目施工组织，通过 Navisworks Manage 等软件模拟设备进场，找到大型工程机械设备进场时的碰撞点，制作施工仿真动画。针对泵房主体构件拆除，大型水泵机组精确吊装等问题，进行路线调整，提出结构优化建议。同时，与迈达斯及理正计算分析应用相结合，进行多施工荷载作用下的结构受力分析，提前梳理项目难点并制定解决方案。

（5）通过 Lumion 等软件进行 BIM 模型渲染，形成效果图和动画片段。将 BIM 模型导入通用式数字孪生平台，建立泵站厂区沙盘，实现 BIM 协同应用。

信息化改造施工结束后，系统通过与后期的运行维护管理系统融合，将施工期数据有效延展至运维阶段，通过数据赋能，提升系统的应用价值。泵站改造全过程数字化模拟，具有完整的规范数据记录整编，为管理人员提供了高度仿真的虚拟化培训应用，即使未经历项目建设过程的管理人员也能全面了解建设过程资料，并通过虚拟化培训平台有效提高管理水平。

柳州市竹鹅溪泵站的信息化改造通过引入安全监管信息系统，构建了一个平台、一个模型、一套数据的高度集成应用环境，实现从施工到运行维护的全阶段覆盖，融合各个专业、各个阶段的数据片段，有效打破信息孤岛，提高了泵站智能化管理水平。

5 结语

本文通过对柳州市竹鹅溪泵站的深入分析，结合城市防洪排涝规划和需求，应用 BIM 技术进行泵站改造的全过程模拟，构建智能化监控系统对泵站运行进行实时监管，探讨并实践城市排涝泵站的信息化改造方案。改造后的泵站实现了智能化管理，提升了泵站的应急响应能力，通过自动化和信息化手段升级老旧设备，增强了城市防洪排涝系统的整体效能。今后，建议进一步加强数字孪生技术在泵站智能监测、运行管理、预测分析、应急处置上的应用，结合人工智能技术精确识别外部环境，提升管理系统的分析决策能力，助力智慧水利建设。

参考文献

[1] 郭元，王路瑶，陈能志，等．极端降水下的城市地表-地下空间洪涝过程模拟［J］．水科学进展，2023，34

（2）：209-217.
［2］王化齐，张戈，李林，等．城市内涝风险识别、预警与韧性评估研究进展［J］．灾害学，2023，38（1）：136-140.
［3］戴启璠，盛维高，仲子夜，等．低扬程泵站更新改造关键技术［J］．江苏水利，2023（5）：13-16.
［4］王琴．大型泵站自动化与信息化管理的衔接研究［J］．人民长江，2013，44（3）：89-92.
［5］袁浩．基于web技术的泵站管理信息系统［D］．扬州：扬州大学，2020.
［6］李汶谕，张航钒，刘喜珠，等．BIM技术在数字孪生泵站中的应用［J］．水利发展研究，2023，23（9）：66-70.

数字孪生江津鹅公水库建设实践

牛广利[1,2,3]　杨　垦[4]　李兴安[4]　李天旸[1,2,3]　方豪文[1,2,3]

（1. 长江科学院工程安全与灾害防治研究所，湖北武汉　430014；
2. 水利部水工程安全与病害防治工程技术研究中心，湖北武汉　430014；
3. 国家大坝安全工程技术研究中心，湖北武汉　430014；
4. 重庆市寿源水务工程有限公司，重庆　402260）

摘　要：数字孪生江津鹅公水库作为“十四五”期间首批数字孪生流域先行先试项目之一，重点围绕防洪兴利调度和工程安全运行需求，开展了信息化基础设施、数字孪生平台和“四预”智能业务应用建设，有效提升了工程调度运行水平及安全保障能力，可为类似工程建设提供借鉴与参考。

关键词：数字孪生；数据底板；防洪兴利调度；工程安全运行

1　概况

1.1　工程概况

鹅公水库位于长江一级支流驴子溪支流宁滩河上游，坝址位于江津区白沙镇松林岗社区，是一座以农业灌溉为主，兼有场镇供水、农村安全饮水等综合效益的中型水库，被列入国家“十三五”水利规划的重点水源工程；鹅公水库的建设对于优化驴子溪流域水资源配置、保障场镇供水和农村居民饮水安全、助推江津区经济社会快速发展等具有重要作用。

鹅公水库正常蓄水位 382.0 m，总库容为 1 030 万 m^3，大坝为沥青混凝土心墙石渣坝，坝顶高程 384.5 m，最大坝高 65.5 m，主要建筑物大坝、溢洪道及取放水建筑物为 3 级建筑物[1]。鹅公水库工程于 2020 年 3 月开工，目前主体部分已基本完成，预计 2024 年底完工。

1.2　试点概况

国家“十四五”规划明确提出，构建智慧水利体系，以流域为单元提升水情测报和智能调度能力，水利部提出要将智慧水利作为新阶段水利高质量发展的显著标志大力推进，并在大江大河重点河段、主要支流、重要水利工程开展先行先试，打造一批可推广可复制的成果和经验，引领和带动全国数字孪生流域建设[2-3]。

数字孪生江津鹅公水库工程是重庆市唯一列入全国首批数字孪生流域建设先行先试任务的项目，按照“需求牵引、应用至上、数字赋能、提升能力”的要求，在鹅公水库施工期 BIM 试点建设成果的基础上，完善工程数据底板，建设数字孪生平台，提升信息化基础设施，构建工程安全运行、防洪兴利调度、可视化指挥中心、移动管理平台等智能业务应用，通过新一代信息技术与工程实际业务的深度融合，实现数字工程与物理工程同步仿真运行、虚实交互与迭代优化，全方位支撑工程安全与调度运行工作，保障工程综合效益的充分发挥，同时为重庆市数字孪生水利建设提供借鉴和参考的样板。

2　总体设计

2.1　总体架构

依据《数字孪生水利工程建设技术导则（试行）》要求[4]，数字孪生江津鹅公水库建设的总体

基金项目：水利部重大科技项目（SKS-2022161）；中央级公益性科研院所基本科研业务费项目（CKSF2023313/HL）。
作者简介：牛广利（1991—），男，高级工程师，主要从事安全监测信息化及数字孪生等研发工作。

架构如图 1 所示，主要分为信息基础设施、数字孪生平台、典型应用、网络安全体系和保障体系五大部分。

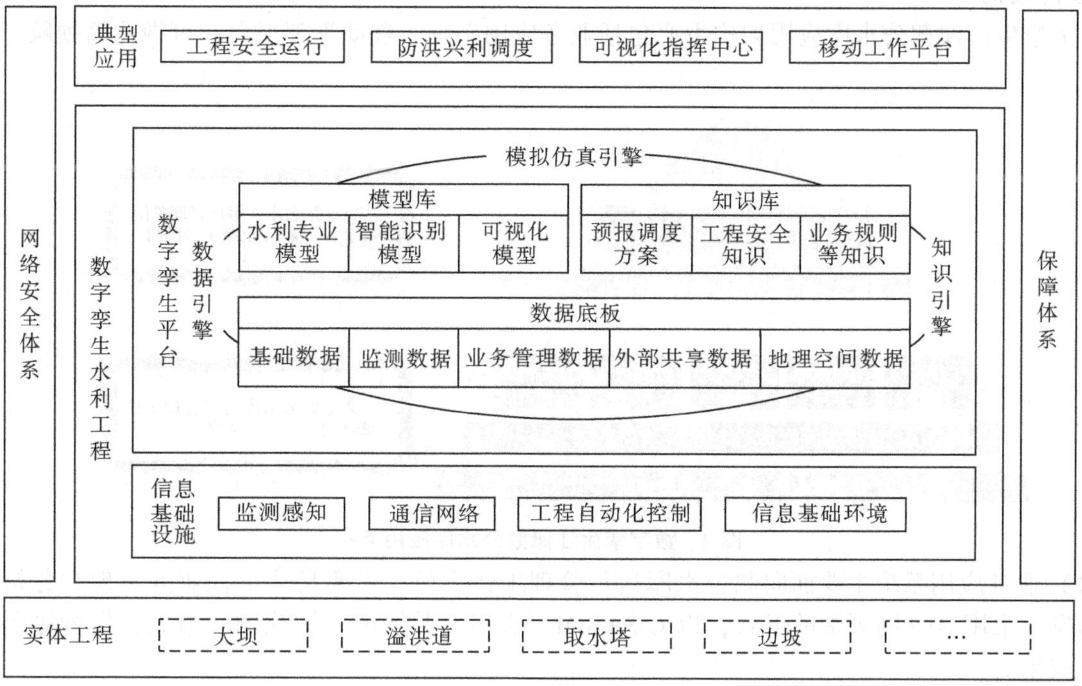

图 1　数字孪生江津鹅公水库总体架构图

2.1.1　信息基础设施

针对鹅公水库监测感知体系的不足，重点开展水文监测体系升级、大坝安全监测自动化采集设备改造、视频监控系统完善等基础设施补充建设，补足工程监测感知体系短板；同时，按照国产化相关要求，完善计算存储、网络安全等信息化基础设施。

2.1.2　数字孪生平台

开展基础数据、监测数据、业务管理数据、外部共享数据和地理空间数据建设，构建工程 L3 级数据底板；构建防洪兴利调度和工程安全运行两类水利专业模型，并开发图像智能识别模型和多维度多尺度可视化模型；构建工程预报调度方案库、工程安全知识库、业务规则库等工程知识库，实现知识积累更新；建立数据引擎、知识引擎和模拟仿真引擎，满足数字孪生水利工程对数据管理、模型计算、实时渲染等大容量、低时延、高性能要求。

2.1.3　典型应用

在施工期已有智能建造和智慧工地系统功能的基础上，基于数字孪生水利工程数据底板，集成模型库和知识库建设成果，在数字孪生引擎的驱动下，建设工程安全运行、防洪兴利调度、可视化指挥中心、移动工作平台等四项业务应用。其中，工程安全运行业务主要实现大坝安全信息采集、存储、处理、分析、监控及“四预”全生命周期业务应用；防洪兴利调度应用主要实现态势感知、洪水预报、防洪预警、防洪预演、调度预案等功能；可视化指挥中心结合数字底板与可视化引擎，形成全景可视化平台和应急调度指挥平台；移动工作平台实现实时监控、预警信息推送及日常管理功能，提升日常办公效率及应急处置能力。

2.1.4　保障体系

包括制度、标准、规范等保障数字孪生水利工程高质量建设实施、管理运行相关的辅助措施。

2.1.5　网络安全体系

主要为数字孪生水利工程相关的网络安全防护体系和管理体系，实现包括主机安全、网络安全、应用安全、数据安全等在内的安全管理，保障数字孪生平台数据存储、传输、访问、共享及业务应用的安全高效实用。

2.2 应用架构

数字孪生江津鹅公水库应用架构主要包括业务应用系统、移动管理平台和可视化驾驶舱三类，如图2所示。

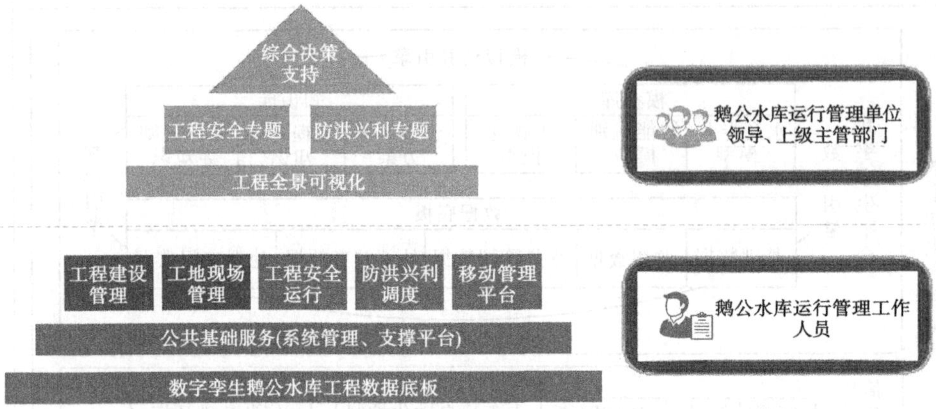

图2 数字孪生江津鹅公水库应用架构

（1）业务应用系统主要面向鹅公水库运行管理工作人员，主要是从工程业务管理和分析应用的角度出发，采用B/S网页端的形式，以GIS+BIM、表格、曲线图、柱状图、报表、报告等形式展现数据及成果。

（2）移动管理平台主要面向鹅公水库运行管理业务人员，采用移动终端App的形式实现关键信息查询、预警信息提醒及移动巡查等功能，支撑调度运行的移动办公需求。

（3）可视化驾驶舱主要面向鹅公水库运行管理领导和上级主管部门人员，主要基于虚幻引擎和三维数字化场景，全景展示防洪兴利调度、工程安全运行等专题场景，为工程综合决策和应急指挥提供技术支撑。

3 关键技术

在数字孪生江津鹅公水库建设过程中，应用了全要素数据底板、防洪“四预”体系、工程安全“四预”体系和一体化平台开发等多方面关键技术，具体如下。

3.1 全要素数据底板建设技术

数字孪生江津鹅公水库在共享L1级和L2级数据底板等已有数据基础上，通过整合多数据源接入、自动化数据萃取、分布数据存储等技术，汇聚鹅公水库基础数据、监测数据、业务管理数据、地理空间数据和外部共享数据，构建了鹅公水库L3级数据底板，同时搭建了高精度可视化场景，全方面展现了鹅公水库工程面貌和运行状态，完成了水利工程物理实体与数字孪生体的镜像化描述，实现了鹅公水库多时态、全要素地理空间数字化映射[5]。

3.2 流域防洪模型及“四预”流程

基于鹅公水库长序列降雨径流资料，考虑防洪调度的需求，开发洪水预报模型、防洪调度模型、洪水淹没水动力学模型，并实现防洪“四预”业务流程[6]，具体流程包括：

（1）集成流域雨水情监测体系，采用流域水文模型进行入库洪水预报。

（2）针对流域实际情况，设置水雨情预警规则，实现防汛态势实时预警。

（3）开发水位控制、出库控制、指令调度和自由溢流等多模式的实时防洪调度模型，实现流域洪水精准调度，并生成调度方案。

（4）基于工程自然背景演变、工程上下游流场动态、水利工程可视化等可视化模型，集成洪水淹没水动力学模型，进行洪水传播过程、城镇淹没、滞洪退水全过程等模拟仿真，实现调度方案优选和应急预案生成。

3.3 工程安全模型及“四预”流程

围绕工程安全运行需求，基于大坝安全监测数据，开发安全性态分析-预测-预警-评价全链条专业模型[7]，提升工程安全在线监控与应急处置能力，并实现工程安全“四预”流程，具体包括：

（1）以环境量为自变量，以变形、渗流、应力应变等监测效应量为因变量，基于数理统计分析方法，构建工程安全监测分析模型，定量分析工程关键效应量的变化规律。

（2）基于制定的调度预案，通过调用工程安全监测预测模型实现大坝安全效应量精准预测。

（3）针对工程结构特点、安全隐患和薄弱环节，建立分级监控指标体系，结合规范/设计值、历史极值、变化速率、模型置信区间、典型小概率等方法制定预警指标，实现对每日汇聚的安全监测数据及预测结果进行在线判别，并进行实时预警反馈。

（4）基于监测数据、预测数据、巡检数据等，综合工程安全知识库及专家经验，制定大坝安全逐级融合评判准则，通过综合推演的方式对工程安全状态进行预演评价；当评价为异常状态时，调用工程安全应急预案，推荐相关处置措施，同时触发安全监测自动化系统应急采集预案，动态获取工程安全实时状态。

3.4 “四预”一体化应用平台技术

基于BIM+GIS可视化场景，采用微服务架构、GIS引擎、三维渲染引擎、数据引擎等信息技术，耦合流域防洪模型和工程安全模型，集成防洪调度和工程安全“四预”业务流程，构建Web业务端、可视化大屏端、移动App端等多客户端融合的智能业务应用技术体系，为工程调度及运行提供数字化仿真、虚实交互和辅助决策支持平台，如图3所示。

图3 辅助决策支持

4 应用成效

数字孪生江津鹅公水库已基本完成各项建设任务，并通过了水利部组织的先行先试阶段验收。通过数字孪生平台建设，基于洪水预报-工程调度-模拟预演-预案优选一体化流域防洪模型和安全监测分析-预测-预警-评价全链条工程安全模型，借助构建的工程自然背景演变、工程上下游流场动态、水利工程可视化等三维可视化场景，构建了流域防洪与工程安全“四预”一体化智能业务应用，实现流域入库洪水预报、防汛态势预警、洪水淹没预演、调度预案优选和工程安全性态预测预报、在线监控预警、安全风险预演、预案处置响应，能够有效支撑流域洪水精准调度决策和工程安全运行，已在防洪调度、工程安全、运行管理等业务中发挥了重要作用。

4.1 防洪调度应用成效

通过数字孪生江津鹅公水库工程建设，加强了前端感知信息化基础设施建设，实现了防洪“预报精细化、预警实时化、预演实景化、预案实地化”，可利用水利专业模型计算洪峰流量、洪量和洪水过程等信息，并结合调度规程拟定调度方案，并通过数字孪生三维可视化场景呈现淹没范围、淹没深度、淹没时长等预警情况，最终根据预演和预警结果优选调度方案，实现“降雨-产流-汇流-演进”全过程防洪预演和方案优选，如图4所示。

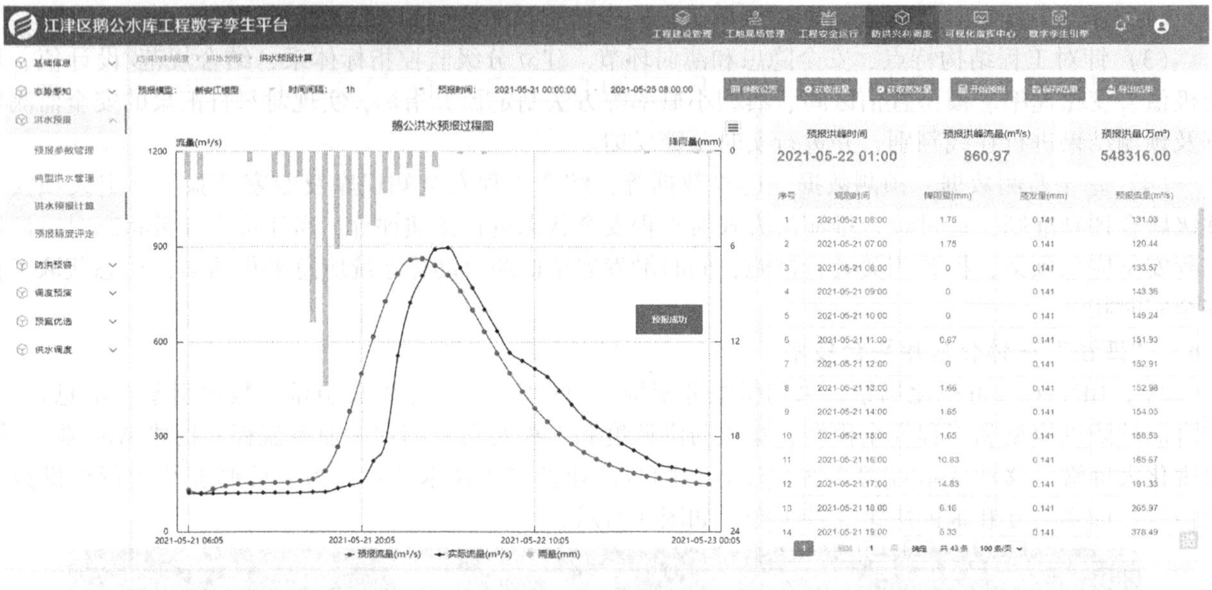

图4 洪水预报计算

4.2 工程安全应用成效

基于数字孪生技术框架，汇聚、融合和共享已有多源异构安全监测数据，集成分析预测与监控预警模型，建立分级监控指标体系和逐级评判规则，实现了大坝安全信息汇聚、存储、处理、分析、监控及预警全生命周期业务应用；同时，实现安全状态预报、在线监控预警、安全风险预演、应急处置预案等工程安全“四预”应用；针对工程结构特点、安全隐患和薄弱环节，每日定时进行大坝安全性态预演评价，及时发现不安全因素，为工程安全运行提供技术支撑，守住工程安全底线，如图5所示。

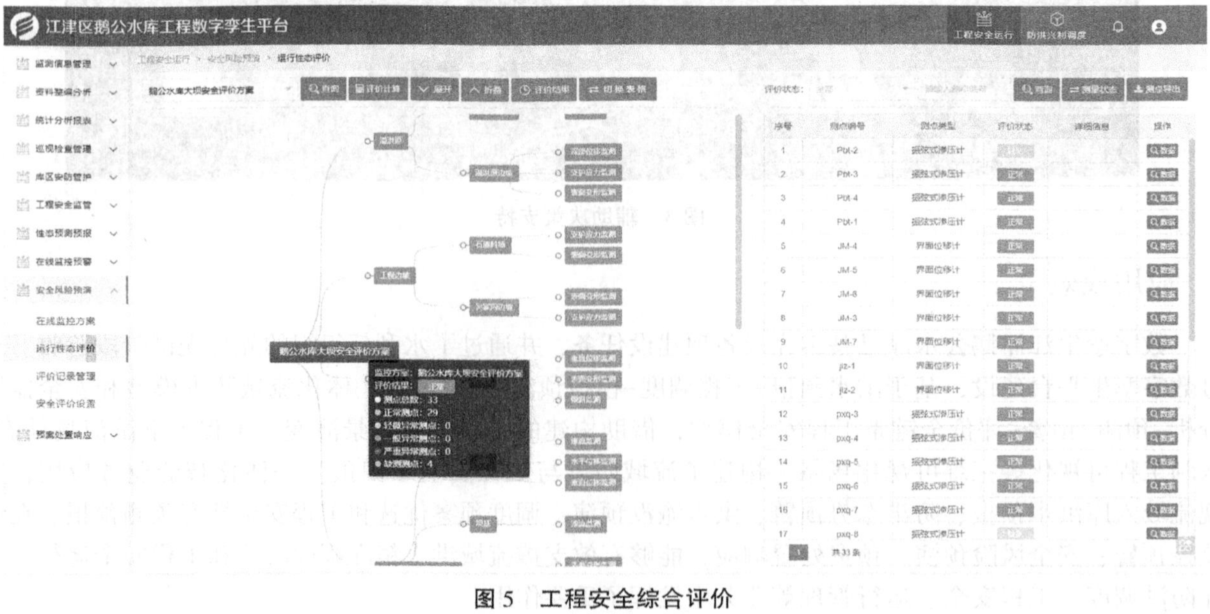

图5 工程安全综合评价

4.3 工程运行管理应用成效

通过数字孪生江津鹅公水库建设，采用信息化技术手段再造业务流程，创新业务模式，实现规范化、标准化、精细化管理，切实提升日常业务管理水平，提高技术人员的工作效率，降低工程管理成本，全面提升工程运行管理效能，为水利工程管理系统化、科学化、智能化提供技术支撑。

5 结语

数字孪生江津鹅公水库按照“需求牵引、应用至上、数字赋能、提升能力”的原则，重点围绕防洪兴利调度和工程安全运行需求，构建了具有“四预”功能的智慧管理体系，有效提升了工程调度运行水平及安全保障能力，为新阶段水利高质量发展提供有力支撑和强力驱动。下一阶段，将持续对数字孪生建设成果进行迭代完善，并与数字孪生流域开展共享和集成，实现先行先试成果的共建共享。

参考文献

[1] 陆旭日．江津区鹅公水库大坝基础开挖资源投入分析［J］．安徽建筑，2020，27（11）：207-208.

[2] 蔡阳，成建国，曾焱，等．加快构建具有“四预”功能的智慧水利体系［J］．中国水利，2021（20）：2-5.

[3] 蔡阳．数字孪生水利建设中应把握的重点和难点［J］．水利信息化，2023（3）：1-7.

[4] 詹全忠，陈真玄，张潮，等．《数字孪生水利工程建设技术导则（试行）》解析［J］．水利信息化，2022（4）：1-5.

[5] 刘业森，刘昌军，郝苗，等．面向防洪“四预”的数字孪生流域数据底板建设［J］．中国防汛抗旱，2022，32（6）：6-14.

[6] 唐文坚，申邵洪，杨恒玲，等．数字孪生水利工程关键技术及其应用实践：以江垭皂市工程为例［J］．长江科学院院报，2024，41（8）：172-179.

[7] 牛广利，李天旸，杨恒玲，等．数字孪生水利工程安全智能分析预警技术研究及应用［J］．长江科学院院报，2023，40（3）：181-185.

水利工程施工安全风险管控模式探讨
——以横沙九期固沙保滩稳定河势先期工程为例

李 波[1] 韦正峰[2]

（1. 上海宏渠工程咨询监理有限公司，上海 200120；
2. 上海宏波工程咨询管理有限公司，上海 201700）

摘 要：笔者在参与横沙九期固沙保滩稳定河势工程安全风险分析与措施应对中，通过对该海域的气候、潮位、滩势等外部环境及主观人为方面的分析，并结合 BIM 与数字孪生技术、无人机技术、VR/AR 技术及工程保险，展开安全风险梳理与规避措施分析，深化安全风险管控探讨，确保工程安全风险可控，无安全事故发生，望能够提供相应参考价值。

关键词：施工安全；风险管控；模式探讨

1 引言

人类历史发展，一刻也不曾离开过水。水是城市的灵魂，城市河湖水系构成了一座城市的基本骨架，人的内心是渴望亲近水的[1]。如《天净沙·秋思》中“枯藤老树昏鸦，小桥流水人家”，依水而居，恬静自然；疏食饮水，乐亦在其中矣。自尧舜时期的大禹治水，秦国蜀郡太守李冰的都江堰，到现代的三峡大坝、南水北调、长江大保护等工程，都是人类改造、利用水资源的成功典范。水利工程是利国利民，适应新时代“碳达峰碳中和”的低碳、绿色、环保国家主推的工程。然而水利工程亦存在安全风险，像房建、市政、港航工程一样，安全风险无处不在，安全警钟时刻鸣响，安全风险一旦发生很可能就是超大风险，损失不可估量。本文从横沙九期固沙保滩稳定河势工程的现场安全管理模式分析入手，提出安全风险的可能状态，以及管控方法、措施，以期能够提供思考与建议。

2 安全风险分析

2.1 工程概况

目前，横沙九期固沙保滩稳定河势先期工程，主要包括横沙大道外延工程，总长约 26.02 km，堤顶高程为 4.0~5.4 m，见图 1。北缘护底工程，建设长度为 16.80 km 的护底（厚 2 m）。实施目的：减弱北槽与浅滩间的水沙交换，减弱滩面漫滩流；遏制浅滩北缘冲刷南退趋势；适当控制串沟发育发展；适当削弱或消除滩面大环流。

2.2 风险分析

该工程施工区域为横沙浅滩，东侧护滩潜堤以东至外侧 -5 ~ -6 m 等高线，其南侧为长江口北槽深水航道，北侧为长江口北港下段，西靠横沙岛横沙东滩，东滨外侧开敞水域。该区域目前为自然滩面区域，直接面向外侧开敞水域，同时又是北港与北槽间涨落潮水沙主要交换区，风浪、潮流动力强劲，水沙运动复杂，河势滩势易动。

作者简介：李波（1973—），男，正高级工程师，主要从事工程建设、管理、监理等工作。

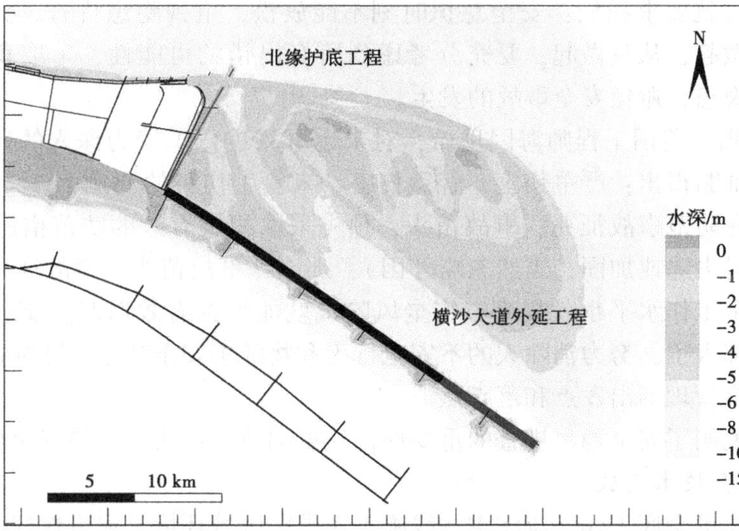

图1　工程示意图

长江口区域每年7—9月、12月至次年2月易受台风、寒潮等突发性恶劣天气影响，每年的10月至次年4月又易受大雾影响，工程条件恶劣，可作业天数少。

50年一遇高潮位为5.36~5.56 m，北缘护底工程区域50年一遇高潮位为5.45~5.55 m，若遇风（台风）暴潮，上有来水下有潮水顶托，再加上台风与涌浪，则安全风险不容小觑。

气候、滩势、潮水等环境风险异常突出，主观人为风险亦很难避免。现就该工程的安全风险进行分析：现场安全管理风险，如救生衣、吊装、水上水下作业、机械设备与材料运输的安全管理疏忽等；施工工序与流程风险，如铺排护底滞后、后续棱体与抛石及安装扭王块体等未稳步跟进，安全平台、施工期安全墩、警示灯或航标未适时或超前实施等；安全进度风险，度汛、寒潮前的节点完成与保护是关键，该工程施工中进度要优先安全与质量，若在度汛节点目标前，完不成度汛有效断面与保护措施，则一旦受到台风或寒潮袭击，可能前功尽弃；关键、重要部位的技术处理风险，与丁坝接头部位的处理、东部端头（或与顺坝衔接部位）的有效保护、软基（淤泥部位）的处理、联锁块与排体的超前铺设保护；局部偏离促淤坝轴线走向布置，未能避开冲沟或淤泥坑，技术处理不彻底、不及时；排体搭接宽度不足，扭王块体的单体重量、安放位置与抛石量的管控不严等风险。

3　安全风险管控措施

安全风险管控工作应时刻保持思想紧绷，处处警惕，决不能有丝毫的松懈和麻痹。对于关键、重点部位及赶工时段，更应在方案审批、交底、措施落实、过程检查及结果验收等方面严格落实。

3.1　预控

3.1.1　安全隐患分析、排查

导致安全事故发生的主要因素是人的不安全行为、物的不安全状态、环境因素与管理行为。这就尤显安全隐患排查与应对的重要性，发现隐患及时制止，防微杜渐。此处提两个安全领域应用相对广泛的法则，即墨菲定律与海因里希法则。

（1）墨菲定律。由美国航空工程师爱德华·墨菲（Edward A. Murphy）于1948年提出，后来几经转述、演化。其意思主要体现：任何事都没有表面看起来那么简单，会出错的总会出错；如果你担心某件事情发生，那么这件事就更有可能会发生。并不是因为这些事故发生的概率有多大，隐患的存

在才是根本原因[2]。这就要求我们：安全意识时刻不能放松，重视隐患排查、分析与应对。要想保证安全，必须从细节做起，从我做起，要充分考虑到所有出错的可能性，采取积极的预防方法、手段、措施，消除安全隐患，避免安全事故的发生。

（2）海因里希法则。美国工程师海因里希，对未遂事故进行了较为深入的研究，对其中类似的伤害事故进行分析、推断得出：严重伤害、轻微伤害、未发生伤害的比例为 1∶29∶300。如果在安全事故发生之前，预先防范事故征兆、事故苗头，预先采取积极有效的防范措施（如多米诺骨牌中不稳定的个体采取及时去除或加固，当然忽略外因），那么，事故苗头、事故征兆、事故本身就会被减少到最低限度，安全工作水平也就提高，安全风险也就能得到有效遏制。要想降低事故发生的概率，必须从金字塔底部入手，努力消除人的不安全行为和物的不安全状态，努力管控风险，才能减少和伤害事故，这是安全管理的出发点和落脚点[3]。

上述两个法则都说明了安全隐患排查的重要性，注重细节与苗头，杜绝安全风险发生。

3.1.2 宣传教育和安全技术交底

宣传教育与安全技术交底工作，应注重一线施工人员，区域环境，灾害性气候侵袭时的特点和危害，使他们有一定的自我保护能力，减轻或杜绝事故发生。

对目前一线作业人员，应在三级教育的基础上加强滩地作业安全常识教育。因为水利施工一线作业人员往往来自农村，虽有一定的施工经验，但对个别地方的滩地情况、地理环境、潮汐变化等存在很大差异，不甚了解，还有不少民工从未见过海洋，对海洋知识一无所知，对滩地施工中的安全生产更是茫然不知，不懂得怎样避险。遇到安全风险会惊慌失措，手忙脚乱，出现恐惧、害怕的心理，这样反而提升了事故发生的概率与损失。施工人员的无知或惊恐心理往往导致事故的发生，因此对施工人员进行宣传教育和安全生产知识培训，提高他们识险、抗灾和自我保护能力是控制和减少安全事故发生的重要环节。

3.1.3 方案

方案是施工组织设计的深化、细化，且更具操作性。应根据《危险性较大的分部分项工程安全管理规定》《水利工程建设安全生产监督检查问题清单》结合工程内容与特难点，正确区分安全风险分级，及时编制专项施工方案（包含安全风险管控措施章节），确定好需要专家论证的方案清单。如海上铺排、扭王块体吊装、水上水下作业等专项方案中必须要有明确、可靠、实用的安全技术措施。严格按照审批、交底、检查、复核、预案等程序，有序逐一落实。

根据该工程的地理、气候、环境特点，防汛预案必须从组织、安全与技术措施、资源配置与信息沟通、抢救与撤离等方面，编制有针对性、切实可行的预案，在上海汛前（每年 6 月 1 日前）组织防汛演练。

3.2 过程控制

过程中安全风险管控，是一个复杂、系统、繁杂的内容。每一道工序基本都存在安全风险隐患，据 LEC 评价法，风险等级不同则后果存异，重要程度与应对手段、措施亦不同。

滩涂施工基本无参照物，偶遇大雾天气，很难辨别返程方向，找不到“回家”的路。潮水上涨很快，此时，应根据预报潮位结合实际潮时，适时“鸣锣收兵”，切实落实好出工、收工点名制度。工程海域卫星图见图 2。

现场吹泥管袋的施工，由于远离陆域，受环境条件制约，往往采用发电机发电。对发电机的安全风险排查、电线的架设、电箱漏保与接地往往疏于检查，存在漏电、触电隐患。所以施工条件差，安全用电的标准与要求不能降低，应根据现场实际情况严格制订用电管理制度和操作程序，经常检查泥浆泵与电源线接触处的绝缘装置完好程度，供电电线及接头处的绝缘性能，手持部位的安全可靠性，尤其是在滩面上水里作业，不能有丝毫大意，否则就有生命危险。

导堤工程在防汛防台主汛期，主体工程虽已达到度汛标准和要求，但工程尚未达到安全稳定

图 2　工程海域卫星图（横沙大道外延示意图）

状态，不可预见的安全隐患依然存在，此时安全巡检、动态监测尤显重要。台风、暴雨、大潮等灾害袭击时，往往暴露出薄弱环节，若没有充分准备或预案，易造成重大损失。为此必须做好严密、切实可行的防汛预案和抗大灾、防大汛的准备，从“人、机、料、法、环”上切实做好准备，以防万一。

3.3　结果控制

安全工作应贯穿施工全过程，一旦出险，应理性应对。立刻启动相应的应急预案，做到组织有力、抢险及时、谨防扩大、信息反馈瞬时、保障有力。

4　新技术

4.1　BIM 与数字孪生技术

BIM 技术是一种先进的数字化建模技术，通过建立和管理包含建筑工程各类信息的三维模型，实现全周期、全方位的工程项目管理[4]。该技术主要从设计角度建模，使二维图纸转换为三维模型，实时体现工程建造步骤与工序关系，指出施工中安全风险点与关键点，提前开展安全交底与指导。BIM 技术的模拟化特点使得决策更加科学合理，有效减少了施工中的安全风险[5]。

数字孪生平台，是由数据、模型、知识等资源及管理、表达、驱动这些资源的引擎组成的服务平台，提供在网络空间虚拟再现真实水利工程能力、为工程安全智能分析预警、防洪兴利智能调度等业务应用提供支撑[6]。在该工程施工中，根据实时工程进展、天气与潮位、滩地高程、航道船舶与施工船舶、人员等数据，通过数字信息实时传输、建模、渲染，构建一个相对真实的工程建设实况。对 BIM 模型、孪生模型及真实工程进行实时对比、检查、分析，制定汛前与度汛的节点目标与安全风险点，并进一步研究、确定相应措施。在数字孪生场景的基础上，结合工程安全分析预测、设备健康度评估等技术，实现工程安全的预报、预警、预演、预案[7]。

如北缘护底工程中，串沟相对连续段（WY2+710~WY3+040），沟深在 10 m 以上，甚至最深达 14.0 m，边坡陡，排体易下滑，表层为淤泥土，土质软、强度低，易冲刷。采用护底与抬高坑底相结合的施工工艺，即护底抛袋再护底再抛袋，且根据《滩涂促淤圈围造地工程设计规范》中“软体排水下搭接不小于 3 m”，实际采用超过 5 m。在数字孪生平台上结合动态监测数据，时刻掌握因施工护底工程的推进，造成区域流场变化，沟壑及周边深沟的冲刷状况。适时控制施工进度与其他作业队的进度，在数字孪生平台掌握并分析滩势变化情况，正确规避安全风险。同时，通过机械孪生、人员孪生数据分析，掌握现场实时人员、船舶等设备的工作位置、状态、数量，这不仅提高了工作效率、优化成本，且减小或杜绝了安全风险的发生。

实践证明，数字孪生平台与动态监测相结合，能够实现对项目的实施监控、精准预测与科学决策，这将大大增强护滩工程的安全风险预警与应对机制。

4.2 无人机

无人机用于对安全风险及受损情况的调查，于10年前已经使用。如2013年4月20日，四川芦山发生7.0级大地震，震后第一时间人保财险的“中国人保号”无人机进入灾区，为灾情受损、施救、预报等提供了有力支持[8]。无人机用于工程前期勘测、施工阶段安全质量管理与控制及后期验收等工作，在最近几年优势凸显。

横沙九期固沙保滩稳定河势先期工程亦配置了“无人机”。先导堤纵深26.02 km，北缘护滩堤37.62 km（先期16.08 km），保护滩涂面积约300 km^2，施工船舶、人员全天候施工，局部区域人员到达极为困难。为随时掌握工程进度、安全风险及质量受控状态，配置无人机后，管理更加科学、合理，优势明显。充分显现出无人机的现场检查的多视角、空间无约束，以及精准定位（结合GPS/GIS/RS系统）的优势，同时，适时搭载三维扫描设备，进行三维模型重建，实时为数字孪生平台提供基础数据，为护滩工程的安全无风险施工，提供了有力保障。

4.3 VR/AR 技术

目前，VR（虚拟现实）和AR（增强现实）技术，已经在施工现场逐步推广并发挥重要作用，它可以为设计人员、现场管理人员和施工人员提供沉浸式的工作环境。构建VR，现场技术人员结合已经编制的施工方案观看预演的施工工序、过程、重难点部位等，熟悉可能发生的安全隐患与风险部位、施工工序，进一步优化、完善施工组织、施工方案中的安全措施。AR技术则更进一步，是将虚拟信息叠加在现实环境中，通过增强现实头盔或智能眼镜等设备，在工序施工演示操作时，如能够感知到天气、潮位、地形、船舶设备的动态效果，对周边环境有身临其境之感，对可能出现的安全风险隐患做到随时提示、说明。同时通过虚拟数据添加与场景渲染的操作，还会出现安全风险发生、发展以及损失情况感知效果。

将虚拟安全三级教育、安全晨会、安全技术交底的效果，与真实场景结合，为施工人员提供更加直观、生动的安全教育体验，切实做到提前说明、警示，避免与降低安全风险，确保工程按计划有序实施。

5 工程保险

工程保险的历史，要追溯到1929年签署的伦敦泰晤士河上建造的Lambeth（拉姆贝斯）大桥工程。工程保险就是保安全除风险，通俗地讲，就是用少量的钱或者极少量的钱财，买一个保障（万一有安全风险发生）。那么对保险公司甚至被保险单位来说，避免风险，不出险最好。出险的话对各方都有损失，无论人力、物力、财力等。该工程保险内容为：建筑工程一切险以及第三者责任险、建筑施工人员团体意外伤害险、建设工程安全生产责任险。为了避免安全风险的发生，保险公司亦采取了诸多安全保障的方法、手段、措施。

5.1 专家交底与交流

聘请该领域知名安全风险专家，现场开展安全风险管控交底与交流。

5.2 安全风险重点排查

根据工程特点、难点与重点，编制安全风险重点排查表（见表1），并组织专家定期开展排查工作。

表 1　安全风险排查表

序号	安全风险	安全风险排查重点
1	安全管理责任风险	项目安全管理体系合规性评估：参建单位（建设单位、施工单位、监理单位等）安全管理体系建立与执行情况；安全管理制度建立及落实情况；应急管理体系、预案建立与落实情况
2		施工组织、方案评估：是否经论证、审批；是否有安全风险应对措施；专业性较强及危险性较大的项目，是否单独编制专项安全施工方案；安全措施是否全面、是否有针对性；安全措施是否落实与落实情况
3		分部（分项）工程安全技术交底评估：是否有书面安全技术交底；交底是否有针对性；交底是否全面；交底是否履行签字手续
4		施工队伍素质评估：施工队伍的专业化作业能力、安全意识和技术水平；专职安全管理人员设置情况；现场从业人员持证上岗情况、安全管理制度遵守情况
5		施工作业管理：施工顺序是否按设计执行；关键工艺节点管控情况；施工进度；该项目涉及的交叉作业（疏浚、铺排、吹泥、龙口合龙工程）、起重吊装（扭王块体等预制构件吊装）、桩基作业、临时用电、防台度汛等专项方案是否按流程审批；各项安全管控措施现场落实情况
6	设备设施管理	特种设备定期检验情况；施工船舶准入制度、退场制度执行情况；船舶的调度管控措施落实情况；施工船舶现场作业安全措施落实情况
7	第三者责任风险	影响外界船舶通航，包括施工船舶干扰外界船舶通航或与外界船舶发生碰撞；影响养殖区渔业生产
8	自然灾害风险	气象灾害险情监测日常管理情况；施工方案、专项安全技术措施编制是否结合当地气象特点；是否编制有应对灾害天气的应急预案；应急物资储备及管理情况；应急演练情况
9	生态环保风险	各项环保制度和措施制定情况；各施工船舶、土工织物加工厂、预制场等施工作业点环保措施落实情况；相关应急响应措施制定情况

5.3　制定预案

制定应急抢险预案，提供灾难抢险、救援以及控制险情扩大的指导、协助机制。预防、避免出险是前提，但出险的话也应科学、及时应对。施工单位做好灾后保护，控制灾情扩大，及时通知保险公司，大家齐心协力、共商对策。

所以，工程保险的介入，对安全风险的避免或减小，确能够起到一定作用。

6　结语

本文根据滩涂施工的安全风险管控的特点、难点，从施工安全风险隐患分析、预控、过程与结果控制，以及新技术与工程保险介入后的管控模式，展开分析、措施应对。进一步指出该项工作是确保工程目标实现的重要前提，亦是一个不断完善、提升的过程。

参考文献

[1] 谈祥，陈小虎，王莉，等．城市滨水空间-生态景观设计详解［M］．南京：河海大学出版社，2023.
[2] 王海真，等．墨菲定律在煤矿企业安全管理中的作用［J］．矿业工程研究，2014，3：44-47.
[3] 李镇州，等．海因里希法则解析与现场实践［J］．中国化工贸易，2014，3：109-110.
[4] 张永凯．BIM 技术在高层建筑工程安全管理中的应用［J］．智能建筑与智慧城市，2023，5：83-85.
[5] 王新睿．BIM 技术在建筑工程安全管理中的应用研究［J］．科技 I TECHNOLOGY，2024，11：86-88.
[6] 中华人民共和国水利部．数字孪生水利工程建设技术导则（试行）［A］．2022.
[7] 邓鹏，张诗媛，王旭滢．水利泵闸工程安全管理中数字孪生技术的应用研究［J］．水利信息化．2024，4：16-20.
[8] 郭清．遥感新技术的保险应用［J］．金属博览，2016，9：17-19.

浅析重力卫星在区域地下水监测中的关键技术

昝友让[1,2]　王卓然[1,2]

（1. 水利部信息中心，北京　100053；
2. 水利部国家地下水监测中心，北京　100053）

摘　要：重力卫星在区域地下水监测中的研究引起越来越多关注，为区域地下水管理提供了新的思路与见解。本文阐述了重力卫星监测地下水的基本情况与应用现状，通过分析重力卫星监测地下水的时效性、精确度、深浅层监测、其他组分数据影响及数据来源等关键技术问题，结合当前研究提出了解决方案与思路，进一步发挥重力卫星在区域地下水监测中的应用潜力，推动其在地下水监测中的业务化应用，进一步支撑地下水超采综合治理、水资源管理、水生态保护规划等工作。

关键词：地下水；重力卫星（GRACE）；地下水储量；地下水监测；地下水动态评价

1　引言

近10年来，随着地下水开发利用的严格管控与水资源保护措施的有效实施，部分地区地下水超采问题得到有效缓解。特别是华北地区实施地下水超采综合治理行动以来，浅层地下水水位回升已超过2 m，地下水超采状况得到好转，河湖生态环境得到明显改善。但我国其他地区由于长期大规模开采地下水，近年来地下水开采量还在增加，地下水超采问题仍然严峻。2023年，水利部联合财政部、国家发展和改革委员会、农业农村部印发了《“十四五”重点区域地下水超采综合治理方案》，全面开展三江平原、松嫩平原、辽河平原及辽西北地区、西辽河流域、黄淮地区、鄂尔多斯台地、汾渭谷地、河西走廊、天山南北麓及吐哈盆地、北部湾等10个重点区域地下水超采综合治理工作。2024年，李国英部长在全国水利工作会议上指出，继续实施华北地区地下水超采综合治理，全面推进重点区域地下水超采综合治理，加强治理成效跟踪评估。

2020年1月，水利部和自然资源部共建设完成了20 469个国家级地下水自动监测站，建成了覆盖全国350万km^2的国家地下水监测系统，大幅提升了我国地下水监测能力，初步解决了重点区域地下水动态监测薄弱的问题，为地下水管理提供了有力抓手。但是，存在现有监测站网局部覆盖不全、密度不足、分布不均等问题。特别是深层地下水监测站，站网数量仅占总量的25%左右。此外，监测站数据一般代表其附近局部范围内地下水变化，现有监测站网难以充分掌握区域地下水运动规律、补给机制、储量变化等，不满足新时代水利高质量发展要求。

重力卫星技术作为新兴的技术方法，为区域地下水的研究提供了新的手段。重力卫星监测可作为当前其他监测手段的良好补充，从而验证区域地下水储量变化的准确性，反演水文地质参数，深入了解地下水运动规律和时空分布特征。特别是监测站点稀疏、监管薄弱地区，重力卫星监测可为区域水资源管理提供支撑。重力卫星技术让“不可见”的地下水进一步变得“可见”，对高效进行地下水资源开发利用、推动地下水可持续发展具有重要的现实意义。

基金项目：国家重点研发计划项目（2021YFC3200501）。

作者简介：昝友让（1992—），男，工程师，主要从事地下水监测分析评价与监测预警工作。

2 重力卫星基本情况与应用

为观测地球重力场变化，2002 年 3 月，美国国家航空航天局（NASA）和德国航空中心（DLR）联合发射 GRACE 卫星。GRACE 卫星由相距 220 km 的双星系统组成，轨道高度为 300～500 km，通过搭载的微波测距系统测量卫星间由于地球重力场变化引起的距离变化，反演区域陆地水储量分布时空变化[1]。2017 年 6 月，GRACE 卫星结束使用，为延续监测任务，2018 年 5 月美国国家航空航天局与德国地球科学研究中心（GFZ）联合发射 GRACE-FO 卫星，其搭载更为先进的纳米级激光测距系统，获取更高精度和更高空间分辨率的地球重力场信息。2021 年，我国成功发射跟踪型重力测量卫星（国产重力卫星），轨道参数与 GRACE 卫星（搭载微波测距系统）类似。

GRACE 数据由美国喷气动力实验室（JPL）、德克萨斯大学空间研究中心（CSR）、德国地球科学研究中心（GFZ）进行处理，GRACE 数据产品主要分为 Level-0、Level-1（Level-1A 和 Level-1B）、Level-2、Level-3 等。Level-0 为 GRACE 卫星原始监测数据，Level-1A 为 Leve1-0 数据经过无损处理得到的数据，Level-1B 为 Leve1-0 和 Level-1A 数据经过不可逆转换得到的数据，Level-2 为在 Level-1B 数据基础上完全规格化球谐系数，Level-3 为对 Leve1-2 产品进行空间平滑的网格陆地水储量距平数据。为提高 GRACE 数据应用，不同科研机构制作发布 Mascon 产品，旨在给用户提供无须任何后处理操作的 Level-3 级产品。目前，GRACE 卫星用于评估陆地水储量变化的数据产品主要有 Mascon、Level-3 和 Level-2。

重力卫星观测数据经数据处理后只能是获得区域陆地水储量变化，包括地表水、土壤水、地下水、雪水当量和植被冠层含水量等。因此，利用重力卫星监测无法直接获得区域地下水储量变化，更不能直接区分浅层、深层地下水储量变化。目前，需要借助水文模型对陆地水储量变化进行信息分离，从而得到地下水储量变化。水文模型应用较多的是全球陆面数据同化系统（GLDAS）驱动的四种陆面地表模型（CLM、Noah、VIC 和 Mosaic）。

重力卫星（GRACE/GRACE-FO）监测地下水主要受到自身分辨率、信号泄漏误差和其他水层数据的限制，目前主要用于评估大尺度范围（约 10 万 km^2）的地下水储量变化趋势，在空间上反映哪些地区存在长期的地下水减少或增多及其变化速率大小。自 GRACE 卫星发射以来，反演了密西西比河流域、恒河流域、亚马孙流域、长江流域、华北平原等典型地区的地下水储量变化，反映了长期开采对地下水储量的消耗，加深了对区域地下水储量变化的时空特征与驱动机制的认知[2-4]。由于这些限制因素，重力卫星反演中小尺度区域（省、市级）结果与模型模拟结果相差较大。为进一步挖掘重力卫星在区域地下水监测中的应用潜力，下面针对重力卫星的时效性、精确度、深浅层监测、其他组分数据影响及数据来源等关键技术问题进行分析讨论并提出解决思路，希望加快实现重力卫星在地下水监测评价中的业务化应用。

3 重力卫星应用的局限性与解决思路

3.1 数据空间分辨率低，难以直接应用于中小尺度区域

由于 GRACE/GRACE-FO 的轨道高度限制，目前时变重力场球谐系数一般截断到 60 阶，以获得最佳的信噪比，对应的空间分辨率约为 300 km。数据空间分辨率低，极大地限制了重力卫星在中小尺度区域的应用能力。鉴于重力卫星轨道参数、仪器指标等已经确定，学者们通过多元线性回归、机器学习、数据同化、水量平衡原理和水文模型等降尺度方法来开展中小尺度区域研究[5-8]。例如，Yin 等[6] 以 GRACE 数据反演的华北地区陆地水储量变化为目标变量，降水、蒸散发和温度等高分辨率数据为输入变量，利用多元线性回归构建统计降尺度模型来提高 GRACE 数据空间分辨率。Yin 等[7] 将 GRACE 数据反演的陆地水储量同化至陆地水文模型 CABLE 中，构建动力降尺度模型，得到的结果与实测水位的相关性得到改善。

目前，降尺度方法来开展中小尺度区域研究，需要进一步发展融合重力卫星、地面站网、水文模

型等，构建地下水多源协同监测技术体系，利用国家地下水监测工程监测站网与重力卫星形成优势互补的立体、协同监测，建立具有物理机制的中小尺度重力卫星信号校正方法。具体而言，先融合地面观测井与重力卫星，以高质量水位数据约束重力卫星信号泄漏，提高重力卫星反演地下水储量变化的有效分辨率。高质量水位数据是指剔除监测井周围附近有抽水、井中有抽水泵、监测仪器损坏等异常数据，具有与重力卫星数据“同频共振”相似变化规律的数据。再利用数据同化技术，将上述改善的重力卫星反演结果同化到水文模型中，再次提高反演地下水储量变化的分辨率，有望将最终的监测分辨率提高到10~25 km。

3.2 长时间尺度数据结果较接近真值，短时间尺度准确率较低

重力卫星估算的长期（以年为单位）地下水储量变化趋势一般比较接近真值，但反映短时间尺度（以月为单位）的地下水储量变化不确定性较大。这是由于重力卫星观测误差、信号泄漏误差较大，但通过较长时间的拟合，这种误差可以得到抵消，因而长期趋势比较可靠但单个月份不确定性较大。由于时间跨度较短（如1~3年），月数据的趋势拟合受到首尾数据影响很大，拟合出来的趋势不确定性较大。因此，重力卫星在反映单个月份相对变化（环比或同比）时不确定性较大。

为解决重力卫星监测短时间尺度准确率较低的问题，可研究国产重力卫星和GRACE卫星双组重力卫星联合组网技术。国产重力卫星的使用可以增加目前GRACE卫星的星下点轨迹覆盖，从而提高重力卫星监测数据的地表覆盖率和时空分辨率，减少在月尺度上的误差，实现重力卫星应用于短时间尺度地下水储量变化。

3.3 无法直接得出区域深、浅层地下水储量变化

重力卫星监测地下水的工作原理是通过扣除其他非地下水组分得到，所以不能直接得出区域深、浅层地下水储量变化。为达到此目标，需要在重力反演的总地下水储量变化中扣除深层或浅层地下水。理论上，只要已知浅层或深层地下水储量变化，从重力卫星反演的总地下水储量变化中扣除浅层或深层，就可以得到深层或浅层。实际应用中，需要扣除的浅层或深层地下水通常未知或不确定性较大，特别是深层含水层的释水系数取值困难、深层地下水观测井较少。因此，重力卫星在区分浅层、深层地下水储量变化的挑战较大。

为可以直接得出区域深、浅层地下水储量变化，如果浅层地下水监测井数量较多、空间分布较均匀，给水度等水文地质参数或区域降水、补径排关系已知，如华北平原。可以通过浅层地下水水位变幅乘以给水度或者构建数值模型获得浅层地下水蓄变量变化，再基于重力卫星获取的总地下水储量变化，反演深层地下水储量变化，实现重力卫星对浅层、深层地下水监测应用。此外，重力卫星监测地下水蓄变量垂直方向（浅层、深层水位变化）的信号分离技术也正在逐步开展研究，盲源信号分离（BSS）技术在垂直方向信号分离表现出良好的潜力，有助于直接识别浅层、深层地下水储量变化。

3.4 易受其他组分数据误差影响

重力卫星反演区域地下水储量变化的准确性，很大程度上取决于水文模型提供的其他组分储量变化数据[9]。这种影响在中小尺度上更加明显，因为在中小尺度上其他组分的质量变化可能非常显著（如地表水）。目前，大部分研究使用的其他组分数据一般来自全球水文模型或者遥感产品，学者们为了减小误差，使用较多的是GLDAS中CLM、Noah、VIC、Mosaic四种陆面地表模型的两种或两种以上的平均值得到其他组分储量变化。但是与类似GLDAS的全球水文模型通常并没有考虑或难以反映地表水变化、人类活动（地下水开采）等影响，因此在地下水超采地区的适用性较差。华北地区这个人类活动强烈的地区再加之近些年南水北调引起地表水不可忽视的储量变化，模拟结果可能会存在更大的误差。

为减少其他组分误差影响，一方面可以用已有水文站网尽可能获得更加可靠的其他组分数据，如降水、蒸散发、大中型水库蓄水量、土壤水分站点观测等多源数据；另一方面，研发具有地表水模块、地下水模块、考虑人类活动等更加完善的高分辨率水文模型。

3.5 数据来源为国外，国产重力卫星尚未开放

目前，GRACE/GRACE-FO 的 Level-1A、Level-0 级数据是不对外公开，只公开 Level-1B 及以上产品。国产重力卫星的发射降低了对国外卫星数据的依赖，为实现我国重力卫星在地下水储量监测上的独立自主提供了基础，但其原始观测数据不能公开获取。

通过了解，国产重力卫星的原始观测数据是可以申请在其内部环境免费使用的。可通过在其环境搭建运行程序，实现利用国产重力卫星进行地下水储量变化监测。并且，相比 GRACE/GRACE-FO 一般长达 3 个多月的数据滞后性，国产重力卫星可以最快 2 周左右即可形成初级产品。此外，我国预计于 2025 年或 2026 年发射与 GRACE-FO 设计类似的天琴 2 号卫星，并且其数据将可能以免费、公开的形式发布。

4 结语

重力卫星技术的快速发展，为地下水监测提供了新技术、新视角，并表现出诸多优势和巨大潜力。当突破这些问题限制，将提升重力卫星高精度反演能力，对区域浅层与深层地下水储量变化、含水层储水系数（潜水给水度、承压水释水系数）、地下水侧向流动、地下水补给量与开采量、地下水资源预测预警等提供更多帮助，为地下水超采区治理、地下水“双控”管理、区域水资源科学配置、河湖生态复苏、南水北调受水区评价等提供决策支持。

参考文献

[1] 郑秋月，陈石. 应用 GRACE 卫星重力数据计算陆地水变化的相关进展评述 [J]. 球物理学进展，2015，30（6）：2603-2615.

[2] Wahr John. Time-variable gravity from GRACE: First results [J]. Geophysical Research Letters, 2004, 31 (11): 293-317.

[3] 束秋妍，潘云，宫辉力，等. 基于 GRACE 的华北平原地下水储量时空变化分析 [J]. 国土资源遥感，2018，30（2）：132-137.

[4] 胡小工，陈剑利，周永宏，等. 利用 GRACE 空间重力测量监测长江流域水储量的季节性变化 [J]. 中国科学（D 辑：地球科学），2006（3）：225-232.

[5] 尹文杰，张大胜，姚怀献，等. 卫星重力监测地下水储量变化及降尺度方法与应用 [M]. 北京：地质出版社，2022.

[6] Yin W J, Hu L T, Zhang M L, et al. Statistical downscaling of GRACE-derived groundwater storage using ET data in the North China Plain [J]. Journal of Geophysical Research Atmospheres, 2018, 123 (11): 5973-5987.

[7] Yin W, Han S C, Zheng W, et al. Improved water storage estimates within the North China Plain by assimilating GRACE data into the CABLE model [J]. Journal of Hydrology, 2020, 125348.

[8] 冯伟，王长青，穆大鹏，等. 基于 GRACE 的空间约束方法监测华北平原地下水储量变化 [J]. 地球物理学报，2017，60（5）：1630-1642.

[9] Feng W, Shum C, Zhong M, et al. Groundwater storage changes in China from satellite gravity: An overview [J]. Remote Sensing, 2018, 10 (5).

基于水网大矩阵技术助力新质生产力模式研究

王宏志[1]　孙世友[2]　王婷婷[1]　刘琼银[2]

（1. 新疆河润科技股份有限公司，新疆乌鲁木齐　830000；
2. 北京师范大学，北京　100080）

摘　要：随着科技的飞速发展和生产力水平的持续提升，新质生产力正日益成为引领各行业转型升级的关键驱动力，而水利行业作为国民经济的重要支柱产业，也正在经历着由新质生产力所带来的深远影响。水网大矩阵技术是对系统思考与高效建设涉水全业务管理大开发矩阵的创新突破，本文分析了新疆水网大矩阵技术的“六大画像”与“三大矩阵”在水库运行管理、水网设施服务能力、流域工程优化调度等方面对发展水利新质生产力的重要意义，以期助力新质生产力模式研究。

关键词：水网大矩阵；水利新质生产力；信息平台；水利模型

2023 年 9 月，习近平总书记在黑龙江考察调研期间首次提到“新质生产力”；2024 年 3 月，李强总理在作政府工作报告时强调“大力推进现代化产业体系建设，加快发展新质生产力”。新质生产力作为马克思主义生产理论的中国创新和发展，凝聚了党领导推动经济社会发展的深邃理论洞见和丰富实践经验，是新时代我国经济社会高质量发展的必然产物。水利部在 2024 年水文工作要点中强调，要全面加快水文现代化建设，完善雨水情监测预报体系，加强水资源水生态监测分析评价，强化“四预”措施，持续提升水文行业管理能力，这些措施将为推动新阶段水利高质量发展提供有力支撑。新疆立足资源禀赋、区位优势和产业基础，积极推进科技创新，加快建设与新疆特色和优势相契合的现代化产业体系，培育新质生产力，推动新疆实现高质量发展的目标。

1　新质生产力是推动行业变革的核心力量

新质生产力是对创新起主导作用的先进生产力质态，具有高科技、高效能、高质量特征，其突出特点之一是由颠覆性创新驱动带来全新的产业链条。随着科技的飞速发展和生产力的不断提高，新质生产力正在成为推动各行各业变革的核心力量。水利行业作为国民经济的重要支柱，同样受到新质生产力的深刻影响。

1.1　管理理念革新

2024 年 2 月，水利部党组书记、部长李国英召开专题会议，深入研究面向发展水利新质生产力、推进水利高质量发展的水利技术标准体系建设。全国人大代表、中国水利水电科学研究院水资源研究所所长蒋云钟阐述了水利与新质生产力三个方面的关系，指出要给予新质生产力更高的水安全保障、提高水利行业的管理水平[1]。《水利部办公厅关于印发 2024 年度重大水利工程建设质量提升工作方案的通知》（办建设函〔2024〕464 号）提出，要积极培育和发展新质生产力，推动水利工程建设标准化、技术创新化，不断提升水利工程建设的质量水平，实现高质量发展和安全可持续发展的目标。

江仲平在《新疆日报》中写道，新疆未来发展的关键在于加强水利设施建设和优化水资源配置，这需要打破思维惯性、破除机制障碍，并借助制度力量来保障川河的畅通，实现水资源的有效利用和可持续发展。中国共产党新疆维吾尔自治区第十届委员会第十次全体会议强调，特别要积极推进水利

作者简介：王宏志（1971—），男，高级工程师，主要从事智慧水务应用及研究领域的工作。
通信作者：刘琼银（1988—），女，中级工程师，主要从事水利水务信息化领域的工作。

重点领域和关键环节的改革，统筹做好节水蓄水调水增水工作，确保水安全、水支撑、水保障，以支持高质量发展的需要。

由此可以看出，新质生产力正在驱动水利行业的革新，相关学者总结出水利新质生产力是追求高科技、高效能、高质量，符合新发展理念的先进水利生产力质态，其目标任务是强化水利科技创新与技术成果应用，促进智慧转型；优化水资源精细化管理与科学调配，促进高效利用；健全水利基础设施和现代水网体系，牢筑安全底线；统筹水生态环境保护与高水平治理，促进绿色转型[2]。水利行业需要加强水利科技的创新和应用，提升管理水平以适应和支持新质生产力的发展。

1.2 科技创新驱动

科技创新是新质生产力的核心，近年来水利行业利用大数据、云计算、物联网等技术，优化了对水电站、水库、河流的监控体系，实现了智能化管理，提升了运行效率和决策质量。通过数字化、智能化技术的应用，实现对水资源的实时监测和动态调度，提高了水资源的利用效率。同时还推动了行业内部的协作与整合，实现了资源的共享和优势互补[3]。

新质生产力的理念提出后，不同行业间的技术融合和资源共享催生了一系列创新技术和解决方案，推动了水利行业的产业升级，传统的水利工程建设正在向更加高效、环保、可持续的方向发展。总的来说，新质生产力对水利行业的影响是全方位的。不仅改变了水利行业的技术面貌，还促进了管理理念、服务模式和人才培养的革新，为水利行业的发展注入了新的活力。

新疆水利行业立足国家创新驱动发展大背景，深入思考水利行业科技创新如何谋新路、开新局，通过加快建设数字孪生水利，提升水利信息化建设水平，完成了省级水利云平台建设，实现了“数据一个库、监管一张网、管理一条线、应用一张图”，为自治区水利信息化向大数据分析、智能决策应用方向推进奠定了基础[4]。

2 构建水网大矩阵的重要意义

当前我国已进入全面建设社会主义现代化国家新阶段，人民群众对安全稳定的社会环境有了更高期盼，对水利工作提出了更高要求。水库大坝安全、水网工程安全、流域安全体系是国家水安全的重要保障。水利部党组高度重视水库安全管理、水网设施服务能力、流域工程优化调度，以对党和人民高度负责的精神，提出“人员不伤亡、水库不垮坝、重要堤防不决口、重要基础设施不受冲击”的“四不”要求[5]。

经过多年努力，我国水利服务状况得到显著改善，运行管理水平逐步提升，但运行管理的精细化、信息化、现代化水平仍然存在明显差距，制约着新阶段水利高质量发展[6]。水利部印发了《水利部关于加快构建现代化水库运行管理矩阵的指导意见》（水运管〔2003〕248 号），是贯彻落实习近平总书记关于水库安全管理工作重要指示批示精神的具体体现，将全方位提高水库运行管理水平上升到了战略高度[7]。

新疆水资源分布极不均匀，呈北多南少、西多东少、山区多平原少的分布特点，干旱区河流水资源普遍呈现“春旱、夏洪、秋缺、冬枯”分布特点，水库调蓄能力的发挥主要依托山区大型水库[8-9]，在这种条件下就形成了利用中西水东引、北水南调的宏观战略布局，并建设了一系列水利工程，这些调水工程一定程度上解决了水资源时空分布不均、经济结构布局不合理的问题[9]。但是，南疆作为新疆发展的重要区域，干旱缺水、用水粗放的问题依然没有得到根本解决，需要通过高技术化、信息化相结合，实现水资源调控、节约集约利用、工程建设的现代化。中国工程院院士、新疆维吾尔自治区科学技术协会副主席邓铭江提出要加快新疆水网建设，优化区域水资源配置，以提高水资源的高效利用[10]。

为提高水库运行管理水平，规范和指导新疆水库、水网、流域现代化点、线、面管理矩阵建设，本文提出新疆水网大矩阵构建方法，以期提升新疆水网运行管理精准化、信息化、现代化水平。水网大矩阵建设旨在针对系统建设进行多维评估和量化分析，辅助相关人员多角度了解水网大矩阵规划，基于点、线、面的不同维度对方案进行合理且有效的规划与调整，打造辅助建设高质量的设计思路和可持续的水网空间。

3 水网大矩阵的构建方法

3.1 剖析业务需求

基于点、线、面的不同维度对水库安全管理、水网设施服务能力、流域工程优化调度等方面进行业务需求规划，建立包含“四全”管理、“四制（治）”体系、“四预”措施、“四管”工作的多视角、多层次、全元素集合，形成横向到边、纵向到底，覆盖水库、水网、流域运行管理各个方面的系统性管理需求。

（1）水库安全管理方面。以水库工程点维度，基于水库建设范围内的行政区划、上下游河流、水库蓄水区、库区内水利设施、堤防、人员等，结合水库运行管理实际，对水库运行管理工作进行立体式、多维度的部署，从防洪安全、工程安全、库区安全、全生命周期管理等多角度、多视野提出建设需求[8,11]。

（2）水网设施服务能力方面。以水网设施服务线维度，覆盖河湖监管、防汛抗旱、水资源管理、水工程建管、农村水利、水土保持等业务领域[12]，开展水网设施智能化建设与改造，提高智能化调度调控和安全保障能力，主要包括安全运行监视、联合调度决策、日常业务管理及应急事件处置等，形成水网网络安全防护体系和多维并重的综合保障体系。

（3）流域工程优化调度方面。以 GIS 为手段、以综合数据库为基础将水网大矩阵中的工程运行信息、基础信息和电子地图空间对象关联起来，直观、形象地反映流域工程情况[13]。在流域基础数据、监测数据、业务管理数据等的基础上，构建供水、水质、工程等安全监测指标体系，从时间、空间、业务等多维度进行综合信息展示、实时监视，构建多目标联合调度应用，调用精准模拟算法，开展运行状态风险识别预警、调度控制多方案预演，高效确定最优方案。

3.2 发展全新概念

现代化水库运行管理矩阵基于管理学理论中的矩阵管理概念，结合水库运行管理的特点和需求，建立包含“四全”管理、“四制（治）”体系、“四预”措施、“四管”工作的多视角、多层次、全元素集合，形成横向到边、纵向到底，覆盖水库运行管理各个方面的系统性管理模式[14]。

水网大矩阵是针对新疆水利现代化建设提出的业务概念，旨在描述新疆基于点、线、面的不同维度对水库安全管理、水网设施服务能力、流域工程优化调度等方面，聚焦水资源、水生态、水环境、水灾害等方面，综合运用物联网、云计算、大数据、无人机等新兴信息技术，促进大数据发展和政务信息整合共享实施方案要求，构架工程网、信息网、管理网三网合一[15]的水网大矩阵体系，推进新疆水利智慧化水平，为建设高效水利设施运行管理构筑水网大矩阵。

3.3 明确建设目标

按照“以自然河湖为基础，引调水工程为通道，调蓄工程为节点，智慧调控为手段”的原则，建立系统性管理模式，建成水库，水网，流域现代化点、线、面管理水网大矩阵。水网大矩阵项目建设目标可以概括为“六个一”，具体包括：

（1）“一张网”构建大矩阵智能感知画像。构建一张全覆盖、全要素、全天候、全周期的动态监控智能感知画像网。全面梳理水利业务感知对象和监测要素，在已有感知设备的基础上，查漏补缺，科学优化布局，完善智能感知体系。

（2）一套标准统一大矩阵规范数据画像。研制一套统一、标准、可持续的智慧水利业务数据字典标准规范体系。结合业务管理和部门职责，在遵循国标、行标的基础上，找出数据规范的差距、补齐数据结构规范的短板，以涉水管理对象为数据基本单位，以数据流、业务流和工作流为核心，对业务分类、结构缺项进行系统梳理。

（3）一个中心汇聚大矩阵 AI 知识画像。搭建一个一数一源、智汇善存、高度共享的大数据中心。实现数字信息和空间信息挂接，覆盖管理、空间、属性等不同环节全要素源数据，且具有良好的扩充性。不仅满足水网大矩阵业务需求，未来还应能够集成其他相关领域数据，扩展相关业务，实现数据钻取、共享与应用，形成基于 AI 的知识库。

（4）“一张图”演绎大矩阵动态时空画像。建设二三维相结合的动态信息数字“一张图”时空画像。建设集制图符号、图谱、制图模板、数据底图等为一体的，融合多种比例尺矢量和数字高程电子地图、多时相高分遥感影像、三维倾斜摄影数据、各类水利工程、业务专题、业务数据二三维相结合的时空信息数字“一张图”。

（5）一应用提升大矩阵智慧能力画像。建设一组信息按需共享、业务高效协同、智慧科学决策的智慧能力画像。实现数据价值挖掘、孪生可视、知识发现和评估评价动态等模型应用。

（6）一个平台助力大矩阵赋能区域协同画像。建设一个预报精准化、预警提前化、预演数字化、预案科学化的信息平台。强化数字赋能，全面提升区域水网运行管理精准化、信息化、现代化水平。

3.4 规划实施路径

建设以自然河湖水系为基础、引调排水工程为通道、调蓄工程为节点、智慧化调控为手段，集水资源调配、流域防洪减灾、水生态保护等功能于一体的，具有系统化、协同化、绿色化、智能化特征的水网大矩阵信息平台。

（1）水网大矩阵智能感知网建设。采用源头化采集、数据源、数据流分析的方法，构建感知画像，建设水文水资源、水灾害、水生态、水环境感知体系等“天空地”一体化涉水活动水网大矩阵智能感知网。

（2）水网大矩阵信息化标准规范建设。为进一步规范新疆水网大矩阵信息化建设，保证数据格式、信息化技术、信息安全、平台运行维护管理等方面标准规范统一，在行业标准规范基础上，编制一套符合新疆水网大矩阵的信息化标准规范体系。为确保“水网大矩阵”信息平台的高效快速发展，建设内容主要包括建立统一的数据保护及管理制度、建立统一的监测站点运维管理制度、建立统一的大数据标准规范等。

（3）水网大矩阵数据中心建设。通过水利数据资源的调查梳理，编制全省水网大矩阵系统各单位业务目录、资源目录和共享需求目录，收集防灾减灾、水资源、水土保持、城乡供水、农田灌溉、河长制、水利工程建设管理、水利普查成果等成果信息，按照“一数一源”原则，完成数据的汇集—整合—核查—入库全过程，根据新疆自身数据资源状况，分类整理基础数据库和专业数据库种类，按照标准规范要求，形成标准库，完成数据资源的标准化，构建水网大矩阵数据中心。

（4）水网大矩阵“一张图”建设。基于现有测绘数据 DLG、DEM 和高分遥感影像的基础地理电子地图，促进水利矢量数据、遥感影像、三维倾斜摄影与水网大矩阵的融合。制作全省河流、水库、堤防等水利工程，以及防汛抗旱、水资源、水土保持、城乡供排水、河湖管理等业务专题图和业务“一张图”，充分利用水利部“一张图”及省气象、国土、农业、林业等部门的地图资源。建立地理信息数据共享与更新的技术标准和服务模型，融合地图与业务、专业数据，承载水网大矩阵数据。构建多时相、高分遥感，三维倾斜摄影数据以及种类齐全、功能完善的智慧水网大矩阵空间地图数据库。

（5）水网大矩阵应用模型建设。构建具有资源整合、耦合信息共享和伸缩配置特点的平台，搭建面向具体业务场景的水利模型及相关智能算法，为水网大矩阵全要素和规、建、管、运、维全过程进行优化管理，为水网大矩阵提供智能实用“算法”服务。在明确模型的对象、驱动机理、应用方式、应用场景、模型所需数据底板及对应数据的采集精度、更新频次要求基础上，结合新疆地区特点及业务需求，建设专用水网大矩阵模型库。

（6）水网大矩阵信息平台建设。依托额尔齐斯河等天然水系河流，以重点水源工程为节点，以河湖水系水网矩阵问题为需求指引，按照资源整合、融合共享的思想，对现有业务系统资源进行整合优化，为实现水网大矩阵管理，梳理业务管理需求，重构区域水网感知体系，整合区域水网相关联的水网数据资源，开展水网大矩阵信息平台建设，构建一个信息高度共享、服务公众、业务协同、科学决策的智慧信息平台。水网大矩阵架构如图 1 所示。

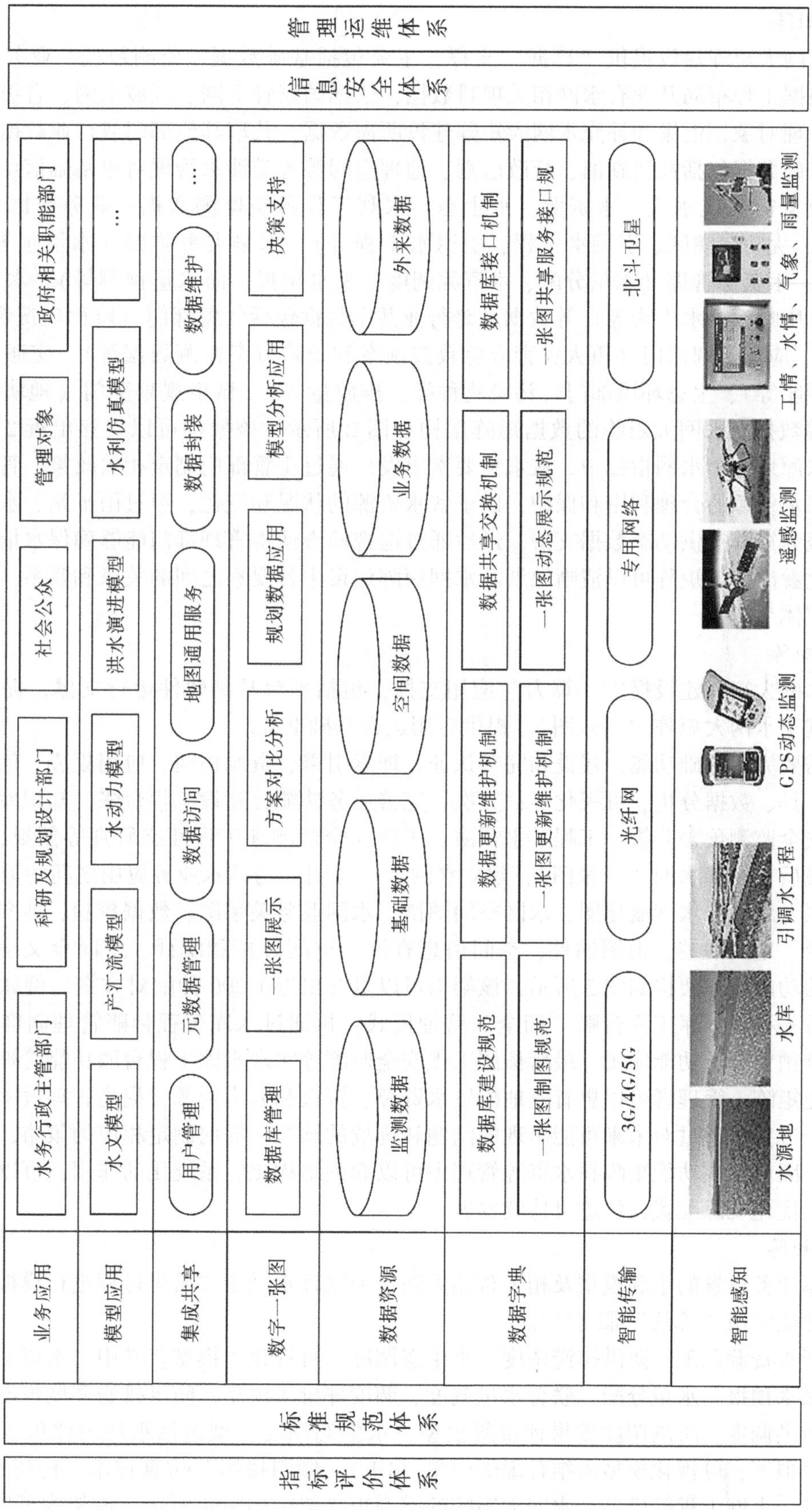
管理运维体系
信息安全体系
业务应用
水务行政主管部门
科研及规划设计部门
社会公众
管理对象
政府相关职能部门
模型应用
水文模型
产汇流模型
水动力模型
洪水演进模型
水利仿真模型
…
集成共享
用户管理
元数据管理
数据访问
地图通用服务
数据封装
数据维护
…
数字一张图
数据库管理
一张图展示
方案对比分析
规划数据应用
模型分析应用
决策支持
数据资源
监测数据
基础数据
空间数据
业务数据
外来数据
数据字典
数据库建设规范
数据更新维护机制
数据共享交换机制
数据库接口机制
一张图制图规范
一张图更新维护机制
一张图动态展示规范
一张图共享服务接口规
智能传输
3G/4G/5G
光纤网
专用网络
北斗卫星
智能感知
水源地
水库
引调水工程
GPS动态监测
遥感监测
工情、水情、气象、雨量监测
标准规范体系
指标评价体系

图1 水网大矩阵架构

3.5 构建水网矩阵

3.5.1 数据矩阵

数据为水网大矩阵建设提供“算据”支撑，主要包括基础数据、监测数据、业务数据、跨行业共享数据。根据工程布局及现有水网相关项目数据，依据国家骨干网、区域水网、省级水网不同层级管理范围及管理对象，汇聚和补充水网大矩阵建设所需数据，共享其他部门或行业数据[16]。

其中，基础数据包括江河湖泊、行政区划、地理空间等各类涉水管理对象基础信息、空间对象等数据；监测数据需集成水文、水资源、水生态、水利工程各类监测数据；业务数据包括水利工程（水库、水闸、堤防、灌区、引调水工程、引退水工程等）、水旱灾害防御（水情预警、险情信息、灾情信息等）、水资源管理（水量分配、水资源调度、来水预报、需水量预测等）、水生态环境（湖泊、湿地、水质断面、水生物等）等数据；跨行业共享数据包括气象部门（降雨实况和预报、降水、风向风力等）、应急管理部门（重大灾害应急救援预案和抢险方案监测数据等）、交通运输部门（路网数据、采砂船等）、生态环境部门（污染物种类、排放量等）、城市规划部门（地块信息、城市更新建设等）等数据。水网大矩阵的数据矩阵架构如图 2 所示，该架构可以贯穿出近 2 000 种配对方案，比如在水源地这个水网指标中，从水情要素出发，通过主管部门制定相关政策，管理主体履行管理责任，确保水资源的合理利用和保护，以了解水资源的状况和变化，通过雨量站、水文站实时的雨水情监测预报为矩阵提供动态数据支持，最后通过巡视检查使得管理部门能够确保水情管理工作的有效实施。由此看出，该矩阵可以清晰地展示水网矩阵建设中各要素之间的关系和联系，形成了一个完整的水网管理体系。

3.5.2 功能矩阵

功能为水网大矩阵建设提供“算力”应用支撑，包括平台基础软件运行支撑，提供组件式公共功能，同时基于水网大矩阵“一张图”，提供应用运行基础框架。

首先，需要完善基础功能，建设和完善认证、搜索引擎、资源访问、应用集成、信息交换、日志采集、协同工具、数据分析、可视化等；其次，完善业务功能，建设工程台账、知识库、雨水情监测预报、工情安全监测预警分析、工程洪水预演、工程安全监测和工程性态研判等预报、预警、预演、预案功能；最后，完善水网“一张图”，建立水网“一张图”与涉水业务应用之间的数据联动更新机制，实现水网专题图、水网概化图、水网空间图谱、水网业务关系图、数据校验、地图预览、地图量测、地图标绘、地图书签、地图插件、空间信息查询、空间分析和统计、空间全文检索等功能[17]。水网大矩阵的功能矩阵架构如图 3 所示，该架构可以贯穿出近 1 200 种配对方案，例如：从水库水网指标出发，首先构建水库工程台账“四全”管理模式；再通过水库工程台账管理制度的实行，实现工情安全监测预警分析功能应用；最后按照工程安全监测等实现水库工程台账功能管理。

通过功能矩阵，管理者可以更有效地配置水资源、资金和人力资源，提高管理效率，优化工作流程，减少资源浪费；通过对未来可能出现的问题和挑战的预判，提前制定相应的策略，增强水资源管理的前瞻性。因此，该功能矩阵在水资源管理中可以起到结构化、系统化的作用，可以帮助管理者进行科学决策，优化资源配置，促进可持续发展。

3.5.3 模型矩阵

面向具体业务场景的水利模型及相关智能算法，为物理水网全要素全过程进行模拟仿真，为水网大矩阵提供智能实用“算法”服务[18]。

模型包括水资源调配、防洪排涝调度、水生态调度、可视化等模型。其中，水资源调配模型包括需水预测、来水预报、水量分配、联合水量调度、调度评价等模型；防洪排涝调度模型包括洪水演进模拟、联合防洪调度、防洪调度效果评价等模型；水生态调度模型包括水环境评价、水动力水质模拟、水生态模拟等；可视化模型需结合虚幻引擎（UE）、倾斜摄影等仿真技术，构建地理场景模型、河湖水系模型、水网工程等模型。水网大矩阵的模型矩阵架构如图 4 所示，该架构可以贯穿出近 500 种配对方案，例如：从调蓄工程水网指标出发，首先通过构建河湖水系模型，耦合雨水情预警法治内

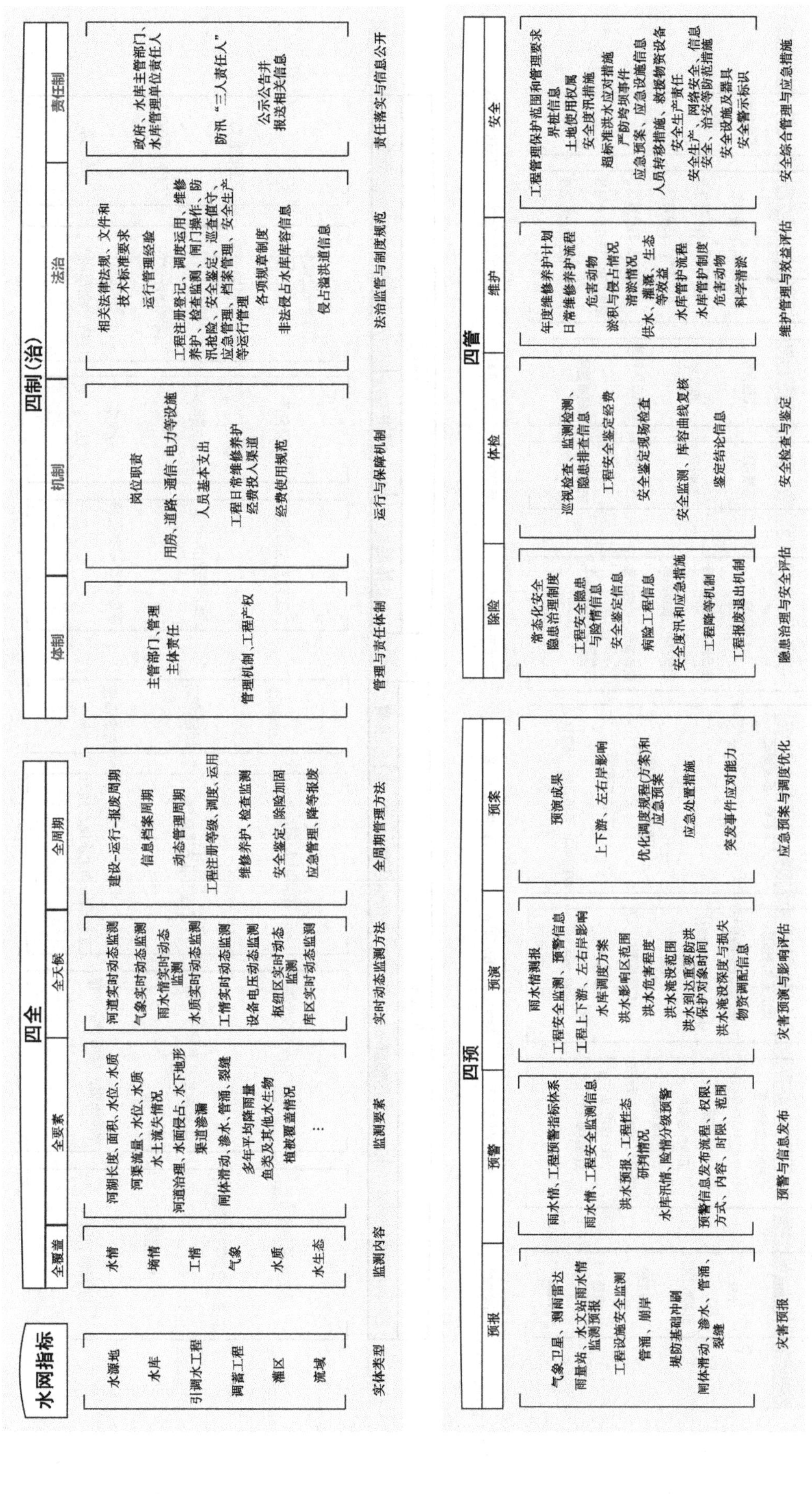

图2 水网大矩阵的数据矩阵架构

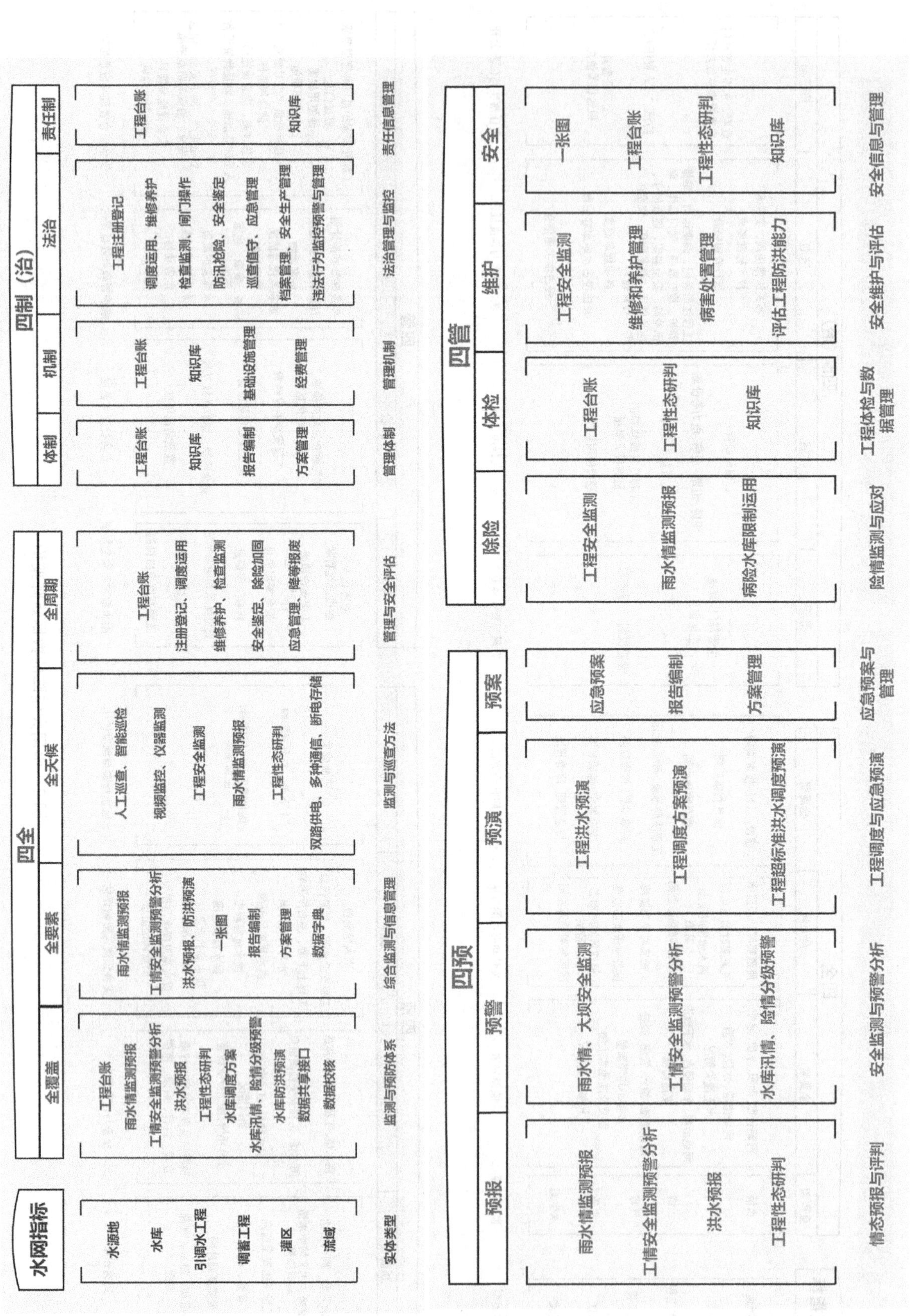

图 3　水网大矩阵的功能矩阵架构

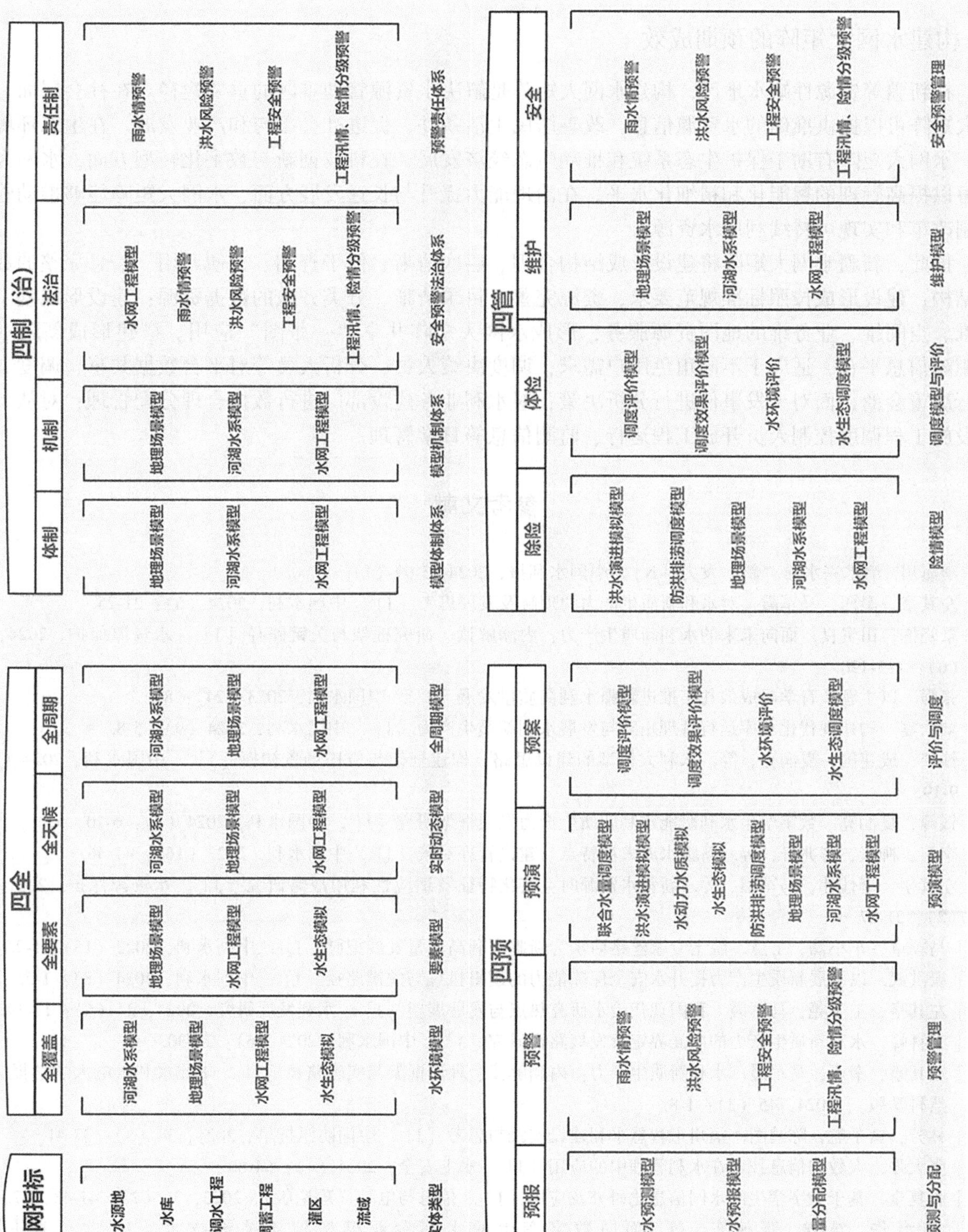

图 4 水网大矩阵的模型矩阵架构

容；再耦合联合水量调度模型实现水资源管理及预测等功能；最后通过调度效果评价模型对工程进行评价，实现工程管理。该矩阵集成这些不同的模型，形成一个统一的框架，可以提供科学的决策支持和管理策略评估，以便管理者能够综合考虑不同模型的结果，并进行综合分析和决策制定。

4 构建水网大矩阵的预期成效

在新疆等资源性缺水地区，构建水网大矩阵是解决水资源管理难题的重要途径。在社会层面，水网大矩阵可以提供准确的水资源信息，改善居民生活条件，促进社会参与和产业发展。在生态环境方面，水网大矩阵有助于保护生态系统和推动生态经济发展。在科技创新与数字化转型方面，水网大矩阵可以提高管理的智能化和精细化水平。在治理能力提升与长远发展方面，水网大矩阵能够推动管理体制改革和实现可持续利用水资源。

据此，新疆水网大矩阵将建设形成结构合理、层次清晰、便于查询、方便调用、信息完整的数据库结构；建设形成按照标准规范要求，资源完善、目录清晰、分类齐全的数据资源；建设形成基于时间维、空间维、业务维的地图资源服务，形成水网大矩阵共享“一张图”应用。搭建形成新疆水网大矩阵信息平台，适应于不同角色用户需求，调度决策人员、分析人员等对平台数据共享、调度方案进行决策会商，面对突发事件进行分析决策；对水利业务建设部门进行数据合理分配管理；对从事水利设施工程调度控制人员开放工程运行、监测信息等日常管理。

参考文献

[1] 李海川. 治水兴水向“新”发力［N］. 中国水利报，2024-03-09（1）.
[2] 左其亭，秦西，马军霞. 对水利新质生产力的理解及发展思考［J］. 中国水利，2024（6）：21-25.
[3] 景晓栋，田贵良. 面向未来的水利新质生产力：内涵解读、研究框架与关键路径［J］. 水资源保护，2024，40（6）：113-120.
[4] 张强. 以主题教育学习成效扎实推进新疆水利高质量发展［J］. 中国水利，2023（24）：86.
[5] 刘六宴. 构建现代化水库运行管理矩阵与发展水利新质生产力［J］. 中国水利，2024（9）：5-8.
[6] 钱峰，成建国，夏润亮，等. 水利大模型的建设思路、构建框架与应用场景初探［J］. 中国水利，2024（9）：9-19.
[7] 钱峰，夏润亮. 数字孪生水利赋能水利新质生产力发展框架研究［J］. 中国水利，2024（8）：6-10，5.
[8] 李江，柳莹，彭兆轩，等. 新疆水库大坝特点与建设管理对策［J］. 中国水利，2023（16）：41-46.
[9] 左其亭，李佳伟，马军霞，等. 新疆水资源时空变化特征及适应性利用战略研究［J］. 水资源保护，2021，37（2）：21-27.
[10] 马颖卓，车小磊，王慧. 院士专家丝路话水为新疆水利高质量发展把脉［J］. 中国水利，2022（15）：1-2.
[11] 唐洪武. 以发展新质生产力提升水安全保障能力的逻辑机理与关键路径［J］. 中国水利，2024（8）：1-5.
[12] 左其亭，王子尧，马军霞. 我国现代治水研究热点与发展展望［J］. 水利发展研究，2024，24（6）：13-19.
[13] 王喜峰. 水利新质生产力的内涵界定及发展路径研究［J］. 中国水利，2024（6）：26-30.
[14] 左其亭，秦西，马军霞. 水利新质生产力：内涵解读、理论框架与实施路径［J］. 华北水利水电大学学报（自然科学版），2024，45（3）：1-8.
[15] 林芳，黄子航，陈鸿图. 福州市智慧水利建设实践与思考［J］. 中国防汛抗旱，2024，34（3）：37-41.
[16] 张大强. 大数据信息技术在水利管理中的应用［J］. 水上安全，2024（4）：64-66.
[17] 张复全. 基于数字孪生的水网信息化研究及应用［J］. 信息与电脑（理论版），2023，35（2）：41-43，47.
[18] 唐海华，黄瑶，张振东，等. 面向数字孪生的水利专业模型构建关键技术［J］. 人民长江，2024，55（3）：1-5，20.

工业供水管网数据要素构建方法研究

王宏志[1]　孙世友[2]　王婷婷[1]　郭　微[2]

（1. 新疆河润科技股份有限公司，新疆乌鲁木齐　830000；
2. 北京师范大学，北京　100080）

摘　要： 工业供水管网是工业生产和城市运行的重要组成部分，在保障工业生产、促进经济发展、节约水资源和保护环境等方面发挥着关键作用。其中，工业供水管网数据要素的构建对于确保供水系统的高效运行和安全管理至关重要。本文通过梳理工业供水全流程，提出数据要素识别、数据要素体系构建、数据要素管理的方法，构建全面、准确的工业供水管网数据要素体系，为工业供水系统的规划、运行和管理提供坚实基础。

关键词： 工业供水管网；数据要素识别；数据要素构建；数据要素管理

我国工业供水行业的运行管理水平同发达国家相比存在较大差距，主要体现在管理体制、管理机构、政策法规、管理技术、设备调节、基础性工作等方面[1]。其中，基础性工作主要指数据收集和数据分析等工作，与发达国家相比，我国的工业供水工作在深度与广度上均有不足。本文梳理了工业供水流程中水源、调节设备、供水管道、配水设备4个实体的基本属性数据、监测数据、统计分析数据[2]。构建数据要素体系，并提出数据要素的管理方法，通过增强对基础数据的收集与分析，为决策制定提供更加坚实的数据支持，确保决策过程的数据驱动更为准确、有效。

1　研究背景

随着工业生产规模的不断扩大，工业用水量的持续增长给水资源节约和管理带来了巨大挑战。为应对这一挑战，2022年2月，《国家发展改革委办公厅 住房和城乡建设部办公厅关于组织开展公共供水管网漏损治理试点建设的通知》（发改办环资〔2022〕141号）明确提出，实施供水管网智能化建设工程。推动供水企业在完成供水管网信息化基础上，实施智能化改造，建立基于物联网的供水智能化管理平台。推动供水企业将供水管网地理信息系统、营收、表务、调度管理与漏损控制等数据互通、平台共享[3]。数据要素构建可以为工业供水管网的智能化和信息化发展提供强大的技术支持，对于应对工业生产规模扩大带来的水资源挑战具有重要意义。

在政策指引下，工业供水行业数字化转型已经具备相应政策和市场环境基础。越来越多的供水企业意识到数字化转型的重要性，积极引入先进数字技术，推动业务流程的优化和创新，完善数据治理和安全保障。从业务环节看，水源、调节设备、输水管网、配水设备是主要的数字化内容，培养数据驱动力，推进数据标准体系建设，打通取、供、用、排链条数据，提升预测性维护和增值服务能力，是实现工业供水价值链延伸的主要途径。

2　发展方向

2.1　加强供水安全风险预测与感知，提升工业供水安全保障能力

工业供水安全是保障现代工业发展和生产运行的基础，建立完善的监测感知体系，是保障工业供

作者简介： 王宏志（1971—），男，高级工程师，主要从事智慧水务应用及研究领域的工作。

通信作者： 郭微（1993—），女，中级工程师，主要从事水利水务数据标准化领域工作。

水质量安全的重要手段。工业供水监测包括监测点的设置、监测频次和监测指标等。监测点的设置应覆盖工业供水的各个环节，如水源、供水管网、设备等；监测频次根据供水的需求进行确定，可以定期监测，也可以随时监测；监测指标应包括常规水质指标和工业生产所需的特殊指标，以全面了解供水过程状况，及时发现供水安全问题，进行预警和处理，确保工业供水从“最后一公里”到“最后一米”的安全服务能力。

2.2 多方法助力工业水效提升，促进工业绿色高质量发展

结合当前信息技术、监测设备等控制水耗，强化高耗水工业园区企业的用水定额管理，提升用水效率。结合城市规划，开展老旧供水管网隐患治理和供水设施升级改造，按照国家供水要求合理布局，对供水设施进行新建、改建、扩建。通过水处理技术将水源进行净化处理，着力突破高浓度有机废水、高盐废水处理与循环利用、循环水处理药剂等工艺技术，以实现废水的处理与回用。对污水、雨洪水、矿井水等非常规水源进行资源化处理，提高再生水在工业用水中的利用率，建立 1~2 个可复制、可推广的工业废水循环利用典型园区。

2.3 综合管理系统构建，助力智慧平台落地运行

工业用户是城市 GDP 的主要贡献者，工业供水服务常常被用作考核一个城市营商环境的重要指标。因此，为工业用户提供良好的供水服务已成为供水企业的发展方向。工业供水水网智慧平台可对供水企业的所有业务支撑系统进行有效集成与共享，发展适用于工业供水管网的数据收集与处理技术，构建全面、准确的数据模型，优化管网设计，提出有效的数据分析方法，提高管网管理效率，实现业务的综合管理，促进业务的协同办公。通过报装管理、供水管网巡检、设施维修养护、工程管理、数据采集与感知、水质监测、产销差管理、再生水管理、营业收费、GIS“一张图”等系统建设，实现工业供水全流程规范管理。

3 工业供水流程

工业供水流程主要包括水源、调节设备、供水管道、配水设备 4 个部分，见图 1。

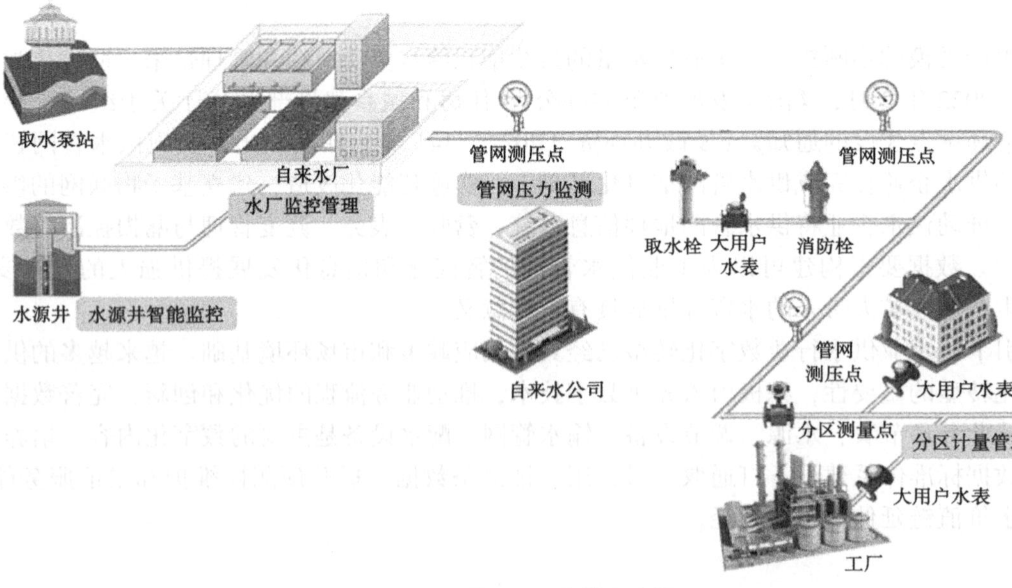

图 1 工业供水流程

3.1 水源

工业用水的水源主要包括自来水厂、水库、地下水井、河流、湖泊等。自来水厂供水具有较高的纯净度，且水压稳定，适用于用水量较大的工业企业。水库、地下水井、河流、湖泊等自然水源需经过水质检测和相应的水处理程序，以确保其水质满足工业生产的具体要求。不同的工业生产对水质的要求各异，因此水源的选择应根据具体需求确定。

3.2 调节设备

调节设备主要包括水泵、水箱、水池、水塔等。水泵的作用在于提升水的压力和流量，满足工业生产需求。水箱、水池、水塔等用于储存一定量的水，确保生产过程中的连续供水。此外，水泵和水箱还可以对水的压力和流量进行调节，以平衡供水压力，满足不同生产环节的需求。

3.3 供水管道

工业供水的供水管道包括主管道和分支管道，负责将水从水源输送到各用水点，管道的材质通常选用钢管、铸铁管、水泥管等，基于企业的特定需求进行选择。供水管道的材质和直径需根据输水距离和输水量进行计算。为了防止管道腐蚀和漏水，还需对管道表面进行防腐处理和定期维护。

3.4 配水设备

配水设备主要包括水表和阀门等。水表用于测量工业企业的用水量，有助于企业进行用水管理和成本核算。阀门用于控制水流方向、流量和压力，实现水流的合理分配。

综上所述，工业供水系统的基本构成主要包括水源、调节设备、供水管道和配水设备等。不同的工业企业对水质、压力和流量的需求存在差异。因此，在构建工业供水管网数据要素时，需根据实际情况进行选择和构建。

4 数据要素构建方法

在工业供水管网中，监测数据对于确保供水系统的正常运行、及时发现并解决潜在问题至关重要，数据监测与分析可为管网管理提供决策支持，数据记录有助于事故原因的追踪与故障排除，数据统计可用于评估管网的性能和效率。因此，开展数据要素识别、构建数据要素体系、制定数据要素管理流程十分必要。

4.1 数据要素识别

工业供水流程中的实体要素主要包括水源、调节设备、供水管道、配水设备 4 个部分，各部分又可按照图 2 进行细分。

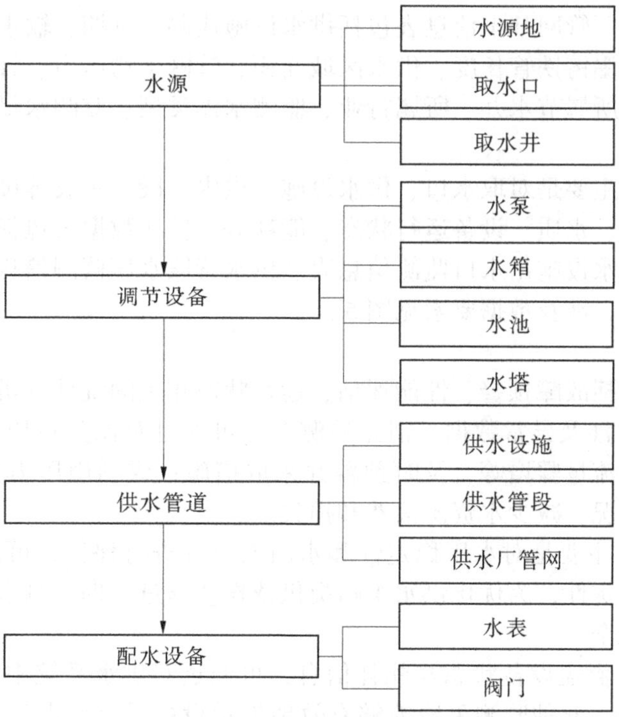

图 2 工业供水的组成部分

将其中的数据要素按类别进行归纳，可以分为基本属性数据、监测数据和统计分析数据。基本属性数据包括水源、调节设备、供水管道、配水设备的基本属性信息，例如供水管道的长度、管径、材质、埋深、安装年份等基本信息；监测数据包括水源地的水位、水质、视频监测，水厂的进出水压力、进出水流量、水质，入户管道的用水量，供水管网的水压、流量等；统计分析数据包括故障预警数据（泄漏检测、异常数据）、性能评估数据（水压稳定性、水质安全性）、运行状态数据（设备状态、能耗数据）等[4]。

在具体实施中，可以结合工业自动化和物联网技术，通过安装传感器、智能网关等设备，实时采集和传输上述数据到云平台进行监控和分析，从而提高供水系统的管理效率和服务质量[5]。

4.2 数据要素体系构建

工业供水管网数据要素体系构建旨在通过系统化的数据收集、整理、分析和应用，提升供水管网的管理效率、安全性和服务水平。针对工业供水管网流程的数据要素建立标准的数据字典，涉及基本属性数据、监测数据、统计分析数据三类。

4.2.1 基本属性数据

基本属性数据包括工业供水流程中的水源、调节设备、供水管道、配水设备 4 部分实体数据。其中，水源基本属性数据包括水源地、取水口、取水井的基本信息表；调节设备基本属性数据包括水泵、水箱、水池、水塔基本信息表；供水管道基本属性数据包括供水设施、供水管段、供水厂管网基本信息表；配水设备基本属性数据包括水表基本信息表。表内包含实体基本信息，以及实体与行政区划、流域、水资源分区、河流等的关联关系。

水源基本属性涉及数据要素见图 3，调节设备基本属性涉及数据要素见图 4。供水设施基本信息表包括供水设施代码、供水设施名称、供水管理单位代码、供水设施类型、供水设施分类、位置、行政区划代码、流域代码、水资源分区代码、单位代码、设计日生产能力、供水对象类型、设计供水人口、设计供水范围、建成时间、投产时间、取水水源类型、取水口数量、水源井数量、水处理方式、消毒方式、负责人、联系电话等信息；供水管段基本信息表包括管段代码、管段名称、供水设施代码、行政区划代码、所属管理区域、管段类型、长度、口径、材质、建成日期、投入使用日期、报废日期、详细地址等；供水厂管网基本信息表包括供水设施代码、日期、输水管道长、配水管道长、管道总长度、钢管长度、球墨铸铁管长度、供水区域面积、管网平均压力、管网压力合格率等；水表基本信息表包括水表代码、所属节水办、所属行业、监测水体类型、监测水量用途等。

4.2.2 监测数据

工业供水管网的监测主要是对取水口、供水设施、供水管段、水表等设备进行监测，监测项目包括管段压力、水位、流量、水质、设备运行状态、能耗等。监测数据表包括取水口取水量表、供水设施入水口监测信息表、供水设施出水口监测信息表、供水管段水压监测信息表、供水管段水质监测信息表、水表监测信息表等，涉及数据要素见图 5。

4.2.3 统计分析数据

统计分析数据主要包括故障预警、性能评估、运行状态相关的统计分析。

（1）故障预警数据。涉及异常数据、泄露检测等，可通过对比分析历史数据和实时数据，发现异常变化，如压力骤降、流量骤增等，及时预警并采取措施；或利用压力监测、声波检测等技术手段，及时发现管网泄漏情况，减少水资源浪费和损失。

（2）性能评估数据。主要是对水压稳定性和水质安全性进行评估，可通过分析长时间内的水压数据，评估管网的水压稳定性，为优化供水策略提供依据。通过长期监测水质数据，评估供水水质的安全性，确保用户用水安全。

（3）运行状态数据。涵盖设备状态与能耗信息，可通过对供水系统中的关键设备（如水泵、阀门等）进行状态监测获得。此种监测手段能够有效地揭示设备异常状况，为设备的故障诊断和及时维修提供依据。此外，通过对供水管网电能和水资源等能耗状况进行监测，对制定节能措施和降低能耗具有重要作用。

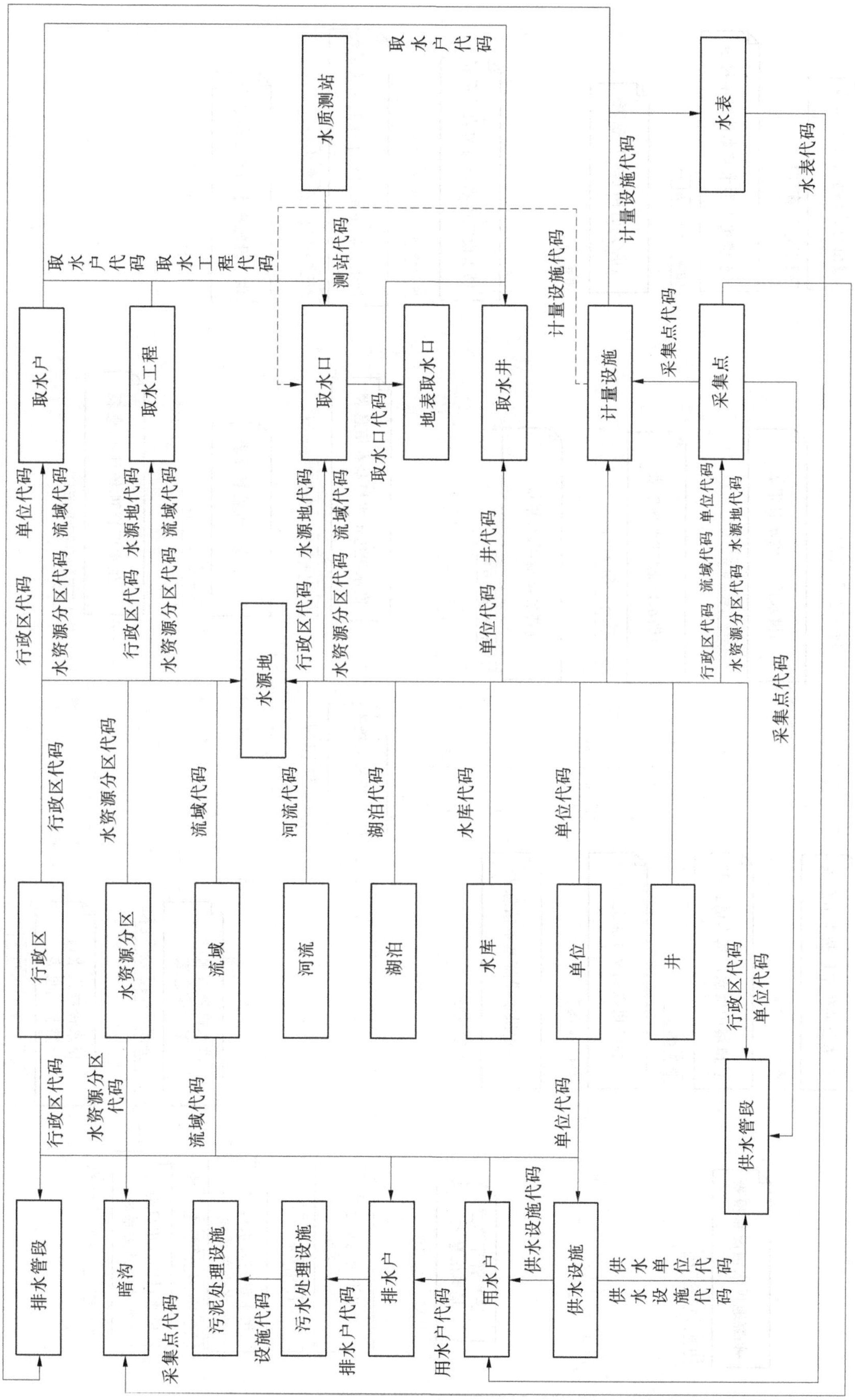
行政区
水资源分区
流域
河流
湖泊
水库
单位
井
水源地
取水户
取水工程
水质测站
取水口
地表取水口
取水井
计量设施
采集点
水表
供水管段
排水管段
暗沟
污泥处理设施
污水处理设施
排水户
用水户
供水设施
行政区代码
水资源分区代码
流域代码
河流代码
湖泊代码
水库代码
单位代码
水源地代码
取水户代码
取水工程代码
测站代码
取水口代码
井代码
计量设施代码
采集点代码
水表代码
供水设施代码
用水户代码
排水户代码
设施代码

图3　水源关系图谱

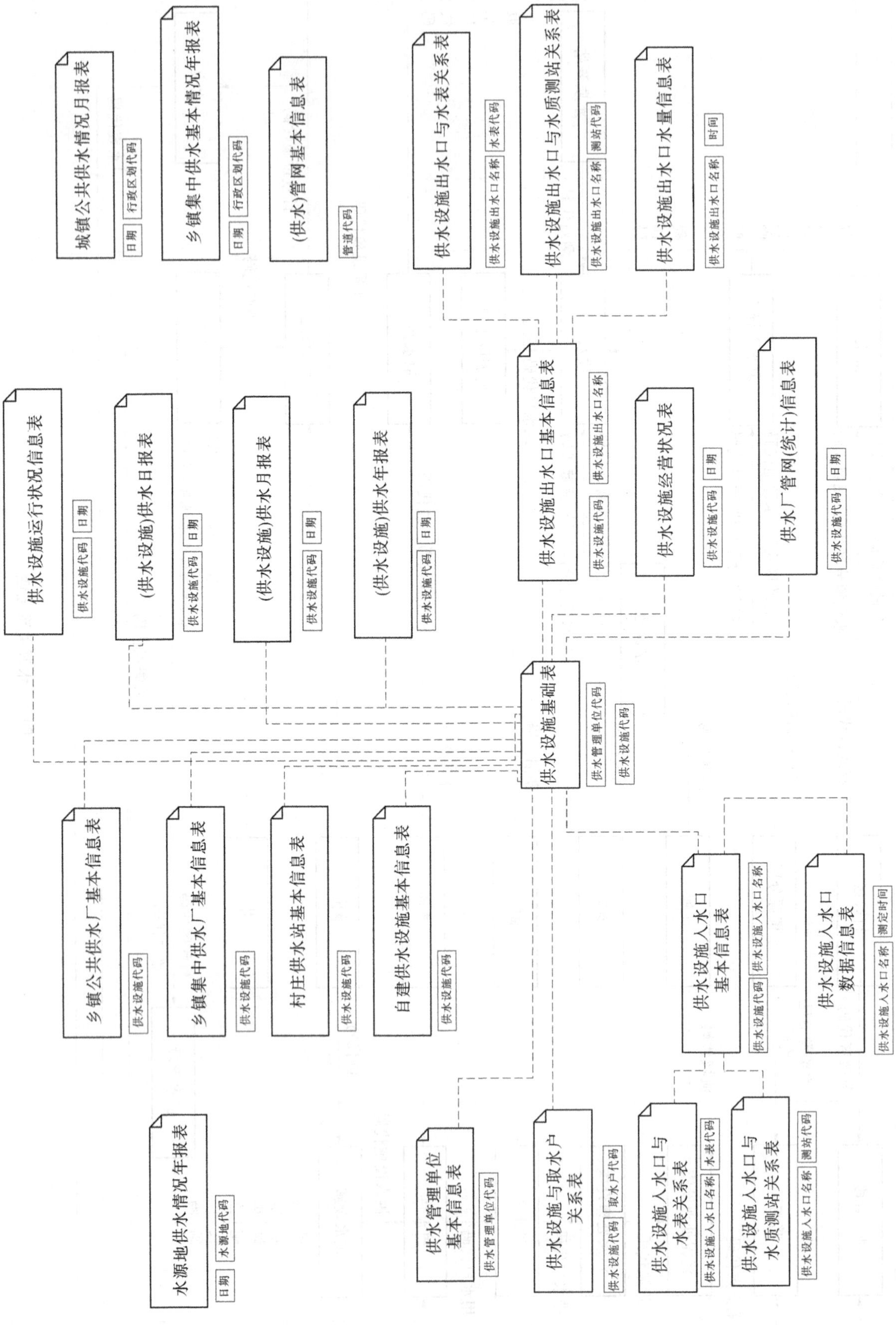
城镇公共供水情况月报表
日期
行政区划代码
乡镇集中供水基本情况年报表
日期
行政区划代码
(供水)管网基本信息表
管道代码
供水设施出水口与水表关系表
供水设施出水口名称
水表代码
供水设施出水口与水质测站关系表
供水设施出水口名称
测站代码
供水设施出水口水量信息表
供水设施出水口名称
时间
供水设施运行状况信息表
供水设施代码
日期
(供水设施)供水日报表
供水设施代码
日期
(供水设施)供水月报表
供水设施代码
日期
(供水设施)供水年报表
供水设施代码
日期
供水设施出水口基本信息表
供水设施代码
供水设施出水口名称
供水设施经营状况表
供水设施代码
日期
供水厂管网(统计)信息表
供水设施代码
日期
供水设施基础表
供水管理单位代码
供水设施代码
乡镇公共供水厂基本信息表
供水设施代码
乡镇集中供水厂基本信息表
供水设施代码
村庄供水站基本信息表
供水设施代码
自建供水设施基本信息表
供水设施代码
供水设施入水口基本信息表
供水设施代码
供水设施入水口名称
供水设施入水口数据信息表
供水设施入水口名称
测定时间
水源地供水情况年报表
日期
水源地代码
供水管理单位基本信息表
供水管理单位代码
供水设施与取水户关系表
供水设施代码
取水户代码
供水设施入水口与水表关系表
供水设施入水口名称
水表代码
供水设施入水口与水质测站关系表
供水设施入水口名称
测站代码

图 4　供水实体关系

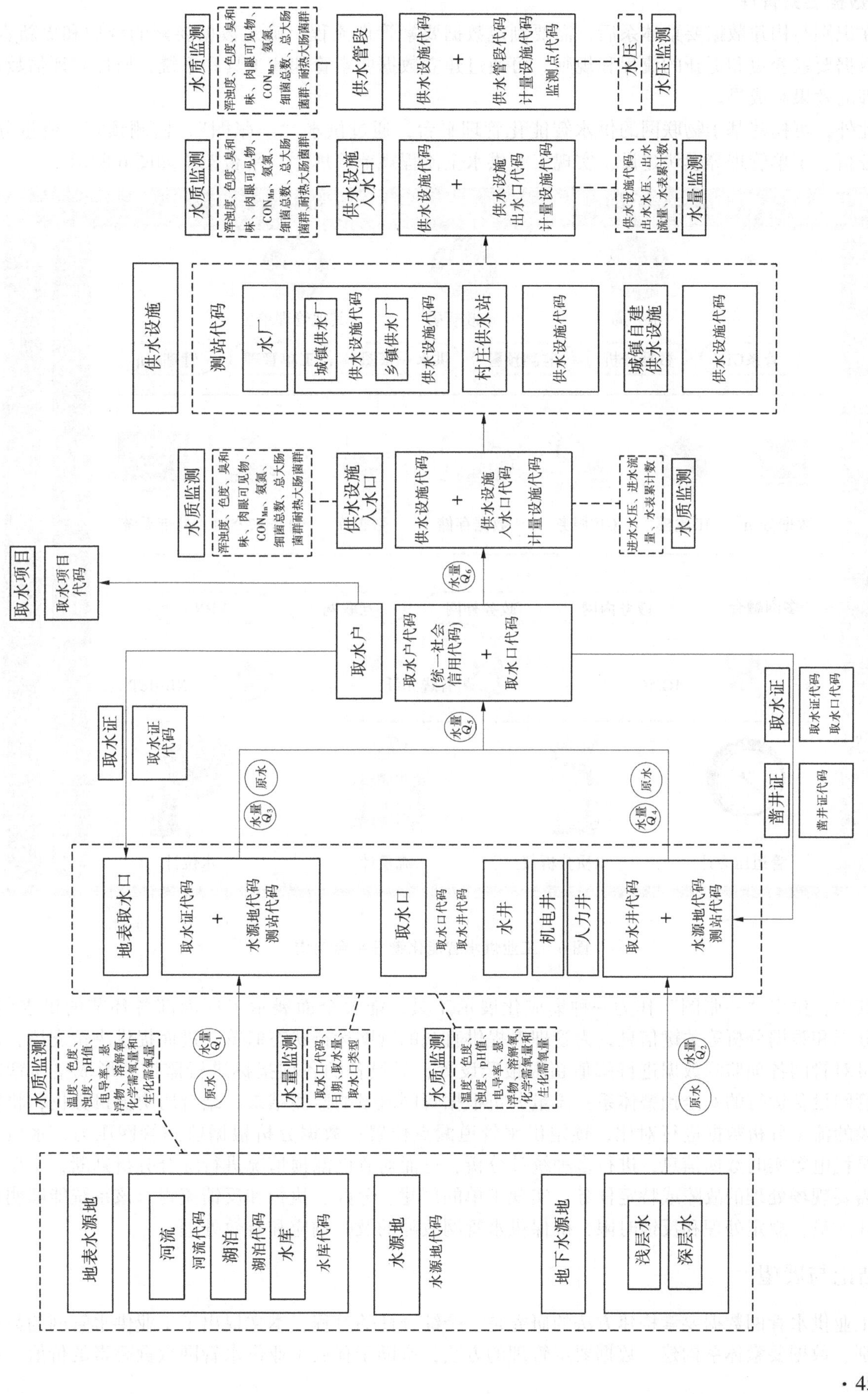
地表水源地
河流
河流代码
湖泊
湖泊代码
水库
水库代码
水源地
水源地代码
地下水源地
浅层水
深层水
水质监测
温度、色度、浊度、pH值、电导率、悬浮物、溶解氧、化学需氧量和生化需氧量
原水
水量 Q_1
水量监测
取水口代码、日期、取水量、取水口类型
水质监测
温度、色度、浊度、pH值、电导率、悬浮物、溶解氧、化学需氧量和生化需氧量
原水
水量 Q_2
地表取水口
取水证代码
+
水源地代码
测站代码
取水口
取水口代码
取水井代码
水井
机电井
人力井
取水井代码
+
水源地代码
测站代码
取水证
取水证代码
水量 Q_3
原水
水量 Q_4
原水
凿井证
凿井证代码
取水证
取水证代码
取水口代码
水量 Q_5
取水户
取水户代码
(统一社会信用代码)
+
取水口代码
取水项目
取水项目代码
水量 Q_6
水质监测
浑浊度、色度、臭和味、肉眼可见物、COD_{Mn}、氨氮、细菌总数、总大肠菌群、耐热大肠菌群
供水设施入水口
供水设施代码
+
供水设施入水口代码
计量设施代码
进水水压、进水流量、水表累计数
水质监测
供水设施
测站代码
水厂
城镇供水厂
供水设施代码
乡镇供水厂
供水设施代码
村庄供水站
供水设施代码
城镇自建供水设施
供水设施代码
水质监测
浑浊度、色度、臭和味、肉眼可见物、COD_{Mn}、氨氮、细菌总数、总大肠菌群、耐热大肠菌群
供水设施入水口
供水设施代码
+
供水设施出水口代码
计量设施代码
供水设施代码、出水水压、出水流量、水表累计数
水量监测
水质监测
浑浊度、色度、臭和味、肉眼可见物、COD_{Mn}、氨氮、细菌总数、总大肠菌群、耐热大肠菌群
供水管段
供水设施代码
+
供水管段代码
计量设施代码
监测点代码
水压
水压监测

图 5 监测数据表

4.3 数据要素管理

在识别与构建数据要素体系后，需要制定数据要素管理流程，确定数据要素的维护和更新责任，制定数据要素变更和更新的流程和规则。可通过建立数据要素管理的工具和系统，监控和评估数据要素管理的效果和成果。

此外，可构建基于物联网的供水智能化管理平台，通过供水“一张图”、监测预警、流量分析、数据分析、工单管理等模块建设，实现工业供水全流程规范管理[6]。平台架构如图6所示。

图6 工业供水智能化管理平台架构

其中，供水“一张图”作为一种集成化展示工具，能够全面展示工厂内部各环节的供水信息、预警分析和数据分析等关键信息，为管理者提供直观的管网运行状态概览，进而提供决策支撑；监测预警可对管网各项监测数据进行阈值超限报警设置，对设备的各项指标进行监控，形成整体管网运行、管网设备运行的安全预警体系；流量分析根据管网流量的监测结果，结合历史流量数据，将特定时间段的流量分析数据进行对比，锁定供水管道漏点位置；数据分析根据监测管网压力、水质、水位、泵耗电等实时数据信息，进行多种统计分析，进而对管网漏损情况进行综合分析判断；工单管理针对需要现场处理的故障或特定任务，实现工单的创建、分配、执行和反馈流程。该系统能够明确指派责任人员，规定处理和反馈时限，确保供水管网故障的及时响应和有效处理。

5 结论与展望

工业供水管网数据要素构建方法的研究是一个综合性的过程，本文提出了工业供水管网的数据要素识别、数据要素体系构建、数据要素管理的方法，有助于释放工业供水管网数据要素的价值，扩大数据要素的使用规模。后续研究可以在数据要素的挖掘、跨领域数据融合以及数据安全和隐私保护等方面进行深入探索。例如，在数据要素的构建过程中，利用 GIS 进行管网数据的可视化展示和空间分析，以实现工业供水系统的全面智能化管理，为工业供水管网的优化和改造提供科学依据和决策支持。

参考文献

[1] 欧阳小琴. 基于供水安全的中小工业城市供水管网优化调度［D］. 南昌：南昌大学，2006.

[2] 蒲宁海. 金塔县北河湾循环经济产业园工业供水工程方案［J］. 云南水力发电，2023，39（7）：323-327.

[3] 唐君言，司马文卉，赵政阳，等. 超大城市供水系统管网漏损控制策略与潜力分析［J］. 西北水电，2023（5）：42-47.

[4] 牟旭阳. 基于 GIS 和 AI 技术的城市智慧供水系统管理与服务分析［J］. 中国建设信息化，2024（7）：72-75.

[5] 肖权，李新冬，梁入云，等. 城镇供水管理系统研究进展［J］. 清洗世界，2024，40（5）：84-86.

[6] 胡忠心，蒋筠，张旭，等. 医院供水管网系统信息化改造研究：以天津市肿瘤医院综合水系统智慧平台为例［J］. 城市建筑，2023，20（16）：140-144.

数字孪生水利建设推进水利新质生产力发展

李妍妍　张小会

（新华水利控股集团有限公司，北京　100053）

摘　要：我国水利建设进入高质量发展时期，要加强数字孪生、大数据、人工智能等新一代信息技术与水利业务的深度融合。新华水利控股集团有限公司所属水利部骨干企业深入落实习近平总书记“节水优先、空间均衡、系统治理、两手发力”治水思路，全面贯彻网络强国战略，在新发展理念指引下，不断提高创新能力，不断加强产学研深度融合，构建智慧水利体系，积极推动数字孪生、智慧化模拟和智能业务应用建设。本文详细介绍了上述水利部骨干企业近5年推进数字孪生工程建设情况，推进水利新质生产力发展情况。

关键词：数字孪生；水利建设；新质生产力；水利部骨干企业

新华水利控股集团有限公司（简称“新华控股”），是水利部综合事业局所属全资控股企业，业务范围主要涉及水电及新能源、水务、机电装备三大产业板块。

新华控股所属“三厂”，即郑州水工机械有限公司（简称“郑州水工”）、三门峡新华水工机械有限责任公司（简称“三门峡水工”）和重庆华正水文仪器有限公司（简称“重庆华正”）。郑州水工原名郑州水工机械厂，成立于1955年，是水利部直属的国家二级企业和进出口贸易自营企业，同时也是国内制造水利水电工程大型施工机械和永久性成套设备的专业骨干厂家。三门峡水工主要生产水利电力系统的大中型水工金属结构、成套起重设备及火电钢结构等。重庆华正前身为水利部重庆水文仪器厂，是我国唯一专业生产陆地水文流速、流量监测仪器的企业，主要产品有流速流量（流向）仪器、水位雨量仪器、环保监测仪器、采样仪器及水工实验仪器等。

新华控股走过光辉的历程，创造过辉煌的业绩。在当今水利建设进入高质量发展的新时期，肩负着推动水利高质量发展、实现水利现代化，为全面推进强国建设、民族复兴伟业提供有力的水安全保障的时代使命，必须与时俱进，再创辉煌。

党的十八大以来，习近平总书记深刻洞察我国国情水情，从实现中华民族永续发展的战略高度，提出“节水优先、空间均衡、系统治理、两手发力”治水思路，确立起国家的“江河战略”。要深入落实习近平总书记“节水优先、空间均衡、系统治理、两手发力”治水思路和关于治水重要讲话指示批示精神，完整、准确、全面贯彻新发展理念，统筹发展和安全，推动新阶段水利高质量发展[1]。这为新华控股的高质量发展指明了前进方向，提供了根本遵循。

1　全面贯彻网络强国战略

习近平总书记强调，要全面贯彻网络强国战略，把数字技术广泛应用于政府管理服务，推动政府数字化、智能化运行，为推进国家治理体系和治理能力现代化提供有力支撑，并提出了提升流域设施数字化、网络化、智能化水平的明确要求。我国江河水系众多，保护治理是一个庞大复杂的系统工

作者简介：李妍妍（1983—），女，高级工程师，安全与技术部经理，主要从事水利安全生产监督管理、运行管理、技术创新等。

通信作者：张小会（1974—），男，正高级工程师、正高级经济师，党委书记、董事长，主要从事水利工程施工、水利工程运行管理、水环境、水利经济、水利水电（水务）项目投融资等。

程，必须坚持数字赋能，依托现代信息技术变革治理理念和治理手段[2]。建设数字孪生流域，就是要以物理流域为单元、时空数据为底座、数学模型为核心、水利知识为驱动，对物理流域全要素和水利治理管理全过程的数字化映射、智能化模拟，实现与物理流域同步仿真运行、虚实交互、迭代优化。

2　不断提高创新能力

发展新质生产力，是推动高质量发展的内在要求和重要着力点。与新质生产力相适应的劳动资料，不仅包括物质形态的高端智能设备，如人工智能、虚拟现实和增强现实设备、自动化制造设备等，还包括数据等新型生产要素和新劳动对象。要引导、支持、鼓励职工不断提高创新能力，与时俱进地运用新材料、新工艺、新设备、新技术，大力开发具有自主知识产权的新技术、新装备、新产品，形成一批拥有自主知识产权的知名品牌产品，催生企业新质生产力，实现企业高质量发展[3]。这为新华控股所属“三厂”发展新质生产力提供了新的机遇。

3　大力推进数字孪生水利工程建设

习近平总书记强调，要实施自然灾害监测预警信息化工程，提高风险早期识别和预报预警能力；要切实加强重大风险预测预警能力，有切实管用的应对预案及具体可操作的举措。要在数字孪生流域中强化预报、预警、预演、预案能力，实现风险提前发现、预警提前发布、方案提前制定、措施提前实施，确保水利决策精准安全有效。

《中华人民共和国国民经济和社会发展第十四个五年规划和2035年远景目标纲要》明确要求，构建智慧水利体系，以流域为单元提升水情测报和智能调度能力。要推动大江大河大湖数字孪生、智慧化模拟和智能业务应用建设[4]。黄河流域生态保护和高质量发展规划纲要、长江三角洲区域一体化发展规划纲要等，都对数字孪生流域建设提出了更加具体明确的要求。落实党中央、国务院重大决策部署，必须大力推进数字孪生流域建设。这为新华控股所属“三厂”高质量发展指明了努力奋斗的方向，下面详细介绍“三厂”近5年推进数字孪生工程建设情况。

4　郑州水工推进数字孪生工程建设

郑州水工作为部属骨干企业、国家高新技术企业，积极融入智慧水利建设，根据市场需求和自身实际情况，借助数字孪生流域建设发展契机，加强新技术开发、新市场开拓，为企业转型发展奠定坚实基础。以河南五岳抽水蓄能电站闸门、智慧运维项目及儋州海花岛跨海桥梁集控系统为切入点，借助“产学研”平台引入抽水蓄能电站尾闸室事故闸门及启闭机智慧运维技术研究与应用研究，着眼于攻克信息感知方面的核心科技。

4.1　五岳智慧运维项目

保障五岳抽水蓄能电站尾闸室事故闸门在常态运行过程中的稳定性及可靠性，及时发现和监测到运行过程中的动态风险，降低微小故障随运行工况和水情条件变化不断汇聚成重大安全隐患的风险，围绕算据、算法、算力研发，构建具有预报、预警、预演、预案功能的高效、智能化的尾闸室事故闸门的监测及预测性维护技术体系。

重点将前端感知系统嵌入到产品生产和使用的全周期内。项目拟将有限元分析、分布式传感器、网络传输、大数据分析、计算机特征提取等技术应用于五岳水库闸门启闭机运行管理当中，以便设备运行维护单位实时掌握闸门启闭机的运行特性，实现闸门启闭机在全生命周期内可靠、安全的运行。

表面应变计特征参数见表1，加速度传感器特征参数见表2。定制的止轴板结构示意图见图1，监测用螺栓外观示意图见图2。

表 1　表面应变计特征参数

传感器类型	金属箔式应变计（进口）
主要靶材	金属，玻璃，陶瓷
工作温度范围	-196~+150 ℃
温度补偿范围	+10~+100 ℃
主要适用胶	CN，P-2，EB-2
基础材料	特殊塑料
电阻元件	铜镍体系
室温下的应变极限	5%（50 000×10^{-6} 应变）
室温下的疲劳极限	1×10^{6}（±1 500×10^{-6} 应变）
电阻值	120 Ω
频率响应	170 kHz（钢）
引出线	三线平行
数字滤波	有
温度自补偿	有
防护等级	IP68

表 2　加速度传感器特征参数

传感器类型	MEMS 数字传感器（进口）
检测方向	三轴
ADC 精度	16 bits
采样顺序	三轴同时采样
工作电流	500 μA
满量程范围	±2 g、±4 g、±8 g 可选
灵敏度系数	16 384 LSB/g
温度范围	-40~+85 ℃
逻辑参考电压	1.71 V
通信接口	数字接口
安全过载	>10 000 g
防护等级	IP68
数学运算	有

4.2　海花岛集中控制项目

海南海花岛项目中基于数字孪生的集中控制系统的研究工作，着眼于解决信息展现的核心技术。建立集控中心，构建桥闸操控数字孪生平台，平台前台以三维形式展示桥闸操控的全景与实时操控的状态。对远程控制操作的设备进行图像模拟参数展示和实时影像展示，平台发出操控指令后，设备运行的视频影像自动展示在屏幕上。平台后台对设备运行监测数据进行解算、预测和预警。预警时自动弹出预警位置模拟图像、参数及实时影像。利用数字化、可视化平台，对桥闸的管理、操控、现场形

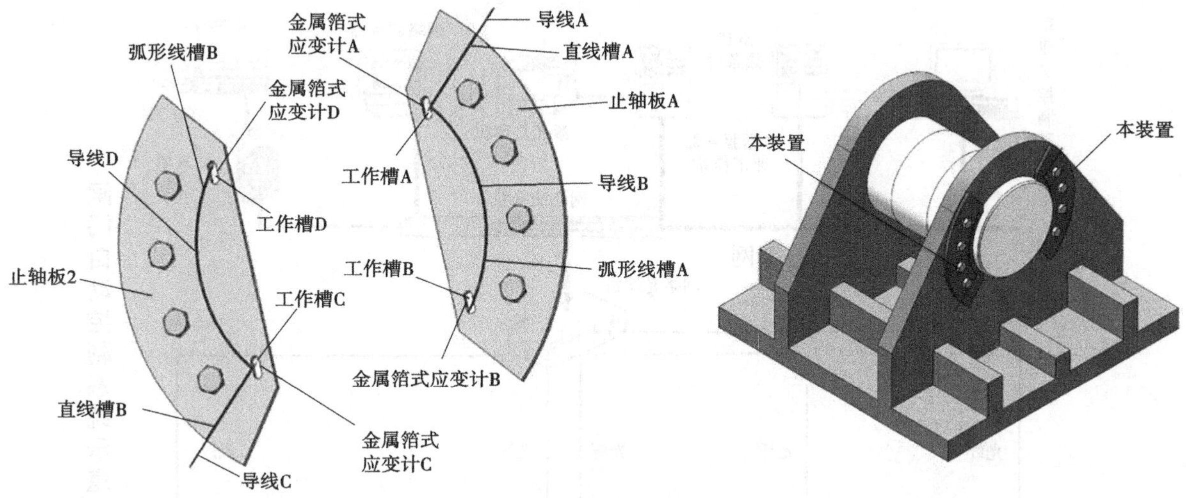

图 1　定制的止轴板结构示意图

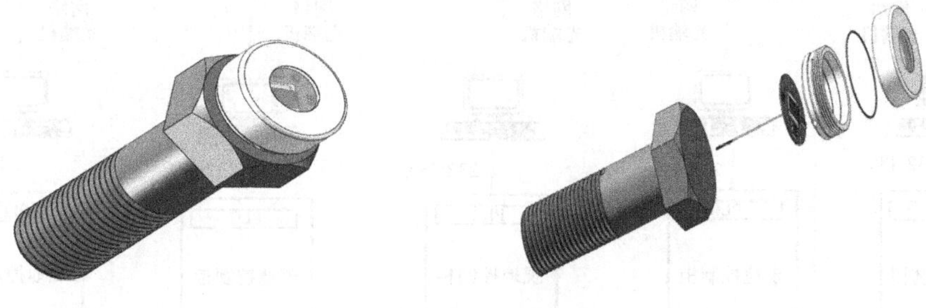

图 2　监测用螺栓外观示意图

成虚实映射与交互，提高桥闸运行的安全性、可靠性。该项目需要建立集中监控中心，完善现场监测与采集系统，研发桥闸集控数字孪生平台，在虚拟环境下全面实现管控流程、人员操作、设备响应、现场结果等方面与实际情况的映射。在集控中心及远程监控站点均可对桥闸的工作情况与状态进行全面的监视、预测与预防。海花岛桥闸集控数字孪生平台建设框架见图 3。系统拓扑图见图 4。

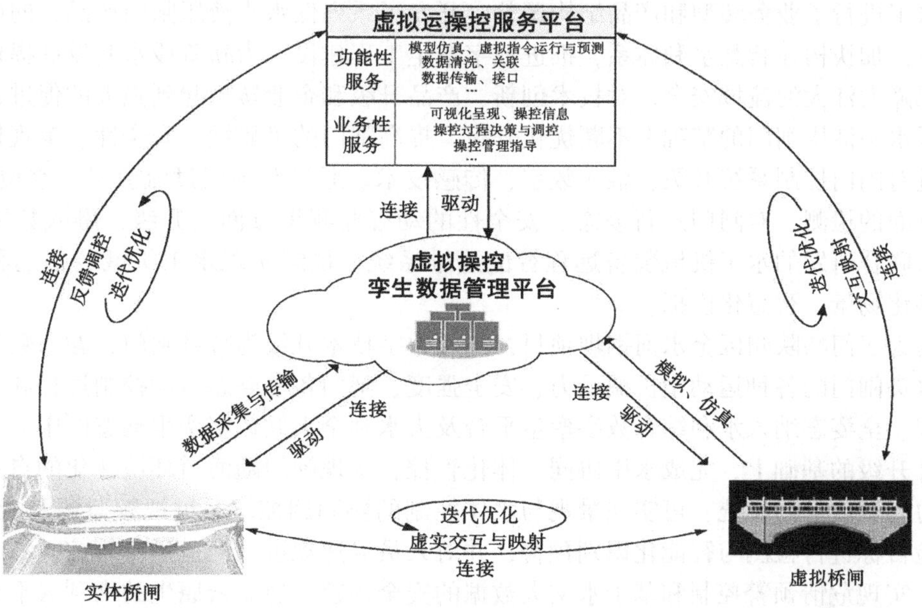

图 3　海花岛桥闸集控数字孪生平台建设框架

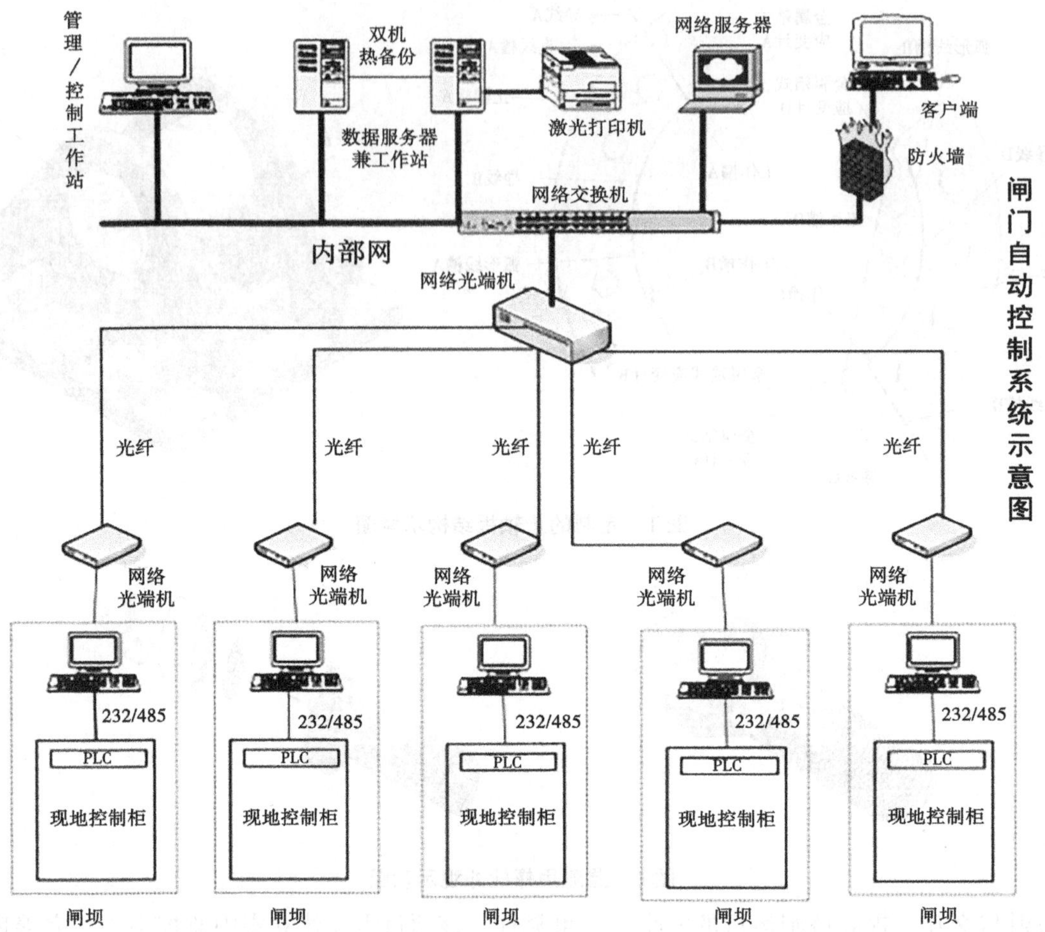

图 4 系统拓扑图

5 三门峡水工推进数字孪生工程建设

三门峡水工进行了业务转型和产品结构调整，开发了系列低水头液压闸门产品，向电站运维领域延伸拓展业务，加快构建智慧水利体系，推进数字孪生工程建设，为新阶段水利发展提供有力支撑和强力驱动，保障大江大河流域安全，对技术创新、产品升级和企业转型起到强大的促进作用。

在现有低水头液压闸门的基础上不断优化升级，提高闸门的可靠性、安全性、美观性、环保性及实用性。通过对闸门控制系统升级，融入数字、传感技术。通过对闸门过流流量、水位和闸门底轴、拐臂应力等方面的检测，对闸门运行姿态、安全性的动态监测等方面的升级，融入数字孪生工程建设。在线接入联合研发的水工机械装备远程智能运维系统，最终实现水工机械装备远程智能运维管理，实现数字化场景、智慧化模拟。

具体实施为三门峡陕州区金水河钢坝项目，加入数字技术升级为智慧闸门，融入数字孪生工程建设。在将低水头闸门的各种运动中机械受力、安全强度、闸门各种姿态运动控制过程和结果实现的全方位、全过程、全姿态纳入水利综合数字孪生平台及大水利全天候数字孪生动态网中。在实现系列低水头闸门设计升级的基础上，完成水岸协同一体化管控，实现闸门随河道环境变化的自动控制。具有多梯度闸门协同调度控制系统，可实现景观与水体控制的协同调控。通过视频监测及视觉识别系统，可对水面危险目标进行检测与智能化识别预警，并对人员等违规进入河道进行管控。结合钢坝坝体数字孪生技术，实现危情预警控制和基于水文大数据的安全预警。建立云原生的水利云平台，融入基于知识图谱的设备维护保障、基于小样本学习的故障识别与预警以及基于虚拟现实的远程专家支持系统，最终实现闸门全生命周期一体化管控。数字孪生工程实施框架见图 5，闸门动作模拟见图 6，一体化数字孪生模型搭建见图7。

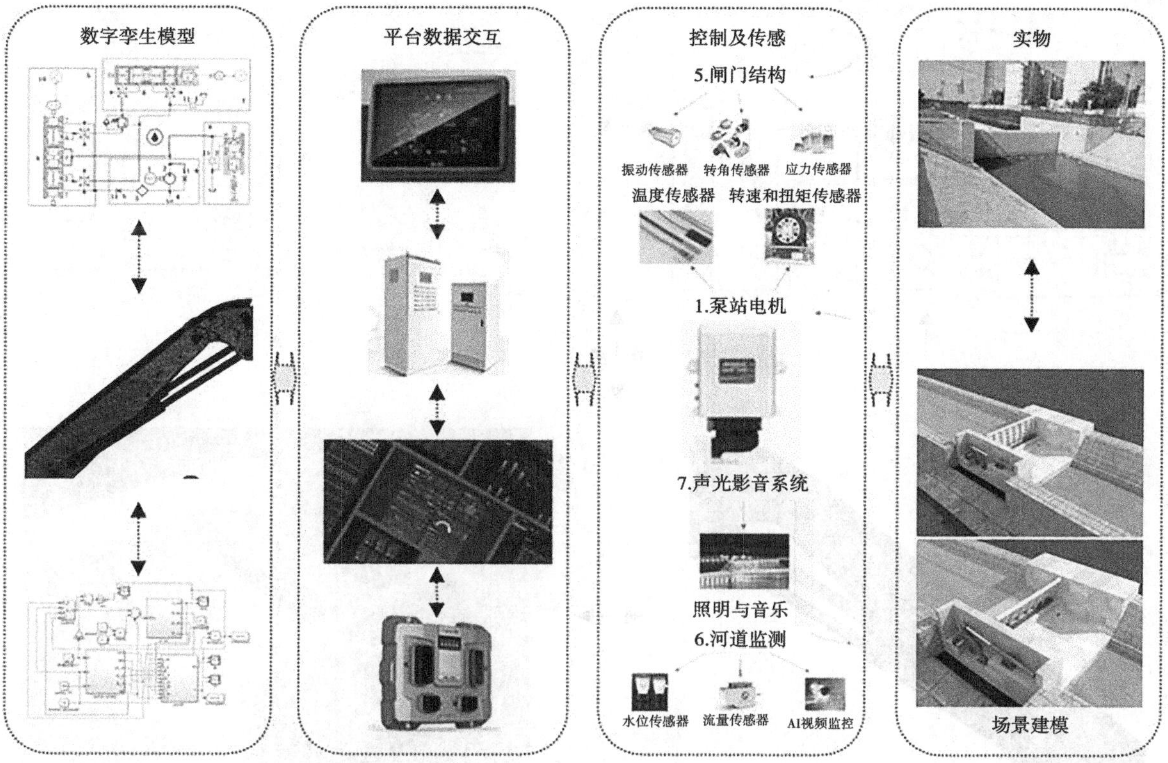

图5 数字孪生工程实施框架

图6 闸门动作模拟

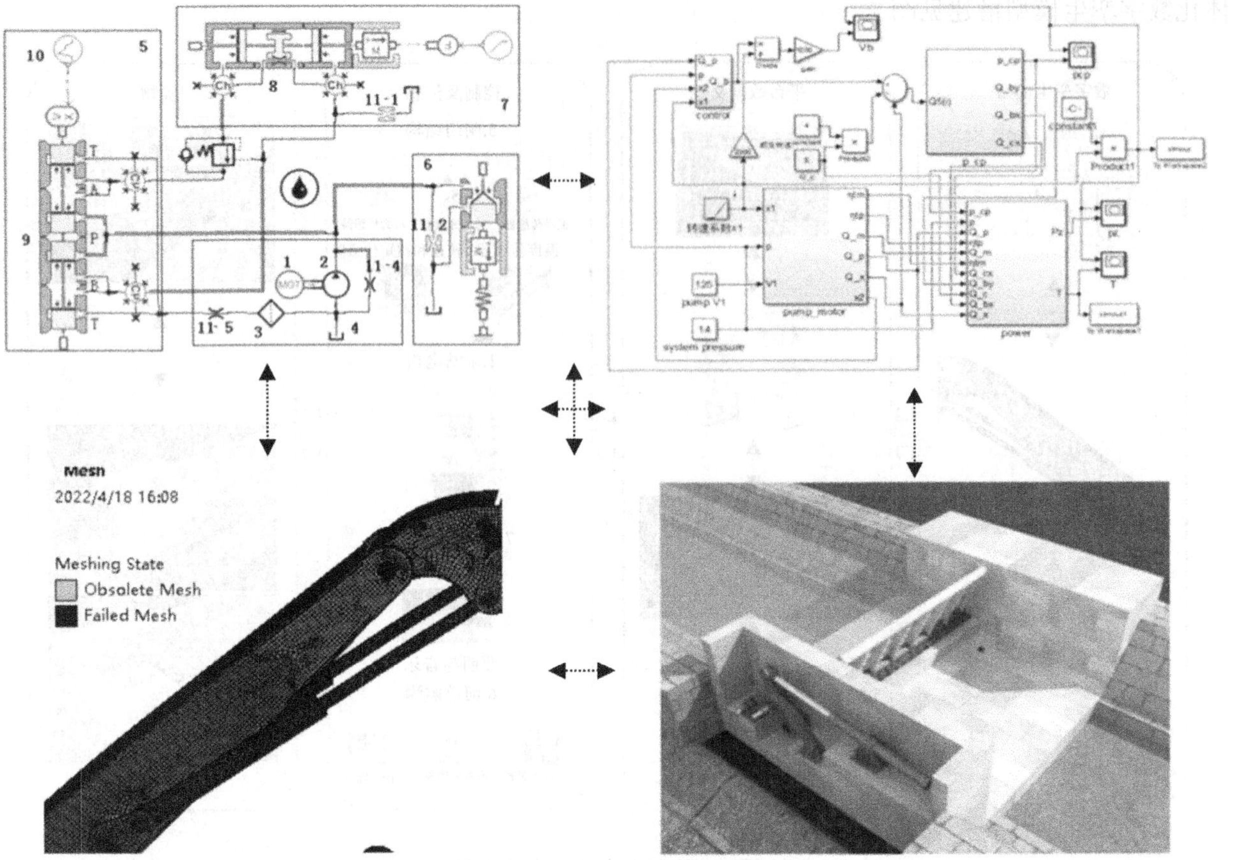

图 7　一体化数字孪生模型搭建

6　重庆华正推进数字孪生工程建设

重庆华正是专业生产水文仪器的厂家，在近几年创新工作的基础上，不断应用 4G/5G、卫星、宽带互联网等新技术、新科技实现水文监测自动化、信息化，实现水文监测仪器智能化、数字化、网络化，不断满足市场需求，推动公司持续健康高质量发展。

以市场需求来开展数字孪生工程建设，具体以建设新疆吉勒布拉克电站流量水位雨量监测系统和山东滨州水务水库雨水情监测系统为基础，进一步拓展生态流量、水质、蒸发、墒情等监测功能，不断优化完善数字孪生工程建设数据传感、采集、数据处理、数据存储、数据传输、数据算力及预警预报、信息仿真等功能，不断提升数字孪生监测系统可靠性及性能。

项目的建设需应用卫星、4G、互联网、模型、数据库等新技术，带动公司产品的软硬件升级和方案的构建，Web 数据平台的架构、地图的结合展示等一些需要面临的技术问题可通过该方案的实施逐步得到解决。系统以感知层→链路层→应用层三层结构进行构建，感知层采集雨量、水位数据转换成链路报文，通过链路层终端设备发送数据到网络中，最后达到应用层进行数据的存储、计算、统计、展示。数据 Web 平台采用 asp. net 技术，最终实现用户访问控制、实时和历史数据查询、数据逐日报表和统计曲线、地图测站站点展示等功能。

通过自主开发水文仪器现场采集河流水位、雨量等信号，信号经数字化处理后形成水位雨量基础数据，水位再通过水文站已建立的水位流量关系表换算出流量，水位流量和区域降雨量等数据通过北斗卫星传输到监控中心，实现电站水雨情远程自动监测。通过无线 4G 网络和有线宽带传输监测到的水库水位和雨量数据，实现水库水雨情远程自动监测。

数字孪生工程建设拓扑见图 8，卫星数据传输见图 9，4G 数据无线传输见图 10，模型构建与数据计算见图 11。

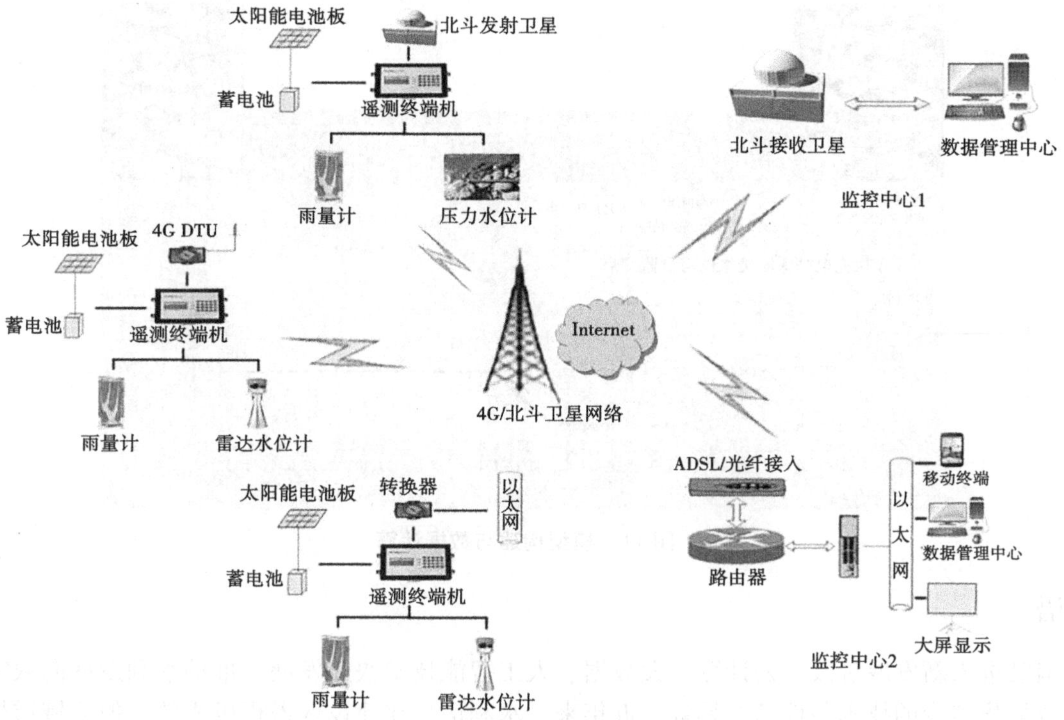

图 8　数字孪生工程建设拓扑

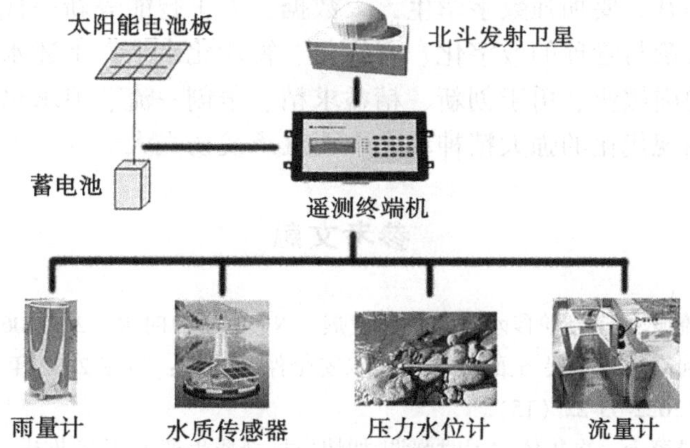

图 9　卫星数据传输

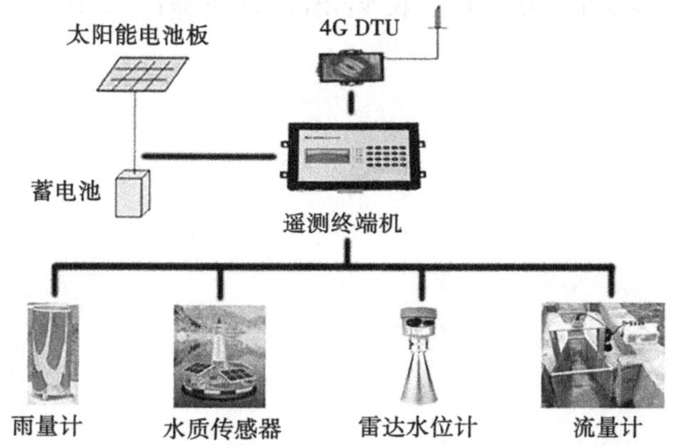

图 10　4G 数据无线传输

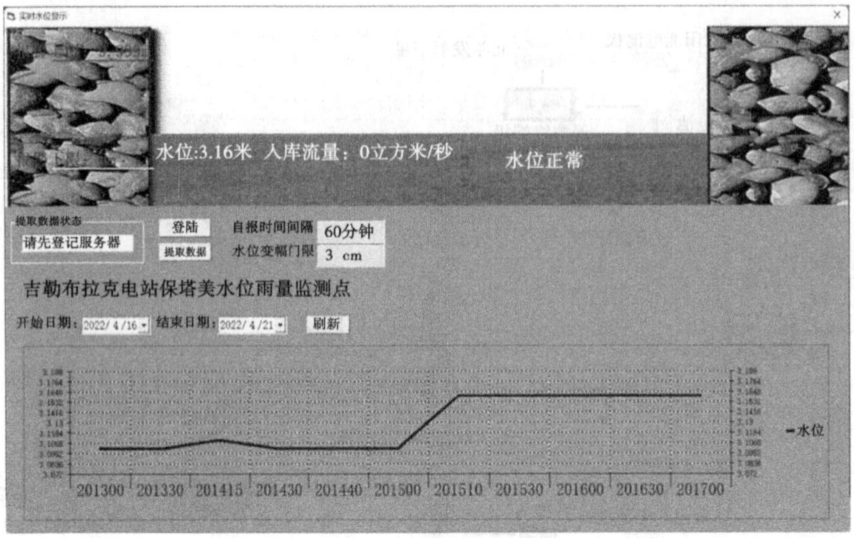

图 11　模型构建与数据计算

7　结语

我国已进入新发展阶段，云计算、大数据、人工智能技术快速发展，推动水利发展向数字化、网络化、智能化转变的技术条件已经具备。近年来，水利信息化建设取得积极成效，但流域透彻感知算据仍有不足，模型算法距高保真目标尚有差距，计算存储能力亦不足需，网络安全防护能力偏弱，运行和管理智能水平亟待提升。要加强数字孪生、大数据、人工智能等新一代信息技术与水利业务的深度融合，大力提升水利决策与管理的数字化、网络化、智能化水平。上述水利部骨干企业推进数字孪生工程建设的业绩都是爱岗敬业、勇于创新、精益求精、争创一流、追求卓越创新精神的结晶，是发展新质生产力，服务水利现代化的强大精神动力，要继承发扬光大。

参考文献

[1] 李国英. 建设数字孪生流域 推动新阶段水利高质量发展 [N]. 学习时报，2022-06-29 (10).

[2] 李国英. 推动新阶段水利高质量发展 全面提升国家水安全保障能力：写在 2022 年“世界水日”和“中国水周”之际 [N]. 人民日报，2022-03-22 (15).

[3] 习近平在中共中央政治局第十一次集体学习时强调 加快发展新质生产力 扎实推进高质量发展 [N]. 人民日报，2024-02-02 (01).

[4] 张占斌，陈晓红，黄群惠. 新质生产力 [M]. 长沙：湖南人民出版社，2024.

水利工程规建管一体化平台的设计

洪德法

（中水东北勘测设计研究有限责任公司，吉林长春　130021）

摘　要：建设水利工程数字化平台有利于提升工程方案的科学性，保障工程建设质量、安全，提高工程管理维护水平。本文基于 GIS、BIM、物联网、大数据等信息技术，将水利工程 BIM 模型和规划设计、施工、管理数据进行关联与深度融合应用，提出水利工程规建管一体化平台的总体设计方案和关键技术。平台实现水利工程建设项目规划设计、施工、管理维护等全过程可视化动态管理和工作协同，对提升水利工程工作效率、质量安全、节约项目投资和工程全生命期精细化管理水平具有重要意义。

关键词：GIS；BIM；水利工程；规建管一体化；数字化平台

1　引言

水利工程是强化水旱灾害防治、优化水资源配置、促进流域区域协调发展的重要设施，水利工程建设包括勘察、设计、建设、运营管理等阶段，是一项复杂的系统工程，涉及面广、内容繁多，需结合先进技术手段进行管理信息化创新。目前，国内外研究学者开展了水利工程相关平台研究工作，取得了一定成果。张泽玉等进行了水利工程“智慧监管+标准化工地”建设路径、方法探索与实践[1]；张颂冀等对综合管理系统设计中的 BIM+GIS 数据融合存在的问题进行研究，提出了一种基于二次误差度量的轻量化处理方法[2]。但平台存在设计、施工、运营等环节管理割裂，数据标准不统一，数据有效性和交互度低，数据可视化表达和分析挖掘应用能力不足等问题。

本文综合运用 GIS 、BIM、大数据、物联网等信息技术，将建设项目设计、施工、管理维护数据与 BIM 模型进行关联与融合，提出一种基于 GIS 和 BIM 技术的水利工程规建管一体化平台，平台实现了工程项目规划设计、施工、管理维护等全过程可视化动态监管。

2　总体设计

2.1　总体架构

综合运用 GIS、BIM、大数据等信息技术，构建基于 GIS 和 BIM 的水利工程规建管一体化平台，平台包括数字沙盘子系统、规划设计管理子系统、施工管理子系统、管理维护子系统 4 部分内容。平台采用 SOA（Service-Oriented Architecture）和微服务架构设计，使用共性能力进行集约化建设。平台主要包括数据层、服务层、应用层、用户层 4 层结构，如图 1 所示。

（1）数据层。由水利工程 BIM 模型、实景三维 GIS 数据、物联感知数据、工程项目数据、人机料法环等数据组成，该层为各类业务应用提供统一的数据服务[3]。

（2）服务层。提供 BIM 模型转换、管理和工程数据管理等功能，为上层应用提供标准化统一的数据治理、管理与输出服务。

作者简介：洪德法（1984— ），男，高级工程师，主要从事地理空间信息技术研究及应用等工作。

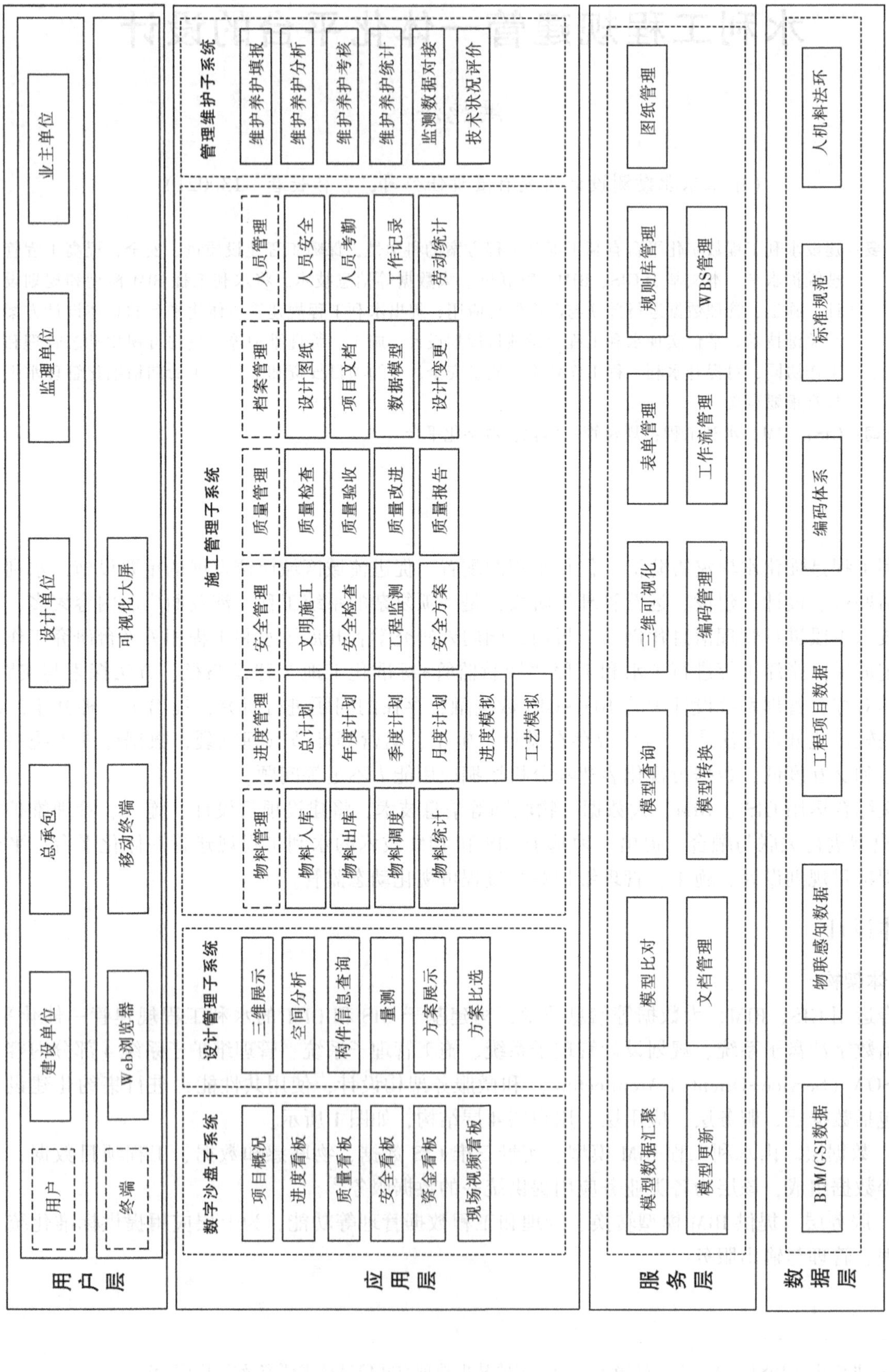
用户层
用户
建设单位
总承包
设计单位
监理单位
业主单位
终端
Web浏览器
移动终端
可视化大屏
应用层
数字沙盘子系统
项目概况
进度看板
质量看板
安全看板
资金看板
现场视频看板
设计管理子系统
三维展示
空间分析
构件信息查询
量测
方案展示
方案比选
施工管理子系统
物料管理
物料入库
物料出库
物料调度
物料统计
进度管理
总计划
年度计划
季度计划
月度计划
进度模拟
工艺模拟
安全管理
文明施工
安全检查
工程监测
安全方案
质量管理
质量检查
质量验收
质量改进
质量报告
档案管理
设计图纸
项目文档
数据模型
设计变更
人员管理
人员安全
人员考勤
工作记录
劳动统计
管理维护子系统
维护养护填报
维护养护分析
维护养护考核
维护养护统计
监测数据对接
技术状况评价
服务层
模型数据汇聚
模型更新
模型比对
文档管理
模型查询
模型转换
三维可视化
编码管理
表单管理
工作流管理
规则库管理
WBS管理
图纸管理
数据层
BIM/GSI数据
物联感知数据
工程项目数据
编码体系
标准规范
人机料法环

图1 平台总体架构

(3) 应用层。面向工程设计、施工、管理维护业务，提供水利工程三维可视化浏览、数据查询统计、数据分析挖掘、数据指标监测等应用功能。

(4) 用户层。面向业主单位、设计单位、施工单位、管理维护单位、监理单位，提供 Web 浏览器、可视化大屏、移动终端的多端应用。

2.2 项目区三维可视化场景搭建

2.2.1 BIM 建模

依据水利工程相关 BIM 标准，通过 BIM 正向设计或者根据二维设计图纸翻模方式构建水利工程 BIM 模型，并对每一个工程构件设置唯一编码标识。

2.2.2 项目区三维场景搭建

将水利工程 BIM 模型与项目区地形、影像、倾斜摄影等实景三维数据进行叠加融合，搭建项目区三维场景，作为水利工程可视化的基础数据。

2.3 功能设计

根据水利工程规划设计、施工、管理维护三大阶段的应用需求设计平台功能，平台主要功能包括数字沙盘子系统、设计管理子系统、施工管理子系统、管理维护子系统。

2.3.1 数字沙盘子系统

数字沙盘子系统将整个项目的关键数据从业务模块中汇集、计算和分析，如投资、质量、安全、征迁、进度等，并用 BIM+GIS 手段将关键节点的重要数据信息可视化地展现出来[4]，再结合项目概况，以及摄像头、环境监测设备等数据，实现项目关键信息管控一张图。同时，点击建设工程模型的构件，显示该构件从设计、施工、维护的全寿命信息。

2.3.2 设计管理子系统

2.3.2.1 设计方案展示

将水利工程 BIM 模型和工程周边区域的实景三维数据进行叠加和无缝镶嵌融合，直观展示当前设计的场地规划、复杂地层空间分布规律及工程结构相互之间的关系；以平纵横断面为设计视角数据，在查看工程 BIM 模型的同时刷新对应视角的平、纵、横断面数据，实现平纵横联动展示效果，还可以查看构件的实际外观尺寸、颜色、物理特性等信息。通过多种方式，充分展示设计意图。

2.3.2.2 设计方案比选

将不同阶段、不同版本的设计模型上传至平台并进行对比，自动列出对比清单，并在模型上以不同颜色进行区分，供设计人员进行对比分析；利用管线综合分析优化功能，自动发现设计中存在的“错、漏、碰、缺”问题。利用视点管理功能对设计中发现的问题进行批注，为设计问题整改过程中的定位、排错提供依据。

2.3.3 施工管理子系统

施工管理子系统将工程施工工地涉及的人员、设备、隐患点全部纳入平台进行动态管控，对水利工程进行施工进度、质量、安全、物资材料、档案的协同管理，实现水利工程业主方、设计方、施工方、管理维护方协同工作。

2.3.3.1 施工进度管理模块

以水利工程 BIM 模型构件为信息载体和基本管理单元，结合施工计划和实际施工信息，实现计划进度管理和形象进度管理，并以三维可视化的手段展示项目各个构件、工序的计划情况、实际施工情况。

施工进度模拟：基于施工计划进度与实际进度[5]，在三维可视化环境下以时间轴为主线将模型构件按建造次序依次生成模型结构，实现 4D 施工进度模拟仿真，同时实时跟进项目施工进展，对比计划进度与实际进度，形成进度预警和进度问题报告。项目主管部门、施工单位、监理单位可直观、准确地掌握工程进度，为进度计划制定、资源配置提供依据，最大化地使项目总体进度与总体计划保持一致。

施工工艺模拟：基于水利 BIM 模型进行施工工艺模拟，系统、直观、形象地表达施工工艺的各个细节、施工流程、工艺流程、运作原理，及时发现不合理的施工程序、设备调用程度与冲突、资源的不合理利用、安全隐患、作业空间不足等问题，以减少资源浪费与施工安全问题，提高施工工程质量，节省工期。

2.3.3.2 施工质量管理模块

在水利工程现场质量检查中，利用移动终端将现场工程质量巡检信息进行上报，并将水利工程 BIM 模型构件与工程质量检查数据进行关联，实现现场问题快速定位与明确，实现工程施工质量的可视化便捷管理和动态控制，提高施工质量的主导性、及时性和可靠性。

2.3.3.3 施工安全管理模块

业主及监理发现施工安全隐患问题，利用手机上报施工安全问题、采集定位信息、关联 BIM 模型，发起安全整改流程，施工单位相关负责人收到平台提醒后及时进行问题整改，并将整改结果进行反馈，业主及监理对整改结果进行审批，形成安全检查闭环[6]。实时调取施工现场制高点、重点区域、危险源附近等关键位置的摄像头，实时查看现场施工作业情况，提高监控效力，有效规范施工作业行为。

2.3.3.4 工程计量管理模块

基于水利工程 BIM 模型，以构件为最小计量单元，开展计量相关的筛选、填报、辅助审核工作。结合进度、质量、安全管理数据，打破传统计量管理与进度、质量、安全管理之间的信息隔离。根据完工、检验合格的构件，平台自动计算计量清单工程量，自动生成每期计量报审单，并与合同清单量自动核对。

2.3.3.5 物资材料管理

通过平台对水利工程相关物资进场、出入库进行管理，通过物资编码并和 BIM 模型关联，当某一批次材料出现问题，可快速定位到这批材料用到现场的施工部位，实现材料的全生命周期可追溯。

2.3.3.6 工程档案管理模块

对水利工程规划设计、施工、管理维护期间的规划方案、设计图纸、竣工图纸、施工日志、质量管控文件、安全管理文件、计划进度文件、合同文件等各种文档资料进行存储、整理、归档，实现工程档案在线管理和在线查阅，对于统一工程参与方的文件版本具有重要意义。

2.3.4 管理维护子系统

在智慧巡检移动终端加载水利工程 BIM 可视化模型，通过现场扫取构件二维码，实现巡检定位签到、静态、结构及历史病害信息的实时在线调取和填报，实现水利工程维护养护管理。利用传感器采集水利水电工程主体结构、地基基础、两岸边坡、相关设施及周围环境的物理数据，进行大坝运行安全趋势预测预报分析、大坝运行安全趋势异常预警分析、大坝运行安全性态和趋势预演仿真分析、大坝运行安全监测预案响应分析，评估大坝的安全程度，及时发现和处理大坝的安全隐患，提高水库大坝的运行效率和安全性。

2.4 关键技术

2.4.1 三维 GIS 与 BIM 模型的轻量化技术

为了实现地形模型、倾斜摄影模型、BIM 模型等三维模型场景的高效显示，在保证三维模型结构和纹理效果的前提下，对实景三维模型和 BIM 模型数据进行轻量化处理，包括模型格式转换、合并根节点、几何简化、纹理压缩、纹理重映射、多层次细节模型（LOD）生成和优化等，减少模型数据总量和显存占用，再经过前端显示优化配合，提升渲染性能。三维模型数据优化流程如图 2 所示。

2.4.2 基于动态索引的地理空间数据空间索引技术

空间索引可以显著提高实景三维模型和 BIM 模型数据的查询效率，常见的有四叉树索引、R 树索引、图库索引等[7]。平台应用结合 R 树索引与四叉树索引优势的动态索引技术，将数据集按照一定的规则划分成相等或不相等的网格，记录每一个地理对象所占的网格位置。空间查询时，首先计算

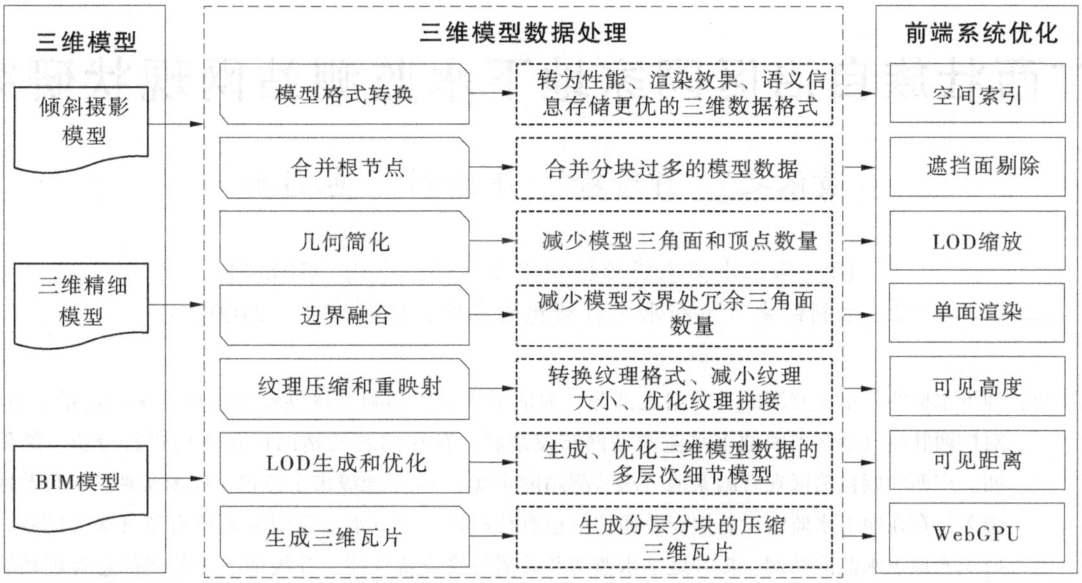

图2 三维模型数据优化流程

出查询对象所在的网格，再通过该网格快速查询所选地理对象。这种索引方式可以大大提高空间数据查询和浏览的速度。

3 结语

本文融合GIS、BIM、IoT等数字化技术，打造了一个面向水利工程规划设计、建设、管理维护的综合数字化平台，实现了基于BIM模型的构件生命周期信息可追溯管理，以及对工程建设项目可视化动态监管。应用实践表明，平台具备良好的技术开放性、兼容性及动态扩展和应用能力，打通了水利工程建设项目规划设计、施工、运维全生命周期监管数据链条，为推进水利工程全生命周期数字化管理、促进工程建设领域高质量发展提供了一定的参考。

参考文献

[1] 张泽玉，韩鸿雁，张伟，等. 水利工程“智慧监管+标准化工地”建设路径、方法探索与实践［J］. 水利水电技术（中英文），2024，55（增刊2）：101-106.

[2] 张颂冀，黄军，贾邦耀，等. 基于BIM+GIS的引绰济辽水利工程数字孪生综合管理系统研究［J］. 机电工程技术，2024，53（8）：79-83.

[3] 朱良兵，张聪. 基于BIM的工程全生命周期管理平台研究［J］. 云南水力发电，2023，39（3）：326-330.

[4] 中交第二公路勘察设计研究院有限公司. BIM云平台让数据实现全生命周期管理［J］. 中国公路，2020（11）：105-108.

[5] 张力，张航，刘成堃，等. 水利数字孪生平台三维模拟仿真技术研究与应用［J］. 人民长江，2023，54（8）：9-18.

[6] 贺晓钢，黄志宏，敖翔，等. 基于GIS+BIM融合的建设工程项目数字化管理平台研究与应用［J］. 水利规划与设计，2021（10）：67-70，84.

[7] 陈俊杰，朱维，王宪锴，等. 空间索引技术及其GIS应用综述［J］. 地理与地理信息科学，2024，40（2）：1-10.

广西壮族自治区国家地下水监测站网现状研究

黄依之[1] 肖珍珍[1] 韦露斯[1] 包鑫如[2]

（1. 珠江水文水资源勘测中心，广东广州 510370；
2. 水利部南京水利水文自动化研究所，江苏南京 210012）

摘 要： 地下水监测是水文监测的重要组成部分，为地下水开发和利用提供资料支撑。采用定量分析法，对广西壮族自治区国家地下水监测站网布设现状、存在问题及站网优化方向进行分析。结果表明：广西壮族自治区现有国家地下水监测站网实现了14个地级市全覆盖，但未实现县级行政区全覆盖，存在地下水监测设备性能及通信信道有待改造、地下水信息服务系统有待升级等问题。采取织密地下水监测站网、提升地下水监测及数据传输设备性能、升级地下水监测信息管理系统等措施，可完善国家地下水监测站网体系，为广西壮族自治区数字孪生水网建设提供有力支撑。

关键词： 地下水；国家监测站网；广西壮族自治区

1 引言

地下水是水资源的重要组成部分，是支撑经济社会发展的重要自然资源，是维系良好生态环境的要素之一，也是重要的应急水源[1]。党中央、国务院高度重视地下水开发保护及管理工作。地下水监测通过监测和调查地下水动态变化特征，可为提升水资源科学配置调度、支撑水资源刚性约束提供数据依据[2]。2021年11月9日，《地下水管理条例》发布，其中第五条明确规定，县级以上地方人民政府对本行政区域内的地下水管理负责，应当将地下水管理纳入本级国民经济和社会发展规划，并采取控制开采量、防治污染等措施，维持地下水合理水位，保护地下水水质[3]。

在广西壮族自治区社会经济快速发展的平原地区，如旅游业较为发达的北海市海城区、银海区等，沿海诸河源短流急，地表水资源匮乏，长期以地下水开采作为水源补充。地下水不合理开发导致海水入侵、开采性降落漏斗、地面沉降等地质环境及生态环境灾害[4]。广西壮族自治区地表水资源丰富，地下水开采总量相对较少，多为小规模、分散式开采。根据2023年广西壮族自治区水资源公报[5]，广西总用水量为258.5亿m^3，其中地表水源用水量为249.1亿m^3，地下水源用水量为5.5亿m^3，其他（非常规）水源用水量为3.70亿m^3，地下水源用水量仅占用水总量的2.1%；在全区14个地市中，北海市地下水源用水量约占北海市总用水量的10%，其余13个地市地下水源用水量占总用水量比例为0.1%~3.6%，远低于北海市地下水源供水占比。本文采用定量分析法，针对广西壮族自治区地下水监测站网现状，从地市级及县级行政区站点分布情况、水资源三级区基本类型区、海水入侵区及地下水超采区等特殊类型区等角度进行分析，发掘广西壮族自治区国家地下水监测站网存在的问题，提出加强站网布设、提升设备监测传输性能、优化地下水监测信息管理系统等对策，可为广西壮族自治区地下水监测站网建设提供参考，为广西壮族自治区数字孪生水网建设提供理论依据。

作者简介： 黄依之（1996—），女，工程师，主要从事地下水监测及水文站网规划等研究工作。
通信作者： 韦露斯（1986—），女，高级工程师，主要从事地下水监测及水文站网规划等研究工作。

2 地下水监测现状

2.1 总体情况

2015 年 6 月，由水利部、自然资源部联合开展的国家地下水监测工程正式启动[6]，同年 7 月，广西壮族自治区正式启动国家地下水监测站点规划及建设工作，并于 2020 年全面建设完成。建设完成后，广西壮族自治区国家地下水监测站由空白填补至 381 个，其中自然资源部门 257 个，水利部门 124 个。381 个地下水监测站实现了自治区 14 个地级市全覆盖，但部分地市存在地下水监测空白县。广西壮族自治区地下水监测站点分布统计见表 1。

表 1 广西壮族自治区地下水监测站点分布统计

单位：个

市级行政区	总数	按地下水类型统计			按地下水监测层位统计		监测空白县
		孔隙水	裂隙水	岩溶水	潜水	承压水	
南宁市	42	27	0	15	15	27	3
贵港市	12	0	0	12	12	0	2
桂林市	71	1	1	69	70	1	6
百色市	28	9	0	19	26	2	3
北海市	44	30	0	14	14	30	0
崇左市	10	1	1	8	9	1	5
防城港市	9	0	7	2	2	7	0
河池市	29	9	0	20	20	9	2
贺州市	8	0	0	8	8	0	3
来宾市	15	6	0	9	9	6	1
柳州市	54	15	2	37	39	15	2
钦州市	15	0	8	7	7	8	2
梧州市	11	1	4	6	10	1	2
玉林市	33	0	0	33	33	0	4
总计	381	99	23	259	274	107	35

由表 1 可知，广西壮族自治区 14 个地市中，地下水监测站点最多的为桂林市，数量为 71 个；柳州市站点数次之，为 54 个；贺州市站点数最少，为 8 个。按地下水类型统计站点数量：孔隙水 99 个，裂隙水 23 个，岩溶水 259 个。按地下水监测层位统计站点数量：潜水 274 个，承压水 107 个。根据广西壮族自治区水文地质条件，广西岩溶面积达 9.87 万 km^2，占全区总面积的 41%。广西的碳酸盐岩沉积建造是从泥盆系至三叠系沉积并以灰岩为主的，碳酸盐岩总体上杂质含量少，有利于岩溶的发育[7]，因此广西岩溶水地下水监测占比较大，约占全区国家地下水监测站点总数的 68%。

广西壮族自治区现状地下水监测站分布情况见图 1。由图 1 可知，在 2020 年国家地下水监测工程项目建设后，广西壮族自治区有 35 处监测空白县，涉及南宁、贵港等 12 个地市。监测空白县数量较多的地市主要在桂林市、崇左市、玉林市，分别为 6 个、5 个和 4 个，导致此结果的原因可能为广西地表水资源较为丰富，大部分空白县经济较为落后，地广人稀，对地下水资源需求程度低。在空间上，自然资源部门建设的地下水监测站点呈集中式分布特点，多分布在城市建成区、工矿企业、岩溶区等；水利部门建设的地下水监测站点分布较为均匀，在全省零星分布，导致此结果的原因可能为水利部分的监测需求为地下水资源管控，因而布设原则为各个行政区尽可能全覆盖，国土部门的监测需求为地质灾害监测与地质环境保护，因而布设原则为人口密集区、国家生态建设与环境保护区重点监测。

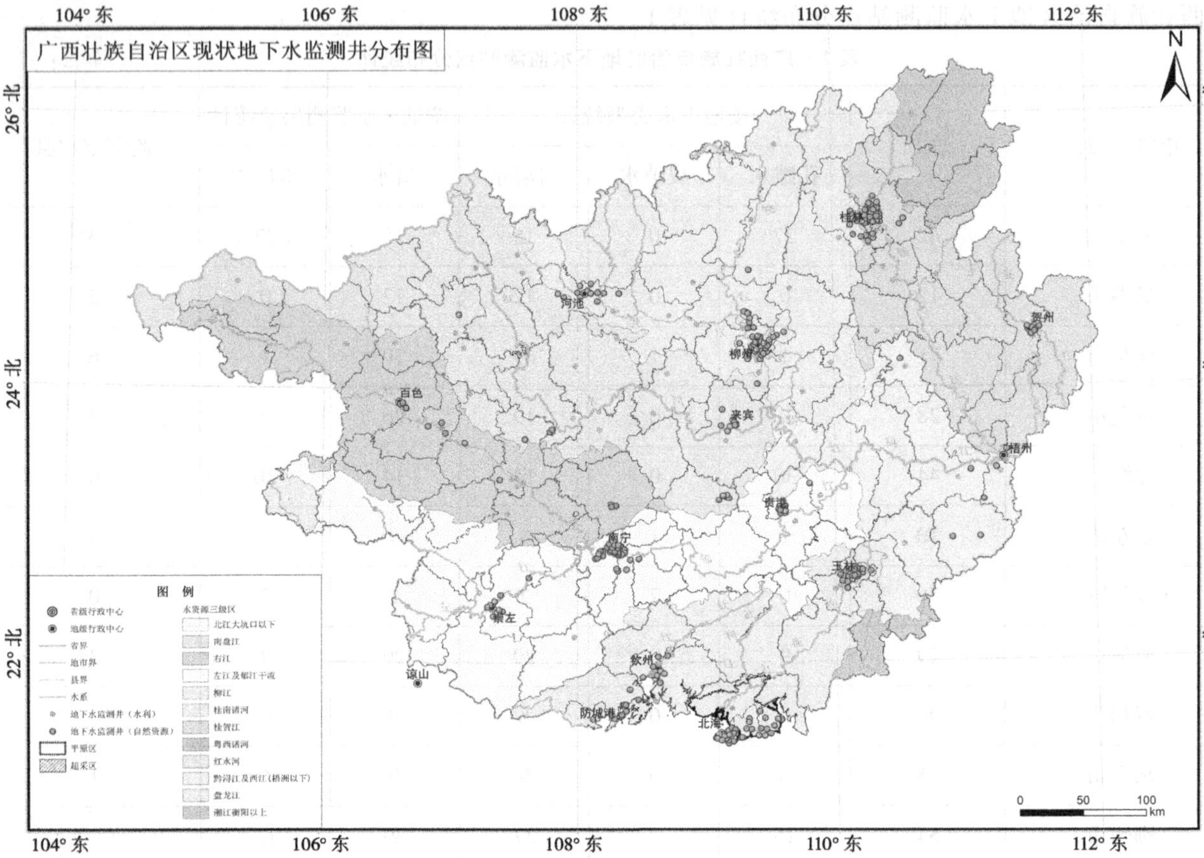

图 1　广西壮族自治区现状地下水监测站分布图

2.2　基本类型区

根据全国第三次水资源调查评价结果，广西壮族自治区仅北海市存在平原区，平原区面积为 0.22 万 km^2，山丘区面积为 23.45 万 km^2。北海沿海平原区面积仅占广西总国土面积的 0.9%，但地下水开采量约占地下水总开采量的 10%。

平原区和山丘区站网分别布设统计分别见表 2 和表 3。由表 2 和表 3 可以看出，平原区站点密度为 20 站/(10^3 km^2)，山丘区站点密度为 1.4 站/(10^3 km^2)，柳江、桂贺江、桂南诸河等水资源三级区密度高处平均值较大，这是由于广西岩溶主要分布在红水河、郁江，以及桂北柳江、桂江与贺江流域。

表 2　平原区站网布设统计

序号	平原区名称	面积/万 km^2	现状站数/个	现状密度/[站/(10^3 km^2)]
1	桂南诸河	0.22	44	20
合计		0.22	44	20

表3　山丘区站网布设统计

序号	山丘区名称	面积/万 km^2	现状站数/个	现状密度/［站/(10^3 km^2)］
1	桂贺江	2.66	63	2.4
2	南盘江	0.56	1	0.2
3	右江	3.06	29	0.9
4	左江及郁江干流	3.77	53	1.4
5	柳江	4.21	88	2.1
6	桂南诸河	2.24	55	2.5
7	桂黔浔江及西江（梧州以下）	2.15	13	0.6
8	红水河	3.87	34	0.9
9	湘江衡阳以上	0.71	1	0.1
10	粤西诸河	0.22	0	0
合计		23.45	337	1.4

2.3　特殊类型区

2.3.1　超采区

根据《全国地下水超采区水位变化通报》（水资管〔2020〕173号），广西壮族自治区超采区涉及北海市海城区、合浦县、银海区，均为一般浅层超采区，超采面积分别为13.8 km^2、53 km^2、56 km^2，合计122.8 km^2。根据《地下水监测工程技术标准》（GB/T 51040—2023）[8]，超采区布设密度要求为地下水位基本站15~40站/(10^3 km^2)，超采区站网布设见表4，可以看出，广西壮族自治区3处超采区监测站密度均符合技术规范要求。

表4　超采区地下水水位站网布设统计表

序号	超采区面积/km^2	超采区类型	涉及超采县级区	现状站数/个	现状密度/［站/(10^3 km^2)］
1	13.8	一般、浅层	海城区	8	579.7
2	53	一般、浅层	合浦县	1	18.9
3	56	一般、浅层	银海区	6	107.1

2.3.2　海咸水入侵区

广西壮族自治区沿海地区出现地下水位下降引起海水入侵问题的地区主要涉及北海市银海区、海城区[9]。现有国家地下水水位监测站9个，布设密度为176站/(10^3 km^2)，满足GB/T 51040—2023规范中海咸水入侵区地下水水位基本站15~30站/(10^3 km^2) 的布设密度要求。

3　存在的问题

3.1　存在监测县级行政区监测空白

广西壮族自治区国家级地下水监测站主要集中布设在岩溶区、地下水源利用程度较高地区，如柳州、桂林、北海、南宁等市，地下水超采区、岩溶区及工矿企业等地下水监测井分布较多，已实现市级行政区监测全覆盖。但对于地下水开发利用量较少、无特殊地质条件及经济较为落后的35个县级行政区，未布设国家级地下水监测站。随着加强县级行政单元水资源管理、数字孪生水网建设需要，以及对地下水超采区、海咸水入侵区、岩溶塌陷区、水源涵养区等区域加强水利行业强监管需要，现有地下水站网监测体系已无法满足新时期实际应用需求，亟须在35个监测空白县补充建设地下水监测站。

3.2 技术装备水平需提升

广西壮族自治区381处国家级地下水监测站自2020年投运以来，到报率、交换率、完整率均超过95%，定时开展资料月度整编刊印及入库工作。然而，在防城港市、北海市等沿海高温高湿等恶劣环境地区，地下水监测设备在运行过程中展现出的可靠性和稳定性存在显著不足，故障率、老化率明显高于一般地区；此外，由于建设时的通信方式为2G通信，随着通信技术的迭代升级，在偏远地区公网信号弱或2G基站不维护地区，存在数据报送不及时或无法报送等问题，需升级2G通信至4G通信，对较为重要的地下水监测站除常规通信方式提档升级外，建议增设利用北斗卫星作为通信信道技术应用，全面提升监测仪器设备性能，保障信息传输的稳定性、可靠性。

3.3 信息化应用服务能力需加强

已建设的广西壮族自治区地下水信息系统，在数据处理与分析、数据整合、数据交叉验证、多源数据融合与数据应用方面尚未形成完整且成熟的服务产品体系，在地下水位及埋深指标管控、预报、预警及地下水水资源实时评价等方面，存在信息化支撑能力薄弱、实用度不高等问题，亟须加强面向应用主题的信息化产品服务能力建设。

4 结语与展望

4.1 结语

（1）广西壮族自治区现状国家级地下水监测井381个。按照地市统计，地下水监测站点最多的为桂林市，为71个；柳州市次之，为54个，贺州市站点最少，为8个。按地下水类型统计站点数量：孔隙水99个，裂隙水23个，岩溶水259个。按地下水监测层位统计站点数量：潜水274个，承压水107个。14个地市的111个县级行政区中，存在35个监测空白县。

（2）分析基本类型区的布设密度可知，广西壮族自治区平原区站点密度为20站/(10^3 km^2)，山丘区站点密度为1.4站/(10^3 km^2)，现状站个数最多为柳江，为88个。分析超采区及海水入侵区等特殊类型区的布设密度可知，广西壮族自治区超采区及海水入侵区监测站密度均符合技术规范要求。

（3）广西壮族自治区地下水监测站网存在部分县级行政区有监测空白、技术装备水平、信息化应用服务能力有待提升等问题。

4.2 展望

根据全国地下水监测现状和新阶段国家对地下水监测的需求，2021年，水利部门和自然资源部门在充分总结一期工程成效和经验的基础上，响应《水利部 国家发展改革委关于印发全国水文基础设施建设“十四五”规划的通知》（水规计〔2021〕383号）文件精神，于2021年联合开展国家地下水监测工程（二期）工作。2024年7月，水利部珠江水利委员会水文局协助完成该项目，水利部门可行性研究报告与自然资源部门可行性研究报告合稿，并上报国家发展和改革委员会。在该项目中，针对单元内未布设监测站点的县级行政区新建监测井，提升地下水监测设备在恶劣环境下的适用性，优化现有地下水监测信息管理系统，新建国家地下水监测评价预警系统对地下水监测站进行维护和管理，开展资料整编和动态协同分析评价，为省级行政区地下水管理提供服务支撑。该项目完成后，可收集地下水单元内长期、连续的监测资料，保证地下水监测数据采集、传输、存储、共享、应用一体化，更精确地掌控地下水单元的流场动态变化规律，为广西壮族自治区数字孪生水网建设提供坚实的算据支撑。

参考文献

[1] 朱学愚. 地下水水文学 [M]. 北京：中国环境科学出版社，2005.

［2］章树安，孙龙，杨桂莲．关于提升国家地下水监测体系和综合分析能力的研究与思考［J］．中国水利，2021（7）：9-12.
［3］中华人民共和国国务院．地下水管理条例：国务院令第748号［A］．（2021-10-21）.
［4］赵辉，董建凡．北海市地下水超采问题及治理方案研究［J］．广西水利水电，2024（4）：54-59.
［5］刘中奇，许林波，尹绍清，等．2023年广西壮族自治区水资源公报［EB］．［2024-10-15］.
［6］肖珍珍，吴春熠，宋凡．广东省地下水监测站网现状研究［C］//中国水利学会．2022中国水利学术大会论文集：第五分册，郑州：黄河水利出版社，2022.
［7］姜光辉，郭芳．广西岩溶水资源与社会服务功能［J］．广西科学，2018，25（5）：456-464.
［8］中华人民共和国住房和城乡建设部．地下水监测工程技术标准：GB/T 51040—2023［S］．北京：中国计划出版社，2023.
［9］区小毅，黎海龙，杨富强，等．音频大地电磁法在广西北海市海水入侵调查中的应用［J］．物探与化探，2020，44（1）：66-73.

基于卷积神经网络的寒旱区湖泊遥感影像水体提取方法研究

李　桃[1]　刘佳佳[2]　付学良[2]

（1. 水利部产品质量标准研究所，浙江杭州　310024；
2. 内蒙古农业大学计算机与信息工程学院，内蒙古呼和浩特　010018）

摘　要：寒旱地区地形复杂，详细了解水资源的分布和水利信息对水利信息化具有重要意义。卫星遥感影像成为提取水体可靠数据源的有效方法，本文依据遥感技术，针对寒旱区复杂的地形条件，选取内蒙古自治区的乌梁素海和呼伦湖作为案例，进行水体特征提取与分割，提出了一种优化的湖泊水体提取方法。

关键词：语义分割；水体提取；UNet 网络

1　引言

湖泊是重要的淡水储存体，对人类生活和社会发展至关重要。然而，水体污染和湖泊面积缩减正威胁着湖泊生态系统。为了应对这些挑战，高效的湖泊监测系统对于合理分配水资源和支持生态文明建设至关重要[1]。在我国北方寒旱区，气候变化对湖泊影响尤为显著，导致遥感图像上的特征更为复杂。相较于传统方法，基于深度学习的技术如卷积神经网络（CNN），因其高精度和像素级分割能力，在水体提取方面展现出优势。已有研究表明，结合 DenseNet 密集连接结构的全卷积神经网络（FCN）和 Mask R-CNN 模型等深度学习框架在不同条件下均能有效提高水体提取的精度。本文在考虑寒旱区特性的前提下，致力于开发适用于该地区的水体提取方法，旨在为湖泊管理和生态保护提供科学依据。

2　实验材料

2.1　数据集概况及来源

乌梁素海坐落于内蒙古自治区巴彦淖尔市乌拉特前旗，是黄河历经岁月侵蚀和改道而形成的一个湖泊，整个湖区呈月牙状，如图 1（a）所示。目前，乌梁素海遭受周围环境的污染，水质差，并且湖泊的面积也在不断地减小[2]，湖泊面积减少的原因主要包括自然因素，以及诸如灌溉、工业废水排放等人为因素。呼伦湖是我国五大淡水湖之一，位于内蒙古自治区呼伦贝尔市东北部。湖区呈现不规则的斜长方形形状，如图 1（b）所示。呼伦湖的面积因多种因素而急剧减小，其中河流断流、气候干旱、草原沙漠化等是主要因素[3]。

2.2　数据集的预处理

原始的乌梁素海和呼伦湖的高分辨率遥感图像来自美国地质勘探局网站，共下载获取 2015—2024 年的湖泊遥感图像 141 幅。拍摄时并未受到云层的遮挡，图片具有较高的清晰度。遥感图像的预处理包括地形校正、几何校正、辐射定标、大气校正、图像裁剪和波段组合[4]。此次研究获取的

基金项目：国家自然科学基金项目（61962047，62041211）；内蒙古自治区科技重大专项（2021SZD0004）。
作者简介：李桃（1974—），女，高级工程师，主要从事水体及水利标准化方面的研究工作。

(a)乌梁素海　　(b)呼伦湖

图 1　乌梁素海和呼伦湖示例图

图像属于 L1TP 级别，已经完成了地形校正和几何校正处理，只需进行其他几项的预处理即可。这些预处理工作皆在 ENVI5.3 软件中完成。图 2 为图像预处理流程。

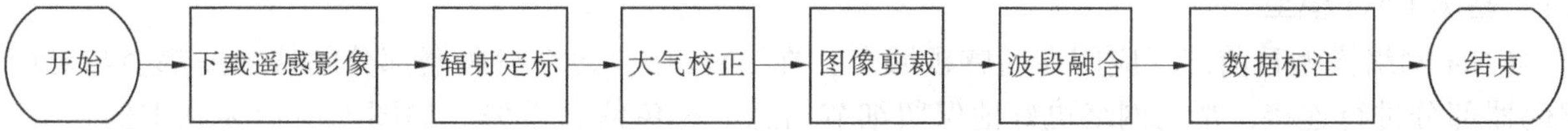

图 2　图像预处理流程

2.3　数据标注

湖泊卫星图像经过预处理后，其尺寸不符合直接进行模型训练的要求，需要对图像进行调整和优化。样本集的原始尺寸较大，可能会导致计算量过大、内存溢出等问题[5]，从而导致提取的特征不完整。因此，先将处理好的数据切分成多个小尺寸的子图。本文使用图像标注软件标记图像中的水体，并沿着水体的轮廓进行标注，将影像中的水体与非水体进行标注，标记出水体的部分，其余为背景部分。最终在标记好的图像中，水体区域和背景区域分别用 1 和 0 表示。标记好的图片如图 3 所示。

(a)遥感图像　　(b)遥感图像标签

图 3　遥感图像及其标签图片

2.4 数据增强

过拟合是深度学习中常见的问题，数据增强可以有效减少过拟合的风险。通过随机性地改变训练数据，模型不太可能记住每个训练样本的具体特征，从而泛化到新数据上。本文对遥感卫星湖泊图片及其对应的标签图片都进行数据增强，包含多种图像处理技术，包括旋转、翻转、缩放、平移和裁剪等方法，有助于模型更好地理解和学习湖泊图像的特征，为后续的模型训练和性能提升奠定了基础，最终得到的数据集共按照7：3的比例分别得到测试集和训练集图片。

3 基于改进 UNet 的水体提取方法

水体提取流程图如图 4 所示。将自制的数据集放入模型中进行训练，然后将未参与训练的数据集进行模型的测试。最后根据衡量性能指标评价模型性能的好坏。

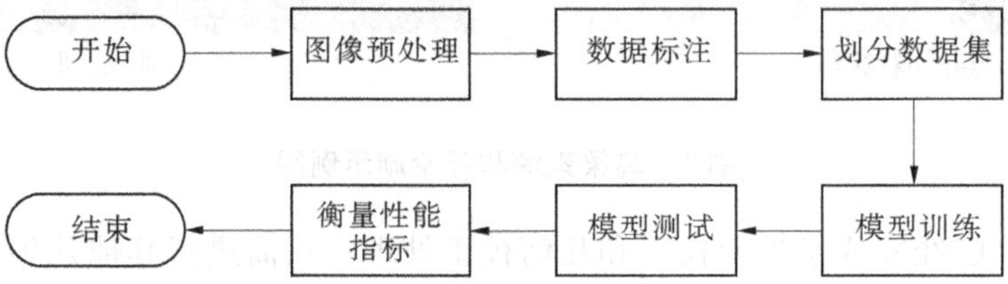

图 4 水体提取流程图

3.1 基本 UNet 模型

UNet 网络模型目前广泛应用在遥感领域[6]，在 UNet 中，每个编码器部分的特征图都会与对应的解码器部分进行连接，帮助网络更好地保留细节信息，避免信息丢失。如图 5 所示为基本的 UNet 网络模型结构，输入的特征图经过下采样和最大池化层，最终得到特征图像。然后进行上采样，逐步将特征图的大小还原。在这个过程中，采用双线性插值法，并且将下采样层输出的特征图像进行特征融合，以获得更丰富的信息。进行上采样操作还原水体的特征，再经卷积层输出水体的分割图像。

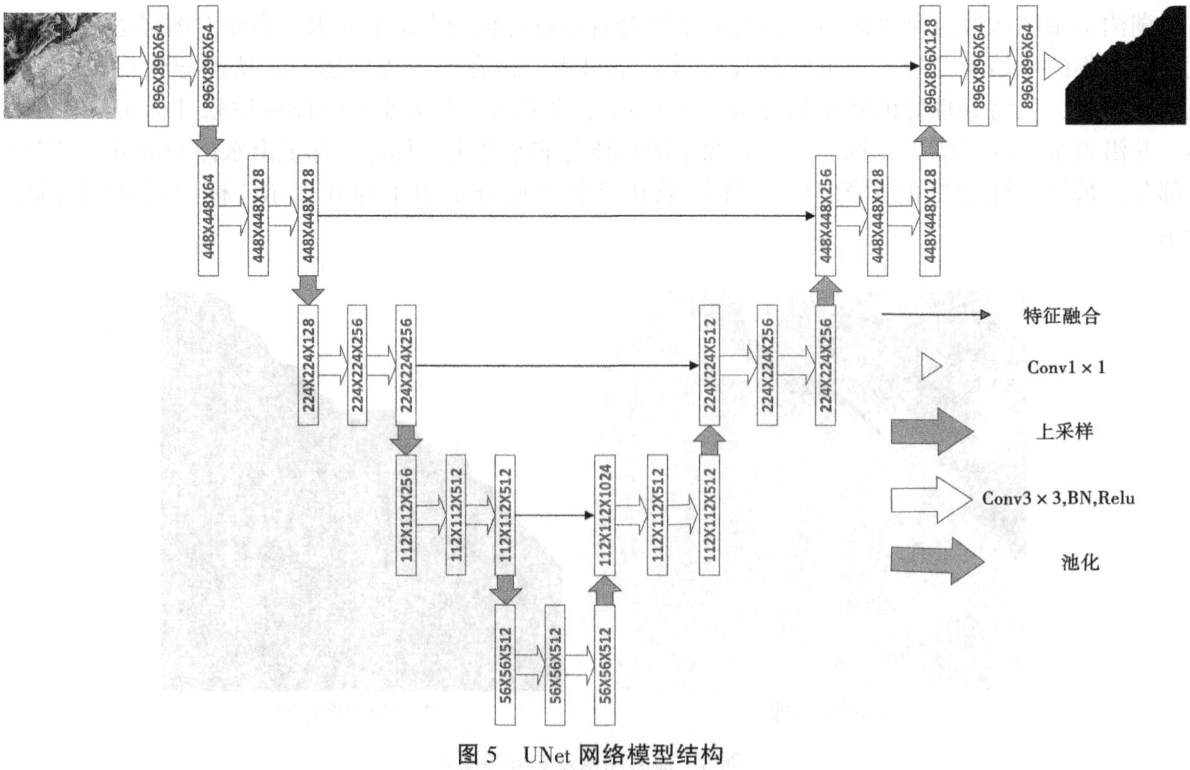

图 5 UNet 网络模型结构

3.2 基于 ResNet50 改进的 UNet 网络

由于 UNet 网络构架较浅，在遥感影像水体提取过程中提取的水体信息特征不够完整，网络在学习过程中未能有效捕捉到水体的特征，再由于周围环境与水体之间的复杂关系，对于细节水体特征提取效果不理想。

本文构建了一种基于 ResNet50 改进的 UNet 水体提取模型，将 ResNet50 作为 UNet 的编码器，使用双线性插值进行上采样，最终得到水体的分割图像。这种方法解决了 UNet 提取网络较浅的问题，使得网络学习到更多的水体特征。同时，ResNet 用于编码器可以解决由于网络层数深而导致的梯度消失和梯度爆炸。

如图 6 所示，为改进的 UNet 网络结构，具体模型水体提取的过程如下，将图像输入到模型之后，首先对特征图像 896×896×3 进行卷积操作，将特征图像升维至 64，经过最大池化层后，特征图像变成 224×224×64 大小，然后经过 4 层下采样，残差模块数分别为 3、4、6、3。ResNet50 残差模块的结构参数如表 1 所示，最终将特征图像变为 28×28×512 大小，本文使用了双线性插值法进行上采样，将图像与前 4 层下采样层输出的特征图像逐层进行拼接特征融合，再经卷积层输出水体提取图像。

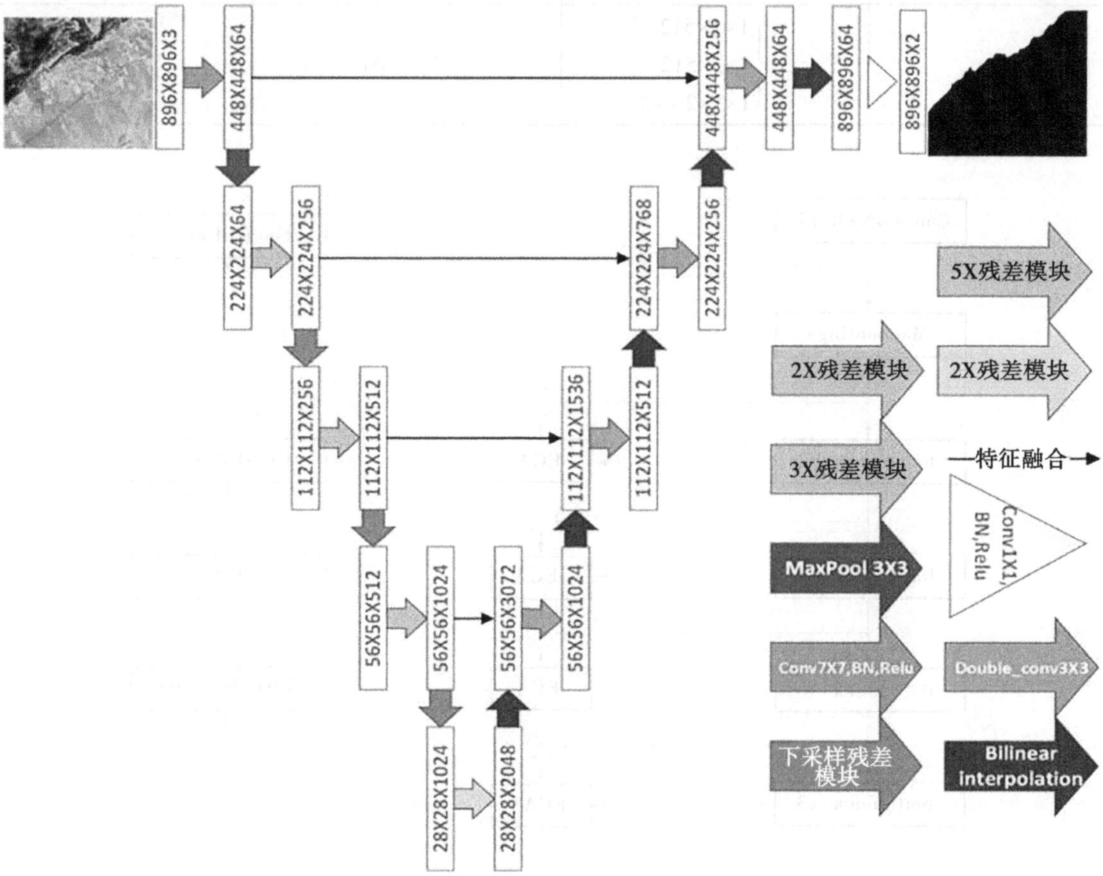

图 6 基于 ResNet50 的 UNet 改进图

3.3 结合改进的 UNet 和 ECANet 的水体提取方法

如图 7 所示，改进后的模型最大的不同之处在于将 UNet 的主干网络替换为 ResNet50，实现在加深网络的同时学习到更深层次和浅层次的图像信息。在原本的 UNet 编码器前 4 层下采样层输出的特征图像逐层进行特征融合，在每个融合的过程中都添加一个 ECA 模块，下采样层得到的图像，与经过 ECA 模块的图像进行 ADD 相加。这种特征融合保证了水体特征信息的完整性，不会丢失重要的水体特征。通过与上采样的特征层进行融合，使得网络更加关注水体区域的特征，提升水体提取的准确性和精度。然后经过双线性插值的上采样，恢复图像的大小，最终得到水体的分割图。

表 1 ResNet50 结构参数

层名称	卷积核大小	卷积核数量	输出特征图尺寸
Conv1	7×7	64	896×896×64
MaxPool	3×3	64	448×448×64
Conv2_x	3×{1×1×64 3×3×64 1×1×256}	64，256	224×224×256
Conv3_x	4×{1×1×128 3×3×128 1×1×512}	12，5 128	112×112×512
Conv4_x	6×{1×1×256 3×3×256 1×1×1 024}	256，1 024	56×56×1 024
Conv5_x	3×{1×1×512 3×3×512 1×1×2 048}	512，2 048	28×28×2 048

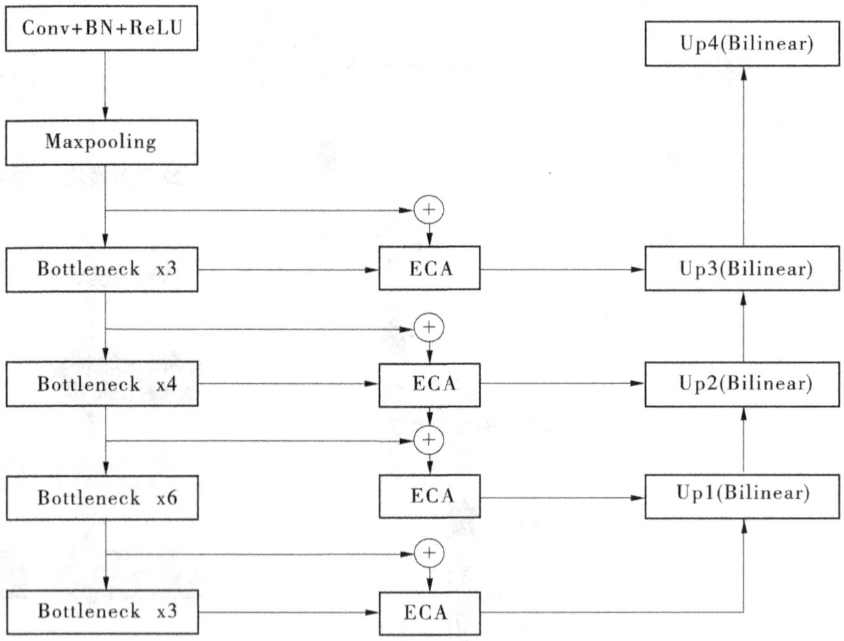

图 7 ECA-R50UNet 模型结构图

4 实验结果与分析

本文针对自制数据集的训练参数设置如下：一共得到 8 648 张数据样本，按 7：3的比例随机划分，训练集为 6 054 张图片，测试集为 2 594 张图片，采用梯度下降[7] 优化器自动优化学习参数。在梯度下降算法中，每次迭代时，都会计算整个训练集的损失函数关于模型参数的梯度，然后更新模型参数以减少损失。

4.1 模型训练环境

本文中的模型都是基于 Python 编程语言构建的，能够更快速地实现功能。软硬件配置所适用的环境如表 2 所示。

表 2　实验环境与参数

项目	型号
CPU	Intel（R）Xeon（R）Gold 6 240 CPU @ 2. 60 GHz
运行内存	32 GB
GPU	NVIDIA Tesla V100 32 GB
操作系统	Linux Centos 7. 6
编程语言	Python 3. 6

4.2　评估指标

仅依靠单一指标来评价网络的精度还不够全面，需要综合考虑多个指标全面、准确地评价网络的性能。本文采用的性能评价指标包括像素准确率（PA）、类别平均像素精确率（MPA）、平均交并比（MIoU）。其中。MIoU 是语义分割领域的标准度量[8]。

4.2.1　像素准确率（PA）

像素准确率为正确分类的像素数量除以真实标签图像的总像素数量，可以理解为图像中正确分类的像素的百分比，PA 按式（1）计算。

$$PA = \frac{\sum_{i=0}^{c} n_{ii}}{\sum_{i=0}^{c}\sum_{j=0}^{c} n_{ij}} \tag{1}$$

式中：n_{ii} 为实际类别 i 像素被预测成类别 i 像素的个数；n_{ij} 为实际类别 i 像素被预测成类别 j 像素的个数；c 为类别个数（不包括背景）。

4.2.2　类别平均像素精确率（MPA）

类别平均像素精确率为先分别计算每个类别正确分类像素个数占真实标签中该类总像素个数的比例，然后累加求平均，MPA 按式（2）计算。

$$MPA = \frac{1}{c+1} \times \sum_{i=0}^{c} \frac{n_{ii}}{\sum_{j=0}^{1} n_{ij}} \tag{2}$$

4.2.3　平均交并比（MIoU）

平均交并比（MIoU）是一种常用的准确率度量方法，它通过计算每个类别的预测正确像素数量与预测错误像素数量的比例（IoU），然后对所有类别的 IoU 求均值。计算公式如下：

$$MIoU = \frac{1}{c+1} \times \sum_{i=0}^{c} \frac{n_{ii}}{\sum_{j=0}^{c} n_{ij} + \sum_{j=0}^{c} n_{ji} - n_{ii}} \tag{3}$$

式中：n_{ji} 为实际类别 j 像素被预测成 i 像素的个数。

4.3　目视观测对比

在深度学习领域中，进行目视观测对比可以直接观察和比较不同模型或算法的输出结果，来评估模型训练的性能和效果，可以帮助本文更直观地理解模型的表现，揭示不同方法之间的优势、劣势[9]。

测试结果如图 8 所示，通过目视观测水体分割结果，乌梁素海的提取结果中，ECA-R50UNet 模型和 UNet_ResNet34 模型都可以将乌梁素海的水体边缘轮廓提取出来，并且十分清晰，但是 UNet_ResNet34 模型对于水体边缘提取的精度不够，有些许漏提，水体部分的提取不够完整。

DeeplabV3、FCN_ResNet34 网络模型对水体边缘区域提取的效果十分粗糙，会把背景与水体相近的部分错误提取，无法精细化提取。

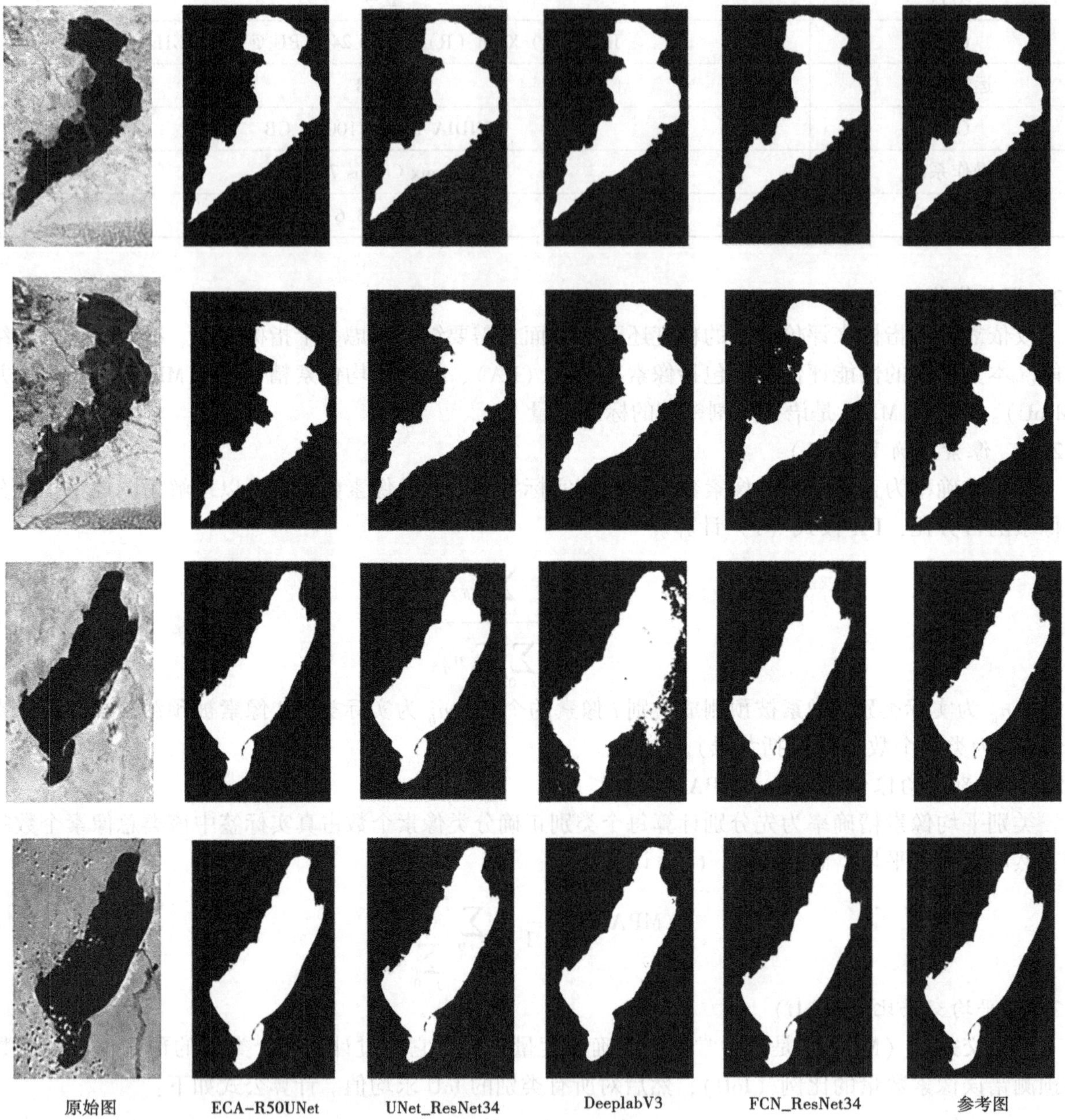

图 8　水体提取结果对比图

对呼伦湖的提取中，DeeplabV3 网络模型出现较大的错提漏提现象，FCN_ResNet34、UNet_ResNet34 模型对细小岛屿识别不够准确，ECA-R50UNet 能将小岛完整地提取出来，两种方法都能够清晰完整地将图像中湖泊水体提取出来，同时排除了周围环境的干扰，并没有将背景错误提取和水体区域漏提的情况。

4.4　模型收敛性对比

在训练过程中，可以通过损失函数的下降程度来判断模型收敛的速度进而衡量一个模型学习的效率好坏[10]。五种模型训练过程中损失函数的变化曲线如图 9 所示。

由图 9 观察发现，本文提出的 ECA-R50UNet 经过 60 次训练，损失值快速降至约 0.1 附近，之后损失函数的下降逐渐趋缓，表明模型逐渐收敛。UNet_ResNet34 损失函数情况也与它们相似。相比之下，DeeplabV3 和 FCN_ResNet34 网络模型在 120 次训练中仅能将损失值降至 0.4 和 0.2 附近，表现出较大的训练损失，说明它们的学习效率较低。

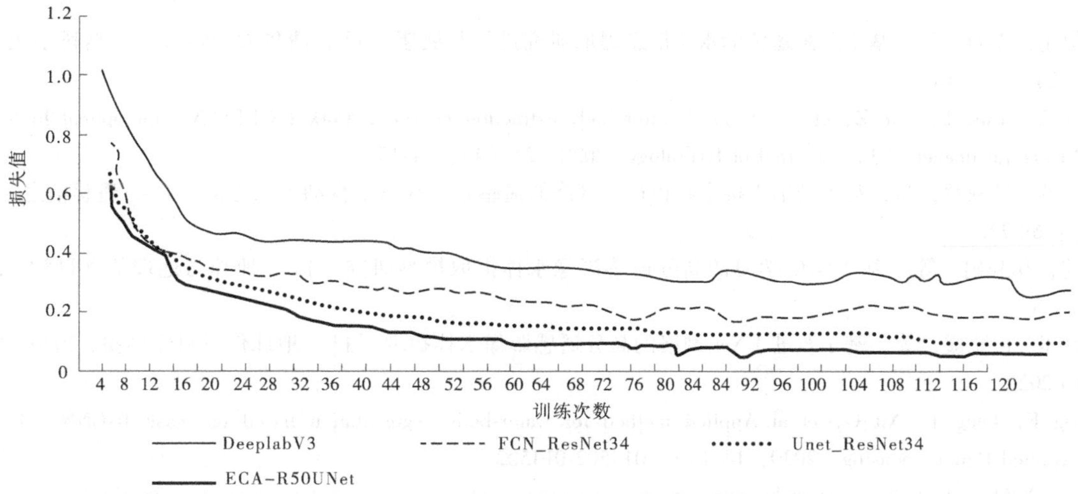

图 9 训练损失情况图

根据损失函数情况的统计图，可以得出以下结论：ECA-R50UNet 模型在训练过程中损失下降速度更快，因此本文改进后的网络模型，可以更精准地捕获图像中水体信息，改进后的网络模型在水体提取方面具有更明显的优势和更好的效果。

4.5 模型性能衡量指标对比

为了更精确地进行比较，使用了 2 594 幅未经训练的遥感影像作为测试集，对模型测试。5 个水体提取模型的性能评价指标最优值如表 2 所示。

表 2 自制数据集提取结果具体指标 %

测试模型	像素精确率（PA）	类别平均像素精确率（MPA）	平均交并比（MIoU）
ECA-R50UNet	96.1	95.5	91.9
UNet_ResNet34	95.5	94.8	90.8
DeeplabV3	91.2	90.3	84.1
FCN_ResNet34	94.2	93.9	88.7
DA-R50FCN	95.8	95.1	91.2

ECA-R50UNet 模型在像素精确率、类别平均像素精确率和平均交并比这 3 个指标上均优于其他模型。相比于 UNet_ResNet34 模型，ECA-R50UNet 模型的三个指标分别高出 0.6 个百分点、0.7 个百分点和 1.1 个百分点；相对于 DeeplabV3 模型，分别高出 4.9 个百分点、5.2 个百分点和 7.8 个百分点；相对于 FCN_ResNet34 模型，分别高出 1.9 个百分点、1.6 个百分点和 3.2 个百分点。

5 结语

本文针对内蒙古自治区寒旱区湖泊水体进行提取研究，提出了以卷积神经网络为基础的寒旱地区湖泊水体提取技术，基于卷积神经网络的水体提取方法相较于传统的水体提取方法，可以通过丰富的数据从而学习到更复杂和完整的水体特征，将水体与背景区分开，提高水体提取的准确率。深度学习模型泛化能力更强，不需要因为场景的不同而调整参数。提出了基于 UNet 的改进的水体提取方法，提高网络对水体特征的提取能力，增加注意力机制能够有效地捕获图像中的全局上下文信息，抑制无关的背景特征，突出水体的信息，从而提高提取精度。

参考文献

[1] 吴保生，李丹，等．基于卫星遥感的水体信息提取研究进展与展望［J］．清华大学学报（自然科学版），2020，60（2）：147-161.

[2] Chen Y，Tang L，Kan Z，et al. A novel water body extraction neural network（WBE-NN）for optical high-resolution multispectral imagery［J］. Journal of Hydrology，2020，21（4）：11-15.

[3] 梁泽毓，吴艳兰，等．基于密集连接全卷积神经网络的遥感影像水体全自动提取方法［J］．遥感信息，2020，35（4）：68-77.

[4] 陈前，郑利娟，等．基于深度学习的高分遥感影像水体提取模型研究［J］．地理与地理信息科学，2019，35（4）：8.

[5] 何红术，黄晓霞，等．基于改进 UNet 网络的高分遥感影像水体提取［J］．地球信息科学学报，2020，22（10）：2010-2022.

[6] Yang F，Feng T，Xu G，et al. Applied method for water-body segmentation based on mask R-CNN［J］. Journal of Applied Remote Sensing，2020，14（1）：014502-014502.

[7] Aung EMM，Tint T. Ayeyarwady river regions detection and extraction system from Google Earth imagery［C］. 2018，74-78.

[8] Kaplan G，Avdan U. Object-based water body extraction model using Sentinel-2 satellite imagery［J］. European Journal of Remote Sensing，2017，50（1）：137-143.

[9] Lu C，Ren C，Wang Z，et al. Monitoring and assessment of wetland loss and fragmentation in the cross-boundary protected area：a case study of Wusuli River basin［J］. Remote Sensing，2019，11（21）：2581.

[10] 卢兴顺，丁晓宇，等．乌梁素海冰封期污染物分布及迁移特征研究［J］．水生态学杂志，2021，42（6）：41-48.

山东省水库运行管理矩阵平台建设与实践

谭梓鸿[1]　徐永兵[1,2]　余洋洋[1]　朱昌涛[1]

（1. 山东省水利勘测设计院有限公司，山东济南　250013；
2. 山东省水利勘测设计院有限公司 济南市数字孪生与智慧水利重点实验室，山东济南　250013）

摘　要：水库大坝安全是国家水安全的重要基础。基于此，本文围绕“四全”管理、“四制（治）”体系、“四预”措施和“四管”工作模式，针对山东省的复杂水情及水库统一管理面临的问题，设计了山东省水库运行管理矩阵平台，并展示了矩阵平台在实际水库运行管理中的应用效果，验证了平台在提升管理效率、增强安全保障方面的显著优势。构建现代化的水库运行管理矩阵平台，不仅有助于实现水库的科学管理、智能调度，保障水库的安全运行，还为推动我国水库管理的现代化提供了有力支撑。

关键词：水库运行管理；矩阵平台；智慧水利；信息化

1　引言

水库是国民经济和社会发展的重要基础设施，是保障防洪安全、供水安全、生态安全的重要水利工程[1]。近年来，国家不断重视水利建设的精准化、信息化和现代化。2023 年，水利部印发了《关于加快构建现代化水库运行管理矩阵的指导意见》[2]，积极推动智慧水利建设，建设数字孪生流域，构建智慧水利系统，推进新阶段水利高质量发展，并提出一批试点水库和先行区域开展矩阵建设，各地方水利部门响应号召陆续开展试点性的智慧水利建设。对于单水库的现代化矩阵平台建设已经在多个试点水库取得成效，刘延安等[3]讨论了北京密云水库的运行管理矩阵建设，并构建了现代化水库运行管理矩阵系统；张明远等[4]深入分析了官厅水库矩阵建设与标准化管理、数字孪生建设的关系，制定了官厅水库实现现代化运行管理矩阵的路线和实施内容。

山东省内河流众多，水网复杂，同时降水量不均，季节性水情变化明显，面对汛期洪水和干旱的双重挑战，水库的安全运行显得尤为重要。全省现有注册登记的水库 5 521 座，备案水库 3 座。其中，大型水库 38 座、中型水库 229 座、小型水库 5 257 座。庞大的监测数据不仅来源于各个水库，还涉及气象、环境等多个领域，数据量庞大且复杂，数据自动化处理与分析面临着挑战。同时，为实现省内水库的统一管理，需要将各个水库的基本信息、雨水情、大坝安全监测等各要素信息都整合到矩阵平台中，提高平台的全面性和系统性也面临着巨大挑战。

为了能解决水库安全管理面临的问题，全面提升水库安全管理水平，以适应水利高质量发展的新要求，以系统思维、创新理念构建现代化水库运行管理矩阵。本文探讨了构建现代化水库管理矩阵的工作内容，并展示现有的一些成效，为下一步全面推进现代化水库管理矩阵提供方向指引和参考。

2　建设思路

为了完成数据整合与统一管理，建立统一的矩阵管理平台，将全省 5 524 座水库的基本信息、雨水情、大坝安全监测数据等多源异构数据整合，形成全面的水库管理数据库。通过数据标准化，实现

作者简介：谭梓鸿（2001—），男，硕士，研究方向为现代化矩阵平台建设。

跨水库的信息共享和实时监控。构建基于物联网技术的实时监测网络，整合气象、环境及水库监测数据，及时捕捉水情变化，建立精准的预警机制。利用大数据分析和人工智能技术，提升水库管理的智能化水平，通过数据分析为决策提供支持，帮助管理人员根据实时数据制定应急响应和调度方案，最大限度地减少灾害影响。同时，构建跨部门协作的管理机制，整合水利、气象、环保等多个部门资源，形成合力，提升整体管理效率，确保各部门之间的信息共享和资源协调，推动水库管理的综合性和系统性。

山东省水库运行管理矩阵平台采用一级建设、多级应用的建设模式，同时可以满足省级、市级、县级、水利工程运行管理单位（单库）等多级用户的应用需求。该矩阵平台的核心是通过建立“四全”“四制（治）”“四预”“四管”的多视角、多层次、全元素集合，强化横向到边、纵向到底、全方位安全监管，矩阵平台框架见图 1。

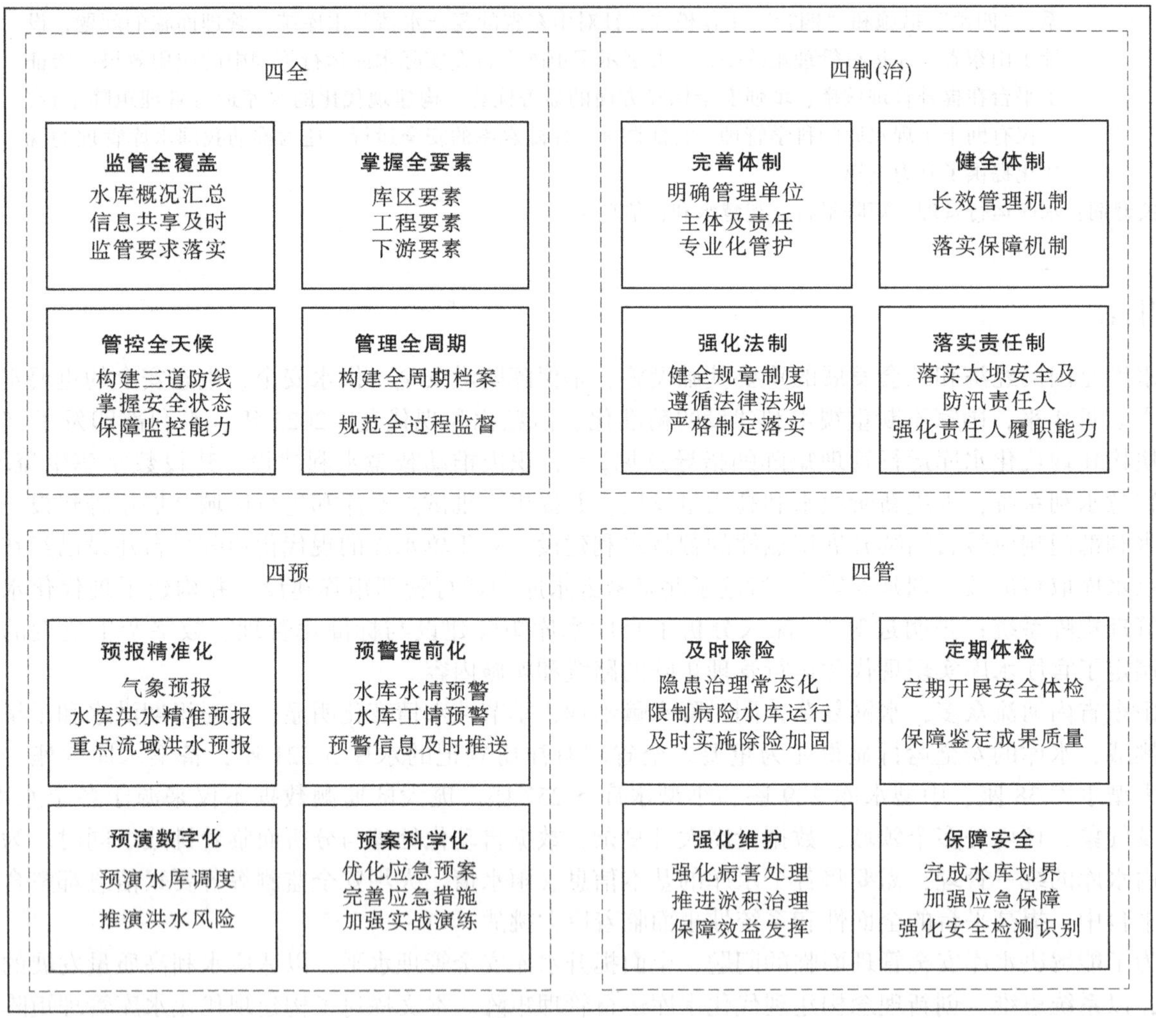

图 1　现代化水库运行管理矩阵平台框架

2.1　推进“四全”管理

“四全”管理是现代化水库运行管理矩阵建设的核心目标与方向，旨在全面提升水库管理的效率与精确度，实现对水库的动态、实时、全面监管。通过“四全”管理，上级水行政主管部门能够有效掌握省内已注册登记水库的各类要素信息，确保信息共享。

为实现全面掌控，首先，矩阵平台应建立完善的水库要素信息采集系统，涵盖水库工程要素、库区要素和下游区域的各类要素数据。其次，平台主要依托气象卫星与测雨雷达构建全天候监测体系，设立三道防线：第一道防线通过气象卫星和测雨雷达获取大气和降雨信息；第二道防线结合设立在河道和水库的雨量站，监测区域降雨情况；第三道防线通过河道与水库的水位站数据，监测水库水位及泄洪情况。三道防线共同作用，构建全天候的立体监测体系，确保预警预报的精准性，为省内水库管理提供可靠的决策依据。

全周期管理涵盖水库运行的全生命周期，通过矩阵平台的建立，可以在每个阶段动态监控水库的运行状况、风险评估、维护需求等信息。支持历史数据的归档与分析，为长期管理与决策提供数据支持。在运行阶段，平台根据实时监测数据与历史运行数据，自动分析水库的健康状况，并生成维护与更新建议，确保水库在整个生命周期内的安全与稳定。

2.2 完善“四制（治）”体系

针对全省水库的管理，矩阵平台按照大中型水库和小型水库两个类别进行管理。此外，全省 5 524 座水库全部纳入河湖长制治理，部分水库已完成不动产登记。全省水库应明确管控主体，配备专门的管理人员，进一步保证管理工作高效进行。矩阵平台应汇总整理以上的相关信息，并以图表的形式进行直观展示。

在法治建设方面，平台构建法律法规、政策文件及标准规范等功能模块，制定标准化管理手册，严格执行内部监督考核制度，定期开展相关法律法规培训。确保水库管理严格依照法律法规操作，提升管理工作的规范性。在责任制落实方面，全省所有水库均已落实大坝安全责任人，小型水库都配有防汛“三个责任人”，矩阵平台对水库安全管理的具体责任信息进行整理。通过全面的责任制，矩阵平台能够确保管理透明、责任明确，提升应急响应的效率，确保水库安全管理的有序实施。

2.3 强化“四预”措施

在预报精准化方面，矩阵平台应整合气象降雨预报、卫星云图、气象雷达监测、台风路径追踪等多源数据，为管理人员提供实时全面的天气信息。通过对接测雨雷达、水文站点和水库雨量计设备的数据，平台形成立体监测三道防线，提高洪水预报的精准性。平台应定时运行小型水库洪水预测模块，及时掌握水库水位变化，并通过纳雨能力分析，为水利部门提供决策依据。平台应根据预报方案，综合分析水库水位、河道水位及流量等数据，并评估受影响区域的人口、房屋、耕地等情况，确保调度人员能够提前做出科学的决策部署。在预警提前化方面，开展风险、雨水情预报分级分类预警，完善信息预警发布机制及发布流程，确保预警信息及时传达到一线。

在预演数字化方面，依据重点流域的预报方案进行调度预演，并对比不同调度方案的效果。山东省小型水库数量多、分布散，是全省防汛的薄弱环节。山东省水利厅在全国首先完成了全省 5 200 余座山丘区小型水库溃坝洪水淹没分析。借助最新高分辨率的 DEM 高程数据，对水库下游地形进行了高精度还原，采用二维水动力数学模型对典型水库进行溃坝洪水精细动态模拟，通过仿真模拟得到各水库下游淹没范围、淹没水深、洪水流速等数据。在预案科学化方面，平台应集中管理全省小型水库调度运用方案及大坝安全管理（防汛）应急预案，并对接防汛仓储系统，建设防洪预案系统，明确分级分类预案信息，制定应急管理能力提升方案。

2.4 加强“四管”工作

为了确保水利设施的安全可靠运行，须深入贯彻“四管”原则，完善水利工程管理。通过综合应用落实及时除险、定期体检、强化维护、保障安全四个方面措施，把握管理过程中的关键环节，带动水库管理水平全面提升[5]。在及时除险方面，建立常态化隐患治理，定期开展隐患排除。平台能够根据信息判断水库是否为病险水库，推送限制运行通知，及时进行除险加固，落实度汛措施。在定期体检方面，对水库进行定期安全鉴定，并严格执行安全鉴定工作程序。

在强化维护方面，全面掌握水库周边动态，确保水库设施和环境的维护。同时，矩阵平台应对水库设施的维护进度、使用寿命等进行记录，定期安排检查与维护，防止水库设备因老化或缺乏维护而影响安全运行。在保障安全方面，平台应确认水库管理范围和保护范围，并将相关数据展示，结合卫星底图和矢量数据，可以清晰查看各水库管理范围、保护范围，快速识别乱占、乱堆、乱建等违法行为，便于及时查处并提高管理效率。此外，平台应利用 AI 技术对水库的视频资源进行实时分析，识别非法采砂、水面漂浮物等潜在风险，进一步提升水库安全管理的智能化水平。

3 应用与实践

3.1 “四全”管理

“四全”管理建设，全覆盖模块将山东省所注册和备案的 5 524 座水库进行整合，能够实现统一高效的管理；全要素模块通过矩阵平台的统计功能，能够展示水库库容曲线、水库淤积状况以及下游洪水影响信息；全天候模块依托气象卫星与测雨雷达的监测数据，为水库的安全运行提供了强有力的数据支持，所有监测设备均采用自动采集的方式，实现 7×24 h 全天候远程自动监测；全周期管理，依托矩阵平台建立水库全生命周期档案，方便管理人员直观地了解信息，展示全省水库全生命周期各个阶段的统计结果。详细信息见图 2。

图 2 山东省水库运行管理矩阵平台——“四全”页面

3.2 “四制（治）”体系

“四制（治）”管理建设，大中型水库依据其管理单位的性质（企事业单位、农村经济组织等），进行了统计分析。小型水库根据不同管护模式（区域集中管理、政府购买服务及以大带小等），进行相应的数量统计。全省 5 524 座水库均纳入河湖长治理，部分水库完成不动产登记，在平台中可以查看具体登记信息。在水库管理方面，省水利厅发布了一系列指南、通知及标准范本，建立起较为完备的长效管理机制。目前，全省所有水库均已明确管控主体并配备了相应的管理人员，可在矩阵平台中查看水库安全管理主体及关联的所有信息。详细信息见图 3。

3.3 “四预”措施

“四预”措施建设，整合气象降雨预报、卫星云图、气象雷达监测及台风路径追踪等多源数据，为管理人员提供即时、全面的天气动态与发展趋势信息，使决策者能够迅速把握天气变化，及时制定并部署有效的防御策略，确保应对措施的科学性和前瞻性。在预警提前化方面，矩阵平台正在与省级气象预警数据进行对接，接入后能够即时捕获发布的红色、橙色、黄色及蓝色预警信息，为提前开展防范工作提供了坚实的数据支持与保障。

图 3　山东省水库运行管理矩阵平台——“四制”页面

在预演预案模块，平台可根据重点流域的预报方案，进行调度决策的预演活动，能够依据多样化的调度规则来创建新的调度决策方案。通过逐一对比不同的调度方案，并在地图上清晰展示具体的淹没村庄、影响人口、影响耕地、影响房屋、淹没面积、转移路线、安置点等关键信息，为有效降低淹没影响及财产损失提供坚实的决策依据。在预演科学化方面，矩阵平台开展全省小型水库调度运用方案、大坝安全管理（防汛）应急预案集中统一管理工作。对接防汛仓储系统中的防御专家、物资详情以及抢险队伍详情，确保矩阵平台能够高效提供抢险物资的快速查找功能。实现以水库出险到人员安全转移的仿真预演数字化，为灾害防治、监测预警、应急响应等防灾减灾工作提供信息支撑。

3.4　“四管”工作

“四管”工作建设，在除险方面，对病险水库及时开展除险加固工作，严格限制病险水库运用，并把控除险加固各环节进展，及时消除安全隐患。在定期体检方面，严格落实安全监督工作程序，按期开展水库安全鉴定工作。在维护方面，强化水库维修养护常态化管理，及时反馈存在的问题，确保维护到位。在保障安全方面，对全省水库保护范围和管理范围边界成果进行确认并统一上图，中间二维地图加载矢量数据展示水库的管理范围、保护范围图层，在平台中，通过与卫星底图的叠加，可快速判断各水库管理范围内的乱占、乱堆、乱建等问题，及时查处违法行为，提高管理工作效率。利用水库视频资源，通过 AI 识别技术，建立非法施工、非法入侵、垃圾堆放及水面漂浮物实时分析识别。详细信息见图 4。

4　结语

通过构建现代化水库运行管理矩阵，山东省在智慧水利建设方面迈出了坚实的步伐。平台的建设不仅提升了数据管理和分析能力，还提升了预警预报、应急响应、巡查监管等各方面的效率，有效保障了水库的安全运行。本文基于山东省水库的具体情况，详细探讨了矩阵平台的建设思路、关键技术及其实际应用。通过“四全”管理、“四制（治）”体系、“四预”措施及“四管”工作的推进，矩阵平台不仅实现了对水库的全面监管，还为实现水库管理的精准化、信息化和智能化奠定了基础。然而，系统目前还处于建设阶段，未来仍需进一步完善平台功能，加强数据挖掘与分析能力，优化智能调度及应急管理流程，确保水库管理体系在更广泛的应用场景中发挥更大作用，为水利事业的高质量发展提供有力支撑。

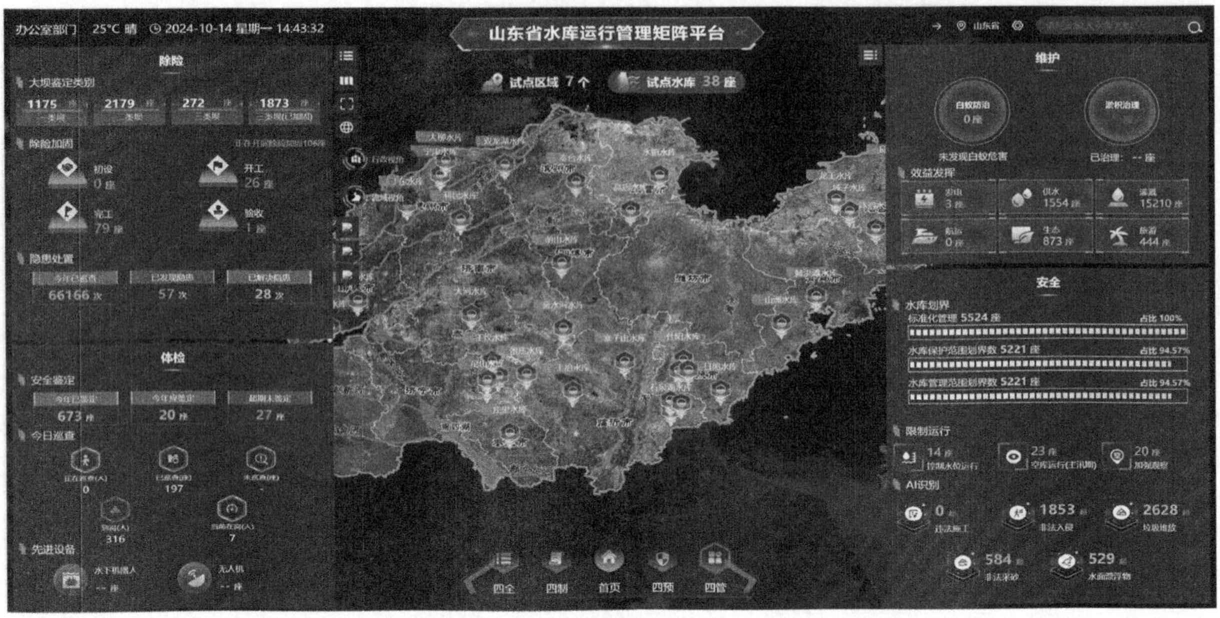

图 4　山东省水库运行管理矩阵平台——“四管”页面

参考文献

[1] 王康．水库运行管理矩阵构建路径初探［J］．河北水利，2023（8）：28-29.

[2] 水利部关于加快构建现代化水库运行管理矩阵的指导意见［J］．中华人民共和国水利部公报，2023（3）：27-29.

[3] 刘延安，桑亮，顾拓，等．密云水库构建现代化水库运行管理矩阵的实践［J］．北京水务，2024（4）：9-13.

[4] 张明远，贾琪璟，苗晶，等．官厅水库现代化运行管理矩阵的构建与实践［J］．北京水务，2024（增刊 1）：55-59.

[5] 张文洁．现代化水库运行管理矩阵构建与重点问题解析［J］．中国水利，2023（22）：1-5.

数字孪生淮河防御 2024 年淮河 1 号洪水实践

胡友兵[1,2]　陈邦慧[1,2]　徐时进[1,2]　王　凯[1,2]　冯志刚[1,2]
梁树献[1,2]　强梦凯[3]　陈绪伟[3]

［1. 淮河水利委员会水文局（信息中心），安徽蚌埠　233001；
2. 淮河水利委员会水文测报重点实验室，安徽蚌埠　233001；
3. 安徽淮河水资源科技有限公司，安徽蚌埠　233001］

摘　要： 2024 年，受持续性江淮梅雨影响，淮河发生了一次洪水量级大、超警范围广、持续时间长的编号洪水过程。在此次洪水防御过程中，数字孪生淮河防洪“四预”系统全面投入应用，围绕洪水防御应用实践，从预报、预警、预演和预案应用层面，对数字孪生淮河在此次洪水防御中的典型应用进行实例分析。实践表明，数字孪生淮河防洪“四预”应用系统已初具成效，实现了“四预”应用从试点区域向全流域实时在线业务模式转变目标，有力提升了流域水旱灾害防御能力水平。

关键词： 数字孪生淮河；防洪“四预”系统；2024 年；淮河 1 号洪水；洪水防御

1　引言

2021 年 3 月，十三届全国人大四次会议表决通过我国“十四五”规划纲要，明确提出“构建智慧水利体系，以流域为单元提升水情测报和智能调度能力”[1]。水利部高度重视智慧水利建设工作，将推进智慧水利建设列为新阶段水利高质量发展的显著标志和六条实施路径之一，明确将数字孪生流域作为智慧水利最鲜明的特征[2-3]。数字孪生的核心是构建仿真模型以实现信息空间和物理空间的无缝集成与实时映射。数字孪生流域是服务流域全生命周期管理的全量数据和领域知识驱动物理流域和虚拟流域交互映射、共智进化、虚实融合的新基建、新范式[4]。防洪和水资源调度作为“2 + N”水利智能业务应用的两大核心，是数字孪生流域建设的落脚点[5]。

随着数字孪生流域建设不断深入开展，业务场景的深入研究和高质量应用已经成为数字孪生流域建设的重点和难点。数字孪生长江提出了流域水工程防灾联合智能调度的场景应用[6]；数字孪生黄河提出了防汛会商决策“四预”场景[7]；数字孪生淮河聚焦淮河流域防洪减灾重大需求面临的预报、预警、预演、预案关键科技难题，形成了可复制、推广的成套技术体系[8-9]；数字孪生太湖地区典型水网围绕洪涝预报调度一体化、水库防洪“四预”、水资源调配、水环境联控联调、蓝藻精准防控等业务，探索了多业务场景“四预”业务应用[10]。

淮河水系地处我国南北气候过渡带，2024 年受持续性江淮梅雨影响，淮河水系发生了一次洪水量级大、超警范围广、持续时间长的编号洪水过程，在应对此次防洪防御中，数字孪生淮河防洪“四预”系统全面投入应用。

2　2024 年淮河 1 号洪水

2024 年汛期淮河先旱后涝，入梅前，流域降水偏少七成，6 月 21 日入梅后，6 月下旬两次降水过程有效缓解了旱情。进入 7 月上中旬，淮河水系暴雨过程连续不断，特别是受 7 月 9—13 日、14—18

基金项目： 水利部重大科技项目（SKR-2022032、SKS-2022013）；江苏省水利科技项目（2022042）；水利青年人才发展基金资助项目（淮河流域中小河流洪水预测预报关键技术研究与应用）。

作者简介： 胡友兵（1986—），男，正高级工程师，主要从事水文情报预报及数字孪生淮河防洪应用等方面的工作。

日连续强降雨影响（如图 1 所示），淮河发生 2024 年第 1 号洪水（简称“淮河 1 号洪水”），白露河、小洪河发生超保洪水，淮河干流王家坝—金湖河段全线，淮南支流潢河、史灌河、淠河，淮北支流洪汝河、沙颍河、涡河等河流发生超警洪水，洪泽湖出现较大洪水过程。

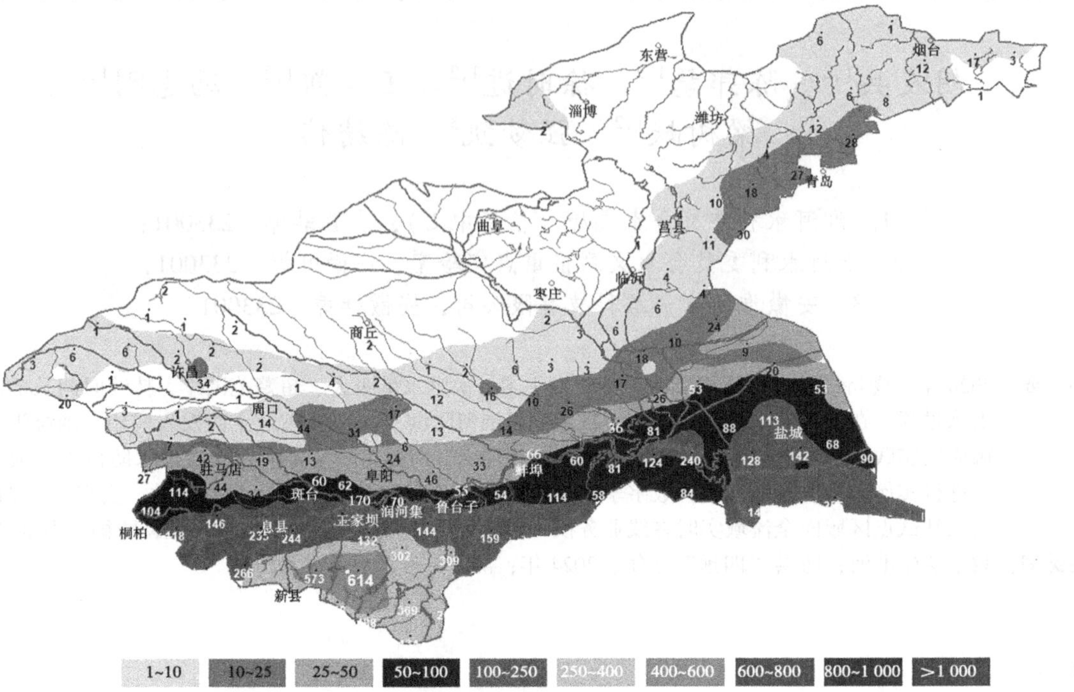

(a)7月9—13日强降水

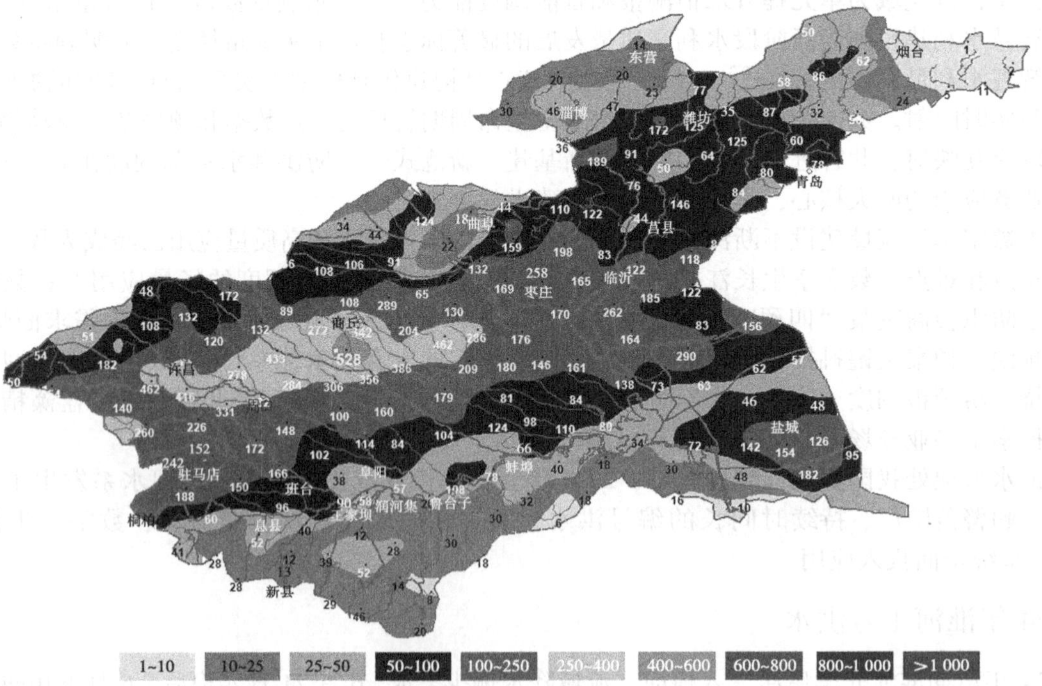

(b)7月14—18日强降水

图 1　2024 年淮河 7 月上中旬两轮强降水分布图

为全力做好 2024 年水旱灾害防御，提前谋划，按照坚持急用先行、聚焦防洪重点业务、突出“实用好用”，着力推进覆盖流域重点区域、具有“四预”核心功能的防洪业务体系建设目标要求，对数字孪生淮河（干流出山店水库—王家坝河段）建设先行先试、数字孪生南四湖二级坝和数字孪生淮河蚌埠—浮山段等项目成果进行集成融合，初步建立了覆盖全流域的数字孪生淮河防洪“四预”系统，并在2024年淮河暴雨洪水过程中全面投入实战应用，实现“周会商+局地暴雨会商+场次洪水会商”现场进行“四预”分析计算，为淮河水旱灾害防御提供精准科学决策支持。

3 “四预”应用

3.1 预报

预报方面，从空间区域上将淮河水系划分为淮河干流、北部支流、南部支流和洪泽湖周边4大分区，其中北部支流进一步细分为洪汝河、沙颍河、涡河等6个水系分区，南部支流进一步细分为浉河、竹竿河、寨河等8个水系分区。从模型算法上，建立了经验模型方案和新安江模型方案，其中经验模型方案根据方案计算时段长分为短时段方案（2 h）和传统方案（6 h）。预报手段上，建立了具有气象预估降水、落地雨和河道洪水演进的三道防线实时预报作业体系。

在应对淮河1号洪水过程中，通过第一道防线气象预估降水预报，提前预判雨带南北摆动形势。7月7日，分析研判副高将于8日开始逐步减弱南退，雨带从流域北部南移至淮南支流，预报9—11日淮南支流将出现大到暴雨、局地大暴雨。据此预测淮河干流可能发生一次编号洪水过程，临淮岗、蚌埠闸、三河闸等枢纽进一步加大下泄直至敞泄，为后续上中游和支流洪水下泄创造条件。7月10日，继续滚动预报未来3 d江淮地区上空维持一条东西向切变线，淮南支流的持续性降水过程将持续到13日。7月9—13日降雨率先在淮河水系南部支流发生，此次降雨落区分布与2020年极为相似，应用先行先试项目建设的南部支流主导模型方案，采用落地雨+上游河段来水的第二道、第三道防线滚动演进预报手段，12日14时发布预报王家坝站至正阳关段洪峰流量为4 000~5 500 m^3/s，淮河王家坝至正阳关段将全线超警，同时南部支流潢河、白露河、史灌河主要控制站均将超警，如图2所示。提前24 h精确预报淮河将发生编号洪水过程，为此轮洪水防御赢得重要先机。

7月14日开始副高增强北抬，雨带随之北抬到流域北部，淮北支流中上游将出现暴雨到大暴雨。应用淮河防洪四预系统，对流域北部支流洪汝河、沙颍河、涡河和淮河干流依次进行预报分析计算。根据气象预估降水，7月16日预报洪汝河、沙颍河、涡河均将发生约1 500 m^3/s量级洪水过程，7月17日继续预报北部支流均将发生超警洪水过程。7月18日根据落地雨预报北部主要支流洪峰量级约2 000 m^3/s。受北部支流来水影响，19—20日采用落地雨+上游河段来水的第二道、第三道防线滚动演进预报手段，预报干流王家坝站水位流量再次出现小幅回涨；淮河中游将长时间持续高水位，最高超警戒水位0.7~1.0 m；预测洪泽湖未来7 d来水量约60亿m^3，按照现状运用方式洪泽湖7月24日左右出现最高水位约13.6 m，如图3所示。准确精细的来水预报过程，为下一步洪水精准防御提供了有力的信息支撑。

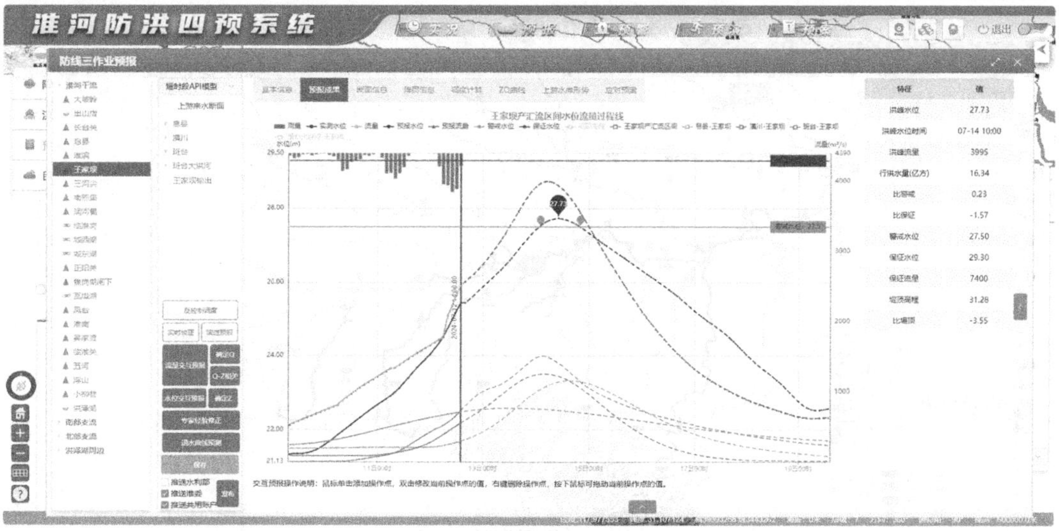

(a)王家坝站作业预报

图2 7月9—13日南部主导强降水作业预报示意图

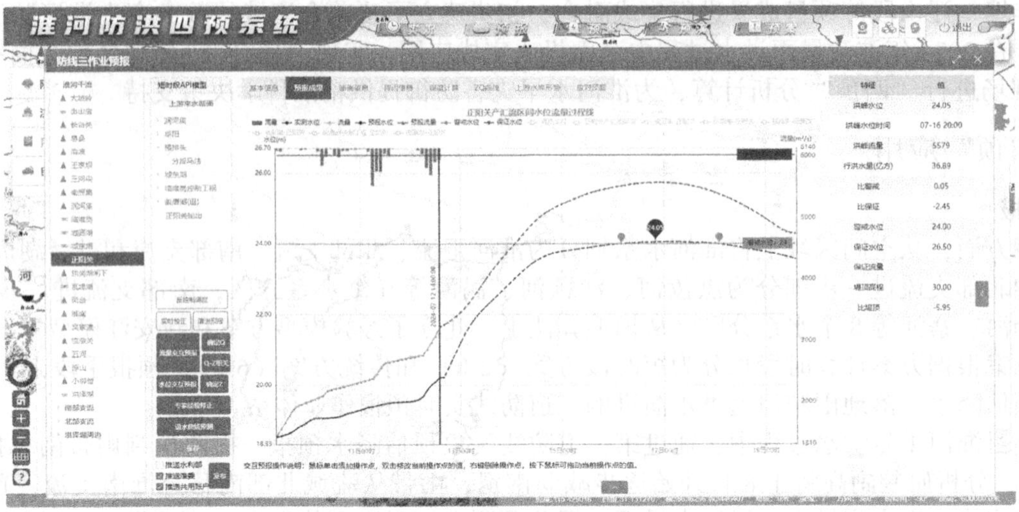

(b)正阳关站作业预报

续图 2

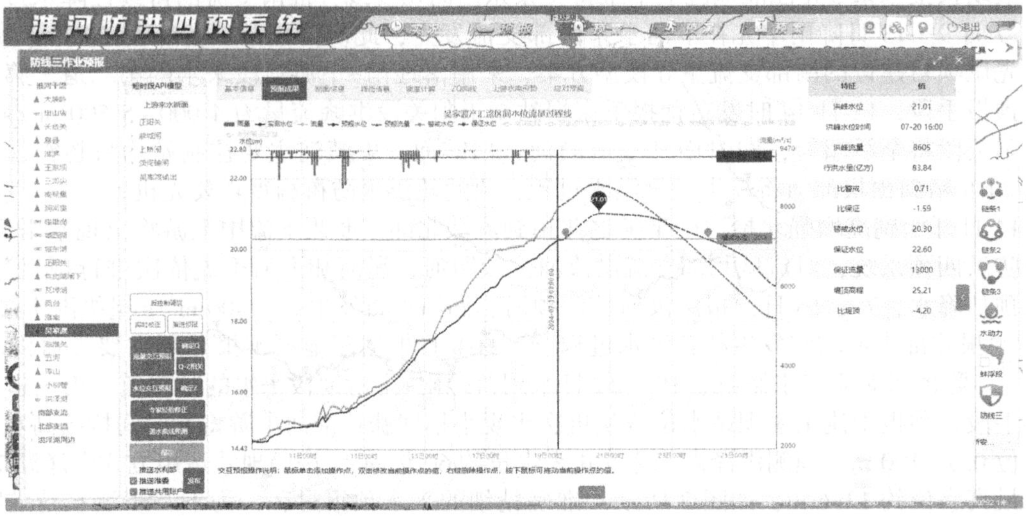

(a)吴家渡站作业预报

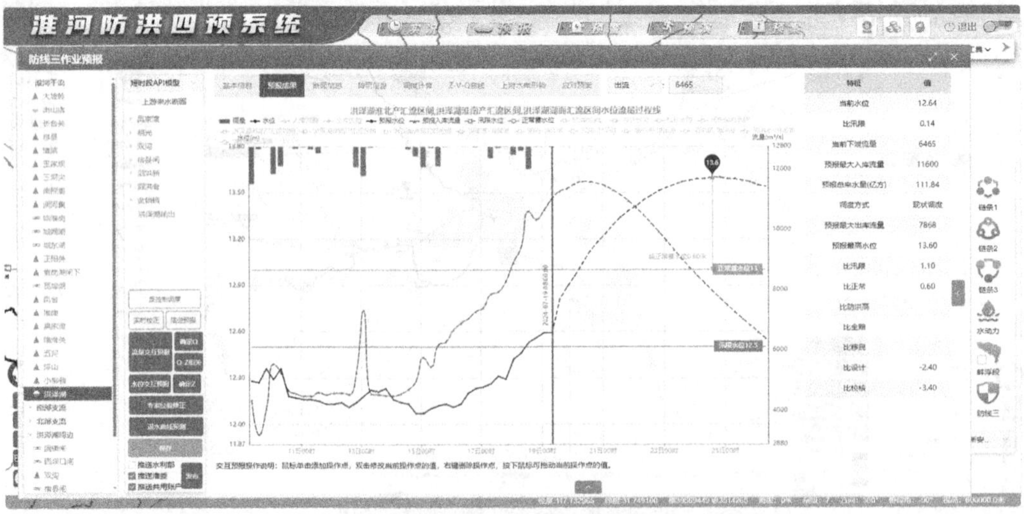

(b)洪泽湖站作业预报

图 3　7 月 14—18 日北部主导强降水作业预报示意图

3.2 预警

预警方面，从实况和预报两个层面进行预警分析。在实况层面，从落地雨暴雨落区每日滚动预警河道、水库等防洪对象超警、超保、超汛限、超防洪高等情况，开展水库距汛限水位、距防洪高水位、距移民高水位纳雨能力、纳洪能力分析预警，如图4所示。在预报层面，基于预报成果，从水库、河道、蓄滞洪区等专题进行预警分析，各专题均通过图表互动方式，对断面、河段等超相关特征水位情况，通过颜色告警、专用报表等形式进行分析告警。同时开发了水情预警和预警发布模块，通过将预报信息与《淮河流域水情预警发布管理办法（试行）》等方案知识进行融合，自动生成预警信息并与全国水情预警汇集系统、淮河水利委员会短信平台等发布平台耦合，实现了水情预警信息实时发布。2024年淮河1号洪水期间，先后发布了淮河水系王家坝洪水蓝色预警、黄色预警，正阳关洪水黄色预警等4个断面7次预警。

(a)河道防洪预警分析

(b)水情预警分布

图4 流域洪水防御预警分析

3.3 预演

预演方面，建立了淮河水系出山店等20座大型水库、蒙洼等19个蓄滞洪区和行洪区以及洪泽湖等各类工程调度计算模型、淮河出山店水库至洪泽湖河段一维水动力演进模型。依托第一道防线气象预估降水预报成果，提前预泄出山店、宿鸭湖、佛子岭等水库蓄水，在7月9日主雨到达前在低于汛限水位条件下进一步降低水位0.2~0.7 m，提前5 d开启临淮岗、蚌埠闸、三河闸等枢纽工程，预泄河道槽蓄、洪泽湖底水，确保洪水来临前淮河干支流行洪畅通，7月4—9日经三河闸预泄底水总量9.3亿m^3。14—18日雨带北移，流域淮北支流大部出现持续性强降水过程，为有效调控洪汝河洪水，平衡水库库区淹没损失、下游班台站行洪安全和最大化控制干流王家坝站复涨洪峰，经正反多方案推演，确定宿鸭湖水库可按照不超过1 300 m^3/s加大下泄，1 d后适时减小至1 000 m^3/s左右建议方案。经调度，宿鸭湖水库最高水位低于设计征地线高程0.29 m，班台站最高水位低于保证水位0.33 m，干流王家坝站复涨后水位低于警戒水位0.15 m，科学有效应对了洪汝河来水。19日2时，淮河干流凤台站水位19.30 m，采用水动力模型预演分析，若启用两处行洪区，将降低干流蚌埠至浮山河段最高水位0.2 m左右，沿程各主要控制站水位仍将超过警戒水位；若不启用行蓄洪区，蚌埠、五河、浮山等控制站点最高水位超警戒水位幅度均在1 m以下，河道行洪总体安全可控。经综合考虑，暂不启用上、下六坊堤，同时耦合沂沭泗地区预演方案，精细化开展分淮入沂预演分析，适时调度洪泽湖二河闸、苏北灌溉总渠等加大下泄，控制洪泽湖最高水位不超警戒水位，进一步减轻河道行洪压力，如图5所示。

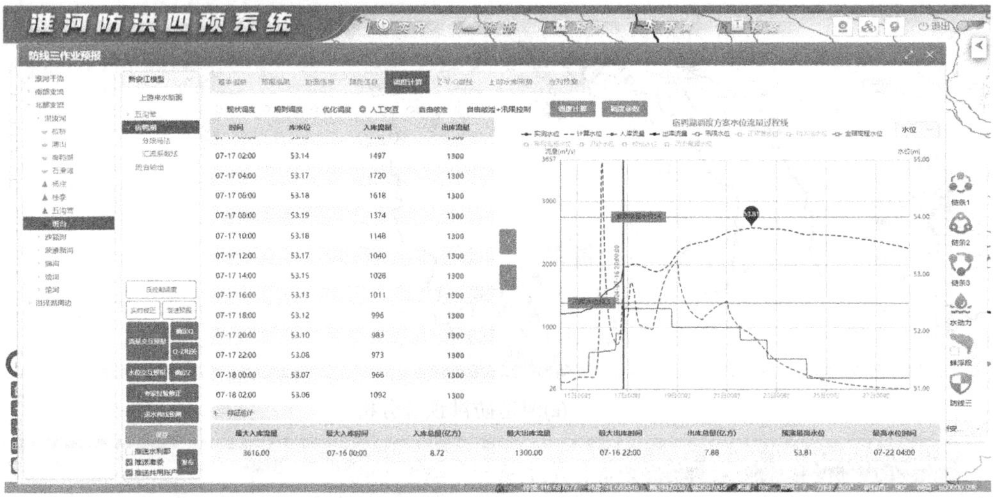

(a)洪汝河调度预演分析

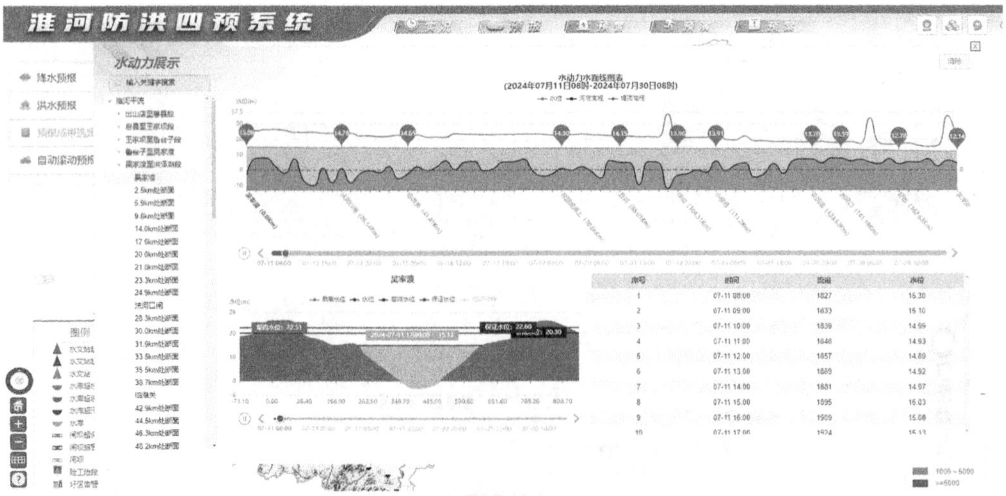

(b)淮干洪水水动力预演分析

图5 水工程调度和河道水情预演分析

3.4 预案

预案方面，包含了预案生成、调度指令、人员转移、物资调配、抢险技术等功能模块，在预案生成和调度指令模块，基于预演决策方案，逐河系对各水库、河段、分洪枢纽等防洪工程调度预案进行分析生成，并支持在线编辑生成调度指令信息，如图6所示。在人员转移和物资调配模块，可对风险点、物资点进行定位并生成相应转移和调配路线信息，为应对预案生成提供技术支撑。在2024年淮河1号洪水过程中，针对雨前预泄、雨中控泄、雨后错泄等不同决策预演方案，进行预案生成分析，结合分析成果每日滚动编制水旱灾害防御工作报告，为暴雨落区各河系工程调度预案提供了翔实信息支撑。

(a)工程调度运用预案生成

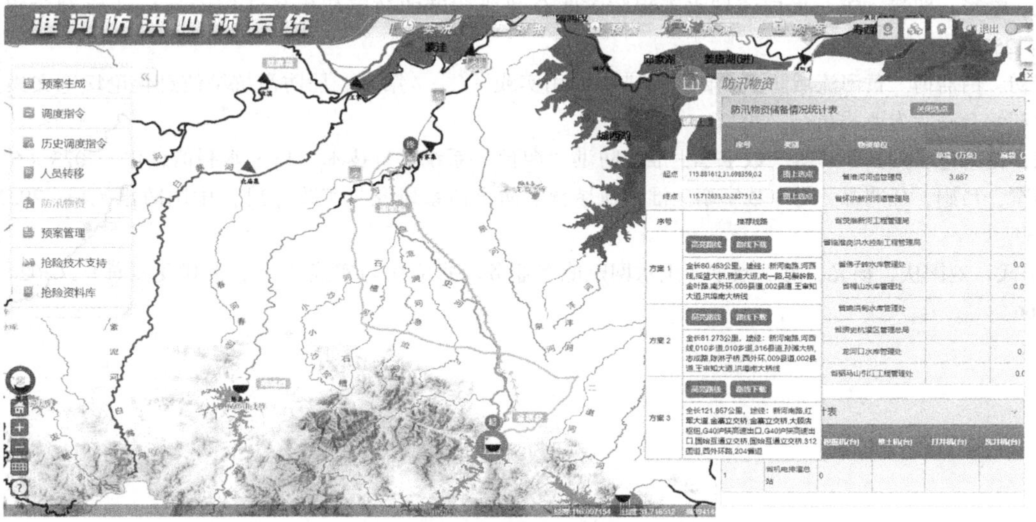

(b)防汛物资调配路线生成

图6　洪水防御预案实施分析

4 结论与展望

智慧水利是新阶段水利高质量发展的最显著标志，数字孪生流域是推进智慧水利建设的核心和关键。推进数字孪生流域建设是发展水利新质生产力、推动淮河保护治理高质量发展、保障流域水安全的重要路径。2024 年，围绕坚持急用先行，聚焦防洪重点业务，突出“实用好用”，着力推进覆盖流域重点区域、具有“四预”核心功能的防洪业务体系建设目标。集成融合延伸先行先试、蚌浮段等数字孪生淮河项目成果，建设了覆盖全流域重点防洪断面的数字孪生淮河防洪“四预”应用系统。通过在 2024 年淮河 1 号洪水中的防御实践表明，数字孪生淮河防洪“四预”应用系统已初具成效，淮河水旱灾害防御实现了“四预”应用从试点区域向全流域实时在线业务模式转变目标。

通过实践检验，也暴露出一些问题和短板，数字孪生淮河建设仍需持续加强。预报方面进一步加强气象水文精细耦合预报和全流域精细化产汇流模型建设，持续提高预报精度和延长预见期；预警方面，进一步丰富数据底板信息、延伸预警方式，提升预警信息全覆盖和直达一线；预演方面，强化“水库-湖泊-蓄滞洪区-分洪枢纽”工程群联合预演技术攻关，持续提升预演精准性、实时性和科学性；预案方面，加强预案知识库建设，持续完善多变场景预案应对措施。

参考文献

[1] 水利部编写组．深入学习贯彻习近平关于治水的重要论述［M］．北京：人民出版社，2023.

[2] 李国英．深入贯彻落实党的二十大精神扎实推动新阶段水利高质量发展：在 2023 年全国水利工作会议上的讲话［J］．水利发展研究，2023，23（1）：1-11.

[3] 蔡阳，成建国，曾焱，等．加快构建具有“四预”功能的智慧水利体系［J］．中国水利，2021（20）：2-5.

[4] 冶运涛，蒋云钟，梁犁丽，等．数字孪生流域：未来流域治理管理的新基建新范式［J］．水科学进展，2022，33（5）：683-704.

[5] 王凯胜，邱颖，陈希红，等．永定河数字孪生流域业务应用场景分析与设计［J］．水利信息化，2024（4）：43-48.

[6] 黄艳，喻杉，罗斌，等．面向流域水工程防灾联合智能调度的数字孪生长江探索［J］．水利学报，2022，53（3）：253-269.

[7] 张梦初，白浩博．黄河流域防汛“四预”业务应用实践［C］//第十二届防汛抗旱信息化论坛论文集．南昌：中国水利学会减灾专业委员会，2022.

[8] 王凯，徐时进，刘昌军，等．数字孪生淮河防洪“四预”系统关键技术［J］．水利信息化，2023（6）：1-4，31.

[9] 刘昌军，吕娟，任明磊，等．数字孪生淮河流域智慧防洪体系研究与实践［J］．中国防汛抗旱，2022，32（1）：47-53.

[10] 范子武，刘国庆，杨光，等．数字孪生水网赋能多业务场景应用与实践［J］．水利发展研究，2024，24（19）：59-66 .

分布式径流模拟体系软件模块开发与集成

张　涛[1]　曹雨农[2]　秦　昊[1]

（1. 长江水利委员会水文局，湖北武汉　430100；
2. 河海大学水文水资源学院，江苏南京　210024）

摘　要： 建设数字孪生流域是“十四五”期间水利高质量发展的主要目标之一。相比传统集总式的径流模拟体系，分布式水文模型更能精细模拟流域水文物理过程，丰富水文要素展现形式，支撑数字孪生流域建设。本文提出了一种基于分布式模拟的预报体系构建方法，并开发了相应的预报软件模块，该体系通过数字孪生技术，结合物联网和大数据，实现对水文动态的精准预测与调度。本文以长江流域为例，基于流域内的空间离散、拓扑重构等工作，构建了预报方案，并最终模块化软件的开发与集成方案，为流域分布式径流模拟及预报提供智能化解决方案。

关键词： 分布式模拟；预报软件模块；水库调度；流域管理；信息化平台

1　引言

“十四五”期间水利高质量发展的主要目标是建设数字孪生流域，建设“2+N”水利智能业务应用体系，建成智慧水利体系 1.0 版本[1]。

2022 年，水利部印发的《关于大力推进智慧水利建设的指导意见》指出，推进智慧水利建设是推动新阶段水利高质量发展的六条实施路径之一，需要按照“需求牵引、应用至上、数字赋能、提升能力”要求，以数字化、网络化、智能化为主线，以数字化场景、智慧化模拟、精准化决策为路径，以构建数字孪生流域为核心，全面推进算据、算法、算力建设，加快构建具有预报、预警、预演、预案（简称“四预”）功能的智慧水利体系[2]。

水文是水利的基础，是推动水利高质量发展的先行性工作。近年来，水利部长江水利委员会水文局坚持问题导向、需求导向，持续夯实算据基础，不断优化算法模型，着力提升“四预”能力，全力推进长江流域数字孪生流域建设[3]。

在算法方面，建立模型服务开发标准体系，创建了基于资源共建、共管、共享模式的“CJH 模型应用市场”[3]，集成封装了新安江、API 等一系列专业模型，有效支撑数字孪生流域建设。

除传统水文水动力模型算法外，分布式水文模型更能精细模拟流域水文物理过程，丰富水文要素展现形式，支撑数字孪生流域建设。本文以长江流域为例，基于流域内的空间离散、拓扑重构等工作，构建了预报方案，并最终模块化软件的开发与集成方案，为流域分布式径流模拟及预报提供智能化解决方案。

2　径流模拟及预报体系

2.1　新安江模型

新安江模型是一个概念性降雨径流模型，具有分散式处理能力，可用于湿润与半湿润地区[4]。新安江模型适合于该地区流域坡面的产汇流模拟。新安江模型的核心之一就是严格基于水量平衡的蓄

作者简介： 张涛（1986—），男，高级工程师，主要从事流域水文模拟、水文预报及水库调度研究工作。

满产流理论，即对于流域上的任一位置，在土壤含水量达到张力水蓄水容量前都不产流，扣除蒸散发后的降水量均进入土壤成为张力水；当土壤含水量超过张力水蓄水容量后，后续扣除蒸散发后的降水量均产流。同时新安江模型引入了张力水蓄水容量曲线来描述流域内张力水蓄水容量空间分布不均匀性[5]。而在蒸散发模拟方面，模型以流域内实测的水面蒸发能力作为输入，通过一个与土壤含水量有关的经验函数来模拟实际的蒸散发。

新安江模型总体结构可分成三个部分：产流计算、分水源和汇流。三者基本上是相互独立的。由降雨、蒸发和土壤含水量，计算出径流量。采用自由水蓄水量模拟的方法，将径流量分成地表水、壤中流和地下水三种水源。由于三种水源汇流过程中所通过的介质不同，具有不同的汇流特性。汇流过程可为三个阶段，单元面积内坡面汇流、单元面积内河网汇流、单元面积出口至流域出口断面的河道汇流。不同的汇流过程，采用不同的模拟方法。

2.2 流域空间离散及拓扑重构

常用的流域离散方法有网格离散和自然流域离散两种。自然流域离散更能体现流域概念，突出水量平衡，故本文采用自然流域离散方法。将长江流域离散为 12 579 个计算单元（见图 1），计算单元平均面积为 148 km^2，在此基础上结合水流方向等信息，重构了汉江计算单元的拓扑关系，建立了各子单元间的水力联系。

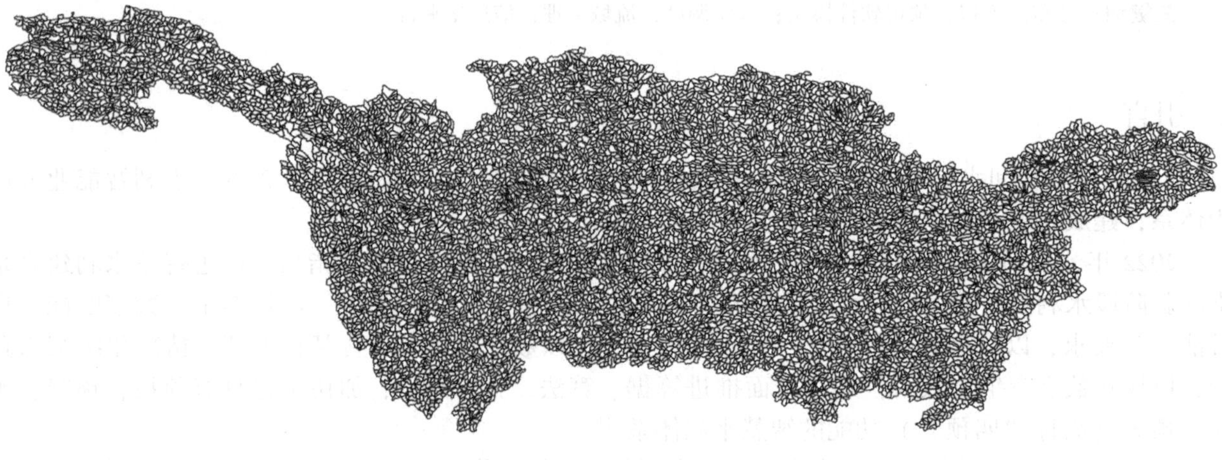

图 1　长江流域计算单元示意图

2.3 预报方案构建

与传统预报方案构建不同，分布式模拟预报体系中，通过不同计算单元的拓扑关系以及一体化汇流计算方法可以对每个计算单元的径流过程进行模拟及预报。通过水文站的位置可以将水文站与计算单元匹配，得到水文站的径流过程。

在实时洪水预报时，还需要考虑水库运行对汇流过程的影响。在计算单元划分时，将需要模拟预报的水库节点单独划分计算单元，并将计算单元与水库进行匹配；对于水库节点，根据水库不同的调度运行方式，给定出流过程，在一体化汇流模拟时，当模拟到水库节点时，将给定的水库出流过程替代该节点的模拟值，并继续往下游演算。

3 分布式模拟预报软件模块开发与集成

3.1 模块结构及功能

软件模块基于输入的降雨、蒸发能力数据，通过分布式模拟预报体系，对流域产汇流过程进行模拟预报。软件功能主要包括：数据交互、降水插值与分区统计、蒸发能力插值与分区统计、产流计算、分水源计算、汇流计算等（见表 1）。

表 1　软件系统主要功能

序号	模块名称	描述	模块输入	模块输出
1	数据交互	解析传入模型的模拟预报参数及降水、蒸发气象数据；推送模型计算结果文件	模拟时段、模拟步长、实况降水、预见期降水、水库运行方案等	分布式模拟结果文件路径
2	降水插值	将站点实测点雨量、预见期预报网格雨量统一插值为网格雨量，并统计分析各计算单元的面降水量	实况降水站点站码及其降水量、预见期降水网格经纬度及其降水量	计算单元面平均雨量
3	蒸发能力插值	将站点实测蒸发能力插值为网格雨量，并统计分析各计算单元的面降水量	蒸发能力站点站码及其蒸发能力、卫星反演蒸发能力网格经纬度及其蒸发能力	计算单元面平均蒸发能力
4	产流计算	基于新安江模型计算各计算单元产流量	计算单元面平均雨量、计算单元面平均蒸发能力、计算单元参数	计算单元产流量、蒸散发量、土壤含水量
5	分水源计算	基于新安江模型对各计算单元产流量进行径流划分	计算单元产流量	计算单元地表、壤中、地下径流量
6	汇流计算	基于新安江模型以及矩阵形式的马斯京根法对汇流进行计算	计算单元地表、壤中、地下径流量	各计算单元节点流量

3.2　软件集成方案

分布式模拟预报软件模块集成于“长江流域控制性水利工程综合调度支持系统”[6]，集成工作主要是实现与综合调度系统业务应用系统的集成（见图 2）。

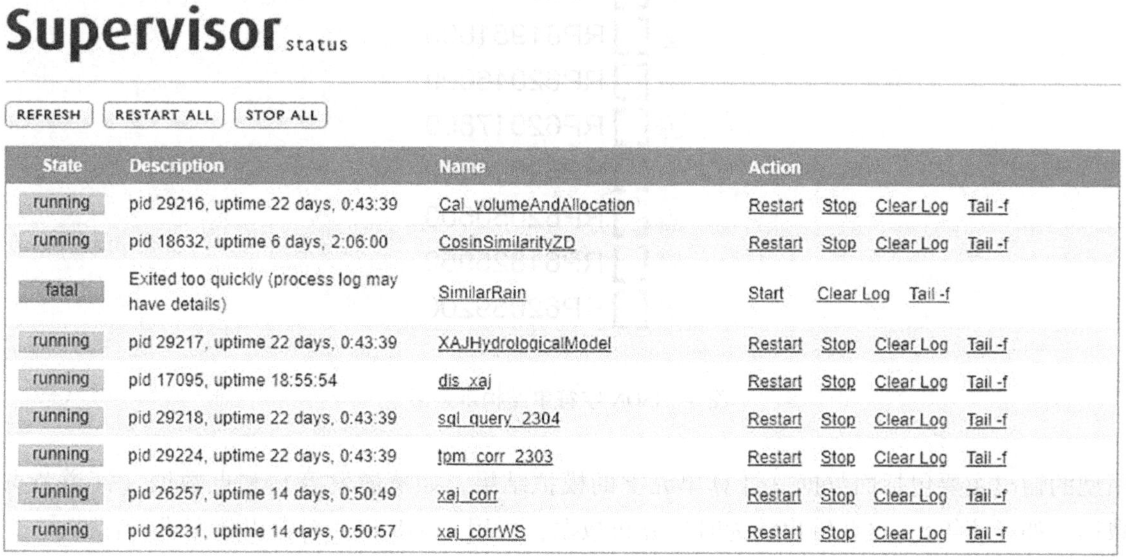

图 2　模型服务平台

分布式模拟预报软件模块采用虚拟化服务器的方式进行部署，软件模块通过大数据信息平台[6-7]提供的统一管理的模型服务平台进行注册，为综合调度应用提供便捷的模型服务调用（见图 2）。

模型集成技术方案基于类 RESTful 规范的 Web API 进行数据交互。应用封装成使用 HTTP/HTTPS 协议的 Web 服务，综合调度系统按照约定的资源地址（URL），调用业务功能，其数据传输的参数和返回值采用 JSON 格式，数据结构需满足约定要求。同时，在应用支持平台中，提供 API 网关，负责服务的发现、注册、管理以及负载均衡等功能，各系统需提交 Web API 的调用规范到 API 网关进行统一管理。

API 网关是服务调度的核心，起到定位服务资源和统一发放的功能作用，所有的服务访问，都通过 API 网关进行请求，API 网关收到请求后，按照事先约定的地址和方式，将请求重新定向到各个服务节点。保证所有服务的统一资源管理，同时便于各服务的维护。新增的服务，统一在 API 网关进行注册，同时需提供详细的调用地址，参数规范。API 网关也提供所有接口的方法说明和调用说明。

3.3 数据输入输出设计

软件模块的输入数据主要包括两类：一类是预报方案构建时生成的数据，如计算单元拓扑、计算单元参数等，这些数据是相对固定的，故采用数据库、文本文件等形式存储供软件模块直接调用；另一类数据是时变数据，包括预报时间段、模拟步长、降水量等数据，这些数据在每次调用服务时，通过事先约定的结构采用 JSON 字符串调用（见图 3）。

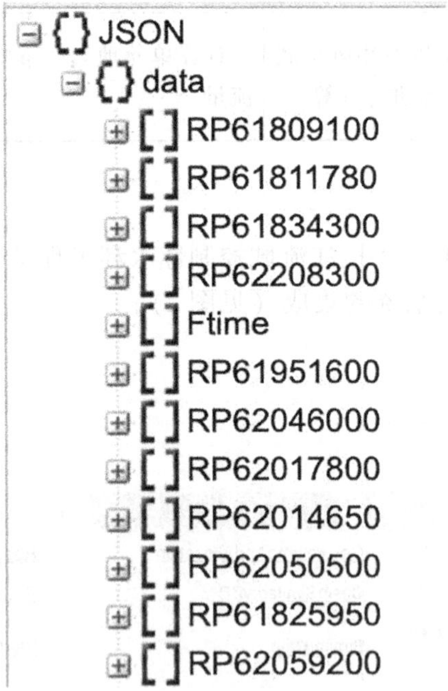

图 3　JSON 字符串结构示意图

模型的输出主要包括面数据（计算单元上的模拟结果，如蒸散发等）和点数据（河道节点上的模拟数据，如径流等），这些输出均为时空分布数据，采用 netcdf 格式对输出数据进行存储。

从数学上来说，netcdf 存储的数据就是一个多自变量的单值函数，即 $f(x, y, z, \cdots) = \text{value}$，函数的自变量 x，y，z 等在 netcdf 中叫作维（dimension）或坐标轴（axis），函数值 value 在 netcdf 中叫作变量（variables）。而自变量和函数值在物理学上的一些性质，比如计量单位（量纲）、物理学名称等在 netcdf 中就叫属性（attributes）。

假设研究区域内分为 m 个计算单元、n 条河道，模拟时段为 n_t，则通过分布式模拟可以得到如下结果：

（1）计算单元尺度时空分布数据：如产流量（n_t，m）、蒸散发量（n_t，m）、出口径流量（n_t，m）、张力水蓄水量（n_t，m，3）、自由水蓄水量（n_t，m）、河网蓄量（n_t，m）等，这些变量随着计算单元和时间变化。

（2）河道断面尺度时空分布数据：如各断面流量（n_t，k）等。

通过 netcdf 文件可以对以上模拟结果进行高效组织管理，以下为汉江流域模型数据的 netcdf 文件示意图，该文件定义了 4 个维度，分别为时间（time）、计算单元（unit）、计算单元对应的河道（reach）以及土壤分层（soil），在维度定义的基础上对模型的模拟结果变量进行定义。结果文件中 unit 的编号与各子单元的编码一一对应，故可以根据编码对应实现分布式模拟结果的展示（见图 4）。

```
netcdf xaj_out {
dimensions:
        time = 17 ;
        unit = 905 ;
        reach = 905 ;
        soil = 3 ;
variables:
        float time(time) ;
                time:long_name = "time step" ;
                time:units = "secnonds" ;
                time:missing_value = -999.f ;
        int unit(unit) ;
                unit:long_name = "computational unit" ;
                unit:units = "-" ;
                unit:missing_value = -999 ;
        int reach(reach) ;
                reach:long_name = "reach" ;
                reach:units = "-" ;
                reach:missing_value = -999 ;
        int soil(soil) ;
                soil:long_name = "reach" ;
                soil:units = "-" ;
                soil:missing_value = -999 ;
        float R_Yield(unit, time) ;
                R_Yield:long_name = "runoff yield at computational unit scale" ;
                R_Yield:units = "mm                                          " ;
                R_Yield:missing_value = -999.f ;
        float ET(unit, time) ;
                ET:long_name = "evapotranspiration at computational unit scale" ;
                ET:units = "mm" ;
                ET:missing_value = -999.f ;
        float SMC(soil, unit, time) ;
                SMC:long_name = "Total soil moisture content at computational unit scale" ;
                SMC:units = "mm" ;
                SMC:missing_value = -999.f ;
        float discharge(reach, time) ;
                discharge:long_name = "discharge of reaches" ;
                discharge:units = "m3/s" ;
                discharge:missing_value = -999.f ;
```

图 4　netcdf 文件维度定义及变量定义

3.4 部署环境

开发的软件模块均可在国产化环境中进行部署。分布式模拟体系的建模（流域离散等）可在单机上完成，无须进行部署。以下根据模型模拟预报的流程及实现方法，分别分析部署的软件环境，所有代码和算法均基于 CentOS 6.0 平台实现。

（1）根据不同气象输入数据类型（站点或网格），采用反距离权重法计算单元的气象数据；采用 GDAL 实现，软件环境为：Conda（4.10.3），GDAL（3.0.2），rasterstats（0.14.0）。

（2）结合不同计算单元参数的空间分布，在自然分水岭的计算单元内完成产汇流计算，得到计算单元的出流过程，软件环境为：gfortran（4.8.5），Netcdf-c（4.6.1），Netcdf-fortran（4.6.1）。

（3）基于河道拓扑关系，将不同计算单元出流过程分别通过马斯京跟法演算到产汇流分区出口；通过河道间相互的拓扑关系对不同断面的流量过程进行叠加。

3.5 交互界面

结合实际业务需求，分布式模拟模块主要实现模拟计算、分析统计、时空分级展示等功能，主界面如图 5 所示。

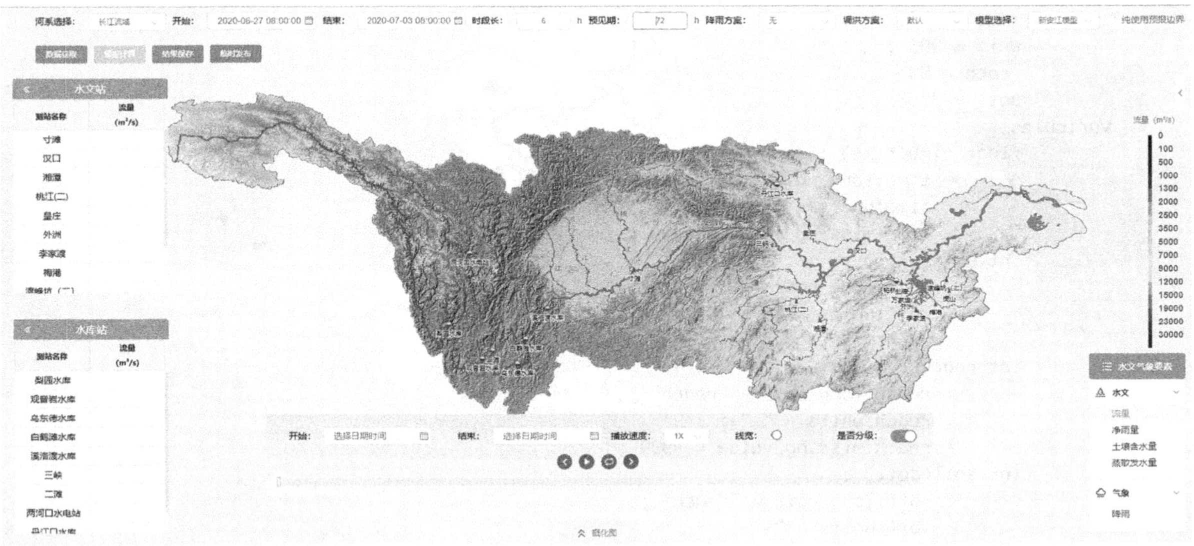

图 5 分布式模拟模块主界面

3.5.1 模拟计算

通过设置预报依据时间、计算步长、预见期长度、预见期降雨来源以及水库调洪方式，调用数据和模型接口，实现全流域模拟计算，各项计算结果存储在前述 netcdf 文件中，供分析展示取用。此外，提供概化图交互界面（见图 6），可对重点站点以及水库节点进行人工交互调算。

3.5.2 分析统计

提供模拟时段内任意时刻重要节点流量查询以及任意计算单元水文要素（流量、净雨量、蒸散发量、土壤含水量）过程查询（见图 7）。

3.5.3 时空展示

提供全流域流量、净雨量、蒸散发量、土壤含水量的时空分级展示，表征计算时段内任意时刻的水文要素时空状态（见图 8）。

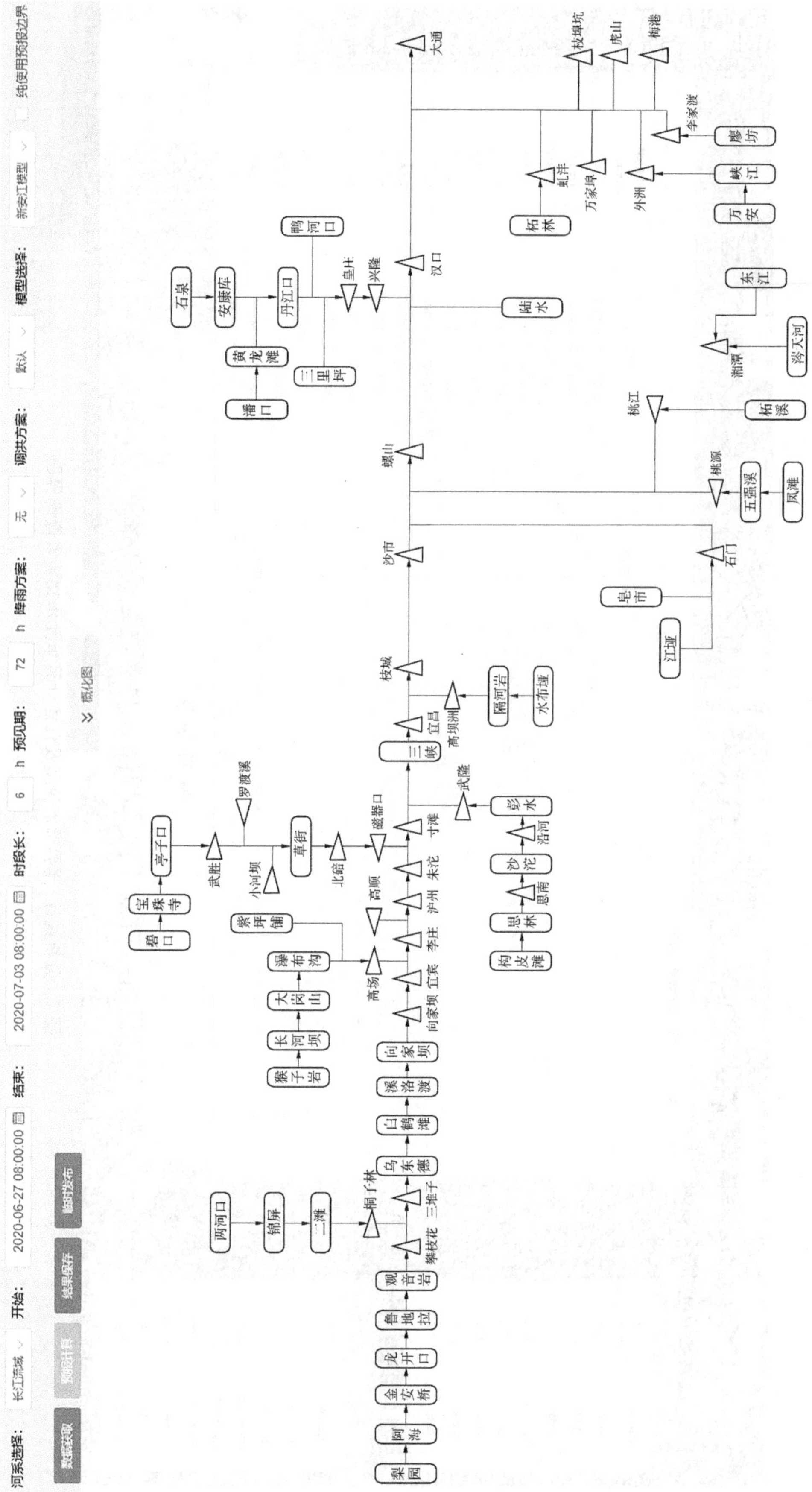

图 6 模拟计算-概化图交互界面

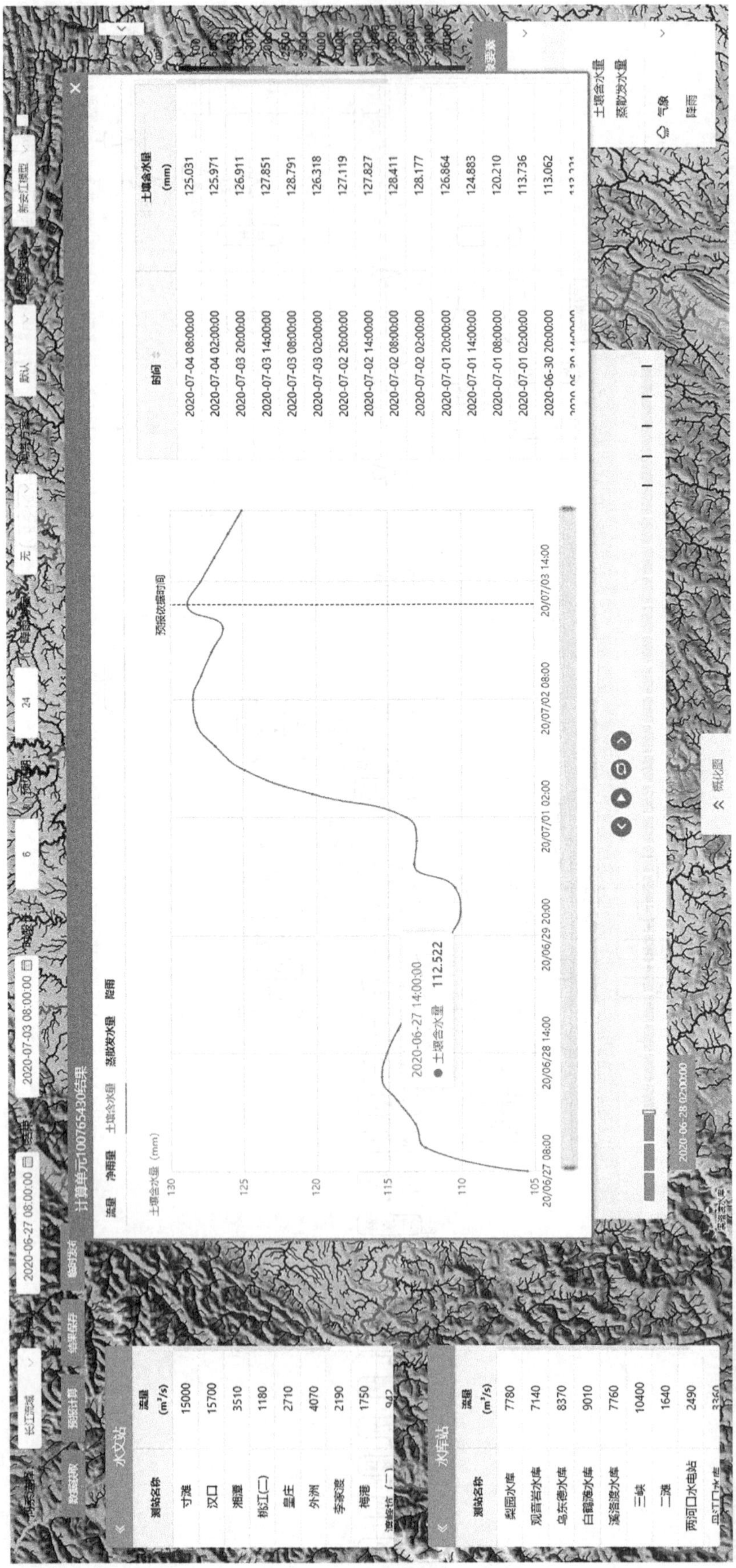

图 7 分析统计-重要节点流量及任意计算单元水文要素查询界面

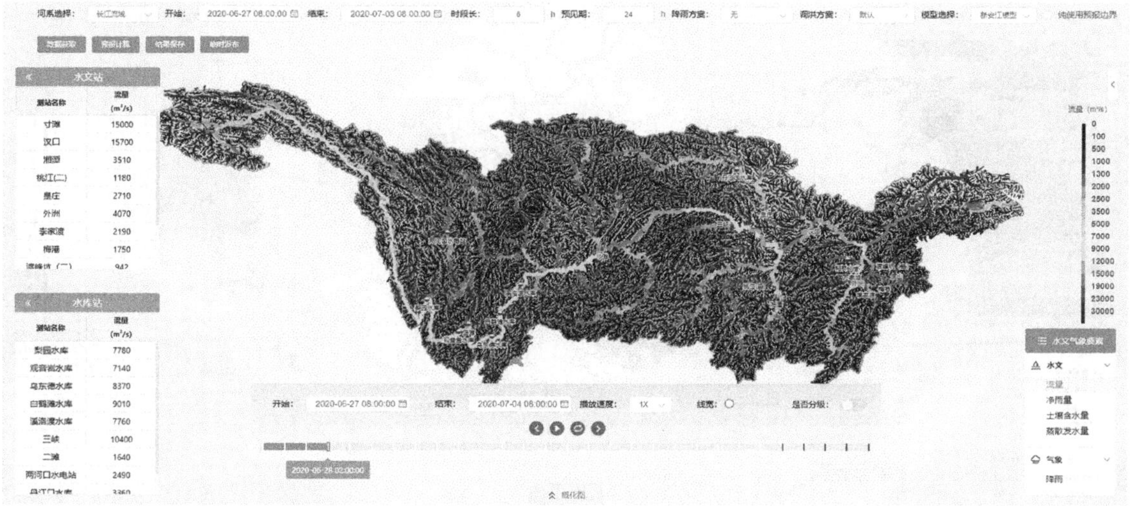

(a) 流量时空分级展示

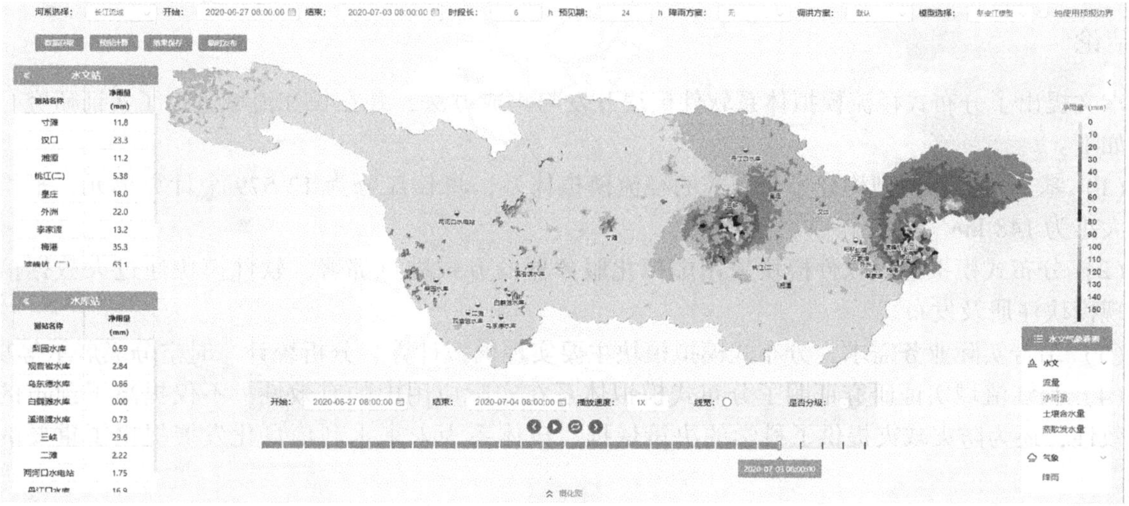

(b) 净雨量时空分级展示

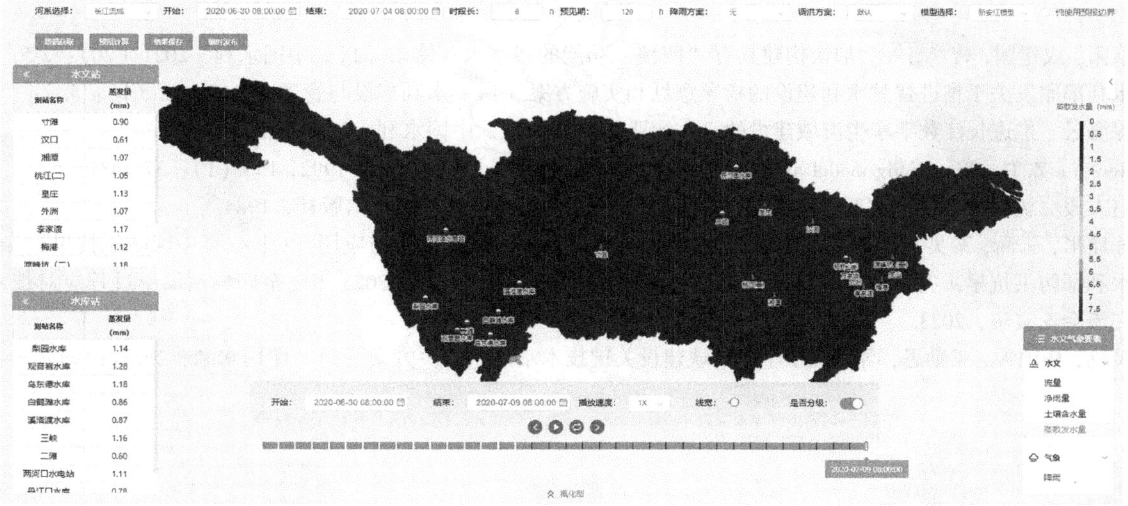

(c) 蒸散发量时空分级展示

图 8 时空展示-水文要素时空状态分级展示

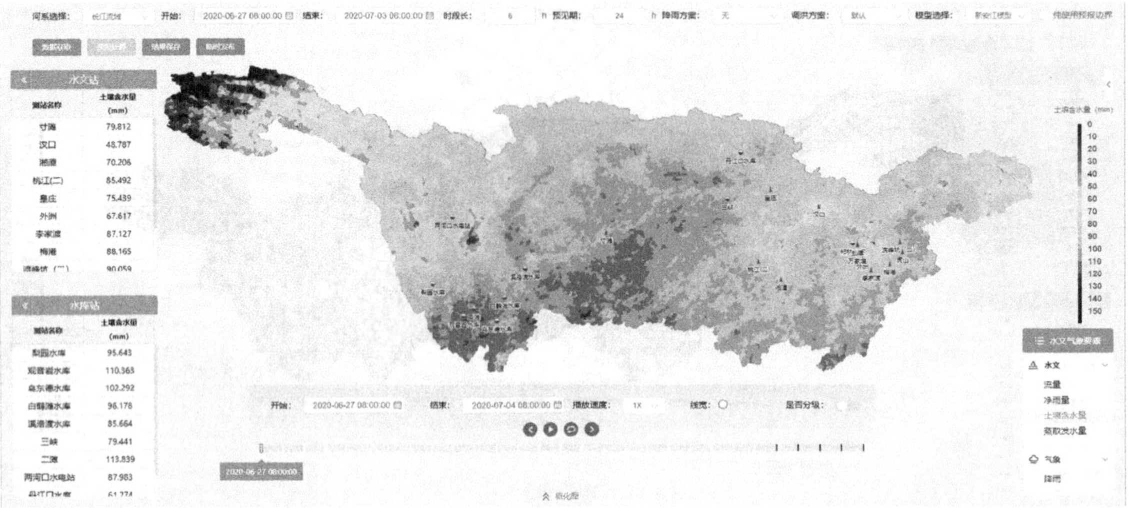

（d）土壤水量时空分级展示

续图 8

4 结论

本文提出了分布式径流模拟体系软件模块开发与集成方法，并在长江流域进行了实证研究，主要结论如下：

（1）基于新安江模型构建了分布式的径流模拟体系，将长江分为 12 579 个计算单元，平均计算单元大小为 148 km^2。

（2）分布式模拟预报软件模块采用虚拟化服务器的方式进行部署，软件模块通过大数据信息平台实现模块注册及发布。

（3）结合实际业务需求，分布式模拟模块主要实现模拟计算、分析统计、时空分级展示等功能。

（4）长江流域实证研究证明了分布式模拟体系在实际应用中的有效性，不仅提高了预报的精度和时效性，还为防灾减灾提供了科学的决策依据。该体系为未来水利信息化发展提供了重要的技术支持。

参考文献

[1] 蔡阳，成建国，曾焱，等. 加快构建具有“四预”功能的智慧水利体系［J］. 中国水利，2021（20）：2-5.

[2] 水利部印发关于推进智慧水利建设的指导意见和实施方案［J］. 水利建设与管理，2022，42（1）：5.

[3] 程海云. 推进长江数字孪生流域建设的水文实践与思考［J］. 中国水利，2022（15）：49-50.

[4] Ren-Jun Z. The Xinanjiang model applied in China［J］. Journal of Hydrology，1992，135（1）：371-381.

[5] 赵人俊. 流域水文模型：新安江模型与陕北模型［M］. 北京：水利电力出版社，1984.

[6] 陈瑜彬，张潇，秦昊，等. 长江流域控制性水利工程综合调度系统建设与应用［C］//《中国防汛抗旱》杂志社，水利部防洪抗旱减灾工程技术研究中心（水旱灾害防御中心）. 2022—2023 年度全国典型洪旱过程应对技术经验交流会论文集，2023.

[7] 黄艳，杨国俊，王勤思，等. 数字孪生三峡建设关键技术难点与解决方案［J］. 中国水利，2023（19）：27-34.

水库现代化运行管理矩阵建设研究与实施方法

戚　浩[1]　孙启伟[2]　张　涛[3]　洪　芸[2]　郭玮泽[2]

（1. 汉江集团武汉信息科技有限公司，湖北武汉　430000；
2. 汉江水利水电（集团）有限责任公司，湖北武汉　430000；
3. 武当云谷大数据科技有限公司，湖北丹江口　442700）

摘　要：本文结合信息系统、数字孪生、数据治理、网络架构等多个维度的思考分析，提出一种综合性实施方法，以全面提升水库运行管理的精准化、信息化、现代化水平。本文介绍了现代化水库运行管理矩阵的建设背景、总体内容，重点对遥感影像与三维模型在矩阵平台上的融合实现做了深入探讨。通过构建水库、大坝模型，运用数字孪生技术，实现对水库实际运行状态的监测、模拟和预测，为水库的管理和决策提供科学依据。最后提出了基于数字化、智能化的信息技术手段，以期为全国现代化水库运行管理矩阵的建设提供可复制、可推广的经验和方法。

关键词：水库管理；数据治理；数字孪生；三维引擎

1　引言

水库作为调节和存储水资源的关键设施，在防洪减灾、供水保障、生态保护等多方面都发挥着至关重要的作用。然而，随着时代的进步和科技的发展，传统的水库管理模式已逐渐暴露出诸多不足，如信息化程度不高、管理效率低下、应急响应迟缓等，这些问题无疑制约了水库功能的充分发挥，甚至可能威胁到人民群众的生命财产安全。

正是基于这样的背景，水库现代化管理矩阵建设的构想应运而生。通过集成卫星遥感影像、三维渲染、数字孪生等信息技术与先进的管理理念，构建起一个全面、高效、智能的水库管理体系，从而实现水资源的优化配置和可持续利用。通过管理矩阵对水库的各项运行数据进行实时监控与分析，提高预警、预报的准确性和时效性，进而为科学决策提供有力支撑。现代化水库管理矩阵还能促进水库管理流程的标准化和规范化，提升管理效率和服务水平，确保水库在应对自然灾害等突发事件时能够迅速作出反应，最大程度地减少损失。

作为水利行业信息化建设的重要组成部分，水库现代化管理矩阵的建设还具有重要的示范引领作用。管理矩阵的成功建设将为其他地区乃至整个行业提供可借鉴的经验和模板，推动整个水利系统的现代化进程。也将成为展示我国水利事业发展成就和科技创新实力的重要窗口，对于提升我国在国际水利领域的地位和影响力具有积极意义。

2　现代化水库运行管理矩阵建设背景

2.1　水库安全管理的重要性

党的十八大以来，习近平总书记多次作出重要指示批示，强调我国现有水库数量多、高坝多、病险库多，水库运行时间长、设施老化，极端天气事件频发。

为坚持安全第一，坚持建管并重，严格落实各方责任，加快推进水库除险加固，及时消除安全隐患，加强监测预警设施建设，健全常态化管护机制，确保水库安全长效运行。国务院常务会议和国务

作者简介：戚浩（1990—），男，助理工程师，主要从事应用软件开发架构的设计与实施研究工作。

院办公厅印发《关于切实加强水库除险加固和运行管护工作的通知》（国办发〔2021〕8 号）。

水利部党组高度重视水库安全管理，提出了加快构建现代化水库运行管理矩阵的指导意见。2023 年全国水利工作会议指出：加快建设数字孪生工程，强化数字赋能水利工程运行管理，全面管控致险、承险、防险要素。水利部部长李国英在研究水库运行管理专题办公会上提出，加快构建现代化水库运行管理矩阵。四全：全覆盖、全要素、全天候、全周期；四制（治）：体制、机制、法治、责任制；四预：预报、预警、预演、预案；四管：除险、体检、维护、安全。

2.2 国家政策与指导意见

为深入贯彻党的二十大精神，落实党中央、国务院决策部署，水利部先后出台了《关于加快构建现代化水库运行管理矩阵的指导意见》与《构建现代化水库运行管理矩阵先行先试工作方案》等文件。

该意见明确提出了构建现代化水库运行管理矩阵的总体要求、基本原则、工作目标及具体工作内容。它强调以习近平新时代中国特色社会主义思想为指引，全面贯彻落实习近平总书记关于水库安全的重要指示批示精神，统筹发展和安全，坚持问题导向、系统观念，并强化数字赋能，以提升水库运行管理的精准化、信息化、现代化水平。

这些文件为水库现代化运行管理矩阵建设提供了政策指导和实施依据。

3 现代化水库运行管理矩阵的总体要求

3.1 基本原则与工作目标

（1）安全第一、管控风险。强化横向到边、纵向到底全方位水库大坝安全监管，推进上下游、左右岸系统管控，守牢大坝安全底线。

（2）完善制度、全面管理。锚定新阶段水利高质量发展目标，强化系统思维，加快完善水库管理体制机制，构建现代化水库运行管理法规制度和标准体系，全面实现依法依规管理。

（3）点面结合、分步实施。按照现代化水库运行管理要求，系统谋划、统筹推进，选取典型水库和区域开展先行先试，总结经验，有序推进现代化水库运行管理矩阵建设。

（4）数字赋能、提升能力。围绕保障水库安全运行和效益发挥需求，强化水库信息化基础设施建设，结合数字孪生水利建设，全面提升水库“四预”能力和智慧化管理水平[1]。

到 2025 年，建成一批现代化水库运行管理矩阵试点水库和先行区域，形成效果好、可复制、可推广的经验做法。基本建成具备“四全”管理功能的水库运行管理系统，水库“四制（治）”体系进一步完善，“四预”能力明显提升，“四管”工作扎实落地，水库运行管理现代化水平显著提高。到 2030 年，全面实现水库“四全”管理，现代化水库运行管理体制机制、法规制度和技术标准体系健全完善，大型、防洪重点中型及“头顶一盆水”中小型水库“四预”措施全面落实，“四管”工作长效机制建立健全，水库安全得到有效保障、效益得到充分发挥，现代化水库运行管理矩阵基本建成，水库运行管理精准化、信息化、现代化基本实现。

4 建设现代化水库运行管理矩阵的实施方法

4.1 现代化水库管理矩阵的总体框架设计

该框架（见图 1）以“四个四”为核心目标，即实现四全（全覆盖、全要素、全天候、全周期）、四制（治）（体制、机制、法治、责任制）、四预（预报、预警、预演、预案）及四管（体检、除险、维护、安全）。整合集团现有的空、天、地多源数据资源，形成统一的数据底板。对缺失的数据内容进行新开发，确保数据的完整性和准确性。构建数字孪生模型，实现水库物理世界与数字世界的精准映射。利用大数据、算法等技术，对水库运行状况进行模拟预测和优化分析[2]。集中存储、处理和分析各类数据，为管理决策提供数据支持。实现数据的共享与联动，促进跨部门、跨系统的数据融合。利用 HTML、ECharts、Vue 等前端技术，构建用户友好的可视化界面。展示水库的实时运行

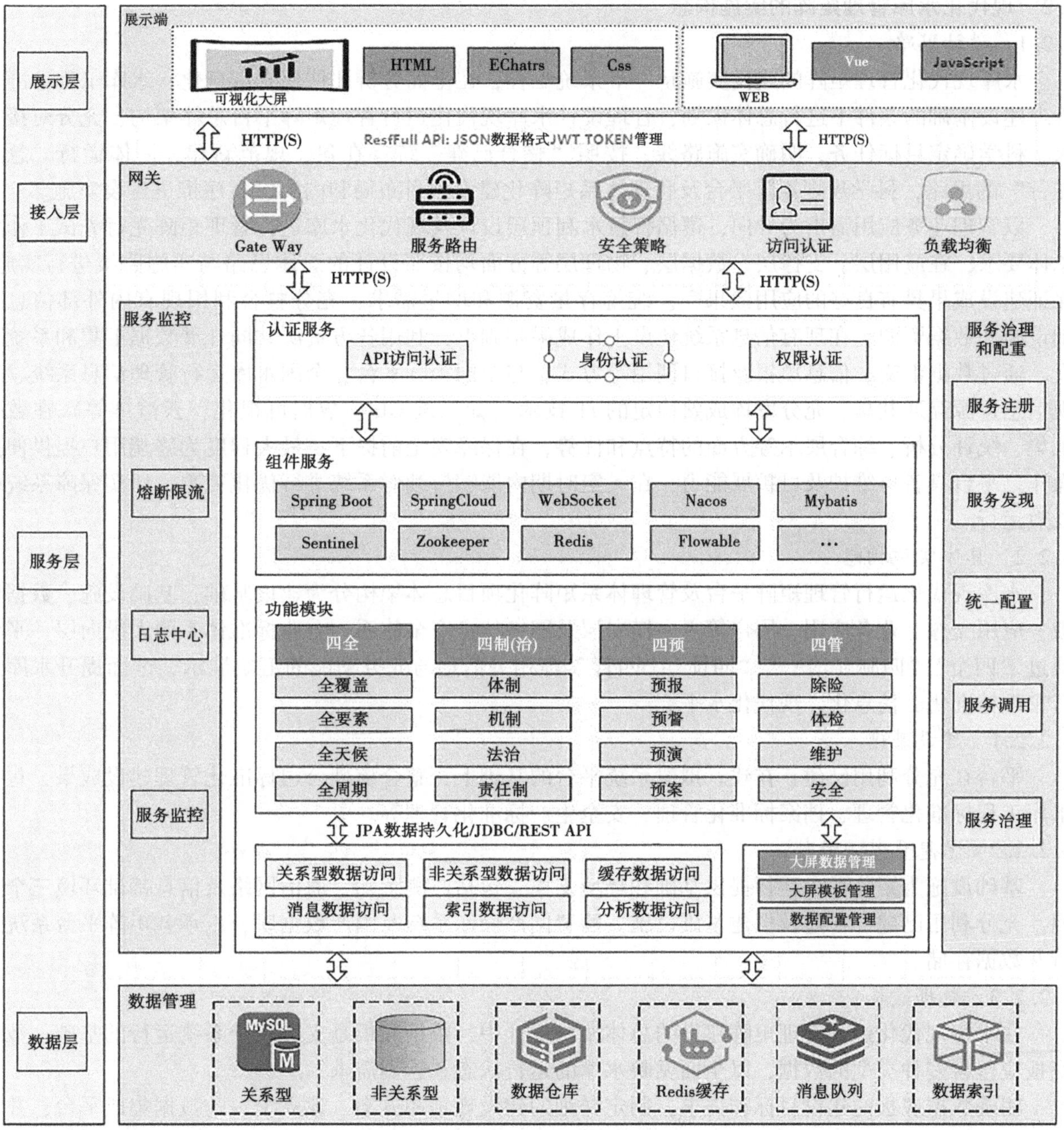

图 1　水库现代化管理矩阵总体框架

状态、监测数据、预警信息等，提升管理透明度。通过 HTTP(S) 协议和网关实现外部请求的接入，确保数据传输的安全性。部署 JWT TOKEN 管理、访问认证等安全策略，保障系统安全。采用 Spring Boot、SpringCloud 等微服务框架，实现服务的注册、发现、治理和配置管理。集成日志中心、预警监测等功能模块，支持全量、增量数据的处理与分析。利用 Sentinel、Zookeeper 等技术进行熔断限流，确保服务的稳定性和可靠性。建立多源数据联动分析机制，当监测到异常情况时，迅速触发告警。联动相关部门和人员，启动应急响应流程，降低风险损失。

通过“天空地水工”一体化的数据底板和数据中台，实现各类数据的整合与共享，提升数据利用价值。基于数字孪生模型和智能分析技术，实现水库的实时监测和智能预警，提高管理效率和应急响应能力。建立联动告警机制，确保异常情况能够及时发现并得到有效处理。通过丰富的可视化工具和智能分析功能，为管理者提供直观、全面的数据展示和决策支持，推动水库管理模式的优化和创新[3-4]。

4.2 现代化水库管理矩阵的实施构想

4.2.1 设计思路

水库现代化管理矩阵的建设实施是一个系统工程，在全面分析评估现有信息化、水库工程标准化管理建设基础的条件下进行总体谋划，合理设计水库现代化运行管理矩阵平台总体架构，充分对接需求，科学确定目标任务，明确实施路线，按照“整合已建、统筹在建、规范新建、一体运行、急用先行”的思路，科学规划矩阵平台及管理体系矩阵化建设项目布局和内容、有序推进建设实施。

以管理业务应用需求为导向，遵循智慧水利顶层设计及现代化水库运行管理矩阵先行先试工作的总体要求，在应用层、支撑层、数据层、物理层等方面均按照设计的总体思路与实施路线进行实施，保证建设成果具有良好的应用效果[5]。统筹存量资源和增量需求，充分整合利用现有内外部信息基础设施和数据资源，在现有信息系统建设工作成果基础上，利用各方资源共同开展数据汇集和系统建设。通过数据汇交、信息填报及接口调用等方式，与全国矩阵平台、全国水库运行管理信息系统、实现信息资源互通共享。充分发挥成熟稳定的 IT 技术（如三维 GIS、数据可视化、云渲染等）在数据汇集、统计分析、综合展示等方面的特点和优势，在保障安全前提下，最大程度为终端用户提供便捷操作。平台具备可维护及可扩展能力，在一定时期内能够持续对系统进行优化完善，切实保障系统的长效运行。

4.2.2 具体实施构想

水库现代化运行管理矩阵平台及管理体系矩阵化项目总体架构分为建设基础、基础设施、数据底板、应用支撑、业务应用、用户等六大横向层及网络信息安全体系、企业标准体系两大纵向层。平台通过“四全”“四制（治）”“四预”“四管”等相关信息与业务功能的汇集展示，全面提升水库运行管理精准化、信息化、现代化水平。

4.2.2.1 建设基础

平台在充分利用已建、在建、拟建系统平台的基础上，整合梳理公司标准化管理建设成果，包括水库工程标准化管理、档案标准化管理、安全生产标准化管理等。

4.2.2.2 信息化基础设施

基础设施为矩阵平台运行提供基础和环境支撑，包括监测感知、通信网络及信息基础环境三个方面。充分利用已建、在建及拟建基础设施。购置国产操作系统及国产数据库，以承载矩阵平台系统运行及数据存储。

4.2.2.3 数据底板

在水库现代化运行管理矩阵建设的总体架构设计中，数据底板是支撑整个系统运行的基础。数据底板应包含多种类型的数据，以全面反映水库的运行状态和管理需求。

明确数据底板的建设目标和需求，制定详细的建设规划和方案。建立统一的数据集成平台，并开发相应的数据分析、挖掘和可视化展示功能。对相关人员进行培训，使其熟练掌握系统的使用方法和技巧。同时，加强系统的宣传推广，提高其在水库管理中的应用水平[6]。

4.2.2.4 应用支撑

应用支撑包括身份认证、权限管理、GIS 服务、短信平台、云渲染管理等部分。充分利用现有应用支撑平台。针对新的应用场景和运行需要，对身份认证和权限管理进行配置。

4.2.2.5 业务应用

业务应用主要包括矩阵平台大屏、矩阵平台后端两大部分。其中矩阵平台大屏，包括首页、四全、四制（治）、四预、四管等板块，实现矩阵管理相关信息与业务功能的汇集展示；矩阵平台后端提供四全、四制、四预相关基础信息及台账信息的管理功能，为用户提供大屏数据的维护界面。

4.2.2.6 用户

围绕提升用户体验、增强系统易用性、确保信息安全及提供个性化服务，设计清晰、简洁的操作界面，使用户能够快速上手并高效操作。界面布局应合理，重要功能和信息应突出显示，避免冗余和复杂的操作步骤。

系统应支持多种设备和平台，如PC、手机、平板等，方便用户在不同场景下使用。同时，应确保不同平台间的数据同步和一致性。根据用户角色和职责，设置不同的访问权限和操作权限。这有助于保护数据安全，同时确保用户能够高效完成工作任务。提供自定义功能模块，允许用户根据自身需求添加或删除功能，以满足不同用户的个性化需求。

4.3 信息化现状分析思考与解决方法

4.3.1 信息系统的整合方式方法

水库现代化管理矩阵的建设，旨在整合并优化现有及未来规划的信息系统，以提升水库管理的效率、安全性和智能化水平。面对已建、在建及拟建的多种系统，其复杂性和多样性为管理矩阵的构建带来了既有的挑战，也孕育着巨大的支持与未来升级提高的潜力。

已建系统如水库综合信息系统、工业电视系统等，采用不同架构（B/S与C/S并存），数据格式、接口标准不一，导致系统集成难度高，信息孤岛现象明显。从大坝安全在线监控到白蚁病害在线监测再到电力生产管理系统，各系统收集的数据种类繁多，确保数据的一致性和准确性，以及实现跨系统的高效数据共享，是重大挑战。部分系统架构老化，不仅维护成本高，而且难以适应现代管理需求，如快速响应、大数据分析等。随着系统互联互通的加深，数据安全和用户隐私保护成为不可忽视的问题，尤其是涉及大坝安全、电力生产等敏感信息。

因此，需要参考水利行业标准，制定统一的数据格式和接口协议，确保各系统间的数据能够顺畅流通和共享。要有效利用中间件技术，如API网关，实现不同架构系统间的无缝对接，降低集成难度。对于新建系统，采用微服务架构，提高系统的可扩展性、可维护性和灵活性。对于老化严重的系统，进行架构升级，采用更先进的技术栈，如容器化、DevOps等，提高系统的性能和稳定性。最后建立统一数据仓库，集中存储和处理各系统产生的数据，提供统一的数据访问接口，支持数据分析和决策。

4.3.2 信息化基础设施梳理与提高

硬件服务器作为信息系统的基石与矩阵管理系统高效运行的支柱，其重要性不言而喻。矩阵管理系统，作为一个集成了高级数据处理、实时监控与复杂计算功能于一体的综合平台，对数据收集的实时性提出了极为严苛的要求。这意味着系统必须能够在第一时间捕获、处理并分析海量数据，确保信息的时效性和准确性，从而为决策提供强有力的支持。

业务系统的稳定性也是矩阵管理系统不可忽视的关键要素。在高并发、大数据量的环境下，系统必须保持持续稳定的运行状态，避免因硬件性能不足导致的系统崩溃、数据丢失或响应迟缓等问题，确保业务流程的顺畅无阻和用户体验的优化。

矩阵管理系统往往还搭载了高性能的三维渲染引擎，以支持复杂场景的可视化展示和交互操作。这一特性对服务器的算力提出了极高的挑战，要求硬件不仅具备强大的图形处理能力，还需拥有足够的内存和高速的存储，以支撑大规模数据的快速读写和复杂图形的实时渲染，确保用户能够享受到流畅、逼真的视觉效果。

在矩阵管理系统的建设实施过程中，硬件服务器的选择与配置需被置于首要考虑的位置。这不仅要关注服务器的处理器速度、内存容量、存储性能等基础指标，还要充分考虑其扩展性、冗余度及能耗效率等多方面因素。通过构建高可用性的服务器集群，实现负载均衡和故障自动切换，确保在任何情况下系统都能保持高效、稳定的运行，为矩阵管理系统的成功部署与长期稳定运行奠定坚实的基础。

4.3.3 通信网络的现状与改进

水库管理矩阵的建设对网络带宽、线路连接的稳定提出了更高的要求。随着水库运行管理矩阵中数据量的增加，特别是实时数据传输和高清视频监控的需求，现有网络带宽可能无法满足要求。需要增加网络带宽，确保数据传输的流畅性和实时性。

管理矩阵依赖于稳定的网络连接，任何中断都可能影响系统的正常运行。采用更可靠的传输线路和连接方式，如光纤通信、高带宽专线，以提高线路连接的稳定性和可靠性。现有国有企业的网络架构（见图 2）可能无法满足现代化水库运行管理矩阵的需求。需要对网络架构进行优化，采用更先进、更灵活的网络拓扑结构，如 SDN（软件定义网络）、NFV（网络功能虚拟化）等，以提高网络的可扩展性和可管理性。随着网络带宽的增加和线路连接的稳定性提升，网络安全风险也随之增加。需要加强网络安全防护，采用更先进的安全技术和措施，如防火墙、入侵检测系统、数据加密等，确保网络的安全性和稳定性。

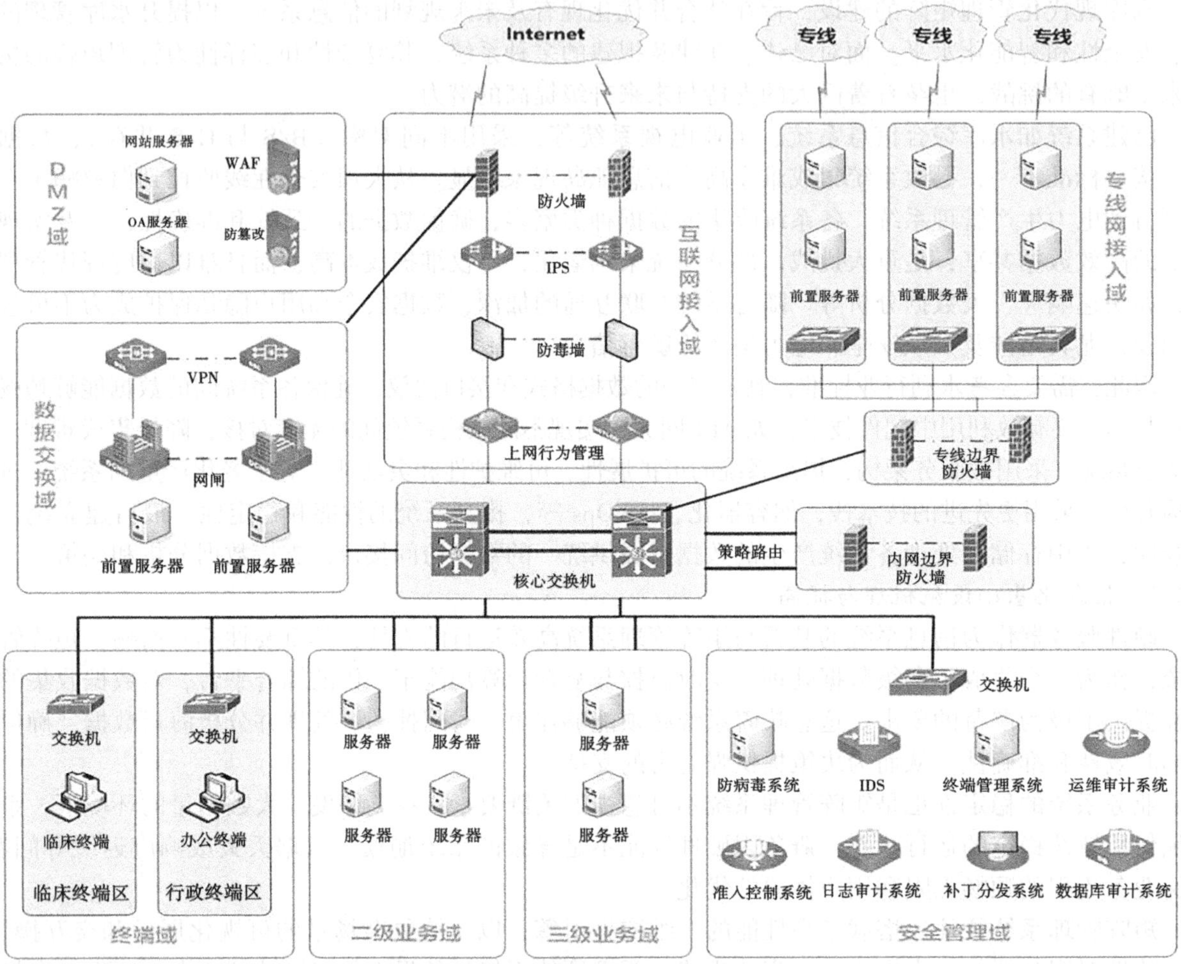

图 2　企业常用网络架构

4.4　数据的治理与运用

数据是现代化水库运行管理矩阵建设的基石，水利矩阵使用大量的地理空间数据来构建物理流域的数字虚拟副本，需要对海量的水情、气象等时间序列数据和 BIM、DEM、倾斜摄影数据等多源异构的地理空间数据进行集成、处理、分析来实现对未来水情的精准预报、制定防洪策略、可视化展现各类水文场景。

数据治理是一种组织、规范和管理数据的过程，旨在确保数据的质量、可靠性、可用性和安全性。它涵盖了数据的收集、存储、处理、分析和共享等各个环节，是矩阵建设数据管理不可或缺的一部分。数据治理不仅关注数据的物理层面，更强调数据的逻辑层面，即如何确保数据的一致性、准确性和可信度。

通过数据治理，对结构化数据进行清洗与管理，对非结构化的地理空间数据进行了标准化、融合化、对象化和安全化处理，初步建成了标准统一、多源融合的水库数据 L2、L3 级数据底板，夯实了矩阵建设算据基础。

4.5　卫星遥感影像数据与三维模型数据在GIS系统中的融合运用

4.5.1　GIS系统选择的依据与必要性

在水库管理的矩阵建设中，如何将卫星遥感数据（如TIFF）和三维模型数据（如BIM）有机地结合在一起，需要依赖多种先进的技术和方法。

其中，BIM（建筑信息模型）主要用于构建水库及其附属建筑物（如大坝、泄洪闸等）的精细三维模型。BIM模型包含了建筑物的几何信息、属性信息及施工、运维等全生命周期信息。DEM（数字高程模型）主要通过立体测绘卫星、干涉雷达等数据生产，用于表示地形起伏的三维表面模型。DEM是水文模拟、洪水演进等分析的基础。DOM（数字正射影像图）主要利用高空间分辨率光学卫星影像生产，经过正射纠正处理后的影像图。DOM提供了地表的真实纹理信息，可用于数字孪生模型的纹理贴图。

以上数据类型都有其自身的特点与适用的领域，需要借助GIS（地理信息系统）将其有机地结合在一起，以便提供直观的三维场景展示和交互分析功能。因此，GIS框架的选型显得尤为重要，因为它直接关系到如何有效地整合、处理、展示和分析卫星遥感数据以及三维模型数据。

首先，是数据的处理与整合能力。选择的GIS框架应能支持多种数据源和格式。这有助于实现多源数据的无缝整合，为矩阵建设提供全面、准确的基础数据。处理大量卫星遥感数据和三维模型数据需要高效的计算能力和优秀的算法。因此，在选择GIS框架时，应考虑其数据处理性能，包括数据加载速度、处理效率和内存管理等。

其次，在三维可视化与交互能力方面，需要展示三维场景的数字孪生模型，GIS框架应支持先进的三维渲染技术，如WebGL、DirectX等。这有助于实现高质量的三维可视化效果，提升用户体验。GIS框架应提供丰富的交互功能，如缩放、平移、旋转、测量、查询等。这些功能有助于用户更直观地了解水库的运行状态和环境变化，提高决策效率。

再次，在空间分析与决策支持能力方面，GIS框架应提供强大的空间分析功能，如缓冲区分析、叠加分析、距离分析等。这些功能有助于深入挖掘卫星遥感数据和三维模型数据中的空间信息，为水库管理提供科学依据。GIS框架还提供了决策支持工具，如智能调度、风险评估等。这些工具可以基于空间分析结果，为水库管理提供更加精准的决策支持。

最后，在扩展性与定制化开发方面，随着管理矩阵不断运行发展，新的数据资源在不断地被纳入到矩阵管理中来，为后期的预演分析、预案的建立提供决策依据。因此，GIS框架应具备良好的可扩展性，能够方便地集成新的数据源和分析工具。水库管理矩阵在建设阶段会有大量的定制开发要求，GIS框架能否提供个性化的配置与开发决定着管理矩阵建设的成功与否。

4.5.2　Cesium的来源与优点及在矩阵平台所扮演的角色

4.5.2.1　Cesium的简介

Cesium是一个开源的3D地球渲染引擎，由AGI公司计算机图形开发小组于2011年开始研发，并于2014年正式发布。Cesium是基于WebGL的JavaScript库，用于在网页中呈现高精度的三维地球和其他天体模型。Cesium一词来源于化学元素铯，铯是制造原子钟的关键元素，研发小组通过命名强调Cesium产品精益求精，专注时间数据可视化。

Cesium主要用于创建基于地理空间数据的交互式三维地图应用程序。如图3所示，利用球体空间坐标系，可以在现代Web浏览器中显示地球、其他行星以及空间中的数据，并支持高度交互性和可视化效果。该框架适用于任何需要地理空间数据可视化和交互的应用场景。Cesium具有多种强大的能力，主要包括支持多种数据格式，包括3D Tiles、glTF、KML等，可以高效加载与渲染大规模三维模型和地形数据[7]。内置丰富的交互功能，如地址搜索、信息窗口、全屏查看以及WebVR支持，增强用户体验。支持基于时间轴的动态数据展示，适用于实时监控、历史回放等场景。能够以2D、2.5D和3D形式对地图进行展示，无须分别编写代码。对WebGL进行优化，充分利用硬件加速功能，使用底层渲染方法进行可视化，提供可以绘制大型折线、多边形、广告牌、标签等的 API。

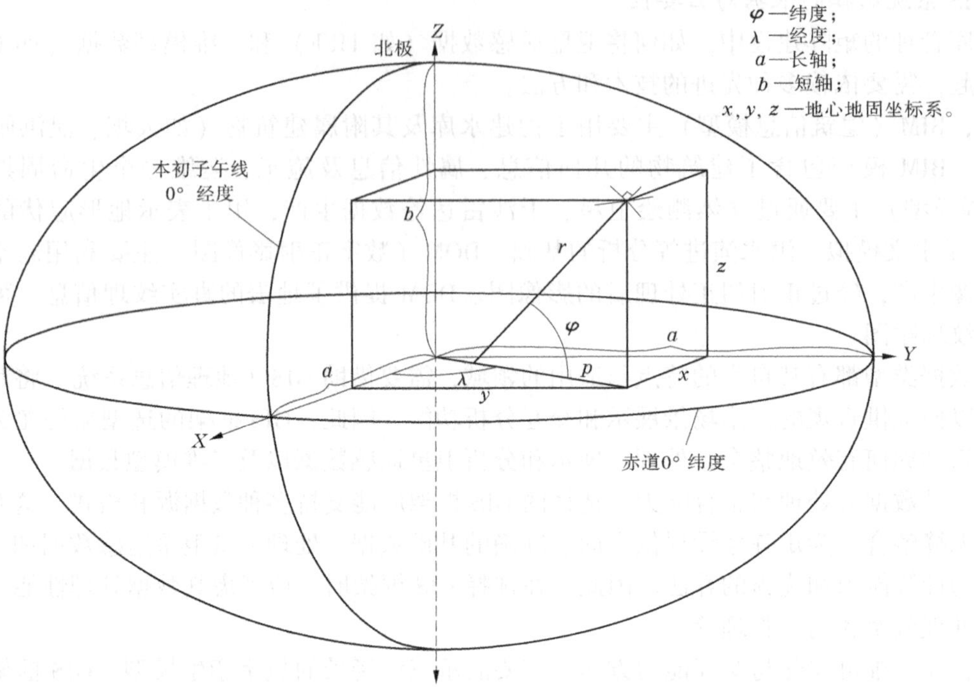

图 3　球体空间坐标系原理

4.5.2.2　Cesium 的优点

Cesium 是开源的 GIS 框架，遵循 Apache 2.0 开源许可协议，可以免费使用和修改。具有跨平台，支持多种操作系统和浏览器的能力和特性。Cesium 拥有庞大的开发者社区和丰富的教程、文档、示例等资源，为开发者提供了强大的支持。Cesium 提供了丰富的 API 接口，涵盖了从场景管理、图层加载、实体操作到动画控制、地形处理等多个方面。

4.6　Cesium 与三维渲染引擎的融合

虽然 Cesium 作为一款基于 WebGL 的开源 JavaScript 库，在地理空间数据可视化和交互方面表现出色，但也存在一些固有的缺点。WebGL 相较于本地图形 API（如 DirectX 或 OpenGL）在性能上有所欠缺。当处理大规模三维模型或复杂场景时，Cesium 可能会出现性能瓶颈，导致渲染不流畅或加载时间过长。Cesium 虽然提供了丰富的地理空间可视化功能，但在某些高级渲染效果（如全局光照、物理模拟等）方面不如专业的三维渲染引擎强大。

专业的三维渲染引擎一般用于游戏娱乐、工业建模、VR/AR 等领域。它们都采用了先进的图形渲染技术，能够提供高质量的渲染效果和流畅的性能表现。这使得它们能够处理大规模三维模型、复杂场景和高级渲染效果。除基本的渲染功能外，专业的三维渲染引擎还提供了物理引擎、音频处理、网络功能、用户界面设计等多种工具和功能，使得开发者能够创建更加丰富和交互式的应用程序。

如图 4 所示，Cesium 在结合三维渲染引擎之后，能够突破 WebGL 的性能限制，实现大规模三维模型和复杂场景的高效渲染[8]。可以准确还原水库的地形、建筑、设备等元素，为水库管理提供直观、真实的视觉体验。Cesium 则提供了丰富的地理空间数据接口，可以方便地加载和展示水库周边的地形、影像等地理信息。三维引擎专业的实时渲染技术可以实现水库水位、水流、水质等动态效果的实时模拟，帮助管理者实时掌握水库的运行状态。Cesium 的水利插件可以进一步扩展这些动态效果，如洪水淹没分析、水流模拟等。两者的结合实现洪水淹没过程的模拟仿真，帮助管理者了解洪水对

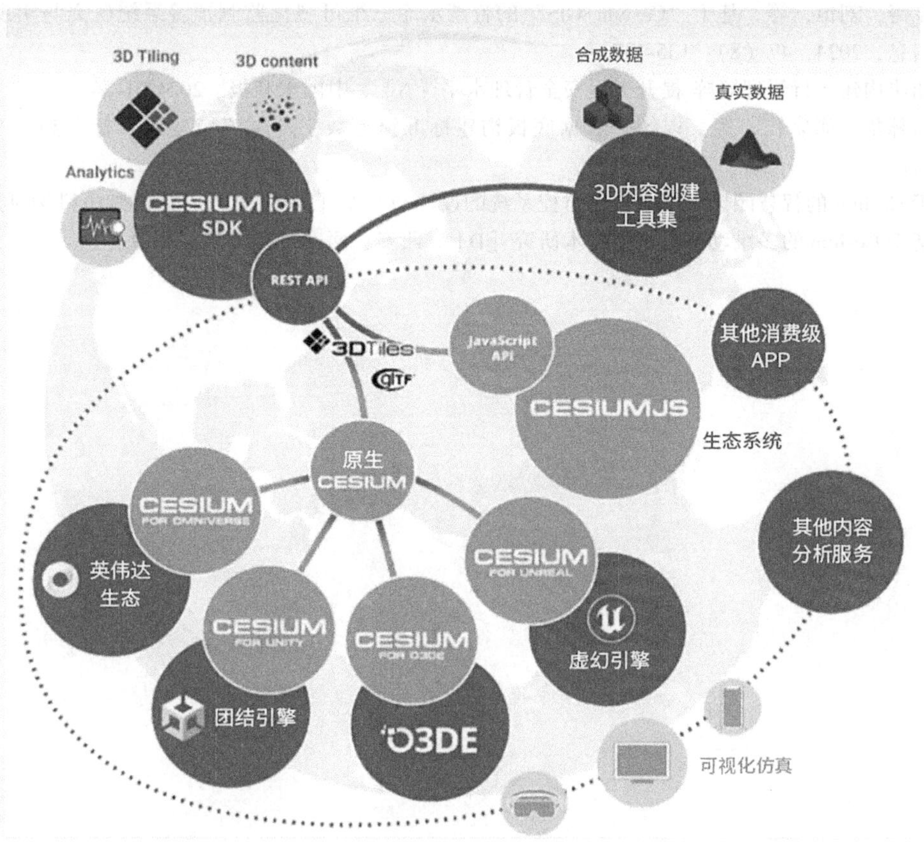

图4 Cesium 生态圈

水库及周边地区的影响程度，从而制定有效的防洪减灾措施。通过构建虚拟的水库管理场景，可以进行应急预案的演练和评估。这不仅可以提高管理者的应急响应能力，还可以降低实际演练的成本和风险。

5 基于数字化、智能化的现代化水库运行管理矩阵的未来构想

当前水库现代化运行管理矩阵的建设还不能完全做到数字化、智能化。未来，现代化水库运行管理矩阵将进一步集成物联网、云计算、大数据、人工智能、数字孪生等前沿技术，实现更高水平的信息化、智能化管理。将AI算法与水文模型相结合，提高洪水预报的精度和预见期。基于大数据和人工智能技术，对监测数据进行深度挖掘和分析，为水库运行管理提供智能决策支持。利用机器学习算法，不断优化和更新决策模型，提高决策的准确性和科学性。

数字化、智能化的现代化水库运行管理矩阵的未来构想将更加注重技术融合与创新、全面感知与智能决策、协同管理与高效运营、公众参与与社会服务及可持续发展与环境保护等方面的发展。这将有助于提升水库运行管理的精准化、信息化、现代化水平，确保水库的安全运行和效益的充分发挥。

参考文献

[1] 李国英. 建设数字孪生流域推动新阶段水利高质量发展 [N]. 中国水利报，2022-06-30.
[2] 黄艳. 数字孪生长江建设关键技术与试点初探 [J]. 中国防汛抗旱，2022，32 (2)：16-26.
[3] 徐波，孙启伟，任金秋，等. 数字孪生汉江流域建设先行先试关键技术探讨 [J]. 水利信息化，2023 (6)：5-12.

[4] 王立波，左涛，刘恒，等．基于“Cesium+GIS”的智慧水库三维可视化监测预警系统研究与实现［J］．测绘与空间地理信息，2024，47（8）：135-137.
[5] 张文洁．加快构建运行管理矩阵 提升工程安全管理水平［N］．中国水利报，2024-01-24.
[6] 曾国雄，何林华，唐宗仁，等．以统一数据底板构建标准锚定数字孪生流域建设目标［J］．中国水利，2022（20）：38-41.
[7] 彭详．基于 Cesium 的智慧园区三维可视化监控系统的设计与开发［D］．武汉：武汉邮电科学研究院，2021.
[8] 韩昕熠．基于 Cesium 的多维动态可视化技术研究［D］．西安：西安科技大学，2019.

遥感技术在水利监测领域的应用

杨　燈　王　赛　陈德清　崔　倩

［水利部信息中心（水利部水文水资源监测预报中心），北京　100053］

摘　要：随着科技的飞速发展，遥感技术在水利监测领域的应用日益广泛。本文深入探讨了遥感技术及其在水利监测中的多领域应用，包括水旱灾害监测、水文水资源监测、河湖监测、水土保持监测等。通过遥感技术，可以实现对大范围水利对象的快速、准确、实时监测，提供高精度、高分辨率的监测数据，为水利治理管理、决策及科学研究提供有力支持。

关键词：遥感；水利；监测技术；无人机；水旱灾害；水文水资源；河湖；水土保持

1　引言

水利事业作为国民经济与社会发展的基石[1]，其健康发展离不开高效的水利监测技术。然而，传统水利监测技术在监测范围、频率及精度方面具有局限性，已难以适应现代水利管理的多元化需求。近年来，遥感技术凭借其非接触式监测、广覆盖、高频次及高分辨率等显著优势，结合其所提供的海量高空间分辨率、高光谱分辨率、高时间分辨率的“三高”数据，为水利监测开辟了新的路径，并开拓了更多应用新领域，从而在水利行业中得到了广泛应用[2]。

遥感监测技术是一个多维空间的综合监测体系，能够从航天、航空、地面及水下等不同维度，对点、线、面、体等不同尺度的涉水对象及其环境进行全面、客观、动态的感知，涵盖了卫星遥感、无人机监测、视频监测等多种技术手段。相较于传统水文、水资源地面站网监测，遥感监测技术显著扩大了监测的时空尺度，增强了物理流域全要素及水利管理活动全过程的感知能力，为水利重点业务的发展提供了坚实的数据支撑[3-4]。本文旨在探讨遥感技术的发展现状以及遥感技术在水利监测领域的最新应用，为水利事业的可持续发展提供有力的技术支撑与理论指引。

2　遥感监测技术

2.1　卫星遥感监测技术

卫星遥感监测技术是以天上卫星为平台，搭载光学、雷达传感器，以被动接收或主动探测的方式获取地物波谱信息或雷达信号，通过数字成像技术获取地表图像，利用遥感解译算法实现地物识别和信息探测。自20世纪50年代起，全球多国通过发射遥感卫星推动空间信息产业发展，中国后来居上，相继发射了气象、资源、海洋、环境减灾、测绘、高分等遥感系列卫星。2010年后，我国启动了高分辨率对地观测系统重大专项，经过多年的努力，已初步形成了全天候、全天时、全谱段、全覆盖的对地观测体系，具备高空间分辨率、高时间分辨率、高光谱分辨率优势的卫星遥感监测技术在水旱灾害监测[5]、水文水资源监测[6]、河湖监管[7]、水土保持监测[8]等方面发挥出重要的作用。

基金项目：国家重点研发计划项目（2022YFC3002901、2021YFB3900600）。

作者简介：杨燈（1995—），男，工程师，主要从事水利遥感、数字孪生水利等研究工作。

通信作者：陈德清（1971—），男，正高级工程师，主要从事水利遥感、数字孪生水利等研究工作。

2.2 无人机遥感监测技术

无人机监测是以无人驾驶航空器作为空中遥感平台，利用光学、红外、激光雷达[9]、SAR 传感器，以空中视角获取流域下垫面的视频、照片、全景影像、数字正射影像、倾斜摄影模型和激光点云模型等地理空间数据。无人机遥感在全系统设计和最优化组合方面具有突出的特点，集成了先进的无人驾驶飞行器技术、遥感传感器技术、遥测遥控技术、无线通信技术、GNSS 差分定位技术和遥感应用技术，能够实现自动化、智能化、专用化快速获取流域下垫面空间信息，完成遥感数据处理、建模和应用分析。低空无人机遥感具有机动性强、测绘精度高、作业成本低、监测安全可靠等诸多优势，在水利行业得到广泛应用[10]，加快了洪涝灾害事件应急响应速度，极大拓展了水资源监测手段，有效解决了传统河湖巡检人员工作强度大、效率低、检查不全面等问题，实现水利监测自动化、作业智能化、结果可视化、管理便捷化。

3 遥感技术在水利监测中的应用

3.1 水旱灾害监测

水旱灾害监测可分为洪涝监测、旱情监测、堰塞湖监测、凌情监测、冰湖监测等。遥感技术的综合应用，实现对水旱灾害的多维度监测，支撑预测预报，从而减轻或避免灾害造成的损失。洪涝监测以高分卫星影像资源为主，感知下垫面洪水淹没范围、面积和时序变化等，并基于高精度地形资料测算洪水水量、支撑洪水演进，掌握蓄滞洪区启用和洪水滞留情况，了解国际河流洪水情况等。旱情监测是遥感技术的先进典型应用，它利用卫星、无人机平台搭载各种传感器，从远距离捕捉土壤湿度、植被生长状况、地表温度、河湖水面面积变化等地表特征信息，通过海量数据处理与分析，实现大范围旱情监测和态势评估[11]。堰塞湖监测以雷达遥感数据为主，兼顾光学影像，对因地震、泥石流、滑坡的地质灾害引发的堰塞湖进行应急监测，主要包括堰塞体的位置、规模、顶部高程，堰塞湖面积、水量，以及下游影响区下垫面人类活动经济情况。凌情监测是利用遥感技术对冰凌现象进行远距离、快速、大范围的监测和评估，获取冰凌的形态、分布、厚度、运动速度等关键参数，提取封河长度、位置、冰坝、冰塞、清沟、凌洪、漫滩等凌汛信息，为冰凌灾害的预警和防治提供科学依据，目前在黄河流域得到广泛应用[12]。冰湖监测通过卫星、无人机遥感，对新疆、西藏，以及边界线外高海拔地区冰湖开展监测，基于多时相影像监测冰湖生成、形态、发展、消退、水位、冰情数量、面积等，结合其他信息研判冰湖危险性。

3.2 水文水资源监测

水文水资源监测是水资源管理与保护领域中的一项基础性和系统性工作，旨在通过科学的方法和先进的技术手段，系统、连续地观测和收集关于水体（包括地表水和地下水）的数量、质量、时空分布及其变化规律的数据和信息。利用光学遥感图像识别地表水体分布、河湖水域面积、历时水面变化，以及农业用水量等，利用重力遥感数据获取地形水储量变化，利用视频遥感数据测量河道水体流速、水位等水文信息，遥感技术实现水文水资源高效监测。在河湖水资源监测方面，水利部门利用空间分辨率为 16 m 的遥感影像每年开展长江、黄河等全国十大江河水面面积监测，用于河湖年鉴编制和水利研究；在生态补水监测方面，基于地表水遥感监测技术开展了华北平原地下水超采区永定河、西辽河、南四湖等重点河湖的生态补水监测，动态获取河湖的有水河长和水面面积等指标，通过时序动态多维分析支撑评估补水效果[13]；在农业用水量监测方面，基于 1~2 m 级光学卫星提取灌区农作物种植结构，获取研究区内种植结构时空分布数据，实现灌区农业用水量估计[14]，在新疆、内蒙古、河北、吉林等地实现了灌溉面积遥感监测业务化实际应用。

3.3 河湖监测

遥感河湖监测是河湖治理的基础，是“美丽河湖”“健康河湖”“幸福河湖”“生命河湖”建设重要支撑，对于保障水安全、推动生态文明建设具有重要意义。遥感河湖监测主要利用遥感技术开展河湖本底调查与基础信息提取，以及河道采砂等河湖岸线“四乱”（乱占、乱采、乱堆、乱建）问题监测[15]等。在河湖本底调查与基础信息提取方面，基于亚米分辨率光学遥感影像数据或服务，采用人机交互的方式采集建设或更新河流水系矢量、河湖水域范围线、河湖管理范围线、河湖保护范围线等河湖基础本底数据，为全国河湖长制管理信息系统建设和河湖信息化管理提供支撑。在河湖四乱监测方面，利用卫星遥感技术，研发采砂场、建筑、片林、网箱、大棚等主要涉河地物AI识别模型，水利部门已遥感解译河湖“四乱”图斑100余万个，并建设了河湖遥感巡查、详查、核查和复查“四查”机制，支撑了全国河湖“清四乱”、非法采砂专项整治、妨碍河道行洪突出问题排查整治等专项行动等，有力提升了河湖治理水平和能力。

3.4 水土保持监测

水土保持遥感监测是指在特定区域内，运用科学方法和先进技术手段，对土壤侵蚀、植被覆盖度、水土保持措施、水土流失变化等水土保持要素进行系统、连续、客观的观测与分析[16]。一方面，通过高时效性遥感影像、地形等数据实时监测土壤侵蚀、水土流失等关键指标，及时发现并预警水土流失问题，为采取有效治理措施提供时间窗口；另一方面，通过及时的光学遥感数据对水土保持措施实施效果跟踪监测，客观评价措施的可行性和效益，为优化水土保持策略提供科学依据。目前，水利部门每年生产一期全国陆域满覆盖的2 m分辨率卫星影像数据，提取土地利用因子、水土保持措施因子、植被盖度等数据，制作生产建设项目等水土流失扰动遥感图斑，支撑全国水土保持工作。

4 结语

遥感技术在水利监测领域的应用，不仅拓宽了传统水利监测的手段与方法，而且显著提升了监测的精度、时效性和覆盖面。通过集成高空卫星遥感、低空无人机遥感以及地面移动遥感等多种技术手段，实现水体、水利对象、水利要素、流域下垫面，以及水利治理管理活动全方位、立体化监测，为水旱灾害防御、水文水资源管理、河湖管理、水土保持监管等水利业务提供了科学、准确的数据支持，为推动水利行业的数字化转型与智慧化发展奠定了坚实的基础。

参考文献

[1] 张涛．测量技术在水利工程中的应用分析［J］．黑龙江科技信息，2017（8）：195.

[2] 吴一戎．遥感技术赋能智慧水利：问题、挑战与建议［J］．中国水利，2024（11）：1-8.

[3] 刘志雨．提升数字孪生流域建设“四预”能力［J］．中国水利，2022（20）：11-13.

[4] 蔡阳，崔倩．卫星遥感水利应用进展与展望［J］．中国水利，2024（11）：9-16.

[5] 杨昆，黄诗峰，辛景峰，等．水旱灾害遥感监测技术及应用研究进展［J］．中国水利水电科学研究院学报，2018，16（5）：451-456，465.

[6] 李家欢，张志新，杨倍倍，等．针对华北地区地下水河湖生态补水成效的卫星遥感动态监测［J］．水利信息化，2022（3）：15-21.

[7] 蔡阳，崔倩．河湖遥感“四查”机制建立及其应用实践［J］．水利信息化，2020（1）：10-14.

[8] 王锁．遥感技术在水土保持工作中的应用［J］．东北水利水电，2024，42（10）：29-31.

[9] 杨燈，许健，陈德清，等．激光雷达技术流域地形构建应用现状与展望［J］．南水北调与水利科技（中英文），2024，22（1）：127-131.

[10] 张宏，范俊，方燕珍．无人机遥感技术对流域环境应急监测的应用探讨［J］．清洗世界，2024，40（9）：184-186.

[11] 杨永民，辛景峰，黄诗峰，等．基于卫星遥感的旱情监测方法及应用［J］．卫星应用，2019（11）：18-22.

[12] 冯士贺，于苹苹，段同苑，等．基于多源数据的黄河冰凌监测技术研究［J］．水利信息化，2024（4）：27-32.

[13] 王旭，査晨峰，陈德清，等．华北地区补水河湖遥感监测与应用［J］．中国防汛抗旱，2022，32（增刊1）：110-115.

[14] 査治荣，徐保超．基于多源遥感数据的黄岛区农业用水量动态监测系统研究［J］．水资源开发与管理，2017（2）：64-67.

[15] 苑庆中，王朝，吴晓鹏．遥感技术在水利河湖“四乱”领域应用研究［J］．水土保持应用技术，2024（4）：53-55.
[16] 莫沫．水土保持遥感应用成效与展望［J］．中国水利，2024（11）：21-25.

数字孪生水利工程建设现状、存在问题及对策

蒋新新[1]　汪　贝[2]

（1. 水利部南京水利水文自动化研究所，江苏南京　210012；
2. 江苏南水科技有限公司，江苏南京　210012）

摘　要：为全面了解数字孪生水利工程建设现状，特别是目前存在的不足及需要完善的地方，采用调查研究的方法，全面分析数字孪生水利工程的现状以及存在问题，并在此基础上以水利高质量发展需求和世界科技发展要求为依据，针对性地提出改进数字孪生水利工程建设的相关对策，为进一步提高数字孪生水利工程建设水平提供思考。

关键词：数字孪生；水利工程；感知数据；模型；平台；对策

1　引言

目前，在智能制造、智慧城市等多个领域，数字孪生技术已被认为是一种能够实现业务数字信息与物理世界交互融合的有效手段[1-3]，在水利行业，数字孪生流域是近年来水利科技发展的主攻方向[4-5]。2022 年 2 月，数字孪生流域先行先试工作正式启动。根据水利部推进智慧水利建设的部署，建设数字孪生流域已成为当前智慧水利建设的核心任务与目标[6]，《数字孪生流域建设技术大纲（试行）》[7]《数字孪生水利工程建设技术导则（试行）》[8]《水利业务“四预”功能基本技术要求（试行）》[9] 等相关规范进一步明确了数字孪生流域的建设内容[10]，数字孪生水利涉及多学科交叉、新技术融合，有诸多重点和难点，需要进行技术攻关和先行先试。水利部利用重点研发计划、重大技术研究等开展技术攻关，部署开展 56 家单位 94 项数字孪生流域先行先试任务，目的是通过技术攻关解决技术难题，并在先行先试中实践、积累数字孪生水利建设经验[11]。经过 20 年时间，数字孪生水利工程在平台整合、模型可视化方面取得一定进展。为了更好地提高数字孪生水利工程建设水平，通过文献查阅和实地调查，对多个工程数字孪生建设开展多种途径的调查分析，发现当前数字孪生水利工程建设还存在感知支撑不够、数据共享不全、模型通用性不强、平台功能智能化程度低、辅助决策能力不够等问题。为此，有必要对此进行系统分析，并提出相关改进建议。

2　建设现状

经过近几年的建设，特别是三峡、汉江、丹江口、江垭皂市、小浪底、万家寨、南四湖二级坝、岳城水库、大藤峡、尼尔基、太浦闸等典型工程的先行先试，数字孪生水利工程取得了显著成绩。2024 年 2 月 18 日，按照《水利部关于开展数字孪生流域建设先行先试工作的通知》（水信息〔2022〕79 号）要求开展了典型案例评选工作，形成《数字孪生水利建设典型案例名录（2023 年）》共 28 项。2024 年 2 月 27 日，水利部发布数字孪生水利建设十大样板名单（2023 年），同时还公布了《数字孪生水利建设典型案例名录（2023 年）》。

当前数字孪生工程建设在如下方面取得进展：①平台整合方面，现有数字孪生水利工程建设集中了工程安全、水库调度和维护管理等相关模块，实现了部分功能的界面统一和集中显示。②模型可视化方面，取得一定进展，如采用游戏引擎等进行界面渲染，实现了监测数据、工程结构轮廓以及模拟

作者简介：蒋新新（1983—），女，高级工程师，主要从事水利信息化方面的工作。

洪水粗略过程的可视化。③集成了一些有限元计算分析数值模型和预报模型，能进行一定的数值模拟分析和预报。

3 问题分析

尽管数字孪生水利工程建设取得了显著成绩，但通过多个工程数字孪生建设的多种途径的调查分析，发现当前数字孪生水利工程建设还存在如下问题。

3.1 感知支撑不够，数据共享不全，机理-知识-数据联合驱动和实时融合不够

目前，数字孪生工程感知数据的质量和数量，包括感知部位、感知要素和精准度等都难以支撑孪生体的高保真度和同步展示，尤其是现有传感器存在测点位置不合理、关键区域没有覆盖到、测值误差大、连续性差甚至关键要素在线监测仪器缺乏等，都直接影响到孪生体的构建。另外，数字孪生建设需要外部和环境数据，包括气象、水文、地质、地震甚至影响区域经济社会和下垫面等信息，目前这方面的数据同步接入和共享尚做得不够，尤其是对于变化比较大的水利工程。根据雨水情“三道防线”建设要求，数字孪生系统平台应具有共享气象、地质甚至经济社会等数据的接口和能力，这也是工程安全、生产安全和调度运行“四预”以及现代化水库运行管理矩阵的要求。目前，数字孪生工程很少共享上述实时数据或数据利用深度不够。在利用专家经验知识、机理模型和特定场景针对性的定解条件方面，目前距离高精准度差距还比较大，实测数据利用也比较肤浅，一般都是定期将实测数据进行参数反演或模型验证，这个过程不仅存在很大的时间滞后，而对于视频等非结构数据处理滞后时间更长，而且在这个过程中各类模型之间的协调性和专家知识都未得到很好应用，甚至出现不合理结果。总之，模型、知识和数据的多源深度融合问题和实时快速处理问题，包括数据清洗、模型检验、数据对齐、场景统一和深度挖掘等工作还需深入，才能保证数字孪生体与物理实体之间的同步性和实时性。

3.2 专业模型及其算法难以实现全生命周期关键场景的精准描述，模型通用性不强

目前的专业模型主要是常规常见的模型及其常规方法的数值模拟，难以做到针对全生命周期不同阶段、不同应用场景和不同需求条件下的精准建模和快速实时求解，如对于混凝土坝的线弹性模型，实际上大坝结构复杂，材料也多种多样，有些大坝还存在已探明或未知的隐患，包括白蚁洞穴等，施工期和运行期模型结构不应该一样；另外对于强震区或水力激励区的工程结构的动力分析模型，以及描述新老混凝土结合部、裂缝或接缝等细部结构的精细模型及其高效解法目前还很缺乏。另外，水利工程在设计、施工、运行、除险加固等不同的阶段面临不同的安全风险和管理要求，因此必须有相应的专业模型或通用的专业模型与之配套。总之，现有专业模型针对性和匹配性不够，不能覆盖全部实际场景，另外在算法加持方面，其实时性和响应速度、计算结果的可信程度和利用效率等都需要进一步提高。

3.3 平台功能智能化程度低，支撑“四预”尤其是应急或特殊情况下的“四预”能力有限

目前，数字孪生平台开发或模型研制中人工智能方法应用深度不够，仅仅在参数选择方面采用一些全局搜索算法或视频图像识别中采用一些算法，在关键的数值模拟和不同场景的适应性方面，智能化程度不高。支撑高精准度预报、有效预见期的预警、可行高效预案和逼真预演的能力苍白。在应急或超预期条件下，荷载结构等边界和几何力学等条件发生了变化，现有的模型难以适应超过预期的工况，而此时恰好是最需要平台提供支撑的时候。另外，现有的数字孪生数值计算或预报过程中只是在局部参数优选时采用的一些全局最优算法，在整个模型的自适应、数据自诊断，甚至模型举一反三的能力明显不够，智能化程度不高，难以高效实现应急等突变条件下的高保真映射。

3.4 辅助决策能力不够，难以全面满足现行要求的数字化管理要求

根据“需求牵引，应用至上”要求，数字孪生工程建设必须为解决水利工程建设和运行管理中的问题和提高水利工程效益服务，即支撑能描述水利工程勘测、设计、施工、建设、运行调度、除险加固、降等报废等水利工程全生命周期及其各阶段辅助决策的要求，能实现对所需信息及其降低风

险、提高效益的各类对象的精准“四预”，从而支撑工程高质量运行管理，包括日常运行调度优化、应急减灾优化调度、除险加固和降等报废方案优化等。目前，数字孪生输出的调度或决策方案很少被采用，实用性不高，说明现有数字孪生在辅助决策方面的能力有待提高。对于运行期的水库，目前是要求按照现代化水库运行管理矩阵要求进行管理，但在针对“四全”管理、“四制（治）”体系、“四预”措施和“四管”工作方面，只做到了有限工况正常状态下的部分“四预”，对其他方面的数字化尚有一定差距。

4 对策建议

为有效提高数字孪生水工程建设水平，更好地服务水利高质量发展，为构建水利工程管理新质生产力提供支撑，针对上述问题，提出如下对策建议。

4.1 新型感知探索

在传统感知的基础上，实现新型智能感知，其主要途径是实现“天空地水”一体化深度融合感知，具体技术途径是将卫星遥感-无人机/有人飞机监测-地面固定/巡检-地下埋入式传感器-水下声光传感器进行深度融合，进行多尺度监测，重点应用毫米波雷达、太赫兹雷达、MIMO雷达和穿墙雷达等新型传感器及合成孔径和干涉测量等雷达信号处理算法，以及机器视觉技术对精细变形、地下隐患、密实度等进行在线监测；采用核磁共振及FDR/TDR进行堤坝土体饱和度进行检验，有效延长渗流监测预警时间；同时采用高光谱感知、超声次声宽带声波和声发射监测，实现对大坝浸散、开裂、洞穴、蠕变、液化等非传统隐患快速探测；采用量子点光谱实现对含沙量和水质的实时在线监测，实现对冲刷和渗透破坏的新型监测。

4.2 工程建设和运行的专业化模型

采用多场耦合方法建立大坝等水工结构模型，采用施工期变结构块体方法模拟施工过程，采用离散元耦合有限元等方法模拟土体等离散结构，采用等几何分析等边界处理方法无缝连接结构数字孪生数值模型，实现对裂缝、滑动、液化、失稳、屈服等精细模型。研究溃坝实时动态模型和下游冲刷淹没耦合水工结构-水文-水力学耦合模型，提高溃坝模拟精度，为预报、预演和预案提供定量依据；研究人员疏散模型提高预案定量化水平，研制水文-气象-水力学耦合模型，有效提高预见期。

对于在建工程采用融合物理力学机理和实现数据的BIM+应用，具体根据工程施工过程、结构材料和施工方式进行混合多模态建模，同时采用数据同化技术融合施工期各类监测感知信息等实测数据，实时显示工程进度、孔隙度（密实度）、含水率、应力场、渗流场等关键信息。

对于已建工程，按照现代化运行管理矩阵的相应要求，针对“四全”管理、“四制（治）”体系、“四预”措施和“四管”工作方面分别建立防洪安全、结构安全、运行调度、人员疏散等各类专业模型，其中防洪安全考虑水库调度及可能溃坝的水文-水力学-结构-调度耦合模型，结构安全模型考虑地基-结构-材料及破坏模式耦合模型，运行调度考虑水工结构-水力学-电气耦合模型，人员疏散根据当地地形道路建立人员行动能力和路况匹配的耦合模型。

4.3 辅助决策的智能管理平台搭建

在优化水利专业模型和运行调度规则的基础上，借鉴高铁、交通、医疗、气象等其他行业经验，以开放性支撑的门户平台为基础，基于J2EE微服务架构，利用JAVA、Spring、Hibernate、EJB和中间件等技术，采用多种设计模式有机结合的方式且运用软件复用技术充分应用多模态大模型、知识图谱和深度学习等人工智能方法，融合规章制度约束、机理数学模型和实测数据，融合专家知识，结合数据湖和知识仓库，构建面向水利工程运行维护、除险加固、应急处置的辅助决策平台。平台直接面向水利工程决策所需结果，既可以实现端到端输出，也可以根据需要调用中间结果。同时具有适应水利工程全生命周期各种关键应用场景的适应能力、高效推理和输出有用建议的能力，具体要求指标或特点如下：

（1）高并发、高准确性、低延时。能实时输出所需结果，包括图形、数据和文字建议。

（2）高可用与高可扩展性。系统具备 7×24 h 稳定运行的能力，且可根据业务需要实现横向/纵向扩展，支持多种部署方案。

（3）三核决策。可基于 rete-minus 等改进算法和智能决策引擎，能够同时支持规则、机器学习模型，图模式的匹配决策，且支持批流一体运行。

（4）高效人机交互和可视化配置。能理解运行操作人员的各种合法肢体语言和各类合法输入信息，业务人员可以通过界面可视化配置规则及指标，具有智能处理能力，避免错误操作对结果的影响。

（5）松耦合、跨平台松耦合、跨平台。组件均为松耦合设计，能够跟其他水利工程运行管理平台进行无缝对接。

4.4 提升算力

（1）整合分散在不同地点的水利计算资源，形成一个虚拟的计算资源池，通过分布式架构提升集群性能，解决单机性能与存储瓶颈，同时提高系统的安全性和可靠性，形成分布式计算，从而高效处理各种计算任务。

（2）采用云计算等虚拟化技术将物理计算资源虚拟化成多个逻辑计算资源，提高资源利用率和灵活性，并实现资源的快速分配和动态调度。

（3）优化计算网络，包括网络拓扑结构设计、传输协议、数据压缩等技术，优化内存设置。使用双通道内存可以有效提升算力，特别是在内存密集型应用中。它是算力网络的基础，能提高性能和效率。

（4）优化前端硬软件架构，采用边缘计算技术将计算资源和服务推向网络边缘。采用人工智能芯片，包括 CPU、GPU、FPGA 等传统芯片以及通用型智能芯片和专用型智能芯片（ASIC），提升芯片频率、通信带宽和内存存储容量，有助于算力网络更好地处理本地化的计算任务和数据。

（5）采用模型解耦、轻量化模型以及新型算法，如并行计算、智能算法、类脑计算、量子计算等高能效算法。

5 结语

数字孪生工程建设作为水利行业面向新阶段水利高质量发展需求，是智慧水利建设的必由之路，必将包含大量的新的理论体系和科学技术[12-13]。经过长期的信息化建设，我国水利行业已形成一定的监测信息采集和应用体系，但与国家水安全保障需求，以及构建数字孪生流域、支撑水利智慧化服务、精准化决策的目标相比，仍须在地面监测站网覆盖率及监测能力、新型感知手段应用、“天空地”一体化水利感知数据汇集平台建设、感知数据服务能力等方面进行提升。在此基础上，提高算法、算力保障和运行支撑，不断丰富有针对性的模型，进一步提高数字孪生水利工程建设水平。

参考文献

[1] 陶飞，张贺，戚庆林，等．数字孪生十问：分析与思考［J］．计算机集成制造系统，2020，26（1）：1-17.

[2] 陶飞，刘蔚然，刘检华，等．数字孪生及其应用探索［J］．计算机集成制造系统，2018，24（1）：1-18.

[3] TEKINERDOGAN B. On the notion of digital twins：A modeling perspective［J］. Systems，2022，11（1）：15.

[4] 李国英．加快建设数字孪生流域 提升国家水安全保障能力［N］．光明日报，2022-08-10（4）．

[5] 冶运涛，蒋云钟，梁犁丽，等．数字孪生流域：未来流域治理管理的新基建新范式［J］．水科学进展，2022，33（5）：683-704.

[6] 蔡阳，成建国，曾焱，等．加快构建具有“四预”功能的智慧水利体系［J］．中国水利，2021（20）：2-5.

[7] 谢文君，李家欢，李鑫雨，等．《数字孪生流域建设技术大纲（试行）》解析［J］．水利信息化，2022（4）：6-12.

[8] 詹全忠，陈真玄，张潮，等．《数字孪生水利工程建设技术导则（试行）》解析［J］．水利信息化，2022（4）：

1-5.
［9］胡健伟，孔祥意，赵兰兰，等．防洪“四预”基本技术要求解读［J］．水利信息化，2022（4）：13-16.
［10］刘志雨．提升数字孪生流域建设“四预”能力［J］．中国水利，2022（20）：11-13.
［11］蔡阳．数字孪生水利建设中应把握的重点和难点［J］．水利信息化，2023（3）：1-7.
［12］谭尧耕，王金星，张怡雯．流域防汛智慧化总体框架建设及实施路径研究［J］．水利信息化，2024（2）：1-7.
［13］穆禹含，程雨春，张建新，等．水利感知网进展与思考［J］．水利信息化，2024（2）：8-15.

OVMD 驱动的大坝安全监测数据预处理方法

陈斯煜[1,2]　林潮宁[3]　盛金保[1,2]

（1. 南京水利科学研究院大坝安全与管理研究所，江苏南京　210029；
2. 水利部大坝安全管理中心，江苏南京　210029；
3. 河海大学水利水电学院，江苏南京　210098）

摘　要：为提高数字孪生应用场景下大坝安全监测数据粗差识别与降噪性能，本文综合运用改进 Rao-1 算法、变分模态分解和多种判别指标，提出了优化变分模态分解（OVMD）驱动的数据预处理方法。借助变分模态分解对单测点安全监测数据进行非递归分解，并引入平均包络熵为目标函数和多种群并行 Rao-1 算法确定变分模态分解的最优超参数；在此基础上，借助样本熵和相关系数指标分离并定位包含粗差与噪声特征的高频模态；最后，借助箱型图和模态叠加法分别实现了粗差辨识和数据降噪。以某大坝实测变形数据为例进行分析，验证了本方法的有效性。

关键词：大坝安全监测；变分模态分解；Rao-1 优化算法；粗差辨识；数据降噪；数字孪生

1　引言

受到多种偶然与非偶然不确定性因素的影响，大坝安全监测序列时常受噪声或粗差干扰，会对大坝安全数据分析与监控预警造成不利影响。因此，在数字孪生应用场景下开展大坝安全监测资料分析与构建安全监控模型前，有必要对原始安全监测数据进行智能预处理，以提升数据的质量与可靠性。

大坝的安全监测数据序列可以看成是真实数据与噪声序列的组合，可借助信号分解算法对监测序列开展多尺度分解，分解后的序列通常为不同频率与带宽的模态序列。其中，大量噪声或粗差特征信息通常分布于高频模态中，而中低频模态包含数据序列的趋势性或周期性特征信息。当前，常用的信号分解算法包括小波变换（WT）[1]、经验模态分解（EMD）[2-3]、集成经验模态分解（EEMD）[4]等。WT 方法的分解性能受制于不同小波基函数的选择[5]，而 EMD 及其衍生方法的性能易受到模态混叠[6]和端点效应[7]的制约。

变分模态分解（VMD）是由 Dragomiretskiy 等[8]提出的新的信号处理算法，该算法能够对时间序列信号实现完全非递归自适应分解，运算效率高，同时能够有效避免模态混叠和端点效应。优化 VMD 参数对于进一步改善 VMD 分解能力及提升大坝安全监测数据预处理性能十分重要。为了克服 VMD 参数组合取值和高频模态判别依赖人为经验的局限性，本文提出了一种基于优化变分模态分解（OVMD）的大坝安全监测数据预处理方法。以平均包络熵构造目标函数，借助多种群并行 Rao-1 算法对 VMD 中的分解模态数与惩罚参数组合进行寻优；在此基础上，以样本熵和皮尔逊相关系数为复核指标筛选高频模态，并结合箱型图法和叠加重构法，分别实现了监测数据粗差辨识和数据降噪；最后，以某大坝实测变形数据为例进行验证分析。

基金项目：国家重点研发计划项目（2022YFC3005400，2024YFC3210703）；国家自然科学基金项目（52309157，52309151）；中央级公益性科研院所基本科研业务费（Y723002）。

作者简介：陈斯煜（1993—），男，工程师，主要从事水工结构安全监控及服役性态诊断研究工作。

2 理论与方法

2.1 变分模态分解

变分模态分解把监测数据序列非递归分解问题转化为变分问题进行求解，通过迭代搜索变分模式的最优解来确定各个固有模态函数（intrinsic mode function，IMF）的中心频率和带宽，进而实现数据序列从低频到高频的有效分离。各个 IMF 通过以下步骤进行估计：通过希尔伯特变换计算各模态分量的单边频谱；加入修正指数项调整中心频率，将单个频谱调制到对应的“基带”上；借助 H^1 高斯平滑度估计解调信号的带宽，把监测数据序列分解转化为一个约束的变分问题[8]：

$$\begin{cases}\min\limits_{\{u_k\},\{\omega_k\}}\left\{\sum\limits_k \left\| \partial_t\left[\left(\delta(t)+\dfrac{i}{\pi t}\right)u_k(t)\right]\mathrm{e}^{-i\omega_k t}\right\|_2^2\right\} \\ \text{s. t.}\ \ \sum\limits_{k=1}^{K} u_k = f(t)\end{cases} \tag{1}$$

式中：u_k 为模态函数；ω_k 为各个模态中心的频率；K 为模态数；$f(t)$ 为原始大坝安全监测序列。

引入二次惩罚因子 α 和拉格朗日乘子 $\lambda(t)$，使上述有约束变分求解问题转化为无约束变分问题，即

$$L(\{u_k\},\{\omega_k\},\lambda)=\alpha\sum_k \left\| \partial_t\left[\left(\delta(t)+\frac{i}{\pi t}\right)u_k(t)\right]\mathrm{e}^{-i\omega_k t}\right\|_2^2 + \left\| f(t)-\sum_k u_k(t)\right\|_2^2+\left\langle \lambda(t), f(t)-\sum_k u_k(t)\right\rangle \tag{2}$$

式中：$\lambda(t)$ 为拉格朗日乘法算子；α 为二次惩罚因子。

通过乘法算子交替方向法，交替更新并求解 u_k^{n+1}、ω_k^{n+1} 和 λ^{n+1} 从而得出式(2)的“鞍点”($n+1$ 表示当前更新次数)，得到约束模型的最优解。

最终求得 $\hat{u}_k^{n+1}$ 为

$$\hat{u}_k^{n+1}(\omega)=\frac{\hat{f}(\omega)-\sum\limits_{i\neq k}\hat{u}_i(\omega)+\dfrac{\hat{\lambda}(\omega)}{2}}{1+2\alpha(\omega-\omega_k)^2} \tag{3}$$

同理，最终求得 ω_k^{n+1} 为

$$\omega_k^{n+1}(\omega)=\frac{\int_0^{\infty}\omega\,|\hat{u}_k(\omega)|^2\mathrm{d}\omega}{\int_0^{\infty}|\hat{u}_k(\omega)|^2\mathrm{d}\omega} \tag{4}$$

2.2 基于多种群并行 Rao-1 算法的 VMD 参数优化

VMD 的模态数 K 和惩罚参数 α 是一组重要设定参数，对数据分解性能影响较大。若 K 设定过大，可能导致序列被过度分解，产生冗余高频模态；若 K 设定较小，可能导致序列分解不完整，特征信息提取不充分。同理，若 α 设定过大或过小，可能导致各层模态过分平滑或过度拟合。包络熵是一种用于描述信号包络复杂度的指标，可以表征模态函数的时频特征和稀疏性，如式（5）所示。

$$\begin{cases}E_k=-\sum\limits_{i=1}^{N}\log_2 p_i \\ p_i=a(i)/\sum\limits_{i=1}^{N}a(i)\end{cases} \tag{5}$$

式中：E_k 为第 k 层模态的包络熵（$k=1,2,\cdots,K$）；N 为模态的样本数；$a(i)$ 为包络信号序列。

本文以各模态平均包络熵最小值为目标优化 VMD 的模态数 K 和惩罚参数 α：

$$f(K_{\text{best}},\ \alpha_{\text{best}}) = \underset{(K,\ \alpha)}{\arg\min}\left\{\frac{1}{K}\sum_{k=1}^{K} E_k\right\} \tag{6}$$

VMD 参数优化问题可转化为黑盒函数优化问题，本文引入多种群并行 Rao-1 算法进行参数优化分析。Rao-1 算法[9]是一种新型元启发式优化算法，计算复杂度低，结构简单，主要控制参数为种群数和总迭代次数。该算法实现思路是根据所有种群中的最优解和最差解实现目标的动态更新。Rao-1 算法的更新策略如下：

$$x'_{j,\ k,\ i} = x_{j,\ k,\ i} + r(x_{j,\ \text{best},\ i} - x_{j,\ \text{worst},\ i}) \tag{7}$$

式中：$x_{j,\ k,\ i}$ 为第 i 次迭代中第 k 个候选子种群内的第 j 个变量值；$x_{j,\ \text{best},\ i}$ 为第 i 次迭代中所有子种群内第 j 个变量的最优值；$x_{j,\ \text{worst},\ i}$ 为第 i 次迭代中所有子种群内第 j 个变量的最差值；r 为 0~1 之间的随机数。

由于种群内的迭代更新相对独立，因此可把种群划分为多组子种群，在各个子种群中并行开展迭代优化，最终提取全局最优解，由此提升算法的求解效率。综上所述，本文以平均包络熵为目标函数，借助多种群并行 Rao-1 算法实现 VMD 参数组合的自适应优化。

2.3 判别指标

采用 VMD 对数据序列进行分解后，即可得到 K 组不同频率的模态函数。其中，中低频模态保留了监测序列主要趋势和周期变化特征，而高频模态则含有噪声和粗差在内的大量冗余信息。因此，需辨识高频模态和中低频模态的分界点，为安全监测数据预处理分析提供支撑。本文基于样本熵和皮尔逊相关系数指标，研究高频模态的辨识与判别方法。

2.3.1 样本熵

样本熵[10]是用于衡量时间序列数据复杂性和随机性的统计指标。当序列复杂性和随机性越强，则样本熵越大；反之，当序列周期性和趋势性越明显，样本熵越小[11]。样本熵指标见公式（8），各符号具体含义详见文献［10］。

$$\mathrm{SE}(m,\ r,\ N) = \ln C^{m}(r) - \ln C^{m+1}(r) \tag{8}$$

式中：m 取为 2；r 取为 0.2 倍的数据序列标准差。设定样本熵阈值为 0.2，高于该阈值的 IMF 被判定为高频模态。

2.3.2 皮尔逊相关系数

皮尔逊相关系数是衡量两个连续变量线性关系强度的统计指标，其表达式为

$$R(f,\ u) = \frac{\sum_{i=1}^{N}(f_i - \bar{f})(u_i - \bar{u})}{\sqrt{\sum_{i=1}^{N}(f_i - \bar{f})^2 \sum_{i=1}^{N}(u_i - \bar{u})^2}} \tag{9}$$

式中：f 为原始序列；u 为模态序列；$\bar{f}$ 和 $\bar{u}$ 分别为原始序列与模态序列的均值。

通常，包含噪声和粗差特征的高频模态与原始数据序列相关性较低。根据经验，相关系数阈值设定为 0.2，低于该阈值的 IMF 被判定为高频模态。

2.4 实施步骤

综上所述，优化变分模态分解驱动的大坝安全监测数据预处理方法具体实施步骤如下：

（1）参数优化。输入单测点大坝安全监测数据，借助采用平均包络熵目标函数和多种群并行 Rao-1 算法计算 VMD 的最优参数组合。

（2）数据分解。利用经参数优化的 VMD 算法对原始数据序列进行非递归分解，获得 K 组模态分量，从低频到高频依次为 $\mathrm{IMF}_1 \sim \mathrm{IMF}_k$。

（3）模态筛选。计算各层模态分量的样本熵和皮尔逊相关系数，通过设定阈值判别得到 M 组高频模态。

（4）粗差辨识。对高模态进行叠加重组得到高频序列，$y_n = \sum_{k=M+1}^{K} \mathrm{IMF}_k$。采用箱型图法定位 y_n 序列中粗差，即计算其上四分位数 Q_1、下四分位数 Q_3 和四分位距 IQR，小于阈值 $Q_1-3\times\mathrm{IQR}$ 或大于阈值 $Q_3+3\times\mathrm{IQR}$ 的离群点被标记为异常值，必要时予以剔除。

（5）数据降噪。对剩余中低频模态进行叠加重构，$y = \sum_{k=1}^{M} \mathrm{IMF}_k$，由此实现数据降噪。

3 实例分析

以某大坝坝顶水平位移数据降噪为例，验证本文提出的大坝安全监测数据预处理方法有效性。该大坝坝顶水平位移采用 GNSS 监测，频次为 1 次/d，测点过程线如图 1（a）所示。采用本文提出的 OVMD 方法对实测位移数据进行预处理，首先采用多种群并行 Rao-1 算法对参数组合（K，α）进行优化，分解层数 K 和惩罚系数 α 的寻优范围分别为［4,15］和（1 000,10 000）。优化得到的参数组合（K,α）为（5,1 643），并以此参数组合构建 OVMD 模型将坝顶水平位移数据进行分解，计算得到的样本熵和相关系数判别指标如表 1 所示。

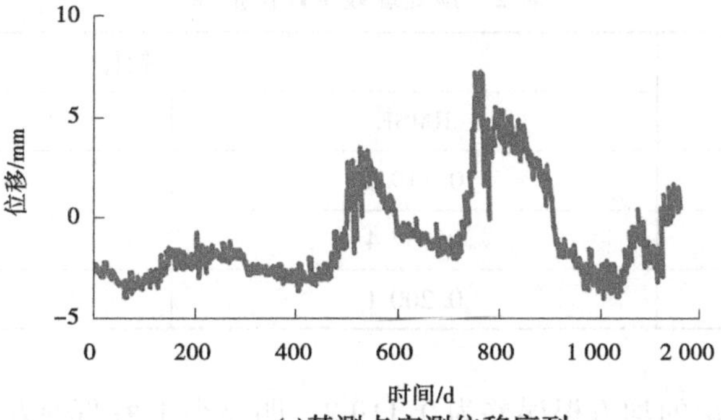

(a)某测点实测位移序列

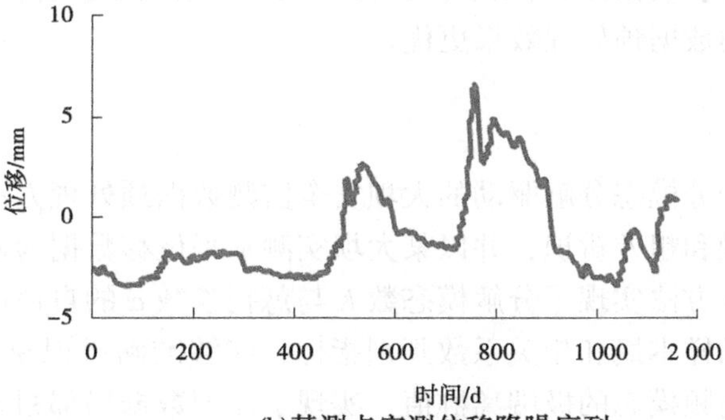

(b)某测点实测位移降噪序列

图 1　基于 OVMD 的大坝变形实测数据预处理结果

表 1　各 IMF 的样本熵和相关系数

判别指标	IMF_1	IMF_2	IMF_3	IMF_4	IMF_5
样本熵	0. 024 6	0. 154 5	0. 486 3	0. 318 5	0. 490 2
相关系数 R（f，u）	0. 967 8	0. 272 3	0. 108 4	0. 105 0	0. 081 1

由计算结果可知，根据设定的样本熵阈值和相关系数阈值，可判定变形序列的 IMF_3、IMF_4 和 IMF_5 为高频模态。剔除含噪声和粗差特征的高频模态，分别保留各低频模态并对其进行叠加重构，得到的降噪过程线如图 1（b）所示。可以看出，经重构的位移序列较为平滑，并较好地保留了局部变化特征。

采用常规的 VMD 和 EMD 与本文提出的 OVMD 方法进行对比。其中，VMD 参数取值参考文献[12]，EMD 的分解层数 K 同 OVMD 一致。由于实测变形监测数据中有用成分和噪声的功率均未知，仅采用均方根误差（RMSE）和相关系数 $R(f, y)$ 定量评估三种方法的预处理效果，其表达式见式（10）、式（11），评价指标计算结果见表 2。

$$\mathrm{RMSE} = \sqrt{\sum_{i=1}^{N} (f_i - y_i)^2 / N} \tag{10}$$

$$R(f, y) = \frac{\sum_{i=1}^{N} (f_i - \bar{f})(y_i - \bar{y})}{\sqrt{\sum_{i=1}^{N} (f_i - \bar{f})^2 \sum_{i=1}^{N} (y_i - \bar{y})^2}} \tag{11}$$

式中：f 为原始序列；y 为降噪序列；$\bar{f}$ 和 $\bar{y}$ 分别为原始序列与降噪序列的均值；N 为样本数。

RMSE 反映了原始序列与重构序列的均方根误差，其数值越小则表明数据预处理效果越好；$R(f, y)$ 表示原始信号和重构信号的相似度，其数值越大则表明数据预处理效果越好。

表 2　预处理效果评价指标

预处理方法	指标	
	RMSE	$R(f, y)$
OVMD	0. 119 2	0. 985 8
VMD	0. 157 4	0. 985 0
EMD	0. 200 1	0. 944 0

由表 2 可知，OVMD 方法的均方根误差为 0. 119 2，明显小于另两种方法对应均方根误差；OVMD 和 VMD 方法的皮尔逊相关系数接近，但高于 EMD 方法对应的皮尔逊相关系数。综上分析，基于 OVMD 方法的大坝安全监测数据预处理效果更优。

4　结语

本文提出了一种优化变分模态分解驱动的大坝安全监测数据预处理方法，实现了数字孪生应用场景下大坝安全监测数据降噪和粗差辨识，并以某大坝实测水平位移数据为研究案例开展分析验证，得出结论总结如下：①OVMD 方法实现了分解模态数 K 与惩罚参数 α 的自适应寻优，避免了监测数据的过度分解或欠分解。②借助样本熵和相关系数判别指标，能够准确辨识模态函数中的高频模态函数，并利用箱型图法定位残余高频模态的极端离群值，实现了监测数据局部粗差的精准定位与辨识。③通过对中低频模态函数叠加重构，实现了监测数据的自适应降噪，借助均方根误差和相关系数指标验证了 OVMD 方法降噪性能的有效性。

参考文献

[1] GU C S, WU B Q, CHEN Y J. A high-robust displacement prediction model for super-high arch dams integrating wavelet de-noising and improved random forest [J]. Water, 2023, 15 (7): 1271.

[2] HUANG N E, SHEN Z, LONG S R, et al. The empirical mode decomposition and the Hilbert spectrum for nonlinear and non-stationary time series analysis [J]. Proceedings of the Royal Society of London Series A: Mathematical, Physical and Engineering Sciences, 1998, 454 (1971): 903-995.

[3] BIAN K, WU Z Y. Data-based model with EMD and a new model selection criterion for dam health monitoring [J]. Engineering Structures, 2022, 260: 114171.

[4] WU Z H, HUANG N E. Ensemble empirical mode decomposition: a noise-assisted data analysis method [J]. Advances in Adaptive Data Analysis, 2009, 1 (1): 1-41.
[5] GUO T T, ZHANG T P, LIM E, et al. A review of wavelet analysis and its applications: challenges and opportunities [J]. IEEE Access, 2022, 10: 58869-58903.
[6] 曹莹，段玉波，刘继承．Hilbert-Huang 变换中的模态混叠问题 [J]．振动、测试与诊断，2016，36 (3): 518-523.
[7] 郝如江，李非．EMD 端点效应抑制方法 [J]．振动、测试与诊断，2018，38 (2): 341-345.
[8] DRAGOMIRETSKIY K, ZOSSO D. Variational mode decomposition [J]. IEEE Transactions on Signal Processing, 2014, 62 (3): 531-544.
[9] RAO R V. Rao algorithms: three metaphor-less simple algorithms for solving optimization problems [J]. International Journal of Industrial Engineering Computations, 2020, 11 (1): 107-130.
[10] RICHMAN J S, MOORMAN J R. Physiological time-series analysis using approximate entropy and sample entropy [J]. American Journal of Physiology Heart and Circulatory Physiology, 2000, 278 (6): 2039-2049.
[11] DELGADO-BONAL A, MARSHAK A. Approximate entropy and sample entropy: a comprehensive tutorial [J]. Entropy, 2019, 21 (6): 541.
[12] 鲁铁定，谢建雄．变分模态分解结合样本熵的变形监测数据降噪 [J]．大地测量与地球动力学，2021，41 (1): 1-6.

重庆市丰都县许明寺镇、董家镇“7·10”特大暴雨频率分析

李 俊[1] 蒲海汪洋[1] 杜 涛[1,2] 平妍容[1]

（1. 长江水利委员会水文局长江上游水文水资源勘测局，重庆 400020；
2. 长江水利委员会水文局，湖北武汉 430010）

摘 要：2024年7月10日，重庆市丰都县出现短时强降水天气，其中许明寺镇、董家镇等区域短历时暴雨量出现有记录以来历史极值。本文采用研究区域附近的垫江气象站、丰都气象站及忠县雨量站长系列短历时实测暴雨资料，开展了重庆市丰都县许明寺镇、董家镇“7·10”特大暴雨频率分析工作。结果表明，许明寺镇2024年7月最大6 h、12 h实测暴雨量均超1 000年一遇，24 h实测暴雨量超500年一遇；董家镇2024年7月最大6 h实测暴雨量超200年一遇，12 h实测暴雨量超500年一遇，24 h实测暴雨量接近200年一遇。本文成果可为研究区域后续防灾减灾技术提供参考依据。

关键词：短时强降水；历史极值；暴雨频率分析

1 引言

2024年7月10日，重庆市丰都县出现短时强降水天气，其中许明寺镇、董家镇等区域短历时暴雨量出现有记录以来历史极值，如图1~图3所示。

根据丰都县气象局实测数据统计，7月10日21—23时，许明寺镇2 h累计降水量145.8 mm；7月10日21时至11日2时，许明寺镇5 h累计降水量240.6 mm，董家镇5 h累计降水量106.5 mm；7月10日21时至11日3时，许明寺镇6 h累计降水量279.0 mm，董家镇6 h累计降水量151.8 mm；7月10日21时至11日4时，许明寺镇7 h累计降水量328.7 mm，董家镇7 h累计降水量188.8 mm；7月10日21时至11日5时，许明寺镇8 h累计降水量351.9 mm，董家镇8 h累计降水量216.6 mm；7月10日21时至11日8时，许明寺镇11 h累计降水量365.4 mm，董家镇11 h累计降水量226.6 mm；7月10日21时至11日20时，许明寺镇23 h累计降水量396.1 mm，董家镇23 h累计降水量321.4 mm。本文采用研究区域附近气象站长系列短历时实测暴雨资料，开展了重庆市丰都县许明寺镇、董家镇“7·10”特大暴雨频率分析工作，为研究区域后续防灾减灾技术提供参考依据。

2 研究区域水文气象特性

2.1 基本资料

根据研究区域周边气象/雨量站网分布（见图4）情况，具有长系列短历时暴雨资料的主要有丰都气象站、垫江气象站、忠县雨量站及梁平气象站。梁平气象站与研究区直线距离约50 km，且中间有高山阻隔，因此不采用该站作为设计暴雨依据站；丰都气象站、垫江气象站、忠县雨量站与研究区

基金项目：长江水科学研究联合基金（U2240201）。

作者简介：李俊（1983—），男，高级工程师，主要从事河道演变与泥沙输移研究、水文分析与技术管理工作。

通信作者：杜涛（1988—），男，高级工程师，主要从事水文分析与计算等方面的研究工作。

域直线距离相近，约 30 km，该次主要采用以上 3 个气象/雨量站点作为设计暴雨依据站。

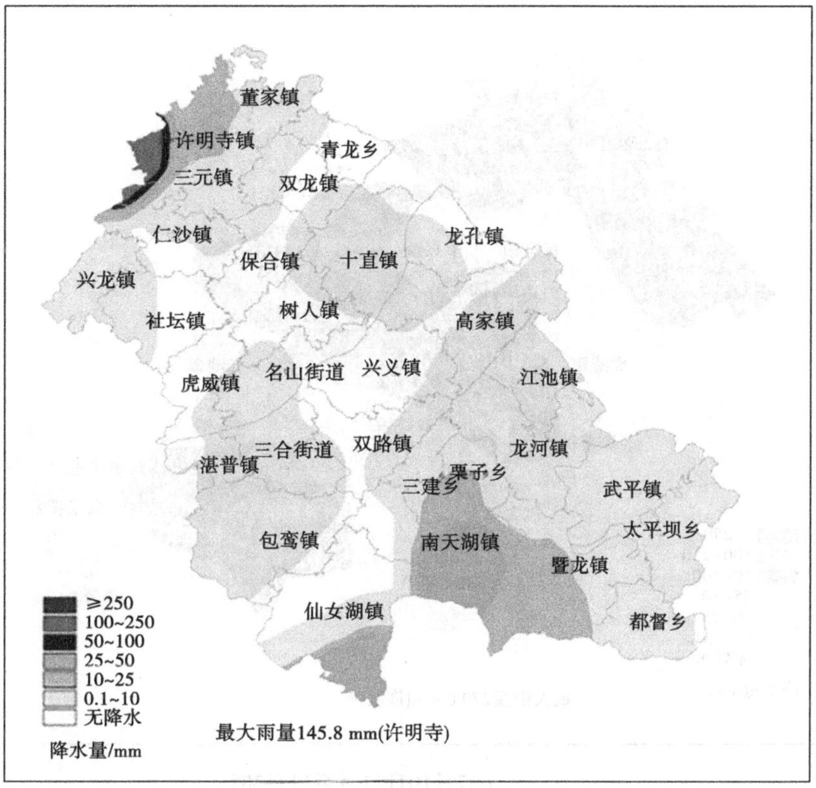

(a)7月10日21时至10日23时

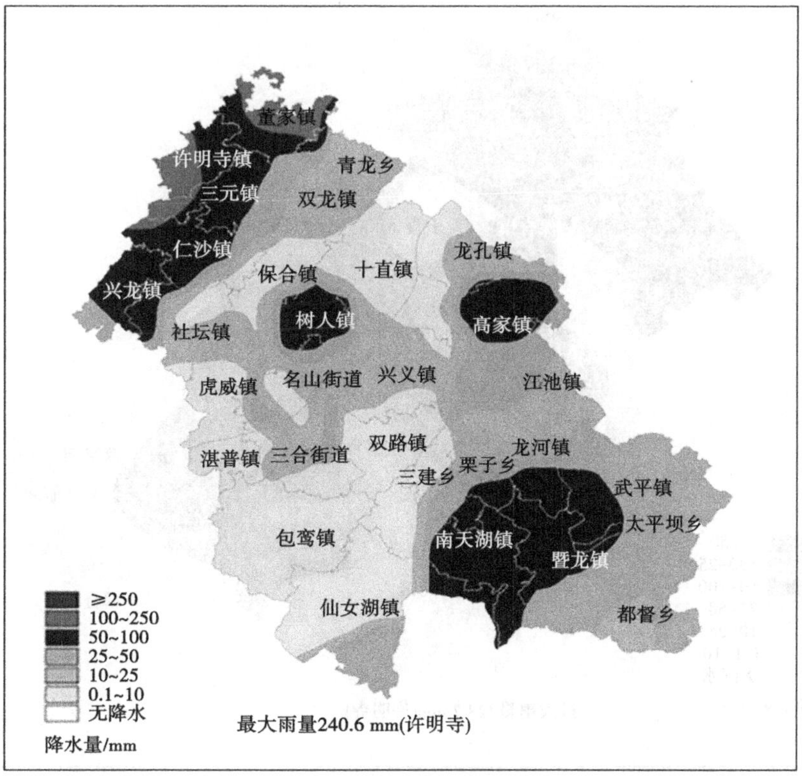

(b)7月10日21时至11日2时

图 1　丰都县 2024 年 7 月 10 日 21 时至 11 日 8 时降水量分布图

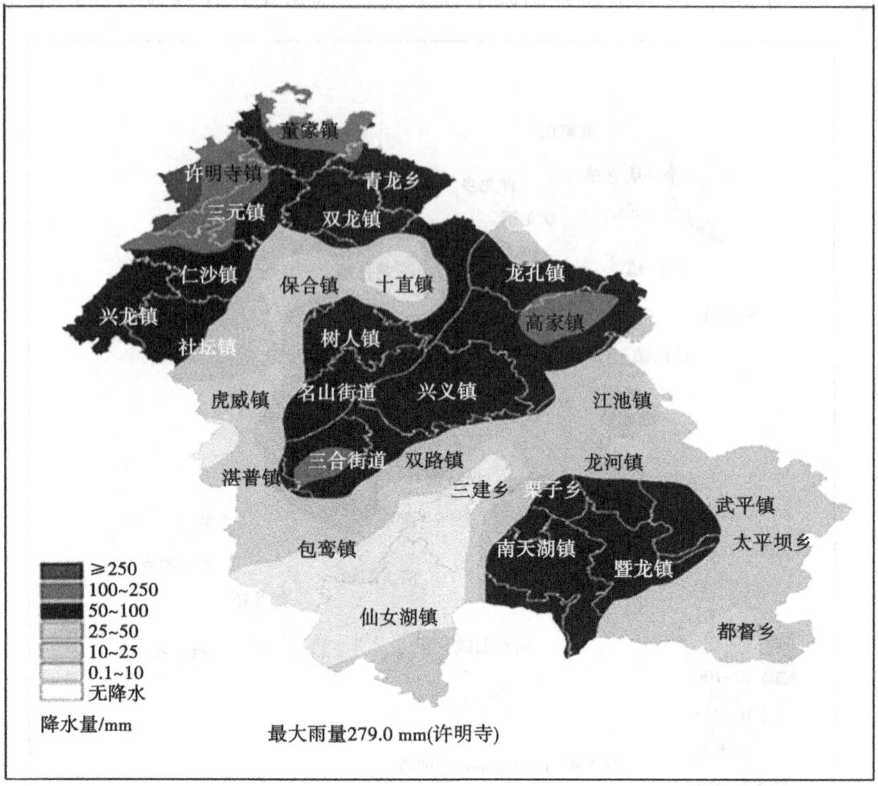

(c)7月10日21时至11日3时

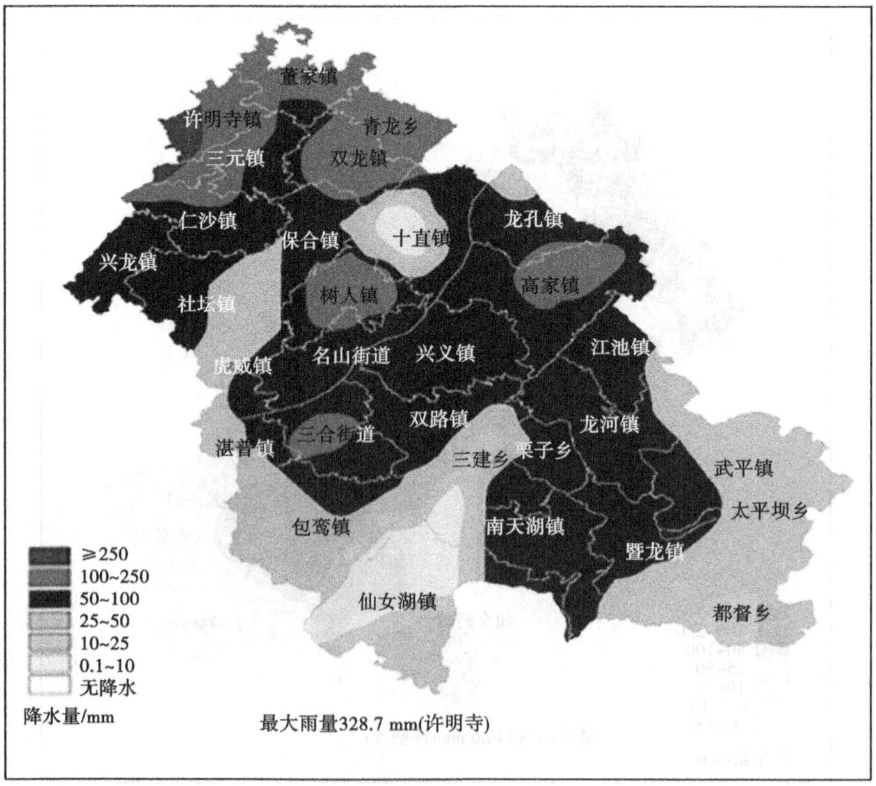

(d)7月10日21时至11日4时

续图 1

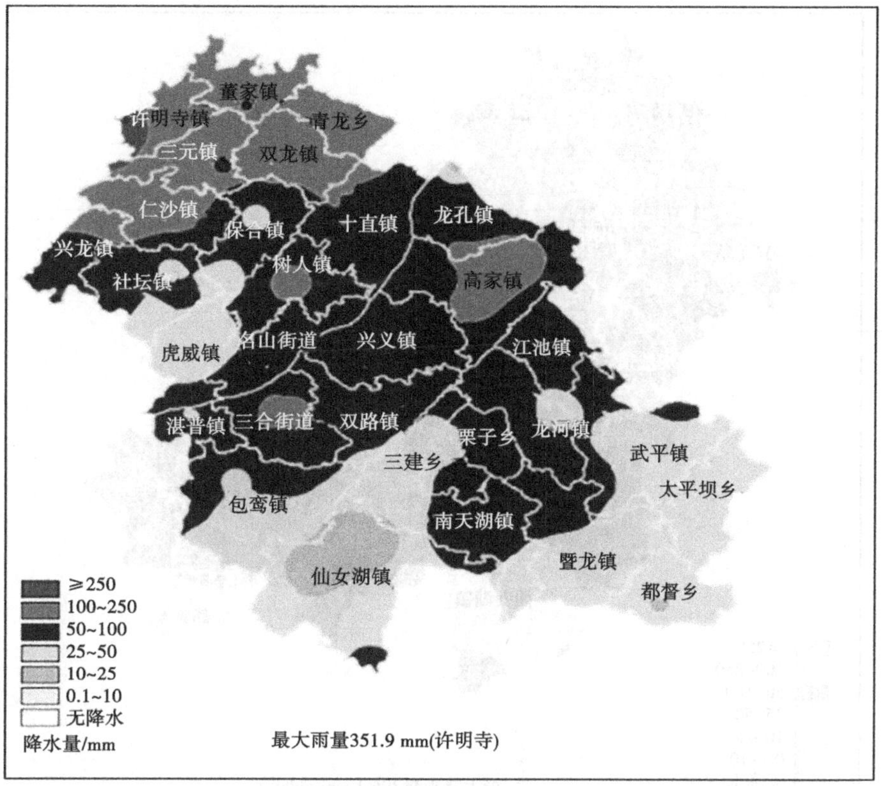

(e)7月10日21时至11日5时

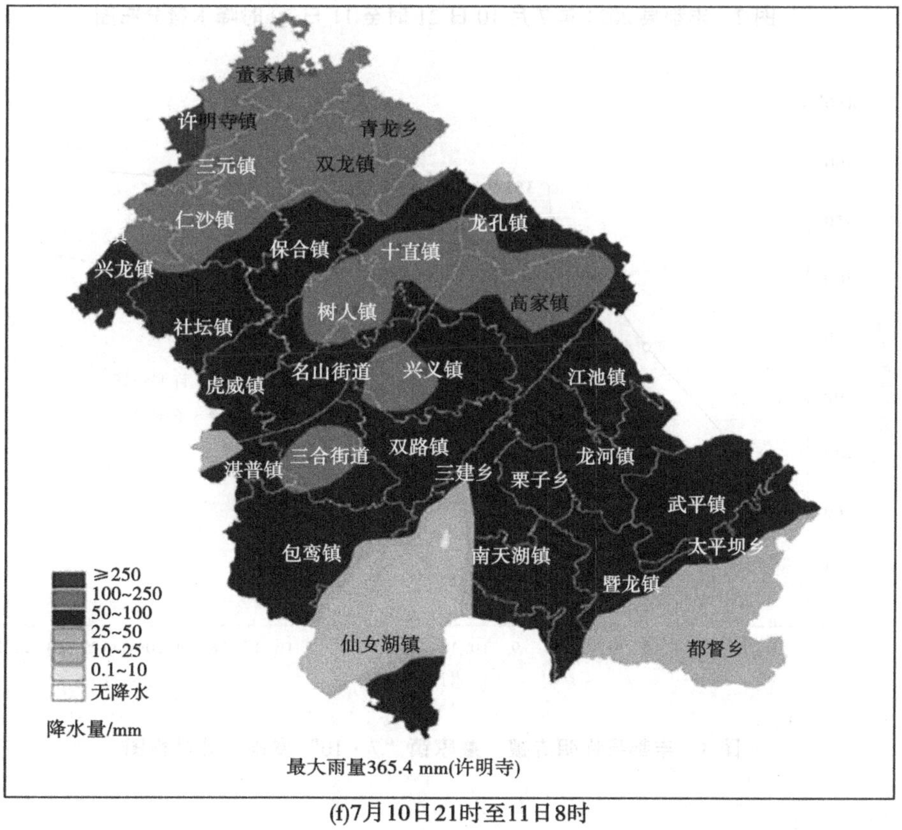

(f)7月10日21时至11日8时

续图1

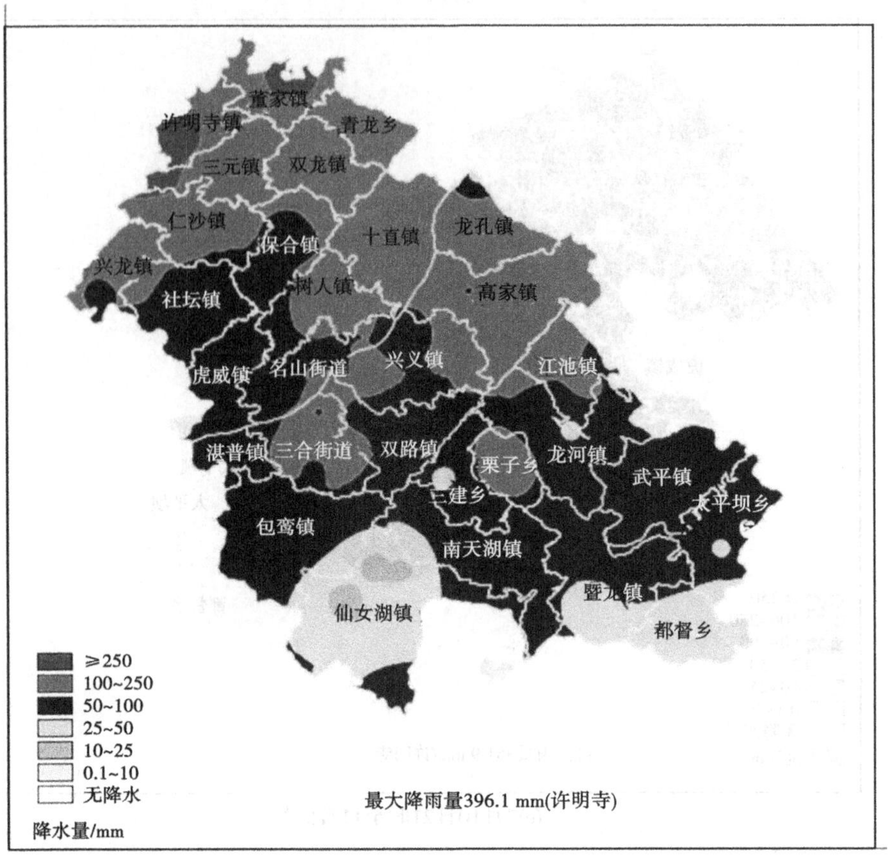

图 2 丰都县 2024 年 7 月 10 日 21 时至 11 日 20 时降水量分布图

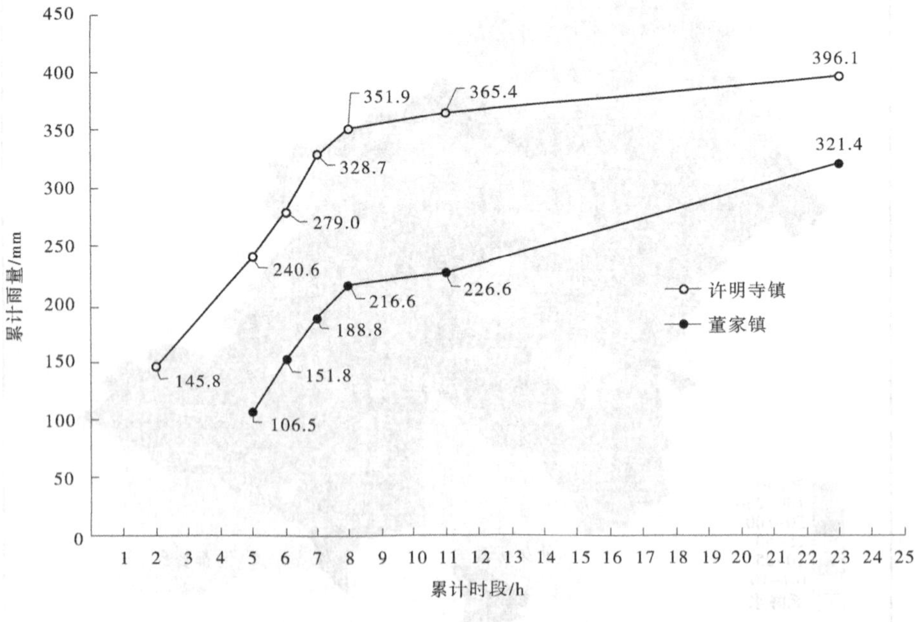

图 3 丰都县许明寺镇、董家镇“7·10”暴雨累计过程图

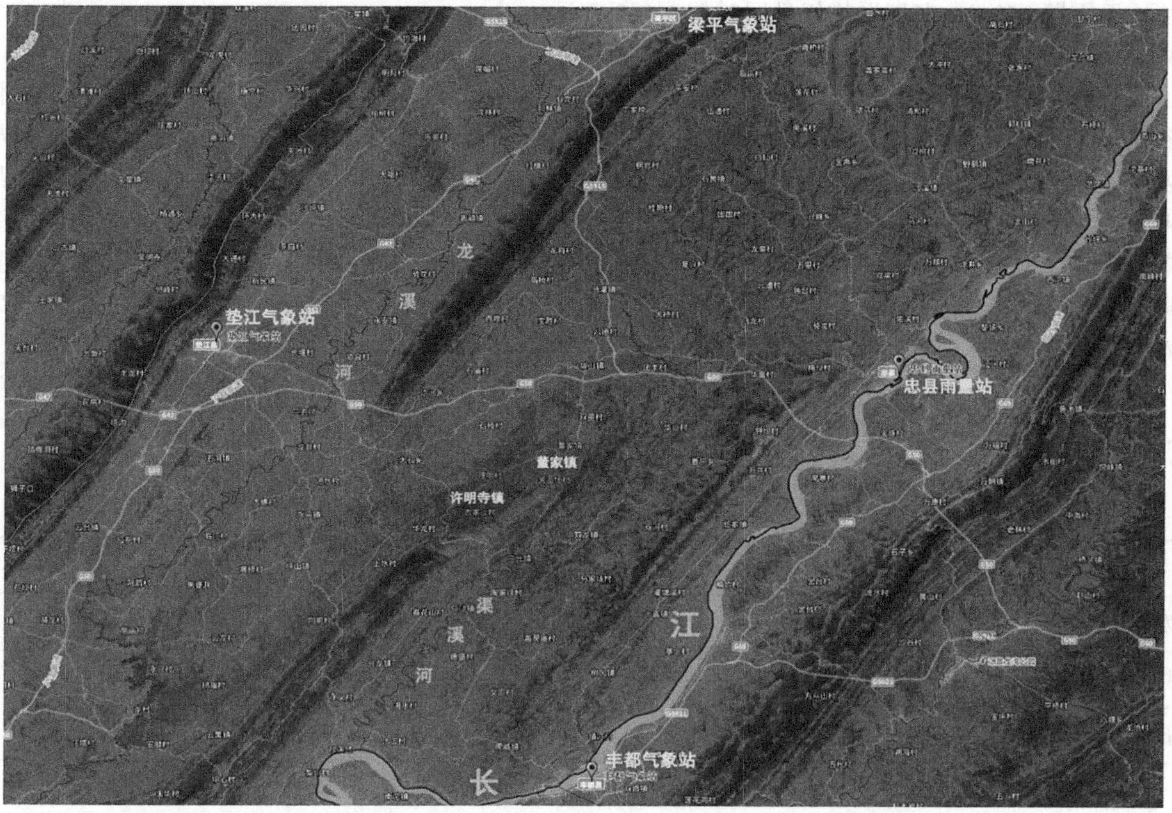

图 4　研究区域周边气象/雨量站网分布图

该次主要收集了丰都气象站 1967—2021 年共 55 年最大 6 h 实测暴雨系列、1959—2021 年共 63 年最大 24 h 实测暴雨系列，垫江气象站 1979—2019 年共 41 年最大 6 h 实测暴雨系列、1958—2019 年共 62 年最大 24 h 实测暴雨系列，忠县雨量站 1965—2022 年共 54 年最大 6 h、12 h、24 h 实测暴雨系列，如表 1 所示。

表 1　依据站短历时暴雨系列年限统计

站点	最大 6 h	最大 12 h	最大 24 h
丰都气象站	1967—2021 年	—	1959—2021 年
垫江气象站	1979—2019 年	—	1958—2019 年
忠县雨量站	1965—2022 年	1965—2022 年	1965—2022 年

该次研究区域主要为丰都县许明寺镇、董家镇范围，根据区域地形情况，垫江气象站海拔与研究区最为接近，丰都气象站和忠县雨量站分布于长江沿岸，海拔均较低，雨量相对较小，因此该次研究区域气象及暴雨特性主要以垫江气象站为主。

2.2　气象特性

研究区域内降雨年内分配不均，根据附近垫江县气象站实测资料统计，该地区多年平均气温 17.0 ℃，多年月平均最高气温 27.5 ℃，多年月平均最低气温 6.1 ℃，极端最高气温 40.9 ℃（1959 年 8 月），极端最低气温 -4.4 ℃（1975 年 12 月）；多年平均年降雨量 1 182.3 mm，最大年降雨量 1 738.7 mm（1998 年），最小年降雨量 828.3 mm（2001 年）；多年平均年蒸发量 1 035.5 mm（20 cm 口径蒸发皿）；多年平均相对湿度 81%；多年平均风速 1.0 m/s，多年平均最大风速 15.0 m/s，风向

NNE；无霜期 350 d，多年平均年日照时数 1 162.9 h。

2.3 暴雨洪水特性

研究区域洪水由暴雨形成，洪水发生时间与暴雨一致。每年 4 月开始进入汛期，5—9 月是本流域暴雨多发季节，特大暴雨、洪水常发生在此时期，而 8 月本流域常发生伏旱，若遇暴雨也有较大洪水发生。10 月以后，副高南移，流域内降水较多，但雨强较小，一般不会形成大洪水。本地区洪水有明显的季节变化规律。每年 3 月下旬开始，随着气温的回升和降雨量增多，流量逐渐加大，4 月为汛前过渡期，5—10 月上旬为主汛期，降雨量最丰沛，暴雨频繁，洪水也大，年最大流量主要发生在该期。10 月中旬至 11 月上旬为汛后过渡期，随着降雨减少，洪水也小。11 月中旬到次年 2 月是稳定退水期。

根据垫江气象站年最大 24 h 暴雨量发生频率分布情况（见表 2、图 5），6—9 月为暴雨频发月份，其中以 7 月为暴雨发生频率最高月份，2024 年许明寺镇、董家镇“7·10”特大暴雨则完全符合这一分布规律。

表 2　垫江气象站年最大 24 h 暴雨量各月发生频次

月份	4	5	6	7	8	9	合计
发生次数	2	2	12	15	10	14	55
占总数/%	3.64	3.64	21.8	27.3	18.2	25.5	100
量级/mm	45.8~57.8	73.3~100.3	83.5~144.4	53.1~286.3	69.3~163.8	56.5~216.6	

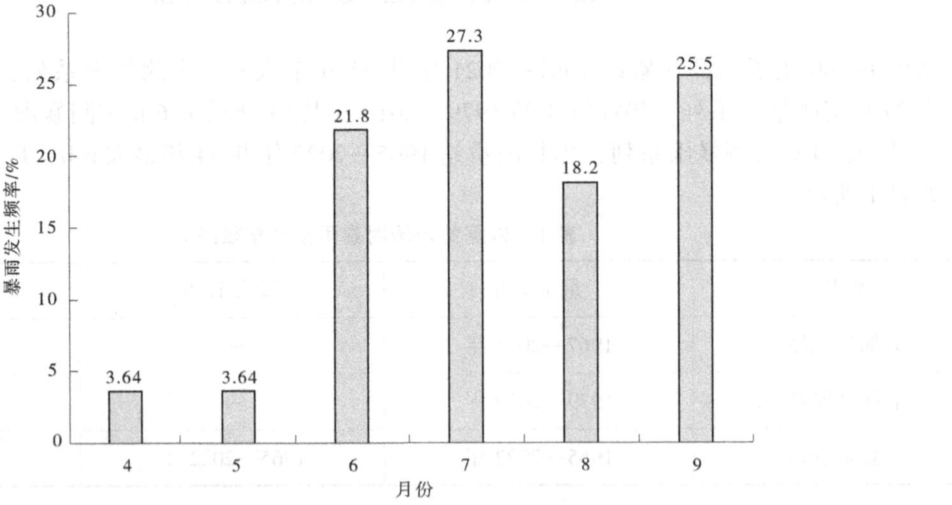

图 5　垫江站 4—9 月暴雨发生频率分布柱状图

3　暴雨频率分析

3.1　垫江气象站暴雨频率分析

根据垫江气象站 1979—2019 年最大 6 h 暴雨系列及 1958—2019 年最大 24 h 暴雨系列，采用 P-Ⅲ型频率曲线进行适线，矩法估计统计参数，求得垫江气象站年最大 6 h 及 24 h 暴雨统计参数成果，结果如图 6 及表 3 所示。

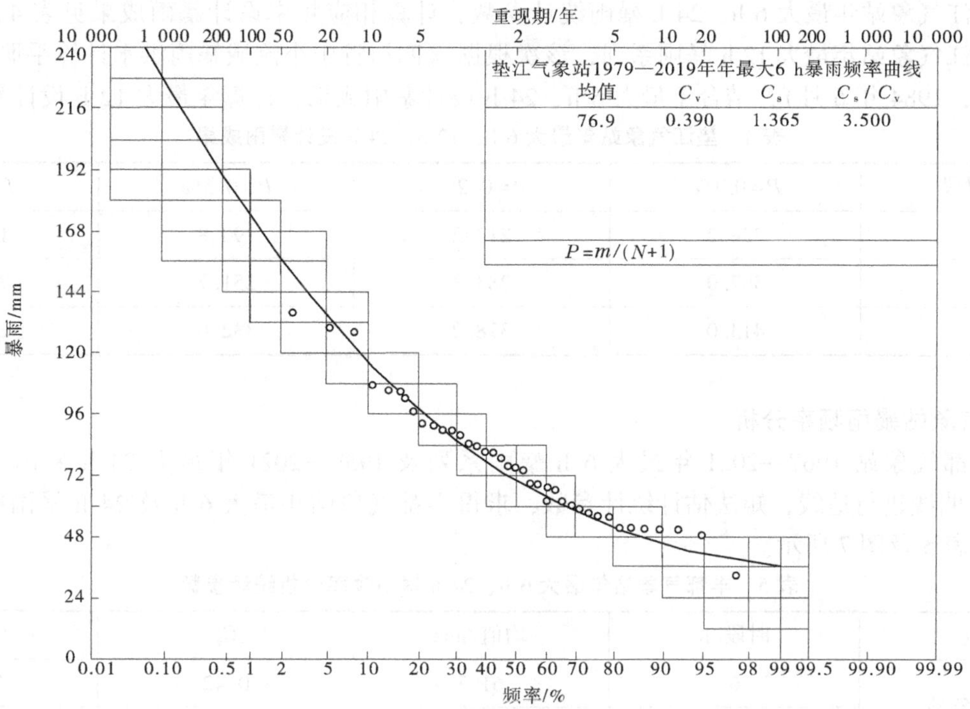

(a)最大6 h

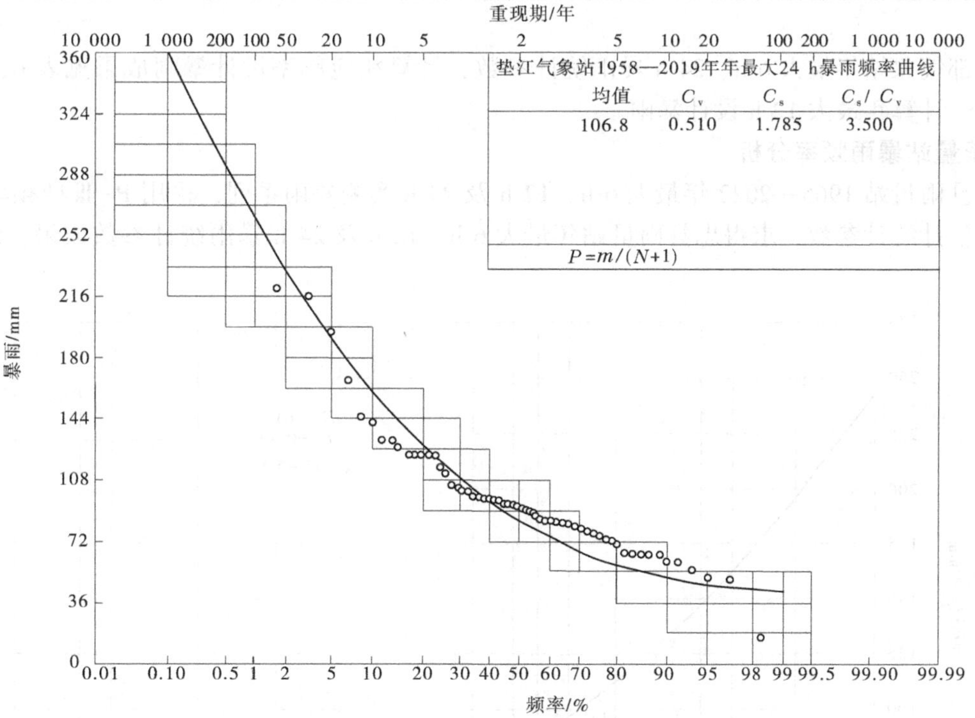

(b)最大24 h

图6　垫江气象站年最大6 h、24 h暴雨频率曲线图

表3　垫江气象站年最大6 h、24 h暴雨频率分析统计参数

站点	时段/h	均值/mm	C_v	C_s/C_v
垫江气象站	6	76.9	0.39	3.50
	24	106.8	0.51	3.50

根据垫江气象站年最大 6 h、24 h 暴雨统计参数，计算相应频率设计暴雨成果见表 4，同时由于未收集到垫江气象站年最大 12 h 暴雨系列，该次根据《四川省中小流域暴雨洪水计算手册》（四川省水利电力厅，1984 年 6 月），结合年最大 6 h、24 h 设计暴雨成果，计算年最大 12 h 设计暴雨。

表 4 垫江气象站年最大 6 h、12 h、24 h 设计暴雨成果 单位：mm

暴雨时段	P=0.1%	P=0.2%	P=0.5%	P=1%
H_{6P}	228.2	212.2	190.8	174.4
H_{12P}	307.0	283.3	251.7	227.5
H_{24P}	413.0	378.2	332.0	296.9

3.2 丰都气象站暴雨频率分析

根据丰都气象站 1967—2021 年最大 6 h 暴雨系列及 1959—2021 年最大 24 h 暴雨系列，采用 P-Ⅲ型频率曲线进行适线，矩法估计统计参数，求得丰都气象站年最大 6 h 及 24 h 暴雨统计参数成果，结果如表 5 及图 7 所示。

表 5 丰都气象站年最大 6 h、24 h 暴雨频率分析统计参数

站点	时段/h	均值/mm	C_v	C_s/C_v
丰都气象站	6	61.3	0.42	3.50
	24	80.7	0.49	3.50

根据丰都气象站年最大 6 h、24 h 暴雨统计参数，计算相应频率设计暴雨成果见表 6，参照垫江气象站方法，计算年最大 12 h 设计暴雨。

3.3 忠县雨量站暴雨频率分析

根据忠县雨量站 1965—2022 年最大 6 h、12 h 及 24 h 实测暴雨系列，采用 P-Ⅲ型频率曲线进行适线，矩法估计统计参数，求得忠县雨量站年最大 6 h、12 h 及 24 h 暴雨统计参数成果，结果如图 8 及表 7 所示。

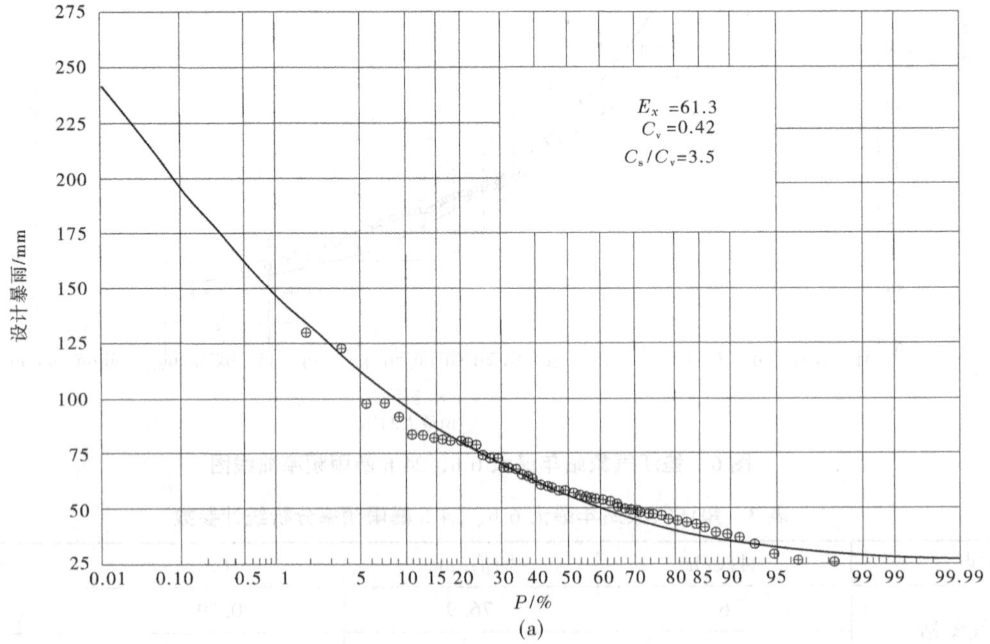

图 7 丰都气象站年最大 6 h、24 h 暴雨频率曲线图

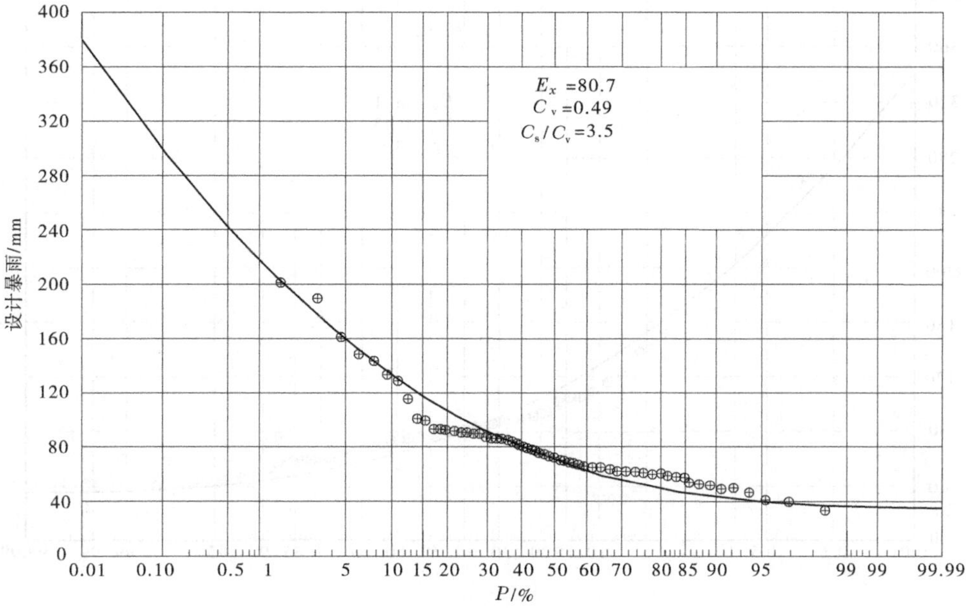

(b)

续图 7

表 6　丰都气象站年最大 6 h、12 h、24 h 设计暴雨成果　　单位：mm

暴雨时段	P=0.1%	P=0.2%	P=0.5%	P=1%
H_{6P}	195.0	180.6	161.3	146.6
H_{12P}	241.6	222.7	197.6	178.4
H_{24P}	299.3	274.7	242.1	217.2

根据忠县雨量站年最大 6 h、12 h、24 h 暴雨统计参数，计算相应频率设计暴雨成果见表 8。

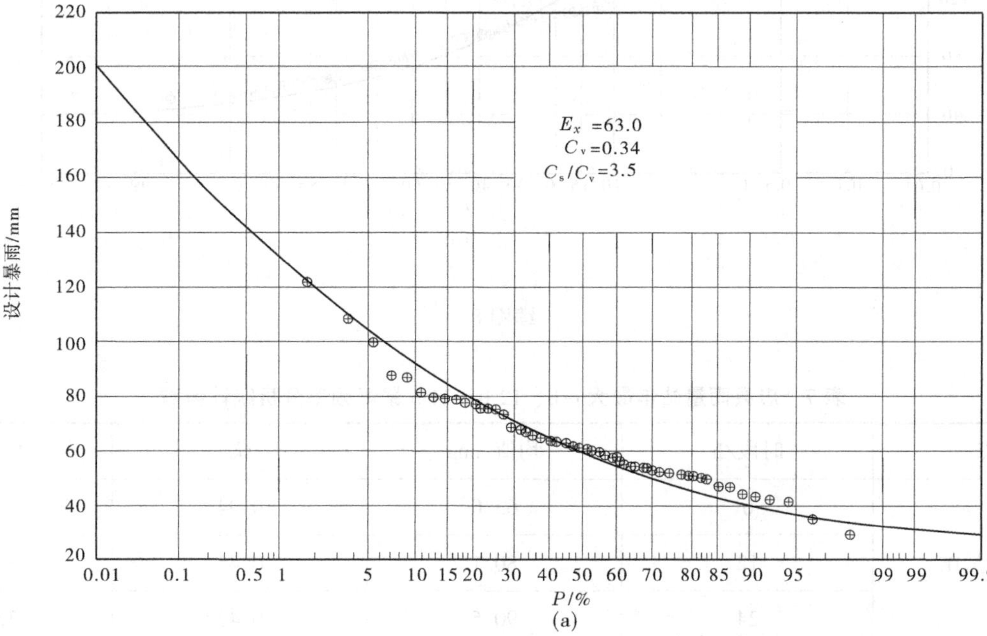

(a)

图 8　忠县雨量站年最大 6 h、12 h、24 h 暴雨频率曲线

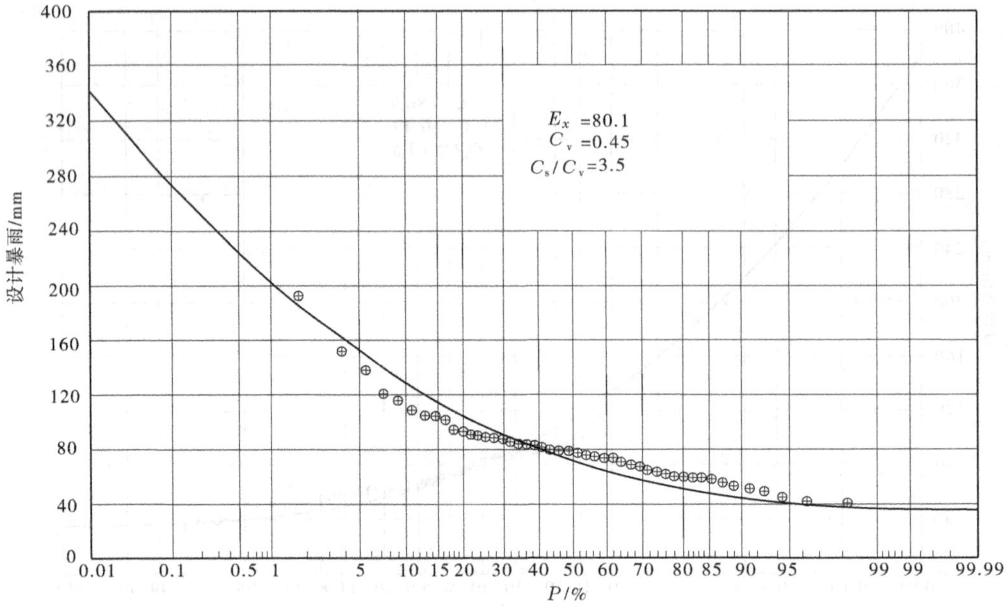

(b)

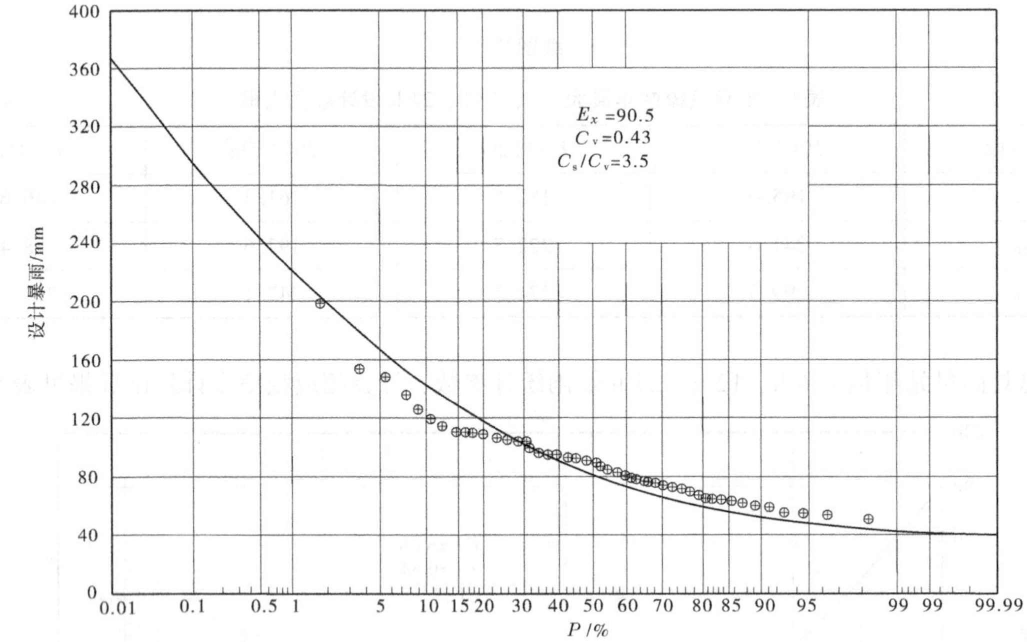

(c)

续图 8

表 7　忠县雨量站年最大 6 h、12 h、24 h 暴雨频率分析统计参数

站点	时段/h	均值/mm	C_v	C_s/C_v
忠县雨量站	6	63.0	0.34	3.50
	12	80.1	0.45	3.50
	24	90.5	0.43	3.50

表 8　忠县雨量站年最大 6 h、12 h、24 h 设计暴雨成果　　单位：mm

暴雨时段	P=0.1%	P=0.2%	P=0.5%	P=1%
H_{6P}	165.8	155.4	141.2	130.3
H_{12P}	272.5	251.4	223.2	201.7
H_{24P}	294.5	272.3	242.8	220.2

3.4　等值线图法暴雨频率分析

根据《四川省中小流域暴雨洪水计算手册》（四川省水利电力厅，1984 年 6 月），查研究区域年最大 6 h、24 h 暴雨均值及 C_v 等值线图，得研究区域年最大 6 h、24 h 暴雨统计参数成果，结果见表 9。

根据查等值线图得到的年最大 6 h、24 h 暴雨统计参数，计算相应频率设计暴雨成果见表 10，同时，根据《四川省中小流域暴雨洪水计算手册》（四川省水利电力厅，1984 年 6 月），结合年最大 6 h、24 h 设计暴雨成果，计算年最大 12 h 设计暴雨。

表 9　研究区域年最大 6 h、24 h 暴雨统计参数（查等值线图）

站点	时段/h	均值/mm	C_v	C_s/C_v
《四川省中小流域暴雨洪水计算手册》等值线图	6	70.9	0.44	3.50
	24	94.2	0.49	3.50

表 10　等值线图法计算年最大 6 h、12 h、24 h 设计暴雨成果　　单位：mm

暴雨时段	P=0.1%	P=0.2%	P=0.5%	P=1%
H_{6P}	235.9	217.9	193.9	175.5
H_{12P}	287.1	264.3	234.1	211.0
H_{24P}	349.3	320.7	282.6	253.6

4　丰都县许明寺镇、董家镇“7·10”暴雨分析

根据丰都县气象局实测数据统计，许明寺镇 2024 年 7 月最大 6 h、12 h 和 24 h 暴雨量分别为 279.0 mm、383.2 mm 和 396.1 mm，董家镇 2024 年 7 月最大 6 h、12 h 和 24 h 暴雨量分别为 216.5 mm、298.7 mm 和 321.4 mm，见表 11。

表 11　许明寺镇、董家镇“7·10”暴雨成果　　单位：mm

暴雨时段	许明寺镇	董家镇
最大 6 h	279.0	216.5
最大 12 h	383.2	298.7
最大 24 h	396.1	321.4

根据前述研究区域及周边气象/雨量站设计暴雨计算成果，许明寺镇 2024 年 7 月最大 6 h、12 h 实测暴雨量均超 1 000 年一遇，24 h 实测暴雨量超 500 年一遇，见表 12~表 14；董家镇 2024 年 7 月最大 6 h 实测暴雨量超 200 年一遇，12 h 实测暴雨量超 500 年一遇，24 h 实测暴雨量接近 200 年一遇。

表 12　研究区域及周边气象/雨量站年最大 6 h 设计暴雨成果统计　　单位：mm

计算方法	暴雨时段	P=0.1%	P=0.2%	P=0.5%	P=1%
垫江气象站	H_{6P}	228.2	212.2	190.8	174.4
丰都气象站		195.0	180.6	161.3	146.6
忠县雨量站		165.8	155.4	141.2	130.3
等值线图法		235.9	217.9	193.9	175.5
范围		165.8~235.9	155.4~217.9	141.2~193.9	130.3~175.5

表 13　研究区域及周边气象/雨量站年最大 12 h 设计暴雨成果统计　　单位：mm

计算方法	暴雨时段	P=0.1%	P=0.2%	P=0.5%	P=1%
垫江气象站	H_{12P}	307.0	283.3	251.7	227.5
丰都气象站		241.6	222.7	197.6	178.4
忠县雨量站		272.5	251.4	223.2	201.7
等值线图法		287.1	264.3	234.1	211.0
范围		241.6~307.0	222.7~283.3	197.6~251.7	178.4~227.5

表 14　研究区域及周边气象/雨量站年最大 24 h 设计暴雨成果统计

计算方法	暴雨时段	P=0.1%	P=0.2%	P=0.5%	P=1%
垫江气象站	H_{24P}	413.0	378.2	332.0	296.9
丰都气象站		299.3	274.7	242.1	217.2
忠县雨量站		294.5	272.3	242.8	220.2
等值线图法		349.3	320.7	282.6	253.6
范围		294.5~413.0	272.3~378.2	242.1~332.0	217.2~296.9

5　结语

（1）该次丰都县出现短时强降水天气，许明寺镇、董家镇局部区域短历时暴雨量出现有记录以来历史极值。本次许明寺镇、董家镇“7·10”特大暴雨发生时间符合区域暴雨洪水特性。

（2）根据前丰都县城及周边气象/雨量站设计暴雨计算成果，许明寺镇 2024 年 7 月最大 6 h、12 h 实测暴雨量均超 1 000 年一遇，24 h 实测暴雨量超 500 年一遇；董家镇 2024 年 7 月最大 6 h 实测暴雨量超 200 年一遇，12 h 实测暴雨量超 500 年一遇，24 h 实测暴雨量接近 200 年一遇。

（3）2024 年进入汛期以来，长江上游部分流域暴雨洪水灾害频发，建议水行政主管部门与水情、气象等部门进一步加强沟通，做好超标准洪水应急预案。

（4）考虑到许明寺镇、董家镇本次短历时暴雨强度较大，两镇均位于渠溪河流域，因此建议后期进一步开展渠溪河干流重点乡镇洪水调查及重现期分析工作。

参考文献

[1] 王储．陕西省黄陵水文站 2021 年 10 月暴雨洪水分析［J］．陕西水利，2024（2）：80-82.

[2] 谢雅洁，刘曙光，周正正．汶川县降雨时空分布特征及设计暴雨频率分析［J］．人民长江，2024，55（1）：105-112.

[3] 庄琦，刘曙光，周正正．降雨数据时空精度对城市暴雨变异性及频率分析的影响［J］．水科学进展，2023，24（3）：398-408.

[4] 赵丽平，邢西刚，王刚．基于常规矩与线性矩的 IWHR 暴雨洪水频率分析计算软件研发与应用［J］．中国防汛抗旱，2022，32（2）：44-48.

[5] 四川省水利电力．四川省中小流域暴雨洪水计算手册［M］．1984.

浅析隐私计算与数字孪生水利

张　潮[1]　花基尧[1]　周正达[2]

（1. 水利部信息中心，北京　100053；
2. 浙江智贝信息科技有限公司，浙江杭州　310053）

摘　要：数字孪生水利建设是构建水利新质生产力，推动水利高质量发展的重要实施路径，数据安全是推进数字孪生水利建设的底线。隐私计算技术面向大数据、人工智能等新型信息化应用场景提供安全解决方案，是目前安全领域重要的技术发展方向。隐私计算可为数字孪生水利建设中涉及的重要数据提供有效安全保护，促进数据价值的转化和释放。针对目前数字孪生水利建设现状，分析了应用场景中的安全风险和不同隐私计算技术的适用场景。

关键词：隐私计算；数据孪生水利；数据安全；网络安全

1　引言

推进智慧水利和数字孪生水利建设是推动新阶段水利高质量发展的六条路径之一[1]。近年来，数字孪生流域、数字孪生水网、数字孪生水利工程等方面取得了积极进展，为水旱灾害防御、水资源集约节约利用、水资源优化配置等方面提供了数字赋能和技术支撑[2]。水利是关键信息基础设施重要行业之一，数字孪生水利涉及的大量水利数据资源是国家基础性战略资源。在推进数字孪生水利建设中需要同步做好关键信息基础设施和重要数据安全保护，在应用创新同时切实守住安全底线。隐私计算是一种在保护数据本身不对外泄露的前提下实现数据分析计算的技术集合，提供了重要数据“可用不可得”的安全保护实效，在充分保护数据安全的前提下可以促进数据价值的转化和释放。数字孪生水利建设汇聚云计算、大数据、人工智能、虚拟现实等各类前沿信息技术应用，具有技术密集、数据密集型特点的创新工程，所面对的安全风险与传统网络安全风险存在差异。隐私计算技术可以有效补充传统网络安全防护技术的不足，为各类复杂应用场景中的数据安全保护提供技术路径，在数字孪生水利中具有广泛的应用场景和重要的推广意义。

2　数字孪生水利建设的安全挑战

2.1　数字孪生水利概述

孪生技术思路可追溯到美国国家航空航天局“阿波罗计划”，该计划构建了两个相同的航天飞行器，一个发射太空执行任务，另一个在地球上用于反映太空中航天器在任务期间的工作状态，从而辅助分析处理太空中出现的紧急事件。21 世纪初，美国国家航空航天局正式提出数字孪生（Digital Twin）概念，用于模拟和优化飞行器和航天器。随着计算机、物联网、人工智能技术的发展，数字孪生逐渐扩展到工业制造、能源、医疗等多个应用领域，通过构建数字镜像实现物理世界实体的虚拟模型，借助数据来模拟实体在现实环境中的自然现象、个体行为等，为产业或行业提供数字化基座能力。

数字孪生水利是水利行业迈向数字化、网络化、智能化的重要举措。2021 年，水利部印发了《关于大力推进智慧水利建设的指导意见》[3] 等文件，并组织编制了《数字孪生流域建设技术大纲（试行）》[4]《数字孪生水利工程建设技术导则（试行）》[5]《水利业务“四预”基本技术要求（试行）》

作者简介：张潮（1988—），男，高级工程师，主要从事水利信息化与网络安全方面的研究工作。

等技术文件。数字孪生水利建设以水利感知网、水利信息网、水利云等为基础，运用大数据、人工智能、虚拟仿真等技术，对物理流域全要素和水利治理管理活动全过程进行数字化映射、智能化模拟，支撑实现流域防洪、水资源管理与调配等目标。

2.2 安全风险分析

我国颁布的《关键信息基础设施安全保护条例》明确，水利是关键信息基础设施重要行业之一，对系统的网络安全与数据安全提出了更严格的防护要求。当前，信息安全攻击“武器化”趋势明显，攻击手段更加多样和隐蔽，水利数据面临的安全风险显著增加。数字孪生水利平台汇聚了干支流水系、自然地理空间、水利工程监测运行及业务管理等海量实时数据，面临高级持续性威胁（APT）等攻击风险。攻击者可能窃取或篡改水利数据，影响水利工程的安全运行，甚至威胁国家安全。此外，在数字孪生水利建设中，物联网、云计算、大数据和人工智能等新技术的大量应用产生了新型安全风险。这些风险需要采用新型的防护技术进行保护，以确保水利数据的安全性和系统的稳健运行。从数字孪生水利建设的信息流转视角在人机交互、数据共享、数据加工、物理终端等多方面存在潜在安全风险，如图 1 所示。

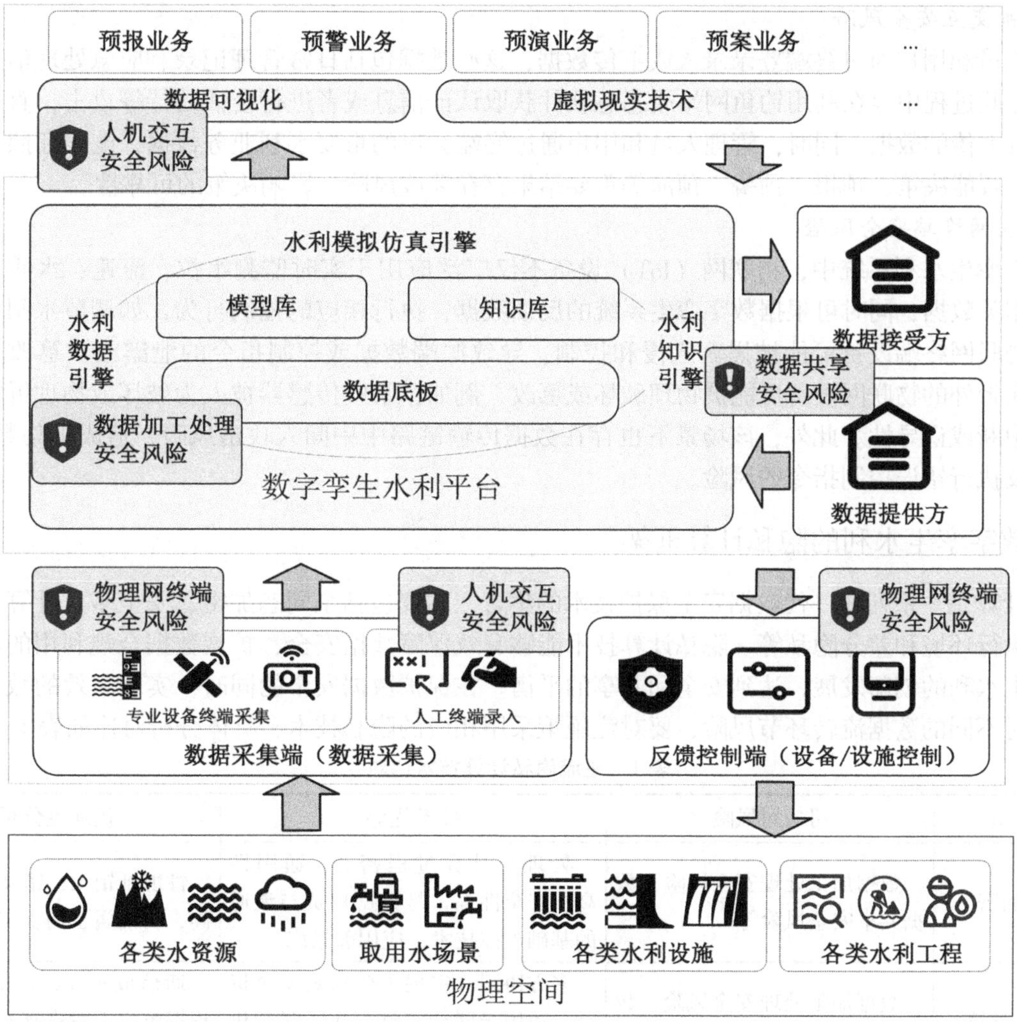

图 1　数字孪生水利安全风险

2.2.1 数据加工处理安全风险

在数字孪生水利系统中，数据加工采用了大数据、人工智能等新一代数字化技术，导致数据加工处理过程中传统与新型安全风险并存。水利数据孪生平台内的身份认证、访问权限控制、数据存储与传输等环节存在传统网络安全常见风险。此外，面向大数据和人工智能等新技术也带来了新的安全挑战。在数字孪生水利平台内，相关业务应用引入了数据挖掘技术，如聚类、分类和关联分析等。这些技术在赋能水利业务应用的同时也给数据访问权限管控带来了挑战。数据挖掘技术的违规滥用可能导致关联攻击、同质性攻击、背景知识攻击等问题，进而造成海量数据源，甚至是脱敏后的数据源存在敏感信息泄露高风险。人工智能技术的应用对模型内部敏感信息保护提出了要求，需要在不影响模型运行前提下有效防止模型内敏感信息及技术参数的泄露风险。同时，水利人工智能模型还面临诸如对抗样本攻击等风险，这些攻击通过恶意设计的输入数据，误导模型输出错误结果，从而给数字孪生应用造成影响。

2.2.2 数据共享安全风险

数据共享是数字孪生水利系统中实现跨部门协作、优化水资源管理和提高决策效率的关键环节，但是不同网络区域、不同组织之间的数据互融互通过程存在诸多安全风险。共享的数据可能被接收方用于未经授权的用途，违背数据提供方的初衷和数据保护要求。不同组织在数据共享时，防控措施不完善可导致数据被越权获取或导出风险。此外，数据共享过程中的中间人监听篡改风险，也会导致传递的信息不准确。

2.2.3 人机交互安全风险

管理人员和用户通过终端登录录入或上传数据，这些数据包括日常管理记录、应急处理信息、用户反馈等。在此过程中存在利用钓鱼网站或恶意软件获取认证信息或者进行会话劫持等攻击，直接在录入过程中篡改上传的数据。同时，管理人员和用户通过终端获得的重要水利业务数据，电子证照数据存在泄露风险，智能决策、预报、预警、预演等重要结果存在篡改风险，影响决策的可靠性。

2.2.4 物联网终端安全风险

在数字孪生水利系统中，物联网（IoT）设备不仅广泛应用于实时监测水位、流速、水质、气象等各类水利相关数据，同时可根据数字孪生系统的反馈数据，执行相应的控制行为，如调节水闸、启动排水泵等。物联网终端设备可能被黑客入侵和控制，导致源端数据或控制指令的泄露或被篡改伪造。此外，分布在野外的物联网设备可能被物理破坏或篡改，例如，某些传感器被人为破坏或物理拆卸，导致数据采集中断或误导性。此外，该场景下也存在数据传输链路中中间人攻击风险，造成采集数据泄露，篡改风险及执行错误控制指令的风险。

3 面向数字孪生水利的隐私计算框架

隐私计算是一系列新一代数据安全保护技术的集合，主要包括全同态加密、安全多方计算、联邦学习、可信执行环境和差分隐私等。隐私计算技术能够有效保障数据安全，扩展数据合规利用的场景，促进数字孪生水利的创新发展，达到安全和共享的平衡。在保护数据安全的同时，实现高效的数据分析和流转。面对不同的数据流转环节风险，要对症施策采用相应的隐私技术，具体分析对比如表 1 所示。

表 1　主流隐私计算技术比对

技术类型	可应对风险	技术优势	优缺点分析
全同态加密	数据加工处理安全风险、数据共享安全风险等	处理与计算过程密态，通用性高，安全性高，是数据租赁与流通的基础支撑技术，应用前景广	性能开销大，密文膨胀系数高，目前属于初步实用阶段
安全多方计算	数据加工处理安全风险、数据共享安全风险等	多方协同，实现了分布式安全机制，适用于联合统计分析、联合机器学习等应用场景	通信成本高，性能开销大，根据解决方案略有差异，目前属于初步实用阶段
联邦学习	数据加工处理安全风险、数据共享安全风险等	数据保留在本地，模型参数在多方间共享，有效保护数据隐私，避免数据集中化带来的安全风险	性能开销大，限于人工智能、机器学习应用场景，目前属于初步实用阶段
可信执行环境	物联网终端风险、人机交互风险、数据加工处理风险等	提供安全隔离环境机制，应用适配性好，生态较成熟完善	生态逐渐形成，目前属于发展完善阶段

3.1 全同态加密技术

全同态加密（fully homomorphic encryption，FHE）技术被广泛认为是信息安全领域中最具前景和挑战性的研究方向之一，实现了在不暴露数据内容的情况下进行计算处理的安全能力，在数字孪生水利应用中具有广泛的应用场景，全同态加密技术概念[6] 自 20 世纪 80 年代提出，因为其强大功能和实现的难度，被誉为“密码学圣杯”。

全同态加密技术支持数据在计算过程中始终保持加密状态，为水利重要数据托管、跨域共享和数据出租等应用场景提供了技术安全保障。该技术适用于水利数据的统计分析和预测模型计算，能够在不向执行计算方透露输入数据或结果的情况下完成计算任务，有效防止数据处理方、算力提供方和云平台运维方越权获取数据。全同态加密技术为水利重要数据的安全流通和应用创新提供了传统加密技术无法满足的高级安全防护能力。

全同态加密技术现有开源架构包括适用于通用处理器架构的 HElib[7]、SEAL[8]、PALISADE[9]、TFHE[10] 等开源库，也有运用 GPU 等其他底层架构进行密态计算提速的开源库，如支持 GPU 平台的 cuFHE[11]、NuFHE[12] 等。

全同态加密技术优势在于创新性地实现了数据在处理和分析任务中的“可算不可得”效果，确保数据在运算过程中不会被泄露。目前，该技术的涉及算法技术复杂度高，密文膨胀率过大，造成实现过程计算资源开销和存储资源开销大，响应时间开销扩大 1 000~100 000 倍，因此目前仅适用于实时性要求不高的业务场景中。

3.2 安全多方计算

安全多方计算（secure multi-party Computation，SMPC）技术起源于 1982 年姚期智的百万富翁问题[13]。该技术支持多个业务参与方在不泄露各自数据的前提下，协同计算出某个业务处理的结果。在安全多方计算应用场景中，各个参与方仅可获得己方输入数据与最终结果，而不知其他参与方的输入数据，从而保护数据隐私。

在数字孪生水利系统中，安全多方计算技术具有多种应用场景。例如，在水利基础设施物联网终端采集数据协同计算场景中，可实现各个终端设备数据的安全逻辑隔离和安全汇集计算；也可应用于不同安全域数据源的安全融合分析场景，如水利业务安全匿名投票/评审、跨管辖区的自然灾害预警、水利工程智能监测等潜在应用创新场景。

安全多方计算技术实现研究主要集中在安全协议的研究上，主流实现方式包括混淆电路（Garbled Circuit，GC）、秘密共享（Secret Sharing，SS）、不经意传输（Oblivious Transfer，OT）、零知识证明（zero-knowledge proofs）等[14]。目前，安全多方计算技术的开源项目较多，例如 MP-SPDZ、ABY3 、PICCO 、FRESCO、Obliv-C 等[15]。

安全多方计算技术适用于跨部门、跨区域的协同工作过程中重要数据的逻辑安全隔离，有效保护数据产权，同时，该技术无须信任单个参与方或第三方，所有参与方安全参与协同计算处理过程，保证了解决方案的公正性和安全性。但目前该技术通常会带来庞大的计算开销及通信开销，造成应用场景受限。

3.3 联邦学习

联邦学习（Federated Learning，FL）最早于 2017 年由 Google 提出，是一种实现数据保护分布式的机器学习技术。该技术针对机器学习应用场景，实现了多个数据源之间的分布式安全协同模型训练。通过联邦学习技术，可在不交换本地样本数据的前提下，仅通过交换模型参数或中间结果的方式完成全局模型训练，从而实现数据保护和数据共享计算的平衡[16]。

在数字孪生水利应用场景中，联邦学习技术可以用于跨组织或跨系统的水利重要数据安全共享和模型训练。例如，不同管理辖区或不同流域可能有各自的水文数据、项目数据、管理数据、舆情数据等，通过联邦学习技术可以实现在不共享原始数据的前提下，共同训练和优化一个用于水利行业管理或预测的模型，在实现数据安全保护的同时有效提高模型的准确性及泛化能力。

目前，联邦学习的开源平台较多，主流的主要包括 tensorFlow Federated、PySyft、IBM Federated Learning、OpenMined、FATE 等。相关开源平台与生态为联邦学习的应用落地提供了工程基础。

联邦学习针对人工智能应用场景，实现了不同数据所有者在共同模型下的数据安全协同共享机制。但是，目前联邦学习技术在性能方面、隐私数据保护强度方面及模型效能提升方面都具有优化空间[17]。

3.4 可信执行环境

可信执行环境（trusted execution environment，TEE）通过特定的软硬件机制构建一个隔离的安全运行环境，有效保护代码和数据安全性，有效防止数据和代码的泄露、篡改风险。可信执行环境的安全保护机制主要包括可验证的安全启动、运行时的安全隔离、安全 I/O 隔离、透明的安全存储等机制。

在数字孪生水利应用场景中，可信执行环境技术不仅可以应用于服务端，也可应用于物联网终端设备。该技术可以在硬件级别或操作系统级别提供安全隔离机制，确保敏感数据和应用程序在授信环境中执行，防止未授权的访问和修改。例如，数字孪生水利应用中，服务端大量地理空间数据、水利项目管理数据、水文数据等以及各类模型，可以采用可信执行环境实现程序与数据的加密保护与安全隔离，有效防止来自其他应用系统或操作系统的非授权访问和攻击。针对数字孪生水利的物联网终端设备，可以实现嵌入式设备程序的安全保护，有效防止各类抵近嗅探攻击、物理攻击，有效提升水利基础设施物联网终端设备运行的安全性。

可信执行环境目前解决方案多以硬件与基础软件驱动相结合的方式提供保护机制，如 ntel SGX、ARM TrustZone、AMD SEV 等。目前，业内也出现了跨平台的开源框架，如 Open Enclave SDK 等；国内的 CPU 如鲲鹏、海光等都又推出了对应的解决方案，相关生态不断成熟中。

可信执行环境通过硬件和基础软件隔离及加密保护，提供了高度安全的环境来保护敏感数据和代码。同时，由于对应用层透明，因此上层业务系统改造量小。但是该技术需要特殊的硬件和软件支持，迭代成本较高。此外，应用层的数据安全共享机制还需要其他隐私计算技术进行补充，安全风险层面仍存在侧信道攻击等安全风险[18]。

3.5 其他相关技术

隐私计算技术中除了以上技术，还包括差分隐私（Differential Privacy）、零知识证明（Zero-Knowledge Proof）等技术。差分隐私可以通过添加噪声或随机性来保护原始数据的安全性，在数字孪生水利应用场景中，可用于数据共享处理场景，在不影响模型计算精度及数据集统计特性前提下通过噪声和随机性的增加有效保护原始水利数据资产。零知识证明是一种密码技术，可以在不泄露额外信息的情况下进行逻辑结果验证。该技术可作为区块链、安全多方计算、联邦学习解决方案的安全基础支撑技术，有效加强身份验证、访问控制机制等。此外，广义的隐私计算技术还可包括支持数据最小化、匿名化和假名化，以及其他核心隐私和数据保护原则的各类技术，具体包括数据脱敏、数据匿名、区块链、数据溯源、访问控制等[19]。

4 总结

随着数字孪生水利建设的不断深入，必将形成“天空地”一体化的海量数据集合，必将面临严峻的数据安全风险态势。隐私计算技术在保护数据安全的前提下，可以促进数据在不同主体之间的高效流程，特别是在人工智能、大数据分析等应用场景中隐私计算具有显著的技术优势，应用前景广阔。展望未来，隐私计算技术也必将成为不可或缺的数据共享应用保障，将在智能化水利管理、跨区域数据共享、联合建模等方面发挥更大作用，推动数字孪生水利的持续创新和高效发展，提高水利数字化、网络化、智能化水平，加速形成水利新质生产力。

参考文献

[1] 蔡阳．数字孪生水利建设中应把握的重点和难点［J］．水利信息化，2023（3）：1-7.

[2] 王浩．数字技术赋能水利建设和发展［N］．人民日报，2023-11-13.

[3] 中华人民共和国水利部．关于大力推进智慧水利建设的指导意见［A］. 2021-11.

[4] 中华人民共和国水利部．数字孪生流域建设技术大纲（试行）［A］. 2022-3.

[5] 中华人民共和国水利部．数字孪生水利工程建设技术导则（试行）［A］. 2022-3.

[6] RIVEST R L, ADLEMAN L M, DERTOUZOS M L . On Data Banks and Privacy Homomorphisms［J］. Foundations of Secure Compuation, 1978, 4 (11): 169-180.

[7] HALEVI S, SHOUP V. Bootstrapping for HElib［J］. Journal of Cryptology, 2021, 34 (1): 7.

[8] LAINE K. Simple encrypted arithmetic library 2. 3. 1［EB］.［2024-08-16］.

[9] POLYAKOV Y, ROHLOFF K, RYAN G W. PALISADE lattice cryptography library.［EB］.［2024-08-16］.

[10] CHILLOTTI I, GAMA N, GEORGIEVA M, et al. TFHE: fast fully homomorphic encryption library over the torus［J］. 2016.

[11] CUDA-accelerated Fully Homomorphic EncryptionLibrary［EB］.［2024-08-16］.

[12] NuFHE, a GPU-powered Torus FHE implementation［EB］.［2024-08-16］.

[13] YAO A C. Protocols for secure computations［C］//23rd Annual Symposium on Foundations of Computer Science (sfcs 1982). Chicago, IL, USA. IEEE, 1982.

[14] ZHAO C, ZHAO S N, ZHAO M H, et al. Secure Multi-Party Computation: Theory, practice and applications［J］. Information Sciences, 2019, 476: 357-372.

[15] KELLER M. MP-SPDZ: A versatile framework for multi-party computation［C］//Proceedings of the 2020 ACM SIGSAC Conference on Computer and Communications Security. Virtual Event USA. ACM, 2020.

[16] RAFI T H, NOOR F A, HUSSAIN T, et al. A generalized look at federated learning: Survey and perspectives［EB］.［2024-08-16］.

[17] 王健宗，孔令炜，黄章成，等．联邦学习隐私保护研究进展［J］．大数据，2021，7（3）：130149.

[18] SHEPHERD C, MARKANTONAKIS K, VAN HEIJNINGEN N, et al. Physical fault injection and side-channel attacks on mobile devices: A comprehensive analysis［J］. Computers & Security, 2021, 111: 102471.

[19] 中国信息通信研究院，隐私计算白皮书（2022）［Z］. 2022.

浅析数字孪生水利保障体系建设

花基尧　张　潮　周逸琛

（水利部信息中心，北京　100053）

摘　要： 推进数字孪生水利建设是贯彻落实“节水优先、空间均衡、系统治理、两手发力”治水思路和《数字中国建设整体布局规划》的明确要求，是适应水利新质生产力发展、强化水利治理能力的必然要求。为保障数字孪生水利建设有力有序，亟需构建一套结构合理、系统全面的保障体系予以支撑。本文紧扣“需求牵引、应用至上、数字赋能、提升能力”的总体要求，提出数字孪生水利建设保障体系，通过水利部开展的数字孪生流域建设先行先试予以实践验证，对进一步做好数字孪生水利建设保障工作提出建议，为数字孪生水利建设全过程管理提供有力支撑。通过实践应用，有效保障数字孪生流域建设先行先试评估工作顺利完成，并形成一批可复制推广的应用案例，成效良好，可为有关单位开展先行先试或其他专项工作提供参考借鉴。

关键词： 数字孪生；保障体系；先行先试

1　引言

2022年，中共中央、国务院印发《数字中国建设整体布局规划》，指出“构建以数字孪生流域为核心的智慧水利体系”。2023年1月，水利部召开全国水利工作会议，要求：“大力推进数字孪生水利建设，支撑保障‘四预’工作。数字孪生水利是水利高质量发展的重要标志。按照‘需求牵引、应用至上、数字赋能、提升能力’要求，统筹建设数字孪生流域、数字孪生水网、数字孪生工程，构建具有‘四预’功能的数字孪生水利体系”[1]。由此可见，数字孪生水利建设已成为当前和今后一个时期我国水利工作的重要一环。

数字孪生水利体系主要由数字孪生流域、数字孪生水网、数字孪生水利工程等组成。水利部已完成数字孪生流域建设先行先试工作，全国各级水行政主管部门也均在大力推进数字孪生水利建设，如何较好保障数字孪生水利建设工作已成为亟待解决的问题。为此，在经数字孪生流域建设先行先试工作应用实践后，提出数字孪生水利建设保障体系，以期为推进数字孪生水利建设工作提供参考和借鉴。

2　数字孪生水利建设保障体系的构建

2.1　保障体系架构

通过总结水利网信发展现状，结合数字孪生水利的特点、重点、难点，坚持系统性、科学性、完整性、可操作性等基本原则，基于水利部数字孪生水利体系总体框架，设计了由国家有关法规政策、组织和指导体系、数字孪生水利相关技术文件、数字孪生水利标准体系及其他保障措施等构成的数字孪生水利建设保障体系框架，具体架构如图1所示。

2.2　国家有关法规政策

《中华人民共和国国民经济和社会发展第十四个五年规划和2035年远景目标纲要》强调，要强化数字技术在公共卫生、自然灾害、事故灾难、社会安全等突发公共事件应对中的运用，全面提升预警和应急处置能力，要构建智慧水利体系，以流域为单元提升水情测报和智能调度能力[2]。

作者简介： 花基尧（1986—），男，高级工程师，主要从事水利信息化、数字孪生水利建设相关工作。

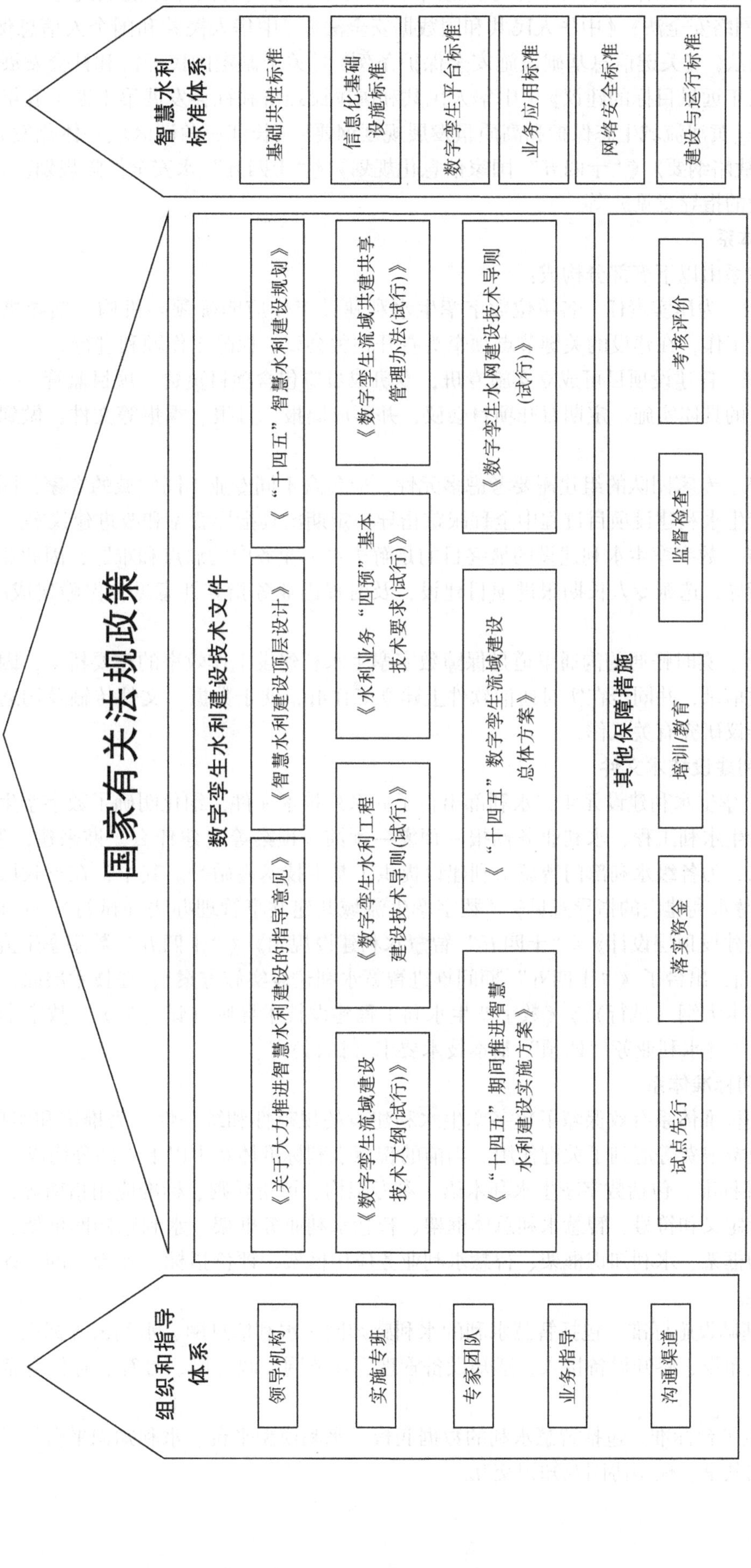

图1 数字孪生水利建设保障体系框架

近年来，我国在网信工作和水利工作方面颁布和修订了一系列的法律法规及规范性文件，主要有《中华人民共和国网络安全法》《中华人民共和国数据安全法》《中华人民共和国个人信息保护法》《中华人民共和国密码法》《关键信息基础设施安全保护条例》《关于制定国民经济和社会发展第十四个五年规划和二〇三五年远景目标的建议》《中华人民共和国国民经济和社会发展第十四个五年规划和2035年远景目标纲要》《黄河流域生态保护和高质量发展规划纲要》《长江三角洲区域一体化发展规划纲要》《国家信息化发展战略纲要》《“十四五”国家信息化规划》《“十四五”水安全保障规划》《国务院关于加强数字政府建设的指导意见》等。

2.3 组织和指导体系

组织和指导体系由以下五部分构成：

（1）领导机构。为压实责任，各单位数字孪生水利建设工作应明确领导机构，领导机构须明确职责，做好日常协调工作，在建设的关键节点须牵头召开相关会议，保障工作顺利进行。

（2）实施专班。各建设项目可成立实施专班，专班成员应包含项目负责、项目监管、一线技术等人员，专班负责项目的具体实施，定期召开项目会议，并形成周报、月报、季报等文件，做到项目进展实时可查。

（3）专家团队。专家团队的组建需要考虑多元性，应包含不同专业不同领域的专家，同时每位专家应在具体的数字孪生水利建设项目过程中全程跟踪指导，定期出具指导意见和改进建议等。

（4）业务指导。数字孪生水利建设的最终目的是解决水利业务中的痛点和难题，因此业务部门需广泛、深度地参与指导，选派专人长期跟进项目建设，及时提出业务指导性意见，保障建成的系统实用、好用、管用。

（5）沟通渠道。实时畅通的沟通渠道是保障数字孪生水利建设工作效率的重要桥梁，因此应第一时间制作工作人员通信录，并同步在实时通信软件上建立工作群，便于数据、文件传输及沟通留言，必要时还可召开视频会议研究有关工作。

2.4 数字孪生水利建设技术文件

2022年是数字孪生水利建设元年，水利部出台了一系列技术文件，细化明确了数字孪生流域、数字孪生水网、数字孪生水利工程、水利业务预报—预警—预演—预案等“建什么，谁来建，怎么建”，以及如何共享等要求，为各级水利部门智慧水利建设提供了基本技术遵循[3]。其中，在行政层面，出台了《关于大力推进智慧水利建设的指导意见》《数字孪生流域共建共享管理办法（试行）》；在规划层面，出台了《智慧水利建设顶层设计》《“十四五”智慧水利建设规划》《“十四五”数字孪生流域建设总体方案》；在工作层面，出台了《“十四五”期间推进智慧水利建设实施方案》；在技术层面，出台了《数字孪生流域建设技术大纲（试行）》《数字孪生水利工程建设技术导则（试行）》《数字孪生水网建设技术导则（试行）》《水利业务“四预”基本技术要求（试行）》。

2.5 数字孪生水利标准体系

数字孪生水利标准体系有效保障了数字孪生水利建设的规范性和统一性，为推进和实现共建共享，避免重复建设、投资浪费等起到了关键作用。当前的智慧水利标准体系由以下六部分构成[4]：

（1）基础共性标准。包括数字孪生水利术语、参考架构、评价导则、标准应用指南等，用来规范智慧水利涉及的概念定义和符号、智慧水利总体框架、智慧水利业务框架、水利感知网框架、水利数据底板框架、水利模型框架、水利知识框架、智慧水利业务应用框架、评价指标、评价标准、评价方法等基础性和通用性标准。

（2）信息化基础设施标准。包括智慧水利的水利感知网、水利信息网、水利云等标准，用于规范智慧水利的感知站点布设、感知设备接入、感知设备管理、业务网、政务网、计算、存储等信息化基础设施建设。

（3）数字孪生平台标准。包括智慧水利的数据底板、水利模型平台、水利知识平台等标准，用于规范智慧水利的数据共享、模型协同及知识交互。

（4）业务应用标准。包括智慧水利应用系统开发涉及的业务流程、系统开发技术等标准，用于规范流域防洪系统、水资源管理与调配系统等“2+N”业务应用系统开发、迭代及优化。

（5）网络安全标准。包括智慧水利的水利数据安全、水利信息系统安全、水利信息安全管理、水利信息基础安全防护等，用于规范信息化基础设施、数字孪生平台、业务应用各层级及相互之间安全保障和人员安全操作。

（6）建设与运行标准。包括智慧水利的规划设计、部署实施、运行管理、评估改进等，为规范智慧水利建设和运行过程提供技术、方法、流程、创新等方面的标准。

2.6 其他保障措施

主要包括以下具体措施：

（1）试点先行。数字孪生水利是一个全新的概念，当前最缺乏的是经验和样板，因此在建设和推进过程中使用先行先试的手段“摸着石头过河”，将得到的成功与失败经验加以总结提炼，以点带面引领数字孪生水利建设是一种高效、可行的方法。

（2）资金落实。是保障数字孪生水利建设的最大基础。当前，在建的水利工程都明确了部分资金用于信息化建设，但数字孪生水利建设的要求更高、难度更大，因此所需的资金也更多，做好资金保障还应多渠道筹措资金。目前常见的资金筹措方式有自有资金投入、水利基础设施政府与社会资本合作（PPP）、民营企业参与共建、发行专项债券等。

（3）培训/教育。当前，水利行业欠缺既懂水利业务又懂信息技术的复合型人才，为此，水利部筹建了智慧水利人才培养基地，采取政府部门发起、高校高新技术企业参与的形式共同培养智慧水利人才。

（4）监督检查。能够快速有效地发现数字孪生水利建设过程中出现的问题和错误，便于及时纠错，保证建设质量，降低无效浪费。数字孪生水利的监督检查可采用线上和线下相结合的方式，线上检查可随时进行，主要检查技术方面的内容；线下检查可进行全面检查，内容不限于技术方面，且直击一线，更易发现问题。

（5）考核评价。建立考核评价机制，适时、适当进行奖惩对数字孪生水利建设能够起到激励作用。考核评价方式和规则，应当按照建设的不同阶段进行调整，如在建设过程中，应重点考核建设质量和进度，而在建设后期及建设完成后，应重点考核应用成效等。

3 数字孪生水利建设保障体系的应用

为保障数字孪生水利建设有序、有力、有效推进，水利部制定了一系列措施，开展先行先试。2022年2月，水利部印发《水利部关于开展数字孪生流域建设先行先试工作的通知》（水信息〔2022〕79号）（简称《通知》），正式启动数字孪生流域先行先试工作，计划用2年时间，在大江大河重点河段、主要支流开展数字孪生流域建设先行先试，在重要水利工程开展数字孪生水利工程建设先行先试[5]。4月，印发《水利部办公厅关于印发〈数字孪生流域建设先行先试台账〉的通知》（水信息〔2022〕138号），确定了56家先行先试单位、94项先行先试任务[6]。这些工作形成了数字孪生流域建设先行先试保障体系，从组织机构、技术指导、技术培训、监督检查、考核评价等方面进行保障。

3.1 组织机构

水利部首先建立了“一把手亲自抓、分管领导具体抓”的工作机制，明确了各先行先试单位的组织领导机构，保障了先行先试工作的顺利开展。部分单位成立了一些特色机构，如浙江省水利厅建立技术联盟机制，由先行先试任务承担单位、技术支撑单位、厅直属高校、科研院所组成，便于开展关键技术联合攻坚、共建共享、前沿技术分享交流等；宁波市水利局建立数字孪生流域联席会议制度，由市水利局、自然资源和规划局、应急管理局主要领导召集联席会议，协调重大事项。

3.2 技术指导

为加强先行先试工作技术指导，水利部网络安全和信息化领导小组办公室（简称部网信办）会同相关业务司局及 7 个流域管理机构组建总体指导组和 7 个流域指导组（简称“1+7”指导组），每组均配备业务指导人、技术指导人和责任专家 3 类人员，全程跟踪指导任务实施。同时，在水利蓝信上创建先行先试指导群，强化实时沟通指导。

3.3 技术培训

2022 年、2023 年，水利部网信办举办了 2 次数字孪生流域建设高级研修班，各先行先试单位网信部门负责人、技术骨干参加，邀请知名专家学者授课，学员赴国家职业教育虚拟仿真示范实训基地、南昌 VR 产业基地等进行现场教学。通过技术培训，进一步了解了数字孪生先进理念、前沿技术和成熟应用，加深了行业上对数字孪生技术的理解和认识。

3.4 监督检查

为强化工作责任落实，查找先行先试实施过程中的突出问题和薄弱环节，及时发现问题隐患并督促整改，水利部开展了先行先试专项督查。督查工作遵循“统一部署、协作推进，统筹优化、提升效能；问题导向、突出重点；多种形式、多措并举”的原则，重点检查组织推进、工作进展、项目成果、应用成效、共建共享等方面的问题[7]，在先行先试单位自查和现场检查等基础上，水利部对检查发现的问题进行了分析研判，筛选出共性问题予以剖析[8]，有关结果作为先行先试督查工作的重点和焦点，为提高先行先试建设质量，规避风险隐患提供坚实保障。

同时，为督促 94 项先行先试任务建设，保障各项阶段性任务按时保质保量完成，水利部在双月以水利信息化工作简报的形式通报各先行先试任务建设进展，简报在水利部官网同步公开发布。简报内容不仅包含先行先试各项任务的进展情况，还摘录了水利部关于数字孪生水利建设的最新政策、措施等。

3.5 考核评价

3.5.1 最终评估

为检查先行先试工作进展，提炼出可复制、可推广的成果经验，根据《通知》要求，水利部在 2023 年 12 月组织“1+7”指导组对各先行先试单位进行了最终评估，通过任务验收与典型案例初评、典型案例终评与候选样板选取、候选样板现场复核与十大样板评选三个阶段完成验收总结工作，重点对组织推动、任务实施、成果应用、共建共享、特色亮点、经验建议等方面进行考核，满分为 100 分，附加分为 10 分，设置了优秀、良好、合格、不合格等 4 个等次[9]。

其中，技术指导人对提交的典型案例申报材料进行有效性和真实性把关，对提交的典型案例申报书进行形式审查，对验收总结报告进行技术把关并提出初步意见；业务指导人结合业务需求、“四预”应用等对提交的验收总结报告和典型案例申报书进行审核把关并提出初步意见；责任专家对提交的验收总结报告和典型案例申报书进行审核把关并提出初步意见。

（1）组织推动方面。重点考核先行先试单位组织机构、工作机制、任务分工、工作部署、持续推进、项目资金、人员投入及支撑保障条件等内容。

（2）任务实施方面。重点考核先行先试实施方案确定的目标实现、任务完成、进度进展、重大调整等内容，具体包括数据底板、模型平台、知识平台、业务应用、基础设施和网络安全等。

（3）成果应用方面。重点考核建设成果在实际工作中取得的成效及对水利高质量发展的驱动与支撑作用等，具体包括先行先试实施方案确定的任务取得阶段性成果的应用情况，归纳提炼的技术方案、技术方法、定型产品，以及形成的管理办法、技术标准、软件著作权、发明专利等。

（4）共建共享方面。重点考核先行先试实施方案确定的共建共享内容的完成情况与实际成效，数据底板与流域管理机构水利一张图、全国水利一张图的共享情况，模型、知识应用或被调用等情况。

（5）特色亮点方面。重点考核国产软硬件应用、数字孪生关键技术研究情况，承担卫星通信、北斗导航、遥感、5G 等新技术水利应用及省部级“四预”应用试点等情况。

（6）经验建议方面。重点考核技术选型、技术突破、组织管理、资金项目落实、人员保障、网络安全防护等方面经验与问题建议。

在评估过程中，还同步开展了优秀应用案例评选工作，评上优秀应用案例的单位可在评估中额外加分，最终54家单位的91项任务通过验收，从申报的74项案例中评选出28项典型案例和“数字孪生水利建设十大样板”，主要涉及流域防洪“四预”应用、水资源管理与调配“四预”应用、工程安全、水质安全、数据安全、监测感知、数据底板构建等多领域多方面，为全面推进数字孪生流域建设提供有益示范和引领。

3.5.2 纳入考核

为压紧、压实责任，确保工作落到实处，同时激励在先行先试中表现优秀的单位，水利部将数字孪生流域建设先行先试评估得分按比例折算后，作为31个省（自治区、直辖市）人民政府年度实行最严格水资源管理制度考核中“智慧水利建设”中“数字孪生流域建设任务落实情况”的得分和31个省（自治区、直辖市）年度河（湖）长制督查激励评价项目得分。从实施成效来看，各有关单位对先行先试工作的积极性及重视程度得到了较大提高。

4 数字孪生水利建设保障体系的不足及建议

4.1 存在不足

4.1.1 技术指导方面

因受新型冠状病毒感染影响，先行先试的指导工作基本以视频连线的形式开展，指导次数也相对偏少，有少数先行先试单位存在一些技术性的难题难以及时解决，使得建设进度滞后。同时，数字孪生水利建设作为一项全新的工作，没有较多的经验予以参考借鉴，需要行业上加大、加深技术交流，取长补短。

4.1.2 考核评价方面

该次先行先试评估工作中，成果应用方面的考核标准还有待完善，评价成果、成效的优良程度还缺乏量化指标，有待进一步研究制定相关指标。在共建共享方面的考核认定还有待进一步强化，少数单位提交的共享成果存在错误、无法使用等问题，因此还需加强核验能力，确保共享内容的权威性、真实性、准确性和及时性。

4.2 思考与建议

4.2.1 加强宣传推广

下一步，要积极利用水利部官网、水利部官微、水利信息化期刊等多种媒介，对先行先试评估形成的成果进行大力宣传和推广应用，持续示范引领数字孪生水利建设。

4.2.2 强化跟踪指导

要进一步强化指导，组织技术指导人、业务指导人、责任专家适时前往项目建设现场开展调研指导工作，及时解决先行先试建设实施过程中遇到的困难。同时，要用好水利部智慧水利人才培养基地，定期举办数字孪生水利建设相关的培训班、座谈会等，不断加强行业内外各单位之间的交流合作和深化新一代信息技术在水利“2+N”业务领域的应用。

4.2.3 抓好共建共享

水利部在水利部水信息基础平台的基础上，改造形成数字孪生流域资源共享平台[11]，在先行先试评估前夕投入运行，为各先行先试单位提供了权威、安全、便捷的共建共享平台。下一步，要继续按照《数字孪生流域建设共建共享管理办法（试行）》要求，进一步推动资源共享平台应用，合理有序共享数字孪生水利建设成果，确保共享数据的统一性、时效性和同步性，保障各先行先试单位建设成果能够集成为有机整体，满足业务应用需求。

5 结语

提出的数字孪生水利建设保障体系，在数字孪生流域建设先行先试工作中进行了全面应用，有效保障了先行先试中期评估及最终评估工作的顺利开展。通过应用该保障体系，推动各先行先试单位建立健全了数字孪生建设组织机构，明确了主体责任和职责分工；有针对性地组建了指导组并开展技术培训，提高了各单位对数字孪生水利的理解和认识；定期多方式地进行监督检查并纳入考核，督促了各先行先试任务的建设进度，最终形成了一批可复制、可推广的应用案例，为先行先试验收总结工作奠定了坚实基础。

下一步，需紧扣应用过程中存在的不足之处，加强宣传推广、强化跟踪指导、抓好共建共享，逐项优化保障措施，不断完善保障体系，同时可探索在其他专项工作中应用该保障体系，更好发挥其价值和作用，助推新阶段水利高质量发展。

参考文献

[1] 李国英．深入贯彻落实党的二十大精神 扎实推动新阶段水利高质量发展：在2023年全国水利工作会议上的讲话［J］．中国水利，2023（2）：1-10.

[2] 中华人民共和国国民经济和社会发展第十四个五年规划和2035年远景目标纲要［J］．中国水利，2021（6）：13.

[3] 蔡阳．以数字孪生流域建设为核心构建具有“四预”功能智慧水利体系［J］．中国水利，2022（20）：2-6，60.

[4] 冶运涛，蒋云钟，曹引，等．以数字孪生水利为核心的智慧水利标准体系研究［J］．华北水利水电大学学报（自然科学版），2023，44（4）：16.

[5] 中华人民共和国水利部．关于开展数字孪生流域建设先行先试工作的通知［A］．北京：中华人民共和国水利部，2022.

[6] 中华人民共和国水利部办公厅．关于印发数字孪生流域建设先行先试台账的通知［A］．北京：中华人民共和国水利部办公厅，2022.

[7] 中华人民共和国水利部办公厅．关于印发智慧水利建设监督检查工作方案的通知［A］．北京：中华人民共和国水利部办公厅，2022.

[8] 许国锋，曾焱，周逸琛．数字孪生流域建设监督检查实践及问题分析［J］．水利信息化，2023（1）：19-22.

[9] 中华人民共和国水利部办公厅．关于开展数字孪生流域建设先行先试中期评估工作的通知［A］．北京：中华人民共和国水利部办公厅，2022.

[10] 中华人民共和国水利部办公厅．关于发布数字孪生流域建设先行先试应用案例推荐名录（2022年）的通知［A］．北京：中华人民共和国水利部办公厅，2023.

[11] 钱峰，周逸琛．数字孪生流域共建共享相关政策解读［J］．中国水利，2022（20）：14-17.

智能定线关键技术在水文上的应用研究

赵　晶　王丙轩　张家军　李兰涛

（水利部黄河水利委员会水文局，河南郑州　450004）

摘　要：本文针对水文断面复杂水位流量关系的定线问题，在深入分析拟合法、插值法等曲线算法优缺点的基础上，筛选建立了算法库，并创造性地实现了"复合曲线""智能拟合"算法，开发了人机互助方式的水位-流量关系智能定线系统。在国内首次实现了"三关线"（水位-流量-面积-流速）自动绘制、切换和交互定线，实现水位过程线时间轴不等距刻度和自动标注。本文成果已在多个水文站得到示范应用，取得了一定的社会效益和经济效益。

关键词：算法；智能定线；推流自动化

1　引言

随着科学技术的发展，大量先进的设施设备陆续投入生产，水文测验的现代化水平得到了很大提升。在报汛和整编方面，国家防汛指挥系统、水文资料整编软件等专业应用软件已经普遍推广应用。在水位流量定线这个环节，虽有部分单位开展了一些研发工作，但仅仅解决了曲线结点调整或者简单的定线问题，对于复杂的情况仍无法解决，难以大范围推广应用[1-5]。

国内大部分水文测站，仍然沿用数十年前的传统定线方式，如手工摘抄数据，在绘图纸上描点、绘线、读数等，规范性差、效率低下、精度没有保障，且容易出错。定线已成为水文行业提升基本业务现代化水平的瓶颈环节[6-10]。

2　软件开发的必要性

在水文资料的整编过程中，水位的检验是整个整编的基础，必须保证水位检验的质量符合国家和地区的相关规定，才能使水位的整编有效果，在这样的基础上，对水位的计算及对水位的预报等才有切实的依据。

现实中，因为使用条件及价格的局限性，声学多普勒剖面流速仪（ADCP）在水文站使用还不十分普遍，且很大一部分数量水文站定线检验及流量计算必须依赖人工计算，不仅可靠性较低，还在很大程度上影响了广大基层水文工作者创造性的发挥[11-17]。

3　理论基础与技术指标

3.1　水位-流量关系的理论基础

一个测站的水位-流量关系是指基本水尺断面处的水位与通过该断面的流量之间的关系[18-27]。根据曼宁公式得

$$v = \frac{1}{n}R^{2/3}S^{1/2} \tag{1}$$

作者简介：赵晶（1982—），女，高级工程师，主要从事水文学及水资源等相关方面的研究工作。

$$Q = Av = \frac{1}{n}AR^{2/3}S^{1/2} \tag{2}$$

式中：v 为断面平均流速；Q 为断面流量；A 为断面面积；R 为水力半径；S 为水流比降；n 为河道的糙率。

可知，流量大小取决于 n、A、R、S 四个因素：

$$Q = f(n, A, R, S) \tag{3}$$

3.2 稳定的水位-流量关系（单一线）

水位-流量成为稳定的单值关系的必要条件是在同一水位下，n、A、R、S 等因素保持不变；或虽有变化，但能相互补偿。在部分河底比降较大的山区性河流和人工建筑物断面，水位-流量关系呈现为稳定的单一曲线，如图 1 所示。

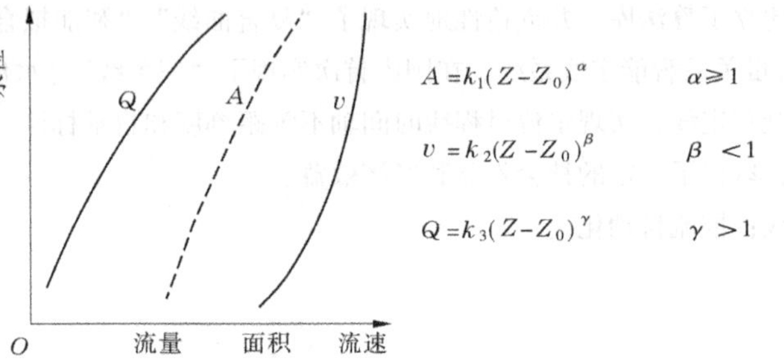

图 1　稳定的水位-面积-流速-流量关系

3.3 受洪水涨落影响的水位-流量关系

洪水波在河道中传播时，受附加比降的影响，测流断面的比降不断发生变化。当断面没有其他因素影响时，同水位下实测流量将随着附加比降的变化而变化，这种变化称为受洪水涨落影响，流量计算公式为

$$Q = Q_c\left(1 + \frac{1}{uS_c}\frac{\Delta Z}{\Delta t}\right)^{1/2} \tag{4}$$

式中：Q_c 为稳定流的流量；S_c 为稳定流的比降；u 为洪水波速；$\frac{\Delta Z}{\Delta t}$为水位涨落率。

洪水绳套曲线的特征：

（1）洪水绳套曲线（见图 2）为一逆时针的绳套。洪水上涨时，其涨落率为正，附加比降为正，涨水的校正因数大于 1，因此其流量大于同水位的稳定流流量。同理，落水的涨落率为负，其流量小于同水位的稳定流流量。这样，一次洪水涨落过程的水位-流量关系曲线为一逆时针绳套曲线。

（2）洪水绳套曲线上各水力因素极值的出现顺序是：最大比降（最大涨落率）、最大流速、最大流量和最高水位。

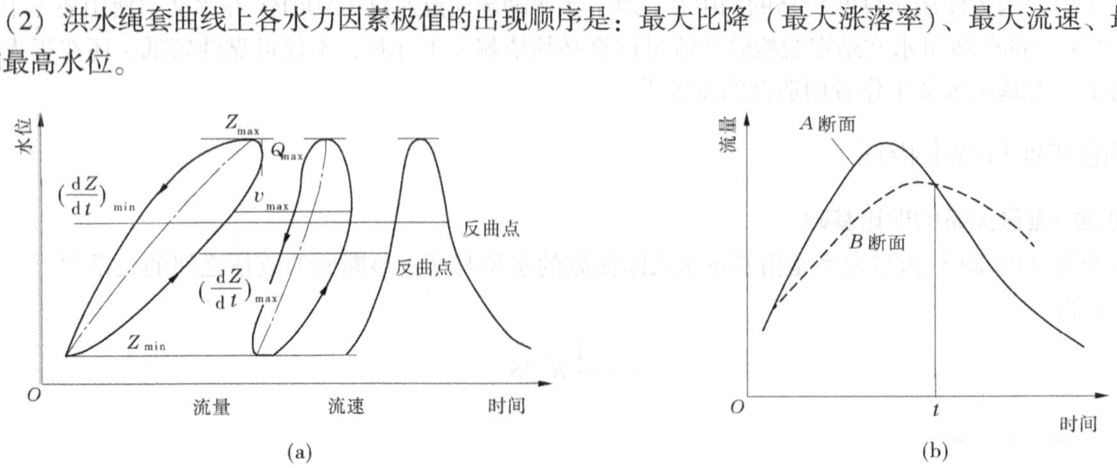

图 2　洪水绳套曲线

(3) 绳套幅度的大小与洪峰的涨落率大小有关：洪峰越尖瘦，幅度越宽；反之，洪峰越矮胖，绳套曲线的幅度越窄。

(4) 当前次洪峰没有落尽，后一次洪峰接着又来，如此数个洪峰连接在一起时，表现在流量关系曲线上称为复式绳套曲线。

3.4　受变动回水影响的水位–流量关系

在水位–流量关系图上，同水位下比降或落差大的关系点偏右，小的关系点偏左，下游水体对水位–流量关系的这种影响称为变动回水影响[28-37]。产生变动回水的原因：支流涨水影响干流，干流涨水影响支流；下游水工建筑物的蓄水或闸门的关闭等。变动回水影响下的水位–流量关系有的呈逆时针绳套，有的呈顺时针绳套，有的呈“8”字形，有的呈反“8”字形，如图3所示。

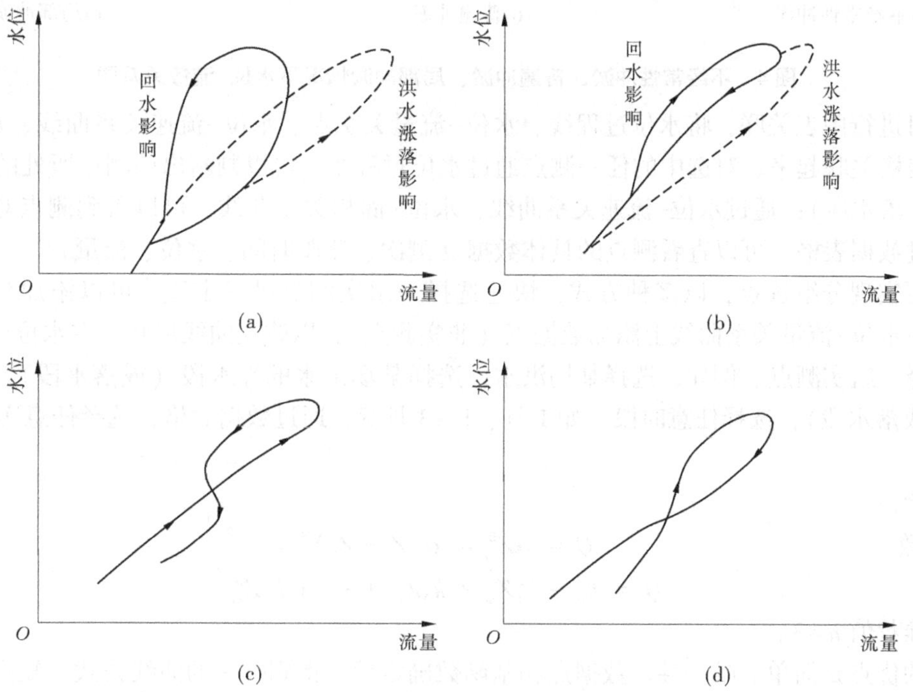

图3　受水位影响的洪水绳套曲线

3.5　受断面冲淤影响的水位–流量关系

测站受冲淤影响时，水位–面积关系曲线将发生变动，从而使水位–流速、水位–流量关系曲线亦发生变动。在冲淤中按冲淤发生时间的持续性，可分为4种。①经常性冲淤表现为冲淤变化频繁，反映在关系曲线，测点分布非常散乱。②不经常性冲淤只发生在几次较短的时间里，冲淤变化期间，测点表现为从一个带组过渡到另一个带组。③普遍冲淤时测流断面与测流河段冲淤变化一致，此时，冲淤前后的关系曲线呈纵移状态。④局部冲淤时冲淤前后断面形状及测验河段剧烈改变，反映在关系曲线上，冲淤前后的趋势大幅度改变，无一定规律可循，如图4所示。

4　软件设计和实现

4.1　软件机器定线的主要环节

该软件可以绘制水位过程线、水位–面积关系曲线、水位–流速关系曲线、水位–流量关系点。该软件可以根据需要进行低水放大、图形放大、图表关联等。

当低水测点因水位变幅小，拥挤在一起，不易区分。手工定线时，一般需要绘制低水放大图，以便于区分各个测点，提高读图精度。机器定线时，可以综合采取多种措施，更有效地实现这一目的：图形放大及滚动显示且对任一区域进行放大。

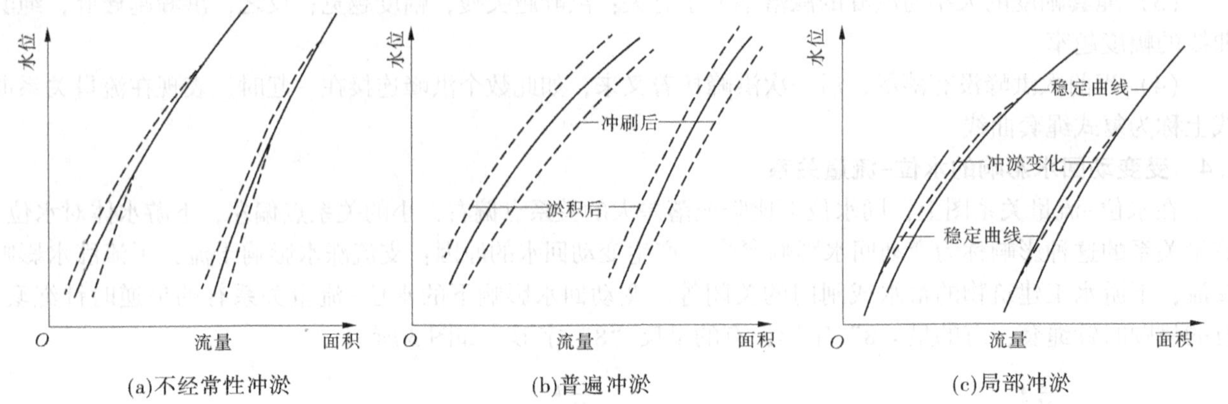

图 4　不经常性冲淤、普遍冲淤、局部冲淤情况下水位-流量关系图

该软件可进行图表关联，将水位过程线、水位-流量关系点、水位-流速关系曲线、水位-面积关系曲线、数据表格关联起来。对选中的任一测点通过水位过程线，可以判断出该测点所处的洪水期（平水期、涨水段、落水段）；通过水位-流速关系曲线、水位-面积关系曲线，可以看到测点对应的面积、流速信息；通过数据表格，可以查看测点的具体数据（测次、测验时间、水位、流量）。

该软件可实现分组选点，以多种方式，快速选择一组实测点进行定线，可以添加/删除/撤销实测点，也可以在水位-流量关系曲线上添加数据点（非实测点），以改变曲线形状。在水位过程线上，以拖拉方式，选择一组实测点。例如，选择某场洪水，选择某场洪水的涨水段（或落水段），选择多场洪水的涨水段（或落水段），选择任意时段，如 1 月、1—3 月等，通过数据表格，选择任意实测点。

4.2　定线

4.2.1　趋势线

指数函数
$$Q = \alpha Z_m^{\beta} = \alpha(Z - Z_0)^{\beta} \tag{5}$$

多项式
$$Q = k_0 + k_1 Z_m + k_2 Z_m^2 + \cdots + k_n Z_m^n \tag{6}$$

其中：推荐值 $n=3$。

趋势线的优点是简单、唯一性。数据点和基函数确定后，得到唯一的曲线公式。缺点是当需要改变曲线形状时，响应迟钝，比较烦琐。

4.2.2　插值曲线

拉格朗日插值，推荐 3 阶拉格朗日插值，3 次样条插值函数优点是当需要改变曲线形状（例如绳套曲线）时，响应快。缺点是烦琐，一般都需要手工调整，不唯一。同样一套数据，每次定线都可能得到不同结果（虽然差别不大）。

4.2.3　曲线精度及检验

精度指标包括系统误差、随机不确定度。曲线检验包括符号检验、适线检验、偏离数值检验，定线完成后，即计算精度指标和曲线检验结果；曲线修改后，重新进行计算。便于用户依据规范要求，对是否采纳或修改当前曲线做出判断。

4.3　曲线库管理

由于受多种因素影响，黄河部分测站一年可能需要定出数十条曲线，要能够正确区分、应用、编辑这些曲线。在水位-流量关系曲线上，以不同颜色、线型显示曲线；以特定颜色，以及加粗方式，显示正在编辑的曲线；每条曲线对应一个标签页，在标签页显示该曲线的详细信息，曲线颜色与标签颜色近似；在标签页输入水位，推算出对应流量；在标签页单击“编辑”按钮，对该曲线进行修改。

4.4　界面设计

该软件主要面向基层水文职工，因此软件以用户为中心进行人机交互界面设计，在充分满足功能要求的前提下，尽可能简洁，便于上手，易于操作，以提高软件的可用性。将整个界面分割为不同功能窗口，每个窗口均能调整大小，水位-面积关系曲线、水位-流速关系曲线和数据表格 3 个窗口可以隐藏，如图 5 所示。

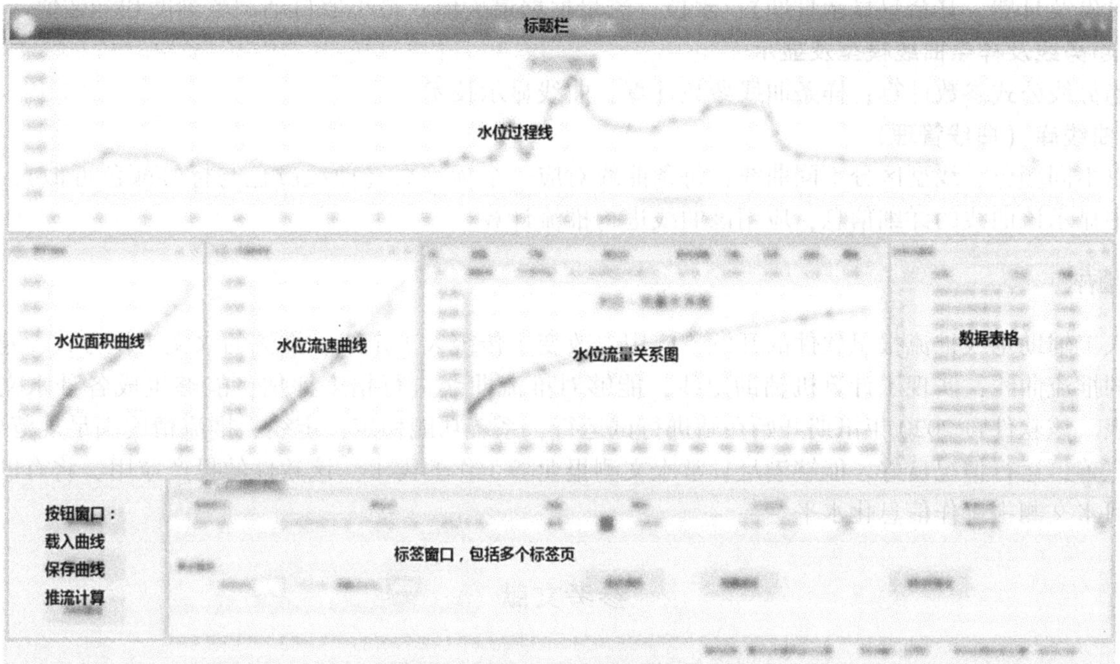

图 5　软件关系线界面

4.5　软件实现

主要的类有应用类 CDicurveApp 应用程序管理；框架类 CMainFrame 管理各功能窗口，接收、分发各功能窗口消息；标题栏类 CCaptionBar 定制标题栏；水位过程线窗口类 CHydrographWnd 绘制洪水过程线、响应用户操作（消息）、响应其他窗口传过来的消息；水位面积曲线窗口类 CLAgraphWnd 绘制水位-面积线、响应其他窗口传过来的消息；水位流速曲线窗口类 CLVgraphWnd 绘制水位-流速线、响应其他窗口传过来的消息；水位流量关系窗口类 CLDgraphWnd 绘制实测水位-流量测点（底图）、绘制选择的水位-流量测点、绘制选择的水位-流量曲线、响应用户操作（消息）、响应其他窗口传过来的消息；曲线库类 CCurveGallery，CCurveGallery 用于曲线管理，成员中包含一个 CTabWnd 控件，可以添加 CCurvePage 对象，每条曲线对应一个 CCurvePage 对象。软件在深入分析拟合法、插值法等曲线算法优缺点的基础上，筛选建立了算法库，并创造性地实现了“复合曲线”“智能拟合”算法，有效解决了多条曲线平滑衔接、智能定线等技术难题。采用动态标签窗口技术解决了多条曲线辨识、应用、编辑难题，而且曲线条数不受限制。

5　关键技术

5.1　界面分割技术

软件界面分为若干不同模块（水位过程线、水位-面积关系曲线、水位-流速关系曲线、水位-流量关系线、报表等），每个模块实现独立的功能。软件能够自动铺满整个屏幕，自动调整界面各模块大小，当采用高分屏（屏幕分辨率在 1 024×768 以上）时，能够展示更多细节。各个模块窗口大小可调整（部分窗口隐藏），以满足不同使用习惯，及时调整图形长宽比。

5.2　图形、表格联动技术

在图形上单击时，数据表自动滚动到对应位置；在数据表单击时，图形中显示对应数据点。将水位-流量数据点与水位过程线、水位-面积曲线、水位-流速曲线、数据表格建立关联，便于用户快速获取数据点的详细信息及所代表的水文学含义，对测点取舍、曲线走向做出科学的判断（决策）。

5.3 自动标度技术

快速自动生成过程线；时间刻度和标注根据数据情况自动调整（月、旬刻度正确；每月第一天显示月份及日期，其余只显示日期）；水位、流量根据最大值、最小值自动调整刻度和标注值。

5.4 趋势线及样条曲线模型及显示

趋势线公式参数计算；样条曲线参数计算；曲线显示技术。

5.5 曲线库（曲线管理）

以不同颜色、线型区分不同曲线；每条曲线对应一个标签页（曲线颜色与标签颜色近似），在标签页中显示该曲线的详细信息，应用该曲线进行推流计算。

6 结语

人工辅助定线推流报汛软件的开发、应用，改变了传统人工定线、推流的水文工作方式，建立了完善的推流曲线，实现了计算机辅助定线，能够对推流曲线进行精度评估，能够生成各种水文成果图、表。该软件自 2020 年汛期开始在站进行试运行，系统功能稳定，定线、推流精度满足规范要求，功能完善，运行情况良好，能够满足日常水文测报业务工作的需求。该软件的投产应用，将有助于提升黄河水文测报工作信息化水平。

参考文献

[1] 曹丹，黄晓秋．浅析水文资料整编中水位流量关系曲线的定线方法［J］．中国科技博览，2010（36）：367.

[2] Scott R Cannon. C/C++程序设计导论［M］．郑翔，等，译．北京：中国铁道出版社，2003.

[3] 娄丹，李颖，韩玉梅．实测水位流量关系曲线定线误分析［J］．黑龙江水利科技，2009，37（4）：21.

[4] 陈吉琴，王艳，肖博文．长江干流沙市水文站汛期流量变化趋势分析［J］．黄河水利职业技术学院学报，2020，32（1）：1-4.

[5] 程银才，范世香．基于门限回归的稳定水位流量关系曲线定线方法［J］．水文，2013（4）：144-145.

[6] 水利部水文司．水工建筑物测流［M］．北京：中国科学技术出版社，1994.

[7] 中华人民共和国水利部．水利水电工程水文计算规范：SL/T 278—2020［S］．北京：中国水利水电出版社，2020.

[8] 程海云，陈力．三峡水库泄水波与沙市站水位流量响应关系研究［J］．人民长江，2017，48（19）：29-34，41.

[9] 赵志贡，岳利军，赵彦增．水文测验学［M］．郑州：黄河水利出版社，2005.

[10] 谢悦波．水信息技术［M］．北京：中国水利水电出版社，2009.

[11] 中华人民共和国水利部．声学多普勒流量测验规范：SL 337—2006［S］．北京：中国计划出版社，2006.

[12] 中华人民共和国水利部．河流流量测验规范：GB 50179—1993［S］．北京：中国计划出版社，1993.

[13] 刘彦祥．ADCP 技术发展及其应用综述［J］．海洋测绘，2016，36（2）：45-49.

[14] 中华人民共和国水利部. 水文资料整编规范：SL/T 247—2020［S］．北京：中国水利水电出版社，2020.

[15] 徐俊．探析水位流量关系对水电工程设计的主要影响［J］．西北水电，2014（2）：8-12.

[16] 丁庆泽，金将溢．ADCP 测流原理研究［J］．计算机时代，2021（3）：14-16，22.

[17] 韩其为，何明民．三峡水库修建后下游长江冲刷及其对防洪的影响［J］．水力发电学报，1995（3）：34-46.

[18] 孙侃，刘丙贺，王秋媛．铁力水文站水文特性分析［J］．科技创新与应用，2017（25）：60-61.

[19] 张英骏，刘国强．巧用自定义函数解决水文资料中的“四舍六入”［J］．水文，2005，25（1）：55-57.

[20] 门玉丽，夏军，叶爱中．水位流量关系曲线的理论求解研究［J］．水文，2009（1）：77-78.

[21] 戴明龙，王立海，李立平，等．2020 年长江螺山站水位流量关系分析［J］．人民长江，2022，53（5）：118-122.

[22] 韩其为，杨克诚．三峡水库建成后下荆江河型变化趋势的研究［J］．泥沙研究，2000（3）：1-11.

[23] 贺延虎．荆江河段沙市（二郎矶）站水位流量关系单值化方案优化分析［J］．水利水电快报，2023，44（1）：23-27.

[24] 李玉荣，葛松华，储蓓．三峡水库建库前后荆江低水水位流量关系分析［J］．人民长江，2011，42（6）：

75-79.
[25] 郭小虎，渠庚，朱勇辉．三峡工程蓄水运用以来荆江水位流量关系变化分析［J］．长江科学院院报，2011，28（7）：82-86.
[26] 门玉丽，夏军，叶爱中．水位流量关系曲线的理论求解研究［J］．水文，2009，29（1）：1-3.
[27] 黄悦，姚仕明，卢金友．三峡水库运用对坝下游干流河道水文情势的影响研究［J］．长江科学院院报，2011，28（7）：76-81.
[28] 董晓华，薄会娟，邓霞．基于最小二乘法的绳套型水位流量关系最优定线研究［J］．中国农村水利水电，2010（1）：35-36.
[29] 吴琼，张莉，曾雅立，等．长江中下游河段低枯水水位-流量关系变化规律分析［J］．人民长江，2023，54（2）：48-55.
[30] 张旭臣，卢全海．基于分段二次样条函数的水位流量关系曲线拟合方法研究［J］．水文，2010，30（4）：59-62.
[31] 高兵役，李正最．洪水期水位流量关系绳套曲线的直接拟合［J］．水文，1998，18（5）：27-30.
[32] 巢中根，李正最．水位流量关系分析中落差指数的直接解算［J］．水文，2000，20（3）：118-20.
[33] 郭希望，陈剑池，邹宁，等．长江中下游主要水文站水位流量关系研究［J］．人民长江，2006，37（9）：68.
[34] DOISYY. Theoretical accuracy of Doppler navigation sonars and acoustic Doppler current profilers［J］. IEEE Journal of Oceanic Engineering，2004，29（2）：430-441.
[35] 梅立庚．水力学法在水位流量关系拟定中的应用［J］．海河水利，2006（6）：47-48.
[36] 周艄．动量输送法在无资料河段水位-流量关系定线应用探讨［J］．广东水利水电，2018（10）：5-8，17.
[37] 戴凌全，戴会超，蒋定国，等. 基于最小二乘法的河流水位流量关系曲线推算［J］．人民黄河，32（9）：37-39.

旱区生态水利与绿色发展

鄂尔多斯市母花沟系统治理与保护研究

苏　柳[1]　张　萍[2]　张俊洁[3]

（1. 黄河勘测规划设计研究院有限公司，河南郑州　450003；
2. 黄河水文水资源科学研究院，河南郑州　450000；
3. 中国水利水电科学研究院，北京　100038）

摘　要： 近年来，我国河流环境治理与保护多策齐下，力度不断加大，成效显著，“一河一策”是河长制工作的具体细化与责任落实，本文选择鄂尔多斯市母花沟为研究对象，从水资源、水域岸线、水污染、水环境、水生态以及执法监管六大方面入手，明晰了鄂尔多斯市母花沟治理目标与保护任务，并从系统视角提出了母花沟系统治理与保护方案，为改善母花沟河流面貌，不断增强人民群众的获得感、幸福感、安全感提供支撑。

关键词： 系统治理；系统保护；小流域；母花沟；鄂尔多斯市

1　流域概况

母花沟，又名母花河，上游称为常胜永沟[1]，发源于达拉特旗白泥井镇母哈沟村丁家墕东山顶，河流自河源向北在达拉特旗白泥井镇唐公营子村永隆泉东从右侧汇入黄河。母花沟流经达拉特旗，河长 76.9 km，流域面积 402 km^2，河道平均比降 3.26‰。

母花沟流域上游属低缓丘陵区，地表侵蚀强烈，冲沟发育，河床切割较深，水土流失严重。土壤以栗钙土为主，不宜耕作，属宜林宜牧地区。流域中游属库布齐沙漠腹地，多为固定沙丘沙地，宜林宜草，人工植树、种草、围封草场共计 14.3 万亩（1 亩 = 1/15 hm^2），是生态植被恢复区。

流域下游属冲洪积平原区，地势平坦，两岸为细沙土，河床窄深，属沉降型的窄长地堑盆地；地貌由洪积和黄河挟带的泥沙等物沉积组成；土壤以草甸土为主，还有沼泽土、盐碱土、风沙土等。

母花沟流域属中温带半干旱大陆性季风气候，多年平均年降水量 322.9 mm，多年平均年径流量 1 321 万 m^3，基流量占年径流总量的 25%左右，多年平均年径流深 24.7 mm，径流在时间上的变化特点与降雨相似，年内、年际变化大，枯水期降水补给少，径流很少；汛期遇有暴雨，易发山洪，洪水陡涨陡落、历时短、峰高量大、含沙量大。

2　治理目标与保护任务

2.1　水资源保护

（1）强化最严格水资源管理制度，实行用水总量控制，尽快制定达拉特旗取水总量控制指标，并将取水总量控制指标细化至各流域。

（2）全面推行节水型社会建设，严格控制高耗水行业发展。到 2023 年，达拉特旗万元 GDP 用水量比 2020 年下降 15%，城镇管网漏失率降低到 10%以下。

（3）推进工业节水，严格用水效率控制，强化用水定额和用水计划管理，实行工业企业工艺升

基金项目： 国家重点研发计划项目（2022YFC3202300）。

作者简介： 苏柳（1983—），女，高级工程师，主要从事水资源管理与水资源规划相关工作。

通信作者： 张俊洁（1982—），女，高级工程师，主要从事水利水电工程管理相关工作。

级改造，到 2023 年，达拉特旗万元工业增加值用水量比 2020 年下降 9%。

（4）突出农业节水，实施灌区节水改造，发展高效节水农业。到 2023 年，达拉特旗农业灌溉用水效率提高到 0.55。

（5）开展城镇供水管网改造，推广和提升节水器具的应用和升级，到 2023 年，达拉特旗城镇管网漏失率降低到 10%以下。

（6）加强水功能区水质水量监测，到 2023 年，水功能区达标率达到 100%。

2.2 水域岸线管理

落实岸线功能区分区管理，为后续河长制度深化推行建立良好基础；拆除违法违规建筑，清除非法采砂点，对侵占河道、围垦滩地等活动展开整治。加强推进母花沟防洪工程建设，使母花沟防洪体系完善完整。

2.3 水污染防治

对畜禽养殖废弃物的利用进行指导，基本实现废物无害化处理和资源化利用[2]，到 2025 年畜禽粪污综合利用率达 83%以上；农村生活垃圾处理率达到 80%；控制农村面源污染，农田化肥、农药施用量在零增长的前提下，根据实际情况在现状基础上进行适量削减；测土配方施肥面积覆盖率达到 90%以上；全河段不设排污口，确保母花沟水功能区水质达标。

2.4 水环境治理

开展河道清洁维护、美丽乡村建设及农牧区的综合整治工作，到 2025 年，基本实现河道两侧无垃圾乱丢乱放等现象。

2.5 水生态修复

加强对河道和水利工程的管理，保障河道畅通。到 2023 年，基本建成与区域经济社会发展相适应的水土流失综合防治体系，区域生态环境进一步好转。在母花沟流域内逐步推进水土保持建设工作，使林草植被得到有效保护与恢复，水土保持监管、监测体系基本健全，监管能力明显提升，人为水土流失得到有效控制。

2.6 执法监管

加强水利执法监管能力建设，定期开展巡查和清理整治，严厉打击非法侵占水域岸线行为；探索公安、自然资源、环保、住建、水利、林草等多部门联合执法机制，有效提高母花沟保护执法监管能力。

3 河流治理与保护方案

3.1 治理理念

3.1.1 用水总量控制

通过加强最严格水资源管理制度管理，落实用水总量控制红线管控；下达制定各旗（区）用水总量控制指标细化的任务并推进工作进展，把用水总量控制指标细化至各旗（区）、各流域。达拉特旗将用水指标细化到各引水口，对各引水口进行实时监测和监控，保证全年引水量不超指标，使达拉特旗取水总量控制在红线指标之内。

3.1.2 推进水资源集约节约利用，提高用水效率

（1）实施流域内水资源消耗总量和强度双控，落实用水总量控制红线管控；坚持节水优先，控制高耗水行业发展，提高用水效率，强力推进节约集约用水。

（2）加强流域内工业节水，提高流域内工业用水的重复利用率，减少新鲜水的补给量。推广先进节水技术和节水工艺，以高新技术改造传统用水工艺，积极推广气化冷却、干式除尘等不用水或少用水的先进工艺和设备，减少工业取水量，强化流域内企业计划用水，提高工业用水重复利用率，降低万元工业增加值用水量。

（3）加强流域内农业节水，推动流域内农牧业高质量发展，优化建设布局，集中力量加快小麦、

稻谷生产功能区高标准农田建设，同步发展流域内高效节水灌溉面积，进行灌区续建配套与节水改造，实施灌区渠道衬砌工程，提高灌溉水利用系数。

(4) 加强流域内城镇生活节水，加大流域内中水回用力度，提高城镇供水效率，通过改善城镇供水体系、改造供水管网、推广节水器具的应用降低城镇供水管网漏失率。推进流域内节水型载体建设，使流域内2025年城镇节水器具普及率达到93%。

3.1.3 加强水功能区水质监控

设立“各级河长”水质监测断面，加强水质监测，稳定保持河道水功能区水质达标率。

3.2 治理方法

3.2.1 水域岸线管理保护

3.2.1.1 岸线功能区分区管理

以《鄂尔多斯市级河流湖泊水域岸线利用规划》中相应功能区保留区和控制利用区的管控要求和管控措施为依据，进行岸线功能区分区管理。

3.2.1.2 非法占用岸线清理与整治

本次河长制的推行，应加大侵占河道岸线内违规项目的清退整治力度[5]。对未经批准或不按批准方案建设临河、跨河、穿河等涉河建筑物及设施，涉河建设项目审批不规范、监管不到位，河道管理范围内非法建设、非法围垦等乱占滥用河湖水域岸线的，尽快开展综合整治。

(1) 砂石场整治。

根据《鄂尔多斯市级河流湖泊水域岸线利用规划》和《鄂尔多斯市达拉特旗河道采砂规划》的采砂分区成果，发现内蒙古正翔砂石有限公司砂石场部分采区占用岸线保留区，开采时应避开岸线区域。

(2) 河道及岸线内建筑物。

河道及岸线内有多处民房、彩钢房和井房，应尽快清理。

3.2.1.3 河道采砂管理

(1) 母花沟河道采砂规划已审批。河道采砂应根据采砂规划进行采砂审批，发放河道采砂许可证。《母花沟河道采砂规划》是进行采砂审批的重要依据，发放采砂许可证要严格按照批准的河道采砂规划进行。

(2) 加强河道采砂管理费的征收管理，保障规划实施。采砂收费严格按照内蒙古自治区出台的《河道采砂收费管理办法》(内水管字〔1991〕20号) 执行。

(3) 加强采砂作业监督检查，保障河道采砂规划的实施。为确保河道采砂活动按照经批准的采砂规划科学、有序地进行，必须对采砂作业进行监督检查。对采砂活动进行监督检查，并形成一整套管理制度非常必要。

(4) 配备必要设备和经费，加强采砂管理能力。对河道内采砂船进行全天候监控，对超越规划采砂区作业的单位或个人实施警告，对非法采砂活动依法进行打击等。

(5) 渣石处理措施，废弃渣石堆弃在河床是河道采砂活动中的常见现象，要处理好这种状况，在审批发放河道采砂许可证时，就要进行规划，划定渣石堆放场所，要求采砂后对石渣进行处理，以保障河道畅通，处理措施包括回填采砂后的坑塘或利用碎石机械将渣石破碎成可利用碎石等。

3.2.1.4 防洪工程建设

根据《鄂尔多斯市“十四五”水安全保障规划》，母花沟治理工程实施期内达拉特旗白泥井镇段拟治理河长3.95 km[6]，工程建设内容主要为加固两岸堤防，加固长度7.62 km，其中左岸加固3.95 km，右岸加固3.67 km。

3.2.2 水污染防治及水环境治理

面源污染的治理，主要通过工程措施和非工程措施来达到综合治理的目的。工程措施主要是修建生态沟渠、湿地生态拦截系统、畜禽粪便处理设施等；非工程措施主要是加速测土配方推广、提高化肥农药利用率、划定禁止和限制养殖区等。治理对象主要包括种植业和畜禽养殖业。

3.2.2.1 种植业面源污染治理

针对化肥施用量大、利用率低的问题，主要制订以下措施：①加大推广实行测土配方施肥覆盖率；②推广精准施肥技术和机具，加快推广水肥一体化施肥技术，改进施肥方法；③推广应用有机肥料，加大商品有机肥、沼液、秸秆还田等有机养分替代力度，实现化肥减量增效。

针对农药流失问题，应从以下方面制定措施：①开展农作物病虫害绿色防控和统防统治；②制定低毒、低残留农药品种推荐目录，示范推广高效、低毒、低残留农药，逐步淘汰高毒、高残留农药；③科学采用种子、种苗、土壤处理等预防措施，减少中后期农药施用次数，对症用药，合理添加助剂，促进农药减量增效，提高防治效果。

通过采取以上措施，力争到 2025 年，测土配方施肥技术推广覆盖率达到 90%以上，实现化肥亩均用量相对于 2020 年减少 19.4%，农药亩均用量相对于 2020 年减少 10.6%。

针对母花沟河道内种植业面源污染问题，在以上治理措施的基础上，结合国家相关土地政策研究行洪滩区内耕地逐步退出机制。

3.2.2.2 畜禽养殖业面源污染治理

工程措施主要包括完成非禁养区内现有牛、羊、家禽等畜禽养殖场的标准化改造；针对规模化畜禽养殖场，安装畜禽粪便处理设备，利用储存、处理、利用设施实现雨污分流，实施污水还田项目，实现粪便污水资源化利用；针对畜禽散养户通过种养结合，将畜禽粪便无害化处理返田。

非工程措施主要包括按照农牧结合、种养平衡的原则，科学规划布局畜禽养殖品种、规模、总量，以及科学划定畜禽养殖禁养区，严控养殖业污染源重点单元畜禽养殖污染。

3.2.2.3 开展河道清洁维护

重点做好母花沟河道两岸管理范围内的保洁工作；推动政府购买服务，委托河流保洁任务，积极吸引社会力量广泛参与河流水环境保护；加强范围内生活垃圾、建筑垃圾、堆积物等的清运和清理。

3.2.2.4 加强农村水源地监管保护

流域内农村地区饮用水水源地监管保护方面，应采取以下措施：①加大农村水环境综合整治实施力度，加强村庄水源治理，建立农村环境污染治理设施的长效运营管理机制；②采取建设生态拦截沟、开展污染源清理、建立农田和水源之间生态缓冲带等措施防治污染水源；③在农村供水管理总站设立水质监测站，建设化验室、水质检测网站，建立健全安全管理系统[3]。

3.2.2.5 完善农村污水处理基础设施

针对流域内农村生活污水污染问题，从工程措施和非工程措施入手[4]。工程措施主要是针对偏远、人口比较分散的农村，加快农村卫生厕所改造和建设，建造适合农民使用的无害化卫生厕所，指导农户正确使用和管理卫生厕所。非工程措施主要包括建立农村污水处理监督机制，完善固体垃圾回收制度，防止出现“有人建没人管”的现象。

3.2.3 水生态修复

3.2.3.1 开展河道清淤疏浚

开展河道清淤工作，保障河道行洪畅通，加强河道和水利工程管理。对河道淤积严重的河段开展清淤疏浚工作，保障河道畅通，提高行洪能力和水系连通性。

3.2.3.2 加强水土保持

母花沟水土流失的特点是水蚀与风蚀并存。母花沟上游丘陵沟壑区水土保持建设以沟道淤地坝工程、坡面林草措施、小型水土保持工程及生态修复工程为主；中游风沙区水土保持以防风固沙林带和沙障建设为主。母花沟三年内新增水土保持治理面积 28.2 km^2，其中生态修复 7.4 km^2、林草植被 14.1 km^2、防风固沙 6.7 km^2。

3.2.4 执法监管

积极开展河长制综合管理信息平台建设，集成整合水利、环保、住建、自然资源、农牧等涉水监测数据，建成鄂尔多斯市河长制综合管理信息平台，实现有关河湖保护及排污口监控的各类涉水监测数据整合共享共用，提高监测成果的使用效率和效益，提高执法监管能力，并积极争取自治区信息化资金支持。根据河道网格化管理思想，对鄂尔多斯市辖2区7旗，分级管理，整合现有各种基础数据、监测数据和监控视频，利用市、旗（区）、乡（镇）三级传输网络快速收敛至管理信息平台，面向各级领导、工作人员、社会公众提供不同层次、不同维度、不同载体的查询、上报和管理平台。

3.3 治理成效

牢固树立绿水青山就是金山银山的理念，统筹推进山水林田湖草沙系统治理，保障母花沟水域不萎缩，水环境质量总体向好，水生态环境整体改善，河流生态空间有效保护，生态功能持续提升，执法监管水平不断提高，实现母花沟水资源、水环境承载能力与区域经济社会发展相协调，逐步实现人水和谐。

4 结论

全面开展河流湖泊系统治理与保护是落实绿色发展理念、推进生态文明建设的内在要求，是维护河湖健康生命的有效举措。本文以母花沟为研究对象，围绕实现人水和谐共生、维持河流健康生命的目标，从水资源、水域岸线、水污染、水环境、水生态、执法监管等六个方面入手，提出了母花沟治理目标与保护任务，并从系统视角下研究了母花沟系统治理与保护方案，以问题为导向，以主要任务为依据，以实现人水和谐共生、维持河流健康生命为目标，以期让鄂尔多斯市的治水由虚变实、由堵变疏，为提高河流宏观、系统防治能力提供支撑，推动鄂尔多斯市构建美丽河湖、幸福河湖，助力建设祖国西北生态安全屏障。

参考文献

[1] 内蒙古自治区水文总局．内蒙古自治区河流湖泊特征值手册（鄂尔多斯市卷）[R]．2017.
[2] 黄河勘测规划设计研究院有限公司．《鄂尔多斯市全市河流湖泊一河（湖）一档》及相关图册图集 [R]．2020.
[3] 苗平，陈燕．十大孔兑河流健康问题研究与保护对策 [J]．内蒙古水利，2023（1）：70-72.
[4] 焦瑞，刘华琳，徐晓民．鄂尔多斯市水环境质量评价和水功能区管理研究 [J]．中国农村水利水电，2014（4）：51-54.
[5] 黄河勘测规划设计研究院有限公司．《鄂尔多斯市级河流湖泊水域岸线利用规划》及相关图册图集 [R]．2020.
[6] 中国水利水电科学研究院．鄂尔多斯市“十四五”水安全保障规划报告 [R]．2020.

高密度电法在水文地质勘察中的应用研究

程钰鑫[1,2]　金佳旭[1]

（1. 辽宁工程技术大学，辽宁阜新　123000；
2. 中国科学院武汉岩土力学研究所岩土力学与工程国家重点实验室，湖北武汉　430071）

摘　要： 在复杂水文地质条件地区，地下水污染的识别和控制是环境保护的关键问题。本文旨在应用高密度电法识别固体废弃物堆场内的断层结构和地下水渗流路径，以指导渗滤液泄漏监测与治理。通过在研究区域布设多条高密度电法剖面，采集电阻率数据，识别出断层、裂隙及破碎带的异常区，进一步分析了断层带对地下水流向的影响。结果显示，高密度电法有效揭示了勘察区内断层带的分布与走向，为地下水渗流路径的识别提供了可靠依据。本文创新性地在复杂地质条件下应用高密度电法分析渗流通道，验证了其在环境监测中的可靠性与适用性，为类似场地的污染源追踪与治理提供了科学参考。

关键词： 高密度电法；水文地质；断层；地下水

1　引言

水文地质勘察是一项综合性的勘察工作，主要研究地下水的类型、储存条件、流动规律以及水与岩石、土壤、地质构造等之间的关系[1]。在水文地质环境中，地下水的渗流不仅影响着水资源的分布和可利用性，还决定着污染物的迁移路径，因此研究地下水的流动规律具有重要的科学价值和应用意义[2]。

高密度电法是一种常用的地球物理方法，它利用不同岩石和土壤导电率的差异，通过人工施加稳定的电流场，研究被探测岩层和土层中电流的分布情况[3]，目前已被广泛应用于水文地质、工程勘测和环境调查等领域。与地震勘测和重力勘测等其他方法相比，高密度电法利用岩石、土壤和其他地层的电阻率差异来区分不同深度的地下结构[4]。特别是在断裂带周围，由于岩性和物理特性的明显差异，可以准确识别断层结构。不过，该技术也存在一些局限性，例如，对复杂地质环境中深层结构的探测分辨率有限，而且对数据的解释也依赖于经验和地质模型[5]。尽管如此，由于该方法在探测浅层裂缝和渗流路径方面具有显著优势，并能与钻孔数据相结合进行综合分析，所以高密度电法成为在复杂地质条件下识别断层的有效工具。

本文旨在通过高密度电法，结合历史地质资料和现有地质勘查成果，准确探测研究区域的地下断层，以明确断层位置、走向和地下水流向。具体而言，本文通过收集和分析勘测区域的电阻率成像数据，确定地下断层结构的分布，并结合地质钻孔数据验证结果的准确性。最终，通过对地下水渗流通道的定位和分析，为污染水体的监测和治理提供科学依据，期望能为水资源保护和环境治理提供技术支持，提高工程施工效率，减少不必要的钻孔数量。

2　工程概况

某固体废弃物堆场防渗措施失效，导致污染物沿地下水渗流通道泄露，严重影响周边居民饮水安

基金项目： 湖北省重点研发项目（2023BCB074）。

作者简介： 程钰鑫（1999—），男，硕士研究生，研究方向为岩土工程勘探。

通信作者： 金佳旭（1984—），男，教授，主要从事环境岩土工程方面的研究工作。

全并且造成环境巨大污染。考虑到渗滤液的严重影响，有效识别堆填渗滤液的泄漏通道和划定受影响的区域将有助于快速制定准确的修复措施，减少对环境的污染。根据现有区域地质图，已确定勘察区范围，并且在地质勘探中勘察区左侧钻孔揭露出断层结构。通过对地下水检测分析发现其为未污染水，识别勘察区左侧揭露断层结构为阻水断层带，现需进一步通过工程物探手段查明勘察区内地质结构，是否存在隐匿断层，并分析地下水的流向，为继续开展的寻找渗滤液泄露通道提供方向。

3 高密度电法工作原理及工作布置

3.1 工作原理

高密度电法是以岩土体的电性差异为基础的一种电探方法，通过直流电（DC）电阻率法将直流电通过两个电极（电流电极）从地面传输到地下。当电流穿过地层时，就会形成人工电场。随后，使用额外的两个电极（电位电极）来测量该电场的电位差。由于电导率随岩性和含水量的变化而变化，电位差也随之变化[6]。根据施加电场作用下地层传导电流的分布规律，推断地下具有不同电阻率的地质体的赋存情况。该方法是一种阵列勘探方法，集中了电剖面法和电测深法，其原理与普通电阻率法相同，所不同的是在观测中设置了高密度的观测点，电极排列方式选用温纳装置排列，跑极方式如图 1 所示。野外测量时只需将全部电极（几十至上百根）置于测点上，然后利用程控电极转换开关和微机工程电测仪控制电极通电与测量，实现数据的快速和自动采集。具有采集速度快、避免人工操作误差等优点[7]。

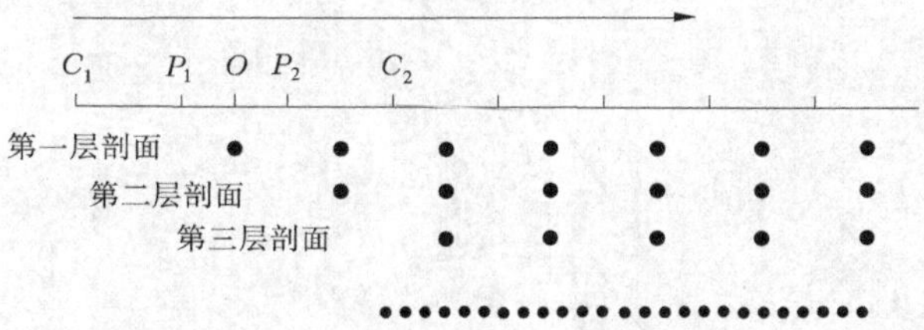

图 1　高密度电阻率法温纳装置测量示意

这种电阻率测量的目的是获得地下真实的电阻率模型，因为这些模型具有地质意义。但视电阻率并不代表实际情况下的真实电阻率。相反，它对应于被测地层以下所有电地层单元的综合作用。为了确定地层的真实电阻率和深度，需要进行反演。

将电极电流通过电极（C_1 和 C_2）传输到地层中，从而产生一个人工电场。电极（P_1 和 P_2）测量该场的电位差。电位差与电流强度、电流电极的相对位置以及各地层的电阻率有关。电地层单元均匀半空间内各物理值之间的关系为

$$V=\frac{\rho I}{2\pi}\left[\left(\frac{1}{C_1P_1}-\frac{1}{C_2P_1}\right)-\left(\frac{1}{C_1P_2}-\frac{1}{C_2P_2}\right)\right] \tag{1}$$

式中：V 为电位电极间的电位差；ρ 为地层电阻率；I 为电流的强度；C_1P_1、C_1P_2、C_2P_1、C_2P_2 为电流电极与电位电极之间的距离。

式（1）可改写为

$$\rho=K\frac{V}{I} \tag{2}$$

综合式（1）、式（2）得到

$$K=2\pi\left[\left(\frac{1}{C_1P_1}-\frac{1}{C_2P_1}\right)-\left(\frac{1}{C_1P_2}-\frac{1}{C_2P_2}\right)\right] \tag{3}$$

式中：K 为几何因子。

通过设备测量得到 I 和 V 后，就可以计算出介质在均匀半空间中的电阻率。在实际情况中，由于地下地层不是均匀介质，因此得到的电阻率不再是真实电阻率，而是视电阻率 ρ_α，甚至可能为负值。

与真实电阻率不同，视电阻率不是地下介质的物理性质。因此，所有的场电阻率数据都是视电阻率值，而通过解释技术获得的数据是真电阻率。

因此，由式（3）得到的电阻率即视电阻率表示为

$$\rho_\alpha = K\frac{V}{I} \tag{4}$$

发射电极和接收电极之间的距离越长，电流线走得越深，从而达到更深的结构。高密度电法设备结合了所有可能供电电极和测量电极的位置，以覆盖浅层和深层结构，并获得尽可能好的分辨率。经过适当的处理和分析，得到了地层的真实电阻率。然而，分辨率会随着深度的增加而降低[8]。

3.2 工作布置和仪器的选择

根据现场实际情况，结合《电阻率剖面法技术规程》（DZ/T 0073—2016）中测线布置要求，本次共布置4条高密度电法测线。其中，沿勘察区上游布置2条平行测线（测线1、测线2），测线1和测线2电极距为10 m，分别布设113个电极；下游布置2条测线（测线3、测线4），测线3、测线4电极距为10 m，分别布设60个电极，见图2。

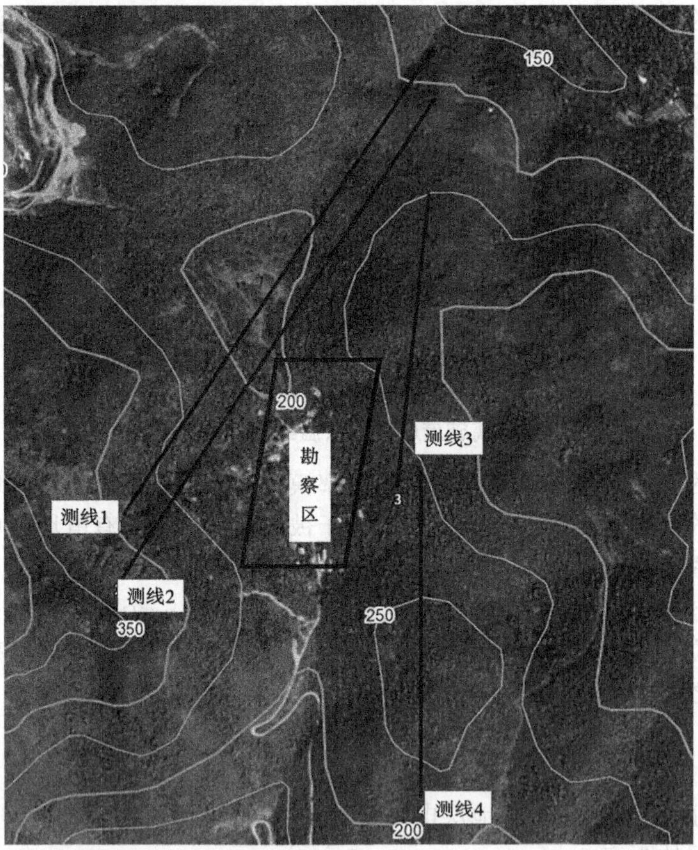

图2　高密度电法测线布置平面图

本次高密度电法探测工作使用的仪器是Supersting R8（见图3）。Supersting R8具有信号叠加和存储功能，输出电流可达2 000 mA，输出电压可达800 V，最大输出功率约为200 W。

4　测试结果解译与分析

4.1 高密度电法剖面解译

采用GPS RTK测量仪对测量点进行测量时，均用红色点号旗标记并在投入使用前按规定进行校准。测点定位精度及质量检查按《物化探工程测量规范》（DZ/T 0153—2014）执行。通过瑞典Res2dinv软件对原始数据先剔除奇异点，再进行二维数据反演[9]，最后展开地形信息如图4、图5所示。

图 3　现场 Supersting R8 电阻率仪

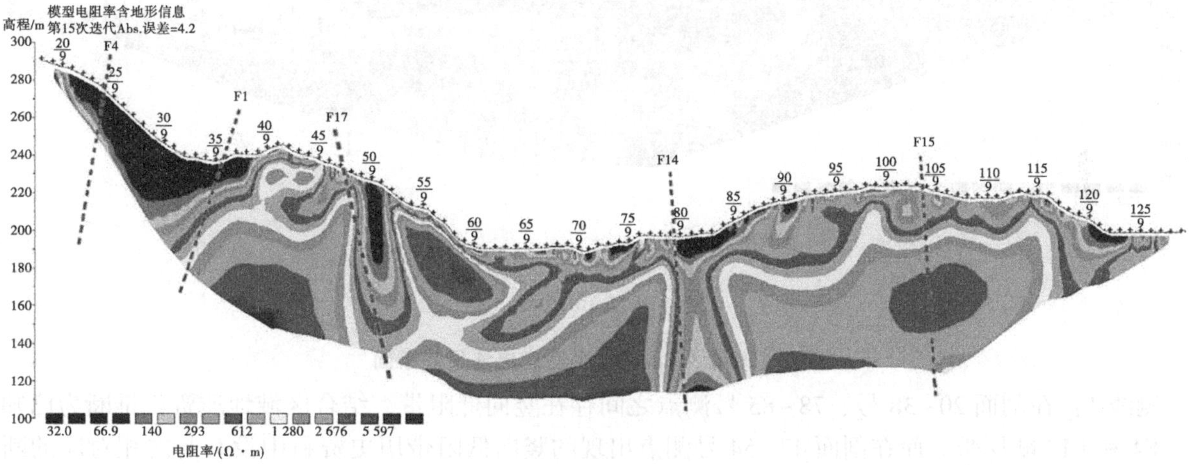

(a)测线1

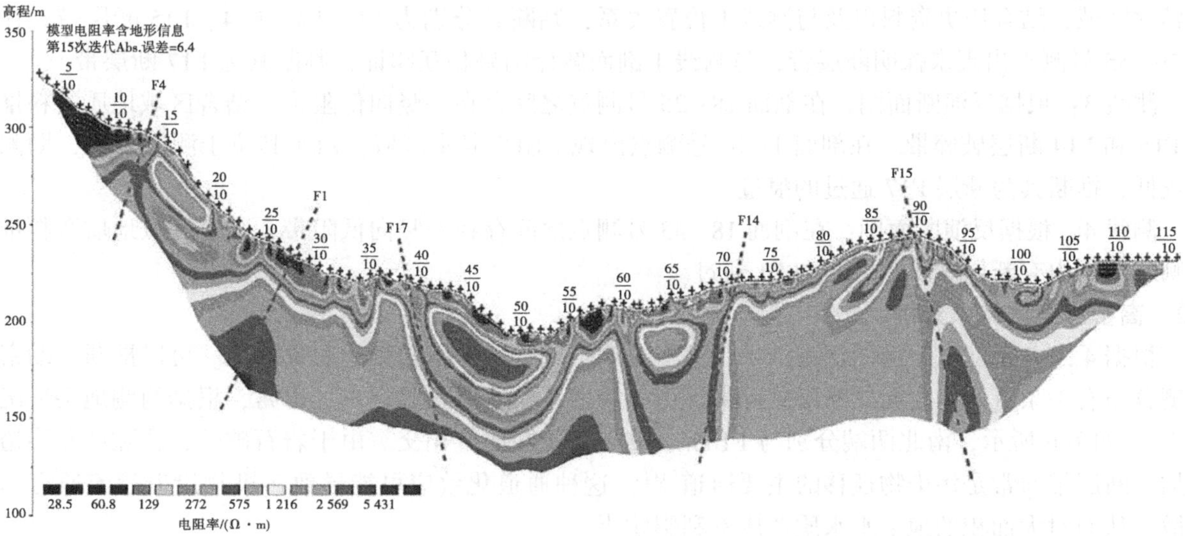

(b)测线2

图 4　测线 1、测线 2 高密度电法反演断面

通过视电阻率剖面图数据可以看出：

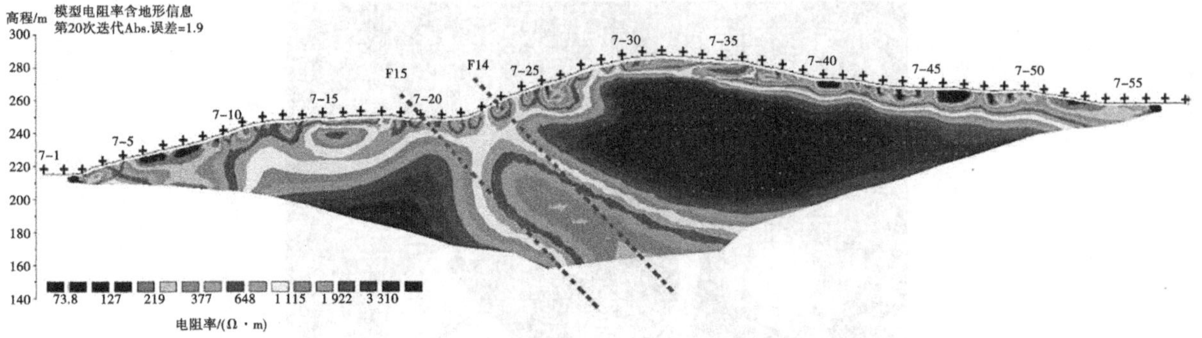

(a)测线3

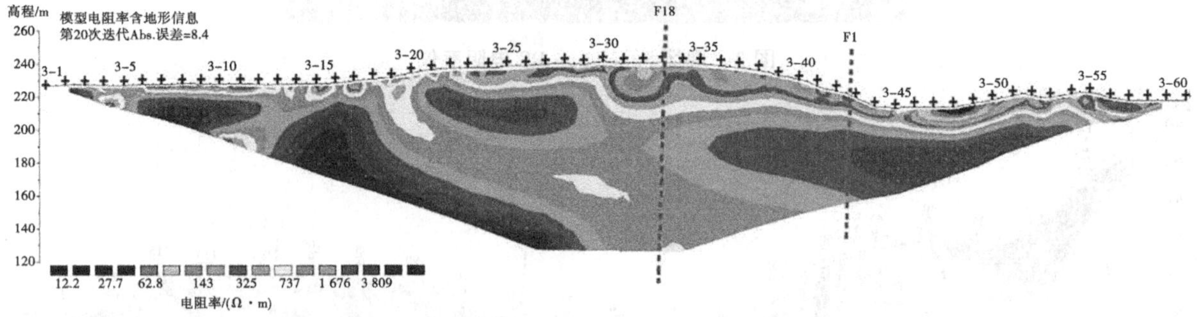

(b)测线4

图 5 测线 3、测线 4 高密度电法反演断面

测线 1：在剖面 20~38 号、78~85 号测点之间存在竖向低阻带，结合区域地质资料推断为已知的 F1、F4 和 F14 断层带。而在剖面 47~54 号测点出现的竖向低阻带历史资料中没有与之相对应的断层带，判断其为隐伏断层带，并将其命名为断层 F17。

测线 2：根据反演断面图，在剖面 2~15 号、25~30 号、60~70 号、89~94 号测点之间存在电阻率异常区域，结合历史资料以及与测线 1 位置关系，判断其分别为 F1、F4、F14、F15 断层带。在剖面 39~55 号测点出现未探明断层带，与测线 1 剖面解译结果相互印证，判断其为 F17 断层带。

测线 3：根据反演断面图，在剖面 18~25 号测点之间存在一竖向低阻带，结合区域地质资料推断为 F15 和 F14 断层破碎带。在剖面 1~10 号测点出现电阻率异常区域，由于其位于测线两端，勘测深度较低，推断其为断层 F17 通过的痕迹。

测线 4：根据反演断面图，在剖面 18~33 号测点之间存在一竖向低阻带，结合区域地质资料推断为测线范围内有断层破碎带 F18 和 F1 通过。

4.2 高密度电法结果分析

根据 4 条高密度电法剖面探测结果，基本查明了勘察区内基岩面的起伏情况。可以推断，勘察区南侧分布有一条近西东走向的断层破碎带，由于第四系覆盖层较厚，未见出露，根据两侧地层情况推断[10]。如图 6 所示，南北两端分别与 F1 断层带和 F15 断层带相交。由于岩石破碎、孔隙度和渗透性增加，断层带通常是污染物迁移的主要通道[11]。这种通道化效应可能导致污染物沿着渗流通道迅速扩散，从而对大面积的地下水水质造成不利影响[12]。

结合之前的地质信息，F1 断层有效地阻止了污染水的渗流，导致上游污染水集中在 F1 断层的右侧。结合地质推断，固废填埋场泄漏的污染物可能会沿着另一条断层 F17 向下游排放。为了进一步确定断层的位置和污染水的渗流路径，我们对 ZK1 号钻孔进行了分析和揭露，发现该钻孔处有一条明显的污染地下水的渗流通道。在这条渗流通道中，断层被碎石填满，岩芯中夹杂着黄褐色锈蚀石英

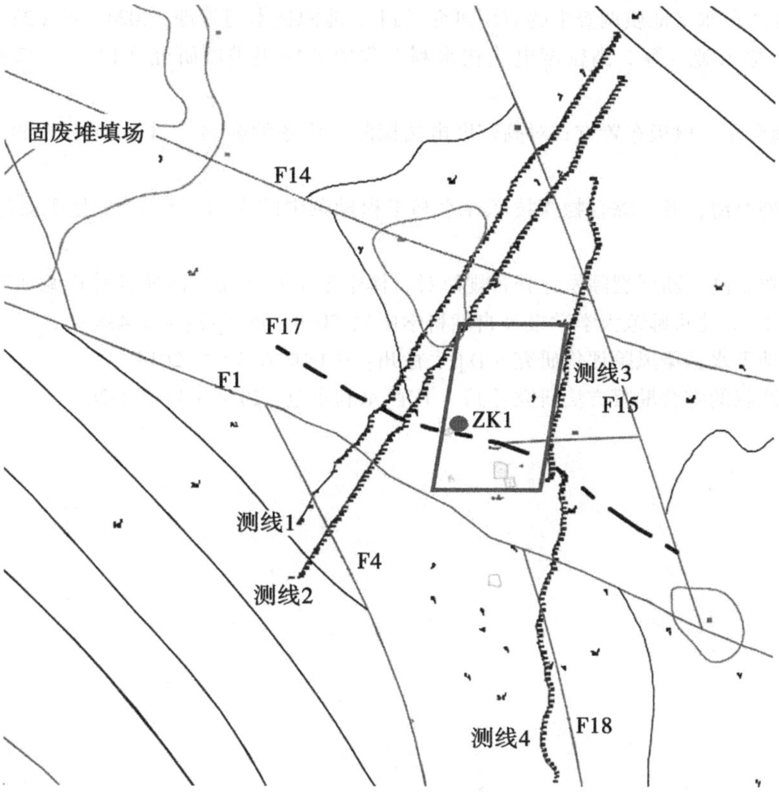

图 6　高密度电法勘探成果

脉和断层泥，这表明断层是污染水的主要渗流通道[13]。

5　结论

高密度电法在水文地质调查中具有重要的应用价值，通过不同地层材料的电阻率差异，对地下结构进行非破坏性探测，能够更准确地定位断层、裂隙和破碎带等结构，为钻探提供方向和信息，更准确地识别地质构造和地下水渗流通道。

在本文中，高密度电法电极采用温纳法排列，共铺设 4 条探测线，成功识别了勘探区的南侧存在近西东走向的隐匿断层破碎带，并圈定了隐匿断层的范围和位置。而后通过钻探验证了电阻率层析成像结果的准确性，表明该方法在复杂地质条件下的渗流探测中具有显著的应用效果。为了进一步提高电阻率层析成像的效果，需要加强数据采集和处理的精度优化，尤其是对不同地层电阻率细微差别的高精度分析。

参考文献

[1] 胡俊涛．岩土工程勘察中的水文地质问题思路构建［J］．智能城市，2018，4（24）：60-61.

[2] 赵勇胜．试论场地污染水文地质学［J］．水文地质工程地质，2024，51（3）：222-228.

[3] 尚彦军，金维浚，肖刚，等．AMT 和高密度电法结合探测稻城 LHAASO 项目区隐伏断层和基岩埋深［J］．地球物理学进展，2021，36（1）：250-257.

[4] 彭亮．矿山水工环地质勘查工作中的问题与防治分析［J］．中国金属通报，2024（7）：139-141.

[5] 罗林，庄儒新，毛先进，等．综合探测在小江断裂带中段西支海风园断层调查中的应用［J］．地震研究，2023，46（3）：354-365.

[6] 刘道涵，王磊，伏永朋，等．综合地球物理方法在水源区环境地质调查中的应用研究：以丹江口水库为例［J］．地球物理学进展，2019，34（2）：757-762.

[7] 杨万勇．高密度电法在水文地质调查中的应用研究［J］．能源技术与管理，2024，49（2）：168-170，174.
[8] 林悦奇，袁明道，徐云乾，等．高密度电法在水利工程中的应用进展研究［J］．广东水利水电，2023（11）：14-20.
[9] 杨磊，金维浚，尚彦军．电极布置方式对高密度电法探测分辨率的影响［J］．地球物理学进展，2019，34（1）：406-411.
[10] 熊友亮，朱萌，刘海涛，等．综合物探技术在水利工程勘测中的应用［J］．资源环境与工程，2024，38（3）：353-359.
[11] 韩科学，左锐，覃荣高．断层裂隙发育分布规律对岩体中地下水渗流及溶质迁移影响研究：以普朗铜矿首采区3720 中段为例［J］．北京师范大学学报（自然科学版），2019，55（4）：481-488.
[12] 李庭．废弃矿井地下水污染风险评价研究［D］．徐州：中国矿业大学，2014.
[13] 魏宇．隐蔽层面产状的综合勘察方法研究［J］．广西水利水电，2024（3）：21-26.

贵州某水库坝址工程地质条件比选

赵　晖　张浩然

（中水珠江规划勘测设计有限公司，广东广州　510610）

摘　要： 工程地质条件在坝址比选过程中起重要作用，直接影响到建设成本和后期运营管理难度，尤其是岩溶区水库建设，工程地质条件更为关键。岩溶地区因其独特的地质环境和复杂的水文条件，在水库坝址的选择中需要综合考虑多方面因素。以贵州省某水库为例，对拟定坝段上的两个比选坝址开展综合勘察工作，从工程地质条件、水文地质条件、防渗及各坝址主要工程地质问题等方面，进行详细比较和分析，为推荐坝址选择提供地质依据。

关键词： 工程地质条件；岩溶；坝址比选

1　引言

随着经济的快速发展和城市化进程的加速，建设水库工程成为解决水资源短缺问题、促进经济发展的重要手段，并且在水旱灾害防治、生态保护、农业灌溉及人饮安全方面也发挥着重要作用。对于水库建设来说，坝址工程地质条件的优劣对水库建设、投资及综合效益的影响较大。在方案比选阶段，应尽量选择工程地质条件较优的坝址建设[1]，因此查明各坝址工程地质条件和水文地质条件是坝址比选的首要工作[2-3]。本文以贵州省岩溶区某水库为例，在详细分析勘察资料的基础上，从地形地貌、地层岩性、构造、水文地质及主要工程地质问题等方面进行比较，给出地质建议[4]。

2　工程概况

某水库坝址位于兴仁县鲁础营乡大桥河上，距兴仁县城 35 km。工程的主要任务是城乡生活供水、灌溉，兼顾改善河道生态用水。最大坝高 39.40 m，水库正常蓄水位 1 431.0 m，相应库容 911 万 m^3，回水总长 5.4 km。工程区碳酸盐岩大面积分布，岩溶渗漏是水库能否成库的主要工程地质问题。正常蓄水位 1 438.5 m 时，水位抬高 10~24 m；正常蓄水位 1 432 m 时，水位抬高 1~14 m。

3　基本地质条件

3.1　库区基本地质条件

工程区地处云贵高原向广西丘陵盆地过渡的斜坡地带，地形起伏较大，属高原峡谷区，具有山高、谷深、坡陡的特点。地貌单元中山地貌，以及侵蚀、剥蚀、溶蚀地貌，主要分布有残丘坡地、峰丛洼地、峰丛谷地及峰林谷地，库区的地层主要为三叠系下统永宁镇组第一段（T_1yn^1）灰岩、第二段（T_1yn^2）砂岩、第三段（T_1yn^3）灰岩、第四段（T_1yn^4）白云岩、中统关岭组第一段（T_2g^1）白云岩、泥岩夹灰岩、第二段（T_2g^2）灰岩，其中库盆主要坐落在永宁镇组第三段（T_1yn^3）灰岩中，见图 1。

水库总体呈东西向展布，地形封闭良好，水库河道属于典型的山区型河流，大部分库岸峰顶高耸，地形封闭条件较好，仅在左岸龙洞村地形分水岭较单薄。水库中段地层主要有永宁镇第三段（T_1yn^3）灰岩构成，河床高程为 1 416~1 431 m。地下水的补、径、排关系比较明确，且山体雄厚，外围地势较高[5]。

作者简介： 赵晖（1986—），男，高级工程师，主要从事水利水电工程地质勘察工作。

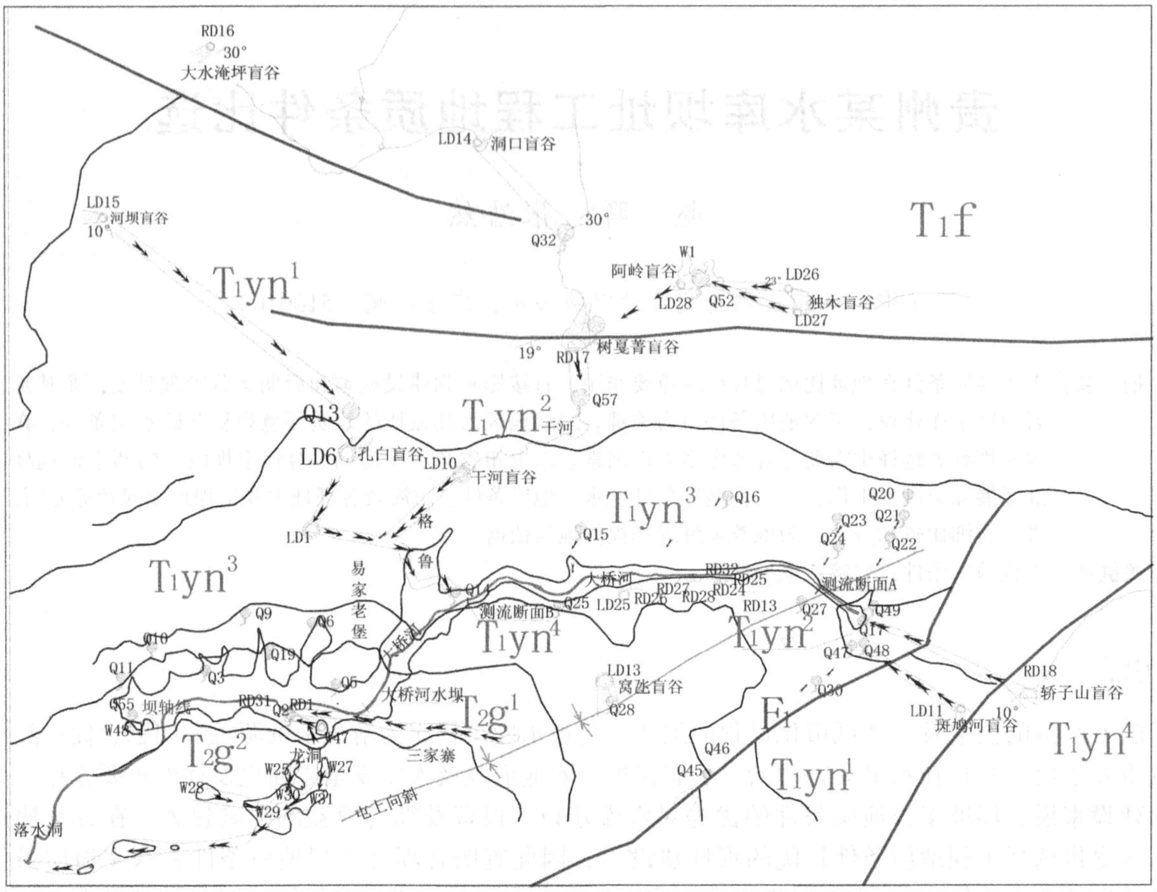

图 1　库区地质略图

3.2　坝段工程地质条件

拟选坝段上、下坝址河段长约 1.5 km，上游河流流向近 EW 向，河流在距下坝址上游约 100 m 处呈 90°转弯，流向为 160°方向，河谷为不对称 V 形纵向谷，左岸为逆向坡，坡角为 16°～25°，分布有一级阶地，山体雄厚，山顶高程为 1 500～1 550 m；右岸坡角为 30°～45°，山顶高程为 1 433～1 533 m；河谷底部高程为 1 402～1 408 m，河床底部高程为 1 398～1 408 m。坝段区地层岩性主要为关岭组第一段（T_2g^1）白云岩、泥岩夹灰岩中。其中，关岭组第一段（T_2g^1）分为 9 个岩组，从老到新分别为第一岩组（T_2g^{1-1}）白云岩夹泥岩，第二岩组（T_2g^{1-2}）泥岩夹白云岩，第三岩组（T_2g^{1-3}）白云岩夹泥岩，第四岩组（T_2g^{1-4}）泥岩夹白云岩，第五岩组（T_2g^{1-5}）白云岩夹泥岩，第六岩组（T_2g^{1-6}）灰岩，第七岩组（T_2g^{1-7}）泥岩、白云岩，第八岩组（T_2g^{1-8}）灰岩夹泥岩，第九岩组（T_2g^{1-9}）泥岩夹白云岩。

坝段区位于屯上向斜中，岩层产状为 270°～330°/SW∠10°～29°及 60°～90°/SE∠10°～29°。未有大的断层通过。

坝址地下水可分为第四系松散堆积层孔隙水和基岩裂隙水，均接受大气降水补给，并向河流排泄。左岸灰岩中岩溶较发育，为强岩溶含水层，地下水类型主要为裂隙溶洞水。

上坝址下游左岸龙洞村分布有岩溶管道 LD31-K1，存在岩溶管道水。

孔隙含水层分布在两岸残坡积层、河床冲积砂砾石层中，与河水具良好的水力联系，其水位随季节变化大。基岩裂隙水则分布于基岩裂隙中，其透水性大小主要取决于裂隙、断层发育程度及其相互连通情况。

坝段左岸基岩裸露，第四系覆盖层厚度较小，未见滑坡发育，仅下坝址左右岸发育有小规模崩塌体；坝址至下坝址上游河流拐弯处出露地层为 T_2g^1 泥岩、泥质白云岩，该段河流岸坡大部分发育一级阶地，阶地对后缘的基岩岸坡具有天然的镇脚作用，水库蓄水后，一级阶地被淹没，因风浪浪蚀作用产生滑塌仅局限于基岩岸坡上覆残坡积层，残坡积层厚度为 1~5 m，分布范围较小。

3.3 上坝址工程地质条件

上坝址位于河段转弯处，河流流向近 EW 向。河谷为不对称 V 形纵向谷，见图 2，左岸为逆向坡，岸坡角度约为 43°，右岸为顺向坡，河谷较宽阔，分布有一级阶地，且岸坡较缓，岸坡角度约为 16°。河谷底部高程为 1 402 ~ 1 408 m。正常蓄水位为 1 438.5 m，河谷宽约 195.4 m。两岸高程为 1 450~1 523 m。地层岩性主要为三叠系中统关岭组第二段（T_2g^2）薄 ~ 中厚层灰岩及第一段（T_2g^1）泥岩、砂岩夹白云岩、灰岩等。岩体的强风化层河床顶板高程为 1 394. 81 ~ 1 396. 57 m，厚 1.9 ~ 9.8 m；左岸顶板高程为 1 413. 32 ~ 1 427 m，厚 4. 9 ~ 13. 2 m；右岸顶板高程为 1 409. 32 ~ 1 435. 66 m，厚 7. 2 ~ 11. 3 m，岩层产状为 270° ~ 330°/SW∠10° ~ 29°及 60° ~ 90°/SE∠10° ~ 29°。未有大的断层通过上坝址。岩层走向与河流小角度相交，总体近乎纵向谷。左岸正常蓄水位处地下水位为 1 413 m，右岸正常蓄水位处地下水位为 1 425 m，左、右岸地下水均低于正常蓄水位，且左岸有灰岩分布，存在管道岩溶地下水，以透水率小于 5 Lu 作为相对隔水层标准，左岸埋深 60 m，河床埋深 10. 00 ~ 13. 30 m，右岸埋深 0 ~ 10. 50 m。河床冲积层碎石土厚 0. 5 ~ 3 m，强风化层厚 2. 7 ~ 8. 1 m；左岸覆盖层一般厚 0 ~ 1. 0 m，强风化主要为临坡面向坡内风化，厚 5 ~ 10 m；右岸覆盖层一般厚 0 ~ 3. 7 m，强风化层厚 2. 1 ~ 23. 2 m。

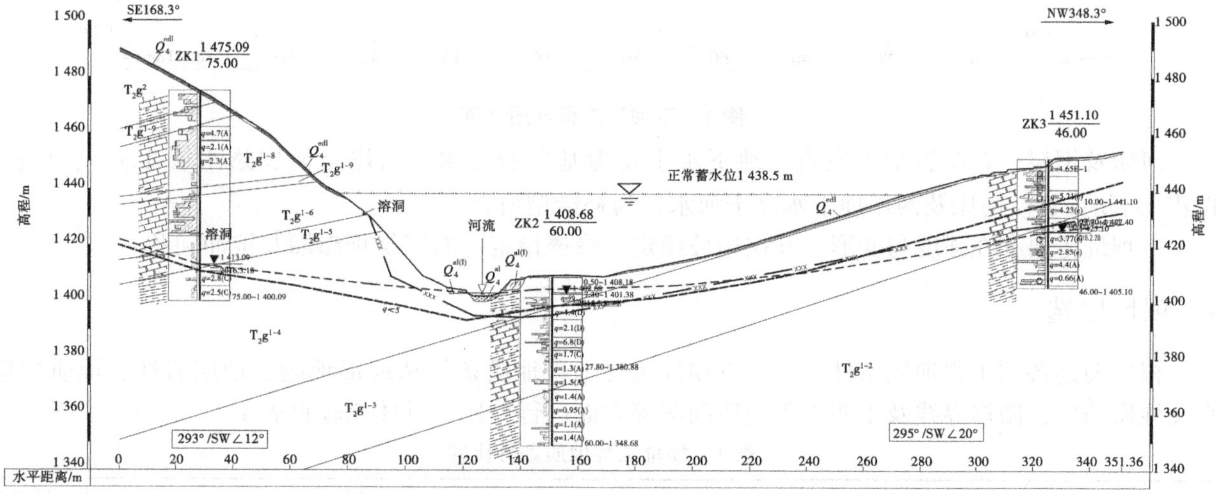

图 2　上坝址工程地质剖面图

上坝址主要存在强度与变形、开挖边坡稳定、左岸岩溶管道渗漏和渗透变形及抗冲问题。

3.4 下坝址工程地质条件

下坝址位于上坝址下游 1. 5 km 处，坝址区河流流向为 160°方向。河谷为不对称 V 形横向谷，见图 3，左岸山坡角度约为 28°，分布有一级阶地，右岸岸坡较陡，山坡角度约为 43°，左、右岸均有崩塌体存在，且左岸较右岸厚。河谷底部高程为 1 398 ~ 1 403 m。正常蓄水位为 1 432 m，河谷宽约 110.6 m。左岸山体雄厚，山顶高程为 1 530~1 532 m，右岸山顶为一平台，高程为 1 436~1 447 m。地层岩性主要为三叠系中统关岭组第二段（T_2g^2）薄 ~ 中厚层灰岩及第一段（T_2g^1）泥岩、砂岩夹白云岩、灰岩等。坝址区位于屯上向斜中，左岸岩层产状总体倾向下游山里，左岸为 70° ~ 80°/SE∠14° ~ 20°；右岸倾向下游山里，为 285° ~ 310°/SW∠10° ~ 22°。坝址左岸分布一小规模断层（F1），但未有大的断裂通过坝址。岩层走向与河流近垂直相交，总体近乎横向谷。左岸正常蓄水位处地下水位为 1 405. 8 m，埋深 24. 3 m，右岸正常蓄水位处地下水位为 1 399. 16 m，埋深 30. 1 m，左、右岸地下水位均低于正常蓄水位。以透水率<5 Lu 作为相对隔水层标准，左岸埋深 15 ~ 16. 90 m，河床埋深 7. 10 ~ 15. 00 m，右岸埋深 11. 00 ~ 31. 40 m。河床冲积层及崩积碎石土厚 3 ~ 4. 4 m，强风化层厚 1. 9 ~ 9. 8 m；左岸覆

盖层一般厚 2.1~3.0 m，强风化层厚 4.9~13.2 m；右岸覆盖层一般厚 2.7~4.5 m，强风化层厚 7.2~11.3 m。

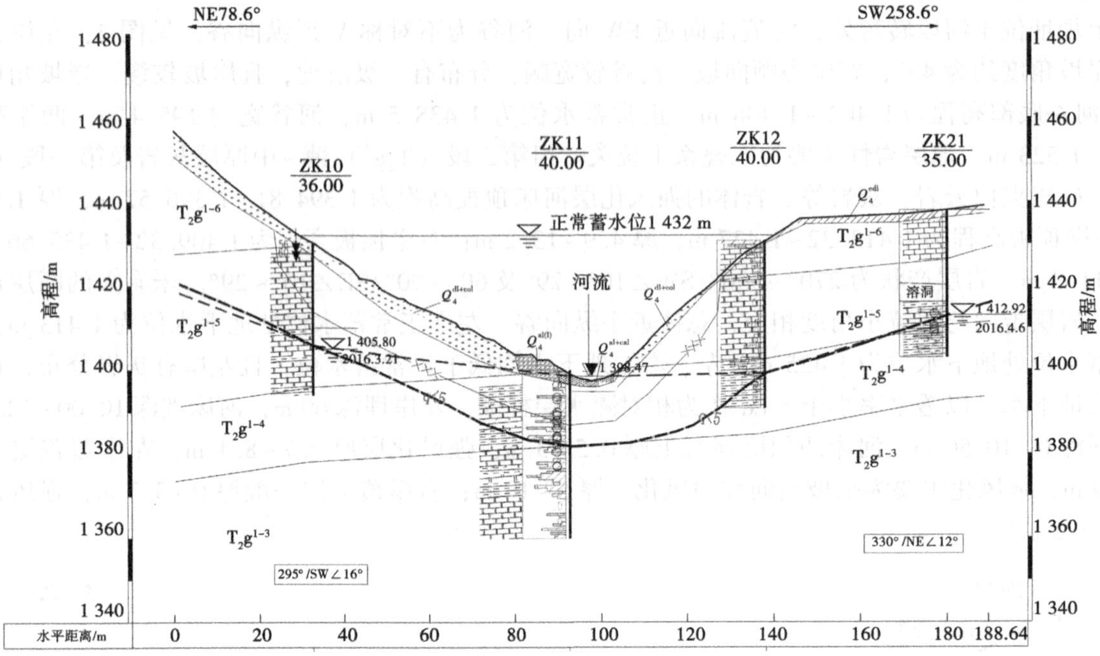

图 3　下坝址工程地质剖面

河床及坝肩、右岸岩溶不发育，地下水主要为基岩裂隙水。右岸上游弱透水层 T_2g^{1-5}、T_2g^{1-4}、T_2g^{1-3} 封闭山坡。河床及两岸地下水高于河水，为补给型河谷。

下坝址主要存在强度与变形、开挖边坡稳定、渗透稳定、右岸绕坝渗漏及抗冲问题。

4　坝址比选

根据前述各项工程地质条件，上、下坝址主要工程地质条件从地形地貌、地层岩性、地质构造、水文地质条件、防渗界线及主要工程地质问题等方面进行对比，具体比较见表 1。

表 1　坝址工程地质条件比较

项目	上坝址	下坝址	比较意见
地貌特征	河谷为明显不对称 V 形纵向谷，左岸为逆向坡，右岸为顺向坡。河谷底部高程为 1 402~1 408 m。正常蓄水位为 1 438.5 m，河谷宽约 195.4 m。两岸高程为 1 450~1 523 m。左岸山体单薄	河谷为不对称 V 形横向谷，左右岸均有崩塌体存在。河谷底部高程为 1 398~1 403 m。正常蓄水位为 1 432 m，河谷宽约 110.6 m。左岸山体雄厚，山顶高程为 1 530~1 532 m，右岸山顶为一平台，高程为 1 436~1 447 m	下坝址略优
地层岩性	两岸基岩零星裸露，左岸覆盖层厚度为 0~1.0 m，右岸覆盖层厚度为 0.5~3.7 m，河床分布有厚 0.5~3 m 碎石土。正常蓄水位以下分布地层岩性依次为 T_2g^{1-6} 灰岩、T_2g^{1-5} 白云岩夹泥岩、T_2g^{1-4} 泥岩夹白云岩、T_2g^{1-3} 白云岩夹泥岩、T_2g^{1-2} 泥岩夹白云岩。岩体的强风化层河床厚 2.7~8.1 m；左岸厚 5~10 m；右岸厚 2.1~23.2 m	两岸基岩零星裸露，左岸覆盖层厚度为 2.1~3.0 m，右岸覆盖层厚度为 2.7~4.5 m，河床分布有厚 3~4.4 m 碎石土。正常蓄水位以下分布地层岩性依次为 T_2g^{1-6} 灰岩、T_2g^{1-5} 白云岩夹泥岩、T_2g^{1-4} 泥岩夹白云岩、T_2g^{1-3} 白云岩夹泥岩。岩体的强风化层河床厚 1.9~9.8 m；左岸厚 4.9~13.2 m；右岸厚 7.2~11.3 m	差异不明显

续表 1

项目	上坝址	下坝址	比较意见
地质构造	坝址区无断裂构造分布，主要结构面是岩层面及裂隙。岩层产状平缓、稳定，地质构造条件相对简单	坝址区无断裂构造分布，小规模构造分布较多，向斜背斜交叉分布，岩层产状多变，左坝肩上游 30 m 处有一小规模断层，地质构造条件相对复杂	上坝址优
水文地质条件	坝址地下水可分为第四系松散堆积层孔隙水和基岩裂隙水及岩溶管道裂隙水。左岸灰岩中岩溶较发育，为强岩溶含水层，地下水类型主要为裂隙溶洞水。河床及坝肩、右岸岩溶不发育，地下水主要为基岩裂隙水	坝址地下水可分为第四系松散堆积层孔隙水和基岩裂隙水，均接受大气降水补给，并向河流排泄	下坝址优
防渗界线	5 Lu 线左岸埋深 60 m，河床埋深 10～13.3 m，右岸埋深 5～15.6 m。左岸坝肩到防渗边界长 350 m，右岸长 140 m。防渗面积约 12 492 m^2。但右岸岩溶管道需做专门防渗处理	5 Lu 线左岸埋深 15～16.9 m，河床埋深 7.1～15 m，右岸埋深 11～31.4 m。左岸坝肩到防渗边界长 110 m，右岸长 370 m。防渗面积约 13 778 m^2	差异不明显
主要工程地质问题	存在边坡开挖稳定问题、抗冲问题、绕坝渗漏问题，以及岩溶管道渗漏问题。混凝土坝存在坝基强度和变形问题	存在边坡开挖稳定问题、抗冲问题、绕坝渗漏问题。混凝土坝存在坝基强度和变形问题。缓倾下游的层面对混凝土坝基抗滑稳定不利。左岸坝前形成了地形突出结构岩体 T1，可能对趾板和坝体稳定造成影响	下坝址优

根据上述资料，经过工程技术手段处理后，上、下坝址均具有建坝成库地质条件，下坝址防渗帷幕面积比上坝址略大，淹没损失较上坝址少，坝体长度、高度均较上坝址小，且上坝址左坝肩存在岩溶管道渗漏问题，抬高水位比下坝址高 6.5 m，库尾进入干谷段，该段发育较多溶洞，对水库成库不利，且对于库中左岸强岩溶地层永宁镇组第三段（T_1yn^3）而言，抬高水位增加了水库渗漏的风险性。但下坝址两岸均有较厚崩塌体，开挖量较大，坝址区地质条件比下坝址简单清晰。综上所述，从地质角度来说，对于土石坝而言，下坝址优于上坝址，结合规划、设计、施工等专业经技术、经济综合比较，推荐下坝址为本工程坝址。

5 结论

（1）从地质角度来说，对于土石坝而言，下坝址优于上坝址，并综合规划、设计、施工等专业经技术、经济综合比较，选择下坝址作为本阶段的比选坝址。

（2）水库坝址选择对工程布置、施工条件、设计方案及工程投资影响较大。其中，工程地质条件是坝址比选需要考虑的一个重要因素，尤其是岩溶区水库建设，工程地质条件的优劣是成库条件的关键，坝址选择时应基本查明工程地质条件，充分论证，并综合规划、设计、施工等专业经技术、经济比较后确定。

参考文献

[1] 刘杨威．工程地质条件对坝址比选的影响：以天星水库工程坝址选择为例［J］．甘肃水利水电技术，2023，57（3）：34-37.
[2] 中华人民共和国住房和城乡建设部．水利水电工程地质勘察规范：GB 50487—2008［S］．北京：中国计划出版社，2022.
[3] 中华人民共和国水利部．中小型水利水电工程地质勘察规范：SL 55—2005［S］．北京：中国水利水电出版社，2005.
[4] 水利部水利水电规划设计院．水利水电工程地质手册［M］．北京：水利电力出版社，1985.
[5] 中水珠江规划勘测设计有限公司．贵州省兴仁县木桥水库可行性研究阶段工程地质勘察报告［R］．2016.

基于 HOA-VMD 的去噪方法在管道泄漏检测中的应用

谢宝东　颜建国　郑书闽　王　赛　黄　海　李呈程

（西安理工大学水利水电学院，陕西西安　710048）

摘　要： 针对利用变分模态分解（VMD）算法处理管道泄漏压力信号时，人为选择 VMD 分解参数会对分解效果产生影响的问题，利用徒步优化算法（HOA）自适应选取 VMD 算法中的分解参数，增强了 VMD 算法对泄漏压力信号的分解效果。通过分析分解得到各分量的频谱特性，选择与原始信号频谱相似的分量作为有效信号，将有效分量进行重构，得到去噪后的信号。结果表明，去噪后信噪比（SNR）提高，均方根误差（RMSE）和平均绝对误差（MAE）降低，去噪效果良好。

关键词： 徒步优化算法（HOA）；变分模态分解（VMD）；管道泄漏

由于输水管道内部腐蚀、地质破坏、水锤冲击等因素，管道易发生泄漏事故，因此开展管道泄漏检测技术研究，对保障流体输运管道安全运行具有重要意义[1]。而利用压力信号检测又是进行泄漏检测的一种重要方式，因而根据压力信号判断是否泄漏十分重要。

实际管道环境条件复杂多变，泄漏产生的压力信号往往含有大量噪声信号，对泄漏信号拾取、识别及泄漏源定位造成干扰[2]。研究不同的管道泄漏压力信号降噪方法，对提高泄漏事件判断、定位的准确率具有重要意义。现提出的泄漏压力信号降噪方法主要有局部均值分解（local mean decomposition，LMD）[3]、经验模态分解（empirical mode decomposition，EMD）[4]、小波变换[5]、变分模态分解（variational mode decomposition，VMD）[6] 等。变分模态分解（VMD）能够有效抑制经验模态分解（EMD）出现的模态混叠问题，对非平稳的信号十分适用。但在对信号进行 VMD 分解之前，需要确定 VMD 的参数，即需要预先确定分解模态个数 K 和惩罚因子 α。在确定影响信号的参数后，对信号进行 VMD 分解，得到一系列 IMF 分量[7]。所以，当 K 和 α 设置不当时，会影响降噪效果[8]。而人为确定 K 和 α 需要根据经验，具有不稳定性，且存在分解后难以确定有效 IMF 分量的问题。

针对此类问题，张晓莉等[9] 通过粒子群算法（improve particle swarm optimization，IPSO）对变分模态分解（VMD）的分解参数进行选取，并以最大相关系数-相关峭度为准则，把 IMF 分为高值分量（high-value intrinsic mode function，HIMF）和低值分量（low-value intrinsic mode function，LIMF）。再对 LIMF 进行改进小波包（improved wavelet packet，IWP）阈值去噪。刘迎松[10] 提出了利用麻雀搜索算法（sparrow search algorithm，SSA）优化 VMD 进行自适应分解，并构建加权峭度指标以筛选有效模态分量。郭颖等[11] 将小波阈值降噪和变分模态分解进行融合，提出了一种新的小波变换-变分模态分解降噪算法，结果表明该融合算法对泄漏信号的降噪性能良好。

基于以上分析，本文提出一种基于徒步优化算法（hiking optimization algorithm，HOA）优化 VMD 参数的压力信号去噪算法。结合管道泄漏压力信号数据，利用 HOA 算法对 VMD 预设参数组合

基金项目： 陕西省创新能力支撑计划项目（2024RS-CXTD-31）；陕西省技术创新引导计划项目（2024QCY-KXJ-050）。

作者简介： 谢宝东（2000—），男，硕士研究生，研究方向为多相流泄漏检测。

通信作者： 颜建国（1987—），男，副教授，研究方向为多相流理论与应用。

[K, α] 进行寻优。分析分解后 IMF 分量频谱特性，选取有效分量进行重构，通过均方根误差（root mean square error，RMSE）、信噪比（signal-to-noise ratio，SNR）、平均绝对误差（mean absolute error，MAE）等评价指标，可知此方法的去噪效果良好。

1 理论分析

变分模态分解（VMD）是一种完全非递归的自适应模态变分和信号处理的方法。具体原理参见文献 [12]，本文不做详细介绍。

1.1 徒步优化算法（HOA）

徒步优化算法（HOA）是 Oladejo 等[13] 于 2024 年提出的一种新的元启发式算法。算法的核心思想是利用徒步者的经验和行走策略来搜索优化问题的解空间。

HOA 算法通过模拟徒步者在山地中的行走路径来寻找全局最优解，主要包括初始化及徒步者位置更新、适应度评估、领队位置更新三个过程。HOA 算法主要流程见图 1。

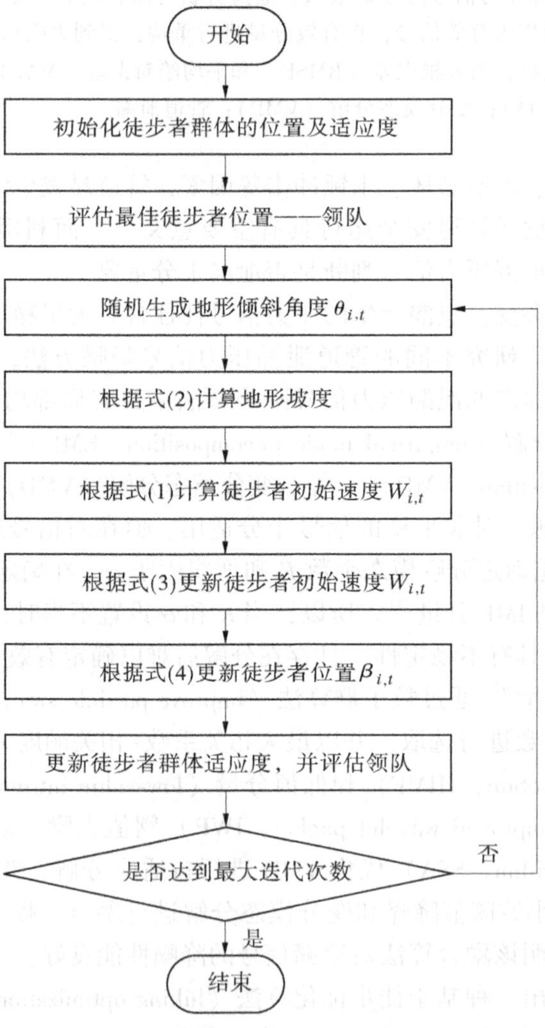

图 1 HOA 算法主要流程

（1）初始化及徒步者位置更新。初始时徒步者的位置是随机初始化的。根据 Tobler[14] 的徒步函数来估计在给定时间后徒步者的新位置。

$$W_{i,\ t} = 6e^{-3.5\,|\,S_{i,\ t}+0.05\,|} \tag{1}$$

式中：$W_{i,t}$ 为徒步者在迭代 t 时的速度，km/h；$S_{i,t}$ 为地形的坡度。

$$S_{i,\ t} = \frac{\mathrm{d}h}{\mathrm{d}x} = \tan\theta_{i,\ t} \tag{2}$$

式中：dh 为徒步者所在的海拔，m；dx 为徒步者所走的水平距离，m；$\theta_{i,t}$ 为地形的倾斜角度，取值范围在［0°，50°］。

通过考虑式（1）中徒步者的速度，徒步者更新后的位置公式为

$$\beta_{i,\ t+1} = \beta_{i,\ t} + W_{i,\ t} \tag{3}$$

徒步者位置 $\beta_{i,\ t}$ 由解的上界 φ_j^2 和下界 φ_j^1 确定，用以下等式表示

$$\beta_{i,\ t} = \varphi_j^1 + \delta_j(\varphi_j^2 - \varphi_j^1) \tag{4}$$

式中：δ_j 为［0，1］范围内的均匀分布数；φ_j^1 为优化问题决策变量的第 j 维上界；φ_j^2 为优化问题决策变量的第 j 维下界。

（2）适应度评估。对所有徒步者的适应度进行评估，并选择适应度最高的徒步者作为领队。

（3）领队位置更新。每次迭代都会重新检查领队的位置，以确保每个时刻都是适应度最高的徒步者成为领队。

HOA 算法通过迭代探索和利用两种行为来搜索全局最优解。探索行为通过增加探索因子 SF 的范围来促进，使徒步者更多地进行随机搜索。而利用行为通过减小探索因子的范围来促进，使得徒步者更多地向已知的优秀解靠近。通过不断地迭代更新徒步者的位置和领队的选择，HOA 算法能够逐步收敛到全局最优解。算法的性能受到一些参数的影响，如探索因子的范围和山坡的倾斜度。通过调整这些参数，可以调节算法的探索和利用程度，从而更好地搜索全局最优解。

1.2　HOA 优化 VMD 方法的构建

使用徒步优化算法（HOA）对 VMD 参数进行寻优时，适应度函数选取包络熵，包络熵可以反映信号的随机性和复杂性，经过 VMD 分解的 IMF 分量信号的包络熵越小，分量信号越简单，复杂程度越低，规律性越强，因此选择包络熵作为适应度函数[15]。包络熵计算公示如下

$$\begin{cases} E_i = -\sum\limits_{j=1}^{N} p_{i,\ j}\lg p_{i,\ j} \\ p_{i,\ j} = a_i(j) / \sum\limits_{j=1}^{N} a_i(j) \end{cases} \tag{5}$$

式中：i 为分解层数；a_i（j）为 IMF 分量经希尔伯特变换后得到的包络信号。

HOA 算法优化 VMD 具体流程见图 2。

1.3　评价指标

为检验徒步优化算法（HOA）对 VMD 参数进行寻优的有效性，通过计算原始信号和去噪后信号的均方根误差（RMSE）、信噪比（SNR）以及平均绝对误差（MAE）作为评价去噪效果的指标。RMSE 值越小，表示降噪后的信号与原始无噪声信号之间的差异越小，意味着降噪效果越好。均方根误差（RMSE）、信噪比（SNR）及平均绝对误差（MAE）的计算公式如下。

（1）均方根误差（RMSE）

$$\mathrm{RMSE} = \sqrt{\frac{1}{n}\sum_{i=1}^{n}(x_i - \widehat{x_i})^2} \tag{6}$$

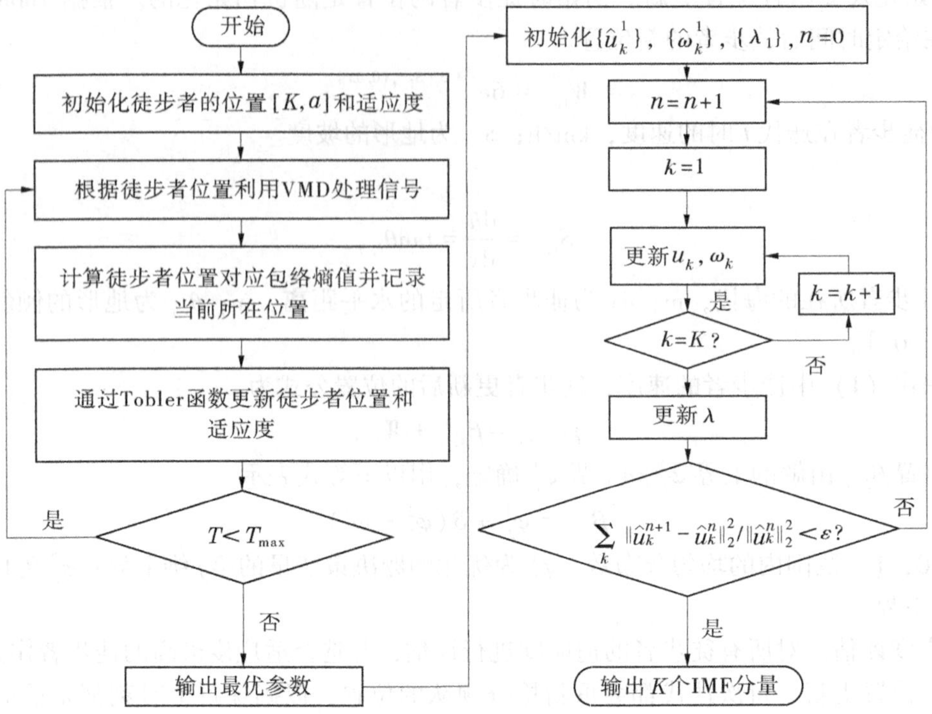

图 2　HOA 优化 VMD 流程图

式中：n 为信号样本点的数量；x_i 为原始信号（含有噪声）在第 i 个时间点或采样点的值；$\widehat{x_i}$ 为经过降噪处理后，在第 i 个时间点或采样点的信号值。

（2）信噪比（SNR）

$$\mathrm{SNR} = 10\lg\left\{\frac{\mathrm{Var}[x(t)]}{\mathrm{Var}[x(t) - y(t)]}\right\} \tag{7}$$

式中：x（t）为原始信号；y（t）为降噪后的信号。

（3）平均绝对误差（MAE）

$$\mathrm{MAE} = \frac{1}{n}\sum_{i=1}^{n}\left|y_i - \widehat{y_i}\right| \tag{8}$$

式中：n 为信号样本点的数量；y_i 为原始信号的第 i 个值；$\widehat{y_i}$ 为去噪信号的第 i 个值。

2　实例分析

2.1　试验系统

试验回路的结构如图 3 所示，该回路由水箱、变频水泵、球阀与闸阀、管道、压力传感器等关键部件组成。整个回路的总长度约为 100 m，管道材质为 PPR，具有 36 mm 的内径和 8 mm 的壁厚。

泄漏信号均通过 NI 数据采集卡进行记录，采样频率为 1 000 Hz。可以通过调整变频泵的工作频率，灵活地改变试验过程中的流量和压力条件。

试验管道系统中共设置 7 个泄漏点（由球阀控制开关），以便于试验中模拟不同位置的泄漏情况。试验开始后，先保持泄漏孔处于关闭状态，待压力和流量等参数稳定后，迅速打开泄漏阀门模拟瞬态泄漏。每次试验中，持续记录 20 s（20 000 个采样点）的压力信号数据，其中在第 10 秒时迅速开启阀门，重复采集 3 次。泄漏球阀开启顺序按照流体流动方向依次开启。在完成当下泄漏工况后，调节压力和流量，重复以上过程，直至完成试验。

2.2　信号去噪效果分析

本文选取流量为 9.5 m³/h 时，压力传感器 2 采集到的管道泄漏压力信号数据检验 HOA-VMD 算

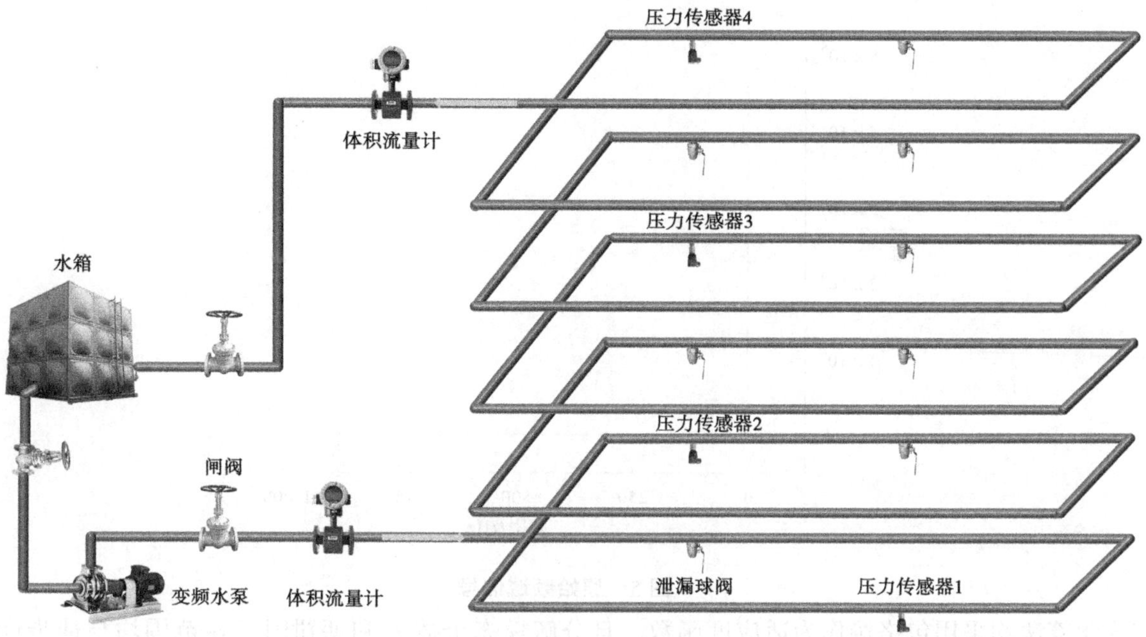

图 3　试验回路

法的精确性。变分模态分解（VMD）能够有效去除外界高频噪声并提取有效泄漏压力信号。在未经 VMD 分解之前的原始信号（见图 4）中混杂大量噪声信号，包括环境背景噪声、机器运转产生的噪声等。试验采取的信号数据的频谱图如图 5 所示。

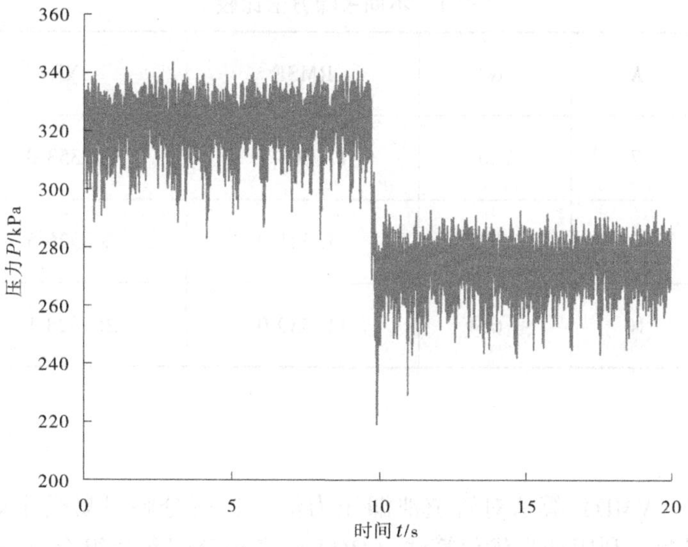

图 4　原始时域信号

VMD 分解得到 7 个 IMF 分量信号，各个分量时域图如图 6（a）所示，可知管道发生泄漏时，压力信号突降的信息在 IMF1 上体现。此外，通过对比各个 IMF 分量信号在频域上的分布［见图 6（b）］与原始信号的频谱特性可知，IMF1 的频谱特性与原始信号最为相似，故选择分量 IMF1 作为降噪后的信号。

原始信号与降噪后的信号对比如图 7 所示。据图 7 可知，降噪后的信号很好地保留了管道发生泄漏时压力变化的特性，同时又去除了高频噪声。

此外，将 HOA-VMD 与鲸鱼优化算法（whale optimization algorithm，WOA）优化变分模态分解算法和海洋捕食者优化算法（marine predators algorithm，MPA）优化变分模态分解算法进行对比分析。

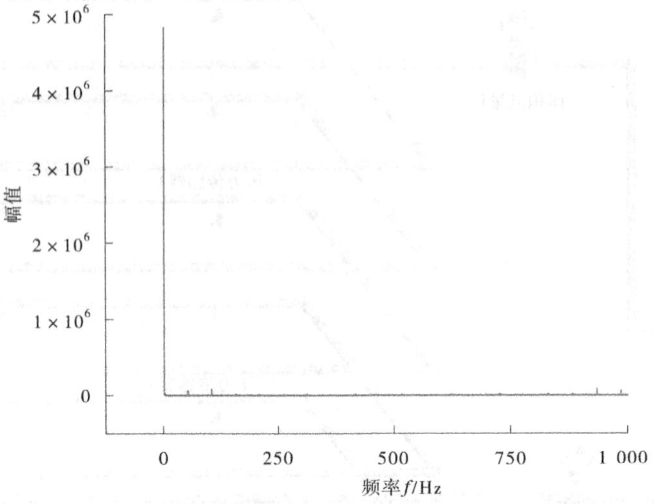

图 5　原始频域信号

所有优化算法均采用包络熵作为适应度函数，且分解模态个数 K 和惩罚因子 α 范围均与徒步优化算法优化变分模态分解算法保持一致。各个优化算法寻找变分模态最佳分解参数组合的结果和相应的均方根误差（RMSE）、信噪比（SNR）、平均绝对误差（MAE）如表 1 所示。由表 1 可知，HOA-VMD 算法的信噪比（SNR）、均方根误差（RMSE）、平均绝对误差（MAE）均为最优，相比其他优化算法可以更加精准地寻找到最优参数组合。

表 1　不同去噪方法比较

优化算法	K	α	RMSE	SNR	MAE
HOA-VMD	7	700	11. 306 7	26. 353 0	8. 321 9
WOA-VMD	7	2 693	11. 341 0	26. 326 5	8. 348 0
MPA-VMD	10	1 624	11. 339 0	26. 328 1	8. 345 0

3　结论

针对变分模态分解（VMD）算法对管道泄漏压力信号进行分解时易受主观选择分解模态个数 K 和惩罚因子 α 影响的问题，利用徒步优化算法（HOA）来对分解参数组合进行寻优。通过试验验证，该算法能够有效提高管道泄漏压力信号的去噪效果。试验结果表明，HOA-VMD 算法在均方根误差（RMSE）、信噪比（SNR）和平均绝对误差（MAE）等评价指标上均优于其他优化算法优化的 VMD 方法，可以更加准确地分离出有效分量和噪声分量，表明其在去除噪声的同时能够较好地保留泄漏信号的关键特征。

未来可以进一步考虑将 HOA-VMD 算法应用于更复杂的管道系统中，例如不同材质、不同管径、不同工况下的管道泄漏检测信号分解中，以验证其鲁棒性和适应性。同时，也可以探索将该算法与其他先进的信号处理技术相结合，进一步提升管道泄漏检测的准确性和可靠性。

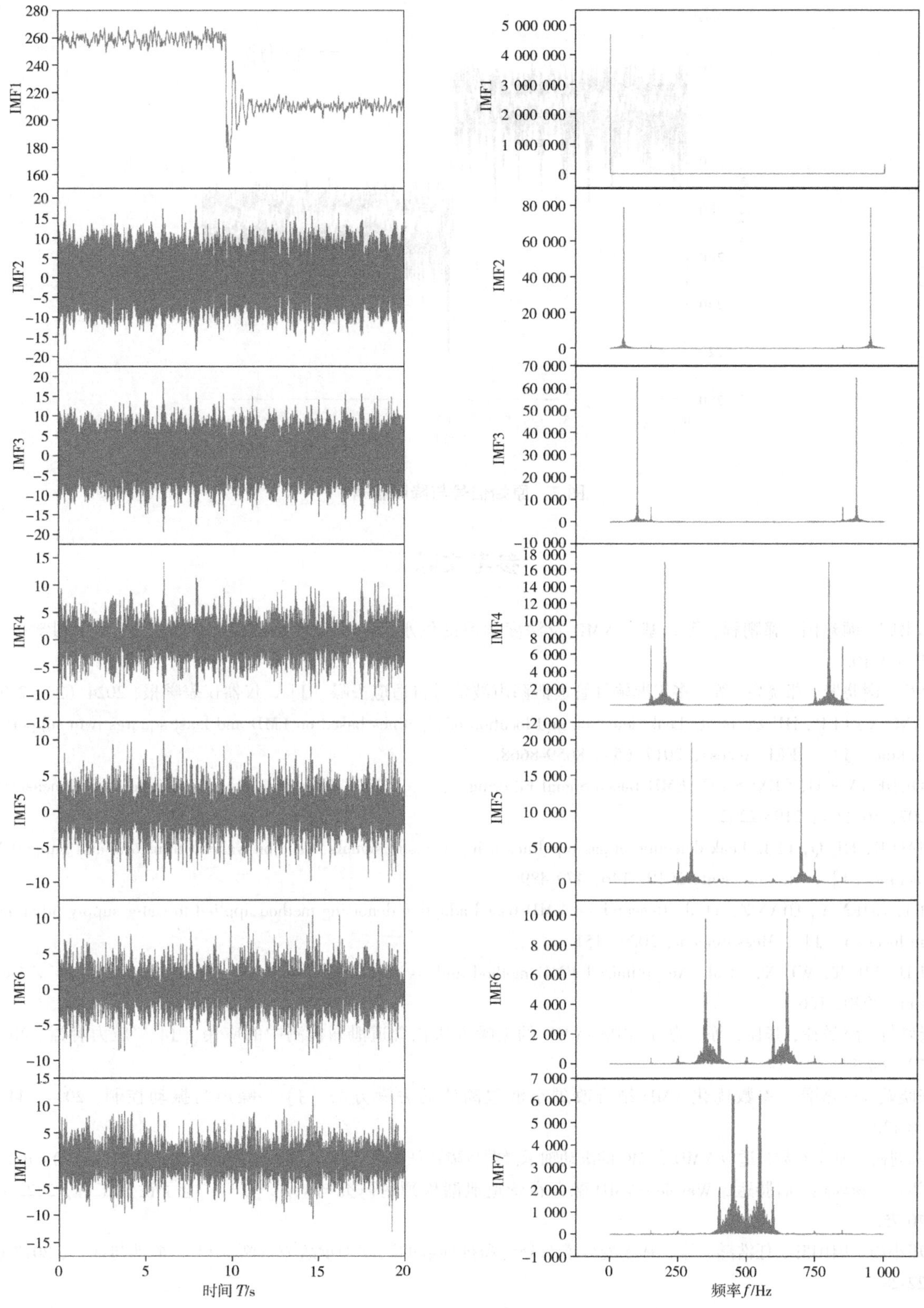

图 6 IMF 分量时域、频域信号

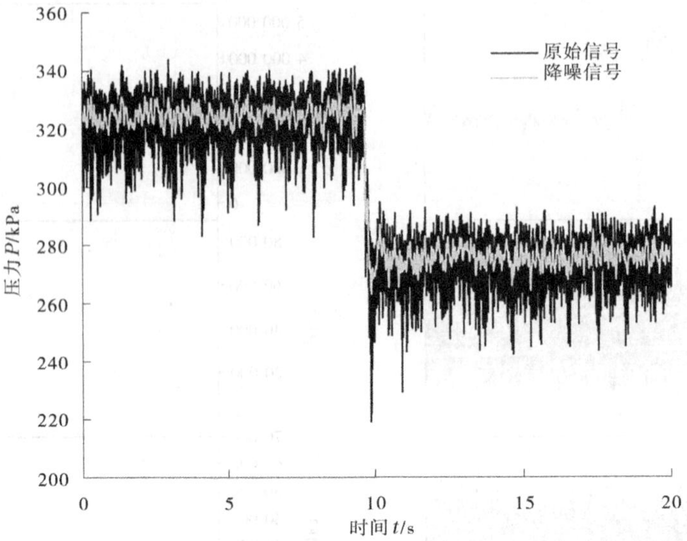

图 7 原始信号与降噪信号

参考文献

[1] 郑书闽，颜建国，郭鹏程，等．基于 VMD 及深度学习的供水管道小尺度泄漏检测研究［J］．水利学报，2024（9）：1-10.

[2] 薛生，谢晓贤，郑晓亮，等．多工况输气管道泄漏声波信号自适应去噪［J］．仪器仪表学报，2024（3）：227-239.

[3] LANG X, LI P, HU Z, et al. Leak detection and location of pipelines based on LMD and least squares twin support vector machine［J］. IEEE Access, 2017（5）：8659-8668.

[4] BOUDRAA A O, CEXUS J C. EMD-Based Signal Filtering［J］. IEEE Transactions on instrumentation and measurement, 2007, 56（6）：2196-2202.

[5] XIAO R, HU Q, LI J. Leak detection of gas pipelines using acoustic signals based on wavelet transform and Support Vector Machine［J］. Measurement, 2019, 146：479-489.

[6] LI J, CHEN Y, QIAN Z, et al. Research on VMD based adaptive denoising method applied to water supply pipeline leakage location［J］. Measurement, 2020, 151.

[7] LI H, LIU T, WU X, et al. An optimized VMD method and its applications in bearing fault diagnosis［J］. Measurement, 2020, 166.

[8] 侯轶轩，路敬祎，张昆，等．基于 MPA-VMD 的去噪方法在管道泄漏检测中的应用［J］．压力容器，2022，39（7）：64-72.

[9] 张晓莉，黄嘉谓．参数优化 VMD 结合改进小波包阈值的去噪方法［J］．噪声与振动控制，2024，44（5）：128-132.

[10] 刘迎松．基于参数自适应 VMD 和 MC 的滚动轴承微弱故障特征提取［J］．噪声与振动控制，2023，43（3）：102-109.

[11] 郭颖，杨理践，唐滕达．Wavelet-VMD 融合在管道泄漏检测的研究与应用［J］．电子设计工程，2022（15）：70-75.

[12] 郑小霞，周国旺，任浩瀚，等．基于变分模态分解和排列熵的滚动轴承故障诊断［J］．振动与冲击，2017（22）：22-28.

[13] OLADEJO S O, EKWE S O, MIRJALILI S. The Hiking Optimization Algorithm: A novel human-based metaheuristic approach［J］. Knowledge-Based Systems, 2024, 296.

[14] GOODCHILD M F. Beyond Tobler's Hiking Function［J］. Geographical Analysis, 2020, 52（4）：558-569.

[15] 王璞，姬联涛，陈龙翔，等．基于 WOA-VMD-TCN 的水电机组振动趋势预测［J］．水电能源科学，2023（6）：175-179.

基于博弈论-成功度的水库除险加固工程后评价

王　甫[1,2]　高　全[1,2]　杨明化[1,2]

（1. 长江勘测规划设计研究有限责任公司，湖北武汉　430010；
2. 国家大坝安全工程技术研究中心，湖北武汉　430010）

摘　要： 近年来，我国投入大量资金开展水库除险加固工作，水库加固后的效果如何成为当前关注的焦点，但目前关于水库除险加固后评价研究相对较少。本文构建了一套水库除险加固工程后评价体系，包含设计方案、功能恢复、工程施工、运行管理、工程效益等5个一级指标与17个二级指标，基于博弈论与成功度理论对除险加固效果开展科学评价，并在信阳市泼河水库除险加固工程中进行了验证。结果表明，该评价方案基本可行，泼河水库除险加固工程基本成功。

关键词： 除险加固；后评价；博弈论；成功度

1　研究背景

截至2023年底，我国已建成水库94 877座，水库总库容9 999亿 m^3[1]。水库作为国家水网的重要节点，在防洪、灌溉、供水、发电、生态等方面发挥着重要作用。我国水库大多兴建于20世纪50—70年代，存在先天建设标准低、服役时间长、病险水库多等问题。党中央、国务院高度重视水库大坝安全问题，投入大量资金开展水库除险加固工作[2]，水库除险加固工程实施后的效果如何成为热议的话题。

项目后评价是水利工程建设和管理的重要环节，开展项目后评价有利于总结项目经验教训，提高项目投资效益。水利部颁布了关于水利工程建设项目后评价管理办法和编制规程，明确了评价的目的、范围、程序、内容等。当前，水利建设项目后评价开展主要集中在新建大型水利水电工程，病险水库除险加固后评价仍处于摸索阶段，且主要围绕效益定性分析开展后评价[3-5]，难以系统准确地评估工程实施效果。

本文提出了一套水库除险加固工程后评价体系，构建了设计方案、功能恢复、工程施工、运行管理、工程效益等5个一级指标和17个二级指标，基于博弈论-成功度理论开展科学评价，博弈论可减少人为因素干扰，综合考虑评价指标的主客观权重[3]，成功度理论量化评价除险加固工程实施效果[6]，选择河南省信阳市泼河水库除险加固工程作为应用对象，评价该工程的实施效果，验证该评价方案的可行性。

2　研究方法

2.1　指标体系构建

病险水库除险加固后评价是一个较为庞杂的评价系统，依据《水利建设项目后评价报告编制规程》（SL 489—2010）[7] 和《病险水库除险加固项目后评价规程》（DB41/T 1390—2017）[8] 的要求，结合水库除险加固的工程特点，查阅相关文献[3-4,9]，构建了一套水库除险加固工程后评价体系。该

基金项目： 国家重点研发计划项目（2022YFC3005505-3）；国家大坝安全工程技术研究中心支撑项目（CX2023Z01-1）。

作者简介： 王甫（1993—），男，工程师，主要从事水库大坝安全评价及除险加固设计与研究工作。

通信作者： 杨明化（1982—），男，高级工程师，主要从事水库除险加固设计研究及水利信息化工作。

评价体系包含设计方案、功能恢复、工程施工、运行管理、工程效益等 5 个一级指标和 17 个二级指标，如表 1 所示。

表 1　水库除险加固工程后评价层次结构体系

目标层	一级指标层 A_i	二级指标层 A_{ij}
水库除险加固工程后评价	设计方案 A_1	工程投资 A_{11}、工程技术 A_{12}、工程施工 A_{13}
	功能恢复 A_2	防洪能力恢复 A_{21}、渗流安全恢复 A_{22}、结构安全恢复 A_{23}、抗震安全恢复 A_{24}、金属结构安全恢复 A_{25}
	工程施工 A_3	施工组织 A_{31}、施工管理 A_{32}、施工质量 A_{33}
	运行管理 A_4	管理体制 A_{41}、安全监测 A_{42}、维护养护 A_{43}
	工程效益 A_5	经济效益 A_{51}、环境效益 A_{52}、社会效益 A_{53}

2.2 基于博弈论的指标权重确定

2.2.1 层次分析法确定主观权重

引入层次分析法来确定各因素的主观权重，该方法将影响因素较多的复杂问题分解成若干层次，通过两两相关重要性比较并用标度定量计算各指标权重。

每层各因素两两比较相对重要性，利用 1~9 标度法进行标记，比较结果形成判断矩阵。1~9 标度法的含义由两者相对重要性判断，即两者同等重要、稍微重要、重要、很重要、极端重要，标度对应为 1、3、5、7、9，重要性处于上述两者之间，标度对应为 2、4、6、8。在此基础上构造判断矩阵 $A_{ij}=(a_{ij})_{n\times n}$，对应的元素组成如下：$a_{ij}>0$，$a_{ji}=\frac{1}{a_{ij}}(i,\ j=1,\ 2,\ \cdots,\ n)$。

层次分析法中权重向量 ω 采用方根法计算，并将计算结果进行一致性检验，参考相关文献［2，10］，按式（1）计算：

$$CR = CI/RI \tag{1}$$

式中：CR 为一致性比例；CI 为一致性指标；RI 为平均随机一致性指标。

CI 按式（2）计算：

$$CI = (\lambda_{max} - n)/(n - 1) \tag{2}$$

式中：λ_{max} 为最大特征根。

当 CR≤0.1 时，即认为该判断矩阵取得理想的一致性结果，求出最大特征根对应的特征向量后采取归一化方式处理后得各指标权重。

2.2.2 熵权法确定客观权重

假定系统中存在多个状态，每个状态发生频率定义为 $p_i(i=1,\ 2,\ \cdots,\ n)$，按式（3）进行系统熵计算：

$$e = \sum_{i=1}^{m} p_i \ln p_i \tag{3}$$

熵权法详细计算如式（4）~式（7）所示。

（1）建立原始评价矩阵 $R=(R_{ij})_{m\times n}$：

$$R = \begin{bmatrix} r_{11} & r_{12} & \cdots & r_{1n} \\ r_{21} & r_{22} & \cdots & r_{2n} \\ \vdots & \vdots & & \vdots \\ r_{m1} & r_{m2} & \cdots & r_{mn} \end{bmatrix} \tag{4}$$

（2）计算第 i 位专家对第 j 个评价指标评分值的比重：

$$p_{ij} = \frac{x_{ij}}{\sum_{i=1}^{n} x_{ij}} \tag{5}$$

（3）计算第 j 个评价指标对应的熵值：

$$H_j = \frac{1}{\lg n}\sum_{i=1}^{n} p_{ij}\lg p_{ij} \tag{6}$$

（4）进行客观权重 ω_i 的计算：

$$\omega_i = \frac{1 - H_i}{\sum_{i=1}^{n}(1 - H_i)} \tag{7}$$

2.2.3 基于博弈论的组合权重确定

假定各评价指标赋权 m 种赋权方法得到 m 个评价指标向量：$p_k = \{W_1^k, W_2^k, \cdots, W_n^k\}$ $(k = 1, 2, \cdots, m)$。

（1）假设线性组合系数 $a_k = (a_1, a_2, \cdots, a_m)$，向量线性组合 $p = \sum_{k=1}^{m} a_k p_k$。

（2）对线性组合系数 a_k 利用博弈论理论进行优化计算，使 p 和 p_k 间离差最小化，按式（8）计算：

$$\begin{bmatrix} p_1 \cdot p_1^{\mathrm{T}} & p_1 \cdot p_2^{\mathrm{T}} & \cdots & p_1 \cdot p_m^{\mathrm{T}} \\ p_2 \cdot p_1^{\mathrm{T}} & p_2 \cdot p_2^{\mathrm{T}} & \cdots & p_2 \cdot p_m^{\mathrm{T}} \\ \vdots & \vdots & & \vdots \\ p_m \cdot p_1^{\mathrm{T}} & p_m \cdot p_2^{\mathrm{T}} & \cdots & p_m \cdot p_m^{\mathrm{T}} \end{bmatrix} \begin{bmatrix} a_1 \\ a_2 \\ \vdots \\ a_m \end{bmatrix} = \begin{bmatrix} p_1 \cdot p_1^{\mathrm{T}} \\ p_2 \cdot p_2^{\mathrm{T}} \\ \vdots \\ p_m \cdot p_m^{\mathrm{T}} \end{bmatrix} \tag{8}$$

（3）将组合系数 $a_k = (a_1, a_2, \cdots, a_m)$ 采取归一化处理，按式（9）计算：

$$a_k^* = a_k \sum_{i=1}^{m} a_{ki} \tag{9}$$

（4）得出评价指标组合权重，按式（10）计算：

$$p^* = \sum_{k=1}^{m} a_k^* p_k^{\mathrm{T}} \tag{10}$$

2.3 成功度理论

依据现行规程、规范和相关文献[5-7]，结合水库除险加固工程热点，可将成功度划分为5个等级，各等级标准详见表2。

表2 水库除险加固效果等级划分

效果等级	评价值	含义
A. 完全成功	[0.9~1.0]	除险加固的目标都已全面实现或超过，工程取得了巨大效益
B. 基本成功	[0.8~0.9]	除险加固后，主要病险已消除，主要目标已实现，基本达到了预期效益
C. 部分成功	[0.7~0.8]	除险加固后，主要病险已基本消除，仅实现了部分目标，只取得了一定效益
D. 不成功	[0.6~0.7]	除险加固实现的目标非常有限，渗流和结构病险未有效消除，工程基本没有产生效益
E. 失败	[0~0.6]	除险加固目标未实现，防洪、渗流和结构安全仍存在重大隐患，工程完全没有效益

结合表1构建的水库除险加固工程后评价层次结构模型，选择水工、规划、施工、管理等方面的专家对各指标层进行成功度打分，根据每位专家的研究方向、资历能力、实践成果等特点赋予不同权

重，各指标得分加权平均后乘以各指标层基于博弈论所得组合权重汇总。根据汇总得分对应效果等级，判定水库除险加固效果。

3 应用实例

3.1 工程概况

泼河水库地处大别山北麓，坐落在淮河水系潢河右支泼陂河上，坝址位于河南省信阳市光山县泼河镇，控制流域面积 222 km^2，是一座以防洪、灌溉为主，兼顾发电、养殖等综合效益的Ⅱ等大（2）型水库，总库容 2.33 亿 m^3，主要建筑物包括大坝（主坝和副坝）、溢洪道、泄洪洞、灌溉（发电）洞、输水管等。

3.2 确定指标权重

通过收集该项目前期勘察设计、施工、运行管理资料，邀请水工、规划、施工、管理等方面 5 位资深专家，对表 1 评价体系中评价指标定性、定量进行打分，定性评价采用 1~9 标度法，定量评价以 10 分为满分进行打分，所得分数越高意味着影响越大。根据层次分析法、熵权法分别确定各指标的主、客观权重，博弈论确定组合权重见表 3。

表 3 水库除险加固工程后评价指标权重

指标	层次分析法相对权重	熵权法相对权重	博弈论综合权重
设计方案 A_1	0.295	0.393	0.323
功能恢复 A_2	0.423	0.148	0.344
工程施工 A_3	0.134	0.166	0.143
运行管理 A_4	0.074	0.140	0.093
工程效益 A_5	0.074	0.152	0.097
工程投资 A_{11}	0.074	0.178	0.108
工程技术 A_{12}	0.148	0.106	0.131
工程施工 A_{13}	0.074	0.109	0.084
防洪能力恢复 A_{21}	0.085	0.056	0.087
渗流安全恢复 A_{22}	0.085	0.037	0.073
结构安全恢复 A_{23}	0.085	0.037	0.073
抗震安全恢复 A_{24}	0.085	0.010	0.056
金属结构安全恢复 A_{25}	0.085	0.008	0.054
施工组织 A_{31}	0.022	0.062	0.036
施工管理 A_{32}	0.040	0.056	0.045
施工质量 A_{33}	0.072	0.049	0.063
管理体制 A_{41}	0.019	0.023	0.020
安全监测 A_{42}	0.037	0.063	0.045
维护养护 A_{43}	0.019	0.055	0.029
经济效益 A_{51}	0.037	0.049	0.041
环境效益 A_{52}	0.019	0.056	0.029
社会效益 A_{53}	0.019	0.047	0.027

3.3 成功度评价

选择水工、规划、施工、管理等方面5位资深专家对各指标层进行成功度打分，根据每位专家的研究方向、资历能力、实践成果等特点赋予不同权重，见表4。专家打分情况见表5。

表4 水库除险加固工程后评价指标专家打分权重

一级指标	专家1	专家2	专家3	专家4	专家5
设计方案 A_1	0.3	0.3	0.1	0.2	0.1
功能恢复 A_2	0.3	0.3	0.1	0.15	0.15
工程施工 A_3	0.15	0.15	0.1	0.35	0.25
运行管理 A_4	0.15	0.15	0.2	0.15	0.35
工程效益 A_5	0.15	0.15	0.35	0.15	0.2

注：各二级指标权重等于与其所对应一级指标权重。

表5 水库除险加固工程后评价指标专家打分情况

二级指标	专家1	专家2	专家3	专家4	专家5
工程投资 A_{11}	0.85	0.85	0.85	0.9	0.8
工程技术 A_{12}	0.85	0.8	0.8	0.85	0.85
工程施工 A_{13}	0.9	0.85	0.9	0.8	0.9
防洪能力恢复 A_{21}	1	1	1	1	0.95
渗流安全恢复 A_{22}	0.9	0.9	0.95	0.9	0.9
结构安全恢复 A_{23}	0.85	0.85	0.8	0.85	0.9
抗震安全恢复 A_{24}	0.9	0.85	0.9	0.9	0.9
金属结构安全恢复 A_{25}	0.95	0.95	0.95	1	0.95
施工组织 A_{31}	0.85	0.85	0.9	0.85	0.85
施工管理 A_{32}	0.85	0.9	0.85	0.85	0.85
施工质量 A_{33}	0.85	0.85	0.85	0.9	0.9
管理体制 A_{41}	0.85	0.85	0.9	0.85	0.85
安全监测 A_{42}	0.85	0.9	0.85	0.8	0.85
维护养护 A_{43}	0.8	0.85	0.8	0.8	0.8
经济效益 A_{51}	0.9	0.9	0.85	0.9	0.95
环境效益 A_{52}	0.85	0.9	0.85	0.8	0.85
社会效益 A_{53}	0.85	0.9	0.85	0.9	0.85

根据表4的专家打分权重和表5专家打分情况，对各二级评价指标得分进行加权平均，乘以表3中各指标层基于博弈论所得组合权重汇总，即可求出最终分值，对照表2，判定水库除险加固效果。泼河水库除险加固工程后评价最终得分为0.88分，评级结论为基本成功。

4 结语

本文依据相关规程规范与文献资料，结合水库除险加固工程后评价特点，构建水库除险加固工程后评价体系，并在泼河水库除险加固工程后评价中予以验证。

（1）通过选取5个一级指标和17个二级指标构建的水库除险加固工程后评价体系能基本涵盖各

评价内容，评价体系基本可行。

（2）采用层次分析法确定各评价指标主观权重，采用熵权法确定各评价指标客观权重，在充分考虑客观事实的基础上，有效降低人为因素对评价指标权重的影响，同时引入博弈论理论计算得出组合权重，指标权重赋值更加科学合理。

（3）基于成功度的水库除险加固后评价，多专业专家加权评分，评价结果能更准确地反映水库除险加固工程实际效果。

（4）通过泼河水库除险加固工程实践验证，基于博弈论与成功度理论对构建的水库除险加固工程后评价体系进行综合评价的方案基本可行，可为今后开展类似项目后评价工作提供参考。

参考文献

[1] 中华人民共和国水利部．2023 年全国水利发展统计公报［R］．北京：水利部，2024.

[2] 王甫，谭政，熊威，等．基于层次分析法的水库土石坝工程病险特点研究［J］．水利水电快报，2024，45（2）：53-59.

[3] 肖俊，郑棚，汤程．金厂坪水库除险加固工程综合效益后评价［J］．水利建设与管理，2022，42（9）：77-84，23.

[4] 杨启林．吴岭水库除险加固效益分析［J］．中国水利，2017（8）：34-35.

[5] 蒋佳莉，陆立国，周志轩，等．宁夏水利建设项目后评价现状及进展研究［J］．中国水利，2023（14）：48-51.

[6] 笪步源，唐德善．成功度法在绍兴市水库型水利风景区管理评价中的应用［J］．水电能源科学，2017，35（11）：112-114.

[7] 中华人民共和国水利部．水利建设项目后评价报告编制规程：SL 489—2010［S］．北京：中国水利水电出版社，2010.

[8] 河南省质量技术监督局．病险水库除险加固项目后评价规程：DB 41/T 1390—2017［S］．郑州：黄河水利出版社，2017.

[9] 沈振中，甘磊，徐力群，等．病险水库除险加固效果的量化评价模型［J］．水利水电科技进展，2018，38（5）：10-14，80.

[10] 刘治理，马光文，杨道辉，等．大型水库运行方式的模糊层次分析研究［J］．水利学报，2008，39（8）：1017-1021.

近 20 年全球典型植被 EVI 时空变化及其对极端气候事件的响应

李晨昊　张　鑫　刘姗姗　秦天玲

（中国水利水电科学研究院，北京　100038）

摘　要：随着气候变化对全球影响范围和程度的增加，迫切需要从全球尺度评估降水、温度变化对各典型植被的影响，以提升应对气候变化的能力。为此，通过分析 2000—2021 年全球森林、草原、灌丛、苔原等典型植被 EVI 时空变化特征，并采用灰色关联分析方法评估对极端水热指标的响应。研究发现，全球近 20 年"偏暖偏干"（苔原区域除外）的气候演化并没有阻碍植被持续变绿的趋势；降水、气温变化对植被的敏感程度均表现为灌丛>草原>森林>苔原；相对于单次强降水，连续性降水对植被具有更长期的潜在影响，且相较于连续性干旱对植被影响更大。

关键词：极端气候事件；EVI；时空变化；灰色关联分析

1　引言

受气候变暖影响，全球降水格局发生了深刻变化[1]，进而给生态系统带来不同程度的影响[2-4]。卫星监测结果表明，近几十年来，全球范围出现了不同程度的绿化现象。但绿化的原因在不同地区和不同植被类型中却不尽相同[5-6]。农田被认为在全球变绿中贡献了相当大的比例，但其受人类活动影响并不能真实反映全球变化产生的生态效应[7]。相较于农田，森林、草原、灌木、苔原等陆地典型植被受气候变化影响通常更为直接，并且在维系生态稳定[8-10]以及调节全球水、碳循环方面发挥着更为重要的作用[11-12]。由于植被的生长环境和生理习性的差异，不同类型植被对降水、温度变化具有不同的敏感程度[13]，加之气候变化背景下，全球范围内极端气候事件强度和频率增加[14-16]，考虑到不同类型植被对降水、温度变化的适应范围或韧性存在差异，极端事件加剧对生态系统稳定性的潜在影响需要尤为关注。然而，当前对气候变化背景下极端事件加剧如何影响不同生态系统仍然缺乏足够的了解。随着气候变化对全球不同生态系统影响的范围和程度的日益加大，迫切需要从全球尺度评估降水、温度变化对不同生态系统的影响，以提升对气候变化的应对能力。

植物遥感监测作为一种大尺度、长时序的技术手段，为开展全球范围内典型植被生态系统变化评估提供了可能性[6]。EVI 是一种比 NDVI 更加灵敏的植被遥感监测指标[17]，其数据可靠性通过了验证[18]，被广泛应用于植被动态监测[19-20]。本文选取全球森林、草原、灌木、苔原生态系统作为研究对象，通过趋势分析和偏相关分析方法分析全球典型植被生态系统 EVI 时空变化规律及其与降水、温度的关联。在此基础上，结合极端气候指数，利用灰色关联分析法评估极端气候对 FGST 植被的影响程度。本研究的目的是：

（1）分析全球典型植被时空动态变化规律。

基金项目：垄沟耕作对坡耕地土壤磷素迁移转化及作物生长的影响机理研究（52109043）；基于坡面单元产耗水特性的流域水系统调控（52130907）。

作者简介：李晨昊（1992—），男，工程师，主要从事水利遥感相关研究工作。

通信作者：张鑫（1995—），男，工程师，主要从事水资源演变机制相关研究工作。

（2）识别不同类型典型植被对降水、温度变化的敏感程度。

（3）评估全球典型植被与极端事件的关联效应。

2 数据源与研究方法

2.1 数据源与预处理

2.1.1 土地覆盖数据

本研究使用的全球土地覆盖数据来源于国家基础地理中心的 GlobeLand30 数据集。将 2000 年、2010 年、2020 年 3 期土地覆盖数据中类型未发生变化的地区，即类型一直为森林、草原、灌木、苔原的地区作为研究区，空间分布图如图 1 所示。

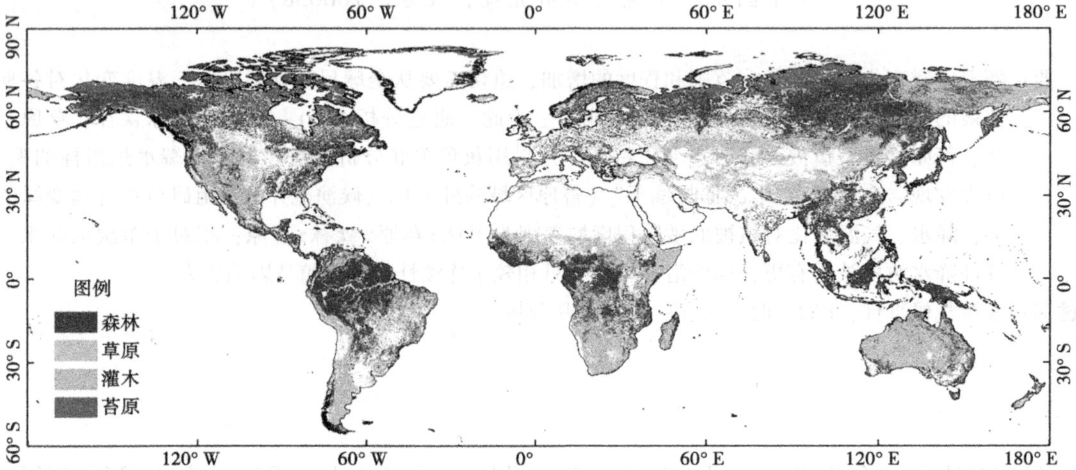

图 1 全球典型植被空间分布

2.1.2 EVI 数据

本研究使用的 2000—2021 年 EVI 数据来自 NASA LP DAAC 提供的 MOD13A2-EVI 数据，空间分辨率 1 km，时间分辨率 16 d，共 503 幅影像。本研究使用算术平均法对每个自然年内的 23 幅（2000 年 20 幅）EVI 影像进行处理，得出 EVI 年平均值数据，以便对植被时空变化情况和植被对气候的响应进行分析。

2.1.3 气象数据

气象数据（气温和降水）来源于 NASA 的 GLDAS 数据集，空间分辨率 0.25°，时间分辨率为 3 h。在本研究中，将每一天所有的 3 h 气温和降水数据进行累加，得到每日气温、降水数据，然后使用算术平均法计算得出气温的年平均值数据，使用累加计算法计算得出降水的年累计值数据。此外，为了分析植被对气候的响应，采用双线性内插法将其空间分辨率重采样到 1 km，以便与 EVI 数据相匹配。

2.2 研究方法

2.2.1 线性回归分析

利用线性回归分析方法识别 2000—2021 年全球典型陆地植被 EVI、气温、降水的年际变化趋势，按式（1）计算：

$$\text{SLOPE} = \frac{n \times \sum_{i=1}^{n}(i \times x_i) - \sum_{i=1}^{n} i \times \sum_{i=1}^{n} x_i}{n \times \sum_{i=1}^{n} i^2 - (\sum_{i=1}^{n} i)^2} \tag{1}$$

式中：SLOPE 为各参数在时间序列上的变化率；x_i 为各参数第 i 年的数值；n 为研究时段的总年数。

在本研究中 $n=22$。SLOPE>0 表示各参数呈现增长趋势，SLOPE<0 表示各参数呈现减少趋势。

2.2.2　极端气候指标

为了量化极端气候对典型植被的影响程度，本研究选取了 8 个极端气温指数和 7 个极端降水指数进行分析，这些指数由世界气象组织气候学委会和气候变率与可预测性研究计划（CLIVAR）共同建立的 ETCCDI 指定和推荐（见表 1）。

表 1　本研究中使用的极端气候指数及其定义

分类	指数名称	定义	单位
极端气温历时指标	霜冻日数，FD	一年中日最低温度<0 ℃	d
	夏日日数，SU	一年中日最高温度>25 ℃	d
	结冰日数，ID	一年中日最高温度<0 ℃	d
	热带日数，TR	一年中日最低温度>20 ℃	d
极端气温强度指标	日最高气温极大值，TXx	一年中最高气温的最大值	℃
	日最高气温极小值，TXn	一年中最高气温的最小值	℃
	日最低气温极大值，TNx	一年中最低气温的最大值	℃
	日最低气温极小值，TNn	一年中最低气温的最小值	℃
极端降水历时指数	中雨天数，$R_{10\ mm}$	一年中日降水量≥10 mm 的总天数	d
	大雨天数，$R_{25\ mm}$	一年中日降水量≥25 mm 的总天数	d
	暴雨天数，$R_{50\ mm}$	一年中日降水量≥50 mm 的总天数	d
	持续干燥指数，CDD	日降水量<1 mm 的最长连续日数	d
	持续湿润指数，CWD	日降水量≥1 mm 的最长连续日数	d
极端降水强度指数	年内单日最大降水量，Rx1	一年中最大的单日降水量	mm
	湿天降水总量，PRCPTOT	一年中湿天（日降水量≥1 mm）的降水量总和	mm

2.2.3　灰色关联分析

灰色关联分析根据序列曲线几何形状的相似程度来判断联系是否紧密，曲线越接近，相应序列之间的关联度就越大。该方法不受样本量和概率分布的影响。本研究通过计算不同极端气候指数与 EVI 均值的灰色关联度，进行灰色关联分析，实现量化不同极端气候情况对典型植被的影响程度。计算过程和公式如下：

步骤 1：比较序列和参考序列。

将 EVI 的平均值设定为参考序列，按式（2）计算：

$$X_0 = \{X_0(k)\} \quad (k = 1,\ 2,\ \cdots,\ n) \tag{2}$$

将极端气候指数设定为比较序列，按式（3）计算：

$$X_i = \{X_i(k)\} \quad (i = 1,\ 2,\ \cdots,\ n;\ k = 1,\ 2,\ \cdots,\ m) \tag{3}$$

步骤 2：标准化序列。

为消除量纲的影响，对原始参考序列和比较序列进行如下标准化处理，按式（4）和式（5）计算：

$$X'_0(k) = \frac{X_0(k) - \overline{X}_0}{\sigma_0} \tag{4}$$

$$X'_i(k) = \frac{X_i(k) - \overline{X}_i}{\sigma_i} \tag{5}$$

式中：$\overline{X}_0$ 和 $\overline{X}_i$ 分别为比较序列和参考序列的均值；σ_0 和 σ_i 分别为比较序列和参考序列的标准差。

步骤 3：计算灰色关联系数，按式（6）计算：

$$\xi(k) = \frac{\min_i \min_k \Delta_i(k) + \alpha \times \max_i \max_k \Delta_i(k)}{\Delta_i(k) + \alpha \times \max_i \max_k \Delta_i(k)} \tag{6}$$

式中：$\xi(k)$ 为灰色关联系数；$\Delta_i(k)$ 为比较序列与参考序列之差的绝对值；$\max_i \max_k \Delta_i(k)$ 和 $\min_i \min_k \Delta_i(k)$ 为 $\Delta_i(k)$ 的最大值和最小值；α 为分辨系数。

步骤 4：计算灰色关联度，按式（7）计算：

$$r_i = \frac{\sum_{k=1}^{n} \xi_i(k)}{n} \tag{7}$$

式中：r_i 为灰色关联度，取值范围为［0，1］，值越大表明比较序列对参考序列的影响程度越明显。

3 结果与讨论

3.1 典型植被 EVI 的时空变化

3.1.1 典型植被 EVI 的年际变化特征

2000—2021 年全球典型植被 EVI 年均值变化如图 2 所示。总体来看，全球典型植被呈现出不同程度的增长趋势。不同植被类型中，苔原年均 EVI 的增长速率最快，为 7.1×10^{-4}/a，灌木年均 EVI 的增长速率最慢，为 3.6×10^{-4}/a，森林和草原增长速率分别为 4.1×10^{-4}/a 和 5.5×10^{-4}/a。

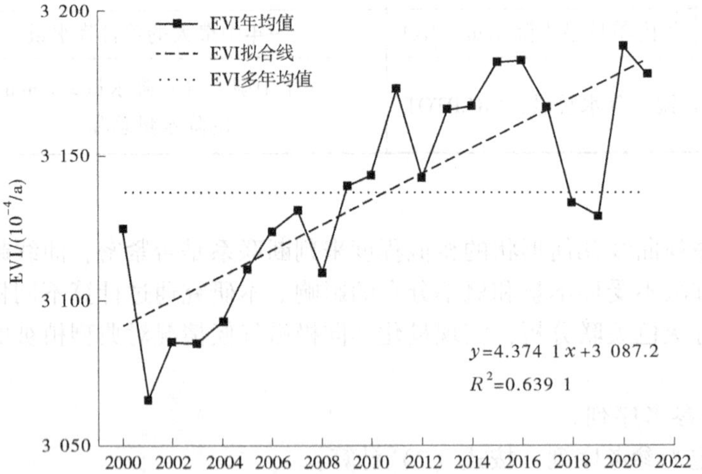

(a)森林

图 2 2000—2021 年全球典型植被 EVI 年际变化

从距平值变化来看，森林、草原、苔原年均 EVI 正距平年数与负距平年数相同，均为 11 年，但灌木年均 EVI 正距平年数比负距平年数多 6 年。值得注意的是，2009 年之后，这 4 类植被年均 EVI 距平值大多为正距平。在森林地区仅有 2018 年、2019 年年均 EVI 快速下降至年均距平 EVI 值以下，然后在 2020 年迅速恢复；在草原、灌木、苔原地区，这种情况分别发生在 2012 年、2012 年、2014 年。

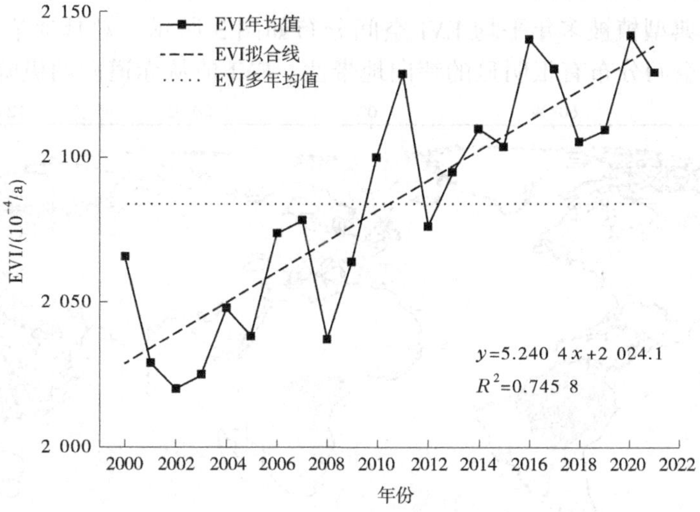

(b)草原

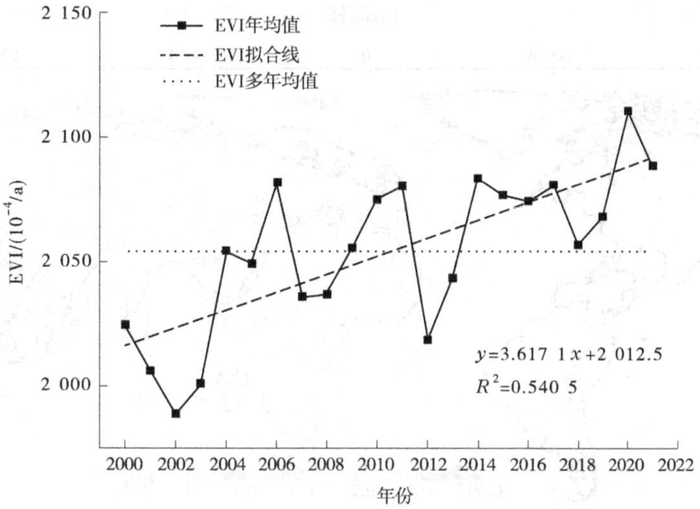

(c)灌木

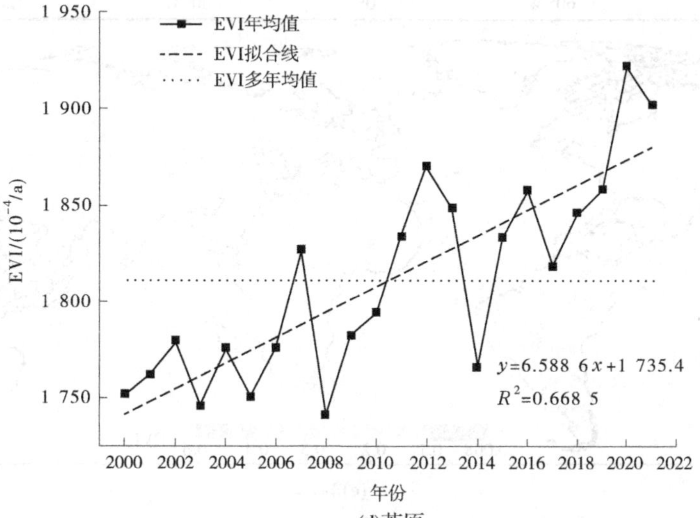

(d)苔原

续图 2

3.1.2　典型植被 EVI 的空间变化特征

2000—2021 年全球典型植被多年平均 EVI 空间分布如图 3 所示。总体来看，全球典型植被多年平均 EVI 介于 0~0.8，空间分布有很明显的纬向地带性，EVI 值从赤道向两极降低。

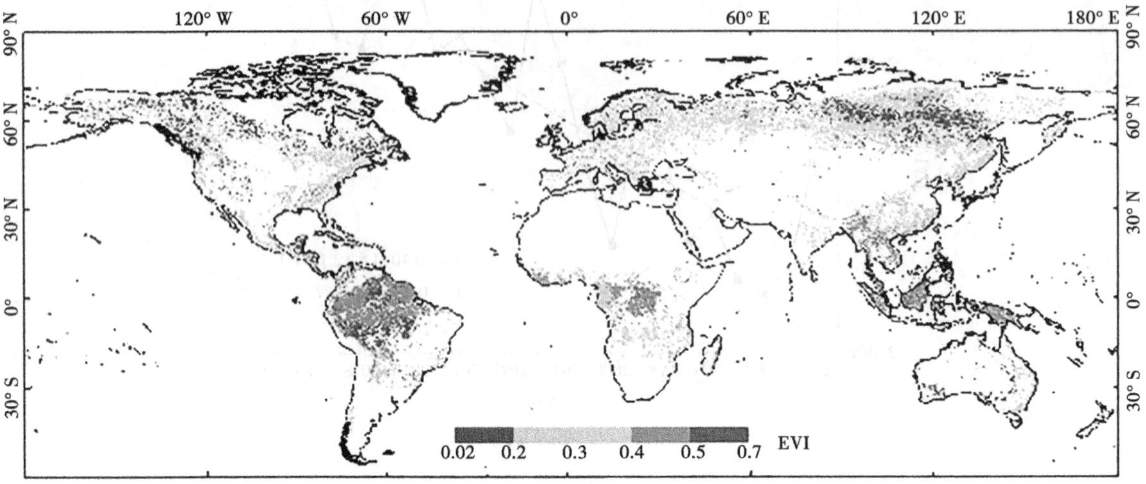

(a)森林

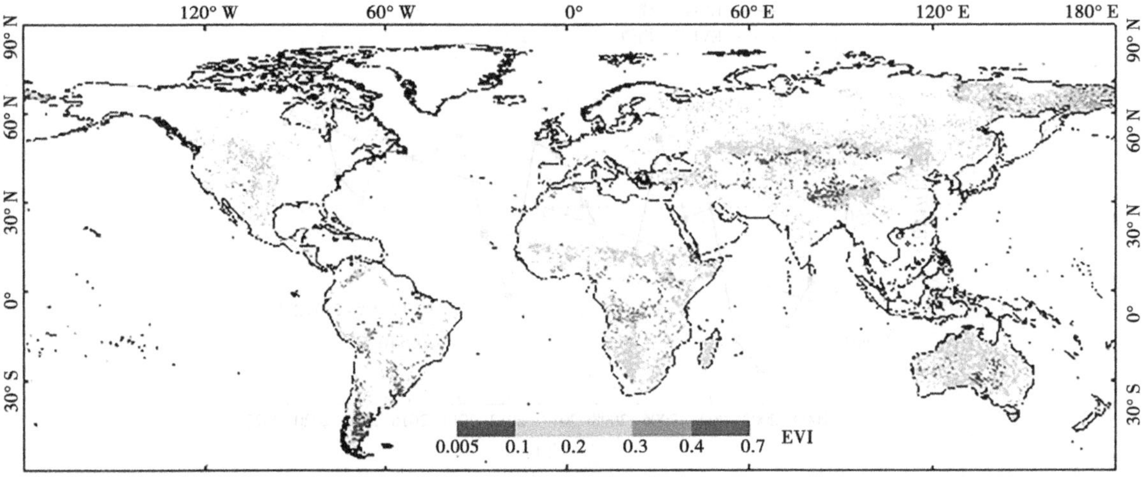

(b)草原

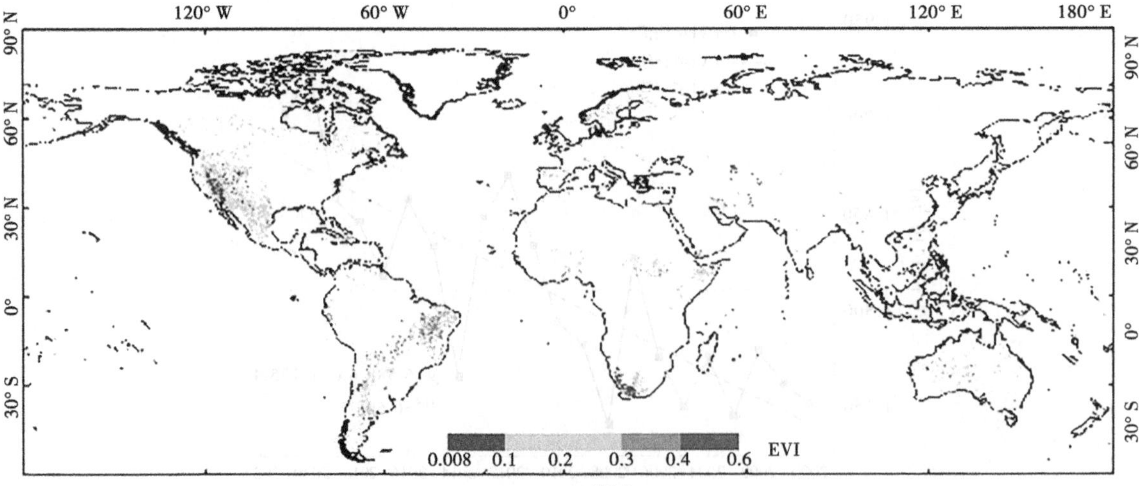

(c)灌木

图 3　全球 2000—2021 年全球典型植被 EVI 年空间分布

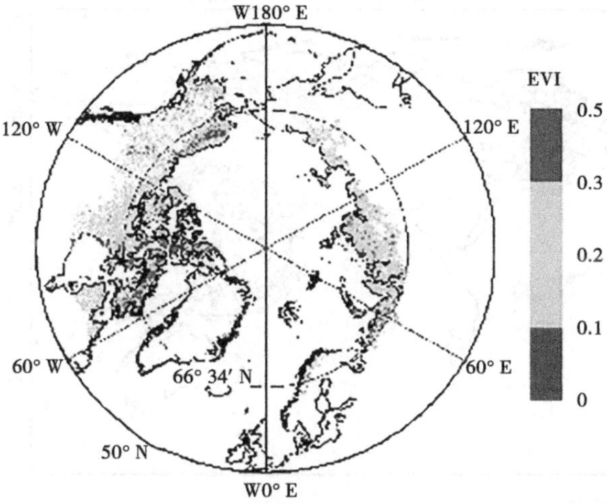

(d)苔原

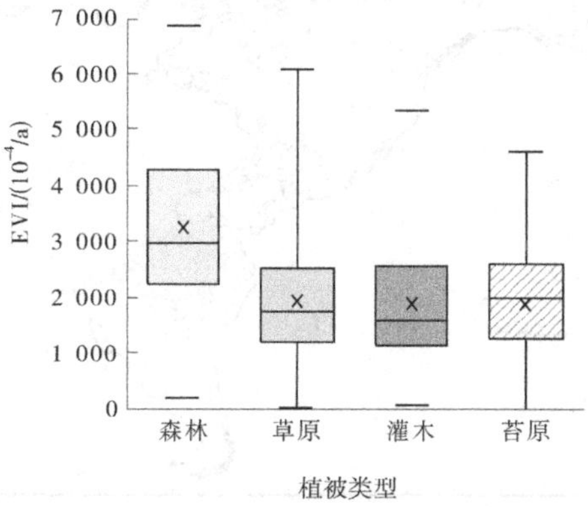

(e)空间分布统计信息

续图 3

从不同植被类型来看，全球森林多年平均 EVI 为 0.02～0.685 4，均值为 0.324 1［见图 3（a）］。从空间分布特征来看，森林 EVI 值在赤道最大，然后向南北减少，这种分布情况在北半球尤为明显。赤道地区的南美洲北部地区、非洲中部及东南亚地区森林 EVI 值基本在 0.4 以上，部分地区可以达到 0.6 以上。随纬度升高至 50°N～70°N，森林 EVI 值降至 0.3 以下。此外，值得注意的是，全球森林 EVI 在 2018 年、2019 年减小后在 2020 年和 2021 年出现大幅拉升［见图 3（a）］。而在其他几种植被中并没有这种类似的提升现象。这可能是全球新冠大流行造成的木材需求减弱以及采伐活动受限导致的[21-22]。

全球草原多年平均 EVI 为 0.005～0.61，均值为 0.193 8［见图 3（b）］。与森林相似，草原 EVI 空间分布同样具有纬向地带性分布规律。但各个大洲的分布规律不尽相同。非洲草原 EVI 大致以赤道为中心，向南北减少。欧亚大陆草原 EVI 以中亚为中心，向外呈辐射状增加。南美洲中西部和南部的草原 EVI 不足 0.3。澳大利亚草原 EVI 多在 0.2 以下，仅北部和东部沿海地区 EVI 在 0.2～0.3。全球灌木多年平均 EVI 为 0.008～0.54，均值为 0.189［见图 3（c）］。灌木地区植被 EVI 普遍不高，多在 0.2 以下，主要集中在北美洲西部、南美洲南部和非洲南部。EVI 在 0.3 以上的地区集中分布在南美洲东部。

全球苔原多年平均 EVI 为 0.001～0.46，均值为 0.189 7［见图 3（d）］。总体来看，随着纬度升高，苔原地区植被 EVI 值在减小。值得一提的是，北极圈内东西半球的苔原地区多年平均 EVI 空间分布截然不同，西半球的苔原地区 EVI 大多小于 0.1，但是在阿拉斯加的小部分地区可以达到 0.3 以上。而在东半球，EVI 值大部分在 0.2 以上，在 60°E 附近的沿海地区 EVI 值在 0.3 以上，仅有零星的地区 EVI 值小于 0.1。

利用线性回归分析法对 2000—2021 年全球典型植被空间变化趋势进行分析，结果见图 4 和图 5。EVI 年际变化范围集中在 $-20\times10^{-4}\sim40\times10^{-4}$/a（见图 4）。有 69.22% 的地区呈现增长趋势，其中 21.31% 的地区呈显著增长趋势；有 30.78% 的地区呈现减少趋势，其中 4.86% 的地区呈显著减少趋势，呈现增长趋势的地区要明显多于呈现减少趋势的地区（见图 5）。

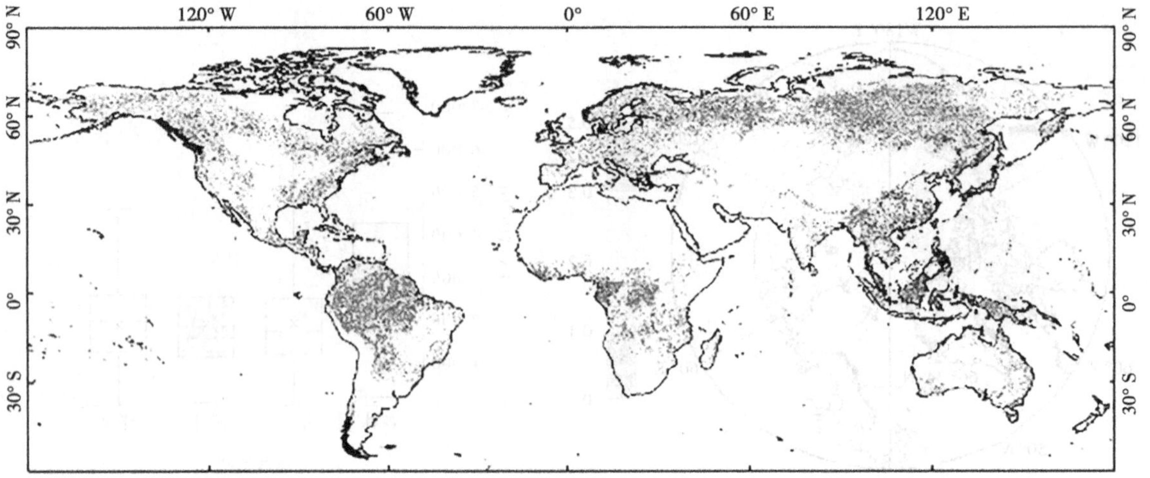

(a)森林

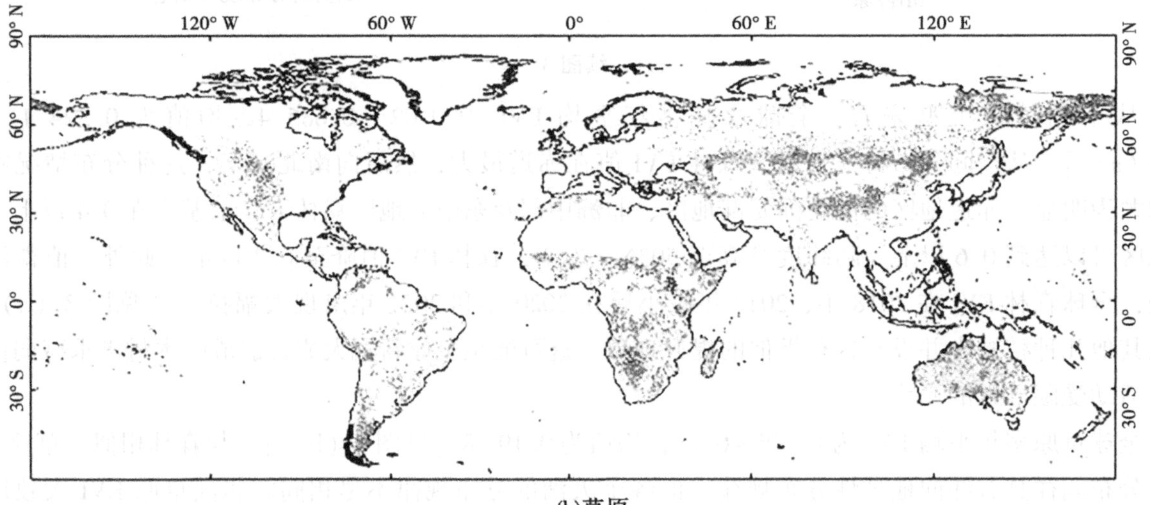

(b)草原

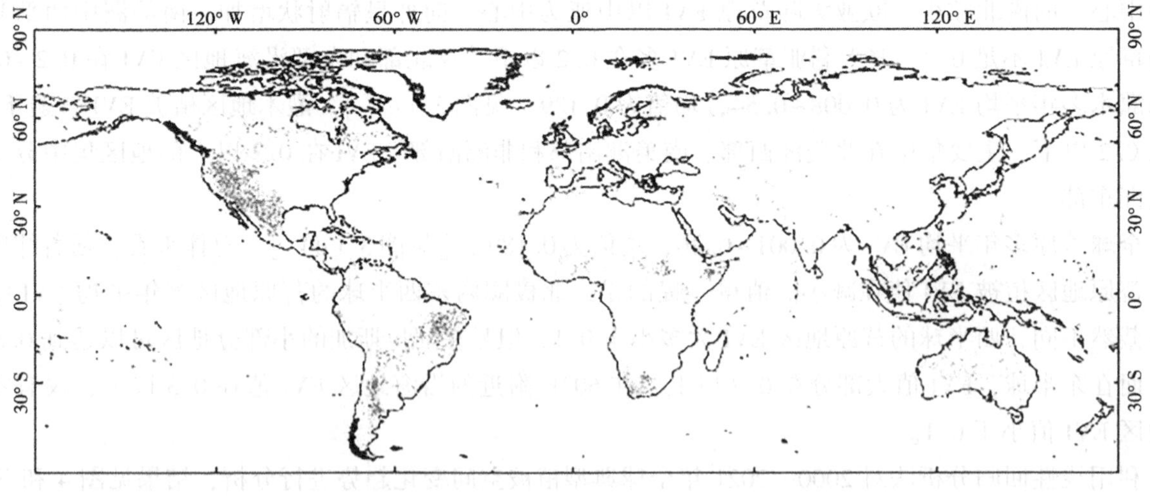

(c)灌木

图 4　全球 2000—2021 年典型植被 EVI 年空间变化趋势

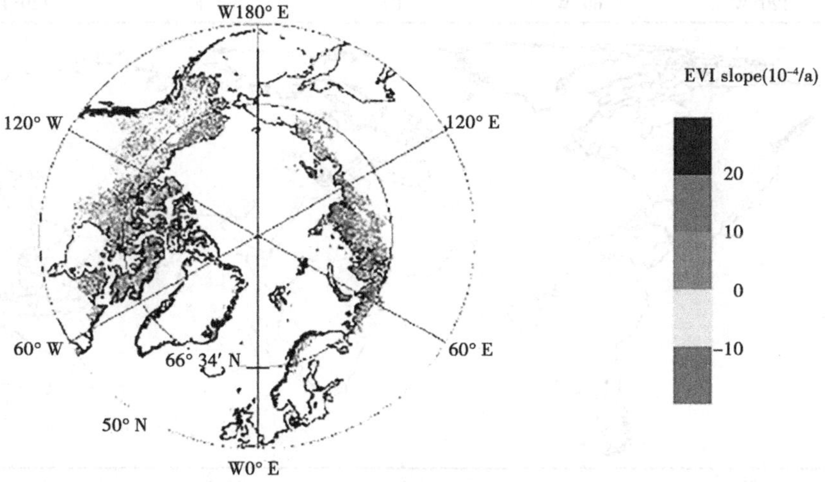

(d)苔原

续图 4

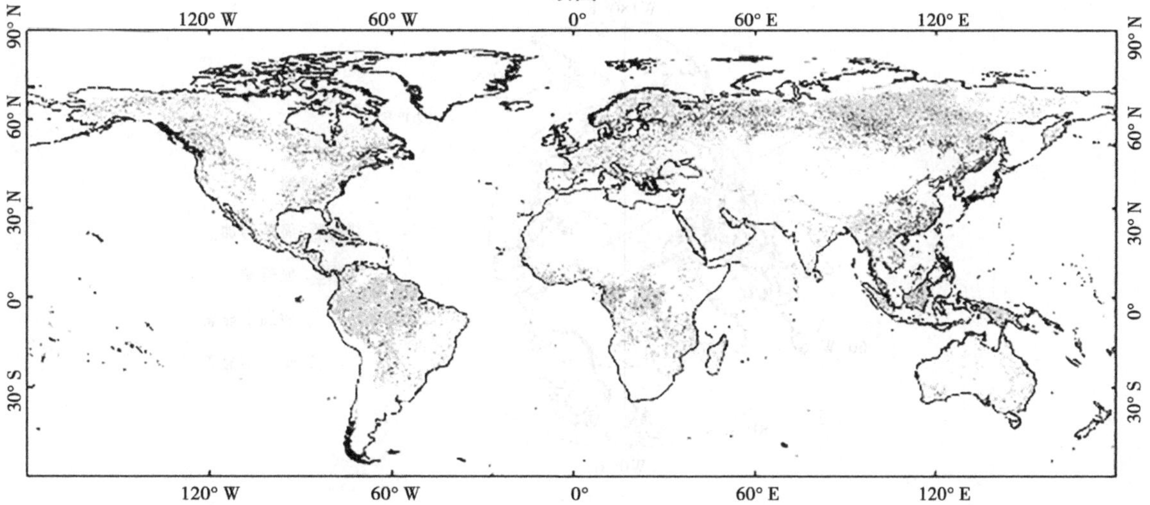

(a)森林

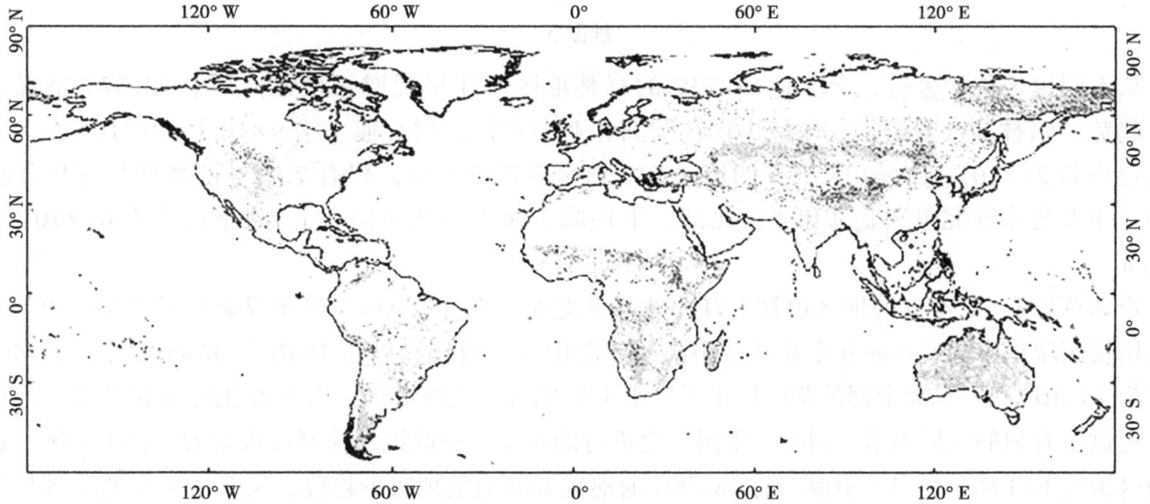

(b)草原

图 5　全球 2000—2021 年典型植被 EVI 年空间变化趋势显著性

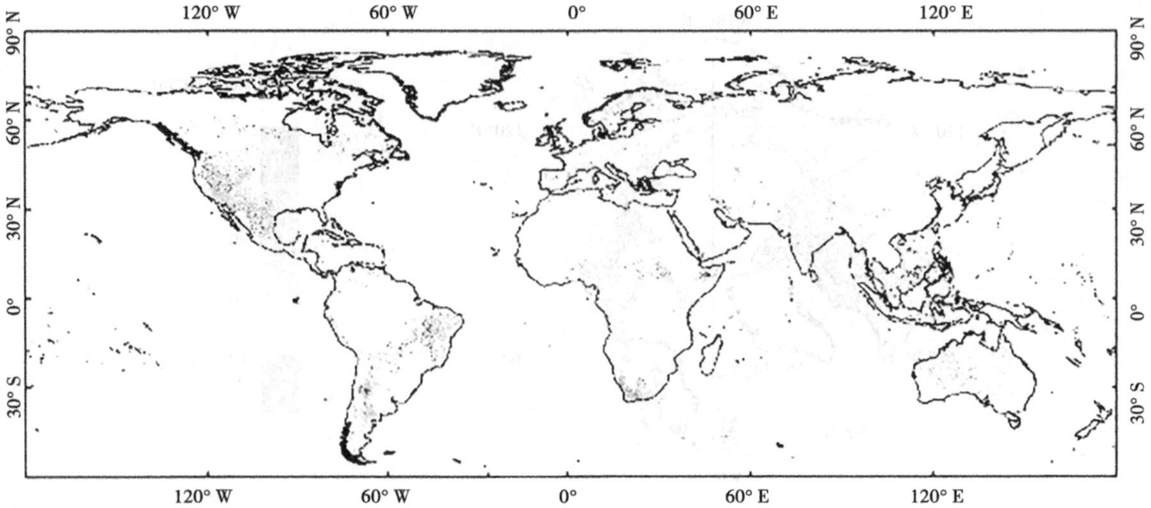

(c)灌木

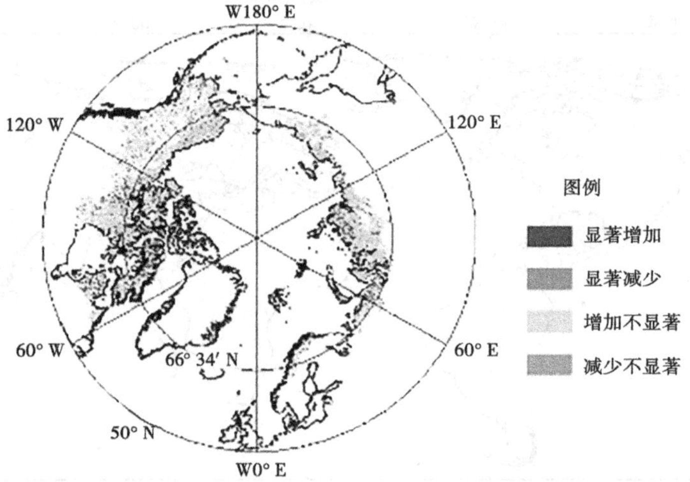

(d)苔原

续图 5

从不同植被类型来看，全球有 64.73%的森林地区 EVI 呈现增长趋势，其中 20.37%呈现显著增长趋势。森林 EVI 显著增长区域出现在欧洲和亚洲东部，增长速率为 9×10^{-4} ~ 50×10^{-4}/a，平均增长速率为 21×10^{-4}/a；有 35.27%的地区 EVI 值呈现减少趋势，仅有 7.22%的地区呈现显著减少趋势，主要集中在北美洲北部和亚洲北部，平均减少速率为 23×10^{-4}/a，减小速率为 61×10^{-4} ~ 8×10^{-4}/a。

全球草原有 71.44%的地区植被 EVI 呈现增长趋势，其中 23.61%呈现显著增长趋势。草原 EVI 显著增长区域集中分布在亚洲东北部和中部、非洲中部，增长趋势在 3×10^{-4} ~ 46×10^{-4}/a，平均增长速率为 18×10^{-4}/a。亚洲中部的草原位于干旱半干旱地区，该地区气候有暖湿化的变化趋势，为植被生长提供了有利的气候因素。同时，中国一直推行的草场保护政策、控制放牧行为等保护措施，也为该地区植被 EVI 增长作出了贡献。有 28.56%的地区 EVI 值呈现减少趋势，仅有 3.08%的地区呈现显著减少趋势，零星分布在澳大利亚中部和西部以及非洲马达加斯加岛南部，减小速率在 49×10^{4} ~ 4×10^{-4}/a，平均减小速率为 18×10^{-4}/a，上述地区集中了全球 25.9%的植被 EVI 减小区域，这可能与该地区气候变化或人类活动影响有关[23]。

全球灌木有67.75%的地区植被EVI呈现增长趋势，其中18.92%呈现显著增长趋势。灌木EVI显著增长区域出现在北美洲西部、南美洲东部和南部、非洲东部，增长趋势为$4\times10^{-4}\sim47\times10^{-4}$/a，平均增长速率为$17\times10^{-4}$/a。有32.25%的地区EVI值呈现减小趋势，仅有5.11%的地区EVI值呈现显著减小趋势，主要集中在非洲南部，减小速率为$46\times10^{-4}\sim4\times10^{-4}$/a，平均减小速率为$16\times10^{-4}$/a。

全球4种典型植被类型中，苔原植被呈现增长趋势的占比最高，为78.57%，但其中20.75%呈现显著增长趋势，增长速率在$5\times10^{-4}\sim41\times10^{-4}$/a，平均增长速率为$19\times10^{-4}$/a，主要分布在北美洲北部、亚洲和欧洲北部。有研究表明，自1990年以来，北极一直在绿化，这归因于升温导致的灌木范围扩张[24]。有21.43%的地区EVI呈现减小趋势，仅有1.24%的地区EVI值呈现显著减小趋势，主要集中在北美洲北部，减小速率在$42\times10^{-4}\sim8\times10^{-4}$/a，平均减小速率为$21\times10^{-4}$/a，这可能与极端冬季事件造成的植物损害有关[25]。

3.2 典型植被EVI与极端气候指数的关联性

从图6中可以看出，全球森林EVI与极端温度指数的GRG介于0.81~0.93。对全球森林EVI影响最大的三个极端温度指数分别为Txn（GRG=0.93）、SU（GRG=0.927）、Tnn（GRG=0.927）。全球森林EVI与极端降水指数的GRG介于0.82~0.93。对全球森林EVI影响最大的三个极端降水指数分别为R_{10}（GRG=0.924）、PRCPTOT（GRG=0.923）、Rx1（GRG=0.913）。极端降水和极端气温对植被EVI变化影响程度大体相当，其中极端降水的强度和极端气温的强度影响程度更大。这可能是因为森林地区植被蒸腾作用更强，需要更多的水分满足生长，高强度降水正好能够满足这一条件。同样，极端气温的强度会干扰植被叶片的生理活动，增强/降低植物体内光合酶活性，影响光合作用。

如图6（b）所示，极端降水对全球草原EVI的影响要强于极端气温。全球草原EVI与极端温度指数的GRG介于0.8~0.86。对全球草原EVI影响最大的三个极端温度指数分别为ID（GRG=0.853）、FD（GRG=0.843）、Tnn（GRG=0.836）。全球草原EVI与极端降水指数的GRG介于0.8~0.9。对于全球草原EVI影响最大的三个极端降水指数分别为PRCPTOT（GRG=0.894）、R_{10}（GRG=0.882）、CWD（GRG=0.879）。与草原地区类似，相较于极端气温，极端降水对全球灌木植被EVI的影响更大。如图6（c）所示，全球灌木EVI与极端温度指数的GRG介于0.84~0.89。对全球灌木EVI影响最大的三个极端温度指数分别为TR（GRG=0.889）、ID（GRG=0.889）、SU（GRG=0.879）。全球灌木EVI与极端降水指数的GRG介于0.84~0.93。对全球灌木EVI影响最大的三个极端降水指数分别为PRCPTOT（GRG=0.929）、R_{10}（GRG=0.923）、CWD（GRG=0.909）。草原与灌木地区极端气候指数对植被EVI的影响程度大体相同，因为二类植被生长环境具有相似的水、热条件，极端降水对植被EVI变化影响要明显大于极端气温，并且这种情况在灌木地区植被中表现得更明显。

从图6（d）中可以看出，全球苔原EVI与极端温度指数的GRG介于0.6~0.73。对全球苔原EVI影响最大的三个极端温度指数分别为Txx（GRG=0.73）、Tnx（GRG=0.722）、Txn（GRG=0.672）。全球苔原EVI与极端降水指数的GRG介于0.62~0.72。对全球苔原EVI影响最大的三个极端降水指数分别为PRCPTOT（GRG=0.713）、Rx1（GRG=0.7）、CWD（GRG=0.695）。苔原多分布在高纬度地区，温度是制约其生长的主要因素，极端高温的强度对苔原地区植被影响最大，温度的上升会诱发植被的萌发。

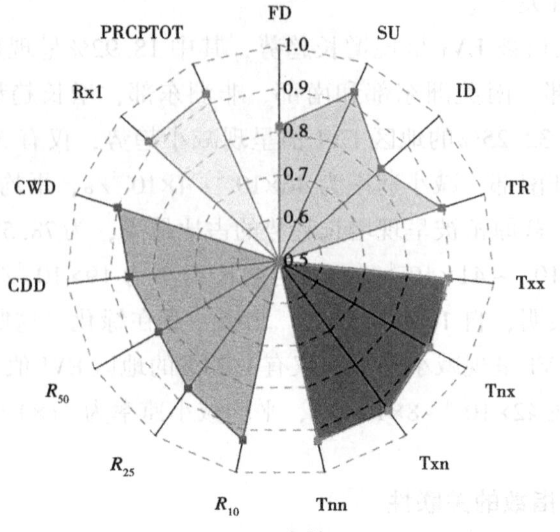

(a)森林

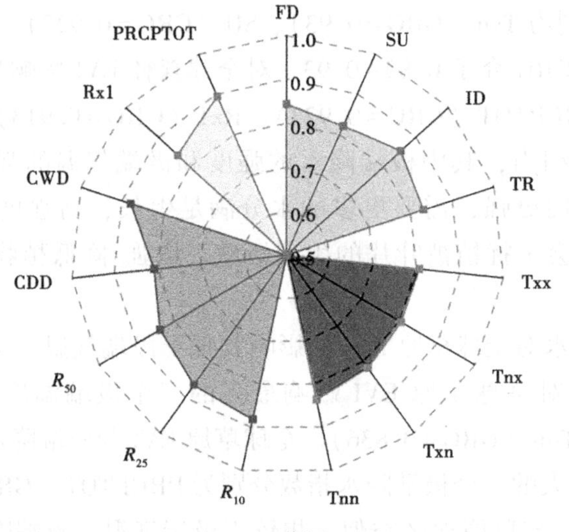

(b)草原

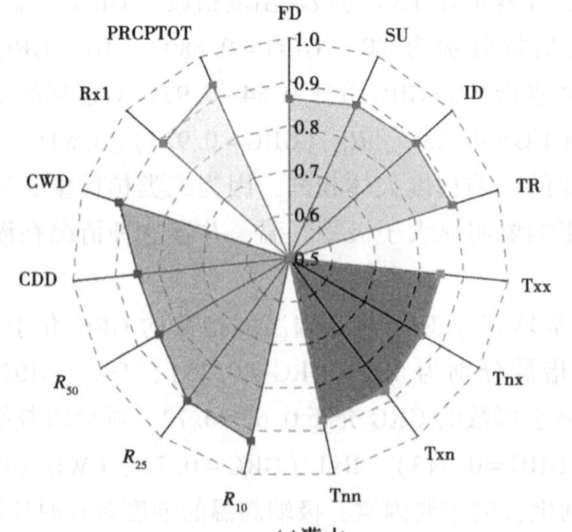

(c)灌木

图 6　全球 2000—2021 年典型植被 EVI 与极端气候指数的灰色关联度

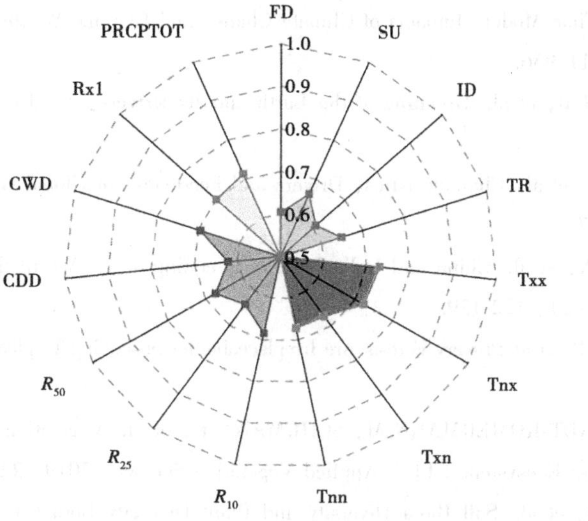

(d)苔原

续图 6

4 结论

本研究分析了近 20 年全球 FGST 地区植被 EVI 时空变化特性及其对气候因子的响应，主要结论如下：

（1）2000—2021 年，全球陆地典型植被的多年平均 EVI 值分别为 0.314、0.208、0.205、0.178。总体上，森林地区 EVI 的空间分布有很明显的纬向地带性，EVI 从赤道向两极降低；草原和灌木地区 EVI 由于旱半干旱地区向干旱地区减小，苔原地区 EVI 从南向北减少。全球 FGST 地区植被 EVI 的变化范围集中在 $-2\times10^{-4}\sim4\times10^{-4}$/a，呈现增长趋势的地区（森林：65.25%，草原：70.31%，灌木：66.13%，苔原：76.52%）要明显多于呈现减小趋势的地区，其中苔原地区增长最为明显。

（2）在全球近 20 年“偏暖偏干”的气候变化特征下，不同类型植被仍然呈现整体变好的变化趋势。相较森林和苔原，灌丛和草原对全球气候变化的响应更加敏感。分布于相对干旱地区的草原和灌丛更易受到全球降水变化的影响。

（3）采用灰色关联分析法探讨了极端气候因子对 EVI 的影响程度。结果表明，森林地区植被 EVI 受短时间内的高强度降水或低温影响较大，草原和灌木地区植被 EVI 受降水时长和总降水量影响较大；苔原地区受短时间内大幅度温度变化影响较大。

参考文献

[1] FENG X, LIU C, XIE F, et al. Precipitation Characteristic Changes Due to Global Warming in a High-Resolution (16 km) ECMWF Simulation [J]. Quarterly Journal of the Royal Meteorological Society, 2019, 145 (718): 303-317.

[2] ZHOU L, TIAN Y, MYNENI R B, et al. Widespread Decline of Congo Rainforest Greenness in the Past Decade: 7498 [J]. Nature, 2014, 509 (7498): 86-90.

[3] XIE Y, WANG X, WILSON A M, et al. Predicting Autumn Phenology: How Deciduous Tree Species Respond to Weather Stressors [J]. Agricultural and Forest Meteorology, 2018, 250-251, 127-137.

[4] QIU T, SONG C, CLARK J S, et al. Understanding the Continuous Phenological Development at Daily Time Step with a Bayesian Hierarchical Space-Time Model: Impacts of Climate Change and Extreme Weather Events [J]. Remote Sensing of Environment, 2020, 247: 111956.

[5] ZHU Z, PIAO S, MYNENI R B, et al. Greening of the Earth and Its Drivers: 8 [J]. Nature Clim Change, 2016, 6 (8): 791-795.

[6] PIAO S, WANG X, PARK T, et al. Characteristics, Drivers and Feedbacks of Global Greening: 1 [J]. Nat Rev Earth Environ, 2020, 1 (1): 14-27.

[7] CHEN C, PARK T, WANG X, et al. China and India Lead in Greening of the World through Land-Use Management: 2 [J]. Nat Sustain, 2019, 2 (2): 122-129.

[8] GIBSON L, LEE T M, KOH L P, et al. Primary Forests Are Irreplaceable for Sustaining Tropical Biodiversity: 7369 [J]. Nature, 2011, 478 (7369): 378-381.

[9] LESSMEISTER A, BERNHARDT-RÖMERMANN M, SCHUMANN K, et al. Vegetation Changes over the Past Two Decades in a West African Savanna Ecosystem [J]. Applied Vegetation Science, 2019, 22 (2): 230-242.

[10] WU L, CHEN H, CHEN D, et al. Soil Biota Diversity and Plant Diversity Both Contributed to Ecosystem Stability in Grasslands [J]. Ecology Letters, 2023, 26: 858-868.

[11] SHEIL D. Forests, Atmospheric Water and an Uncertain Future: The New Biology of the Global Water Cycle [J]. Forest Ecosystems, 2018, 5 (1): 19.

[12] GANG C, WANG Z, CHEN Y, et al. Drought-Induced Dynamics of Carbon and Water Use Efficiency of Global Grasslands from 2000 to 2011 [J]. Ecological Indicators, 2016, 67: 788-797.

[13] SUN Z, OUYANG Z, ZHANG X, et al. A New Global Dataset of Phase Synchronization of Temperature and Precipitation: Its Climatology and Contribution to Global Vegetation Productivity [J]. Geoscience Data Journal, 2019, 6 (2): 126-136.

[14] Anonymous. Managing the Risks of Extreme Events and Disasters to Advance Climate Change Adaptation: Special Report of the Intergovernmental Panel on Climate Change [M]. FIELD C B, BARROS V, STOCKER T F, et al., eds. Cambridge: Cambridge University Press, 2012.

[15] DIFFENBAUGH N S, SINGH D, MANKIN J S, et al. Quantifying the Influence of Global Warming on Unprecedented Extreme Climate Events [J]. Proceedings of the National Academy of Sciences, 2017, 114 (19): 4881-4886.

[16] SUN S, SHI P, ZHANG Q, et al. Evolution of Future Precipitation Extremes: Viewpoint of Climate Change Classification [J]. International Journal of Climatology, 2022, 42 (2): 1220-1230.

[17] DIDAN K, MUNOZ A B, SOLANO R, et al. MODIS Vegetation Index User's Guide (MOD13 Series) [M]. 3.1, USA: Vegetation Index and Phenology Lab, 2015.

[18] HUETE A, DIDAN K, MIURA T, et al. Overview of the Radiometric and Biophysical Performance of the MODIS Vegetation Indices [J]. Remote Sensing of Environment, 2002, 83 (1): 195-213.

[19] ZHANG H, ZHAN C, XIA J, et al. Responses of Vegetation to Changes in Terrestrial Water Storage and Temperature in Global Mountainous Regions [J]. Science of The Total Environment, 2022, 851: 158416.

[20] YUAN Z, XU J J, CHEN J, et al. EVI Indicated Spatial-Temporal Variations in Vegetation and Their Responses to Climatic and Anthropogenic Factors in the Chinese Mainland Since 2000s: 2 [J]. JOURNAL OF ENVIRONMENTAL INFORMATICS, 2021, 40 (2): 157-175.

[21] ISENLIN. COVID-19 Has a Major Impact on World Forestry [EB/OL] (2020-06-30) [2023-06-01]. http://www.isenlin.cn/sf_2F72B31295974CDE929EFBFAB0CBFF2F_209_43659777456.html.

[22] SU F, FU D, YAN F, et al. Rapid Greening Response of China's 2020 Spring Vegetation to COVID-19 Restrictions: Implications for Climate Change [J]. Science Advances, 2021, 7 (35): 8044.

[23] WANG G, MANG S L, RIEHL B, et al. Climate Change Impacts and Forest Adaptation in the Asia-Pacific Region: From Regional Experts' Perspectives [J]. J. For. Res., 2019, 30 (1): 277-293.

[24] MARTIN A C, JEFFERS E S, PETROKOFSKY G, et al. Shrub Growth and Expansion in the Arctic Tundra: An Assessment of Controlling Factors Using an Evidence-Based Approach [J]. Environ. Res. Lett., 2017, 12 (8): 085007.

[25] PHOENIX G K, BJERKE J W. Arctic Browning: Extreme Events and Trends Reversing Arctic Greening [J]. Global Change Biology, 2016, 22 (9): 2960-2962.

跨区域河道协同治理与生态修复思路研究——以永定河武清段为例

乔世娇　贾帅静　丁志宏

（中水北方勘测设计研究有限责任公司规划发展研究院，天津　300202）

摘　要：本文以永定河（武清段）综合治理与生态修复工程为例，积极探索跨区域河道治理投资与管理模式，加强与上下游协调，在保证防洪安全的前提下，实现了河道不断流，并通过生态措施形成绿色生态廊道，在改善沿岸居民生活环境的同时，促进地区可持续发展，可为其他类似河道治理项目提供一定经验。

关键词：跨区域协同；河道治理；永定河；生态修复

1　引言

永定河是我国北方的一条重要河流，全线河长 842.65 km，流域面积 47 000 km^2，流经北京、天津等重要城市，是北京人民的“母亲河”，也是保障京津冀区域健康发展的一条关键性河流。受华北地区常年水资源短缺、水资源开发利用程度过高，河道常年存在季节性断流现象，河槽收缩，行洪能力不足，河道周边生态条件脆弱，引发一系列的环境和社会问题[1]。

2014 年，习近平总书记提出“节水优先、空间均衡、系统治理、两手发力”治水思路，中国水利治理的政策和措施进入了新的阶段。2024 年，水利部部长李国英在第十界世界水论坛上也强调了中国注重流域性统筹治理，并赋予了河流生命的概念[2]。2016 年，践行“两手发力”的治水思路，北京等 4 个省（市）政府牵头出资成立了永定河流域投资有限公司，是“探索以投资主体一体化带动流域治理一体化、促进政府与市场有机结合两手发力的国内流域治理模式”的重大创新，建立了一种以投资为主体的跨区域协同体制机制新体系，以实施永定河流域的综合治理与生态修复工程[3]。

永定河流经天津市武清区，沿线主要是错落的村镇，当地村民反映河道在近几十年城市的快速发展中经常面临断流和干旱、洪水的双重威胁。开展永定河综合治理与生态修复，打造绿色生态河流廊道，逐步将永定河恢复为“流动、绿色、清洁、安全”的河，是京津冀协同发展在生态领域率先实现突破的着力点，对改善区域生态环境具有重要的引领示范作用。

2　工程概况

永定河治理天津段的项目主要通过实施一系列工程措施和非工程性的措施，使得该段在保证永定河全线防洪安全的前提下，实现了全年不断流，并通过生态措施形成绿色生态廊道，使得河流与乡村人民生活融为一体。

工程位于天津市武清境内永定河泛区下段（见图 1），起点为武清区邵七堤村北侧，终点为与北辰区交接的马家口村下游，河道全长 27.82 km，涉及 3 个镇（街）31 个村庄，工程区范围内泛区左岸沿线还有新龙河、龙凤河故道等汇入。

基金项目：国家重点研发项目（2021YFC3200204）。

作者简介：乔世娇（1993—），女，硕士，主要研究方向为流域规划、防洪规划设计咨询。

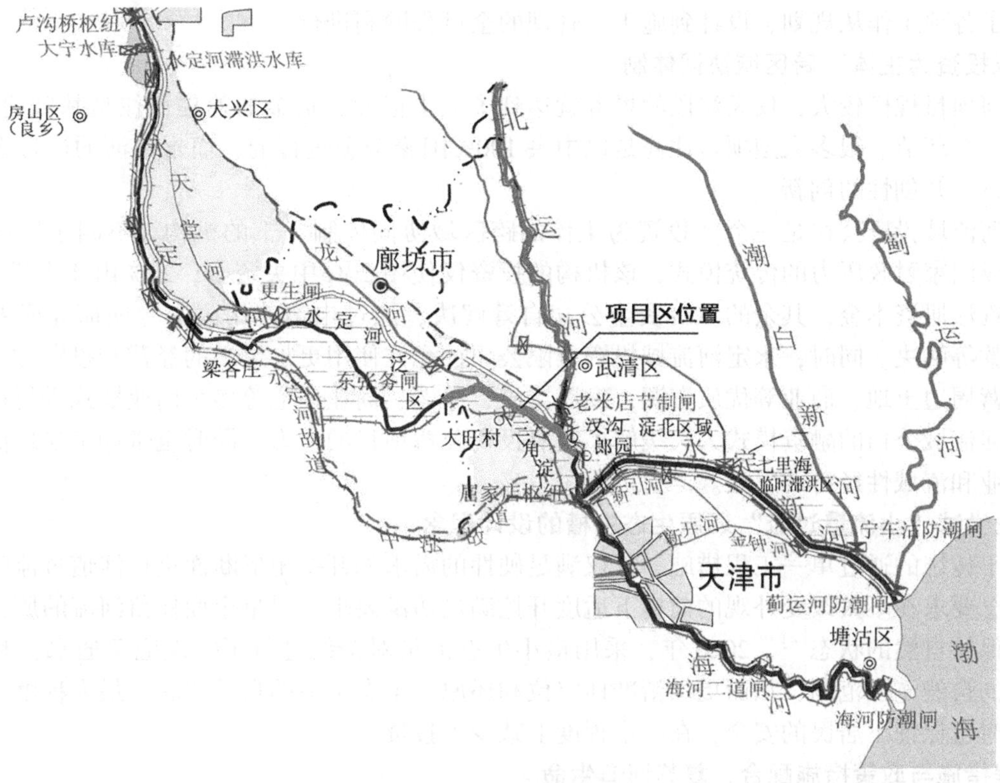

图 1　项目区位置

工程建设内容主要包括：还原河道自然流态并保障洪水通过的清淤扩挖；新建 50 km 用于交通和防汛应急的堤顶道路、10 座桥梁，新建 4 座蓄水闸、维修 1 座泵站的水利设施等工程措施；295 万 m^2 堤岸绿化、3 760 m^2 滩地整治、3 处水质净化湿地等非工程措施。工程总投资约为 13.3 亿元，目前已建设完成。

通过河道综合治理与生态修复工程能够使生态环境进一步改善，美化环境，打造空气清新、环境优美、生态良好、人居和谐的风光，给武清区居民提供良好的休闲、娱乐观光空间，实现人水和谐，为群众安居乐业、社会繁荣稳定提供良好的基础，能够促进地区的可持续发展，共建人水和谐的社会环境。

3　跨区域河道治理与生态修复思路

跨区域河道治理涉及与上下游的协调问题，永定河（天津段）综合治理与生态修复工程上游与河北省衔接，在规划设计过程中，面临一系列协调难度很高的问题，如征地、教育、沟通等。另外，由于河道常年干涸，河道主槽不清晰，规划河道形态的难度很高，村民在河道内种植粮食，且防洪意识薄弱，沟通困难；此外，工程设计既要满足防洪的要求，也要满足不断流、生态、投资经济等多种目标。项目推进过程中在河道设计、管理理念、生态修复等多个方面实现了技术突破，主要积累了以下 5 方面的经验。

3.1　“全流域、全阶段、全过程”统筹设计与治理制度

永定河流经北方 4 个省（市）多个地区，在天津段需要考虑和上游河北段的协调问题，以及与沿线 12 个乡村和武清区的协调沟通，问题重重。技术上治理段上下游不统一，也会面临治理思路、治理标准不统一的问题。2016 年，北京、山西、河北、天津等 4 个省的政府牵头出资成立了永定河流域投资有限公司，成为了管理永定河的流域性机构。自机构成立以来，永定河流域投资有限公司既具备了政府的影响力，又允许较为灵活的投资商业模式，成功地协调了各个区域的设计方案，统一的领导和决策协调了各个地区的困难和方案；积极推动了沿线遇到的征地、居民教育等重要问题的解

决；促进了各项工作从规划、设计到施工、管理的全过程顺利进行。

3.2 “以投资为主体”跨区域协同体制

永定河项目规模较大，仅天津段的投资就达到了数十亿元，资金的筹集往往是基础建设最困难、最关键的一个环节。很多大型项目往往是以中央100%国家资金进行的，而永定河的治理在投融资模式上也进行了开创性的创新。

永定河流域投资公司是一个“投资为主体的跨区域协同体制”下的机构。不同于以往单一的资金来源造成国家财政压力的传统模式，该机构的投资仅使用20%中央资金，20%由4个沿线省（市）的公司投资注册资本金，其余的60%资金公司自筹解决，通过申请使用国家专项债券或者申请多边形银行贷款等解决。同时，永定河流域投资有限公司被允许使用更加灵活的经营和投资方式，依托流域发展经营周边土地、商业等优质资源，发展文旅、养老、商业住宅等多个商业模式进行盈利回笼资金。永定河流域公司的融资模式大大缓解了政府投资公益项目的压力，同时也带动了当地商业、旅游等各项产业和流域性经济的发展。

3.3 预先尝试“小流量过流”还原生态主槽的设计理念

不同于传统的通过单一工程措施，仅仅满足硬性的需求如开挖矩形断面进行河道过流等，新的水利设计理念要求在不太改变外观的前提下适度开挖满足防洪要求，尽量全面保留河流的原样，从生态角度尽量保持自然的状态[4]。2020年，采用最小生态流量对全线进行了一次应急通水，利用小流量得到河道的自然淹没范围，从而更加精准地定位和还原了生态渠道的自然原貌，最大程度上尊重自然规律，同时也保证了居民的安全，在一定程度上减少了投资。

3.4 工程措施与政策措施配合，复苏河道生命

管理单位恢复河道生命的第一步，就是让河道有水。为了实现这个目标，永定河首先在上游与黄河上的水库进行了洽谈，确保了利用泵站抽蓄黄河水的稳定水源。另外，在政策制定的过程中，永定河还出台了相关政策，要求每年河道入海流量需达到1 000万 m^3。为了更高效利用引来的水资源，项目天津段沿线建设了14座水闸和泵站，并根据需求修建了湿地，通过精准的调度管理来储存和调度水资源，最大程度使用最少的水资源保证河流不断流和生态需求。

3.5 “交互”湿地的创新设计方法

项目设计过程中，发现河道周边有大片林地，但河道主槽相对独立，缺乏统一管理。遵循“林水相依，水绿交融”的理念，工程设计时打通了林间的沟渠，并在沟道内及周边适度种植净化水体的挺水植物，将其连接到河道的主槽，通过坡度差让水流自然流向林间，再从林间流回河道。这样的措施使得水流充分进入了林间生态，也加强了河道过滤和屏障等生态服务功能。

同时，永定河两岸还存在大量的鱼塘，部分侵占了主河道，部分位于河道滩地里。设计过程中尝试最大程度地利用鱼塘来减少开挖，一是把靠近河道主槽的鱼塘改成河道，二是利用现有的鱼塘通过底泥置换转化成湿地，最大程度地减少了开挖的难度和成本。

通过采取以上两种措施，永定河天津段的生态系统逐步构建成为“溪流湿地+林下湿地”的模式，进一步提高了湿地拦截、净化水质的生态功能。

4 结语

跨区域河道治理涉及与上下游的协调问题，如何在技术上和融资模式上统筹治理与跨区域协同是需要研究的关键问题。随着生态治理理念的介入，如何将工程措施与政策措施相结合，改善生态环境和局部小气候，也是复苏河道生命需要关注的重点。永定河（天津段）综合治理与生态修复工程在河道设计、管理理念、生态修复等多个方面实现了技术突破，积累了很多高效的做法和实施经验，希望可以为同类型的河流规划与治理提供一些帮助和启发。

随着技术水平的进步和人们对自然环境的意识不断提高，发展中国家传统的水利项目将会逐渐从“非工程性辅助工程性”的目标中，逐步转变和创新成为“工程性辅助非工程性”的模式，让人民的

生产生活从仅满足基本的安全和用水保障的生存指标关注中，变成对“人与自然和谐相处”的高质量生活体验的关注。

参考文献

［1］永定河流域投资有限公司．永定河流域概况［R/OL］．［2024.07.03］．https：//www.ydhtz.com.cn/case.aspx?nid=4&typeid=30.

［2］李国英．李国英出席第十届世界水论坛系列专题会议并致辞［R/OL］．http：//www.mwr.gov.cn/zw/zdhyxx/202405/t20240523_1711786.html.

［3］白波．强化一体化治理思维“永定河模式”提升流域治理成效［R/OL］．https：//www.beijing.gov.cn/ywdt/zwzt/jjjyth/hbgj/202011/t20201127_2151852.html.

［4］蒋云钟，蔡思宇，王超，等．水网格局下流域生态流量保障调度研究：以永定河流域为例［J］．中国水利，2024（18）：61-67.

硫酸盐环境下冻融和干湿循环对金属骨料砂浆耐久性的影响

吴博仁[1]　王丽霞[1]　徐晓民[1]　王瑞骏[2]　周　毓[3]　曹植梁[3]
尉迟文思[1]　王斯静[1]　毕佳薇[1]

（1. 中国水利水电科学研究院内蒙古阴山北麓草原生态水文国家野外科学观测研究站，北京　100038；
2. 西安理工大学水利水电学院，陕西西安　710043；
3. 中国电建集团西北勘测设计研究院有限公司，陕西西安　710065）

摘　要： 金属骨料砂浆是一种新型混凝土修复材料，因其具备高强度、高冲抗磨性，常用于水工泄洪建筑物修复加固工程中。为研究金属骨料砂浆在硫酸盐环境下的耐久性能及其劣化规律，本文将金属骨料砂浆分别置于硫酸钠及硫酸镁溶液中进行干湿循环及盐冻循环试验。结果表明：经历干湿循环及盐冻循环后试件质量及抗压强度均呈现先升高后降低的趋势；经历 150 次干湿循环及 300 次盐冻循环后试件的强度损失率均小于 15%，表明金属骨料砂浆的抗硫酸盐侵蚀及抗盐冻循环性能较好；对金属骨料砂浆的侵蚀程度：硫酸钠溶液>硫酸镁溶液。

关键词： 金属骨料砂浆；硫酸盐干湿循环；盐冻循环；耐久性

1　引言

在寒冷的盐渍土地区，水工混凝土建筑物会受到冻融及硫酸盐侵蚀双重破坏作用而破坏。侵蚀反应产生膨胀晶体使混凝土中的凝胶材料丧失胶结作用，导致混凝土的进一步损坏[1]。受损的混凝土需及时修复加固，金属骨料砂浆是一种新型修复材料，并已应用于班多、李家峡等水电站泄水建筑物修复工程中，具有良好的修复效果[2]。目前，针对金属骨料应用于水泥基材料的研究，大部分聚焦于金属骨料砂浆、混凝土的力学性能，有学者发现将铁尾矿替代骨料后砂浆强度增加[3]，也有研究表明将金属铸炉渣替换细骨料后混凝土的力学性能有所提升[4]，而针对金属骨料砂浆的耐久性研究较少。本文通过开展金属骨料砂浆在两种硫酸盐溶液（5% Na_2SO_4 及 5% $MgSO_4$）中的干湿循环及盐冻融循环试验，测试砂浆在经历两种循环后的质量损失率及抗压强度，分析在硫酸盐环境下金属骨料砂浆的耐久性劣化规律，为水工混凝土修复工程提供指导。

2　试验材料及方法

2.1　试验材料

本试验采用 MasterTop300 型金属骨料砂浆（由铁屑、水泥、亚硝酸钠和早强剂等组成），其级配为 0~2.4 mm，密度为 3 500 kg/m^3，拌制时按粉末与水的质量比为 10：1进行拌和。按照《聚合物改性水泥砂浆试验规程》（DL/T 5126—2021）[5] 制作边长为 40 mm 的立方体砂浆试件。

2.2　试验方法

依据《普通混凝土长期性能和耐久性能试验方法标准》（GB/T 50082—2009）[6] 的方法进行硫酸盐干湿循环及盐冻融循环试验，按照《水泥胶砂强度检测方法（ISO 法）》（GB/T 17671—2021）[7]

作者简介： 吴博仁（1997—），男，助理工程师，主要从事水工混凝土材料耐久性研究工作。

将经历干湿循环、冻融循环后的砂浆试件进行抗压强度测试。硫酸盐溶液分别选择 5% Na_2SO_4 及 5% $MgSO_4$ 溶液，在试件分别经历 15、30、60、90、120、150 次干湿循环及 50、100、150、200、250、300 次盐冻融循环后取出，观察试件的表观形态并测试质量损失率及抗压强度。

3 试验结果分析

3.1 干湿循环试验结果

从图 1 中可以看出，随着干湿循环次数的增加，金属骨料砂浆表层骨料逐渐锈蚀，经历 90 次干湿循环后表层金属骨料锈蚀程度明显增加，但砂浆表面并没有出现砂浆大面积脱落现象。

图 1　硫酸盐干湿循环作用下金属骨料砂浆的表观形态

如图 2 所示，金属骨料砂浆经历硫酸盐干湿循环后质量损失率变化可分为质量增加阶段（0~30 次干湿循环）、质量降低（30~60 次干湿循环）、质量加速降低（60~150 次干湿循环）3 个阶段。由于在干湿循环的作用下，硫酸盐在砂浆内部不断结晶，以及硫酸盐进入砂浆内部后与水泥基材料反应生成钙矾石等物质，试件在干湿循环早期质量增加，而在干湿循环后期，在盐结晶及钙矾石等物质不断累积的作用下，砂浆内部孔隙结构被破坏，导致砂浆质量开始降低[8]。在经历 150 次硫酸钠及硫酸镁干湿循环后金属骨料砂浆的质量损失率分别为 1.42%及 1.41%。

金属骨料砂浆经硫酸盐干湿循环后的抗压强度如图 3 所示，在硫酸盐干湿循环作用下金属骨料砂浆的抗压强度先增加后降低，金属骨料砂浆在硫酸钠及硫酸镁溶液中经历 60 次干湿循环后抗压强度分别达到 90.2 MPa 及 100.8 MPa，相比于初始强度分别增加 12.61%及 24.44%，这是由于硫酸盐进入砂浆内部后与水泥基材料反应生成钙矾石等物质，一定程度填充了内部孔隙使强度增加。在经历 150 次干湿循环后砂浆的强度低于初始强度，钙矾石等物质不断增加使得孔隙内部膨胀应力增大，撑破了孔隙导致强度降低。经历 150 次干湿循环后金属骨料砂浆的抗压强度损失率小于 2%，这说明金属骨料砂浆的抗硫酸盐侵蚀性能较好。

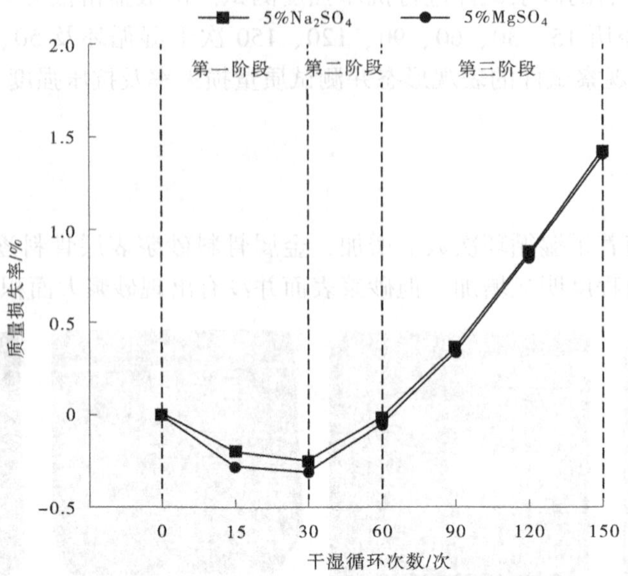

图 2　硫酸盐干湿循环作用下金属骨料砂浆的质量损失率

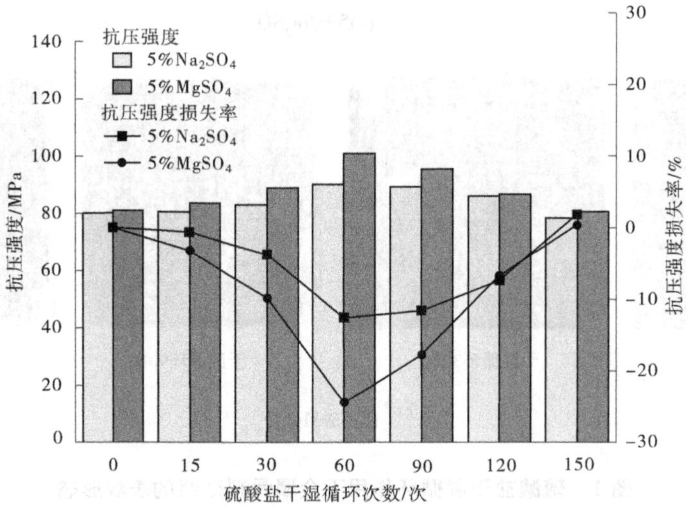

图 3　硫酸盐干湿循环作用下金属骨料砂浆的抗压强度

3.2　盐冻融循环试验结果

如图 4 所示，在盐冻融循环早期，金属骨料砂浆表层骨料锈蚀现象不明显，在经历 200 次盐冻融循环后砂浆表层金属骨料锈蚀程度加剧，表层部分砂浆剥落，但砂浆整体性较好。

从图 5 可以看出，金属骨料砂浆经历盐冻融循环后质量变化可分为 3 个阶段：

（1）无变化阶段，在 0~50 次盐冻融循环期间，由于金属骨料砂浆孔隙度较低，抗渗性较高，进入砂浆内部的盐溶液较少，砂浆质量无明显变化。

（2）质量增加阶段，在 50~150 次盐冻融循环期间砂浆质量持续增加，在经历 150 次硫酸钠及硫酸镁盐冻融循环后金属骨料砂浆质量损失率分别为-0.12%与-0.14%。

（3）质量降低阶段，在 150 次盐冻融循环后砂浆质量开始呈现下降趋势，经历 300 次硫酸钠及硫酸镁盐冻融循环后砂浆质量损失率分别为 0.68%及 0.69%。

如图 6 所示，金属骨料砂浆在经历盐冻融循环后抗压强度先升高后降低，在硫酸钠及硫酸镁溶液中经历 150 次盐冻融循环后强度分别增长 15.77%及 22.57%，此时砂浆抗压强度达到最高值，经历 300 次盐冻融循环后强度损失率分别为 12.56%及 9.17%。在盐冻融循环前期，一方面，因硫酸盐溶

图 4　盐冻融循环作用下金属骨料砂浆的表观形态

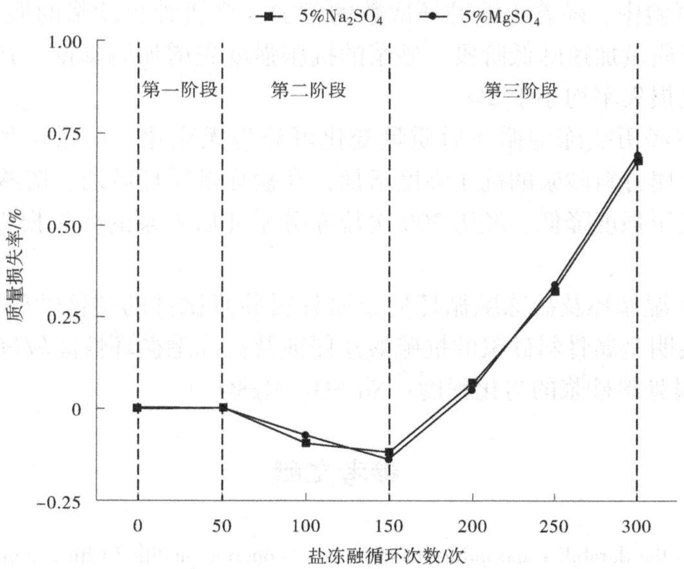

图 5　硫酸盐冻融循环作用下金属骨料砂浆的质量损失率

液与水泥基材料反应产生钙矾石等物质在一定程度上填充孔隙，使砂浆内部结构更致密；另一方面，金属骨料砂浆在此期间持续固化导致强度增加[9]。在盐冻融循环后期，由于砂浆内部钙矾石等物质不断增加撑破孔隙，以及溶液结冰膨胀双重作用导致砂浆孔隙被破坏，且两种作用相互促进，从而强度降低[10]。

3.3　硫酸盐溶液对砂浆耐久性的影响

从干湿循环及盐冻融循环试验结果可以看出，相比于5%$MgSO_4$溶液，5%Na_2SO_4溶液对金属骨料砂浆的耐久性劣化作用更大。一方面，Na_2SO_4溶解度低于$MgSO_4$，这使得溶液进入金属骨料砂浆内部后会产生更多的盐结晶，导致砂浆受到物理膨胀破坏作用更强。另一方面，$MgSO_4$中的Mg^{2+}与

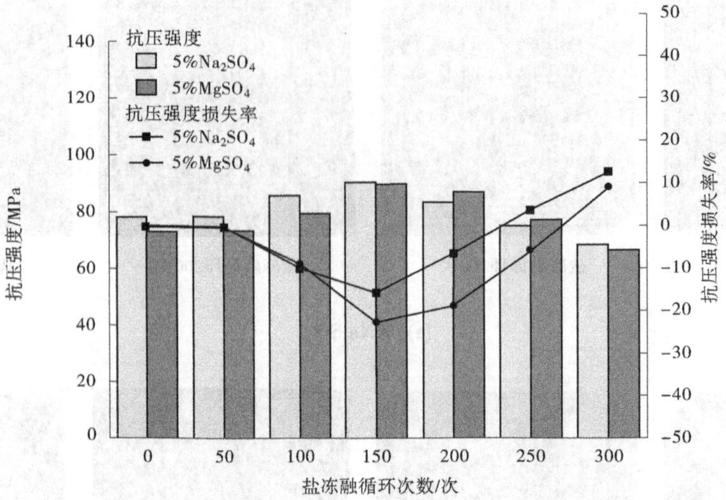

图 6　盐冻融循环作用下金属骨料砂浆的抗压强度

水泥基材料反应生成一层致密的 $Mg(OH)_2$，该致密层对水泥基材料强度有一定的补偿作用，在循环初期 $Mg(OH)_2$ 致密层可以在一定程度上阻碍盐溶液进入砂浆内部[11]。Mg^{2+} 与砂浆内部水泥基材料反应的方程如下：

$$Ca(OH)_2 + MgSO_4 \rightarrow CaSO_4 \cdot 2H_2O + Mg(OH)_2 \tag{1}$$

4　结论

（1）在干湿循环试验中，随着干湿循环次数的增加，金属骨料砂浆的质量变化可分为质量增加阶段、质量降低阶段及质量加速降低阶段，砂浆的抗压强度先增加后降低。150 次干湿循环后砂浆的质量损失率及抗压强度损失率均小于 2%。

（2）金属骨料砂浆经历盐冻融循环后质量变化可分为无变化、质量增加及质量降低 3 个阶段。在盐冻融循环早期，金属骨料砂浆的抗压强度增加；在盐冻融循环后期，硫酸盐侵蚀与冻融两种破坏作用相互促进，导致抗压强度降低。经历 300 次盐冻融循环后砂浆的质量损失率小于 1%，抗压强度损失率小于 15%。

（3）经历硫酸盐干湿循环及盐冻融循环后金属骨料砂浆试件的整体性较好，且质量损失率及抗压强度损失率较低，表明金属骨料砂浆的抗硫酸盐侵蚀及盐冻融循环性能较好。

（4）盐溶液对金属骨料砂浆的劣化程度：$Na_2SO_4>MgSO_4$

参考文献

[1] Ren J, Lai Y. Study on the durability and failure mechanism of concrete modified with nanoparticles andpolypropylene fiber under freeze-thaw cycles and sulfate attack [J]. Cold Regions Science and Technology, 2021, 188: 1-12.

[2] 周毓．掺合料对 EVA 改性水泥基砂浆强度影响研究［D］．西安：西安理工大学，2022.

[3] Serin S, Emirolu M, Gnül V E. Investigation of the fracture energy of hot mixtures asphalt incorporating metallic wastes viasemi-circular bending test [J]. Construction and Building Materials, 2021, 300: 1-10.

[4] Cardoso C, Camões A, Eires R, et al. Using foundry slag of ferrous metals as fine aggregate for concrete [J]. Resources, Conservation and Recycling, 2018, 138: 130-141.

[5] 国家能源局．聚合物改性水泥砂浆试验规程：DL/T 5126—2021［S］．北京：中国电力出版社，2021.

[6] 住房和城乡建设部．普通混凝土长期性能和耐久性能试验方法标准：GB/T 50082—2009［S］．北京：中国建筑工业出版社，2010.

[7] 国家市场监督管理总局，国家标准化管理委员会．水泥胶砂强度检测方法（ISO 法）：GB/T 17671—2021［S］．

北京：中国标准出版社，2021.
[8] 林佳恒．干湿循环和硫酸盐侵蚀耦合作用下轻细骨料混凝土的耐久性研究［D］．无锡：江南大学，2022.
[9] An M，Wang Y，Yu Z. Damage mechanisms of ultra-high-performance concrete under freeze-thaw cycling in salt solution considering the effect of rehydration［J］．Construction and Building Materials，2019，198：546-552.
[10] 姜磊，牛荻涛．硫酸盐与冻融复合作用下混凝土劣化规律［J］．中南大学学报（自然科学版），2016，47（9）：3208-3216.
[11] 董庆友．新拌混凝土抗硫酸盐腐蚀试验研究［D］．兰州：兰州大学，2013.

新疆地区土工膜的设计与施工管理质量管控措施

刘少丽　徐宗超

（黄河勘测规划设计研究院有限公司，河南郑州　450003）

摘　要：本文结合新疆喀什一市四县城乡引水安全项目沉砂调节池工程，介绍了池盘土工膜防渗的设计和施工质量管控措施的重要性，提出了复合土工膜的防渗材料，选择了一布一膜加一布的复合土工膜的防渗结构形式。鉴于复合土工膜施工质量会直接影响防渗效果，进一步研究了施工过程中的关键程序和管控措施。通过对土工膜的铺设、土工膜与结构物的联结、土工膜的焊接、土工膜焊缝检测和缝合等施工关键程序所采取的针对性措施，确保了土工膜的施工质量。实践证明，此类施工方法及关键技术的应用在提高施工效率、缩短工期的同时也增强了工程防渗可靠性，目前水库防渗效果良好，可供类似工程参考借鉴。

关键词：复合土工膜；结构设计；施工；质量控制

1　项目概况

喀什一市四县城乡引水安全项目沉砂调节池工程，位于新疆南疆喀什地区。项目区存在水质超标、供水不足问题，急需寻找新水源，通过修建沉砂调节池（平原水库），来改善项目区饮水条件，提高居民的生活质量。沉砂调节池总库容 809 万 m^3，净调节库容 339 万 m^3，调节死库容 308 万 m^3，坝线全长 3.78 km，最大坝高 15.2 m，为Ⅳ等小（1）型工程，筑坝材料采用天然砂砾石料。沉砂调节池工程主要建筑物包括大坝、入池陡坡及池中渠、放水涵洞、放空渠及渠系建筑物。

2　复合土工膜的结构设计

2.1　防渗分析

该项目是喀什（伽师）一市四县城乡饮水安全工程中的一部分，主要承担水源泥沙淤积及水源事故时的水量调节任务，工程一旦失事将严重影响各受水区的引水安全，社会影响重大，必须采取保险、慎重的防渗结构。水库池盘所处地层岩性均为卵石混合土，该地层属中等透水性，一旦渗漏，很容易形成管涌，危害工程安全。根据现场试验，卵石混合土层渗透系数为 4.8 m/d，池盘日渗漏量近 480 万 m^3，渗漏严重，且防渗面积将近 100 万 m^2，最大水头约 13.4 m，坝基透水层厚度在 100 m 以上，在国内的人工河湖治理中，条件较为严峻，需全池盘防渗。通过综合比较，选用防渗效果好、施工便利且投资较低的复合土工膜进行全面防渗。

目前，国内外常用复合土工膜有聚乙烯膜和聚氯乙烯膜两种。聚乙烯膜抗拉强度较聚氯乙烯高，不含易挥发的增塑剂，故不易老化，使用寿命比聚氯乙烯长，无毒性，耐低温性能好、膜的幅度较大，施工方便。故复合土工膜的膜选用聚乙烯膜作为本工程的材料[2-9]。

2.2　结构设计

复合土工膜运输施工中易受损伤，两布一膜不易发现生产或运输过程中内部膜的破损，容易出现漏水问题。根据国内同类工程调研，以新疆为例，目前建成的土工膜防渗平原水库，半数存在漏水问题，有的相当严重，为解决这一难题，该工程采用了一布一膜加一布（膜朝上布朝下，其上铺一层

作者简介：刘少丽（1980—），女，高级工程师，主要从事水利工程设计和研究工作。

土工布），一布一膜在摊铺过程中，可以直观检查膜的质量。

复合土工膜中起防渗作用的主要是土工膜，土工膜厚度直接影响工程质量。试验结果证明，土工膜越厚，土层颗粒越细，级配越好，土工膜的抗水压能力就越强。根据《水利水电工程土工合成材料应用技术规范》第 5.4.2 款，对中水头坝，要求厚度一般为 0.5~0.6 mm。《土工合成材料工程应用手册》和《水工设计手册》第 4 卷（土石坝）及国内经验公式，计算出土工膜厚度 $\delta=0.01\sim0.47$ mm。由于池盘防渗面积较大，选取一布一膜加一布的土工膜，膜厚 0.6 mm。考虑到坝坡已有混凝土板防渗，也为了铺设方便，坡面采用两布一膜的土工膜，膜厚 0.5 mm 即可满足承压要求。

本项目库盘防渗结构由上往下依次为 50 cm 厚细粒覆土保护层、10 cm 厚砂土垫层、200 g/m^2 土工布（200 g）、一布一膜（200 g/0.6 mm）、15 cm 厚砂土垫层，坝体防渗结构由上往下依次为 20 cm 厚 C25 混凝土护板、3 cm 厚砂浆垫层、两布一膜（200 g/0.5 mm/200 g）、5 cm 厚砂浆垫层，见图 1。

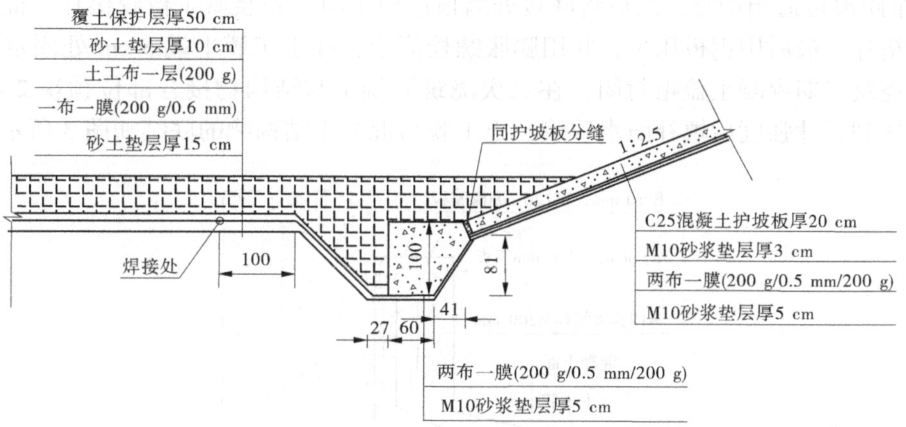

图 1　防渗结构设计图　（尺寸单位：cm）

3　复合土工膜的施工管理质量管控

3.1　土工膜的铺设

3.1.1　宽幅铺设，减少现场拼接

由于该项目库盘防渗为 100 万 m^2，需要铺设土工膜面积大。为方便施工，确保拼接质量，复合土工膜均采用宽幅，减少现场拼接量，施工前在专用场地剪裁，拼接成符合要求尺寸的块体，由人工搬运到工作面铺设。库盘的土工膜采用由低到高、土工膜长幅垂直水流方向铺设。边铺膜边盖保护层砂石料，做到随铺随压，确保复合土工膜铺设与保护层铺设相协调，使土工膜与下部垫层接合面吻合平整，避免上下游方向凸出褶皱。坝体迎水面铺设采用自上而下，复合土工膜长幅平行于坝轴线铺设，水平方向上由坡脚向外端铺设，铺设时复合土工膜两侧放置人行木板并注意张驰适度，要求复合土工膜与垫层结合面务必吻合平整避免人为和施工机械的损伤。

3.1.2　交汇处进行特殊处理，减少隐患

在边坡交汇处的土工膜铺设、焊接需进行特殊处理，且很多防渗工程都是在边坡交汇处的施工处理不当，造成工程隐患。为确保膜片紧密地与基底贴切在一起，需将拐弯等不规则范围内的膜片裁成上宽下窄的“倒梯形”，其宽窄比例需要操作人员根据现场的实际情况和边坡的具体尺寸精确计算，若该比例掌握不准，则会导致边坡上的膜面“起鼓”或“悬空”，见图 2。

3.2　土工膜与结构物的联结

土工膜与混凝土结构物的联结也是水库防渗施工的一个典型问题。在该项目存在圆弧段、直线段、阴角、阳角等部位的接合。施工过程中由于其部位断面形式复杂多变，土工膜的裁剪、锚固难以做到压合密实，可能产生渗漏隐患。在常规联结设计基础上采用增加膨胀止水条及防水砂浆的加强型防渗结构来杜绝此部位的渗漏风险，具体措施为：首先膨胀螺栓孔孔距要保证伸缩缝位置的两孔孔距

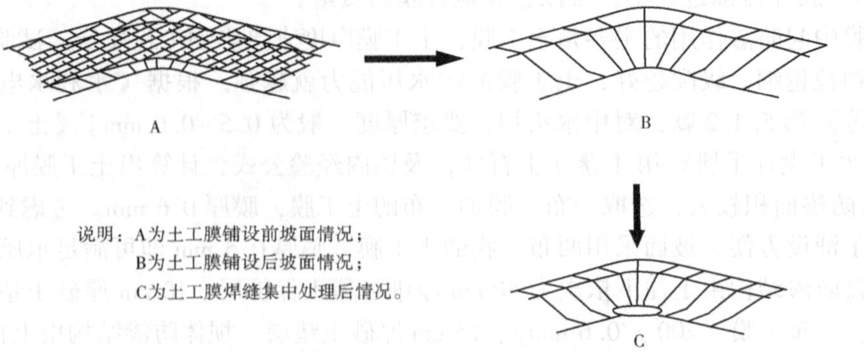

图 2　边坡交汇处的土工膜铺设示意图

为 20 cm，其余距离可适当调整，之后将联接处墙顶清理干净，安装氯丁橡胶垫片、铺设土工膜、再安装氯丁橡胶垫片，最后用钢板压平，并用膨胀螺栓固定，在土工膜上端 5 cm 处固定一条遇水膨胀止水条，最后浇筑二期混凝土盖帽封闭，在二次浇筑混凝土与结构物接合部位预留 2 cm×2 cm 矩形槽，待混凝土达到设计强度后填补防水砂浆。土工膜与混凝土结构物的联结如图 3 所示。

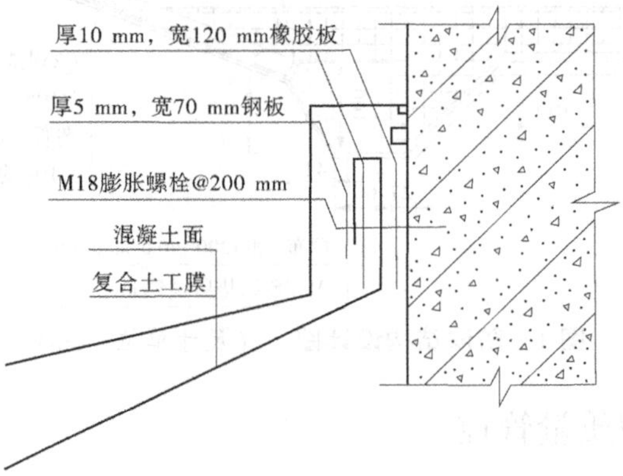

图 3　土工膜与混凝土结构物的联结示意

3.3　土工膜的焊接

该项目库盘土工膜防渗面积大，对施工质量尤其是土工膜的焊接质量要求高，因此土工膜的焊接施工是另一关键技术问题，焊接质量的好坏是复合土工膜防渗性能成败的关键。喀什项目部邀请生产厂家专业技术人员到现场进行操作、指导、培训，严格按照确定的施工参数进行焊接。焊接全部选在干燥、暖和、气温 5 ℃以上、风力 3 级以下的天气进行，为保证膜面干净干燥，焊接前安排专人除去膜面上的砂子、泥土等脏物并用干净毛巾擦净后，才进行焊接。焊接采用自动调温（调速）瑞士 leister 土工膜焊接机进行双焊缝搭焊，搭接长度 10 cm，并根据环境温度的变化调整焊接温度和行走速度（一般温度采用 250~300 ℃，速度 1~2 m/min）。

3.4　土工膜焊缝检测和缝合

焊缝的质量直接影响水库的蓄水，是项目成败的关键。土工膜焊接完成后，随即进行外观检查，观察有无漏接，接缝是否无烫损、无褶皱，是否拼接均匀，两条焊缝是否清晰、透明，无夹渣、气泡、熔点或焊缝跑边等现象。由现场检查人员排成行一一进行缺陷排查，如有漏焊、熔点、漏气等现象，立即采用热风枪进行补焊；如有空洞及时用原材料修补，补疤每边超过破损部位 10~20 cm。为确保焊接质量，焊缝质量目测检测完毕后，又进行了监理、总包、施工分包商三方同时在场的气压法检测（压力 0.2~0.3 MPa，闭气 5 min 不泄压，为合格），对所有焊缝 100%检测，检测合格才能进行下一道工序。

土工膜焊接检测合格后，进行了上层土工布缝合。上层土工布缝合采用手提缝纫机封，用高强维涤纶丝线。缝合时针距 6 mm 左右，连接面松紧适度，自然平顺，确保土工膜与土工布联合受力。

3.5 土工膜质量控制措施

要做好施工质量控制，除要严格按技术规范施工，把好准备、铺设、拼接、检验和回填等5道质量关外，还需要加强质量检测。该项目严格实行四道检测：施工单位自检、总包复检、监理平行检测、业主抽检；质量网格化，责任到人，每个区域分别明确施工单位、总包与监理质量责任人，落实质量责任制[1,5]。

4 结语

该工程通过综合比选，在库区周围缺乏天然黏土的情况下，选取了防渗效果更好、施工便利且投资较低的复合土工膜防渗方案，为保证库区防渗效果，解决了传统两布一膜复合土工膜在生产运输中膜易受损导致漏水的质量缺陷，全池盘采用一布+一布一膜（200 g/0.6 mm/200 g）的防渗结构。同时，在工程施工过程中也严格进行施工管控，防止施工程序不当或人员及机械对土工膜产生破坏。施工完毕后，严格检查施工质量，尤其是各条焊缝质量，确保接缝处防渗不漏。目前，水库已蓄水5年多，防渗效果良好，满足设计要求。

目前，我国类似这种降雨稀少、蒸发强烈、荒漠广布、生态环境十分脆弱的地区还比较多，其中西北地区国土面积占全国的57%，建设平原水库是保障这类地区社会生态及经济发展的重要基础设施，做好库盘防渗是保证平原水库工程成功的关键。本文通过防渗结构选型和设计、土工膜铺设施工方案与铺设施工技术的分析和实践，为类似地区平原水库建设提供了技术支撑，推动了坝工防渗技术的进步，为今后大型水利工程防渗结构设计提供了宝贵经验和新的思路。

参考文献

[1] 陈斌．浅谈复核土工膜施工治理控制要点［J］．中国水运，2007，7（11）：152-153.
[2] 周俭．复合土工膜防渗技术在全防渗水库中的应用［J］．河南水利与南水北调，2014（16）：32-33.
[3] 束一鸣，吴海民，姜晓桢．中国水库大坝土工膜防渗技术进展［J］．岩土工程学报，2016（3）：1-9.
[4] 唐安军，刘红．土工膜水库库盘防渗技术及应用［J］．水利规划与设计，2010（5）：86-88.
[5] 戚瑞安．平原水库深水高坝防渗施工技术研究［J］．中国水利，2006（10）：47-48.
[6] 王功富．水库施工中土工膜防渗技术及质量控制研究［J］．水利科技与经济，2024（7）：133-137.
[7] 顾淦臣．土工膜和复合土工膜的品种和特性［J］．水利规划设计，2000（3）：47-53.
[8] 辛俊生，王晓东，王平．土工膜防渗技术在水库工程设计中的应用研究［J］．水电站设计，2019（9）：8-11.
[9] 莫宏彦．土工膜防渗技术在温泉水库除险加固工程中的应用［J］．中国科技成果，2023，24（19）：48-50.

郑州市航空港区需水预测及结果合理性分析

高志强　苏　琼

（黄河勘测规划设计研究院有限公司，河南郑州　450003）

摘　要：需水预测对指导城市经济建设发展用水具有重要指导意义。本文以分类指标法和用地指标法预测了郑州市航空港区 2025 年需水量分别为 27 449 万 m^3 和 24 484 万 m^3，2035 年需水量分别为 48 896 万 m^3 和 42 684 万 m^3。结果表明，两种方法预测需水结果基本一致，并且与人口增长速度和相关规划成果均比较符合，预测结果合理。

关键词：分类指标法；用地指标法；需水量；航空港区

1　引言

水资源是战略性的自然资源，是国家社会经济可持续发展的基础[1-2]，因此对未来城市发展需水进行科学预测，合理开发利用水资源已成为各国政府需要解决的重要问题[3-4]。开展需水预测分析和需水规模合理性分析，是落实"以水定城、以水定地、以水定人、以水定产"原则的重要支撑。

需水量预测方法很多，主要包括分类指标法、用地指标法、趋势分析法[5]、时间序列法[6]、相关分析法[7]、神经网络法[8] 等。上述方法各有优劣，其中分类指标法、用地指标法是水资源规划中常用的方法，即采用经济社会发展指标或不同性质用地面积指标与相应的定额进行需水预测，比较直观、简单易行，便于考虑各种因素变量及政策性调整[9]，是水资源综合规划及其他预测工作中比较常用的一种方法[10]。本文以郑州航空港经济综合实验区（简称"航空港区"）为例，分别对 2025 年和 2035 年未来需水进行预测，并对两种方法需水预测结果进行合理性分析。

2　需水量预测方法

2.1　分类指标法

分类指标法是常用的需水预测方法，它合理预测与需水有关的社会经济指标，分析确定各项需水定额，从而计算得到需水量。其计算方法为

$$D_{ij} = E_{ij} \times (1 + G_{ij})^{n} \times Q_{ij} \tag{1}$$

式中：D_{ij} 为第 i 个行政区第 j 个行业的需水量；E_{ij} 为基准年第 i 个行政区第 j 个行业的经济社会指标，其中城镇生活和农村生活的指标为人口，工业、建筑业和第三产业的指标是行业增加值，农田、生态环境的指标为面积；G_{ij} 为各经济社会指标的年增长率；n 为增长年数；Q_{ij} 为各经济社会指标的用水定额。

2.2　用地指标法

用地指标法是根据行政区内规划的不同土地利用类型面积，分析各地块用水定额，计算得到需水量，计算方法为

$$D_i = A_i \times Q_i \tag{2}$$

式中：D_i 为第 i 种土地利用类型的需水量；A_i 为第 i 种土地利用类型面积；Q_i 为第 i 种土地利用类型

基金项目：国家重点研发计划项目（2021YFC3200204）。

作者简介：高志强（1990—），男，硕士，主要从事水文水资源方面的工作。

用水定额。

3 需水预测结果

3.1 研究区域概况

2012年11月，国务院批准实施《中原经济区规划（2012—2020年）》，并正式同意规划建设郑州航空港经济综合实验区。航空港区地处郑州中心城区东南部，属淮河流域沙颍河水系，作为河南经济发展增长极，其规划水平年需水量对合理规划供水工程、支撑经济发展具有重要意义。根据《郑州航空港经济综合实验区水资源综合规划》，2020基准年和规划2025年、2035年人口以及经济指标见表1，2020年航空港区用水量为17 604万 m^3，本次采用分类指标法和用地指标法分别预测不同规划水平年需水量。

表1 航空港区不同水平年人口和经济指标预测

指标	2020年	2025年	2035年
人口/万人	62.14	113.25	190.73
GDP/亿元	1 011	2 115	5 123

3.2 分类指标法需水预测结果

根据航空港区实际用水对象，采用分类指标法对生活、生产和生态等9类对象不同规划水平年进行需水预测，成果见表2，其中预测2025年需水总量为27 448万 m^3，预测2035年需水48 897万 m^3。

表2 航空港区不同水平年分类指标法需水预测成果

年份	生活			生产						生态			总需水量
	城镇	农村	合计	工业	建筑业	第三产业	农田灌溉	牲畜	合计	绿化环卫	景观	合计	
2025	4 603	362	4 965	10 292	684	2 433	1 579	19	15 007	3 486	3 990	7 476	27 448
2035	9 117	111	9 228	17 566	1 333	4 767	537	0	24 203	6 980	8 486	15 466	48 897

3.3 用地指标法需水预测结果

根据《郑州航空港经济综合实验区总体规划》（2014—2035），航空港区2025年、2035年各类用地面积分别为14 880 hm^2、25 869 hm^2。根据《城市给水工程规划规范》（GB 50282—2016），采用用地指标法对航空港区不同性质的用地进行需水预测，成果见表3，其中2025年、2035年航空港区总需水量分别为24 483万 m^3、42 684万 m^3。

表3 航空港区不同水平年用地指标法需水预测成果

序号	用地性质	用水量指标/[m^3/(hm^2·d)]	用地面积/hm^2		需水量/万 m^3	
			2025年	2035年	2025年	2035年
1	居住用地	56~66	3 307	5 314	6 758	12 801
2	公共管理与服务设施用地	60	786	1 246	1 749	2 775
3	商业服务业设施用地	60	1 177	1 803	2 578	3 947
4	工业用地	90	2 702	4 538	8 876	14 908
5	物流仓储用地	30	883	1 400	966	1 533
6	道路与交通设施用地	20	3 228	6 009	2 356	4 386
7	公用设施用地	30	246	417	269	457
8	绿地与广场用地	10	2 551	5 142	931	1 877
9	合计		14 880	25 869	24 483	42 684

3.4 结果合理性分析

本次从需水量增长率与人口增长率、人均需水量与相关规划成果、经济发展需水量与相关规划成果三个方面进行符合性分析，分析预测结果的合理性。采用的相关规划是《河南省四水同治规划纲要（2021—2035 年）》（简称《规划纲要》），该规划于 2021 年由河南省人民政府办公厅批复，是水利行业综合规划，具有较强的指导意义。

需水量与人口增长率符合性分析，结果见表 4，2020—2025 年分类指标法需水量年增长率为 9.3%，用地指标法增长率为 6.8%，均小于人口增长率 12.8%，此时航空港区成立组建完成，人口快速增长，但相关产业及配套还在分期建设中，因此需水量增长率小于人口增长率；2025—2035 年分类指标法需水量年增长率为 5.9%，用地指标法增长率为 5.7%，与人口增长率 5.4%基本一致，说明建设进入稳定期后人口和用水量同步稳定增长；2020—2035 年人口分类指标法需水量年增长率为 7.0%，用地指标法增长率为 6.1%，均小于人口增长率 7.8%，除前期建设期外，两种方法需水预测增长率基本与人口增长相符。

表 4　人口与需水量增长率分析　　%

项目	2020—2025 年	2025—2035 年	2020—2035 年
人口	12.8	5.4	7.8
分类指标法需水量	9.3	5.9	7.0
用地指标法需水量	6.8	5.7	6.1

人均需水量与《规划纲要》符合性分析结果见表 5，总体来看，航空港区由于前期人口增长快，人均用水量反而出现先降低后增加的趋势，这与《规划纲要》人均用水稳步增长趋势略有不同。具体来看，2020 年分类指标法和用地指标法人均需水量均略高于《规划纲要》，此时航空港区处于快速建设期，考虑到保有一定量耕地用水量大、工业用水量还处于较低水平，因此人均用水量略高；到 2025 年经济快速发展吸引大量人口，由于产业配套建设还在进行未能全部开展生产，用水增长速度小于人口增长速度，使得人均需水量变小；到 2035 年人口与用水量同步增长，人均需水量比 2025 年略微增长。两种方法预测人均需水均不超过《规划纲要》成果，符合水资源刚性约束制度。

表 5　人均需水量成果对比　　单位：m^3/人

相关成果	2020 年	2025 年	2035 年
《规划纲要》	274	292	307
分类指标法	283	242	256
用地指标法	283	216	224

万元 GDP 用水量与《规划纲要》符合性分析结果见表 6，预测各水平年万元 GDP 用水量比较低，约为《规划纲要》的 1/3，这与航空港区引进高端信息电子、电动汽车等低耗水产业，农业用水量减少的情况是相符的。并且两种方法预测 2020—2025 年、2025—2035 年万元 GDP 用水量减少幅度均超过 25%，符合河南省用水强度控制要求。

表 6　万元 GDP 用水量对比　　单位：m^3/万元

相关成果	2020 年	2025 年	2035 年
《规划纲要》	49.5	39.3	26.8
分类指标法	17.4	13.0	9.5
用地指标法	17.4	11.6	8.3

总体来看，2025 年分类指标法和用地指标法预测需水量分别为 27 448 万 m^3 和 24 483 万 m^3，2035 年预测需水量分别为 48 897 万 m^3 和 42 684 万 m^3，两种方法分别从支撑国民经济发展和用地建设两个方面进行需水量预测，分类指标法预测需水量结果略大于用地指标法，主要原因是二者统计口径不完全一致，重点包括两方面，一是分类指标法还适当考虑了农业生产需水，2025 年和 2035 年需水量分别为 1 579 万 m^3、537 万 m^3，用地指标法没有考虑农业生产指标用水，更侧重于城镇用水预测；二是分类指标法根据国民经济发展需要更多地考虑了景观用水，2025 年和 2035 年预测需水 3 990 万 m^3、8 486 万 m^3，用地指标法 2025 年和 2035 年预测绿地与广场用地需水仅为 931 万 m^3、1 877 万 m^3。尽管二者略有差别，但对于以重点发展城镇经济为主的郑州市航空港区，两者均可适用。

4 结论

本文采用分类指标法和用地指标法，预测郑州航空港区 2025 年需水量分别为 27 448 万 m^3 和 24 483 万 m^3，2035 年预测需水量分别为 48 897 万 m^3 和 42 684 万 m^3，两种方法预测成果基本一致，并且均与人口和《规划纲要》成果相符。考虑到分类指标法对国民经济发展各用水对象逐一进行需水预测，并且用水定额有相应的地方标准可参照，一般认为预测结果较好，因此推荐航空港区 2025 年和 2035 年需水量分别为 27 448 万 m^3 和 48 897 万 m^3，作为供水规划和经济建设需水的支撑。

参考文献

[1] 许杰玉．基于水资源刚性约束条件下的城市综合承载分析［J］．水利规划与设计，2021（11）：46-51.
[2] 谢良国．水资源可持续利用与水资源管理的重要性分析［J］．中国标准化，2018（24）：118-119.
[3] 王秀琴．某县需水量预测与分析［J］．河南水利与南水北调，2023（12）：29-30.
[4] 黄军．合肥庐阳经济开发区需水预测及合理性分析［J］．水资源开发与管理，2020（8）：50-53.
[5] 孙杰肖．张家口市水中长期供需预测及平衡分析［D］．保定：河北农业大学，2013.
[6] 王进．基于时间序列分析的阿克苏地区用水预测研究［J］．地下水，2023，45（4）：136-137.
[7] 徐继红．基于改进主成分分析法的城市需水量预测［J］．水资源开发与管理，2019（3）：23-25.
[8] 杨琳琳．基于 BP-神经网络的哈尔滨市需水预测及水资源优化配置［D］．哈尔滨：黑龙江大学，2024.
[9] 贺丽媛，夏军，张利平．水资源需求预测的研究现状及发展趋势［J］．长江科学院院报，2007（1）：61-64.
[10] 王艳菊，管新建，沈凯，等．新郑市水资源需求预测研究［J］．水土保持通报，2010，30（6）：208-213.

2024中国水利学术大会论文集

第三分册

中国水利学会 编

黄河水利出版社

内 容 提 要

本书是以“发展水利新质生产力，助力高水平科技自立自强”为主题的2024中国水利学术大会论文合辑，积极围绕当年水利工作热点、难点、焦点和水利科技前沿问题，重点聚焦水资源短缺、水生态损害、水环境污染和洪涝灾害频繁等新老水问题，主要分为水生态、智慧水利等板块，对促进我国水问题解决、推动水利科技创新、展示水利科技工作者才华和成果有重要意义。本书旨在助力我国水问题解决、推动水利科技创新，可供广大水利科技工作者和大专院校师生交流学习和参考。

图书在版编目（CIP）数据

2024中国水利学术大会论文集 ：全七册 / 中国水利学会编 . -- 郑州 ：黄河水利出版社，2024. 12.
ISBN 978-7-5509-4078-9

Ⅰ. TV-53

中国国家版本馆 CIP 数据核字第 2024KN8997 号

策划编辑：杨雯惠　电话：0371-66020903　E-mail：yangwenhui923@163. com

出版发行　黄河水利出版社
地址：河南省郑州市顺河路49号　邮政编码：450003
网址：www. yrcp. com　E-mail：hhslcbs@126. com
发行部电话：0371-66020550

承印单位　河南新华印刷集团有限公司
开　　本　889 mm×1 194 mm　1/16
印　　张　275（总）
字　　数　8 712千字（总）
版次印次　2024年12月第1版　2024年12月第1次印刷

定　　价　1 260. 00元（全七册）

《2024中国水利学术大会论文集》

编　委　会

主　任：段　虹

副主任：（以姓氏笔画为序）

丁留谦　王　孟　王　煜　牛志奇　白　涛　刘九夫
刘忠恒　刘雪梅　江恩慧　许继军　孙和强　李　江
李国玉　李瑞清　李锦秀　李德旺　杨　芳　张　阳
张文洁　张淑华　陈　文　周蓓蓓　郑小康　赵　勇
姚仕明　夏　军　钱　峰　凌红波　高俊峰　彭少明
彭文启　蒋云钟　韩宇平　韩瑞光　鲁胜力　谭徐明
潘保柱　戴长雷　鞠连义

委　员：（以姓氏笔画为序）

马志鹏　王　英　王　琼　朱　滨　刘　扬　刘　彧
刘　晓　刘建峰　刘姗姗　齐　莹　关　炜　李　琳
李云鹏　李军华　李聂贵　杨姗姗　何　凡　佟可欣
辛小康　宋锦焘　张　艳　张　翔　张广朋　张伟兵
张晓勤　张爱静　林　莉　季昭沁　周　普　郑小康
赵广举　赵进勇　倪城玲　徐　红　康爱卿　董　飞
曾　焱　熊卫红　颜文珠　霍炜洁

前言

PREFACE

学术交流是学会立会之本。作为我国历史上第一个全国性水利学术团体，90多年来，中国水利学会始终秉持“联络水利工程同志、研究水利学术、促进水利建设”的初心，团结广大水利科技工作者砥砺奋进、勇攀高峰，为我国治水事业发展提供了重要科技支撑。自2000年创立年会制度以来，中国水利学会20余年如一日，始终认真贯彻党中央、国务院方针政策，落实水利部和中国科协决策部署，紧密围绕水利中心工作，针对当年水利工作热点、难点、焦点和水利科技前沿问题、工程技术难题，邀请院士、专家、代表和科技工作者展开深层次的交流研讨。学术年会已成为促进我国水问题发现解决、推动水利科技创新、展示水利科技工作者才华成果的良好交流平台，为服务水利科技工作者、服务学会会员、推动水利学科建设与发展作出了积极贡献。为强化学术年会的学术引领力，自2022年起，中国水利学会学术年会更名为中国水利学术大会。

2024中国水利学术大会以习近平新时代中国特色社会主义思想为指导，认真贯彻落实党的二十大精神，紧紧围绕“节水优先、空间均衡、系统治理、两手发力”治水思路，以“发展水利新质生产力，助力高水平科技自立自强”为主题，聚焦发展水利新质生产力，从水旱灾害防御、河湖生态保护和治理、数字孪生水利建设、水资源集约节约利用等多领域，设置一个主会场和智慧水利·数字孪生、水利大模型、水生态等19个专题会议。

大会论文征集通知发出后，受到广大会员和水利科技工作者的广泛关注，我们收到来自有关政府部门、科研院所、大专院校和设计、施工、管理等单位科技工作者的论文共880余篇。为保证本次大会入选论文的质量，大会积极组织相关领域的专家对稿件进行了评审，共评选出653篇主题相符、水平较高的

论文入选论文集。按照大会各专题会议，本论文集共分7册予以出版。

本论文集的汇总工作由中国水利学会秘书处牵头、各专题会议协助完成。论文集的编辑出版也得到了黄河水利出版社的大力支持和帮助，参与评审、编辑的专家和工作人员付出了艰辛的劳动，在此一并表示感谢。同时，对所有应征投稿的论文作者表示诚挚的谢意。

由于编辑出版论文集的工作量大、时间紧，且编者水平有限，错漏在所难免。不足之处，欢迎广大作者和读者批评指正。

中国水利学会

2024年12月12日

目录

CONTENTS

绿色流域

寒区水利

干旱区水资源高效利用与调控

京津冀水安全

绿色流域

城镇生态河设计实践与思考

李兴印　王英杰

（中水珠江规划勘测设计有限公司，广东广州　510635）

摘　要：本文以博罗县东江-沙河水系连通工程为例，探讨生态河设计在城镇河道治理中的实践，以及存在的问题与思考。工程设计河道通过采用清淤清障、水系连通、河道活水、生态修复等一系列工程措施，使“堵、淤、臭”的小海河变成一条“畅、活、清、绿、美”的生态河。但对于新时代城镇河道，生态河不仅仅是建成，还需要建成后“管、运、护”的长效机制才能保证生态河设计的实践成果的维持，才能满足人民需求。

关键词：生态河设计；河道治理；成果维持

1　引言

随着城市化进程的加速，城镇河道作为城市生态系统的重要组成部分，其治理与改造日益受到重视。博罗县东江-沙河水系连通工程作为生态河设计的典型案例[1]，通过一系列工程措施，不仅有效地改善了水质环境，还提升了区域生态景观，为城镇河道治理提供了宝贵经验。然而，生态河的建设并非一蹴而就，其后续的“管、运、护”工作同样关键[2]，直接关系到生态河设计实践成果的长期维持与人民群众的满意度。

2　生态河设计实践

2.1　小海河河道原状及存在的问题

（1）水系沟通切断。

历史上小海河是连通东江、沙河的水利通道。1953 年园洲镇段东江大堤修建好，东江大堤阻断了小海河与东江的联系（见图 1），小海河靠近东江段成为断头河，与东江无水体交换。

（2）河道堵、占。

20 世纪 80 年代，园洲镇道路建设时，小海河堵、占，被一分为二，仅通过 6. 3 m×2. 6 m 的涵管连通，道路上下游侧河段被挤占，宽仅 3~5 m。

20 世纪 90 年代，小海河在李屋村处改道，在原小海河通道上修建李屋村文化服务中心，小海河与沙河联系基本被堵断，仅通过一根 1. 4 m 涵管排涝。

近年来，随着城市建设，小海河乱填和占用现象进一步加剧。海竺友居东南位置河段已堵塞，河段被分为两段，右侧河段已成为死水体。小海河在东江路右侧河道部分也已被堵塞，两河段通过 0. 8 m×0. 8 m 石管连通。至此小海河被切割为五部分（见图 1）。

（3）河道淤积。

小海河北部靠近沙河段淤积近 300 m，使原 40 m 宽河道缩窄至 3 m 左右。

（4）河道不通，周边乱排，水质恶化。

河道大量被占用，部分水体已完全成为死水，水环境和水生态遭到严重破坏，水环境承载力低下，河道底泥淤积严重，水体严重发臭，生物交流被切断。两岸大量的生活区和工业区，工业污染突

作者简介：李兴印（1986—），男，高级工程师，主要从事水利水电工程设计工作。

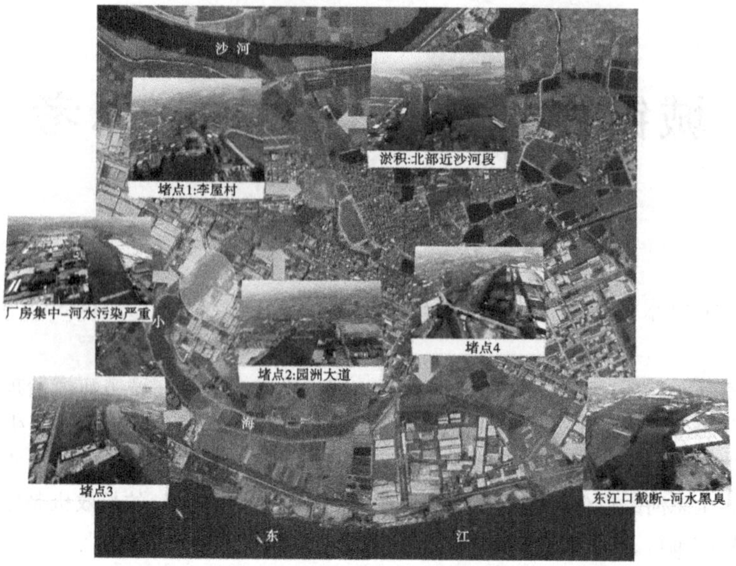

图 1　治理前小海河现状

出，生活污水处理率低，大量污水直接排入河道，畜禽养殖总量依然较大，养殖、种植污染较严重，加之监管执法能力薄弱，河道两岸及河道内垃圾堆积情况较严重，对小海河水质及水环境造成直接影响，水质不断恶化（见图 1）。

2.2　小海河生态河道治理设计措施

（1）清淤清障保障河道畅通。

河道整治措施主要为清淤削滩、开挖堵塞河段、清除河道内违章建筑物和障碍物，扩宽部分过流能力不足的河段，以确保河道水流顺畅[3]。恢复河道的自然流态，提高水流速度，保障河道内的通畅，增强水体的自净能力。

（2）潮差补水保障河道活水。

工程设计中创新性地采用了一套智能微潮差补水系统，该系统的研发使用也是保证小海河河道水活、水清的重要措施。通过南、北水闸智能控制，利用东江与沙河的微潮差，每天两次的涨落潮潮差定期向河道内补充清洁水源，保障河道水流动起来，保持河道水量的稳定和水质的改善。

（3）同步截污保障河道水清。

通过建设生态廊道、涵洞等工程设施，实现了东江与沙河水系之间的有效连通，增加了水体流动性，在解决了局部水域的水质恶化问题的同时，园洲镇内同步实施截污工程，保证河道两岸污水不入河。

（4）生态护坡、生态修复恢复绿色河道。

本次岸坡整治设计结合景观、镇区规划、生态用水调度，采取自然生态护岸，恢复原有河道自然、生态的样貌，实现人水和谐，为当地群众提供景色优美、可亲水休闲的一河两岸[1]。工程主要采用复式护坡护岸：为直立式护岸和斜坡式护岸的结合，一般坡脚处采用直立墙防护，主要为宾格石笼；上部采用斜坡式生态护岸。护坡主要采用草皮护坡结合景观形式，典型断面见图 2。

生态修复设计坚持顺应自然，坚持自然修复为主，结合生物措施、农艺措施及工程措施，祛滞化淤，固本培元，恢复河流生态环境。重塑健康自然的弯曲河岸线，营造自然深潭浅滩和泛洪漫滩，为生物提供多样性生境[4]。生态修复措施包括：建设湿地鸟类栖息地保护区，采取生境修复工程措施（修建蜿蜒自然的河岸，构建浅滩与深潭、河心洲、丁坝和巨石、生态木桩，种植岸坡植被、水生植物等），构建多样的水生动物群落区[1]。

（5）景观结合服务美丽乡镇建设。

利用河道连通的契机，充分考虑生态环境、旅游文化资源、特色小镇、美丽乡村等发展的需求，

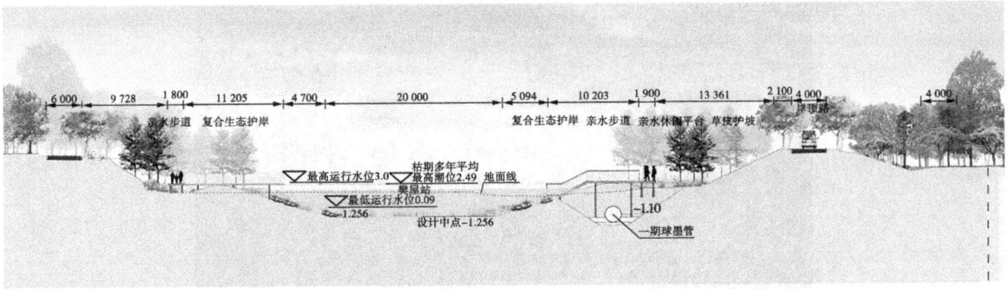

图 2　生态河道治理典型断面　（单位：尺寸，mm；高程，m）

建设特色的生态景观空间，打造水利生态风景线，绘就“水美乡镇”新画卷，做到人与水环境互惠互利，带动区域全面发展。

通过以上一系列工程措施，最终完成小海河河道“畅、活、清、绿、美”的生态景观河目标（效果图见图 3）[5-6]。

图 3　生态河治理效果

2.3　小海河生态河道治理成果

目前，东江–沙河水系连通工程通过实施“河道畅通、河道活水、截污、生态护坡、生态修复、景观建设”等一系列措施后，基本完成小海河河道从“堵、淤、臭”到“畅、活、清、绿、美”的转变，同时也获得了当地人民群众的高度赞扬。治理后小海河生态河道“畅、活、清、绿、美”现场图见图 4。

3　存在的问题与思考

本工程主体工程已于 2022 年基本完工，但在完成后的管理过程中发现，整个工程要维持设计成果还存在一些问题，应该也是目前城镇生态景观河道建设中存在的共同难题。

（1）长效管理机制缺失。

生态河建设完成后，如何建立长效管理机制，确保河道持续保持良好状态，是当前面临的一大挑战。生态景观河道建设完成之后交给谁管需明确责任主体，制订详细的管理维护计划，并加强监督考核。

（2）公众参与不足。

生态河的建设和维护不仅是政府和企业的责任，更需要广大市民的积极参与。应增强公众环保意识，鼓励居民参与河道周边的清洁、监督等活动，形成全社会共治的良好氛围。

（3）资金保障问题。

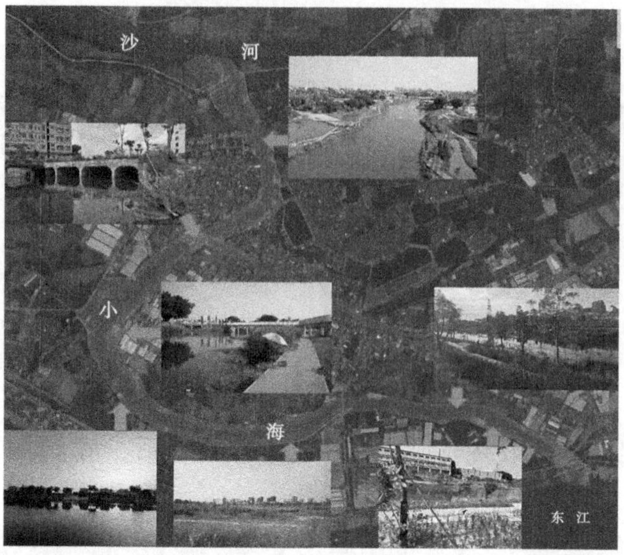

图 4　治理后小海河生态河道“畅、活、清、绿、美”现场图

生态河的日常维护和管理需要持续的资金投入，而单一依靠政府财政拨款难以满足长期需求。应探索多元化的融资渠道，如引入社会资本、建立生态补偿机制等，确保资金充足。

（4）科技支撑不足。

随着科技的进步，应充分利用现代科技手段提升河道管理水平，如运用物联网、大数据等技术进行水质监测、预警和应急处理，提高管理效率和精确度。

4　结论与展望

博罗县东江-沙河水系连通工程的成功实践，展示了生态河设计在城镇河道治理中的巨大潜力。然而，要确保生态河的长久效益，必须重视后续的管理、运营和维护工作。未来，应进一步完善长效管理机制，加强公众参与，拓宽资金来源，强化科技支撑，共同推动城镇河道治理向更高质量迈进，满足人民群众对美好生态环境的向往。

参考文献

[1] 李兴印，王英杰．生态河、景观河、文化河设计探讨［J］．水利规划与设计，2021（8）：50-54.

[2] 梁佳春，周益安，叶利伟．浅谈水利工程“管养分离”维修养护市场化运作［J］．水利建设与管理，2010，30（10）：25-26，40.

[3] 刘飞．上海市水系沟通中的几种典型断面设计探讨［J］．水利技术监督，2021（3）：147-150.

[4] 田学斌．倡导基于自然的生态文明之路［J］．绿叶，2018（8）：22-36.

[5] 王凯．宁波：千里清水河道彰显人水和谐［N］．中国水利报，2005-09-27（001）.

[6] 张宝生．统筹兼顾标本兼治全力实现“河畅、水清、岸绿、景美”［N］．中国水利报，2020-04-24（003）.

大藤峡库区潜在水环境风险源识别与防控研究

马海涛[1]　温　洁[2]　周佳伟[1]

（1. 广西大藤峡水利枢纽开发有限责任公司，广西南宁　530200；
2. 中国水利水电科学研究院，北京　100038）

摘　要： 大藤峡水利枢纽工程是珠江流域重要的防洪控制性枢纽工程，其水环境风险源识别与防控直接影响库区及下游区域的生态安全和社会经济发展。本文以大藤峡库区为研究对象，系统分析库区潜在水环境风险源，并依据相关标准和工具书，对主要的水环境风险源进行分类。分析表明，库区的主要风险源包括重金属污染源、有机物污染源、酸碱盐污染源和营养盐污染源，分布区域主要为来宾市兴宾区、象州县及武宣县的工业园区。结合不同污染源特点及其危害程度，给出针对性的防控和处置措施，包括风险源源头控制和针对不同类型污染风险源的具体措施，为大藤峡水环境监测保护工作提供支撑。

关键词： 大藤峡库区；水环境；风险源识别；风险防控

1　引言

大藤峡水利枢纽工程是国务院批准确定的流域防洪控制性工程，是红水河十个水电梯级开发的最后一级。作为国家172项重大水利工程的标志性项目，大藤峡水利枢纽工程在珠江流域防洪、水资源配置、提高西江航运等级、保障粤港澳大湾区供水安全、水生态治理等方面具有不可替代的作用[1]。

大藤峡水利枢纽工程库区水污染风险识别防控研究是保障工程安全稳定发挥作用的基础性工作，也是保障流域供水安全和水生态治理的必然要求。大藤峡地貌为高山峡谷，库盆为河道型，进出水量大，污染扩散快。另外，库区周围人口密集，产业相对集中。库区还承担着地区经济转移的角色，产业转移增加导致库区污染空间不足，易引起下游污染。大藤峡水利枢纽作为流域末端最大型的水库，上游污染叠加影响大，且距离下游用水区域近，缺乏缓冲地带，一旦污染严重，对大湾区的水环境、水安全影响较大[2]。

2　大藤峡水利枢纽概况

2.1　工程地理位置

大藤峡工程坝址位于珠江流域黔江河段大藤峡峡谷出口（广西桂平市南木镇弩滩村），在桂平市黔江彩虹桥上游6.6 km处，地理坐标为东经110°01′，北纬23°29′，坝址以上集水面积198 612 km^2，约占西江水系流域总面积的56.2%。库区范围包括贵港市桂平市，来宾市兴宾区、武宣县、象州县，柳州市柳江区、鱼峰区、鹿寨县。红水河、柳江和黔江三大河流流经库区。

2.2　流域概况

大藤峡水利枢纽库区除由红水河、柳江及黔江三大河流构成外，库区内的主要支流有红水河支流清水河、北之江、止马河、玉桂河及南泗河；柳江支流洛清江、罗秀河、石祥河、石龙河；黔江支流

基金项目： 国家自然科学基金青年基金项目（42107283）。

作者简介： 马海涛（1979—），男，高级工程师，主要从事水资源保护、水生态环境保护、环境影响评价研究工作。

通信作者： 温洁（1985—），女，高级工程师，主要从事水生态环境评价、污染物迁移等研究工作。

陈河、大琳河、濛江、三里河、武来河、东乡河、马来河、水冲河、南木江等。其中，库区内集水面积大于 1 000 km^2 的支流有清水河、北之江、洛清江、运江及大湟江等。

2.3 自然环境及水资源情况

黔江自石龙三江口至桂平，河长 122 km，河道平均坡降 0.065 2%。区间流域面积 2 210 km^2，穿流于石灰岩地区，两岸为开阔的丘陵平原，地势低，耕地集中。自勒马至大藤峡峡谷出口，河道穿流于长约 44 km 著名的大藤峡峡谷段。

大藤峡属于亚热带季风气候，气候温和，雨量充沛，年平均气温 21.4 ℃。黔江区境内四季分明，热量丰富，季风明显，但辐射、光照不足。气候具有随海拔高度变化的立体规律，是典型的山地气候，大部分地区的气候特点是春季阴雨连绵，雨天较多；夏季高温湿热，暴雨频繁；秋季常受台风入侵影响；冬季严寒天气很少。全区多年年均气温 15.4 ℃，极端最高气温 38.6 ℃，极端最低气温 5.8 ℃。降雨量的总趋势自上游向下游递增，多年平均降雨量为 1 200.1~1 389 mm，月际分布不均。无霜期 223~309 d，平均 273.5 d。多年平均日照时数 1 166.6 h，月际变化大。

大藤峡水利枢纽控制流域面积 19.86 万 km^2，占西江流域面积的 56.2%，控制水资源量 1 313.6 亿 m^3，占西江水资源量的 56%，控制洪水量占梧州站洪量的 65%。大藤峡水利枢纽坝址以上多年平均水资源总量为 1 313.6 亿 m^3，不同频率下水资源总量为 W（P=50%）= 1 288 亿 m^3，W（P=75%）= 1 096 亿 m^3，W（P=90%）= 940 亿 m^3。大藤峡水利枢纽坝址以上流域的地表水资源量利用武宣站作为代表水文站。根据水文分析结果，武宣站多年平均径流量为 4 240 m^3/s，地表水资源量为 1 350 亿 m^3。

2.4 社会经济概况

大藤峡流域范围内有贵港市桂平市，来宾市武宣县、象州县、兴宾区，柳州市柳江区、鹿寨县、鱼峰区等 3 个地级市的 7 个县（市、区）。其中，贵港市位于广西东南部，辖港北区、港南区、覃塘区、平南县和桂平市，总面积 10 602 km^2。规划范围内的桂平市行政区域面积 4 074 km^2。

比较近五年库区范围内人口变化情况，如表 1 所示，库区各县（市、区）2018 年人口约 472.55 万人，2022 年增加至 534.93 万人，比 2018 年增加了 13.2%。2022 年末，贵港市常住人口 435.56 万人，其中桂平市全市户籍总人口 203.12 万人，常住人口 152.46 万人，全年出生人口 1.53 万人，出生率 7.67%，死亡率 3.48%，人口自然增长率 4.19%。

表 1　库区各县（市、区）经济人口情况

年份	2018 年			2022 年		
	人口/万人	GDP/亿元	年人均 GDP/万元	人口/万人	GDP/亿元	年人均 GDP/万元
桂平市	159.26	315.69	1.98	203.12	370.68	1.82
武宣县	37.36	94.94	2.54	45.71	144.44	3.16
象州县	30.08	80.05	2.66	36.58	114.18	3.12
兴宾区	97.64	310.06	3.18	114.54	445.63	3.89
柳江区	62.99	291.12	4.62	48.57	298.96	6.16
鹿寨县	35.46	167.29	4.72	41.14	187.97	4.57
鱼峰区	49.76	497.85	10.01	45.27	477.26	10.54

比较近五年库区范围内 GDP 变化（见表 1），2018 年库区各县（市、区）总 GDP 约 1 757.00 亿元，2022 年增加至 2 039.12 亿元，比 2018 年增加了 16.1%。库区人均 GDP 也由 2018 年的 29.71 万元增加至 2022 年的 33.26 万元，增加百分比为 11.9%。

3 大藤峡库区风险源筛选与识别

3.1 水环境污染风险源筛选

3.1.1 点源污染风险

依据广西壮族自治区生态环境厅发布的《2022 年广西重点环境风险源清单信息》，绘制大藤峡库区点源污染风险分布图（见图 1）。由图 1 可知，大藤峡库区的污染源主要包括重金属矿物采选与冶炼、制糖、造纸、化学原料和制品生产等企业，以及污水处理厂污水排放等。点源污染风险源主要分布在来宾市、象州县和武宣工业园区。

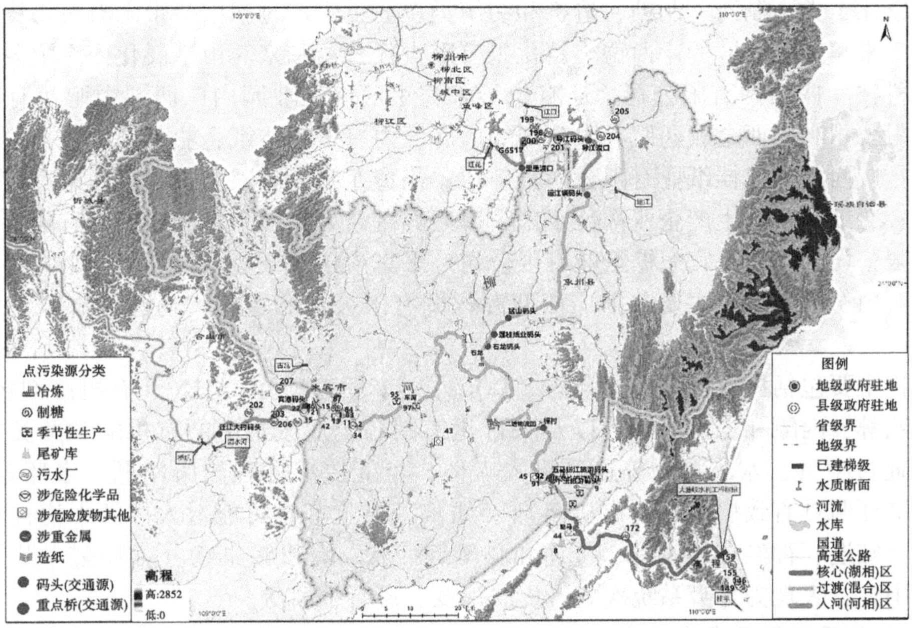

图 1 大藤峡库区点源污染风险分布图

3.1.2 面源污染风险

大藤峡库区面源污染主要来源于农村居民生活污水、农业面源、城镇面源等。经初步调查，大藤峡库区两岸以农业种植为主，易造成农业面源污染。大藤峡灌区位于广西桂中旱片区，涉及来宾市的武宣县、兴宾区、象州县，柳州市的鱼峰区、鹿寨县，贵港市的港北区、桂平市和平南县等，由达开灌片、金田灌片、石祥河灌片、乐梅灌片、龙从灌片、朗村灌片、杨村灌片、马坪灌片、石龙灌片和江口灌片等 10 个万亩以上灌片及小于万亩以下的众多小灌片组成。大藤峡库区两岸现有农业灌溉面积约 238.78 km^2。统计研究区域农业面源分布情况，研究区域林地、耕地、建筑面积分别为 2 885.42 km^2、1 312.41 km^2、158.94 km^2，分别占比 65.28%、22.47%、0.80%。

3.2 水环境污染风险源识别

按照《国民经济行业分类注释》[3] 划分行业类型，参考《水体污染事件应急处置技术手册》[4] 划分企业产生的污染风险种类，在前期筛选的基础上，现场调研包括金属开采与冶炼企业、生物医药企业、制糖与造纸企业、化工、丝绸、肥料等企业和污水处理厂、排污口，识别重金属、有机物、石油类、酸碱盐类、病原体等污染风险。

3.2.1 重金属污染风险源及危害

现场踏勘库区范围内的金属开采与冶炼企业，主要包括广西中金岭南矿业有限责任公司、广西武宣亿丰矿业有限责任公司、来宾市永泰金属有限公司、来宾华锡冶炼有限公司、广西下田锰矿有限责任公司、广西有色金属集团汇元锰业有限公司等企业。其中，广西中金岭南矿业有限责任公司距离大藤峡水利枢纽最近，广西下田锰矿有限责任公司位于柳江河段象州段，其他企业主要分布在来宾市工业园区。

金属开采与冶炼企业产生的污染风险物质主要为重金属，种类包括总镍、总铬、总镉、总锌、总铊、总铅、总汞等。重金属污染的危害性较强，重金属污染会导致神经系统损害，铅和汞等重金属可以导致神经毒性，影响大脑和神经系统功能，尤其是对儿童的大脑发育有严重影响。长期接触可能导致记忆力减退、注意力不集中、智力下降等症状[5]。同时，会对肝脏和肾脏造成不可逆的损伤，导致肾功能衰竭或肝硬化。另外，砷和镉被世界卫生组织（WHO）列为致癌物，长期接触这些重金属可能引发肺癌、肝癌、肾癌等多种癌症。

3.2.2　*有机物污染风险及危害*

库区有多家化工类、制药、制糖、造纸和纺织类企业，生产过程中会带来有机污染物风险。化工类企业包括位于来宾市兴宾区的广西德丰富化工有限责任公司和来宾市宝晨化工有限公司、位于象州县的集美精化科技（广西）有限公司，还有位于来宾市河南工业园内广西鄂中肥业有限公司、广西金丝鸟农化有限公司和广西金颐药肥有限公司等。库区内有多家造纸企业，其中包括位于柳江流经区域的企业包括：广西象州莲桂纸业有限公司、广西象州鑫龙纸业有限公司和广西来宾东糖石龙有限公司。其余制糖、造纸与食品生产企业都位于来宾市兴宾区，如广西来宾湘桂糖业有限责任公司、广西禧嘉达纸业有限公司、广西来宾东糖纸业有限公司、来宾市桂诚纸业有限公司、来宾市桥宏纸业有限责任公司。库区内纺织类企业主要包括广西迎春丝绸有限公司和象州富通丝绸有限公司，都位于象州县。

有机污染物主要包括挥发性有机化合物（VOCs）、多环芳烃（PAHs），有机溶剂包括苯、甲苯、甲醇、甲醛、乙醇、丙酮和三氯乙烯等以及来自化工制药企业废水中的有机酸和酚类物质等[6]。有机污染物可以通过空气、水、食物等途径进入人体，可能造成多种健康问题。多环芳烃（PAHs）、苯类化合物等被证明具有致癌作用。有机溶剂（如苯、甲苯等）可能对人体的中枢神经系统产生影响，导致记忆力减退、神经功能紊乱、头痛和眩晕等症状。有机污染物（如甲醛、苯等）长期暴露可能导致慢性中毒，表现为呼吸系统疾病、皮肤病变、肝肾损害等。

3.2.3　*酸碱盐污染风险源及危害*

酸碱盐污染风险源也主要来自化工行业、金属冶炼、矿山开采与加工、造纸与纺织等。前文中提到的金属冶炼、矿山开采与加工类企业、造纸与纺织企业同时也是酸碱盐污染的风险源。其中，金属开采与冶炼主要产生酸性矿山废水、酸洗废液、碱性废水、盐类副产物；造纸行业主要产生酸性和碱性废水、盐类废水（如硫酸钠和氯化钠）；纺织行业主要产生酸性漂染废水、碱性前处理废水、盐类废水（如染料使用的氯化钠和硫酸钠）。

酸碱盐污染会影响地下水和地表水的质量，导致饮用水水源被污染。长期饮用受污染的水可能引发多种健康问题，如消化系统疾病、肾脏损害等。另外，金属开采和冶炼产生的酸性矿山废水和酸洗废液、造纸和纺织行业的酸性废水排入河流会降低水体的 pH，导致水体酸化。这种酸化会影响水生生物的生存，导致鱼类和其他水生生物死亡，破坏整个水生生态系统。酸性废水和废渣如果直接排放到土壤中，会导致土壤酸化、影响土壤的结构和肥力、抑制植物的生长。酸化的土壤中，重金属离子的溶解度增加，容易被植物吸收，进入食物链，最终影响人类健康。

3.2.4　*营养盐污染风险及危害*

营养盐污染，通常指水体中氮、磷等营养盐类物质的过量积累，主要源于农业面源污染、工业和生活污水的排放。大藤峡灌区涉及来宾市、柳州市、贵港市的主要县（市、区）等，包括 10 个万亩以上的灌溉片区和多处小灌溉片区，现有农业灌溉面积约 23 878 hm^2。大规模农田施肥后，大规模降雨极易引起营养盐汇集，引起面源污染。

营养盐污染主要涉及氮污染、磷污染、钾污染和有机营养物质污染，其主要危害是水体富营养化，导致藻类过度生长、水体缺氧、生态系统失衡，最终威胁水生生物和人类健康。

4 风险源防控措施

4.1 风险源源头控制

从宏观角度，针对库区的水环境污染风险防控，可加强综合管理与协调，建立库区水环境保护的综合管理机制，协调各部门和利益相关者的合作，统筹规划农业、工业、生活污水的排放控制，确保各项防控措施的有效实施。

首先，加强矿山环境治理，强化工业污染防控。对库区周边的矿山开采活动进行严格监控，防止酸性矿山废水及重金属污染水体。对受污染区域进行生态修复，减少矿业开发对水环境的负面影响。加强对库区上游和周边工业企业的监管，严格执行工业废水排放标准，推进清洁生产和污染物排放的总量控制，减少工业污染对库区水环境的影响。

其次，实施农业生态管理，完善污水处理设施。推广生态农业技术，减少化肥、农药的使用，开展农业面源污染的监测与控制，建立农田径流拦截和处理系统，减少营养盐进入水体。加快库区周边城镇和农村污水处理设施的建设与升级，确保生活污水达标排放。推行生活污水集中处理模式，提高污水处理效率。

最后，规范船舶与港口管理，建立水质监测与应急响应系统。加强对库区船舶及港口的污染防治，建立船舶污水和垃圾收集、处理机制，严禁含油污水及生活垃圾直接排放至库区。建设库区水质实时监测网络，对水环境进行动态监控与风险预警。制定库区水污染应急预案，提高突发事件的应急处置能力，及时控制污染扩散。

对于不同类型的污染源，一旦发生水环境污染事件，需采用针对性的措施进行防控。

4.2 重金属污染防控措施

重金属及其化合物在水体中属于难降解物质，以特定的化学形式与一些物质结合而积累，因而难以从水中去除，只会发生形态的转化、分散或富集。一旦发生重金属污染事件，主要通过化学沉淀法、吸附法、膜分离法、电化学法、生物法、混凝/絮凝法等去除[4,7]。最为广泛的方法为吸附法，即通过吸附剂活性表面对水体中重金属离子的吸引，以此去除废水中的重金属离子的一种方法，吸附剂类型很多，比较常用的有活性炭，活性炭是一种多孔隙的吸附剂，具有很大的表面积，其吸附作用主要是基于表面物理吸附，同时可能伴随化学吸附。活性炭吸附技术实施方便，对正常生产和生活基本不产生影响，被广泛地应用于应急处置中。

4.3 有机物污染防控措施

有机物污染物理处理方法包括过滤和沉淀：通过物理筛选和沉淀移除水中的悬浮有机物；使用活性炭或其他吸附材料来吸附溶解性有机物，物理吸附法因操作简单、快速高效、成本相对低廉等优点，在水体突发有机物污染应急处置中被普遍采用。

有机物污染化学处理方法：①利用氧化剂（如臭氧、氯、过氧化氢）将有机物转化为无害物质，当水体受到氧化性物质污染时，可以通过向水体中投加还原剂的方法加以去除。氧化技术的优点是采用药剂处理，投加位置和剂量相对灵活，缺点是采用的氧化剂种类和剂量可能不足以将污染物彻底氧化分解。因而化学氧化法主要用于有机污染物的应急处置中[4]。②絮凝和沉淀：添加化学絮凝剂（如聚合氯化铝、硫酸铁）以增强有机物的沉淀。③生物处理方法：利用微生物群体在有控制的环境下分解有机物。④生物膜法：使用微生物生物膜在固定床反应器中降解有机物。⑤构建湿地系统：利用湿地植物和微生物共生系统自然降解有机物。⑥高级氧化过程（AOPs）：结合使用多种氧化技术（如紫外光/臭氧、紫外光/过氧化氢）以产生自由基，高效降解难降解有机物。

4.4 酸碱盐污染防控措施

化学污染物对水体的污染，主要表现在改变了水体的 pH。酸碱盐类的处理防控，主要采用酸碱中和的方法。酸碱中和处理过程中，应控制中和反应的速率和温度，过快的反应速率可能导致反应过热，产生气体或溅出等安全隐患，过高或过低的反应温度可能影响中和效果。因此，应根据具体情况控制中和反应的速率和温度[4]。在酸碱中和处理过程中，会产生一定量的盐类物质。这些盐类物质可能对环境造成污染，因此需要进行后续处理。可以采用沉淀、蒸发结晶、离子交换等方法对盐类进行处理，通过科学合理地进行酸碱废水中和处理，可以有效地减少废水对环境的污染，保护生态环境的可持续发展。

4.5 营养盐污染防控措施

目前，去除水体氮磷的应急措施主要有吸附法（物理方法）和化学方法。吸附法主要是通过新型吸附材料（包括天然材料、合成材料）如活性炭或氧化铁来处理废水中的氮磷污染物，这些材料具有高度的吸附能力，可以快速将氮磷等营养物质从水中吸附到材料表面。化学方法主要是添加化学药剂和吸附剂以去除水中的悬浮物和有机质，如氧化法、非氧化法和物化法[4]。

5 总结与建议

本文系统分析了大藤峡库区的潜在水环境风险源，包括重金属矿物采选与冶炼、制糖、造纸、化学原料和制品生产等企业，以及污水处理厂污水排放等。污染风险源主要分布在来宾、象州和武宣工业园区。分析表明，污染风险企业的主要污染风险为重金属污染风险、有机物污染风险、酸碱盐污染风险和营养盐污染风险。这些风险可能导致水体污染、产生重金属污染、有机物污染、富营养化等问题，进而影响库区及下游区域的生态安全和人类健康。

针对大藤峡库区存在的环境风险，从宏观的角度加强综合管理与协调，加强矿山环境治理、工业污染防控，实施农业生态管理，完善污水处理设施，规范船舶与港口管理，建立水质监测与应急响应系统等管理措施。

从针对性防控的角度，重金属污染防治措施主要为化学沉淀法、吸附法、膜分离法、电化学法、生物法、混凝/絮凝法，最为广泛的方法为吸附法；有机物污染防治措施主要为过滤和沉淀法，通过物理筛选和沉淀移除水中的悬浮有机物，使用活性炭或其他吸附材料来吸附溶解性有机物。有机物污染化学处理方法则利用氧化剂将有机物转化为无害物质，当水体受到氧化性物质污染时，可以通过向水体中投加还原剂的方法加以去除。酸碱盐类的处理防控，主要采用酸碱中和的方法。通过科学合理地进行酸碱废水中和处理，可以有效地减少废水对环境的污染，保护生态环境的可持续发展。对于营养盐污染防控的主要应急措施也包括物理吸附法和化学方法。

综上所述，通过有效识别并控制大藤峡库区的水环境风险源，可以有效地保障库区水质及生态系统的安全，实现库区水环境的可持续管理和利用。

参考文献

[1] 邓勋发，王丽，徐林．基于流域水生态系统保护的大藤峡水生态保护措施体系研究与实践［G］//工程科技Ⅰ辑．广州，2023：99-105.

[2] 王宝恩．推动大藤峡工程高质量发展为强化流域治理管理提供有力支撑［J］．北京：中国水利，2023（21）：1-4.

[3] 国家统计局．国民经济行业分类注释［M］．北京：中国统计出版社，2008.

[4] 郑丙辉，于萍．水体污染事件应急处置技术手册［M］．北京：中国环境出版集团，2018.

[5] 廖红为．铅锌矿重金属在地下河流域中迁移转化机制及战场给水保障：以桂林阳朔思的地下河为例［D］．北京：中国地质大学，2023.

[6] 任颖俊．水污染中毒性有机物的化学监测技术［J］．化学工程与装备，2020（8）：240-242.

[7] 蒋婕．突发水污染风险防控与应急处置实证研究［D］．长沙：中南林业科技大学，2024.

刚果共和国利韦索水电站枢纽布置设计研究

樊　锐　符传立　毕树根

（中水珠江规划勘测设计有限公司，广东广州　510635）

摘　要： 水电站的坝址选择和枢纽布置是工程设计的核心问题，需要综合考虑地形地质、工期、投资等多重因素。本文以刚果共和国利韦索水电站工程为例，进行了布置研究。针对前期可行性研究国外咨询机构的布置方案，对溢洪道布置、大坝体形、导流洞及放空洞、引水发电系统等布置进行了系统优化，达到了节省投资、缩短工期的目的。通过本文的阐述，旨在为类似的工程设计提供思路和一些启示。

关键词： 刚果（布）利韦索水电站；坝址；枢纽布置；溢洪道；引水发电系统

1　引言

水电站枢纽布置是一个复杂的工程，它涉及壅水建筑物（如闸、坝、河床式厂房等）、泄水建筑物、引水系统以及发电厂房、变压器场和开关站等的合理布局，以承担水力发电的主要任务。在多泥沙河流上，为了减少水库内泥沙淤积，可能需要设置导、排、拦沙建筑物，如冲沙底孔、拦沙坎等。在通航的河流上，可能需要设置过坝设施，如船闸、升船机等。此外，如果河流上有洄游鱼类，还需要设置过鱼设施，如鱼道、升鱼机等。水电站枢纽的布置需要考虑地形、地质、水文、气象等自然条件，以及施工条件、建设征地、工程投资等因素。杨启贵等[1] 对巴基斯坦卡洛特水电站工程的枢纽布置进行了研究，围绕枢纽布置方案涉及的水文泥沙、地形地质、施工组织、运行管理等要素，枢纽布置方案经过了充分的方案比较和模型试验论证，提出了较优的布置方案。胡中平等[2] 对扎拉水电站的枢纽布置进行了多方案比选研究，方案避开了倾倒变形岩体，减少了泥沙对机组的影响，充分利用了河段水头，节省了投资。

水电站的枢纽布置是在继坝址选定后，工程布置的核心工作，主要考虑地形地质、施工条件、水头利用、工程投资、尽快投产等多方面因素，多方案综合考虑，选择最后的布置方案。

2　工程概况

刚果（布）利韦索水电站为坝式开发的水电工程，工程任务以发电为主。水库正常蓄水位 382.0 m，大坝最大坝高 44.0 m，水库总库容为 1.1 亿 m^3，电站装机容量为 19.92 MW。根据相关规范，以水库总库容确定本工程等别属Ⅱ等，工程规模为大（2）型[3]。本工程由挡水建筑物、泄水建筑物、引水发电系统、变电站、进厂交通等部分组成。永久性主要建筑物混凝土面板堆石拦河坝、左岸溢洪道、左岸放空洞、右岸引水发电系统按 2 级建筑物设计，次要建筑物溢洪道引水渠、电站尾水渠等按 3 级建筑物设计，临时建筑物按 4 级建筑物设计。

3　枢纽布置条件

3.1　水文条件

3.1.1　水文基本资料

工程区附近有 5 个水文站，分别为奥埃索、马夸、延戈、恩图姆比、恩托库。马夸水文站是伦加

作者简介： 樊锐（1985—），男，高级工程师，主要从事水利水电工程设计工作。

河流域内径流观测较完整的水文站，已获取的径流系列从1952年至1993年（部分月份缺测）共42年。2009年可行性研究报告经分析后采用马夸水文站作为设计代表站。本次复核水文资料较可行性研究报告并无增加，因此本次水文分析计算同样采用马夸水文站作为代表站。

3.1.2 径流

可行性研究阶段采用马夸水文站（集水面积为13 965 km^2）径流比拟到坝址，本次经过分析后维持可行性研究报告成果，即利韦索坝址多年平均流量45 m^3/s，多年平均径流量14.19亿m^3。最枯月为8月，占全年径流量的3.8%，最丰月为11月，占全年径流量的13.0%。径流的年际变化较小，径流最丰水年年平均流量为59.5 m^3/s（1964年），最枯水年年平均流量为28.0 m^3/s（1992年），丰枯水年径流比2.1。

3.1.3 洪水

由于缺乏实测水文资料，无法对坝址区的洪水进行计算，本次采用水文比拟法根据英布鲁水电站的坝址设计洪水成果推求坝址设计洪水。与上次可行性研究成果比较，本次用英布鲁水电站比拟的洪水设计成果较大，从安全角度考虑，本阶段采用英布鲁水电站比拟的洪水设计成果，见表1。

表1 坝址不同频率洪峰流量

频率/%	0.01	0.1	0.2	0.5	1	2	3.33	5	10	20	50
流量/(m^3/s)	408	306	296	282	271	260	251	244	232	218	196

3.2 地形地质

坝址两岸地形相对较缓，坡面基本为腐殖土及残坡积粉质黏土，局部基岩出露，自然边坡现状稳定，现状岸坡基本稳定，左岸坝址上下游约均见小冲沟发育，基本垂直河流呈近南北向。

坝址区出露地层主要有前寒武纪石英岩、绿片岩和第四系松散堆积物。由老至新分述如下：

石英岩：灰白色，中厚层间中薄层状构造，粒状变晶结构，由砂岩变质而成，主要成分为石英。为坝基及两岸主要岩层。

绿片岩：一般呈绿色，薄层状构造，片状结构，主要成分为长石、石英及云母。一般厚度为0.1~0.2 m，间夹于石英岩之中，所占比例约4%。

第四系松散堆积物：主要为残坡积层。

残坡积层：黄褐色、灰褐色含碎石、砾石砂质粉质黏土，可塑状，分布于两岸山坡上，厚度范围为0.5~3.7 m，基本呈上薄下厚，地形突出处较薄（局部基岩出露），地形下凹处较厚。

坝址区位于北东向背斜轴部，未见大的断层发育。坝址处岩层产状近水平，主要发育有以下几组节理：

L1：290°~350°/ SW∠66°~90°，该组节理最为发育，面较平直，闭合。

L2：30°~60°/NW∠66°~90°，该组节理次发育，裂隙面弯曲光滑，无充填，闭合，局部张开，延伸短，5~10条/m；

L3：20°~34°/ SE∠81°~90°，面呈弯曲光滑，延伸长，4条/m。

L4：290°/NE∠23°，面粗，延伸长1~2 m，闭合，该组裂隙最不发育。

根据岩石颜色、岩体结构、构造、破碎程度、矿物变质情况、岩芯状况和锤击反应等特征，将坝区岩体划分强风化带、弱风化带及微风化带三个风化带。

强风化带：岩体节理裂隙发育，岩芯呈碎块，厚1~2 m，左岸山坡下部及右岸顶部达7~9 m。

弱风化带：弱风化上部岩石裂隙较发育，石英岩沿部分裂隙面风化较强烈，宽5~10 cm。上部所夹的薄层状绿片岩风化强烈，部分已风化成强风化状；下部岩体完整性好，岩质坚硬。

坝址区两岸较河床风化稍深，构造裂隙发育地段较岩体相对完整地段风化相对较深，趾板布置区左岸山坡下部及右岸顶部风化较深。河床因水流冲刷，覆盖层被剥离，而出露强~弱风化基岩，风化层较浅。

枢纽区山坡坡度较缓，覆盖层不厚，未发现滑坡和泥石流等不良地质现象。坝址选择范围内未见大规模崩塌堆积体和卸荷裂隙产生的危岩存在，岸坡稳定性较好。

4 枢纽布置方案

4.1 枢纽布置原则

（1）综合考虑工程区的地形条件、地质条件、施工条件等因素，并结合前期可行性研究成果，认为利韦索村上游约 7 km 处河段比较顺直，河床宽度较小，两岸山体宽厚，适合水工建筑物布置和上、下游水流衔接，是较好的坝址位置。因此，维持原可行性研究报告中的坝址位置不变，即选择利韦索村上游约 7 km 处河段为坝址位置。

（2）枢纽布置需选择合理的建筑物形式，并合理安排枢纽中各水工建筑物的相对位置，以满足各建筑物在布置上的要求，保证其在任何工作条件下都能正常工作；在满足安全的条件下，尽量使枢纽布置紧凑，使枢纽外观与周围环境相协调，尽可能使枢纽中的部分建筑物早期投入使用，提前发挥效益，并且降低枢纽总造价和年运转费用。

（3）因为右岸为主要交通公路、电站出线方向，电站厂房尽量布置在右岸，方便交通布置和出线。相应的溢洪道、导流洞、放空洞异侧布置，布置于枢纽左岸。

4.2 前期枢纽布置方案优化

与前期德国费希特纳公司可行性研究成果相比，本次枢纽布置进行如下调整：

（1）德国费希特纳公司 2008 年编制了可行性研究报告，报告地形图中原采用高程控制参照标桩（IGN 点）已经损坏，根据刚果共和国重大工程委员会提供的“地形测量结果澄清”文件（编号：058/PR/MATDGGT-CAB. DGGT/CPIL），本次 CGGC 对工程区域的高程控制参照标桩均需从凯塔村的标桩（HU-52）引出。根据新测成果复核，原采用高程系＝本次高程系+5 m。故本阶段在保证电站能量指标的前提下，正常蓄水位由 385. 0 m 降至 382. 0 m，坝顶高程由 387. 5 m 降至 384. 0 m。坝体剖面进行了优化设计。下游坝坡坡比由 1∶1. 5 调整为 1∶1. 4。在不改变原方案断面基本控制尺寸的基础上，调整了面板堆石坝坝体分区结构。增大次堆石区的范围，在下游水位以下填筑质量较高的石料，下游水位以上填筑质量稍低的石料。下游设置 0. 4 m 厚的干砌石护坡。

（2）为减小运距，方便堆石料上坝，加快施工进度，同时利于下游消能形成水垫，在左岸溢洪道下游设开挖石料场。同时在保证不小于原方案泄流能力的前提下，左岸溢洪道布置进行调整。孔数由 4 孔减少为 2 孔，净宽由 24 m 减少为 12 m。堰顶高程由 381. 00 m 降为 375. 0 m，进水渠高程由 377. 0 m 降至 373. 0 m。堰面形式仍采用原实用堰，弧形门启闭。同时，适当调整溢洪道轴线，减小溢洪道与河流方向的夹角，以减小泄流对厂房尾水的影响，使水流平顺进入河床。

（3）为加快施工进度，分设导流洞及放空洞，两洞均布置于左岸。对导流洞及放空洞轴线进行调整，以减小泄流对厂房尾水的影响，并使水流平顺进入河床。放空洞闸门井调整至洞身转弯段后，以利于交通布置和运行管理。

（4）为避免大坝施工与厂房施工的干扰，厂房位置由坝后河床移至右岸，变电站布置在右岸 396. 0 m 高程山坡上。为保证电站安全运行，原右岸引水坝段调整为拦河闸式进水口，在进水口上设置工作门和事故检修门。

5 推荐枢纽布置方案

推荐枢纽布置由挡水建筑物、泄水建筑物、引水发电系统、变电站、业主营地、进厂交通等部分组成。

挡水建筑物采用钢筋混凝土面板堆石坝，总长 325 m，坝顶高程 384. 0 m，河床段趾板建基面高程 340. 0 m，最大坝高 44. 0 m。挡水大坝剖面图见图 1。

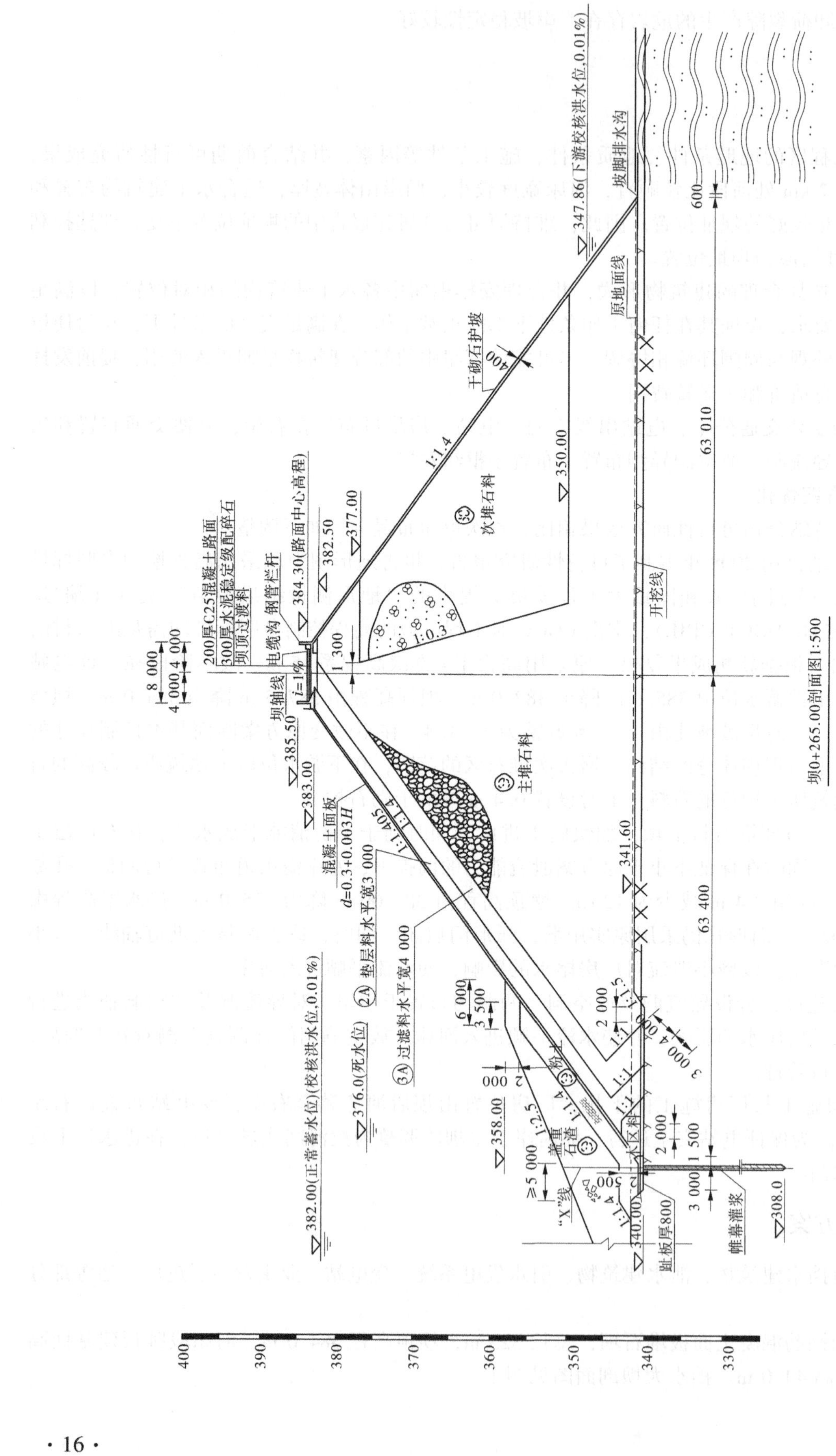

图 1　大坝剖面图（单位：尺寸，mm；高程，m）

本工程采用溢洪道为主、放空洞为辅的泄水方式。开敞式溢洪道布置于大坝左岸缓坡上，堰形为WES实用堰，共两孔布置，孔口尺寸6.0 m×7.0 m（宽×高），溢洪道泄槽中心线与坝轴线夹角74.923°。溢洪道由进水渠段、闸室控制段、泄槽段及挑流消能工组成，溢洪道全长323.2 m。

放空洞布置在大坝左岸，进水口高程为355 m。闸室位于放空洞中部，闸室内布置检修门槽和工作门槽。闸室前隧洞为有压洞段，其后隧洞为无压洞段。闸后无压隧洞轴线在平面上布置为直线，与溢洪道泄槽轴线平行，距离泄槽轴线30 m。

引水建筑物布置在枢纽右岸，由引水渠、进水口和压力钢管等组成，压力钢管采用一机一管布置形式，单管内径2.30 m。

电站厂房为岸边地面厂房，布置于引水系统末端，坝轴线下游约120 m的河床右岸。发电厂房由主机间、安装间及副厂房组成。主机间内装有三台混流立轴式发电机组，总装机为19.92 MW。安装间位于主机间右侧。副厂房由主机间上游副厂房、安装间下部副厂房和安装间下游副厂房组成。主变压器布置于安装间上游侧。枢纽平面布置见图2。

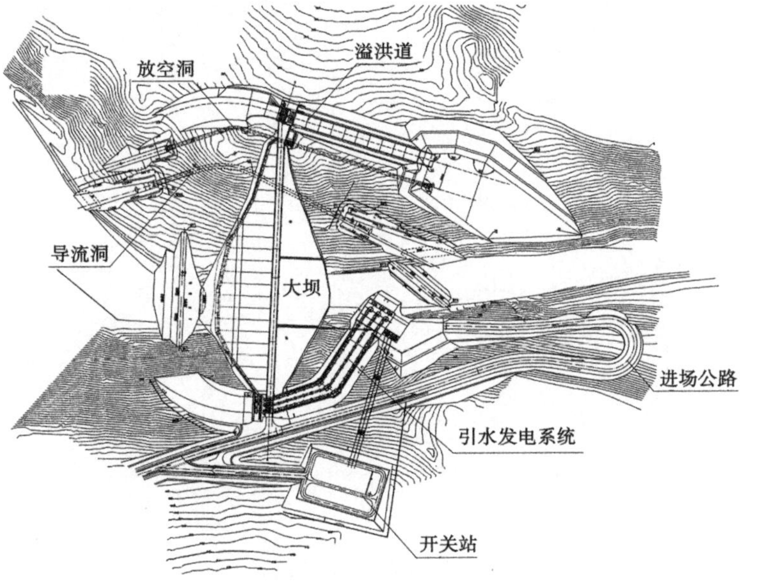

图2　枢纽平面布置

厂区地面高程351.0 m，由右岸公路接进厂公路可直接进入安装间。

110 kV开关站布置在大坝右岸高程约396.0 m的山坡上，面积为68 m×51 m（长×宽），站区高程396.0 m，主变压器与开关站之间采用1条双回架空线路连接。

业主营地布置在大坝下游约5 km的右岸平地上，占地面积约46 473 m^2。

进场公路布置在伦加河右岸，起点为国家2号公路旁的利韦索村附近，终点为电站厂房回车场，全长约6.67 km。

6　结论

（1）前期可行性研究德国咨询机构选择的坝址基本合适，因为初步设计阶段维持原坝址，即利韦索村上游约7 km处河段为坝址位置。

（2）工程位于非洲落后地区，资金紧张，对将原可行性研究方案的溢洪道缩短，溢洪道末端消力池开挖兼作大坝的石料场，既节省了溢洪道的钢筋混凝土工程量，又缩短了大坝石料的运距。

（3）原导流洞兼作放空洞，初步设计阶段将导流洞和放空洞分开布置，可以先施工导流洞，尽早围堰闭气，后施工大坝，缩短了工期。

（4）对挡水建筑物的体形、发电厂房的位置等进行了优化调整，既节省工程投资，又便于施工。

参考文献

[1] 杨启贵，孔凡辉，万云辉，等．卡洛特水电站枢纽布置设计［J］．人民长江，2022，53（2）：132-137.
[2] 胡中平，黄红飞，肖浩波．西藏扎拉水电站枢纽布置与设计研究［J］．水利水电快报，2024，45（6）：49-53.
[3] 中水珠江规划勘测设计有限公司．刚果共和国利韦索水电站工程初步设计报告［R］．2013：7-14.

关于建设幸福河湖的思考

朱 锐 徐 伟

（水利部河湖保护中心，北京 100038）

摘 要： 幸福河湖建设是贯彻落实习近平总书记关于建设造福人民的幸福河的重要指示精神的组成部分，是新时代治水思想的集中体现，是中华治水文化的最新成果，是实施国家“江河战略”的有力抓手，是全面贯彻习近平生态文明思想的生动实践，不仅为新时代黄河流域生态保护和高质量发展指明了方向，也为全国江河湖泊保护治理明确了目标。本文充分考虑河流造福人民的共性特征和要求，重点从幸福河湖的内涵要义、建设成效与指导建议三方面展开，旨在将幸福河湖的理念更好地应用于河湖治理与保护的全过程。

关键词： 幸福河湖；河湖长制；河湖治理

河湖是水资源的重要载体，不仅满足人类生存发展的基本需要，还承载着人们对美好生活的向往。2014 年习近平总书记提出“节水优先、空间均衡、系统治理、两手发力”治水思路。2016 年 11 月、2017 年 12 月，中共中央办公厅、国务院办公厅先后印发《关于全面推行河长制的意见》《关于在湖泊实施湖长制的指导意见》[1]。河湖长制是习近平总书记亲自谋划、亲自部署、亲自推动的河湖管理重大制度改革和体制机制创新。2018 年 6 月底全面建立河长制，2018 年底全面建立湖长制，实现河湖长制责任体系全覆盖，解决了一大批积年的河湖突出问题，河湖面貌持续改善，人民群众的获得感、幸福感、安全感明显增强。2019 年 9 月，习近平总书记在黄河流域生态保护和高质量发展座谈会上发出了“让黄河成为造福人民的幸福河”的伟大号召，为推进新时代治水提供科学指南和根本遵循[2]。

开展幸福河湖建设，对于推动河湖治理保护方式变革，进一步处理好经济社会发展与水安全、水资源、水环境、水生态、水文化的关系，助力经济社会高质量发展，提升人民群众福祉，具有十分重要的意义[3]。保护河湖安全，是落实习近平总书记关于治水重要讲话指示批示精神的重要举措，幸福河湖建设是巩固拓展河湖长制工作成果的关键举措，建设幸福河湖是一项系统工程，是全力推动河长制湖长制从“有名”向“有实”转变[4]。保护江河湖泊，事关人民群众福祉，事关中华民族长远发展，坚持人民至上，高水平推动河湖资源保护利用综合改革[5]。幸福河湖建设是实现治理制度创新的有益尝试，要以流域为单元实施建设，既尊重自然规律，也符合人类社会发展规律。在全面建设社会主义现代化国家的新征程中，生态文明是关键一环，而河湖建设是生态文明的生命源泉，建设幸福河湖是保护生态环境、增强人民群众幸福感、实现人水和谐的重要举措。

1 深刻把握习近平生态文明思想背景下幸福河湖的内涵要义

推进幸福河湖建设，要深刻理解幸福河湖的内涵要义。把握造福人民的“幸福河”内涵要义，既要从人类幸福的需求出发，又要考虑河流自身健康，更要考虑人类与河流相互制约支撑以及和谐发展的关系。而“幸福河”的内涵和使命，就是江河保护与治理要满足人民群众对美好家园、美好生活的全部需求，本质上就是为中国人民谋幸福，为中华民族谋复兴。

作者简介： 朱锐（1983—），女，高级工程师，主要从事河湖长制与河湖保护治理的研究工作。

人与自然是生命共同体，人类必须尊重自然、顺应自然、保护自然。习近平生态文明思想的核心要义集中体现为“十个坚持”，每个“坚持”都与江河湖泊的保护治理密切相关。在习近平生态文明思想指引下，要坚持人与自然和谐共生，统筹山水林田湖草沙系统治理，协同推进人民富裕，着力解决水资源供给能力不足、水生态水环境承载力超限等突出问题，建设“安澜、生态、宜居、智慧、文化、发展”的幸福河湖，实现美丽中国宏伟目标。安澜是幸福河湖的首要指标，“河道安澜，人民安宁”，减少洪涝灾害损失，保障人民生命财产安全和正常生活秩序是满足人民群众美好生活的基本要求。生态是指要从生态系统整体性和流域系统性出发，坚持系统治理和分类施策，维护河流生态系统多样性。宜居是指改善河湖水质水环境，形成绿色生态、布局合理、舒适便捷、百姓乐享的河湖岸线空间，让老百姓看得见青山、望得见绿水、记得住乡愁。智慧是指河湖管理要适应现代化要求，提升数字化、网络化、智能化水平。文化是指挖掘河湖相关独特而丰富的水文化，建设传承历史文化的新节点和彰显水文化内涵的新载体，满足人民文化生活需求。发展是指幸福河湖建设要与城市高质量发展、乡村振兴紧密结合，给一方百姓创造美好幸福生活，既有绿水青山，又有金山银山。因此，幸福河湖是河流湖泊处于安澜、生态的状态下，流域和区域经济社会高质量发展、人民生活福祉有效提升、文化承载能力持续增强的河流湖泊。

建设幸福河湖要把握河湖长制与幸福河湖建设之间的关系：河湖长制是新时代治水制度和模式创新，幸福河湖是河湖长制实施达效程度的衡量与评价；河湖长制是幸福河湖建设的组织、体制、机制保障，幸福河湖建设可推进河湖长制不断完善、改进、创新。开展河湖保护与治理的探索实践，应当持续强化河湖长制，不断健全完善河湖长制体系，优先打造河湖长责任的幸福河湖；以河湖长制为依托，发挥好河湖长的组织、协调、督促作用，凝聚起治水护水的强大合力，为高水平建设幸福河湖提供支撑保障，积极探索幸福河湖建设路径。

高质量推进幸福河湖建设应当坚持以人为本、安全至上原则，生态优先、绿色发展原则，全域治理、综合施策原则，空间均衡、突出特色原则，改革创新、两手发力原则。具体地，始终坚持以人民为中心的发展思想，满足推动高质量发展、创造高品质生活的现实要求，打造河畅、水清、岸绿、景美、人和的亮丽风景线，满足人民对美好生活的向往，不断增强人民获得感、幸福感、安全感，为扎实推动共同富裕构筑坚实的生态根基。坚持生态优先、绿色发展，统筹经济社会发展与河湖保护治理，牢固树立生态文明理念，坚持山水林田湖草沙系统治理，尊重自然、顺应自然、保护自然，把生态优先、绿色发展理念贯穿幸福河湖建设实践和运行管理全过程，努力将幸福河湖建设成生态工程，持续改善水生态水环境，维护河湖生态系统的完整性，实现人水和谐共生，促进可持续发展。牢固树立全域治理、综合施策的观念，坚持以流域为单元、水资源为核心、江河为纽带，统筹流域和区域、上下游、左右岸、干支流、地上地下，强化流域统一规划、统一治理、统一调度、统一管理，促进人水和谐共生、建设幸福河湖。牢固树立和践行绿水青山就是金山银山的理念，站在人与自然和谐共生的高度谋划发展，准确把握人与水、水与生态、水与经济社会等辩证统一关系，把“空间均衡、突出特色”的发展思路不折不扣地落实到推动新阶段水利高质量发展各领域、各环节、全过程。坚持以“改革创新、两手发力”为引领，坚持多轮驱动，发挥政府和市场、中央和地方、国有资本和社会资本等多方面作用。创新幸福河湖建管体制和投融资机制，充分发挥杠杆作用和科技创新引领作用，大力推进河湖管理智慧化、资源调度智能化、监测预警自动化，加强实体水域与数字水域融合，提升幸福河湖工程科技和智能化水平。

2 幸福河湖建设成效显著

河湖长制全面实施以来，特别是“让黄河成为造福人民的幸福河”号召提出以来，国家和地方层面加强顶层设计，科学指导幸福河湖建设，形成了一批治水效果明显、管护机制完善、推动区域发展有力的典型经验，一批示范性幸福河湖已成为水利高质量发展的亮丽名片，人民群众因河湖产生的安全感、获得感、幸福感显著增强。

一是河湖安澜保障能力不断提升。河湖安澜是河湖保护治理的底线，防洪保安全是幸福河湖建设的基础条件。结合幸福河湖建设，规范实施岸线空间管控，持续推进河湖库“清四乱”，严厉打击非法采砂，开展堤防护岸整治、清淤疏浚、病险水库除险加固等，不断提升河湖防洪保安全能力。

二是河湖生命健康状况持续改善。着眼改善河湖水资源、水环境、水生态，因地制宜实施水系连通工程，打通河道及沿河池塘、整治断头河，连通河湖水体，优化、恢复、重建区域水系布局，增强河湖引排能力和水体连通性，重塑河湖健康生命。

三是河湖管理智慧化水平不断提高。按照“需求牵引、应用至上、数字赋能、提升能力”的要求，结合已有信息化管理平台，补充完善前端监控设施设备，整合多部门数据资源，建设河湖智慧管理平台，不断提高河湖管理水平。

四是幸福河湖与城乡发展不断融合。通过幸福河湖建设，以水兴业、以水发力，促进河湖生态产品价值实现，探索从“绿水青山”到“金山银山”的跨越，加快形成“河湖生态美、河岸产业兴、河畔百姓富”的幸福图景。

3 高质量推进幸福河湖建设的指导建议

聚焦幸福河湖“安澜、生态、宜居、智慧、文化、发展”的总体建设目标，结合中国式现代化“两步走”实施战略和“十四五”规划要求，按照先易后难、多目标分阶段一体推进的方式建设幸福河湖。由于全国各地自然生态禀赋和经济社会发展存在的差异，统筹兼顾构建幸福河湖“点、线、面”总体布局，即“近期重点实施带动、中期串点成线推进、远期连线成面全覆盖”。

一是近期重点实施带动。结合各地实际，在城市建成区、人口密集河段选取条件好、具有代表性的河湖、河段高标准建设幸福河湖，引导有条件的省率先开展全域幸福河湖县的建设。到 2025 年，建成一批有代表性的幸福河湖（河段），打造一批省级全域幸福河湖的县（市、区）。

二是中期串点成线推进。依托已建成的幸福河湖（河段），串点成线，实施全域幸福河湖达标建设，推进全段河流乃至全流域的幸福河湖建设，走好水安全有力保障、水资源高效利用、水生态明显改善、水环境有效治理、文化旅游深度融合的高质量发展之路。到 2035 年底之前，全国主要河流及其重要支流的城区段或人口密集河段基本建成幸福河湖，达标建设全域幸福河湖形成规模效应，形成一批在河湖系统治理、管护能力提升、人民福祉提升、流域高质量发展等方面的幸福河湖标志性成果。

三是远期连线成面全覆盖。将幸福河湖建设与构建国家水网相结合，以各级水网为纽带，全覆盖实施，形成幸福河网新格局。到 2050 年，高质量绘就幸福河湖全域美丽富饶的幸福画卷，全面实现“持久安澜、生态健康、宜赏宜居、智慧管理、文化传承、富民惠民”的宏伟目标。在流域或区域人民群众生活福祉日益增强提高的基础上，绿色经济经过不断优化，成为社会发展的有力支撑，中华优秀水文化得到切实保护、传承、弘扬，全面建成面向现代化、面向世界、面向未来的、民族的、科学的、大众的先进水文化。幸福河湖真正成为实现强国建设、民族复兴的有力支撑。

综上所述，幸福河湖建设事关中华民族的长远发展，要充分发挥各类主体的应有作用，形成在中国共产党领导下，各级政府部门、组织机构、事业单位及个人共同参与其中的全社会共建幸福河湖的氛围与机制，让每一条河流、每一个湖泊成为造福人民的幸福河湖。

参考文献

[1] 李国英．强化河湖长制　建设幸福河湖［J］．水资源开发与管理，2021（12）：1-2.

[2] 习近平．在黄河流域生态保护和高质量发展座谈会上的讲话［J］．水资源开发与管理，2019（11）：1-4.

[3] 陈茂山，刘小勇，刘卓．深刻领会造福人民的幸福河的内涵要义和主要特征［J］．中国水利，2023（16）：9-12.
[4] 吴佳亮，刘聚涛．河湖长制背景下江西省推进幸福河湖建设的实践与思考［J］．水利发展研究，2023，23（5）：53-56.
[5] 杨倩，冯玫涵，李晓凌，等．乡村振兴背景下农村幸福河湖建设的问题与对策研究［J］．智慧农业导刊，2022，2（22）：135-137.

黄河流域（内蒙古段）生态系统格局与服务功能评估

常静怡[1,2,3]　陈融旭[1,2,3]　景永才[1,2,3]　高学磊[4]　田世民[1,2,3]

（1. 黄河水利科学研究院，河南郑州　450003；
2. 河南省黄河流域生态环境保护与修复重点实验室，河南郑州　450003；
3. 河南省黄河水生态环境工程技术研究中心，河南郑州　450003；
4. 内蒙古自治区环境监测总站，内蒙古呼和浩特　010000）

摘　要：基于遥感和GIS技术，对2022年黄河流域（内蒙古段）生态系统格局与服务功能进行了研究。结果表明：2022年，黄河流域（内蒙古段）包括的7盟（市）42旗（县、区）中，分为8类一级生态系统（森林、灌丛、草地、湿地、农田、城镇、荒漠和裸地）；2022年，黄河流域（内蒙古段）水源涵养总量为121.80亿 m^3，生态系统土壤保持总量为5.60亿t，防风固沙总量为26.57亿t，生态系统地上植被固碳量为21.53 TgC；草地生态系统是黄河流域（内蒙古段）各服务功能的主体。

关键词：黄河流域（内蒙古段）；生态系统格局；生态系统服务

1　引言

生态系统构成和格局是指生态系统组成单元的类型、数目以及空间分布与配置[1]。生态系统格局及影响因素的研究是当前生态学、地理学研究的重点。通过遥感技术和数学建模等手段，揭示生态系统服务在不同区域和时间尺度上的分布。对区域生态系统类型和格局进行评估，有助于生态保护及优化土地利用方式[2]。生态系统服务功能指的是生态系统与生态过程形成和维持的人类所依赖的自然环境条件与效用[3]。2005年，联合国组织的千年生态系统评估项目（MA）对生态系统服务进行分类：供给功能、调节功能、支持功能和文化功能。目前，针对黄河流域生态系统服务功能，已有许多研究利用多种方法从不同尺度与不同区域上进行了评估，如黄河源区[4]、黄河流域国家级自然保护区[5]、黄河流域河南段[6]等。

黄河流域（内蒙古段）介于阴山南麓与鄂尔多斯高原之间，流域地貌多样，有草原、森林、湿地、河流、湖泊、沙漠、戈壁等多种地形地貌，生态系统类型多样，是黄河流域以及我国北方地区重要的生态屏障。自2000年至今，内蒙古实施了三北防护林建设、天然林保护、草原湿地恢复等一系列生态环境保护工程，改善了黄河流域（内蒙古段）生态环境[7]。随着《黄河流域生态保护和高质量发展规划纲要》《内蒙古自治区黄河流域生态保护和高质量发展规划》等规划的颁布，明确了黄河流域（内蒙古段）在强化黄河干支流及重点湖泊保护、推动重点区域荒漠化防治、推进重点地区水土保持等方面的重点任务和目标，对黄河流域（内蒙古段）生态环境保护提出了更高要求。因此，开展黄河流域（内蒙古段）生态状况评估工作，梳理黄河流域（内蒙古段）生态系统格局与服务功能，可为黄河流域（内蒙古段）生态环境系统治理和相关政策制定实施提供科学依据。

基金项目：河南省科技攻关项目（232102320270）。
作者简介：常静怡（1997—），女，助理工程师，主要从事流域生态研究工作。
通信作者：田世民（1981—），男，正高级工程师，主要从事生态保护与修复工作。

2 材料与方法

2.1 研究区概况

黄河流域（内蒙古段）处于黄河流域上游，位于黄河“几”字弯的上半部分，从内蒙古自治区右岸宁蒙界都思兔河入黄口处入境，于准格尔旗马栅乡出境，流域范围包括阿拉善盟、乌海市、巴彦淖尔市、包头市、鄂尔多斯市、呼和浩特市和乌兰察布市等 7 个盟（市），全长 842.8 km，流域面积 15.2 万 km^2。本研究选取黄河流域内蒙古段所涉及的阿拉善左旗、海渤湾区、乌达区、海南区等 42 个旗（县、区），涉及县级以上行政区面积 31.32 万 km^2，占内蒙古自治区面积的 27.32%左右，研究区位置示意见图 1。

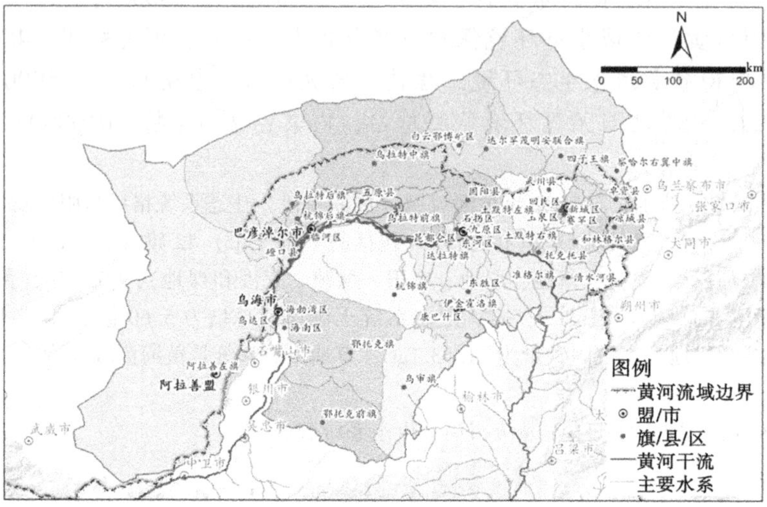

图 1 研究区位置示意

黄河流域（内蒙古段）流域内海拔在 816~2 393 m，自东北向西南呈递减趋势；近年来气温平均为 6 ℃左右；降水量自东向西逐渐减少，东南多雨，西北干旱，年降雨量在 120~140 mm。

2.2 数据来源及预处理

为保障基础数据的精度，采用国际通用数据库、国家气象和水文监测断面数据、Landset 遥感卫星数据等官方数据库收集相关数据（见表 1），并在原有空间分辨率的基础上，进行重采样，统一各数据空间分辨率为 30 m，以消除基础数据分辨率不同带来的系统偏差。

表 1 所用数据主要数据源

数据名称	数据来源	数据用途	空间分辨率	时间范围
DEM	SRTM v3	土壤保持服务功能计算	30 m	—
坡度	SRTM v3	土壤保持服务功能计算	30 m	—
气象数据（降水、风速、气温、雪厚等）	内蒙古自治区生态环境厅	土壤保持、防风固沙、水源涵养服务功能计算	站点	2021—2022 年
	中国地面气候资料日值数据集（V3.0）	土壤保持、防风固沙、水源涵养服务功能计算	站点	1960 年以来
	GSOD 国际气象站日值数据	土壤保持、防风固沙、水源涵养服务功能计算	站点	1960 年以来
NDVI	MOD13Q1	防风固沙	500 m	2000—2022 年
土地利用类型	内蒙古自治区生态环境厅	生态系统格局分析	10 m	2021—2022 年

续表 1

数据名称	数据来源	数据用途	空间分辨率	时间范围
蒸散发数据	气象数据	水源涵养、防风固沙	站点	1960 年以来
	MOD16A2	水源涵养、防风固沙	500 m	2000 年以来
	CRU_ TS	水源涵养、防风固沙	0. 5°	1960 年以来
水文数据	水利部、 黄河水利委员会	水源涵养	站点	黄河流域内： 1960 年至今

3 黄河流域（内蒙古段）生态系统格局

整体来看，黄河流域（内蒙古段）可分为 8 类一级生态系统，包括森林、灌丛、草地、湿地、农田、城镇、荒漠和裸地。从生态系统类型来看，黄河流域生态系统类型较为多样。2022 年，黄河流域（内蒙古段）一级生态系统类型中，草地、荒漠、森林和农田生态系统面积较大，其中草地生态系统面积最大，为 15. 67 万 km^2，占全流域面积的 50. 03%，是黄河流域（内蒙古段）生态系统的主体；荒漠、农田、灌丛、城镇、裸地、森林和湿地生态系统面积分别为 8. 79 万 km^2、3. 18 万 km^2、1. 66 万 km^2、0. 73 万 km^2、0. 68 万 km^2、0. 33 万 km^2 和 0. 28 万 km^2，各占全流域面积的 28. 07%、10. 15%、5. 30%、2. 34%、2. 17%、1. 05%和 0. 89%。在空间分布上，生态系统整体呈东部为草原、林地等植被生态系统，西部、中部分布沙漠的格局（见图 2）。

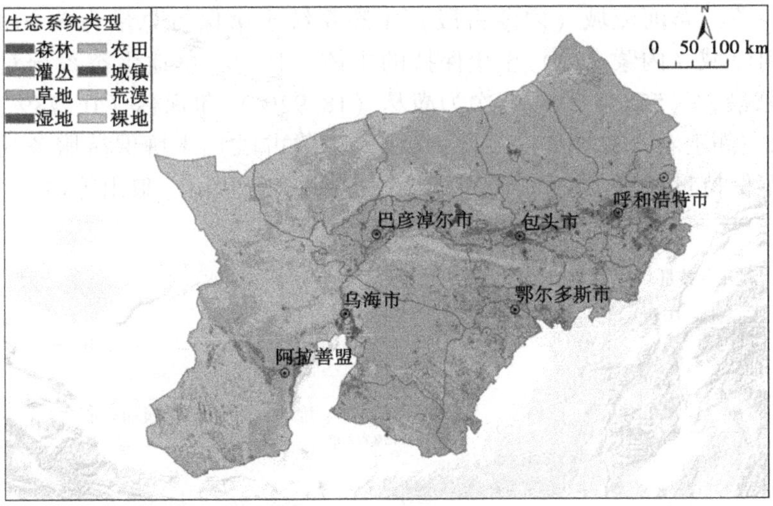

图 2 黄河流域（内蒙古段）一级生态系统空间格局（2022 年）

4 黄河流域（内蒙古段）生态系统服务功能

4. 1 水源涵养

水源涵养是生态系统利用其特殊的构造，与水产生相互作用，进而截留、渗透、蓄积降水，并利用蒸散发，完成对水流、水循环的调控，对区域生态系统养分循环等功能具有重大意义[8]。水源涵养是黄河流域（内蒙古段）最重要的生态系统服务功能之一。结果显示，2022 年，黄河流域（内蒙古段）生态系统水源涵养总量为 121. 80 亿 m^3。从生态系统尺度上看，不同生态系统的水源涵养量存在差异，草地>灌丛>农田>森林>裸地>湿地>城镇，其中草地生态系统是黄河流域（内蒙古段）水源涵养的主体，其水源涵养量最高，为 94. 68 亿 m^3，约占流域水源涵养总量的 77. 74%。从空间上看，水源涵养功能较强的区域零星分布于流域的东部和南部，生态系统类型以草地和森林生态系统为主。黄河流域（内蒙古段）生态系统水源涵养空间格局见图 3。

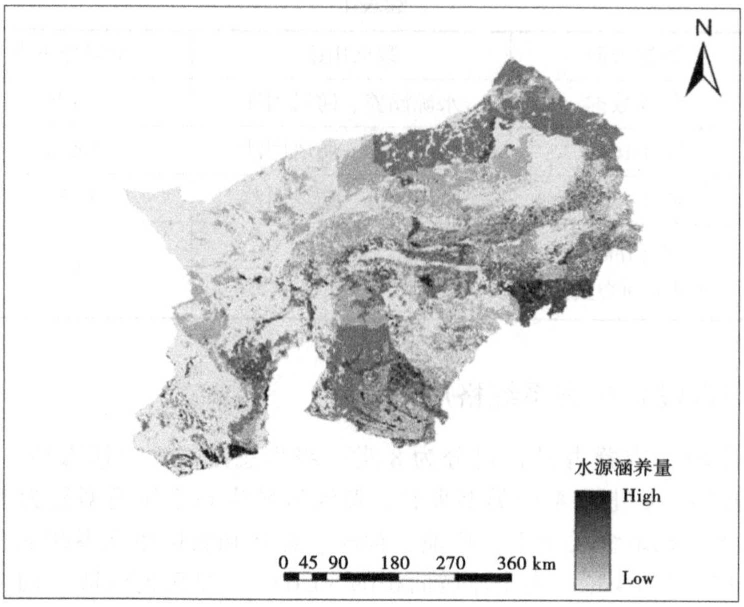

图 3　黄河流域（内蒙古段）生态系统水源涵养空间格局（2022 年）

4.2　土壤保持

土壤保持是减少由于降水所产生的土壤侵蚀的作用。它是生态系统通过其结构与生态过程所提供的重要调节服务之一[9]。黄河流域（内蒙古段）生态系统土壤保持总量为 5.60 亿 t。草地、灌丛和森林生态系统是黄河流域（内蒙古段）土壤保持的主体。其中，草地生态系统对黄河流域（内蒙古段）土壤保持量贡献最大（55.54%），其次为灌丛（18.92%）和森林（16.78%），共占流域土壤保持量的 91.24%。从空间上看（见图 4），黄河流域（内蒙古段）土壤保持服务功能大体呈现东高西低的分布格局，土壤保持量高值区主要位于阴山、大青山、贺兰山、狼山等地。

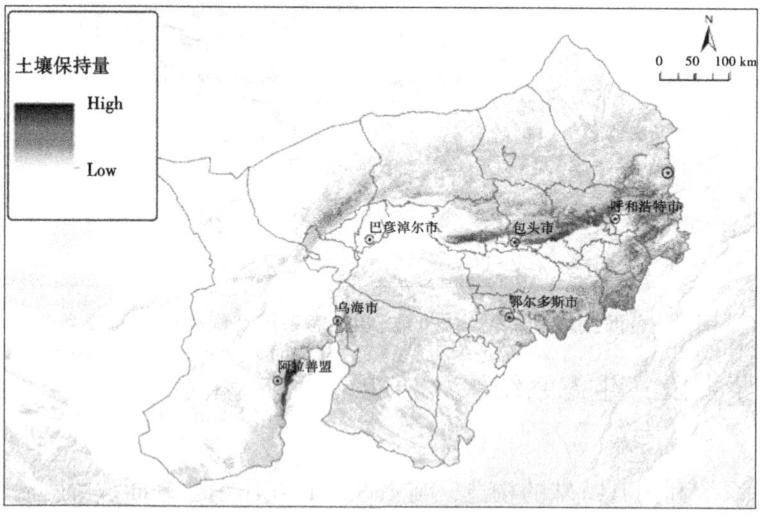

图 4　黄河流域（内蒙古段）生态系统土壤保持空间格局（2022 年）

4.3　防风固沙

防风固沙是减少由于风蚀所导致的土壤侵蚀的作用。它是生态系统通过其结构与生态过程所提供的重要调节服务之一[10]。通过对黄河流域（内蒙古段）典型生态系统的防风固沙功能的研究发现，2022 年，黄河流域（内蒙古段）生态系统防风固沙总量为 26.57 亿 t，空间格局见图 5。在典型生态系统中，草地生态系统的防风固沙量为 23.13 亿 t，空间格局见图 5，占流域生态系统固沙总量的

87.05%，是流域防风固沙的主体。在空间分布上，黄河流域（内蒙古段）防风固沙功能呈现北部、南部大，中间小的格局。荒漠区以及毛乌素沙地、腾格里沙漠区等地防风固沙量相对较大，主要与上述地区风速较大，植被发挥较强的防风固沙作用有关。

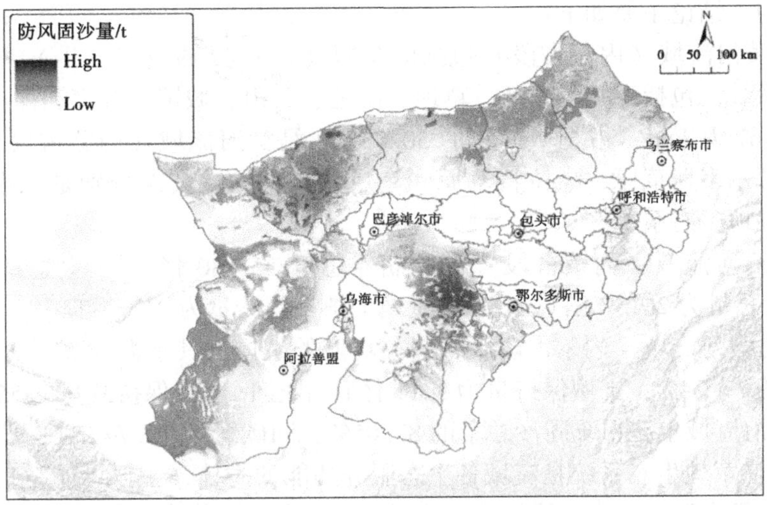

图 5　黄河流域（内蒙古段）生态系统防风固沙空间格局（2022 年）

4.4　固碳

生态系统固碳功能是指自然生态系统吸收大气中的二氧化碳（CO_2）合成有机质，将碳固定在植物或土壤中的功能。该功能可以有效降低大气中的二氧化碳浓度，从而放缓温室效应。生态系统的固碳功能对降低减排压力具有重要意义[11]。2022 年，黄河流域（内蒙古段）生态系统地上植被固碳量为 21.53 TgC。其中，草地生态系统固碳量为 12.74 TgC，占生态系统地上植被固碳总量的 59.17%，是黄河流域（内蒙古段）固碳的主体。其次分别为农田、灌丛、森林、裸地、城镇和湿地生态系统。在空间分布上，黄河流域地上植被碳密度整体呈中部、东部高，北部、西部低的空间格局，高值区主要分布在河套灌区等沿黄灌区，空间格局见图 6。

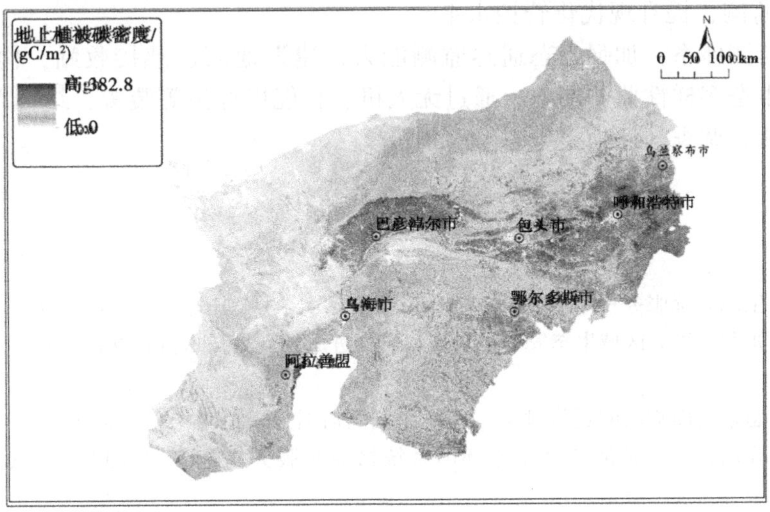

图 6　黄河流域（内蒙古段）地上植被碳密度空间格局（2022 年）

5 结论

对黄河流域（内蒙古段）生态系统格局以及生态系统服务功能开展了研究，以期为内蒙古自治区政策制定提供方向。结论主要如下：

（1）2022 年，黄河流域（内蒙古段）包括的 7 盟（市）42 旗（县、区）中，生态系统类型可分为 8 类一级生态系统，包括森林、灌丛、草地、湿地、农田、城镇、荒漠和裸地，其中草地生态系统面积最大，为 15.67 万 km^2，占全域面积的 50.03%，是黄河流域（内蒙古段）生态系统的主体，主要分布在东部的鄂尔多斯草原、乌拉特草原和乌兰察布草原；其次分别是荒漠、农田、灌丛、城镇、裸地、森林和湿地生态系统。

（2）2022 年，黄河流域（内蒙古段）水源涵养总量 121.80 亿 m^3，生态系统土壤保持总量为 5.60 亿 t，防风固沙总量为 26.57 亿 t，生态系统地上植被固碳量为 21.53 TgC。

草地生态系统是黄河流域（内蒙古段）各服务功能的主体，其水源涵养量为 94.68 亿 m^3，约占流域水源涵养总量的 77.74%；土壤保持量为 3.11 亿 t，占全区土壤保持总量的 55.54%；防风固沙量为 23.13 亿 t，占黄河流域生态系统固沙总量的 87.05%；固碳量为 12.74 TgC，占生态系统地上植被固碳总量的 59.17%。草地生态系统是流域各生态服务功能的主体，主要由于草地生态系统在流域生态系统中面积最大，且水源涵养、土壤保持、防风固沙以及固碳能力均较强。

黄河流域（内蒙古段）地貌类型丰富，生态系统类型多样，在内蒙古自治区以及黄河流域生态保护修复中意义重大。但同时，草原、荒漠和农田是流域主要生态系统类型，增大了流域生态系统的脆弱性和不稳定性。针对研究结果，主要建议如下：

（1）坚持生态优先，实施系统保护修复。

深入实施流域山水林田湖草沙生态系统修复工程，构建流域生态保护格局，推进重点地区风沙和荒漠化治理。推进沿黄绿色生态廊道建设，以沿黄两侧区域为重点，实施人工造林种草、飞播造林等。全面推行草原禁牧、休牧、轮牧和草畜平衡制度，推动以草定畜、定牧、定耕，加强草原综合治理。开展黄河流域以及重要流域年度生态状况遥感调查评估，定期组织开展生态保护红线保护成效、重大生态修复工程效果评估。

（2）开展智能监测，提升现代化管控水平。

构建生态保护监测体系，加强生态遥感监测能力，建设地面遥感接收站，构建生态质量监测体系。建立黄河流域生态多样性监测网络，通过无人机、智能摄像头等装置，结合人工调查，开展年度流域生物多样性监测、调查、评估及生态风险预警。

参考文献

[1] 傅伯杰，于丹丹．生态系统服务权衡与集成方法［J］．资源科学，2016，38（1）：1-9.

[2] 欧定华，夏建国，张莉，等．区域生态安全格局规划研究进展及规划技术流程探讨［J］．生态环境报，2015，24（1）：163-173.

[3] 欧阳志云．我国生态系统面临的问题与对策［J］．中国国情国力，2017（3）：6-10.

[4] 田世民，梁帅，赵高磊，等．黄河源区生态环境系统格局与服务功能演变［J］．人民黄河，2023，45（9）：70-76.

[5] 王金凤，徐洁，徐基良，等．黄河流域国家级自然保护区生态系统服务功能评估［J］．北京林业大学学报，2024，46（7）：90-100.

[6] 刘萌萌．黄河流域（河南段）生态系统服务功能评估及其分区管控［D］．焦作：河南理工大学，2023.

[7] 王宁，杨光，韩雪莹，等．内蒙古 1990—2018 年土地利用变化及生态系统服务价值［J］．水土保持学报，2020，34（5）：244-250.

[8] 张昌顺，谢高地，刘春兰，等．基于水源涵养参照系的中国生态系统水源涵养功能优劣评估［J］．生态学报，

2022，42（22）：9250-9260.
[9] 刘月，赵文武，贾立志．土壤保持服务：概念、评估与展望［J］．生态学报，2019，39（2）：432-440.
[10] 苏凯，王计平，王茵然，等. 基于 HYSPLIT 和 PSCF 的防风固沙生态服务功能空间模拟［J］. 农业机械学报，2020，51（10）：232-242.
[11] 刘洋，张军，周冬梅，等．基于 InVEST 模型的疏勒河流域碳储量时空变化研究［J］．生态学报，2021，41（10）：4052-4065.

黄河下游生态系统格局及演变特征

贾　佳　王弯弯　常静怡　景永才　田世民

（河南省黄河流域生态环境保护与修复重点实验室 黄河水利科学研究院，河南郑州　450003）

摘　要：分析1980—2020年黄河下游生态系统类型和组成，揭示其格局演变规律，为黄河流域生态保护和高质量发展提供决策参考。结果表明：黄河下游形成了以农田生态系统（67.35%）为优势，聚落生态系统（13.50%）为主要类型，兼有一定比例的林地（6.91%）、草地（6.34%）、水域（5.14%）、荒漠和裸地（0.68%）、海洋（0.08%）生态系统的生态格局；1980—2020年，黄河下游农田、林地、草地、荒漠和裸地生态系统面积降低，水域和聚落生态系统面积增加；农田和聚落生态系统转化频繁，是近40年间类型转化的主要方式。

关键词：黄河下游；生态系统；格局演变

1　引言

黄河流经了黄土高原后挟带了大量泥沙，进入下游华北平原地区后流速变缓，泥沙大量沉积，使得河床不断抬高，成为高出两岸的“地上悬河”[1]。受黄河滩区管理和滩区发展的双重制约，黄河流域河南段面临着河道行洪输沙、河段游荡和生态环境脆弱、人类居住和经济发展的多重矛盾[2]。近年来，受城镇化、国家战略、政府决策和水利工程建设的影响，黄河下游的生态系统格局发生了显著变化，其格局演变直接影响区域和流域系统的生态平衡和生态环境质量，与流域气候变化、生物多样性保护、生态环境变化等可持续发展相关的问题密切相关[3]。因此，探究黄河下游生态系统景观格局演变规律，为区域土地利用管理优化决策和黄河下游绿色廊道建设奠定基础。

2　材料与方法

2.1　研究区概况

河南郑州桃花峪以下的黄河河段为黄河下游，河长786 km，流域面积2.3万km^2，占全流域面积的3%；下游河段总落差93.6 m，平均比降0.12‰；区间增加的水量占黄河水量的3.5%。由于黄河泥沙量大，下游河段长期淤积形成举世闻名的“地上悬河”，黄河约束在大堤内成为海河流域与淮河流域的分水岭。

2.2　数据来源

本文研究的土地利用遥感数据（1980年、2000年、2010年和2020年）主要来源于中国科学院资源环境科学数据中心，该数据以美国陆地卫星Landsat遥感影像作为主要信息源，利用人机交换的方法目视解译，建成了多时期土地利用/土地覆盖专题数据库[4]；根据中国陆地生态系统分类，将生态系统分为六个大类：农田生态系统、林地生态系统、草地生态系统、水域生态系统、聚落生态系

基金项目：国家重点研发计划项目（2021YFC3200400）；国家自然科学基金青年基金（42207527）；河南省重点研发与推广专项（科技攻关）项目（222102320268，232102320112）；黄河水利科学研究院基本科研业务费专项项目（HKY-JBYW-2022-04）。

作者简介：贾佳（1992—），女，高级工程师，主要从事生态保护与修复工作。

通信作者：田世民（1981—），男，正高级工程师，主要从事生态保护与修复工作。

统、荒漠和裸地生态系统。

2.3 转移矩阵

本文研究通过土地利用转移矩阵来探讨黄河下游不同土地利用类型间的转化关系。将研究区域中各种土地利用类型的初始状态和最终状态进行对比，以矩阵的形式针对不同用地类型的转换方向进行描述，用于揭示不同地类间的转移方向和变化程度[5]。公式如下：

$$\boldsymbol{S}_{ij}=\begin{bmatrix} S_{11} & S_{12} & \cdots & S_{1n} \\ S_{21} & S_{22} & \cdots & S_{2n} \\ \vdots & \vdots & & \vdots \\ S_{n1} & S_{n2} & \cdots & S_{nn} \end{bmatrix} \tag{1}$$

式中：S 为面积；n 为发生土地利用地类型转移的数目；i，j（i，$j=1$，2，…，n）分别为转移前与转移后的土地利用类型；$\boldsymbol{S}_{ij}$ 为转移前第 i 地类转换为第 j 地类的面积。

3 结果与分析

3.1 黄河下游生态系统格局特征

近40年来，黄河下游生态系统类型以农田生态系统（67.35%）为主，其次为聚落生态系统（13.50%），兼有一定比例的林地（6.91%）、草地（6.34%）、水域（5.14%）、荒漠和裸地（0.68%）生态系统、其他（0.08%）（见图1和图2）。就各类生态系统的构成和分布来看，农田生态系统主要以旱地为主，分布在花园口和孙口水文站区间；聚落主要以农村居民地为主（10.45%），其次为城镇用地（2.08%）和其他聚落（0.98%），聚落嵌套分布于农田生态系统内部；草地主要以高中覆盖度为主；林地主要以有林地为主。

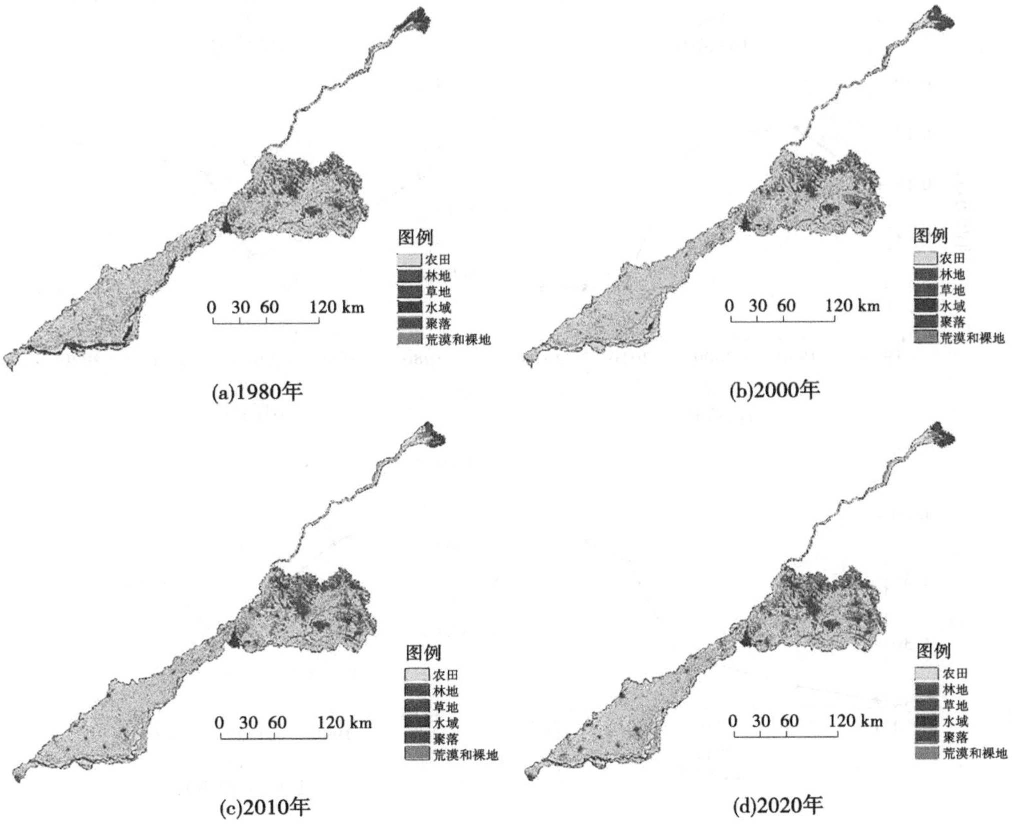

图1 黄河下游生态系统类型分布格局

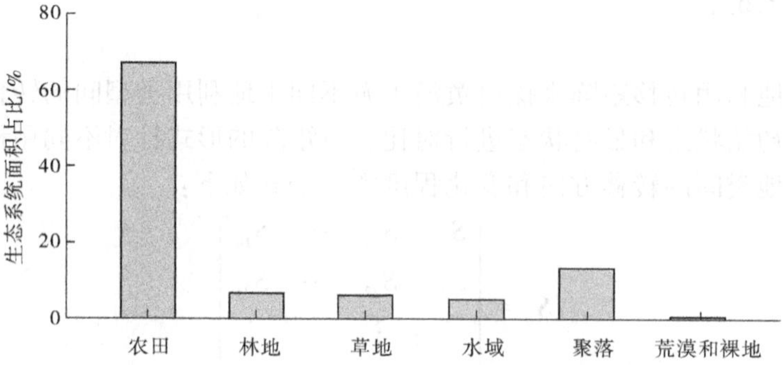

图 2　1980—2020 年黄河下游各生态系统类型占比

3.2　黄河下游生态系统格局变化特征

1980—2020 年，黄河下游总体呈现出农田、林地、草地、荒漠和裸地生态系统面积降低，水域和聚落生态系统面积增加的趋势（见图 3）。其中，农田面积从 1980 年的 1.59 万 km^2 逐年增加到

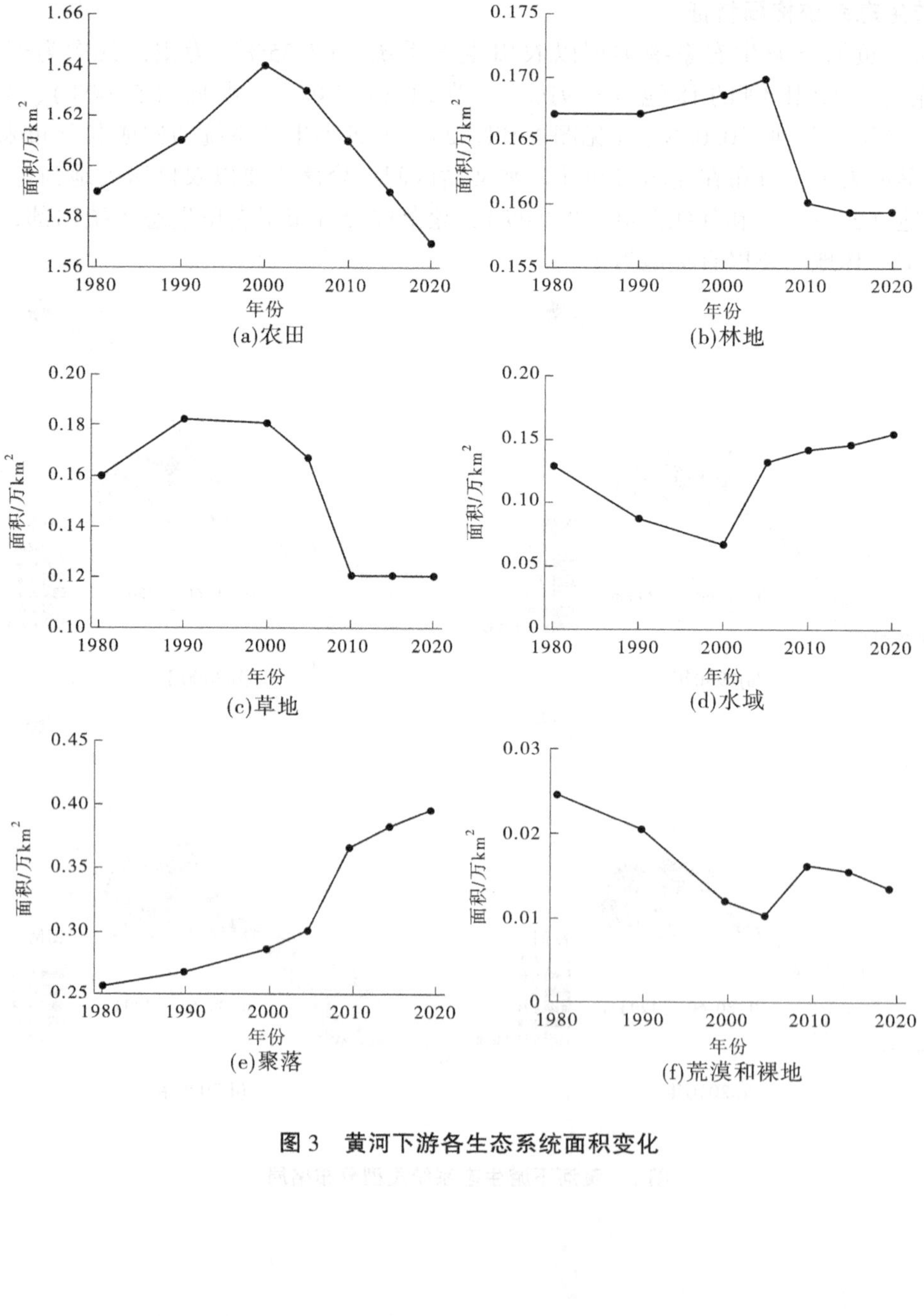

图 3　黄河下游各生态系统面积变化

2000 年的 1.64 万 km^2，后逐年减少到 2020 年的 1.57 万 km^2，总体上减少了 0.02 万 km^2；林地面积从 1980—2005 年的 0.17 万 km^2 左右逐年减少到 2020 年的 0.16 万 km^2 左右，总体上减少不到 0.01 万 km^2；草地面积从 1980 年的 0.16 万 km^2 增加至 1990—2000 年的 0.18 万 km^2，后减少至 2010—2020 年的 0.12 万 km^2，总体上减少了 0.04 万 km^2；荒漠和裸地面积从 1980 年的 0.025 万 km^2 波动减少到 2020 年的 0.014 万 km^2，总体上减少了 0.011 万 km^2；水域面积从 1980 年的 0.13 万 km^2 减少到 2000 年的 0.07 万 km^2，后逐年增加到 2020 年的 0.15 万 km^2，总体上面积增加了 0.02 万 km^2；聚落面积从 1980 年的 0.26 万 km^2 逐年增加到 2020 年的 0.40 万 km^2，总体上增加了 0.14 万 km^2。

3.3 黄河下游生态系统转移矩阵

该转移矩阵描述了 1980—2020 年黄河下游生态系统类型的变化情况（见表 1）。近 40 年黄河下游生态系统的主要转移方向为：林地转化为农田，农田转化为聚落；草地转化为农田，农田进而转化为聚落。有 297 km^2 的草地转化为农田，693 km^2 的水域转化为农田，1 657 km^2 的农田转化为聚落。未利用地主要向农田和水域用地转化。

表 1　1980—2020 年黄河下游生态系统类型转移矩阵　　单位：km^2

1980 年	2020 年						
	农田	林地	草地	水域	聚落	荒漠和裸地	转出所占比例/%
农田	13 945	57	28	167	1 657	14	12.12
林地	108	1 502	12	9	39	2	10.17
草地	297	13	1 151	52	75	39	29.22
水域	693	13	8	1 114	108	61	44.20
聚落	472	5	5	25	2 067	0	19.73
荒漠和裸地	157	2	2	56	12	17	92.93
转入所占比例/%	11.02	5.64	4.58	21.70	47.76	86.96	

4　结语

黄河下游形成了以农田生态系统（67.35%）为主，其次为聚落生态系统（13.50%），兼有一定比例的林地（6.91%）、草地（6.34%）、水域（5.14%）、荒漠和裸地（0.68%）生态系统的生态格局。近 40 年，黄河下游农田、林地、草地、荒漠和裸地生态系统面积降低，水域和聚落生态系统面积增加。近 40 年黄河下游生态系统的主要转移方向为：林地转化为农田，农田转化为聚落；草地转化为农田，农田进而转化为聚落。经济发展是黄河流域下游生态系统格局改变的重要驱动力。

参考文献

[1] 江恩慧，屈博，王远见，等．基于流域系统科学的黄河下游河道系统治理研究［J］．华北水利水电大学学报（自然科学版），2021，42（4）：7-15.
[2] 胡一三．黄河下游河势演变中的横河［J］．人民黄河，2014，36（7）：1-6.
[3] 徐国印，王忠静，胡智丹，等．柴达木盆地土地利用/覆被综合指数评价［J］．水力发电学报，2019，38（9）：44-55.
[4] 章予舒，王立新，张红旗，等．疏勒河流域土地利用变化驱动因素分析：以安西县为例［J］．地理科学进展，2003，22（3）：170-178.
[5] 朱会义，李秀彬．关于区域土地利用变化指数模型方法的讨论［J］．地理学报，2003，58（5）：643-650.
[6] 冯一凡，李翅，李宇，等．黄河下游滩区周边城镇空间扩展特征与驱动机制［J］．地理研究，2023，42（4）：955-976.

黄土高塬沟壑区砚瓦川流域场次洪水水质变化特征

田　鹏[1]　张珮萱[2]　赵广举[1]　顾朝军[3]　肖亚朋[1]

（1. 水利部交通运输部国家能源局南京水利科学研究院，江苏南京　210029；
2. 川藏铁路有限公司，四川成都　610000；
3. 长江水利委员会长江流域水土保持监测中心站，湖北武汉　430000）

摘　要：本文研究选取黄土高塬沟壑区典型城郊流域——砚瓦川为研究区，基于2021—2022年11场洪水过程的样品采集、测定与分析，探究不同场次洪水事件间以及场次洪水内水化学离子和氮磷营养盐的变化特征。结果表明：2021—2022年11场洪水事件均呈现“陡涨缓落”的水沙变化过程；场次洪水过程中，河水呈弱碱性，事件间和事件内水化学离子和氮磷浓度变化特征存在明显差异，且K^+、Na^+、Mg^{2+}、Cl^-、SO_4^{2-}和NO_3^-浓度随洪水过程变化的规律基本一致；洪水过程中Ca^{2+}主要受冲刷作用影响，其余水质指标主要被稀释，这种差异主要与洪水事件中径流输移能力、溶质来源的远近等因素有关。

关键词：场次洪水；水沙变化特征；砚瓦川流域；水化学离子

1　引言

近年来，全球范围内极端降水事件发生频率呈现增加趋势，暴雨引起的洪水可能挟带大量污染物，进一步加剧流域污染物输出，对区域水环境造成严重危害。对于流域而言，在城区点源污染有效防控以及面源污染重点治理的背景下，污染物来源更加复杂化、多样化。因此，探究场次洪水过程水质变化特征，定性识别并定量解析污染源，对流域水环境治理、水污染防控等具有重要意义。

洪水过程中河流污染物的输出主要包括降雨径流冲刷和河道物质输移两个过程[1]。李彤等分析了北江溶解态重金属在暴雨前后不同时期的输移规律，结果表明洪峰期间Pb、Zn、Cu和Cd负荷最高，呈现“流量越大，浓度越高”的特点，但洪水完全消退后污染负荷比洪水前期更低[2]。王亚博等探究了极端雨洪过程对岩口水库入口河流污染物输出的影响，发现全流域50%的总磷负荷在该阶段输出，其原因可能在于降雨量较小时，流域内产流较少甚至没有地表径流产生；随着降雨量的增大，更多污染物随地表径流汇入河道，水质逐渐变差[3]。

洪水过程中河流水环境通常受到冲刷和稀释作用的双重影响[4]。张恒等探究了淡水河流域TP、TN和NH_4^+-N对连续降雨的响应，结果表明不同洪水阶段非点源污染物受到冲刷与稀释作用的交替影响，降雨初期以冲刷作用为主导，后期逐渐转变为稀释作用[5]。车蕊等对比分析了东江流域连续极端降水过程中不同时期水质指标的变化规律，发现洪水过程中浊度和TP早于流量达到峰值，存在明显的初期冲刷效应；NH_4^+-N初期主要受冲刷作用影响，后期以径流稀释为主，其浓度呈现先增高后减低的变化特征[6]。

基金项目：国家自然科学基金（42177323）。

作者简介：田鹏（1982—），女，副教授，主要从事土壤侵蚀和土壤水文研究工作。

2 研究方法

2.1 研究区概况

砚瓦川流域位于甘肃省庆阳市（107°37′~107°55′E，35°31′~35°44′N），干流长度为 75 km，总面积 376.69 km^2，沟壑密度 1.6 km/km^2（见图 1）。该流域具有典型黄土高塬沟壑区的地貌特征，地表主要由第四纪黄土覆盖，厚度可达 200 m，少部分砂岩仅在下游沟谷底部出露[7]。其地貌类型以塬面、梁峁坡和沟谷为主，分别占流域面积的 53.7 %、17.7 %和 28.6 %。塬面主要用于农业生产，其坡度介于 1°~5°，地势平坦、土壤肥沃；梁峁坡主要用于农林耕种，坡度基本在 5°~25°；沟谷主要为难开发利用地和荒地，由沟坡、沟床和河滩组成，坡度介于 25°~70°，水土流失最为严重[8]。20 世纪 50 年代起，流域开展了梯田、种草、造林等水土保持措施。

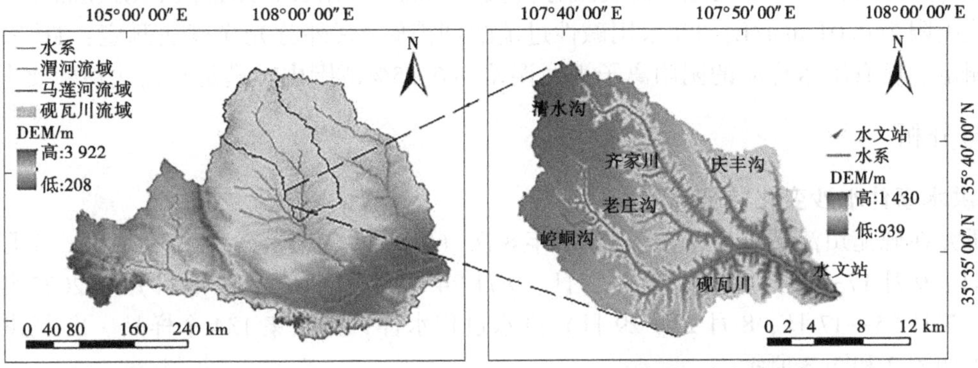

(a)研究区地理位置　　(b)水系、水文站分布

图 1　砚瓦川流域地理位置示意图

砚瓦川为典型城郊流域，河道水流主要受庆阳市西峰区的影响，潜在污染源可分为点源污染和面源污染两类。清水沟排污口主要排放处理达标后的城区生活污水，崆峒沟排洪口则主要排放城区不透水面产生的径流，二者为流域主要点源污染来源。流域塬面多为农业用地，暴雨条件下，化肥、粪肥和农药等随地表径流冲刷汇入河流，可能导致面源污染[9]。

2.2 数据来源于样品采集

本文研究基于流域出口的砚瓦川水文站，于 2021—2022 年汛期在砚瓦川水文站附近布设采样点，用 250 mL 容量的聚乙烯瓶，按照涨水段间隔 1~2 h、洪峰前后间隔 10~30 min、退水段间隔 2 h 采集水样，每次采样包括 3 个平行样品，共采集了 11 场洪水事件不同时刻的 134 个水样（见表 1），并同步监测了洪水过程中流量和含沙量等重要信息。采样前瓶子预先用 5%的 HNO_3 浸泡 24 h，后用超纯水冲洗干净。每场洪水采样结束后立即将水样放入便携式车载冰箱中，低温避光保存并迅速运送回实验室。

表 1　流域出口洪水过程采样情况

编号	年份	场次日期（月-日）	采样数量/个
事件 1（E1）	2021	07-06—07-07	8
事件 2（E2）		08-19—08-20	8
事件 3（E3）		08-21—08-23	12
事件 4（E4）		09-03—09-04	9
事件 5（E5）		09-17—09-21	14
事件 6（E6）		09-22—09-23	7
事件 7（E7）		09-24—09-25	9
事件 8（E8）		10-04—10-08	24
事件 9（E9）	2022	07-11—07-12	10
事件 10（E10）		07-15—07-17	17
事件 11（E11）		08-27—08-29	16

2.3 水质指标选取与测定

本文研究主要选取水化学离子（K^+、Na^+、Ca^{2+}、Mg^{2+}、HCO_3^-、Cl^-、SO_4^{2-}、NO_3^-、NO_2^-）和氮磷营养盐（TP、TN、NO_3^--N、NH_4^+-N、NO_2^--N）等水质指标进行分析测定。用于测定水化学离子、硝态氮、氨态氮和亚硝态氮的洪水水样需要当天用预先清洗过的 0.45 μm Millipore 滤膜过滤，且用于测定阳离子的滤液需要酸化至 pH<2。处理好的样品全部置于 4 ℃条件下避光储存，两周内完成所有测定。

pH 在采样现场用便携式多参数水质分析仪（HQ40D）测定，测定前需要对仪器进行检查与校准。水样中 HCO_3^- 用 0.02 mol/L 的盐酸滴定测定，分析精度优于±5%。室内分析阶段，阳离子用原子吸收分光光度计（PinAAcle 900H）测定；阴离子用离子色谱仪（Dionex，Sunnyvale，USA）测定；NH_4^+-N、NO_3^--N 以及 NO_2^--N 用连续流动式分析仪（Auto Analyzer 3-AA3，SEAL Analytical，GER）测定，最低检出限为 0.01 mol/L；TN 采用碱性过硫酸钾消解-紫外分光光度法测定；TP 采用钼酸铵分光光度法测定。所有洪水样品的阴阳离子平衡误差均在±5%范围内，满足平衡法检验要求。

3 结果与分析

3.1 场次洪水事件水沙变化特征

本文研究在砚瓦川流域出口采集了 2021 年 8 次（7 月 6—7 日、8 月 19—20 日、8 月 21—23 日、9 月 3—4 日、9 月 17—21 日、9 月 22—23 日、9 月 24—25 日、10 月 4—8 日）和 2022 年 3 次（7 月 11—12 日、7 月 15—17 日、8 月 27—29 日）洪水过程水样，共收集 134 个样品。11 场洪水事件的径流输沙过程如图 2 和图 3 所示。

在 2021 年 7 月 6—7 日的场次事件中［见图 2（a）］，洪水持续了 30.02 h，流量在洪水过程开始后的第 4.83 小时达到峰值（10.2 m^3/s），沙峰则滞后 0.84 h 出现（433.59 kg/m^3），次洪径流深与输沙模数分别达 0.63 mm 和 79.24 t/km^2。

在 2021 年 8 月 19—20 日的场次事件中［见图 2（b）］，洪水持续 42.05 h，涨洪阶段流量急剧上升，在第 4.42 小时达到峰值（19.3 m^3/s），沙峰与洪峰相比滞后 1.1 h（206.80 kg/m^3）；退水阶段，流量和含沙量均呈现小幅度波动，分别在第 9.75 小时和第 12.02 小时达到第二次峰值，其值分别为 7.52 m^3/s 和 51.39 kg/m^3。

在 2021 年 8 月 21—23 日的场次事件中［见图 2（c）］，洪水总历时 48.07 h，流量在洪水过程的第 7.28 小时达到峰值（39.80 m^3/s），沙峰滞后 0.19 h 出现（488.42 kg/m^3），径流深与输沙模数分别达 2.05 mm 和 433.32 t/km^2。

在 2021 年 9 月 3—4 日的场次事件中［见图 2（d）］，洪水过程持续了 30.07 h，流量在洪水过程的第 4.48 小时达到峰值，洪峰流量为 16.50 m^3/s，而含沙量先后于第 1.83 小时、第 3.30 小时和第 5.02 小时达到峰值，最大含沙量为 165.52 kg/m^3，该场洪水事件的径流深和输沙模数分别为 1.22 mm 和 102.17 t/km^2。

在 2021 年 9 月 17—21 日的场次事件中［见图 2（e）］，存在两次明显的洪水过程，以两次洪峰间流量最低点为界限，第一阶段径流量和含沙量同时在洪水开始后第 5.33 小时达到峰值，洪峰流量和含沙量分别为 9.66 m^3/s 和 18.22 kg/m^3；第二阶段径流量在第 24.00 小时达到洪峰流量（9.38 m^3/s），含沙量滞后 0.5 h 达到最高水平（88.40 kg/m^3）。该场洪水事件持续了 90.00 h，其径流深与输沙模数分别达 2.52 mm 和 83.61 t/km^2。

在 2021 年 9 月 22—23 日的场次事件中［见图 2（f）］，洪水共持续 36.08 h，流量在洪水过程的第 6.02 小时迅速增加，至第 12.60 h 到达洪峰流量（19.30 m^3/s），而含沙量较流量提前了 2.98 h 到达最大值（242.63 kg/m^3），过程径流深与输沙模数分别达 1.89 mm 和 170.08 t/km^2。

在 2021 年 9 月 24—25 日的场次事件中［见图 2（g）］，洪水总历时为 28.23 h，流量和含沙量随洪水过程同步变化，其中含沙量先在第 2.35 小时达到最大值（252.91 kg/m^3），流量相比含沙量滞

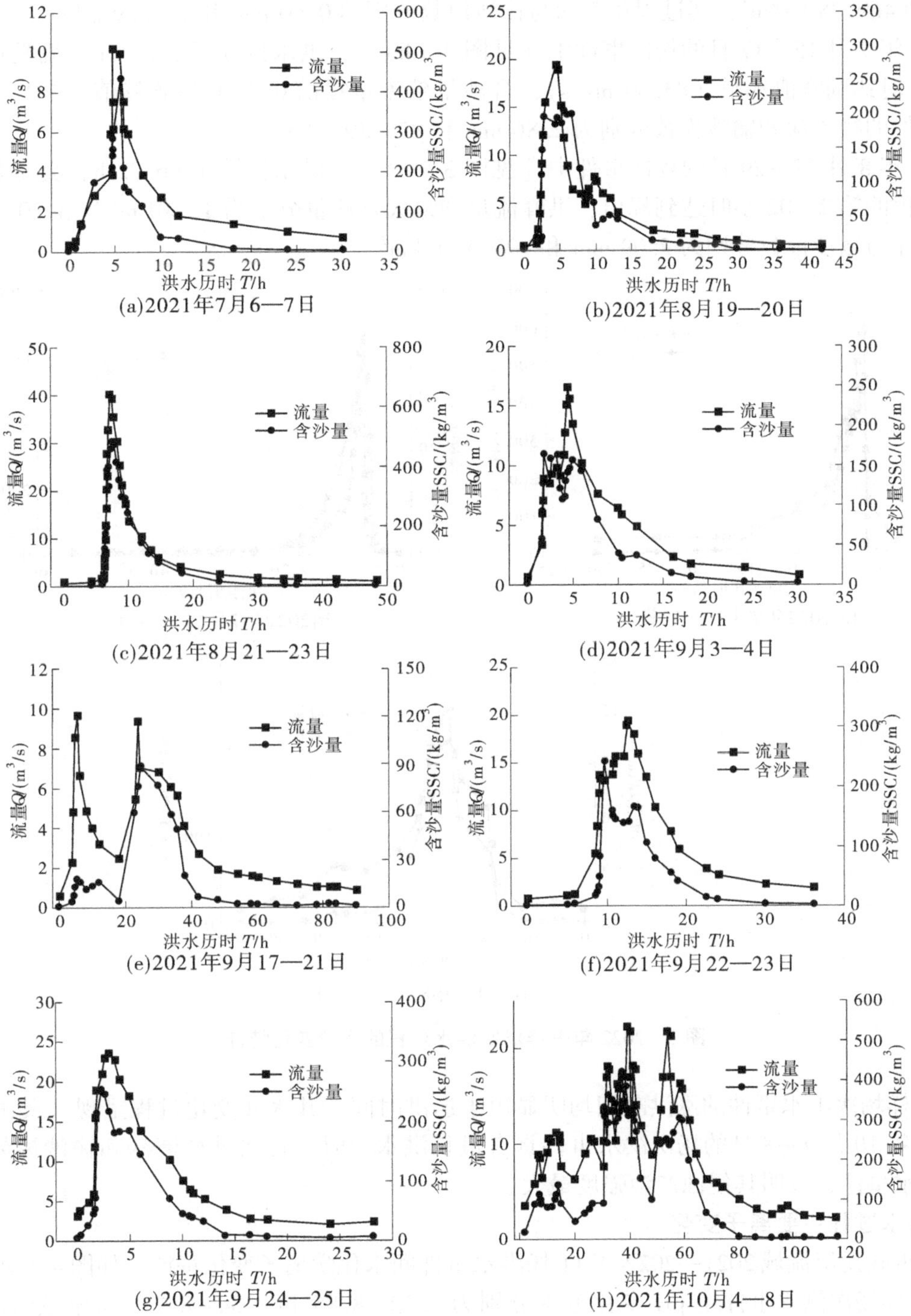

图 2　砚瓦川流域 2021 年场次洪水事件水沙变化特征

后 0.65 h 达到洪峰流量（23.50 m^3/s），径流深与输沙模数分别为 1.85 mm 和 211.76 t/km^2。

在 2021 年 10 月 4—8 日的场次事件中［见图 2（h）］，洪水过程较为复杂，共持续了 114.00 h。以洪水开始后第 46.00 小时为节点，可将其简化为两个洪水阶段。第一阶段流量和含沙量均呈现波动变化趋势，其中流量在洪水过程开始的第 37.33 小时达到最高值（22.20 m^3/s），含沙量则较流量提前 2.16 h 达到峰值（421.16 kg/m^3）；第二阶段流量明显在第 52.00 小时再次达到较高值（21.70 m^3/s），含沙量滞后 4.5 h 才达到较高水平（304.55 kg/m^3）。

在 2022 年 7 月 11—12 日的场次事件中［见图 3（a）］，洪水共持续 30.08 h，流量和含沙量同步变化，先后在洪水过程的第 3.35 小时和第 3.20 小时达到峰值，对应洪峰流量和最大含沙量分别为 12.7 m^3/s 和 469.78 kg/m^3，其过程径流深与输沙模数分别达 0.60 mm 和 112.89 t/km^2。

在 2022 年 7 月 15—17 日的场次事件中［见图 3（b）］，洪水持续了 54.08 h，流量在洪水开始后第 6.15 小时达到峰值水平（83.60 m^3/s），含沙量较流量提前 0.08 h 达到峰值（581.97 kg/m^3），该场洪水事件的径流深和输沙模数分别为 2.86 mm 和 878.39 t/km^2。

在 2022 年 8 月 27—29 日的场次事件中［见图 3（c）］，洪水持续了 66.02 h，流量和含沙量同时在洪水过程的第 26.02 小时达到峰值，洪峰流量和最大含沙量分别为 12.10 m^3/s 和 205.11 kg/m^3，其过程径流深与输沙模数分别为 2.09 mm 和 193.31 t/km^2。

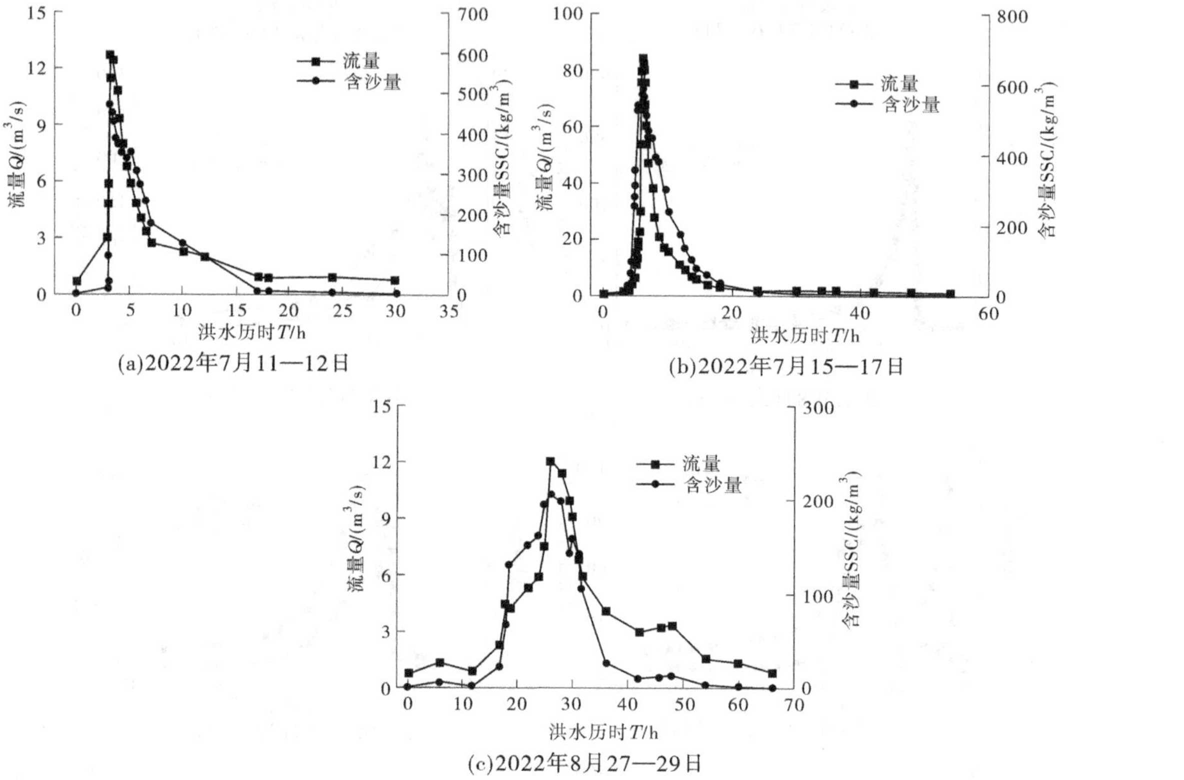

(a)2022年7月11—12日

(b)2022年7月15—17日

(c)2022年8月27—29日

图 3　2022 年采样场次洪水过程的水沙变化特征

11 场采样场次洪水事件的涨洪时间均明显短于退洪时间，其水沙变化过程呈现“陡涨缓落”的特点。2021 年 10 月 4—8 日的场次洪水事件具有最长洪水历时，且次洪径流深和输沙模数明显高于其余场次洪水事件，表明其侵蚀产沙强度最大。

3.2　场次洪水过程主要离子变化

统计分析砚瓦川流域 2021—2022 年 11 场洪水事件间水化学离子变化特征，如图 4 所示。2021 年和 2022 年采样场次洪水事件中 pH 变化范围分别为 7.32～8.85 和 7.34～8.73，均值分别为 7.86 和 7.89，表明洪水期间河水呈弱碱性。

统计分析砚瓦川流域 2021—2022 年 11 场采样场次洪水过程氮磷浓度变化特征如图 5 所示，可知各指标受不同场次洪水事件影响，其变化特征存在明显差异。两年采样场次洪水事件中 TP 的变化范围分别为 0.13～1.16 mg/L 和 0.09～0.80 mg/L，平均值分别为 0.48 mg/L 和 0.53 mg/L；事件 3 的均值浓度最高（0.91 mg/L），其次是事件 1（0.74 mg/L）；事件 5 和事件 8 的均值浓度明显低于其他场次洪水过程，分别为 0.23 mg/L 和 0.27 mg/L。

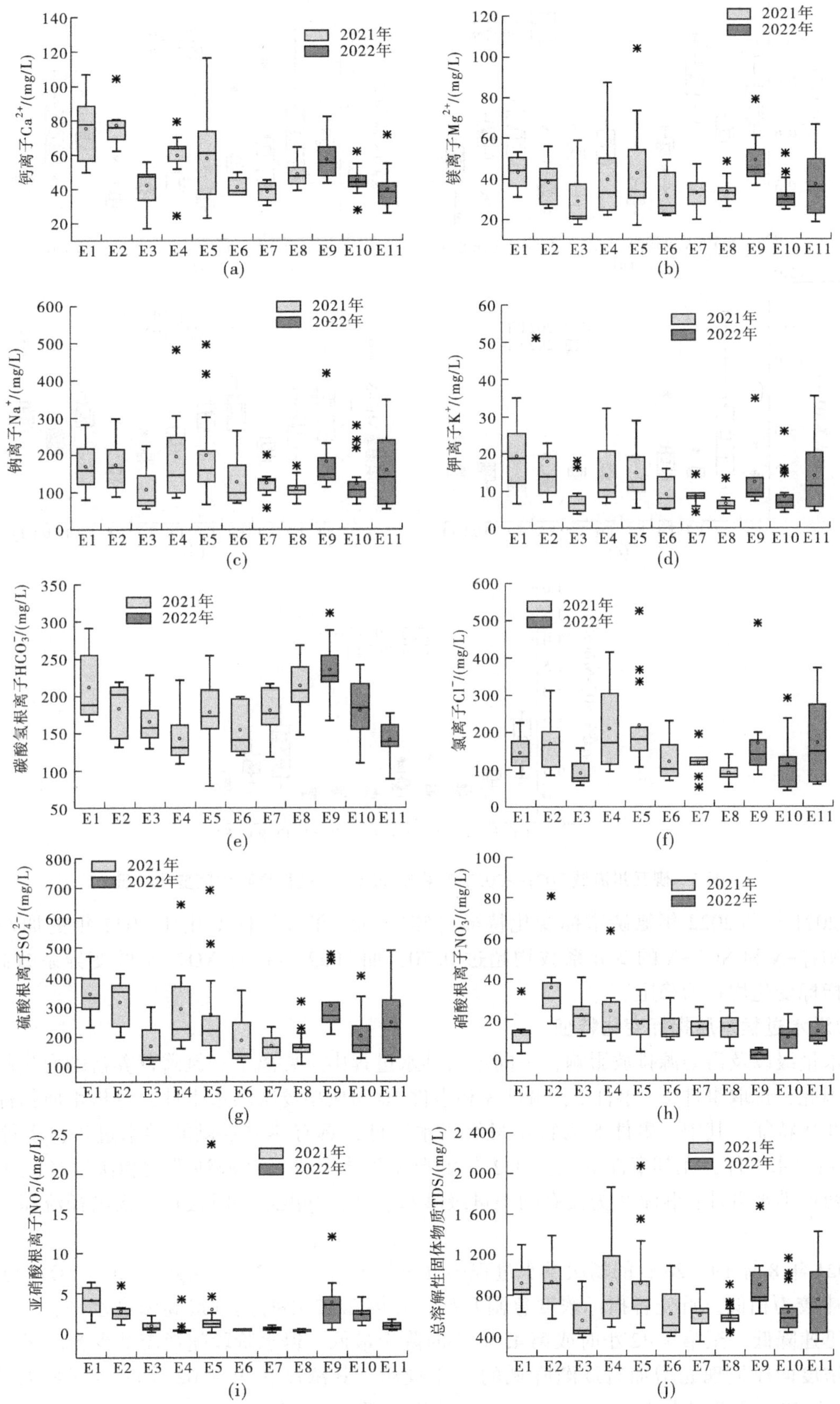

图 4　砚瓦川流域 2021—2022 年采样场次洪水过程主要离子浓度变化特征

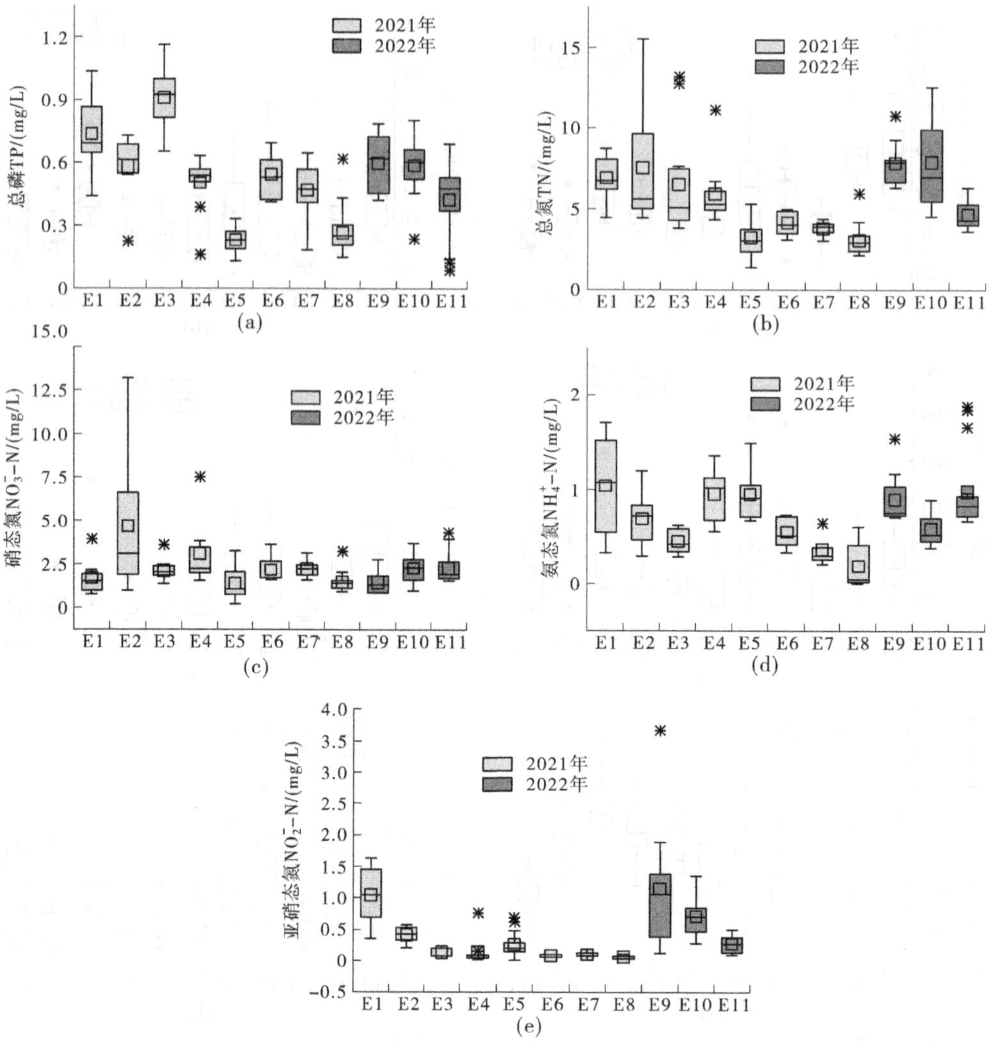

图 5　砚瓦川流域 2021—2022 年采样场次洪水过程氮磷浓度变化特征

根据 2021 年和 2022 年氮磷指标变化特征可知，2021 年各指标变化比 2022 年更加剧烈，其中 NO_3^--N、NH_4^+-N 和 NO_2^--N 的变异系数均超过 0.70，而 2022 年仅有 NO_2^--N 的变异系数高达 0.97，其余氮磷指标变化均较为稳定。

3.3　场次洪水过程水质指标变化特征

受洪水量级以及污染源排放影响，不同场次洪水过程中主要离子和氮磷营养盐的变化趋势存在明显差异。因此，选取事件 2、事件 5、事件 8 和事件 10 为典型场次洪水事件，分析水质指标随洪水过程的动态变化特征。其中，事件 5 为特小量级洪水事件，具有典型双洪峰洪水过程；事件 2 和事件 10 为小量级洪水事件，尤其事件 10 是 2022 年的典型洪水事件，其输沙模数和次洪径流深明显高于同年其余两场洪水事件；事件 8 为仅有的中量级洪水事件，其洪水历时最长，次洪径流深和输沙模数最大。

在 2021 年 8 月 19—20 日的场次洪水过程中（见图 6），K^+、Na^+、Mg^{2+}、Cl^-、SO_4^{2-} 和 NO_3^- 浓度的变化规律较为相似，首先各指标浓度急剧升高，在第 2.62 小时达到最高浓度水平，之后随着流量的增大而迅速降低，至第 4.42 小时或第 4.78 小时降至最低，退水阶段随径流减少各离子浓度逐渐回升。NO_2^- 浓度同样呈现先增加后逐渐降低的变化规律，其浓度在第 2.62 小时达到最大值。Ca^{2+} 和 HCO_3^- 浓度的整体变化趋势与 NO_2^- 相反，二者分别在第 4.78 小时和第 4.42 小时降至最低。TN 和 NO_3^--N 浓度随流量变化先急剧增大，至第 2.62 小时达到最高浓度值，然后迅速下降，在第 4.78 小时达到最低值，之后从第 8.52 小时开始保持在相对稳定的浓度水平；TP 浓度在洪水过程中整体呈现波动下降的变化规律，在第 13.02 小时之前仍维持在较高浓度水平，之后逐渐下降；NH_4^+-N 呈现先下降后增大的变化规律，而 NO_2^--N 与之相反，二者分别在第 4.78 小时和第 4.00 小时达到极值水平。

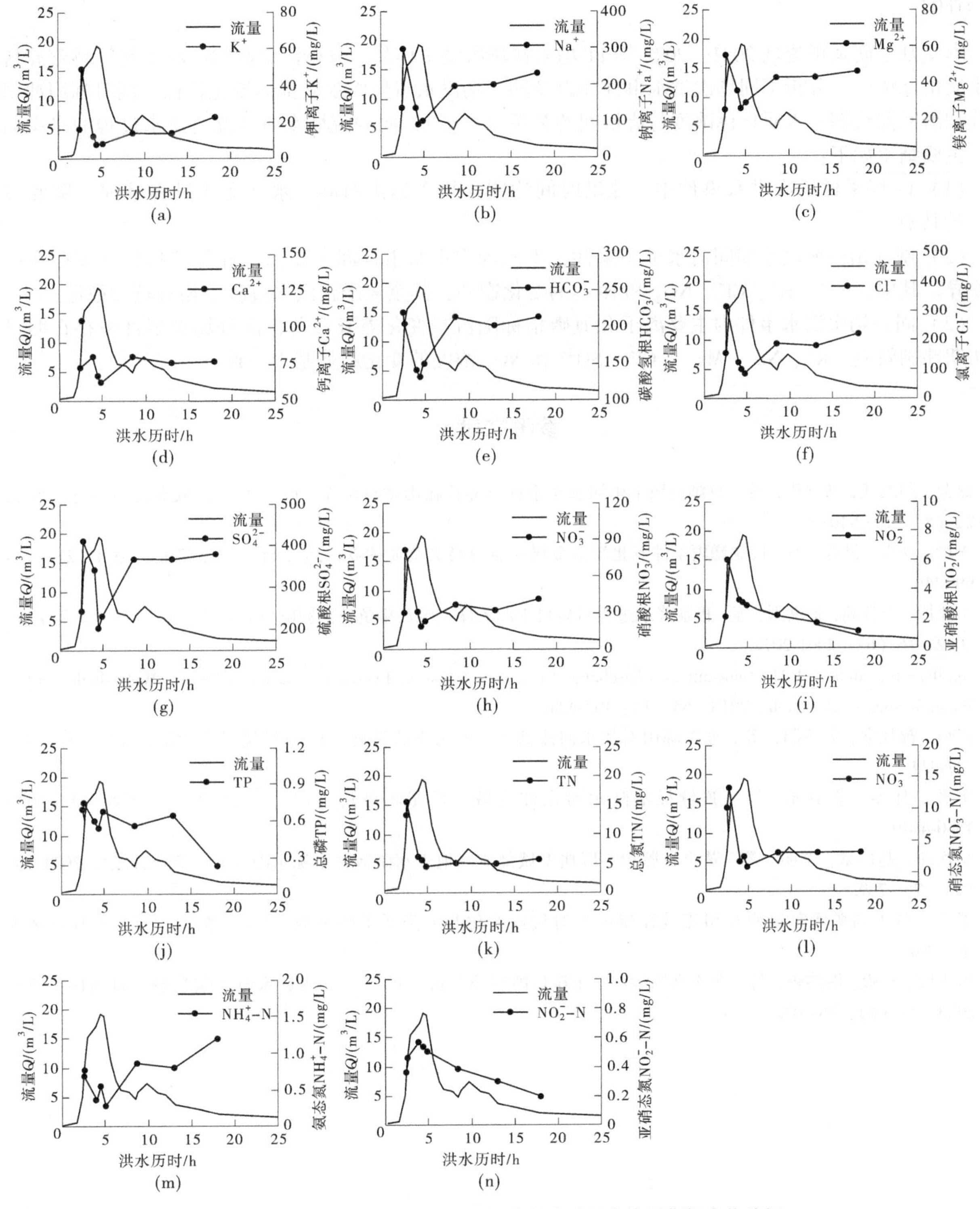

图 6　2021 年 8 月 19—20 日场次洪水过程中水质指标变化特征

综上所述，在本场洪水过程中，仅有 Ca^{2+}、HCO_3^- 和 NH_4^+-N 始终受到洪水事件稀释作用的影响；其余指标均受到不同程度的冲刷作用。涨洪前期浓度急剧增加，可能与河道淤积存储的溶质有关。各指标浓度均先于流量达到峰值，当流量逐渐增加到最大值时，各指标已被稀释至较低浓度水平，表明存在明显的初期冲刷和洪峰稀释效应。此外，退水阶段径流量和含沙量的小幅度波动并没有对各指标产生明显影响。

4 结论

本文基于砚瓦川流域 2021—2022 年 11 场采样场次洪水样品，分析测定其阴阳离子和氮磷营养盐等水质指标浓度，分析不同场次洪水事件间以及同一场洪水事件内水质指标变化特征，同时利用冲刷指数和滞回曲线探究水质指标浓度与流量间的关系（$C-Q$），明确流域水质状况对洪水过程的水文响应。主要结论如下：

（1）11 场采样场次洪水事件中，涨洪时间均明显短于退洪时间，水沙变化过程呈现“陡涨缓落”的特点。

（2）砚瓦川流域洪水期间河水呈弱碱性，不同场次洪水事件间主要离子和氮磷指标浓度存在明显差异。其中，Na^+、K^+、Cl^-、NO_2^- 和 NO_3^- 的变化剧烈，其余离子在洪水过程中相对较为稳定。

（3）同一场次洪水事件内主要离子和氮磷指标随流量变化差异显著，部分场次事件中存在明显的初期冲刷效应。K^+、Na^+、Mg^{2+}、Cl^-、SO_4^{2-} 和 NO_3^- 浓度的变化趋势基本一致。

参考文献

[1] 储茵，潮洪武，马友华，等．巢湖流域丰乐河洪水事件营养盐输出动态研究［J］．长江流域资源与环境，2013，22（8）：1072-1080.

[2] 李彤，易雯，付青，等．极端暴雨条件下北江重金属非点源污染负荷估算［J］．环境科学研究，2014，27（9）：990-997.

[3] 王亚博，李慧莉，张洪刚，等．极端降水过程对岩口水库入库溪流污染负荷的影响及其对策［J］．环境工程学报，2022，16（6）：2061-2072.

[4] Aguilera R，Melack J M. Concentration-Discharge Responses to Storm Events in Coastal California Watersheds［J］. Water Resources Research，2018，54（1）：407-424.

[5] 张恒，曾凡棠，房怀阳，等．连续降雨对淡水河流域非点源污染的影响［J］．环境科学学报，2011，31（5）：927-934.

[6] 车蕊，林澍，范中亚，等．连续极端降雨对东江流域水质影响分析［J］．环境科学，2019，40（10）：4440-4449.

[7] 李欢玮，赵广举，李明，等．黄土高塬沟壑区典型城郊流域地表水硝酸盐来源示踪［J］．环境科学，2023，44（2）：761-769.

[8] 王芸．黄土高塬沟壑区砚瓦川流域径流泥沙对气候变化与人类活动的响应［D］．杨凌：西北农林科技大学，2015.

[9] 穆兴民，杜敏，邵祎婷，等．黄土高塬沟壑区土壤侵蚀特征分析［J］．华北水利水电大学学报（自然科学版），2023，44（6）：96-102.

基于 RegCM4 模式的三峡库区水域变化对区域降水的影响研究

黄　亚[1]　肖伟华[2]　李艳萍[1]

（1. 河海大学，江苏南京　210098；
2. 中国水利水电科学研究院，北京　100098）

摘　要： 三峡水库是世界上最大的人工水体，对区域气候的潜在影响引起了广泛关注。为此，本文研究基于区域气候模型 RegCM4，开展了 10 km 高分辨率模式计算网格中不同水域面积比例的敏感性试验，以评估库区水域面积变化对区域降水的影响。结果表明：随着水域面积比例的扩张，长江重庆至宜昌段的降水趋于减少和干燥的气候条件，极端降水指数 CDD、RX1DAY、RX5DAY、R95p 以及 R99p 变化并不明显，PRCPTOT 和 R0.1 mm 分别减少了 7.3% 和 2.6%，极端降水事件发生频率有所减少。

关键词： 三峡水库；极端降水；区域气候模型；RegCM4

1　引言

区域人口的急剧增长和经济发展的进步显著增加了水资源的需求，从而加剧了全球各地的水资源短缺问题。因此，全球范围内开展了广泛的基础设施建设，如水电、灌溉和水资源调配，以缓解水资源短缺并应对气候变化对水资源的不利影响，其中包括中国和其他发展中国家[1]。水库的储存和流量调节对陆地水循环有深远影响，对应对水资源短缺、发电、航运、防洪和抗旱起着至关重要的作用。为了缓解水资源短缺和日益增长的能源需求，在过去的一个世纪里，全球建造了超过 50 000 座大型水库[2-3]。

尽管水库带来了显著的社会效益，但其对环境、生态和气候的多种影响也引发了广泛的争议。水库是具有高热容量和热惯性的巨大水体，会影响地表附近的局部气象条件和中尺度天气过程。大量观测和模拟研究表明，大型水体可以影响区域气候的多种要素，如温度、降水、湿度和风速以及能量收支[4]。大型人工水体，还可能会改变局部的降水模式，尤其可能导致极端降水事件的变化[5]。随着全球变暖的加剧，大气的持水能力预计将以大约 7% 的速度增加，而包括水库在内的大片水体的蒸发率可能会加剧，导致水库区域内降水强度和频率的增加[6-7]。此外，水体的气候影响与水体的区域特性紧密相连，包括水体的形状、水深、地形和大气环流等因素[8-9]。由于不同水体的物理属性和区域环境条件不同，大型水体的气候效应也非常复杂和多样，导致难以研究大型水体对降水的净效应。例如，Wen 等[10] 和 Diallo 等[11] 进行的研究表明，水库在促进水汽上升和低层水汽汇聚方面起着关键作用，导致水库区域夏季降水量大幅增加。

三峡水库是中国最大的水电工程，也是世界上最大的人工水体[12]。已有研究表明，三峡水库对夏季温度具有冷却效应，而对冬季温度具有增温效应[13-14]。然而，关于三峡水库水域变化对区域降水的影响，仍未达成共识。此外，现有研究很少关注三峡水库水域变化对极端降水的时空分布、强度和频率的影响。许多学者认为，三峡水库的蓄水对水库及其周边地区的降水没有显著影响。然而，一

基金项目： 江苏省自然科学基金（BK20230957）。

作者简介： 黄亚（1990—），男，博士，助理研究员，主要从事区域水文气候研究工作。

些学者发现三峡水库蓄水后，水库区域的降水减少，且降水变化具有明显的空间异质性和季节性[15-16]。Wu 等[17] 和马占山等[18] 使用 MM5 模型研究发现，三峡水库减少了水库区域的降水，但增强了山区的降水。Wu 等[14,19] 使用 10 km 分辨率的 RegCM3 双嵌套试验发现，三峡水库使夏季降水减少约 10%，并对冬季降水产生负面影响。尽管上述研究分析了三峡水库对区域气候的潜在影响，但由于模拟时间较短和模型分辨率不足，未能充分揭示三峡水库区域极端降水的变化特征。

以往研究将三峡水库视为浅水体，通过短期理想试验或敏感性分析探讨其对区域气候的潜在影响，其对局部极端降水的影响关注较少。因此，本文研究采用区域气候模型 RegCM4 中的 CLM4.5 次网格划分，将三峡水库作为大型水体，开展计算网格单元不同水域面积比例的敏感性试验，分析了水库水域变化对区域降水的影响。

2 研究方法与数据

2.1 研究区概况

三峡水库位于中国湖北省西部和重庆市东部的崎岖山区，北接大巴山，南临巫山，如图 1 所示。水库两侧地势陡峭，形成了典型的狭长型河谷水库。三峡水库于 2003 年开始蓄水，达到 135 m 水位。2010 年，水库首次达到其最高水位 175 m。此水位下，水库沿长江延伸 600 多 km，宽度 1~2 km 不等，形成一个总面积为 1 084 km^2 的巨大人工湖。

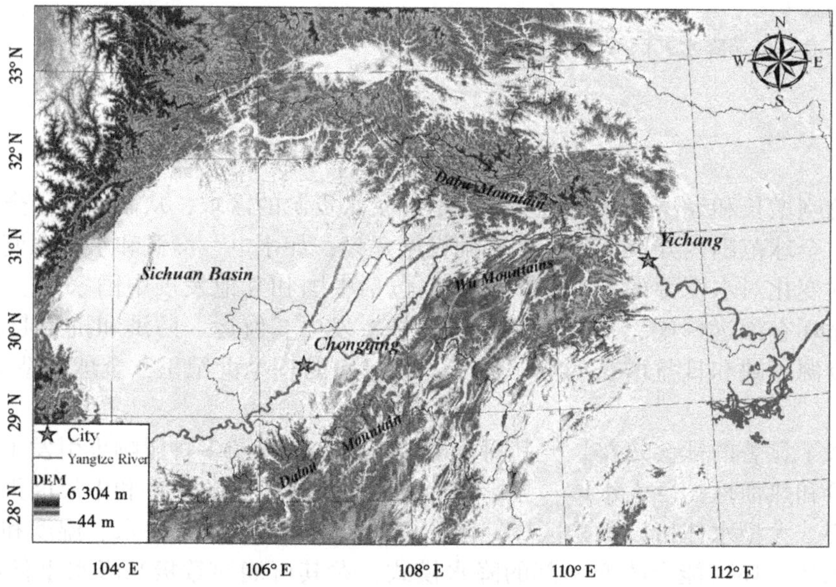

图 1 研究区域地形

2.2 模型配置和试验设计

本文研究采用意大利国际理论物理中心开发的区域气候模型 RegCM4，该模型已被广泛应用于东亚地区气候模拟[20]。模型采用双层嵌套区域，水平网格分辨率分别为 50 km（130×200 网格点）和 10 km（110×130 网格点）。模拟的母域覆盖东亚地区，嵌套域则聚焦于三峡水库区域（见图 1）。对于对流参数化方案、行星边界层和辐射方案，分别采用了 Emanuel、Holtslag 以及 NCAR CCM3。此外，陆面模型采用了美国国家大气研究中心开发的 CLM4.5[21]。

本文研究所有试验模拟时间从 1989 年 10 月 1 日到 2012 年 12 月 31 日，前 3 个月用于模型预热。EX1 用于评估模型的气候模拟能力，并为 EX2 和 EX3 提供初始和侧边界条件。通过 CLM4.5 的亚网格划分方法，将长江重庆至宜昌段的 48 个网格的湖泊面积比例分别设置为 0、20%，对应 EX2、EX3。试验设置的详细描述如下：

（1）EX1：覆盖整个东亚地区，水平分辨率为 50 km，初始和侧边界条件来自 ERA-Interim 再分析数据。

（2）EX2：覆盖三峡水库及其周边地区（102°E~115°E，25°N~37°N），水平分辨率为 10 km。初始和侧边界条件来自 EX1。在 EX2 中，长江重庆至宜昌段的 48 个网格的湖泊面积比例设为 0。

（3）EX3：保持与 EX2 相同的模型分辨率和设置，长江重庆至宜昌段的 48 个网格的湖泊面积比例设为 20%。

2.3 观测数据

为了评估 RegCM4 的模拟性能，本文研究采用了中国气象局开发的 CN05 观测数据集[22]。该数据集通过插值中国 2 416 个气象站的逐日观测数据构建，提供了格点化的观测数据，已广泛用于评估区域气候模型在中国地区的模拟性能。本文研究中 RegCM4 的输出结果被插值到与 CN05 相同的格点中心，以便进行比较分析。

2.4 极端降水指数

气候变化检测、监测和指数专家组（ETCCDI）推荐的气候指数已被广泛用于评估全球各地极端气候事件的变化特征[23]。为此，本文研究采用 ETCCDI 推荐的 9 个极端降水指数（见表 1），用于描述三峡库区水域面积变化对极端降水事件的强度、频率和持续时间的影响。

表 1 极端降水指数

缩写	描述	单位
PRCPTOT	湿天（日降水量≥1 mm）降水总量	mm
SDII	湿天（日降水量≥1 mm）降水总量与总湿天日数之比	mm/d
CDD	日降水量<1 mm 的最长连续日数	d
CWD	日降水量≥1 mm 的最长连续日数	d
RX1DAY	最大 1 日降水量	mm
RX5DAY	连续 5 日最大降水量	mm
R0. 1 mm	日降水量（PRCP）≥0. 1 mm 的总日数	d
R95	大于 95_{th}分位数降水的事件总降水量	mm
R99	大于 99_{th}分位数降水的事件总降水量	mm

3 结果

3.1 RegCM4 对三峡库区降水的模拟性能

如图 2 所示，研究区的观测降水主要集中在夏季，在大巴山和巫山等山区形成了明显的降水带。巫山南侧的迎风坡降水最为丰富，峰值在 600~800 mm。冬季的观测降水量在 25~75 mm，从东南向西北逐渐减少。EX1 和 EX2 成功地捕捉到了大巴山和巫山山区夏季降水带的主要分布特征，但与观测降水的空间相关系数仅为 0. 28 和 0. 2，表明 RegCM4 在模拟该区域夏季降水方面的空间模拟能力不足。此外，RegCM4 在山区高估了降水量，而在盆地地区则低估了降水量，这在 EX2 的湿偏差和干偏差中尤为明显。EX2 在山区模拟的夏季降水量普遍比观测值高 1~2 倍，而在平原地区则低估了约 20%。EX1 和 EX2 在再现冬季降水空间格局相较于夏季略好，空间相关系数分别为 0. 65 和 0. 38。尽管 RegCM4 模拟的库区降水存在明显高估，但该模型仍然表现出良好的捕捉降水空间模式和年内循环的能力，特别是在 50 km 水平分辨率的 EX1 中表现尤为突出。

3.2 库区面积变化对降水时空特征的影响

与 EX1 相比，EX2 在长江重庆至宜昌段极端降水强度方面几乎没有变化，降水频率和总量略有减少，见图 3。例如，极端降水指数如 PRCPTOT、R0. 1 mm 和 CWD 在长江重庆至宜昌段的网格上略有下降。然而，只有少数网格点在 95% 置信水平下具有统计显著性。另外，极端降水指数如 CDD、RX1DAY、RX5DAY、R95p 和 R99p 的变化并不明显。在 EX3 中，湖泊气候效应对极端降水指数的影响范围在 10 km 内，长江重庆至宜昌段网格的平均变化微小，例如 PRCPTOT 和 R0. 1 mm 分别减少了

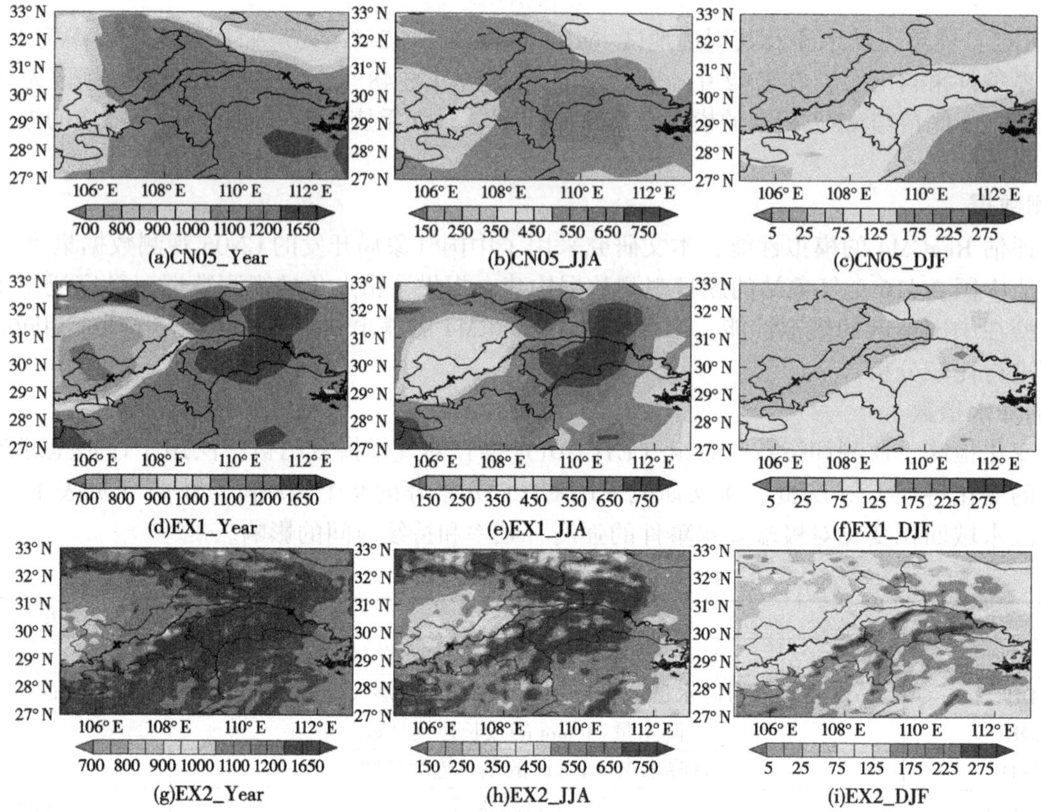

图 2　多年度平均年、夏季（JJA）和冬季（DJF）降水的空间分布　（单位：mm）

7.3%和 2.6%。

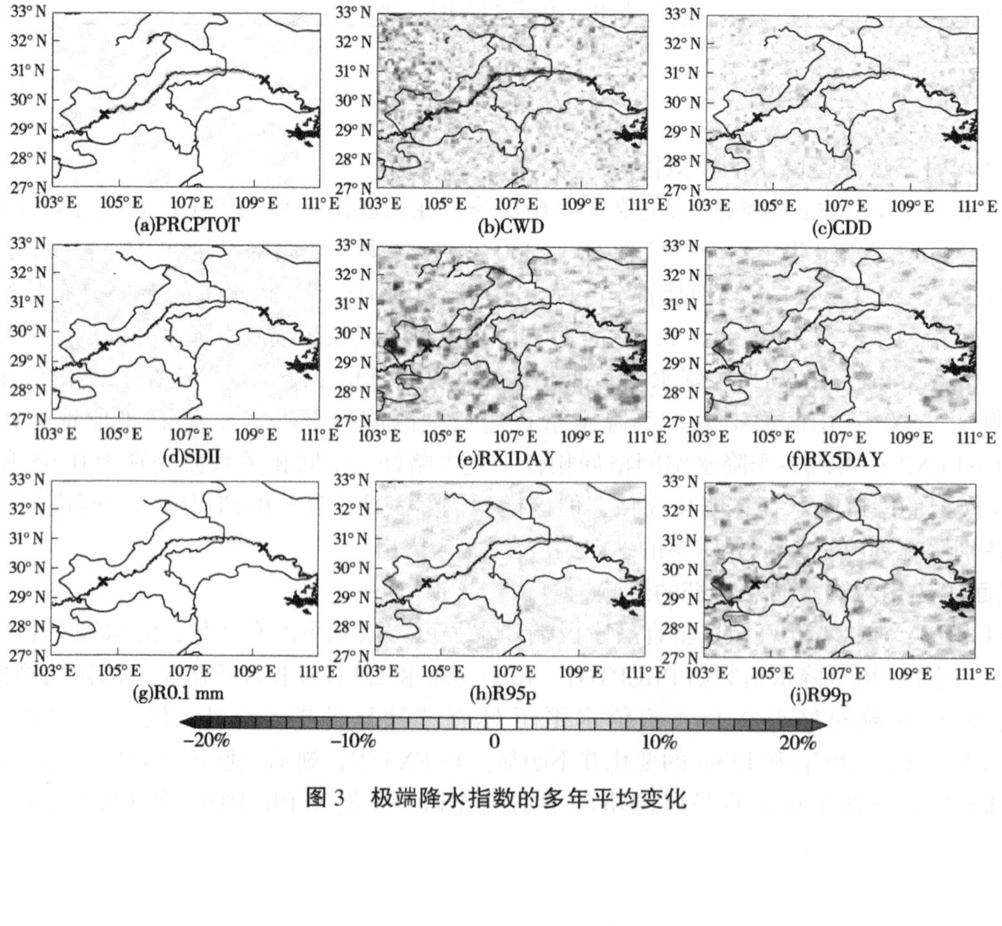

图 3　极端降水指数的多年平均变化

3.3 库区水域面积变化下极端降水的统计特征

为深入了解库区水域面积变化对极端降水的影响，本文研究使用广义极值分布分析了三组试验下的极端降水指数的概率密度函数（PDF）（见图 4）。如图 4 所示，随着湖泊面积比例的增加 PRCPTOT、CWD、R0.1 mm、R95p 和 R99p 的概率密度函数向左偏移，而 CDD 和 SDII 向右偏移。另外，RX1DAY 和 RX5DAY 没有显著的变化趋势。例如，在 1991—2012 年期间，EX2 中 PRCPTOT 的 95_{th} 分位数为 1 698.9 mm/a。然而，随着湖泊面积比例增加到 20%，EX3 中的 PRCPTOT 的 95_{th} 分位数减少到 1 581.9 mm/a［见图 4（a）］。同样，在同一时期，EX2 中 R0.1 mm 的 95_{th} 分位数为 265.2 d/a，而在 EX3，R0.1 mm 的 95_{th} 分位数减少到 258 d/a［见图 4（g）］。此外，EX2 中 CWD 的 95_{th} 分位数为 28.5 d，而随着湖泊面积比例增加到 20%，EX3 中的 CWD 的 95_{th} 分位数减少到 24.8 d［见图 4（b）］。上述所有模拟结果表明，随着湖泊面积比例的增加，长江重庆至宜昌段的区域趋向于降水减少和更干燥的气候条件。

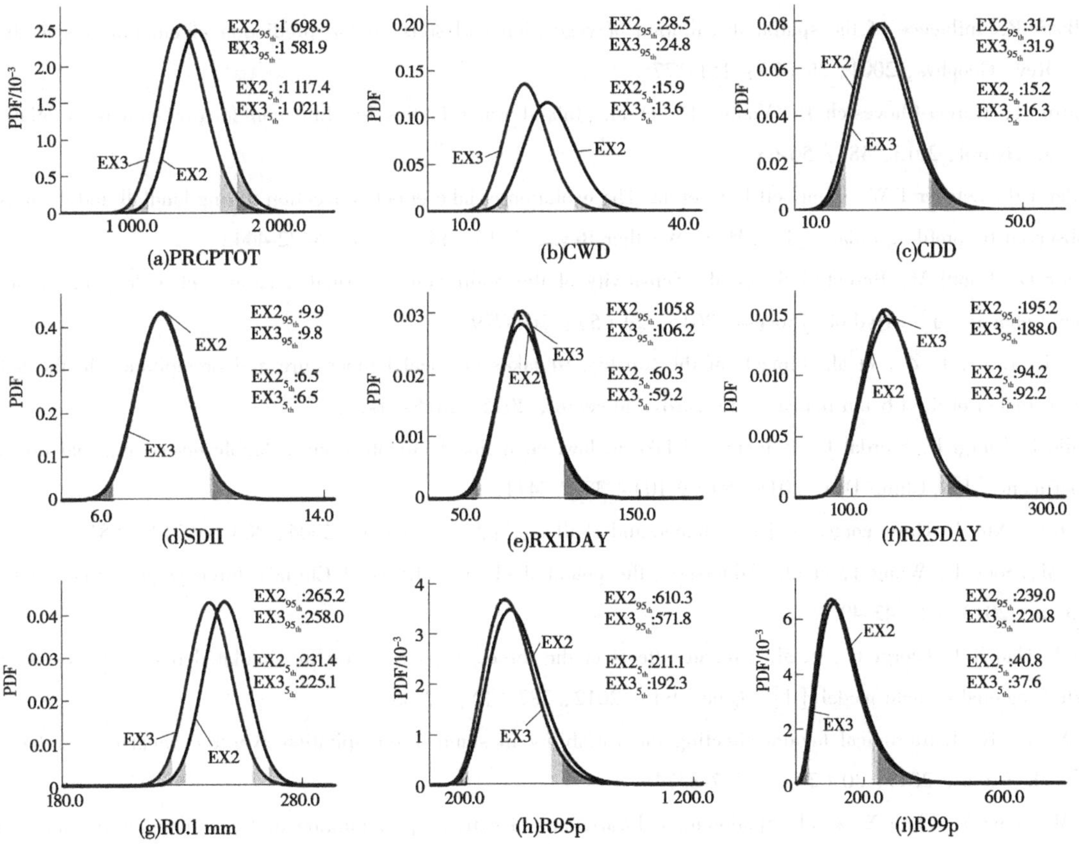

图 4　长江重庆至宜昌段网格平均极端降水概率密度函数（PDF）

4　结论

本文研究利用双嵌套高分辨率区域气候模型，通过对不同库区面积比例进行敏感性试验，分析了不同水域面积比例下三峡水库局部降水的响应特征。总体而言，模拟结果表明三峡水库对局部降水没有显著影响，在接近三峡水库实际面积的 EX3（20%湖泊面积）中，模拟的库区降水略微减少，但模拟的长期降水特征和极端降水未显示出具有统计学意义的显著变化。但随着库区水域面积比例的增加，长江重庆至宜昌段的区域趋向于降水减少和更干燥的气候条件。

参考文献

[1] Millikan B. Brazil's dam-building industry: crony capitalism goes global [J]. World Rivers Review, 2010, 25 (4): 4.

[2] Chao B F, Wu Y, Li Y S. Impact of artificial reservoir water impoundment on global sea level [J]. Science, 2008, 320 (5873): 212-214.

[3] Vörösmarty C J, Meybeck M, Fekete B, et al. Anthropogenic sediment retention: major global impact from registered river impoundments [J]. Glob. Planet. Change, 2003, 39 (1-2): 169-190.

[4] Zhu L, Jin J, Liu X, et al. Simulations of the impact of lakes on local and regional climate over the tibetan plateau [J]. Atmos. -Ocean, 2018, 56 (4): 230-239.

[5] Degu A M, Hossain F. Investigating the mesoscale impact of artificial reservoirs on frequency of rain during growing season [J]. Water Resour. Res., 2012, 48 (5): W05510.

[6] PielkeSr R. Influence of the spatial distribution of vegetation and soils on the prediction of cumulus convective rainfall [J]. Rev. Geophys, 2001, 39 (2): 151-177.

[7] Pizarro R, Garcia-Chevesich P, Valdes R, et al. Inland water bodies in chile can locally increase rainfall intensity [J]. J. Hydrol, 2013, 481: 56-63.

[8] Minder J R, Letcher T W, Campbell L S, et al. The evolution of lake-effect convection during landfall and orographic uplift as observed by profiling radars [J]. Mon. Weather Rev., 2015, 143 (11): 4422-4442.

[9] Valerio G, Pilotti M, Barontini S, et al. Sensitivity of the multiannual thermal dynamics of a deep pre-alpine lake to climatic change [J]. Hydrol. Process, 2015, 29 (5): 767-779.

[10] Wen L, Lv S, Li Z, et al. Impacts of the two biggest lakes on local temperature and precipitation in the yellow river source region of the tibetan plateau [J]. Adv. Meteorol, 2015, 2015: 1-10.

[11] Diallo I, Giorgi F, Stordal F. Influence of lake malawi on regional climate from a double-nested regional climate model experiment [J]. Clim. Dyn, 2018, 50 (9-10): 3397-3411.

[12] Shen G, Xie Z. Three gorges project: chance and challenge [J]. Science, 2004, 304 (5671): 681.

[13] Jiao M, Song L, Wang J, et al. Addressing the potential climate effects of China's three gorges project [J]. WMO Bulletin, 2013, 62: 43-49.

[14] Wu J, Gao X J, Giorgi F, et al. Climate effects of the three gorges reservoir as simulated by a high resolution double nested regional climate model [J]. Quat. Int., 2012, 282 (1): 27-36.

[15] Li X, Lu R. Extratropical factors affecting the variability in summer precipitation over the yangtze river basin, China [J]. J. Clim., 2017, 30 (20): 8357-8374.

[16] Lü M, Jiang Y, Chen X, et al. Spatiotemporal variations of extreme precipitation under a changing climate in the three gorges reservoir area (tgra) [J]. Atmosphere, 2018, 9 (1): 24.

[17] Wu L, Zhang Q, Jiang Z. Three gorges dam affects regional precipitation [J]. Geophys. Res. Lett., 2006, 33 (13): L13806.

[18] 马占山，张强，秦琰琰. 三峡水库对区域气候影响的数值模拟分析 [J]. 长江流域资源与环境，2010，19 (19)：1044.

[19] 吴佳，高学杰，张冬峰，等. 三峡水库气候效应及 2006 年夏季川渝高温干旱事件的区域气候模拟 [J]. 热带气象学报，2011，27 (1)：44-52.

[20] Giorgi F, Anyah R O. The road towards regcm 4 [J]. Clim. Res., 2012, 52: 3-6.

[21] Oleson K W, Lawrence D M, Bonan G B, et al. Technical description of version 4.5 of the community land model (clm) [R]. NCAR Technical Note. NCAR/TN - 503 + STR. Boulder, Colorado: National Center for Atmospheric Research, 2013.

[22] 吴佳，高学杰. 一套格点化的中国区域逐日观测资料及与其它资料的对比［J］. 地球物理学报，2013，56（4）：1102-1111.

[23] Sun W Y，Mu X M，Song X Y，et al. Changes in extreme temperature and precipitation events in the loess plateau（China）during 1960—013 under global warming［J］. Atmos. Res.，2016，168：33-48.

基于河湖生态保护目标的绿色生态网构建研究

韩妮妮[1,2]　陈德业[1,2]

（1. 中水珠江规划勘测设计有限公司，广东广州　510610；
2. 水利部珠江水利委员会水生态工程中心，广东广州　510610）

摘　要：按照城市现代化水利高质量发展要求，对照人民美好生活新期盼，诸多城市还面临水资源、水安全、水生态和水管理方面的多重短板和问题。文章通过剖析城市河湖生态现状及存在问题，以系统治理、协同治理、融合治理的总体思路，研究基于河湖生态保护目标的绿色生态网构建策略，提出绿色生态廊道修复、生态流量保障、清洁生态环境协同治理、涉水生态空间管控等系列水生态环境治理与保护措施体系，以期为城市绿色生态网构建提供规划思路和指引。

关键词：绿色生态网；生态保护；生态廊道；协同治理

1　引言

加快构建国家水网，建设现代化高质量水利基础设施网络，统筹解决水灾害、水资源、水生态、水环境问题，是以习近平同志为核心的党中央作出的重大战略部署。城市水网是保障人民防洪安全、水资源安全和生态环境安全的重要基石；同时也是重塑城市保护生物多样性的生态廊道以及重要生境的重要举措[1]。与经济社会高质量发展的水安全保障要求相比，广大城市水网仍广泛存在不平衡不充分问题，如水资源合理配置和高效利用体系有待优化、防洪排涝体系有待完善、水生态环境问题有待改善、水利管理与服务能力有待提升等，较新时代水利现代化还存在较大差距。绿色生态水网作为城市水网建设的重要组成部分，目的是保护和治理水资源，致力于打造绿色、清洁、秀美的幸福河湖。

2　绿色生态网现状特征

随着美丽中国建设新征程的开启，生态文明建设仍需要摆在水利工作的突出位置，而多数城市生态环境质量稳中向好的基础尚不牢固，生态系统退化趋势尚未根本扭转，与广大人民群众对美好生活的期盼和需求还有一定差距[2]。现有发展瓶颈主要体现在绿色生态网构建格局尚不完善，水系有网无纲，没有形成畅通的引排体系；主要河流水域岸线等空间范围管控难度大，由于历史遗留问题以及城市开发建设，沿江城镇建设、农业开发等仍存在挤占水生态空间的现象；部分重点河湖和水利工程尚未配套建设生态流量泄放及监控设施，河流干涸状态仍时段性存在；受城市管网覆盖范围不足、雨污管道混接乱接等治污工程短板的存在，河流综合保护和系统治理水平仍亟待提升；受极端天气影响，较多城市局部区域水土流失问题亟待解决；现有水文化遗产未得到充分发掘，水利风景区、水文化教育基地等平台建设较为缺乏。

3　绿色生态网建设指标

针对绿色生态系统存在的发展瓶颈，本文以全面改善生态环境质量，保障水质安全，实现生态系统良性循环为基本目标，统筹推进水生态、水环境协同治理，分别从重要断面生态流量管控、清洁生

作者简介：韩妮妮（1987—），女，高级工程师，主要从事水利工程、生态环境方面的工作。

态环境协同治理、水源涵养与水土保持、水域岸线空间管控、绿色水经济产业发展等方面构建城市绿色生态网建设指标体系，见表1。

表1　城市绿色生态网建设指标体系说明

序号	构建体系	指标名称	指标含义	建设举措	指标说明
1	重要断面生态流量管控	重点河湖生态流量达标率	在扣除特枯来水影响，纳入市级以上生态流量保障重点河湖名录的河流和湖泊控制断面生态基流达标比例	水系连通工程、小水电整治清退工程、拦河闸坝等建筑物生态化改造工程	
2	清洁生态环境协同治理	集中式饮用水水源地水质达标率	指集中式饮用水水源地水质达标个数占比	饮用水水源地保护	
3		重要考核断面水质达标率	多指市级以上考核断面水质达标的断面个数占比	河湖水环境综合整治	
4		河网水体流动性	指河网流速	水系连通工程、生态补水	$v_{\min} \geqslant 5$ m/s，河网流速不低于5 m/s[2]
5	水源涵养与水土保持	水土保持率	指区域内水土保持状况良好的面积占区域国土面积的比例	水源涵养与水土保持	
6	水域岸线空间管控	河湖生态岸线比例	指生态岸线长度占河湖岸线总长的比例	岸线生态化改造、河湖水生态修复	大于50%为宜
7		河湖管理范围划定率	指已划定河湖管理范围长度与河湖总长度的比例	河湖管理范围划定	
8	绿色水经济产业发展	水利风景区数量	指水利风景区建设完成数量	主要是风景资源、生态环境保护与提升、服务能力建设、综合管理完善等	
9		河湖文化载体建设数量	河湖文化传承、融合、宣教建设程度	水文化宣传产品、水情教育基地、水利风景区、河湖长制公园等涉水宣传场所和便民亲水载体建设	
10		水经济试点项目数量	通常指基础条件成熟、发展前景良好、市场主体意愿强烈、示范意义较大、无制约性硬伤的水经济发展类型数量	水上运动、水利风景区、滨水休闲康养、内河游览、优质水开发利用、绿色水金融、绿色能源、水文旅文创等水经济新业态	

注：地方城市根据实际选取适宜指标进行分析。

4 河湖生态保护目标的绿色生态水网构建策略

绿色生态网建设主要依托城市自然山水形态，衔接落实城市生态格局，以维护和改善河湖水生态环境质量，提升河湖生态系统多样性、稳定性和持续性为目标，与幸福河湖建设标准进行有效挂钩，结合中小河流治理，实施系统治理和综合治理，打造人民群众满意的幸福河湖，构建生态宜居的绿色生态网。结合河湖生态保护目标，本文提出以下绿色生态网建设举措。

4.1 绿色生态廊道修复

生态廊道一般由景观生态服务价值高的林地、水体两类景观类型构成，可以增强各分割生态源以及重要斑块之间的连通性，提升空间生态韧性[3]。根据不同的功能需求和立地条件，实施差异化生态保护和修复，促进生态要素连通流动和协同保护，满足水生生物栖息和繁殖洄游、水鸟和候鸟迁飞停留及河漫滩湿地保护等功能。开展沿岸植绿造林，统筹沿线湿地、道路、碧道公园等建设，推进岸线整治修复、滨水绿化美化等行动，升级打造集安澜生态水带、绿美景观林带、文化休闲带、滨水经济带于一体的多功能廊道。

4.2 重要断面生态流量管控

根据城市自然河流水系的水资源禀赋条件、开发利用状况和水生态功能定位与保护修复要求，综合考虑河流基本形态、生态廊道功能维护和基本自净能力等用水需求，统筹流域上下游，确定生态流量保障目标，强化流域内水库及小水电生态流量调度和管理，重点保障枯水期生态基流。结合“限、改、调、退”等分类处置方式，有序推进小水电绿色发展[4]，完善生态流量泄放和监控设施，加强重点河流水利设施联合调度，老旧设施退出，并加强水生生物资源养护。

4.3 清洁生态环境协同治理

贯彻“生态优先、绿色发展”理念，以满足人民群众对健康水生态、宜居水环境的美好期盼为目标，复苏河湖生态环境[5]。一是强化重要水源地和清水通道保护。以持续提升城乡饮用水水源地水质为核心，优化供水水源保护空间，加强饮用水水源保护和监管，推进重要清水通道协同保护，实现饮用水水源水质持续优良、水量充足稳定，保障城乡饮用水安全。二是持续推进重要河湖生态环境综合治理。坚持污染治理和生态扩容“两手发力”，开展主要江河湖库生态调查及健康评估，因地制宜实施截污控源、生态清淤、生态修复、滨水岸线提升、支流河口湿地建设及小流域综合治理，采取工程措施和生物措施对受损河流生态系统实施修复、补偿，使遭到破坏的生态系统逐步恢复[6]。三是推进农村水系水环境综合整治。结合乡村振兴战略，实施水美乡村建设，推进农村水生态环境治理，提升农村人居环境，打造具有地方特色的农村治水样板。

4.4 水源涵养与水土保持

加强水网流域水源涵养与水土保持，重在提高流域土地质量，提高蓄水保土功能，调节小流域气候，增强流域生态系统稳定性，减轻水土流失和其他自然灾害。对重要水源地预防保护区、饮用水水源保护区、小型侵蚀沟的沟坡和沟岸、主要河流的两岸、小型湖泊和水库周边，以及水网涉及的其他重要生态功能区、生态敏感区域开展水源涵养与水土保持。以流域或片区为单元，统筹配置水源涵养、封育保护、生态修复、沟道治理等措施，持续推进水网流域水土保持综合治理、崩岗治理等，打造生态清洁小流域。

4.5 水域岸线空间管控

水生态空间按照功能类型可分为河湖水域岸线、蓄滞洪、饮用水水源保护、生物多样性保护、水源涵养与水土保持等空间。管控措施主要包括以下几个方面：优化岸线保护利用空间，严格水域岸线等水生态空间管控，依法划定河湖管理范围；落实规划岸线分区管理要求，强化岸线保护和节约集约利用，对岸线乱占滥用、多占少用、占而不用等突出问题开展清理整治，恢复河湖水域岸线生态功能；推进滨水绿化美化，有堤防地段科学规范实施防浪林带、护堤林带建设，无堤防地段实施精准造林，减少河岸冲刷，消除绿化断带，实现林带贯通和景观完整。

4.6 绿色水经济产业发展

水经济主要指依托水资源作为重要的生产要素，把水域岸线空间作为重要的保护对象而开展的各类经济活动，重在激活水资源、挖掘水价值、解码水文化，实现生态价值与经济价值的转化。水经济产业发展重在深层挖掘水上运动、水利风景区、滨水休闲康养、内河游览、优质水开发利用、绿色水金融、绿色能源、水文旅文创等发展前景广阔的涉水绿色产业。推动绿色水经济产业发展需要结合城市区域水资源禀赋和社会经济发展差异，突出地方特色，因地制宜地探索水经济发展方向，推动河流上下游、左右岸水经济集群发展，带动就业创业，促进区域生活品质提升。

5 结语

在国家水网建设的战略背景下，面临经济社会发展新形势新要求带来的挑战，本文从水生态环境角度剖析生态网建设瓶颈，坚持以系统治理、协同治理、融合治理的总体思路，提出绿色生态廊道修复、生态流量保障、清洁生态环境协同治理、涉水生态空间管控等基于河湖生态保护目标的绿色生态网构建策略，综合施策，从而协调好水域经济发展和生态环境保护的关系，为绿色生态水网的建设提供规划思路和指引。

参考文献

[1] 丁宇新，干靓．上海城市水网景观连接度对生物多样性的影响研究［J］．上海城市规划，2018（4）：86-90.
[2] 杨文晶，杨金艳，蔡晓钰，等．基于有序流动的阳澄淀泖区流速水质相关性分析［J］．人民长江，2019，50（1）：29-34.
[3] 陈刚，王琳，王晋，等．基于景观生态格局的水生态韧性空间构建［J］．人民黄河，2020，42（5）：87-90，96.
[4] 张建永，赵蓉，杨晴，等．木兰溪流域生态环境保护与治理对策［J］．水利规划与设计，2023（7）：26-30.
[5] 张圆圆，刘德东，徐霖．莱西市现代水网规划探析［J］．水利技术监督，2024（1）：63-64.
[6] 许强，汪院生，秦灏，等．河湖生态保护视角下的城市水网建设探讨［J］．水利规划与设计，2023（7）：44-46.

加快发展水文新质生产力　赋能黄河流域保护治理

段　雯[1]　段亚楠[2]

（1. 黄河水利委员会水文局，河南郑州　450000；
2. 黄河水利委员会三门峡库区水文水资源局，河南三门峡　472000）

摘　要：新时期，黄河流域生态保护和高质量发展上升为重大国家战略，黄河保护治理与流域经济社会发展关联耦合程度持续加深，水文事业的舞台更加广阔。加快发展水文新质生产力，推进水文现代化建设，对于提升水文保障能力、赋能黄河保护治理、推动新阶段水利高质量发展具有重要意义。本文结合当前黄河水文发展现状与需求，提出不断适应新形势，抢抓新机遇，培育新动能，加快发展水文新质生产力的思路和对策，以期为保障国家水安全，推进中国式水利现代化提供有益参考和借鉴。

关键词：新质生产力；黄河；保护治理；水文现代化；高质量发展

1　研究背景

党的十八大以来，习近平总书记站在国家安全和中华民族永续发展的战略高度，提出了“节水优先、空间均衡、系统治理、两手发力”治水思路，对水利工作进行战略谋划和布局，为推动新阶段水利高质量发展提供了科学的思想武器、根本遵循和行动指南，也对水文工作提出新的更高要求，水文职责任务发生深刻改变，需要为统筹治理水灾害、水资源、水生态、水环境提供全面支撑服务。习近平总书记强调，发展新质生产力是推动高质量发展的内在要求和重要着力点，必须继续做好创新这篇大文章，推动新质生产力加快发展。李国英部长多次指出，推进水利现代化要从水文现代化开始；要搞水利现代化，必须把水文现代化搞起来。坚持创新驱动，加快水文现代化建设，是发展水利新质生产力的重要举措，水文科技创新驱动新阶段水利高质量发展，水文数字变革赋能黄河保护治理，是当前及今后一段时期水文工作面临的新课题。

目前，《水文现代化建设规划》和《全国水文基础设施建设“十四五”规划》已印发实施，其中明晰了黄河流域及各省（自治区）水文现代化建设总体布局和目标任务，为“十四五”及今后一个时期流域水文现代化建设指明了方向。面对新形势、新任务，坚持谋新局、走新路，按照规划要求扎实推进水文现代化建设，加强水文新技术、新模型、新方法研发应用，加快形成水文新质生产力，构建与流域水利高质量发展相适应的现代化水文监测预报体系，亟待深入研究和解决。

2　水文新质生产力发展面临的形势与任务

2.1　水文新质生产力发展面临的形势

2024 年是习近平总书记发表保障国家水安全重要讲话十周年，是黄河重大国家战略提出五周年。在以习近平同志为核心的党中央坚强领导下，在“节水优先、空间均衡、系统治理、两手发力”治水思路的科学指导下，水利和治黄事业进入崭新境界。

在 2024 年全国水利工作会议上，水利部部长李国英要求加快构建雨水情监测预报“三道防线”，积极推进测雨雷达组网建设，加密雨量站、水文站，推进新技术、新装备研发推广应用，提高各类水

作者简介：段雯（1991—），女，工程师，副科级，主要从事水文与水资源工作。

文测站的现代化测报能力。黄河水利委员会（简称黄委）主任祖雷鸣在全河工作会议上指出，流域水旱灾害防御形势依然严峻，水资源管理任务更加艰巨，水生态供给质效亟待提升。要推进流量、泥沙监测新技术、新装备应用，完善洪水、径流等水文预报模型，进一步延长洪水预见期、提高洪水预报精准度。这些要求无一不彰显新时期水利系统自上而下加快推进水文现代化建设的坚定决心。我们必须持续深入学习贯彻习近平总书记关于治水重要论述精神，准确把握面临的形势，按照党中央部署要求，水利部、黄委党组工作安排，加快发展水文新质生产力，为新阶段黄河流域水利高质量发展提供支撑和保障。

2.2 水文新质生产力发展的主要任务

习近平总书记明确提出，“必须把推进中国式现代化作为最大的政治”。推进中国式现代化，要把水资源问题考虑进去；中国式现代化，也包括水利现代化。保障黄河安澜无害、维护黄河健康生命、强化流域治理管理等，都需要通过发展水文新质生产力、建成现代化水文监测预报体系作为切入点和突破口。

水文工作是防汛抗旱、水资源管理、水生态环境保护的重要基础，直接关系人民生命财产安全和经济社会发展大局，必须加快发展新质生产力，以提高应对重大风险挑战的能力。一是聚焦高质量发展主题。立足黄河保护治理和流域高质量发展对水文提出的任务要求，把握水文现代化是新阶段水利高质量发展基础性、先行性工作定位，加快发展水文新质生产力，奋力实现水文现代化。二是注重统筹发展和安全。立足以高水平安全保障高质量发展要求，主动适应极端水旱灾害频发常态，着力提高极端情况风险预见和处置能力，主动防范化解风险，加快补齐水文监测预警短板，提升水旱灾害防御支撑能力。三是积极抢抓战略机遇。中央增发国债大力支持灾后恢复重建和提升防灾减灾救灾能力建设，水文基础设施建设是重要内容。要主动对接、积极作为，努力争取资源要素保障，多措并举加快发展水文新质生产力，把黄河水文现代化蓝图一步步变为美好现实，为以中国式现代化全面推进强国建设、民族复兴伟业作出水文贡献。

3 水文新质生产力发展的现状与问题

习近平总书记明确提出，“必须把坚持高质量发展作为新时代的硬道理”。黄委党组站位黄河流域水利高质量发展大局，提出流域水安全保障能力显著提升、水资源节约集约利用水平全国领先、河湖水生态健康稳定等“幸福河”奋斗目标。近年来，黄委水文局以习近平新时代中国特色社会主义思想为指导，深入学习贯彻习近平总书记关于治水重要论述精神，在黄委党组坚强领导下，锚定“幸福河”目标，凝心聚力、笃行实干，水文新质生产力发展取得积极成效，黄河水文高质量发展迈出坚实步伐。

当前，黄河水文新质生产力发展虽取得了一定成绩，但仍面临一些问题和挑战。如水文站网功能和布局还需完善，“三道防线”等重大项目建设刚刚起步，自动化监测水平有待提升，产汇流水文模型、洪水演进规律研究还需加强，数字孪生水文建设尚不能完全满足“四预”（预报、预警、预演、预案）要求，这些都需要我们共同努力加以解决。

4 加快发展水文新质生产力的思路与对策

4.1 不断完善流域水文站网布局

在水旱灾害防御方面，近年水旱灾害发生频率和强度明显增加，防御难度进一步加大，对水文测报提出更高要求，应补充完善流域防洪防凌重点河段、未控支流监测站网，积极推进古贤等水利枢纽配套水文站建设，提升水文监测服务覆盖范围；在水资源监测方面，优化完善省界断面、重要取退水口、饮用水水源地等监测站网布局，在地下水超采区、生态补水区等地区加密布设地下水监测站点，及时掌握流域、区域水资源信息，加强水资源监测分析评价，为水资源集约节约利用和统一调度管理提供决策支持；在水生态水环境监测方面，加强水质和水生态监测站点布设，补充省界、重要水源地水质监测断面，完善河流、湖库、湿地重要控制断面生态流量监测站网，着力健全水质水生态监测体系，为全面提升流域水安全保障能力和科学管理能力提供有力支撑。

4.2 全面提升水文现代化监测水平

加强先进技术和仪器设备投产应用，推动水文全要素、全量程、全时段在线监测。在降水、蒸发观测方面，加强固态降水观测仪器研发，推进称重式雨雪量计比测应用，加大冰期自动蒸发系统研发和比测应用力度，着力实现全年在线观测。在流量测验方面，推广走航式 ADCP+测深仪应用技术，拓展高含沙条件应用范围；通过测流槽（堰）建设及水位流量关系单值化分析，实现流量在线监测；加强技术交流、创新协作，开展无人机、雷达、视频测流等技术应用，配合测验断面冲淤变化等模型研发，提升高洪在线监测能力，突破在冲淤变化大的测站应用瓶颈；探索利用浅层剖面仪实现高含沙条件下在线测深技术，解决实测断面问题；进一步优化冰期流量在线监测技术，持续扩展应用范围。在泥沙测验方面，加强泥沙在线监测仪器在不同水沙条件下，特别是不同含沙量、颗粒级配环境下的比测应用，开展光电测沙仪输沙率测验研究，加快光电测沙仪推广应用和比测投产。在水文测报模式改革方面，分类推广“巡测优先、巡驻结合”测报管理模式，优化测验项目、测报频次、测验方式，深化测报模式改革，建成精兵高效的现代化测报体系。

4.3 持续增强基础研究和水文预测预报能力

不断完善流域、省区水文及有关部门之间信息共享机制，推进中小水库、堤防工程、淤地坝、橡胶坝等水利水保工程信息共享，扩展信息共享范围，为水文预测预报提供信息支撑。深入开展流域水沙基本规律研究，加强人类活动影响和变化环境下降雨径流、产汇流、洪水演进、漫滩洪水传播、冰凌生消等机制研究，深化水文情势变化、水资源承载能力等基础科研和分析评价，加强下垫面变化条件下产沙输沙规律研究，构建水文大模型，优化完善水文预报系统，不断强化“四预”措施，提高预测预报时效性和精准度。加强水工程联合调度的预测预报和水文分析计算，推进预报调度一体化，为流域水旱灾害防御、水资源统一管理等提供科学依据。

4.4 加快构建雨水情监测预报“三道防线”

李国英部长在现代化雨水情监测预报体系建设现场推进会上指出，要立足“一二三四”总体构建，锚定“延长洪水预见期与提高洪水预报精准度”有效统一目标，抓住硬件、软件“两项重点”，建设“三道防线”，支撑“四预”功能，加快构建现代化雨水情监测预报体系。要贯彻落实李国英部长要求，按照“应设尽设、应测尽测、应在线尽在线”的原则，加快完善“三道防线”，重点围绕流域防洪、水库调度等需求，扎实开展前期工作，多渠道争取投资，积极推进暴雨洪水集中来源区、山洪灾害易发区以及大型水库、重大引调水工程防洪影响区测雨雷达组网建设，开展精细网格点雨量监测、临近降雨预报、多源降雨监测数据与洪水预报系统耦合等应用技术研发，尽快补齐第一道防线短板；依据新修订的《水文站网规划技术导则》（SL/T 34—2023）等规范要求，高标准补充建设流域雨量站、水文站，构建布局合理、覆盖全面的雨量、水文监测站网，织密织牢第二、三道防线；加强产汇流水文模型、洪水演进水动力学模型和智能预报模型研究应用，努力实现云中雨、落地雨、本站洪水监测预报并延伸产汇流及洪水演进预报，努力实现“延长洪水预见期与提高洪水预报精准度”有效统一目标。

4.5 切实提升水文信息服务水平

深化“互联网+”水文融合，整合优化水文测验、存储、处理、整编、预测预报、分析评价和信息服务等各类业务系统，提升水文业务全流程自动化、智能化、精准化水平。以数字化场景、智慧化模拟、精准化决策为路径，利用大数据、云计算、地理信息系统等现代技术，着力深化数字孪生水文建设，开展典型区域数字地形和数字流场建设，逐步实现洪水过程模拟推演和数字流场映射，夯实水文数据底板，逐步扩大数字化场景应用范围，建设以“四预”为目标的水文数字孪生平台；推动水文业务系统与数字孪生平台融合，提高报汛自动化、整编在线化、预报实时化、分析评价智能化水平；强化基于数字孪生的水文预报模型研究，实现降水、气温、洪水、径流、凌情、泥沙预测分析以及风险预警等功能，提升“四预”支撑能力。

5 结论与展望

立足黄河保护治理任务要求，从支撑保障黄河流域生态保护和高质量发展重大国家战略高度，补短板、强基础、提能力，加快发展水文新质生产力，具有重要的现实意义。结合新时期黄河流域保护治理要求，以及水文新质生产力发展的形势与任务，深入分析水文新质生产力发展现状与问题，综合提出不断完善流域水文站网布局、全面提升水文现代化监测水平、持续增强基础研究和水文预测预报能力、加快构建雨水情监测预报“三道防线”、切实提升水文信息服务水平等一系列思路与对策，以期加快推进黄河流域水文现代化建设，为黄河保护治理和流域经济社会高质量发展提供坚实保障。

然而，发展水文新质生产力是一个长期而复杂的过程，需要各级领导的重视和支持，需要流域各单位、部门之间的密切配合和帮助。作为黄河水文人，我们义不容辞提高政治站位，扛牢职责使命，锚定“保障职工安全、提高测报效率、拓宽服务范围、建成数字孪生水文、支撑水利高质量发展”黄河水文现代化建设目标，加强前瞻思考、全局谋划、整体推进，同心同向、携手共进，加快发展水文新质生产力，倾力打造现代化水文监测预报体系，为推动新阶段流域水利高质量发展作出新的更大贡献！

参考文献

[1] 谷源泽. 黄河水文现代化发展思考与展望［J］. 人民黄河，2019，41（10）：16-19.

[2] 苏铁，杨国伟. 关于推进黄河水文现代化的思考与探索［J］. 中国水利，2023（2）：15-17，42.

[3] 王彩玲，郭新伟. 水文现代化在智慧水利中的重要作用［C］//河海大学，武汉大学，长江水利委员会网络与信息中心，等. 2023（第十一届）中国水利信息化技术论坛论文集，2023.

[4] 刘宁青. 浅谈水文在服务黄河流域生态保护和高质量发展的担当［C］//河海大学，西安理工大学，中国疏浚协会，等. 2021 第九届中国水生态大会论文集，2021.

库区深水河段采砂船功率与水深关系研究——以重庆合川区为例

李 俊[1] 杜 涛[1,2] 凌 旋[1] 冉啟香[1]

（1. 长江水利委员会水文局长江上游水文水资源勘测局，重庆 400020；
2. 长江水利委员会水文局，湖北武汉 430010）

摘 要：由于合川区渠江规划可采区河段均位于草街航电枢纽库区，涪江规划可采区位于渭沱、安居及富金坝电站库区，各规划可采区水深均较深，功率在 50 kW 以下的采砂船舶无法进行正常采砂作业，致使河道采砂工作难以正常开展。本次研究基于合川渠江、涪江、嘉陵江各规划可采区水文河道资料，总结了历年可采区开采相关情况，论述了近年来河道冲淤情况，计算了采砂船舶作业功率与水深的相关关系：现状条件下，船舶开采允许最大功率 50 kW 已经不能满足生产需求，最小作业水深条件下，青草坝—丹溪沟采区和棯堆—码头溪采区需要工作 456 d 和 273 d 才能采满规划的年采砂量，平均作业水深条件下，则需要工作 659 d 和 368 d 才能采满规划的年采砂量；在规划允许的最大开采时间 243 d 内，要采满规划采砂量，则渠江吸砂船最小开采功率应达到 135 kW；本文研究成果可为合川区河道采砂管理规划采砂船舶开采功率与水深的关系论证奠定坚实的基础，同时也可为后期修订《重庆市河道采砂管理办法》提供技术参考依据。

关键词：采砂区；采砂船功率；库区；采砂规划

1 研究背景

为了维护河势稳定，保障防洪、航道、采砂安全，切实贯彻水利部 2010 年 1 月 13 日召开的“全国江河重要河道采砂管理规划编制工作会议”精神，重庆市水利局分别于 2010 年 4 月、2016 年 9 月开展了《重庆市重要河道采砂规划（2011—2015）》《重庆市重要河道采砂规划（2016—2020）》编制工作。为保持规划对河道采砂管理工作控制和指导的连续性，以保护河势稳定、生态平衡为目的，重庆市水利局于 2019 年底启动了《重庆市重要河道采砂管理规划（2021—2025）》编制工作，规划范围为嘉陵江、乌江及其他跨区县（自治县）河流，并于 2021 年 4 月下发执行。2020 年 6 月，合川区水利局启动了境内非跨区县河流渠江干流的采砂规划编制工作，于 2021 年 5 月完成《重庆市合川区渠江采砂管理规划（2021—2025 年）》并下发执行。两个规划报告对涪江、渠江合川段可采区的年度控制数量、年度控制开采量、作业方式、开采设备、禁采期和采砂管理能力建设提出了明确的规划意见。《重庆市河道采砂管理办法》对涪江、渠江采砂船功率限制不得超过 50 kW，由于合川区渠江规划可采区河段均位于草街航电枢纽库区，涪江规划可采区位于渭沱、安居及富金坝电站库区，各规划采区水深均较深，功率在 50 kW 以下的采砂船舶无法进行正常采砂作业，致使河道采砂工作难以正常开展。

为进一步规范和促进合川区河道采砂活动的开展，急需开展合川区河道采砂船舶开采功率与水深的关系论证，研究提高合川渠江、涪江采砂船舶作业功率限制条件的必要性和可行性，以恢复合川区

基金项目：长江水科学研究联合基金（U2240201）。
作者简介：李俊（1983—），男，高级工程师，主要从事河道演变与泥沙输移研究、水文分析与技术管理工作。
通信作者：杜涛（1988—），男，高级工程师，主要从事水文分析与计算等方面的研究工作。

采砂作业，缓解合川区砂石市场保供压力。本次研究基于合川渠江、涪江、嘉陵江各规划可采区水文河道资料，总结了历年可采区开采相关情况，论述了近年来河道冲淤情况，计算了采砂船舶作业功率与水深的相关关系，为合川区河道采砂管理规划采砂船舶开采功率与水深的关系论证奠定了坚实的基础，同时也可为后期修订《重庆市河道采砂管理办法》提供技术参考依据。

2 采区基本情况

2.1 涪江河段

由于上游干支流梯级电站的开发利用，水库拦蓄了大量的泥沙，使得下泄水流中含沙量大幅减少，致使涪江干流合川区河段泥沙补给量减少，吸沙船开采困难，但涪江干流合川区河段的砂石储量资源较丰富，查勘调查中也发现河段内采砂船几乎全部为挖石船，吸砂船几乎没有，合川河段采砂区主要分布在碛坝边滩区域，共划分了 6 个可采区（见图 1），采区名称为长流坝采区、太和—小河采区、二郎滩—胡家坝采区、龙王坨—曾家坝采区、回龙嘴—齐心坝采区、草坝场采区。

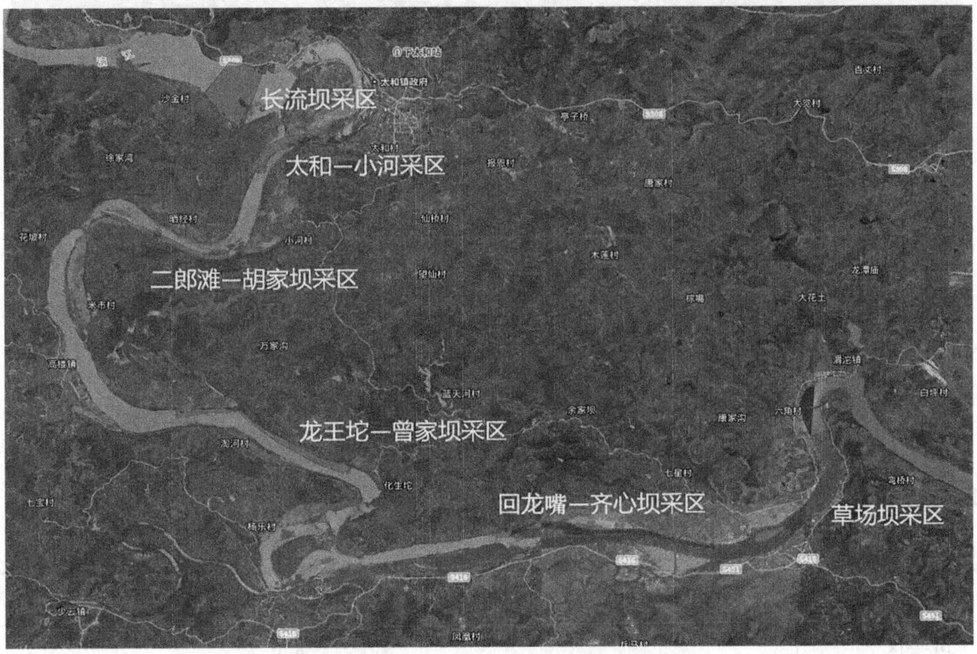

图 1 涪江干流合川河段可采区分布图

2.2 渠江河段

渠江干流合川区河段的砂石储量资源较丰富，采砂种类主要为卵石，合川河段采砂区主要分布在碛坝边滩区域，共划分了 10 个可采区（见图 2），采区名称为青草坝—丹溪沟采区、青杠坪采区、检堆—码头溪采区、弯道岩—检堆采区、涞滩—双槐采区、小沔—涞滩采区、大沔—小沔采区、代鳌溪采区、金滩—沙湾采区和木马沱—白沙坝采区。

3 采区河床组成情况

3.1 涪江河段

3.1.1 采砂采区

（1）泥沙组成。

根据《重庆市重要河道采砂管理规划（2021—2025 年）》，河段内采区泥沙组成分布见表 1。

（2）沙砾石粒径划分。

依据《实用建筑施工手册》、《水利水电工程天然建筑材料勘察规程》（SL 251—2015）、《建设用砂》（GB/T 14684—2022）以及市场建筑用沙砾石标准，0.3~5.0 mm 粒径的为沙，粒径>5.0 mm 粒

图 2　渠江干流合川河段可采区分布图

径的砂为卵石。

表 1　涪江干流合川河段（采砂采区）泥沙组成分布

序号	可采区	小于某粒径沙重百分数/%						
		粒径级/mm						
		0.075	0.125	0.25	0.3	0.5	1	2
1	长流坝	2.28	3.8	12.5	16.0	30	99.6	100
2	太和—小河	1.74	2.9	8.0	10.0	18.1	93.25	100
3	二郎滩—胡家坝	1.5	2.5	3.7	4.2	6.2	86.9	100
4	龙王坨—曾家坝	1.68	2.8	7.7	9.6	17.4	98.9	100
5	回龙嘴—齐心坝	1.32	2.2	6.3	7.9	14.4	98.1	100
6	草坝场	1.5	2.5	5.9	7.3	12.8	97.3	100

（3）可采区容重分布。

泥沙容重是反映泥沙重力特性的重要物理指标，是研究泥沙淤积的重要参数，是泥沙体积和重量进行换算的重要参数。由于水库淤积泥沙的容重和天然河道的不一样，水库泥沙容重常常会有很大的变化范围，从卵石、砾的容重 2.2 t/m^3 到黏土初期淤积物的 0.3 t/m^3 左右，且泥沙容重和泥沙粒径、淤积时间、密实程度等有密切联系，导致水库泥沙容重不好确定。韩其为院士在《水库淤积》一书中对淤积泥沙的容重进行了深刻的阐述，并从理论上推导出了水库淤积初期容重计算公式。

对于细颗粒泥沙，韩其为院士提出了水库细沙淤积容重计算公式：

$$\gamma'_0 = 0.523\left(\frac{D}{D+4\delta_1}\right)^3 \gamma_s \tag{1}$$

式中：γ'_0为初期容重，t/m³；D为淤积物粒径，mm；γ_s为泥沙容重，此处取2.65 t/m³；δ_1为薄膜水厚度，$\delta_1 = 0.000\ 4$ mm。

$$\gamma'_0 = 1.88 - 0.472\exp\left(-0.095\frac{D-1}{1}\right) \tag{2}$$

式中：γ'_0为初期容重，t/m³；D为淤积物粒径，mm。

由泥沙容重计算公式计算得到各可采区的淤积物容重见表2。

表2 涪江干流合川河段（采砂采区）淤积物容重统计

可采区	中值粒径 D_{50}/mm	平均粒径 $D_{平均}$/mm	容重/(t/m³)
长流坝	0.141	0.156	1.34
太和—小河	0.149	0.238	1.36
二郎滩—胡家坝	0.157	0.320	1.37
龙王坨—曾家坝	0.170	0.178	1.35
回龙嘴—齐心坝	0.164	0.189	1.35
草坝场	0.169	0.195	1.35

3.1.2 卵石采区

根据《重庆市重要河道采砂管理规划（2021—2025年）》，河段内卵石采区泥沙组成分布见表3，由泥沙组成确定采区泥沙可用于砂石资料的比重，见表4。

表3 涪江干流合川河段（卵石采区）床沙粒径分析成果

可采区	小于某粒径沙重百分数/%													
	粒径级/mm													
	0.075	0.125	0.25	0.3	0.5	1	2	5	8	16	32	64	128	250
长流坝	0.36	1	5.8	6.04	7	7.2	7.6	9.25	10.9	16.7	26.8	45.9	98.1	100
二郎滩—胡家坝	0.02	0.1	0.5	0.92	2.6	3.7	7.8	9.65	10.4	22.6	27.2	52.9	97.4	100
草坝场	0.14	0.7	3.2	3.46	4.5	4.9	9.6	14.075	18.8	26.9	48.5	97.5	98.2	100

表4 涪江干流合川河段（卵石采区）容重统计

可采区	中值粒径 D_{50}/mm	平均粒径 $D_{平均}$/mm	容重/(t/m³)
长流坝	66.1	58.8	1.88
二郎滩—胡家坝	93.1	78.6	1.88
草坝场	69.4	58.2	1.88

3.2 渠江河段

3.2.1 采砂采区

根据《重庆市重要河道采砂管理规划（2021—2025年）》，河段内可采区泥沙组成分布见表5。

表 5　渠江干流合川河段（采砂采区）床沙粒径分析成果

序号	可采区	小于某粒径沙重百分数/%							
		粒径级/mm							
		0.062	0.125	0.15	0.25	0.3	0.5	1	2
1	青草坝—丹溪沟	0	21.1	31.4	72.6	77.8	98.5	99.8	100
2	青杠坪	4.4	26.6	40.72	97.2	97.7	99.9	100	
3	桤堆—码头溪	0.3	17.5	33.8	99	99.2	100		
4	弯道岩—桤堆	0	20.5	28.52	60.6	68.2	98.5	99.6	100
5	涞滩—双槐	0.4	24.9	39.9	99.9	99.9	100		
6	小沔—涞滩	0	18.7	29.28	71.6	73.2	79.4	98.9	100
7	大沔—小沔	0.9	13.1	26.68	81	84.7	99.3	99.8	100
8	代鳌溪	0.1	11.4	24.3	75.9	80.4	98.4	99.8	100
9	金滩—沙湾	0.8	24.2	39.3	99.7	99.8	100		
10	木马沱—白沙坝	5.1	24.6	36.92	86.2	88.8	99.2	99.9	100

渠江采区沙砾石粒径划分与涪江采区一致。

可采区容重分布计算同样采用韩其为院士的水库细沙淤积容重计算公式，结果见表 6。

表 6　渠江干流合川河段（采砂采区）淤积物容重统计

序号	可采区	中值粒径 D_{50}/mm	平均粒径 $D_{平均}$/mm	容重/(t/m^3)
1	青草坝—丹溪沟	0.184	0.210	1.35
2	青杠坪	0.147	0.157	1.34
3	桤堆—码头溪	0.140	0.173	1.34
4	弯道岩—桤堆	0.219	0.219	1.36
5	涞滩—双槐	0.154	0.157	1.34
6	小沔—涞滩	0.191	0.283	1.36
7	大沔—小沔	0.198	0.194	1.35
8	代鳌溪	0.191	0.212	1.35
9	金滩—沙湾	0.141	0.158	1.34
10	木马沱—白沙坝	0.165	0.177	1.35

3.2.2　卵石采区

根据《重庆市合川区渠江采砂管理规划（2021—2025 年）》，河段内卵石采区泥沙组成分布见表 7；由泥沙组成确定采区泥沙可用于砂石资料的比重，见表 8。

表 7　渠江干流合川河段（卵石采区）床沙粒径分析成果

可采区	小于某粒径沙重百分数/%														
	粒径级/mm														
	0.075	0.125	0.15	0.25	0.3	0.5	1	2	5	8	16	32	64	128	250
青草坝—丹溪沟	0.4	1.6	3.06	8.9	9.16	10.2	11.5	18.9	24.1	24.9	36.4	49.7	95.4	100	
棯堆—码头溪	0.5	1.5	2.52	6.6	7.2	9.9	11.9	17.9	25.7	27.9	34.4	45.2	79.8	99.7	100

表 8　渠江干流合川河段（卵石采区）容重统计

可采区	中值粒径 D_{50}/mm	平均粒径 $D_{平均}$/mm	容重/(t/m^3)
青草坝—丹溪沟	32.1	28	1.84
棯堆—码头溪	37.1	35.7	1.86

4　泵吸式采砂船舶开采功率需求分析

根据《重庆市河道采砂管理办法》第十六条规定，渠江和涪江采砂船舶采砂设备功率不得超过 50 kW。以采砂设备功率 50 kW 计算，求得各采区采满年允许采砂量所需时间，若所需时间在允许开采时间范围内，说明采砂设备功率 50 kW 满足采砂作业需求，反之，则需要增大开采功率，以满足采砂作业需求。结合实际情况，涪江河段采砂船都是挖砂船，没有吸砂船，因此泵吸式采砂船舶开采功率研究对象为渠江可采区。

4.1　模型的基本原理

抽砂泵功率计算公式：

$$P = N \times K \tag{3}$$

$$N = \gamma_1 \times g \times Q \times H/\eta \tag{4}$$

由此可得：

$$Q = P \times \eta/(\gamma_1 \times g \times H \times K) \tag{5}$$

$$h = W/(Q \times \gamma_2) \tag{6}$$

式中：P 为抽砂泵功率，kW；N 为轴功率，kW；K 为安全系数，采砂船一般取 2；γ_1 为浆液密度，t/m^3；γ_2 为泥沙容重，t/m^3；g 为重力加速度，g=9.8 m/s^2；Q 为抽取流量，m^3/h；H 为扬程，m；η 为泵效率，经验值为 50%~70%；h 为开采允许可采砂量所需时间，h；W 为可采区允许可采砂量，t。

4.2　基本参数的确定

4.2.1　泥沙容重

泥沙容重是反映泥沙重力特性的重要物理指标，是泥沙体积和重量进行换算的重要参数。根据《重庆市合川区渠江采砂管理规划（2021—2025 年）》，采区泥沙容重在 1.34~1.37 t/m^3，卵石采区容重在 1.84~1.88 t/m^3，卵石采区综合泥沙容重为 1.60 t/m^3。结合前文采区河床组成分析，各采区容重见表 9。

表 9　采砂采区淤积物容重统计

可采区	容重/(t/m³)	采砂类型
青草坝—丹溪沟采区	1.60	卵石、砂
青杠坪	1.34	砂
桧堆—码头溪	1.60	卵石、砂
弯道岩—桧堆	1.36	砂
涞滩—双槐	1.34	砂
小沔—涞滩	1.36	砂
大沔—小沔	1.35	砂
代鳌溪	1.35	砂
金滩—沙湾	1.34	砂
木马沱—白沙坝	1.35	砂

4.2.2　扬程计算

$$作业水深=水位-河床高程+开采深度 \tag{7}$$

$$扬程=作业水深+船舶高度 \tag{8}$$

根据《2014 年涪江合川区段河道管理范围划界报告》，可知草街电站正常蓄水位 203.00 m，渠江各可采区在草街电站库区，最低水位高程按草街电站正常蓄水位控制。当汛期洪水超警戒水位时禁止采砂作业，因此采砂工作时的最高水位为警戒水位。根据合川区城镇警戒水位，插补求得采区警戒水位。同时，规划规定，采区年度淤沙量控制开采厚度为 0.2~0.3 m，卵石控制开采厚度即历史储量厚度为 2.6~3.0 m。通过正常蓄水位和警戒水位，求得最小作业水深和最大作业水深，同时考虑采砂船舶高度，即求得采砂扬程高度，结果见表 10。

4.2.3　泵的效率

市面上不同型号抽砂泵的效率见表 11，最高效率在 58%~73%，综合考虑，本次分析报告采用泵的效率为 65%。

4.2.4　作业时间

1—2 月、10—12 月作业时间为 07：00—18：00，7—9 月为 07：00~20：00，每天作业时间取均值 12 h。

4.3　船舶开采功率需求分析成果

按最小水深考虑（草街电站正常蓄水位 203 m），采区作业水深 13~18 m，抽砂扬程在 18~23 m，采砂船舶开采功率为 50 kW 时，船舶生产效率在 42~59 t/h，青草坝—丹溪沟采区和桧堆—码头溪采区则需要工作 456 d 和 273 d 才能采满规划的年采砂量。计算成果见表 12。

通常情况下，采区作业水深 20~24 m，抽砂扬程在 25~29 m，，采砂船舶开采功率为 50 kW 时，船舶生产效率在 34~41 t/h，青草坝—丹溪沟采区和桧堆—码头溪采区则需要工作 659 d 和 368 d 才能采满规划的年采砂量。计算成果见表 13。

由此可见，船舶开采功率为 50 kW 时已经不能满足生产需求。

规划最大开采天数为 243 d，如果要满足生产需求，反推最小开采功率为 135 kW，分析成果见表 14、表 15。

表 10　可采区扬程计算

单位：m

可采区	可采区河底高程	可采区平均河床高程	最低水位高程	警戒水位高程	控制开采深度	最小作业水深	最大作业水深	平均作业水深	船舶高度	最小扬程	最大扬程	平均扬程
青草坝—丹溪沟	175~205	192.0	203.0	220.0	3.0	14.0	31.0	22.5	5.0	19.0	36.0	27.5
青杠坪	170~200	190.0	203.0	219.0	0.3	13.3	29.3	21.3	5.0	18.3	34.3	26.3
梌堆—码头溪	182~205	190.0	203.0	217.4	2.6	15.6	30.0	22.8	5.0	20.6	35.0	27.8
弯道岩—梌堆	185~200	190.0	203.0	216.5	0.3	13.3	26.8	20.1	5.0	18.3	31.8	25.1
涞滩—双槐	170~200	190.0	203.0	216.0	0.3	13.3	26.3	19.8	5.0	18.3	31.3	24.8
小沔—涞滩	185~200	190.0	203.0	215.7	0.3	13.3	26.0	19.7	5.0	18.3	31.0	24.7
大沔—小沔	185~200	190.0	203.0	215.7	0.3	13.3	26.0	19.7	5.0	18.3	31.0	24.7
代鳌溪	185~200	188.0	203.0	215.7	0.3	15.3	28.0	21.7	5.0	20.3	33.0	26.7
金滩—沙湾	180~200	187.0	203.0	214.5	0.3	16.3	27.8	22.1	5.0	21.3	32.8	27.1
木马沱—白沙坝	175~200	185.0	203.0	214.0	0.3	18.3	29.3	23.8	5.0	23.3	34.3	28.8

表 11　不同型号抽砂泵效率

型号	允许配带最大功率 P/kW	流量 Q/(m^3/h)	扬程 H/m	转速 n/(r/min)	最高效率 η/%	汽蚀余量 NPSH/m	叶轮直径 D/mm
6/4D-G	4~60	36~250	5~52	600~1 400	58	2~5.5	378
8/6E-G	15~120	126~576	6~45	600~1 400	60	3~4.5	391
10/8S-G	30~560	216~936	8~52	500~1 000	65	3~7.5	533
10/8S-GH	45~560	180~1 100	24~80	500~950	72	2.5~5	711
10/8F-G	15~560	216~936	8~52	400~800	65	3~7.5	533
12/10F-G	600	360~1 440	10~60	350~700	65	1.5~4.5	667
12/10G-G	600	360~1 440	8~60	400~800	65	1.5~4.5	667
12/10G-GH	600	360~1 580	16~80	350~700	73	2~10	950
14/12G-G	600	576~2 808	14~45	300~700	68	2~8	864
16/14G-G	1 200	720~3 600	18~45	300~500	70	3~9	1 016
18/16G-G	1 200	720~4 320	12~48	250~500	72	3~6	1 067

表 12　渠江可采区吸砂船采砂效率成果分析（$P=50$ kW，最小水深作业时）

可采区	泥沙容重/(t/m^3)	砂浆密度/(t/m^3)	最小扬程/m	砂浆流量/(m^3/h)	生产效率/(t/h)	规划年采砂量/(万 t/a)	采砂船数量/艘	工作天数/d
青草坝—丹溪沟	1.60	1.09	19.0	288	59	64.3	2	456
青杠坪	1.34	1.05	18.3	310	53	1.8	2	14
检堆—码头溪	1.60	1.09	20.6	266	54	35.5	2	273
弯道岩—检堆	1.36	1.05	18.3	309	54	4.5	2	35
涞滩—双槐	1.34	1.05	18.3	310	53	4.6	2	36
小沔—涞滩	1.36	1.05	18.3	309	54	2	2	16
大沔—小沔	1.35	1.05	18.3	310	53	4.8	2	37
代鳌溪	1.35	1.05	20.3	279	48	1.4	2	12
金滩—沙湾	1.34	1.05	21.3	267	46	5	2	46
木马沱—白沙坝	1.35	1.05	23.3	243	42	3.4	2	34

表 13　渠江可采区吸砂船采砂效率成果分析（$P=50$ kW，平均水深作业时）

可采区	泥沙容重/(t/m^3)	砂浆密度/(t/m^3)	最小扬程/m	砂浆流量/(m^3/h)	生产效率/(t/h)	规划年采砂量/(万 t/a)	采砂船数量/艘	工作天数/d
青草坝—丹溪沟	1.60	1.09	27.5	199	41	64.3	2	659
青杠坪	1.34	1.05	26.3	216	37	1.8	2	20
检堆—码头溪	1.60	1.09	27.8	197	40	35.5	2	368
弯道岩—检堆	1.36	1.05	25.1	226	39	4.5	2	48
涞滩—双槐	1.34	1.05	24.8	229	39	4.6	2	49
小沔—涞滩	1.36	1.05	24.7	230	40	2	2	21
大沔—小沔	1.35	1.05	24.7	230	40	4.8	2	51
代鳌溪	1.35	1.05	26.7	213	37	1.4	2	16
金滩—沙湾	1.34	1.05	27.1	210	36	5	2	58
木马沱—白沙坝	1.35	1.05	28.8	197	34	3.4	2	42

表 14　渠江可采区吸砂船采砂效率成果分析（$P=135$ kW，最小水深作业时）

可采区	泥沙容重/（t/m^3）	砂浆密度/（t/m^3）	最小扬程/m	砂浆流量/（m^3/h）	生产效率/（t/h）	规划年采砂量/（万 t/a）	采砂船数量/艘	工作天数/d
青草坝—丹溪沟	1.60	1.09	19.0	778	159	64.3	2	169
青杠坪	1.34	1.05	18.3	838	143	1.8	2	5
棯堆—码头溪	1.60	1.09	20.6	718	146	35.5	2	101
弯道岩—棯堆	1.36	1.05	18.3	836	145	4.5	2	13
涞滩—双槐	1.34	1.05	18.3	838	143	4.6	2	13
小沔—涞滩	1.36	1.05	18.3	836	145	2	2	6
大沔—小沔	1.35	1.05	18.3	837	144	4.8	2	14
代鳌溪	1.35	1.05	20.3	754	130	1.4	2	4
金滩—沙湾	1.34	1.05	21.3	720	123	5	2	17
木马沱—白沙坝	1.35	1.05	23.3	657	113	3.4	2	13

表 15　渠江可采区吸砂船采砂效率成果分析（$P=135$ kW，平均水深作业时）

可采区	泥沙容重/（t/m^3）	砂浆密度/（t/m^3）	最小扬程/m	砂浆流量/（m^3/h）	生产效率/（t/h）	规划年采砂量/（万 t/a）	采砂船数量/艘	工作天数/d
青草坝—丹溪沟	1.60	1.09	27.5	538	110	64.3	2	243
青杠坪	1.34	1.05	26.3	583	100	1.8	2	8
棯堆—码头溪	1.60	1.09	27.8	532	109	35.5	2	136
弯道岩—棯堆	1.36	1.05	25.1	610	106	4.5	2	18
涞滩—双槐	1.34	1.05	24.8	618	106	4.6	2	18
小沔—涞滩	1.36	1.05	24.7	620	108	2	2	8
大沔—小沔	1.35	1.05	24.7	621	107	4.8	2	19
代鳌溪	1.35	1.05	26.7	575	99	1.4	2	6
金滩—沙湾	1.34	1.05	27.1	567	97	5	2	22
木马沱—白沙坝	1.35	1.05	28.8	532	92	3.4	2	15

5 结论

由于合川区渠江规划可采区河段均位于草街航电枢纽库区，涪江规划可采区位于渭沱、安居及富金坝电站库区，各规划可采区水深均较深，功率在 50 kW 以下的采砂船舶无法进行正常采砂作业，致使河道采砂工作难以正常开展。本次研究基于合川渠江、涪江、嘉陵江各规划可采区水文河道资料，总结了历年可采区开采相关情况，论述了近年来河道冲淤情况，计算了采砂船舶作业功率与水深的相关关系，为合川区河道采砂管理规划采砂船舶开采功率与水深的关系论证报告的编制奠定坚实的基础，同时也可为后期修订《重庆市河道采砂管理办法》提供技术参考依据。主要结论如下：

（1）现状条件下，船舶开采允许最大功率 50 kW 已经不能满足生产需求，最小作业水深条件下，青草坝—丹溪沟采区和棯堆—码头溪采区需要工作 456 d 和 273 d 才能采满规划的年采砂量，平均作业水深条件下，则需要工作 659 d 和 368 d 才能采满规划的年采砂量。

（2）在规划允许的最大开采时间 243 d 内，要采满规划采砂量，则渠江吸砂船最小开采功率应达到 135 kW。

（3）本次研究成果可为合川区河道采砂管理规划采砂船舶开采功率与水深的关系论证奠定坚实的基础，同时也可为后期修订《重庆市河道采砂管理办法》提供技术参考依据。

参考文献

[1] 彭万兵，凌旋，平妍容，等．重庆市重要河道采砂管理规划（2021—2025）[R]．长江水利委员会水文局长江上游水文水资源勘测局，2020.

[2] 重庆市人民政府．重庆市河道采砂管理办法：重庆市人民政府第 310 号 [A]．(2016-12-23)

[3]《实用建筑施工手册》编写组．实用建筑施工手册 [M]．2 版．北京：中国建筑工业出版社，2005.

[4] 中华人民共和国水利部．水利水电工程天然建筑材料勘察规程：SL 251—2015 [S]．北京：中国水利水电出版社，2015.

[5] 中国建筑材料联合会．建设用砂：GB/T 14684—2022 [S]．北京：中国标准出版社，2022.

[6] 韩其为．水库淤积 [M]．北京：科学出版社，2003.

侵蚀沟起始发育的地形阈值模型研究进展及展望

高钰淏[1]　张文杰[1]　杨　雪[2]　杨　晶[1]　蔡道明[1]

（1. 长江水利委员会长江科学院水土保持研究所，湖北武汉　430000；
2. 湖北省水利水电规划勘测设计院有限公司，湖北武汉　430000）

摘　要：沟道侵蚀是当前土壤侵蚀研究领域所关注的热点和难点。在侵蚀沟发育风险评价的研究中，可以预测沟头产生风险的地形阈值模型，使用简单且科学原理清楚，十分适合作为新时代智慧水土保持建设的底层算法模型进行开发。地形阈值模型使用汇水面积（A）与沟头局部坡度（S）之间的定量关系界定了侵蚀沟起始发育的临界阈值（$SA^b>k$）。本文首先梳理了该模型的发展历程，随后重点介绍了模型机制、物理意义和研究方法，分析了模型存在的问题，最后对模型的应用与改进方向提出展望，以期进一步推动侵蚀沟产生临界条件的研究，为侵蚀沟科学防治提供依据。

关键词：沟头；侵蚀沟发育；临界条件；风险评估

1　引言

土壤侵蚀是全世界土壤退化的主要原因，土壤退化会降低土壤肥力，导致农作物产量降低，并且侵蚀泥沙被搬运至下游河道、水库沉积时会严重影响当地水质和生态。沟道侵蚀是土壤侵蚀的主要驱动因素之一，当沟道产生时土壤流失会大幅加剧。有研究发现浅沟侵蚀造成的侵蚀量占总土壤侵蚀量的比例最高，可达到97%，而切沟侵蚀造成的土壤流失量甚至大大超过在农用地中可观测到的土壤流失量[1]。沟道侵蚀是我国水土保持工作中最薄弱的环节之一，因此科学地评估侵蚀沟发育的风险，从而进行针对性防治是亟待解决的技术难题。

沟头是坡面产生侵蚀沟的重要转折点和起始点，在这个起始点上水流剪切力达到了侵蚀阈值，使水流开始下切坡面。坡面侵蚀的侵蚀量在沟头处会显著增加，使得沟道内输沙量远大于坡面输沙量。此外，沟头代表着在特定降雨强度和其他边界条件（如土地利用、植被覆盖和土壤类型）下，侵蚀沟在短时间内无法继续向上扩张的位置。换言之，沟头是沟道侵蚀和沟道内水流集中的上游极限[2]。因此，沟头的发育与侵蚀沟的区域密度紧密相关，确定沟头形成的位置对于研究侵蚀沟发育至关重要。为研究沟头的起始条件，前人提出过两种理论进行研究，即地形拐点理论和地形阈值（亦称临界）理论。地形拐点理论认为沟头一般会产生在坡面突然发生局部地形变化的转折处，如凸起或凹陷等，然而后续研究中发现此理论与很多实际观测情况不符，不能完全揭示沟头的产生条件[3]。后来基于沟蚀临界坡长概念[4]发展而来的地形阈值理论则认为，沟头产生是径流输移力大于土壤临界抗侵蚀能力的结果，即产生沟头位置的径流输移力必须满足一定的阈值才能使沟头产生[5-6]。经过多年发展，“地形阈值模型”的概念已成为描述沟头产生临界地形条件的一种最常用手段。地形阈值模型的优势在于可以在流域尺度上直观地反映每个地点的沟头发育潜力，在全球范围内被广泛使用[7-10]。目前国内这方面的研究依然较薄弱，仅部分学者对地形阈值模型进行了初步的应用，但对地形阈值模型的认识和使用还不够全面。为此，笔者从地形阈值模型的意义与应用方面对当前的相关研究成果进行了总结，并据此对今后地形阈值模型研究的重点进行展望，以期抛砖引玉，为相关地形阈

作者简介：高钰淏（1994—），男，博士研究生，研究方向为土壤侵蚀。
通信作者：蔡道明（1983—），男，高级工程师，主要从事水土保持工作。

值模型研究提供参考。

2 地形阈值模型的发展历程

地形阈值理论有多种表现形式，目前主流的研究逐渐倾向于用统一的“汇水面积-坡度”反比关系模型来表达沟头发生的地形阈值[11-12]。有学者经过对全球 39 篇论文所报告的沟头汇水面积和坡度数据的严谨分析，并从物理模型推导的角度验证了地形阈值模型的正确性[13]：

$$SA^b \geqslant k \tag{1}$$

式中：S 为沟头附近原始坡面的坡度，代表水流动力强弱；A 为沟头汇水面积，代表着该点位暴雨期间的径流量大小；b 为控制汇水面积影响程度的指数；k 为地形阈值，又称临界常数，理论上表示侵蚀沟发育的阻力和影响侵蚀沟发生的环境条件。

地形阈值概念最早由 Horton 等[14] 提出，他认为侵蚀沟只发生在水流剪切力超过土壤抗侵蚀能力的地方。之后学者们在此基础上提出沟头是坡面侵蚀转变为沟道侵蚀的重要过渡点的观点[15]。几年后 Patton 等[16] 提出以“集中的地表径流应产生超过临界值的水流剪应力才会产生沟道”这个理论为基础将沟道侵蚀建模为一个阈值过程，并给出一个假设：在坡面上每一个给定的坡度都有一个对应的临界汇水面积以产生沟头。Montgomery 等[5] 发现缓坡侵蚀沟和陡坡侵蚀沟的 S-A 关系是不同的，并从理论上研究了陡坡崩塌和缓坡超蓄产流、超渗产流和壤中流导致的侵蚀沟发生的临界条件。地形阈值理论经过多年发展最终由 Vandaele 等[17] 总结为沟头 S 和 A 之间的表达式：$SA^b=k$。之后研究者们开始使用并验证这个模型，Kirkby 等[18] 研究表明由地表径流引起的土壤流失量预测方程与沟头位置的地形阈值方程的 S-A 关系是一致的。Julian 等[19] 对比不同地形因子与沟头汇水面积的相关性后发现 S 和 A 之间相关性最好。近年来地形阈值模型在世界各地被大量使用，如 Croke 等[20] 使用地形阈值模型成功评估道路排水口的侵蚀沟发育潜力，并提出道路的汇水面积和道路排水口的局部坡度是解释道路排水口侵蚀沟发生风险的最重要参数；Momm 等[11] 在美国的农田中使用地形阈值模型识别农田的侵蚀沟发育风险区；Makanzu Imwangana 等[21] 使用地形阈值模型预测了非洲城市中的巨型侵蚀沟的形成；Sheshukov 等[7] 使用四种地形阈值模型在美国两个农田小流域中成功预测出了侵蚀沟的位置，预测精度最高达 70%。

在我国黑土区地形阈值模型也被广泛成功使用[22]。胡刚等[23] 建立了东北漫川漫岗黑土区以及黄土高原丘陵沟壑区的切沟地形阈值模型。丁晓斌等[24] 构建了适用于黄土高原子午岭地区的切沟地形阈值模型，预测误差仅为 5%。李天奇[22]基于地形阈值模型参数证明了黑土区切沟沟头的产生存在壤中流的影响。目前，国内仅部分学者对地形阈值模型进行了初步的应用，对模型的校正和使用方法带来的误差考虑较少，对地形阈值模型的认识和使用还不够全面。

3 地形阈值模型机制

地形阈值模型的机制及参数代表的科学含义一直是学者们探讨的热点。通过测量一个区域内沟头的 S 和 A，并从这些数据中得出相应的临界常数 k 值和面积指数 b 值，人们可以深入了解沟头形成时的土地利用状况。

临界常数 k 值的变化可以表示侵蚀沟形成时的环境影响。Patton 等[16] 指出在地质、土壤、气候和植被不同的情况下会产生不同的临界常数（k）。Montgomery 等[25] 调查了陡坡上浅层滑坡、壤中流产生的沟头及缓坡上饱和地表径流产生沟头的数据，扩展了由不同过程导致沟头形成的 S-A 的关系。之后多位学者对地形阈值的研究结果表明，耕地、牧场、草原、森林的 k 值是依次递增的，而面积指数 b 值不随土地利用的变化而变化[17,26-27]。并且土壤质地从黏到砂，k 值也会随之减小，表明 k 值与土壤抗侵蚀能力有重要联系[28]。Knapen 等[29] 将 k 值与土壤临界抗剪强度、土壤可蚀性等土壤性质进行关联性分析，发现 k 值随土壤临界抗剪强度的升高而升高，且具有良好的关联性。同时，他还发现土壤可蚀性与 k 之间的关联性较差，可能是由于土壤临界抗剪强度由土壤表面状态决定，而土壤可蚀性则受深层土壤特性控制。

面积指数 b 代表当地水力作用的强度，而它的变化可以表示侵蚀沟形成的主要过程。Montgomery 等[25] 推导了多种侵蚀机制下的地形阈值关系，指出 b 值的取值范围在-0.857~0.5。b 值为 0.2~0.4 时，通常对应于超渗产流为主导过程的情况[17]。而 b 值较低甚至为负值时，则表示其他过程的影响，例如壤中流导致的回归流、管道侵蚀和浅层滑坡[26,20]。Torri 等[13] 通过理论模型推算出 b 值在地表径流影响的情况下，可能可以用常数表示（$b=0.38$ 或 0.5），b 值固定时可以由土壤性质（NRCS-CN 值、地表石砾覆盖度）和植被覆盖预估临界常数（k）。另外 S-A 之间没有明确的关系也可能表明侵蚀沟形成时遭到了强烈的人为干扰[21]。

地形阈值模型刚被提出时是基于统计学原理的经验模型，但在之后的多年探索中，研究者从发育机制角度对其进行多次理论推导，赋予了它更深层次的科学意义。以下仅列出两个地形阈值模型的理论推导结果。

第一个理论推导为 Istanbulluoglu 等[31] 提出的，他从土壤中值粒径、地表粗糙度和过量降雨量的角度发现地形阈值模型符合侵蚀沟产生机制。

$$SA^b \geqslant k = \left(\frac{\tau_c}{\rho_w g^{1.5} r^m (n_a + n_b)^{-0.9}}\right)^{n/m} \tag{2}$$

式中：ρ_w 为水的密度；g 为重力加速度；n_b 为曼宁裸土糙率系数；n_a 为由于植被、障碍物和表面不平整而产生的附加糙率[32]；τ_c 为临界剪应力；r 为净产流速率（降雨量减去蒸发量和入渗量），又称为过量降雨量；m 和 n 为常数（$m=0.6$，$n=0.7$）。

Torri 等[13] 从地表径流剪切力与土壤临界抗剪强度的角度对地形阈值模型再次进行了推导。基本理论为地表径流产生的流动剪切应力（τ_f）必须超过土壤抗剪强度阈值（τ_c）才会产生沟头：

$$SA^{0.4} \geqslant k = \left(\frac{k_w^{0.6}\tau_c}{\rho_w g n^{0.6} (R - I)^{0.28}}\right)^{\frac{10}{7}} \tag{3}$$

式中：R 为降雨强度；I 为入渗率；n 为粗糙度；k_w 为经验常数。

以上两种地形阈值模型的推导结果中临界常数（k）均包含了土壤临界抗剪强度、粗糙系数、净产流速率，充分证明了地形阈值模型的科学性。

4 结论与展望

沟道起始地形阈值模型是一个使用简单、结果可靠、科学原理清楚的数学模型，相关学者对其进行了大量且富有成效的研究。它将复杂的沟头侵蚀过程简单化，虽然可以使得更加易用但是也存在一些先天缺陷，相关问题有待进一步深入研究。

（1）沟道起始地形阈值模型在使用时应进行本地化处理。地形阈值模型虽然具有一定的物理基础，具有普适性，但“面积-坡度”的反比关系却是一个统计意义上的结果，这种关系并不适用于所有区域。如果在使用时简单套用，在某些情况下可能会导致较高的预测误差。然而地形阈值模型在我国使用都是简单应用，对模型的校正和使用方法带来的误差考虑较少。因此，急需加强我国地形阈值模型的研究。

（2）应从物理公式推导的角度对沟道起始地形阈值模型进行改进。长期以来，模型改进方面很少从物理公式推导方面进行改进，更多的是根据数据进行拟合或简单分类，这无疑使得改进后的模型缺乏科学性和普适性。只有从物理公式且具有科学意义的角度加入土壤性质、植被、气候、地下水文过程等因素对模型进行修改，才能使沟道起始地下阈值模型更加可靠且在更多地区适用。

（3）我国“十四五”发展规划中明确要求大力推进智慧水土保持建设，要求以流域为单元将海量库存数据转化为计算机可识别、可分类、可运算、可表达的数字信息，使科研数据真正为智慧农业生产建设服务。侵蚀沟起始地形阈值模型是一个使用简单、结果可靠、科学原理清楚的数学模型。它将复杂的侵蚀沟侵蚀过程简单化，在大尺度范围作为侵蚀沟侵蚀风险评估模型方面拥有其他模型无法比拟的优势，十分适合作为新时代智慧水土保持建设的底层算法模型进行开发，但目前相关研究依然较少。

参考文献

[1] AYELE G K, ADDISIE M B, LANGENDOEN E J, et al. Evaluating erosion control practices in an actively gullying watershed in the highlands of Ethiopia [J]. Earth Surface Processes and Landforms, 2018, 43 (13): 2835-2843.

[2] MONTGOMERY D R, DIETRICH W E. Source areas, drainage density, and channel initiation [J]. Water Resources Research, 1989, 25 (8): 1907-1918.

[3] KIRKBY M J, CHORLEY R J. Throughflow, overland flow and erosion [J]. International Association of Scientific Hydrology Bulletin, 1967, 12 (3): 5-21.

[4] ZEVENBERGEN L, THORNE C. Quantitative analysis of land surface topography [J]. Earth Surface Processes and Landforms, 1987, 12: 47-56.

[5] MONTGOMERY D R, DIETRICH W E. Where do channels begin? [J]. Nature, 1988, 336 (6196): 232-234.

[6] PROSSER I P, ABERNETHY B. Predicting the topographic limits to a gully network using a digital terrain model and process thresholds [J]. Water Resources Research, 1996, 32: 2289-2298.

[7] SHESHUKOV A Y, SEKALUVU L, HUTCHINSON S L. Accuracy of topographic index models at identifying ephemeral gully trajectories on agricultural fields [J]. Geomorphology, 2018, 306: 224-234.

[8] DAGGUPATI P, DOUGLAS-MANKIN K R, SHESHUKOV A Y. Predicting ephemeral gully location and length using topographic index models [J]. Transactions of the ASABE, 2013, 56 (4): 1427-1440.

[9] DOUGLAS-MANKIN K R, ROY S K, SHESHUKO V A Y, et al. A comprehensive review of ephemeral gully erosion models [J]. Catena, 2020, 195: 104901.

[10] BENNETT S J, WELLS R R. Gully erosion processes, disciplinary fragmentation, and technological innovation [J]. Earth Surface Processes and Landforms, 2019, 44 (1): 46-53.

[11] MOMM H G, BINGNER R L, WELLS R R, et al. Effect of topographic characteristics on compound topographic index for identification of gully channel initiation locations [J]. Transactions of the Asabe, 2013, 56 (2): 523-537.

[12] CONOSCENTI C, ROTIGLIANO E. Predicting gully occurrence at watershed scale: Comparing topographic indices and multivariate statistical models [J]. Geomorphology, 2020, 359: 107123.

[13] TORRI D, POESEN J. A review of topographic threshold conditions for gully head development in different environments [J]. Earth-Science Reviews, 2014, 130: 73-85.

[14] HORTON R E, HORTON R, HORTON H. Erosional development of streams and their drainage basins : hydrophysical apprach to quantitative morphology [J]. Journal of the Japanese Forestry Society, 1945, 56 (3): 275-370.

[15] SMITH T R, BRETHERTON F P. Stability and the conservation of mass in drainage basin evolution [J]. Water Resources Research, 1972, 8 (6): 1506-1529.

[16] PATTON P C, SCHUMM S A. Gully Erosion, Northwestern Colorado: A Threshold Phenomenon [J]. Geology, 1975, 3 (2): 3040-3450.

[17] VANDAELE K, POESEN J, GOVERS G, et al. Geomorphic threshold conditions for ephemeral gully incision [J]. Geomorphology, 1996, 16 (2): 161-173.

[18] KIRKBY M J, BULL L J, POESEN J, et al. Observed and modelled distributions of channel and gully heads: with examples from SE Spain and Belgium [J]. Catena, 2003, 50 (2-4): 415-434.

[19] JULIAN J P, ELMORE A J, GUINN S M. Channel head locations in forested watersheds across the mid-Atlantic United States: A physiographic analysis [J]. Geomorphology, 2012, 177-178: 194-203.

[20] CROKE J, LANE P N, TAKKEN I. Thresholds for channel initiation at road drain outlets [J]. Catena, 2008, 75 (3): 257-267.

[21] MAKANZU IMWANGANA F, DEWITTE O, NTOMBI M, et al. Topographic and road control of mega-gullies in Kinshasa (DR Congo) [J]. Geomorphology, 2014, 217: 131-139.

[22] 李天奇．东北黑土区侵蚀沟成因与模型研究［D］．北京：中国科学院研究生院（东北地理与农业生态研究所），2012.

[23] 胡刚，伍永秋，刘宝元，等．东北漫川漫岗黑土区浅沟和切沟发生的地貌临界模型探讨［J］．地理科学，2006，(4)：4449-4454.

[24] 丁晓斌，郑粉莉，王彬，等．子午岭地区坡面浅沟侵蚀临界模型研究［J］．水土保持通报，2011，31（3）：122-125，201.

[25] MONTGOMERY D R，DIETRICH W E. Landscape dissection and drainage area-slope thresholds［J］．Process models and Theoretical Geomorphology，1994：221-46.

[26] VANDEKERCKHOVE L，POESEN J，WIJDENES D O，et al. Thresholds for gully initiation and sedimentation in Mediterranean Europe［J］．Earth Surface Processes and Landforms，2015，25（11）：1201-1220.

[27] POESEN J，NACHTERGAELE J，VERSTRAETEN G，et al. Gully erosion and environmental change：importance and research needs［J］．Catena，2003，50（2-4）：91-133.

[28] 张光辉，杨扬，符素华，等．切沟侵蚀预报研究进展与展望［J］．地球科学进展，2022，37（6）：551-562.

[29] KNAPEN A，POESEN J. Soil erosion resistance effects on rill and gully initiation points and dimensions［J］．Earth Surface Processes and Landforms，2010，35（2）：217-228.

[30] MORGAN R P C，MNGOMEZULU D. Threshold conditions for initiation of valley-side gullies in the Middle Veld of Swaziland［J］．Catena，2003，50（2-4）：401-414.

[31] ISTANBULLUOGLU E，TARBOTON D G，PACK R T. A probabilistic approach for channel initiation［J］．Water Resources Research，2002，38（12）：61-1-61-14.

[32] ARCEMENT G J J，SCHNEIDER V R. Guide for selecting Manning's roughness coefficients for natural channels and floodplains［M］．U. S.：United States Government Printing Office，1989.

清水江流域水土资源匹配分析及问题诊断

张　鑫　李晨昊　刘姗姗　秦天玲　宋一凡

（中国水利水电科学研究院，北京　100038）

摘　要：珠江流域的西江上游作为水源涵养与土壤保持的重要功能区，生态脆弱、石漠化及水土流失等问题敏感程度高。以维护河湖生态功能需要为重点，建立健全环境治理体系及绿色发展理念，本文研究选择清水江流域为典型区，通过水系连通性、水土资源匹配等方法，探究了清水江流域现状水土资源情况及其存在的关键问题。研究结果表明，流域内未发生转变的斑块面积比例较高，草地和灌木地类型的水土匹配程序相对较差，流域内累积性的生态环境问题较为复杂；流域水土资源空间匹配从下游至上游逐渐变差，时间上存在向好态势，但存在比率失调等问题。

关键词：清水江流域；生态保护；水系连通性；水土资源匹配

针对国家水安全保障能力提升的水利高质量发展总体目标及水源涵养与土壤保持功能区的基本要求，水利部珠江水利委员会原党组书记、主任王宝恩表示，加强河湖生态保护修复，加快推进大湾区思贤滘等生态控导工程前期工作，科学推进珠江中上游地区石漠化和水土流失综合治理，提升生态系统质量[1]。珠江上游地区多属山地、丘陵地貌，河道-坡地单元、河道-地下水量、上游-下游关系更为复杂密切，生态保护和修复的重要性由此得以显现；其中清水江地处珠江流域中上游，属珠江水利委员会第三批重点河湖生态流量保障实施工作中的重点河流，获得珠江水利委员会的高度重视。基于此，本文研究从水土资源基本特征、水土资源匹配的时空分异特征等方面探究了清水江流域现阶段变化情况及其存在的关键问题，可为推进珠江中上游地区石漠化和水土流失综合治理等相关工作提供理论基础和参考意见。

1　流域概况

1.1　地理位置及地形地貌

清水江流域地处滇东南岩溶山原亚区，地势南高北低，见图 1。流域内碳酸盐岩溶形态齐全，多孤峰、溶蚀洼地、落水洞与暗河；上游多为丘陵峰丛，中下游为低山地貌，坡陡谷深。流域经纬度在东经 106°54′~107°38′、北纬 25°11′~26°21′，清水江流域面积 5 488 km^2，其中云南省境内流域面积 5 287 km^2，占 96.3%；广西壮族自治区境内流域面积 201 km^2，占 3.7%。

1.2　河流水系

清水江是珠江流域南盘江水系一级支流，为滇桂省际河流，干流长 211 km，平均坡降 4.08‰；清水江发源于砚山县回龙水库，干流呈南北走向，自南向北流经砚山县、丘北县、广南县，于丘北县温浏乡弄位村进入曲靖市，在罗平八大河附近汇入南盘江。清水江上游段称为南丘河，至丘北县与北门河（也称清水河）交汇，交汇口以下河段称为清水江。清水江流域内集水面积大于 100 km^2 的一级支流有北门河、者莫河、石葵河、安歪河。水系及水利工程布局见图 2。

基金项目：垄沟耕作对坡耕地土壤磷素迁移转化及作物生长的影响机理研究（52109043）；基于坡面单元产耗水特性的流域水系统调控（52130907）。

作者简介：张鑫（1995—），男，工程师，主要从事水资源演变相关研究工作。

通信作者：李晨昊（1992—），男，工程师，主要从事水利遥感信息技术相关研究工作。

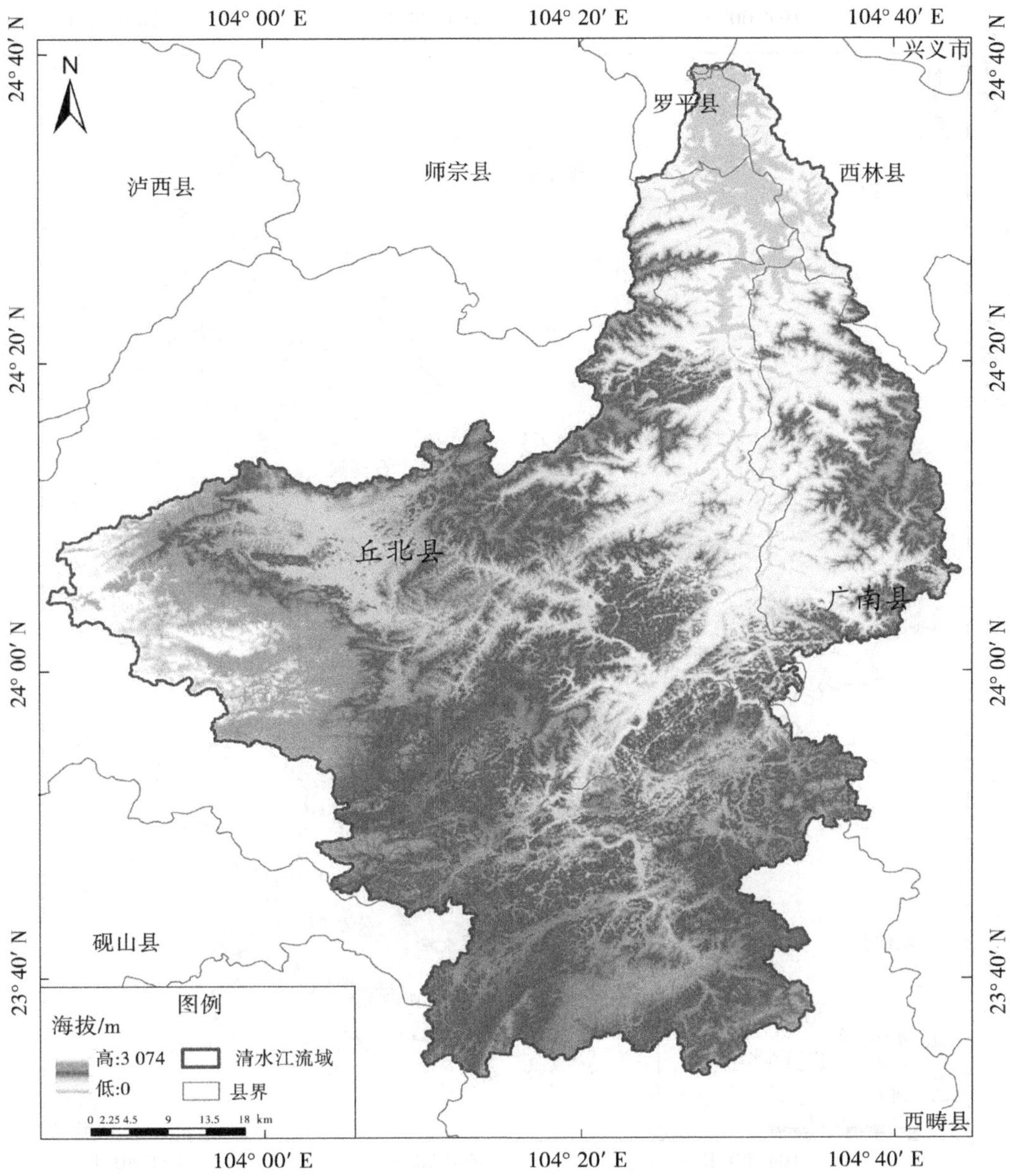

图 1　清水江流域地理位置及高程示意图

1.3　土壤类型

流域内主要以黄红壤、石灰（岩）土、红壤、水稻土、黄壤为主，上述类型土壤总面积可达流域面积的 98.54%。其中，黄红壤、石灰（岩）土在流域范围内分布最广，分别是 38.34%、29.94%，赤红壤、石灰（岩）土多分布在流域海拔较高处；其次为红壤和水稻土，面积比例分别为 23.76%、4.16%，水稻土多分布于河流沿线区域；其他类型土壤面积均低于 3%。土壤类型分布情况见图 3。

2　研究方法

2.1　水系连通性

2.1.1　水系连通度

将水系特征概化为图模型，用邻接矩阵 $\boldsymbol{W}=(p_{ij})_{n\times n}$ 表示研究流域水系；河道的交点概化为图的顶点（v_1，v_2，…，v_n），河道概化为悬挂边或边（e_1，e_2，…，e_n）[2-3]。

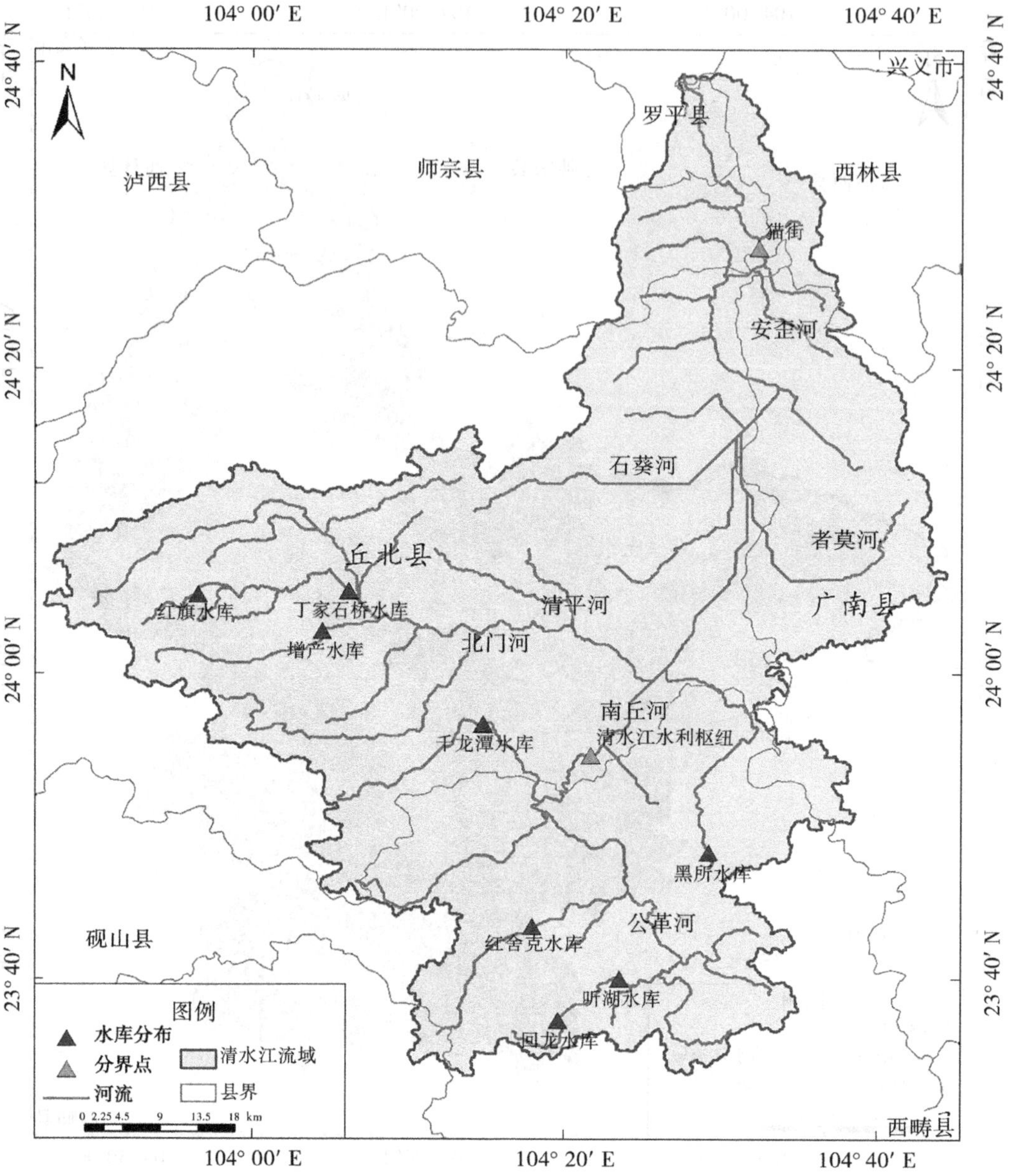

图 2　水系及水利工程布局

$$
\boldsymbol{W}=\begin{bmatrix} 0 & w_{e_1} & w_{e_4} & 0 \\ w_{e_1} & 0 & w_{e_2}+w_{e_3} & 0 \\ w_{e_4} & w_{e_2}+w_{e_3} & 0 & w_{e_5} \\ 0 & 0 & w_{e_5} & 0 \end{bmatrix} \tag{1}
$$

其中，p_{ij} 为有河道直接相连的顶点 v_i 和 v_j 之间边的权值（用 w 表示），当顶点 v_i 与 v_j 是同一点时，则 $p_{ij}=0$，当顶点 v_i 有多个边到达顶点 v_j 时，每个边的权值相加即得 p_{ij}。w 为水流阻力 H_k 的倒数，可用下式计算：

$$
w=\frac{1}{H_k}=\frac{1}{nl(1+\tan\theta)}\left[\frac{(b+mh)h}{b+2h\sqrt{1+m^2}}\right]^{\frac{2}{3}} \tag{2}
$$

式中：l 为水流的运输路程；n 为曼宁糙率；b 为河道底宽；h 为水深；m 为边坡系数；θ 概化为河道底部的起始点和终点的连线与水平方向的夹角，$\tan\theta$ 为水力坡度。

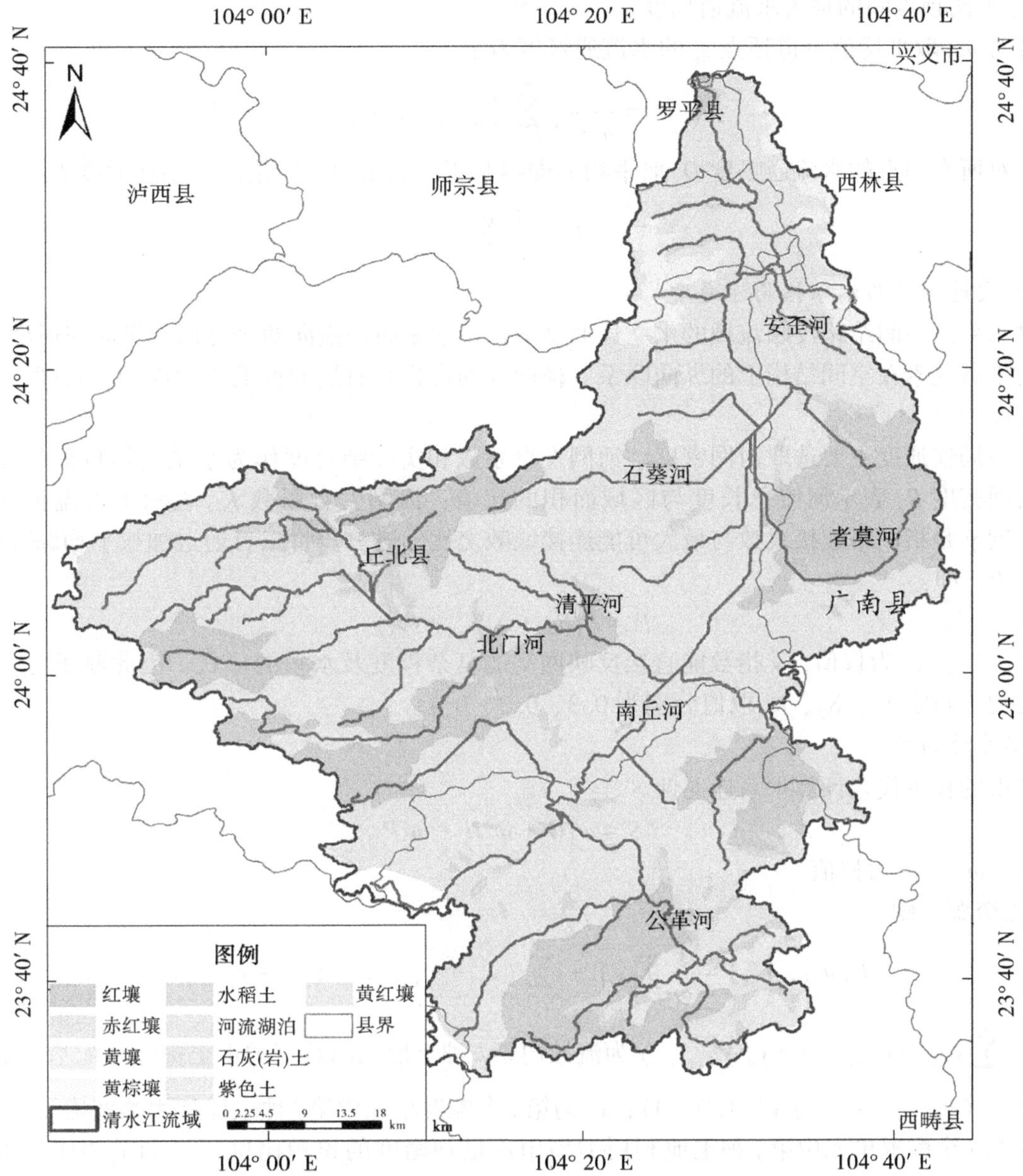

图 3　土壤类型分布情况

若河道权值 w 越小，则河道水流阻力越大，相应的水流通畅度就越小，故 w 可用来表征河道水流通畅度。在此基础上引入邻接矩阵 $\boldsymbol{W}^k$：

$$\boldsymbol{W}^k = (p_{ij}^k)_{n\times n} = \sum_{q=1}^{n} p_{iq}^{k-1} p_{qj} \quad k = 1,\ 2,\ \cdots,\ n-1 \tag{3}$$

式中：p_{ij}^k 为顶点 v_i 与 v_j 之间的水流通畅度（其中有 k-1 个中间节点）；q 为顶点编号。

p_{ij}^k 既可表示河道直接相连的顶点 v_i 与 v_j 的水流通畅度，又可表示两顶点间有中间顶点作为转点的情形下的水流通畅度，此时水流通畅度矩阵为 $\boldsymbol{M}=(m_{ij})_{n\times n}$，即：

$$m_{ij} = \begin{cases} \max p_{ij}^k & k = 1,\ 2,\ \cdots,\ n-1,\ i \neq j \\ 0 & i = j \end{cases} \tag{4}$$

式中：m_{ij} 为两顶点间的最大水流通畅度。

通过对 m_{ij} 取平均值可得顶点 v_i 的水流通畅度 D_i：

$$D_i = \frac{1}{n-1}\sum_{i=1}^{n}\sum_{j=1}^{n} m_{ij} \quad i \neq j \tag{5}$$

通过对所有顶点的水流通畅度 D_i 取平均值即得基于水流阻力与图论的水系连通度 D：

$$D = \frac{1}{n}\sum_{i=1}^{n} D_i \tag{6}$$

2.1.2 水文连通度与水系格局连通度

通过水系的空间结构反映流域的水文连通度 H，包括纵向和横向两个方面。纵向连通度是指在河流系统内生态元素在空间结构上的纵向联系，横向连通度指具有连通性的水面面积、长度占统计的水面总数之比[4]。

水系格局连通度主要选取河网密度、河网发育系数和实际结合度作为水系格局特征的评价指标。其中，河网密度 R_d 表示河流总长度与区域面积的比值；河网发育系数 K_ω 表示干支流长度的比值；实际结合度 γ 是指网络连接线数与最大可能连接线数之比。进一步将三者通过加权平均综合成水系格局连接度 P，即：

$$P = \lambda_1 R_d + \lambda_2 K_\omega + \lambda_3 \gamma \tag{7}$$

式中：λ_1、λ_2、λ_3 为权值，γ 指数能直接反映网络的复杂程度及水系的形状，因此赋予更大的权重，本文研究初步暂定 λ_1、λ_2、λ_3 取值分别为 0.3、0.3、0.4。

2.1.3 水系连通性

将求得的权重代入计算水系连通性 S[4]：

$$S = \omega_1 D + \omega_2 H + \omega_3 P \tag{8}$$

式中：ω_1、ω_2、ω_3 为权值。

2.2 水土资源匹配

$$F(w_{ijk}, L_{ijk}) = \frac{1}{m}\sum_{j=1}^{m}\left[1 - \sum_{i=1}^{n}(x_{ij} - x_{(i-1)j}) \times (y_{ij} - y_{(i-1)j})\right] \tag{9}$$

式中：$1 - \sum_{i=1}^{n}(x_{ij} - x_{(i-1)j}) \times (y_{ij} - y_{(i-1)j})$ 为流域内第 k 种土地利用类型的水土资源匹配基尼系数 w_{ijk}，当 $i=1$ 时，$(x_{(i-1)j}, y_{(i-1)j})$ 视为(0, 0)；x_{ij} 为第 i 个配置单元中第 j 种土地利用类型均衡度的累积比例；y_{ij} 为第 i 个配置单元中第 j 种土地利用类型用水量均衡度的累积比例；x_{ij} 和 y_{ij} 构成空间伦兹曲线；L_{ijk}、w_{ijk} 分别为在流域内不同土地利用类型 k 内各配置单元面积及配置单元基尼系数情况[5]。

3 水资源时空分布情况

3.1 降水

清水江流域水汽主要来源于印度洋孟加拉湾上空的西南暖湿气流和太平洋的东南季风，总体呈现为北多南少的格局（见图4）。清水江流域多年平均年降水量为 988.6 mm，降水空间分布不均匀，多年平均年降水量最大的区域达到 1 247.2 mm，多年平均年降水量最少的区域为 658.6 mm，差值达到 588.6 mm。降水年际变化剧烈，且年内分配极不均匀，5—9 月降水量最多，占全年降水量的 76.4%（见图5）。

3.2 径流

清水江流域先后设有 4 个国家基本水文站，分别为革雷、北桥、清水江、猫街，清水江主要水文站点信息见表1。因革雷、北桥的水文系列不连续或迁站等情况，猫街水文系列比较短，均无法作为清水江径流分析的依据；本文研究选择 1956—2016 年天然逐月径流系列作为流域研究基准，其资料系列比较长且资料审查分析精度可靠，基本满足水文分析的“三性”要求。

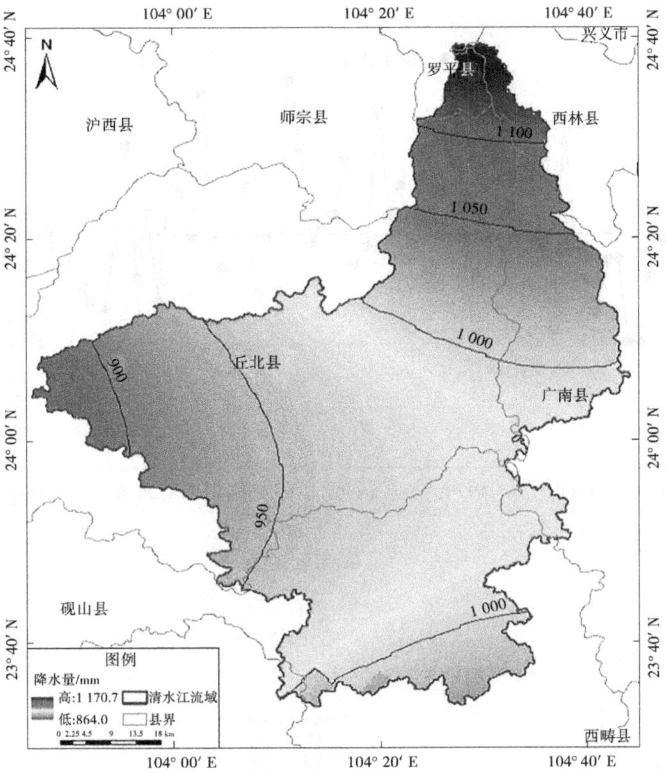

(a) 降水量

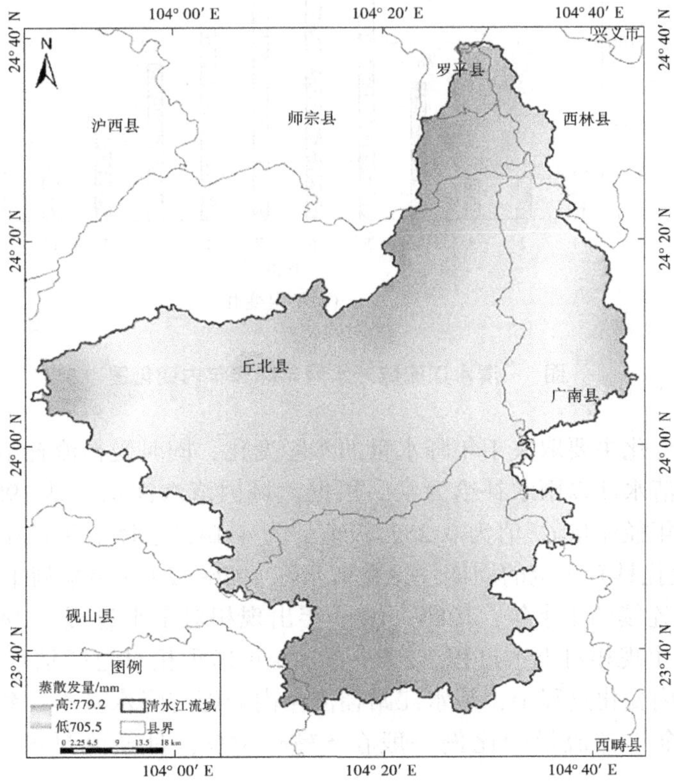

(b) 蒸散发量

图 4　清水江流域多年平均年降水量及蒸散发量分布图

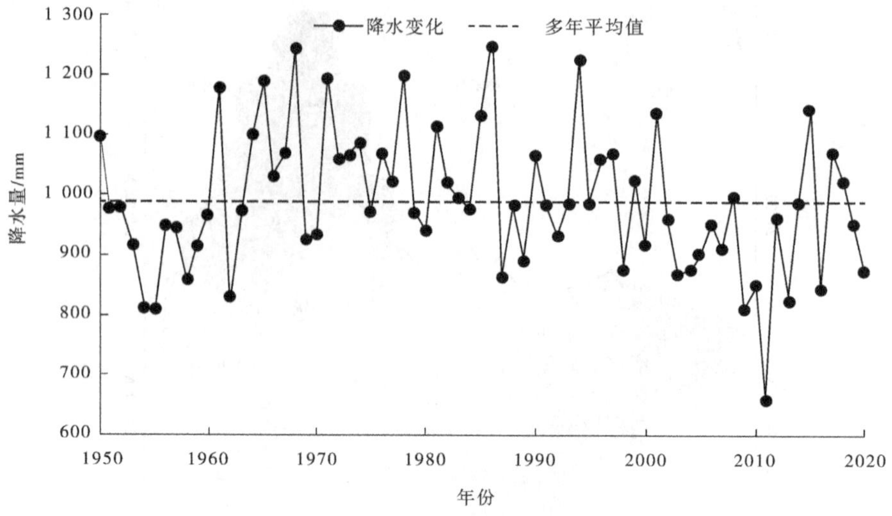

(a)年际变化

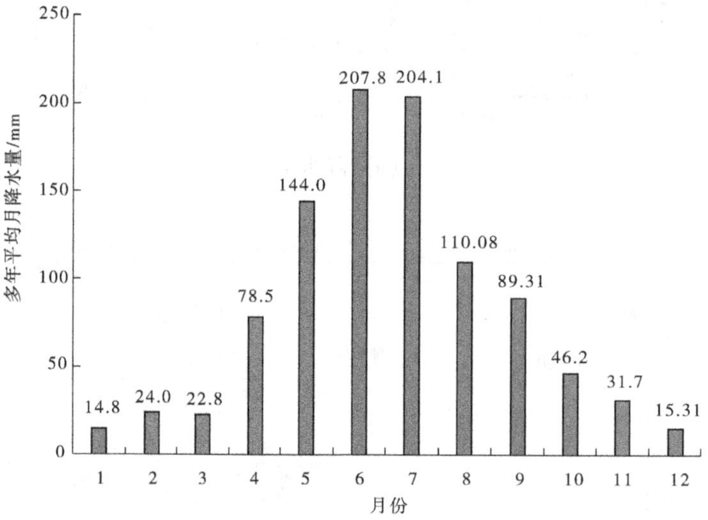

(b)年内变化

图 5　清水江流域降水量年际和年内变化图

河川径流量的年际变化主要取决于年降水量的年际变化，同时受径流补给类型、流域大小以及流域下垫面条件等影响。清水江以雨水补给为主，根据流域内清水江水文站 1956—2016 年天然逐月径流系列分析：清水江站年径流量 C_v 值为 0. 25，极值比为 4. 14，总体上年径流量的年际变化较大（见图 6）。清水江年径流变化具有一定的周期性，在清水江 1956—2016 年系列中出现连续丰水年和枯水年：1970—1982 年出现连续的丰水年，1986—1990 年出现相对丰水过程，1991—1995 年出现相对枯水过程，1996—2000 年出现相对丰水过程，2004—2016 年出现相对连续枯水过程，呈现丰枯交替规律，如图 7 所示。在年内变化过程中，清水江站径流年内分配与降水基本一致，主要集中在汛期 6—11 月，汛期径流量占全年径流量的比例一般在 57%～84%；月径流量最大值与最小值极值一般在 2. 0～14. 0。

表1　清水江主要水文站点

序号	站名	所在河流	设站年份	集水面积/km²
1	革雷	清水江	1970	3 186
2	北桥	北门河	1959	626
3	清水江	清水江	2001	4 156
4	猫街	清水江	1998	5 110

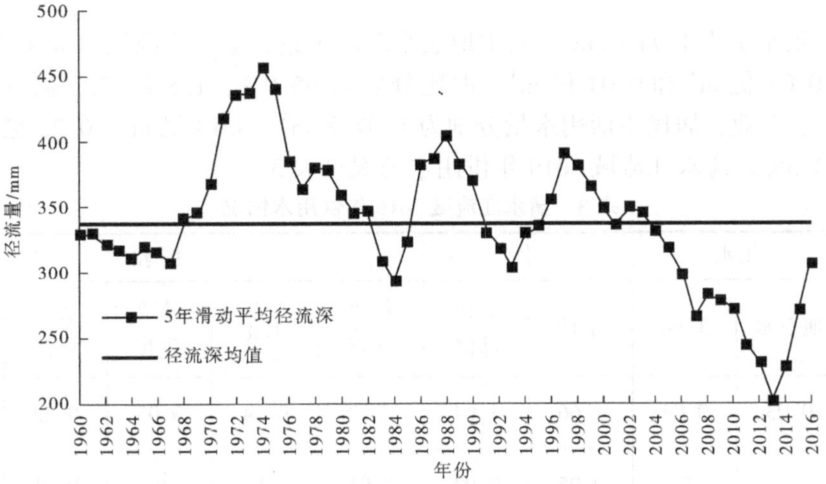

图6　清水江站年径流量5年滑动平均曲线

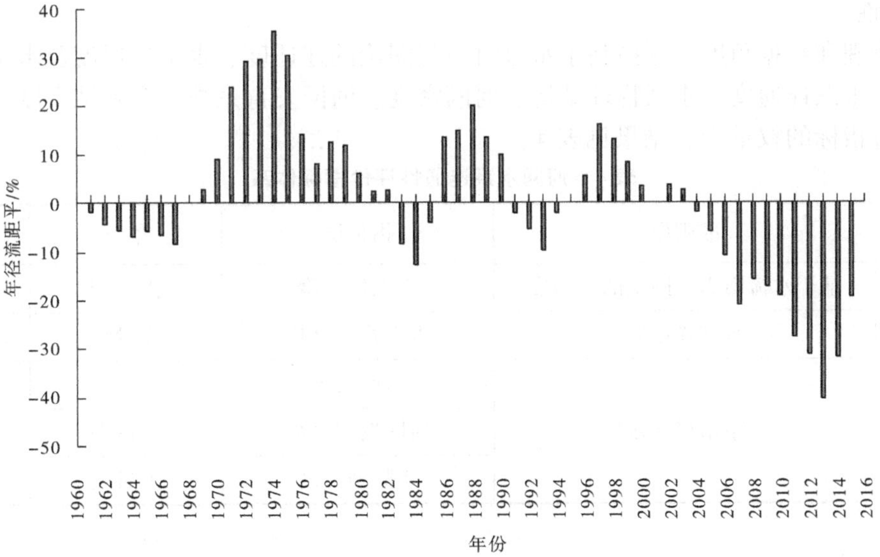

图7　清水江站年径流量距平图

3.3 水资源构成

根据《文山州水资源综合规划（2017 年）》确定，清水江文山州境内多年平均水资源总量为 21.54 亿 m^3，根据面积比推算清水江流域多年平均水资源总量为 25.0 亿 m^3，折合径流深为 455 mm；清水江流域多年平均地表水资源量为 25.0 亿 m^3，地下水资源总量为 8.73 亿 m^3，重复计算量为 8.73 亿 m^3。根据《2019 年珠江片水资源公报》确定，清水江 2019 年水资源开发利用率为 6.82%，水资源耗水率为 52.9%。清水江流域 2019 年水资源开发利用程度见表 2。

表 2　清水江流域 2019 年水资源开发利用程度

流域	总供水量/亿 m^3	用水消耗量/亿 m^3	水资源总量/亿 m^3	开发利用率/%	水资源耗水率/%
清水江	1.70	0.90	25.0	6.82	52.9

2019 年清水江供水量为 1.71 亿 m^3，其中地表水源供水量、地下水源供水量和其他水源供水量分别为 1.64 亿 m^3、0.03 亿 m^3 和 0.04 亿 m^3，占比分别为 95.9%、1.8%、2.3%；用水量为 1.71 亿 m^3，其中农田灌溉、工业、居民生活用水量分别为 1.07 亿 m^3、0.14 亿 m^3、0.23 亿 m^3，占比分别为 62.6%、8.2%、13.5%。清水江流域 2019 年供用水情况见表 3。

表 3　清水江流域 2019 年供用水情况　　单位：亿 m^3

行政区	供水				用水						
	地表水	地下水	其他	小计	农田灌溉	林牧渔畜	工业	城镇公共	居民生活	生态环境	小计
云南	1.59	0.03	0.04	1.66	1.04	0.20	0.14	0.05	0.22	0.01	1.66
广西	0.05	0	0	0.05	0.03	0.01	0	0	0.01	0	0.05
清水江	1.64	0.03	0.04	1.71	1.07	0.21	0.14	0.05	0.23	0.01	1.71

3.4 水系连通性

综合考虑物理和数据角度，选择基于水流阻力与图论的连通度、水文连通度及水系格局连接度作为准则层，下设水系连通度、水系物理结构、河网密度、河网发育系数、实际结合度作为指标层，结合熵值法确定各指标的权重[6]，结果见表 4。

表 4　河网水系连通性评价指标体系

目标层	准则层	指标层	单位	权重
水系连通性	基于水流阻力与图论的连通度	水系连通度	无量纲	0.277 0
	水文连通度	水系物理结构	无量纲	0.335 3
	水系格局连接度	河网密度	km/km^2	0.387 7
		河网发育系数	无量纲	
		实际结合度	无量纲	

3.4.1 水系连通度

通过构建邻接矩阵 $\boldsymbol{W}$ 计算可知，流域内基于阻力的水系连通度 D 为 0.002 65。其中，猫街以下流域的水系连通度为 0.002 70，猫街—清水江水利枢纽间流域的水系连通度为 0.002 09，清水江水利枢纽以上流域的水系连通度为 0.004 02。与河道疏浚前后太湖流域嘉兴平原河网区流域水系连通度成果类比[4]，清水江流域水系连通度结果相对较高。主要包含以下原因：①清水江流域多属于山区，河道水面宽度为 5~10 m，河道与周边高差明显，河流平均水深较平原区河流更大；②猫街以下流域水利工程较少，下游河道逐渐变宽，水系连通度相对较高；③猫街—清水江水利枢纽间水库等水利设施影响显著，考虑水库下游水面宽度、水位等情况，区域水系连通度相对较低；④清水江水利枢纽上游流域平均海拔较高，水系狭长，支流水系发育相对较差是连通性高的主要原因。

3.4.2 水文连通度

通过对流域内大中小型水库节点、河段长度及流域面积的统计计算，确定纵向和横向连通系数。在纵向连通系数中，猫街以下流域为 0.040，猫街—清水江水利枢纽间流域为 0.041，清水江水利枢纽以上流域为 0.048。在横向连通系数中，猫街以下流域为 1；猫街—清水江水利枢纽间流域为 0.92，清水江水利枢纽以上流域为 0.72。经赋值计算，流域整体水文连通度为 0.374 9；其中，猫街以下流域为 0.424 2，猫街—清水江水利枢纽间流域为 0.392 9，清水江水利枢纽以上流域为 0.316 5。清水江河流域内的水库和闸坝相对较少，河道的阻碍低，水域连通面积大，连通性相对较高。

3.4.3 水系格局连通度

通过对流域内河网密度、干支流发育程度及河道和节点数据的统计计算，确定清水江流域水系格局连通度为 1.363 7；其中，猫街以下流域为 0.402 1，猫街—清水江水利枢纽间流域为 2.347 4，清水江水利枢纽以上流域为 0.795 4，水系格局参数如表 5 所示。清水江流域河网密度较小，但是河网发育系数非常大，这较为符合山区流域特点，山区河网发育好，河网水系分明，平原区河网密集，但水流流向不明晰。

表 5　流域水系格局参数

流域	河网密度	河网发育系数	实际结合度
猫街以下	0.183	0.60	0.417
猫街—清水江水利枢纽	0.174	7.20	0.341
清水江水利枢纽以上	0.180	2.00	0.354
全流域	0.176	3.92	0.338

3.4.4 水系连通性

通过上述权重及各指标层计算确定，清水江流域现状条件下的水系连通性为 0.655；其中，猫街以下流域为 0.299，猫街—清水江水利枢纽间流域为 1.045，清水江水利枢纽以上流域为 0.416。影响流域内水系连通性的因素有：河道特征、河道水工建筑物、河网形态及发育情况，全流域及各段水系连通性计算汇总如表 6 所示。

表 6　流域水系连通性计算汇总

评价指标	猫街以下	猫街—清水江水利枢纽	清水江水利枢纽以上	全流域
水系连通度	0.002 70	0.002 09	0.004 02	0.002 65
水文连通度	0.424	0.393	0.317	0.375
水系格局连接度	0.402	2.354	0.795	1.364
水系连通性	0.299	1.045	0.416	0.655

在水系连通度方面，山区流域的邻接矩阵都是有方向的，且节点之间仅有一条通道，河道干支流河道特征相近，故而结果相近。在水文连通度方面，猫街—清水江水利枢纽及清水江水利枢纽以上流域水库较多，对河流的连通性阻碍较大，而猫街以下水库较少，对其连通性阻碍相对较小，所以上游的水文连通度较下游小。

在水系格局连接度方面，影响水系格局连接度的因素有 3 个（河网密度、河网发育系数、实际结合度），流域的河网形状均为树状，且河流空间分布相近，故流域上下游河网密度及实际结合度相近，猫街—清水江水利枢纽间的支流上游海拔相对较高，支流水系发育比清水江水利枢纽上游要好，故猫街—清水江水利枢纽间河网发育系数比上游的大，是清水江水利枢纽上游的 2~3 倍。考虑上述 3 个方面权重结果及其评价情况，综合确定猫街—清水江水利枢纽间连通性较好一些。

4　土地利用和植被时空分布特征

4.1　土地利用变化

根据清水江流域土地利用类型转移空间变化情况可知[7-8]，2000—2020 年清水江流域土地利用类型转移区主要集中在流域中上游中部区域附近。其中，猫街—清水江水利枢纽是流域土地利用类型发生转移区域集聚密度较大的地方，且主要发生在林草地之间的转化及林草地同其他类型的转化。2000—2020 年清水江流域土地利用类型转移变化空间分布见图 8。

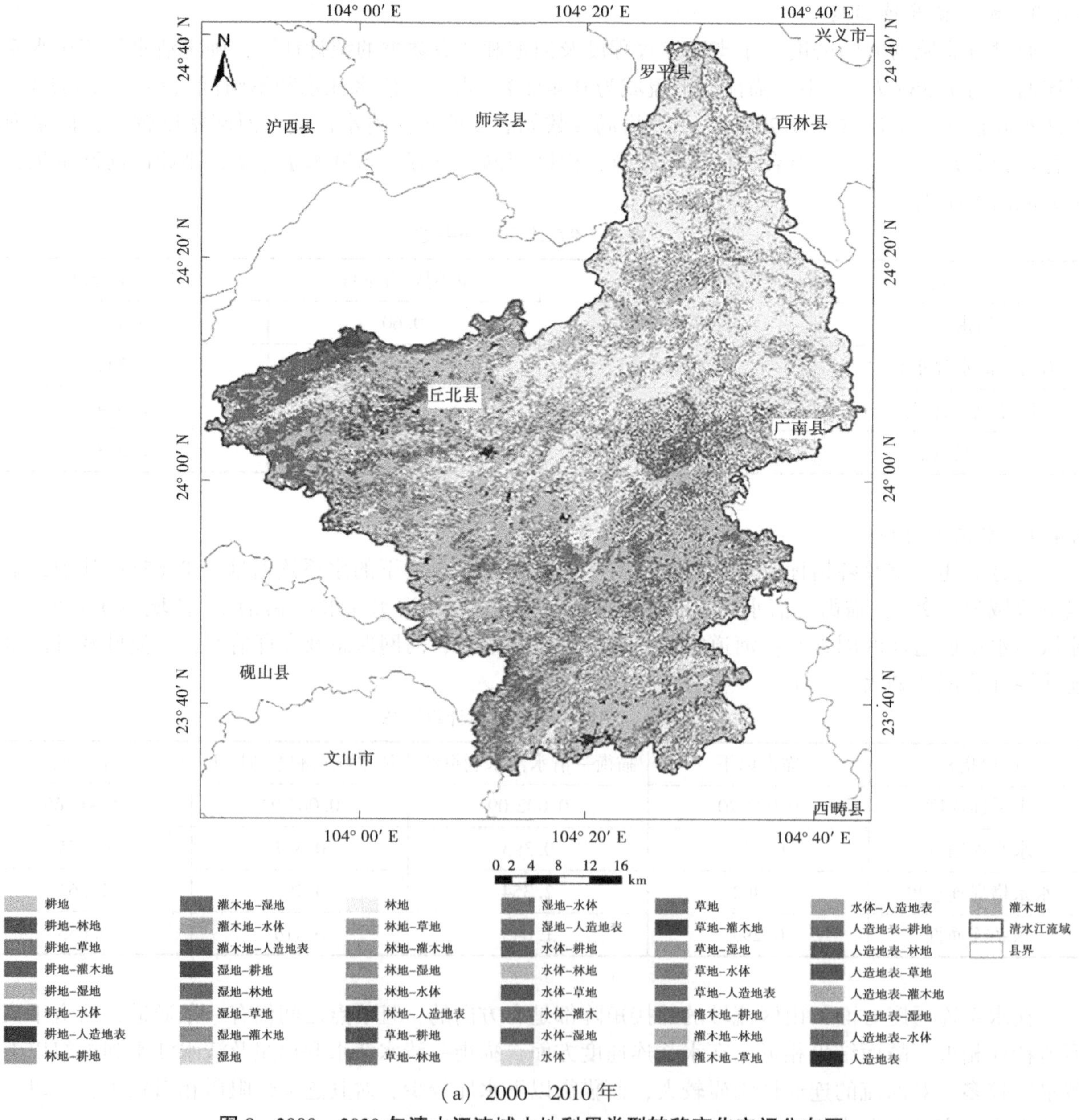

（a）2000—2010 年

图 8　2000—2020 年清水江流域土地利用类型转移变化空间分布图

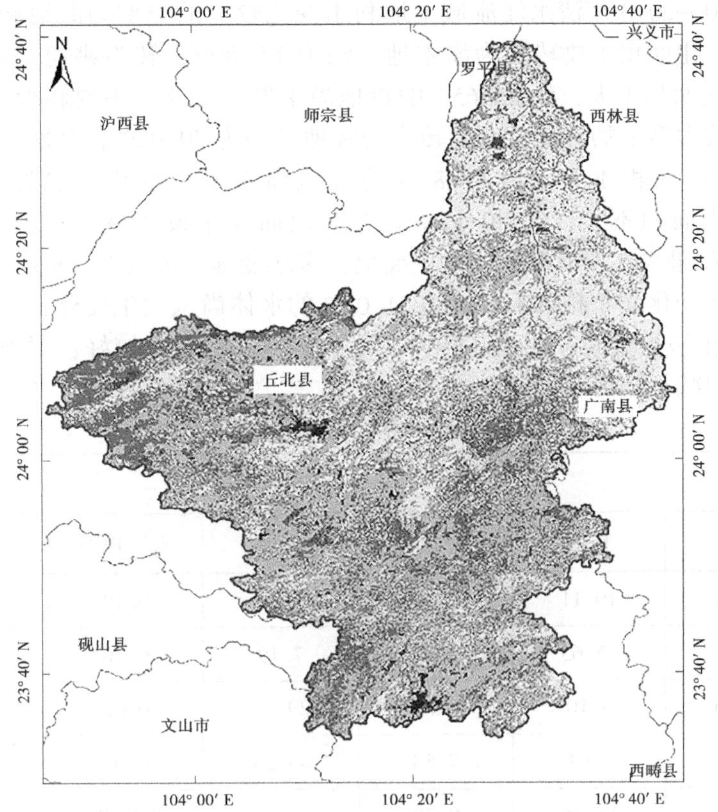

(b) 2010—2020 年

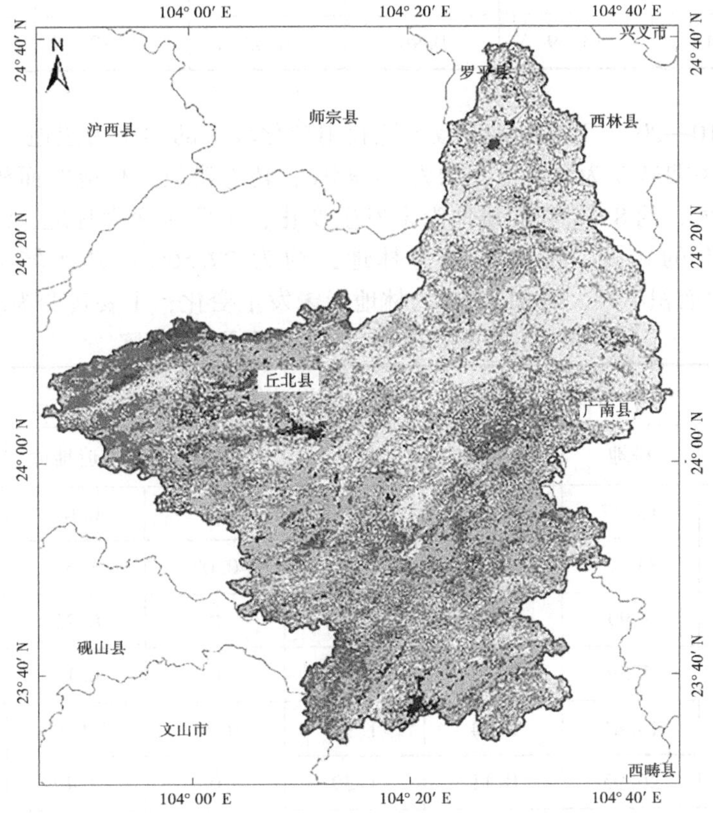

(c) 2000—2020 年

续图 8

由表 7 可知：2000—2010 年清水江流域土地利用变化较大的类型为湿地和灌木地，其次为草地和水体。其中，草地变化面积主要转变为灌木地，约为 17.76%；转为耕地、林地的面积占比相近，在 10%左右。耕地变化面积不大，约 85.65%的耕地尚未发生变化；主要转变为林地，约为 7.19%。灌木地变化更多为植被类型上的转变，主要转变为林地，约为 29.02%；其次转为草地的面积，占比约为 14.85%。林地变化面积不大，约 83.84%的林地尚未发生变化；主要转变为灌木地，约为 7.58%。人造地面变化面积不大，约 80.12%的人造地面尚未发生变化，主要转变为耕地，约为 15.15%。湿地变化面积最大，所有湿地均发生变化，多转变为水体（37.99%）、草地（29.38%）和耕地（25.94%）。水体变化面积相对不大，约 71.08%的水体尚未发生变化；主要转变为耕地，约为 13.69%。整体而言，植被类型间存在相互转换，植被盖度保持相对较好；湿地、水体和人造地面多向耕地转变，水体面积减小较为明显。

表 7　2000—2010 年流域土地利用转移矩阵　%

2000 年	2010 年						
	草地	耕地	灌木地	林地	人造地面	湿地	水体
草地	60.94	10.11	17.76	10.85	0.10	0	0.23
耕地	2.73	85.65	2.82	7.19	0.36	0.04	1.21
灌木地	14.85	6.10	49.96	29.02	0.02	0	0.05
林地	3.91	4.61	7.58	83.84	0.01	0	0.06
人造地面	1.39	15.15	0.70	2.49	80.12	0	0.15
湿地	29.38	25.94	0.54	6.15	0	0	37.99
水体	7.34	13.69	0.96	6.43	0.12	0.37	71.08

由表 8 可知：2010—2020 年清水江流域土地利用变化较大的类型为湿地、水体、草地和灌木地。其中，草地变化面积主要转变为灌木地，约为 14.45%；转为耕地、林地的面积占比相近，在 13%左右。耕地变化面积不大，约 83.33%的耕地尚未发生变化；主要转变为林地，约为 9.10%。灌木地变化更多为植被类型上的转变，主要转变为林地，约为 29.56%；其次转为草地的面积占比约为 13.74%。林地变化面积不大，约 81.05%的林地尚未发生变化，主要转变为灌木地和耕地，分别为

表 8　2010—2020 年流域土地利用转移矩阵　%

2010 年	2020 年							
	草地	耕地	灌木地	林地	裸地	人造地面	湿地	水体
草地	57.98	13.37	14.45	13.03	0	0.67	0	0.50
耕地	2.79	83.33	2.64	9.10	0.03	1.52	0.01	0.59
灌木地	13.74	8.99	47.34	29.56	0	0.22	0	0.15
林地	3.59	7.59	7.45	81.05	0	0.11	0	0.20
人造地面	1.67	15.81	0.64	1.95	0.31	79.37	0	0.25
湿地	0.22	26.93	0.11	1.39	0	2.49	52.86	15.99
水体	2.29	34.94	0.44	1.89	0	0.54	0.17	59.73

别为 7. 45%、7. 59%。人造地面变化面积不大，约 79. 37%的人造地面尚未发生变化，主要转变为耕地，约为 15. 81%。湿地变化面积较 2010 年前有明显改善，仅有 47. 14%湿地发生变化，多转变为水体（15. 99%）和耕地（26. 93%）。水体变化面积较 2010 年前有所加剧，59. 73%的水体尚未发生变化，主要转变为耕地，约为 34. 94%。整体而言，2010—2020 年依旧为植被类型间存在相互转换；湿地转变有明显改善，水体变化加剧；湿地、水体和人造地面多向耕地转变。

2000—2020 年，清水江流域主要以林地、耕地面积为主，草地、灌木地面积变化相近；林地、人造地面面积一直呈增加趋势，而湿地、水体的面积基本呈现增加后稳定的趋势，草地呈现显著减小趋势。2020 年流域林地面积较 2000 年增加约 15. 83 km^2，草地面积较 2000 年减小约 105. 52 km^2。2000—2020 年清水江流域各种土地利用类型面积见图 9。

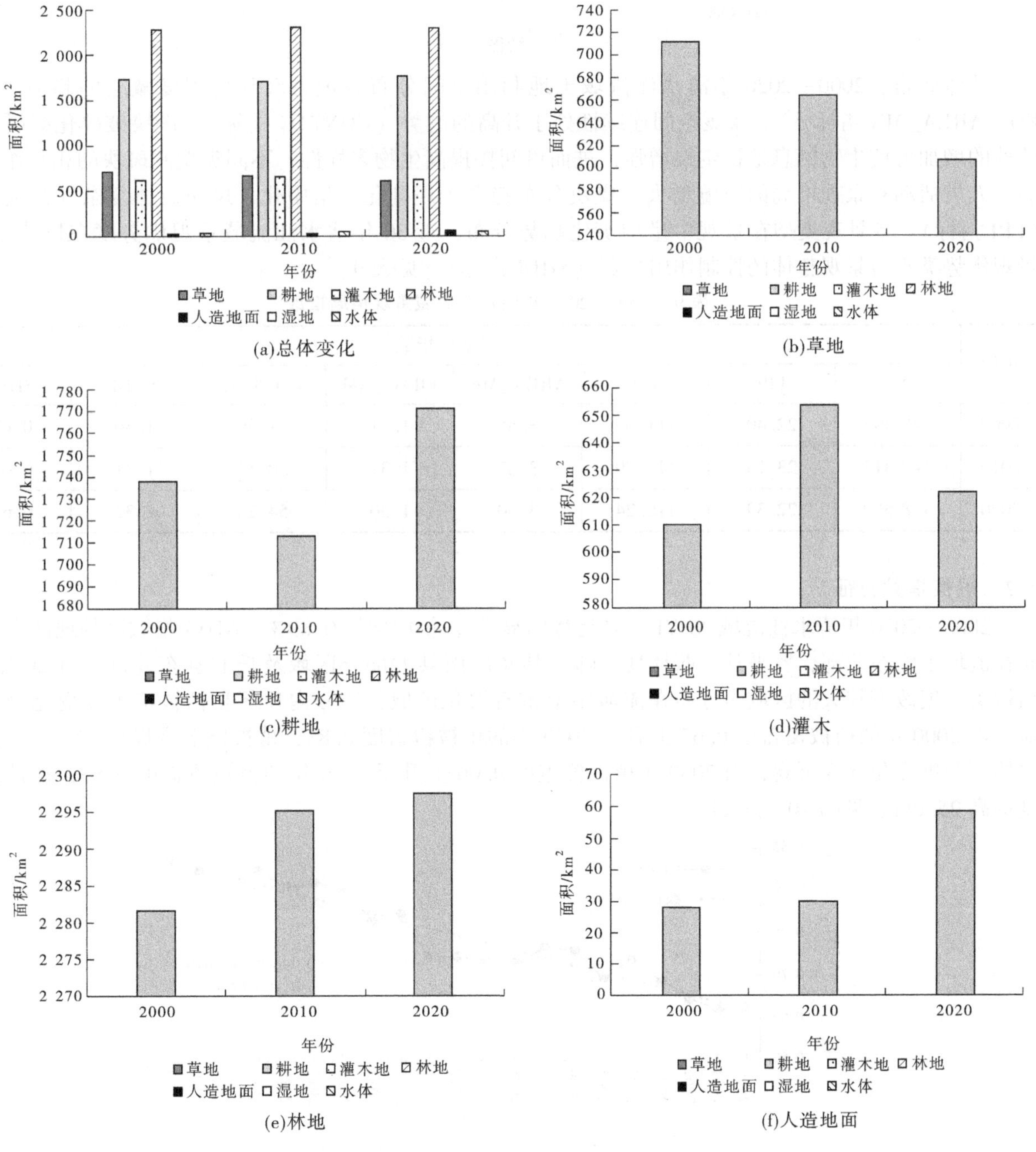

图 9　2000—2020 年清水江流域各种土地利用类型面积

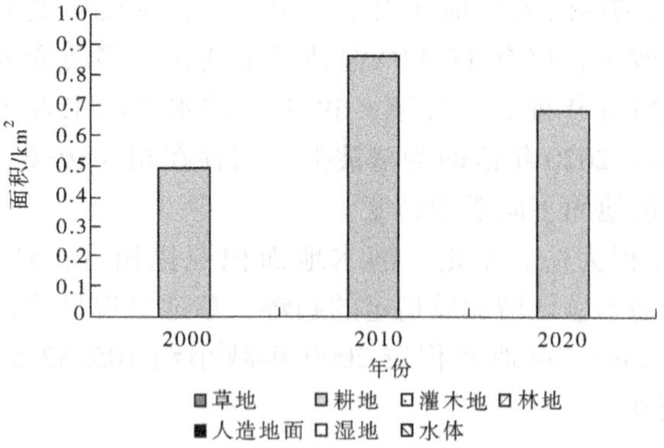

(g)湿地

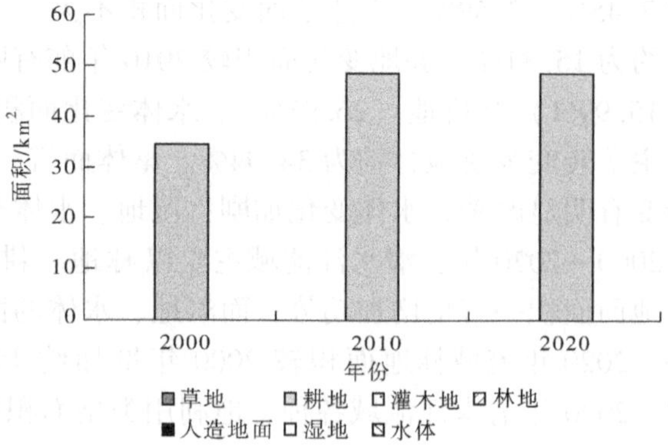

(h)水体

续图 9

整体而言，2000—2020 年清水江流域土地利用空间分布表现为破碎化程度减缓的趋势（NP、ED、AREA_MN 指标）[9]，景观空间连续性处于升高的趋势（CONTAG 指标），斑块破碎化减缓和连续性的增加可使生物栖息地稳定性增强，进而可间接提高生物多样性；不同类型间斑块的相互作用较弱，人类活动对景观格局的影响增大，斑块分布趋向于规则化、集中化，斑块总体复杂性持续下降（LPI 指标）；各景观类型在景观中呈均衡化趋势分布，近 30 年清水江流域景观优势度在持续减少，景观优势类别对景观整体的控制作用减弱（SHDI 指标），见表 9。

表 9　2000—2020 年清水江流域景观格局指数

年份	景观格局指数							
	NP	LPI	ED	AREA_MN	FRAC_AM	CONTAG	SHDI	SHEI
2000	140 493	22. 40	111. 65	3. 85	1. 31	51. 30	1. 30	0. 67
2010	147 412	23. 13	116. 79	3. 67	1. 31	50. 53	1. 31	0. 68
2020	138 509	22. 39	110. 24	3. 90	1. 30	54. 28	1. 32	0. 63

4. 2　植被指数特征

2000—2020 年清水江流域 NDVI 上升趋势明显[10]，年均增长 0. 89%。NDVI 指数高的地区主要分布在流域下游东北部，罗平县、西林县、师宗县及广南县大部分区域及丘北县东北部。近 20 年来，植被覆盖度改变较大的区域多分布在流域中上游石漠化区域，流域内丘北县植被覆盖度变化最为明显，由 2000 年的植被覆盖度 0. 65 上升至 2020 年的植被覆盖度 0. 83，植被覆盖度提高 27. 7%。流域整体覆盖度变化同样可观，由 2000 年植被覆盖度 0. 66 上升至 2020 年的植被覆盖度 0. 83，植被覆盖度提高 25. 8%，见图 10、图 11。

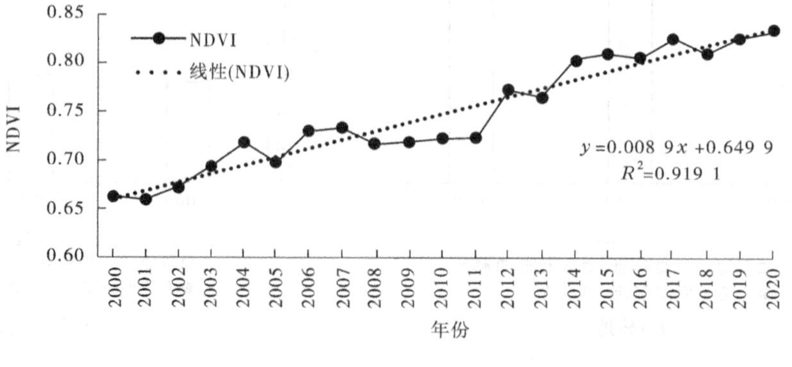

图 10　2000—2020 年清水江流域 NDVI 变化

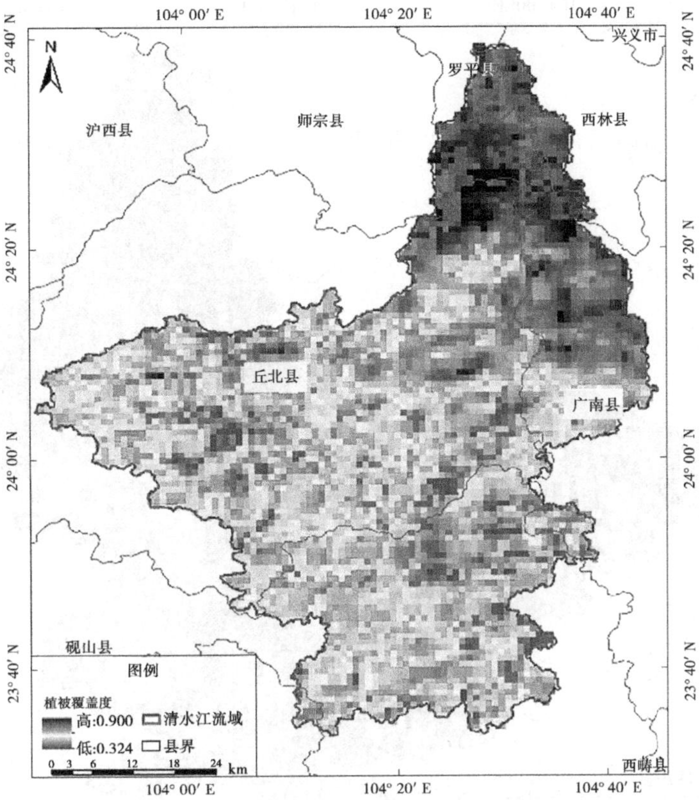

（a）2000 年

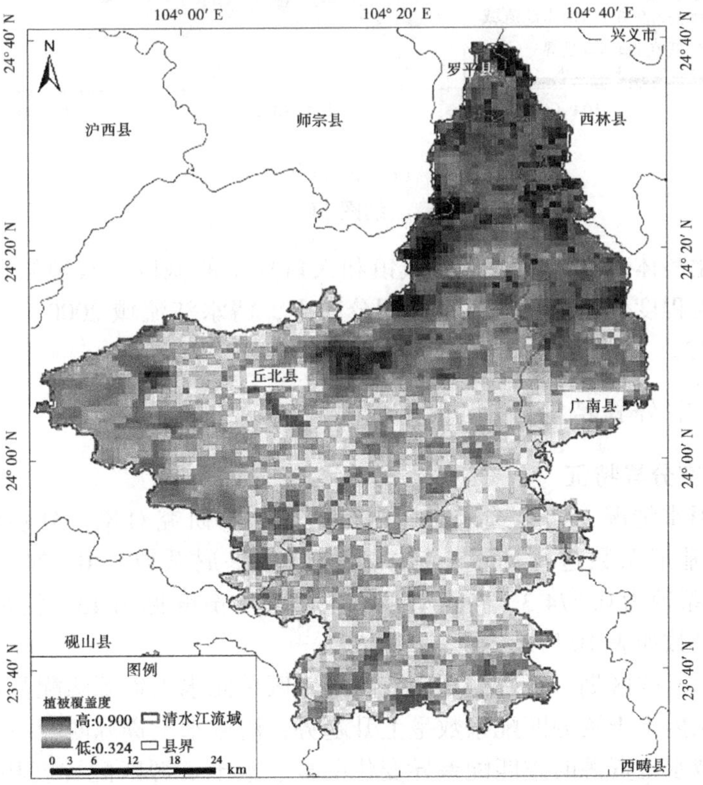

（b）2010 年

图 11　清水江流域 2000 年、2010 年、2020 年植被覆盖情况

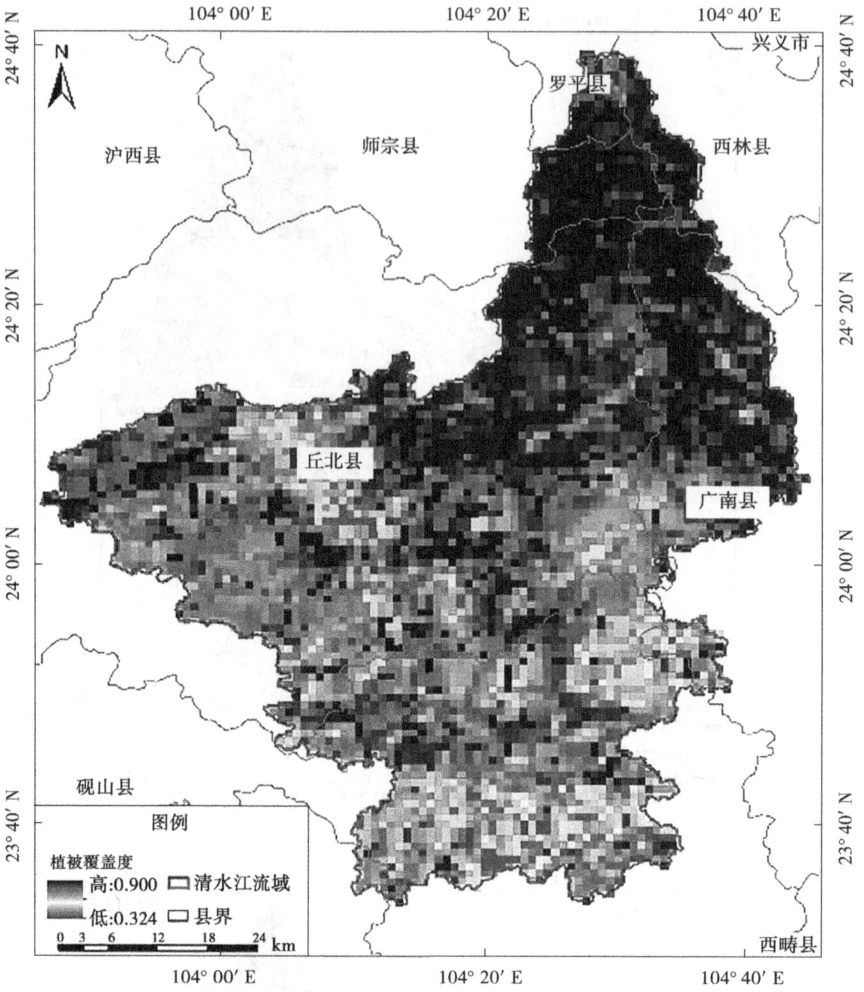

(c) 2020 年

续图 11

空间分布上的变化整体表现为流域下游城镇和人口集中的城区，其植被覆盖程度增大的趋势明显，其他地方植被覆盖程度变化不明显。在时间分布上，清水江流域 2000—2019 年植被覆盖度整体呈现上升趋势，见图 12。

5 水土资源匹配时空分异特征及其问题诊断

5.1 水土资源匹配时空分异特征

依据上述清水江用水情况，初步选取流域内行政区划为研究对象，分别对 2000 年、2010 年及 2020 年水土资源匹配基尼系数进行计算。其中，2000 年基尼系数为 0. 776 1，2010 年基尼系数为 0. 776 0，2020 年基尼系数为 0. 774 3。各类型下水土匹配均衡度见图 13，流域内各土地利用类型下的水土资源匹配基尼系数如表 10 所示。

进一步以空间展示行政区划、行政区划套节点集水区单元水土资源匹配基尼系数。随着时间的推移，清水江流域各单元内水土资源匹配系数呈上升趋势；流域水土资源匹配系数自上游至下游呈增加趋势。整体而言，流域水土资源时空匹配差异变化明显、水土资源匹配程度相对较好，其中丘北县、砚山县存在较差效果。行政区划水土资源匹配基尼系数见图 14。

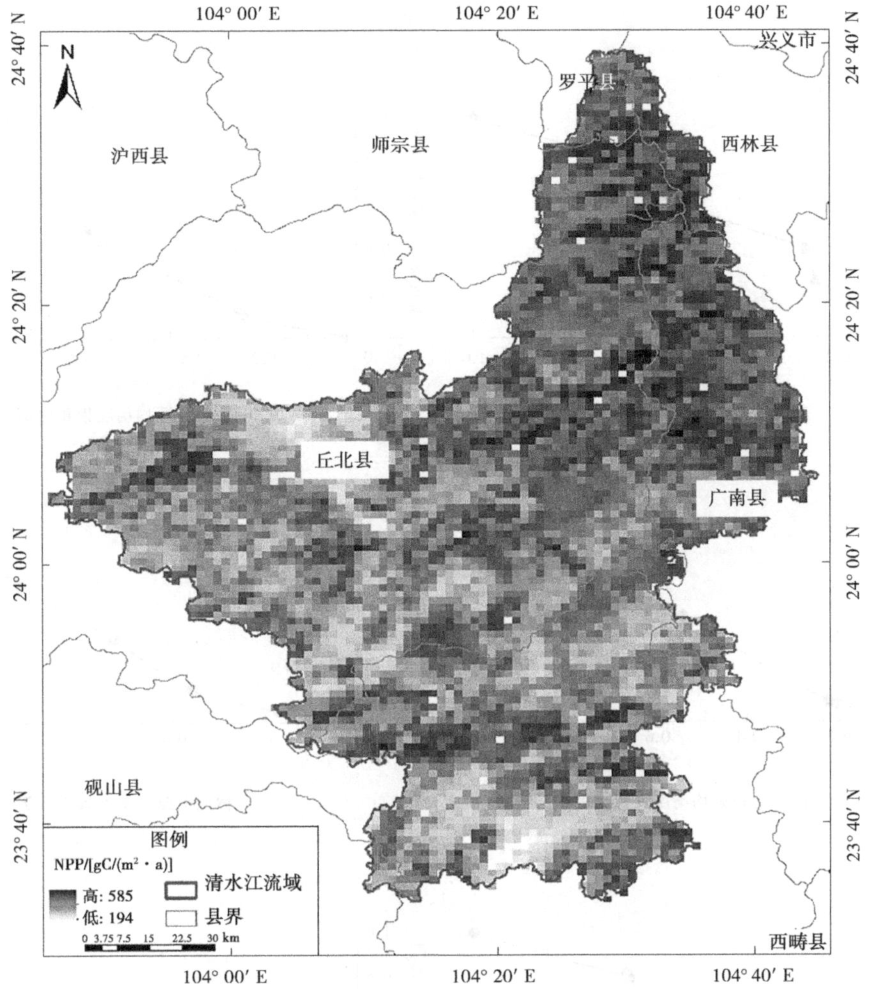

(a)植被初级生产力变化空间分布

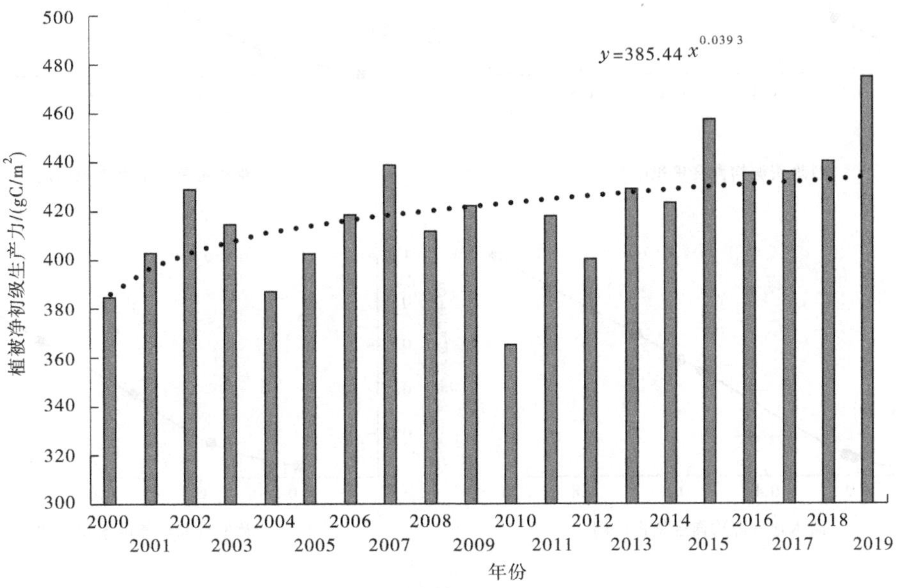

(b)植被初级生产力变化

图 12 清水江流域植被初级生产力变化空间分布及其植被初级生产力变化

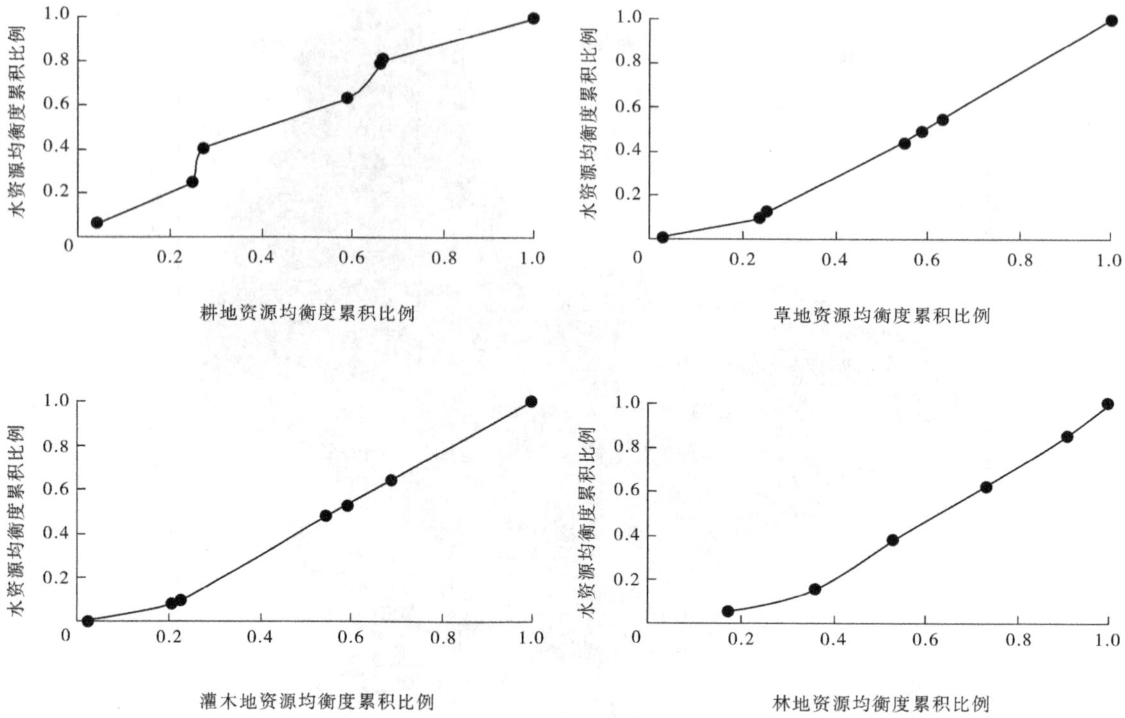

(a)2000年

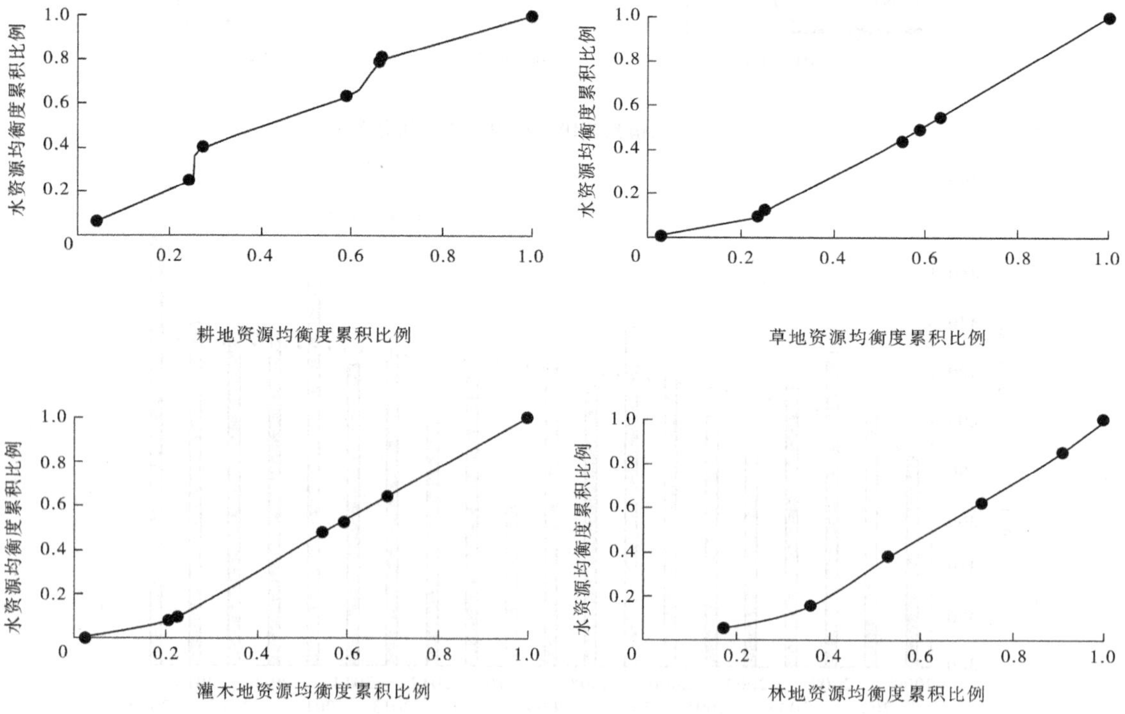

(b)2010年

图 13　各类型下水土匹配均衡度

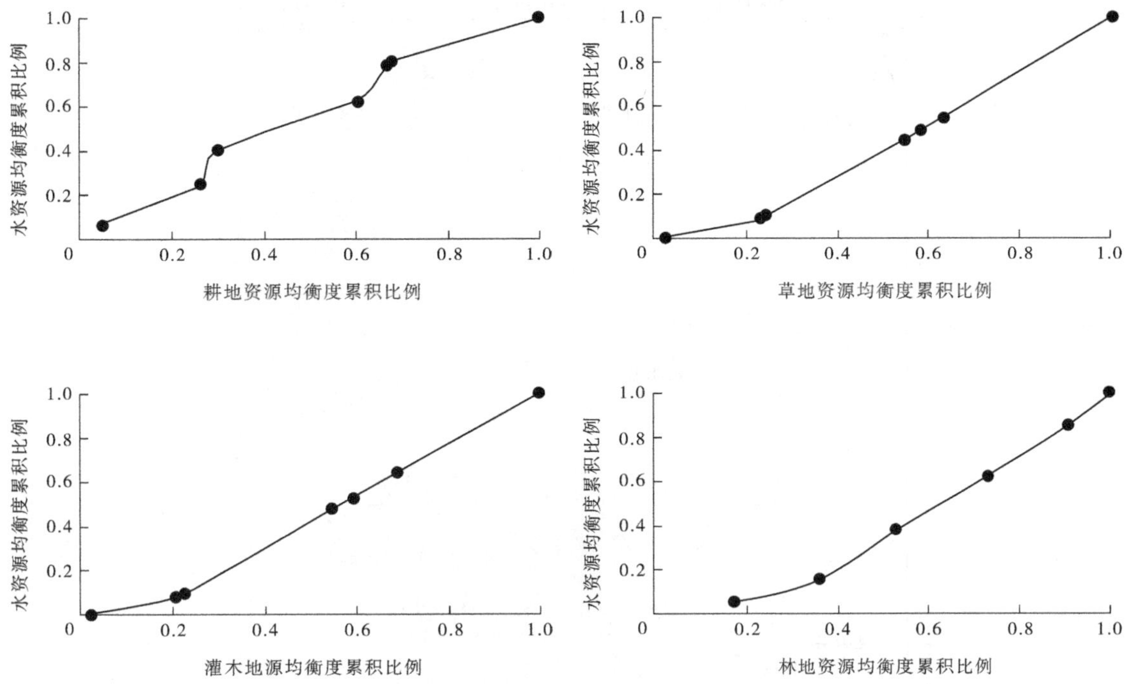

(c)2020年

续图 13

表 10　流域内各土地利用类型下的水土资源匹配基尼系数

类型	草地	耕地	灌木地	林地	人造地面
2020 年	0. 705 786	0. 807 713	0. 737 079	0. 830 290	0. 790 577
2010 年	0. 711 472	0. 805 715	0. 739 713	0. 829 775	0. 793 129
2000 年	0. 708 552	0. 806 540	0. 743 995	0. 829 682	0. 793 296

5. 2　水土资源问题诊断

（1）水土流失及石漠化问题严重，生态环境脆弱且发生退化。

清水江上游属山地丘陵区，坡度变化明显，水系狭长，支流发育相对较差，缺乏水利工程或控制枢纽，水系连通性较差，属山洪泥石流灾害易发区域；流域内城镇多沿河流两侧分布，防洪减灾是流域的主要任务，山区“急流、量大”的基本特征发生改变，可能导致水体自净能力降低，进而削弱水生态系统功能，原生境改变会造成生物多样性的减小。同时，流域中上游局部地区水土流失及喀斯特地区石漠化问题普遍，生态环境较为脆弱，土壤冲蚀殆尽、岩石裸露现象出现可能会降低土地生产力，是生态退化较为突出的方面。

（2）植被覆盖度增速明显，植被类型间水土匹配程度差，存在比率失调问题。

流域内耕地及林地、草地、灌木地等各植被类型斑块未发生转变的面积比例较高，可达 75%；在 2000—2010 年流域内多发生各植被类型斑块间的相互转化，而 2010—2020 年耕地与林地间相互转化的特征更加凸显，由原来的 4. 13%转变为 6. 07%；NDVI 进一步显示植被覆盖度的增速明显，20 年间植被覆盖度提高了 15%左右，多属人工林[11]，各植被类型中草地和灌木地类型水土匹配程序相对较差，土地生产力未能高效利用，流域植被类型斑块间比率存在一定失调。水系连通程度相对较好，但是土地资源的匹配上呈现下降趋势，更多表现在上游区域。

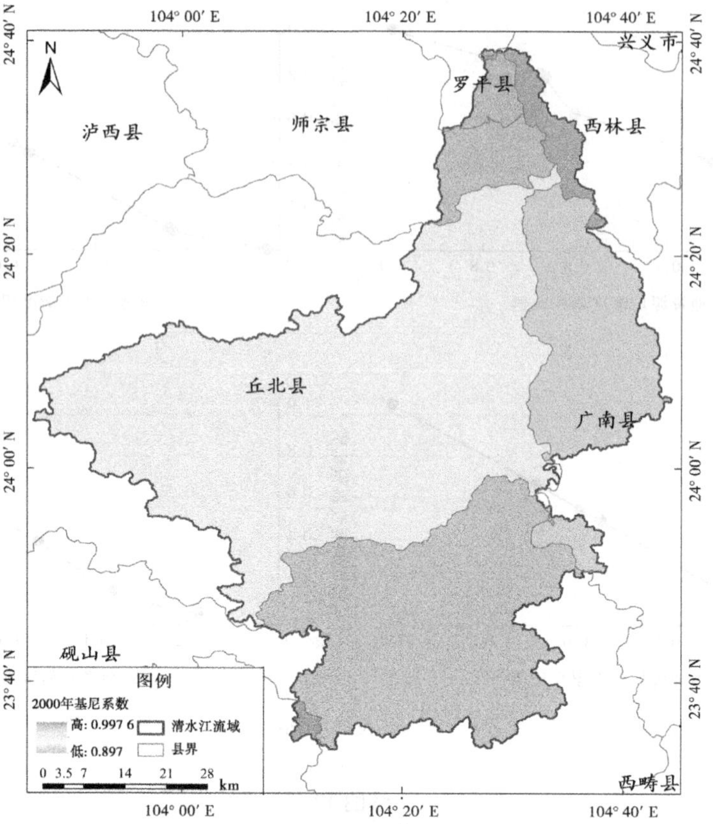

（a）2000 年

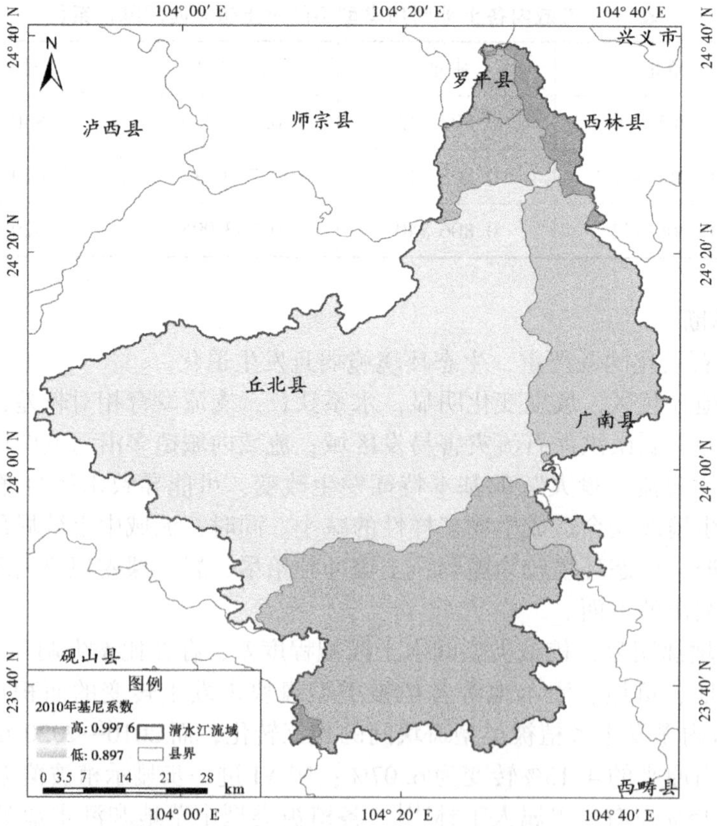

（b）2010 年

图 14　行政区划水土资源匹配基尼系数

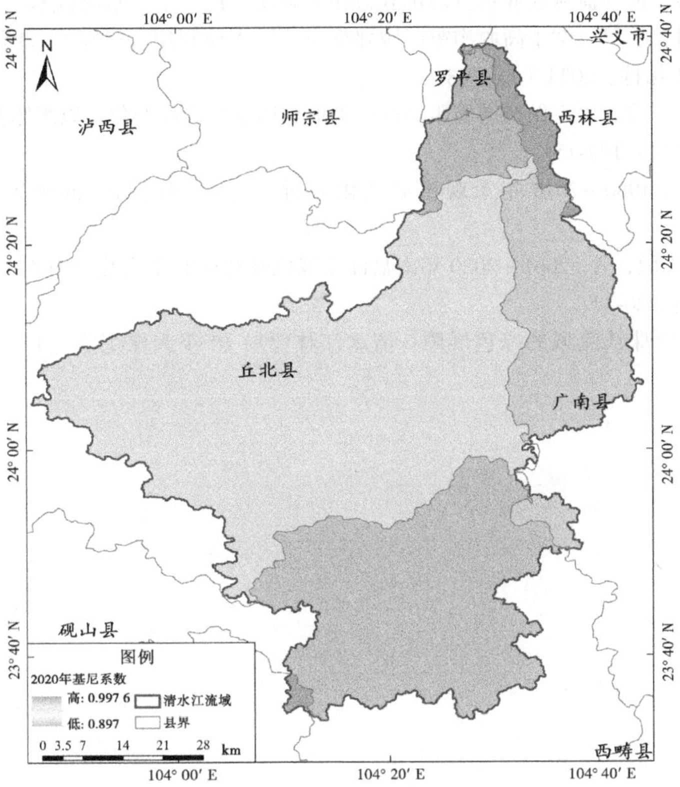

（c）2020 年

续图 14

6 结论

清水江流域年均降水量 988.6 mm，水资源总量 25.0 亿 m^3 且多为地表供水（1.64 亿 m^3）为主。流域内耕地及林地、草地、灌木地等各植被类型斑块未发生转变的面积比例较高，虽 20 年间植被覆盖度提高了 15%左右，但草地和灌木地类型的水土匹配程度相对较差，土地生产力未能高效利用，流域内累积性生态环境问题较为复杂。植被覆盖度增速明显，流域水土资源匹配从下游至上游逐渐变差，时间上存在向好态势，水系连通性仅在中游存在较好控制，不同类型间水土匹配程度整体较差，存在比率失调问题。清水江流域尚需通过设置生态管理目标，科学指导人为修复及河道自修复过程，对流域上游石漠化地区以养源为主系统保护，科学管控省界交水；流域内水文站网布设较为简单，且存在多站监测功能缺失等情况，尚需进一步通过开展有关水文监测设施建设的升级改造和运行监测，实现流域水量统一调度，保障生态流量及主要控制断面生态流量。

参考文献

[1] 吴怡蓉．六条路径推动珠江水利高质量发展［N］．中国水利报，2021-08-27（001）．

[2] 徐光来，许有鹏，王柳艳．基于水流阻力与图论的河网连通性评价［J］．水科学进展，2012，23（6）：776-781.

[3] 高玉琴，肖璇，丁鸣鸣，等．基于改进图论法的平原河网水系连通性评价［J］．水资源保护，2018，34（1）：18-23.

[4] 夏敏，周震，赵海霞．基于多指标综合的巢湖环湖区水系连通性评价［J］．地理与地理信息科学，2017，33（1）：73-77.

[5] 黄梓鑫，李晶，楚晶晶，等．中国农业水土资源时空匹配特征及影响因素研究［J］．人民长江，2024，55（2）：116-124.

[6] 康健，王建华，王素芬．海河流域农业水资源承载力评价研究［J］．水利水电技术，2020，51（4）：47-56.
[7] 王可壮，段义字，刘进德，等．黄土高塬沟壑区城郊型小流域土地利用/覆被时空变化特征研究：以平凉市纸坊沟为例［J］．中国水土保持，2024（7）：48-52.
[8] 涂雯，吴静雯，马理辉，等．水土保持措施驱动村域土地利用景观格局变化：以米脂县高西沟村为例［J］．水土保持学报，2023，37（3）：147-154.
[9] 鞠森，王畅畅．安徽省 1980—2015 年景观格局变化分析［J］．测绘与空间地理信息，2024，47（2）：95-97，100.
[10] 粟凡婕，王加胜，王志敏，等．2001—2020 年南盘江流域植被物候时空变化及其对气候的响应［J］．水土保持研究，2022，29（5）：220-227.
[11] 陈继役．庇护云贵高原珠江流域的绿色屏障：清水江林业局 10 年天保纪实［J］．中国林业，2011，（19）：26-27.

区域节水水平评价指标体系研究

刘中一　吴习锦　牛统莉　宋　歌

（水利部节约用水促进中心，北京　100038）

摘　要： 节约用水是推动经济社会高质量发展的必然要求。开展区域节水水平评价指标体系研究，有助于全面掌握区域节水现状，揭示各层级、各环节节水问题和短板。本文研究构建区域节水水平评价指标体系，其中包含 2 个一级指标、6 个二级指标、10 个三级指标。基于 2015—2022 年数据，采用专家赋权法对各指标进行赋权，利用综合评价法得到全国及各省级行政区节水水平。结果表明，2015—2022 年全国及各省级行政区节水水平整体向好，但区域差异性较大，区域节水水平评价指标体系能够客观真实地反映全国及各省级行政区的区域节水水平。

关键词： 区域节水；指标体系；评价分析

1　研究背景与意义

节约资源是我国的基本国策，是维护国家资源安全、推进生态文明建设、推动高质量发展的一项重大任务。2022 年 9 月，中央全面深化改革委员会第二十七次会议审议通过《关于全面加强资源节约工作的意见》，要求提高能源、水、粮食、土地、矿产、原材料等资源利用效率，加快资源利用方式根本转变。2023 年 4 月，水利部印发《水利部关于全面加强水资源节约高效利用工作的意见》，要求加强水资源节约高效利用，推动全社会节水，促进经济社会高质量发展。2023 年 9 月，国家发展和改革委员会、水利部等七部门联合印发《国家发展改革委等部门关于进一步加强水资源节约集约利用的意见》，要求实施全面节约战略，加快形成节水型生产生活方式，建设节水型社会，推进生态文明建设。2024 年 5 月 1 日《节约用水条例》正式颁布实施，明确任何单位和个人都应当依法履行节水义务。

目前，我国水资源节约工作稳步推进，取得一定成效，但仍然面临节水现状掌握不清、节水效果量化指标不足、评估量化结果作用不突出等问题，亟须构建一套科学合理、清晰直观的节水评价指标体系定量评价区域节水水平，客观反映水资源节约集约利用成效，科学把握节水工作进程和水平，为制定相关政策制度提供科学依据，并直观地向社会大众传递节水水平信息。

2　相关研究现状

我国区域节水水平评价研究正处于初步阶段。2012 年，水利部在节水型社会建设试点的经验基础上，形成了《节水型社会评价指标体系和评价方法》（GB/T 28284—2012），构建了包含综合性指标，农业、工业、生活、水生态与环境用水指标和节水管理指标于一体的综合评价体系，采用分指标权重的综合评价方式对地区的节水型社会建设成果进行评价。2015 年，住房和城乡建设部发布《城市节水评价标准》（GB/T 51083—2015），构建了包含基本条件、基础管理、综合节水、生活节水、工业节水和环境生态节水 6 类评价项目 34 项指标的城市节水评价指标体系。2017 年，水利部启动县

基金项目： 水利部财政项目“水资源节约”（102126212162430009001）。

作者简介： 刘中一（1991—），女，工程师，主要从事节水技术管理等研究工作。

域节水型社会达标建设工作，并出台《节水型社会评价标准（试行）》对县域节水型社会建设成果进行评价考核，以定性评估与部分定量指标相结合的方式对县级行政区的节水管理工作进行评价。2020 年，水利部发布《区域节水评价方法（试行）》（T/CHES 46—2020），构建了包含行业节水效率指标和综合指标 2 类 13 项指标的区域节水评价指标体系。

国内外学者针对区域节水水平评价的研究主要模式包括评价指标筛选、指标体系建立和综合评价，逐步开始重视节水对经济、社会和生态环境的综合影响。臧聪敏等[1] 从综合、生活、生产、生态 4 个方面选取万元 GDP 用水量、城市供水管网漏损率、万元工业增加值用水量、农田灌溉水有效利用系数等 9 项指标对全国节水水平进行评价。侯胜玲[2] 基于“输配过程—利用环节—用水行为”用水机制与过程，从自然状况、节水管理等 4 个方面选取水资源总量、非常规水源利用占比、城镇生活节水器具普及率等 25 个指标建立了节约用水水平评价指标体系，综合分析了全国 31 个省份的节水水平。赵春红等[3] 从万元 GDP 用水量、农田灌溉水有效利用系数、高效节水灌溉面积占比等 8 项指标建立了一套宏观指标和微观指标相结合评价方法。崔金涛等[4] 基于层次分析法从工业、农业、城镇生活 3 个方面，单方工业节水投资、农业节水比例、城镇生活年节水量等 12 个指标构建了新疆节水型社会建设综合评价模型。

虽然目前我国已经开展了区域节水评价或具有节水评价性质的相关工作，但仍存在顶层设计不足、体系框架尚不健全、技术标准薄弱、数据难以获取等问题。本文研究综合考虑现存的问题，通过已有学者研究成果，一方面梳理节水评价指标，建立指标体系备选指标库，基于一定的筛选原则对备选指标递进式筛选，通过逐级删减和精简，最终达到收敛的效果，聚焦在核心指标上，使指标更加清晰、有序和易于理解；另一方面对比不同评价方法的优缺点，并根据研究目的、数据情况等提出分层次、分领域区域节水评价指标体系。

3 区域节水水平评价指标体系构建

3.1 区域节水水平评价指标构建

经梳理统计，能够反映节水水平的节水评价指标有很多，涉及多行业、多领域，本文研究聚焦对区域现状用水节水水平客观评价，区分宏观层面和微观层面，将区域节水水平评价指标体系划分为综合指标和行业指标，在宏观层面考虑数据可获取性和代表性选取三级指标 4 项，在微观层面选取农业、工业、生活、生态领域各自代表性三级指标 6 项。通过梳理相关标准规范[5-6]、报告年鉴[7]、政策文件中相关节约用水统计指标，按照导向性、系统性、层次性及可操作性原则，借鉴有关指标体系构建方法经验，研究提出区域节水水平评价指标体系，指标体系具体由 2 个一级指标、6 个二级指标、10 个三级指标构成（见表 1）。

3.2 基于综合评价法的区域节水水平评价

本文研究对全国 31 个省级行政区 2015—2022 年节水水平进行综合评价。数据来源于《中国水资源公报》《中国水利统计年鉴》《城乡建设统计年鉴》《节约用水管理年报》等统计资料直接或间接计算，其中 2021—2022 年节水灌溉面积占比数据缺失，采用 2020 年数据代替。采用专家赋分法，通过征求节水行业领域专家意见并进行专家赋权，为各项指标赋予相应权重（见表 2），衡量不同指标对于区域节水水平结果的影响。为了统一各指标，对其进行无量纲处理，无量纲化后的数值与其权重按式（1）计算得到区域节水水平评价体系结果（0~1），表征区域节水水平。

$$\text{Index}_{节水} = \sum_{j=1}^{n} w_j p_j \tag{1}$$

式中：n 为三级指标个数；p_j 为标准化后的指标；w_j 为对应指标的权重值。

表 1　区域节水水平评价指标体系

一级指标	二级指标	三级指标	三级指标含义
综合指标	经济效率指标	万元国内生产总值用水量	用水总量与国内生产总值的比值
	控制指标	公共供水管网漏损率	公共供水管网漏损水量占供水总量的比值
		再生水利用率	再生水利用量与污水处理总量的比值
		取水量控制度	实际用水量与取水控制量（用水总量红线）的比值
行业指标	农业节水指标	节水灌溉面积占比	节水灌溉面积占总灌溉面积的比值
		农田灌溉水有效利用系数	灌入田间可被作物利用的水量占渠首引进的总水量的比值
	工业节水指标	万元工业增加值用水量	工业用水量与工业增加值的比值
		工业用水重复利用率	在一定的计量时间内，工业生产过程中使用的重复利用水量占用水量的比值
	生活节水指标	人均生活用水量	生活用水量与常住人口的比值
	生态环境节水指标	人工生态环境补水占比	人工生态环境补水量占用水总量的比值

表 2　评价指标及权重

一级指标	二级指标	二级指标权重	三级指标	三级指标权重
综合指标（0.4）	经济效率指标	0.5	万元国内生产总值用水量	1
	控制指标	0.25	公共供水管网漏损率	0.5
			再生水利用率	0.5
		0.25	取水量控制度	1
行业指标（0.6）	农业节水指标	实际用水占比	节水灌溉面积占比	0.5
			农田灌溉水有效利用系数	0.5
	工业节水指标	实际用水占比	万元工业增加值用水量	0.5
			工业用水重复利用率	0.5
	生活节水指标	实际用水占比	人均生活用水量	1
	生态环境节水指标	实际用水占比	人工生态环境补水占比	1

4　结果与结论

4.1　结果

总体而言，全国各省级行政区节水水平评价结果稳步增长，反映我国节水水平呈逐年提升的趋势（见图 1、图 2），但受地区节水管理水平、经济发展水平、产业结构、水资源禀赋等因素影响，全国各省节水水平呈现一定的差异性。从时间序列来看，2015 年全国节水水平为 0.509，其中节水水平在 0.7 及以上的省级行政区仅有 1 个；2022 年全国节水水平为 0.566，其中节水水平在 0.7 及以上的省级行政区有 2 个。2015—2022 年，全国节水水平增加 0.057，年平均增长率 11.2%；各省级行政区节水水平在 0.211~0.764，各省最大节水水平值减少 4.51%，最大的节水水平值增加 59.52%。从空间序列来看，各省级行政区节水水平差异较大，节水水平从 0.2 到 0.7 不等，全国节水水平北方地区整体略高于南方地区，东部地区高于西部地区，2015 年全国节水水平大于 0.5 的省级行政区集中在华北、华东地区，2022 年全国节水水平大于 0.5 的省级行政区集中在华北、华东、西南等大部分地区。

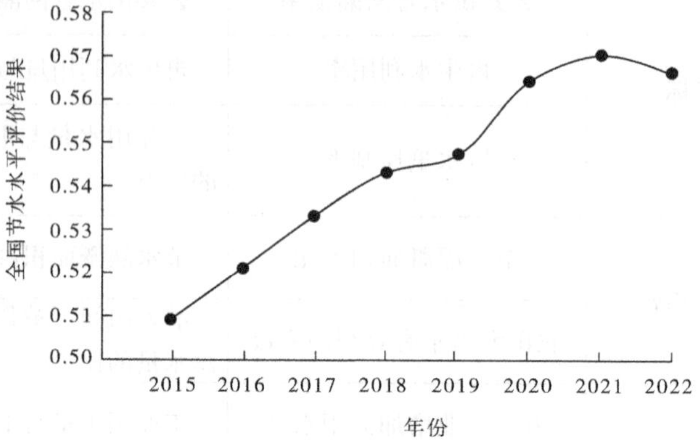

图 1　2015—2022 年全国节水水平评价结果

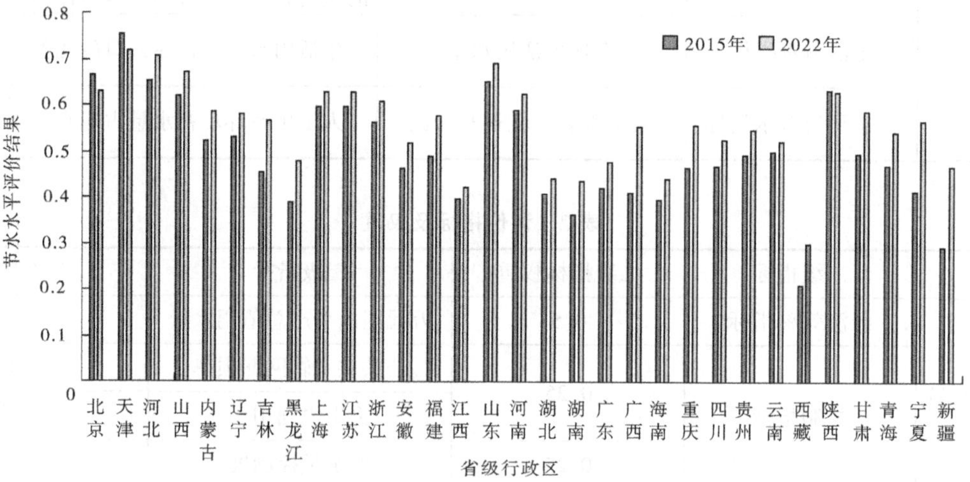

图 2　2015 年、2022 年各省级行政区节水水平评价结果

4.2　结论

本文研究提出综合指标和行业指标 2 个一级指标，经济效率指标、控制指标、农业节水指标、工业节水指标、生活节水指标、生态环境节水指标 6 个二级指标，以及万元国内生产总值用水量、公共供水管网漏损率、再生水利用率等 10 个三级指标，构建一套科学简洁地反映区域节水水平的评价指标体系。采用专家赋权法对各指标进行赋权，综合评价得到全国及各省级行政区节水水平，并从时间序列和空间序列两个维度分析 2015—2022 年全国及各省级行政区节水水平。研究结果表明：

（1）从时间序列来看，2015—2022 年全国及各省级行政区节水水平呈逐年上升趋势，我国节水工作整体向好。

（2）从空间序列来看，各省级行政区节水水平区域差异明显，2015—2022 年全国及各省级行政区节水整体水平均有所提升，华北、华东以及西南部分地区节水水平较高。

参考文献

[1] 臧聪敏，王双银．基于聚类分析及综合权重的全国节水水平评价［J］．节水灌溉，2019（9）：100-104.
[2] 侯胜玲．基于用水过程的全国分区节约用水水平评价［D］．郑州：郑州大学，2021.

[3] 赵春红，张程，张继群，等．区域节水评价方法研究和实践［J］．水利发展研究，2021，21（5）：66-70.
[4] 崔金涛，吐尔逊·买买提明，张磊，等．基于层次分析法的新疆节水型社会建设综合评价［J］灌溉排水学报，2020，39（增刊 2）：129-132.
[5] 中国水利学会．区域节水评价方法（试行）：T/CHES 46—2020［S］．北京：中国水利水电出版社，2021.
[6] 中华人民共和国水利部水资源司．用水指标评价导则：SL/Z 552—2012［S］．北京：中国水利水电出版社，2012.
[7] 中华人民共和国水利部．中国水资源公报 2023［M］．北京：中国水利水电出版社，2024.

三峡水库蓄水后水文泥沙情势变化分析

毕　雪　潘婷婷　王俊洲　杨寅群

（长江水资源保护科学研究所，湖北武汉　430051）

摘　要： 为明晰三峡工程对库区及坝址下游长江干流水文情势的影响，基于实测资料，系统地分析了三峡水库蓄水运用以来库区及坝下水文泥沙变化特征。结果表明，三峡水库蓄水以来，长江干流各站径流量总体变化不大，枯水期径流量百分比增加，输沙量明显减小；三峡水库运用后的2013—2022年，入库沙量仅占初步设计阶段（1956—1990年）的16.1%，水库泥沙淤积量为初步设计阶段预测成果的32%，绝大部分淤积在常年回水区和死库容内；受上游来沙减小和三峡水库蓄水拦沙影响，坝下输沙量大幅减小，长江中游"滩、槽均冲"，悬移质泥沙颗粒明显变粗，主要冲刷发生在宜昌至城陵矶段。

关键词： 三峡水库；水文；泥沙；趋势分析；长江

三峡工程是我国重大水利枢纽工程，对长江流域生态环境的影响受到社会各界的关注。三峡水库自2003年首次蓄水，水库水位先后经历了135 m、156 m和175 m高程的变化。随着水库蓄水位不断升高，水文泥沙情势发生重大改变。本文将对2003年三峡水库蓄水以来进出库水沙特性、库区泥沙冲淤和坝下游水沙变化与河道冲刷等情况进行系统的分析总结，试图为三峡工程安全、高效、健康运行提供科技支撑。

1　研究区域及数据来源

1.1　研究区域及三峡蓄水

研究区域为三峡库区及三峡坝址下游长江江段，长江水利委员会和地方水文部门在该区域设置了朱沱、武隆、北碚、寸滩、宜昌、沙市、汉口、大通等水文站。研究时段包括三峡水库围堰蓄水、初期蓄水、试验性蓄水和正常蓄水，共计20年（2003—2022年）。三峡水库2003年开始正式蓄水，蓄水阶段水位变化见表1。

表1　三峡水库蓄水阶段水位变化

蓄水阶段	蓄水水位/m	时间（年-月）	回水末端
围堰蓄水期	135	2003-06～2006-09	涪陵区李渡
初期蓄水期	156	2006-10～2008-09	重庆铜锣峡
试验性蓄水期	175	2008-10～2012-12	重庆主城区
正常蓄水期（竣工验收后）	175	2013-01～2022-12	江津区花红堡

1.2　研究数据及研究方法

所用数据为长江水利委员会所属三峡水库入、出库主要水文控制站1956—2022年径流量、输沙

基金项目： 湖北省自然科学基金项目（2023AFB872）。

作者简介： 毕雪（1984—），女，高级工程师，主要从事流域规划及水利水电工程环境影响评价方面的工作。

通信作者： 杨寅群（1986—），男，正高级工程师，主要从事水资源保护规划与管理方面的工作。

量及泥沙级配等实测资料，三峡水库库区和长江中游宜昌至湖口河段实测地形和固定断面资料。

本文在前人研究成果和大量实测资料的基础上，采用水文学、数理统计学相结合的分析方法，着重对长江上游水沙变化进行分析，考虑三峡水库蓄水运用对长江中下游水沙变化带来的影响，重点对三峡水库蓄水运用前、后水沙变化进行对比分析。河道冲淤计算采用地形（断面）法和输沙量法（也称输沙率法、沙量平衡法）。对于三峡水库而言，采用输沙量法计算水库淤积量，根据地形和固定断面资料分析水库淤积形态和分布。实测资料表明，采用输沙量法和断面法计算三峡水库淤积量的差别很小，基本在5%以内。长江中游河道冲淤计算，则采用较为常见的断面法。

2 入库水文泥沙变化特点

2.1 径流量

三峡工程论证和初步设计阶段，三峡水库1956—1990年年均入库（朱沱+北碚+武隆，下同）水、沙量分别为3 873亿m^3和4.91亿m^3。三峡水库蓄水后，与初步设计阶段相比各时段年来水量略有偏少，连续3个月枯季径流量增加，其占年径流百分比由7.3%增加到11.7%（见表2）。

表2 各重要时段三峡入库（朱沱+北培+武隆）径流及其变化

时段	年径流量		连续3个月枯季径流（1—3月）		
	径流/亿m^3	与初步设计相对差/%	径流/亿m^3	占年比例/%	与初步设计阶段占年比例差/%
①初步设计阶段（1956—1990年）	3 873	—	282	7.3	—
②135 m水位运行期（2003年6月至2006年9月）	3 735	-3.6	334	8.9	1.6
③156 m水位运行期（2006年10月至2008年9月）	3 473	-10.3	307	8.8	1.5
④175 m试验性蓄水期（2008年10月至2012年12月）	3 634	-6.2	334	9.2	1.9
⑤竣工验收后（2013年1月至2022年12月）	3 821	-1.3	446	11.7	4.4

2.2 悬移质输沙量

1991年以来，长江上游径流量变化不大，受水利工程拦沙、水土保持减沙和河道采沙等影响，输沙量发生质的变化，减少趋势明显[1]，175 m试验性蓄水期年均输沙量占初步设计阶段的39.3%，2013—2022年年均输沙量占初步设计阶段的16.1%（见表3）。

表3 不同时期三峡水库入库沙量特征值统计表

时段	入库沙量	
	年均输沙量/万t	占初步设计阶段百分比/%
①初步设计阶段（1956—1990年）	49 100	100
②135 m水位运行期（2003年6月至2006年9月）	20 700	42.2
③156 m水位运行期（2006年10月至2008年9月）	19 700	40.1
④175m试验性蓄水期（2008年10月至2012年12月）	19 300	39.3
⑤竣工验收后（2013年1月至2022年12月）	7 926	16.1

2.3 推移质输沙量

自20世纪80年代以来，进入三峡库区的推移质泥沙量总体呈下降趋势。以寸滩站为例，2002年前寸滩站年均砾卵石推移量为22.0万t，2003—2022年寸滩站年均砾卵石推移质输沙量为4.048万t，较2002年前均值减少81.6%；1991—2002年寸滩站沙质推移质输沙量为25.8万t，2003—2022年寸滩站沙质推移质输沙量为0.475万t，较1991—2002年均值减小98.2%（见图1）。

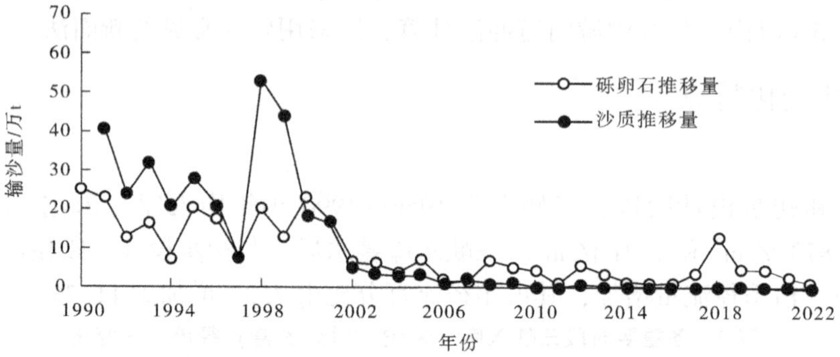

图1　寸滩站砾卵石推移质和沙质推移质历年推移质输沙量变化情况

3　库区水文泥沙变化分析

3.1 径流量变化特征

清溪场水文站位于三峡库区，距离三峡坝址472.2 km，以清溪场水文站为代表站分析库区径流变化。2002年以前，清溪场站多年平均年径流量为3 953.1亿m^3，其中7—9月占全年径流量的49.91%（见表4），1—3月仅占全年径流量的8.33%。三峡水库蓄水后，清溪场站2003—2022年多年平均年径流量为3 797亿m^3，其中7—9月径流量占全年的47.75%（见表4），1—3月径流量占全年的10.35%。蓄水后清溪场站7—9月径流量占年径流百分比减少2.16个百分点，1—3月径流量占年径流百分比增加2.02个百分点。

表4　三峡水库蓄水前后清溪场站径流特征统计分析表

时段		1月	2月	3月	4月	5月	6月	7月	8月	9月	10月	11月	12月	1—3月	7—9月	年
蓄水前（1984—2002年）	径流量/亿m^3	116	97.1	116	159	265	447	755	652	566	411	222	147	329.1	1 973	3 953.1
	百分比/%	2.93	2.46	2.93	4.02	6.70	11.31	19.10	16.49	14.32	10.40	5.62	3.72	8.33	49.91	100
蓄水后（2003—2022年）	径流量/亿m^3	138	112	143	179	273	400	680	594	539	374	217	148	393	1 813	3 797
	百分比/%	3.63	2.95	3.77	4.71	7.19	10.53	17.91	15.64	14.20	9.85	5.72	3.90	10.35	47.75	100

3.2 入出库泥沙量和淤积量

在三峡工程论证和初步设计阶段，采用数学模型，以长江干流寸滩站+乌江武隆站1961—1970系列年的水沙资料作为代表性的入库水沙条件进行计算，水库运用前10年，库区年淤积泥沙量为3.28亿t，排沙比为34.4%[2]。三峡工程蓄水运行以来，由于入库泥沙较初步设计值大幅度减小，三峡库区泥沙淤积量大为减少。蓄水后2003年6月至2022年12月，三峡水库入库悬移质泥沙量为26.943亿t，出库（黄陵庙站）悬移质泥沙量为6.349亿t，不考虑三峡库区区间来沙，水库淤积泥沙量为20.594亿t，年均淤积泥沙量为1.052亿t，仅为论证阶段预测成果（数学模型采用1961—1970系列年预测）的32%，水库排沙比为23.6%（见表5）。

表5　三峡水库年均入出库泥沙量与水库淤积量统计

时段	累积量/亿t			年均量/亿t			排沙比/%
	入库泥沙量	出库泥沙量	淤积量	入库泥沙量	出库泥沙量	淤积量	
①初步设计阶段（1961—1970年）	50	17.2	32.8	5	1.72	3.28	34.4
②135 m水位运行期（2003年6月至2006年9月）	7.004	2.59	4.414	2.155	0.797	1.358	37
③156 m水位运行期（2006年10月至2008年9月）	4.435	0.832	3.603	2.129	0.399	1.729	18.8
④175 m水位运行期（2008年10月至2022年12月）	15.504	2.927	12.577	1.266	0.239	1.027	18.9
⑤水库蓄水后（2003年6月至2022年12月）	26.943	6.349	20.594	1.376	0.324	1.052	23.6

3.3　库区泥沙淤积

三峡工程蓄水运行以来，主要是受入库泥沙量大幅度减少、河道采砂和水库调度等的影响，水库变动回水区总体表现为冲刷，泥沙淤积主要集中在涪陵以下的常年回水区。2003年3月至2022年11月库区干流累计淤积泥沙量为17.678亿m^3，其中变动回水区（江津至涪陵段）累计冲刷泥沙量为0.702亿m^3；常年回水区淤积泥沙量为18.380亿m^3，见表6。

表6　三峡水库变动回水区及常年回水区泥沙冲淤量　　单位：亿m^3

时间	变动回水区				常年回水区				合计
	江津至大渡口	大渡口至铜锣峡	铜锣峡至涪陵	小计	涪陵至丰都	丰都至奉节	奉节至大坝	小计	
围堰发电期（2003年3月至2006年10月）	—	—	−0.017	−0.017	0.020	2.698	2.735	5.453	5.436
初期运行期（2006年10月至2008年10月）	—	—	0.107	0.107	−0.003	1.294	1.104	2.396	2.502
175 m试验性蓄水后（2008年10月至2022年11月）	−0.420	−0.183	−0.189	−0.792	0.509	7.323	2.699	10.531	9.740
水库蓄水后（2003年3月至2022年11月）	−0.420	−0.183	−0.099	−0.702	−0.526	11.316	6.538	18.380	17.678

注：本表数据来自《长江三峡工程水文泥沙公报》（姚金忠、程海云主编）。

从库区冲淤量沿时间分布来看，三峡水库围堰发电期（2003年3月至2006年10月），库区累计淤积泥沙量为5.436亿m^3，年均淤积量为1.812亿m^3，泥沙主要淤积在丰都至奉节段和奉节至大坝段；初期运行期（2006年10月至2008年10月），库区累计淤积泥沙量为2.502亿m^3，年均淤积量为1.251亿m^3；进入175 m试验性蓄水后，2008年10月至2022年11月库区累计淤积泥沙量为

9. 740 亿 m^3，年均冲淤量为 0. 692 亿 m^3。三峡水库库区各河段泥沙年均冲淤强度对比如图 2 所示。

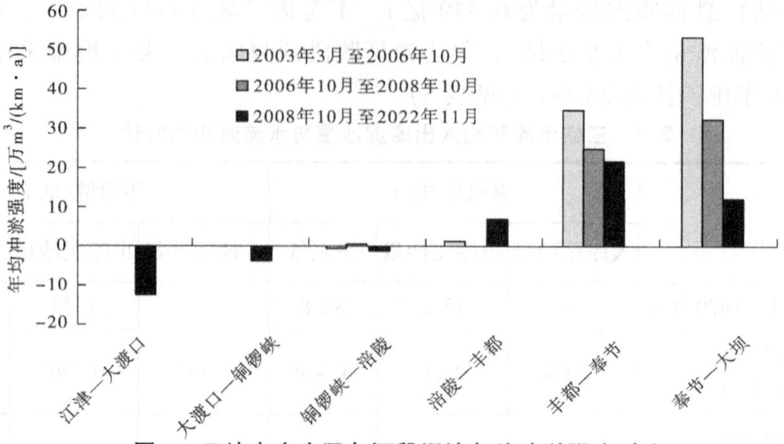

图 2　三峡水库库区各河段泥沙年均冲淤强度对比

2003—2022 年，库区 175 m 高程下干流河段累计淤积泥沙量为 17. 286 亿 m^3。其中，145 m 高程下淤积泥沙量为 15. 917 亿 m^3，占 175 m 高程下库区总淤积泥沙量的 92%，淤积在水库防洪库容内的泥沙量为 1. 370 亿 m^3，占 175 m 高程下库区总淤积泥沙量的 7. 9%，占水库防洪库容（221. 5 亿 m^3）的 0. 62%，水库有效库容损失较小。从占防洪库容泥沙沿程淤积分布来看，防洪库容内的淤积泥沙主要位于大坝至庙河河段、白帝城至关刀峡河段和云阳至涪陵河段。2003—2022 年三峡水库库区干流河段防洪库容内泥沙沿程淤积分布如图 3 所示。

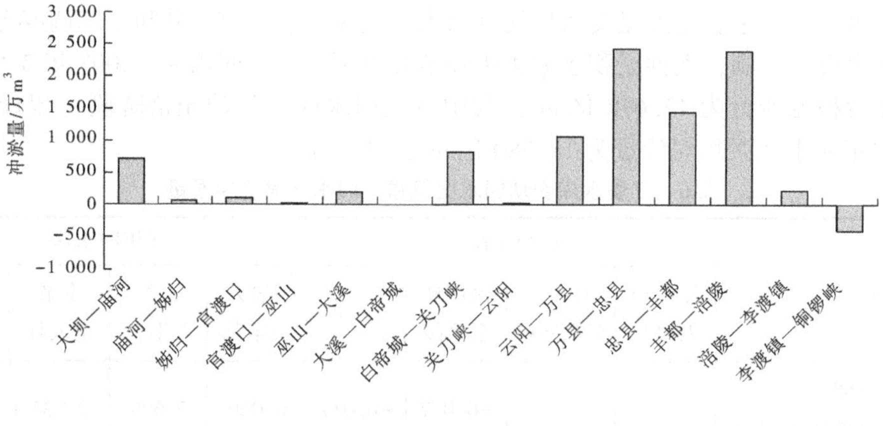

图 3　2003—2022 年三峡水库库区干流河段防洪库容内泥沙沿程淤积分布

4　坝址下游水文泥沙变化分析

4. 1　水文泥沙年际变化

三峡工程蓄水运行后，2003—2022 年坝址下游宜昌站、沙市站、汉口站和大通站年均径流量分别为 4 186 亿 m^3、3 905 亿 m^3、6 928 亿 m^3 和 8 771 亿 m^3，较建库前分别减少 4%、1%、3%和 3%。由于水库上游来沙偏少和三峡水库拦沙作用，坝下游各站输沙量沿程减小，且减幅沿程递减，2003—2022 年宜昌站、沙市站、汉口站、大通站年均输沙量较建库前年均值分别偏少 93%、89%、77%和 70%，见表 7。

4. 2　径流量年内变化

随着水库实现正常蓄水，枯水期（1—3 月）径流分配百分比逐步增加，环保验收后（2013—2022 年）与建库前（初步设计阶段，1956—1990 年）相比，宜昌站、汉口站和大通站枯水期（1—3 月）径流分配百分比分别增加了 5. 7 个百分点、5. 3 个百分点和 4. 7 个百分点。

表7 三峡水库蓄水运用前后长江中下游主要水文站径流量、输沙量

时段	径流量			输沙量		
	2002年以前/亿 m^3	2003—2022年/亿 m^3	变化率/%	2002年以前/万t	2003—2022年/万t	变化率/%
宜昌站	4 369	4 186	-4	49 200	3 214	-93
沙市站	3 942	3 905	-1	43 400	4 814	-89
汉口站	7 111	6 928	-3	39 800	9 210	-77
大通站	9 052	8 771	-3	42 700	12 918	-70

4.3 泥沙粒径变化

三峡水库蓄水后，下游水流含沙量发生了如下变化：一是大部分粗颗粒泥沙被拦截在库内，2002年以前宜昌站泥沙中值粒径为0.009 mm，粗颗粒百分比为9.0%，2003—2020年，宜昌站泥沙中值粒径为0.006 mm，粗颗粒百分比减小为4.8%。二是坝下游水流含沙量大幅减小，河床沿程冲刷，干流各站悬沙明显变粗，粗颗粒泥沙含量明显增多，2002年以前枝城站、沙市站、监利站、螺山站、汉口站和大通站泥沙中值粒径分别为0.009 mm、0.012 mm、0.009 mm、0.012 mm、0.010 mm和0.009 mm，粗颗粒百分比分别为6.9%、9.8%、9.6%、13.5%、7.8%和7.8%；2003—2020年，枝城站、沙市站、监利站、螺山站、汉口站和大通站泥沙中值粒径分别为0.009 mm、0.016 mm、0.047 mm、0.013 mm、0.015 mm和0.011 mm，粗颗粒百分比分别为13.3%、26.3%、38.0%、20.0%、19.3%和9.3%。三峡水库坝下游主要控制站中值粒径、不同粒径级百分数分别见表8、表9。

表8 三峡水库坝下游主要控制站中值粒径 单位：mm

控制站		宜昌站	枝城站	沙市站	监利站	螺山站	汉口站	大通站
中值粒径	2002年以前	0.009	0.009	0.012	0.009	0.012	0.010	0.009
	2003—2020年	0.006	0.009	0.016	0.047	0.013	0.015	0.011

表9 三峡水库坝下游主要控制站不同粒径级百分数对比表

范围/mm	时间	测站沙重百分数/%						
		宜昌站	枝城站	沙市站	监利站	螺山站	汉口站	大通站
$d \leq 0.031$	2002年以前	73.9	74.5	68.8	71.2	67.5	73.9	73.0
	2003—2020年	87.0	75.3	60.8	45.9	65.6	63.2	71.7
$0.031 < d \leq 0.125$	2002年以前	17.1	18.6	21.4	19.2	19.0	18.3	19.3
	2003—2020年	8.2	11.3	12.9	16.2	14.5	17.5	19.0
$d > 0.125$	2002年以前	9.0	6.9	9.8	9.6	13.5	7.8	7.8
	2003—2020年	4.8	13.3	26.3	38.0	20.0	19.3	9.3

4.4 坝下河道冲刷

三峡水库下游河道冲刷主要影响至湖口河段，坝址下游宜昌至鄱阳湖口为长江中游，长955 km，沿江两岸汇入的支流主要有清江、洞庭湖水系、汉江、倒水、举水、巴河、流水、鄱阳湖水系等。荆江南岸有松滋口、太平口、藕池口、调弦口4口分流入洞庭湖（调弦口于1959年建闸封堵）。

在三峡工程修建前的数十年中，长江中游河床冲淤变化较为频繁，1975—1996年宜昌至湖口河段总体表现为淤积，平滩河槽（宜昌站流量为30 000 m^3/s 对应水面线以下的河床，下同）淤积量为

17 930 万 m^3，年均淤积量为 854 万 m^3；1996—1998 年淤积量为 19 870 万 m^3，除上荆江和城陵矶至汉口段有所冲刷外，其他各河段泥沙淤积较为明显；1998 年大水后，受大规模的堤防加固、河道整治、航道整治等工程影响，宜昌以下河段河床冲刷较为剧烈，1998—2002 年（城陵矶至湖口河段为 1998—2001 年），宜昌至湖口河段冲刷量为 54 700 万 m^3，年均冲刷量达 17 010 万 m^3。

三峡工程蓄水运行以来，2002 年 10 月至 2021 年 4 月，坝下游宜昌至湖口河段河道平滩河槽冲刷量为 262 439 万 m^3，冲刷主要集中在枯水河槽，占总冲刷量的 92%。从冲淤量沿程分布来看，宜昌至城陵矶河段河床冲刷较为剧烈，平滩河槽冲刷量为 143 265 万 m^3，占总冲刷量的 55%；城陵矶至汉口、汉口至湖口河段平滩河槽冲刷量分别为 50 199 万 m^3、68 975 万 m^3，分别占总冲刷量的 19%、26%。

从冲淤量沿时间分布来看，三峡水库蓄水后的前 4 年（2002 年 10 月至 2006 年 10 月），宜昌至湖口河段平滩河槽冲刷量为 61 637 万 m^3，年均冲刷量为 14 377 万 m^3；2006 年 10 月至 2008 年 10 月（三峡工程初期蓄水期），宜昌至湖口河段平滩河槽冲刷量为 909 万 m^3，年均冲刷量为 454 万 m^3。三峡工程 175 m 蓄水运行后（2008 年 10 月至 2021 年 4 月，平滩河槽冲刷量为 199 893 万 m^3），年均冲刷量为 15 377 万 m^3。

5 主要结论

（1）三峡水库蓄水后，长江上游径流量总体变化不大，枯水期径流量增加，其占年径流百分比由 7.3%增加到 11.7%。三峡水库入库沙量显著减小，2013—2022 年均入库沙量仅占初步设计阶段（1956—1990 年）的 16.1%。2003—2022 年寸滩站沙质推移质输沙量为 0.475 万 t，较 1991—2002 年均值减小 98.2%。

（2）受到入库沙量显著减少的影响，蓄水后（2003—2022 年），三峡水库淤积泥沙量为 20.594 亿 t，年均淤积泥沙量为 1.052 亿 t，仅为论证阶段（1961—1970 年）的 32%，水库排沙比为 23.6%。绝大部分泥沙淤积在常年回水区和死库容内，未对水库的调度运行造成不利影响。

（3）受上游来沙减小和三峡水库蓄水拦沙影响，坝下游输沙量大幅减小，宜昌水文站输沙量减少了 93%，枯水期径流百分比增加。长江中游原有泥沙冲淤平衡状态被打破，河床发生沿程冲刷，2002 年 10 月至 2021 年 4 月，坝下游宜昌至湖口河段河道平滩河槽冲刷量为 262 439 万 m^3，冲刷主要集中在枯水河槽，主要发生在宜昌至城陵矶河段。受河道冲刷影响，下游枝城站、沙市站、监利站、螺山站、汉口站和大通站等水文站泥沙中值粒径增大，粗颗粒百分比增加。

参考文献

[1] 许全喜，张小峰，袁晶．长江上游河流输沙量时间序列跃变现象研究［J］．长江流域资源与环境，2009，18（6）：555-562.

[2] 长江水利委员会．三峡工程泥沙研究［M］．武汉：湖北科学技术出版社，1997.

水风光协同运行下典型天气模式提取

陈柯兵[1]　何奇锴[2]

(1. 长江水利委员会水文局，湖北武汉　430010；
2. 长江水利水电开发集团（湖北）有限公司，湖北武汉　430010)

摘　要：风、光资源作为自然资源，易受天气模式的影响，特别是常见的、为期数日的天气模式，本文提取了连续天气模式下风电、光电的典型场景，采用了基于 K-means 聚类算法和同步回代缩减算法相结合的场景缩减方法提取连续天气模式典型场景。研究成果表明采用的方法能够挑选出不同连续天气模式下风电、光电出力的典型场景，为水风光协同运行提供参考样本。

关键词：水风光协同运行；典型天气模式；K-means 聚类算法；同步回代缩减算法

1　引言

天气模式是指反映同一类型天气变化的典型模式，即针对历史出现过的各种相似天气形势或演变过程，按照天气预报的需要通过规律或特征划分成的若干类别[1]。将连续一段时间天气变化的典型过程称之为连续天气模式，特指时间尺度为连续一周的典型过程。

风电和光电连续数天出力场景存在差异，易受季节、气候等条件影响。且天气的形成、发展具有一定的连贯性，天气系统和气候模式会影响一段时期内的天气，可能会出现连晴或连阴的情况[2]。因此，为了挑选出具有代表性的天气模式典型场景，有必要对大量的已有场景进行缩减，有针对性地开展不同连续天气模式下的多能协同运行研究。本文采用基于 K-means 聚类算法和同步回代缩减算法相结合的场景缩减方法，并利用肘部法则与轮廓系数判断风电、光电的最佳类别个数，通过筛选掉相似度较高的场景，使缩减前后场景集合之间的概率距离最小，提取出连续天气模式典型场景。

2　连续天气模式场景特性

连续天气模式的场景特性主要取决于具体的天气模式，其变化趋势可以通过气象要素的变化来反映，比如风速、降雨量和辐照强度等。然而风电场和光电场的出力易受风力大小和光照强度等气象因素的影响，因此其出力曲线具有一定的随机性、波动性和间歇性。随机性是指具有一定概率分布的事件集合中各事件表现出的不确定性；波动性是指数据在短时间内表现出明显的上升或下降趋势的统计性指标；间歇性是指某事件在时间上表现出的不连续性和不稳定性。分别对风电场、光电场的出力变化曲线进行分析，探究其时序变化特性和场景间变化规律。

2.1　风电出力场景特性

风电场的短期尺度发电出力的变化，主要取决于短时间内风速和风向的变化、天气类型以及风电场的地理位置。风电场短期发电出力具有较大的随机性和波动性，主要影响日常运行中发电机组的开机计划以及旋转备用容量的确定。影响风电中长期出力特性的因素包括季节性变动、气候影响等原因造成的年际变动等，这方面的出力变化对电网的日常运行和管理影响较小，但对电力系统的中长期规划具有重要的参考意义[3]。图 1 为我国西北某地区全年的风电出力变化曲线，图 2 为该年数据中随机

作者简介：陈柯兵（1993—），男，高级工程师，主要从事水资源规划与管理方面的工作。

选取的连续一周的风电出力变化曲线。

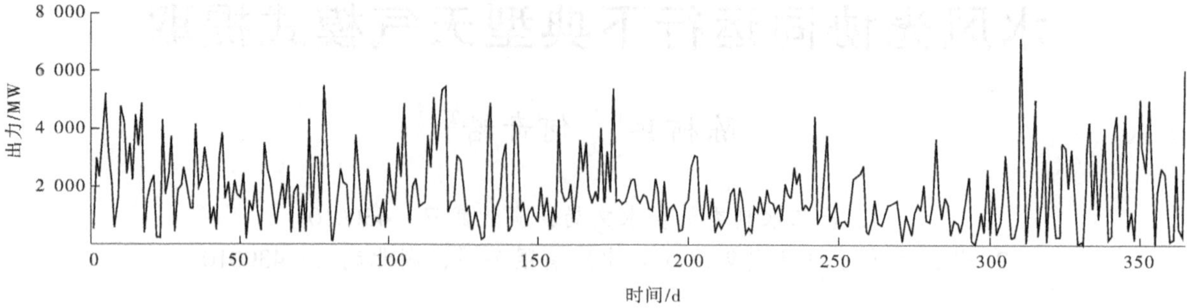

图 1　全年风电出力曲线

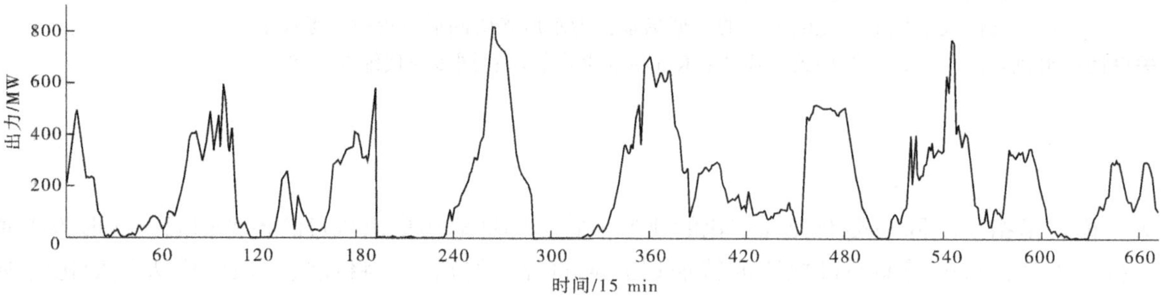

图 2　连续一周风电出力曲线

如图 1、图 2 所示，根据风电出力曲线的变化分析，可以总结出风功率的特性如下：

（1）风电出力的随机性。即全年各时刻风电出力变化具有不确定性，这种不确定性可以用风出力概率分布来描述，现有研究表明，某地区的风电出力近似服从威布尔分布。

（2）风电出力的波动性。受风速波动的影响，短时间内风电出力波动明显，相邻时刻数据变化较大，甚至会出现较大的跃变。

（3）风电出力的间歇性。由于风速的间歇性，对于某一测速点的任意时间段，风速变化不具有连续性，风电出力的间歇性表现为风速较大或较小时其出力均为零，即存在部分时刻风电出力为零。

2.2　光电出力场景特性

光电是优质的可再生能源，具有清洁、灵活的特点，能有效改善能源结构、增加能源供应。光电场的短期发电出力变化，主要取决于短时间内太阳辐射强度的变化、环境温度改变和光伏板的地理位置，短时间内具有较强的随机性和不可控性，并网运行将对电网的有功调度、无功控制及电压稳定等调控带来压力。光电中长期出力特性的影响包括气候变化和季节变化，从一定程度上改变太阳辐射强度、日照时间、云层覆盖等因素，掌握光电的随机特性和周期特性将对提高光伏并网利用率具有重要指导意义[4]。图 3 为我国西北某地区全年的光电出力变化曲线，图 4 为全年数据中随机选取的连续一周的光电出力变化曲线。

如图 3、图 4 所示，经过对光电出力曲线变化的分析，可以得到光功率的特性如下：

（1）光电出力的随机性。全年光电出力数据显示，光电出力在任意时刻均存在一定的不确定性，并近似服从贝塔概率分布。光电出力的大小在不同的时间段具有一定的随机性。

（2）光电出力的波动性。光照强度的变化受到云层遮蔽等气象因素的影响，导致光电出力出现较大的波动性。如图 4 所示，白天的光电出力随太阳辐射平稳变化，但在短时间内，光电出力数据出现一定的波动性。

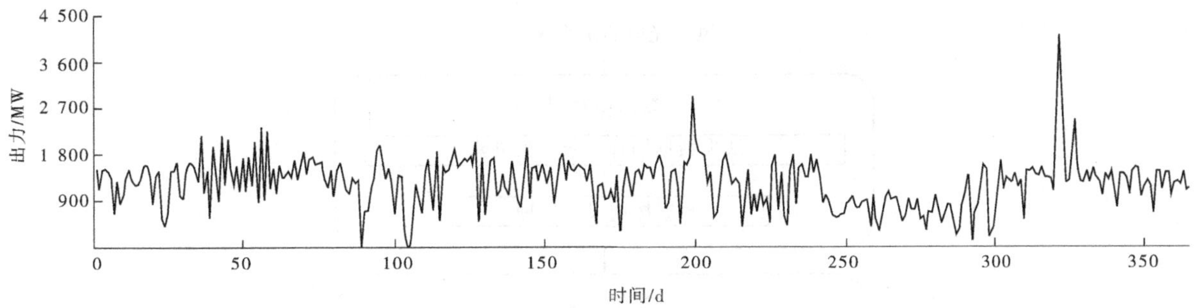

图 3　全年光电出力曲线

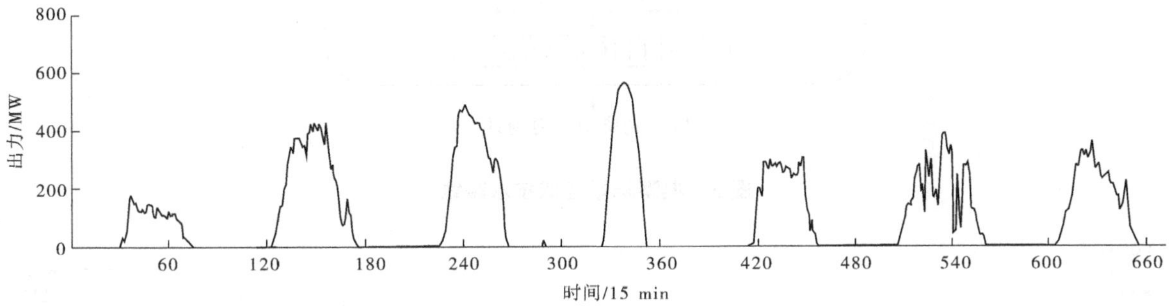

图 4　连续一周光电出力曲线

（3）光电出力的间歇性。光电出力主要受到太阳辐照度的影响，因此在白天光电出力随着太阳辐射强度的变化而变化，而在夜间则光电出力为零，这种间歇性的特点比较显著。

3　典型场景缩减方法

连续天气模式在一定程度上反映了同类天气连续一段时间内具有代表性的天气模式。受自然气候等条件的影响，天气的形成和发展往往具有一定程度的连贯性，可能会出现连晴或连阴的天气情况。为了有针对性地在短中期时间尺度下建立水风光协同嵌套调度模型，探究不同状态下新能源占比和水电机组效率的关系，本文构建了 K-means 聚类算法和同步回代缩减算法相结合的场景缩减方法。图 5 为典型场景选取的技术路线图。

4　风光典型出力过程

4.1　风光数据处理

本文以青海地区共和风电场和光伏电站 15 min 尺度出力数据为例展开分析，数据时间范围为 2020 年 4 月至 2022 年 4 月，按照周尺度可以将序列分为 724 个原始出力过程数据集。为了提取不同天气模式下风电和光电具有明显差异的典型场景，将风电和光电出力数据转化为日利用小时数作为初始计算时间序列。发电设备的日利用小时数通常指一日之内运行的总时间，计算单位为 h。该指标可以用于评估电站的利用率和生产能力，比较不同设备之间的效率和能力之间的差异。如图 6 和图 7 所示，分别展示了风电和光电的发电量时间序列和日利用小时数时间序列。

4.2　风电典型出力过程

以青海地区共和风电场日尺度出力数据作为风电数据提取典型场景的原始序列。首先使用 K-means 聚类算法对数据进行聚类，然后利用肘部法则和轮廓系数挑选最优的 K 值；最后使用同步回代缩减算法得到预设数量的风电代表性场景并按出现概率分别统计出 8 个典型场景。如图 8 所示，展示了各种方法生成的连续一周典型风电场景。

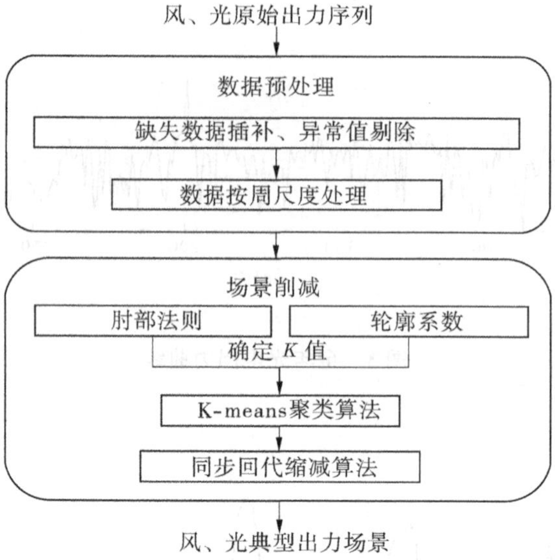

图 5　典型场景选取技术路线

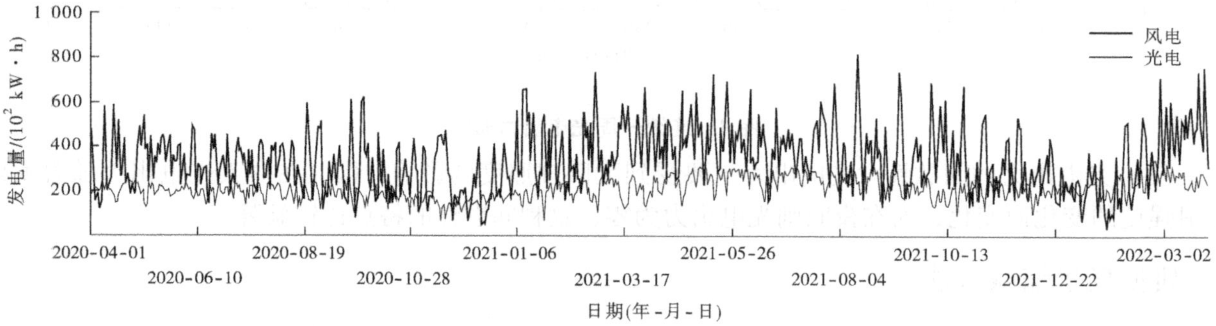

图 6　风电和光电的发电量时间序列

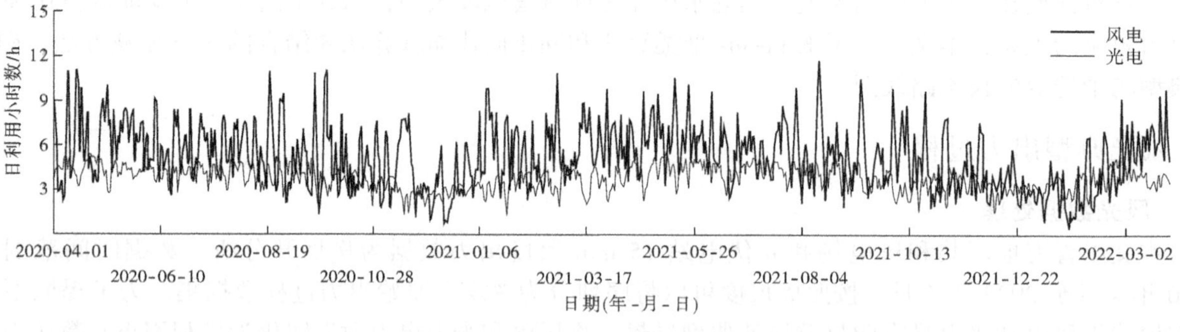

图 7　风电和光电的日利用小时数时间序列

由图 8 的场景缩减结果可以看出，基于 K-means 聚类算法和同步回代缩减算法相结合的场景缩减方法能有效地挑选出不同天气模式的典型风电场景，筛选出的不同天气模式典型风电场景的连续出力过程均有差异。根据图 8 中过程线趋势可得，模式一的风电日利用小时数较大且变化较稳定，风电的周平均日利用小时数约为 6 h，累计出现概率最大的是场景 2，概率为 28%；模式二的日利用小时数相对较小，周平均日利用小时数约为 4.88 h，累计出现概率最大的是场景 2，概率为 21%；模式三的风电日利用小时数较大且变化幅度较大，风电的周平均日利用小时数约为 6.81 h，累计出现概率最大的是场景 8，概率为 20%。

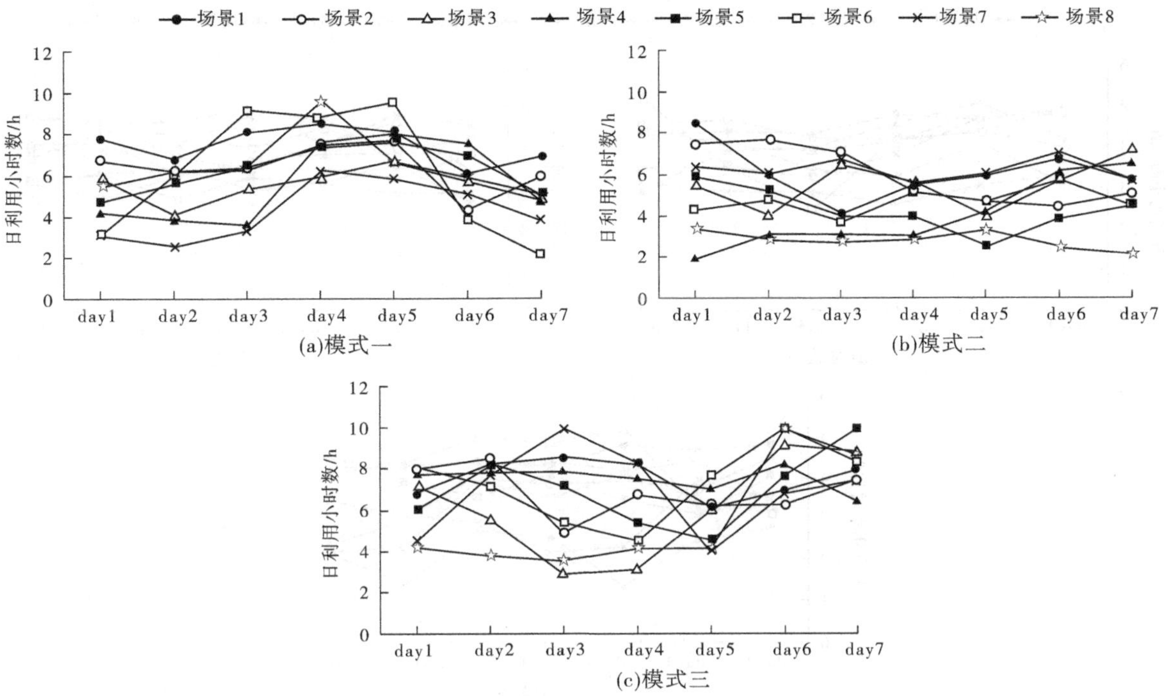

图 8　风电场景缩减过程

4.3　光电典型出力过程

以青海地区共和光伏电场日尺度出力数据作为光电数据提取典型场景的原始序列。最后使用场景缩减得到的光电代表性场景并按出现概率分别统计出 8 个典型场景。如图 9 展示了连续一周不同气候模式下的典型光电场景。

由图 9 的场景缩减结果可以分析出，相比于风电连续多日出力过程，光电出力变化幅度较小，根据图 8 中过程线趋势可得，模式一的光电日利用小时数最大且变化较稳定，光电的周平均日利用小时数约为 4.01 h，累计出现概率与风电一致最大的是场景 2，概率为 28%；模式二的日利用小时数相对较小，周平均日利用小时数约为 3.83 h，累计出现概率最大的是场景 2，概率为 21%；模式三的风电日利用小时数最小，风电的周平均日利用小时数约为 3.59 h，累计出现概率最大的是场景 8，概率为 20%。

4.4　风光典型场景

根据上述场景缩减以后的风电、光电出力场景集，结合场景出现的概率最大，以及风电、光电出力的波动性和稳定性，挑选反映连续较大、较小或波动的天气模式场景，如图 10 所示为风电、光电典型场景的日利用小时数变化过程。

由图 10 挑选出的 3 种连续天气模式典型场景分析可知，不同模式之间具有较明显的差异。模式一的风电连续一周日均利用小时数为 6.24 h，最大日利用小时数为 7.61 h，最小日利用小时数为 4.71 h；光电的日均利用小时数为 4.03 h，最大日利用小时数为 4.89 h，最小日利用小时数为 3.27 h。模式二的风电日均利用小时数为 2.76 h，最大日利用小时数为 3.32 h，最小日利用小时数为 2.09 h；光电的日均利用小时数为 3.31 h，最大日利用小时数为 3.63 h，最小日利用小时数为 2.99 h。模式三的风电日均利用小时数为 6.94 h，最大日利用小时数为 9.88 h，最小日利用小时数为 4.5 h；光电的日均利用小时数为 3.51 h，最大日利用小时数为 4.09 h，最小日利用小时数为 2.33 h。由此可以看出，模式一场景下的风电、光电连续一段时间相对较大，可能对应实际连续天气场景中的连阴雨天气模式；模式二场景下的风电、光电连续一段时间相对较小，可能对应的连阴天气模式；模式三场景下的风电、光电连续一段时间相对较大且连续一段时间波动较大，可能对应一段连晴天气模式。

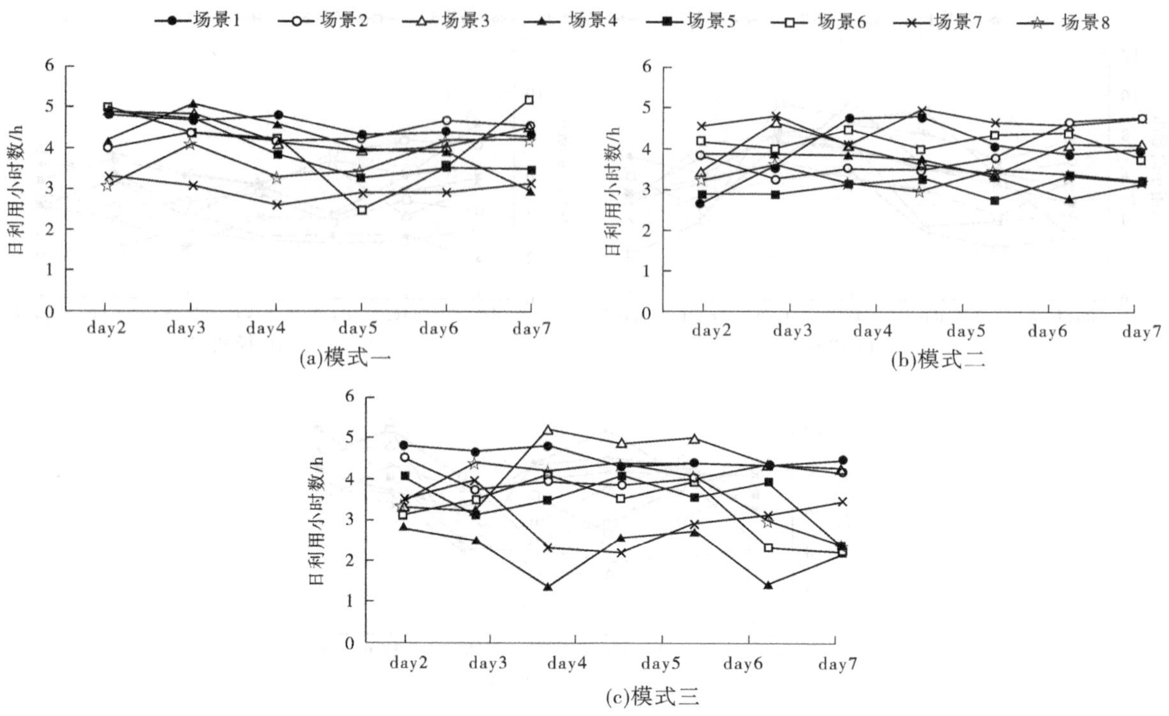

图 9　光电场景缩减过程

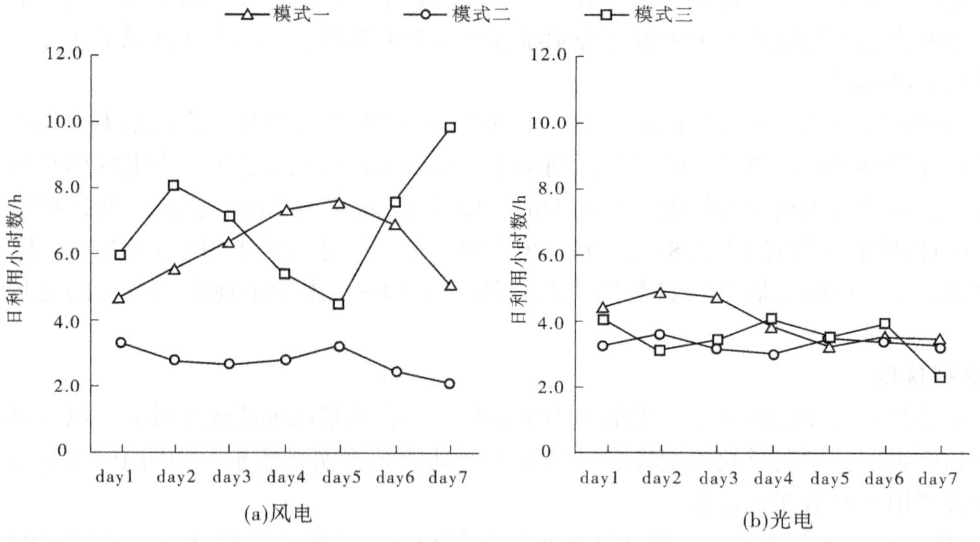

图 10　风光电典型场景过程

5　结语

本文主要介绍了连续天气模式典型场景的提取。阐述了天气模式的概念，结合风电和光电的出力曲线分析了两种资源的场景特性，展现出风电和光电出力的随机性、波动性和间歇性等特征。根据天气的变化特征说明以连续天气模式为典型场景的研究意义，构建满足水风光协同运行系统的典型场景提取模型，并介绍了风电、光电的出力时序数据的基本情况，实际出力与装机容量之间的关系，将出力换算成日利用小时数展开实例分析。主要研究成果如下：

（1）构建了基于 K-means 算法和同步回代缩减算法相结合的场景缩减模型。将光电、风电出力序列进行了聚类划分和场景缩减，并采用肘部法则和轮廓系数综合选择出最优的分类数，既保证了数据划分的可靠性，又在保证计算精度的同时减少运算时间，挑选出具有代表性的典型场景。

（2）根据风光出力数据序列提取天气模式典型场景，原始数据集包括724个连续风电、光电周尺度出力序列。首先对原始数据集进行K-means聚类划分，其中最优聚类数通过肘部法则和轮廓系数判定为3类，然后采用同步回代缩减算法将每类簇场景集缩减至预设值的8个，最后根据场景出现概率最大和实际场景特征最明显为依据挑选得到3个天气模式典型场景。

参考文献

[1] 朱燕梅，陈仕军，黄炜斌，等．一定弃风光率下的水光风互补发电系统容量优化配置研究［J］．水电能源科学，2018，36（7）：215-218.

[2] 康本贤．龙羊峡水光互补协调运行研究综述［J］．西北水电，2020（1）：23-26.

[3] 夏军，胡宝清，谢平，等．区域尺度气象因子向局部尺度聚解的灰色系统与模式识别方法研究［J］．水科学进展，1996（增刊1）：73-79.

[4] 党凯凯．基于时间序列和贝叶斯神经网络的非平稳时期光伏功率预测［D］．西安：西安理工大学，2021.

水库清淤与泥沙资源利用技术及工程实例

石华伟[1,2]　李昆鹏[1,2]　张　戈[1,2]　陈　琛[1,2]

（1. 黄河水利委员会黄河水利科学研究院，河南郑州　450003；
2. 河南省湖库功能恢复与维持工程技术研究中心，河南郑州　450003）

摘　要：水库淤积严重影响防洪安全、供水安全及生态安全。实施水库清淤是解决水库淤积问题的有效途径，水库清淤技术包括水力调节清淤和机械式清淤两类。随着清淤技术的迅速发展，清淤装备的施工和生产能力不断提升，环保清淤技术研究取得新突破，清淤泥沙已形成全级配多途径资源利用体系，清淤与泥沙资源利用技术可满足大中小型水库清淤工程规模化清淤和复杂运行环境的要求。目前国内部分水库清淤试点工程已开展施工作业，可为全国拟开展清淤的水库提供运行机制样板。

关键词：水库清淤；清淤泥沙；资源利用

1　引言

世界上几乎所有河流、水库都面临着泥沙淤积问题，淤积造成的河道河床抬高、水库有效库容淤损、水体富营养化等问题直接影响流域防洪安全、供水安全及生态安全[1]。近年来，随着全球气候变化导致极端气候概率加大，极端干旱和洪涝灾害问题日趋尖锐。一方面极端洪水挟带泥沙进入下游，产生的严重淤积导致河床及堤坝不断抬高，“地上悬河”不断增长，河道防洪压力逐渐增大；另一方面水库库容用以保障供水和抵御洪水的需求越来越强烈，而可供建设水库的新坝址则几近枯竭。河流治理开发已步入后工程时代，迫切需要人们转变传统观念，变泥沙灾害被动防御为泥沙资源主动利用[2]。

清淤是指对于河、湖、港口、水库等水体，通过人工或机械的方法清除底泥、淤泥、沉积物等杂物，达到改善水体环境、疏导水道、提高水体交通能力等目的，从而保障水域生态环境与人民群众的健康和生命安全。清淤技术经历了多个历程，早期的清淤为人力船和人力疏浚，但由于工具简陋、效率低下，清淤船舶大多处于单打独斗，效果甚微。20 世纪 70 年代，随着液力输送机、刮泥桩、挖泥机等机械化设备的使用，清淤工作的效率大幅提高。随着现代科技的不断发展，清淤船、淤泥烘干设备、泥水分离系统等高科技设备得到广泛应用，水库清淤在设计、施工、监管等方面的技术日趋成熟，已形成从清淤、输送、脱水、余水处理到泥沙资源利用的全链条技术，实现了泥沙的全封闭、远距离稳定输送和无害化资源利用。

2　水库清淤技术

水库清淤技术主要分为两大类：一类是水力调节清淤技术，常见的有降水溯源冲刷、滞洪（泄洪）排沙、异重流排沙和空库排沙四种方式；另一类是运用机械清淤的措施进行排沙，机械清淤又

基金项目：河南省重大科技专项（231100320100）；黄河水利委员会优秀青年人才科技项目（HQK-202310）。

作者简介：石华伟（1995—），女，工程师，主要从事湖库清淤与泥沙资源利用研究工作。

通信作者：李昆鹏（1981—），男，正高级工程师，主要从事水库优化调度及江河湖库泥沙处理与资源利用研究工作。

可分为水上清淤与水下清淤两类，水上清淤即采用挖掘机等设备直接挖沙，水下清淤设备通过人工造浆装置将淤泥转化为泥浆，之后利用管道输送将泥浆运输至堆积池，按照工作原理可分为机械造浆和流体动力造浆两大类。

2.1 水力调节清淤技术

水力调节清淤技术主要包括降水溯源冲刷、滞洪（泄洪）排沙、异重流排沙和空库排沙。降水溯源冲刷是指库水位下降时所产生的向上游发展的冲刷，是清除水库淤积的有效方法之一。溯源冲刷的优点是操作简单、排沙量大，不足之处在于所需水资源量大、输沙效率低。其适用于水资源丰沛的地区或非骨干型水库的清淤。滞洪（泄洪）排沙是水库蓄清排浑运用的一种排沙方式。当入库洪水流量大于泄水流量时，便会产生滞洪壅水；滞洪期间，整个库区保持一定的行近流速，粗颗粒泥沙淤积在库中，细颗粒泥沙可被水流带至坝前排出库外。滞洪排沙弃水量大，受排沙时机、滞洪历时、开闸时间、泄量大小及洪水漫滩等因素的影响。异重流排沙（见图1）的优点是弃水量小，不影响水库蓄水，缺点是浑水潜入清水后将有部分浑水向清水中扩散，尤其是潜入点附近的泥沙在主槽两侧滩地上大量淤积，排沙效果较降水冲刷较低。其适用于来沙量大、来水量小且受其他条件限制不能泄空排沙的水库。空库排沙是水库泄空过程中回水末端将逐渐向坝前移动，因而原来淤积的泥沙也将因回水的下移而发生冲刷，特别是在水库泄空的最后阶段突然加大泄量，则冲刷结果将更加显著。空库排沙的缺点：一是需要大量的水，二是水库的泥沙很快再次淤积。其适用于水资源丰沛地区或非骨干型水库的清淤[3]。

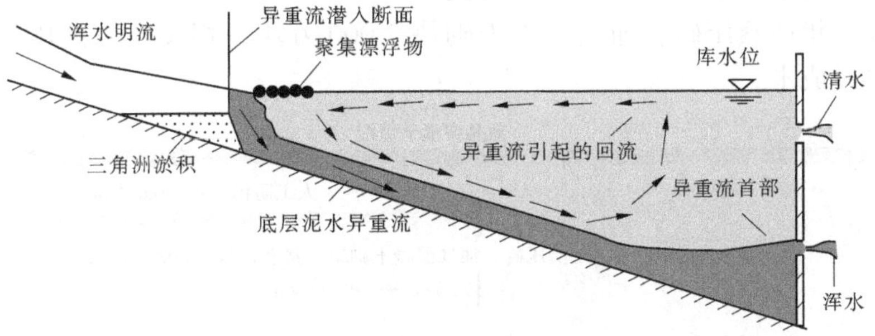

图1 异重流排沙示意图

2.2 机械清淤技术

机械造浆常见于绞吸式、耙吸式以及斗轮式挖泥船。其中，绞吸式清淤设备，主要是借助铰刀切割淤泥[4]；斗轮式清淤设备，较多适用于淤泥较厚的河道，但是此两种设备均无法阻止搅扰的底泥在水体内扩散造成二次污染[5]。机械造浆清淤已在工程疏浚中获得了极其广泛的应用，例如，美国 Monterey 海湾[6]、San Benito 河[7]，我国的黄河、长江、海河、辽河及松花江流域主要河口及河道的清淤，太湖[8]、鄱阳湖、白洋淀、青山湖[9]、玄武湖等城市湖泊清淤，三峡、锦屏二级、官厅[10]、于桥、宿鸭湖等水库清淤。在实际作业过程中，还往往根据淤积物与作业环境状况改造挖掘机具和传送装置，提高其工作效率[11]。

流体动力造浆在工程实践中应用较多的是高速水流射流造浆技术。目前许多绞吸式挖泥船、耙吸式挖泥船、吸盘式挖泥船、射流清淤船等已配备了射流装置。例如，耙吸式挖泥船在耙头上装设高速射流装置后可将切割的密实泥沙冲散，大幅提高了挖泥船的挖泥效率[12-13]。自20世纪70年代初，人们已利用以射流为主动力的冲吸式挖泥船在黄河河道中挖取泥沙并将其输送至大堤背河侧进行淤背固堤[14]。吸盘式挖泥船采用艏部高压射流冲刷造浆，已应用于内河航道的清淤疏浚以及重要航段的突击抢修，如美国密西西比河、俄罗斯西伯利亚航道、中国长江以及黑龙江航道的维护和疏浚[15]。对于比较狭窄并且有一定低位能的航道或者是某些入海口位置[16]，也常采用射流清淤船进行清淤，例如我国黄河潼关河段清淤[17]。此外，还有一些学者开展了自激振荡脉冲射流技术研究[18-19]，该技术可以瞬时形成比连续射流高数倍的脉冲射流，进一步提高造浆效率。随射流设备的研发与推进，采用高速射流造浆技术来提高清淤效率已在世界范围内得到广泛应用[20-23]。

上述清淤设备，通过不断地升级改造，其造浆能力与速率越来越强。但在疏浚作业过程中，泥浆在水体中的扩散问题一直没有得到解决，浆体扩散区域远远大于疏浚作业区域，次生污染问题非常突出，黄河水利科学研究院推广的吸盘式管道排沙环保清淤技术[24] 和卢德明等[25] 提出的新型绞吸式挖泥船，实现了密闭环保清淤的新方式，可有效解决泥浆扩散问题。

3 泥沙资源利用技术

清淤泥沙是以含水铝硅酸盐为主的多种矿物混合物，是一种资源量丰富且可大规模利用的新型矿产资源。目前，清淤泥沙的处理已从堆放、吹填、海洋抛弃和焚烧等传统处理方式，逐渐发展为土地利用、建筑材料、填方材料、污水处理材料以及能源回收等资源化处理方式，可实现清淤泥沙全级配利用（见图 2）。泥沙资源根据利用方向可分为直接利用和转型利用。利用泥沙进行生态修复、土地改良、直接销售等技术一般多限于把泥沙作为工程原料土使用，不改变泥沙的基本特性，可以称其为泥沙资源的直接利用技术；以泥沙作为建筑用沙和工业用沙，或以泥沙为原料通过加工后使用的工程材料或工业制品，这个过程中的烧结、胶凝、蒸压等加工、生产技术，称其为泥沙资源的转型利用技术。转型利用包括建筑材料（烧结砖、蒸压砖）、工业材料（型砂、覆膜砂）、防汛材料（人工防汛石）以及精细工艺品（陶器、澄泥砚）等，泥沙资源利用的经济社会效益、生态环境效益显著[26-28]。郑州市太隆实业有限公司采用黄河水利科学研究院研发的黄河泥沙蒸压胶凝技术制备黄河泥沙蒸压砖、加气混凝土砌块，年产蒸压砖、加气混凝土砌块 5 000 万块，相关产品抗压强度高、耐久性好，极大地降低了房屋建设成本。

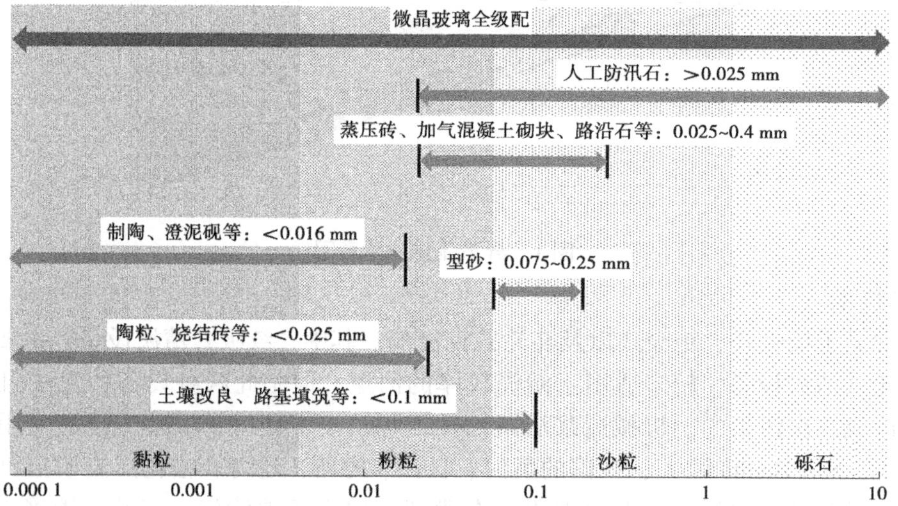

图 2 全级配泥沙资源利用

4 水库清淤工程案例

官厅水库总库容 41.6 亿 m^3，泥沙淤积约 7 亿 m^3，受工农业污染等多种因素影响，官厅水库水质逐渐恶化。1997 年，官厅水库被迫退出了首都饮用水水源体系，仅用于工业用水、城市河湖环境用水等。为恢复水库饮水水源功能，北京市制定了《北京城市总体规划（2016—2035 年）》，计划到 2035 年，官厅水库清淤 2.1 亿 m^3，恢复北京饮用水水源功能。2024 年启动清淤试点工程，清淤量约 1 154 万 m^3，包括水上清淤、水下清淤两部分，水下清淤分为浅水区域清淤和深水区域清淤，浅水区域采用绞吸式挖泥船进行清淤，深水区域采用深水挖潜船进行清淤。清淤底泥用于水库周边怀来县境内的现状地隙、沟坑填充，部分淤积物还将制成砖、绿化土等用于水库的库滨带建设。

宿鸭湖水库是亚洲最大的人工平原水库，总库容16亿m^3，泥沙淤积约7 710万亿m^3，兴利库容淤损3 560万m^3，防洪库容淤损358万m^3。2019年开始实施宿鸭湖水库清淤扩容工程，包括清淤3 775万m^3、扩容5 327万m^3等。宿鸭湖水库清淤采用环保绞吸式挖泥船结合管道运输的方式，清淤泥沙用于周边湿地建设及道路路基填筑。

5 结论与展望

（1）水库清淤包括水力调节清淤和机械清淤两类，水力调节清淤的前提就是借助水的作用，对于水库类型及水资源的需求较高，对于局部不稳定河势泥沙处理效果甚微。对于水动力减淤不能发挥有效作用的淤积问题，应采用机械清淤技术进行淤积泥沙处理。

（2）水库清淤泥沙可实现全级配资源利用。直接利用包括土地改良、矿坑充填、路基填筑等方向，转型利用包括制备建筑材料、工业材料、防汛材料以及精细工艺品等方向。清淤泥沙具体的利用方向应结合清淤区域周边市场需求、生产运行成本等情况具体分析。

（3）目前国内部分水库已开展清淤试点工程，水库清淤工程实施后，将有效恢复水库库容，改善水库水质，清淤泥沙用于周边湿地建设、路基填筑和沟壑填充等方向，具有极大的社会生态效益。通过水库清淤试点工程建设，可为全国拟开展清淤的水库提供可行的技术路径。

参考文献

[1] 曹文洪，刘春晶．水库淤积控制与功能恢复研究进展与展望［J］．水利学报，2018，49（9）：1079-1086.

[2] 李昆鹏．黄河泥沙资源利用关键技术与应用［J］．人民黄河，2021，43（3）：2.

[3] 江恩慧，蒋思奇，王远见，等．水库淤积影响评估与防治关键技术［M］．郑州：黄河水利出版社，2019.

[4] 张荣荣．城市中小河道清淤技术的应用［J］．山西建筑，2019，45（1）：182-183.

[5] 李颖．城市湖泊景观可持续营造研究［D］．哈尔滨：东北农业大学，2013.

[6] Thornton E B，Sallenger A，Sesto J C，et al. Sand mining impacts on long-term dune erosion in southem Monterey Bay［J］. Marine Geology，2006，229（1-2）：45-58.

[7] Wulforst J，Annandale G. Channel degradation due to gravel mining：Application of geomorphic analysis and sediment transport modeling approaches［J］. Wetlands Engineering River Restoration Conference Proceedings，ASCE，1998：6-13.

[8] 单玉书，沈爱春，刘畅．太湖底泥清淤疏浚问题探讨［J］．中国水利，2018（23）：11-13.

[9] 艾新成，王振，肖宇伦．黄石市青山湖3#湖环保疏浚效果初步分析［J］．湖北理工学院学报，2016，32（3）：16-21.

[10] 周磊，张跃武．官厅水库清淤应急供水工程综述［J］．北京水利，2003（2）：9-12.

[11] 刘利佳．绞吸式挖泥船疏浚能力提升的改造分析［J］．珠江水运，2018（19）：63-64.

[12] 郑必前．浅析耙吸挖泥船新型高压冲水装置［J］．中国水运（下半月），2018，18（6）：77-79.

[13] 洪国军，江帅，尹纪富，等．耙吸挖泥船高压冲水淹没射流演化过程试验［J］．水运工程，2018（10）：42-46，67.

[14] 杜玉海．冲吸式挖泥船造浆系统的改进［J］．人民黄河，2005（1）：16-17.

[15] 孙雪．吸盘式挖泥船吸盘特性研究［D］．哈尔滨：哈尔滨工程大学，2012.

[16] Winterwerp J C，Wang Z B，Verweij J F. Far-feld impact of water injection dredging in the Crouch River［J］. Proceedings of the Institute of Civil Engineers Engineering Sustainability，2002，154（4）：285-296.

[17] 王楠．射流清淤船关键技术研究［D］．上海：上海交通大学，2013.

[18] 高传昌，唐林钧，胡亚州，等．基于时频分析的自激吸气脉冲射流喷嘴结构参数对压力脉动的影响［J］．中国农村水利水电，2018（2）：168-173.

[19] 刘新阳，高传昌，张川，等．自激吸气式脉冲射流装置压力及流动特性研究［J］．四川大学学报（工程科学版），2016，48（3）：41-47.

[20] 陆宏圻，杨勇，何培杰，等．小浪底水库射流冲吸式清淤设备研究［J］．人民黄河，2011，33（4）：15-16，19，150.

[21] Kumar R S，Kumaraswamy S，Mani A. Experimental investigations on a two-phase jet pump used in desalination systems［J］．Desalination，2007，204：437-447.

[22] 雅各布森 T，胡良秀. 印度默拉纳水库清淤［J］．水利水电快报，2006（19）：11-13.

[23] Morgan M D. Technology deployments for D & D applications［J］．AEA Technology，1973，10（8）：481-486.

[24] 朱超．黄委科技创新与推广系列成果 吸盘式管道排沙环保清淤技术［J］．人民黄河，2019，41（5）：168.

[25] 卢德明，赵俞斌．河道环保绞吸式清淤施工技术［J］．中国水能及电气化，2018（9）：15-17.

[26] 江恩慧，曹永涛，董其华，等．黄河泥沙资源利用的长远效应［J］．人民黄河，2015，37（2）：1-5，12.

[27] 江恩惠，曹永涛，郜国明，等．实施黄河泥沙处理与利用有机结合战略运行机制［J］．中国水利，2011（14）：16-19，21.

[28] 李昆鹏，江恩慧．黄河泥沙产业技术标准化供需融合机制探讨［C］//中国大坝工程学会水库泥沙处理与资源利用技术专业委员会 2018 年学术年会，2018.

水利新质生产力在绿色流域构建中的应用研究

李言鹏[1]　于晓航[2]

（1. 黄河水利委员会山东水文水资源局，山东济南　250100；
2. 黄河水利委员会山东水文水资源局高村水文站，山东菏泽　274000）

摘　要：水利新质生产力是一种借助现代科学技术手段提高水利工程建设、管理和保护效率的新型生产力形态，具有高效性、环保性和可持续性等特点。在全球气候变化和生态环境日益严峻的背景下，绿色流域建设成为保障水资源安全、促进生态环境可持续发展的重要途径。在绿色流域构建中，水利新质生产力能够帮助提高水资源利用效率、促进水生态环境保护以及提升流域综合管理能力，在推动流域绿色转型中发挥着重要的作用，能够有力推动经济社会发展与生态环境保护之间的良性循环。

关键词：水利新质生产力；绿色流域；智慧流域

1　引言

绿色流域构建是流域经济社会与生态环境协调发展的重要途径。水利新质生产力作为推动水利行业发展的关键因素，其在绿色流域构建中的作用不容忽视。新质生产力强调技术创新、管理创新和文化创新，旨在提高水利工程的效率、效益和可持续性：通过技术创新，可以实现水资源的合理利用和保护；通过管理创新，可以优化流域治理体系，提高治理效能；通过文化创新，可以培育公众的环保意识，推动绿色流域文化的形成。

近年来，国内水利行业积极响应可持续发展的号召，在绿色流域构建领域取得了显著成就。水利新质生产力的研究逐渐成为热点，研究者们聚焦于水利技术创新与管理模式创新两大方向，致力于提升水资源利用效率与保护水生态环境。在绿色流域构建上，国外普遍重视流域综合治理，通过跨部门协作、公众参与等手段，实现了流域内经济、社会与环境的协调发展。国外还积极倡导基于自然的解决方案，强调在流域治理中尊重自然规律，促进生态系统的自我恢复能力，为全球绿色流域构建提供了宝贵经验。

本文旨在探讨水利新质生产力在绿色流域构建中的核心应用，旨在揭示其在推动流域绿色转型中的关键作用，以期为推动经济社会发展与生态环境保护之间的良性循环提供有益的借鉴和参考，为构建美丽中国贡献智慧和力量。

2　绿色流域构建需求

2.1　构建目标

绿色流域构建是一项综合性的流域治理工程，旨在实现生态保护、经济发展和社会发展的和谐统一。在推进绿色流域构建的过程中，需明确并坚持一系列核心目标，以确保流域的可持续发展。

（1）生态保护。生态保护目标是绿色流域构建的首要任务。流域是自然生态系统的重要组成部分，其生态平衡对于维护地区生态安全至关重要。因此，在绿色流域构建中，应着重恢复和保持流域

作者简介：李言鹏（1989—），男，工程师，主要从事水文与水资源研究工作。

内的生态平衡。这包括加强水土保持工作，防止水土流失和生态退化；同时，注重生物多样性保护，维护流域内生物种群的多样性和稳定性。通过一系列生态保护措施的实施，有助于提升流域的整体生态质量，为经济和社会发展提供坚实的生态基础。

（2）经济发展。经济发展目标是绿色流域构建的重要组成部分。流域作为经济活动的重要载体，其经济发展状况直接影响到流域内居民的生活水平和地区经济的繁荣程度。在绿色流域构建中，应积极推动流域经济区域的可持续发展。通过发展绿色产业和循环经济等模式，提高资源利用效率，减少环境污染和生态破坏。同时，加强流域内产业结构的优化升级，培育新的经济增长点，为流域经济发展注入新的活力。

（3）社会发展。社会发展目标是绿色流域构建的另一个重要方面。流域内社会的发展状况直接关系到流域内居民的生活质量和幸福感。在绿色流域构建中，应关注并满足社会发展需求。这包括保障水资源供应，确保流域内居民的生产和生活用水安全；同时，提高流域内居民的生活质量，包括改善居住环境、提升教育水平、加强医疗保障等。通过这些措施的实施，有助于促进流域内社会的全面协调发展，实现人与自然的和谐共生。

2.2 构建原则

绿色流域构建是一项复杂的系统工程，涉及流域生态、经济、社会等多个方面。为了确保流域的可持续发展，实现生态保护与经济发展的双赢，必须遵循以下原则：

（1）坚持系统观念，统筹规划。坚持流域系统观念，将流域视为一个整体，统筹上下游、左右岸、干支流，系统地统一规划、统一治理、统一调度、统一管理，从而实现流域内水资源的合理配置和高效利用，以及生态环境的整体保护和修复。

（2）坚持生态优先，绿色发展。应将绿色发展理念融入流域规划的全过程，将生态保护和经济发展紧密结合起来，确保流域开发利用与生态保护相协调，通过推动绿色产业的发展和传统产业的转型升级，实现经济发展与生态保护的良性互动，从而保证流域生态系统的完整性和稳定性。

（3）协调一致，资源整合原则。资源整合是绿色流域构建的重要手段，通过整合流域内的资源，加强流域内不同行业、不同地区之间的合作与协调，优化资源配置，提高资源利用效率，推动流域经济的集约式发展，形成资源共享、优势互补的发展格局。

2.3 关键问题

（1）流域综合治理问题。这是绿色流域构建的首要任务。流域作为一个复杂的生态系统，其内部的水资源、土壤、植被等要素相互关联、相互影响。为了实现流域的绿色发展，必须采取综合治理措施，从源头上解决水污染、水土流失等问题。具体而言，应加强水源地保护，严格控制污染源，减少污染物排放；实施水土保持工程，恢复和保护流域内的植被，减少水土流失；加强生态修复，恢复流域的自然生态功能。

（2）绿色发展方式转变问题。这是绿色流域构建的核心内容。传统的粗放式发展方式已不适应当前生态环境保护的要求，必须推动绿色发展方式的转变。通过发展绿色产业、循环经济等方式，替代传统的高污染、高能耗产业。同时，应加强科技创新，推动产业技术升级，提高资源利用效率，减少环境污染。

（3）政策支持与监管问题。这是绿色流域构建的重要保障。政府应制定和实施相关的政策法规，为绿色流域构建提供政策支持。同时，应加强对流域生态环境的监管，确保各项治理措施得到有效落实。通过建立健全的监管机制，对流域内的环境污染和生态破坏行为进行严厉打击，维护流域的生态安全。

3 水利新质生产力在绿色流域构建中的应用

3.1 提高水资源利用效率

（1）优化水资源配置。水利新质生产力通过引入数字孪生、元宇宙、人工智能等最新科技成果，能够逐步实现对水资源的精准模拟、预测和管理。利用大数据、云计算等信息技术手段，对水资源进行精细化管理。通过收集、整理和分析各类水资源数据，形成全面的水资源信息库，为水资源配置提供数据支持。构建智能水资源调度系统，通过实时监测、预测和优化调度，实现水资源的合理分配和高效利用，确保水资源的供需平衡。

（2）节水技术创新。新质生产力以科技创新为核心动能，聚焦高效节水灌溉、非常规水资源利用、污水资源化、智能水网构建等关键技术进行创新。在节水领域，通过研发新技术、新材料和新工艺，可以显著提高水资源的利用效率，减少浪费。例如，智能节水灌溉系统、高效节水器具、非常规水资源利用技术等，在具体实践中，新质生产力在节水技术创新推广中取得了显著成效。例如，智能水表、远程监控等技术的应用，实现了水资源的精准计量和实时监控；雨水收集利用系统、中水回用系统等技术的推广，提高了水资源的循环利用率；农业节水灌溉技术的普及，减少了农业灌溉用水量，提高了农业用水效率。

（3）水资源综合开发利用。新质生产力推动水资源的循环利用和雨水资源化利用，减少对自然水资源的过度开采和污染，促进水资源的可持续利用。

3.2 生态保护与修复

3.2.1 水生态环境监测

水利新质生产力通过引入智能监测和大数据等先进技术手段，实现对流域内水资源、水质、生态环境等关键指标的实时监测和数据分析，实现对水生态环境的精准监测、快速响应和科学治理。通过智能化管理系统以及高效环保的治理技术，实现废弃物的资源化利用，降低水生态保护与修复过程中的环境负荷和资源消耗，逐步实现流域“零污染”，使流域内的污染物排放得到严格控制，水质得到根本改善，实现生态环境质量的显著提升。

3.2.2 水生态保护

新质生产力强调生态优先，注重在水资源综合开发利用中保护生态环境。通过实施生态修复工程、建设生态廊道、保护水源地等措施，引入基于自然解决方案的岸水协同生态治理与修复技术、人工湿地技术、生物修复技术等，在注重生态系统的自然恢复能力的同时，强调人为干预的科学性和合理性，维护流域生态系统的健康和稳定。绿色流域建设注重生物多样性保护，通过构建生态廊道、恢复栖息地、保护珍稀濒危物种等措施，维护流域内生物种类的多样性和生态系统的稳定性。

3.3 提升流域综合管理能力

3.3.1 绿色智慧流域平台构建

智慧流域平台是绿色流域建设的重要组成部分。新质生产力能够有效促进绿色智慧流域平台中智能化管理系统的建设：通过集成物联网、大数据、人工智能等先进技术，实现对流域内各类数据系统的整合、分析和展示，包括智能监测网络、智能预警系统、智能调度系统等，通过集成传感器、数据分析算法和远程通信技术，实现对流域内水资源的全面监测和智能管理。例如，智能监测网络能够实时监测水质、水量、水位等关键指标，为管理者提供准确的数据支持；智能预警系统能够及时发现潜在的风险和问题，并触发相应的预警机制；智能调度系统则能够根据实际需求和水资源状况，自动调整调度方案，实现水资源的优化配置。通过智慧流域平台，管理者可以实时了解流域的生态环境状况、水资源利用情况等信息，为流域治理和决策提供科学依据。

3.3.2 智能调度与决策支持系统

智能调度与决策支持系统是智慧流域平台的核心功能之一。通过集成各类数据和信息资源，平台能够根据实时监测数据和预测模型，自动调整流域内的水资源分配、污染物排放等方案，实现流域内资源的优化配置和环境的持续改善。同时，该系统还可以为管理者提供科学的决策支持，提高流域治理的效率和效果。

3.3.3 促进多方参与与协同治理

新质生产力还能够促进绿色智慧流域平台中的多方参与与协同治理。通过构建信息共享平台，加强政府与企业、公众之间的合作与沟通，平台能够汇聚各方力量共同推进流域水资源的保护和管理工作。例如，政府可以发布相关政策法规和标准规范引导企业和公众积极参与水资源保护和治理；企业可以利用自身技术和资源优势为平台提供技术支持和服务；公众则可以通过参与志愿服务、监督举报等方式为水资源保护和治理贡献力量。

4 结论与展望

水利新质生产力在绿色流域构建中的应用意义和价值不容忽视。作为推动绿色流域构建的关键因素之一，水利新质生产力通过引入新技术、新方法，优化资源配置，提升水资源利用效率，从而实现流域的绿色、可持续发展。其内涵和特点涵盖了技术创新、管理创新、模式创新等多个方面，这些创新共同构成了水利新质生产力的核心竞争力。未来，应进一步加强对水利新质生产力的探索，以期在绿色流域构建中发挥更大的作用。

参考文献

[1] 左其亭，秦西，马军霞. 水利新质生产力：内涵解读、理论框架与实施路径［J］. 华北水利水电大学学报（自然科学版），2024，45（3）：1-8.

[2] 蒋永穆，乔张媛. 新质生产力：符合新发展理念的先进生产力质态［J］. 东南学术，2024（2）：52-63，246.

[3] 蒋云钟，冶运涛，王浩. 智慧流域及其应用前景［J］. 系统工程理论与实践，2011，31（6）：1174-1181.

[4] 左其亭，纪义虎，马军霞，等. 人与自然和谐共生的水利现代化建设体系及实施路线图［J］. 人民黄河，2021，43（6）：1-5.

[5] 钱峰，夏润亮. 数字孪生水利赋能水利新质生产力发展框架研究［J］. 中国水利，2024（8）：6-10.

天津市水岸综合体开发布局研究——以海河为例

韩冬梅　回晓莹

（中水北方勘测设计研究有限责任公司，天津　300222）

摘　要：天津市地处九河下梢，水网密布，河道资源丰富。为贯彻落实习近平生态文明思想，践行“绿水青山就是金山银山”发展理念，厚植新质生产力的生态底色，探索生态产品价值实现路径，实现水利“资源”变“资产”，立足天津市母亲河——海河及其沿岸水库、湿地等生态资源、产业基础和特色优势等禀赋条件，围绕防洪安全、生态修复、景观提升、旅游休闲，提出海河水岸综合体开发思路、布局和开发方向。研究成果可为今后推动天津市水利高质量发展实践提供参考。

关键词：天津市；海河；水岸综合体；综合开发

习近平总书记指出：“绿色发展是高质量发展的底色，新质生产力本身就是绿色生产力。”推动形成绿色生产力的核心是践行“绿水青山就是金山银山”发展理论，也就意味着新质生产力着力解决经济发展与生态环境之间的矛盾关系[1-2]。天津市地处华北平原东北部，位于海河流域下游，历史上素有“九河下梢”之称，水网密布，河道资源丰富。海河是天津的母亲河，横贯东西，串联起“津滨”双城，孕育了津沽文明，两岸生态条件优越、历史传统悠久、文化底蕴深厚、城乡深度融合，具备开展水岸融合发展的良好条件[3-5]。为贯彻落实习近平生态文明思想，践行“两山”理念，探索可持续的生态产品价值实现路径，培育和发展区域新质生产力，立足天津市、海河沿岸的资源禀赋、产业基础和特色优势，聚焦“水利+”多元融合模式，谋划水岸融合发展的新业态，为天津市水利高质量发展蓄势赋能。

1　海河概况

海河是中国华北地区的最大水系，中国七大河流之一。海河水系由海河干流和上游的北运河、永定河、大清河、子牙河、南运河五大支流组成。海河干流地处“九河下梢”天津市，横贯天津市区，西起子牙河与北运河汇流口，东流至海河防潮闸。干流全长约 73 km。

海河是天津的母亲河，是天津独特的、具有标志性的宝贵资源。近年来，天津市接续开展保护性综合开发和改造，海河两岸整体上形成了以服务行业为核心的功能多样的经济带和独具特色的景观带，是天津市迈向国际化大都市的重要标志。目前，海河干流在综合开发方面仍存在沿河文化挖掘利用不足、重要节点缺乏串联和衔接以及水利基础设施建设仍需提升等问题。

2　综合开发的必要性

（1）水岸综合体开发是践行“两山”理念的重要现实路径。

党的二十大报告指出：“必须牢固树立和践行绿水青山就是金山银山的理念，站在人与自然和谐共生的高度谋划发展。”这强调了促进人与自然和谐共生是中国式现代化的本质要求，为建设人与自然和谐共生的现代化指明了方向与路径[6]。如何将绿水青山转变为金山银山，是实践中推动生态文明建设的核心关键，也是牢固树立和践行“两山”理念的具体体现。将绿水青山转变为金山银山，

基金项目：国家重点研发计划资助项目（2021YFC3200203）。

作者简介：韩冬梅（1989—），女，工程师，主要从事水文水资源、涉水规划等研究工作。

需要以习近平生态文明思想为指导，将理论和实践相结合，根据不同的资源禀赋和环境条件，探索出行之有效的路径。当前，发掘生态环境中蕴含的经济价值，探索生态产品价值转换已经成为践行“两山”理念的时代任务。海河是天津的母亲河，其沿岸具备优质的生态资源、丰富的历史人文资源和浓厚的民俗风情，通过海河两岸水岸综合体开发，推动海河景观带资源禀赋有效转化为经济发展动能[7]。

（2）水岸综合体开发是保障防洪安全的迫切需要。

海河流域战略地位十分重要，其防洪建设关系到华北平原地区国民经济和社会发展的大局。新中国成立后，国家高度重视海河流域防洪建设，经过几十年的大规模治理，海河流域初步形成了“分区防守，分流入海”的防洪格局和防洪体系[8-9]。但由于原设计标准偏低，工程运用条件也发生变化，特别是海河干流部分堤段存在严重隐患，水利基础设施建设尚存薄弱环节，防洪提标升级与水环境综合治理亟待加强，全力保障海河两岸防洪安全。

（3）水岸综合体开发是助力区域高质量发展的动力支撑。

经过几十年的努力，我国的防洪、供水、灌溉、水力发电等基本水安全保障能力得到较大提升，进入新发展阶段，要求水利工作同时在优质水资源、健康水生态、宜居水环境、先进水文化等方面实现升级，不断满足人民对美好生活多样化、多层次、多方面的更高要求。立足美丽中国建设要求，在同时满足海河干流基本功能和安全的基础上，以沿河两岸的人文景观、历史文化等特色资源为核心，按照水利工程景观化、景观工程精致化、堤防工程园林化等要求[10]，培育多元化多层次的实体经济模式，串联和衔接多样化的重要自然和人文景观节点，提出塑造独具特色的城市水岸综合体开发的思路、布局和方向，为助力天津市高质量发展注入“源头活水”。

3 开发思路

海河干流综合开发围绕“四个一”的总体思路。

一个战略：水利+产业。

一条主线：以河为轴、以湖为核、水岸融合、绿色转换。即积极践行“两山”理念，将河湖及沿岸作为整体，充分挖掘河湖生态优势和沿岸经济优势，推动“河湖生态经济化、沿岸经济生态化”，推动 GDP 和 GEP 协同较快增长。

一个抓手：打造基于幸福河湖、文化旅游、生态康养、乡村振兴、双碳行动的水岸综合体。

一系列工程：谋划一系列重大工程。

以河流、洼淀、海湾、湿地等多种涉水元素为基底，以文化、旅游、康养、新能源等多类型产业为点缀，以碧道工程为纽带，将水元素与多业态有机融合，打造独具特色的水岸综合体。本次以“漫游海河畔·徜徉渤海湾”为主题，以双城之间碧道为连接，打造城市之眼+蓝绿生态核心，建成津滨双城休闲带、亲水旅游发展带与沿海蓝色文明带。

4 开发布局

以“连通津滨·亲水绿廊”为目标，以“工程建设”为抓手，打造海河干流“一轴一线一廊、三带五区多点”的水岸综合体开发布局（见图 1）。

一轴一线一廊：“一轴”指海河，“一线”指游船航线，“一廊”指双城之间碧道。

三带五区多点：“三带”指津滨双城休闲带、亲水旅游发展带、沿海蓝色文明带建设，“五区”指国家会展中心艺术区、二道闸休闲区、官港森林公园区、近代工业遗产及历史文化区、特色帆船主题旅游区，“多点”指沿河各产业节点。

5 开发方向

围绕海河生态修复与沿岸景观提升、综合开发的目标，通过实施海河口段堤防提标工程、上中游

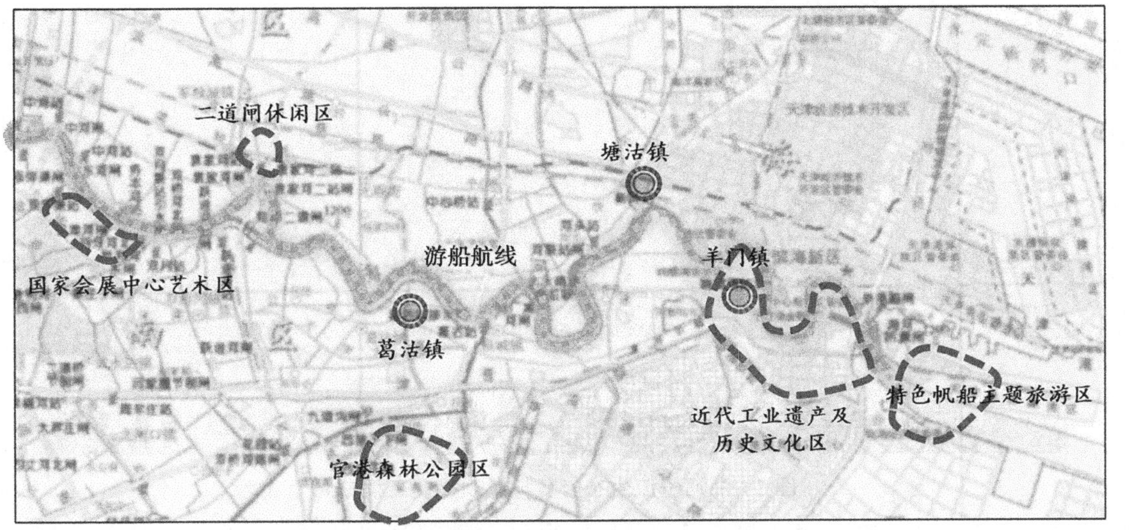

图1　海河干流水岸综合体开发总体布局

段水污染治理工程、河道生态修复与碧道工程（“一廊”）建设，完善海河（“一轴”）水利基础设施；在此基础上，依托河道功能，以“水”为主脉，建设津滨双城绿色休闲带、亲水旅游发展带、沿海蓝色文明带（“三带”）三条集景观、文旅、康养等多业融合于一体的综合体，打造全线贯通的旅游观光航线（“一线”），重点建设官港森林公园、特色帆船旅游示范基地、葛沽民俗文化小镇、近代工业遗产旅游组团开发、中游康养综合体（“多点”）等项目。

5.1　“一轴”提升

5.1.1　海河口段海堤提标治理工程

滨城防潮安全存在较大隐患，围海造陆区域新海堤建设欠账较多，经过多年加固治理，天津市共建成海堤长度约139.6 km，防潮标准为20~50年一遇。特别是由于填海造陆造成海岸线外移，原已建设的海堤基本不能满足滨海新区各功能区的防潮要求。

根据《天津滨海新区城市总体规划》，确定防潮标准为100~200年一遇；2013年市政府批复了《天津市滨海新区防潮规划（2011—2020年）》，防潮标准为100~200年一遇。本次规划海河口段海堤提标治理工程。

5.1.2　上中游段水污染治理工程

开展清淤工程：对重点河道进行清淤，降低内源污染释放。

开展支流污染防治：在对海河污染贡献较大的河道布设生态浮床，净化入河污染；在市区段河道采取增氧、浮床等治理措施。

开展污染综合防治：开展城市管网改造，工业、城镇生活、农村生产生活污染治理，开展雨污合流、雨污混接串接改造，最大程度削减入河污染物。

5.1.3　河道生态修复与景观工程

合理统筹海河上游、中游、下游自然人文资源要素，协同产业可开发布局，以建设绿色生态屏障为主，布局生态修复与景观提升格局。结合双城绿屏建设，补齐中游短板，重点修复中部绿色生态屏障功能，建设碧道。

海河干流生态修复与景观提升工程布局见图2。

5.2　“一廊”建设

“一廊”建设指河中游碧道建设。天津市发展状态主要是沿着其经济与文化发源地——海河带状发展。从大范围看城市发展，海河又可划分为3个各具特色的区域，即中心城区、生态旅游走廊、滨海新区海滨带，建设“一轴一带三区多节点”的海河带状发展区，见图3。

一轴：海河总体规划发展轴。

图2　海河干流生态修复与景观提升工程布局

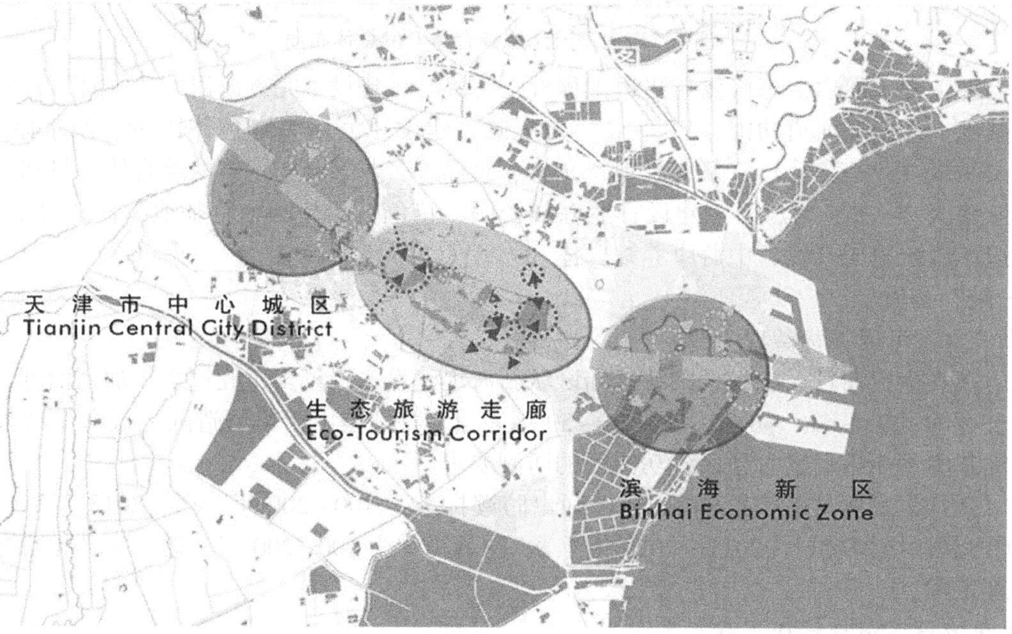

图3　海河带状发展区布局

两带：两岸碧道建设带。

三区：海河上游中心城区、海河上游与海河下游之间的生态旅游走廊、海河下游滨海新区海滨带。

多节点：公共空间公园、湿地、广场、河口、码头等。

5.3　“一线”打造

打造自上游至下游的游船航线提升工程，通过提升两岸景观照明、增加游船数量和航线，开发三岔河口至海河柳林地区的海河游览服务，实现海河上游全线通航，并与大运河实现航线互通，重点规划建设津湾码头、天妃码头、凯德 MALL-天津湾码头 3 大节点，串联海河沿线天津站和滨江道商贸圈、棉三创意园等特色街区，形成完整的海河游线。海河干流游船航线提升工程布局见图 2。

5.4　“多点”创新

5.4.1　海河文化休闲产业节点打造

围绕官港森林公园工程、葛沽民俗小镇工程、近代工业遗产组团开发工程、沿岸灯光秀工程、帆船运动基地工程五大主题区，打造集文旅、康养等多功能于一体的产业节点，建设海河文化休闲廊道精品项目。

5.4.2　海河中游康养综合体工程

打通海河中游生态廊道，在联通津城、滨城的同时，将绿色生态屏障、海河漕运文化、乡村田园文化、稻耕种植文化、生态康养文化进行有机串联，系统性提升文化旅游、休闲康养产业发展，从而推进大健康产业与文化和旅游的结合。

海河干流沿线节点工程布局见图4。

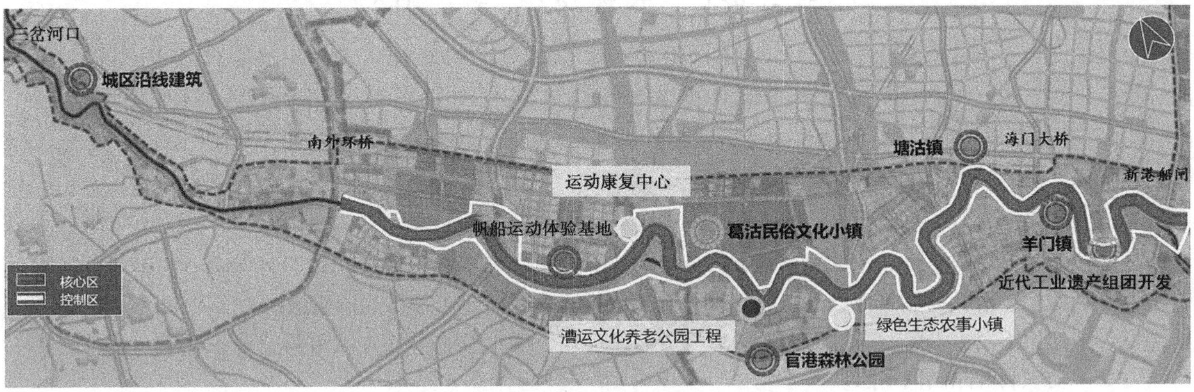

图4　海河干流沿线节点工程布局

6　结论

（1）立足天津市、海河沿岸的资源禀赋、产业基础和特色优势，围绕“水利+”多业态综合开发模式，以基于幸福河湖、文化旅游、生态康养、乡村振兴、双碳行动的水岸综合体建设为抓手，提出海河干流“一轴一线一廊、三带五区多点”的水岸综合体开发布局，为海河流域、天津市探索可持续的生态产品价值实现路径、培育和发展区域新质生产力等提供重要参考。

（2）水岸综合体的开发实施可带来较好的经济效益、生态效益与社会效益。一是有利于提升河道整体的生态系统服务功能，双城之间绿色生态屏障功能将更加凸显；二是有利于最大限度地实现河道的社会服务功能，在提高防洪安全、供水安全保障能力的同时，可改善区域人居环境，提高人民幸福感；三是有利于促进经济社会高质量发展，带动区域经济转型，助推产业升级，创造经济价值。

参考文献

[1] 周宏春．新质生产力就是绿色生产力的产业涵义［J］．资源与产业，2024，26（3）：1-5.
[2] 刘勇．“两山论”对新质生产力的绿色赋能［J］．理论与改革，2024（3）：1-11.
[3] 王超．推进新时代海河流域治水事业发展的思考［J］．海河水利，2023（12）：114-117.
[4] 郝放，穆琳，李鹏程，等．地域性与国际化双视角下运河文化景观带建设研究［J］．山西建筑，2023，49（5）：6-10.
[5] 孙鹏程，龚家国，任政，等．海河流域河湖修复保护进展与展望［J］．水利水电技术（中英文），2022，53（1）：135-152.
[6] 孙金龙．以美丽中国建设全面推进人与自然和谐共生的现代化［J］．中国生态文明，2024（3）：15-18.
[7] 乔建华．深学笃行习近平总书记治水思路 奋力谱写海河流域水利高质量发展时代新篇：写在2024年世界水日和中国水周之际［J］．海河水利，2024（4）：1-3.
[8] 袁军．坚持流域统一规划推进新阶段海河流域水利高质量发展［J］．海河水利，2022（1）：1-4.
[9] 张芳．天津市水资源开发利用成就与经验分析［J］．海河水利，2024（3）：1-6.
[10] 李兴印，王英杰．生态河、景观河、文化河设计探讨［J］．水利规划与设计，2021（8）：50-54.

小浪底排沙洞事故闸门淤积卡阻应急处置实践

于永军[1]　于简妮[2]　王　帅[3]

（1. 黄河水利水电开发集团有限公司，河南郑州　450003；
2. 天津外国语大学，天津　300011；
3. 中国化学工程第四建设有限公司，湖南岳阳　414022）

摘　要：2019 年汛期，小浪底水库泄洪排沙运用具有水位低、排沙历时长、出库含沙量高、排沙量大、泥沙粒径增大的显著特点。小浪底水库低水位排沙运用期间 2 号排沙洞事故 A 门在泥沙和杂物耦合作用下发生卡阻。通过增大启门力反复启闭操作、潜水员水下处置无果后，利用紊动水流产生振动顺利解除闸门卡阻。

关键词：小浪底；闸门；淤积；卡阻；处置；振动

1　引言

《黄河泥沙公报 2019》显示，2019 年 6 月 28 日至 7 月 30 日小浪底水库集中排沙期间入库沙量 1.15 亿 t，出库沙量 4.15 亿 t，排沙比 361%，为历次排沙运用排沙比之最。7 月 26 日小浪底库水位降至 209.00 m，为 2003 年以来最低，并在 210 m 左右持续排沙运用 13 d，在 230 m 以下持续排沙运用 43 d。2019 年汛期小浪底水库泄洪排沙运用具有水位低、排沙历时长、出库含沙量高、排沙量大、泥沙粒径增大的显著特点[1]。

排沙运用期间，为最大限度兼顾减轻下游河道防洪压力、水库河道减淤和洪水资源利用[2]，小浪底排沙洞和孔板洞组合方式不断调整变化。由于此时库水位低，水流含沙量高，入库流量和下泄流量均较大，为防止泥沙淤塞排沙洞和孔板洞，造成类似万家寨水库排沙洞淤塞情况发生[3]，关闭排沙洞和孔板洞工作闸门后，立即关闭其事故闸门挡沙。这样的运行方式有效防止孔洞淤塞的同时，事故闸门前后均发生较为严重的泥沙淤积，从而致启门力大幅增加。

2019 年 7 月 26 日小浪底 2 号排沙洞事故闸门启门操作时，启门力达到门重和配重总和（简称门重）的 150%时仍然无法顺利从淤积的泥沙中提出。此种情况在 2018—2019 年小浪底水库低水位排沙运用期间数次发生[4]，均采用反复启闭+启闭间数分钟静置的操作方式将闸门提起。此次小浪底 2 号排沙洞事故 B 门（简称事故 B 门）经 22 次反复启闭操作后从淤积的泥沙中提出，2 号排沙洞事故 A 门（简称事故 A 门）经 585 次反复启闭操作，闸门提升至 1.49 m 后开度不再变化。

2　设施设备概况

小浪底水库位于黄河干流中游最后一段峡谷出口处，控制黄河径流量的 91.2% 和近 100% 的泥沙，总库容 126.5 亿 m^3，正常高水位 275 m，正常死水位 230 m。水库以防洪、防凌、减淤为主，兼顾供水、灌溉和发电。排沙洞共 3 条，主要功能为排泄高含沙水流、调节下泄流量和减少过机含沙量[5]。排沙洞单条长约 1 100 m，进口高程 175 m，出口高程 153 m，为龙抬头有压隧洞。2 号排沙洞共有 6 个进口，逐渐合并成 2 个汊洞后再次合并成一条直径 6.5 m 的隧洞。6 个进口布置 6 扇平面滑动式检修闸门，孔口尺寸 3.5 m×6.3 m，设计水头 85 m，由坝顶门机启闭操作。汊洞部位布置 2 扇平

作者简介：于永军（1970—），男，高级工程师，主要从事大型水利枢纽运行管理工作。

面定轮事故闸门，孔口尺寸 3.7 m×5 m，设计水头 100 m，每扇门重 128 t，各由 1 台 2 500 kN 固定卷扬启闭机启闭操作。出口布置 1 扇可局部开启的偏心铰弧形工作闸门，孔口尺寸 4.4 m×4.5 m，设计水头 122 m，由 2 台液压启闭机分别控制闸门启闭和偏心铰机构前移后撤。

3 处置措施

3.1 增大启门力启门

增大启门力启门是闸门发生泥沙淤积时最简单、最直接的方法。对于卷扬启闭机，当启门力增大时，钢丝绳的弹性变形同时增大。启门力与钢丝绳弹性变形量满足下式：

$$l = \frac{4(F_2 - F_1)L}{\pi E D^2} \tag{1}$$

式中：l 为钢丝绳弹性变形量，mm；F_2 为有泥沙淤积时的启门力，N；F_1 为无泥沙淤积时的启门力，N；L 为定滑轮至动滑轮间距，mm；E 为钢丝绳弹性模量，N/mm^2；D 为钢丝绳直径，mm。

从式（1）可知，启门力增加越多，钢丝绳越长，则弹性变形量越大。徐国斌等[6] 研究发现，被泥沙淤积闸门启门力的最大值通常发生在闸门开启的瞬间。闸门从泥沙中或即将从泥沙中提出时，泥沙的摩擦力和极限剪切应力突然消失或大幅减小，此时 F_2-F_1 的值迅速减小，钢丝绳因弹性变形量迅速减小而回弹，牵引闸门向上弹射。闸门弹射到最高点时，开始自由下落。由于钢丝绳为柔性连接件，闸门在惯性作用下落至最低点过程中，再次使钢丝绳发生弹性变形，然后牵引闸门向上弹射。此时钢丝绳如同巨大的弹簧，牵引闸门在门槽内反复上下弹射，这种弹射运动极易引发钢丝绳跳槽和或闸门偏斜卡阻，使问题变得更为复杂难治。根据小浪底水库运行经验，排沙洞事故闸门钢丝绳的弹性变形量控制在固定卷扬启闭机定滑轮至动滑轮间距的 0.15%内，且不超过 15 cm 是安全的，其对应的安全启门力为门重的 150%。

为防止在增大启门力提门时发生闸门弹射，采取点动+小梯度增大启门力+以增大的启门力为限反复启闭+适当时间静置观察的操作措施。增大启门力提门的初值设置为 2 100 kN，其后按每 100 kN 一个梯度增大启门力，最大至 2 500 kN，经多次反复操作，闸门开度最大分别至 1.53 m、1.55 m、1.57 m、1.59 m、1.61 m。通过式（1）可知，增加的闸门开度均为钢丝绳的弹性变形，闸门的实际开度并未增大。

小浪底 2 号排沙洞事故闸门和检修闸门均位于排沙洞进口，底坎高程 175 m，两门间距 30 m。此时测得 6 个检修门槽泥沙淤积厚度 4 m 左右，事故门后泥沙淤积厚度 2.62 m。按照徐国宾泥沙淤积工况下启门力计算公式[7]：

$$F = G_1 + G_2 + G_3 + W + n_T(T_{zd} + T_{zs}) + \tau_z + P_x \tag{2}$$

式中：F 为启门力，N；G_1 为闸门重量，N；G_2 为闸门配重重量，N；G_3 为门顶和梁格中泥沙重量，N；W 为门顶水柱重量，N；n_T 为摩擦阻力安全系数；T_{zd} 为定轮轴承的滚动摩擦阻力，N；T_{zs} 为止水摩擦力，N；τ_z 为泥沙对闸门的附着力，N；P_x 为下吸力，N。

事故 A 门最大启门力已远大于该泥沙淤积工况下的启门力，由此初步判断闸门在淤积的同时发生了杂物卡阻。小浪底水库的杂物中存在一定数量的树根、树枝和渔网，这些杂物在长期浸泡和泥沙的作用下，一部分由漂浮物变为潜悬物。潜悬物的密度与水体的密度基本一致，在水中或水底随水流、泥沙运移。部分树根、树枝与渔网缠绕在一起，组成更大的杂物团，曾多次发生卡在闸门底部导致闸门漏水或者挂在闸门上影响闸门启闭的情况[8]。

3.2 关闭检修闸门创造无水检修条件可行性分析

关闭检修闸门可为事故闸门创造无水检修条件。此时小浪底水库仍处于低水位排沙运用阶段，由于入出库水量和沙量均较大，小浪底 2 号排沙洞检修闸门和事故闸门门槽中的泥沙仍在不断淤积。如果此时关闭检修闸门，则面临以下问题：一是闭门前需要先清除门槽中的泥沙，由于水库在泄水排沙运用，不具备清淤船只水上作业条件。使用气动清淤泵通过门槽抽排泥沙，清淤时清淤设备占用门槽空间，无法边清淤边关闭检修闸门，待清淤完毕，清淤设备拆除后，再关闭检修闸门，此时门槽中又会重新淤积较多的泥沙，致使闸门无法关闭到位。二是即使泥沙的淤积不致检修闸门无法关闭到位，泥沙中存在的杂物，可能会垫在闸门底部，导致闸门出现较大的漏水，从而不具备安全工作条件。三峡水库曾发生因杂物被检修闸门压入门槽内卡死，致使闸门无法关闭到位的情况[9]。三是检修闸门关闭后，由于泥沙淤积，启门力会大幅增大，启门操作难度大幅提升。如果泥沙淤积的同时再发生杂物卡阻，出现检修闸门无法启闭情况，将使问题变得更为复杂难治。四是检修闸门共6扇，在这种高含沙工况下，启闭闸门所用时长难以预测。综合考虑小浪底水库运用工况和面临的以上问题，通过关闭检修闸门创造无水检修条件面临很大风险和难以预测的多种不利变数，应慎重采用。

3.3 潜水员水下检查及处置

由于此时小浪底水库仍处于低水位排沙运用阶段，水体浑浊，能见度低，此工况下采用无人遥控潜水器检查存在视频成像模糊、声呐成像受环境噪声干扰大、对小目标识别性不足、模拟图像与真实图像不一致、容易发生误判等问题[10]，所以选用潜水员常规潜水作业对闸门卡阻进行检查和处置。潜水员通过抵近观察、探摸和测量，确认事故 A 门动滑轮组内无杂物卡阻，钢丝绳在动滑轮组内排列整齐无跳槽，门槽内泥沙淤积厚度 3 m，泥沙上的门体结构未发现损伤，未发现有杂物卡阻部位，闸门右侧最上侧导向柱与侧导轨间无间隙，左侧最上侧导向柱与导轨间有 1~2 cm 间隙。

由于泥沙淤积较深，泥沙淤埋之下的闸门卡阻情况无法检查，所以需要采取措施对事故门槽进行清淤。小浪底排沙洞工作闸门为偏心铰弧形闸门，操作偏心铰可以使闸门面板脱离止水，产生一定量的漏水，从而在事故闸门前后产生水位差，通过水位差引发的渗漏水可对事故门槽内淤积泥沙产生冲刷。按照上述思路，首先关闭事故 B 门，由泥沙支撑 90%的门体重量；然后后撤小浪底 2 号排沙洞工作闸门（简称工作闸门），同时监测事故门槽内水位与水库水位差，使其在安全范围内，防止由于堵塞在事故闸门前后的泥沙突然冲开，大量水沙突然涌入排沙洞内而产生冲击和气爆；利用渗漏水冲刷泥沙的同时，通过荷重仪观察事故 B 门荷重变化，荷重值增加时，采用点动闭门的方式始终保持 90%的门重压在泥沙上。基本清除事故 A 门下淤积的泥沙后，经潜水员检查确认事故 A 门后无杂物卡阻和结构损伤。由于潜水员从闸门底部穿过进入上游侧开展检查不符合人员潜水安全作业有关规定，所以事故 A 门上游侧情况未进行检查。

通过潜水检查所获各方面信息，难以准确判断事故 A 门存在的少许左高右低倾斜是否对闸门启闭造成不利影响。本着从严从紧的思路，采取以下方法对偏斜进行矫正：一是使用 195 t 的启门力提住事故 A 门，同时潜水员在门顶使用 8 kg 大锤击打闸门梁格，尝试采用提门+锤击振动的方法矫正闸门偏斜和解除卡阻；锤击约 30 min 后，检查发现闸门偏斜状态和卡阻状况未发生变化。二是将启门力降低到 128 t，潜水员将 2 只 32 t 螺旋千斤顶并排安放在事故 A 门右侧，千斤顶一端顶在侧轨上，另一端顶在事故 A 门右上侧，2 只千斤顶交替加力至加力杆扳不动为止；千斤顶保持顶紧状态持续 24 h 后检查，闸门偏斜状态和卡阻状况仍未发生变化。取出千斤顶，潜水员出水待命。此时事故门槽内的泥沙已重新淤积至 3 m 左右。

3.4 紊动水流振动消除卡阻

杨超[11]利用三维模型研究过流运用中的深孔泄洪排沙洞内水流，发现紊动的水流经过闸门底部时通过流固耦合作用引发闸门振动，开度不同闸门振动形态和频率不同，开度 0.4 m 左右时，闸门振动形态最为复杂。此时事故 A 门开度约为 0.3 m，恰好处于振动最为复杂开度附近，可尝试利用过流振动解除闸门卡阻。

按照 3.3 部分所述操作程序清除事故门下的泥沙后全关事故 B 门。使用门重 90%的启门力（116 t）提住事故 A 门。按式（3）和式（4）[12] 通过控制工作闸门开度控制事故 A 门下的流速和事故门槽与水库水位差，确保 2 号排沙洞始终处于有压过流状态。

$$v=\mu\sqrt{2g(H-\eta D)} \tag{3}$$

其中

$$\mu=\frac{1}{\sqrt{1+0.70\eta^2+0.85(1-\eta^5)}}$$

$$h = \zeta \frac{v^2}{2g} \tag{4}$$

式中：v 为流速，m/s；μ 为流量系数；g 为重力加速度，m/s^2；H 为闸门底板以上的工作水头，m；η 为闸门相对开度；D 为孔口高度，m；h 为水位差，m；ζ 为水头损失系数。

过流产生振动消除卡阻的总体思路为：工作闸门首个开度 0.6 m，其后以 0.1 m 梯度逐步增大开度，最大开度 1.3 m，每个开度过流 10 min，边过流边观察事故 A 门的荷重变化，通过荷重变化判断卡阻是否解除，卡阻解除或工作闸门在 1.3 m 开度过流 10 min 后仍未解除卡阻则关闭工作闸门。实际操作过程中，工作闸门在 0.8 m 开度下过流 5 min 时事故 A 门荷重出现明显增加，从 116 t 连续且快速增加至 181 t，卡阻解除。

关闭工作闸门，将事故 A 门提至检修位。检查发现闸门整体结构完好，在左侧水封压板左上侧 0.5 m 长度范围内存在明显的异物刮擦痕迹，此处的水封压板螺栓孔内残留有树枝和渔网碎屑，表明此处曾夹杂过树枝和渔网类杂物，并发生较大的摩擦。分析认为小浪底 2 号排沙洞事故 A 门发生卡阻是泥沙和杂物耦合作用的结果。

4 结语

（1）小浪底水库低水位、高含沙、长历时运用工况下，不断调整排沙洞和孔板洞组合运用方式，易于引发深孔事故闸门较为严重淤积，甚至在泥沙和杂物的耦合作用下导致闸门卡阻。

（2）闸门发生泥沙淤积时，增大启门力启门是最简单、最直接的方法。对于以卷扬启闭机为起升设备的深孔平面闸门，当启门力增大时，钢丝绳的弹性变形同时增大，应采取可靠措施防止闸门因发生弹射而使问题变得更为复杂难治。

（3）在小浪底水库低水位、高含沙、长历时运行工况下，泥沙淤积和杂物等影响因素会使关闭检修闸门创造无水检修条件面临很大风险和难以预测的多种不利变数，应慎重采用。

（4）高含沙运行工况下，由于水体浑浊，能见度低，使用潜水员进行水下探摸和处置，综合工作效率更高。

（5）在保证安全的前提下，通过紊动水流产生振动消除闸门卡阻是一种可行且效率较高的措施。

参考文献

[1] 水利部黄河水利委员会．黄河泥沙公报 2019［R］．郑州：水利部黄河水利委员会，2019.

[2] 魏向阳，杨会颖，孔纯胜，等．小浪底水库汛期低水位排沙调度实践分析［J］．人民黄河，2020，42（7）：19-22，111.

[3] 吴凌丞．万家寨水利枢纽排沙洞淤堵原因分析及疏通处理［J］．西北水电，2018（2）：54-57.

[4] 王志刚，洪羽．小浪底水库低水位、高含沙水流对闸门运用的影响［J］．河南科技，2021，40（7）：57-59.

[5] 于永军，洪羽，王帅，等．弧形闸门抗磨蚀底缘研究［J］．水资源与水工程学报，2023，34（5）：116-123.

[6] 徐国宾，任晓枫．坝前淤泥对闸门启门力影响的模拟相似性及方法［J］．水利学报，2000（9）：61-64.

[7] 徐国宾，高仕赵，訾娟．淤泥对平面钢闸门启门力影响的计算方法［J］．水利学报，2012，43（9）：1092-1096.

[8] 于永军，杨利锋，王磊．生态文明视角下小浪底水库漂浮物管控探析［J］．水资源开发与管理，2024，10（5）：60-64，84.

[9] 单宇翥，陈洋．水下机器人在三峡水利枢纽导流底孔封堵检修门水下清理工程中的应用［J］．大坝与安全，2005（3）：51-53.

[10] 黄海宁，李宝奇，刘纪元，等．声呐图像水下目标识别综述与展望［J］．电子与信息学报，2024，46（5）：1742-1760.

[11] 杨超．水流作用下水利工程闸门的动力特性研究［J］．水利科技与经济，2024，30（7）：57-61.

[12] 程银才，魏清顺，赵树旗．水力学［M］．武汉：华中科技大学出版社，2019.

在建设黄河下游绿色生态廊道背景下关于淤背区土地开发利用及管理的思考

王延梅

（山东齐鸿工程建设有限公司，山东淄博　255030）

摘　要：2019 年 9 月，黄河流域生态保护和高质量发展上升为重大国家战略，这是事关中华民族伟大复兴和永续发展的千秋大计，以保护淤背区防汛功能、打造原生态森林、提升沿河景观品质为主导的生态廊道项目在沿黄各地全力推进。本文从山东省黄河下游绿色生态廊道项目入手，分析了其建设过程中可借鉴的经验，列举了目前黄河下游淤背区土地开发利用及管理中存在的问题，并就存在的问题思考解决办法，分析对策，旨在为黄河下游淤背区土地开发利用及管理进行有益探索，提出建议。

关键词：黄河下游；建设绿色生态廊道；淤背区土地；土地开发利用及管理

1　引言

2019 年 9 月 18 日，习近平总书记在黄河流域生态保护和高质量发展座谈会上发表重要讲话[1]，强调共同抓好大保护，协同推进大治理，着力加强生态保护治理、保障黄河长治久安、促进全流域高质量发展、改善人民群众生活、保护传承弘扬黄河文化，让黄河成为造福人民的幸福河。按照习近平总书记指示精神和《黄河流域生态保护和高质量发展规划纲要》《全国重要生态系统保护和修复重大工程总体规划（2021—2035 年）》有关要求，沿黄各省（区）全力推进黄河生态廊道建设。在建设黄河下游生态廊道背景下，如何从中借鉴经验，开发好淤背区土地这一黄河特有资源成为一项值得思考的课题。

2　山东省生态廊道建设的经验

2.1　明确目标 科学规划

"地处黄河下游，工作力争上游"。山东省为深入贯彻新发展理念，服务构建新发展格局，更好服从服务国家战略，根据《黄河流域生态保护和高质量发展规划纲要》，及时印发了《山东省黄河流域生态保护和高质量发展规划》，并明确提出把黄河下游绿色生态廊道建设纳入全省推进大规模国土绿化的重点行动，到 2025 年建成初具规模的黄河生态廊道，流域面积 50 km^2 以上的 1 049 条河道管理范围宜绿化率达到 95%以上，沿黄各市的密切合作、一体推进，一手抓规划编制，一手抓战略推进，积极推进重点任务落实。

2.2　注重质量 打造精品

为加快实施黄河流域生态保护和高质量发展战略，全面提升山东沿黄绿色生态廊道建设质量，打造一流的生态景观，在植树绿化中坚持高品质、高品位，邀请园林绿化专家指导绿化工作，利用国槐、紫叶李、海棠等乡土树种，丰富群落层次与风景林界面；通过发展林下经济、建设特色经济林

作者简介：王延梅（1990—），女，高级工程师，主要从事水利水电工程施工安全管理工作。

带，将生态产品内在价值转化为经济效益、社会效益和生态效益，构建韧性生态基底与特色风景林带体系，形成连接城乡、黄河的连续生态廊道。

3 黄河下游淤背区土地利用及管理概况

3.1 黄河淤背区基本概念

黄河淤背区是将河道内的泥沙，运用吸泥船、泥浆泵等机械冲吸，借助水流作用，通过管道输送到黄河大堤背侧规定宽度内，沉积而形成的依附大堤的带状土方区域，一般高出地面7~9 m，低于堤顶2~4 m，土壤为细粉沙，表面覆盖了40 cm左右的红壤土[2]。

3.2 黄河淤背区土地开发利用的必要性和可行性

黄河淤背区是黄河防洪工程的一部分，是黄河堤防的延伸与加强。随着黄河治理开发事业的发展，开发管理好黄河淤背区土地具有重要意义。首先，保持淤背区工程完整，加强管理，能够确保黄河防汛安全；其次，黄河淤背区土地用于开发经营，能够弥补差额拨款事业单位经费并促进沿黄经济社会发展；再次，按照防汛抢险的要求，因地制宜开展植树造林，能为防汛抢险储备料源；最后，黄河淤背区土地开发能够改善沿黄生态环境，促进黄河生态文明建设。

4 黄河下游淤背区开发利用及管理存在的问题

4.1 缺少总体规划

目前淤背区土地开发利用与管理由各地方河务部门各自为战，存在一定的盲目性、随意性，缺少顶层设计和规划，出台的相关土地管理办法也缺少差异性，全流域“一刀切”，基层单位淤背区土地开发利用及管理过程中得不到有效指导，无法发挥各地特长，实现全流域优势互补。

4.2 产业化程度偏低

目前淤背区土地开发利用较分散，零星发展，无法形成种植规模化，另外种植树种较为单一[3]，适生林面积过大，导致淤背区开发的综合效益提升缓慢，加上政策扶持力度薄弱，造成淤背区开发利用并没有形成产业发展的优势。

4.3 管护不到位

俗话说，“三分种树七分管，十分保活才保险”，这句话就充分体现出了种树是否能够成活，造林是否能够成功，后期管护工作起着至关重要的作用！目前关于淤背区开发利用后的管护机制不健全，没有出台实际有效力的管理制度，淤背区土地开发利用投入的短期性和林业生产的长期性不吻合、不衔接，导致重造轻管。

5 淤背区土地开发利用及管理的建议

针对黄河下游淤背区土地开发过程中存在的缺少总体规划、产业化程度偏低、管护不到位等普遍存在的问题，汲取黄河下游绿色生态廊道建设经验，提出如下建议。

5.1 总体设计 流域统一规划

以流域机构为单位统一调研，组织指定政策和标准，出台顶层设计和具有差异性的淤背区土地长期开发利用规划，根据各地特色及灌溉条件确定树种和种植规模，因地制宜，充分发挥本地的资源优势，实现流域内优势互补，错位发展，从而实现淤背区土地的合理开发利用。

5.2 加大政策扶持力度 推进产业化建设

以流域机构为单位加快推进政策法规的建设，针对淤背区土地开发利用精细化、现代化、规模化、规范化管理，指定全面、具体实用性和指导性强的政策法规，对于明显不适合淤背区土地开发利用的政策法规，进行修改或者废止；制定优化扶持政策，建立多元化投资渠道，要探索与地方融合发展的长效机制，寻求更好的途径和方法，最大限度地积极争取资金，加大金融对淤背区土地开发利用的投资力度，进一步发挥政策性贷款、贴息贷款的积极作用，吸引金融资本更多投入到淤背区土地开发利用中，拓宽淤背区土地开发模式，要顺应潮流，顺势而为，因地制宜，搞好结合，引进先进的农业示范园，在保证黄河淤背区防汛功能的前提下利用别人先进的开发理念和管理模式，以绿色生态为主体，推进淤背区土地开发利用逐渐规模化、产业化。

5.3 提升淤背区土地管理水平

强化底线思维，注重淤背区土地开发后期管护工作，提升管理水平。采取“走出去，请进来”的方式，可以到产业化发展较好的兄弟单位观摩学习，或请淤背区管理先进单位来帮助自己查找淤背区土地管理短板，按照产业化要求，建立完善适合自己的管理模式；将先进的科技成果运用到淤背区管理中去，提升淤背区土地管理科技含量，注重相关管理人才的引进与培养，壮大科技管理能力，提升管理水平。

6 结语

黄河下游绿色生态廊道建设围绕提升群众获得感和幸福感，在沿黄淤背区打造绿色生活环境，讲好“黄河故事”，让黄河成为群众眼中名副其实的“幸福河”，黄河淤背区土地是黄河流域的宝贵资源，在建设黄河下游绿色生态廊道背景下，为淤背区土地开发利用及管理提供了诸多可借鉴的经验，通过总体设计及流域统一规划，做到因地制宜，制定出符合自身发展趋势的顶层设计，加大政策扶持力度，推动规模化产业化建设，探索出长效发展机制，积极提升自身管理素质，有利于充分发挥淤背区土地开发利用的社会效益、经济效益和生态效益[4]，是对黄河下游淤背区长期稳定、可持续发展的有益探索。

参考文献

[1] 习近平．在黄河流域生态保护和高质量发展座谈会上的讲话［J］．求是，2019（20）：4-11.

[2] 董烈．黄河淤背区树种选择须兼顾生态经济双效益［J］．中国农村科技，2015（5）：64-65.

[3] 徐新亮．山东黄河淤背区土地开发管理研究：以惠民黄河河务局为例［D］．济南：山东师范大学，2015.

[4] 杨晓阳，张治昊，李延波．黄河河口堤防淤背区土地开发现状及治理措施建议［J］．水利建设与管理，2007，27（11）：57-58，52.

珠江流域工业用水量及用水效率发展趋势分析

李善综　孙　前

[水利部珠江水利委员会技术咨询（广州）有限公司，广东广州　510611]

摘　要：工业用水是社会经济重要的用水统计项，为更好地分析珠江流域工业用水发展的一般规律，合理预测流域工业用水发展趋势，收集整理了珠江流域近22年历史实际的工业用水相关数据，从工业增加值变化、工业用水量变化及万元工业增加值用水量变化等3个方面总结分析了珠江流域工业用水发展规律，得出了未来珠江流域工业用水将持续下降的结论，可为流域及区域规划中有关工业用水需求预测成果提供参考。

关键词：工业用水量；用水效率；珠江流域

当前我国仍处于工业化深入发展的历史阶段，工业规模仍在不断扩大[1]，工业用水总量逐年增加，自2013年起，我国开始实施最严格水资源管理制度，要求2030年全国用水总量控制在7 000亿m^3以内，制度实施以来逐步建立了“三条红线”“水资源消耗总量和强度双控行动”等一系列用水及节水管理措施制度。10余年来，用水管理制度日益完善，节水成效显著，基本上扭转了以往粗放的用水及用水管理模式，节水优先成为水利行业发展第一指导思想，节约用水也已成为社会共识，全社会用水总量增速显著放缓[1]。

新形势下水安全保障需求日益提高，在规划先行的思路引导下，确定目标水平年用水需求水平是指导水利发展及水安全保障落实的前提之一，但目前流域或区域用水需求预测过程中对历史用水总体规律的总结及应用存在诸多不足，需水预测偏离实际用水增长趋势的情况屡见不鲜，流域用水总量及用水结构变化仍服从一定的发展规律，以流域总体比例看，2022年工业用水量占流域总用水量的15%，各二级区中占比最高达32%（珠江三角洲）。本文收集整理了珠江流域2001—2022年逐年工业用水数据及工业用水指标数据，从流域及区域面上总结了珠江流域工业用水发展的一般规律，对流域及区域用水需求预测工作具有较高的参考及指导价值。

1　流域概况

珠江流域位于中国南部，为复合水系，狭义范围包含东江、西江、北江、珠江三角洲等4个水系，广义上还包含韩江流域、粤桂沿海诸河和海南省诸河等，本文采用广义珠江流域范围。水系划分为南北盘江、红柳江、郁江、西江、北江、东江、珠江三角洲、韩江及粤东诸河、粤西桂南沿海诸河、海南岛及南海各岛诸河10个水资源二级区，其中红柳江面积最大为11.3万km^2，珠江三角洲最小为2.7万km^2，涉及行政区有云南、贵州、广西、广东、湖南、江西、福建、海南8个省（自治区）[2]。

2　GDP及工业增加值发展趋势

统计2001—2020年流域GDP及工业增加值指标数据，总体上流域GDP总量及工业增加值指标呈现增长趋势，其中2020年以前增长势头显著，2020年以后增速放缓。区域分布方面，珠江三角洲及东江工业产值占比最高，分别为47%~57%以及9%~15%。珠江流域GDP及工业增加值发展趋势示意图见图1。

分二级区工业增加值变化情况，其中南北盘江、珠江三角洲、东江等二级区工业增加值一直处于稳

作者简介：李善综（1987—），男，高级工程师，主要从事水文规划及水资源管理工作。

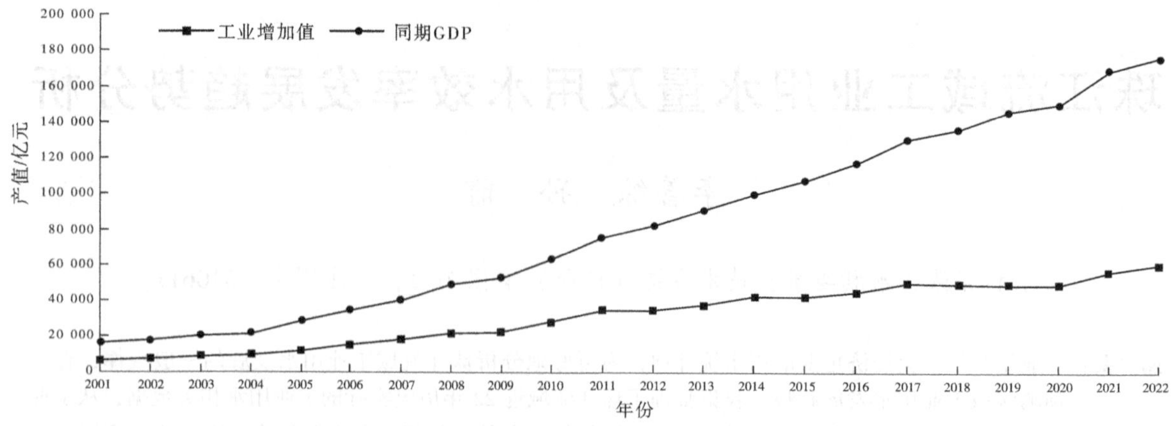

图 1　珠江流域 GDP 及工业增加值发展趋势示意图

定增长趋势，其中近年增长比例略有下降，红柳江、郁江、西江、北江、韩江及粤东诸河、粤西桂南诸河、海南岛等二级区，总体呈增长趋势，但在 2017 年以来经历了先降后增的变化，另外也佐证了疫情期间工业产业受创严重。各二级区工业增加值变化情况见图 2，各二级区 5 年均值变化情况见表 1。

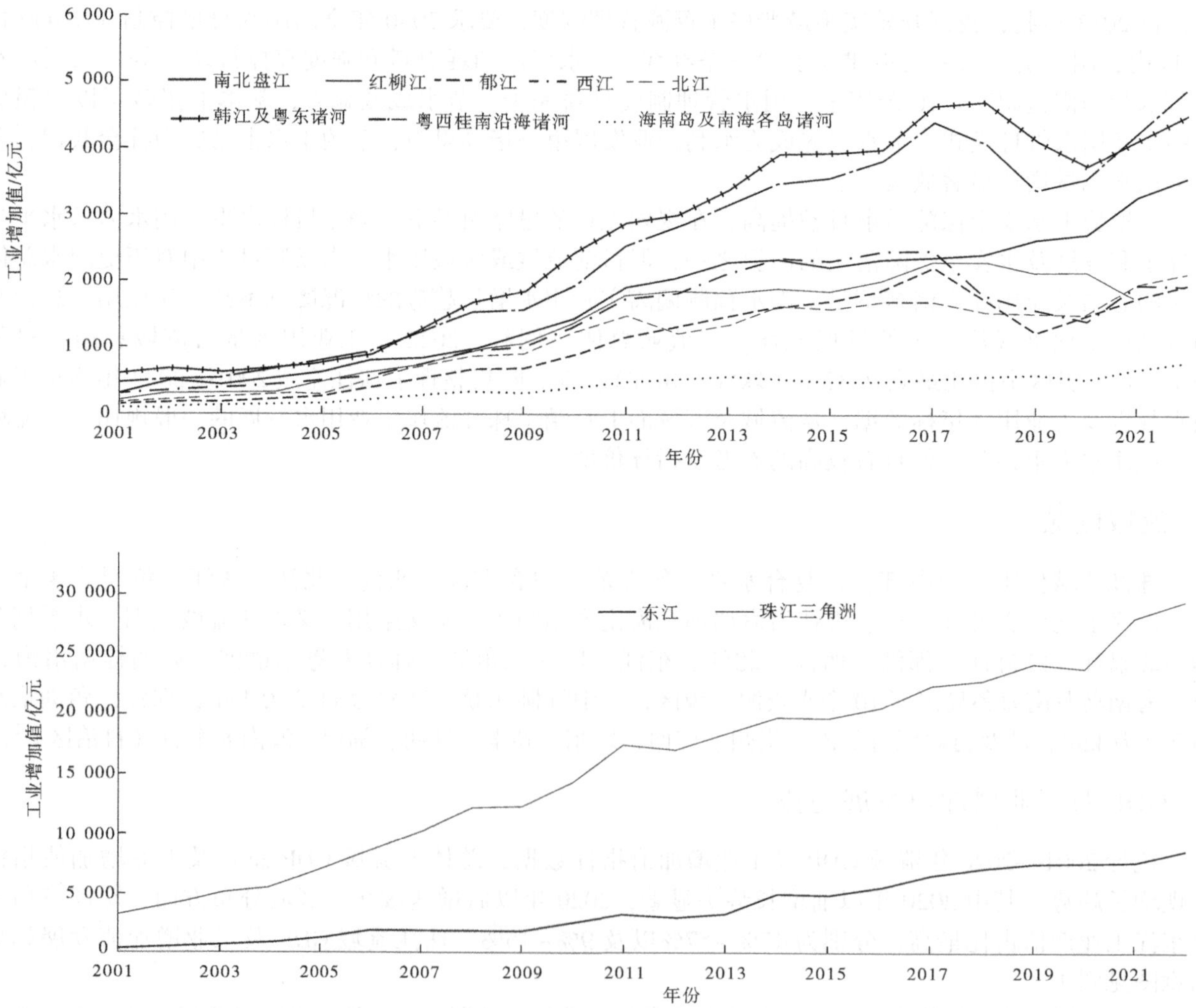

图 2　珠江流域分二级年份区工业增加值变化情况

表 1　珠江流域分二级区实灌面积变化情况　　单位：亿元

水资源二级区	工业增加值（5 年均值）				
	2001—2005	2006—2010	2011—2015	2016—2020	2018—2022
南北盘江	479	1 036	2 150	2 485	2 914
红柳江	321	939	1 835	2 176	2 055
郁江	188	624	1 441	1 697	1 626
西江	386	905	2 053	1 935	1 728
北江	237	835	1 436	1 583	1 717
东江	765	1 986	3 821	6 809	7 641
珠江三角洲	4 935	11 420	18 433	22 752	25 671
韩江及粤东诸河	667	1 611	3 414	4 241	4 244
粤西桂南沿海诸河	589	1 427	3 095	3 840	4 026
海南岛及南海各岛诸河	116	300	510	539	627
合计	8 683	21 083	38 188	48 057	52 249

分省（自治区）情况，广东工业增加值总量稳居流域各省（自治区）首位，工业增加值总体呈现逐年增长趋势，其余省（自治区）总体均呈现了先增后降，近几年工业增加值波动增加的情况。流域各省（自治区）工业增加值变化情况见图 3，5 年均值统计情况见表 2。

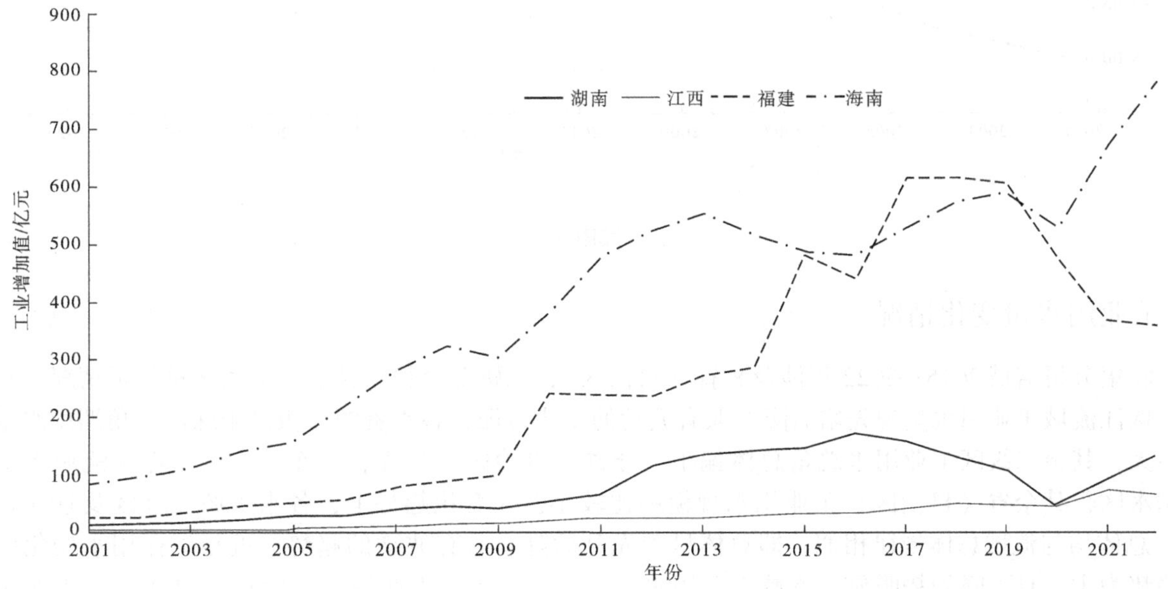

图 3　珠江流域分省（自治区）工业增加值变化情况

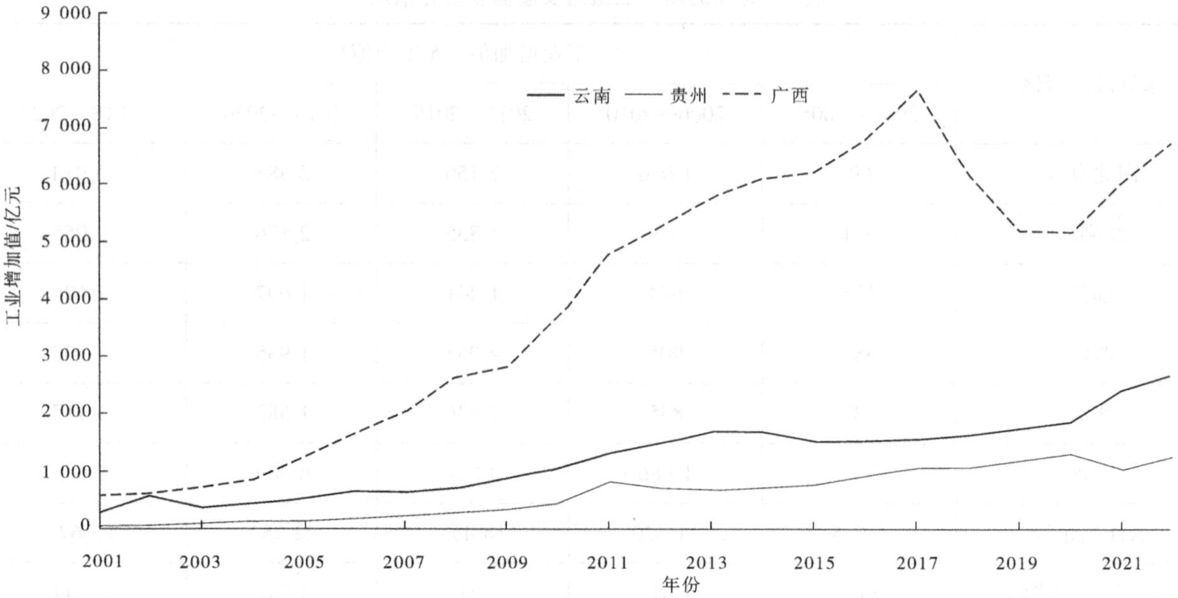

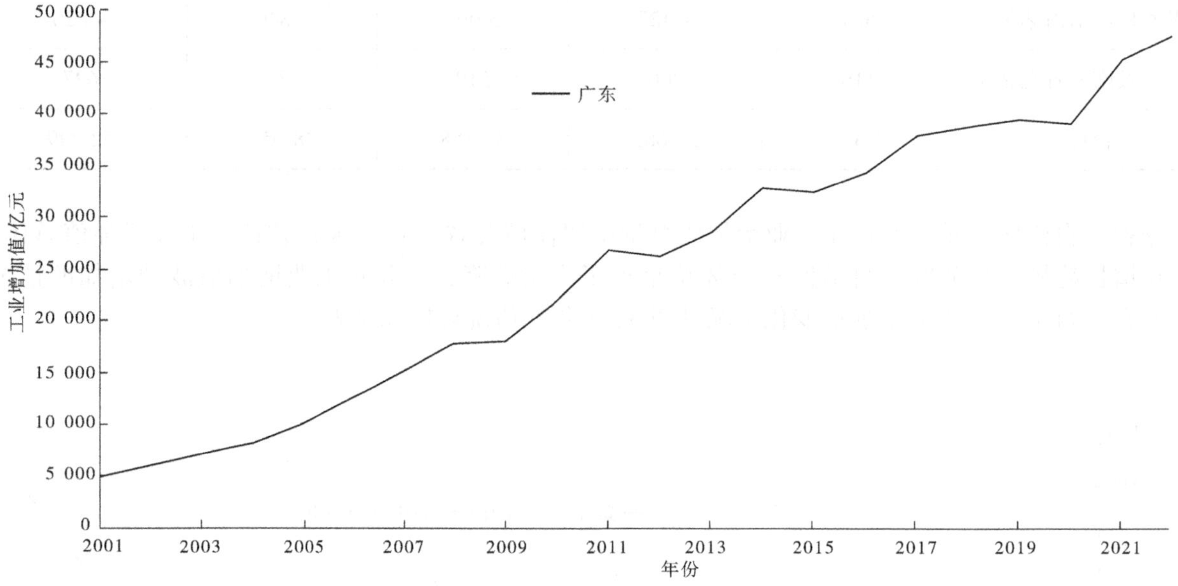

续图 3

3　工业用水量变化情况

收集分析流域 2015—2022 年涉及 8 省（自治区），水资源公报口径的工业用水量指标情况，总体上，珠江流域工业用水呈现先增后降、兼有波动的变化特征，各水资源二级区中珠江三角洲用水量占比最大，其余二级区工业用水总量总体偏小。分省（自治区）方面，广东、广西是珠江流域主要工业用水区，其余省（自治区）工业用水规模相比较小，在变化趋势上，各水资源二级区及省（自治区）总体均与流域总体规律相似，即总体呈现先升后降、兼有波动的趋势，近年工业用水变化以下降趋势为主，且下降趋势明显。流域工业用水总量、分二级区工业用水、分省（自治区）工业用水变化趋势见图 4~图 6。

表 2　珠江流域分省（自治区）工业增加值变化情况　　单位：亿元

省（自治区）	工业增加值（5 年均值）				
	2001—2005 年	2006—2010 年	2011—2015 年	2016—2020 年	2018—2022 年
云南	440	793. 4	1 544. 2	1 673	2 068. 8
贵州	94	290. 4	731. 1	1 106. 2	1 162. 8
广西	799	2 558	5 621. 5	6 198. 2	5 865. 3
广东	7 189	16 975. 6	29 331. 4	37 817. 1	41 996. 4
湖南	19	42. 6	120. 0	121. 3	99. 8
江西	4	12. 3	27. 7	42. 3	55. 2
福建	36	111. 3	301. 9	549. 7	484. 6
海南	116	299. 7	509. 5	538. 6	627. 5
合计	8 697	21 083. 3	38 187. 3	48 046. 4	52 360. 4

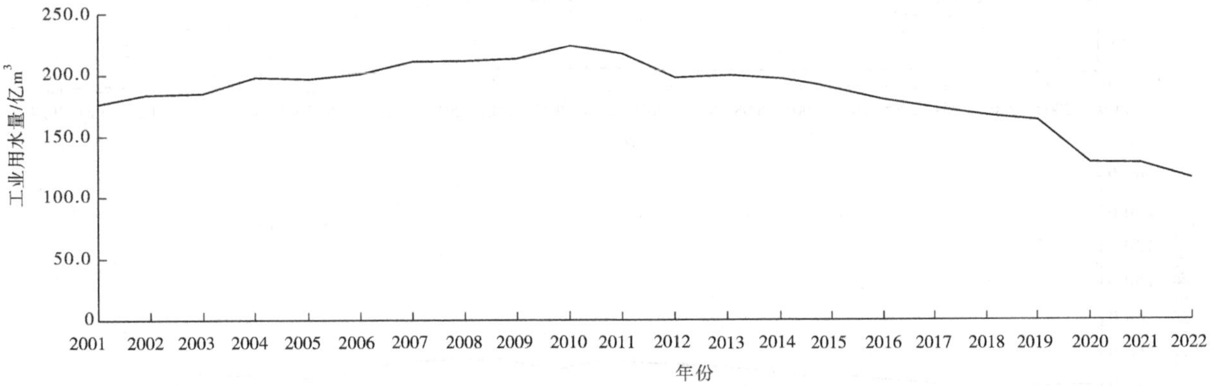

图 4　珠江流域工业用水总量变化情况

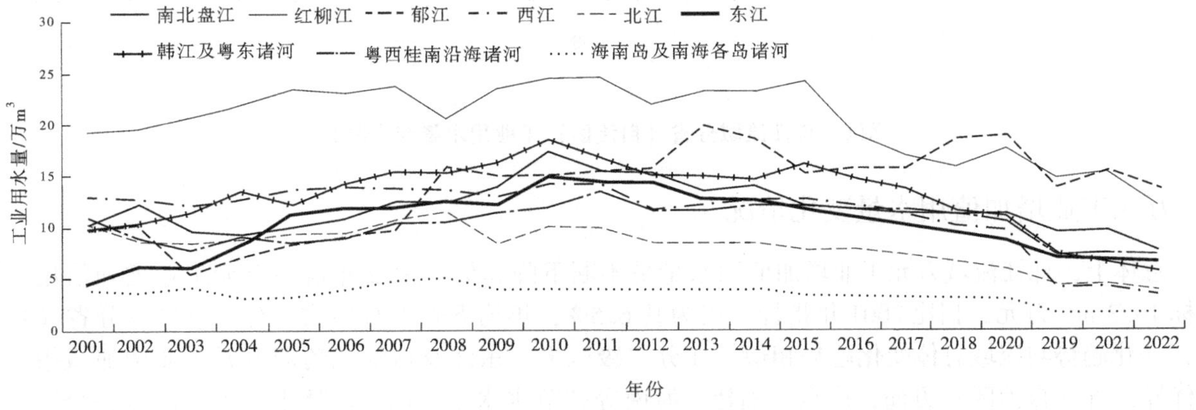

图 5　珠江流域分二级区工业用水量变化情况

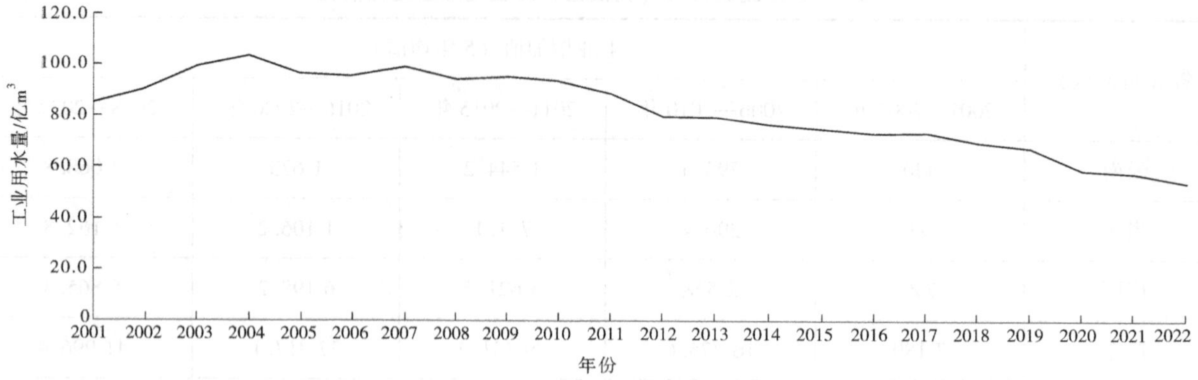

续图 5

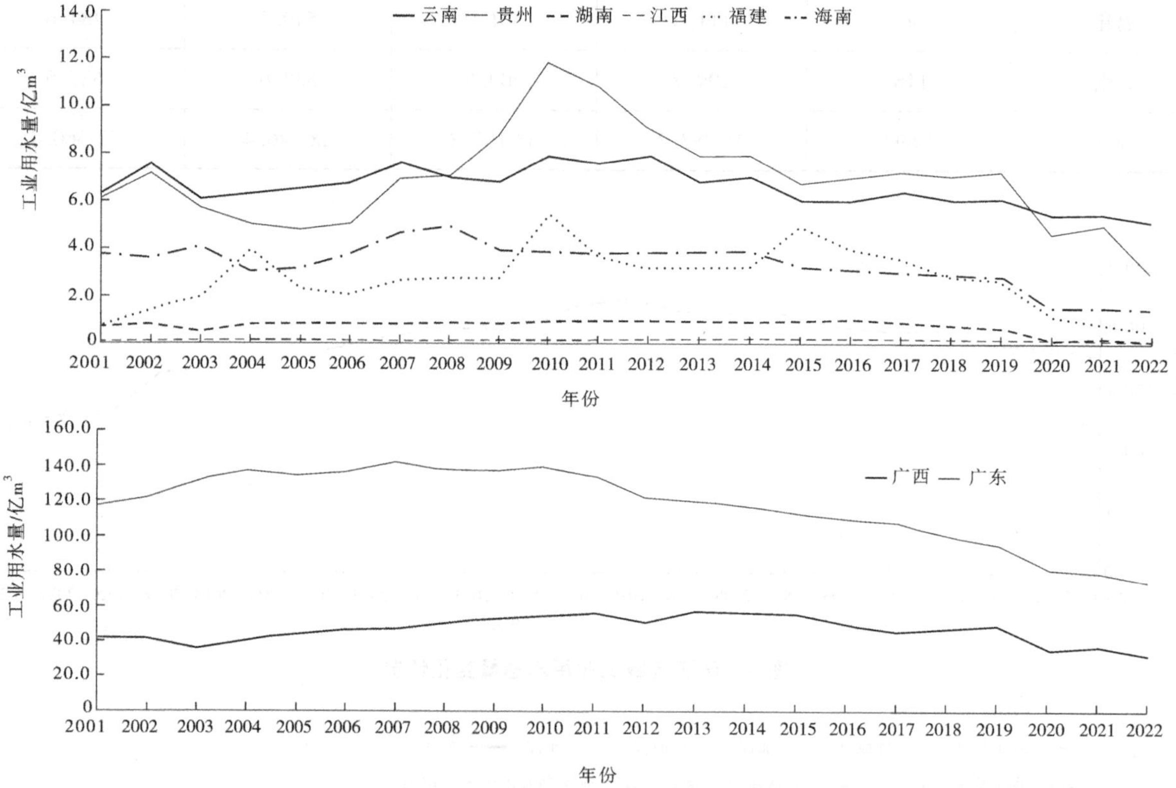

图 6 珠江流域分省（自治区）工业用水量变化情况

4 万元工业增加值用水量变化情况

总体上，珠江流域万元工业增加值用水量呈不断下降趋势，2022 年流域万元工业增加值用水量指标 19.3 m^3/万元，相比 2001 年指标，仅为其 6.5%，年均下降 13%左右。分二级区及分省（自治区）变化趋势与流域总体变化趋势相似。在分二级区上，东江及珠江三角洲万元工业增加值指标最为优异，省（自治区）方面，广东、福建、海南等省节水水平较高。总体上来说，流域各分区、各省（自治区）工业用水效率仍呈现逐年提高的趋势。珠江流域 2001—2022 年万元工业增加值用水量见图 7，珠江流域二级区、流域分省（自治区）万元工业增加值用水量差异见图 8、图 9。

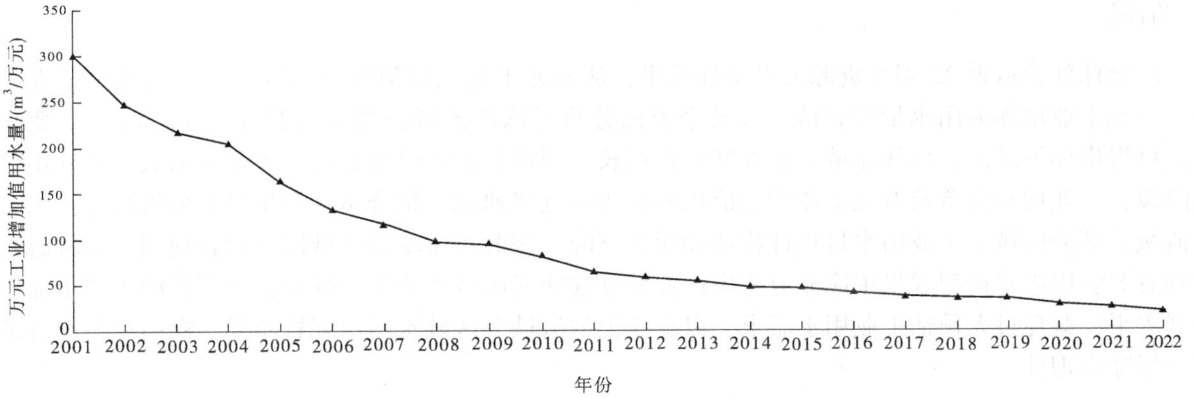

图 7 珠江流域 2001—2022 年万元工业增加值用水量

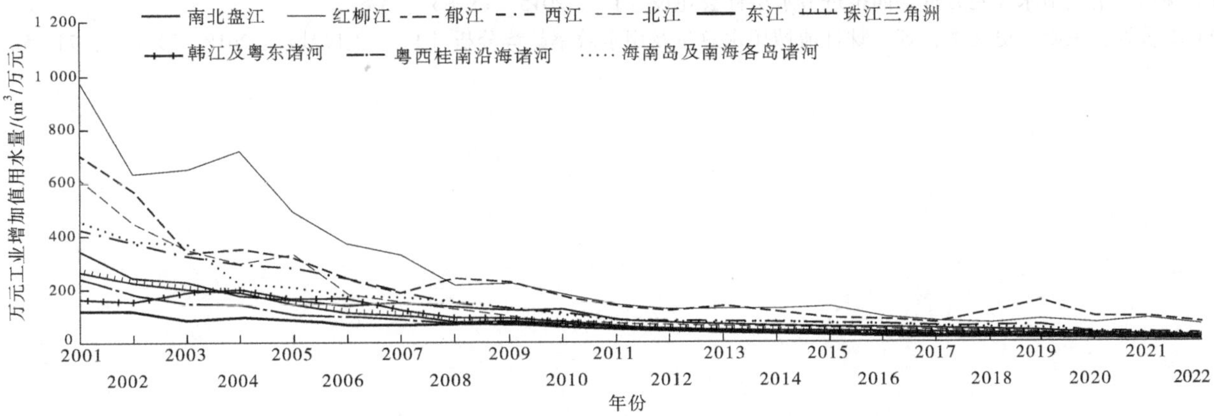

图 8 珠江流域二级区万元工业增加值用水量差异示意图

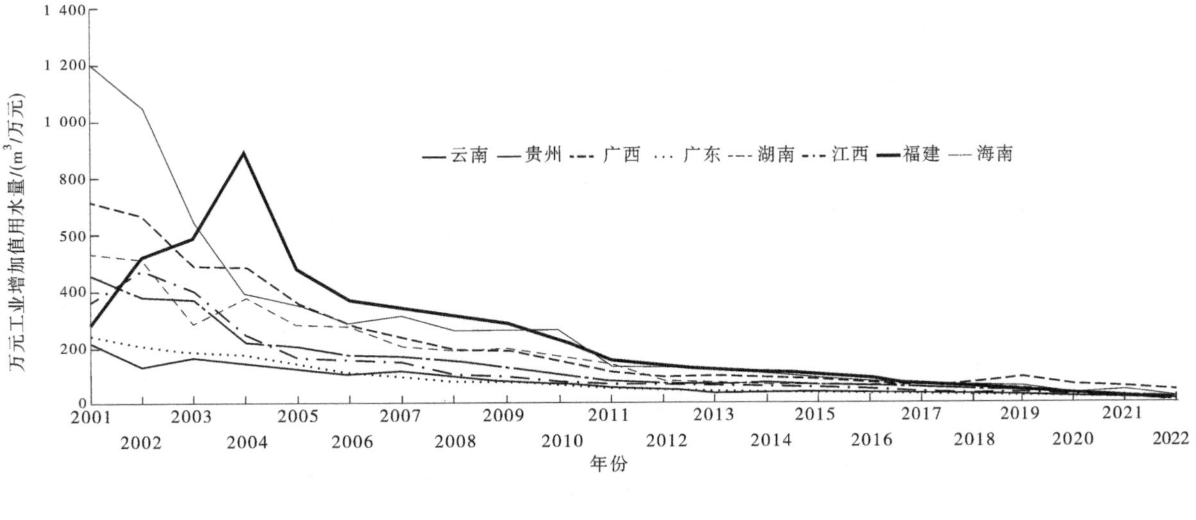

图 9 流域分省（自治区）万元工业增加值用水量差异示意图

5 结论

结合珠江流域近22年水资源公报统计成果，从万元工业增加值发展情况、工业用水总量发展情况、万元工业增加值用水量发展情况等几个方面分析了珠江流域分二级区及分省（自治区）变化情况，可得出如下结论：珠江流域工业发展值在增长，但增长趋势已经趋缓，工业用水效率仍在不断提高阶段，工业用水总量及万元工业增加值用水量仍在逐年递减，结合本文分析过程分析结论，未来珠江流域大部分区域上工业用水量预计将持续缓慢下降，因此在流域或区域层面综合规划、水资源综合规划有关农田需水预测成果中应充分考虑产业发展规律或区域产业发展规律，合理预测未来工业用水发展水平，避免过大预估工业用水需求，以科学谋划流域及区域水资源配置布局，提高社会经济的水安全保障合理性。

参考文献

[1] 颜勇．落实节水优先方针全面推进节水型社会建设［J］．2015，15（3）：3-6.
[2] 李善综，王森，史文杰，等．珠江流域用水总量及用水效率趋势分析［J］．人民珠江，2018，39（9）：71-75.

珠江前航道健康状况评价及其保护对策研究

范楚航　吕文斌　沈旭舟

（珠江水利委员会珠江水利科学研究院，广东广州　510611）

摘　要：珠江前航道作为广州重要水道，亟须对其进行健康状态评估，提出对应的保护对策以提升珠江前航道的健康状况。本文从生态系统结构完整性、生态系统抗扰动弹性、社会服务功能可持续性3个方面建立河湖健康评价指标体系，对珠江前航道健康状态进行评价，发现河道总体健康状态较好，河流连通性优越，社会服务功能突出。但水质为地表水Ⅳ类，底泥污染严重，亟待进一步提升，且外来鱼类入侵现象严重。未来可以从整体水环境治理角度，源头治理水质问题，对底泥进行原位修复或疏浚处理，制订增殖放流等提升方案。

关键词：河湖健康评价；珠江前航道；河道水质提升；水生态修复

珠江前航道坐落在广州市中心位置，横跨广州5个县（区）级行政单位[1]，同时也是广州连接珠江出海口的重要水道，其健康状况是影响广州航运、经济、生态环境的重要因素。近年来，随着广州市内河涌的整治，河道水景观、水生态、水文化等方面均有了显著的提升，但是受上游采砂和下游海水入侵的影响，珠江前航道仍然存在水安全隐患，亟须对其进行健康状态评估，提出对应的保护对策以提升珠江前航道的健康状况。

为指导各地科学地开展河湖健康评价工作，2020年8月水利部印发了《河湖健康评价指南（试行）》的通知，广东省内也印发了《广东省2021年河湖健康评价技术指引》，细化河湖健康评价工作流程、评价对象确定、评价指标体系建立及指标选定原则、指标评价方法及赋分标准等内容[2-3]。现如今对于广州市及其他地区河道的健康评价也大多是基于此方法开展的[4-7]。然而，针对广州的河道健康评价多关注黄埔和虎门区域附近，暂时没有聚焦到珠江前航道。因此，本文基于河湖健康理念，从生态系统结构完整性、生态系统抗扰动弹性、社会服务功能可持续性3个方面建立河湖健康评价指标体系，对珠江前航道健康状态进行评价，并针对评价结果提出了健康保护对策，预期提升珠江前航道的健康状况，为推进水生态系统保护与修复，完善河湖管理体制机制提供有力支撑。

1　研究范围

珠江前航道起点为白鹅潭洲头嘴西侧，终点为黄埔港，全长23.0 km，河宽170~700 m，涉及越秀区、海珠区、荔湾区、黄埔区和天河区，沿河两岸是广州市的中心城区所在。近期浅滩淤积扩大，深槽萎缩显著，河道深泓局部摆动较大；河床平均高程整体淤浅约0.91 m，变化较剧烈河段主要位于猎德大桥至大吉沙；河道容积整体减小，以淤积为主，猎德大桥以下河段淤积大于上游；近期基本保持冲淤平衡。主要江河水体水质优良率保持基本稳定，地表水水质整体较好，2020年各国考断面、省考断面全部达标。珠江前航道位置见图1。

2　健康评价体系

本文以《河湖健康评价指南（试行）》为基础，结合珠江前航道水系特征和河湖管理实际情况，

作者简介：范楚航（1993—），女，助理工程师，主要从事环境水力学、生态水力学研究工作。

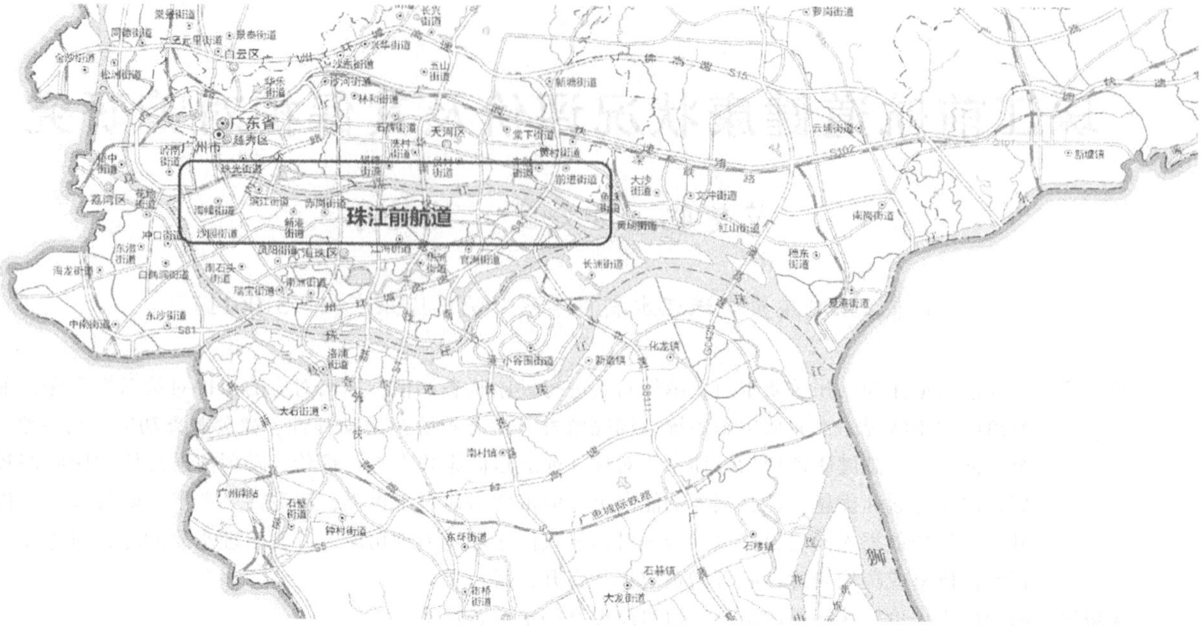

图 1　珠江前航道位置示意

总结现如今河湖健康评价的研究成果和实践经验，以河流健康（RHI）为评价目标，从生态系统结构完整性、生态系统抗扰动弹性、社会服务功能可持续性 3 个方面建立河湖健康评价指标体系，从“盆”、“水”、生物、社会服务功能 4 个准则层对河湖健康状态进行评价，并在每个准则层中选择对应指标，评价珠江前航道的健康状态。

2.1　准则层指标选取

考虑到准则层作为目标层的细化说明，包括“盆”、“水”、生物、社会服务功能 4 个方面，在准则层的对应指标选取中需考虑到对于准则层的概况情况以及现状航道的实际管理情况，结合《广东省 2021 年河湖健康评价技术指引》，各准则层的指标选取如下：

（1）“盆”：选取河流纵向连通指数、岸线自然状况、违规开发利用水域岸线程度 3 项指标作为“盆”准则层的评价指标。

（2）“水”：采用生态水位满足程度表征水量情况；在选取水质优劣程度和水体自净能力 2 个必选指标基础上，选取底泥污染状况指标，评判是否有内源污染，作为水质指标。

（3）生物：由于珠江前航道具有航运功能，存在定期疏浚，大型底栖无脊椎动物、水生植物不易存活，鸟类较难观测，结合实际情况，选取鱼类保有指数表征生物状况。

（4）社会服务功能：结合社会经济的发展，评价河段的社会服务功能，考虑到珠江前航道是有碧道建设任务，选取防洪达标率、通航保证率、岸线利用管理指数、碧道建设综合效益、公众满意度共 5 项指标评价珠江前航道的社会服务功能情况。

2.2　权重确定

在河流健康评价指标体系中，各个评价指标的重要程度是不同的，为了确切地反映各个评价指标对河流健康整体评价的重要程度，需要用一定的数值来定量地描述各个指标的重要性，即权重值，权重的确定关系到河流评价结果的合理性和正确性。《广东省 2021 年河湖健康评价技术指引》中已给出准则层权重，“盆”、“水”、生物、社会服务功能 4 个准则层分别为 0.2、0.3、0.2 和 0.3，而在同一准则层内部，权重按照指标权重分配到指标层中，考虑到珠江前航道的河流特性，选取权重如表 1 所示。

表 1　珠江前航道健康评价指标权重表

目标层	准则层	准则层权重	指标层	指标权重
河流健康	“盆”	0.2	河流纵向连通指数	0.22
			岸线自然状况	0.39
			违规开发利用水域岸线程度	0.39
	“水”	0.3	生态水位满足程度	0.28
			水质优劣程度	0.16
			水体自净能力	0.28
			底泥污染状况	0.28
	生物	0.2	鱼类保有指数	1.00
	社会服务功能	0.3	防洪达标率	0.18
			通航保证率	0.18
			岸线利用管理指数	0.18
			碧道建设综合效益	0.18
			公众满意度	0.28

2.3　赋分方法

对河湖健康进行综合评价时，按照目标层、准则层及指标层逐层加权的方法，计算得到河湖健康最终评价结果，计算公式如下：

$$RHI = \sum^{m}[CRW_m \times \sum^{n}(INW_n \times IN_n)] \tag{1}$$

式中：RHI 为珠江前航道河湖健康综合赋分；CRW_m 为准则层第 m 个准则层的权重；INW_n 为指标层第 n 个指标的权重；IN_n 为指标层第 n 个指标的赋分。

3　健康评价结果

3.1　各项指标调查结果

根据现场调查、数据获取、水质监测等方法，对各准则层的各项指标调查结果及评分情况如下所示：

（1）“盆”：珠江前航道段内无影响河流连通性的建构筑物，河流纵向连通指数赋分为 100；岸线多为无岸坡堤防，植被覆盖率为 50.21%，岸线自然状况赋分为 81；现状有排污口 24 个，规划建设 24 个，规范化建设率为 100%，违规开发利用水域岸线程度对应赋分为 100。

（2）“水”：统计分析 2018 年中大水文站的逐日水位，发现全部高于最低生态水位，生态水位满足程度赋分为 100；根据猎德站监测数据，水质最差项溶解氧为Ⅳ类，水质优劣程度评分为 60；根据广州市生态环境局提供的水质监测断面数据，珠江前航道中溶解氧浓度为 3.67 mg/L，水体自净能力赋分为 43.6；根据广州市生态环境部门提供的常规监测数据，底泥污染指数为 8.90，底泥污染状况赋分为 0。

（3）生物：根据珠江（广州段）2021 年 7—9 月期间 10 个监测点位一次鱼类资源的调查数据，珠江前航道共收集鱼类 56 尾，共计 9 种，隶属 3 目 3 科 8 属，鱼类保有指数赋分 56.3 分。

（4）社会服务功能：通过现场调研和影像数据分析，珠江前航道堤围、水闸均全部达标建设，防洪达标率赋分为 100；根据《广州市港务局关于提供 2018—2021 年珠江（广州段）通航天数的函》提供的 2018—2020 年珠江前航道全年的正常通航的天数，确定珠江前航道的通航保证率赋分为 100；

以 2021 年 2 月 18 日的 GF-1C（融合后空间分辨率为 2 m）影像数据，统计得到岸线利用管理指数赋分为 100；根据《广东万里碧道总体规划（2020—2035 年）》，珠江前航道总体碧道任务整体有序推进中，确定碧道建设综合效益赋分为 100；本次珠江前航道调查发放公众满意度调查表 120 份，收回 118 份，主要调查对象包括沿河居民、河道管理者、河道周边从事生产活动人员、旅游人士，调查年龄涉及 15~60 岁，文化程度从小学到大学以上，根据收回的满意度调查表情况，公众满意度赋分为 95.58 分。

3.2 评分结果

根据前文各指标层赋分情况，结合权重得到各准则层和目标层赋分情况，如表 2 所示。

表 2 珠江前航道健康评价赋分情况表

目标层	准则层	准则层赋分	指标层	指标层赋分
河流健康	“盆”（0.2）	92.59	河流纵向连通指数（0.22）	100
			岸线自然状况（0.39）	81
			违规开发利用水域岸线程度（0.39）	100
	“水”（0.3）	49.81	生态水位满足程度（0.28）	100
			水质优劣程度（0.16）	60
			水体自净能力（0.28）	43.6
			底泥污染状况（0.28）	0
	生物（0.2）	56.3	鱼类保有指数（1.00）	56.3
	社会服务功能（0.3）	98.76	防洪达标率（0.18）	100
			通航保证率（0.18）	100
			岸线利用管理指数（0.18）	100
			碧道建设综合效益（0.18）	100
			公众满意度（0.28）	95.58
河流健康评价总分			74.35	

珠江前航道健康评价总得分 74.35 分，处于亚健康状态。从各准则层角度，“盆”准则层赋分为 92.59 分，社会服务功能准则层赋分为 98.76 分，均处于非常健康状态；“水”准则层赋分为 49.81 分，生物准则层赋分为 56.3 分，处于不健康状态。

综合分析各准则层，珠江前航道河流连通性优越、河岸稳定、岸线植被覆盖良好、排污口规范化建设率高，布局合理；珠江前航道水质为地表水Ⅳ类，赋分 60，满足考核断面水质要求；底泥污染严重，重金属镉超标 8.9 倍，亟待进一步提升；水体自净能力一般，水体溶解氧浓度为 3.67 mg/L，达到地表Ⅳ类水标准；珠江前航道共收集鱼类 56 尾，河段丰富度指数均值 1.91，外来鱼类入侵现象严重，入侵鱼类占总渔获的 60.71%；珠江前航道防洪达标率、岸线利用管理、通航保证率和碧道建设综合效益都非常优秀，社会服务功能突出。

3.3 不健康来源

珠江前航道主要的不健康压力体现在“生物”和“水”两个方面。根据“水”准则层赋分情况，珠江前航道生态水位基本满足要求，但水质较差，底泥污染严重，且水体自净能力较差；生物准则层调查结果表明鱼类种类少，物种入侵严重，主要不健康压力主要来源于鱼类完整性不足。这些问题表明珠江前航道的总体水环境、水生态问题突出。

3.4 保护对策

近年来，全市在水环境治理方面软硬兼顾，管理水平稳步提高，取得了显著成效，珠江前航道的水环境稳步改善，但受到人类活动和城市化效应、下游咸潮入侵等综合影响，仍然存在水质情况较差的情况，水生态问题亟须解决。可以从整体水环境治理角度出发，联动上下游、干支流的河道整治、水质达标工程实施，从源头上进一步提升河道水质；以珠江三角洲河网排放有毒有害物质企业分布较多的区域为重点，开展河湖底泥有毒有害物质及相关持久性污染物的监测和累计风险评估，并对底泥进行原位修复或疏浚处理；进一步摸查珠江干流的鱼类资源情况，结合分析成果，对应制订增殖放流等河道健康提升方案。

4 结论

本文以河流健康（RHI）为评价目标，从生态系统结构完整性、生态系统抗扰动弹性、社会服务功能可持续性3个方面建立河湖健康评价指标体系，从“盆”、“水”、生物、社会服务功能4个准则层对珠江前航道健康状态进行评价。结果表明，珠江前航道总体健康状态较好，河流连通性优越、河岸稳定、岸线植被覆盖良好、排污口规范化建设率高，布局合理，社会服务功能突出。但水质为地表水Ⅳ类，底泥污染严重，亟待进一步提升，前航道共收集鱼类56尾，河段丰富度指数均值1.91，外来鱼类入侵现象严重。未来可以通过整体水环境治理角度，源头治理水质问题；对重点区域开展河湖底泥有毒有害物质及相关持久性污染物的监测和累计风险评估，并对底泥进行原位修复或疏浚处理；根据鱼类资源情况，进一步制订增殖放流等提升方案。

参考文献

[1] 雷列辉，黄伟杰，王建国，等．珠江前航道表层沉积物中镉污染评价及其含量分布情况［J］．人民珠江，2024，45（增刊1）：6-11.

[2] 陈莺燕．《河湖健康评价指南（试行）》实际应用与问题探讨［J］．水利技术监督，2022（11）：11-15.

[3] 黄伟杰，雷列辉，王建国，等．广东地区河湖健康评价工作实践中的问题与对策［C］//中国水利学会．中国水利学会2021学术年会论文集（第三分册）．郑州：黄河水利出版社，2021.

[4] 沈登城，刘其南，路炯．广州市黄埔区河道健康评价工作实践分析［J］．皮革制作与环保科技，2022，3（2）：50-52，55.

[5] 常赜，王腾飞，黄伟杰，等．珠江河口虎门水道健康评价与管理对策研究［J］．广东水利水电，2023（7）：92-96.

[6] 赵晓晨，周雪欣，张亚娟，等．北盘江干流河流健康评价体系的构建与应用［C］//河海大学，新疆维吾尔自治区水利学会，新疆农业大学，等．2024中国水资源高效利用与节水技术论坛论文集．2024.

[7] 刘晋，王建国，张康，等．城市内河涌健康评估与保护对策研究［C］//中国水利学会．2022中国水利学术大会论文集（第二分册）．郑州：黄河水利出版社，2022。

寒区水利

黄河上中游典型河段凌灾防控方案设计与探索

屈　博[1,2]

（1. 黄河水利委员会黄河水利科学研究院，河南郑州　450003；
2. 水利部黄河下游河道与河口治理重点实验室，河南郑州　450003）

摘　要：构建凌灾防控方案是黄河科学防凌的重要内容。本文以黄河上中游邬二圪梁—喇嘛湾段为研究对象，系统分析了近10年的凌情变化特征，发现开河期凌峰流量波动较为剧烈，2016年和2018年超过2 000 m^3/s。在此基础上，明确了凌汛期险情灾情发生条件、对应的防控措施及实施措施后的效果，进而统筹水库防凌工程、分水分凌工程以及出险点主动破冰等防控措施，结合历史凌灾发生情况，设计并提出黄河凌灾防控方案集，包含24个封河期方案和36个开河期方案，为黄河凌灾防控会商决策提供支撑。

关键词：黄河上中游；凌汛灾害；防控措施；方案设计

1　引言

黄河凌汛灾害是我国北方冬春季最突出、最重大的自然灾害，具有孕灾环境复杂、突发链发性强和防控难度大等特点[1]，给沿黄区域经济社会发展和人民生命财产安全造成了巨大威胁，而宁蒙河段尤为严重。据统计，1951—2010年黄河宁蒙河段平均每年发生冰情5.77次，平均2年成灾1次[2]。这些冰情直接影响河道水运交通、供水发电及水工建筑物的正常运行，严重时还会产生冰塞冰坝、壅水漫滩，甚至导致凌洪泛滥成灾。因此，每到凌汛期，黄河宁蒙段防凌治凌、安全度汛，是牵动全河人心的大事[3]。

近年来，国内外学者围绕凌汛致灾成灾过程及演化机制[4-5]、凌情采集与动态监测[6]、凌汛灾害预警预报及风险评估[7-8]、防凌减灾技术与成套装备研发[9]等方面开展了诸多有益的探索，取得了一系列重要成果。然而，对于凌灾防控方案设计与构建却关注较少，目前仍主要采用经验制订的模式，具有较大的主观性和局限性，极易影响防凌技术效能的充分发挥[10]。本文以黄河上中游邬二圪梁—喇嘛湾段为研究对象，在全面分析近10年凌情特征、防凌措施和凌灾损失的基础上，深入开展凌灾防控方案的设计与优化研究，以期为提升黄河防凌会商决策水平、加强凌灾管控能力提供科学支撑。

2　研究区域概况

2.1　研究区域

黄河上中游邬二圪梁—喇嘛湾段位于内蒙古自治区境内，以北为呼和浩特市托克托县，以南为鄂尔多斯市准格尔旗，河道全长约74 km（见图1）。河段上游有龙羊峡、刘家峡和海勃湾3座大型水库，以及乌兰布和、河套灌区及乌梁素海、杭锦淖尔、蒲圪卜、昭君坟、小白河6处应急分洪区，下游约75 km处有万家寨水库，河段中布设有头道拐水文站和二道拐、麻地壕、海口、蒲滩拐、毛不拉、喇嘛湾6个自计水位站。

基金项目：国家重点研发计划项目（2021YFC3200400）。

作者简介：屈博（1990—），男，高级工程师，主要从事水文水资源研究工作。

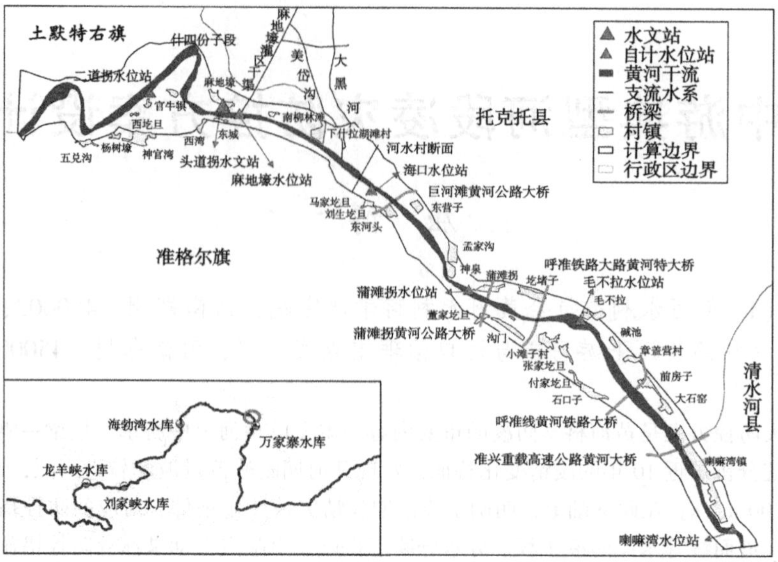

图 1　黄河上中游邬二圪梁—喇嘛湾段概况

2.2　河道特征

河道主要由河滩地和堤防等组成，内有村庄（33 个村镇）和多处引排水设施，河滩地内主要是农业用地。按照河道特性可将该河段可分为两段：邬二圪梁—蒲滩拐全长约 56 km，属平原型河道，断面宽浅，比降为 0.1‰~0.4‰，其中什四份子河段形态较为特殊，是一个约 120°的大弯道，流冰经过其弯顶时很容易堆积在一起，使冰凌流路不畅，引起封冻、形成灾害[11]；蒲滩拐—喇嘛湾全长约 18 km，属过渡性河道，比降相对平缓，平均为 1.2‰，但该段布设桥梁较多，有蒲滩拐公路大桥、呼准铁路大桥、准兴公路大桥等，由于桥梁桥墩束窄河道，流冰经过时受到阻碍极易发生堆积，形成冰塞冰坝[12-13]。

3　凌汛期凌情特征与防凌措施分析

3.1　凌情特征分析

以头道拐水文站为代表，分析 2010—2020 年邬二圪梁—喇嘛湾段凌汛期封开河时间、气温、水位、凌峰、流凌密度等凌情特征及其变化趋势，结果见表 1。可以看出：①封开河时间均呈越来越早的发展趋势，多年平均封河日期为 12 月 7 日，开河日期为 3 月 16 日；②封河前 5 日平均气温越来越低，多年平均值为-7.99 ℃，而开河前 5 日平均气温略有上升，多年平均值为 1.71 ℃；③年最高水位多年平均值为 988.55 m，但有两个年份超出了 989 m，其中 2019—2020 年更是出现了 989.86 m 的高水位；④开河期凌峰流量多年平均值为 1 430.4 m^3/s，但波动较为剧烈，最大的 2015—2016 年和 2017—2018 年均超过 2 000 m^3/s，而最小的 2016—2017 年仅为 765 m^3/s；⑤封河期和开河期的流凌密度均变化不大，分别保持在 50%和 20%左右。

表 1　2010—2020 年头道拐站凌情特征值

时段	封河前5日平均气温/℃	开河前5日平均气温/℃	封河日期/(月-日)	开河日期/(月-日)	年最高水位/m	封河前3日平均流量/(m^3/s)	开河凌峰流量/(m^3/s)	封河流凌密度/%	开河流凌密度/%
2010—2011 年	-4.34	-1.06	12-11	03-19	989.33	650	1 590	70	10
2011—2012 年	-8.84	1.2	12-15	03-20	988.31	210	1 520	60	10
2012—2013 年	-7.88	2.82	12-04	03-12	988.68	227	1 790	50	30
2013—2014 年	-5.20	1.04	12-12	03-17	988.43	777	1 500	40	10

续表 1

时段	封河前5日平均气温/℃	开河前5日平均气温/℃	封河日期/(月-日)	开河日期/(月-日)	年最高水位/m	封河前3日平均流量/(m^3/s)	开河凌峰流量/(m^3/s)	封河流凌密度/%	开河流凌密度/%
2014—2015年	-11.04	2.14	12-07	03-18	988.46	285	920	60	30
2015—2016年	-5.48	3.40	12-15	03-21	988.43	567	2 010	50	40
2016—2017年	-6.32	-0.46	11-25	03-16	987.32	359	765	40	10
2017—2018年	-7.84	5.64	12-04	03-16	988.30	392	2 140	60	10
2018—2019年	-13.6	1.16	12-11	03-18	988.33	269	1 080	50	20
2019—2020年	-9.38	1.26	12-06	03-14	989.86	807	989	40	10
平均	-7.99	1.71	12-07	03-16	988.55	454	1 430.4	52	18

3.2 防凌措施分析

黄河宁蒙河段主要采取“上控、下泄、中分”的凌灾防控策略，防凌措施主要包括水库防凌工程、分水分凌工程、修筑堤防工程以及主动破冰等[14]。对于邬二圪梁—喇嘛湾段来说，近10年凌汛期并未出现堤防工程损毁事件，因此主要考虑水库防凌工程、分水分凌工程和主动破冰3种措施。

3.2.1 水库防凌工程

按照空间分布，可将研究河段水库防凌工程分为上游和下游两类，二者的防凌作用机理不同，凌灾处置时效也不同。上游水库防凌工程主要包括龙羊峡水库、刘家峡水库和海勃湾水库。3个水库通过联合调控，改变下游河道的热力条件与水力条件，起到积极预防性防凌作用[15]。龙刘水库封河期一般控制下泄流量500~600 m^3/s，稳封期和开河期控制在500 m^3/s左右。渤海湾水库配合龙刘水库运用，塑造适宜的封河流量过程，进一步压减开河期下泄流量，并在出现凌汛灾害时应急滞洪，为下游防凌争取宝贵时间。

下游水库防凌工程是万家寨水库。与上游水库作用机理不同，万家寨水库通过降低库区水位，促使冰塞冰坝以下河段的水位快速下降，从而增大上下游水位差及其产生的水压力，加速冰塞冰坝溃决。万家寨水库封河期控制库水位970 m左右，稳封期控制水位不超975 m，开河期降低水位至970 m以下。遇特殊凌情，随时降低水位。

3.2.2 分水分凌工程

黄河内蒙古河段的6处分水分凌工程中，河套灌区及乌梁素海、乌兰布和分洪区承担全河段的防凌任务，蒲圪卜、昭君坟分洪区尚不具备分洪条件，杭锦淖儿分洪区距离研究河段较远。因此，只有小白河分洪区可用于研究河段凌灾应急防控，其分洪闸设计分洪流量460 m^3/s，可分蓄洪水700万 m^3。

3.2.3 主动破冰

主动破冰主要是通过炸药爆破、机械打冰等人工手段对出险点冰塞冰坝进行处置，疏导冰凌的下泄。该措施具有很高的时效性，一般应在5 h以内完成隐患消除任务，紧急情况下需在2 h以内完成。

4 凌灾防控方案设计

黄河邬二圪梁—喇嘛湾段容易发生冰塞冰坝的位置有什四份子弯道和跨河桥梁。几处桥梁中，巨河滩大桥位于最上端，是冰凌洪水传播途中遭遇的第一座桥梁，且处于比降较小的平原型河段，发生险情灾情的可能性较大；准兴公路大桥位于最下端，距离凌灾频发的万家寨水库库尾较近，容易受到库尾冰塞冰坝上延的影响。因此，本文考虑什四份子弯道、巨河滩大桥和准兴大桥3处险情灾情易发位置，统筹水库防凌工程、分水分凌工程以及出险点主动破冰等防控措施，探索提出研究河段封河期和开河期凌灾防控方案。

4.1 封河期凌灾防控方案设计

4.1.1 上游防控措施

封河期上游水库和分水分凌工程的主要作用是塑造适宜的封河流量过程。因此，可考虑将其调控结果概化为研究河段上游不同量级的来流情景。结合历史凌灾发生情况，2015 年和 2019 年河段均发生险情，故设置 2 种上游来流情景：①2015 年流量过程；②2019 年流量过程。

4.1.2 下游防控措施

下游万家寨水库遇特殊凌情，水库随时降低水位。设置 2 种万家寨水库调控情景：①维持现状水位；②迅速降低水位。

4.1.3 出险点防控措施

考虑是否在出险点采取主动破冰措施，设置 2 种情景：①采取主动破冰；②不采取主动破冰。

综上所述，将上游防控措施、下游防控措施、主动破冰措施与险情发生位置等信息进行集成组合，即可得到黄河邬二圪梁—喇嘛湾段封河期凌灾防控方案集，共计 24 个方案，如表 2 所示。

表 2 封河期凌灾防控方案集

方案号	冰塞发生位置	防控措施		
		上游来流情景（封河前 3 日平均流量）	下游万家寨水库	出险点主动破冰
F1	什四份子弯道	2015 年过程（567 m^3/s）	维持现状水位	是
F2		2019 年过程（807 m^3/s）	维持现状水位	是
F3		2015 年过程（567 m^3/s）	迅速降低水位	否
F4		2015 年过程（567 m^3/s）	迅速降低水位	是
F5		2019 年过程（807 m^3/s）	迅速降低水位	否
F6		2019 年过程（807 m^3/s）	迅速降低水位	是
F7		2015 年过程（567 m^3/s）	维持现状水位	否
F8		2019 年过程（807 m^3/s）	维持现状水位	否
F9	巨河滩大桥	2015 年过程（567 m^3/s）	维持现状水位	是
F10		2019 年过程（807 m^3/s）	维持现状水位	是
F11		2015 年过程（567 m^3/s）	迅速降低水位	否
F12		2015 年过程（567 m^3/s）	迅速降低水位	是
F13		2019 年过程（807 m^3/s）	迅速降低水位	否
F14		2019 年过程（807 m^3/s）	迅速降低水位	是
F15		2015 年过程（567 m^3/s）	维持现状水位	否
F16		2019 年过程（807 m^3/s）	维持现状水位	否
F17	准兴大桥	2015 年过程（567 m^3/s）	维持现状水位	是
F18		2019 年过程（807 m^3/s）	维持现状水位	是
F19		2015 年过程（567 m^3/s）	迅速降低水位	否
F20		2015 年过程（567 m^3/s）	迅速降低水位	是
F21		2019 年过程（807 m^3/s）	迅速降低水位	否
F22		2019 年过程（807 m^3/s）	迅速降低水位	是
F23		2015 年过程（567 m^3/s）	维持现状水位	否
F24		2019 年过程（807 m^3/s）	维持现状水位	否

4.2 开河期凌灾防控方案设计

4.2.1 上游防控措施

与封河期一致，将开河期上游工程调控结果也概化为研究河段不同量级的来流情景。结合历史凌灾发生情况，2011 年和 2016 年发生险情，故应设置 2011 年和 2016 年两种来流情景。此外，在凌灾防控方案滚动推演中，一般需结合凌汛灾害预警模型的预报结果，提前预知险情灾情的到来。因此，本文考虑将小白河分洪区运用作为一种提前的凌灾应急措施。小白河分洪区设计分洪流量为 460 m^3/s，可将近年来最大凌峰流量 2 140 m^3/s 最低削减至约 1 700 m^3/s，这与 2013 年的 1 790 m^3/s 较为接近（见表 1），故选择 2013 年流量过程作为上游来流情景。

综上所述，开河期共设置 3 种上游来流情景：①2011 年流量过程；②2018 年流量过程；③2013 年流量过程。

4.2.2 下游防控措施

设置 2 种下游万家寨水库调控情景：①维持现状水位；②迅速降低水位至 970 m 以下（一般在 966 m 左右）。

4.2.3 出险点措施

设置 2 种主动破冰情景：①采取主动破冰；②不采取主动破冰。

综上所述，将防控措施与险情发生位置等信息进行集成组合，得到黄河邬二圪梁—喇嘛湾段开河期凌灾防控方案集，共计 36 个方案。开河期方案结构与封河期一致，在此不再展示。

5 结语

（1）系统梳理了近 10 年的凌情资料，分析了头道拐站封开河日期、气温、水位、凌峰流量和流凌密度等的变化特征，并明确了凌汛期险情灾情发生条件及对应的防控措施，发现封开河时间均呈越来越早的发展趋势，封河前 5 日平均气温越来越低，而开河前 5 日平均气温略有上升，开河期凌峰流量多年平均值为 1 430.4 m^3/s，但波动较为剧烈，2016 年和 2018 年均超过 2 000 m^3/s。

（2）考虑什四份子弯道、巨河滩大桥和准兴大桥 3 处险情灾情易发位置，统筹水库防凌工程、分水分凌工程以及出险点主动破冰等防控措施，结合历史凌灾发生情况，设计并提出了，能够应对多种险情灾情的黄河凌灾防控方案集，包括封河期 24 个方案和开河期 36 个方案，可为黄河防凌会商决策提供支撑。

（3）受研究资料、认识水平等的限制，本文对上游、下游和出险点的凌灾防控措施进行了大幅度的简化处理，未来需进一步细化防控措施研究，提出更多的凌灾防控方案组合，构建和完善黄河上中游凌灾防控方案库。

参考文献

[1] 郜国明，邓宇，田治宗，等．黄河冰凌近期研究简述与展望［J］．人民黄河，2019，41（10）：77-81，108.
[2] 王富强，王雷．近 10 年黄河宁蒙河段凌情特征分析［J］．南水北调与水利科技，2014，12（4）：21-24，97.
[3] 宫德吉，白美兰，王秋晨．黄河凌汛及其预报研究［J］．气象，2001，27（5）：38-42.
[4] 赵水霞．封开河冰塞热力学模拟及冰水动力学机理研究［D］．呼和浩特：内蒙古农业大学，2019.
[5] 罗红春，冀鸿兰，郜国明，等．黄河什四份子弯道冰期水流及冰塞特征研究［J］．水利学报，2020，51（9）：1089-1100.
[6] 杨开林．河渠冰水力学、冰情观测与预报研究进展［J］．水利学报，2018，49（1）：81-91.
[7] Lindenschmidt K E，Rokaya P，Das A，et al. A novel stochastic modelling approach for operational real-time ice-jam flood forecasting［J］．Journal of Hydrology，2019，575：381-394.
[8] 王玲，刘吉峰，谢文轩．黄河宁蒙河段冰凌预报模型研究进展［J］．人民黄河，2014，36（12）：8-10.
[9] 佟铮，杨旭升，薛培兴．黄河冰凌爆破机理研究："中国爆破新技术Ⅲ"会议论文集［C］．北京：冶金工业出版

社，2012.
[10] 徐璐凯，李书霞，于国卿．黄河智慧防凌云平台设计与研究［J］．人民黄河，2021，43（3）：66-69.
[11] 赵水霞，李畅游，李超，等．黄河什四份子弯道河冰生消及冰塞形成过程分析［J］．水利学报，2017，48（3）：351-358.
[12] 黄宁静．桥墩墩型对冰塞演变影响的试验研究［D］．合肥：合肥工业大学，2019.
[13] 侯志军，孙一，顾志刚．跨河大桥冰凌模拟试验研究［J］．泥沙研究，2014（4）：49-54.
[14] 孟闻远，张蕊，王俊锋．黄河防凌减灾方案新探索［J］．华北水利水电大学学报（自然科学版），2012，33（2）：50-52.
[15] 王煜．黄河水沙调控体系建设规划关键技术研究［M］．郑州：黄河水利出版社，2015.

寒区某水库水生态监测及评价

崔新颖　彭　菲

［松辽水利委员会水文局（信息中心），吉林长春　130021］

摘　要：在以防洪、城镇生活和工农业供水为主的寒区水库，制定水生态监测方案，选定适用水库水生态监测及评价方法，开展水生态监测，并对监测结果进行分析评价，积累水生态监测工作成果及经验，为掌握寒区水库水生态环境情况变化趋势，维护水库河流健康生命提供决策依据。

关键词：寒区；水库；水生态监测；评价

1　引言

水生态监测是做好河湖生态流量保障、河湖健康评价、流域水库生态调度、水利工程过鱼设施设计与建设、河湖水系连通与生态修复、供水安全保障等水利工作的先决条件和重要基础。按照《水利部办公厅关于组织开展水生态监测工作的通知》（办水文〔2021〕90号）、《水利部办公厅关于持续推进水生态监测工作的通知》（办水文〔2022〕100号）的要求，在开展水质、藻类等常规水文监测的基础上，进一步拓展监测领域，大力推进水生态监测工作，组织在全国部分水域开展浮游生物等水生生物监测工作。在寒区某水库开展此项工作，为及时掌握和研究水生态环境情况及变化趋势，维护水库河湖健康生命等水利中心工作提供决策依据。

2　水生态监测方案

2.1　监测断面点位及时间、频次

该水库位于东北，是以防洪、城镇生活和工农业供水为主，结合发电等综合运用。库区依山傍水，山清水秀，生态环境良好，为野生动植物栖息、繁衍、生存提供了优越的自然条件。水生态监测范围为水库库区，共布设采样点3处，分别为水库入库口、库中和坝址，每年6月、8月各采样监测1次，水质监测与水生态监测同步开展。

2.2　监测指标

水生生物监测指标为浮游植物、浮游动物、水深、水温、电导率、pH、溶解氧、高锰酸盐指数、化学需氧量、五日生化需氧量、氨氮、总氮、总磷、铜、锌、氟化物、硒、砷、汞、镉、六价铬、铅、氰化物、挥发酚、石油类、阴离子表面活性剂、硫化物、粪大肠菌群、氯化物、叶绿素a、透明度等水质指标监测。其中，营养状态评价指标为叶绿素a、总磷、总氮、高锰酸盐指数、透明度。

2.3　监测及评价方法

水生态监测的浮游植物、浮游动物的鉴定按《生物多样性观测技术导则》（HJ 710）等标准方法开展[1]，水质监测项目方法为实验室资质认定方法。

采用浮游植物、浮游动物的相关生物指数进行水生态状况评价，浮游植物和浮游动物采用Shannon-Wiener多样性指数或Margalef丰富度指数评价[2]。采用Shannon-Wiener多样性指数评估水生态状况，并采用线性插值法计算浮游生物赋分值，赋分情况见表1。

作者简介：崔新颖（1978—），女，高级工程师，主要从事水文及水资源研究工作。

表 1　浮游生物 Shannon-Wiener 多样性指数评估赋分情况

Shannon-Wiener 多样性指数数值	赋分标准
>4	80~100
3~4	60~80
2~3	40~60
1~2	20~40
0~1	0~20

采用浮游生物 Margalef 丰富度指数评估水生态状况，并采用线性插值法计算浮游生物赋分值，赋分情况见表 2。

表 2　浮游生物 Margalef 丰富度指数评估赋分情况

Margalef 丰富度指数数值	赋分标准
>4	80~100
3~4	60~80
2~3	40~60
1~2	20~40
0~1	0~20

水体富营养状态分析参照《地表水资源质量评价技术规程》（SL 395—2007）开展水体富营养状态评价[3]。

水华分析评价采用浮游植物密度评价水华程度[4]，其分级标准及相应的特征描述见表 3，需注明水华发生的优势种。

表 3　水华分析评价标准

水华程度级别	浮游植物密度/（个/L）	水华特征	表征现象参照
Ⅰ	$0 \leqslant D < 2.0 \times 10^6$	无水华	水面无藻类聚集，水中基本识别不出藻类颗粒
Ⅱ	$2.0 \times 10^6 \leqslant D < 1.0 \times 10^7$	无明显水华	水面有藻类另行聚集；或能够辨别水中有少量藻类颗粒
Ⅲ	$1.0 \times 10^7 \leqslant D < 5.0 \times 10^7$	轻度水华	水面有藻类聚集成丝带状、条带状、斑片状等；或水中可见悬浮的藻类颗粒
Ⅳ	$5.0 \times 10^7 \leqslant D < 1.0 \times 10^8$	中度水华	水中有藻类聚集，连片漂浮，覆盖部分监测水体；或水中明显可见悬浮的藻类
Ⅴ	$D \geqslant 1.0 \times 10^8$	重度水华	水面有藻类聚集，连片漂浮，覆盖大部分监测水体；或水中明显可见悬浮的藻类

2.4　质量控制与安全保障措施

水质采样与水生态采样及样品保存运送严格按《水环境监测规范》（SL 219—2013）、《生物多样性观测技术导则》（HJ 710）的相关规定执行。采样点位每次均进行卫星定位，现场取样均用工程相机进行拍照留存。浮游植物与浮游动物鉴定均进行影像资料留存建档，样品固定后长期保存。水质监测的质量控制严格按《水环境监测规范》（SL 219—2013）的要求执行，采用现场空白、平行样品、加标回收、标样跟踪等方法进行质控，质控比例≥5%，确保监测数据准确可靠。

3 水生态监测结果及分析评价

3.1 浮游植物

3.1.1 浮游植物定性调查结果

6月，水库共鉴定出浮游植物4门15属23种。其中，硅藻门最多，共15种，占总物种数的65.2%；隐藻门4种，占总物种数的17.4%；绿藻门3种，均占总物种数的13.1%；蓝藻门种类数最少，为1属，均占总物种数的4.3%。水库6月浮游植物种类组成见图1。

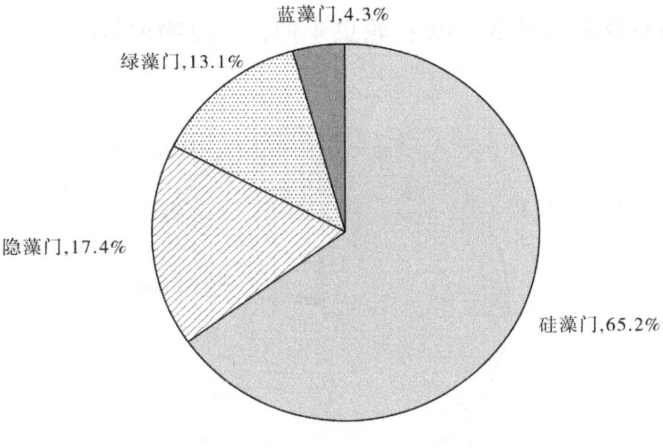

图1 水库6月浮游植物种类组成

8月，水库共鉴定出浮游植物6门19属27种。其中，硅藻门最多，共13种，占总物种数的48.1%；隐藻门和绿藻门均检出4种，均占总物种数的14.8%；蓝藻门3种，占总物种数的11.1%；裸藻门2种，占物种总数的7.4%；金藻门检出1种，占物种总数的3.8%。水库8月浮游植物组成见图2。

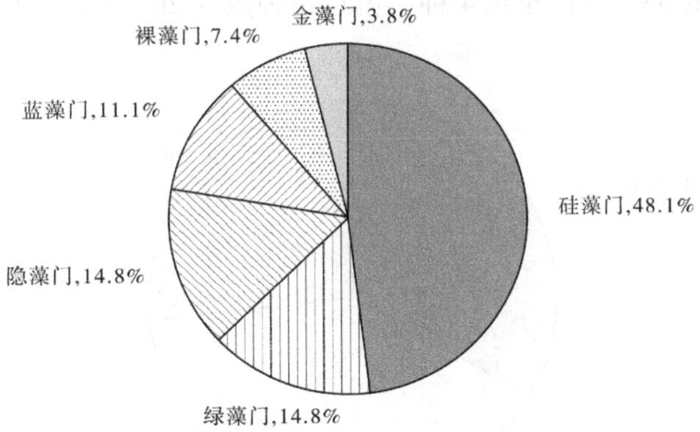

图2 水库8月浮游植物种类组成

3.1.2 浮游植物定量鉴定结果

6月，在对浮游植物的定量观察中，水库浮游植物量变幅为2.9094×10^{6}~1.9023×10^{7}个/L，其中水库库中浮游植物量最大，为1.9023×10^{7}个/L。各样点藻类常见种为：入库口以硅藻门的尖针杆藻、链形小环藻为主，分别占入库口浮游植物量的24.7%和18.8%；库中以硅藻门的链形小环藻、尖针杆藻为主，分别占库中浮游植物量的43.9%和27.5%；坝址以隐藻门的尖尾蓝隐藻和硅藻门的尖针杆藻为主，分别占坝址浮游植物量的25.6%和20.5%。

8月，在对浮游植物的定量观察中，水库浮游植物量变幅为1.9396×10^{6}~3.360×10^{8}个/L，其中水库入库口浮游植物量最大，为3.360×10^{8}个/L。各样点藻类常见种为：入库口以蓝藻门的小形色球藻、隐藻门的尖尾蓝隐藻为主，分别占入库口浮游植物量的 38.5%和 26.9%；库中以隐藻门的尖尾蓝隐藻、硅藻门的小环藻为主，分别占库中浮游植物量的 17.1%和 11.4%；坝址以蓝藻门的小形色球藻、微囊藻为主，分别占坝址浮游植物量的 77.0%和 22.2%。

3.1.3 浮游植物评价结果

水库各监测样点的 Margalef 丰富度指数的变化幅度在 0.36~1.15，Shannon-Wiener 多样性指数的变化幅度在 0.85~3.88，整体水质状况为轻度污染。

3.2 浮游动物

3.2.1 浮游动物定性调查结果

6 月，水库共鉴定出轮虫、桡足类、枝角类 17 种。其中，桡足类最多，共 7 种，占总物种数的 41.2%；枝角类 6 种，占总物种数的 35.3%；轮虫 4 种，占总物种数的 23.5%。水库 6 月浮游动物种类组成见图 3。

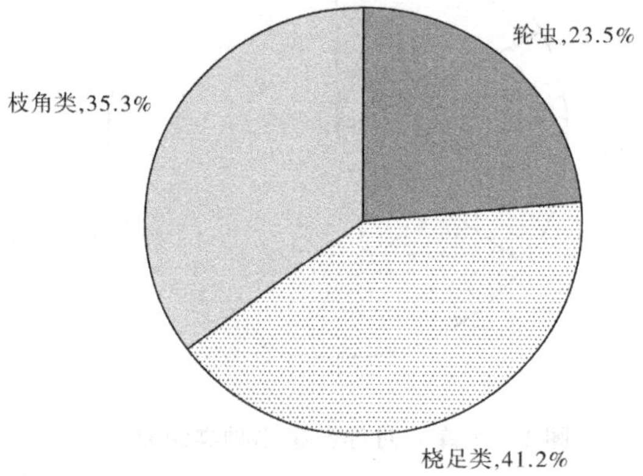

图 3 水库 6 月浮游动物种类组成

8 月，检出轮虫、桡足类、枝角类 15 种。其中，桡足类 6 种，种类最多，占总物种数的 40.0%；枝角类 5 种，占总物种数的 33.3%；轮虫 4 种，占总物种数的 26.7%。水库 8 月浮游动物种类组成见图 4。

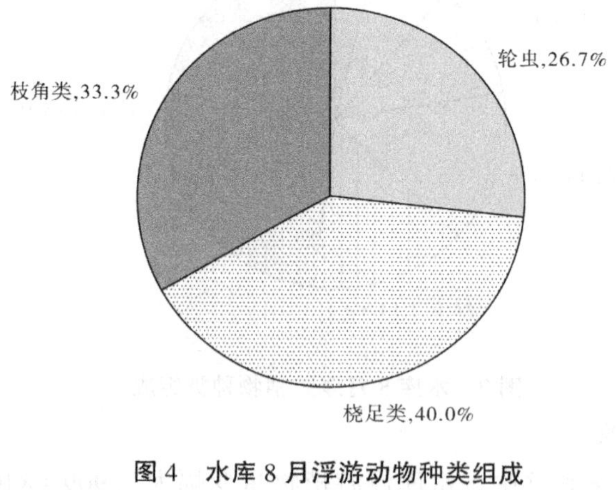

图 4 水库 8 月浮游动物种类组成

3.2.2 浮游动物定量调查结果

6 月，在对浮游动物的定量观察中，水库浮游动物量变幅为 215~757 个/L，其中水库坝址浮游动物量最大。各样点浮游动物常见种为：入库口以轮虫类的针簇多肢轮虫为主，占入库口浮游动物量的 61.1%；库中以轮虫类的蒲达臂尾轮虫和螺形龟甲轮虫为主，均占库中浮游动物量的 46.5%；坝址以轮虫类的针簇多肢轮虫为主，占坝址浮游动物量的 79.3%。

8 月，在对浮游动物的定量观察中，水库浮游动物量变幅为 111~1 102 个/L，其中水库坝址浮游动物量最大。各样点浮游动物常见种为：入库口以轮虫类的圆筒异尾轮虫为主，占入库口浮游动物量的 90. 1%；库中以轮虫类的真翅多肢轮虫和针簇多肢轮虫为主，分别占库中浮游动物量的 65. 1%和 32. 6%；坝址以轮虫类的针簇多肢轮虫为主，占坝址浮游动物量的 90. 7%。

3. 2. 3　*浮游动物评价结果*

基于浮游动物 Shannon-Wiener 多样性指数和 Margalef 丰富度指数分析，水库水质状况为中度污染。

3. 3　水体富营养化评价

水库 3 个监测点 6 月营养状态评分值为 48~63 分，其中入库口为轻度富营养，库中为中度富营养，坝址为中营养；8 月的营养状态评分值为 55~60 分，入库口和坝址为轻度富营养，库中为中度富营养。

3. 4　水华分析评价

浮游植物量监测显示水库 6 月各样点监测结果在 $2.9094\times10^{6}\sim1.9023\times10^{7}$ 个/L，评价结果为入库口和坝址为Ⅱ级，库中为Ⅲ级；8 月各样点监测结果在 $1.9396\times10^{6}\sim3.360\times10^{8}$ 个/L，评价结果均为入库口为Ⅰ级，库中为Ⅱ级，坝址为Ⅴ级。

4　结语

当前，寒区水库水生态监测工作起步晚，整体监测能力偏弱，不足以支撑相关治水管水措施的生态响应成效评估和河湖保护等工作。该水库上年度浮游植物生态稳定性较好，无明显水华，水体均为轻度富营养化，本年度监测结果比照上年度都有所变化。从两年的监测工作来看，监测点位还需根据水库面积、形状、滞水区域等多方面因素合理布设，水生态监测指标还有待丰富，条件允许情况下应加密监测频次，开展底栖动物、鱼类和大型水生植物调查，全面、客观地掌握水库水生态环境状况，持续稳定推进水生态监测工作常态化发展。

参考文献

[1] 王贞珍，何苏，陈莉．小浪底水库浮游动物特征与富营养化评价［J］．河南水利与南水北调，2023（12）：139-140.
[2] 曹鲲鹏，刘岩，李亚楠．南水北调来水对密云水库水质及水生生物的影响［J］．地下水，2022（5）：92-95.
[3] 蔡临明．浙江省重要水库型饮用水水源地富营养化态势分析及对策［J］．中国水利，2010（6）：19-20.
[4] 陈峰，王文静，何涛，等．汉江中下游水华发展新形势及治理对策分析［J］．人民长江，2023（10）：7-17.

东北地区重点区域地下水变化及影响分析

崔新颖　谭　畅

[松辽水利委员会水文局（信息中心），吉林长春　130021]

摘　要：东北地区包含4个地下水重点区域，分别为三江平原、松嫩平原、辽河平原及辽西北地区、西辽河流域。针对上述区域，选取地下水监测站2 321眼，以2018年1月至2023年12月为评价期，对重点区域地下水埋深、地下水变化速率和影响因素进行分析。结果表明，东北地区重点区域2023年末浅层地下水平均水位与2018年末相比，除西辽河流域水位有所下降外，其他区域平均地下水位均有不同程度的回升；降水量增加及地下水开采量减少对地下水动态变化的作用较明显，地下水位与降水量呈正相关，与地下水开采量呈负相关。

关键词：东北地区；重点区域；地下水动态；影响分析

1　引言

作为宝贵的自然资源，地下水资源所带来的经济价值和社会价值愈发重要，直接或间接地影响着人口、资源、环境等三大问题[1-2]。自20世纪70年代以来，东北地区地下水开发利用规模不断增大，在三江平原、松嫩平原、辽河平原以及西辽河流域出现了不同规模、不同程度的地下水超采问题，引发地下水位下降、海水入侵等生态环境问题[3]。2023年，水利部联合财政部、国家发展和改革委员会、农业农村部印发了《“十四五”重点区域地下水超采综合治理方案》，聚焦地下水超采问题突出的10个重点区域，开展地下水超采综合治理，其中东北地区涉及4个重点区域，包括三江平原、松嫩平原、辽河平原及辽西北地区、西辽河流域等。地下水位作为地下水管理与保护的抓手，掌握其动态变化对建立地下水动态监测预警机制，开展地下水超采区管理工作具有重要意义。因此，开展东北地区重点区域平原区地下水动态分析工作，有助于掌握地下水水位变化情况，为地下水保护和治理工作提供精准目标，促进地下水资源状况持续向好。

2　站网选取

充分利用水利部和自然资源部国家级自动监测站以及省级自动站，监测站在平面分布上尽量代表整个区域，所用监测站点位置应在一定时间段内（评价期）保持稳定，且监测站监测层位明确，能够反映主开采层。针对同一监测层位的井，依据主开采层选择监测站。所用监测站数据质量较高，无连续半年以上缺测现象，且数据序列能够覆盖评价时段。优先采用整编数据，实时数据应做初步处理，确保数据质量。

东北地区重点区域三江平原、松嫩平原、辽河平原及辽西北地区（简称辽河平原）和西辽河流域共选用不重复地下水监测站2 321眼。东北地区重点区域站网见表1。

作者简介：崔新颖（1978—），女，高级工程师，主要从事水文及水资源研究工作。

表1　东北地区重点区域站网

区域	面积/km^2	水利部国家站数/个	自然资源部国家站数/个	省级监测站数/个	合计站数/个	站网密度/(个/10^3 km^2)
三江平原	56 900	206	122	—	328	5.76
松嫩平原	182 159	671	425	—	1 096	6.02
辽河平原	96 529	518	149	230	897	9.29
西辽河流域	55 675	131	9	230	370	6.65

3　地下水动态分析

3.1　区域地下水动态分析

将年均地下水位变幅按照水位变化幅度分级，地下水位回升 0.5 m 以上为水位上升区，水位回升 0~0.5 m 为水位弱上升区，水位下降 0~0.5 m 为水位弱下降区，水位下降 0.5 m 以上为水位下降区。东北地区重点区域平原区浅层地下水水位变幅面积统计如图 1、图 2 所示。2023 年末，东北地区重点区域平原区浅层地下水平均水位较 2018 年末均有所回升，回升幅度在 0.18~1.10 m，辽河平原、西辽河流域平原区浅层地下水平均水位较 2022 年末有所下降，降幅均在 0.5 m 范围内。

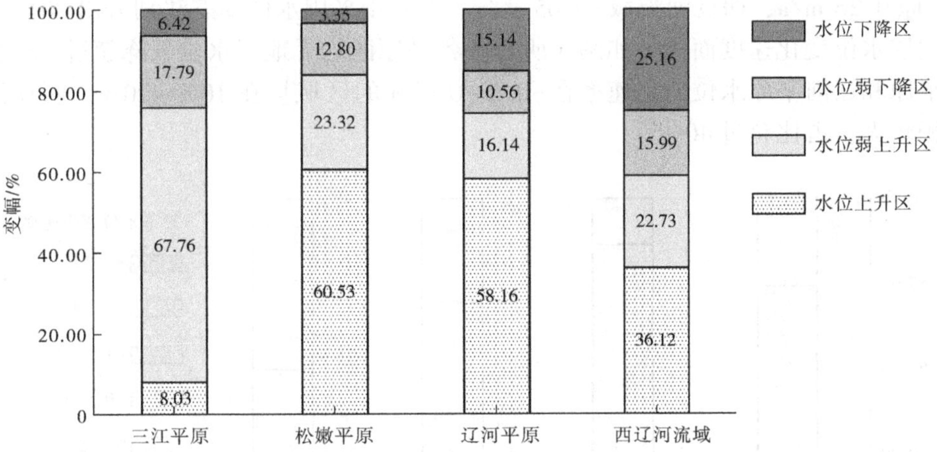

图1　2023 年与 2018 年相比东北地区重点区域平原区浅层地下水位变幅面积统计

从逐月地下水埋深变化过程来看，东北地区重点区域平原区浅层地下水总体丰枯变化趋势为：1—4 月，受冬季融雪融冰补给影响，流域内浅层地下水位整体呈动态平衡或略有上升态势；5—8 月，受农业灌溉开采地下水影响，流域内浅层地下水位整体呈下降态势，且由于不同平原区耕种作物及灌溉时间不同，出现平均水位最低值时间不同；9—12 月，随着农业灌溉开采地下水量的减少，水位呈动态稳定或上升态势。

3.2　地下水位变化速率分析

综合考虑资料情况、评价时效因素，选用水位动态法反映水位形势变化，参考《地下水动态分析评价技术指南》（T/CHES 103—2023）[4] 以地下水位下降速率为评价指标；数据源为评价站网 2023 年与 2018 年末水位（埋深），即 12 月均值。

地下水位年均变化速率按式（1）计算：

$$v = \frac{H_1 - H_2}{T} \tag{1}$$

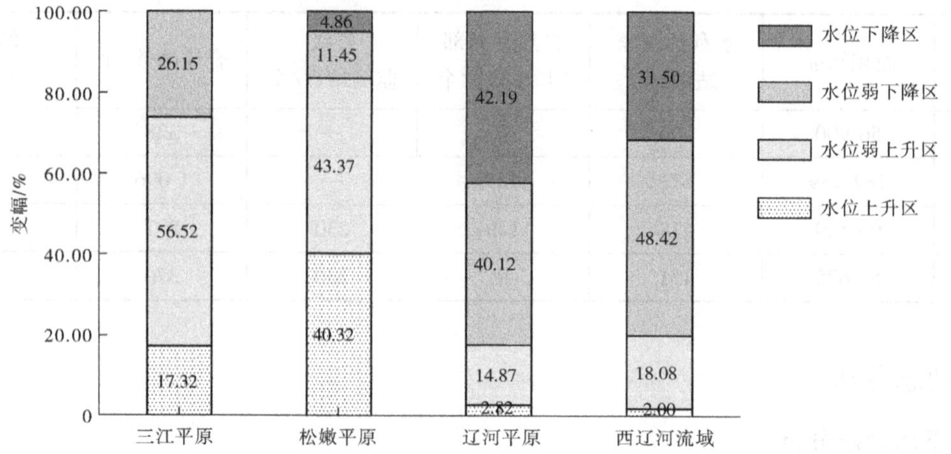

图 2　2023 年与 2022 年相比东北地区重点区域平原区浅层地下水位变幅面积统计

式中：v 为年均地下水位变化速率，m/a；H_1 为现状水平年 2023 年末地下水位，m；H_2 为初始水平年 2018 年末地下水位，m；T 为评价时间段，a，$T=5$。

计算得到各重点区域平原区地下水年均变化速率，分别为三江平原 0.04 m/a、松嫩平原 0.21 m/a、辽河平原 0.26 m/a，西辽河流域-0.05 m/a。进一步采用水位动态法划分出 2018—2023 年东北地区平原区浅层水位变化速度面积，如图 3 所示。各平原区均无地下水位下降超过 1 m 的区域，三江平原、松嫩平原和辽河平原水位变化速率在-0.5～0 m/a 的区域均在 10%～20%，西辽河流域地下水位下降的面积较大，占比超过 40%。

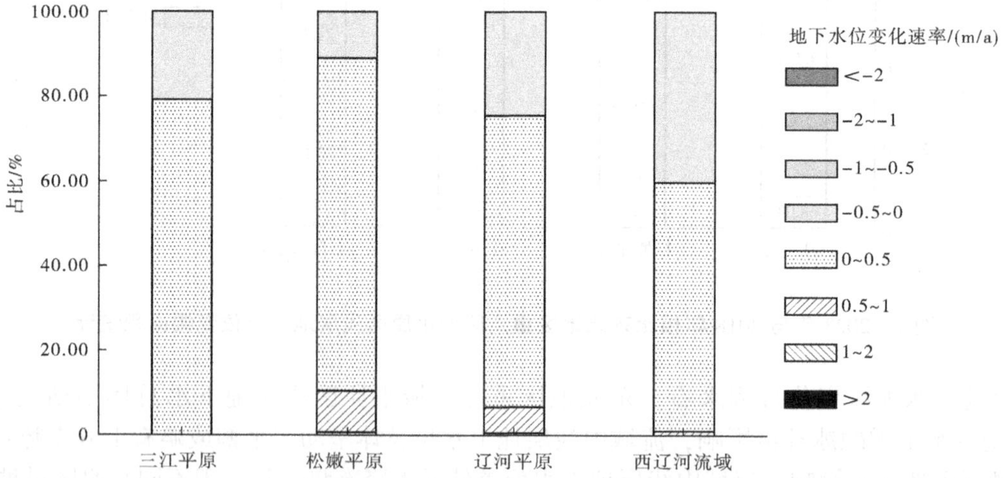

图 3　东北地区重点区域平原区浅层地下水位变化速率面积占比统计

4　地下水位变化影响分析

东北地区平原区地下水位在年内呈现基本稳定—快速下降—缓慢回升的总体趋势，地下水位在 2018—2023 年年际之间有所波动，但总体呈现回升趋势。因此，从地下水补给和排泄两方面考虑，以降水和地下水开采对平原区地下水位的影响进行分析。

4.1　降水变化

2018—2023 年东北地区重点区域平原区年降水量如图 4 所示。三江平原与松嫩平原年降水量均呈现上升—下降—上升的趋势，辽河平原与西辽河流域均呈现先上升后下降的趋势。三江平原2021年，辽河平原2018年、2023年，西辽河流域2018年、2019年、2023年降水偏枯，年降水量低于多年平均降水量，其他年份降水量均高于多年平均降水量。

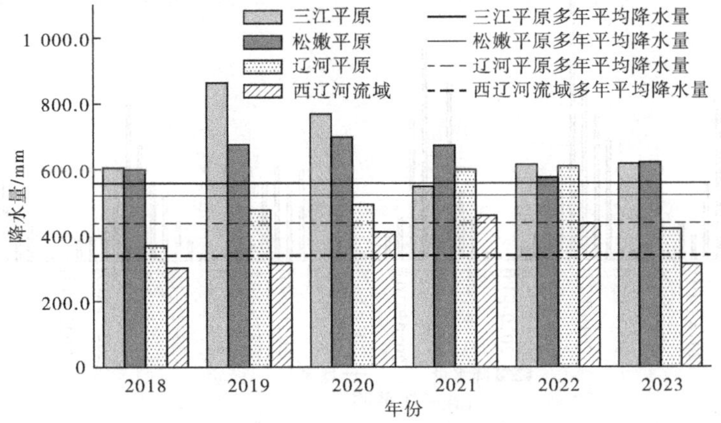

图4　2018—2023年东北地区重点区域平原区年降水量

4.2　地下水开采量变化

东北地区重点区域范围内三江平原、西辽河流域、松嫩平原农业用地下水占地下水总用水量的比例均超过80%，辽河超过60%。由于辽宁省地下水开采情况无法按照平原区进行拆分，因此综合辽河平原吉林省部分和辽宁省地下水开采量进行分析。2018—2023年东北地区平原区地下水开采量变化情况如图5所示。

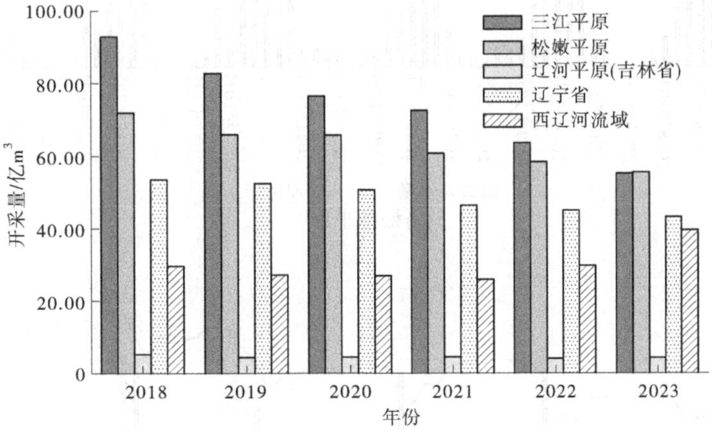

图5　2018—2023年东北地区平原区地下水开采量变化情况

通过开展地下水超采治理工作，实施节水控水、水源置换等措施，压减地下水开采量，除西辽河流域外，2018—2023年其他区域地下水开采量总体呈逐年减少趋势。与2018年相比，2023年三江平原地下水开采量减少40.72%，松嫩平原减少22.91%，辽河平原（吉林省）减少19.46%，辽宁省减少19.44%。由于灌溉面积增加等原因，西辽河流域地下水开采量呈现先减少后增加的趋势。

4.3　影响分析

降水是浅层地下水的主要补给来源，降水的多少直接影响地下水位的升降。根据各平原区降水量与地下水埋深的关系，绘制2018—2023年降水量与埋深变化情况，如图6所示。

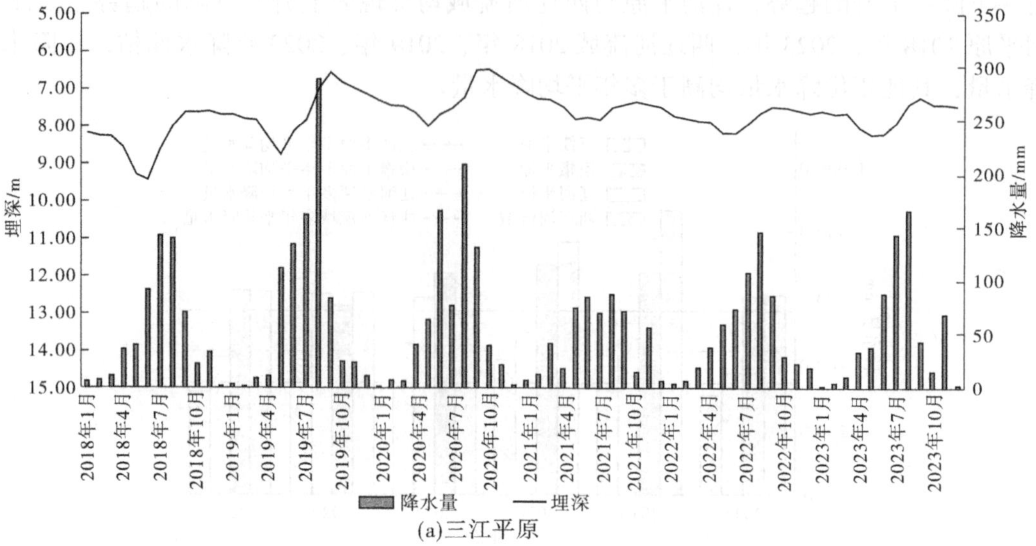

(a)三江平原

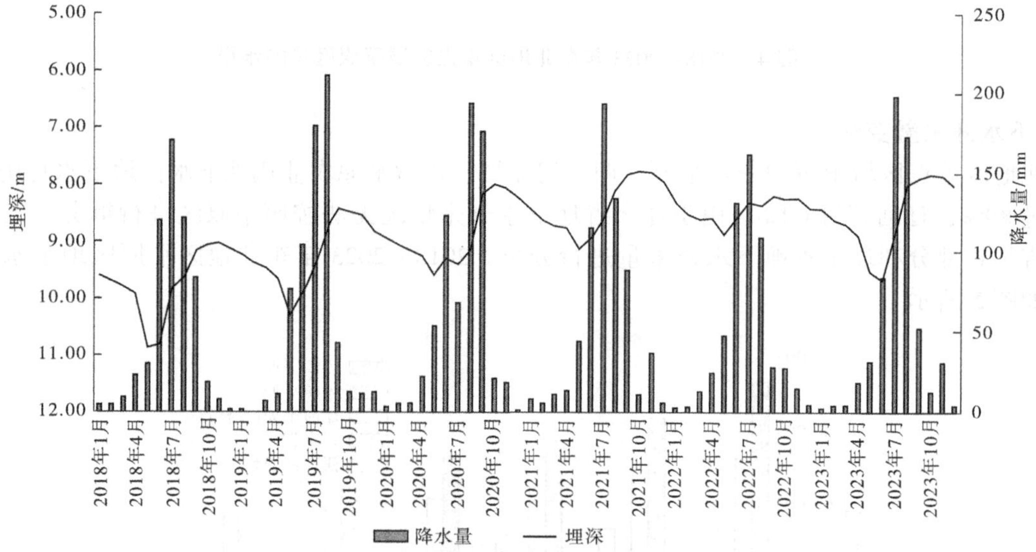

(b)松嫩平原

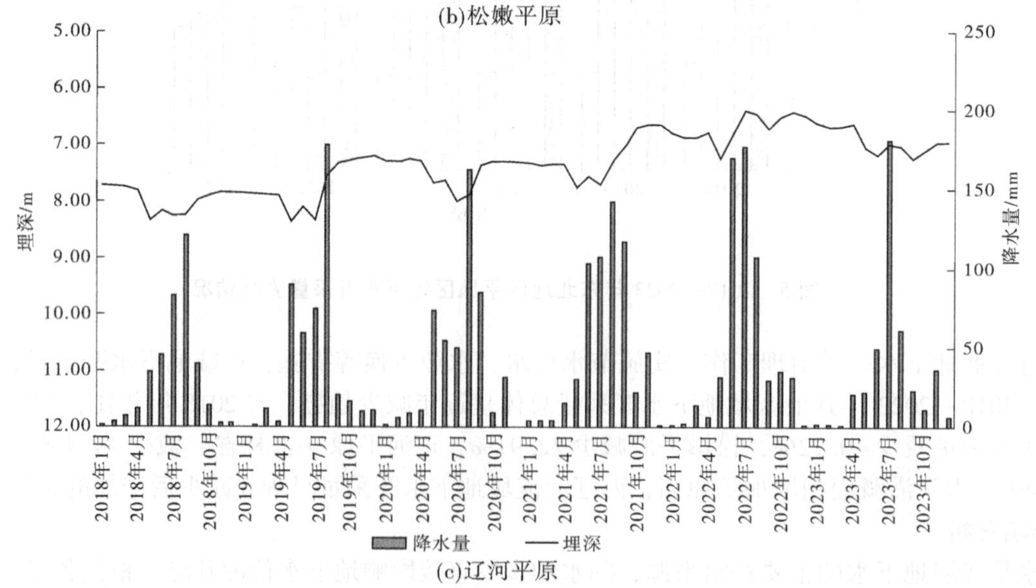

(c)辽河平原

图 6　2018—2023 年东北地区重点区域平原区降水量和地下水埋深变化情况

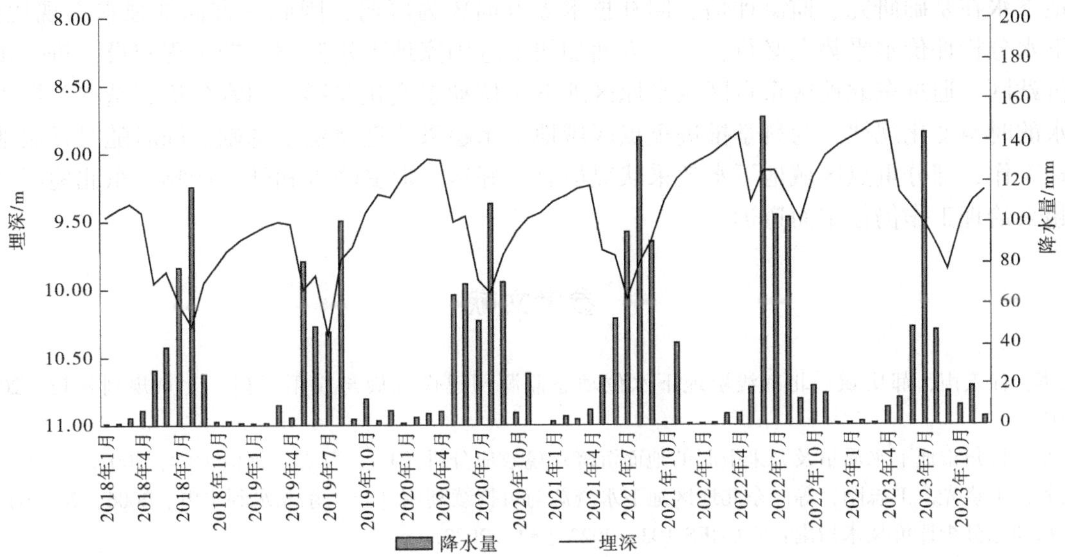

(d)西辽河流域

续图 6

4.3.1 三江平原

2019—2020 年，年降水量较 2018 年有明显增加，年末地下水位逐年上升。2021 年、2022 年降水量较 2020 年有所减少，年末地下水位逐年下降。三江平原 2023 年降水量与 2022 年基本持平，但年开采量较 2022 年减少 13. 32%，年末地下水位较 2022 年略有回升。

4.3.2 松嫩平原

2018—2023 年，松嫩平原受降水影响，地下水位呈现先上升后下降再上升的变化趋势。2022 年相较于 2021 年，年末地下水位有较为明显的下降，主要是因为 2022 年降水量减小 14. 50%，地下水开采量减小幅度由 7. 66%减少至 3. 94%，造成地下水位下降。

4.3.3 辽河平原

辽河平原 2019—2022 年连续 4 年降水偏丰，其中 2022 年降水量与多年平均相比偏多 39. 24%，降水量的增加对平原区浅层地下水埋深的补给作用十分明显，同时地下水开采量逐年减少，年末地下水位呈逐年回升趋势。2023 年降水量明显减少，与多年平均相比偏少 4. 44%，因此 2023 年末较 2022 年末浅层地下水位下降。

4.3.4 西辽河流域

西辽河流域 2018—2023 年降水量整体呈先增加后减少态势，2023 年西辽河流域平原区年降水量较多年平均偏少 7. 99%，较 2018 年偏多 3. 70%。西辽河流域 2018—2021 年地下水开采量呈逐年减少的趋势，2022—2023 年地下水开采量较 2021 年呈增长趋势。受降水和开采的综合影响，2023 年末较 2022 年同期浅层地下水位下降，较 2018 年同期浅层地下水位上升。

地下水位随丰枯年份降水量变化而变化，且降水量与地下水位呈正相关关系，与埋深呈负相关关系，年降水量大，地下水得到的垂向补给相对较大，水位上升，地下水埋深减小；反之，水位降低，地下水埋深增大[5]。进一步考虑，降水量的增加从地下水的补给与排泄两方面综合影响地下水位变化，一方面使降水入渗补给地下水量增加，另一方面使农业灌溉开采地下水量减少。同时，地下水位的变化与开采量的增减有着密切的关系，地下水位与开采量呈负相关关系，与地下水埋深呈正相关关系[6]。

5 结语

地下水作为“看不见的财富”，其监测评价较地表水仍有一定差距。2023 年全国水利工作会议明确指出地下水在基础研究、监测评估、回补技术等方面较为薄弱，因此一方面加强水文现代化建设，提升地下水分析评价水平势在必行；另一方面加快推进国家地下水监测二期工程建设，进一步补充地下水评价站网。通过东北地区重点区域平原区地下水位动态变化及影响因素分析，基本掌握了重点区域地下水的时空变化规律，为科学推进重点区域地下水超采治理奠定了基础，同时随时开展地下水超采区治理工作，部分重点区域地下水超采状况虽有所好转，但受降水和开采影响，东北地区重点区域地下水超采治理工作仍任重而道远。

参考文献

[1] 叶大华，徐宏声，郝庆斌. 北京浅层地下水位动态监测网建设发展与应用［J］. 北京规划建设，2012（3）：98-102.

[2] 张月萍. 杭州市地下水质量及开采引起的地面沉降环境效应分析［D］. 江苏：河海大学，2007.

[3] 邹淑芳，王晓光，王志刚，等. 东北地区地下水资源与可持续利用［J］. 东北水利水电，2006，24（6）：38-39.

[4] 地下水动态分析评价技术指南：T/CHES 103—2023［S］. 2023.

[5] 王刚，唐好丛，朱林. 西安市降水量与地下水位关系分析［J］. 中国科技纵横，2013（12）：184-185.

[6] 宁阁，苏冬阳，高春杰，等. 超采区浅层地下水数值模拟及预测分析［J］. 中国水利水电科学研究院学报（中英文），2024，22（3）：283-297.

基于 LSTM 的库玛拉克河径流预测模型及应用

姚国刚[1]　唐凤珍[2,3]　王远见[2,3]

（1. 新疆塔里木河流域管理局，新疆库尔勒　841000；
2. 黄河水利委员会黄河水利科学研究院，河南郑州　450003；
3. 水利部黄河下游河道与河口治理重点实验室，河南郑州　450003）

摘　要：本文以新疆阿克苏流域的库玛拉克河为研究对象，采用协合拉水文站的日径流量，温宿、乌什县气象站的降雨量、气温、日照时长、太阳总辐射量等数据作为输入，构建了基于 LSTM 算法的库玛拉克河逐日径流预测模型，预测结果的最大绝对误差为 203.67 m^3/s，预测样本的 MAE 为 19.18，NSE 为 0.940 75，整体模拟效果较好，但是对于 1 000 m^3/s 以上的流量模拟效果略有欠缺，可进一步考虑汛期数据作为训练和测试样本以提高洪水期模拟效果。并与 GRU 和 CNN 两种算法的径流预报模型进行对比，LSTM 和 GRU 预测效果更佳。研究成果可为提高径流预报精度、流域水资源管理水平等提供科学依据。

关键词：机器学习；LSTM；库玛拉克河；径流预测

1　引言

径流预测在水资源管理、水利工程运行、水旱灾害防御等方面具有重要意义，径流过程的高度非线性及不确定性给径流预测工作增加了难度[1-2]。目前，径流预测模型主要包括过程驱动模型和数据驱动模型两大类。常用的过程驱动模型有集总式水文模型和分布式水文模型[3]，存在空间分布描述不足或资料要求较高、计算量较大等问题，进一步降低了预报的精准性和时效性。数据驱动模型可不考虑水文循环的实际物理意义，直接通过挖掘数据之间的潜在联系来进行径流预测，降低过程驱动模型结构及参数带来的不确定性[4-5]。多层感知机（MLP）、反向传播神经网络（BPNN）、支持向量机（SVM）、决策树（DT）等诸多机器学习模型均已经被应用于洪水预报[6]，但是无法考虑水文序列数据中蕴含的时间顺序信息，从而丢失了水文特征变量时间维度上的连接信息。长短时记忆神经网络（LSTM）是一种改进的 RNN 模型，它利用 3 个控制门（遗忘门、输入门与输出门）和细胞单元状态实现输入信息的长时间保存，既在处理时间序列问题方面具有一定的优势，同时有效解决了 RNN 中梯度消失的问题。因此，本文以新疆阿克苏流域的库玛拉克河为研究对象，基于 LSTM 算法构建逐日径流预测模型，为提高径流预报精度、流域水资源管理等提供科学依据。

2　研究区域与数据

2.1　研究区域概况

库玛拉克河地处天山南坡阿克苏地区，发源于天山西段南坡吉尔吉斯斯坦境内，流入新疆温宿县境内。全长 293 km，流域面积 12 816 km^2，其中吉尔吉斯斯坦境内集水面积占 85%，中国境内集水

基金项目：国家自然科学基金（U2243236）；塔管局科研项目（TGJJG-2023KYXMM0002）。

作者简介：姚国刚（1978—），男，高级工程师，塔里木河流域阿克苏管理局水量调度信息科科长，主要从事水旱灾害防御、水资源调度与管理、水利信息化应用等方面的研究工作。

通信作者：唐凤珍（1994—），女，工程师，硕士，主要从事水库优化调度方面的研究工作。

面积占 15%。流域内终年积雪，冰川十分发育，冰川面积为 3.2×10^3 km^2，河流主要以冰雪融水补给为主[7-8]。

2.2 数据资料

库玛拉克河控制水文站为协合拉水文站，流域内有乌什、温宿两个县级气象站，协合拉水文站 2000—2013 年逐日径流量数据来源于阿克苏水文勘测局，温宿和乌什两个气象站 2000—2013 年降雨量、气温、日照时长、太阳总辐射量等数据来源于国家气象科学数据中心。

由于气象资料和径流资料在量级上相差较大，故采用线性函数归一化方法进行处理以降低两者差异对径流输入变量的权重影响，模型输出结果经过反归一化处理后再与观测数据进行对比[9]。

$$x' = \frac{x - x_{\min}}{x_{\max} - x_{\min}} \tag{1}$$

式中：x'为归一化后的数据；x 为观测数据；$x_{\min}$ 为观测数据中的最小值；$x_{\max}$ 为观测数据中的最大值。

3 研究方法

3.1 LSTM 算法原理

LSTM 是机器学习领域处理时间序列问题最常用的模型之一，其基本思想是引入“门控”，通过选择性地记忆和遗忘过去的信息来实现对序列数据的建模。不同于传统 RNN 的简单线性变换，LSTM 引入了输入门（Input Gate）、遗忘门（Forget Gate）和输出门（Output Gate）3 个门控单元，门控单元通过学习到的权重来控制内部状态 c_t 和隐藏状态 h_t 的信息输入、更新与输出，有效解决了 RNN 模型在长序列梯度计算中产生的梯度膨胀和梯度消失问题，能够构建预测目标与长期依赖变量的成因关系[10]。图 1 为 LSTM 结构示意图。

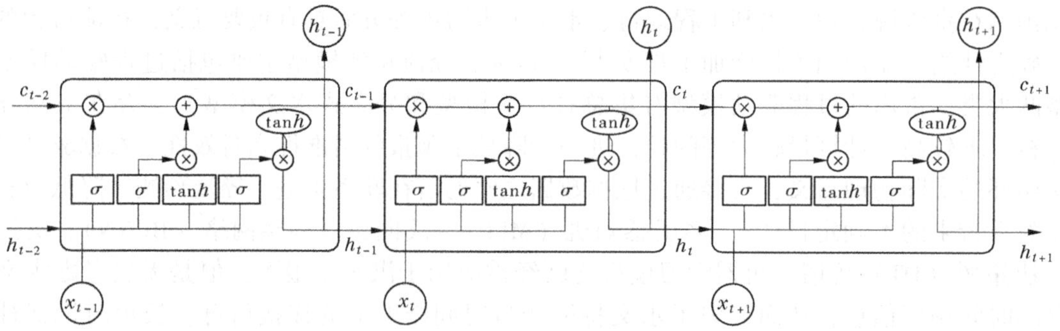

图 1 LSTM 结构示意图

LSTM 根据 $t-1$ 时刻隐藏状态 h_{t-1} 和 t 时刻输入 $X^{(t)}$，分别通过遗忘门 f、输入门 i 和输出门 o 得到 t 时刻的遗忘门、输入门和输出门的输出向量 f_t、i_t 和 o_t：

$$f_t = \sigma(W_f X^{(t)} + U_f h_{t-1} + b_f) \tag{2}$$

式中：f_t 为第 t 时刻遗忘门输出向量；σ 为 sigmoid 激活函数；W_f、U_f 为遗忘门内需训练学习的权重矩阵；b_f 为遗忘门内需训练学习的偏移向量参数。

$$i_t = \sigma(W_i X^{(t)} + U_i h_{t-1} + b_i) \tag{3}$$

式中：i_t 为第 t 时刻输入门输出向量；W_i、U_i 为输入门内需训练学习的权重矩阵；b_i 为输入门内需训练学习的偏移向量参数。

$$o_t = \sigma(W_o X^{(t)} + U_o h_{t-1} + b_o) \tag{4}$$

式中：o_t 为第 t 时刻输出门输出向量；W_o、U_o 为输出门内需训练学习的权重矩阵；b_o 为输出门内需训练学习的偏移向量参数。

使用 tan$h$ 激活函数更新 t 时刻的内部状态 $\tilde{c}_t$，⊙ 符号代表 Hadamard 乘积；f_t 决定了 $t-1$ 时刻的

内部状态 c_{t-1} 中哪些信息用于更新 t 时刻的内部状态 c_t，i_t 则决定了 t 时刻 $\tilde{c}_t$ 中哪些信息用于更新 t 时刻的内部状态 c_t，进而得到 t 时刻的内部状态 c_t：

$$\tilde{c}_t = \tanh(W_{\tilde{c}}X^{(t)} + U_{\tilde{c}}h_{t-1} + b_{\tilde{c}}) \tag{5}$$

$$c_t = f_t \odot c_{t-1} + i_t \odot \tilde{c}_t \tag{6}$$

t 时刻的隐藏状态 h_t 的计算公式为：

$$h_t = \tanh(c_t) \odot o_t \tag{7}$$

LSTM 模型当前时刻的隐藏状态 h_t 与输出层采用全链接的方式连接，计算得到模型输出 y_t：

$$y_t = W_d h_t + b_d \tag{8}$$

式中：W_d 为全链接权重矩阵；b_d 为全链接偏移向量参数。

3.2 径流预报模型构建

应用 Spearman 相关系数分析库玛拉克河径流的主要驱动因素，初步选取协合拉水文站日均径流(Q)，温宿、乌什两县的日降雨量（P_1，P_2）、日均温度（T_1，T_2）、日最高温度（$TMAX_1$，$TMAX_2$）、日最低温度（$TMIN_1$，$TMIN_2$）、日照时长（ID_1，ID_2）、太阳总辐射量（TSR_1，TSR_2）等 12 个因素，采用 2000—2013 年的逐日历史数据，按照水文年将时间序列按照 8∶1划分为训练样本和测试样本。模型的训练样本时间为 2000 年 1 月至 2011 年 7 月，测试样本时间为 2011 年 8 月至 2013 年 12 月。

模型设置为三层 LSTM 神经网络，输入层为预报期前 10 天的协合拉水文站的逐日径流量，温宿和乌什两个气象站的逐日降雨量、平均气温、最低气温、最高气温、日照时长、太阳总辐射量等 70 个变量；输出层为协合拉水文站预测日径流量这 1 个变量，200 个隐层神经单元，最大训练次数为 500，初始学习率为 0.005，学习率下降因子为 0.1，经过 400 次训练以后学习率为 0.000 5，优化算法为 Adam 梯度下降算法，激活函数为 relu 函数。共计 5 104 个样本数量，其中训练样本 4 537 个、测试样本 567 个。

3.3 预测效果评估

选取常用的平均绝对误差（MAE）和纳什效率系数（NSE）对 LSTM 洪水预报模型预测结果进行评估，MAE 值越小，预测精度越高；NSE 值越接近 1，模拟效果越好。计算公式如下：

$$\mathrm{MAE} = \frac{1}{N}|x(t) - \hat{x}(t)| \tag{9}$$

$$\mathrm{NSE} = 1 - \frac{\sum_{i=1}^{N}[x(t) - \hat{x}(t)]^2}{\sum_{i=1}^{N}[x(t) - \overline{x(t)}]^2} \tag{10}$$

式中：$x(t)$ 为实测径流序列；$\hat{x}(t)$ 为预测径流序列；$\overline{x(t)}$ 为实测径流的均值；N 为序列长度。

4 应用效果与分析

4.1 径流预测结果

模型训练样本和测试样本的预测结果见图 2 和图 3，测试样本预测结果的最大绝对误差为 203.67 m^3/s，预测样本的 MAE 为 19.18 m^3/s，NSE 为 0.940 75，整体模拟效果较好，但是对于 1 000 m^3/s 以上的流量模拟效果略有欠缺，可考虑在模型中仅输入洪水期样本进行训练，进一步提高模拟效果。

4.2 与其他机器学习算法效果对比

常用的机器学习算法还有门控循环单元神经网络（GRU）、卷积神经网络（CNN）等算法。GRU 是一种常用的 RNN 变体，去掉了 LSTM 中的输出门和输入门，合并了更新门和遗忘门，减少了参数

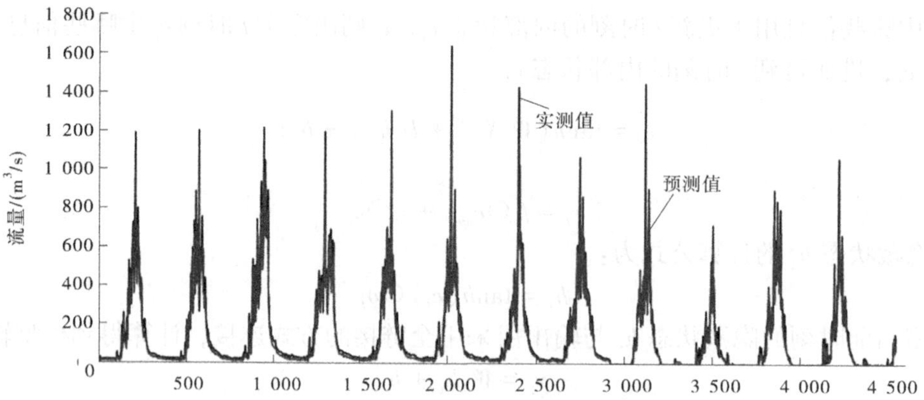

图 2　LSTM 径流预报模型训练结果

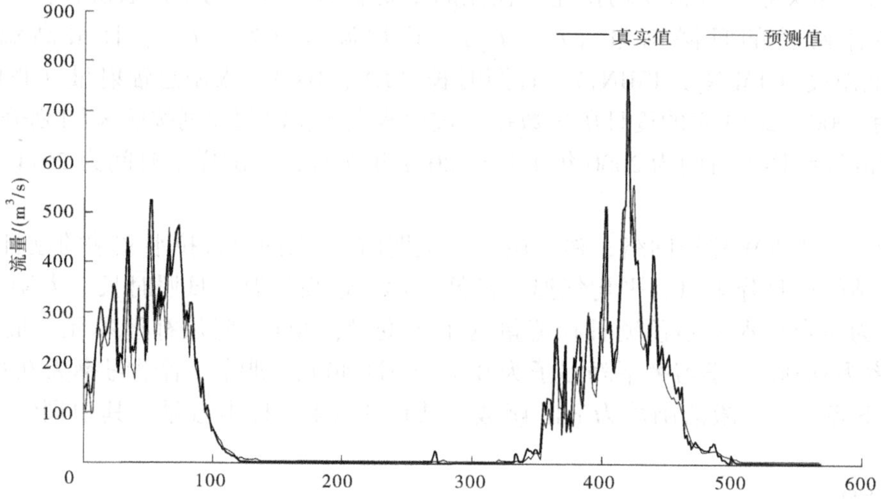

图 3　LSTM 径流预报模型测试结果

数量，使得训练速度更快。CNN 是一种前馈神经网络，其核心主要包括“卷积”和“池化”两个操作，卷积层通过卷积运算提取输入数据的特征，池化层则用于对特征图进行降维，减少计算量并防止过拟合。分别采用 GRU 和 CNN 模拟库玛拉克河逐日径流过程，输入层、输出层、隐层神经单元、超参数、优化算法、激活函数等与 LSTM 模型相同，测试样本模拟效果见图 4、图 5。LSTM、GRU、CNN 3 种算法构建的洪水预报模型的 RMSE 分别为 34.943 2、33.612 2、42.068 6，MAE 分别为 19.180 0、19.474 6、30.678 4，NSE 分别为 0.940 75、0.945 18、0.914 12（见表 1）。因此，LSTM 和 GRU 的预测效果较好，CNN 的预测效果较差。

表 1　不同机器学习算法的逐日径流预测效果对比

机器学习算法类型	RMSE	MAE	NSE
LSTM	34.943 2	19.180 0	0.940 75
GRU	33.612 2	19.474 6	0.945 18
CNN	42.068 6	30.678 4	0.914 12

5　结论

本文基于 LSTM 算法构建了库玛拉克河逐日径流预测的三层神经网络模型，并与 GRU 和 CNN 算

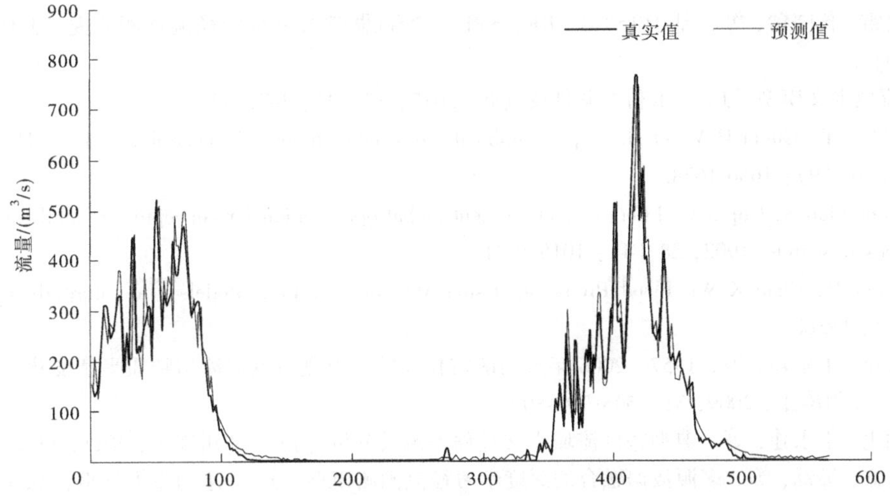

图 4　GRU 径流预报模型预测结果

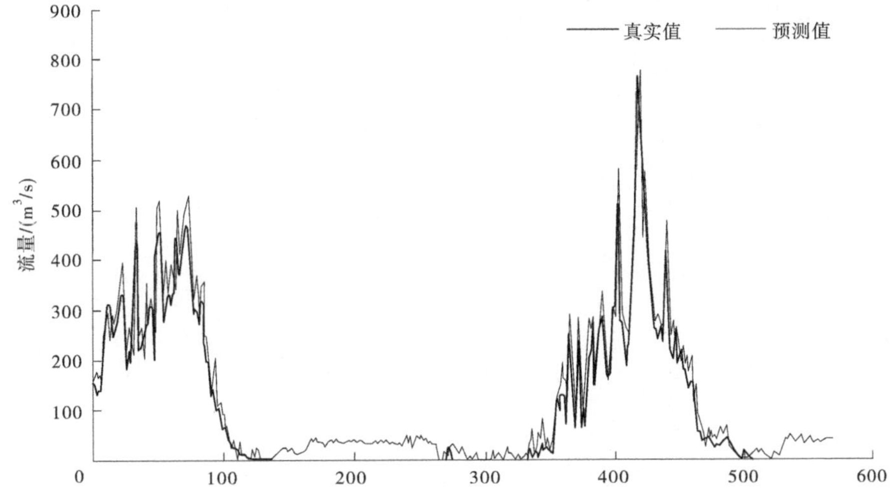

图 5　CNN 径流预报模型预测结果

法模型进行预测效果对比，主要有以下结论：

（1）应用 Spearman 相关系数分析库玛拉克河径流的主要驱动因素，以协合拉水文站日均径流，温宿、乌什两县的日降雨量、日均温度、日最高温度、日最低温度、日照时长、太阳总辐射量等 12 个因素作为径流预报模型的输入，以协合拉水文站预测日径流量作为输出，构建了基于 LSTM 算法的库玛拉克河径流预报模型。模型训练样本 4 537 个，测试样本 567 个，测试样本的 MAE 为 19.18，NSE 为 0.940 75，整体模拟效果较好，但是对于 1 000 m^3/s 以上的流量模拟效果略有欠缺。

（2）将 LSTM 径流预报模型与 GRU 和 CNN 径流预报模型的预测效果进行对比，LSTM、GRU、CNN 3 种算法构建的洪水预报模型的 RMSE 分别为 34.943 2、33.612 2、42.068 6，MAE 分别为 19.18、19.474 6、30.678 4，NSE 分别为 0.940 75、0.945 18、0.914 12，LSTM 和 GRU 径流预报模型预测效果较 CNN 径流预报模型更佳。

参考文献

[1] 朱非林，陈嘉乙，张咪，等．基于多模型融合的中长期径流集成预测方法［J］．水力发电，2024，50（2）：6-

13, 29.

[2] 胡乐怡，付晓雷，蒋晓蕾，等．基于 LSTM、RF、SVR 三种机器学习方法的径流预测研究［J/OL］．水文，1-11［2024-08-19］．

[3] 芮孝芳．论流域水文模型［J］．水利水电科技进展，2017，37（4）：1-7，58.

[4] Nearing G S, Tian Y, Gupta H V, et al. A philosophical basis for hydrological uncertainty［J］. Hydrological Sciences Journal, 2016, 61（9）：1666-1678.

[5] Duan Q Y, Sorooshian S, Gupta V. Effective and efficient global optimization for conceptual rainfall-runoff models［J］. Water Resources Research, 1992, 28（4）：1015-1031.

[6] Mosavi A, Ozturk P, Chau K W. Flood Prediction Using Machine Learning Models: Literature Review［J］. Water, 2018, 10（11）：15368.

[7] 沈永平，王国亚，丁永建，等．1957—2006 年天山萨雷扎兹昆马力克河流域冰川物质平衡变化及其对河流水资源的影响［J］．冰川冻土，2009，31（5）：792-800.

[8] 赵求东，叶柏生，丁永建，等．典型寒区流域水文过程模拟及分析［J］．冰川冻土，2011，33（3）：595-605.

[9] 周庆梓，何自立，吴磊，等．多源数据融合的深度学习径流预测模型［J］．水力发电学报，2023，42（5）：43-52.

[10] 景鑫．基于多因子驱动和机器学习的日径流预测模型研究［D］．西安：西安理工大学，2023.

基于优化随机森林的土冻胀率预测模型研究

海明威[1,2]　陈张宇[3]　王　淼[1,2]　张　启[2]　周　彬[2]　卢　川[2]

（1. 黑龙江省水利科学研究院，黑龙江哈尔滨　150080；
2. 哈尔滨理工大学建筑工程学院，黑龙江哈尔滨　150080；
3. 黑龙江科技大学建筑工程学院，黑龙江哈尔滨　150020）

摘　要：本文以收集的实验数据为基础，使用随机森林预测土冻胀率，并采用5种不同的优化算法来优化随机森林的超参数。提出的模型通过随机选择的未使用的子集进行验证，并采用评价指标进行评估。结果表明，RF－PSO、RF－SSA、RF－WSO、RF－GWO、RF－DBO 5种模型的 R^2 分别为0.812 1、0.758 0、0.811 6、0.777 1、0.831 5。5种模型的最优MAPE相比，RF-DBO模型是最低的。对于RF-DBO预测模型的RMSE为5.598 7，也是5种模型中最低的，而且拟合度最高。

关键词：冻胀率；随机森林；机器学习；优化算法

1　引言

冻土，作为一种温度恒定在冰点以下并含有冰晶的土壤与岩石混合体，是地球大气层与岩石圈间热能与物质交换作用的直接结果[1]。依据其持续存在时间的差异性，冻土可细致划分为多年冻土、季节性冻土及瞬时冻土三大类别。其中，季节性冻土的显著特征在于其随季节更替而周期性冻结与消融，这一过程主要发生在地表数米深度内，每年冬季形成，夏季则逐渐融化。我国疆域辽阔，冻土分布广泛，各类冻土总面积占据陆域国土面积高达98.9%的比重。特别地，季节性冻土广泛分布于北纬24°以北的区域，其覆盖面积约占陆域国土面积的53.5%，具体面积达513.7万 km^2 之巨[2]。以黑龙江省为例，该省地处季节性冻土区域，年周期内约有半数时间处于冻结状态。据省内一大型灌区的详尽报告所述，全省范围内因冻胀效应受损的渠道比例高达83%，主要表现形式包括渠道衬砌的裂缝扩展、混凝土护坡板的隆起与滑移，进而引发渠道渗漏、护坡侵蚀加剧及边坡失稳等不同程度的损害[3-6]。分析指出，此类破坏现象的根本原因在于冻土特有的冻胀作用机制。

国内最早开展冻土冻融过程研究的是傅抱璞，他将苏联谢赫特尔等所建立的多年冻土最大冻深和可能最低气温的数学表达式进行了局部转换，得到了一系列可用于确定土壤最大冻深和可能最低气温的表达式[7]。徐敩祖等[8]的研究表明，在温度梯度作用下，冻土内部水分运移，不仅会改变其结构、冰-水比，还会引起其物理力学特性的改变，从而引起冰分凝结与冻胀。王家澄等[9]利用多种土壤类型开展了正冻土的成冰和冷生结构实验，发现分凝冰和冷生结构是由土壤的水热性质和频散程度所决定的。原国红[10]通过对我国东北季冻区不同时间尺度上不同土壤剖面的水分含量的比较，揭示了土壤温度与地温的相关性，且认为影响季冻区水分运移的主要因素是土水势梯度。在李明永等[11]的研究中，通过对青藏铁路路基进行详尽温度与水分监测分析，深入探讨了路基土壤温湿度随

基金项目：黑龙江省省属科研院所科研业务费项目（CZKYF2023－1－A009）；黑龙江省水利科学研究院重点实验室开放基金（DT2024A01）；黑龙江省自然科学基金项目（ZD2023E007）；国家自然科学基金项目（42401175）。

作者简介：海明威（1998—），男，研究生，研究方向为季冻土力学特性及工程防灾。

通信作者：王淼（1990—），男，博士，高级工程师，研究方向为季冻土力学特性及工程防灾。

时间与空间变化的特性。他明确指出，路基含水量的急剧上升现象，其背后的核心因素可归结为"冰点温度"（0 ℃）的影响，该温度阈值对路基水分的动态变化起到了关键作用。张熙胤[12] 的研究表明，冻土在冻融循环条件下的水热性质基本相同，但仍有一些滞回现象。路建国[13] 对冻融条件下的水热特性因素进行了较深入的研究，结果表明，体积未冻水滞后现象与温度滞后现象均展现出一种先升后降的变化模式，特别是在接近冻结临界点的区域，体积未冻水的迟滞效应达到了最大，形成显著峰值。进一步分析发现，该峰值的数值与土体的初始含水量呈正相关，即随着含水量的提升，峰值亦相应增大。王冲[14] 开展了冻融条件下土体水热参数的演变特征和迟滞机制研究，揭示了土-水体系在不同条件下的滞回机制，但该指标并非常数，而是会随着土质、含水量、盐分等因素的改变而改变。毕骏[15] 深入研究了冻土冻融温度受多种因素调控的机制，其中包括但不限于初始水分含量、干容重以及土壤类型等关键变量，旨在揭示这些因素如何共同作用于冻土的冻融特性。结果表明，初始含水量、土壤种类属于影响较大的因素，而干密度对冻结温度和融化温度的影响较小。

从上述研究结果可以看出，学者们对土体的冻胀特性进行了大量的研究，并取得了丰富的成果。但是，现有针对土体冻胀的研究主要集中于定性分析不同因素对土冻胀的影响，而在土体冻结过程中，初始含水量、初始干容重、冻结速率、地下水埋深、塑性指数、盐离子含量等因素都对冻胀有着重要影响，很难完全准确和完整地利用数学公式表达。而机器学习作为人工智能领域的关键分支，正随着技术的不断进步而迅速发展[16-20]，带来了新的建模思路，可以从定量的角度建立可行的土冻胀率预测模型。随机森林回归算法是一种集成学习方法，通过同时训练多个决策树来进行回归分析[21]。该算法在构建每个决策树时，都会随机选取一部分解释变量和样本进行训练，可以使每个树都拥有一定的独立性和随机性，从而避免过拟合和提高模型准确性。随机森林回归算法在岩土领域均取得良好的预测效果，例如预测压实路基土壤的弹性模量[22-23]，预测土壤最大冻结深度（MSFD）[24]，预测土的抗剪强度[25]，本构预测模型研究[26]。

本文通过深入分析现有文献中广泛收集的冻结试验数据，系统研究并优化随机森林回归算法的控制参数。采用了 5 种前沿且各具特色的优化算法：粒子群优化算法 PSO、麻雀搜索算法 SSA、白鲨优化算法 WSO、灰狼优化算法 GWO 以及蜣螂优化算法 DBO。建立基于随机森林回归算法的多因素耦合下土冻胀率预测模型。并运用提出的模型通过随机选择的未使用的子集进行验证，并采用评价指标进行评估。研究结果可为多因素耦合下土冻胀率预测提供新的思路。

2 冻胀率预测模型

2.1 随机森林回归算法

随机森林回归算法是一种集成学习方法，通过同时训练多个决策树来进行回归分析。该算法在构建每个决策树时，都会随机选取一部分解释变量和样本进行训练，可以使每个树都拥有一定的独立性和随机性[21]。在进行结果预测的过程中，随机森林回归算法采取的策略是，汇集所有决策树的预测输出，通过计算其平均值来确定最终的预测结果。当然，鉴于每棵决策树特有的架构与随机属性的差异，它们之间必然展现出一种既对立又互补的复杂关系，随机森林可以通过平均期望和方差的方法来对这些矛盾和互补进行综合分析，从而更加准确地进行预测。随机森林原理示意如图 1 所示。

构建随机森林模型的精髓可缩写为采样、训练、集成。采样：通过自助法从原始数据中抽取多个子集，为每棵树提供不同的视角。训练：各子集独立训练一棵决策树，构建森林基础。集成：分类靠多数投票，回归取平均预测，聚合所有树的决策。这样的流程确保了模型的多样性和性能，通过集成学习提升了预测的准确性和稳定性。

随机森林具有以下的优点：训练可以高度并行化，对于大数据时代的大样本训练速度有优势。鉴于决策树节点的划分特征能够被随机选取，这一特性确保了即便在样本特征维度显著增高的情境下，模型训练的效率依旧得以保持。在训练后，可以给出各个特征对于输出的重要性。通过实施随机抽样策略，所构建模型展现出了较低的方差水平，这意味着其具备出色的泛化能力，能够有效应对未知

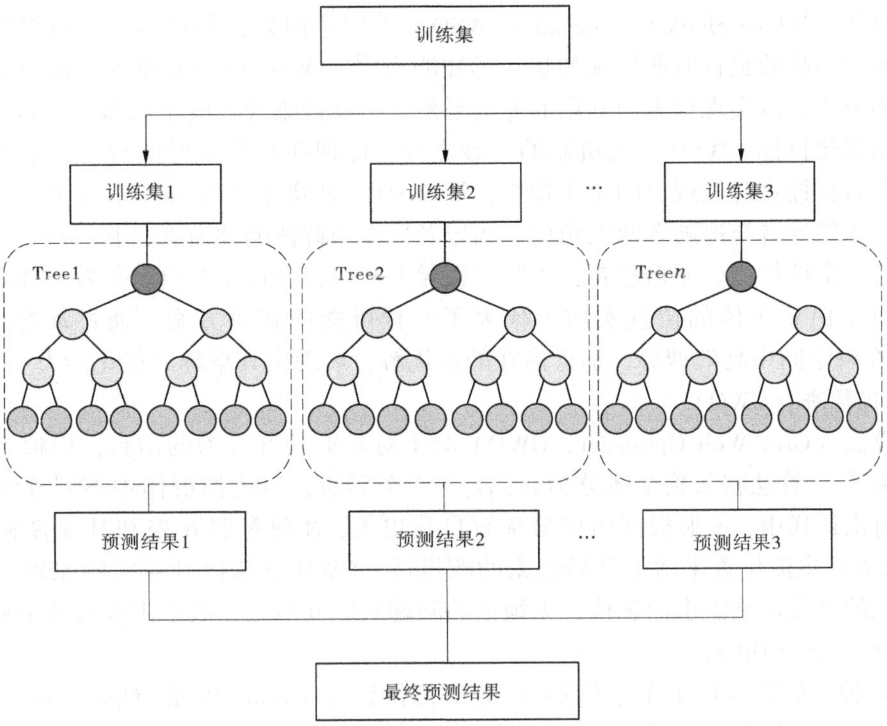

图 1 随机森林原理示意

数据。

2.2 算法优化

2.2.1 粒子群算法（PSO）

粒子群算法（PSO），由 Eberhart 和 Kennedy 在 1995 年基于人工生命与演化计算理论首度提出，他们修正了 Hepper 的模拟鱼群模型，使粒子群得以在解的空间中自由翱翔，探索最优解[27]。精准定位至最优解处并降落，这一过程孕育了粒子群优化算法的诞生。我们可以将寻优问题重构为一个仿生学视角下的探索模型，其中“粒子”恰似自然界中觅食的飞鸟，它们在 D 维空间内展开了一场精细的搜索行动。评估粒子当前位置的优劣通常采用 fitness-function（适应度函数）来量化。这一函数计算出的适应度值，成为评判粒子所在位置是否理想的依据。粒子不仅依赖自身的历史最佳飞行路径，还借鉴同伴的成功经验动态调整飞行方向，加速寻找到全局最优解。在每次迭代中，粒子依据 fitness-function（适应度函数）评估其当前状态的适应度，随后将此值与个体极值及全局极值进行比较。若发现更优解，则相应地更新其速度和位置。

2.2.2 麻雀搜索算法（SSA）

2020 年，Xue 等[28] 通过观察麻雀在觅食过程中的机敏行动与逃避天敌行为，设计并引入了一种新的优化算法，命名为麻雀搜索算法（Sparrow Search Algorithm，SSA）。在自然生态体系中，麻雀的活动模式主要体现为觅食和反觅食两种行为。觅食：麻雀中分为探索者和追随者，能够寻找较好食物的麻雀（适应度函数较高）为探索者，其余麻雀为追随者，受到探索者方向影响。反觅食：特定比例的麻雀承担着侦查的角色，这些敏锐的麻雀一旦察觉到捕食者的接近，便会迅速采取相应的行动以示警报。麻雀搜索算法的独特性在于能够高效地探索最优解空间，展现出卓越的寻优速度与解的稳定性。不同于传统优化方法依赖繁复的数学演算，SSA 灵感源自麻雀群体的生存智慧——觅食与避险，这一自然法则的模拟使得算法能够灵活应对复杂问题，快速定位最优参数。其核心优势在于，充分利用现代计算资源，实现高效迭代更新，从而在有限时间内达到优化目标。

2.2.3 白鲨优化算法（WSO）

白鲨优化算法（Whale Shark Optimization，WSO）的创意源泉，是自然界中白鲨的生存智慧，尤其在它们精准导航和高效觅食时所展现的超凡感知能力[29]。WSO 的核心设计，致力于通过数学模型捕捉白鲨的行为模式，以实现探索与利用的完美平衡，引导搜索代理既全面覆盖搜索空间，又深度挖掘其潜力，直至优化目标。WSO 优化机制的巧妙之处，体现在对白鲨群体行为的模拟。作为高度社会化的生物，白鲨在捕食时展现出的协作精神，被 WSO 算法借鉴来提升搜索效率。在算法中，白鲨群体被精细划分为领导者与追随者两大角色。领导者，作为群体的领航者，其行动轨迹与位置信息对群体的导向起着决定性作用。而追随者，则紧跟领导者步伐，通过调整自身位置以优化搜索路径。在这一过程中，每个白鲨个体的位置实质上代表了一种可能的解决方案。通过动态更新这些位置，WSO 算法能够在解空间中高效搜寻，逼近潜在的最优解，展现出其卓越的优化能力。

2.2.4 灰狼优化算法（GWO）

灰狼优化算法（Grey Wolf Optimizer，GWO）源于对灰狼社群行为的仿真，模拟了灰狼种群等级制度和狩猎行为[30]。算法将灰狼个体分为 α、β、δ 3 个等级，以模拟群体中不同等级个体之间的竞争和协作。在每次迭代中，α 狼根据历史最优解自我更新，β 狼参照 α 狼和其他 β 狼的位置更新自身；δ 狼通过探索非主流位置来增加全局搜索的随机性。GWO 算法以其简明的原理、优秀的并行处理能力以及较低的参数调整需求而著称，无须依赖问题的梯度信息，展现出强大的全局搜索效能。

2.2.5 蜣螂优化算法（DBO）

2022 年，一种新的群体智能优化方法——蜣螂优化算法（Dung Beetle Optimizer，DBO）被提出。该算法的设计灵感源自蜣螂独特的滚球、舞蹈交流、觅食技巧、策略性偷窃以及繁殖行为等自然习性[31]，旨在模拟这些高效且复杂的生存策略来解决优化问题。自然界中，蜣螂的特点是将粪便滚成球，利用天体线索导航，从而使球沿直线滚动。然而，没有任何光源，蜣螂的路径就不再是直线了。此外，许多自然因素也会导致蜣螂偏离原来的方向。再者，蜣螂可以通过舞蹈来重新确立自己的方向。粪球还可以作为虫卵的繁殖地。在 DBO 中，每只蜣螂的位置对应一个解。蜣螂觅食时的行为有 5 种：①滚球，即把粪便滚成一个球，利用天体线索进行导航，从而把球滚成一条直线；②跳舞，这让蜣螂重新定位自己；③觅食，一些成年蜣螂会从地下钻出来寻找食物；④偷窃，一些蜣螂会窃取同伴制作好的粪球；⑤繁殖，蜣螂会把粪球滚动至安全地带，以此作为繁殖的场所。该算法具有卓越的全局搜索效能以及高稳定性等优点。

2.3 数据集构建

在构建所设想的模型框架时，引用了文献［32］中提供的数据库资源，该数据库涵盖了总计 76 组翔实数据，这些数据集由 6 个关键输入变量构成，具体而言，它们分别是初始含水量 x_1、初始干容重 x_2、冻结速率 x_3、地下水埋深 x_4、塑性指数 x_5、盐离子含量 x_6。这些数据样本的具体信息已整理并展示于表 1 中，以便于后续分析。此外，为明确模型内部输入变量与输出变量 y 之间的相互作用机制，进一步绘制了如表 2 所示的对应关系，旨在精确描绘各变量间的逻辑关联。

表 1 样本数据集

Test ID	x_1	x_2	x_3	x_4	x_5	x_6	y
1	29.75	1.34	3.34	0.44	10.6	11.99	6.71
2	38.02	1.19	4.39	0.44	10.6	11.99	5.61
3	30.07	1.37	1.92	0.44	10.6	11.99	10.29
4	33.18	1.20	1.80	0.44	10.6	11.99	9.23
5	41.35	1.39	5.58	0.44	10.6	11.99	5.64
6	46.02	1.19	5.43	0.44	10.6	11.99	4.13
7	32.03	1.37	1.62	0.44	10.6	11.99	17.3
8	45.45	1.18	2.09	0.44	10.6	11.99	10.05

续表 1

Test ID	x_1	x_2	x_3	x_4	x_5	x_6	y
9	30.47	1.38	5.45	0.75	10.6	11.99	3.19
10	34.48	1.19	7.43	0.75	10.6	11.99	2.94
11	30.04	1.40	4.09	0.75	10.6	11.99	2.57
12	30.40	1.19	4.42	0.75	10.6	11.99	2.28
13	31.92	1.37	5.37	0.75	10.6	11.99	4.15
14	34.46	1.18	4.96	0.75	10.6	11.99	1.35
15	32.63	1.37	6.48	0.90	10.60	11.99	2.05
16	33.57	1.20	8.62	0.90	10.60	11.99	0.92
17	25.77	1.37	4.20	0.90	10.60	11.99	1.87
18	27.09	1.20	4.41	0.90	10.60	11.99	1.31
19	27.85	1.37	2.76	0.90	10.60	11.99	1.18
20	29.77	1.20	3.78	0.90	10.6	11.99	0.54
21	36.73	1.35	1.78	0	10.60	11.99	37.60
22	43.55	1.20	1.45	0	10.60	11.99	39.70
23	36.73	1.35	2.41	0	10.60	11.99	24.94
24	43.55	1.20	2.83	0	10.60	11.99	20.10
25	16.29	1.53	4.57	0.90	7.50	2.54	0.42
26	17.10	1.52	2.31	0.90	7.50	2.54	1.09
27	16.29	1.53	5.13	0.77	7.50	2.54	1.05
28	16.66	1.25	3.03	1.08	7.50	2.54	0.13
29	19.74	1.44	3.51	1.07	7.50	2.54	0.93
30	19.74	1.24	6.42	1.08	7.50	2.54	0.14
31	19.18	1.45	3.20	1.07	7.50	2.54	2.32
32	19.18	1.25	3.35	1.08	7.50	2.54	0.67
33	20.83	1.46	2.80	0.72	7.50	2.54	6.61
34	20.83	1.26	2.53	0.72	7.50	2.54	4.92
35	19.38	1.45	3.78	0.72	7.50	2.54	1.17
36	20.53	1.45	5.91	0.72	7.50	2.54	0.46
37	20.26	1.48	5.07	0.35	7.50	2.54	3.15
38	19.65	1.44	1.65	0.35	7.50	2.54	8.17
39	19.05	1.25	1.44	0.34	7.50	2.54	5.58
40	18.00	1.55	6.13	0.49	7.50	2.54	1.12
41	17.10	1.50	5.35	0.60	7.50	2.54	0.55
42	19.40	1.52	7.17	0.49	7.50	2.54	1.44
43	17.90	1.50	6.57	0.60	7.50	2.54	1.53

续表 1

Test ID	x_1	x_2	x_3	x_4	x_5	x_6	y
44	29. 21	1. 44	2. 33	0	7. 5	2. 54	47. 78
45	37. 04	1. 24	2. 30	0	7. 5	2. 54	40. 54
46	29. 21	1. 44	3. 66	0	7. 5	2. 54	19. 04
47	29. 21	1. 44	3. 21	0	7. 5	2. 54	29. 07
48	37. 04	1. 24	3. 19	0	7. 5	2. 54	26. 3
49	37. 04	1. 24	2. 76	0	7. 5	2. 54	34. 32
50	14. 30	1. 59	4. 56	0. 87	4. 7	6. 52	0. 08
51	14. 80	1. 61	3. 35	0. 70	4. 7	6. 52	0. 14
52	18. 80	1. 55	3. 13	0. 87	4. 7	6. 52	1. 39
53	19. 70	1. 55	3. 25	0. 70	4. 7	6. 52	1. 57
54	18. 52	1. 55	8. 93	0. 87	4. 7	6. 52	0. 34
55	18. 99	1. 56	8. 73	0. 70	4. 7	6. 52	0. 52
56	17. 89	1. 56	2. 99	0. 87	4. 7	6. 52	1. 03
57	18. 61	1. 56	2. 95	0. 70	4. 7	6. 52	1. 18
58	12. 17	1. 45	4. 37	0. 71	4. 7	6. 52	0. 09
59	12. 17	1. 36	4. 88	0. 71	4. 7	6. 52	0. 16
60	16. 24	1. 45	5. 50	0. 71	4. 7	6. 52	0. 09
61	20. 32	1. 38	5. 38	0. 71	4. 7	6. 52	0. 84
62	15. 53	1. 44	6. 96	0. 71	4. 7	6. 52	0. 03
63	19. 45	1. 36	5. 61	0. 71	4. 7	6. 52	0. 57
64	15. 68	1. 45	3. 13	0. 95	4. 7	6. 52	0. 32
65	16. 24	1. 36	3. 25	0. 95	4. 7	6. 52	0. 32
66	14. 90	1. 47	5. 42	0. 95	4. 7	6. 52	0. 11
67	14. 90	1. 38	4. 89	0. 95	4. 7	6. 52	0. 18
68	16. 05	1. 44	6. 17	0. 95	4. 7	6. 52	0. 10
69	16. 83	1. 35	4. 48	0. 95	4. 7	6. 52	0. 10
70	26. 04	1. 43	5. 98	0. 44	4. 7	6. 52	1. 33
71	28. 60	1. 36	5. 00	0. 43	4. 7	6. 52	1. 37
72	25. 00	1. 46	9. 68	0. 43	4. 7	6. 52	0. 55
73	27. 00	1. 37	8. 71	0. 43	4. 7	6. 52	0. 73
74	29. 50	1. 44	1. 83	0	4. 7	6. 52	20. 8
75	31. 86	1. 36	1. 55	0	4. 7	6. 52	22. 3
76	29. 50	1. 44	3. 67	0	4. 7	6. 52	10. 27

表 2　模型输入和输出的变量关系

输入和输出	参数	变量
输入	初始含水量/%	x_1
	初始干容重/（g/cm³）	x_2
	冻结速率/（cm/d）	x_3
	地下水埋深/m	x_4
	塑性指数/%	x_5
	盐离子含量/（mmol/100 g 土）	x_6
输出	冻胀率/%	y

2.4　模型的开发

运用了 5 种优化算法：粒子群算法（PSO）、麻雀搜索算法（SSA）、白鲨优化算法（WSO）、灰狼优化算法（GWO）和蜣螂优化算法（DBO）来优化随机森林的超参数。在优化前，需调整算法自身的超参数。试验表明，种群规模的设定对性能影响重大：规模过大将显著拉长运行时长，而规模过小则易致模型困于局部最优，难以触及全局最优解。基于此确定了种群大小为 20、迭代次数为 30，以平衡效率与寻优效果。在执行这个优化步骤之前，需要将初步收集到的数据归一化。归一化公式为

$$X_{\mathrm{NOR}} = \frac{2(X_{\mathrm{NOR}} - X_{\mathrm{MIN}})}{X_{\mathrm{MAX}} - X_{\mathrm{MIN}}} - 1 \tag{1}$$

式中：X_{MAX} 为变量 X_1 的最大值；$\mathrm{X_{MIN}}$ 为变量 X_1 的最小值；X_{NOR} 为归一化值。

将数据集划分为训练集、验证集和测试集，其中 70%作为训练集、10%作为验证集、20%为测试集。在构建模型的过程中，测试集扮演着一个独特且至关重要的角色，它在整个训练阶段被刻意地排除在外，对模型而言，测试集中的数据是完全陌生的，未曾参与过任何学习过程。正因为这一特性，测试集成为检验模型泛化能力的理想工具——它能够揭示模型在面对未曾见过的数据时，是否能够准确做出预测，这直接反映了模型处理未知情境下的稳健性和有效性。算法流程见图 2。

3　结果和讨论

采用了 5 种不同的方法来优化随机森林模型的合适控制参数，表 3 说明了各个方法的最终控制参数。

表 3　优化结果统计

参数	PSO	SSA	WSO	GWO	DBO
tree_num	43	10	90	19	10
MinLeafSize	1	1	1	1	1

使用统计和图形误差标准评估 5 种优化算法优化随机森林模型的性能，考虑的统计指标定义为平均绝对百分比误差

$$\mathrm{MAPE} = \frac{1}{n}\sum_{i=1}^{n}\left|\frac{\eta_{i\exp} - \eta_{i\mathrm{pred}}}{\eta_{i\exp}}\right| \tag{2}$$

均方根误差

$$\mathrm{RMSE} = \sqrt{\frac{1}{n}\sum_{i=1}^{n}(\eta_{i\exp} - \eta_{i\mathrm{pred}})^2} \tag{3}$$

拟合度

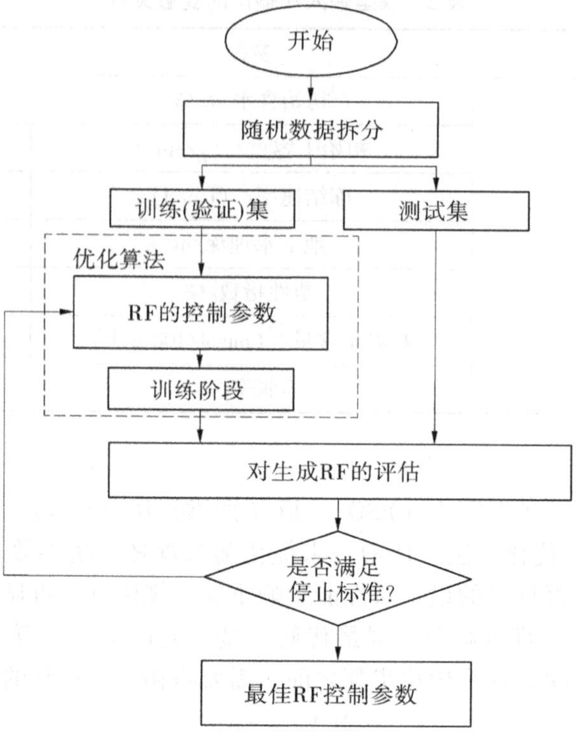

图 2　算法流程

$$R^2 = 1 - \frac{\sum_{i=1}^{n}(\eta_{i\exp} - \eta_{i\mathrm{pred}})^2}{\sum_{i=1}^{n}(\eta_{i\mathrm{pred}} - \overline{\eta})^2} \tag{4}$$

式中：下标 exp 为冻胀率 η 的测量值；下标 pred 为冻胀率 η 的预测值；$\overline{\eta}$ 为 η 的平均值；n 为点的数量。

图 3 是训练集样本的拟合预测，显示了真实值和预测值之间的差率。在图 3 中，一个模型的可靠性是根据其预测值在单位面积上的分布质量来推断的。当一个模型的预测结果与设定的参考线呈现出高度吻合时，这无疑是模型可靠性与精确性的有力佐证。观察显示，在模型训练样本的处理过程中，预测出的值与对应的真实值之间保持着极其紧密的联系。这一发现强有力地支撑了所构建的随机森林（RF）混合模型性能的积极评价。数据清晰地揭示，无论是在训练阶段还是在更广泛的评估中，这些模型均展现出了优异的分布特性，这意味着它们能够稳定、准确地对数据进行预测，即便是在面对复杂或未知的输入时，也能保持较高的预测精度和稳定性。这种一致性不仅反映了模型在学习数据模式上的高效性，同时也预示着其在实际应用中具备出色的泛化能力。

图 4 呈现了所有测试集样本数据的拟合预测结果，通过描绘预测值在单位面积上的分布情况，提供一种直观、量化的方式来推断模型的可靠性，其周围预测点的密集程度与离散分布直接反映了模型的可靠性高低。RF 模型、RF-SSA 模型及 RF-GWO 模型在单位滑移线附近的预测分布显得尤为分散，这表明其预测性能相对较弱，可靠性有待提升。RF-PSO 模型、RF-WSO 模型及 RF-DBO 模型则展现出更为集中且贴近单位斜率线的预测分布，这表现出了它们在提升预测精度与优化模型可靠性方面的显著提升。

为了更深入地评估和比较，表 4 列出了所考虑的统计指标，即 RF 混合方法测试数据集的平均绝对百分比误差（MAPE）、均方根误差（RMSE）以及拟合度（R^2）的指标。RF-PSO、RF-SSA、RF-WSO、RF-GWO、RF-DBO 预测模型的最优 MAPE 分别为 1.006 6、1.161 3、1.086 7、1.114 2、

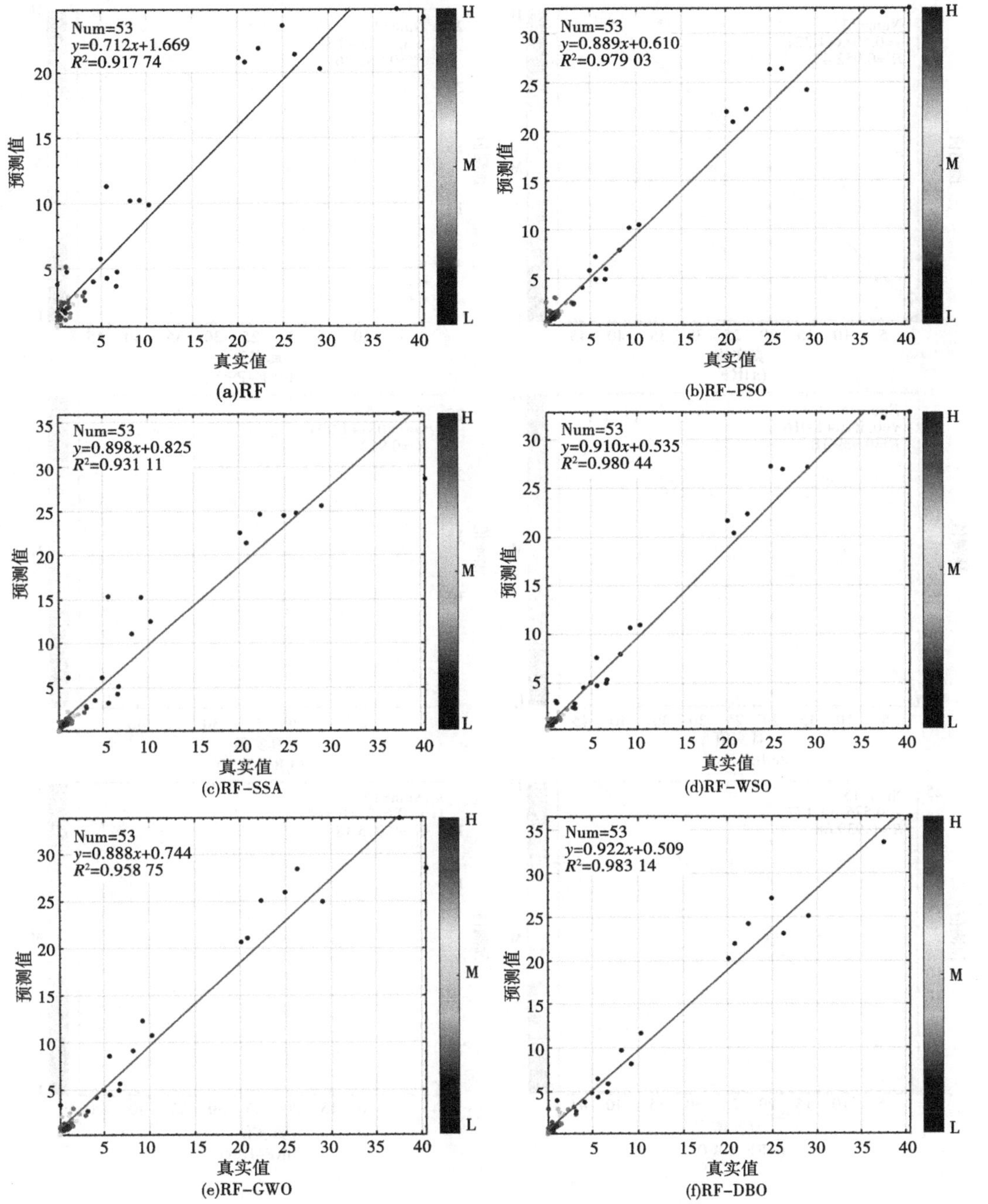

图 3　不同优化算法训练集样本拟合预测

0.928 6。RF－PSO、RF－SSA、RF－WSO、RF－GWO、RF－DBO 5 种模型的 R^2 分别是 0.812 1、0.758 0、0.811 6、0.777 1、0.831 5。5 种模型的最优 MAPE 相比，RF-DBO 模型是最低的。对于 RF-DBO 预测模型的 RMSE 为 5.598 7，也是 5 种模型中最低的，而且拟合度最高。由此可以看出，RF-DBO 冻胀率预测模型准确度最高、稳定性最好、预测效果最佳，RF-PSO、RF-WSO 冻胀率预测模型预测效果次之。

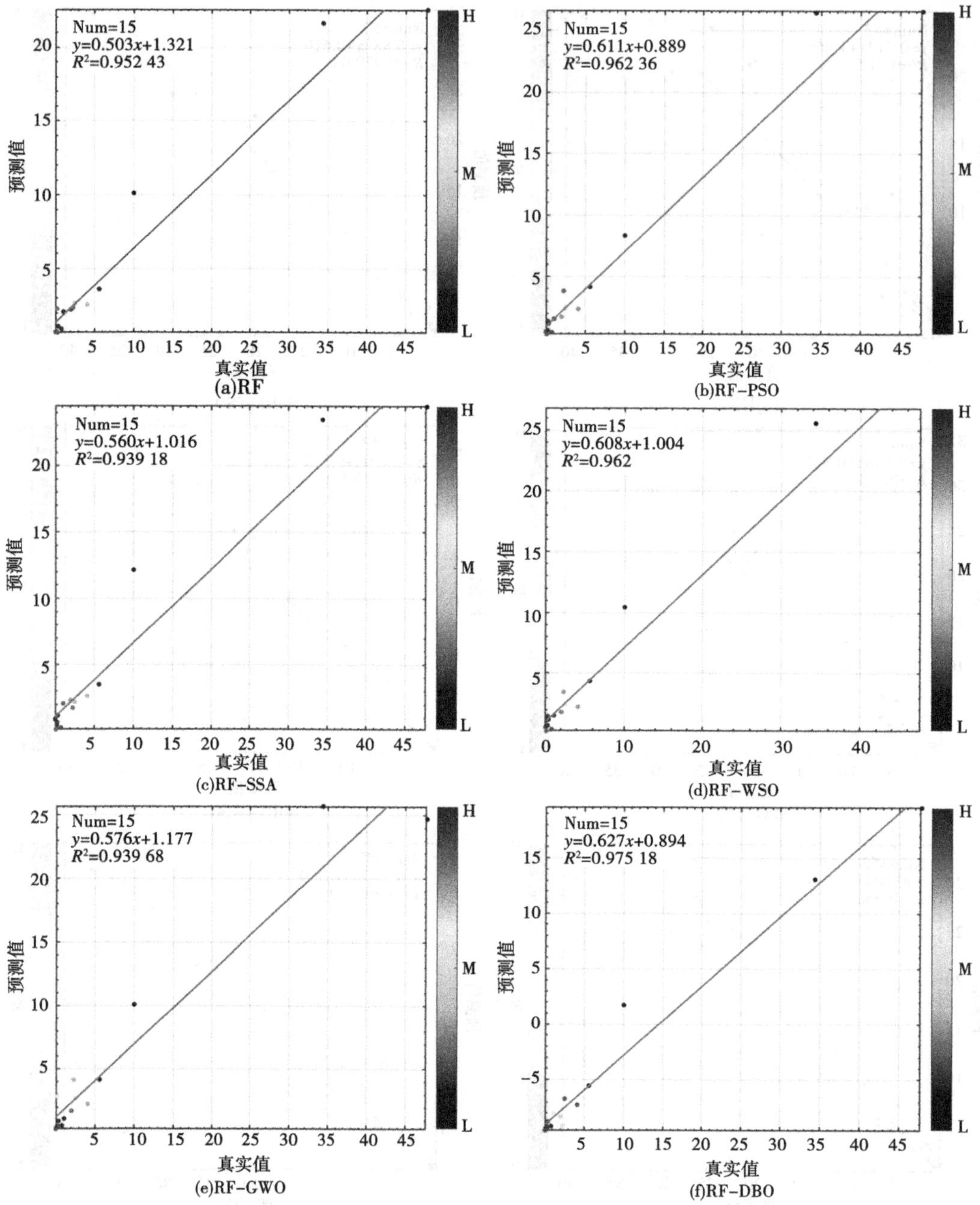

图 4　不同优化算法测试集样本拟合预测

表 4　误差分析

预测方法	MAPE	RMSE	R^2
RF	1.514 9	7.345 9	0.709 9
RF-PSO	1.006 6	5.912 1	0.812 1
RF-SSA	1.161 3	6.709 5	0.758 0
RF-WSO	1.086 7	5.920 2	0.811 6
RF-GWO	1.114 2	6.439 4	0.777 1
RF-DBO	0.928 6	5.598 7	0.831 5

4 结论

本文以现有文献中收集冻结试验的试验数据为基础，使用随机森林对土冻胀率进行预测，并采用5种不同的优化算法［粒子群算法（PSO）、麻雀搜索算法（SSA）、白鲨优化算法（WSO）、灰狼优化算法（GWO）、蜣螂优化算法（DBO）］来优化随机森林的超参数。提出的模型通过随机选择的未使用的子集进行验证，并采用评价指标进行评估。结果表明，RF-PSO、RF-SSA、RF-WSO、RF-GWO、RF-DBO 5种模型的 R^2 分别是0.812 1、0.758 0、0.811 6、0.777 1、0.831 5。5种模型的最优 MAPE 相比，RF-DBO 模型是最低的。对于 RF-DBO 预测模型的 RMSE 为5.598 7，也是5种模型中最低的，而且拟合度最高。由此可以看出，RF-DBO 冻胀率预测模型准确度最高、稳定性最好、预测效果最佳，RF-PSO、RF-WSO 冻胀率预测模型预测效果次之。研究结果可为多因素耦合下土冻胀率预测提供新的思路。

5 人工智能声明

本文在写作阶段采用了人工智能辅助技术，以提高稿件的可读性和语言质量。这项技术是在人工监督和管理下使用的，所有作者在论文定稿前对结果进行了细致的审查和完善。

参考文献

[1] 徐斅祖，王家澄，张立新．冻土物理学［M］．北京：科学出版社，2010.

[2] 周幼吾，邱国庆，郭东信，等．中国冻土［M］．北京：科学出版社，2000.

[3] 郭妍秀．季冻区渠基土冻胀特性及分析方法研究［D］．哈尔滨：哈尔滨理工大学，2022.

[4] 孔德坤．季冻区渠道冻胀试验及数值模拟分析［D］．哈尔滨：哈尔滨工程大学，2017.

[5] Wang M, Hai M, Su A, et al. Experimental Study on the Effect of Fines Content on the Frost Swelling Characteristics of Coarse-Grained Soil in Canal Base Under Open System［J］. Journal of Offshore Mechanics and Arctic Engineering, 2024, 146 (2): 022101.

[6] Wang M, Hai M, Su A, et al. Study of hydrothermal characteristics of large-scale water conveyance trunk canals in seasonally frozen ground regions under the influence of different initial water contents［J］. River, 2024, 3 (2): 166-180.

[7] 傅抱璞．关于计算可能最大冻结深度及可能最低土温的问题［J］．气象学报，1958（2）：63-72.

[8] 徐敩祖，J. L. 奥利丰特，A. R. 泰斯．线性温度梯度下非饱和冻结莫玲粘土中的水分迁移［J］．冰川冻土，1985（2）：111-122.

[9] 王家澄，徐学祖，张立新，等．土类对正冻土成冰及冷生组构影响的实验研究［J］．冰川冻土，1995（1）：16-22.

[10] 原国红．季节冻土水分迁移的机理及数值模拟［D］．长春：吉林大学，2006.

[11] 李明永，吴青柏，刘永智．青藏铁路路基下部土体水热过程变化的监测研究［J］．冰川冻土，2011，33（3）：546-550.

[12] 张熙胤．土体冻融水热变化特征及变形过程研究［D］．北京：中国科学院大学，2017.

[13] 路建国．土体冻融过程中水热参数变化特征研究［D］．北京：中国科学院大学，2017.

[14] 王冲．冻融循环作用下土体水热变化特性及滞回机理研究［D］．兰州：兰州大学，2018.

[15] 毕骏．冻土的水热变化特征及水热气迁移机理研究［D］．兰州：兰州大学，2021.

[16] 刘宏超，马俊杰，李韧．基于 KNN 机器学习方法对青藏高原唐古拉地区表层土壤水热状况的模拟［J］．冰川冻土，2021，43（4）：1243-1252.

[17] Zhang J, Wang Y D, Wu Y, et al. Inverse design of on-chip interconnect via transfer learning-based deep neural networks［J］. IEEE Transactions on Components, Packaging and Manufacturing Technology, 2023, 13: 878-887.

[18] Zhang J, Wei Z, Zhu E, et al. Inverse Design of Bonding Wire Array Based on Multi-fidelity Data Enabled Neural

Networks [J]. IEEE Transactions on Components, Packaging and Manufacturing Technology, 2023, 13: 1003-1012.

[19] Zhang J, Wei Z, Kang K, et al. Intelligent Inverse Designs of Impedance Matching Circuits With Generative Adversarial Network [J]. IEEE Transactions on Computer-Aided Design of Integrated Circuits and Systems, 2024, 43 (10): 3171-3183.

[20] Sun Y, Zhou S, Meng S, et al. Accumulative plastic strain of freezing-thawing subgrade clay under cyclic loading and its particle swarm optimisation-back-propagation-based prediction model [J]. Cold Regions Science and Technology, 2023, 214: 103946.

[21] Rigatti S J. Random forest [J]. Journal of Insurance Medicine, 2017, 47 (1): 31-39.

[22] Alkhattabi L, Arif K. Novel base predictive model of resilient modulus of compacted subgrade soils by using interpretable approaches with graphical user interface [J]. Materials Today Communications, 2024, 40: 109764.

[23] Kardani N, Aminpour M, Raja M N A, et al. Prediction of the resilient modulus of compacted subgrade soils using ensemble machine learning methods [J]. Transportation Geotechnics, 2022, 36: 100827.

[24] Wang B, Ran Y. Diversity of remote sensing-based variable inputs improves the estimation of seasonal maximum freezing depth [J]. Remote Sensing, 2021, 13 (23): 4829.

[25] Chen W, Qu S, Lin L, et al. Ensemble learning methods for shear strength prediction of fly ash-amended soils with lignin reinforcement [J]. Journal of Materials in Civil Engineering, 2023, 35 (4): 04023022.

[26] Teng Z C, Teng Y C, Liu J L, et al. Study on triaxial test and constitutive prediction model of frozen silty clay [J]. Frontiers in Earth Science, 2023, 10: 1069182.

[27] Zhan Z H, Zhang J, Li Y, et al. Adaptive particle swarm optimization [J]. IEEE Transactions on Systems, Man, and Cybernetics, Part B (Cybernetics), 2009, 39 (6): 1362-1381.

[28] Xue J, Shen B. A novel swarm intelligence optimization approach: sparrow search algorithm [J]. Systems science & control engineering, 2020, 8 (1): 22-34.

[29] Braik M, Hammouri A, Atwan J, et al. White Shark Optimizer: A novel bio-inspired meta-heuristic algorithm for global optimization problems [J]. Knowledge-Based Systems, 2022, 243: 108457.

[30] Mirjalili S, Mirjalili S M, Lewis A. Grey wolf optimizer Advances in Engineering Software. [J]. 2014, 69: 46-61.

[31] Xue J, Shen B. Dung beetle optimizer: A new meta-heuristic algorithm for global optimization [J]. The Journal of Supercomputing, 2023, 79 (7): 7305-7336.

[32] 陈肖柏, 王雅卿. 粘性土冻胀预报新模型 [J]. 中国科学 (B辑 化学 生命科学 地学), 1991 (3): 296-306.

松辽流域中小河流划界抽查与地物特征

刘媛媛[1]　徐志国[2]

（1. 松辽水利委员会水文局（信息中心），吉林长春　130021；
2. 松辽水利委员会，吉林长春　130021）

摘　要：河湖管理范围划定和遥感地物提取是河湖管理保护的重要基础性工作，是依法保护河湖健康、开展涉河行政执法和项目审批的重要技术依据。基于水利部河湖遥感解译平台和有关基础资料，开展了东北地区流域面积在 50~1 000 km^2 的 3 399 条中小河流河湖管理范围线抽查复核及地物特征提取统计，共抽查出疑点 2 000 余处，提取地物图斑 26 700 余处，分析提出了松辽流域中小河流主要地物分类及特征，进一步将河湖清理整治向中小河流、乡村河湖延伸，成果可为东北寒区河湖管理工作提供参考。

关键词：松辽流域；中小河流；河湖管理范围；地物特征

1　引言

河道管理范围内乱搭乱建、堆放杂物、倾倒垃圾等侵占河道违规行为，将不同程度地削减河道泄洪能力，影响行洪安全[1]。受寒温带与温带大陆性季风气候影响，河流水位季节变化较大，河漫滩发育，水域岸线内侵占损害行为积弊已久[2]。近年来，水利部组织持续推进河湖管理全面强化，充分利用遥感等技术手段开展河湖特征地物提取分析，针对河湖管理监管对象点多面广、量大类杂、动态变化和分散隐蔽等特点，通过“四查”技术机制进行标本兼治，支撑河湖“清四乱”和暗访督察工作，大江大河干流、重点流域区域的河湖清理治理成效显著[3-4]。按照水利部有关工作部署，松辽水利委员会组织专业技术力量，基于水利部河湖遥感解译平台和有关基础资料，完成了流域面积在 50~1 000 km^2 的 3 399 条中小河流河湖管理范围线抽查复核及地物特征提取统计，进一步将河湖清理整治向中小河流、乡村河湖延伸，建设本底数据，为支撑河湖监管数字化、网络化、智能化建设提供数据基础。

2　工作路线

依据《中华人民共和国河道管理条例》，有堤防的河道、湖泊，其管理范围为两岸堤防之间的水域、沙洲、滩地、行洪区和堤防及护堤地；无堤防的河道、湖泊，其管理范围为历史最高洪水位或者设计洪水位之间的水域、沙洲、滩地和行洪区。河湖管理范围划定是河湖管理范围内地物特征提取的首要基本边界条件，同时也是中小河流河湖监管的主要限制条件之一。河湖管理范围划界难题主要体现在 3 个方面：一是河湖水域岸线占用历史遗留积累和矛盾重重；二是划界工作跨行业部门，规划管理不一致，协调难度大；三是存在若干技术问题[5]。结合各地河道特点，专家对山区、无人区等河道管理范围划定进行了大量研究和实际运用。邓沐平等[6] 研究了四川省、江西省河湖管理范围，无堤段河流的管理范围线按照历史最高洪水位或设计洪水位与岸线的交线确定，当特征水位超过河岸顶高程时，按岸线向陆域延伸 100~200 m 控制。这种方法较为适用于水量较大的南方河流及历史资料、设计资料较为齐全的河流。梁汝豪等[7] 提取 DEM 地形与参证站水面线水文分析计算成果交线，结

作者简介：刘媛媛（1983—），女，高级工程师，主要从事水文水资源工作。

合人工修正确定河道管理范围线，提供了高原无资料地区河道管理范围划定思路，但通常无资料地区也比较缺乏高精度 DEM 及其他测绘成果，导致划定范围偏大。本次工作的空间范围涉及全流域，对象为中小河流，其中包含了大量的山区河流、季节河流以及人类活动影响较小区域，这些地区的河流通常未设置堤防，缺乏治理规划，没有明确的防洪标准，无法按堤防或设计参数等有关标准确定河湖管理范围，外业测量困难，内业划界自主性较大。同时，河道管理范围内特征地物存在特色差异，自动解译样本不足，特征分析建立还比较薄弱。

因此，工作路线为按照《水利部关于加强河湖水域岸线空间管控的指导意见》的要求，选定松辽流域第一次全国水利普查名录内流域面积在 50~1 000 km^2 范围的 3 399 条中小河流作为工作范围。依据水利部河湖遥感平台提供的河道管理范围线在线地图成果及多时相遥感影像，结合流域河湖管理已有工作底图和资料，首先进行河道管理范围抽查复核，检查是否存在划界遗漏（应划界未划）、压盖水域滩地、规避违建、洲滩划出河道范围等主要问题。在抽查复核的基础上，按照《河湖管理范围内地物遥感解译技术规范（试行）》的有关技术要点，开展“占、采、堆、建”四大类 26 小类地物对象空间特征信息提取和统计分析。选取提取对象图斑总数（拦河坝类除外）的 5‰开展外业复核，并通过水利部河湖遥感平台将成果推送至相关省级管理部门。

3　划定成果抽查

3.1　缺失和差异

本次工作范围内的河流主要流经黑龙江省和吉林省。在工作开展初期，集中排查出 1 483 条河流存在大范围缺失管理范围线情况，相应河长 38 921.6 km，约占总任务量的 45%，其中有 1 343 条河流无法进一步开展工作，相应河长 35 301.8 km，占总任务量的近 40%，涉及黑龙江省 842 条、吉林省 480 条。经相关水行政主管部门积极协调，对平台中缺失的部分河湖管理范围成果进行补充上线。同时，由于数据孤岛历史和数据更新弱等长期存在的问题，河流轴线矢量数据在不同管理单位之间仍存在不一致问题。通过线下河流数据比对，约有 120 条河流的基础矢量数据存在数据版本不一致的情况，个别河流空间位置差异超过 20 km，有些河流与其他名称的河流空间位置和形状重叠；有些有明显序列的渠道显示出序号相反或依次相错的情况，其中大部分河流流经黑龙江省，渠道和排干占一定比例。这些河流对象差异导致管理范围划定存在较大不同，如图 1 所示，圈画范围内河流矢量与对应的管理范围线空间位置存在差异。有 10 条河流确定存在不适宜进行划界或需要暂缓划界的情况，其中 3 条位于无人区，2 条已干涸或因被淹没而消失，2 条无明显河道，3 条暂缓划界。涉及 3 条跨省河流，对有管理范围线的河段进行复核，未确定的按划界遗漏记录。

图 1　河流轴线矢量数据不一致情况示例

3.2 **问题类型和分析**

对补充上线的河道划界成果进行抽查复核，扣除河流轴线明显错误的情况后，共抽查到疑点2 000余处。本次抽查中未发现河流管理范围线在省界区域标准不一、无法衔接等情况。按照行政区统计，黑龙江省抽查疑点较多的地市包括哈尔滨、齐齐哈尔、佳木斯、黑河，疑点数量均在100处以上；牡丹江市、鸡西市、绥化市和大兴安岭地区的疑点在80处左右。吉林省抽查疑点较多的地市依次为延边州及通化市、长春市、白山市和吉林市。管理范围线发现问题个数分省统计见表1。

表1　管理范围线发现问题个数分省统计

序号	省（区）	划界遗漏	压盖水域滩地	规避违建	洲滩划出河道	其他问题	合计
1	黑龙江	1 020	121	8		10	1 159
2	吉林	477	216	24	39	42	798
3	辽宁	28					28
4	内蒙古	26	17	5	1	7	56
合计		1 551	354	37	40	59	2 041

首先按照类型统计，数量最多的是划界遗漏（应划界未划）1 500余处，占全部问题的75%。这一问题与前述的河流基础数据不一致有较大关系。许多河流存在源头河段管理范围线划界分叉情况，即河流轴线数据在源头河段的走向与河道管理范围线成果走向不一致，构成一定的角度，形成河流源头段无管理范围线，同时管理范围线成果存在一段“空管”的情况，且在一部分存在这类问题的河流上，无管理范围线的轴线河段长度常常超过有管理范围线一侧“空管”的长度，部分河流因地貌原因较难判断是否存在多源。还有部分河流存在多个上源河流，目前仅其中一源具有管理范围，其他源头支流是否应补充划界也需要管理部门进一步确定。问题示例见图2，图2中管状双层线要素为管理范围线，在两端以箭头标识的单线要素为多源头河流中缺少管理范围线的一端。

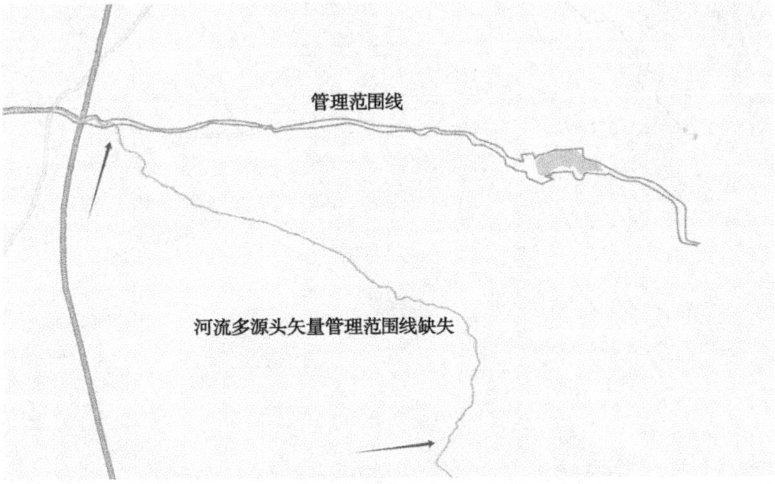

图2　划界遗漏（应划界未划）问题示例

其次为疑似压盖水域滩地情况300余处。主体表现为两类：一类是部分管理范围线未按照岸线滩地的弯曲绘制，而是呈现“裁弯取直”形态，管理范围线反复穿河而过。这种情况在叠加遥感影像背景时体现十分直观，这种问题与划界管理部门采用的河流面要素数据精度和较粗放的确定方法存在关联，有些则存在规避耕地、林地占用河道范围的疑点。尤其在下游平原区，主槽中间有部分高地，低水时河道呈现两条河汊，其中顺直的河汊绘制了管理范围线，而与河流轴线一致的天然弯曲河段未绘制管理范围线，中间的“岛”有时存在农田。问题示例见图 3，圆圈标识内为疑似压盖水域滩地问题。

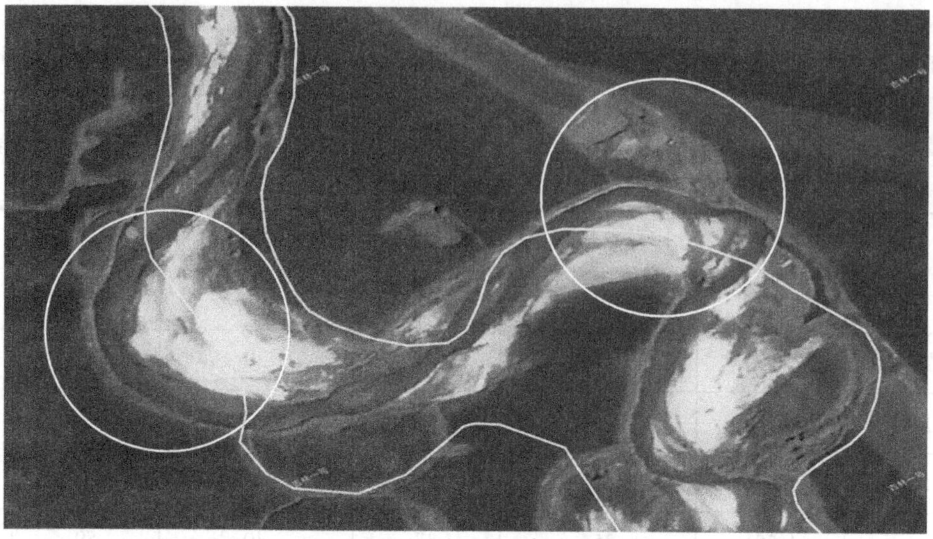

图 3　疑似压盖水域滩地问题示例

再次为规避违建和洲滩划出河道范围的疑点各约 40 处。规避违建主要涉及规避临河房屋、耕地及坑塘的情况，管理范围线在遇到上述类型地物时，向河道内方向形成明显的梯形或拱形凹陷，问题示例见图 4。洲滩划出河道范围主要出现在河流有较大转弯，且洲滩达到一定面积时。

图 4　规避违建问题示例

此外，还发现 3 类成果标绘错误的情况：一是不同批次工作成果导致同一河流存在多组走向基本一致，但空间位置存在偏移、不一致的管理范围线；二是个别河流管理范围线在遇到桥梁时，两侧管理范围同时向河道内收缩，即在桥梁所在位置，管理范围线仅包含桥梁跨流动水面部分，未包含跨滩地的引桥部分，问题示例见图 5；三是管理范围线出现“8”字形自交叉和“岛”，部分山区河道上出现“小圈点”“句号”等情况。

图5　遇桥梁收缩标绘错误问题示例

4　地物特征

4.1　主要地物

本次工作中共提取地物图斑26 755处，按照一级分类统计，主要为“占”类疑似地物10 931处、“建”类疑似地物15 778处，而“采”和“堆”类仅占不到50处。按照二级分类，即26类地物类型统计，桥梁及在建桥梁占到总提取地物的一半以上，其次为耕地，约占30%以上。其他类地物约占提取总数的15%，按数量从大到小依次为临河房屋1 133处、坑塘养殖894处、片林385处、大棚198处，围占养殖、文体旅游项目、取土场、固体堆放、码头、光伏电厂均有发现，数量不多。此外还有拦河闸坝（橡胶坝）及其他类地物。提取地物图斑情况按一级类分省统计见表2，提取地物图斑按二级类分省统计见表3。

表2　提取地物图斑个数按一级类分省统计

序号	一级类	黑龙江	吉林	辽宁	内蒙古	河北	合计
1	占	6 630	2 652	324	1 313	12	10 931
2	采	5	0	0	1	0	6
3	堆	4	28	1	6	1	40
4	建	6 214	8 111	1 012	421	20	15 778
合计		12 853	10 791	1 337	1 741	33	26 755

4.2　主要特征

地物类型具有一定的中小河流特征。一是沿河耕作多，从影像上看，有些耕地紧贴河岸开发，山区河流随河势分布于岸，个别平原区河流因渠化、干涸等，两岸耕地几乎相连，河道紧窄呈线状，是极难清退的地物类型之一。二是规模以下河流几乎不会出现采砂船等显著标志，但可通过场地的工程痕迹及附近固体堆放物作为参考进行疑点提取。三是中小城市及乡镇边界区域，多出现面积较大的独立临河房屋，其中屋顶为蓝色的临河房屋为工场工房的概率较大。四是区别于平原区常见的明显方格或多边形组合结构的水体坑塘，部分林区河流出现连串分布的圆角矩形水体，其中一些疑似为季节性养殖坑塘，但不完全为人工建设。

表 3　提取地物图斑个数按二级类分省统计

序号	一级类	二级类	黑龙江	吉林	辽宁	内蒙古	河北	合计
1	占	围（河）湖造地	0	0	0	0	0	0
2		围占养殖	1	1	0	0	0	2
3		围网养殖	0	0	0	0	0	0
4		坑塘养殖	527	324	24	19	0	894
5		文体旅游项目	7	7	0	0	0	14
6		耕地	5 996	2 200	221	1 105	12	9 534
7		片林	84	57	76	168	0	385
8		其他占用	15	63	3	21	0	102
9	采	采砂场	0	0	0	0	0	0
10		取土场	2	0	0	0	0	2
11		其他开采	3	0	0	1	0	4
12	堆	弃渣（土）场	0	0	0	0	0	0
13		垃圾堆放	0	0	0	0	0	0
14		固体堆放	1	21	1	2	0	25
15		其他堆放	3	7	0	4	1	15
16	建	临河房屋	569	382	96	86	0	1 133
17		码头	0	1	0	0	0	1
18		造（修）船厂	0	0	0	0	0	0
19		光伏电厂	6	1	0	0	0	7
20		砖瓦窑厂	0	0	0	0	0	0
21		大棚	110	65	6	17	0	198
22		桥梁	5 330	7 195	885	290	20	13 720
23		在建桥梁	2	6	0	1	0	9
24		拦河闸坝（橡胶坝）	156	357	21	12	0	546
25		在建拦河闸坝	0	0	0	0	0	0
26		其他建（构）筑物	41	104	4	15	0	164
合计	4 类	26 类	12 853	10 791	1 337	1 741	33	26 755

地物具有明显的季节性特征。在连续两个季度的影像上，夏季影像上提取到的个别临时性堆放、构筑物等，在紧邻的秋季影像上已消失。部分水田在夏季呈现深紫色。而高秆作物在秋冬季更容易与草地、滩地区分开来，秋季沿河呈现颜色偏黄、规则整齐、连片的点状；冬季则以地块形式，有一定秩序地摆放为锥形、捆卷形斑点地物。有些文体旅游项目及施工设施在夏季时相的影像上被植被遮挡较难判别，但在冬季无植被遮挡时特征明显，为确保疑点具备存续时效性，还可通过公网地名及街景服务辅助判读。

4.3　抽样验证

根据《河湖管理范围内地物遥感解译技术规范（试行）》抽样验证的要求，从提取的地物对象中抽取了100项进行外业验证，包括黑龙江省76个、辽宁省11个、内蒙古自治区（松辽流域片）13

个，数量满足并超过技术规范要求。受条件限制，本次未抽取吉林省地物。按照地物类型为坑塘养殖11个、耕地25个、临河房屋27个、大棚4个、桥梁25个、拦河闸坝7个、其他建（构）筑物1个。通过野外验证复核发现，有98个图斑地物类型选择正确，其中黑龙江省、内蒙古自治区（松辽流域片）图斑地物类型选择正确，辽宁省抽检图斑中有2个“坑塘养殖”图斑的类型需要修改，其中1个地物在实地为两个地物的组合地物，一侧为混凝土挡水坝，另一侧为简易桥梁，调整为“其他建（构）筑物”；另1个图斑虽为坑塘形状但实地暂无明显养殖特征，调整为“其他占用”，成果图斑类别属性正确率≥98%，满足技术规范要求。

5 结论与建议

本次工作完成了松辽流域3 399条中小河流河湖遥感范围划定成果抽查和特征地物提取，形成了大量的地物图斑及元数据，可进一步作为遥感自动解译平台和人工智能解译等河湖管理技术辅助平台手段提供庞大的训练样本库，为东北高寒地区河湖管理工作提供了技术参考。工作中也发现一些新老问题：一是基础数据更新不及时仍然存在，迫切需要接入农业、交通等其他行业空间服务以提高批量判别效率等老问题；二是“技术规范”在大江大河地物提取中成效显著，但一些特征在中小河流上体现不显著，需要加大外业验证，尽快完善中小河流地物特征库；三是数据拓扑逻辑检查应在上线前完成，减少要素交叉、压盖等对地物提取影响；四是根据东北地区冬季冰雪覆盖等特点，优化线上线下工作时间匹配；五是持续整合涉河建设项目、岸线规划、采砂管理规划等成果资源，形成多规合一、多线合一的统一管理基础。在智慧水利应用框架下，开展“四乱”问题动态遥感监测与河湖监管，提升对违法违规行为的主动发现和预警能力。

参考文献

[1] 于冰，董丽丹，王静．松辽流域河湖管理分析［J］．东北水利水电，2015，33（11）：69-70.

[2] 李铁男，郭微微，杨阿龙．黑龙江省河湖“清四乱”规范化常态化工作实践与对策建议［J］．中国水利，2023（1）：49-52.

[3] 蔡阳，崔倩．河湖遥感“四查”机制建立及其应用实践［J］．水利信息化，2020（1）：10-14.

[4] 崔倩，陈德清．遥感技术支撑河湖监管典型案例分析［J］．水利信息化，2020（2）：9-13.

[5] 河湖管理范围划定调研组，王冠军，刘小勇，等．河湖管理范围划定的做法经验与政策建议［J］．水利发展研究，2020，20（3）：24-26.

[6] 邓沐平，吴涛，罗斌．河湖管理范围划定标准研究［J］．中国农村水利水电，2022（10）：47-50.

[7] 梁汝豪，美多，才旺尼玛，等．高原无资料地区河道管理范围划定技术研究［J］．广东水利水电，2022（6）：65-68，77.

川西高寒地区土质岸坡生态修复研究与应用

娄国川　徐宗超

（黄河勘测规划设计研究院有限公司，河南郑州　450003）

摘　要：川西、西藏等高寒地区，生态环境极为脆弱，传统的工程护坡技术不利于高寒地区恢复自然植被和生态平衡。本文以黄河干流若尔盖段高陡岸坡生态修复治理为例，在对工程区工程地质条件和环境条件分析的基础上，结合岸坡稳定分析结果，选取了“系统开挖+环保椰纤维植被毯+喷播草籽”的高陡岸坡生态修复方案，并对“环保椰纤维植被毯+喷播草籽”施工工序和质量控制要点进行总结，为类似工程提供借鉴参考。

关键词：高寒地区；土质岸坡；生态修复

1　引言

随着各项基础设施建设的快速发展，工程活动对原生环境的破坏现象难以避免[1]。在若尔盖黄河干流沿线，受河流冲刷侵蚀影响，河流两岸往往形成高陡岸坡，在工程建设扰动、冻土融化、降雨入渗、河流冲刷等多种因素作用下，易发生崩塌、滑坡等岸坡失稳现象，既对河流沿岸的居民生活、安全、道路等已建基础设施造成威胁，又导致大量的次生裸地出现，造成次生水土流失[2]。在我国川西、西藏等高海拔高寒地区，生态环境极为脆弱，植被以草本植物为主，传统的工程护坡技术，如干砌块石护坡、浆砌片石护坡、挂网锚喷护坡等，在减轻坡面修建初期的不稳定性和侵蚀方面的效果很好，但不利于高海拔高寒地区恢复自然植被和生态平衡，岸坡失稳后生态创面生态恢复困难[3-4]，椰纤维植被毯具有适应性强、柔性好、便于施工等优点，可适用于高寒地区岸坡生态修复工程。

2　工程概况

2.1　实施背景

黄河干流若尔盖段应急处置工程位于四川省阿坝州若尔盖县，沿河均为藏区牧民优质草场，河岸多以临河陡坎形式呈现，岸坡稳定性较差，每次较大洪水过后，沿岸草场就会发生不同程度的坍塌，危及局部草场、湿地及道路等基础设施安全。黄河干流若尔盖段应急处置工程主体工程于 2022 年 6 月 15 日基本完成，应急处置工程通过采用抛石护脚+格宾石笼护坡+覆土植草等生态处置措施，防止水流淘蚀坡脚，保障了边坡自然稳定性，恢复了下半坡段生态。但上半坡段局部呈陡立状，稳定性较差，在春季冰雪融水、夏季雨水冲刷作用下易发生水土流失现象，需要进一步进行生态修复。

2.2　实施内容

对黄河干流若尔盖段应急工程洛华 3#桩号 LH3#0+920～2+820 段（长约 1.9 km）和辖曼 1#桩号 XM1#0+050～1+425 段（长度约 1.375 km）进行陡坎生态修复，总长度约 3.275 km。结合公路边坡检修，在距离 S217 省道较近的重点段，即桩号 LH3#0+870～LH3#2+810 段设置巡河步道，全长约 1.94 km，巡河步道采用草地块石汀步的形式，在岸坡临河侧增设木桩警示矮栏杆。结合巡河步道布置 1 处挑台、2 处平台，即在巡河步道起端桩号 LK3#0+870 处布置平台 1 处；在原公路观景平台桩号 LK3#1+000 处布置挑台 1 处，并设置连接下行的栈道，均采用钢木结构；在落华桩号 LK3#1+930 处

作者简介：娄国川（1985—），男，高级工程师，主要从事水利水电工程地质研究及工程总承包项目管理工作。

布置平台1处，采用钢木结构。同时将原施工营地后期恢复为停车场。

3 基本地质条件

该河段内河道较弯曲，近S形转弯，河流总体由东南至西北流向，河面宽200~600 m不等，最大水深约15 m；该段河床宽浅，水流散乱，心洲、浅滩密布，主流摆动不定，网络密布，属堆积游荡性河段。

河床两岸多为第四系更新统形成的堆积阶地，临河岸坡较陡，且多为凹岸顶冲段，在长期水流作用下，易产生塌岸。Ⅰ~Ⅲ级阶地主要由黄河堆积形成，其中护岸线主要沿Ⅰ级阶地边缘及岸坡布置，拔河高度4.0~12.0 m不等，岸坡较陡，多近于直立，高差较大，Ⅰ级阶地高程在3 440~3 430 m，宽50~800 m不等。出露地层主要为第四系全新统冲积层（Q_4^{al}）粉细砂和上更新统冲积层（Q_3^{al}）沙壤土和粉细砂，土层呈稍密—中密状，阶面表层多为泥炭腐殖层，土壤肥沃，水源丰富，牧草生长旺盛。

区内地下水类型主要为孔隙水，主要存于砂土层中，以潜水为主。地下水与黄河水水力联系密切，区内地下水位4.0~14.0 m，高程在3 423.58~3 422.15 m，地下水位基本与黄河水位一致，局部段略高于河水面，并随黄河水位的涨落而变化，黄河高水位时河水补给地下水，低水位时地下水补给河水。

工程区不良地质现象主要为塌岸及季节性冻土，不存在泥石流、滑坡等其他不良地质问题。经现场调查，护岸河段内没有防冲护岸工程，基本处于不设防状态，河岸塌岸率一般为2~4 m/年。工程区最大冻土深度100 cm，护岸段沙壤土粉黏粒含量大于50%，天然含水率在15.9%~38.6%，平均冻胀率η在3.5~10，属Ⅲ~Ⅳ级冻胀土—强冻胀土；粉细砂层粉黏粒含量小于10%，天然含水率在10.2%~15.1%，属Ⅱ级弱冻胀土。

4 治理方案设计

4.1 生态修复方案比选

根据当地建材情况以及拟定的防护护坡形式，结合区域已建工程经验，岸坎生态修复材料选用石板护坡、三维土工网+喷播草籽、水土保持毯+喷播草籽、环保椰纤维植被毯+喷播草籽等4种护坡材料进行比选，结果见表1。

4.1.1 石板护坡

石板抗冲和耐久性能较强，能充分利用当地材料，便于控制施工进度和质量，后期维护费用较低，管理简单。护坡表面全封闭，不具备植被生长条件，生态性差。

4.1.2 三维土工网+喷播草籽

三维土工网是一种三维结构的似丝瓜网络样网垫，质地疏松、柔韧，留有90%以上空隙可充填土壤，植物根系可穿过其间，舒适整齐地生长，长成后的草皮使网垫、草皮、泥土牢固地结合在一起。此外，网垫表面粗糙，能够使得流经表面的水流产生涡流，从而削弱水流的冲刷力，促进泥沙沉积物沉积进网垫中，保护边坡稳定，但由于其不可降解，生态性较好。

4.1.3 水土保持毯+喷播草籽

水土保持毯是一款三维柔性生态水土保护毯，由可降解高分子材料干拉一次成型，可直接铺设于边坡表面并播种植物。保证草籽均匀分散在坡面上，并在草皮未长成前可使路堤免遭风雨侵蚀，植物长成后形成的复合保护层可经受高水位、大流速的水流冲刷，且8~10年可降解，能给草皮根系生长提供较长的保障，适用于植被生长速度较慢的高原砂土地区，生态性好。

4.1.4 环保椰纤维植被毯+喷播草籽

环保椰纤维植被毯采用纯天然材料椰子纤维通过冲压针刺加工做成植物生长基带，呈长方体网孔状结构，椰纤维植被毯厚度一般为8~10 mm。可根据需要播撒草种，这样的材质和结构为植物生长提供了良好的生长条件，同时达到护坡绿化的效果。此外，椰纤维植被毯采用纯天然植物材料制作，降解速率快，生态性好，且能够经受雨水冲刷，护坡能力较强。

表 1　不同修复方案综合性能比较

项目	石板护坡	三维土工网+喷播草籽	水土保持毯+喷播草籽	环保椰纤维植被毯+喷播草籽
柔性	柔性较差，地基沉降及外力作用下易产生裂缝或断裂	能够很好地适应地基变形，不易产生垮塌、断裂等破坏，柔性很好	能够很好地适应地基变形，不易产生垮塌、断裂等破坏，柔性很好	能够很好地适应地基变形，不易产生垮塌、断裂等破坏，柔性很好
透水性	不透水	透水性好	透水性好	透水性好
生态效应	护坡表面全封闭，不具备植被生长条件，生态性差	护坡表面具有较大空隙，可喷播草籽覆绿，材质不可降解，生态性较好	护坡表面具有较大空隙，材质 8～10 年可降解，适用于高原砂土地区，生态性好	护坡表面具有一定空隙，可喷播草籽复绿，降解速率快，生态性好
抗冲性	抗冲刷能力强	抗冲刷能力较强	抗冲刷能力强	抗冲刷能力较强
施工技术	要求有一定的施工技术水平	经现场指导后，即可投入工作，对施工技术要求较低	经现场指导后，即可投入工作，对施工技术要求较低	经现场指导后，即可投入工作，对施工技术要求较低
质量控制	不易控制	较易控制	较易控制	较易控制
材料供应	板材需外运	需外运	需外运	需外运
工程投资/万元	786.93	407.49	489.69	410.77

该项目建设区涉及若尔盖国家公园、四川若尔盖国家湿地公园及黄河上游特有鱼类国家级水产种质资源保护区等生态环境敏感区，因此岸坡生态修复应首选生态性较好的护坡材料，石板护坡不能进行草皮覆绿，不予推荐。三维土工网、水土保持毯、环保椰纤维植被毯 3 种材料都能够进行喷播草籽覆绿，且草皮长成后能具有较好的固坡、抗冲刷性能，且施工便利，施工质量容易控制，但三维土工网抗冲刷性能比水土保持毯差，且材料难以降解，生态性稍差，因此也不予推荐。水土保持毯与环保椰纤维植被毯均能给草皮根系生长提供较长的保障，适合高原砂土地区，水土保持毯抗冲刷能力强，但降解速率慢，价格略高，

综合考虑本工程位于高原寒冷地区、生态保护要求高、施工时间短、草类生长周期长、后期管理不便等情况后，护坡材料推荐选用环保椰纤维植被毯+喷播草籽。

4.2　生态修复断面设计

洛华村 3#临河陡坎段岸坡生态修复治理桩号范围为 LH3#0+920～2+280，长 1.9 km，现状陡坎高度 4.0～8.0 m。该段护坡离省道 S217 距离较近，为了避免岸坡开挖后影响省道路堤安全，结合地质资料，临河陡坎按 1∶1.5 开挖坡比一坡到顶，为方便施工和保持坡脚稳定，在已实施防护工程坡顶（3 429.0 m 高程）预留 2 m 宽马道，典型断面见图 1。

辖曼牧场 1#临河陡坎段岸坡生态修复治理桩号范围为 XM1#0+050～1+425，长 1.375 km，现状陡坎高度 3～12 m。该段绝大部分段落陡坎高度都在 10 m 左右，高差较大，结合地质资料及边坡稳定计算结果，该段临河陡坎开挖坡比为 1∶1.5，且坡高每 5 m 设置 1 m 宽马道。为方便施工和保持坡脚稳定，在已实施防护工程坡顶（3 428.5 m 高程）预留 2 m 宽马道，典型断面见图 2。

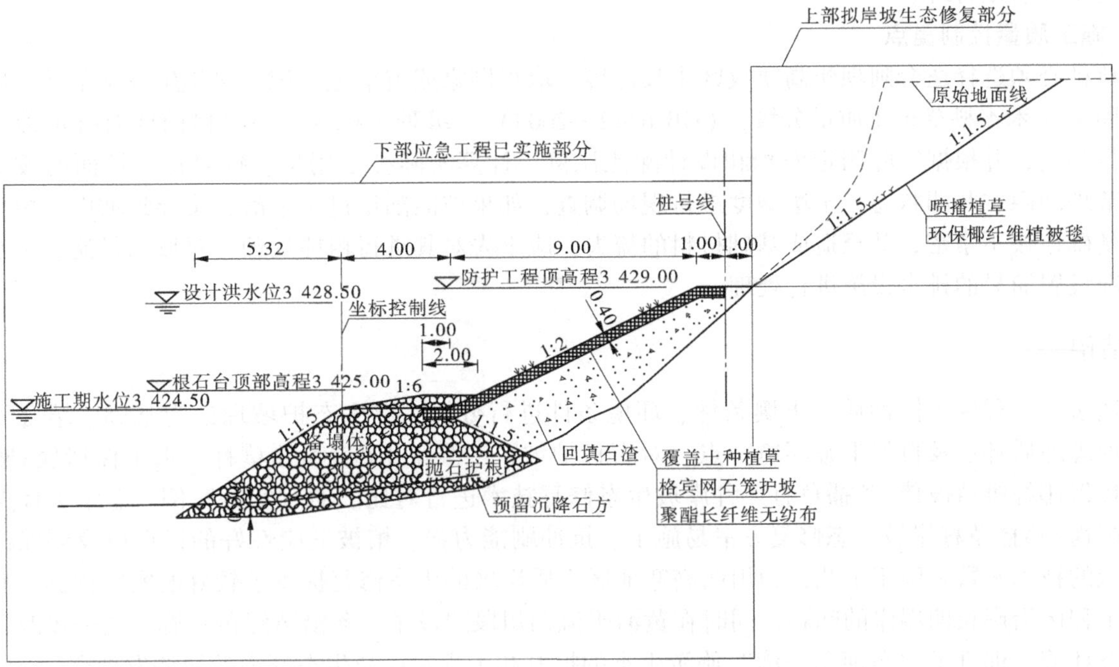

图 1　洛华村 3#段岸坡生态修复典型断面　（单位：m）

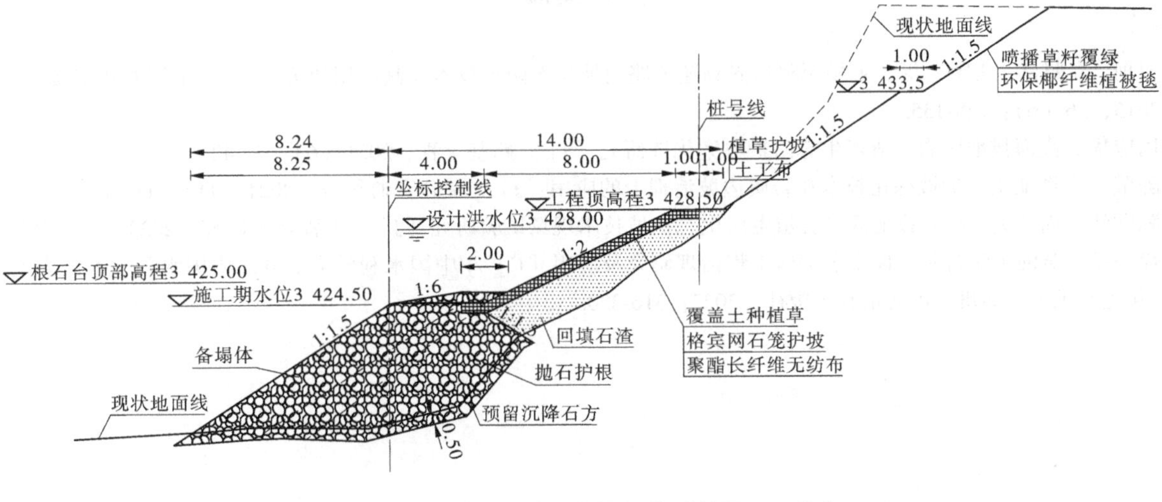

图 2　辖曼牧场 1#段岸坡生态修复典型断面　（单位：m）

4.3　技术参数设计

洛华村 3#、辖曼牧场 1#段岸坡生态修复段采用“椰纤维植被毯+喷播草籽”进行坡面覆绿，为防止含草籽基材被雨水冲蚀、利于草皮成活，椰纤维植被毯厚度为 8~10 mm，纤维粗细适中（纤维直径为 0.3~0.8 mm），纤维长度 10~20 cm。

局部土方填筑时无黏性土相对密度不小于 0.6，黏性土压实系数不小于 0.91。按照披碱草：高羊茅：老芒麦：早熟禾为5：2：2：1的比例混合播种量进行撒播，播种量大概为每亩 15 kg（22.5 g/m^2），撒播均匀。

5　施工过程控制

5.1　施工流程

岸坡整理、铺前准备（材料工具运至现场，做好供水安排）、测量定位、播撒草籽、铺设植被毯、浇水和后期管理。

5.2 施工质量控制重点

草种必须选择适合阿坝州高寒牧区生长环境、取得国家或省审定登记的多年生乡土草种，质量须达到国家《禾本科草种子质量分级》（GB 6142—2008）一级种子标准。在喷播前要对批量种子发芽率进行测定，并根据实际测定面积和设计配比比例，计算实际种子用量。针对每处坡面的坡度、硬度、节理间隙、凸凹状态、土壤碱度进行现场调查，如果坡面削切过于平滑，将导致坡面与植物生长发育基础连接不紧密，甚至造成基础材料的流失，应事先对其进行粗糙处理；对坡面径流、渗水等不良状况设置简易的排水设施进行处理。

6 结语

通过对工程区土体性质、土壤条件、环境条件进行分析，以生态护坡理论为基础，结合气候特征、地理地质环境及自然生态环境特点，对石板护坡、三维土工网+喷播草籽、水土保持毯+喷播草籽和环保椰纤维植被毯+喷播草籽 4 种岸坡生态修复技术进行对比。通过实际案例，总结了环保椰纤维植被毯+喷播草籽岸坡生态修复方案易施工、抗冲刷能力强、植被适应性好的优点以及环保椰纤维植被毯的技术参数和施工工艺，为川西高寒地区土质岸坡的生态修复提供了较好的实践依据，有效解决了工程区沿岸长期塌岸的问题，同时在黄河干流四川段建设了一条沿黄绿色长廊，进一步改善了沿线生态环境，促进了“黄河第一湾”旅游生态的提升和工程建设与生态环境的协调发展[5]。

参考文献

[1] 罗珂，高照良，王凯，等．毛坝至陕川界高速公路边坡生态防护技术及其应用研究［J］．中国农业资源与区划，2015，36（6）：128-135.

[2] 周应华．高海拔地区岩土渣场生态防护方案优选研究［J］．路基工程，2021（6）：39-42

[3] 陈莹．高性能生态护坡绿化技术在岩质边坡治理上的应用［J］．福建交通科技，2021（11）：114-118.

[4] 陈欣然，周述美．高海拔地区复合植生层生态护坡技术现场试验研究［J］．工程技术研究，2023（8）：185-187.

[5] 徐宗超．黄河干流若尔盖段生态护岸工程治理研究及应用［C］//中国水利学会．2022 中国水利学术大会论文集（第七分册）．郑州：黄河水利出版社，2022：316-320.

七台河市 SL 煤矿水文地质分析及涌水量预测

何义江[1,2]　张一丁[1,2]　戴长雷[1,2]

（1. 黑龙江大学水利电力学院，黑龙江哈尔滨　150080；
2. 黑龙江大学寒区地下水研究所，黑龙江哈尔滨　150080）

摘　要： 矿场涌水是指大气降水、地表水（如江、河、湖、海、水库等）和地下水通过各种途径涌入矿场内的水。矿井涌水量的大小对矿场的建设以及生产有一定的直接影响。大规模煤炭资源的开采对地下水位产生影响，使水资源面临污染和失衡等问题，对生态环境相对脆弱的地区影响程度会进一步加重。本文选取七台河市 SL 煤矿为研究区，以七台河区域地质和水文地质条件为背景，根据矿区已有区域地质以及水文地质资料结合长期观测成果，对 SL 煤矿进行水文地质分析和矿坑涌水量进行合理预测，对煤矿建设具有一定的指导意义。

关键词： 矿场涌水；水文地质；矿井充水；水文地质比拟法

1　引言

矿场涌水是煤矿开采中常见的一种矿山地质灾害，矿井水灾害给国家和人民带来的经济损失和人身伤亡极为惨重，一直都是困扰煤矿生产的突出问题。随着煤矿开采规模的不断扩大，对矿区的自然环境和地下水环境造成了一定的影响。地下水具有很强的隐蔽性，一旦受到污染或者破坏了原来的生态平衡，长期不能得到有效治理，就会给人们的生活和生产带来极大危害[1-2]。因此，对矿床水形成影响因素进行深入的研究和分析，进而对矿场涌水量进行准确预测，是保障煤矿开采工业安全建设的重要基础，对指导煤矿安全生产具有重要的现实意义。对于矿井水害防治以及地下水资源的合理利用具有理论与实践指导意义。

2　矿床概况

SL 煤矿地处七台河市茄子河区以东，隶属七台河市茄子河区，距桃山区东南部 9.5 km，距龙兴村以东 1 km，矿山附近道路四通八达，交通十分便利。七台河属中温带湿润气候，属大陆季风气候，具有较强的生态适应性。该地区具有明显的季节性和降水不均特性。

七台河市地处丘陵地带，整体上呈现出东南高、西北低的特点，七台河市境内有两条大河，一条是松花江的一级支流，另一条是挠力河（乌苏里江的一条支流），七台河市七台河地区的地形地貌和地质环境对地下水的赋存和迁移起着重要的作用，其中倭肯河、挠力河及其支流所形成的山谷内的冲洪积粉质黏土、砂土和砂砾石中均含有孔隙水，是有补给作用的可采层位；张性断层带，其岩性主要为古生界浅变质碎屑岩、中生界碎屑岩、安山岩及侵入岩等，在多次构造活动中，形成了一系列的构造形迹，其中张性断层带岩体破碎，构造裂缝发育，含基岩裂隙水，且分布有深浅不一的网状风化裂缝，含水量少且无补给意义的基岩风化裂隙水[3]。

作者简介： 何义江（1998—），男，硕士研究生，研究方向为寒区水文与雪冰工程。

通信作者： 张一丁（1970—），女，副教授，主要从事水文水资源及寒区水文方向教学和科研工作。

3 矿床水文地质概况

3.1 地层

该矿井田内发育的地层自下而上分别为中生界白垩系下统鸡西群城子河组、滴道组至新生界第四系，见表 1。

表 1 矿区地层

时代			地层			厚度/m	含煤情况	岩性描述
界	系	统	群	组	段			
新生界	第四系					1~10		腐植土、亚黏土、砂砾、碎石层等
中生界	白垩系	下统	鸡西群	城子河组	上段	360~450	含煤 30 层、局部可采 18 层	以粉砂岩、粉细砂岩互层为主，夹中砂岩及炭质泥岩
					下段	340~450	含煤 24 层、局部可采 9 层	由粉砂岩、细砂岩、粉细互层、砾岩组成
				滴道组	上段	150	含煤 10~14 层，可采和局部可采煤层 5~6 层	由少量的粉砂岩、细砂岩、中砂岩、粗砂岩、含砾粗砂岩等粗粒岩相组成
					下段	110~300	含煤 9~10 层，局部可采煤层 3~4 层	含砾粗砂岩、巨粒砂岩、薄层粉砂岩、细砂岩等

含煤层分布：城子河组的含煤层数和煤层厚度均高于滴道组，表明城子河组是该矿区的主要煤层发育区。

含煤系数：城子河组的含煤系数较高，说明其煤层的经济价值和开采潜力更大。

可采性：39 层可采和局部可采煤层的存在，表明该矿区具有良好的开采前景。可采煤层系数 2.28%，可采煤层多分布在城子河组，滴道组煤层可采煤层少，煤层可采范围小，多为复杂结构煤层，稳定性差。该矿区的煤层分布较为丰富，尤其是城子河组的煤层厚度和含煤系数优于滴道组，为煤炭的开采提供了良好的基础。

3.2 含水层

根据自然地理、地质构造、地层发育特征以及不同时代岩性的充水类型及富水性特征，在矿区的水文地质划分中，可以将区域分为两个主要水文地质区：第四系孔隙水区和基岩裂隙水区。在基岩裂隙水区内，可以进一步细分为两个水文地质亚区[4]。

3.2.1 *碎屑岩类裂隙水水文地质亚区*

在盆地中有大片的丘陵地带。矿区的岩性组成为地下水的储存和流动提供了多样的条件。砂岩和砾岩的发育有利于水的流动和补给，而泥岩则可能起到隔水作用。降水作为主要的水源，其富水性与岩性及地形地貌密切相关。该地区地势较低，地下水位深，具有较高的蓄水能力；由于地势高，地下水位深，水量少。根据实测数据，水流量公式为 $q=0.0357-1.083\ l/(\mathrm{sm})$，渗透系数范围为 $k=0.112 \sim 0.596$，水温在 6~8 ℃。水的化学类型主要为 HCO_3-Ca · Mg 和 HCO_3-Ca 型中性水。整体而言，地层的富水性较中等且偏弱，这将成为矿区开采时的主要水源补给因素。

3.2.2 *岩浆岩裂隙水水文地质亚区*

在盆地的北部和南部，零星分布着玄武岩、安山岩和花岗岩。马场北部有玄武岩的主体，而其东侧则是花岗岩和安山岩。地下水赋存于浅层风化裂隙带及构造裂隙带，其下部为较弱的富水性。地下水主要来源为大气降雨，地下水出露不多，只有在雨季时，才会出现明显的季节性下降泉。

3.3 隔水层

根据钻孔简易水文资料、钻孔水文地质调查、岩芯节理裂隙描述以及岩石的透水性，对评价区隔水层做如下划分[5]：

第一隔水层，位于评价区的第四系冲、洪积层地层中，呈条带状分布于第四系孔隙含水层之上，黑色、黄色和浅黄色，岩性由黏土、含砂黏土等组成，质较纯，塑性较强，干后坚硬，具有良好的隔水性。

第二隔水层，位于风化裂隙带以下的火成岩，局部发育，属燕山运动晚期产物，生成时间为鸡西群之后、桦山群之前，由中性浅成岩（深灰稍绿，具斜长石斑晶的安山玢岩）组成，该岩床由西南向东北方向侵入，矿区大部分发育，厚度高达600 m，具有良好的隔水性。

4 矿场涌水量预测

4.1 矿区充水条件分析

矿井开采后，采空区周边地层会产生位移、变形甚至失稳，其覆岩按变形与损伤程度可划分为冒落、裂缝和弯曲三大类，而裂缝带又分为贯通与不贯通两种类型，一般将冒落带与裂缝带之间的连通区域统称为导水裂缝带[6-7]。煤层的地质条件、顶板的岩性、煤层的开采厚度、采煤方法以及顶板管理方式，都会对导水裂隙区的发育程度产生显著影响。根据地质报告中对煤层顶、底板岩工程地质分析，井田内煤层直接顶板以砂页岩、粉砂岩为主，部分为岩质页岩、凝灰岩或中砂岩。煤层厚度在0~1.31 m，煤层开采后的导水裂缝带高度根据以下公式计算。

垮落带计算公式：

$$H_{\mathrm{m}} = \frac{100\sum M}{4.7\sum M + 19} \pm 2.2 \qquad (1)$$

$$H_{\mathrm{m}} = \frac{100\sum M}{1.6\sum M + 3.6} \pm 5.6 \qquad (2)$$

式中：H_{m} 为垮落带高度，m；H_{m} 为导水裂隙带高度，m；M 为煤层采厚，m，本次计算采用各煤层平均厚度。

计算垮落带、导水裂缝带，其中式（1）和式（2）中取大者作为导水裂缝带高度。计算结果表明，SL煤矿井田内各煤层最大导水裂缝带发育高度为18.29~63.81 m，具有岩石颗粒粒度小、结构密实、泥成分高、裂缝普遍发育不良、多为砂泥充填、胶结良好、裂缝开口度低、连通性差等特点，具有较好的隔水作用[8]。煤矿开采不会直接破坏上部第四系孔隙水及风化带裂隙含水层结构，且其下部岩段具有一定的隔水作用，不会产生第四系孔隙水及风化带孔隙裂隙水直接渗漏的情况。因此，煤炭开采疏排水，对上覆浅层含水层的影响较小。

4.2 矿井充水水源分析

该矿区属山地，总体上呈西北高、东南低的趋势；地表为第四系残积和坡积土，土壤为风化砂岩。大气降水补给第四系、煤系地层形成地下水，第四系的孔隙潜水以大气降水及汛期的洪涝为主，年平均降雨量530 mm，其中最大为751.0 mm，最小为372.2 mm，雨季为6—9月，大气降水会通过塌陷坑渗漏到井下。另外，该地区还得到了基岩裂隙水的横向补充。基岩上的风化裂缝水、大气降水和地面水的入渗为主要补给来源[9]。地下水径流方向由丘陵斜坡地质区接受大气降水的垂直渗透补给，地下水补给洼地水文地质区，再补给孔隙潜水水文地质区。大气降水对采空区有一定的补给作用，是汛期矿井涌水量增大的主要因素。

4.3 矿床涌水计算

根据井田矿床充水因素分析，城子河组煤系地层富水性差，地下水主要赋存于储水状态，对矿井水的补给多以越流和水头压力水形式进行，回采时即使它们被揭露，矿井涌水量也不会大量增加。矿井涌水量在短时间内出现大幅度变化主要取决于下部煤层被揭露的程度，其次是张性正断层及未封闭好的钻孔导水性能，此外，矿井涌水量将随采区的扩大而缓慢增加，待含水层水头从承压转入无压时，矿井涌水量会逐渐减少。以水文地质类型划分报告为依据，该矿井水文地质类型为中等，因此采用水文地质比拟法计算本矿区涌水量更符合本矿区实际情况[10]。计算公式如下：

$$Q = \frac{Q_1 \times P \times k}{P_1 \times k_1} \tag{3}$$

式中：Q 为预测矿井涌水量；m^3/h；Q_1 为改扩建前矿井涌水量，m^3/h，取 15 m^3/h；P_1 为生产矿井改扩建前生产量，t，取 4 万 t；P 为生产矿井改扩建后预计年生产量，t，取 30 万 t；k_1 为改扩建前含水层平均渗透系数，m/d，取 0.175 m/d；k 为改扩建后含水层平均渗透系数，m/d，取 0.053 m/d。

根据计算结果，矿区改扩建后矿井平均涌水量为 820 m^3/d，与矿区周边水文地质类型相似的其他矿井的涌水量相似。

5 结语

七台河市含水岩组主要是碎屑岩类孔隙裂隙含水岩组和岩浆岩类裂隙含水岩组，该区富水程度中等，可见该区水资源量较为丰富。第四系松散层孔隙含水层及穆棱组上部风化裂隙含水层属于间接充水含水层，下部煤系含水层是直接充水含水层。两含水层是两个相对独立的含水层。区内的正断层是未来生产矿井充水的主要通道。另外，未封闭好的钻孔也是矿井的人为导水因素之一。以水文地质类型划分为依据，该矿井水文地质类型为中等，本矿区矿井涌水量为 820 m^3/d，水量稳定且有保障。

参考文献

[1] 张健．矿床水形成机制及坑道涌水量预测研究［D］．北京：中国地质大学，2020.

[2] 王亚男，宁立波，李明，等．灵宝罗山金矿区矿床充水水源研究［J］．安全与环境工程，2015，22（6）：151-155.

[3] 慕丰宇，戴长雷．七台河 KYX 煤矿涌水量预测及其影响因素研究［J］．绿色科技，2023，25（18）：146-150，156.

[4] 祝有军．矿坑涌水量预测与矿坑排水方案探讨［J］．浙江国土资源，2021（S1）：33-40.

[5] 付康国．滇东老厂煤田雨汪煤矿矿井充水条件及涌水规律研究［D］．昆明：昆明理工大学，2023.

[6] 刘波．草主山铁矿水文地质特征及矿井涌水量预测研究［D］．济南：山东大学，2019.

[7] 郭晓康．某矿山深部涌水现状调查及防水治水措施研究［J］．云南冶金，2022，51（3）：17-24.

[8] 艾启兴．金川矿区深部水文地质条件及 24 行主井涌水成因研究［D］．兰州：兰州大学，2014.

[9] 辛卓，陈凯，刘多林．广东茶洞矿区矿床开采水文地质条件分析［J］．矿产与地质，2015，29（1）：106-109，118.

[10] 宛东．常用矿坑涌水量预测方法分析研究［J］．冶金管理，2023（21）：49-51.

三江平原灌区水权确权机制及保障措施研究探讨

陶　亮[1,2]　刘庚炜[1,2]　何义江[1,2]　贾　青[1,2]

（1. 黑龙江大学龙江水利事业高质量发展中心，黑龙江哈尔滨　150080；
2. 黑龙江大学水利电力学院，黑龙江哈尔滨　150080）

摘　要：三江平原是我国重要的粮食战略生产基地。灌区是农业灌溉的基本单元，灌区水权确权是农业水价综合改革的一项重要基础性工作。通过建立和完善灌区水权制度，能有效实现水资源的合理配置以及水资源可持续利用，保障农业和经济社会可持续发展。

关键词：三江平原灌区；水权制度；农业用水

1　三江平原灌区

新中国成立前，三江平原湿地面积占总面积的75%以上，随着水利人涝区治理、当地政府和国营农场的不断开发建设，耕地面积逐年扩大，成为我国重要的商品粮基地[1]。三江平原水稻灌区地势坡降平缓，洪涝灾害十分频繁，十年九涝。初期以小麦、大豆为主，单产不高、总产不稳，小旱大丰收、大旱小丰收。1996年开始实施“以稻治涝”战略，发展井灌水田，达到高产稳产，成为国家重要的粮食战略生产基地，为我国经济社会发展和粮食安全提供了有力保障[2]。

2　灌区水权确权机制

灌区是农业灌溉的基本单元，灌区水权确权是农业水价综合改革的一项重要基础性工作。通过建立和完善灌区水权制度，发展水管单位统筹管理、农民用水自治和农户参与等多种形式的终端用水管理模式，明确灌区内农民用水合作组织、农村集体经济组织、农户等的水资源使用权，强化总量控制和定额管理，实现水资源的合理配置和灌溉系统的优化调度，补齐灌区水权和农业用水制度“短板”，以水资源可持续利用保障农业和经济社会的可持续发展[3]。

2.1　水权确权的主要路径

（1）明确区域可用水总量，在总量控制的框架下，制定水资源行业配置方案，明确农业水量份额，以此作为确权水量的边界约束条件。

（2）将农业用水指标细化到各灌区、农民用水合作组织、农村集体经济组织等。

（3）在水量平衡、复核的基础上，通过发放取水许可证确认灌区管理单位用水权，通过发放水权证确认农民用水合作组织、农村集体经济组织等取用水户水权。

2.2　水权确权登记的关键环节

（1）用水情况调查。灌区管理单位会同各村委会、农民用水合作组织确定灌溉范围和受益户数，填写灌区基本情况调查表。

（2）灌区划界图绘制。收集灌区平面布置图和取用水户土地确权数据信息，以灌区平面布置图为基础，确定灌区渠道布置；以土地确权数据为基础，确定灌区取用水户灌溉面积。

基金项目：中国科学院东北地理与农业生态研究所三江平原水土资源优化匹配与调控技术示范项目（XDA28100105）。
作者简介：陶亮（2000—），男，硕士研究生，研究方向为冻土水文地质与雪冰工程。
通信作者：贾青（1971—），女，副教授，博士，研究方向为水利水电工程。

（3）现场校核灌区划界图。现场由灌区技术人员提供灌区、取用水户基础信息，实地校核灌区划界结果和灌区水工建筑物等基础信息，确定灌区、农村集体经济组织、用水户协会、取用水户等范围，建立灌区水权确权数据库[4]。

（4）水权公示。县级水务局将确权水量在县政府网站、乡镇政府公示栏、村委会政务公开栏或相应管理单位公示栏进行公示。

（5）确权登记。公示无异议，县级水务局对确权对象进行确权登记，并将有关资料录入县级水资源使用权证动态登记数据库。

（6）颁发水权证。水资源使用权证式样由省水利厅统一制定，由县级人民政府或授权部门颁发。

3 灌区水权分配方法

3.1 建立水量分配指标体系

初始水权分配对协调区域人口、社会经济发展与生态环境保护具有决定性作用。在构建科学合理的资源分配体系时，应确立系统性设计准则，重点考量以下 5 个维度：样本代表性、指标关联性、要素独立性、参数可量化性及操作实用性。最终选定 10 类核心优先权因素：水资源禀赋、地理区位条件、人口变动趋势、粮食生产保障能力、产业升级水平、供水能力评估、水资源经济价值、水资源经济产出效率、生态保护需求、污染控制水平，同时选取了科学、简洁、实用的特征评价指标，为区域水权分配提供公平、高效且可持续的决策依据，见表 1。

表 1　评判指标及计算公式

核心优先权因素	特征评价指标	计算方法
1. 水资源禀赋	（1）区域产水能力	地下水总补给量/区域水资源总量
2. 地理区位条件	（2）水源可达性	供水中心至水源的直线距离
3. 人口变动趋势	（3）年度人口变化率	年末总人口数-年初总人口数/年初总人口数
4. 粮食生产保障能力	（4）农业用水保障评估	农业用水保障定性分析
5. 产业升级水平	（5）产业调整效果值	调整后的产业总值/原产业总值
6. 供水能力评估	（6）实际供水保障度	现有供水量/区域需水总量
7. 水资源经济价值	（7）供水经济贡献率	供水关联产业 GDP/区域 GDP 总量
8. 水资源经济产出效率	（8）单位水生产的 GDP	供水关联产业 GDP/年度总供水量
9. 生态保护需求	（9）土壤次生盐碱化率	土壤次生盐碱化/原生土壤
10. 污染控制水平	（10）水质污染指数	污染物排放量/水域环境容量

3.2 计算各层元素的相对权重

水权分配体系采用多级层次化决策框架，由目标层、准则层、指标层与执行层逐级递进构成。其中，目标层以区域水资源总量为刚性约束，明确分配上限；准则层从自然、社会、经济、环境四大维度界定评判准则，分别对应水资源禀赋、地理区位条件、人口变动趋势、粮食生产保障能力、产业升级水平、供水能力评估、水资源经济价值、水资源经济产出效率、生态保护需求、污染控制水平 10 类核心优先权因素；指标层基于核心优先权因素进一步细化为可量化参数（由表 1 所列的特征评价指标组成），实现从抽象准则到具体操作的转化；执行层则聚焦行政区划或用水主体，将理论权重转化为实际配额。

基于分层理论构建水权配置的决策框架，明确层与层间的隶属关系。构造判断矩阵，从而算得初始水权分配评判指标的权系数，见表 2。

表 2　初始水权分配评判指标的权系数计算公式

评判准则		核心优先权因素		特征评价指标		指标权数计算
准则	权数 A_i	因素	权数 B_j	指标	权数 C_k	$A_i \cdot B_j \cdot C_k$
自然	A_1	1. 水资源禀赋	B_1	（1）区域产水能力	C_1	$A_1 \cdot B_1 \cdot C_1$
		2. 地理区位条件	B_2	（2）水源可达性	C_2	$A_1 \cdot B_2 \cdot C_2$
社会	A_2	3. 人口变动趋势	B_3	（3）年度人口变化率	C_3	$A_2 \cdot B_3 \cdot C_3$
		4. 粮食生产保障能力	B_4	（4）农业用水保障评估	C_4	$A_2 \cdot B_4 \cdot C_4$
		5. 产业升级水平	B_5	（5）产业调整效果值	C_5	$A_2 \cdot B_5 \cdot C_5$
		6. 供水能力评估	B_6	（6）实际供水保障度	C_6	$A_2 \cdot B_6 \cdot C_6$
经济	A_3	7. 水资源经济价值	B_7	（7）供水经济贡献率	C_7	$A_3 \cdot B_7 \cdot C_7$
		8. 水资源经济产出效率	B_8	（8）单位水生产的 GDP	C_8	$A_3 \cdot B_8 \cdot C_8$
环境	A_4	9. 生态保护需求	B_9	（9）土壤次生盐碱化率	C_9	$A_4 \cdot B_9 \cdot C_9$
		10. 污染控制水平	B_{10}	（10）水质污染指数	C_{10}	$A_4 \cdot B_{10} \cdot C_{10}$

注：各单项评判指标的最终权重为：$A_i \cdot B_j \cdot C_k$。

3.3　评判指标优先序等级

评判指标优先序等级即对评判指标进行优先程度排序。根据国内外水权分配经验，结合黑龙江省实际情况，将指标重要性分为 6 个等级：最高优先级（必须优先保障，如生活用水）、重点保障（重要产业优先分配）、适度优先（根据需求灵活调整）、一般考虑（非紧急需求酌情处理）、暂缓分配（特殊情况下启动）、不予分配（不符合政策要求），取值在 0~10，见表 3。

表 3　评判指标优先序等级

因素	指标	优先序等级（隶属度）（重要程度 1、3、5、7、9 介于各等级之间）					
		10	8	6	4	2	0
水资源禀赋	区域产水能力	>80	60~80	50~60	30~50	10~30	<10
地理区位条件	水源可达性	<3	3~10	10~15	15~30	30~80	>80
人口变动趋势	年度人口变化率	10~20	8~10	5~8	3~5	<3	
粮食生产保障能力	农业用水保障评估	<1.0	1~1.2	1.2~1.5	1.5~2.0	2.0~4.0	>4.0
产业升级水平	产业调整效果值	>40	25~40	15~25	10~15	5~10	<5
供水能力评估	实际供水保障度	>92	80~92	60~80	30~60	10~30	<10
水资源经济价值	供水经济贡献率	>30	20~30	15~20	8~15	2~8	<2
水资源经济产出效率	单位水生产的 GDP	>20.0	10.0~20.0	5.0~10.0	3.0~5.0	2.0~3.0	<2.0
生态保护需求	土壤次生盐碱化率	<5	5~10	10~15	15~20	20~35	>35
污染控制水平	水质污染指数	<10	10~30	30~50	50~60	60~80	>80

3.4　评判指标优先权权系数计算

在确定各评判指标的相对权重及优先序等级后，即可对评判准则、评判指标的优先权系数进行计算，计算公式如下：

$$E_m = \sum A_i \cdot B_j \cdot C_k \cdot D_m \tag{1}$$

式中：E_m 为第 m 分区总优先权系数；A_i 为第 i 类准则权数（i=1，2，3）；B_j 为第 j 类因素权数（j=1，2，3，…，9）；C_k 为第 k 项指标权数（k=1，2，3，…，10）；D_m 为第 m 分区第 k 项指标优先序等级（k=1，2，3，…，10），D_m=0~10；$E_m/\sum E$ 为第 m 分区的水权分配比例。

4 保障措施

4.1 加强组织领导，强化协调合作

水权改革工作任务繁重、责任重大。成立由政府主管领导任组长，有关单位和部门为成员单位的灌区水权确权工作领导小组，下设办公室在县水务局，负责具体实施工作。领导小组中的成员单位要明确主管领导和工作联系人，逐级落实工作分工、明确工作职责，围绕水权改革工作，强化目标管理，建立健全各单位、部门间的协作机制，上下联动、左右协同、通力协作、密切配合、联动实施，形成合力，确保此项工作顺利实施。

4.2 落实节水措施，促进节约用水

按照“四水四定”基本要求，加强农业用水管理，适当压缩供水不足的耕地，通过灌区配套节水工程、推广控制灌溉、调整种植结构、鼓励休耕轮作等措施，提高农业用水效率。完善水权改革投入机制，拓宽投资渠道，建立长效、稳定的水权改革投入机制，保障水资源节约、水权流转和水市场发育的工作经费，对水资源管理系统建设、节水技术推广与应用、地下水超采区治理、水生态系统保护与修复等项目给予重点支持，促进灌区节约用水[5]。

4.3 健全制度办法，强化支撑保障

制定“一提一补”“超用加价”农业水价改革及奖补办法，建立精准补贴机制，出台灌区超定额累进加价制度，充分发挥价格杠杆作用，提高农户节水意识与动力，夯实农业水权制度建设。做好灌区水权确权与农业水价综合改革、小型水利工程产权制度改革等的协调，形成改革合力。县水务局建立改革台账、监督检查和绩效评价机制，将评价结果纳入灌区管理站站长责任制考核、灌区发展考核，推动灌区水权确权工作落到实处。

4.4 加强宣传引导，营造改革氛围

围绕推进灌区水权确权开展专门的业务培训，切实提高相关工作人员的思想认识和业务水平，做好横向交流，确保各项政策落实不走样、见实效。充分利用电视、广播、网络、报刊等各种新闻媒体，以多种方式和途径加大对水权改革内容的宣传解读，加强舆论引导，强化水情教育，引导农民树立节水观念，提高有偿用水意识，调动农民节水灌溉、应用节水技术的积极性和增强节约用水的自觉性，提高全社会对灌区水权工作的认知度和关注度，为推进工作提供良好的社会舆论氛围[6]。

5 结论与展望

灌区是农业灌溉的基本单元，灌区水权确权是农业水价综合改革一项重要基础性工作。对灌区内的水资源进行正确评估是建立灌区水权制度的基础，特别是对水资源可利用量的准确评估与水资源的开发利用有着密切关系。通过建立和完善灌区水权制度和保障措施，期待能缓解三江平原农业水资源供需矛盾，实现水资源的合理配置，保障水资源可持续利用。推动灌区水权确权工作落到实处，未来还需加大力度，久久为功。

参考文献

[1] 邹芷潇，程昌秀，沈石．社会经济及气象因素对水稻产量的影响研究：以三江平原为例［J］．中国农业资源与区划，2022，43（4）：24-30.

[2] 关桐桐 . 三江平原灌区对耕地利用及生产力的影响研究［D］. 哈尔滨：东北农业大学，2019.
[3] 佘祥福，查亮 . 茨淮新河灌区现代化管理建设思路探讨［J］. 治淮，2024（9）：45-46，55.
[4] 李娟 . 水权确权登记及数据库应用研究［J］. 产权导刊，2024（8）：30-36.
[5] 肖延利 . 四川省大型灌区水权水价改革现状及思考［J］. 四川水利，2024，45（3）：9-10，19.
[6] 杨培岭，任树梅 . 发展我国设施农业节水灌溉技术的对策研究［J］. 节水灌溉，2001（2）：7-9，43.

缅甸三角洲地区水文特性分析

李立平　郭　卫　左　建　卜　慧　朱　迪

（长江水利委员会水文局，湖北武汉　430010）

摘　要： 本文收集了伊洛瓦底江流域集合降雨预报气象数据，采用数理统计方法评估了集合预报气象产品在伊洛瓦底江流域的适用性。构建了研究区域的水文模型，采用集合预报气象数据、流域控制性水文站点实测系列率定和检验流域水文模型，开展控制性水文站径流系列的延长研究。结果表明，运用新安江模型在三角洲地区以上伊洛瓦底江流域模拟日径流，两种参数优化方法得到的不同时段模型率定期效率系数均超过 80%，径流总量相对误差最大值为 10.68%，模型能较好地对实测径流进行模拟，研究可为缺乏长系列资料地区水文系列的延长提供参考。

关键词： 缅甸；伊洛瓦底江；三角洲地区；水文模拟；水文特性

1　研究区域概况

伊洛瓦底江流域位于北纬 15°30′~28°50′、东经 93°16′~98°42′，全长 2 714 km，流域面积约 41 万 km^2。东源恩梅开江发源于西藏的察隅附近，在我国称独龙江；西源迈立开江发源于缅甸的北部山区，两江在密支那城北汇合后始称伊洛瓦底江。

伊洛瓦底江三角洲河网密集复杂，西从勃生河口，东至仰光河口，宽约 242 km，南北长约 90 km，面积约 3 万 km^2。河道蜿蜒崎岖。在三角洲的顶点（Hinthada 以北约 40 km 处），伊洛瓦底江干流分成 3 支：Pathein 河、Ayeyarwady 干流和 Hlaing 河。西侧分流 Pathein 河，全长约 320 km，上游又叫 Ngawun 河。东侧分流 Hlaing 河，在仰光附近与 Bago 河合并成 Yangon 河，Hlaing-Yangon 河全长约 263 km。中间为伊洛瓦底江干流，顺流向继续不断分叉，形成扇状分散水系。

3 条分支继续延伸分叉，呈扇状水系，最终通过 10 条河汇入安达曼海，分别为 Pathein 河、Thet Ke Thaung 河、Yway 河、Pya Ma Law 河、Ayeyarwady 河、Bogale 河、Pyapon 河、Thandi 河、Toe 河、Yangon 河，其中 Pathein 河与 Yangon 河可供轮船出入。

伊洛瓦底三角洲地区是全国人口最稠密、经济最发达的地区。农业以种植水稻为主，是缅甸全国稻米的第一中心，享有“缅甸谷仓”的盛誉。全国有耕地 240 多万 hm^2，其中水稻种植面积为 230 多万 hm^2，而三角洲则几乎占缅甸全国水稻种植面积的一半。伊洛瓦底三角洲地区地势低平，河道成网，雨季时一片汪洋，区域洪旱灾害频繁发生，但该区域水文站网稀疏，水文气象实测资料系列不长，水利基础设施不足，极大地影响了农业生产和经济的发展。因此，需开展缅甸三角洲地区水文特性研究，为农业粮食的稳定生产和区域经济的健康发展提供基础支撑。本文主要研究内容如下：

（1）伊洛瓦底江流域集合预报气象产品的评估。收集伊洛瓦底江流域集合降雨预报气象数据，并根据流域内实测气象系列对比分析，评估了集合预报气象产品在伊洛瓦底江的适用性。

（2）由于研究区域控制性水文站实测系列较短，因此构建研究区域的水文模型，采用集合预报气象数据、流域控制性水文站点实测系列率定和检验流域水文模型，进而采用长系列集合预报气象系

基金项目： 长江科学院开放研究基金资助项目（编号：CKWV2021866/KY）；水利部重大科技项目（SKS-2022038）；国家重点研发计划项目（2021YFC3200304）。

作者简介： 李立平（1988—），男，博士，高级工程师，主要从事水文水资源分析研究工作。

列，采用率定的水文模型参数，进行长系列的模拟，从而完成控制性水文站系列的延长。

2 基本数据及 GEFS 降雨分析

2.1 气象数据

本次收集到伊洛瓦底江下游三角洲地区 Hinthada、Zalun、Ngathaingchaung、Pathein、Maubin、Myaungmya 和 Pyapon 站的实测气象资料。各个气象站点主要观测内容有降雨、蒸发、温度、湿度、风速、气压等要素。各个气象站点实测数据系列见表 1。

表 1 各个气象站点实测数据系列

站名	数据类型	系列长度
Hinthada	逐日降雨、气温 逐月蒸发	1967—1982 年，1984 年，1988 年，1990—1998 年，2002—2018 年 2012—2018 年
Zalun	逐月降雨、温度	1990—2018 年
Ngathaingchaung	逐月降雨 逐月气温	1990 年，1992—1993 年，1996—2018 年 1990 年，1992 年，1993 年，1996 年，1997 年，2001—2008 年
Pathein	逐日降雨 逐日温度 逐月蒸发	1964—2018 年 1966—1972 年，1975—2018 年 2005—2017 年
Maubin	逐日降雨、气温	1965—2018 年
Myaungmya	逐月降雨、气温 逐月蒸发	1977—1998 年，2000—2018 年 2014—2018 年
Pyapon	逐日降雨、气温	2002—2018 年

2.2 水文数据

本次收集到伊洛瓦底江下游三角洲地区 Seiktha、Zalun、Ngathaingchaung 和 Maubin 4 站的实测逐日水位和流量资料，各站资料系列长短不一，有的只有 7~8 年，有的系列长达 33 年。各个水文站点基本情况及系列长度见表 2。

表 2 各个水文站点基本情况及系列长度

站名	河流	数据类型	系列长度
Seiktha	Ayeyarwady	水位 流量	2011—2018 年 2011—2018 年
Zalun	Ayeyarwady	水位 流量	1989—2018 年 1993—2018 年
Ngathaingchaung	Ngawun	水位 流量	1986—2018 年 1986—2018 年
Maubin	Toe	水位 流量	1995—2018 年 2000—2018 年

3 GEFS 数据及可用性分析

本研究所用模式预报资料来自美国国家环境预报中心（National Centers for Environmental

Prediction，NCEP）的全球集合预报系统（Global Ensemble Forecast System，GEFS）[1-2] 的历史资料，该套资料格点空间的水平分辨率为 1°×1°，垂直分辨率为 42 层，11 个集合成员，预报时效为 1～16 d。采用的初始条件为气候预报系统再分析（Climate Forecast System Reanalysis，CFSR）数据，初始扰动方法为重新尺度化集合转换法，模式扰动为随机全倾向扰动法，该资料的时间范围为 1985—2016 年，包含逐日降水、最高气温及最低气温等气象要素。

根据收集的三角洲气象站点实测降雨资料和 GEFS 预报系列，对 GEFS 资料的可靠性和准确性进行了分析。图 1 为实测降雨与 GEFS 降雨 2011—2016 年逐月降雨量对比，图 2 为实测降雨与 GEFS 降雨年内分配对比。可以看出，伊洛瓦底江流域三角洲地区 2011—2016 年实测多年平均降雨量为 2 434 mm，GEFS 多年平均降雨量为 2 663 mm，两者相差不大。实测降雨与 GEFS 降雨变化趋势一致，两者年内分配也较为一致。

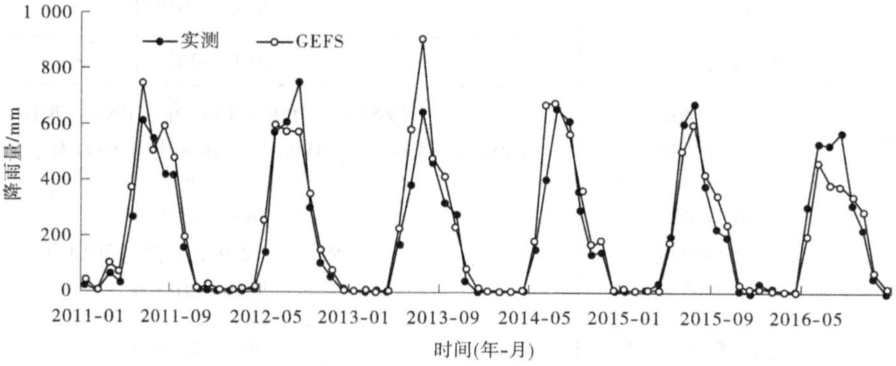

图 1　实测降雨和 GEFS 降雨 2011—2016 年逐月降雨量对比

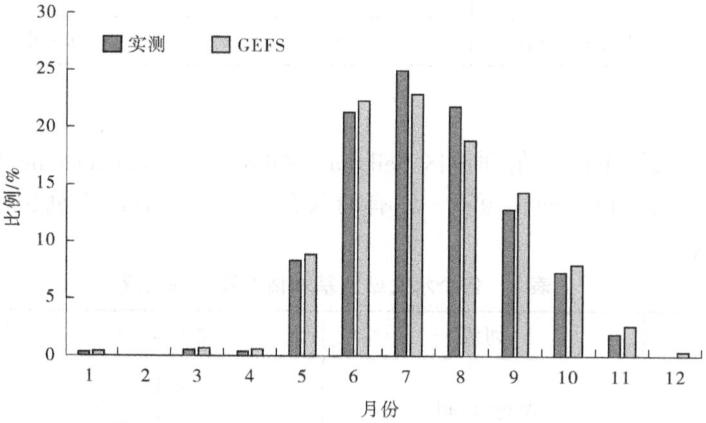

图 2　实测降雨和 GEFS 降雨年内分配对比

4　研究区水文特性分析

4.1　水文模型的选取及建立

本次研究采用国内外广泛使用的新安江模型[3-4]。最初的模型为两水源——地表径流和地下径流，20 世纪 80 年代，相继提出了三水源和四水源的新安江模型。新安江模型在国内外湿润半湿润地区得到了广泛应用。

新安江模型的主要核心是通过流域蓄水容量曲线来反映流域下垫面土壤的不均匀性对产流变化的影响，模型计算主要包含蒸散发计算、产流计算、分水源计算以及汇流计算 4 个部分，其模型结构如图 3 所示。

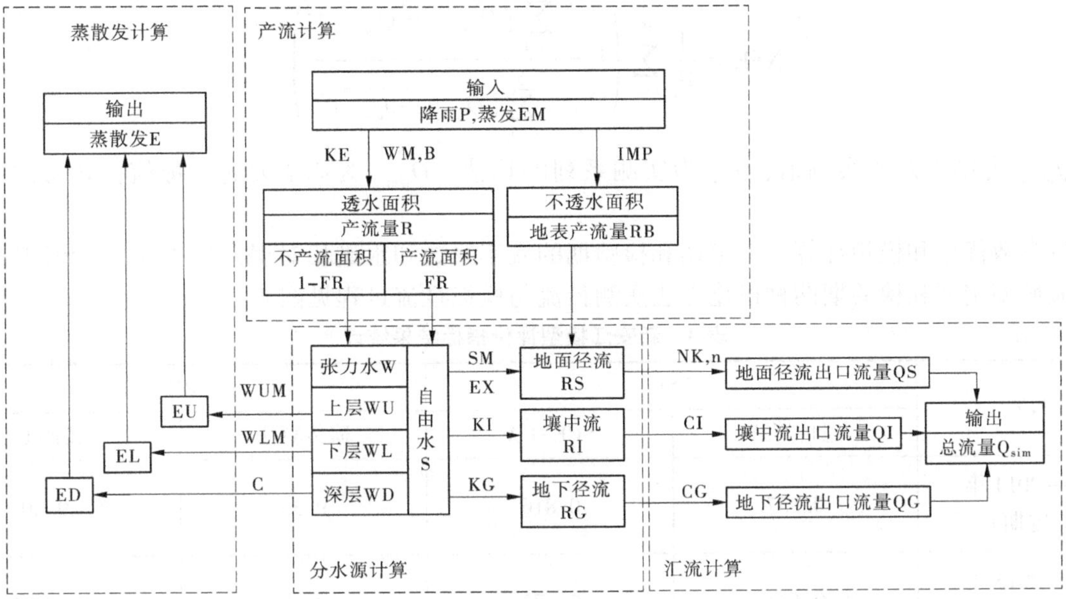

图 3　新安江模型结构

4.2　模型参数优化

本次收集到三角洲地区入境控制站 Seiktha 站 2011—2016 年逐日径流，因此将 2011—2014 年划分为率定期，2015—2016 年划分为检验期。GEFS 数据集仅有最高温度、最低温度系列，因此采用彭曼公式推算研究区域的蒸发系列。彭曼公式逐日参考作物蒸发蒸腾量计算公式如下：

$$ET_0 = \frac{0.408\Delta(R_n - G) + \gamma \dfrac{900}{T + 273}u_2(e_s - e_a)}{\Delta + \gamma(1 + 0.34u_2)} \tag{1}$$

式中：Δ 为气压曲线斜率，kPa/℃；γ 为气象学常数，kPa/℃；e_s 为平均饱和水汽压，kPa；e_a 为实际水汽压，kPa；G 为土壤热通量，MJ/（m^2 · d）；R_n 为净辐射，MJ/（m^2 · d）；u_2 为标准高度 2 m 的风速，m/s；T 为温度，℃。

建立三角洲以上伊洛瓦底流域的三水源新安江模型，其中模型输入的降雨数据和蒸发数据采用 GEFS 数据集，流量系列为三角洲地区入境控制站 Seiktha 站逐日流量，研究区域的水文模型采用日时段。

模型分别采用遗传算法和 SCE-UA 算法来优选出伊洛瓦底江流域三角洲入口以上新安江模型的最优参数，选用 Nash-Sutcliffe 效率系数（NSE）和水量相对误差（RE）来评估模型模拟效果，其中 Nash-Sutcliffe 效率系数越接近 1，同时水量相对误差越接近 0，说明模拟效果越好。水量误差计算公式和效率系数如下所示。

水量相对误差（RE）：

$$RE = \frac{1}{M_p}\sum_{j=1}^{M_p}\left|\frac{\sum_{i=1}^{n_j} Q_{sim,\ i} - Q_{obs,\ i}}{\sum_{i=1}^{n_j} Q_{obs,\ i}}\right| \tag{2}$$

Nash-Sutcliffe 效率系数（NSE）：

$$\mathrm{NSE}=\frac{1}{M_p}\sum_{j=1}^{M_p}\left(1-\frac{\sum_{i=1}^{n_j}[Q_{\mathrm{sim},\ i}-Q_{\mathrm{obs},\ i}]^2}{\sum_{i=1}^{n_j}[Q_{\mathrm{obs},\ i}-\overline{Q_{\mathrm{obs}}}]^2}\right) \tag{3}$$

式中：$Q_{\mathrm{obs},i}$ 为第 i 天的实测值；$\overline{Q_{\mathrm{obs}}}$ 为实测系列的均值；$Q_{\mathrm{sim},i}$ 为第 i 天的模拟值；M_p 为系列的总长度。

通过参数优选和模拟计算，率定期和检验期的效率系数和水量相对误差见表 3。三角洲以上伊洛瓦底江流域率定期和检验期两种优化方法实测径流与模拟径流过程见图 4。

表 3 新安江模型评价指标结果统计

时段	NSE		RE/%	
	遗传算法	SCE-UA	遗传算法	SCE-UA
2011—2014 年（率定期）	0.837	0.816	9.33	9.60
2015—2016 年（检验期）	0.684	0.672	-8.44	-10.68

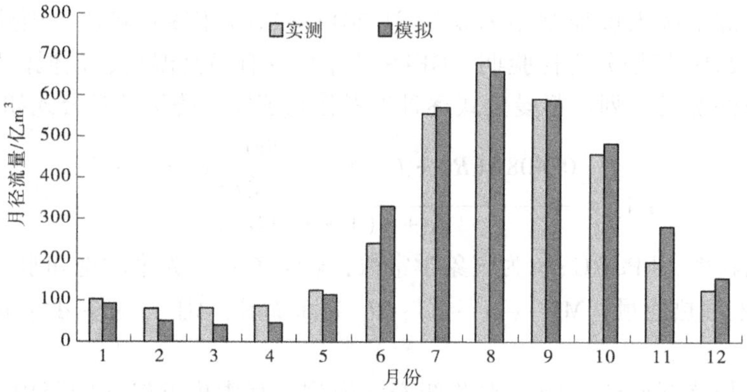

图 4 实测和模拟 2011—2016 年多年平均月径流系列

由表 3 中的统计数据可看出，运用新安江模型在三角洲地区以上伊洛瓦底江流域模拟日径流，两种参数优化方法得到的不同时段模型率定期效率系数均超过 80%，径流总量相对误差最大值为 10.68%，说明新安江模型在三角洲以上伊洛瓦底安江流域的模拟效果较好。从图 4 中可以看出，模型能较好地对实测径流进行模拟。

两种参数优化方法对比发现，遗传算法的率定期和检验期的效率系数要高于 SCE-UA 算法，同时水量相对误差小于 SCE-UA 算法，遗传算法方法结果优于 SCE-UA 算法。因此，选择遗传算法优选参数来模拟三角洲以上伊洛瓦底江流域的径流。

4.3 研究区系列延长及径流特性

通过 4.2 节分析，最终采用遗传算法优选的参数[5-6]，模拟了 1985—2010 年 Seiktha 站的年径流系列，结果见图 5。可以看出，延长后的 Seiktha 站 1985—2016 年多年平均径流量为 4 210 亿 m³，径流量主要集中在 6—11 月，6—11 月多年平均径流量占年径流量的 83.2%，2 月径流量最小，仅有 64.0 亿 m³，占多年平均径流量的 1.5%。

4.4 成果合理性分析

根据 Seiktha 站 2011—2016 年实测径流系列及研究区域 GEFS 预报的降雨和温度系列，建立了研

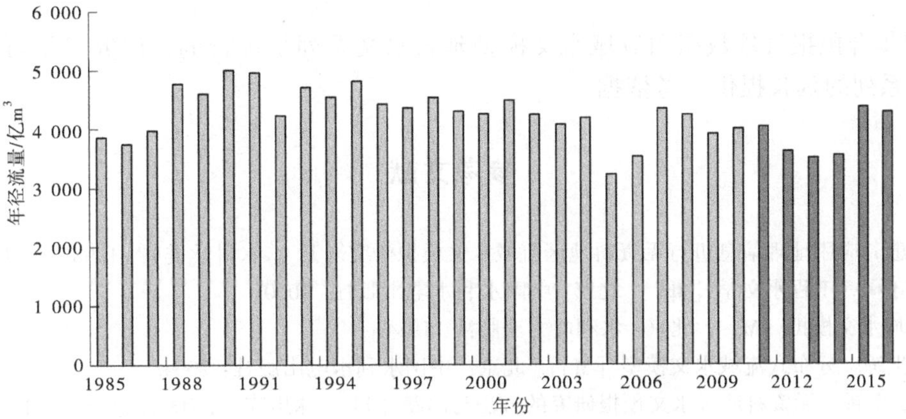

图5 Seiktha站1985—2016年逐年径流量系列

究区域的三水源新安江模型，对Seiktha站径流系列进行了延长。Seiktha站不同系列月径流特征及径流年内分配见图6。

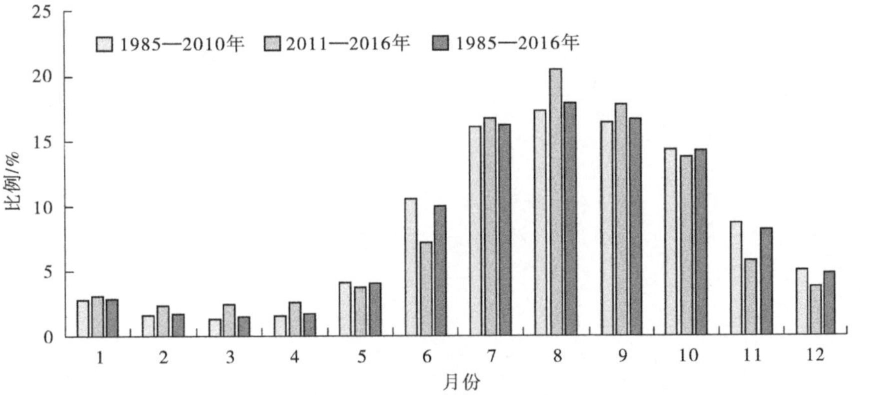

图6 Seiktha站不同系列月径流年内占比

可以看出，1985—2010年多年平均径流量为4 292亿m^3，1985—2016年多年平均径流量为4 215亿m^3，2011—2016年多年平均径流量为3 881亿m^3，不同时期的多年平均年径流量相差均在10%以内，且Seiktha站不同系列的径流年内分配较为一致，因此利用GEFS预报数据，采用水文模型延长控制站径流是合理可行的。

5 主要结论

结合断面冲淤变化、河段落差变化、三口分流分沙及洪水特性的影响，分析了螺山站水位流量关系影响因素及2020年的水位流量关系左偏成因，并同历史大水年水位流量关系进行对比，结果表明：

(1) 收集了研究区域1985—2016年NCEP集合降雨、最高气温和最低气温等气象产品，通过与实测系列的对比分析，说明了NCEP集合气象产品在研究区域的可用性。

(2) 建立了研究区域的三水源新安江模型，模型输入的降雨数据和蒸发数据采用GEFS数据集，流量系列为三角洲地区入境控制站Seiktha站逐日流量，研究区域的水文模型采用日时段。运用新安江模型在三角洲地区以上伊洛瓦底江流域模拟日径流，两种参数优化方法得到的不同时段模型率定期效率系数均超过80%，径流总量相对误差最大值为10.68%，说明新安江模型在三角洲以上伊洛瓦底安江流域的模拟效果较好。模型能较好地对实测径流进行模拟，但对于高水部分有些低估。

(3) 采用建立的新安江模型，延长了三角洲地区入境控制站Seiktha站1985—2010年的日径流系列。延长后的Seiktha站1985—2016年多年平均径流量为4 210亿m^3，径流量主要集中在6—11月，多年平均径流量占年径流量的83.2%；2月径流量最小，仅有64.0亿m^3，占多年平均径流量的 1.5%。

（4）利用集合预报气象数据和流域水文模型延长水文系列是可行的，研究成果可为缺乏长系列资料地区水文系列的延长提供参考依据。

参考文献

[1] 张建云，何惠．应用地理信息进行无资料地区流域水文模拟研究［J］．水科学进展，1998，9（12）345-350.
[2] 詹道江，叶守泽．工程水文学［M］．北京：中国水利水电出版社，2000.
[3] 赵人俊．流域水文模拟［M］．北京：水利电力出版社，1984.
[4] 熊立华，郭生练．分布式流域水文模型［M］．北京：中国水利水电出版社，2004.
[5] 谈戈，夏军，李新．无资料地区水文预报研究的方法与出路［J］．冰川冻土，2004，26（2）：192-196.
[6] 张洪刚，郭生练，刘攀，等．概念性水文模型多目标参数自动优选方法研究［J］．水文，2002，22（1）：12-16.

向海湿地旱警水位确定初探

刘阳明[1]　曹艳秋[2]

（1. 松辽水利委员会水文局黑龙江上游水文水资源中心，黑龙江黑河　164300；
2. 松辽水利委员会水文局（信息中心），吉林长春　130021）

摘　要：湿地是国家和区域生态安全的战略资源，是生态安全体系中不可缺少的生命支持系统。受气候变化与人类活动影响，近年来我国东北地区极端干旱事件趋多、趋强，旱警水位作为发布干旱预警和启动抗旱响应机制的重要参考指标，在枯水年科学抗旱调度对保障湿地生态尤为重要。以向海湿地为例，选定向海水库为分析目标，分析其干旱典型来水、生态流量用水需求，按照最大值法和综合法分析出向海水库旱警水位，为向海湿地加强抗旱管理、水生态安全保障提供参考。

关键词：湿地；旱警水位；水文分析；向海

湿地在防洪抗旱、调节气候、涵养水源、降解污染物、应对气候变化、维护全球碳循环以及保护生物多样性等方面，发挥着不可或缺的重要作用。湿地不但是人类生命和文明的摇篮，又为人类源源不断地提供可再生资源，被称为"物种基因库"。东北地区是我国湿地类型最多、面积最大、分布最广的地区之一，拥有国家级湿地自然保护区 13 处[1]。受气候变化和人类活动影响，我国东北地区极端天气愈发呈现趋多、趋频、趋强、趋广态势，干旱事件的数量不断攀升，旱情旱灾给湿地生态用水安全造成威胁。旱警水位是确定江河湖库干旱预警等级的重要指标，是启动抗旱应急响应级别的重要依据，是做好抗旱指挥调度的重要基础[2]。针对我国湿地面临的威胁和生态问题，为了遏制天然湿地丧失的趋势，确保自然生态系统有足够数量的湿地，恢复湿地的功能。现以向海湿地为例，分析确定湿地干旱预警水位，为干旱预警和抗旱调度提供抓手，最大限度地保护和发挥湿地水资源效能。

1　湿地概况

向海湿地位于洮儿河与霍林河下游、吉林省通榆县境内，地处科尔沁草原中部，北邻洮南市，西接内蒙古科尔沁右翼中旗，横跨通榆县 5 个乡镇场 12 个村。南北长 45 km，东西宽 42 km，总面积 1 054. 67 km^2，其中霍林河流域内面积 548. 43 km^2、洮儿河流域内面积 506. 24 km^2。向海湿地按功能划分为核心区、缓冲区和试验区 3 个区域。

向海湿地生物资源丰富，湿地内草原、湖泊、沼泽、沙丘、榆林、灌丛交错相间，多种生物区系与复杂的生态环境相互渗透。湿地内林地面积 290 km^2，湖泊水域 125 km^2，芦苇沼泽 236 km^2，草原面积 304 km^2，形成资源十分丰富的沙丘榆林、湖泊水域、蒲草苇荡、羊草草原四大生态景区。四大生态景区形成了多样的生态系统，构成典型多样性的湿地物种基因库。我国动物地理区划中的华北松辽平原亚区和蒙新区东部草原亚区的动植物资源均在这里分布。经初步调查，列入《濒危野生动植物种国际贸易公约》中的野生动物有 49 种；列入中日保护候鸟及其栖息环境协定的鸟类达 173 种，占协定种数的 76. 21%。

向海湿地为中温带大陆季风气候，春季干旱少雨，多大风；夏季炎热，降雨集中；秋后来霜早；冬季寒冷，持续时间长。多年平均气温 5. 1 ℃，最高气温 37 ℃；年平均降水量 400 mm 左右，多集中在 7 月、8 月；年平均蒸发量 1 945 mm。

作者简介：刘阳明（1981—），男，高级工程师，副主任，主要从事水文监测、水资源管理工作。

2 研究对象确定

霍林河和洮儿河的支流额木特河流经向海湿地，这两条河流在区内已无明显河道，只在雨季水量丰富时，形成季节性河流。湿地内有尖底泡、付老文泡等自然泡沼 20 多个，其中大香海泡与二场泡于 1971 年建坝，并入引洮（洮儿河）灌溉系统，称为向海水库[3]。

向海水库工程规模为大（2）型，设计总库容 2.21 亿 m^3，多年平均径流量 0.834 亿 m^3，校核洪水位 167.80 m，设计洪水位 167.62 m，正常蓄水位 167.60 m（相应库容 2.1 亿 m^3），死水位 164.50 m（相应库容 0.635 亿 m^3）。

向海水库包括：一场输水闸为 4 孔矩形涵闸，单孔尺寸 1.8 m×1.5 m（高×宽），闸底高程 164.00 m，设计输水流量 49.6 m^3/s；二场泄洪闸 3 孔矩形涵闸，单孔尺寸 1.8 m×1.5 m（高×宽），闸底高程 163.70 m，设计洪水位 167.62 m 时泄洪流量 39.1 m^3/s，校核洪水位 167.80 m 时泄洪流量 40.6 m^3/s；小塔闸为 3 孔矩形涵洞闸，单孔尺寸 1.5 m×2.0 m（宽×高），闸底高程 165.00 m，设计输水流量 34.2 m^3/s。

向海水库为多年调节水库，是向海湿地水资源储备库，水库主要以生态环境需水为主，兼有防洪、滞洪、养鱼等综合利用。向海水库水源来自洮儿河分洪洪水、额木特河南股洪水和霍林河洪水。因此，向海水库可作为向海湿地干旱预警依据站。

3 生态需水量

湿地生态需水量是维持湿地自身发展过程和保护生物多样性所需要的水量。生态需水量与湿地生态系统密切相关，是湿地生态系统的主导因子[4]。根据向海湿地降雨量、水面蒸发量、湖库面积，计算向海湿地水库生态环境需水量为 1 746 万 m^3，向海湿地湖泊生态环境需水量为 218 万 m^3（见表 1）。根据向海湿地植物蒸腾量、沼泽地面积，计算沼泽湿地植物生态环境需水量为 11 697 万 m^3（见表 2）。向海湿地生态环境需水总量为水库生态环境需水量、湖泊生态环境需水量、植物生态环境需水量三者之和，共计 13 661 万 m^3（见表 3）。采用降水量各月分配比例法进行总量分配，得到向海湿地各月生态需水量（见表 4）。

表 1 向海湿地湖库生态环境需水量计算结果

项目	面积/km^2	降雨量/mm	水面蒸发量/mm	湖库生态需水量/万 m^3
水库	28.2	341.8	961.1	1 746
湖泊	3.63	360.1	961.1	218

表 2 向海湿地植物生态环境需水量计算结果

单位：万 m^3

湿地名称	植物蒸腾量	生态需水量	降水量	沼泽湿地植物生态环境需水量
向海	936	18 426	6 729	11 697

表 3 向海湿地生态环境需水总量统计

单位：万 m^3

湿地名称	水库生态环境需水量	湖泊生态环境需水量	植物生态环境需水量	生态环境需水总量
向海	1 746	218	11 697	13 661

表 4　向海湿地各月生态需水量

月份	降水量/mm	比例系数/%	需水量/万 m^3
1	1.0	0.26	36
2	1.3	0.34	46
3	5.4	1.39	190
4	12.5	3.22	440
5	27.6	7.12	973
6	70.0	18.06	2 467
7	128.5	33.15	4 529
8	89.6	23.12	3 158
9	30.3	7.82	1 068
10	15.0	3.87	529
11	4.0	1.03	141
12	2.4	0.62	85
合计	387.6	100.00	13 661

4　来水分析

向海湿地来水主要有三部分：一是湿地天然降水，二是霍林河流域来水，三是额木特河和洮儿河龙华吐分洪来水。

向海水库的天然入库水量就是洮儿河龙华吐分洪洪水、额木特河南股洪水之和，多年平均径流量 8 338 万 m^3，其中引洮洪水 4 480 万 m^3。霍林河干流白云胡硕特别是高力板以下进入漫散消失段，目前该区域原设置的高力板、街基等水文站点均已撤销，因此无法监测实际进入向海湿地的水量，利用白云胡硕（河道站）与高力板站原有的 6 年同步观测资料，建立两站之间的径流折算系数，推算霍林河进入向海湿地的水量。高力板站的年径流量与白云胡硕水文站年径流量的比值在 0.6~0.7。白云胡硕水文站的实测多年平均年径流量为 3.63 亿 m^3，折算系数取 0.6，据此计算霍林河进入向海湿地的多年平均水量为 2.21 亿 m^3。除上述霍林河流域、洮儿河龙华吐分洪洪水、额木太河南股洪水来水外，向海湿地周边尚有 1 054.67 km^2 区间集水面积产生径流，估算多年平均来水量为 0.087 1 亿 m^3。

对各水源的年来量进行频率分析（见表 5），选取与 25%、50%、75%和 95%降水量保障率下的年来水量相接近的年份作为设计水平年。

表 5　向海湿地的来水量及设计成果

河名	多年平均来水量/亿 m^3	10%	25%	50%	75%	95%
向海水库	0.83	1.74	1.06	0.76	0.50	0.32
霍林河	2.21	5.47	3.51	1.25	0.54	0.52
区间径流	0.09	0.22	0.07	0.04	0	0
合计	3.13	7.43	4.64	2.05	1.04	0.84

5　旱警水位计算

向海水库现有 1990—2021 年水位、蓄水量系列资料，1999—2021 年入库流量资料，因 1999—2000 年向海持续干旱，不能满足典型干旱年法长系列资料要求，本次采用最大值法和综合法计算向海水库旱警水位。

水利部松辽水利委员会《霍林河流域和扎龙湿地生态与环境需水量研究》（2004）报告显示，10%、25%和50%降水保证率年份向海湿地的来水量均高于向海湿地的生态需水量，所以在丰水年和平水年向海湿地的来水量可以满足湿地需水。但是降水保证率等于或高于75%的枯水年来水量小于湿地的生态需水量，湿地缺水较为严重，必须进行补水才能满足向海湿地生态需水要求，保护湿地生态系统[5]。

向海湿地所在的北方寒冷地区，其冰封期为每年的11—12月和次年的1—3月，4月开始冰雪融化，向海湿地植物需水生长期为5—9月。向海水库为湿地提供水源，因此干旱预警时间设定在5—9月。

5.1 最大值法

按照水库来水分析和生态需求结果，经分析计算，水库用水量和来水量之差最大值为7月的2 644.6万 m^3（见表6），加上水库死库容6 350万 m^3，相应库容为8 994.6万 m^3，根据水库水位库容曲线查得旱警水位为165.24 m。

表6 向海湿地需水量与来水量对比统计　　单位：万 m^3

月份	霍林河75%来水量	向海湿地75%来水量	湿地生态需水量	差值
1	21.4	63.1	36	-48.5
2	22.3	56.3	46	-32.6
3	166.5	162.5	190	-139
4	676.9	311.9	440	-548.8
5	352.4	355.5	973	265.1
6	397.5	373.1	2 467	1 696.4
7	884.8	999.6	4 529	2 644.6
8	1 222.8	1 169.4	3 158	765.8
9	778.8	868.0	1 068	-578.8
10	546.4	477.9	529	-495.3
11	288.6	120.8	141	-268.4
12	41.7	42.0	85	1.3

5.2 综合法

从表6可以看出，75%轻度干旱年景来水量计算的缺水月份为5—8月，易发生旱情，计算旱警水位（流量）的时间段为5—8月，其中向海水库本次计算的起调水量为死库容，从8月开始计算，逆序递推叠加各月缺水量，即为各月旱警水量。取各时段内各月旱警水量的最大值，作为该时段旱警水量，其对应水位为该时段旱警水位。因此，5—8月旱警水量为11 722万 m^3，旱警水位为165.88 m（计算过程见表7）。

表7 向海水库旱警水位计算过程

月份	75%来水量/万 m^3	需水量/万 m^3	缺水量/万 m^3	旱警水量/万 m^3	分时段旱警水量/万 m^3	分时段旱警水位/m
5	708	973	265	11 722	11 722	165.88
6	771	2 467	1 696	11 457		
7	1 884	4 529	2 645	9 760		
8	2 392	3 158	766	7 116		

6 旱警水位确定及合理性分析

最大值法和综合法计算结果相差不大，但考虑向海水库主要功能为生态补水，向海水库小塔供水闸底高程 165.00 m，确定向海水库旱警水位为 165.00 m。

根据向海水库 2001—2021 年历年月、年水位资料，统计低于 165.00 m 各月出现次数。从表 8 中可以看出，向海水库旱警水位 165.00 m 与实际干旱年份相符。

表 8 水库水位低于 165.00 m 次数统计

年份	1月	2月	3月	4月	5月	6月	7月	8月	9月	10月	11月	12月
2002	全年											
2003												
2004												
2005	全月							13			20	全月
2006	全月							13				
2007									17	全月		
2008	全月						8					
2009								26	全月			
2010	全年											
2011	全月						20					

7 结语

湿地旱警水位是确定湿地干旱预警等级的重要指标，是启动抗旱应急响应的重要标准。本文在向海湿地生态环境需水量和来水分析的基础上，提出了确定旱警水位的技术路线。当前和未来一段时期，确定的向海湿地旱警水位可用于湿地生态调水运行管理工作，为旱情预警和抗旱调度提供重要依据，保障向海湿地生态系统的健康和可持续发展。

参考文献

[1] 周佳龙．向海湿地生态补水方案设计与多目标决策研究［D］．长春：吉林大学，2013.

[2] 黄春辉．锦江水库旱警水位确定的分析与探讨［J］．广东水利水电，2015（2）：14-16，32.

[3] 公雪婷，刘志红，阎奕维，等．水文连通条件下向海湿地多水源补水研究［J］．湿地科学，2022（6）：719-723.

[4] 孙晓梅，杜连梅，赵东辉．向海湿地生态环境需水量分析［J］．东北水利水电，2010（2）：37-39.

[5] 张洋．基于向海湿地生态补水的水资源优化配置研究［D］．长春：吉林大学，2016.

基于 GMS 的划分参数区过程分析

白云飞　李治军　邹振伟　刘鑫宇

（黑龙江大学水利电力学院，黑龙江哈尔滨　150080）

摘　要：本文以黑龙江省大庆市肇州县为例，在研究区现有水文地质资料的基础上，利用 GMS：MODFLOW 建立研究区三维地质模型，并将其转化建立地下水水流模型。在适当的误差范围内，优化参数区域划分，验证模拟结果的精确度。结果表明，参数区划分应当在抽水试验资料、水文地质条件、地形地貌的基础上，综合考虑含水层系统的完整性，将农田灌溉、面状开采等相对较小区域的各项水文参数进行适当修正。此结果同时可为地下水建模相关工作提供适当参考。

关键词：GMS；非确定因素；MODFLOW；数值模拟

1　引言

随着人口的增加、人们生活水平的日益提升和经济活动的逐渐扩大，水资源短缺问题已经涉及全球，并且水资源利用的不合理性也导致了严重的水资源短缺问题，对当代社会的可持续发展造成了一定影响。而水资源的短缺受当地含水层的特性以及人类生产生活、开发和利用水资源的影响，当水资源不足而用水活动持续进行时，就会引起水资源短缺[1-3]。肇州县区域内无江河湖泊，全域用水主要以开采地下水为主，地下水资源的管理面临抽吸活动的时空变化和当地水文地质条件的复杂性双重挑战[4]。另外，地下水的严重开采同样会导致城市供水、抽水成本、环境问题等多目标之间的相关利益失衡[5]。基于以上问题，为了更深入地了解区域内的地下水储存情况，研究区地质模型使用三维可视化软件 GMS 构建，投影坐标系选择 WGS 1984 World Mercator。然而使用具有不确定因素的地下水水流模型模拟地下水位并不能真实响应自然情况[6-8]。本文通过解释不确定性，调整研究策略，优化分区配置方案，进而优化模拟结果，使模型拟合效果、精度显著提升，使模拟结果具有一定代表性，亦可在此基础上进行合理配置水资源等研究[9]。

2　研究区概况

肇州县属黑龙江省大庆市管辖，位于黑龙江省西南部。在过去，肇州县位于松嫩平原的西部，现今位于松嫩平原的中部，现有的钻孔资料显示，肇州县海拔在 134～170 m，全县行政面积约 2 445 km^2，管辖 12 个乡镇（分别为双发、朝阳、新福、榆树、托古、永胜、肇州、二井、丰乐、永乐、朝阳沟、兴城）104 个行政村；两个场，乐园良种场和卫星种畜场。境内常住人口 30 余万人，涉及 17 个民族，与大庆油田、肇东市、安达市、肇源县等地区相邻。

肇州县地势东北高、西南低，总体地势平坦，为冲击性平原，属于低山丘陵平原区，全县境内公路四通八达但无江河湖泊，只有个别低洼地区，雨水汇集成小型湿地[10]。

在肇州县东北角兴城镇内地面坡度为 10°～20°，由行政边缘向县内倾斜，为剥蚀波状高平原区；在北部榆树乡和卫星种畜场，地势坡度在 2°～8°，为剥蚀波状低平原区；在西部乐园良种场、永乐镇、新福乡内，平均海拔 135 m，地面坡度在 1°～4°，地势略微起伏，整体呈现平坦趋势，有较多草

作者简介：白云飞（1998—），男，硕士研究生，研究方向为水文与水资源工程。
通信作者：李治军（1978—），男，博士，研究方向为水文与水资源工程。

原，为堆积平缓低平原区。由于地下水埋深较浅，蒸发极限埋深相应较浅，土壤盐渍化对比周边地区较为凸显；南部肇州镇内，地势偶有起伏，地面坡度在 1°~2°，行政边界外向南有松花江河段，为松花江高漫滩低平原区。

3 地下水数值模型建立

3.1 数学模型

本研究采用 GMS：MODFLOW-2000 模拟地下水流动，利用 MODFLOW 求解三维地下水流动的控制偏微分方程为：

$$\frac{\partial}{\partial x}\left(K_{xx}\frac{\partial h}{\partial x}\right)+\frac{\partial}{\partial y}\left(K_{yy}\frac{\partial h}{\partial y}\right)+\frac{\partial}{\partial z}\left(K_{zz}\frac{\partial h}{\partial z}\right)\pm W=S_s\frac{\partial h}{\partial t} \tag{1}$$

式中：K_{xx} 为 x 方向的渗透系数；K_{yy} 为 y 方向的渗透系数；K_{zz} 为 z 方向的渗透系数；h 为含水层水头；W 为源汇项；S_s 为储水率。

3.2 概念模型

建立研究区地下含水系统，需要依据具体的水文地质条件，将系统内与实际相符的含水层内部结构、研究区边界的水量交换情况、对应参数的时空分布等主要因素进行刻画，并在此基础上对那些与系统关联性弱或无关联的要素进行适当忽略与简化，以便于数学表达。在概化的过程中主要涉及以下几个方面：研究区含水性质的概化、参数分布的概化、边界条件的概化以及研究区模拟范围的概化[8]。

由地质结构分析可知，研究区含水层层次较多，在垂直方向上呈断续状分布[11]。因沉积环境的交替变换，潜水含水层、隔水层以及承压含水层很难找到分布比较稳定的介质，为保证含水层系统的完整以及地下水位模拟结果的精准，本次模拟仅建立一层由粉土、细砂、黄褐色粉细砂等介质钙化而成的潜水含水层。

3.3 研究区边界条件概化

根据多年来对研究区的观测，发现研究区附近没有河流等补给地下水，因此没有定水头边界，东北部由高海拔平原地下水进行侧向补给，西南和南部海拔较低，地下水侧向排泄。根据地下水系统的特点，模型的边界 AB 概化为第二类边界（补给边界），CD、EF 概化为第二类边界（排泄边界），流量基于水力传导系数 K、厚度 M 和水力梯度 I 确定[12]，其余地区无明显水量交换，可以概化为隔水边界，如图 1 所示。

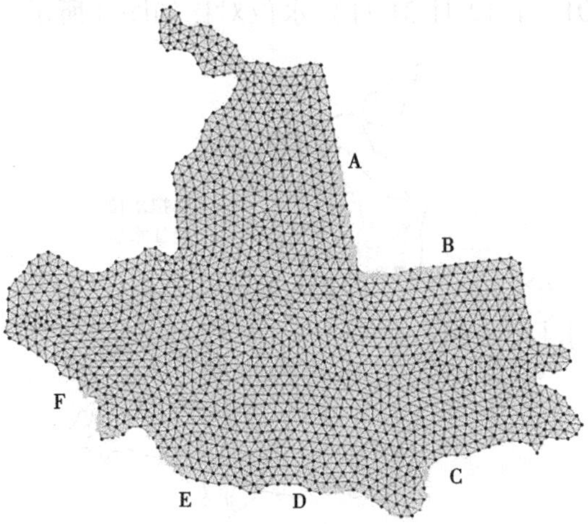

图 1　边界条件

3.4 模型的识别

根据现有的观测资料，选择 2012 年 1 月 1 日至 12 月 31 日作为模型的识别阶段，定义了 12 个应力期。每个应力周期定义 3 个时间步长，与 2012 年每隔一个月测得的观测水位进行对比。在调参过程中由于 G1、G2 始终无法完全拟合，因此选择局部调参，将 G1、G2 拟合。造成这样的原因可能是参数分区存在一定的不合理性；或由于 G1、G2 位于农田灌溉面状开采区域，该区域的开采量不完全准确，形成不确定因素等。参数分区如图 2 所示，参数识别结果如表 1 所示。

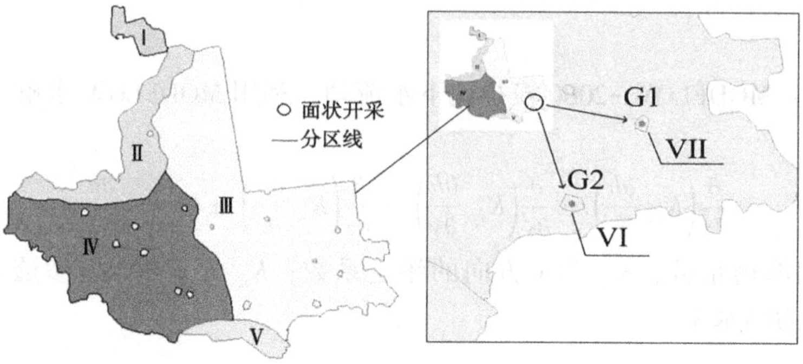

图 2　水文参数分区

表 1　水文地质参数

参数分区	渗透系数	给水度
Ⅰ	4.57	0.06
Ⅱ	6.35	0.08
Ⅲ	7.64	0.12
Ⅳ	6.42	0.09
Ⅴ	8.95	0.14
Ⅵ	7.94	0.11
Ⅶ	7.89	0.11

3.5　模型的验证

在模拟过程中，模型参数的率定环节起着至关重要的作用[13]。这一步骤往往需要通过不断地调整参数和优化源汇项，才能实现对实际观测数据的良好拟合。利用 2013 年地下水动态分布情况对模型进行验证，验证期末刻（2013 年 12 月 31 日）水位对比如图 3 所示。

图 3　水位对比

图 3 直接体现了地下水位计算值与实际值的年际变化趋势一致。根据以上内容，模型准确模拟了地下水流的变化。

4 结论及展望

本文通过构建研究区地下水流模型，优化参数分区，解释建模过程中的不确定因素，使模拟结果更加精确。

未来的研究应当综合考虑研究区水文地质勘察、钻孔抽水试验资料，以及水文地质条件等情况，分类梳理局部分区，以使模型具有更好的应用性和可靠性。

参考文献

[1] 程天舜，梁杏，黄静．地下水库缓解奇村镇地下水资源短缺的可行性［J］．人民黄河，2008（2）：53-4.

[2] 陈秀万．常规资料短缺地区地下水遥感评价方法研究［J］．水资源与水工程学报，1992（3）：18-24.

[3] 刘强，郭晓东，王长琪，等．松嫩平原环境演变及其对地下水资源影响［J］．地质论评，2024，70（S1）：205-207.

[4] Roy P K，Roy S S，Giri A，et al. Study of impact on surface water and groundwater around flow fields due to changes in river stage using groundwater modeling system［J］. Clean Technol Environ Policy，2015，17（1）：145-54.

[5] 张广艳．地下水超采综合治理与修复探索：评《地下水资源的可持续性、管理和修复》［J］．人民黄河，2023，45（7）：170.

[6] Enemark T，Madsen R B，Sonnenborg T O，et al. Incorporating interpretation uncertainties from deterministic 3D hydrostratigraphic models in groundwater models［J］. Hydrol Earth Syst Sci，2024，28（3）：505-23.

[7] Korus J T，Joeckel R M. Sandstone-body geometry and hydrostratigraphy of the northern High Plains Aquifer system，USA［J］. Q J Eng Geol Hydrogeol，2022，55（3）：18.

[8] Wellmann F，Caumon G. 3-D Structural geological models：Concepts，methods，and uncertainties［C］//Schmelzbach C. Advances in Geophysics，Vol 59. San Diego；Elsevier Academic Press Inc. 2018：1-121.

[9] He X，Sonnenborg T O，Jorgensen F，et al. Analyzing the effects of geological and parameter uncertainty on prediction of groundwater head and travel time［J］. Hydrol Earth System Sci.，2013，17（8）：3245-3260.

[10] 马永法，周学军，董俊领，等．黑龙江林甸地区深部咸水层 CO_2 地质储存条件与潜力评估［J］．水文地质工程地质，2022，49（6）：179-89.

[11] 高杨．黑龙江省明水县后备水源地可行性研究［D］．长春：吉林大学，2015.

[12] Qiu S W，Liang X J，Xiao C L，et al. Numerical Simulation of Groundwater Flow in a River Valley Basin in Jilin Urban Area，China［J］. Water，2015，7（10）：5768-87.

[13] Zangeneh M，Tabrizi M S，Khosrojerdi A，et al. Developing a decision-making model for improving the groundwater balance to control land subsidence［J］. Soil Water Res.，2023，18（1）：55-65.

水足迹研究进展及展望

雅 旭[1,2,3] 戴长雷[1,2,3] 张子玉[1,2,3] 孟庆烨[1,2,3]

（1. 黑龙江大学水利电力学院，黑龙江哈尔滨 150080；
2. 黑龙江大学寒区地下水研究所，黑龙江哈尔滨 150080；
3. 黑龙江省寒区水文与水利工程联合实验室（国际合作），黑龙江哈尔滨 150080）

摘 要：水资源滋养着世间万物，是一个国家和地区发展的重要资源。水足迹的理论研究可以核算人类活动消耗的水资源量并且给出科学合理利用水资源的建议。本文对水足迹进行解释，对目前所认可的自上而下法和自下而上法进行分析，对水足迹评价及驱动机制的研究做出梳理。在总结研究上，分析了目前应研究的状况，展望在水足迹核算精度、水足迹评价及水足迹驱动机制上，能有更深一步的研究。

关键词：水资源；水足迹；水足迹核算；研究展望

1 引言

水资源默默滋养着世间万物，人们的生产生活各方面都离不开水，同时水资源也能体现出国家的综合实力，是国家性的重要经济资源[1]。但在高速发展的今天，人类的很多活动以及不规范处理污水的方式，让本就缺乏的水资源更加雪上加霜。这种不合理利用水资源的方式，不仅浪费了水资源，而且使水资源短缺的问题更加凸显。水足迹的出现，使区域水资源消耗与地区水资源配置出现新契机，两者联系在一起成为可能。现在人们开始思考全球各地区范围的水资源，将利用科学的方法对其进行合理配置与利用。在近些年的研究中，将水足迹分为3种，分别是蓝水足迹、绿水足迹和灰水足迹。蓝水指的是地下水和地表水，蓝水足迹指的是出售的货品在供应链上对蓝水资源的损耗；绿水指的是除去径流以外的雨水和土壤水，绿水足迹是指货品对绿水资源的损耗；灰水指的是货品在生产生活中出现的一些污水，灰水足迹指的是将灰水中污染物吸收转换后所需要的用水量。通过这种方式，绿色、蓝色和灰色的水足迹测量了不同类型的水占用。必要时，可以将水足迹进一步分类为更具体的组成部分。本文将解析水足迹及其相关概念的内涵，对水足迹进行相应评价，在研究国内外水足迹的基础上对水足迹的发展趋势做出展望，以期进一步推进水足迹的可持续研究[2]。

2 水足迹国内外研究进展

2.1 水足迹

目前，水资源在直接用水方面的研究较多，比如其统计和配置。但在近些年的研究中，“隐含”在其中产品的水，吸引了众多学者的目光，这种水被叫作“虚拟水”。虚拟水的概念最早是在1993年被英国学者 Allan 提出，指人类在生产产品和服务时所消耗的水资源量[3]。2002年荷兰学者 Hoekstra[4] 在虚拟水国际贸易大会上，第一次阐述了水足迹的理念。其可以体现出该地区的消耗与其他地区消耗的水资源，可以为水资源利用配置方面的研究提供新策略。国内学者马晶等[5] 对水足

基金项目：中国科协“一带一路”国际科技组织合作平台建设资助项目（KXPT-2019-004）。
作者简介：雅旭（2003—），男，硕士研究生，研究方向为冻土水文地质与雪冰工程。
通信作者：戴长雷（1978—），男，教授，主要从事寒区地下水及国际河流方向的教学与科研工作。

迹做出了详细研究。戚瑞等[6] 在水足迹理论的基础上，对区域水资源利用情况作出了综合评价。对于水足迹这一概念的诞生，比较有代表性的理论是来自生态足迹。它是由自然系统提供的，具有吸纳污染的作用。生态足迹模型（EF）这一理论概念是在 20 世纪 90 年代由加拿大资源生态学教授 William E. Rees 提出的[7]，可以通过方法测定出人类为了生存而消耗地球上的自然资源量来评价对生态系统的影响。简单来说，一个人对于粮食的消耗量可以被转化为生产粮食的耕地面积，一个人由粮食消耗而所产生的 CO_2 总量可以转换为森林、田地和湿地的面积。

2.2 水足迹核算方法

水足迹的核算是目前比较热门的研究方向。目前有两种主流的水足迹核算方法，分别是自上而下法和自下而上法。

2.2.1 自上而下法

自上而下法是一种较好的核算国家水足迹的方法，其适用于国家层面的水足迹计算分析。其中，在计算国家水足迹时需要知道国内由于人类活动消耗的水资源总量和贸易的水资源总量。计算国家水足迹时，需要知道该国的国内虚拟水消耗量及国外进出口贸易虚拟水量。国内虚拟水消耗量即国家内部水足迹，其计算公式为

$$W_{in} = \sum (m_j f_j) \tag{1}$$

式中：W_{in} 为国家内部水足迹，即在国内生产部门生产 j 产品所消耗的虚拟水量；m_j 为生产部门生产单位 j 产品所消耗的虚拟水量；f_j 为产品 j 的消费量。

国外进出口贸易虚拟水总量为国家外部水足迹，其计算公式为

$$W_{ex} = S_f + S_{in} \tag{2}$$

式中：S_f 为最终产品的虚拟水进口量；S_{in} 为在生产和消费产品过程中的虚拟水进口量。

国家水足迹可表示为

$$W_{nat} = W_{in} + S_f + S_{in} \tag{3}$$

Chapagain 等[8] 使用自上而下法计算了 1995—1999 年美国、墨西哥等 11 个国家主要的粮食作物虚拟水含量。Yang 等[9] 计算了 1995—1999 年西欧、中亚等 13 个国家地区的畜牧产品虚拟水含量，在收集的资料中分析了 1995—1999 年西欧、中亚等 13 个国家地区人口的变化，将人口分为 3 个收入等级：低、中和高。Manzardo 等[10] 计算了 2011 年美国、巴西、智利 3 个国家的造纸业虚拟水含量。这种方法侧重于虚拟水的计算和水足迹现状评价。

2.2.2 自下而上法

自下而上法更多的是一种要素分析法，它可以核算出因地区和生产水平的差异性而导致生产产品消耗不同的虚拟水量。其计算方法为

$$WF_{cons} = \sum (V_j C_j) \tag{4}$$

式中：V_j 为部门生产单位 j 产品消耗的虚拟水量；C_j 为生产国内居民 j 产品的消费总量；WF_{cons} 是消费生产产品和服务中消耗的整体水足迹。

班荣舶等[11] 从食品消耗水资源的角度计算了 2001—2011 年重庆都市区食品水足迹，以期在进口食品消耗水足迹的同时可以改善其生产模式，来缓解由食品消耗的水资源短缺问题。刘雅文等[12] 通过自下而上法中的投入产出法分别计算了北京、天津和河北的消费水足迹，研究了其水足迹演变的规律，以及当地居民的生活方式绿色改善，以期缓解京津冀区域水资源短缺的问题。Ridoutt 等[13] 在进出口量无法获取的前提下，使用自下而上法不同层次地选取澳大利亚当地芒果的消费数据，核算出了芒果的消费水足迹，得出澳大利亚当地芒果消费量增加的最大贡献者是城市消费总量的结论。

2.3 水足迹评价

现如今经济的快速发展使水资源的用量急剧增加。但由于人类的不规范行为，水资源环境遭到了严重的破坏。我国水资源分布有着时空分布不均的特点，导致我们在配量水资源时，很难在人口、地

区、经济贸易和水环境中协调。因此，根据当地水资源量进行科学合理的水资源评价，对水资源的利用和开发有着重要的意义。在进行水足迹评价之前，要根据当地实际水资源量与实际水环境相结合科学制定水足迹评估指标，然后确定水资源短缺和水环境污染严重区域，最后将该地区水资源匮乏程度按照评价指标进行分级，从而根据实际情况明确该地区的初级和次生影响[14]，以期给减少水资源用量、改善水资源环境和提高用水效率提供一些科学合理的措施。起初，水足迹评价是由国外学者进行相应研究，他们首先计算了当地实际水资源量，分析出不同指标对于水足迹评估的影响。其中，对蓝水、绿水和灰水的量化计算是研究水足迹评价的重点。在量化这些水足迹时大体分为两类：水足迹评估（WFA）方法和生命周期评估（LCA）方法。

2.3.1 WFA 方法

WFA 方法的侧重点在于水资源管理，这一点和 LCA 方法的重点在于产品的消费水足迹不同，WFA 方法在进行量化水足迹时包括了不同空间尺度上个人的产品和消费模式。Meslin 等[15] 在研究农场动物产品时，对其农场动物的水足迹做出了全球评估，他们收集提供了全球范围内每个生产系统和每个国家农场动物和动物产品的水足迹，并对其详细估计计算。结果表明，动物产品的蓝色和灰色水足迹在工业系统中最大（鸡肉产品除外）。任何动物产品的水足迹都大于具有同等营养价值的作物产品的水足迹。最后得出，世界农业部门总水足迹的 29% 与动物产品的生产有关；全球畜牧业生产的水足迹中有 1/3 与肉牛有关。

2.3.2 LCA 方法

LCA 方法在评估水足迹时与其在整个生命周期的环境有很大的关联，大体来说，该方法是一个分析的过程。比如假定研究对象和研究范围、生命周期清单，以此来进行评估。LCA 方法更侧重于评估产品生命周期（例如土地利用变化）中的环境干扰造成的环境影响。水资源消耗的影响因区域稀缺性和社会经济条件而异，LCA 方法主张基于影响的评估。在 LCA 中，多维空间显示水足迹应首先与缺水地图叠加，以得出空间明确的水足迹影响图。随后应权衡和汇总各种影响，以便得出汇总的水足迹影响因子。对于 LCA 来说，一个重要的问题是如何影响水足迹评估，这是 LCA 的特定要求。水足迹的其他应用包括：识别某些产品、消费者群体或企业水足迹的热点区域，并制定应对策略以减轻水足迹影响。出于这些目的，聚合不起作用，因为水和时空类型的规范在这些应用中是必不可少的。

Ersilia 等[16] 通过虚拟水的评价指标评估了阿伊达河流域的水资源量，并对其可持续利用性进行分析。水足迹评价逐渐成为研究领域的热门问题，国内的学者们也开始进行相应的研究。杨志峰等[17] 在虚拟水的研究中，在量化各种空间尺度上的虚拟水和水足迹方面取得了可观的成就。随着水足迹理论和水足迹核算体系的不断完善，同时在国内外专家学者的共同努力下，相信水足迹评价的研究会得到越来越多的关注。Meslin 等[18] 在对电力和热力的消耗性水足迹进行全球评估中，计算了燃料供应、建设和运营中每个地区电力和热量发电的消耗性水足迹，对全球电热消耗量进行评估。

2.4 水足迹驱动机制研究

水足迹驱动机制的研究是近年来研究的热点，其包括驱动因子的识别和驱动因素分解等方面。对于驱动因子的识别，Paolo D'Odorico 等[19] 分析影响全球粮食作物的因素，其中水资源是控制粮食生产的重要限制因素，农作物的品种、灌溉技术的提升和水资源再利用方法都是重要因素。李兴周等[20] 发现上海港口主要的大气污染物有一氧化碳（CO）和一氧化氮（NO）。在研究太原市水资源承载力时，丁相毅等[21] 分析出了水量维度、水质维度、水域维度和水流维度均是影响其水资源承载力的主要驱动因子。此外，经济增长和用水量也与水足迹的驱动有联系。Pier Paolo Miglietta 团队指出[22]，一个国家的用水量作为水影响的指标来研究其驱动因素，并且根据环境库兹涅茨曲线，通过普通最小二乘法估计了 94 个国家的水足迹。

在驱动因子确定的情况下，对选取的驱动因子采取科学的数学模型分解进而分析水足迹的研究，包括用水准则、人口消费水平、城市经济模式等因素都是影响水足迹的原因。对影响水足迹变化的因素进行时间序列，选择出重要驱动因子，并分析出影响因子对水足迹的变化机制，结合分析数据，科学地制定水资源配置方案。

2.4.1　IPAT 模型

IPAT 模型是一种基于对环境、人口和用水程度对水足迹进行驱动分析的方法，其最早由美国生态学家 Paul R. Ehrlich 在 1971 年提出。Mohammad 等[23] 用此模型对加拿大阿尔伯塔省近十年来用水量进行分解，分析出经济程度和人口增长速度是造成该省用水量增长的主要原因，而且该省份的农作物生产严重依赖高度多变的气候和水资源，使得其用水量的增加幅度明显增高。这种分析法的优点是可以在线性假定的基础上，对研究区域用水压力的来源进行简要阐述。但该模型相对于 SDA 模型（结构分解分析方法）分析出的结果过于整合，不能很好地区分各个驱动因子对水足迹的具体驱动作用[24]。

2.4.2　SDA 模型

SDA 模型最初是对经济管理问题进行分析，由于该模型和投入产出框架相结合，在研究能源消耗领域越来越被专家学者应用。SDA 模型的研究思路是把驱动因子根据数学原理进行累加或相乘计算，该模型对于分解的公式很直观，容易被研究者们看到其公式的特点，对于驱动因子的识别也较为方便并且分解的结果很有现实意义。为了应对气候变化，国外学者最早使用 SDA 方法研究加拿大、美国和瑞典等国家短期时间内造成资源消耗和影响能源变化的原因。我国学者也开始采用 SDA 方法研究节能减排、节约能源的领域。研究结果表明，用水技术、城市化程度、城市经济结构和居民的生活习惯等因素的变化，都会加大水资源压力。改善居民的生活方式和提高能源的使用效率，对于水足迹的需求变化有一定影响。

3　水足迹研究展望

水足迹概念的提出很好地将看得见的水和虚拟水联系在一起，水足迹有能够体现出人类消耗水资源的占比性的特点，而且能够反映出水资源的利用效率。但对于水足迹更加细化、水足迹核算方法更加精确以及水足迹评价的可持续性研究，还需要国内外专家学者们的进一步分析。

（1）水足迹概念的提出时间还不长，导致在应用上还存在不足。如今在国家战略层面，虚拟水战略的研究逐渐成为热点，通过对国家贸易水资源量的计算，将自然资源与国家经济资源联合在一起。之后的研究中可将水足迹与虚拟水相结合，进一步完善水足迹概念，制定更加完善的虚拟水政策，以期缓解区域水资源短缺的问题，在实践应用层面更具有指导意义。

（2）水足迹核算量化的精确度有待提高。目前研究主要对于国家层面在国际贸易和农作物上的量化，应增加对第一产业和服务业上的水足迹量化研究。对于第一产业和服务业中生产水足迹的计算，可采用改进的迪式指数分解法去量化，而对于其产生的消费水足迹，可采用两级平均分解法去量化。在之后的研究中，应进一步提高核算水足迹的数学模型精度，以求能更全面、准确地进行水足迹量化。

（3）水足迹驱动机制研究深度不够。在水足迹驱动机制的研究中，对于一个国家或地区来说，目前学者们多注重方法以及驱动因子识别方面的研究，后续应加强对驱动因子与驱动方法之间相互影响的研究。了解驱动因子与方法的相互影响，可准确地将影响水足迹的驱动因素体现出来，进而在实施减少水足迹的措施时，能达到理想的预期。水足迹驱动机制的深入研究可对水足迹的变化有精准分析，从而对于制定相应水资源调控措施和管理水资源能源，实现水资源的可持续利用。

（4）水足迹评价体系还需进一步完善。在进行水足迹评价时，多采用已有的水足迹指标进行评价，这种大多比较笼统和不具体。近年来，基于生命周期法的评价体系比较热门，被广泛认可。但当在对蓝水、绿水和灰水的水足迹进行评价时，应分别建立基于生命周期法的模型对 3 种类型的水足迹评价，能更好地将水资源与人类在经济、生产和社会上相关联，水足迹评价体系的进一步完善，对理解生产和消费决策如何影响水足迹的增减提供科学依据。

参考文献

[1] 黄晓荣，裴源生，梁川．宁夏虚拟水贸易计算的投入产出方法［J］．水科学进展，2005，16（4）：564-568.

[2] 姜秋香，李鑫莹，王子龙，等．水足迹及其驱动力研究进展及展望［J］．生态科学，2021，40（1）：192-199.

[3] Allan J A. Virtual water：a strategic resource global solutions to regional deficits［J］. Groundwater，1998，36（4）：545-546.

[4] HOEKSTRA A Y，HUNG P Q. Virtual water trade：A quantification of virtual water flows between nations in relation to international crop trade［C］// Value of Water Research Report Series No. 12. Delft，Netherlands：IHE，2003：13-23.

[5] 马晶，彭建. 水足迹研究进展［J］. 生态学报，2013，33（18）：5458-5466.

[6] 戚瑞，耿涌，朱庆华. 基于水足迹理论的区域水资源利用评价［J］. 自然资源学报，2011，26（3）：486-495.

[7] Wackernagel M，Rees W E. Perceptual and structural barriers to investing in natural capital：economics from an ecological footprint perspective［J］. Ecological Economics，1997，20（1）：3-24.

[8] CHAPAGAIN A K，HOEKST A A Y. Virtual water flows between nations in relation to trade in livestock andlivestock products.［J］. Value of water research report seriesNo. 13. Delft：UNESCO-IHE，2003.

[9] YANG Zhifeng，MAO Xufeng，ZHAO Xu，et al. Ecologicalnetwork analysis on global virtual water trade［J］. Environmental Science，Technology，2012，46（3）：1796-1803.

[10] MANZARDO A，EN J，PIANTELLA A，et al. Integrationof water footprint accounting and costs for optimalchemical pulp supply mix in paper industry［J］. Journal of Cleaner Production，2014，72：167-173.

[11] 班荣舶，何太蓉，舒瑞琴，等．重庆都市区居民食品水足迹消耗供需平衡研究［J］．中国生态农业学报，2011，19（4）：954-960.

[12] 刘雅文，刘俊国，等．京津冀水足迹演变及驱动力分析［D］．北京：北京林业大学，2016.

[13] RIDOUTT B G，JULIANO P，SANGUANSRI P，et al. The water footprint of food waste：case study of fresh mango inAustralia［J］. Journal f Cleaner Production，2010，18（16/17）：1714-1721.

[14] HOEKSTRA A Y，CHAPAGAIN A K，ALDAYA M M，et al. The Water Footprint Assessment Manual：Setting the Global Standard［M］. London：Routledge，2011.

[15] Meslin M Mekonnen. Water footprint assessment：evolvement of a new research fieldt［J］. Journal of Wateresources Planning and Management，2006，132（3）：129-132.

[16] ERSILIA D，FRANCESCO G，ANNA M. Assessing the sustainability in water use at the basin scale through water footprint indicators［J］. Journal of Cleaner Production，2020，244：1-11.

[17] 杨志峰，支援，尹心安. 虚拟水研究进展［J］. 水利水电科技进展，2015（25）：1006-7647.

[18] Meslin M. Mekonnen. The consumptive water footprint of electricity and heat：a global assessment［J］. Environmental Science：Water Research & Technology，2015. 3.

[19] Paolo D'Odorico. Kyle Frankel Davis，Lorenzo Rosa［J］. The Global Food-Energy-Water Nexus，2018，56（3）：456-531.

[20] 李兴周，钟任鹏，傅庆妍，等．基于数据驱动的方法识别上海港区主要大气污染物及其贡献因子［J］．海洋科学与工程学报，2024，12（2）.

[21] 丁相毅，石小林，梅超，等．太原市水资源承载力主要驱动因子识别［J］．人民珠江，2022，43（3）.

[22] Pier Paolo Miglietta，Federica De Leo. Environmental Kuznets curve and the water footprint：an empirical analysis［J］. International Journal of Environmental Research and Public Health，2003，20，3，(1818)，(2023).

[23] Mohammad Badrul Masud，Tim McAllister，Marcos R C，et al. Modeling future water footprint of barley production in Alberta，Canada：Implications for water use and yields to 2064［J］. Hydrol，2015，524：733-752.

[24] 田沛佩，等，基于 MRIO 的中国水-能-碳耦合关系研究［D］．保定：华北电力大学，2016.

2023—2024 年度凌汛期宁蒙河段凌情特点分析

郭卫宁　侯　博　陈冬伶

（黄河水利委员会水文局，河南郑州　450004）

摘　要：2023—2024 年度凌汛期，宁蒙河段气温变幅大、冷暖转换剧烈，整体呈西高东低态势；首凌日期偏早，首封日期偏晚，封河长度偏短，槽蓄水增量偏少，宁夏河段开河早，内蒙古河段开河总体偏晚，开河期间未出现明显的凌峰流量过程。从成因上看，气温波动频繁且变幅较大，造成首凌日期早且流凌时间长，首封冻日期晚但封冻速度快；河道条件的持续改善和较大的封河流量是槽蓄水增量偏小的主要原因；开河期气温西高东低导致宁夏河段开河早、内蒙古河段开河偏晚；科学合理的水库调度和分凌运用是头道拐站最大 10 d 水量及开河凌峰较小的主要原因。

关键词：宁蒙河段；凌汛期；气温；凌情

1　引言

受冬春季低气温影响，北半球高纬度地区 60%的河流面临由流凌、冰塞和冰坝等引起的冰凌洪水风险[1]。黄河凌汛作为一种常见的自然现象，是我国冬、春季节大江大河中最突出、最主要的汛情之一[2]。宁蒙河段位于黄河流域最北端，自宁夏中卫市南长滩入境，至内蒙古准格尔旗马栅镇出境，全长 1 203.8km，约占黄河总长的 1/5[3]。受所处的地理位置、河流走向及河道形态等因素影响，冬季气温上游高、下游低，流凌封冻由下游溯源而上，解冻开河则由上而下，结冰期长达 3~4 个月，冰情严重，冰凌灾害时有发生[4-6]。2023—2024 年度凌汛期，宁蒙河段于 2023 年 11 月 14 日首流，12 月 15 日首封，2024 年 3 月 27 日全线开通，历时 135 d，开河凌峰和开河最大 10 d 水量均为有资料记录以来最小，凌情形势平稳。

2　凌情特点

2.1　气温特点

2.1.1　气温变幅大，冷暖转换剧烈

该年度凌汛期，宁蒙河段共发生 4 次寒潮和 2 次强冷空气天气过程，气温波动频繁，强烈回暖与剧烈降温交替出现（见图 1）。由图 1 可知，12 月至次年 2 月每个月的月初至月末均是从明显或异常偏高态势迅速转变为明显或异常偏低态势，尤其是 12 月和 1 月的封河关键期，冷暖转换非常剧烈。12 月上旬、1 月中旬多站旬平均气温排历史同期高温前列，12 月中旬、1 月下旬多站旬平均气温排历史同期低温前列。

2.1.2　空间分布呈“西高东低”态势

2023 年 11 月至 2024 年 3 月，宁蒙河段气温整体呈西高东低态势，惠农、磴口两气象站凌汛期气温变化态势基本一致，平均气温分别为-1.1 ℃和-2.4 ℃，分别较常年（1971—2020 年，下同）偏高 1.7 ℃和 1.3 ℃；包头、托克托两气象站凌汛期气温变化态势基本一致，平均气温分别为-6.0 ℃和-6.4 ℃，分别较常年偏低 0.8 ℃和 1.4 ℃。惠农、磴口两站各月月均气温均较常年偏高，偏高程

基金项目：国家自然科学基金黄河水科学研究联合基金项目（U2243221）。

作者简介：郭卫宁（1982—），男，高级工程师，主要从事水文水资源分析预报工作。

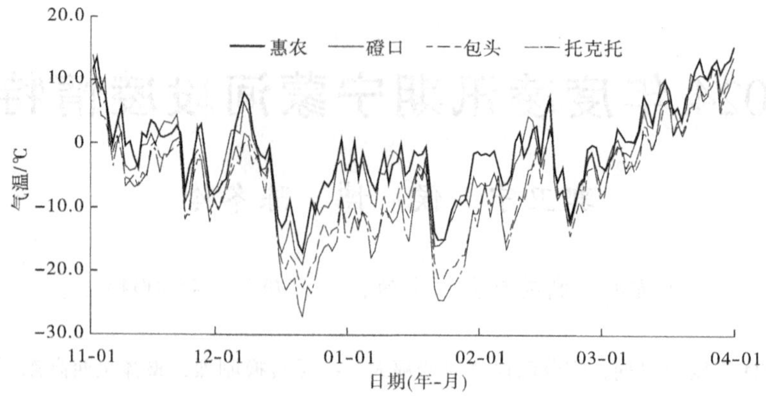

图 1　宁蒙河段四站 2023—2024 年度凌汛期逐日气温变化曲线

度在 0.1~3.4 ℃；包头、托克托两站除 3 月偏高外，其余各月月均气温均较常年偏低，偏低程度在 0.6~3.5 ℃，见表 1。

表 1　宁蒙河段四站 2023—2024 年度凌汛期月气温统计

项目	惠农		磴口		包头		托克托	
	气温/℃	距平/℃	气温/℃	距平/℃	气温/℃	距平/℃	气温/℃	距平/℃
11 月	1.3	0.4	0.4	0.3	-2.4	-1.0	-2.1	-1.1
12 月	-5.2	0.9	-7.0	0.1	-11.0	-2.1	-12.0	-3.2
1 月	-5.6	2.5	-7.0	2.1	-12.4	-1.6	-14.3	-3.5
2 月	-2.5	1.4	-4.0	0.8	-7.3	-1.1	-6.8	-0.6
3 月	6.6	3.4	5.7	3.3	3.1	1.7	3.3	1.6
11 月至次年 3 月	-1.1	1.7	-2.4	1.3	-6.0	-0.8	-6.4	-1.4

2.2　封开河特点

（1）首凌日期偏早，首封日期偏晚，首凌至首封间隔时间长。

2023 年 11 月 14 日内蒙古头道拐河段出现流凌，首凌日期较常年偏早 6 d，为 2001 年以来最早。首凌后，内蒙古地区冷空气活动偏弱，12 月上旬，宁蒙河段四站旬平均气温均较历史同期明显偏高，流凌形势发展缓慢。12 月 14—15 日受寒潮天气影响，内蒙古地区气温明显下降，12 月 15 日三湖河口水文断面上游（闸下 212 km）出现首封，封河流量 717 m^3/s，首封日期较常年偏晚 12 d。流凌至封河间隔 32 d，较常年偏长 19 d，为 1993 年以来最长，历史第四长。

（2）封河发展前快后缓，封河长度偏短，冰厚偏薄，槽蓄水增量偏少。

首封之后，宁蒙河段封河发展迅速，封河上首到达宁蒙交叉河段上界苦水沟处历时仅 10 d，为 2001 年有详细资料以来最快，之后封河发展速度开始减缓，1 月 28 日达到该年度最大封河长度 702 km，较 1991—2022 年均值偏短 87 km。封冻河段固定冰情巡测断面平均冰厚约 0.49 m，较 2001—2022 年均值偏薄 0.02 m。该年度内蒙古河段过流能力较好，头道拐站小于 350 m^3/s 的小流量过程仅持续 13 d，较常年（23 d）偏少 10 d，故内蒙古河段槽蓄水增量较小，巴彦高勒至头道拐河段最大槽蓄水增量约 5.9 亿 m^3，较常年偏少 4.2 亿 m^3，分布也较均匀，见图 2。

（3）宁夏河段开河早，内蒙古河段开河总体偏晚。

受气温回升影响，2024 年 1 月 29 日宁夏河段开始融冰解冻，2 月上旬，气温西高东低态势更加明显，宁夏河段气温整体呈偏高态势，2 月 9 日石嘴山水文断面解冻“文开”，较常年偏早 17 d。之后冷空气频繁影响内蒙古河段，开河进度总体较慢。3 月 7 日巴彦高勒断面开河，较常年偏早 4 d。3

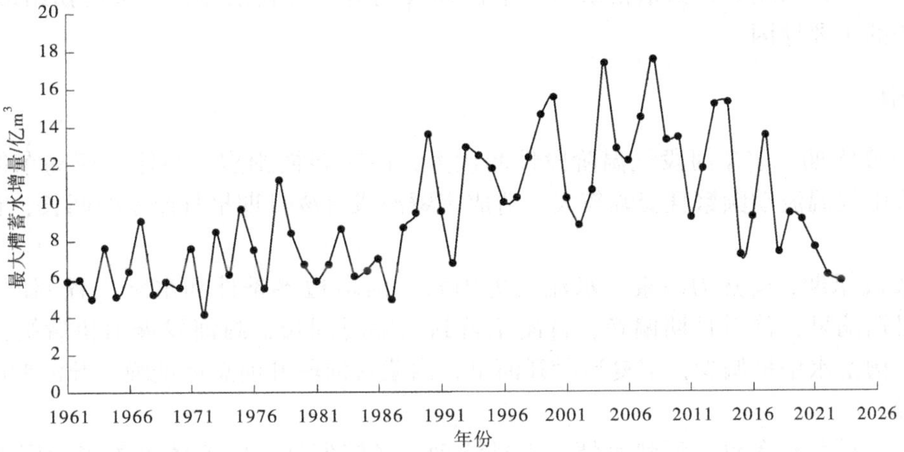

图2　内蒙古河段历年最大槽蓄水增量变化曲线

月20日三湖河口断面开河，与常年持平。3月24日头道拐断面开河，较常年偏晚4 d。3月27日内蒙古河段全线开通，较常年偏晚2 d。

（4）开河期最大流量及最大10 d水量明显偏小。

由于该年度内蒙古河段槽蓄水增量较小，开河期气温回升较慢，开河历时长，加之3月上旬刘家峡水库开始压减出库流量，内蒙古河段开始应急分凌，上游来水较少，开河动力严重不足，内蒙古河段开河速度缓慢，槽蓄水增量均匀释放。开河期间内蒙古河段各站未出现明显凌峰流量过程，头道拐水文断面最大流量573 m^3/s，较常年偏小72%；开河最大10 d水量约4.4亿 m^3，较常年偏小56%。头道拐站开河最大流量和最大10 d水量均为有资料记录以来最小，见图3。

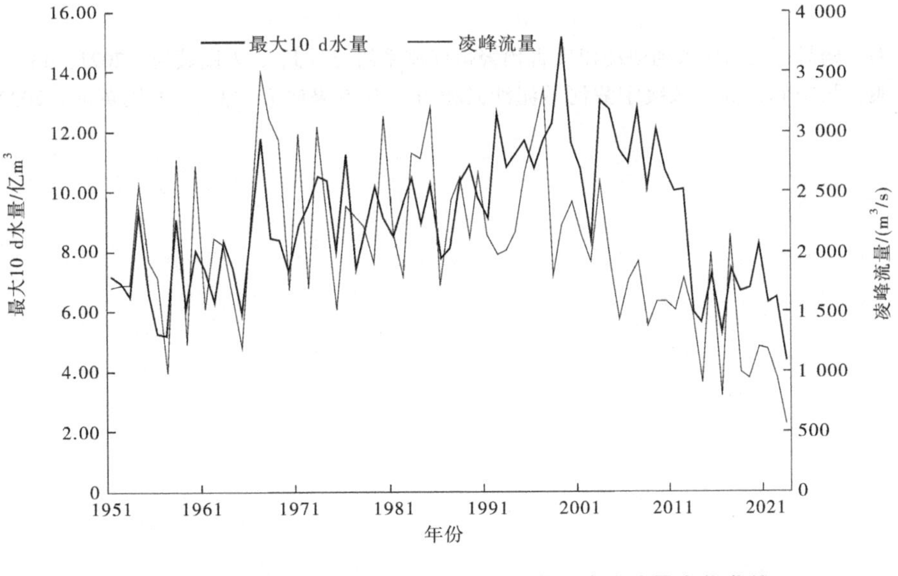

图3　内蒙古河段历年最大10 d水量及凌峰流量变化曲线

2.3　成因分析

宁蒙河段流凌、封河过程气温波动频繁且变幅较大，造成宁蒙河段首凌日期早且流凌时间长，首封冻日期晚但封冻速度快；宁蒙河段河道条件的持续改善和较大的封河流量，使凌汛期过流能力增强，在一定程度上抑制了槽蓄水增量的增加，造成槽蓄水增量偏小；凌汛期气温西高东低，特别是开河期气温西高东低是宁夏河段开河早、内蒙古河段开河偏晚的主要原因；开河期科学合理的水库调度和分凌运用，减小了开河动力，为槽蓄水增量平稳释放创造了有利条件，是头道拐站最大 10 d 水量及开河凌峰较小的主要原因。

3 结论与展望

（1）该年度凌汛期，宁蒙河段气温阶段性起伏大，冷暖转换剧烈，整体呈西高东低态势。尤其是封河发展过程中气温波动频繁且变幅较大，造成宁蒙河段首凌日期早且流凌时间长，首封冻日期晚但封冻速度快。

（2）该年度凌汛期，受热力因素、水流动力因素、河道边界条件和水利工程调度等因素影响，宁蒙河段首凌日期偏早，首封日期偏晚，首凌至首封间隔时间长，封河发展前快后缓，封河长度偏短，冰厚偏薄，槽蓄水增量偏少，宁夏河段开河早，内蒙古河段开河总体偏晚，开河期间未出现明显的凌峰流量过程。

（3）近年来，受气候条件、河势水情、人类活动、经济发展、防凌体系等多元因素不断变化的影响，凌情发展随之呈现新的特点和发展趋势，凌情情势趋于复杂，今后应进一步丰富河冰演变基本理论的研究，为黄河冰情时空变化特征与驱动机制的研究奠定基础。

参考文献

[1] 张洪斌，李文洋，周子雅，等．Slobodan P. Simonovic：冰凌洪水风险管理［J］．中国防汛抗旱，2021，31（4）：15-16.

[2] 陈银太，张末，杨会颖，等．2019—2020 年度黄河凌情及防御措施［J］．中国防汛抗旱，2020，30（5）：13-17.

[3] 胡一栋，刘吉峰，张毅，等．黄河龙羊峡和刘家峡水库凌汛关键期优化调度研究［J］．人民黄河，2023，45（8）：79-83，95.

[4] 陈冬伶，刘吉峰，谢晨，等．黄河内蒙古段凌汛期槽蓄水增量影响因素分析［J］．人民黄河，2017，39（5）：32-35.

[5] 王仲梅，任艳粉，杨丹．黄河宁蒙河段凌汛灾害预警指标体系研究［J］．人民黄河，2021，43（7）：45-50.

[6] 张晓华，郑艳爽，张防修，等．减缓宁蒙河道泥沙淤积方案及效果研究［J］．人民黄河，2022，44（4）：20-24，30.

黄藏寺水利枢纽大坝动应力与动位移分析

房敬年[1,2]　王耀军[1,2]　陈书丽[2]

（1. 黄河古贤水利枢纽有限公司，河南郑州　450000；
2. 黄河勘测规划设计研究院有限公司，河南郑州　450003）

摘　要：通过建立典型挡水坝段和溢流坝段有限元模型，采用振型分解反应谱法对黄藏寺水利枢纽碾压混凝土重力坝进行动力计算，分析研究了典型坝段在动力工况下的应力及变形特性，为黄藏寺水利枢纽坝体结构优化提供了依据。计算结果表明：①挡水坝段总位移最大值为92.33 mm，溢流坝段总位移最大值为86.21 mm，两者均位于坝体顶部；②坝体主拉应力在局部出现应力集中，坝踵、折坡处、溢流坝段坝堰顶部等处的拉应力均较大，超过了混凝土的抗拉强度，应采取结构措施予以处治；③坝体主压应力均小于混凝土的动态抗压强度标准值。

关键词：振型分解反应谱法；碾压混凝土重力坝；有限元；应力；变形；动力分析

1　引言

碾压混凝土重力坝具有材料节约、工艺简单、工期短等优点[1-2]，因而在我国得到了较为广泛的应用，对碾压混凝土重力坝的抗震性能分析也开展了很多研究工作：如严克兵等[3]以翁结水库碾压混凝土重力坝为对象，建立有限元模型，计算分析了碾压混凝土重力坝在不同工况下的应力变形规律及抗滑稳定性；陈捷平等[4]运用振型分解反应谱法计算了静动力各工况下旭龙水电站进水塔的变形和应力分布；胡良明等[5]采用Abaqus有限元分析软件，分析了最大可信地震作用下碾压混凝土重力坝动位移响应特征；李金友[6]研究了复杂地基条件下碾压混凝土重力坝的动位移和动应力分布情况；刘思琪[7]对大华桥碾压混凝土重力坝进行了静动力数值仿真计算。综上所述，对高地震烈度区碾压混凝土重力坝的坝体结构应力及变形特性需要进行重点分析，以确保大坝施工及运行的可靠性。

黄藏寺水库枢纽工程位于黑河上游峡谷河段，左岸为甘肃省肃南县，右岸为青海省祁连县，是黑河流域重要的水资源配置工程、生态保护工程和扶贫开发工程，总库容4.05亿m^3（原始），正常蓄水位2 628.00 m，调节库容2.95亿m^3，工程规模属于大（2）型，是国务院确定的172项节水供水重大水利工程之一。大坝位于高海拔严寒区，坝型为碾压混凝土重力坝，最大坝高123 m，坝顶长度210 m，电站装机容量49 MW，多年平均发电量为2.03亿kW·h。坝址区基准期50年内超越概率10%时，基岩动峰加速度值为0.19g，相当于基本烈度Ⅷ度。

鉴于黄藏寺水库场地基本烈度较高，为评估分析其地震危险性，拟采用三维有限元方法对典型挡水坝段和溢流坝段进行动力分析，为坝体结构形式优化提供支撑。

2　计算模型与参数

2.1　工况与荷载

地震作用同时考虑了顺河流方向的水平向地震作用和竖向地震作用，总的地震作用效应组合为竖向地震作用效应乘以耦合系数0.5后与顺河流向地震作用效应相加，并将地震作用效应组合计算出的结果与正常水位工况（上游水位2 628.00 m，下游水位2 525.08 m）下的计算结果相加，形成地震

作者简介：房敬年（1982—），男，高级工程师，主要从事水利工程施工管理及勘测设计方面的研究工作。

工况成果。正常水位工况考虑的荷载有自重、静水压力、扬压力、淤沙压力，地震作用效应组合包括动水压力、地震力。

2.2 有限元模型

模型依据设计图纸建立，采用大型商业软件 ANSYS 完成建模，单元选用六面体单元剖分，三维坐标系以顺河向为 X 轴，指向下游为正；以竖直向为 Y 轴，向上为正；以横河向为 Z 轴，从左岸指向右岸为正。典型挡水坝段和溢流坝段有限元网格如图 1 所示。

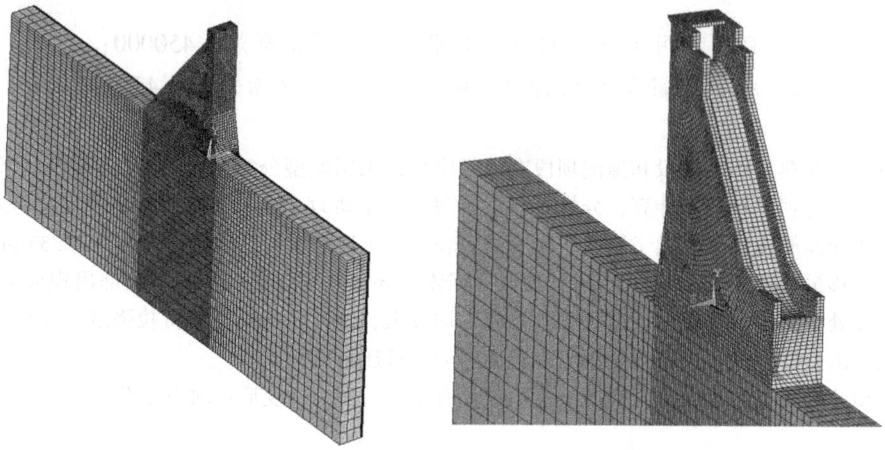

(a)挡水坝段　　(b)溢流坝段

图 1　典型挡水坝段和溢流坝段有限元网格

2.3 计算参数

计算中涉及的参数如表 1 所示。

表 1　计算参数

项目	坝体混凝土				基岩		
	强度等级/MPa	容重/(kN/m³)	静态弹性模量/MPa	泊松比	容重/(kN/m³)	静态弹性模量/MPa	泊松比
指标	15	24.0	2.2×10^4	0.2	27.0	9.0×10^3	0.25
项目	淤沙			水	浪压力		扬压力
	高程/m	浮容重/(kN/m³)	内摩擦角/(°)	容重/(kN/m³)	多年平均最大风速/(m/s)	有效吹程/km	扬压力系数
指标	2 557.00	5.0	10	9.81	19.0	1.25	0.25

在进行动力反应谱分析时，材料动态弹性模量较静态弹性模量提高 30%，动水压力依据文献[8]中的公式将地震动水压力折算为单位地震加速度相应的坝面附加质量。本文利用 ANSYS 中提供的 APDL（参数化设计语言）开发了在 ANSYS 环境中的附加质量单元的自动形成程序。用户只需在 ANSYS 提供的图形界面前处理中，选取需要附加质量的单元，然后读入附加质量单元的自动形成程序，在此基础上再利用 ANSYS 提供的求解功能进行动力分析。

2.4 工程场地地震动加速度反应谱值

根据北京中震创业工程科技研究院提供的《黑河黄藏寺水利枢纽工程场地地震安全性评价报告》，工程场地设计地震动加速度反应谱 $Sa(T)$ 的表达式为

$$Sa(T) = A_{max}\beta(T) \tag{1}$$

式中：A_{max} 为设计地震动峰值加速度；$\beta(T)$ 为设计地震动加速度放大系数反应谱。

$\beta(T)$ 表达式为

$$\beta(T)=\begin{cases}1 & T\leqslant 0.04\ \mathrm{s}\\ 1+(\beta_{max}-1)\dfrac{T-0.04}{T_1-0.04} & 0.04\ \mathrm{s}<T\leqslant T_1\\ \beta_{max} & T_1<T\leqslant T_2\\ \beta_{max}\left(\dfrac{T_2}{T}\right)^{\gamma} & T_2<T\leqslant 6\ \mathrm{s}\end{cases} \tag{2}$$

式中：β_{max} 为放大系数反应谱的平台值；T_1 为第一拐点周期值；T_2 为第二拐点周期值；γ 为下降段下降速度控制参数；T 为结构自振周期。

地震影响系数最大值 α_{max} 按下式计算：

$$\alpha_{max}=A_{max}\beta_{max}/g \tag{3}$$

式中：A_{max} 为设计地震动峰值加速度；β_{max} 为放大系数反应谱的平台值；g 为重力加速度。

不同概率水平对应的设计地震动参数如表 2 所示。

表 2　场址基岩水平向地震动参数（5%阻尼比）

超越概率	A_{max}（gal）	T_1/s	T_2/s	β_{max}	γ	α_{max}
50 年 63%	65	0.10	0.40	2.5	1.0	0.163
50 年 10%	190	0.10	0.45	2.5	1.0	0.475
50 年 5%	260	0.10	0.50	2.5	1.0	0.650
50 年 2%	340	0.10	0.55	2.6	1.0	0.884
100 年 2%	420	0.10	0.60	2.6	1.0	1.092

由表 2 可知，工程场地 50 年基准期内超越概率 10%时，水平向基岩动峰加速度值为 0.19g，地震动反应谱特征周期为 0.45 s，相当于基本烈度Ⅷ度。本次计算采用的工程场地水平向地震动加速度反应谱值曲线如图 2 所示，竖向地震动加速度反应谱值为水平向的 2/3。

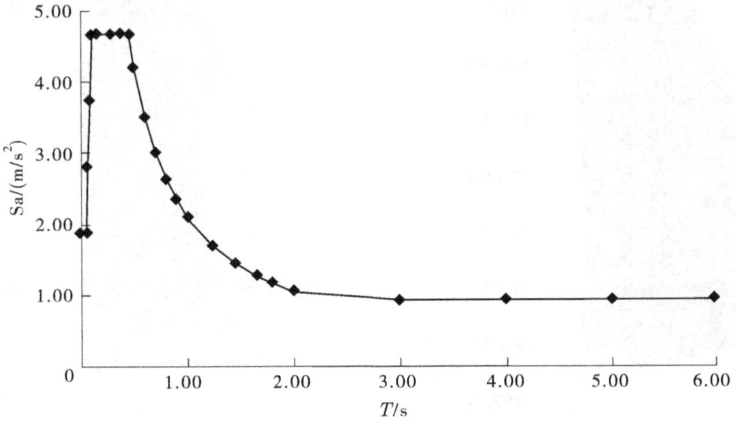

图 2　工程场地水平向地震动加速度反应谱值曲线

3　计算结果分析

3.1　挡水坝段应力与变形特征

地震工况下挡水坝段的总位移等值线见图 3。由图 3 可知，坝体总位移最大值为 92. 328 mm，出现在坝体顶部。同一高度处总位移上游值略大于下游值，总位移等值线稍向下游方向倾斜。

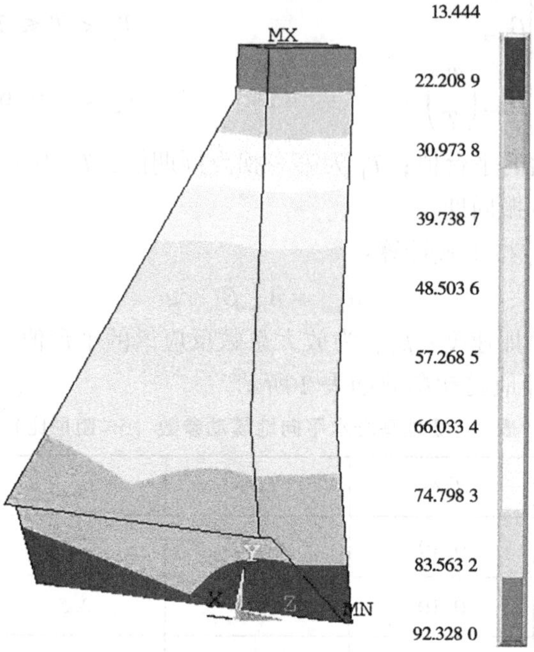

图 3　挡水坝段的总位移等值线　（单位：mm）

图 4 为挡水坝段的主应力等值线。由图 4 可知：①坝体主拉应力分布较均匀，坝体主拉应力最大值为 31. 972 6 MPa，位置位于坝踵处，该处拉应力值超过了混凝土（C15）的抗拉强度，应采取相应结构措施予以处治；②坝体主压应力最大值为 12. 902 MPa，位于坝址处，该区域范围较小，坝体各处主压应力小于混凝土（C15）的动态抗压强度标准值（13. 0 MPa）。

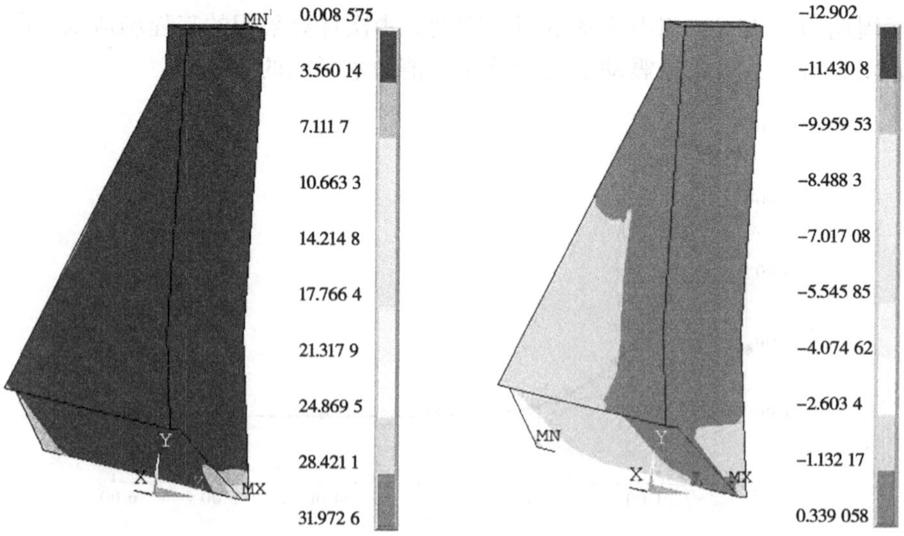

(a) σ_1　　　　(b) σ_3

图 4　挡水坝段的主应力等值线　（单位：MPa）

3.2　溢流坝段应力与变形特征

图 5 为溢流坝段总位移等值线。由图 5 可知，坝体总位移最大值为 86.206 mm，出现在坝体顶部。同一高度处总位移的上游值略大于下游值，总位移等值线稍向下游方向倾斜。

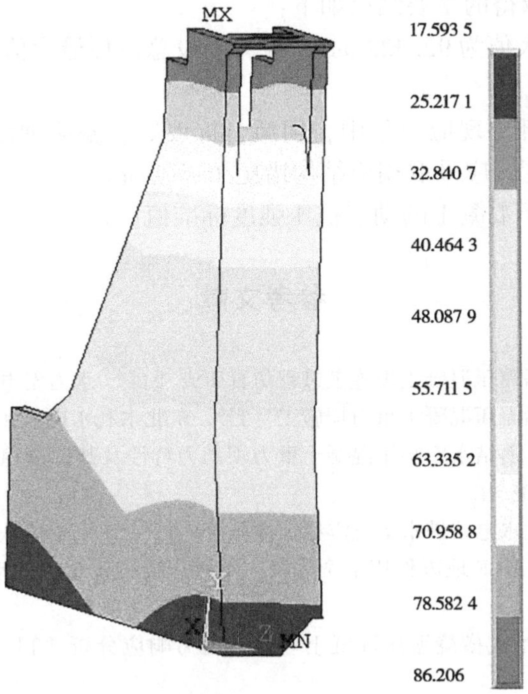

图 5　溢流坝段总位移等值线　（单位：mm）

图 6 为溢流坝段地震工况下的主应力等值线。由图 6 可知：①坝体主拉应力分布较为均匀，坝踵处出现应力集中，主拉应力最大，其值为 26.629 9 MPa；②坝体顶部左、右墙体主拉应力均较大，最大值为 8.57 MPa，出现在下游折坡处；③主压应力最大值为 13.871 4 MPa，出现在坝趾处。总体而言，坝踵、坝趾处主拉应力较大，超过了混凝土的抗拉强度，在这些部位应采取一些结构措施，使坝体各处主压应力均小于混凝土（C15）的动态抗压强度标准值（13.0 MPa）。

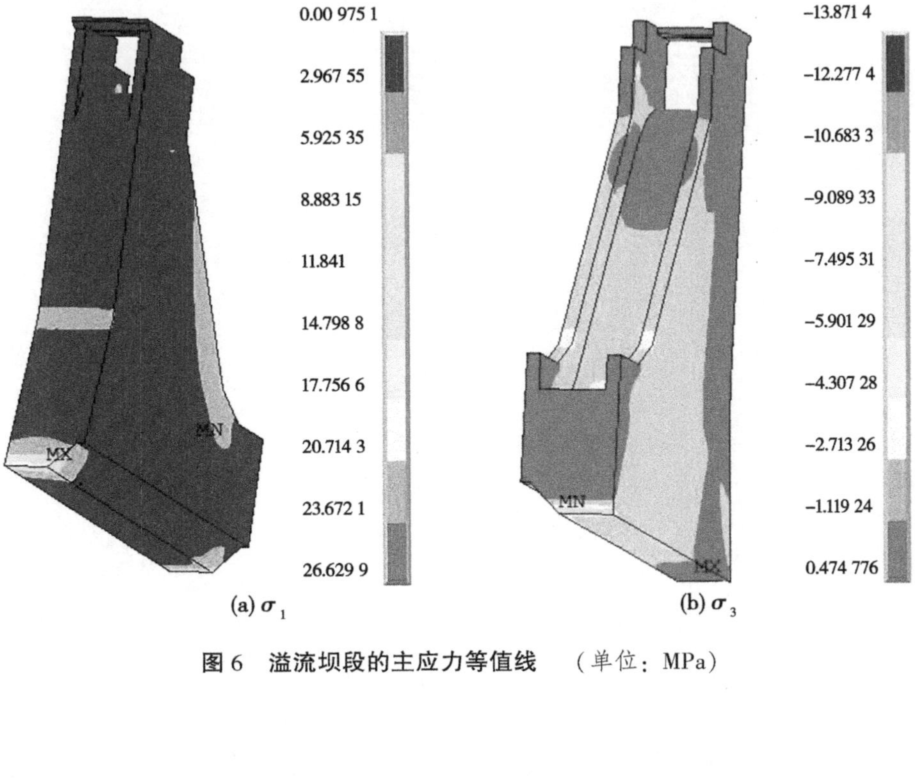

(a) σ_1　　(b) σ_3

图 6　溢流坝段的主应力等值线　（单位：MPa）

4 结语

通过建立黄藏寺水利枢纽典型坝段的三维有限元模型，采用振型分解反应谱法对地震工况下的坝体应力和位移进行了分析，取得的主要结论如下：

（1）挡水坝段总位移最大值为92.328 mm，溢流坝段总位移最大值为86.206 mm，两者均位于坝体顶部。

（2）坝体主拉应力在局部出现应力集中，坝踵、折坡处、溢流坝段坝堰顶部等处的拉应力均较大，超过了混凝土的抗拉强度，应采取相应结构措施予以处治。

（3）坝体主压应力均小于混凝土的动态抗压强度标准值。

参考文献

[1] 王仁超，钟登华，查京民．高碾压混凝土坝施工过程仿真研究［J］．水力发电学报，1995，14（1）：25-27.

[2] 霍福山，杨建军．大峡水电站碾压混凝土重力坝施工［J］．东北水利水电，2011，29（1）：21-24.

[3] 严克兵，杨翔，朱代富，等．翁结水库碾压混凝土重力坝动力特性及其抗滑稳定分析［J］．三峡大学学报（自然科学版），2024，46（2）：35-41.

[4] 陈捷平，孙海清，张彪．旭龙水电站进水塔抗震稳定性分析［J］．水利水电快报，2024，45（7）：53-58.

[5] 胡良明，李天晓，杨旭，等．MCE 地震作用下全坝段三维碾压混凝土重力坝动位移分析［J］．水电能源科学，2022，40（3）：105-108.

[6] 李金友．基于复杂地基的切割式横缝碾压混凝土重力坝动力响应分析［J］．水利水电技术，2019，50（1）：109-117.

[7] 刘思琪．大华桥碾压混凝土重力坝陡坡坝段静动力稳定性研究［D］．宜昌：三峡大学，2019.

[8] 中华人民共和国住房和城乡建设部．水工建筑物抗震设计标准：GB 51247—2018［S］．北京：中国计划出版社，2018.

基于泰森多边形法计算黑龙江（阿穆尔河）流域面雨量

孙　腾[1,2]　黄凤丽[1,3]　孔　达[1,2]　孟　响[1,2]　戴长雷[1,2,3]

（1. 黑龙江大学寒区地下水研究所，黑龙江哈尔滨　150080；
2. 黑龙江大学水利电力学院，黑龙江哈尔滨　150080；
3. 黑龙江大学河湖长学院，黑龙江哈尔滨　150080）

摘　要：流域面雨量计算在水利管理、防洪减灾及水资源规划中发挥着至关重要的作用，应用时应采用精确的降雨数据、洪水预警、水资源合理分配以及生态环境保护，以保障流域内可持续发展。以黑龙江（阿穆尔河）流域为研究流域，利用 ArcGIS 自带 Arc Toolbox 功能创建泰森多边形，分析并计算 2023 年黑龙江（阿穆尔河）流域内 280 个气象站的面雨量，得出 2023 年面降雨量为 550.02 mm。充分考虑地理分布，利用泰森多边形法计算研究区年降雨量，提高降雨数据空间插值的准确性和代表性。

关键词：黑龙江（阿穆尔河）流域；泰森多边形；ArcGIS；面雨量计算

1　研究背景

流域面雨量是评价流域内水资源总量的基础数据，为水资源的合理分配和调度提供科学依据。降雨量能直接影响河流的水位和流量，准确的流域面降雨量数据可以预测和评估洪水灾害的风险，为防洪减灾工作提供科学依据，减少洪涝灾害的损失[1]。降雨量的变化会直接影响流域内的植被生长、水土流失与生物多样性等，对生态环境健康状况和制定生态保护措施有重要意义。

泰森多边形法，也被称为沃罗诺伊图或狄利克雷多边形，其概念最早由俄国数学家 Georgy Fedoseevich Voronoi 在 17 世纪提出。荷兰气候学家 Alfred H. Thiessen 在 1911 年根据离散分布的气象站降雨量，提出具体计算平均降雨量的方法和应用，降雨量计算作为气象学与水文学交叉领域的基础工作，对于水资源管理、农业灌溉与防洪减灾等方面具有重要意义[2]。ArcGIS 中的泰森多边形法是一种基于离散气象站降雨数据的空间插值方法，通过构建由相邻气象站连线成三角形，作这些三角形各边的垂直平分线，每个气象站周围的若干垂直平分线便围成一个多边形，将每个多边形内的降雨强度视为该多边形中心气象站的降雨强度[3-5]。传统手工作图工作量太大并无法保证准确性，利用 ArcGIS 软件的强大地理信息处理功能计算黑龙江（阿穆尔河）流域 2023 年面降雨量，不仅简化了计算过程，还提高了计算精度[6]。

2　数据来源与研究方法

2.1　研究区概况

黑龙江（阿穆尔河）流域流经中国、俄罗斯和蒙古三国，有南北两源，以南源额尔古纳河为河

基金项目：云南省国际河流与跨境生态安全重点实验室（2022KF03）。

作者简介：孙腾（1999—），男，硕士研究生，研究方向为冻土水文地质与雪冰工程。

通信作者：戴长雷（1978—），男，博士，教授，从事寒区地下水及国际河流研究工作。

源，全长约 4 440 km；以克鲁伦河为源头计算，全长约 5 498 km，是世界第 6 大河。在中国境内黑龙江（阿穆尔河）流域流经黑龙江、吉林、内蒙古与辽宁等省（区），流域面积，约 89 万 km^2，约占总面积的 48%。黑龙江（阿穆尔河）流域地势总体西北高、东南低，山地、丘陵、平原交错分布[7]。北部为大兴安岭山地，中部为小兴安岭和松嫩平原，南部为三江平原，东部为黑龙江与乌苏里江冲积形成的低平原。黑龙江（阿穆尔河）流域横跨寒温带与温带大陆性季风气候区，从南向北，温度逐渐降低，从东向西，干燥度逐渐增加，夏季温暖潮湿，降雨量丰富，占全年降雨量的 90% 以上；冬季则寒冷干燥，降水以雪的形式为主[8]。

2.2 数据来源

数据来源于美国国家海洋和大气管理局（NOAA）下设的国家环境信息中心（NCEI），包括 1929—2023 年的气象数据。

2.3 研究方法

选取黑龙江（阿穆尔河）流域内 280 个气象站，利用泰森多边形法将所有相邻的气象站点连成三角形，构建 Delaunay 三角网，作这些三角形各边的垂直平分线。将每个三角形的 3 条边的垂直平分线的交点连接起来，形成泰森多边形[9]。每个泰森多边形内仅含有一个离散点数据，这个离散点的属性或数值可以用来代表该多边形区域的属性或数值。实现对离散点数据的空间剖分和属性插值[10-13]。计算公式为

$$\overline{P} = f_1P_1 + f_2P_2 + \cdots + f_nP_n \tag{1}$$

式中：$\overline{P}$ 为流域平均雨量，mm；f 为各雨量站用多边形面积计算的权重数；P 为各测站同时期降雨量，mm。

3 结果与分析

3.1 泰森多边形的建立

用 Excel 列出站点名称、经纬度与 2023 年降雨量数据，在 ArcGIS 的转换工具用 Excel 转表，显示表中 *XY* 数据选择经纬度，导出数据，投影用 WGS1984，转换坐标记法选择点，导入黑龙江（阿穆尔河）流域面数据，导航到分析工具—邻域分析—创建泰森多边形进行裁剪（见图 1），添加“面积”字段计算面积转换工具表转 Excel 得出各雨量站用多边形面积计算的权重数[14]。

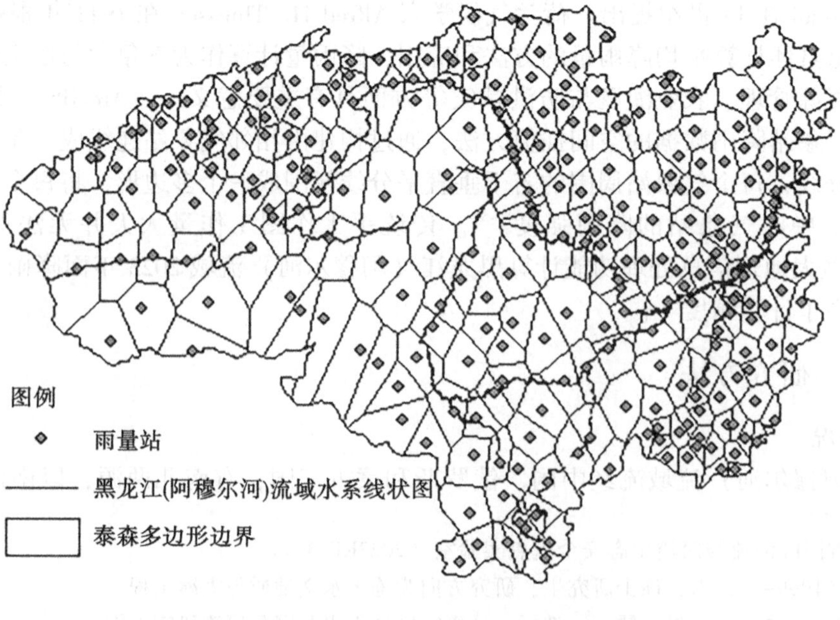

图 1　黑龙江（阿穆尔河）流域泰森多边形划分区域

3.2 黑龙江（阿穆尔河）流域 2023 年面降雨量

表格列出了不同站点的名称和对应的测站降雨量，权重值是基于泰森多边形面积与流域总面积的比例来确定的，每个多边形内的面积代表了一个雨量站点的影响范围，表 1 中表述的各个站点面雨量也存在一定的差异，这反映了流域内降雨分布的不均匀性[15-16]。将各测站的面雨量乘以权重值，再求和可得到 2023 年黑龙江（阿穆尔河）流域面降雨量。

表 1 黑龙江（阿穆尔河）流域降雨量成果

序号	站点名称	测站降雨量/mm	权重值	面雨量/mm
1	嫩江	390.55	0.008 3	3.23
2	富锦	558.45	0.004 9	2.72
3	哈尔滨	813.95	0.004 3	3.49
4	鸡西	708.12	0.007 1	4.98
5	伊春	751.89	0.008 2	6.16
6	敦化	792.05	0.006 3	4.97
7	呼玛	416.11	0.001 9	0.79
8	海拉尔	467.21	0.004 1	1.91
9	长岭	565.75	0.005 6	3.18
⋮	⋮	⋮	⋮	⋮
280	宝清	671.61	0.005 5	3.69
汇总	—	—	—	550.02

根据计算成果，黑龙江（阿穆尔河）流域 2023 年降雨量为 550.02 mm。其中，嫩江站点的降雨量为 390.55 mm，哈尔滨站点则达到了 813.95 mm，显示出流域内降雨量的空间差异。

4 结论

利用泰森多边形法对黑龙江（阿穆尔河）流域内 280 个气象站的 2023 年降雨量数据进行计算和分析面雨量。在地理数据分析中，泰森多边形法用来实现地理数据的分区管理和分析；在空间插值中，可以根据已知点的属性值推算出未知点的属性值，但在实际应用中站点信息及情况并没有充分考虑。当某些站点数据缺失时，泰森多边形法可能会受到影响。考虑在其权重值的基础上计算各站点的面雨量，结果显示，流域内降雨分布存在显著的不均匀性，各站点的面雨量存在差异。综合考虑各站点的降雨量和权重值，最终得出了黑龙江（阿穆尔河）流域 2023 年的面雨量为 550.02 mm。这一成果为黑龙江（阿穆尔河）流域的水资源管理、防洪减灾与生态环境保护提供了有力的科学依据。

参考文献

[1] 蒋新宇，韩晨，杨丽娇．试论综合灾害风险管理：思想、目标与路径［J］．灾害学，2024，39（4）：131-137.

[2] 郭敬，刘建业．泰森多边形在城市服务设施建设中的应用［J］．世界有色金属，2013（增 1）：57-59.

[3] Zhou Z, Zhang S, * * ong K, et al. The spatial distribution and factors affecting karst cave development in Guizhou Province［J］. Journal of Geographical Sciences, 2017, 27（8）：1011-1024.

[4] 高峰．泰森多边形法在小流域面雨量计算中的应用［J］．江淮水利科技，2023（5）：45-48.

[5] 刘蓬勃，基于 ArcGIS 的泰森多边形法区域降水量计算二次开发研究［J］．中国防汛抗旱，2018，28（4）：48-49，66.

[6] 刘士霞．利用泰森多边形法分析本溪市年降水量［J］．水土保持应用技术，2024（2）：64-65.

[7] 戴长雷，李梦玲，张兆廷．黑龙江（阿穆尔河）流域水文地质区划研究［J］．黑龙江大学工程学报，2021，12（3）：209-216.

[8] 刘杨，戴长雷，齐悦，等．黑龙江流域气象-水文生态耦合区划研究［J］．吉林水利，2024（7）：1-7，21.

[9] 李少华，董增川，杨爱丽．水文要素等值线图的自动生成绘制方法［J］．水文，2004，24（4）：23-25.

[10] 龙胤慧，廖梓龙．基于泰森多边形法的庆阳市面雨量计算［J］．河北工程大学学报（自然科学版），2012，29（3）：64-67.

[11] 王生鑫，闫文晶，张海涛，等．三种插值方法在降水等值线绘制中的对比分析［J］．水文，2023，43（4）：21-26.

[12] 蔡敷川，黄帅，肖明丽．基于 GIS 技术的东江流域面雨量监测系统的设计［J］．广东水利水电，2018（10）：61-65.

[13] 袁定波，艾萍，洪敏，等．基于地理空间要素的雅砻江流域面雨量估算［J］．水科学进展，2018，29（6）：779-787.

[14] 刘武．借助 ArcGIS 软件采用泰森多边形法计算 2020 年黑龙江省降雨量［J］．吉林水利，2021（5）：8-11，20.

[15] Chen C，Zhang C，Chen Q. Analysis of rainfall distribution in watershed based on GIS［C］//International Conference on Algorithms，High Performance Computing，and Artificial Intelligence（AHPCAI 2021）．SPIE，2021，12156：365-370.

[16] Men B，Wu Z，Liu H，et al. Spatio-temporal analysis of precipitation and temperature：a case study over the Bei＊＊g-Tian＊＊-Hebei Region，China［J］．Pure and Applied Geophysics，2020，177：3527-3541.

黑龙江（阿穆尔河）干流中俄段冰-水情监测预报研究综述

黄凤丽[1,4]　姚　昊[1,4]　张一丁[1,2]　赵　明[3]　孙　腾[2,4]　戴长雷[1,2,4]

（1. 黑龙江河湖长学院，黑龙江哈尔滨　150080；
2. 黑龙江大学水利电力学院，黑龙江哈尔滨　150080；
3. 松辽水利委员会水文局黑龙江上游水文水资源中心，黑龙江黑河　164399；
4. 黑龙江大学寒区地下水研究所，黑龙江哈尔滨　150080）

摘　要：深入黑龙江（阿穆尔河）干流中俄段冰-水情监测与预报技术研究中，关于高效、实时监测技术和精确预报模型的应用。梳理历史凌汛洪水资料，以视频识别为基础，深入探讨自动冰情监测系统进展和冰情预报模型，结合国内外最新冰情监测预报技术进展。研究不仅揭示了视频识别技术在冰情监测中的高效、实时优势，还展示了冰情预报模型在预测冰凌发展和洪水风险方面的提升，为黑龙江干流中俄段的冰-水情管理提供了利用视频识别技术实现实时监测，以及运用先进的冰情预报模型的技术参考。

关键词：黑龙江（阿穆尔河）干流；冰-水情；凌汛洪水；监测系统；冰-水情预报模型

1　引言

黑龙江（阿穆尔河）作为中俄两国的界河，其冰-水情变化对沿岸地区的生态环境、经济活动和防洪安全有重要影响。近年来，随着气候变化和人为活动的影响，黑龙江干流的冰-水情呈现出越来越复杂多变的局面。对黑龙江干流中俄段的冰-水情进行深入研究，对于保障沿岸地区的安全与可持续发展具有重要意义[1]。通过综述在冰-水情监测与预报方面的研究成果，探讨适用于黑龙江干流的技术和方法，为冰-水情管理提供科学依据。

2　黑龙江（阿穆尔河）干流中俄冰-水情

2.1　黑龙江干流概况

黑龙江以中国境内的海拉尔河-额尔古纳河为源，全长 4 440 km；若以石勒喀河为源，全长约 4 510 km。流域面积达 185.6 万 km^2，在世界长河中位居第 10 位。该河流发源于吉林省的长白山脉，向北流经黑龙江省，最后在中俄边界与乌苏里江汇合，形成鄂黑河（Amur River）并最终注入日本海。黑龙江流域的地形多样，从上游的高山山区，到中游的丘陵与平坝，再到下游的湿地与沼泽。

黑龙江的上游流域主要由高山与丘陵组成，如长白山脉及其周边地区，河道多急弯，落差大，水流湍急，形成了许多激流和峡谷；中游则流经吉林省、黑龙江省的中部区域，河道逐渐变宽，流速减缓，形成适宜人类活动的区域；而下游流域则表现出丰富的湿地生态，河道宽阔而蜿蜒，流经的地区

基金项目：黑龙江（阿穆尔河）中俄冰期流量测验技术研究分析及巡测方案建议（24026 中俄）。
作者简介：黄凤丽（2001—），女，硕士研究生，主要研究方向为智慧河湖。
通信作者：张一丁（1970—），女，副教授，主要从事水资源及寒区水文方向的教学和科研工作。

土壤肥沃，是重要的农业区。

黑龙江流域涵盖了众多支流，其中主要支流包括松花江、绥芬河和黑龙江上游的阿尔善河等。松花江流域作为黑龙江的一条主要支流，自上而下流经吉林省和黑龙江省，提供了丰富的水源及灌溉资源。流域内的生态环境多样，为多种生物提供了栖息之所，构成了一个复杂的生态网络。黑龙江同时也是重要的水资源供应源，流域人口密集，沿岸设有多个城市，如哈尔滨、齐齐哈尔等，都是经济与文化中心。流域内的水资源支撑了当地的农田灌溉和城市供水，也为鱼类养殖业提供了基础。

2.2 黑龙江干流区河道特征

黑龙江的河道宽度变化明显，在不同地段呈现出不同的形态特征。在上游河段，如吉林省的松花江与黑龙江汇合处，河道宽度达到 400 m 以上；在中游河段，特别是一些急流区，宽度则缩减至 200～300 m；在下游河段，特别是在与俄罗斯交界处，河道再次变宽，部分地段宽度可达到 500 m 以上。河道深度同样变化多端，黑龙江干流在不同区段的深度从几米至几十米不等。根据水文监测数据，黑龙江主流的最深处可达到 38 m 以上，通常在长春附近流经较为开阔水域以及部分峡谷段。整体上的平均水深一般在 5～15 m。在流速方面，河流在不同地形段的流速差异明显，上游山区由于水流受地形影响流速较快，可达 2 m/s，而中下游的流速则明显减缓，一般在 0.5～1.5 m/s。在丰水季节，流量可高达 6 000 m^3/s，而枯水季节流量则下降至 1 000 m^3/s 左右[2]。

黑龙江的水文特性受季节变化和气候因素的影响较大，河流量展现出明显的季节性波动。春季，随着冰雪融化和降雨量的增加，河流水位逐渐攀升，通常是在 4—6 月达到最高峰，日均流量可达 6 000 m^3/s，形成明显的洪水期。根据气象部门的统计，黑龙江流域在春季的降水量平均高达 100～200 mm，极端情况下某些年份可超过 300 mm。夏季，降水减少，流量下降，在 7—9 月的干旱期内，流量可降低至 2 000 m^3/s 左右。冬季，黑龙江河面出现冰封现象，水位下降，甚至在某些区域可能完全冻结，影响航运与水生物的生存。

夏季是黑龙江的丰水期，降雨量高，导致河流量快速增加，流速加快，极端天气的影响导致水位再次上升，发生洪水的风险加大。根据往年数据，七八月尤其是集中降雨时，水位可上升至警戒线以上。进入秋冬季，随着气温的降低，河流量逐渐下降，形成枯水期，河道水位降至最低，通常在 1 500 m^3/s。根据水文监测，黑龙江在冬季时河面会出现冰封现象，部分地区冰层厚度可达 30 cm，给航运和生态系统带来改变。水温在冬季可降至−10 ℃，而夏季则维持在 20～25 ℃，这种温度差异将直接影响水中生物的活动[3]。

3 历史凌汛洪水

1960 年，黑龙江干流凌汛大洪水发生于 4 月 25 日至 5 月 10 日，在黑龙江石勒喀河下游近 1 000 km 的霍尔漠津江段江道上，洛古河村河段与额尔古纳河回河口至黑河河段之间，共发生大面积冰坝 14 处。中国漠河、塔河、呼玛、爱辉等黑龙江上游沿岸主要城镇和俄罗斯布拉戈维申斯克（海兰泡）遭遇特大冰坝洪水，历史罕见[4]。14 座冰坝加林达测站最高水位达 13.56 m，历时 14 d 以上，为建站以来加林达水位历史最高数据。在前期冰坝出现的时候，黑龙江干流上游地区，尤其是漠河地区，从 4 月下旬开始，气温迅速攀升到 0 ℃以上，紧接着就是 30 mm 以上的降雨。黑龙江干流上游及其流域积雪迅速消融，气温回升较快，加之开河期降雨较多。此次降雨造成的雨雪径流，在黑龙江境内的主要河槽内大量涌入，使主河槽提前崩解冰盖，造成开江现象[5]。4 月 25 日，位于俄罗斯阿穆尔州乌留平斯克水文站的黑龙江上游额尔古纳河发生历史性特大凌汛洪水，水位超过 8.44 m，严重涌入黑龙江，干流洛古河站江段的凌汛洪峰水位，是建站近百年来首次出现的凌汛洪峰水位，并于 4 月 26 日汇聚成凌汛[6]。

4 河流冰-水情进展

4.1 基于视频识别技术的自动冰情监测系统

自动冰情监测系统以视频识别为基础，不断提高了对冰情监测工作的精确性和实时性的要求[7]。该系统通过将包括利用现有视频监控网络、智能边缘终端计算、人工智能技术和云服务在内的多种先进技术进行整合。流冰速度识别模型、疏密度识别模型和自动预警分析引擎是利用 CNN 卷积神经网络算法构建的。整合深度学习框架（如 Caffe、PyTorch 等）等应用，让系统拥有自我学习的能力[8]。该系统通过在多种环境下的训练、检测和识别，增强识别冰体冰块的能力，提高监测结果的可靠性，适应各种情况，从而可以得到更精确的信息，如河流冰凌的密度、冰块的最大面积、冰块的厚度及岸冰的情况。前端设备负责处理监控数据，并在边缘端执行冰情和水域边界图像的协议解析和初步处理，解决了边缘端数据传输量大、存储难度大、通信线路要求高等问题，通过前端控制设备初步处理，实现了数据传输该系统可对冰情进行全天候在线自动监测，并整理统计上报流冰期有关数据。同时也能建立数学关系模型，根据实时的气温、水位、流量、历史资料，实现自动报警，按预警阈值生成预警结果推送到手机 App。

4.2 冰情预报和模拟模型进展

冰情预报包括对初冰日期、封冻日期、冰厚、冰质、冰内应力、解冻日期和解冻形势的预报，涉及气象、水流、冰体特性等多方面因素对冰情的影响。随着人工智能在水科学预报领域的不断发展，人工神经网络与模糊理论由于其对复杂机理的适应性，已被有效应用于冰情的研究。这种适应性尤其适合解决河道实测数据稀缺或水文资料不完整的问题。在国内，冰情预测的早期研究主要集中于黄河流域，其中指标法和统计模型在早期的冰情预测中起到了关键的作用。Wang 等研究神经网络理论在黄河宁蒙河段冰情预报的应用，通过 Levenberg-Marquart 算法改进传统的 BP 神经网络构建模型，考虑多种水文因子及上下游影响，具有对复杂情况适应性强、能处理多因子复杂关系、可吸收新资料自学习适应环境变化等优点，展示了其在流凌、封河、开河等多方面良好的预报效果[9]。孙涛[10]通过采集多源卫星数据并预处理，对比多种分类算法构建海冰长时间序列数据集，结合气象数据和神经网络模型分析冰情变化特征及预测，数据丰富全面、算法精度高、模型预测效果好。秦建敏等[11]研制感应式水位传感器，利用 GSM 等技术开发多种监测系统。通过融合物理特性差异检测、传感器与多种技术融合等技术，不受环境气候影响、可靠性高、自动化程度高且应用广泛。刘吉峰等[12]通过中短期气温预报模型（利用数值模式和回归统计）、指标与经验相关法、人工神经网络法、水文学和热力学模型及冰水动力学模型等方法，提高黄河宁蒙河段冰凌预报精度和效率。由此可见，对于黑龙江（阿穆尔河）干流中俄段冰-水情监测预报研究，基于多源遥感数据，结合神经网络模型的方法在数据丰富度和模型预测效果方面展现出优势，它能够利用多源数据构建长时间序列数据集，并结合气象数据进行分析预测，进而提供更为全面准确的冰-水情信息[13]。

5 结语

黑龙江（阿穆尔河）作为中俄两国的界河，其冰-水情变化对沿岸地区的生态环境、经济活动和防洪安全具有重要影响。本文综述了在冰-水情监测与预报方面的研究成果，探讨了适用于黑龙江干流中俄段的技术和方法，以视频识别自动冰情监测系统为依托，采用基于多源遥感数据并结合神经网络模型的方法，该方法利用多源数据构建长时间序列数据集，并结合气象数据进行分析预测，实现了对冰情监测的精确性与实时性。为黑龙江（阿穆尔河）冰-水情管理提供了有力的技术支持，以保障沿岸地区的安全及可持续发展。

参考文献

[1] 杨桦．小型水库水情监测与预报预警系统建设意义［J］．水上安全，2024（12）：76-78.

[2] 陈守煜，冀鸿兰．冰凌预报模糊优选神经网络 BP 方法［J］．水利学报，2004（6）：114-118.

[3] 冯琳．辽宁省防汛水情监测及洪水预警预报系统技术研究［J］．现代农业科技，2013（12）：331-332.

[4] 水利部水文局．水文情报预报规范：SL 250—2000［S］．北京：中国水利水电出版社，2001.

[5] 陈金荣，徐安雄．长江防洪系统水情监测和预报技术研究概述［J］．人民长江，1996（8）：2-3，46.

[6] Смирнов В. Н.，Ковалев С. М.，Шушлебин А. И.，и др. Мониторинг физико-механического состояния морского льда в режиме реального времени и краткосрочное прогнозирование экстремальных ледовых явлений［J］．Комплексные исследования природной среды Арктики и Антарктики，2020，С：163-165.

[7] Терентьева Е. А. Иргименение данных дистанционного зондирования для ретроспективной оценки динамики изменения площади ледового покрова［J］．Материалы VII Международной научно-образовательной конференции по исторической географии，2023，С：137-140.

[8] Бобылев Л. П. Развитие системы мониторинга и прогнозирования морского льда для поддержки безопасной работы и навигации в арктических морях［J］．Российский фонд фундаментальных исследований，2015，В：37-42.

[9] 王涛，杨开林，郭永鑫，等．神经网络理论在黄河宁蒙河段冰情预报中的应用［J］．水利学报，2005（10）：1204-1208.

[10] 孙涛．基于多源遥感数据的辽东湾北部高时空分辨率冰情监测［D］．大连：大连海洋大学，2024.

[11] 秦建敏，尉鹏翔，胡德生．冰-水情检测新技术在太原市水资源环境监测领域的应用［J］．太原科技，2008（5）：72-74.

[12] 刘吉峰，霍世青．黄河宁蒙河段冰凌预报方法研究［J］．中国防汛抗旱，2015，25（6）：6-9，13.

[13] 张璐．黄河万家寨水库上游段封开河特征分析及模拟预报研究［D］．呼和浩特：内蒙古农业大学，2016.

寒区公路建设水土流失分析
——以丹阿国道为例

李司晨　肖瑞晗　王永明

（黑龙江大学河湖长学院，黑龙江哈尔滨　150006）

摘　要：随着我国经济社会的快速发展，公路工程成为地区经济社会发展的重要项目，然而寒区水土流失问题一直是施工过程中的重点难题。本文对国道丹阿公路（丹东至阿勒泰）嘉荫至嘉逊界段公路工程进行水土流失分析与预测，通过类比法得到土壤侵蚀模数并进行预测计算，分析生产建设过程中水土流失产生的危害，以此对寒区工程的水土保持工作提供参考依据。

关键词：寒区；水土流失；公路工程；类比法

1　引言

寒区水土保持工作一直是施工过程中需要面临的重大挑战，在寒区展开水土保持工作需要考虑特殊的地理和气候条件，同时公路建设作为国家基础建设的重要组成部分，在促进地区经济发展、改善人民生活水平方面发挥着不可替代的作用。然而随着公路网络的不断扩展，其对自然环境的影响也日益凸显，尤其是对水土资源的影响。因此，在施工过程中，有效的水土保持措施至关重要。而水土流失的预测与分析可以为后续水土保持工作筑下坚实的基础。

2　项目概况

2.1　工程概况

国道丹阿公路嘉荫至嘉逊界段地处嘉荫县境内，是国道丹阿公路（G331）的重要组成路段。路线整体呈东南—西北走向，始于国道丹阿公路（G331）稻田村南，终于嘉逊界葛贡河大桥北。道路设计长度 113.179 km，其中利用既有公路改扩建线段长度 70.049 km，路面加铺改造路段长度为 43.19 km。利用既有公路改扩建段道路等级为二级公路，设计速度 80 km/h，双向两车道，路基宽度 12 m；路面加铺改造段道路等级为二级公路，设计速度 60 km/h（局部 40 km/h），双向两车道，路基宽度 8.5 m。

2.2　自然概况

该工程位于伊春市嘉荫县境内，主要为低山地貌、丘陵地貌、剥蚀准平原地貌、河流冲洪积平原地貌四大类，中温带大陆性季风气候，多年平均气温 1.0 ℃，多年平均降水量 625.4 mm，项目区土壤主要为白浆土、草甸土，植被类型以暗棕壤为主，林草覆盖率为 61.04 %。同时，嘉荫县在国家级水土保持区划一级区中的东北黑土区，容许土壤流失量为 200 t/(km^2·a)。

3　工程所在区域水土流失分析

3.1　区域水土流失情况

项目沿线地区地貌类型为低山、丘陵，区域地势复杂，地类多为林地。项目区域以轻度水力侵蚀

作者简介：李司晨（1994—），男，硕士研究生在读，研究方向为水务管理工程。

通信作者：肖瑞晗（1992—），女，讲师，从事水文及水资源工程方面的研究工作。

为主，土壤侵蚀模数背景值为 700 t/(km^2·a)，根据水利部办公厅《全国水土保持规划国家级水土流失重点预防区和重点治理区复核划分成果》，项目区属于大小兴安岭国家级水土流失重点预防区。同时根据《黑龙江省水土保持规划（2015—2030 年）》，伊春市水土流失总面积为 2 199.55 km^2，见表 1。

表 1 所在行政区水土流失情况

侵蚀强度	水力侵蚀	
	侵蚀面积/km^2	比例/%
轻度侵蚀	1 010.83	46.00
中度侵蚀	668.88	30.40
强烈侵蚀	412.29	18.70
极强烈侵蚀	87.10	4.00
剧烈侵蚀	20.45	0.90
合计	2 199.55	100.00

3.2 水土流失影响因素分析

工程建设对水土流失的影响分为两个阶段：施工期和自然恢复期。施工阶段对水土流失的影响因素以人为活动为主导因素，而在自然恢复期，由于工程建设已经完成，人为活动对地表扰动较小，所以水土流失影响因素主要以自然为主。工程建设对水土流失影响因素见表 2。

表 2 工程建设对水土流失影响因素

时段	分区	扰动方式	影响水土流失的因素
施工期	主体工程区	场地平整，路基开挖、填筑，施工机械碾压，施工人员扰动，临时堆土	损毁、占压植被，土壤裸露，土质疏松，林草覆盖率下降，堆土裸露
	弃土场区	开挖扰动，临时堆土，弃土后地表裸露	损毁、占压植被，土质疏松，地表裸露
	施工道路区	占压地表，运输机械来往频繁，对占地区进行反复碾压	损毁、占压植被，土质疏松，土壤裸露
	施工生产生活区	临时建筑物建设，对占地区地表压占，临时堆土	损毁、占压植被，土质疏松，土壤裸露
自然恢复期	植物措施区	基本无变化	表土趋于稳定状态，土壤侵蚀逐渐降低，植物措施尚未郁闭

4 水土流失量预测

4.1 单元划分

依据工程布局、扰动地表时段、扰动形式以及扰动强度和特点，将本工程预测单元划分为主体工程区、弃土场区、施工道路区和施工生产生活区 4 个预测单元。预测单元划分和预测面积见表 3。

表 3　预测单元划分和预测面积　　单位：hm^2

预测单元	预测范围	不同预测时段面积	
		施工期	自然恢复期
主体工程区	扰动面积	176.86	48.61
	临时堆土	39.24	
弃土场区	扰动面积	4.00	4.35
	临时堆土	0.35	
施工道路区	扰动面积	9.61	9.61
施工生产生活区	扰动面积	12.80	18.36
	临时堆土	5.56	
合计	扰动面积	203.37	80.93
	临时堆土	7.0	

4.2　土壤侵蚀模数确定

该工程采用类比法进行水土流失量预测，按照与预测工程在地形地貌、气候条件、土壤类型、植被、土壤侵蚀类型、施工工艺等水土流失主要因子方面基本一致的原则[1]，选择已经完工项目——国道嘉荫至临江公路嘉荫至汤旺河段改扩建工程作为水土流失预测的类比工程，具体情况见表 4。

表 4　预测工程与类比工程水土流失因子对照

水土流失因子	预测工程	类比工程	对照结果
	国道丹阿公路嘉荫至嘉逊界段改扩建工程	国道嘉荫至临江公路嘉荫至汤旺河段改扩建工程	
施工期（年-月）	2024-01—	2019-12—2021-09	—
地形地貌	低山、丘陵	低山、丘陵	一致
气候条件	中温带大陆性季风气候，雨季多集中在 7—9 月，无霜期 120 d	中温带大陆性季风气候，雨季多集中在 7—9 月，无霜期 120 d	一致
土壤类型	暗棕壤	暗棕壤	一致
植被	森林植被覆盖率 61.04%	森林植被覆盖率 57.2%	基本一致
土壤侵蚀类型	水力侵蚀	水力侵蚀	一致
施工工艺	同为双向两车道二级公路标准		一致

通过类比条件对照，两个工程项目气象因素相同，土壤植被等自然条件相似，工程组成相似，土建施工类型相似，对地表扰动机理相同，建设生产的水土流失特点相似，土壤侵蚀强度背景值相同。综合以上分析，类比工程实测参数可以作为该工程水土流失预测数据。

4.3　水土流失量预测

采用类比工程实测资料计算项目建设扰动后的土壤侵蚀模数，然后根据工程建设前后土壤侵蚀模数的差值计算新增水土流失量，计算公式为

$$W = \sum_{j=1}^{2} \sum_{i=1}^{n} F_{ji} M_{ji} T_{ji} \qquad (1)$$

式中：W 为土壤流失量，t；j 为预测时段，$j=1$，2，即指施工期和自然恢复期两个时段；i 为预测单

元，$i=1$，2，3，…，$n-1$，n；F 为扰动面积，km^3；M 为土壤侵蚀模数，$t/(km^3 \cdot a)$；T 为预测时间，年。

通过计算，在施工期内，扰动区域可能产生的水土流失量为 23 901 t，其中新增水土流失量 21 056 t；临时堆土区域可能产生的水土流失量为 5 912 t，其中新增水土流失量为 5 280 t，见表 5。

表 5　施工期水土流失量预测

预测单元		预测面积/hm^2	预测时段/年	土壤侵蚀背景值/[$t/(km^2 \cdot a)$]	扰动侵蚀模数/[$t/(km^2 \cdot a)$]	背景流失量/t	扰动地表流失量/t	新增流失量/t
主体工程区	扰动地表区	176.86	2	700	6 065	2 476	21 453	18 977
	临时堆土场	39.24	2	700	6 547	549	5 138	4 589
弃土场	扰动地表区	4.00	2	700	6 547	56	524	468
	临时堆土场	0.35	2	700	6 547	5	46	41
施工道路区	扰动地表区	9.61	2	700	4 164	135	800	666
施工生产生活区	扰动地表区	12.80	2	700	4 391	179	1 124	945
	临时堆土场	5.56	2	700	6 547	78	728	650
合计		248.42				3 478	29 813	26 336

自然恢复初期植物根系扎根较浅，还不具备较强的固土能力，仍会存在一定量的水土流失，所以计算可能产生的水土流失量为 4 090 t，其中新增水土流失量 3 776 t，见表 6。

表 6　自然恢复期水土流失量预测

预测单元	预测面积/hm^2	原地貌水土流失量			自然恢复期水土流失量					新增流失量/t
		预测时段/年	土壤侵蚀背景值/[$t/(km^2 \cdot a)$]	背景流失量/t	第一年流失量		第二年流失量		流失量合计/t	
					土壤侵蚀模数/[$t/(km^2 \cdot a)$]	流失量/t	土壤侵蚀模数/[$t/(km^2 \cdot a)$]	流失量/t		
主体工程区	48.61	2	700	681	4 246	2 064	1 820	885	2 949	2 268
弃土场	4.35	2	700	61	4 246	185	1 820	79	264	203
施工道路区	9.61	2	700	135	4 246	408	1 820	175	583	448
施工生产生活区	18.36	2	700	257	4 246	780	1 820	334	1 114	857
合计	80.93			1 133		3 436		1 473	4 090	3 776

综上所述，工程在无水土保持措施的前提下，预测时段内水土流失总量为 40 634 t，其中新增水土流失量为 35 391 t。主体工程区、施工生产生活区是水土流失量最多的单元，施工期是水土流失量最多的时段，具体见表 7。

表 7　总水土流失量统计

预测单元	施工期		自然恢复期		总水土流失量/t	新增水土流失量/t	百分比
	扰动后水土流失量/t	新增水土流失量/t	扰动后水土流失量/t	新增水土流失量/t			
主体工程区	26 591	23 566	2 949	2 268	29 540	25 834	72.99
弃土场	570	509	264	203	833	712	2.01
施工道路区	1 529	1 316	583	448	2 111	1 765	4.99
施工生产生活区	7 036	6 225	1 114	857	8 150	7 081	20.01
合计	35 725	31 615	4 909	3 776	40 634	35 391	100

5　水土流失危害分析与对策

5.1　水土流失危害分析

寒区的工程建设会面临特殊的地理环境和气候条件，在寒区季节性的冻融循环会导致土壤结构的破坏，尤其是春季冰雪融化期间，水分渗透和径流加速增加了土壤侵蚀的风险。在工程建设过程中，开挖、回填、压占及物料运输等人为影响因素，对占地范围内的自然植被造成了破坏，然而寒区植被生长周期短，恢复速度慢，使裸露的土地更容易受到侵蚀。在雨季或遭遇暴雨时，土壤在雨水的冲刷下也会加速流失，不仅威胁到土地资源的完整性，还可能引起局部地形变化，增加地质灾害的发生风险，不仅会加大施工难度，还会对工程的质量和进度造成非常不利的影响。施工过程中，土石方的堆放也会对周边环境造成影响。如果缺乏有效的防护措施，松散的土石方容易在降雨时被水流冲刷进入周边的河流水系，从而增加河流中的泥沙含量，影响水质，甚至可能改变河床结构，导致周边生态环境受到影响[2]。同时，该工程项目的一部分路段靠近村屯，在施工期间，如果不对裸露的土石方采取防护措施，那么在大风天气下，很容易引起尘土飞扬的现象，这不仅恶化了周边的大气环境，还可能影响村民的身体健康。

因此，为了保障工程质量、减少对周围环境的影响并保证施工人员和当地居民的安全，应采取科学合理的防护措施，在尽量减少负面影响的前提下安全高效地进行施工生产活动。

5.2　水土流失危害对策

根据预测结果，施工期是水土流失最为严重的时段，特别是在主体工程区、施工生产生活区以及弃土场区这 3 个重点单元，必须采取针对性的重点防治措施。为了有效地控制水土流失，需建立一套综合性的防治体系，该体系应包括工程措施、临时措施和植物措施 3 方面的内容。其中，对临时堆土区域应采取临时挡护措施，以防止雨水冲刷导致土石方流失。为了便于后期植被恢复，应先行对含有表土的区域进行表土剥离，施工结束后再用剥离的表土进行植被恢复工作，以重建区域内的生态系统[3]。

为了最大限度地减少水土流失，施工进度的安排也至关重要。建议强化施工进度管理，尽可能缩短高强度扰动的施工时段。在主体工程施工的同时，可以考虑在其他未施工的空闲地段提前进行植物的种植和抚育，这样不仅可以减少施工期间的水土流失，还能尽量避免对原有道路绿化区域的植被造成破坏。植物措施应与主体工程的施工进度相结合，分期分批地实施，确保在施工期间也能逐步恢复和保护植被。

施工期的水土保持监测工作同样重要，尤其在 6—8 月这一降雨集中的季节，监测的重点内容应包括各施工场地、临时堆土区域的土石方量变化情况、水土流失量以及植被状况等。监测的重点区域为上述 3 个重点单元，通过对这些区域的严密监控，能够及时发现并处理可能发生的水土流失问题，确保水土流失得到有效控制，从而使区域生态环境得到有效保护与改善。

6 结语

水土保持是一项需要长期坚持，具有群众性、社会性和综合性的公益性事业，涉及多个行业部门，综合性强[4]。寒区水土保持工作兼顾温暖地区水土流失特征的同时还要面对特殊的季节性气候和地理环境因素，因此需要从多个方面综合治理，加强水土流失监管，强化科技手段，注重人才培养。面对特殊环境和气候，采取因地制宜、行之有效的治理方案，显著提高寒区水土流失治理成效。

参考文献

［1］朱胜浩．高速公路弃渣场选址和水土保持措施分析：以广东省信宜（桂粤界）至茂名公路项目为例［J］．工程技术研究，2023，8（21）：196-198.

［2］张怡，郭天雷，孙昆，等．寒区水土流失现状评价与对策研究：以西藏山南市为例［C］//中国水利学会．2023中国水利学术大会论文集（第二分册）．长江水利委员会长江科学院重庆分院，山南市水利局，2023：6.

［3］陈浩．类比法在高速公路建设工程水土流失预测中的应用［J］．黑龙江水利科技，2022，50（11）：139-141，173.

［4］陈龙．平原区高速公路水土保持措施体系研究［J］．河北水利，2022（2）：26-27.

干旱区水资源高效利用与调控

哈密市水资源开发利用现状分析

苏　柳[1]　张　萍[2]　张俊洁[3]

（1. 黄河勘测规划设计研究院有限公司，河南郑州　450003；
2. 黄河水文水资源科学研究院，河南郑州　450000；
3. 中国水利水电科学研究院，北京　100038）

摘　要：哈密市位于新疆维吾尔自治区东部，是新疆通往内地的咽喉要道。系统谋划哈密市水资源利用格局，提出支撑经济社会高质量发展和生态环境良性维持的水资源综合利用方案，是哈密市当前亟须解决的战略命题。在对哈密市水资源及开发利用现状进行评价的基础上，紧扣哈密市发展战略定位，提出水资源节约、利用、配置、保护和管理的规划方案与对策和措施，促进水资源高效利用。

关键词：哈密市；新疆维吾尔自治区；高质量发展；生态环境；水资源高效利用

1　水资源条件

1.1　地表水资源量

以系列一致性较好的1956—2016年水文系列天然年径流量作为哈密市地表水资源量。水资源分区内有水文站控制时，将水文站作为骨干站点评价分区天然径流量；当无水文站控制时，采用水文比拟法推算天然径流量；并根据全国第三次水资源调查评价成果中1956—2016年多年平均年径流量等值线图对各分区地表水资源量进行复核。经评价，哈密市1956—2016年多年平均地表水资源量为104 957万m^3，多年平均径流深为7.6 mm。

1.2　地下水资源量

哈密市多年平均地下水资源量为100 478万m^3，其中山丘区地下水资源量为59 416万m^3，平原区地下水资源量为58 991万m^3，山丘区和平原区重复的水资源量为17 929万m^3。从行政分区看，伊州区、巴里坤县和伊吾县多年平均地下水资源量分别为38 855万m^3、39 196万m^3和22 427万m^3。

根据《哈密地下水资源保护与利用规划》[1]，哈密市平原区地下水可开采量为42 630万m^3，其中哈密市（地方）可开采量为28 994万m^3，第十三师可开采量为13 636万m^3，伊州区地下水可开采量为16 661万m^3，巴里坤县地下水可开采量为6 557万m^3，伊吾县地下水可开采量为5 776万m^3。

1.3　水资源总量

根据《水资源评价导则》，结合哈密市水资源开发利用实际，本次评价的水资源总量是指当地地表水资源量、地下水资源量之和，再扣除二者重复利用量。经计算，哈密市1956—2016年多年平均水资源总量为126 716万m^3，其中地表水资源量104 957万m^3，地下水资源量100 478万m^3，地下水与地表水不重复量为21 759万m^3，产水模数为0.92万m^3/km^2。

基金项目：国家重点研发计划项目（2022YFC3202300）。

作者简介：苏柳（1983—），女，高级工程师，主要从事水资源管理与水资源规划相关工作。

通信作者：张俊洁（1982—），女，高级工程师，主要从事水利水电工程管理相关工作。

1.4 水资源质量

1.4.1 地表水资源质量

根据《2023年新疆哈密市环境质量状况报告书》《哈密市重点流域水生态环境保护“十四五”规划》，2023年哈密市地表水环境质量主要监测河流有2条，分别为石城子河、伊吾河，监测断面（测点）4个，其中国控断面2个（北大桥和石城子水库出口）、省控断面2个（石油一校和泉脑村）；河流监测断面3个，水库监测断面1个（石城子水库出口）。

从水质现状来看，伊吾河2个断面水质评价结果均为Ⅰ类，石城子河2个断面水质评价结果均为Ⅱ类，均满足水质目标，水质状况优。哈密市地表水环境监测断面及现状水质评价结果见表1。

表1 哈密市地表水环境监测断面及现状水质评价结果

河流名称	断面名称	断面类型	断面坐标/（°）		水质目标	2023年水质评价结果
			经度	纬度		
伊吾河	泉脑村	省控	94.658 8	43.224 6	Ⅱ类	Ⅰ类
	北大桥	国控	94.744 4	43.273 1	Ⅱ类	Ⅰ类
石城子河	石油一校	省控	93.496 3	42.888 5	Ⅱ类	Ⅱ类
	石城子水库出口	国控	93.592 1	42.889 0	Ⅱ类	Ⅱ类

根据《新疆维吾尔自治区水功能区划》，哈密市地表水功能区划涉及河流主要有伊吾河、头道沟和榆树沟3条，共划分一级水功能区6个，河长225 km，其中保护区3个，河长116 km；开发利用区3个，河长109 km。在一级水功能区基础上，划分二级水功能区3个，均为农业用水区，河长109 km。根据哈密市生态环境局提供的水质监测资料，按照单因子评价法进行评价，水功能区水质全部达标。

1.4.2 地下水资源质量

根据《哈密地下水资源保护与利用规划》成果，地下水质量评价对象为浅层地下水，地下水资源质量评价方法采用单指标直观对比法和综合评价法，评价标准采用《地下水质量标准》（GB/T 14848—2017）和《生活饮用水卫生标准》（GB 5749—2022）。

伊州区地下水水质大部分能满足Ⅱ类、Ⅲ类水质标准，污水处理厂（伊州区）、红星四场、大泉湾三道城、西山开发区、五堡水厂、西山乡、榆树沟保护区地下水水质满足Ⅱ类标准，地下水化学组分含量较低，适用于各种用途；南湖水厂、二堡南戈壁、液化气站（市区）、红星一场总硬度和溶解性固体总和达到Ⅲ类水质标准，为Ⅲ类水。柳树泉农场地下水总硬度496 mg/L，为Ⅳ类水，适用于农业、工业，适当处理后可作为饮用水，其余各水厂各项指标均满足《地下水质量标准》（GB/T 14848—2017）中的Ⅲ类水质标准，适用于集中式生活饮用水水源及工、农业用水。伊吾县下马崖乡、前山乡、淖毛湖镇、吐葫芦水厂、苇子峡乡满足地下水水质Ⅰ类、Ⅱ类标准，适用于各种用途；巴里坤县三塘湖岔哈泉、下涝坝乡、萨尔乔克乡、奎苏镇、石人子乡、八墙子乡、大河镇、花园乡满足地下水水质Ⅲ类标准，适用于集中式生活饮用水水源及工、农业用水。

按照《生活饮用水卫生标准》（GB 5749—2022）进行评价，哈密市地下水水质均达标。

2 水资源开发利用现状

2.1 供用水量

2.1.1 供水量

依据哈密市水利局统计数据，2023年哈密市各类水源工程总供水量72 441万 m^3，其中地表水源供水量21 230万 m^3，占总供水量的29.3%；地下水源供水量49 755万 m^3，占68.7%；其他水源供水量 1 456 万 m^3，占 2.0%。其他水源供水量中，再生水供水量 970 万 m^3，占其他水源供水量的 66.6%；矿井疏干水供水量 486 万 m^3，占其他水源供水量的 33.4%。

哈密市各县（区）地理位置、水源条件有所差别，伊州区以地下供水为主，地下水供水量占全区总供水量的 80.3%，巴里坤县和伊吾县以地表水供水为主，地表水供水量分别占全县总供水量的 52.7%、74.1%。哈密市及各县（区）现状供水结构见图 1。

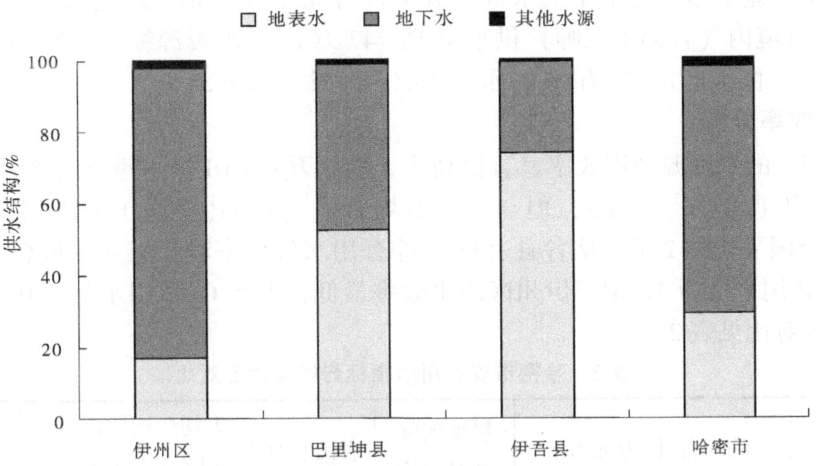

图 1　哈密市及各县（区）现状供水结构

2.1.2　用水量

依据哈密市水利局统计数据，2023 年哈密市各行业总用水量 72 441 万 m^3，其中农林牧渔畜用水量 57 782 万 m^3，占总用水量的 79.8%，为第一用水大户；工业用水量 5 787 万 m^3，占 8.0%；居民生活用水量 3 284 万 m^3，占 4.5%；建筑业及第三产业用水量 1 368 万 m^3，占 1.9%；生态环境用水量 4 220 万 m^3，占 5.8%。哈密市各行业用水结构见图 2。

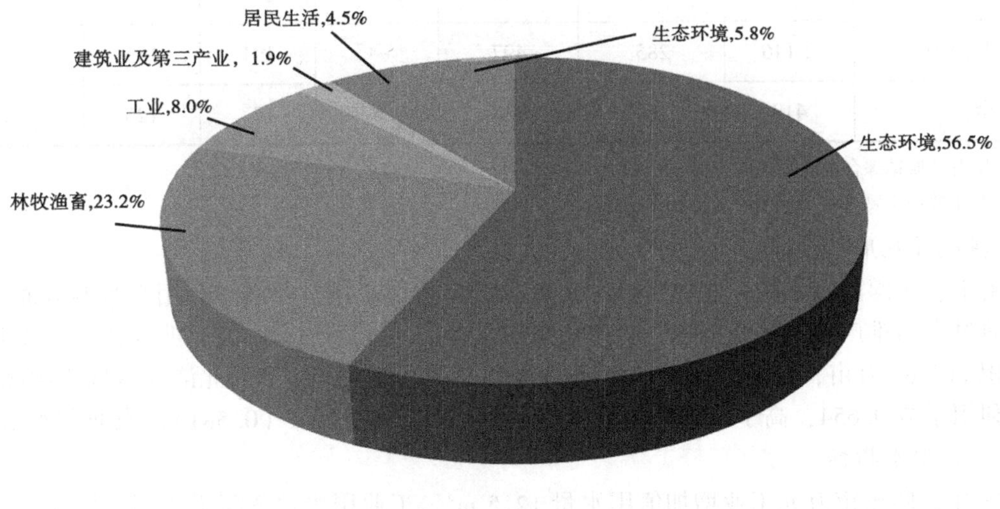

图 2　哈密市现状用水结构

2.2　用水总量控制指标符合性分析

哈密市 2023 年用水总量为 72 441 万 m^3，高于新水函〔2018〕6 号文要求的用水总量控制指标 69 917 万 m^3。地表水供水量为 21 230 万 m^3，低于相应控制指标 35 777 万 m^3；地下水供水量为 49 755 万 m^3，高于相应控制指标 31 669 万 m^3；其他水源供水量为 1 456 万 m^3，低于相应控制指标 2 471 万 m^3。

2.3 水资源开发利用程度分析

按照哈密市 1956—2016 年多年平均水资源总量为 126 716 万 m^3 估算，2023 年哈密市（全域）地表水、地下水总供水量 101 887 万 m^3，其中哈密市（地方）供水量 70 985 万 m^3，第十三师供水量 30 902 万 m^3，水资源综合开发利用率为 80%，水资源开发利用程度较高。从行政分区来看，伊州区境内（含第十三师）地表水、地下水供水量为 76 603 万 m^3，由于地下水超采，水资源综合开发利用率 143%；巴里坤县境内（含第十三师）供水量 16 747 万 m^3，水资源综合开发利用率 35%；伊吾县境内（含第十三师）供水量 8 537 万 m^3，水资源综合开发利用率 35%。

2.4 水资源利用效率分析

近年来，哈密市的水资源利用效率显著提高[2]，现状万元 GDP 用水量低于新疆平均（331 m^3/万元）、西北诸河平均（285 m^3/万元），但与全国平均水平（47 m^3/万元）相比还有一定差距，万元 GDP 用水量约为全国平均的 2 倍。从各县（区）综合用水效率来看，工业发展较快的伊吾县用水效率较高，万元 GDP 用水量为 37 m^3；伊州区用水效率最低，万元 GDP 用水量 120 m^3。哈密市现状用水指标与相关地区对比见表 2。

表 2 哈密市现状用水指标与相关地区对比

区域		人均综合用水量/（m^3/人）	万元 GDP 用水量/（m^3/万元）	耕地实际灌溉亩均用水量/（m^3/亩）	农田灌溉水有效利用系数	人均生活用水量/[L/（人·d）]		万元工业增加值用水量/（m^3/万元）
						综合生活	居民生活	
哈密市	伊州区	991	120	424	0.651	174	120	14.2
	巴里坤县	1 025	87	229	0.658	151	110	5.2
	伊吾县	916	37	245	0.660	206	160	14.6
	平均	988	92	353	0.654	174	123	12.5
新疆		2 443	331	523	0.581	205	169	17.5
西北诸河		2 146	285	497	—	191	153	19.3
全国		419	47	347	0.576	177	125	24.3

注：1. 伊吾县城镇综合生活用水量、城镇居民生活用水量计算考虑了流动人口数量；
2. 对比数据主要来源于《中国水资源公报（2023 年）》。

2.4.1 耕地灌溉用水指标

哈密市农田灌溉用水指标主要从耕地实际灌溉亩均用水量、灌溉水利用系数两方面进行分析。近年来，通过大力推广节水灌溉技术，哈密市农田灌溉用水水平和用水效率明显提高，现状年全市耕地实灌面积 115.85 万亩，农田灌溉亩均用水量为 353 m^3，低于新疆、西北诸河区农田灌溉亩均用水量；灌溉水利用系数 0.654，高于全国平均（0.576）和新疆平均水平（0.581），农业节水水平相对较高。

2.4.2 工业用水指标

2023 年，哈密市万元工业增加值用水量 12.5 m^3，工业用水效率高于全国平均（24.3 m^3/万元）、新疆平均（17.5 m^3/万元）和西北诸河平均（19.3 m^3/万元）水平。

2.4.3 生活用水指标

哈密市 2023 年人均综合生活用水量 174 L/d，低于全国平均的 177 L/d，高于西北诸河、新疆平均的 191 L/d、205 L/d。哈密市 2023 年人均居民生活用水量 123 L/d，低于新疆、西北诸河以及全国平均值。

3 水资源开发利用存在的主要问题

3.1 水资源禀赋先天不足

哈密市位于中纬度亚欧大陆腹地，属典型的内陆干旱区[3]，降水量少、蒸发量大。巴里坤、哈密、淖毛湖、伊吾等气象站1956—2016年多年平均降水量分别为219.7 mm、39.4 mm、19.1 mm、100.6 mm，多年平均水面蒸发量分别为902.0 mm、1 367.0 mm、2 261.0 mm、1 267.0 mm，干旱指数4~118。

哈密市境内河流流域面积小、流程短、渗流大、年径流量小。哈密市河流总数210条，而有水的天然河流仅87条，其中年径流量大于1 000万 m^3 以上的河流有头道沟、故乡河、榆树沟、伊吾河等17条。

哈密市1956—2016年当地多年平均自产水资源总量12.67亿 m^3，人均水资源量1 883 m^3，约为新疆平均水平的1/3，低于全国平均水平。单位面积产水量0.92万 m^3/km^2，远低于新疆平均（5.1万 m^3/km^2）和全国平均（29.9万 m^3/km^2）水平，属典型的资源型缺水地区。

随着经济社会的发展，哈密市需水量不断增加，水资源制约作用已经凸现。伊州区部分灌区通过超采地下水来维系，部分计划开工建设的能源项目由于水资源供给不足而无法立项或不能发挥效益。哈密市经济社会发展面临最大的挑战之一就是水资源紧缺问题。

3.2 用水矛盾突出

从现状产业结构与用水结构来看，2023年哈密市三次产业结构为4.3∶69.6∶26.1，三次产业用水比例为89.0∶9.5∶1.5。第一产业增加值占全市GDP的4.3%，而用水量却占全市生产用水量的89%，用水效益相对较低。但是由于基本农田保护要求，农业规模不能降低，用水矛盾突出，与水资源条件不适应。

各行业用水矛盾凸显。山南伊州区灌溉规模过大，依靠超采地下水维系，现状地下水超采量25 451万 m^3。年度计划中分配的亩均灌溉用水量低于亩均需水量，属于非充分灌溉。部分计划开工建设的能源项目由于水资源供给不足而无法立项，处于观望状态。

3.3 山南地下水超采治理难度大

哈密市山南水资源短缺严重[4]，长期以来，生活供水、农田灌溉均以地下水为主，造成地下水位持续下降，2017年中央环保督察组对哈密市山南地下水位持续下降问题给予了高度关注。

2018年8月，新疆维吾尔自治区人民政府印发《新疆地下水超采区划定报告》，将哈密市山南划定为浅层地下水大型严重超采区，主要包括伊州区大泉湾乡、陶家宫乡、回城乡、花园乡、现代农业开发区、二堡镇、五堡镇五十里开发区等，第十三师红星一场、二场、四场，黄田、火箭、柳树泉农场等，面积2 469 km^2（地方1 518 km^2、第十三师951 km^2），其中禁采区（城市主要建成区）面积29.7 km^2。2018年9月，新疆维吾尔自治区人民政府印发《新疆地下水超采治理方案》，要求各超采区制定超采区治理方案。2018年12月，哈密市人民政府印发了《哈密山南地下水超采区治理实施方案》，提出超采区治理的总体目标是达到地下水采补平衡，实现地下水资源可持续利用，同时明确了不同水平年地下水开采控制指标、超采治理措施等。

为保护地下水资源，哈密市通过实施最严格地下水管理制度，严格控制地下水开采新增量，采取退出非法开荒灌溉、水价改革、农业用地土地清理、水源置换、管理节水等措施，减少平原区地下水开采量，地下水位自2004年来首次出现拐点性回升，2020年3月初统测显示，山南区域平均回升1.3 cm，已形成的4个漏斗区面积明显缩小，地下水超采区治理取得了一定成效。

地下水超采治理是一项复杂的系统工程。2023年，哈密市伊州区地下水供水量42 112万 m^3，多年平均地下水可开采量16 661万 m^3，超采量25 451万 m^3。随着新型工业化、城镇化用水需求不断增加，本地地表水、再生水资源可挖掘潜力有限，山南地下水超采区治理任重道远、治理难度大。

3.4 地表水利用不足

2023 年，哈密市地表水供水量 2.12 亿 m^3，较自治区下达 2023 年地表水用水量指标（3.58 亿 m^3）尚有 1.46 亿 m^3 空间。地表水利用不足的主要原因是地表水供水工程调蓄能力不足、供水工程连通性差及供水管网体系不完善。

“四山夹三盆”的地理条件决定了哈密水资源区域差异较大，北多南少，西部大于东部，山区大于平原。哈密市河川径流量大部分由冰川融雪补给。哈密市 1956—2016 年多年平均地表水资源量 10.5 亿 m^3，但境内河流流域面积小、流程短、渗流大、年径流量小，径流年际变化较小，年内分配极不均匀，连续最大 4 个月降水量占年降水量的 60%～70%，给水资源利用带来了困难。受径流特性、地形、经济等因素影响，哈密市无法修建大型地表水调蓄工程，现已建成中小型水库 50 座，总库容 1.6 亿 m^3，年最大调蓄能力约 3 亿 m^3，与地表水控制指标还有一定差距。一些径流量较大的河流如二道沟、三道沟上尚缺乏调蓄工程。春旱、夏洪、秋缺、冬枯的径流年内分布过程与需水过程不匹配，地表水调蓄设施能力不足，一方面容易引发局部地区洪水灾害，另一方面经常面临严重旱灾。

供水工程连通性差、供水管网不完善。目前，哈密调蓄水骨干工程及供水管网基本建立，但各工程都相对独立，联调联供体系尚未形成。除伊州区石城子水库—榆树沟水库、伊吾县四道白杨沟水库—峡沟水库、巴里坤县头道沟水库—二道沟水库—头道白杨沟水库—二道白杨沟水库外，其他工程相对独立，以就近供水为主，连通性差，同时输配水体系覆盖区域不足，无法实现区域之间、灌区之间、丰枯水期间调配，造成地表水利用不足，难以保障哈密市经济社会高质量发展用水需求。

3.5 水资源节约集约利用水平有待进一步提升

随着节水型社会建设试点工作的开展，哈密市节水工作取得显著成效[5]，万元工业增加值用水量为 12.5 m^3，农业灌溉水利用系数约为 0.654，城镇供水管网漏损率降低到 10.4%。但现状农业用水方面，部分灌区骨干渠道尤其是斗渠以下的部分渠道还存在老化、破损情况，高效节水还有提升空间，部分林地、耕地仍采取沟畦灌和漫灌；绿地灌溉管理粗放、精准计量不够；部分工业用水大户节水存在改造空间；城市污水收集率未达 100%，再生水利用率还有提升空间。现状年万元 GDP 用水量 92 m^3，与全国平均水平（47 m^3/万元）相比还有一定差距，节水水平有待进一步提升。

3.6 水资源管理能力有待强化

哈密市水资源管理成效显著，用水结构持续优化，用水效率和效益显著提高，为经济社会可持续发展提供了重要支撑。根据水资源管理现代化的要求，当前哈密市水资源管理尚存在一些薄弱环节。

3.6.1 多部门协同管理体制有待健全

目前，水利部门以水定地的管理要求与农业农村、自然资源、林草等部门对水资源的需求方面存在分歧，地表水开发利用过程中，水利、农业农村、自然资源、林草等部门关于水资源管理的协同机制有待健全。

3.6.2 水资源现代化管理支撑能力不足

基层水利管理能力薄弱，如伊州区、伊吾县乡镇水管所由乡镇政府管理，巴里坤乡镇水管所归水管总站管理，基础水资源管理体系不完善，造成基础水利管理人员流失。

目前，哈密市水资源监测能力建设、信息化能力建设、水行政执法能力建设和监督能力建设等方面还存在诸多薄弱环节，如水利数据监测体系与建设空天地一体化监测体系要求还有较大差距，水文站网建设有待进一步完善；重点工程自动化监测设施覆盖率不足；农业灌溉机井“井电双控”设施维护不足，部分设施无法正常运行等，难以支撑水资源动态调配、洪水资源化利用需求。

3.6.3 水利市场化手段运用不够

哈密市当前水资源管理多依靠政府行政手段，市场化手段运用不够，如水利基础设施建设吸引社会资本投资能力不足；水价改革不到位，出现地表水、地下水水价倒挂现象。

4 水资源保护与管理措施

4.1 水资源保护措施

4.1.1 水源涵养区保护措施

哈密市东天山水源涵养区保护以自然修复为主，人工修复及生态建设为辅。目前，巴里坤山、喀尔里克山和莫钦乌拉山水源涵养区大部分地区已划入生态保护红线，禁止任何开发活动。采取草原禁牧和草畜平衡制度，在禁牧区内禁止放牧，在禁牧区域以外的草原实行草畜平衡，在部分退化地区采取生态恢复措施，如实施退化林修复、低效林改造、森林抚育和封育管护工程，坚持造管结合，有效保护水源涵养服务功能。

加强冰川保护。对喀尔里克冰川 57.2 万亩核心区域禁止实施放牧、砍伐、狩猎或者养殖活动，禁止实施旅游、探险活动；禁止实施开矿、采石、挖砂、爆破或者采挖野生植物及其他影响冰川的行为。推进冰川保护立法。

强化水源涵养区监管。严格落实《哈密市东天山生态保护与修复管理办法》《哈密市东天山草原禁牧和草畜平衡监督管理办法》等法律法规。建立水源涵养区保护监管平台，监管人类干扰活动、生态系统状况与水源涵养服务功能变化，预警生态风险。

4.1.2 水功能区水质保护措施

4.1.2.1 禁止点源污染物入河

哈密市水资源极为短缺，现状河流无排污口，水质状况较优。为保护有限的地表水资源，禁止在河流、湖泊、水库设置排污口；禁止向水体或者岸坡倾倒、抛撒、堆放、排放、掩埋工业废物、危险化学品、有毒有害废弃物、建筑垃圾、渣土、生活垃圾、动物尸体等；禁止向水体丢弃农（兽）药、农（兽）药包装物或者清洗施药器械及法律法规规定的其他可能污染水体的行为。

严格执行国家环保法规和产业技术政策，对城镇生活污水和工业废水加强监督管控，提高再生水利用率，确保工业园区废污水零排放。加快推进实施哈密市污水处理厂扩建工程、巴里坤县污水处理厂扩建工程，新建伊州区工业园区污水处理厂、二堡镇污水处理厂、伊吾县南部污水处理厂等污水处理工程，有序推进新建及改扩建排水管网、生活污水资源化利用等项目，推进城镇污水处理及再生利用设施提质增效，逐步实现城镇生活污水管网全覆盖。定期检查排水管网，及时发现并修补漏损管道，更新老化管网；加快推进城镇污水处理厂污泥无害化处理处置和资源化利用。

4.1.2.2 加强面源污染治理

根据《全国生态环境保护纲要》及水功能区管理要求，研究面源的特征、污染物产生和入河规律以及与受纳水体水质间的响应关系，逐步加强面污染源入河量控制。重点加强农业取排水管理，控制农药、化肥入河量；对于农村生活垃圾、农业生产废弃物以及畜禽粪便，采用堆肥等综合利用办法加以处理，减少其产生量；加强城市垃圾生物处理及卫生填埋场建设，避免垃圾堆集地对河湖水质污染；发展生态农业和有机农业，以推广有机肥，制定农药、化肥的减量计划为主，切实解决农业面源污染问题。

4.1.2.3 加强水质监测及监督管理

按照国家水质监测技术规范和标准，开展水功能区代表断面水质监测工作，有针对性地开展水质保护监督管理。建设重点水域水质自动监测、预警预报系统，提高水质监测系统的机动能力、快速反应能力和自动测报能力，逐步提高水质监测现代化水平。水质监测结果定期向社会公布。

4.1.2.4 加强河湖流域水环境风险管控

建立健全流域上下游突发水污染事件联防联动机制，强化河湖流域上下游、兵地各部门协调，实施联合监测、联合执法、应急联动、信息共享，形成“政府引导、多元联动、社会参与、专业救援”的环境应急处置机制，持续开展应急综合演练，实现从被动应对到主动防控的重大转变。加强流域突发水污染事件应急能力建设，提升应急响应水平，加强监测预警、拦污控污、信息通报、协同处置、基础保障等工作，防范重大生态环境风险。

4.1.2.5 加强水资源保护宣传

做好舆论宣传，唤起民众和全社会的重视是做好地表水资源保护工作的重要一环。要强化宣传教育工作，充分利用媒体，向社会公布水资源保护信息，提高人们爱水、节水的责任感和防治水污染的自觉性。逐步形成全社会对水资源保护的舆论监督，使广大群众积极支持并参与水资源保护工作，形成全社会科学用水、节约用水和污水资源化的社会风气。

4.2 水资源管理

4.2.1 完善水资源管理体制

2022年3月29日，马兴瑞书记主持召开自治区水利工作座谈会，强调水利工作特别是水资源配置调度工作要“提级管理”。2022年5月，自治区党委第十届三次全会明确指出要调整完善水资源配置领导体制和管理机制。2023年1月，自治区党委第十届七次全会强调科学开发利用水资源，加强水资源集中统一管理，健全统一的水资源管理体系。新疆设立自治区水资源管理委员会，推动建立全区统一的水资源管理体系。

为认真落实自治区党委水资源管理委员会部署，全面落实提级管理要求，统筹水资源高效配置和有效管理，需进一步解放思想、开拓思路，打破分割管理的水资源管理体制，在哈密地区水资源管理委员会架构下，健全领导体制和协调机制，建立兵地统筹、全域统一的水资源调度管理体系。

结合哈密市的实际情况，需加快推进水资源管理体制改革，调整完善水资源领导体制和管理机制，积极推动组建哈密市委水资源管理委员会，加强水资源集中统一管理配套制度建设，建立委员会议事规则、工作细则等制度机制，完善水资源会商、调度等各项制度。进一步强化与生态环境、自然资源、农业农村、林草等部门和兵地间协调联动，完善水资源管理体制，推进信息共享，形成强大合力，切实加强水资源的统一规划、统一管理和统一调度，提高水资源优化配置能力和节约集约利用水平。

4.2.2 完善水资源管理制度

哈密市相继制定了一系列规章制度，但水法规体系仍不够健全，依法治水管水能力有待加强。未来需全面贯彻习近平法治思想，认真落实依法治疆要求，全面推进依法管水治水。重点推进哈密市水资源管理条例、节约用水条例、水资源调度条例立法工作进度，加快形成完备的水法规制度体系，全面推进哈密市依法管水治水。

按照自治区的要求，严格落实用水总量控制指标要求。哈密市结合市情、水情和实际需水情况，在用水总量控制指标范围内，科学制定年度用水计划，做好水量调度管理，协调好区域来水时空不均与灌区用水需求不匹配的问题。

哈密市地下水超采区治理工作形势严峻，刻不容缓。要加快新建地下水监测井项目建设进度，完成国家地下水监测二期工程年度任务。实施井电双控取用地下水管理，以电控水，超用限量。实行地下水分区差别化管控，划分超采区、潜力区和临界区，超采区严格管控、潜力区适当增加、临界区保持现状，着力解决部分区域地下水位下降严重的问题，逐步实现地下水趋于采补平衡。

严格计划用水，规范取水许可。按照《取水许可与水资源费征收管理条例》，严格执行申请受理、审查决定的管理程序，规范取水许可审批管理，从源头加强建设项目需水管理，加强取用水的监督管理和行政执法，进一步加强对哈密市水资源的综合利用管理。对规模以上取用水单位，加强取用水计量在线监测和日常用水核查，切实加强用水统计管理，落实用水统计调查制度。

4.2.3 健全水资源管理机制

哈密市应立足水资源承载能力，建立全市统一的水资源调度管理机制，系统谋划、提级管理、科学安排、统筹推动，全面提升水资源精细化调度与管理水平。坚持流域区域科学统筹、开源节流并重、短期长期兼顾，将节水作为保障水安全的出路，将蓄水工程作为水资源调控的基础，将调水工程作为战略性水源补充，切实解决区域性、季节性、工程性、结构性缺水问题。科学制订年度供水计划，并坚持动态管理、弹性配置，合理配置生产、生活、生态用水，强化系统治理管理，加强水资源用途管控，规范取用水行为，实现水资源精细化调配，提高水资源优化配置能力和节约集约利用水平。

4.2.4 强化水资源管理能力

强化执法队伍建设，提升水行政执法效能。加强区域兵地联防联控联治，形成区域协同、部门联动的水行政执法管理格局。健全完善信息共享、定期会商和水事纠纷多元预防调处化解等机制，共同维护良好水事秩序。严格依法行政。全面落实法律顾问、公职律师制度，加强重大行政决策合法性审查，强化水利市场公平竞争审查，严格规范水利行政行为。持续深化“放管服”改革。加强水利权责清单动态管理和政务服务事项标准化建设，积极推行电子证照应用，提升企业和群众办事便利化水平，持续优化水利营商环境。

针对水资源监测能力不足的问题，哈密市应加强气象水文站网建设，加强“井电双控”等地下水监测体系建设与维护，完善地表水取、用、排水计量设施。对重要水库、水闸等工程实现水量自动化监测，并实施监控。完善水质监测、重点饮用水水源地监控体系。优化水资源管理监测手段，提升监测数据测报准确率。

5 结语

随着经济社会的发展，哈密市需水量不断增加，水资源制约作用已经凸显。伊州区部分灌区通过超采地下水来维系，部分计划开工建设的能源项目由于水资源供给不足而无法立项或不能发挥效益。哈密市经济社会发展面临最大的挑战之一就是水资源紧缺问题。根据哈密市经济社会发展的总体布局及其对水资源的需求，针对各县（区）现状存在的水资源问题，可按照以人为本、改善民生、节水优先、有序开发、突出重点、因地制宜、统筹兼顾、注重效益的原则，分期安排和建设各项工程。

哈密市应以水资源可持续利用支撑经济社会高质量发展为主线，大力推进节水型社会建设，着力提高水资源利用效率和水资源配置能力，通过合理抑制需求、有效增加供水、合理配置水资源、积极保护生态环境等手段和措施，可在一定时期保障未来区域经济社会高质量发展对水资源的需求。

参考文献

[1] 哈密地下水资源保护与利用规划［R］. 乌鲁木齐：新疆维吾尔自治区水利水电勘测设计研究院，2023.
[2] 哈密市水资源综合利用规划［R］. 郑州：黄河勘测规划设计研究院有限公司，2023.
[3] 哈密市“十四五”水资源配置规划［R］. 哈密：哈密托实水利水电勘测设计有限责任公司，2020.
[4] 哈密市国土空间总体规划（2021—2035 年）［R］. 哈密：哈密市人民政府，2023.
[5] 哈密市城市总体规划（2012—2030 年）［R］. 郑州：黄河勘测规划设计研究院有限公司，2020.

大名县水资源供需平衡分析

黄　举[1]　柏传蔚[2]

（1. 中水淮河规划设计有限公司，安徽合肥　230601；
2. 河海大学，江苏南京　210024）

摘　要：我国的水资源问题突出，严重影响了区域的可持续发展。本文对大名县不同保证率地表径流量、水资源可利用量和需水量进行计算，对可供水量和需水量进行研究预测，最后对现状年和水平年在50%、75%、95%3个保证率下进行水资源供需平衡分析；再将其缺水的情况进行分析并给出改进建议，从而实现大名县的水资源可持续开发利用和水资源优化配置。

关键词：可持续发展；可供水量；需水量；供需平衡

水是人类赖以生存与发展的必要条件，中国科学在第二号国情报告中预计，21世纪二三十年代，我国人口将达15亿，而人均占有水资源量仅1 800 m^3，届时中国这个人口大国、发展中大国，水资源的供求矛盾更为尖锐[1]。水资源需求预测、可供水量复核、供需分析等方面的研究，能够为区域内科学、合理的水资源配置提供有力的支持，对于实现水资源可持续开发利用具有重大的战略意义[2]。大名县是一个农业生产大县，着重发展自然产业，紧跟新时代中国特色社会主义道路。

1　背景

我国水资源供需平衡分析和水资源优化配置起步较晚。改革开放以来，国家通过组织大批科研力量对重点科技攻关计划联合攻关，取得了一大批在国内外有影响和具有国际先进水平的研究成果[3]。从20世纪80年代开始，人们就对全国的水资源作了一个全面评估，初步了解了该地区的水资源现状。21世纪以来，随着水文模型技术的进步，人类对其有了更深层次的理解，然而当前对于水文模型的理解仍停留在基于数据的模拟与优化阶段。王劲峰等[4] 在对水资源供需进行分析后，认为我国水资源供需在空间上存在较大差异，从而产生了“跨区域调水”现象，并以此为依据，在时间、空间和部门3个维度下，建立了水资源多维空间优化分配的理论模型体系。近些年，我国各个地区各个城市也针对水资源问题新建了很多水利工程。其中，比较有名也比较具有影响力的有三峡工程和南水北调工程[5]。

2　大名县概况

2.1　地理

大名县位于河北省东南部，总面积456.3 km^2。东面是卫运河，南面是河南省，西面是邯郸市市区。京开、荣兰两条高速公路横贯境内，还有汉济铁路从境内穿越，交通十分方便。

2.2　气象

大名县的年平均降水量549.4 mm，总降水量2.5亿 m^3，具有较高的可持续发展潜力。由表1可知，降水在时间上和空间上的分布是不均匀的，并且存在着明显的年际差异。6—9月降水量占全年总降水量的50.4%~89.4%，而8月初和7月中又是这段降雨时间内降雨量最多的时候。

作者简介：黄举（1981—），男，高级工程师，主要从事水利工程建设、工程总承包管理、水资源配置等工作。

表 1　大名县年降雨量资料　　单位：mm

年份	年降雨量	年份	年降雨量	年份	年降雨量
1956	697.5	1974	541.5	1992	278.8
1957	561.6	1975	585.2	1993	727.4
1958	724.0	1976	593.3	1994	480.7
1959	474.5	1977	673.2	1995	595.2
1960	578.6	1978	253.2	1996	453.2
1961	790.7	1979	436.9	1997	290.0
1962	478.0	1980	606.9	1998	505.9
1963	758.1	1981	524.1	1999	478.1
1964	821.5	1982	517.1	2000	697.5
1965	385.3	1983	520.8	2001	418.2
1966	441.5	1984	542.6	2002	294.7
1967	521.8	1985	591.0	2003	751.2
1968	389.6	1986	487.5	2004	363.6
1969	658.8	1987	573.5	2005	696.7
1970	499.9	1988	392.5	2006	353.9
1971	554.6	1989	509.3	2007	509.5
1972	360.2	1990	735.1		
1973	786.3	1991	595.0		

2.3　农业

大名县主要农作物以及种植面积见表 2。

表 2　大名县作物种植面积现状及预测　　单位：万亩

年份	水稻	小麦	玉米	油菜	大豆	薯	其他	合计	复种指数
2010	10.4	18.76	11.74	0.5	0.1	0.4	1.1	43	1.55
2020	8.38	22.21	13.11	0.4	0.1	0.5	1.3	46	1.58
2025	6.45	24.2	15.05	0.4	0.1	0.4	1.4	48	1.59

农田灌溉水利用系数见表 3。

表 3　灌溉水利用系数

年份	2010	2020	2025
灌溉水利用系数	0.60	0.65	0.72

2.4　工业

大名县各水平年国民生产总值以及第二产业增加值发展目标见表 4。

表 4　大名县社会经济发展预测

预测目标		2010 年	2020 年	2025 年
地区 GDP/亿元	总值	44.3	69.79	92.9
	第一产业	15.01	25.87	32.79
	第二产业	17.50	29.34	41.92
	第三产业	11.79	14.58	18.19
一、二、三产比例		33.9：39.5：26.6	37.1：42.0：20.9	35.3：45.1：19.6

3　不同保证率地表径流量计算

3.1　水平年、代表年（典型年）的确定

本次设计中现状年采用的是 2010 年和 2020 年，水平年为 2025 年。通过大名县的降雨资料表计算得出变差系数 C_v 和偏态系数 C_s 来进行配线计算，同时绘制出分布频率曲线图，根据不同保证率下的年降雨量对比大名县年降雨资料表找出降雨量接近的典型年。

配线法推求降雨理论曲线：

均值

$$\overline{X} = \frac{x_1 + x_2 + \cdots + x_n}{n} = \sum_{i=1}^{n} \frac{x_i}{n} = \frac{28\,055.8}{52} = 539.53 \tag{1}$$

式中：n 为样本数量，$n = 52$。

变差系数

$$C_v = \frac{\sigma}{\overline{x}} = \sqrt{\frac{\sum_{i=1}^{n}(k_i - 1)^2}{n}} = 0.264 \tag{2}$$

$$\sigma = \sqrt{\frac{\sum_{i=1}^{n}(x_i - \overline{x})^2}{n}} = 142.52 \tag{3}$$

式中：σ 为均方差；C_v 为变差系数。

偏态系数计算：相比较于变差系数 C_v，偏态系数 C_s 可以很好地体现一个系列在均值附近的均匀分布状况，通过将偏态系数 C_s 分别取 2.5 倍、3 倍的 C_v 值来进行本次设计的配线计算，具体内容见表 5。

表 5　频率曲线配线计算

概率/%	第一次配线		第二次配线	
	$Q_p = 539.53$ $C_v = 0.26$ $C_s = 2.5C_v = 0.65$		$Q_p = 539.53$ $C_v = 0.26$ $C_s = 3C_v = 0.78$	
	k_P	Q_P/（m³/s）	K_P	Q_P/（m³/s）
1	1.72	927.99	1.75	944.18
2	1.62	874.04	1.63	879.43
5	1.47	793.11	1.48	798.50

续表 5

概率/%	第一次配线 $Q_P=539.53$ $C_v=0.26$ $C_s=2.5C_v=0.65$		第二次配线 $Q_P=539.53$ $C_v=0.26$ $C_s=3C_v=0.78$	
	k_P	Q_P/（m^3/s）	K_P	Q_P/（m^3/s）
10	1.35	728.36	1.35	738.36
20	1.21	652.83	1.20	647.44
50	0.97	523.34	0.97	523.34
75	0.81	437.02	0.81	437.02
90	0.69	372.27	0.69	372.27
95	0.63	339.90	0.64	345.30
99	0.52	280.55	0.54	291.35

（1）取 $C_s=2.5C_v$ 绘制大名县降雨量频率曲线，如图 1 所示。

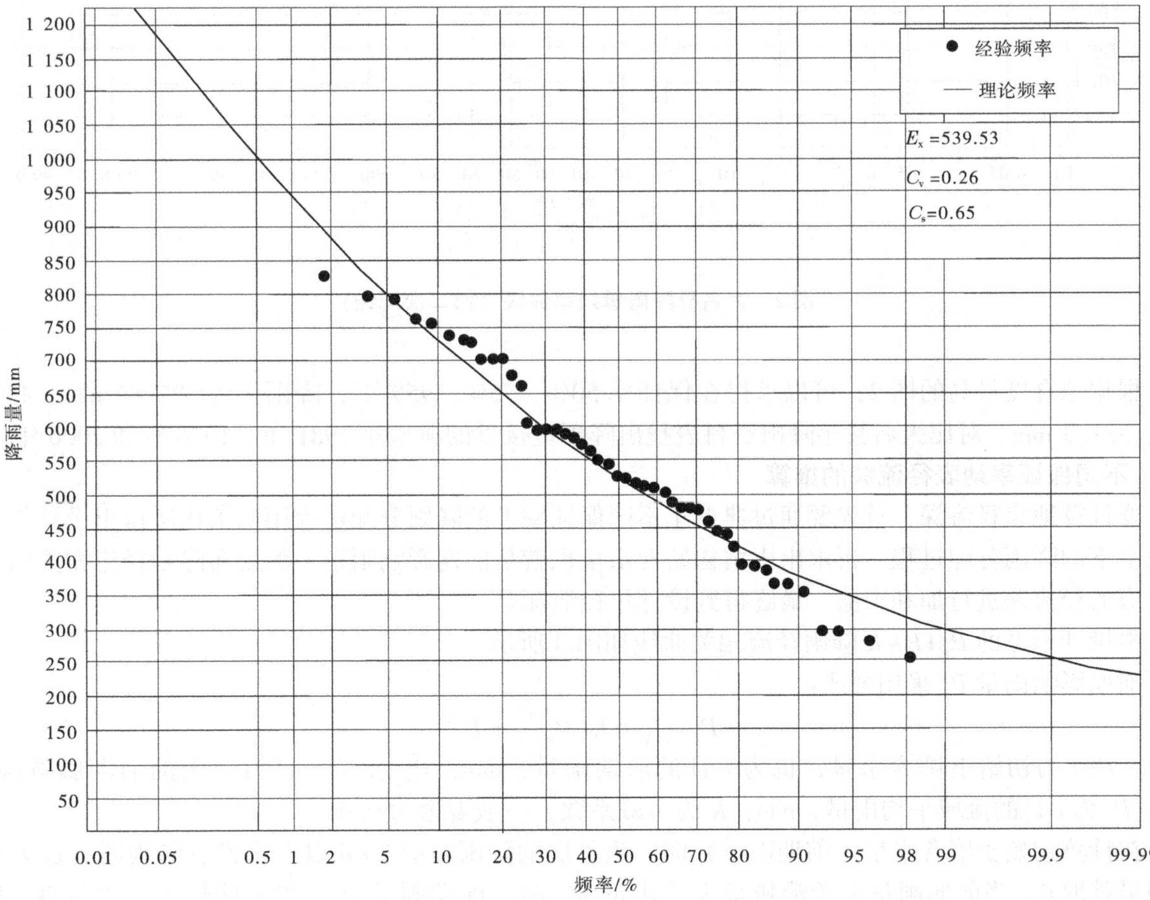

图 1　大名县降雨量频率曲线（第一次配线）

（2）取 $C_s = 3C_v$ 绘制大名县降雨量频率曲线，如图 2 所示。

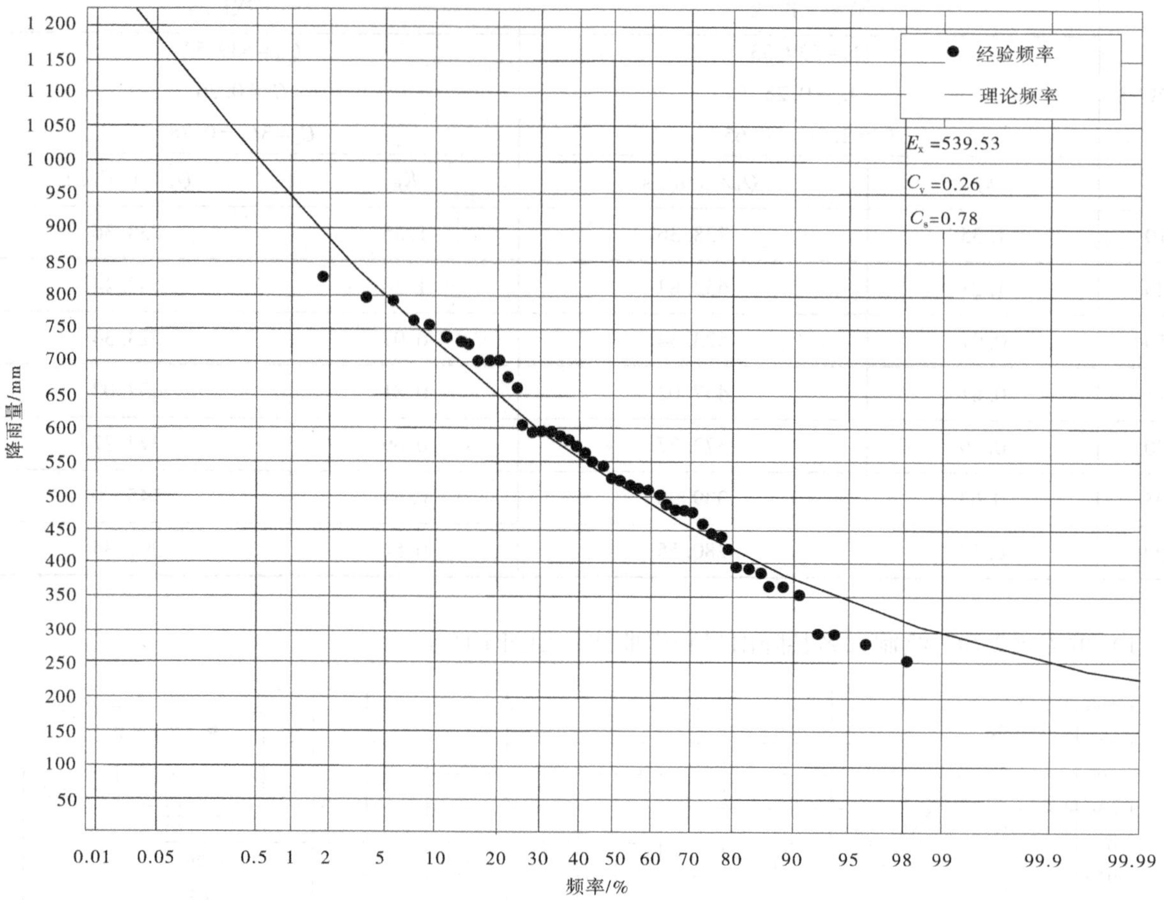

图 2　大名县降雨量频率曲线（第二次配线）

根据拟合度最高的图 2，可以求得在保证率 50%、75%、95%下，降雨量为 527. 42 mm、439. 49 mm、331. 3 mm。对比大名县年降雨资料表找出降雨量接近的典型年 1981 年、1996 年和 2006 年。

3. 2　不同保证率地表径流深的推算

要计算地表径流深，首先要通过典型年不同保证率下的降雨分配过程用同倍比法得出设计年不同保证率下的降雨分配过程，再求出土壤初始含水量也就是前期影响雨量，然后在降雨径流相关图上找出对应的径流深进行加和求值，最终得到设计年径流深。

本设计参考的 $P_a+P\sim R$ 降雨径流相关曲线如图 3 所示。

前期影响雨量 P_a 采用公式：

$$P_{a,\ t+1} = K(P_{a,\ t} + P_t) \tag{4}$$

式中：$P_{a,t}$ 为初始土壤含水量，也为 t 日的前期雨量，mm；$P_{a,t+1}$ 为 t 日后一天的前期影响雨量，mm；P_t 为 t 日的流域平均雨量，mm；K 为折减系数，一般取值为 0. 9。

在计算初始土壤含水量（前期雨量）时，当某次的降雨之前 20 d 以上都没有降雨时，这天的前期雨量就取 0，当前期雨量大于流域最大蓄水量 W_m 时，前期雨量 $P_{a,t}$ 和流域最大蓄水量 W_m 都取 90 mm。

同倍比法（将设计年径流量按代表年的月径流过程进行分配）[6]：

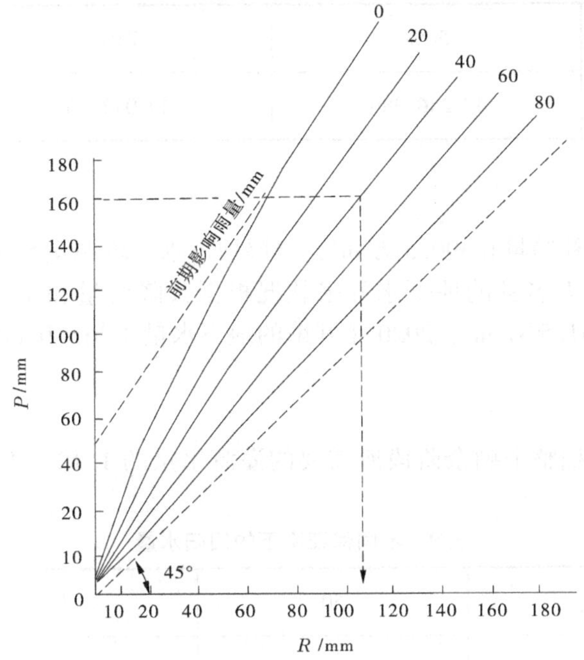

图 3　降雨径流相关曲线

$$K = \frac{Q_{年P}}{Q_{年代}} \tag{5}$$

即设计年径流量与代表年的年径流量的比值。

之后在不同保证比率下，通过计算典型年份的降雨分配过程，可得表 6。

表 6　不同保证率下的年径流深

保证率/%	50	75	95
年径流深/mm	290.3	242.0	178.0

3.3　不同保证率地表径流量计算

由大名县地理状况可知，大名县总面积 456.3 km²，则可计算地表径流量。通过计算可得表 7。

表 7　不同保证率下的地表径流量　　单位：万 m³

保证率%	50	75	95
地表径流量/mm	13 246.389	11 042.460	8 122.140

4　水资源供需水量预测

4.1　可供水量预测

大名县的水资源可供水量包括地表水、地下水、回归水、外来水。

4.1.1　地表水

不同保证率地表水资源量见表 8。

表 8　不同保证率地表水资源量　　单位：万 m³

保证率	50%	75%	95%
地表水量	13 246. 389	11 042. 46	8 122. 14

4. 1. 2　地下水

大名县多年来的地下水补给量 6 390. 5 万 m³，浅层地下水的资源量 5 765. 4 万 m³，可开采的浅层地下水数量 5 751. 5 万 m³。大名县的地下水开采状况根据其降雨量和用水状况等因素会有所区别，2010 年开采的地下水量 5 751. 5 万 m³，2020 年开采的地下水量 4 362 万 m³，2025 年开采的地下水量 4 500 万 m³。

4. 1. 3　回归水

大名县的回归水量取水稻整个剩余阶段所需要的灌溉水量的 1/10。不同保证率下的回归水量见表 9。

表 9　不同保证率下的回归水量

保证率/%		50	75	95
回归水量/万 m³	2010 年	1 182. 133	1 253. 787	1 343. 333
	2020 年	774. 054	787. 641	909. 860
	2025 年	541. 262	550. 763	636. 225

4. 1. 4　外来水

大名县引进来的外来水量在保证率 50%、75%、95%的情况下，水量都是 800 万 m³。

4. 2　需水量预测

4. 2. 1　农业需水量

本文中小麦、玉米、油菜等旱作物在不同保证率下灌水定额分别取为 36 m³/亩、48 m³/亩、50 m³/亩。经计算，水稻灌溉定额 2010 年保证率在 50%、75%、95%时分别为 440 m³/亩、466. 67 m³/亩、500 m³/亩，2020 年、2025 年保证率在 50%、75%、95%时分别为 380 m³/亩、386. 67 m³/亩、446. 67 m³/亩。

不同保证率下作物灌溉水量见表 10。

表 10　不同保证率下的灌溉水量　　单位：万 m³

保证率		50%	75%	95%
灌溉水量/万 m³	2010 年	14 853. 13	16 580. 27	17 644. 16
	2020 年	11 032. 58	12 265. 8	13 670. 8
	2025 年	8 715. 84	9 911. 93	10 950. 06

4. 2. 2　工业需水量

根据水资源公报，2010 年万元工业用水定额为 54 m³/万元，2020 年工业用水定额为 24 m³/万元，根据大名县的发展情况，预测水平年 2025 年工业用水定额为 20 m³/万元。由表 4 可知，2010 年工业

GDP 总值 17.50 亿元，2020 年工业 GDP 总值 29.34 亿元，水平年 2025 年工业 GDP 总值 41.92 亿元。根据上述数据可求得 2010 年、2020 年、2025 年工业需水量分别为 945.00 万 m^3、704.16 万 m^3、838.40 万 m^3。

4.2.3 城镇需水量

考虑到天气变化对居民生活用水量的影响较小，故不同保证率下采用同一定额，2010—2020 年约为 150 L/（人·d），2021—2025 年约为 165 L/（人·d）。由上述数据可得出，2010 年、2020 年、2025 年城镇生活用水量分别为 135.78 万 m^3、549.14 万 m^3、766.66 万 m^3。

4.2.4 农村需水量

大名县农村居民生活用水定额在 2010—2020 年约为 90 L（人·d），在 2021—2025 年约为 100 L（人·d）。由上述数据可得出，2010 年、2020 年、2025 年农村生活用水量分别为 903.04 万 m^3、847.86 万 m^3、943.89 万 m^3。

4.2.5 生态环境用水量

随着社会的发展，生态环境的优化越来越重要，大名县生态环境用水量取工业用水量和城市居民用水总量的 1%。2010 年、2020 年、2025 年生态环境用水量分别为 10.81 万 m^3、12.53 万 m^3、16.05 万 m^3。

4.2.6 第三产业用水

大名县 2010 年第三产业用水定额为 15 m^3/万元，2020 年用水定额为 10 m^3/万元，水平年 2025 年用水定额为 8 m^3/万元。由表 4 可知，2010 年第三产业总产值 11.79 亿元，2020 年总产值 14.58 亿元，水平年 2025 年总产值 18.19 亿元，故 2010 年、2020 年、2025 第三产业用水量分别为 176.85 万 m^3、145.80 万 m^3、145.52 万 m^3。

5 水资源供需平衡分析

根据水资源供需平衡计算方法分别对大名县 2010 年、2020 年和 2025 年在不同保证率下进行供需平衡计算[7]，结果见表 11~表 13。

表 11 2010 年水资源供需平衡计算 单位：万 m^3

名称		保证率 50%	保证率 75%	保证率 95%
供水量	地表水	13 246.389	11 042.46	8 122.14
	地下水	5 751.5	5 751.5	5 751.5
	回归水	1 182.133	1 253.787	1 343.333
	外来水	800	800	800
	合计	20 980.022	18 847.747	16 016.973
需水量	农业需水	14 853.13	16 580.27	17 644.16
	工业需水	945.00	945.00	945.00
	居民用水	1 038.82	1 038.82	1 038.82
	第三产业需水	176.85	176.85	176.85
	生态需水	10.81	10.81	10.81
	合计	17 024.61	18 751.75	19 815.64
供需计算	余（+）/缺（-）	3 955.412	95.997	-3 798.667

表 12 2020 年水资源供需平衡计算 单位：万 m^3

名称		保证率		
		50%	75%	95%
供水量	地表水	13 246.389	11 042.46	8 122.14
	地下水	4 362	4 362	4 362
	回归水	774.054	787.641	909.86
	外来水	800	800	800
	合计	19 182.443	16 992.101	14 194
需水量	农业需水	11 032.58	12 265.8	13 670.8
	工业需水	704.16	704.16	704.16
	居民用水	1 397.00	1 397.00	1 397.00
	第三产业需水	145.80	145.80	145.80
	生态需水	12.53	12.53	12.53
	合计	13 292.07	14 525.29	15 930.29
供需计算	余（+）/缺（-）	5 890.373	2 466.811	-1 736.29

表 13 2025 年水资源供需平衡计算 单位：万 m^3

名称		保证率		
		50%	75%	95%
供水量	地表水	13 246.389	11 042.46	8 122.14
	地下水	4 500	4 500	4 500
	回归水	541.262	550.763	636.225
	外来水	800	800	800
	合计	19 087.651	16 893.223	14 058.365
需水量	农业需水	8 715.84	9 911.93	10 950.06
	工业需水	838.4	838.4	838.4
	居民用水	1 710.55	1 710.55	1 710.55
	第三产业需水	145.52	145.52	145.52
	生态需水	16.05	16.05	16.05
	合计	11 426.36	12 622.45	13 660.58
供需计算	余（+）/缺（-）	7 661.291	4 270.773	397.785

6 结论

大名县水资源在 2010 年、2020 年保证率为 95%的情况下处于缺水状态，其他为余水状态。

缺水原因如下：

（1）2010—2025年，大名县的总人口呈现增长趋势，城镇人口在总人口中的占比逐年增加，居民用水增加。

（2）节水设施的进步和节水工艺的逐步完善，提高了农业灌溉用水利用效率，但由于降雨量少且时空分布不均，水资源供需不平衡。

（3）各类工业企业的不断增多导致工业需水呈现增加趋势。

（4）由于社会的不断发展，生态文明建设越来越重要，生态需水量逐年增加。

建议加强水资源节约和保护宣传，提高人们的节水意识，建设节水型城市；加强水资源的优化配置，推广节水新技术、新工艺，调整农业用水结构，发展节水型农业；制定水环境保护规划制度，对工业布局进行优化调整，实现水资源的高效利用。

参考文献

[1] 陈家琦，王浩，杨小柳．水资源学［M］．北京：科学出版社，2002.

[2] 牛明慧，程龙，苟耀峰，等．丽江市古城区水资源供需分析［J］．西北水电，2022（5）：52-56.

[3] 高甫章．克拉玛依市水资源供需平衡分析及优化配置研究［D］．石河子：石河子大学，2019.

[4] 王劲峰，刘昌明，于静洁，等．区际调水时空优化配置理论模型探讨［J］．水利学报，2001（4）：7-14.

[5] 中华人民共和国水利部．2010年全国水利发展统计公报［R］．北京：中国水利水电出版社，2010.

[6] 詹道江，徐向阳，陈元芳．工程水文学［M］．北京：中国水利水电出版社，2010.

[7] 王双银，宋孝玉．水资源评价［M］．2版．郑州：黄河水利出版社，2014.

干旱缺水地区县级水资源高效利用与配置研究

樊咏阳　万中宇　墨运涛

［长江水利水电开发集团（湖北）有限公司，湖北武汉　430014］

摘　要：景泰县位居甘肃省腹地北陲，毗邻腾格里沙漠，是甘肃省中部干旱县之一，年均降水量 185 mm，平均蒸发量 3 038 mm。同时，景泰县作为农业大县，现有农田 102 万亩、牲畜 82 万头，仅农业需水量就达 4.4 亿 m^3/a，水资源依赖引调水工程的调配。合理配置水资源，有效实施节水措施，促进水资源高效利用，是县级水网规划的重点。本文以景泰县为例，结合经济社会发展需求，基于县级水资源的规划和调配，落实"四水四定"，保护好县域发展的"水根基"，为干旱缺水的农业县发展提供可参考的水资源高效利用与配置示范。

关键词：干旱缺水；水资源配置；高效利用；农业

景泰县隶属甘肃省白银市，位居甘肃省腹地北陲，腾格里沙漠南缘，地处黄土高原与腾格里沙漠过渡地带，为河西走廊东端门户。境内高山嶙峋，丘陵起伏，川滩交错，沟壑纵横。景泰县属温带干旱大陆性气候。平均气温 8.2 ℃，无霜期 141 d，年均降水量 185 mm，平均蒸发量 3 038 mm，是典型的干旱缺水县。

目前，在缺水地区，已经开展了大量的研究与实践，优先解决了农村饮用水的缺口[1]，通过工程措施与非工程措施相结合的方式，提升了水资源利用效率，解决了水资源匮缺的问题[2-3]。对于县域发展而言，根据水资源缺口，合理制定水资源高效利用与配置方案，是解决缺水问题的关键。

1　水资源需求情况

2022 年，景泰县需水总量 45 285 万 m^3，需水结构以农业用水为主，占比达到 96.34%。至 2035 年，景泰县需水量 53 115 万 m^3，相较于基准年增加 7 830 亿 m^3，其中生活需水占比 1.76%，工业需水占比 1.93%，农业需水占比 87.72%，生态需水占比 8.59%。各水平年景泰县需水量预测成果见表 1。

表 1　各水平年景泰县需水量预测成果　　单位：万 m^3

水平年	行政区	生活	工业	农业	生态	合计
2022	一条山镇	222	127	5 427	186	5 962
	芦阳镇	47	16	3 715	75	3 853
	上沙沃镇	17	56	2 890	3	2 966
	喜泉镇	37	89	2 993	71	3 190
	草窝滩镇	36	66	3 413	12	3 527
	红水镇	32	26	5 313	105	5 476
	中泉镇	23	14	3 410	54	3 501
	正路镇	25	64	1 444	43	1 576
	寺滩乡	31	13	10 122	68	10 234
	五佛乡	25	1	1 710	44	1 780

作者简介：樊咏阳（1989—），男，高级工程师，主要从事水利工程规划设计、河道演变分析工作。

续表 1

水平年	行政区	生活	工业	农业	生态	合计
2022	漫水滩乡	21	1	3 192	6	3 220
	合计	516	473	43 629	667	45 285
2035	一条山镇	438	276	5 292	1 110	7 116
	芦阳镇	82	35	3 722	667	4 506
	上沙沃镇	29	122	2 726	186	3 063
	喜泉镇	62	194	3 598	258	4 112
	草窝滩镇	62	144	3 333	428	3 967
	红水镇	53	56	5 042	289	5 440
	中泉镇	38	31	5 427	536	6 032
	正路镇	42	139	1 561	226	1 968
	寺滩乡	51	28	10 952	253	11 284
	五佛乡	42	1	1 869	119	2 031
	漫水滩乡	35	1	3 072	488	3 596
	合计	934	1 027	46 594	4 560	53 115

2 水网总体格局

景泰县水网格局以黄河干流和引大入秦工程为主要的水源基础，以景电工程、中电提灌工程、景泰中部灌溉工程为主要输水通道，以英武、正路、大安等调蓄水库为重要节点，优化拓展供水功能，完善配套工程体系，加强互联互通，织密供水网络，形成“三横两纵，双源互济，多点调蓄，畅通河渠”的全县水网格局。

三横两纵：“三横”为景电一期、二期工程以及景泰中部现代农业供水工程，“两纵”为引大供水和黄河干流。

双源互济：以黄河为水源，建成的景电提灌工程、中电提灌工程以及沿黄小提灌工程控制全县70%以上灌溉面积，供水量占全县的80%以上；以大通河为水源，建成的引大入秦工程为景泰县重要的外调水工程，是景泰县城乡供水的基础性、支撑性水源，城乡规模化供水比例达全县的99%，是全县城乡供水的大动脉和生命线。

多点调蓄：“多点”为英武、正路、永泰川等调蓄水库，串联城乡生活和农业灌溉用水单元，形成一张覆盖广泛、高效协同的供水网络。

畅通河渠：指中小河流治理、大江大河治理、山洪沟治理，保障河道与渠系的畅通无阻，提高水流效率，促进水资源的优化配置，为农业灌溉、城乡供水等提供更加可靠和高效的水资源支持。

景泰县水网总体格局如图 1 所示。

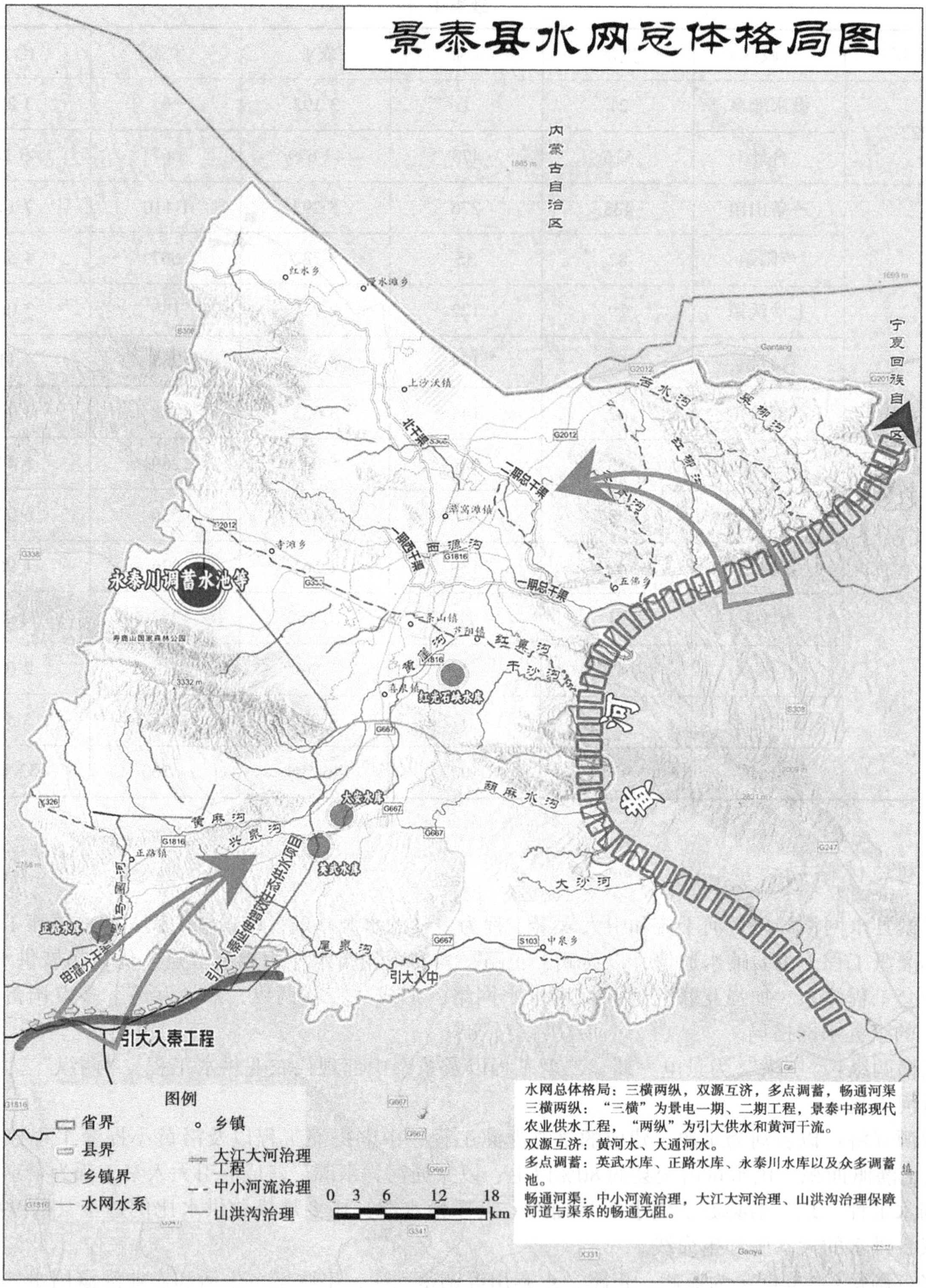

图 1　景泰县水网总体格局

3　可供水量分析

3.1　现状供水量

景泰县地表主要水源来自黄河干流以及大通河引水（引大入秦工程）。此外，还包括地下水取水和非常规水利用。

3.1.1 黄河干流取水指标

按照水利部《黄河流域以水而定量水而行水资源监管行动方案》安排部署，景泰县任务压减水量为 6 766 万 m^3。根据近年白银市下达的用水计划，景泰县现状年下达黄河干流取水指标为 27 900 万 m^3。

3.1.2 引大水取水指标

引大入秦调水是景泰县生产生活新的供水水源，根据相关文件、会议记录，甘肃省引大入秦工程管理局每年向景泰县供水指标为 6 150 万 m^3。由于水量不足，现状实际供水量仅为 4 754 万 m^3。

3.1.3 地下水取水指标

根据白银市下达的用水计划，景泰县现状年下达地下水取水指标为 1 410 万 m^3，现状实际取水量为 771 万 m^3。

3.1.4 非常规水

现状非常规水供水量为 5 万 m^3，主要为再生水利用及微咸水利用，其中再生水利用量为 4.9 万 m^3。

综上所述，现状实际可供水量为 33 430 万 m^3。

3.2 新增可供水量

黄河流域可供水量主要受流域耗水指标控制，至 2035 年，随着引大入秦工程等工程的逐步达效，局部区域可供水量有所增加，但受黄河分水指标限制，流域内总可供水量增幅有限。黄河干流指标再次减少至 27 000 万 m^3；引大入秦工程供水量提高，向景泰县供水指标提高至 6 150 万 m^3。景泰县批复地下水取水量不考虑增减量，仍为 1 410 万 m^3。非常规水主要增加再生水及微咸水利用：景泰县拟新建再生水厂，将再生水引至华能热电厂，可增加 200 万 m^3 再生水利用。另外，拟建几处非常规水调蓄工程，将微咸水用于灌溉，至规划年可增加 200 万 m^3 微咸水利用。

综上所述，无新增重大外调水源情况下，在现状供水水平基础上，通过扣减不合理用水，新增地表水及其他水源，至 2035 年，增加可供水量共计 1 530 万 m^3，可供水总量为 34 960 万 m^3。

4 水资源优化配置方案

结合水资源需求情况与可供水量情况对比分析可以发现，2035 年，景泰县总需水量为 53 115 万 m^3，在无新增重大水源情况下，可供水量为 34 960 万 m^3，缺水量为 18 155 万 m^3，根据全县用水需求态势，在全县用水总量控制下，水资源用水缺口较大。要彻底有效解决景泰县缺水问题，必须在全面推进深度节水控水的前提下，统筹黑山峡工程、南水北调西线工程、黄河“八七”分水方案调整等水资源“增量”进行系统谋划，破解水资源短缺瓶颈。

目前，黑山峡工程和南水北调西线工程的调水规模及配置方案均未确定，在保障刚性用水需求的基础上，景泰县对黑山峡工程和南水北调西线工程水量需求约为 1.82 亿 m^3。

2035 年，黑山峡水库生效情景下，全县需水量 53 115 万 m^3，总配置水量 53 115 万 m^3，其中本地水源 27 000 万 m^3、引大供水工程 6 150 万 m^3、地下水 1 410 万 m^3、其他水源 400 万 m^3、黑山峡补充及南水北调西线“八七”分水调整新增供水共计 18 155 万 m^3，各行业用水量均呈增加趋势。生活、工业、农业和人工生态用水比例由现状 1∶1.2∶97.5∶0.3 调整为 1.8∶1.9∶87.7∶8.6。

5 开展水资源高效利用

5.1 打造节水示范区

按照节水优先的要求，在景泰县水资源高效利用中，应当优先开展节水示范区的打造。根据节水要求，针对实际用水情况，重点从水资源刚性约束制度和全面促进农业节水增效双向开展。

5.1.1 水资源刚性约束制度

落实国家关于水资源刚性约束制度要求，配套完善政策措施，分解灌溉用水指标，落实到各个灌区。严格用水总量和强度指标管控，加强行业用水定额管理，新建（改建、扩建）项目取用水必须采用行业先进定额标准。适时开展全县取用水量核查工作，摸清供水、用水及地下水开采的基础底数，为水资源精细化管理打好基础。严格水资源论证和取水许可管理，强化违规取用水问题查处整改。加强取用水监测计量体系建设和数据汇集，逐步推进万亩以上灌区、规模以上工业企业取水在线计量数据全面接入全国取用水管理平台。至2035年，万元工业增加值用水量和万元GDP用水量达到实际要求，农田灌溉水有效利用系数达到0.64。

5.1.2 全面促进农业节水增效

以黄河干流提灌区为重点，持续推进景电等大型灌区续建配套和现代化改造及中泉中型灌区续建配套和节水改造，到2035年，基本完成万亩以上灌区节水改造任务。结合高标准农田建设，以土地集约化、规模化经营为基础，统筹农业水价改革、水权制度改革和现代化生产经营模式推广，实施景电灌区现代特色农业高效节水等工程，大力实施规模化高效节水灌溉。推广条山农场高效节水经验，扩大高效节水灌溉面积，新增灌溉面积采用滴灌、低压管灌等高效节水灌溉技术。至2035年，新发展高效节水灌溉面积20万亩，建成沿黄现代农业节水灌溉示范带。

5.2 优化农业用水格局

景泰县用水超95%用于农业种植与牲畜养殖等，因此水资源高效利用的重点工作是优化农业用水格局。

5.2.1 实施灌区现代化建设和灌溉网络改造

通过升级骨干系统、畅通田间灌溉“微脉”，构建高效完备的灌排工程体系。持续开展景电大型灌区续建配套和现代化改造，加快推进实施中泉中型灌区续建配套和节水改造，全面翻新各灌区渠道及其配套设施，包括新建渠道、渠系建筑、泵站安全防护与蓄水池等，确保水资源精准配置与高效利用，为农业增产提供稳固的灌溉基石。针对五佛引黄自流灌区，启动支渠焕新工程，对南、北支渠及龙王庙支渠实施衬砌改造，显著降低渠道渗漏，提升输水效率。为进一步提升水资源利用效率，强化节水灌溉技术的推广与应用，优化灌溉系统布局，并与高标准农田建设紧密结合，实现骨干渠系与农田的统一规划、同步改造，全面改善农业基础条件，增强农业生产与抗灾能力。到2035年，景泰县农田灌溉水有效利用系数达到0.64。

5.2.2 夯实粮食安全水利基础

积极实施黄河上游陇中地区的水土保持与生态供水调蓄水池项目，新建的生态供水工程不仅解决了寺滩乡多个村庄的灌溉需求，还通过蓄水池建设增强了区域水资源的储备与调度能力。同时，全县范围内开展了灌溉设施风险大排查，对87座泵站进行全面更新改造，并对五佛引黄灌区取水闸实施除险加固，中电灌区加强提灌泵站的防洪与排洪能力，有效抵御洪水威胁，确保水利设施安全稳定运行。

5.3 加强非常规水利用

将非常规水源纳入水资源统一配置，着力扩大非常规水源利用领域和规模，缓解水资源供需矛盾。以全县已建成的污水处理厂为基础，配套新建一处再生水厂，推进再生水管网的建设，将再生水厂与华能热电厂连接，提高再生水利用比例。积极加快非常规水工程建设，实施景泰县响水生态林非常规水利用工程、景泰县芦阳镇非常规水调蓄利用工程、景泰县中泉镇非常规水调蓄利用工程，提高微咸水利用比例。至2035年，景泰县再生水循环利用率达到80%以上，再生水的利用量达到200万m^3以上，非常规水利用总量达到400万m^3以上。

5.4 谋划黑山峡配套工程

积极配合并推进库区水利设施迁改复建前期工作。黑山峡水库淹没涉及的景泰县大中型泵站9座，其中大型泵站4座、中型泵站5座，以新建泵站、配套相应管线为重点，配合省、市开展黑山峡水库淹没区水利设施迁改复建前期工作。积极推进景泰中部灌溉工程建设，补充引大灌区用水，并解决景泰县庐阳红光、黄崖滩灌片农业灌溉用水。结合黑山峡移民安置和淹没水利设施迁改复建景泰中泉电灌扩容工程，解决原中泉灌区用水和新增景泰县中泉乡移民安置及农田灌溉用水。配合景电工程管理局建设景电三期工程，重点解决黑山峡移民安置农田灌溉及生产生活用水。以黑山峡水库为水源，对库区淹没直接影响区的河道及周边区域河道实施水系连通、河道清障、岸坡整治、防污控污等措施，涉及景泰县共计6条河流。

6 结论

景泰县作为甘肃省中部典型干旱缺水县，主要用水依赖于提灌、调水工程。根据水资源配置需求，构建了“三横两纵，双源互济，多点调蓄，畅通河渠”的全县水网格局。

（1）至2035年，景泰县总配置水量53 115万 m^3，其中本地水源27 000万 m^3、引大供水工程6 150万 m^3、地下水1 410万 m^3、其他水源400万 m^3、黑山峡补充及南水北调西线“八七”分水调整新增供水共计18 155万 m^3。

（2）景泰县水资源高效利用策略主要从打造节水示范区、优化农业用水格局、加强非常规水利用以及谋划黑山峡配套工程等方面开展，将缺水县的水资源充分利用到必要的方面。

参考文献

[1] 周少奇，胡菁．西部典型缺水地区农村供水排水一体化技术及应用示范［J］．中国环境管理，2017，9（3）：110-111.

[2] 张军，赵海利，亢志杰．缺水地区如何合理高效利用水资源：基于大仆寺旗农发实践的思考［J］．中国农业综合开发，2014（9）：55-56.

[3] 季丽，杨兵来．干旱缺水区民勤县水资源持续高效利用策略研究［J］．乡村科技，2019（27）：113-114.

疏勒河流域地表水与地下水循环过程研究

刘 鑫[1] 刘建军[2]

（1. 南昌市水利综合服务中心，江西南昌 330038；
2. 甘肃省疏勒河流域水资源利用中心，甘肃玉门 735211）

摘 要： 疏勒河流域位于甘肃西部极旱荒漠地区，地表水资源严重短缺，地下水开采过度，生态环境脆弱。以2021年为现状年，采用2010—2021年地下水监测资料系列及1956—2021年长系列水文气象数据，重点分析2017—2021年疏勒河流域双塔灌区、昌马灌区、花海灌区地下水均衡关系，为干旱地区研究地表水与地下水转换、合理利用水资源、治理地下水超采、有效保护生态环境提供技术参考。

关键词： 地下水均衡；分析；疏勒河

1 引言

疏勒河流域位于我国西北干旱区，是河西走廊三大内陆河流域之一，流域中下游冲积平原形成了昌马、双塔、花海三大灌区，总灌溉面积134.42万亩。山前冲洪积平原分布着玉门—踏实、瓜州—敦煌、赤金—花海等不同规模地下水水文地质单元，地表水—地下水相互转化频繁，研究其过程和规律，对实现地下水采补平衡、维系地表水与地下水良性循环和生态安全具有重要意义。疏勒河水系分布见图1。

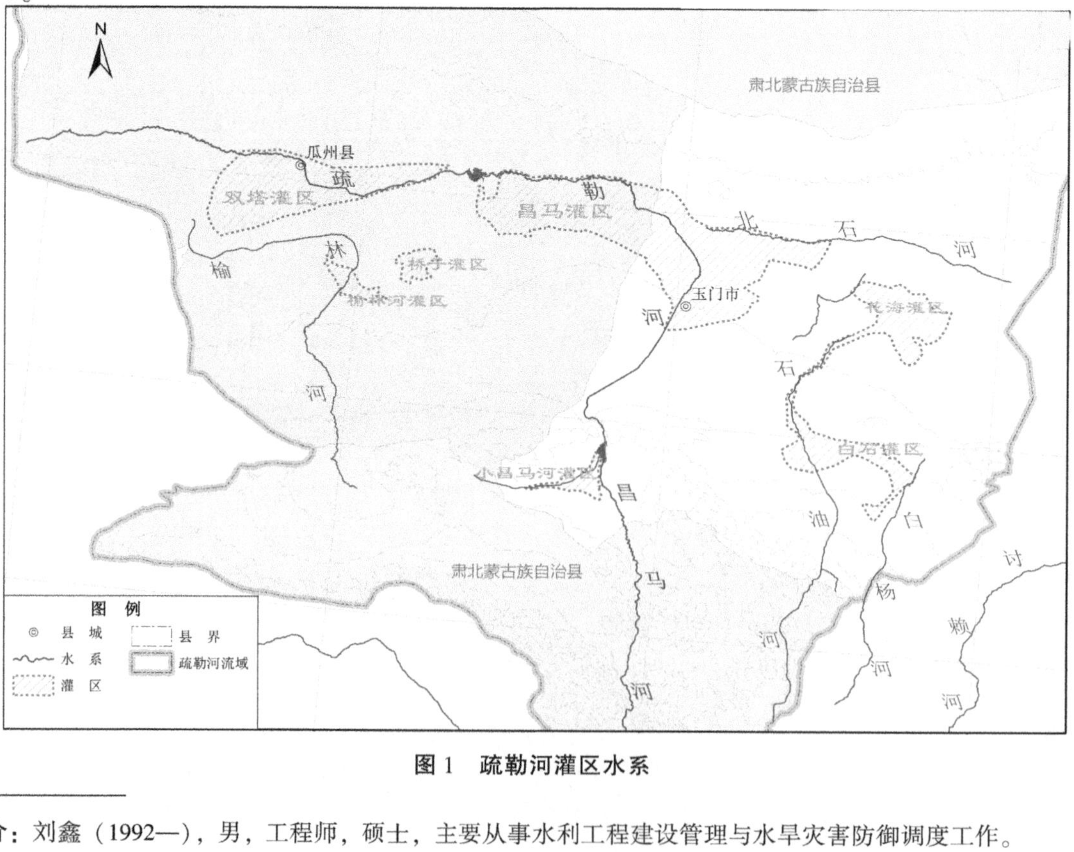

图1 疏勒河灌区水系

作者简介： 刘鑫（1992—），男，工程师，硕士，主要从事水利工程建设管理与水旱灾害防御调度工作。

2 地表水资源量

疏勒河地表水资源总量（自产+入境）为 11.70 亿 m^3。其中，水文站控制部分水资源数量约 11.67 亿 m^3，占地表水资源数量的 99.75%；兔葫芦泉水及其他小沟（小河）水资源量约 0.03 亿 m^3，占地表水资源量的 0.25%；山区用水还原量为 0.03 亿 m^3，疏勒河山前部分不产流。实测径流及还原量数据见表 1。

表 1 疏勒河有水文站控制的出山地表水资源量统计

序号	河流名称	测站名称	集水面积 / km^2	实测出山径流量/亿 m^3	山区用水还原量/亿 m^3	还原后出山径流量/亿 m^3
1	昌马河	昌马堡	10 961	9.713 1	0	9.713 1
2	石油河	玉门市	656	0.278 1	0.030 6	0.308 7
3	小昌马河	小昌马河渠首	1 935	0.514	0	0.514 0
4	白杨河	白杨河水库	825	0.624 4	0	0.624 4
5	榆林河	榆林河水库	2 900	0.507 7	0	0.507 7
合计				11.637 3	0.030 6	11.667 9

3 地下水资源量

疏勒河流域涉及的地下水盆地多年平均地下水资源量 6.07 亿 m^3，与地表水重复计算量 5.60 亿 m^3，见表 2。

表 2 疏勒河流域地下水资源数量

水文地质单元	县级行政区	平原区面积/km^2		平原区地下水总补给量/亿 m^3	平原区地下水资源量/亿 m^3	与地表水重复计算量/亿 m^3
		合计	计算面积			
瓜州盆地	瓜州县	2 254	1 697	1.84	1.69	1.57
玉门—踏实盆地	玉门市	1 506	400	1.46	1.42	1.29
	瓜州县	4 739	925	2.29	2.23	2.08
花海盆地	玉门市	3 836	1 020	0.92	0.73	0.66
合计		12 335	4 042	6.51	6.07	5.60

4 地下水动态特征

疏勒河各个水文地质盆地地下水运动总趋势与河流流向一致。随着主要含水层导水性从河流上游到下游变弱，地下水交替也逐渐由入渗—径流过渡为入渗—蒸发。以昌马灌区为例，近 12 年地下水水位呈上升趋势，上升速率 0.02 m/a（见图 2），水位变化较小，区域上并未形成大的降落漏斗，流场形态基本未变，径流方向也未发生明显改变，只是存在整体区域上的水位升降，地下水流场分布如图 3 所示。

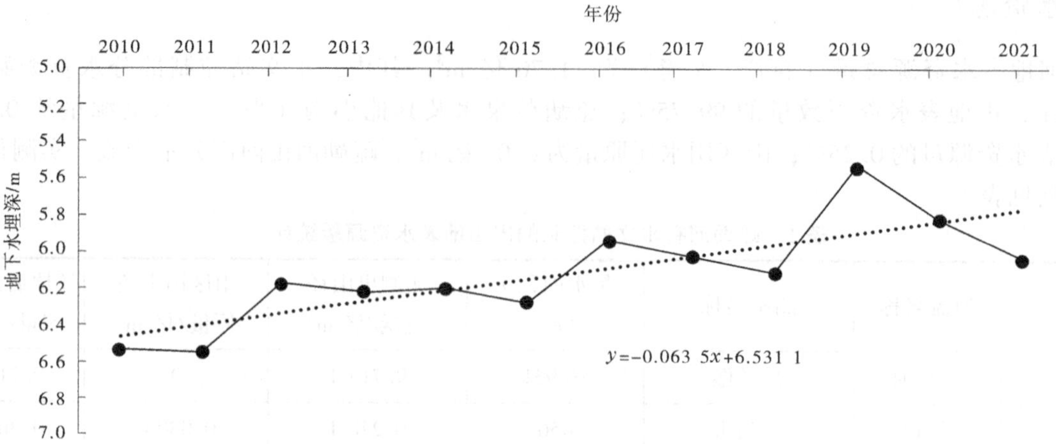

图 2 2010—2021 年昌马灌区地下水水位埋深变化趋势

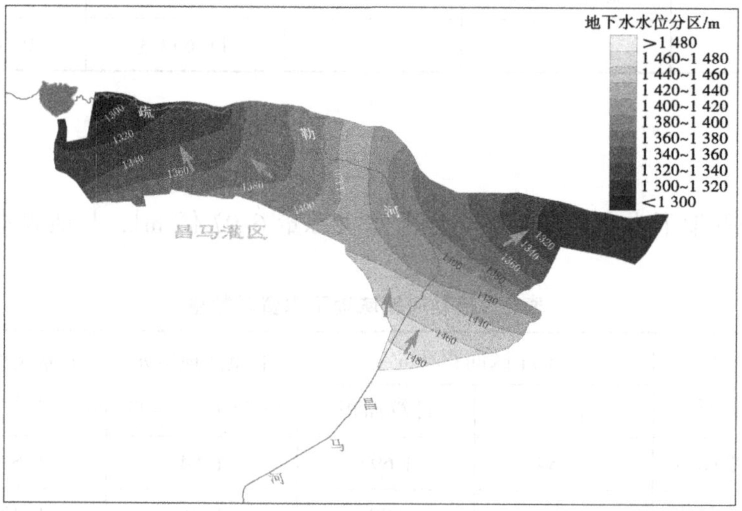

（a）2010年

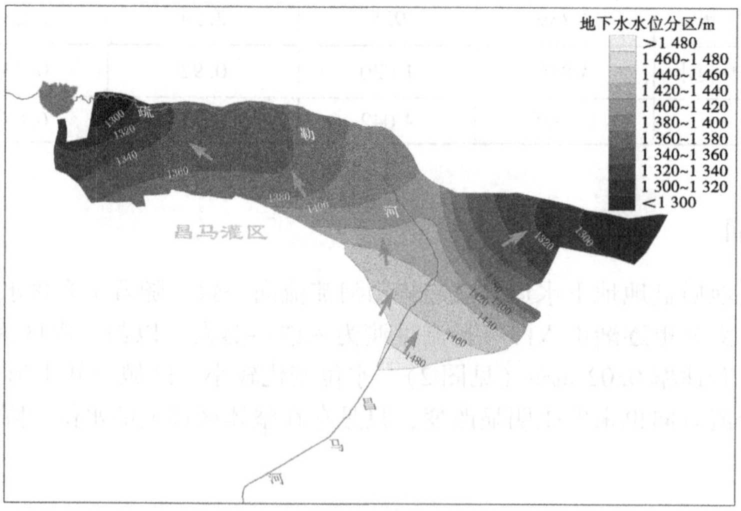

（b）2016年

图 3 昌马灌区多年地下水流场

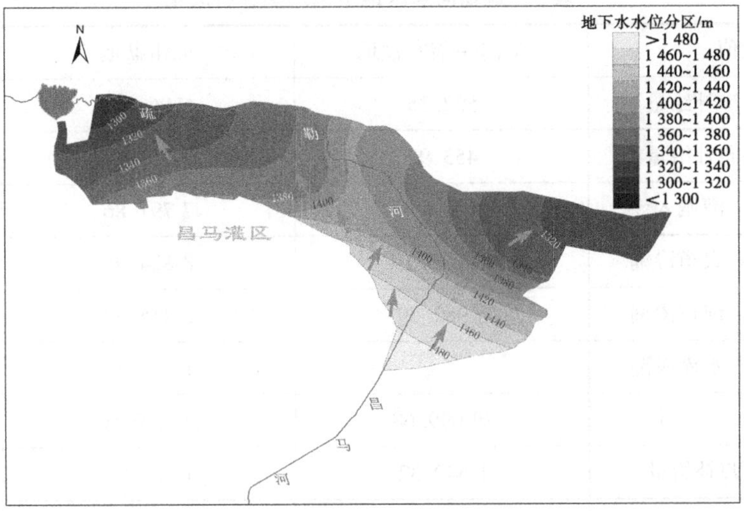

（c）2021年

续图 3

5 地表水与地下水转换过程

疏勒河水资源的天然循环包括水资源的形成、水资源转化和蒸发消耗，形成“地表水—地下水—地表水”循环交替的过程。其中，南部祁连山区是水资源的形成区，走廊平原区是水资源的径流交替和蒸发消耗区。疏勒河地表水与地下水在径流过程中多次转化，地表水与地下水之间形成了数量大而且有规律的转化过程。在山区，水资源已经经过了地表水—地下水—地表水的多次转化。疏勒河流出山口后，在昌马洪积扇顶部以河（渠）水的形式大量入渗，渗漏量达 50%以上，入渗量占盆地地下水补给量的 80%左右，地下水由南向北径流。由于补给充沛，昌马洪积扇中上部粗颗粒含水层导水系数可达 4 000~8 000 m^2/d，水力坡度由南向北从 7‰减至 2‰左右。到细土平原区，地下水的补给来源则主要为灌溉渠系及田间灌溉入渗，其补给量占盆地地下水总补给量的 60%~70%，在盆地南部地下水由南向北径流的同时，在含水层内部还存在由浅部向深部的径流，受北部山区的堵截，北部深层地下水又由深部向浅部移动，顶托补给表层潜水，同时以泉水形式大量溢出地表形成泉集河。研究区气候干旱、少雨，其蒸发强度很大，地下水的排泄以地面蒸发和植物蒸腾为主，又形成下游瓜州、花海盆地径流-蒸发相平衡的水循环系统。

6 地下水水均衡分析

水均衡是指在水文地质单元内多年平均地下水总补给量（$Q_{总补}$）、总排泄量（$Q_{总排}$）及蓄变量（ΔW）的均衡关系，按式（1）、式（2）计算[1]：

$$X = Q_{总补} - Q_{总排} + \Delta W \tag{1}$$

$$\delta = \frac{X}{Q_{总补}} \times 100\% \tag{2}$$

式中：δ 为相对均衡差；X 为绝对均衡差。

根据式（1）、式（2）计算地下水补给、排泄和蓄变量，得出 2010—2021 年疏勒河流域各盆地地下水均衡成果，以 2021 年为例，分析成果见表 3。

表 3　疏勒河灌区地下水均衡分析成果　　单位：面积，km^2；水量，万 m^3

2021 年现状值			玉门—踏实盆地	瓜州盆地	花海盆地
补给量/万 m^3	降水入渗补给量		522. 35	796. 37	444. 88
	山前侧向补给量		453. 94	116. 18	232. 26
	地表水体补给量	灌溉入渗	10 300. 90	7 791. 86	2 950. 84
		渠道渗漏	12 816. 19	8 824. 95	3 611. 84
		河道渗漏	5 982. 59	2 415. 39	487. 29
		水库渗漏		1 388. 35	
		合计	29 099. 68	20 420. 56	7 049. 97
	井灌回归补给量		1 549. 32	1 763. 25	1 104. 00
	地下水总补给量		31 625. 29	23 096. 36	8 831. 12
	地下水资源量		30 075. 97	21 333. 11	7 727. 12
排泄量/万 m^3	实际开采量		8 607. 35	8 396. 42	5 520. 00
	潜水蒸发量		21 176. 71	15 761. 26	5 056. 60
	侧向流出量		859. 90		
	地下水总排泄量		30 643. 96	24 157. 68	10 576. 60
蓄变量/万 m^3			2 457. 98	−794. 06	−1 229. 47
均衡差/%			−5	−1	−6

6.1　玉门—踏实盆地水均衡分析

玉门—踏实盆地多年平均蓄变量为 0. 13 亿 m^3，总体评价为正均衡，相对均衡差为 0%，逐年相对均衡差均小于 15%，满足均衡计算精度要求。

玉门—踏实盆地多年平均地下水总补给量为 3. 62 亿 m^3，其中降水入渗补给量为 0. 09 亿 m^3，占比 2. 40%；山前侧向补给量为 0. 05 亿 m^3，占比 1. 26%；田间灌溉入渗和渠道渗漏补给量为 2. 09 亿 m^3，占比 57. 68%；河道渗漏补给量为 1. 21 亿 m^3，占比 33. 47%；井灌回归补给量为 0. 19 亿 m^3，占比 5. 19%。

玉门—踏实盆地多年平均总排泄量为 3. 49 亿 m^3，其中实际开采量为 0. 99 亿 m^3，占比 28. 48%；潜水蒸发量为 2. 45 亿 m^3，占比 70. 00%；侧向流出量为 0. 05 亿 m^3，占比 1. 52%。玉门—踏实盆地地下水补给来源主要是地表水灌溉和河道渗漏，地下水主要排泄途径是人工开采和潜水蒸发。

6.2　瓜州盆地水均衡分析

瓜州盆地多年平均地下水总补给量为 2. 31 亿 m^3，其中降水入渗补给量为 0. 11 亿 m^3，占比 4. 61%；山前侧向补给量为 0. 02 亿 m^3，占比 0. 67%；田间灌溉入渗和渠道渗漏补给量为 1. 54 亿 m^3，占比 66. 85%；河道渗漏补给量为 0. 28 亿 m^3，占比 12. 26%；库塘渗漏补给量为 0. 13 亿 m^3，占比 5. 72%；井灌回归补给量为 0. 23 亿 m^3，占比 9. 89%。

瓜州多年平均总排泄量为 2. 77 亿 m^3，其中实际开采量为 1. 09 亿 m^3，占比 39. 30%；潜水蒸发量为 1. 68 亿 m^3，占比 60. 70%。

通过分析得出，瓜州盆地地下水补给来源主要是地表水灌溉和河道渗漏，地下水主要排泄途径是人工开采和潜水蒸发。

6.3 花海盆地水均衡分析

花海盆地多年平均地下水总补给量为 0.98 亿 m^3，其中降水入渗补给量为 0.06 亿 m^3，占比 5.75%；山前侧向补给量为 0.03 亿 m^3，占比 3.21%；田间灌溉入渗和渠道渗漏补给量为 0.60 亿 m^3，占比 61.15%；河道渗漏补给量为 0.18 亿 m^3，占比 18.82%；井灌回归补给量为 0.11 亿 m^3，占比 11.08%。

花海多年平均总排泄量为 1.06 亿 m^3，其中实际开采量为 0.54 亿 m^3，占比 50.94%；潜水蒸发量为 0.52 亿 m^3，占比 49.06%。

7 结论

经分析，疏勒河流域玉门—踏实盆地地下水采补基本平衡，瓜州盆地和花海盆地地下水处于超采状态，建议加大地下水超采区治理力度，采取增加地表水灌溉面积、灌区高效节水改造、冬季灌溉补充地下水、压减地下水灌溉面积和用水指标等有效措施，尽快实现区域内地下水采补平衡。

参考文献

[1] 管华. 水文学 [M]. 北京：科学出版社，2016.

内蒙古海河流域典型流域年径流变化影响因素调查研究

刘广丽

（内蒙古自治区水文水资源中心，内蒙古呼和浩特　010010）

摘　要： 气候变化和人类活动影响下的水文效应是目前国际上气候与环境领域的重大科学问题，认识二者驱动下的河川径流演变机制，对流域治理开发和环境保护等方面具有重要意义。自 20 世纪 80 年代以来，内蒙古海河流域多数河流实测径流量减少趋势显著，本文以兴和水文站控制流域为对象，系统开展了内蒙古海河流域典型流域河川径流量演变及归因识别研究。

关键词： 典型流域；河川径流量；演变规律；归因分析

1　引言

随着全球气候变化和人类活动的加剧，陆地水文循环发生了明显变化，地表径流的年内、年际变化趋于活跃，干旱、洪涝等极端水文气象事件发生的频率增加，不仅给人类带来巨大的生命财产损失，也严重威胁着水资源生态经济系统的健康，进而影响区域生态环境和经济社会的可持续发展。近 30 多年来，内蒙古海河流域大部分河流河川径流量变化较大，为系统分析径流演变规律，选择受强人类活动影响的兴和水文站控制流域为典型流域，开展年径流变化影响因素研究，对水循环过程中的降水、蒸发、气温、径流等天然要素进行趋势和相关分析，调查分析强人类活动对水循环过程的扰动机理及过程，建立数学模型，对强人类活动要素进行定量化描述，分析不同要素综合作用对地表径流变化的影响程度，定量揭示气候变化和人类活动等对流域水文循环影响的相对贡献，识别流域河川径流变化的成因。

本文系统收集了目前已有的时间序列诊断分析方法，分析不同方法的适用条件，针对研究流域的具体情况，采用多种方法相结合的途径诊断，提取实测径流量变化趋势及演变特征，结合人类活动情况，综合分析流域河川径流的演变阶段性、趋势性、突变性等数理统计特征。收集流域控制性气象站和水文站的径流、降水、气温、蒸发等数据，分别采用线性回归法、滑动平均法和 Mann-Kendall 秩次相关检验法分析径流的趋势性变化，并在此基础上采用距平累积法和 Mann-Kendall 秩次相关检验法检验序列的突变性，确定突变点，揭示变化环境下径流变化的规律性。根据径流突变性等结果和流域人类活动的实际状况，将水文时间序列划分为“天然期”和“人类活动影响期”，分析径流与降水、气温等气候因子的相关性，确定影响径流的主要气象因子；分析人类活动因素对径流的影响，确定气候变化和人类活动各影响因素对径流的影响敏感度；基于水文模拟技术和河川径流量变化特征，提出径流量变化归因分析方法，分析评估气候要素变化和人类活动对流域径流量历史变化的影响，对引起径流变化的成因进行分析。

2　研究区概况

洋河上游的兴和水文站位于内蒙古自治区乌兰察布市兴和县城关镇哈拉沟村，设立于 1963 年 1

作者简介： 刘广丽（1965—），女，正高级工程师，处长，主要从事水文水资源评价、监测及情报预报、规划等的研究工作。

月，主要监测流量、水位、降水量、蒸发量和泥沙量，集水面积 2 106 km^2，占洋河流域总面积的 14%。流域北宽南窄，平均宽度 49.6 km，河长 85.4 km，河道比降 4.6‰。流域设有白脑包、解放村、三瑞里和兴和 4 个雨量站，建有黄石崖、南壕堑、皂火口、鄂卜坪、鄂岩山、五股泉和三铺 7 座中小型水库，控制流域面积 1 430 km^2。流域水系分布如图 1 所示。

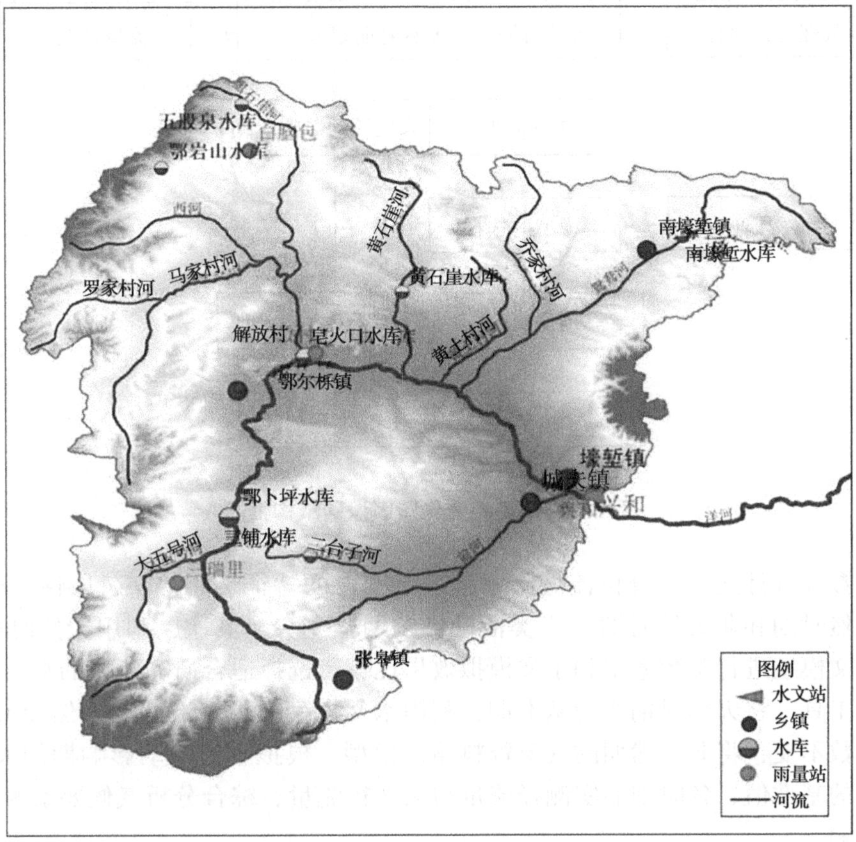

图 1　兴和水文站流域水系

流域属中温带大陆性季风半干旱气候，年平均气温 4.2 ℃，年平均蒸发量 2 036.8 mm，多年平均降水量 391.8 mm，多年平均实测河川径流量 0.400 5 亿 m^3，折合径流深 19 mm。近年来，流域降水量呈下降趋势，总体减幅为 3 mm/10 a。气温呈增加趋势，总体涨幅为 0.32 ℃/10 a。

流域土地利用类型以耕地、草地为主，土壤类型主要为黄绵土和栗钙土，作物主要有马铃薯、玉米、蔬菜、油料作物等。

3　典型流域径流变化归因研究

科学进行径流变化归因分析是支撑变化环境下水资源有效管理的重要基础工作。基于科学调查和数学模拟等技术手段，国内外水文学者先后提出了水保分析调查法、水文模拟还原法等开展河川径流变化原因的科学分析。相比而言，基于分项调查的径流归因分析方法需要花费大量的人力和物力资源，同时难以考虑不同影响因素相互作用对河川径流的影响，而基于水文模拟的径流还原方法仅需要收集流域内的水文气象资料，了解流域的基本概况，方法相对易于操作，因此本文采用数理统计和水文模拟技术的归因识别方法。

3.1　基于水文模拟的径流变化二元归因分析方法

河川径流变化是环境变化的综合结果。环境变化主要指气候变化（波动）和人类活动对流域下垫面等自然状况的改变。若在人类活动比较显著之前，流域已有若干年的降水、径流等观测资料，则可采用流域水文模拟途径分析河川径流变化的归因。径流变化归因识别的重要内容包括如何选择天然时段、如何还原人类活动影响下的天然径流量两个方面。河川径流变化归因识别结构框图见图 2。

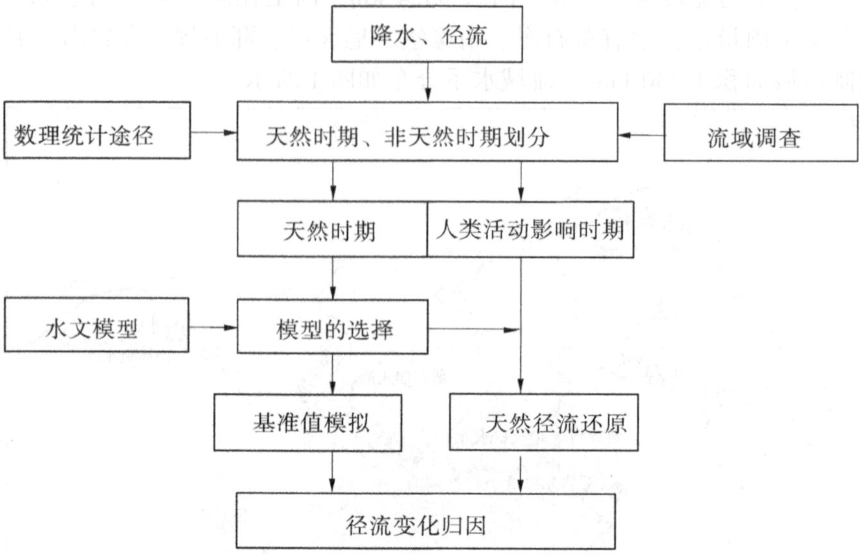

图 2　河川径流变化归因识别结构框图

首先，利用数理统计途径，分析流域降水、径流变化的特征、趋势、阶段性，结合流域状况调查，进行流域天然时期和非天然时期（人类活动影响期）划分。其次，利用天然时期的水文、气象资料，对流域水文模型进行参数率定和水文模拟效果比较，选择适合研究流域的水文模型作为天然径流量还原计算的工具，将天然时期作为基准期，利用水文模型模拟基准期的天然径流量作为基准值，同时保持模型参数不变，将非天然期的气象资料输入模型，模拟人类活动影响期的天然径流量过程。最后，根据选择的基准值、各时期的实测径流量与天然径流量，综合分析气候要素变化和人类活动对河川径流量的影响。

利用天然时期的水文、气象等资料率定的水文模型参数反映了人类活动显著影响之前土地利用、用水结构等对产流的影响，还原的人类活动影响期间的天然径流量反映了原始土地利用和用水结构状况下的产流过程。因此，人类活动影响时期的实测径流量与天然时期的基准值之间的差值包括人类活动影响、气候要素变化影响两部分。气候变化和人类活动对径流影响的定量分析方法如下：

$$\Delta W_{T} = W_{HR} - W_{B} \tag{1}$$

$$\Delta W_{H} = W_{HR} - W_{HN} \tag{2}$$

$$\Delta W_{C} = W_{HN} - W_{B} \tag{3}$$

$$\eta_{H} = \frac{\Delta W_{H}}{\Delta W_{T}} \times 100\% \tag{4}$$

$$\eta_{C} = \frac{\Delta W_{C}}{\Delta W_{T}} \times 100\% \tag{5}$$

式中：ΔW_T 为径流变化总量；ΔW_H 为人类活动对径流的影响量；ΔW_C 为气候变化对径流的影响量；W_B 为天然时期的径流量；W_{HR} 为人类活动影响时期的实测径流量；W_{HN} 为人类活动影响时期的天然径流量，由水文模型计算得出；η_H 、η_C 分别为人类活动和气候变化对径流量的影响百分比。

3.2　兴和水文站流域径流变化归因研究

3.2.1　径流的阶段性变化

受气候变化和人类活动等环境要素的影响，兴和水文站流域实测径流量以 1977 年为界发生了较为显著的阶段性变化。将 1964—1977 年作为基准期，统计流域不同阶段气温、降水量及年径流量的相对变化（见表1）。由表1可见：①流域基准期平均降水量380 mm，之后两个阶段的降水量较基准期偏少6%左右。②基准期平均气温3.16 ℃，之后两个阶段气温逐步抬升，后一个阶段升幅较大，与基准期相比升高1.48 ℃。③基准期兴和水文站实测径流量0.48亿m^3，之后第一阶段径流量呈增长趋势，增加16.67%。后一阶段较基准期大幅减少，减少64.6%。

表1　兴和站流域不同阶段气温、降水量、径流量及其变化

时段	径流量		降水量		气温	
	径流量/亿m^3	变化/%	降水量/mm	变化/%	气温/℃	变化/℃
1964—1977年	0.48	—	380	—	3.16	
1978—1998年	0.56	16.67	360	−5.3	3.80	0.64
1999—2017年	0.17	−64.6	351	−7.6	4.64	1.48

统计兴和水文站不同阶段的季节径流量较基准期的相对变化，结果见表2。由表2可见：①兴和水文站基准期平均年径流量0.48亿m^3。1978—2017年实测径流量较基准期偏少约50%。20世纪后期实测年径流量反而增加了0.08亿m^3，为基准期的16.7%。21世纪以来偏少情势非常明显，偏少65%以上。②1978—1998年所有季节径流量均较基准期增加，但不同季节的变化存在一定差异，夏季径流量增加较多，约占年减少量的36%，春、秋、冬3季各占年径流减少量的20%左右。③1999年以来，不同阶段的季节径流量较基准期偏少，但径流量变化存在一定差异，夏季径流量减少较多，约占年减少量的68%，冬季径流量减少相对较小，不足年径流减少量的1%。

表2　兴和水文站流域不同阶段径流量年和季节较基准期的变化

时段	春（3—5月）	夏（6—8月）	秋（9—11月）	冬（12—2月）	年
1978—1998	0.018	0.028	0.018	0.013	0.077
1999—2017	−0.046	−0.209	−0.053	−0.002	−0.309
1978—2017	−0.013	−0.084	−0.016	0.006	−0.106

3.2.2　*水文模拟及天然径流量还原*

1978年前，流域人类活动较少，可视为天然状态，该时期实测径流量可代表流域天然状态下的径流过程，因此以1964—1977年水文气象资料率定流域水文模型。兴和水文站实测与模拟的月径流量过程（见图3）显示，兴和水文站实测与模拟的月径流量过程相对吻合，部分峰值模拟有偏大的情况。

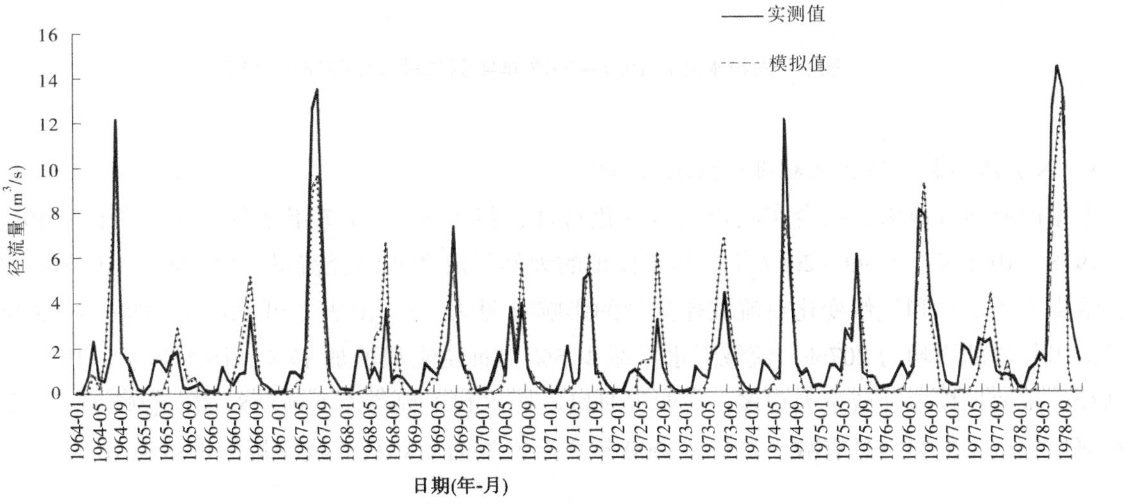

图3　兴和水文站1964—1977年实测与模拟月径流量过程

保持率定的 SWAT 模型参数不变，利用人类活动影响期间（1978—2017 年）气候要素资料驱动模型，模拟该时期的天然径流量过程。1964—2017 年实测与模拟的径流量过程（见图 4 及图 5）显示：①流域实测年径流量总体呈递减趋势，年径流量的变化幅度减小，特别是 2000 年以来一直保持持续低水情势。②模拟的天然年径流量过程呈丰枯交替变化态势，20 世纪 70 年代、90 年代和最近 10 年是水量较丰阶段。③20 世纪 80 年代前，实测与模拟的年径流量总体吻合，之后模拟的径流量大于实测径流量，尤其是 2010 年以来，实测径流量远小于模拟径流量。

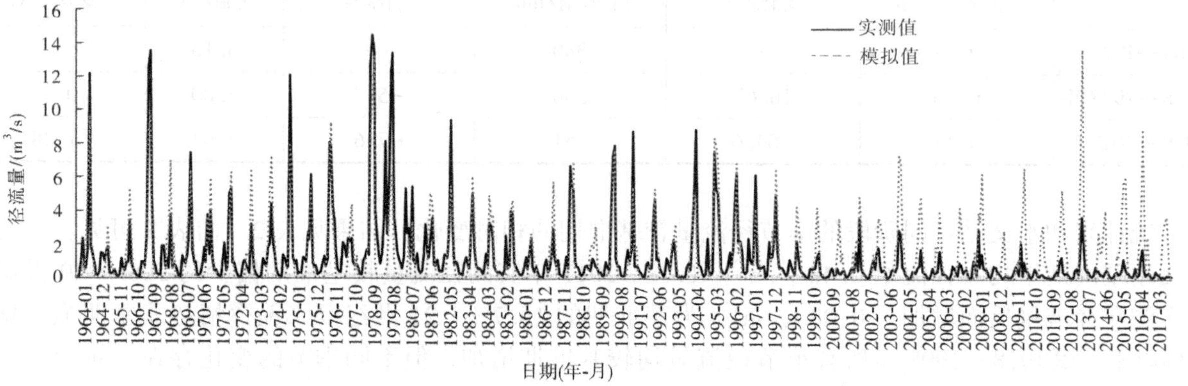

图 4　兴和水文站 1964—2017 年实测与模拟月径流量过程

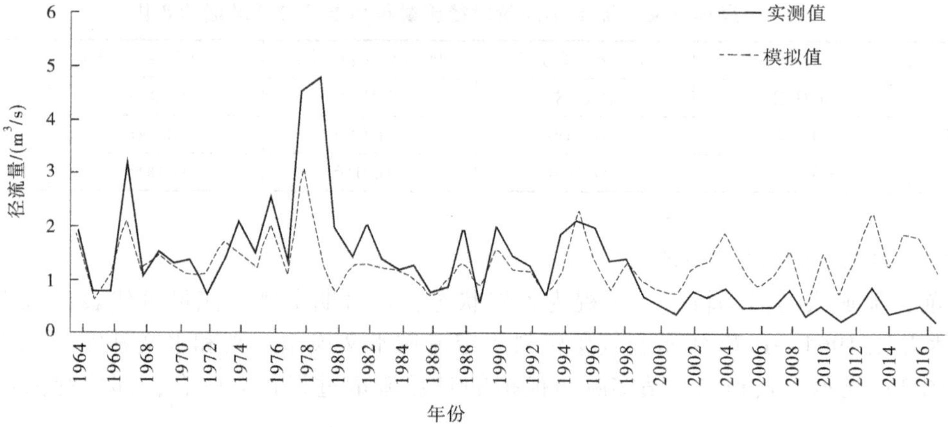

图 5　兴和水文站 1964—2017 年实测与模拟年径流量过程

3.2.3　人类活动和气候变化对河川径流的影响

根据已有研究成果，结合实测径流量变化特征，将 1963—2017 年划分为 3 个阶段：1963—1977 年、1978—1998 年、1999—2017 年。基于模拟的天然径流和实测径流量，将 1963—1977 年作为基准期，给出人类活动和气候变化对流域径流量的影响（见表 3）。由表 3 可见：①1978—1998 年人类活动对河川径流的影响为 207%。流域降水量减少 5%，而径流却增加 17%。图 5 显示，1978—1981 年实测径流量要比模拟径流量大很多，说明该时段区域水利工程等人类活动对径流影响很大。②人类活动对河川径流量的影响具有减小趋势，2000 年之后人类活动对径流减少量的贡献为 76%。

表 3　人类活动和气候变化对兴和站流域径流量的影响

时段	径流量/亿 m^3		径流减少总量/亿 m^3	人类活动的影响		气候变化的影响	
	实测	模拟		径流量/亿 m^3	变化/%	径流量/亿 m^3	变化/%
1963—1977 年	0.484						
1978—1998 年	0.556	0.407	-0.072	-0.149	207	0.077	-107
1999—2017 年	0.169	0.407	0.315	0.238	76	0.077	24

4　结论与展望

4.1　结论

随着经济社会的快速发展，人类活动日益剧增，改变着陆面环境。在全球变暖背景下，不同地区的降水量也呈现出或增或减的趋势性变化。受气候和陆面环境变化等因素影响，自 20 世纪 80 年代以来，内蒙古多数河流实测径流量呈减少趋势。河川径流量的减少给当地水资源可持续利用带来了巨大的压力。分析区域地表水资源演变规律，研究河川径流变化归因是开展水资源有效管理的重要基础工作。本文以内蒙古海河流域的兴和水文站控制流域为对象，系统开展了内蒙古海河流域典型流域径流量演变及归因识别研究。

兴和水文站流域耕地面积占比最大，流域土地利用类型年际变化不大，城镇化水平小幅增长，说明流域农业和生活生产等取用水活动多。近 50 年来，兴和水文站流域降水量呈下降趋势但不显著，降水量在 20 世纪 80 年代左右发生突变。流域径流量呈显著减少趋势，径流量在 1999 年左右发生突变，1999 年之后径流量较基准期偏少 65%左右，人类活动影响明显。不同阶段降水径流响应关系存在一定的差异，特别是 21 世纪以来，流域降水径流点群明显偏低，反映了其他非降水因素对河川径流的影响。流域位于海河上游，水库较多，城镇分布密集。通过径流变化归因分析，人类活动对河川径流的影响为主要因素，1978—1998 年人类活动的影响占河川径流减少量的 207%，人类活动对径流增加的贡献率超过 100%。在河川径流的两个影响因素中，流域人类活动影响呈逐渐减弱趋势，气候变化影响则呈增强趋势。

4.2　展望

本文建立了基于水文模拟技术途径的河川径流变化归因定量分析框架，定量评估了气候变化和人类活动要素对内蒙古海河流域河川径流的影响，为其他流域开展径流变化归因提供了方法借鉴。由于不同区域地理差异和水资源变异的特点，在未来流域治理规划和水资源管理中，仍需针对具体区域科学辨识不同驱动要素对河川径流的影响，以期为水资源可持续开发利用提供具体的科学依据。

参考文献

[1] 姜瑶，徐宗学，王静．基于年径流序列的五种趋势检测方法性能对比［J］．水利学报，2020，51（7）：845-857.
[2] 陈远中，陆宝宏，张育德，等．改进的有序聚类分析法提取时间序列转折点［J］．水文，2011，31（1）：41-44.
[3] 冯夏清，章光新．基于水文模型的乌裕尔河流域水资源评价［J］．水文，2015（2）：49-52.
[4] 栾兆擎，章光新，周德民，等．人类活动对挠力河流域径流情势的影响［J］．资源科学，2007，29（2）：46-51.

北方典型燃煤热电厂用水水平与节水措施研究

赵雨婷　张　宇

（黄河勘测规划设计研究院有限公司，河南郑州　450003）

摘　要： 本文以北方某典型燃煤热电厂为例，在设计工况下水量平衡分析的基础上，考虑未来新增供热后，系统分析2025年厂内各项用水指标，开展用水水平评价，结合目前已实施的节水方案，考虑进一步节水的可能，提出可行的节水措施，为发展企业更有效地合理用水，创建节水型企业，提高全厂节水管理水平，发挥引领作用。

关键词： 燃煤热电厂；节水；用水水平；节水措施

1　概况

2008年6月，北方某燃煤热电厂2×300 MW热电联产机组通过国家发展和改革委员会核准，正式投入商业运营，设计年运行小时数7 300 h，设计年发电量33亿kW·h，工程采用炉、机、电、网集中控制方式，机组经双绕组升压变压器接入220 kV系统，主接线采用3/2接线，共计5回出线，工程工业抽汽由汽轮机二段抽汽提供，采暖抽汽由四段抽汽提供。厂内设有采暖供热首站，布置在主厂房扩建端。工业抽汽接到抽汽联箱，再由抽汽联箱接出向厂区热网或其他用汽点供汽，厂区热网设计分界线为厂区围墙外2.0 m，根据热电厂供热发展规划和地方要求，2025年热电厂将新增一部分城市供热需求。

热电厂用水系统主要包括循环冷却水系统、锅炉补给水系统、热力系统、烟气脱硫系统、除灰渣系统、输煤系统、公共用水系统等，近年来企业逐步加大对节水项目投资力度，通过技术改造，先后完成了空压机冷却水、捞渣机轴封水、除灰系统废水、水处理排浓水、锅炉连排水及冲洗水、生活污水处理水等外排水的回收利用改造工作；未来将进一步加强供水、用水设备设施的管理、检修和维护工作，通过地下管网排查，对腐蚀、渗漏严重的工业水管道、消防水管道进行更换改造，努力将企业打造为新型的节能、节水、节地、环保型项目。

2　用水水平评价

2.1　用水水平指标计算

根据现状全厂用水水平和用水工艺，按照满发电量33亿kW·h和设计年运行小时数来计算分析设计工况下本项目用水量，考虑2025年新增供热水量后，分析得出2025年本项目年用水量921.9万m^3，其中生产用水量913.4万m^3，生活用水量8.5万m^3，具体计算结果见表1。

按照《火电建设项目水资源论证导则》（SL 763—2018）、《火力发电厂节水导则》（DL/T 783—2018）及《工业取水定额 第1部分：火力发电》（DB13/T 5448.1—2021）等，本次用水指标评价选取单位发电量用水量、重复利用率、间接冷却水循环利用率、新水利用系数、浓缩倍率、单位供热耗水用水量、单位蒸汽耗水用水量、宿舍、食堂、办公、绿化浇洒等用水指标。在设计工况下水量平衡分析基础上，考虑2025年新增外部供热后，对各项用水指标进行计算，具体计算结果见表2。

基金项目： 国家重点研发计划项目（2021YFC3200204）。

作者简介： 赵雨婷（1991—），女，硕士，工程师，主要从事水资源利用方面的研究工作。

表 1　2025 年热电厂年用水量成果

项目		用水时间/h	时均用水量/（m^3/h）	合计用水量/万 m^3
生产	热季	4 420	1 332	588.7
	冷季	2 880	1 127	324.6
	小计	7 300	1 251	913.3
生活	热季	5 880	10	5.9
	冷季	2 880	9.3	2.7
	小计	8 760	9.8	8.6
总计				921.9

表 2　2025 年热电厂主要用水指标分析

用水指标	单位	热季	冷季	年均值
单位发电量用水量	m^3/（MW・h）	2.7	1.3	2.15
重复利用率	%	98.1	98.4	98.2
间接冷却水循环利用率	%	98.0	98.7	98.2
新水利用系数	无量纲	0.92	0.94	0.93
浓缩倍率	无量纲	3.7	3.9	3.7
单位供热耗水用水量	m^3/GJ		0.1	0.1
单位蒸汽耗水用水量	m^3/t	0.81	1.13	1.03
集体宿舍（有淋浴）	L/（床・d）	116	106	113
食堂用水	L/（人・餐）	16	15	16
办公用水	L/（人・d）	26	25	26
绿化浇洒	L/（m^2・d）	1.22	1.13	1.19

2.2　用水水平先进性评价

根据《工业取水定额 第 1 部分：火力发电》（DB13/T 5448.1—2021）、《大中型火力发电厂设计规范》（GB 50660—2011）、《山东省重点工业产品用水定额 第 8 部分：电力、热力生产和供应业重点工业产品》（DB37/T 1639.8—2019）、《节水型企业 火力发电行业》（GB/T 26925—2011）、《水利部关于印发钢铁等十八项工业用水定额的通知》等的相关规定，对本项目用水水平进行分析，具体指标对比情况见表 3。

表 3　主要用水指标与相关标准、规定对照

指标	单位	本项目	行业规定	依据	满足程度
单位发电量用水量	m^3/（MW·h）	2.15	2.38	《山东省重点工业产品用水定额 第 8 部分：电力、热力生产和供应业重点工业产品》（DB37/T 1639.8—2019）	符合
重复利用率	%	98.2	大于 90	《节水型企业 火力发电行业》（GB/T 26925—2011）	符合
			华北地区先进值：94.8%	《水利部办公厅关于印发〈规划和建设项目节水评价技术要求〉的通知》（办节约〔2019〕206 号）	符合
间接冷却水循环利用率	%	98.2	大于 90	《节水型企业 火力发电行业》（GB/T 26925—2011）	符合
浓缩倍率		3.7	3~5	《发电厂节水设计规程》（DL/T 5513—2016）	符合
单位供热耗水用水量	m^3/GJ	0.1	0.16	《山东省重点工业产品用水定额 第 8 部分：电力、热力生产和供应业重点工业产品》（DB37/T 1639.8—2019）	符合
单位蒸汽耗水用水量	m^3/t	1.03	1.10	《山东省重点工业产品用水定额 第 8 部分：电力、热力生产和供应业重点工业产品》（DB37/T 1639.8—2019）	符合
绿化浇洒	L/（m^2·d）	1.19	1.0~3.0	《室外给水设计标准》（GB 50013—2018）	符合
集体宿舍（有淋浴）	L/（床·d）	113	110~160	《山东省城市生活用水量标准》（DB37/T 5105—2017）	符合
食堂用水	L/（人·餐）	16	15~20		
办公用水	L/（人·d）	26	25~40		

2.2.1　单位发电量用水量

根据《山东省重点工业产品用水定额 第 8 部分：电力、热力生产和供应业重点工业产品》（DB37/T 1639.8—2019），电力单位产品用水量，火力发电（循环冷却）机组容量 300 MW 级用水定额标准通用值为 2.38 m^3/（MW·h）。本项目为已建火电循环冷却机组，规划年机组年均单位发电量用水量为 2.15 m^3/（MW·h），项目用水指标满足《山东省重点工业产品用水定额 第 8 部分：电力、热力生产和供应业重点工业产品》（DB37/T 1639.8—2019）的相关要求。

2.2.2　重复利用率

根据《节水型企业 火力发电行业》（GB/T 26925—2011），节水型企业循环冷却水重复利用率大

于90%。根据《水利部办公厅关于印发〈规划和建设项目节水评价技术要求〉的通知》（办节约〔2019〕206号）的要求，华北地区工业用水重复利用率先进值为94.8%。本项目热季和冷季重复利用率分别为98.1%、98.4%，全年为98.2%，满足《节水型企业 火力发电行业》（GB/T 26925—2011）和《水利部办公厅关于印发〈规划和建设项目节水评价技术要求〉的通知》等的要求。

2.2.3 间接冷却水循环利用率

本项目属于循环冷却方式，在热季和冷季均存在风吹蒸发损失。热季和冷季机组间接冷却水循环利用率为98.0%和98.7%，全年为98.2%，满足《节水型企业 火力发电行业》（GB/T 26925—2011）循环冷却水重复利用率大于90%的要求。

2.2.4 新水利用系数

本项目废污水全部回收处理，达标后再利用，少量废水排放，热季和冷季机组新水利用系数分别为0.92和0.94，全年为0.93，满足工业节水要求。

2.2.5 浓缩倍率

项目规划年热季和冷季循环水浓缩倍率分别为3.7和3.9，全年为3.7，符合《发电厂节水设计规程》（DL/T 5513—2016）条文说明，火力发电厂循环供水系统采用非海水水源时，浓缩倍率宜为3~5倍。

2.2.6 单位供热耗水用水量

项目规划年单位供热耗水用水量为0.1 m^3/GJ，符合《山东省重点工业产品用水定额 第8部分：电力、热力生产和供应业重点工业产品》（DB37/T 1639.8—2019）中供热耗水指标先进值0.16 m^3/GJ的要求。

2.2.7 单位蒸汽耗水用水量

项目规划年单位蒸汽耗水用水量为1.03 m^3/t，符合《山东省重点工业产品用水定额 第8部分：电力、热力生产和供应业重点工业产品》（DB37/T 1639.8—2019）中供汽耗水指标先进值为1.10 m^3/t的要求。

2.2.8 生活用水定额

厂区集体宿舍热季和冷季用水定额分别为116 L/（床·d）和106 L/（床·d），全年为113 L/（床·d）；食堂用水定额分别为16 L/（人·餐）和15 L/（人·餐），全年为16 L/（人·餐）；办公用水定额分别为26 L/（人·d）和25 L/（人·d），全年为26 L/（人·d），符合《山东省城市生活用水量标准》（DB37/T 5105—2017）有关生活用水定额要求。

2.2.9 绿化浇洒用水定额

根据本项目实际建设情况，生活污水处理后回用于厂区绿化浇洒，厂区绿化面积为15.7 hm^2，通过喷洒管网装置进行绿化浇洒，用水量热季为8 m^3/h、冷季为7.4 m^3/h，用水定额热季为1.22 L/（m^2·d）、冷季为1.13 L/（m^2·d），全年为1.19 L/（m^2·d），符合《室外给水设计标准》（GB 50013—2018）道路喷洒定额1.0~3.0 L/（m^2·d）的要求。

同时，该热电厂用水水平优于周边用水工艺类似相邻电厂［重复利用率为96.81%，循环水重复利用率为97.34%，单位发电量用水量为2.59 m^3/（MW·h）］，说明热电厂用水水平具有一定先进性。

综上所述，厂内已安装了符合国家质量技术标准的取水计量设施，取水单位设立了管线维护部门，采用了新型输水管材生产废水循环利用等节水技术、工艺和设施，建立了输配水运行管理制度，可保障取水设备和供水设施正常运行；热电厂建成投产年代较早，运行时间久，设备、技术工艺较老，短期内进行技术改造升级存在一定困难，结合本项目实际运行的情况，从技术标准和相关规程规范角度评价，本项目用水水平是满足要求的，具有一定的先进性。

3 节水措施

为发展企业更有效地合理用水，创建节水型企业，提高全厂节水管理水平，切实发挥节水措施在促进企业经济发展中的引领作用，实现用水结构持续化，为全面贯彻落实节能减排综合性工作实施方案，大力发展节水型经济，推动节水技术进步，提高用水效率。企业在设计过程中，根据各工艺系统对水量和水质的要求，合理安排全厂用水、排水，建立合理的水量平衡系统，做到一水多用、废水回用，以减少全厂耗水量。

目前，企业已经实施了选择性催化还原法 SCR 烟气脱硝工艺技术改造、锅炉脱硫提效（超低排放）及用水改造、除灰除尘用水改造、回收锅炉定排扩容器排汽、水处理浓排水回收利用改造、空压机冷却水回收利用、全厂各用水系统增加、改造计量表等节水措施，未来进一步可行节水措施如下。

3.1 锅炉渣斗及炉底节水改造

锅炉渣斗密封槽密封水及渣斗墙冷却用水取消开式水补水，炉底排渣系统用水改为闭式循环，补充用水采用脱硫废水或化学废水。控制多余的水进入除灰水箱，实现渣斗密封槽密封水及渣斗墙冷却水循环利用。进行炉底水力冲渣改干排渣可行性研究，减少炉底冲渣用水。对炉底排水沟进行清理，所有冲洗水汇集后至炉底溢流池，输送至除灰水箱。

3.2 重点环节排水回用改造

将机组排水槽清理干净，作为高品质水回收水池，锅炉高品质疏放水、凝水再生冲洗水引入机组排水槽，将回收的高品质水通过水泵输送到冷却水塔回用。凝水再生化学废水直接进入化学废水池，除灰需用水时通过废水泵输送至除灰水箱。计划对循环水回用水池、脱硫工艺水、渣斗密封槽补水量进行调整试验，减少补水量，控制水箱溢流。

3.3 厂内输水管道节水改造

再生水保留原管道，采用内衬 PE 管的工艺形成了管中管，使原管道形成了一道保护屏障，避免在以后的施工过程中伤及 PE 管，减少了对 PE 管的破坏，起到了对 PE 管的保护功能。在不破坏原消防水系统正常运行的情况下，根据现场设备设施情况进行新管路优化设计，组织施工，预留管道阀门接口，新管道施工完毕，整体分支逐步接入原管网，新管网接入调试完毕，停用原管网。

4 建议

加强用水管网管理，防止非正常损失，对于出现的漏失及时消缺，不断采用新技术、新工艺，通过技术改造来降低可控耗水量。为确保供水水质、用水安全及环境保护，除厂内生产、生活用水外，定期委托有资质的水质检测部门对取水水源、废污水等水质情况进行检测，掌握水质变化。布置合理的监控点，确定严格适用的监控内容和监控规程，及时掌握监测黄河水供水水量和水质变化动态，确保供水水源安全可靠。

根据本工程的实际情况，按照生产工艺对用水量及水质的要求，结合水源条件，从节约用水、保护环境，确保热电厂长期、经济、安全运行的目标出发，工程设计应落实节水减污方案，主要用水工艺、环节应安装用水计量装置，按照批准的用水计划用水。同时，要根据行业技术进步要求，进一步强化内部管理，积极开展清洁生产，不断研究新的节水减污清洁生产技术，以最大限度地减少废污水的排放量。

参考文献

[1] 张然．东北区域燃煤电厂用水现状与合理化分析［J］．东北电力技术，2024，45（1）：54-62.

[2] 詹清阳．热电厂循环水综合利用技术研究［J］．机电产品开发与创新，2024，37（4）：182-184.

[3] 乔鸿陆．某电厂用水现状及用水指标计算［J］．河南水利与南水北调，2023，52（5）：130-131.

[4] 金轶群，李晓东，刘川，等．燃气电厂高浓缩倍率循环水动态模拟试验研究［J］．中国资源综合利用，2023，41（2）：5-9.

[5] 赵魏巍．电厂循环冷却水系统节水及零排放技术研究［J］．中国资源综合利用，2020，38（7）：232-240.

金沙江下游流域气候变化特征及趋势分析

金　可　张乾柱　张　伟　吴颐杭　胡　月　贾一凡

（长江科学院重庆分院，重庆　400026）

摘　要： 金沙江流域地处干热河谷气候影响区，水热矛盾突出，是生态极为脆弱的地区之一。该区域气候变化对流域水资源合理开发利用和生态环境治理至关重要。本文基于英国东英格利亚大学气候研究所单位时间序列网格数据集中的平均温度和降水数据，系统分析了流域百年以来气候变化特征及其发展趋势。结果表明：金沙江下游流域气候随时间推移整体呈现暖干化的发展趋势，未来随着降雨量的增加，暖干化将有所缓解。研究成果对指导金沙江下游流域水文循环研究具有显著意义。

关键词： 气候变化；趋势分析；暖干化；金沙江下游流域

我国是世界上最为干旱的地区之一，沙漠和沙地分布广阔，气候干旱，降雨稀少，生态系统退化严重[1]。地处我国西南部的干热河谷地区，是一种局部性干旱生境，干旱缺水、水热矛盾突出、地形起伏较大，成为生态治理的重难点区域[2]。然而，该区域分布着金沙江、元江、怒江和南盘江等水系，是我国重要的水能基地。金沙江流域是长江上游重要的生态安全屏障，在水力发电、防洪和航运等方面具有较大的经济效益与社会效益。受干热河谷气候影响，金沙江流域生态系统退化严重，对当地生物多样性可持续发展造成了较大影响。系统研究金沙江干热河谷影响区气候变化特征及发展趋势，对合理利用水资源和提升生态治理成效意义显著。

1　研究区概况

金沙江流域干流全长 3 481 m，流域面积约 50 万 km^2，落差超过 5 km[3]。年平均气温 20~27 ℃，年平均降水量仅 600~800mm，90% 以上的降雨发生在雨季（5—10 月），而年潜在蒸发量超过 3 800mm[4]。干季（11 月至次年 5 月）降水量仅为全年的 10.0%~22.2%，干季蒸发量为降水量的 10~20 倍[5]。金沙江深切于川滇高原之下，具有特殊的深切峡谷地形，处于低纬高原季风区，属典型干热河谷气候，日照充足、高温低湿、干湿季分明，气候垂直差异明显。受热带、副热带、高原各种天气系统和冷空气及复杂地形的共同影响，局地性大风、暴雨、短时强降雨、雷暴、强降温、高温等灾害性天气多发[6-8]。

区域内受季风活动的影响，如东南亚夏季风、亚洲季风、孟加拉湾季风等，同时还受中低纬环流及其他系统，如沃克环流、中高纬大气模态、赤道中太平洋海温、北太平洋涛动、西太平洋副热带高压、南亚高压、东亚阻塞形势、南极涛动、索马里急流等的影响[9-10]。南方涛动通过影响西太平洋副高、东亚季风、印度季风、孟加拉湾季风等影响干热河谷降水，主要表现为干热河谷雨季起讫的早晚。在厄尔尼诺年，干热河谷地区初夏降水容易偏少，而秋季降水容易偏多，整个雨季有后移的可能性；反之，在拉尼娜年，雨季有前移的可能性。

基金项目： 中央级公益性科研院所基本科研业务费项目（CKSF2023299/CQ）；湖北省水利科研项目（HBSLKY202405）。

作者简介： 金可（1990—），男，高级工程师，博士，从事水文地球化学和生态修复方面的研究工作。

2 研究方法

2.1 数据来源

金沙江下游流域内气象数据源自英国东英格利亚大学气候研究所（Climatic Research Unit，CRU）单位时间序列网格数据集（CRU-TS）（见图 1）中的平均温度和降水数据。CRU-TS 是目前使用最广泛的气候数据集之一，由英国国家大气科学中心（NCAS）制作。CRU-TS 提供了全球 1901—2021 年覆盖陆地表面的 0.5°分辨率的月度数据。该数据集拥有基于近地表测量的 10 套数据，包括温度（平均值、最小值、最大值和昼夜温差）、降水量（总量、雨天数）、湿度（如蒸汽压）、霜天数、云量和潜在蒸散发等。

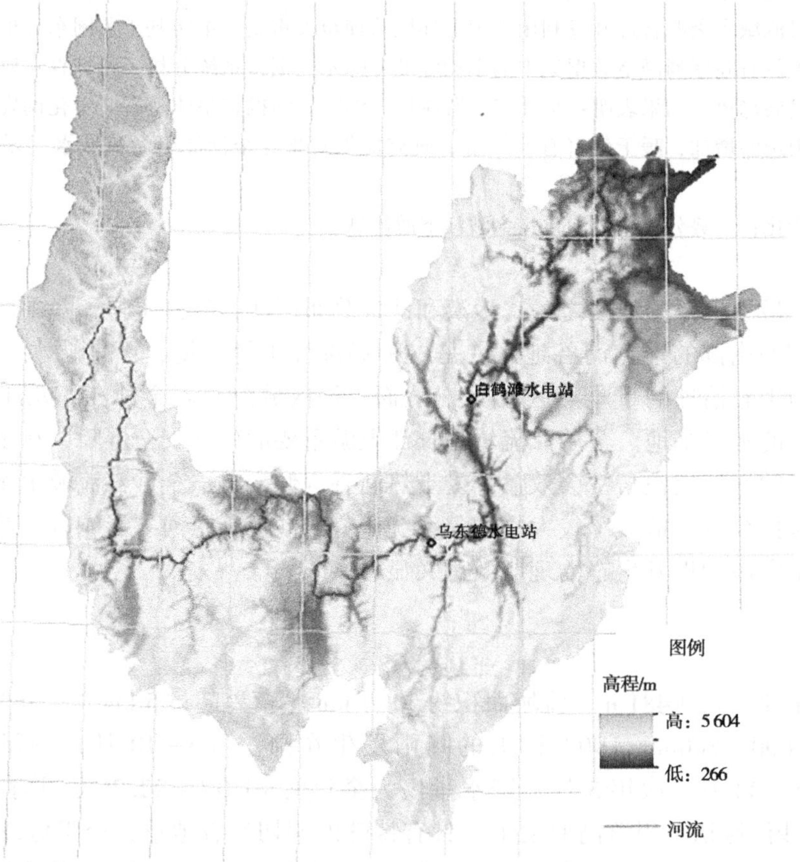

图 1　金沙江下游流域及 CRU-TS 网格示意

金沙江下游流域中部为温度最高的区域，沿上下游方向分别递减。自上游至下游，降水量的空间分布呈现逐步增加的特征，乌东德和白鹤滩梯级水电站所处区域近 21 年来年平均温度约为 13.94 ℃，年平均降水量约为 937 mm（见图 2）。

2.2 分析方法

2.2.1 时间序列趋势分析

根据气象要素与其对应的时间序列数据，建立一元线性回归方程：

$$y = at + b \tag{1}$$

式中：y 为第 t 年的气温观测值；a 为线性趋势项即回归系数；t 为时间序列；b 为常数。

式（1）中 a 代表了气温的变化趋势，$a>0$ 表示随时间 t 的增加气温呈上升趋势，$a<0$ 表示随时间 t 的增加气温呈下降趋势。

滑动平均是对样本量为 n 的序列，求多个连续 m（$m<n$）项序列的平均值，即沿全部 n 个数据滑

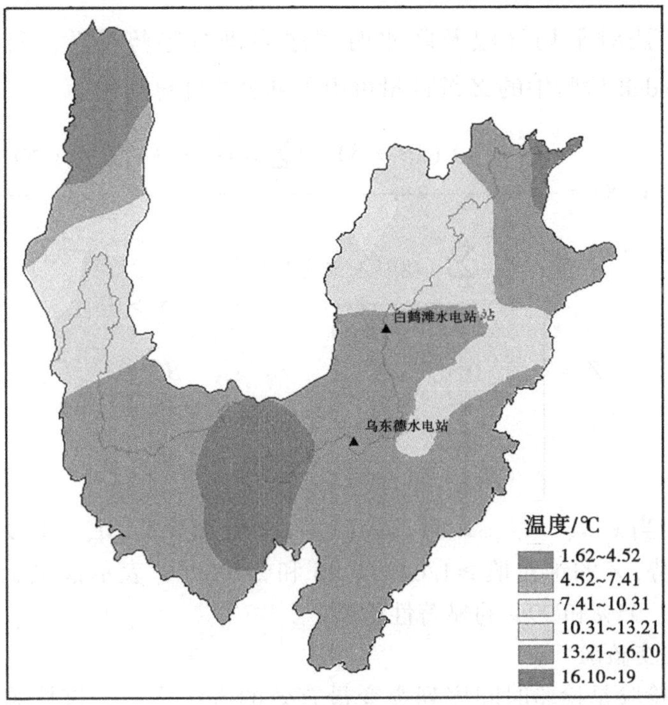

(a)

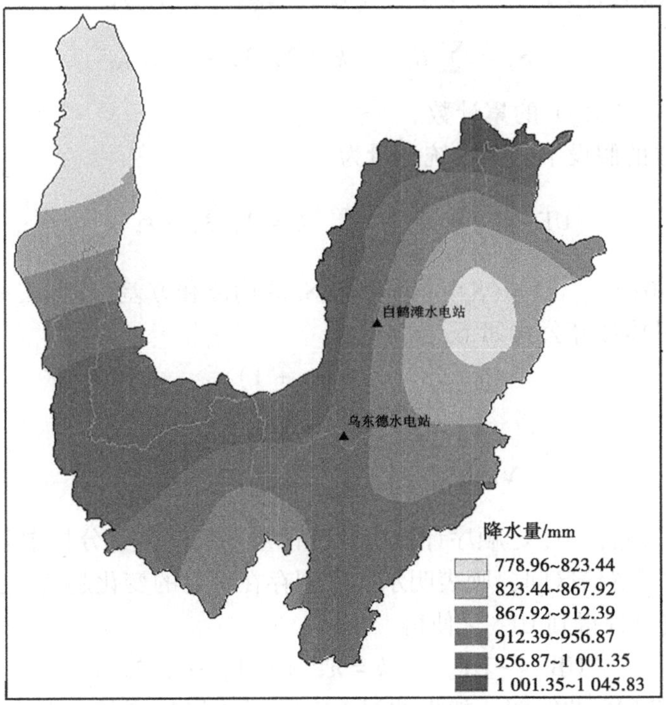

(b)

图 2　金沙江下游流域 2001—2021 年平均气温及平均降水的空间分布

动地取相邻 m 个数据，对其作算术平均运算，便于实时处理非平稳数据，计算公式为

$$f_x = \frac{1}{m}\sum_{i=0}^{m-1} y_{k+i} \qquad k = 1, 2, 3, \cdots, n - m + 1 \tag{2}$$

式中：m 为滑动长度；y 为第 $k+i$ 年的气温。

2.2.2 趋势显著性检验

采用 Mann-Kendall 法对平均气温及降水时间序列进行趋势检验。针对时间序列 $X_n=(x_1, x_2, \cdots, x_n)$，Mann-Kendall 检验中的 Z 统计量可由下列公式计算得出：

$$V(S)=\frac{n(n-1)(2n+5)-\sum_{m-1}^{n} m(m-1)(2m+5)}{18} \tag{3}$$

$$Z=\begin{cases}\dfrac{\sum\limits_{1\leqslant i\leqslant j\leqslant n}\operatorname{sgn}(x_j-x_i)-1}{\sqrt{V(S)}} & S>0\\ 0 & S=0\\ \dfrac{\sum\limits_{1\leqslant i\leqslant j\leqslant n}\operatorname{sgn}(x_j-x_i)+1}{\sqrt{V(S)}} & S<0\end{cases} \tag{4}$$

式中：sgn 为符号函数，当 x_j >、=、< x_i 时，$\operatorname{sgn}(x_j-x_i)$ 分别为 1、0、-1；Z 值的正、负分别对应时间序列的增大、减小趋势，Z 的绝对值≥1.64、1.96 和 2.58 时，表示被检验的时间序列的趋势性通过了置信度分别为 90%、95%和 99%的显著性检验。

2.2.3 Mann-Kendall 突变检验

Mann-Kendall 突变检验是检验时间序列突变最有效的方法之一，该检验可以明确蚀变的开始时间。对于具有 n 个样本量的时间序列 $x_1, x_2, \cdots, x_n$，构造一秩序列：

$$S_k=\sum_{i=1}^{k} R_i \qquad k=2, 3, \cdots, n \tag{5}$$

式中：R_i 为 X_i 大于 $X_j(1\leqslant i\leqslant j)$ 的累计数。

在时间序列随机独立的假设下，定义统计量为

$$\mathrm{UF}_k=\frac{S_k-E_{(sk)}}{\sqrt{\operatorname{Var}(S_k)}} \qquad k=2, 3, \cdots, n \tag{6}$$

式中：当 $k=1$ 时，$\mathrm{UF}_1=0$；$E_{(sk)}$、$\operatorname{Var}(S_k)$ 是累积数 S_k 的均值和方差，在 $x_1, x_2, \cdots, x_n$ 相互独立，且有相同连续分布式的，具体计算公式如下：

$$E_{(sk)}=\frac{n(n+1)}{4} \tag{7}$$

$$\operatorname{Var}(S_k)=\frac{n(n-1)(2n+5)}{72} \tag{8}$$

UF_i 是按时间序列 $x_1, x_2, \cdots, x_n$ 顺序计算出的统计量序列，本文分析中取 $\alpha=0.05$，对应置信区间为±1.96。若 UF_k 超过了置信区间，则表明水文序列存在明显的变化趋势。按照时间序列 x 逆序 $x_n, x_{n-1}, \cdots, x_1$，重复上述过程得到 UF_k，使得

$$\mathrm{UB}_k=-\mathrm{UF}_k \qquad k=n, n-1, \cdots, 2, 1 \tag{9}$$

最后，绘制出 UF_k 和 UB_k 曲线图。如果曲线 UF_k 超过了置信区间，即表示该时间序列呈现出显著的升高或者下降的趋势。

3 研究结果

对金沙江下游流域平均气温、降水量进行年内变化分析，平均气温的最大值依次出现在 7 月、8 月和 6 月，最小值依次出现在 1 月、12 月和 2 月。降水量的最大值依次出现在 7 月、8 月和 6 月，最小值则依次出现在 12 月、1 月和 2 月（见图 3）。

流域内平均气温距平存在明显的周期性（见图 4），可能与大气环流模式存在一定的相关性。根

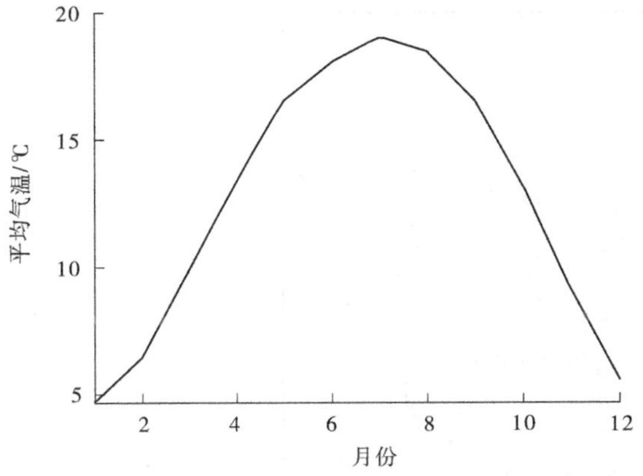

(a)

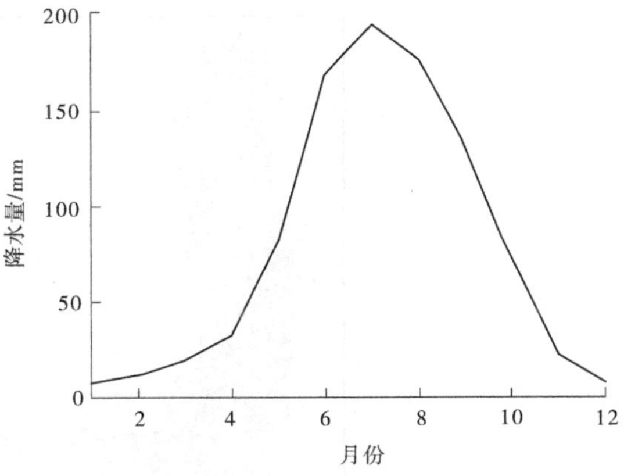

(b)

图 3　金沙江下游流域平均气温及降水量的年内变化（1901—2021 年）

据前文所述，该环流模式应为厄尔尼诺南方涛动。对平均气温及降水量进行一元线性回归后发现，1901—2021 年，金沙江下游流域内平均气温以 0. 035 5 ℃/10 a 的速度上升且呈现自西向东逐渐减小的趋势（见图 5）。78%的流域面积内平均气温的变化率通过了置信度为 95%的 Mann-Kendall 显著性检验，升温趋势明显。在全球变暖的大背景下，流域内温度仍将继续上升。与气温的上升趋势相反的是，流域大部降水量呈现减少趋势，减少速率（%）自西向东逐渐增加。

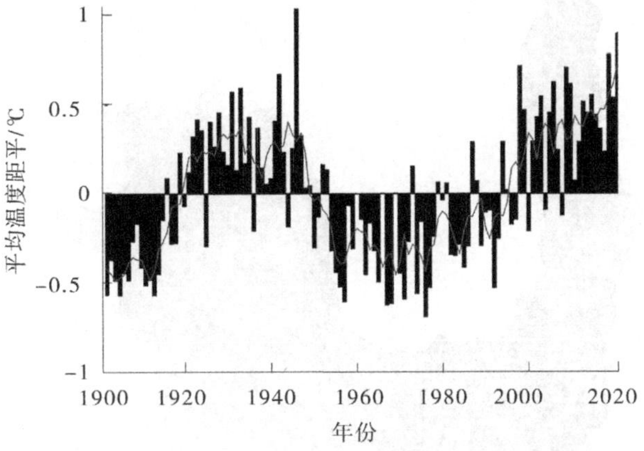

(a)

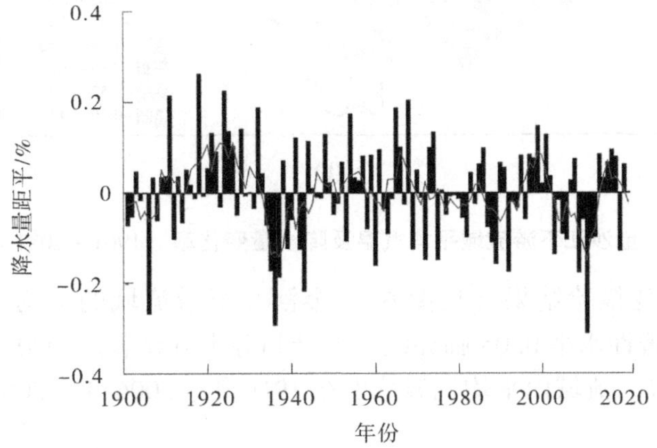

(b)

图 4　金沙江下游流域平均气温及降水量距平（曲线为滑动 5 年平均）

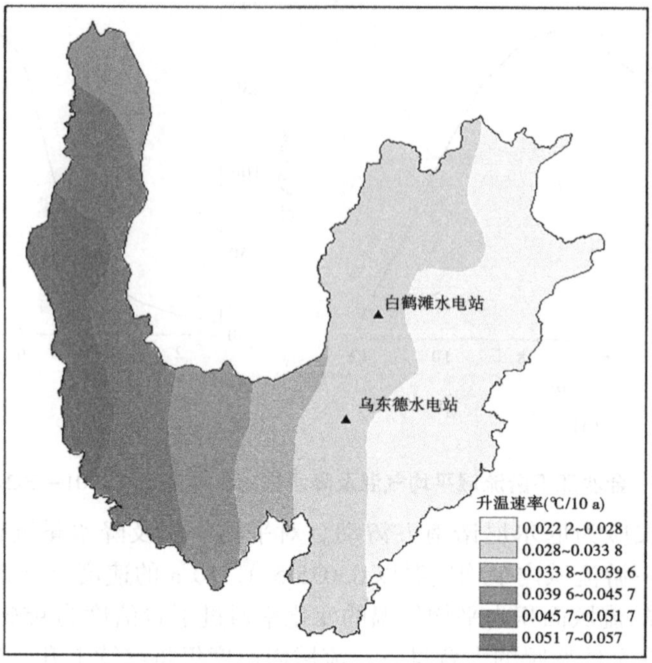

(a)

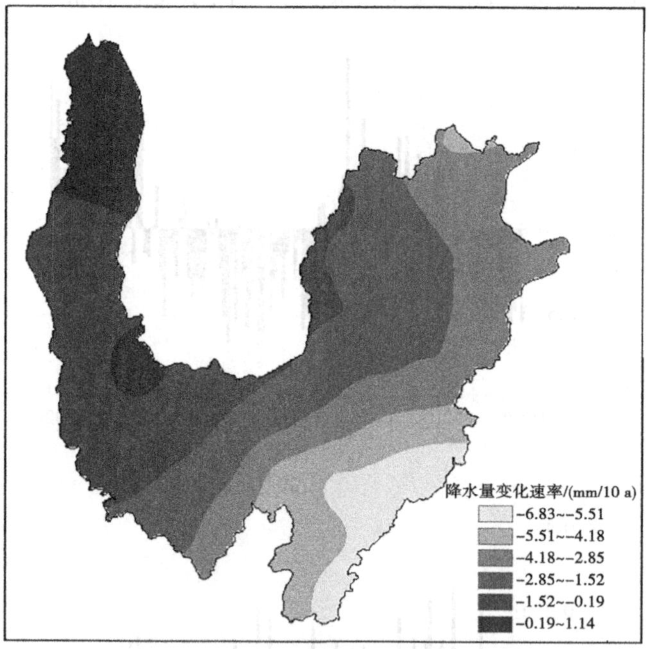

(b)

图 5　金沙江下游流域平均气温及降水量变化率（1901—2021 年）

根据 Mann-Kendall 突变检验结果（见图 6），金沙江下游流域的平均气温 1915—1971 年增加，1919 年后增暖趋势超过显著性水平 0.05 临界线，上升趋势十分显著。1970—2001 年平均气温开始下降，随后继续进入升温阶段。流域内平均气温分别在 1916 年、2006 年、2008 年及 2011 年发生突变，呈现突变型升温状态。

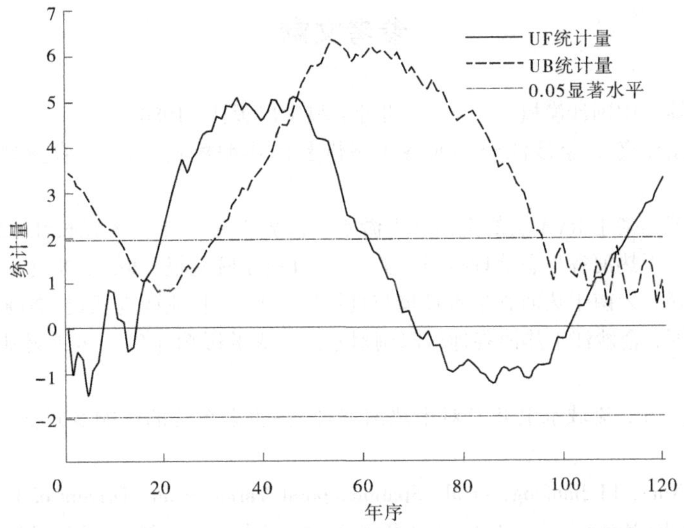

(a)平均气温

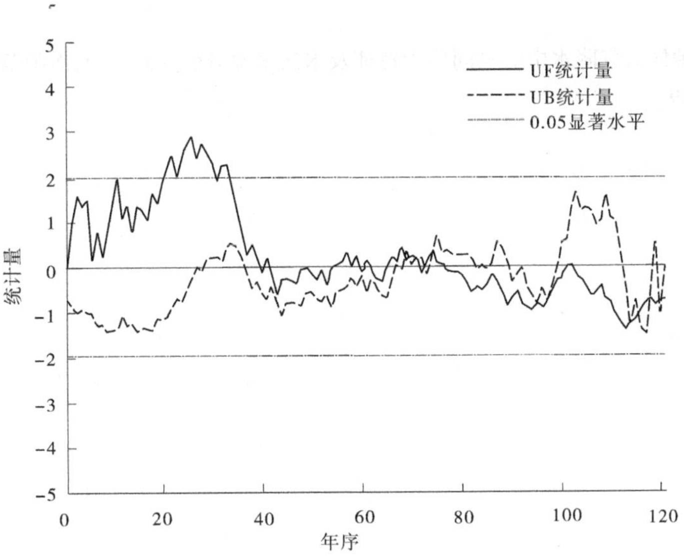

(b)降水量

图 6　平均气温及降水的突变检验结果（1901—2021 年）

4　结论

本文从长序列分析了金沙江下游流域气候变化特征，根据时间序列趋势分析、显著性检验和Mann-Kendall 突变检验等方法，研究了流域内气温和降水量年际变化规律，主要结论如下：

（1）流域内降水量在 1939 年之前呈现增多的趋势，随后逐渐下降。1968—1974 年间，降水量波动变化剧烈，先后出现 4 次突变，均为突变型增多但增加趋势不显著。1995 年、1997 年发生两次降水量突变型减少。2014—2020 年，流域降水量出现第二次剧烈波动，每隔一年突变型减少一次。

（2）气温的逐渐升高叠加降水量的逐渐减少表明分析时段内金沙江下游流域气候随时间变化呈现暖干化趋势，未来时段西南地区降水量将有所增加，届时暖干化趋势将有所缓解。

参考文献

[1] 朱震达，吴正，刘恕，等. 中国沙漠概论［M］. 北京：科学出版社，1980.

[2] 纪中华，潘志贤，沙毓沧，等. 金沙江干热河谷生态恢复的典型模式［J］. 农业环境科学学报，2006（S2）：716-720.

[3] 郭卫，徐长江，邵骏，等. 基于 RVA 法的金沙江下游水文情势研究［J］. 人民长江，2018，49（18）：58-63.

[4] 胡月，卢阳，金可，等. 干热河谷生态治理探讨［J］. 长江科学院院报，2021，38（10）：69-75.

[5] 赵琳，郎南军，郑科，等. 云南干热河谷生态环境特性研究［J］. 林业调查规划，2006，31（3）：114-117.

[6] 王洪，孔祥周，张瑜，等. 金沙江干热河谷地区降雨对水土流失的影响［J］. 西南林业大学学报，2014，34（4）：70-74.

[7] 孙然好，何晓银，孙龙，等. 流域水电开发对干热河谷社会-生态系统的影响及意义［J］. 生态学报，2023，43（14）：5639-5647.

[8] CHEN Guojian, FANG Ning, LI Jianfeng, et al. Spatiotemporal Variation and Drivers of Drought based on TVDI in the Lower Reaches of the Jinsha River［J］. Journal of Resources and Ecology, 2024, 15（1）：44-54.

[9] 朱磊，范弢，郭欢. 西南地区大气降水中氢氧稳定同位素特征与水汽来源［J］. 云南地理环境研究，2014，26（5）：61-67.

[10] 胡菡，王建力. 云南地区大气降水中氢氧同位素特征及水汽来源分析［J］. 西南师范大学学报（自然科学版），2015，40（5）：142-149.

干旱地区水资源弹性配置方案初探
——以新疆喀什地区为例

冯志勇[1,2,3]　王　磊[1,2,3]　曹正浩[1]　刘　强[1,2]

（1. 长江勘测规划设计研究有限责任公司，湖北武汉　430010；
2. 水利部水网工程与调度重点实验室，湖北武汉　430010；
3. 水资源工程与调度全国重点实验室，湖北武汉　430010）

摘　要：干旱地区水资源禀赋较差，提高水资源节约集约利用水平，对于实现区域粮食安全、保障水资源安全等具有重要意义。本文以新疆喀什地区为例，在系统分析水资源开发利用现状及存在问题的基础上，提出了农业、生活、工业全口径节水措施，开展了2030年需水预测与水资源可利用量计算，提出了2030年喀什地区水资源弹性配置方案，实现了充分利用地表水、合理配置水库水、严格控制地下水的水资源高效利用目标，用水效率显著提高，可以为喀什地区经济社会发展提供坚强的水资源支撑，研究成果可为旱区水资源高效利用提供借鉴。

关键词：干旱地区；水资源高效利用；弹性配置

1　研究背景

干旱地区降水量少，蒸发大，水资源时空分布不均，开展水资源优化配置是提高水资源利用效率，解决水资源短缺，保障区域粮食安全、供水安全以及生态安全的关键措施[1-2]。

采用预先根据经济社会发展水平和供需关系制定的水量分配方案是目前配置大型旱区各行业水量的主要手段[3-6]，如张丽霞等[3]采用用水总量分配方案确定了新疆喀什噶尔河大型灌区水资源配置方案；秦宗江[4] 采用用水总量分配方案确定了新疆叶尔羌河大型灌区内各用水单元的水资源可利用量，开展了该区域的水资源配置。需要注意的是，大型旱区地表天然来水过程不均，而不同区域地下水循环交换，可开采总量确定但分布存在时空差异，导致供水端是一个不均匀的变化过程[7-8]；需水端涉及生活、工业、农业、生态等多个对象，各对象需求时段和需求量各不相同，存在复杂的竞争博弈关系。采用预先制定的水量分配方案配置各行业水量操作简便，但难以反映供需关系的动态变化，尚未实现多水源统一调配，离水资源高效利用目标还有较大差距。

喀什地区位于我国西部边陲、新疆西南部，周边与5国接壤，具有“五口通八国，一路连欧亚”的独特区位优势。水是喀什经济社会发展的命脉。本文以喀什地区为例，在分析现状水资源开发利用存在问题的基础上，通过构建水资源统一配置模型，开展水资源供需分析计算，进而提出区域水资源弹性配置方案，提高喀什地区水资源利用效率，为干旱地区水资源高效利用提供借鉴。

2　喀什地区水资源开发利用分析

2.1　区域概况

喀什地区陆域总面积10.85万km^2，地处暖温带大陆性干旱气候带，降水稀少，蒸发强烈，主要

基金项目：国家自然科学基金重大项目课题“水网系统数字孪生及场景推演技术与平台”（52394235）。
作者简介：冯志勇（1992—），男，工程师，博士，主要从事水利工程规划与设计。

涉及喀什噶尔河和叶尔羌河两大流域，流域总面积 15.24 万 km^2，中国境内面积 14.85 万 km^2，境内地表水资源总量 118.88 亿 m^3，地下水资源量 37.25 亿 m^3[9-10]。

喀什地区共辖 12 个县级行政区，是一个多民族聚居的地区，2020 年地区总人口 449.64 万人，城镇化率 23.1%，地区生产总值 967.22 亿元，人均生产总值 20 944 元。区内坐拥喀什噶尔河—叶尔羌河灌区，是新疆维吾尔自治区重要的农业主产区之一，2020 年有效灌溉面积 1 608.92 万亩，高效节水灌溉面积 554.75 万亩。

2.2 供用水现状

根据供水侧统计数据，喀什地区 2018 年、2019 年和 2020 年近 3 年平均总供水量 93.93 亿 m^3，其中喀什噶尔河流域平均供水量 41.97 亿 m^3、叶尔羌河流域平均供水量 51.96 亿 m^3。供水量中地表水占主要部分，近 3 年地表水平均供水量 73.23 亿 m^3，占比 77.9%；地下水平均供水量 20.41 亿 m^3，占比 21.7%。中水等其他非常规水源供水量逐渐上升，从 2018 年的 0.01 亿 m^3 增加到 2020 年的 0.5 亿 m^3。喀什地区各县（市）近 3 年供水量见表 1。

表 1 喀什地区各县（市）近 3 年供水量　单位：亿 m^3

县市	2018 年				2019 年				2020 年			
	地表水	地下水	其他水源	合计	地表水	地下水	其他水源	合计	地表水	地下水	其他水源	合计
喀什市	3.70	1.22	0	4.92	3.26	0.85	0.26	4.37	3.27	2.71	0.29	6.27
疏附县	5.03	0.67	0	5.7	5.29	0.69	0	5.98	5.03	0.78	0	5.81
疏勒县	6.21	1.21	0	7.42	6.37	1.09	0.02	7.48	6.11	1.96	0.04	8.11
英吉沙县	5.87	0.50	0	6.37	5.87	0.61	0.02	6.5	5.91	1.06	0.02	6.99
伽师县	8.74	1.50	0	10.24	8.93	1.23	0.03	10.19	8.58	3.32	0.03	11.93
岳普湖县	4.25	1.26	0.01	5.52	4.19	1.30	0.01	5.5	3.95	2.54	0.12	6.61
莎车县	11.75	3.58	0	15.33	11.56	3.49	0.04	15.09	12.29	4.16	0	16.45
泽普县	3.54	1.27	0	4.81	3.54	1.01	0.01	4.56	3.84	1.20	0	5.04
叶城县	8.07	1.58	0	9.65	6.58	1.55	0	8.13	6.94	1.97	0	8.91
麦盖提县	5.62	2.56	0	8.18	5.52	2.86	0.01	8.39	5.45	3.65	0	9.1
巴楚县	10.62	2.11	0	12.73	10.62	2.07	0	12.69	10.51	3.61	0	14.12
塔县	0.94	0	0	0.94	0.87	0.01	0	0.88	0.86	0.04	0	0.9
总计	74.34	17.46	0.01	91.81	72.60	16.76	0.40	89.76	72.74	27.00	0.50	100.24

根据用水侧统计数据，喀什地区近 3 年农业、工业和生活平均用水量分别为 94.63 亿 m^3、0.2 亿 m^3 和 2.85 亿 m^3，平均占比为 94.44∶0.2∶2.84，农业用水占比高于全国平均水平（62.1%）及新疆平均水平（90.9%），近 3 年生态环境用水量分别为 0.25 亿 m^3、0.76 亿 m^3 和 2.54 亿 m^3，呈逐年增加态势。2020 年喀什地区现状用水结构与全国及新疆平均水平的对比见表 2。

表 2　喀什地区 2020 年用水结构及其与全国和新疆平均水平的对比

区域	总用水量/亿 m^3	农业用水量		工业用水量		生活用水量	
		亿 m^3	%	亿 m^3	%	亿 m^3	%
全国	5 812.9	3 612.4	62.1	1 030.4	17.7	863.1	14.8
新疆	549.9	500	90.9	11.5	2.1	17.5	3.2
喀什地区	100.2	94.63	94.44	0.2	0.2	2.85	2.84

2.3　现状用水水平分析

农业灌溉是喀什地区的用水大户，喀什地区现状农业节水水平较低，用水仍较粗放，农田灌溉水有效利用系数只有 0.5[11]，高效节水灌溉占比 34.5%，仍依赖田间大水漫灌，灌溉效率较低。

2020 年，喀什地区万元工业增加值用水量为 26.3 m^3，小于同期全疆平均水平（31.7 m^3/万元），但与国内西北区先进水平（陕西省万元工业增加值用水量现状 16.4 m^3/万元）相比仍有较大差距。喀什地区工业用水重复利用水平较低，仅伽师县部分工业用水实施了循环水回用，工业用水重复率低于全国平均水平 89.5%，与西北区先进水平（陕西工业用水重复利用率 92.7%）相距较远。

喀什地区现状城镇居民人均用水量为 213 L/d，农村居民人均用水量为 98 L/d，略低于全疆平均水平。各县（市）生活用水水平存在较大差异。城镇饮水方面，喀什市城镇居民人均用水量 252 L/d，超过地区平均水平，用水水平较高；莎车县、岳普湖县、叶城县等其他县（市）城镇居民用水水平低于地区平均值；农村饮用水方面，伽师县、叶城县、麦盖提县农村居民用水水平较低，人均用水量在 66~84 L/d。

3　水资源开发利用存在的问题

3.1　水资源利用效率偏低，用水结构不合理

受制于气候干旱蒸发量大、节水措施不足及管理水平低等因素，喀什地区现状水资源集约利用水平偏低，与新疆平均水平和全国平均水平仍有较大差距，地表水得不到充分利用，大量水资源白白浪费。近 10 年来，喀什地区农业用水量占总用水量的比例高达 94%以上，2020 年喀什地区人均用水总量 2 430 m^3，略高于新疆人均用水量 2 127 m^3，是全国平均水平的 6 倍左右；万元 GDP 用水量 942 m^3，明显高于新疆地区平均水平（405.44 m^3 万元）。用水效率偏低，与喀什地区建设丝绸之路经济带核心区的要求严重不符。

3.2　农业节水工程效益发挥不充分

虽然多年以来喀什地区一直推进农业节水工程建设，但已实施工程效益发挥不充分，节水效果未达预期。蓄水工程方面，部分河流缺乏山区控制性调蓄工程，地表水利用效率不高，平原水库蒸发渗漏严重，加之取水河流天然含沙量大，普遍面临淤积问题，调蓄能力严重下降；取水工程方面，部分取水口建设时间久远，水闸病险问题严重，老化失修现象仍然存在；输水工程方面，部分干支渠损坏失修，加之斗农渠衬砌率低，渠系渗漏损失大，难以满足节水要求；田间工程方面，高效节水灌溉面积占比较小，加之田间套种现象严重，滴灌使用率偏低，直接制约了高效节水效益发挥。农业节水工程效益不足，加之水资源量短缺，区内粮食安全难以得到有效保障。

3.3　水资源开发利用条块分割，优化配置格局尚未形成

喀什地区目前已基本形成了蓄、引、输等水利基础设施体系，但是区域供用水关系失衡、部分河流水资源调控能力不足或者缺乏控制性工程等问题仍未得到根本解决，重建设、轻管理等水资源管理模式未能得到根本性扭转，水资源开发和利用存在条块分割、各自为政的局面，覆盖全区的水资源优化配置格局尚未形成，全区水资源节约集约利用水平还处于初级阶段。

4 喀什地区水资源配置方案研究

4.1 需水预测

喀什地区用水需水及其发展主要以经济社会发展为驱动[12-13]。从人口发展来看，喀什地区人口近年来快速增加，2010—2020 年年均增长率达到 1.12%。考虑到未来喀什地区作为区域中心辐射带动南疆快速发展的巨大潜力，以及兵团向南发展、兵地融合发展战略等利好，以及城市人口高效集聚，预测喀什地区 2030 年常住人口达到 511.63 万人，城镇化率达到 51.7%。

从经济发展来看，近 10 年来喀什地区经济社会快速发展，地区生产总值从 2010 年的 367.77 亿元增加至 2020 年的 1 130.22 亿元，年增长率达 11.9%。喀什地区未来处在工业化、城镇化、信息化、基础设施现代化的加速期，要加快构建具有喀什特色的现代产业体系，力争“十四五”末工业增加值翻一番[12]。按照此目标进行预测，喀什地区 2030 年工业增加值达 304.39 亿元。

从农业发展来看，喀什地区是新疆农业主产区，粮食安全是支撑喀什地区经济高质量发展和维护社会稳定的根基和命脉。2023 年中央一号文件明确指出，全力抓好粮食生产，实施新一轮千亿斤粮食产能提升行动，喀什地区当前和今后一段时期内要稳定粮食生产，增加粮食种植面积，打造喀什 1 000 万亩粮食基地[12]。为实现该目标，喀什地区拟新增粮食种植面积 120.38 万亩，2030 年灌溉面积达 1 729.3 万亩。同时，为提高田间灌溉效率，大力推进高标准农田建设，将永久基本农田全部发展为高效节水灌溉农田，2030 年喀什地区高效节水灌溉面积预计达 1 099.29 万亩。

按照上述经济社会发展指标，主要采用定额法，参考相关定额标准及相关规划，对喀什地区进行全口径用户需水预测，2030 年喀什地区总需水量约 102.86 亿 m^3，其中城乡综合生活需水量 4.76 亿 m^3、工业需水量 0.82 亿 m^3、农业需水量 97.28 亿 m^3。

4.2 水资源可利用量

4.2.1 用水总量控制

喀什地区已将用水总量指标划分到了区内各个乡（镇），至 2030 年，喀什地区用水总量红线控制指标为 80.63 亿 m^3，其中地表水 68.01 亿 m^3、地下水 12.15 亿 m^3、其他水源 0.47 亿 m^3。

4.2.2 水资源弹性配置

考虑喀什地区平原绿洲经济模式，探索“总量控制+弹性配置”模式，对水资源实行动态配置，提高水资源利用效率。其中，地区地表水可利用量根据出山口径流量、地州及兵团分水比例、工程引水能力、河道内基本生态环境需水以及敏感生态需水目标综合确定；地下水可利用量根据地下水可开采量和地下水开采能力综合确定，同时将微咸水资源也纳入水资源统一配置体系；再生水可利用量根据城镇生活工业用水量、污水排放系数、排水管道漏失率和再生水利用率等计算得到。

对喀什地区可利用量进行预测，2030 年喀什地区在 $P=25\%$、$P=50\%$ 和 $P=75\%$ 3 种来水频率下地表水可利用量分别为 97.52 亿 m^3、86.05 亿 m^3 和 75.33 亿 m^3；地下水可利用量为 28.87 亿 m^3，再生水可利用量为 1.32 亿 m^3。

4.3 节水措施

实施节水是解决喀什地区水资源短缺、服务地区经济社会高质量发展的重要途径。喀什地区未来将以农业、生活、工业节水为核心，统筹推进水源端、输水端和用户端全过程节水[14]。其中，水源端节水措施主要包括新建山区控制性及平原小型调蓄水库和水库清淤，提高水资源调蓄能力；输水端节水措施主要包括渠系防渗改造和病险水闸除险加固，减少输水渗漏损失，提高引水效率；用户端节水措施主要包括发展田间高效节水灌溉，采用滴灌代替大水漫灌，加快企业和园区节水及水循环利用设施建设，提升企业各环节用水效率和重复利用率。至 2035 年，地区灌溉综合水利用系数提高至 0.597、城市管网漏损率降至 9%、万元工业增加值用水量降至 20.8 m^3、再生水利用率提高至 60%。

4.4 水资源供需分析

根据喀什地区行政区划和水资源四级区分布，以水资源分区套行政区，同时考虑取水口、水库等供用水关系，将喀什地区水资源供需分析范围细分为73个计算小区。以主要河流、骨干渠系为主干，计算小区为单元，分汇水点为纽带，将复杂的供用水关系进行概化，构建喀什地区水资源统一配置模型。喀什地区水资源配置要素概化示意见图1。

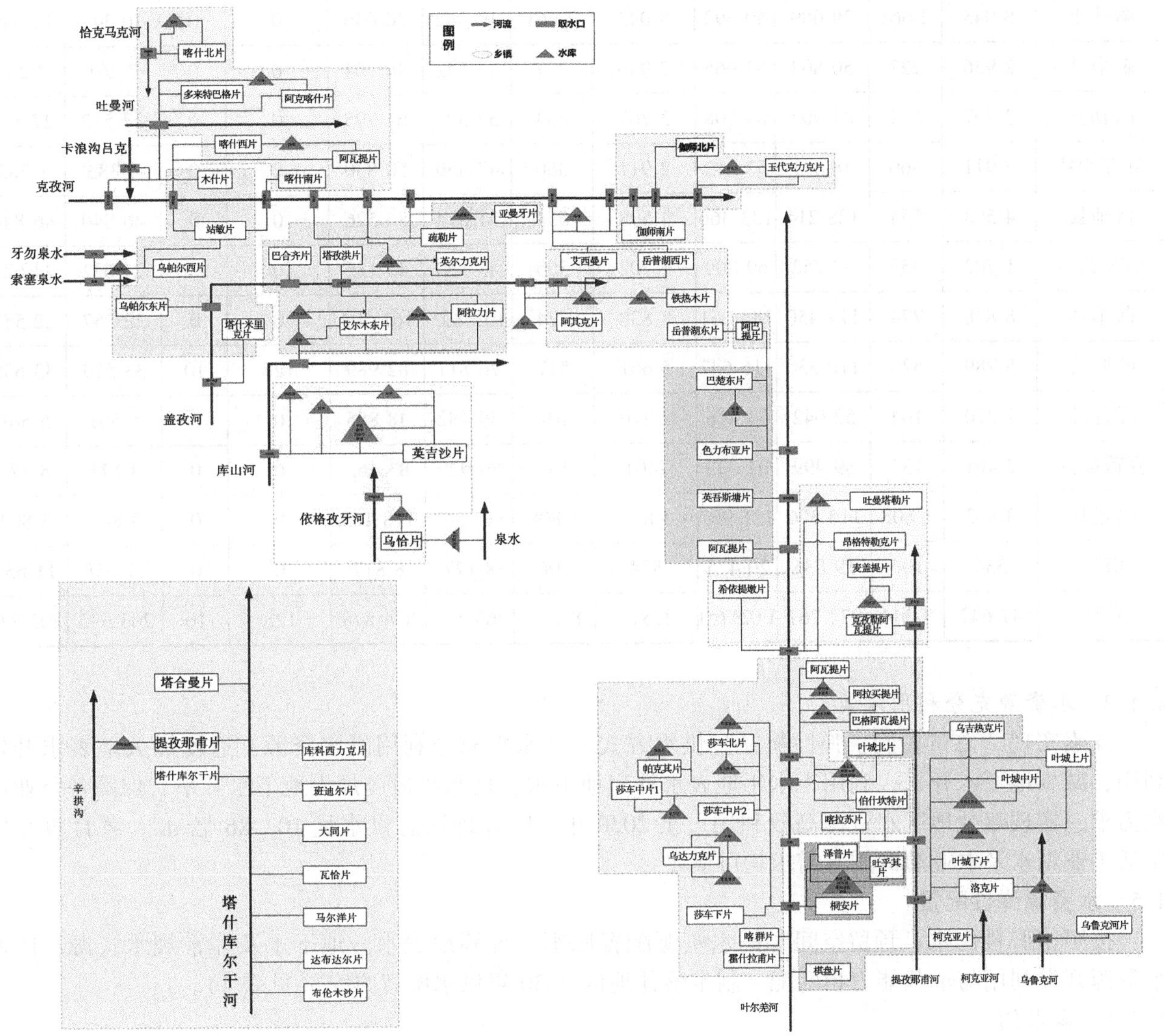

图1 喀什地区水资源配置要素概化示意

4.4.1 用水总量控制方案

按照严格控制用水量不超用水总量红线指标要求进行供需分析，2035年喀什地区总供水量约82.49亿 m^3，其中综合生活供水量约4.76亿 m^3、工业供水量约0.82亿 m^3、农业供水量约76.91亿 m^3，缺水约20.38亿 m^3，基本全为农业灌溉缺水，各县（市）缺水量在0.14亿~4.68亿 m^3，保证灌溉面积只有1 357.18万亩，缺水部分采用不充分灌溉或部分休耕轮作解决，各县（市）用水总量控制下2030年的水资源供需分析结果见表3。

表 3　用水总量控制下喀什地区 2030 年水资源供需分析结果　　单位：万 m^3

行政区	需水				供水				缺水			
	综合生活	工业	农业	合计	综合生活	工业	农业	合计	综合生活	工业	农业	合计
喀什市	8 043	2 661	29 689	40 393	8 043	2 661	19 342	30 046	0	0	10 347	10 347
疏附县	2 936	227	50 802	53 965	2 936	227	43 542	46 704	0	0	7 261	7 261
疏勒县	3 767	634	84 907	89 308	3 767	634	57 395	61 795	0	0	27 512	27 512
英吉沙县	2 911	360	48 941	52 212	2 911	360	47 559	50 830	0	0	1 383	1 383
伽师县	4 598	554	128 214	133 366	4 598	554	81 374	86 526	0	0	46 840	46 840
岳普湖县	1 702	355	67 752	69 809	1 702	355	43 129	45 186	0	0	24 622	24 622
莎车县	8 838	774	174 450	184 061	8 838	774	151 893	161 504	0	0	22 557	22 557
叶城县	5 789	528	110 330	116 647	5 661	517	76 811	82 989	128	10	33 519	33 658
泽普县	2 270	104	52 042	54 416	2 270	104	46 482	48 855	0	0	5 561	5 561
麦盖提县	2 401	133	89 499	92 033	2401	133	80 929	83 463	0	0	8 571	8 571
巴楚县	3 853	1 808	116 306	121 967	3 853	1 808	112 502	118 163	0	0	3 804	3 804
塔县	534	106	19 835	20 475	534	106	8 177	8 817	0	0	11 658	11 658
总计	47 642	8 244	972 767	1 028 651	47514	8 233	769 135	824 878	128	10	203 635	203 774

4.4.2　水资源充分利用方案

探索实现“总量控制、弹性配置”供水方式，丰水年充分利用洪水资源，适度加大地表水开发利用，减少地下水开采，利用丰水年地表水补充地下水，枯水年适度加大地下水开采，保障各行业用水需求，实现喀什地区水资源高效利用。至 2030 年，喀什地区总供水量 102.86 亿 m^3，各计算小区生活工业用水及农业灌溉用水需求均可满足。

4.5　水资源弹性配置

按照“弹性配水、预留空间”的水资源配置原则，统筹地表水、地下水及非常规水资源，协调水资源开发利用与承载能力相匹配，制定喀什地区 2030 年供水配置方案（见表 4）。

4.5.1　需求侧

2030 年，喀什地区用水配置总量约 102.86 亿 m^3，其中生活配置水量约 4.76 亿 m^3、工业配置水量约 0.82 亿 m^3、农业配置水量约 97.28 亿 m^3，生活、工业和农业用水占比为 4.63∶0.80∶94.58。

4.5.2　供给侧

2030 年，全喀什地区供水总量控制在约 102.86 亿 m^3，其中 $P=25\%$ 来水频率下地表水直供水量约 62.45 亿 m^3，平原水库参与调节供水约 5.09 亿 m^3，地下水供水量 22.70 亿 m^3，利用中水量 1.02 亿 m^3；$P=50\%$ 来水频率下地表水直供水量约 60.29 亿 m^3，平原水库参与调节供水量约 5.55 亿 m^3，地下水供水量约 23.71 亿 m^3，利用中水约 1.02 亿 m^3；$P=75\%$ 来水频率下地表水直供水量约 60.49 亿 m^3，平原水库参与调节供水约 6.34 亿 m^3，地下水供水约 23.04 亿 m^3，利用中水约 1.02 亿 m^3。

表 4　喀什地区 2030 年水资源弹性配置方案

<table>
<tr><th colspan="4" rowspan="2">类别</th><th colspan="3">频率</th></tr>
<tr><th>$P=25\%$</th><th>$P=50\%$</th><th>$P=75\%$</th></tr>
<tr><td rowspan="4">需水</td><td colspan="3">城乡综合生活</td><td colspan="3">47 641</td></tr>
<tr><td colspan="3">工业</td><td colspan="3">8 243</td></tr>
<tr><td colspan="3">农业</td><td colspan="3">972 768</td></tr>
<tr><td colspan="3">合计</td><td colspan="3">1 028 651</td></tr>
<tr><td rowspan="16">供水</td><td rowspan="4">地表水直供</td><td colspan="2">生活供水量</td><td>32 523</td><td>32 523</td><td>32 523</td></tr>
<tr><td colspan="2">工业供水量</td><td>6 302</td><td>6 302</td><td>6 302</td></tr>
<tr><td colspan="2">农业供水量</td><td>585 659</td><td>564 108</td><td>566 140</td></tr>
<tr><td colspan="2">小计</td><td>624 484</td><td>602 933</td><td>604 965</td></tr>
<tr><td rowspan="5">平原水库调节</td><td colspan="2">充库水量</td><td>59 548</td><td>63 523</td><td>68 560</td></tr>
<tr><td rowspan="4">供水量</td><td>生活供水量</td><td>4 914</td><td>4 914</td><td>4 914</td></tr>
<tr><td>工业供水量</td><td>1 941</td><td>1 941</td><td>1 941</td></tr>
<tr><td>农业供水量</td><td>44 091</td><td>48 621</td><td>56 510</td></tr>
<tr><td>小计</td><td>50 946</td><td>55 476</td><td>63 365</td></tr>
<tr><td rowspan="5">地下水</td><td colspan="2">井口供水</td><td>227 038</td><td>237 077</td><td>230 371</td></tr>
<tr><td rowspan="4">转地表</td><td>生活供水量</td><td>0</td><td>0</td><td>0</td></tr>
<tr><td>工业供水量</td><td>0</td><td>0</td><td>0</td></tr>
<tr><td>农业供水量</td><td>343 017</td><td>360 039</td><td>350 118</td></tr>
<tr><td>小计</td><td>343 017</td><td>360 039</td><td>350 118</td></tr>
<tr><td colspan="3">中水</td><td>10 203</td><td>10 203</td><td>10 203</td></tr>
<tr><td colspan="3">供水量合计</td><td>1 028 651</td><td>1 028 651</td><td>1 028 651</td></tr>
<tr><td rowspan="4">缺水</td><td colspan="3">城乡综合生活</td><td colspan="3">0</td></tr>
<tr><td colspan="3">工业</td><td colspan="3">0</td></tr>
<tr><td colspan="3">农业</td><td colspan="3">0</td></tr>
<tr><td colspan="3">合计</td><td colspan="3">0</td></tr>
</table>

5　结论与展望

（1）喀什地区位于我国西部边陲，水是喀什经济社会发展的命脉，然而地区气候干旱少雨，季节性缺水问题突出，通过实施一系列节水工程，优化水资源空间配置格局，该地水资源在近期一段时间内（至 2030 年）可基本支撑地区经济社会高质量发展的用水需求。

（2）建议考虑后备耕地开发用水需求等长远发展，紧密结合新疆水网建设，开展跨流域调水工程论证，优化用水总量分配方案，进一步释放区域后备耕地资源开发潜力，全力支撑实现千亿斤粮食产能提升目标。

参考文献

[1] 邓铭江．中国西北“水三线”空间格局与水资源配置方略［J］．地理学报，2018，73（7）：1189-1203.

[2] 邓铭江．破解内陆干旱区水资源紧缺问题的关键举措：新疆干旱区水问题发展趋势与调控策略［J］．中国水利，2018（6）：14-17.

[3] 新疆兵团勘测设计院（集团）有限责任公司．新疆喀什噶尔河大型灌区续建配套与现代化改造实施方案［R］．2020.

[4] 秦宗江．叶尔羌河流域规划概述［J］．水利规划与设计，2009（3）：3-5.

[5] 新疆维吾尔自治区水利水电勘测设计研究院．喀什地区水安全战略规划报告［R］．2022.

[6] 王禹植，薛联青，杨广，等．水资源三条红线约束下玛纳斯河灌区种植结构优化研究［J］．水电能源科学，2022，40（1）：145-149.

[7] 钱瑞秋．甘肃疏勒河流域灌区农业用水动态预测及优化配置研究［J］．地下水，2020，42（4）：83-85.

[8] 阿哈提·克力木，曾侯杰，刘德地．干旱区水资源供需平衡分析方法研究：以新疆哈密市伊州区为例［J］．中国农村水利水电，2023（6）：21-26，35.

[9] 新疆维吾尔自治区水利水电勘测设计研究院．新疆喀什噶尔河流域综合规划［R］．2024.

[10] 新疆维吾尔自治区水利水电勘测设计研究院．新疆叶尔羌河流域综合规划［R］．2007.

[11] 喀什地区水利局．喀什地区 2018—2020 水资源公报［R］．2018—2020.

[12] 喀什地区行政公署．国民经济和社会发展第十四个五年规划和 2035 年远景目标纲要［EB/OL］．2021.

[13] 上海同济城市规划设计研究院有限公司．喀什地区国土空间总体规划（2021—2035 年）［R］．2023.

[14] 长江勘测规划设计研究有限责任公司．喀什地区节水规划实施方案［R］．2023.

东昆仑山北坡河流水化学与流域化学风化研究进展

张文杰[1]　王家乐[1]　温夏伟[2]

（1. 长江水利委员会长江科学院，湖北武汉　430010；
2. 中国三峡新能源（集团）股份有限公司建设管理分公司，北京　100053）

摘　要：东昆仑山北坡是“高山-深盆”地貌背景下地表盐类物质迁移、富集成矿的典型区域，河流水化学成分形成与变化不仅是元素循环研究的重要内容，而且关系到尾闾盐湖成矿物源的论证，但目前该领域的研究不足。一方面流域化学风化对河流超常富集元素的贡献有限，对那棱格勒河上游的硼（B）、锂（Li）贡献比例仅占7.6%；另一方面河流与地下水之间的频繁转换增加了认识河流水化学形成与变化的难度。本文从水文特征、水化学变化、水资源平衡等方面梳理了当前的研究进展，以期深入理解东昆仑山北坡表生物质循环过程，为尾闾盐湖成矿机制提供支撑。

关键词：河流水化学；流域化学风化；东昆仑山北坡

1　引言

东昆仑山作为连接柴达木盆地与西藏高原的构造山系，是高原隆升与盆地断陷演化的中间转换地带，也是地球内部与地表之间能量交换与物质循环的重要地区[1]。北部的柴达木盆地是我国唯一的高原盆地，不仅发育有众多的盐湖，而且蕴藏丰富的钾、硼、锂等特色非金属矿产资源[2]。其中，硼被称为“工业味精”，锂被誉为“21世纪绿色能源”，两者已被美国、欧盟和日本等多数国家和地区列为重要或战略矿产资源。根据地质勘探结果，盆地盐湖目前探明的硼储量超过527万t，占全国总量的25%以上，卤水锂储量的占比更是高达80%[3-4]。盆地中的液体硼、锂资源主要集中在东昆仑山北坡河流的尾闾盐湖，如东台吉乃尔、西台吉乃尔、一里坪盐湖以及察尔汗湖区。随着经济社会的发展和大国竞争的日益加剧，全球对硼、锂的资源需求将在一段时间内持续增长，而长期以来我国的矿资源供应不能满足需求，硼资源对外依存度由2001年的20%急速上升为2016年的79%。锂资源对外依存度也将在一定时期内保持在70%左右，供求矛盾十分突出[5-6]。

然而，东昆仑山北缘的钾、硼、锂等资源元素富集循环研究多选择性地以河流末端的尾闾盐湖为重点对象，形成了以“岩石风化输入”“湖泊自身演化”“山区地热补给”为代表的多种见解，至今未能形成共识。实际上，作者及其研究团队在前期通过氢、氧、硼、锂、锶等同位素研究尾闾盐湖成矿物源的过程中发现[7-8]，流域河水的输入、迁移及输出不仅直接关系到河流是否能够向盐湖输送目前探明的储量，而且也关系到尾闾盐湖成矿过程的稳定性和可持续性。因此，在不确定地质历史时期河湖之间是否存在稳定的水文补给联系，以及尾闾盐湖是否为古湖解体、迁移、演化造成的背景下，探明流域河水输入、迁移及输出的过程贡献是真正揭示尾闾盐湖成矿物质来源的重要基础。尤其是自20世纪70年代以来，那棱格勒河源区年平均气温和降水量持续上升，其东部咸水湖群水量急剧增加，甚至发生了大规模的湖水外泄[9-10]，直接改变了区域地表水径流条件和水化学物质分配格局，导致土壤盐渍化和水生态环境恶化，同时潜在影响河流水化学组分的源汇及其对尾闾盐湖的输移通

基金项目：国家自然科学基金项目（42107252）；中央级公益性科研院所基本科研业务费（CKSF2023315/TB）。

作者简介：张文杰（1988—），男，副高级工程师，主要从事地球化学方面的研究工作。

量。再加上源区正在兴建的那棱格勒河水利枢纽工程，不可避免地导致流域资源元素富集及其过程贡献机制更加复杂。鉴于此，探明气候变化条件下东昆仑山北坡典型流域化学风化及水化学特征，不仅是理解青藏高原“地热-河流-盐湖”系统表生水体元素富集成矿过程的关键，更是统一尾闾盐湖成矿物源认识不可或缺的理论依据，对准确评估河流尾闾盐湖盐类资源的矿藏储量和可持续开发具有重要意义。

2 研究区域概况

2.1 区域概况

研究区位于青藏高原东北部，北起柴达木盆地沉积中心的现代盐湖，南接可可西里腹地（见图1）。区内地形起伏，海拔落差大，最高点位于昆南断裂与勒斜武担湖断裂交叉处布喀达坂峰，海拔 6 860 m；最低点为盆地中心的盐湖区，海拔 2 500 m 左右。自南向北，地貌依次为高山、戈壁、风积沙漠、冲洪积平原、湖积平原。研究区属于典型的高寒大陆性气候，受地形和纬度的影响，北部盐湖区年平均气温为 5 ℃，而南部高海拔山区和丘陵地带在 0 ℃以下[12]。由于研究区位于西北内陆中心，气候干旱，降雨稀少，由北向南，降雨量从 15~20 mm 逐渐增加到 300 mm 左右，但是水汽来源复杂，降雨量表现出明显的季节性特征，夏季的雨量占全年降水量的 57%~75%[13]。

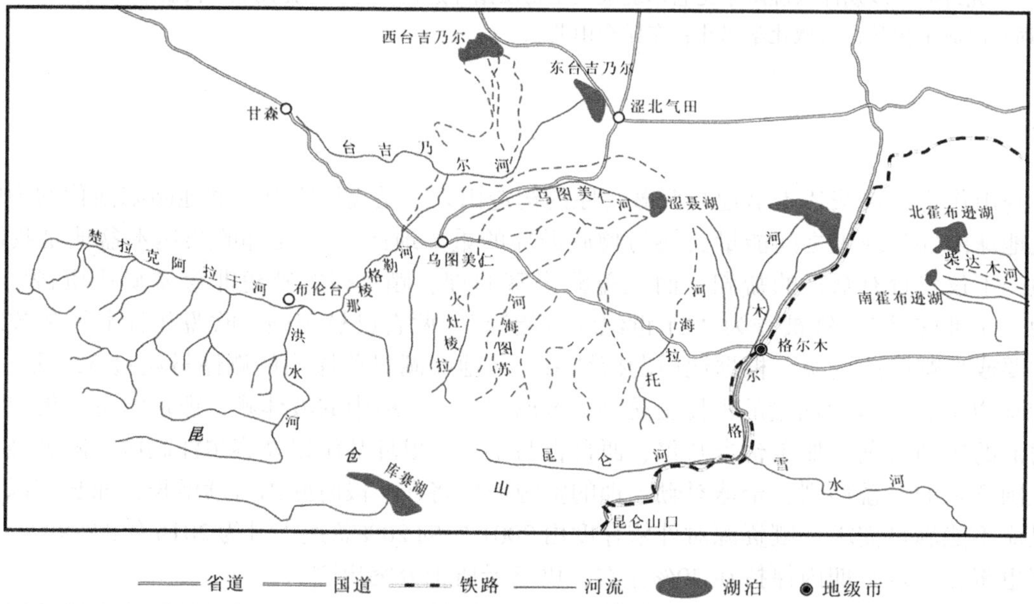

图1 研究区地理位置（据文献［11］修改）

2.2 水文地质

研究区位于东昆仑山中段，构造单元上属于昆仑地块，北连柴达木地块，南接巴颜喀拉地块。地层岩性具有明显的分带性，南部山区以前第四纪地层为主，出山口后的冲洪积平原以第四纪松散堆积物为主，北部的盐湖地区岩性以盐岩为主。自西向东，发育有柴达木第一和第二大河流，分别为那棱格勒河与格尔木河（见图2）。前者发源于东昆仑山雪莲峰冰川融水，育有 2 条支流：楚拉克阿拉干河与洪水河。河流主要受融水类补给，雨水、冰雪融水和地下水的补给比例分别为 42.1%、28.8%和 29.1%。后者位于那棱格勒河以东 170~200 km 处，主要支流为东支雪水河与西支昆仑河，河流属于地下水补给类型，地下水补给比例约为 66.4%[14-15]。

3 河流水化学研究

河流水化学成分的来源、迁移是流域物质循环的重要组成，也是联系地质历史时期周边高山剥蚀、夷平作用和成盐物质输移、富集过程的关键环节。探明河流水化学及其形成变化不仅能够了解

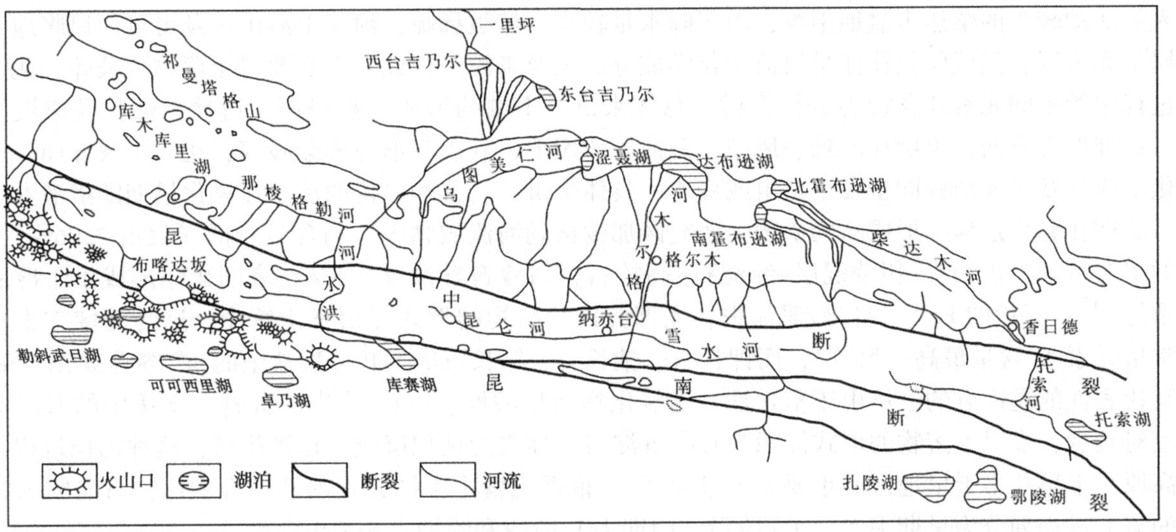

图2　研究区水系（据文献［16］修改）

"高山-深盆"区物质在地壳岩石和地表水体之间的转换，而且是明确末端尾间盐湖成盐物质来源的重要前提。然而，东昆仑山北坡流域开展的水化学研究有限，且在干旱与半干旱地区水资源需求背景下侧重于水文、水资源方面，而专门的水化学研究则亟待开展。20世纪60年代，地质部门和有关学者以水化学类型、矿物度的变化对地表河水生活饮用和农业灌溉的功能进行了评价[17]。随着柴达木盆地经济的发展，用水需求成为工、农、牧发展的重要制约因素，水资源合理利用和生态环境保护问题突出，河流水质及流域水文越来越受到更为广泛的关注[18]。但是，由于有限的地球化学方法和定量化手段，此类研究并未涉及区域大气降水、河水、地下水之间的转换，更未从地质原理上揭示河流水化学成分的形成机制。随后，数值模拟结合水化学定量的方法在表达不同水体之间的补给和排泄关系方面提供了新的进展，虽然基于水量和水化学物质平衡的方法对水体转化关系的研究是比较定量化的方法，但依然存在着一些平衡项不确定的问题[19]。随着同位素示踪技术的测试精度提高和示踪方法完善，很大程度上减少了这种不确定性。因此，氮、氧稳定同位素和放射性^{222}Rn同位素被用来解析那棱格勒河水与地下水的定量转化，明晰河水与地下水交换对水化学成分的影响[20-21]。研究表明，那棱格勒河中下游受到地下水的补给，补给量占55.1%左右，这种不同水体之间频繁的交换进一步增加了理解河流水化学形成与变化的难度。截至目前，关于东昆仑山北坡河流水化学来源及其形成机制的研究依旧有限，尤其是对于河流与末端尾间湖K、B、Li富集成矿的一致性缺乏输移方面的量化认识。

4　流域化学风化研究

化学风化作用是地球表面最重要且普遍的地质过程之一，不仅参与地表形态的塑造，而且紧密联系了陆地与海洋之间的物质交换。其风化产物是河流水化学成分的重要来源，每年通过河流输送入海的沉积物和溶解物总量分别相当于冰川和大气输送量的10倍和100倍[22]。河流中的主要离子组合与流域主导性的化学风化反应之间存在着良好的对应关系[23-24]。因此，河流水化学组分成为认识和理解流域化学风化的有效手段[25-26]。目前，国内外关于流域化学风化与河流水化学的研究主要分为两类，一方面，在全球气候变暖的背景下集中于流域碳汇机制的探讨与碳通量的判别[27-28]；另一方面，围绕着河流水化学着眼于流域化学风化作用与水化学物质来源[29-30]。虽然近几十年随着统计学和数值模拟手段的运用，流域化学风化研究得到快速发展，尤其是大尺度、多流域的综合对比研究，但如何准确地定量化识别化学风化过程依旧是限制其深入认识和理解的难点之一。

4.1　风化过程中的元素迁移

一般情况下，流域河水的化学成分主要来自土壤风化淋滤、大气沉降、人为活动和生物作用。对于人类活动较少的柴达木盆地南缘，由于降水量较小，植被稀疏，河流上游山区及可可西里腹地大部分属于无人区，流域风化往往是河流水化学成分的主要来源。因此，有必要对土壤物理破碎、化学分解过程中的不同元素迁移行为进行探讨。总体来讲，土壤的形成过程经历了淋滤、黏化及成壤等作用。物理形态方面，土壤在冻融、风蚀、碰撞等作用下，其表观形态逐渐破碎；化学组成方面，土壤的化学成分及组成结构同步发生重组或变质。具体来讲，一价和二价的离子在风化早期随溶液淋滤流失，后期在黏化过程中形成新的矿物，研究区那棱格勒河流域黏土平均含量较低（仅占 7.06%），矿物的组合特征为伊利石-伊蒙混层-绿泥石-高岭石，高岭石含量仅为 8%，表明矿物形成于干冷的气候条件[31]；三价的 Fe^{3+}、Al^{3+} 较难流失，大部分以胶状物的形式保留在土壤中，这与流域黏土矿物中常量元素 Al 含量最高一致[31]，而钾长石、钠长石、钙长石等架状硅酸盐中的 Si^{4+} 容易被 Al^{3+} 替换，最具代表性的是南方的红壤由于富含铁、铝氧化物而呈酸性、红色[32-34]。此外，土壤中的 Ca^{2+} 流失也相对较少，多以不溶物的形式淀积为 Ca^{2+} 沉淀层，称之为钙积层或石化钙积层，这种钙积过程是黄土高原、干旱与半干旱地区的重要成土过程[35]。根据土壤中不同元素的活动性顺序，有研究者将元素的流失过程划分为早期去 Na、Ca 阶段、中期去 K 阶段和晚期去 Si 阶段[36]。

4.2 风化过程中的矿物变化

土壤风化和淋滤过程中，元素的流失除与自身的化学性质有关外，所在区域的矿物组成也决定了差异化的水化学分布。从化学风化的角度来看，自然界河水中阳离子的来源矿物主要有碳酸盐类（方解石、白云岩）、蒸发盐类（石盐、石膏、芒硝）和硅酸盐类（钾长石、钠长石、钙长石、白云母、高岭石、黑云母）[37-38]，不同矿物在水溶液的作用下释放元素的速率各不相同，表 1 梳理出常见矿物在风化过程中的成分变化情况。由易到难的顺序大致为蒸发盐类>碳酸盐类>硅酸盐类。在全球范围内碳酸盐类的风化速率明显高于硅酸盐类[23]，这也是自然界多数河流水化学类型是 $Na-HCO_3$ 或者 $Na \cdot Ca-HCO_3$ 的主要原因。此外，矿物的化学组成和水溶液的温度、酸碱性、作用时间共同决定了输入河水中的元素类型和数量，研究区表层沉积物矿物组合以石英、钠长石、白云母及斜绿泥石为主，且从上游到下游，硅酸盐矿物逐渐减少，蒸发盐矿物逐渐增加[39]，这也导致格尔木河流域水化学类型由上游的 $Ca \cdot Mg-HCO_3$ 转变为中游的 $Na \cdot Mg-HCO_3$，最终演化为近盐湖区的 $Na \cdot Mg-Cl$。此外，西南岩溶区域是典型的碳酸盐类发育地区，河水富含 Ca^{2+}、Mg^{2+} 等碱土元素[40]。

表 1　不同矿物风化过程中成分变化

碳酸盐类	方解石	$CaCO_3 + H_2O + CO_2 = Ca^{2+} + 2HCO_3^-$
	白云岩	$CaMg(CO_3)_2 + 2H_2O + 2CO_2 = Ca^{2+} + Mg^{2+} + 4HCO_3^-$
蒸发盐类	石岩	$NaCl = Na^+ + Cl^-$
	石膏	$CaSO_4 \cdot 2H_2O + H_2O = Ca^{2+} + SO_4^{2-} + 3H_2O$
	芒硝	$Na_2SO_4 \cdot 10H_2O + H_2O = 2Na^+ + SO_4^{2-} + 11H_2O$
硅酸盐类	钙长石	$CaAl_2Si_2O_2 + 2H^+ + 2H_2O = Al_2Si_2O_5(OH)_4 + Ca^{2+}$
	白云母	$2KAL_2(AlSi_3O_{10})(OH)_2 + 2H^+ + 3H_2O = 3Al_2Si_2O_5(OH)_4 + 2K^+$
	高岭石	$Al_2Si_2O_5(OH)_4 + 5H_2O = 2Al(OH)_3 + 2H_4SiO_4$
	钾长石	$KAlSi_3O_8 + 2H^+ + 12H_2O = 2K^+ + 6H_4SiO_4 + KAlSi_3O_{10}(OH)_2$
	钠长石	$NaAlSi_3O_8 + H_2CO_3 + \frac{9}{2}H_2O = Na^+ + HCO_3^- + 2H_4SiO_4 + \frac{1}{2}Al_2Si_2O_5(OH)_4$
	黑云母	$KMg_3AlSi_3O_{10}(OH)_2 + 7H_2CO_3 + \frac{1}{2}H_2O = K^+ + 3Mg^{2+} + 7HCO_3^- + 2H_4SiO_4 + \frac{1}{2}Al_2Si_2O_5(OH)_4$

西北黄土高原和干旱盆地的河流，由于土壤盐分的淋滤和蒸发作用，河水中阳离子以 Na^+ 为主，而阴离子则以 Cl^- 和 SO_4^{2-} 为主[41]。沿海地区的土壤由于海水入侵普遍盐碱化，河水富集 Na^+、K^+ 等碱金属元素，其矿化度甚至超过 1.0 g/L[42]。总之，流域水化学成分及其时空变化与岩石/土壤类型、分布密不可分，风化、淋滤作用是水化学元素在固–液两相之间迁移、分配的重要驱动过程。

4.3 流域化学风化研究现状

东昆仑山北坡的流域化学风化研究极少，目前有限的研究主要集中在格尔木河流域。考虑到河流上游山区分布有大面积花岗岩，有学者有针对性地研究了富钾花岗岩中 K、B、Li 等元素的含量变化及其风化迁移的时空演变过程，认为富钾花岗岩中成盐元素的风化、淋溶为河流尾闾盐湖的盐类矿物富集提供了重要的物源[43]。从流域化学风化的强度变化来看，上游冰川融水和较充沛的降水条件导致其风化程度明显高于中游干热河谷地区，并且在暖湿期的季风控制下以化学风化为主，在干冷阶段的西风控制下以物理风化为主[44]。然而，上述风化研究主要聚焦于流域的各类固体沉积物，通过河流水化学来评估流域化学风化对地表水体的物质贡献尚未系统开展。本文以异常富集 B、Li 元素的那棱格勒河为例，对流域化学风化的影响进行了简单估算，发现岩石化学风化对那棱格勒河上游的 B、Li 贡献比例仅占 7.6%，正是不清楚河流水化学成分的主要来源及潜在端元的量化贡献，导致末端盐湖 B、Li 等特色元素成盐的物源机制存在争议。因此，及时开展东昆仑山北坡流域化学风化研究，不仅是区域地球化学元素循环研究的重要内容，而且关系到盐湖资源的可持续开采与利用模式。

5 结论与展望

东昆仑山北坡河流是区域水化学成分和沉积物从源到汇迁移过程的重要载体，也是论证末端尾闾盐湖成矿物质来源的必要环节，但目前关于河流水化学组分在汇集、迁移过程中的变化及影响因素研究不足。在流域水化学方面，由于地区生活和农业用水需求的持续增长，现有的研究侧重于水文特征、地下水循环、水资源平衡等领域，而河水沿程的矿化度增减和水化学成分变化以及引起该变化的主控因素研究相对有限。在流域化学风化方面，对风化淋滤过程中不同元素的淋溶、迁移能力认识有限，不同河段的矿物分解与形成及其对水化学成分的贡献尚不明确，尤其是在区域气候变暖和冰川融水增加的背景下，如何从机制原理上量化揭示东昆仑山北坡流域水化学组分的形成、迁移过程仍然是区域元素地球化学研究面临的重要研究工作。

参考文献

[1] Yin A, Harrison T M. Geologic evolution of the Himalayan-Tibetan orogen [J]. Annual Review of Earth and Planetary Sciences, 2000, 28 (1): 211-280.

[2] 张彭熹. 柴达木盆地盐湖 [M]. 北京: 科学出版社, 1987.

[3] 展大鹏, 余俊清, 高春亮, 等. 柴达木盆地四盐湖卤水锂资源形成的水文地球化学条件 [J]. 湖泊科学, 2010, 22 (5): 783-792.

[4] 魏新俊. 柴达木盆地盐湖钾硼锂资源概况及开发前景 [J]. 青海国土经略, 2002 (增 1): 64-69.

[5] 刘成林. “盐湖沉积，钾锂成矿与勘查开采技术”专辑 [J]. 地质学报, 2021, 95 (7): 2.

[6] 袁建国, 屈云燕, 刘秋颖, 等. 中国硼矿资源供需趋势分析 [J]. 中国矿业, 2018, 27 (5): 9-13.

[7] Tan H B, Chen J, Rao W B, et al. Geothermal constraints on enrichment of boron and lithium in salt lakes: An example from a river-salt lake system on the northern slope of the eastern Kunlun Mountains, China [J]. Journal of Asian Earth Sciences, 2012, 51: 21-29.

[8] Wei H Z, Jiang S Y, Tan H B, et al. Boron isotope geochemistry of salt sediments from the Dongtai salt lake in Qaidam Basin: boron budget and sources [J]. Chemical Geology, 2014, 380: 74-83.

[9] Yao X, Liu S, Li L, et al. Spatial-temporal characteristics of lake area variations in Hoh Xil region from 1970 to 2011 [J]. Journal of Geographical Sciences, 2014, 24 (4): 689-702.

[10] Liu W H, Xie C W, Zhao L, et al. Rapid expansion of lakes in the endorheic basin on the Qinghai-Tibet Plateau since 2000 and its potential drivers [J]. CATENA, 2021, 197.
[11] 张红. 青海省地图册 [M]. 北京：中国地图出版社，2011.
[12] 周立. 柴达木盆地水资源供需关系及生态保护 [M]. 西宁：青海人民出版社，2000.
[13] 王贵玲，刘志明，王骥，等. 西北地区地下水资源开发利用与环境保护研究：以柴达木盆地南缘格尔木—诺木洪地区为例 [M]. 北京：地质出版社，2002.
[14] 张家桢，刘恩宝. 柴达木盆地河流水文特性 [J]. 地理学报，1985，40（3）：242-255.
[15] 李健，王辉，黄勇，等. 柴达木盆地格尔木河流域生态需水量初步估算探讨 [J]. 水文地质工程地质，2008（1）：71-75.
[16] 朱允铸，李争艳，吴必豪，等. 从新构造运动看察尔汗盐湖的形成 [J]. 地质学报，1990，64（1）：13-21.
[17] 刘育民. 柴达木盆地主要河流水化学的初步研究 [J]. 南京大学学报（地理学），1963（3）：61-72.
[18] 周长进. 柴达木盆地主要河流的水化学特征 [J]. 干旱区资源与环境，1998，12（4）：31-36.
[19] Chisala B N, Lerner D N. Distribution of sewer exfiltration to urban groundwater [J]. Water Management, 2008, 161 (6): 333-341.
[20] 徐威. 那棱格勒河冲洪积平原地下水循环模式及其对人类活动的响应研究 [D]. 长春：吉林大学，2015.
[21] 王涛. 柴达木盆地那棱格勒河流域水文情况研究 [D]. 西宁：中国科学院研究生院（青海盐湖研究所），2007.
[22] Hay W W. Denial sediment fluxes from continents to oceans [J]. Chemical Geology, 1998, 145: 287-323.
[23] Meybeck M. Global chemical weathering of surficial rocks estimated from river dissolved loads [J]. American Journal of Science, 1987, 287 (5): 401-428.
[24] Gaillardet J, Dupré B, Louvat P, et al. Global silicate weathering and CO_2 consumption rates deduced from the chemistry of large rivers [J]. Chemical Geology, 1999, 159 (1-4): 3-30.
[25] Gupta H, Chakrapani G J, Selvaraj K, et al. The fluvial geochemistry, contributions of silicate, carbonate and saline-alkaline components to chemical weathering flux and controlling parameters: Narmada River (Deccan Traps), India [J]. Geochimica et Cosmochimica Acta, 2011, 75: 800-824.
[26] Fernandes, Alexandre Martinsda Conceicao, Fabiano TomaziniSpatti Junior, et al. Chemical weathering rates and atmospheric/soil CO_2 consumption of igneous and metamorphic rocks under tropical climate in southeastern Brazil [J]. Chemical Geology, 2016, 443, 54-66.
[27] Li S, Lu X X, Bush R T. Chemical weathering and CO_2 consumption in the Lower Mekong River [J]. Science of the Total Environment, 2014, 472: 162-177.
[28] Wang A, Smith J A, Wang G C, et al. Late Quaternary river terrace sequences in the eastern Kunlun Range, northern Tibet: A combined record of climatic change and surface uplift [J]. Journal of Asian Earth Sciences, 2009, 34 (4): 532-543.
[29] Bhatt M P, Masuzawa T, Yamamoto M, et al. Spatial variations in chemical compositions along Langtang-Narayani river system in central Nepal [J]. Environmental Geology, 2009, 57: 557-569.
[30] Xiao J, Jin Z D, Ding H, et al. Geochemistry and solute sources of surface waters of the Tarim River Basin in the extreme arid region, NW Tibetan Plateau [J]. Journal of Asian Earth Sciences, 2012, 54: 162-173.
[31] 李雯霞，苗卫良，张西营，等. 柴达木盆地那棱格勒河流域表层沉积物中锂的分布特征 [J]. 盐湖研究，2022，30（2）：86-98.
[32] 赵其国. 中国东部红壤地区土壤退化的时空变化、机理及调控 [M]. 北京：科学出版社，2002.
[33] Hu X F, Wei J, Du, Y, et al. Regional distribution of the Quaternary Red Clay with aeolian dust characteristics in subtropical China and its paleoclimatic implications [J]. Geoderma, 2010, 159: 317-334.
[34] Hong H, Churchman G J, Yin K, et al. Randomly interstratified illite-vermiculite from weathering of illite in red earth sediments in Xuancheng, southeastern China [J]. Geoderma, 2014, 214: 42-49.
[35] 刘东生. 黄土与环境 [M]. 北京：科学出版社，1985.
[36] Nesbitt H W, Markovics G, Price R C. Chemical processes affecting alkalis and alkaline earths during continental weathering [J]. Geochem Cosmochim Acta, 1980, 44 (11): 1659-1666.
[37] Frings P J, Clymans W, Fontorbe G, et al. Silicate weathering in the Ganges alluvial plain [J]. Earth Planetary Science

Letters, 2015, 427: 136-48.

[38] Chen J S, Wang F Y, Xia X H, et al. Major element chemistry of the Changjiang (Yangtze River) [J]. Chemical Geology, 2002, 187 (3-4): 231-55.

[39] 高东林，苗卫良，张西营，等. 柴达木盆地那棱格勒河流域表层沉积物微量元素组成及其对流域内锂的物源制约意义 [J]. 盐湖研究，2023，31 (1)：25-38.

[40] 江峰，吉勤克补子，曹建文，等. 黔中岩溶区地下水水化学来源特征及其影响因素 [J]. 中国岩溶，2024 (4)：889-899.

[41] 柳子豪，高明波，谭红兵，等. 祖厉河流域水体盐分空间分布特征及演化过程 [J]. 水文，2018，38 (3)：83-89，56.

[42] 张文杰，谭红兵，陈喜，等. 广东硇洲岛地下水化学演化及成因机理 [J]. 水文，2012，32 (3)：51-59.

[43] 安福元，张西营，程夏丽，等. 格尔木河流域富钾花岗岩中成盐元素风化迁移的时空演变 [J]. 岩石矿物学杂志，2021，40 (1)：14-26.

[44] 程夏丽，安福元，李善禄，等. 格尔木河上游水成沉积物元素时空变化、流域风化及其驱动机制 [J]. 盐湖研究，2024，32 (1)：10-19.

黑山峡水库一级开发水沙调控多维效益

李　磊[1]　李东林[2]　李　航[3]　李洁玉[2]

（1. 河海大学水利水电学院，江苏南京　210024；
2. 黄河水利委员会黄河水利科学研究院，河南郑州　450003；
3. 中国电建集团昆明勘测设计研究院有限公司，云南昆明　517001）

摘　要：黄河水沙关系不协调是其复杂难治的根源所在，黑山峡水库作为黄河干流七大骨干工程之一，对水沙调控至关重要。本文研究了黑山峡水库一级开发不同正常蓄水位方案在9种典型年下的综合效益。以宁蒙河道冲刷量最大、生态满足率最大、发电效益最大为目标，构建了黑山峡水库水沙调控多目标协同模型。采用耦合协调度模型，选择最优调控方案，并评估其多维调控效益。结果表明：不同正常蓄水位时，9种典型年耦合协调度最高的方案均能提高宁蒙河段汛期流量，实现对龙刘水库有效反调节，对黄河上游电网发电贡献明显，生态满足率处于较高水平。

关键词：多目标；水沙调控；多维调控效益；宁蒙河段；耦合协调度模型

1　引言

受黄河上游龙羊峡水库和刘家峡水库调节影响，宁蒙河段“新悬河”现象加剧。同时，黑山峡河段的生态环境极为脆弱，水资源短缺，经济发展相对滞后，水资源综合效益尚未得到充分发挥。因此，构建黑山峡水库水沙调控多目标协同模型对黄河水资源利用、防洪防凌、协调水沙关系、生态环境保护以及区域经济发展具有重要意义。

关于水库调水调沙的研究，早在1946年，美国学者葛罗同等[1]提出关于水库调节泥沙的设想，Churchill[2]分析了水库泥沙调节问题，后续Carriaga和Mays[3]提出了水库对河道泥沙冲淤调节的模型。2000年，Nicklow等[4]提出了一种优化控制模型，旨在最小化水库群所在河网中的泥沙冲淤量。我国对于水库调沙的研究以解决三门峡水库库区泥沙淤积为开端，将水库运用方式由“蓄水拦沙”逐步调整为“蓄清排浑”。在水沙调控模型方面，杜殿勖和朱厚生[5]采用系统分析方法，针对三门峡水库的特点，建立了水库水沙联调的随机动态规划模型。向波等[6]利用多目标规划的思想方法，将水库水沙调度与粒子群算法相结合，建立了三峡水库水沙联合调度模型。

当前，从流域系统效益最大化的角度考虑，水沙调控需考虑行洪输沙-生态环境-社会经济多维功能协同发挥。因此，构建水沙调控多目标协同模型被越来越多的学者所重视。Jin等[7]基于协同学理论，建立了考虑多目标协调度最大化的多沙河流梯级水库群多目标协同优化调控模型。白涛等[8]对黄河上游龙羊峡-刘家峡水库建立了水沙调控的单目标及多目标模型，并采用不同的方法对模型进行求解。王学斌等[9]以小浪底-西霞院梯级水库为例进行多目标优化调度，建立了黄河下游梯级水库多目标调度模型。王远见等[10]论证了黄河流域全河水沙调控的可行性。Chen等[11]建立了黄河流域三门峡水库、小浪底水库多目标联合调度模型，不同调度时段根据入库沙量改变水库排沙目标的权重，以提高多沙河流水库的综合效益。李洁玉等[12]构建了黄河水沙调控多目标协同模型，为黄

基金项目：“十四五”国家重点研发计划项目（2021YFC3200404），河南省自然科学基金青年项目（232300421341）。
作者简介：李磊（1999—），男，硕士研究生，主要从事水库优化调度研究工作。
通信作者：李洁玉（1993—），女，高级工程师，主要从事水沙调控研究工作。

河水沙多目标优化调控实践提供科技支撑。

黑山峡水库在黄河水沙调控工程体系中扮演着承上启下的关键角色。目前，黄河上游的生态环境维持和经济社会发展对水资源需求的矛盾日益突出。因此，构建黑山峡水库水沙调控多目标协同模型，分析黑山峡水库多维调控效益，不仅有助于改善黄河上游的生态环境和促进经济社会可持续发展，还能为完善黄河水沙调控工程体系和推动黄河流域的高质量发展提供科技支撑。

2 研究区域概况

黑山峡水库是黄河干流七大骨干工程之一，位于甘肃省与宁夏回族自治区交界处，峡谷窄深，河道曲折。黑山峡河段以上流域面积 25.2 万 km^2，占黄河流域面积的 33.6%；多年平均径流量 336 亿 m^3，占黄河总径流量的 58%；多年平均输沙量 1.6 亿 t，约为黄河年输沙量的 1/10。

黑山峡河段是黄河上游最后一个能修建高坝大库的峡谷河段，其地质条件及地理位置也有利于修建较大库容规模的控制性水库工程。同时黑山峡水库上游有龙羊峡水库、刘家峡水库，下游紧接宁蒙河段，在黄河水沙调控工程体系中具有承上启下的关键作用。黑山峡水库地理位置如图 1 所示。

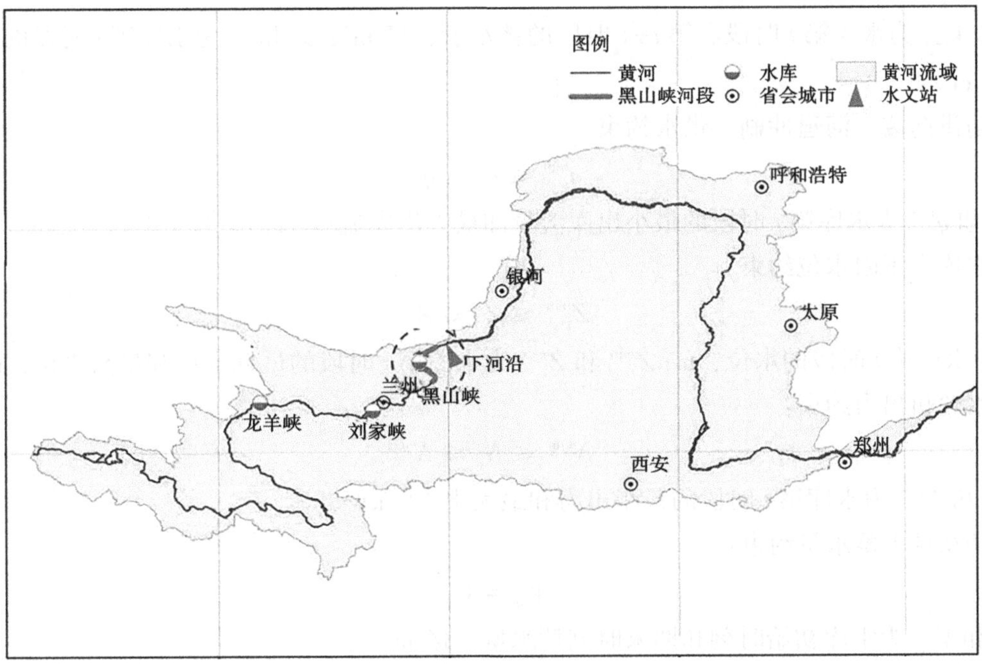

图 1 黑山峡水库地理位置

3 多目标协同水沙调控模型构建

针对黑山峡水库一级开发方案 1 370~1 380 m 不同正常蓄水位，建立多目标协同模型，以分析黑山峡水库一级开发方案调控效应[13]。

3.1 目标函数

行洪输沙子系统目标函数为宁蒙河道冲刷量最大，表示为

$$\max F_1 = \sum_{t=1}^{T} (S_t^{out} - S_t^{in}) \tag{1}$$

式中：$\max F_1$ 为宁蒙河道冲刷量最大目标；T 为调度时段总数；S_t^{out} 和 S_t^{in} 为宁蒙河道第 t 时刻的出口沙量和入口沙量，亿 t。

生态环境子系统目标函数为宁蒙河道生态满足率最大，表示为

$$\max F_2 = \frac{1}{T}\sum_{t=1}^{T}\delta(t),\ \delta(t) = \begin{cases} \dfrac{QE_t}{DE_t} & \text{if} \quad QE_t < DE_t \\ 1 & \text{if} \quad QE_t \geqslant DE_t \end{cases} \tag{2}$$

式中：$\max F_2$ 为生态满足率最大目标；DE_t 为水库下游河段第 t 时段适宜生态流量，m^3/s；QE_t 为水库第 t 时段生态流量，m^3/s。

社会经济子系统目标函数为水库发电量最大，表示为

$$\max F_3 = \sum_{t=1}^{T} KQ_{Et}H_t\Delta t \tag{3}$$

式中：K 为水库水电站的出力系数；Q_{Et} 为水库第 t 时段发电流量，m^3/s；H_t 为水库第 t 时段发电水头，m；Δt 为时段长，月。

3.2 约束条件

（1）水量平衡约束：

$$V_{t+1} = V_t + (Q_t - q_t)\Delta t \tag{4}$$

式中：V_t 和 V_{t+1} 为水库第 t 时段和第 $t+1$ 时段的蓄水量，亿 m^3；Q_t 和 q_t 为水库第 t 时段的入库流量和出库流量，m^3/s。

（2）防洪防凌、河道冲刷、供水约束：

$$q_t^{\min} \leqslant q_t \leqslant q_t^{\max} \tag{5}$$

式中：$q_t^{\min}$ 和 $q_t^{\max}$ 为水库第 t 时段的最小出库流量和最大出库流量，m^3/s。

（3）水库上下限水位约束：

$$Z_t^{\min} \leqslant Z_t \leqslant Z_t^{\max} \tag{6}$$

式中：Z_t 为水库第 t 时段的水位，m；$Z_t^{\min}$ 和 $Z_t^{\max}$ 为水库第 t 时段的最低水位和最高水位，m。

（4）水轮机出力约束：

$$N_t^{\min} \leqslant N_t \leqslant N_t^{\max} \tag{7}$$

式中：$N_t^{\min}$ 和 $N_t^{\max}$ 为水库第 t 时段的最小出力和最大出力，kW。

（5）期初期末蓄水量约束：

$$V_{\text{ini}} = V_{\text{end}} \tag{8}$$

式中：V_{ini} 和 V_{end} 为水库初始时刻和期末时刻蓄水量，亿 m^3。

3.3 方案决策

采用耦合协调度决策方法评估行洪输沙–生态环境–社会经济三大子系统之间的耦合协调关系[14-15]。函数表示为

$$C = \frac{3 \times \sqrt[3]{F_1F_2F_3}}{F_1 + F_2 + F_3} \tag{9}$$

$$T = \alpha_1F_1 + \alpha_2F_2 + \alpha_3F_3 \tag{10}$$

$$D = \sqrt{CT} \tag{11}$$

式中：C 为域系统的耦合度；T 为流域系统的协调度；α_1、α_2、α_3 为 3 个目标的权重。

4 结果讨论

根据 1951—2020 年逐月流量和 1965—2020 年逐月输沙量（其中 1998—2005 年数据缺失），分别选取大水大沙、大水中沙、大水小沙、中水大沙、中水中沙、中水小沙、小水大沙、小水中沙、小水

小沙 9 种典型年。本文以 9 种水沙情景为多目标协同模型输入条件，基于 ARMOEA 算法，随机生成 500 个种群，迭代 1 000 次，求解得到 Pareto 前沿。采用耦合协调度模型，评估行洪输沙–生态环境–社会经济三大子系统之间的耦合协调关系，进而在 Pareto 前沿解集中选取耦合协调度最高的调控方案作为最优调度方案。

4.1 对龙刘水库的反调节作用

1986 年后，龙羊峡水库和刘家峡水库的联合调度削减了汛期流量，是导致宁蒙河段淤积加重的主要原因。对比分析 1987—2020 年下河沿水文站逐月流量过程与黑山峡一级开发方案逐月流量过程，如图 2 所示。黑山峡水库修建前，下河沿水文站仅在来水频率 $P \leqslant 20\%$ 下汛期流量达到 2 500 m^3/s，满足宁蒙河段冲刷需求；来水频率 $P>20\%$ 情况下，下河沿水文站汛期流量在 1 500 m^3/s 以下。按黑山峡一级开发方案不同正常蓄水位分别进行优化调度，最优方案均能提高下河沿流量汛期流量过程。其中，不同正常蓄水位在大水年和中水年均能满足汛期 30 d 2 500~3 000 m^3/s 的宁蒙河段冲刷需求；小水年汛期最大流量都集中在 1 500~2 500 m^3/s。黑山峡一级开发不同正常蓄水位方案在 9 种典型年情况下，对龙刘水库反调节作用显著。

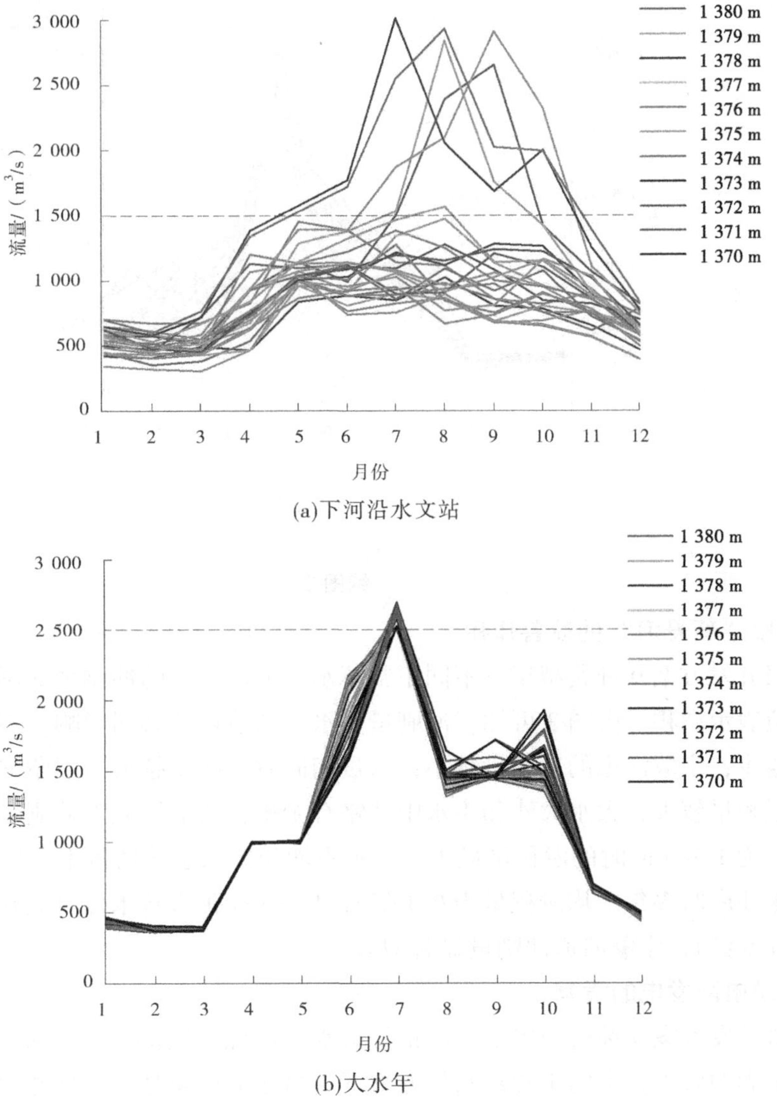

图 2 黑山峡水库建库前后下河沿逐月流量对比（1987—2020 年）

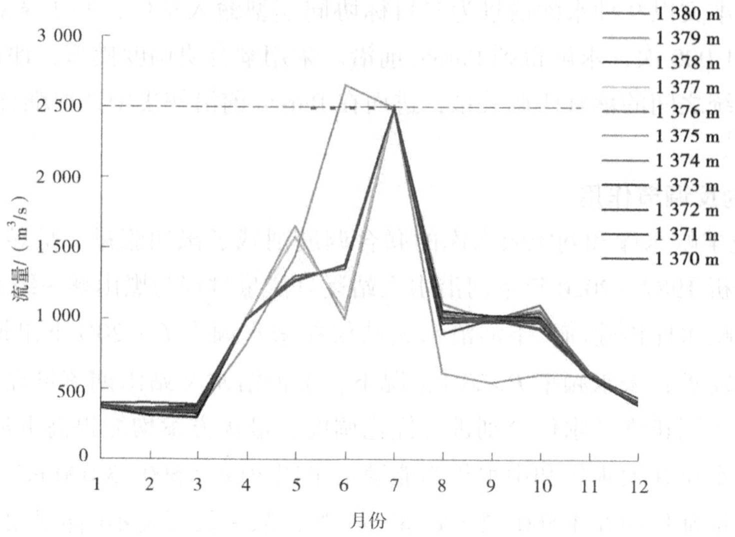

(c)中水年

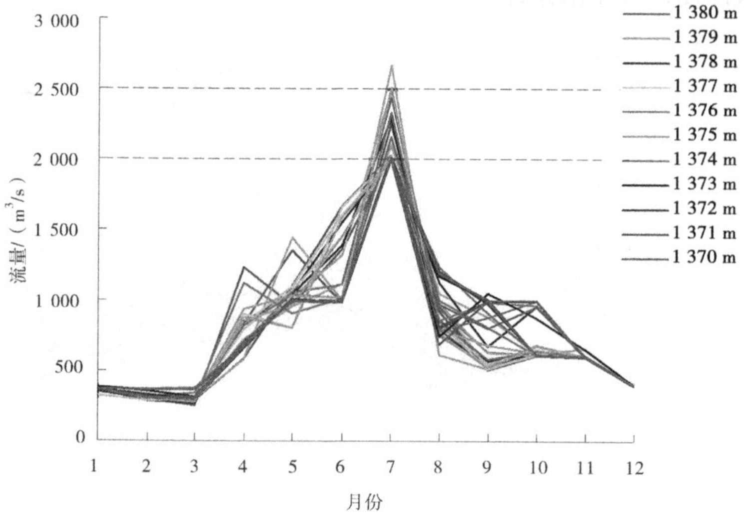

(d)小水年

续图 2

4.2 对宁蒙河段“新悬河”的改善作用

黑山峡一级开发方案 9 种典型年下不同正常蓄水位最优方案的冲刷量如图 3 所示，数值为正表示冲刷，数值为负表示淤积。由图 3 可知，冲刷量受水量和沙量的共同影响。不同正常蓄水位中，沙量相同时，水量越少，宁蒙河道的冲刷量越小；水量相同时，沙量越大，宁蒙河道冲刷量越小。中水大沙和小水大沙淤积量较大，大水大沙和小水中沙略有淤积，其他均显著冲刷。其中，在大水大沙情景下，正常蓄水位为 1 380 m 时的淤积量最小，大水中沙和大水小沙情景下正常蓄水位为 1 380 m 时的冲刷量最大。未建库时多年平均淤积量为 0.1 亿 t，1 380 m 正常蓄水位方案在 9 种典型年下最高平均冲刷量达到 0.076 亿 t，宁蒙河道冲刷量显著增大。

4.3 对黄河上游电网发电的贡献

黑山峡一级开发方案 9 种典型年下不同正常蓄水位最优方案的发电量如图 4 所示。由图 4 可知，发电量受水量的影响较大。不同正常蓄水位方案下，当沙量相同时，水量越大，发电量越大，对黄河上游电网发电贡献越大。其中，大水年不同正常蓄水位开发方案的发电量为 60.19 亿~65.21 亿 kW · h，中水年不同正常蓄水位开发方案的发电量为 55.73 亿~62.64 亿 kW·h，小水年不同正常蓄水位开发方案的发电量为 51.85 亿~58.31 亿 kW·h。

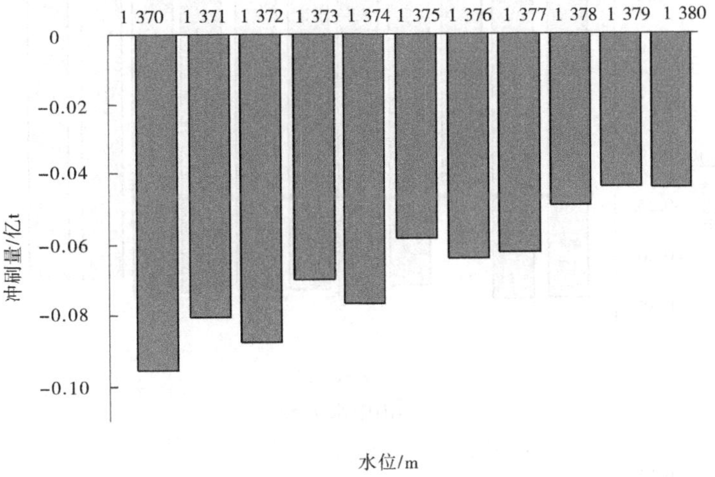

(a)大水大沙

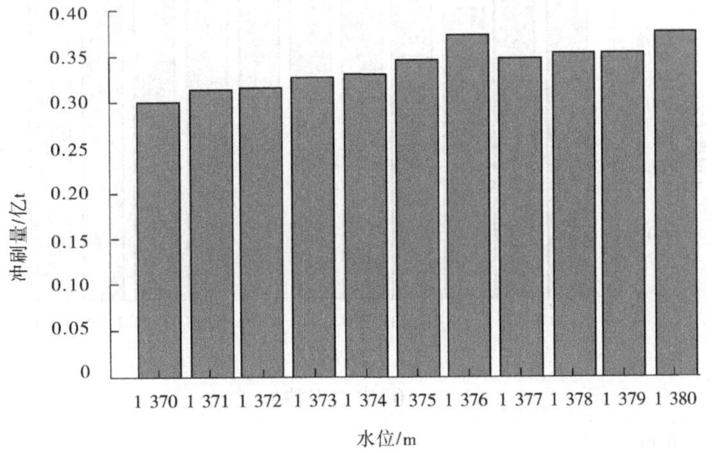

(b)大水中沙

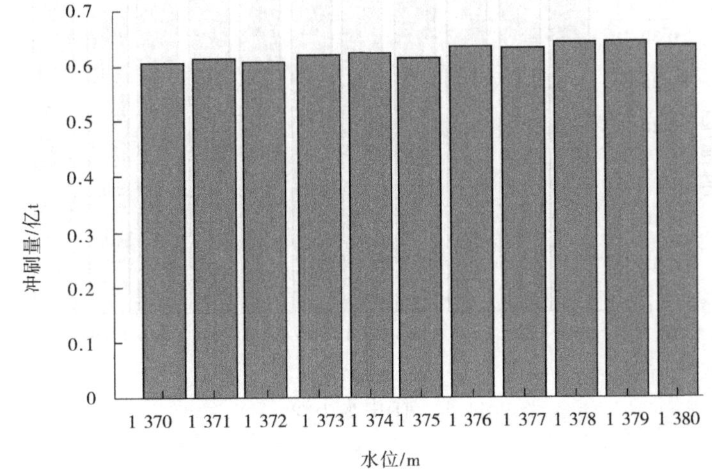

(c)大水小沙

图 3 黑山峡开发对宁蒙河道的冲刷作用

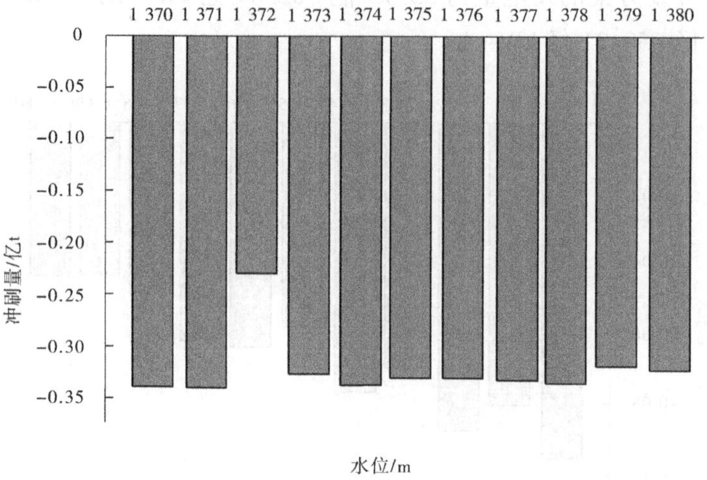

(d)中水大沙

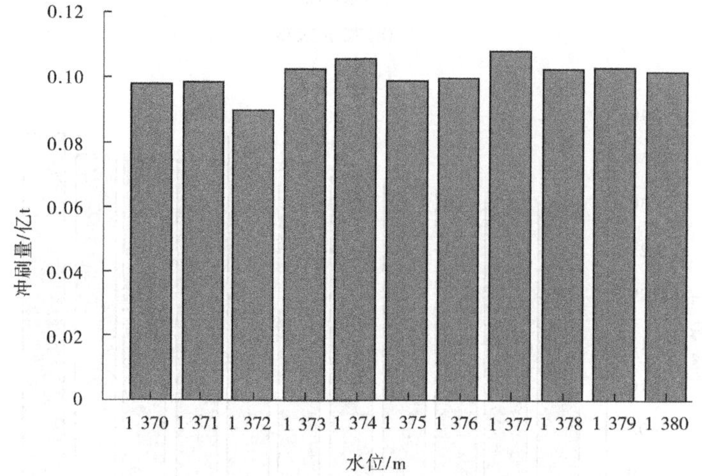

(e)中水中沙

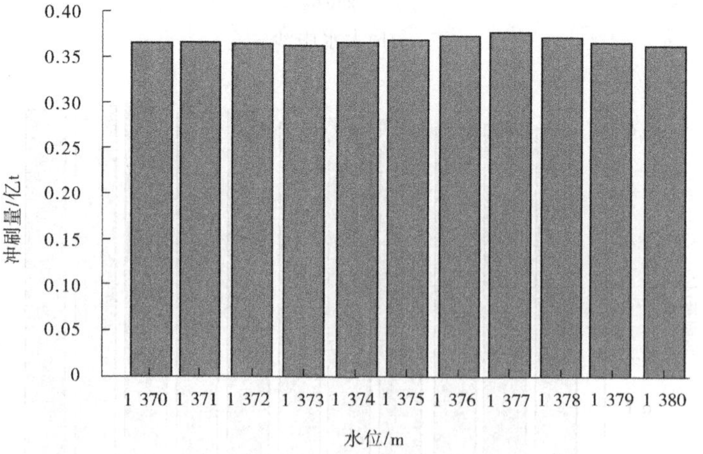

(f)中水小沙

续图 3

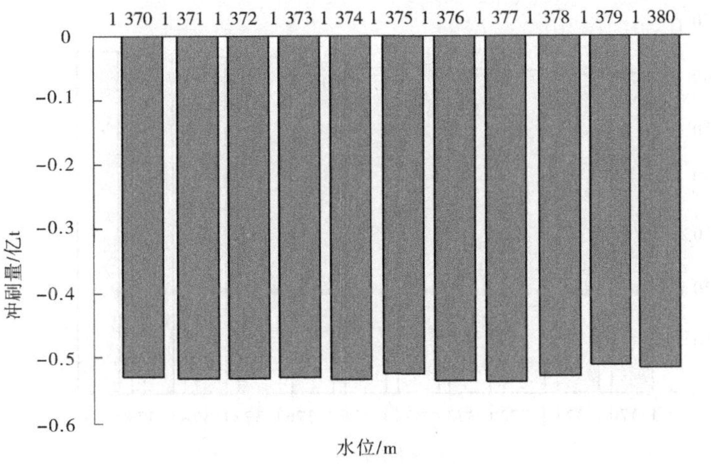

(g)小水大沙

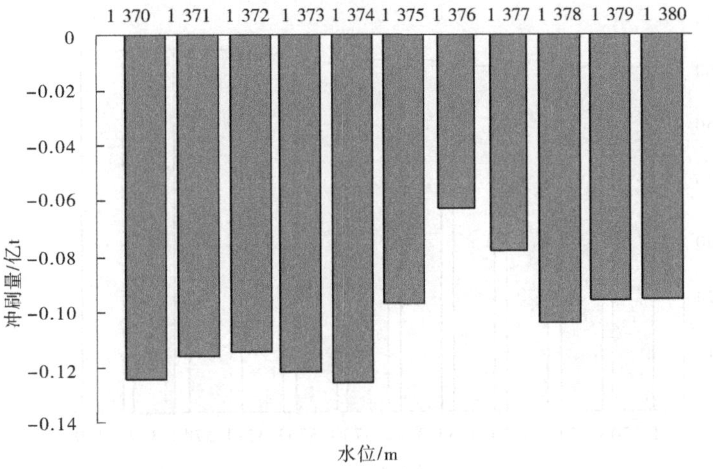

(h)小水中沙

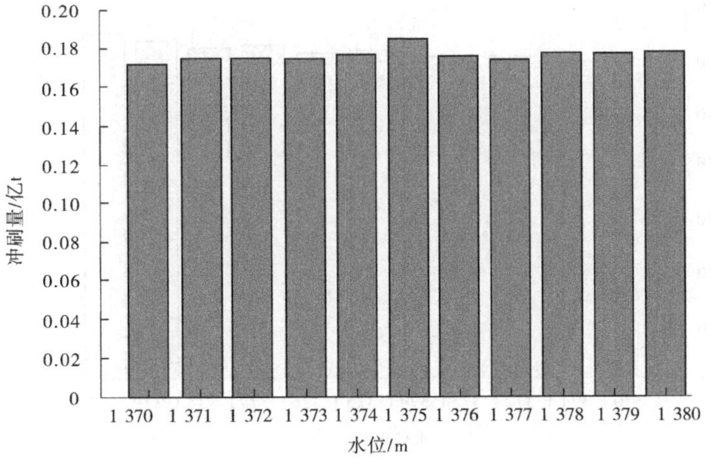

(i)小水小沙

续图 3

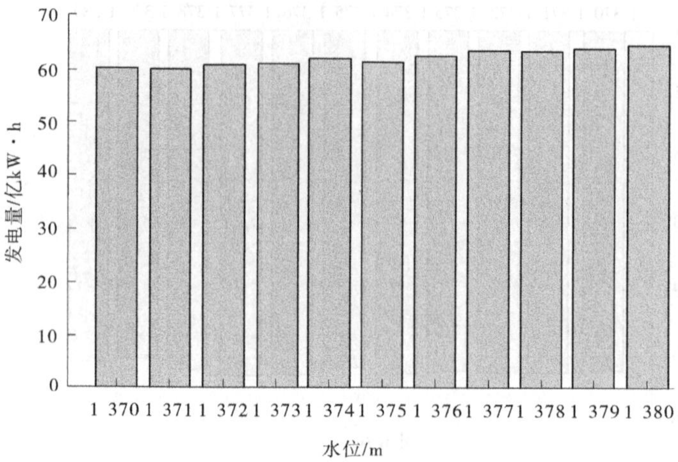

(a)大水大沙

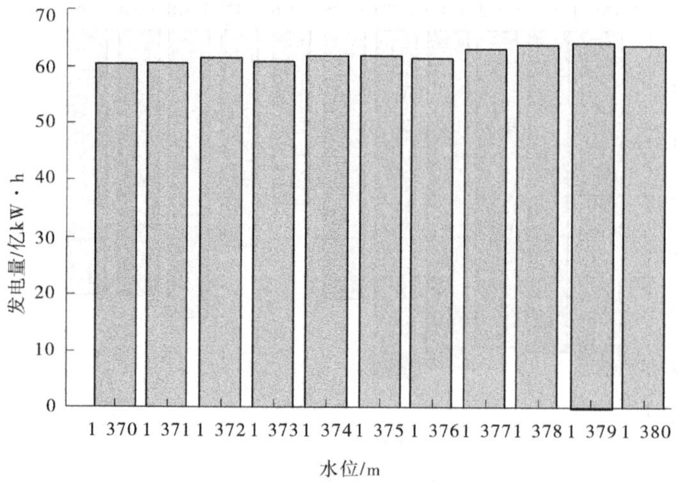

(b)大水中沙

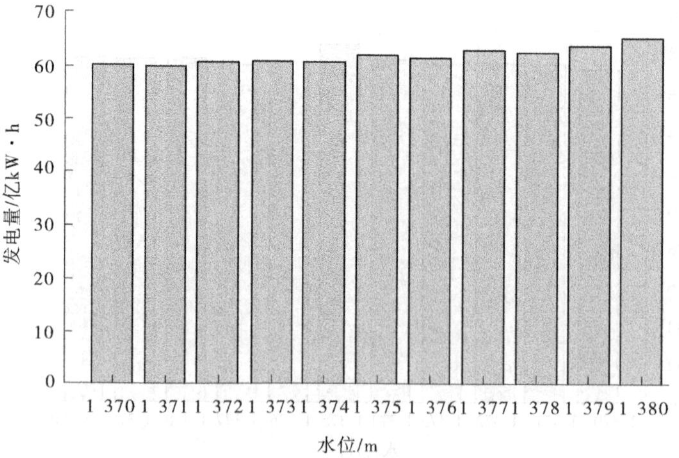

(c)大水小沙

图 4　黑山峡开发对黄河上游电网发电的贡献

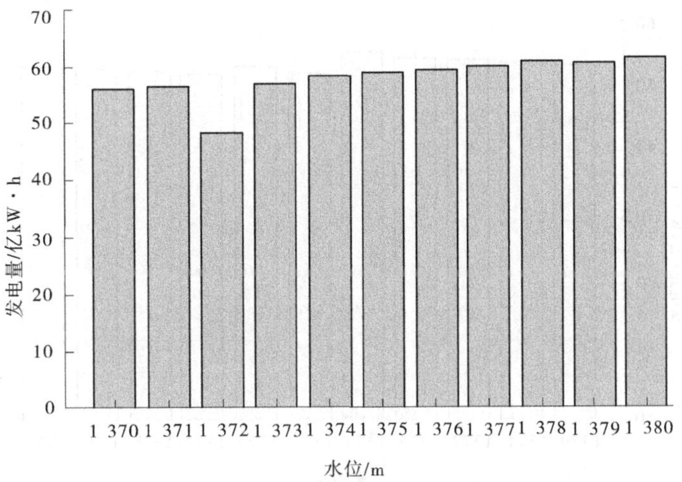

(d)中水大沙

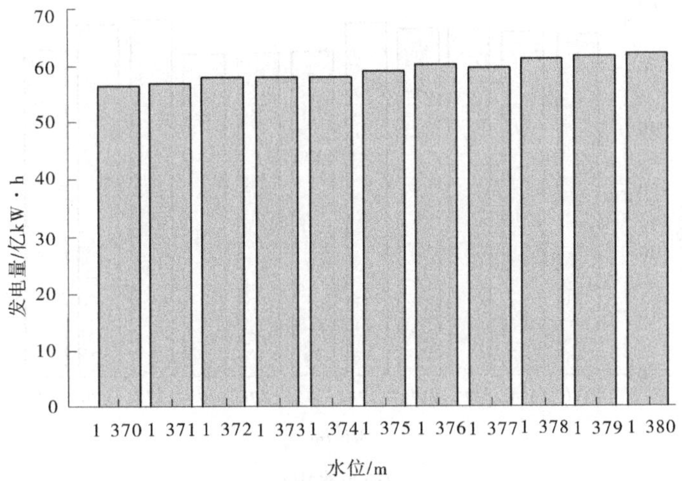

(e)中水中沙

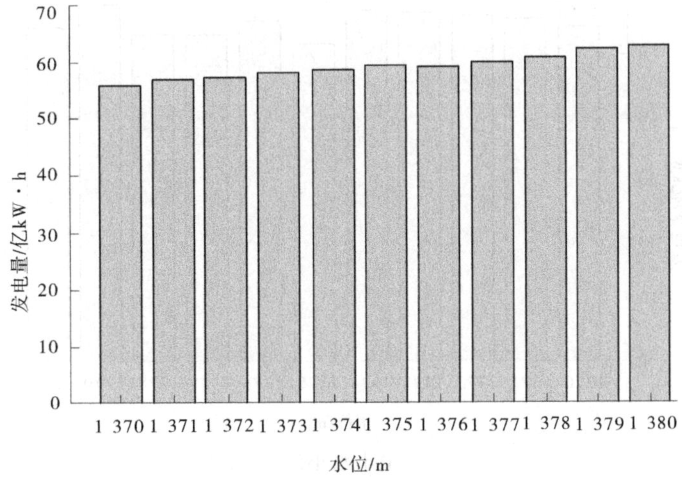

(f)中水小沙

续图4

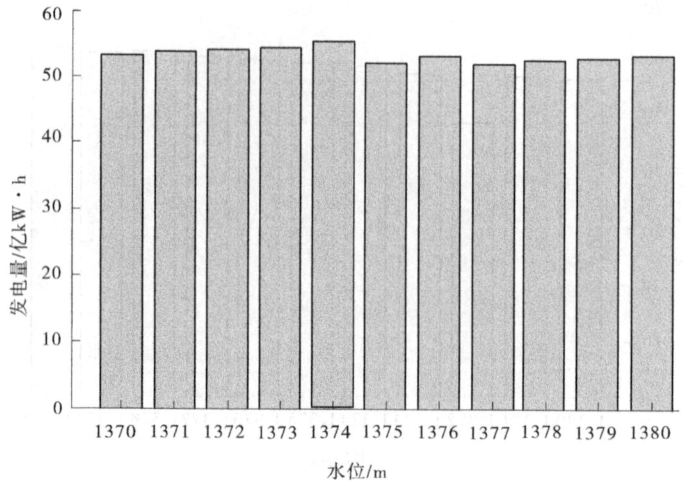

(g)小水大沙

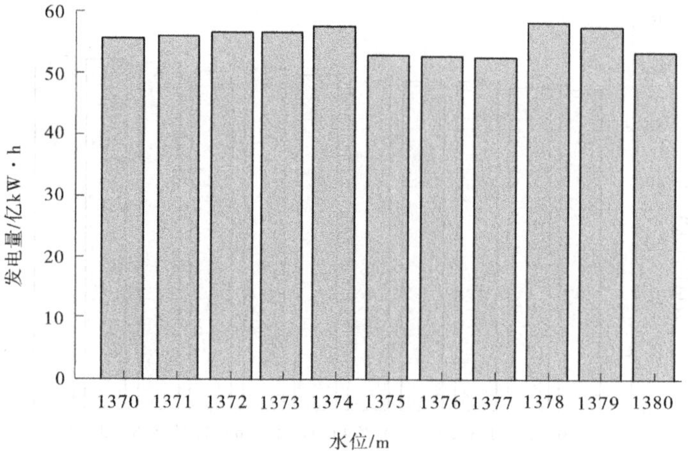

(h)小水中沙

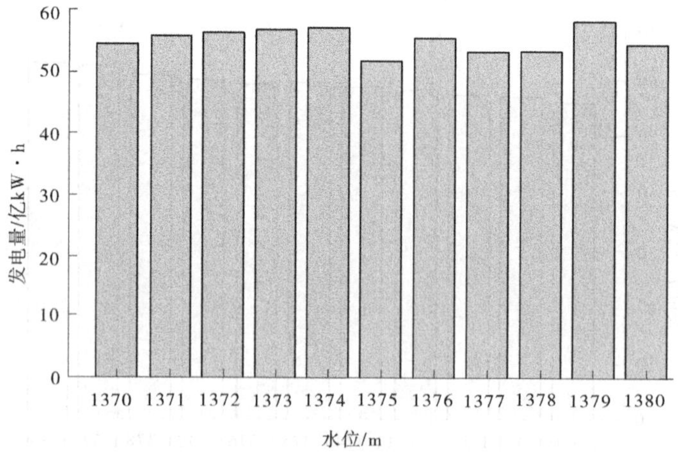

(i)小水小沙

续图 4

4.4 对宁蒙河段生态环境的维持作用

黑山峡一级开发方案 9 种典型年下不同正常蓄水位最优方案的生态满足率如图 5 所示。由图 5 可知，生态满足率受水量的影响较大，不同正常蓄水位方案下，当沙量相同时，水量越大，生态满足率越大，对宁蒙河段生态环境维持作用就越好。其中，大水年各种正常蓄水位的生态满足率都能达到98%以上；中水年和小水年各种正常蓄水位的生态满足率也能达到80%以上。

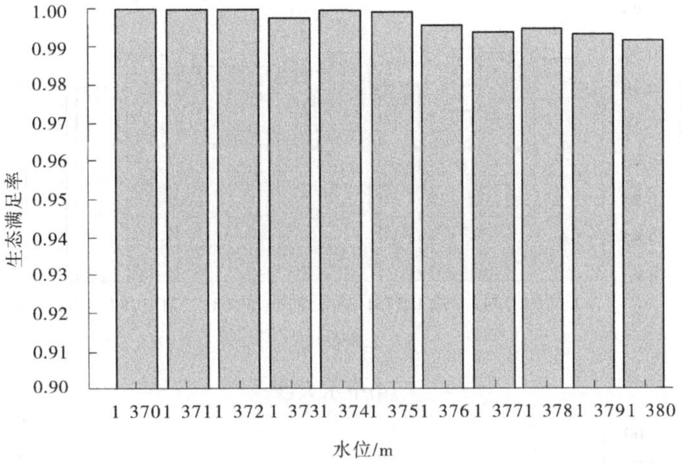

(a)大水大沙

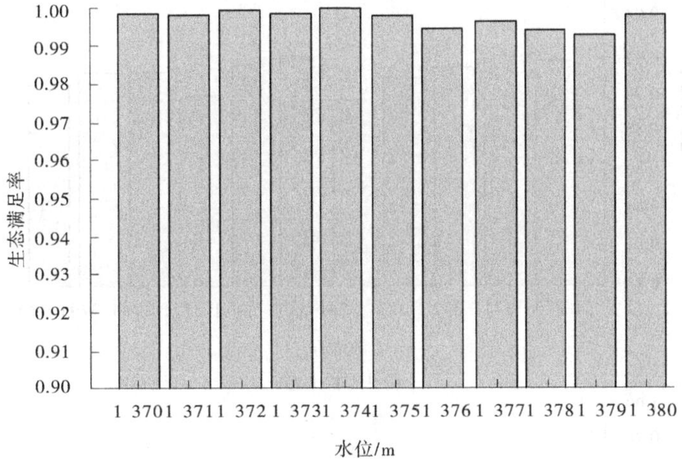

(b)大水中沙

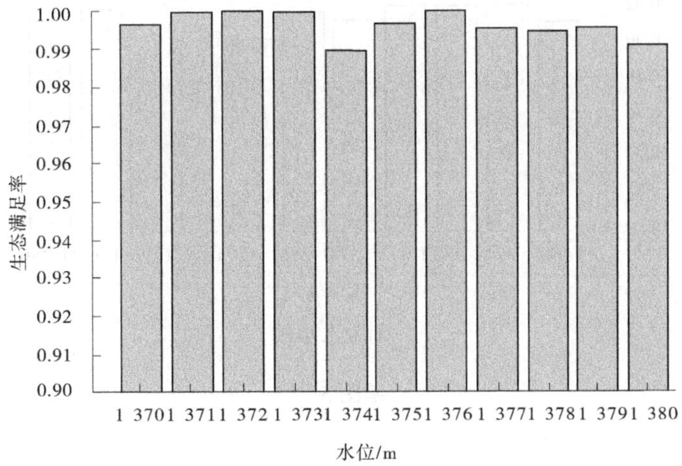

(c)大水小沙

图5　黑山峡开发对宁蒙河段生态环境的维持作用

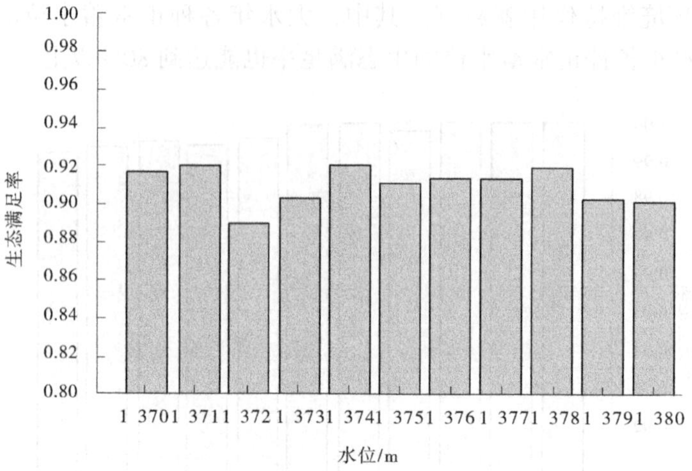

(d)中水大沙

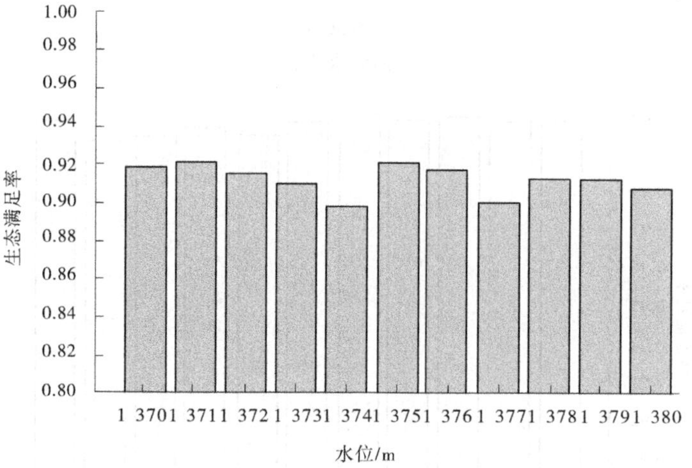

(e)中水中沙

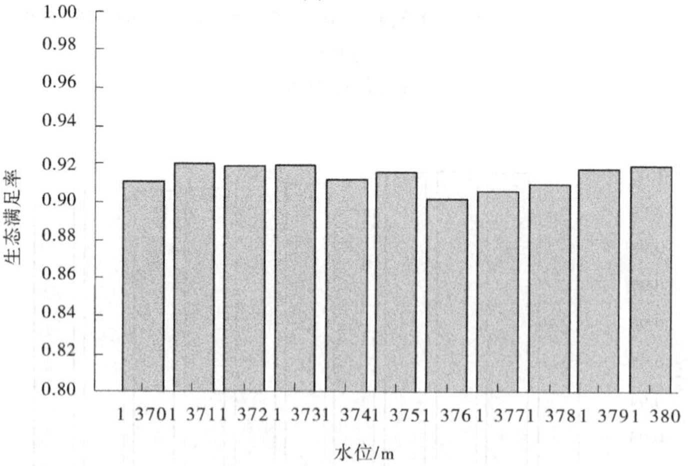

(f)中水小沙

续图 5

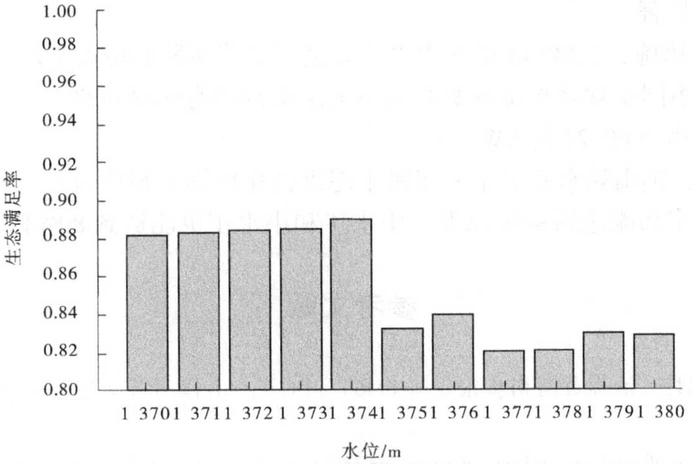

(g)小水大沙

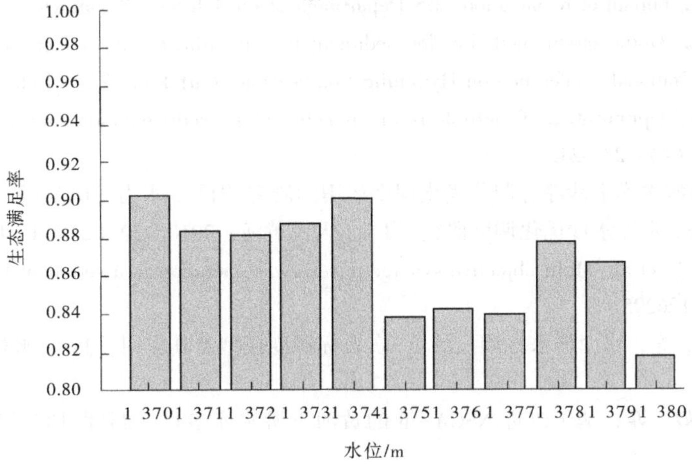

(h)小水中沙

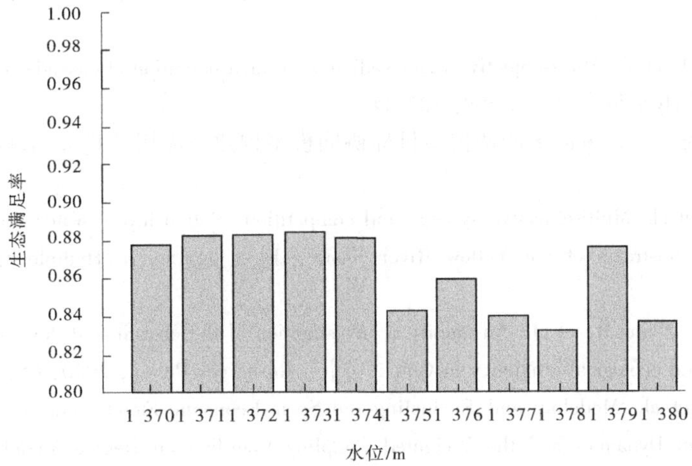

(i)小水小沙

续图 5

5 结语

本文构建了黑山峡水库水沙调控多目标协同模型。以下河沿水文站 9 种典型水沙情景为输入，计算不同正常蓄水位的 Pareto 前沿解集，并基于耦合协调度最大原则推荐最优调度方案，结果显示：

（1）9 种典型年下不同正常蓄水位方案均能提高下河沿水文站汛期流量，表明黑山峡水库的建设对龙刘水库反调节作用显著。

（2）通过调水调沙措施，1 380 m 正常蓄水位方案下宁蒙河段的最大平均冲刷量可达 0.076 亿 t。

（3）9 种典型年下不同正常蓄水位方案对黄河上游电网均有明显贡献，其中 1 380 m 正常蓄水位贡献最大，平均发电量达到 60.21 亿 kW · h。

（4）9 种典型年下，黑山峡水库对宁蒙河段生态维持作用均有很好效果，其中大水年，各种正常蓄水位方案的生态满足率都能达到 98%以上，中水年和小水年也能达到 80%以上。

参考文献

[1] 葛罗同，萨凡奇，雷巴特. 治理黄河初步报告（1946）［C］//历代治黄文选（下册）. 郑州：河南人民出版社，1989.

[2] Churchill M A. Discussion of analysis and use of reservoir sedimentation data［C］//Proceedings of the federal interagency sedimentation conference. bureau of reclamation, US Department of the Interior, Washington, DC., 1948: 139-140.

[3] Carriaga C C, Mays L. Optimization modeling for sedimentation in alluvial rivers considering uncertainties［C］//Proceedings of the 1993 National Conference on Hydraulic Engineering. Part 1 (of 2). Publ by ASCE, 1993: 125-130.

[4] Nicklow J W, Mays L W. Optimization of multiple reservoir networks for sedimentation control［J］. Journal of hydraulic engineering, 2000, 126 (4): 232-242.

[5] 杜殿勖，朱厚生. 三门峡水库水沙综合调节优化调度运用的研究［J］. 水力发电学报，1992（2）：12-24.

[6] 向波，蓝霄峰，罗庆松. 水库水沙优化调度研究［J］. 人民黄河，2010，32（2）：46-48.

[7] Jin W, Wang Y, Chang J, et al. Multi-objective synergetic reservoir operation in a sediment-laden river［J］. Journal of Hydrology, 2021, 599: 126295.

[8] 白涛，阚艳彬，畅建霞，等. 水库群水沙调控的单-多目标调度模型及其应用［J］. 水科学进展，2016，27（1）：116-127.

[9] 王学斌，畅建霞，孟雪姣，等. 基于改进 NSGA-Ⅱ的黄河下游水库多目标调度研究［J］. 水利学报，2017，48（2）：135-145，156.

[10] 王远见，江恩慧，张翎，等. 黄河流域全河水沙调控的可行性与模式探索［J］. 人民黄河，2020，42（9）：46-51.

[11] Chen L, Ge L, Wang D, et al. Multi-objective water-sediment optimal operation of cascade reservoirs in the Yellow River Basin［J］. Journal of Hydrology, 2022, 609: 127744.

[12] 李洁玉，李航，王远见，等. 黄河水沙调控多目标协同模型构建及应用［J］. 水科学进展，2023，34（5）：708-718.

[13] Li J, Li H, Wang Y, et al. Multi-objective synergy and competition relationship of water and sediment regulation of the Heishanxia reservoir in upstream of the Yellow River Basin［J］. Journal of Hydrology: Regional Studies, 2024, 56: 102045.

[14] Zameer H, Yasmeen H, Wang R, et al. An empirical investigation of the coordinated development of natural resources, financial development and ecological efficiency in China［J］. Resources Policy, 2020, 65: 101580.

[15] Li M, Niu C, Li X, et al. Modeling and Evaluating the Socio-Economic-Flood Safety-Ecological System of Landong Floodplain Using System Dynamics and the Weighted Coupling Coordination Degree Model［J］. Water, 2024, 16 (17): 2366.

牛倮水库碾压沥青混凝土心墙坝渗流分析研究

张学森　母龙帮　张录奇　秦　亚　李春生

（红河哈尼族彝族自治州水利水电工程地质勘察咨询规划研究院，云南红河　661100）

摘　要：通过对牛倮水库沥青混凝土心墙土石坝进行二维、三维有限元渗流计算，获取不同工况下，不同坝基和坝壳料渗透系数组合（A 坝壳料取大值，坝基取大值；B 坝壳料取大值，坝基取小值；C 坝壳料取小值，坝基取大值；D 坝壳料取小值，坝基取小值）下坝体浸润线分布特征及渗流量，结果表明，沥青混凝土心墙和帷幕灌浆渗透比降最大值分别为 55 和 9，均小于允许值 100，满足渗透稳定要求；坝基为基岩无渗透破坏；对比分析二维、三维渗流计算，在组合 D 情况下，正常蓄水位、设计洪水位、校核洪水位和死水位最大年渗流量占坝址区多年平均径流量的比例均小于 3%，正常蓄水位时最大年渗流量占坝址区多年平均径流量的 2.67%，各工况属轻微渗漏。

关键词：沥青混凝土心墙坝；二维渗流分析；三维渗流分析

渗流是影响大坝安全的因素之一，不仅会使水库大坝整体变形失稳导致破坏，而且会影响水库蓄水[1-3]。利用有限元软件模拟大坝的渗流情况，分析坝体渗透坡降和总渗流量等数据可以有效地降低大坝渗流风险[3-5]。卢斌等[6]通过建立整体三维有限元模型，研究水位变化速率对坝体渗透稳定性的影响；张慧萍等[7]对沥青混凝土心墙堆石坝建立了平面有限元计算分析模型，研究坝体和坝基在不同水位组合条件下渗透破坏的可能性。考虑渗流作用下沥青混凝土心墙坝稳定具有重要意义。本文采用二维和三维渗流计算方法对牛倮水库进行渗流计算，重点分析不同水位工况下，不同坝基和坝壳料渗透系数组合下渗流情况及渗透比降情况，进一步掌握大坝渗流规律，指导牛倮水库实际运管工作。

1　工程概况及计算模型

1.1　工程概况

牛倮水库工程规模为中型，工程等别为Ⅲ等，大坝为 2 级建筑物，沥青混凝土心墙坝坝顶高程 1 375.0 m，坝顶长度 274.6 m，坝顶宽度 10.00 m，最大坝高 76.5 m。上游坝坡坡比分别为 1∶2.1、1∶2.1、1∶2.75；下游坝坡坡比分别为 1∶1.9、1∶1.9、1∶2.0。沥青混凝土心墙采用碾压式沥青混凝土心墙，按分段等厚设计，心墙顶高程与底高程分别为 1 373.8 m 与 1 300 m（1 350.00~1 374.50 m 心墙厚度为 0.6 m，1 325.00~1 350.00 m 心墙厚度为 0.8 m，1 300.00~1 325.00 m 心墙厚度为 1.0 m）。本次设计防渗体在中间，坝体渗透性宜从防渗体向上、下游逐步增大。

1.2　计算模型

以坝体和坝基作为本次渗流分析的对象，二维渗流分析采用 GeoStudio 软件的 SEEP/W 模块计算，三维渗流分析采用 Seep3D 计算[8-9]。渗流分析共模拟 6 种工况，即考虑上游正常蓄水位、设计洪水位、校核洪水位、死水位、正常蓄水位正常降落至死水位和正常蓄水位快速降落至死水位，前 4 种工况为稳态渗流，后 2 种工况为非稳态渗流，且考虑 2 种不同库水位下降时间，确定库水位正常和快速降落时间依次为 27.9 d（1.68 m/d）和 11.96 d（3.93 m/d）。

作者简介：张学森（1984—），男，正高级工程师，主要从事水利工程的研究工作。
通信作者：李春生（1997—），男，助理工程师，主要从事水利工程的研究工作。

计算模型水平向沿上、下游方向各延伸约 2 倍坝高，竖直向下延伸约 2 倍坝高。二维渗流模型共划分 4 948 个单元 5 034 个节点；三维渗流模型共划分 33 712 个单元 25 127 个节点，计算模型如图 1、图 2 所示。渗流分析中，上下游边界条件均为定水头边界，大坝上、下游特征水位见表 1，渗流分析计算工况及边界条件见表 2。

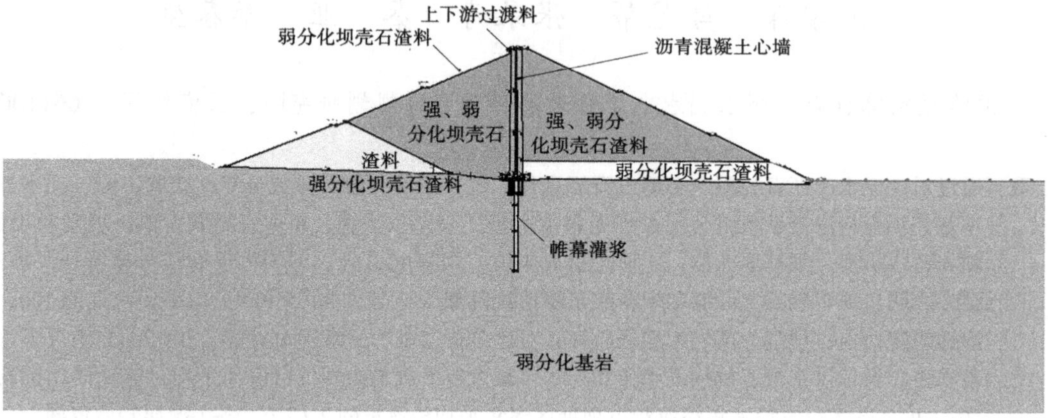

图 1　标准剖面二维渗流计算模型

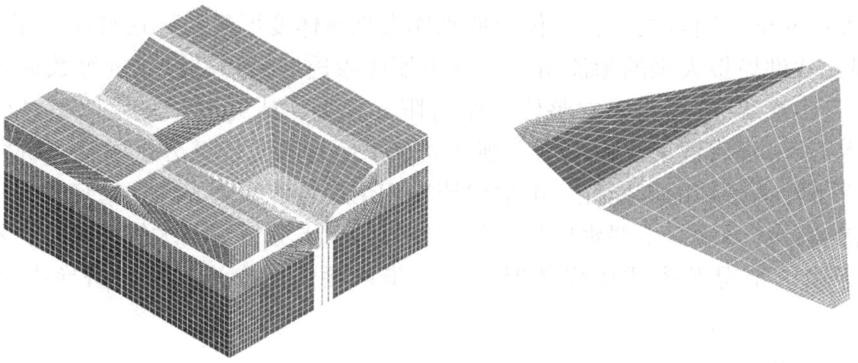

(a)整体　　(b)坝体

图 2　三维有限元模型

表 1　大坝上、下游特征水位统计　　单位：m

特征水位	正常蓄水位	设计洪水位（2%）	校核洪水位（0.1%）	死水位
坝前水位	1 371.60	1 373.44	1 374.34	1 324.60
下游水位	1 299.00	1 299.20	1 299.50	无水 （下游水位取与地面齐平）

表 2　渗流计算工况及边界条件　　单位：m

工况	上游水头	下游水头	说明
工况一	1 371.60	1 299.00	上游水位为正常蓄水位，下游水位为相应水位
工况二	1 373.44	1 299.20	上游水位为设计洪水位，下游水位为相应水位
工况三	1 374.34	1 299.50	上游水位为校核洪水位，下游水位为相应水位
工况四	1 324.60	与地面齐平	上游水位为死水位，下游水位与地面齐平

续表 2

工况	上游水头	下游水头	说明
工况五	1 371.60~1 324.60（速率 1.68 m/d）	1 299.00	上游库水位由正常蓄水位正常降落至死水位，下游水位为相应水位
工况六	1 371.60~1 324.60（速率 3.93 m/d）	1 299.00	上游库水位由正常蓄水位快速降落至死水位，下游水位为相应水位

1.3 计算参数

根据设计提供的标准断面进行材料分区概化，上游坝址区各划分为 9 个区块，稳态渗流分析所取坝体及坝基材料渗透系数见表 3，非稳态渗流分析所取部分参数，根据同类工程由 GeoStudio 软件内部模型生成。计算渗流量时，将坝体和坝基渗透系数组合分为 4 个方案（A 坝壳料取大值，坝基取大值；B 坝壳料取大值，坝基取小值；C 坝壳料取小值，坝基取大值；D 坝壳料取小值，坝基取小值）进行对比分析。计算水位降落时的浸润线时，采用渗透系数小值。依据《水利水电工程地质勘察规范》（2022 年版）（GB 50487—2008）的相关规定，坝体填筑材料允许水力坡降按照 0.15 进行控制计算，沥青混凝土心墙允许渗透比降取 100。

表 3　坝体及坝基材料渗透系数统计　　单位：cm/s

坝体部位	渗透系数 k_x/k_y（大值均值）	渗透系数 k_x/k_y（小值均值）
强风化坝壳石渣料（Ⅰ）	$6.4\times10^{-3}/1.6\times10^{-3}$	$4.0\times10^{-3}/1.0\times10^{-3}$
强、弱风化坝壳石渣料（Ⅱ、Ⅳ）	$2.0\times10^{-2}/5.0\times10^{-3}$	$4.0\times10^{-3}/1.0\times10^{-3}$
弱风化坝壳石渣料（Ⅲ）	$4.0\times10^{-2}/1.0\times10^{-2}$	$2.0\times10^{-3}/5.0\times10^{-4}$
沥青混凝土心墙	$1.0\times10^{-8}/1.0\times10^{-8}$	$1.0\times10^{-9}/1.0\times10^{-9}$
上、下游过渡料	$4.0\times10^{-3}/1.0\times10^{-3}$	$4.0\times10^{-3}/1.0\times10^{-3}$
棱体堆石料	$4.0\times10^{-2}/1.0\times10^{-2}$	$3.2\times10^{-2}/8.0\times10^{-3}$
帷幕灌浆	5×10^{-5}	
全风化基岩	$(15.8\sim34.6)\times10^{-5}$	
强风化基岩	$(7.3\sim34.2)\times10^{-5}$	
弱风化基岩	$(4.7\sim30.4)\times10^{-5}$	

2 计算结果与分析

2.1 坝体浸润线及下游溢出点变化

由图 3 可知，二维渗流分析所有工况中，下游溢出点高程均较低，标准剖面中溢出点位于排水棱体之中，各工况溢出点高程分别为 1 299.0 m、1 299.2 m、1 299.5 m、1 299.0 m、1 299.0 m、1 299.0 m。工况一、二、三、四中，随着上游水位的上升，上游坝体内部浸润线均有上升，下游坝体内部浸润线受水位上升影响较小；工况五、六中，随着上游水位的下降，上游坝体和心墙内部浸润线大幅下降，下游坝体浸润线变化较小；当上游水位较高的时候，坝体上游内部孔隙水压力较大，坝体下游内部孔隙水压力较小；当上游水位下降时，坝体上游内部孔隙水压力逐渐下降，坝体下游内部孔隙水压力无明显变化。

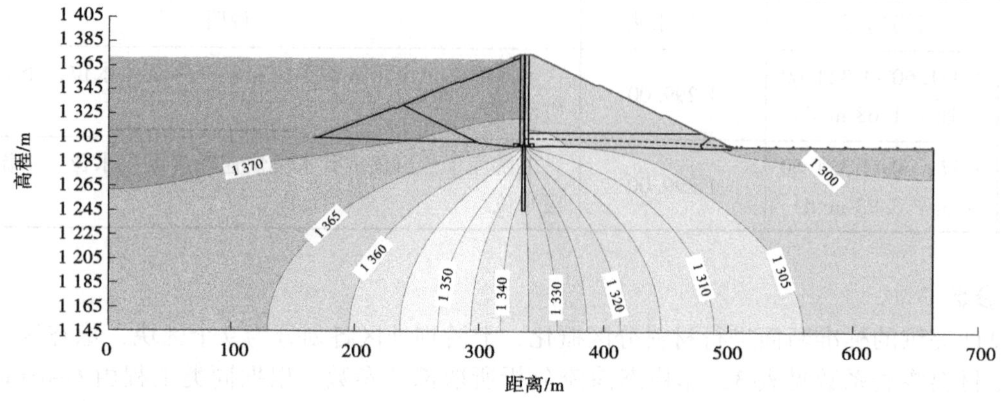

(a)工况一(正常蓄水位1 371.60 m)

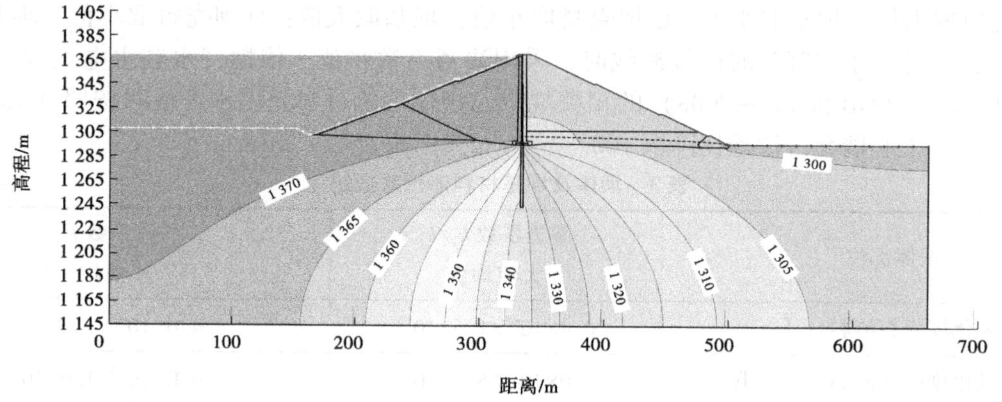

（b）工况二（设计洪水位1 373.44 m）

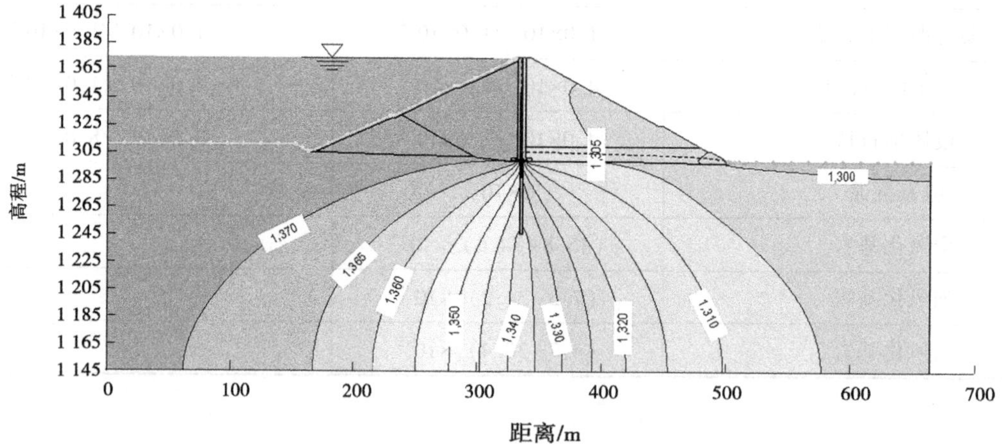

（c）工况三（校核洪水位1 374.34 m）

图 3　大坝标准断面浸润线及下游溢出点变化

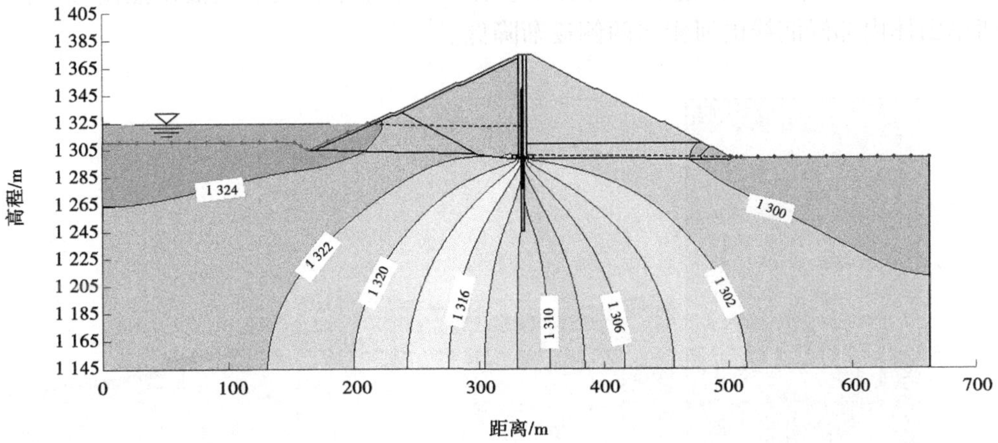

（d）工况四（死水位1 324.60 m）

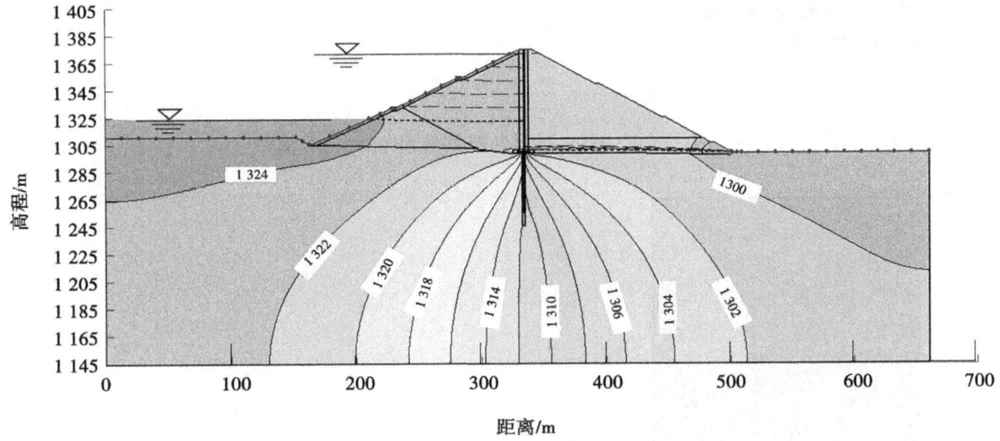

（e）工况五（正常降落速率1.68 m/d）

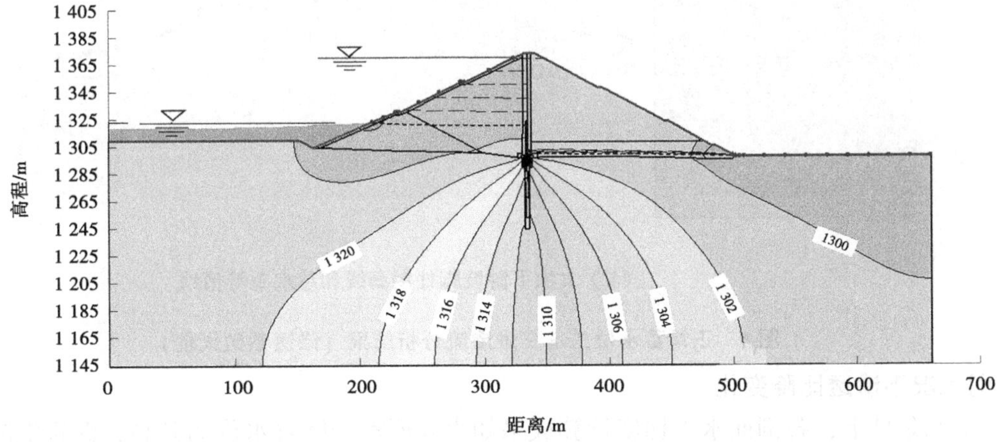

（f）工况六（快速降落速率3.93 m/d）

续图 3

由图 4、图 5 可知，采用渗透系数大值和小值计算渗流量，浸润线溢出点高程较低，溢出于排水棱体；两岸山体内部浸润线由河床向两侧逐渐降低。

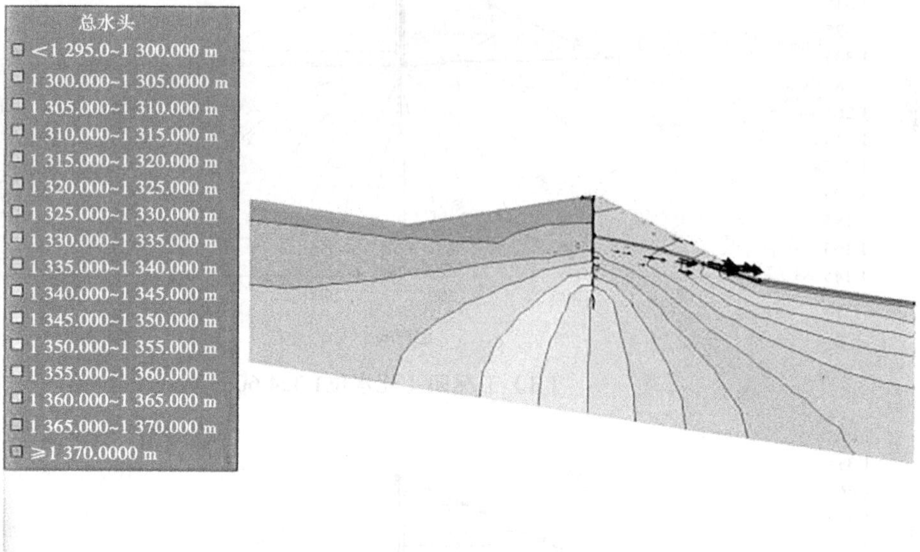

（a）标准剖面处浸润线和总水头等值线

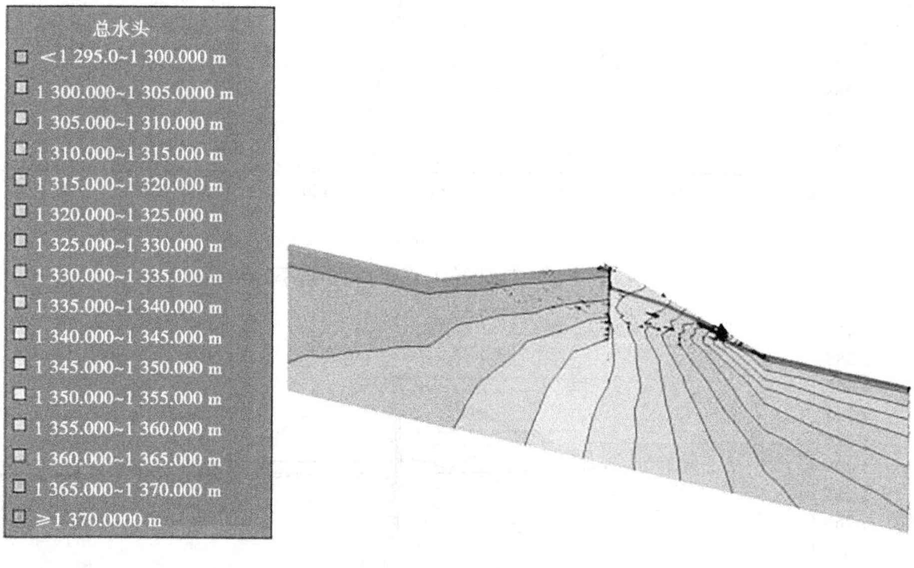

（b）大坝下游坡脚处浸润线和总水头等值线

图 4　正常蓄水位工况三维渗流分析结果（渗透系数大值）

2.2　不同工况下渗透比降变化

不同工况条件下，各剖面水力梯度计算成果如表 4 所示。随着水位的升高，沥青混凝土心墙、帷幕灌浆、下游坝体溢出段、过渡区及棱体的渗透比降没有变化，坝基和坝壳渗透比降呈上升趋势。库水位降到死水位时即工况四、五、六，各个主要区域渗透比降均降低。计算结果表明：各剖面主要区域的渗透比降极值均小于允许值，即满足渗透稳定要求。

2.3　不同坝体、坝基材料组合下渗流量变化

由图 6 可知，4 种材料组合下三维渗流计算结果均大于二维渗流计算结果。三维渗流计算正常蓄水位、设计洪水位和校核洪水位最大年渗流量分别占坝址区多年平均径流量的 17.54%、18.07%、18.25%，根据《水利水电工程水文地质勘察规范》（SL 373—2007）的规定（>10%），正常蓄水位、

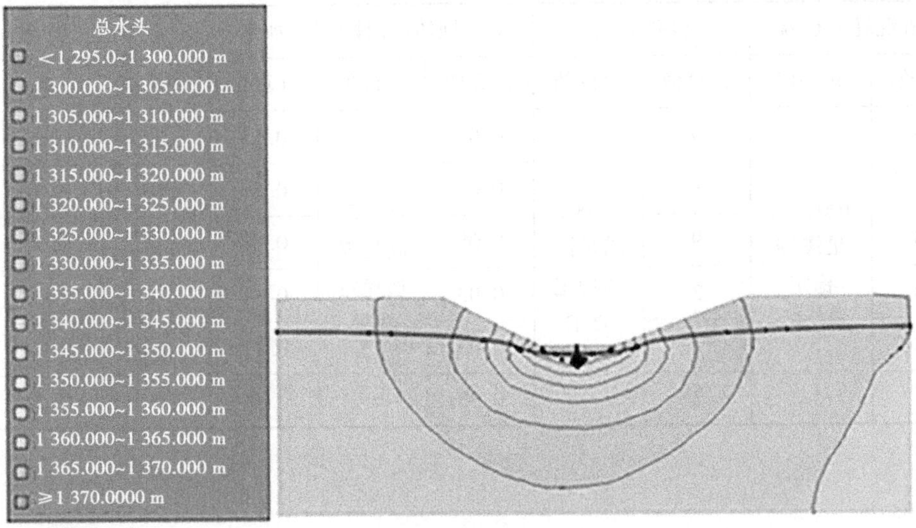

（a）标准剖面处浸润线和总水头等值线

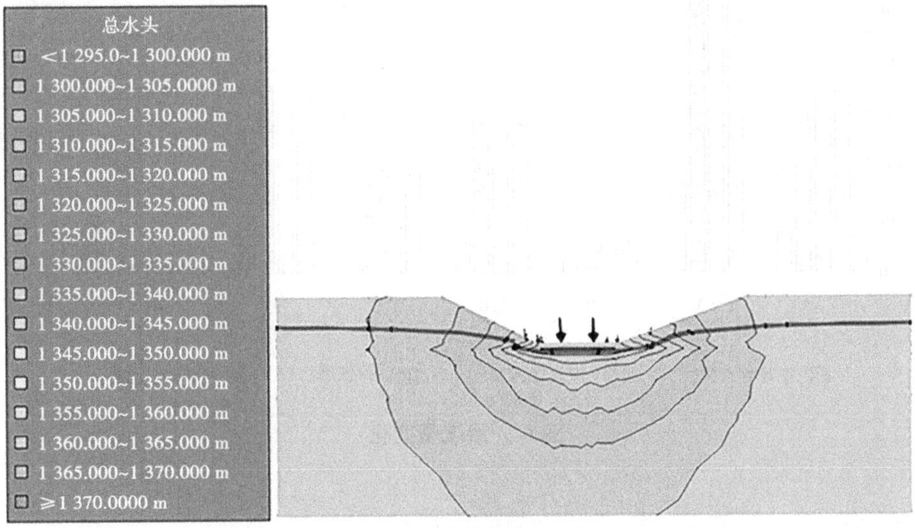

（b）大坝下游坡脚处浸润线和总水头等值线

图 5　正常蓄水位工况三维渗流分析结果（渗透系数小值）

设计洪水位和校核洪水位工况属严重渗漏，死水位工况（占 5.61%）属中等渗漏，二维渗流计算正常蓄水位、设计洪水位和校核洪水位工况属中等渗漏（占比分别为 9.47%、9.51%、9.44%），死水位工况（占 2.44%）属轻微渗漏；组合 B 二维渗流计算时，占比均小于 3%（占比分别为 1.55%、1.59%、1.61%、0.54%），各水位工况属轻微渗漏，三维计算时，各水位渗流量分别占坝址区多年平均径流量的 7.72%、7.92%、8.02%、2.56%，正常蓄水位、设计洪水位和校核洪水位工况属中等渗漏，死水位工况属轻微渗漏；组合 C 二维渗流计算时，各水位渗流量分别占坝址区多年平均径流量的 5.1%、5.09%、5%、1.45%，三维渗流计算时各水位渗流量分别占坝址区多年平均径流量的 9.47%、9.63%、9.79%、2.97%，正常蓄水位、设计洪水位和校核洪水位工况属中等渗漏，死水位工况属轻微渗漏；组合 D 二维渗流与三维渗流计算时，各工况下，正常蓄水位、设计洪水位、校核洪水位和死水位最大年渗流量占坝址区多年平均径流量均小于 3%，各工况属轻微渗漏。

表 4　各剖面水力梯度计算成果统计（渗透系数大值）

计算工况	沥青混凝土心墙		帷幕灌浆		下游坝体溢出段		坝基	过渡区	坝壳	棱体
	计算值	允许值	计算值	允许值	计算值	允许值	计算值	计算值	计算值	计算值
一	55	100，满足渗透稳定要求	9	<100，满足渗透稳定要求	0.09	<0.15，满足渗透稳定要求	0.55	50	0.05	0.08
二	55		9		0.08		0.56	50	0.04	0.08
三	55		9		0.08		0.68	50	0.06	0.08
四	18		3		0.03		0.17	16	0.02	0.03
五	18		3		0.03		0.17	16	0.02	0.03
六	18		3		0.03		0.17	16	0.02	0.03

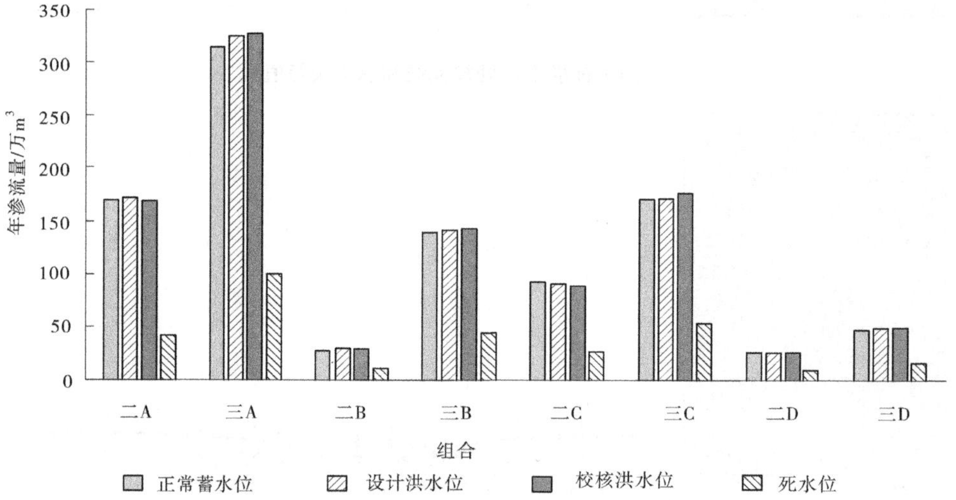

图 6　渗流量变化

3　结论

本文通过对牛倮水库建立二维渗流模型和三维渗流模型，计算水库采取“沥青混凝土心墙+帷幕灌浆”的垂直防渗体渗流场，通过比较分析不同工况下两种模型得到的渗流量，主要得出以下结论：

（1）坝体及坝基采取“沥青混凝土心墙+帷幕灌浆”的垂直防渗体之后，增加了有效渗流路径，防渗体下游侧浸润线及总水头大幅降低；二维、三维渗流分析结果表明浸润线出逸点高程较低，溢出于排水棱体；两岸山体内部浸润线由河床向两侧逐渐降低。

（2）沥青混凝土心墙和帷幕灌浆的渗透比降均小于允许值 100，坝体填筑材料均满足渗透稳定要求；坝基为基岩无渗透破坏。

（3）当上游水位较高的时候，坝体上游内部孔隙水压力较大，坝体下游内部孔隙水压力较小；当上游水位下降时，坝体上游内部孔隙水压力逐渐下降，坝体下游内部孔隙水压力小幅下降。

（4）三维渗流考虑绕坝渗漏，4 种稳态渗流工况下，三维渗流分析结果总渗流量均大于二维渗流分析结果。坝基和坝壳料均采用渗透系数大值时分析得到水库正常蓄水位、设计洪水位和校核洪水位工况属严重渗漏，死水位工况属中等渗漏。坝基采用渗透系数小值时，渗流量均会下降。

参考文献

[1] 周润田，胡超，李端有．基于混合模型的黏土心墙坝除险加固渗流稳定性分析［J］．人民黄河，2024，46（S1）：102-103.

[2] 阿布都沙拉木・托尔逊，再娜甫・依米提，马立平．北疆干旱区平原水库大坝渗流稳定分析研究［J］．岩土工程学报，2022，44（S2）：143-146.

[3] 柳莹，吴俊杰，马军，等．某水库复杂坝基沥青混凝土心墙坝渗透安全评价［J］．人民黄河，2021，43（7）：137-140.

[4] 赵鑫，周阳．基于有限元法的土石坝除险加固渗流问题分析［J］．地震工程学报，2018，40（4）：867-872.

[5] 陶丛丛，陈宏伟，孔松，等．基于原型监测的黏土心墙堆石坝渗流分析［J］．长江科学院院报，2017，34（9）：70-73，78.

[6] 卢斌，谢兴华，吴时强，等．超高心墙坝非稳定渗流三维有限元分析［J］．岩土工程学报，2018，40（增2）：73-76.

[7] 张慧萍，赵迪，梁越．金佛山沥青混凝土心墙坝二维渗流计算分析［J］．地下空间与工程学报，2014，10（2）：449-454.

[8] 叶永，毛旭巍，谢旋．三峡库区卧沙溪滑坡变形机理及稳定性的研究［J］．三峡大学学报（自然科学版），2024，46（5）：25-32.

[9] 何义江，戴长雷，孔维健，等．土石坝渗透分析方法综述［J］．水利科学与寒区工程，2024，7（3）：16-20.

基于GeoStudio二维边坡-有限元模型与HEC-RAS的单值化工程关键技术研究

常　兴[1,2]　左　超[3]　李　聪[1]　胡亚娴[1]

（1. 河南黄河水文勘测规划设计院有限公司，河南郑州　450000；
2. 黄河水利委员会河南水文水资源局，河南郑州　450000；
3. 黄河水利委员会水文局，河南郑州　450000）

摘　要：目前，我国北部各省多数测站的枯水期、中低水期水位-流量关系曲线极为复杂，成为阻碍水文监测改革工作的绊脚石，多数人力为此驻扎测站，付出大量劳力、财力与时间，水文测报效率及精度一直无法提升。该关键技术研究推广实施后，测站控制条件得到较大程度的优化提升，水位-流量关系曲线实现单值化，解决了我国北部水文站低枯水、中水流量无法实现自动测报的关键难题，水文站每年流量测验次数可从单站几十次或百次以上减少到15次左右，可节约大量的人力、物力与财力。

关键词：二维边坡；有限元模型；水位-流量关系单值化

1　引言

我国北方多数水文站的枯水、中低水的水位-流量关系曲线较为散乱，为此需要测站人员驻站进行人工测验。实行水位-流量关系单值化可有效地减少流量测次、简化资料整编工作，是当前推进水文测验技术方式方法创新、推行水文巡测的重要途径之一[1]。

目前，对受洪水涨落影响为主的水文站进行水位-流量关系单值化处理的主要方法有落差指数法[2]、校正因数法[3]、抵偿河长法[4]、水位后移法[5]等，对受洪水涨落、变动回水、断面冲淤等多种因素混合影响的测站，水位-流量关系曲线非常复杂，单值化的方法则要具体分析。关丽娜[6]在解决匹里青水文站单值化问题时尝试了迁移断面、投放三角混凝土墩等方法，结果均不理想，最后通过在测验断面现浇人工堰的方法基本实现了水位-流量关系曲线单值化。目前，国内外通过改善测验断面控制条件的方法尚在探索，多是碎片化推进，没有系统地考虑人工堰等构筑物的设计流量，多为主观按照经验认定设计流量；没有从冲刷问题、抗冻性能、底板及单向排水泄压系统处构造、边坡稳定性等多角度系统验算分析工程的安全性能，也没有考虑河道内这一构筑物对行洪的影响。本文不仅科学分析论证了单值化工程的设计流量，并提出了一套较为系统的工程安全验算体系，建立了基于GeoStudio二维边坡-有限元模型的边坡稳定性分析系统，提出了一套先进的水面线校核体系，同时也对工程的推广应用提出了一套较为科学的方案，即在不同比降、不同流量下单值化工程的关键参数。

2　立项背景与总体思路

2.1　立项背景

2019年全国水文工作会议上提出，当前水文工作的主要矛盾是新时代水利和经济社会发展对水文服务的需求与水文基础支撑能力不足之间的矛盾，必须通过深化改革和技术创新，全面推进水文现

作者简介：常兴（1991—），男，工程师，项目负责人，主要从事水文勘测规划与设计研究等工作。

代化来加以解决。

按照《水利部水文司关于抓紧开展水文项目前期工作的通知》（水文规函〔2019〕39号），山西省水文总站根据《山西省水文现代化建设规划》“十四五”期间建设重点项目，以国家基本水文站提档升级为重点，结合山西省河流源短流急、侵蚀切割严重、洪水暴涨暴落和多数水文站低水期时间长、测验精度和自动化程度低、人工测验难度大、人员需长期驻守测站等实际问题，以北张店、王家会、五台山、逯家岩、万年饱（二）、乡宁（二）、东庄、下社8处常年驻测水文站为试点，研究以改善测验河段控制条件的方式实现水位-流量关系单值化，提升水文测报精度与效率。

2.2 总体思路

本文根据多年逐日平均流量资料分析计算出单值化工程的测流范围，并依据水工堰槽及单值化断面整治的适用条件进行设计选型，然后结合单值化工程的测流能力进行复核。依据工程的特点，对工程冲刷、抗冻、排水系统构造及边坡稳定性安全验算，并进行水面线分析计算，确保河道行洪安全。

3 主要技术内容与关键点

3.1 主要技术内容

（1）采用“最不利保证率-累计频率法”与盒须图（Box-whisker Plot）确定单值化工程的设计流量。

水文站单值化工程设计参数的确定是本文设计经济合理性的关键问题之一，而设计流量是单值化工程的最重要的设计参数之一。本文基于“最不利保证率-累计频率法”，借助盒须图对21年逐日平均流量进行统计分析，根据长序列逐日平均流量大样本频率分布情况，结合测站特性，提出累计频率在75%~95%情况下，最不利年份下的流量作为本文的设计流量。以通过确定21年逐日平均流量的整体lg$Q$分布（Logistic分布，Q指流量，长序列逐日平均流量大样本频率分布）情况（见图1），并在最不利年份不同保证率下确定设计流量。在设计选型确定后，对单值化工程的测流能力进行验算，对该工程测流能力的保证率进行验算，满足要求。

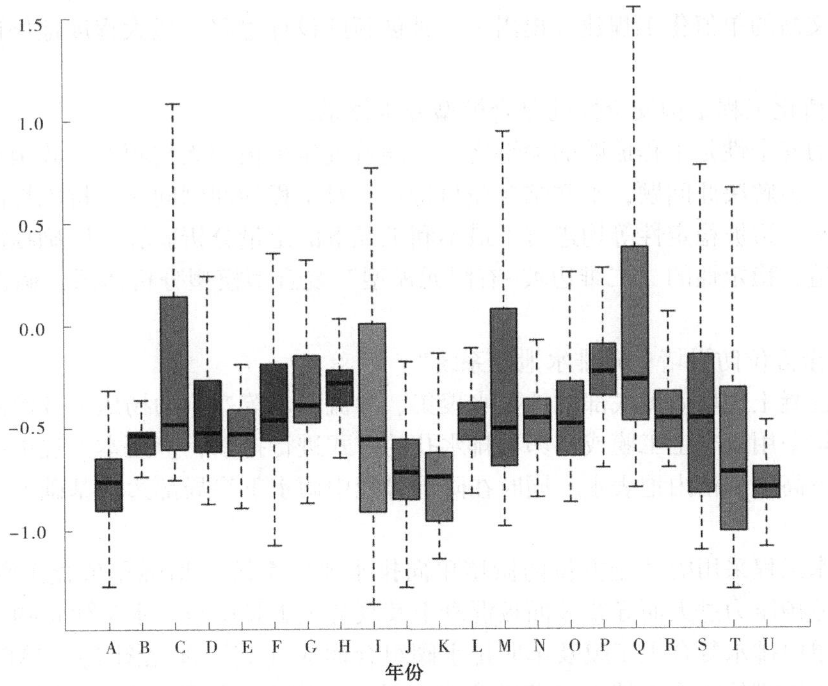

（备注：年份2000—2020分别以字母A~U代替）

图1 北张店水文站21年逐日平均流量盒须图

（2）对单值化工程进行安全性定量分析验算。

本文结合项目特点，对工程的冲刷问题、抗冻性能、底板及单向排水泄压系统处构造等均进行了最不利工况下的受力分析验算，并结合复合型模型分析进行了验算，根据验算结果采取了相应的工程措施。

（3）基于 GeoStudio 二维模型的极限平衡法和有限元分析方法的边坡稳定性验算。

在 GeoStudio 软件中定义边坡滑入、滑出范围，验算从左往右的边坡滑动稳定性，并定义具体的滑入、滑出范围；根据项目现场地勘资料设置好各地层的厚度及地质参数，本次验算不考虑渗流作用。分别采用边坡稳定分析中的极限平衡法和有限元分析方法进行边坡的稳定性验算，其中极限平衡法利用 Felenius 条分法、Bishop 法和 Morgenstern-Price 法，得出在不同分析方法下的边坡最小安全系数，均满足安全系数要求，同时对比各分析方法的结果差异性。

（4）采用明渠均匀流法、Newton 下山法迭代能量公式及 HEC-RAS 的单值化工程计算河道水面线。

根据工程沿河向布设条件，初步筛选水面线计算方法，选择边界条件突变断面并剔除无效断面，同时将相同起点距不同桩号的高程按照 Lagrange 插值法进行大断面内插，对初始边界条件界定后进行插值、比选优化参数，通过明渠均匀流法、Newton 下山法迭代能量公式及 HEC-RAS 3 种计算方法生成 3 种工况下 30 年一遇、中水界限、低水界限单值化工程河道水面线，并采用变量统一的原理，分析 3 种计算方法的差异、利弊及对工程的适用性，得出结论：洪水流量下工程不影响行洪。

3.2 技术关键点

（1）提出“最不利保证率-累计频率法”确定单值化工程的设计流量。

我国北方多数水文站采用水工堰槽的方式去解决低枯水的流量单值化问题，但水工堰槽实际多应用于灌区水量调度、水资源分配、引排水等渠道水量监测方面，所覆盖的流量范围较小，引用到水文测站后的弊端在于，虽能覆盖测站的低枯水期，但没有与全年保证率结合，导致工程建设后实际使用率较低，工程投资经济性不高。本文首次提出利用累计频率法结合盒须图提出了最不利年的保证率，同时利用水工堰槽创造的固定过水断面的思路进行优化，提出更加贴合测站实际情况的单值化建设工程规模，这为水文站的单值化工程建设提出了一种创新的设计思路，最大程度地保证了工程的使用效率和投资效益。

（2）建立单值化工程结构安全性的复合模型分析体系。

单值化工程的安全性是工程成败的关键之一。随着近年来极端天气频发，我国单值化工程易出现衬砌开裂等现象。为解决此问题，本文结合项目特点，对工程的冲刷问题、抗冻性能、底板及单向排水泄压系统处构造、边坡稳定性等均进行了最不利工况下的定量分析验算，明确提出并建立了一套集冲刷、抗冻、构造、稳定性的“二维边坡-有限元模型”复合型模型分析体系，确保了单值化工程结构的安全性。

（3）引进“全方位防淤堵单向排水泄压系统”。

为避免两侧混凝土边坡后侧底部的地下水聚集、渗流雨水等产生的扬压力及渗流通道对其产生的影响，传统工程均采用复合土工膜或鹅卵石排水孔的方式进行排水，但是本工程中部分测站地下水位较高，部分工况下高于河槽内地表水，同时在降雨过程中雨水下渗局部边坡基础形成饱和水，极易造成边坡垮塌。

本文引进供水工程采用的“全方位防淤堵单向排水泄压系统”增强单值化工程两岸边坡的稳定性，降低因水位差扬压力过大而导致坡面板混凝土及复合土工膜撕裂。水工建筑物全方位防淤堵单向排水泄压系统由单向排水复合土工膜及单向排水阀组合而成（其原理见图 2）。单向排水复合土工膜既具备普通复合土工膜的防渗功能，又兼顾集水、排气、排水、加筋等技术特点，是由 PE 防渗膜、阵列排列的实心凸点、导水涵道、单向排水阀、滤水土工布（或裂膜丝机织布）等组成的多功能多层复合结构。单向排水阀是一种依靠介质本身流动而自动开、闭，防止介质倒流的阀门，具有防淤堵效果的止回阀，满足工程中人工降排既要排水又要防淤堵的要求。

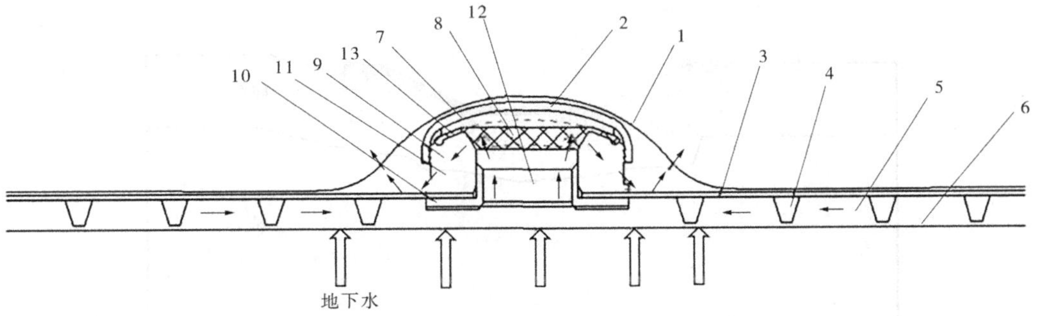

1—上层土工布（加筋层）；2—单向排水阀；3—土工膜；4—实心凸点；5—导水涵道；6—下层土工布；7—防护罩；8—密封膜片；9—上盘；10—下盘；11—出水通道；12—进水通道；13—触角片。

图2　单向排水复合土工膜-单向排水阀工作原理示意

（4）引进基于 GeoStudio 二维模型的极限平衡法和有限元分析方法的单值化工程边坡稳定性验算。

本文首次分别采用了边坡稳定分析的极限平衡法中 Felenius 条分法、Bishop 法和 Morgenstern-Price 法以及基于有限元分析方法的“滑面应力法”对单值化工程进行边坡稳定验算（结果见图3~图6）；同时，对比分析了各边坡稳定分析方法的结果差异，对边坡稳定验算方法提出了合理的建议：由于 Felenius 条分法忽略了土条间的作用力，不能满足所有的平衡条件，由此算出的稳定安全系数比其他严格方法可能偏低 10%~20%；Bishop 法仍然规定滑裂面的形状为圆弧和通过力矩平衡条件求解，与 Felenius 条分法实际上是属于同一类型方法，但 Bishop 法在公式推导时考虑了土条两侧的作用力和土条底部反力；Morgenstern-Price 法是一种满足全部平衡条件且适用于各类滑裂面的边坡稳定分析方法，计算结果相对更为精确，在工程中使用该方法也更能真实反映边坡的整体稳定情况。基于有限元分析方法的“滑面应力法”，可部分地考虑边坡土体的非均质和不连续性，可反映土体的整体应力分布情况。

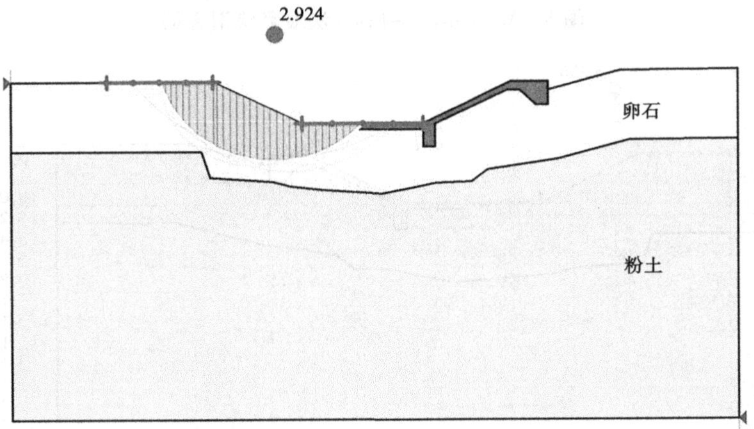

图3　Felenius 条分法最危险滑移面

（5）建立基于明渠均匀流法、Newton 下山法迭代能量公式及 HEC-RAS 的单值化工程河道水面线的校核体系。

天然河道为防洪排涝的重要通道，尤其针对山西多数山区性河流，本工程设计中，河道水面线计算是关键一步，否则面对影响河道行洪安全的工程，一旦发生连续强降雨，必然造成大范围的洪水灾害。目前，我国北方水文站修建单值化工程多数并未对其洪水标准下水面线进行推求，本文采用了3种水面线计算方法，并对其结果精度及适用性进行了分析，建立了单值化工程水面线校核体系。

本文基于一维伯努利能量方程，采用 Newton 下山法求解计算非线性隐形方程，为防止 Newton 下

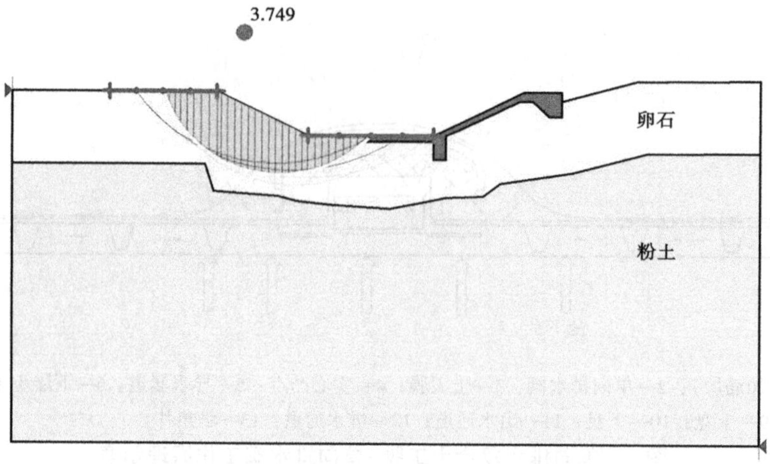

图 4　Bishop 法最危险滑移面

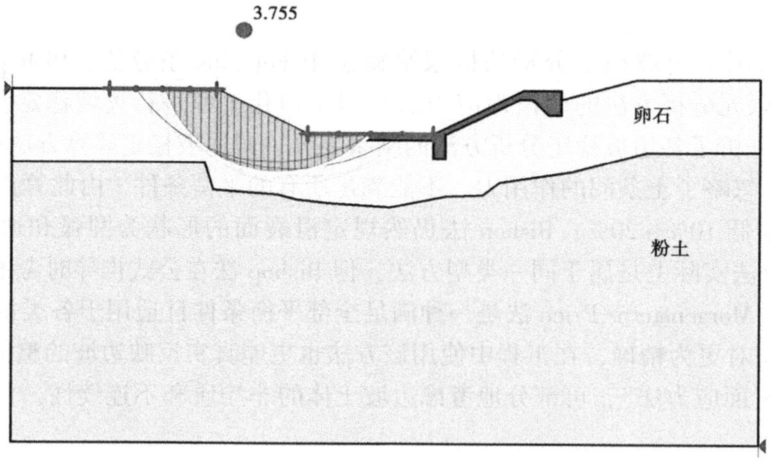

图 5　Morgenstern-Price 法最危险滑移面

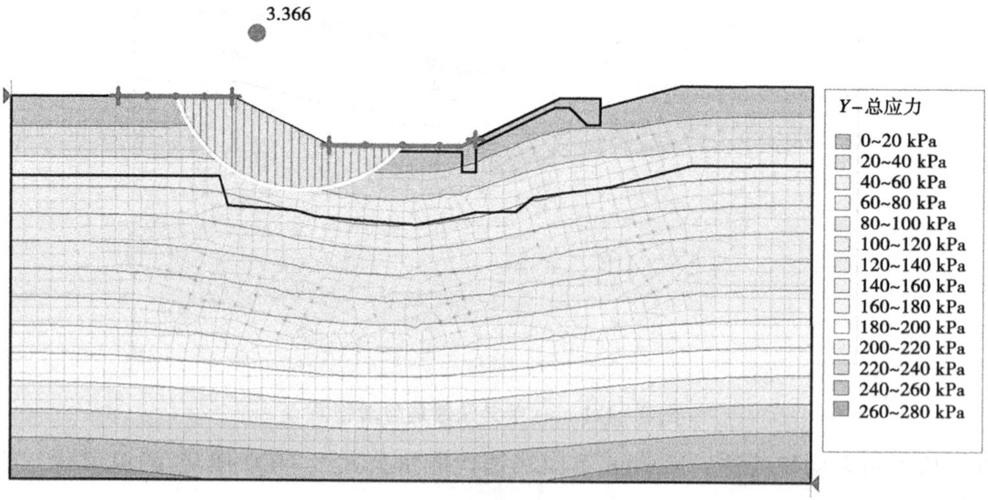

图 6　“滑面应力法”结果

山法迭代发散，对方程解赋初值并通过下山因子调整迭代步长，减少对初值的依赖性，提高求解方程的运行效率。通过 HEC-RAS 定义流域、河流、断面、边界控制条件、工况等信息，建立二维恒定流模型，采用 Newton-Raphson 迭代法推求相应水面线（结果见图 7、图 8）。

根据计算结果（见表 1）分析，水面线：小流量下，能量方程法>HEC-RAS>明渠均匀流法；大

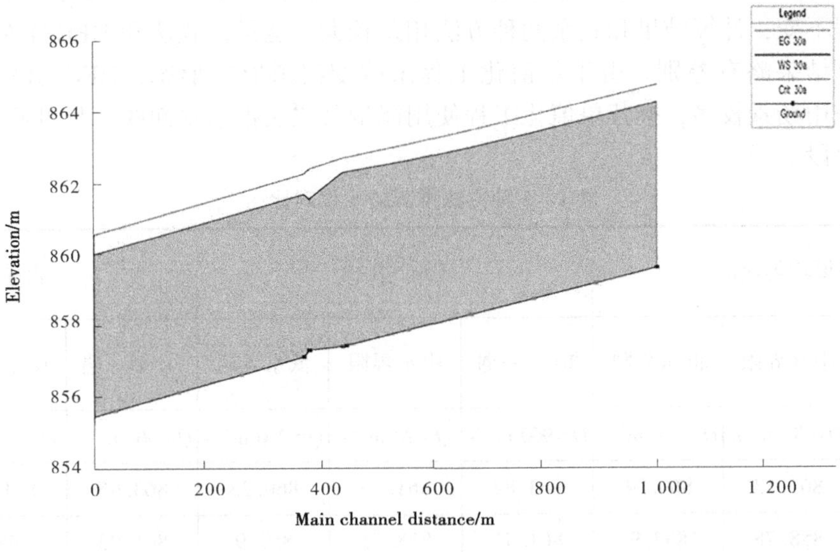

(a)

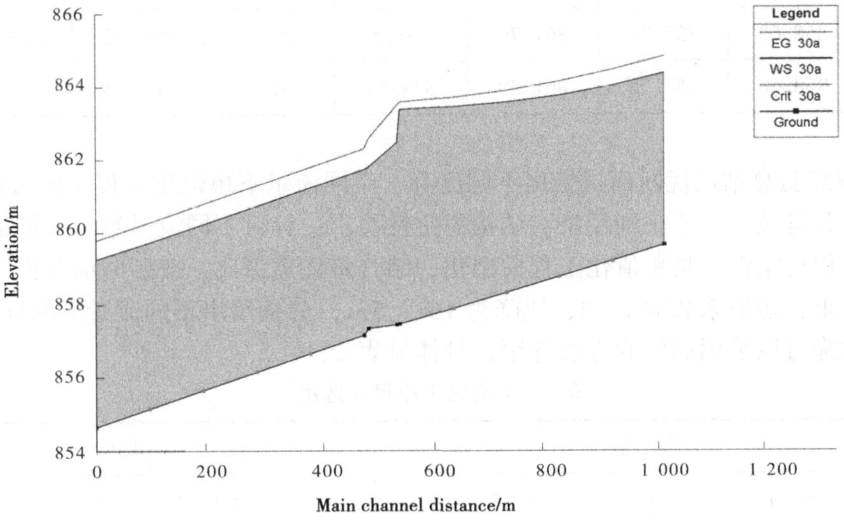

(b)

图 7　30 年一遇修建工程前后水面线变化 [(b) 图为工程后水面线]

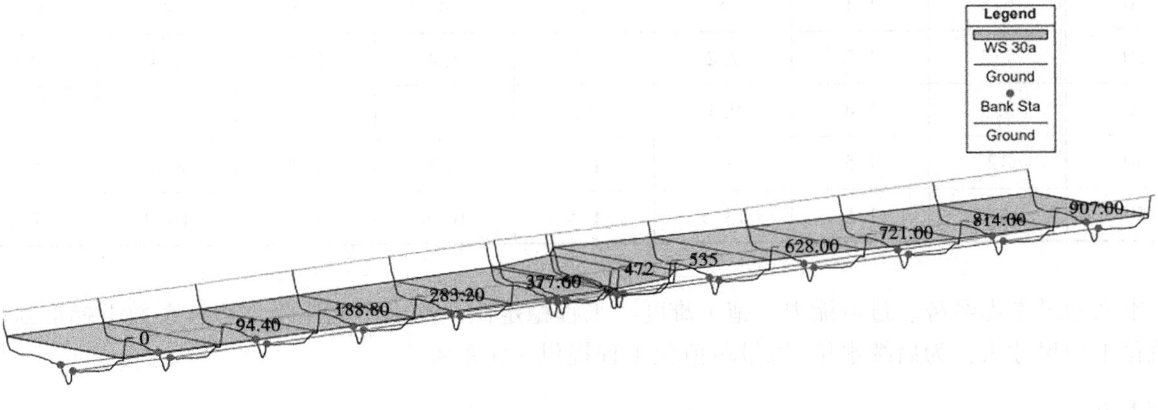

图 8　30 年一遇工程后计算域三维模型展示

流量下，能量方程法<HEC-RAS<明渠均匀流法。明渠均匀流法计算简单，但对水流流态要求较高，糙率断面均需沿程不变，计算结果和其余两种方法相差较大。能量公式法和 HEC-RAS 采用的计算迭代方法不同，计算结果略有差别。由于单值化工程未改变河道原有形态，HEC-RAS 需在软件中建模，操作复杂，使用场景较多，推荐单值化工程使用能量公式法推求水面线，且可使用其他两种方法作为非常规校核手段。

表 1　3 种方法推算的水位对比

单位：m

计算原理	明渠均匀流法			HEC-RAS			能量公式		
计算标准	30 年一遇	中水界限	低水界限	30 年一遇	中水界限	低水界限	30 年一遇	中水界限	低水界限
断面	Q=960 m³/s	Q=20 m³/s	Q=2.6 m³/s	Q=960 m³/s	Q=20 m³/s	Q=2.6 m³/s	Q=960 m³/s	Q=20 m³/s	Q=2.6 m³/s
1 000	864.26	861.13	860.24	863.84	861.15	860.23	863.95	861.08	860.24
535	862.04	858.78	857.9	861.91	858.75	857.9	861.93	858.8	857.9
530	861.69	858.38	857.74	862.46	858.74	857.89	862.5	858.76	857.9
480	861.91	858.63	857.77	861.79	858.5	857.66	861.87	858.55	857.66
472	861.78	858.56	857.58	861.38	858.54	857.62	861.55	858.58	857.7

（6）根据工程经验总结最优断面，给出不同比降、不同流量下单值化工程关键参数。

本文精炼以上关键技术，考虑到经济、结构稳定性要求，针对不同流量给出经济最优断面，考虑到开挖、维护、工程稳定性，将单值化工程模型化，结合最优宽深比，按照断面条件、施工技术、运行管理等方面的要求，边坡系数取 1、2，比降为 1‰、5‰，分别给出不同流量下的标准化断面尺寸，其他边坡系数及比降可以采用插值的方法选用，具体见表 2。

表 2　单值化工程尺寸选用

单位：m

流量/(m³/s)	比降 1‰				比降 5‰			
	m=1		m=2		m=1		m=2	
	底宽	深度	底宽	深度	底宽	深度	底宽	深度
5	3	1	2.7	0.9	2.1	0.7	2.1	0.7
10	5.5	1.1	5	1	4	0.8	4	0.8
20	7.2	1.2	7.2	1.2	5.4	0.9	5.4	0.9
30	9.8	1.4	9.1	1.3	7	1	7	1
40	12	1.5	11.2	1.4	8.8	1.1	8.8	1.1
50	13.5	1.5	13.5	1.5	10.8	1.2	10.8	1.2

本文通过考虑经济、过流能力、施工难度、工程稳定性，给出不同比降、边坡系数下梯形断面的单值化工程尺寸表，为后续水位-流量单值化工程提供一定的参考。

4　结语

基于“最不利保证率-累计频率法”确定设计流量，构建单值化工程结构安全性的复合模型分析体系，引进基于 GeoStudio 二维模型的极限平衡法和有限元分析方法的单值化工程边坡稳定性验算，建立基于明渠均匀流法、Newton 下山法迭代能量公式及 HEC-RAS 的单值化工程河道水面线的校核体系等是本项目的关键研究应用。通过以上先进研究技术的应用，单值化工程的合理性、安全性等均得到了有效保证，测站的枯水、中低水复杂的水位-流量关系曲线得到了良好改善，测站的流量测次明显减少，精度及效率有了较大程度的提升，基本上实现了测站全水位变幅的全自动测报，具有较好的推广应用价值。

参考文献

[1] 葛维亚．水文“单值化”史话［J］．人民长江，2007（8）：130-131，180.

[2] 李志敏．用校正因数法求解稳定水位流量关系的一种简捷方法［J］．水文，1995（增1）：61-62，41.

[3] 王日升．落差指数法在水位流量关系中的应用［J］．河北水利科技，1994（2）：27-28.

[4] 韩福道．抵偿河长法整编流量成果一致性分析及计算流程［J］．人民长江，1989（8）：35-39.

[5] 高仕熹，杨家坦．本站水位后移法整编流量资料的几个问题［J］．水文，1982（3）：28-32.

[6] 关丽娜．单值化处理匹里青水文站水位流量关系的方法探析［J］．陕西水利，2020（12）：39-41.

[7] 阮良鸿，段奇涛．柯街河道断面水位流量关系单值化工程措施研究［J］．水利信息化，2024（4）：82-87.

[8] 赵昕，贾志伟，吴琼，等．水位流量关系单值化方法的研究历程和展望［J］．人民长江，2024，55（3）：89-96.

[9] 张亭，吴尧．汉口水文站水位流量单值化方案及其应用［J］．人民长江，2014，45（9）：39-42.

1958—2015 年宁夏清水河流域降水特征变化及趋势

焦　鹏[1]　张国军[2]　魏小燕[2]　李惋瑾[2]

（1. 黄河水利委员会黄河水利科学研究院，河南郑州　450003；
2. 宁夏回族自治区水土保持监测总站，宁夏银川　750021）

摘　要：研究黄河上游典型支流清水河的降水特征变化规律及趋势，对揭示黄河水沙变化成因具有重要意义。根据清水河 1958—2015 年共计 93 个雨量站的日降水资料，采用 Mann-Kendall 检验、变差系数等方法，分析了流域降水特征变化及趋势，结果表明：降水量年内分配、不同强度降水量级分配均存在明显差异，各降水特征在同一时期内的增减变化总体保持一致；1958—2015 年各降水特征无显著变化趋势；降水特征的离散变化剧烈程度由小到大依次为年、汛期、主汛期、大于 10 mm、大于 25 mm、大于 50 mm 降水量。

关键词：清水河；降水；特征；变化；趋势

1　引言

黄河流域的水沙情势近年来发生了剧烈变化，潼关水文站年输沙量由 1919—1959 年的 16 亿 t 减少至 2010 年以来的 1.5 亿 t，减少约 90.6%[1]。目前的黄河水沙变化成因研究多聚焦于黄河上中游干流及河龙区间主要支流，分析降水和人类活动对径流、泥沙及水沙关系的影响[2-6]，但是黄河上游的典型支流较少涉及。由于黄河具有“水沙异源”这一显著的空间分异特征，径流主要来自上游地区、泥沙主要来自中游地区，因此研究黄河上游主要支流降水特征的变化规律及其趋势，对于揭示黄河水沙变化成因具有重要意义。

清水河是黄河宁夏段最大的一级支流，也是宁夏水土流失最严重的河流，每年输入黄河的泥沙约占宁夏入黄总沙量的 49%[7]。研究清水河流域近 60 年各降水特征的量值变化及趋势，能够为黄河宁夏段水沙情势研究提供支撑。本文统计了清水河流域 1958—2015 年共计 93 个雨量站的逐日降水量，采用时段类比、Mann-Kendall 趋势及突变检验、变差系数等方法，辨析年、汛期（6—9 月）、主汛期（7—8 月）、大于 10 mm、大于 25 mm、大于 50 mm 降水量等特征的变化规律及趋势。

2　研究方法

2.1　研究区概况

清水河是宁夏入黄的最大支流，河长 320 km，流域面积 14 481 km^2，流经原州区、海原县、西吉县、同心县、红寺堡区、中宁县、沙坡头等 7 县（区），由中宁县泉眼山汇入黄河（见图 1）。流域地势南高北低，地貌以黄土丘陵沟壑区为主，左岸主要支流有东至河、中河、苋麻河、西河、金鸡儿沟、长沙河等，右岸主要支流有杨达子沟、大红沟、双井子沟、折死沟、洪泉沟等[7]。清水河流域年降水量由上游的 600 mm 至下游的 200 mm，相差 2 倍，流域平均降水量 349 mm；固原的七营、苋

基金项目：宁夏回族自治区重点研发计划项目（2024BEG02007）；黄河水利科学研究院科技发展基金项目（黄科发 202116）。

作者简介：焦鹏（1986—），男，高级工程师，主要从事黄河水沙变化与流域水土保持措施配置方面的研究工作。

麻河以南为年降水量400~600 mm的半干旱区、以北为年降水量400~200 mm的干旱区。

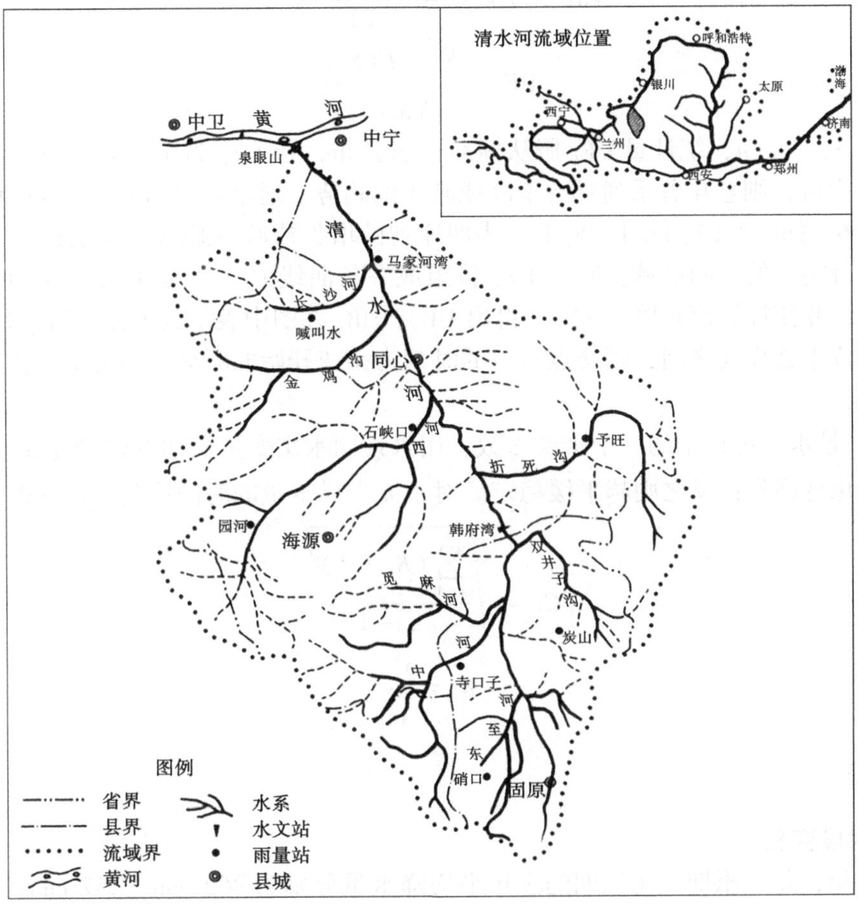

图1 清水河地理位置与流域水系

2.2 资料来源与处理

本文依据《黄河流域水文年鉴》中清水河流域内分布的93个雨量站1958—2015年的逐日降水数据，逐年统计了年、汛期、主汛期、大于10 mm、大于25 mm、大于50 mm降水量等流域降水特征。

2.3 研究方法

2.3.1 Mann-Kendall趋势检验

Mann-Kendall检验法是对时间序列的变化趋势进行显著性检验的一种非参数统计检验方法，被广泛应用于评估气候要素和水文序列趋势分析及突变检测[8]。在趋势检验中，对于具有n个样本量的时间序列X，原假设H_0表示数据集X的数据样本独立同分布且无趋势存在，可选假设H_1表示数据集X存在一个单调趋势。对于统计量Z_c，如果$-Z_{1-\alpha/2} \leqslant Z_c \leqslant Z_{1-\alpha/2}$，原假设$H_0$即被接受，反之则$H_1$被接受。倾斜度$\beta$能够量化单调趋势，当$\beta>0$时，反映上升的趋势；反之则反映下降的趋势。

2.3.2 Mann-Kendall突变检验

Mann-Kendall突变检验的统计量构造秩序列为

$$S_k = \sum_{i=2}^{k} \sum_{j=1}^{i-1} r_{ij} \quad (k = 2, 3, \cdots, n) \tag{1}$$

式中：$r_{ij} = \begin{cases} 1 & x_i - x_j > 0 \\ 0 & x_i - x_j \leqslant 0 \end{cases}$，表示第$i$个样本$x_i$大于$x_j$的累积数。

S_k的数学期望和方差为

$$E(S_k) = \frac{k(k-1)}{4} \tag{2}$$

$$\mathrm{Var}(S_k) = \frac{k(k-1)(2k+5)}{72} \tag{3}$$

$$\mathrm{UF}_k = \frac{S_k - E(S_k)}{\sqrt{\mathrm{Var}(S_k)}} \tag{4}$$

式中：$k=1$，2，3，…，n，统计量 UF_k 服从标准正态分布，若 UF_k 为正，表明系列具有上升或增加的趋势；若 UF_k 为负，则意味着系列具有下降或减小的趋势。通常取显著水平 $\alpha=0.05$，相应的检验临界值 $\mathrm{UF}_\alpha=1.96$。如果 $|\mathrm{UF}_k|>|\mathrm{UF}_\alpha|$，表明序列的增长或减少趋势是显著的，超过临界值的范围确定为出现显著突变的时间区域，所有 UF_k 将组成一条曲线 C_1。把以上方法应用到反序列中，重复上述计算过程，并使计算值乘以“-1”，得出 UB_k。UB_k 在图中表示为 C_2，若 C_1 和 C_2 两条曲线存在交点，且交点位于临界线之间，则交点对应的时刻为突变开始的时刻，即为突变点。

2.3.3 变差系数

变差系数 C_v 是水文统计中的一个重要参数，用来说明水文变量长期变化的稳定程度[9]。C_v 值越大，说明变量变化越剧烈；反之则越平缓稳定。对于 n 个样本量的时间序列 X，变差系数表示为

$$C_v = \sqrt{\frac{\sum_{i=1}^{n}(K_i-1)^2}{n-1}} \tag{5}$$

$$K_i = \frac{x_i}{\bar{x}} \tag{6}$$

3 结果与分析

3.1 流域降水时段变化

1958—2015 年，年、汛期、主汛期的多年平均降水量分别为 362 mm、257 mm、156 mm，汛期、主汛期降水量分别占全年的 71%、43%；大于 10 mm、大于 25 mm、大于 50 mm 的多年平均降水量分别为 212 mm、81 mm、19 mm，大于 25 mm、大于 50 mm 降水量分别占总降水量的 22%、5%。各降水特征不同时段值较多年平均值变化情况见图 2、图 3。

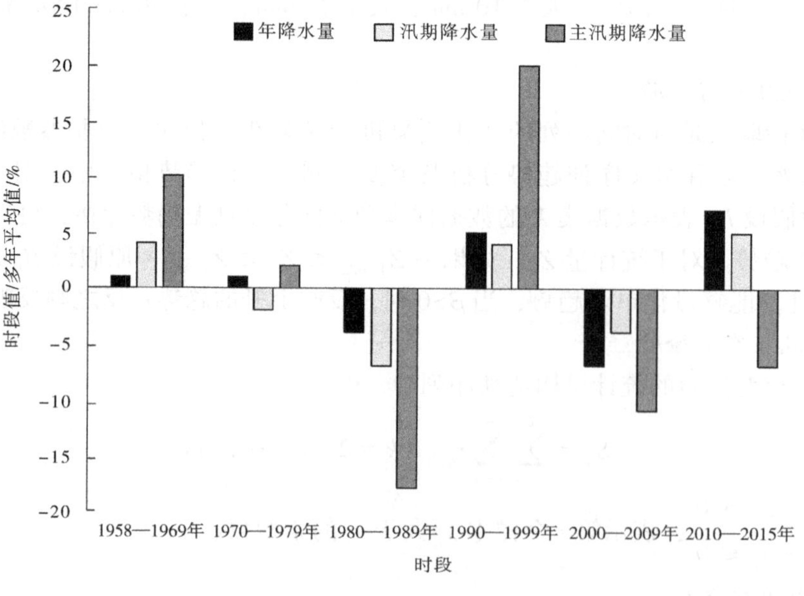

图 2　年、汛期、主汛期降水量的时段变化

清水河流域的年、汛期、主汛期降水量在 1958—1969 年、1980—1989 年、1990—1999 年、

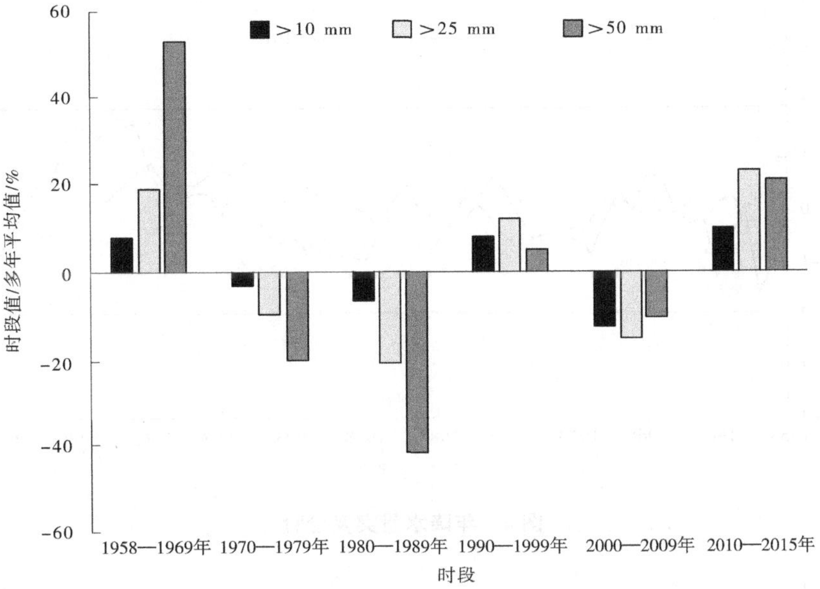

图 3　大于 10 mm、大于 25 mm、大于 50 mm 降水量的时段变化

2000—2009 年等时段内的变化保持一致，即（时段值-多年平均值）/多年平均值的增大或减小变化趋势一致；1970—1979 年，年、主汛期降水量大于多年均值，汛期降水量小于多年均值；2010—2015 年，年、汛期降水量大于多年均值，主汛期降水量小于多年均值。各降水特征随时段变化无明显规律，其中主汛期降水的变化幅度最大。清水河流域的大于 10 mm、大于 25 mm、大于 50 mm 降水量在 1958—2015 年各时段内的变化保持一致。各降水特征在 1958—1989 年各时段内的变化幅度由大到小依次为大于 50 mm、大于 25 mm、大于 10 mm 降水量；在 1990—2015 年，大于 25 mm 降水量成为变幅最大的降水特征。

3.2　流域降水变化趋势及突变点

1958—2015 年，清水河流域降水特征的 Mann-Kendall 趋势检验统计结果见表 1。年、汛期降水量的 Z 与 β 均为正值，二者均呈不显著增大趋势，其中汛期降水量的增大速率高于年降水量；主汛期降水量的 Z 与 β 为负值，呈不显著减小趋势。大于 10 mm、大于 50 mm 降水量的 Z 与 β 均为负值，二者均呈不显著减小趋势，其中大于 10 mm 降水量的减小速率高于大于 50 mm 降水量；大于 25 mm 降水量的 Z 与 β 为正值，呈不显著增大趋势。综上所述，各降水特征均无显著的变化趋势（显著性水平 $\alpha=0.05$，$|Z_{0.05}|=1.64$）。

表 1　降水特征趋势检验

统计量	年	汛期	主汛期	大于 10 mm	大于 25 mm	大于 50 mm
Z	0.201 2	0.348 8	-0.644 0	-0.335 4	0.093 9	-0.496 4
β	0.122 8	0.210 8	-0.292 9	-0.212 7	0.030 6	-0.038 0

清水河流域降水特征的 Mann-Kendall 突变检验见图 4～图 9。年、汛期、主汛期降水量的统计量 UF 与 UB 虽有若干交点，但因 UF 均未超过临界值（1.96），故三者均无显著变化区间和突变点。大于 10 mm、大于 50 mm 降水量的统计量 UF 与 UB 虽有若干交点，但因 UF 均未超过临界值，故二者均无显著变化区间和突变点；大于 25 mm 降水量的统计量 UF 与 UB 在 1959 年相交后，UF 于 1972 年、1975—1976 年超过临界值呈显著减小趋势，因此 1959 年为大于 25 mm 降水量的突变点。

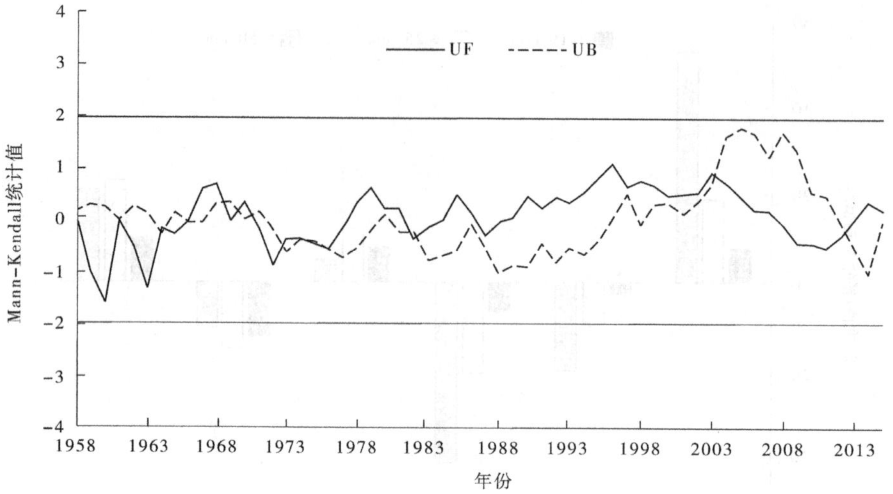

图 4　年降水量突变检验

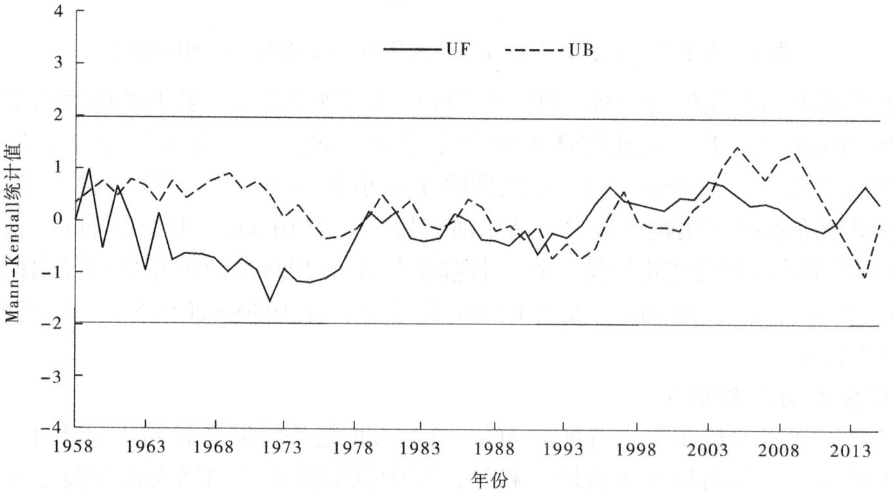

图 5　汛期降水量突变检验

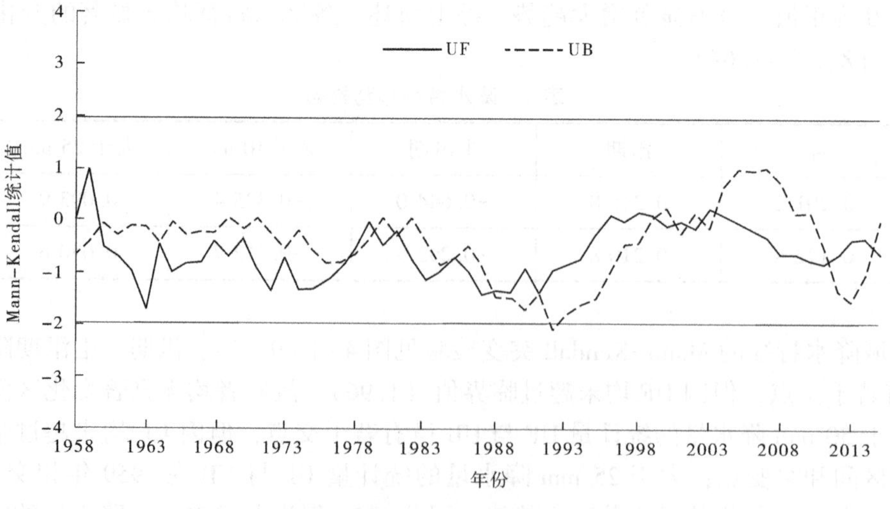

图 6　主汛期降水量突变检验

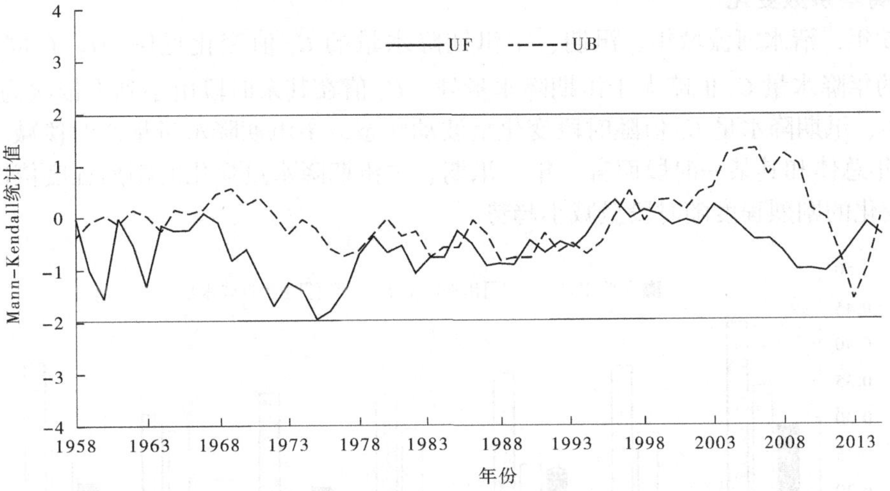

图 7　大于 10 mm 降水量突变检验

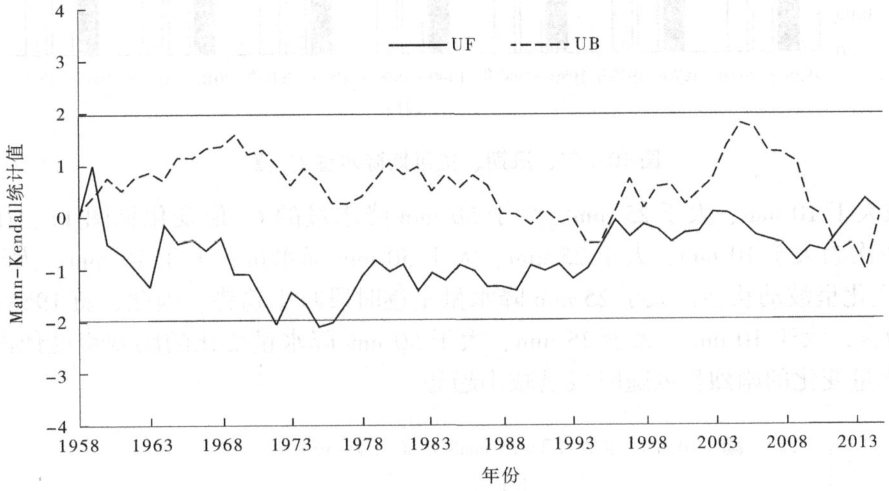

图 8　大于 25 mm 降水量突变检验

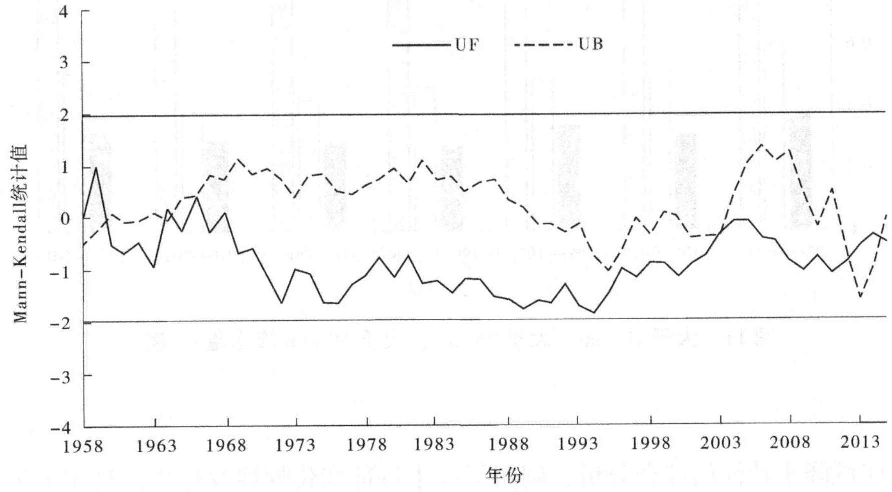

图 9　大于 50 mm 降水量突变检验

3.3 流域降水离差系数变化

1958—2015 年，清水河流域年、汛期、主汛期降水量的 C_v 值变化见图 10。在同一时段内，除 2000—2009 年的年降水量 C_v 值略大于汛期降水量外，C_v 值在其余时段由小到大依次为年、汛期、主汛期降水量；年、汛期降水量 C_v 值随时段变化呈波动状态，主汛期降水量呈逐时段减小趋势。因此，就 1958—2015 年总体和其某一时段而言，年、汛期、主汛期降水量变化的剧烈程度依次增大；其中，主汛期降水量变化的剧烈程度随时段呈减小趋势。

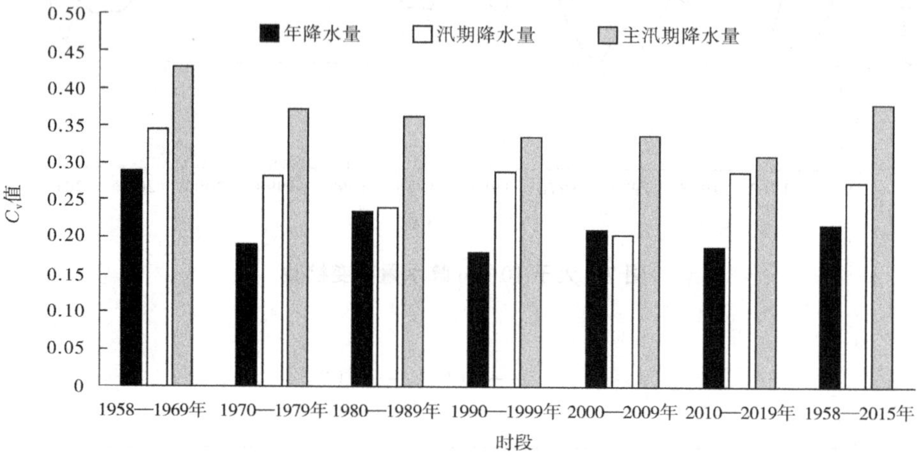

图 10　年、汛期、主汛期降水量 C_v 值

清水河流域大于 10 mm、大于 25 mm、大于 50 mm 降水量的 C_v 值变化见图 11。在同一时段内，C_v 值由小到大依次为大于 10 mm、大于 25 mm、大于 50 mm 降水量；大于 10 mm、大于 50 mm 降水量 C_v 值随时段变化呈波动状态，大于 25 mm 降水量呈逐时段减小趋势。因此，就 1958—2015 年总体和其某一时段而言，大于 10 mm、大于 25 mm、大于 50 mm 降水量变化的剧烈程度依次增大；其中，大于 25 mm 降水量变化的剧烈程度随时段呈减小趋势。

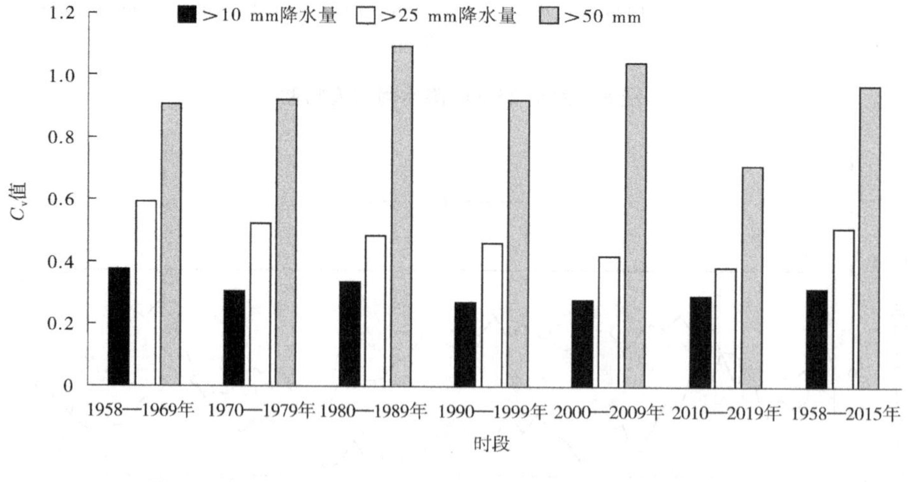

图 11　大于 10 mm、大于 25 mm、大于 50 mm 降水量 C_v 值

4　结论

通过清水河流域降水特征的综合分析，阐明了降水特征变化规律及趋势，具体结论如下：

（1）1958—2015 年，年、汛期、主汛期的多年平均降水量分别为 362 mm、257 mm、156 mm，汛期、主汛期降水量分别占全年的 71%、43%；大于 10 mm、大于 25 mm、大于 50 mm 的多年平均降水量分别为 212 mm、81 mm、19 mm，大于 25 mm、大于 50 mm 降水量分别占总降水量的 22%、5%。流域降水的年内分配和不同强度降水的量级分配存在明显差异。

（2）清水河流域的年、汛期、主汛期降水量在 1958—1969 年、1980—1989 年、1990—1999 年、2000—2009 年等时段内的增减变化保持一致，1970—1979 年、2010—2015 年的增减变化出现差异，表明两时段降水的年内分配发生明显变化；大于 10 mm、大于 25 mm、大于 50 mm 降水量在 1958—2015 年各时段内的增减变化始终保持一致。

（3）Mann-Kendall 趋势及突变检验表明，1958—2015 年各降水特征总体无显著变化趋势；大于 25 mm 降水量在 1959 年存在 1 个突变点，1972 年、1975—1976 年存在显著减小趋势。

（4）1958—2015 年，不同系列降水特征的离散变化剧烈程度由小到大依次为年、汛期、主汛期、大于 10 mm、大于 25 mm、大于 50 mm 降水量；其中，主汛期降水量和大于 25 mm 降水量的离散变化剧烈程度随时间呈逐渐减小趋势，其余降水特征无明显变化趋势。

参考文献

[1] 胡春宏，张晓明．论黄河水沙变化趋势预测研究的若干问题［J］．水利学报，2018，49（9）：1028-1039.

[2] 姚文艺，高亚军，安催花，等．百年尺度黄河上中游水沙变化趋势分析［J］．水利水电科技进展，2015，35（5）：112-120.

[3] YAO W Y, XIAO P Q, SHEN Z Z. Analysis of the contribution of multiple factors to the recent decrease in discharge and sediment yield in the Yellow River Basin, China［J］. J. Geogr. Sci., 2016, 26（9）：1289-1304.

[4] 鲁俊，安催花，吴晓杨．黄河宁蒙河段水沙变化特性与成因研究［J］．泥沙研究，2018，43（6）：40-46.

[5] 姚文艺，侯素珍，丁赟．龙羊峡、刘家峡水库运用对黄河上游水沙关系的调控机制［J］．水科学进展，2017，28（1）：1-13.

[6] 史红玲，胡春宏，王延贵，等．黄河流域水沙变化趋势分析及原因探讨［J］．人民黄河，2014，36（4）：1-5.

[7] 包淑萍，王生鑫．清水河流域水沙变化分析［J］．人民黄河，2014，36（4）：1-5.

[8] 章诞武，丛振涛，倪广恒．基于中国气象资料的趋势检验方法对比分析［J］．水科学进展，2013，24（4）：490-496.

[9] 马淑红，张学文．新疆年降水变差系数的若干规律性［J］．气象学报，1991（1）：39-45.

2016—2022 年淮河干流蚌埠闸以上河段取用水分析

查　亮　邬旭东

（淮河水利委员会水利水电工程技术研究中心，安徽蚌埠　233001）

摘　要：开展淮河干流取用水分析，对确保区域水资源合理开发利用，优化配置，实现节约、保护与治理等综合目标具有十分重要的意义。本文选取淮河干流蚌埠闸以上河段作为研究对象，对 2016—2022 年淮河干流息县至王家坝段、王家坝至蚌埠段取用水情况进行时空分析和行业用水分析，提出淮河干流蚌埠闸以上河段取用水分析结论。息县至王家坝段取用水主要为农业灌溉用水；从取水口所属行政区来看，取用水量从大到小依次为潢川县、息县、固始县、淮滨县；从用水年际变化来看，各河段用水趋势总体一致。王家坝至蚌埠段取用水主要为农业灌溉用水、工业用水、公共供水、调水工程，年均用水量占比依次为 21%、31%、13%、35%；从取水口所属行政区来看，取用水量从大到小依次为淮南市、蚌埠市、阜阳市和六安市，占比依次为 47%、42%、6%、5%；从用水年际变化来看，工业用水和农业灌溉用水年际间总体变化不大，公共供水总体呈现缓慢增长趋势。结论可为加强该河段水量调度、取用水监管、水资源管理等提供借鉴。

关键词：淮河干流；取用水；分析

1　引言

2024 年 9 月 12 日，习近平总书记主持召开全面推动黄河流域生态保护和高质量发展座谈会时，强调要实施最严格的水资源保护利用制度，提高水资源节约集约利用水平。严守水资源开发利用上限，细化以水定城、以水定地、以水定人、以水定产举措，健全覆盖全流域的取用水总量控制体系，科学配置干支流水资源[1]。

淮河干流蚌埠闸以上流域面积 12.1 万 km^2[2-3]，区域水系发达，河流众多。淮河南岸的支流均发源于山区或丘陵区，源短流急，较大的支流有史河、淠河、东淝河等，史河、淠河上游建有梅山、响洪甸、佛子岭和磨子潭等综合利用水库。淮河北岸较大的支流有沙颍河、洪汝河、涡河等，沙颍河为淮河最大的支流，发源于伏牛山区的鲁山，流域面积近 4 万 km^2。淮河干流蚌埠闸以上水资源利用涉及河南、安徽两省，该区不仅是信阳、阜阳、淮南、蚌埠 4 市和多个县城的饮用水水源地，也是沿淮工业带工业、农业生产的主要水源地，取用水主要用于生活、工业、农业、火力发电等。近年来，随着经济社会的快速发展，淮河干流蚌埠闸以上河段取用水量不断增加，水资源供需矛盾突出，工业用水与城市生活用水、农业用水、河道生态环境用水之间的竞争现象越来越普遍，新中国成立以来，1966 年、1978 年、1988 年、1994 年、2000 年、2009 年、2014 年、2019 年等年份发生了较大旱灾[4-5]。本文开展淮河干流蚌埠闸以上河段取用水分析研究是十分必要的。

2　时空分析

本文取水户的取水数据主要依据取用水专项整治、取用水统计调查直报管理系统等已有数据，对于部分数据缺失的年份，采用加权移动平均法进行预测[6]。

作者简介：查亮（1985—），男，高级工程师，主要从事规划与防洪减灾工作。

2.1 息县至王家坝段

淮河干流息县至王家坝段取用水主要为农业灌溉，涉及河南省信阳市息县、潢川县、淮滨县、固始县。息县至王家坝段各河段近年取用水数据见表1。2016—2022年各县级行政区用水总量情况如图1所示。

表1 息县至王家坝段各河段近年取用水数据

单位：万 m^3

河段	2016年	2017年	2018年	2019年	2020年	2021年	2022年
息县段	2 763.8	2 732.9	2 746.9	2 985.0	1 629.3	2 327.9	1 032.7
潢川段	5 415.4	5 394.2	5 424.2	5 445.1	3 174.9	3 545.0	3 740.0
淮滨段	371.0	357.4	361.6	355.8	358.0	357.7	357.6
固始段	850.0	970.0	980.0	1 210.0	1 057.0	1 078.8	1 088.6
合计	9 400.2	9 454.5	9 512.7	9 995.9	6 219.2	7 309.4	6 218.9

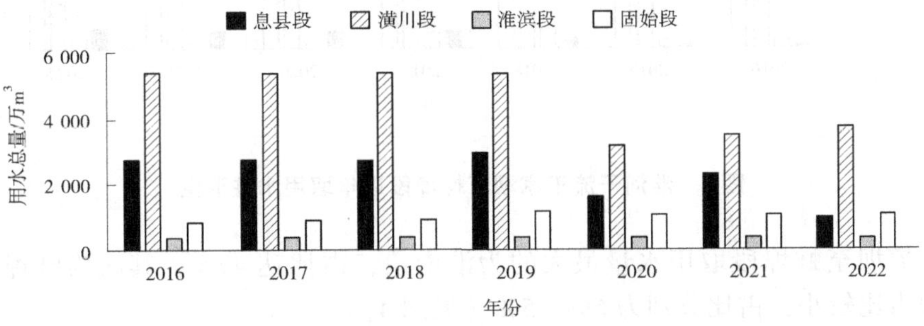

图1 淮河干流息县至王家坝段近年取用水柱状图

淮河干流息县至王家坝段取用水量最大的为潢川段，占比达55%；其次为息县段，占比28%；固始段次之，占比13%；淮滨段最小，占比仅4%。各河段用水趋势总体一致，大致分为两个阶段，2016—2019年较为稳定，保持小幅增长趋势，2020年较2019年出现较大幅度下降后逐步上升，各县级行政区年均取用水占比如图2所示。

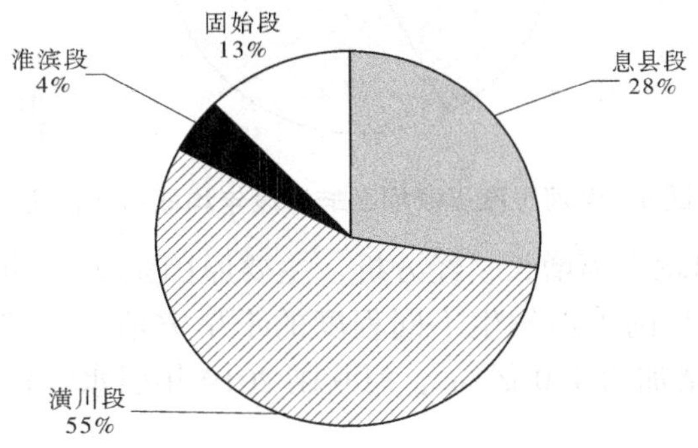

图2 淮河干流息县至王家坝段年均取用水占比

2.2 王家坝至蚌埠段

淮河干流王家坝至蚌埠段取用水量涉及安徽省阜阳市、六安市、淮南市、蚌埠市4个地市级行政区。王家坝至蚌埠段近年取用水数据见表2。2016—2022年各市用水总量情况如图3所示，各市级行政区年均取用水占比如图4所示。

表 2　王家坝至蚌埠段近年取用水数据　　单位：万 m³

河段	2016 年	2017 年	2018 年	2019 年	2020 年	2021 年	2022 年
阜阳段	2 916.0	2 766.0	8 726.4	15 395.0	15 495.2	14 314.0	15 623.7
六安段	6 912.0	7 846.5	14 584.4	12 787.9	4 805.7	5 952.6	9 030.3
淮南段	81 977.7	84 387.6	81 323.8	88 599.9	99 021.1	104 353.0	92 443.2
蚌埠段	63 616.0	60 043.8	59 560.6	113 464.2	83 088.0	86 433.8	103 353.6
合计	155 421.7	155 043.8	164 195.2	230 246.9	202 410.0	211 053.5	220 450.8

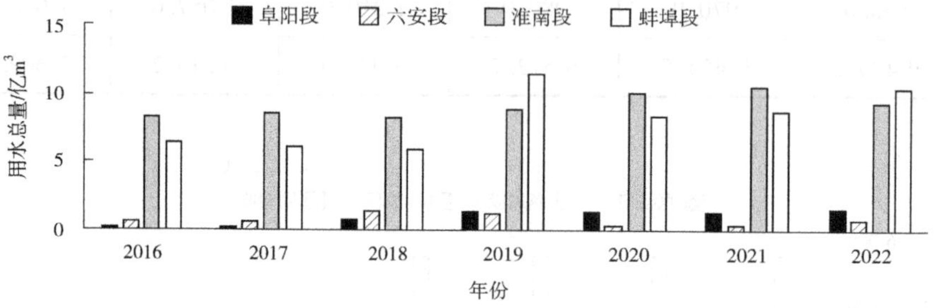

图 3　淮河干流王家坝至蚌埠段近年取用水柱形图

淮河干流王家坝至蚌埠段取用水量最大的为淮南段，占比达 47%；其次为蚌埠段，占比 42%；阜阳段和六安段占比较小，占比分别为 6%、5%（见图 4）。

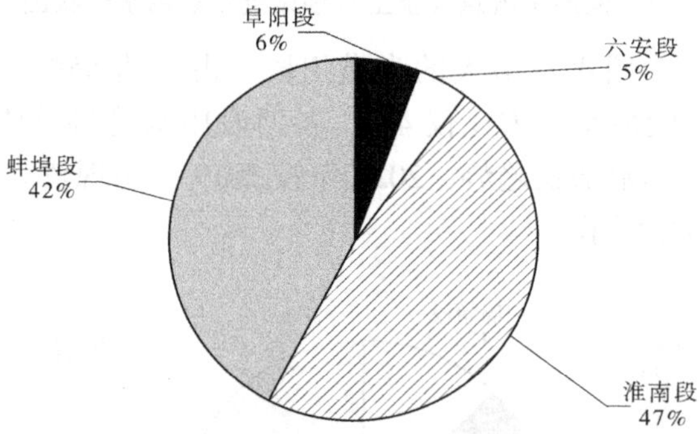

图 4　淮河干流王家坝至蚌埠段年均取用水占比

2019 年，蚌埠段用水量出现大幅增长，经分析，主要原因是 2019 年 9 月以来，安徽省持续晴热高温少雨，造成蚌埠、阜阳、淮南等地发生不同程度的干旱灾情，茨淮新河上桥抽水站多次开机抽水，2019 年抽水量较 2018 年增加约 4.0 亿 m³，何巷闸 2019 年引水量较 2018 年增加约 1.2 亿 m³。

3　行业用水分析

淮河干流息县至王家坝段取用水主要用于农业灌溉，用水方向比较单一，暂不做分析；淮河干流王家坝至蚌埠闸段行业用水分为工业、公共供水、农业灌溉、其他（主要为调水工程）等 4 个方向。王家坝至蚌埠段各行业近年取用水数据见表 3。相关区域不同行业近年取用水数据如表 4 所示。淮河干流王家坝至蚌埠段各行业近年取用水量占比变化情况见图 5，淮河干流王家坝至蚌埠段各行业年均取用水量占比见图 6。

表 3　王家坝至蚌埠段各行业近年取用水数据　　单位：万 m^3

取水用途	2016 年	2017 年	2018 年	2019 年	2020 年	2021 年	2022 年
工业	53 945.2	56 475.6	55 593.1	61 412.5	64 982.0	70 713.1	57 960.5
公共供水	15 389.0	15 882.8	16 082.4	23 423.8	31 814.0	31 592.3	34 637.6
农业灌溉	34 737.5	35 685.4	47 460.7	48 280.7	37 759.3	38 955.4	41 267.4
其他	51 350.0	47 000.0	45 059.0	97 130.0	67 854.7	69 792.7	86 585.4
合计	155 421.7	155 043.8	164 195.2	230 246.9	202 410.0	211 053.5	220 450.8

表 4　相关区域不同行业近年取用水数据　　单位：万 m^3

区域	取水用途	2016 年	2017 年	2018 年	2019 年	2020 年	2021 年	2022 年
阜阳段	公共供水	0	0	69.1	5 220.1	8 261.8	6 339.3	8 624.5
	农业灌溉	2 916.0	2 766.0	8 657.3	10 174.9	7 233.4	7 974.7	6 999.2
	小计	2 916.0	2 766.0	8 726.4	15 395.0	15 495.2	14 314.0	15 623.7
六安段	公共供水	39.8	103.4	82.0	166.4	284.6	337.0	384.3
	农业灌溉	6 872.2	7 743.1	14 502.4	12 621.5	4 521.1	5 615.7	8 646.0
	小计	6 912.0	7 846.5	14 584.4	12 787.9	4 805.7	5 952.6	9 030.3
淮南段	工业	51 621.7	53 907.4	52 096.7	57 296.1	61 654.5	67 872.6	55 197.2
	公共供水	7 500.7	7 323.3	6 920.5	7 948.8	13 425.2	13 175.3	13 739.2
	农业灌溉	22 855.3	23 156.9	22 306.5	23 355.0	23 941.4	23 305.1	23 506.9
	小计	81 977.7	84 387.6	81 323.8	88 599.9	99 021.1	104 353.0	92 443.2
蚌埠段	工业	2 323.5	2 568.2	3 496.3	4 116.4	3 327.5	2 840.5	2 763.3
	公共供水	7 848.6	8 456.2	9 010.7	10 088.5	9 842.5	11 740.7	11 889.6
	农业灌溉	2 094.0	2 019.4	1 994.5	2 129.3	2 063.4	2 060.0	2 115.3
	其他	51 350.0	47 000.0	45 059.0	97 130.0	67 854.7	69 792.7	86 585.4
	小计	63 616.0	60 043.8	59 560.6	113 464.2	83 088.0	86 433.8	103 353.6

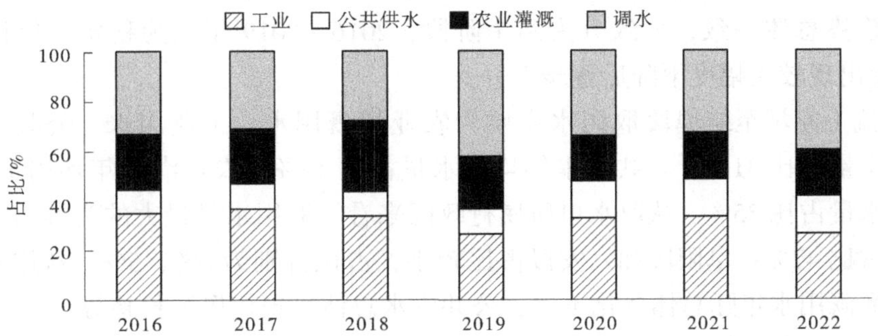

图 5　淮河干流王家坝至蚌埠段各行业近年取用水量占比变化

行业用水方面，各行业用水量占比年际间总体波动不大。工业用水总体较为稳定，年均用水量占比 31%；公共供水总体呈现缓慢增长趋势，年均用水量占比 13%；农业灌溉用水总体较为稳定，年均用水量占比最大，达 21%；调水工程等其他用水量占比 35%（见图 6）。

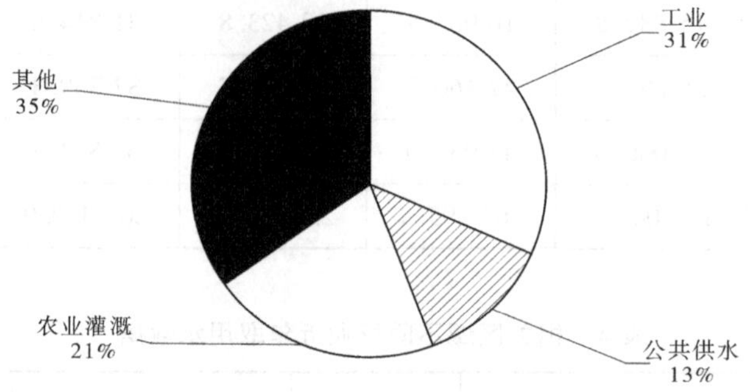

图 6　淮河干流王家坝至蚌埠段各行业年均取用水量占比

阜阳段从淮河干流取水主要用于农业灌溉和公共供水。农业灌溉用水占比较大，达 62%，年际总体变化不大；公共供水主要用于阜阳市区和颍上县、阜南县城区的居民生活，随着阜阳市第三自来水厂一期工程于 2019 年下半年开水取水，阜阳市公共供水量呈现明显增长趋势。

六安段从淮河干流取水主要用于农业灌溉，农业灌溉用水占比较大，达 98%；公共供水主要用于沿淮地区乡镇的居民生活，用水量呈现逐渐增长趋势。

淮南段从淮河干流取水主要用于工业、农业灌溉和公共供水。工业用水主要用于火力发电，淮南市建设有田家庵、洛河、平圩、凤台、田集、潘集等主力火力发电厂，至 2022 年，淮南的火力发电装机容量达到 1 434 万 kW，工业用水量较大，占比达 63%；公共供水主要用于淮南市区和凤台县城区的居民生活，公共供水用水量占比 11%；农业灌溉用水占比 26%，年际总体变化不大。

蚌埠段从淮河干流取水主要用于工业、农业灌溉和公共供水。工业用水主要为国电蚌埠发电有限公司火力发电用水，工业占比 4%；公共供水主要用于蚌埠市区和怀远县城区的居民生活，公共供水用水量占比 12%；农业灌溉用水占比 2%，年际总体变化不大；其他用水主要是何巷闸水资源配置工程和上桥抽水站取水，年均取水量占比达 82%。

4　结论

（1）淮河干流息县至王家坝段取用水主要为农业灌溉用水，涉及息县、潢川县、淮滨县、固始县。从取水口所属行政区来看，淮河干流息县至王家坝段取用水量最大的为潢川段，占比达 55%；其次为息县段，占比 28%；固始段次之，占比 13%；淮滨段最小，占比仅 4%。从用水年际变化来看，各河段用水趋势总体一致，大致分为两个阶段，2016—2019 年较为稳定，保持小幅增长趋势，2020 年较 2019 年出现较大幅度下降后逐步上升。

（2）淮河干流王家坝至蚌埠段取用水主要为农业灌溉用水、工业用水、公共供水、调水工程，工业用水年均用水量占比 31%，公共供水年均用水量占比 13%，农业灌溉年均用水量占比 21%，调水工程等其他用水量占比 35%。从取水口所属行政区来看，取用水量最大的为淮南段，占比达 47%；其次为蚌埠段，占比 42%；阜阳段和六安段占比较小，占比分别为 6%、5%。从用水年际变化来看，工业用水和农业灌溉用水年际总体变化不大，公共供水总体呈现缓慢增长趋势。

参考文献

[1] 杜尚泽，董洪亮，张晓松，等．“黄河很美，将来会更美”［N］．人民日报，2024-09-15（003）．

[2] 周亮．淮河流域经济发展的水资源环境支撑力研究［D］．南京：南京大学，2015.

[3] 彭晶．基于 GIS 的多目标动态水资源优化配置研究［D］．天津：天津大学，2013.

[4] 徐士友．清代淮河中游的自然灾害与社会应对［D］．武汉：华中师范大学，2014.

[5] 朱正业．1949—2009 年淮河流域农业自然灾害分布与影响［J］．阜阳师范大学学报（社会科学版），2022（5）：1-8.

[6] 全国咨询工程师（投资）职业资格考试参考教材编写委员会．现代咨询方法与实务（2017 年版）［M］．北京：中国计划出版社，2016.

基于水-能源-粮食关联性的山东省粮食生产效率测算

刘　畅[1,2]　李凌琪[1,2]　张　伟[1,2]

(1. 黄河水利科学研究院，河南郑州　450003；
2. 水利部黄河下游河道与河口治理重点实验室，河南郑州　450003)

摘　要： 粮食生产与水资源、能源均具有紧密关系。本文基于水-能源-粮食关联性理论，从水资源投入、能源投入和粮食产出的角度结合数据包络分析法测算了山东省各地市的粮食生产效率。结果表明：青岛市、泰安市、枣庄市和德州市的粮食生产效率在全省属于优秀水平，东营市、烟台市和日照市粮食生产效率在全省处于较低水平。本文从投入-产出的视角，结合数据包络分析方法测算了粮食效率，是水资源-能源-粮食关联理论在粮食生产效率研究领域的拓展，为实现粮食生产中的水资源和能源综合优化配置、提高粮食综合生产效率提出科学建议。

关键词： 水资源；能源；粮食；关联性；生产效率

1　引言

水、能源和粮食均是人类生存发展必不可少的资源。随着人口的增长和经济社会的发展，未来几十年人类对淡水、能源和粮食的需求将会持续增加。在资源短缺、环境恶化、气候变化的背景下，水、能源和粮食的相互关系日益紧密，传统的资源供应链管理模式即将走向终结[1]。2011 年，在德国波恩会议上，Hoff 首次提出了水-能源-粮食关联性（Water-Energy-Food Nexus，WEFN）概念。WEFN 旨在在水资源、能源、粮食的相互联系日益密切的背景下，鼓励管理者在进行决策前预测评估多个部门的平衡与协同效应，用于制定同时满足多个部门要求的可行性方案，实现有限资源的可持续利用和管理[2]。2014 年，联合国粮农组织（FAO）指出，从水资源-能源-粮食关联性看农业可持续发展问题，有助于我们理解水资源、能源和粮食更广泛的含义；由于政策制定、大规模投资或农业活动的变化可能会产生超出预期目标和尺度的影响，FAO 以利益相关者对话为核心，确定了数据搜集、情景模拟、调控对策 3 方面的研究内容，用于确认、评估和管理水、能源、粮食相互关系[3]。WEFN 目前还处于初步研究阶段，在许多文献中被认为是“有前景”和“创新性”的研究思路，它的创新性在于从只注重一个部门的发展向多个部门的协调平衡发展转变。由于水、能源、粮食关系的复杂多样性，当前尚没有完善理论框架，关联性的理念也没有应用于政府管理实践层面[4]。

水资源供应不足和能源的盲目投入给我国农业可持续发展带来巨大挑战。粮食生产与水资源、能源均具有紧密关系，在粮食生产中任何一方面出现问题都可能危及粮食安全[5]。在未来水资源、能源、粮食需求不断增长，生态环境恶化的背景下，基于水-能源-粮食关联性对粮食生产效率和粮食生产可持续性进行深入分析，全面了解粮食综合生产水平，厘清粮食生产与社会经济、生态环境的关系，对于保障水安全、能源安全、粮食安全与区域可持续发展具有重要意义。从水资源投入、能源投

基金项目： 黄河水利科学研究院科技发展基金专项项目（HKF-202315）。
作者简介： 刘畅（1991—），男，博士，主要从事农业水土资源综合利用研究工作。

入和粮食产出的视角，利用数据包络分析方法，建立非径向的超效率 SBM 模型用于测算基于水-能源-粮食关联性的粮食生产效率，分析山东省粮食生产中水资源与能源利用水平。通过构建 DEA-Malmquist 模型对粮食全要素生产率变动指数进行测算和分解，分析了粮食生产效率动态变化过程并提出提高粮食生产效率的建议。

2　研究方法

数据包络分析是结合运筹学、管理学与数理经济学等多个学科的新领域[6]。DEA 在由多个投入和多个产出构成的复杂系统评价中主要具有两点优势：①DEA 在模型求解过程中，各个投入要素和产出要素的权重作为优化变量存在，无须人为给各个指标赋权重，具有很强的客观性，更能揭露数据的原始信息。②现实问题中投入要素和产出要素之间必然存在某种关系，DEA 方法无须确定不同要素之间的函数形式，减少了问题的复杂性[7]。

CCR 模型是 DEA 方法中最初始的模型，该模型可以求解每一个决策单元在规模报酬不变前提下的技术效率[8]。技术效率是指在相同的投入下生产单元实际产出与理想的最大可能性产出的比率，包含纯技术效率和规模效率。CCR 模型属于径向模型，非有效决策单元的各个投入要素和产出要素与生产前沿面的距离都是等比例的，即同比例缩减投入或者扩大产出，并没有考虑松弛变量的处理问题，因此径向模型的测算结果存在一定偏差。因此，本文采用了基于松弛变量的非径向 DEA 模型，即 SBM 模型。SBM 解决了传统 DEA 模型由于径向选择的限制所引起的测量偏差，实现了投入要素和产出要素非等比例变化，提高了效率测算结果的客观性和精确程度。

如果研究对象有 n 个决策单元、m 个投入要素和 s 个产出要素，投入矩阵和产出矩阵分别可以表示为 $\boldsymbol{X}=(x_{ij})\in\boldsymbol{R}^{m\times n}$ 和 $\boldsymbol{Y}=(y_{rj})\in\boldsymbol{R}^{s\times n}$（$j=1, 2, \cdots, n$; $i=1, 2, \cdots, m$; $r=1, 2, \cdots, s$）。生产可能性集合可定义为

$$P=\{(\boldsymbol{x}, \boldsymbol{y}) \mid \boldsymbol{x}\geqslant \boldsymbol{X\lambda}, \boldsymbol{y}\leqslant \boldsymbol{Y\lambda}\} \tag{1}$$

式中：$\boldsymbol{\lambda}$ 为 n 维非负列向量，表示 DMU 的权重大小。

我们把给定的一个决策单元（$\boldsymbol{x}_k$, $\boldsymbol{y}_k$）表示为

$$\boldsymbol{x}_k=\boldsymbol{X\lambda}+\boldsymbol{s}^- \tag{2}$$

$$\boldsymbol{y}_k=\boldsymbol{Y\lambda}-\boldsymbol{s}^+ \tag{3}$$

式中：向量 $\boldsymbol{s}^-\in\boldsymbol{R}^m$、$\boldsymbol{s}^+\in\boldsymbol{R}^s$ 分别表示投入要素的松弛变量和产出要素的松弛变量，$\boldsymbol{s}^-\geqslant 0$, $\boldsymbol{s}^+\geqslant 0$。基于 SBM 的决策单元（$\boldsymbol{x}_k$, $\boldsymbol{y}_k$）的生产效率求解模型可以表示为

$$\left.\begin{array}{ll}\min & \rho=\dfrac{1-\dfrac{1}{m}\sum\limits_{i=1}^{m}\boldsymbol{s}_i^-/\boldsymbol{x}_{ik}}{1+\dfrac{1}{s}\sum\limits_{r=1}^{s}\boldsymbol{s}_r^+/\boldsymbol{y}_{rk}}\\ \text{subject to} & \boldsymbol{x}_k=\boldsymbol{X\lambda}+\boldsymbol{s}^-\\ & \boldsymbol{y}_k=\boldsymbol{Y\lambda}-\boldsymbol{s}^+\\ & \boldsymbol{\lambda}\geqslant 0, \boldsymbol{s}^-\geqslant 0, \boldsymbol{s}^+\geqslant 0\end{array}\right\} \tag{4}$$

当 $\rho=1$ 时，决策单元（$\boldsymbol{x}_k$, $\boldsymbol{y}_k$）是有效点，即处于理想生产状态。该条件等同于 $\boldsymbol{s}^-=0$, $\boldsymbol{s}^+=0$，即在任何最优解中没有冗余投入和不足产出。

利用 SBM 模型求得决策单元的效率值，常会出现多个决策单元效率值为 1 的情况，即多个决策单元同时位于生产前沿面，从而导致这些决策单元无法进行比较。为了对生产前沿面上的多个决策单元进行区分。在决策单元（$\boldsymbol{x}_k$, $\boldsymbol{y}_k$）有效的基础上定义生产非有效点集合为

$$P\mid(\boldsymbol{x}_k, \boldsymbol{y}_k)=\{(\bar{\boldsymbol{x}}, \bar{\boldsymbol{y}})\mid \bar{\boldsymbol{x}}\geqslant\sum_{j=1, \neq k}^{n}\boldsymbol{\lambda}_j\boldsymbol{x}_j, \bar{\boldsymbol{y}}\leqslant\sum_{j=1, \neq k}^{n}\boldsymbol{\lambda}_j\boldsymbol{y}_j, \bar{\boldsymbol{y}}\geqslant 0, \boldsymbol{\lambda}\geqslant 0\} \tag{5}$$

基于超效率 SBM 的决策单元（$\boldsymbol{x}_k$，$\boldsymbol{y}_k$）的生产效率求解模型可以表示为

$$
\left.\begin{aligned}
&\min && \rho = \frac{\frac{1}{m}\sum_{i=1}^{m}\bar{\boldsymbol{x}}_i/\boldsymbol{x}_{ik}}{\frac{1}{s}\sum_{r=1}^{s}\bar{\boldsymbol{y}}_r/\boldsymbol{y}_{rk}} \\
&\text{subject to} && \bar{\boldsymbol{x}} \geqslant \sum_{j=1,\ \neq k}^{n}\boldsymbol{\lambda}_j\boldsymbol{x}_j,\ \bar{\boldsymbol{y}} \leqslant \sum_{j=1,\ \neq k}^{n}\boldsymbol{\lambda}_j\boldsymbol{y}_j \\
& && \bar{\boldsymbol{x}} \geqslant \boldsymbol{x}_k,\ \bar{\boldsymbol{y}} \leqslant \boldsymbol{y}_k \\
& && \bar{\boldsymbol{y}} \geqslant 0,\ \boldsymbol{\lambda} \geqslant 0
\end{aligned}\right\} \tag{6}
$$

3 实例应用

基于山东省 17 个地市 2000—2020 年单位面积水资源投入量、单位面积能源投入量和单位面积粮食产量的面板数据，本文利用 DEA-SOVLER 8.0pro 软件的超效率 SBM 模型从投入角度测算了粮食生产效率值、水资源投入效率损失、能源投入效率损失，并根据测算结果在各年份的统计情况对山东省粮食生产效率指标进行分析。

由于本文的粮食生产效率值是从水资源投入和能源投入角度测算的，粮食生产效率有效的含义是在粮食产量不变的条件下，实现水资源投入和能源投入最优的配置水平。山东省各地市 2000—2020 年粮食生产效率值测算结果如图 1 所示。由于本文应用的是超效率模型，效率值大于或等于 1 的决策单元均为有效点。

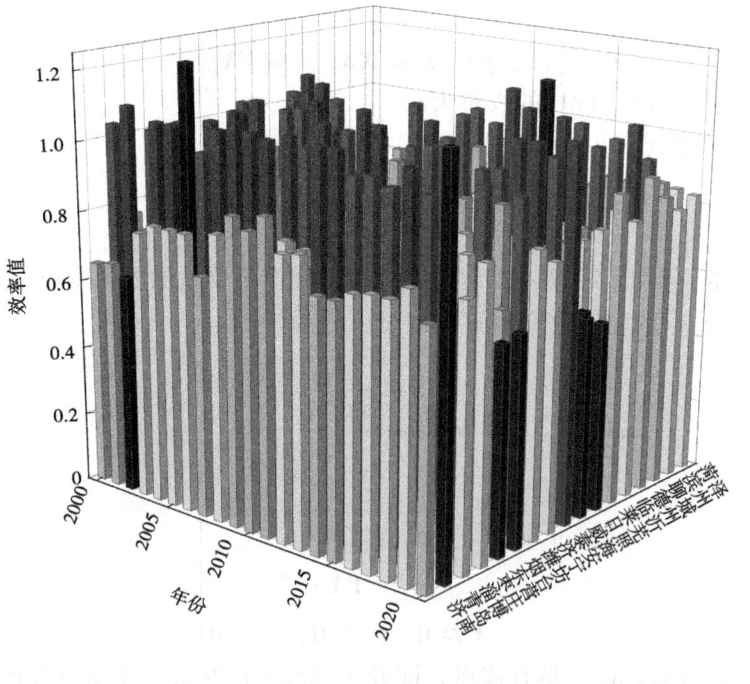

图 1　山东省各地市 2000—2020 年粮食生产效率值测算结果

山东省 17 个地级市 2000—2020 年粮食生产效率值统计如图 2 所示。总体来看，山东省大部分地市的粮食生产效率值差距不大。从有效点的分布来看，虽然青岛市、枣庄市、济宁市、泰安市、威海市、莱芜市和德州市都有出现有效点的年份，但只有青岛市、枣庄市、泰安市、德州市在超过 25% 的年份出现有效点。结合图 1 的测算结果，青岛市在 2007 年、2013 年、2017 年 3 个年份的粮食生产效率非有效，其余年份的效率值均大于 1，说明青岛市粮食生产效率要远领先于山东省其他地市；泰

安市超过 50%以上年份的效率值有效，枣庄市和德州市也有超过 25%的年份有效，说明泰安市、枣庄市和德州市的粮食生产效率处于优秀水平。对于莱芜市、济宁市和威海市，虽然有少数（不足 25%）或个别年份的效率值达到 DEA 有效，但大多数年份的效率值并不高，3 个市超过 75%的年份效率值都在 0.9 以下，说明莱芜市、济宁市和威海市的粮食生产效率距离优秀水平有一定差距。东营市、烟台市和日照市的粮食生产效率表现相对较差，这些地市超过 50%以上的年份的效率值在 0.7 以下，说明这 3 个地市的粮食生产效率在全省处于下游水平。

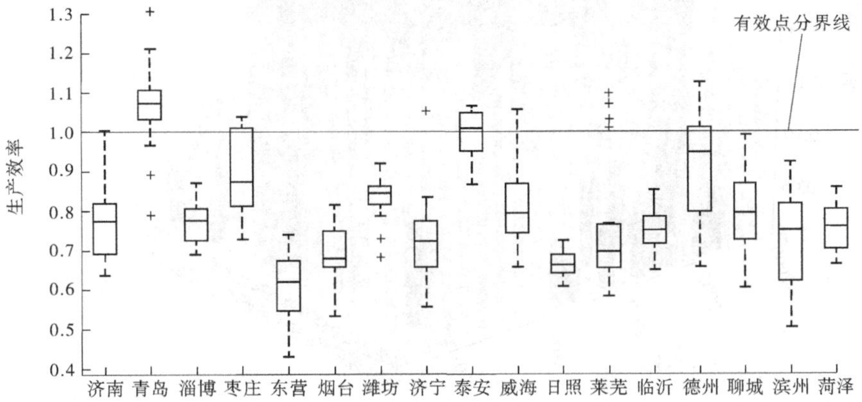

图 2　山东省 17 个地级市 2000—2020 年粮食生产效率值统计

综上所述，青岛市、泰安市、枣庄市和德州市的粮食生产效率在全省处于优秀水平，东营市、烟台市和日照市的粮食生产效率在全省处于较低水平，其他地市的粮食生产效率在全省处于中游水平。

粮食生产效率损失即粮食生产效率值与理想值 1 的差值，是所有投入要素效率损失的总和。SBM 模型不仅可以测算粮食生产效率值，还可以实现针对不同投入要素效率损失进行分解。通过对比各地市粮食生产中不同投入要素效率损失大小，分析各地市水资源投入要素和能源投入要素对粮食生产效率的影响程度。水资源投入效率损失和能源投入效率损失的测算结果如图 3、图 4 所示。

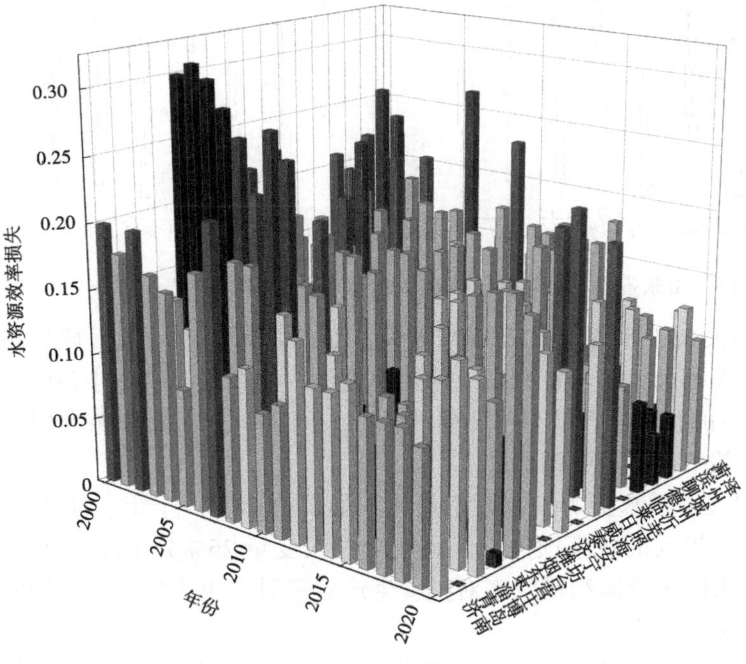

图 3　水资源投入效率损失测算结果

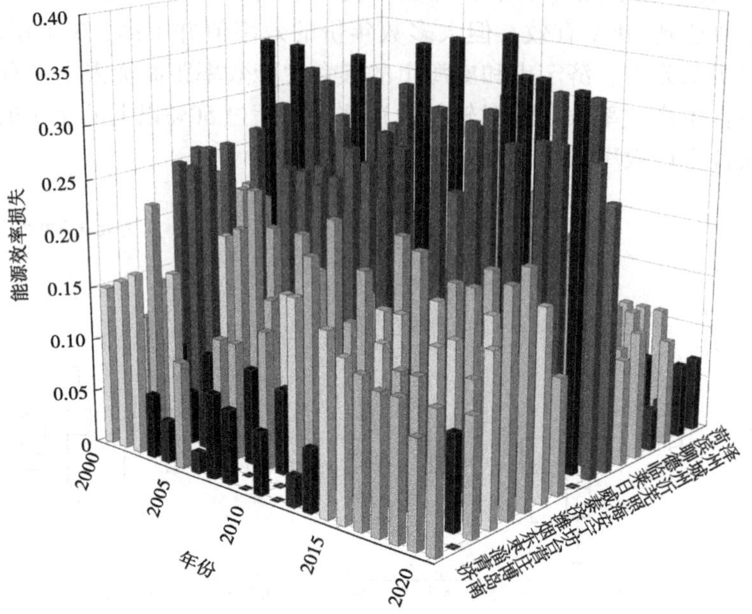

图 4　能源投入效率损失测算结果

山东省 17 地市在所有年份的不同投入要素效率损失统计情况如图 5 所示，其分解状态大致可以分为以下 3 类：

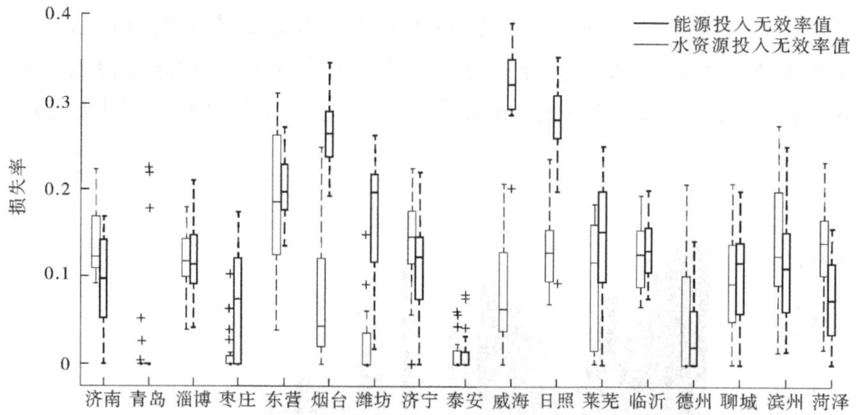

图 5　山东省 17 地市在所有年份的不同投入要素效率损失统计

（1）能源投入效率损失大于水资源投入效率损失，如烟台市、潍坊市、威海市和日照市。这 4 个地市能源投入的效率损失都远大于水资源投入的效率损失，两个投入变量中位线的相对距离都达到 0.1 以上，这表示该 4 个市的粮食生产效率主要受能源投入的影响，提高能源利用效率、减少能源投入量是这 4 个市粮食生产效率提升的关键措施。

（2）能源投入效率损失小于水资源投入效率损失，如济南市、济宁市、滨州市和菏泽市的水资源投入效率损失略高于能源投入的效率损失，但是两个投入变量 25%分位线和 75%分位线的相对距离并不大。这说明这 4 个市的水资源利用效率对粮食生产效率具有更大的影响，同时在粮食生产过程中，能源利用效率也需要引起重视。

（3）能源投入效率损失约等于水资源投入效率损失，这些地市的能源投入要素和水资源投入要素对粮食生产效率的影响大致相等。值得注意的是，处于全省粮食生产效率领先水平的青岛市、泰安市，能源投入效率损失和水资源投入效率损失之间都没有很大差距，这说明水资源利用效率和能源利用效率的均衡发展是提高粮食生产效率的重要条件。

4 结论

本文利用数据包络分析方法建立了非径向超效率 SBM 模型，求得了山东省各地市粮食生产在各年份的粮食生产效率值、水资源投入效率损失和能源投入效率损失。主要结论如下：

山东省大部分地市的粮食生产效率值差距不大。从有效点的分布来看，青岛市、枣庄市、泰安市、德州市在超过 25%的年份出现有效点。其中，青岛市在 1997 年、2006 年、2007 年的粮食生产效率非有效，其余年份的效率值均大于 1，说明青岛市粮食生产效率要远领先于山东省其他地市；泰安市超过 50%以上的年份的效率值达到有效，枣庄市和德州市也有超过 25%的年份达到有效，说明泰安市、枣庄市和德州市的粮食生产效率处于优秀水平。东营市、烟台市和日照市的粮食生产效率表现相对较差，这些地市超过 50%以上的年份的效率值在 0.7 以下，说明这 3 个地市的粮食生产效率在全省处于下游水平。从研究期间粮食生产效率值的综合情况来看，青岛市、泰安市、枣庄市和德州市的粮食生产效率在全省属于优秀水平，东营市、烟台市和日照市粮食生产效率在全省处于较低水平。根据粮食生产效率损失的分解结果，烟台市、潍坊市、威海市和日照市的能源投入效率损失大于水资源投入效率损失；济南市、济宁市、滨州市和菏泽市能源投入效率损失小于水资源投入效率损失；其他地市能源与水资源投入效率损失的差距不明显，说明这些地市能源与水资源投入效率较为均衡。

参考文献

[1] Xe F, Re Rolf, Grosskopf Shawna, et al. Productivity Growth, Technical Progress, and Efficiency Change in Industrialized Countries［J］. The American Economic Review, 1994, 84 (1): 66-83.

[2] 潘世磊. 基于 DEA-Malmquist 指数模型的农业全要素生产率分析：以山东省为例［J］. 农村经济与科技, 2015, 26 (5): 37-39.

[3] 李杨, 李静. 基于 DEA 和 Malmquist 指数的浙江省卫生资源配置效率分析［J］. 健康研究, 2018, 38 (6): 621-624.

[4] 赵聚辉, 黄诗华. 基于超效率 DEA 和 Malmquist 指数的中国科技研发效率评价研究［J］. 宏观经济研究, 2019, (9): 123-129.

[5] D Anderson. Energy Efficiency and the Economists: The Case for a Policy Based on Economic Principles［J］. Annual Review of Energy and the Environment, 2003, 20, 495-511.

[6] 谢伟. 环境约束下中国省际全要素能源效率研究［D］. 重庆：重庆大学, 2017.

[7] Piao Shilong, Fang Jingyun, Ciais Philippe, et al. The carbon balance of terrestrial ecosystems in China［J］. Nature, 2009, 458 (7241): 1009-1013.

[8] 冉启英, 周辉. 环境约束下农业全要素能源效率研究：基于 SBM-TOBIT 模型［J］. 经济问题, 2017 (1): 103-109.

区域用水总量核算与合理性分析——以徐州市为例

吴宏宇　吴成秋　曹久立　马庆楼　周　文

（江苏省水文水资源勘测局徐州分局，江苏徐州　221000）

摘　要： 用水总量核算与合理性分析是用水统计工作的关键。本文以黄淮海平原典型城市——徐州市为研究区域，以已建名录库直报数据为基础，采用用水指标分析、抽样调查以及趋势分析等方法对城市用水进行总量核算，并进一步探讨用水总量上报的合理性。结果表明，徐州市农业用水、生活用水、生态环境用水上报数据基本合理，工业用水量上报数值偏低。后续应进一步加强数据质量、组织保障以提高用水总量核算精度。

关键词： 用水统计；水量核算；合理性分析；用水趋势

用水统计是政府统计工作的重要组成，支撑着最严格水资源管理考核的落实[1]，是新时期水资源精细化管理的基础支撑[2]。用水总量核算是用水统计调查制度实施过程中，在取用水单位依法上报用水数据的基础上，由水行政主管部门按照统一口径及方法对区域用水总量进行核算的过程。当前，用水总量统计方式发生重大转变，由面向水利部门统计转变为面向全社会统计，由原有水利部门上报改为由取用水户直报[3]。用水量统计调查工作日益规范，统计方法的科学性和合理性也进一步提高[4]。王筱俊等[5] 根据自然-社会二元水循环理论，提出基于灌区水循环模拟的农业用水计量监测设施布局及农业用水量统计方法。靳晓莉等[6] 系统分析了四川省用水总量统计存在的问题，并提出了相关意见与建议，包括建立用水总量统计制度、完善用水总量统计方法、加强用水计量及监控基础设施建设、强化用水总量统计工作的监督与考核。

与此同时，用水统计工作还存在一些不容忽视的问题，例如，统计制度的权威性、规范性不够，统计报表设计不够科学，统计数据质量有待提高[7]，部分用水量统计（特别是农业灌溉用水量统计）仍存在较大的误差[8]。因此，迫切需要尽快依法完善统计制度，强化统计责任，提高统计精度，并通过区域层面的合理性分析，改善用水量的统计质量。针对当前用水统计工作所存在的问题，如何根据用水上报数据进行更准确的水量核算并进行合理性分析，是用水核算时所面临的关键挑战之一。因此，本文以江苏省徐州市为例，以已建名录库直报数据为基础，采用用水指标分析、抽样调查以及趋势分析等方法对城市各类型用水进行总量核算，进一步探讨城市用水总量上报的合理性，为其他类似城市区域用水统计工作提供借鉴和参考。

1　区域用水总量核算基础

1.1　取用水户名录库建设

建设取用水户基础信息数据库，即用水统计调查基本单位名录库（简称名录库）。名录库总体由调查单位和抽样调查单位两部分组成。名录库随取水户持有取水许可证状态变化动态调整，名录库涵盖灌区、公共供水、自备水源工业、自备水源服务业、人工河湖补水工程、畜禽养殖场、鱼塘、建筑业、城乡环境用水户 9 大类。

作者简介： 吴宏宇（1997—），男，助理工程师，主要从事水文测报、防汛抗旱、水资源管理、水文测量工作。

1.2 调查对象用水量填报

填报基层定报表，徐州市基层定报表填制频次为一季一填，按累计数填写，即第一季度填写1—3月数据，第二季度填写1—6月数据，第四季度填写1—12月数据；填制对象为重点用水户（地下水≥5万 m^3、地表水≥10万 m^3），包括大中型灌区、重点公共供水企业、重点工业企业和重点服务业单位4类。2022年，徐州市有191户重点用水户参加定报表填制，共完成基层定报表753份。

基层年报表由取用水单位填制，填制频次为一年一填，填制对象包括典型小型灌区、非重点工业企业、非重点服务业单位、河湖补水工程补水4类。2022年共完成基层年报表312份。

2 分行业区域用水总量核算

2.1 农业用水量

2.1.1 灌溉用水

徐州市现有大型灌区4个、中型灌区43个，实际耕地灌溉面积608万亩，园地和林地49万亩。灌溉亩均用水量没有超过省定额，灌溉用水累计29.50亿 m^3。

2.1.2 鱼塘补水

采用典型调查的方法测算，鱼塘总面积为509 373亩，鱼塘补水用水量总计约0.76亿 m^3。

2.1.3 畜禽用水

采用典型调查的方法测算牲畜用水情况，选取30家典型养殖场，推算畜牧业全年用水约0.37亿 m^3。

2.1.4 农业用水总量

2022年，农业用水总量30.63亿 m^3，其中耕地灌溉和林牧渔畜用水量分别为28.84亿 m^3 和1.79亿 m^3，分别占农业用水总量的94.2%和5.8%。

2.2 工业用水量

2.2.1 用水户直报

徐州市自备水源工业填报用水户306户，重点自备水源工业取用水户98户，非重点208户，填报水量1.78亿 m^3；公共供水企业，填报水量0.93亿 m^3。扣除公共供水重复计算部分0.08亿 m^3 和新增分摊管网漏损部分0.21亿 m^3，累计用水量2.84亿 m^3。

2.2.2 基层年报

徐州市工业用水量为2.85亿 m^3，其中火电用水量为0.99亿 m^3，一般工业用水共计1.86亿 m^3。

2.2.3 合理性分析

直报系统中工业用水量占总工业用水量的比例为99.7%，2022年工业用水量填报较2021年相比增长0.8%，合理。按行政区看，2022年工业用水量中，市区比2021年偏高11.9%，主要原因为铜山区柳新镇划入市区，导致市区工业用水量增加；丰县2022年工业用水量较2021年减少240万 m^3，降低了17.5%，与丰县工业经济活动不活跃符合；沛县2022年工业用水量1 450万 m^3，较2021年减少了730万 m^3，降低33.5%，不合理。邳州市直报系统中区域工业用水量与基层年报表中的工业用水量偏差大于10%，不合理。

2.2.4 数据修正

邳州规模较小的工业企业用水量没有纳入直报系统管理，导致水量偏低，在基层年表填报时把这部分水量估算填报。沛县工业用水量偏低，主要是沛县水务局将公共供水企业工业用水量去除导致，在水量核算工作中补齐这部分水量。经修正后，2022年徐州市工业用水总量2.99亿 m^3。

2.3 生活用水量

2.3.1 生活水量填报

徐州市现有服务业填报用水户62户，其中重点服务业企业20户，非重点42户，填报用水量0.07亿 m^3；全市16家重点公共供水企业向城镇居民、农村居民、服务业供水量为3.35亿 m^3；非重点公共供水企业供给农村居民、服务业水量 0.69 亿 m^3。扣除公共供水重复计算部分 0.04 亿 m^3 和新增分摊管网漏损部分 0.73 亿 m^3，累计用水量 4.80 亿 m^3。

2.3.2 建筑业用水

选取典型用水户 4 家，测算 2022 年单位施工面积用水量，以此确定建筑业用水量。徐州市当年施工总面积 13 214 万 m^2，推算建筑业用水量总计 0.37 亿 m^3。

2.3.3 合理性分析

2022 年区域生活用水量较 2021 年增长 7.9%，符合经济发展和人民生活水平提高对用水需求增长的情况。从行政区来看，市区比 2021 年偏高 12.1%，主要原因为铜山区柳新镇划入市区；丰县、沛县比 2021 年分别偏高 16.6%、32.6%，与区域供水管网覆盖和供水范围扩大的实际符合。2022 年徐州市生活用水量具有合理性。徐州市区域取用水综合表中的生活用水量占基层年报表中生活用水量的比例为 87.2%，比例偏小，主要原因是农村生活用水中还有一部分村民日常生活使用手压井取用地下水，用水量依据调查估算得到，并纳入基层年报表中。从行政区来看，贾汪区、沛县直报系统中区域生活用水量较基层年报表中的生活用水量比较，偏低。

2.3.4 数据修正

基层年报表沛县生活用水量高，主要是因为在汇总基层年报表时，将公共供水企业工业用水量归入生活用水量。为此，对沛县公共供水中生活用水量进行适当修正，修正后，徐州市生活用水量为 5.41 亿 m^3。

2.4 人工生态用水量

2.4.1 城乡环境补水量核算

选了丰县 2 个典型地区的绿地灌溉用水情况和沛县 2 户卫生清洁用水情况，计算得出单位绿地灌溉每平方米用水量为 0.2 m^3/a，单位环境卫生清洁每平方米用水量为 0.93 m^3/a。各县（区）根据以上单位面积用水量计算出城乡环境用水量，再经公共供水企业和中水加水点计量统计，得出徐州市 2022 年城乡环境用水共计 0.18 亿 m^3。

经过复核，沛县公共供水企业供应了部分城乡环境补水量，没有纳入沛县城乡环境补水量。为此，在水量核算工作中对沛县生态用水量进行适当修正。核算后 2022 年城乡环境用水共计 0.21 亿 m^3。

2.4.2 河湖补水核算

徐州市有解台站和大孤山站两个补水工程。解台站补水对象为京杭运河不牢河段，全年水位未降至生态水位以下，解台站翻水量中河湖生态耗水量为 0。大孤山站主要补水对象是云龙湖与故黄河，2022 年耗水量为 0.06 亿 m^3，加上市区非常规水源利用量，全市河湖补水量核算为 0.09 亿 m^3。徐州市行政区用水总量成果见表 1。

表 1 徐州市行政区用水总量成果

行政区	农业用水	工业用水	生活用水	人工生态	小计
鼓楼区	—	0.204	0.508	0.053	0.765
云龙区	—	0.135	0.291	0.032	0.459
泉山区	—	0.334	0.457	0.048	0.839
经开区	0.470	0.447	0.363	0.015	1.295
贾汪区	1.594	0.177	0.250	0.010	2.031
铜山区	6.346	0.650	0.646	0.023	7.665
丰县	2.791	0.113	0.569	0.011	3.484

续表 1

行政区	农业用水	工业用水	生活用水	人工生态	小计
沛县	4.272	0.280	0.620	0.037	5.210
睢宁县	5.193	0.173	0.519	0.018	5.903
新沂市	4.770	0.207	0.500	0.023	5.500
邳州市	5.198	0.268	0.685	0.031	6.181
合计	30.634	2.988	5.406	0.301	39.330

3 区域用水总量核算成果合理性分析

3.1 用水指标合理性

选用经修正后的水量，指标选用人均用水量、万元地区生产总值用水量2项综合指标，分析徐州市用水总量的合理性；选用亩均灌溉用水量，分析农业用水的合理性；选用万元工业增加值用水量，分析工业用水量的合理性；选用城镇居民人均生活用水量、农村居民人均生活用水量2项指标评价居民生活用水量的合理性。

经分析，人均用水量、万元地区生产总值用水量与徐州社会经济在全省、全国的排序定位是相符的；亩均灌溉用水量偏大，与2022年降水偏枯的情况相符；工业增加值较江苏省和全国的数值偏低，因此核定的全市工业用水量可能偏低，居民生活用水指标符合生活用水量规律。用水指标分析见表2。

表 2 用水指标分析

用水指标	单位	2022 年	2021 年	江苏省	全 国
人均用水量	m^3/（人·a）	436.1	425.8	667.3	419
万元地区生产总值用水量	m^3/万元	46.5	47.4	34.6	51.8
亩均灌溉用水量	m^3/亩	472.9	412.2	—	—
万元工业增加值用水量	m^3/万元	10.0	10.2	17.8	24.1
城镇居民人均生活用水量	L/（人·d）	140.2	143	150.6	—
农村居民人均生活用水量	L/（人·d）	102.3	93.4	106.1	—

3.2 用水趋势合理性

统计徐州市近10年用水总量数据（见图1、表3），全市的用水总量在39亿m^3左右，近10年年平均用水量39.4亿m^3；用水总量无明显的变化趋势，2020年、2021年用水总量偏低主要是丰水年所致。

近10年农业年平均用水量30.8亿m^3，农业用水量变化与当年降水丰枯程度密切相关；工业年平均用水量在2.9亿m^3左右。2017年以来，随着徐州市关闭转移一批高耗能、高耗水的钢铁、焦炭企业和工业生产用水效率的提高，工业用水量逐年降低；2020年受疫情影响，工业生产受到了极大的影响，工业用水量下降到了最低水平。2020年以后随着工业生产的逐步恢复和好转，工业用水量逐年增加。

生活年平均用水量4.4亿m^3，且全市的生活用水量有明显的逐年增加趋势（2018年之前的数据偏低是因当年区域供水未全覆盖，部分农村供水未完全纳入供用水统计）。这与徐州市近年来经济社会发展、城市化进程、城乡居民生活水平提高用水需求增加等情况相符合。

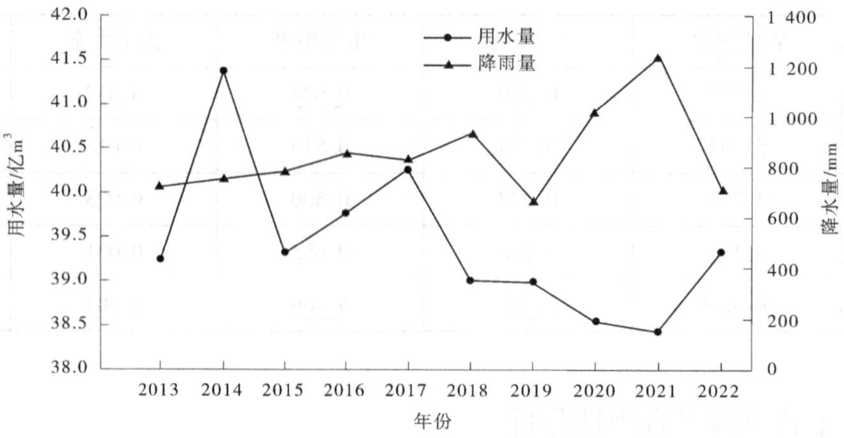

图 1　徐州市近 10 年用水总量数据趋势

表 3　徐州市近 10 年用水量

年份	农业用水	工业用水	生活用水	人工生态环境用水	年用水总量	年降水量
2013	31. 82	3	4. 12	0. 31	39. 25	725. 7
2014	33. 89	2. 98	3. 99	0. 51	41. 37	754. 2
2015	31. 68	2. 86	3. 79	1. 01	39. 34	788. 2
2016	30. 03	3. 11	3. 52	3. 11	39. 77	859. 7
2017	30. 52	3. 2	3. 82	2. 71	40. 25	829. 3
2018	29. 1	2. 96	4. 02	2. 93	39. 01	936. 7
2019	29. 44	2. 77	5. 07	1. 7	38. 98	663. 0
2020	30. 52	2. 68	5. 14	0. 21	38. 55	1023. 3
2021	30. 164	2. 831	5. 163	0. 288	38. 447	1247. 6
2022	30. 634	2. 988	5. 406	0. 301	39. 33	727. 6
平均值	30. 8	2. 9	4. 4	1. 3	39. 4	855. 5

人工生态环境用水量变化较大，主要是人工生态环境用水统计口径变化所致。2016—2019 年将故黄河生态补水、云龙湖生态补水量统计在人工生态环境用水量内。

4　结论

本文以徐州市为研究区域，对城市各类型用水进行总量核算，并探讨了城市用水总量上报的合理性。结果表明，2022 年徐州市用水总量核算数据真实可靠，但尚存在以下问题：①直报系统抄表数据时间与系统上报节点无法保持一致，时间差导致基层表水量上报校核的难度增加；②偏远地区农业、生活用水无法计量，依靠定额估算存在一定误差；③基层年报中数据复核分析不够。未来用水总量核算工作中应进一步提高数据质量、强化统计工作队伍建设、加强部门之间的沟通协调，并从组织、资金制度上做好保障措施，提高用水核算的精准度。本文研究可为其他类似城市区域用水统计工作提供可行的借鉴和参考。

参考文献

[1] 张显成，王卓甫，张坤．最严格水资源管理下用水总量统计的组织研究［J］．人民黄河，2015，37（4）：62-65.

[2] 郝春沣，仇亚琴，卢琼，等．用水统计调查制度实施情况及数据应用前景［J］．水利发展研究，2022，22（5）：59-62.

[3] 张绍强，沈莹莹．新形势下中国农业用水量统计调查工作现状及面临的问题［J］．中国农村水利水电，2022（3）：197-199.

[4] 彭芸，李长江，安美运．新形势下贵州省喀斯特山区农业用水量统计分析［J］．水利发展研究，2022，22（7）：67-71.

[5] 王筱俊，王贺龙，杨辉斌，等．浙江省山丘区灌区农业用水计量监测与总量统计方法［J］．浙江水利科技，2023（5）：27-38.

[6] 靳晓莉，王君勤，欧承建．四川省用水总量统计工作实践与思考［J］．水资源管理，2019，224（11）：24-26.

[7] 彭岳津，卞荣伟，邢玉玲，等．我国用水总量确定的方法与结果［J］．水利经济，2018，36（2）：36-43.

[8] 甘泓，游进军，张海涛．年度用水总量考核评估技术方法探讨［J］．中国水利，2013（17）：25-28.

干旱内陆区本地实体水与虚拟水消耗的产业关联效应研究

张　沛[1]　邓晓雅[1]　於嘉闻[2,3]　龙爱华[3]

（1. 中国水利水电科学研究院，北京　100038；
2. 浙江大学，浙江杭州　310058；
3. 天津大学，天津　300072）

摘　要： 定量分析实体水与流入虚拟水之间的相互作用，对于内陆干旱地区水资源的综合管理具有重要意义。本文以天山北坡经济带为例，构建了区域经济生产中当地实体水和虚拟水的计算框架，指明了农业部门实体水的消耗和转移构成了天山北坡经济带水循环的最重要部分，且与其他产业密切相关，导致了大量虚拟水的直接流出和天山北坡经济带日益严重的水资源短缺。提高地方经济系统中第一产业的循环强度，是提高水利用效率的有效措施，应加快地方产业结构调整，减少虚拟水在地方经济生产和第一产业贸易流动中的损失。

关键词： 蓝水；绿水；虚拟水流入；虚拟水贸易；产业关联

1　引言

近几十年来，社会经济的迅猛发展导致了日益严峻的水资源短缺，人类活动对水资源条件变化和生态环境健康产生了深远影响[1]。在过去的20年里，水资源管理和评估的重点逐渐从"实体水"一维模式转变为"实体水-虚拟水"二维模式。这一转变促使人们更系统、更全面地审视水资源管理，缓解地区水资源短缺[2]。很明显，实体水和虚拟水是高度相互依存的，因为本地实体水不仅在一个地区的经济生产中直接消耗，还作为本地虚拟水和流出虚拟水的一部分消耗，并且可以通过供应链在经济部门和地区之间流动。对"实体水-虚拟水"之间关系的认识已成为不同经济部门竞争需求之间水资源管理的基础[3-4]。

以往关于实体水和虚拟水之间联系的研究主要集中在实体水和虚拟水资源在区域之间的流动，以及分析不同规模的社会经济活动与用水之间的关系。在全球层面上对"实体水-虚拟水"流量的研究主要集中在描述全球贸易对水资源的影响。区域层面对"实体水-虚拟水"流通的定量研究主要集中在虚拟水贸易对当地资源和经济的影响上。一些研究也集中在单个区域内实体水中的"蓝水"和虚拟水"蓝水"之间的关系上[5]。尽管过去有许多关于"实体水-虚拟水"的研究，仍然存在一些不足和不确定性。以往的研究主要集中在国家或流域层面，很少有根据行政边界划分研究区域。通过采用行政空间尺度，可以突出"实体水-虚拟水"在地方政策和产业结构影响下在行政区域内或跨行政区域的转移特征。此外，全面考虑当地蓝水、绿水和流入虚拟水在行业之间转变的研究在国内外研究中较少。其中，绿水可以描述为渗透土壤并通过降水储存在非饱和土壤中的水，而虚拟水中的绿水在区域工业发展过程中在降低生产投入成本和维护生态系统服务方面发挥着重要作用[6]。此外，在一个地区同时考虑当地水资源和流入虚拟水的条件下，很少有研究使用产业联动指标来评估未来具有更大

作者简介： 张沛（1988—），男，高级工程师，主要从事干旱区水资源配置与调控研究工作。

潜力的地方产业，以提高蓄水能力和发展潜力[7]。对于一些缺水的行政区来说，上述3点对于一些缺水行政区内的地方水资源合理配置和产业调整极为重要。

本文从两个角度探讨了实体水和虚拟水之间的联系。第一个是应用“自下而上”的作物生长和用水模型进行水核算[8]。在这种方法下，通过工业供应链的各个环节跟踪间接用水量是一个挑战。此外，农产品被视为该方法下的初级产品，位于产业供应链的起点。因此，“自下而上”的方法更适合计算农业部门的虚拟水消费量。相比之下，“自上而下”的方法通常涉及生命周期评估或投入产出分析的应用。“自上而下”的方法从系统边界定义的最高级别开始，向下移动到较低级别，在较低级别中，投入产出法可以区分经济生产过程中的中间使用和最终需求[9]。投入产出分析能够避免截断误差，并有助于区域水资源管理者跟踪整个经济部门的虚拟水流向。投入产出分析的结果可以反映虚拟水在各个行业的供应链中流动的部门间联系。然而，由于该方法考虑了该地区的整体经济活动，需要配合区域内部各行业间的相互作用来进行虚拟水计算。例如，在以农业为主的地区将该方法应用于虚拟水核算时，该方法通常缺乏足够的细节来描述农业部门不同作物类型的组成部分。

在某些发展中国家或地区进行投入产出分析的研究，由于数据限制，通常将林业、畜牧业、渔业和农业部门的各种作物生产归为一个部门。最近开发的一种混合方法将“自下而上”的卫星方法与更详细的农业部门表示法附加到“自上而下”的投入产出模型中。这种混合方法已在全球和欧盟范围内应用于虚拟水的研究[10]。然而，农业用水仍然是世界上大多数国家和地区的主要用水户，尤其是在中国。随着外贸进出口规模的不断扩大，流入虚拟水以流入产品的形式广泛参与了区域经济发展。因此，使用这种混合方法来分析一个地区的“实体水-虚拟水”关系需要考虑从其他地区流入的虚拟水。这一考虑对于以农业为主的经济欠发达地区的综合研究尤为重要，更符合虚拟水当前的战略布局和缺水国家或地区的实际经济发展需求[11]。

本文将投入产出分析和CropWAT模型相结合，为一个典型的农业主导型内陆干旱地区提出了“实体水（包括蓝水和绿水）和虚拟水”转移核算框架。本文研究区域为天山北坡经济带，包括昌吉、博州、伊犁、塔城、阿勒泰、石河子、乌鲁木齐、克拉玛依、吐鲁番和哈密10个行政区。根据会计核算框架计算了农业部门15个作物生产子部门的蓝水和绿水消耗量。针对各经济部门，分析了当地实体蓝水、绿水和流入虚拟水之间的转移和分配。通过产业联动指标对天山北坡经济带中具有蓄水发展潜力的行业进行了评估；进一步分析了虚拟水从研究区域大量流出的原因，探究了影响虚拟水从外部地区流入研究区域的因素。本文提出的框架可作为一种前瞻性分析工具，广泛适用于中国或国际内陆干旱地区，指导内陆干旱地区的水资源管理，为当地虚拟水战略的实施提供参考。

2　材料和方法

2.1　研究区概况

天山北坡经济带位于欧亚大陆腹地，总面积为60.26万km^2，属于典型的温带大陆干旱气候，年均降水量和蒸发量分别为150~200 mm和150~2 700 mm，年均温度为5~9 ℃。区域降水总量和水资源总量分别为1 210.3亿m^3和444.3亿m^3，其中地表水和地下水量分别为421.5亿m^3和230.6亿m^3，地下水与地表水不重复量为207.7亿m^3[12]。此外，2016年天山北坡经济带的总人口为1 241万人，社会经济年产值为900.35亿元。第三产业的产出最高（434亿元），而第二产业和第一产业的产出分别为379.39亿元和86.9亿元。进出口贸易总额为199.66亿元。天山北坡经济带与中国境内的内蒙古和甘肃以及蒙古、俄罗斯、哈萨克斯坦和吉尔吉斯斯坦接壤，有11个陆地边境口岸。

2.2　投入产出表编制

本文选择2016年作为基准年。由于中国的投入产出表每5年编制一次，本文采用双比例标度法（RAS）更新了新疆统计局编制的2012年新疆投入产出表。RAS法的特点是数据需求低，制表速度快，已被广泛用于各个国家和地区的投入产出表的汇编和更新。

2.3 本地实体水和虚拟水的区分

投入产出表中部门的分类标准用于将投入产出表的 42 个部门合并为 9 个部门[13]。据推测，在所有行业中，处于中间用途和最终需求的产品和服务的组成比例保持相对稳定。研究者认为，当地和外部部门生产的同类产品之间的质量差异并不显著。最后，假设本地部门生产或从外部流入的产品在中间用途和最终需求范围内的比例大致相等。

在上述假设下，通过以下步骤进一步规定了本地和流入产品：①计算各部门产品的最终需求和中间用途的比例，从而估计各种流入产品数量的比例，以估计流入产品的中间用途和最终需求。②从 2016 年投入产出表中所有经济部门的中间使用总量中减去流入产品的中间使用量，得出本地产品的中间用途。③从最终总需求中减去流入产品的最终需求，得到本地产品的最终要求。值得注意的是，在核算各部门的产出时，居民消费的流入产品应被排除在外，因为它们独立于当地部门的生产，而用于中间用途的流入产品被认为参与了整个经济生产过程，这些产品的价值被转移到当地部门的产出产品上。因此，部门分配的投入产出模型如下：

$$\boldsymbol{k} + \boldsymbol{h} + \boldsymbol{y} = (\boldsymbol{I} - \boldsymbol{A})^{-1}(f_1 + f_2 + e) \tag{1}$$

式中：$\boldsymbol{k}$ 和 $\boldsymbol{h}$ 分别为本地和流入产品在经济生产中的中间使用向量；$\boldsymbol{y}$ 为产品的最终需求向量，包括政府和居民支出（f_1）、资本形成（f_2）和出口（e）；（$\boldsymbol{I}-\boldsymbol{A}$）$^{-1}$ 是每个部门之间技术和经济关系的 Leontief 逆矩阵。

矩阵 $\boldsymbol{C}$ 通过式（2）进一步获得：

$$\boldsymbol{C} = \boldsymbol{k} + \boldsymbol{h} = [(\boldsymbol{I} - \boldsymbol{A})^{-1} - \boldsymbol{I}]\hat{\boldsymbol{y}} \tag{2}$$

在式（2）中，$\boldsymbol{C}$ 为经济部门对本地和流入产品的完整消费矩阵，$\hat{\boldsymbol{y}}$ 为 $\boldsymbol{y}$ 的对角矩阵。

基于上述假设，生产中本地产品（$\boldsymbol{C}^k$）和流入产品（$\boldsymbol{C}^h$）的完整消耗矩阵如下：

$$\boldsymbol{C}^k = \boldsymbol{C} - \boldsymbol{C}^h = \boldsymbol{C} - \hat{\boldsymbol{k}}(\hat{\boldsymbol{k}} + \hat{\boldsymbol{h}})^{-1}\boldsymbol{C} \tag{3}$$

式中：$\hat{\boldsymbol{k}}$ 和 $\hat{\boldsymbol{h}}$ 分别为本地产品和流入产品的总中间用途的对角矩阵，从生产的角度获得了各行业的虚拟水系数矩阵：

$$\boldsymbol{w}^t = \boldsymbol{w}^d(\boldsymbol{I} - \boldsymbol{A})^{-1} \tag{4}$$

式中：$\boldsymbol{w}^t$ 为完全用水量的系数矩阵；$\boldsymbol{w}^d$ 为直接用水的系数矩阵。

因此，经济生产中局部实体水的转移矩阵（$\boldsymbol{w}^k$）表示为

$$\boldsymbol{w}^k = \hat{\boldsymbol{w}}^d \cdot \boldsymbol{C}^k \tag{5}$$

替代法被广泛用于区域能源贸易的研究，用于计算非本地输入产品的虚拟水量。流入虚拟水（虚拟水）在经济生产中的转移矩阵（$\boldsymbol{w}^h$）表示为

$$\boldsymbol{w}^h = \hat{\boldsymbol{w}}^t \cdot \boldsymbol{C}^h \tag{6}$$

在投入产出分析中，得到了当地用水量和虚拟水在各行业之间的分布矩阵

$$\boldsymbol{V} = \hat{\boldsymbol{w}}^t(f_1 + f_2 + e) \tag{7}$$

2.4 本地农业实体水消耗

对于部门 i，生产中的直接用水量 w_i^d 可以表示为

$$w_i^d = \frac{w_{\text{blue}(i)}^d + w_{\text{green}(i)}^d}{x_i} \qquad i = 1,\ 2,\ \cdots,\ 9 \tag{8}$$

式中：$w_{\text{blue}(i)}^d$ 和 $w_{\text{green}(i)}^d$ 分别为第一部门生产中实体蓝水和实体绿水的直接消耗量；x_i 为第一部门的总产值。

以往的研究中未考虑第二产业和第三产业对绿水的直接消耗量。由于第一产业中畜牧业消耗的绿

水没有计量。假设只有天山北坡经济带农业部门的作物生长过程直接消耗了绿水，而没有考虑蓝水消耗对绿水消耗变化的影响。因此，本文采用联合国粮食及农业组织（FAO）开发的 CropWAT 模型，用于模拟天山北坡经济带中主要作物的有效降水量（ER）和灌溉需求（IR），之后进一步核算了农业部门对蓝绿实体水的消耗量：

$$w_{\text{blue}(i)}^{d} = \frac{\sum_{k}(\text{IR}_k \times h_k)}{\sum_{k} h_k} \times S_{\text{T}} \tag{9}$$

$$w_{\text{green}(i)}^{d} = \frac{\sum_{k}(\text{ER}_k \times h_k)}{\sum_{k} h_k} \times S_{\text{T}} \tag{10}$$

式中：IR_k、ER_k 和 h_k 分别为作物 k 的灌溉需求、有效降雨量和耕地面积；S_{T} 为研究区域的总耕地面积。

2.5 基于本地和流入产品的外部经济联系

根据上文提到的假设，通量系数 α_j 和驱动力系数 β_i 用于表示每个部门增加单位综合产品的最终需求和初始投资的程度，以及每个部门相对于整个区域经济的拉动和推动力量，所考虑的“综合产品”包括本地和流入产品。式（11）和式（12）描述了该方法：

$$\alpha_j = \frac{\sum_{i=1}^{n} \boldsymbol{l}_{ij}}{\frac{1}{n}\sum_{j=1}^{n}\sum_{i=1}^{n} \boldsymbol{l}_{ij}} \tag{11}$$

$$\beta_i = \frac{\sum_{i=1}^{n} \boldsymbol{g}_{ij}}{\frac{1}{n}\sum_{j=1}^{n}\sum_{i=1}^{n} \boldsymbol{g}_{ij}} \tag{12}$$

式中：l_{ij} 和 g_{ij} 分别为第 i 行和第 j 列的 Leontief 逆矩阵和 Ghosh 逆矩阵的系数；n 为部门数。

2.6 数据来源

用于更新 2016 年天山北坡经济带投入产出表的数据，包括总产值、最终消费、资本形成总额和进出口额，来自《新疆统计年鉴》（2016）和新疆地区或县的统计年鉴。第一产业林业、畜牧业和渔业的蓝水消费数据来自《新疆水利公报》（2017）。第二产业和第三产业的蓝水消耗数据是根据《新疆统计年鉴》（2016）中的“单位国内生产总值用水量”“单位增值用水量”和“工业用水定额”以及“主要产品产量”计算得出的。天山北坡经济带的农业部门分为 15 个子部门：（P1）水稻；（P2）小麦；（P3）玉米；（P4）大豆；（P5）棉花；（P6）石油厂；（P7）甜菜；（P8）蔬菜；（P9）甜瓜；（P10）马铃薯；（P11）苜蓿；（P12）葡萄；（P13）苹果；（P14）香梨；（P15）红枣。这 15 个部门占天山北坡经济带总耕地面积的 97.1%。计算了这 15 个子行业对蓝绿实体水的消费量，在此期间，作物生长参数来自联合国粮农组织的 crop 数据库。有效灌溉面积、作物产量和其他生产数据来源于《新疆统计年鉴》（2016 年）。从位于天山北坡经济带的 38 个气象站收集了降水量、日照时数和温度等气象数据。

3 研究结果

3.1 本地实体水和流入虚拟水的消耗

天山北坡经济带中实体水消耗总量为 230.6 亿 m^3（蓝水消耗量 199.7 亿 m^3，绿水消耗量：31.0 亿 m^3）（见表 1）。天山北坡经济带中的农业部门消耗了总实体水的 72.9%。农业子部门（P5）棉花对实体水的消耗比例最大，占实体水总量的 40.1%，其次是（P2）小麦和（P3）玉米，分别占实体水总额的 19.9%和 19.1%（见图 1）。在其他主要部门中，“畜牧业”和“林业”分别消耗了总实体水的 9.8%和 9.4%。天山北坡经济带中的第二和第三产业在实体水消费总量中所占比例很小，分别仅为 5.3%和 0.8%。各部门用于中间用途的流入虚拟水的消耗量远低于本地实体水的消耗量，尽管农业部门消耗了大部分流入虚拟水（主要是化肥、农药等农药投入），但仅占农业总用水量的 1.8%。此外，虚拟水分为直接虚拟水和间接虚拟水。农业部门直接消耗的虚拟水（92.8 亿 m^3）低于本地生产所消耗的本地实体水（168.2 亿 m^3），而其他部门则明显存在相反的模式。第一产业对流入虚拟水的需求（3.9 亿 m^3）高于间接虚拟水（1.9 亿 m^3），而第二和第三产业的需求则相反。因此，可以得出结论，第一产业对当地实体水的依赖程度远高于第二和第三产业，而第二和三产业倾向于依赖虚拟水的间接消费，而不是当地实体水。

表 1　天山北坡经济带本地实体水和流入虚拟水的消耗组成

产业部门	生产用水量/$10^9 m^3$				虚拟水量/$10^9 m^3$		
	本地蓝水	本地绿水	流入虚拟水	总量	直接水量	间接水量	总量
农业	13.72	3.10	0.30	17.12	9.28	0.11	9.39
林业	2.17	0.00	0.04	2.21	3.80	0.02	3.82
畜牧业	2.26	0.00	0.04	2.30	3.65	0.05	3.70
渔业	0.42	0.00	0.01	0.43	1.20	0.00	1.20
采掘业	0.28	0.00	0.02	0.30	0.36	0.03	0.39
制造业	0.19	0.00	0.15	0.34	1.37	0.24	1.61
电力产业	0.19	0.00	0.00	0.19	0.33	0.01	0.34
建筑业	0.55	0.00	0.15	0.70	2.32	0.16	2.48
服务业	0.18	0.00	0.09	0.27	0.75	0.18	0.93
合计	19.96	3.10	0.80	23.86	23.06	0.80	23.86

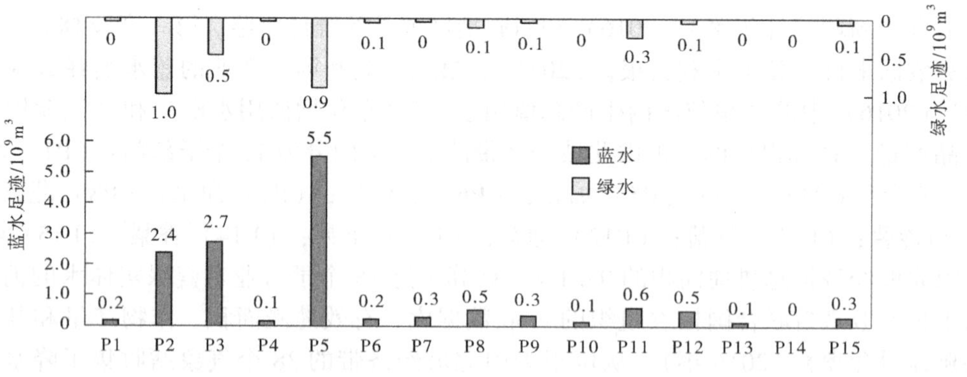

图 1　天山北坡经济带农业各部门当地实体水（蓝水和绿水）消耗量

3.2　本地蓝绿实体水和流入虚拟水的转移

根据研究结果可知，第一产业中蓝水成为本地实体水的主要来源，而第一产业蓝水的内部转移导致该行业的虚拟水量较高（如图 2 所示）。以农业部门为例，用于虚拟水内部转移的蓝水数量为 74.0 亿 m^3，占蓝水总消耗的 53.9%，而绿水的内部转移也占绿水总消耗的 50.0%以上。与农业部门相比，其他部门对当地蓝水的直接消耗要少得多；然而，这些部门能够从当地农业部门获得虚拟水。从其他部门转移到农业部门的蓝水仅占农业部门消耗实体水总量的 13%。相比之下，从农业部门转移到其他部门的蓝水数量占其他部门消耗的实体水总量的76%（林业）到629%（制造业）不等。结合前文中列出的15个农业子部门对实体水的消耗结果，（P5）棉花是实体水的中间使用量最大的子部门（蓝水：55.4亿m^3，绿水9.1亿m^3）。这一结果表明，棉花对其他行业的间接虚拟水贡献最大。第一产业部门从流入产品中获得的虚拟水较少，而其他行业从第一产业产品中对流入虚拟水的需求相对较大。通过流入建筑和制造产品的虚拟水在流入虚拟水总额中占很大比例。虚拟水从流入农业部门的产品主要转移到制造业、农业部门和畜牧业[15]。

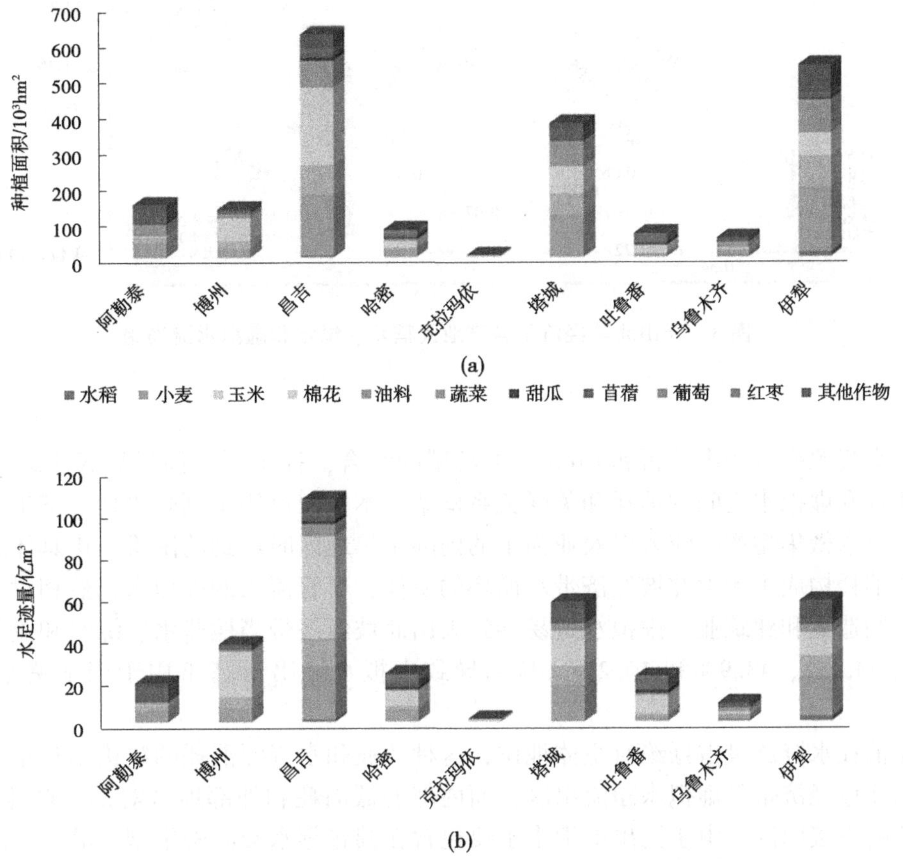

图2　天山北坡经济带各地区种植面积与生产用水量

通过比较本地实体水消耗和虚拟水转移的结果，发现农业部门是本地实体水最大的用户。建筑业获得的虚拟水数量最多，其次是畜牧业、林业、制造业和服务业。这些部门间接消费的虚拟水可能与当地的实体水和农业部门的流入虚拟水有关。畜牧业获得了第二高的虚拟水产量，可能是因为该行业消耗了大量的农业子行业生产，例如（P2）小麦和（P3）玉米。

3.3　虚拟水在各个部门的分配和交易

图3显示了天山北坡经济带和外部地区之间的部门间虚拟水分配和贸易。结果表明，虚拟水出口占天山北坡经济带虚拟水总产量的比例最大（43.9%），为104.7亿m^3，其次是当地资本形成和支出，分别为89.1亿m^3和44.9亿m^3。此外，当地居民对流入虚拟水的直接消费为14.7亿m^3，用于经济生产的8.1亿m^3，虚拟水直接消费主要集中在制造业、农业和建筑业，分别为6.6亿m^3、2.6亿m^3和2.1亿m^3。虚拟水在第二和第三产业用于当地资本形成的累计金额高于当地支出和出口，而虚拟水在第一产业出口的金额高于当地资本形成和支出。天山北坡经济带是虚拟水的净出口地区（8.20亿m^3），第一产业是虚拟水的净流出最大部门，为9.46亿m^3。相比之下，第二和第三产业是虚拟水的净流入部门，分别为11.4亿m^3和1.3亿m^3。当地蓝水和绿水以虚拟水形式的流出量分别为88.8亿m^3和13.6亿m^3。在当地经济生产消耗的蓝水和绿水中，分别有44.5%和43.9%转化为虚

拟水流出，其中虚拟水中的蓝水在农业部门的流出占蓝水总消费的 56. 2%。流入虚拟水在所有部门的再流出都不及流入虚拟水消费的 40%，从 13. 0%到 37. 5%不等。很明显，当地蓝绿水资源的很大一部分被用于天山北坡经济带的农产品流出。

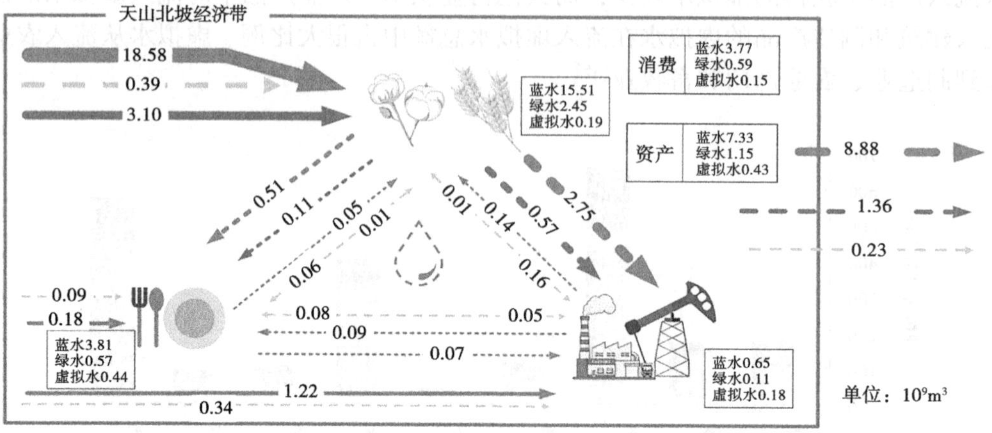

图 3 天山北坡经济带各产业间蓝水、绿水和虚拟水流通量

4 结语

本文基于水资源投入产出分析和 CropWAT 模型的结合，提出了全面核算天山北坡经济带经济生产中当地实体水和虚拟水之间的消耗和关联关系框架。本框架可用于刻画当地经济生产中实体水消耗的压力，以及将水密集型产品流入以农业为主的内陆干旱地区时遇到的困难。更具体地说，农业部门的本地实体水消耗构成了天山北坡经济带水循环的主体，尽管流入的虚拟水仍然相对较小，主要集中在农业部门、制造业和建筑业。虚拟水贸易导致天山北坡经济带当地蓝水、绿水和流入虚拟水分别向其他地区流出 44. 5%、43. 9%和 10. 2%，从而导致虚拟水流出量高于用于当地资本形成和消费的数量。

当地农业消耗水资源量占据绝对主体地位，这种产业和水资源消耗的结构不利于本地水资源的开发利用。天山北坡经济带是虚拟水净流出区，而内部的低消耗和外部地区对第一产业产品的高需求，是虚拟水外流的直接原因。由于流出虚拟水主要包含在棉花等水资源密集型产品中，这种虚拟水贸易模式在短期内会加剧水资源的压力，长期来看，也不利于当地的社会稳定和经济发展。尽管内陆干旱地区正在不断发展节水技术，但当地的水资源正变得越来越稀缺。经济部门联动分析的结果（如影响力和驱动力系数）可以与区域产业发展政策措施联系起来，这将有助于识别该地区具有节水和保水潜力的部门，从而为未来的产业结构调整提供一些可持续的解决方案。未来的研究可以将当前的框架扩展到多地区投入产出分析框架，以比较双边或多边贸易下本地区和非本地区的虚拟水流量，从而为现有的分析框架提供更系统、更全面的研究视角。

参考文献

[1] Hoekstra A Y，Mekonnen M M，Chapagain A K，et al. Global Monthly Water Scarcity：Blue Water Footprints versus Blue Water Availability［J］. Plos One，2012，7（2）：32688.

[2] Allan J A. Fortunately There Are Substitutes for Water：Otherwise Our Hydropolitical Futures Would be Impossible［J］. Water Resour. Alloc. Manage，1993，13：26.

[3] Zhang Z，Shi M，Yang H，et al. An Input-Output Analysis of Trends in Virtual Water Trade and the Impact on Water Resources and Uses in China［J］. Economic Systems Research，2011，23（4）：431-446.

[4] 吴普特，高学睿，赵西宁，等. 实体水-虚拟水“二维三元”耦合流动理论基本框架［J］. 农业工程学报，2016，

32（12）：1-10.

[5] Liu J，Wang Y，Yu Z，et al. A comprehensive analysis of blue water scarcity from the production，consumption，and water transfer perspectives［J］. Ecological Indicators，2017，72（1）：870-880.

[6] 臧传富，刘俊国．黑河流域蓝绿水在典型年份的时空差异特征［J］．北京林业大学学报，2013，35（3）：1-10.

[7] 王杰．基于水足迹与投入产出表模型视角下社会经济水循环通量研究［D］．石河子：石河子大学，2019.

[8] Haida C，Chapagain A K，Rauch W，et al. From water footprint to climate change adaptation：Capacity development with teenagers to save water［J］. Land Use Policy，2018，80：456-463.

[9] Zhao X，Liu J，Liu Q，et al. Physical and virtual water transfers for regional water stress alleviation in China［J］. Proceedings of the National Academy of Sciences of the United States of America，2015，112（4）：1031-1035.

[10] Wang R，Zimmerman J. Hybrid Analysis of Blue Water Consumption and Water Scarcity Implications at the Global，National，and Basin Levels in an Increasingly Globalized World［J］. Environmental Science & Technology，2016，50（10）：5143-5153.

[11] Tian A，Sarkis B，Geng Y，et al. Evolution of China's water footprint and virtual water trade：A global trade assessment［J］. Environment International，2018，121：178-188.

[12] 雷雨，苏守娟，龙爱华，等．新疆北部地区虚拟水流动研究［J］．水利水电技术，2019，50（12）：65-72.

[13] 刘卫东，刘红光，范晓梅，等．地区间贸易流量的产业-空间模型构建与应用［J］．地理学报，2012，67（2）：147-156.

[14] 黄登迎，杨红．新疆畜牧业发展用水研究：基于水足迹的视角［J］．节水灌溉，2018（4）：96-98，104.

淠河上游流域冠层截留特征影响分析

张 鑫[1] 李晨昊[1] 严 昇[1,2] 刘姗姗[1] 秦天玲[1] 宋一凡[1]

(1. 中国水利水电科学研究院，北京 100038；
2. 安徽水利水电职业技术学院水利工程学院，安徽合肥 231603)

摘 要： 冠层截留在水文过程中的作用至关重要，围绕其关键参数的观测与识别、冠层截留影响校核角度，依托霍山实验站室内实验数据和野外观测资料，系统识别冠层截留变化规律及影响差异，基于 Gash 修正模型模拟了冠层截留量，旨在探究不同林分条件下植被冠层对降雨的分配影响及其模型适用性，研究结果可为森林水文过程研究、水资源管理和生态修复等提供参考。

关键词： 穿透雨；树干茎流；冠层截留；Gash 修正模型

陆地水循环过程中，一部分降水经过入渗过程补给地下水，或形成地表径流；另一部分降水通过冠层截留蒸发、植物蒸腾、土壤蒸发和地表水蒸发等过程回到大气，其中还有较少部分的凝结水。其中，植被冠层对降雨过程影响较大，主要在近地面完成降雨的再分配，从而影响水分的时空分布过程。降雨通过植被冠层后再分配为冠层截留、穿透雨和树干茎流 3 部分[1-3]。其中，冠层截留是指降雨过程中部分雨水在下落过程中撞击植被冠层叶/枝/干等，在冠层向四周飞溅或附着在冠层表面，其中一部分滴落或顺着叶—枝—干到达地表，另一部分在植被叶片与枝干表面被拦截，并以冠层蒸发的形式最终返回大气，故实际过程中到达地表的水量小于总降雨量[4-7]。冠层截留作为土壤-植物-大气连续体的一个重要组成部分和水文循环中的关键环节，总体上起到坦化降雨过程的作用，因此具有调节气候、减弱侵蚀、削减洪峰、涵养水源等生态功能，研究其过程和时空变化的机理识别对研究植被的坡面生态水文功能、提升分布式水文模型精度具有重要意义[8-10]。

本文通过综合考虑不同尺度下的冠层截留特征，聚焦亚热带山丘区常见的竹林和乔木林类型植被，通过叶片和侧枝的截留实验测定以及整个冠层的监测，揭示不同尺度下的冠层截留特征，结合基于 Gash 修正的冠层模拟模型开展淠河上游流域不同林分物种条件下的适用性研究，可为区域水土保持研究、水文模型的精度提升及冠层模型流域扩展等方面提供关键参考。

1 实验场概况及其研究方法

1.1 实验场概况

霍山实验场位于淠河上游山区流域，该区域位于淮河流域南部，流域海拔 84～1 740 m，平均坡度为 17.13°[11-12]。流域内粗骨土面积占比最大，约占总面积的 41.45%，实验场地主要土壤类型与其保持一致，且考虑流域平均坡度变化，实验场坡度设置为 20°～30°。考虑流域内植被类型分布，实验场内主要包含栓皮栎、枫香、栗、杉木、毛竹等植被。进而在六安市霍山县单龙寺镇扫帚河村朱家畈分别选取乔木林与竹林作为实验场地，场地规格均为 21.4 m×4.6 m。与竹林场地相比，乔木林场地海拔较高，为 230 m；坡度较大，为 28°。乔木林场地优势树种主要为杉树、栓皮栎、漆树、枫香和

基金项目： 垄沟耕作对坡耕地土壤磷素迁移转化及作物生长的影响机理研究（52109043）；基于坡面单元产耗水特性的流域水系统调控（52130907）。

作者简介： 张鑫（1995—），男，主要从事水资源演变机理相关研究工作。

通信作者： 严昇（1990—），男，主要从事水资源演变机理相关研究工作。

泡桐，竹林场地树种较为单一，主要为毛竹。淠河上游流域高程变化情况及实验场位置见图 1。

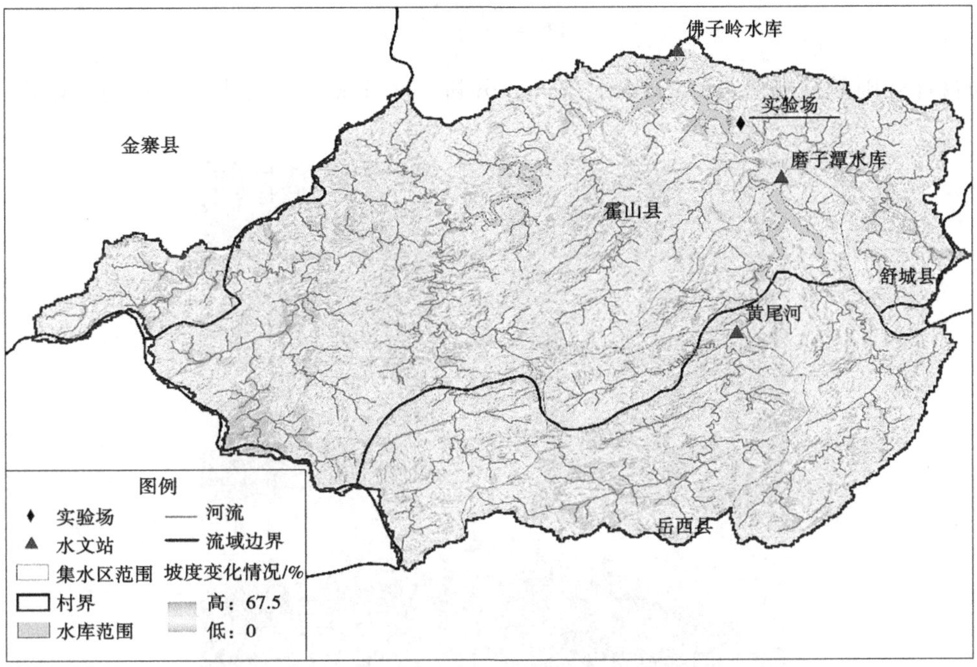

图 1　淠河上游流域高程变化情况及实验场位置

1.2　截留实验方法

1.2.1　叶片截留实验

叶片截留量通过以下公式计算：

$$W_y = W_h - W_q \tag{1}$$

式中：W_y 为叶片截留量，g；W_h 为浸泡后的叶片质量，g；W_q 为浸泡之前的叶片净质量，g。

1.2.2　枝叶截留实验

为了提高截留量测定的准确性，避免使用间接法可能带来的误差，故采用直接法来测量枝叶截留量。由于塑料桶和泥土在降雨过程中的总质量保持不变，因此降雨过程中电子秤读数的变化直接反映了树冠截留后的质量变化。枝叶截留量通过以下公式计算：

$$W_z = W_h - W_{tq} \tag{2}$$

式中：W_z 为枝叶截留量，g；W_h 为降雨过程中台秤显示的稳定质量，g；W_{tq} 为模拟降雨之前塑料桶、泥土、遮雨伞与枝叶的总质量，g。

1.2.3　冠层截留实验

冠层截留量为冠层顶部或周边区域总降雨量与穿透雨、树干茎流之差[13]。总降雨是指在降雨过程中植被冠层上方或冠层外空地的降雨。穿透雨指的是未接触冠层表面、直接通过冠层间隙到达地面的水分（自由穿透雨），或在冠层饱和后滴落到地面的水分（滴落穿透雨）[14]。而树干茎流指沿着植物茎干或树干流至根部的降雨[8]。穿透雨和树干茎流统称为净降雨[15]。受场地环境与称重条件限制，野外冠层截留实验采用直接测量法难度较大。因此，采用间接测量法进行测量，即利用水量平衡法，将降雨量与穿透冠层的雨量和树干茎流量之差作为冠层截留量，计算公式如下：

$$W_g = P - \mathrm{TF} - \mathrm{ST} \tag{3}$$

式中：W_g 为冠层截留量，mm；P 为林外降雨量，mm；TF 为穿透雨量，mm；ST 为树干茎流量，mm。

穿透雨量计算则分别在乔木林、竹林布设 U 形槽穿透雨收集装置（见图 2）。U 形槽的直径为 15 cm，长度为 1.95 m。将 3 个 U 形槽互成 120°夹角，保证一定的坡度，架设在自计式雨量筒上。U 形槽穿透雨收集装置的承雨面积（S_U）8 775 cm^2，自计式雨量筒的承雨面积（S_Y）为 314 cm^2，可以根据下式[16] 计算得到单位面积上的穿透雨量 TF（mm）：

$$TF = \frac{P_U \times S_Y}{S_U} \tag{4}$$

式中：P_U 为自计式雨量筒观测得到的数据，mm，分辨率为 1 h，因此计算得到的穿透雨量分辨率也为 1 h。

图 2　穿透雨收集装置

树干茎流量指降雨事件发生时，沿树木干茎向下流至地面的水流，可作为植被生长的重要水源[17]。在选取的样木树干表面用刀刮平，刮平位置为树干距离地面 1.3 m 高度处。剖开一定长度的橡胶管（内径 32 mm），将橡胶管剖开部分旋转缠绕树干一周，使其树干茎流顺畅下流（见图 3）。树干茎流量可以根据以下公式[18-19] 计算：

$$ST = \frac{1}{N} \times \sum_{i=1}^{N} ST_i \times \frac{S_M}{SC_i} \tag{5}$$

式中：ST 为树干茎流量，mm；N 为林木棵数；ST_i 为每次降雨后第 i 棵树的树干茎流量，mm；S_M 为雨量筒承雨面积，cm^2；SC_i 为第 i 棵树的冠层投影面积，cm^2。

树干茎流量的收集时间与穿透雨同步，为 1 h。

1.3　Gash 修正模型

1.3.1　穿透雨量、树干茎流量与林冠截留量关系

当大气降雨经过林冠层后，重要的水分过程进一步划分为林冠截留量（I_s）、穿透雨量（TF）、树干茎流量（SF）和总降雨量（P）等关键过程，林冠截留量、穿透雨量和树干茎流量关系可表示为

$$P = I_s + TF + SF \tag{6}$$

1.3.2　Gash 修正模型

本文选择 Gash 等（1995）改进后的模型，该模型具有较好的物理基础，是目前模拟林冠截留过程中表现较成功的模型之一[13]。Gash 修正模型主要将降雨事件描述成林冠加湿期、林冠饱和期与林冠干燥期 3 个彼此分离的过程，提出将林地划分为无植被覆盖区和有植被覆盖区 2 个部分，且假设无

图 3 树干茎流收集装置

植被覆盖区没有蒸发，同时假设每次降雨事件之前林冠为完全干燥状态[20-21]。Gash 修正模型计算林冠层截留量的公式为

$$\sum_{j=1}^{n+m} I_j = c\sum_{j=1}^{m} P_{Gj} + c\sum_{j=1}^{n} P'_G + \sum_{j=1}^{n}\left(\frac{c\overline{E}_{cj}}{\overline{R}_j}\right)(P_{Gj} - P'_G) + qcS_{tc} + cP_{tc}\sum_{j=1}^{n-q}(1 - \overline{E}_{cj}/\overline{R}_j)(P_{Gj} - P'_G) \tag{7}$$

式中：c 为林分郁闭度；n 为林冠达到饱和的降雨次数；m 为林冠未达到饱和的降雨次数；j 为降雨次数；P_G 为场降雨量，mm；$\overline{R}$ 为平均降雨雨强，mm/h； $\overline{E}_c$ 为单位覆盖面积下的林冠平均蒸发速率，mm/h，$\overline{E}_c = \overline{E}/c$；$q$ 为产生树干茎流的次数；S_t 为树干持水能力，mm；$S_{tc} = S_t/c$；P_t 为树干茎流系数，$P_{tc} = P_t/c$。

考虑到本实验场关注的是乔木等大型植被，简化式（7）：

$$\sum_{j=1}^{n+m} I_j = c\sum_{j=1}^{m} P_{Gj} + c\sum_{j=1}^{n} P'_G + \sum_{j=1}^{n}\left(\frac{\overline{E}}{\overline{R}_j}\right)(P_{Gj} - P'_G) \tag{8}$$

式中：P'_G 为使林冠层达到饱和状态所需的最小降雨量，mm，由下式计算可得：

$$P'_G = -(\overline{R}/\overline{E}_c)S_c\ln[1 - (\overline{E}_c/\overline{R})] \tag{9}$$

式中：S_c 为单位覆盖面积上林冠叶、枝的吸附截留能力，即 $S_c = S/c$，乔木林的 S 根据实验场观测结果拟合经验公式得到（$S_{乔木} = 0.688P - 1.43$），竹林的 S 根据拟合经验公式得到（$S_{竹林} = 0.567P + 0.78$）。

$\overline{E}$ 为饱和状态下林冠平均蒸发速率（mm/h），由 Penman-Monteith 公式得到：

$$\overline{E} = (\Delta R_n + \rho c_p D/r_a)(\Delta + \gamma)^{-1} \tag{10}$$

式中：Δ 为饱和水汽压梯度，hPa/℃，$\Delta = 40\ 980 \times 6.11 \times 10 \times \frac{7.5T}{T+237.7} / (237.7+T)$，$T$ 为温度，℃；R_n 为大气净辐射，W/m²；ρ 为空气密度，g/cm³；c_p 为常压下的空气比热值，值为 1.010 J/（g·℃）；D 为饱和水汽压差，hPa，$D = (1 - RH) \times 6.11 \times 10^{\frac{7.5T}{T+237.7}}$；RH 为相对空气湿度（%）；$r_a$ 为空气动力学阻力，m/s，$r_a = 1/0.056u$，u 为林分冠层上方 2 m 处的风速，m/s；γ 为干湿计常数，kPa/℃，值为 0.066 4 kPa/℃。

2 不同尺度冠层截留特征影响分析

2.1 叶片侧枝尺度截留特征

根据室内叶片截留实验测定了研究区各优势树种叶片、枝叶的单位面积最大截留量，实验结果如图 4 所示。在所有优势树种中，泡桐的叶片单位面积最大截留量较大，为 249.11 g/m²，而漆树的叶片单位面积最大截留量较小，为 165.12 g/m²。栓皮栎、枫香、毛竹和栗树的叶片单位面积截留量依次减小，为 184.78~212.59 g/m²。叶片表面性质对其单位面积最大截留量影响较大，泡桐、枫香的树叶较大，且无蜡质层，吸水性好，因此具有较大的叶片截留量，而栗树和漆树树叶有明显蜡质层，降低其吸水性能，导致叶片截留量较小。

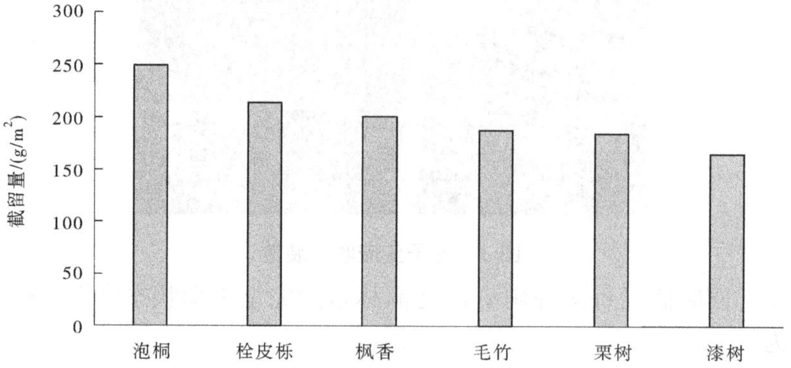

(a)

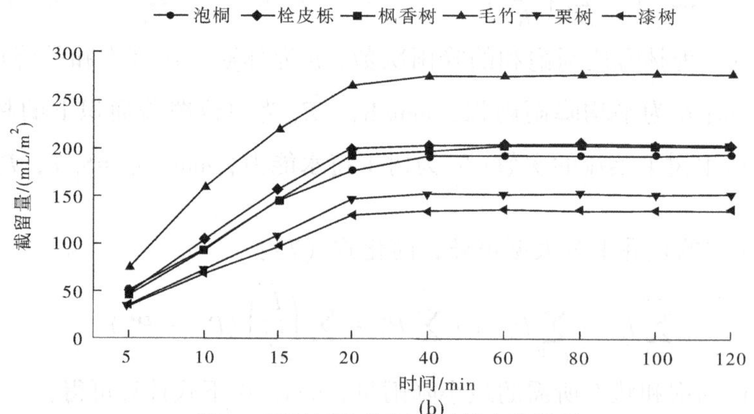

(b)

图 4 不同树种单位面积最大截留量

考虑所选植物种类生物量存在显著差异，因此在对比不同树木侧枝的截留量之前，首先将测得的截留数据根据各自植株的投影面积进行归一化处理。通过这种方式，可以更准确地评估和对比不同植物对水分的截留效率。实验结果显示，植被的截留过程可以分为 3 个阶段：在最初的 0~20 min 内，植被表现出快速的截留能力；随后的 20~80 min 内，截留速度明显减缓，进入缓慢截留期；而在 80~120 min 时，植被的截留量逐渐接近饱和状态。

各树种侧枝在单位面积下的最大截留量也有所不同。具体来说，毛竹展现出最强的截留能力，达到 277.7 mL/m²，其次是栓皮栎，其截留量为 203.3 mL/m²。枫香的截留量也相对较高，为 201.7 mL/m²。泡桐和栗树的截留量较低，分别为 193.4 mL/m² 和 151 mL/m²。而漆树的截留量最低，仅为 135.3 mL/m²。毛竹之所以具有最高的截留量，主要是因为其叶片密度远高于其他植物，同时叶面积指数也是最高的（LAI 为 4.88）。这意味着毛竹的叶片能够覆盖更大面积，从而截留更多的水分。至于泡桐、栓皮栎和枫香，尽管它们的截留量低于毛竹，但仍然高于栗树和漆树，这是由于它们叶片具有较强的持水能力。

2.2 冠层尺度截留特征

通过对 2021—2023 年生长季（4—10 月）林外雨量筒小时数据的综合分析，将降雨事件划分为 6 个等级，分别为≤5 mm、5~10 mm、10~15 mm、15~20 mm、20~25 mm 和>25 mm，得出了实验场不同降雨等级降雨事件的雨量占比和发生频率的详细情况，如图 5 所示。实验场在 2021 年、2022 年和 2023 年的生长季降雨量分别为 1 240.5 mm、395.3 mm 和 667.8 mm。值得注意的是，2023 年霍山县汛期降雨量为 658 mm，这一数据接近于往年平均水平，即 689 mm。小于或等于 5 mm 的降雨事件发生频率最高，平均为 50.1%；而大于 25 mm 的降雨事件虽然发生频率不是最高的，但其雨量占比却最大，平均为 56.2%。这表明该区域受到亚热带湿润季风气候的显著影响，汛期降雨事件不仅频发，而且强降雨占据了主导地位。

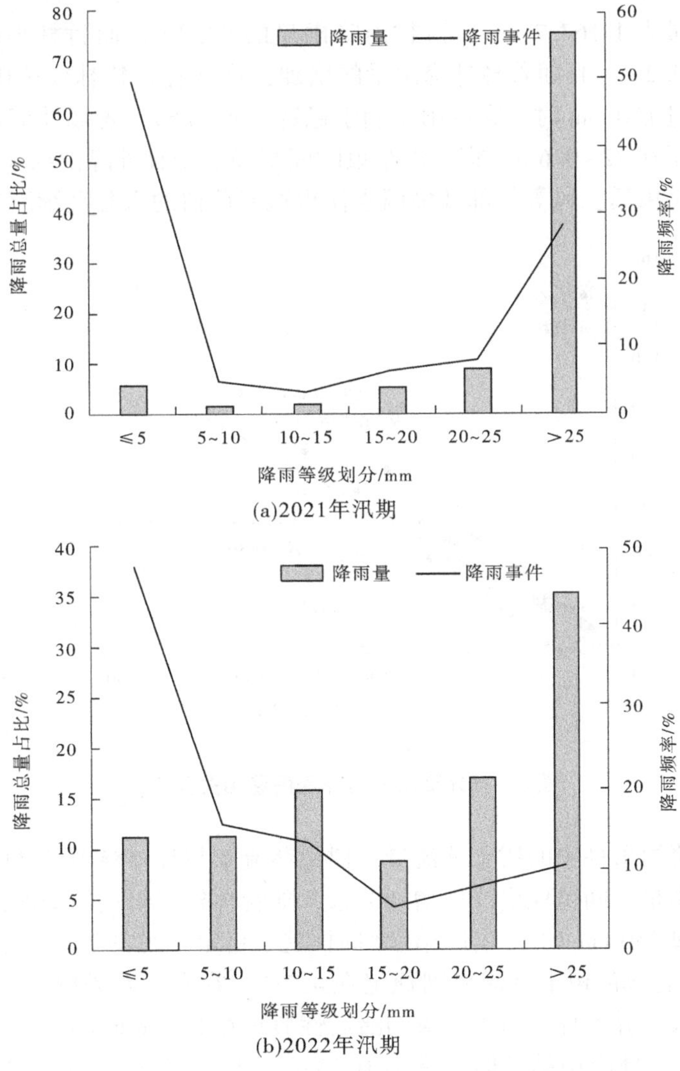

图 5　2021—2023 年不同降雨等级降雨量占比及降雨频率

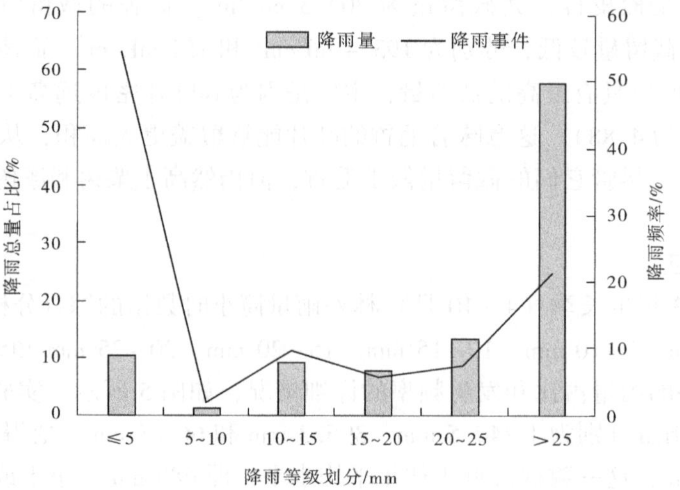

(c)2023年汛期

续图 5

乔木林平均穿透雨量为 1 167.7 mm，占林内降雨量的 64.9%；而竹林平均穿透雨量为 1 065.6 mm，占林外降雨量的 60.2%。且随着林外降雨量的增加，乔木林、竹林穿透雨量呈现出明显的线性增长。当林外降雨量超过 150 mm 时，穿透雨率趋于稳定（见图6），各场地穿透雨开始的时间相对于林外降雨开始时间滞后了 0.22~0.6 h。穿透雨结束时间则滞后于林外降雨结束时间 1.49~3.54 h，这种滞后可能与林外降雨结束后，风等外部环境因素使得冠层截留的水分继续滴落形成穿透雨有关。

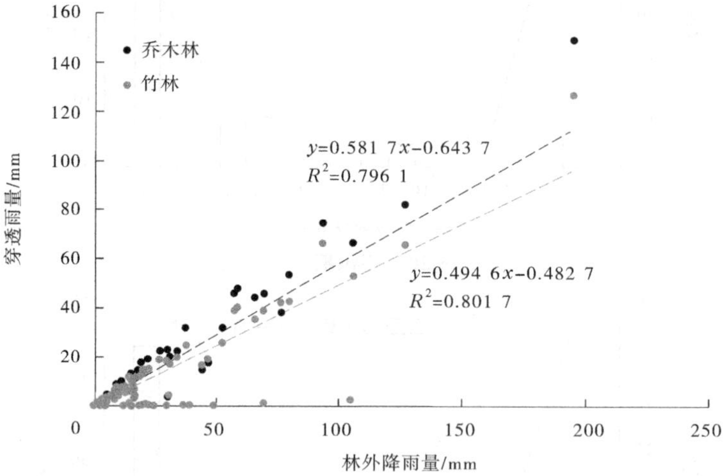

图 6　林外降雨量与穿透雨量相关关系

进一步研究了场次降雨事件中的树干茎流量、树干茎流率与林外降雨量之间的关系。乔木林、竹林树干茎流量与林外降雨量之间呈现出线性增加关系，随着林外降雨量的增加，树干茎流量也会相应增加，当林外降雨量超过 150 mm 时，树干茎流率同样趋于稳定（见图7）。具体来说，乔木林的树干茎流率稳定在 2.4%，而竹林的树干茎流率则稳定在 4.7%。在同一林外降雨量条件下，竹林的树干茎流量和树干茎流率均大于乔木林。树干茎流的滞后性表现在其开始时间比林外降雨开始时间滞后 2 h 以上，而结束时间则比林外降雨结束时间滞后 0.25~2.11 h。其中，乔木林的树干茎流量为 23.0 mm，占林外降雨量的 2.3%；竹林的树干茎流量为 95.5 mm，占林外降雨量的 5.4%。

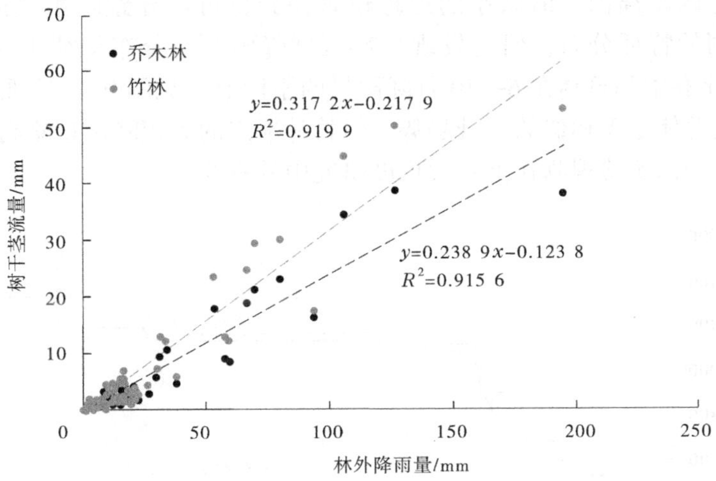

图 7　林外降雨量与树干茎流量相关关系

植被冠层截留量与降雨量呈现出较为显著的正相关线性关系，可能与其植被冠层郁闭度和叶面积指数有关。具体来说，对于乔木林和竹林，其截留量与降雨量的拟合 R^2 分别为 0.54 和 0.91，表明存在中等程度的相关性。在降雨过程中，乔木林的截留量在 0.11～10.13 mm，而竹林则在 0.52～16.84 mm。平均而言，乔木林的截留量为 3.34 mm，而竹林的截留量更高，为 5.10 mm。在降雨初期，截留率随降雨量的增加而显著减少，特别是在降雨量小于 5 mm 时，乔木林和竹林的截留率平均值分别为 41.94%和 67.21%，显示出较高的截留效率。然而，当降雨量超过 20 mm 后，乔木林和竹林的截留率平均值分别降至 18.66%和 28.14%。在大雨条件下，植被的截留效率降低。从变化范围来看，乔木林的截留率在 4.21%～55.51%波动，而竹林的截留率则在 8.41%～73.44%波动。平均而言，乔木林的截留率为 18%，竹林的截留率则为 33.14%。林外降雨量与冠层截留量相关关系见图 8。

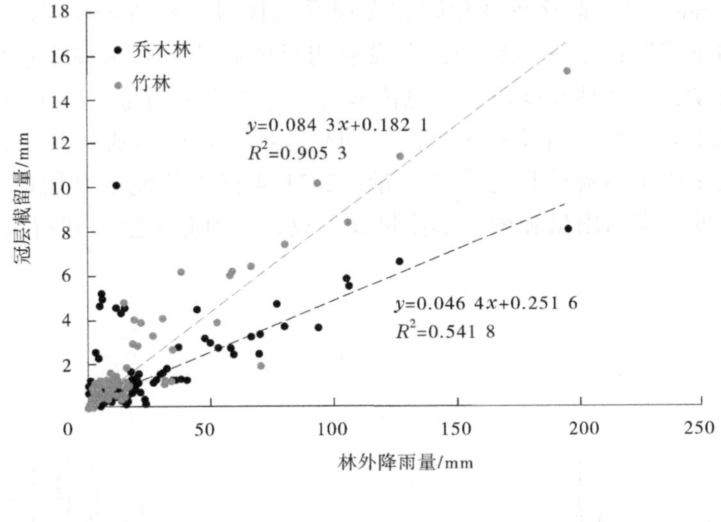

图 8　林外降雨量与冠层截留量相关关系

3　考虑 Gash 修正模型的冠层截留影响评估

3.1　降雨再分配特征

根据实验场地对乔木和竹林的长期观测，发现局部区域也存在明显的降雨时空差异。尽管竹林和乔木可能位于相对较近的距离内，但微小的地理位置差异也可能导致降雨量的不同。通过 2020—2021 年乔木和竹林降雨的特征分布，研究发现局部区域降雨时空分布特征主要发生在 2020 年。因此，进一步统计 2020 年乔木和竹林在 6—10 月降雨量的累计值（见图 9），发现在整个观测期间，乔木和竹林的累计降雨量总体呈现相似的上升趋势，但竹林地点的累积降雨量略高于乔木地点。小尺度差异性结果进一步印征局部实验观测在推荐大尺度研究中的重要性。

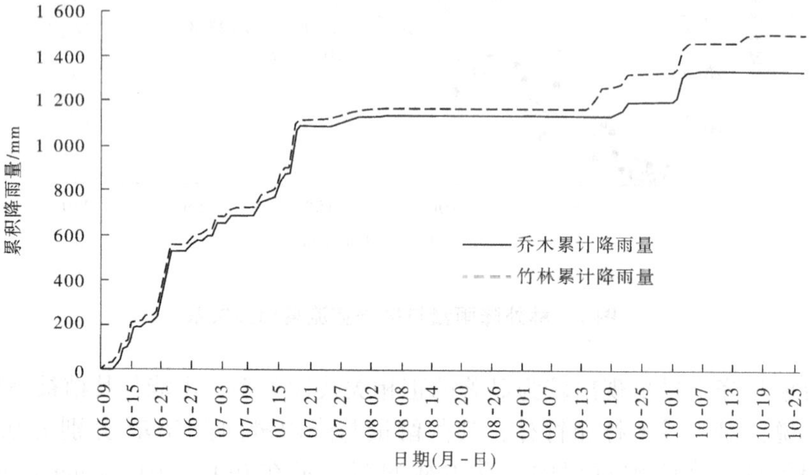

图 9　2020 年乔木和竹林累计降雨量分布特征

依据穿透雨量、树干茎流量和林冠截留量与降雨量之间的关系，研究把 2020—2021 年对乔木降雨量的观测数据分配给乔木林观测区域的穿透雨量、乔木树干茎的流量和乔木林冠的截留量（见图 10、表 1、图 11、表 2）。2020—2021 年乔木林的年平均冠层截留量为 0. 67 mm，最大值为 10. 1 mm；乔木林的年平均树干茎流量为 3. 78 mm，最大值为 96. 43 mm；乔木林的年平均穿透雨量为 4. 66 mm，最大值为 148. 94 mm。从时间序列变化研究发现乔木林冠层截留量在时间上显示出波动，但波动幅度较小；乔木林树干茎流量呈现出波动，但没有明显的趋势；乔木林穿透雨量与树干茎流量类似，在时间上显示出波动，但波动幅度较小。总体来说，乔木穿透雨量、树干茎流量和林冠截留量 3 个降雨量在时间上表现出波动性，但没有明显的长期趋势或周期性模式。其中，2020 年乔木林穿透雨量月均值最大，其次是树干茎流量和冠层截留量；2021 年树干茎流量月均最大，其次是穿透雨量和冠层截留量。结果表明，穿透雨量和树干茎流量波动较大，但乔木冠层截留量的值最小。

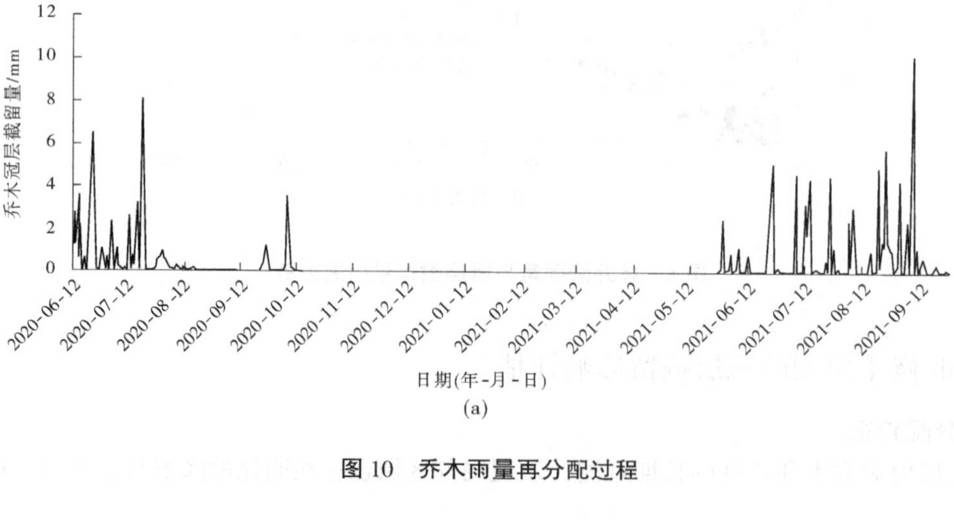

(a)

图 10　乔木雨量再分配过程

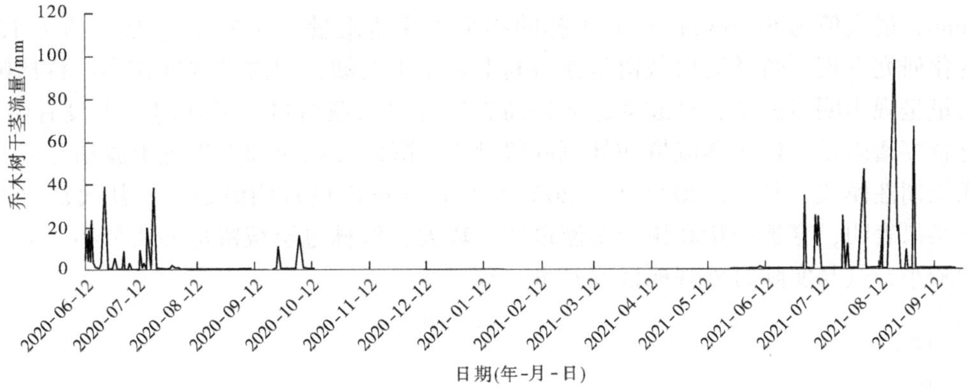

(b)

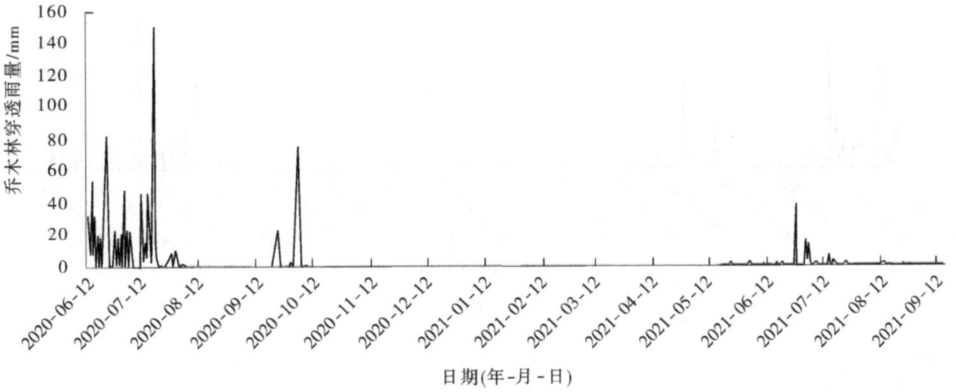

(c)

续图 10

表 1　不同月份下乔木林降雨分配 单位：mm

时间（年-月）	降雨量	穿透雨量	树干茎流量	冠层截留量
2020-06	594. 6	405. 03	161. 45	28. 12
2020-07	537. 6	403. 94	103. 85	29. 81
2020-08	4. 6	2. 69	0. 35	1. 57
2020-09	65. 2	49. 68	12. 69	2. 83
2020-10	133. 4	100. 68	26. 95	5. 77
2021-05	9	3. 29	0. 43	5. 28
2021-06	106	50. 25	37. 16	18. 59
2021-07	279. 8	57. 22	197. 60	24. 98
2021-08	382. 7	7. 98	336. 99	37. 73
2021-09	2	0. 20	0	1. 80

进一步确定 2020—2021 年竹林观测区域的穿透雨量、竹林树干茎流量和竹林冠层的截留量变化

情况。2020—2021 年竹林的年平均冠层截留量为 0.42 mm，最大值为 10.6 mm；竹林的年平均树干茎流量为 2.49 mm，最大值为 64.69 mm；乔木林的年平均穿透雨量为 5.8 mm，最大值为 124.41 mm。从时间序列变化研究发现，竹林冠层截留量在时间上显示出波动，但波动幅度较小；竹林树干茎流量和竹林穿透雨量呈现出明显波动，且波动趋势远高于竹林冠层截留量，但在时间上没有明显的趋势。总体来说，竹林穿透雨量、树干茎流量和林冠截留量 3 个降雨量在时间上表现出波动性，但没有明显的长期趋势或周期性模式。其中，2020 年和 2021 年竹林穿透雨量月均值最大，其次是树干茎流量和冠层截留量。结果表明，穿透雨量和树干茎流量波动较大，竹林冠层截留量的值最小，进一步说明植被的截留量均较小，这与实际野外观测情况基本一致。

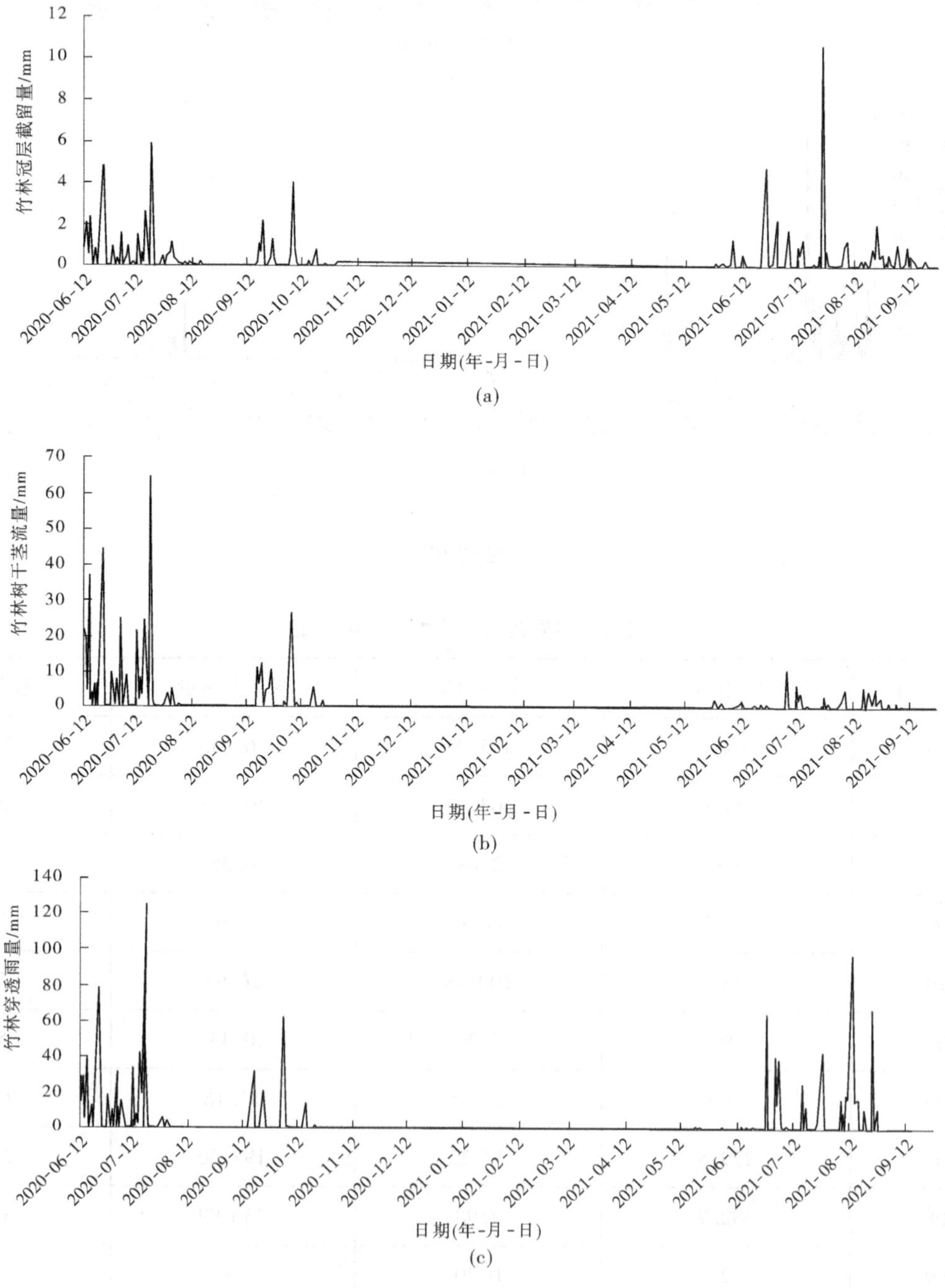

图 11　竹林雨量再分配过程

表 2　不同月份下竹林降雨分配　　单位：mm

时间（年-月）	降雨量	穿透雨量	树干茎流量	冠层截留量
2020-06	625.6	350.67	252.99	21.94
2020-07	537.6	319.56	194.87	23.17
2020-08	4.6	1.27	2.05	1.28
2020-09	160.6	97.23	57.02	6.35
2020-10	174.6	113.75	53.08	7.78
2021-05	9	1.23	5.96	1.80
2021-06	106	69.95	18.52	17.53
2021-07	279.8	226.62	35.21	17.97
2021-08	382.7	339.65	33.40	9.65
2021-09	2	0.60	0.10	1.30

3.2　Gash 修正模型结果

通过对比乔木冠层截留实测数据和 Gash 修正模型模拟数据，研究发现模拟的冠层截留数据基本大于实测的截留观测数据，以及从实测数据与模拟数据的差异性可以看出大部分差异值集中在 0 值附近，这表明模拟值与实测值存在一定的差异。同理，对比竹林冠层截留实测数据和 Gash 修正模型模拟数据，虽然个别模拟数据低于实测数据，但仍旧能看出模拟数据与实测数据存在一定的差异。因此，从实测值与模拟值的折线图中可以看出，两者在时间上的变化趋势也较为一致（见图 12）。

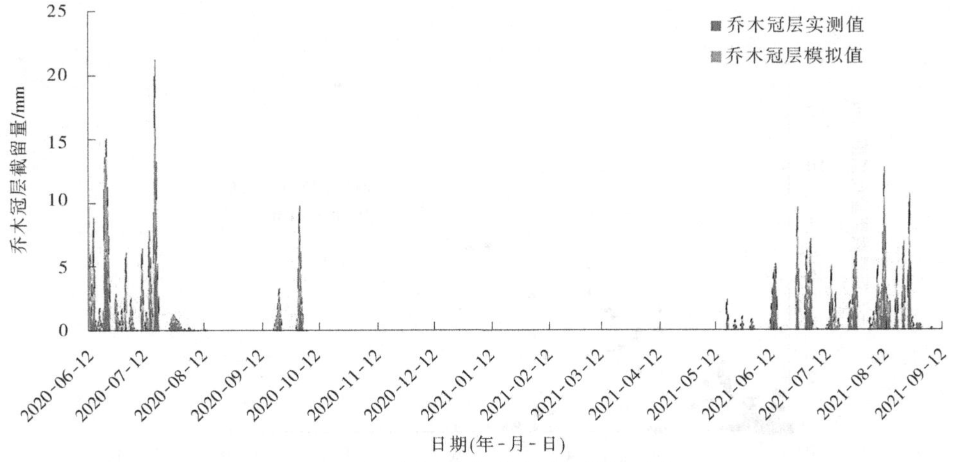

(a)乔木冠层截留量实测与模拟对比

图 12　冠层截流量实测与模拟值对比

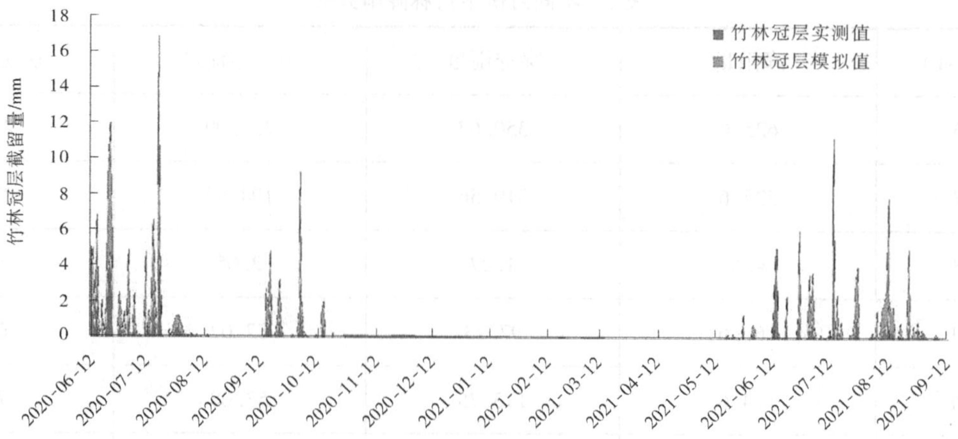

(b)竹林冠层截留量实测与模拟对比

续图 12

通过模型校验评估指标，研究发现 Gash 修正模型在模拟乔木和林木冠层截留量数据中表现较好。*R* 在乔木和竹林评估结果的表现分别为 0.73 和 0.64；Bias 在乔木和林木评估结果中的表现分别为 −0.09 mm 和 0.11 mm；RMSE 在乔木和竹林评估结果中的表现分别为 1.12 mm 和 1.02 mm；ubRMSE 在乔木和竹林评估结果中的表现分别为 1.12 mm 和 1.02 mm（见表 3）。散点图结果（见图 13）表明，模拟数据与实测数据之间存在中等程度的正相关关系。充分考虑 *R* 、Bias、RMSE、ubRMSE 和散点图分布的评估结果，一致认为 Gash 修正模型模拟效果是中等，模型能够捕捉到实测值的一些变化。

表 3　Gash 修正模型评估结果

类型	*R*	Bias/mm	RMSE/mm	ubRMSE/mm
乔木	0.73	−0.09	1.12	1.12
竹林	0.64	0.11	1.02	1.02

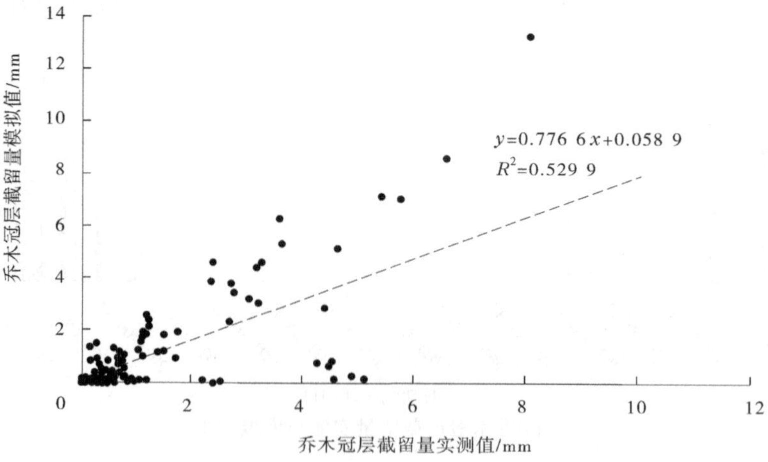

(a)

图 13　Gash 修正模型模拟结果

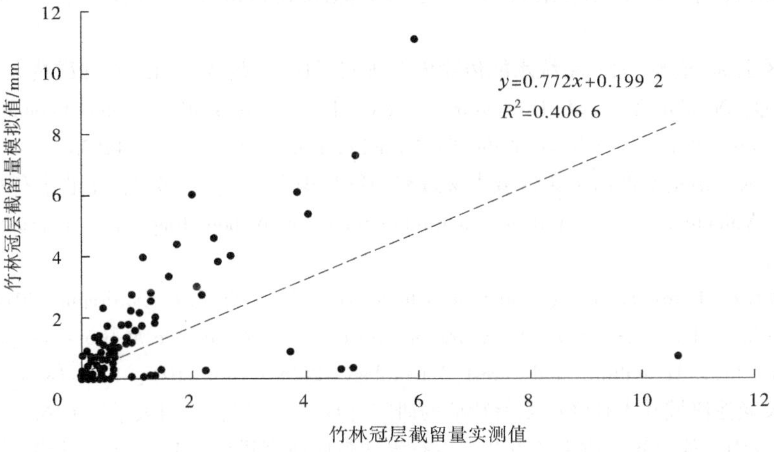

(b)

续图 13

4 结论

本文依托淠河流域霍山实验数据，通过室内实验和野外观测角度系统，识别了不同时空尺度下冠层截留的驱动机制及变化规律。研究区内乔木林和竹林观测区域的降雨特征总体相似，平均降雨量相近，但竹林地点的降雨总天数略高于乔木地点。降雨量增加导致植被截留量增加，乔木林和竹林的截留量与降雨量呈中等程度相关性，乔木林平均截留量为 3. 34 mm，截留率为 18%，而竹林分别为 5. 10 mm 和 33. 14%，且在大雨条件下截留效率降低。其中，穿透雨量和树干茎流量波动较大，而林冠截留量的值最小，植被冠层对降雨的截留作用相对较小，大部分降雨以穿透雨和树干茎流的形式进入土壤。Gash 修正模型模拟的乔木林和竹林冠层截留量与实测数据存在一定的差异，但总体上模拟效果较好。相关性系数结果表明实测值与模拟值之间存在中等程度的相关性，平均偏差（Bias）、均方根误差（RMSE）和无偏均方根误差（ubRMSE）结果接近 0 值。Gash 修正模型适用于本研究乔木和竹林的冠层截留量模拟，模拟效果中等，且能够捕捉到实测值的一些变化，但仍有改进空间。

参考文献

[1] Aboal J R, Saavedra S, Hernúndez-Moreno J M. Edaphic heterogeneity related to below-canopy water andsolute fluxes in a Canarian laurel forest [J] . Plant and soil, 2015, 387 (1-2): 177-188.

[2] Llorens P, Domingo F. Rainfall partitioning by vegetation under Mediterranean conditions. A review of studies in Europe [J] . Journal of hydrology (Amsterdam), 2007, 335 (1): 37-54.

[3] Zhang Y, Wang X, Hu R, et al. Rainfall partitioning into throughfall, stemflow and interception loss by two xerophytic shrubs within a rain-fed re-vegetated desert ecosystem, northwestern China [J] . Journal of Hydrology, 2015, 527: 1084-1095.

[4] Dunkerley D. Measuring interception loss and canopy storage in dryland vegetation: a brief review and evaluation of available research strategies [J] . Hydrological Processes, 2000 (14): 669-678.

[5] 柳逸月 . 黑河上游典型小流域植被降雨截留特征研究 [D] . 兰州：兰州大学，2013.

[6] 柳逸月，彭焕华，孟文平，等 . 不同放牧情景下黑河上游亚高山草甸人工降雨截留特征 [J] . 兰州大学学报（自然科学版），2013 (6): 799-806.

[7] 王爱娟，章文波 . 林冠截留降雨研究综述 [J] . 水土保持研究，2009, 16 (4): 55-59.

[8] Levia D F, Germer S. A review of stemflow generation dynamics and stemflow-environment interactions in forests and shrublands [J] . Reviews of geophysics, 2015, 53 (3): 673-714.

[9] 盛雪娇，王曙光，关德新，等．辽宁东部山区落叶松人工林林冠降雨截留观测及模拟［J］．应用生态学报，2010，21（12）：3021-3028.

[10] 卫三平．黄土丘陵区土壤-植被-大气系统水能传输模拟研究［D］．杨凌：西北农林科技大学，2008.

[11] Hanjiang N，Tianling Q，Denghua Y，et al. How do tree species characteristics affect bacterial community structure of subtropical natural mixed forests?［J］．Science of the Total Environment，2021，764：144633.

[12] 沈振乾．气候变化和人类活动对湑河上游流域水文过程的影响识别［D］．郑州：华北水利水电大学，2019.

[13] Muzylo A，Llorens P，Valente F，et al. A review of rainfall interception modelling［J］．Journal of Hydrology，2009，370（1-4）：191-206.

[14] Levia D F，Tanaka D E C. Forest Hydrology and Biogeochemistry［M］．Springer Dordrecht，2011.

[15] Tomo'Omi K，Makiko T，Takanori S，et al. Transpiration and canopy conductance at two slope positions in a Japanese cedar forest watershed［J］．Agricultural and Forest Meteorology，2008，148（10）：1444-1455.

[16] 高婵婵．黑河上游天老池流域乔木林降雨截留特征的研究［D］．兰州：兰州大学，2016.

[17] 杨志鹏，李小雁，伊万娟．荒漠灌木树干茎流及其生态水文效应研究进展［J］．中国沙漠，2010，30（2）：303-311.

[18] 何常清，薛建辉，吴永波，等．应用修正的 Gash 解析模型对岷江上游亚高山川滇高山栎林林冠截留的模拟［J］．生态学报，2010，30（5）：1125-1132.

[19] 何常清，薛建辉，吴永波，等．岷江上游亚高山川滇高山栎林的降雨再分配［J］．应用生态学报，2008，19（9）：1871-1876.

[20] Gash J H C，Lloyd C R，Lachaud G. Estimating sparse forest rainfall interception with an analytical model［J］．Journal of hydrology（Amsterdam），1995，170（1-4）：79-86.

[21] Limousin J，Rambal S，Ourcival J，et al. Modelling rainfall interception in a mediterranean Quercus ilex ecosystem：Lesson from a throughfall exclusion experiment［J］．Journal of Hydrology，2008，357（1-2）：57-66.

分散性黄土区筑坝设计——以甘肃省陇东某水库为例

许强强　王波雷　姜　龙　张文江　任　苇　顾嵋杰　马　超　周彦龙

（中国电建集团西北勘测设计研究院有限公司，陕西西安　710065）

摘　要：分散性黄土区筑坝是黄土高原地区水利工程建设的关键。通过对甘肃省陇东某水库设计进行研究，得出分散性黄土区筑坝需满足以下要求：①坝体应坐落在Q2离石黄土层上。②利用复合土工膜、改性土等完全将低溶盐水和分散性黏土隔离开来，避免分散性黏土遇水后失去强度，造成管涌和溃坝的风险。③设计合理、性能良好的反滤层是保证土石坝渗流安全的重要设施。④分散性黄土区落水洞的处理对坝体的稳定和水库的长久运行具有重要意义，应采取相应的工程措施，并对其加强监测。本文研究成果可对黄土高原地区水利工程建设提供理论技术支持。

关键词：土石坝；分散性土；反滤；防渗；落水洞

1　引言

分散性土，是指土中所含黏性土颗粒在水中散凝呈悬浮状，易被雨水或渗流冲蚀带走引起破坏的土。分散性土是一种特殊土。研究表明：在纯净水中黏土颗粒的黏团结构自行破坏，并分散成原级配的黏土颗粒，抵抗纯净水渗透破坏的能力很低，因而造成土体在雨水作用下产生严重冲蚀和渗透破坏[1]。根据《水利水电工程天然建筑材料勘察规程》（SL 251—2015），对分散性土可以用针孔法、孔隙水溶液法、碎块法及双比重计法进行判别，土体按分散性可分为分散性土、过渡性土及非分散性土3类[2]。

分散性黏土在水利工程中产生破坏，是20世纪50年代在澳大利亚首先发现的。美国也在20世纪60年代发现了分散性黏土对水利工程产生的破坏现象。我国黑龙江省20世纪70年代兴建北部引嫩、繁荣灌区等工程时，首先发现分散性土对工程产生严重破坏[3]。在以后的水利工程建设中，湖北、浙江、广西、辽宁、山东、河南、吉林、陕西等省（自治区）相继都发现利用分散性土筑坝会导致管涌、溃坝及其他病害的现象增多，因此筑坝土料的分散性逐步引起工程界的重视[4-5]。本文主要探究在分散性黄土区如何进行筑坝设计。

2　工程概况

庆阳某水库地处陇东黄土地区，拟建大坝为碾压式均质土坝，设计最大坝高49.5 m，最大坝长243 m，坝顶宽度8.0 m，坝底宽度298 m。水库正常高水位1 423.10 m，设计洪水位1 423.78 m，校核洪水位1 424.20 m。坝顶高程1 425.50 m，防护栏顶高程1 426.70 m，坝底高程1 376.00 m。坝体上游坝面设一级马道，马道宽3 m，第一级马道距坝顶25.5 m，上游坝坡为1∶3.0。下游坝面设一级马道，下游坝坡为1∶2.75。坝后设排水褥垫+排水棱体，排水棱体高5.0 m，坡比1∶2.0。坝体基础大部分坐落于离石黄土层。溢洪道布置在主坝左岸山体侧，全长300 m，分别由堰前引流段、溢

基金项目：中国电建集团西北勘测设计研究院有限公司重点科技项目（XBY-KJ-2024-92）。

作者简介：许强强（1996—），男，工程师，主要从事水利水电工程设计工作。

通信作者：王波雷（1982—），男，正高级工程师，水利所所长，主要从事水利水电工程设计工作。

流堰、堰后收缩段、泄槽及消力池组成。

3 地质概况

3.1 区域构造稳定性与地震动参数

工程区地处陇东黄土高原北部，地势西北高、东南低，海拔 1 200~2 000 m。区域大地构造属华北（中朝准地台）地台，鄂尔多斯地块（陕甘宁盆地）西缘，呈现出典型的黄土地形、地貌形态：沟壑纵横发育、梁峁规律分布、河谷平坦宽阔、水系纵横交叉、侵蚀与堆积相辅相成。主要地貌单元为黄土梁峁、黄土残塬和环江谷地等。

地震动峰值加速度 0.10g，地震动反映谱特征周期为 0.45 s。对应的地震基本烈度为Ⅶ度。判定工程场地为构造稳定性较好场地。

工程区内无活动性地震断裂带分布。

3.2 工程地质条件

该工程以均质土坝为推荐坝形。工程区地貌形态属于黄土梁峁区深切河谷，现状沟谷河道基本无水流，沟谷呈 V 形，沟底水流自南向北。地表沟梁相间，库区两岸坡表冲蚀现象显著，形成多条深切冲沟。坝址区整体较顺直，近南北走向，沟底作为区内最低侵蚀基准面，两岸支沟呈“树枝状”发育，支沟走向多与峁沟河道正交。

坝址区大都由第四系黄土覆盖，黄土下伏地层为白垩系下统环河华池组（K_1h）泥岩，零星出露于沟底局部，近水平状产出。由于地表出露泥岩风化严重，节理裂隙发育情况不甚明显，岩芯中偶见陡倾角节理发育，节理面平直，见钙膜。地表地质测绘未发现规模较大褶皱、断层通过。主要表现为黄土垂直节理，节理主要沿岸坡平行分布，节理面多垂直发育，可见延伸长度 3~10 m，冲沟中常形成岸坡陡坎，沿黄土节理卸荷变形易形成岸边裂缝。总体而言，场址区地质构造不发育，地质构造简单。

根据地质调查及钻孔勘探，坝基范围内发育第四系黄土及 N_2 三趾马红土，岸坡仅局部坡脚出露白垩系下统砂质泥岩。坝顶高程附近发育 Q_3 马兰黄土，坝基范围内 Q_3 黄土厚度 5~18 m，主要成分为粉土，坝址右岸 Q_3 马兰黄土同样具有强烈—中等湿陷性；其下为 Q_2 离石黄土，主要成分为粉质黏土，土体较密实，垂直节理发育，无湿陷性，坝基范围内 Q_2 离石黄土层厚 10.9~14.1 m；Q_2 离石黄土层以下为 Q_1 午城黄土，主要由黏性土组成，岩芯呈柱状，土质坚硬，坝基范围内层厚 4~6 m，Q_1 底部存在卵砾石层，层厚 0.5~3.0 m，为早更新世冲积物，卵石具磨圆，直径 1~3 cm，该层透水性强，为绕坝渗漏主要通道，向岸坡内部高程逐渐抬升；Q_1 黄土以下为 N_2 三趾马红土地层，坚硬，渗透性低，坝基范围内厚 6~8 m，其中三趾马红土底部含 1~2 m 厚的砂砾层，三趾马红土层向坝址区沟底方向与冲洪积层接触，为右岸坝基最下部地层。

4 筑坝材料

坝体填筑料主要来源为库区开挖的 Q_3 马兰黄土和 Q_2 离石黄土。开挖土料 Q_3 黏粒（粒径小于 0.005 mm）含量范围值 11.1%~30.4%，平均值 17.9%；Q_2 黏粒（粒径小于 0.005 mm）含量范围值 10.1%~34.4%，平均值 17.5%；Q_3 塑性指数范围值 8.2~10.5，Q_3 黄土塑性指数平均值 9.8；Q_2 塑性指数范围值 9.4~10.6，Q_2 黄土塑性指数平均值 10.2；击实后 Q_3 黄土渗透系数 4.02×10^{-7}~7.51×10^{-7} cm/s，均值 5.92×10^{-7} cm/s，击实后 Q_2 黄土渗透系数 2.55×10^{-7}~6.59×10^{-7} cm/s，均值 4.81×10^{-7} cm/s；Q_3 黄土最优含水率 16.2%~17.5%，平均值 16.7%；Q_2 黄土最优含水率 16.8%~18.1%，平均值 17.6%。

土料场力学性质、化学性质试验成果汇总见表 1。由表 1 可知，Q_3 马兰黄土分散性为分散和过渡，Q_2 离石黄土分散性为分散、过渡和非分散。筑坝材料 Q_3 马兰黄土和 Q_2 离石黄土都含有分散性，且工程区及周围没有可以利用的其他筑坝材料，需要采用工程措施来防止分散性土对坝体稳定和安全产生影响。

表 1　土料场力学性质、化学性质试验成果汇总

试验编号	地层	取样深度/m	分散性		击实性能		渗透系数	
							温度 20 ℃	
			分散度 D/%	分散性	最大干密度 ρ_{dmax}/(g/cm³)	最优含水率 ω_{op}/%	K_V/(cm/s)	K_H/(cm/s)
ZK202-1	Q_3	2.0	87.2	分散	1.74	16.2	6.23×10^{-7}	1.26×10^{-7}
ZK202-4		8.0	65.5	分散				
ZK202-7		14.0	83.7	分散				
ZK202-1-2		4.0	80.0	分散				
ZK202-1-8		16.0	85.1	分散				
ZK204-2		4.0	98.91	分散				
ZK204-5		10.0	32.6	过渡				
ZK204-8		16.0	39.9	过渡				
ZK204-11		22.0	47.7	过渡				
ZK202-8	Q_2	34.0	54.0	分散	1.73	16.8	2.55×10^{-7}	3.67×10^{-7}
ZK202-11		22.0	91.3	分散				
ZK202-14		28.0	59.3	分散				
ZK202-1-10		20.0	11.7	不分散				
ZK202-1-13		26.0	75.2	分散				
ZK202-1-16		32.0	73.6	分散				
ZK204-13		26.0	47.1	过渡				
ZK204-16		32.0	26.2	不分散				
ZK204-19		38.0	19.6	不分散				

5　关键技术设计

5.1　坝基防渗设计

坝基防渗一般有两种方案，一种是垂直防渗方案，一种是水平铺盖方案，本文对以上两个方案进行比选。

5.1.1　垂直防渗（帷幕灌浆）

坝基清除河床及坝肩上部覆盖层，将坝基置于岩石上，截渗槽位置清基至岩石的强风化下限上。全坝段基础均进行帷幕灌浆，两坝肩由于相对不透水层（1 Lu 线）与水库正常蓄水位在两岸相交位置较远，因此左、右坝肩伸入山体的灌浆范围按 1.0 倍的坝高控制，从左至右大坝帷幕灌浆范围总长度约 356 m，其中左坝肩 50 m、河床段 259 m、右坝肩 47 m。帷幕灌浆控制标准按深入 1 Lu 线以下 5 m 控制，同时将坝基及两岸的局部强透水带全部灌浆，帷幕灌浆采用双排布置，孔排间距均为 2.0 m，河床部位最大灌浆深度 25.0 m。河床及岸坡帷幕灌浆时，基础设置 1 m 厚度的 C20 混凝土盖重。

左、右坝肩设置灌浆平洞，城门洞形，净尺寸 2.5 m×3.0 m，顶拱角为 180°。灌浆平洞与基岩接触面处理：开挖后采用 I14 钢拱架支护，纵向间距 0.8 m，钢拱架之间采用Φ 22 钢筋连接，间距 1 m。顶拱及侧墙布置Φ 22 系统锚杆，间排距 1~1.5 m，长 2 m，底脚每侧布置 2 根Φ 22 锁脚锚杆，长 2.0 m，并与每榀钢拱架焊接。顶拱设置ϕ42 超前管棚支护，$L=3$ m，间距 300 mm，后进行喷锚支护。

灌浆孔应分为 3 序灌浆，灌浆时须按分序加密的原则进行，先灌Ⅰ序孔，然后再对Ⅱ序、Ⅲ序孔灌浆；帷幕灌浆设计孔深以岩石透水性（$q<1$ Lu）下 5.0 m 控制；帷幕灌浆采用分段灌浆，初灌压力为 0.3 MPa，浆液应由稀至浓逐级变换；帷幕灌浆施工必须严格按照《水工建筑物水泥灌浆施工技术规范》（PL/T 5148—2021）执行。

帷幕灌浆投资为 538.1 万元。

5.1.2 水平防渗（坝前水平铺盖）

经复核计算，坝体基础开挖及库区边坡防护土方开挖总量约 189 万 m^3，筑坝填筑方量 89 万 m^3，剩余 100 万 m^3 为开挖后未利用土方，由地勘资料可知，该工程左、右岸坝肩渗漏地层为砂砾石层，厚度不大，近水平状分布，向两岸逐渐延伸，略有起伏，考虑到水库渗漏影响，在库区范围内将多余开挖料 100 万 m^3 平摊回填在库区范围内，回填控制顶高程为 1 401.00 m，其中桩号坝纵 0-080.0~坝纵 0-400.0 采用与坝体相同碾压指标进行填筑，填筑方量为 11.75 万 m^3。

坝前水平铺盖投资为 575 万元。

5.1.3 综合比选

通过比较，垂直防渗方案投资较低，但考虑到其施工工艺复杂，且项目区坝基的砂砾石渗漏层近水平状分布，帷幕灌浆向两岸延伸长度有限，防渗效果不及坝体水平铺盖防渗，因此本次设计采用坝体水平铺盖方案。

5.2 坝体防渗设计

土坝利用分散性土作为防渗体时，经过必要的防治处理措施后，坝体才可以正常运行（见图 1）。针对分散性土坝的破坏原因及破坏形式，为保证大坝安全，可采用以下措施[6-8]：

（1）分隔土体。可采用土工膜等防渗隔水材料，或者非分散性黏土及改性分散性黏土，将低溶盐水和分散性黏土隔离开来。该工程中，迎水面从上至下依次为 0.2 m 厚钢筋混凝土面板、复合土工膜、1 m 厚的改性土（掺 1%石灰），复合土工膜伸入坝基并与基岩锚固在一起，利用复合土工膜和改性土完全将低溶盐水和分散性黏土隔离开来。

（2）改变黏土性质。是指把分散性黏土通过外加物质改变成非分散性黏土，或完全用非分散性黏土替换，可根据分散性原理进行改性。国内外对于分散性土改性，有很多较为有效的方式，均有成功的先例。

（3）加强反滤排水措施。设置适当级配的砂反滤层，用以截留坝体中的细颗粒，保证不流出坝体，减少流土和管涌风险。当出现管涌时，具体措施有设置反滤围井、反滤层压盖、透水压渗平台、蓄水反压方式。该工程在坝后坡设置了 3 层反滤，第一层为粗砂，第二层为砾石，第三层为排水棱体，排水棱体伸入坝体 50 m 作为褥垫排水。

（4）利用土工织物防止分散性黏土的冲蚀破坏[9]。工程实践证明，土工织物用于分散土坡的反滤护坡是行之有效的。该工程在坝后坡布置了反滤土工布，能进一步防止管涌等现象的发生。

5.3 反滤设计

土石坝反滤层的功能是滤土排水，要求反滤层既能防止坝体或坝基的被保护土随渗流水析出，又能保证渗流水顺畅排出，使坝体、坝基内的渗流水能量得以释放，达到排水减压效果，保证土石坝的渗流安全。

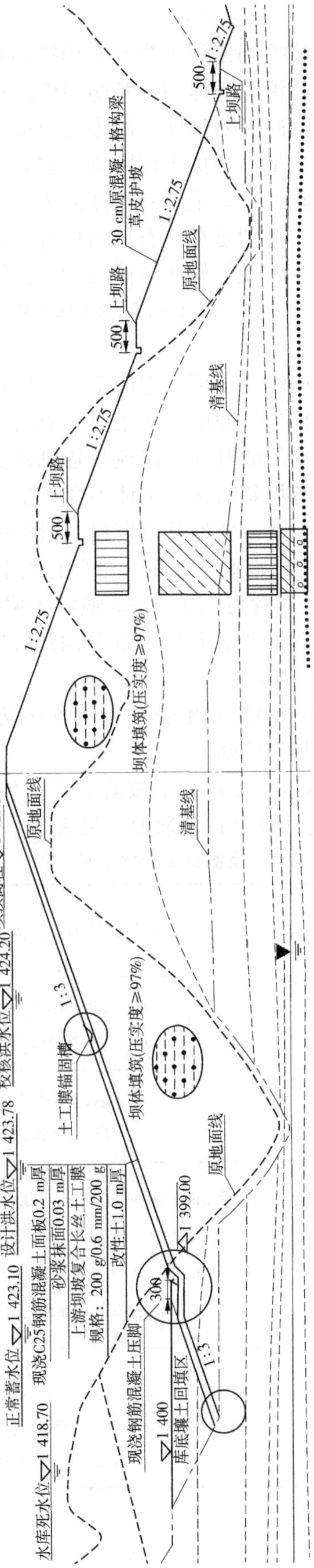
水库死水位 ▽1 418.70
正常蓄水位 ▽1 423.10
设计洪水位 ▽1 423.78
校核洪水位 ▽1 424.20
坝顶高程 ▽1 425.50
防护栏顶高程 ▽1 426.70
现浇C25钢筋混凝土面板0.2 m厚
砂浆抹面0.03 m厚
上游坝坡复合长丝土工膜
规格：200 g/0.6 mm/200 g
改性土1.0 m厚
现浇钢筋混凝土压脚
库底壤土回填区
▽1 400
▽1 399.00
300
1:3
1:3
土工膜锚固槽
坝体填筑(压实度≥97%)
坝体填筑(压实度≥97%)
原地面线
原地面线
原地面线
清基线
清基线
800
1:2.75
1:2.75
1:2.75
1:2.75
500
500
500
上坝路
上坝路
上坝路
30 cm厚混凝土格构梁
草皮护坡

图1　坝体防渗设计

5.3.1 反滤设计原理及方法

众所周知，土石坝坝体、坝基的渗流控制设计理念与工程措施是“上堵下排”，即采用上游防渗与下游排渗相结合的工程设施进行综合防治。坝体与坝基防渗体的功能，一是延长渗径，减小渗流流速和渗流压力，承担较高的渗流水头，削减过防渗体后的渗流位势，防止坝体、坝基产生危害工程安全运行的渗流冲蚀破坏。二是拦截渗流水量，避免出现影响工程效益正常发挥的渗漏量损失。但众多土石坝防渗工程实践表明，仅靠防渗措施以求完全截断坝体渗流，保障土石坝渗流安全，往往是不可能的，也是不经济的，甚至是不科学的。特别是在土石坝两坝端与岸坡接触部位、坝体与其他穿坝建筑物连接部位，防渗体的连续性往往难以实现，使防渗体的封闭整体性遭受破坏，而上述坝体防渗结构薄弱部位将成为潜在的渗流通道[10]。因此，在土石坝采取防渗措施的同时，应设置坝体排水体，保护渗流出口。

在均质土石坝坝后设置反滤层是保护均质土坝稳定的重要工程技术措施。反滤层中，反滤层 1 的保护土料为黄土，而反滤层 2 的保护土料为反滤层 1 的土料，依次类推。反滤层设计应考虑滤土和排水的要求；稳定渗流工况下，随着上游水位的升高，渗流量逐渐增大；通过反滤层和排水体的设置，有效降低了坝体浸润线，渗透水均从下游坝基出逸，坝体不会产生渗透破坏。

反滤层设计中，被保护土料颗粒级配是重要的基础资料，通常按以下方法取用确定：对最大粒径小于 5 mm 的被保护土，取用被保护土的原始颗粒级配；对含有大于 5 mm 颗粒的连续级配被保护土，宜取粒径小于或等于 5 mm 的颗粒级配；对含有大于 5 mm 颗粒的被保护土，若小于或等于 5 mm 部分颗粒级配为不连续级配，宜选取“台阶”起点粒径以下部分的颗粒级配。

5.3.2 反滤料特征粒径计算与级配包线设计

《碾压式土石坝设计规范》（SL 274—2020）推荐采用谢拉德反滤设计准则，给出了依据被保护土颗粒级配初步拟定反滤料级配包线的基本原则。

《碾压式土石坝设计规范》（SL 274—2020）分别按滤土要求与排水要求，给出反滤料下包线特征粒径 D_{15max} 与上包线特征粒径 D_{15min} 的计算公式及取值，见表 2。

表 2 反滤计算公式汇总

反滤层设计要求	被保护土分类	粒径小于 0.075 mm 颗粒含量/%	特征粒径 D_{15min}、D_{15max} 的计算公式及取值
滤土要求	第 1 类土	>85	$D_{15max} \leqslant 9d_{85} \leqslant 0.2$ mm（非分散性土） $D_{15max} \leqslant 6.5d_{85} \leqslant 0.2$ mm（分散性土）
	第 2 类土	40~85	$D_{15max} \leqslant 0.7$ mm（非分散性土） $D_{15max} \leqslant 0.5$ mm（分散性土）
	第 3 类土	15~39	$D_{15max} \leqslant 0.7\ \text{mm} + (40-A)(4d_{85}-0.7\ \text{mm})/25$（非分散性土，$4d_{85} \geqslant 0.7$ mm） $D_{15max} \leqslant 0.7$ mm（分散性土，$4d_{85} \geqslant 0.7$ mm） $D_{15max} \leqslant 0.5\ \text{mm} + (40-A)(4d_{85}-0.5\ \text{mm})/25$（非分散性土，$4d_{85} \geqslant 0.5$ mm） $D_{15max} \leqslant 0.5$ mm（分散性土，$4d_{85} \geqslant 0.5$ mm）
	第 4 类土	<15	$D_{15max} \leqslant 4d_{85}$
排水要求	—	—	$D_{15min} \geqslant 5d_{15Q}$（$5d_{15Q} \geqslant 0.1$ mm） $D_{15min} = 0.1$ mm（$5d_{15Q} \leqslant 0.1$ mm）

注：表中 A 为小于 0.075 mm 的颗粒含量（%）。

据表 2 计算确定的特征粒径 D_{15max} 和 D_{15min}，可初步拟定反滤层下包线与上包线之间的带宽：

$$\alpha = D_{15max}/D_{15min} \tag{1}$$

式中：D_{15} 为反滤料的粒径，小于该粒径的土重占总土重的 15%，D_{15max} 为其最大值，D_{15min} 为其最小值；α 为带宽。

为避免反滤料出现间断级配，《碾压式土石坝设计规范》（SL 274—2020）明确规定，反滤料颗粒级配带宽按上、下包线相同粒径的含量百分数差值不宜大于 35%校验。

众所周知，绘制一条曲线至少需要 3 个点，确定反滤料上、下包线也是如此。给出的包线上特征粒径点愈多，点绘的包线愈精确。反滤料颗粒级配包线特征粒径取值，除应满足表 2 给出的滤土排水要求外，还应符合以下定量与定性规定：反滤料应不具黏性，不出现裂缝；反滤料应防止分离，防止分离的特征粒径适配关系见表 3；反滤料应为连续级配，不均匀系数 $C_u \leqslant 6$，以满足铺筑压实标准要求；反滤料在坝体内传递应力，其强度应坚硬致密，具抗水抗风化性能；反滤料应使裂缝防渗体中细粒土不沿裂缝随渗流水流失，并能逐渐淤塞裂缝。

表 3　防止分离的下包线 D_{90max} 和上包线 D_{10min} 粒径关系

被保护土类别	D_{10min}/mm	D_{90max}/mm
所有类别	<0. 5	20
	0. 5~1. 0	25
	1. 0~2. 0	30
	2. 0~5. 0	40
	5. 0~10	50
	>10	60

于是，据反滤料不具黏性，可得反滤层上包线特征粒径 $D_{5min} \leqslant 0.075$ mm。进而，据带宽 α 可推求得下包线特征粒径 $D_{5max} = \alpha D_{5min}$。

根据防止反滤层分离准则，对黏土类被保护土，有 $D_{10min} \leqslant 0.5$ mm，由表 3 可查得 $D_{90max} \leqslant 20$ mm。根据《碾压式土石坝设计规范》（SL 274—2020）有关条款的规定，下包线最大粒径 $D_{100max} \leqslant 50$ mm。

另外，反滤料为连续级配，可由 D_{15max} 线性外推，求算特征粒径 D_{10max}。为此，令 $\beta = D_{15max}/D_{10max} = 15\%/10\% = 1.5$，从而 $D_{10max} = D_{15max}/1.5$。另据有关学者研究，$\beta = 1.2 \sim 1.5$。

求算出下包线特征粒径 D_{10max} 后，则由反滤料不均匀系数 $C_u = D_{60}/D_{10} \leqslant 6$，可得特征粒径 $D_{60max} \leqslant 6D_{10max}$。

此外，依据以上求算的反滤料下包线特征粒径 D_{10max}、D_{60max}、D_{90max} 与上包线特征值 D_{5min}，按初步计算拟定的上、下包线带宽 α，便可推求得：

$$D_{10min} = D_{10max}/\alpha \tag{2}$$

式中：D_{10} 为反滤料的粒径，小于该粒径的土重占总土重的 10%，D_{10max} 为其最大值，D_{10min} 为其最小值；α 为带宽。

$$D_{60min} = D_{60max}/\alpha \tag{3}$$

式中：D_{60} 为反滤料的粒径，小于该粒径的土重占总土重的 60%，D_{60max} 为其最大值，D_{60min} 为其最小值。

$$D_{90min} = D_{90max}/\alpha \tag{4}$$

式中：D_{90} 为反滤料的粒径，小于该粒径的土重占总土重的 90%，D_{90max} 为其最大值，D_{90min} 为其最小值。

$$D_{5\max} = \alpha D_{5\min} \tag{5}$$

式中：D_5 为反滤料的粒径，小于该粒径的土重占总土重的 5%，$D_{5\max}$ 为其最大值，$D_{5\min}$ 为其最小值。

综上所述，据所得反滤料下包线特征粒径 $D_{5\max}$、$D_{10\max}$、$D_{15\max}$、$D_{60\max}$、$D_{90\max}$ 和反滤料上包线特征粒径 $D_{5\min}$、$D_{10\min}$、$D_{15\min}$、$D_{60\min}$、$D_{90\min}$，可分别点绘出反滤层的下包线和上包线，并将其顺延至 $D_{100\max}$、$D_{100\min}$，便得反滤料下包线和上包线的雏形。

为使所推求绘制的反滤料上、下包线及拟定的设计级配曲线更合理，尚需按以下设计要求对其做进一步定形修正、校验、调整。

首先，为防止反滤料级配范围较宽，出现间断级配的反滤料，应按相同粒径的含量百分数差值不宜大于 35%的原则，对基本确定的反滤层上、下包线雏形的带宽进行修正。其次，应据具体工程反滤层设计的功能侧重，对反滤料设计级配曲线做进一步适配调整。如以滤土为主，则先确定下包线，按反滤料级配曲线更接近上包线特征粒径 $D_{15\min}$ 进行拟合；如以排水为主，则先确定上包线，按反滤料级配曲线更接近下包线特征粒径 $D_{15\max}$ 进行拟合。黄土填筑区颗粒级配曲线见图 2。

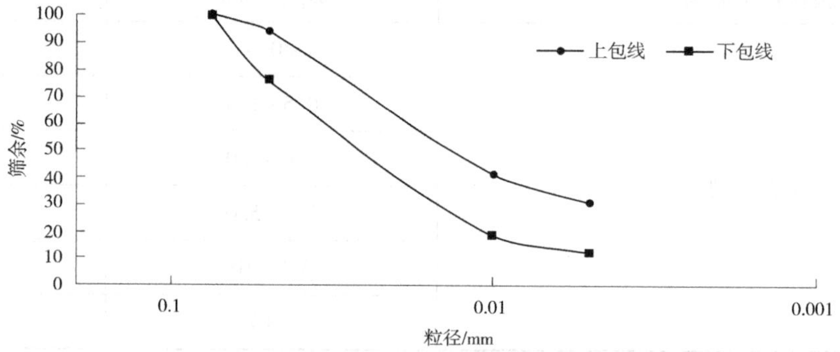

图 2　黄土填筑区颗粒级配曲线

选择第二、三层反滤层时，可分别以第一、二层反滤层原始级配作为被保护土。计算得到的三层反滤层见图 3~图 5。

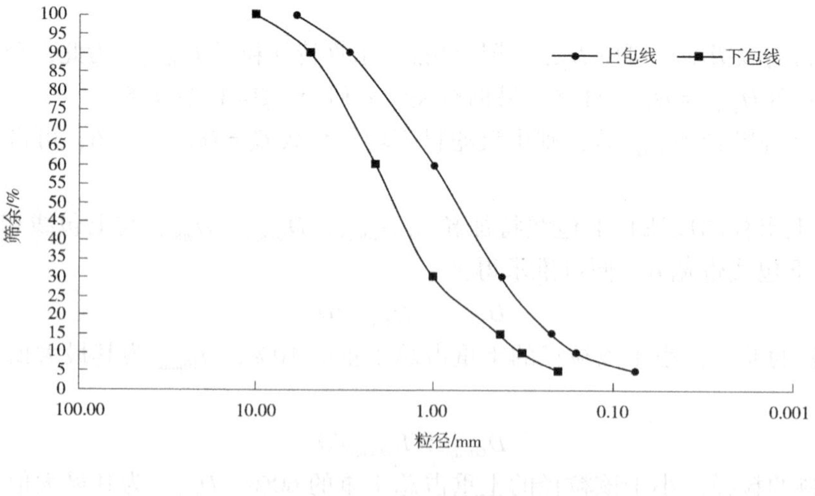

图 3　反滤料中粗砂颗粒级配曲线

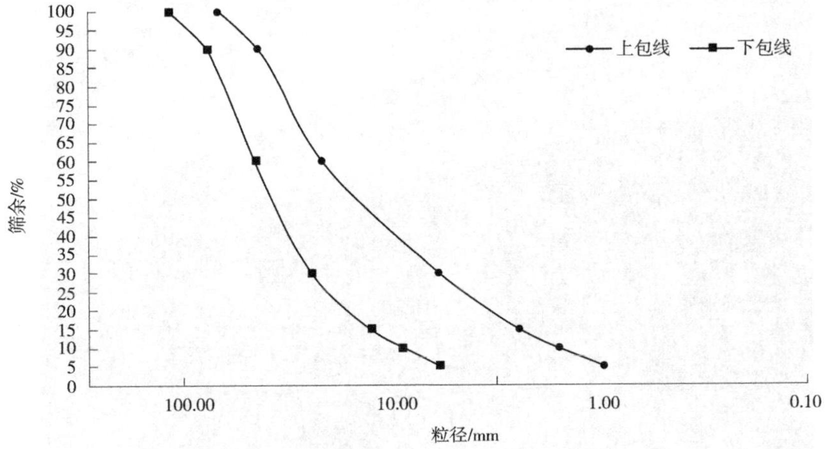

图 4　反滤料砾石颗粒级配曲线

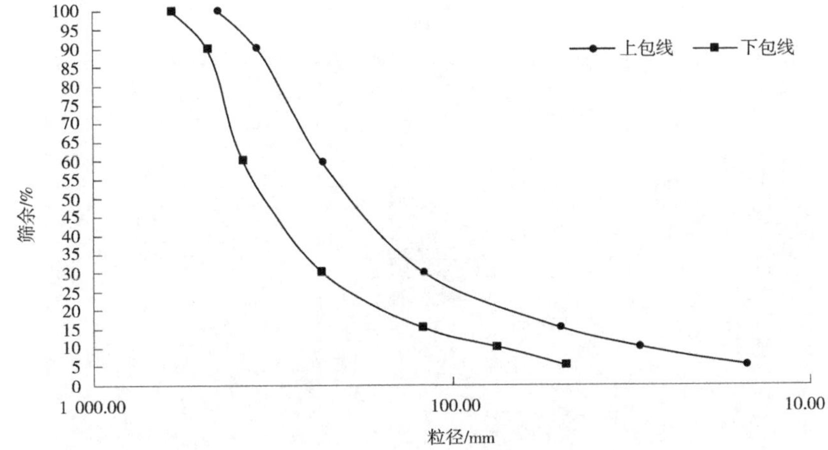

图 5　排水棱体颗粒级配曲线

5.4　不良地质处理

该工程建设期出现的主要不良地质现象是黄土陷穴及落水洞（见图 6）。分散性黄土地区更易出现黄土陷穴及落水洞。黄土陷穴及落水洞的出现严重危害坝体的安全，必须采取一定的工程措施，避免出现管涌和溃坝风险。项目左、右坝肩处现状开挖偶见隐性落水洞发育，结合初设阶段场地地层勘探成果对比现场已开挖地层部分揭露情况，坝址区落水洞主要发育在 Q_3 马兰黄土层，对于坝址区左右岸施工开挖揭露落水洞区域，有以下处理建议：

（1）对地表较浅的落水洞，可挖除换填处理，清除落水洞松软土，用质量较好的黄土、灰土或水泥土分层回填夯实，回填压实度不低于大坝压实度。

（2）对较深落水洞，可采取灌浆充填。浆体为 C10 细石混凝土，亦可掺入 20%粉煤灰，坍落度宜控制在 180~220 mm。从落水洞上方逐步灌入，直至浆体饱满。混凝土初凝后方可进行放坡、挡土墙等施工。

（3）除上述处理方法外，亦可结合坡顶建筑物进行地基处理，采用挤密法处理黄土洞穴、陷穴等现象。

（4）对于坝址区个别隐性落水洞发育情况，因较难发现，可以在库区整体完工后的试验性蓄水阶段，逐一排查，做注浆封堵处理。

(a)

(b)

图6　工程区出现的黄土陷穴及落水洞

该项目中，经过上述处理的陷穴及落水洞，多次强降雨后暂未再次出现冲沟、陷穴及落水洞。

6　结论

通过对甘肃省陇东某水库进行设计分析，对分散性黄土区筑坝得出以下设计规律：

（1）Q_3 马兰黄土具有湿陷性，Q_2 离石黄土基本无湿陷性，坝体应大部分坐落在 Q_2 离石黄土层上。

（2）利用复合土工膜、改性土等完全将低溶盐水和分散性黏土隔离开来，避免分散性黏土遇水后失去强度，造成管涌和溃坝的风险。

（3）土石坝坝体排水反滤设施的设计功能要求既能阻止坝体与坝基中细粒土随渗流水析出，又能顺畅排除上游坝体内渗流水，且当坝体或防渗体存有局部缺陷，甚至存在贯穿性裂缝时，能在反滤层的保护下，随着细粒土沿渗漏通道的逐渐沉积、固结，使防渗体存在的缺陷及裂缝渐趋淤塞，甚至修复自愈。设计合理、性能良好的反滤层是保证土石坝渗流安全的重要设施。目前，关于反滤的设计有完整的规范要求。因此，设计人员应精心设计土石坝各部位的反滤层，避免设计的盲目性，甚至虚设误导。

（4）分散性黄土区落水洞较多，落水洞的处理对坝体的稳定和水库的长久运行具有重要意义，应依据不同的落水洞深度，采取相应的工程措施，并对其加强监测。

参考文献

[1] 樊恒辉，孔令伟，郭敏霞，等．文家沟水库筑坝土料分散性和抗渗性能试验［J］．岩土工程学报，2009，31（3）：458-463.

[2] 刘晓黎，宋智香，宫继昌，等．水利工程筑坝土料分散性试验方法［J］．人民黄河，2007，29（12）：83-86.

[3] 汪恩良，李宇昂，任志凤，等．基于扫描电镜和核磁共振技术的分散性土改良微观结构性变化研究［J］．岩土工程学报，2023，45（6）：1123-1132.

[4] 黄伟，代常友，谢承平．庆阳某水库土料分散性试验研究［J］．水科学与工程技术，2020（5）：70-73.

[5] 樊恒辉，张路，杨秀娟，等．分散性土及工程应用的研究进展［J］．水利与建筑工程学报，2019，17（3）：10-21.

[6] 史祥，樊恒辉，刘刚，等．饱和分散性土变形特性试验研究［J］．长江科学院院报，2016，33（9）：87-92.

[7] 赵高文，樊恒辉，陈华，等．蒙脱石对黏性土分散性的影响［J］．岩土工程学报，2013，35（10）：1928-1932.

[8] 党振虎．分散性粘土筑坝可行性探析［J］．西北水电，2007（2）：19-21.

[9] 陈艳明．新疆西郊水库大坝防渗心墙土料分散性鉴定［J］．西北水电，2005（3）：24-28.

[10] 朱智军．不同反滤料对分散性黏土防渗体裂缝自愈的影响［J］．水利科技与经济，2023，29（3）：53-58.

近 30 年中国北方草原区城市土壤侵蚀动态演变规律及其驱动机制研究——以内蒙古包头市为例

杨振奇[1,2,3]　郭建英[1,2,3]　刘心宇[1,3]　要振宇[1,3]

（1. 内蒙古阴山北麓草原生态水文国家野外科学观测研究站中国水利水电科学研究院，北京　100038；
2. 内蒙古农业大学，内蒙古呼和浩特　010018；
3. 水利部牧区水利科学研究所，内蒙古呼和浩特　010020）

摘　要： 土壤侵蚀是广泛存在的环境问题，它威胁着环境的可持续性。受气候、土壤等多种因素的影响，位于渤海经济圈和沿黄经济带的包头市生态环境形势十分严峻。本文采用修正土壤侵蚀方程和修正风侵蚀方程对包头市土壤侵蚀动态进行评估，进一步研究了土壤侵蚀过程的潜在驱动因素。结果表明：1990—2020 年，包头市土壤水蚀模数呈先增长后降低再增长趋势，年变化波动较大；土壤风蚀模数则呈降低趋势，年际变化波动较小。研究期内，共有 10 241.05 hm^2 地区土壤水蚀程度增加，2 456 km^2 地区土壤水蚀程度减少；土壤风蚀程度减少的地区有 10 928.87 km^2，增加的地区有 128.67 km^2。气象因子是影响土壤水蚀和风蚀的首要因素，同时气候的不良变化可以改变土壤性状和植被盖度，对土壤侵蚀产生间接影响。

关键词： 中国北方草原地区；土壤风蚀；土壤水蚀；包头；生态工程

1　引言

土壤侵蚀是土壤及其母质受外营力作用，结构被破坏、分离、搬运和沉积[1]，是生态系统中最重要的自然地理现象与普遍存在的土壤退化形式，是制约人类社会可持续性发展的全球性环境问题之一[2-3]。土壤侵蚀对土壤理化性质和有机质的剥蚀造成养分流失，不仅会造成农用地生产能力的下降，随着径流泥沙的迁移还会导致水质恶化。此外，土壤侵蚀过程还会制约土壤生态系统对气候变化的响应，进而影响生态环境的安全[4]。联合国可持续发展目标（SDGs）已认识到土地资源对可持续发展的重要性，对其进行促进与保护，以实现 2030 年达到零土地退化的目标[5-7]。中国北方地区气候分布不均和不合理的人类活动，加速了生态环境恶化，水土流失、土地沙化等问题更加突出[8]。

一般来说，风蚀与（半）干旱地区有关，而水蚀通常发生在湿润地区。然而，在某些干旱或半干旱地区，这两种侵蚀过程对土壤侵蚀都有显著的影响，有时它们同时发生。因此，任何只关注一种胁迫的土壤侵蚀评估都可能提供不完整的信息，并且用于土壤侵蚀控制无效。风水复合侵蚀的耦合作用使水力侵蚀运移能力变强，同时风力侵蚀对地表物质的搬运、侵蚀和沉积，为水力侵蚀提供了再作用的物质来源，直接影响侵蚀物质的转化[9-10]。由于北方冬春季多大风沙尘暴天气，夏秋季多降雨，因此出现了水力侵蚀与风力侵蚀交替出现的现象，两种侵蚀过程在时间上交替发生，在空间上叠加形

基金项目： 鄂尔多斯重点水土流失区生态系统（西黑岱流域）水土保持综合整治技术集成效益评估项目。

作者简介： 杨振奇（1993—），男，高级工程师，副主任，主要从事水土保持、荒漠化防治、生态修复等方面的工作。

通信作者： 郭建英（1979—），男，正高级工程师，副所长，主要从事水土保持、荒漠化防治、土壤侵蚀及生态修复等方面的工作。

成，延长了侵蚀发生时间，加剧了土壤侵蚀程度[11]。土壤侵蚀形成机理复杂，如何科学认识其内在驱动力对水土保持政策制定至关重要，但受区域客观条件限制，无法进行实地勘测，因此采用土壤侵蚀预报模型对土壤侵蚀进行定量评价。

包头地处黄河上游和沿黄经济带的腹地，位于蒙古高原的南端、华北地区北部、内蒙古中部，南濒黄河，阴山山脉横贯该市中部，形成北部高原、中部山地、南部平原3个地形区域。黄河流域是我国重要的生态屏障，其生态保护和高质量发展于2019年正式被列为国家重点发展战略。黄河流域生态环境脆弱，水资源保障形势严峻[12]。自20世纪50年代以来，黄河流域开展的小流域治理、植树造林、退耕还林等治理工程成效显著，但是在治理程度方面仍然存在区域差异[13]。受自然环境和人为干扰的影响，包头市出现了草原荒漠化、水土流失等一系列影响生态环境安全的问题，同时其独特的地形更是导致土壤水蚀和风蚀接连发生。基于此，通过RUSLE和RWQE模型对水蚀和风蚀进行土壤模数反演，探究风蚀和水蚀动力的时空分布格局，揭示土壤侵蚀变化的主要特征和影响因子，为定量评估包头市水土流失和防风固沙工作提供依据，切实促进生态系统保护和生态文明建设。

2　研究区概况

包头市位于内蒙古中西部地带，东经109°51′~111°25′、北纬40°15′~42°45′，全市面积27 768 km^2，山地面积占14.49%，丘陵草原占75.51%，平原占10%[14]。地处黄河流域上端，是连接华北和西北的重要枢纽，同时也被誉为“草原钢城”“稀土之都”。市内有昆都仑河、四道沙河、二道沙河、东河四大流域，阴山山脉的大青山和乌拉山两大山系。整体地势走向呈中间高南北低、西高东低。包头市属半干旱中温带大陆性季风气候，年降水量175~400 mm，年际变化大，降水主要集中在夏季7—9月。全年主要以西北风为主，平均风速为3.4 m/s。土壤条件较差，土壤的盐渍化、风蚀沙化和水土流失现象较为严重[15-16]。

3　材料与方法

3.1　数据来源与处理

本文所使用的基础数据包括1990年、1995年、2000年、2005年、2010年、2015年和2020年土地利用/覆盖数据，包头市行政界线矢量图层，数字高程DEM、归一化植被指数（NDVI）、气象、土壤类型和理化性质数据。其中，土地利用数据是通过地理空间数据云下载的30 m分辨率的Landsat4-5TM/Landsat8 OLI云量小于2%的影像进行遥感解译得到的；NDVI数据则是利用遥感影像通过波段计算获取的；逐月降水量、平均气温、平均风速和日照时数等多种气象因素数据来源于国家科技基础条件平台——国家地球系统科学数据中心；土壤类型和理化性质数据来源于国家青藏高原科学数据提供的全球土壤数据库HWSD，数据集共包含11项土壤一般信息和34个土壤属性；雪深源自国家青藏高原科学数据，将获取的长时间序列数据集通过计算得到雪盖因子数据。

3.2　研究方法

3.2.1　土壤水蚀模型

20世纪80年代，我国学者开始对土壤侵蚀预报模型进行大量的试验研究，建立起关于流域侵蚀产沙的经验模型[17-19]。土壤侵蚀模型的建立有效地反映出土壤侵蚀与影响因子间的复杂关系和相互作用。本文土壤侵蚀强度采用修正土壤侵蚀评价模型RUSLE进行定量计算，计算公式为

$$A = R \times C \times K \times LS \times P \tag{1}$$

式中：A为年平均土壤流失量，t/（hm^2·a）；R为降雨侵蚀力因子，MJ·mm/（hm^2·h·a）；K为土壤可蚀性因子，t·h/（MJ·mm）；LS为地形因子，其中L为坡长因子，S为坡度因子，无量纲；C为植被覆盖与管理因子，无量纲；P为水土保持措施因子，无量纲。

（1）降雨侵蚀力因子R。降雨侵蚀力是引起土壤侵蚀的潜在能力，降雨侵蚀力因子是评估这种潜在能力的动力指标，是修正土壤侵蚀评价模型（RUSLE）中的首要因子。其表达式为[20-21]：

$$R = 5.249\left(\sum_{n=1}^{12}\frac{P_i^2}{P_n}\right)^{1.205} \tag{2}$$

式中：P_i 为第 n 月降水量，mm；P_n 为年降水量，mm。

（2）土壤可蚀性因子 K。土壤可蚀性是土壤侵蚀预报和土地利用规划的重要参数[22-23]，本文采用 EPIC 模型中的 K 值对 RUSLE 模型中的土壤可蚀性因子进行估算[24]。其表达式为

$$K = \{0.2 + 0.3\exp[-0.0256SAN(1-SIL/100)]\}\left(\frac{SIL}{CLA+SIL}\right)^{0.3}$$
$$\left[1-\frac{0.25C}{C+\exp(3.72-2.95C)}\right]\left[1-\frac{0.7SN_1}{SN_1+\exp(-5.51-22.9SN_1)}\right] \tag{3}$$

式中：SAN、SIL、CLA 和 C 分别为砂粒、粉粒、黏粒和有机碳含量（%）；$SN_1=1-SAN/100$。

（3）地形因子（LS）。

坡长因子 L 的计算。在 ArcGIS10.2 中利用 DEM 计算提取坡长 λ，采用 Wischmeier 和 Smith 提出的坡长因子计算公式[25]：

$$L = (\lambda/22.13)^{\alpha} \tag{4}$$

$$\alpha = \beta/(\beta+1) \tag{5}$$

$$\beta = (\sin\beta/0.0896)/[3.0(\sin\theta)^{0.8}+0.56] \tag{6}$$

式中：λ 为坡长；α 为坡长指数；22.13 为标准小区的坡长，m；θ 为利用 DEM 提取的坡度。

坡度因子 S 的计算。缓坡上选用 McCool 等研究的坡度公式，在陡坡上采用刘宝元在黄土高原建立的陡坡因子计算公式[26]：

$$S = \begin{cases} 10.8\sin\theta + 0.03 & \theta < 5^\circ \\ 16.8\sin\theta - 0.50 & 5^\circ \leqslant \theta < 10^\circ \\ 21.91\sin\theta - 0.96 & \theta \geqslant 10^\circ \end{cases} \tag{7}$$

式中：S 为坡度因子；θ 为坡度。

根据上述方法和公式，计算得到 LS 的栅格因子图层。

（4）植被覆盖与管理因子（C）。植被覆盖与管理因子对侵蚀起着一定的抑制作用，其值越大则植被发挥减蚀的作用越小。本文基于遥感影像应用归一化植被指数 NDVI 来计算地表植被覆盖度 c[27]，计算公式：

$$c = \frac{NDVI - NDVI_{min}}{NDVI_{max} - NDVI_{min}} \tag{8}$$

式中：NDVI 为所求像元的归一化植被指数；$NDVI_{min}$ 为研究区 NDVI 的最小值；$NDVI_{max}$ 为研究区 NDVI 的最大值。

C 因子的计算采用蔡崇法等算法的修正形式，避免了当 c 值为 0～0.1 时异常值（C>1）的出现[28]，计算公式如下：

$$C = \begin{cases} 1 & 0 \leqslant c \leqslant 9.6\% \\ 0.6508 - 0.3436\lg c & 9.6\% < c \leqslant 78.3\% \\ 0 & c > 78.3\% \end{cases} \tag{9}$$

（5）水土保持措施因子（P）。参照已有的研究成果，结合遥感解译分类得到的土地利用现状图进行 P 因子赋值[29-30] 见表 1。

表 1　土地利用 P 因子赋值

土地利用类型	耕地	林地	草地	水域	建设用地	未利用地
P 因子值	0.3	0.2	0.3	0	0	1

3.2.2 土壤风蚀模型

土壤风蚀模型是土壤侵蚀分析的重要技术手段。在众多模型中，修正风蚀方程 RWEQ 模型充分考虑了气象、土壤可蚀性、土壤结皮、地表植被覆盖与地表粗糙度等多种因素，其具有因子考虑全面且数据易获取等优势[31-32]。模型基本形式如下：

$$Q_{max} = 109.8[\mathrm{WF} \cdot \mathrm{EF} \cdot \mathrm{SCF} \cdot K' \cdot C] \tag{10}$$

$$S = 150.71[\mathrm{WF} \cdot \mathrm{EF} \cdot \mathrm{SCF} \cdot K' \cdot C]^{-0.3711} \tag{11}$$

$$S_L = \frac{2z}{S^2} Q_{max} e^{-(z/s)^2} \tag{12}$$

式中：Q_{max} 为风沙最大转运量，kg/m；S 为关键地块长度，m；S_L 为土壤风蚀量，t/（hm^2·a）；z 为所计算的下风向距离，m；WF 为气象因子，kg/m；EF 为土壤可蚀性因子；SCF 为土壤结皮因子；K' 为地表粗糙度因子。

（1）气象因子 WF 即降水、风速、温度、雪深等多种气象因素对土壤风蚀的作用，公式如下：

$$\mathrm{WF} = \frac{\mathrm{WS} \cdot N_d \cdot \rho}{N \cdot g} \cdot \mathrm{SW} \cdot \mathrm{SD} \tag{13}$$

式中：WS 为风速因子，m/s^3；N 和 N_d 分别为风速和试验的天数；ρ 为空气密度，kg/m^3；g 为重力加速度，m/s^2；SW 为土壤湿度因子；SD 为雪盖因子，均无量纲。

（2）土壤可蚀性因子 EF 与土壤结皮因子 SCF。EF 与 SCF 均与土壤的物理化学性质相关，是土壤理化、机械组成等因素引起的土壤风蚀量，公式如下[33-34]：

$$\mathrm{EF} = \frac{29.09 + 0.31S_a + 0.17S_i + 0.33\dfrac{S_a}{C_l} - 2.59\mathrm{OM} - 0.95\mathrm{CaCO_3}}{100} \tag{14}$$

$$\mathrm{SCF} = \frac{1}{1 + 0.0066\mathrm{Cl}^2 + 0.021\mathrm{OM}^2} \tag{15}$$

式中：S_a、S_i、C_l、OM、$CaCO_3$ 分别为土壤粗砂、粉砂、黏粒、有机质和碳酸钙含量（%）。

（3）地表粗糙度因子 K'：

$$K' = \cos\alpha \tag{16}$$

式中：α 为地形坡度，在 ArcGIS 中利用 DEM 影像提取[35]。

（4）植被盖度因子 COG，植被的覆盖程度对土壤风蚀具有重要的影响，对阻碍风沙土壤颗粒运动起着一定作用[36]。

$$\mathrm{COG} = e^{-0.0438c} \tag{17}$$

式中：c 为植被覆盖度（%）[37]。

4 结果与分析

4.1 土壤侵蚀时间变化

基于 RUSLE 和 RWEQ 模型分别获取了 1990—2020 年包头市土壤水蚀模数与土壤风蚀模数（见图 1）。结果表明，以 2000 年为时间节点，土壤水蚀模数呈先增长后降低趋势，从 1990 年的 14.26 t/（hm^2·a）上升到 1995 年的 17.37 t/（hm^2·a）；2000 年的土壤水蚀模数较 1995 年相比共减少了 11.92 t/（hm^2·a），年变化波动较大。但从 2005 年开始，土壤水蚀模数呈直线上升趋势，截至 2020 年，共增长了 21.4 t/（hm^2·a）。而土壤风蚀模数则呈增长趋势，由 1990 年的 11.81 t/（hm^2·a）上升到了 2000 年的 13.22 t/（hm^2·a）。21 世纪之后，土壤风蚀模数呈降低趋势，到 2020 年，共减少 4.04 t/（hm^2·a）。

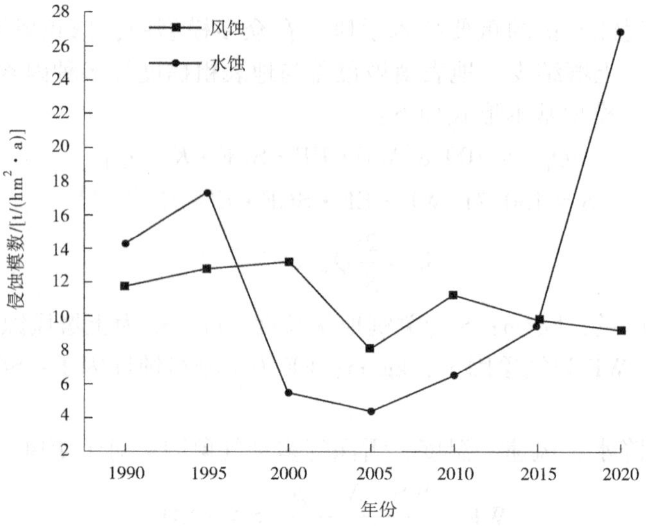

图 1　包头市土壤侵蚀模数

根据水利部《土壤侵蚀分类分级标准》（SL 190—2007）并结合包头市土壤侵蚀量实际情况对土壤侵蚀结果进行分级（见图 2、图 3）。为定量分析土壤侵蚀强度之间相互转化的规律，参照土地利用变化图谱的构建[36]，利用 GIS 和 Excel 对 1990 年和 2020 年土壤侵蚀分级图进行叠加得到土壤侵蚀强度转移矩阵（见表 2、表 3）和转移图（见图 5）。结果表明，1990—2020 年共有 10 241.05 km^2 地区土壤水蚀程度增加，2 456 km^2 地区土壤水蚀程度减少；土壤风蚀程度减少的地区有 10 928.87 km^2，增加的地区有 128.67 km^2。通过土壤侵蚀强度转移矩阵发现，土壤侵蚀强度由轻度转为中度的面积多于其他转移类型作为包头市面积最大的侵蚀类型，轻度侵蚀情况较为稳定；水蚀方面，轻度、中度及以上转为中度及以上的面积较多，说明研究区水蚀程度逐渐加大。而风蚀方面，则是呈相反状态，风蚀程度在缓慢减轻。

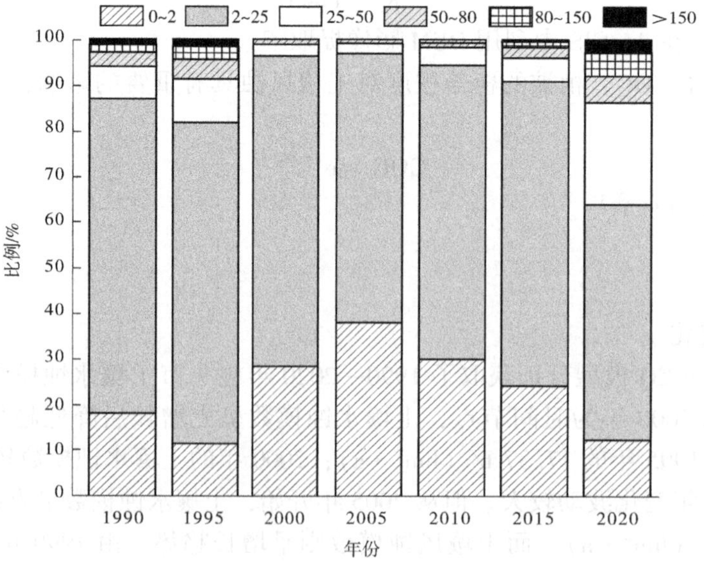

图 2　包头市土壤水蚀分级比例

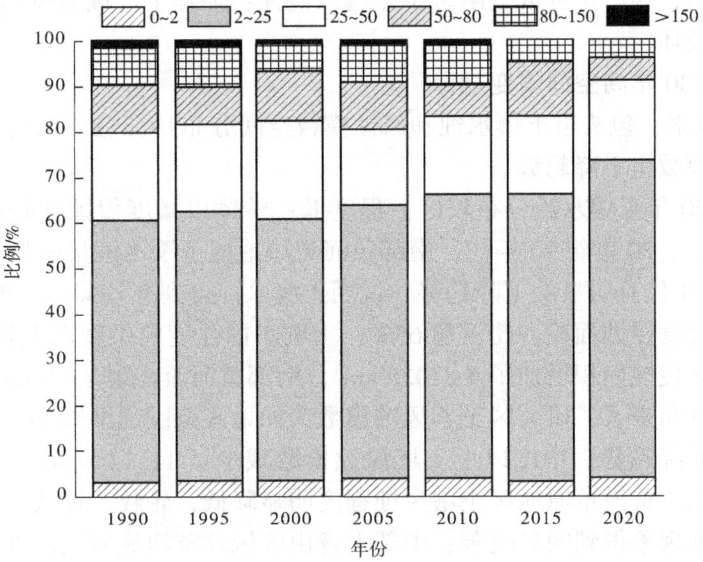

图 3 包头市土壤风蚀分级比例

表 2 包头市土壤水蚀强度转移矩阵 单位：t/(hm² · a)

1990 年	2020 年					
	0~2	2~25	25~50	50~80	80~150	>150
0~2	1 384.98	2 392.63	705.79	220.44	235.75	167.34
2~25	1 673.36	11 929.70	4 196.23	549.51	301.36	57.10
25~50	121.74	226.38	420.11	485.48	285.92	60.58
50~80	69.48	49.20	94.56	146.14	329.72	88.30
80~150	49.38	18.70	36.11	39.69	183.34	164.90
>150	26.28	1.36	5.47	9.65	34.64	135.06

表 3 包头市土壤风蚀强度转移矩阵 单位：t/(hm² · a)

1990 年	2020 年					
	0~2	2~25	25~50	50~80	80~150	>150
0~2	1 303.66	58.89	21.12	3.94	1.78	0
2~25	3 893.86	10 694.30	9.53	0.56	0.48	0
25~50	155.70	3 724.68	2 198.43	16.51	1.30	0
50~80	6.58	138.36	1 854.36	242.31	9.26	1.06
80~150	11.98	20.43	61.20	1 015.92	1 908.21	4.24
>150	0	0.93	0.52	8.36	35.99	61.75

根据以上分析，黄河流域近期的一系列治理项目，如小流域管理、水土保持等区域山地封林、农田还林、加强河岸防护和护坡等，可以在一定程度上抑制水土流失。然而，严重的水土流失仍然存

在。京津沙尘暴源控制，在一定程度上减轻了土壤风侵蚀；加强了区域防风和固沙能力，在很大程度上减少了对沙尘暴的破坏。

4.2 包头市土壤侵蚀 30 年间空间演变规律

20 世纪 90 年代以来，包头市土壤水蚀和风蚀模数空间分布特征总体保持不变，土壤水蚀模数呈上升趋势，土壤风蚀模数呈下降趋势。

包头市 1990—2020 年土壤水蚀分布较广，程度低；整体以微度侵蚀和轻度侵蚀为主，其面积比超过 80%。空间变化上，20 世纪 90 年代，南部黄河流域地区土壤水蚀量明显增加；21 世纪之后，全市土壤水蚀程度较 90 年代有明显的下降趋势，说明土壤水蚀得到有效抑制。但 2020 年水蚀程度则较为严重，微度侵蚀和轻度侵蚀面积占比不超 65%，土壤水蚀强度向中度以上转变。并且和 1990 年相比，北部荒漠草原地区侵蚀面积增加了 4 840.5 km^2，南部黄河流域地区侵蚀面积减少了 1 300.5km^2。从土壤风蚀模数空间分布来看，研究区土壤风蚀模数大的地区范围逐渐减小，土壤模数较小的地区范围不断扩大，总体呈下降趋势。中度以上土壤风蚀模数减少了 11.14 t/hm^2，土壤风蚀强度向微度、轻度转变。空间变化上，荒漠草原地区土壤风蚀程度明显降低，轮牧、休牧、围封等一些人为干预措施的手段，使土壤风蚀现象得到明显改善；中部大青山区域及黄河流域空间变化不明显，基本以轻度风蚀为主。

包头市北部荒漠草原受人为干扰（放牧）等影响，其植被覆盖程度较差。中南部受人为干预恢复生态保护影响（小流域工程建设、城市水土保持生态建设），其植被覆盖程度较好。同时，受气候、土壤、地形等因素的综合影响，北部风蚀较为严重，而水蚀则是南部较为严重。值得注意的是，黄河流域局部地区风蚀模数较高，由此造成在风蚀和水蚀共同作用下的水土流失，不仅使生态环境遭受严重的破坏，同时也加大了黄河流域的泥沙量。

4.3 土壤侵蚀变化的潜在驱动因素

4.3.1 气象因素

包头市处于黄河上游，北部处于草原区。受自然、人为活动等因素影响，草原退化、沙化、盐渍化情况明显，中度及重度退化区天然草原生产力降低，生物多样性减少。由于干旱的气候条件，降雨量偏低，森林生态系统稳定性较弱，生态本底十分脆弱。土壤侵蚀主要受气候、植被类型、地形和土壤特征等自然因素以及土地利用等人为因素影响。而气象因子、植被等则变化较大。气候变化可以通过改变降雨量、风速，降雨和风速的强度与空间分布，进而影响土壤侵蚀程度[38-39]。

包头市 1990—2020 年平均降雨量为 176.40 mm，图 4 表明，降雨量与土壤水蚀模数呈显著正相关（$R^2=0.93$，$p<0.001$），即土壤水蚀程度随着降雨量的增加而上升。风速是影响土壤风蚀的首要气象因子，风是土壤风蚀发生的最直接动力来源。包头市 1990—2020 年平均风速为 2.41 m/s，图 5 表明，风速与土壤风蚀模数呈正相关（$R^2=0.81$，$p<0.001$）。风速越大，土壤风蚀程度越强。

4.3.2 植被格局演变

地表植被对径流泥沙有着一定的阻碍作用，植被覆盖度是抑制土壤水蚀和泥沙流失、土壤风蚀和起沙的重要因素之一，是影响土壤侵蚀的敏感性因子。植被覆盖度变化将会引起土壤侵蚀变化。植被的地下部分既增强了土壤质量的稳定性，又减少了径流的冲刷影响，植物的地上部分可以降低降水的侵蚀力。图 6 显示，包头市近年来植被覆盖度呈现先降低后增长的趋势。1990—1995 年植被覆盖度下降，主要与人为过度开垦、放牧等因素有关，草原退化问题严重；1995—2005 年植被覆盖度大幅增加，主要与退耕还林、还草政策的实施有关，草原、森林生态系统稳定；2005—2020 年植被覆盖度出现波动则是受气象因素的影响，该区域降水少，气温低，草地生产能力不高，受不合理利用方式影响，草地退化、风蚀沙化情况严重，退化草原占草原总面积的 70% 以上。与此同时，草原鼠虫害频发，草原植被破坏严重。

为量化气象因素与植被覆盖度对土壤侵蚀的影响，分别构建了土壤水蚀和风蚀与两者的方程：

$$Y_1 = 0.114X_{降雨} + 12.920X_2 - 13.030 \qquad (R^2 = 0.94) \tag{18}$$

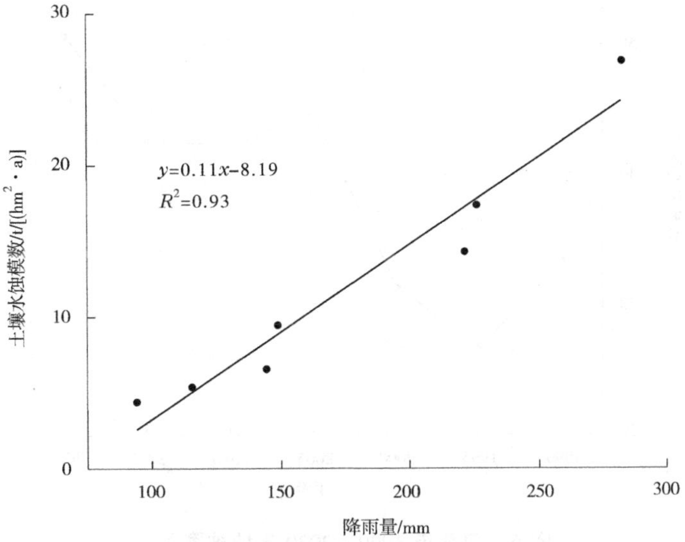

图 4　土壤水蚀模数与降雨量关系

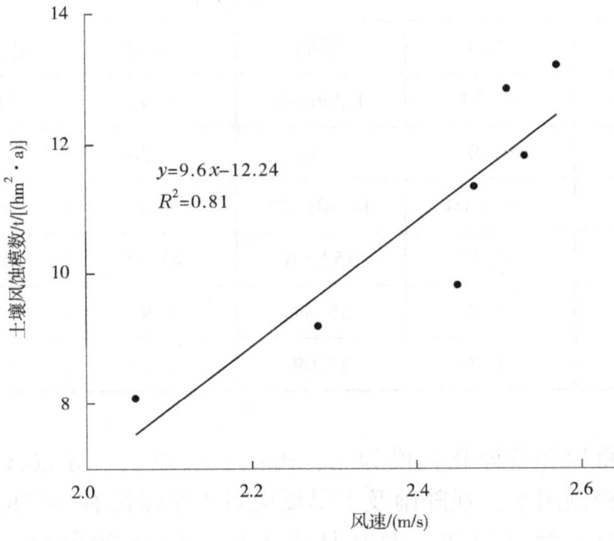

图 5　土壤风蚀模数与风速关系

$$Y_2 = 6.056X_{风速} - 10.920X_2 + 0.554 \quad (R^2 = 0.894)$$

式中：Y_1、Y_2 分别为土壤水蚀、风蚀模数，t/（hm^2·a）；$X_{降雨}$ 为降雨量，mm；$X_{风速}$ 为风速，m/s；X_2 为植被覆盖度。

这一结果表明，气候变化带来的全球变暖和干旱，可以改变土壤理化性质和植被覆盖度，对土壤侵蚀产生间接影响（$P<0.005$）。

4.3.3　生态修复工程

1990—2020 年包头市土地利用类型的主要特点是林地增加、城市扩张、草地水域和未利用地减少。包头市 1990—2020 年土地利用转移矩阵见表 4。各土地利用类型面积变化较小，但转换频繁。耕地面积略微增长，耕地主体转化为退耕还林还草及建设用地等类型。大青山—乌拉山是我国西鄂尔多斯—阴山贺兰山生物多样性优先区的重要组成部分，近年来，包头市大力开展了天然林保护工程和生态公益林建设，截至 2020 年，包头市林地总面积 22 4328.62 hm^2，占全市陆域国土面积的 8.16%。根据林业部门统计[38]，森林覆盖率提高至 18.3%，土默特右旗、固阳县、石拐区林地资源分布最为广泛。

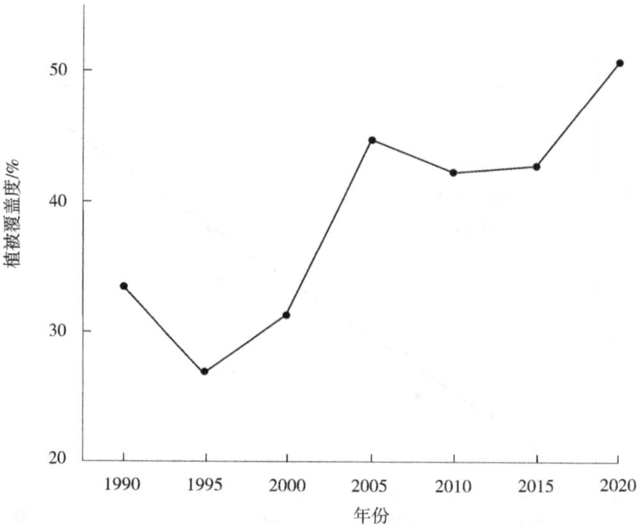

图 6　包头市 1990—2020 年植被覆盖

表 4　包头市 1990—2020 年土地利用转移矩阵　　单位：hm^2

1990 年	2020 年					
	耕地	林地	草地	水域	建设用地	未利用地
耕地	3 528. 63	92. 74	1 266. 48	9. 41	180. 32	3. 17
林地	97. 13	0. 89	7. 35	0. 28	3. 63	0
草地	1 788. 42	2 587. 04	14 801. 99	58. 67	652. 35	929. 15
水域	106. 77	74. 37	752. 66	88. 26	12. 05	40. 03
建设用地	104. 73	129. 22	55. 34	9. 91	117. 16	1. 42
未利用地	63. 04	39. 49	57. 09	3. 22	41. 07	9. 55

包头市北部草原以荒漠草原和草原化荒漠为主，占比 50%以上。导致该现象的原因有两点：一方面受气候变化等非人类可控制因素，强降雨及干旱反应对土壤侵蚀有一定的威胁作用；另一方面是人类活动，如矿产开发影响了植被覆盖，尤其是露天矿，截至 2020 年，包头市采矿用地共计 31 277. 67 hm^2，占全市总面积的 1. 13%，尽管多年来持续推进矿山生态修复，但仍有废弃矿山面积 6 054. 53 hm^2[40]，对生态环境造成破坏，加剧土壤侵蚀的发生；草地生产力与畜牧业生产之间的失衡导致草地生态系统的营养物质流失，加剧了草地退化。按照国家重点生态功能区划，包头市北部区域为阴山北麓草原生态功能区的核心区域，也是我国北方防风固沙带重要的组成部分。山南为温暖型干草原带，山北呈中温型草原带。近年来，随着京津风沙源治理、退耕还草工程和禁牧休牧轮牧、草原奖补等政策制度的实施，包头市草原生态环境总体恶化的趋势得到了遏制，草原综合植被盖度提升至 36. 58%，提升了草原生态系统功能，保障了防风固沙、生物多样性维护以及水土保持生态服务功能。

5　讨论

土壤侵蚀是一个复杂的过程，土壤侵蚀强度变化是各要素共同作用的结果，气象因子、土壤类型、地形地貌、植被覆盖等均制约着土壤侵蚀变化的差异性[31-44]。气象因子是影响土壤侵蚀的首要因子，研究表明，降雨是土壤水蚀的直接控制因素，降水的动能作用于土壤，造成土壤侵蚀。风速是土壤风蚀的主导因素，当风速超过沙子可承受的最小风速时，表土颗粒就会从土地表面移除[41]。采用模型反演进行土壤侵蚀量估算，基于气候、植被盖度、土地利用等快速地获取土壤侵蚀结果，在土壤侵蚀研究中应用较多。RUSLE 和 RWEQ 模型在国内外已经广泛使用，Bufalini、Scheper 等[42-47]利用实际数据对土壤侵蚀模型进行了验证，保证了其结果的准确性。土壤因子是土壤侵蚀、水土流失等评价的指标依据，土壤性质主要受土壤含水性、生物影响、气候干扰等影响，同一地区不同区域的土壤性质均不同[48]。土地利用是影响土壤侵蚀的重要因素。从模型的角度来看，当土地利用发生变化时，植被因子和水土保持措施都会发生变化，因此土地利用的变化会直接影响土壤侵蚀的变化。虽然结果与特定时间和区域的实际侵蚀模量存在差异，但本文在模拟土壤侵蚀模量时空变化方面具有一定的可信度。

LUCC 不仅是研究全球环境变化的重要内容，而且还清楚地反映了人类活动与自然环境之间的密切关系[49]。包头是以工业为主体的草原城市，兼顾各类生态系统，以达茂旗为中心的北部草原生态系统、以大青山-乌拉山为核心的森林生态系统、以黄河湿地公园为核心的南部湿地生态系统。近 30 年来，包头市依据不同的生态系统开展并实施了多种生态工程的实施。针对草原退化、沙化问题，重点开展了退化草场修复，遏制了草原开垦，低质量农田退耕还草，采取禁牧封育、休牧轮牧，落实草畜平衡；加强草原保护、沙化治理，提高草地质量和草原生态系统稳定性。开展大青山南北麓生态修复与保护工程，统筹实施京津风沙源治理、天然林保护、水土保持、退耕还林等生态治理重点工程，加强森林资源管护和森林质量精准提升，提高森林生态系统结构完整性。沿黄河流域则加强河道缓冲带护岸林建设，加强生态补水，减少水土流失和入黄泥沙。水土保持工程建设和防风固沙体系建设等有效减少了人为水土流失，增强了区域防风固沙能力，维护和提高了土地生产力，显著提升了该区域的自然生态结构。

但是，风水复合侵蚀对该区域带来的影响显著存在。工业和矿业的发展破坏了当地的生态环境，导致区域生态质量下降，增加了土壤风蚀和水蚀发生的概率。因此，依据包头市生态系统服务功能重要性、生态系统脆弱性、生态安全格局和生态问题，遵循“山水林田湖草”生命共同体理念，围绕筑牢祖国北疆重要生态安全屏障，提升生态系统服务功能，进一步筑牢北部草原防风固沙生态屏障、大青山—乌拉山生态屏障，集聚提升沿黄生态保护修复带，科学配置保护和修复、自然和人工、生物和工程等措施，推进一体化生态保护和修复。

6 结论

本文以包头市为研究对象，以 GIS 技术为支撑，基于 RUSLE 和 RWEQ 模型对该地区 1990—2020 年土壤侵蚀时空分布格局及其影响因素进行分析。

（1）1990—2020 年，包头市土壤水蚀模数呈先增长后降低再增长趋势，年变化波动较大，即 1990—1995 年土壤水蚀呈增加趋势，1995—2000 年呈剧烈下降趋势，2000—2020 年呈显著增长趋势。包头市土壤风蚀模数则是呈降低趋势，年际变化波动较小。

（2）研究期内，共有 10 241.05 hm^2 地区土壤水蚀程度增加，2 456 km^2 地区土壤水蚀程度减少；土壤风蚀程度减少的地区有 10 928.87 km^2，增加的地区有 128.67 km^2。空间变化上，全市土壤水蚀程度较 20 世纪 90 年代有明显的下降趋势，说明土壤水蚀得到有效抑制，但 2020 年水蚀程度则较为严重，荒漠草原地区发生侵蚀面积增加了 4 840.5 km^2，黄河流域发生侵蚀面积减少了 1 300.5 km^2。研究区土壤风蚀模数大的地区范围逐渐减小，土壤模数较小的地区范围不断扩大，总体呈下降趋势。荒漠草原地区土壤风蚀程度明显降低，土壤风蚀现象得到明显改善；大青山、黄河流域空间变化不明显，基本以轻度风蚀为主。

（3）在影响因素中，气象因子是影响土壤水蚀和风蚀的首要因素。降雨量与土壤水蚀模数显著相关（$p<0.001$），风速与风蚀模数呈正相关（$p<0.001$）。植被覆盖度是抑制土壤水蚀和泥沙流失、土壤风蚀和起沙的重要因素之一，气候的不良变化可以改变土壤理化性质和植被覆盖度，对土壤侵蚀产生间接影响（$p<0.005$）。包头市在改善土壤侵蚀、加强水土保持功能上取得了一定成效。退耕还

林还草、城市扩张等土地利用变化，对土壤侵蚀的发生有一定的抑制作用，对提高该区域生态环境修复具有关键性作用。

参考文献

[1] 史志华，刘前进，张含玉，等．近十年土壤侵蚀与水土保持研究进展与展望［J］．土壤学报，2020，57（5）：1117-1127.

[2] 黄金权，程冬兵，王志刚，等．水力侵蚀作用下土壤有机碳动态研究进展［J］．长江科学院院报，2016，33（12）：27-32.

[3] 王涵，赵文武，贾立志．近10年土壤水蚀研究进展与展望：基于文献计量的统计分析［J］．中国水土保持科学（中英文），2021，19（1）：141-151.

[4] Chappell A，Baldock J，Sanderman J. The global significance of omitting soil erosion from soil organic carbon cycling schemes［J］. Nature Climate Change，2016，6（2）：187-191.

[5] Stefanidis，Stefanos，et al. Assessing Soil Loss by Water Erosion in a Typical Mediterranean Ecosystem of Northern Greece under Current and Future Rainfall Erosivity［J］. Water，2021，13（15）：2002-2002.

[6] Pretty J，Benton T G，Bharucha Z P，et al. Global assessment of agricultural system redesign for sustainable intensification［J］. Nat. Sustain，2018，1：441-446.

[7] Nagendra H，Bai X M，Brondizio E S，et al. The urban south and the predicament of global sustainability［J］. Nat. Sustain，2018，1：341-349.

[8] 邵雅静，杨悦，员学锋．黄河流域城镇化与生态系统服务的时空互动关系［J/OL］．水土保持学报，2022（3）：86-93，99.

[9] 张攀，姚文艺，刘国彬，等．土壤复合侵蚀研究进展与展望［J］．农业工程学报，2019，35（24）：154-161.

[10] 贾莲莲，高海东，樊冰，等．中国北方风蚀水蚀侵蚀动力时空分布特征［J］．水土保持研究，2017，24（3）：19-23.

[11] 王涛，屈建军，姚正毅，等．北方农牧交错带风水蚀复合区水土流失现状与综合治理对策［J］．中国水土保持科学，2008（1）：28-36，42.

[12] He Z，He J. Remote sensing monitoring of the spatiotemporal evolution of vegetation coverage in the Yellow River Basin in the past 32 years［J］. Agric. Mach，2017，48：179-185.

[13] 陈四宾，霍艾迪，陈思名，等．土壤侵蚀时空分布规律及侵蚀热点分析：以陕西省王益区为例［J］．长江科学院院报，2022，39（8）：50-57.

[14] 常斐杨，行仙峰，王帆．2019年包头市水土流失动态监测研究［J］．中国水土保持，2021（7）：56-58.

[15] 王宇航．基于MCE-CA-Markov模型的包头市土地利用变化及模拟研究［D］．北京：北京林业大学，2019.

[16] 乔云．基于GIS的城镇土地定级与基准地价更新研究［D］．呼和浩特：内蒙古师范大学，2008.

[17] 牛俊文．国内土壤侵蚀预报模型研究进展［J］．中国人口·资源与环境，2015，25（S2）：386-389.

[18] Liu B Y，Nearing M A，Shi P J，et al. Slope Length Effects on SoilLoss for Steep Slopes［J］. Soil Science Society of America Journal，2000（64）：1759-1763.

[19] 张国明，李兆君，史建伟．我国土壤水蚀模型近期研究进展［J］．中国水土保持，2009（2）：12-14，60.

[20] 索笑颖，刘玉春，赵光耀，等．河北省山区降雨侵蚀力的时空变化特征［J］．水土保持通报，2020，40（6）：259-265.

[21] 张素，熊东红，吴汉，等．基于RUSLE模型的孙水河流域土壤侵蚀空间分异特征［J］．水土保持学报，2021，35（5）：24-30.

[22] 刘宝元，张科利，焦菊英．土壤可蚀性及其在侵蚀预报中的应用［J］．自然资源学报，1999（4）：345-350.

[23] 冯克义．我国土壤可蚀性K值研究［J］．水利水电技术，2019，50（S2）：225-228.

[24] 颜小平，吴雷祥，谢军，等．基于RUSLE模型的承德市土壤侵蚀敏感性及其对土地利用变化响应研究［J］．水利水电技术（中英文），2021，52（12）：221-232.

[25] 曾凌云．基于RUSLE模型的喀斯特地区土壤侵蚀研究［D］．北京：北京大学，2008.

[26] 郭建英，李锦荣，刘铁军，等．退耕还林工程建设对吴起县土地利用/覆被变化及其土壤侵蚀的影响［J］．水

土保持研究，2013，20（5）：1-6.
[27] 梁石正雄，方海燕. 2006—2015 年钱塘江流域土壤侵蚀动态变化［J］. 中国水土保持科学（中英文），2020，18（6）：33-42.
[28] 黄硕文，李健，张欣佳，等. 河南省近十年来土壤侵蚀时空变化分析［J］. 农业资源与环境学报，2021，38（2）：232-240.
[29] 杨振奇. 裸露砒砂岩区人工植被对水力侵蚀的调控机制研究［D］. 呼和浩特：内蒙古农业大学，2020.
[30] 喻锋，李晓兵，王宏. 生态安全条件下土地利用格局优化：以皇甫川流域为例［J］. 生态学报，2014，34（12）：3198-3210.
[31] 申陆，田美荣，高吉喜. 基于 RWEQ 模型的浑善达克沙漠化防治生态功能区土壤风蚀与主要影响因子分析［J］. 水土保持研究，2016，23（6）：90-97.
[32] 张春来，宋长青，王振亭，等. 土壤风蚀过程研究回顾与展望［J］. 地球科学进展，2018，33（1）：27-41.
[33] 张寒冰，高阳，崔艳智. 基于 RWEQ 模型的典型沙区风蚀治理成效研究［J］. 北京大学学报（自然科学版），2019，55（2）：342-350.
[34] 迟文峰，白文科，刘正佳，等. 基于 RWEQ 模型的内蒙古高原土壤风蚀研究［J］. 生态环境学报，2018，27（6）：1024-1033.
[35] 江凌，肖燚，欧阳志云，等. 基于 RWEQ 模型的青海省土壤风蚀模数估算［J］. 水土保持研究，2015，22（1）：21-25.
[36] 刘英，魏嘉莉，岳辉，等. 神东矿区土壤侵蚀时空特征及驱动力分析［J］. 测绘科学，2022，47（1）：142-153.
[37] 郎燕，刘宁，刘世荣. 气候和土地利用变化影响下生态屏障带水土流失趋势研究［J］. 生态学报，2021，41（13）：5106-5117.
[38] 马芊红，张科利. 西南喀斯特地区土壤侵蚀研究进展与展望［J］. 地球科学进展，2018，33（11）：1130-1141.
[39] 包头市林业和草原局. 包头市林业和草原局发展“十四五”规划［EB/OL］. 2021.
[40] 朱永杰，王超，刘自强. 降雨和植被覆盖对铁路路基边坡土壤侵蚀的影响［J］. 水土保持通报，2021，41（6）：8-14.
[41] 张扬，田美荣，陈艳梅，等. 基于 RWEQ 模型的磴口县沙地与耕地风蚀评价及验证［J］. 干旱区资源与环境，2021，35（9）：95-102.
[42] Bufalini，Margherita，et al. Soil Erosion and Deposition Rate Inside an Artificial Reservoir in Central Italy：Bathymetry versus RUSLE and Morphometry［J］. Land，2022，11（11）：1924-1924.
[43] Alizadeh，Mohsen，et al. Remote sensing technique and ICONA based-GIS mapping for assessing the risk of soil erosion：A case of the Rudbar Basin，Iran［J］. Environmental Earth Sciences，2022，81（21）：512.
[44] Zhao C，Zhang H，Wang M，et al. Impacts of climate change on wind erosion in Southern Africa between 1991 and 2015［J］. Land Degrad，2021，32：2169-2182.
[45] Scheper S，Weninger T，Kitzler B，et al. Comparison of the spatial wind erosion patterns of erosion risk mapping and quantitative modeling in Eastern Austria［J］. Land，2021，10：974.
[46] Li J，Chen H，Zhang C. Impacts of climate change on key soil ecosystem services and interactions in Central Asia［J］. Ecol. Indic，2020，116：106490.
[47] Wu J Z，et al. Effects of Ecological Programs and Other Factors on Soil Wind Erosion between 1981—2020［J］. Remote Sensing，2022，14（21）：5322-5322.
[48] Gao G L，Yin X L，Ding G D，et al. Review on the research progress of soil wind erosion erodibility［J］. China Soil and Water Conservation Science，2022，20（1）：143-150.
[49] 吴晓光. 内蒙古阴山北麓生态退耕对土壤风蚀的影响及效应研究［D］. 呼和浩特：内蒙古农业大学，2019.

基于 TVDI 陆良县干旱变化监测

杨娅楠　马华安　马显莹

（云南省水利水电科学研究院，云南昆明　650308）

摘　要： 干旱灾害是受多种因素影响且具有传递效应的自然灾害。本文利用 Landsat 数据计算归一化植被指数（NDVI）和地表温度（LST），建立 LST-NDVI 关系模型计算得到温度植被干旱指数（TVDI），分析云南省曲靖市陆良县 2020—2023 年干旱的时空变化状况。结果表明，2020—2023 年，陆良县的受旱面积均在总面积的 80%以上，2023 年受灾较为严重，受灾面积高达研究区总面积的 88%以上。基于 TVDI 指数的旱情动态监测方法综合了生态条件和人类活动干扰的影响，揭示监测陆良县干旱状况和规律，为陆良县干旱防灾减灾能力和可持续发展提供科学保障。

关键词： 遥感；干旱；温度植被干旱指数

1　引言

干旱是指某个地区受气候影响，导致蒸发量和降水量收支不平衡的现象，干旱具有传播链效应，气象干旱的降雨不足导致生态系统水循环中水量减少，进而演变发展成为水文干旱，造成农业干旱，引发植被需水不足、生物多样性降低等生态问题，最终导致生态系统弹性降低[1]，对生态系统碳固定产生一定影响[2]。干旱灾害研究是一个复杂的科学问题，涉及多个学科交叉，且地域特点突出，干旱研究经过多个发展阶段有显著进展，进一步提升了干旱监测预警、防旱减灾和生态文明建设保障能力[3]。

遥感技术可以快速获取地表信息，结合地理信息系统（GIS）等技术，实现对干旱灾害的空间分布和趋势分析，为干旱监测提供有效手段。刘观鹏等[4] 通过分析温度植被干旱指数（TVDI）变化，研究 20 年期间中国生态干旱变化特征及其影响因素；齐述华等[5] 利用 TVDI 进行全国旱情监测研究；姚瑶等[6] 采用多种植被指数利用遥感数据进行农业干旱程度评价。基于植被指数开展干旱监测评价，利用植物的光谱特征能够监测作物的长势和土壤水分状况，当作物需水量不足时，植被的生长变化会通过反射率表现出来，而归一化植被指数（NDVI）就是被用于描述旱情的重要指标[7]。卫星遥感反演的地表温度（LST）能够反映作物及下垫面的水分状况，也可以用于区域尺度的旱情监测。

根据《云南水旱灾害》《云南省水资源公报》《云南统计年鉴》等相关资料，云南自 1950 年以来旱灾频发，旱情等级、受灾面积、粮食损失等指标受气候变暖和降雨变化出现增加[8]。2012 年 2 月，陆良县旱情严重，给当地群众生活和农业生产带来困难[9]，2024 年 2 月，云南省曲靖市陆良县麦子河水库部分库区干涸龟裂[10]。曹影等[11] 对云南干旱进行遥感监测，研究发现建立温度植被干旱指数模型可以提高干旱监测的实用性。赵敏等[12] 对比 4 种干旱监测方法，发现 TVDI 法既考虑了温度因素又考虑了地表植被状态，在云南地区采用 TVDI 对特旱、微旱监测，结果与实际干旱状况吻合度最好。因此，本文基于遥感干旱监测，对加强陆良县的干旱灾害监测和预警具有重要意义。

作者简介： 杨娅楠（1989—），女，工程师，主要从事水利研究工作。

通信作者： 马华安（1980—），男，高级工程师，主要从事水利研究工作。

2 研究区概况

陆良县隶属云南省曲靖市，位于南盘江上游，总面积 1 989 km^2，下辖 2 个街道、7 个镇、2 个乡。地势四周高、中间低，是云南省面积最大的平坝，平均海拔 1 840 m。干湿季分明，属于北亚热带低纬度高原半湿润季风气候。地带性土壤为山原红壤，地带性植被为北亚热带半湿润常绿阔叶林[13]。陆良县区位图见图 1。

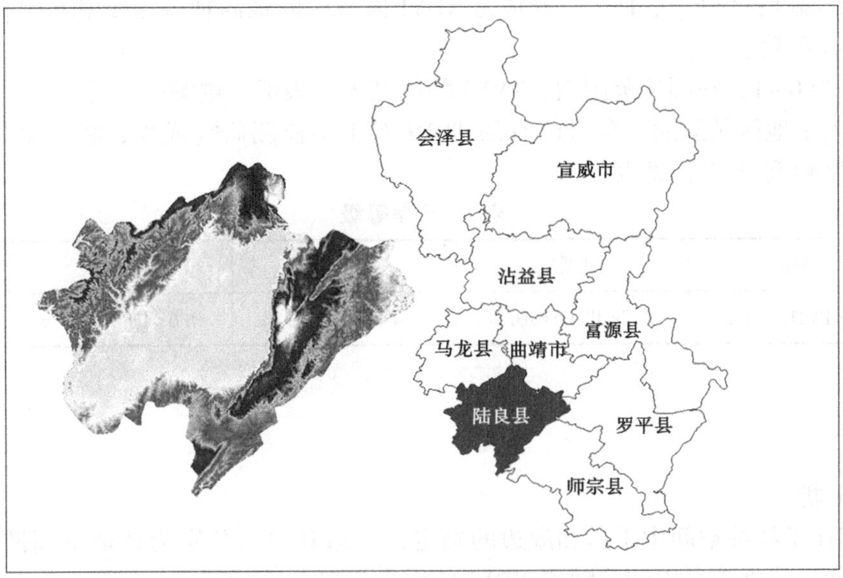

图 1 陆良县区位图

3 数据与方法

采用的 Landsat8 OLI 遥感数据来源于中国科学院计算机网络信息中心地理空间数据云平台，影像获取时间为 2020—2023 年，共 4 期数据，降雨数据来自云南省小流域山洪“四预”系统和陆良县国民经济和社会发展统计公报。

3.1 计算归一化植被指数（NDVI）

NDVI 是反映植被长势的重要参数之一，能反映出植物冠层的背景影响，如土壤、潮湿地面、雪、枯叶、粗糙度等，植被指数会随着土壤含水量的降低而降低，当植被生长良好时，NDVI 值也会比较大[14]。在 ENVI 采用波段运算：

$$\mathrm{NDVI} = \frac{\mathrm{NIR} - R}{\mathrm{NIR} + R} \tag{1}$$

式中：NIR 为近红外波段的反射值；R 为红光波段的反射值。

3.2 计算 LST

LST 表示地表亮度温度，是指到达地面的太阳热量被反射、吸收、散射后的地面温度，它是衡量大气之间物质和能量交换的重要参数。土壤温度的变化反映了土壤湿度的大小，因此地表温度可以用来监测研究区的土壤湿度。基于 Landsat8 OLI 热红外数据 B10，按照 Landsat 用户手册提供的算法，反演方法为

$$\mathrm{LST} = \mathrm{gain} \times \mathrm{DN} + \mathrm{offset} \tag{2}$$

式中：DN 为像元灰度值；gain 和 offset 分别为热红外波段的增益值与偏置值，可通过数据的头文件获得，确定相关值，得到 LST=0.003 418 02DN+124。

3.3 计算 TVDI

$$\mathrm{TVDI}=\frac{\mathrm{LST}-\mathrm{LST}_{\min}}{\mathrm{LST}_{\max}-\mathrm{LST}_{\min}} \tag{3}$$

$$\mathrm{LST}_{\min}=a+b\mathrm{NDVI} \tag{4}$$

$$\mathrm{LST}_{\max}=c+d\mathrm{NDVI} \tag{5}$$

式中：LST 为地表温度；LST_{max}、LST_{min} 分别为 NDVI 值对应的最高地表温度和最低地表温度；a、b、c、d 为干湿边拟合系数。

TVDI 的阈值为 0~1，在阈值范围内，TVDI 的值越大，表征土壤湿度越低，干旱程度越大，旱情越严重，反之则表示地区越湿润。参考已有的 TVDI 对干旱监测研究成果，将干旱分为 5 级：湿润、正常、轻旱、干旱和重旱[15]，见表 1。

表 1　干旱等级

干旱等级	湿润	正常	轻旱	中旱	重旱
TVDI	0<TVDI≤0.2	0.2<TVDI≤0.4	0.4<TVDI≤0.6	0.6<TVDI≤0.8	0.8<TVDI≤1.0

4 结果分析

4.1 TVDI 拟合分析

TVDI 的关键在于特征空间中干边和湿边的确定，干边和湿边分别为特征空间散点图上、下边界的直线，其方程通过线性拟合得到。随着 NDVI 的增大 LST_{min} 不断减小，地表温度的最小值有略微升高，LST_{max} 和 LST_{min} 同归一化植被指数（NDVI）近似呈线性变化，即 NDVI 值随着地表温度增大而呈增大趋势变化[14]。基于 ENVI 软件对 NDVI、LST 数据进行线性拟合分析，拟合 4 期遥感影像 LST-NDVI 特征空间，得出干湿边方程和散点图呈梯形分布，干边方程相关系数 R^2 较稳定，处于 0.4~0.6。随着 NDVI 值的逐渐增加，干边拟合方程对应的最高温度与最低温度走向近似相交，斜率均为负值，说明 LST 的最大值与 NDVI 存在负相关关系；而湿边拟合方程的斜率均是正值，且最大值和最小值与 NDVI 均呈现线性关系。TVDI 拟合结果见图 2。

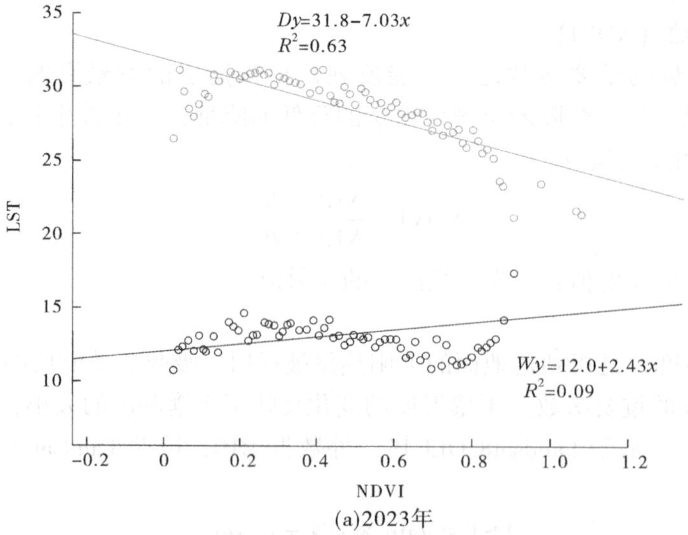

(a)2023年

图 2　TVDI 拟合结果

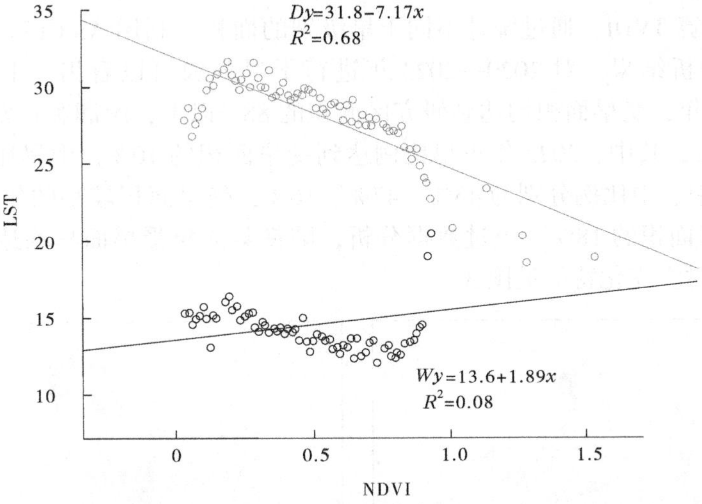

(b)2022年

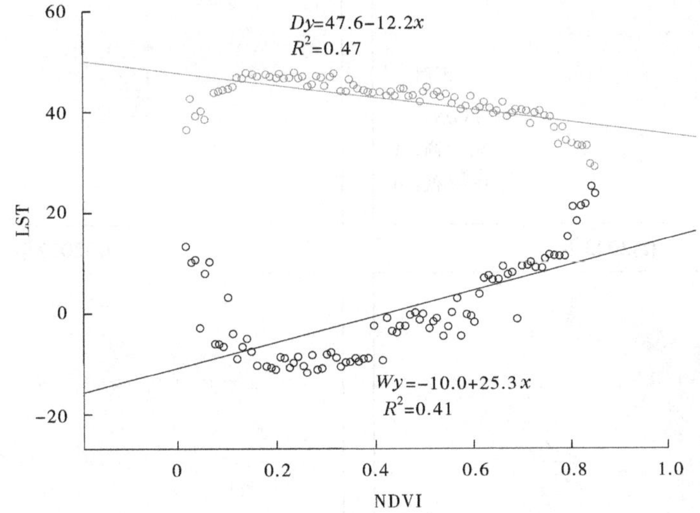

(c)2021年

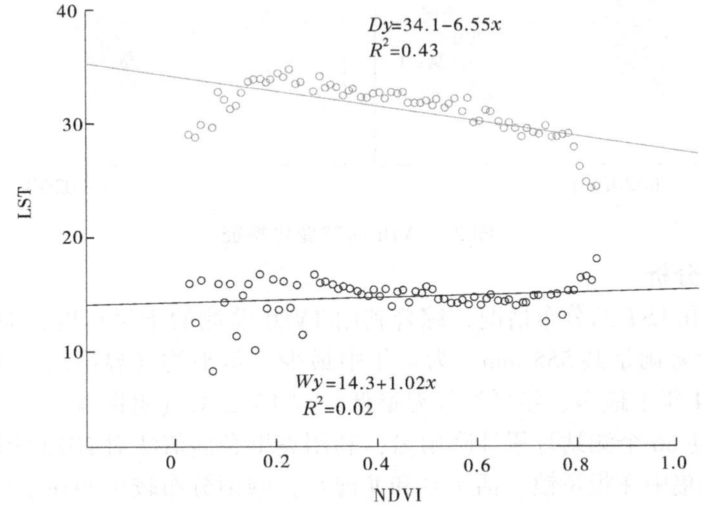

(d)2020年

续图 2

4.2 TVDI 时空变化特征

基于 ENVI 软件计算 TVDI，通过统计不同干旱级别的面积，利用 ArcGIS 软件进行制图，得到研究区 TVDI 时空变化分析结果。对 2020—2023 年进行干旱分级可以看出，干旱面积较大的年份是 2023 年，其次是 2021 年，受旱面积均达到研究区面积的 88%以上，湿润和正常的面积比占研究区面积的比例均在 11%左右，其中，2023 年重旱比例达到受旱面积的 10%，中旱比例为 50%，轻旱比例达 40%，2021 年轻、中、中比例分别为 43%、47%、10%，受旱面积较小的年份是 2022 年，湿润和正常的面积比占研究区面积的 18%。经过数据分析，陆良县 4 年受旱面积均达到区域面积的 80%以上，旱情严重。TVDI 时空变化特征见图 3。

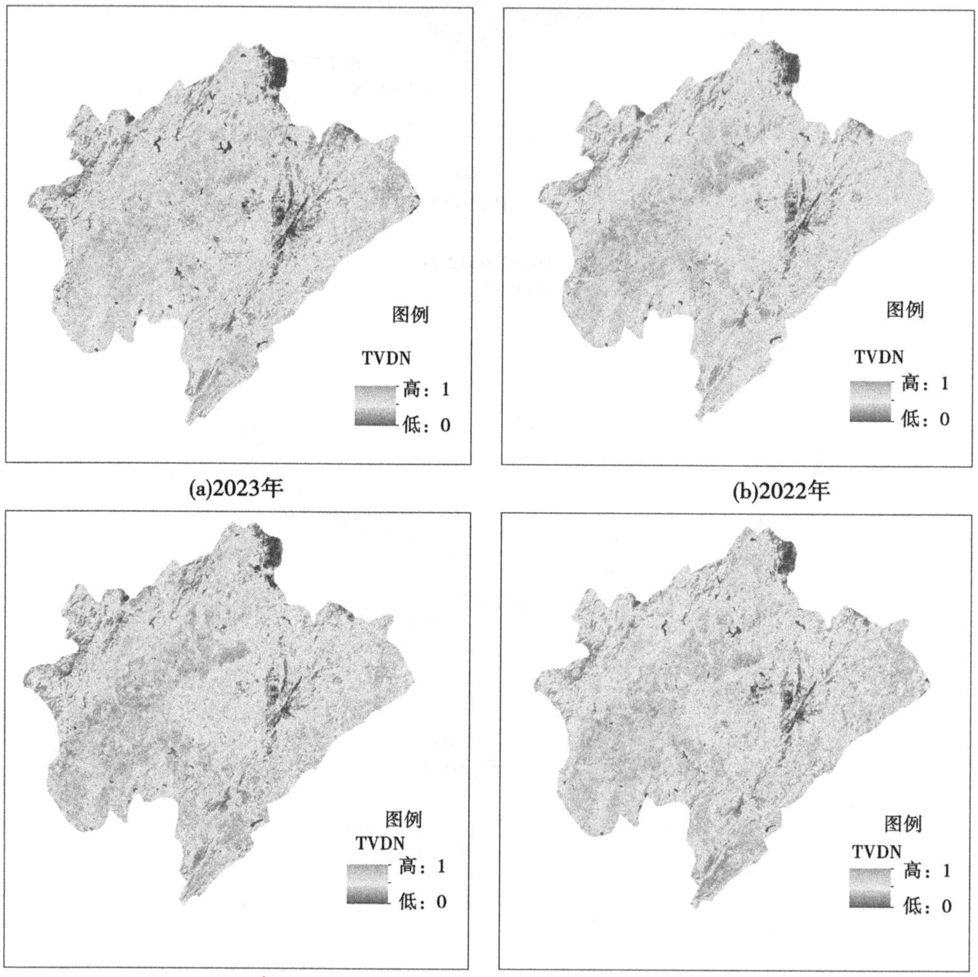

(a)2023年　(b)2022年

(a)2021年　(b)2020年

图 3　TVDI 时空变化特征

4.3 TVDI 与降雨分布分析

根据研究区 NDVI 和 LST 的分布情况，综合利用 TVDI 监测的干旱程度，对比陆良县降雨情况和气温发现，2023 年全年降雨量共 555 mm，为 4 年中最少，年平均气温最高达 16.6 ℃；2022 年全年降雨共 872.1 mm，为 4 年中最多，年平均气温最低，仅 15.2 ℃（见图 4）。

根据 2023 年陆良县 66 个测站月累计降雨量，利用克里金插值法对 2023 年的累计降雨进行插值，在空间分布上显示降雨集中在板桥镇、活水乡和龙海乡，降雨分布较少的在小百户镇、风华镇和陆良县城。TVDI 值较高的区域主要集中在海拔较低的坝区，海拔越高，TVDI 值普遍越低，受人类活动影响，居民活动集中区和城镇所在地 TVDI 值越高（见图 5）。

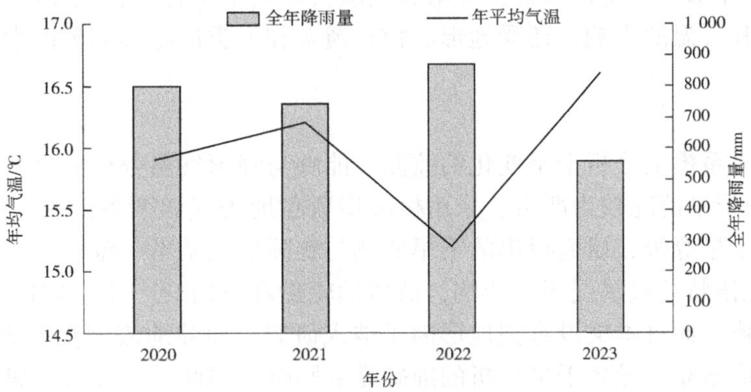

图 4　降雨和气温年际变化

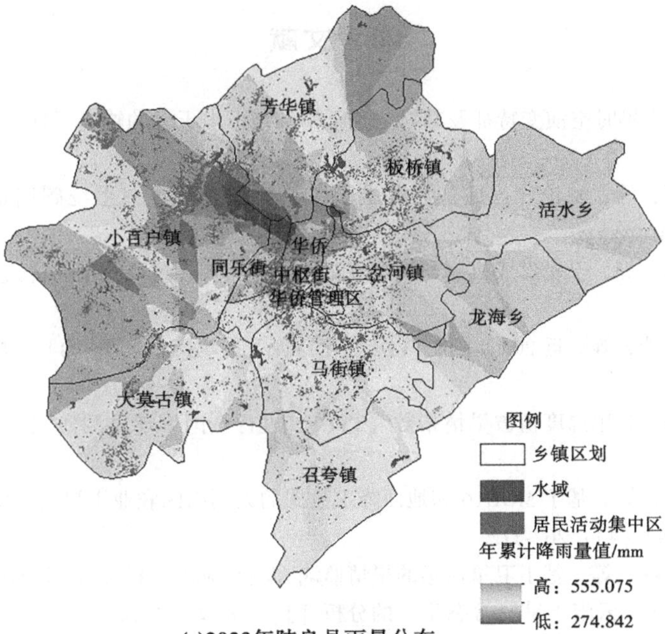

(a)2023年陆良县雨量分布

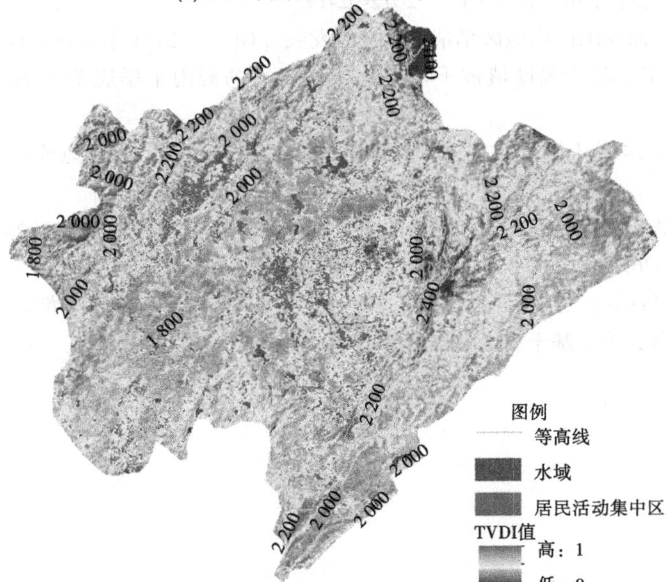

(b)2023年陆良县TVDI分布图

图 5　陆良县降雨与 TVDI 分布

从 2020—2023 年降水年际变化来看，降雨和气温会影响干旱程度，从 TVDI 值空间分布情况看，干旱程度不仅受降雨和气温的影响，还受地形、植被覆盖和人类活动等多种因素的影响。

5 结论与展望

基于 LST-NDVI 关系模型分析干旱变化的监测，能够与降雨气温分析干旱的结论基本一致，分析发现陆良县 2023 年的干旱情况较为严重，采用植被指数和地表气温两种因素，能够考虑到生态和人类活动干扰影响下的干旱等级，研究得出的干旱监测与实际情况基本一致。

但 Landsat 数据光谱特征极易受天气影响，波段的辐射和反射会产生一定的误差，因此所使用的数据质量无法得到保障。而且本文没有把地形因子纳入研究，而陆地表面温度容易受地形因子影响，尤其是云南复杂的地形地貌，导致干旱分析的准确度受影响。因此，在今后的研究中还需要综合考虑更多因子对干旱的影响，以及适宜云南山地类型的干旱分析方法还需要进一步探索。

参考文献

[1] 姜田亮．西北地区生态干旱时空演变特征及其对气象干旱和地下水干旱的响应［D］．杨凌：西北农林科技大学，2022.

[2] 陈世亮，李霞，钱钊晖，等．澜沧江：湄公河流域干旱趋势及其对生态系统碳固定的影响［J］．地理学报，2024，79（3）：747-764.

[3] 张强，李栋梁，姚玉璧，等．干旱形成机制与预测理论方法及其灾害风险特征研究进展与展望［J］．气象学报，2024，82（1）：1-21.

[4] 刘观鹏，樊晶晶，赵彦芳，等．近 20 年中国 TVDI 变化特征及影响因素分析［J］．农业技术与装备，2023（3）：39-44.

[5] 齐述华，王长耀，牛铮．利用温度植被旱情指数（TVDI）进行全国旱情监测研究［J］．遥感学报，2003（5）：420-427，436.

[6] 姚瑶，黄治勇，陈笑笑，等．基于 MOD16 和地面降水数据的大别山区农业干旱与气象干旱响应关系［J］．干旱地区农业研究，2024，42（4）：262-272.

[7] 杨永民，辛景峰，黄诗峰，等．基于卫星遥感的旱情监测方法及应用［J］．卫星应用，2019（11）：18-22.

[8] 付奔，胡关东，杨帆，等．云南干旱“常态化”的分析［J］．水文，2014，34（4）：82-85.

[9] 新华社．目击云南曲靖市干旱重灾区［OL］．2012-02-19.

[10] 央视新闻．水利部：近期我国西南地区旱情可能持续发展［OL］．2024 年 4 月 1 日．

[11] 曹影，胡文庆，颜培东．基于温度植被干旱指数（TVDI）的云南干旱遥感监测［J］．工程勘察，2016，44（1）：69-73.

[12] 赵敏，胡文英，李艳芳．4 种干旱监测方法在云南省的对比应用［J］．云南地理环境研究，2016，28（1）：14-21.

[13] 杨建波，杨林平，武梅千，等．2009—2012 年西南干旱及其对陆良县种植业产量的影响［J］．安徽农业科学，2014，42（12）：3670-3672.

[14] 刘静楠．基于 MODIS 数据的三江源自然保护区湿地动态监测［D］．成都：成都理工大学，2015.

[15] 高雅，王晓飞，高懋芳，等．基于温度植被干旱指数的曲靖市干旱监测研究［J］．中国农学通报，2020，36（9）：37-45.

京津冀水安全

跨界河流水量分配工作思路与对策探讨

任涵璐[1]　宋秋波[2]　张　营[1]　张　雪[2]

（1. 水利部海河水利委员会科技咨询中心，天津　300170；
2. 水利部海河水利委员会，天津　300170）

摘　要：明晰发展边界，确定初始水权，制定跨界河流水量分配方案是贯彻落实“节水优先、空间均衡、系统治理、两手发力”治水思路的关键环节。海河流域自2011年起开展了蓟运河、潮白河等多条跨省河流水量分配工作，受水资源短缺等多种因素影响，流域跨省河流水量分配工作协调难度极大，工作进展缓慢。梳理海河流域跨省河流水量分配工作开展情况，分析面临的新形势，提出“总量控制，省市分解”的工作新思路，结合实际情况研判制约水量分配工作的关键问题，有针对性地提出对策措施。为推动跨界河流水量分配，落实水资源刚性约束制度，加强水资源节约集约利用，强化流域水资源管理提供参考。

关键词：跨省河流；水量分配；工作思路；关键问题；对策

1　海河流域跨省河流水量分配工作开展情况

海河流域总面积31.95万km^2，多年平均地表水资源量171.4亿m^3（1956—2016年系列），包括滦河及冀东沿海诸河、海河北系、海河南系和徒骇马颊河4个水资源二级区，涉及滦河、蓟运河、潮白河、北运河、大清河（含拒马河）、滹沱河、清漳河、浊漳河、卫河等主要跨省河流。流域人均水资源占有量仅为全国平均的1/10，是全国七大流域中水资源最为短缺的地区，流域以占全国1.2%的水资源量，承载着8%的耕地、11%的人口和经济总量，“人-地-水”不平衡的矛盾极为突出，严重制约了经济社会高质量发展，影响生态文明建设。

海河流域自2011年起分三批组织开展了滦河、蓟运河等跨省河流的水量分配工作，基于常规的水资源供需分析和配置的思路[1-4]，编制了各河水量分配方案，采用逐条河流确认的模式开展省市协调。经多方努力，水量分配协调工作取得了一定进展，但由于流域水资源短缺、水事矛盾多发、河流水系关系复杂、区域经济社会发展不均衡等因素，有关省市对相关跨省河流水量分配方案一直难以达成一致意见。为推动海河流域水量分配工作，需打破以往水量分配方案制定的常规思路与协调模式，探索创新工作思路。

本文在以往水量分配工作经验基础上，结合流域发展新形势，提出通过确定各跨省河流地表水可用水量统筹解决水量分配问题的工作思路，研判方案确定和协调面临的难点问题，提出针对性的解决措施和“逐省协调”的协调模式，有效推动了海河流域水量分配工作，为着力降低流域水资源开发强度、复苏河湖生态、强化水资源刚性约束管理和推进经济社会高质量发展提供支撑。相关成果可为跨界河流水量分配、落实水资源刚性约束、从严从细管好水资源、强化流域水资源管理提供参考。

2　水量分配工作面临的新形势

进入新发展阶段，海河流域水资源情势、经济社会发展等发生一定变化，给水量分配工作带来一定影响。

作者简介：任涵璐（1987—），女，高级工程师，科长，主要从事水资源规划工作。

一是地表水资源持续衰减为水量分配协调带来新的困难。近年来，受气候变化和人类活动双重影响，海河流域水资源情势发生了变化，地表水资源量衰减严重。相关资料显示，现状下垫面条件下流域1980—2016年系列成果与流域第二次水资源调查评价1956—2000年系列成果相比，地表水资源量减少了36.7%。水资源量的减少加剧了水资源供需矛盾，增加分水难度。

二是国家重大战略顺利实施需明晰各河系和区域水权边界。京津冀协同发展、雄安新区建设、华北地区地下水超采治理、大运河文化带建设、华北地区河湖复苏行动等国家或区域重大战略的实施，均需水资源的支撑保障，明晰各河系和区域初始水权，是助力国家重大战略顺利实施的必然要求。

三是落实水资源最大刚性约束亟待分配水量作为管理依据。习近平总书记在黄河流域生态保护和高质量发展座谈会上指出，“要把水资源作为最大的刚性约束”；在深入推动黄河流域生态保护和高质量发展座谈会上，又强调“要精打细算用好水资源，从严从细管好水资源”；党的十九届五中全会明确提出建立水资源刚性约束制度。确定江河流域水量分配方案是强化流域水资源管控，将水资源刚性约束制度落到实处的关键举措之一，是强化水资源管理的重要抓手。

四是保障生态用水需求、促进河湖复苏需尽快完成合理分水。缓解经济社会发展和生态用水之间的矛盾，有效解决流域河道断流、地下水亏空、海水入侵等生态损害问题，复苏河湖，促进水生态文明建设，亟须明确经济社会发展水资源开发利用边界，合理配置经济社会发展和生态用水，保障河湖生态用水需求。

3 推进水量分配工作新思路

目前，海河流域有经批复的引滦工程、漳河、永定河干流三个水量分配方案，上述方案在一定程度上解决了相关区域水安全保障问题。然而，面对流域水事关系极为复杂、供需矛盾极为突出、水量分配难度极大的其他跨省河流，单一河流水量分配已不能满足加快落实水资源刚性约束制度和从严从细管好水资源的要求，应从全流域整体考虑，统筹各河流、各水源、各省市，一揽子推进和解决全流域分水问题。

总结以往工作经验，从明晰经济社会发展水资源约束角度，即提出海河流域各跨省河流2030年地表水可用水量，采用“总量控制，省市分解”的工作思路，统筹解决跨省河流水量分配问题。由流域机构依据国家下达的各省级行政区水资源红线管理控制性指标、流域已批复相关规划，考虑国家重大战略的实施，在统筹考虑河道内生态环境用水的基础上，提出合理水资源开发利用强度下的海河流域省套水资源二级区可用水量。流域内各省级水行政主管部门在保障河湖生态水量要求和地下水合理开采的前提下，结合现状实际供用水情况和未来经济社会发展用水态势，提出各河流水系可用水量，流域机构负责汇总、复核、协调确认，并最终形成跨省河流水量分配方案。

4 关键问题与对策措施

4.1 关键问题

工作过程中，发现存在四方面制约工作开展的关键问题。

4.1.1 现状供用水底账不清

现状合理用水是可用水量确定时应考虑的重要关键因素之一，现状统计数据来源为流域水资源统计公报，现有数据无法有效支撑摸清各河流水系现状供用水实际情况。一是统计数据精细程度不满足水量分配要求，公报以地套水资源三级区为基本单元进行供、用水统计，水量分配主要以河流水系为基本单元，公报缺少更精细的数据；二是统计口径存在一定差异，公报供用水是按用水端口径，可用水量分配分析为供水端口径；三是统计数据难以精准反映跨河流水系调出水量，海河流域存在多处跨河流水系引水情况，如潮白河引水至北运河、大清河引水至北运河、滹沱河引水至滏阳河、漳河引水至滏阳河和卫河等，公报统计数据缺少相关跨河流水系调水量。

4.1.2 用水需求超出规划边界

海河流域已批复（印发）的重要规划主要有《海河流域综合规划（2012—2030年）》（2013年3月）、《海河流域水资源综合规划》（2010年12月）、《京津冀协同发展水利专项规划》（2016年5月）、《大清河流域综合规划》（2022年1月）等，规划确定了相应水平年开发利用率、配置水量等水利发展控制性指标，是今后一个时期强化水资源刚性约束的重要依据。但省市在提出河流水系可用水量时考虑自身发展，提出的用水需求超出规划确定的水量，为水量分配协调增加了难度。

4.1.3 部分河流水资源利用严重超载

各省提出的各河流水系可用水量存在部分河流水系水资源开发利用程度较高，约束与保障需统筹考虑等难点问题。一是现状开发利用程度高的跨省河流用水需求高，协调难度大。海河流域各河流水系间开发利用水平存在一定差异，潮白河、永定河上游、拒马河、漳河等现状地表水开发利用程度达70%以上，而蓟运河、北运河、大清河、滏阳河等河流多维持在20%～40%。各省在确定可用水量时，为维护自身利益，更多地将地表水安排在现状开发利用率较高、用水矛盾突出的河流水系，进一步增加了水量分配确定与协调难度。二是资源禀赋有限导致生态安全、供水安全与发展安全之间矛盾突出。流域有限的水资源难以满足保障首都供水安全、华北平原粮食安全、生态安全等国家重大战略用水需求，落实水资源刚性约束难度极大。例如，河北省滹沱河岗黄水库承担着向下游市区和石津灌区供水的重要任务，考虑保障粮食安全，河北省对滹沱河地表水可用水量提出较高的用水需求，如何统筹协调经济社会发展和生态用水之间关系成为亟须解决的难点问题。

4.1.4 取水许可指标调整难度大

取水许可指标是从严从细管好水资源，充分发挥水资源刚性约束作用的重要抓手。现状部分河流水系存在超指标引水现象，南水北调后续工程通水前，通过水源置换、产业结构转型、深度节水、价格调控等综合性措施退减超量需要一定的时间周期，可用水量与取水指标之间如何协调是面临的难点之一。例如，现状卫运河—漳卫新河河段河北和山东均存在超指标引水现象（超引水量为批复取水指标的2倍左右），河北引水主要用于黑龙港地区农业灌溉，该地区地表水资源匮乏，浅层地下水多为咸水，当地水资源开发利用条件差，一直以来靠超引卫运河—漳卫新河水和超采地下水满足农业用水需求，若将地表水可用水量严格控制在取用水指标范围内，考虑到地下水超采治理，在南水北调东线后续工程通水前，无法高水平保障该地区农业灌溉用水安全。

4.2 对策措施

解决海河流域跨省河流水量分配难题，消除各省在用水硬约束、考核强压力等方面的顾虑，必须创新工作思路，以严格的规则定好发展边界，以精细的测算研判发展态势，以系统的思维明晰各类要素。为此，针对水量分配存在的关键难点问题，提出以下解决问题的新思路：

一是先期制定水量分配协调平衡原则。各河流水系分配水量在协调性和合理性方面存在一定共性问题，为提升水量分配方案的合理性和科学性，制定守住边界、保障生态、规划协调、适度开发、合理损耗等八条河流水系水量分配成果协调平衡原则，对推进成果省市协调确认提供了有力的支撑。

二是加强现状统计数据复核和细化。开展深入调研，结合调研成果和水资源公报相关成果，对各河系现状实际供水情况进行全面复核和细化，通过对现状数据细化和复核，整理得到海河流域各河流水系现状实际供水量，为河流水量分配提供基础支撑。

三是统筹各类供水水源全要素同步配置。水量分配关乎未来发展格局，不能仅着眼于一点，必须运用系统论观点统筹解决。为保障经济社会健康发展，确保地表水分配水量落地可靠，应统筹考虑地表水和地下水开发利用，在地下水超采严重的黑龙港及运东等地区以及子牙河平原，确定地表水水量分配方案时，结合该区域地下水管控指标，地表水开发利用程度可留有一定的空间，南水北调后续工程通水后，逐步调整至合理水平。

四是采用差异化分配与协调策略。技术层面，根据每条河流具体特点，统筹考虑实际供水、未来发展、规划边界、保障生态等多种因素，有针对性地分省分条施策，积极争取省市认可。对于规划明确提出水量指标的河流，规划年配置水量是未来一定时期内开发利用不可突破的上限，经济社会发展缺水可考虑加大非常规水利用、加大外调水或区域间协调解决；对于现状开发利用程度较高且未来用水需求高协调难度大的河流，在保证河流生态水量的前提下，适当提高经济社会发展开发利用水平，并强调在南水北调后续工程通水后，应逐步退还至合理开发水平。协调策略方面，由以往“逐河协调”的协调模式转变为“逐省协调”的协调模式，即采用各省一对一协调方法，综合平衡各省成果，逐个突破，尽量避免各省由于对其他省成果的不满而造成的纠纷和矛盾。

5 结语

制定水量分配方案，规范区域用水行为，是实现水资源可持续利用、支撑经济社会高质量发展、维系生态环境良性循环的必然要求[5]。海河流域水资源短缺，水量分配协调难度极大。本文创新性地提出“总量控制，省市分解”的工作思路，采用“逐省协调”的协调模式，避免了单条河流成为省市焦点、水量分配进展缓慢的难题，极大地推动了流域水量分配工作，2023 年 10 月，水利部印发《海河流域跨省江河水量分配方案》。相关成果可为其他跨界河流水量分配提供参考，对落实水资源刚性约束、强化流域水资源统一管理具有重要意义。

参考文献

[1] 陈阳，赵楠芳，甘志君，等．中国水量分配研究进展［J］．江西水利科技，2022，48（2）：130-135.
[2] 常露，柳莹，韩阳，等．某河道外水量分配方案分析［J］．水利技术监督，2022（3）：85-88，98.
[3] 胡勇．跨县流域水量分配工作研究：以合肥市滁河流域为例［J］．地下水，2023，45（4）：130-132.
[4] 陈小凤，王敏杰，司巧灵，等．洋河流域水量分配方案研究［J］．地下水，2023，45（4）：119-121.
[5] 李原园，李云玲．新时期江河流域水量分配思路与技术路径探讨［J］．中国水利，2020（7）：17-19.

考虑地下水影响的天然径流系列一致性修正方法

任涵璐 张 营

（水利部海河水利委员会科技咨询中心，天津 300170）

摘 要： 水资源量是水资源开发利用的基础，考虑下垫面变化对径流系列进行一致性修正对科学评价区域水资源量至关重要。对于地下水开发利用程度较高的山丘区，地下水开采导致的水资源消耗量增加是河川径流减少的主要因素。采用实际开采资料分析地下水开采对径流的影响，采用相关分析法确定其他下垫面变化的影响，按照还现—还原—修正的思路，逐层分析不同影响因子对径流量的影响程度，量化地下水和其他下垫面变化造成的衰减值，以某水库站为例对该修正方法做进一步的说明，为科学准确评价山区水资源量提供参考，为强化水资源节约集约利用提供支撑。

关键词： 天然径流量；下垫面变化；地下水开采；一致性修正

1 引言

天然年径流系列一致性修正对科学评价流域或区域水资源量至关重要，在单站天然年径流量计算中，首先对人类活动“直接影响”（工业、农业和其他地表水用水量的消耗量）的水量进行还原计算得出天然年河川径流系列，对于下垫面变化较大流域，还需要对人类活动的“间接影响”按现状下垫面条件进行一致性修正。一般通过降水径流相关分析法进行天然年径流系列一致性修正，即通过点绘人类活动影响前后两个时段的降水量-径流量关系曲线，查找不同降水深对应的年径流衰减值，绘制降水量-年径流量修正系数关系曲线，进而对需要修正年份的径流量进行一致性修正[1-4]。该方法计算时，年径流衰减值反映的是地下水开发利用、植被覆盖情况等下垫面对年径流量的综合影响。本文在此方法的基础上，进一步剥离地下水开发利用对径流量的影响量，为海河流域地下水开发利用较高的山区站天然径流量一致性修正提供参考，为强化水资源节约集约利用提供支撑。

2 方法介绍

当水文站上游流域下垫面条件发生显著改变，导致入渗、径流、蒸发、蓄变量等水平衡要素发生一定的变化，从而造成河川径流的系统性减少或增加时，为保证系列的一致性和成果的合理性，需要对河川径流进行下垫面一致性修正。地下水开采、水土保持、水利工程建设、土地利用变化等都是影响地表产流的因素[5-6]。对于地下水开发利用程度较高的山丘区，地下水开采导致的水资源消耗量增加是河川径流减少的主要因素[7-8]。鉴于山丘区地下水消耗量已计入地下水资源量中，地下水消耗量增加导致的河川径流量减少实际上是地表水与地下水相互转换产生的现象，其对水资源总量影响不大。

为定量分析下垫面变化对河川径流量的影响，本次径流系列的一致性修正将地下水开采净消耗和其他下垫面变化对河川径流减少的影响分开考虑。其中，地下水开采净消耗对河川径流的影响直接采用历年实际地下水开采资料分析确定，其他下垫面变化影响采用降水径流相关分析法分析确定。天然河川径流量修正公式如下：

$$Q_{i修订} = Q_{i天然} - \Delta Q_{i净耗} - \Delta Q_{i其他} \tag{1}$$

作者简介： 任涵璐（1987—），女，高级工程师，科长，主要从事水资源规划工作。

式中：$Q_{i修订}$为一致性修正后第 i 年天然年河川径流量；$Q_{i天然}$为一致性修正前第 i 年天然年河川径流量；$\Delta Q_{i净耗}$为第 i 年地下水开发利用对天然年河川径流量的影响量；$\Delta Q_{i其他}$为第 i 年其他下垫面因素对天然年河川径流量的影响量。

地下水开发利用对河川径流量的影响量（$\Delta Q_{i净耗}$）：由现状开采条件下的年均开采净消耗量 $\overline{Q}_{净耗}$ 与修正年份当年开采净消耗量的差值乘以影响系数得到：

$$\Delta Q_{i净耗} = \eta(\overline{Q}_{净耗} - Q_{i净耗}) \tag{2}$$

式中：η 为影响系数，根据区域水文地质条件及地下水开采程度，海河流域山丘区一般取 0.95~1.0、盆地取 0.6~0.75。

其他下垫面因素对河川径流量的影响量（$\Delta Q_{i其他}$）：在对下垫面变化趋势调查分析的基础上，针对流域的降水特点，分下垫面变化阶段（修正期）和现状下垫面阶段不同时期建立降水量与径流深关系线（$P-R$），依据现状下垫面条件下关系线与修正期关系线差异进行下垫面影响修正。为了消除地下水开采对径流的影响，需要对历年的天然河川径流系列进行地下水影响还原处理，即以系列起始年的地下水开采条件作为初始开采条件，将系列历年天然量加上当年地下水的净消耗量与起始年年地下水净消耗量的影响量的差值作为地下水还原后的天然量径流量系列，见下式：

$$Q_{i还原} = Q_{i天然} + \eta(Q_{i净耗} - Q_{1净耗}) \tag{3}$$

式中：$Q_{i还原}$为不考虑地下水开采对径流影响的天然径流量系列。

计算不考虑地下水开采对径流影响的天然径流量系列对应的径流深，采用降水径流相关分析法分析其他下垫面因素对径流的影响量。修正期相关线与现状下垫面条件下相关线之间横坐标的距离即为除地下水因素外其他下垫面因素变化造成的年径流量修正值。根据修正年份降水量可从关系线中查出现状下垫面条件下的径流深 R_{xi} 和所处时期的径流深 R_i，两个时期径流深比值即为该年份下垫面影响修正系数，见下式：

$$\Psi_i = R_{xi}/R_i \tag{4}$$

考虑地下水影响的天然年径流系列一致性修正方法示意图见图 1。

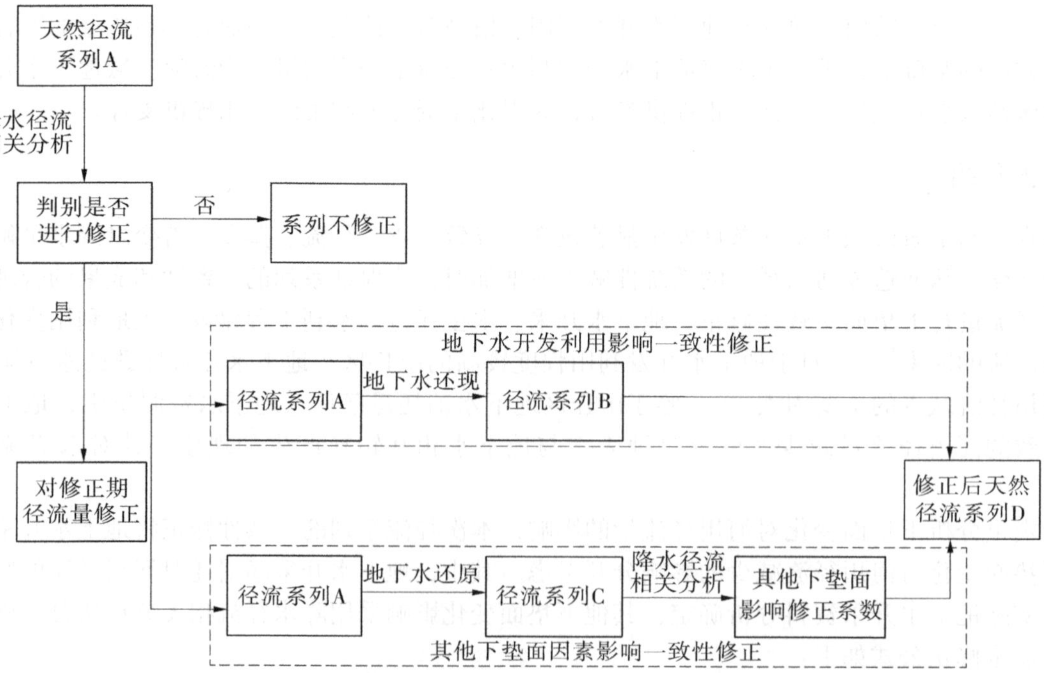

图 1　考虑地下水影响的天然年径流系列一致性修正方法示意图

3 修正实例

3.1 下垫面变化影响程度判别

某水库位于滦河干流河北省宽城县境内，控制流域面积33 700 km^2。根据水库以上流域1956—2016年天然年径流量系列A（未修正，含水库蒸发量），点绘年降水量与年径流深的相关图，见图2。由图2可知，2001—2016年的点距明显偏离于1956—2000年的点距，可见下垫面条件变化对径流的影响较大，需要对1956—2000年天然年径流量进行下垫面一致性修正。

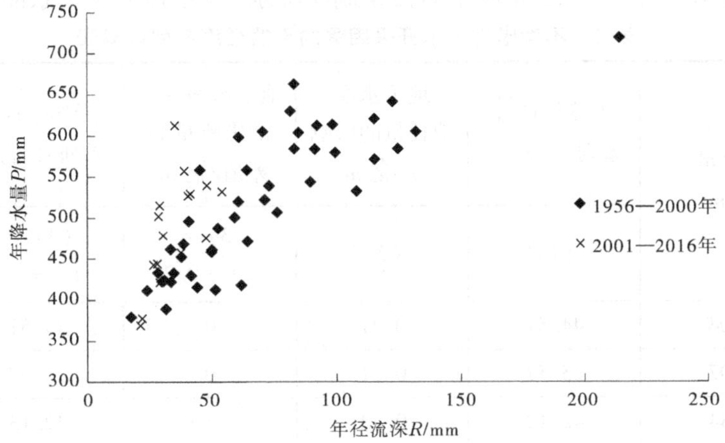

图2 某水库1956—2016年天然年径流量系列降水-径流相关图

3.2 地下水开发利用影响一致性修正（还现）

对水库以上区域内1956—2016年天然年径流系列地下水开发利用产生的地下水净消耗量进行调查统计，以2001—2016年地下水净消耗量的影响量的平均值3.15亿m^{3}作为现状下垫面条件下地下水的净消耗量的影响量，采用式（2）将系列A中1956—2000年历年天然量扣除现状地下水净消耗量与当年地下水净消耗量的影响量的差值，得到地下水还现后的天然年径流系列B，其中η取0.95，计算过程见表1。

表1 地下水开发利用影响一致性修正计算简表

年份	地下水供水量/亿m^3			地下水净消耗量的影响量/亿m^3	2001—2016年地下水净消耗量的影响量均值/亿m^3	地下水净消耗量差值/亿m^3	天然年径流系列A/亿m^3	天然年径流系列B/亿m^3
	供农业	供其他	合计	(1)	(2)	(3)=(2)-(1)	(4)	(5)=(4)-(3)
1956	0.09	0.28	0.37	0.21	3.15	2.94	44.51	41.57
1957	0.09	0.28	0.37	0.21	3.15	2.94	25.57	22.63
1958	0.10	0.29	0.39	0.22	3.15	2.93	42.12	39.19
1959	0.11	0.30	0.41	0.23	3.15	2.92	72.18	69.26
1960	0.12	0.30	0.42	0.24	3.15	2.91	20.82	17.91
⋮	⋮	⋮	⋮	⋮	⋮	⋮	⋮	⋮
1998	2.07	1.50	3.57	2.38	3.15	0.77	27.28	26.51
1999	2.08	1.51	3.59	2.40	3.15	0.75	10.51	9.76
2000	2.10	1.52	3.62	2.42	3.15	0.73	5.98	5.25

3.3　其他下垫面变化影响一致性修正

3.3.1　进行地下水还原处理

将天然年径流系列 A 中 1956—2016 年历年天然量加上当年地下水的净消耗量的影响量与 1956 年地下水净消耗量的影响量 0.21 亿 m^3 的差值，得到不考虑地下水开采因素的天然年径流系列 C，计算过程见表 2。其次利用天然年径流系列 C 和降水量绘制各时段的年降水量-年径流深关系曲线，见图 3。从降水-径流关系点的分布情况来看，不考虑地下水因素，1980—2000 年与 2001—2016 年点的分布区域重合度较高，即除地下水外的其他下垫面因素对 1980—2000 年天然径流量的影响不明显，因此按 1956—1979 年和 1980—2016 年两个时段绘制年降水量-年径流深关系曲线，见图 3。

表 2　不考虑地下水开采因素的天然径流系列计算表

年份	降水量/mm	天然年径流系列 A/亿 m^3	地下水净消耗量的影响量/亿 m^3	地下水净耗量的影响量的差值/亿 m^3	天然年径流系列 C/亿 m^3	天然年径流系列 C 对应径流深/mm
		(1)	(2)	(3) = (2) −0.21	(4) = (1) + (3)	
1956	604	44.51	0.21	0	44.51	132.09
1957	507	25.57	0.21	0	25.57	75.88
1958	584	42.12	0.22	0.01	42.13	125.03
1959	718	72.18	0.23	0.02	72.20	214.24
1960	419	20.82	0.24	0.03	20.85	61.86
⋮	⋮	⋮	⋮	⋮	⋮	⋮
1998	629	27.28	2.38	2.17	29.45	87.39
1999	424	10.51	2.40	2.19	12.70	37.68
2000	379	5.98	2.42	2.21	8.19	24.29
2001	527	13.73	2.72	2.51	16.24	48.20
2002	377	7.50	2.87	2.66	10.16	30.15
2003	514	9.89	3.02	2.81	12.70	37.68
⋮	⋮	⋮	⋮	⋮	⋮	⋮
2014	443	9.42	3.21	3.00	12.42	36.84
2015	502	9.72	3.15	2.94	12.66	37.57
2016	529	13.89	2.78	2.57	16.46	48.86

3.3.2　下垫面影响修正

根据 1956—1979 年各年降水量，降水量-径流深相关曲线上可查出对应的两个年径流深 R_{xi} 和 R_i（此时 R_{xi} 和 R_i 分别为 1980—2016 年和 1956—1979 年时段降水量-年径流深关系曲线上的天然年径流深），用式（4）计算修正系数 Ψ，再乘以天然年径流系列 B 中该年份的天然量，得到某水库考虑下垫面因素一致性修正后的天然年径流系列 D。

为了避免修正系数在各时段分界处呈现“台阶式”变化，对分界处附近年份的修正系数需做进一步的调整，使得修正系数在分界处逐渐过渡到下一个时段。

3.4　径流一致性修正成果

经计算，某水库 1956—2016 年系列天然径流量为 20.29 亿 m^3，考虑下垫面变化进行一致性修正后的天然径流量为 17.10 亿 m^3，下垫面变化对径流的影响量为 3.19 亿 m^3。其中，地下水开采对径流量的影响为 1.59 亿 m^3，占总影响量的 49.8%，除地下水外的其他下垫面因素的影响为 1.60 亿 m^3，占总影响量的 50.2%。

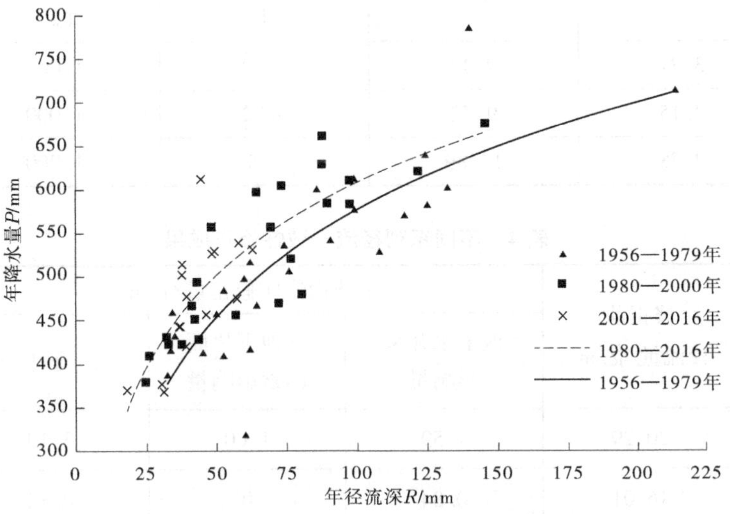

图 3　各时段年降水量-年径流深关系曲线

1980—2016 年系列天然径流量为 16.01 亿 m^3，1980 年以来除地下水外的其他下垫面变化对径流未造成明显的影响，地下水开采对径流的影响为 0.84 亿 m^3，考虑下垫面变化进行一致性修正后的天然径流量为 15.17 亿 m^3。

考虑下垫面变化的径流一致性修正计算结果见表 3、表 4。

表 3　天然年径流系列一致性修正成果

年份	地下水净消耗量/亿 m^3	天然年径流系列 A/亿 m^3	天然年径流系列 B/亿 m^3	修正系数 Ψ	修正后天然年径流系列 D/亿 m^3
			(1)	(2)	(3) = (1) × (2)
1956	0.21	44.51	41.57	0.836	34.75
1957	0.21	25.57	22.63	0.767	17.36
1958	0.22	42.12	39.19	0.821	32.17
⋮	⋮	⋮	⋮	⋮	⋮
1977	0.67	24.55	22.07	0.894	19.73
1978	0.70	41.35	38.90	0.966	37.58
1979	0.73	38.88	36.46	1.000	36.46
1980	0.76	14.02	11.64	1.000	11.64
1981	0.85	8.08	5.78	1.000	5.78
⋮	⋮	⋮	⋮	⋮	⋮
1999	2.40	10.51	9.76	1.000	9.76
2000	2.42	5.98	5.25	1.000	5.25
2001	2.72	13.73	13.73	1.000	13.73
⋮	⋮	⋮	⋮	⋮	⋮

续表 3

年份	地下水净消耗量/亿 m^3	天然年径流系列 A/亿 m^3	天然年径流系列 B/亿 m^3	修正系数 Ψ	修正后天然年径流系列 D/亿 m^3
			(1)	(2)	(3) = (1) × (2)
2014	3.21	9.42	9.42	1.000	9.42
2015	3.15	9.72	9.72	1.000	9.72
2016	2.78	13.89	13.89	1.000	13.89

表 4　不同系列径流一致性修正成果

系列	修正前径流量/亿 m^3	下垫面影响修正量/亿 m^3			修正后径流量/亿 m^3
		地下水开采影响量	其他下垫面因素影响量	合计	
1956—2016 年	20.29	1.59	1.60	3.19	17.10
1980—2016 年	16.01	0.84	0	0.84	15.17

4　结语

本文结合实际工作经验，提出了考虑地下水影响的天然年径流系列一致性修正方法，量化了地下水开采和其他下垫面因素的影响量，为科学准确评价山区和山间盆地水资源量，尤其是地下水开发利用程度较高的区域，提供了技术参考，对流域水资源合理规划和科学管理具有十分重要的意义。

参考文献

[1] 王秀兰，王海宁，刘佳，等. 天然年径流系列一致性检验与修正方法［J］. 水科学与工程技术，2017（6）：62-65.
[2] 武晓林. 河川径流系列一致性修正方法探讨［J］. 山西水利，2004（6）：28-29.
[3] 王巧平. 天然年径流量系列一致性修正方法的改进［J］. 水利规划与设计，2003（2）：38-40.
[4] 朱东彪，胥洪军. 天然径流量还原与修正方法［J］. 河南水利与南水北调，2013（14）：22-23.
[5] 丁爱中，赵银军，郝弟，等. 永定河流域径流变化特征及影响因素分析［J］. 南水北调与水利科技，2013，11（1）：17-22.
[6] 姜青青，康月娥. 人类活动对流域径流的影响：以海河流域北系为例［J］. 水利科技，2010（4）：26-30.
[7] 张建中，刘江侠，任涵璐，等. 流域下垫面变化对永定河官厅水库径流影响分析［J］. 海河水利，2016（6）：7-10.
[8] 王小国，何长海. 浅析地下水开采对降雨径流的影响［J］. 河南水利与南水北调，2012（16）：48-49.

关于南水北调中线受水区当地可供水减少量的分析

张 娜[1] 李 波[3] 王 磊[1,2] 黄会勇[1,2] 万 蕙[1,2] 刘少华[1,2]

（1. 长江勘测规划设计研究有限责任公司，湖北武汉 430010；
2. 长江设计集团有限公司 水利部水网工程与调度重点实验室，湖北武汉 430010；
3. 中国国际工程咨询公司，北京 100048）

摘 要： 由于降雨等气候要素变化、人类活动影响，我国华北地区水资源量总体呈现减少趋势，南水北调中线受水区当地水资源的可供水量较工程规划设计阶段也有所减少。面对新的形势，进一步梳理受水区当地各类水源的供水条件和可供水量，研判当地水源与中线北调水联合调配的能力，为中线后续工程规模论证奠定基础，为国家水网建设提供参考。

关键词： 南水北调；受水区；可供水量；减少分析

1 研究背景

21 世纪初，南水北调中线工程规划设计阶段，充分考虑水源区、受水区的水资源特点和用水特点，结合一期工程水源地丹江口水库来水年际变化较大、可调水量不均等情况，确定了北调水与当地水源联合调配的水资源配置格局和总干渠单线输水、建筑物多槽（孔、洞）输水的总体布置，并确立了中线工程主要向受水区生活和工业供水，兼顾生态和农业的供水任务[1-3]。

中线一期工程因丹江口水库来水年际变化较大，存在多水多调、少水少调、供水不均匀的情况，长系列陶岔北调水过程中，最大年调水量是最小年的 2. 2 倍，因此需中线北调水与当地水联合运用、丰枯互补，共同保障受水区供水安全，当时基于 1956—1998 年水文系列提出受水区当地各类水源可供水量共计 51. 6 亿 m^3。在北调水与受水区各种水源联合供水、相互补充的条件下，受水区城市生活保证率达到 95%、工业达到 90%、环境达到 80% 以上，可基本满足受水区城镇供水保证率的要求[1-3]。

中线一期工程通水运行以来，受水区社会经济发展布局、当地水源条件及供用水格局均于规划设计阶段发生了变化。面对新的形势，进一步梳理受水区当地各类水源的供水条件和供水量，研判多水源联合调配的能力是必要的。

2 近年受水区当地水资源总体变化情况

2. 1 地表水资源量呈现衰减变化

根据全国第三次水资源调查评价成果，自东北到西南贯穿全国、涵盖了第一阶梯东缘、第二阶梯绝大部分（除西北地区）和第三阶梯的北方部分，包括东北、华北地区的大部以及西南横断山脉以东，巫山、雪峰山以西广袤地区的水资源均呈现减少趋势。其中，海河流域 1956—1979 年评价系列地表水资源量为 288 亿 m^3；1956—2000 年评价系列减少至 216 亿 m^3；1956—2016 年评价系列减少至

基金项目： 长江黄河等重点流域水资源与水环境综合治理专项“南方流域片水资源系统配置与外调水潜力”（2021YFC3200202）；国家自然科学基金重大项目课题“水网系统数字孪生及场景推演技术与平台”（52394235）；长江勘测规划设计研究有限责任公司自主创新项目（CX2021Z10-2）。

作者简介： 张娜（1983—），女，高级工程师，主要从事南水北调等引调水工程规划设计工作。

171 亿 m^3，较 1956—1979 年评价系列减少了 117 亿 m^3（减少 41%），较 1956—2000 年评价系列减少了 45 亿 m^3（减少 21%）[4-5]，衰减严重。黄河流域 1956—1979 年评价系列地表水资源量为 661 亿 m^3；1956—2000 年评价系列减少至 607 亿 m^3；1956—2016 年评价系列减少至 584 亿 m^3，较 1956—1979 年评价系列减少了 77 亿 m^3（减少 12%左右），较 1956—2000 年评价系列减少了 23 亿 m^3（减少 4%左右）[4-5]。两大流域的水资源情势发生了重大变化，未来也可能将进一步衰减[6]。

2.2 地下水可开采量有所减少

根据全国第三次水资源调查评价成果，1980—2000 年与 2001—2016 年两个评价系列对比发现：海河流域地下水资源量由 235 亿 m^3 减少至 224 亿 m^3，减少 5%；黄河流域地下水资源量由 376 亿 m^3 减少至 365 亿 m^3，减少 3%[4]。由于地下水资源量减少，伴随地下水超采治理逐步落实，地下水可供水能力将进一步降低。

3 新形势下可供水量预测

受水区城市的当地供水水源有地表水（包括蓄水工程、河道引提水等）、引黄工程、地下水、再生水等。可供水量预测遵循有利于当地水资源的可持续利用、生态环境良性循环原则确定。

3.1 地表水可供水量

3.1.1 蓄水工程

中线工程规划设计阶段，考虑受水区具备向城市供水条件的 24 座大中型水库在归还农业用水、缓解城市用水挤占农业用水矛盾、改善农业生产条件的前提下，预测受水区大中型水库可向城市供水量为 21.8 亿 m^3，可与北调水丰枯互补，发挥重要的调节作用，较好地适应中线北调水年际变化较大的特点。

受水资源衰减影响，受水区大中型水库入库水量减少。对 1956—2018 年系列与 1956—1998 年系列进行对比，海河流域西部山区岳城、岗南、黄壁庄、密云等大型水库天然来水量衰减 6%~19%，其中 1999—2018 年系列较 1956—1998 年系列衰减 20%~62%[3,5]。

面向 2035 年，在考虑大中型水库首先满足下游河道生态基流要求的前提下，结合现状归还农业情况，重新选取了 19 座大中型水库与中线北调水进行联合调节计算，按照“适度归还、联合调配”的原则确定大中型水库可供水量：2035 年大中型水库向受水区城市总可供水量为 13.7 亿 m^3，较规划设计阶段减少 8.1 亿 m^3。

3.1.2 引提水工程

河南省受水区城市原有河道引提水工程 19 处，中线工程规划设计阶段考虑利用河道引提水量 1.39 亿 m^3。受水资源量减少和上游用水增加的影响，部分河流径流量锐减，引提水工程可供水量减少，如原规划河南可通过颍河引提水工程向许昌市、禹州市供水 5 000 多万 m^3，但由于颍河上游白沙水库下泄水量减少导致河道基本干涸，不仅不能向许昌、禹州供水，还需通过北调水量向颍河实施生态补水。

考虑河道用水首先应满足生态环境需求，不具备引水条件的河流取消引提水工程，在社旗、方城等缺乏当地其他地表水工程或具备引提水供水条件的县市区保留部分引提水量，以尽可能构建受水区多水源保障体系。经预测，2035 年引提水工程向受水区城市可供水量为 0.67 亿 m^3。

3.2 引黄可供水量

1987 年，国家计划委员会和水电部批准了《关于黄河可供水量分配方案的报告》（简称“87 分水方案”），明确了在南水北调工程生效前黄河可供水量的分配方案：河南省 55.4 亿 m^3（全省年耗水量），河北省、天津市今后一个时期需从黄河引水接济，分配用水量 20 亿 m^3[7]。

2010 年，《黄河流域水资源综合规划》明确了南水北调工程通水后，考虑黄、淮、海区的水资源状况将得到较大改善，向河南配置水量 51.7 亿 m^3（年耗水量），河北、天津在南水北调中、东线供水范围，但仍保留河北引黄配置水量 6.2 亿 m^3，不再考虑向天津配置引黄水量。

上述明确的引黄分配水量指标中，以农业和生态环境用水为主，中线受水区供水范围内引黄工程向城市生活、工业和环境供水的城市有郑州、新乡、濮阳3市，共建有引黄工程5处，包括郑州市利用邙山提灌站、花园口提灌站、东大坝提灌站提水工程等，新乡市利用人民胜利渠引水工程，濮阳市从渠村闸后埋设专用输水管道供水工程等。

中线工程规划设计阶段，按照引黄水控制原则，考虑中线工程实施后维持城市引黄水量基本维持当时供水水平，即中线受水区城市引黄可供水量为3.0亿m^3，其中郑州2.3亿m^3、新乡0.5亿m^3、濮阳0.2亿m^3。目前，引黄各省市分配水量指标尚未重新调整，本次研究仍考虑2035年引黄可供水量维持中线工程规划设计阶段的水量，即3.0亿m^3。

3.3 地下水可供水量

中线一期工程通水后，置换了受水区城市部分地下水供水量，缓解了受水区地下水严重超采的局面，促进了地下水超采治理，虽然取得一定成效，但超采治理仍然任重道远。根据《华北地区地下水超采综合治理行动方案》，到2035年，通过进一步采取节水措施、加大非常规水利用、实施南水北调东中线后续工程等措施，力争全面实现地下水采补平衡，超采亏空水量逐步填补。

根据全国第三次水资源调查评价成果，河南省平原区2001—2016年可开采量约96.8亿m^3，其中受水区涉及的11个省辖市总地下水可开采量为49.3亿m^3；河北省平原区2001—2016年可开采量约72.7亿m^3，其中受水区涉及的7个省辖市总地下水可开采量为61亿m^3；天津、北京分别为4亿m^3、16亿m^3[4,8]。在遵循深层地下水不开采、浅层地下水不超采的前提下，结合各省市地下水利用的实际情况，按照地下水优先保障农业用水、受水区城市少用地下水的原则，确定中线受水区城市2035年地下水的可供水量。

对于河南省，预测2035年地下水向城市可供水量2.5亿m^3，基本与中线规划设计阶段持平。

对于河北省，中线工程规划阶段提出浅层地下水向城市的可供水量均为3.45亿m^3，其中沧州市、衡水市和廊坊市浅层地下水基本没有开采价值，当时就提出不作为城市供水水源。本次研究考虑结合河北受水区涉及的限采、禁采范围以及河北作为华北地下水超采治理重点区域面临的水资源形势和困难，尽量将城市利用的地下水退还给农业用户，因此在中线工程规划阶段提出地下水可供水量在基础上进一步压减，其中邢台、衡水、沧州、廊坊、雄安新区均为东中线工程联合供水区，一般不用地下水，地下水作为应急备用水源热备。邯郸、石家庄、保定三市未纳入东中线互济范围，且邯郸有羊角铺地下水源地、石家庄有滹沱河地下水源地、保定有一亩泉地下水源地，结合三个地下水源地实际供水能力共保留0.8亿m^3地下水供水能力。

对于天津市，中线工程规划阶段提出地下水向城市可供水量为1.21亿m^3。2019年，天津市人民政府批复了天津市地下水超采综合治理实施计划，明确治理范围和治理目标，提出区人民政府所在地城镇范围全面禁采地下水的要求[9]。基于上述情况，考虑天津市2035年城镇生产生活一般不用地下水。

对于北京市，中线工程规划设计阶段提出地下水向城市生活、工业和城镇环境配置水量为6.72亿m^3。考虑水源条件和供水保障需求，2035年全市地下水控制开采量15.7亿m^3。考虑到北京市虽然作为华北地下水超采治理的重点区域之一，但也面临水资源安全保障形势依然严峻等问题，在积极落实地下水压采政策的同时，也应充分利用各类水源条件，建设多水源共同保障供水安全的供水体系。因此，鉴于北京密怀顺地下水源地具备一定的供水能力，2035年保留地下水向城镇生产生活供水量3.9亿m^3左右。

综上，受水区2035年地下水总可供水量为7.2亿m^3，较中线规划设计阶段减少6.7亿m^3。

3.4 再生水利用量

污水再生利用，是缓解水资源短缺和治理水污染相结合的一项综合性战略措施。按照优水优用的原则，再生水量经处理达标后将主要用于城市环境、市政杂用、工业等。

中线受水区范围广，各县市区发展水平参差不齐、再生水利用水平差异较大，河南、河北部分县市区现状再生水利用率距离再生水利用要求存在差距，主要问题包括配套管网不完善，污水收集率不高，部分污水厂处理规模不足导致污水处理率不高，污水深度处理能力不够导致再生水利用水平不高，再生水利用标准和政策、法规没有建立，管理体制也不健全。

按照国家相关要求，2035 年中线受水区再生水利用率应进一步提高，以“京津冀区域再生水利用率达到 30%以上”为目标，并考虑推进受水区生态修复和地下水压采进程向河南、河北受水区涉及的各地市生态和农业预留部分再生水量，按照中线受水区城市再生水利用率达到 20%～45%、平均达到 30%以上作为控制指标。其中，省会城市的再生水利用率达到 25%～30%，雄安新区达到 35%以上，北京和天津均达到 40%～45%。经预测，2035 年中线受水区城市范围内再生水利用量将达到 23.4 亿 m^3。

3.5 受水区当地总可供水量

综上所述，中线受水区 2035 年城镇综合生活、工业和城镇环境总可供水量为 48.0 亿 m^3，其中当地蓄水工程可供水量为 13.7 亿 m^3，引提水可供水量为 0.67 亿 m^3 左右，引黄可供水量为 3.0 亿 m^3，地下水可供水量为 7.2 亿 m^3，再生水利用量为 23.4 亿 m^3。较中线规划设计阶段减少 3.6 亿 m^3，其中以地表水和地下水为主要减少项。

可供水量减少将导致受水区水源间的丰枯互补、相互调配能力减弱，受水区对中线北调水量丰枯不均、年际变化大等特点的适应能力将有所降低。

4 结语

受特殊地理和气候条件影响，我国是一个水资源短缺的国家。华北地区水资源禀赋条件较差，受气候变化和人类活动影响，水资源呈严重衰减变化，更加剧了水资源短缺状况。在变化环境下，我国北方河流总体上呈现径流减少的趋势，导致北方地区水资源供需矛盾更加突出，有关研究表明，未来随着经济社会的发展，北方缺水的情况可能进一步加剧，因此需要进一步对南水北调中线受水区乃至黄淮海流域的水资源变化情势和供需形势进行深入研究，优化资源配置，实现水资源与经济社会的高质量发展。

参考文献

[1] 中华人民共和国水利部．南水北调工程总体规划［R］．北京：中华人民共和国水利部，2002.

[2] 长江水利委员会长江勘测规划设计研究院．南水北调中线一期工程可行性研究总报告［R］．武汉：长江水利委员会长江勘测规划设计研究院，2005.

[3] 长江勘测规划设计研究有限责任公司．引江补汉工程可行性研究报告［R］．武汉：长江勘测规划设计研究有限责任公司，2021.

[4] 中华人民共和国水利部．第三次全国水资源调查评价简要报告［R］．中华人民共和国水利部，2022.

[5] 张娜，李波，刘子慧，等．南水北调京津冀豫受水区水资源供需新形势及对策［J］．南水北调与水利科技（中英文），2023，21（6）：1223-1234.

[6] 赵勇，何凡，何国华，等．国家水网规划建设十点认识与思考［J］．中国水利，2023（14）：24-33.

[7] 国务院办公厅．国务院办公厅转发国家计委和水电部关于黄河可供水量分配方案报告的通知［R/OL］．（2011-03-30）［2024-12-01］．https：//www. gov. cn/zhengce/zhengceku/2011-03/30/content_ 3138. htm.

[8] 水利部水利水电规划设计总院，河南省水利勘测设计研究有限公司．河南省地下水综合治理专项规划［R］．2020.

[9] 天津市水务局．天津市地下水超采综合治理实施计划［R］．天津：天津市水务局，2019.

郑州都市圈水资源配置格局优化研究

张　娜[1]　冯志勇[1,2]　王　磊[1,2]　刘少华[1,2]　万　蕙[1,2]

（1. 长江勘测规划设计研究有限责任公司，湖北武汉　430010；
2. 长江设计集团有限公司 水利部水网工程与调度重点实验室，湖北武汉　430010）

摘　要：郑州都市圈位于我国“两横三纵”城镇化战略格局中陆桥通道和京广通道两大发展轴的交会处，在构建新发展格局、建设全国统一大市场中具有重要地位。随着郑州都市圈建设深入推进，区域内水资源开发利用面临新的形势和要求，针对需水要求变化，以都市圈中线工程受水区为重点，重新梳理其现状水资源配置格局和存在的短板问题，提出以优化南水北调中线工程布局为关键手段，健全高效科学的区域水资源配置格局，打造配置合理、风险可控的韧性水资源供给体系，以支撑都市圈高质量发展。

关键词：南水北调；郑州都市圈；水资源配置格局；供水安全

1　现状水资源配置格局

1.1　水资源与社会经济匹配状况

2023 年 10 月，《郑州都市圈发展规划》获国家发展和改革委员会复函，成为全国第 10 个获得复函的都市圈规划，标志着推动郑州都市圈建设取得重要阶段性成果[1]。2024 年 2 月，《河南省国土空间规划（2021—2035 年）》获国务院批复，提出了以郑州都市圈为引领的国土空间总体格局，强调打造以郑州国家中心城市为核心，以郑开同城为支撑，将兰考县纳入郑开同城化进程的郑州都市圈[2]。

郑州都市圈是由郑州及开封、洛阳、平顶山、新乡、焦作、许昌、漯河、济源等 8 座外围社会经济联系密切的城市所构成的城市功能地域，是河南省政治、人口、经济中心。其中，郑州都市圈中线受水区范围覆盖郑州、平顶山、新乡、焦作、许昌、漯河 6 座城市。目前，开封市也已通过水权交易纳入中线工程供水范围，正在开展配套工程建设。上述 6+1 城市国土面积占郑州都市圈全域的 71%，人口占 83.3%，生产总值占 82.8%[3]，是都市圈的核心区域。

郑州都市圈受水区 2020 年常住人口为 3 897 万人，生产总值 48 645 亿元，耕地灌溉面积 2 700 多万亩，以河南省 25%的国土面积、20%的水资源量，承载了河南全省 40%的人口、49%的生产总值和 46%的耕地灌溉面积，人均水资源量 207 m^3、耕地亩均水资源量 252 m^3，分别为全国水平的 10%和 17%，约为淮河流域的 45%和 68%、黄河流域的 35%和 52%、河南省的 50%和 70%[3-5]，人均水资源量远低于国际上公认的下限，属重度缺水地区，与郑州都市圈社会经济发展布局不相匹配。

1.2　现状供用水格局

从用水侧统计数据来看，郑州都市圈受水区 2010—2020 年用水总量介于 83.92 亿~93.42 亿 m^3，

基金项目：长江黄河等重点流域水资源与水环境综合治理专项“南方流域片水资源系统配置与外调水潜力”（2021YFC3200202）；国家自然科学基金重大项目课题“水网系统数字孪生及场景推演技术与平台”（52394235）；长江勘测规划设计研究有限责任公司自主创新项目（CX2021Z10-2）。

作者简介：张娜（1983—），女，高级工程师，主要从事南水北调等引调水工程规划设计工作。
通信作者：冯志勇（1992—），男，工程师，主要从事水利工程规划与设计工作。

其中生活用水量由 11.5 亿 m^3 上涨至 18.44 亿 m^3，占总用水量的比例由 14%提高至 20%，呈现刚性上涨；工业用水量由 24 亿 m^3 降至 14.92 亿 m^3，占总用水量的比例由 29%下降至 16%，主要呈现下降变化，农业用水量由 44.68 亿 m^3 下降至 41.42 亿 m^3，占总用水量的比例由 53%下降至 44%，总体变化不算太大；生态用水量逐年上涨，由 2.73 亿 m^3 上涨至 18.64 亿 m^3，占总用水量的比例由 4%上涨至 20%左右[6]。

郑州都市圈城市间用水结构差异较大，以 2020 年为现状年进行分析，郑州市第一用水大户为生活，体现了城镇化快速推进、人口集聚带来用水需求的刚性上涨，且上涨速度较快。开封、新乡、焦作是河南省粮食主产区，农业均为 3 市第一用水大户，农业用水占总用水量的比例分别为 54%、58%、66%，3 市工业用水则占比较少，分别为 10%、12%、12%；平顶山农业用水占总用水量的比例不足 30%，工业用水占总用水量的比例超 25%，是典型的工业型城市[6]。

从供水侧统计数据来看，都市圈受水区 2010—2020 年总供水量也逐年上涨。其中，地表水供水量由 31.61 亿 m^3 上升至 45.49 亿 m^3 左右，占总供水量的比例由 38%上升至 49%；地下水供水量不断下降，由 51.96 亿 m^3 降至 40.65 亿 m^3 左右，占总用水量的比例由 62%降至 44%左右；其他水源供水量逐年上涨，由 0.35 亿 m^3 上升至 7.28 亿 m^3 左右，占总供水量的比例由 0.4%提高至 8%左右[6]。

郑州都市圈城市间供水结构差异也较大，郑州市随着中线一期通水并超额发挥作用，已经逐渐由原来的地下供水主导变成地表供水主导，总地下水供水量已经由 2010 年的 58%降低至 2020 年的 27%；漯河市地下水供水量占比则高达 70%；开封市由于尚未通中线水，地下水供水量占比居高不下，依然超过 50%，且深层地下水超采严重；焦作、新乡地下水供水比例为 50%左右，同样存在超采问题[6-7]。虽然总体上地下水仍然是郑州都市圈受水区的主导水源，但中线一期工程和其他水源逐步发挥重要作用，对于缓解都市圈水资源短缺、推进地下水超采治理的作用是明显的[7]。

1.3 主要问题

都市圈城市规模持续扩大，既是经济社会发展的必然结果，也是经济社会发展的必然要求，但随着城市框架持续延伸、城市系统功能逐渐复杂，城市发展对水的需求也越来越大，相应的水问题也越来越突出。

1.3.1 水资源短缺问题依然突出，地下水超采问题依然严重

南水北调中线一期工程通水后，有效缓解了都市圈受水区水资源短缺的状况，有效推动了受水区地下水压采进程，显著改善了受水区人民的用水品质，但中线一期工程分配水量尚不足以支撑都市圈建设，区域水资源供需矛盾依然突出，长期过度开发水资源、不同区域和行业用水竞争依然强烈，城市挤占农村或农村挤占生态的用水模式依然存在。地下水仍然是都市圈部分地区及农业用户最主要的供水水源，因此造成地下水超采严重，开封市以深层承压水超采为主，主要是当地地表水资源缺乏、为满足农村生活等用水所致；焦作、新乡粮食主产区浅层地下水超采严重，主要为农业井灌区过量开采，以及一部分生活生产用水的集中开采所导致。新乡现状地下水埋深下降区面积占平原区面积的 64.4%，全市地下水埋深在区域上以下降为主[7-10]。

1.3.2 多源互济的水安全保障体系尚未形成，都市圈内城乡供水抗风险能力较差

2021 年 7 月 17—23 日，河南省遭遇历史罕见强降雨，覆盖了郑州、新乡、焦作等地区，形成了严重的洪涝灾害。国务院灾害调查组指出：这有极端暴雨防御难度大的原因，有城市发展快、历史欠账多的原因[11]。以荥阳市罗垌水厂为例，该水厂为荥阳市主城区唯一主供水厂，目前建设的配套罗垌调蓄池尚未建成。暴雨灾害发生后，为其提供原水的南水北调 24 号口门泵站被淹，造成荥阳市全城停水 3 d。与此同时，作为中线工程调节水库、郑州市主城区重要水源地的常庄水库出现重大险情，直接威胁到郑州主城区供水安全[12]。

尽管中线工程通水增加了城市的水源和水资源量，但相当一部分地区多水源保障格局并未建立，应急保障体系也不完备，部分城市高度依赖中线工程供水，距离系统完备的水网体系仍有较大差距，

而农业缺水问题一直未得到有效规划解决，大量用水仍以引黄和超采地下水为主。都市圈多源互济的水安全保障体系尚未形成，供水体系弹性不足、韧性不够、应急供水能力差等问题也已显现。

1.3.3 都市圈内城市间发展不平衡，中线一期北调水量分配指标有待优化调整

21 世纪初，南水北调工程规划设计阶段统筹社会经济发展现状、趋势和区域水资源条件等要素，确定了中线一期工程陶岔断面多年平均调水量 95 亿 m^3，其中河南省 37.7 亿 m^3，相应口门水量为 35.94 亿 m^3（郑州都市圈受水区多年平均口门分配水量为 17.8 亿 m^3[13-14]）。

21 世纪初的 20 年是我国经济社会发展翻天覆地变化的 20 年，随着城镇化推进、产业布局变革，受水区社会经济格局和用水格局均较规划预测发生了重大变化。河南省内、都市圈城市之间社会经济发展态势差异较大（见图 1、图 2），对水量的需求量、需求分布和需求结构也相应发生较大变化（见图 3）。因此，2014 年通水后，都市圈城市之间对中线一期北调水量的消纳程度参差不齐，如郑州市作为国家中心城市，其用水需求不断上涨，超出中线一期多年平均口门分配水量 5.4 亿 m^3，但是都市圈其他城市消纳水量均未达到过中线一期多年平均分配水量（见图 4）。北调水量有待进一步优化调整，以适应社会经济发展和产业布局。

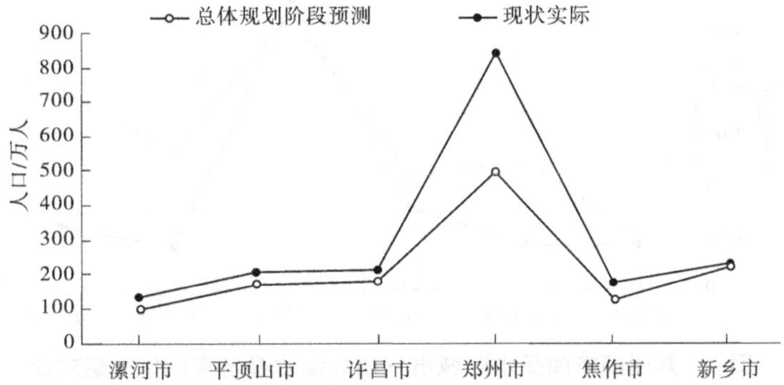

图 1 郑州都市圈受水区城市预测与实际人口对比

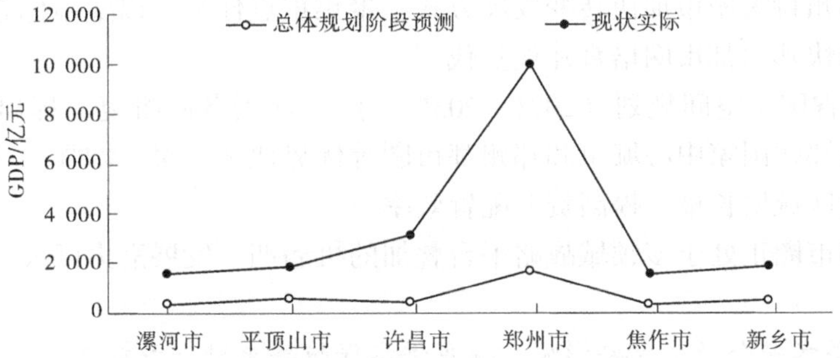

图 2 郑州都市圈受水区城市预测与实际 GDP 对比

2 未来水资源供需形势

2.1 面临的新形势新要求

2.1.1 区域发展战略提出新的需求

2016 年，国务院批复《中原城市群规划》，提出规划实施要服务“一带一路”建设、中部地区崛起和新型城镇化等国家重大战略，培育发展新动能，推进基础设施互联互通，深化产业体系分工合作，加强生态环境同治共保，促进公共服务共建共享，推动城乡统筹协调发展，构建网络化、开放式、一体化的中原城市群发展新格局[15]。

2019 年，《郑州大都市区空间规划（2018—2035 年）》获印发，规划范围以郑州为核心，涉及开封、新乡、焦作、许昌等地，该规划确定了郑州大都市区“一核、四轴、三带、多点”的空间格

局，提出到 2035 年区域常住总人口将达 2 300 万~2 800 万人[16]。

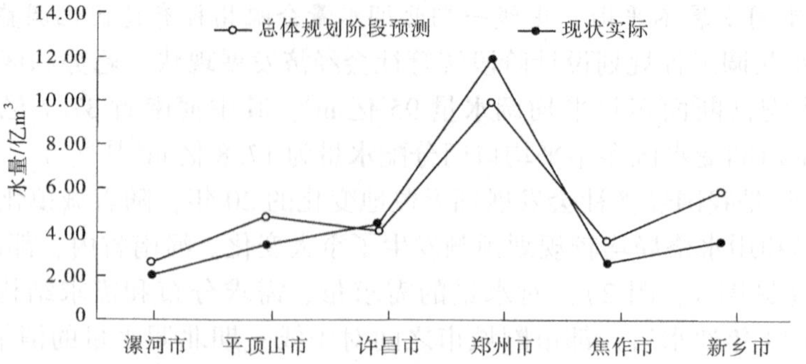

图 3　郑州都市圈受水区城市预测与实际需用水量对比

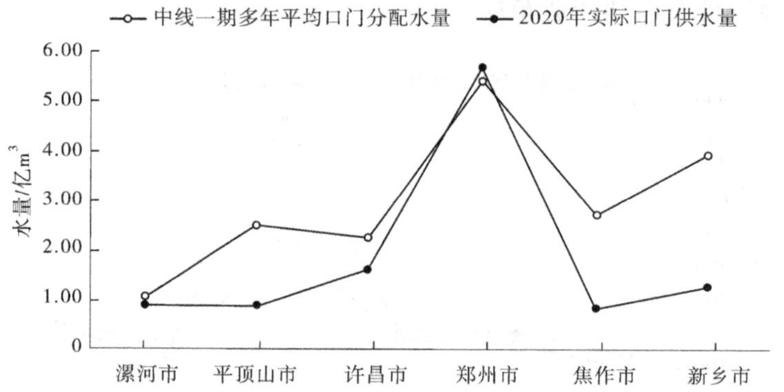

图 4　郑州都市圈受水区城市一期分配水量与实际供水量对比

2023 年，《郑州都市圈发展规划》获国家发展和改革委员会复函。围绕该规划提出的发展目标，河南省将深入推进郑州特大城市加快转变发展方式，聚焦重点任务，以实施标志性、引领性、支撑性重大项目为抓手，加快郑州都市圈培育建设步伐[1]。

2024 年，《河南省国土空间规划（2021—2035 年）》获国务院批复，提出引导人口、产业和建设用地等生产要素向郑州国家中心城市和郑州都市圈等优势地区集聚，增强产业和人口承载能力，形成推动高质量发展的区域增长极，提高资源配置效率[2]。

综上，郑州市都市圈正处于多领域战略平台叠加的机遇期，发展潜力巨大，对水资源的支撑保障要求也进一步提高。

2.1.2　气候变化对供水安全产生重要影响，城乡供水保障要求进一步提高

已有大量研究表明，人类活动已造成气候系统发生了前所未有的变化。《气候变化 2021：自然科学基础》指出全球变暖仍在持续，2011—2020 年全球地表温度比工业革命时期上升了 1.09 ℃，并确认了人类活动导致气候变暖及极端天气[17]。气候变化对自然界造成了危险而广泛的损害，对我国的水安全带来了极大的风险和挑战。

一是气候变化和人类活动对水文情势产生深刻影响，水资源总量呈现衰减。都市圈受水区 2011—2020 年水资源总量平均值较 1956—2000 年多年平均值减少了 20%，仅郑州就减少了 34.5%，开封减少 17.3%、许昌减少 17%、新乡减少 22%、漯河减少 25%[6,8,18]。水资源衰减直接导致地表水资源可利用量减少，导致水源间的丰枯互补、相互调配能力减弱，对中线北调水量丰枯不均、年际变化大等特点的适应能力有所降低[7]。

二是水资源量减少加剧供需失衡，对水安全保障体系建设提出更高的适应性要求。一方面，在全球气候变化背景下，都市圈面临极端灾害多发、频发、重发的严峻形势，如 2021 年郑州特大暴雨灾

害。另一方面，在气候变暖背景下，全球降水的极端性和时空非均匀性加剧，导致陆面蒸散发等水分平衡过程发生显著改变，干旱频率和干旱强度呈增加趋势[19]。2022年7月下旬后，河南南部气象干旱发展迅速，40%多的县（市）出现不同程度气象干旱。2024年6月，都市圈城市再次出现不同程度大旱。

目前，郑州都市圈受水区城市虽然初步解决了城乡供水“有没有”的问题，但是多数水厂存在供水水源单一、高度依赖南水北调中线工程、应急备用水源不足、抗风险能力较差等问题。

2022年，住房和城乡建设部办公厅、国家发展和改革委员会办公厅等部委联合下发《关于加强城市供水安全保障工作的通知》，对城市供水安全提出更高要求。

2.2 未来水资源供需形势

2.2.1 区域总体上缺水，水资源短缺形势亟待扭转

经预测，2035年，郑州都市圈受水区总需水量为125.2亿m^3，其中生活需水量25.8亿m^3，工业需水量25亿m^3，农业需水量52亿m^3，生态环境需水量22.4亿m^3。生活需水量较现状年仍有一定刚性增长，工业需水量增长量总体不大，农业需水量有所下降。

但是，都市圈受水区可供水量无法满足2035年用水需求，即便按照南水北调中线后续水源工程引江补汉工程实施后考虑河南7亿m^3（口门水量）均分配至都市圈受水区，也仍缺水20多亿m^3。

2.2.2 区域内用水的用水结构和空间分布进一步调整变化

未来，用水需求总体仍有一定的上涨空间，但需水的空间分布将进一步调整。与河南省总需水量发展态势对比，都市圈受水区将是河南用水需求增加的主要区域，其中又以郑开片区增长速度最快。随着郑州国家中心城市、郑开同城化加快推进，这些区域的用水需求将呈现较快的上涨步伐，而以农业用水为主的焦作、新乡等地总需水量涨幅有限。

城镇化是现代化的必由之路，现状年都市圈受水区城镇化率为63%，随着都市圈的发展，城镇化率也将进一步提高，用水结构也将进一步演变，生活用水的刚性上涨进一步体现，需水量将继续增加，环境用水也将随着逐渐增加，工业用水需求由于经济发展有小幅上升，但其占比将随着工业用水效率提升有所下降，农业需水比例有所减少。

3 水资源配置格局优化研究

3.1 进一步完善南水北调中线后续工程布局

新形势新要求下，特别是国家水网、都市圈加快建设背景下，郑州都市圈受水区水资源配置格局有待进一步优化调整。在确有必要、生态安全、可以持续的重大工程论证原则指导下，科学合理论证完善南水北调工程总体布局，深化研究向郑州都市圈进一步增调水量的可能性和具体方案，细化河南省内中线工程北调水量优化分配或调整，以中线工程为重要支撑保障郑州都市圈建设，夯实供水网络体系。

3.2 进一步优化南水北调中线配套工程布局

随着区域内经济社会快速发展、城镇化进程加快、乡村全面振兴加快和人民群众对美好生活的向往，水资源不够、水量不足、水质不优等问题已成为郑州都市圈部分地区经济社会高质量发展的“水瓶颈”，尤其是依靠超采地下水维持的开封、焦作和新乡部分地区，需要进一步结合区域发展布局优化延伸中线配套工程至新乡、郑开同城、兰考、新乡平原示范区等地，以夯实骨干水网构建基础，发挥重大水利基础设施的提纲挈领作用，以适应都市圈受水区社会经济的重大变化和都市圈建设引领下的产业布局。

3.3 进一步提升城市供水安全保障能力

针对未来都市圈总需水增加、生活需水占据重要地位的用水需求空间分布和结构特征，在弥补历史欠账同时，构建多元互济、区域联动的水网体系，精细用好南水北调中线工程优质水源，提升城市供水品质；提升水厂供水能力、区域调蓄能力和应急供水能力，加强区域内部工程互联互通，构建抗

风险能力较强的韧性城市供水体系。

4 结语

培育现代化都市圈是新形势下引导超大特大城市发展方式转变、优化区域人口和经济空间结构、促进城市群高质量发展和经济转型升级的重要手段。本文以中线工程郑州都市圈受水区为重点，重新梳理其现状水资源配置格局及存在的短板问题，分析未来水资源开发利用面临的新形势和新要求，研判供需形势，提出都市圈受水区水资源格局优化研究方案，强化都市圈供水网络建设，打造配置合理、风险可控的韧性水资源供给体系，以支撑都市圈高质量发展和国家水网建设。

参考文献

[1] 正式获国家发展改革委复函郑州打造辐射全国、链接全球开放高地[R/OL].(2023-10-27)[2024-12-01]. https://www. henan. gov. cn/2023/10-27/2836963. html.

[2] 河南省人民政府. 河南省国土空间规划（2021—2035 年）[R]. 郑州：河南省人民政府，2024.

[3] 河南省统计局，国家统计局河南调查总队. 河南统计年鉴 2023 [M]. 北京：中国统计出版社，2023.

[4] 中华人民共和国水利部. 第三次全国水资源调查评价简要报告 [R]. 2022.

[5] 水利部水利水电规划设计总院，河南省水利勘测设计研究有限公司. 河南省四水同治规划 [R]. 2020.

[6] 河南省水利厅. 河南省 2011—2020 水资源公报 [R]. 郑州：河南省水利厅，2021.

[7] 张娜，李波，刘子慧，等. 南水北调京津冀豫受水区水资源供需新形势及对策 [J]. 南水北调与水利科技（中英文），2023，21（6）：1223-1234.

[8] 张娜，周雨奇，冯志勇，等. 浅谈南水北调中线工程向豫东地区扩大供水的必要性 [C] //河海大学，新疆维吾尔自治区水利学会. 2024（第八届）中国水资源高效利用与节水技术交流会. 2024：484-493.

[9] 新乡市水利局. 新乡 2022 年度水资源公报 [R]. 新乡：新乡市水利局，2023.

[10] 水利部水利水电规划设计总院，河南省水利勘测设计研究有限公司. 河南省地下水综合治理专项规划 [R]. 2020.

[11] 国务院灾害调查组. 河南郑州”7·20”特大暴雨灾害调查报告 [R]. 北京：国务院灾害调查组，2022.

[12] 河南省水利勘测设计研究有限公司. 郑州市给水工程专项规划（2021—2035 年）水资源论证报告书 [R]. 郑州：河南省水利勘测设计研究有限公司，2023.

[13] 中华人民共和国水利部. 南水北调工程总体规划 [R]. 北京：中华人民共和国水利部，2002.

[14] 长江水利委员会长江勘测规划设计研究院. 南水北调中线一期工程可行性研究总报告 [R]. 武汉：长江水利委员会长江勘测规划设计研究院，2005.

[15] 国家发展和改革委员会. 中原城市群规划 [R]. 北京：国家发展和改革委员会，2016.

[16] 河南省自然资源厅. 河南省郑州大都市区空间规划“出炉” [R/OL]. (2019-05-28) [2024-12-01]. https://dnr. henan. gov. cn/2019/08-28/1840095. html.

[17] 张建云. 气候变化对国家水安全的影响及减缓适应策略 [J]. 中国水利，2022（15）：3-5.

[18] 张娜，冯志勇，王磊，等. 典型缺水地区国家中心城市供水方案研究：以郑州市为例 [J]. 南水北调与水利科技（中英文），2024.

[19] 李忆平，张金玉，岳平，等. 2022 年夏季长江流域重大干旱特征及其成因研究 [J]. 干旱气象，2022，40（5）：734-747.

河北省工业节水推进模式探讨

姜　珊　张丽燕　何　凡　朱永楠　王庆明

（中国水利水电科学研究院流域水循环模拟与调控国家重点实验室，北京　100038）

摘　要：河北省水资源短缺，工业节水对推动产业转型升级至关重要。本文通过对河北省产业结构、工业用水量及用水效率变化趋势的深入分析，结合重点行业用水情况，识别了工业节水存在的主要问题，提出了以"三优先""三强化""三协同"为原则的工业节水措施，并探讨了集中产业布局、优化产业结构、支持专业化节水服务及提供低价高质非常规水源等节水应用模式。研究对明确河北工业节水方向，促进河北省工业绿色高质量发展具有重要意义。

关键词：水资源短缺；用水效率；工业节水；节水措施；应用模式

1　引言

2021年河北省GDP突破4万亿元，工业增加值为1.4万亿元，排全国前10位，占全国比例为3.8%，占全省GDP比例为34.9%，比全国高2.3%。从各地市的工业发展来看，石家庄市、唐山市、邯郸市、沧州市等地的工业增加值占河北省的66%以上，其中唐山GDP突破8 000亿元，占河北省GDP比例达到20.7%，为河北省最高。改革开放以来，河北省经济增长强劲，经济总量名列全国前茅，1993—2014年河北省GDP保持全国第六。但自2012年起，与广东、江苏、山东、浙江、河南等省份差距逐渐拉大，2019年与河南省GDP差距扩大至1.9万亿元，表明河北省经济增长动力出现问题，工业发展受限，尚未找到新的经济增长点。

工业用水是水资源利用的一个重要用水领域，如何正确处理工业发展和水资源利用关系对有效利用水资源至关重要。从发达国家的经验来看，大多发达国家工业化过程中用水量的增长都经历过快速增长、缓慢增长和零/负增长3个阶段。尤其进入后工业化阶段，主导行业向第三产业转移，产业结构进行了重大调整，有些国家达到用水零增长甚至负增长阶段[1]。河北省属于水资源严重短缺的省份，工业经济发展面临着严重的水资源约束，工业节水已经成为推动产业转型升级、促进工业绿色高质量发展的迫切需要。为全面落实国家节水优先方针，深度推进节水控水工作，开展河北省工业节水潜力与推进模式研究，对明确未来一个时期河北省工业节水控水工作目标方向和主要任务具有重要的战略意义。

2　河北省工业用水现状

2.1　工业用水现状及用水效率变化趋势

自2004年河北省开始节水型社会建设工作，取得了一定成效和成绩，工业用水呈下降趋势。2000—2010年，工业用水量从27.33亿m^3下降到23.34亿m^3；2011—2014年，工业用水量有小幅度增长；2015—2021年河北调整优化产业结构，严控高耗水行业用水，工业用水量从22.65亿m^3下降到17.68亿m^3。随着城镇化水平的提高和生态保护修复力度的加大，河北生活用水量和生态补水量逐渐增加，为保障总用水量维持在用水总量红线范围内，需要不断强化工业节水，控制甚至压缩工

资助项目：流域水循环模拟与调控国家重点实验室自主研究课题（SKL2024YJTS01）。

作者简介：姜珊（1987—），女，高工，主要从事水文学及水资源方面的工作。

业用水规模[2]。将河北工业用水量与工业增加值进行拟合，发现呈现库兹涅茨曲线（见图 1），2000—2016 年工业用水量最初会随着工业增加值的增加而增加，2017—2021 年工业用水量会随着工业增加值的增加而降低。

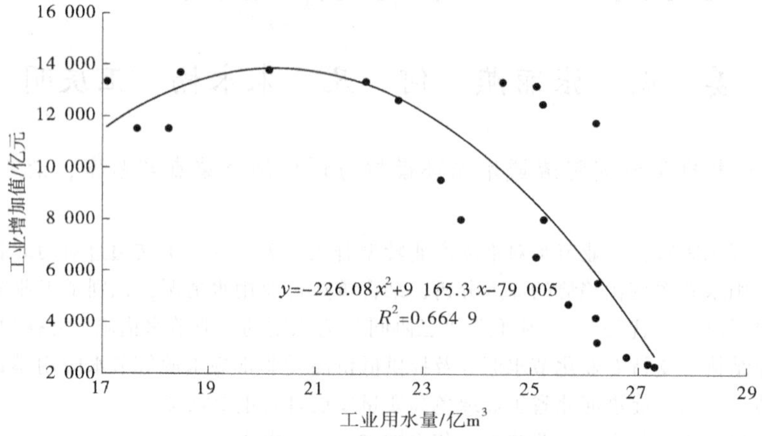

图 1　河北工业用水量与工业增加值的关系

河北省万元工业增加值用水量整体呈下降趋势，由 2000 年 121.7 m^3（当年价）下降到 2021 年 12.5 m^3（当年价）。万元工业增加值用水量变化可以分为三个阶段：2000—2009 年节水型社会建设效果显著，万元工业增加值用水量快速下降，年均下降率为 7.6%；2009—2014 年通过加强节水管理、实施节水技术改造，工业产业部门水效显著提升，万元工业增加值用水量年均下降 5%；2015—2021 年，随着产业结构调整，低水耗产业增速高于高水耗产业，万元工业增加值用水量有小幅度下降，年均下降率为 4.3%（见图 2）。

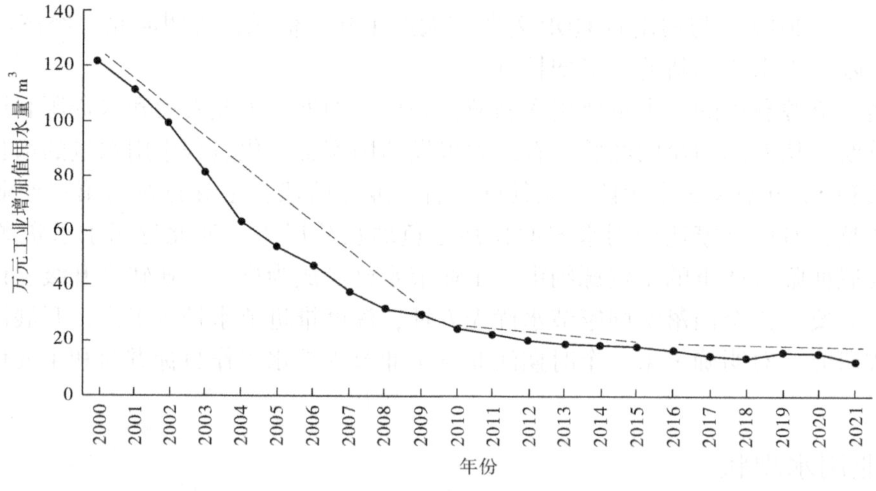

图 2　2000—2021 年河北省万元工业增加值用水量变化情况

2.2　重点行业用水情况

随着产业结构的调整，河北省各产业部门用水量发生较大变化，但整体用水结构变化不大。规模以上工业分行业中，水资源消耗总量位居前列的依次是电力、热力的生产和供应业，黑色金属冶炼和压延加工业，黑色金属矿采选业，化学原料和化学制品制造业，造纸和纸制品业，石油加工、炼焦和核燃料加工业，以及医药制造业，年取水量均超过了 5 000 万 t，凸显了在工业生产中对水资源的高依赖性。

规模以上行业的万元工业增加值水耗平均值为 19.19 m^3/万元。电力、热力的生产和供应业，化学纤维制造业，造纸和纸制品业，有色金属矿采选业，黑色金属冶炼和压延加工业，化学原料和化学制品制造业，非金属矿采选业，煤炭开采和洗选业，以及医药制造业，这些行业在生产过程中需要大量的冷却水、工艺用水等，导致水资源消耗量大。

2.3 工业节水存在问题

2.3.1 发展工业的水资源利用量逐渐下降，工业对经济增长的贡献率减弱

20世纪90年代，河北省与山东省经济总量常居国内前五。如今，山东省经济强劲，排名国内第3位、北方第1位；河北省经济下滑，居全国第12位；两省工业增加值占GDP比例均先升后降。尽管工业趋势相似，但河北省人均GDP一直低于山东，且差距逐渐增大。主要原因是河北省的工业产业体系以资源能源加工业为主，产业价值链总体上处于中低端，高附加值、高技术含量、高精密集成产品相对较少。虽然河北省正在推动工业退城进园区的策略，但产业集群化、园区化的发展仍有提升空间，区域功能优势不突出。此外，水资源短缺也是制约河北经济发展的一个重要因素。纺织印染、火力发电、石油化工、食品加工、机械制造、造纸、冶金、建材、医药、多晶硅等高耗水产业的发展受到水资源短缺的限制，新的工业项目的引进也因此受到制约。

2.3.2 行业用水集中程度高，企业间用水效率存在较大差异

河北省的钢铁、石化化工、纺织、食品、造纸等行业的产值在工业总产值的占比超过50%，用水量约占工业总用水量的75%。唐山市和邯郸市是以煤钢为主导的重工业城市，工业取水量超过了全省的43%，凸显出经济发展与水资源使用的紧密关联。秦皇岛、张家口、廊坊、衡水等地，由于经济结构和产业规模的影响，工业用水量相对较少。河北省在工业用水重复利用率方面表现出色，整体利用率达到91.7%，其中规模以上工业用水重复利用率更是高达95%。在这些规模以上企业中，钢铁行业的重复用水量最大。特别是河北德龙钢铁有限公司和首钢股份公司迁安钢铁公司，工业水重复利用率分别达到了98.80%和98.64%，树立了行业标杆。但是量大面广的中小企业在节水管理方面仍有待加强，很多企业缺乏专门的节水管理人员，节水基础能力相对薄弱。

2.3.3 企业规模小而散，集约化程度低

尽管京津冀协同发展，对河北的投资力度加大，但这些投资主要集中在自然资源和劳动力资源方面，产业结构相似度高，企业规模普遍偏小且分散，集约化程度较低。工业企业总数达到25.6万家，规模以上工业企业数量仅为1.4万家，占比约5%。虽然钢铁企业数量众多，但整体呈现出“大而不强、小而不精”的发展态势。例如，钢铁冶炼企业有39家，粗钢年产量超过500万t的企业有14家，中小规模企业则占据了一半以上的比例。许多工业园是依托乡镇企业发展而成的，产业集群以中小企业为主体，且产业聚集主要发生在第一产业和第二产业，特别是矿产、冶金、纺织等传统产业上，这使得实现园区内企业间水资源的串联使用面临较大难度。

3 工业节水措施与应用模式

3.1 工业节水措施

3.1.1 按照“三优先”原则加强对工业项目的扶持

“三优先”原则即水效在同行业领跑的项目优先扶持、利用非常规水的项目优先扶持、进工业园区的项目优先扶持。扶持有产业政策扶持、财政政策扶持和金融政策扶持。围绕钢铁、建材、石化化工、造纸、医药等重点行业，加快工业绿色低碳转型发展，支持一批工业绿色低碳发展示范项目，将工业节水作为绿色化改造的一项重要内容，把节水纳入绿色工厂、园区创建的评价要求之中。降低河北省工业绿色制造升级化资金的申报门槛，由项目总投资500万元及以上降低到项目总投资300万元及以上，提升企业节水动力。

3.1.2 按照“三强化”原则进一步提升企业用水水效

“三强化”原则即强化关键环节节水技术改造，强化用水大户节水监管，强化项目节水评价。针对河北工业用水差异，需提升生产技术水平，限制高污染、低产出产业，应用先进节水工艺、技术、

装备，并给予专项资金支持和奖励补助。深入剖析工业生产环节，对年用水量20万 m^3 以上的企业、园区实现全过程智能化控制与优化，加大用水大户节水监管。在钢铁、化工、建材、食品等行业探索开展企业节水评价，建立节水评价方法与机制，对年用水量10万 m^3 以上企业进行节水评价，实施水效黑白名单制度，从源头提升用水效率。

3.1.3 按照“三协同”原则推进节水、降碳、减排统合实施

“三协同”原则是将节水工作与节能、降耗、减排、治污工作综合治理。结合节能和节水内在联系，在节能减碳方案中加入水耗规划目标，发挥政策综合效益。实行排水总量控制，推动企业自主转换用水结构、提升用水效率，增强节水目标在节能、环保政策中的协同作用。明确高耗水行业环评审批中的水耗要求，坚持“节水即治污、节水即降碳”，通过工业园区用水系统集成优化、废水分质再生利用等方式，推动工业污水资源化利用，坚持源头减碳。在节能减排政策制订中充分考虑节水需求，从节水基本建设、改造项目、产品研发推广、服务产业等全方位强化支持。

3.2 节水应用模式

3.2.1 集中产业布局，推动“龙头企业+产业园区”建设模式

推动钢铁、石化等高耗水行业向沿海及区域外布局，以曹妃甸和渤海新区为重点，依托大型企业和产业集聚区，建设现代化化工园区，形成“龙头企业+产业园区”模式。结合节水专项，实施园区排污减量化，加强污水分类收集，设计水循环系统，推动循环化改造。合理布局供水管网，推行企业间串联供水，提高水资源利用率。支持沿海地区行业利用海水作为循环冷却水，开展雨洪资源利用，鼓励建设雨水收集利用设施。完成开发区和产业集聚区污水再利用改造，实现废水“近零排放”，免征污水处理费，促进中水再利用。

3.2.2 优化产业结构，推行低水效淘汰模式

通过设置节水准入门槛，限制火力发电、钢铁、纺织染整、造纸、石油炼制、化工等行业的低水效企业，鼓励高效益、低耗水产业发展，控制河北省工业用水增量。制定现有钢铁、电力、造纸、化工、有色金属矿采选及冶炼、纺织、农副食品加工等高耗水工业企业重点监控清单，明确其新鲜用水消减计划，对列入《高耗水工业、技术和装备淘汰目录》的企业，停止办理新增取水许可手续，对于国家明确淘汰的落后产能和化解的过剩产能，依法依规责令企业限制或停止取用水。

3.2.3 支持专业化节水服务，创新“智慧节水+合同节水”新模式

在合同节水管理、水平衡测试等重点领域，鼓励具有节水技术优势的专业化公司与社会资本组建具有较强竞争力的节水服务企业，鼓励节水服务企业优化要素资源配置，加强商业和运营模式创新。整合节水服务资源，成立市场主导的节水服务公司，提供专业化节水服务，完善第三方服务模式，降低财政支出，提高效率。鼓励节水服务企业以合同节水方式，为用水单位进行智慧节水改造，提升节水管理水平。

3.2.4 提供低价高质的非常规水源，发展点对点供水模式

河北钢铁行业用水效率在国内属于先进水平，但与江苏、山东等地相比，再生水利用率较低。需推动污水处理厂技术升级，借鉴先进工业园区模式，探索将城市生活污水、再生水作为主要工业水源，建设产城融合用水项目，重点控制区实现100%的再生水利用率。对再生水价格自主协商定价，并探索建立反阶梯水价政策。发展点对点海水淡化供水及与自来水公司一体化运营模式，重点建设一批海水淡化及综合利用项目。

4 结语

河北省作为水资源严重短缺的省份，工业经济发展面临严峻的水资源约束。通过多年的节水型社会建设，河北省工业用水量呈现下降趋势，万元工业增加值用水量显著降低，节水成效显著。然而，高耗水行业仍占据较大比重，中小企业节水管理薄弱，产业集约化程度低等问题依然存在。未来河北省仍需进一步加大节水控水力度，通过以“三优先”“三强化”“三协同”为原则的工业节水措施，

实施集中产业布局、优化产业结构、支持专业化节水服务及提供低价高质非常规水源等节水应用模式，持续提升工业用水效率，促进经济绿色高质量发展。

参考文献

[1] 姜明栋，刘熙宇，许静茹，等．京津冀地区经济增长对工业用水的脱钩效应及其驱动因素研究［J］．干旱区资源与环境，2019，33（11）：70-76.

[2] 李小玲，王丽珍，李海红，等．京津冀地区工业适水发展评价［J］．南水北调与水利科技（中英文），2023，21（2）：276-288.

浅谈防洪堤安全性评估的重点
——以藤县河西防洪堤为例

滕彦磊　陶俊杰

（广西珠委南宁勘测设计院有限公司，广西南宁　530000）

摘　要：防洪堤的安全关乎社会民生的稳定，笔者以广西藤县河西防洪堤为例，浅谈防洪堤安全性评估的必要性和评估的重点内容，分别从基础资料的收集、防洪标准的复核分析到质量及结构的评估，对防洪堤安全性评估工作的重难点内容进行了剖析，得出该防洪堤运用指标达不到设计标准的结论，为同类工程的运行管理及后续加固提供参考，也为广西地区20世纪初突击建成的同类型防洪堤评估提供参考。

关键词：防洪堤；安全评估；分析

从20世纪末开始，广西地区各城市进行了主要的防洪堤建设，由于历史的局限性、施工技术和能力的落后等，该部分防洪堤暴露了一系列问题。防洪堤关乎人民生命财产安全、社会稳定，为了系统掌握防洪堤的现状，发现影响堤防功能的因素，强化与提高后期堤防安全管理，掌握堤防安全状况，更好地利用堤防发挥防洪效益，对防洪堤进行全面的安全评估是很有必要的。在此背景下，本文以广西藤县河西防洪堤为例进行分析，对其安全性评估进行重难点分析总结，以期为类似堤防安全评估提供一定的参考。

1　工程概况

广西藤县河西防洪堤位于广西梧州市藤县县城河西区，浔江下游南岸与北流河交汇处，全长2.6 km，分为浔江段及北流河段，堤型均采用扶壁式钢筋混凝土防洪墙结构，堤高14~16 m，堤内为现状市政道路。该防洪堤始建于1998年，2003年建成投入使用，保护面积为22.4 km^2，保护人口12.5万人，防洪标准为$P=5\%$，与其配套的3座排涝泵站、4座自排闸及10座交通闸组成河西片区的整体防洪体系。防洪堤运行20余年至今，经历多次洪水考验，暴露了一系列问题。藤县县城作为广西壮族自治区30个重点防洪排涝县（市）之一，保证城区的防洪安全显得十分重要。针对此情况，为全面系统掌握藤县河西防洪堤的安全状况，保证该片区的正常防洪安全，对河西防洪堤进行全面的安全评估是十分必要的。

2　评估内容

防洪堤作为水利工程防洪安全的重要建筑，常常与排涝泵站、自排闸等一系列建筑组成一个防洪体系，一般具有长度较长、建筑物多的特点，而要对堤防的防洪安全做出全面、客观、科学的安全评估，需划分明确的流程，确定其工作内容及方法。结合藤县河西防洪堤的情况，将其安全评价分为现状调查分析、复核计算分析、综合评价三个阶段。其中，现状调查主要是对资料的收集；安全复核主要是根据收集的资料，针对影响防洪安全的各项指标采用不同的方法进行逐项复核分析；综合评价是

作者简介：滕彦磊（1987—），男，高级工程师，主要从事水利水电工程设计工作。

通信作者：陶俊杰（1996—），男，助理工程师，主要从事水利水电工程设计工作。

在现状调查及安全复核的基础上，分析影响防洪安全的各项指标的权重，对其防洪安全性进行综合评估，并提出相应的建设管理建议。

3 重难点分析

3.1 现状调查分析

现状调查主要包括基础资料的收集和工程质量的调查分析，在了解工程基本情况的基础上，本着实事求是的原则展开调查。其中，资料的收集是调查的核心任务，也是防洪堤安全评估的基础，根据藤县河西防洪堤的情况，基础资料的收集主要包括设计施工资料、运行管理资料及保护区情况资料三大类，因所需收集资料较多，重在项目组的积极主动、联合建管部门分批次收集。

工程质量的调查分析是根据收集的资料对防洪堤及周边地形进行复测，在确定防洪堤的实际范围、长度、形式及建设情况等条件下进行的。工程质量的调查主要包括工程建筑物的运行质量检查、地质勘察、建筑物及其设施设备的质量检测等三方面，根据藤县河西防洪堤的实际情况，结合评价导则等相关规范的要求，对工程质量进行调查分析。

3.2 防洪标准复核分析

堤防的防洪标准复核应根据防洪堤保护对象的防洪标准和经审批的流域防洪规划、区域防洪规划综合研究确定[1]。确定防洪标准后的主要内容是复核设计洪水位及堤顶高程，评价堤防工程现状的防洪能力是否满足现行有关规范要求。结论应明确给出原防洪堤设计防洪标准和堤防级别是否需要修改，堤防的现状防洪能力是否能满足现状城市发展及防洪规划的协调要求。

3.2.1 防洪标准和堤防级别

防洪标准复核依托收集到的最新的技术经济资料，以城市规划及流域综合规划为依据进行，本次藤县河西防洪堤根据《珠江流域综合规划（2012—2030 年）》进行复核，维持现状河西防洪堤 20 年一遇堤防标准不变，经上游龙滩、大藤峡水库调节后，其防洪能力可以提高到 30 年一遇，堤库结合后总防洪标准为 30 年，根据《堤防工程设计规范》（GB 50286—2013），藤县河西防洪堤堤防级别按堤库结合 30 年总标准复核为 3 级，比原设计 4 级标准高。

3.2.2 设计洪水及水位复核

本次评估将藤县水位站洪峰流量资料系列延长到 2021 年，求得藤县水位站各频率设计洪水成果。根据《国务院关于珠江流域防洪规划的批复》（国函〔2007〕40 号文）的成果，从上下游协调考虑，藤县河西防洪堤 $P=5\%$设计洪峰采用值为 45 100 m^3/s，比 2004 年《河西堤初设》$P=5\%$设计洪峰实际采用值 43 500 m^3/s 增加了 1 600 m^3/s。复核后河西防洪堤 $P=5\%$设计水位相比增高 1.00~0.94 m。经计算，导致堤顶欠高 0.81~1.09 m 不等。

3.2.3 抽排能力分析

根据《藤县县城总体规划（2017—2035 年）》《藤县河西片区控制性详细规划（2018 年版）》土地利用规划和排水工程规划，河西片区临江侧基本为居住用地，少量为学校用地和商业用地，无内河水域用地，经调查，现状各冲沟被市政建设填平改造为地下暗管，原有调蓄容积基本被占用，可调蓄能力急剧下降，结合调查成果，各排涝泵站及排涝闸抽排能力严重不足，导致汛期经常出现内涝现象。经复核，各排涝泵站抽排能力及排涝闸自排能力均不满足要求。

3.2.4 防洪标准复核结果

综上所述，藤县河西防洪堤堤防级别为 3 级，比原设计 4 级标准高，堤顶高程不满足标准要求，欠高 0.81~1.09 m，各排涝泵站抽排能力不满足实际需求，各排涝闸自排能力不满足实际需求，根据《堤防工程安全评价导则》（SL/Z 679—2015）5.4 条[2]，本次防洪标准评价等级为 C 级。

3.3 质量分析评估

防洪堤的工程质量分析最重要的是评判堤防现状质量是否满足现行规程规范的要求，主要是分析堤基是否渗漏、堤身结构是否变形及材料是否满足要求等。重点是根据现状调查、地质勘察及质量检测的成果，针对堤防的形式、建筑物结构及材料进行质量缺陷分析。根据藤县河西防洪堤结构形式，工程质量分析评价分为堤基、堤身及堤岸坡进行。

3.3.1 防洪堤质量评估

3.3.1.1 堤基质量评估

堤段沿线的地基主要土层为人工填土和冲积层，下伏基岩为花岗岩。防洪墙桩基均落在弱风化岩上，弱风化岩承载力高，均满足承载力要求。部分堤段地基土为填土或杂填土，属透水层，地基仍存在渗漏安全隐患。堤基质量状态较差。

3.3.1.2 堤身质量评价

根据现状检查情况，防洪墙局部分缝段出现错位现象，外立面及商铺分缝止水老化严重，历年汛期渗漏严重，商铺内多处漏筋、锈蚀严重。堤内商铺扶壁承重结构梁柱多处破裂损坏。

根据质量检测检查报告检测结论，挡水面板检测部位混凝土强度推定值为 15.3～16.0 MPa，商铺梁、板、柱混凝土强度推定值为 16.5～18.3 MPa，均小于设计强度值，均不满足规范最小强度要求。

3.3.1.3 堤岸坡防护工程质量评价

根据现场检查结果，堤外护坡因长洲水利枢纽蓄水，常水位抬高，堤外护坡平台基础为水泡区，受淘刷严重，干砌石平台及护坡基本损坏，现状外观面貌普遍较差。

3.3.2 工程质量综合评价

根据现场检测及现状调查，防洪堤主要问题是混凝土结构挡水面板、堤内商铺等主要结构混凝土强度不满足规范要求，现状部分堤段受力结构损坏严重，堤外护坡受冲损坏严重，工程质量未达到标准要求，本次工程质量评价为 C 级。

3.4 结构安全评估

防洪堤的结构安全性评估应针对复核后的防洪标准及水位重点复核防洪堤是否能满足设计条件下的结构安全性要求[3]，根据防洪堤的运行情况，防洪堤的地质岩土参数、受力情况等都有可能已经改变，已经出现或者可能出现结构失稳。结构安全性评估即根据水文、勘察及质量检测成果，复核防洪堤的工程结构在规范的各个工况下是否安全及满足规范使用要求，据此要求，藤县河西防洪堤结构安全性评估主要分为堤身渗流安全评估、整体稳定评估、岸坡稳定评估、防洪墙的结构评估。

3.4.1 渗流安全稳定评估

渗流安全稳定评估的目的是评估当前实际的渗流状态能否保证堤防工程在设计条件下安全运行[4]。主要是通过渗流安全检查、监测资料分析和计算分析等方法进行全面评估。

渗流安全检查：根据调查结果，历年运行中当外江水位达到 25.50 m 时，堤内出现多处渗漏，说明堤基存在渗水通道，堤基渗流安全不满足要求。局部堤段地基土为杂填土，属透水层，地基仍存在渗漏安全隐患。经现场检查发现防洪堤未设渗流监测设施，历年运行中未做相关渗流监测工作。

计算分析法：根据《堤防工程安全评价导则》（SL/Z 679—2015），对河西防洪墙渗流计算采用阻力系数法进行分析，经计算分析，防洪墙在设计水头下渗径均满足要求，溢出点比降均小于堤内填土允许水力坡降，说明防洪堤渗流理论上满足要求。

根据现状调查及理论计算分析成果可知，虽然复核计算渗透坡降满足有关标准要求，但考虑到堤基存在渗水通道且运行中高水位下仍出现渗漏现象，结合《堤防工程安全评价导则》（SL/Z 679—2015）的标准要求，本次安全评价渗流安全性定为 B 级。

3.4.2 堤身整体稳定评估

藤县河西防洪堤堤型均采用扶壁式钢筋混凝土防洪墙结构，根据现行的《堤防工程设计规范》（GB 50286—2013）进行整体稳定复核，其抗滑稳定不满足规范要求，与实际情况不符。经分析，原设计抗滑稳定计算采用的是剩余下滑力法，即考虑桩基承台的基土摩擦力的影响，剩余下滑力由桩基承担，现行的标准不再考虑基土摩擦力的影响[5]，下滑力均由桩基承担，导致安全系数偏低。

在考虑基土摩擦力的作用下，防洪墙抗滑稳定安全系数仍未达到规范要求。经分析，现行《建筑桩基技术规范》（JGJ 94—2008）对单桩水平承载力计算的划分界限在 0.65%的配筋率[6]，大于或小于此界限的计算结果差别极大。本次是根据竣工图实际配筋率 0.54%进行复核，单桩水平承载力较小，导致复核成果差异较大。

综上所述，因参照标准的改变，考虑安全余度较大，导致复核成果出现差异，结合现状调查成果，局部堤段已出现分缝错位的情况，可认为藤县河西防洪堤整体稳定不满足规范要求。

3.4.3 防洪墙结构评估

藤县河西防洪堤全段为扶壁式防洪墙结构，根据质量检测成果，防洪墙钢筋混凝土强度等级较低，检测部位混凝土强度推定值为 15.3~16.0 MPa，不满足《水工混凝土结构设计规范》（SL 191—2008）及《混凝土结构通用规范》（GB 55008—2021）的要求，所以结构稳定是该防洪墙的重要评估内容。主要选取防洪墙的不利断面，以分缝段或单宽进行受力分析计算，对照防洪墙的竣工图复核其配筋率是否满足受力要求。应针对不同运行工况进行分析，考虑到堤内填土较高且为市政道路，堤内高水位、外江低水位工况下，防洪墙为受力最不利工况。

根据复核结果，防洪墙的挡水面板、墙踵板及扶肋竣工图受力钢筋实配面积大部分小于本次复核计算成果，不满足结构要求。

4 结论

针对以上的评估成果，藤县河西防洪堤运用指标已达不到设计标准，存在诸多安全问题，其分项安全评估分级见表 1，综合评定为三类堤，为了片区的防洪安全，建议尽快针对问题进行除险加固。

表 1 安全评估分级

<table>
<tr><th>序号</th><th colspan="3">项目</th><th>级别</th></tr>
<tr><td>1</td><td colspan="3">工程质量评估</td><td>C 级</td></tr>
<tr><td>2</td><td colspan="3">防洪标准评估</td><td>C 级</td></tr>
<tr><td>3</td><td colspan="3">渗流安全评估</td><td>B 级</td></tr>
<tr><td rowspan="2">4</td><td rowspan="2">结构安全评估</td><td>堤身整体稳定评估</td><td>C 级</td><td rowspan="2">C 级</td></tr>
<tr><td>防洪墙结构评估</td><td>C 级</td></tr>
</table>

参考文献

[1] 中华人民共和国水利部．堤防工程设计规范：GB 50286—2013［S］．北京：中国计划出版社，2013.
[2] 中华人民共和国水利部．堤防工程安全评价导则：SL/Z 679—2015［S］．北京：中国水利水电出版社，2015.
[3] 苏玉杰，何耀辉，吉顺文，等．河道堤防安全评估研究［J］．浙江水利科技，2013（3）：66-68.
[4] 周文渊，宋新江，郑龙奎，等．堤防工程安全评价技术探讨［J］．中国水利，2015（20）：41-44.
[5] 尚尔君．浅谈大沙河口桩基防洪墙稳定复核［J］．河南水利与南水北调，2013（24）：24-26.
[6] 中华人民共和国建设部．建筑桩基技术规范：JGJ 94—2008［S］．北京：中国建筑工业出版社，2008.

基于监管需求的地下水水位预警产品设计

王卓然[1,2]　昝友让[1,2]

［1. 水利部信息中心（水利部水文水资源监测预报中心），北京　100053；
2. 水利部国家地下水监测中心，北京　100053］

摘　要： 地下水预警是资源环境承载能力监测预警机制的重要组成部分，开展地下水预警工作对保护和管理地下水资源等具有重要意义。本文阐述了现行的两种水位预警方案，分别采用监测预警、监测预警与预测预警结合的方式，介绍了主要技术方法，包括水位预警阈值确定、站网选取原则、计算方法和预警展示形式等，对方案存在的问题和优化过程进行了分析。下一步，应在现行相关工作基础上，结合我国当前地下水资源现状和管理情况，完善地下水预警框架，提出适用于地下水水位、水量、水质等要素预警的流程，促进地下水管理工作决策科学化和管理精确化。

关键词： 监管；地下水；预警；产品设计

1　引言

习近平总书记2014年在中央财经领导小组第五次会议上指出，要抓紧对全国各县进行资源环境承载能力评价，抓紧建立资源环境承载能力监测预警机制。2017年中共中央办公厅、国务院办公厅印发的《关于建立资源环境承载能力监测预警长效机制的若干意见》要求建立手段完备、数据共享、实时高效、管控有力、多方协同的资源环境承载能力监测预警长效机制，有效规范空间开发秩序，合理控制空间开发强度，切实将各类开发活动限制在资源环境承载能力之内，为构建高效协调可持续的国土空间开发格局奠定坚实基础。同时要求坚持定期评估与实时监测相结合，针对不同区域资源环境承载能力状况，定期开展全域和特定区域评估，实时监测重点区域动态，动态了解和监测预警资源环境承载能力变化情况，提高监测预警效率，准确解析超载成因，科学设计限制性和鼓励性配套措施，建立突发资源环境警情应急协同机制，对重要警情协同监测、快速识别、会商预报，并定期向社会发布监测预警信息。

中共中央、国务院在《关于加快推进生态文明建设的意见》中明确提出“实施地下水保护和超采漏斗区综合治理，逐步实现地下水采补平衡”“推进地下水污染防治”等要求。地下水预警包括水质预警和水位预警两方面内容，分别有空间预警和时间预警两个类型。空间预警也称状态预警，即基于地下水水质、水位恶化的主要控制因素和诱发因素开展工作，其控制因素是基本条件，诱发因素在不同地区或同一地区的不同地段常表现出极大差异。时间预警也称趋势预警，即基于地下水水质、水位稳定状态诱发因素强度及其持续时间和预测精度等开展工作，一般是在空间预警的基础上，通过专业技术监测、系统的理论分析和专家商讨，并报有关管理部门后进行预警。开展地下水预警工作，对于保护和管理地下水资源、应对水旱灾害风险、及时发现和防控地下水污染、支撑决策与制定政策、提高公众参与意识等方面都具有重要意义。水利部门高度重视地下水预警工作，在加强监测网络建设、提高预警系统的准确性和可靠性方面做了大量的工作。提升地下水监测数据的高效利用和信息共享，有效对地下水的动态变化形成趋势分析和动态预警，是向社会提供优质地下水信息服务的基础和

基金项目： 黄淮海地区地下水超采治理与保护关键技术及应用示范（2021YFC32005）。

作者简介： 王卓然（1989—），女，高级工程师，主要从事地下水监测评价工作。

保证。

地下水水质预警需要对地下水水质状态进行不间断的定量和定性分析，确定其发生变化的趋势并根据监测结果给出不同的预警信息[1]，但国家地下水监测工程在监测点位布设和监测指标选取方面都未能充分考虑人为污染的影响[2]，水质监测指标较多，需结合区域地下水问题进行选取[3-5]，现阶段监测难度较大，目前已开展工作主要围绕地下水水位预警。

2 工作基础

三江平原、松嫩平原、辽河平原及辽西北地区、西辽河流域、黄淮地区、鄂尔多斯台地、汾渭谷地、河西走廊、天山南北麓及吐哈盆地、北部湾等 10 个重点区域共涉及 13 个省级行政区 72 个地市，面积 244. 0 万 km^2，占全国国土面积的 25%，相对应超采区面积 16. 1 万 km^2，占全国超采区面积的 56%，超采量占全国地下水超采量的近 70%。华北地区及重点区域地下水超采及其引发的资源与环境问题已严重威胁区域水安全保障与经济社会可持续发展。水利部、财政部、国家发展和改革委员会、农业农村部于 2023 年 2 月和 7 月分别联合印发《“十四五” 重点区域地下水超采综合治理方案》《华北地区地下水超采综合治理实施方案（2023—2025 年）》，聚焦地下水超采问题突出的重点区域，系统推进地下水超采治理。

为强化监测数据应用和分析，及时反映重点区域地下水水位月度变化及预警情况，自 2020 年 7 月开始，按月编制《华北地区地下水超采区地下水水位变化及预警简报》，2023 年 11 月扩大预警范围，按月编制《华北地区和重点区域地下水水位预警信息》。同时，水利部会同自然资源部建立地下水超采区水位变化通报机制，以国家地下水监测工程监测数据为基础，地方地下水监测工程监测数据为补充，在综合分析超采区地下水水位变幅的情况下，自 2020 年第二季度起按季度对超采区有关地市地下水水位变化情况进行通报。

3 主要技术方法

3. 1 水位预警阈值确定

地下水水位预警的关键在于确定水位阈值，目前研究提出的阈值包括地下水的临界水位、警戒水位、适宜水位、工程安全水位、生态安全埋深、生态阈值[6] 等众多概念，各领域对地下水水位的关注程度各有侧重，如水文地质领域关注地下水水位与植被生长、湖泊湿地、荒漠化、盐渍化等生态环境问题的关系，环境水文地质关注地下水水位与地面沉降、海水入侵、水质恶化、地下水降落漏斗、含水层疏干等环境水文地质问题的关系，农业方面关注地下水水位与农作物生长指数及产量的关系，工程领域关注隧道、煤矿厂不因施工而影响周围生态环境时对应的地下水埋深、建筑物安全地下水水位等。根据预警范围不同，阈值的选取各有所侧重，如超采区控制目标为水位不持续下降，重点区域控制目标为在合理水位范围内波动等。在确定了使用哪几个指标作为水位阈值的主要考虑因素后，可用统计和概率模型方法、数据驱动模型或数值模型方法确定预警值。

3. 2 站网选取的基本原则

无论采用何种方式进行预警，都应根据预警范围按照平原区、山丘区，浅层地下水、深层地下水分别选取代表站，所用监测站监测层位明确，能够反映主开采层。预警单元内监测站密度超过《地下水监测工程技术标准》（GB/T 51040—2023）[7] 中表 3. 5. 2-1、表 3. 5. 2-2 规定各档次上限的，选取的站点应在单元内均匀分布，在漏斗区域适度加密；预警单元内密度未达到规定各档次上限的，应按照应选尽选的原则确定评价站网。同时应考虑逐月编报时效性，评价站网选取以充分利用自动监测站为原则，数据质量较高，无连续半年以上缺测现象，且数据序列应能覆盖评价时段。代表站选取后应保持相对固定。

3.3 地下水超采区水位变化通报

3.3.1 一代通报方案

全国地下水水位变化通报以市（地）为单元，技术流程包括确定通报范围—确定通报代表站—确定水位基准值—确定水位变幅及排名方案—水位变化情况通报—通报成果应用等六个步骤。在确定了通报范围为108个浅层和37个深层存在超采问题的地级行政区后，采用落图圈定的方式，结合开发利用层位初步确定代表站名录，再通过数据过程线分析，选取数据质量较高的站点最终确定通报代表站。将浅层或深层市（地）所有代表站上一年1~4季度各代表站日平均水位值进行算术平均，得到通报市（地）上一年1~4季度平均水位，作为地下水水位通报基准值。

$$x = \frac{\sum_{1}^{n} X_i}{n} \tag{1}$$

式中：X_i 为第 i 个代表站的季度平均水位值；n 为通报市（地）代表站数量。

利用相同方法计算得到通报市（地）当年1~4季度平均水位。季度水位变幅即为通报市（地）当年第×季度平均水位减去上一年同季度水位基准值，或上一年第×季度埋深基准值减去当年同季度平均埋深，得到通报市（地）的第×季度水位变幅。变幅正值表示水位上升、负值表示水位下降。

3.3.2 一代通报方案存在的问题及优化思路

一代通报方案的优点为方法简单，方便复核，能够快速得到地市水位变化情况。经过为期三年的运行，目前共发现存在5个主要问题：一是有部分地区站网布设密度不够，监测站代表性不足，通报站网布设科学性还需提升；二是深层、浅层划分标准不统一，通报计算方法还较单一，代表站分布非均匀区域可能存在计算偏差；三是地方监测数据共享不足，整编时效性较差，数据质量还需进一步提高；四是未充分考虑年度实际降水对地下水水位变化的影响，年内降水对浅层地下水水位和地下水开采量均有直接的影响，特别是遇极丰年份地下水水位上升幅度较大，次年一旦偏枯，同等开采情况下水位下降难以避免，不能体现地下水年际间调节作用；五是现行通报机制采用水位下降幅度大于1 m为统一点名标准，会造成有些年度水位下降不大但累计降幅较大地区漏网。

经过研究，第四、第五个问题可以通过调整通报技术方案解决，在保持原通报操作性强、易于理解、便于使用的基础上，重点解决以下两个问题：一是削减年际间降水影响，对因丰枯急转造成的水位下降，不纳入会商范围；二是把每季度下降较少但存在累计性水位下降问题的地市找出来。

3.3.3 改版方案

在原有“当年季度与上年同期相比水位变幅”方法基础上，综合比较了“基准年同比变幅”“累计水位变幅”“滑动累计水位变幅”“季度年均水位变幅”几种方法后，从2024年第一季度开始，增加选取“三年滑动累计水位变幅”指标，增强通报结果的科学性、准确性，也充分体现地下水的调节作用。

$$H = \sum_{n}^{m} \Delta H \tag{2}$$

式中：m 为当前年份，$n=m-2$；$\sum_{n}^{m} \Delta H$ 为 n 通报年至 m 通报年，通报发布的水位同比变幅之和。

为了减少站网变动对数据的影响，仅采用相同站网进行计算。

在通报成果应用方面，点名标准由“季度水位同比下降大于1 m”调整为“季度水位同比变幅下降大于1 m或近三年累计水位下降大于2 m”，会商条件调整为连续两个季度被点名或近三年累计水位下降大于3 m，并对近三年水位累计为上升且升幅大于1 m的地市予以剔除。对于会商后地下水水位下降趋势仍未好转甚至进一步加剧的地市，或引发严重生态与地质环境问题的地市，及时纳入约谈范围。

3.4 重点区域地下水水位预警信息

3.4.1 一代预警方案

预警范围为京津冀超采治理区，北京市和天津市以区（县）级行政区为基本单元、河北省以地市级行政区为基本单元进行预警，北京不参与深层水位预警，其他地区有监测站的计算单元均参与预警，浅层共33个行政区、深层共23个行政区。以地下水水位同比变幅为预警指标，采用两级预警模式，包括超警和正常，水位下降大于0.5 m即超警。后在实际预警过程中，做出三点调整：一是考虑到北京、天津区（县）级行政区和河北地市级行政区的分析单元的面积大小相差较大，不适宜以同等级别进行水位变化分析，因此将北京市各区和天津市各区分别合并为一个计算单元，河北省仍以地市级行政区为基本单元；二是考虑成果一致性，将站网调整为与各省通报或考核采用站网一致；三是为解释地下水水位变化原因，增加了逐月降水和累计降水与上一年及多年同期对比分析，说明降水对地下水水位的影响。

3.4.2 改进的预警方案

《关于建立资源环境承载能力监测预警长效机制的若干意见》明确资源环境承载能力分为超载、临界超载、不超载三个等级，根据资源环境耗损加剧与趋缓程度，进一步将超载等级分为红色和橙色两个预警等级，临界超载等级分为黄色和蓝色两个预警等级，不超载等级确定为绿色无警等级，预警等级从高到低依次为红色、橙色、黄色、蓝色、绿色。依据本文件，改进的预警方案监测预警采用红、橙、黄、蓝、绿五色预警法，指标采用与多年同期系列极值、与多年同期系列均值、与上一年同期数据相比确定。

计算方法采用代表站月均值，即当月报送日值的算术平均值。地市月均值计算方法可选用代表站的算术平均值或按照面积加权法进行计算，需保持计算方法的一致性。台账建立综合考虑国家地下水监测工程正式运行时间、地方站运行情况、降水和数据整编情况等，按照各地市实际情况，选取2018—2022年、2019—2023年或2018—2023年作为预警基准值序列，并计算序列各月份代表站月均值，形成地市多年同期系列均值和极值（埋深最大值、埋深最小值）台账。台账可根据需要进行年度调整。

初步改版的预警方案采用“彩虹预警”的模式（见图1），采用图的形式直观展示预警结果后，考虑到上一年同期的延续性问题，将方案调整为：红色表示当月水位低于多年同期最低水位，橙色表示当月水位低于多年同期水位均值1 m以上，黄色表示当月水位低于多年同期水位均值1 m及以内或当月水位低于上一年同期水位1 m以上，蓝色表示当月水位高于多年同期均值水位但低于多年同期最高水位，绿色表示当月水位高于多年同期最高水位。其中，红色和橙色为水位下降预警，黄色为水位下降提醒。计算时，先与多年同期系列极值和均值确定预警级别，再与上一年同期水位数据比较，当月水位低于上一年同期水位1 m以上的调整为黄色。

3.4.3 预测预警方案

在华北地区，采用综合多元回归、神经网络等方法增加预测预警内容，以京津冀地市级行政区为单元，预测各地市行政区下月地下水水位下降或回升的变化趋势，并进行相应预警。首先构建地下水埋深预测模型，针对当月地下水埋深，浅层地下水主要考虑3个影响因子：上一月地下水埋深、当月降水量、当月地下水开采量。由于深层承压水与降水没有直接联系，深层主要影响因子为上一月地下水埋深、当月地下水开采量。上一月水位埋深取研究区所有站点月末观测值的平均值；当月地下水开采量根据年地下水开采总量按照往年农业灌溉、工业生产与生活用水等统计数据的比例分配至各月；当月降水量采用气象中长期数值预报成果。采用多元回归模型、神经网络RBF模型（径向基函数Radial Basis Function）分别建立浅层、深层地下水模型后，将各地市级行政区预测埋深与实测埋深进行逐月对比，进行误差分析，确定各地市选用的模型方案和模型参数。

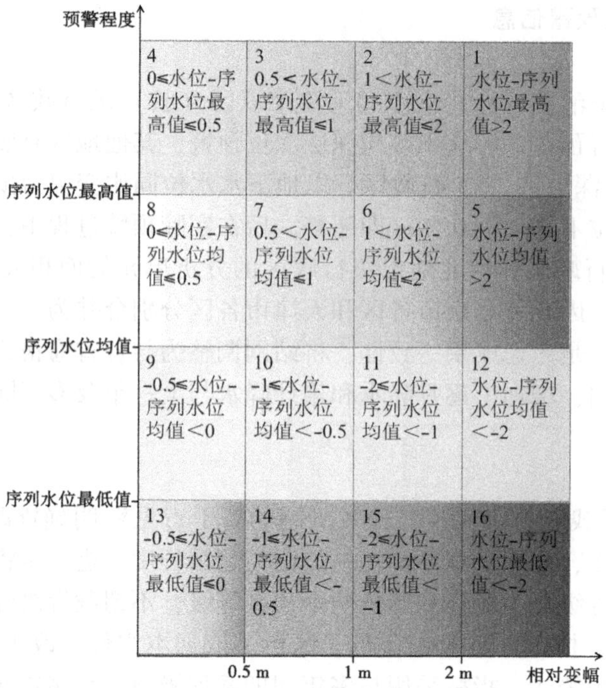

图 1　彩虹预警示意图

4　结论与展望

目前，已开展的地下水预警工作仍在监测预警范畴内，仅部分地区探索性地开展了预测预警工作。结合我国地下水动态分析评价和管理实际，地下水预警指标除地下水埋深外，还涉及非超采区采用地下水水位变化速率，超采区采用地下水水位变化速率和地下水开采量，泉域采用地下水水位变化速率、地下水开采量和泉流量，生态脆弱区采用地下水开采量，盐碱化易发区采用矿化度，海水入侵区采用氯离子浓度、矿化度和地下水开采量等指标进行预警。下一步，应在现行相关工作基础上，结合我国当前地下水资源现状和管理情况，完善地下水预警框架，提出适用于地下水水位、水量、水质等要素预警的流程，包括预警指标、预警方法、预警分类分级、预警信号等，统一预警成果表达，建立与资源环境承载能力监测预警长效机制相一致的预警体系，力求实现地下水水位、水量、水质等要素预警过程的标准和统一，提升地下水管理的效率和效能，促进地下水管理工作决策科学化和管理精确化。

参考文献

[1] 裴晓峥．地下水污染预警体系的研究［J］．山西化工，2019，39（1）：44-46.
[2] 倪鹏程，李名升，李宗超，等．国家地下水环境质量考核监测体系构建与应用［J］．中国环境监测，2023，39（4）：1-14.
[3] 郭永丽，姜光辉，郭芳，等．地下水污染预警研究进展［J］．水文，2015，35（6）：11-18，36.
[4] 雷抗，李瑞，李鸣晓，等．海积平原区浅层地下水污染在线监测预警指标的确定：以天津市某简易生活垃圾填埋场为例［J］．环境工程，2018，36（11）：179-184.
[5] 利振彬，黄天明，庞忠和，等．页岩气开发的地下水环境背景值、监测指标及污染示踪方法研究：以焦石坝区块为例［J］．工程地质学报，2019，27（1）：170-177.
[6] 刘明君．地下水生态阈值及安全预警研究：以松嫩平原为例［D］．长春：吉林大学，2024.
[7] 中华人民共和国住房和城乡建设部．地下水监测工程技术标准：GB/T 51040—2023［S］．北京：中国计划出版社，2023.

柳东新区河湖生态治理工程实践

邢耀文　时成相

（广西珠委南宁勘测设计院有限公司，广西南宁　530007）

摘　要：河湖生态是生态文明建设的重要组成部分，统筹水资源、水环境、水生态、水安全、水文化是复苏河湖生态环境，实现水生态产品价值的重要内容。本文以国家重点防洪城市和汽车工业城市柳州市柳东新区水系连通及河湖治理工程为研究对象，通过对新区水系规划、勘察设计生态理念及施工生态效果梳理、分析，归纳总结河湖生态治理工程实践中应重点关注的生态理念及问题，以期为江河湖库生态保护治理提供案例参考。

关键词：河湖；生态；治理；连通

1　引言

习近平生态文明思想系统阐释了人与自然、保护与发展、环境与民生、国内与国际等关系。深入贯彻习近平生态文明思想，落实习近平总书记"节水优先、空间均衡、系统治理、两手发力"治水思路和关于治水重要论述精神，尊重自然、顺应自然、保护自然，坚持生态优先、绿色发展，统筹水资源、水环境、水生态治理，是实现河湖功能永续利用、复苏河湖生态环境、全面提升水资源节约集约利用、完善水治理体制机制、完善国家防洪工程体系、提高水旱灾害防御能力等的根本遵循和指导思想。

这就要求我们在水系连通、河湖治理过程中必须尊重自然、顺应自然，坚持山水林田湖草沙一体化保护和系统治理，坚持上下游、干支流、左右岸统筹谋划，统筹考虑水资源、水环境、水生态、水安全、水文化等多方面的有机联系，最终实现人水和谐共生、鸟飞鱼翔、碧水长流的美丽画卷。

2　工程背景

柳州市是全国重点防洪城市。柳东新区主要包括三门江大桥以北的官塘片区、以南的阳和片区、洛清江左右岸的雒容片区。柳州市汽车城位于柳东新区北部，主要包含官塘片区及雒容片区，总规划控制范围 203 km^2，是柳州市"再造一个新柳州"战略的主要空间承载体和建设柳州汽车城的新城区。根据 2007 年《柳东新区发展规划报告》及《广西柳州市汽车城总体规划（2010—2030）》，整个柳东新区划分为七个城市功能区：官塘核心区、滨江生活区、物流园区、雒容建设区、会展服务区、古亭山-阳和综合服务区和阳和工业区。

为促进柳州市汽车城城市水环境综合功能的有效发挥，改善汽车城内河防洪、行洪，来水不足，水质恶化等河湖生态问题，保护汽车城免遭山洪冲击、内涝之苦，避免河流生态环境进一步恶化，保障柳州市汽车城城市水资源、水环境、水生态、水安全、水文化，实现柳州市汽车城城市人水和谐。为进一步提升城市生态环境品质，改善居住、投资环境，通过系统规划柳州市汽车城城市河湖生态水系、景观生态、旅游游憩系统，完善公共基础配套设施等，打造山青水绿的现代工业新城，支撑柳州市汽车城城市经济社会可持续发展，带动柳州市整体工业发展。柳东新区河湖生态治理作为柳东新区汽车城水环境、市政建设的重要工程，确保城市水系能有效支撑城市社会、经济、文化全面发展意义

作者简介：邢耀文（1985—），男，高级工程师，主要从事水利工程勘察设计、咨询工作。

重大[1]。

3 河湖生态治理研究

3.1 目的

通过对新区河湖水系现状及城市发展对河湖治理的要求进行系统分析，提出满足要求的河湖生态治理方案，达到以下目的。

3.1.1 统筹调配水资源、改善水环境、修复水生态

统筹调配水资源：河湖生态治理工程以官塘核心区交雍沟、官塘冲、莫道江南支为中心，围绕工程区十余条主要支流，通过补水渠与补水水源进行连接，形成新区汽车城内蓝色生命脉络。在莫道江北支上游新建莫道江补水泵站，从柳江抽水至核心区补水渠对官塘核心区渠道进行补水达到整个规划范围河湖生态水量的要求。

改善水环境、修复水生态：采取控源、截污、修复、补水的工程措施。其中，控源指控制源头污染排放，划定内河河流河岸保护区；截污指将污水截流后集中处理达标排放；修复指采取生态学原理实施生态学工程措施改善生态系统，诸如人工湿地系统。

3.1.2 保障水安全

完善城市防洪排涝功能，保障防洪安全；调整供排水系格局，保障行洪安全。在尊重原河湖水系自然属性前提下，按照水域的自然形态，通过科学的水网模式进行保护、整治，恢复和强化水系河道行洪、排涝、输水等综合功能，从而实现工程区河湖水系防洪行洪安全要求。

3.1.3 打造水文化、水景观

通过建设生态堤岸、亲水步道、滨水绿地空间，完善生态修复和植物配置，实现河湖湿地系统恢复演替，从而突出城市空间形象。结合工程区柳州园博园、柳州会展中心、柳汽工业园区、龙湖、柳东新区图书馆等邻水设施建设，塑造水文化，展现柳东山水生态、汽车工业和传统文化特色的景观风貌，将山、水元素融为一体，形成“城在山中，山在城中，城在水边，水在城里”的景观格局。

3.2 指导思想

柳东新区水系连通及河湖治理工程以《中华人民共和国水法》《中华人民共和国防洪法》《中华人民共和国城乡规划法》为指导，遵循《城市水系规划导则》（SL 431—2008）及《城市水系规划规范（2016 年版）》（GB 50513—2009），结合工程区的具体情况，制定满足防洪治涝、农用灌溉、城市水景观与水文化、河道生态整治、水质控制的方案措施。正确处理水利建设与国土整治的关系，水利建设与城市总体规划各专项规划任务之间的关系，水利与市政建设的关系，整体与局部的关系，上下游、干支流、左右岸之间的关系，近期与远期的关系，河道治理开发与生态、环境保护的关系等。

3.3 坚持的原则

（1）坚持马克思主义自然观，尊重自然属性，按照水域的自然形态进行保护或整治，坚持人与自然和谐共生，以人为本，人水和谐，满足居民工作、生活、休闲娱乐的需要。

（2）坚持统筹协调、系统治理，城市河湖水系与流域和区域水系协调，城市河湖水系治理符合流域水利规划的格局，统筹兼顾水安全、水资源、水环境、水景观、水文化等的需求，城市防洪排涝、给水排水、水环境保护、道路交通、旅游景观相协调，城市总体规划发展布局、目标和建设要求相协调。

（3）坚持节约和有效治理，考虑水系沿岸现状，不搞大开发，避免过量的房屋拆迁。

（4）坚持最普惠民生福祉、公众参与的原则，在规划编制、修改和实施的全过程中广泛吸引公众意见。

（5）坚持科技创新、依法治理。

3.4 主要建设内容

柳东新区水系连通及河湖治理工程主要包含以下工程建设内容。

3.4.1 柳州市汽车城官塘核心区水系补水综合整治工程

(1) 补水工程（泵站）1 座，补水流量为 2.8 m^3/s；补水总管长约 4 513 m，龙脉补水支管长约 814 m。

(2) 设置分洪、分水、蓄水景观坝 5 座，分别为柳职院蓄水坝、大学西路坝、二中分洪坝、博园大道蓄水坝、仁和路蓄水坝。

(3) 河道治理、补水渠治理约 8 108 m。其中，莫道江南支渠道段约 2 755 m、官塘主渠道段 2 092 m、官塘左支渠道段 678 m、官塘右支渠道段 2 055 m、南北联通渠段 970 m。

3.4.2 交雍沟河道生态环境综合整治工程

(1) 河道治理：整治河道（含新开渠道）总长 15.8 km，其中主河道长 4.9 km、左上支长 1.6 km、左下支长 2.7 km、龙湖环上支长 1.0 km、龙湖环下支长 1.5 km、龙湖上支长 3.1 km、右支长 1.0 km，整治岸线总长约 34.8 km。

(2) 调蓄坝及景观湖：在主河道桩号 0+750、3+760 和 4+790 处分别布置景观蓄水坝，在桩号右支 0+150 处设置拦水坝，设置会展湖、南寨湖及中央活水公园（龙湖）等 3 个人工湖。

(3) 主要工程措施及等级：交雍沟河道整治及驳岸建设、景观蓄水坝、补（排）水涵管等。其中，护岸等主要建筑物按 3 级设计；附属建筑物有挡土墙、护岸、扩宽疏浚河道、蓄水矮坝等，均按 4 级设计。

3.4.3 莫道江南支下游段河道整治工程

(1) 整治河道：总长 2.41 km，其中主河道长 1.89 km，由官塘大道（大学西路）莫道江南支箱涵出口处至柳江汇入口，桩号莫道江南支下游 0+000～1+890；左支长 0.52 km，桩号莫道江南支 0+000～0+520，轴线基本沿原河道布置。

(2) 调蓄湖及景观蓄水闸坝：湖底设计高程为 76.5 m，莫道江南支下游桩号 1+160 处布置钢坝 1 座，坝前景观水位为 83 m，坝下常水位为柳江下游红花水电站回水位，为 77.93 m，钢坝底高程（混凝土基座底高程）为 73.50 m，坝顶高程 83.00 m（直立状态）。

3.4.4 官塘冲河道整治工程

(1) 河道整治：总长 8.12 km，其中官塘冲主支（下段）长 4.45 km、官塘冲主支（中段）长 1.57 km、官塘冲左支渠长 2.10 km。主支（下段）上游主 4+450.0 桩号处分两汊各与左、主支（中段）首尾相连。左、主支（中段）上游分别直接与园博园湿地公园西、南两角连通。

(2) 调蓄湖及蓄水坝：设置听竹湖和官塘冲调蓄湖 2 个湖，三级蓄水坝，形成四级景观水位分别为 78.0 m（柳江回水）、82.0 m、84.0 m 和 87.0 m，上游园博园湿地公园景观水位主要通过左、主支（中段）三级蓄水坝来调节。

3.4.5 防洪堤及泵站、闸

(1) 官塘堤上段治理工程位于柳东新区官塘片区上游，自洛埠镇洛埠沟上游山脚至莫道江南支下游约 100 m 处，堤防共 3 段，泵站 2 座，设置排涝闸 2 座，堤路接合段抢险道路 1.345 km。

(2) 柳州市柳东新区交雍沟治涝应急工程位于柳州市柳东新区官塘核心区的交雍沟出口处，根据城市规划道路，尽可能地对官塘冲流域范围内的城区、村落、工业、农田进行保护，根据 50 年一遇防洪标准淹没线，本次工程堤线从距交雍沟入江口中心沿柳江至上游约 500 m 三门江砖厂处的新柳大道路边起（高程为 93 m），沿柳江向下游延伸至官塘冲入江口下游约 100 m 的山丘边终止（高程为 92 m）。堤线结合城市规划道路，堤顶高程按 50 年一遇防洪标准设计，堤顶高程为 89.8 m，全长 625.8 m；在交雍沟柳江入江口处设排涝闸 1 座及泵站 1 座。

3.4.6 滨江生态湿地公园项目

建设面积 216 万 m^2，岸线长约 10 km，建设内容包括园建工程、水系及驳岸改造、人行景观桥和绿化种植等，以“水体保护与湿地生境构建”为理念，保留原有生态基底如坑塘、洼地、废弃沟渠，通过连通，经多级过滤工程措施，形成潜流湿地的“生态之肺”[2]。

3.5 工作程序

柳东新区生态河湖治理工作流程如图 1 所示。

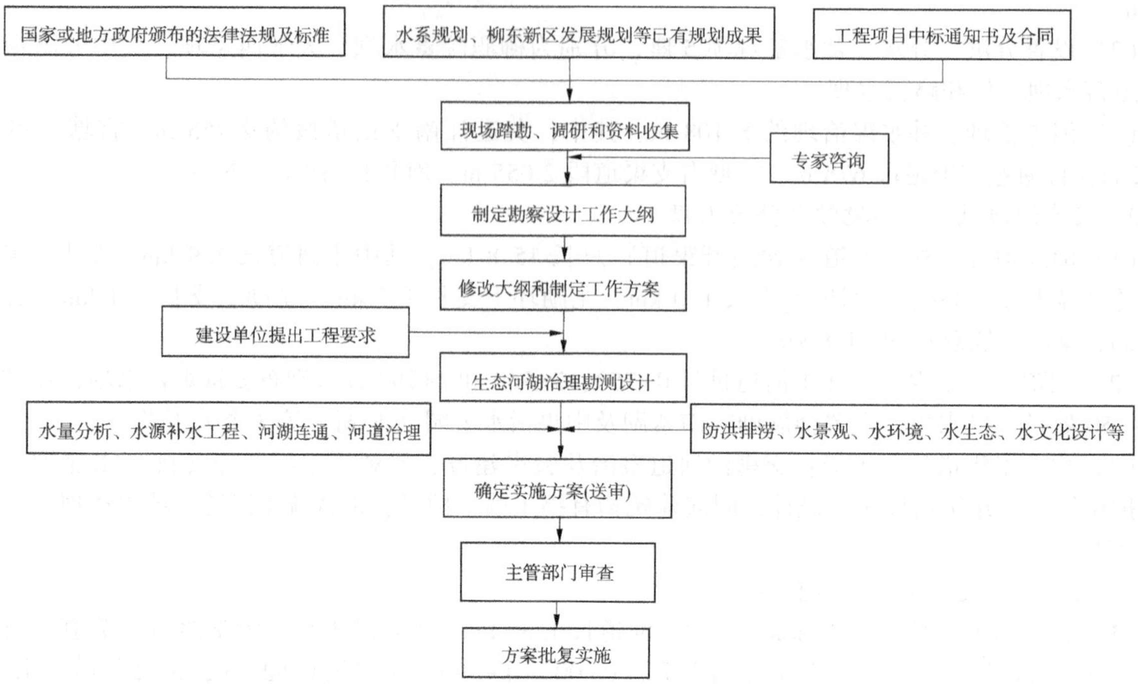

图 1　柳东新区生态河湖治理工作流程

3.6 治理效果

通过对工程区现状河流调查测绘、水量分析、污水排放控制及雨污分流、水源补给保证生态流量、河湖连通工程畅通水通道、河道清淤及驳岸治理、防洪工程建设、水景观改造、水文化提升等河湖生态修复方案工程措施及加强环境保护、节水宣传教育，取水、用水、治污一体化管理等非工程措施，基本实现新区人水和谐共生、鸟飞鱼翔、碧水长流的美丽画卷。整治前后生态环境变化巨大，见图 2~图 5。

图 2　官塘冲下游（治理前，平视）

图3　官塘冲下游（治理后，航拍）

图4　核心区补水（南北连通渠段，航拍）

图5　莫道江南支下游（泵站及钢坝，航拍）

4 结语

4.1 规划方面

新区水系规划应以汽车城市政规划、绿地规划、水利专项规划等为基础，明确规划总原则及各项子项目原则、目标定位（包括水系、景观、水体水质）、建设规模、解决的问题、工程措施等内容，重点关注规划内容、规划完整性和适用性、可实施性，因地制宜、绿色环保。划定的“三线”应适用于保护和合理利用水体，同时加强绿化生态建设与保护。同时算清“水账”，确保工程实施后有效的水面积、水流量、生态流量。

4.2 勘察设计方面

勘察应重点查明工程区岩土层分界线，为设计提供准确开挖范围，以减少大挖大填，少破坏环境和控制投资。

水系补水应综合考虑人工补水与工程区周边水库天然补水相结合，考虑现有湖面规模，结合环境整治，设计经济合理可靠的补水途径。同时考虑补水线路走向，尽可能利用天然地理高差优势，减少挖填岩土体、不破环或者少破坏天然山、林、湖、草、塘。尽可能保持天然河道的自然走向、水面面积，同时护岸设计时应考虑生态性生态，护岸材料能够就地取材（本工程主要是格宾石笼护岸，充分利用当地石灰岩等天然石材）。

水系设计应确保工程区防洪排涝和用水安全（工业用水、龙湖、园博园湖、华侨城用水等），同时兼顾水景观、水生态，打造水文化。

4.3 施工方面

施工前充分理解设计意图，按图施工、精准施工，同时针对现场问题及时与参加方反馈沟通，及时解决问题，减少施工面留置时间，降低安全和环境污染的风险。按照有关要求做好降尘、洒水、除污等工作，确保施工场地环境卫生达标。施工用材、用料到位，土石方应开挖平衡，减少内弃外运，减少污染源[3]。

4.4 管理

建设管理应合法合规、熟悉建设报批流程，对规划、勘察、设计、施工等工程管理到位。运行管理应确保管理人员到位、安全设施到位、运行资金到位，同时发掘水文化、水生态效益，以水效益促水管理、护水生态、养水环境。

参考文献

[1] 胡朝阳．城市河湖连通新模式：“分流岛”［J］．水电能源科学，2022（3）：38-41.
[2] 温奕东．乡镇水系连通下的河网生态碧道整治［J］．水利科学与寒区工程，2024，7（11）：32-34.
[3] 湛楠，王维，汪棋．河道清淤疏浚施工技术分析［J］．工程建设与设计，2022（21）：202-204.

溃坝洪水对临水建筑物安全性的影响

王　荆[1,2]　刘　岩[3]　赵　健[4]　王　航[1,2]

（1. 黄河水利委员会黄河水利科学研究院，河南郑州　450003；
2. 水利部堤防安全与病害防治工程技术研究中心，河南郑州　450003；
3. 黄河古贤水利枢纽有限公司，河南郑州　450018；
4. 新疆维吾尔自治区水利运行调度中心，新疆乌鲁木齐　830000）

摘　要： 通常，临湖或临河建筑物能够为人们提供优美的生活环境和很好的生态体验。然而，当洪水来临时，这类建筑物的安全性是否受到临近河流或湖泊的影响还未有所知。所以本文采用非静压模型来研究溃坝洪水对临水建筑物安全性的影响。首先采用一种特殊的波浪破碎数值处理方法使非静压模型能够准确地模拟出溃坝波的产生，然后在理想的地形条件上布置临水建筑物和不临水建筑物，通过模拟溃坝波在这一地形上的传播演变过程，分析两类建筑物受洪水的作用力。研究结果表明，临水建筑物安全性所受洪水影响较大。

关键词： 非静压模型；溃坝洪水；临水建筑物；建筑物安全性

1　引言

溃坝洪水会造成下游流域建筑物的损坏和人员伤亡，所以研究和预测溃坝洪水下游流域的传播变形过程非常重要。当溃坝发生时，由于上下游水位差，上游水体作用到下游时会形成溃坝波，随着时间的推移，溃坝波最终形成溃坝洪水，所以对溃坝波的研究至关重要。最早溃坝波是应用于海啸波的研究，比如 Chanson[1] 从海啸传播到近岸的视频中提取了波浪高程数据，并将其与改进后的干床地形上溃坝波解析解的结果进行比较，两者吻合较好，从理论上论证了溃坝波可以用于海啸波的模拟。随后 Kocaman 和 Ozmen-Cagatay[2] 在矩形水槽中进行了溃坝波作用于直立壁面的实验，分析了不同下游河床状态（干床和湿床）溃坝波对壁面的作用力。此外，研究了溃坝波对圆柱形、方形和棱形结构施加的力的大小，发现不同截面形状的结构在相同水力条件下具有不同的受力过程。

随着计算机技术的快速发展，洪水与建筑物相互作用的数值模拟研究日益受到重视。由于洪水传播距离远，影响范围大，众多学者大多采用浅水方程模型来模拟溃坝洪水对近岸建筑物的影响[4-5]。然而溃坝洪水实际上是由溃坝波演变而来的，浅水方程模型不能准确模拟波浪的传播变形过程。在波浪模拟的发展过程中，非静压模型因在描述波浪时表现出良好的频散性和非线性而备受关注。特别是 Wang 等[6] 利用二次多项式来表示速度和非静压，推导了一种新的单层非静压波动方程，并改进了非静压方程的线性和非线性特性。因此，非静压模型可以较准确地模拟溃坝波的传播、变形和淹没。

近年来，随着社会经济的发展，我国在河流和湖泊临近区域建造了很多用于办公和生活的建筑群。此外，全球气候变暖引发了频繁的极端暴雨和洪水灾害，这会增加水库或堤防溃坝的风险。在溃坝发生后，临水建筑物的安全性是否会受到较大影响还尚不清楚。因此，本文设计了一个包含临水建筑物和不临水建筑物的理想地形，研究溃坝波对临水建筑物安全性的影响。

基金项目： 黄河水利科学研究院基本科研业务费专项项目（HKY-JBYW-2023-07）；水利部堤防安全与病害防治工程技术研究中心开放课题基金资助项目（LSDP202402）。

作者简介： 王荆（1990—），男，高级工程师，研究室副主任，主要从事水利工程安全管理技术研究工作。

2 控制方程和数值求解

2.1 控制方程

基于欧拉方程，Wang 等[6] 推导得到的新非静压模型的控制方程如下：

$$\frac{\partial U}{\partial t}+\frac{\partial F}{\partial x}+\frac{\partial G}{\partial y}=S_{\mathrm{h}}+S_{\Gamma} \tag{1}$$

其中

$$U=[\zeta \quad q_x \quad q_y]^{\mathrm{T}} \tag{2}$$

$$F=\left[q_x \quad uq_x+\frac{g}{2}(\zeta^2-2\zeta z_{\mathrm{b}}) \quad uq_y\right]^{\mathrm{T}} \tag{3}$$

$$G=\left[q_y \quad vq_x \quad vq_y+\frac{g}{2}(\zeta^2-2\,\zeta z_{\mathrm{b}})\right]^{\mathrm{T}} \tag{4}$$

$$S_{\mathrm{h}}=\left[\zeta^* \quad -g\zeta\frac{\partial z_{\mathrm{b}}}{\partial x}+\lambda q_x \quad -g\zeta\frac{\partial z_{\mathrm{b}}}{\partial y}+\lambda q_y\right]^{\mathrm{T}} \tag{5}$$

$$S_{\Gamma}=\left[D(A_1+A_2) \quad -D\left(\frac{\partial \Gamma_{\gamma}}{\partial x}-\Lambda_{x1}-\Lambda_{x2}\right)+A_{x3} \quad -D\left(\frac{\partial \Gamma_{\gamma}}{\partial y}-\Lambda_{y1}-\Lambda_{y2}\right)+A_{y3}\right]^{\mathrm{T}} \tag{6}$$

式中：U 为流体变量；F 和 G 为 x 和 y 方向的通量；S_{h} 为流体静压源项；S_{Γ} 为流体非静压源项；ζ^* 为造波函数；λ 为海绵层的消波系数；其他参数和边界条件可参考文献［6］。

模型采用有限体积和有限差分相结合的方法求解新型非静压方程。其中，采用 Godunov-type 有限体积法求解静压方程得到临时解，采用有限差分法求解非静压方程得到动水压强，用其修正临时解得到最终解。模型采用激波捕获数值格式和地形重构方法用以精确模拟波浪破碎和爬升。此外，模型采用域内造波法产生目标波浪，采用海绵层消波以减少边界反射的影响。

2.2 波浪破碎处理

Wang 等[6] 的模型在处理破波时，采用波高水深比作为非静水模型向静水模型转换的阈值。这种方法准确地模拟了波浪在不同水深地形上的传播和变形。但是，溃坝波是由上下游水位高程差产生的，由于水面是不连续的，上述方法无法准确模拟溃坝波的产生和传播，所以本节采用 Kennedy 等[7] 提出的适合溃坝波的破碎判定方法，当溃坝波发生破碎时该条件可使模型局域演变为浅水方程模型，此外，一些近岸波浪模型已成功运用此判定方法，该判定条件为

$$\frac{\partial \zeta}{\partial t}\geqslant \alpha\sqrt{gh} \tag{7}$$

式中：ζ 为自由水面高程；t 为时间；g 为重力加速度，取 9.8 m/s^2；h 为水深；α 为常数，本节设置为 0.1。

2.3 波浪力计算

在建筑物附近的计算区域，一般将模型转换为浅水方程进行模拟。根据 Xiong 等[4] 提出的波浪力计算方法，垂直矩形截面上的流体的总水平力 F_{T} 由下式给出：

$$F_{\mathrm{T}}=\int_B \frac{1}{2}\rho g h^2 \mathrm{d}B+\int_B \rho(\beta u)^2 h \mathrm{d}B \tag{8}$$

$$\beta=\begin{cases}1 & Fr<1\ (\text{亚临界流})\\ 1.25 & Fr>1\ (\text{超临界流})\end{cases}$$

式中：B 和 h 分别为建筑物的宽度和流体淹没水深；u 为平均流速；Fr 为弗劳德数，$Fr=u/gh$。

3 模型验证

为验证模型采用新的波浪破碎判定方法模拟溃坝波的产生和传播变形的准确性，本节反演了

Stansby 等[11] 在水槽中进行的溃坝波产生的物理模型实验。该实验水槽长 15.24 m、宽 0.4 m、高 0.4 m，实验断面如图 1 所示，上游水头 $h_0=10$ cm，下游水头 $h_1=4.5$ cm，封闭水槽两端，设置挡板作为闸门，挡板位于上游 9.76 m 处，设置挡板位置处为坐标零点。在模拟实验中，设置模型网格尺寸 $\Delta x=\Delta y=0.6$ cm，时间步 $\Delta t=0.001$ s，曼宁系数 $n=0.01$，总模拟时长为 1 s。

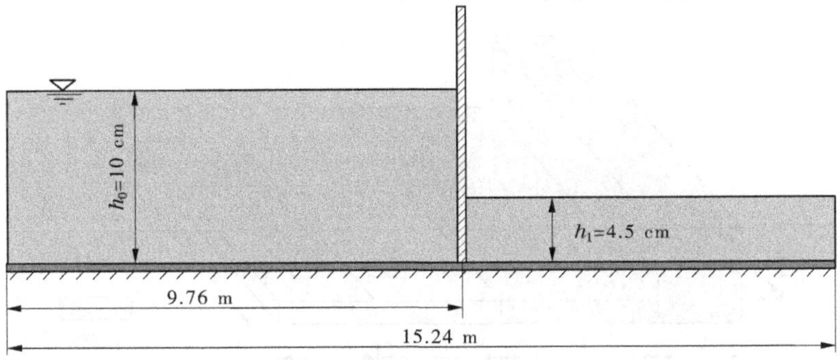

图 1　物理模型实验断面图

图 2 分别表示 $t=0.22$ s、$t=0.32$ s、$t=0.52$ s 和 $t=0.76$ s 时刻实验和数值模拟的对比结果，图 2 中 x/h_0 表示大坝所在位置。由图 2 中可看出，当下游为湿床时溃坝水流会在水槽下游形成一个高频波，随着时间的推进，更多的高频波产生，这与湿床溃坝波的解析解不同。从四个不同时刻的溃坝波断面可以看出本文非静压模型与实验结果相吻合，这进一步说明本文非静压模型能够准确地模拟溃坝波的产生及传播变形。

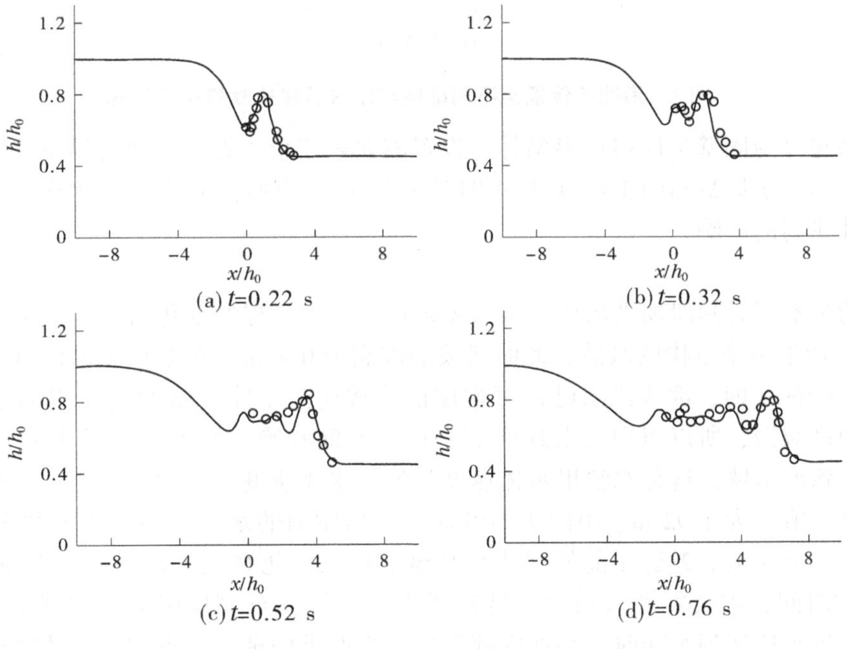

○表示实验值；—表示模拟结果。

图 2　不同时刻归一化水面高程对比结果

4　理想地形上溃坝波的传播变形

通过在初始条件中设置上下游水头差来模仿溃坝波的产生。在下游段设置陆地干床和区域河流湿床，其中湿床区域采用水池来仿真临近房屋的河流段。在干床地形和临近湿床区域设置两栋相同形状的建筑物。通过分析溃坝波对两栋房屋的作用力，分析溃坝波对临水房屋安全性的影响。

4.1 **模型设置**

设置初始水头 $h_1=10$ m，$L_1=200$ m，下游水深 $h_2=h_3=h_4=2$ m，$L_2=300$ m，$L_3=300$ m，$L_4=200$ m，计算域宽度为 160 m，图 3 中水池长 50 m、宽 20 m、深 2 m，水池距离左边界 800 m、距离下边界 100 m。1#房屋距离西边界 850 m、距离南边界 100 m，2#房屋距离西边界 850 m、距离南边界 40 m，两栋房屋距离 40 m，两栋房屋长宽均为 20 m、高均为 10 m。

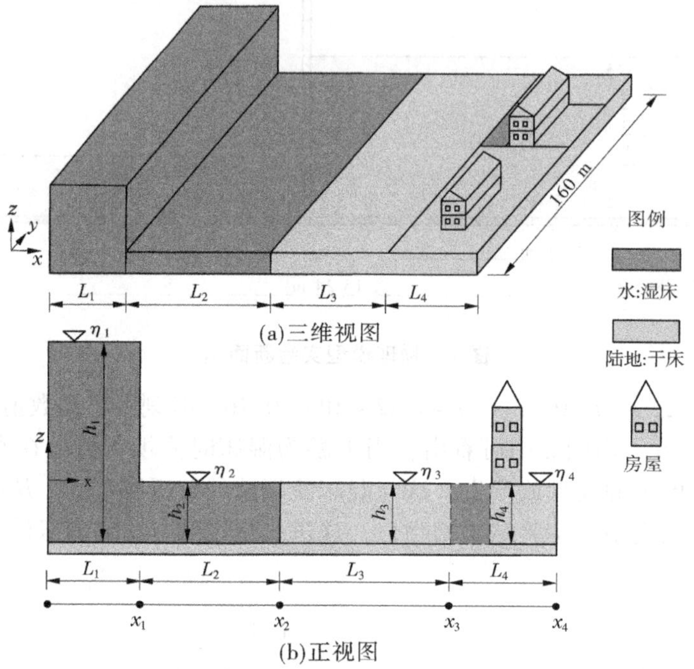

图 3　海啸波传播至不同陆域与水域后建筑物模型示意图

模型设置西边界为固壁全反射边界条件，设置南北东三个边界为开放边界条件。模型设置网格尺寸 $\Delta x=\Delta y=1$ m，时间步 $\Delta t=0.01$ s，总模拟时长为 200 s。模型在 1#房屋和 2#房屋前设置测点观测泳池对房屋前水体壅高的影响。

4.2 **模拟结果**

图 4 展示的是不同时刻溃坝洪水传播至房屋附近时水面高程的变化情况。$t=54$ s 时，溃坝洪水到达 1#房屋泳池，产生一个重构的激波，此时激波的波高为 0.8 m，而 2#房屋前没有水池，所以房屋前的水面较均匀；$t=60$ s 时，溃坝洪水已在 2#房屋前形成壅高水体，而 1#房屋因为泳池的影响溃坝洪水在该区域的速度减慢，所以溃坝洪水到达 1#房屋的时间较晚，此外溃坝洪水完全到达水池时会在水池周边形成一弧形水墙，这是水池里水体速度与池外水体速度不一致造成的；$t=83$ s 时，1#房屋前的壅高水体达到峰值，为 4.92 m，由图 4 中可看出 1#房屋前的水面呈现不规则状态，而 2#房屋前的水面较为均匀；$t=86$ s 时，2#房屋前的水体壅高至最顶点，此时该水面高程为 5.46 m。通过上述房屋前壅水峰值的时间，本文发现溃坝洪水是先到达 2#房屋，而 1#房屋前壅水峰值先于 2#房屋达到，这是由于当溃坝洪水传播到水池时，在池内部发生了激波重构现象，重构激波的增长速度要大于溃坝波的传播速度，致使 1#房屋前的水体壅高峰值到来的时刻早于 2#房屋。

图 5 给出了建筑物前中心位置的水面高程和 1#和 2#房屋所受的总波浪力。从水面高程的模拟结果可以看出，溃坝洪水到达 1#房屋后，1#房屋前方水面高程出现下降后又逐渐壅高的现象，这是由于 1#房屋受周围溃坝洪水的影响。从总波浪力模拟结果可以看出，溃坝洪水对 1#房屋的最大波浪总力为 2 819 kN，对 2#房屋的最大波浪总力为 2 712 kN。1#房屋前方水面高程明显低于 2#房屋，但最终最大水平力反而大于 2#房屋，这是因为水池的存在使 1#房屋被涌浪包围，使 1#房屋上游面保持较高水位，而 2#房屋只有部分处于较高水位。

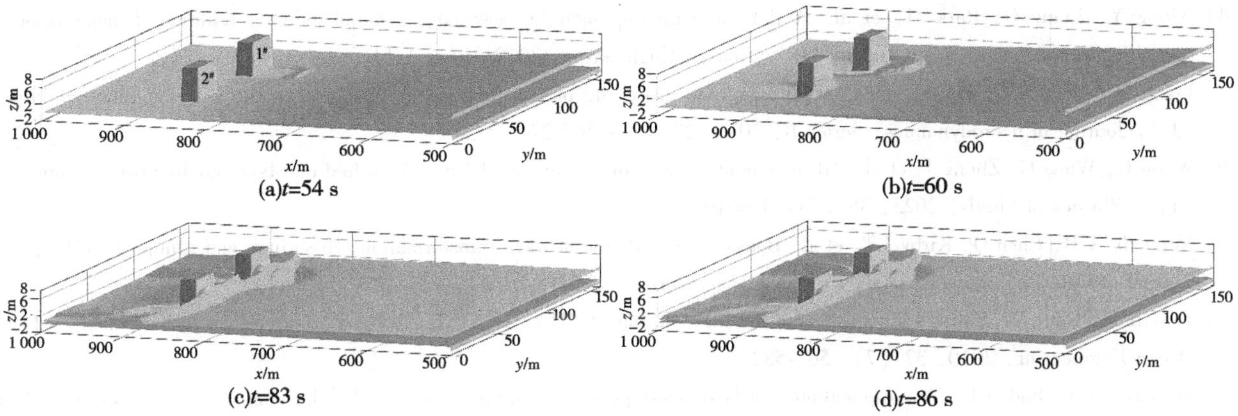

图 4　不同时刻溃坝洪水水面高程变化情况

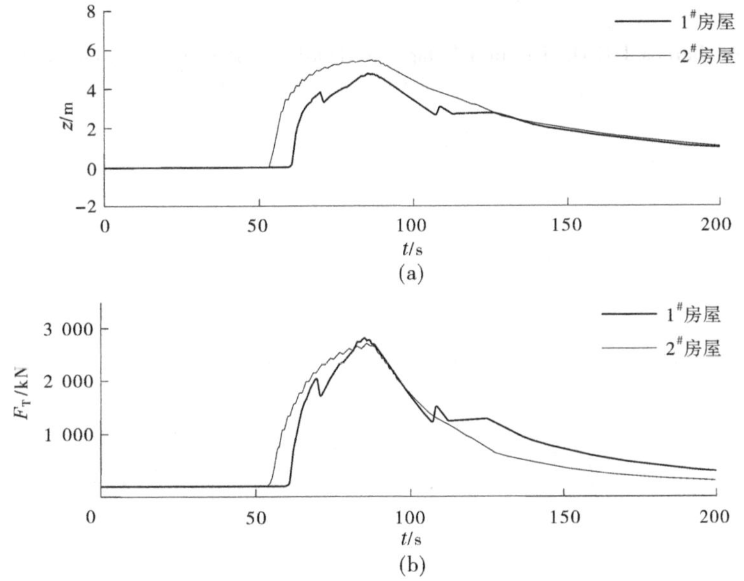

图 5　$1^{\#}$和 $2^{\#}$房屋前水面高程和受力模拟结果

5　结论

首先本文建立了能准确模拟溃坝波产生和传播变形的溃坝波模型，并与物理模型实验的测量结果进行对比，结果显示模型能够很好地模拟出溃坝波的产生。其次，该模型采用经验方程成功表示作用在建筑物上的波浪力。最后，本文设计了一个包含干床和湿床的理想地形条件，研究了溃坝洪水对临水房屋安全性的影响。结果表明，与干床地形上的建筑物相比，溃坝洪水对临水建筑物的水平作用力更大，会较大影响此类建筑物的安全。

参考文献

[1] Chanson H. Tsunami Surges on Dry Coastal Plains: Application of Dam Break Wave Equations [J]. Coastal Engineering Journal, 2006, 48 (4): 355-370.

[2] Kocaman S, Ozmen-Cagatay H. Investigation of dam-break induced shock waves impact on a vertical wall [J]. Journal of hydrology, 2015, 525: 1-12.

[3] Arnason H, Petroff C, Yeh H, et al. Tsunami Bore Impingement onto a Vertical Column [J]. Journal of disaster research, 2009, 4 (6): 391-403.

[4] Xiong Y, Liang Q, Park H, et al. A deterministic approach for assessing tsunami-induced building damage through quantification of hydrodynamic forces [J]. Coastal Engineering, 2019, 144: 1-14.

[5] Liang Q, Chen K-C, Hou J, et al. Hydrodynamic modelling of flow impact on structures under extreme flow conditions [J]. Journal of hydrodynamics. Series B, 2016, 28 (2): 267-274.

[6] Wang H, Wang G, Zheng J, et al. Advancements in nearshore wave modeling: A unified one-layer nonhydrostatic approach [J]. Physics of Fluids, 2023, 35 (7): 076610.

[7] Kennedy A B, Chen Q, Kirby J T, et al. Boussinesq modeling of wave transformation, breaking, end runup. I: 1D [J]. Journal of waterway, port, coastal, and ocean engineering, 2000, 126 (1): 39-47.

[8] Tonelli M, Petti M. Finite volume scheme for the solution of 2D extended Boussinesq equations in the surf zone [J]. Ocean Engineering, 2010, 37 (7): 567-582.

[9] Shirkavand A, Badiei P. The application of a Godunov-type shock capturing scheme for the simulation of waves from deep water up to the swash zone [J]. Coastal engineering (Amsterdam), 2014, 94: 1-9.

[10] Ai C, Ma Y, Ding W, et al. Three-dimensional non-hydrostatic model for dam-break flows [J]. Physics of Fluids, 2022, 34 (2): 1-18.

[11] Stansby P K, Chegini A, Barnes T C D. The initial stages of dam-break flow [J]. Journal of Fluid Mechanics, 1998, 370: 407-424.

水资源刚性约束下再生水利用对策研究——以广州市黄埔区为例

杨一彬　李兴拼　李　娟

（珠江水利委员会珠江水利科学研究院，广东广州　51000）

摘　要：广州市黄埔区作为粤港澳大湾区的“湾顶明珠”，于2022年成功申报国家再生水利用配置试点城市，积极推进再生水利用配置工作。本文基于广州市黄埔区水资源刚性约束的要求，围绕《广州市黄埔区再生水利用配置试点实施方案》中再生水利用配置情况，分析得到黄埔区虽然再生水利用量较大，但60%以上为生态补水，对缓解黄埔区常规水资源供水压力的作用较小。进一步对再生水利用潜力进行分析，并提出相应的保障措施。

关键词：再生水；非常规水资源；水资源刚性约束

在水资源日益短缺的今天，尤其在水资源刚性约束下，科学有序地开发利用非常规水资源成为破解水资源短缺困境的重要举措之一。自2012年以来，出台了一系列非常规水资源利用政策，将非常规水资源纳入水资源统一配置，推进水资源循环利用，实现水资源科学配置[1]。再生水作为非常规水资源中重要组成部分，在提升城市水资源供给能力，缓解城市用水供需矛盾上正逐步受到重视[2]。推动再生水利用配置，实现再生水合理利用，提高再生水利用率，打造成为城市“第二水源”，是实现经济社会发展的重要保障，对推进生态文明建设具有重要意义[3]。

2021年1月，国家发展和改革委员会等10部门联合印发了《关于推进污水资源化利用的指导意见》（发改环资〔2021〕13号），提出了再生水利用总体目标。同年12月，水利部等6部门联合印发《典型地区再生水利用配置试点方案》（水节约〔2021〕377号），提出按照自愿申报原则确定试点城市，组织编制试点实施方案，按程序审批后实施[4]。2022年10月，广州市黄埔区成功申报国家再生水利用配置试点城市，围绕工业、生态补水、市政杂用领域开展再生水利用配置试点工作。

1　再生水利用情况

1.1　供水形势

自2015年以来，广州市黄埔区的经济社会快速发展，在广州市乃至粤港澳大湾区的综合影响力和功能定位不断提高，对全区供水服务水平提出了更高要求。目前，广州市黄埔区供水水源较为单一，依赖区外水源供水，同时区内无备用水源，生产生活用水由市一级供水网络的调度供应，且供水水源主要来自东江北干流。自2020年10月以来，东江流域遭遇了历史少有的秋冬春夏连旱，来水持续偏少导致咸潮上溯，危及黄埔区的正常水源供应。因此，亟须配置利用再生水，打造城市“第二水源”，缓解常规水资源供水压力，促进黄埔区经济社会高质量发展。

1.2　再生水利用情况

2021年广州市黄埔区再生水利用总量为4.46万m^3/d。其中，工业再生水用水户7家，利用量为

作者简介：杨一彬（1994—），男，工程师，主要从事水资源管理与规划工作。

通信作者：李兴拼（1983—），男，正高级工程师，主要从事水资源配置、水资源管理、水利规划、节约用水管理和相关科研工作。

1.59 万 m^3/d；市政杂用再生水利用量为 0.10 万 m^3/d；生态补水再生水利用量为 2.77 万 m^3/d。2021 年黄埔区污水实际处理量为 51.01 万 m^3/d，广州市黄埔区再生水利用率为 8.8%。

根据《广州市黄埔区再生水利用配置试点实施方案》，2025 年广州市黄埔区规划再生水利用总量为 24.53 万 m^3/d。其中，工业再生水用水户 7 家，利用量为 8.30 万 m^3/d；市政杂用再生水利用量为 0.30 万 m^3/d；生态补水再生水利用量为 15.93 万 m^3/d。预测 2025 年黄埔区污水处理量为 68.1 万 m^3/d，广州市黄埔区再生水利用率为 36%（见表 1）。

表 1 再生水利用变化情况统计

年份	2021 年	2025 年	增加值
工业/(万 m^3/d)	1.59	8.30	6.71
市政杂用/(万 m^3/d)	0.10	0.30	0.20
生态补水/(万 m^3/d)	2.77	15.93	13.16
合计/(万 m^3/d)	4.46	24.53	20.07
利用率	8.8%	36%	27.2 个百分点

2021 年再生水利用领域占比、2025 年规划再生水利用领域占比分别见图 1、图 2。

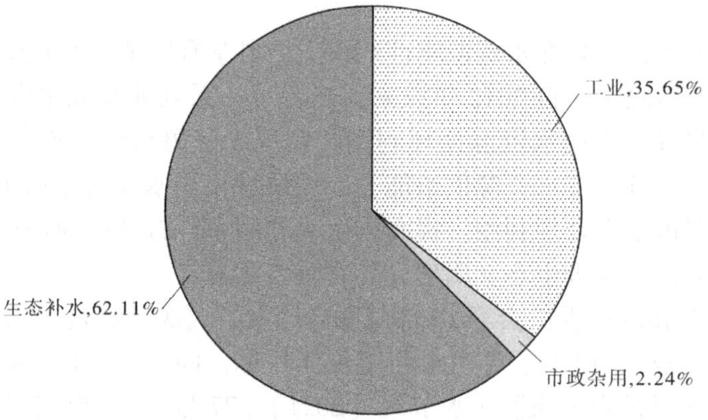

图 1 2021 年再生水利用领域占比

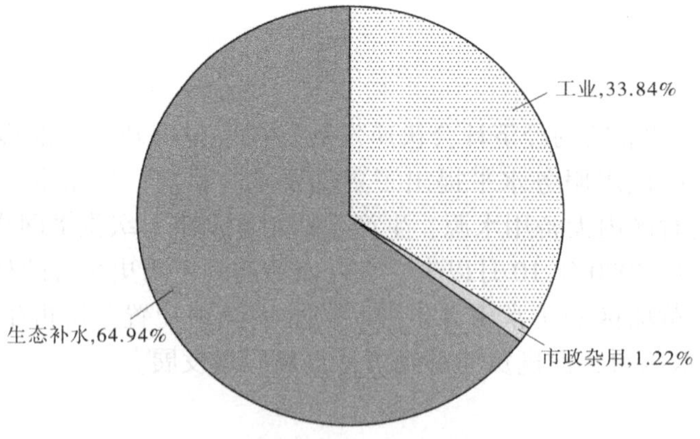

图 2 2025 年规划再生水利用领域占比

由此可知，广州市黄埔区再生水利用领域为工业、市政杂用、生态补水，主要用于生态补水，占比在60%以上。规划2025年再生水利用量较2021年显著增长，再生水利用量增加20.07万m^3/d，增长率为450%，其中再生水利用量增加最快的领域为生态补水，增加13.16万m^3/d。

1.3 水资源刚性约束下利用分析

用水总量控制指标作为水资源刚性约束制度中重要的刚性约束条件，通过限制生产生活中河道外用水，促进经济产业布局优化和结构调整，推动水资源刚性约束要求落到实处。根据《广州市"十四五"用水总量和强度管控方案》，黄埔区2025年用水总量控制指标为4.41亿m^3，非常规水利用量为2 609万m^3。非常规水源利用量为最低利用量，超过该目标的水量不纳入用水总量控制，即非常规水源用于河道外的水量越多，则替代新鲜水量越多，越有利于缓解常规水资源的供水压力。

广州市黄埔区再生水用于工业、市政杂用、生态补水，其中生态补水属于河道内用水，工业、市政杂用属于河道外用水。据此，黄埔区2025年用水总量控制指标为4.41亿m^3，规划再生水利用量为8 953.45万m^3，河道外再生水利用量为3 139万m^3，分别占用水总量的20.3%、7.18%(见表2)。

表2 再生水利用量与用水总量统计

单位：万m^3

项目	用水总量	再生水利用量	河道外再生水利用量
2021年	39 100	1 627.90	616.85
占比	100%	4.16%	1.58%
2025年	44 100	8 953.45	3 139
占比	100%	20.3%	7.18%

由此可知，黄埔区虽然再生水利用量较大且增长显著，但是60%以上的再生水用于河道内生态补水，且河道外再生水用水户较少，无法释放更多的新鲜水量用于河道外的生产生活，对水资源配置体系的影响较小，对缓解黄埔区常规水资源供水压力的作用较小。因此，在水资源刚性约束下，亟须挖掘河道外再生水用水户，扩大利用领域，完善配套设施建设，从而增加河道外再生水利用量，缓解水资源紧缺和供需矛盾，才能最大程度地发挥再生水利用的价值。

2 存在问题

2.1 政策强制性不够，缺乏强有力的抓手

在国家层面上未出台专门再生水开发利用和管理的法律法规，虽然地方上已出台相关的办法、部门规章等，且已纳入最严格水资源管理制度考核，但在推行过程中主要以鼓励利用为主，且缺乏相应的奖励机制，从而相关主管部门在推进这项工作时缺乏强有力的抓手[5]。

2.2 再生水利用配套设施投资大，融资渠道单一

再生水利用配置设施工程量大，投资较大，目前工程建设仍主要依赖财政资金保障，投融资渠道较为单一，市场化程度较低，工程任务在推进过程中存在不确定性，导致配套设施建设缓慢，再生水利用覆盖面不足。

2.3 再生水水价缺乏标准，价格优势不足

广州市非居民生活用水的价格为4.86元/m^3（其中，自来水价为3.46元/m^3，污水处理费为1.40元/m^3），国家和省级层面尚未出台针对再生水水价制定的管理办法，再生水定价困难，价格差异较大，导致与城镇供水难以形成足够的价差优势[6-7]。

2.4 再生水水质处理有待突破，水质标准需提升

再生水开发利用领域缺乏经济、高效的处理技术、工艺和设备，导致优质再生水的处理成本高，

大规模推广利用存在技术成本障碍。现有的再生水利用水质标准覆盖不全面，水质分级标准缺失，与用水行业的水质标准之间统筹与协同不够。

2.5 宣传力度不足，认可度较低

再生水作为污水资源化利用的非常规水资源，受传统观念、科普宣传不足等影响，社会公众对再生水开发利用的认知不足，对再生水水质和使用效果心存疑虑，总体上认可度较低，接受程度不高。

3 再生水利用潜力分析

我国将城市污水再生利用对象分为五类：①农、林、牧、渔业用水；②城市杂用水；③工业用水；④环境用水；⑤补充水源水。据此，结合黄埔区用水特点、产业规模等对河道外再生水利用领域进行分析。

3.1 农业

黄埔区 2021 年农田有效灌溉面积为 2.44 万亩，用水量仅为 0.05 亿 m^3。黄埔区农业灌溉面积有限，用水量较低。同时农业生产涉及食品安全，再生水水质处理工艺尚未实现突破，水质有一定的安全风险，且处理成本较高，因此再生水不考虑用于农业领域。

3.2 市政杂用

黄埔区作为广州市中心城区之一，已高度城镇化，城镇化率为 93.98%。2025 年规划市政杂用再生水利用量为 109.5 万 m^3，主要用于城市绿化、道路清扫。考虑到目前黄埔区已高度城市化，但利用量较低，因此市政杂用领域再生水增长潜力有限。

3.3 工业

黄埔区内有 192 家工业企业，8 个工业园区，主要涉及电力行业、钢铁行业、电子行业、食品行业、医疗行业。2021 年工业用水量为 11.04 亿 m^3（其中，火电用水 9.55 亿 m^3、一般工业用水 1.49 亿 m^3），占总用水量的 82.51%。由此看出，黄埔区工业用水占比很大，除火电直流冷却用水外，其余工业用水均由市政自来水供给，市政供水压力较大。

考虑到食品行业、医疗行业对水质要求高，且涉及群众生命安全，因此主要考虑用于电力行业、钢铁行业、电子行业工业，作为冷却用水、除尘、洗涤等用水，对水质要求不高，因此再生水利用在工业领域具有巨大的潜力。

3.4 生态环境

河道外生态环境用水是指河道以外陆域以及不与河道之间相通的水土保持用水、林业生态工程用水、城镇生态用水、非通河湖泊生态用水[8]。

黄埔区内较多的湿地、景观公园，对再生水水质要求不高，可考虑将再生水用于公园绿化、冲厕、湿地补水。2021 年黄埔区生态环境用水量为 0.18 万 m^3，因此再生水利用潜力有限。

3.5 补充水源水

目前，黄埔区供水水源均来自区外，无本地水源，因此不考虑再生水用于补充水源水。

通过分析可知，黄埔区河道外再生水以工业领域为主，市政杂用、生态环境为辅。规划 2025 年区内水质净化厂 11 个，污水处理量为 68.1 万 m^3/d，采用较先进的处理工艺，再生水水源较为充足稳定，但对电子行业来说水质处理工艺仍需继续提高。

由于再生水作为新兴的领域，相关管理制度、配套设施等不够完善，限制了再生水的推动，因此亟须在再生水管理制度、基础设施建设、水质标准、水价、激励政策、处理工艺的提升、社会宣传及科普等方面进行完善，保障再生水利用配置工作的推进。

4 保障措施

4.1 进一步完善再生水管理制度

国家出台再生水开发利用相关条例，细化对再生水开发利用的具体规定，同时研究制定促进再生水利用的政策文件，鼓励、引导和规范再生水的开发利用。此外，编制再生水开发利用的一系列标准规范，规范再生水的利用和管理。

4.2 完善再生水利用基础设施

加大财政支持力度，统筹再生水利用政府投资，保证再生水利用设施建设的资金需求。拓宽非常规水源利用建设投融资渠道，通过 PPP 模式，鼓励引导社会资本、金融资本参与再生水利用设施建设和运营，完善再生水配套设施，扩大再生水利用的覆盖面。

4.3 完善再生水水价机制

出台再生水价格管理的指导意见，建立使用者付费制度，放开再生水政府定价，其价格以合理补偿成本、保持合理比价、低于自来水价格为原则，由再生水供应企业和用户按照优质优价的原则自主协商定价。再生水用户对再生水水质有特殊要求、需要深度净化处理的，其再生水价格实行市场调节价，由供需双方协商确定。

4.4 出台扶持激励政策

将再生水工程设施建设纳入财政补助范畴，对再生水管网建设实施“以奖代补”，制定鼓励单体再生水项目投资的优惠政策，对自筹资金建设再生水工程给予资金补助，逐步形成财政补助同再生水用量及利用率挂钩的长效激励机制。发挥税费调节作用，对再生水企业采用减免增值税、企业所得税等优惠[9]。

4.5 建立再生水水质标准体系

充分借鉴已有成果和经验，制定或修订再生水开发利用相关国家标准、行业标准、地方标准、团体标准和企业标准，建立健全再生水开发利用的技术标准体系，并确保各标准间的协调性和互补性。

4.6 加大再生水利用科技研究

支持和鼓励新技术、新工艺、新材料和新设备的研究与应用，引导科研院所、高等院校、污水处理企业等组建再生水利用产学研一体化创新战略联盟，重点突破污水深度处理、污泥资源化利用共性和关键技术装备等。

4.7 提高社会对再生水利用认可度

充分利用电视、网站、新闻媒体等多种媒介，宣传再生水利用法规政策和常识，展示污水处理回用的技术和处理过程，科普再生水水质标准，使公众意识到污水再生利用的必要性、可行性和可靠性，提升公众对再生水处理和利用的认知程度。

5 展望

再生水处理与利用不仅关乎水资源短缺的解决，也是防治水污染、实现循环经济的基础工程。随着技术的进步和政策的支持，再生水将在未来发挥更加重要的作用，其应用前景十分广阔，成为缓解水资源短缺问题的重要手段。

参考文献

[1] 马涛，刘九夫，彭安帮，等．中国非常规水资源开发利用进展［J］．水科学进展，2020，31（6）：960-969.
[2] 郭星星，罗欢，李宁．再生水回用现状及展望［J］．人民珠江，2023，44（5）：45-52.
[3] 李小牛．山西省城镇再生水利用现状问题及对策研究［J］．山西水利，2024（4）：16-18.
[4] 李恩，颜冰，张磊，等．张家港市再生水利用配置措施体系研究与启示［J］．中国水利，2024（13）：45-

49，56.
[5] 吴荣华．非常规水利用现状及对策研究：以甘南州为例［J］．云南水力发电，2024，40（8）：37-40.
[6] 卢路，廖沛涵．广东省典型地区再生水利用现状及启示［C］//河海大学，新疆维吾尔自治区水利学会，新疆农业大学，等．2024 中国水资源高效利用与节水技术论坛论文集．长江水资源保护科学研究所，2024：5.
[7] 韩思茹．再生水资源定价研究［D］．西安：西安建筑科技大学，2015.
[8] 董岚，单丽．河道外生态环境用水计算的探讨［J］．东北水利水电，2006（2）：22-24.
[9] 宋美华，安晓洁，李妍妍．山东省再生水利用配置现状及对策建议［J］．山东水利，2023（10）：10-12.

墨江全域现代化水网建设布局和建设任务研究

冯德锃　韩妮妮　彭　莹　郑晶华

（中水珠江规划勘测设计有限公司，广东广州　510610）

摘　要：为解决墨江县水资源开发利用率低、水资源调配设施不完善、调控能力差、数字化智慧化水平低等问题，以墨江水网构建为例，分析了县级水网的规划背景、指导思想、建设路径，提出构建“中心开花、五网联动、两片融合”的全域现代化水网布局，满足墨江水网的多目标需求，充分发掘水网工程的外溢效益，拓展墨江水网工程经营功能和生态增殖功能，将水网工程与土地开发、新能源、水利旅游、水产养殖、灌区“旱改水”等资源进行多形态、多业态组合，发展多元水经济新业态，探索墨江水网的“水利工程+”模式，以实现水、土、经济、社会融合发展。

关键词：墨江；全域现代化水网；总体布局；多元水经济；“水利工程+”

1　背景分析

云南省普洱市墨江县地处云贵高原西南边缘，是典型山区县。墨江位于国家“一带一路”倡议以及孟中印缅和中国—中南半岛经济走廊区，是昆曼国际大通道和泛亚铁路中线中国境内的中间节点及枢纽，未来将进一步扩大对外开放。普洱市是全国唯一的国家绿色经济试验示范区，云南省政府出台了《支持普洱市建设国家绿色经济试验示范区的若干政策》，提出墨江县山水资源丰富，平原坝区紧缺，应充分利用政策大力发展山区绿色农业经济。

与全面建成社会主义现代化“富强、活力、文化、美丽、和谐”墨江的要求相比，墨江水利基础设施仍存在不少短板和薄弱环节。水资源调配能力不足，江河防洪减灾工程体系有待完善，水生态环境保护治理形势严峻，水安全保障标准不高，水利基础设施网络系统化、协同化、智慧化不够，总体效益发挥不充分。在国家实施新一轮西部大开发的背景下，通过建设互联互通、丰枯互济、循环通畅的水流网络，发挥其在增强水资源优化配置能力、维护河湖生态质量、提高水旱灾害防御能力、降低水安全风险等方面的作用，满足高原特色产业园区、沿河村镇生活以及墨江县旅游、工业及生态环境用水需求，解决阿墨江河谷水资源开发利用与人口、生产力布局不匹配问题，对保障墨江县经济社会安全，推动墨江县高质量发展具有重要意义。

2　指导思想与建设路径

2.1　指导思想

深入贯彻落实党的二十大和习近平总书记系列重要讲话精神，全面贯彻“节水优先、空间均衡、系统治理、两手发力”治水思路，综合考虑市县级水网建设规划特点[1-6]，紧紧围绕墨江县“一主一副、三轴四心”发展要求，牢固树立“创新、协调、绿色、开放、共享”的新发展理念，正确处理经济建设、水资源利用和生态环境保护的关系，通过水资源的合理开发、优化配置、高效利用、全面节约和有效保护，努力解决区域水资源不平衡、工程性缺水、水生态环境恶化等问题，保障区域供水安全、生态安全和粮食安全，促进人口、资源、环境和经济协调发展。

作者简介：冯德锃（1986—），男，高级工程师，主要从事水文水资源、水利工程规划方面的工作。

2.2 建设路径

紧紧围绕墨江县“一主一副、三轴四心”发展要求，以水资源节约集约利用为前提，以供水水源互联互通和供水工程挖潜提升为基础，打造一体化高质量的供水保障网；以加强防洪治涝薄弱环节建设和联防联控为重点，构筑安全可靠的防洪排涝减灾网；以涉水空间管控和水环境系统治理为抓手，构建全域绿色生态水网；以墨江县民族特色文化为依托，构建特色滨水文化网；以水利信息化建设和监管机制及服务创新为突破口，构建现代化的智慧监管服务网，实现水利基础设施五网共建。

3 总体布局

从全域、全过程、全生命周期来谋划墨江县全域现代化水网体系规划建设。全域就是要着眼全县5 312 km^2 的全域水务概念，要从工业、农业、生活用水等方面全方位谋划好水的含义，从根本上解决好全市人民生活、生态、生产三个维度的水资源保障问题。全过程就是把水资源从自然状态引入生产生活状态的过程，包括供水、用水、净水、排水、回水等全过程循环使用过程，是社会水循环（供-用-净-排-回）和自然水循环（降雨-蒸发-径流）过程的联动，也是山水林田湖草沙系统治理多部门联动。全生命周期就是要从规划、设计、融资、建设、管理、运营等方面实现闭环，特别是要超前谋划包装好智慧水利、数字水利的工程项目，下好先手棋。

紧紧围绕墨江县“一主一副、三轴四心”发展要求，以全域、全过程、全生命周期“三全”理念为统领，以贯穿全县的阿墨江为水网骨干，以重点水库为关键节点，完善相关配套工程，加快形成布局合理、时空均衡的现代化水网体系，着力构建“中心开花、五网联动、两片融合”的全域现代化水网体系，系统解决墨江县水资源供需矛盾问题。“中心”指金厂河大型水库工程；“开花”指金厂河水库配套管网连通工程；“五网联动”指供水保障网、防洪减灾网、绿色生态网、滨水文化网、监管服务网联动；“两片融合”指（阿墨江）江东片区和江西片区分别通过金厂河水库和大中山-中叶-山卡水库的调蓄，实现水、土、经济、社会融合发展。在此基础上，构建水资源集约节约利用与空间均衡配置体系、城乡供水安全保障体系、高原特色农业供水安全保障体系、防洪减灾体系、水资源保护和河湖健康保障体系、民族特色滨水文化体系、水利改革和管理体系、水安全保障智慧水利体系等八大体系。

建立水资源集约节约利用与空间均衡配置体系。县域生活、工业和农业用水节水水平大幅提升，城乡供水管网漏损率大幅降低。节水监督考核有力，节水宣传效果明显，节约水、保护水的理念深入人心。建成骨干蓄水工程、区域性调水工程，强化现有工程挖潜和小型水利工程建设，在强化节水前提下，实现县域水资源空间均衡配置。

建成城乡供水安全保障体系。结合墨江县水源时空分布不均的特点，加强水源工程和连通工程建设，完善城乡集中供水网络，实施农村饮水巩固提升工程，常备结合、调蓄有力的城乡供水格局基本建成。强化应急保障体系建设，提升城乡供水应急保障能力。

构建高原特色农业供水安全保障体系。全面加强灌区工程建设，建成墨江大型灌区，实施县域中小型灌区续建配套与现代化改造；加强农田水利建设，实施高效节水工程、中小型水源工程、连通工程建设，建设高标准农田；深化灌区改革与管理，形成支撑县域高原特色农业发展的供水安全保障体系。

建成完善的防洪减灾体系。强化大江大河和重要江河支流、中小河流防洪能力，提升山洪灾害监测预警预报能力，全面开展病险水库除险加固，建立安全可靠的防洪减灾体系，防洪减灾能力显著提升，县域洪水灾害损失降到最低程度。

构建水资源保护和河湖健康保障体系。县域水生态空间得到有效保护，加强水源地保护，全面推进截污减排，开展水生态保护与修复，加强重点地区水土流失治理，水生态系统功能和服务价值显著提升。

打造民族特色滨水文化体系。塑造出具有较大辐射力的滨水文化空间，构建墨江水文化品牌，打造主题鲜明、交相辉映的滨水文化景观组团。

建立完善的水利改革和管理体系。水法治体系基本健全，水网监管体制机制得到完善，培养造就一支具有“献身、负责、求实”的水利精神，结构优化、分布合理、素质优良的水利人才队伍，现代化水管理系统基本建成。

建立水安全保障智慧水利体系。数字孪生流域基本建成，智能化水平高、覆盖全部水利业务的2+N的业务应用体系全面建成，网络安全大幅提升，助推墨江县新时代水利高质量发展。

4 建设任务

4.1 打造一体化高质量的供水保障网

根据墨江县城乡发展空间布局和水资源分布特点，以水资源节约集约利用为前提，以供水工程新建扩建和供水水源互联互通为重点，以水资源统一调度为抓手，优化东西片区水资源联合调配格局，完善墨江城乡供水网络，提高城乡供水能力和水平，形成“集约高效、格局合理、多源互补、丰枯调剂”的供水保障网，为墨江县经济社会发展提供优质水资源。

4.1.1 水资源集约节约利用与空间均衡方面

把节水作为解决水资源供需矛盾的根本之策放在优先位置，贯彻“四水四定”原则，坚持以水而定，量水而行，强化水资源最大刚性约束，坚决抑制不合理用水需求，建立健全节水制度，实现水资源节约集约利用。同时，针对墨江县水资源空间分布差异明显的特点，在强化节水的需水预测基础上，优化县域水资源配置，实现水资源空间均衡配置。

4.1.2 城乡供水安全保障方面

城乡供水安全体系是满足经济社会对水资源的不同需求，促进经济社会发展的重要保障。结合墨江县水资源时空分布不均的特点，通过加强水源工程和连通工程建设、完善城乡集中供水网络、持续实施农村饮水巩固提升工程、强化应急保障体系建设等，形成常备结合、调蓄有力的城乡供水安全保障体系。

4.1.3 高原特色农业供水安全保障方面

墨江县区域内光热条件充足，是发展热带、亚热带经济作物的一块宝地。墨江县的立体气候特征显著，自然资源丰富，生态环境良好，能够种植咖啡、茶叶、紫米等多种农作物，具备发展绿色、生态及有机等高附加值的农产品的多重条件。为保障高原特色农业发展，墨江县以转变灌溉发展方式、提高灌溉发展水平为主线，以优化种植业布局、加快推进农业现代化为目标，以大力发展高效节水灌溉为核心，以优化水土资源配置、加强灌排设施建设、创新灌溉发展体制机制、保护灌区生态环境为重点，用先进的理念、现代化的灌排设施、高效的节水灌溉方式、信息化的管理手段，推动传统灌溉向现代灌溉转变，扭转以往灌排设施建设滞后、耕作规模小而分散、灌溉用水效率和效益低下、管理体制不健全和运行机制不适应的局面，促进灌区现代化建设，全面夯实粮食安全和农业现代化的水利基础，为墨江县高原特色农业发展提供基本条件和重要支撑。

4.2 构筑安全可靠的防洪排涝减灾网

贯彻“全面规划、统筹兼顾、预防为主、因地制宜”的原则，采取工程措施和非工程措施相结合，防洪设施建设与美化城市、保护环境相结合的方法，以保障人民生命财产安全为根本，以防洪薄弱地区和山洪地质灾害易发地区为重点，以中小河流、江河主要支流及山洪灾害防治为主要内容，加强防洪减灾综合防御能力建设，进一步完善城市和乡村防洪减灾体系，最大限度减轻洪涝灾害对经济社会发展的影响，建立安全可靠的防洪排涝减灾体系。

4.3 构建全域绿色生态网

坚持以流域为单元的山水林田湖草沙系统治理理念，以阿墨江干流、他郎河等为主干，以重要支流为次支，以重要水库为节点，以江河水系连通和系统治理为手段，加强涉水空间管控和保护，全面推进截污减排，开展水生态保护与修复，加快重点地区水土流失治理，提升水源涵养能力，建成水资源保护和河湖健康保障体系。厚植水网文脉根基，以中心城区密集的河流为纽带，构建以他郎河及周边七条支流为主的山水文化廊道体系，重点围绕墨江国际双胞文化园、墨江北回归线标志园，通过设计多级滨水慢行系统、多元化的亲水设施、多层次的绿化空间等游憩设施唤醒城区河道的生命力，重构新时代崇水、爱水、息水的生态文明社会，创建一个传承哈尼族水文化、融合当代生活的幸福河湖空间。

4.4 共筑交相辉映的特色滨水文化网

充分利用墨江的独特背景，突出哈尼族、彝族等文化特色，整合山、水、林、田、湖、草、塘生态景观资源，融合文化旅游、商务休闲、生态科普、运动康养等多元复合的功能，打造墨江县的民族特色滨水文化体系。按照国家生态文明建设要求，结合县域中心联珠镇城市定位，以水为媒，构建“九叠联珠·流墨成江”水品牌主题，培育滨水文旅融合产品体系，重点打造包含阿墨江等在内的“一江九河”生态水系廊道，充分利用治水成果创建墨江独特的水上门户形象，促进绿水青山转化为金山银山，实现水网生态景观、文旅融合等多重服务价值的提升。

4.5 构建现代化的智慧水利服务网

按照国家新时代推动经济社会改革发展、深入推进生态文明建设等方面的有关要求，持续深化改革，完善水网监管制度体系，推进水网监管信息化建设，鼓励水网科技创新基础性研究，不断推进墨江县水治理体系与治理能力建设，构建现代化智慧水利服务网，全面提升墨江县水安全监管和治理水平。建成智慧水资源管理中心，建立墨江县水网管理信息系统，其硬件采用服务器虚拟化、“私有云”、资源池等最新计算机技术，软件采用 SOA（面向服务的体系结构）搭建，数据传输采用无线与有线相结合的方式，充分利用 VPN、4G/5G 和 NBIOT 等最新通信技术成果。工程建成后，可将全县水库、用水户、管网等纳入系统，开创县域水网现代化统一管理模式，可实现区域水资源高效配置、实时调度，并在线监测水源地及周边的生态环境，形成真正的智慧水利工程。建立“数据平台一体化，生产运维智能化”的水网管理信息系统，开创县域水网现代化统一管理新模式。

5 结语

墨江县围绕“生态立县、农业立县”发展思路和目标定位，坚持问题导向、目标导向和“全域、全过程、全生命周期”系统观念，以全面提升墨江水安全保障能力为目标，以水资源刚性约束和强化节水为基本前提，以优化水资源配置格局、提高水生态系统质量、增强防洪排涝减灾能力、提升水工程调度智慧化水平为重点，以县域大小河流为水网骨干，以重点水库为关键节点，以金厂河水库及其连通工程为重要手段，统筹存量和增量，加强互联互通互济，着力构建“中心开花、五网联动、两片融合”的全域现代化水网体系，系统解决墨江县水资源供需矛盾问题。

到 2035 年，通过投资 206.33 亿元实施墨江县金厂河水库工程、墨江县城防洪排涝工程、墨江大型灌区工程、他郎河生态人文景观带工程、阿墨江联珠段河道综合整治工程、墨江县智慧水利平台建设项目等 6 大重点工程和 155 项一般工程后，墨江县将基本建成与社会主义现代化相匹配的现代化水网，供水安全保障能力显著提升，防洪排涝减灾能力有效增强，健康水生态和宜居水环境成效显著，滨水文化景观基本建成，现代水治理体系基本形成，水安全监管服务水平大幅提高，水安全保障能力大幅跃升，水利现代化基本实现。

参考文献

[1] 郭旭宁，李云玲，唱彤，等．“荆楚安澜”现代水网建设思路与实施路径［J］．水资源保护，2023，39（3）：

1-7.
[2] 孙庆磊，董峰．县级现代水网建设路径与总体布局研究［J］．人民黄河，2024，46（增刊）：29-30.
[3] 孙庆磊，徐传锦，董峰．新泰现代水网总体布局和建设任务研究［J］．灌溉排水学报，2023，42（增刊）：165-169.
[4] 林洁梅，马彪．区域水网建设思路探讨［J］．江西水利科技，2024，50（3）：226-230.
[5] 曹先伟．山东省寿光市现代水网建设探索与实践［J］．水利建设与管理，2024，44（7）：17-22.
[6] 程群，王维，何丽．天津现代水网建设规划的战略思考［J］．海河水利，2024（6）：29-33.

湖北省再生水利用现状、问题和对策研究

卢　路[1]　贾海燕[1]　李文杰[2]

（1. 长江水资源保护科学研究所，湖北武汉　430051；
2. 湖北省水利厅，湖北武汉　430071）

摘　要：为推进节水工作，湖北省印发了《湖北省节约用水条例》等系列政策文件，明确要求推进再生水利用，研究提出促进再生水利用的政策和措施。本文对湖北省再生水利用现状、存在的主要问题以及对影响湖北省再生水利用潜力的限制性因素进行系统性分析和研究，提出了促进湖北省再生水利用的建议，以期为促进湖北省再生水高效利用提供参考。

关键词：再生水；农业灌溉；利用潜力；湖北

再生水是国际上公认稳定的“第二水源”[1-2]。再生水作为一种重要的非传统水源，利用再生水对节约用水、减少污水排放、缓解水资源供需矛盾、提高水资源利用效率具有重要意义[3]。湖北省位于中国中部地区，拥有丰富的水资源，多年平均降雨量 1 164 mm，水资源总量 1 011 亿 m^3，人均水资源量 1 724 m^3，但湖北水资源分布存在显著的时空分布不均匀，鄂北等地区水资源供需矛盾突出。为解决水资源短缺和时空分布不均问题，推动水资源集约利用，湖北省积极推进再生水利用，并取得一些成效[4-5]。当前湖北省再生水利用率为 18. 11%，但与再生水利用较好的北京、银川、深圳等地相比，再生水利用方面还存在明显不足[6-7]。因此，开展再生水利用现状、问题和对策研究，对促进湖北省再生水利用特别是提升节约用水水平有非常现实的意义。

1　湖北省再生水利用总体情况

1.1　再生水利用总体情况

近年来，湖北省污水处理量和再生水利用量总体呈增长趋势。其中，湖北省污水处理量从 2002 年的 8. 1 亿 t 增长至 2023 年的 36. 2 亿 t，22 年间污水处理量增长了 3. 5 倍；再生水利用量从 2002 年的 0. 08 亿 t 增长至 2023 年的 6. 6 亿 t，再生水利用量增长了 81. 5 倍；再生水利用率从 2002 年的 1% 增长至 2023 年的 18%（见图 1）。

从图 1 中可以发现再生水利用量和再生水利用率随着污水处理量的增加而增加，进一步分析可知再生水利用率与再生水利用量的相关系数接近 0. 9，远高于与污水处理总量的相关系数，说明湖北省再生水利用率的主导因子是再生水利用量，也说明再生水利用量增长率小于污水处理总量增长率，进一步说明湖北省再生水利用量开发利用潜力较大。具体表现为 2006 年以前再生水利用量较少，增长率较低，同期再生水利用率低于 5%。2006—2016 年再生水利用量基本保持稳定，再生水利用率保持在 10%左右。2017 年以后，再生水利用量呈现显著增长趋势，再生水利用率波动较大，呈现螺旋式上升趋势，至 2022 年达到最高值 18. 53%。

1.2　再生水利用现状

根据城建统计数据，2022 年，湖北省总用水量 353 亿 mm^3，污水处理量为 35. 1 亿 m^3，再生水利用量为 6. 5 亿 m^3，全省再生水利用率为 18. 53%，再生水占用水总量的比例为 1. 84%，与北京、银川

基金项目：国家自然科学基金项目（U2040210）；湖北省面上基金项目（2022CFB374）。

作者简介：卢路（1986—），高级工程师，主要从事水资源保护、水环境模拟和水资源集约利用工作。

等地区还有较大差距。2022 年，湖北省再生水利用率为 0.1%~65.43%，再生水利用率最高的三个城市分别是鄂州市、荆州市和宜昌市，再生水利用率较低的城市分别是荆门市、襄阳市和恩施州，较上一年名单发生了较大变化，究其原因主要是湖北省除武汉市再生水用水规模较大外，其他地市再生水用水量较少，且用途较窄（主要用于景观环境和生态补水），再生水需求不稳定，当主要需求量减少时，再生水利用量急剧萎缩，造成波动较大。总体来说，湖北省 2022 年再生水利用率普遍偏低。2022 年湖北省各地市再生水利用统计成果见表 1。

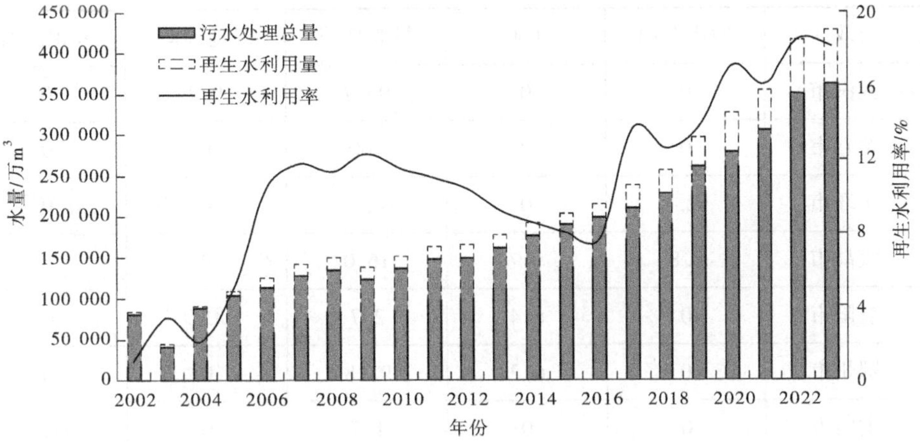

图 1　2002—2023 年湖北省污水处理和再生水利用情况

表 1　2022 年湖北省各地市再生水利用统计成果

市/州	年处理量/亿 m^3	再生水量/亿 m^3	总用水量/亿 m^3	再生水利用率/%	再生水占总用水量比例/%
武汉市	14.819 6	3.213 8	45.29	21.69	7.10
黄石市（下陆区）	1.348	0.217 2	17.58	16.11	1.24
襄阳市（枣阳市）	2.852 4	0.002 7	9.44	0.09	0.03
荆州市（松滋市）	1.960 8	0.780 2	23.67	39.79	3.30
宜昌市（当阳市）	2.708	0.666	43.45	24.59	1.53
十堰市	1.979	0.182 2	14.94	9.21	1.22
孝感市	1.842	0.278 9	24.33	15.14	1.15
荆门市（掇刀区）	1.234 9	0.096 3	33.67	7.80	0.29
鄂州市	0.397 2	0.259 9	42.69	65.43	0.61
黄冈市	1.587	0.347 6	31.71	21.90	1.10
咸宁市	1.197 5	0.259 2	13.84	21.65	1.87
随州市	0.832 7	0.080 5	12.14	9.67	0.66
恩施州	1.051 7	0.001 3	5.30	0.12	0.02
仙桃市（仙桃市）	0.62	0.080 3	11.30	12.91	0.71
天门市	0.313 9	0.025 6	11.24	8.16	0.23
潜江市	0.338 3	0	12.33	0	0
神农架	0.018 8	0.002	0.16	10.64	1.25
全省	35.103 5	6.503 7	353.09	18.53	1.84

2022 年湖北省再生水主要用于景观环境、其他（生态补水）、城市杂用、工业、绿地灌溉和农田

灌溉（见表2），用水比例分别为59.2%、32.5%、3.8%、3.1%、1.0%和0.3%，较2021年发生了较大变化，尤其是工业用水，分析其原因主要是工业用水量的大幅减少，主要体现在武汉市工业用水量的大幅减少，经调查武汉市2022年再生水用途发生了较大调整，将城市杂用水和工业用水调整至景观环境用水，导致工业用水大幅下降进而导致再生水用水比例出现显著下降。总的来说，湖北省再生水利用主要集中在景观环境和生态用水，再生水利用广度及总量都不够，表明未来再生水利用潜力较大。

表2　2022年湖北省再生水利用类别占比统计 %

序号	行政区	城市杂用	工业	景观环境	绿地灌溉	农田灌溉	其他
1	武汉市	0	0	99.7	0.2	0	0
2	黄石市	0	0	100	0	0	0
3	十堰市	52.1	0	0.7	0	0	47.2
4	宜昌市	8.8	1.7	16.0	0	0	73.5
5	襄阳市	0	6.4	2.7	90.9	0	0
6	鄂州市	0	6.2	93.8	0	0	0
7	荆门市	0	0	1.7	0	19.1	79.2
8	孝感市	0	28.2	19.5	0	0	52.3
9	荆州市	8.5	0	0	0	0	91.5
10	黄冈市	0.1	0	0.5	0	0	99.3
11	咸宁市	7.2	18.8	3.6	0	0	70.4
12	随州市	27.8	71.5	0.7	0	0	0
13	恩施州	1.6	7.1	12.6	77.9	0	0.8
14	仙桃市	0	0	15.2	0.1	0	84.7
15	潜江市	0	0	0	0	0	0
16	天门市	0	0	0	0	0	100
17	神农架	0	0	100	0	0	0
合计		3.8	3.1	59.2	1.0	0.3	32.5

2　湖北省再生水利用存在的主要问题

研究表明，湖北省再生水利用存在标准不完善、利用模式不清、基础设施不完善等丰水区域再生水利用普遍面临的问题[8-9]，通过上述分析，湖北省再生水利用还存以下问题：

一是再生水利用率整体水平偏低。2022年湖北省的再生水利用率为18.53%，再生水占全省总用水量的比例仅为1.84%，再生水利用率偏低。另外，再生水用途过于单一，主要集中在景观环境和生态补水，工业用水和农业灌溉等再生水高附加值的领域较少，这使得再生水在资源配置中的作用未全面发挥。

二是再生水利用分布不均衡。再生水利用率最高的城市如鄂州市达到65.43%，而襄阳市和恩施州等地的再生水利用率则不到1%。这种差距反映了不同地区在再生水利用政策执行、配套设施建设和需求侧管理上的差异。部分地区由于缺乏再生水的实际需求，再生水利用量低下。而一些再生水需求较大的地区，配套设施不完善，导致需求无法得到充分满足。

三是基础设施建设滞后。截至 2023 年，湖北省再生水供水管网为 61 km，仅为北京、深圳等地再生水供水管网的 30%，严重限制了再生水利用。同时部分试点城市在进行再生水工程建设时，由于工程尚未完工甚至停滞，导致再生水利用率不增反降，出现负增长的情况。

四是再生水利用意识不足。当前公众和企业对于再生水的利用意识仍然不足，很多用户对再生水的使用存在顾虑，认为再生水的水质不达标或担心使用再生水会影响生产和生活质量，尤其是农田灌溉领域，虽然国家出台了再生水农业灌溉标准，但很多地方仍然不敢用、不放心用，导致企业和公众参与再生水利用的积极性不高。

3 湖北省再生水用水潜力分析

根据《湖北省非常规水利用实施方案》，2030 年湖北省再生水利用量为 44.36 亿 m^3。经过两年再生水利用配置试点，省内用水环境发生了较大变化，需要对再生水潜在需求能力进行复核。

3.1 用水总量分析

2022 年湖北省污水处理量为 35.10 亿 m^3，再生水利用总量为 6.50 亿 m^3，再生水利用率为 18.53%。按照《湖北省非常规水利用实施方案》2030 年再生水需水总量 44.36 亿 m^3 计，2030 年再生水利用量较 2022 年的年均增长率为 73%，显然是不合理的。因此，对用水总量进行复核，复核 2030 年再生水利用量按照再生水利用率达到国家要求 25%计算，污水处理量按照 2010—2023 年湖北省污水处理量年均增长率 8%计算，2030 年湖北省污水处理量和再生水利用量分别为 61.6 亿 m^3 和 15.4 亿 m^3，再生水利用量较 2022 年的年均增长率为 18%，这与 2012—2023 年湖北省再生水利用量年均增长率 18.4%是吻合的。因此，预测 2030 年湖北省再生水利用量达到 15.4 亿 m^3 基本是合理的。

3.2 水质可达性分析

当前我国出台了系列再生水利用水质标准。其中，景观环境用水、地下水回灌和生态补水水质要求高于用水水域水质或水功能区管理目标的标准，一级 A 水质不满足景观环境用水、生态补水、地下水回灌水质要求。考虑到湖北省大部分污水处理厂尾水排放标准为一级 A，因此不推荐一级 A 再生水厂用于景观环境用水、生态补水、地下水回灌。

3.3 利用模式分析

工业用水方面推荐在工业较发达地区或缺水地区使用再生水，由于湖北省除武汉、黄石等少数城市外其他地方工业用水规模较小且不集中，造成再生水生产成本较高，再生水可持续利用率偏低(当阳市华强化工曾自费百万元建设再生水处理设备，由于处理成本偏高设备闲置)，工业用水建议采用“行政配置+水权交易”（再生水采用配额制，配额后通过水权交易利用再生水）模式。城市杂用水由于用户较零散，且单个用水量较少，总需水规模偏小，不建议单独供水，建议从已有工业再生水管网取水。生态补水由于缺水河流空间分布不确定性太强，不建议建设专门的再生水供水管网，建议采取“水权交易”模式。农业灌溉一是需水量较大，供水集中，建设管网路径较短，可通过灌渠输送，灌渠网络完备；二是水质要求相对较低，一级 A 基本满足农业灌溉用水需求。其缺点是没有直接经济效益，但可通过水权交易弥补经济不足。

3.4 经济性分析

概化再生水用水经济模型，同等规模用水，用水效益主要与成本和收益相关，成本与用水水质要求呈正相关，水质标准越高成本越高，即工业用水（含循环冷却用水）≥地下水回灌≥生态补水≥景观环境用水≥城市杂用水≥农田灌溉；收益与效益呈正相关，其中工业用水（含循环冷却用水）收益最高，城市杂用用水和景观环境用水次之，生态补水、地下水回灌和农田灌溉无直接经济效益。

3.5 合理性分析

考虑到农业用水量较大，但再生水利用较少，其用水潜力较大，因此主要分析再生水农田灌溉的合理性。一是农田灌溉符合国家用水政策。二是符合用水标准。三是农田灌溉建设成本低。农田灌溉可利用原有灌渠进行输送，减少了管网建设成本。另外，再生水用于农田灌溉减少了新水利用，节省的新水可通过水权交易用于工业、生态等对水质要求较高的领域，间接拓展了新水水权空间。最后，提升了水域纳污能力，改善了生态环境。

综合以上分析，湖北省再生水利用还有较大增长潜力，尤其是农田灌溉和工业用水，其次是环境景观用水和城市杂用水。

4　进一步促进湖北省再生水利用的建议

一是加大再生水利用宣传。再生水利用的成功推广离不开公众的支持。通过教育和宣传活动，消除公众对再生水可能带来卫生问题的顾虑，尤其是推动农田灌溉方面。通过宣传让公众认识到再生水是解决水资源短缺问题的重要手段，尤其是在水资源紧张的鄂北地区，合理使用再生水不仅可以保护自然水体，还可以降低用水成本。

二是加快推进再生水水权交易机制。再生水的水权交易市场可提升再生水利用效率。再生水水权交易机制的核心是赋予再生水一种“可交易”的经济属性，让各类水用户（如工业企业、农田灌溉区等）通过“配额+水权交易”市场竞价的方式获取或出售再生水的使用权，以降低经济效益高的行业的用水费用，提高经济效益低的行业经济效益。例如，工业用水可通过购买再生水水权获得农田灌溉节省的新水量，使工业用水户通过购买再生水权达到利用再生水的目的，降低了利用再生水产生的处理费用，而农业用水户获得了水权交易带来的直接收益，管理方也因为该方式节省了协调等行政管理成本，使多方受益。

三是建立再生水定价与市场动态调节机制。在水权交易的基础上，合理的再生水定价机制尤为重要。再生水的价格应当根据市场供需关系、再生水处理成本以及其相对于天然水资源的优势进行设定。此外，政府可以在特定时期（如干旱季节或水资源紧张区域）通过调整政策或给予补贴，调节再生水的供给与需求，避免市场失衡。再生水水权交易不仅可以通过市场力量优化水资源配置，还能够引导水资源使用向节水型、可持续发展方向转变。

四是完善再生水交易平台和监管体系。为了保障再生水水权交易的有效实施，建立一个透明且高效的交易平台至关重要。该平台应提供实时的再生水交易信息，包括水源供应情况、需求变化、交易价格等，并确保交易各方的利益得到公平保障。同时，政府部门需要加强对再生水水权交易的监管，防止市场操纵、虚假交易等不法行为，确保市场健康发展。此外，针对跨区域的水权交易，政府需要建立协调机制，确保再生水的合理分配和跨区域调度。

五是加强再生水的市场化运作。市场化是资源配置的最有效方式，政府应积极鼓励社会资本和企业参与再生水产业链的建设，完善再生水的市场机制。例如，可以通过公私合营的模式，引入市场力量加快再生水设施的建设和运营，同时降低政府的财政负担。此外，再生水定价机制的合理化也非常重要，价格应反映出水资源的稀缺性以及再生水的处理成本。在市场化过程中，还应加强对再生水产品质量的监控，确保其符合市场需求和安全标准。

参考文献

[1] 马涛，刘九夫，邓晰元．我国污水资源化利用的发展历程与推进建议［J］．中国水利，2020（7）：32-34.

[2] 国家发展和改革委员会，科技部，工业和信息化部，等．关于推进污水资源化利用的指导意见（发改环资〔2021〕13号）［A］．（2021-01-11）［2024-12-01］.

[3] 张春园，赵勇．实施污水资源化是保障国家高质量发展的需要［J］．中国水利，2020（1）：1-4.

[4] 汪小龙，卢路．湖北省典型县域城市再生水利用现状及潜力分析［C］//中国水利学会．2023 中国水利学术大会论文集．郑州：黄河水利出版社，2023：434-438.

［5］汪小龙，卢路，蒋兆英．湖北省污水资源化利用状况和模式研究［J］．中国水利，2023（19）：57-61.
［6］常达，吴峰．关于湖北省非常规水利用发展的思考［J］．水电与新能源，2023（8）：9-12.
［7］荣以红．问题导向 分类实测 全面加强湖北水资源监督管理［J］．中国水利，2019（17）：51-52.
［8］秦城．城市污水再生利用的理论与方法［J］．中国资源综合利用，2020，38（9）：120-122.
［9］刘璐．北京市再生水利用现状、问题及建议［J］．水利发展研究，2022，22（5）：83-88.

白洋淀湿地水文水动力特征研究

卢　路　李　建　辛小康

（长江水资源保护科学研究所，湖北武汉　430051）

摘　要： 随着白洋淀淀区内部村庄建设用地不断扩张，部分水流通道和淀泊之间的水力连接通道被堵塞，使水文水动力条件减弱，因此明晰淀区影响水文水动力的限制因素对淀区生态修复有重要意义。本文利用白洋淀多年水文资料，对白洋淀湿地水文水动力特征进行分析，分析结果显示，导致白洋淀水文水动力问题的主要因素包括：①流域降水量减少、人工取用水增加是入淀水量减少的主要因素；②降水量和入淀水量减少、淀区蒸散发，以及地下水下降、人工补水和泥沙淤积是白洋淀水位变化的主要因素；③淀区水下地形和用地类型、入淀径流和风速等是淀泊流场变化的主要因素。

关键词： 白洋淀；水文水动力；湿地；现场调查

白洋淀是华北平原最大的沼泽湿地，是京津冀区域最大的“水芯”，是京津气候的调节器和水生态涵养调节区，素有“华北明珠”的称号[1-2]。自 20 世纪 80 年代以来，白洋淀区域流域人口激增，工农业发展较快，大量开采地下水，上游大批水库截水，水土流失严重，河道淤积，入淀水量明显下降。同时，淀区内部村庄建设用地不断扩张，湿地和水面被大量侵占，稻田、藕塘、鱼塘、道路等用地类型相继出现，导致部分水流通道和淀泊之间的水力连接通道被堵塞，淀泊生境之间的水力联系逐渐弱化，导致部分区域水质变差，对白洋淀湿地水环境产生影响[3-4]。本文利用白洋淀 1950—2020 年水文资料，在现场查勘的基础上，对白洋淀湿地水文水动力特征进行研究，分析淀区水文水动力问题及其成因，以期为白洋淀生态修复工程提供理论技术支持和参考。

1　淀区水文水动力现场调查

1.1　现场调查情况

2020 年 11 月 14—27 日，调查人员分为两组，对白洋淀淀内 219 个点，环淀入淀河口区和出淀口区 15 个区域共计 234 个点进行了考察。调查样点基本覆盖了白洋淀主要淀泊和入淀河流河口区域，调查范围见图 1。

1.2　调查发现的主要问题

（1）白洋淀淀内整体水动力条件不佳，无补水条件下淀区平均流速小于 0.003 m/s。现场监测结果显示，无补水条件下白洋淀淀区内平均流速小于 0.003 m/s，大部分流速位于 0.002 m/s 左右。其中，在西南角马棚淀、西北角藻苲淀、东北角烧车淀等区域水体几乎不流动，形成死水区。

（2）白洋淀淀内用地被农田、城镇等侵占，造成淀区萎缩严重，局部淀泊功能下降。现场调查显示，淀内河道、淀泊部分用地被农田、建筑等侵占（见图 2），造成淀区水面萎缩严重。部分淀区被分割成池塘，使该区域水体被切割，水体流动性丧失。部分河道被建筑侵占，使河道变窄，河道、湖泊过水能力下降。

基金项目： 湖北省面上基金（2022CFB374）。

作者简介： 卢路（1986—），男，高级工程师，主要从事水资源保护、水环境模拟和水资源集约利用工作。

通信作者： 辛小康（1985—），男，正高级工程师，主要从事流域水资源保护工作。

图 1　现场调研和采样样点布设图

图 2　白洋淀湿地被侵占现场图

（3）淀区内水面破碎化严重，部分沼泽被疏干，对局部水文条件造成严重影响。现场调查结果显示：为了发展旅游业和渔业，当地农民多采用开挖湿地底泥的方式建造了大量的人工围堤，这些围堤将湿地大面积连续的水面分隔成面积较小、相互独立的离散水面，并通过人工排水的方式疏通沼泽（见图 3）。

图 3　白洋淀淀区被切割和北部烧车淀芦苇沼泽疏干过程

（4）上游河流断流，白洋淀自然入淀径流量大大减少，局部地区水文过程和水动力条件基本丧失。现场调查结果显示：上游潴龙河、萍河、唐河等河流均已断流（见图 4）。其中，唐河常年无水，唐河故道和唐河新道河道已成为花草种植基地；潴龙河河口部分河段断流，河道多处被阻断；萍河入淀口已被人工土坝截断。这些断流河流径流流入的淀区已失去上游来水补给，自然河道已被农田和城镇替代，这些区域自然水文发生条件和水动力特征基本消失[5]。还有部分河流入淀口淤积严重，如白沟引河。

(a)萍河　　(b)潴龙河

图 4　白洋淀入淀河流萍河和潴龙河现状

2　淀区水文水动力特征分析

2.1　入淀河流径流量演变规律

对白洋淀主要入淀河流潴龙河、唐河、漕河、白沟引河多年逐月径流观察资料进行水文水动力特征分析。径流量年际变化曲线如图 5 所示，唐河、白沟引河、漕河、潴龙河年日均径流量均呈下降趋势。上游径流量的减少直接影响白洋淀水量的补给，导致水流变缓甚至停滞，进而使水动力条件丧失，从水动力和水量方面对白洋淀的水文节律变化造成严重影响。白洋淀主要入淀河流径流量年内变化曲线如图 6 所示，可以看出主要河流径流量主要来自 4—10 月，最大月均径流量发生在 8 月。其中，唐河 4—8 月、白沟引河 7—10 月、漕河 5—8 月和潴龙河 7—10 月径流量分别占全年径流量的 65.7%、80%、66.2%和 78.1%。

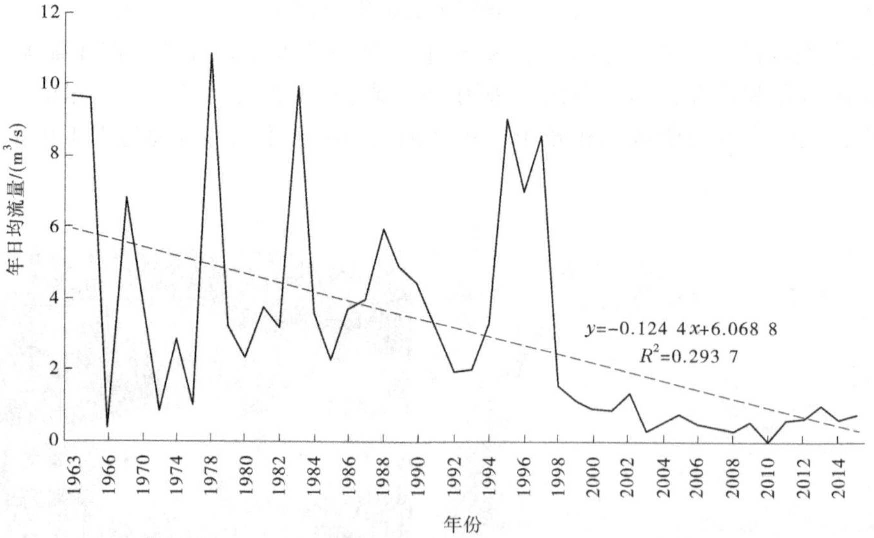

(a)唐河

图 5　白洋淀主要入淀河流径流量年际变化曲线

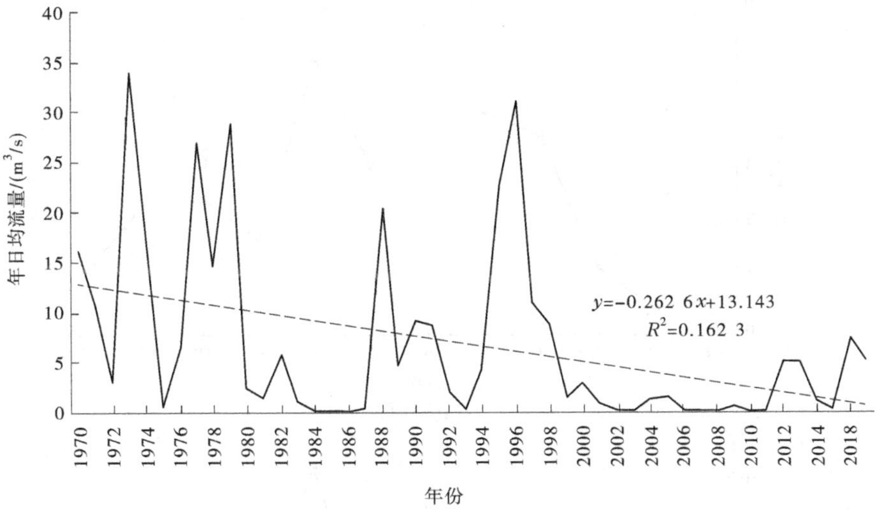

(b)白沟引河

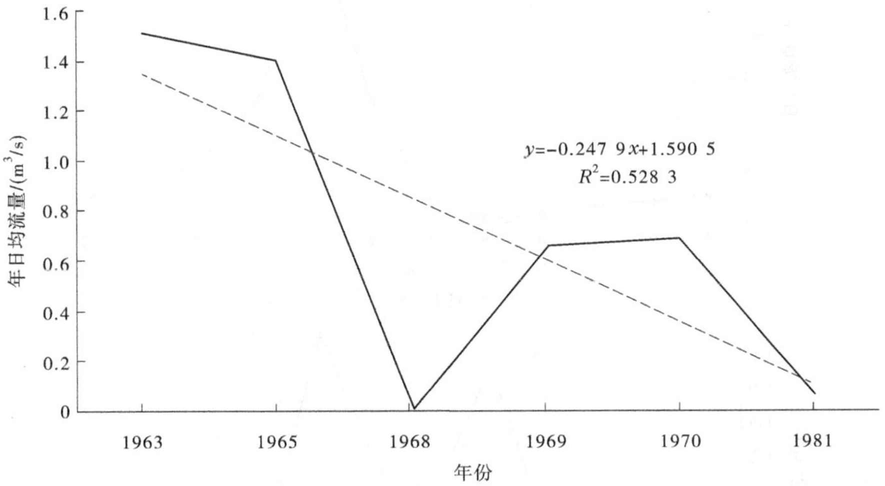

(c)漕河

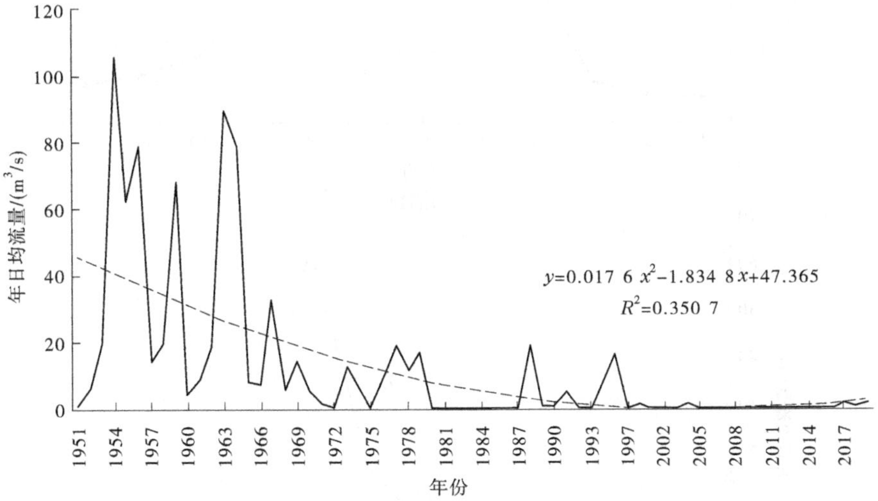

(d)潴龙河

续图 5

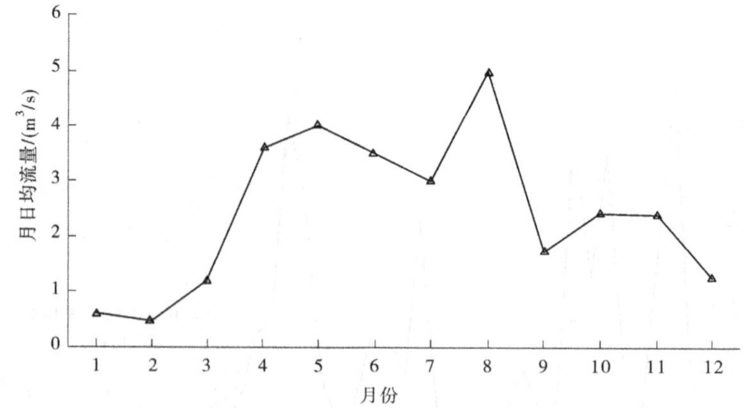

(a)唐河

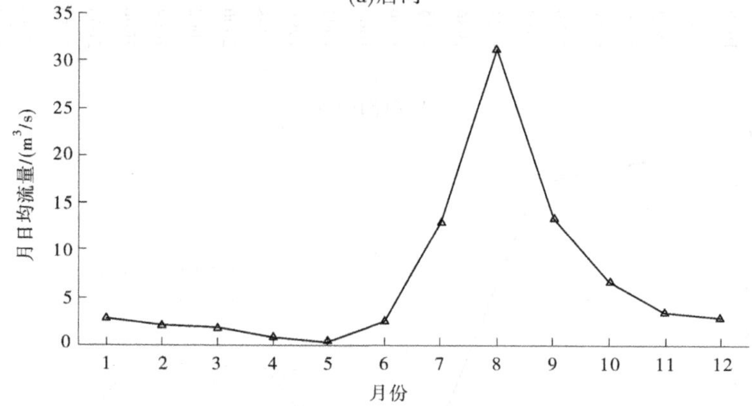

(b)白沟引河

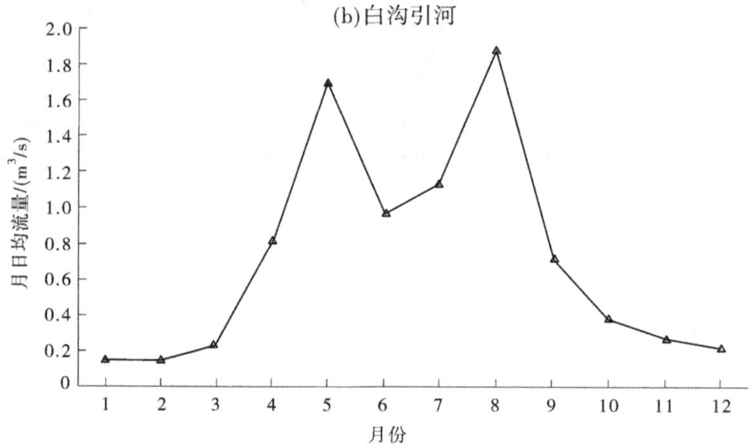

(c)漕河

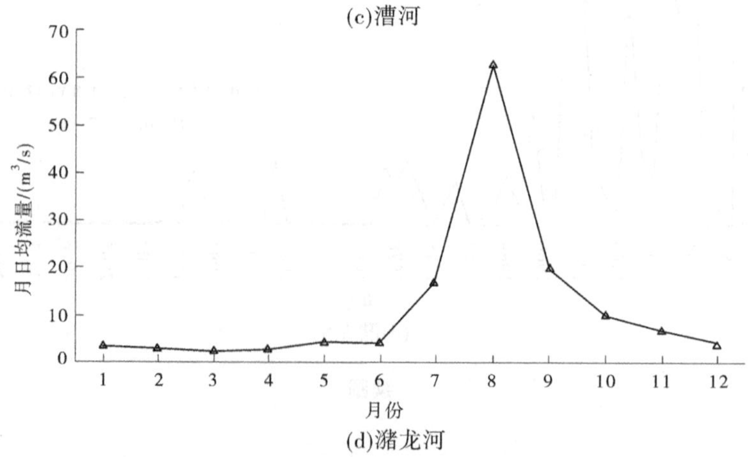

(d)潴龙河

图 6　白洋淀主要入淀河流径流量年内变化曲线

2.2 白洋淀淀区水位演变规律

白洋淀年均水位变化较大，总体呈现下降趋势（见图7），1950—2020年多年平均水位为7.1 m，最高年均水位9.41 m，发生在1956年，最低水位5.16 m，为1984—1987年干淀年份。白洋淀1950—2020年年均水位变化曲线如图8所示。从图8中可以看出，水位年内变化过程线呈现坦化趋势，说明白洋淀水位变幅越来越小，水文节律变化越来越弱。同时，1950—1965年和1966—2000年，白洋淀最高水位和最低水位分别发生在9月和6月，2001—2020年，最高水位和最低水位分别发生在3月和7月，水位极值时间也发生了显著变化，使白洋淀水文节律在时程上发生较大改变，这种水文节律的改变可能对当地原著鱼类繁殖造成较大影响。

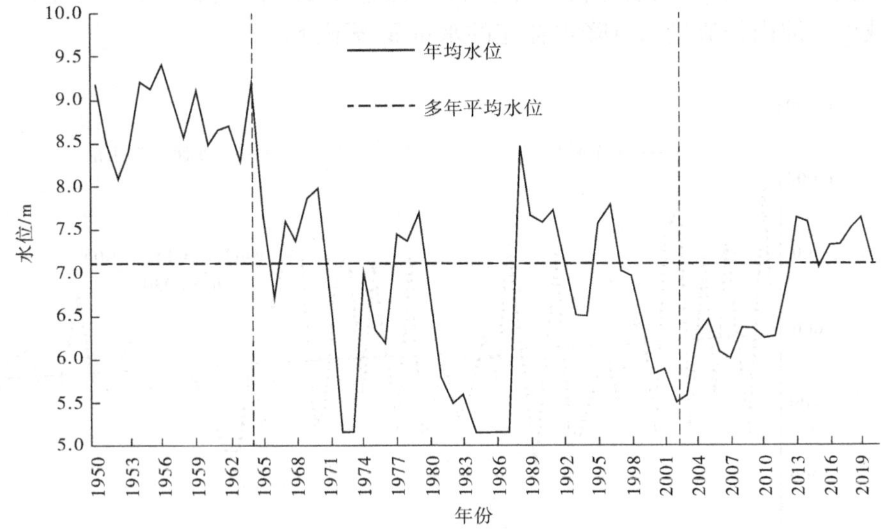

图7　白洋淀1950—2020年年均水位年际变化

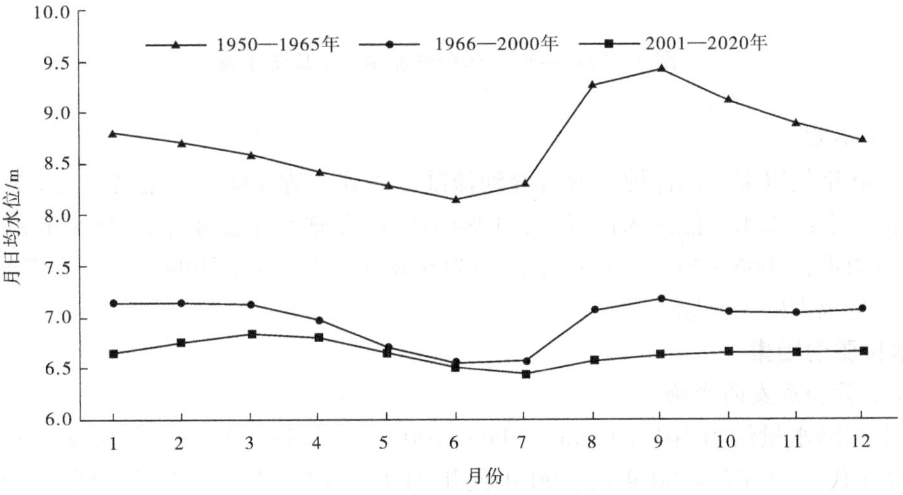

图8　白洋淀1950—2020年年均水位变化曲线

2.3 白洋淀出流规律分析

白洋淀属于浅碟式湖泊，对洪水的调节能力有限，主要起缓洪滞沥作用，当有大洪水时，可扒开湿地周围的堤坝进行分洪，如1963年大洪水时扒堤分洪。同时堤顶在洪水发生时往往可作为溢洪坝。受白洋淀对洪水调节能力的限制，白洋淀地表水出流和入流趋势相同。1965—2020年56年，仅有22年枣林庄（4孔闸下）有出流记录，其他年份出流记录为零。白洋淀枣林庄（4孔闸下）1965—2020

年7—10月流量占全年的60%，说明历史上白洋淀丰水期为7—10月，极值发生在8月，这与白洋淀上游来水水文节律趋势相同。

3 淀区水文水动力问题诊断及成因分析

3.1 上游河流径流量演变驱动因素

3.1.1 流域降水量

1955—2019年，白洋淀湿地多年平均降水量约为501.70 mm，降水量总体呈下降趋势。淀区内降水年际变化较大，大致呈现一年高一年低的下降趋势。从图9中可以看到，近20多年，白洋淀降水从1996年开始呈下降趋势，以后年降水量都没有超过1996年的降水量。可见，从1996年开始，白洋淀降水量减少，淀内径流量来自降水补充的水量显著下降。

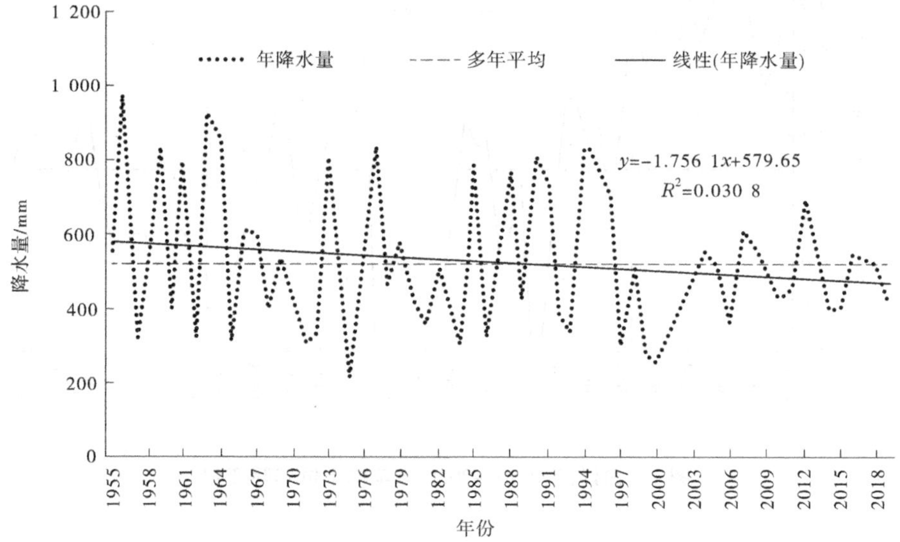

图9 1955—2019年白洋淀多年平均降水量

3.1.2 人工取用水量

自20世纪50年代以来，白洋淀上游各级河流陆续修建水库134座，总库容36.2亿m^3，导致部分河道干涸断流，上游来水不能进入白洋淀，1984—1987年连续干淀4年，1986年和1987年连续两年上游入淀水量为零，2006—2011年淀区水位约为6.8 m，又面临干淀的风险。人工取水量增大是造成白洋淀入淀水量减少的主要原因[6]。

3.2 白洋淀水位驱动因素

3.2.1 淀区降水量和蒸发的影响

淀区多年平均降水量约为501.70 mm。1955—2008年，淀区多年平均蒸散发量为1 114 mm。其中，20世纪60年代、70年代、80年代、90年代和21世纪初平均蒸散发量分别为1 135 mm、1 103 mm、1 121 mm、1 085 mm和1 085 mm。可见多年平均蒸散发量是降水量的2倍多，蒸散发也是影响水位的重要因素（见图10）。

3.2.2 淀区地下水下降和人工补水的影响

白洋淀位于华北平原地下漏斗区——高阳-蠡县-肃宁漏斗区，该区域深层地下水埋深为35~60 m，使得白洋淀补给地下水，地下水出流是淀区水位下降的主要驱动之一。

20世纪50年代以来，在白洋淀上游共修建了130多座水库，水库的修建直接减少了进入白洋淀的水量。为了使白洋淀能够维持适宜水位，多次从上游西大洋水库、安格庄水库和王快水库，以及通过南水北调等水利设施和引岳济淀、引黄济淀工程向白洋淀补水。2018 年仅南水北调中线工程一年补水量超过 1.72 亿 m^3，补水总量超过总入淀水量的 90%，表明依靠人工补水成了维持白洋淀正常水位的重要保证，暂时缓解了白洋淀的干淀危机。

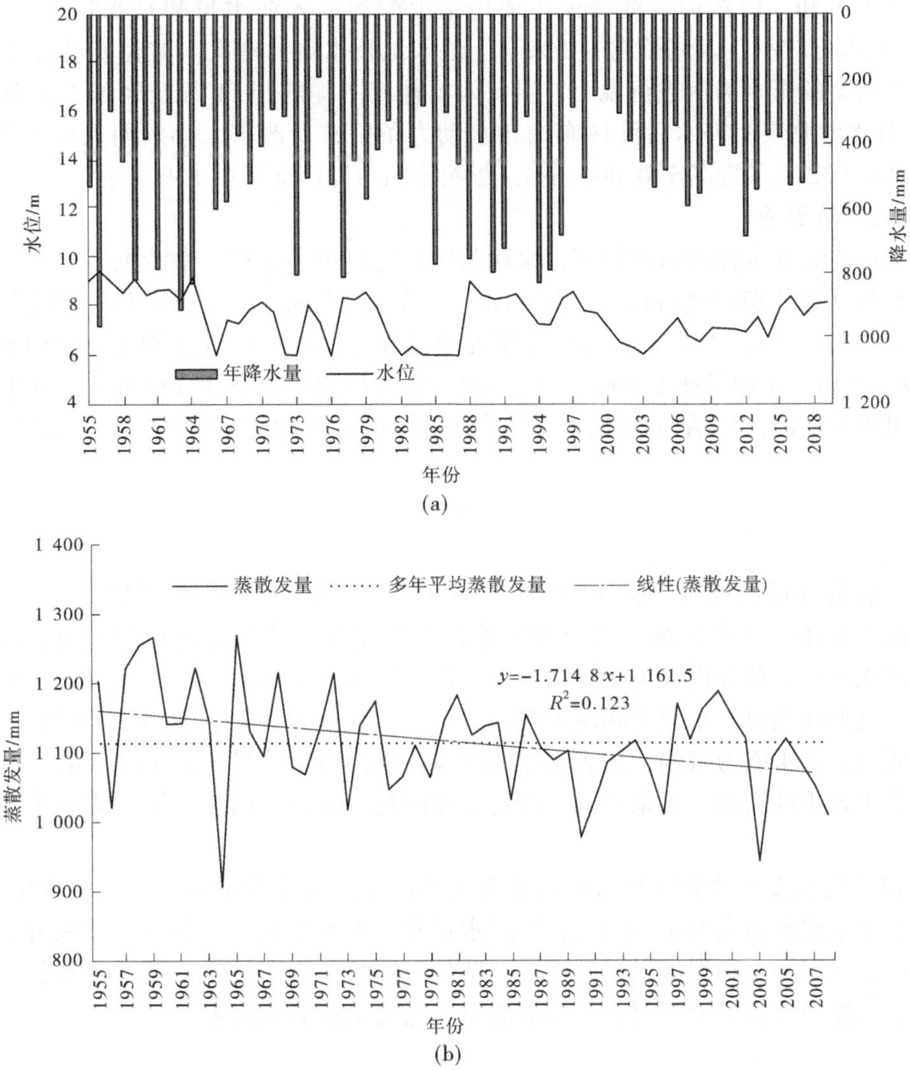

图 10　白洋淀降水量、蒸散发量变化趋势

3.2.3　*泥沙淤积与围垦养殖*

20 世纪 80 年代入淀河流输沙量较高，1955—1979 年，上游河流每年向白洋淀输沙 183 万 t，导致白洋淀淤积严重，可蓄水量减少，部分淀区由于泥沙淤积转变为陆地，改变了原有的水力通道，对水位产生影响。同时部分水体转换为非水体，使局部水面面积减少。1975—2018 年，在南部马棚淀潴龙河、唐河、孝义河汇入区域，西部藻苲淀槽河、瀑河、府河、萍河汇入区域，以及北部烧车淀白沟引河汇入区域，大面积水体转变为耕地，也改变了淀内原有的水文特性，对水位产生一定影响。

3.3　白洋淀流场驱动因素

3.3.1　*水下地形对流场的影响*

已有研究表明水下地形对湖泊流场产生一定影响[7]。白洋淀属于浅水型碟形湖泊，呈现湖边地形较高，尤其是东北部、西北部和西南部地形较高，中部地形较低，但高于 7.5 m 的孤岛地形广泛存在于淀中。其中，高于 6 m 的地形占全部地形面积的 42.3%，低于 4.5 m 的地形占全部地形面积的 17.6%，介于两高程之间的地形占全部地形面积的 14.2%，高于 7.5 m 区域表现为孤岛、低于 4.5 m

区域在枯水期表现为沼泽。白洋淀淀中岛屿对淀区环流产生直接影响，具体表现为淀中岛屿明显减缓周边流场流速，靠近淀中心的岛屿对流场的影响大于靠近淀边岛屿对流场的影响。

3.3.2 入淀径流对流场的影响

根据前面分析可知，白洋淀入淀径流主要包括上游河流入淀水量和补水量（通过上游河流补充），由于上游来水量较小，入流径流主要来自上游人工补水量。本次入淀径流对流速的影响以引黄入淀对白洋淀水动力的影响为例进行说明。引黄入冀补淀工程规划 11 月至翌年 2 月引水，年入淀水量 1.1 亿 m^3。补水监测表明补水后淀区东南角水动力条件有所改善，小白河入口处改善最为明显，局部平均流速从 0.002 m/s 提高至 0.004 m/s，影响范围占淀区面积的 15%左右。

3.3.3 风速对流场的影响

由于白洋淀区没有连续监测风速数据，采用类比法进行风力分析。解清杰、吴炳方、陈友媛、周媛媛、宋杰红和韩红娟分别对金山湖、东洞庭湖、东昌湖、太湖、博斯腾湖和竹湖研究显示风对湖泊流速和流向的影响比较显著[8-14]。白洋淀位于华北地区保定市，属浅碟型湖泊，湖泊水面面积 83.78 km^2，平均水深 2.5 m，年均风速 1.7 m/s。通过以上已有研究成果类比分析可知，风速对白洋淀水动力影响较大，可改变淀内流场结构和流向，白洋淀内风速对水动力影响的定量研究尚须开展下一步研究。

4 结论

（1）通过白洋淀现场调查与特征分析发现，白洋淀主要水文水动力问题包括：①淀内整体水动力不佳、存在孤立水体和死水区域；②淀内用地被大量侵占，淀区湿地面积萎缩，淀泊功能下降；③淀区水面破碎化严重，部分因人为干扰而淀泊干涸；④水文节律发生较大变化，上游来水量减少，淀区年平均水位呈下降趋势，水位变幅越来越小，水文节律越来越弱，对外调水的依赖性显著增加；⑤地下水出流明显，蓄水能力减弱，地表水出流较少；⑥淀内水体景观趋于破碎化，各类景观类型占比均衡化，水景观异质性增加，水系空间结构趋于破碎化，水网连通度、水系结构连通性和水系结构稳定性下降。

（2）导致白洋淀水文水动力问题的成因主要包括：①流域降水量减少、人工取用水增加及上游水库调节是入淀水量建设的主要驱动因素；②降水量和入淀水量减少、淀区蒸散发和植被蒸腾作用，以及地下水下降、人工补水和泥沙淤积与围垦养殖是白洋淀水位变化的主要驱动因素；③淀区水下地形和用地类型、入淀径流和风速等因素是淀泊流场变化的主要驱动因素。

参考文献

[1] 易雨君，林楚翘，唐彩虹 .1960s 以来白洋淀水文、环境、生态演变趋势［J］. 湖泊科学，2020，30（5）：1333-1347.

[2] 卢路，刘家宏，叶睿，等 . 华北地区暴雪覆盖于土壤伤情关系初探：以邯郸市为例［J］. 节水灌溉，2011（1）：10-17.

[3] 张铁军，张海生 . 白洋淀缺水分析及补水对策［J］. 海河水利，2009（5）：11-12.

[4] 卢路，于赢东，刘家宏，等 . 海河流域的水文特性分析［J］. 海河水利，2011（6）：1-4.

[5] 曾庆慧，胡鹏，赵翠平，等 . 多水源补给对白洋淀湿地水动力的影响［J］. 生态学报，2020，40（20）：7153-7163.

[6] 刘丹丹，吴现兵，程伍群，等 . 白洋淀流域降雨特征分析［J］. 南水北调与水利科技，2014，12（5）：113-117.

[7] 杨春宵 . 白洋淀入淀水量变化及影响因素分析［J］. 地下水，2010，32（2）：110-112.

[8] 解清杰，苏航，陈志刚，等 . 大风对金山湖水动力影响的数值模拟研究［J］. 长江科学院院报，2015，32（4）：55-57.

[9] 吴炳方，沈良标，朱光熙 . 东洞庭湖湖流及风力影响分析［J］. 地理学报，1996，51（1）：51-57.

[10] 陈友媛，胡广鑫，杨世迎，等．北方浅水湖泊冬季结冰对风生流的影响［J］．水科学进展，2012，32（6）：837-842.
[11] 周媛媛，刘晓东，华祖林，等．太湖风生流水动力时空差异特征研究［J］．环境保护科学，2015，41（1）：51-57.
[12] 宋杰红．博斯腾湖风生流平面二维数字模拟［D］．西安：西安理工大学，2005.
[13] 韩红娟，胡维平，晋义泉．风速变化对竹湖流场结构影响的数值试验［J］．海洋与湖沼，2008，39（6）：567-576.

白洋淀水环境生态保护现状及措施探讨

李宗霖[1,3]　张振男[1,3]　霍学平[1]　张　琪[2]　魏会敏[2]　刘宏权[3]　朱永涛[1]

（1. 河北省水利科学研究院，河北石家庄　050000；
2. 河北水务有限公司，河北石家庄　050000；
3. 河北农业大学，河北保定　071001）

摘　要： 白洋淀是华北地区最大的湿地淡水湖泊，受农业和工业活动长期影响，水质污染和生态退化严重。近年来，随着治理力度加大，水质已恢复至Ⅲ类水标准，富营养化问题得到有效控制，但氨氮、总磷等指标仍需持续监测。此外，水量分布不均影响湿地生态，造成栖息地缩减、生物多样性下降。本文提出相应生态保护措施，包括水质监测、废水治理、湿地恢复、生物多样性保护和社会参与。这些措施旨在巩固当前治理成效，防止未来污染反弹，推动白洋淀生态系统的可持续发展。当前修复取得了阶段性成果，但生态治理是长期过程，需不断努力和持续创新。

关键词： 白洋淀；水环境；现状分析；保护措施

1　引言

白洋淀位于河北省中部，处于海河流域大清河水系的九河下游，瀑河、唐河、漕河、潴龙河等北、南、西三面的 9 条河流入淀，形成 366 km^2 的浅水湖淀。淀区由 143 个淀泊和 3 700 余条沟壕组成，是华北地区最大的草型淡水湖泊[1]。白洋淀被誉为“华北之肾”和“华北明珠”，曾以其辽阔的水域、丰富的水产资源以及秀丽的风景而闻名。特别是大面积的芦苇荡和千亩连片的荷花淀，为其增添了独特的景观[2-3]。

调查研究结果显示，早在 1974 年开始，白洋淀的污染问题就已受到中央层面的关注[4]。在 2000 年和 2001 年，相继爆发了白洋淀死鱼事件，2006 年在河北省任丘市、安新县境内的淀区，白洋淀鱼类大面积死亡，其水环境污染状况不断恶化[5-6]。随着这一生态环境问题的日益凸显，相关专家学者进行了大量研究，主要集中在生态补水[7-8]、水体富营养化[9-10]及生物多样性[11]等方面。近年来，随着雄安新区的建设和对白洋淀生态修复工作的推进，白洋淀水质已逐步恢复至Ⅲ类水标准，富营养化现象已得到有效遏制，为了维持和提升水质，预防未来的富营养化问题，本文基于对白洋淀水环境的现状分析，提出了系列生态保护和水质预防性措施，旨在为未来生态保护提供参考[12]。

2　白洋淀水环境现状分析

白洋淀，作为中国北方最大的湿地之一，其水环境面临着严峻的挑战，主要源于农业和工业活动对其生态系统的持续影响。

白洋淀目前的水质已恢复至Ⅲ类水标准，生态系统整体呈现逐步恢复的趋势。然而，过去农业面源污染、工业废水排放等问题所造成的富营养化现象虽已基本得到控制，但依然需要持续关注和预防。氨氮、总磷和总氮等关键指标虽然已恢复到合理范围，但随着白洋淀周边人口增长及农业活动的

基金项目： 水利部重大科技项目（SKS-2022016）；河北省省级水利科技计划项目（2024-09）。

作者简介： 李宗霖（2001—），男，硕士研究生，研究方向为水生态。

通信作者： 霍学平（1987—），女，高级工程师，主要从事水利工程相关研究工作。

扩展，水质仍面临潜在的富营养化风险。

水量方面的问题也是白洋淀生态系统面临的重要挑战之一。水量的不均匀分布对湿地的自然生态过程产生了负面影响。由于水资源的过度开发和利用，湿地生态系统的关键部分遭受到了极大的压力，水位波动频繁，湿地面积和生态功能受到了削弱。这不仅损害了湿地生态环境的原有格局，也对鸟类、鱼类等湿地生物的繁衍和栖息产生了严重的影响。

近年来，雄安新区在白洋淀生态保护和修复方面加大了力度。通过系统性的生态治理，白洋淀水生态环境得到持续改善，“华北之肾”的功能加快修复，水质持续向好，已达到Ⅲ类水标准，生物多样性显著增加。这一阶段性目标的实现得益于雄安新区对白洋淀的积极干预。截至目前，国家和地方政府已经相继颁布了一系列白洋淀水环境治理和保护的相关政策。

3 生态保护措施

3.1 水质监测和管理

定期进行水质监测，通过监测水体中的各类有害物质、微生物并对化学成分进行定量和定性分析[13]，以确保水体中的污染物浓度在可接受的范围。制定和执行相关水质标准，为水质监测提供了明确的指导，保障水体的自净能力和生态平衡。

在进行水质监测的过程中，对存在违规排放的单位必须进行有效的监督和监管。监管机构需要建立完善的监测制定，可以利用现代化的监测技术追踪污染源，并及时依法对违规排放行为进行惩处。这不仅有助于维护水环境的整体质量，还能提高企业和公众对环境保护的认识和遵从水环境法规的积极性。

3.2 废水治理

日常的污废水主要来自工业、农业和城市三个方面，对三方废水进行治理，对实现水生态环境的可持续发展有着重要作用。

在工业方面，对工业废水的处理需要采用先进、可行的技术，以确保废水排放符合相关标准。采用物理、化学和生物等处理方法，以有效去除废水中的有害物质，降低水质污染程度。同时，对于特定行业废水的处理，需要因地制宜地选择最适合的技术，以提高治理效果[14]。

在农业方面，农业活动中使用的化肥、农药等农业投入品，可能会导致废水中富含有机污染物和无机污染物。采用生态农业和可持续农业的原则，推动农业废水的循环利用，将废水中的养分回收用于农田灌溉，减少对水环境的负面影响[15]。此外，实施农业面源污染治理，采用土地保护和植被覆盖等手段，减缓农业废水对水体的污染。

在城市废水治理方面，应加强对生活污水和工业污水的联合处理。通过建设先进的城市污水处理厂，采用生物处理、膜分离等技术，有效去除废水中的污染物，以确保处理后的水质达到相关排放标准。同时，倡导城市废水的循环利用，如通过中水回用系统，将经过处理的城市废水用于农田灌溉、工业用水等，最大限度地减少对淡水资源的需求。

鼓励循环利用和资源化利用废水是实现可持续水资源管理的一项关键策略。这包括废水中有价值物质的回收和再利用，如能源、营养物质等。通过推动废水资源化利用，既减轻了对自然水体的压力，又提高了资源利用效率，推动了绿色经济的发展。

3.3 湿地保护和恢复

湿地作为生态系统中的重要组成部分，在维护水生态系统的稳定和实现水质净化方面发挥着不可替代的作用，在水循环中起到了储水、净化水质、调节洪涝等关键作用。湿地具有丰富的生物多样性和独特的生态功能，既是重要的栖息地，又是水体中营养元素的调节者和污染物的自净系统[16]。

为了维护湿地的生态功能，必须采取积极的措施来保护现有湿地，包括确立湿地保护区、湿地保护法规，以及加强对湿地的监测和管理等。通过建立湿地保护区，可以限制人类活动对湿地的侵蚀，保留湿地的原始状态，促进湿地内生态系统的自然演变。

然而，由于人类活动的不断扩张，部分湿地已经遭到破坏和削弱。因此，为了弥补湿地生态系统的功能缺失，湿地生态系统的修复和再生变得尤为重要。目前，效果相对显著的方法有引入适应性植被、重建湿地水文条件及减少污染物输入，可以因地制宜，有针对性地对湿地生态系统进行修复。这一过程不仅可以提高湿地的生态服务功能，还可以促进湿地内的生物多样性恢复，从而保障水生态系统的健康运行。

湿地的保护和修复不仅对当地的生态系统持续向好有着促进作用，也对全球水资源的可持续利用起到关键作用。通过科学管理和跨学科的研究合作，可以更好地理解湿地生态系统的复杂性，并采取有针对性的策略来保护和重建这一独特而脆弱的生态系统。

3.4 水生物多样性保护

保护水中生物多样性是维护水生态系统健康和实现可持续发展的至关重要的一环。为了达到这一目标，需要采取一系列有力的管理措施，以确保水体中各类生物的多样性得到有效保护。

首先，建立水生生物保护区是保护水生物多样性的重要手段之一。通过划定特定的水域区域，对其实施特殊的管理和保护政策，可以有效减缓人类活动对该区域生态系统的干扰。这些保护区的建立不仅有助于维护当地水生生物的栖息地，还有助于形成生物多样性的“避风港”。

其次，实施禁渔期和限制捕捞等管理措施也是关键之举。通过科学制定的禁渔期，可以确保水体中的鱼类和其他水生生物在关键时期能够自由繁衍和生长，防止过度捕捞导致物种数量减少和生态系统不稳定[17]。同时，也可以对捕捞活动进行限制，如规定最小捕捞渔网尺寸和最大捕捞量，进而达到保持水生物群落的相对平衡的目的，也减缓了物种过度捕捞的风险。

同时，还需要加强对珍稀濒危水生物种群的保护。可以制订相应的保护计划，通过保护和恢复濒危物种的生态环境，持续监测物种的状况和演变趋势等方法保护濒危物种，提高水生态系统完整性。

3.5 加强宣传教育

提升公众对水资源复杂性及其与生态平衡关系的认知水平，对水生态环境保护有着至关重要的作用。为实现这一目标，首先需要深入挖掘水生态系统的多层次结构、水质动态变化、水文过程等方面的学术知识，以建立全面的理论基础[18]。其次，通过学校、研究机构和科普活动等多元途径广泛传播相关学术知识，引导公众形成对水资源脆弱性的深刻认识，培养对水生态环境的责任感和科学素养。

同时，可以提倡公众采用可持续的生活方式，鼓励节水、绿色消费和生态友好的行为习惯。通过学术研究和政策引导，倡导可持续行为，减少对水资源的负面影响。这一过程需要政府、企业和社会共同努力，形成全面、有力的推动机制，以确保可持续生活方式的广泛普及。

4 结论与展望

通过对白洋淀水生态环境现状的分析，本文提出了系列生态保护措施。这些措施将有助于改善白洋淀水生态环境质量，促进生态系统的可持续发展。但水生态修复是一个长期的过程，需要政府、科研机构和社会各界共同努力，才能取得更为显著的效果。未来的研究还需要不断深入、不断探索、不断创新，为保护白洋淀这一重要湿地提供更为有效的保护举措。

参考文献

[1] 白军红，房静思，黄来斌，等．白洋淀湖沼湿地系统景观格局演变及驱动力分析［J］．地理研究，2013，32（9）：1634-1644.

[2] 王青，严登华，秦天玲，等．人类活动对白洋淀干旱的影响［J］．湿地科学，2013，11（4）：475-481.

[3] Wang Wenjun，Yi Yujun，Yang Yufeng，et al. Impact of anthropogenic activities on the sediment microbial communities of Baiyangdian shallow lake［J］. 2020，35（2）：180-192.

[4] 赵新峰，张欣蕊．雄安新区水污染治理中的政策工具选择研究：基于白洋淀流域政策文本（1984~2018）[J]．中共宁波市委党校学报，2019，41（5）：103-111.
[5] 任会来，杨学新．白洋淀水环境变迁及研究述评（1949—2017）[J]．廊坊师范学院学报（社会科学版），2023，39（1）：77-81.
[6] Teklit，Yang Yufeng，Wang Wenjun，et al. Ecological risk assessment of heavy metal concentrations in sediment and fish of a shallow lake：a case study of Baiyangdian Lake，North China [J]．Environmental Monitoring and Assessment，2020，192（2）：154.
[7] 唐彩红，陈东明，易雨君，等．生态补水对白洋淀湿地植被格局的影响 [J]．湖泊科学，2022，34（4）：1197-1207.
[8] 崔旭，张兵，何明霞，等．生态补水对白洋淀流域地表水和地下水水化学特征的影响 [J]．湖泊科学，2021，33（6）：1675-1686.
[9] 秦珊，崔建升，申立娜，等．富营养化对湖泊消费者群落碳源和氮源的影响：以白洋淀为例 [J]．湖泊科学，2020，32（6）：1657-1670.
[10] Zhang X X，Yi Y J，Yang Z F. Nitrogen and phosphorus retention budgets of a semiarid plain basin under different human activity intensity [J]．Science of the Total Environment，2020，703：134813.
[11] 陈佳林．海河流域五湖浮游植物的群落特征及生物多样性分析 [D]．天津：天津农学院，2020.
[12] 刘秀娟，董谦．白洋淀流域水资源管理模式选择与创新体制构建 [J]．生态经济，2011（10）：185-189.
[13] 赵乐，唐晓青，张玮，等．白洋淀流域水环境监测的现状分析与对策研究 [J]．河北省科学院学报，2022，39（2）：73-78.
[14] 郑诚．水环境保护管理现状和措施研究 [J]．资源节约与环保，2022（4）：23-26.
[15] 康宇华，王帅，闫子奇，等．河北省农村污水治理对策探究：以白洋淀上游流域为例 [J]．智库时代，2019（23）：213-214.
[16] 白露，杨恒．流域水生态环境保护现状及对策分析 [J]．海河水利，2023（5）：19-21，33.
[17] 孔维芳．水环境保护与生态修复措施研究 [J]．皮革制作与环保科技，2021，2（6）：73-74.
[18] 孙硕．我国流域水环境保护现状及对策分析 [J]．资源节约与环保，2023（2）：24-27.

《节约用水条例》内容剖析及创新特色

李志平　悦琳琳　路　遥　李贵宝

（中国水利学会，北京　100053）

摘　要：《节约用水条例》作为我国首部关于节水的专门行政法规，于 2024 年 3 月 9 日公布，2024 年 5 月 1 日实施。本文回顾了节约用水发展历程及立法进程，对《节约用水条例》全文内容及 52 条的关键词进行了剖析提炼，总结了《节约用水条例》的创新之处、突出特点和亮点。《节约用水条例》的制定，为节水工作和水利高质量发展奠定了“良法”基础。

关键词：节约用水；首部；立法进程；关键词；剖析；创新

党的十八大以来，习近平总书记站在党和国家事业发展全局和中华民族永续发展的战略高度，提出“节水优先、空间均衡、系统治理、两手发力”治水思路，强调推进中国式现代化，要把水资源问题考虑进去，指出节水工作意义重大，对历史、对民族功德无量，要求从观念、意识、措施等各方面都要把节水放在优先位置[1]。

作为我国首部关于节水的专门行政法规，《节约用水条例》（简称《条例》）于 2024 年 3 月 9 日以中华人民共和国国务院令第 776 号公布，于 2024 年 5 月 1 日起施行。《条例》共 6 章 52 条，从低到高、从宽到严、从无到有，回答了节水工作“是什么”“为了谁”“依靠谁”等关键问题，为节水工作提供了总目标、总原则、总路径、总任务，是水法治建设和节约用水管理的重要里程碑，为节水工作和水利高质量发展奠定了“良法”基础。

1　节约用水发展历程及立法进程

新中国成立以来，节约用水工作可划分为五个阶段[2]：一是农业节水萌芽期（1949—1978 年）；二是城市节水推进期（1978—1998 年）；三是全面节水建设期（1998—2012 年）；四是深度节水发展期（2012—2024 年）；五是全社会节水发展期（2024 年至今）。

早在 2002 年，水利部就已开展节约用水管理法规的研究和起草工作。从 2002 年立法计划起，全国人大代表、政协委员多次建议和调研，其间对节约用水立法的呼声不断，但进展缓慢。2018 年，党和国家机构改革对节水职能进一步突出强化，在水利部内设机构中单独设置“全国节约用水办公室”，从此节约用水立法进程加快。经过 22 年的等待，2024 年 3 月 9 日，《条例》颁布，节约用水立法终于圆梦。笔者通过查阅文献、访谈等多种方式，收集整理了节约用水的立法进程[3-4]（见表 1）。

表 1　节约用水的立法进程

时间	进展
自 2002 年起	水利部一直开展节约用水管理法规的研究起草工作
2005 年 3 月 22 日	《国务院办公厅关于节水型社会建设有关问题的复函》（国办函〔2005〕24 号）中提到“加快节水立法。由法制办牵头，会同水利部、建设部等部门抓紧修订《取水许可制度实施办法》，起草《节约用水管理条例》，争取年内尽快出台”

作者简介：李志平（1981—），女，高级工程师，主要从事科技管理工作。

续表 1

时间	进展
自 2005 年起	《节约用水条例》已经连续 7 年被列入国务院立法工作计划
2011 年 3 月	十一届全国人大四次会议期间，秦希燕等 31 名代表提出议案，建议制定节约用水法，并附有节约用水法草案
2016 年	水利部多次赴各地调研座谈节约用水立法
2016 年 10 月 20 日	水利部网站发布关于《节约用水条例（征求意见稿）》公开征求意见的公告
2018 年 10 月 26 日	水利部副部长主持召开部长专题办公会，听取全国节约用水办公室工作汇报，研究部署节约用水近期工作。提到要会同司法部、发展和改革委员会、住房和城乡建设部等有关部门，积极推进《条例》立法
2019 年	水利部《2019 年水利政策法规工作要点》提出抓好《节约用水条例》《河道管理条例》《珠江水量调度条例》立法协调、草案起草（修订）和上报工作，力争列入 2020 年国务院立法工作计划
2020 年	水利部办公厅印发的《2020 年水利政策法规工作要点》中提到“完善与有关部门的联合起草工作机制”，这一条款的出现加快了《条例》立法进程
2021 年 8 月 24 日	全国人大环资委副主任委员主持召开网络视频座谈会，就全国人大代表、江苏省水利厅厅长提交的加快推进节约用水立法的议案进行会办
2021 年 12 月	水利部会同住房和城乡建设部、国家发展和改革委员会起草节约用水条例草案，报送国务院
2022 年	2022 年水利系统节约用水工作要点，推动《条例》尽早出台，组织做好条例宣贯准备工作
2023 年	《条例》列入国务院 2023 年度立法工作计划；司法部正在按程序进行征求意见和草案修改完善工作
2024 年	国务院 2024 年度立法工作计划，拟制定、修订的行政法规（30 件）含《条例》
2024 年 2 月 23 日	国务院第 26 次常务会议通过《条例》
2024 年 3 月 9 日	国务院令第 776 号公布
2024 年 3 月 20 日	水利部网站发布
2024 年 5 月 1 日	施行

2 《条例》内容剖析

《条例》主要包括五方面的内容[5]：一是坚持党的领导。明确规定节水工作应当坚持中国共产党的领导，贯彻总体国家安全观，统筹发展和安全。二是加强用水管理。对主要农作物、重点工业产品和服务业等实行用水定额管理；按行政区域对年度用水实行总量控制；对用水达到一定规模的单位实行计划用水管理；对节水潜力大、使用面广的用水产品实行水效标识管理；水资源严重短缺地区、地下水超采地区应当严格控制高耗水产业项目建设。三是完善节水措施。推进农业节水增效，引导农业生产经营主体合理调整种植养殖结构和农业用水结构；推进工业节水减排，要求工业企业采用先进、适用的节水技术、工艺和设备；推进城镇节水降损，全面推进节水型城市建设；促进非常规水利用。四是强化保障监督。健全农业用水精准补贴机制和节水奖励机制；对符合条件的节水项目给予补助；

引导金融机构加大对节水项目的融资支持力度；鼓励发展节水服务产业；支持开展水权交易；将节水目标完成情况纳入对地方人民政府及其负责人考核范围。五是严格法律责任。对使用国家明令淘汰的落后的、耗水量高的技术、工艺、设备和产品等违法行为，规定了相应的法律责任。

《条例》在水资源节约方面推出强化水资源节约集约利用、大力发展节水产业、持续推进非常规水源利用、开展节水领域设备更新改造等新举措；在推进城市节水方面将采取完善城市节水制度、建立长效机制、构建标准规范体系、推动科技创新、全面推进节水型城市建设、提升用水效能等行动；在推进农业节水方面将采取发展农业节水灌溉、强化农业用水管理、深化农业水价综合改革、数字赋能提高用水效率等措施；在推进城市污水再生利用方面将采取加强再生水利用设施建设、完善标准规范体系、抓好试点示范引领等工作。

第二章、第三章是条例的核心，分别是用水管理和节水措施。通过学习《条例》，梳理了概括条文内容的关键词，见表 2。

表 2 《条例》条文关键词

章号	章名称	条数	条文关键词
第一章	总则	9	立法目的、节水定义、遵循原则与节水机制、节水义务、水资源刚性约束制度、规划计划、管理分工、产业与创新、宣教科普
第二章	用水管理	13	节水规划、用水定额、总量控制、计划用水管理、用水计量、计量收费与水价、高耗水产业控制、水效标识管理、节水产品认证、节水三同时制度、落后淘汰、标准体系、统计调查制度
第三章	节水措施	15	节水型农业和旱作农业、种植业和养殖业节水措施、节水灌溉、农村生活节水、工业节水、工业集聚区水循环利用、节水型城市、供水漏损管理、公共建筑节水、公共机构节水、园林绿化节水、非常规水管理、污水资源化、雨水资源化、海水利用
第四章	保障和监督	8	农业用水奖补激励、节水金融服务、节水服务产业、水权交易、节水表彰奖励、监督检查、举报处理、节水责任制和考核评价制度
第五章	法律责任	6	干扰用水计量、节水设施问题与落后节水技术等、企业超定额用水、企业未回收利用水、公职人员违规、处罚与犯罪追究
第六章	附则	1	施行时间

3 《条例》的创新之处与特点

《条例》总结了党的十八大以来节水工作的丰富实践，将行之有效的经验做法转化为制度规范，全面、系统规范地促进了节水活动，确立了节水管理的基本制度框架，进一步丰富完善了我国节水政策法规体系，对提升我国节水的治理能力、推动节水工作迈入法治化轨道具有重要而深远的意义。

3.1 《条例》的创新之处

《条例》把握节水特点，紧紧抓住不同行业和产业取水、用水、排水过程中的主要问题和特点，聚焦节水全链条治理，提升监管效能，围绕用水全过程管理，完善制度设计，立足全方位提升用水效率，明确责任主体，完善了节约用水的管理、措施、保障和监督，以及法律责任等，是水法治建设的重要里程碑[6]。

《条例》特点突出、亮点纷呈，这体现在针对不同行业和产业的节水，以及节水的用水管理、节水措施、保障监督和法律责任等多个层面。其创新主要体现在以下六点：

一是适用范围广泛。《条例》适用范围既有农业农村，又有工业企业、城市建成区，以及公共机构等，包括了生产、生活和生态用水，涉及取水、供水、用水、排水，管网漏损、废水处理、污水，灌溉、水肥一体化，以及再生水、集蓄雨水、海水及海水淡化水、矿坑（井）水、微咸水等非常规水。

二是既注重体现节水的系统性和综合性，又注重把握行业产业的特殊性。《条例》全面、系统规范和促进节水活动，旨在促进全社会节约用水，保障国家水安全，推进生态文明建设，推动高质量发展，同时又注重把握各行业产业的特殊性。例如，《条例》规定全面建设节水型社会，包括了积极发展节水型农业、全面推进节水型城市建设、积极建设节水型单位等。提出积极发展节水型农业，因地制宜地发展旱作农业，以及发展节水灌溉保障国家粮食安全。提出全面推进节水型城市建设，加强对城市建成区内生产、生活、生态用水的统筹，将节水要求落实到城市规划、建设、治理的各个环节。提出积极建设节水型单位，公共机构应当发挥节水表率作用，建立健全节水管理制度，率先采用先进的节水技术、工艺、设备和产品，开展节水改造。

三是立足全方位提升用水效率，明确责任主体。特别是对工业企业提出应当加强内部用水管理，建立节水管理制度，提高水资源重复利用率。高耗水工业企业用水水平超过用水定额的，应当限期进行节水改造。工业企业的生产设备冷却水、空调冷却水、锅炉冷凝水应当回收利用。高耗水工业企业应当逐步推广废水深度处理回用技术措施。第四十八条和第四十九条专门对高耗水工业企业用水水平超过用水定额，未在规定的期限内进行节水改造的，以及工业企业的生产设备冷却水、空调冷却水、锅炉冷凝水未回收利用的，处5万元以上50万元以下的罚款，情节严重的，采取限制用水措施或者吊销其取水许可证。对城市节水，明确了节水型城市建设、海绵城市建设、公共供水管网漏损控制、再生水利用、绿化及景观用水等领域的有关要求及主体责任，有利于压实责任，强化监督管理。

四是聚焦节水全链条治理，提升监管效能。《条例》从节水规划、建设、治理体系等方面提出和规定相关要求，有利于提高节水管理的规范性、科学性、系统性。提出要编制全国节水规划和行政区域的节水规划，提出新建、改建、扩建建设项目配套建设的节水设施应当与主体工程同时设计、同时施工、同时投入使用。规定县级以上人民政府水行政、住房城乡建设、市场监督管理等主管部门应当按照职责分工，加强对用水活动的监督检查，依法查处违法行为，并明确了监督检查时采取的措施以及有关法律责任。

五是围绕用水全过程管理，完善制度设计。《条例》建立了涵盖计划下达、用水计量、定额管理、器具使用、宣传教育等全过程用水管理机制，有利于控制用水总量、优化用水结构、提高用水效率，有利于在全社会厚植节水理念。规定对不同水源、不同用途的水应当分别计量。用水实行计量收费，对城镇居民生活用水、非居民用水、农业灌溉用水，以及再生水、海水淡化水等提出差别化水价收费机制政策。这将有利于发挥价格机制在水资源节约、用水需求调节方面的杠杆作用。提出国家加强节水宣传教育和科学普及，提升全民节水意识和节水技能等。

六是《条例》强调多部门协同。明确国务院水行政主管部门负责全国节水工作。国务院住房城乡建设主管部门按照职责分工指导城市节水工作，国务院发展改革、工业和信息化、农业农村、自然资源、市场监督管理、科技、教育、机关事务管理等主管部门按照职责分工做好节水有关工作。对国务院有关部门、相关地方各级人民政府及其有关部门、流域机构等主体职责予以明确，涉及国务院有关部门多达10个。此外，还提到乡镇人民政府、街道办事处应当组织开展多种形式的节水宣传教育和知识普及活动。

3.2 《条例》的特色

《条例》特色有七多：

一是《条例》条款多。该条例共计6章52条5 668字，其中总则9条、用水管理13条、节水措施15条、保障和监督8条、法律责任6条。经比对，该条例与《中华人民共和国水文条例》《农田水利条例》《中华人民共和国河道管理条例》《水库大坝安全管理条例》等涉水条例比较，其条数多。

二是《条例》涉及的行（产）业多。该《条例》涉及提到的主要行（产）业分别是农业、工业企业、高耗水产业、公共供水企业、节水服务产业、用水单位等。条例规定全面建设节水型社会，包括了积极发展节水型农业、全面推进节水型城市建设、积极建设节水型单位等。

三是《条例》涉及的部门多。该条例共计涉及提到的国家部委局部门有 10 多个，即国务院水行政、住房城乡建设、发展改革、工业和信息化、农业农村、自然资源、市场监督管理、标准化、认证认可监督管理、科技、教育、机关事务管理等主管部门，并涉及提到流域管理机构。

四是《条例》界定管理责任多。规定人民政府的职责条款有 30 处，占全部条数的 57.7%，主管部门出现 17 处、水行政出现 11 处、分工出现 5 处。

五是《条例》涉及定额、标准和底线的条款多。《条例》的条款涉及定额 16 处、标准 14 处；明令不得出现 5 处、禁止 2 处、严格控制 2 处、限期 6 处。

六是《条例》涉及设施、计量、产品和技术的条款多。《条例》的条款涉及设施 23 处、计量 12 处、产品 12 处、设备 8 处、工艺 6 处、技术 17 处。

七是《条例》涉及管理、制定、规划、计划的条款多。《条例》的条款涉及管理 22 处、制定 18 处、规划 11 处、计划 10 处。

4　结语

《条例》把握节约用水特点，紧紧抓住节约用水的主要矛盾问题，充分总结节约用水管理工作经验，规定全面具体，立法创新，填补了节约用水立法的空白，特点突出、亮点纷呈。体现了党中央对节约用水的高度重视，充分反映了水利部门在节约用水工作中承担的重要使命。

法律的生命在于实施。《条例》是我国节水立法法治化的最新成果，是深入落实“节水优先”方针的体现，必将为推动我国节水工作发展发挥巨大作用。

参考文献

[1] 李国英. 以法治思维和法治方式坚持和落实节水优先方针：写在《节约用水条例》施行之际 [J]. 山西水利，2024（4）：1-2.

[2] 全国节约用水办公室. 节约用水管理 [M]. 北京：中国水利水电出版社，2023.

[3] 中国水利年鉴编辑部. 中国水利年鉴 2023 [M]. 北京：中国水利水电出版社，2023.

[4] 中华人民共和国水利部. 2024 中国水利发展报告 [M]. 北京：中国水利水电出版社，2024.

[5] 节约用水条例 [M]. 北京：中国法制出版社，2024.

[6] 陈梅，刘泽星，王若男，等. 建立健全地方节水制度政策的措施与建议 [J]. 中国水利，2024（7）：17-21.

降水和人类活动影响下的永定河水沙变化特征分析

张治倩　陈利者　范　辉

（水利部海河水利委员会水文局，天津　300170）

摘　要：选取永定河上游支流桑干河石匣里、洋河响水堡以及干流雁翅站作为代表水文站，采用累积曲线法、Mann-Kendall分析法和小波分析法对永定河水沙变化趋势、突变及周期特征进行分析，并分析影响水沙变化的主要因素，得出：1952年以来，代表水文站的径流量和输沙量均呈现总体减小趋势；暴雨洪水发生年份，水沙关系不稳定，输沙量增大；20世纪70—80年代，径流量发生突变，80年代至2000年后，输沙量发生突变，突变后来水来沙量减少趋势增强；径流与输沙主周期不完全对应。降水、工程建设、水土保持和补水对永定河水沙变化产生一定的影响。

关键词：永定河；水沙特征；趋势分析；突变；周期特征

1　引言

永定河上游主要流经丘陵山区，坡陡沟深，土壤多属黄土类土壤，质地疏松，抗蚀力弱[1]，自然覆被度低，水土流失严重，永定河历史上素有小黄河、浑河之称[2]。永定河的少水多沙曾带来一系列问题，导致下游河床淤高，河流游荡，官厅水库建成后，水库蓄水拦沙，却又产生了严重的水库泥沙淤积问题。进入21世纪，随着永定河治理的逐步开展，永定河水沙特征已经发生了显著变化。目前，不少学者围绕永定河水沙关系特征开展了研究。张振业[3] 分析了永定河上游支流桑干河自1972年以来的主河槽淤积情况，并分析了导致泥沙淤积的原因，提出了防治泥沙淤积的对策。朱思瑾等[4] 通过分析永定河上游支流洋河自20世纪60年代以来的水沙变化与下游灌区的引水情况，得出了未来灌区引水断面含沙量不会有大幅增加趋势的结论。吴海山等[5] 采用滑动平均法、秩次相关检验法对永定河下游3个重点水文站的径流量及输沙量的变化趋势进行分析，并提出影响水沙变化的原因，得出上游水库的建设及近年来连续干旱对水沙输移产生了巨大影响，输沙减少的趋势还将持续下去。总体来说，以上研究侧重于不同的时间和空间，采用了不同的分析方法，本文将考虑永定河上游流经产沙区的两大支流来水情况，结合干流的水沙变化，分析永定河上下游的水沙特征及影响因素。

2　研究区概况

永定河水系是海河流域的七大水系之一，包括桑干河和洋河两大支流，流经内蒙古自治区、山西省、河北省和北京、天津两市，涉及43个县（市、区）。永定河全长747 km，流域面积4.7万km^2，永定河干流三家店以上属于山区，面积为4.51万km^2，占流域总面积的96%，是流域主要产流区。永定河流域多年平均降水量为429 mm，降水时空变化较大。

3　水沙变化特征及影响因素分析

本文选取1952年以来有连续实测水沙资料的石匣里水文站和响水堡水文站分别作为永定河支流桑干河和洋河的代表站，并选取1963年以来有连续实测水沙资料的雁翅水文站作为永定河干流的代

作者简介：张治倩（1985—），女，高级工程师，主要从事水资源分析评价工作。

表站，对3个代表站的水沙变化特征进行分析，并分析相关影响因素。

3.1 水沙变化趋势分析

受人类活动和气候等自然因素的影响，永定河中上游70多年来的来水量及来沙量均发生了较大的变化，对石匣里、响水堡和雁翅3个站的实测水沙资料进行统计分析，结果见图1。

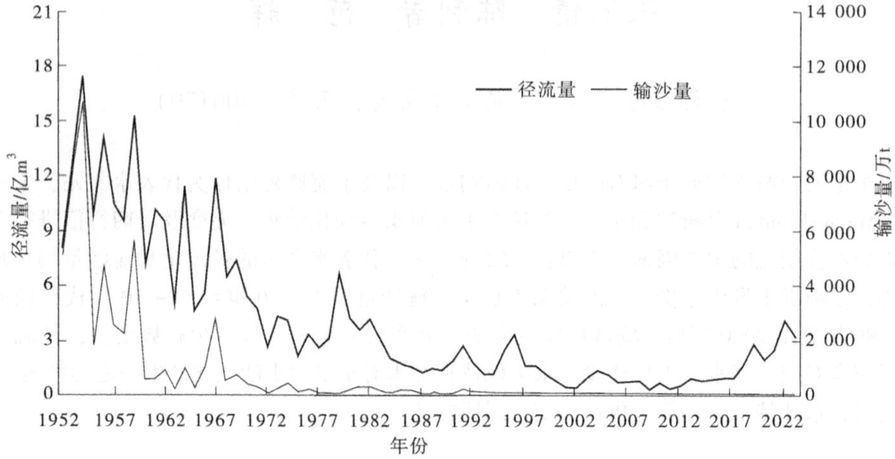

(a)石匣里站

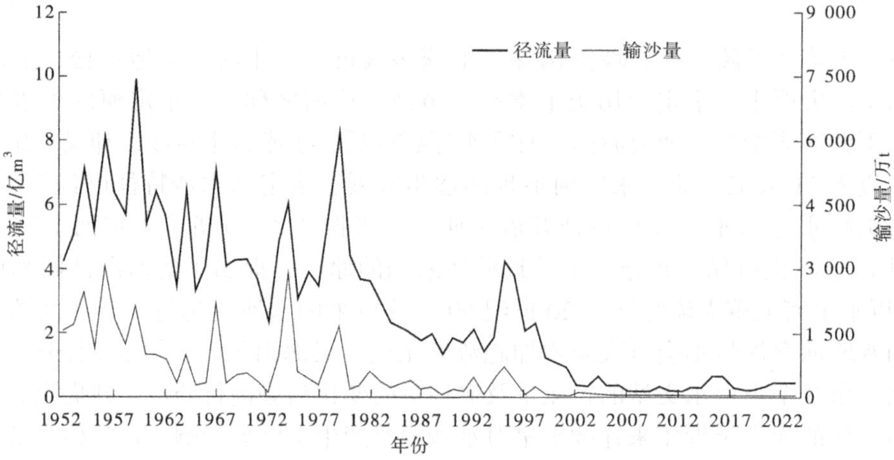

(b)响水堡站

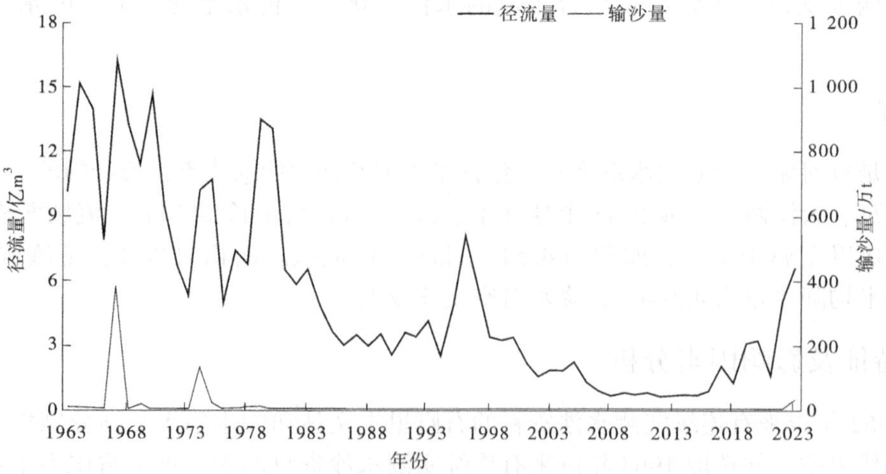

(c)雁翅站

图1 各水文站径流量和输沙量年际变化

可以看出，1952—2023 年的 70 多年来 3 个水文站径流量和输沙量均呈现减小的趋势，但石匣里站和雁翅站径流量近十年有增加趋势。1952—2023 年，石匣里站多年平均输沙量为 744.5 万 t，多年平均含沙量为 18.73 kg/m^3，年均减小量分别为 71.50 万 t/a 和 0.91 $kg/(m^3 \cdot a)$；响水堡站多年平均输沙量为 505.1 万 t，多年平均含沙量为 17.83 kg/m^3，年均减小量分别为 21.83 万 t/a 和 0.52 $kg/(m^3 \cdot a)$。雁翅站 1963—2023 年多年平均输沙量为 10.05 万 t，多年平均含沙量为 0.19 kg/m^3，年均减小量分别为 0.37 万 t/a 和 0.006 $kg/(m^3 \cdot a)$。雁翅站自 1980 年以来基本处于年输沙量万吨以下，2023 年受海河“23・7”流域性特大洪水的影响，该站年实测径流量超过 6 亿 m^3，年输沙量也随之增加，达到了 30.10 万 t。

采用双累积曲线法绘制 3 个代表性水文站 1952—2023 年（雁翅站为 1963—2023 年）逐年累积输沙量与累积径流量的关系，可以看出，自 1952 年开始，石匣里站和响水堡站的输沙量和径流量双累积曲线的斜率呈现降低趋势，石匣里站在 1967 年左右双累积曲线的斜率出现增大，1980 年以后双累积曲线的斜率趋于稳定，表明 1952—1966 年含沙量有减小趋势，受永定河系暴雨洪水影响，1967 年含沙量增大，1980 年之后该站的水沙搭配关系趋于稳定；响水堡站在 1974 年左右双累积曲线的斜率出现增大，1997 年以后双累积曲线的斜率趋于稳定，表明 1952—1973 年及 1975—1996 年含沙量有减小趋势，受永定河系暴雨洪水影响，1974 年含沙量增大，1997 年之后该站的水沙搭配关系趋于稳定；雁翅站受 1967 年和 1974 年暴雨洪水影响，输沙量出现跳跃性增加，其他年份输沙量稳定（见图 2）。

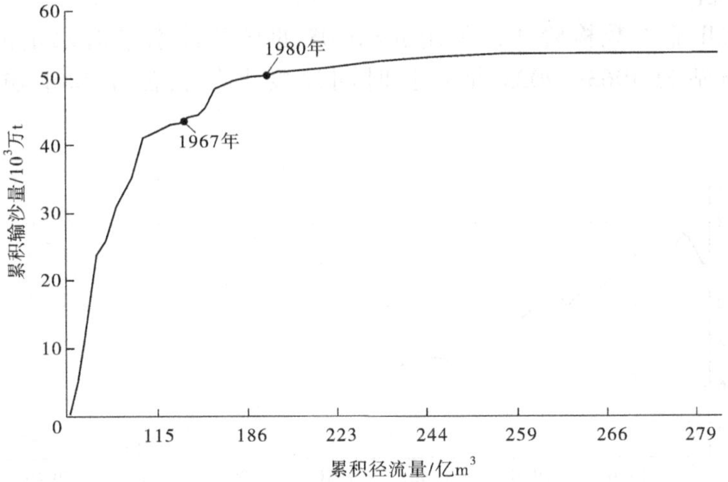

(a)石匣里站

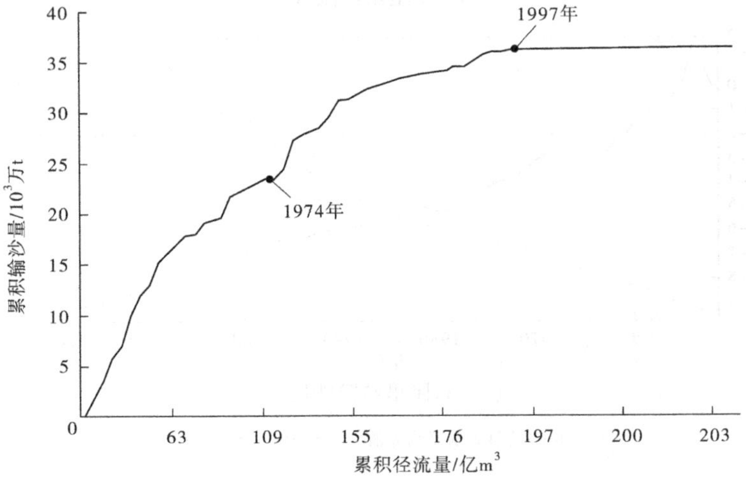

(b)响水堡站

图 2　各水文站水沙累积曲线

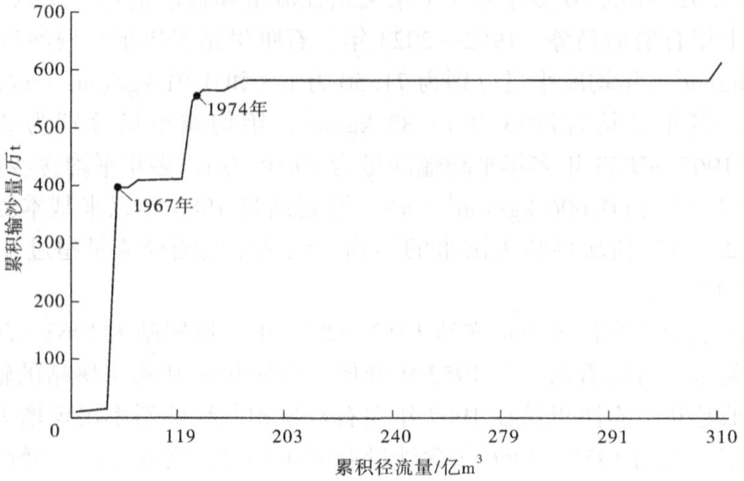

(c)雁翅站

续图 2

3.2 水沙突变特征分析

利用 Mann-Kendall 非参数检验法，采用 $p=0.05$ 的显著性水平对永定河 3 个代表性水文站 1952—2023 年（雁翅站为 1963—2023 年）长时间尺度上年径流量和年输沙量进行突变检验（见图 3）。

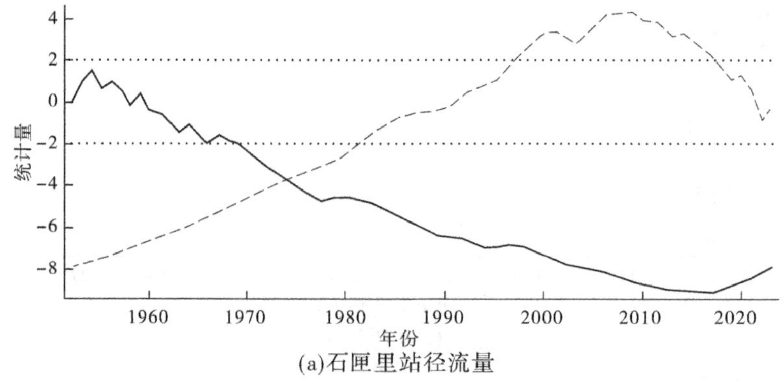

(a)石匣里站径流量

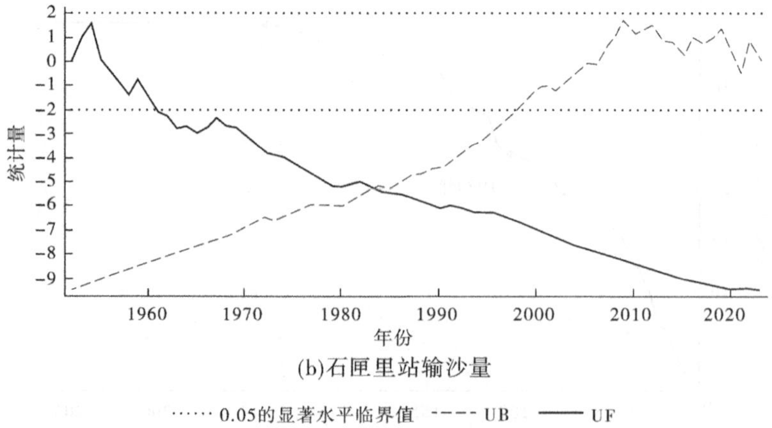

(b)石匣里站输沙量

图 3　各水文站 Mann-Kendall 非参数检验法统计量曲线

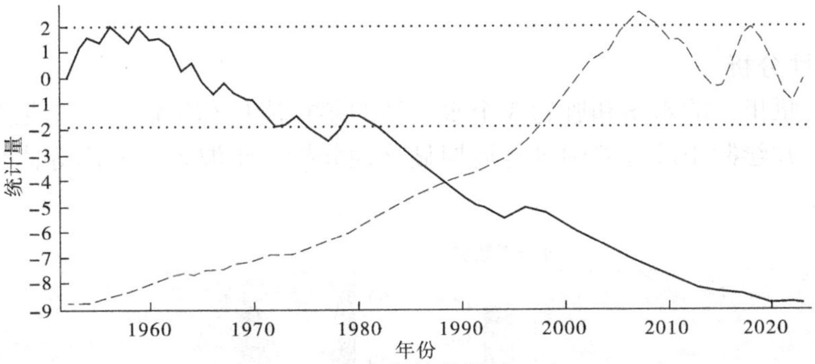

(c)响水堡站径流量

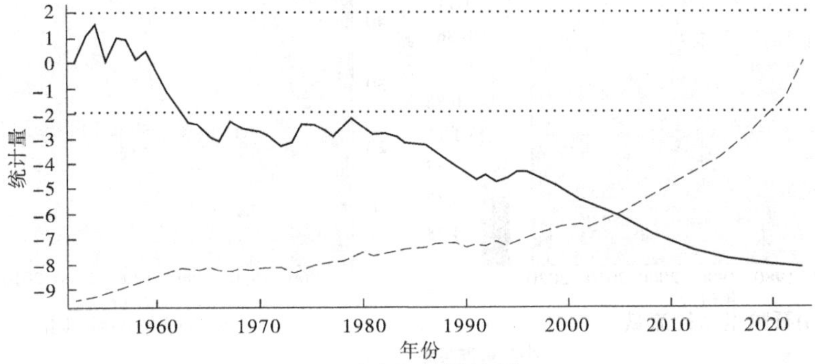

(d)响水堡站输沙量

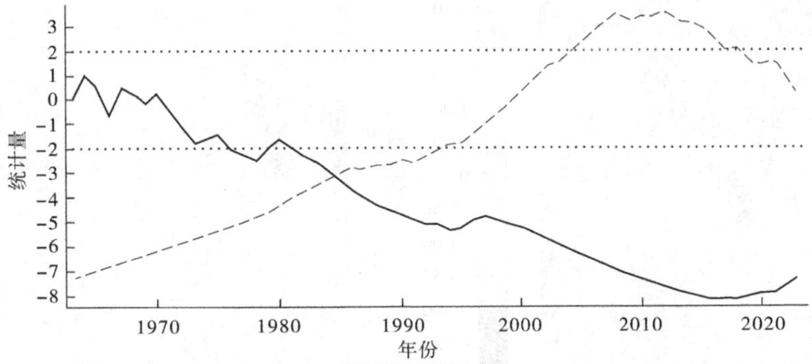

(e)雁翅站径流量

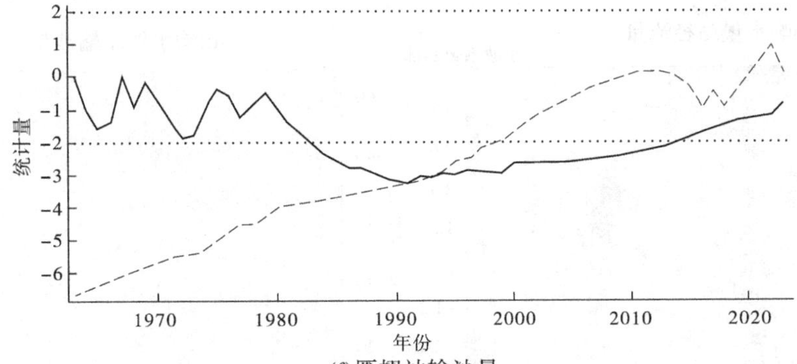

(f)雁翅站输沙量

续图 3

由图 3 可知，径流量和输沙量的 UF 值总体均为负值，表明 3 个代表站的径流量和输沙量 70 多年来处于减小趋势，与趋势分析结果相一致。石匣里站的径流量在 20 世纪 70 年代中期发生了突变，输沙量在 80 年代中期发生了突变；响水堡站的径流量在 80 年代末发生了突变，输沙量在 2000—2010 年发生了突变；雁翅站径流量在 80 年代中期发生了突变，输沙量在 90 年代初发生了突变，3 个代表站的径流量和输沙量发生突变后 UF 值均超过 95%的置信区间，说明突变后来水来沙量减少趋势增强。

3.3 水沙变化周期性分析

为进一步分析石匣里、响水堡和雁翅 3 个水文站的年径流量和年输沙量变化周期性，利用 Matlab 软件进行小波分析，并绘制小波方差图进行周期显著性分析，小波系数实部等值线图和小波系数方差图如图 4、图 5 所示。

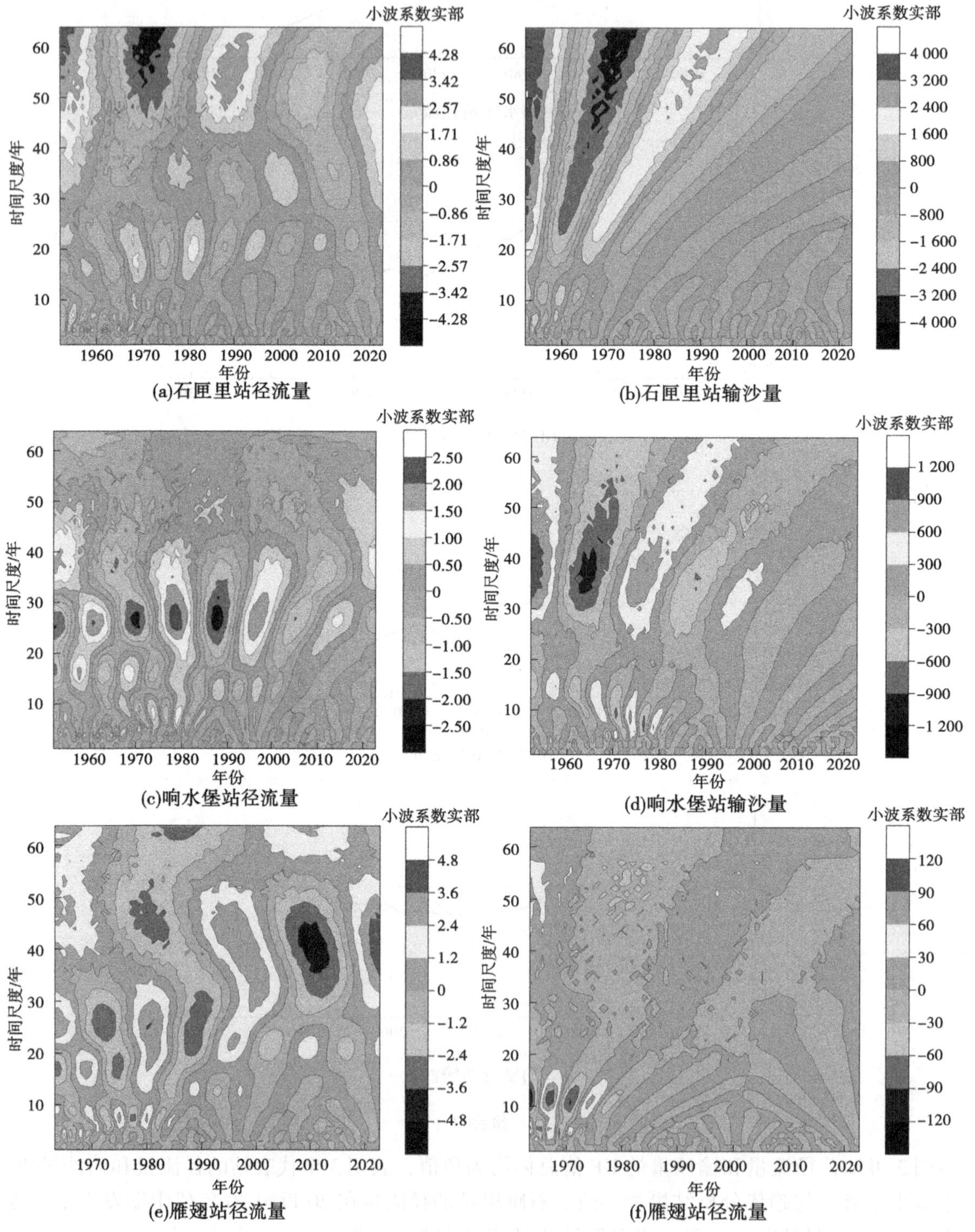

图 4 小波系数实部等直线图

通过以上分析可以看出，石匣里站径流包含15~20年、32~35年和50~64年三个时间尺度周期，其中50~64年周期振荡较为强烈；输沙无明显的周期变化。响水堡站径流包含15~18年、22~30年和32~37年三个时间尺度周期，其中22~30年周期振荡较为强烈；输沙包含5~15年和30~40年两个时间尺度周期，其中30~40年周期振荡较为强烈。雁翅站径流包含22~28年和32~47年两个时间尺度周期，其中32~47年周期振荡较为强烈；输沙包含4~6年和10~15年两个时间尺度周期，其中10~15年周期振荡较为强烈，主要在1980年以前。

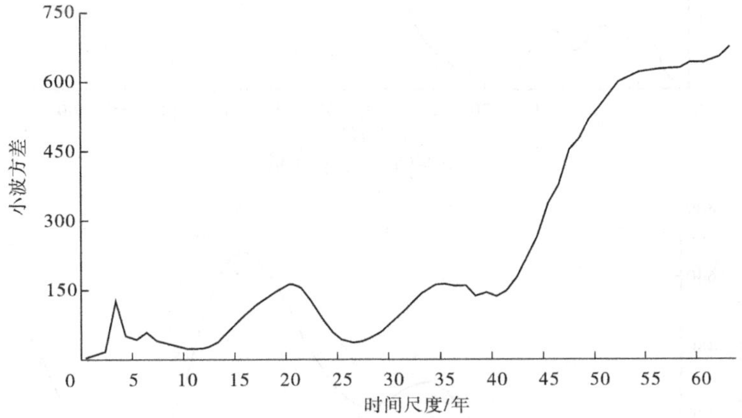

(a)石匣里站径流量

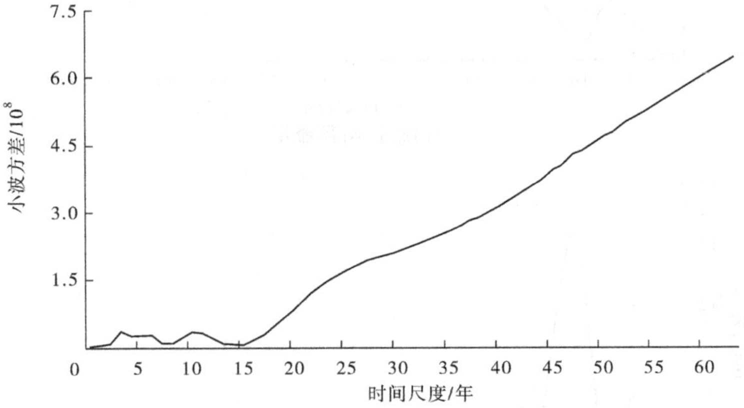

(b)石匣里站输沙量

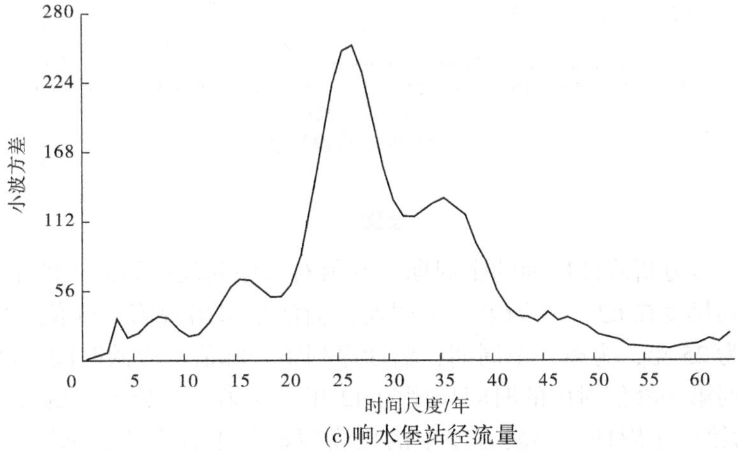

(c)响水堡站径流量

图5 小波系数方差图

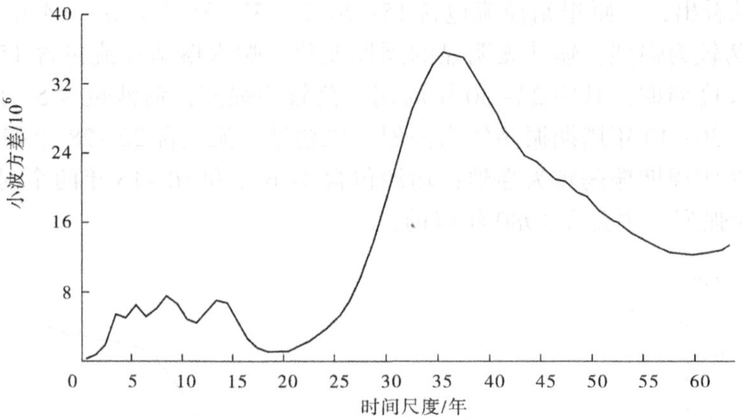

(d)响水堡站输沙量

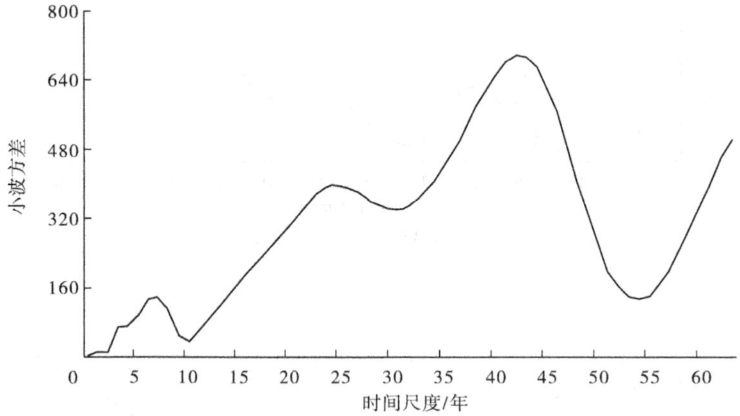

(e)雁翅站径流量

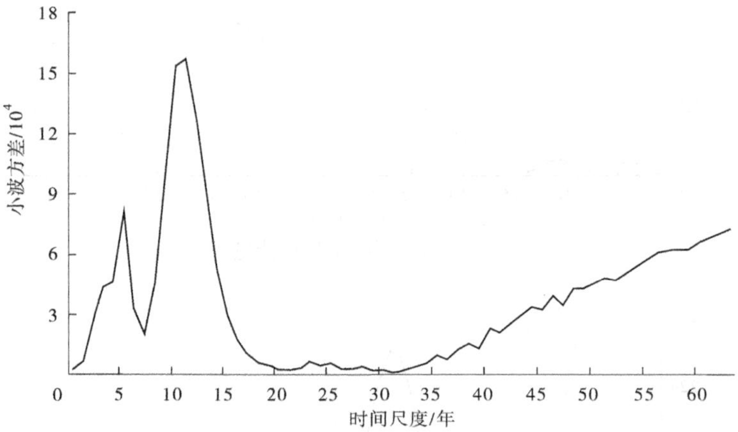

(f)雁翅站输沙量

续图 5

利用小波方差进一步分析水沙序列的主周期，峰值对应序列尺度周期中的主周期。石匣里径流序列第一峰值对应的时间尺度在 62 年，为第一主周期；输沙量未出现第一峰值。响水堡径流序列第一峰值对应的时间尺度为 25 年，为第一主周期；输沙序列第一峰值对应的时间尺度为 37 年，为第一主周期。雁翅站径流序列第一峰值对应的时间尺度为 42 年，为第一主周期；输沙序列第一峰值对应的时间尺度为 12 年，为第一主周期。小波方差中的尺度周期与小波系数实部图得出的结论基本一致，说明了小波分析结果的合理性。

3.4 主要影响因素分析

3.4.1 降水量变化

一般认为，流域降水是产流产沙的重要影响因素，河道天然径流量和输沙量一般与流域降水量呈正相关关系[6]。通过图6和图7石匣里站、响水堡站和雁翅站径流量与降水量、输沙模数与降水量的关系可以看出，1956年以来，永定河三家店以上区域的降水量略有减小趋势，但3个站的径流量和输沙模数在20世纪70年代末80年代初出现了明显的减小趋势，永定河两大支流和干流的水沙变化趋势与区域降水量变化趋势一致，均减小，但趋势变化的程度不一致，且在降水量较大的年份，径流量和输沙量会显著增加，说明区域降水对径流量和输沙量有一定影响。

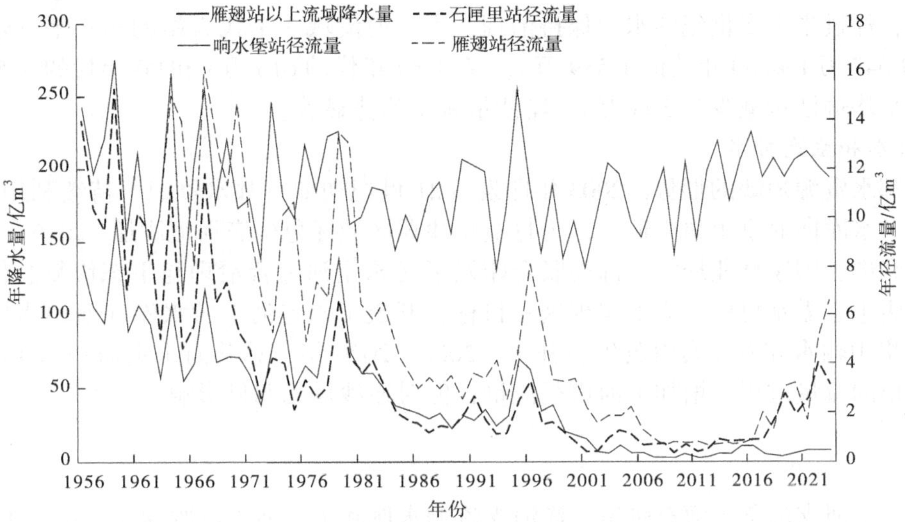

图6 代表站径流量与区域降水量变化曲线

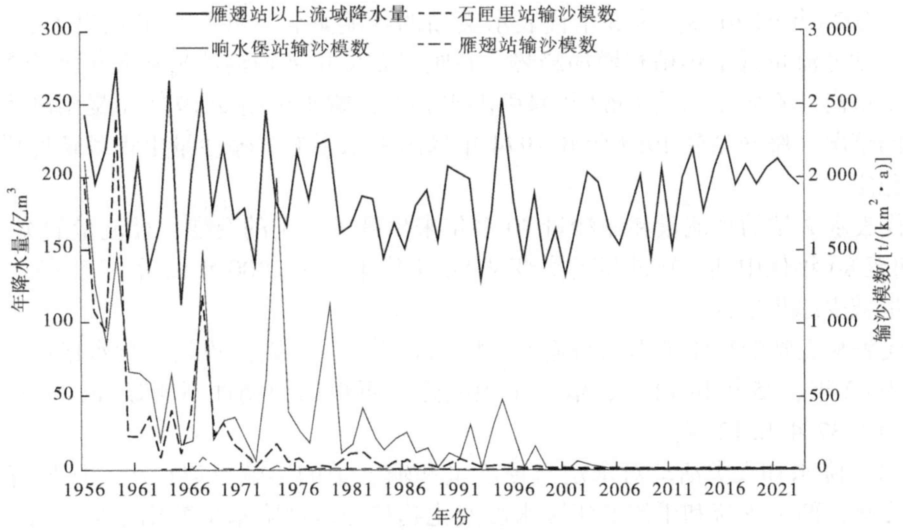

图7 代表站输沙模数与区域降水量变化曲线

3.4.2 工程建设

永定河流域雁翅站以上建有大中型水库21座，其中桑干河石匣里站以上建有13座，洋河响水堡站以上建有5座，石匣里站和响水堡站至雁翅站之间建有3座。册田水库位于石匣里站上游约99 km，是一座大型水库，其于1960年建成蓄水，控制流域面积16 700 km^2，总库容为5.8亿m^3；洋河水库位于响水堡站上游约6 km，是一座中型水库，其于1973年建成蓄水，控制流域面积14 140 km^2，总库容为 5 750 万 m^3；官厅水库位于永定河干流，雁翅站上游约 64 km，是一座大型水库，其于 1954 年竣工，控制流域面积 43 400 km^2，总库容为 41.6 亿 m^3。永定河支流桑干河、洋河以及永定河干流上还建有多座橡胶坝和溢流坝，这些拦河蓄水建筑物拦截了上游降水形成的径流，并有利于泥沙沉积，对 3 个代表性水文站径流量和含沙量的大幅减少有直接作用。

3.4.3 水土保持

海河流域属于半干旱气候，年降水量较少，流域植被条件较差，水土流失严重。从 20 世纪 50 年代以来，海河流域陆续开展了大范围的水土流失治理，特别是 20 世纪 80 年代以来采取了一系列的水土保持措施，有效地改善了流域下垫面条件，增加了土壤的抗侵蚀能力，流域水土流失面积不断减少，保水滞沙效果显著。永定河官厅水库以上为主要的水土流失区，土壤多属黄土类土壤，质地疏松，抗蚀力差，经过半个多世纪的水土保持治理，永定河流域 3 个代表站的多年平均输沙量由 20 世纪 50 年代的 9 642 万 t 到 60 年代的 1 589 万 t，又到 80 年代的 613 万 t 和 90 年代的 575 万 t，进入 21 世纪后，多年平均输沙量减少为 306 万 t，输沙量减少趋势显著。

3.4.4 集中补水和生态补水

为缓解首都水资源短缺的形势，2003 年印发《21 世纪初期首都水资源可持续利用规划》后，实施了永定河上游水库向北京市集中输水，为打造京津冀区域绿色生态河流廊道，2016 年国家发展和改革委员会、水利部、国家林业局等三部委联合印发了《永定河综合治理与生态修复总体方案》，提出了永定河三家店生态需水目标。为了实现这一目标，开展了永定河上游水库（册田水库、友谊水库、洋河水库等）集中输水和万家寨引黄生态补水，2003—2020 年，总共向永定河补水 13.25 亿 m^3。永定河补水为平稳的流量过程，增加了河道径流量，但对输沙量无明显影响。

4 结论

本文利用永定河支流桑干河石匣里、洋河支流响水堡和永定河干流雁翅 3 个重要水文站的水沙数据进行趋势性、突变性和周期性的分析，得到水沙关系变化特征，并分析了影响水沙关系的重要因素，得到以下结论：

（1）1952—2023 年的 70 多年来 3 个代表水文站的径流量和输沙量均呈现出了总体减小的趋势，石匣里站和雁翅站径流量近十年稍有增加趋势。石匣里站多年平均输沙量和多年平均含沙量最大，两者年均减小比率最高。石匣里站受 1967 年暴雨洪水影响，响水堡站受 1974 年暴雨洪水影响，均出现了含沙量增大的情况，雁翅站受 1967 年和 1974 年暴雨洪水影响，输沙量出现跳跃性增加，其他年份三站水沙关系稳定。

（2）3 个代表水文站的径流量和输沙量 70 多年来出现了一定的突变，径流量的突变主要在 20 世纪 70 年代中期至 80 年代中期，输沙量的突变从 80 年代中期至 2000 年以后。突变后，3 个代表水文站的来水来沙量减少趋势增强。

（3）3 个代表水文站的径流主周期与输沙主周期并不对应，石匣里站、响水堡站和雁翅站径流第一主周期分别为 62 年、25 年和 42 年，输沙主周期除石匣里站周期性不明显外，响水堡站和雁翅站第一主周期分别为 37 年和 12 年。

（4）通过分析降水和人类活动对永定河径流量和输沙量的影响可以得出，区域降水对永定河水沙变化有一定影响，两大支流和干流的年际水沙变化趋势与区域降水量变化趋势一致，均减小，但趋势变化的程度不一致；水库等拦河蓄水建筑物的建设，拦截了径流、沉淀了泥沙，对水沙变化产生了一定影响；20 世纪 50 年代以来的水土保持治理有效遏制了水土流失，永定河河道输沙量减少趋势显著；实施的永定河集中补水和生态补水增加了河道径流量。

参考文献

[1] 喻宝屏，郭荣卿. 永定河流域的水土流失和水土保持 [J]. 中国水土保持，1982（6）：41-44.

[2] 冉连起. 怎样认识官厅水库的泥沙 [J]. 水利规划与设计，2004（3）：46-47.
[3] 张振业. 桑干河泥沙淤积研究 [J]. 山西水利科技，2005（4）：18-23.
[4] 朱思瑾，李昊哲. 洋河干流水沙变化对下游灌区的影响研究 [J]. 水利水电工程设计，2023，42（4）：12-13.
[5] 吴海山，王亚娟，赵洪岩. 永定河下游水沙变化趋势及其影响分析 [C] //中国水力发电工程学会水文泥沙专业委员会. 中国水力发电工程学会水文泥沙专业委员会第七届学术讨论会论文集（上册）. 北京市水文总站，2007：63-65.
[6] 王芳，王天慈，白雁翎，等. 大通河降雨径流关系演变与水资源衰减初步研究 [J]. 中国水利水电科学研究院学报，2021，19（4）：361-370.

不同降水情景下南水北调工程对京津冀地下水的影响研究

严聆嘉　陆垂裕

（中国水利水电科学研究院，北京　100038）

摘　要： 京津冀地下水超采问题突出，通过调水工程置换地下水开采是有效的解决方案。本文基于MODCYCLE地表水地下水耦合模型，探索2020—2030年不同情景下，基于南水北调中线规划调水规模的地下水修复效果。结果表明，2030年丰水、平水、枯水情景下水资源蓄量年均变化26.4亿 m^3、-4亿 m^3、-36.55亿 m^3，浅层地下水蓄量年均变化18.74亿 m^3、3.25亿 m^3、-10.22亿 m^3。研究成果对充分发挥南水北调工程的供水效益，支撑京津冀地区水资源可持续发展具有一定的现实意义。

关键词： 地表水地下水耦合模型；南水北调中线；京津冀地区

1　引言

京津冀地区是中国北方经济发展最快、人口规模最大、城市群和产业群最为密集的区域[1]。该区域属于资源性缺水地区，自20世纪70年代起，随着经济的发展，京津冀地区用水量逐步增长，人口经济与水资源承载能力严重失衡，形成大面积的地下水超采区[2]，超采可能引发河道断流、湖泊湿地萎缩，还可能造成含水层疏干、地面沉降、海水入侵等生态与地质环境问题。为解决这一问题，国家有关部门实施一系列措施治理地下水超采。实施调水工程能够置换原供水水源，增加水资源补给的同时可减少地下水开采，改善并逐步恢复受水区生态环境。将丰富的水资源调往缺水地区是解决缺水地区水资源空间分布与人口、资源、环境、社会经济发展之间矛盾的有效途径[3]。

关于调水工程的相关研究和应用极为丰富[4]，但是对调水工程实施后地下水的修复效果评价尚不多见。通过实施调水工程，区域地下水超采的问题能否得到有效解决，不同降水情景下对区域地下水的修复程度如何，这往往难以利用一般手段实现定量评价，但是这些问题的解答对区域实施调水工程的必要性和合理性极为重要。本文将以地表水地下水耦合模型为工具，模拟不同降水情景下京津冀平原基于南水北调中线工程规划调水规模的地下水的补排通量变化，分析降水情景对地下水的修复效果。研究成果可用于京津冀地区地下水超采治理工作，对支撑京津冀地区水资源可持续发展具有一定的现实意义。

2　研究区概况

京津冀地区东临渤海，西倚太行，南界漳卫河，北接蒙古高原。区域总的地势是西北高东南低，西部、北部以山地为主，分属太行山、阴山和燕山；中东部为平原区，是华北平原的主要组成部分。平原区主要河流包括海河、潮白河、北运河、永定河、大清河、子牙河、滏阳河、南运河等。研究区

作者简介： 严聆嘉（1992—），女，工程师，主要从事地下水管理与数值模拟的研究工作。

通信作者： 陆垂裕（1976—），男，正高级工程师，科室主任，主要从事水文水资源、地下循环、地下水合理开发利用与调控等方面的研究工作。

概况见图 1。京津冀平原区是京津冀地区的主要社会经济活动区，也是对地下水开发利用程度最高的区域。

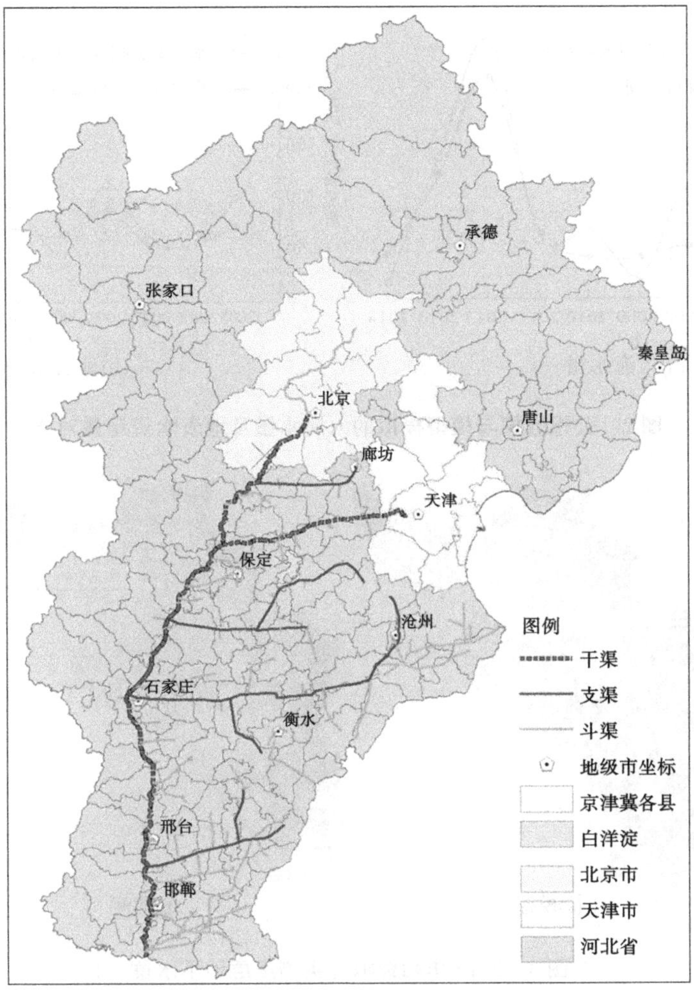

图 1　京津冀地区概况图

3　方法与数据

3.1　研究方法

水资源开发利用对区域水文循环的影响可利用水文模型进行评估，但是对地下水补给、排泄、储量的影响，一般方法可能难以胜任。为此，本文以耦合了地下水数值模型的分布式水文模型 MODCYCLE 为工具，建立了京津冀平原 2005—2019 年的地表水地下水耦合模型，经水文站点地表径流量、平原区地下水位、入海水量、地表水资源量四个方面对模型模拟结果的检验，实现了对京津冀地区历史水文循环各环节的充分表达。图 2 为模拟入海水量及模拟地表水资源量与公报数据对比。图 3 和图 4 分别为 2015 年模拟浅层地下水位和深层地下水位与实测地下水位对比。

功能上，MODCYCLE 能够根据农田每天的蒸发、下渗、产流等水文循环变量模拟土壤墒情/积水深度，然后根据用户预设的土壤墒情阈值/积水深度阈值模拟农田的灌溉时机和灌溉量。尽管如此，模型输入的各种水源的供水量统计数据仍能为灌溉量模拟提供重要参考[5]。

情景设置上，以 2019 年用水格局为基础，采用南水北调中线规划调水规模，建立基于南水北调规划调水规模的京津冀地区的预测模型。模型选取 1960—2019 年中 11 年模拟期间平均降水量接近

50%频率降水量（平水）的降水时段，接近 62.5%频率降水量（偏枯）的降水时段和接近 37.5%频率降水量（偏丰）的降水时段，并选择相应时段气象数据输入模型。通过对比不同情景方案下模型模拟的地下水通量和状态量，分析南水北调中线工程在降水情景下对地下水的影响。

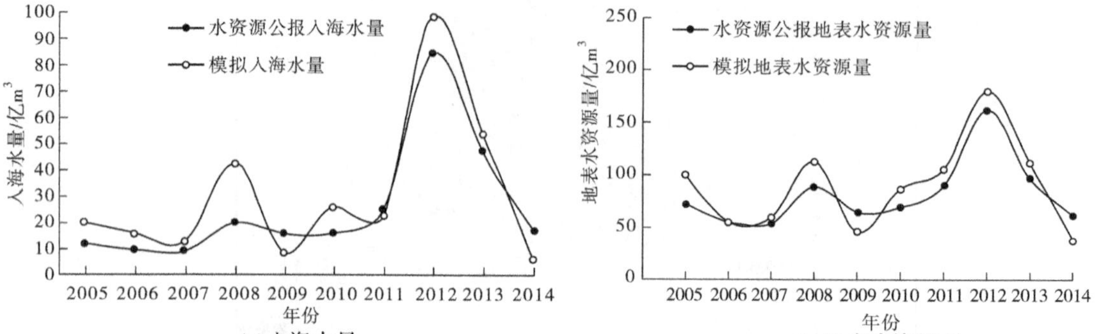

(a)入海水量　　(b)地表水资源量

图 2　公报数据与模型模拟的入海水量及地表水资源量对比

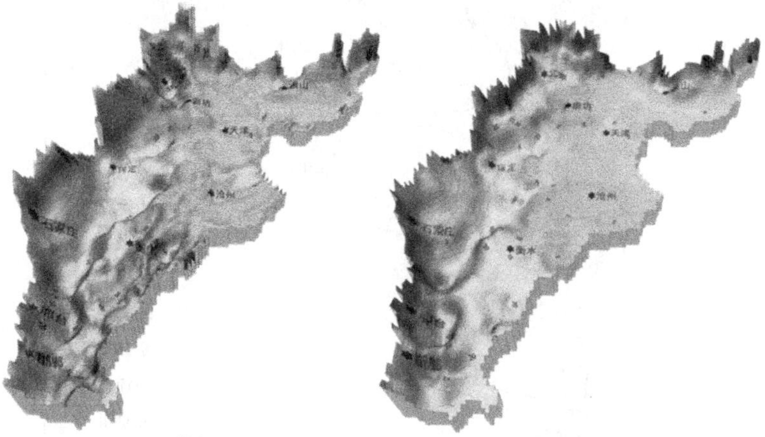

(a)模拟　　(b)实测

图 3　2015 年初模拟与实测浅层地下水位

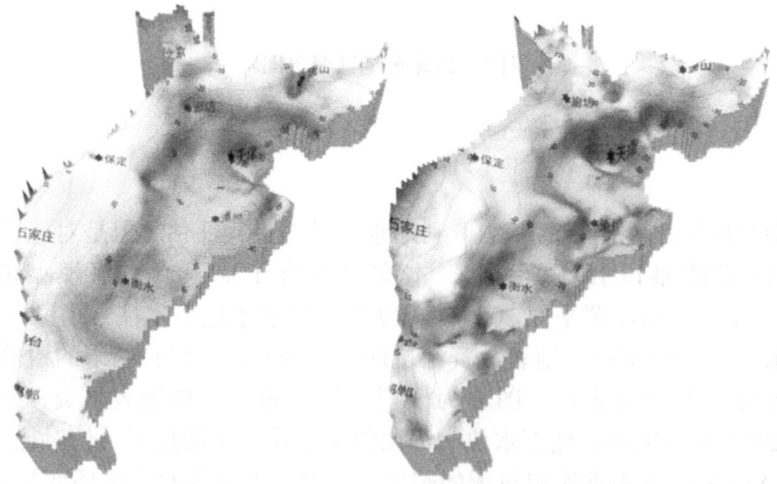

(a)模拟　　(b)实测

图 4　2015 年初模拟与实测深层地下水位

3.2　主要数据

模型收集包括 DEM、土地利用、土壤、水系分布等基础空间数据和气象、人类活动取用水等水循环驱动数据。根据频率分析，按 11 年滑动平均数值且方差最小原则在 64 年降水量系列中对降水时段进行选取，偏丰情景为 1986—1996 年，平均降水量为 551.9 mm；平水情景为 1981—1991 年，平均降水量为 520.6 mm；偏枯情景为 1992—2002 年，平均降水量为 490.9 mm。

在 2019 年用水格局下，京津冀平原有南水北调中线供水配额的地市，仅北京市、天津市、廊坊市能够完全消纳南水北调中线水量，其余城市的工业和生活用水量都低于南水北调中线指标。据统计，在 2019 年用水格局下，京津冀平原仍有 4.72 亿 m^3 的南水北调中线水量未能完全消纳，因南水北调中线用水主要为城市生活及生态环境用水，且近些年南水北调中线工程对华北地区的河湖生态补水逐年增加，因此未消纳的水量将作为河流及湖泊的生态补水开展模拟。

4 结果分析

4.1 未来不同情景下水平衡分析

考虑到 2001—2019 年京津冀地区用水总量的下降趋势，以及未来用水存在一定的不确定性，以京津冀 2019 年的用水格局作为数据基础进行设置，南水北调供水数据采用规划调水规模设置模拟 2020—2030 年。降水在丰、平、枯情景下，京津冀全区水资源蓄量变化情况见图 5。丰水情景下，京津冀全区水资源量年均增加 26.41 亿 m^3，浅层地下水、土壤水呈现增加趋势，水库水和深层水则为负增长。说明未来在南水北调规划调水规模下，丰水情景京津冀全区水循环系统可能得到修复，浅层地下水不超采、深层地下水接近采补平衡，出境/入海水量将达到每年 99.76 亿 m^3 左右。平水情景时，京津冀全区水资源量年均亏损 4.00 亿 m^3，其中浅层水不超采，深层水超采 2.46 亿 m^3，区域整体水循环系统尚不能完全修复。降水偏枯时，京津冀全区水资源量年均亏损 36.55 亿 m^3，其中浅层水超采 10.22 亿 m^3，深层水超采 3.33 亿 m^3，水资源量严重亏缺。尽管仍处于负均衡状态，但两个情景仍比 2005—2014 年（年均降水 503.2 mm，对应降水频率 57.2%）的水平衡情况大为改观，特别是两个模拟情景的出境/入海水量都恢复到每年 60 亿 m^3 以上。

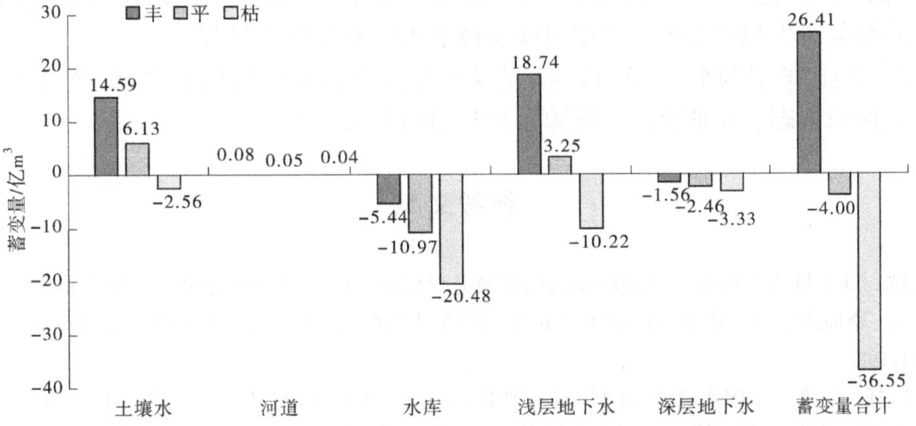

图 5 不同降水情景下京津冀地区水资源蓄量变化图

综上所述，未来即使维持 2019 年用水格局且南水北调中线工程按规划调水量实施调水，能够在一定程度上缓解局部区域的用水矛盾，使地下水得到一定修复，但平水情景下地下水仍存在少量超采，枯水情景京津冀地区各组分水资源均呈现不同程度的衰减，因此仅靠调水不能完全扭转京津冀地区的缺水局势，无法全面修复京津冀地区的地下水系统。值得注意的是，不同降水情景下京津冀全区浅层地下水修复程度均小于京津冀平原区，说明除京津冀平原区外的其他地区（商都盆地和太行山间河谷盆地）仍存在一定程度的超采，但调水工程的实施能够在一定程度上修复京津冀平原区的浅层地下水。

4.2 降水对京津冀地下水的影响

通过分析丰水、平水、枯水情景的年均降水量及年均水资源量变化情况，总结降水对京津冀地区水资源的影响。丰水、平水、枯水情景京津冀地区降水分别为551.9 mm、520.6 mm、490.9 mm，京津冀水资源年均蓄量变化分别为26.41亿m^3、-4.00亿m^3、-36.55亿m^3。丰水至平水，年降水量减少31.3 mm，京津冀地区水资源量减少30.4亿m^3；平水至枯水，年降水量减少29.7 mm，京津冀地区水资源量减少32.55亿m^3。即枯水至平水，每增加1 mm降水，京津冀地区水资源量增加1.09亿m^3，其中浅层增加0.45亿m^3、深层增加0.03亿m^3；平水至丰水，每增加1 mm降水，京津冀地区水资源量增加0.97亿m^3，其中浅层增加0.49亿m^3、深层增加0.03亿m^3。因此，未来基于南水北调规划调水规模，枯水情景至丰水情景每增加1 mm降水，京津冀地区水资源量增加0.97亿~1.09亿m^3，其中浅层增加0.45亿~0.49亿m^3，深层增加0.03亿m^3，降水对浅层地下水修复作用较显著。

5 结论

本文基于MODCYCLE地表水地下水耦合模型，模拟分析了未来2020—2030年京津冀地区基于南水北调规划调水规模下不同降水情景对地下水的影响，得出以下主要结论：

（1）未来典型丰水、平水、枯水情景下京津冀地区水资源蓄量年均变化26.41亿m^3、-4.00亿m^3、-36.55亿m^3，浅层地下水蓄量年均变化18.74亿m^3、3.25亿m^3、-10.22亿m^3，深层地下水蓄量年均变化-1.56亿m^3、-2.46亿m^3、-3.33亿m^3。未来即使采用规划调水规模，能够一定程度改善京津冀地区局部水资源缺水状况，但平水情景京津冀水资源量仍在衰减，枯水情景京津冀地区各组分水资源量均呈现不同程度的减少趋势。因此，不能完全扭转京津冀地区的缺水局势，无法全面修复京津冀地区的地下水系统。

（2）未来基于南水北调规划调水规模，枯水情景至丰水情景每增加1 mm降水，京津冀地区水资源量增加0.97亿~1.09亿m^3，其中浅层增加0.45亿~0.49亿m^3，深层增加0.03亿m^3。降水对京津冀地区地下水修复产生积极影响，其中对浅层地下水修复作用较显著。

总之，京津冀地区的引调水工程建设应是未来区域水资源调配的核心内容，对于解决当地地下水超采问题、修复区域生态、保证全区水资源合理利用的意义重大。

参考文献

[1] 苑清敏，吴静．基于投入产出的京津冀产业碳核算及差异研究［J］．统计与决策，2018，34（2）：105-108.

[2] 陈飞，丁跃元，李原园，等．华北地区地下水超采治理实践与思考［J］．南水北调与水利科技（中英文），2020，18（2）：191-198.

[3] 宋先松，石培基，金蓉．中国水资源空间分布不均引发的供需矛盾分析［J］．干旱区研究，2005（2）：162-166.

[4] 张茜．南水北调工程影响下京杭大运河文化景观遗产保护策略研究［D］．天津：天津大学，2014.

[5] 张俊娥，陆垂裕，秦大庸，等．面向对象模块化的分布式水文模型MODCYCLE Ⅱ：模型应用篇［J］．水利学报，2012，43（11）：1287-1295.

漳河生态环境复苏思路与对策研究

穆冬靖[1]　王白陆[1]　宋秋波[1]　王雪梅[2]

（1. 水利部海河水利委员会科技咨询中心，天津　300170；
2. 水利部海河水利委员会，天津　300170）

摘　要：漳河作为海河流域母亲河，近年河道断流问题较为突出，水利部部署开展一系列生态环境复苏手段，取得了初步成果，为进一步复苏清漳河、浊漳河、漳河生态环境，本文研究提出未来“十五五”期间漳河（含清漳河、浊漳河）生态环境复苏的目标、思路与对策，为漳河流域实现河湖复苏提供技术支撑。

关键词：漳河；生态环境；河湖复苏

1　引言

复苏河湖生态环境，是践行习近平生态文明思想、贯彻落实党中央国务院决策部署的重要举措，是推动新阶段水利高质量发展的实施路径，是建设幸福河湖的具体行动[1-2]。2021 年，水利部印发相关指导意见和实施方案，明确了“十四五”时期复苏河湖生态环境的目标和任务要求[3]。2023 年，水利部印发《母亲河复苏行动河湖名录（2022—2025 年）》，将漳河定为母亲河，要求开展母亲河复苏行动[4]。历史上，漳河上游地区水资源供需矛盾突出，水事纠纷频繁，河道内生态用水被严重挤占，河道干涸、断流问题突出，导致了一系列生态环境问题[5]，亟须统筹施策，深入推进漳河（含清漳河、浊漳河）生态环境复苏。本文针对漳河流域存在的河道干涸、断流等问题，研究提出“十五五”期间清漳河、浊漳河、漳河生态环境复苏目标，结合区域水资源配置格局提出漳河（含清漳河、浊漳河）复苏思路与布局，并提出对策与建议，为实现漳河流域的河湖生态环境复苏提供支撑。

2　基本情况

2.1　流域基本情况

漳河是海河流域漳卫南运河水系的主要支流，上游分清漳河、浊漳河两大支流，在合漳村汇合后始称漳河，经岳城水库出山进入平原，于馆陶徐万仓与卫河汇合入卫运河。清漳河河长 258 km、浊漳河河长 287 km、漳河干流河长 179 km，漳河流域面积 18 284 km^2。流域内建有 19 座大中型水库，其中大型水库 4 座，包括漳河干流的岳城水库和浊漳河的漳泽水库、后湾水库、关河水库。漳河沿线重要引水工程有浊漳河红旗渠和跃进渠，清漳河大跃峰渠，漳河干流小跃峰渠，岳城水库漳南渠、民有渠及引岳济安、引岳济邯工程。漳河主要为沿线邯郸市和安阳市城市生活、灌区农业灌溉和工业、水力发电提供水源，丰水年为河北省白洋淀、衡水湖、大运河和下游沧州市、衡水市等地区补充生态用水。

漳河生态环境复苏范围定为清漳河干流、浊漳河干流和漳河干流，其中清漳河干流为下交漳至合漳村河段，河长 103. 4 km；浊漳河干流为小峧村至合漳村河段，河长 118 km；漳河干流为合漳村至徐万仓河段，河长 179 km。漳河流域水系及复苏范围见图 1。

作者简介：穆冬靖（1987—），男，高级工程师，主要从事水资源规划、水生态保护与修复等工作。

图 1　漳河流域水系及复苏范围

2.2　河道断流状况

根据 2013—2022 年实测径流资料分析，清漳河、浊漳河和漳河干流局部河段存在断流。

清漳河匡门口站 2013—2022 年有 6 年存在断流现象，其中 2015 年累计断流天数最长，达 132 d；刘家庄站 2013—2022 年无断流现象。

浊漳河干流存在渗漏段，位于黎城县吴家庄以下至石梁水文站，长约 12 km，区间灰岩出露，河槽中砂卵石覆盖层由上而下逐渐加厚，形成漏水带，导致石梁水文站所在河段历史上断流现象频发，1980—2016 年有 28 年出现断流，近年情况有所好转，仅 2019 年出现了 8 d 断流；下游侯壁水文站自 1994 年建站以来未发生过断流现象。

漳河干流观台断面 2013—2022 年有 9 年存在断流现象，其中 2019 年全年断流。岳城水库至徐万仓河段 1980—2016 年年均断流天数达 348 d，其中漳河干流岳城水库至蔡小庄断面有 76 km 河道基本为常年断流情况。蔡小庄断面 2013—2022 年每年都断流，年均断流天数达 328 d。

2013—2022 年漳河流域主要测站断流情况见表 1。

表 1　2013—2022 年漳河流域主要测站断流情况

河流	站名	断流年数/年	年内累计最长断流时间	
			年份	天数/d
清漳河	刘家庄	0	—	0
	匡门口	6	2015	132
浊漳河	石梁水文	1	2019	8
	侯壁水文	0	—	0
漳河	观台	9	2019	365
	蔡小庄	10	2019	365

根据以上实测资料分析，清漳河、浊漳河和漳河干流为季节性河流，此结论与《海河流域综合

规划（2012—2030 年）》中对清漳河、浊漳河、漳河河道内水量为季节性过流的描述一致。

2.3 近年生态补水情况

2020 年，漳河干流首次实施生态补水，由南水北调中线水向漳河干流补水 0.21 亿 m^3；2021 年，由引黄入冀补淀工程向漳河干流补水 0.17 亿 m^3；2022 年，岳城水库作为京杭运河黄河以北河段全线贯通补水的重要水源，向漳河及下游卫运河、南运河补水 4.47 亿 m^3，助力京杭运河实现百年来首次全线水流贯通；2023 年，在京杭运河全线贯通补水的基础上，水利部开展了漳河全线贯通补水，贯通补水期岳城水库向下游补水约 4.93 亿 m^3，全年补水约 5.92 亿 m^3；2024 年，在保持漳河干流有水的情况下，3—6 月水利部开展了京杭运河全线贯通与漳河全线贯通补水，截至 6 月 24 日岳城水库累计向下游补水约 4.21 亿 m^3。

2020—2024 年，通过岳城水库、南水北调中线、引黄入冀补淀工程累计向漳河干流实施生态补水约 14.98 亿 m^3，有效缓解了河道干涸断流情况，回补了河道周边地下水，取得了一定的社会效益与生态效益，但也应认识到漳河流域的河流水生态环境问题仍未根本解决，尚未形成有效的复苏治理模式，仍需要对标母亲河复苏行动新要求，持续开展系统性河湖复苏行动，综合考虑多目标，研究提出适用于漳河的复苏思路与布局，统筹多种手段综合施策。

3 复苏目标研究

按照季节性河流恢复季节性有水的复苏目标要求，“十五五”期间在保障基本生态流量（水量）的基础上，逐步增加河道生态用水量，延长河道全线水流贯通时长，不断提高清漳河、浊漳河及漳河生态系统质量，逐步打造“清水流畅、岸清景美”的幸福漳河。

岳城水库以上：清漳河与浊漳河主要断面生态流量（水量）下泄目标按照《山西省水利厅关于印发重点河流生态流量保障目标的通知》（晋水资源〔2021〕234 号）执行，其中清漳河麻田断面年下泄水量不低于 410 万 m^3；浊漳河侯壁断面汛期（6—9 月）下泄流量不低于 2.55 m^3/s，非汛期下泄流量不低于 0.61 m^3/s。

岳城水库以下：根据《华北地区河湖生态环境复苏行动方案（2023—2025 年）》中明确的正常来水年份岳城水库每年向下游补水 0.5 亿~0.8 亿 m^3 的基础上，进一步提出非汛期不低于 0.30 亿 m^3，汛期补水服从防洪调度安排。结合京杭运河全线贯通补水要求，补水期岳城水库集中向下游实施生态补水；其余时段，根据岳城水库水源条件，在满足正常用水情况下，相机向下游实施生态补水。

到 2030 年，清漳河、浊漳河及漳河干流河流生态功能基本恢复，空间管控能力进一步提升。通过实施漳河水资源统一调度，在加强沿线取用水管理的基础上，正常来水年份，力争实现清漳河、浊漳河干流全线贯通；岳城水库以下实施常态化生态补水，力争每年全线贯通一次。

清漳河、浊漳河、漳河生态环境复苏主要指标见表 2。

表 2 清漳河、浊漳河、漳河生态环境复苏主要指标

序号	主要指标	目标	指标类型
1	维持清洁、通畅的河长比例①/%	100	约束性
2	清漳河麻田断面年下泄水量②/万 m^3	≥410	约束性
3	浊漳河侯壁断面下泄流量②/(m^3/s)	汛期≥2.55；非汛期≥0.61	约束性
4	岳城水库年下泄水量/亿 m^3	0.5~0.8，其中非汛期≥0.30	预期性
5	侯匡观区间河道有水河长比例/%	100	预期性
6	岳城水库以下漳河干流全线有水时长/(d/a)	≥60	预期性

注：①维持清洁、通畅是指河流内垃圾、障碍物动态清零，河流形态规整通畅。

②麻田、侯壁断面生态流量（水量）目标保障率为 75%。

4 思路与布局

按照“上游优化调度、中游强化管控、下游灵活泄放、区域节水压采”的总体布局，因地制宜、多措并举、突出重点，协同推进漳河（含清漳河、浊漳河）复苏行动。

清漳河干流：持续推进沿线地区节水型社会建设和水生态修复工程，加强取用水管理和监测预警等，满足清漳河生态用水需求。

浊漳河干流：持续推进沿线地区节水型社会建设，逐步推进灌区节水改造工程，提高农业灌溉用水效率；加强上游关河、后湾、漳泽等大中型水库联合调度，提高水资源调度精度；加强取用水管理和监测预警等，满足浊漳河生态用水需求。

漳河干流：持续推进沿线地区节水型社会建设，结合常态供水与京杭运河、漳河全线贯通等生态补水需求，继续实施漳河水资源统一调度，加强沿线取用水管理和监测预警等，满足漳河生态用水需求。

5 对策与建议

（1）加强水资源需求管理，全面落实刚性约束制度。以水资源总量控制为核心，坚持量水而行，以“四水四定”引导产业结构优化调整。推进漳河流域水量分配方案细化落实，推动流域内各省市加快印发地下水取水总量和水位控制指标，严格水资源论证和取水许可管理，约束和抑制不合理用水需求。将刚性约束具体要求量化为管控指标，为“还水于河”奠定基础。

（2）统筹多方面协同治理，推进河湖生态环境复苏。统筹开展地表水与地下水“协同治理”。严格落实《地下水管理条例》，动态监管地下水取水总量和水位控制指标落实情况，推动各省份地下水禁采区、限采区划定，持续深入推进华北地区及重点区域地下水超采综合治理。加快推进幸福河湖建设，加强河道清理整治和岸线保护。完善漳河生态流量保障目标和责任体系，持续实施母亲河复苏行动。

（3）强化流域统一治理管理，完善生态复苏长效机制。强化漳河流域生态和水资源统一调度，加快编制印发漳河水量调度方案，为流域水资源统一管理提供保障。持续不断完善水利管理体制，统筹水资源与防洪、排涝管理，探索建立刚性约束指标的动态优化调整机制，避免“指标性缺水”。全面强化河湖长制，形成上下游左右岸联防联控、部门协调联动、社会共治的工作合力。

（4）加快数字孪生流域建设，提升河湖监管评价能力。进一步完善河湖生态环境复苏评价指标体系，加快地下水监测站网建设和取用水计量系统建设，逐步加强水文监测和水资源调度监测信息共享。持续推进数字孪生流域建设，提升“天空地水工”一体化感知能力，开展漳河复苏常态化监测评价，推动河湖复苏和地下水保护监督检查考核工作向信息化、智能化、日常化方向转变。

参考文献

[1] 朱党生，张建永，王晓红，等．关于河湖生态环境复苏的思考和对策［J］．中国水利，2022（7）：32-35.
[2] 王晓红，张建永，史晓新．母亲河复苏行动总体思路与对策［J］．中国水利，2022（20）：48-51.
[3] 王雪梅，马欢，李宇．海河流域河湖生态环境复苏实践与思考［J］．海河水利，2023（10）：29-32.
[4] 穆冬靖，宋秋波，马欢，等．海河流域母亲河复苏成效与思考［J］．中国水利，2024（13）：17-20.
[5] 武桃丽．漳河流域水源涵养和生境质量评价［D］．临汾：山西师范大学，2021.

河道非法采砂问题、原因和对策探析

叶炜民　李晓林

（水利部河湖保护中心，北京　100038）

摘　要： 河道砂石是河床的组成部分，通过科学规划，依法实施河道采砂，有利于畅通行洪通道、改善水沙关系、维护河流健康生命。但河道非法采砂影响河势稳定，危及防洪、供水、航运和基础设施安全，破坏生态环境。本文以问题为导向，梳理分析非法采砂问题，深入分析其根源，提出发展水利新质生产力、运用信息化手段加强监管等破解河道采砂管理问题对策建议。

关键词： 河道非法采砂；新质生产力；问题；对策

河道砂石是河床的重要组成部分，非法采砂影响河势稳定、防洪安全和生态安全。近年来，水利部及有关部门会同各地坚决贯彻落实党中央、国务院决策部署，坚持惩防并举、疏堵结合、标本兼治，一方面积极推进制度建设，规范合法采砂，强化河道采砂监督管理；另一方面持续保持高压严打态势，开展专项整治，严厉打击河道非法采砂行为，维护采砂秩序，保障河道安全，全国河道采砂管理秩序总体可控、稳定向好。由于建筑市场刚需，砂石供需矛盾突出，暴利驱使下，非法、无序采砂在部分地区不同程度存在，隐蔽性越来越强，打击查处难度加大。破解河道非法采砂难题，需要以问题为导向，深入分析其根源，寻求治本之策。

1　河道非法采砂问题

1.1　非法采砂乱象时有发生

河道采砂始于20世纪70年代末，大量开采从20世纪90年代末开始，随着经济社会快速发展，建筑市场砂石需求量大幅增加，国内砂石开采量骤增。受供需矛盾影响，不法分子铤而走险，偷采、盗采河砂现象时有发生。2018年，长江河道非法采砂专项打击行动共查获采运砂船1 500多艘。2020年，黄河流域采砂专项整治行动共查处非法采砂行为278起。2021年9月至2022年8月，水利部组织开展为期一年的全国河道非法采砂专项整治行动，累计查处非法采砂行为5 839起。

1.2　非法采砂危害严重

对于多泥沙河流、易淤积河段，通过科学规划，依法实施河道采砂，可以畅通行洪通道，改善水沙关系、通航条件和生物生存环境，进而维护河流健康。但非法无序开采河砂，将导致河床深度下切、河流紊乱、地下水水位下降、水质污染、水生物链破坏、水土流失等问题，甚至造成堤防崩塌，危及防洪、航运和基础设施安全。此外，非法采砂背后利益丛生，容易滋生黑恶势力。2018年，河南省开展2轮专项行动，取缔非法采砂场937个，销毁采砂设备2 279台（套），刑事拘留351人，批准逮捕157人，打掉黑恶团伙24个，立案查处保护伞10人，党纪政务处分210人。

1.3　非法采砂打击难度大

为逃避监管，非法采砂作案手段越来越隐蔽，一般在深夜作案，多选择在边界水域流窜，长江流域出现盗采团伙勾结串联，有的采砂、运砂、销售一体化作案，有的雇人在执法单位附近盯梢，有的负责在非法采砂水域干扰执法。近几年出现非法改装，伪装、隐藏采砂设备的“隐形”采砂船，以及“蚂蚁搬家式”“小散乱”偷采，隐蔽性、机动性更加突出，有的“隐形”采砂船被发现时能瞬

作者简介： 叶炜民（1974—），男，水利部河湖保护中心副主任，主要从事河湖管理保护及河道采砂管理工作。

间倾倒盗采砂石毁灭证据，非法采砂发现难、打击难、查处难。

2 原因分析

2.1 河砂开采成本低

河道非法采砂有句形象的比喻：“利润比贩毒高，成本比酒驾低”。河道非法采砂投入成本少，除采砂船外，有的用水泵即可抽砂，有的只需要一把铁锹即可实施盗采，有的一晚可获利数万元至数十万元。由于传统习惯，河砂形成周期长、质量好，市场上更受偏爱，在巨大的市场需求、高额利润、暴力驱使下，不法分子铤而走险，使得非法采砂屡禁不止。

2.2 砂石供需矛盾突出

经过多年开采，我国多地河道天然砂资源逐年减少。随着水库、水电站建设以及江河上游实施水土保持、天然林保护等，河流来砂量大幅减少，河砂可采量十分有限。据《中国河流泥沙公报2023》，我国主要河流代表水文站 2023 年实测总输砂量为 2.04 亿 t，较多年平均年输砂量 14.5 亿 t 偏小 86%。从全国看，河砂占建设用砂的比例逐年下降，目前已不到 20%，机制砂成为建设用砂的主力。由于我国近些年来基本建设任务重、体量大，砂石需求旺盛，砂石供需矛盾比较突出，砂价较长时间保持高位。随着机制砂产能释放，这两年砂石价格有所回落，河道采砂秩序总体稳定，但仍然比较脆弱，非法采砂反弹压力较大。

2.3 采砂监督管理还有薄弱环节

河道采砂管理涵盖河道砂石开采、运输、销售、使用全过程多个环节，包括砂石需求侧、供给侧和价格管理等，涉及水利、公安、交通运输、住建、工信、市场监管等多个部门，需要完善部门联动机制，加强协调配合，形成监管合力。就水利而言，工作中还存在一些不足，如有的地方一刀切禁采，没有充分考虑市场刚性需求；有的地方采用拍卖的形式许可，只注重价格因素，采砂业主高价中标后，大幅推高砂价，还伺机超量开采攫取利益；有的重许可、轻监管，现场监管缺位，信息化监管手段滞后；有的地方监管执法体制不顺，监管执法机构、人员、经费与繁重的任务不相适应。

2.4 法律法规不健全

全国范围的河道采砂管理条例尚未出台，打击非法采砂依据的《中华人民共和国水法》《中华人民共和国防洪法》《中华人民共和国河道管理条例》等，查处依据比较原则，操作性不强，惩戒力度不够，威慑不足。《长江河道采砂管理条例》仅适用宜宾以下干流，调整范围有限；《中华人民共和国长江保护法》适用长江流域，加大了非法采砂惩戒力度，相应配套法规需要细化完善。“两高”司法解释解决了非法采砂入刑问题，但具体实践中存在调查取证难、价值认定复杂等因素制约，一些案件违法线索和证据难以闭合而迟迟不能结案，行政执法与刑事司法衔接还需进一步完善。

3 对策建议

习近平总书记指出，河川之危、水源之危，是生存环境之危、民族存续之危。严厉打击非法采砂行为，保护江河湖泊，任务十分繁重。针对河道非法采砂问题及产生问题的原因，提出以下对策建议。

3.1 发展水利新质生产力，推进智慧监管

针对非法采砂发现难、取证难、监管力量薄弱等问题，必须运用信息化等手段加强非法采砂监管。要加快推进采砂管理信息化建设，在采区、重点河段、敏感水域布设高清视频设备，积极运用卫星遥感、卫星导航、视频监控、无人机、无人船等技术，提高非法采砂发现和打击能力。

3.2 完善联防联治机制，加强常态化监管

暴利驱使，非法采砂将长期存在，要依托河湖长制，强化部门协同配合，推动建立“河长+警长”“河长+检察长”机制。完善河道采砂日常巡查监管、砂石采运管理单和采砂船集中停靠等制度，紧盯“人、船、砂”“采、运、销”，日常执法与重点打击相结合，明查暗访，保持对非法采砂高压

严打态势。建立完善举报和奖励制度，设立曝光台，及时发布典型案例，加强社会监督。

3.3 依法实施采砂许可，加强采区现场监管

根据河流来砂量、河道泥沙淤积情况，分析河道冲淤特性和趋势，在保障河道安全、生态保护的前提下，科学编制、规范审批采砂规划。以规划为依据，推行规模化、集约化统一开采管理，选择实力强、信誉好、有河道修复技术和能力的企业，合理开发利用河道砂石资源，缓解供需矛盾。推进河砂绿色开采，因地制宜地建立绿色开采标准体系，统筹现场旁站监管和信息化监管，确保现场采砂作业规范有序。

3.4 拓宽渠道，从根本上解决砂石供应

针对砂石供需矛盾问题，要坚持“堵后门、开前门”，疏堵结合，多方开源，寻求河道砂石替代品，推广和应用机制砂，平抑砂价，促进砂石市场健康发展，满足建筑市场砂石需求。结合区域资源条件、市场需求和交通物流等，科学规划、合理布局建筑用砂产业发展。扩大机制砂、山砂供应量，加快推进机制砂工业化、标准化和绿色发展。鼓励利用矿山废石、尾矿、建筑废弃物和石料等加工生产机制砂，提高工业固体废物资源化、再生利用的比例，发展循环经济。完善河道整治、航道整治疏浚砂上岸利用制度，将河道砂石开采与河道、航道清淤疏浚相结合，最大限度地盘活河砂存量，实现经济建设与河道保护双赢。

3.5 完善法规制度，强化法治保障

针对河道采砂管理法规制度不健全、部门权责不明晰等问题，要加快推动出台河道采砂管理条例，推动完善涉砂船舶、砂石运输、销售等法规制度，明确监管主体，强化执法依据。指导地方加强河道采砂监管执法队伍和能力建设，完善“人防+技防”监控体系。加强正面宣传和舆论引导，营造合力打击非法采砂的良好氛围。

参考文献

[1] 王治. 关于破解河道采砂管理难题的思考 [J]. 中国水利，2014 (12)：36-38.
[2] 水利部. 中国河流泥沙公报 2023 [M]. 北京：中国水利水电出版社，2024.
[3] 鲍军，叶炜民. 河道采砂管理现状与对策思考 [J]. 中国水能及电气化，2023 (12)：59-63.
[4] 郭超，姚仕明，肖敏，等. 全国河道采砂管理存在的主要问题与对策分析 [J]. 人民长江，2020，51 (6)：1-4，16.
[5] 叶炜民. 贯彻习近平总书记治水重要论述精神加强河道采砂管理 [J]. 水利发展研究，2024，24 (10)：29-33.

水利落实碳达峰、碳中和实施路径研究

童学卫[1]　张剑楠[2]　白　冰[2]

（1. 水利部河湖保护中心，北京　100038；
2. 中国水利水电科学研究院流域水循环模拟与调控国家重点实验室，北京　100038）

摘　要： 水利是支撑社会可持续发展的重要基础，能够在碳达峰、碳中和的落实中发挥重要作用。本文主要从水资源、水生态保护、水电开发利用、水利设施建设4个方面系统梳理了当前中国水利落实碳达峰、碳中和的现状及存在的问题，总结了实施途径并提出了相关政策建议。以期为水利落实碳达峰、碳中和提供参考。

关键词： 水利；碳达峰；碳中和

1　研究背景及意义

目前，全球每年约有510亿t温室气体通过各种途径排放到大气中，由此带来的气候变化给全世界带来了严峻的挑战。为应对气候变化导致的灾难，人类需要减少大气中的温室气体排放量。随着对全球气候变化的重视，世界各国开始将碳中和作为国家战略，采取了一系列应对措施，并提出了无碳未来的美好构想。根据2015年12月《联合国气候变化框架公约》在第21届缔约方大会通过的《巴黎协定》，全球的碳排放量在2030年应控制在400亿t，并将2080年实现碳中和作为长期目标[1-2]。

2020年9月，中国国家主席习近平出席了第七十五届联合国大会一般性辩论，宣布中国二氧化碳排放力争于2030年前达到峰值，努力争取2060年前实现碳中和。这也代表了中国将在落实碳达峰、碳中和上迈出决定性步伐，为保护地球家园作出重要贡献[3-4]。

水利是支撑社会可持续发展的重要基础，在落实碳达峰、碳中和中扮演着至关重要的角色。厘清当前水利落实碳达峰、碳中和的现状及存在的问题，并在此基础上提出有效的实施途径及政策建议，对充分发挥水利在落实碳达峰、碳中和中的支撑作用具有重要意义。

2　水利落实碳达峰、碳中和现状及存在的问题

2.1　落实现状

党的十八大以来，生态文明建设一直受到党中央、国务院的高度关注。国家主席习近平也在2020年9月提出了落实“双碳”的伟大目标。《2030年前碳达峰行动方案》明确了“碳达峰十大行动”，其中4个行动与水利密切相关，分别是循环经济助力降碳行动、碳汇能力巩固提升行动、能源绿色低碳转型行动、城乡建设碳达峰行动，对应于水利领域为水资源、水生态、水电建设、水利基础设施方面[5-8]。一直以来，水利为推进生态文明建设取得了显著成就，早已从水资源集约节约利用、水生态保护、水电开发利用、水利设施建设等方面对碳达峰、碳中和作出了突出贡献。

2.1.1　水资源方面

取用水、污水处理等水资源过程都会产生碳排放，其中城市水系统运行过程中伴随水消费过程的各种能源消耗也会产生碳的排放。因此，节水即减碳，通过促进水资源节约利用，能减少各环节的用水，直接降低在水资源开发利用过程中的碳排放，有利于助推降碳行动。近年来，水利部及有关部

作者简介： 童学卫（1980—），男，高级工程师，主要从事水利投资、建设管理、水利改革和河湖保护工作。

门、地方各级党委政府在认真学习领悟习近平生态文明思想的基础上积极践行习近平总书记“节水优先、空间均衡、系统治理、两手发力”治水思路，深入实施国家节水行动，加快建立健全节水制度政策，加快推动建立水资源刚性约束制度，促进水资源节约集约利用。

2.1.2 水生态方面

水生态系统是自然界的重要碳库，森林、草原、湿地、海洋、土壤等生态环境都是重要的碳汇。在“十三五”期间，我国开展了长江、黄河等流域的水土流失治理工作，新增的水土流失综合治理面积达到 30 万 km^2，水生态环境状况持续改善，同时黄河干流不断流的时间达到了 21 年。在京津冀开展的“六河五湖”等生态修复项目也取得了显著成效，永定河北京段再一次实现了全线通水。此外，在华北地区采取的“一减一增”综合措施，使华北地区地下水水位有了回升。一系列生态修复的综合治理项目保护了我国的水生态系统，增强了水生态系统的碳汇作用。

2.1.3 水电方面

实现碳达峰和碳中和的核心路径是“一增一降”。其中的“一增”就是增加绿色能源供给量，满足持续增长的能源需求，水电作为绿色清洁能源，在我国实现“双碳”目标中扮演着重要角色。在“十三五”期间，我国在水电开发方面取得了举世瞩目的成就，装机规模、技术装备等都迈上了新台阶。我国水电装机总容量在 2021 年底达到了 3. 91 亿 kW，年发电量达到了 1. 34 万亿 kW · h。小水电方面，装机总容量在 2019 年底达到了 8 144. 2 万 kW，相较于 1949 年的 36. 34 万 kW 增加了约 224 倍。此外，我国还大力发展抽水蓄能电站，目前已投产的抽水蓄能电站主要分布在华北、华中及华东等地，总规模达到了 3 249 万 kW。若按照水电的年发电量进行碳减排的粗略估算，我国 2021 年的水电年发电量相当于减少了 4. 11 亿 t 碳排放。

2.1.4 水利设施建设方面

建筑行业的每个过程都会产生碳排放。发达国家的经验表明，在城市化进程中，建筑业的能源消耗将最终处于社会首位。从“十三五”时期的水利建设情况可以看出，“十三五”时期的水利建设取得了举世瞩目的成就，但同时也可以看出仍有许多重大水利工程尚未开工建设，再加上社会主义现代化强国的建设对水利设施的建设提出了更高要求，未来对水利工程的建设仍有非常大的需求。从碳排放的角度来说，碳排放在水利建设方面仍存在较大的潜力，仍需通过一些碳减排的措施控制水利工程建设和运行阶段的碳排放。

2.2 存在的问题

（1）水利在落实碳达峰、碳中和方面缺乏政策指导。长期以来，水利的重点工作都对碳达峰、碳中和作出了突出贡献，但由于中央的“双碳”相关政策中对水利提出的要求较少，在任务分工中也未对水利部门有明确分工，因此水利仍缺少指导水利领域碳达峰、碳中和的纲领性文件，缺乏相关政策指导各地水利领域开展碳达峰、碳中和行动。

（2）水资源利用水平有待提高。从水资源总量上看，我国是缺水严重的国家，全国多数地区存在不同程度的资源性缺水、工程性缺水和水质性缺水。从用水效率层面看，我国用水效率都低于世界先进水平，节水水平不高。

（3）水生态环境仍非常脆弱。经过长期的治理，我国水生态环境质量已经有了很大程度的改善，但是我国水生态系统总体仍有些脆弱。

（4）水电开发利用水平有待提高。从水电装机总容量来看，2021 年我国水电装机总容量达到 3. 91 亿 kW，约占我国水电技术可开发装机容量的 57%，水电装机容量占全国的 16. 4%，水电年发电量占全国的 16%，未来仍有较大的发展空间。

（5）水利工程碳排放机制不够清晰。大部分水利工程建设期投资大、建设内容复杂，耗材较多，同时建材低碳化水平不足，使得在材料消耗、能源消耗上都会产生较大的碳排放。而水利工程碳排放的机制仍不够清晰，需要进一步深入研究。

3 水利落实碳达峰、碳中和实施途径

实现“双碳”目标路径较为复杂，但总体来讲，实现碳达峰和碳中和的核心路径是“一减一增”，“一减”为减少碳排放，“一增”为增加碳汇（见图 1）。

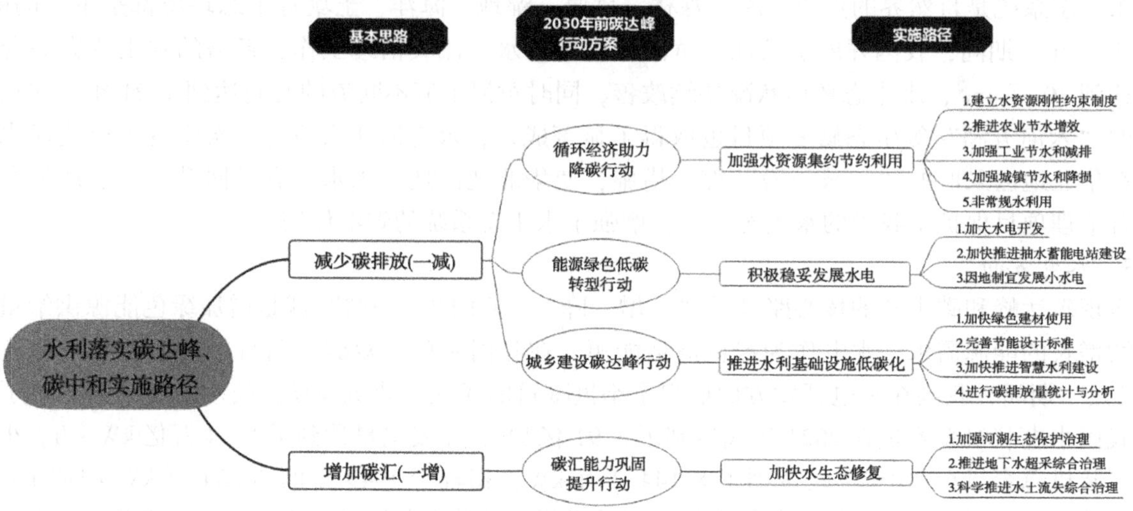

图 1 落实碳达峰、碳中和实施途径

3.1 加强水资源集约节约利用

3.1.1 建立水资源刚性约束制度

水资源刚性约束是水资源集约节约利用的必然选择，就是要把水资源作为经济社会发展的刚性约束要素，由政府作为约束主体，对水资源的开发利用和节约保护设立边界条件，也就是制度要求，促使经济社会发展活动，特别是用水行为严格限制在边界条件内。

3.1.2 推进农业节水增效

为了提升农业用水效率，需积极推进灌溉节水措施。可以通过升级骨干灌排设施来提高水的利用效率，并在各个区域推广喷灌、滴灌、低压管道输水、集雨补灌等高效灌溉技术。同时，加强灌溉试验和土壤水分监测，推动农业节水技术及设备的示范基地建设。

3.1.3 加强工业节水和减排

加强工业节水和减排，积极推进工业用水改造，完善供水计量和在线监测系统，强化用水管理。同时，推广高效冷却、洗涤和循环用水技术，以及废水再利用和高耗水工艺的替代方案。选择适用范围广且节水潜力大的设备，如冷却塔、空冷器和水处理膜，制定相关行业规范，以提升高端节水装备的供应能力。

3.1.4 加强城镇节水和降损

加强城镇节水，建设节水型城市，将节水落实到城市建设、运行的方方面面。持续创建国家节水型城市，完善和提升节水型城市评价标准。落实城市节水各项基础管理制度，推进城镇节水改造；结合海绵城市建设，提高雨水资源利用水平；重点抓好污水再生利用设施建设与改造，城市生态景观、工业生产、城市绿化、道路清扫、车辆冲洗和建筑施工等，应当优先使用再生水，提升再生水利用水平，鼓励构建城镇良性水循环系统。

3.1.5 非常规水利用

将再生水应用于农业灌溉、工业用途及市政用水等方面，减少饮用水在这些方面的消耗，从而减少了饮用水抽提、输送等过程中的碳排放，进一步削减了温室气体的排放。同时，通过各种手段适当减少污水量，从而减少污水处理过程产生的碳排放量。

3.2 积极稳妥发展水电

3.2.1 加大水电开发

在保护生态系统的基础上进行水电的适度开发，推动各大流域的水电开发建设，并统筹考虑水电开发和生态保护的平衡。

3.2.2 加快推进抽水蓄能电站建设

积极推进在建项目建设，加强工程建设管理。严格执行基本建设程序，在确保工程质量和施工安全的条件下，积极推进河北丰宁、山东文登、辽宁清原等在建抽水蓄能电站建设，如期实现投产运行。

3.2.3 因地制宜发展小水电

小水电作为水电中不可或缺的重要组成部分同样能为落实碳中和目标作出贡献。应跳出小水电自身的局限性，从全局的角度考虑小水电的发展，通过新理念带动新的发展，助力“双碳”目标的实现。

3.3 推进水利基础设施低碳化

3.3.1 加快绿色建材使用

绿色建材的使用能够降低二氧化碳的排放。但绿色建材的使用首先应该保证工程实施过程中的质量以及工程使用后的安全。在此基础上研发可以替代传统建材的绿色建材，降低二氧化碳的排放。此外，还应对传统建材的生产技术进行改进，并对建筑垃圾进行再利用。

3.3.2 完善节能设计标准

修订完善《水利水电工程节能设计规范》GB/T 50649，完善节能设计章节，加强该部分的硬约束力，将节能减排落实到项目的设计之中。制订低碳水利基础设施创建行动方案，明确低碳水利基础设施创建的重点任务。

3.3.3 加快推进智慧水利建设

推荐水利工程的智慧化管理，减排管理其中的高碳排放过程，实时分析判断水利工程的运行状况，削减不必要的环节。通过一系列的智慧管控措施实现水利工程的碳排放控制。

3.3.4 进行碳排放量统计与分析

开发使用碳排放测算系统等，及时掌握各水利工程的日常运行碳排放量和固碳能力。

3.4 加快水生态修复

3.4.1 加强河湖生态保护治理

河湖生态系统是重要的碳汇，应坚持绿水青山就是金山银山的理念，紧急修复河湖生态系统，维护河湖生态系统的健康及稳定，增强河湖生态系统的碳汇作用。

3.4.2 推进地下水超采综合治理

聚焦地下水超采问题突出的重点区域，包括三江平原、松嫩平原、辽河平原及辽西北地区、西辽河流域、黄淮地区、鄂尔多斯台地、汾渭谷地、河西走廊、天山南北麓及吐哈盆地、北部湾，推进地下水超采综合治理。

3.4.3 科学推进水土流失综合治理

聚焦长江经济带发展、黄河流域生态保护和高质量发展、京津冀协同发展、粤港澳大湾区建设、长三角一体化发展等区域重大战略，以及主体功能区战略，突出水土保持在全面推进乡村振兴的重要基础作用，以全国水土保持区划为基础，以国家级水土流失重点防治区为重点，结合国家重要生态系统保护和修复重大工程，构建“三片五带”水土流失综合防治新格局。

4 水利落实碳达峰、碳中和政策建议

4.1 开展水利行业碳达峰、碳中和重大课题研究

加快开展水利行业内碳达峰、碳中和的重大课题研究，围绕《中共中央、国务院关于完整准确全面贯彻新发展理念做好碳达峰碳中和工作的意见》和《2030 年前碳达峰行动方案》中对水利的要求，重点从水资源、水生态、小水电和水利基础设施四个领域中碳排放的机制研究、减碳能力测算、

综合评价考核制度等方面的重大问题和关键技术开展研究和攻关，为推进水利落实碳达峰、碳中和提供理论基础和技术支撑。

4.2 制订出台水利碳达峰、碳中和行动方案

对标《中共中央、国务院关于完整准确全面贯彻新发展理念做好碳达峰碳中和工作的意见》和《2030年前碳达峰行动方案》，在开展水利行业内碳排放机制研究和能力测算的基础上，建立水利领域碳达峰、碳中和行动方案。阐述水利领域推进落实碳达峰、碳中和的重要意义，提出水利领域推进落实碳达峰、碳中和的总体要求，设定一定时期内，水利推进落实碳达峰、碳中和的主要目标，并从上述四条路径明确水利领域为推进落实碳达峰、碳中和需要完成的重点任务和具体行动，最后制订为保障行动方案顺利进行的相关措施。通过建立水利碳达峰、碳中和行动方案，对各级水行政主管部门形成指导，推进水利行业内“双碳”目标的实现。

4.3 争取更多的资金用于水利落实碳达峰、碳中和

积极争取财政预算与前期经费中对水利落实碳达峰、碳中和的资金支持。鼓励各有关部门和单位加大对水利落实碳达峰、碳中和工作的投入力度，在重大问题研究、试点示范建设、宣传教育、人才培训等方面予以重点考虑和经费倾斜。根据《财政支持做好碳达峰碳中和工作的意见》，积极申请各级财政资金支持水利促进碳达峰、碳中和的相关领域。研究设立水利行业国家低碳转型基金，支持水利行业低碳化。鼓励社会资本以市场化方式设立绿色低碳产业投资基金。要推进“三管齐下”，充分用好金融支持水利领域碳达峰、碳中和政策，加强项目谋划，及时精准对接；推进水利领域政府和社会资本（PPP）模式发展，鼓励和吸引更多社会资本参与；积极稳妥推进水利基础设施投资信托基金（REITs），构建水利基础设施存量资产与新增低碳水利基础设施投资的良性循环机制。

4.4 探索开展试点城市或流域水利碳减排行动

为在更高起点、更高层次、更高目标上推进实现水利领域碳减排、碳中和行动，围绕党中央和水利部对“双碳”目标的要求，探索不同类型区域和流域碳达峰、碳中和行动的实现模式和路径，选择经济社会条件较好的区域或者流域作为先行试点，探索开展试点城市或者流域的碳减排相关行动，重点围绕节水、水土流失综合治理、河湖生态修复、小水电清理整改、水利基础设施低碳化等方面，探索推进水利领域落实碳达峰、碳中和的实施路径，打造成功试点范例。

参考文献

[1] 刘志华，袁庆禄，李翠，等．“双碳”战略下低碳经济与高质量发展协同效应：以京津冀城市群为例［J］．环境科学，2024，45（11）：6301-6312.

[2] 王红瑞，刘艺欣，张力，等．“双碳”目标下流域生态城市绿色发展与高质量发展实施路径［J］．水资源保护，2024，40（1）：16-24.

[3] 左其亭，吴青松，马军霞，等．“双碳”目标下水资源行为调控研究框架及展望［J］．水资源保护，2023，39（1）：8-14，56.

[4] 杜智毅，何素飞，陈歆怡，等．“双碳”和“高碳”情景下金沙江中上游流域未来径流模拟［J］．水资源与水工程学报，2024，35（3）：111-119.

[5] 郭旭宁，李云玲，闫佳铭，等．“双碳”战略下水循环响应与需水情势变化［J］．南水北调与水利科技（中英文），2023，21（1）：22-28，38.

[6] 曹炜．“双碳”目标下的流域生态环境保护规划：理念更新与措施调适［J］．中国人口·资源与环境，2022，32（12）：31-40.

[7] 王媛，苏布达，王艳君，等．“双碳”情景下抚河流域径流变化特征［J］．长江科学院院报，2023，40（2）：44-51.

[8] 王菲，曹永强，范帅邦．“双碳”目标下东北三省水-能源纽带关系及网络特征分析［J］．生态学报，2022，42（14）：5692-5707.

基于现代水网条件下唐山市水资源优化配置研究

张　宇　赵雨婷

（黄河勘测规划设计研究院有限公司，河南郑州　450003）

摘　要： 唐山市供水主要以滦河水及地下水为主，20 世纪以来受全球气候变化的影响，滦河来水量呈现减少趋势，且年际变化大。唐山市应对特大干旱、连续干旱以及突发安全供水和水污染事件的能力不强。同时，唐山市骨干供水工程与大中型水库以及天然河道循环利用能力不足。本文在国家及省级水网建设背景下，结合引滦供水工程布局以及区域用水特征，构建多源互补、集约高效的供水网络，提升应对极端枯水的水资源配置能力，增强唐山市水资源安全保障能力。

关键词： 水资源配置；现代水网；水安全保障

水资源是不可替代的自然资源和战略性资源，水资源的分配除考虑公平性外，还需结合区域特征，兼顾多方利益。如何高效合理地使用水资源涉及多方因素。目前，我国围绕水资源优化配置及调度方面的研究已取得丰硕的成果[1]。随着国家大水网的提出，结合区域特色，构建基于现代水网条件下的供水保障体系，是北方缺水地区急需考虑的问题。本文结合唐山市水资源及经济社会发展布局，依托唐山市河流水系及现状工程分布，构建多源互补、集约高效的供水网体系，增强唐山市水资源保障能力。

1　研究区概况

唐山市位于河北省东部，地处渤海湾中心地带，位于东经 117°31′~119°19′，北纬 38°55′~40°28′，东西长约 130 km，南北宽约 150 km，总面积为 13 472 km^2，是国家新型工业化基地和港口城市，是国家重要的能源、原材料基地。唐山市境内主要河流有滦河、陡河、还乡河、沙河等，南部平原区河流自成体系独流入海。

1.1　经济社会环境发展格局变化

根据京津冀协同发展重大国家战略，唐山市要坚决落实、主动服务重大国家战略，把融入以首都为核心的世界级城市群作为结构增长的第一要素，牢牢把握疏解北京非首都功能为“牛鼻子”，实施规划、产业、交通、生态、创新、公共服务“六个协同”，推动产业互联、政策互通、资源共享、平台共建，打造京津发展“第二空间”。同时，结合碳达峰、碳中和要求，唐山市作为我国钢铁产能最集中的地区，延伸钢铁产业链、加速低碳发展势在必行。

1.2　水资源开发利用现状及存在问题

1.2.1　水资源开发利用现状

唐山市现状供水主要以地下水为主，占总供水量的52%，地表水供水占总供水量的44%，其他水源供水占总供水量的4%。地表水源主要为引滦水及当地大中型水库供水，供水主要集中在引滦工程覆盖的区域。受水资源条件的影响，唐山市各县区供水难易程度不同，因此各水源供水量在各县区分布也有所不同。

根据现状统计，路南区、高新技术产业开发区、丰南区、曹妃甸区、唐山湾国际旅游岛、海港经

基金项目： 国家重点研发计划项目（2021YFC3200204）。

作者简介： 张宇（1991—），女，工程师，主要从事水资源管理相关工作。

济开发区、汉沽管理区以地表水供水为主，地表水供水均占总供水量的 60%以上；丰润区、开平区、迁安市、迁西县、遵化市、滦南县、滦州市、乐亭县及玉田县以地下水供水为主，尤其是丰润区，地下水供水超过 90%（见图 1）。

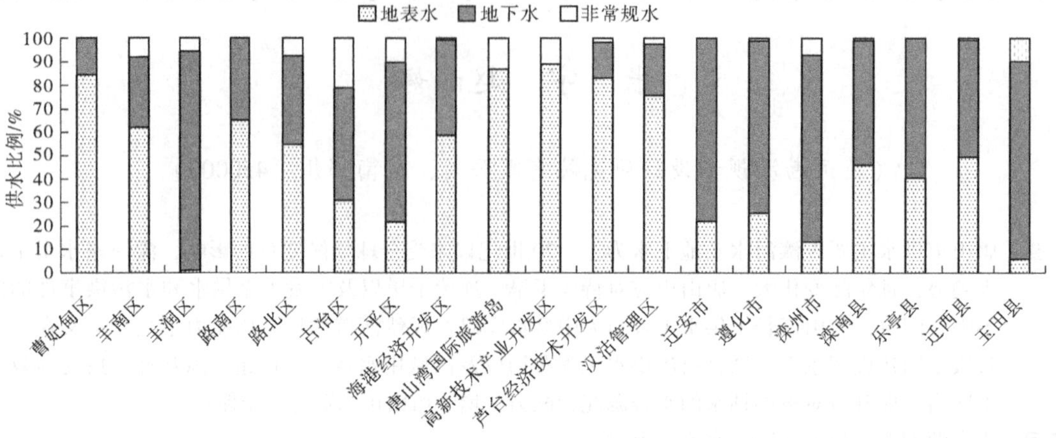

图 1　唐山市供水分布

从用水空间分布看，市 5 区（路南区、路北区、古冶区、开平区）、丰南区、曹妃甸区用水量较大。其中，市 5 区用水量 3.2 亿 m^3，占总用水量的 14.1%；丰南区用水量 3.17 亿 m^3，占总用水量的 14.0%；曹妃甸区用水量 2.99 亿 m^3，占总用水量的 13.2%（见图 2）。

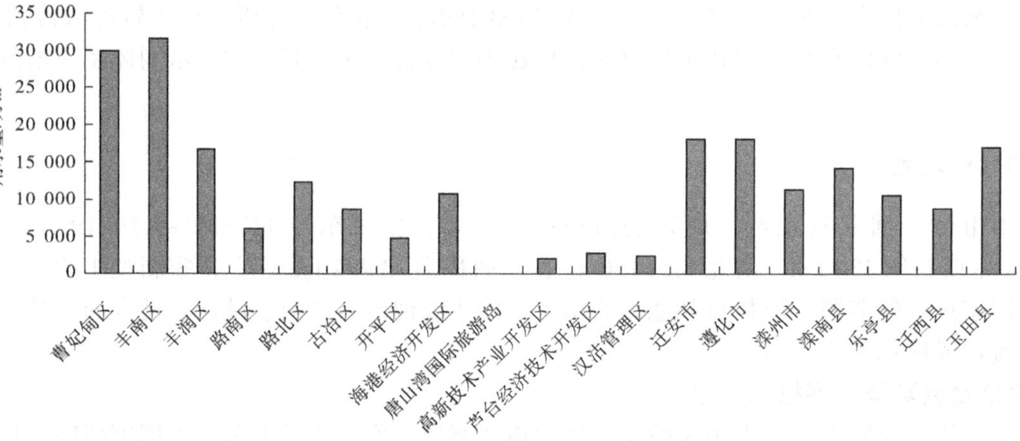

图 2　唐山市各分区用水量

1.2.2　水资源开发利用主要问题

唐山市水资源禀赋条件差，时空分布不均，供水结构不尽合理，多年平均水资源总量 21.9 亿 m^3，人均水资源量 276 m^3，约占全国人均水平（2 078 m^3）的 1/8，为重度缺水地区。此外，唐山市供水结构不合理，主要表现在部分区域地下水超采严重，当地地表水开发利用难度大，非常规水源利用不足等方面。目前，唐山市浅层地下水可开采量为 12.49 亿 m^3，近 7 年平均浅层地下水开采量为 10.8 亿 m^3，地下水开采率达到 86.4%。同时，唐山市现状地下水开采包括 3.7 亿 m^3 深层承压水，造成深层地下水位持续下降。另外，唐山市现状再生水回用率不足 30%，作为沿海缺水城市，尚未将海水淡化作为主要备用水源。

1.3　现代化水网构建

水网工程由“纲”“目”“结”组成。“纲”是骨干网，指大江大河大湖自然水系、重大引调水工程和骨干输水通道；“目”是次干网，指区域性河湖水系连通工程和供水渠道；“结”是网络枢纽，指具有控制性地位的调蓄工程[2-4]。

1.3.1 唐山市水网基本情况

唐山市境内有河流70多条，域内河流渠系及水库坑塘纵横交错，具备开展北方地区现代水网建设的自然基础条件。其中，主要过境河流为滦河，其余境内河流大多独流入海。滦河是唐山市境内最大的河流，也是唐山市地表水主要供水水源。此外，唐山市共建成各类水库及塘坝等蓄水工程260座，其中大型水库2座（不包含潘家口水库和大黑汀水库），中小型水库127座。近年来，唐山市结合清水润城积极开展多项河流整治及水生态治理工作，唐山市水网已初具雏形，但下游滦下灌区和陡河灌区灌溉用水与城镇河湖补水循环利用能力还不足，多水源互补的水资源配置格局尚未形成。

1.3.2 水网建设总体格局

本次根据唐山市河流水系及现状工程分布，依托境内天然河道、大中型水库、引调水工程等，最终形成“一带五区、五库多支、互联成网、全域调配”的总体格局。

“一带五区”指以滦河为主线，沙河（遵化）、还乡河、陡河、沙河、南部沿海诸河为辅的天然河道。

“五库多支”指形成以潘家口水库、大黑汀水库、桃林口水库、邱庄水库、陡河水库为主要节点，引滦入唐、滦河灌区输水干渠等多支线的引调水网络。

“互联成网”指通过清水润城工程建设，形成两横两纵的跨区域水网体系。

“全域调配”指扩大引滦水的供水范围，实现优水优用，高效调配。

2 水资源节约集约利用策略

本次需水预测充分结合新形势下唐山市经济发展态势，在考虑水资源刚性约束、保障灌区农业生产、城乡供水安全的基础上，坚持“四水四定”，从供给端强化输配水效率，从需求端通过强化用水效率、优化用水结构，推动唐山市用水节约集约利用，从保障区域经济社会高质量发展角度预测唐山市规划水平年总需水量。

2.1 全域调配格局

根据唐山市水资源条件和开发利用中存在的问题，以水资源可持续利用保障经济社会可持续发展为目标，采取多水源联合调度，保障区域经济社会持续、协调发展，多种策略并举实现区域水资源平衡。结合水资源和生态环境状况，依托现状和规划工程，合理分配河道内外用水量，调控天然河流水资源，在优先保障河道内生态用水的基础上，进行水资源合理配置，保障唐山市水资源可持续利用。统筹考虑唐山市用水需求，结合引滦工程生效及地下水红线指标，部分县区实现水源地表化，同时考虑非常规水源利用工程，进行水资源优化配置。

2.2 调配结果

根据配置思路，结合水网工程布局，2035年唐山市配置供水量28.41亿m^3，按水源分，地表水2.30亿m^3，占8%；地下水11.91亿m^3，占42%；引滦水10亿m^3，占35%；非常规水4.20亿m^3，占15%（见表1）。

表1 唐山市2035年供水资源配置方案　　单位：万m^3

县区	需水量	供水					用水					缺水量	缺水率
		当地地表水	引滦水	地下水	非常规水	合计	生活	工业	农业	生态	合计		
曹妃甸区	4.13	0.25	2.82	0.10	0.78	3.95	1.21	0.01	2.66	0.07	3.95	0.18	4%
丰南区	3.77	0	2.26	0.30	0.75	3.31	1.18	0.04	1.90	0.19	3.31	0.46	12%
丰润区	2.45	0.01	0.40	1.43	0.20	2.04	1.18	0.05	0.68	0.13	2.04	0.41	17%
路南区	0.68	0	0.37	0.18	0.08	0.63	0.23	0	0.06	0.34	0.63	0.05	7%

续表 1

县区	需水量	供水					用水					缺水量	缺水率
		当地地表水	引滦水	地下水	非常规水	合计	生活	工业	农业	生态	合计		
路北区	1.99	0	1.10	0.32	0.35	1.77	1.04	0	0.09	0.64	1.77	0.22	11%
古冶区	1.11	0.13	0.21	0.42	0.19	0.95	0.68	0	0.13	0.14	0.95	0.16	14%
开平区	0.64	0	0.10	0.38	0.11	0.59	0.32	0.01	0.22	0.04	0.59	0.05	8%
海港经济开发区	1.40	0	0.80	0.13	0.45	1.38	0.76	0	0.62	0	1.38	0.02	1%
唐山湾国际旅游岛	0.02	0	0.02	0	0	0.02	0.02	0	0	0	0.02	0	0
高新技术产业开发区	0.33	0	0.17	0.10	0.06	0.33	0.31	0	0	0.02	0.33	0	0
芦台经济技术开发区	0.40	0.30	0	0.06	0.02	0.38	0.10	0	0.28	0	0.38	0.02	5%
汉沽管理区	0.31	0.24	0	0.06	0.01	0.31	0.04	0	0.25	0.02	0.31	0	0
迁安市	2.50	0.26	0.23	1.59	0.29	2.37	1.82	0.05	0.44	0.06	2.37	0.13	5%
遵化市	2.18	0.41	0	1.52	0.16	2.09	0.86	0.06	1.08	0.09	2.09	0.09	4%
滦州市	1.88	0.17	0	1.20	0.18	1.55	0.99	0.05	0.44	0.07	1.55	0.33	18%
滦南县	2.37	0.02	0.70	1.40	0.10	2.22	0.48	0.06	1.58	0.10	2.22	0.15	6%
乐亭县	1.88	0.26	0.34	0.80	0.10	1.50	0.51	0.04	0.85	0.10	1.50	0.38	20%
迁西县	1.11	0.19	0	0.68	0.14	1.01	0.68	0.04	0.25	0.04	1.01	0.10	9%
玉田县	2.38	0.06	0.48	1.24	0.23	2.01	0.59	0.07	1.13	0.22	2.01	0.37	16%
合计	31.53	2.30	10.00	11.91	4.20	28.41	13.00	0.48	12.66	2.27	28.41	3.12	10%

2.3 配置方案分析

2.3.1 供水结构变化

从供水结构看，唐山市 2035 年当地地表水供水量从基准年的 1.30 亿 m^3 增加到 2.30 亿 m^3，占总供水量的比例由基准年的 5%增加到 2035 年的 8%；引滦水供水量从基准年的 9.50 亿 m^3 增加到 2035 年的 10.00 亿 m^3，占总供水量的比例由基准年的 40%减少至 2035 年的 35%；地下水供水量由基准年的 12.4 亿 m^3 减少到 2035 年的 11.91 亿 m^3，占总供水量的比例由基准年的 51%下降到 2035 年的 42%；非常规水供水量由基准年的 1.00 亿 m^3 增加到 2035 年的 4.20 亿 m^3，占总供水量的比例由基准年的 4%增加到 2035 年的 15%（见图 3）。

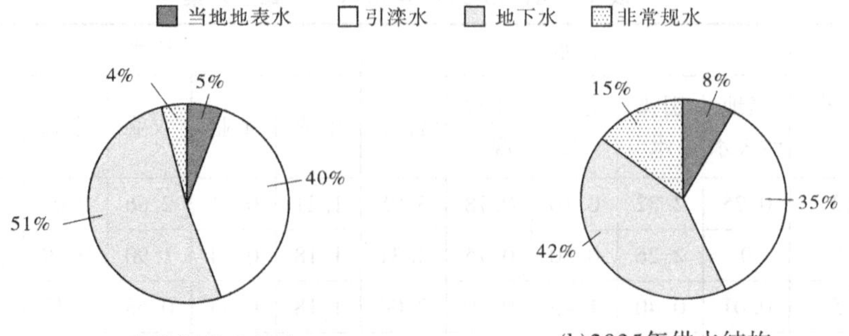

(a)基准年供水结构　　(b)2035年供水结构

图 3　唐山市不同水平年供水结构变化

分区域看，曹妃甸、丰南、海港、旅游岛、乐亭等南部工业区通过加大再生水、海水淡化等非常规水利用，重点保障工业园区供水，2035 年配置水量达到 10.16 亿 m^3，较基准年增加 1.00 亿 m^3；市辖区、古冶、丰润等建成区在实施节水和生态保护前提下合理开源，重点保障城乡居民用水和河道生态基本供水，2035 年配置水量 6.31 亿 m^3，较现状增加 1.11 亿 m^3；遵化、迁西、迁安、滦州、滦南、玉田、乐亭等周边县市以水资源承载能力为刚性约束，通过推进农业高效节水、水源置换工程等措施，退还超采地下水，通过新建河道拦蓄等工程，多利用当地地表水，并以引滦水为补充，保障经济社会用水，2035 年配置水量 11.2 亿 m^3，较现状增加 2.0 亿 m^3。西部芦台经济技术开发区、汉沽管理区相对独立，2035 年用水通过当地水源满足（见图 4）。

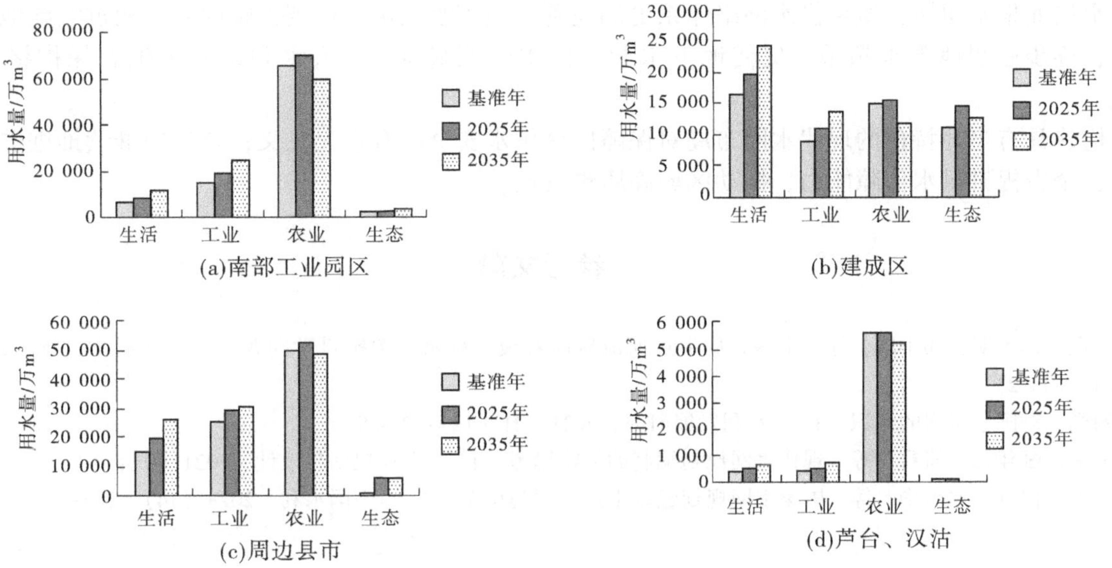

图 4　唐山市不同区域供水结构变化

2.3.2　用水结构变化

从用水结构分析，生活用水量从基准年的 4.0 亿 m^3 增加到 2035 年的 6.36 亿 m^3，占总用水量的比例由 17%增加到 22%；工业用水量从基准年的 4.83 亿 m^3 增加到 2035 年 7.12 亿 m^3，占总用水量的比例由 20%增加到 25%；农业用水量从基准年的 13.88 亿 m^3 降低到 2035 年 12.66 亿 m^3，占总用水量的比例由 57%降低至 45%；生态用水量从基准年的 1.48 亿 m^3 增加到 2035 年的 2.27 亿 m^3，占总用水量的比例由 6%增加到 8%（见图 5）。

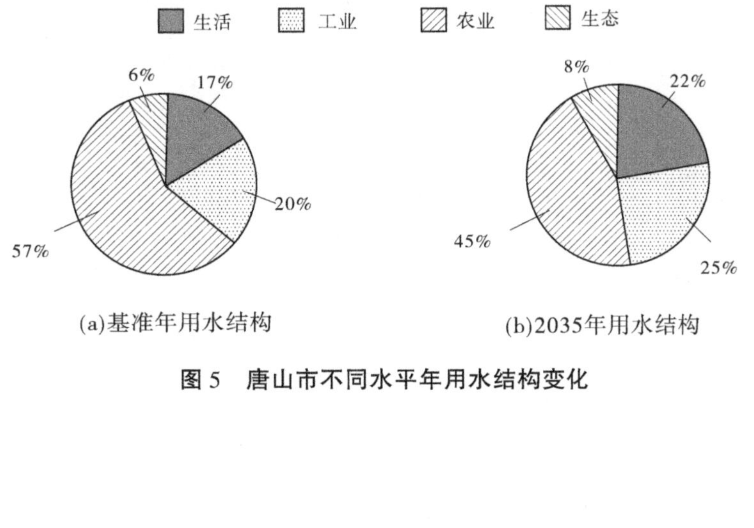

图 5　唐山市不同水平年用水结构变化

3　结论

本次以供求关系调节为核心，准确把握唐山市发展定位，在优化区域产业布局和结构、全面推进节水型社会建设和维护生态良性循环的基础上，合理安排生活、生产、生态用水，统筹调配当地水与引滦水、地表水与地下水、新鲜水与非常规水，逐步形成经济社会发展布局和结构与水资源条件相适应，调控能力强、安全保障程度高的水资源配置格局，为经济社会发展和生态环境保护提供水资源保障。

结合“一带五区、五库多支、互联成网、全域调配”的现代水网布局，构建多源互济、互联互通、统筹调配的水资源配置格局。2035 年唐山市工程综合效益得到全面发挥，水资源自然特性引发的缺水局面根本扭转，城乡供水网络体系更加完善，地表水供水量得到大幅提升。通过实施地表水源置换，逐步遏制地下水超采，促使地下水漏斗区水位明显提升，人水和谐的水生态保护格局基本形成。

构建具有当地特色的现代水网布局对保障区域供水安全具有重大意义，今后应继续推进重大工程建设，全力提升供水保障能力，推动区域高质量发展。

参考文献

[1] 王煜，彭少明，郑小康，等. 水网布局下黄河流域应对极端枯水的关键科学问题［J］. 水科学进展，2024，35（1）：11-23.
[2] 刘璐. 对国家水网的认识［J］. 水利发展研究，2021，21（12）：22-25.
[3] 王平，郦建强，何君，等. 现代水网规划编制的战略思考［J］. 水利规划与设计，2021（9）：3-6.
[4] 赵勇，何凡，何国华，等. 国家水网规划建设十点认识与思考［J］. 中国水利，2023（14）：24-33.

海河流域清漳河水文年景判别方法研究

郑永路　王　奇　丁志宏　冯宇鹏

（中水北方勘测设计研究有限责任公司，天津　300222）

摘　要： 本文以清漳河为例，建立了水文年景的预测模型，研究了径流模型还原直接法和降水径流关系间接法两种方案，提出了流域内可调水量的预测公式。以此为流域水量调度方案提出科学可行的方法。本文研究方法和结论对制定其他流域以及河流水量调度方案具有一定的指导作用。

关键词： 清漳河；水文年景；预测公式；直接法；间接法

1　引言

水文年型（年景）与水量调度目标中主要控制断面的天然径流量、应下泄水量为一一对应关系。判别水文年型的目的是通过水量调度总体目标查算应下泄水量，以完成年度水量调度方案。为了管理需要，在进行某河流水量分配时需对当年的水文年型进行预判。本文根据海河流域清漳河的水文特性，研究了两种水文年型的预测方法，即直接法和间接法，以此对海河流域清漳河的水文年景展开研究[1]，为河流水量调度方案提供技术支撑。

2　方法简述

清漳河属漳河两大支流的北支，清漳河水量调度的范围为清漳河流域，涉及山西省和河北省两个省级行政区。通过分析刘家庄、匡门口两个水文站上一年度降水量、径流量及当年前期降水量、径流量、降水时空分布、降水强度等与当年径流量的关系，建立不同因子与当年径流量的相关关系，利用建立的相关关系，由已知因子推求水文站当年径流量，进而预判当年的水文年型。本次提出两种预判方法：一是由已知预判期的天然径流量推求全年天然径流量的直接法；二是由流域内截至某一月份的降水资料推求全年天然径流量的间接法。

3　水文年景的判别方法

3.1　直接法

3.1.1　天然径流计算

直接法首先分析刘家庄水文站、匡门口水文站的还原计算方案，提出主要还原项，给出天然径流量计算公式。之后通过分析相关关系确定该方法的预判期，并给出截至预判期的天然径流量与全年天然径流量相关关系，即由预判期天然径流量计算全年天然径流量的公式。该方法可由预判期内获得的诸数据预测该年天然径流量，以此获得水文年景来确定应下泄水量。根据对流域的实际调查情况，建立了流域供需分析模型，模型中率定了各用水户的回归系数。结合调查与模型，给出刘家庄水文站、匡门口水文站径流量还原计算公式：

$$W_{刘天然} = W_{刘实测(河渠综合)} + W_{刘还原量} \tag{1}$$

基金项目： 国家重点研发计划资助项目（2021YFC3200203）。

作者简介： 郑永路（1987—），男，高级工程师，主要从事水文、规划设计与研究工作。

通信作者： 王奇（1993—），男，工程师，主要从事水文、规划设计与研究工作。

$$W_{刘还原量} = (W_{恋思末蓄水量} - W_{恋思初蓄水量}) + (W_{石匣末蓄水量} - W_{石匣初蓄水量}) + (W_{泽城西安末蓄水量} - W_{泽城西安初蓄水量}) + W_{恋思水库供水量} + W_{九京供水工程供水量} + W_{石匣水库供水量} + W_{刘以上农业耗水量} \tag{2}$$

$$W_{匡天然} = W_{匡实测(河渠综合)} + W_{刘还原量} + (1 - h)W_{漳西渠供水量} + (1 - h)W_{漳北渠供水量} + (1 - h)W_{漳南渠供水量} + W_{刘至匡区间农业耗水量} \tag{3}$$

式中：h 为农业灌溉回归系数，取 0.1；刘和匡分别代表刘家庄水文站和匡门口水文站。

预判期的研究方法是逐一建立全年径流量与截至某一月份的径流量相关关系。选取 1—8 月天然径流量来预测全年径流量，公式如下：

$$W_{刘全年天然} = -0.049W_{刘1—8月天然}^2 + 1.73W_{刘1—8月天然} + 0.07 \tag{4}$$

$$W_{匡全年天然} = -0.030W_{匡1—8月天然}^2 + 1.70W_{匡1—8月天然} + 0.18 \tag{5}$$

根据灌溉制度，1—8 月灌溉用水量占全年约 70%，因此 $W_{刘以上农业耗水量}$ 取 0.23 亿 m^3 的 70%，为 0.16 亿 m^3；$W_{刘至匡区间农业耗水量}$ 取 0.33 亿 m^3 的 70%，为 0.23 亿 m^3。

3.1.2　预判期分析

分析刘家庄水文站、匡门口水文站天然径流系列中，全年径流量与截至某一月底前的径流量相关关系。经分析，全年径流量与截至 7 月底前的相关关系不好，相关系数小于 0.8，但与截至 8 月底前径流量相关关系较好，相关系数达到了 0.96。控制断面的相关关系见图 1，因此该方法的预判期可设定在 8 月底。

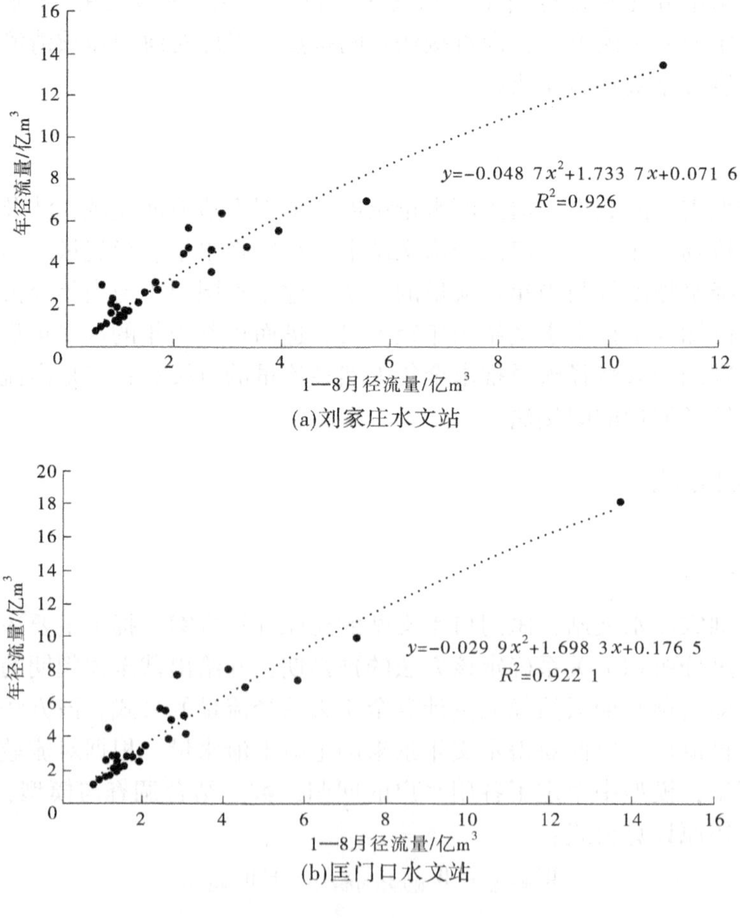

图 1　刘家庄水文站与匡门口水文站 1—8 月径流量与全年径流量相关图

3.1.3 误差分析

应用相对误差计算公式进行分析，相对误差计算公式如下：

$$\alpha_{相对} = \frac{\sum ABS(W_{i计算值} - W_{i真值}) / W_{i真值}}{n} \tag{6}$$

应用式（4）与式（5）计算全年径流量，与“真值”（已知的全年径流量）相比，使用式（6）计算相对误差。经计算，该方法中，刘家庄水文站计算年径流量相对误差为18.7%，匡门口水文站计算年径流量相对误差为17.7%。

径流相关法下，刘家庄水文站、匡门口水文站的预测径流与实测径流对比结果见图2。

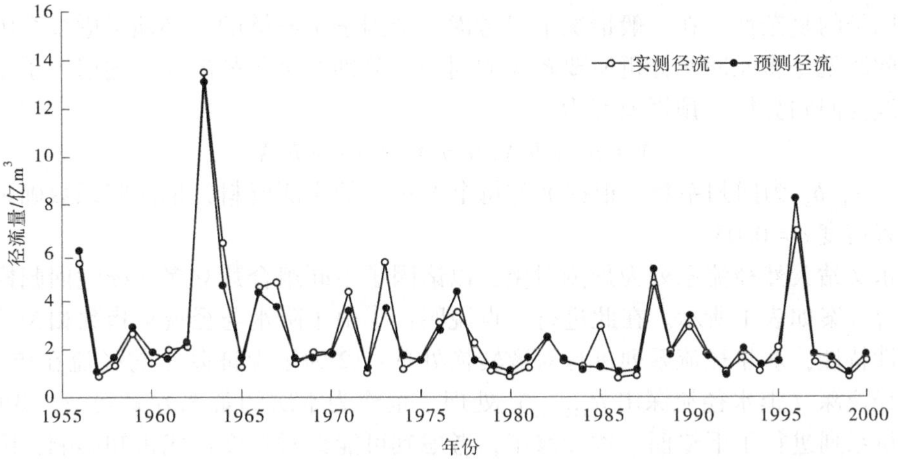

(a)刘家庄水文站

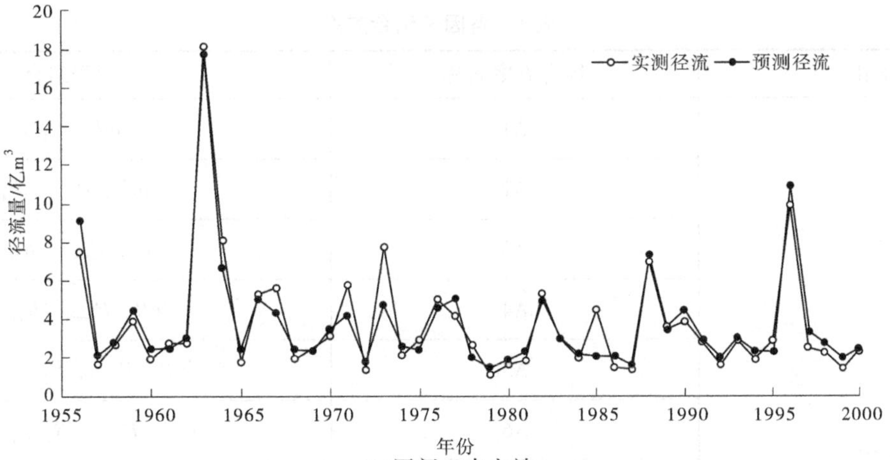

(b)匡门口水文站

图2 刘家庄水文站与匡门口水文站径流相关法的预测径流与实测径流

3.2 间接法

3.2.1 预判期分析

由于人类活动和下垫面因素变化等方面的影响，地表径流量在某些情况下不能很好地对下泄水量做出客观的预判，而降水从降落、观测到形成地表径流的过程中，受外界因素影响小，因此可作为水量下泄目标的指示性因子。间接法（降水径流法）通过流域内截至某一月底降水资料等推算刘家庄水文站、匡门口水文站全年天然径流量。

清漳河流域降水主要集中在5—9月，汛末降水、径流的丰枯已基本定型。分析刘家庄水文站、匡门口水文站天然径流系列与同期截至某一月底降水量系列的相关关系，经分析全年径流量与同期截至 7 月底前降水量相关关系较差，但与截至 8 月底降水量相关关系较好，相关系数达到 0.86，因此该方法的预判期可设定在 8 月底。

3.2.2 影响因子选取

影响地表径流量的因子主要为降水，汛期雨量充沛，是径流形成的主要时期。而短期连续降水的集中强度和降水量级等往往决定地表径流量的大小，日降水大于 20 mm 的累积降水量和连续 10 d 降水量能够很好地表现这一特征；同时，上一年的径流退水量和上一年的汛期降水量对次年的水量也有一定的影响。本次选取清漳河流域 1—8 月降水量、日大于 20 mm 年降水量、最大 10 d 降水量、主汛期 7—8 月降水量、上一年 11—12 月退水径流量和上一年 5—9 月降水量作为影响因子进行初步分析。

3.2.3 影响因子组合方案

由于影响因子的复杂性，在一般情况下只考虑一个因子是不够的，必须考虑多个因子对预测对象的影响。这类问题就是多元回归分析所要解决的问题。分别对全年径流与上述诸因子中的两者或两者以上进行多元线性回归分析。预报模型为

$$Y = b_0 + b_1X_1 + b_2X_2 + \cdots + b_mX_m \tag{7}$$

式中：b_0，b_1，…，b_m 为回归系数，根据 Y 与每个 X 过去的实测资料，把回归系数确定后，方程便确定，本次计算置信度 $\alpha=0.05$。

以匡门口水文站天然径流系列为预测对象，以诸因子不同组合建立多元线性回归模型进行模拟计算。各因子组合方案如表 1 所示。在此进行三点说明：①由于降水与径流呈指数相关关系，为了保证回归模型的线性特性，对年径流系列进行对数转换处理；②为了保证降水与径流在单位上的一致性，退水时段进行径流深（退水径流深用 $R_{T11—12}$）处理，也作为本次的备选方案之一；③由于 1980 年以前的天然径流量系列进行了下垫面一致性修正，考虑其可能会对精度造成未知影响，因此本次分析将降水和径流系列分为 1961—2000 年系列（A 组）和 1981—2000 年系列（B 组）分别进行模拟计算。

表 1 各因子组合方案

分组	组合方案名称	因子组合
A 组	A1	$\ln R$、$P_{1—8}$
	A2	$\ln R$、$P_{1—8}$、P_{10}
	A3	$\ln R$、$P_{1—8}$、$R_{11—12}$
	A4	$\ln R$、$P_{1—8}$、$R_{T11—12}$
	A5	$\ln R$、$P_{1—8}$、$R_{11—12}$、P_{10}
	A6	$\ln R$、$P_{1—8}$、$R_{T11—12}$、P_{10}
	A7	$\ln R$、$P_{1—8}$、P_{10}、$P_{7—8}$
	A8	$\ln R$、$P_{1—8}$、$R_{11—12}$、P_{10}、$P_{7—8}$
	A9	$\ln R$、$P_{1—8}$、$R_{T11—12}$、P_{10}、$P_{7—8}$
	A10	$\ln R$、$P_{1—8}$、P_{10}、$P_{5—9*}$
	A11	$\ln R$、$P_{1—8}$、$P_{7—8}$、$P_{5—9*}$
	A12	$\ln R$、$P_{1—8}$、P_{10}、$P_{7—8}$、$P_{5—9*}$

续表 1

分组	组合方案名称	因子组合
B 组	B1	$\ln R$、P_{1-8}
	B2	$\ln R$、P_{1-8}、P_{10}
	B3	$\ln R$、P_{1-8}、R_{11-12}
	B4	$\ln R$、P_{1-8}、R_{T11-12}
	B5	$\ln R$、P_{1-8}、R_{11-12}、P_{10}
	B6	$\ln R$、P_{1-8}、R_{T11-12}、P_{10}
	B7	$\ln R$、P_{1-8}、P_{10}、P_{7-8}
	B8	$\ln R$、P_{1-8}、R_{11-12}、P_{10}、P_{7-8}
	B9	$\ln R$、P_{1-8}、R_{T11-12}、P_{10}、P_{7-8}
	B10	$\ln R$、P_{1-8}、P_{10}、P_{5-9*}
	B11	$\ln R$、P_{1-8}、P_{7-8}、P_{5-9*}
	B12	$\ln R$、P_{1-8}、P_{10}、P_{7-8}、P_{5-9*}

注： * 表示上一年数据。

3.2.4　回归分析

各种组合分别以 1—8 月降水量 P_{1-8}、最大 10 d 降水量、主汛期 7—8 月降水量、11—12 月退水（退水径流深）和上一年 5—9 月降水量等两两组合或两组以上进行组合。建立多元线性回归模型，对以上不同组合分别进行模拟计算。F 检验下，A 组 12 种组合、B 组 12 种组合全部通过模型检验，计算得出 F 值及查 F 分布表得 F_α 值（取置信度 $\alpha=0.05$），$F>F_\alpha$，回归效果较显著。

4　推荐方法

对比直接法与间接法，可以发现：①从两种方法的误差结果来看，直接法中刘家庄水文站计算年径流量相对误差为 18.7%，匡门口水文站为 17.7%；间接法推荐方法 B12 的相对误差为 17.5%。间接法与直接法的相对误差结果相近，理论计算误差方面对方法的选取没有偏好性影响。②考虑到实际情况，直接法所需诸参数中，每一参数的获取环节均存在一定的误差，而间接法主要使用降水资料进行计算，降水资料属于较为客观的数据，误差较小。③降水受人类活动和下垫面因素的影响最小，间接法的推荐方案只考虑降水因素，尤其是汛期降水，同时也考虑了上一年降水的影响，在因子选取上更具有针对性和综合性。

因此，考虑到上述直接法，间接法 A 组、B 组各种方案的误差以及方法所用参数准确性等多种因素的影响，本次推荐间接法的 B12 方案作为水文年型的预判方法，而直接法及间接法的其他方案作为辅助方法。方法具体计算公式如下：

$$\ln W_{匡门口} = 7.525 + 0.0034P_{1-8} + 0.0038P_{10} - 0.0002P_{7-8} + 0.0019P_{5-9*} \tag{8}$$

或

$$W_{匡门口} = \exp(7.525 + 0.0034P_{1-8} + 0.0038P_{10} - 0.0002P_{7-8} + 0.0019P_{5-9*})$$

式中：$W_{匡门口}$ 为匡门口水文站当年天然径流量；P_{1-8} 为当年 1—8 月降水量；P_{10} 为当年最大 10 d 降水量；P_{7-8} 为当年主汛期 7—8 月降水量；P_{5-9*} 为上一年 5—9 月降水量。

由于匡门口水文站与刘家庄水文站年径流相关系数达 99%，因此刘家庄水文站的预测水量可根据两者相关关系公式进行推求。

$$W_{刘家庄} = (W_{匡门口} - 0.41)/1.28 \tag{9}$$

式中：$W_{刘家庄}$ 为刘家庄水文站年径流量；$W_{匡门口}$ 为匡门口水文站年径流量，按式（8）计算。

同时点绘 1—8 月的降水与方案 B12 的预测年径流和实测年径流系列关系（见图 3）。从图 3 中可以看出，预测年径流系列点据较集中，说明降水对预测径流模型预测效果合理。通过水量调度目标表[2] 中频率与天然径流量的关系，可推算得到天然径流量的相应频率，判断出水文年型。

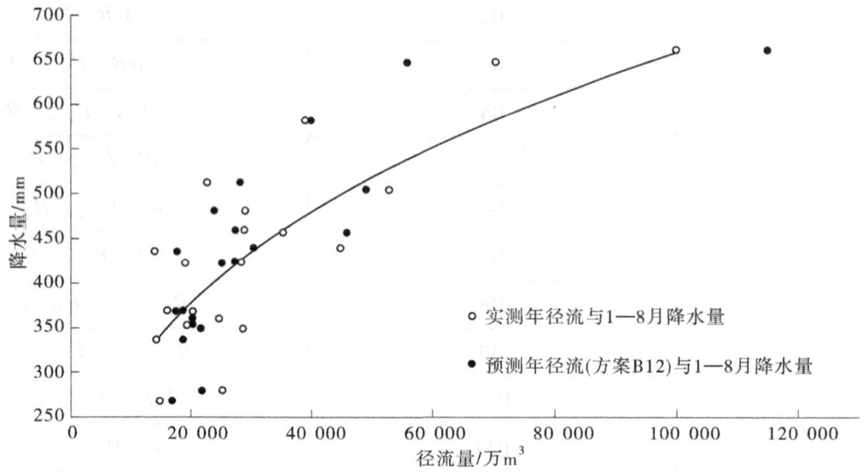

图 3 匡门口水文站 1—8 月降水量与实测、预测径流量关系

从客观情况来看，直接法所需诸参数中，每一参数的获取环节均存在一定的误差，而间接法主要使用降水资料进行计算，降水资料属于较为客观的数据，误差较小。同时，从管理机构的可操作性来讲[3]，间接法有一定优势，推荐采用间接法，直接法为备选方法，待实践后进一步验证两种方法的优劣。

5 结论

本文以清漳河为例，分别采用直接法和间接法来判别水文年景，从理论角度提出了可行的方法论，可为海河流域其他河流水量分配方案提供理论参考，具有较好的研究和实用价值。

参考文献

[1] 冯宇鹏，郑永路，丛娜，等．清漳河水量调度方案研究分析［J］，海河水利，2021，6（3）：6-9.
[2] 清漳河水量调度总体方案编制［R］．天津：中水北方勘测设计研究有限责任公司，2015.
[3] 清漳河水资源配置方案［R］．天津：中水北方勘测设计研究有限责任公司，2012.

水资源承载力评价方法研究进展

韩佳朋　刘亚南

（中国水利水电科学研究院 流域水循环模拟与调控国家重点实验室，北京　100048）

摘　要：适宜的评价方法对水资源承载力评价尤为重要。评价结果的科学性、准确性和可靠性与所选的评价指标和方法密切相关。本文梳理和总结了常用水资源承载力评价方法的原理、优缺点、适用性范围及其选取和评价过程中存在的问题，提出相应建议。本文为水资源承载力评价方法的选择与改进提供了思路。

关键词：水资源承载力评价；评价方法；适用性

1　引言

水资源承载力的评价涉及不同自然条件及地区的水资源、社会经济和生态环境系统，具有不确定性和复杂性。因此，选择合适的评价方法显得尤为重要。随着水资源承载力评价方法的日益多样化，许多学者将评价方法归纳为三大类：经验公式法、综合评价法和系统分析法。经验公式法基于历史数据和经验推导而来，但由于水资源系统的复杂性和动态性，又受到多种因素影响，该方法往往难以充分反映各子系统之间的相互联系，评价结果的准确性不够精准，无法提供全面的评估，故在此不再深入讨论。尽管当前关于水资源承载力评价方法的研究已相当丰富，但大部分研究者专注于将这些现有的方法应用于不同的地区，并没有探索出可能更适合当地条件、可复制、可推广的新方法。三类评价方法的优缺点明显，但关于哪种方法最优及其适用范围未达成一致，统一的水资源承载力评价方法尚未形成。同时，对于评价结果准确性的验证标准及方法仍待建立，特别是计算得出的评价结果与研究区实际水资源承载力的符合性亟须深入研究。本文重点梳理综合评价法、系统分析法和耦合评价法，提出选取与优化综合评价方法的思路。

2　评价方法研究进展

综合评价法主要包括逼近理想解法（TOPSIS 法）、模糊综合评价法、主成分分析法、投影寻踪模型、物元可拓模型、集对分析法、突变级数法、云模型和 BP 神经网络法；系统分析法主要包括系统动力学模型和多目标决策分析法。表 1 为常用评价方法的优缺点及其适用性。

2.1　综合评价法

2.1.1　TOPSIS 法

TOPSIS 法[1] 由 Hwang 和 Yoon 提出，其原理是对有限个评价对象到最优劣解的距离进行排序，通过备选方案与正理想解和负理想解距离做比较，得到备选方案中的最好方案。王江[2] 应用 TOPSIS 法评价了水工程对区域水资源承载力的影响，证明了该方法在水资源承载力评价中的可行性。但 TOPSIS 模型可能存在评价对象逼近正理想解，同时和负理想解距离也近的情况，所以欧氏距离可能得出评价结果难完全反映各方案优劣。TOPSIS 模型还可能存在权重改变导致逆序现象发生。吕建树

基金项目：国家重点研发（2023YFD1900804）。

作者简介：韩佳朋（1999—），男，硕士研究生，研究方向为水文与水资源。

通信作者：刘亚南（1994—），男，博士研究生，研究方向为灌区用水管理。

等[3]用垂直距离代替欧氏距离解决了上述问题。

表1 常用评价方法的优缺点及其适用性

分类	评价方法	优点	缺点	适用性
综合评价法	TOPSIS 法	对样本无严格限制，对原始数据利用比较充分	评价结果易受指标权重和数据分布的影响	该方法适用于有多个决策变量，或者指标数据已知的情况
	模糊综合评价法	对模糊信息进行精确量化描述，做出合理量化评价	剔小取大的运算会遗失大量的有用信息，模型的信息利用率低	该方法在考虑承载因子较多时比较适用
	主成分分析法	简化复杂的计算，指标权重计算客观，结果相对准确	评价参数的分级标准难以选定，对主成分难以取舍，降维处理导致信息量存在损失，影响结果	该方法适用于水资源承载力的横向比较
	投影寻踪模型	直观、可操作性强、分辨率高、赋权客观、人为干扰小，结果稳定	最优投影方向的选择问题是模型构建中的难题	该方法适用于高纬度、复杂性、非线性和非正态的综合成效评价
	物元可拓模型	有效处理体系指标存在的可变性和不共融性问题	存在权重失效问题	该方法适用于多因子的综合评价，可用于解决事物的环境条件与功能目标间的不相容问题
	集对分析法	定量刻画、评价结果客观	计算较粗糙，易丢失部分信息，影响评价结果	该方法适用于模糊性与不确定性程度较高的水资源承载力评价
	突变级数法	减少主观因素的干扰，不失科学性、合理性，计算简单	对于指标相对重要程度的精确性有较高要求	该方法适用于状态评价和变化趋势分析
	云模型	具有模糊性、随机性、统计性等特点，能准确反映实际情况	传统模型忽略了指标间的权重，评价等级的划分无统一标准	该方法适用于模糊性较强、部分信息未知、样本较小的不确定性系统
	BP 神经网络法	能有效地解决水资源系统中的非线性问题，计算结果更客观	模型建立相对于现有的评价模型复杂，收敛速度慢，而且受到局部极点困扰	该方法不受研究区的区位限制，应用于对未来水资源承载力状况预测
系统分析法	系统动力学模型	可准确把握各承载因子之间的相互影响作用	非线性方程参数的微小扰动可能造成长期分析结果的错误，计算方法复杂、不直观，分析结果不准确	该方法适用于高度复杂、层次全面的开放大系统分析和研究
	多目标决策分析法	在可持续发展原则下，考虑多种系统复杂性，整体性强	区域过大会产生因影响因素过多而难以考虑全面的问题，从而导致运算结果不够可靠，推广较难	该方法通常适用于水资源承载力的纵向分析，对复杂系统进行整体优化处理

2.1.2 模糊综合评价法

水资源承载力具有不确定性和模糊性。模糊综合评价法能较好地反映水资源承载状况。模糊综合评价法是从影响问题的诸因素出发，确定被评价对象从优到劣若干等级的评价集合和评价指标的权重，对各指标分别做出相应的模糊评价，确定隶属函数，形成模糊判断矩阵，将其与权重矩阵进行模糊运算，得到定量的综合评价结果。许有鹏[4] 首先用模糊综合评价法对干旱区水资源承载力进行评价。闵庆文等[5]、张晓鹏等[6] 基于模糊数学理论构造了评价等级隶属度函数，使隶属度函数在各级之间能够平滑过渡。Zhang 等[7] 通过构建多层次模糊评价模型，对徐州市现状和未来水资源承载力进行评估和预测，为徐州市未来发展提供参考。

2.1.3 主成分分析法

主成分分析法是指把多个相关变量综合成一个或少数几个综合指标，而这一个或少数几个综合指标又能最大程度地反映原来变量信息的一种多元统计分析方法。主成分分析法在水资源承载力评价中的应用广泛，主要应用于水资源承载力评价、水资源承载力评价指标筛选和水源承载力评价指标权重计算。肖迎迎等[8] 和李高伟等[9] 都基于主成分分析法分别对榆林市和郑州市水资源承载力进行评价。由于主成分分析法数据标准化时，消除了各变量在变异程度上的差异，损失了数据的部分信息。望开发[10] 对原始数据标准化采用均值法，消除了指标间量纲影响，保留了差异性。Liu 等[11] 采用主成分分析法对现在和未来水资源承载力进行了评价。Lu 等[12] 和朱翰林[13] 都采用主成分分析法对研究区水资源承载力评价指标进行筛选，提高了评价指标体系建立的准确性和可靠性。

2.1.4 投影寻踪模型

投影寻踪模型利用计算机技术把高维数据通过某种组合投影到低维子空间上并通过极小化某个投影指标寻找出能反映原数据结构或特征的投影以达到研究和分析高维数据的目的。投影寻踪法已在水资源承载力评价和评价指标权重计算上进行了应用。王顺久等[14] 将投影寻踪模型应用于全国和淮河流域水资源承载力评价，证明了该方法在水资源承载力评价中的可行性。但投影寻踪模型投影方向不确定性和随机性较强，较难寻找到最优的投影方向。

2.1.5 物元可拓模型

物元可拓模型基于 N、C、V 组成的有序三元组作为描述基本元，研究物元变化规律并对事物进行定量定性分析。汤亚林等[15] 证明了物元可拓模型可应用于水资源承载力评价中。唐恒等[16] 用熵权确定客观权重并结合模糊物元建模和贴近度对研究区进行评价和类别划分，同样证明了模型在水资源承载力评价中的适用性。传统可拓方法存在权重确定和隶属度的失效等问题[17]，应用非贴近度原则代替最大隶属度原则和粗集理论确定权重解决了上述两个问题。

2.1.6 集对分析法

集对分析法[18] 是把确定、不确定看作一个系统，在该系统中，确定性与不确定性在一定条件下可互相转化、互相影响、互相制约，并可用一个表达式来统一描述，从而把对不确定性的辩证认识转换成一个具体的数学工具。何俊仕等[19] 用集对分析法对淮河流域数字源承载力进行评价。在集对分析法中，计算联系数过程较粗糙，易丢失部分信息，同时差异度系数的不确定性问题等，都会造成评价结果与实际产生偏差。

2.1.7 突变级数法

突变级数法是先对多个目标进行多层次矛盾分解，再根据模糊数学与突变理论相结合得到相应的隶属函数，然后由归一公式对各指标进行综合量化分析运算，最后可将多个指标归一成一个参数，即求得的总的隶属函数，由此可以得出综合评价结果。传统方法排序多采用主观排序，近些年也出现熵权进行客观排序，Zhao 等[20] 和 Kong 等[21] 应用不同的客观排序方法，对评价指标信息重要性进行排序。但都对排序结果准确性产生影响。

2.1.8 云模型

云模型由李德毅院士在结合概率统计和模糊理论基础上提出，水资源承载力评价指标具有模糊性和随机性，云模型可以兼顾指标随机性与模糊性，云模型可应用于水资源承载力评价。魏光辉等[22]和陶虎等[23]分别基于云模型对浙江省和石羊河流域进行水资源承载力评价，并验证了模型适用性。Tao 等[24]提出了 DPESBRM 概念模型并结合云模型对城市水资源承载力进行评价，与其他模型评价结果进行了比较，评价结果一致。

2.1.9 BP 神经网络法

BP 神经网络是一种单向传播的多层前向网络，由输入层、输出层和一个或若干个隐含层构成。BP 神经网络可用于水资源承载力评价和未来水资源承载力预测。该方法计算水资源承载力时不用人为确定权重，降低了主观因素干扰，提高了评价结果的准确性和可靠性[25]，但该方法对于数据的选取数量和质量要求极大地影响模型的学习能力，出现与实际情况吻合程度不达预期的情况。陈凯等[26]运用 RBF 神经网络模型进行承载力计算，计算结果优于 BP 神经网络。杨琳琳等[27]在不同发展情景下结合 BP 神经网络模型对新疆水资源承载力进行评价。张浩然[28]分别用三种模型对河南省水环境承载力进行评价，在三种模型中选出了拟合度较高模型。苏伟等[29]将 BP 神经网络应用于水资源承载力预测。刘欢等[30]对中国 31 个省份进行了水资源承载力评价，并用 BP 神经网络预测了未来 6 年水资源承载力状况。

2.2 系统分析法

2.2.1 系统动力学模型

系统动力学模型[31]是以系统结构为基础建立的模型，基本方法是以微分方程理论为工具，通过建立微分方程组来描述系统的结构，分析研究系统随时间变化的规律。黄莉新[32]将系统动力学模型在水资源承载力评价中的应用进行了理论性分析，证明该方法评价可行性，并给出评价思路，对江苏省水资源承载力进行了评价。李玲玲等[33]基于系统动力学方法，探究了有无政策下北京市水资源承载力状况。Li 等[34]通过构建 SD 模型分析 2021—2035 年新疆农业可持续发展能力的预期变化。Shi 等[35]应用系统动力学模型模拟水资源承载力在不同社会发展情境下的动态变化。

2.2.2 多目标决策分析法

多目标决策分析法是采用分解-协调的系统分析思路，将水资源荷载系统划分为多个子系统，用数学模型求解优化目标的整体最优化方案，得到水资源承载力。刘旭东等[36]结合主成分分析法用多目标决策建立水资源承载力评价模型，对河北省水资源承载力进行评价和预测。郑奕等[37]建多目标决策模型对西北干旱地区水资源承载力进行评价，并预测了未来各项指标。吴旭等[38]通过建立的水资源承载力多目标决策模型并统筹区域的经济、社会、生态环境协调性，水资源与社会、经济、环境之间的“平衡点”，为制定未来区域发展规划提供依据。

2.3 耦合评价方法

耦合评价方法旨在有效克服单一评价方法在实际应用中的局限性。该方法主要通过两种方式实现：首先，将评价指标的赋权方法与单一评价方法结合；其次，耦合两种或多种单一评价方法来改进某一特定评价方法。该方法的核心在于充分发挥不同评价方法的优势，以弥补单一评价法的不足，从而提升评价结果的准确性和全面性。

2.3.1 赋权方法与单一评价方法耦合

傅春等[39]根据研究区水资源条件，采用熵权法与 TOPSIS 法对江西省水资源承载力进行评价，避免了 TOPSIS 运用专家评分和层次分析计算权重主观影响。刘晓君等[40]在熵权法基础上，加入变权法对指标权重计算反常现象修正，并用垂直距离代替欧氏距离，降低了主观因素影响，解决了难以反映评价对象实际优劣的问题。袁宇龙[41]和 Sun 等[42]将权重引入欧氏距离的计算中，保持原数据间关系结构不变化，解决了 TOPSIS 模型因权重改变发生逆序现象。李少朋等[43]将权重引入欧氏距离计算的同时，基于虚拟负理想解改进距离计算，改进后解决了逆序问题的发生和评价结果区分度不高的问题。李景等[44]将灰色关联法与 TOPSIS 模型结合，加入灰色关联后反映序列非线性变化，解决了 TOPSIS 模型只反映属性和效应之间的线性变化。王瑛等[45]在熵值和灰色关联法进行指标赋权基础上，避免了赋权主观随意性，在距离贴近度和角度贴近度两个方面对TOPSIS模型进行改进。何莉等[46] 将D-S证据理论与TOPSIS模型结合，增加了评价结果的准确性。Song等[47] 在权重和接近距离两方面对传统TOPSIS计算进行了优化。袁艳梅等[48] 综合主客观赋权计算各指标权重，利用灰色关联法确定隶属度矩阵，计算出各评价等级隶属度差距减小，使评价结果更准确可靠。Wang等[49] 通过将层次分析法与模糊综合评价法结合，降低了传统模糊综合评价中以专家经验定权重的主观因素影响。李治军等[50] 应用网络层次分析法结合改进的熵权法计算组合权重，应用模糊综合评价法对芜湖市水资源承载力评价，改进后提高了评价结果的准确性、客观性。王昆漩等[51] 以模糊综合评价法为基础，引入灰色关联法简化了指标体系，采用熵权-层次分析组合赋权，保证了权重计算合理性。赵小勇等[52] 在基于最大熵原理的投影寻踪模型改进模型，推导出密度窗宽的合理取值范围和最佳取值，分类评价效果更佳。金菊良等[53] 应用投影寻踪模型对层次分析法优化确定指标权重，使所得的权重更接近最优解。薛小杰等[54] 用博弈论方法对熵权和层次分析进行权重组合，再次对非对称贴近度可拓评价模型进行了优化。针对突变级数法的不足，Song等[55] 应用主客观结合方法进行排序，体现指标特征，再对隶属度计算进行了调整，使水资源承载力评价值更加准确。

2.3.2 单一评价方法间耦合

陈磊等[56] 将投影寻踪模型与TOPSIS模型结合，改进欧氏距离计算，解决了评价结果区分度不高的问题。陈亮亮等[57] 采用基于实码的加速遗传优化算法优化了投影方向，寻找出最佳投影方向，优化了传统方法的不足。姜秋香等[58] 使用粒子群优化算法对模型的投影方向进行了优化。崔文东等[59] 和饶均辉[60] 用多种优化投影方向算法分别与投影寻踪模型结合，对该模型最佳投影方向进行优化，并通过对比分析得出具有较好寻优能力、精度、收敛速度稳定可靠的算法。杨亚锋等[61] 验证了可变集和可拓集评价中的相容性，将两者进行耦合，可有效客观反映研究区水资源承载力水平。牛莉霞等[62] 将云模型中数字特征代替可拓模型中事物特征值进行改进，改进后的物元可拓模型集结了两个模型的优点，使评价结果更加可靠。刘永安等[63] 将可变模糊集和集对分析耦合；金菊良等提出多种方法改进了集对分析法，还将风险矩阵[64]、灰色聚类理论[65] 和耦合协调度模型[66] 等分别与集对分析法相结合，克服传统集对分析法的缺陷。薛晴等[67] 将系统动力学模型与BP神经网络模型耦合，从不同的角度出发探究了江苏省水资源承载力变化趋势。

3 展望

目前，水资源承载力评价领域尚未建立起一套成熟的理论和方法体系。尽管存在多种水资源承载力评价方法，但是每种方法应用于水资源承载力评价时有各自的特点和适用性，并且评价结果也存在差异。每种方法均存在一定的局限性，且在选择评价方法时缺乏客观、准确的参考标准，部分学者往往依赖主观判断进行选择，或采用两种及以上方法对研究区域进行组合评价，选择出相对准确和适合评价区域的评价方法。然而，在方法选取与改进的准确性和可靠性仍需进一步增强，尤其是评价结果与当地实际的水资源承载状况的符合性亟待验证。因此，评价方法的选取对水资源承载力评价至关重要，相关研究需要不断深化和拓展。

本文总结了水资源承载力评价方法的优缺点及其改进情况，并对未来的发展提出以下展望：

（1）评价方法集成和优化。未来在水资源承载力评价方法改进和创新上可能采用模型集成与优化技术，充分发挥各评价模型的优势，将不同尺度、不同类型的模型进行整合和优化，克服单一评价模型评价结果不一致等缺陷。通过构建多尺度、多层次的评价模型体系，可以更全面地考虑水资源承载力的各种影响因素，同时，对集成优化后的模型及其评价结果进行验证，并结合知识推理方法，以提高评价结果的准确性和可靠性，使最终的集成模型相比单一模型更具科学合理性。

（2）信息技术与模型联合应用。目前，水资源承载力评价方法多数以数学模型为主。近年来，水资源承载力研究已经进入创新发展阶段，地理信息系统、遥感技术、水文模型和人工智能等新兴技术逐渐被引入水资源承载力评价中，这些技术不仅能提供水资源系统的实时监测和预警，还可通过评价模型进行深入分析与预测，显著提高评价的准确性和科学性，从而促进水资源的可持续利用。

（3）跨学科合作综合评价。水资源承载力评价是一项跨多学科的合作与综合研究，但在实际情况中，不同学科间联系合作机制还尚未形成一种很好的模式，未来应加强跨学科的协作与融合，利用各学科的优势，开发更加综合、科学和适用的水资源承载力评价方法。建立一套标准的水资源承载力评价方法、监测和预警系统，以适应新时期的水资源管理需求，是实现可持续水资源利用的重要保障。

参考文献

[1] 刘军琦，孙璐，刘兵．利用TOPSIS法评价企业财务绩效：原理与实证分析［J］．四川大学学报（哲学社会科学版），2001（3）：42-46.

[2] 王江．水工程对区域水资源承载力的影响［D］．咸阳：西北农林科技大学，2008.

[3] 吕建树，刘煜杰，倪腾南．兖州市水资源承载力多情景评价研究［J］．长江科学院院报，2010，27（5）：24-28.

[4] 许有鹏．干旱区水资源承载能力综合评价研究：以新疆和田河流域为例［J］．自然资源学报，1993（3）：229-237.

[5] 闵庆文，余卫东，张建新．区域水资源承载力的模糊综合评价分析方法及应用［J］．水土保持研究，2004（3）：14-16.

[6] 张晓鹏，张鑫．基于模糊综合评价法的区域水资源承载力研究［J］．中国农村水利水电，2009（7）：18-21.

[7] Zhang Y, Song X, Wang X, et al. Multi-Level Fuzzy Comprehensive Evaluation for Water Resources Carrying Capacity in Xuzhou City, China［J］. Sustainability, 2023, 15（14）：11369.

[8] 肖迎迎，宋孝玉，张建龙．基于主成分分析的榆林市水资源承载力评价［J］．干旱地区农业研究，2012，30（4）：218-223，235.

[9] 李高伟，韩美，刘莉，等．基于主成分分析的郑州市水资源承载力评价［J］．地域研究与开发，2014，33（3）：139-142.

[10] 望开发．基于改进PCA法在水资源承载力中的应用［J］．水科学与工程技术，2019（4）：40-44.

[11] Liu H, Xia J, Zou L, et al. Comprehensive quantitative evaluation of the water resource carrying capacity in Wuhan City based on the "human-water-city" framework：Past, present and future［J］. Journal of cleaner production, 2022, 366：132847.

[12] Lu L, Lei Y, Wu T, et al. Evaluating water resources carrying capacity：The empirical analysis of Hubei Province, China 2008—2020［J］. Ecological Indicators, 2022, 144：109454.

[13] 朱翰林．玉林市水资源承载力评价及影响因素分析［D］．南宁：广西大学，2023.

[14] 王顺久，侯玉，张欣莉，等．流域水资源承载能力的综合评价方法［J］．水利学报，2003（1）：88-92.

[15] 汤亚林，朱帅帮．物元模型在新疆水资源承载力综合评价中的应用［J］．水资源保护，2006，22（3）：40-42.

[16] 唐恒，杜发兴．基于熵权的模糊物元水资源承载力评价模型［J］．中国农村水利水电，2006（12）：36-39.

[17] 张洪波，黄强，辛琛，等．水资源承载力可拓评价方法［J］．大连理工大学学报，2006（增刊）：206-212.

[18] 赵克勤，宣爱理．集对论：一种新的不确定性理论方法与应用［J］．系统工程，1996，14（1）：18-23.

[19] 何俊仕，曹雪．基于集对分析原理的水资源承载能力评价研究［J］．人民黄河，2009，31（4）：53-54.

[20] Zhao S, He G. Coupling research on spatio-temporal differentiation of water resources carrying capacity in mature mining cities［J］. Water science & technology. Water supply, 2022, 22（6）：5739-5752.

[21] Kong Y, He W, Gao X, et al. Dynamic assessment and influencing factors analysis of water environmental carrying capacity in the Yangtze River Economic Belt, China［J］. Ecological Indicators, 2022, 142：109214.

[22] 魏光辉，马亮．基于正态云模型的区域水资源承载力评价［J］．节水灌溉，2015（1）：68-71.

[23] 陶虎，胡广录，白元儒，等．基于二次博弈云模型的石羊河流域水资源承载力评价［J］．水电能源科学，2024，42（5）：58-62.

[24] Peng T, Deng H, Lin Y, et al. Assessment on water resources carrying capacity in karst areas by using an innovative DPESBRM concept model and cloud model［J］. Science of the Total Environment, 2021, 767：144353.

[25] 许莉，赵嵩正，杨海光．水资源承载力的 BP 神经网络评价模型研究［J］．计算机工程与应用，2008，44（8）：217-219.
[26] 陈凯，李就好，李永刚，等．汕头市水资源承载力评价研究［J］．长江科学院院报，2012（7）：21-26.
[27] 杨琳琳，李波，付奇．基于 BP 神经网络模型的新疆水资源承载力情景分析［J］．北京师范大学学报（自然科学版），2016，52（2）：216-222.
[28] 张浩然．基于三种评价模型的河南省水环境承载力研究［D］．郑州：华北水利水电大学，2020.
[29] 苏伟，刘景双，李方．BP 神经网络在水资源承载能力预测中的应用［J］．水利水电技术（中英文），2007（11）：1-4.
[30] 刘欢，宋孝玉，李磊，等．中国 31 省（市、自治区）水资源承载力评价及预测研究［J］．干旱地区农业研究，2023，41（4）：226-237.
[31] 杨开宇．运用系统动力学分析我国城镇化对水资源供需平衡的影响［J］．财政研究，2013（6）：10-13.
[32] 黄莉新．江苏省水资源承载能力评价［J］．水科学进展，2007，18（6）：879-883.
[33] 李玲玲，徐琳瑜．特大城市水资源承载力政策响应的动态模拟［J］．中国环境科学，2017，37（11）：4388-4393.
[34] Li W，Jiang S，Zhao Y，et al. Comprehensive evaluation and scenario simulation of water resources carrying capacity：A case study in Xiong'an New Area，China［J］．Ecological Indicators，2023，150：110253.
[35] Shi Y，Yang S，Zhang L，et al. Forecasting and advancing water carrying capacity in Henan Province in China：Application of 'four determinations with water' in AHP and SD modeling［J］．Science of The Total Environment，2024，919：170757.
[36] 刘旭东，曾现来，巩如英，等．基于多目标决策与主成分分析的水资源承载力评价及预测：以河北省为例［J］．安徽农业科学，2008（2）：751-753.
[37] 郑奕，魏文寿，崔彩霞．新疆焉耆盆地水资源承载力研究［J］．中国人口·资源与环境，2010，20（11）：60-65.
[38] 吴旭，刘彬，刘杰，等．基于多目标决策分析的水资源承载力研究［J］．水电能源科学，2021，39（1）：42-45，9.
[39] 傅春，李雅蓉．江西省水资源承载力评价及障碍因子诊断［J］．人民长江，2019，50（8）：109-114.
[40] 刘晓君，付汉良．基于变权信息熵改进 TOPSIS 法的水资源承载力评价：以陕西省地级城市为例［J］．水土保持通报，2015，35（6）：187-191.
[41] 袁宇龙．基于加权改进 TOPSIS 法的区域资源环境承载力研究［D］．成都：四川大学，2018.
[42] Sun Xiubo，Guo Changlai，Cui jian. Research on evaluation method of water resources carrying capacity based on improved TOPSIS model［J］．La Houille Blanche，2020.
[43] 李少朋，赵衡，王富强，等．基于 AHP-TOPSIS 模型的江苏省水资源承载力评价［J］．水资源保护，2021，37（3）：20-25.
[44] 李景，何文社，台书雅，等．基于组合权重-灰色关联逼近理想解排序法的甘肃省水资源承载力评价［J］．科学技术与工程，2021，21（17）：7327-7333.
[45] 王瑛，付艳淙．改进指标赋权法的水资源承载力动态综合评价［J］．统计与信息论坛，2022，37（7）：98-107.
[46] 何莉，储梦溪，张进朝，等．基于改进 TOPSIS 的水资源承载力动态评价［J］．中国农村水利水电，2023（8）：1-6，12.
[47] Song Q，Wang Z，Wu T. Risk analysis and assessment of water resource carrying capacity based on weighted gray model with improved entropy weighting method in the central plains region of China［J］．Ecological Indicators，2024，160：111907.
[48] 袁艳梅，沙晓军，刘煜晴，等．改进的模糊综合评价法在水资源承载力评价中的应用［J］．水资源保护，2017，33（1）：52-56.
[49] Wang G，Xiao C，Qi Z，et al. Development tendency analysis for the water resource carrying capacity based on system dynamics model and the improved fuzzy comprehensive evaluation method in the Changchun city，China［J］．Ecological Indicators，2021，122：107232.
[50] 李治军，王涛．基于改进组合赋权法的区域水资源承载力评价［J］．中国农村水利水电，2022（10）：112-118.

[51] 王昆漩，陈威．基于改进模糊综合评价的十堰市水资源承载力评价［J］．水电能源科学，2024，42（2）：14-17.
[52] 赵小勇，余静，刘玉玉，等．基于改进 PPC 模型的江苏省水资源承载力动态评价［J］．中国农村水利水电，2024（7）：1-9.
[53] 金菊良，刘东平，周戎星，等．基于投影寻踪权重优化的水资源承载力评价模型［J］．水资源保护，2021，37（3）：1-6.
[54] 薛小杰，黄四霞，张泽中．水资源承载力可拓评价模型的改进及应用［J］．干旱地区农业研究，2012，30（2）：175-180，212.
[55] F Song，X Yang，F Wu. Catastrophe progression method based on M-K test and correlation analysis for assessing water resources carrying capacity in Hubei province［J］. Journal of Water and Climate Change，2018.
[56] 陈磊，陈莹莹，崔毅，等．基于投影寻踪改进 TOPSIS 的地下水资源承载力评价方法［J］．人民黄河，2023，45（10）：73-77.
[57] 陈亮亮，刘风华，龚程．投影寻踪模型在区域水资源承载力综合评价中的应用［J］．节水灌溉，2010（1）：13-15.
[58] 姜秋香，付强，王子龙．三江平原水资源承载力评价及区域差异［J］．农业工程学报，2011，27（9）：184-190.
[59] 崔文东，金波．基于 WDO-PP 模型的文山州近 10 年水资源承载力评价［J］．水利经济，2016，34（6）：43-49.
[60] 饶均辉．GSA-PP 模型在区域水资源承载力评价中的应用［J］．水资源与水工程学报，2016，27（6）：95-100.
[61] 杨亚锋，巩书鑫，王红瑞，等．可拓集与可变集的相容性辨析及耦合评价方法［J］．系统工程理论与实践，2021，41（8）：2137-2146.
[62] 牛莉霞，胡天龙．基于可拓云模型的辽宁省水资源承载力评价［J］．长江科学院院报，2023，40（10）：22-29.
[63] 刘永安，王文圣，赵益平．基于改进集对分析-可变模糊集耦合模型的水资源承载力评价［J］．水电能源科学，2019，37（4）：17-20.
[64] 金菊良，陈磊，陈梦璐，等．基于集对分析和风险矩阵的水资源承载力评价方法［J］．人民长江，2018，49（7）：35-41.
[65] 叶飞，方国华，金菊良．基于灰色聚类集对分析法的水资源承载力评价模型［J］．水资源与水工程学报，2020，31（3）：30-36.
[66] 金菊良，徐新光，周戎星，等．基于联系数和耦合协调度的水资源空间均衡评价方法［J］．水资源保护，2021，37（1）：1-6.
[67] 薛晴，杨侃．基于 BP 神经网络-系统动力学耦合模型的江苏省水资源承载力预测与调控研究［J］．水利水电技术（中英文），2022，53（11）：86-99.

西辽河平原地下水压采效果评价指标体系研究

严聆嘉　何　鑫　陆垂裕

（中国水利水电科学研究院，北京　100038）

摘　要： 近年来，我国北方地区受人类活动和经济社会发展影响，地下水超采严重，为了解决这一问题，各有关部门制订并实施一系列超采治理措施修复地下水资源。如何科学评价地下水的超采治理修复效果，是保护和修复地下水资源系统和流域科学管理的重要前提。本文基于量化管控、节水控需、基础保障及综合管理4个方面构建了西辽河平原地下水压采修复效果指标评价体系，并探讨了地下水压采评价的方法，为地下水治理监管、地下水系统修复及流域可持续发展提供科学依据和技术支撑。

关键词： 地下水压采；效果评价；指标体系

1　引言

地下水作为水资源的重要组成，是支撑我国经济社会发展的战略资源，同时也是生态和环境的关键要素。地下水供水特别是对北方地区具有重要意义，海河区和辽河区甚至超过总供水量的50%。地下水不仅对供水安全保障具有重要意义，在生态保护、环境地质灾害防治等水安全方面的作用也远大于地表水。长期以来地下水资源在我国水安全中具有重要的战略地位，但并没有得到与地表水资源同等的重视，管理和保护体制严重滞后，当前我国北方地区普遍存在地下水超采问题[1]。据统计，2016年全国平原区地下水超采区总面积28.7万km^2。地下水超采产生了包括地下水资源枯竭、地面沉降、地下水污染、湿地退化、河道断流在内的一系列水安全和水生态危害，严重危及社会经济的长远发展和人民群众的身心健康[2]。

内蒙古西辽河流域是我国重要的粮食生产基地，近年来种植面积无序扩张使地下水超采问题日益突出。作为地下水超采的问题区域之一，内蒙古西辽河流域水资源衰减问题已引起社会高度关注，为解决当地水资源紧缺、生态恶化的问题，当地政府出台了《内蒙古西辽河流域“量水而行”以水定需实施方案》（简称《方案》）、《内蒙古西辽河水量分配方案》等相关文件，并制订一系列措施压减地下水开采，做出了“量水而行，以水定需”的重要战略部署。然而治理任务面临目标多、时间线复杂、大量工作难以量化的问题，亟须通过科学有效的手段全面评价并监管地下水治理的实施效果，为地下水系统的保护和修复提供科学建议和方向，为地下水资源的合理利用和有效管理提供基础信息和决策依据。

2　研究区概况

内蒙古西辽河流域位于内蒙古自治区东部辽河上游，面积12.7万km^2，流域内40.8%为平原区、59.2%为山丘区。该流域属中温带半干旱季风气候，多年平均气温5.0~7.0 ℃，年均降水350~400 mm，且70%以上集中于6—8月，年平均蒸发能力1 700~2 000 mm。局部地区地表水资源相对不足，

作者简介： 严聆嘉（1992—），女，工程师，主要从事地下水管理与数值模拟的研究工作。

通信作者： 陆垂裕（1976—），男，正高级工程师，科室主任，主要从事水文水资源、地下水循环、地下水合理开发利用与调控等方面的研究工作。

地下水已成为当地工农牧业和居民生活用水的主要供水水源。西辽河平原区涉及通辽市的七个旗（县、区）和赤峰市的四个旗（县、区）[3]（见图 1）。

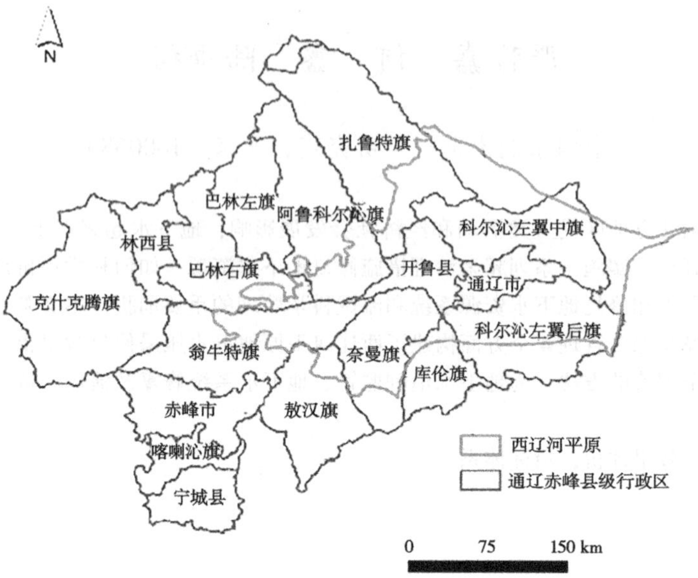

图 1　西辽河平原概况图

3　地下水压采效果评价指标体系构建

3.1　总体思路和构建原则

该指标体系的制定可以为上级水利单位评价下级水利单位“量水而行”工作的完成情况厘清思路，更可为内蒙古西辽河流域或其他地下水超采区域的管理综合施策提供有力支撑。具体制定原则如下：

（1）科学性与真实性。该指标体系的制定需具备科学依据，符合地下水在压采治理中客观变化的科学规律，能够真实地反映出地下水压采综合治理的实际效果。

（2）中央与地方政策结合。指标体系的制定需充分考虑中央和地方政策的结合，需要具有广泛适用性。

（3）近远期目标结合。该指标体系还需考虑非关键时间节点年的年度实施方案目标与关键时间节点目标的有机结合。

（4）灵活性与可操作性。该指标体系的总体原则和框架应具有稳定性，但应用层面应具备灵活性。采取定量指标与定性指标结合，“模块化”的操作方式，在具体实施过程中方便执行，具有可操作性。

3.2　指标体系框架

指标体系根据评价对象和目的的不同可有多种基本框架。地下水压采效果评价指标体系的总体目标是通过指标体系各相关变量的测评，科学、系统地评价地下水压采是否达效。总体的指标体系分为量化管控、节水控需、基础保障、综合管理四个主要模块。每个模块下分若干一级指标，一级指标下再细分出二级指标，形成西辽河流域地下水压采效果综合评价一、二级指标体系框架，见表 1。

表1　地下水压采效果评价综合指标体系

评价模块	一级指标	二级指标
量化管控	水位控制（40%）	$P=75\%$水位控制指标（20%）
		多年平均水位控制指标（20%）
	水量控制（40%）	用水总量控制指标（20%）
		压减地下水超采量指标（20%）
	用水效率控制（10%）	农业灌溉水有效利用系数（5%）
		高效节水灌溉（5%）
	生态流量控制（10%）	重要断面下泄水量（10%）
节水控需	强化节约用水（50%）	井灌区非节水改节水（10%）
		井灌区管灌改滴灌（10%）
		地表水衬砌（10%）
		加强工业节水减排（10%）
		加强城镇节水降损（10%）
	退减灌溉面积（40%）	退减河道灌溉面积（10%）
		退减水库灌溉面积（10%）
		退减地表水灌溉面积（10%）
		退减地下水灌溉面积（10%）
	调整农业种植结构（10%）	玉米改低耗水作物（10%）

评价模块	一级指标	二级指标
基础保障	严格计量管理（50%）	机井登记管理（10%）
		取水口登记管理（10%）
		完善地下水监测体系（10%）
		完善用水计量体系（10%）
		完善监测断面设施（10%）
	加强水利工程建设（30%）	再生水利用工程（10%）
		外调水工程（10%）
		河道生态修复工程（10%）
	构建技术平台（20%）	研发水资源综合管理平台（20%）
综合管理	优化分配与调度（40%）	建立用水配额制度（10%）
		推进农业综合水价改革（10%）
		制定和实施水量调度（20%）
	完善组织领导（40%）	成立水资源管理调度机构（10%）
		加强水资源管理队伍建设（10%）
		落实属地责任（10%）
		制定地下水管控政策（10%）
	保障资金投入（20%）	按计划进行投资（10%）
		保障资金使用安全（10%）

3.3　指标体系描述

3.3.1　量化管控

该模块主要针对当地政府或国家水行政主管部门提出的管控指标，从用水总量控制、用水效率管控、河道下泄水量管控、地下水位管控四个方面，建立可以客观量化的科学打分体系，在关键时间节点对最能反映地下水压采治理效果的指标进行精准评估。

地下水位是可观测、可计量的物理数据，是评价区域地下水蓄存动态最直接的数据指标。地下水超采综合治理的各项投入，最终的效果要反映在超采区地下水位的修复上。因此，地下水超采综合治理后的地下水位效果评估，将是检验地下水超采综合治理工作绩效的重要依据和手段。

水量控制的目标在用水总量方面，原则上按照内蒙古自治区水利厅印发的《内蒙古西辽河流域水资源管控目标》执行。地表水与地下水的计划压减量依照《方案》执行。水量压采是农业地下水压采量与工业/生活地下水压采量的总和。

作为缺水地区，赤峰、通辽两市虽然加大了农业灌溉节水等力度，但用水效率相对于水资源短缺的状况仍需进一步提高，节水机制有待完善，在各项指标上落后于华北地区的平均水平。根据《国家节水行动方案》要求，有效提高水资源利用效率和效益，考虑治理措施实施效果，确定用水效率管控指标。

生态流量控制的目标原则上按照内蒙古自治区水利厅印发的《内蒙古西辽河流域水资源管控目

标》执行。选取郑家屯（内蒙古与辽宁省省届断面）、麦新（西木伦河与老哈河汇入西辽河断面）、梅林庙（乌力吉木仁河控制断面）、海日苏（西拉木伦河把口断面）、巴林桥（东台子水库出口断面）、乌敦套海（红山水库出口断面）六个断面作为控制断面。

3.3.2 节水控需

该模块主要针对《方案》中提出的“一减一增”举措，其中“一减”环节即强化节约用水、减退灌溉面积、调整农业种植结构，“一减”是压采治理措施中的重中之重。节水控需虽不是对地下水的直接观测，但却是所有治理措施中最能影响地下水开采量，进而影响地下水位的决定性因素。因此，需要在关键时间节点对节约用水和减退不合理用水需求等指标进行量化评价。

强化节约用水包含了农业节水灌溉、工业节水减排、城镇节水降损等方面，分成5个二级指标。加快重点中型灌区配套建设与大中型灌区现代化改造，大力推广井灌区浅埋滴灌技术，积极推广农艺节水措施和水肥一体化技术，推行测墒灌溉、配方施肥、保水剂应用等措施，促进农业用水精细化管理。加强灌溉试验研究，科学合理制修订灌溉定额。实施规模养殖场节水建设与改造，创建节水型养殖场。

在实施节水措施的基础上，还需要减少农业配水面积，压减农业配水量。对河道内和水库库区内未确权的灌溉面积实施退耕；对河道内和水库库区内已确权的灌溉面积，禁止种植高秆作物，不予用水配额，实施关停封填机井；对地下水超采严重、水源条件不好的区域及低产田等，减少部分配水面积，压减取用水量。因此，退减农业灌溉面积分为退减河道内灌溉、退减水库灌溉、退减地表水灌溉、退减地下水灌溉四个部分。根据各部分需要退减的面积以及相对应的用水定额确定地下水压采量。此外，需根据当地水热条件，压减玉米等高耗水作物种植面积，调整为大豆、高粱、谷子等低耗水和耐旱作物。

3.3.3 基础保障

基础保障模块包括严格计量管理、加强水利工程建设和构建技术平台三项。

观测与计量是水资源管理特别是地下水管理中基础中的基础，只有获得了一手的、完整的、准确的计量数据，才能保证后续目标制定与管理工作的有效开展。该指标体系对地下水取水、地表水取水、河流重点监测断面等方面的工作开展评估。

水利设施的建成与投入使用是完成西辽河流域地下水压采治理“一减一增”措施中“一增”环节的重要保障。“一增”主要体现在增加再生水利用以置换工业和城市部分用水，以及增加外调水使用以置换本地的地下水开采。此外，河道的生态修复工程虽不能直接增加本地水量，但也是保证水流畅通，进而保证河道下泄水量的重要基础工程。

当前，水资源管理逐渐实现信息化，水资源管理信息化可以提高水资源综合管理的能力和工作效率，实现水资源管理向动态管理、精细管理、定量管理和科学管理转变。因此，在西辽河流域构建水资源综合管理的信息技术平台是完成地下水压采治理目标的重要基础措施之一。

以上这些指标共同构成了地下水资源管理的软硬件基础，为各项后续工作提供数据等基础信息方面的支撑。

3.3.4 综合管理

模块主要针对国家推动水利高质量发展的工作总基调，在西辽河地下水的“强监管”方面做到客观、全面、有据可依，对地下水资源管理工作中的具体落实情况进行评估，其中包括优化水资源分配与调度、完善组织领导、保障资金投入三个方面。从管理工作的落地、管理机制的完善与资金投入的保障等多个角度评价强监管的实施与成果。

3.4 赋分原则

赋分由模块内赋分与模块间加权两部分组成。每个模块的总分均为100分，最终的评分结果由各模块加权平均后获得，公式如下：

$$最终得分 = \sum_{1}^{n} M_i \cdot f_i \tag{1}$$

其中
$$\sum_{1}^{n} f_i = 1$$

式中：M 为模块；f 为权重，0～1；n 为模块数量。

模块内赋分按照一级指标相对于地下水压采治理的重要程度给予不同权重。例如，在“量化管控”模块，水位控制、水量控制、用水效率控制与生态流量控制四个指标对地下水压采效果的重要程度依次递减，因此权重分别为40%、40%、10%与10%。

模块间加权按照各模块在当年评估中的重要程度给予不同权重。例如，“量化管控”与“节水控需”属于既有具体量化评价指标，又具备关键时间节点属性的模块，因此模块内的各项指标需要在2025年、2030年两个关键时间节点年进行重点评估，应占到总权重的60%以上，充分体现了对西辽河流域地下水压采治理效果的宏观把控。评价时，模块内的各项指标在关键时间节点完全达标得100分，低于目标值70%不得分，70%～100%按比例得分。在非关键时间节点年，需对地下水压采综合治理工作进行跟踪评估，依据自身实际情况对工作的具体落实进度、取得的成绩与存在的不足，及时查缺补漏，在制订未来的工作计划时有的放矢。因此，在非关键时间节点年以地方提出的行动计划、实施方案等为主作为评价目标，主要考察日常工作中基础保障、综合管理等方面的内容。

模块内的一级指标权重如无特殊情况，确定后不再改变，模块间加权可根据各年度实际情况酌情适当调整。西辽河流域地下水压采效果不同年度评估模块间加权参考值见表2。

表2　西辽河流域地下水压采效果不同年度评估模块间加权参考值

模块	评估年度											
	2019年	2020年	2021年	2022年	2023年	2024年	2025年	2026年	2027年	2028年	2029年	2030年
量化管控	0.1	0.1	0.2	0.3	0.2	0.3	0.4	0.25	0.25	0.3	0.3	0.4
节水控需	0.1	0.1	0.2	0.3	0.2	0.3	0.4	0.25	0.25	0.3	0.3	0.4
基础保障	0.4	0.4	0.3	0.2	0.3	0.2	0.1	0.25	0.25	0.2	0.2	0.1
综合管理	0.4	0.4	0.3	0.2	0.3	0.2	0.1	0.25	0.25	0.2	0.2	0.1

4　结论与建议

本文紧密结合“量水而行”方案，建立了西辽河流域地下水压采效果评价综合指标体系。该体系以水利部明确的内蒙古西辽河流域水资源管控目标《内蒙古西辽河流域“量水而行”以水定需实施方案》《内蒙古西辽河水量分配方案》等为主要依据，本着科学、真实、可操作的原则，坚持以问题为导向，结合远近目标与地方上的实际情况，建立了量化管控、节水控需、基础保障、综合管理四个主要模块，能够真实全面地反映地下水压采综合治理的实际效果。该体系的建立，将为内蒙古西辽河流域地下水管理上的综合施策提供有力支撑。

随着地下水管理评价工作的不断发展和推进，应当适时结合流域实际状况完善评价指标体系，并对指标的基准值进行动态调整，使其更加符合实际。

参考文献

[1] 王宏，李强．地下水在中国北方供水中的重要性［J］．水文科学，2018，39（2）：58-65.
[2] 陈波，赵亮．地下水超采的生态环境影响及应对措施［J］．生态学报，2018，38（24）：8916-8922.
[3] 严聆嘉，何鑫，陆垂裕，等．西辽河平原区地下水埋深变化趋势与超采分析［J］．水文，2021，41（6）：96-102.

海河“23·7”流域性特大洪水“四水”转化研究

朱静思[1]　王　哲[2,3]　杨建青[1]

（1. 水利部海河水利委员会水文局，天津　300170；
2. 天津大学水利工程智能建设与运维全国重点实验室，天津　300072；
3. 水利部海河水利委员会，天津　300170）

摘　要：海河“23·7”流域性特大洪水是1963年以来海河流域最大洪水。为科学掌握本次流域性特大洪水对水资源转化影响，摸清降水、地表水、土壤水和地下水“四水”情况，本文采用原位观测、遥感反演以及水文模拟分析等多手段相结合的方法，系统开展了海河流域“四水”转化研究。结果表明：海河“23·7”流域性特大洪水降水量494亿 m^3，形成水资源量213.50亿 m^3。从水量平衡来看，地表水资源量102.31亿 m^3、蒸散发量200.88亿 m^3、土壤水蓄变量增加92.72亿 m^3、不重复地下水资源量111.19亿 m^3。研究方法和成果对于探索极端降雨条件下的雨洪资源利用、区域水文要素时空特征、“四水”转化规律等具有重要参考意义。

关键词：海河“23·7”流域性特大洪水；“四水”转化；水资源量；水量平衡

海河流域是我国政治文化中心和经济发达地区，涉及北京、天津在内的8个省（自治区、直辖市），主要河系有滦河、北三河、永定河、大清河、子牙河、漳卫河、黑龙港及运东地区、徒骇马颊河等。流域河系复杂、河流源短流急、洪水陡涨陡落、洪量集中、下垫面和水文情势变化较大。

2023年7月28日至8月1日，受台风“杜苏芮”残余环流北上与冷空气共同影响，海河流域出现强降雨过程，累计面降水量155.3 mm，降水总量494亿 m^3，为1963年（600亿 m^3）以来最大。累计最大点雨量为永定河系清水河清水站（北京市门头沟区）1 014.5 mm。受其影响，海河流域有22条河流发生超警以上洪水，8条河流发生有实测资料以来的最大洪水，大清河、永定河发生特大洪水，子牙河发生大洪水，本次洪水是1963年以来海河流域最大的场次洪水[1-3]。

目前，针对暴雨洪水期间“四水”转化规律的研究较少[4-7]。为科学掌握海河“23·7”流域性特大洪水对流域水资源转化影响，摸清降水、地表水、土壤水和地下水“四水”的情况，采用原位观测、遥感反演以及水文模型模拟等多手段相结合的方法，系统开展了海河“23·7”流域性特大洪水“四水”转化研究与分析，为今后深入研究区域水文要素时空特征和转化规律提供基础支撑。

1　数据与方法

本次研究从降水、地表水资源量、蒸散发量、地下水水位变化、地下水资源量、土壤水蓄变量等“四水”均衡要素，全面计算分析了2023年7月28日8时至8月2日8时494亿 m^3 降水总量的水资源转化情况。

1.1　降水和蒸散发量

2023年7月28日8时至8月2日8时，降水总量494亿 m^3，暴雨中心主要位于流域太行山、燕山山前，大清河系拒马河、子牙河系滹沱河和滏阳河、永定河官厅山峡区间，其中大清河系面降水量最多，为289 mm，其次为子牙河系183 mm、漳卫河系179 mm，暴雨面雨量分布见图1。

基金项目：国家自然科学基金重点支持项目（U21A2004）；水利部重大科技项目（SKS-2022041）。

作者简介：朱静思（1988—），女，高级工程师，主要从事水文水资源方面的工作。

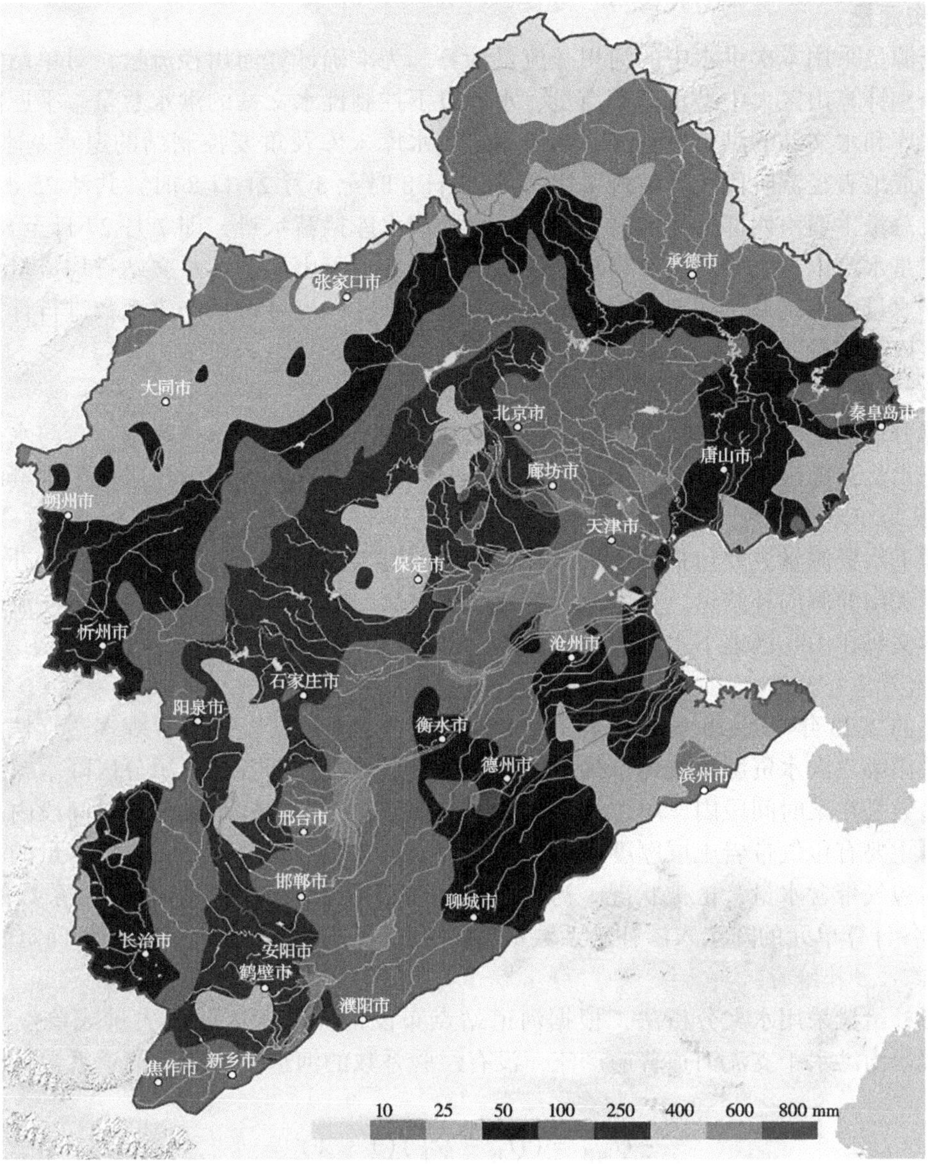

图 1　海河流域“23・7”暴雨面雨量分布

蒸散发量是全球气候变化和水文循环的重要影响参量，机制关系复杂，影响因素众多，主要包括能量因素（气温、太阳辐射、风速、水气压差等）和水分因素（降水、土壤含水量等）[8-9]。为准确计算“23・7”暴雨产生的蒸散发量，采用 7 月 28 日至 8 月 31 日降雨比例系数进行分割。“23・7”暴雨的降水量为 155.3 mm，8 月 2 日至 8 月 31 日海河流域累计面平均降水量约 120 mm，按照降雨比例，初步确定各水资源三级分区本次降雨对应的蒸散发量是 8 月全月蒸散发量的 40%~60%。

本次全流域蒸散发量计算采用遥感反演计算，并根据水文监测分析进行对比验证。根据美国宇航局（NASA）SMAP+L4 遥感解译数据分析，受 7 月 28 日至 8 月 31 日暴雨及蓄滞洪区地表积水等的影响，海河流域平原区土壤湿度高，蒸散发量大，如子牙河平原、黑龙港及运东平原和大清河淀西平原地区在 7 月 28 日至 8 月 31 日累计蒸散发量在 150 mm 以上；山丘区的蒸散发量相对较小，如永定河册田水库以上区域平均蒸散发量为 109 mm。同时，根据水文监测数据，8 月土门楼站、莲花口站水面蒸散发量分别为 117 mm、120 mm。本次计算的蒸散发量是植物蒸腾和地表水面蒸发两部分的总和，考虑海河流域 8 月水面面积较大，土壤水较多，植被茂盛，蒸腾作用明显，因此研究认为遥感监测结果比较合理。

1.2 地表水资源量

地表水资源量采用本次洪水中的河川径流量计算。为准确计算河川径流量，对单站实测径流系列进行还原，分别计算山区大中型水库蓄变量、水库以下控制性水文站的洪水总量、平原区产水量。综合统计主要水库和水文站的洪水过程线，初步确定各水库入库及重要控制站的退水基本在 8 月 21 日结束，因此形成地表径流阶段统计时段采用 7 月 27 日 8 时至 8 月 21 日 8 时，共计 25 d。

地表径流总量主要由四部分组成：一是山区大中型水库拦蓄水量，即 7 月 27 日至 8 月 21 日的水库蓄变量；二是水库以下主要河流的径流量，该部分径流量可由控制性水文站日均流量计算得出；三是平原区的降水量多由坑塘、洼地、深沟渠网拦蓄，平原区径流量根据产流系数进行计算；四是小型水库及平原水库蓄变量。

1.3 地下水资源量

本次计算分析的地下水资源量是指与当地降水和地表水体有直接水力联系、参与水循环且可以逐年更新的动态水量，即浅层地下水资源量，包括平原区地下水资源量、山丘区地下水资源量。

1.3.1 平原区地下水资源量

平原区地下水资源量主要包括降水入渗补给量、河道入渗补给量、蓄滞洪区入渗补给量、其他水体入渗补给量和山前侧向补给量。其中，因平原区山前侧向补给量与山丘区山前侧向流出量表示同一个资源量，本文只在山丘区地下水资源量中计算。

1.3.1.1 降水入渗补给量

利用收集的 2023 年 7 月 28 日 8 时至 8 月 2 日 8 时雨量站数据，按照泰森多边形法划分 1 185 个计算单元，采用第三次水资源调查评价确定的降水入渗系数，计算各水资源分区降水入渗补给量。降水入渗补给系数是在某时间段内，单位面积上降水入渗补给地下水的水量与该时间段内总降水量的比值。影响因素主要有包气带岩土层厚度、岩性及其特征，微地形地貌特征，次降水量的大小及其降水强度，降水前包气带含水量，植被状况。海河平原区各计算单元的降水入渗补给系数的取值范围为 0.07~0.65，各计算单元的降水入渗补给系数根据区域地下水埋深和岩性特征分析确定。

1.3.1.2 河道入渗补给量

河道入渗补给量采用水文分析法，根据河道站点布设情况采用区间损失量或单位河长损失量计算。由于本次暴雨洪水干支流河道普遍产流，没有经验系数的河道借用附近河道系数计算。区间损失量计算公式：

$$Q_{河补} = (Q_{上} - Q_{下})(1 - \lambda) \tag{1}$$

式中：$Q_{河补}$为年河道入渗补给量；$Q_{上}$、$Q_{下}$分别为河道上、下游水文站断面实测径流量；λ 为河道损失水量修正系数，采用第三次水资源评价的取值范围 0.15~0.45。

单位河长损失量采用经验公式计算。

1.3.1.3 蓄滞洪区入渗补给量

“23 · 7”暴雨洪水期间，陆续启用永定河泛区、小清河分洪区、兰沟洼、东淀、大陆泽、宁晋泊、献县泛区、共渠西 8 个蓄滞洪区。根据水位变化分析，蓄滞洪区浅层地下水水位回升显著，平均回升 4.08 m。蓄滞洪区的入渗补给量根据蓄滞洪区的退水时间和淹没面积，采用稳渗率进行估算。

根据 2019 年以来水利部组织开展的华北地区地下水超采综合治理评估成果，华北地区山前河段较中东部下游河段土壤粒径普遍较粗、沿线浅层地下水埋深大，入渗率大。滹沱河、大清河山前平原河段入渗强度达到 120~200 mm/d，而子牙河、子牙新河、赵王新河入渗强度仅为 20~30 mm/d。稳渗率参考评估成果分区域确定。

1.3.1.4 其他水体入渗补给量

根据 SMAP+L4 卫星 8 月遥感解译数据，计算其他水体面积，采用稳渗率方法进行估算。

1.3.2 山丘区地下水资源量

山丘区地下水资源量采用排泄量法计算，排泄项包括河川基流量、地下水开采净消耗量、潜水蒸发量、山前侧向流出量、山前泉水溢出量（未计入河川径流量的）、其他排泄量（包括矿坑排水净消耗量等），以总排泄量作为地下水资源量。因本次分析周期较短，且山丘区开采量、泉水、矿坑调查无相关资料，山前泉水溢出量、其他排泄量基本汇入地表水，故本次不考虑地下水开采净消耗量、山前泉水溢出量、其他排泄量；海河流域山丘区地下水埋深均大于 4 m，故潜水蒸发量近似为 0。因此，山丘区地下水资源量主要包括河川基流量和山前侧向流出量。

1.3.2.1　河川基流量

河川基流量是山丘区地下水的主要排泄项，是河川径流量中由地下水渗透补给河水的部分，参照第三次水资源调查评价结果，采用基径比系数法计算。

1.3.2.2　山前侧向流出量

山前侧向流出量是地下径流补给平原区浅层地下水的水量。海河流域山前侧向流出量包括太行山和燕山两条径流带，包含现状河流出山口地下径流量、出山口古河道地下潜流量和潜伏碳酸岩岩溶水的补给量，是强透水边界。根据海河流域山丘区与平原区交界多个垂向计算断面，采用地下水动力学法计算山前侧向流出量。

$$Q_{侧出} = 10^{-4} \times K \times I \times L \times M \times T \tag{2}$$

式中：$Q_{侧出}$为山前侧向流出量；K 为剖面位置的含水层渗透系数；I 为垂直于剖面方向上的水力坡度；L 为计算断面长度；M 为含水层厚度（从地下水水位至第 1 个含水层的底板）；T 为计算时段长度，7 月 28 日至 8 月 31 日共 35 d。

1.4　土壤水蓄变量

土壤水蓄变量计算采用 SMAP+L4 卫星遥感数据。基于 SMAP（Soil Moisture Active Passive）L4 级产品数据 SPLASMGP，获取 2023 年 7 月 28 日至 8 月 31 日根区（0～100 cm）土壤含水量数据。SMAP 提供全球 3 h 时间间隔的土壤含水量数据，其空间分辨率为 9 km。2023 年 7 月 28 日至 8 月 31 日根区土壤蓄水量变化量（ΔW_s）的计算公式[10]为

$$\Delta W_s = (W_{s,2} - W_{s,1}) \times D \times \text{AREA} \tag{3}$$

式中：$W_{s,2}$ 和 $W_{s,1}$ 分别代表 8 月 31 日和 7 月 28 日的土壤含水量，cm^3/cm^3；D 为根区土壤厚度，m；AREA 为计算网格面积，m^2。

1.5　水量平衡分析

对海河“23・7”流域性特大洪水形成的各均衡项包括地表水资源量、地下水资源量、蒸散发量、土壤水蓄变量，与降水量进行对比平衡分析。

2　结果与分析

2.1　降水量和蒸散发量

“23・7”暴雨结束后，8 月后期全流域降水仍有 120 mm 左右，海河流域 7 月 28 日至 8 月 31 日逐日降水量见图 2。根据统计，河北省等地 8 月平均气温较常年同期偏高 1.2 ℃，接近常年。但是平原区，特别是蓄滞洪区所在的水资源三级分区土壤含水量接近饱和，因此受降水和土壤含水量高等因素影响，7 月 28 日至 8 月 31 日蒸散发量高于常年（见图 3）。

根据各水资源三级分区遥感反演计算，海河流域 7 月 28 日至 8 月 31 日的蒸散发量为 418.2 亿 m^3，其中平原区（包括子牙河平原、黑龙港及运东平原、大清河淀西平原、大清河淀东平原、漳卫河平原、徒骇马颊河和北四河下游平原）蒸散发量 183.7 亿 m^3。

根据监测数据，8 月中下旬土壤含水量一直处于饱和且稳定状态，故采用降水比例系数方法进行分割计算“23・7”暴雨产生的蒸散发量。“23・7”暴雨的降水量为 155.3 mm，8 月 2 日至 8 月 31 日海河流域累计面平均降水量约 120 mm，按照降水比例将 8 月的蒸散发量进行分割，确定本次降水各水资源三级分区对应的蒸散发量是 8 月全月蒸散发量的 40%～60%，经分区计算“23・7”暴雨产生的蒸散发量为 200.88 亿 m^3（见表 1）。

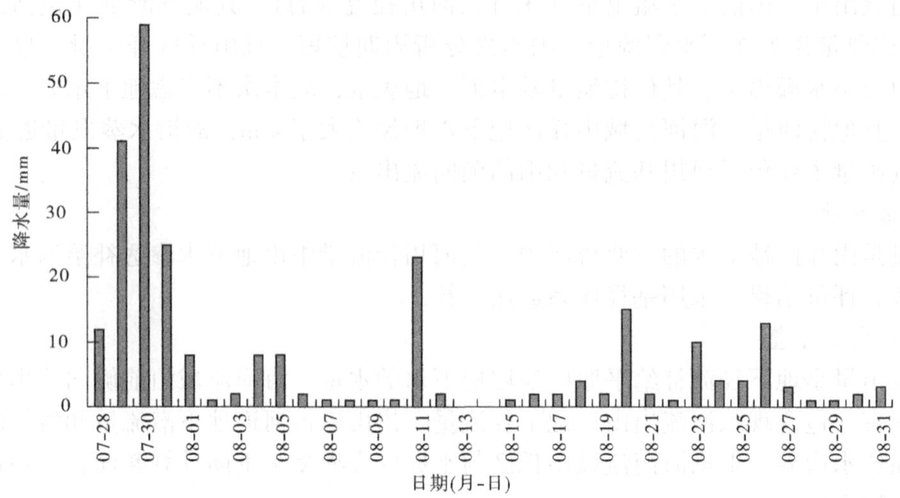

图 2　海河流域 7 月 28 日至 8 月 31 日逐日降水量

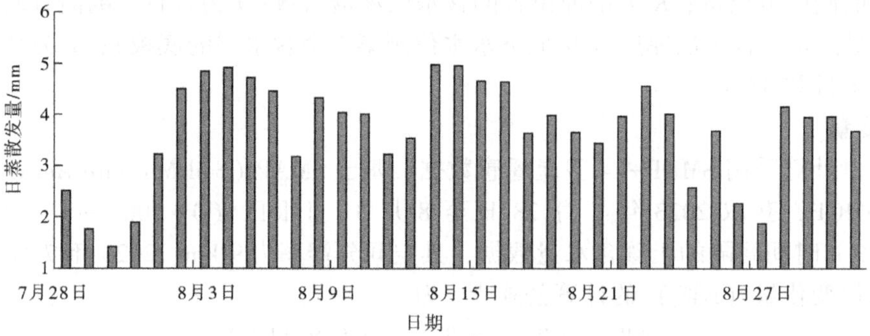

图 3　海河流域 7 月 28 日至 8 月 31 日逐日蒸散发量

表 1　"23·7"暴雨产生的海河流域各水资源分区蒸散发量

序号	水资源分区	"23·7"暴雨产生的蒸散发量/亿 m^3
1	漳卫河平原	5.46
2	滦河平原及冀东沿海诸河	5.86
3	永定河册田水库以上	7.76
4	大清河淀西平原	10.14
5	大清河淀东平原	12.05
6	北四河下游平原	12.82
7	大清河山区	12.14
8	子牙河平原	13.12
9	北三河山区	13.46
10	漳卫河山区	14.30
11	永定河册田水库至三家店区间	16.53
12	黑龙港及运东平原	13.93
13	子牙河山区	18.16
14	徒骇马颊河	24.24
15	滦河山区	20.91
合计		200.88

2.2 地表水资源量

经计算地表径流总量为 102.33 亿 m^3。从各河系径流量来看，大清河、子牙河两河系地表径流量占总地表径流量 67.18%，其余河系地表径流量见表 2。

表 2 各河系地表径流量组成

河系	地表径流量/亿 m^3	地表径流量占比/%
滦河	3.58	3.50
北三河	8.17	7.98
永定河	5.36	5.24
大清河	41.57	40.62
子牙河	27.18	26.56
漳卫河	12.82	12.53
徒马河	3.65	3.57
全流域	102.33	100

2.3 地下水资源量

2.3.1 降水入渗补给量

7 月 28 日至 8 月 1 日，海河流域平原区降水入渗补给量 72.84 亿 m^3，降水入渗补给模数为 5.55 万 m^3/km^2。从空间上看，降水入渗补给量较大的区域主要分布于流域北部山前平原地区，包括北京市房山区和门头沟区、河北省保定市大部等区域。按照水资源三级分区，补给量较大的有大清河淀西平原 18.77 亿 m^3，北四河下游平原 13.96 亿 m^3、子牙河平原 9.54 亿 m^3（见图 4）。

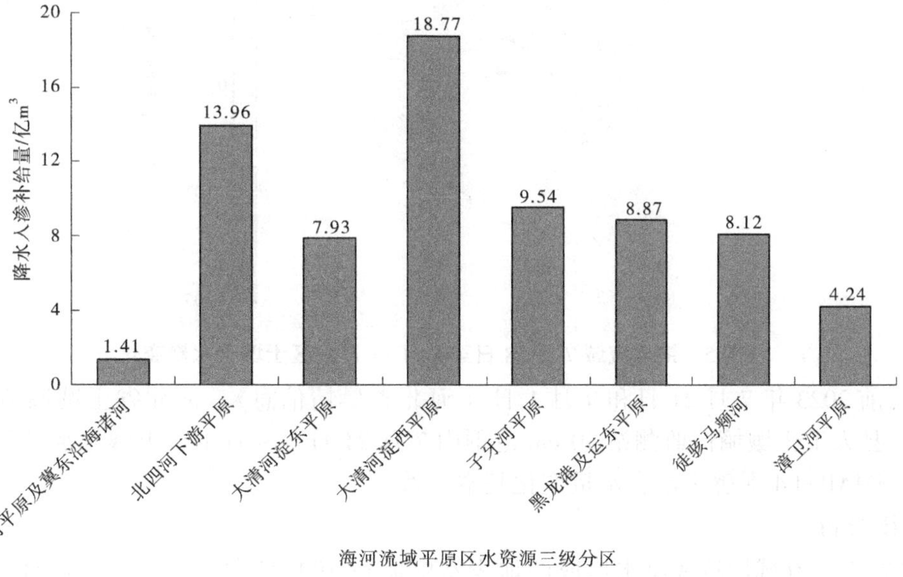

图 4 海河流域平原区水资源三级分区降水入渗补给量

2.3.2 河道入渗补给量

7 月 28 日至 8 月 31 日，海河流域平原区河道入渗补给量 20.18 亿 m^3。按照水资源三级分区，补给量较大的为淀东平原 6.28 亿 m^3、子牙河平原 6.14 亿 m^3、淀西平原 3.63 亿 m^3。

2.3.3 蓄滞洪区入渗补给量

7 月 28 日至 8 月 31 日，蓄滞洪区入渗补给量为 14.86 亿 m^3。按照水资源三级分区，补给量较大的为东淀 4.02 亿 m^3、兰沟洼 3.06 亿 m^3、献县泛区 1.92 亿 m^3。

2.3.4 其他水体入渗补给量

根据 SMAP+L4 卫星 8 月遥感解译数据，除河道、蓄滞洪区外，其他水体面积约 245 km^2。平均退水时间约 20 d，稳渗率取 50 mm/d，估算其他水体入渗补给量 2.45 亿 m^3。

2.3.5 河川基流量

7 月 28 日至 8 月 31 日，海河流域河川基流量 50.09 亿 m^3。按照水资源三级分区，河川基流量较大的为大清河山区 25.86 亿 m^3、子牙河山区 15.92 亿 m^3、漳卫河山区 2.49 亿 m^3。

2.3.6 山前侧向流出量

7 月 28 日至 8 月 31 日，海河流域山前侧向流出量 0.86 亿 m^3。平原区山前侧向补给量与山丘区山前侧向流出量一致，为 0.86 亿 m^3。

估算“23·7”洪水形成的海河流域平原区浅层地下水资源量为 111.19 亿 m^3，山丘区地下水资源量为 50.95 亿 m^3。

2.4 土壤水蓄变量

7 月 28 日至 8 月 31 日，海河流域土壤水蓄变量增加 92.72 亿 m^3，土壤含水量平均增加 0.032 cm^3/cm^3。从空间上看，增加明显的区域位于暴雨中心山前地带，主要分布于北京市西南部、河北省保定市东北部、石家庄西部和河南省安阳市西部等地（见图 5）。其中，平原区土壤水蓄变量为 36.09 亿 m^3，山丘区的土壤水蓄变量为 56.63 亿 m^3。按照水资源三级分区，土壤水蓄变量增加较大的有子牙河山区 17.24 亿 m^3、漳卫河山区 14.34 亿 m^3 和大清河山区 8.62 亿 m^3。

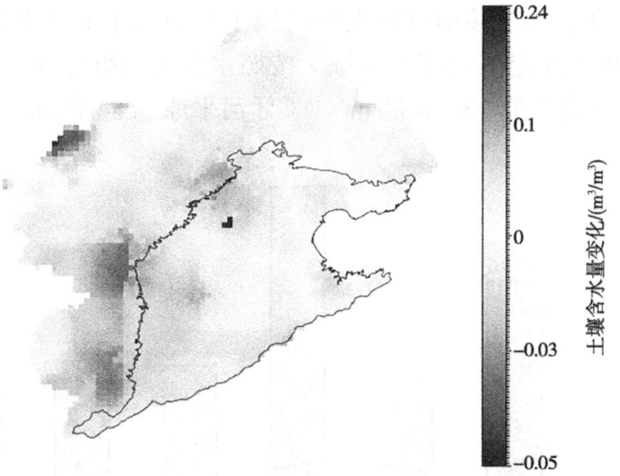

图 5 海河流域 7 月 28 日至 8 月 31 日根区土壤含水量变化

根据暴雨前 2023 年 7 月 21 日和 9 月 1 日《河北省旱情信息》、河北省土壤墒情监测数据分析，河北省 143 个县人工土壤墒情监测站 40 cm 范围内 7 月 21 日至 9 月 1 日土壤含水量平均增加 0.029 0 cm^3/cm^3，与 SMAP+L4 遥感土壤含水量变化基本一致。

2.5 水量平衡分析

海河“23·7”流域性特大洪水形成的地表水资源量 102.31 亿 m^3、地下水资源量 162.14 亿 m^3（含重复量 50.95 亿 m^3）、蒸散发量 200.88 亿 m^3、土壤水蓄变量增加 92.72 亿 m^3。由于河川基流量 50.09 亿 m^3 与地表水资源量重复，山前侧向流出量 0.86 亿 m^3 与山前侧向补给量重复，扣除重复量后，不重复地下水资源量为 111.19 亿 m^3（见表 3）。因此，水资源量总量为 213.50 亿 m^3，包括地表水资源量 102.31 亿 m^3、不重复地下水资源量 111.19 亿 m^3。

海河“23·7”流域性特大洪水 7 月 28 日至 8 月 1 日降水量 494.00 亿 m^3。综合各种均衡项为 507.1 亿 m^3，与降水量相差 13.1 亿 m^3，相对误差为 2.6%，主要是由于土壤含水量和蒸散发量的监测存在不确定性导致。在后续研究中需要进一步细化考虑土壤湿度、植被类型与长势的陆面蒸散发量估算方法，加强海河流域平原厚包气带的土壤水运移监测和渗透规律研究。

表3　海河“23·7”流域性特大洪水水量平衡分析　　单位：亿 m^3

<table>
<tr><th>序号</th><th colspan="3">均衡项</th><th>分项水量</th><th colspan="2">水量</th></tr>
<tr><td>一</td><td colspan="3">（1）降水量</td><td>494.00</td><td>494.00</td><td>—</td></tr>
<tr><td>二</td><td colspan="3">（2）地表水资源量</td><td>102.31</td><td>102.31</td><td>—</td></tr>
<tr><td>三</td><td colspan="3">（3）蒸散发量</td><td>200.88</td><td>200.88</td><td>—</td></tr>
<tr><td>四</td><td colspan="3">（4）土壤水蓄变量</td><td>92.72</td><td>92.72</td><td>—</td></tr>
<tr><td rowspan="7">五</td><td rowspan="7">（5）地下水资源量</td><td rowspan="5">平原区</td><td>降水入渗补给量</td><td>72.84</td><td rowspan="5">111.19</td><td rowspan="7">162.14（重复量50.95）</td></tr>
<tr><td>河道入渗补给量</td><td>20.18</td></tr>
<tr><td>蓄滞洪区入渗补给量</td><td>14.86</td></tr>
<tr><td>其他水体入渗补给量</td><td>2.45</td></tr>
<tr><td>山前侧向补给量</td><td>0.86</td></tr>
<tr><td rowspan="2">山丘区</td><td>山区河川基流量①</td><td>50.09</td><td rowspan="2">50.95（重复量）</td></tr>
<tr><td>山前侧向流出量②</td><td>0.86</td></tr>
</table>

注：①山丘区河川基流量与地表水资源量重复。
②山丘区山前侧向流出量与平原区山前侧向补给量重复。

3　结论

（1）采用原位观测、遥感反演以及水文模型模拟等多手段相结合的方法，系统分析海河“23·7”流域性特大洪水对流域水资源转化影响，基本摸清了降水、地表水、土壤水和地下水“四水”的情况，研究分析方法具有探索示范意义。

（2）通过“四水”转化水均衡分析，海河“23·7”流域性特大洪水降水量494.00亿 m^3，形成水资源量213.50亿 m^3。从水量平衡来看，地表水资源量102.31亿 m^3、蒸散发量200.88亿 m^3、土壤水蓄变量增加92.72亿 m^3、不重复地下水资源量111.19亿 m^3。

（3）综合蒸发、地表水、地下水和土壤水各均衡项为507.10亿 m^3，与降水量494.00亿 m^3 相差13.10亿 m^3，相对误差为2.6%。由于海河流域水文地质结构复杂，流域蒸散发、土壤水和地下水补给的监测和计算存在不确定性，导致补给量、排泄量等存在不平衡。

在后续研究工作中将进一步优化各均衡项的监测方法、计算方法和计算结果，系统摸清各水文要素时空特征和转化规律。

参考文献

[1] 林祚顶，李兰涛．海河“23·7”流域性特大暴雨洪水水文测报成效、存在问题及对策［J］．中国水利，2023（18）：5-8.

[2] 乔建华．防御海河“23·7”流域性特大洪水经验启示［J］．中国水利，2023（18）：9-12.

[3] 李致家，张心愿，白云鹏，等．海河“23·7”流域性特大洪水复盘模拟［J］．河海大学学报（自然科学版），2024，52（5）：13-19，92.

[4] 张俊娥，陆垂裕，秦大庸，等．基于分布式水文模型的区域“四水”转化［J］．水科学进展，2011，22（5）：595-604.

[5] 胥铭兴，张锐，常磊，等．基于四水转化模型法的水资源量计算研究［J］．人民长江，2013，44（增刊）：

34-37.
[6] 刘锦，李慧，方韬，等. 淮河中游北岸地区“四水”转化研究［J］. 自然资源学报，2015，30（9）：1570-1581.
[7] 陈红川，穆振侠，魏光辉. 基于“四水”转化模型的新疆开都-孔雀河绿洲农业节水潜力研究［J］. 水利规划与设计，2024（6）：39-44.
[8] 宋立生，刘绍民，徐同仁，等. 土壤蒸发和植被蒸腾遥感估算与验证［J］. 遥感学报，2017，21（6）：966-981.
[9] 李婷婷. 中国黄淮海地区土壤蒸发和植被蒸腾的遥感反演［D］. 天津：天津大学，2014.
[10] 王思超，蔡玉林，朱子正，等. XGBoost 和 DSCGAN 模型协同的 SMAP 土壤水分降尺度方法［J］. 地球信息科学学报，2024，26（9）：2213-2225.

华北地区河湖生态环境复苏补水效果分析

朱静思

（水利部海河水利委员会水文局，天津　300170）

摘　要： 为全面评价河湖生态环境复苏补水成效，本文围绕华北地区近年实施的年度常态化大范围河湖生态补水和地下水回补实践，总结了2018—2022年生态补水实施情况，对地下水水位、地下水入渗回补影响、河湖水质、水面面积和有水河长等多要素变化情况进行了分析，系统评价了生态补水影响和成效，可为下一阶段河湖生态环境复苏与地下水超采治理提供借鉴和依据。结果表明：近5年河湖生态补水对地下水回补影响显著，22个主要补水河湖周边10 km浅层地下水水位显著且持续回升。与治理前的2018年同期相比，2022年底水位平均回升约5 m，与丰水年2021年相比平均回升近1 m。京杭运河、永定河、北拒马河、瀑河、唐河和沙河—潴泷河对周边地下水回补影响最大距离可达13 km。补水河湖水质持续向好，Ⅰ～Ⅲ类水质站比例增加，由67%（2019年底）增至72%（2022年底）。补水河湖水域空间显著改善，水面面积和有水河长明显增加，2022年底河湖水面面积为2018年的1.28倍，有水河长为1.38倍，华北地区大部分河流实现全线水流贯通。

关键词： 河湖生态环境复苏；生态补水效果；地下水水位；地下水回补影响

河川之危、水源之危是生存环境之危、民族存续之危。华北地区水资源严重紧缺，特别是长期大规模开采地下水，造成地下水水位持续下降，引发河道断流、湖泊湿地萎缩、地面沉降等生态问题。复苏河湖生态环境、实施地下水超采综合治理是推动新阶段水利高质量发展的重要工作[1]。为改善华北地区河湖资源条件、治理地下水超采、复苏河湖生态环境，近年来水利部会同有关部门在地下水超采严重、水源条件具备的地区，根据当地水、外调水、非常规水等水源条件，统筹多水源联合调度，利用河湖生态补水入渗回补地下水，促进河湖生态环境改善[2]。

河湖生态补水分析评价涉及水文、水质、水生态等诸多方面。曹天正等[3]对河湖生态环境复苏地下水水量、水质变化形式进行了系统性总结，阐明了生态补水过程的潜在影响。陈飞等[2]从水源条件与河湖状况两方面阐述了开展河湖生态补水与地下水回补的主要考虑，从地下水水位回升、地表水与地下水水质改善、河流生态系统恢复等多个角度分析了河湖生态补水的效果。张鸿星等[4]选取了滏阳河、滹沱河、南拒马河三条河流，对补水前后水生生物开展了调查评估，分析了补水河段河流水质和水生生物改善状况。王哲等[5]采用层次分析法，建立了入渗回补率、地下水水位回升率、水质改善度、水面面积变化率、水生态改善度等指标的地下水回补效果评价指标体系，并对生态补水的效果进行了评价分级。

2019—2022年为华北地区地下水超采综合治理近期目标实现阶段，为全面评价河湖生态环境复苏补水成效，本文结合华北地区近年实施的年度常态化大范围河湖生态补水和地下水回补实践，总结了2018—2022年生态补水实施情况，对地下水水位、地下水入渗回补影响和河湖水质、水面面积、有水河长等多要素变化情况进行了分析，系统评价了生态补水影响和成效，为保障河湖生态复苏稳固推进、提升水生态系统质量和稳定性提供依据。

基金项目： 国家自然科学基金重点支持项目（U21A2004）；水利部重大科技项目（SKS-2022041）。

作者简介： 朱静思（1988—），女，高级工程师，主要从事水文水资源方面的工作。

1 生态补水实践

自2018年8月起，以滹沱河、滏阳河、南拒马河三条河流主要河段为试点，先行开展了为期1年的河湖地下水回补试点工作。在此基础上，2019—2022年，每年充分利用当地水、南水北调中线水、南水北调东线水、引黄水、引滦水和非常规水，开展华北地区年度常态化河湖生态补水工作。2019年，补水范围由三条试点河段扩大至京津冀地区的21个河湖；2020年、2021年，补水河湖增至22个；2022年，补水范围进一步扩大至北三河系、永定河系、大清河系、子牙河系、漳卫河系、黑龙港运东地区诸河、徒骇马颊河等7个河流水系，共48个河湖。

自2018年9月试点补水以来至2022年底，华北地区共实施生态补水240.46亿m^3，每年均超额完成补水计划。其中，2021年生态补水84.68亿m^3，是年度补水计划的近3倍，为历年来补水量最多。主要受降水丰沛、南水北调中线水源水量充足等因素影响，相机增加了生态补水量。2018—2022年逐年生态补水总体情况见表1。

表1 2018—2022年逐年生态补水总体情况

年份	计划补水量/亿m^3	实际补水量/亿m^3	补水完成率/%	补水河湖
2018	—	6.41	—	3个（滹沱河、滏阳河、南拒马河）
2019	22.1	34.92	158	21个（14条河、7个湖泊）：滹沱河、滏阳河、南拒马河、潮白河、北运河、永定河、瀑河、唐河、潴泷河、泜河、七里河、漳河、卫河、南运河等14条河流；白洋淀、衡水湖、南大港、七里海、大黄堡洼、北大港、团泊洼等7个湖泊
2020	33.2	44.23	133	22个（15条河、7个湖泊）：增加北拒马河—白沟河
2021	28.34	84.68	299	22个（15条河、7个湖泊）：同2020年
2022	42.08	70.22	167	48个（41条河、7个湖泊）：潮白河、潮白新河、温榆河、通惠河、北运河、永定河、永定新河、北拒马河—白沟河、南拒马河—白沟引河、瀑河、唐河、沙河—潴泷河、赵王新河、大清河、独流减河、滹沱河、洨河、泜河、七里河—顺水河、洺河、滏阳河、子牙河、子牙新河、漳河、卫河（卫运河）、南运河、清凉江—南排河、小运河、六干河—七一河—六五河、海河干流、州河、泃河、蓟运河、府河、孝义河、牤牛河、天平沟、北沙河—槐河、午河、白马河、漳卫新河等41条河流；白洋淀、衡水湖、南大港、七里海、大黄堡洼、北大港、团泊洼等7个湖泊
合计		240.46		

2 地下水入渗回补影响分析

2.1 浅层地下水水位变化

利用国家和省级自动监测数据，对22个主要补水河湖河道主干线两侧或湖泊周边0~5 km、5~10 km范围内浅层地下水水位变化进行分析。京津冀地区2022年降水量498 mm，较多年同期偏少近一成，与超采治理前2018年降水量518 mm基本持平。

经过近 5 年生态补水，主要补水河湖周边浅层地下水水位显著且持续回升（见图 1）。2022 年底与降水相似年 2018 年底相比平均回升约 5 m，与丰水年 2021 年底相比平均回升近 1 m，0~5 km 范围内水位回升幅度略高于 5~10 km 范围。2022 年底，河湖周边 5 km 浅层地下水平均埋深 15.98 m，平均水位比治理前 2018 年同期回升 5.52 m，比丰水年 2021 年（降水较多年同期偏多四成）同期回升 0.70 m。与 2018 年同期相比，潮白河周边 5 km 浅层地下水水位回升 11.58 m，七里河—顺水河回升 8.84 m，滏阳河回升 7.65 m。河湖周边 5~10 km 浅层地下水平均埋深 18.45 m，平均水位比治理前 2018 年同期回升 4.50 m，比丰水年 2021 年同期回升 0.79 m。与 2018 年同期相比，潮白河周边 5~10 km 浅层地下水水位回升 8.66 m，七里河—顺水河回升 8.09 m，北运河回升 5.34 m。

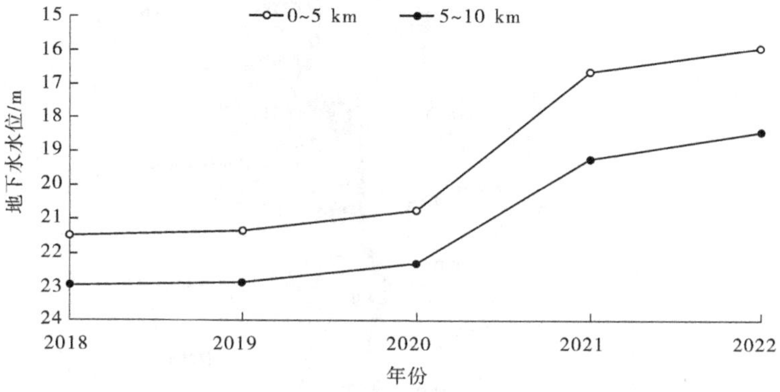

图 1　2018—2022 年底主要河湖周边 0~5 km、5~10 km 浅层地下水水位变化

2.2　地下水回补影响范围

应用 MODFLOW 地下水数值模拟方法，建立了京杭运河、永定河、北拒马河、瀑河、唐河和沙河—潴泷河河流回补地下水数值模型，并利用变网格加密技术对河道两侧区域进行了细化，模拟对比有无补水两种情况下浅层地下水水位变化，分析评价回补影响距离和影响面积。考虑到监测、模拟等误差，以水位回升大于 0.5 m 的区域作为回补有影响范围。

分析表明，河湖生态补水对地下水回补影响显著。京杭运河等 6 个河道补水对周边地下水回补影响最大距离可达 13.5 km，累计影响面积 11 110 km^2。补水河湖地下水回补影响距离和影响面积见表 2。图 2 为各河湖补水影响范围。

表 2　补水河湖地下水回补影响距离和面积（2022 年底）

补水河湖	回补影响距离/km	回补影响面积/km^2
京杭运河	0.07~9.60	3 120
永定河	3.95~11.76	2 427
北拒马河	0.56~11.60	658
瀑河	7.32~12.84	745
唐河	7.48~11.69	1 309
沙河—潴泷河	4.95~13.50	2 851
合计		11 110

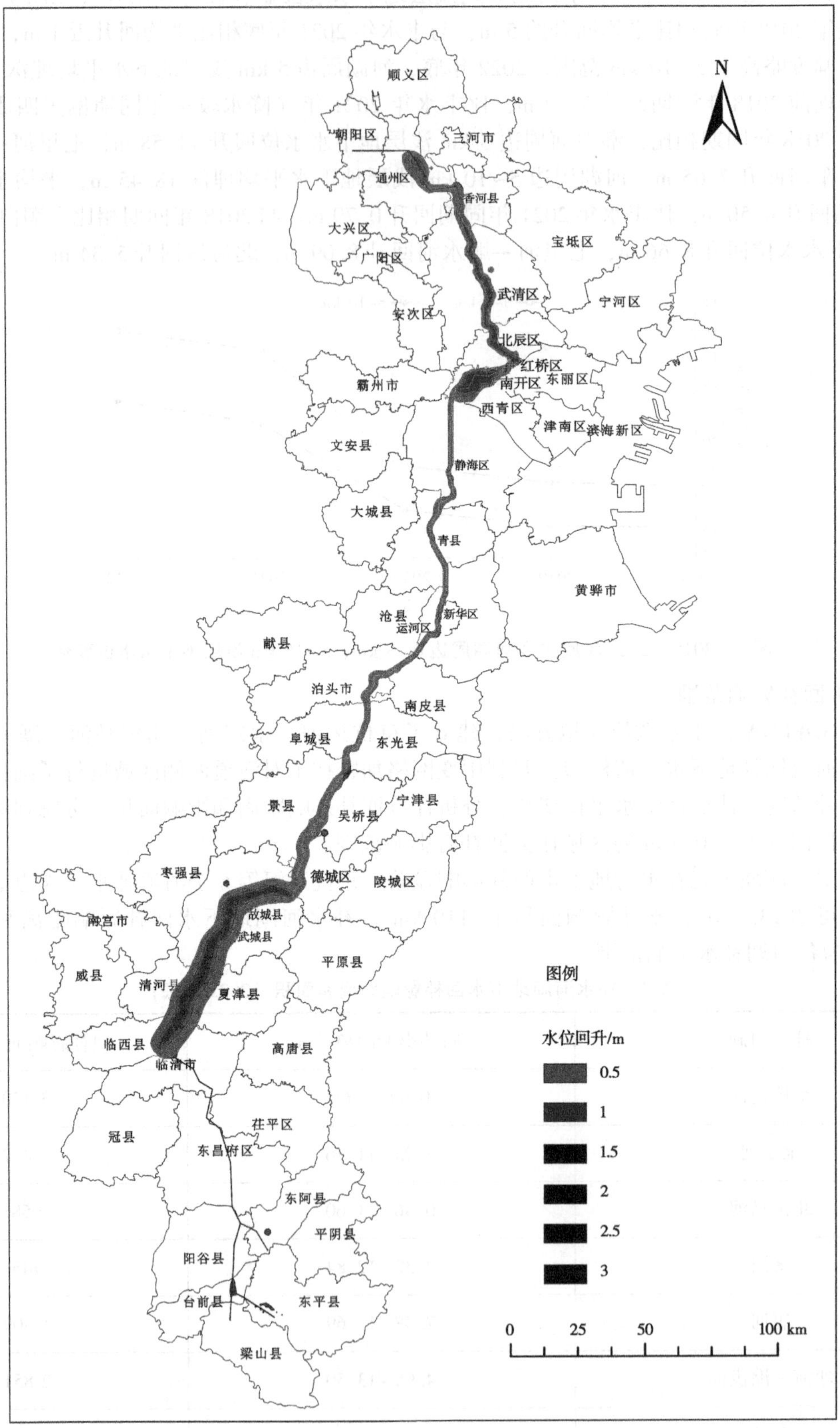

（a）京杭运河回补影响范围

图 2　各河湖补水影响范围

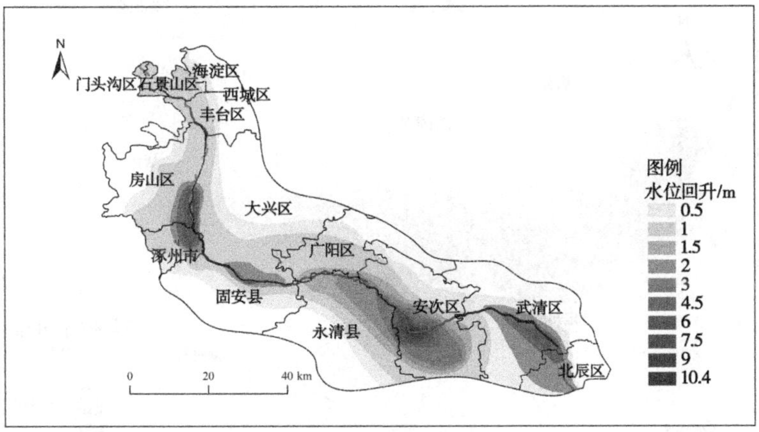

（b）永定河回补影响范围

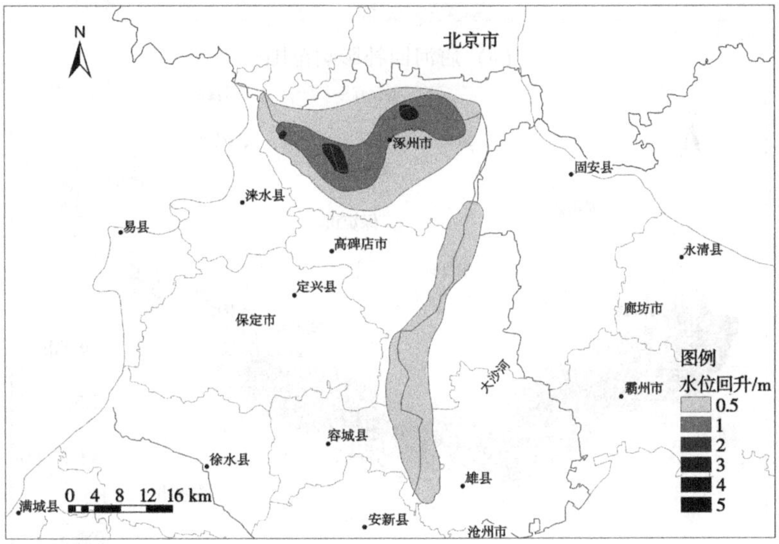

（c）北拒马河—白沟河回补影响范围

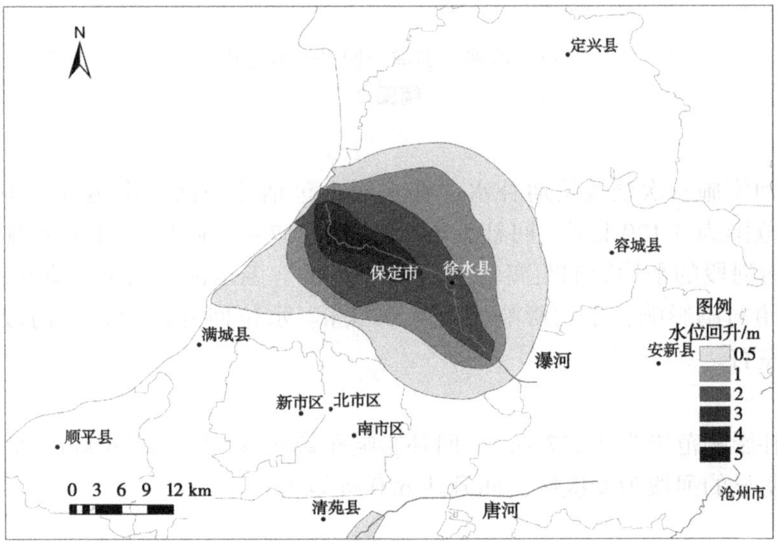

（d）瀑河回补影响范围

续图 2

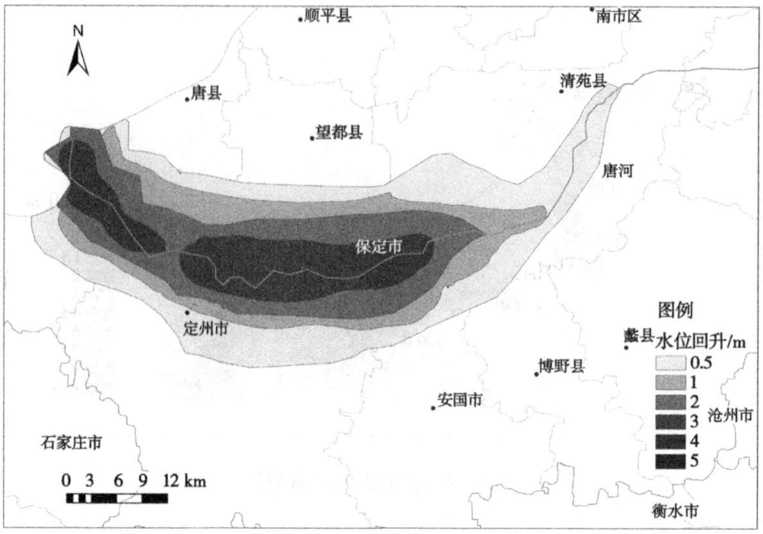

(e) 唐河回补影响范围

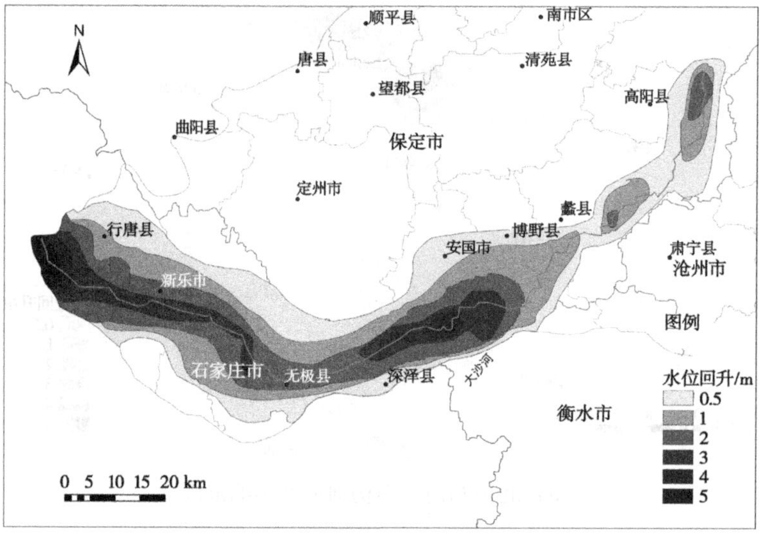

(f) 沙河—潴泷河回补影响范围

续图 2

2.2.1 京杭运河

2022 年京杭运河实施首次全线贯通补水，补水河道包括北运河、南运河、卫运河和小运河。浅层地下水回补影响范围为 3 120 km^2，回补影响距离为 0.07~9.60 km，平均影响距离 1.5 km 左右，其中北运河段和南运河段的平均影响距离较小，约 1.0 km，卫运河段的平均影响距离较大，接近 5.0 km，小运河段受河道衬砌影响，平均影响距离 0.07 km。水位回升最明显的河段为卫运河清河县一带，回升达 2.5 m 左右。

2.2.2 永定河

浅层地下水回补影响范围为 2 427 km^2，回补影响距离为 3.95~11.76 km，平均影响距离 5.0 km 左右，水位回升最明显的河段为安次区，回升达 6.0 m 以上。

2.2.3 北拒马河

浅层地下水回补影响范围为 658 km^2，回补影响距离为 0.56~11.60 km，平均影响距离 3.0 km 左右，水位回升最明显的河段为涿州市境内，水位回升达 2.0 m。

2.2.4 瀑河

浅层地下水回补影响范围为745 km²，回补影响距离为7.32~12.84 km，平均影响距离8.0 km左右，水位回升最明显的河段为徐水区境内，水位回升达4.0 m。

2.2.5 唐河

浅层地下水回补影响范围为1 309 km²，回补影响距离为7.48~11.69 km，平均影响距离8.0 km左右，水位回升最明显的河段为定州市望都县交界处，水位回升达2.0 m。

2.2.6 沙河—潴泷河

浅层地下水回补影响范围为2 851 km²，回补影响距离为4.9~13.5 km，平均影响距离6.0 km左右。水位回升最明显的河段为石家庄行唐县，水位回升达5.0 m；安国市水位回升也较大，增幅为4.0~5.0 m。

3 河湖水质变化分析

自实施补水以来，每年对76个地表水水质监测站进行逐月监测分析。2022年，Ⅰ~Ⅲ类水质监测站比例平均为65%，Ⅳ~Ⅴ类水质监测站比例平均为31%，劣Ⅴ类水质监测站比例平均为4%。

补水河湖水质持续向好。2022年底与2019年底相比，Ⅰ~Ⅲ类水质监测站比例增加，由67%增至72%；Ⅳ~Ⅴ类水质监测站比例下降，由28%降至23%；劣Ⅴ类水质监测站比例基本稳定。2021年水质状况最好，Ⅰ~Ⅲ类水质站比例达82%，Ⅳ~Ⅴ类水质站比例达15%。2019—2022年水质类别变化情况见图3。

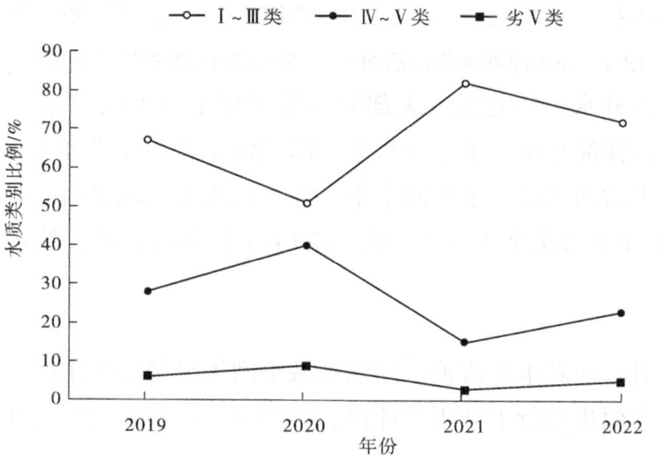

图3 2019—2022年水质类别变化情况

4 河湖水面面积和有水河长变化分析

分析表明，补水河湖水域空间显著改善，水面面积和有水河长明显增加。根据48个补水河湖遥感影像解译结果，2022年底河湖水面面积761.74 km²，有水河长4 735.98 km。2022年底与2018年相比，河湖水面面积共增加168.65 km²，为2018年的1.28倍。其中，北大港水面面积增加43.66 km²，滹沱河增加24.45 km²，南大港增加21.07 km²。有水河长共增加1 306.32 km，为2018年的1.38倍。其中，滏阳河有水河长增加238.74 km，永定河有水河长增加207.73 km，滹沱河有水河长增加155.45 km。补水河湖水面范围2022年底与2018年对比示意图见图4。

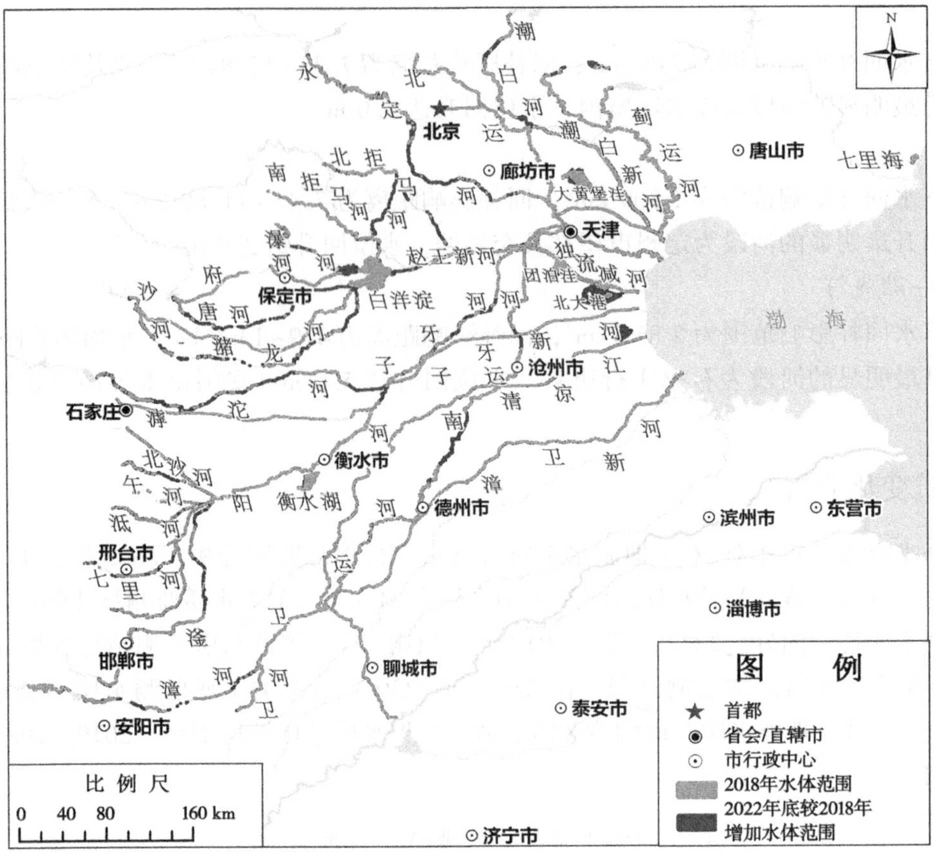

图 4　补水河湖水面范围 2022 年底与 2018 年对比示意图

通过持续实施河湖生态补水，华北地区大部分河流实现全线水流贯通。蓟运河水系、潮白河水系、永定河水系、大清河白洋淀水系、子牙河水系、漳卫河水系等主要水系 40 余条长期断流河流均先后实现全线水流贯通，大清河水系、子牙河水系、漳卫河水系实现贯通入海。京杭运河实现百年来首次全线贯通，永定河 26 年来首次全线贯通入海，潮白河 22 年来首次全线通水。

5　结论

本文从地下水水位回升、河湖水质改善、河湖水域空间恢复等多个角度，对华北地区近 5 年年度常态化大范围河湖生态补水效果进行了分析与评价，可为下一阶段河湖生态环境复苏与地下水超采治理提供借鉴和依据。

（1）河湖生态补水对地下水回补影响显著。经过近 5 年生态补水，22 个主要补水河湖周边浅层地下水水位显著且持续回升。2022 年底与降水相似年 2018 年底相比平均回升约 5 m，与丰水年 2021 年底相比平均回升近 1 m。京杭运河等 6 个河道补水对周边地下水回补影响最大距离可达 13.5 km，累计影响面积 11 110 km^2。

（2）补水河湖水质持续向好。2022 年底与 2019 年底相比，Ⅰ～Ⅲ类水质站比例增加，由 67%增至 72%；Ⅳ～Ⅴ类水质站比例下降，由 28%降至 23%。2021 年水质状况最好，Ⅰ～Ⅲ类水质站比例达 82%。

（3）补水河湖水域空间显著改善，水面面积和有水河长明显增加。2022 年底河湖水面面积 761.74 km^2，为 2018 年的 1.28 倍；2022 年底有水河长 4 735.98 km，为 2018 年的 1.38 倍。华北地区大部分河流实现全线水流贯通。

参考文献

[1] 王文生．持续推进流域地下水超采治理 助力复苏河湖生态环境［J］．海河水利，2022（2）：1-3.
[2] 陈飞，丁跃元，唐世南，等．华北地区河湖生态补水与地下水回补的实践及效果分析［J］．中国水利，2021（7）：36-39.
[3] 曹天正，骆辉煌，李月，等．复苏河湖生态环境背景下地下水环境变化研究［J］．水利发展研究，2022，22（10）：5-10.
[4] 张鸿星，李鲁丹，赵伟华，等．华北地下水超采区河湖地下水回补水生态效果评估［J］．地下水，2021，43（2）：1-4，10.
[5] 王哲，付宇，朱静思，等．华北主要河道地下水回补效果评价［J］．吉林大学学报（地球科学版），2021，51（3）：843-853.

引黄入冀调水实践与成效

翟　鑫

（黄河勘测规划设计研究院有限公司，河南郑州　450003）

摘　要：通过对引黄入冀70余年全面回顾，基于水资源公报、年鉴、志书、科研成果等文献，采用定性与定量统计分析方法，对引黄入冀调水实践进行全面分析，客观评估引黄为河北带来的社会效益、经济效益和生态效益。结果表明，引黄入冀70多年来，黄河润泽燕赵，提供灌溉水源，解渴白洋淀，助力河湖复苏，已实现了引黄水量、引黄时段、引黄线路、补水范围、灌溉面积上的五大突破，估算2014—2022年引黄入冀产生的经济效益达1.36万亿元。

关键词：引黄入冀；成效评估；调水工程；河北

河北省是典型的资源型缺水省份，长期以来，水资源是制约河北省实现可持续发展的重要因素，也是影响经济社会发展、生态环境安全和社会政治稳定的重大问题[1]。引黄入冀始于20世纪50年代，已经有70余年的历史。1987年9月，国务院下发了国办发〔1987〕61号文件，批准了《黄河可供水量分配方案》[2]，这就是著名的黄河“八七”分水方案，也是我国大江大河首个分水方案，其中将流域外河北、天津作为分配对象，既是对引黄历史的尊重，也表明党中央、国务院对津冀用水的深切关怀。引黄入冀从最初的应急供水，到后来遵循黄河水量统一调度的常规调水，再到华北地区地下水超采综合治理河湖生态补水、京杭运河全线贯通补水、华北地区河湖生态环境复苏补水[3]，黄河母亲一直在为河北经济社会发展和生态环境改善默默付出。引黄入冀调水取得显著的社会效益、经济效益和生态效益。

1　引黄入冀调水工程

引黄入冀始于20世纪50年代，承担引黄入冀的调水工程包括引黄灌溉济卫工程（人民胜利渠）、引黄济卫扩建工程（共产主义渠）、引黄入卫工程、引黄入邯工程、引黄济津潘庄线路应急调水工程、沧州市李家岸引黄工程、引黄入冀补淀工程等。

2　引黄入冀的三个阶段

2.1　第一阶段（20世纪50—80年代）

第一阶段为利用引黄济卫工程和引黄济津线路实施引黄入冀时期。20世纪50年代初，黄河水量丰沛，卫河水量较少，实施了引黄济卫工程，即人民胜利渠和共产主义渠。两渠输送黄河水到卫河和南运河，供航运和新乡、安阳、卫河下游及鲁冀津等沿河城乡工农业生产、生活饮用[4-5]。这一时期，两渠为卫河补水，百吨以上的机动船畅行无阻，卫河航运达历史上又一鼎盛时期。

人民胜利渠建成后，1952—1962年，平均济卫流量20 m^3/s，累计济卫总水量44亿 m^3[6]，由总干渠入卫河，经南运河、马厂减河输水到天津。共产主义渠建成后，从1958年5月至1961年6月，向下游输水达85亿 m^3。河北省于1959—1960年修建了东风渠灌溉工程，曾于1960年、1961年共引黄河水约30亿 m^3[7]。由于技术原因，1962年3月共产主义渠首闸关闭，停止引黄灌溉。1966年因

作者简介：翟鑫（1994—），男，工程师，主要从事水利工程设计和研究工作。

卫河上游水源枯竭，卫河航运也宣告停止，成为一条季节性排涝河道。

1975 年 10 月 18 日至 1976 年 1 月 31 日第三次引黄济津，为河北省送水 30 d[5]；1981 年 10 月 15 日至 1982 年 1 月 17 日第四次引黄济津，利用人民胜利渠、位山线路、潘庄线路向河北送水 7 000 万 m^3[5]。

2.2 第二阶段（20 世纪 90 年代至 2016 年）

第二阶段为打造引黄入冀永久性东线工程、中线工程时期。1994 年 11 月 10 日，引黄入卫工程正式通水，改写了之前仅依附“引黄济津”调引黄河水的历史，河北有了自己的永久性引黄工程，重点解决衡水湖、大浪淀和邢台、衡水、沧州 14 个县（市、区）的工农业用水和生活用水。

2000 年 10 月 13 日至 2001 年 2 月 2 日第六次引黄济津，位山线路向河北送水 7.8 亿 m^3，向大浪淀补水 0.576 亿 m^3；2006 年 11 月 24 日至 2007 年 3 月 5 日，首次利用引黄入卫工程引黄补淀，净入淀水量 1.001 亿 m^3。之后，多次利用该工程引黄补淀；2009 年 10 月 1 日至 2010 年 2 月 28 日第十次引黄济津，位山线路完成了向河北白洋淀、大浪淀、衡水湖补水任务，向白洋淀补水超 1 亿 m^3。在引黄入卫、引黄济津不断实践中，位山闸引黄入冀永久性中线工程逐步形成。

2010 年 10 月引黄济津潘庄线路应急调水工程通水，2011 年 10 月 18 日至 2012 年 1 月 15 日第十二次引黄济津，潘庄线路向大浪淀补水 0.4 亿 m^3。至此，依附“引黄济津”实施“引黄入冀”的历史终结。2013 年 3 月在引黄济津潘庄线路基础上成功开辟引黄济沧潘庄供水线路，沿线 11 个县（市、区）受益，可为沧州市大浪淀水库、杨埕水库补水。潘庄闸引黄入冀永久性东线工程逐步形成。

该时期引黄入冀西线工程也一直在探索和尝试。2005 年建成了引黄入大（名）工程，2010 年 11 月 23 日引黄入邯工程实现简易通水[8]，可满足邯郸市东风渠以东地区的农业灌溉、生态用水及补充地下水。

2.3 第三阶段（2017 年至今）

第三阶段为多线路、多时段供水时期。2017 年 11 月 8 日沧州市李家岸引黄工程正式通水，沧州有了首条引黄专线；2017 年 11 月 16 日引黄入冀补淀工程开始试通水，渠村闸引黄入冀永久性西线工程完成建设。至此，引黄入冀形成河南渠村、山东位山、潘庄、李家岸等多线路供水格局。调水时段也由传统冬四月转变为非汛期常规调水、汛期应急调水的全年各个时段。

4 条引黄输水干线总长 1 396 km，其中山东省境内长 395 km、河南省境内长 84 km、河北省境内长 917 km。河北省受益范围覆盖邯郸、邢台、衡水、沧州、廊坊、保定 6 个设区市和雄安新区的 49 个县（市、区）。

2020 年 11 月 18 日至 12 月 2 日，张家口市首次通过山西万家寨引黄入京工程引黄河水 1 180 万 m^3，用于桑干河沿线两岸农田保墒[9]，引黄入冀又新增一条输水线路。

3 引黄入冀供水分析

1993—2023 年，引黄入冀向河北供水 132.5 亿 m^3[10]。依据《黄河水资源公报》数据统计，引黄入冀水量 1999—2003 年仅为农业用水，2004—2005 年没有引水，2006—2009 年仅为生态补水，2010—2012 年包含农业、工业、生活和生态环境用水。2013—2022 年，黄河累计向河北供水 74.66 亿 m^3。2013—2022 年引黄入冀水量利用堆积柱形见图 1。

可以看出，从 2018 年开始，引黄入冀用于生态环境的水量明显增加。2013—2022 年，引黄入冀农业用水占比最大，占总输水量的 60%；其次是生态环境用水，占总输水量的 29%。从时间节点看，引黄入冀补淀工程的建成通水，是改变引黄入冀用水结构的转折点。

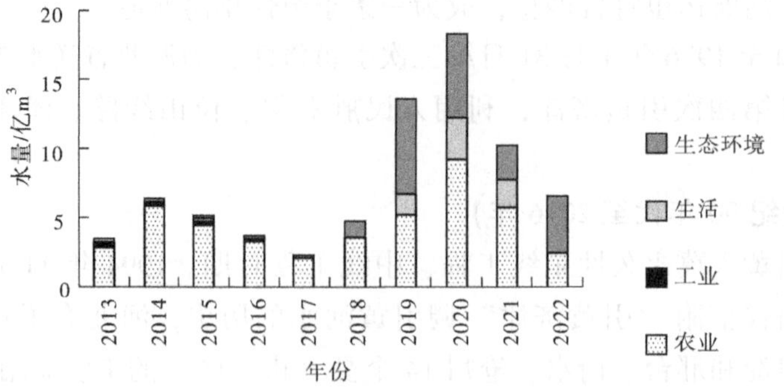

图 1　2013—2022 年引黄入冀水量利用堆积柱形图

4　引黄入冀成效分析

4.1　社会效益

4.1.1　供水范围及受益人口

截至 2023 年底，引黄入冀工程受水区覆盖河北省邯郸、邢台、保定、衡水、沧州、廊坊等 6 个设区市和雄安新区的 49 个县（市、区），受益人口超 4 000 万人，约占河北省总人口的 58%。

4.1.2　受水区水质改善

引黄入冀受水区群众饮水质量显著改善。黑龙港地区 500 多万人告别了长期饮用高氟水、苦咸水的历史，人民群众获得感、幸福感、安全感显著增强。

4.1.3　保障粮食生产安全

目前，河北引黄灌溉达 33. 33 余万 hm^2。河北是全国 13 个粮食主产省之一，中南部黑龙港及运东地区具有良好的土地、光热等自然资源，是全省粮棉油重要产区。引黄入冀以来，黄河水成为该区域农业灌溉水源之一，对保障区域内粮食安全生产发挥了重要作用[11]。

4.2　经济效益

引黄入冀产生的经济效益巨大，但很难量化，经济价值可按式（1）粗略估算。

$$EV = \frac{Q_{调}}{Q_{供}} \times V_{GDP} \tag{1}$$

式中：EV 为调水经济价值，亿元；$Q_{调}$为引黄水量，亿 m^3；$Q_{供}$为全省供水总量，亿 m^3；V_{GDP} 为地区生产总值 GDP，亿元。

根据文献［12-14］提供的河北省地区生产总值（GDP）数据，经估算（见表 1），2014—2022 年引黄入冀产生的经济效益为 13 564. 0 亿元，换句话说，引黄入冀约为河北省 1. 36 万亿元 GDP 的增长提供了水资源支撑。

表 1　2014—2022 年引黄入冀调水经济价值估算

年份	2014	2015	2016	2017	2018	2019	2020	2021	2022
地区生产总值 GDP/亿元	29 421	26 398	28 474	30 640	32 494	34 978	36 013	40 397	42 370
引黄水量/亿 m^3	6. 38	5. 19	3. 71	2. 30	4. 81	13. 62	18. 33	10. 24	6. 61
全省供水总量/亿 m^3	192. 8	187. 2	182. 6	181. 6	182. 4	182. 3	182. 8	181. 9	182. 4
调水经济价值/亿元	974	732	579	388	857	2 613	3 612	2 275	1 535

4.3　生态效益

引黄入冀为河北工程沿线提供了充足的生态用水，为华北地区地下水超采综合治理、华北地区河湖生态环境复苏等提供了重要水源。依据《黄河水资源公报》及相关资料[15]计算，2013—2022 年引黄入冀水量用于生态环境的水量占 28.5%，取得的生态效益非常显著。

（1）白洋淀、衡水湖等湖泊湿地生态修复问题得到有效缓解。白洋淀 2018—2023 年累计补水入淀 55.37 亿 m^3[16]，水位持续保持在 7 m 左右，水质提升到Ⅲ类，步入全国良好湖泊行列。

（2）助力京杭运河全线水流贯通，让古老的大运河重现生机。2018 年以来，河北通过统筹调度引江水、引黄水和本地水库水源，共向 96 条河道补水 256 亿 m^3[16]，境内的滹沱河、滏阳河、七里河、瀑河、大清河等一大批河流重现生机。

（3）京津冀治理区约 90%的区域初步实现地下水采补平衡，有效遏制了华北地区地下水水位下降、地面沉降等生态环境恶化趋势[17]。2023 年底，河北省浅层、深层超采区地下水位平均埋深已较 2018 年同期分别回升 3.01 m 和 7.55 m。

5 结论与展望

（1）引黄入冀 70 多年来，黄河润泽燕赵，提供灌溉水源，解渴白洋淀，助力河湖复苏，取得了显著社会效益、经济效益和生态效益。引黄入冀体现了党中央、国务院对河北人民的关怀，经历过艰辛历程，经历过共产主义大协作的劳动场景，也是冀鲁豫友好合作的硕果。如今引黄入冀已实现了引黄水量、引黄时段、引黄线路、补水范围、灌溉面积上的五大突破。2024 年 1 月 1 日起施行的《河北省引黄工程运行管理规定》，将进一步提升河北引黄标准化、规范化、制度化、信息化建设。

（2）引黄入冀为河北省经济社会高质量发展和生态环境改善提供了重要的水资源支撑，也为京津冀的协调发展提供了水安全保障。引黄、引江是两套体系，水网分布复杂，如何协调两套体系配套建设，优化调度，实现水网与相关产业协同发展，实现水网综合效益最大化需要加强研究和谋划，也是河北实现到 2025 年万元 GDP 用水量较 2020 年下降 15%目标的关键所在。

参考文献

[1] 李卫东，张文虎．建设引黄入冀补淀工程 助力河北水安全［J］．河北水利，2024（1）：44.

[2] 王煜，彭少明，武见，等．黄河“八七”分水方案实施 30 a 回顾与展望［J］．人民黄河，2019，41（9）：6-13，19.

[3] 王银山．高位推动 科学调度 持续做好引黄入冀调水工作［J］．河北水利，2024（1）：15.

[4]《人民胜利渠志》编纂委员会．人民胜利渠志［M］．北京：中国水利水电出版社，2022.

[5] 国家防汛抗旱总指挥部办公室．引黄济津调水实践［M］．北京：中国水利水电出版社，2013.

[6] 黄河水利委员会黄河志总编辑室．河南黄河志［R］．1986.

[7] 刘凯军．“引黄入冀”惠民生［J］．河北水利，2011（11）：4-6，48.

[8] 王配套．将引黄入冀补淀工程打造成现代化高品质调水工程［J］．河北水利，2024（1）：21.

[9] 河北省水利厅．2020 年河北省水资源公报［R］．2021.

[10] 苑立立，任树春．悠悠黄河水“解渴”冀中南［N］．河北日报，2024-01-03（6）．

[11] 河北省水利厅建设与管理处．河北省“引黄入冀”工作的回顾与思考［J］．河北水利，2011（11）：7-8，48.

[12] 河北省统计局，国家统计局河北调查总队．河北省 2014 年国民经济和社会发展统计公报［EB/OL］．（2015-02-28）［2024-06-02］．http：//tjj. hebei. gov. cn/hbstjj/sj/tjgb/101702088630865. html.

[13] 河北省统计局，国家统计局河北调查总队．河北统计年鉴 2022［M］．北京：中国统计出版社，2022.

[14] 河北省统计局，国家统计局河北调查总队．河北统计年鉴 2023［M］．北京：中国统计出版社，2023.

[15] 苑立立．过去十年，河北外流域调水超 270 亿立方米［N］．河北日报，2024-03-22（2）．

[16] 李晓伟．白洋淀 2018 年至 2023 年累计补水入淀 55.37 亿立方米［EB/OL］．（2024-03-21）［2024-06-08］．https：//www. chinanews. com. cn/sh/2024/03-21/10184459. shtml.

[17] 河北水利编辑部．黄河之水润燕赵 春风化雨三十载［J］．河北水利，2024（1）：1.

长江流域典型流域性大洪水复盘与洪水特性分析

王 栋 邓鹏鑫 李 威 相昀含

（长江水利委员会水文局，湖北武汉 430010）

摘 要： 典型流域性洪水蕴含丰富的洪水特征信息，为流域洪水预报、防洪调度及洪水分析计算提供重要参考。以长江流域 1954 年、1998 年、2020 年典型流域性大洪水为研究对象，采用水量平衡还原分析、马斯京根法，复盘了干流宜昌站、螺山站、汉口站、大通站典型流域性大洪水过程。在分析典型流域性大洪水过程特点的基础上，估算各站典型流域性大洪水重现期，螺山站、汉口站、大通站 1954 年洪量重现期超 100 年。依据《全国流域性洪水划分规定（试行）》划分长江典型流域性洪水等级，1954 年为流域性特大洪水，1998 年、2020 年为流域性大洪水。

关键词： 长江流域；典型洪水；流域性大洪水；洪水复盘；洪水特性

流域性大洪水是指洪水来源区覆盖流域全部或大部，干支流洪水遭遇，形成流域较大以上量级的洪水，表现出暴雨洪水的广域性、遭遇性、稀遇性、持续性等特点。长江流域暴雨具有降水时间长、笼罩面积广等特征，洪水主要由暴雨形成，呈现出暴雨洪水遭遇复杂、雨季和汛期持续时间长等特点，特别是干支流洪水相继遭遇后易发流域性大洪水，如 1954 年、1998 年、2020 年洪水，给长江中下游带来严重的洪涝灾害[1]。因此，复盘长江流域历史典型流域性大洪水全过程，并辨识流域性大洪水特征，可为长江流域性大洪水预报及防洪调度研究提供基础。

历史典型流域性大洪水蕴含丰富的洪水特征信息，为流域洪水预报及调度提供重要参考，且可在工程设计中为洪水分析计算提高样本系列的代表性和设计成果的可靠性[2-3]，故一直以来，国内外水文学者十分重视洪水特性及机制分析工作。王俊[4] 分析了 2016 年暴雨洪水特点，深入剖析长江中下游水位持续偏高原因，并提出长江中下游防洪形势变化的启示。尹志杰等[5] 分析了 2017 年长江中游洞庭湖和鄱阳湖水系暴雨洪水特点、高洪水位成因及重点水库的防洪效益。陈建等[6] 以长江上游为研究对象，采用降水量、降水历时、起涨流量和洪水涨率 4 个指标进行洪水相似性判别研究。陈敏[7] 分析了 2020 年暴雨洪水特征，深入剖析了洪水成因，初步探讨了长江中下游防洪形势新变化及新需求。徐高洪等[8] 研究了上游控制性水库的调蓄作用、干支流洪水遭遇特征及长江上游控制性水文站洪水还原分析，并确定了洪水重现期。尚全民等[9] 分析了 2020 年长江流域暴雨洪水特点、洪水防御工作中存在的问题及主要经验。周新春等[10] 从气象因子角度分析了长江流域性洪水的发生背景及暴雨洪水特征，揭示暴雨洪水发展规律，提出流域性洪水量化指标。张涛等[11] 对长江流域 12 个历史典型洪水过程进行还原重构，分析归纳典型洪水组成与特征，识别洪水类型。

随着气候变化和人类活动的加剧，极端水文事件频繁发生，旱涝急转现象极为普遍，难以准确刻画流域大洪水时期洪水的发生和发展。对于长江流域，由于缺乏足够丰富的暴雨洪水资料，导致当前面向长江流域性大洪水的特性研究工作还不够深入。本文以长江流域 1954 年、1998 年、2020 年典型流域性大洪水为研究对象，采用水量平衡法进行还原分析，复盘长江干流宜昌、螺山、汉口、大通 4 个典型控制性水文站长江流域典型流域性大洪水过程，并进行洪水特性分析，旨在为长江流域性大洪水精准预报及防控提供底座支撑。

基金项目： 国家重点研发计划项目（2022YFC3002701）。

作者简介： 王栋（1986—），男，高级工程师，主要从事水文水资源方面的研究工作。

1 资料与方法

1.1 研究区概况

长江发源于青藏高原的唐古拉山主峰格拉丹东雪山西南侧，于上海崇明岛以东注入东海，流域形状呈东西长、南北短的狭长形，流域面积约 180 万 km^2，全长 6 300 余 km。流域内地形呈西高东低的特征，以山地、高原和丘陵为主。长江干流自江源至湖北宜昌为上游，宜昌至江西湖口为中游，湖口至长江口为下游。长江流域水系发达，支流众多，超过 8 万 km^2 的支流有雅砻江、岷江、嘉陵江、乌江、沅水、湘江、汉江、赣江等 8 条。

长江流域位于东亚季风区，具有显著的季风气候特征。流域内冬冷夏热，四季分明，雨热同季，湿润多雨。流域多年平均气温由南部的 19 ℃逐步向北递减到 15 ℃，上游地形的影响更为显著。流域多年平均降水量 1 081 mm，降水量时空分布不均，4—7 月降水量占全年的 70%左右。流域洪水主要由暴雨形成，洪水发生时间和地区分布与暴雨相一致。洪水发生的时间一般是下游早于上游，江南早于江北，上游洪水与中游洪水不遭遇。但遇气候反常，上游洪水提前，或中下游洪水延后，长江上游干流洪水就会与中游洪水相继遭遇，形成流域性大洪水。此外，如长江上游干支流洪水相互遭遇，亦会形成上游大洪水。

1.2 数据来源

根据长江流域洪水预报与调度需求，以长江流域 1954 年、1998 年、2020 年典型流域性大洪水为研究对象，选取长江干流宜昌、螺山、汉口、大通 4 个典型控制性水文站进行长江流域典型流域性大洪水复盘与洪水特性分析。本次收集了干流宜昌站、螺山站、汉口站、大通站及清江、沮漳河、洞庭湖水系、陆水、汉江、鄱阳湖水系等主要支流控制站 1954 年、1998 年、2020 年实测逐日平均流量系列及其上游大型水利工程调度运行资料，数据分别来源于长江流域水文年鉴和水利工程运行管理单位。

1.3 研究思路与方法

一般情况下，采用水量平衡还原分析、马斯京根法[12]，推求各站典型流域性大洪水年份天然洪水过程，实现典型流域性大洪水过程复盘。基于各站典型流域性大洪水年份时段洪水，结合各站设计洪水成果，分析各站典型流域性大洪水重现期。

1.3.1 水量平衡还原分析

若水文站上游有大型水利工程，受水利工程调度运行的影响，洪水过程具有非一致性，采用水量平衡还原分析，可推求其天然洪水过程。根据水文站实测洪水过程，考虑上游水库调度、引水工程引水、调水工程调水等因素，采用水量平衡原理还原计算水文站天然洪水过程，具体计算公式如下：

$$Q_{还原} = Q_{实测} + \frac{\Delta V_{蓄量}}{\Delta t} + Q_{调出} - Q_{调入} \tag{1}$$

式中：$Q_{还原}$为水文站天然洪水过程；$Q_{实测}$为水文站实测洪水过程；$\Delta V_{蓄量}$为水文站上游水库工程在 Δt 时段内水库蓄变量；$Q_{调出}$为水文站上游调出工程的调出水量；$Q_{调入}$为水文站上游调入工程的调入水量。

1.3.2 马斯京根法

马斯京根法是由 G. T. 麦卡锡于 1938 年提出，被广泛应用于河道流量演算中。马斯京根法是通过水量平衡方程和槽蓄方程进行河道流量演算，流量演算方程式为

$$Q_2 = C_0 I_2 + C_1 I_1 + C_2 Q_1 \tag{2}$$

$$C_0 = \frac{0.5\Delta t - Kx}{0.5\Delta t + K - Kx} \quad C_1 = \frac{0.5\Delta t + Kx}{0.5\Delta t + K - Kx} \quad C_2 = \frac{-0.5\Delta t + K - Kx}{0.5\Delta t + K - Kx} \tag{3}$$

式中：I、Q 分别为河段的入流、出流过程；K 为蓄量流量关系曲线的坡度；x 为流量比重系数。

对于一个河段，只要确定参数 K、x 值及选定演算时段 Δt 后，便可以求出 C_0、C_1、C_2，根据上断面流量过程 $I(t)$ 及下断面起始流量计算出下断面的流量过程 $Q(t)$。

2 流域性大洪水过程复盘

宜昌站典型流域性大洪水还原分析过程中，1954 年、1998 年长江中下游干流宜昌站上游无大型水利工程，实测洪水可当作天然洪水。本次根据宜昌站 2020 年实测洪水过程及其上游梨园、阿海、鲁地拉、观音桥、乌东德、白鹤滩、溪洛渡、向家坝、两河口、紫坪铺、宝珠寺、亭子口、构皮滩、彭水等 27 座大型水库工程调度运行资料，采用水量平衡还原分析，计算宜昌站 2020 年天然洪水逐日过程。根据宜昌站 1954 年、1998 年、2020 年天然洪水过程，结合中下游隔河岩、柘溪、五强溪、陆水、丹江口、万安、柘林等大型水库工程调度运行资料，采用水量平衡还原分析，计算螺山站、汉口站、大通站 1954 年、1998 年、2020 年天然洪水过程。长江流域典型流域性大洪水过程复盘结果见图 1~图 3。

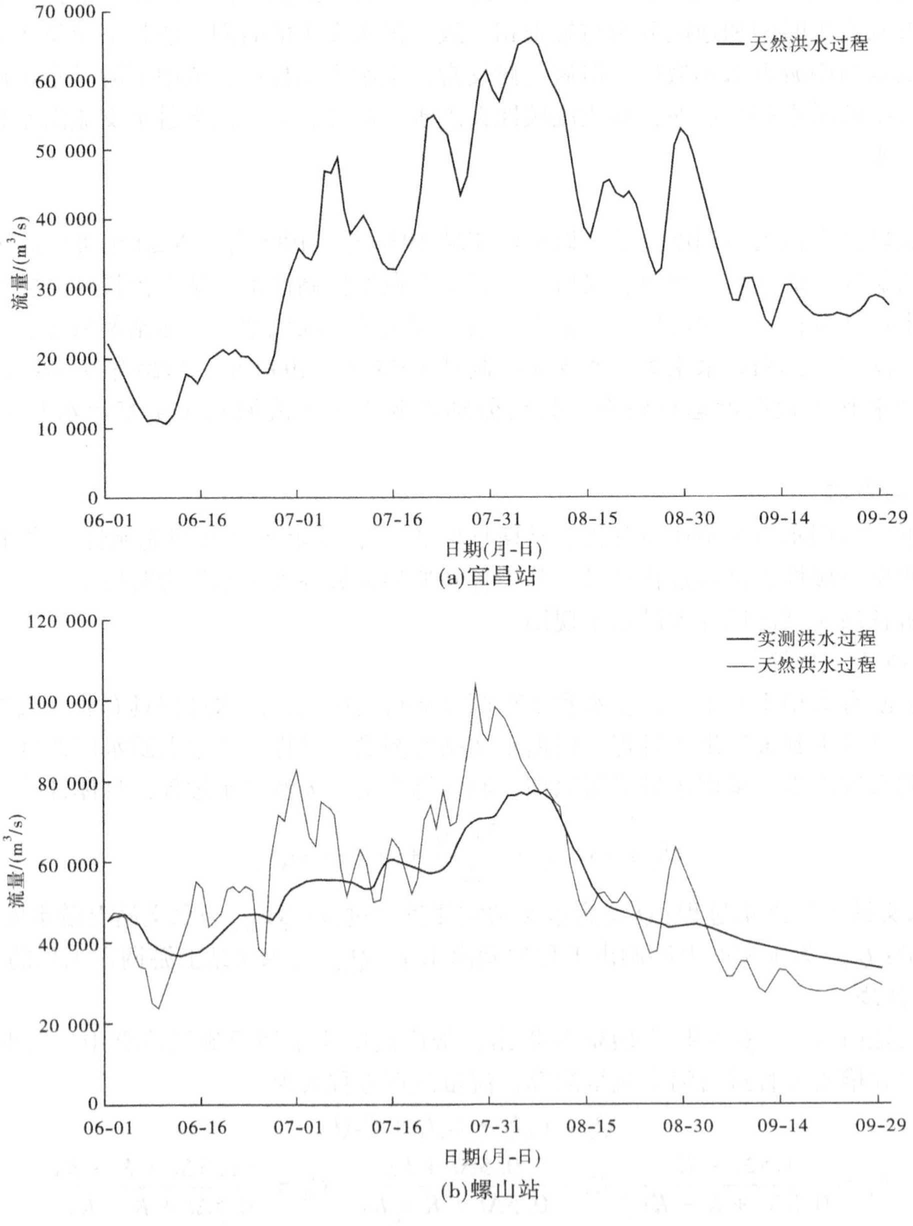

图 1　1954 年典型流域性大洪水各站实测与天然洪水过程

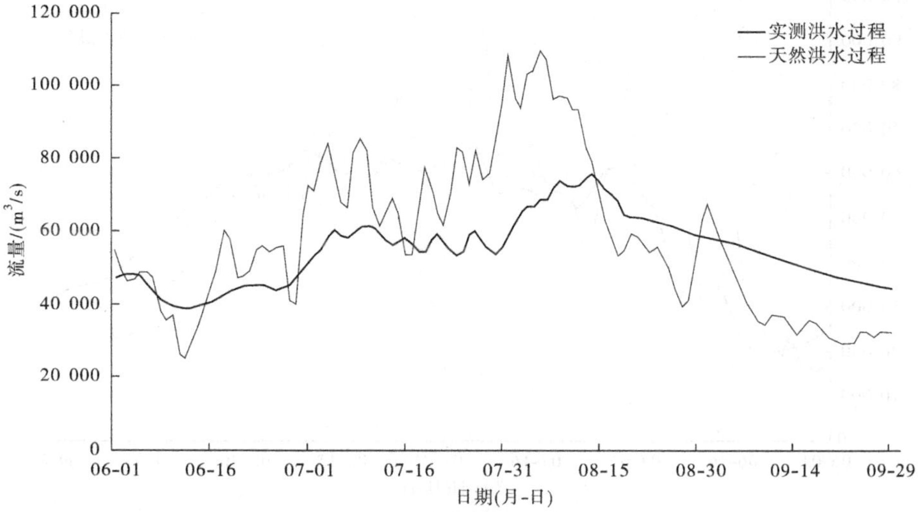

(c)汉口站

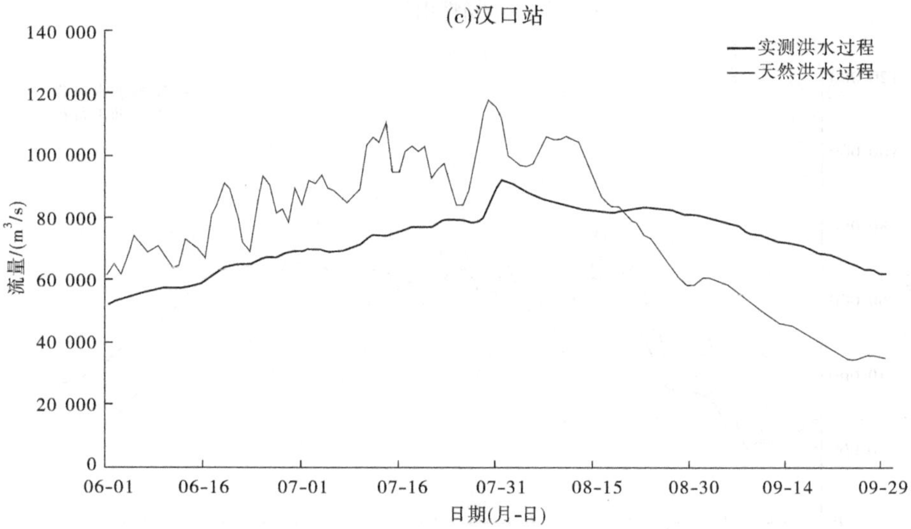

(d)大通站

续图 1

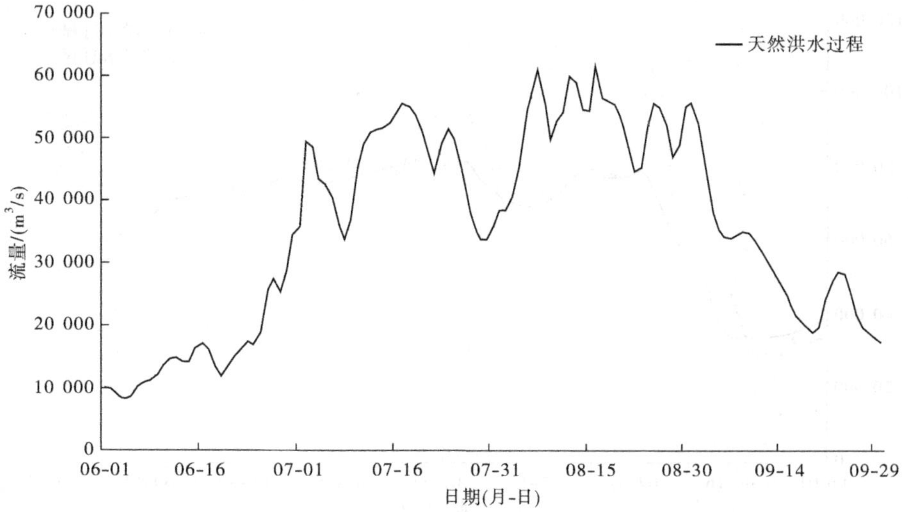

(a)宜昌站

图 2　1998 年典型流域性大洪水各站实测与天然洪水过程

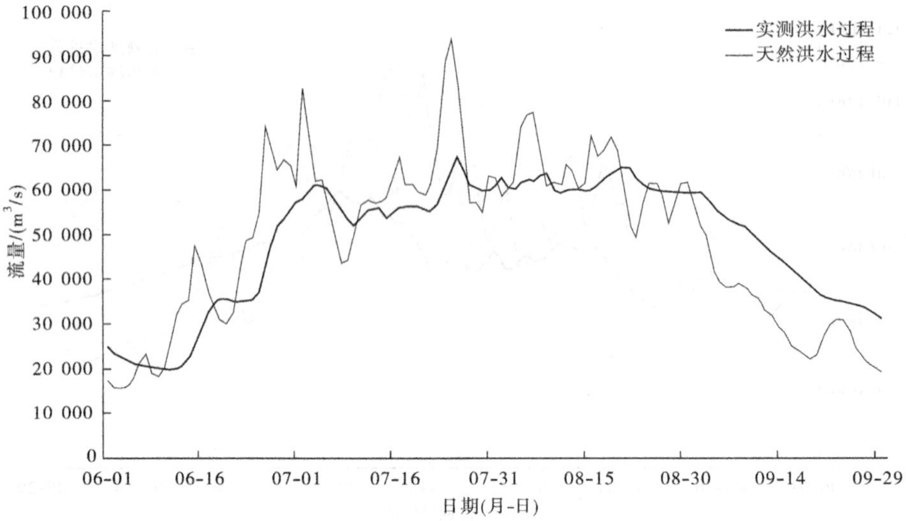

(b)螺山站

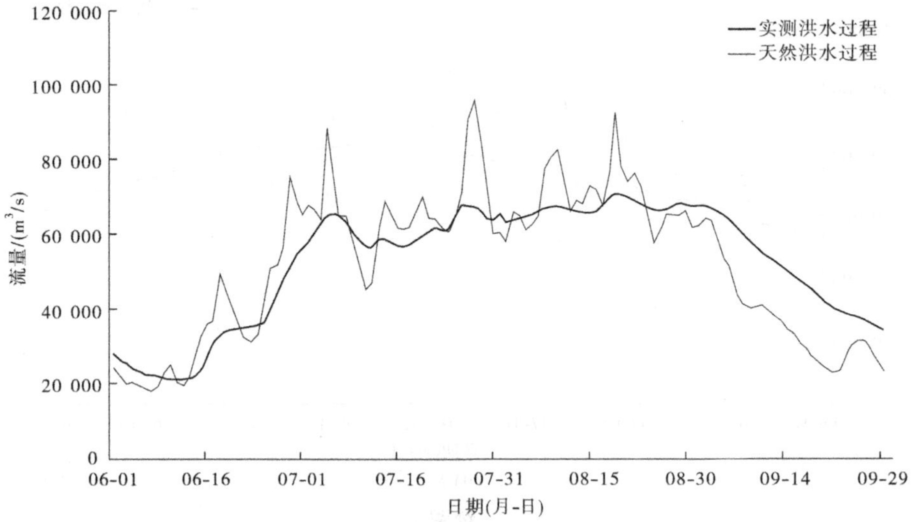

(c)汉口站

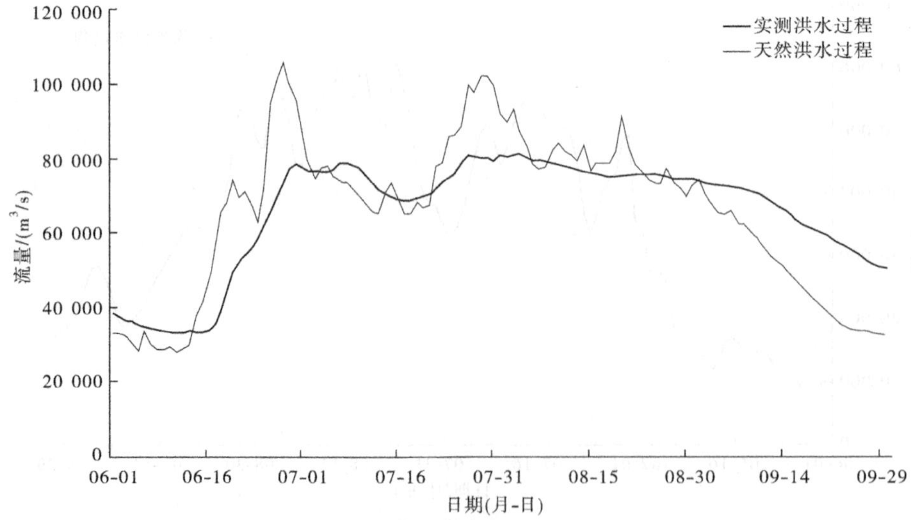

(d)大通站

续图 2

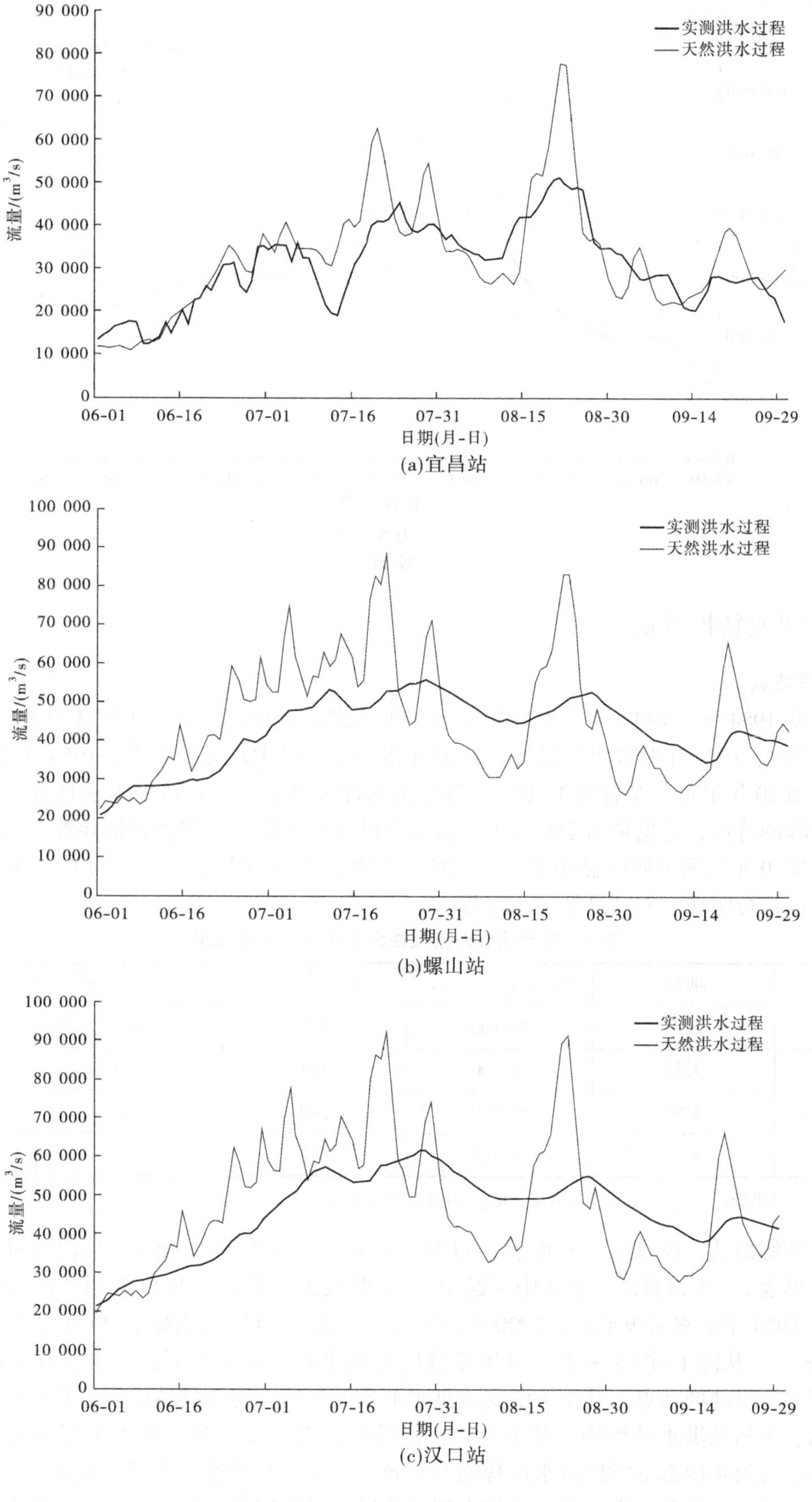

图 3　2020 年典型流域性大洪水各站实测与天然洪水过程

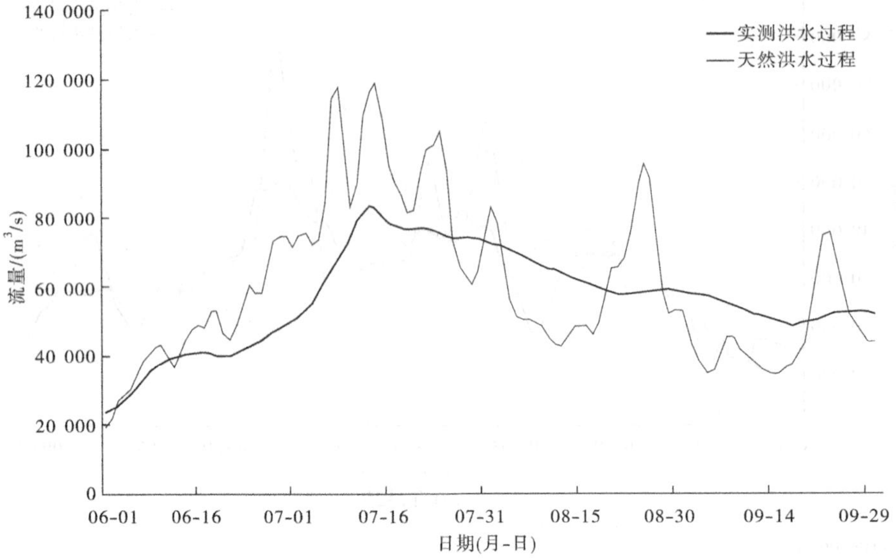

(d)大通站

续图 3

3 流域性大洪水特性分析

3.1 洪水过程特点

根据宜昌站 1954 年、1998 年、2020 年实测与天然洪水过程，统计其洪峰流量及时段洪量成果，见表 1。可以看出，1954 年时段洪量最大，2020 年洪峰流量最大；综合来看，1954 年洪水量级最高，1998 年次之，2020 年最低。结合图 1~图 3，发生流域性大洪水时，宜昌站洪水具有持续时间长、汛期内有多个洪峰的特点，这也是由于长江上游各支流洪水相继汇入、遭遇叠加导致。另外，与天然洪水过程相比，2020 年实测洪峰明显小于天然洪峰，实测洪水过程与天然洪水过程有明显差异，可见上游水库的调度运行明显影响宜昌站洪水过程。

表 1 宜昌站典型流域性大洪水峰量统计成果

年份	项目	洪峰流量/(m³/s)	$W_{7\,d}$/亿 m³	$W_{15\,d}$/亿 m³	$W_{30\,d}$/亿 m³
1954	天然	66 100	385	785	1 387
1998	天然	61 700	348	728	1 380
2020	实测	51 200	299	588	1 050
	天然	77 700	342	662	1 110

注：$W_{7\,d}$ 为最大 7 d 洪量；$W_{15\,d}$ 为最大 15 d 洪量；$W_{30\,d}$ 为最大 30 d 洪量。

根据中下游螺山站、汉口站、大通站 1954 年、1998 年、2020 年实测与天然洪水过程，统计其时段洪量成果，见表 2。可以看出，长江中下游 1954 年时段洪量最大，2020 年时段洪量最小，即在长江中下游也是 1954 年洪水量级最高，2020 年洪水量级最低；但从大通站 2020 年洪水来看，洪水量级略高于 1998 年。从图 1~图 3 来看，发生流域性大洪水时，长江中下游洪水也具有洪水持续时间长、汛期内有多个洪峰的特点，受中下游支流洪水汇入的影响，与宜昌站洪水过程存在明显差异。螺山站、汉口站、大通站洪水过程特点基本一致，但受洞庭湖、汉江及鄱阳湖水系洪水发生时间的差异，遭遇叠加后导致年内部分时段洪水过程略有差异。另外，与天然洪水过程相比，实测洪峰明显小于天然洪峰，实测洪水过程与天然洪水过程有明显差异，可见河道破圩、上游水库的调度运行等因素明显影响长江中下游洪水过程。

表 2　螺山站、汉口站及大通站典型流域性大洪水峰量统计成果

站点	年份	$W_{30\,d}$/亿 m³		$W_{60\,d}$/亿 m³	
		实测	天然	实测	天然
螺山	1954	1 744	1 975	3 101	3 505
	1998	1 603	1 746	3 089	3 302
	2020	1 339	1 583	2 582	2 825
汉口	1954	1 729	2 182	3 220	3 830
	1998	1 754	1 885	3 365	3 536
	2020	1 476	1 691	2 798	3 037
大通	1954	2 194	2 605	4 210	4 914
	1998	2 026	2 231	3 952	4 227
	2020	1 948	2 331	3 522	3 908

注：$W_{60\,d}$ 为最大 60 d 洪量。

3.2　洪水重现期分析

根据宜昌站 1954 年、1998 年、2020 年洪峰流量和时段洪量，结合宜昌站设计洪水成果，估算各典型流域性大洪水重现期，成果见表 3。

表 3　宜昌站典型流域性大洪水重现期分析　　单位：洪峰流量，m³/s；洪量，亿 m³

年份	项目	统计值	设计洪水			重现期/年
			$P=1\%$	$P=2\%$	$P=5\%$	
1954	洪峰流量	66 100	83 700	79 000	72 300	约 10
	$W_{7\,d}$	385	420.8	401.5	368.5	约 30
	$W_{15\,d}$	785	796.5	759.8	702.2	约 80
	$W_{30\,d}$	1 387	1 393	1 330	1 234	约 100
1998	洪峰流量	61 700	83700	79 000	72 300	约 5
	$W_{7\,d}$	348	420.8	401.5	368.5	约 10
	$W_{15\,d}$	728	796.5	759.8	702.2	约 30
	$W_{30\,d}$	1 380	1 393	1 330	1 234	约 80
2020	洪峰流量	77 700	83 700	79 000	72 300	约 40
	$W_{7\,d}$	342	420.8	401.5	368.5	约 10
	$W_{15\,d}$	662	796.5	759.8	702.2	约 10
	$W_{30\,d}$	1 110	1 393	1 330	1 234	约 10

可以看出，1954 年、1998 年流域性大洪水下，宜昌站洪峰流量重现期较小，不到 10 年一遇，而时段洪量的重现期较大，且随时段的增加，重现期逐渐增大，1954 年 30 d 洪量重现期高达 100 年一遇左右；2020 年洪峰的重现期较大，约 40 年一遇，时段洪量的重现期较小，各时段差异较小，约 10 年一遇。对于宜昌站来说，主要是通过时段洪量反映流域性洪水的大小，总体来说，1954 年流域性洪水量级较大。

根据长江中下游螺山站、汉口站、大通站 1954 年、1998 年、2020 年时段洪量，结合各站设计洪水成果，估算各典型流域性大洪水重现期，成果见表 4。

表 4　螺山站、汉口站及大通站典型流域性大洪水重现期分析　　单位：亿 m^3

站点	年份	项目	统计值	设计洪水			重现期/年
				$P=1\%$	$P=2\%$	$P=5\%$	
螺山	1954	$W_{30\ d}$	1 975	1 919	1 808	1 652	超 100
		$W_{60\ d}$	3 505	3 370	3 175	2 901	超 100
	1998	$W_{30\ d}$	1 746	1 919	1 808	1 652	约 40
		$W_{60\ d}$	3 302	3 370	3 175	2 901	约 80
	2020	$W_{30\ d}$	1 583	1 919	1 808	1 652	约 20
		$W_{60\ d}$	2 825	3 370	3 175	2 901	约 20
汉口	1954	$W_{30\ d}$	2 182	2 080	1 959	1 790	超 100
		$W_{60\ d}$	3 830	3 645	3 433	3 137	超 100
	1998	$W_{30\ d}$	1 885	2 080	1 959	1 790	约 30
		$W_{60\ d}$	3 536	3 645	3 433	3 137	约 70
	2020	$W_{30\ d}$	1 691	2 080	1 959	1 790	约 20
		$W_{60\ d}$	3 037	3 645	3 433	3 137	约 20
大通	1954	$W_{30\ d}$	2 605	2 500	2 350	2 150	超 100
		$W_{60\ d}$	4 914	4 600	4 320	3 930	超 100
	1998	$W_{30\ d}$	2 231	2 500	2 350	2 150	约 30
		$W_{60\ d}$	4 227	4 600	4 320	3 930	约 40
	2020	$W_{30\ d}$	2 331	2 500	2 350	2 150	约 40
		$W_{60\ d}$	3 908	4 600	4 320	3 930	约 20

由表 4 可知，1954 年流域性大洪水下，长江中下游螺山站、汉口站、大通站洪量重现期均超过 100 年一遇；1998 年流域性大洪水下，螺山站、汉口站 60 d 洪量重现期较高，70~80 年一遇，至下游大通站，洪量重现期有所减小，约为 40 年一遇，由上游螺山站至下游大通站，洪量重现期呈减小趋势；2020 年流域性大洪水下，除大通站 30 d 洪量重现期约 40 年一遇，其余均约为 20 年一遇，可认为 2020 年长江中下游河段洪水约为 20 年一遇。总体来说，长江典型流域性洪水中，1954 年洪水量级最高、1998 年次之、2020 年最低。

3.3　流域性洪水等级划分

长江流域洪水类型可划分为流域性洪水和区域性洪水[13]。根据长江流域暴雨洪水特性，将全流域划分长江上游区域、中游区域、下游区域[10]。长江流域性洪水是指由连续多场大面积暴雨形成，长江上游和中下游地区均发生洪水，上游和中下游洪水、干流和支流洪水相互遭遇，形成长江中下游干流洪量大、洪峰水位高、高水位历时长的洪水。流域性洪水的特点是流域内多数支流普遍发生暴雨洪水；干支流、上游与中下游洪水发生遭遇；中下游干流洪水水位高、历时长。比如 1954 年、1998 年、2020 年。

区域性洪水是指由子流域较大范围暴雨形成，在长江干流部分江段或某些支流发生的洪水。区域性洪水的特点是洪峰高、短时段洪量大、洪水过程历时较短。区域性洪水在长江上游、中游、下游均有可能发生，造成某些支流或干流局部河段的洪水灾害，如 1996 年、2016 年长江中下游较大洪水。

根据水利部印发的《全国流域性洪水划分规定（试行）》，对长江流域性大洪水等级进行划定，分为流域性特大洪水、流域性大洪水和流域性较大洪水。具体量化指标为：还原后汉口站或大通站最大 30 d 洪量重现期达到 50 年，为流域性特大洪水；还原后汉口站或大通站最大 30 d 洪量重现期达到 20 年，为流域性大洪水；还原后汉口站或大通站最大 30 d 洪量重现期达到 10 年且宜昌站最大 30 d 洪量重现期达到 5 年，为流域性较大洪水[14]。

本次选择汉口站为代表进行长江流域 1954 年、1998 年、2020 年流域性大洪水等级划分。根据表 4 中汉口站 1954 年、1998 年、2020 年最大 30 d 洪量重现期，分别为超 100 年一遇、约 30 年一遇、约 20 年一遇；结合上述划分标准，1954 年为流域性特大洪水，1998 年、2020 年为流域性大洪水。

4 结语

流域性大洪水过程复盘和洪水特性分析为流域性洪水预报与防洪调度提供基础支撑。本文以长江流域 1954 年、1998 年、2020 年典型流域性大洪水为研究对象，通过还原分析，对长江干流宜昌站、螺山站、汉口站、大通站典型流域性大洪水过程进行复盘，并从洪水过程特点、洪水重现期分析及流域性洪水等级划分进行典型流域性洪水特性分析。主要结论如下：

（1）采用水量平衡还原分析、马斯京根法，对长江干流宜昌站、螺山站、汉口站、大通站 1954 年、1998 年、2020 年典型流域性洪水过程进行还原，复盘长江典型流域性洪水过程。

（2）长江宜昌以下干流流域性洪水具有洪水持续时间长、汛期内有多个洪峰的特点，受支流洪水汇入的影响，各站洪水过程存在差异。与天然洪水过程相比，实测洪峰明显小于天然洪峰，实测洪水过程与天然洪水过程有明显差异，这与上游水库调度运行等因素有关。

（3）根据宜昌站、螺山站、汉口站、大通站 1954 年、1998 年、2020 年洪峰流量和时段洪量，结合各站设计洪水成果，分析了各站典型流域性大洪水重现期。1954 年洪水量级最高，螺山站、汉口站、大通站洪量重现期超 100 年一遇。另外，对流域性洪水进行了分析，1954 年为流域性特大洪水，1998 年、2020 年为流域性大洪水。

参考文献

[1] 长江水利委员会．长江流域综合规划（2012~2030 年）［R］．武汉：长江水利委员会，2012.
[2] 陈鑫，刘艳丽，张建云，等．数据挖掘技术在洪水预报实时校正中的应用［J］．水力发电学报，2022，41（8）：54-62.
[3] 黄华平，梁忠民．多调查期洪水频率计算及参数估计公式推导［J］．水文，2016，36（3）：1-5.
[4] 王俊．2016 年长江洪水特点与启示［J］．人民长江，2017，48（4）：54-57，65.
[5] 尹志杰，王容，李磊，等．长江流域“2017 · 07”暴雨洪水分析［J］．水文，2019，39（2）：86-91.
[6] 陈建，李春红，王峰，等．长江上游流域暴雨洪水相似性判别指标研究［J］．人民长江，2019，50（1）：58-63.
[7] 陈敏．2020 年长江暴雨洪水特点与启示［J］．人民长江，2020，51（12）：76-81.
[8] 徐高洪，邵骏，郭卫．2020 年长江上游控制性水文站洪水重现期分析［J］．人民长江，2020，51（12）：94-97，103.
[9] 尚全民，褚明华，骆进军．2020 年长江流域性大洪水防御［J］．人民长江，2020，51（12）：15-20.
[10] 周新春，许银山，杨雁飞，等．长江流域性洪水辨识与特征对比分析［J］．人民长江，2020，51（12）：111-115.
[11] 张涛，胡挺，胡琼方，等．长江流域历史典型洪水研究［J］．人民长江，2023，54（9）：17-23.
[12] 包为民．水文预报［M］．5 版．北京：中国水利水电出版社，2017.
[13] 程海云，葛守西．长江洪水分类指标体系研究［J］．人民长江，2008，39（8）：1-2，118.
[14] 中华人民共和国水利部．全国流域性洪水划分规定（试行）［Z］．北京：中华人民共和国水利部，2021.

通州区节水型社会评价指标体系分析

林跃朝　齐艳冰

（北京市水科学技术研究院，北京　100048）

摘　要：在综合分析国家和北京市已有节水指标的基础上，充分考虑指标的通用性和易获取性，并结合北京城市副中心在水资源社会水循环“取水、供水、用水、排水”等各环节的特点，构建了切合通州特点的节水型社会建设评价指标体系，包含综合节水、生活节水、生产节水、生态节水等 4 类指标，共计 15 项具体指标。在此基础上，系统分析了区域节水潜力，提出了通州区建设节水型社会的对策建议。

关键词：通州区；节水型社会；评价指标；节水潜力

水是事关国计民生的基础性自然资源和战略性经济资源，是生态环境的控制性要素。北京市是严重缺水的特大型城市，人多、水少、水资源短缺是长期面临的基本市情水情，是首都生态文明建设和经济社会可持续发展的主要瓶颈。习近平总书记提出了“节水优先、空间均衡、系统治理、两手发力”治水思路和“以水定城、以水定地、以水定人、以水定产”的城市发展原则，要求北京把节水放到治水兴水的首要位置，进一步加强节水型社会建设[1]。北京市委、市政府高度重视，把节水型社会建设作为保障首都水安全的根本之策[2]。

尽管节水型社会的内涵及重要性已经被国内外广泛认同，但是节水型社会用哪些指标来衡量，国内外没有统一的标准，如何评价节水型社会建设水平，分析存在问题也没有精确的方法，特别是针对不同特点的区域，尤其是北京城市副中心所在地的通州区，构建一套与水资源供需矛盾相适应的明确、清晰、具有区域特色的评价指标体系，精准查找节水存在的问题，全面指导节水型社会建设，形成具有地区特点的高水平节水型社会示范模式是非常急需和必要的。

本文针对目前节水型社会建设评价标准不统一、方法不明确等问题，结合北京市节水型区创建考核指标体系及北京市节水现状，通过研究影响用水效率的关键因素，提出了通州区节水型社会建设的评价指标体系，并综合考虑国内外先进节水技术和节水现状水平，最终确定适合通州区节水水平评价的指标标准。

基于以上基础，以北京城市副中心所在地通州区为对象，通过调研和收集相关资料，全面掌握节水基本情况，分析各节水环节存在问题及节水潜力，以高起点、高标准、高水平为原则，提出通州区节水型社会建设的对策建议。

1　节水型社会建设评价指标体系现状分析

1.1　节水型社会建设评价指标体系现状

为建立节水型社会、提高水资源利用效率和效益，各省市均积极探索，取得了很大进展，但在评价考核时存在量化困难等问题，主要原因在于国内有关部门、科研机构提出的节水指标较多，且有些重要指标定义不一致，统计口径不同，统计数据往往相差很大，对数据使用造成一定困难。国家及部分省市出台的节水型社会/城市/区建设指标体系文件见表 1。

作者简介：林跃朝（1970—），女，编审，主要从事编审出版工作。

表 1　节水型社会/城市/区建设评价指标体系文件

指标体系	指标个数	发布部门	发布时间
《节水型社会建设评价指标体系（试行）》[3]	32	水利部	2005 年
《国家节水型城市考核标准》[4]	25	住建部和国家发展改革委	2018 年
《节水型社会评价指标体系和评价方法》（GB/T 28284—2012）[5]	26	水利部	2012 年
《县域节水型社会建设评价标准》[6]	11	水利部	2017 年
《北京市节水型区创建考核标准》[7]	11	北京市	2016 年
《上海市节水型区（县）评价指标及考核办法》[8]	18	上海市	2007 年
《江苏省节水型社会示范区标准》[9]	20	江苏省	2014 年

1.2　节水型社会建设评价指标体系分析

水资源系统、经济系统、社会系统的复杂性也决定了节水型社会建设这个涵盖 3 个复杂系统的研究将是一个不断发展的过程。表 2 归纳统计了《节水型社会建设评价指标体系（试行）》（表 2 中为 A）、《国家节水型城市考核标准》（表 2 中为 B）、《节水型社会评价指标体系和评价方法》（表 2 中为 C）、《县域节水型社会建设评价标准》《北京市节水型区创建考核标准》（表 2 中为 D）、《上海市节水型区（县）评价指标及考核办法》（表 2 中为 E）、《江苏省节水型社会示范区标准》（表 2 中为 F）等节水型社会评价指标，表 2 中还列出了《北京市节水型区创建考核指标》（表 2 中为 G），涵盖了生产、生活、生态、管理等方面，提炼为综合性指标、节水管理、生活用水、生产用水、生态指标、节水宣传六大类别 55 项内容。从表 2 中可以看出，国家和地方相关标准对于节水型社会建设的指标要求存在一定的差异，这是不同时间段和不同地区的要求及特点不同造成的。通过对以上标准的研究，为建立科学完整的北京市通州区节水型社会建设控制指标体系提供基础支撑，期望通过研究对节水型社会建设程度进行总体评价，使节水型社会建设更趋合理，避免建设过程中的盲目性。

表 2　各标准节水指标统计

类别	序号	指标	A	B	C	D	E	F	G
综合性指标	1	人均 GDP 增长率	√		√				
	2	人均综合用水量	√		√		√		
	3	万元 GDP 取水量	√	√	√		√	√	√
	4	取水总量控制度			√				
	5	水资源开发利用率			√				
	6	三产用水比例	√						
	7	其他水源替代利用比例	√	√	√			√	
	8	城市再生水回用率				√		√	
节水管理	9	管理体制与管理机构	√	√	√		√	√	√
	10	制度法规	√	√	√		√		
	11	节水型社会建设规划	√	√	√		√		
	12	用水总量控制与定额管理两套指标体系的建立与实施	√			√			
	13	促进节水防污的水价机制	√				√		

续表 2

类别	序号	指标	A	B	C	D	E	F	G
节水管理	14	节水投入保障	√	√	√		√	√	√
	15	节水市场运行机制			√				
	16	地下水管理						√	
	17	计划用水率	√	√	√	√	√	√	√
	18	节水“三同时”制度		√		√			
	19	价格管理		√		√			
	20	取水计量率			√	√	√		
	21	自备水源供水计量率	√						
	22	形成集约化供水框架					√		
	23	节水设施正常运行率							√
	24	节水型企业（单位）覆盖率		√					√
	25	节水型社区（村庄）覆盖率		√					√
	26	节水型载体覆盖率				√		√	
	27	全面开展创建活动		√					
生活用水	28	人均生活用水量	√	√	√		√		√
	29	节水器具普及率（含公共生活用水）	√	√	√	√	√	√	√
	30	居民生活用水户表率	√				√		
	31	城市供水管网漏损率		√	√	√		√	
	32	居民用水实行阶梯水价		√			√		
	33	特种行业用水计量收费率		√					
生产用水	34	农田灌溉水有效利用系数	√		√		√	√	
	35	节水灌溉工程面积率	√		√	√	√		√
	36	农田灌溉亩均用水量	√						
	37	主要农作物用水定额	√						
	38	万元工业增加值取水量	√	√	√		√	√	
	39	工业用水重复利用率	√	√	√		√	√	
	40	工业企业单位产品用水量		√					
	41	主要工业行业产品用水定额	√					√	√
	42	自来水厂供水损失率	√						
	43	第三产业万元增加值取水量	√						
	44	污水处理回用率	√		√				
	45	工业废水达标排放率	√		√				
	46	水平衡测试率						√	

续表 2

类别	序号	指标	A	B	C	D	E	F	G
生态指标	47	城市生活污水处理率	√					√	
	48	地表水水功能区达标率	√		√				
	49	地下水超采程度	√		√				
	50	地下水水质Ⅲ类以上比例	√		√			√	
	51	城市水环境质量		√					
	52	海绵城市建设		√					
节水宣传	53	节水宣传	√		√		√		
	54	社会节水意识				√			
	55	节水标杆示范				√			

注：各指标体系中的部分指标名称略有不同，表中已经进行了统一。

2 通州区节水型社会建设评价指标体系构建

2.1 指标体系构建

节水型社会建设评价指标的选择是在国家和北京市现有的节水考核有关政策和标准的基础上，充分结合全国及地方节水型社会评价指标，按照指标选取原则，充分考虑国内外通用指标，并根据地方特点考虑其区域性指标，综合指标的针对性、规范性、数据易获取程度等方面因素，提出区域节水型社会建设评价指标体系。指标体系从综合节水指标、生活节水指标、生产节水指标、生态节水指标4个方面进行分析，选取了15个指标对通州区的节水型社会建设情况进行评价研究，使其能够客观、准确评价北京市的节水水平。具体的指标和相关说明见表3。

表 3 通州区节水型社会建设评价指标体系

类别	序号	指标	指标说明
综合节水指标	1	万元 GDP 用水量	该指标是国际通用指标，指区域内每产生万元的国内生产总值所需要消耗的新水量，反映的是地区综合用水水平，是一项宏观的指标，能够宏观地反映水资源的利用效率、计算水资源的利用量和预测水资源的需求量，是水资源规划中必不可少的指标，也是对比性较强的指标
	2	非常规水资源替代率	适用于缺水区，非常规水源包括海水、苦咸水、雨水、再利用水等。该指标为非常规水源利用量折算成的替代常规水资源量占水资源总取用量的百分比
生活节水指标	3	人均生活用水量	该指标是节水型社会评价的通用指标，也是国际通用指标，表示每人每天的综合用水量，是所有生活用水量在人均上的综合体现
	4	城镇生活节水器具普及率	表示在用水器具中节水型器具数量与在总用水器具的比率。节水型用水器具的推广应用，是生活节水的重要技术保障
	5	城市供水管网漏损率	该指标为国际通用指标，表示经过管网漏失的水量与总供水量的百分比，能反映供水管网的效率
	6	节水型社区（村庄）覆盖率	用节水型居民小区及村庄的居民户数与全社区（村庄）总户数的比值表示，能反映节水载体创建在居民生活方面的实施程度
	7	社会节水意识	通过电话、网络、现场表格调研等方式进行公众节水意识调查，用具有明显的节水意识的调查对象所占总调查对象数的比例反映

续表 3

类别	序号	指标	指标说明
生产节水指标	8	万元工业增加值用水量	该指标是国际通用指标，表示评价年内每生产 1 万元工业增加值的取水量，能反映工业用水的效率
	9	第三产业万元增加值用水量	表示评价年内第三产业每产生 1 万元增加值的用水量，能反映第三产业用水的效率
	10	灌溉水有效利用系数	该指标是国际通用指标，是衡量农田灌溉用水损失程度的重要指标，表示评价年作物净灌溉需水量占灌溉水量的比例系数
	11	农业高效节水灌溉面积比例	“两田一园”范围内，微灌、喷灌等高效节水灌溉工程面积占有效灌溉面积的百分比。高效节水灌溉包括喷滴灌、微灌、渗灌、痕量灌溉和其他高效节水灌溉技术
	12	节水型企业（单位）覆盖率	表示节水型企业（单位）年用水量占辖区内企业（单位）总用水量的比例
生态节水指标	13	园林绿地节水灌溉面积比例	表示城市园林绿地范围内，微灌、喷灌、低压管灌等节水灌溉工程控制面积占园林绿地灌溉面积的比例
	14	地表水水功能区水质达标率	表示水功能区水质达标数占水功能区总数的百分比
	15	城镇污水处理率	表示城镇污水处理量占污水排放总量的百分比

2.2 指标评价标准

指标先进值的研究仅考虑国内外通用并且容易获得相关资料的指标，包括万元 GDP 用水量、非常规水资源替代率、人均生活用水量、农田灌溉水有效利用系数、万元工业增加值用水量、第三产业万元增加值用水量等指标，根据国家节水型城市及国外先进节水型城市/国家的先进值确定；其他指标充分结合国家级节水型社会建设评价指标及地方节水型社会评价指标的评价标准确定。

节水型社会建设评价指标先进值/标准值见表 4。评价指标体系中有 9 项指标已经达到先进值/标准值，分别是非常规水资源替代率、城镇生活节水器具普及率、节水型社区（村庄）覆盖率、社会节水意识、灌溉水有效利用系数、农业高效节水灌溉面积比例、节水型企业（单位）覆盖率、园林绿地节水灌溉面积比例、地表水水功能区水质达标率；其他 6 项指标尚未达到先进值/标准值，同时指标值差距较大，分别是万元 GDP 用水量、人均生活用水量、城市供水管网漏损率、万元工业增加值用水量、第三产业万元增加值用水量、城镇污水处理率，这些将是建设节水型社会的发展空间和潜力。

表 4 通州区节水型社会建设评价指标与先进值/标准值对比

类别	序号	指标	单位	通州区指标值（2022 年）	先进值/标准值
综合节水指标	1	万元 GDP 用水量	m^3/万元	16.1	1.95（纽约）
	2	非常规水资源替代率	%	56	49（北京）

续表 4

类别	序号	指标	单位	通州区指标值（2022 年）	先进值/标准值
生活节水指标	3	人均生活用水量	L/(人·d)	219	103（河北）
	4	城镇生活节水器具普及率	%	99.5	98（标准值）
	5	城市供水管网漏损率	%	10	3（东京）
	6	节水型社区（村庄）覆盖率	%	57.6	20（标准值）
	7	社会节水意识	%	79	70（标准值）
生产节水指标	8	万元工业增加值用水量	m^3/万元	3.9	1.3（西城区）
	9	第三产业万元增加值用水量	m^3/万元	5.3	0.7（西城区）
	10	灌溉水有效利用系数	—	0.75	0.751（北京）
	11	农业高效节水灌溉面积比例	%	99.5	40（标准值）
	12	节水型企业（单位）覆盖率	%	47.3	40（标准值）
生态节水指标	13	园林绿地节水灌溉面积比例	%	98.18	98（标准值）
	14	地表水水功能区水质达标率	%	67	62（标准值）
	15	城镇污水处理率	%	91	94.5（北京）

3 通州区节水潜力分析

按照节水型社会建设评价指标体系及规定的计算方法，根据《北京市水务统计年鉴》[10]《北京市通州区统计年鉴》[11] 等资料进行指标值计算，得出各节水型社会建设评价指标计算值后与北京市及国内水平进行比较分析。

3.1 万元 GDP 用水量

2022 年，通州区万元 GDP 用水量 16.3 m^3，仅低于大兴区（16.6 m^3）、密云区（18.7 m^3）、房山区（19.8 m^3）、延庆区（22.3 m^3）及平谷区（24.0 m^3），高于北京其他区域以及北京市平均值(9.62 m^3)，总体用水效率不高，整体节水水平提升空间较大。西城区、东城区和北京经济技术开发区的万元 GDP 用水量均低于 3 m^3，达到了国际先进水平，仅为通州区的 1/10。从全国范围来看，通州区万元 GDP 用水量是全国 49.6 m^3 的 32.9%，处于中等水平。

3.2 非常规水资源替代率

在污水收集处理方面，2022 年通州区城镇污水处理厂处理能力达到 31.8 万 m^3/d，村级污水处理站处理能力达到 13.0 万 m^3/d，再生水利用量 1.030 3 亿 m^3，非常规水资源替代率达到 56.0%，高于北京市的 49.0%。通州区已经充分利用再生水来缓解缺水的危机，但是 87%用于河湖补水，再生水用途较为单一，工业、建筑业、服务业等方面应持续加大再生水利用。

3.3 人均生活用水量

通州区 2022 年生活用水总量为 1.47 亿 m^3，常住人口 184.3 万，通州区人均生活用水量由 2015 年的 175 L/(人·d)降低到 2017 年的 164 L/(人·d)，又增加到 2022 年的 219 L/(人·d)，仅低于东城区［227 L/(人·d)］及石景山区［220 L/(人·d)］，但是高于北京市平均水平的 203 L/(人·d)及其他区。

3.4 城镇生活节水器具普及率

从生活节水其他指标来看，通州区生活用水节水情况较好，城镇居民节水器具普及率达到

99.9%，优于北京市平均值 99.4%，在全国处于较高水平。

3.5 城市供水管网漏损率

截至 2022 年底，通州区城镇公共供水管道总长度达到 832.2 km，基本形成供水管网一体化，全面推进自备井置换和老旧小区供水管网改造工作，城市供水管网漏损率为 10%左右，与北京市城市供水管网漏损率 9.3%基本相当。

3.6 节水型社区（村庄）覆盖率

通州区已创建节水型社区（村庄）183 个，节水型社区（村庄）覆盖率达到 57.58%，远超过北京市节水型区创建中节水型社区（村庄）覆盖率 20%的要求。

3.7 社会节水意识

对通州区进行的居民节水意识和措施的调研表明，51%的个人非常支持节约用水，20%的个人在意识上比较支持节约用水，29%的个人在生活中没有节水意识。有家庭节水措施的占调查总人数的 67%，节水措施主要是水的重复利用，购买价格合理的节水型生活用水器具等。对于公众对水资源现状的了解程度方面，仅有 8%的个人对北京市当前的水资源状况非常了解，31%的个人对于北京市当前的水资源状况比较了解，61%的个人对于北京市当前的水资源状况无基本了解。

3.8 万元工业增加值用水量

通州区万元工业增加值用水量逐年显著降低，由 2015 年 12.1 m^3 下降到 2022 年的 6.81 m^3，低于北京市平均水平 4.82 m^3，不到全国工业用水平均水平 24.1 m^3 的 28%，处于国内先进水平，但与国内领先水平仍有差距。

3.9 第三产业万元增加值用水量

通州区第三产业万元增加值用水量总体呈下降趋势，由 2015 年的 7.4 m^3 降低至 2022 年的 5.3 m^3，仅低于房山区、平谷区、怀柔区及昌平区，高于全市平均水平（1.8 m^3），同时西城区、东城区、朝阳区、海淀区、亦庄开发区及顺义区均未超过 2 m^3，通州区第三产业用水水平具有较大提升空间。从全国来看，通州区生活用水处于中间水平。

3.10 灌溉水有效利用系数

通州区灌溉水有效利用系数逐步提高，2022 年达到 0.75，与北京市持平，高于全国平均水平 0.572 及其他省（区、市），位居全国首位。

3.11 农业高效节水灌溉面积比例

截至 2022 年，通州区现有灌溉面积 3.583 万 hm^2，全部实施节水灌溉，其中喷灌、微灌、管灌等高效节水灌溉面积为 3.56 万 hm^2，占总面积的 99.4%。

3.12 节水型企业（单位）覆盖率

通州区开展了节水型载体创建工作，截至 2020 年 6 月，现存 494 家节水型企业，节水型企业覆盖率达到 47.3%，形成了有效的管理制度。

3.13 园林绿地节水灌溉面积比例

通州区园林绿地节水灌溉面积比例为 98.18%，能够满足园林绿地节水灌溉面积比例达到 98%以上的规划目标任务。

3.14 地表水水功能区水质达标率

2022 年通州区环保国考断面水质全部达标，3 个重要水功能区水质达标率由 2015 年全部不达标提高到 2022 年的 67%，河道环境明显改善。

3.15 城镇污水处理率

通州区污水处理率由 2015 年的 65%提高到 2022 年的 91%，基本实现污水处理设施全覆盖，污水全收集全处理，全区污泥均已实现无害化处置。

4 通州区节水型社会建设的对策建议

通州区节水型社会建设总体处于较高水平，但生活用水效率与先进水平存在较大差距，节水型社会建设仍需持续加强。具体对策建议如下：

（1）挖掘潜力，比照北京市先进区和国际城市要求，降低万元 GDP 用水量、万元工业增加值用水量、第三产业万元增加值用水量，提高总体用水效率和节水水平。

（2）着力扩大再生水利用的途径及范围，将再生水推广利用于环卫绿化、工业、建筑业、服务业等用水，进一步提高再生水利用率，节约更多的新水资源。

（3）进一步推进老旧小区供水管网改造和加强自备井置换工作，扩大外调水利用量。

（4）加强北京市水资源紧缺状况的宣传工作，促进公众了解水资源状况，促进其节约用水的意识，降低人均生活用水量。

（5）持续开展节水载体创建工作，对创建后的节水载体同步实施监督管理，加强对节水载体的精细化管理水平，确保节水载体水平的可持续。

参考文献

[1] 北京市人民代表大会常务委员会．北京：推进“取供用排”全链条节水 健全水资源管理制度提高水安全保障系数［EB/OL］．（2022-11-29）［2023-05-06］．http：//www. bjrd. gov. cn/zyfb/zt/bjsswjrdcwhd45chy/mtjc/202211/t20221130_ 2869105. html

[2] 北京市水务局．北京市发展和改革委员会关于印发《关于加强“十四五”时期全市生产生活用水总量管控的实施意见》的通知：京节水办〔2022〕7 号［A］．北京，2022.

[3] 中华人民共和国水利部．节水型社会建设评价指标体系（试行）［A］．北京，2005.

[4] 住房城乡建设部，国家发展改革委关于印发《国家节水型城市申报与考核办法》和《国家节水型城市考核标准》的通知：建城〔2018〕25 号［A］．北京，2018.

[5] 中华人民共和国国家质量监督检验检疫总局．节水型社会评价指标体系和评价方法：GB/T 28284—2012［S］．北京：中国标准出版社，2012.

[6] 中华人民共和国水利部．水利部关于开展县域节水型社会达标建设工作的通知：水资源〔2017〕184 号［A］．北京，2017.

[7] 北京市人民政府．关于全面推进节水型社会建设的意见：京政发〔2016〕7 号［A］．北京，2016.

[8] 上海市水务局，上海市精神文明办公室，上海市经委，等．上海市节水型区（县）评价指标及考核办法［A］．上海，2007.

[9] 江苏省水利厅，江苏省发展改革委．关于开展节水型社会示范区建设的通知：苏水资〔2014〕21 号［A］．南京，2014.

[10] 北京市水务局．2021 北京市水务统计年鉴［R］．北京，2022.

[11] 北京市通州区统计局，北京市通州区人民政府．北京市通州区 2022 年统计年鉴［R］．北京，2022.

2024中国水利学术大会论文集

第二分册

中国水利学会 编

黄河水利出版社

内 容 提 要

本书是以“发展水利新质生产力，助力高水平科技自立自强”为主题的2024中国水利学术大会论文合辑，积极围绕当年水利工作热点、难点、焦点和水利科技前沿问题，重点聚焦水资源短缺、水生态损害、水环境污染和洪涝灾害频繁等新老水问题，主要分为水生态、智慧水利等板块，对促进我国水问题解决、推动水利科技创新、展示水利科技工作者才华和成果有重要意义。本书旨在助力我国水问题解决、推动水利科技创新，可供广大水利科技工作者和大专院校师生交流学习和参考。

图书在版编目（CIP）数据

2024中国水利学术大会论文集 ：全七册 / 中国水利学会编. -- 郑州 ：黄河水利出版社，2024. 12.

ISBN 978-7-5509-4078-9

Ⅰ. TV-53

中国国家版本馆CIP数据核字第2024KN8997号

策划编辑：杨雯惠　电话：0371-66020903　E-mail：yangwenhui923@163.com

出版发行　黄河水利出版社

地址：河南省郑州市顺河路49号　邮政编码：450003

网址：www.yrcp.com　E-mail：hhslcbs@126.com

发行部电话：0371-66020550

承印单位　河南新华印刷集团有限公司

开　　本　889 mm×1 194 mm　1/16

印　　张　275（总）

字　　数　8 712千字（总）

版次印次　2024年12月第1版　　2024年12月第1次印刷

定　　价　1 260.00元（全七册）

《2024 中国水利学术大会论文集》

编 委 会

主　任： 段　虹

副主任：（以姓氏笔画为序）

丁留谦　王　孟　王　煜　牛志奇　白　涛　刘九夫
刘忠恒　刘雪梅　江恩慧　许继军　孙和强　李　江
李国玉　李瑞清　李锦秀　李德旺　杨　芳　张　阳
张文洁　张淑华　陈　文　周蓓蓓　郑小康　赵　勇
姚仕明　夏　军　钱　峰　凌红波　高俊峰　彭少明
彭文启　蒋云钟　韩宇平　韩瑞光　鲁胜力　谭徐明
潘保柱　戴长雷　鞠连义

委　员：（以姓氏笔画为序）

马志鹏　王　英　王　琼　朱　滨　刘　扬　刘　彧
刘　晓　刘建峰　刘姗姗　齐　莹　关　炜　李　琳
李云鹏　李军华　李聂贵　杨姗姗　何　凡　佟可欣
辛小康　宋锦焘　张　艳　张　翔　张广朋　张伟兵
张晓勤　张爱静　林　莉　季昭沁　周　普　郑小康
赵广举　赵进勇　倪城玲　徐　红　康爱卿　董　飞
曾　焱　熊卫红　颜文珠　霍炜洁

前言

PREFACE

学术交流是学会立会之本。作为我国历史上第一个全国性水利学术团体，90多年来，中国水利学会始终秉持"联络水利工程同志、研究水利学术、促进水利建设"的初心，团结广大水利科技工作者砥砺奋进、勇攀高峰，为我国治水事业发展提供了重要科技支撑。自2000年创立年会制度以来，中国水利学会20余年如一日，始终认真贯彻党中央、国务院方针政策，落实水利部和中国科协决策部署，紧密围绕水利中心工作，针对当年水利工作热点、难点、焦点和水利科技前沿问题、工程技术难题，邀请院士、专家、代表和科技工作者展开深层次的交流研讨。学术年会已成为促进我国水问题发现解决、推动水利科技创新、展示水利科技工作者才华成果的良好交流平台，为服务水利科技工作者、服务学会会员、推动水利学科建设与发展作出了积极贡献。为强化学术年会的学术引领力，自2022年起，中国水利学会学术年会更名为中国水利学术大会。

2024中国水利学术大会以习近平新时代中国特色社会主义思想为指导，认真贯彻落实党的二十大精神，紧紧围绕"节水优先、空间均衡、系统治理、两手发力"治水思路，以"发展水利新质生产力，助力高水平科技自立自强"为主题，聚焦发展水利新质生产力，从水旱灾害防御、河湖生态保护和治理、数字孪生水利建设、水资源集约节约利用等多领域，设置一个主会场和智慧水利·数字孪生、水利大模型、水生态等19个专题会议。

大会论文征集通知发出后，受到广大会员和水利科技工作者的广泛关注，我们收到来自有关政府部门、科研院所、大专院校和设计、施工、管理等单位科技工作者的论文共880余篇。为保证本次大会入选论文的质量，大会积极组织相关领域的专家对稿件进行了评审，共评选出653篇主题相符、水平较高的

论文入选论文集。按照大会各专题会议，本论文集共分7册予以出版。

本论文集的汇总工作由中国水利学会秘书处牵头、各专题会议协助完成。论文集的编辑出版也得到了黄河水利出版社的大力支持和帮助，参与评审、编辑的专家和工作人员付出了艰辛的劳动，在此一并表示感谢。同时，对所有应征投稿的论文作者表示诚挚的谢意。

由于编辑出版论文集的工作量大、时间紧，且编者水平有限，错漏在所难免。不足之处，欢迎广大作者和读者批评指正。

中国水利学会

2024年12月12日

目录

CONTENTS

调水工程高质量发展

数字孪生水利大模型

调水工程高质量发展

大型调水工程调度运行的关键问题与研究框架探讨

吴永妍[1,2]　王　磊[1,2]　雷　静[1]　马立亚[1]

（1. 长江勘测规划设计研究有限责任公司，湖北武汉　430010；
2. 水资源工程与调度全国重点实验室，湖北武汉　430010）

摘　要： 本文面向以隧洞为输水主体的大型调水工程，围绕水资源高效利用和工程安全经济运行的实践需求，解析了工程调度运行的关键问题，包括多用户、多目标水量优化调配技术，大规模复杂闸泵群安全–经济运行技术，突发事故条件下的闸泵群快速联动技术。在此基础上构建了总体研究框架，从水量调度、控制运行、调度管理三大方面，提出了五个方面的主要研究内容，包括工程水量调度方案与计划研究、安全运行控制条件研究、正常运行控制方案研究、应急调度策略及典型预案研究、调度规程规定编制，旨在为工程全过程调度提供技术和规范支撑。

关键词： 水量调度；控制运行；大型调水工程；长距离输水隧洞

1　背景

大型调水工程是实现水资源优化配置的重大战略性基础设施，是国家水网的重要组成部分。据不完全统计，截至2022年底，全国已建、在建的大中型调水工程149项，设计年调水能力1 406亿 m^3[1]。调水工程建成后的调度运用成效直接影响到工程安全和综合效益发挥，需研究解决如何将工程引水量在各分水口门间高效、精确分配，并安全、精准地输送到各分水口门。

大型调水工程在工程设计阶段需开展水资源配置和调度运行方式研究[2]。其中，水资源配置是基于历史长系列水文、水资源资料分析和受水区需水量预测成果，明确调水工程调水量在各用水户之间的水量分配方案，以达到设计供水保证率要求，用于工程规模确定。调度运行方式拟定是提出正常工况的工程控制运行方式和事故工况的工程控制运用条件。

大型调水工程建成投运后，受水资源历史资料分析概化的不确定性、经济社会发展水平变化、配套工程建设滞后等各种条件影响[3]，水源区实际来水条件、受水区实际需水量和当地供水能力等与规模设计指标相比会有所差异；工程实际运行工况复杂多变，通常处于非设计工况运行。应统筹考虑各工程供给和输送能力，协调各地区、各部门之间的水量供求关系，明确工程水量调度原则和控制运行规则，科学制定各面临时段的水量调度计划和输水调度指令，实现从水源工程到输水工程的全局优化调度。

国内已建的大型调水工程，如南水北调东中线一期工程、引滦入津工程、引黄济青工程、东深供水工程等[4]，提供了工程调度运行的经验借鉴。但对于中西部地区规划和在建的大型调水工程，基本以长大深埋输水隧洞为主体、通过高扬程大流量泵组等复杂大功率设备实现水力控制[5-6]，工程自我调节能力较差，供需不平衡问题突出，水力控制条件苛刻，运营成本和风险更高，工程水量调度和控制运行面临着重大挑战。

基金项目： 长江设计公司自主研发项目（CX2022Z02-3）。

作者简介： 吴永妍（1990—），女，高级工程师，水资源工程与调度全国重点实验室副主任，主要从事引调水工程调度研究工作。

2 关键技术问题

针对西部地区以长大隧洞为主体的大型调水工程特点，创造性解决水量调度与控制运行面临的关键技术难题，为工程安全长效运行和综合效益发挥提供支撑依据。

2.1 多用户、多目标水量优化调配技术

大型调水工程水量调度是一个典型的涉及多地区、多部门、多用户的多目标复杂决策问题。水源区和受水区的来水情势、需水情势季节性变化大，存在着相互制约、相互影响的关系；工程沿线跨越多个地区，不同区域用水户的需水类型、缺水程度和当地调蓄供水能力不同。要充分考虑不同地区缺水程度和供水能力，在设计阶段的水资源配置方案下，统筹生活、生产、生态供水目标，研究水量优化调配规则及方案，在水量不足条件下，最大程度满足不同地区、不同用户、不同类型用水需求；在水量充足条件下，实现水资源高效利用和工程生态功能，解决跨地区、多目标协调的水量优化分配问题。

2.2 大规模复杂闸泵群安全-经济运行技术

对于以无压隧洞为主体的大型调水工程，工程调蓄能力差、水位控制要求极为严格；沿线节制闸、控制闸、事故闸、退水闸、分水口门等控制建筑物类型和数量多，任一分水口门的分水流量发生变化、节制闸的闸门开度发生变化都将引起输水工程一定范围内的水位波动，一旦控制不当可能产生明满流交替的不利现象。需要攻克大规模复杂闸泵群安全-经济运行技术，提出安全可行、经济合理的工程控制策略和运行规则，解决供需不平衡条件下的工程正常平稳调控问题。

以云南省滇中引水工程为例，水源泵站提水扬程达 219.16 m，泵站单机容量 40 MW，总装机容量 480 MW[7]，能耗较高；泵站采用定速机组，单机设计流量为 13.5 m^3/s，而分水口门分水流量通常连续变化，泵站单次流量调整与口门流量调整幅度难以完全匹配，输水工程处于不平衡状态下运行。输水工程隧洞占比超过 90%，隧洞净空要求 15%~20%，其他输水建筑物包括倒虹吸、渡槽、消能电站等，运行约束条件多样。需要统筹考虑沿线各类建筑物设施安全运行条件要求，制订沿线节制闸、分水口门、控制闸等设备设施的正常控制方案，严格控制水位、压力、流量等水力参数变化幅度和速率，安全地将用户所需水量按规定的时间输水至用户，避免无压隧洞内出现满流或是渡槽发生漫溢。

2.3 突发事故条件下的闸泵群快速联动技术

长距离隧洞输水工程沿线地形地质条件复杂，运行过程中可能遇到各类突发事件，要求某部位紧急截断水流或短期内大幅调整流量，以快速控制事故扩展。如泵站机组故障要求临时停机，突发地质灾害或水质污染等事件要求紧急断水等。大规模泵闸群紧急关闭过程中，会产生复杂的耦合影响，可能造成输水沿线水位快速壅高甚至短期超过设计值[8-9]。需要研究工程应急调度策略和控制建筑物安全控制规则，快速控制事故影响范围和程度，避免次生影响，保障工程安全和向下游供水安全。

3 研究框架

3.1 总体思路

以指导工程安全高效运行为目的，综合运用水文水资源、水力学、自动控制、系统分析等多学科理论，从水量调度、控制运行、调度管理三大方面开展研究，提出水量分配原则和水量调度计划编制方法，提出工程正常和应急条件下的控制建筑物联合调控规则和方案，编制指导实际调度决策的规程规定，保障工程运行安全和供水安全。总体思路如图 1 所示。

3.1.1 水量调度方面

在工程设计阶段的水资源配置方案基础上，研究工程水源区引水量和受水区水源联合调配方法，考虑大型调水工程的生态补水任务、检修期安排，明确水源-输水工程-调蓄工程-受水区水量调度方式，提出工程可引水量计算方法、引水量在各分水口门处的水量分配方法。以水源区来水条件、受水

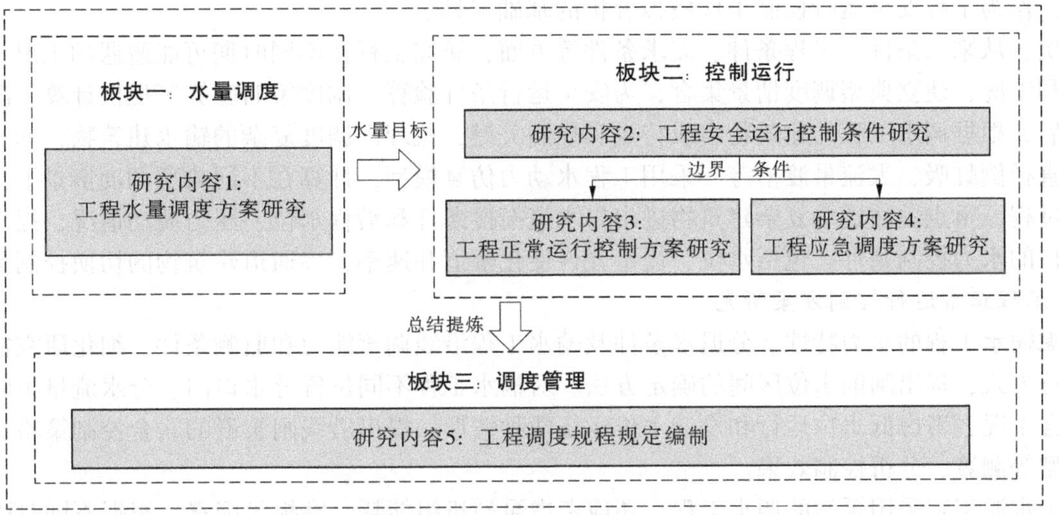

图1 总体思路

区需水条件为边界条件，提出年度、月度水量调度计划编制方法。

3.1.2 控制运行方面

首先要研究建立调水工程全线水动力仿真模型，研究不同输水状态过渡过程中的水力参数变化过程，提出工程安全运行控制条件。其次分正常运行和突发事件应急两类场景，按运行方式研究-控制策略研究-控制规则研究-控制方案编制的思路开展研究，提出沿线建筑物联合控制过程。对于正常运行，要考虑水源工程和输水工程运行的联动特性，综合比选提出安全、高效、经济的闸泵群控制方案，实现在满足工程安全条件下，将计划水量按时输送到各分水口门。对于应急调度，要考虑不同事故类型、不同位置处发生突发事件影响，综合比选提出保障工程安全，并尽可能降低对供水安全影响的控制方案。

3.1.3 调度管理方面

总结提炼水量调度、控制运行方面的研究成果，编制调度运行规程规定，为工程科学调度决策和通水运行管理提供依据。

3.2 主要研究内容

3.2.1 工程水量调度方案与计划研究

以工程设计阶段提出的典型年水量分配指标为原则，以分水口门为重要水量调度单元，考虑工程达效情况，开展工程水量调度方案研究，提出工程水源区引水与受水区水量联合调度方式。

分析受水区各片区调蓄工程建成情况和运用条件，综合考虑工程各段输水能力，以及受水区用水需求、多源互济条件、调蓄水库调节能力等，研究提出直供配置用户和调蓄配置用户的水量分配规则，提出各类调蓄水库充蓄优先次序和启停条件。对于有向湖泊补水等生态补水目标的工程，还应考虑生产生活用水与生态补水的关系，提出工程向湖泊生态补水的水量调度规则。对于有年度检修计划的大型调水工程，还应根据工程供水规模和检修期安排，分析各片受水区检修期需供水量；以不影响生产生活供水安全为前提，提出检修前受水区调蓄水库蓄水目标。在此基础上，考虑泵站机组运行条件、工程输水能力、不同用户需求保障程度等影响，研究工程不同供需条件下，引水量在各分水口门处的分配规则。

根据《调水工程水资源调度方案与年度调度计划编制技术指南（试行）》等行业相关要求，参考已建大型调水工程的调度实践案例，提出工程水量调度计划编制方法。

3.2.2 工程安全运行控制条件研究

首先，研究建立调水工程输水干线全线水动力仿真模型，实现输水稳定状态和输水过渡过程水面线推演，作为工程安全运行控制条件模拟分析的基础工具。

其次，从来水条件、工程条件、需求条件等方面，研究工程在不同时期可能遭遇的工况，梳理出典型不利工况，建立典型调度情景集合，为安全运行条件验算、调度策略验算等提供计算工况。

最后，根据调水工程的建筑物组成特点和控制关键，梳理出调度复杂的输水建筑物，如长距离隧洞、大直径倒虹吸、大流量渡槽等。采用工程水动力仿真模型，计算在不同典型调度情景下，沿线水面变化过程，重点关注这些复杂建筑物进出口水流衔接条件和沿程水位、压力波动情况，提出建筑物安全运行的水力控制条件，包括水位、流量允许变化幅值和速率，多通道建筑物的切换控制条件等。

3.2.3 工程正常运行控制方案研究

考虑输水工程的水力特性、分退水条件及输水工程沿线调蓄能力和监测条件，细化研究输水工程调度运行方式，提出闸前水位区间的确定方法。对输水工程不同位置分水口门、分水流量不同幅度调整的组合工况，考虑低水位运行和设计水位运行两种情形，提出沿线闸泵群的联合控制策略，利用水动力模型等测算，分析控制效果。

对于水源工程采用泵站的调水工程，还应考虑泵站机组能耗、磨损等因素，根据不同时段实测过机含沙量、来水水位条件、用户需水量等，确定满足“节能-高效”目标的泵站机组运行方式。考虑水源泵站和输水干线运行的联动特性，综合比选提出工程安全、高效、经济的控制规则，编制工程正常运行控制方案。

3.2.4 工程应急调度策略及典型预案研究

调水工程突发事故情形下的运行方式与正常运行方式相同，主要区别在于控制目标、约束边界条件、参与调度的控制建筑物不同。

在调研国内大型调水工程及类似工程实际运行经验的基础上，结合本调水工程特点、运行环境条件等，梳理工程运行调度过程中可能出现的各种突发事件，分析各种突发事件形成的条件和对工程运行的影响程度，归纳提出突发事件分类分级方式。分析计算不同突发事件的可能影响范围和程度，提出总干渠应急调度响应的启动条件。

对不同事故段、不同类型突发事件，模拟计算控制建筑物联合应急调度下的输水系统沿线水位、流量等水力参数变化，研究闸门关闭速率、预警水位、目标水位等控制参数敏感性，提出应急调度的关键控制因子和控制要求，提出节制闸、分水闸、退水闸、事故闸、检修闸等控制建筑物联动的应急调度策略。

考虑突发事件发生位置、事件类型及严重程度等，提出典型事故案例的控制建筑物联合调控方案，形成应急调度预案。

3.2.5 工程调度规程规定编制

工程调度运行规程规定通过将调度方案成果条文化和指令化，规范和指导工程运行调度。依据《水利技术标准编写规程》（SL/T 1—2024）的相关要求，结合《调水工程标准化管理评价标准》等行业主管部门要求，编制调度运行规程，包括但不限于以下内容：总则、术语、工程安全运行条件、水量调度、正常输水调度、突发事件应急调度、管理保障要求、附则和条文说明。

4 研究展望

本文面向以隧洞为输水主体的大型调水工程，围绕水资源高效利用和工程安全经济运行的实践需求，旨在研究拓展工程水量调度和控制运行的相关理论方法，为工程全过程调度提供技术和规范支撑。在数字孪生水利建设背景下，应在调度理论方法和规则研究基础上，进一步研发工程调度运行的专业模型库，逐步构建工程调度知识图谱，打造具有“四预”功能的智能应用[10-11]，为工程实现智慧调度奠定基础。

参考文献

[1] 何君，郦建强，李云玲，等. 新形势下科学推进我国调水工程规划建设的若干思考［J］. 中国水利，2023（22）：49-53.

[2] 中华人民共和国水利部. 调水工程设计导则：SL/T 430—2024［S］. 北京：中国水利水电出版社，2024.

[3] 韩占峰，周曰农，安静泊. 我国调水工程概况及管理趋势浅析［J］. 中国水利，2020（21）：5-7.

[4] 高媛媛，姚建文，陈桂芳，等. 我国调水工程的现状与展望［J］. 中国水利，2018（4）：49-51.

[5] 杨启贵，张传健，颜天佑，等. 长距离调水工程建设与安全运行集成研究及应用［J］. 岩土工程学报，2022，44（7）：1188-1210.

[6] 杜雷功. 长大深埋水工隧洞设计关键技术研究与实践［J］. 水利水电技术，2017，48（10）：1-9.

[7] 桂绍波，金德山，李玲，等. 滇中引水石鼓水源泵站过渡过程计算研究［J］. 水利规划与设计，2019（11）：145-150.

[8] 聂艳华. 长距离引水工程突发事件的应急调度研究［D］. 武汉：长江科学院，2011.

[9] 龙岩，雷晓辉，马超，等. 跨流域调水工程突发水污染事件应急调控决策体系与应用［M］. 北京：中国水利水电出版社，2020.

[10] 钱峰，夏润亮. 数字孪生水利赋能水利新质生产力发展框架研究［J］. 中国水利，2024（8）：6-10，5.

[11] 黄艳，张振东，李琪，等. 智慧长江建设关键技术难点与解决方案的思考与探索［J］. 水利学报，2023，54（10）：1141-1150.

南水北调韩庄泵站地埋式主厂房渗流监测技术改造探析与应用

韩业庆

（南水北调东线山东干线有限责任公司，山东济南　250109）

摘　要：南水北调韩庄泵站机组进出口闸墩外壁布设 12 支振弦式渗压计，用于监测主厂房底板渗透压力，因长时间水流冲击导致多支渗压计损坏，影响工程安全运行。原渗压计均安装在水下，修复难度大，经分析论证，现对机组进出口闸墩中心钻孔，重新布设渗流监测断面，创新解决泵站主厂房底板渗流监测问题，为准确掌握工程状态和运用情况，及时发现工程隐患，提供了数据支撑，并可为后续水利工程的勘测、设计、施工和科研提供参考资料。

关键词：南水北调；泵站；地埋式主厂房；渗流监测；技术改造

1　工程概况

南水北调韩庄泵站作为东线工程第九级泵站，主要为实现韩庄运河段向南四湖下级湖输水的目标。泵站主厂房为地下式钢筋混凝土结构，地面以上无厂房，主厂房右侧为副厂房，左侧为安装间。主厂房顺水流向总长 36.5 m，由进口闸、进水流道、水泵、出水流道以及出口闸组成。主厂房自下而上分为 3 层，主厂房顶高程 38.45 m，顶部设吊物孔，采用玻璃屋顶式设计。地下 1 层为设备层，地下 2 层为线缆层，地下 3 层为水泵层。为实时监测泵站的安全运行，结合建筑物的等级、地质、结构等条件，对泵站工程实施变形（沉降与水平位移）监测、渗流监测、水位监测、流量观测。在主厂房建基面共布设 3 个扬压力监测断面，分别位于 1#、3#、5#机组进出口闸墩外侧壁，每个监测断面顺流向布设 3 支渗压计，主厂房两侧各布置 6 支渗压计，共布设振弦式渗压计 21 支，用于监测泵站底板和两侧土体的渗透压力情况。

2　存在的问题

泵站建设期考虑其基础为岩基、泵房结构简单、上下游水头差较小且泵房顺水流方向长度较长以及泵站结构内部应力较小等因素，仅布设站身顶面的沉降、位移观测标点进行沉降及水平位移的观测，先期未在主体工程内埋设扬压力等永久监测设备。后期为提高泵站安全运行标准，利用水下工程未充水间隙，在主厂房机组流道进出口闸墩侧壁安装固定镀锌钢管作为测压管，构建渗流监测断面。因机组运行水流冲击导致多支监测泵站底板渗压计损坏，按照 2023 年 11 月《水利部办公厅关于印发水利工程生产安全重大事故隐患清单指南（2023 年版）的通知》（办监督〔2023〕273 号）规定：有防洪要求的工程未按照设计和规范设置监测、观测设施或监测、观测设施严重缺失（隐患编号：SY-T002）。韩庄泵站具备站身防洪要求，直接判定为重大事故隐患。由于泵站渗压计布设位置位于水下，修复难度较大，经组织专家现场论证，重新布设渗流监测断面。

基金项目：基于用水行为的南水北调东线调水系统分层用水需求模拟（2022YFC3204601-02）。

作者简介：韩业庆（1988—），男，高级工程师，主要从事水利工程建设及运行管理工作。

3 渗压计改造可行性

韩庄泵站主厂房垂直水流方向分为三联：边联、边联（安装间侧）、中间联，长度分别为 19.0 m、20.0 m、18.50 m。从工程正常运行年份可知，现状内观设施布置的断面数量、观测点数量皆满足工程运行要求，因此本次内观设施改造的断面数量、观测点数量与现状一致，仅根据现状的主厂房结构、安装好的设备和管路，重新布置底流监测断面位置和观测点的位置，以满足工程安全监测要求，这对内观设施进行改造是可行的[1]。

4 渗流监测位置选择

综合分析泵站主厂房的结构形式并按照便于运行管理，实现人工监测与自动化监测结合；监测点布置应考虑现状建筑物的结构，避开主厂房采光屋顶、门机轨道、闸门门槽、构件钢筋、穿墙线路、穿墙液压油管等；便于与现有的监测设施走线连接等原则，结合监测设施改造原则，本次设计将底流的渗流监测断面移至与现状监测断面相邻泵站墩墙中线位置，监测断面见图 1。

在墩墙中线位置钻孔，自墩顶钻孔至底板垫层以下岩层 0.60 m，清孔后孔底设 280 mm 厚中粗砂反滤料，孔内埋设测压管，每个测压管内均设 1 只渗压计，每个断面设置 3 个监测点，进水侧设置 1 个监测点，距离泵房底板上游端的距离为 1.80 m，出水侧设置 2 个监测点，分别距离泵房上游端距离为 28.45 m、35.10 m。

上下游侧均布设了监测点，满足渗流监测要求。每个监测点顶部设置孔口保护装置，观测孔进口扩孔孔径为 110 mm，设置ϕ 108 mm×4 钢管固壁，上部设钢顶盖厚 4 mm。保证管顶密封与渗压计导线的侧向穿出。钻孔采取雷达探测、孔内电视监视等措施，查明墩墙内的钢筋与管线，确保孔位不与钢筋管线交叉[2]。为满足钻孔要求，需切割开孔并焊接恢复孔位处的格栅盖板，共 9 处，监测点位见图 2。

5 渗流监测自动化系统

韩庄泵站主厂房渗流监测自动化系统由振弦式渗压计、数据记录仪（MCU）、专用线缆、RS485 总线转换器、安全监测工作站、数据采集软件等组成。各测压管内渗透压力，由振弦式渗压计采集，通过渗压计专用线缆穿管连接至数据记录仪（MCU）。安全监测 MCU 安装在机组 LCU 柜，安装 RS485 转以太网转换器，通过六类屏蔽线上联机组 LCU 柜内工业以太网交换机空余以太网口。MCU 通过 RS232/485 转成 TCP/IP 通信方式，将 MCU 单元测量数据利用工业以太网传输至中控室安全监测工作站。渗流监测自动化系统结构见图 3。

6 测压管埋设

6.1 施工流程

施工准备→定位钻孔→测压管制作→测压管埋设→管口保护。

6.2 施工准备

根据设计要求及现场情况，选用地质钻机，对作业区附近进行雷达探测，合理避开周围管线，在确定的测压管点位处进行钻机的安装和就位，开钻前对钻塔、钻机立轴和孔口进行垂直度校正，使其三点成一线，以保证测压管孔的垂直度符合设计规范要求。

6.3 定位钻孔

测压管位置按照设计方案，采用徕卡 GPS 接收机定位，确保钻孔孔位与设计位置的偏差不得大于 50 mm。采用 XY-150 型钻机、金刚石钻头成孔，钻进方法采用取心钻进，钻具采用长短钻杆结合使用，开孔孔深 15 cm、孔径 110 mm，其下孔径均为 91 mm。施钻前，确保钻机安装平整稳固，利用水平尺确保钻具垂度；施钻过程中，利用水平尺对钻孔孔斜进行严格控制，保证孔斜度在 0.1%以内。成孔完成后，进行压力水洗孔，把孔内的泥沙彻底冲洗干净，直到回水变清 10 min 后结束并即刻展开孔内检测。

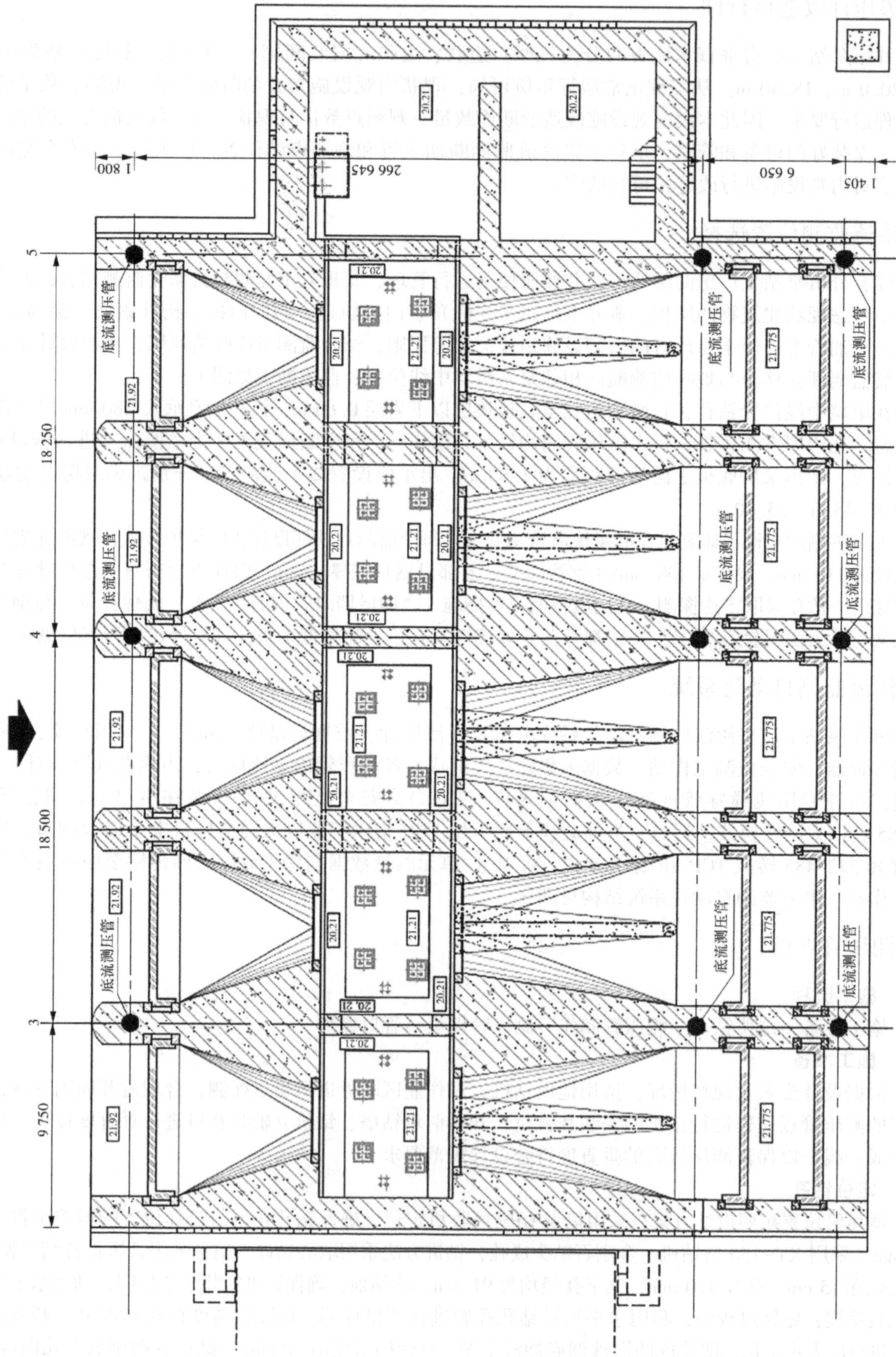

图 1 泵站主厂房底板渗流监测断面图 （单位：高程，m；尺寸，mm）

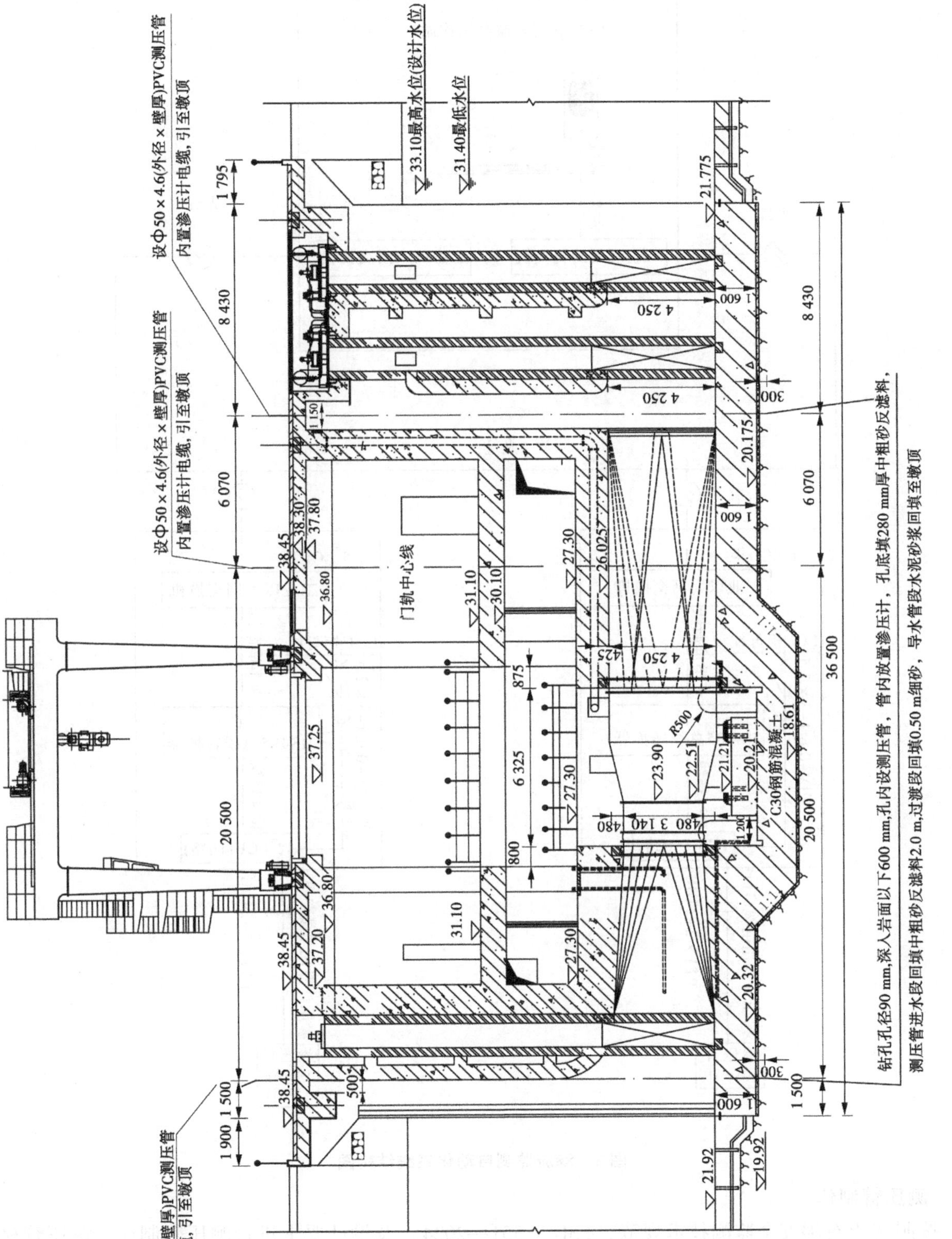

图2　泵站主厂房底板渗流监测点位图　（单位：高程，m；尺寸，mm）

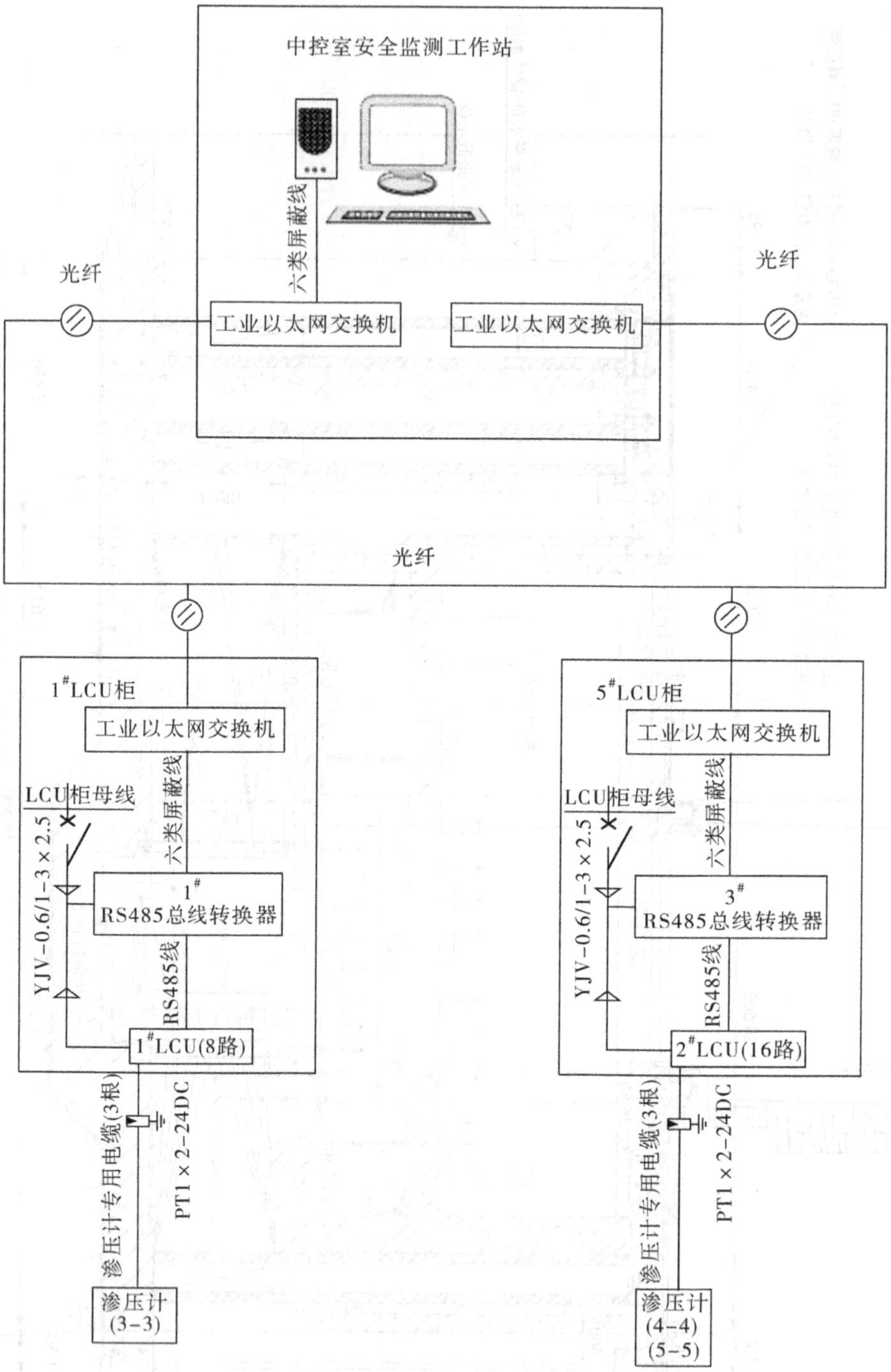

图3　渗流监测自动化系统结构图

6.4　测压管制作

按照《土石坝安全监测技术规范》（SL/T 551—2024）及设计要求进行测压管制作，测压管材料采用 D50 硬工程 PVC 管，壁厚 3.2 mm。测压管包括进水管段、导管段、孔口保护段。进水管段为花管，长度 2 000 mm，透水孔孔径 ϕ 8mm，孔呈相对立的 4 排，每周均布 8 个，排距 20 mm，呈梅花状分布，排列均匀，内壁无刺，开孔率 12%。外设 ϕ 6 mm 塑料棒，单根长度 260 mm，沿周均布 6 根，缠绕两层土工布，外缠 12#铅丝，丝距 20 mm。管底采用 PVC 圆板封底，不留沉淀管段[3]。测压管结构见图 4。

6.5　**测压管埋设**

测压管由进水花管和数节导管组成，安装前对花管底端铺设粒径0.5～2.0 mm的中粗砂，约280 mm厚度，将进水花管和数节导管采用D50外接头依次连接，采用不锈钢螺丝固定，缓慢放入闸墩混凝土钻孔内，进水花管段底部位于中粗砂垫层上，各管段应连接严密，吊系牢固，保持管身顺直。测压管就位后对花管四周填充2 000 mm厚中粗砂，紧接填充500 mm粒径0.25～0.5 mm细砂，剩余测压管四周填充水泥砂浆至距离管口150 mm处。观测孔进口设置ϕ108 mm不锈钢钢管固壁，上部设4 mm厚不锈钢顶盖，并记录管口高程。测压管安装埋设示意图见图5。

6.6　**管口保护**

测压管埋设完毕应对管口进行保护，采用有效的封闭装置，如密封盖、封口塞等，确保管口完全封闭，防止杂物、灰尘等进入管内，且能够有效阻挡雨水、地表水等进入管口，避免对测压管内部造成影响。保护装置应易于拆卸和重新安装，测量和维护工作时，不会对管口及管内造成损坏。

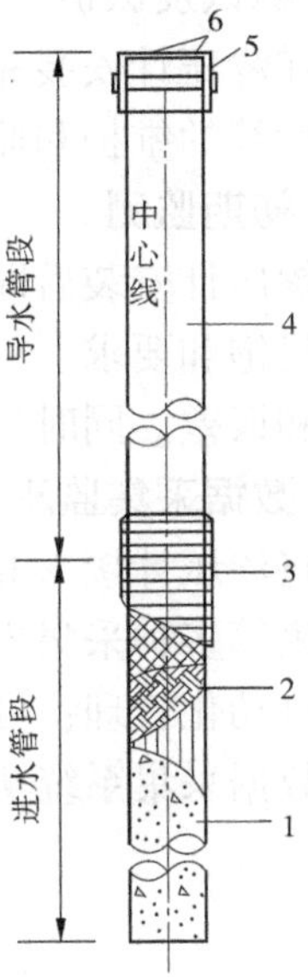

1—进水孔；
2—土工布过滤层；3—外缠铅丝；
4—硬工程PVC管；5—管盖；
6—线缆出线及通气孔。

图4　测压管结构示意图

7　渗压计安装

7.1　**施工流程**

埋设准备→渗压计安装→连接电缆→标识及保护→初期监测→数据采集监测。

7.2　**埋设准备**

透水石作为渗压计的重要组成部分，能够在测量过程中实现水压力的有效传递，使渗压计能够准确感知到周围介质中的水压变化，透水石由陶瓷、石英砂等良好透水性能材料制成，其作用是允许水通过，同时阻止土壤颗粒或杂质进入渗压计内部，以确保测量的准确性和可靠性。透水石初始测读在稳定温度空气中进行，并记录大气压力。埋设考证表包括大气压测读、温度测读及线性测读。透水石透水性能的优劣直接影响着渗压计的响应速度和测量精度，故需将透水石内的油污、杂质及气泡等清除干净，先将其置于纯水加热至沸腾并保持不少于2 h，后置于冷开水内，并安装至渗压计。

7.3　**渗压计安装**

将渗压计探头小心地放入测压管的进水花管段的中部，调整渗压计的位置，使其处于测压管的中心，下放过程注意保护传感器和电缆，并确保传感器的感应面朝向渗流方向，传感器自动跟踪水面位置，使用手操器标记水位，形成测量数据。使用平尺水位计量取实际的水位高程，将仪器读数进行换算，检查测量的结果与人工测量的差值。由于仪器及电缆放入后管内的水位会升高，因此应在放入30 min或更长时间进行首次读数并记录。

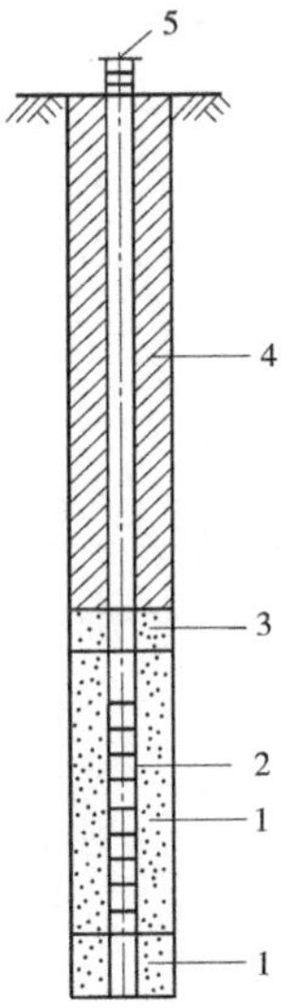

1—中粗砂反滤；2—测压管；
3—细砂；4—封孔料；5—管盖。

图5　测压管安装埋设示意图

7.4　**连接电缆**

渗压计至数据记录仪MCU线缆尽可能少用接头，线缆的连接和测试按相关规程、规范要求。各仪器外接线缆的连接严格按规范要求连接和进行防水处理。线缆安装后绘制线缆实际走线图，绘制误差不得大于30 cm。仪器线缆在仪器安装位置附近预留一定的盘余长度。做好线缆终端头保护和标记，防止线缆敷设过程受潮导致绝缘值不满足要求。线缆敷设通过主厂房两道伸缩时，线缆外层缠绕多层布带并预留5～10 cm盘余长度。

7.5 标识及保护

在渗压计安装完成后，对其进行保护，如设置防护套管或防护箱。在安装位置设置明显的标识，以便后续的维护和监测。

7.6 初期监测

渗压计安装后即要开始测量其初始基准值，采用连续 3 次的测量均值，渗压计初测前需浸入水中并满足饱和要求。一般应在渗压计安装完成并经过一定的稳定期后进行，以消除安装过程可能带来的干扰和误差。同时，要保证测量环境相对稳定，避免外界因素如温度、振动等对测量结果产生影响。

7.7 数据采集监测

将渗压计接入 BGKLogger 数据采集系统，系统可实现：等间隔定时采集，定点定时采集，在线选点采集等多种采集方式相互补充；自定义报警上下阈值，对超限测值进行声光报警；自动获取数据，实现自动化管理；可生成浏览多种工程需要报表，导出至 Excel 表格；具备单曲线、多曲线绘制功能。数据采集系统功能结构见图 6。

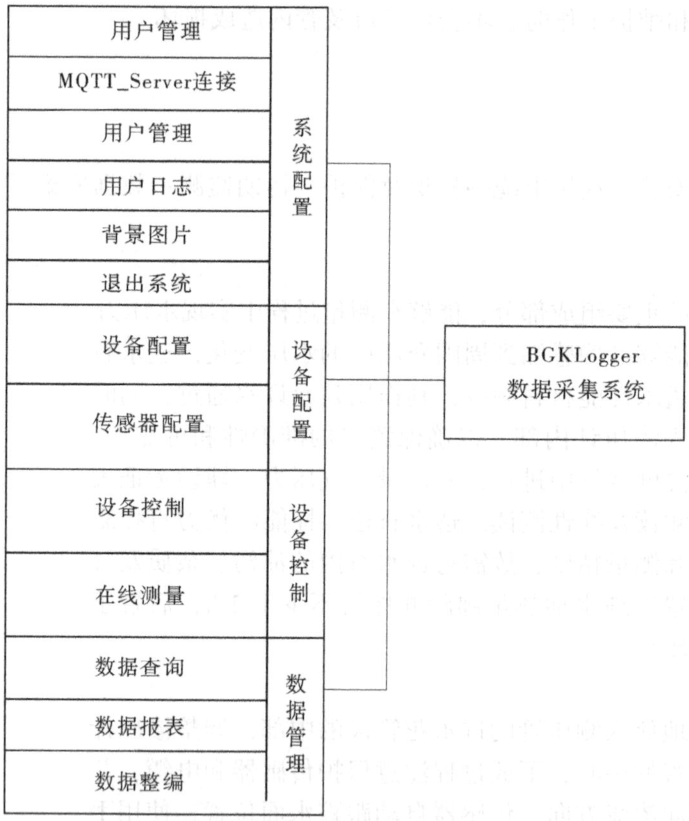

图 6 数据采集系统功能结构图

8 渗流监测数据分析

渗压计安装初期受到外界环境影响，水位较高，随着时间的变化，周边地下水位稳定，渗压计测值均正常。通过对安全监测工作站采集软件自动获取的泵站前池、出水池水位和主厂房底板 9 个渗压计水头数据的分析，渗压计监测数据变化稳定，基本随渠道水位变化而变化，符合上下游水位变化规律，泵站渗流情况正常，工程安全稳定[4]。具体水位、水头的数值及曲线图见表 1 和图 7。

表 1　渠道水位及主厂房底板渗流监测断面水头数值　　单位：m

监测时间（月-日）	前池	出水池	R1P-3-1	R1P-3-2	R1P-3-3	R1P-4-1	R1P-4-2	R1P-4-3	R1P-5-1	R1P-5-2	R1P-5-3
07-01	28.17	31.18	28.79	30.18	30.74	28.81	30.25	29.71	28.09	30.22	30.89
07-03	28.3	31.18	28.81	30.24	30.84	28.92	30.29	29.73	28.14	30.35	30.99
07-05	27.77	31.26	28.74	30.27	30.85	28.94	30.29	29.74	28.18	30.36	30.98
07-07	27.9	31.24	28.67	30.25	30.86	28.99	30.25	29.70	28.22	30.33	30.97
07-09	29.65	31.79	28.74	30.40	31.16	29.34	30.30	29.82	28.37	30.53	31.28
07-11	29.83	32.46	29.01	31.03	31.95	30.63	30.72	30.13	29.56	31.41	32.12
07-13	30.72	32.24	29.27	31.35	32.00	31.09	30.95	30.29	30.19	31.66	32.03
07-15	30.76	31.41	29.62	31.44	31.53	31.05	31.16	30.40	30.54	31.43	31.36
07-17	30.74	31.35	29.77	31.25	31.30	30.90	31.14	30.28	30.48	31.17	31.11
07-19	30.22	32.52	29.98	31.60	32.26	31.21	31.24	30.52	30.49	31.77	32.35
07-21	30.22	32.27	30.18	31.80	32.09	31.29	31.43	30.68	30.86	31.93	31.98
07-23	31.43	31.86	30.28	31.78	32.08	31.55	31.49	30.67	30.88	31.86	31.71
07-25	31.38	31.81	30.42	31.66	31.74	31.46	31.52	30.62	30.98	31.60	31.56

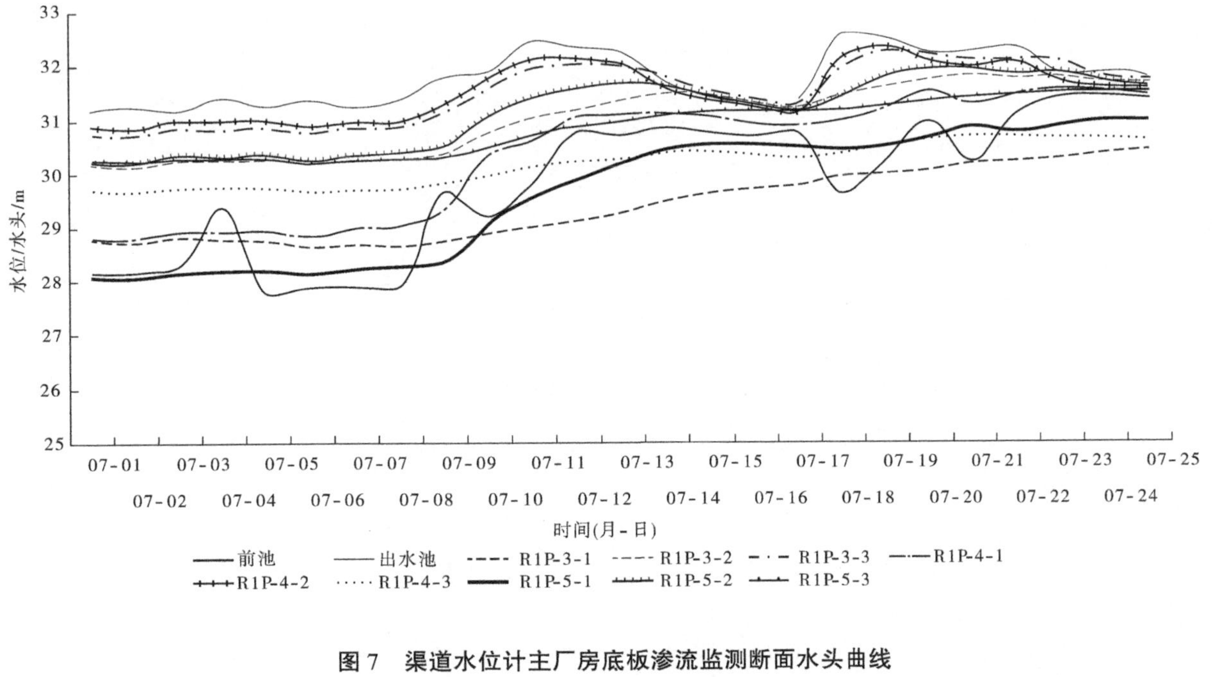

图 7　渠道水位计主厂房底板渗流监测断面水头曲线

9 总结

渗流监测是对泵站主要建筑物在上下游水位差作用下产生的渗流场的监测，包括与压力（应力）有关的孔隙水压力观测。其目的是掌握水工建筑物及其地基的渗流情况，分析判断是否正常和可能发生不利影响的程度及原因，为工程维修养护和安全运行提供依据，韩庄泵站通过在机组进出口闸墩中心部位钻孔，埋设测压管并安装渗压计，彻底解决在泵站主体工程内未埋设扬压力永久监测设施问题，为实时监测泵站运行性态、分析工程异常情况、保障运行安全的重要手段，主厂房底板渗流变化随水位变化，呈正相关关系，符合上下游水位变化规律，渗流情况正常，建筑物安全稳定，未发生异常现象，工程运行正常。

参考文献

[1] 陈亚军，张亚，张桂霞，等．睢宁二站泵站主体工程安全监测分析［J］．水利规划与设计，2019（2）：65-67.
[2] 韩业庆，吕晓理，任思涛．韩庄泵站安全检测分析与研究［J］．山东水利，2023（9）：75-77.
[3] 贾新胜，张晓丹．大中型调水泵站智能安全监测系统研究与应用［J］．山东水利，2024（4）：57-59.
[4] 张志华，李佳红，胡海波．樊口二站工程泵站基础安全监测成果分析［J］．河南科技，2022，41（12）：70-73.

调水工程与生态环境研究

夏勤江

（中国电建集团西北勘测设计研究院有限公司，陕西西安　710065）

摘　要：本文研究了调水工程在中国水资源不均中的作用及其对生态环境的影响。调水工程是优化水资源配置、缓解短缺、提高灌溉效率、促进可持续发展的重要手段。但调水工程也影响生态环境，如物理化学性质变化、生态系统结构和功能改变、生物群落影响等。本文分析了调水工程与生态环境的关系，提出了生态优先原则，强调了科学管理和技术创新的重要性。通过案例分析，总结了影响评估方法和指标，指出了局限性和未来研究方向。最后，提出了对未来研究的建议和展望，为调水工程实践提供科学理论和技术指导，促进可持续发展。

关键词：调水工程；生态环境；水资源配置；环境影响评估；生态补偿；可持续发展

1　引言

1.1　研究背景和意义

调水工程是解决中国水资源时空分布不均、满足不同区域水需求的重要措施之一。随着中国经济社会的快速发展，对水资源的需求日益增长，同时也加剧了水资源的紧缺和水环境的污染问题。为了保障国家水安全和促进区域可持续发展，调水工程的研究和实施变得尤为重要。

中国是一个水域分布较广的国家，但水资源的分布非常不均匀。东部地区尤其是黄淮海区域、长江流域及珠江流域水资源相对丰富，而北方等地区则普遍缺水，特别是西北地区，许多城市面临着严重的水资源短缺问题。调水工程通过调配水资源，可以将某些地区的富余水资源输送到缺水地区，从而实现区域间的水资源优化配置，缓解水资源短缺的压力。

同时，调水工程还对改善中国的水环境具有重要意义。例如，牛栏江-滇池补水、引江济太、引江济巢、引汉济渭等调水工程通过补充河流水量，不仅可以提高水体的自净能力，还可以缩短湖泊和河流的置换周期，改善水质，从而有助于维护和提升生态环境质量。

然而，调水工程的实施也会对生态环境带来一定的影响。调水过程中可能会改变原有的物理化学特性，如流速、水位、水温、酸碱度、浊度、导电率、营养物质含量等，这些改变可能会对受水区的生态系统造成一定影响。因此，调水工程的实施需要进行科学的规划和管理，实现对生态环境的负面影响最小化。

调水工程的研究背景主要包括：水资源分布的不均衡性、区域发展的不平衡性、水需求的增加、水环境压力的加大以及可持续发展的需要。这些背景共同推动了调水工程的研究与实施。

调水工程的意义在于：

（1）优化水资源配置。实施调水工程，可以实现水资源的优化配置，特别是在北方等缺水地区，调水工程的实施对保障区域水资源供应具有重要作用。

（2）促进区域经济发展。调水工程的实施有助于解决因缺水而限制的区域发展问题，可以促进受水区域的经济发展和人民生活水平的提高。

作者简介：夏勤江（1990—），男，工程师，主要从事市政水利工程 EPC 总承包项目管理工作。

（3）改善水环境质量。调水工程可以改善河流、湖泊的水质，提高水体的自净能力，对维护良好的水环境具有积极作用。

（4）保护生态环境。通过科学规划和管理调水工程，可以最大限度地减少对生态环境的负面影响，促进生态平衡。

（5）保障国家水安全。调水工程的实施有助于提高国家水安全保障水平，特别是在全球气候变化和极端气候事件增多的背景下，调水工程对于国家水安全的重要性日益凸显。

综上所述，调水工程是解决中国水资源问题、促进区域可持续发展的重要途径，同时也是国家水安全战略的重要组成部分。因此，加强调水工程的科学研究，合理规划和实施调水工程，对促进我国水资源的合理利用和水环境的保护具有重要的现实意义与长远影响。

1.2 研究目的和意义

调水工程是解决水资源分布不均、满足不同区域水资源需求的重要手段。随着全球气候变化和人口的持续增长，水资源的问题变得日益紧迫，调水工程的作用变得尤为重要。然而，调水工程的实施不仅仅是一个简单的工程技术问题，它还涉及复杂的生态环境问题，需要对可能产生的影响进行深入研究，以确保工程的可持续性和对环境的正面影响。

研究调水工程对生态环境的影响，其目的在于全面理解调水工程可能对自然生态系统、环境、生物多样性以及经济社会产生的各种影响。通过这些研究，人们可以预测、评估和制订相应的管理措施，以最小化的负面影响成就最大化调水工程的正面效益。

调水工程与生态环境研究的意义主要体现在以下几个方面：

（1）环境保护。调水工程可能会改变原有的水文条件，影响水质和河流生态系统，甚至可能导致原有生态系统的退化。通过研究，可以制订出更有效的环境保护措施，减少对生态环境的负面影响。

（2）可持续发展。调水工程的可持续性是评估其长期效益的重要指标。通过研究，可以确保调水工程在满足当代需求的同时，不损害后代的利益，实现社会、经济和环境的协调发展。

（3）生物多样性保护。调水工程可能会对区域内的生物多样性产生影响，特别是对于那些对特定生态条件敏感的物种。研究可以帮助识别和保护这些物种，保持生态系统的健康和稳定。

（4）经济社会影响。调水工程可以促进区域经济的发展，特别是在水资源匮乏的地区。研究可以帮助预测和评估工程对经济发展的潜在贡献，同时也可以提出减轻对社会和经济系统潜在负面影响的策略。

（5）风险管理。调水工程可能带来一系列的环境和社会风险，如水质污染、生物入侵、土壤退化等。研究可以帮助识别这些风险，并提出有效的风险管理和减轻措施。

（6）政策制定。研究成果可以为政策制定者提供科学依据，帮助他们制定出更为合理的调水工程政策和法规，以指导调水工程的规划、设计、建设和管理。

综上所述，调水工程与生态环境研究的目的和意义不仅在于评估和减轻对生态环境的潜在负面影响，而且还在于最大化调水工程的综合效益，促进区域水资源的可持续管理和利用。通过这些研究，人们可以更好地理解和管理调水工程带来的变化，确保水资源的有效和可持续利用，同时保护和提升生态环境质量。

2 调水工程概述

2.1 调水工程的概念和定义

调水工程是为了优化水资源的配置，满足不同地区的供水、灌溉、生态用水以及其他用水需求而建设的一类特殊的水利工程。它涉及将水资源从一个地方转移到另一个地方，特别是从水资源丰富的地区将水输送到水资源短缺的地区。调水工程的目的不仅仅是解决区域性的水资源分布不均的问题，还包括支持区域经济发展、改善生态环境、提供生活用水和工业用水等多方面的功能。

调水工程的类型主要包括蓄水工程、引水工程、提水工程和井水工程等，但水文主要关注的是跨流域调水工程，即那些跨越多个流域将水从一个流域的富水区输送到另一个流域的缺水区的工程。调水工程的范围通常定义为跨越较大流域并穿越分水岭的供水工程，这意味着它们不仅仅局限于某一个小流域，而是连接了多个大的流域。

调水工程的实施可以是改变河流的自然流向，或者建造能够输送大量水的运河。例如，引黄济青工程就是一个典型的调水工程，它将黄河水引入青岛市周边，以缓解该市的用水压力。又如，南水北调工程则是将长江流域的水资源调配到华北地区，以缓解北方地区的水资源短缺问题。

调水工程的类型和范围在具体实践中可能有不同的界定。例如，一些工程可能同时包含了蓄水、引水、提水等多种功能，而这样的工程在分类时可能会被视为调水工程。另外，调水工程的实施通常会跨越分水岭，这样的地理特征是调水工程定义中的一个重要条件，因为它关系到工程的实际调水能力和可能带来的生态环境影响。

调水工程的概念和定义反映了这类工程的核心特点和操作范围，即通过跨流域的水资源调配，实现区域间的水资源优化配置，并在此基础上支持区域的经济社会发展和生态环境保护。随着技术进步和环境要求的提高，调水工程的发展趋势是向更高的工程效率和环境友好性发展，同时也更加注重对生态系统的保护和恢复。

2.2 调水工程的分类和类型

调水工程是指为了解决水资源分布不均、满足不同地区水资源需求或其他特定目的而进行的一种水资源的调配活动。可以从多个角度对调水工程进行分类，并进一步分析各类调水工程的特点和应用场景。

首先，从调水目的来看，调水工程可以分为灌溉用水、城市供水、水环境治理、生态保护、发电、航运等工程类型。灌溉用水工程主要用于提高农业产量，如引黄入晋工程；城市供水工程则是为了满足城市居民生活用水和工业用水需求，例如南水北调工程；水环境治理和生态保护类型的工程主要目的在于改善特定区域的水质和生态环境，如云南牛栏江-滇池补水工程；发电与航运结合的工程既提供能源又进行水资源调配，例如引江济汉工程；而生态修复类调水工程则重在通过水资源的调配实现对生态环境的修复和改善，例如引江济太工程。

其次，从调水的地理范围来看，调水工程可以分为跨流域调水工程和区域内部调水工程。跨流域调水工程指的是将一个流域内的水资源调配到另一个流域，以解决水资源分布不均的问题，如南水北调东线工程。区域内部调水工程则是在同一个流域内部进行水资源的重新分配，以满足不同地区或不同行业的需求，例如将黄河流域的水引入山西、山东等缺水地区。

再次，从调水方式来看，调水工程可以分为引水工程、提水工程和调水结合工程。引水工程是将水资源从一个地点直接引到另一个地点，如引滦入津工程；提水工程则是通过抽水或泵站等方式将水资源从低处提升到高处，例如从河流抽取水资源至水库或蓄水池；调水结合工程则同时具有引水和提水的特点，如结合了提水和长距离输水的调水形式。

最后，从技术方法来看，调水工程可以分为自然式调水工程和人工式调水工程。自然式调水工程通常指的是利用自然地理特征进行水资源调配，例如通过河流、渠道等方式；而人工式调水工程则涉及较多的工程技术，如泵站、渠道、渡槽、涵管等。

各类调水工程的应用场景各有特点。灌溉用水类型的工程主要用于提高农业生产能力，适用于干湿季节明显、对农业生产要求高的地区。城市供水工程则更多服务于快速发展的城市，特别是在水资源紧张的地区。水环境治理和生态环境保护类型的工程则多应用于水体污染严重、生态环境脆弱的区域。发电与航运结合的工程既能提供能源又能进行水资源调配，适用于同时需要能源又有水资源需求的地区。而调水结合工程则适用于需要同时进行长距离调水和提水的情况。

综上所述，调水工程的分类方法多样，各类调水工程的特点和应用场景也各不相同，但它们共同的目标是为了更合理、高效地分配和利用水资源，以满足不同地区、不同行业的需求，并兼顾生态环境保护和经济社会的可持续发展。

2.3 调水工程的发展历程

调水工程作为解决水资源分布不均、优化水资源配置、促进区域经济社会可持续发展的重要措施，其发展历程是一个不断探索、实践和优化的过程。

早在20世纪初，随着工业化进程的推进，人们开始意识到水资源的重要性，并尝试通过建设大型的调水工程来缓解某些地区的水资源短缺问题。如引黄入晋工程的提出，标志着中国调水工程的初步实践。

进入20世纪50年代至60年代，随着技术的进步和对环境保护意识的增强，调水工程在设计和建设中开始考虑对环境的影响，并尝试采取相应的减缓措施。例如，三门峡水库和丹江口水库的建设，不仅解决了区域内的水资源分配问题，也为后来的调水工程提供了宝贵经验。

70年代以后，随着全球环境问题的加剧，调水工程的环境影响评价成为设计和建设的必要环节。如引江济太工程的实施，不仅提高了太湖的水质，也为调水工程环境影响评价体系的建立提供了重要参考。

80年代至今，随着计算机技术的发展和模型模拟技术的进步，调水工程的设计和规划开始采用更加科学的方法。例如，南水北调中线工程的实施，不仅解决了北方地区的水资源短缺问题，也在规划和建设过程中采用了先进的模型和技术，最大限度地降低了对生态环境的负面影响。

在调水工程的发展过程中，也出现了一些重要的转折点和成就。如引黄入晋工程的设计、三门峡水库和丹江口水库的建设、引江济太工程的实施，以及南水北调中线工程的成功，这些都是调水工程发展历程中的重要里程碑。

综上所述，调水工程的发展历程是一个从最初的规划设计、建设实施，到后来的环境影响评价，再到采用现代技术和模型优化设计的过程。在这一过程中，调水工程不仅解决了区域水资源问题，也促进了相关科学技术的发展，并对环境保护和可持续发展产生了深远影响。

3 生态环境与调水工程的关系

3.1 生态环境与调水工程的关系概述

调水工程是指将水资源从一个地区转移到另一个地区的大型水利工程。这类工程的实施，旨在解决水资源分布不均、缓解干旱地区水资源短缺、提高灌溉效率、优化水资源配置等问题。然而，调水工程的实施对生态环境产生了深远的影响，这种影响是多方面的，包括物理化学性质的变化、生态环境的改变、生物群落的影响等。

首先，调水工程会对生态环境的物理化学性质产生变化。例如，湖水电导率的改变等，都是调水工程导致的化学性质变化的实例。这些变化可能会对接受水资源的河流或湖泊的化学环境造成长期影响，如影响水质和生物生存环境。

其次，调水工程会改变原有的水文情况，进而影响生态环境。例如，通过调水工程，改变了河流的流量、流速、水深等，这些变化可能会对河流生态系统中的生物产生直接或间接的影响，包括改变它们的栖息地、繁殖地和取食地。长此以往，可能会导致生物多样性的下降，以及生态系统服务功能的退化。

最后，调水工程的实施还会改变受水区域的自然地理特征，如引起土壤盐渍化、改变湿地类型、改变原有的生态系统等。这些变化可能会对当地的农业生产、自然灾害的易发性以及生物多样性产生负面影响。

调水工程对生态环境的影响是一个复杂的系统性问题，需要综合考虑多方面的因素。例如，调水工程的设计阶段和实施阶段就需要进行详细的环境影响评价，以识别潜在的环境问题，并制定相应的预防和缓解措施。同时，调水工程的长期运营中，需要不断监测和评估对生态环境的影响，并根据需要调整工程运行策略。

综上所述，调水工程与生态环境之间的关系是相互影响、相互制约的。调水工程旨在解决水资源的合理配置问题，但同时也可能带来生态环境的新问题。因此，调水工程的规划、建设和运行需要遵循生态优先的原则，通过科学的管理和技术创新，最大限度地减少对生态环境的负面影响，实现水资源的可持续利用和对生态环境的保护。

3.2 调水工程对生态环境的影响

调水工程是解决水资源分布不均、缓解用水压力的重要措施，它在优化水资源配置、提高水资源利用效率方面起到了关键作用。然而，调水工程的建设和运行也会对生态环境产生一系列的影响，这些影响分为正面影响和负面影响。

正面影响主要表现在以下方面：

（1）增加受水区域的水资源供应，改善这些区域的水安全状况，对调节区域水资源分布、防止区域水资源的进一步不平衡具有重要作用。

（2）调水工程可以补充灌溉用水，提高农业灌溉效率，对保障农业生产、提高粮食安全具有重要作用。

（3）调水工程的实施可以补充河流、湖泊的水量，有助于保持水域生态平衡，对于维护生物多样性、防止生态系统退化具有积极意义。

负面影响主要表现在以下方面：

（1）调水工程的建设和运行可能会改变原有的水文情势，如改变河流的自然流动，影响河流生态系统的结构和功能。

（2）调水可能会对受水区的自然生态系统造成干扰，比如改变湿地的水位，影响湿地生态功能，甚至导致湿地生态系统的退化。

（3）调水工程可能会引起土壤盐渍化、土壤退化等问题，对土壤环境造成不利影响。

（4）调水可能会成为生物入侵的通道，带来外来物种对本土生态系统的威胁。

针对调水工程对生态环境的影响，需要采取以下应对措施：

（1）在调水工程规划和设计阶段，应进行全面的环境影响评价，评估调水对生态环境的潜在影响，并据此制订相应的减缓措施。

（2）加强调水工程的环境监测和管理，建立长期的生态环境监测系统，实时跟踪调水工程对生态环境的影响，并根据监测结果调整工程运行方案。

（3）实施生态补偿机制，对调水工程可能引起的生态环境损害进行修复和补偿，同时激励和引导受水区参与生态环境保护。

（4）加强科学研究，发展和完善调水工程的生态水文模型，为调水工程的优化运行和环境影响评价提供科学依据。

（5）提高公众参与度，增强社会各界对调水工程生态环境影响的认识和参与，形成共同参与的生态环境保护机制。

通过上述措施，可以最大限度地发挥调水工程的正面影响，同时减少负面影响，实现调水工程与生态环境保护的和谐发展。

3.3 生态环境对调水工程的影响

调水工程是解决水资源分布不均、优化水资源配置、促进区域经济社会可持续发展的重要措施。然而，调水工程的实施对生态环境产生了显著影响，这些影响在工程设计和运行阶段需要被充分考虑，以确保工程目标的实现与生态环境的保护能够协调统一。

首先，调水工程改变了原有的水文情势，可能会对自然生态系统造成干扰。例如，通过险工、潜坝等工程改变河流的流量和流向，干预自然的水文周期，影响河流生态系统中的生物多样性。这包括对鱼类迁徙、繁殖和栖息地的潜在负面影响。因此，工程设计阶段需要进行详细的环境影响评估，以识别和预测这些变化，并据此设计出减缓措施。

其次，调水工程的实施可能会改变受水区的水质，包括化学性质和物理性质。例如，将含有高盐分的水引入淡水系统可能会导致土壤盐渍化，以及对农业和生态系统服务功能的负面影响。工程运行阶段需要建立有效的水质监测系统，确保水质变化在可接受的范围内，并及时采取调整措施。

最后，调水工程可能会对区域的生态完整性和生物多样性产生长远影响。例如，改变了自然的洪涝调节功能，可能会导致洪涝灾害的风险增加，对下游生态系统和人类社区造成威胁。因此，工程设计和运行阶段需要考虑到这些潜在风险，并设计出相应的风险管理和应急响应计划。

为了减少调水工程对生态环境的不良影响，工程设计和运行阶段需要采取多种措施。在设计阶段，可以采用生态友好的设计理念，如最小化土地使用、保护和恢复生态敏感区域、优化调水路径以减少对生态环境的干预。在工程运行阶段，需要建立长期的环境监测计划，对水质、生态系统健康状况、生物多样性等指标进行定期评估，并根据监测结果调整工程运行方案。

综上所述，调水工程对生态环境的影响是复杂和多方面的。为了确保调水工程的可持续性，工程设计和运行阶段必须综合考虑各种环境因素，并采取有效措施以达到对生态环境的负面影响最小化。通过这种方式，调水工程不仅可以实现其旨在优化水资源的目标，还可以保护和增强受水区域的生态系统健康和功能。

4 调水工程的技术和方法

4.1 调水工程的技术和方法概述

调水工程是解决水资源分布不均、促进区域经济社会可持续发展的重要基础设施。调水工程的技术和方法是实现工程目标的关键，它包括了工程的设计、施工和运行管理等多个方面。

设计阶段是调水工程的起始点，也是至关重要的一步。设计工作需要对工程目标地区的经济社会、资源利用和环境保护情况进行全面的调查研究。这包括对需调入水量和调出水量的详细分析，确保设计的调水规模和方式能够满足实际需求，同时考虑到生态与环境的用水需求。在设计过程中，还需要综合技术、经济、环境等多方面因素，合理规划输水线路布局，并在可能的情况下优先利用附近的调蓄水库。

施工阶段是设计的具体执行过程，涉及调水工程的施工建设。施工过程需要根据设计图纸和技术规范进行，同时要考虑到地质条件、建筑物形式及水源分布等因素，确保工程的质量和安全。在施工过程中，还需要对环境影响进行评价，并采取环保措施减少施工对环境的负面影响，做到文明施工、安全施工、环保施工。

运行管理是调水工程建成后的关键阶段，它关系到工程能否长期稳定地为经济社会服务，同时也影响着生态环境的保护。运行管理包括日常的运行监控、设备维护、水质监测、水量调度等多方面内容。为了保证调水工程的供水稳定性和水质安全，需要建立一套科学的运行管理体系，并通过不断的技术创新和管理优化，提高调水工程的运行效率和服务质量。

综上所述，调水工程的技术和方法是确保工程成功实施和长期有效运行的关键。设计、施工和运行管理三个阶段都需要严格的技术标准和科学的管理方法，以实现调水工程的目标，同时最大限度地减少对环境的负面影响，促进经济社会和生态环境的和谐发展。

4.2 调水工程的主要技术和方法

调水工程是指为了满足区域水资源需求，通过人工方式将水资源从水资源丰富地区转移到水资源短缺地区的一系列工程活动。这些工程涉及的技术和方法广泛，包括但不限于渠道、泵站、水闸、配水系统、水质监测和生态考量等。

渠道建设是调水工程的基础技术之一，它包括渠道开挖、渠道衬砌等，用以保证水流能顺利通过。渠道建设技术的优点在于成本相对较低，施工技术成熟，而且可以根据地形地貌灵活设计。缺点是容易发生渗透、渗漏、管涌。导致水资源损失，同时可能会对周边生态环境造成一定的影响。应用场景包括长短距离、大小流量的各种调水与引水工程，适用性较强。

泵站设计则是调水工程中的另一个重要技术。它主要用于克服重力作用，将水从低处抽送到高处或另一地理位置。泵站的优点是可以实现垂直或斜向的水资源调配，适用于长距离的水资源调配；泵站的缺点是建设和运营成本较高，能耗较大，且需要解决泵站的提水安全和可靠性问题。适用场景包括垂直或斜向的长距离调水需求。

水闸控制是调水工程中的关键技术之一，它用于控制和调节水流。水闸的优点是可以有效地进行水资源的季节性分配或调节性分配，同时还可以作为防洪、排涝的一种手段。水闸的缺点是水闸的建设和运行需要高度的技术和资金投入，且可能会因为调度不当而影响工程的稳定性和寿命。适用场景包括需要进行水资源季节性调配或需要结合防洪、排涝功能的调水工程。

配水系统设计则是调水工程中的一个综合性技术，它包括了从取水口到用户的所有输水系统的设计，包括管道、泵站、水闸等。配水系统设计的优点是可以根据用户需求灵活配置水资源，同时也方便了未来对用户需求变化的适应和调整。缺点是设计和建设成本较高，系统的可靠性和运行管理要求也较高。适用场景包括需要灵活配置水资源和有复杂用户需求的调水工程。

水质监测是调水工程中的重要技术手段，它涉及对水质的定期检测和分析，以确保调水工程的水质安全。水质监测的优点在于可以及时发现和处理水质问题，防止对接受水体造成污染；缺点是需要较大的人力和物力投入，且对技术和设备的要求较高。适用场景包括所有类型的调水工程，特别是在有严格水质要求的工程。

生态考量是调水工程设计和实施中的一个重要环节，它涉及调水工程可能对周边生态环境造成影响的评估和减缓措施。生态考量的优点在于可以保护和改善调水工程沿线的生态环境，提高工程的可持续性；缺点是可能会增加工程的建设和运行成本，且生态修复和保护的效果存在一定的不确定性。适用场景包括对生态环境保护要求较高的调水工程。

综上所述，调水工程的技术和方法多样，各有优缺点和适用场景。在设计和实施调水工程时，需要根据具体的工程需求、水文地质条件、经济预算和生态保护要求综合考虑，选择最合适的技术和方法，以确保调水工程的成功实施和长期运行。

4.3 调水工程的技术发展现状和趋势分析

调水工程是解决水资源分布不均、满足不同区域水资源需求的重要措施。随着计算机技术的发展和我国大量土木工程的实施，调水工程的技术也在不断进步，以适应新的挑战和需求。

4.3.1 技术现状

(1) 工程规划与设计。现代调水工程在规划与设计阶段，会进行全面的技术经济分析，同时考虑到工程的可持续性和对环境的影响。例如，美国的中央河谷工程通过建立水工模型，研究了工程与主要水库的联合运行特点，并优化了电厂工作状况。

(2) 输水系统的优化。调水工程的输水系统设计越来越注重效率和安全性。例如，通过运用先进的水利信息化技术，可以对输水系统的运行状态进行实时监控和自动化管理。

(3) 环境影响评估。调水工程的环境影响评估已成为设计和规划的重要组成部分。通过评估，可以识别和预测工程对水文、泥沙、局地气候、水环境、土壤环境、陆生及水生生物等方面的潜在影响，并制订相应的环境保护措施。

(4) 生态补偿机制。调水工程的实施往往伴随着生态环境的改变，因此如何进行生态补偿，以缓解或修复这些改变，也是技术发展中的重要一环。

4.3.2 趋势分析

(1) 智能化与信息化。随着信息技术的发展，调水工程的智能化管理和信息化平台建设将成为趋势。通过物联网、大数据分析等技术，实现对调水工程的实时监控和自动化管理，提高工程的运行效率和风险管理水平。

(2) 环境友好型技术。未来调水工程的技术发展将更加重视对环境的友好性。例如，采用更加清洁、低影响的工程技术，以及在设计中更多考虑生态保护和修复措施。

（3）系统集成与模型优化。调水工程的技术发展也将体现在系统集成和模型优化上。通过集成多个子系统，如水质模型、生态模型、风险评估模型等，形成一个综合的决策支持系统，为调水工程的设计、运行和管理提供全面的技术支撑。

（4）国际合作与经验交流。随着全球水资源问题的日益突出，国际合作在调水工程技术发展中的作用也会更加显著。通过国际合作，可以共享最佳实践、技术创新和管理经验，提高调水工程的整体技术水平。

综上所述，调水工程技术的发展现状和趋势显示出一个向智能化、环境友好型技术、系统集成与模型优化以及国际合作等方向发展的趋势。这些技术的进步将有助于提高调水工程的效率、安全性和可持续性，同时减少对生态环境的负面影响。

5 调水工程的应用案例分析

5.1 国内调水工程的应用案例分析

调水工程是解决中国水资源时空分布不均、满足不同区域水资源需求的重要措施。随着我国经济社会的快速发展，对水资源的需求日益增长，调水工程的作用愈发凸显。本文将分析我国国内调水工程的应用案例，并总结经验教训。

辽西北供水工程是我国调水工程的一个典型案例。该工程旨在解决辽宁省辽西北地区以及辽河干流地区的水资源短缺问题，通过从水量充沛的鸭绿江流域进行跨流域输水，以改善当地的水资源供应状况。工程的主要目的是每年向辽西北和辽河干流地区输水 15.62 亿 m^3。

在工程设计和实施过程中，需要对水生生态环境进行综合评价，以确保工程不会对生态环境造成不可逆的影响。辽西北供水工程建立了一套适合的水生生态环境评价体系，并采用多层次模糊综合评价的方法，对工程的潜在影响进行全面评估。

从工程的实施效果来看，辽西北供水工程在改善当地水资源供应方面取得了明显成效，但同时也面临着生态环境保护的挑战。工程的实施不可避免地改变了当地的水文条件，可能会对水生生态系统造成一定的影响。因此，在调水工程的规划、设计、建设和运行过程中，必须将生态环境保护放在重要位置，并采取有效措施进行环境保护和生态修复。

从已有的调水工程案例中可以总结出以下经验教训：

（1）科学规划。调水工程的规划阶段是项目成功的关键，需要综合考虑经济社会、水资源、生态环境等多方面因素，制订合理的调水规模和方案。

（2）环境评估。在工程设计和建设阶段，必须进行严格的环境影响评估，并据此制订相应的减缓措施和生态补偿方案。

（3）技术创新。应用现代科学技术，如稳定性同位素跟踪、水利信息化等，对调水工程的影响区域进行监控和观测，提高监测和测量的精确度。

（4）公众参与。调水工程的决策和实施过程中，应加强与公众的沟通和交流，积极吸纳社会各界的意见和建议，提高项目的社会接受度。

（5）持续监测。工程运行后，需要建立长期的水资源和生态环境监测机制，及时发现问题并采取措施进行调整和修复。

总之，调水工程在优化我国水资源配置、解决水资源短缺问题方面发挥了重要作用，但同时也需要注意生态环境保护和可持续发展。通过不断总结经验、加强监管和技术创新，可以提高调水工程的效率和社会经济、生态环境的整体福祉。

5.2 国际调水工程的应用案例分析

调水工程是解决水资源分布不均、满足不同区域水资源需求的重要手段。随着全球气候变化和人口增长，调水工程的应用越来越广泛，同时也引起了广泛的生态与环境关注。国际调水工程的应用案例为人们提供了丰富的经验和教训，通过借鉴先进经验，人们可以更好地平衡调水工程的社会经济效益与生态环境保护。

以加利福尼亚州的中央河谷工程为例，其旨在解决加利福尼亚州东西部水资源分布不均的问题。通过建立水工模型，研究人员不仅优化了工程的运行模式，还研究了该工程与主要水库联合运行的特点，以及电厂的工作状况优化。这种模型的建立和运用，不仅提高了调水工程的效率，还为其他地区调水工程提供了重要的经验。

另一个值得关注的案例是加拿大的调水工程研究。加拿大特别重视调水工程对自然生态与环境的影响，不仅在办公室进行研究，而且注重现场原体观测研究。这种综合的研究方法，使得加拿大在调水工程实施过程中，能够及时监测和评价对环境的影响，并制订有效的防治和保护措施。这种方法论对于其他国家的调水工程同样具有借鉴意义。

在生态与环境影响的研究方面，调水工程的实施不可避免地会引起生态系统的改变，如河道形态的改变、水质的变化、生物区系的变动等。因此，调水工程的环境影响评价成为项目实施的重要组成部分。例如，Stanford 和 Ward（1979）的研究推测了调水可能对科罗拉多河造成的长期影响，这为后续的环境影响研究提供了基础。

总体来说，国际调水工程的应用案例为人们提供了宝贵的经验。通过这些案例，人们可以学习如何建立和运用生态水文模型，如何进行环境影响评价，以及如何在调水工程中实现生态保护与社会经济效益的平衡。借鉴这些先进经验，结合本国实际情况，可以更好地规划和实施调水工程，以期达到既满足社会需求又保护生态环境的双重目标。

5.3 案例分析的主要特点和经验

调水工程与生态环境研究的案例分析是一个复杂且多维的任务，它要求研究人员不仅要有深厚的水利工程知识，还需要对生态环境有深入的理解。以下是对调水工程与生态环境研究案例分析的主要特点和经验总结，以及改进措施的提出。

5.3.1 案例分析的主要特点

（1）跨学科性。调水工程与生态环境研究需要水利、环境科学、生态学、社会学等多个学科的知识和技术，以确保工程规划、建设和运行对环境的影响得到全面评估与监控。

（2）系统性。案例分析需要建立一个包含多个评价指标的系统评价体系，以全面反映调水工程对生态环境的潜在影响。

（3）长期性。调水工程的生态环境影响往往是长期的，因此案例分析需要有长远的视角，考虑工程对生态系统的持续影响。

（4）动态性。生态环境是动态变化的，案例分析需要动态跟踪环境变化，及时调整评价体系和管理措施。

（5）实用性。案例分析的结果应服务于实际管理和决策，以提供可行的改进措施和建议。

5.3.2 经验总结

（1）科学规划。在调水工程规划阶段，应充分考虑工程对区域水资源分配、生态环境的潜在影响，并制订相应的环境保护措施。

（2）公众参与。调水工程的环境影响评价应包含公众意见的收集和分析，确保项目能获得社会的广泛支持。

（3）环境监测。建立长期的环境监测体系，对调水工程的实际环境影响进行跟踪评估。

（4）风险管理。识别项目实施过程中可能的环境风险，并制订相应的风险管理和应对措施。

（5）政策支持。调水工程的可持续实施需要相关政策的支持，如水资源管理政策、生态补偿机制等。

5.3.3 改进措施的提出

（1）加强跨学科研究。鼓励跨学科合作，整合不同领域的研究成果，提高调水工程与生态环境研究的科学性和有效性。

（2）完善监测评估机制。建立一个综合的环境监测和评估系统，确保能够及时发现问题并采取措施。

（3）强化风险管理。在设计和调水工程运行时，应考虑潜在的环境风险，并制订相应的风险预防和应对预案。

（4）提高公众参与度。通过教育和沟通提高公众对调水工程重要性的认识，并鼓励他们参与到环境监测和保护活动中。

（5）制定环境友好型政策。推动制定和执行有利于调水工程生态环境保护的政策和法规，如生态补偿、绿色发展激励等。

通过上述特点、经验总结和改进措施的实施，可以有效提升调水工程与生态环境研究的质量和效率，同时最大限度地降低工程对生态环境的负面影响，促进调水工程的可持续发展。

6 调水工程对生态环境的影响评估

6.1 评估方法和指标

调水工程与生态环境研究的评估方法和指标是确保工程实施的有效性及可持续性的重要工具。科学的评估方法和合理的指标体系能够帮助研究者及决策者理解调水工程对区域水资源、生态环境、社会经济等方面的影响，并提供决策支持。

评估方法的选择通常基于研究的具体需要，包括但不限于生态水文学模型的建立、生态环境影响的评价、经济社会影响的分析等。例如，美国在中央河谷工程中使用的水工模型，可以模拟调水系统工作及其对水库联合运行特点和电厂工作状况的优化。这种物理模型可以提供直观的工程效果展现，并对未来的用水模式进行预测。

在生态环境影响评价方面，科学家们通常会建立一个或多个评价模型，如使用栖息地适宜度指数（HSI）来评估水文环境要素对水生生物繁殖的影响。这种方法可以量化不同水文条件对特定生物（如漂流性产卵鱼类）繁殖的影响，从而为生态调度提供科学依据。

在指标体系的建立上，它们通常包括水质、流量、浮游生物、水位变化率、鱼类资源和渔业经济补偿等方面。例如，调水后的水质变化可以通过综合污染指数来计算，而流量和水位变化率的变化可以通过与调水前的基线数据对比来评估。此外，浮游生物和鱼类资源的变化可以通过长期监测和模型模拟来预测，而渔业经济补偿的评估则可以通过成本效益分析等方法来进行。

这些评估方法和指标的科学性主要体现在它们的理论基础、适用性和综合性上。它们通常基于生态学、环境科学、经济学等多个学科的原理，并结合具体的调水工程特点和目的定制开发。实用性则体现在它们能够为工程设计、环境管理和政策制定提供直接的决策支持。

然而，评估方法和指标也有其局限性。例如，生态模型的预测结果可能由于模型假设的局限性而存在不确定性，实际的生态环境变化可能受到多种因素的影响，不仅仅是调水工程本身。因此，在应用评估方法和指标时，需要结合实际情况进行综合分析，并对可能的不确定性进行管理和说明。

综上所述，调水工程与生态环境研究的评估方法和指标是一个复杂的科学过程，需要多学科知识的综合运用和动态调整。通过不断地完善和优化，它们可以为调水工程的可持续发展提供强有力的科学支撑。

6.2 评估结果和分析

根据提供的资料，调水工程对生态环境的影响是多方面的，评估这些影响的结果是至关重要的，以确保工程的可持续性和对环境的正面作用。评估结果通常包括对调水工程的社会、经济和环境效益的量化，以及对负面影响的识别。

在分析评估结果时，需要考虑调水工程的多方面影响，包括但不限于：

（1）社会经济影响。调水工程可以促进区域水资源的可持续利用，改善受水区的水资源短缺状况，促进当地经济发展。然而，工程的建设和运行也会带来成本，影响当地就业和生活成本。

（2）环境影响。调水工程可能对调水路径上的生态系统造成干扰，包括水生生物栖息地的改变、水质问题等。

（3）生态服务价值。调水工程可能会影响生态系统服务功能，如净化水质、调节气候等，这些服务的价值往往难以用货币衡量。

在分析评估结果的基础上，可以提出以下改进措施和建议：

（1）制定和完善生态补偿机制。根据调水工程对水源区和受水区生态系统服务价值的影响，设计合理的生态补偿标准和方法，以确保水源区的生态保护与受水区的用水需求之间的平衡。

（2）加强调水工程的环境影响后评价。对已建和在建的调水工程进行定期的环境影响跟踪评价，以不断改进工程设计和运行管理，减少对环境的负面影响。

（3）提高调水工程的技术水平和经济可行性。通过技术创新和管理优化，降低工程成本，提高调水效率，确保工程的经济可行性和环境友好性。

（4）强化跨区域协作机制。调水工程往往涉及跨省跨区域的水资源调配，需要建立有效的协作机制，以合理分配利益、共担成本，并协同解决可能的跨界问题。

（5）推广公众参与和信息透明。在调水工程的规划、建设和运行过程中，加强与公众的沟通，提高项目的透明度，鼓励公众参与监督和决策，以增强项目的社会接受度和可持续性。

通过上述措施和建议，可以优化调水工程的整体效益，同时最大限度地减少对环境和社会的负面影响，实现调水工程与生态环境的和谐共生。

6.3 评估的局限性和未来研究方向

调水工程与生态环境研究领域的评估工作是一个复杂且挑战性极高的任务，主要因为调水工程的实施会对自然生态系统产生广泛的影响，这些影响可能是长期的，也可能是区域性的，而且往往是跨学科的。评估的局限性主要表现在以下几个方面：

（1）模型和方法的局限性。调水工程的生态环境影响评估通常依赖于模型和方法，如流体动力学模型、生态模型等。然而，这些模型的准确性很大程度上取决于所使用的数据质量、模型参数的准确性以及模型假设的合理性。此外，模型往往难以涵盖所有可能的影响途径和交互作用。

（2）数据的局限性。调水工程的环境影响评估需要大量的基础数据，包括水质、生态系统结构与功能等方面的数据。但是，这些数据可能因为时间、成本或技术等限制而存在不足或更新不及时的问题。

（3）不确定性和风险评估。调水工程的环境影响评估中存在不确定性，如气候变化对生态系统的影响、模型预测的不确定性等。这些不确定性可能导致评估结果的不精确，从而影响管理决策。

（4）社会经济因素。调水工程的环境影响评价还需要考虑经济社会因素，如工程的经济可行性、社会影响、政策变化等，这些因素的复杂性和不确定性也给评估工作带来挑战。

（5）跨学科整合的挑战。调水工程的环境影响评估需要融合水文学、生态学、环境科学、社会科学等多个学科的知识和技术，跨学科整合的难度大，需要多学科团队的紧密合作。

未来的研究方向可以集中在以下几个方面：

（1）提高评估方法的准确性和适用性。开发和完善更高精度的模型和评估方法，以更好地预测和量化调水工程对生态环境的影响。

（2）加强不确定性和风险评估。系统地评估和管理评估过程中的不确定性，发展风险评估框架，为决策提供科学依据。

（3）综合考虑经济社会因素。将经济社会因素整合进调水工程的环境影响评估中，以全面评价工程的综合影响。

（4）跨学科研究。加强多学科交叉合作，促进不同领域专家的交流与合作，以实现更全面、更深入的评估。

（5）长期监测与动态评估。建立长期的生态环境监测系统，对调水工程引起的生态环境影响进行动态监测和评估，及时调整管理策略。

（6）生态补偿机制研究。探索和完善调水工程的生态补偿机制，以科学的方式平衡调水工程的资源环境损害和生态修复成本。

通过上述研究方向的推进，可以有效提升调水工程与生态环境评估的科学性、系统性和实用性，为调水工程的可持续发展提供强有力的支持。

7 结论

7.1 研究的主要发现和结论

调水工程与生态环境研究的主要发现和结论从多个角度进行总结，以下是针对调水工程及其对生态环境影响的新认识。

首先，调水工程的实施对区域水资源分布、生态系统和社会经济均有深远的影响。调水工程通过改变原有的水文情势，会对自然环境造成变化，如局部湿地的形成、河流和湖泊水量的补偿和调节，以及对濒危野生动植物的潜在保护作用。然而，这些改变也可能带来负面影响，例如咸水入侵、土壤盐渍化、生物入侵通道的形成以及地下水位上升导致的土壤退化等。

其次，调水工程的建设和运行对河道生态系统的结构和功能有重要影响。工程干预改变了自然的河道径流情势，这可能会对生态系统的结构和功能造成长期影响，并对施工建设区的生态系统及地表植被造成破坏。

在生态补偿方面，调水工程的实施可能会对水源区和受水区的生态系统服务价值造成影响。调水工程的生态补偿研究通常基于流域生态补偿，并尝试货币化生态系统服务价值，以提供理论依据和科学基础用于确定流域生态补偿标准。

从国际经验来看，发达国家在调水工程的环境影响研究方面较为完善，但具体措施的实施细节仍然有限公开。加拿大等国特别重视调水工程的环境影响研究，并采取了现场观测与室内研究相结合的方法，以评估调水工程的生态与环境影响。

在项目后评价方面，调水工程的后评价工作是评估工程实际效果和实现预期目标的重要手段。后评价内容包括对工程的环境影响、社会经济影响等进行系统分析，并提出相应的对策和建议。

综上所述，调水工程与生态环境研究揭示了调水工程实施的多方面影响，并指出了生态补偿和项目后评价的重要性。这些研究不仅为调水工程的规划、建设和运行提供了重要的科学依据，也为未来调水工程的环境影响管理和生态补偿机制的建立提供了新的视角与方法。

新认识包括：

（1）调水工程的生态环境影响是复杂和多方面的，需要综合考虑水文、化学、生物及经济社会系统的变化。

（2）生态补偿机制的建立应基于对调水工程影响的全面评估，并结合地区特点建立生态系统服务价值货币化的尝试。

（3）国际经验表明，调水工程的环境影响研究需要结合现场观测与室内研究，并在整个实施过程中进行详细的经济、自然生态和社会因素研究。

（4）针对调水工程的环境影响跟踪评价，应加强现有工程的环境影响跟踪评价，提高规划阶段的环境影响评价水平，并完善预防和减轻不良环境影响的对策措施。

这些新认识为调水工程与生态环境研究提供了新的视角，有助于未来的调水工程规划与管理，以及生态环境保护策略的制定。

7.2 对未来研究的建议和展望

针对未来调水工程与生态环境研究的建议和展望，可以从以下几个方面进行深入探讨，以推动该领域的进一步发展。

首先，加强调水工程的全过程环境影响评估与监管。在工程规划和设计阶段，应采用系统化和科学化的方法，对潜在的环境影响进行全面评估，并建立起相应的风险评价体系。同时，在工程实施过程中，应建立起动态的环境监测系统，确保能够及时发现和解决可能的环境问题。

其次，推动调水工程的生态补偿机制创新与实践。结合调水工程特点，探索建立多元化、市场化的生态补偿机制，如通过碳交易、水权交易等市场化手段，实现生态补偿的有效性和可持续性。同时，加强对调水工程生态补偿效果的跟踪评估，不断完善补偿机制。

再次，深化调水工程的生态环境影响后评价研究。在调水工程运行一段时间后，应组织开展全面的环境影响后评价，总结工程运行中出现的环境问题，分析原因，并及时提出调整与优化建议，以减少工程对环境的负面影响。

此外，加强国际合作与交流。借鉴国际先进的调水工程与生态环境研究经验，如加拿大在调水工程生态环境影响研究方面的做法，结合我国实际情况，形成适合国情的调水工程研究与实践新路径。

最后，推动跨学科、多领域的综合研究。调水工程的生态环境影响是一个复杂的系统问题，需要跨学科的合作，如生态学、环境科学、社会学、经济学等多领域知识的交叉融合，以形成全面、科学的研究成果。

综上所述，未来调水工程与生态环境研究的发展方向应包括加强全过程环境影响评估与监管、创新生态补偿机制、深化环境影响后评价、加强国际合作与交流以及推动跨学科综合研究等。通过这些措施，可以有效推动调水工程与生态环境研究的进步，为我国的调水工程实践提供科学的理论支持和技术指导，促进调水工程的可持续发展。

参考文献

[1] 张玲玲，陈立，郭兴芳，等．水质型缺水城市调水经济分析与饮用水安全保障［J］．给水排水，2018，54（11）：49-52.

[2] 刘莹，王冬梅，刘孝盈．等．国外调水工程对生态与环境影响的研究与对策［J］．中国水利，2008（8）：64-68.

[3] 贾绍凤，梁媛．调水工程研究评述与展望［J］．地球科学进展，2023，38（3）：221-235.

[4] 董安建．我国调水工程设计实践与创新［J］．中国水利，2010（20）：13-16.

[5] 孙金华，陈静，朱乾德．我国重大调水工程水资源调度管理现状研究［J］．人民长江，47（582）：33-37，41.

[6] 周明旭．水利工程绿色施工技术与生态环境保护［J］．人民黄河，2024（增刊1）：60-61.

[7] 关志诚，陈雷．引调水工程建设与应用技术［J］．中国水利，2010（20）：32-35.

[8] 徐鑫，倪朝辉，沈子伟，等．跨流域调水工程对水源区生态环境影响及评价指标体系研究［J］．生态经济，2018（7）：174-178.

[9] 张迪，徐薇，吴凡，等．面向产漂流性卵鱼类的三峡水库生态调度效果评价［J］．水生态学杂志，2024，45（1）：58-66.

[10] 王品文，陈晓飞，张斌，等．调水工程生态补偿的分阶段推进战略［J］．环境科学与技术，2012（7）：90-95.

[11] 鲁春霞，刘铭，曹学章，等．中国水利工程的生态效应与生态调度研究［J］．资源科学，2011，33（8）：1418-1421.

影堂闸改建中高边坡支护的概念设计与细部设计

牛万宏

（河南黄河勘测规划设计研究院有限公司，河南郑州　450003）

摘　要：影堂闸位于台前县境内黄河岸边，为恢复影堂闸设计引水能力，采用拆除重建、降低闸底板方案，因刘邓大军纪念馆与该闸紧邻，施工边坡需支护加固。本文介绍了作者在影堂闸改建中高边坡支护设计中的一些经验和体会，供同行交流借鉴。

关键词：黄河下游涵闸；施工；高边坡；支护设计

黄河下游涵闸一般地处偏僻，周边无重要建筑物，施工基坑基本上采用坡率法放坡开挖，坡率法具有挖土方便，出土快捷，施工速度快，造价较低等特点。近年来，随着黄河高质量发展，黄河文化旅游经济兴起，在一些涵闸附近修建了具有黄河文化特色的建筑物，促进了地方文旅经济发展，同时对涵闸改建基坑开挖带来了一些困难，影堂闸就是一个典型例子。

1　工程概况

影堂闸位于台前县境内，建成于 1984 年，为单孔涵洞式水闸，设计流量为 15 m^3/s。底板高程 44.12 m，单孔净宽 2.8 m，穿堤涵闸全长 80 m。涵闸工程建筑物级别为 1 级。近年来，黄河下游引黄涵闸受河床下切、河势变化、渠道淤积等因素的影响，使引水条件与设计情况相比发生了变化，特别是春灌时节，经常无法正常引水，影响了农业生产适时灌溉。2019 年 1 月，经安全鉴定为三类闸，为恢复影堂闸设计引水能力，采用拆除重建、降低闸底板方案。重建闸底板比现闸底板降低 2.02 m，建基面高程 38.80 m。

拟建影堂闸位于黄河下游濮阳左岸大堤桩号 166+340 处，影堂闸上游 U 形槽及铺盖段西南侧（上游）为 2005 年建成的刘邓大军渡黄河纪念馆，影堂闸东北侧（下游侧）为闸管所，场地开阔，如图 1 所示。

影堂闸两侧院内场地平均高程约为 52.70 m，上游 U 形槽及铺盖段底板垫层底标高为 38.80 m，自坡顶算起重开挖深度为 13.90 m。

2　场地工程地质条件简述

地勘报告[1] 表明，场地地层为第四系人工填土层（Q_4^r）和第四系全新统河流冲、洪积层（Q_4^{al+pl}）。地层自上而下分布如下：

第①层为人工填土，以粉质壤土为主，褐黄色，可塑，局部软塑，厚 3.0~7.4 m。第②层为粉质壤土层，黄灰色，可塑，夹有粉质黏土及砂壤土薄层；粉质黏土为灰色，可塑；砂壤土为灰黄色，中密。该层厚 11.3~13.1 m。第③层以粉质壤土为主，夹粉质黏土薄层。粉质壤土为黄褐色，可塑；粉质黏土为灰褐色，硬塑。层厚 3.9~6.5 m。第④层为粉质黏土层，零星含粉质壤土透镜体。粉质黏土为灰黑色-灰色，可塑-硬塑，断面可见锈斑，偶见小钙质结核；粉质壤土为灰黄色，可塑。层厚 1.3~3.5 m。第⑤层为粉砂，灰黄色-灰色，饱和，中密，未揭穿，最大揭露厚度 7.2 m。

作者简介：牛万宏（1968—），男，高级工程师，主要从事水利工程地质勘察设计工作。

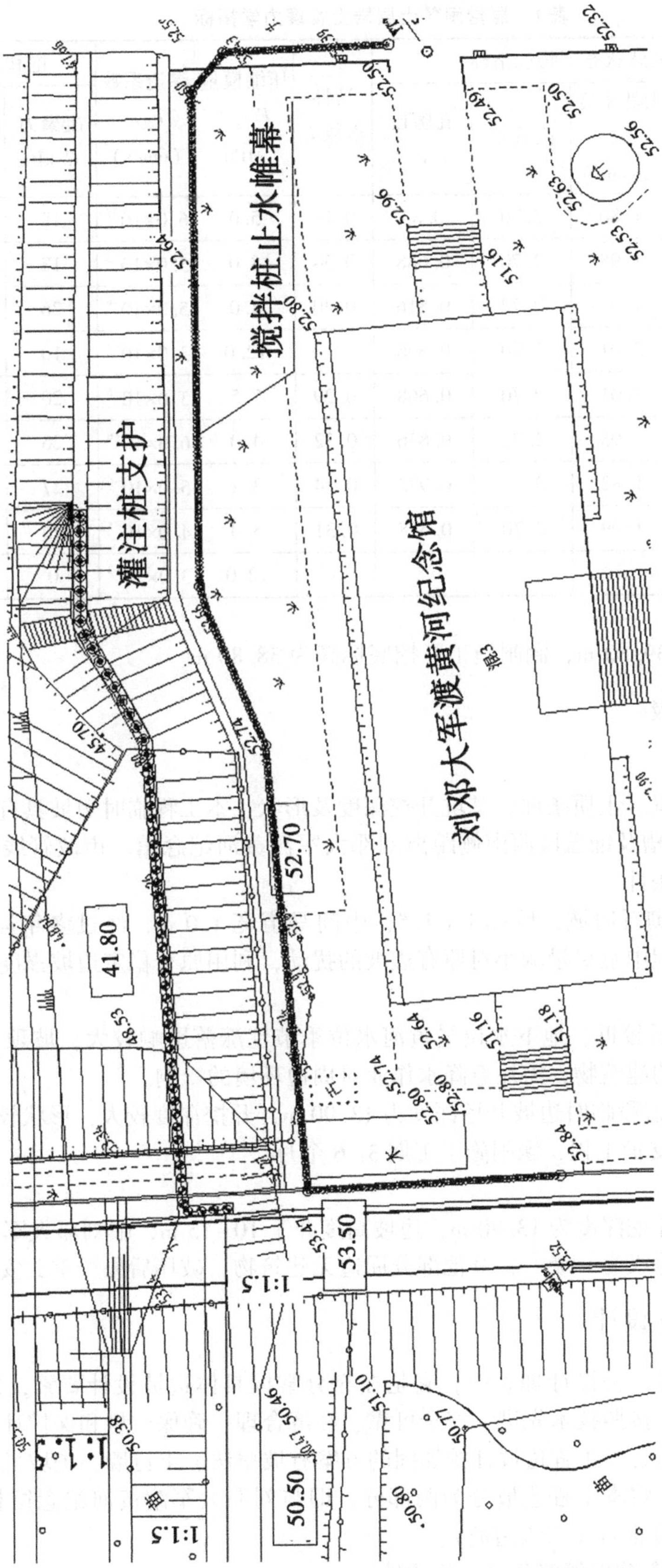

图 1 拟建影堂闸位置图

各土层岩土物理力学指标见表1。

表1　影堂闸各土层岩土物理力学指标

层号	岩性	天然状态下物性指标				液性指数 I_L	压缩模量 E_{s1-2}/MPa	渗透系数 k_{20}/(cm/s)	饱和快剪		承载力特征值/MPa
		含水率 w/%	天然密度 ρ/(g/cm^3)	比重 G_s	孔隙比 e				凝聚力 C/kPa	内摩擦角 φ/(°)	
①	堤身土	20.78	1.80	2.70	0.83	0.16	5.0	6.0×10^{-5}	18	20	
②	粉质壤土	23.6	1.98	2.70	0.688	0.34	8.0	5.0×10^{-5}	18	20	110
②-CL	粉质黏土	29.3	1.92	2.72	0.816	0.30	4.0	5.0×10^{-6}	26	10	100
②-SL	砂壤土	18.8	2.01	2.70	0.596		12.0	3.0×10^{-4}	10	24	120
③	粉质壤土	23.9	2.01	2.70	0.668	0.29	7.5	3.0×10^{-5}	20	18	120
③-CL	粉质黏土	29.9	1.93	2.72	0.836	0.22	4.0	6.0×10^{-6}	26	10	110
④	粉质黏土	32.0	1.82	2.72	0.973	0.34	3.2	5.0×10^{-6}	27	8	120
④-L	粉质壤土	23.4	1.99	2.70	0.678	0.31	5.0	4.0×10^{-5}	20	18	130
⑤	粉砂						12.0	3.0×10^{-3}	0	28	140

场地地下水位标高为39.80 m，涵闸施工开挖底标高为38.80 m。

3　边坡特点及安全等级

3.1　边坡特点

综合分析场地地理位置、土质条件、基坑开挖深度及形状，本工程临时边坡具有以下特点：

（1）本工程上游U形槽及铺盖段西南侧距离刘邓大军渡黄河纪念馆、市政管线及线杆等附属设施较近，不具备放坡施工条件。

（2）原有渠道为两级砌石边坡，坡率1∶1.5，中间马道宽1.0 m，经过多年运行已较为稳定，本次临时边坡开挖施工过程中宜尽量减小对原有边坡的扰动，利用原有稳定边坡强度，降低部分工程投资。

（3）场地距离黄河河道较近，地下水位受黄河水位季节性涨落影响较大，坡顶分布有刘邓大军渡黄河纪念馆等需要保护的建筑物，需注意降水作业对周边环境的影响。

（4）上游U形槽及铺盖段临时边坡开挖深度为13.90 m，开挖深度较大，形状较规则。

（5）本工程属临时性支护工程，涵闸施工工期3~6个月。

3.2　边坡安全等级

影堂闸自坡顶算起重开挖深度为13.90 m，边坡高度介于10~15 m，临刘邓大军渡黄河纪念馆部分破坏后果很严重，安全等级为一级[2]，其他部分周边无建筑物，破坏后果严重，安全等级为二级。

4　边坡加固方案的概念设计

边坡工程的概念设计是一种设计理念[3]，它是在充分掌握具体边坡设计要素，依据有关规程规范和类似工程的设计经验，按照技术先进、安全可靠、经济合理、确保质量和保护环境的要求，对具体边坡加固做正确选型。适合本工程边坡开挖加固的方案有坡率法、土钉墙、护坡桩等。按照边坡安全等级和周边建筑物情况，将本工程边坡分为两部分，即与刘邓大军渡黄河纪念馆相邻部分（一级边坡）和影堂闸的东面、西北面（二级边坡）。

4.1　与刘邓大军渡黄河纪念馆相邻部分（一级边坡）

根据现场踏勘情况，刘邓大军渡黄河纪念馆为三层框架结构，采用独立基础（局部为筏板基础)，深层搅拌桩地基加固处理，搅拌桩设计桩顶标高-5.20~-8.20 m（绝对标高46.60~49.60 m），桩长7~10 m，桩径0.5 m，桩间距0.9 m，在基础范围内共布置深层搅拌桩1 027根。刘邓大军渡黄河纪念馆距原有涵闸渠道边坡坡顶最大距离约12.0 m，最近距离约6.5 m，中间为绿化带和砖铺地面，绿化带中还分布有线杆、变压器及雨污水管道等附属设施，线杆及变压器距现有涵闸渠道边坡坡顶距离0.8~3.8 m；雨污水管道距离现有渠道边缘2.5~5.0 m。以上设施采用埋地铺设，埋设深度-3.00~-3.85 m（绝对标高50.95~51.80 m）。

该处边坡安全等级为一级，受空间限制，该处不具备放坡条件，不能采用坡率法放坡开挖。若充分利用现有稳定边坡强度，投资最少的是采用微型桩+锚杆的复合土钉墙支护形式，预估土钉锚杆长度为8~15 m，锚杆沿深度方向施工范围的绝对标高为48.25~52.20 m，地下水电管线正好分布在锚杆施工深度和长度范围内，施工过程中很难避开，会造成较大安全隐患；土钉锚杆也有部分伸入刘邓大军渡黄河纪念馆深层搅拌桩范围内，锚杆钻孔施工过程中可能会破坏刘邓大军渡黄河纪念馆已有深层搅拌桩，对刘邓大军渡黄河纪念馆地基造成不利影响，因此该方案不宜采用。

考虑到刘邓大军渡黄河纪念馆的重要性和绿化带中水电设施的安全，需严格控制该段坡顶变形，尽量减小临时边坡开挖施工对周边环境的不利影响，采用刚度较大的排桩支护形式较为适宜。排桩支护是采用连续的柱列式排列的桩体形成的围护结构，其对各种地质条件的适应性较好、施工简单易操作且施工设备选择多样等，在我国排桩式支护是应用较多的一种支护形式。适用于开挖深度不太深的基坑工程，当开挖深度较深时可采用与内支撑（混凝土支撑、钢支撑）结合形成桩撑式支护结构和与（预应力）锚杆结合形成桩锚式支护结构。一般在排桩挡墙顶部浇筑混凝土冠梁，使排桩连接形成整体受力。排桩支护具有刚度较大、抗弯能力强、变形相对较小，施工时无振动、噪声小，无挤土现象，对周围环境影响小等特点。

本工程原有渠道为两级砌石边坡，坡率1:1.5，中间马道宽1.0 m，经过多年运行已较为稳定，将排桩布置在现边坡中间马道上，保持上部边坡不变，可以减少桩的悬臂高度和内力，同时节约投资。

4.2 影堂闸的东面、西北面（二级边坡）

在影堂闸的东面和西北面3~5倍开挖深度范围内无重要建筑物，场地开阔，适合放坡开挖，放坡开挖方便大型挖土机械与主体结构施工，具有挖土方便、出土快捷、施工速度快、造价较低等特点。但出土量相对较大，后期回填土方量较大，适用开挖深度不大（一般不大于10 m）无止水结构时要求地下水位较低或采取降水措施，同时由于放坡占用空间较大，变形较大，适用于场地较为开阔，周围无重要建筑物，对位移控制要求不严格的临时边坡。经计算，采用1:2坡率，三级放坡，分级过渡处设置马道，马道宽度2.0 m。

5 边坡加固方案的细部设计

5.1 排桩支护设计

结合相关施工经验，初步选定混凝土灌注桩和SMW工法[4]排桩支护，进行技术经济比较。

混凝土灌注桩排桩支护构造要求[5]，桩径不宜小于600 mm，桩身混凝土强度等级宜为C30~C35；桩间净距宜大于300 mm，桩侧土体为砂性土或软黏土中应采用小间距同时应对桩间土采取钢筋网喷射混凝土等防护措施。因此，本项目混凝土灌注桩支护方案初步选定桩径为0.6 m，桩间距0.9 m，桩长20 m。灌注桩无止水功能，需在刘邓大军渡黄河纪念馆周边另做防渗帷幕。

SMW工法桩又称型钢水泥土搅拌（桩）墙，施工期间无钻孔土方外运弃土，对周边环境影响较小，能有效控制周边地面构筑物的沉降，同时该桩渗透系数较小可兼作止水帷幕使用，场地第④层粉质黏土自地面下埋深为24.2 m左右，渗透性较差且厚度较大，可作为天然隔水层。因此，SMW工法桩初步选定桩径0.85 m，桩间距0.6 m，桩体搭接0.25 m，内插H700×300×13×24型钢，桩长25 m。

坑内均采用1:1.5放坡留土，坡顶预留≥2.0 m平台方案进行验算。

对支挡结构的内力计算根据弹性地基梁法[5]，采用同济启明星软件（FRSW8.2 版）进行计算复核，计算结果见表 2。

表 2　排桩支护结构内力与稳定性计算

方案	内力计算			抗倾覆 K	整体稳定 K	坑底隆起 K	地表沉降/mm
	桩顶位移/mm	弯矩/(kN·m)	剪力/kN				
混凝土灌注桩（方案一）	2~34.9	−155.9~10.3	−44.8~59.6	1.65	1.32	2.59	18.5
SMW 工法桩（方案二）	2~27.6	−220.2~70.8	−64.1~80.8	1.59	1.31	2.31	15.0

参考《建筑基坑支护技术规程》（JGJ 120—2012）[6] 相关要求，当采用悬臂排桩支护形式时，桩顶位移应小于 0.3%H（H 为基坑开挖深度），且不得大于 40 mm，经计算本项目排桩段桩顶最大位移为 34.9 mm，SMW 工法桩桩顶位移为 27.6 mm，均满足规范要求；抗倾覆、整体稳定、坑底隆起均可满足规范相关要求。

经初步估算按方案一混凝土灌注桩支护及止水帷幕总投资约 206 万元，方案二基坑临时支护及止水帷幕总投资约 199.5 万元。考虑到施工工艺和施工经验，最终选择方案一混凝土灌注桩支护及止水帷幕方案。灌注桩轴线位于坡面中间马道处，搅拌桩连续墙（桩径 0.6 m，搭接宽度 0.2 m，桩长 25 m）位于坡顶绿化带内，形成对刘邓大军渡黄河纪念馆建筑物半包围状止水帷幕。

5.2　施工降排水

场地地下水位标高约为 39.80 m，涵闸施工开挖底标高为 38.80 m，需进行降水作业。由于表层填土结构松散，性质不均，易形成地下水流入基坑的通道。另外，坑内积水会泡软土体，危及基坑安全，应做好相应的排水措施。

5.2.1　地表排水

在围护结构顶部外侧地面设置排水沟，排水沟截面为 300 mm×300 mm，排水坡率不小于 0.5%；间隔 25 m 左右设置一集水井，集水井尺寸 1 000 mm×1 000 mm×1 000 mm，防止地表水流入坑内。

5.2.2　坑内排水

为防止基坑底部积水，基坑开挖施工期间可在坑底设置临时性的排水沟，做到有水即排，及时用水泵把坑内积水排出坑外。

5.2.3　降水措施

根据地质勘察报告提供的地层渗透性参数，参考地区施工经验，考虑到施工区距离黄河河道较近，地下水位受黄河水位涨落影响较大，在开挖坡底设置管井及轻型井点进行降水作业，降水井沿开挖范围周边布置。

5.2.4　防渗措施

排桩桩身上部范围内主要为填土，土质不均匀，且坡顶有绿化带和雨污管线分布，为防止地表水入渗，在桩间土喷射混凝土面层上间隔 2.0 m 设置 ϕ 50PVC 排水管以防边壁内积水造成侧壁水土压力增大。

5.2.5　临时边坡止水帷幕

为减少降水作业导致刘邓大军渡黄河纪念馆地下水位降低，可能引发刘邓大军渡黄河纪念馆沉降变形，结合现场实际情况在坡顶绿化带内施工搅拌桩连续墙（桩径 0.4 m，搭接宽度 0.2 m），形成对刘邓大军渡黄河纪念馆建筑物半包围状的止水帷幕。

6　小结

本工程灌注桩及止水帷幕于 2023 年 9 月初施工完成，11 月初开始基坑开挖，2024 年 1 月中旬挖到建基面，2024 年 5 月涵闸建成通水。实测桩顶位移 11. 46～37. 89 mm，平均位移 18. 27 mm。刘邓大军渡黄河纪念馆周边地面无明显裂缝和沉降，边坡支护效果良好。SMW 工法桩兼作止水帷幕，投资略小于灌注桩+止水帷幕，建筑材料更节省，无泥浆处置，绿色环保，但施工质量需要更专业的施工队伍和更丰富的施工经验才有保障，是本工程未采纳的关键。本工程边坡高度大，条件复杂，排桩设计充分利用了现有边坡特性，降低了设计难度，也减少了工程投资。

参考文献

[1] 黄河下游引黄涵闸改建工程影堂闸工程地质勘察报告（初步设计阶段）[R]. 2022.
[2] 中华人民共和国住房和城乡建设部. 建筑边坡工程技术规范：GB 50330—2013 [S]. 北京：中国建筑工业出版社，2013.
[3] 王荣彦，许录明，王江锋，等. 土质边坡工程的概念设计与细部设计 [M]. 郑州：黄河水利出版社，2020.
[4] 中华人民共和国住房和城乡建设部. 型钢水泥土搅拌墙技术规程：JGJ/T 199—2010 [S]. 北京：中国建筑工业出版社，2010.
[5] 河南省住房和城乡建设厅. 河南省基坑工程技术规范：DBJ 41/139—2014 [S]. 北京：中国建筑工业出版社，2014.
[6] 中华人民共和国住房和城乡建设部. 建筑基坑支护技术规程：JGJ 120—2012 [S]. 北京：中国建筑工业出版社，2012.

南水北调中线水源工程管理标准化体系建设

韩　勇　陈　巍

（水利部长江水利委员会河湖保护与建安中心，湖北武汉　430071）

摘　要：标准体系是管理标准化最顶层的设计，必须事前做好规划。本文根据南水北调中线水源工程管理需要，从标准化建设原则、技术路线、实施步骤、标准体系建设内容等方面规划南水北调中线水源工程管理标准化体系，形成自我驱动的体系实施、评价和改进机制，不断提升南水北调中线水源工程管理水平，切实保障工程安全、供水安全、水质安全，为国家构建新发展格局提供水源保障。

关键词：南水北调；中线水源；工程管理；标准体系

1　引言

习近平总书记在推进南水北调后续工程高质量发展座谈会上强调，南水北调工程是重大战略性基础设施，功在当代，利在千秋。要从守护生命线的政治高度，切实维护南水北调工程安全、供水安全、水质安全。当前，中国特色社会主义进入新时代，水利改革发展面临新形势、新任务、新要求，必须以习近平新时代中国特色社会主义思想为指导，立足新发展阶段，完整、准确、全面贯彻新发展理念，加快构建新发展格局，深入贯彻“节水优先、空间均衡、系统治理、两手发力”治水思路，建立工程管理标准体系，落实工程运行管理责任，保障工程安全和长效运行，推动新阶段水利高质量发展。

为贯彻习近平总书记关于南水北调工程高质量发展的指示精神，落实水利部、长江水利委员会相关要求，南水北调中线水源公司（简称公司）在南水北调中线水源工程（简称中线水源工程）全面进入运行管理的新发展阶段，通过实施工程管理标准化建设，优化管理流程、落实管理责任、全面提升工程运行管理水平，实现工程运行管理全过程标准化、规范化和信息化，确保工程安全、供水安全、水质安全，实现中线水源工程管理更加有序、效能充分发挥、公司高质量发展。

2　工程概况

南水北调中线水源工程是在丹江口水利枢纽初期工程基础上的加高改造工程，包括丹江口大坝加高工程、库区征地移民安置工程和供水调度运行管理专项3个设计单元工程。大坝加高后，枢纽的任务是以防洪、供水为主，结合发电、航运等综合利用。丹江口大坝加高工程主要建设内容包括：在初期工程的基础上对混凝土坝进行培厚加高、左岸土石坝培厚加高及延长、新建右岸土石坝和董营副坝、改扩建升船机、金结机电设备更新改造等。加高后大坝坝顶高程176.60 m，坝顶长3 442 m，库岸线长约4 601 km，正常蓄水位170 m（对应库容290.5亿m^3，库水域面积1 050 km^2），校核洪水位174.35 m，总库容339.1亿m^3。大坝加高后升船机规模300 t级，电站装机容量900 MW。大坝加高库区水位抬高至170 m后，新增淹没面积307 km^2，库区移民安置区搬迁安置人口34.9万人。供水调度运行管理专项工程主要包括水源工程管理、生产、调度用房等管理设施，通信、监控、调度等综

作者简介：韩勇（1984—），男，高级工程师，主要从事水利工程管理工作。
通信作者：陈巍（1994—），男，工程师，主要从事水利工程管理工作。

合管理信息系统等。

工程于2013年8月29日通过蓄水验收，2014年12月12日正式向北方供水。2019年12月7日，南水北调中线工程丹江口水库移民安置通过总体验收。2021年10月10日水库蓄水至170 m正常蓄水位。2021年11月18日丹江口大坝加高工程和供水调度运行管理专项工程同时通过了水利部主持的设计单元工程完工验收。至此，中线水源工程3个设计单元全部通过完工验收，工程全面转入运行管理阶段。

3 建设原则

3.1 系统集成

一方面，中线水源工程管理标准体系是多体系、多目标的标准化，在体系建设中要兼顾质量、职业健康安全、环境、信息等多个管理体系对中线水源工程运行管理的要求。另一方面，在建设中，重点关注事项，将事项中有关联的要素加以整合，突出逻辑关系，以避免要素间相互割裂，体现过程化管理的特征。

3.2 改良提升

中线水源工程管理标准化建设是在目前运行的基础上，融入质量、职业健康安全、环境体系的管理理念与方法，将安全生产和工程管理有机融合，构建实用、精炼、高效的标准体系，防止在建设过程中，标准体系文件编制过于教条而难以执行。

3.3 自上而下

经过近年来的工程运行管理，现有的管理方式、方法已经相对成熟但是不够科学规范，因此在标准体系建设过程中，既要找出过去可能疏忽的事项、要素，也要分析已纳入管理的事项、要素的合规性。为减少对现行运行体系的冲击，让标准化建设有序进行，采用自上而下的工作原则，先构架体系框架，规划构建的方式、方法，再着手进行建设；先规范水源公司本级，再渐次向末端延伸。

3.4 分步实施

中线水源工程管理标准化最核心的是水利工程管理单位安全生产标准化和水库工程管理标准化，安全生产标准化是基础性的要求，因此在一体建设一体运行的路线指导下，把实现安全生产标准化一级达标作为先期目标，最后建成全方位、全覆盖、全过程的中线水源工程管理标准体系，并在体系建设过程中适时试运行和改进。

3.5 全员参与

中线水源工程不少运行管理业务专业性强，在体系建设中必须将管理和专业技术充分融合才能构建好标准体系。尤其是在体系的第三个层次，即作业指导书层面，必须依赖公司各部门或专业技术单位基层的力量进行建设。

4 技术路线

本次标准化建设的技术线路是，以水利部《关于推进水利工程标准化管理的指导意见》为引领，吸收借鉴ISO9000系列质量管理原则，融合ISO质量、环境、职业健康安全管理体系的基本要求，对标水利工程运行标准、安全生产标准，厘清事项，规范程序，明确要求，落实责任，加强监管，构建横向到边，纵向到底，多体系、多目标一体建设一体运行的中线水源工程管理标准体系，全面推进工程运行管理规范化、标准化、信息化，为中线水源工程持续高效运行和高质量发展奠定基础。标准化建设和运行过程中，按照PDCA模式持续调整，循环改进，不断提升南水北调中线水源工程管理水平。体系模型见图1。

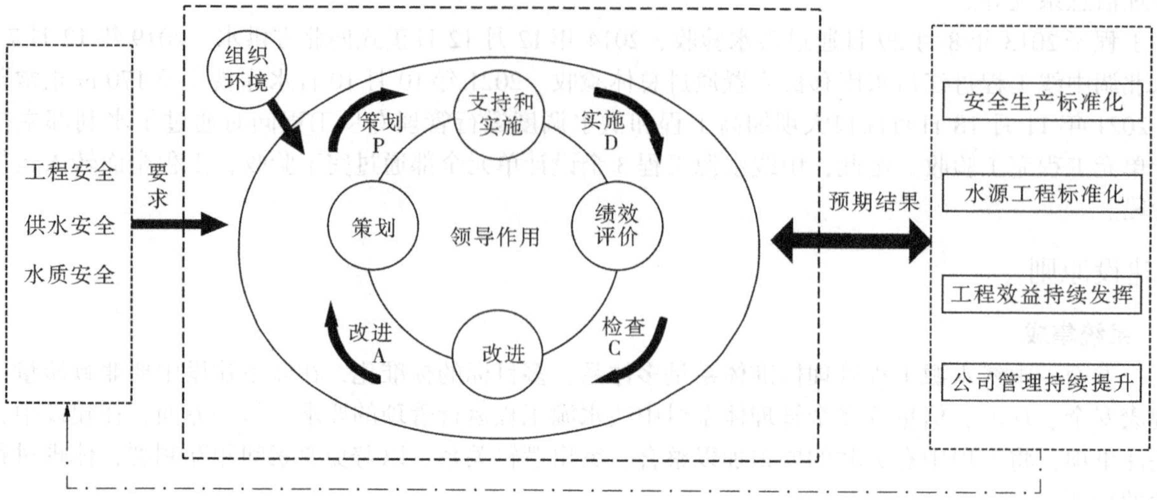

注：1. 中线水源工程管理标准体系的 PDCA 循环是指：

P—根据相关方要求及期望、外部环境及水源工程运行管理战略需要，进行标准体系的设计与构建；

D—运行中线水源工程管理标准体系；

C—根据目标及要求，对中线水源工程管理标准体系的运行情况进行检查、测量和评价，并报告结果；

A—必要时，对中线水源工程管理标准体系进行优化调整，以改进实施绩效。

2. 中线水源工程管理标准体系中各部分之间是相互关联、协调作用的关系。

3. 根据公司发展战略及相关方需求与期望构建中线水源工程管理标准体系。

图 1　中线水源工程管理标准体系模型图

5　实施步骤

中线水源工程管理标准体系的构建按照“理清管理事项、规范管理程序、明确管理要求、严格落实责任、建立激励考核、科学评价改进”六个步骤进行，即标准化建设六步法，如图 2 所示。

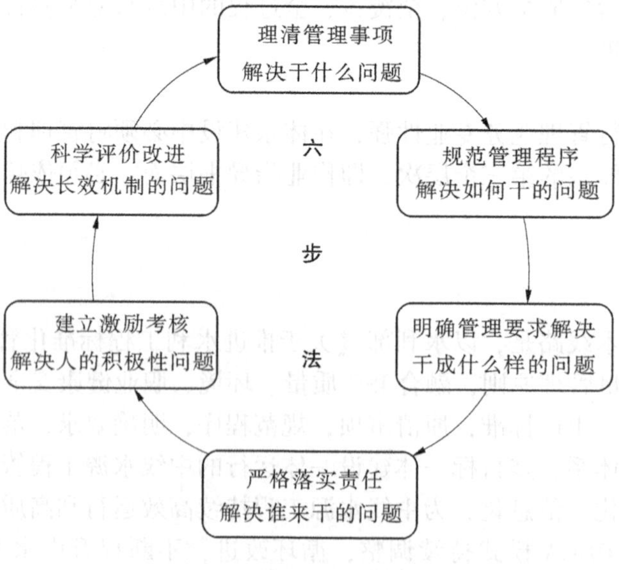

图 2　标准体系建设六步法

六步法将在部门（机构）层面、岗位（事项）层面推进标准化建设工作。

在部门（机构）层面：第一步是将中线水源公司职责任务梳理清楚，分解到部门或各二级机构；

第二步是部门（机构）事项清单化，厘清其中的工作程序和逻辑关系，厘清委托事项中甲、乙方的管理、监督、协调机制；第三步是明确事项链条中各部门（机构）的要求，主要是明确事项所要执行的技术标准或设计要求；第四步是落实部门（机构）责任，尤其是委托事项中甲、乙方的责任与义务；第五步是对各部门（机构）进行检查考核；第六步是从管理角度对前述步骤进行检视、改进提升。

6 标准体系

标准体系文件是由不同管理侧重点和管理层级的各类“固化”的标准文本组成，不同类型或层级的文件需要规范的对象、事项、程序、职责、监督考核等管理点的内涵和范围应清晰明了（分类合理、层级界面清晰、不互相穿插）。

借鉴ISO质量体系由手册、程序文件、作业文件组成的三层架构，并结合企业标准体系的要求，中线水源工程管理标准体系规划为三层架构：顶层为管理手册，中间层为两个标准（管理标准、技术标准），底层为工作标准。管理手册管总、管理标准管纵向、技术标准管横向、工作标准管节点，简称为“1-2-1”框架（或“121”框架），即管理手册—管理标准+技术标准—工作标准，见图3。

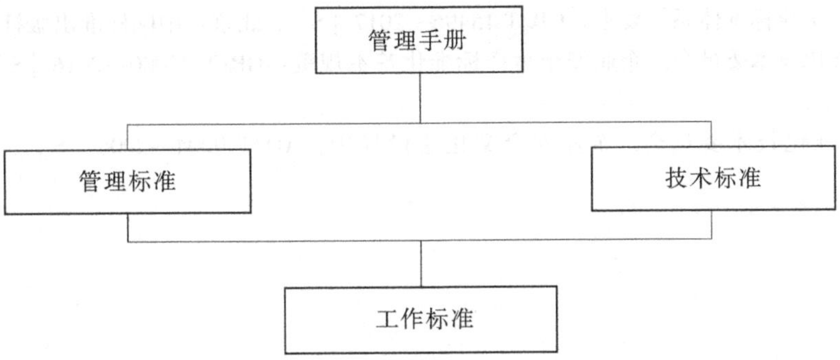

图3 标准体系“1-2-1”框架

管理手册为标准体系的纲领性文件。它主要阐述中线水源公司的宗旨、方针、理念、文化等总体性与原则性要求。包括管理理念、方针、文化、管理范围对象事务、工程管理体系架构、工作规则等全局性的文件。

管理标准主要协调管理事项，主要界定为中线水源公司各职能管理方面的标准文件，为工程管理起支持保障作用。包括经营类、财务类、人事类、综合办公类、生产运营类（技术、进度、安全、安保、职业健康、生态、环保管理）等。

技术标准主要协调技术事项，涵盖工程运行管理、供水管理、水库管理等技术工作过程和结果中遵守的技术依据与控制指标，涉及工程和水库巡查、观测、养护、修理、操作运行、水量计量、水质监测、鱼类增殖放流等。

工作标准是管理标准和技术标准的融合、细化。包括岗位标准、作业指导书、设备操作规程等。标准体系构建兼顾改良和创新。管理标准以改良为主，以中线水源公司现有办法、制度为基础构建。技术标准以现行的国家标准、行业标准为基础，针对水源工程具体情况加以转化、充实形成。工作标准是指导、规范岗位作业或事项作业的标准，标准内容涵盖工作任务、工作依据、工作要求、工作程序、工作责任分解、工作记录、工作报告等，工作标准原则上按照细化后的工作事项“一事一标准”，以便形成具体工作的“口袋本”，工作标准需要做大量的创新工作。

7 结语

中线水源工程运行管理是长期的系统性工作，相关工作影响因素多、社会关注度高，对南水北调中线工程效能发挥乃至区域国民经济和社会协调发展的影响举足轻重。持续改进中线水源工程运行管理工作是基于对管理对象、管理事项深刻认识的科学选择，符合 ISO 基本管理理念，是中线水源公司不断进步、持续提高管理水平理念的具体体现。本文通过对南水北调中线水源工程标准化体系建设规划，促进中线水源工程管理和中线水源公司高质量发展，以在构建新发展格局中发挥更大作用，为全面建设社会主义现代化国家提供有力的水源保障。

参考文献

[1] 全国质量管理和质量保证标准化技术委员会. 质量管理体系　要求：GB/T 19001—2016［S］. 北京：中国标准出版社，2016.

[2] 全国环境管理标准化技术委员会. 环境管理体系　要求及使用指南：GB/T 24001—2016［S］. 北京：中国标准出版社，2016.

[3] 中国标准化研究院. 职业健康安全管理体系　要求及使用指南：GB/T 45001—2020［S］. 北京：中国标准出版社，2020.

[4] 中华人民共和国水利部. 水利单位管理体系　要求：SL/Z 503—2016［S］. 北京：中国水利水电出版社，2016.

[5] 中国标准化协会. 企业标准体系　要求：GB/T 15496—2017［S］. 北京：中国标准出版社，2017.

[6] 全国安全生产标准化技术委员会. 企业安全生产标准化基本规范：GB/T 33000—2016［S］. 北京：中国标准出版社，2016.

[7] 全国安全生产标准化技术委员会. 企业安全文化建设导则：AQ/T 9004—2008［S］. 北京：煤炭工业出版社，2008.

兰州水源地输水隧洞工程地质问题及处理措施探讨

娄国川　张龙飞

（黄河勘测规划设计研究院有限公司，河南郑州　450003）

摘　要： 随着工程建设的不断发展，深埋长大输水隧洞工程日益增多。本文以兰州水源地建设工程为例，探讨了深埋长大输水隧洞面临的主要工程地质问题，包括围岩稳定、高地应力及岩爆、软弱围岩大变形、涌水突泥等，评价分析了这些问题对工程建设的影响。同时，结合施工过程中遇到的典型工程地质问题，总结了有效的应对措施和解决方案，阐述了在保障深埋长大隧洞工程安全中的工程地质工作的体会和建议，为未来深埋长大输水隧洞工程地质问题的分析和处理提供参考。

关键词： 输水隧洞；地质问题；处理措施

1　引言

随着加快构建国家水网建设战略的持续推进，大批引调水工程不断投入实施，深埋长大隧洞在引调水工程中逐渐成熟。由于引水隧洞的长距离、大跨度、高埋深等特殊情况，工程所处地质环境特殊复杂，高地应力、软岩变形、突水涌泥、岩爆等诸多严峻的工程地质问题不仅给工程建设带来巨大挑战，也对工程的长期安全运行构成潜在威胁。深入研究和有效解决这些工程地质问题，客观评价深埋长隧洞工程地质条件，将勘察工作贯穿于开挖施工的全过程[1]，具有至关重要的意义。

2　工程概况

2.1　工程简介

兰州水源地工程以刘家峡水库为引水水源向兰州市供水，输水隧洞全长 31.29 km，为压力引水隧洞。隧洞以双护盾 TBM 施工为主，在取水口和不良地质段辅以钻爆法。开挖洞径 5.46 m，衬砌洞径 4.6 m，Ⅱ类和Ⅲ类围岩采用管片衬砌，Ⅳ类和Ⅴ类围岩在管片衬砌内采用钢筋混凝土加强衬砌。

2.2　地质条件概述

工程区隶属于祁连山断褶带，跨越祁连山褶皱系和秦岭褶皱系两个一级大地构造单元，工程场地位于次级构造单元祁连中间隆起带部位，近场内主要断裂为第四纪早中期或前第四纪活动断裂。工程场地 50 年超越概率 10%的基岩地震动峰值加速度为 0.2g，地震动特征周期 0.45 s，相应地震基本烈度为Ⅷ度，工程场地区域构造稳定性较差。

输水隧洞依次穿越中低山、黄土塬及梁峁区，地层岩性有前震旦系马衔山群（$AnZmx^4$）黑云石英片岩、角闪片岩，奥陶系上中统雾宿山群（$O_{2-3}wx^2$）变质安山岩、玄武岩，白垩系下统河口群（K_1hk^1）砂岩、泥岩、砂砾岩，新近系上新统临夏组（N_2l^1）砂岩、砂质泥岩夹砂砾岩，侵入岩主要为加里东期花岗岩、石英闪长岩。

作者简介： 娄国川（1985—），男，高级工程师，主要从事工程地质研究及工程总承包项目管理工作。

输水隧洞横穿马衔山北缘断裂带（F_3）、西津村断层（F_4）、寺儿沟断层（F_5）、雾宿山南缘断裂（F_8）4 条断层，断层与洞线正交或者斜交，倾角较陡，主断层带一般由断层角砾岩及碎裂岩组成。F_3 断层、F_4 断层和 F_8 断层规模较大，宽度大于 30 m，断层带可能发生塌方、涌水、突泥等地质问题；寺儿沟断层（F_5）隐伏于黄土之下，断层埋深大，对线路影响较小。

前震旦系石英片岩、加里东期侵入岩和奥陶系变质安山岩以Ⅱ～Ⅲ类为主，过洮河段、白垩系砂岩、砂砾岩和砂质泥岩段以Ⅲ～Ⅳ类围岩为主，断层段为Ⅴ类围岩。其中，Ⅱ类围岩洞段累计长度 14 835 m，占 47.4%；Ⅲ类围岩洞段累计长度 9 959 m，占 31.8%；Ⅳ类围岩洞段累计长度 5 597 m，占 17.9%；Ⅴ类围岩洞段累计长度 899 m，占 2.9%[2]。

应力场是以水平构造应力为主，三向应力特征为：$\sigma_H>\sigma_h>\sigma_v$，主构造线方向 310°～340°，构造应力方向 NE40°～NE70°，与隧洞轴线方向近平行。地应力测试结果显示，侵入岩区及变质岩区水平构造应力为主应力，沉积岩区埋深 380 m 以内水平构造应力为主应力，埋深大于 380 m 则自重应力为主[3]。

3　主要工程地质问题评价

不稳定块体、塌落和冒顶、岩爆、软岩变形、高地温、突泥涌水、软岩遇水崩解和膨胀等工程地质问题在深埋输水隧洞中都有可能发生[4]，其中围岩稳定、高地应力及岩爆、涌水及软岩变形等问题更具特色。

3.1　围岩稳定问题

输水隧洞穿越的震旦系石英片岩、加里东期侵入岩以及奥陶系安山岩大部分洞段，围岩以Ⅱ类为主，整体稳定，不易产生塑性变形，受裂隙切割影响，局部形成不稳定块体，产生掉块。

隧洞穿越的白垩系大部分砂页岩及少部分震旦系石英片岩、加里东期侵入岩和奥陶系安山岩属Ⅲ类围岩，岩体较完整，部分围岩节理较发育，且多存在与洞线夹角小于 30°的节理面，受节理组合影响，局部岩块失稳，易产生掉块或小规模坍塌问题。

岩层接触带、断层带和白垩系地层以Ⅳ类或Ⅴ类围岩为主，岩体完整性差，易发生涌水塌方灾害。ST07 钻孔附近，白垩系砂岩、黏土岩胶结程度差，遇水极易崩解。

3.2　隧洞涌水问题

隧洞涌水由两部分组成，一部分为零散的线状流水、渗水，为正常涌水量；另一部分为集中涌水。评价过程中选择大气降雨入渗估算法、裘布依法对正常涌水量进行估算，采用古德曼经验公式法对 F_3、F_4 及 F_8 断层可能出现集中涌水点的最大涌水量进行估算。估算可知：正常涌水量 15 911.5 m^3/d，最大涌水量 31 823 m^3/d；F_3 断层最大集中涌水量 580 m^3/h，F_4 断层最大集中涌水量 430 m^3/h，F_8 断层最大集中涌水量 1 600 m^3/h。

3.3　软岩变形问题

输水隧洞沿线揭露的白垩系及新近系沉积岩地层以砂岩、黏土岩和砂砾岩为主，单轴饱和抗压强度一般小于 15 MPa，为软岩。为了评价软岩变形的影响，按照弹塑性理论，假设隧洞位于一个原位应力场，不考虑任何支护措施及开挖扰动，对总径向位移进行计算。根据地应力测试成果，在构造应力较弱的洞段，以岩体自重应力作为计算围岩变形的原位应力，在断层、褶皱发育、构造应力较强洞段，以垂直洞线的水平切向构造应力作为原位应力，由计算可知：T12+140 断面（沉积岩与侵入岩交界带附近），最大径向位移为 27.7 mm，变形比 1.11%；T16+400 断面（F_8 断层附近），最大径向位移为 34.2 mm，变形比 1.37%；T24+690 断面（F_3 断层附近），最大径向位移 21.0 mm，变形比为 0.84%。可知：接触带和断层带在较高地应力作用下，均产生一定的塑性变形，若不及时支护，可能产生挤压变形，给隧洞施工安全带来较大影响。

3.4 高地应力和岩爆问题

本工程输水隧洞埋深 50~925 m，其中多属深埋隧洞，工程区构造应力较大，具备产生岩爆的应力条件。勘察期间分别在加里东期侵入岩、奥陶系变质岩和白垩系沉积岩三种地层选取典型断面进行水压致裂试验。结果显示：侵入岩区 500 m 深处最大水平主应力、最小水平主应力分别为 28 MPa、20.23 MPa；沉积岩区 500 m 深处最大水平主应力、最小水平主应力分别为 11.77 MPa、9.17 MPa；变质岩区 950 m 深处最大水平主应力、最小水平主应力分别为 30.09 MPa、25.47 MPa。工程区岩石种类繁多，从各类岩石的基本特点看，石英片岩、石英闪长岩、花岗岩、变质安山岩、硅质岩等岩质硬脆，岩体总体较完整，围岩应力不易释放，发生岩爆的可能性较大，对可能发生岩爆的洞段进行分级评价可知：输水隧洞岩爆等级一般为无岩爆或轻微岩爆；桩号 T9+070~T9+604、T13+667~T13+774 及 T17+030~T26+057 洞段，属于埋深超过 400 m 的岩体完整的干燥Ⅱ类围岩段，可能出现中等岩爆。

4 施工期主要地质问题及处理措施

4.1 破碎带对 TBM 施工的影响

2017 年 3 月 23 日凌晨 TBM1 掘进至桩号 T9+199.5 时掘进异常，刀盘推力由 6 000 kN 增至 9 000 kN，刀盘贯入度由 6 mm/r 降到 0 mm/r，掘进速度降为 0 m/min，刀盘扭矩由 300 kN/m 降为 100 kN/m。对掌子面、前盾上方的围岩检查发现掌子面前方无塌方，11~2 点方向花岗岩岩体挤压前盾和伸缩盾，使 TBM 主推进系统无法提供足够的推力进行掘进，造成 TBM 卡机[5]。之后将内伸缩盾拉开 20 cm 发现：该部位花岗岩节理发育，多泥质充填，蚀变严重，多发育 1~2 cm 宽泥质条带，手掰易碎，围岩整体呈碎裂-镶嵌结构，渗水—滴水，为花岗岩岩体破碎带。

根据地质情况，采用人工开挖挤压部位围岩，从而解除围岩对护盾压力的方法进行处理。首先，后退支撑盾，将内伸缩盾与后护盾拉开 550 mm 间隙；其次，在护盾顶部向掌子面方向开挖中导洞，直至刀盘，中导洞完成后进行右导洞开挖，为保证施工安全，在洞壁和顶拱采用方木进行支护；最后，导洞开挖完成后检查导洞周边围岩与护盾的接触情况，待围岩与护盾脱离接触后进行设备检查，并启动 TBM 恢复掘进。本次脱困导致 TBM 停机 13.5 d，其中导洞开挖和围岩清理历时 8.5 d。

4.2 软岩变形对 TBM 施工的影响

2017 年 12 月 30 日 TBM1 掘进至桩号 T14+652 时推力由 11 000 kN 增加至 16 000 kN，贯入度由 4~5 mm/r 减少到 1~2 mm/r，继续增加推力至 23 000 kN 时，贯入度为 2 mm/r。之后采用高压脱困模式掘进，脱困压力增加至 400 bar（$1\ \text{bar} = 10^5\ \text{Pa}$），仍然无法脱困，TBM 被卡。之后打开伸缩盾观察，该段地层为白垩系下统砂岩、砂砾岩互层岩石，岩石强度小于 30 MPa，软岩发生径向变形，挤压盾体导致 TBM 卡机[6]。

尝试脱困过程中，通过主推油缸将支撑盾和后配套整体后移 10~20 cm，初步确定 TBM 主机仅有前盾和伸缩外盾被卡，刀盘可正常转动，支撑盾可前后移动。因此，采用“TBM 设备本身脱困技术+人工辅助”的方式进行脱困。即首先在伸缩外盾和前盾 10~12 点方向向前开挖至刀盘前段掌子面，随后向左侧扩挖至腰线以下；其次采用双护盾模式进行脱困，推力达到 18 500 kN 时前盾脱困成功；最后采用单护盾模式脱困，辅推推力由 23 000 kN 降至 10 000 kN 时 TBM 所有盾体可以正常收缩，TBM 正常掘进。本次脱困前后共历时 13 d。

4.3 涌水对 TBM 施工的影响

2017 年 9 月 13 日，TBM2 掘进至桩号 T19+747 时，皮带机故障，经 1.5 h 抢修后掘进时发现刀盘无法正常转动，且不能后退，经过对刀盘内岩渣清理，9 月 19 日下午成功启动并掘进，9 月 20 日凌晨共掘进 1.2 m，出渣量是正常出渣量的 16 倍，TBM 遭遇破碎岩体，掌子面突泥涌水严重，TBM 被迫停机。通过 TBM 的观察窗观察发现，该段地层为奥陶系上中统变质安山岩，节理发育，呈碎裂结构，临近掌子面位置时有掉块发生，围岩稳定性差。经超前地质预报探测，掌子面已进入破碎带 3~4 m，掌子面顶部已形成塌腔，掌子面前方 30 m 范围内岩体破碎严重且地下水丰富，测算涌水量 1 100~1 200 m^3/d，即 45~40 m^3/h[7-8]。

根据地质条件和 TBM 设备性能，选用了“灌浆加固—掘进—灌浆加固—掘进”往复循环加固掘进的方式进行处理，由于岩体水压力局部达到 0.3 MPa，灌进去的浆液未凝固就被水流带出，最终选取了“化灌止浆墙+超前注浆”的加固方案。即首先通过刀盘内刀孔，利用手风钻钻孔进行化学灌浆，在刀盘前方 3~5 m 形成止浆墙；其次通过支撑盾预留孔位，利用 TBM 设备自带的超前钻机造孔，采用化学灌浆和水泥灌浆相结合的方式加固破碎岩体；最后进行掘进。2017 年 12 月 10 日 TBM 成功启动刀盘，出渣量及掘进参数正常，12 月 13 日，TBM2 成功通过破碎带，本次卡机处理历时 89 d。

4.4 穿洮河段涌水灾害的处理

穿洮河段桩号为 T4+310~T4+510，河道宽度约 200 m，河水深度 0~10 m，隧洞埋深 127 ~220 m。隧洞围岩为强-弱风化加里东期石英闪长岩，零星夹石英岩脉，覆盖层厚度 5~90 m 不等，钻孔及物探资料揭示河床从左岸到右岸基岩面逐渐下降。表层岩体风化卸荷较严重，岩体较破碎，隧洞埋深较浅，围岩以Ⅳ类为主，开挖易发生大规模的塌方及突水。

为了避免施工过程中发生突发涌水事故，采用了“先探、再堵、后支、最后开挖”的施工方法。首先，利用探地雷达和瞬变电磁仪进行超前地质预报，探明掌子面前方异常区域，同时结合地勘资料进行初步判定；其次，利用超前探孔、掌子面爆破孔、超前锚杆孔等探测前方地下水状况，发现异常涌水，立即灌浆堵水，“堵排”结合，以“超前灌浆堵水、固结为主，排水为辅”的原则控制涌水；最后，根据已揭露掌子面围岩情况，有针对性地采用钢拱架、超前锚杆、超前小导管、管棚等措施配合挂网进行锚喷支护；隧洞爆破采用光面爆破，采用“小药量短进尺”的方式开挖，减小爆破施工对围岩的扰动，及时进行喷锚支护。

5 结语

受自然环境、交通条件、勘察测试手段局限性、工程地质问题复杂及勘察工期和经费影响，目前对深埋长输水隧洞的工程地质勘察还存在较多困难。勘察阶段应充分利用卫星遥感、地球物理勘探、深钻孔、长探洞、原位测试等多种手段综合开展勘察工作，并结合丰富的工程经验综合判断隧洞的工程地质问题，切勿以“一孔之见”覆盖全线。

随着长距离引调水工程的不断实施和 TBM 技术的高速发展，TBM 施工是深埋长输水隧洞发展的趋势，TBM 的可掘进性和 TBM 施工过程中的风险分析对勘察成果的准确性要求更高。

扎实做好施工期间的地质工作，及时分析掌子面揭露的地质信息，进一步判断施工可能出现的地质问题，加强与设计沟通，做好动态设计，及时调整支护参数和处理措施，保障施工安全。

高度重视超前地质预报，考虑长、短距离预报的需求，结合超前预报重点、施工方法以及 TBM 设备自身条件，合理选择预报方法，为设计施工做好技术支撑。

参考文献

[1] 张小宝，司福安．深埋水工长隧洞主要工程地质问题与勘察经验［J］．水利规划与设计，2021（12）：55-59.

[2] 黄河勘测规划设计研究院有限公司．兰州水源地建设工程初步设计报告［R］．郑州：黄河勘测规划设计研究院有限公司，2015.

[3] 杨风威，房敬年，杨继华，等．兰州水源地工程超长输水隧洞初始地应力反演研究［J］．水电能源科学，2018（8）：94-97.

[4] 黄润秋，王贤能．深埋隧道工程主要灾害地质问题分析［J］．水文地质工程地质，1998（4）：21-24.
[5] 房敬年，苗栋，房后国，等．破碎围岩中输水隧洞双护盾 TBM 卡机分析及其脱困措施［J］．水电能源科学，2017（10）：171-173.
[6] 姜桥，高海杰．兰州水源地双护盾 TBM 应对不良地质技术［J］．工程机械与维修，2018（4）：131-133.
[7] 王永，韩晓亮，陈桂萍．国产首台双护盾 TBM 脱困施工技术［J］．西北水电，2020（5）：73-76.
[8] 王耀，张高．兰州市水源地建设工程输水隧洞双护盾 TBM 破碎带受阻处理经验［J］. 水利建设与管理，2018（7）：10-13.

南水北调中线受水区特大城市应急供水规模研究

张　娜[1]　万　蕙[1,2,3]　冯志勇[1,2,3]　曹正浩[1,2,3]　王　磊[1,2,3]　刘少华[1,2,3]

（1. 长江勘测规划设计研究有限责任公司，湖北武汉　430010；
2. 长江设计集团有限公司水利部长江治理与保护重点实验室，湖北武汉　430010；
3. 水资源工程与调度全国重点实验室，湖北武汉　430010）

摘　要： 郑州市是南水北调中线受水区的特大城市，中线一期工程自2014年通水后，为郑州市带来了显著的经济效益、社会效益和生态效益，提高了城市的水资源承载能力，提高了城市建设水平，促进了城市经济发展，形成了新的发展动力，郑州逐步形成了以中线工程为主力支撑的城市供水体系。本文识别了中线总干渠4类突发风险事件，分析确定了相应风险等级以及突发事件停水处理时长，并以郑州都市核心发展区为研究范围，分别提出因中线总干渠突发事件中断供水情况下郑州主城区、航空港区、上街区的应急供水标准与规模，其中应急标准分别为134万t/d、29万t/d、3万t/d，相应应急供水规模分别为5 152万 m^3、1 064万 m^3、113万 m^3。

关键词： 南水北调；突发事件；特大城市；应急供水标准；应急供水规模

1　引言

城市的供水安全是城市统筹安全与发展的重要环节之一。随着城镇化推进、人口集聚和经济发展，多种因素相互叠加增加了城市的供水风险，而在常规供水以外应对各类风险的非常供水能力是城市治理能力现代化的重要指标，尤其是应对非常供水中突发水安全事件的能力[1-3]。建立与人民美好生活向往需求相适应、与城市发展规模相协调、与经济布局相匹配的应急供水体系既是韧性城市建设的现实需要，也是城市高质量发展的战略需要。

郑州市是目前南水北调中线工程受水区唯一的特大城市，也是我国九大国家中心城市之一，是河南省政治、经济、文化、金融和科教中心，正处在加快国家中心城市现代化建设、推进黄河流域生态保护和高质量发展重大国家战略实施的关键阶段[4]。2022年郑州全域常住人口总数为1 282. 8万人，其中主城区常住人口约为691万人，航空港区70. 8万人，上街区20. 1万人，上述区域共同构成郑州都市核心发展区，人口总数约达到782万人，是郑州市人口密度最大的区域。但是，郑州市本地水资源缺乏，人均水资源占有量仅104 m^3，为全国平均水平的5%，不足黄河流域平均值的1/5、淮河流域的1/4，约为河南省平均值的1/4[5-7]，人均水资源量远低于国际上公认的下限，属重度缺水地区。

2014年南水北调中线一期工程通水后，为郑州市带来了显著的经济效益、社会效益和生态效益，提高了城市的水资源承载能力，提高了城市建设水平，促进了城市经济发展，不断吸引人口转移，形成了新的发展动力。郑州市的供水格局也发生了重大变化，由原来的地下供水主导变成了地表供水主导，地表水又以外调水供水为主。但是，随着郑州国家中心城市建设加快推进，城市供水水源不足的

基金项目： 长江黄河等重点流域水资源与水环境综合治理专项“南方流域片水资源系统配置与外调水潜力”（2021YFC3200202）；国家自然科学基金重大项目课题“水网系统数字孪生及场景推演技术与平台”（52394235）；长江勘测规划设计研究有限责任公司自主创新项目（CX2021Z10-2）。

作者简介： 张娜（1983—），女，高级工程师，主要从事南水北调等引调水工程规划设计工作。
通信作者： 万蕙（1990—），女，高级工程师，主要从事水利工程规划与设计工作。

问题依然突出，调蓄能力和应急供水体系建设仍存在短板，供水安全面临挑战。

本文在识别中线一期工程总干渠风险事件的基础上，以郑州都市核心区为研究范围，分别提出郑州市主城区、航空港区、上街片区应急供水标准、供水规模及应急供水缺口，为郑州市乃至中线受水区特大城市应急供水研究提供参考。

2 突发供水风险分析

2.1 郑州市城市供水体系

中线一期工程总干渠全长 1 432 km，河南省境内长 731 km，途径郑州市新郑市、航空港区、中牟县、管城区、二七区、中原区、高新区、荥阳市等，郑州市境内全长 129 km，共设有 7 处分水口门，向主城区及各县（市、区）10 座水厂供水，同时兼顾向尖岗、常庄、望京楼、老观寨等水库充库调蓄，中线受水水厂总设计供水规模 175.5 万 t/d。其中，李垌分水口门向新郑市区供水，向望京楼水库和老观寨水库充库；小河刘分水口门向中牟县城和航空港区供水；刘湾分水口门向郑州市南部供水，向刘湾水库充库；密垌口门向尖岗水库充库，同时为了联合调度尖岗水库的水量，尖岗水库分别向常庄水库和刘湾水厂供水；中原西路分水口门分别向郑州市中西部和北部供水，同时向常庄水库充库；前蒋寨分水口门向荥阳市供水；上街分水口门向上街区供水，见图 1[8-9]。尖岗水库为中型水库，兴利库容 5 041 万 m^3，常庄水库也为中型水库，兴利库容 864 万 m^3。

据统计，郑州市 2020 现状年都市核心区城市用水量 8 亿 m^3，含城市生活、工业和环境卫生等用水，不包含农业和河湖生态补水。中线北调水与引黄水、地下水共同满足上述用水量，其中北调水供水量达 4.4 亿 m^3，占总供水量的比例超过 50%[10]。经预测，2035 年都市核心发展区城市需水将达到 12.9 亿 m^3，由于当地水缺乏，引黄水指标有限，届时中线北调水供水量需要提高至 60%以上才能满足区域发展需求[11]。郑州市尤其是郑州都市核心发展区逐步形成了以中线工程为主力支撑的城市供水体系。

2.2 中线一期总干渠突发事件识别

在城市应急供水规模研究中，需对城市常规供水体系的突发供水风险进行分析识别，确定主力水源的主要突发风险事件并预测处理各类风险事件的时长，从而推求应急供水规模。因此，本次针对郑州市主要研究中线一期工程总干渠突发事件及处理突发事件停水期间的应急供水时长。

中线一期总干渠自通水以来，工程运行总体安全平稳，水质稳定达标。工程供水虽未大面积中断，但也发生了局部输水渠道边坡和衬砌板不同程度损坏、箱涵内附较厚藻贝类影响过流能力等需要进行检修处理等问题；与此同时，也存在总干渠左岸受交叉河流洪水影响等突发事故风险问题。由于中线工程单线输水，总干渠任何一段一旦出现突发事件中断输水时，均会影响下游受水区正常供水。

2.2.1 突发事件

总干渠突发风险事件主要包括水质污染、渠道及建筑物结构破坏、设备故障和社会安全等 4 类[12]。

2.2.1.1 水质污染事件

水质安全是工程输水的前提，一旦发生水体污染事件，水质无法满足中线工程沿线用户用水需求，严重污染水体应做弃水处理。而中线工程沿线周边的化工厂和交通桥梁都是潜在的水质安全隐患，突发水质安全事件主要分为以下几种情况：

（1）总干渠沿线周边化工厂爆炸或渗漏引起的渠道水质污染事件；

（2）总干渠沿线交通桥上装载有毒有害物的车辆坠渠诱发的水质污染；

（3）人为恶意投毒事件。

2.2.1.2 渠道及建筑物结构破坏事件

（1）边坡失稳或泥石流引发的渠道淤堵（毁）破坏。

渠道边坡失稳是比较严重的工程地质灾害，渠坡的稳定性主要取决于地质构造及渠坡土（岩）层的性状，由黏性土、岩石组成的渠坡稳定性好，但由膨胀土、湿陷性黄土状土、软黏土等特殊土组

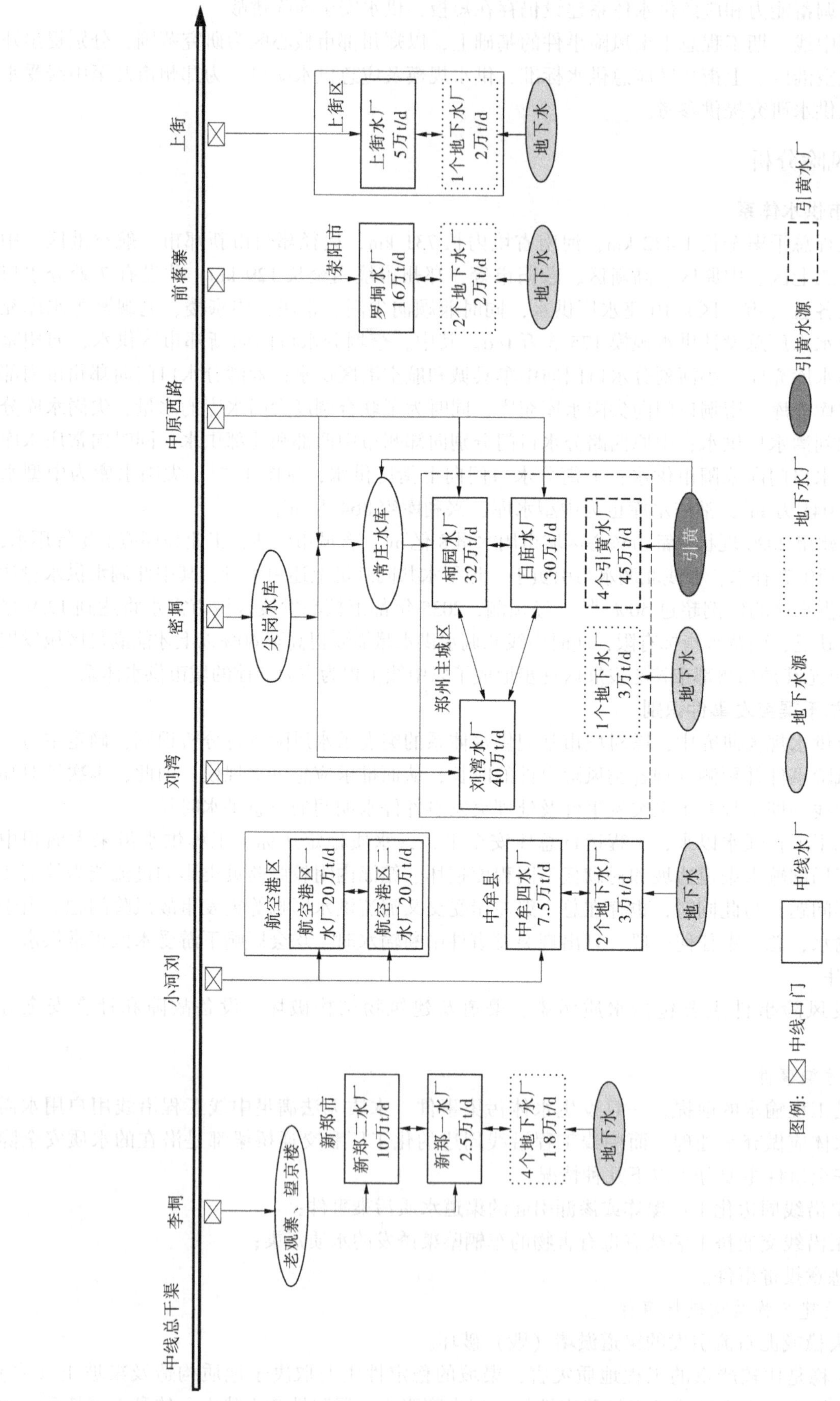

图1 郑州市南水北调中线供水网络示意图

成的渠坡稳定性较差。此外，深挖方渠段形成的高边坡也容易诱发边坡失稳破坏。

（2）渠道管涌和溃堤决口破坏。

管涌和溃堤决口破坏主要发生在高填方渠段，总干渠高填方渠段（填方高度 8 m）共有 48 段，累计长约 53.3 km，主要分布于河床漫滩、Ⅰ级阶地及古河道，地基土体主要由黏性土、黄土状土、沙性土组成，局部地段可能存在软土。

（3）渠道漫溢事件。

渠道漫溢一般发生在挖方渠段和渡槽渠段，闸门控制操作不当和渠道淤堵等突发事件均可能引起渠道漫溢。

此外，总干渠沿线穿越众多河流，布设河渠交叉和左岸排水等建筑物共 633 座。汛期暴雨可能引发河流洪水翻越总干渠或将左岸排水建筑物管涵冲垮。同时，对于渠道倒虹吸工程，如果其上河流冲刷深度超标，也可能引起渠道倒虹吸顶板裸露，进而发生冲毁破坏。在 2021 年郑州“7·20”特大暴雨灾害事件中，郑州市贾鲁河、双洎河、颍河等主要河流均出现超保证水位大洪水，过程洪量均超过历史实测最大值，郑州全市 124 条大小河流共发生险情 418 处，143 座水库中有常庄、郭家嘴等 84 座出现不同程度险情，威胁下游郑州市区以及京广铁路干线、南水北调中线工程等重大基础设施安全[13]，例如：导致向荥阳供水的 24 号前蒋寨分水口门泵站被淹，造成荥阳市全城停水 3 d。

2.2.1.3　设备故障事件

总干渠参与运行调度的控制设施（设备）主要包括 63 座节制闸、55 座退水闸、81 座分水闸和 1 座泵站，涉及 4 个省（直辖市），沿线闸站管理人员众多，设备故障出现概率较大。这些控制设施（设备）是确保总干渠正常运行的神经网络，一旦发生故障，将造成输水调度一定程度的失控，进而引发渠道水位急剧壅高（或降低），不利于渠道安全和正常运行控制。设备故障主要有以下几种情况：

（1）无法正常供电；

（2）电气设备故障或爆炸破坏；

（3）雷击导致带电设备失灵；

（4）金属结构设备故障；

（5）人为盗抢工程电缆等设施。

2.2.1.4　社会安全事件

（1）恐怖袭击；

（2）水事纠纷和群体上访事件；

（3）交通桥梁及沿线明渠坠车落人落物事件。

2.2.2　突发事件处理时长

中线一期工程总干渠突发事件中断供水存在事件地点和恢复供水时间不确定性，各类突发事件的处理一般可分为退水、事故处理和渠道充水三项工作内容。经分析，总干渠水质污染类事件处理需要 38~90 d，结构破坏类事件总处理时长需要 53~112 d，社会安全类事件处理需要 28~45 d，设备故障类事件处理需要 10~15 d[11]。

郑州市城市以南水北调中线为主力水源，当中线总干渠因突发事件停止供水，将对郑州市产生较大影响。为了研究郑州应急供水规模，根据突发事件的性质、严重程度、可控性、影响范围和持续时间等因素，结合突发事件处理时长对突发事件进行分级，因结构破坏突发事件中断供水时间长、影响大，本次研究认为属于Ⅰ级突发事件（特别重大事件）、处理时长按照 100 d 考虑；水质污染类事件中断供水处理事件较结构破坏稍轻，认为属于Ⅱ级事件（重大事件），处理时长按照 90 d 考虑；社会安全类事件认为是Ⅲ级事件（较大事件），处理时长按照 45 d 考虑；设备故障类事件属于Ⅳ级事件（一般事件），处理时长按 15 d 考虑。

3 应急供水规模分析

3.1 应急供水任务和次序

根据《室外给水设计标准》（GB 50013—2018），应急供水是指当城市发生突发性事件，原有给水系统无法满足城市正常用水需求，需要采取适当减量、减压、间歇供水或使用应急水源和备用水源的供水方式[14]。

应急情况下的供水任务、供水标准都与常规供水情况有所不同。根据《室外给水设计标准》（GB 50013—2018），对于水资源贫乏的城市，应急水源的建设可只考虑基本的生活用水和生产用水需要，风险期日需水量可根据城市的实际情况和用水特征，可按平时日需水量的一定比例进行压缩。应急供水时，应按先生活、后生产、再生态的顺序，降低供应[14]。因此，在应急情况下，供水任务和次序依次应为：居民生活用水、重要生命线工程（医院、电力、消防、通信）及保障居民最基本生活用水制水和供水及食品制造用水、重点工业用水和其他用水，根据突发事件等级不同，可考虑对上述供水任务再做取舍安排[15]。

3.2 应急供水标准

3.2.1 城市居民生活及公共设施用水

根据《城市给水工程规划规范》（GB 50282—2016），应急供水量应首先满足城市居民基本生活用水要求。居民家庭日常生活用水主要分为饮用、厨用、冲厕、淋浴、洗衣、卫生、浇花等几类。城市应急供水期间，居民生活用水指标不宜低于 80 L/(人·d)，并应根据城市性质及特点，确定工业用水及其他用水的压缩量。极端情况下，保障居民基本生命用水，包括饮用和厨用，则压缩后为 20~25 L/(人·d)[15]。

居民家庭生活人均日用水量调查统计见表 1。

表 1 居民家庭生活人均日用水量调查统计

分类	拘谨型/[L/(人·d)]	占比/%	节约型/[L/(人·d)]	占比/%	一般型/[L/(人·d)]	占比/%
饮用	1.8	2.1	2	1.8	3	2.2
厨用	21.38	24.8	25	23	29.6	21.5
冲厕	30	34.8	35	32.1	40	29.1
淋浴	21.8	25.3	32.4	29.7	39.6	28.8
洗衣	7.23	8.4	8.55	7.8	9.32	6.8
卫生	2	2.3	3	2.8	8	5.8
浇花	2	2.3	3	2.8	8	5.8
合计	86.21	100	108.95	100	137.52	100

对于郑州市都市核心区，在中线总干渠因突发事件中断供水的应急情况下，针对Ⅰ级突发事件（特别重大事件）、Ⅱ级事件（重大事件）、Ⅲ级事件（较大事件）、Ⅳ级事件（一般事件）居民生活应急供水量，分别按照 25 L/(人·d)、35 L/(人·d)、50 L/(人·d)、80 L/(人·d) 考虑。同时按照一定比例考虑最基本的公共用水。

3.2.2 工业用水指标

根据《城市给水工程规划规范》（GB 50282—2016），应急供水情况下，工业用水量的压缩比例对于城市应急供水规模起到至关重要的作用，尤其对于重工业城市，在保障城市支柱产业的前提下，应根据城市各行各业用水的特点，合理选择不同压缩比例。而对于工业用水量所占比例较小的城市，应根据各工业企业的重要性确定其压缩比例。首先，压缩不影响居民生活的工业（如一般加工制造业），压缩比例最高可达 100%；其次，压缩依赖城市供水的工业企业（如钢铁、冶金等），压缩比例可根据城市情况确定；最后，压缩影响居民生活的粮食、蔬菜和副食品生产用水，压缩比例根据城市具体情况确定。重要生命线工程（医院、电力、消防、通信等）尽量不压缩[3,15]。

根据预测，郑州市 2035 规划水平年前 5 名重点产业分别为非金属矿业制造，计算机、通信和其他电子设备制造业，电力、热力生产和供应业，有色金属冶炼和压延加工业，汽车制造业[16]。根据河南省 2020 年全省规模以上工业企业水消费情况统计，2020 年用水量达到 4 000 万 m^3 以上的行业主要集中在电力、化工、煤炭、水生产供应、有色金属、黑色金属、非金属、造纸和农副食品加工等 9 个行业，其中河南省与民生密切相关的电力及热力生产和供应、水的生产和用水量约占河南省 2020 年工业总用水量的 15%左右，本次研究应急情况下，按照郑州市作为国家中心城市人口进一步集聚、基础设施进一步强化，其重要生命线工程应急供水量占工业总需水量的比例进一步放大，按 15%~20%考虑。

3.2.3 其他用水

应急供水期间，不进行道路和绿地浇洒活动，规划水平年管网漏失水量及其他损失按居民生活用水和重点工业用水总和的 8%计，水厂自用水量按 5%考虑。

3.3 应急供水规模

3.3.1 计算方法

应急供水规模应按照式（1）、式（2）计算：

$$W = Q/1\,000 \times t \times P \tag{1}$$

$$Q = Q_1 + Q_2 + Q_3 \tag{2}$$

式中：W 为应急供水规模；Q 为应急供水标准，L/(人・d)；Q_1 为居民生活应急供水标准，L/(人・d)；Q_2 为城镇公共应急供水标准，L/(人・d)；Q_3 为工业应急供水标准，L/(人・d)；P 为人口规模，万人；t 为应急供水时长，d。

经预测，郑州市 2035 年主城区常住人口将达到 909 万人，航空港区常住人口将达到 207 万人，上街区常住人口将达到 26 万人[11]。三大片区应急供水标准和供水规模见表 2~表 4。

表 2 主城片区应急供水标准

突发事件等级	城市应急供水标准/［L/(人・d)］				日应急供水量/（万 t/d）	应急供水时长/d	应急供水量/万 m^3
	居民生活	公共用水	工业	总应急标准			
一般	80	40	11	148	134	15	2 015
较大	50	25	11	97	88	45	3 963
重大	30	15	11	63	57	90	5 152
特别重大	20	10	11	46	42	100	4 183

表 3 航空港区应急供水标准

突发事件等级	城市应急供水标准/［L/(人・d)］				日应急供水量/（万 t/d）	应急供水时长/d	应急供水量/万 m^3
	居民生活	公共用水	工业	总应急标准			
一般	80	40	6	142	29	15	441
较大	50	25	6	91	19	45	848
重大	30	15	6	57	12	90	1 064
特别重大	20	10	6	40	8	100	831

表 4 上街区应急供水标准

突发事件等级	城市应急供水标准/［L/（人·d）］				日应急供水量/（万 t/d）	应急供水时长/d	应急供水量/万 m^3
	居民生活	公共用水	工业	总应急标准			
一般	80	20	1	114	3	15	45
较大	50	15	1	74	1.9	45	87
重大	30	12	1	48	1.3	90	113
特别重大	20	8	1	32	0.8	100	85

3.3.2 推荐应急规模

从表 2~表 4 可以看出，应急供水标准是随着突发事件等级增加而降低的，这是因为，风险等级越高，影响越大，供水标准越低，从而有利于保障应急期间的供水；风险等级越低，突发事件影响相对较小，供水标准可适度降低。总应急供水量规模则取决于应急供水标准、应急供水时长以及人口规模。推荐按照日应急供水对郑州市都市核心区进行应急工程规划，即当中线总干渠中断供水情况下，主城区按照应急标准 134 万 t/d、航空港区按照 29 万 t/d、上街区按照 3 万 t/d 布局应急供水能力，应急工程分别按照 5 152 万 m^3、1 064 万 m^3、113 万 m^3 应急规模进行布局。

3.4 应急供水缺口分析

郑州主城区现有 8 座生活供水水厂，其中柿园、白庙、刘湾 3 座为中线工程受水水厂，总设计规模为 102 万 t/d，石佛、侯寨、桥南、梧桐 4 座为引黄受水水厂，总供水规模为 45 万 t/d，1 个地下水厂供水规模为 3 万 t/d。尽管上述 8 座水厂总规模已经超过了应急供水规模 134 万 t/d，引黄水源可以通过邙山提灌站通过生态水系输水工程常庄水库，与尖岗、长庄两座中型水库共同保障 3 座北调水水厂覆盖范围内应急供水，水量上也基本可以满足应急供水需求，但是 4 座引黄水厂目前尚未配备应急水源，一旦引黄水源因突发事件中断，相关区域将面临供水安全风险。因此，需要进一步完善上述 4 座引黄受水水厂的多水源保障体系和应急供水，进一步提升供水保障能力。

航空港区目前无应急水源，需新增引黄供水工程或新增调蓄工程以满足 29 万 t/d 应急供水标准和 1 064 万 m^3 的应急供水规模。

上街区现有 1 个地下水厂供水规模 3 万 t/d，基本可满足上街区应急供水需求。但是，上街区供水体系相对独立，目前尚未与主城区联网，也无调蓄工程，无法应对北调水与地下水同时停水的突发事件，应急供水体系有待进一步夯实。

4 结论与建议

构建城市应急供水体系是城市供水安全的重要保障之一。本文重点研究了南水北调中线受水区特大城市郑州市的应急供水标准、规模、缺口，主要结论如下：

（1）郑州市是典型的缺水型国家中心城市，本地水资源禀赋不足，供水体系高度依赖外调水，其都市核心发展区以南水北调中线工程为主力水源，中线总干渠郑州段前一旦出现突发事件中断输水，将对郑州市城市供水产生较大影响。

（2）分析确定了中线总干渠 4 类突发事件对应的风险等级以及突发事件处理时长。

（3）分析确定了中线总干渠突发事件中断供水情况下郑州都市核心发展区的应急供水指标和规模，其中主城区日应急供水指标为 134 万 t/d、航空港区为 29 万 t/d、上街区为 3 万 t/d，相应应急供水规模分别为 5 152 万 m^3、1 064 万 m^3、113 万 m^3。

（4）提出了主城区、航空港区、上街区应急供水体系存在问题和缺口。

针对郑州都市核心区应急供水主要建议如下：

（1）郑州市需要进一步完善多水源供水体系建设，完善多水源供水联网，以保障应急条件下水源切换顺利。

（2）进一步完善主城区供水管网联通及管网延伸，进一步提升尖岗水库和常庄水库的供水覆盖范围，完善现有以引黄水为水源水厂的应急水源建设。

（3）完善航空港区应急供水体系，新建必要的调蓄措施或完善主城区向航空港区的应急联络管网，以保障港区应急供水，尽快解决城市快速发展带来的基础设施承载力薄弱等问题。

（4）完善上街区调蓄措施或其他应急水源方案，进一步夯实其应急供水能力。

参考文献

[1] 沈晓娟，徐向阳，崔韩．关于城市应急供水系统建设的思考［J］．灾害学，2007，22（1）：134-137.

[2] 王胜军，郄燕秋，杨力．城市供水应急和备用水源规划设计标准研究［J］．给水排水，2020，46（5）：101-104.

[3] 程建民，陈永娟．城市供水应急备用水源规模确定方法研究［J］．水利规划与设计，2017（10）：36-38.

[4] 中华人民共和国国家发展和改革委员会．关于支持郑州建设国家中心城市的指导意见：发改规划〔2017〕154 号［A］. 2017.

[5] 河南省统计局，国家统计局河南调查总队．河南统计年鉴 2023［M］．北京：中国统计出版社，2023.

[6] 郑州市统计局，国家统计局郑州调查总队．郑州统计年鉴 2023［M］．北京：中国统计出版社，2023.

[7] 水利部水利水电规划设计总院，河南省水利勘测设计研究有限公司．河南省水资源配置专项规划［R］. 2020.

[8] 中华人民共和国水利部．南水北调工程总体规划［R］．北京：中华人民共和国水利部，2002.

[9] 长江水利委员会长江勘测规划设计研究院．南水北调中线一期工程可行性研究总报告［R］. 2005.

[10] 郑州市水利局. 2020 年郑州市水资源公报［R］．郑州：郑州市水利局，2021.

[11] 张娜，李波，刘子慧，等．南水北调京津冀豫受水区水资源供需新形势及对策［J］．南水北调与水利科技（中英文），2023，21（6）：1223-1234.

[12] 水利部长江水利委员会．南水北调中线在线调蓄工程方案［R］．武汉：水利部长江水利委员会．2019.

[13] 国务院灾害调查组．河南郑州“7·20”特大暴雨灾害调查报告［R］. 2022

[14] 中华人民共和国住房和城乡建设部．室外给水设计标准：GB 50013—2018［S］．北京：中国计划出版社，2018.

[15] 中华人民共和国住房和城乡建设部．城市给水工程规划规范：GB 50282—2016［S］．北京：中国计划出版社，2017.

[16] 长江勘测规划设计研究有限责任公司．引江补汉工程可行性研究报告［R］．武汉：长江勘测规划设计研究有限责任公司，2021.

南水北调中线干渠着生藻类生态调控试验研究

刘　凯[1]　梁建奎[1]　肖新宗[1]　任海平[1]　王英才[2]　唐剑锋[2]

（1. 中国南水北调集团中线有限公司，北京　100038；
2. 生态环境部长江流域生态环境监督管理局生态环境监测与科学研究中心，湖北武汉　430019）

摘　要：本文以试验渠段着生藻类为研究对象，通过比较分析鱼类投放前后调控渠段上下游之间着生藻类的时空变化来评估水生态调控效果。结果表明，试验渠段着生藻类密度在时间变化特征上表现出一定差异，但差异不显著；空间变化特征明显，调控区着生藻类平均密度低于上游对照区与下游对照区的值，且与上游对照区的差异显著（$p<0.05$），这表明鱼类对南水北调中线干渠着生藻类具有积极的调控作用。本文可为南水北调中线及其他水利工程后续开展类似工作提供科学参考与技术支撑。

关键词：南水北调中线；着生藻类；水生态调控

1　引言

着生藻类广泛存在于各种水环境中，常附着在底质、岩石和水草等其他各种基质上，是水生态系统重要且不可替代的组成部分[1-2]。在自然水体中，着生藻类能为甲壳类、软体动物、昆虫幼虫等许多水生动物提供食物，为一些大型水生植物创造了良好的生境，抑制浮游藻类的生长发育，大量的着生藻类群落也能聚合起来降低水流速度，稳定基质并减少水体的扰动，促进水体悬浮物的沉降[3-4]。南水北调中线干渠作为世界上最长的人工输水渠道，渠道表面全为混凝土衬砌，目前面临着混凝土衬砌渠道普遍存在的着生藻类过度增殖的问题，与此同时，渠道衬砌表面大量固着的藻类增大了渠道糙率，大面积脱落的着生藻类还会进一步堵塞沿线水工建筑物，并影响水质[4-5]。因此，需要采取合适的方法来控制着生藻类的生长，以降低其对渠道水质的影响。

水生态系统调控是通过人为或工程技术手段，调整与优化现有水生态系统结构，使水体的初级生产力维持在合理的水平范围内，从而达到提升水生态系统稳定性与抗干扰能力。水生态系统调控的方法很多，如放养鱼类、水生植物种植、土著微生物激活等，其中和鱼类有关的生物操纵是最适合中线干渠水生态系统的方法[6]。千岛湖利用鲢鳙滤食浮游生物这一独特的生物学特性，通过投放鲢鳙来抑制藻类的过度繁殖，1999—2006 年，湖区浮游植物密度降低了 14%～59%，透明度提高了 2.75 m，实现了净化水质的目的[7-8]。底层鱼类可以摄食利用水底碎屑，促进泥水界面的物质交换和水体的自净，在生态系统物质循环和能量流动中起着重要作用，鲴类就是其中的一类鱼，研究发现该类鱼鳃耙排列紧密，消化能力极强，下颌前有比较发达的角质边缘，能充分刮取和摄食能使水质污染的腐殖质、各种固着藻类及上层鱼类排泄物的有机碎屑，有水底“清洁工”之称[9]。有研究将鲴和三角帆蚌进行混养，结果表明鲴和三角帆蚌组合的协同控藻作用明显，藻类去除率最高可达 86.11%±0.30%，

作者简介：刘凯（1976—），男，高级工程师，主要从事河湖长制、水利工程运行、河湖水环境及南水北调工程运行管理与研究工作。

通信作者：王英才（1982—），男，正高级工程师，主要从事水生态监测、修复与研究；
唐剑锋（1986—），男，高级工程师，主要从事水生态监测、修复与研究工作。

而且鲴在不同水温条件下对铜绿微囊藻均具有较强的控制作用[10]。还有研究指出，湖中放养食鱼性鱼类后，滤食性鱼类的数量显著减少导致植食性的浮游动物数量的大量繁殖，从而导致叶绿素含量和初级生产力显著降低[4]。因此，通过鱼类调控，构建肉食性鱼类—底层刮食性鱼类—滤食性鱼类—藻类食物链，对中线干渠水体的净化以及藻类的控制有很重要的意义。

针对中线总干渠水生态系统存在的问题，为保障“一渠清水永续北送”，2018年底中线干渠实施了“以鱼净水”水生态调控一期试验项目，通过在试验渠段放养滤食性鱼类、着生生物食性鱼类、肉食性鱼类与杂食性鱼类，优化总干渠试验段鱼类群落结构，构建完整的生态系统食物链，提高生物多样性，从而达到控制浮游藻类、着生藻类、淡水壳菜以及食浮游动物的小型鱼类的目的，优化总干渠生态系统，保障水质安全。本文以试验渠段着生藻类为研究对象，通过比较分析调控前后以及调控渠段上下游之间着生藻类的时空变化，来评估水生态调控效果，以期为南水北调中线干渠及其他大型水利工程开展类似工作提供参考与科学依据。

2 材料与方法

2.1 实施时间

2019年5月至2021年11月。

2.2 研究区域

项目实施场地设置在鲁山管理处沙河渡槽进口上游娘娘庙西公路桥（桩号：K241+603）至宝丰管理处应河倒虹吸出口下游楝树园西公路桥（桩号：K262+493）。试验段渠道底宽22 m，水面宽55 m，长20 890 m，日常水深6.5 m，水体体积约500万 m^3。

试验渠道上游布设4道拦鱼网，下游布设2道拦鱼网，防止放养鱼类外逃。拦鱼网孔径分大（20 cm孔径）、中（10 cm孔径）、小（8 cm孔径）三种规格，其中大孔径拦鱼网1道主要用于拦截上游塑料袋、树枝等各种漂浮物，中、小孔径拦鱼网5道用于防止放养鱼类逃逸，同时布设多道拦鱼网便于拦鱼网清理及破损修复。

试验渠段共设置6个监测点位，分别设置在沙河南上游100 m、沙河南、落地槽末端、张村分水口、应河倒虹吸入口和应河倒虹吸出口6处位置（见图1），其中沙河南上游100 m和沙河南两个点为上游对照点，应河倒虹吸出口为下游对照点。

2.3 调控鱼类选择与投放

结合丹江口库区与总干渠的鱼类群落结构特征，选择鲢、翘嘴鲌、鳜、青鱼、鲤、三角鲂、黄尾鲴作为调控鱼种，优化试验渠段鱼类群落结构。其中，鲢用来控制浮游藻类；翘嘴鲌、鳜为肉食性鱼类，用来控制鳘、麦穗鱼等浮游动物食性鱼类和鲫等底层扰动性鱼类，降低其种群数量；青鱼、鲤、三角鲂都可以淡水壳菜为食，其组合对淡水壳菜有良好的控制能力；黄尾鲴为碎屑食性鱼类，用来控制着生藻类的生物量。

通过试验渠段饵料资源的计算，以及中线渠道特征，调控鱼类投放量如表1所示。鱼类投放采取分类、分批次投放的模式，2019年5月初，将青鱼、鲤这两种适应力较强鱼类进行了投放，剩余鱼类于2019年11月底至12月初完成投放。所有鱼类均在沙河渡槽末端完成投放。

2.4 着生藻类样品采集

调控试验开展后每月进行一次渠壁着生藻类样品的采集，在各监测点位的渠壁上利用小铁铲、小刀与牙刷刮取2~3块50 cm^2 的着生藻类样品，将这些样品放入白瓷盘中加适量纯水搅拌均匀，装入样品瓶中定容到100 mL，用鲁哥氏液固定。处理好的着生藻类样品在显微镜下观察，用面积为20 mm×20 mm、容量为0.1 mL的计数框计算着生藻类的细胞密度。计数方法为目镜视野法，随机计数500个视野，并使视野均匀分布在计数框内。每个样品计数2片，取其平均值为最终结果（若2片计数结果相差15%以上，则进行第3片计数，选择其中个数相近的2片取平均值）[11-13]。着生藻类定性定量分析参照《中国淡水藻类——系统、分类及生态》[14]，最后计算出渠壁上每个采样点的藻密度

(ind./cm²)。此外，试验开展前的 2019 年 2 月，对各监测点的着生藻类进行了一次样品采集，用作调控试验前的对比。

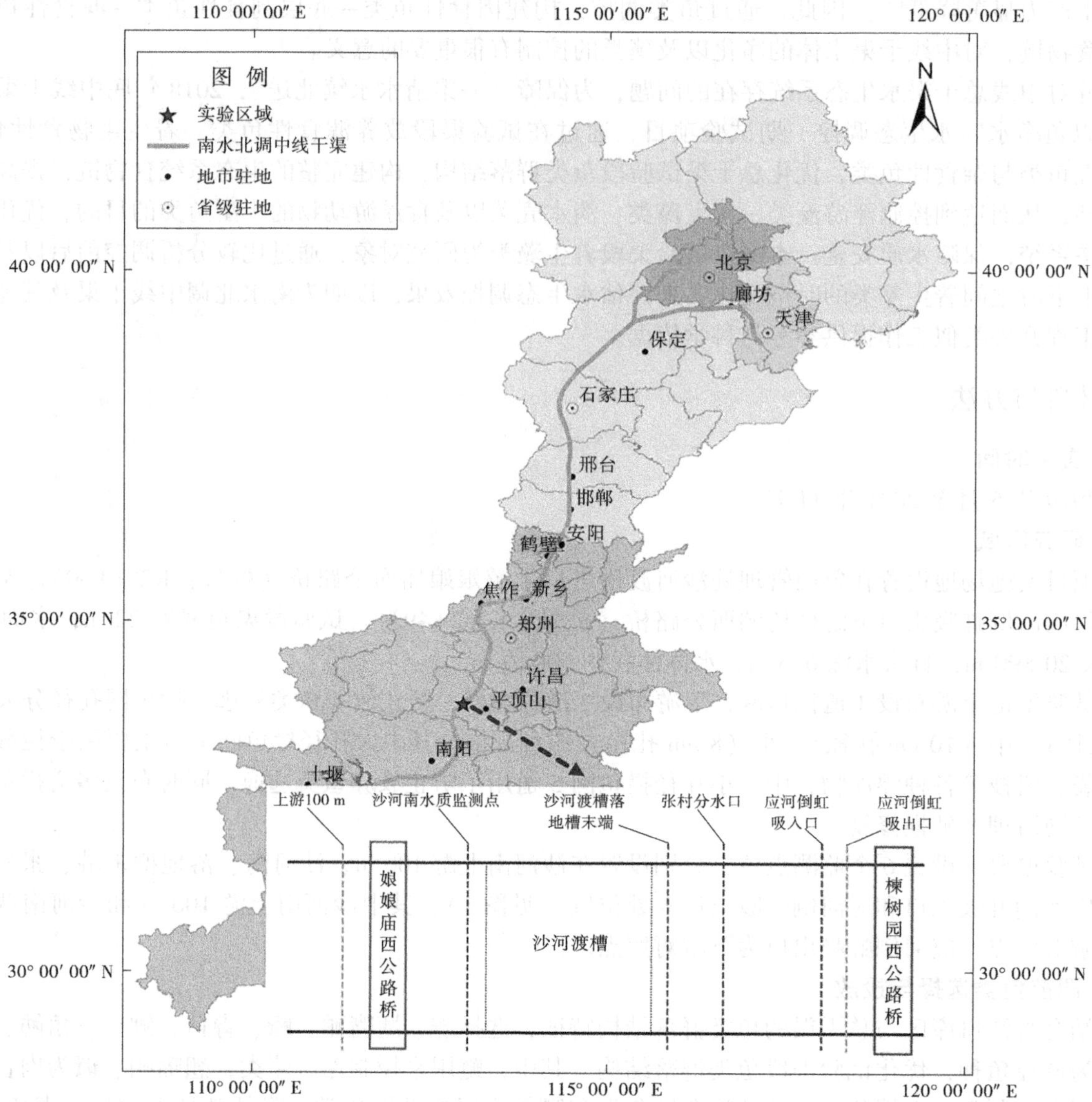

图 1　试验渠段监测点位示意图

表 1　放养鱼类质量与规格

种类	鲢	翘嘴鲌	鳜	青鱼	鲤	三角鲂	黄尾鲴
规格	≥500 g/尾						
质量/kg	3 000	250	250	1 875	1 875	1 875	1 875
密度/(g/m³)	0.6	0.05	0.05	0.375	0.375	0.375	0.375

2.5　数据处理

使用 R 软件（V4.1.1）进行数据处理与分析，以及不同监测点位着生藻类变化差异显著性分析，以 p 值 0.05 确定显著性。

3 结果

3.1 着生藻类物种组成

调控试验期间，试验渠段共检出着生藻类 7 门 63 种（属），其中硅藻门 22 种（属），占全部种类的 34.9%；其次是绿藻门，检出 21 种（属），占 33.3%；蓝藻门检出 15 种（属），占 23.8%；金藻门 2 种，占 3.2%；隐藻门、甲藻门、裸藻门各 1 种，分别占 1.6%（见图 2）。可见，试验渠段着生藻类种类以硅藻、绿藻和蓝藻为主，三者合占总种类数的 92.1%。常见藻类有硅藻门中的小环藻、针杆藻、舟形藻、桥弯藻、蓝藻门中的鞘丝藻等。

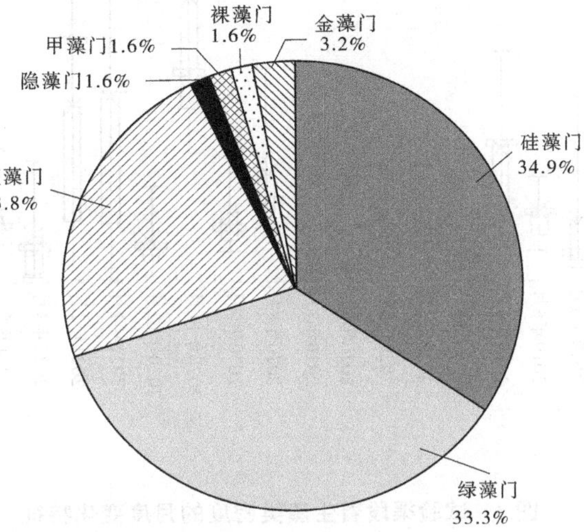

图 2 试验渠段着生藻类种类组成图

3.2 着生藻类时间变化特征

2019 年 2 月至 2021 年 11 月，试验渠段着生藻类共进行了 21 次调查，着生藻类密度的时间变化特征如图 3 和图 4 所示。其中，试验渠段着生藻类密度的月度变化特征如图 3 所示，沙河南上游 100 m、沙河南、落地槽末端、张村分水口、应河倒虹吸入口、应河倒虹吸出口 6 个断面着生藻类密度范围为 0.62×10^4 ~ $2\ 372.5\times10^4$ ind./cm^2，平均密度 348.3×10^4 ind./cm^2。最小值出现在 2020 年 7 月，最大值出现在 2020 年 11 月。整体而言，2019 年 12 月至 2020 年 7 月和 2021 年 3—6 月试验渠段的着生藻类密度略低于调控前（2019 年 2 月），但差异不显著。不同月份之间，着生藻类密度存在一定差异，但差异不显著。

试验渠段着生藻类密度的季度变化特征如图 4 所示，试验渠段各季度的着生藻类平均密度范围为 35.7×10^4 ~ $2\ 372.5\times10^4$ ind./cm^2，最低值出现在 2020 年夏季，最高值出现在 2020 年秋季。2019 年夏季着生藻类密度介于 107.3×10^4 ~ 385.1×10^4 ind./cm^2，平均 256.4×10^4 ind./cm^2；2019 年秋季着生藻类密度介于 130.1×10^4 ~ 863.5×10^4 ind./cm^2，平均 493.7×10^4 ind./cm^2；2019 年冬季着生藻类密度介于 39.7×10^4 ~ 146.2×10^4 ind./cm^2，平均 86.6×10^4 ind./cm^2。2020 年春季着生藻类密度介于 76.6×10^4 ~ 431.4×10^4 ind./cm^2，平均 190.7×10^4 ind./cm^2；2020 年夏季着生藻类密度介于 35.7×10^4 ~ 301.8×10^4 ind./cm^2，平均 125.1×10^4 ind./cm^2；2020 年秋季着生藻类密度介于 298.4×10^4 ~ $2\ 372.49\times10^4$ ind./cm^2，平均 918.8×10^4 ind./cm^2；2020 年冬季着生藻类密度介于 50.65×10^4 ~ 800.2×10^4 ind./cm^2，平均 499.1×10^4 ind./cm^2。2021 年春季着生藻类密度介于 79.7×10^4 ~ 369.4×10^4 ind./cm^2，平均 209.7×10^4 ind./cm^2；2021 年夏季着生藻类密度介于 79.7×10^4 ~ 369.4×10^4 ind./cm^2，平均 209.7×10^4 ind./cm^2；2021 年秋季着生藻类密度介于 48.0×10^4 ~ 529.6×10^4 ind./cm^2，平均 231.2×10^4 ind./cm^2；2021 年冬季着生藻类密度介于 84.8×10^4 ~ 957.2×10^4 ind./cm^2，平均 441.0×10^4 ind./cm^2。

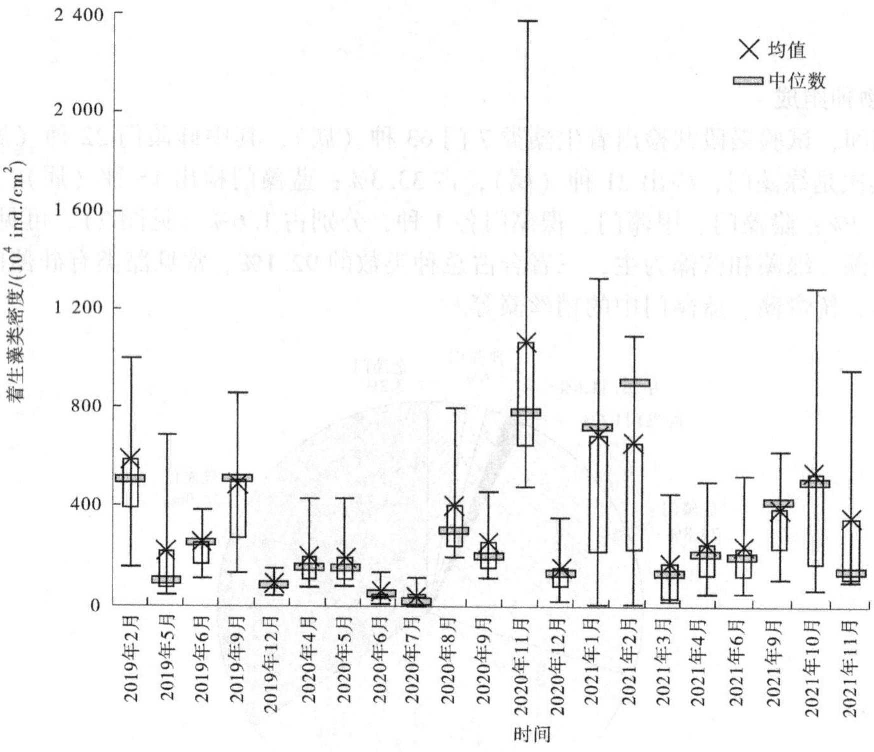

图 3　试验渠段着生藻类密度的月度变化特征

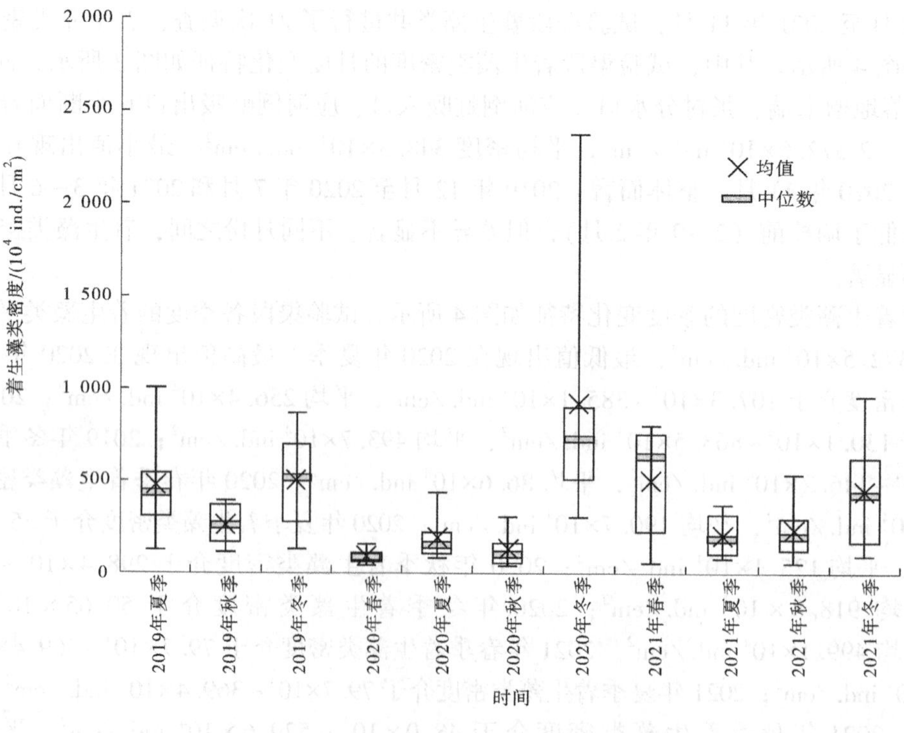

图 4　试验渠段着生藻类密度的季度变化特征

整体而言，试验渠段2020年春季和2021年春季的着生藻类密度略低于调控前，夏、秋季着生藻类密度变动幅度较大。

3.3 着生藻类空间变化特征

试验渠段6个监测断面可分为上游对照区、调控区和下游对照区。其中，上游对照区包含沙河南上游100 m和沙河南两个断面，调控区包含落地槽末端、张村分水口、应河倒虹吸入口3个断面，应河倒虹吸出口断面为下游对照区。试验渠段着生藻类密度空间变化特征如图5所示。

试验渠段6个监测断面着生藻类密度空间变化特征如图5所示，最高值和最低值均出现在沙河南断面。沙河南上游100 m断面的着生藻类密度范围为$101.6\times10^4\sim957.2\times10^4$ ind./cm^2，平均值为455.4×10^4 ind./cm^2；沙河南断面的着生藻类密度范围为$35.7\times10^4\sim2\,372.5\times10^4$ ind./cm^2，平均值为629.8×10^4 ind./cm^2；落地槽末端断面的着生藻类密度范围为$48.0\times10^4\sim631.7\times10^4$ ind./cm^2，平均值为313.7×10^4 ind./cm^2；张村分水口断面的着生藻类密度范围为$39.7\times10^4\sim863.5\times10^4$ ind./cm^2，平均值为231.4×10^4 ind./cm^2；应河倒虹吸入口断面的着生藻类密度范围为$79.7\times10^4\sim553.0\times10^4$ ind./cm^2，平均值为195.7×10^4 ind./cm^2；应河倒虹吸出口断面着生藻类密度范围为$47.3\times10^4\sim836.6\times10^4$ ind./cm^2，平均值为250.9×10^4 ind./cm^2。

整体而言，沙河南上游100 m和沙河南断面的着生藻类平均密度较高且波动较大，应河倒虹吸入口断面的着生藻类平均密度最低。沙河南上游100 m和沙河南断面均与张村分水口和应河倒虹吸入口断面的着生藻类密度具有显著差异（$p<0.05$）。

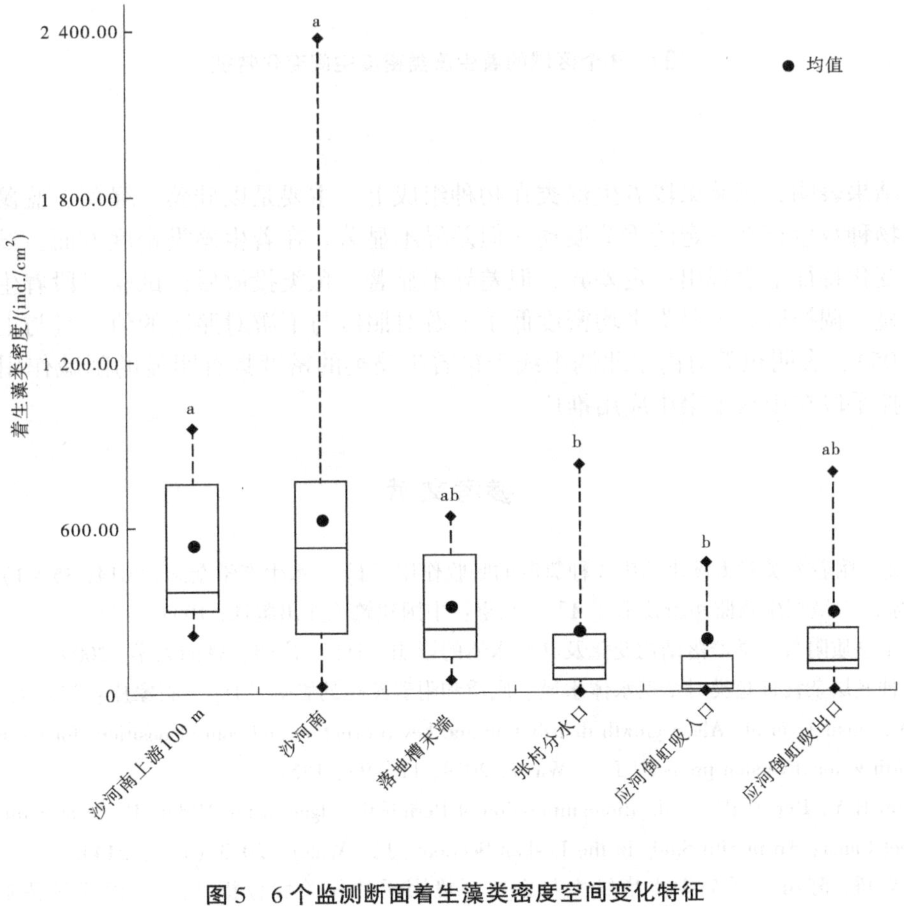

图5　6个监测断面着生藻类密度空间变化特征

上游对照区、调控区和下游对照区 3 个区域的着生藻类密度空间变化特征如图 6 所示。着生藻类最低值出现在调控区，最高值出现在上游对照区。整体而言，调控区着生藻类平均密度低于上游对照区与下游对照区的值，且与上游对照区的差异显著（$p<0.05$），说明鱼类调控对着生藻类的削减具有重要贡献。

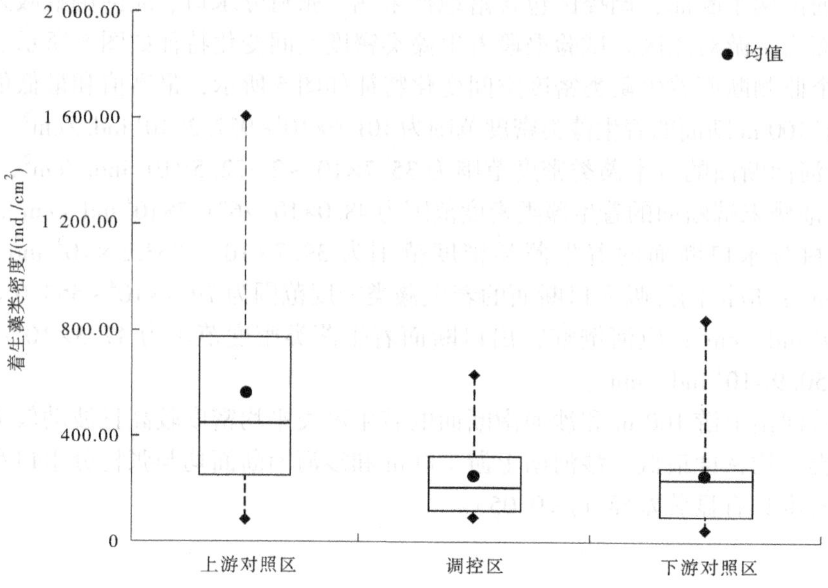

图 6　3 个区域的着生藻类密度空间变化特征

4　结论

调控试验结果表明，试验渠段着生藻类在物种组成上，主要是以硅藻、绿藻、蓝藻为主，不同季度的着生藻类物种数量存在一定的季节波动，但差异不显著。在着生藻类密度方面，试验渠段着生藻类密度在时间变化特征上表现出一定差异，但差异不显著。鱼类投放后，试验渠段着生藻类密度的空间变化特征明显，调控区着生藻类平均密度低于上游对照区与下游对照区的值，且与上游对照区的差异显著（$p<0.05$），表明鱼类对南水北调中线干渠着生藻类的密度具有明显的削减作用，可作为一种重要的水质调控手段在中线干渠中应用推广。

参考文献

[1] 张强，刘正文．附着藻类对太湖水体中 3 种氮源的吸收作用［J］．水生态学杂志，2014，35（1）：60-64.

[2] 沈韫芬，章宗涉．微型生物监测新技术［M］．北京：中国建筑工业出版社，1994.

[3] 任向科．人工基质附着藻类群落结构变化及其对水质的影响［D］．广州：暨南大学，2009.

[4] 周大宇．三种底层杂食性鱼类对草型水体水质、底质和附着藻类的影响［D］．石家庄：河北大学，2023.

[5] Zhu J，Lei X，Quan J，et al. Algae growth distribution and key prevention and control positions for the middle route of the South-to-North water diversion project［J］．Water，2019，11（9）：1851.

[6] Xiao X Z，Sun H Y，Ren H P，et al. Biomanipulation of Periphytic Algae in the Middle Route of South-North Water Diversion Project Canal：An in Situ Study in the Lushan Section［J］．Water，2023（15）：2144.

[7] 刘其根，陈立侨，陈勇．千岛湖水华发生与主要环境因子的相关性分析［J］．海洋湖沼通报，2007（1）：117-124.

[8] 刘其根，张真．富营养化湖泊中的鲢、鳙控藻问题：争议与共识［J］．湖泊科学，2016，28（3）：463-475.

[9] 郭艳敏，高月香，张毅敏，等．鲴对食微囊藻鲢鳙排泄物及藻活性的作用研究［J］．中国环境科学，2016，36

(12)：3784-3792.
[10] 张毅敏，周创，高月香，等．不同水动力条件下鲴、三角帆蚌的组合对富营养化水体的净化作用［J］．环境工程学报，2015，9（3）：1109-1116.
[11] Wu Y H. Periphyton：Functions and application in environmental remediation［J］．Elsevier，2017（434）．
[12] 钱奎梅，刘霞，陈宇炜．鄱阳湖丰水期着生藻类群落空间分布特征［J］．湖泊科学，2021，33（1）：102-110.
[13] 朱宇轩，米武娟，李波，等．南水北调中线干渠两个水工构筑物对着生藻类群落的影响［J］．水生生物学报，2021，45（4）：817-825.
[14] 胡鸿钧，魏印心．中国淡水藻类：系统、分类及生态［M］．北京：科学出版社，2006.

浅谈 EPC 模式下引调水工程中泵站的工期管理

孙京卫[1]　房敬年[2]

（1. 黄河勘测规划设计研究院有限公司，河南郑州　450003；
2. 黄河古贤水利枢纽有限公司，河南郑州　450018）

摘　要： 引调水工程中泵站投资占比一般较小，但其涉及建设内容类型多，且大多受逻辑关系约束，最终反而都变成项目的关键线路，成为影响通水的控制性工程，做好泵站工程的进度管理是水利工程建设者的重要课题。

关键词： 泵站；进度控制；关键线路；措施

重大水利工程吸纳投资大、产业链条长、创造就业机会多，是基础设施投资的重要领域。近年来，水利投资持续发力，国家水网建设加快推进，其中引调水、灌区等水网工程越来越多。水网工程的泵站是指能够提供一定压力与流量的液压动力与气压动力的装置与工程，能够有效实现供水、灌溉、排涝等功能的建筑及设施，在供水、灌溉与排涝中发挥着关键性作用，其在水网工程中具有重要地位。

1　概况

泵站工程包括土建工程和机电金结设备及安装工程。土建工程包括引渠、前池、主泵房、副厂房、管理房、出水管线镇墩和阀门井等；机电金结设备及安装工程包括水泵、电气（一次、二次）、水力机械辅助、起重、压力钢管等设备及安装。

某大型灌区工程 EPC 总承包项目 EPC 合同额约 15 亿元，其中 12 座泵站工程合同额约 2 亿元。现以该项目为例，探讨泵站工程的进度管理，以期为类似项目提供参考[1]。

2　建设过程中的进度控制

泵站工程的关键线路为：施工图设计—场地平整及边坡支护—基坑开挖及支护—主泵房地下结构混凝土浇筑—主泵房上部结构混凝土施工—起重设备安装调试—砌体及装饰装修施工—水泵等机电设备安装调试—厂区收尾工程施工。设计、采购、施工管理某一个环节或相互协调上出现问题，都会导致关键线路上关键工作的延误，从而可能导致通水目标无法按期实现，因此合理投入资源，抓好每一个关键工作的进度，是总承包项目管理的重点。

2.1　设计管理

设计工作是水利工程的龙头，它决定了泵站的质量、功能和建设工期，对泵站的工期影响甚大。加强设计工作管理，搞好优化设计工作，提高设计工作质量，对保证工程质量、工期具有重要的意义。泵站建设过程中，设计人员基于现场的调研、勘察、规划的不准确不充分，设计管理经验不丰富或者犯经验主义的错误，都将阻碍泵站的建设进度和质量，在该项目实践中也出现过因为设计接口问题导致局部施工工作返工。

设计管理人员需协调好施工单位与设计单位之间的接口，设计供图工作要按照施工图计划开展，

作者简介： 孙京卫（1986—），男，高级工程师，主要从事水利水电工程 EPC 项目管理、施工、勘探工作。

以保证每个关键工作能够按计划开展。

在项目的前期主要是进行土建施工，提供土建施工图即可启动关键线路施工，但同时机电系统设计必须尽早完成，因为这部分工作涉及后续设备厂家的招标、设备接口等问题，还涉及与土建的交叉作业；另外也要重视跟踪管理设备产品设计的进度，并审查其设计参数是否满足产品设计方案、是否满足工程需要，这些设计管理工作环环相扣，任何一环出现问题都可能影响关键工作的按期启动。

2.2 采购管理

设备采购管理工作专业性强、过程复杂烦琐，是泵站项目管理工作的重要组成部分。

采购管理人员要按照总进度计划制订采购计划，按照计划开展采买、监造、催交、检验及运输工作，以保证关键线路上的安装工作按照计划开展[2]。

在土建工作开展的同时，设备采购工作必须尽早启动，一方面，在采买及产品方案设计阶段要加强与专业设计的沟通联络，对施工中需要使用的设备应尽快规划，做好集中招标采购，避免分批量采购，加快采购进程；另一方面，加强催交工作，督促厂家制造工作进展。采购管理的某个环节发生滞后也可能影响关键工作的计划。在该项目实践中，隧洞、渡槽、倒虹吸、明渠以及泵站的土建工程基本完工的情况下，还存在泵站机电金结设备未完成采购进场的情况，泵站工程已转变成了项目的关键线路，制约了项目的整体工期。

2.3 施工（安装）管理

施工（安装）管理工作是水利工程建设进度管理的核心，关键线路也是围绕着施工及安装工作开展的。

结合泵站工程的特点，编制总进度计划时，按照合同工期的要求，由施工单位编制泵站工程的二级进度计划报总承包方审核，建议留一定时间的总时差。

施工过程中，审查施工单位报送的季、月施工进度计划，重点监督人材机进场计划，确保泵站的施工进度计划符合二级进度计划。对重要阶段性验收的进度节点目标进行监控，尤其是开挖及支护工程、土建封顶、设备进场等节点进度目标，并根据实际情况及时提出调整意见，督促施工单位落实和实施进度计划。一旦发现实际施工进度与施工计划存在比较大的偏差，必要时采取经济、合同和技术等手段和措施纠偏，加大人材机等资源配置，并及时要求施工单位调整建立新的进度计划和保证措施。

另外，泵站工程土建部分涉及房屋建筑工程，是水利工程建设者相对陌生的领域。因此，针对房建、机电安装等专项工程，要严格审查施工单位的班组配置，确保投入专业性强、有经验的施工班组，以保证工程按计划实施[3]。

2.4 其他管理

由建设单位负责的征地移民、施工进场道路、永久用电报装等外围工作也可能制约泵站工程建设进展，是进度管理的重点之一。

首先宜安排专人负责与建设单位对接这类事务，在项目启动初期推进征地移民及施工进场道路等工作，以保证工程按期开工。

永久用电报装工作涉及与电网公司接口及报装手续办理，程序繁多，会制约电气设备的设计、采购及试运行等工作进展。若项目未按时完成报装手续，对今后泵站的试运行、通水等工作可能造成严重制约。

3 进度管理要点

泵站工程进度管理要以目标为导向，合理配置资源计划，向非关键线路要资源，向关键线路要时间，资源与计划匹配才能确保计划的实现[4]。

3.1 组织措施

建立健全项目管理组织机构，由施工监控部负责施工进度管理工作并统筹建设进度，设计管理部和采购管理部负责各自分管工作的进度，设置专业进度工程师，泵站安排专职标段工程师，制定进度控制工作流程[5]。

每周召开生产协调例会，定期检查、跟踪、调整进度计划，及时纠正进度偏差。

3.2 管理措施

（1）选择合理的分包模式，针对投资规模不大的泵站，宜采用整体施工分包，土建及机电金结均由一家有经验的施工分包商负责，减少合同接口。

（2）实行内部设计监理制，对设计工作全过程进行控制和监督，提高设计产品质量和进度。

（3）重视动态控制理念，结合逻辑关系强的特点，采用工程网络的方法编制进度计划，并根据实际情况及时进行计划的调整，科学化动态管理泵站建设进度。

（4）有效发挥“数字总包”类信息管理平台作用，提高进度信息的透明度和处理效率，强化项目参建各方协同工作，聚焦偏差，提高执行力。

3.3 经济措施

（1）根据项目资金到位情况和项目进度推进情况，合理编制资金需求计划，泵站进度延误影响合同工期时，将资金资源向泵站工程倾斜。

（2）制订经济激励措施，对优化设计方案节约成本和工期的设计人员进行奖励，每完成一个里程碑计划对施工单位和施工班组及负责人进行奖励。

3.4 技术措施

（1）在前期设计工作时，加强设计方案的内部咨询、审查，对设计技术方案与泵站建设进度的关系做分析比较，及时优化设计方案。

（2）选用施工方案时，坚持技术先进与经济合理相结合的原则，更应注重其对工程进度的影响，宜采用高效能的机械，采用新工艺、新技术缩短工艺操作时间和工序间的技术间歇时间。

4 结语

工程实践中，建设资金供应、外部协调等不可控因素对泵站工程建设的进度往往影响更大。排除外部因素，采用合理的项目管理手段，抓住主要矛盾，提前谋划，主动调整，合理控制各关键点的进度，泵站工程的项目管理定会成为引调水工程中的亮点。

参考文献

[1] 周俊. 宁波铜盆浦泵站 EPC 模式下的施工进度控制 [J]. 水利发展研究，2017（2）：61-63.

[2] 刘永强，孙昊聪，朱斌，等. 改进关键链技术在泵站施工进度管控中的应用 [J]. 中国农村水利水电，2024（7）：249-254.

[3] 彭德迟，余良旺. 新建城市防洪泵站设备安装进度控制的实践与研究 [J]. 水利建设与管理，2007，27（2）：29-30.

[4] 金真楠. DDH 泵站安标改造项目进度计划与控制研究 [D]. 沈阳：东北大学，2015.

[5] 黄邦文. 设计牵头的民航专业工程 EPC 项目设计管理实践 [J]. 项目管理技术，2022，20（9）：106-110.

长距离输水隧洞结构安全监测方案设计及成果分析

孔 洋[1] 何 斌[1] 汪璋淳[1] 梅聚福[1] 刘中仪[1] 周彦章[1, 2]

（1. 南京水利科学研究院，江苏南京 210024；
2. 水利部水库大坝安全重点实验室，江苏南京 210024）

摘 要：珠江三角洲水资源配置工程输水线路穿越珠三角核心城市群，作为典型河口地带，珠三角地区地基软土深厚，地下环境、地质条件异常复杂，给工程建设带来了极大挑战，其深厚软基长距离输水隧洞结构安全长效运行、安全保障等技术问题突出，珠江三角洲水资源配置工程引调水隧洞施工运营期安全监测可作为隧洞安全监测工程典型实例。以深圳分干线公明水库入库段作为生产性试验项目，设计了长距离输水隧洞结构安全监测方案，重点对试验段盾构管片外的土压力及水压力、管片内力及接缝、螺栓拉力、钢衬内力、自密实混凝土应力应变及渗透压力等进行了监测。

关键词：引调水工程；隧洞；现场试验；安全监测；变形机理

1 引言

跨流域跨区域长距离调水工程是实现国家水资源优化配置、解决水资源时空分布不均问题的重大战略举措[1]。我国在大型调水工程输水隧洞建设方面取得了举世瞩目的成就，未来 10 年将是我国长距离调水工程输水隧洞建设的高峰期。目前，在建和拟建的长距离输水隧洞大多要穿越地质条件复杂的地区，输水隧洞单洞长、埋深大，不利因素众多，在建工程最长单洞已达 283 km，最大埋深 2 268 m，工程建设难度和运营风险大大增加，面临着更为复杂的科学技术难题。

水工隧洞安全监测范围包括泄洪洞、输水洞、引水隧洞、尾水隧洞、压力钢管、调压室、尾闸室、导流洞、封堵体等，安全监测项目主要为变形监测、渗流监测、应力应变及温度监测[2-3]。其中，水工隧洞变形监测项目包括隧洞围岩变形、拱顶沉降、地表沉降、接缝及裂缝开合度等；水工隧洞渗流监测项目主要包括隧洞衬砌外水压力、进出水口基础扬压力等；水工隧洞应力应变及温度监测项目包括支护结构混凝土应力应变、钢筋应力、围岩压力、锚杆应力、锚固力以及压力钢管钢板应力等。

珠江三角洲水资源配置工程（见图 1）输水线路穿越珠江三角洲核心城市群[4-5]，作为典型河口地带，珠三角地区地基软土深厚，地下环境、地质条件异常复杂，给工程建设带来了极大挑战，其深厚软基长距离输水隧洞结构安全长效运行、安全保障等技术问题突出，珠江三角洲水资源配置工程引调水隧洞施工运营期安全监测可作为隧洞安全监测工程典型实例。

2 工程概况

作为支撑珠江三角洲经济社会发展的重要水源——东江，以不足全省 18%的水资源总量，支撑着 28%人口的用水和 48%的生产总值，目前水资源开发利用率已达 38. 3%，逼近国际公认的 40%的

基金项目：中央高校基本科研业务费专项资金资助项目（Y323006；Y323007）；山东省水资源与水环境重点实验室开放基金项目（2024-03）。

作者简介：孔洋（1989—），男，高级工程师，主要从事地基基础工程与岩土工程安全监测方面的科研工作。

警戒线。为解决珠三角水资源供需矛盾，全面保障粤港澳大湾区供水安全，党中央、国务院决定兴建珠江三角洲水资源配置工程。

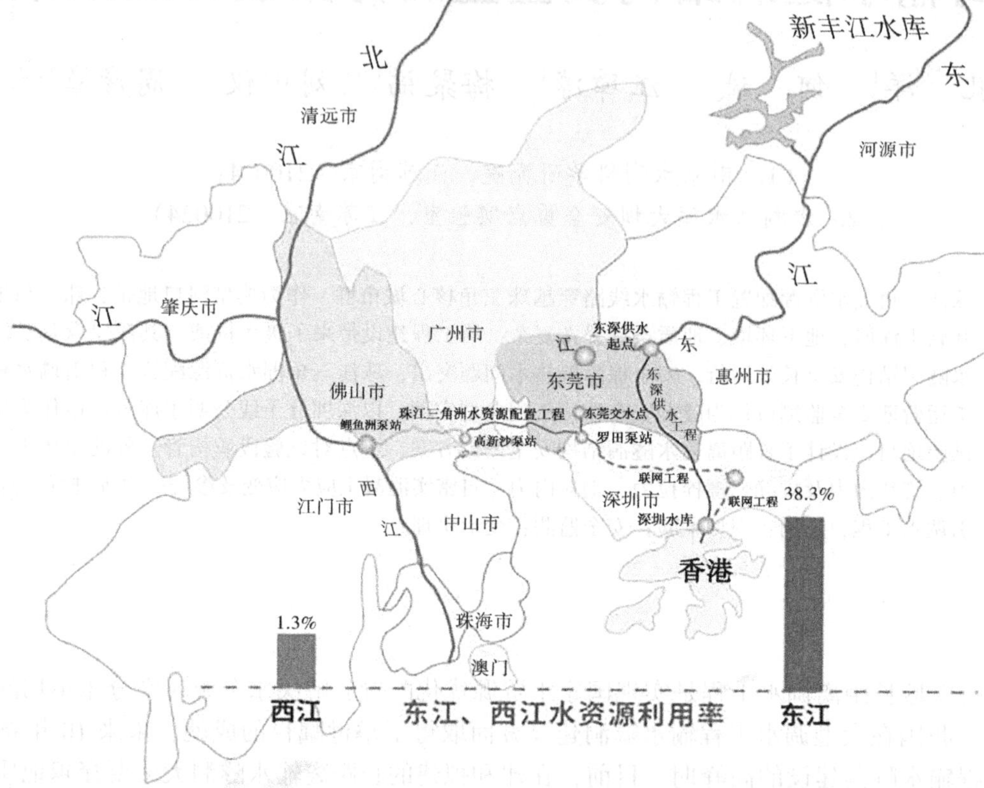

图 1 珠江三角洲水资源配置工程总体布置图

珠江三角洲水资源配置工程深圳分干线起点为罗田水库南侧新建的罗田加压泵站，终点为公明水库，线路下穿公明水库 4#主坝左坝肩进入水库，在库内设进库闸。线路全长 11.9 km，设计输水流量为 30 m^3/s，盾构隧洞外径 6.0 m，内衬钢管内径为 4.8 m，流速为 1.66 m/s。前段 5.8 km 采用钻爆法施工，后段 6.1 km 采用盾构法施工，本次选择深圳分干线桩号 GM10+200.672～GM11+866.505 作为试验段项目，通过盾构隧洞结构性试验和施工工艺试验得出试验数据，验证高内水压盾构隧洞受力模型，研究探索出一种经济实用、安全可靠的高内水压盾构隧洞结构形式，并为其余盾构段施工提供指导。该工程建成后，将覆盖超 5 000 万受益人口，支撑超 9 万亿元生产总值，约占粤港澳大湾区人口及 GDP 的 80%。

以深圳分干线公明水库入库段作为生产性试验项目，为充分掌握试验过程中盾构隧洞的工作性态，根据试验目的及相关规范要求，重点对试验段盾构管片外的土压力及水压力、管片内力及接缝、螺栓拉力、钢衬内力、自密实混凝土应力应变及渗透压力等进行了监测。

3 工程安全监测方案

3.1 隧洞安全监测内容与仪器设施

依据盾构隧洞安全监测技术方案，在工艺性隧洞 GM11+300 断面的混凝土衬砌管片中预埋土压力计、钢筋计、应变计，在盾构掘进并拼装混凝土衬砌管片后，现场安装渗压计、测缝计及螺杆应力计；在 GM10+600、GM10+900、GM11+200、GM11+300、GM11+500 及 SY 出发井 1#设置沉降与收敛监测点，监测隧洞内施工期沉降与收敛变形情况。隧洞各监测断面仪器类型及数量见表 1。

表 1　珠江三角洲引调水隧洞工程安全监测仪器类型及数量统计表

安全监测内容	仪器埋设部位	仪器类型	数量
外水压力监测	GM11+300 监测断面管片顶部、底部和侧向部位	光纤光栅渗压计	3 支
		振弦式渗压计	3 支
自密实混凝土渗透压力监测	GM11+300 监测断面自密实混凝土层中间与底部	光纤光栅渗压计	1 支
		振弦式渗压计	1 支
土压力监测	GM11+300 监测断面相邻一环管片顶部、底部和侧向部位	光纤光栅土压力计	3 支
		振弦式土压力计	3 支
衬砌管片应变监测	GM11+300 监测断面中间或顶部标准块管片部位	光纤光栅应变计	2 支
		振弦式应变计	2 支
螺栓应力监测	GM11+300 监测断面中间和顶部标准块管片的环向及侧向	光纤光栅应变计	4 支
衬砌管片接缝监测	GM11+300 监测断面环向管片接缝处及中间、顶部标准块管片侧向接缝处	光纤光栅测缝计	9 支
		振弦式测缝计	9 支
钢内衬应力应变监测	GM11+300 监测断面钢管外侧	光纤光栅钢板计	8 支
		振弦式钢板计	8 支
衬砌管片应力监测	GM11+300 监测断面中间或顶部标准块管片部位	光纤光栅钢筋计	4 支
		振弦式钢筋计	4 支
盾构隧道内沉降监测	隧洞 GM10+600、GM10+900、GM11+200、GM11+300、GM11+500 断面及 SY 出发井 1# 底部	GM10+600 断面底部沉降测点	1 个
		GM10+900 断面底部沉降测点	1 个
		GM11+200 断面底部沉降测点	1 个
		GM11+300 断面底部沉降测点	1 个
		GM11+500 断面底部沉降测点	1 个
		SY 出发井 1# 底部沉降测点	1 个
盾构隧道内收敛变形监测	隧洞 GM10+600、GM10+900、GM11+200、GM11+300 和 GM11+500 断面	GM10+600 断面收敛测点	5 个
		GM10+900 断面收敛测点	5 个
		GM11+200 断面收敛测点	5 个
		GM11+300 断面收敛测点	5 个
		GM11+500 断面收敛测点	5 个

3.2　隧洞工程管片安全监测仪器安装

珠江三角洲水资源配置工程引调水隧洞安全监测工程仪器设备安装难点与特点如下所述：

在安装渗压计时，将内侧堵头用螺纹工具旋转取下，将仪器放入顶部有蜂窝透水顶管的套筒，仪器尾部沿电缆套上不锈钢顶推部件和堵头部件，将整个组装的部件放入预埋在管片中不锈钢筒中，用力顶推部件直至预埋筒外侧的堵头被顶掉，继续顶推，直到部件上的不锈钢堵头螺纹与预埋筒内侧的螺纹连接，最后将不锈钢堵头拧紧，并做好仪器电缆保护。

在安装土压力计、应变计与钢筋计，在管片厂进行管片内钢筋笼捆扎时，按照设计施工图纸的仪器安装位置，将土压力计捆绑固定在钢筋笼外侧，使土压力计的受力面向外侧，计算管片成型后的厚度，使仪器受力面与管片成型后混凝土面基本保持一致；将应变计捆绑固定在钢筋笼内，使2支应变计相对的上下平行；将钢筋计焊接在钢筋笼内主筋上，使2支钢筋计相对的上下平行。

在安装测缝计时，按照设计施工图纸的仪器安装位置，将测缝计预埋套筒固定在管片厂钢筋笼侧边，使套筒的外口与模具紧密贴合，在预埋套筒的管片相接缝的管片上用模具制作开槽，用于放置安装测缝计。在管片拼装完成后，检查套筒管片与相应开槽的管片位置，确保仪器可以安装进套筒内，将测缝计从开槽中放入，插入对应的套筒中并拧紧，将测缝计拉出约5 mm长度，用短钢筋将其固定，用混凝土回填和修补开槽处，将测缝计埋在混凝土中，仪器电缆从槽口引出，保护。隧洞工程安全监测典型仪器安装示意如图2所示。

图2　隧洞工程安全监测典型仪器安装示意

4　工程监测资料分析

施工期间定期对隧洞已安装埋设监测仪器进行监测和数据采集工作，2020年9月，将所有监测仪器的电缆、光缆保护并敷设引出至隧洞口保护完毕。截至2021年4月底，经测试，隧洞工程安全监测所有传感器运行良好，数据传输正常。GM11+300典型监测断面中各类型监测仪器数据如图3~图8所示。

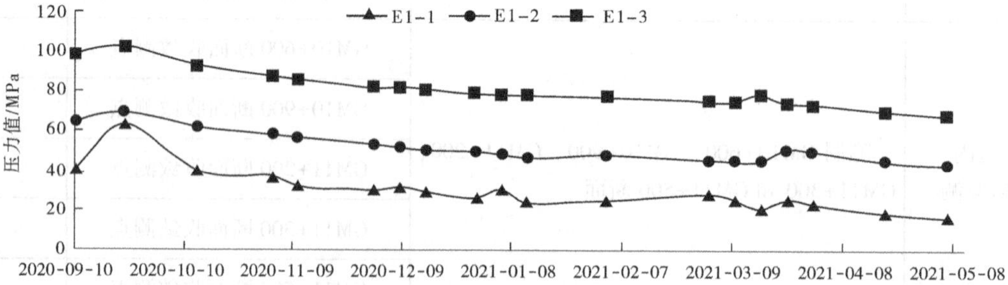

图3　土压力过程曲线图

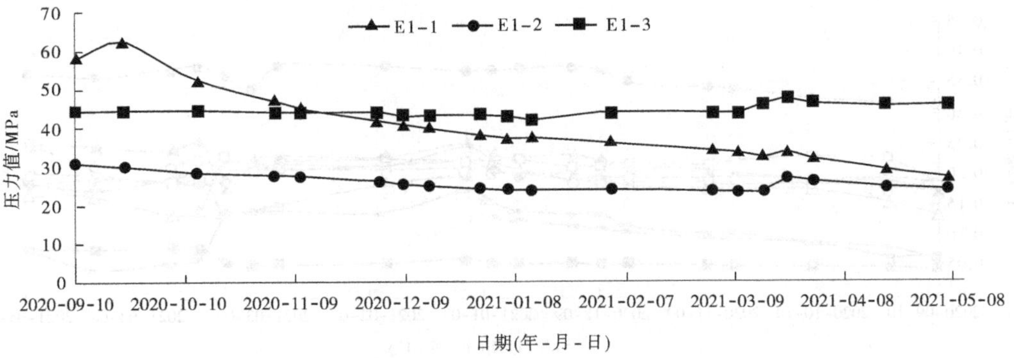

图4　外水压力过程曲线图

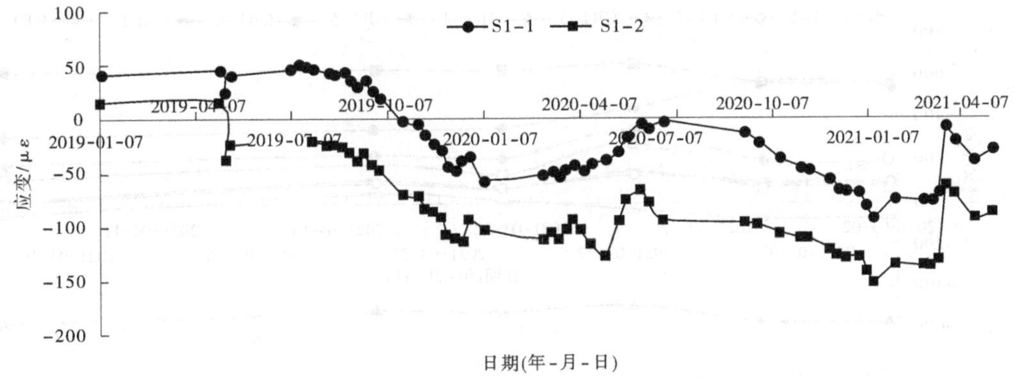

图5　应变过程曲线图

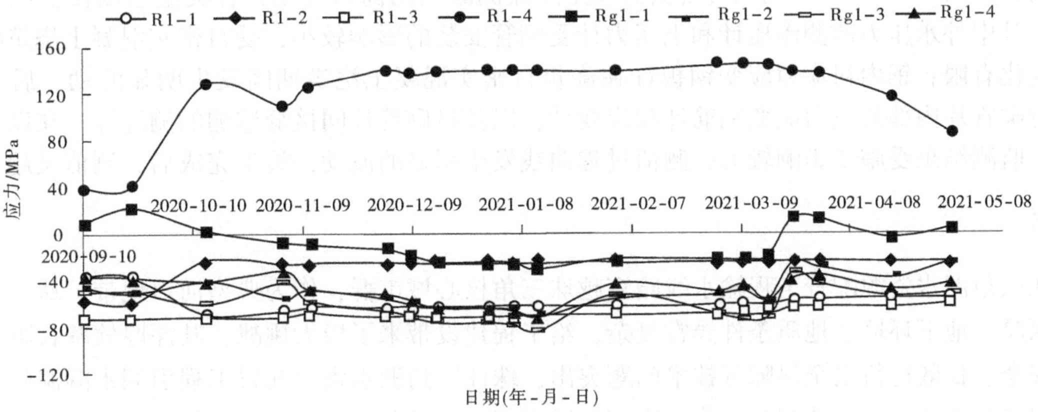

图6　钢筋计应力过程曲线图

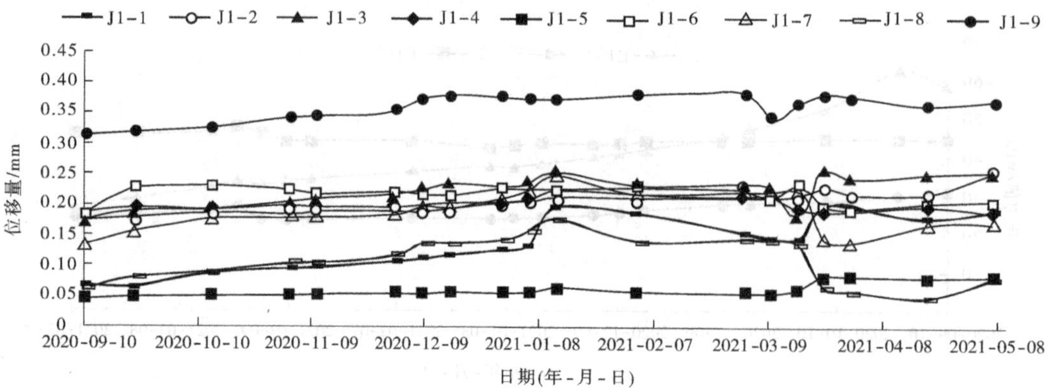

图 7　测缝计位移过程曲线图

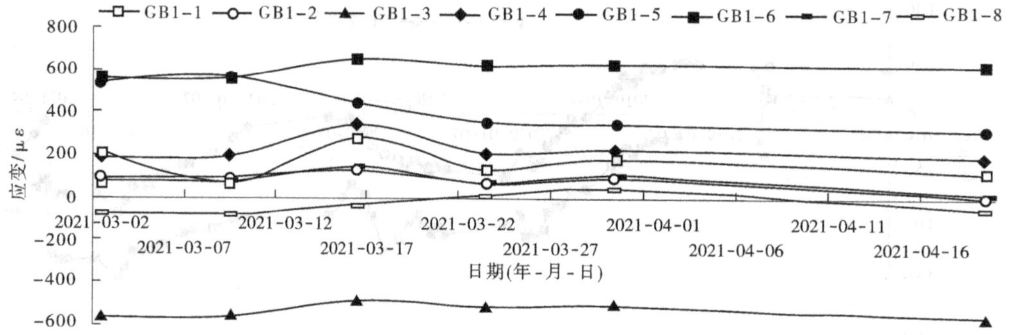

图 8　钢板计应变过程曲线图

通过监测数据的过程曲线图中可以看出：2021 年初盾构隧洞安装钢内衬压力钢管至监测断面的前后时期，以及 2021 年 3 月浇筑自密实混凝土至监测断面的前后时期，各类型监测仪器测值都发生了波动，其中外水压力监测渗压计和土压力计受钢管安装的影响较小，受自密实混凝土浇筑的影响较大，但变化有限；钢内衬应力应变钢板计在浇筑自密实混凝土浇筑期间发生明显波动，后又趋于稳定；而衬砌管片内部的应力应变钢筋计和应变计，以及衬砌管片间接缝监测的测缝计，在以上 2 个施工期间，监测结果受施工影响较大，测值过程曲线发生明显的波动，施工完成后，测值又趋于稳定。

5　结语

珠江三角洲水资源配置工程输水线路穿越珠三角核心城市群，作为典型河口地带，珠三角地区地基软土深厚，地下环境、地质条件异常复杂，给工程建设带来了极大挑战，其深厚软基长距离输水隧洞结构安全、长效运行安全保障等技术问题突出，珠江三角洲水资源配置工程引调水隧洞施工运营期安全监测可作为隧洞安全监测工程典型实例。以深圳分干线公明水库入库段作为生产性试验项目，设计了长距离输水隧洞结构安全监测方案，重点对试验段盾构管片外的土压力及水压力、管片内力及接缝、螺栓拉力、钢衬内力、自密实混凝土应力应变及渗透压力等进行了监测。

参考文献

[1] 钮新强，张传健．复杂地质条件下跨流域调水超长深埋隧洞建设需研究的关键技术问题［J］．隧道建设（中英文），2019，39（4）：523-536.

[2] 杜泽快，刘洪亮．引大济湟长距离引水隧洞安全监测设计研究［J］．人民黄河，2020，42（5）：116-120.

[3] 杜泽快，胡长华．滇中引水工程输水隧洞安全监测设计原则研究［J］．人民长江，2019，50（10）：157-161.

[4] 严振瑞．珠江三角洲水资源配置工程关键技术问题思考［J］．水利规划与设计，2015（11）：48-51.

[5] 戴韵，杨园晶，黄鹄．珠江三角洲水资源配置工程思路研究［J］．水利规划与设计，2019（7）：13-15.

南水北调中线陶岔渠首枢纽工程左岸防渗帷幕优化研究

丁　刚[1]　闵征辉[1]　刘　科[2]　张兴昊[1]

（1. 长江勘测规划设计研究有限责任公司，湖北武汉　430010；
2. 中国三峡建工（集团）有限公司，四川成都　610095）

摘　要：南水北调中线陶岔渠首枢纽工程采用帷幕灌浆防渗方案，帷幕轴线长约 1 990 m。工程左岸可能存在沿库水位变幅区入渗问题，渗漏模式为裂隙性渗漏，不存在管道式渗流问题，三维渗流计算成果表明，左岸 W11′点至 W15 点段不设防渗帷幕后，渗漏量增加 0.015 m^3/s，对下游干渠渠坡稳定影响不大。取消左岸 W11′点至 W15 点段防渗帷幕后，可减少帷幕线路长度 575 m，节省灌浆进尺 11 208 m，经济效益显著。研究成果对同类工程防渗帷幕优化具有较好的参考意义。

关键词：陶岔渠首枢纽工程；渗漏模式分析；三维渗流计算；防渗帷幕优化

1　概述

防渗帷幕一般定义为在大坝基岩中通过灌浆建造一道连续、完整、小于基岩渗透性、平面上呈条带状、立面上形似舞台上帷幕的防渗结构[1]。水利水电工程中，防渗工程往往是制约蓄水发电的关键工程[2]。防渗帷幕与工程地质条件密切相关，在查明水文地质条件的基础上，若有条件对防渗帷幕进行优化，不仅能节省工程工期，还能减少工程投资，效益显著。周和清等对高坝洲工程两岸防渗帷幕提出了“分期布孔，逐步加密（排）”的优化原则[3]。徐瑞春等对水布垭工程提出了封堵岩溶洞穴实现“变岩溶化岩体为裂隙性岩体”的方法，并提出了复杂岩溶地区帷幕优化原则[4]。施华堂等开展了防渗依托层论证、三维渗流计算分析、结构稳定安全复核等研究，对乌东德水电站左岸防渗帷幕进行了优化[5]。

陶岔渠首枢纽工程是南水北调中线输水总干渠的引水渠首，为Ⅰ等工程，由引水闸、河床式电站、两岸混凝土重力坝等建筑物组成。水库正常蓄水位 170 m，校核洪水位 174.35 m，总库容 339.10×10^8 m^3，最大坝高 54 m。为控制闸基及两岸绕闸渗漏，降低闸基扬压力，工程采用帷幕灌浆防渗方案，帷幕轴线长约 1 990 m，帷幕灌浆进尺 69 666 m。本文从渗漏条件、渗漏模式和渗漏途径等方面进行了深入分析，并开展了三维渗流数值计算分析，对工程左岸防渗帷幕优化方案进行了研究。

2　地质条件及渗漏模式分析

2.1　地质条件

工程左岸防渗帷幕沿线地表高程一般为 172～188 m。地表第四系覆盖层为粉质黏土，厚度 4.5～27.4 m；下伏基岩为奥陶系中统（O_2）灰岩，顶板高程 145～176 m。地质勘探钻孔揭露，防渗帷幕沿线及附近岩体溶蚀较发育，以岩溶溶隙为主，多充填黏性土，局部发育少量小型溶蚀孔洞。压水试验表明，防渗帷幕沿线岩体透水性不均一，但总体上岩体透水性自上而下呈减弱趋势。

基金项目：中国三峡建工（集团）有限公司技术服务/咨询项目资助（合同号：WDD/0579）。

作者简介：丁刚（1987—），男，高级工程师，主要从事水工结构工程、边坡及基础处理研究工作。

2.2 入渗条件分析

经地勘普查、测量，可能形成远岸绕闸渗漏的主要部位如下：①13 处灰岩露头区。2 处位于汤山南坡、小方湾村东北，面积 739 m^2；1 处位于汤山西坡，面积 4 278 m^2；另外 10 处位于汤山西北坡，面积 17 125 m^2。灰岩露头区总面积 22 142 m^2。②2 处覆盖层较薄区（厚度小于 5 m）。1 处分布于汤山西侧山脚，面积 22 648 m^2；另 1 处位于汤山西北坡脚，面积 57 845 m^2。覆盖层较薄区总面积 80 493 m^2。

入渗区山体地表植被良好，覆盖层土质密实，地表水排泄畅通，地表水入渗补给条件较差，发育深大岩溶的概率较小。入渗区大部分位于正常蓄水位高程 170 m 以上，仅在校核水位等特殊工况下可能形成临时性入渗渗漏条件，但不具备长期入渗条件。入渗区表层基本上都被黏土层覆盖，黏土覆盖层土质密实，具有较好的防渗性能，因此现状情况下入渗条件较差，但提高蓄水位运行后，库水位变幅区内覆盖层将被剥离，岩体裸露，从而形成库水入渗条件。

2.3 渗漏模式分析

初期工程正常蓄水位高程为 157 m，于 1974 年建成，各时期监测资料表明，左岸远岸未发生渗漏现象，说明左岸远岸高程在 157 m 以下，无连续的管道式渗漏通道或集中渗漏带。

提高蓄水位运行后，入渗范围和渗透水力坡降也会增大。左岸入渗区至下游干渠溢出面间渗径长达 3 km，溢出面高程约 139 m。现状工况下，上游正常蓄水位 157 m，渗透水力坡降为 0.006；提高蓄水位至 170 m 后，渗透水力坡降为 0.01。

工程左岸防渗帷幕沿线局部发育有溶洞、溶缝，但这些溶洞多为古溶洞，正常蓄水位提高到高程 170 m 后，左岸远岸渗透水力坡降仅为 0.01，远远小于岩溶充填物所能承受的允许水力坡降 0.1，岩溶充填物不会发生渗透破坏，形成管道式渗漏的可能性很小。

2.4 渗漏途径分析

根据灰岩地层水文地质特点，在无大的断层、岩溶切割的情况下，其顺岩层走向方向渗透系数远大于垂直岩层走向方向的渗透系数。左岸远岸岩层走向方位角为 290°~300°，地下渗流模式为裂隙、溶隙性渗流，渗流方向与岩层走向方向一致。分别选取地下渗流方向为 290°、300°进行分析，研究左岸远岸主渗流带，见图 1。当地下渗流方向为方位角 290°时，左坝肩至 W13 点之间区域位于主渗流带范围内，W13 点以远区域（W13 点~W15 点）位于主渗流带范围以外。当地下渗流方向为方位角 300°时，左坝肩至 W11 点之间区域位于主渗流带范围内，W11 点以远区域（W11 点~W13 点~W15 点）位于主渗流带范围以外。

3 三维渗流计算

针对工程左岸开展大型三维渗流计算分析研究，重点研究不同优化设计方案下渗流量，以及渗流对渠首下游渠坡稳定的影响。

3.1 计算模型

三维有限元模型 x 方向长约 5 000 m，y 方向长约 1 200 m，z 方向的底板高程取 0 m，单元总数 106 864 个，结点总数 116 720 个，见图 2。针对入渗区施加定水头边界条件；闸首下游总干渠渠道水位以上区域视为可能溢出面，渠道水位以下区域施加定水头边界；模型东北侧、西南侧和底部与周围无流量交换，视为隔水边界。

3.2 计算参数

左岸岩土体透水性共分为黏土覆盖层、强透水岩体、中等透水岩体、弱透水岩体、微透水岩体等 5 类，岩土体参数分为大值、较大值、中间值、较小值等 4 个不同的渗透系数进行计算分析。左岸远岸段帷幕防渗标准为 $q=10$ Lu，根据一般工程经验，取灌后帷幕平均透水率为 $q=6$ Lu，相应的渗透系数为 $k=7.80\times10^{-5}$ cm/s。渗透系数取值见表 1。

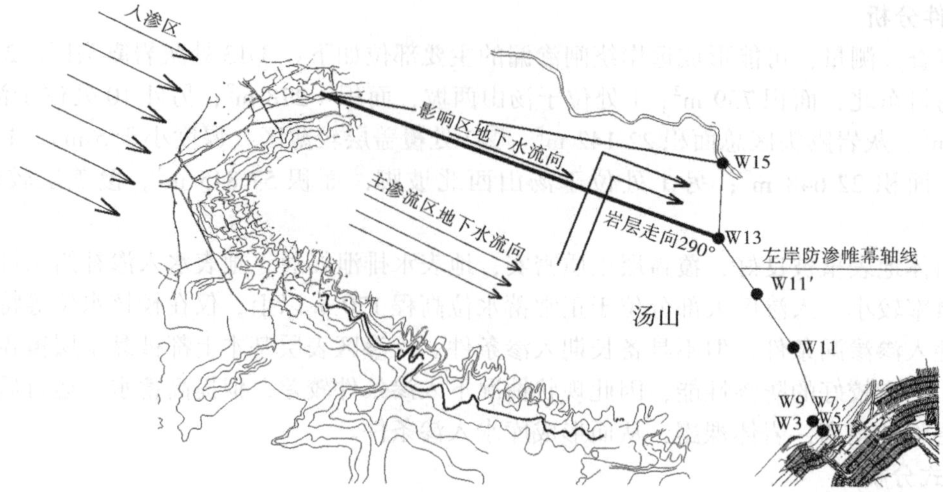

(a)渗流方向为方位角290°

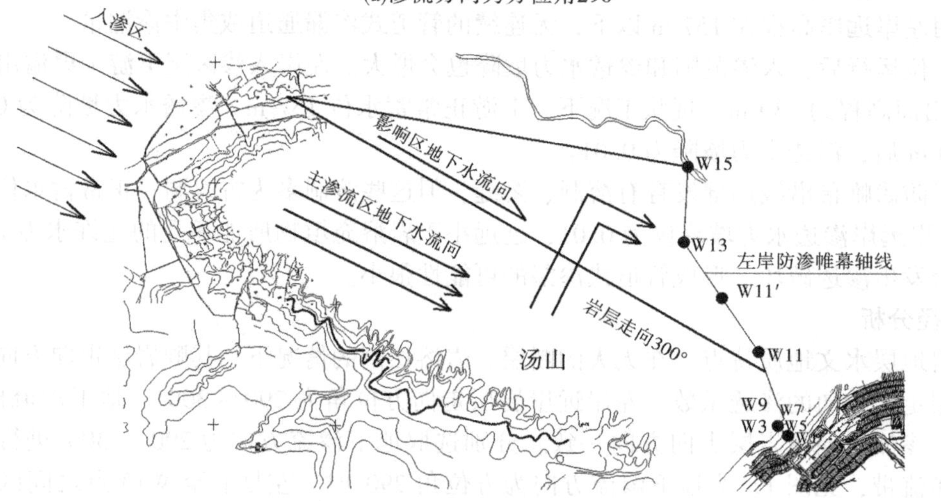

(b)渗流方向方位角为300°

图1　地下水渗流途径示意图

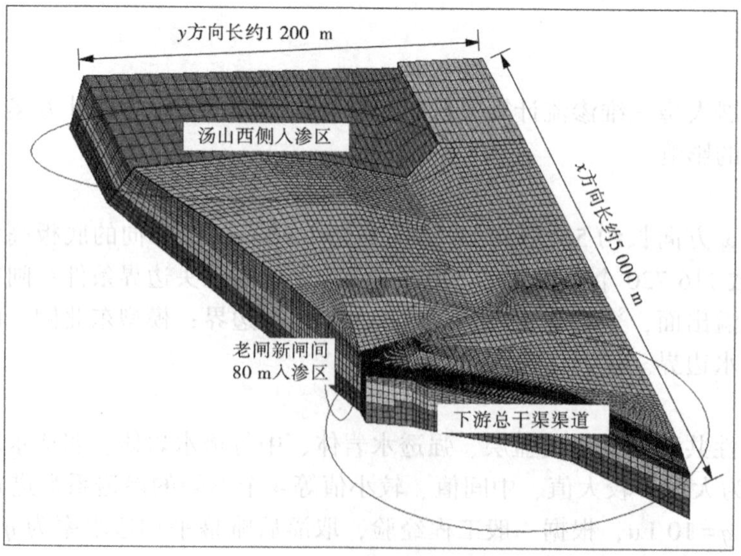

图2　陶岔渠首枢纽工程左岸三维有限元模型

表 1　渗透系数取值

项目	渗透系数/(cm/s)			
	大值	较大值	中间值	较小值
黏土覆盖层（al_ pl）	2.70×10^{-5}			
强透水岩体（$q\geqslant100$ Lu）	3.00×10^{-1}	1.00×10^{-1}	5.00×10^{-2}	1.00×10^{-2}
中等透水岩体（10 Lu$\leqslant q<100$ Lu）	1.00×10^{-2}	1.00×10^{-2}	5.00×10^{-3}	1.00×10^{-3}
弱透水岩体（1 Lu$\leqslant q<10$ Lu）	1.30×10^{-4}			
微透水岩体（0.1 Lu$\leqslant q<1$ Lu）	1.30×10^{-5}			
防渗帷幕	7.80×10^{-5}			

3.3　计算结果

分别对左岸帷幕全做、优化至 W13 点、优化至 W11′点、优化至 W11 点以及左岸无帷幕等 5 种防渗方案进行计算分析，各帷幕优化工况渗漏量见图 3，溢出点高程见图 4。计算成果分析如下。

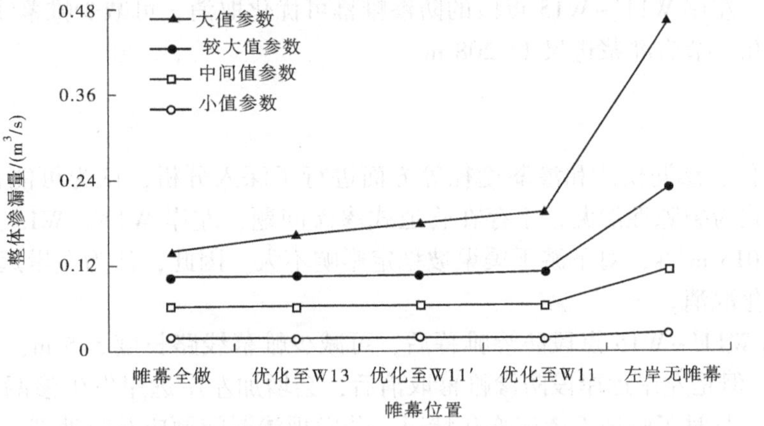

图 3　各帷幕优化工况渗漏量

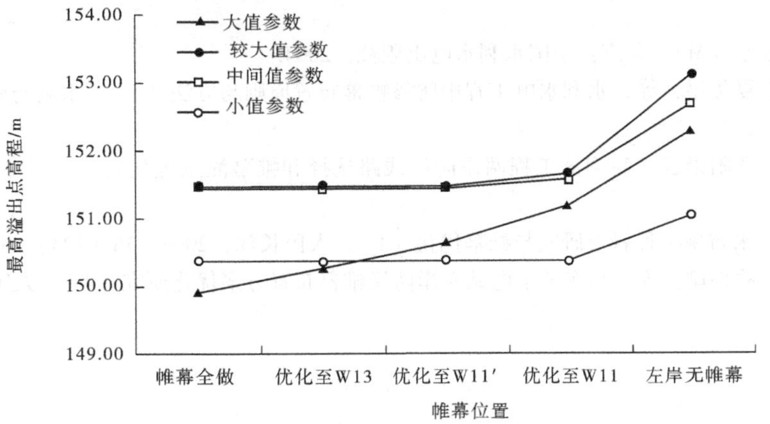

图 4　各帷幕优化工况溢出点高程

（1）渗漏量分布规律。岩土体参数取小值、中间值及较大值时，在帷幕优化至 W11′点之前，渗漏量基本没有变化，优化至 W11 点时，渗漏量有少量增加，左岸帷幕全部优化时，渗漏量有非常大的增加；岩土体参数取大值时，随着帷幕长度的逐渐优化，渗漏量逐渐增加。

（2）浸润线分布规律。岩土体参数取小值、中间值及较大值时，在帷幕优化至 W11′之前，溢出点高程基本没有变化，优化至 W11 点时，溢出点高程有少量增加，左岸帷幕全部优化时，溢出点高程有非常大的增加，对黏土渠坡安全不利；岩土体参数取大值时，随着帷幕长度的逐渐优化，溢出点高程逐渐增加。

4 防渗帷幕优化分析

（1）左岸 W11′~W15 点段位于主渗流场以外，渗漏模式为溶隙性渗漏，不存在管道式渗流的可能，且渗径长达 3 km，渗透比降仅 0.01 左右，因此水库蓄水位提高到 170 m 后，该处发生岩溶击穿形成集中渗漏的概率较低。

（2）水库蓄水位提高到 170 m 后，左岸 W11′点至 W15 点段在不设防渗帷幕情况下，即便发生渗漏，渗漏量最大增加 0.015 m^3/s，且渗漏水仍流向下游总干渠，并不造成水库流量损失，溢出点高程基本没有变化，对下游干渠渠坡稳定影响不大。

（3）左岸 W11′~W15 点段远离枢纽主体工程，距离达 630 m 以上，即便发生渗漏，对主体工程安全基本无影响，且具备后续补充防渗灌浆条件。

综合分析认为，左岸 W11′~W15 点段的防渗帷幕可优化取消，可减少帷幕线路长度 575 m，减少帷幕灌浆孔数 230 孔，节省灌浆进尺 11 208 m。

5 结语

（1）从渗漏条件、渗漏模式和渗漏途径等方面进行了深入分析，认为可能存在沿库水位变幅区入渗问题，渗漏模式为裂隙性渗漏，不存在管道式渗流问题，左岸 W11′~W15 点段不设防渗帷幕后渗漏量增加值为 0.015 m^3/s，对下游干渠渠坡稳定影响不大。因此，认为左岸远岸 W11′点至 W15 点段的防渗帷幕可优化取消。

（2）优化取消 W11′~W15 点段防渗帷幕后，可减少帷幕线路长度 575 m，节省灌浆进尺 11 208 m，经济效益显著。但是左岸远岸段防渗帷幕取消后，会增加左岸远岸发生渗漏的风险，应加强左岸远岸地下渗流监测，及时了解地下渗流变化情况，若发现渗漏问题应及时处理。

参考文献

[1] 孙钊. 大坝基岩灌浆［M］. 北京：中国水利水电出版社，2004.
[2] 王汉辉，邹德兵，夏传星，等. 水利水电工程中防渗帷幕布置原则与方法［J］. 水利与建筑工程学报，2010，8（6）：117-120.
[3] 周和清，姚春雷，欧阳崇云. 高坝洲工程两岸防渗线路选择和帷幕灌浆优化设计［J］. 水力发电，2002（3）：27-28.
[4] 徐瑞春，柳景华. 水布垭工程岩溶研究与帷幕优化［J］. 人民长江，2005，36（12）：26-30.
[5] 施华堂，顾功开，乔兴斌，等. 乌东德水电站左岸防渗帷幕布置方案优化研究［J］. 人民长江，2019，50（3）：161-165.

引江济淮工程输水沿线水质变化分析

毕　雪　王俊洲　杨寅群　田志福　王晓媛

（长江水资源保护科学研究所，湖北武汉　430051）

摘　要： 为明晰引江济淮工程开工建设后输水线路主要污染物变化趋势，总体分析引江济巢段、江淮沟通段和江水北送段年水质类别变化，选取 14 个监测断面 2014—2021 年逐月常规水质数据，采用 Spearman 秩相关系数法分析研究了高锰酸盐指数、氨氮、总氮和总磷变化趋势情况。结果表明，各主要断面总体呈现污染物浓度降低趋势，引江济淮沿线治污工作取得了显著成效，但是派河和西淝河部分月份水质不达标，需要进一步加强污染防治措施。

关键词： 引江济淮；水环境；水安全；趋势分析

引江济淮工程沟通长江、淮河两大水系，是一项跨流域并承担多目标开发任务的重大战略性水资源配置工程。该工程实施后，可有效缓解淮北地区较长时间内的缺水矛盾，完善江淮运输体系，缓解巢湖及淮河水环境恶化趋势，对促进该地区经济社会协调可持续发展、水生态文明建设具有重要作用[1-4]。2014 年，引江济淮工程环境影响评价工作正式启动，2016 年，引江济淮工程环境影响报告书取得环境保护部批复，《关于引江济淮工程环境影响报告书的批复》中提出工程部分输水河湖水质较差，不能满足输水水质要求，因此建议国家相关部门和安徽省、河南省人民政府在项目实施过程中，提出切实有效的治污规划，并全面落实，以保障人民群众引水安全。安徽省人民政府以皖政秘〔2016〕201 号文批复了《安徽省引江济淮工程治污规划》，规划设置了生活污水治理、工业污染防治、规模化畜禽养殖废物治理、垃圾渗滤液治理、面源污染防治、内源污染防治、生态保育、区域水环境综合整治、能力建设九大类共 670 个工程。笔者探讨了引江济淮工程建设期（2014—2021 年）工程输水沿线主要常规监测断面水质变化，回顾治污规划取得的成果，分析存在的水质安全风险，并提出保障措施，以期为引江济淮工程水资源保护工作提供支持。

1　研究方法和材料

1.1　研究区域

引江济淮工程位于皖豫两省，共涉及 15 个地级市，其中安徽省 13 个市（铜陵、安庆、芜湖、马鞍山、合肥、六安、滁州、淮南、蚌埠、淮北、宿州、阜阳、亳州）。引江济淮工程引水线路的总方向是从长江引水，分别经西河、兆河和菜子湖、孔城河、白石天河注入巢湖输水线路，引江水通过巢湖输水线路至派河口，经派河枢纽泵站提水后利用派河输水，经新建蜀山泵站枢纽提水后，沿新开挖江淮分水岭渠段输水，接东淝河后入瓦埠湖，经瓦埠湖调蓄后注入淮河干流，再经蚌埠闸调蓄后利用颍河、涡河、茨淮新河、西淝河等河道继续往北向皖北、豫东送水。根据工程位置及功能定位的不同，引江济淮工程总体布局可分为引江济巢、江淮沟通以及江水北送三大段落（见图 1）。

引江济淮工程 2030 水平年年平均引江水量 33.03 亿 m^3、入瓦埠湖水量 21.36 亿 m^3，其中供安徽

基金项目： 引江济淮工程（安徽段）输水沿线水源保护区划分、重大突发性水污染事件预警系统和水源地保护规划等课题研究项目（YJJH-ZT-ZX-20230706545）。

作者介绍： 毕雪（1984—），女，高级工程师，主要从事流域规划及水利水电工程环境影响评价工作。

通信作者： 杨寅群（1986—），男，正高级工程师，主要从事水资源保护规划与管理工作。

省 26.13 亿 m³，河南省 6.9 亿 m³。

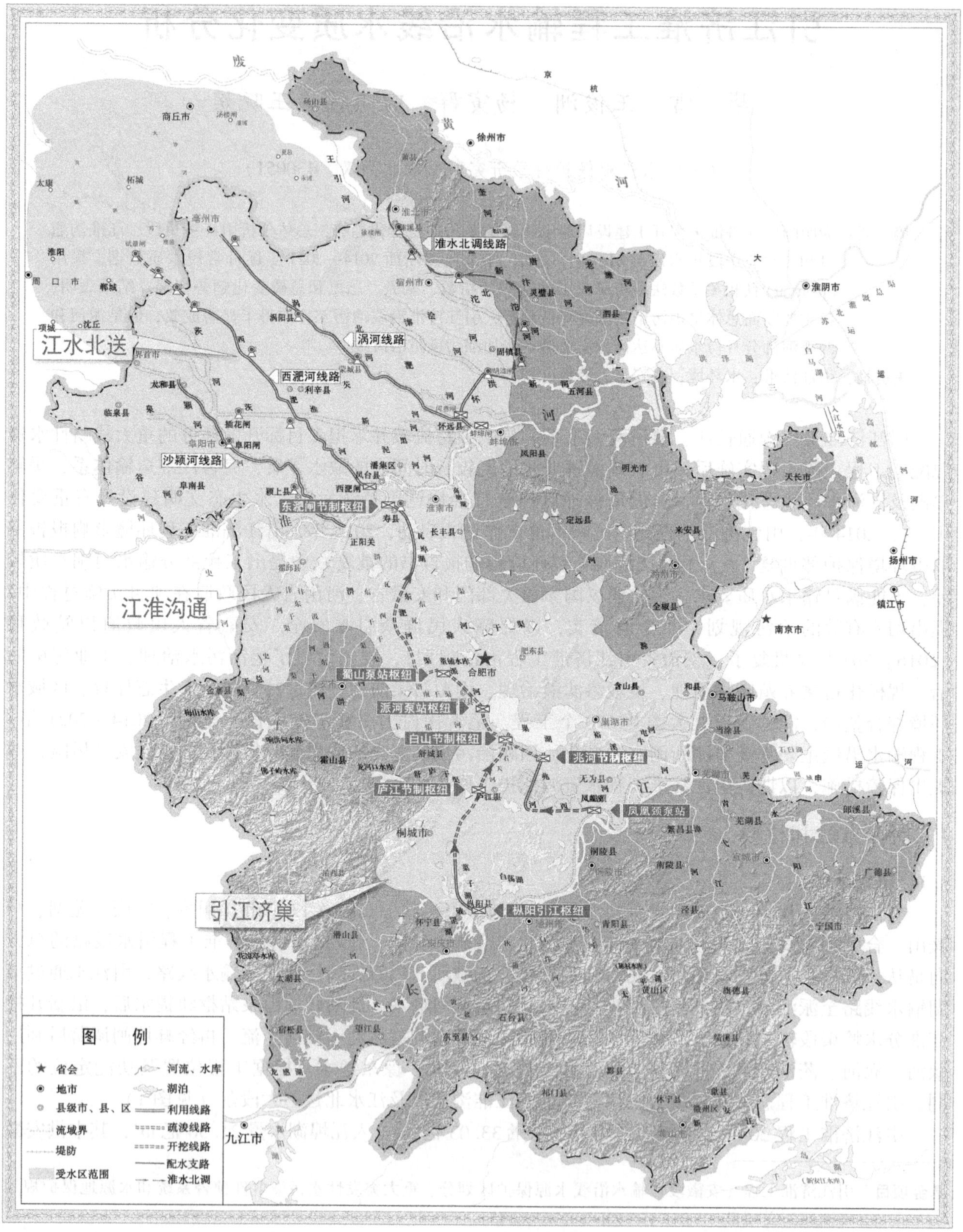

图 1　引江济淮工程布局图

1.2 研究数据

地表水环境变化分析包括区域整体环境质量评价和常规监测断面污染物浓度变化分析，其中区域整体环境质量评价数据来自安徽省水环境质量公报，常规监测断面污染物浓度变化趋势以安徽省地表水水质监测断面 2014—2021 年例行监测成果为分析基础。

1.3 研究方法

利用 Spearman 秩相关系数法判断其浓度变化趋势的显著性。

秩相关系数的计算公式如下：

$$r_s = 1 - (6 \times \sum d_i^2)/[n \times (n^2 - 1)] \tag{1}$$

$$d_i = x_i - y_i \tag{2}$$

式中：r_s 为秩相关系数；n 为样本周期，此处为 2014 年 1 月至 2021 年 12 月中参与评价的月度个数，取值为 96；x_i 为周期 1 到 N 按污染指标浓度从小到大排列的序号；y_i 为按时间顺序排列的序号；d_i 为变量 x_i 和变量 y_i 的差值。

将秩相关系数 r_s 的绝对值同 Spearman 秩相关系数统计表中的临界值 w_p 进行比较，$|r_s| > w_p$ 则表明变化趋势具有显著意义：

如果 r_s 是负值，表明在评价时段内污染物浓度呈下降趋势或好转趋势。

如果 r_s 是正值，表明在评价时段内污染物浓度呈上升趋势或加重趋势。

$|r_s| \leq w_p$ 则表明变化趋势没有显著意义：说明在评价时段内污染物浓度变化稳定或平稳。

2 研究结果和分析

2.1 水质类别变化分析

选取引江济淮工程输水线路代表性监测断面 2014 年和 2021 年水质评价结果进行对比分析可见，2014—2021 年，引江济淮工程输水沿线河湖水质类别总体变化趋势为持平或提升，见表 1。

2.1.1 引江济巢段

与工程建设前相比，菜子湖水域水质类别由Ⅳ类提升至Ⅲ类，水质好转，满足输水水质要求；长河水质类别由Ⅲ类提升至Ⅱ类。伴随着区域性特大城市建设和合肥经济圈加快发展，经济规模和城市人口大幅增长，污染源治理力度也在不断加强。与工程建设前相比，巢湖水系水质总体提升。巢湖西半湖水质类别由劣Ⅴ类提升至Ⅳ类；巢湖东半湖保持Ⅳ类水质类别；白石天河、兆河保持Ⅲ类水质类别；裕溪河水质类别由Ⅲ类提升至Ⅱ类；丰乐河水质类别由Ⅳ类提升至Ⅱ类；杭埠河水质类别由Ⅲ～Ⅴ类提升至Ⅱ类；十五里河水质类别由劣Ⅴ类提升至Ⅲ类；南淝河水质类别由劣Ⅴ类提升至Ⅳ类，以上入巢湖支流水质均呈现好转趋势，2021 年水质类别满足水质管理目标要求。

2.1.2 江淮沟通段

派河是巢湖水系水污染治理的重点流域，近年合肥市西南部和肥西县迅速发展，污染源治理力度不断加强，与工程建设前相比，派河水质类别由劣Ⅴ类提升至Ⅲ类，满足输水水质目标要求。瓦埠湖保持Ⅲ类水质类别，与工程建设前持平；东淝河水质由Ⅳ类提升至Ⅲ类；淮河干流总体水质类别有所提升，沫河口断面水质类别由Ⅳ类提升至Ⅱ类，新城口断面水质类别由Ⅴ类提升至Ⅱ类，鲁台孜和石头埠断面水质类别由Ⅲ类提升至Ⅱ类，蚌埠闸上断面工程建设前后水质类别均为Ⅲ类，各断面水质满足管理目标要求。

2.1.3 江水北送段

在沿淮淮北地区经济持续增长和城镇人口不断扩大的背景下，安徽省不断强化治污力度，西淝河、颍河、涡河、沱河水质明显好转。西淝河利辛段断面水质类别由Ⅳ类提升至Ⅲ类；颍河水质类别由Ⅳ～Ⅴ类提升至Ⅲ类；涡河除龙亢断面水质类别保持Ⅲ类外，其他断面水质类别由劣Ⅴ类提升至Ⅲ～Ⅳ类。

表 1　引江济淮工程涉及水域水环境质量变化对比

评价区域	评价水系	评价水域	水质监测站点	水域类型	2014 年水质类别	2021 年水质类别	水质目标	水质变化	2021 年水质是否达标
引江济巢段	菜子湖水系	菜子湖	菜子湖	湖库	Ⅳ	Ⅲ	Ⅲ	提升	达标
		长河	枞阳大闸	河流	Ⅲ	Ⅱ	Ⅲ	提升	达标
	巢湖水系	巢湖西半湖	湖滨/新河入湖区/西半湖湖心	湖库	劣Ⅴ	Ⅳ	Ⅳ	提升	达标
		巢湖东半湖	巢湖坝口/巢湖船厂/黄麓/东半湖湖心/忠庙/兆河入湖区	湖库	Ⅳ	Ⅳ	Ⅳ	持平	达标
		白石天河	石堆渡口	河流	Ⅲ	Ⅲ	Ⅲ	持平	达标
		兆河	庐江缺口/入湖口渡口	河流	Ⅲ	Ⅲ	Ⅲ	持平	达标
		裕溪河	三胜大队渡口/裕溪口	河流	Ⅲ	Ⅱ	Ⅲ	提升	达标
		丰乐河	三河镇大桥	河流	Ⅳ	Ⅱ	Ⅲ	提升	达标
		杭埠河	河口大桥	河流	Ⅲ	Ⅱ	Ⅲ	提升	达标
			三河镇新大桥	河流	Ⅴ	Ⅱ	Ⅲ	提升	达标
		十五里河	希望桥	河流	劣Ⅴ	Ⅲ	Ⅲ	提升	达标
		南淝河	板桥码头/施口	河流	劣Ⅴ	Ⅳ	Ⅴ	提升	达标
		派河	肥西化肥厂下	河流	劣Ⅴ	Ⅲ	Ⅲ	提升	达标
江淮沟通段	瓦埠湖水系	瓦埠湖	瓦埠湖	湖库	Ⅲ	Ⅲ	Ⅲ	持平	达标
		东淝河	五里闸	河流	Ⅳ	Ⅲ	Ⅲ	提升	达标
	淮河干流	淮河干流	蚌埠闸上	河流	Ⅲ	Ⅲ	Ⅲ	持平	达标
			鲁台孜	河流	Ⅲ	Ⅱ	Ⅲ	提升	达标
			沫河口	河流	Ⅳ	Ⅱ	Ⅲ	提升	达标
			石头埠	河流	Ⅲ	Ⅱ	Ⅲ	提升	达标
			新城口	河流	Ⅴ	Ⅱ	Ⅲ	提升	达标
江水北送段	淮河以北支流	西淝河	利辛段	河流	Ⅳ	Ⅲ	Ⅲ	提升	达标
			西淝河闸下	河流	Ⅲ	Ⅲ	Ⅲ	持平	达标
		颍河	阜阳段上游	河流	Ⅳ	Ⅲ	Ⅲ	提升	达标
			阜阳段下游	河流	Ⅴ	Ⅲ	Ⅲ	提升	达标
			杨湖	河流	Ⅳ	Ⅲ	Ⅲ	提升	达标
		涡河	亳州	河流	劣Ⅴ	Ⅳ	Ⅳ	提升	达标
			龙亢	河流	Ⅲ	Ⅲ	Ⅲ	持平	达标
			涡阳义门大桥	河流	劣Ⅴ	Ⅲ	Ⅲ	提升	达标
			岳坊大桥	河流	劣Ⅴ	Ⅲ	Ⅲ	提升	达标

2.2 污染物浓度变化分析

根据各典型断面污染物指标变化分析（断面分布见图2，趋势分析见表2），引江济淮工程输水沿线除白石天河石堆渡口断面总磷浓度和西淝河利辛段断面高锰酸盐指数、总磷浓度呈现略有上升趋势外（见图3~图5），其余断面高锰酸盐指数、氨氮、总磷、总氮（湖泊）浓度呈现持平或下降趋势。总体来看，引江济淮工程输水沿线水域主要污染物浓度呈现下降趋势。

图2 典型水质监测断面分布图

表 2　引江济淮工程主要水质监测断面污染物浓度变化趋势分析

河湖名称	断面	指标	N	r_s 值	趋势	显著性	变化趋势检验
长河	枞阳大闸	高锰酸盐指数	96	0.022	—	0.417	无显著性意义
		氨氮	96	−0.532	下降	<0.01	α=0.01 时，有显著性意义
		总磷	96	−0.409	下降	<0.01	α=0.01 时，有显著性意义
菜子湖	菜子湖	高锰酸盐指数	96	−0.068	—	0.257	无显著性意义
		氨氮	96	−0.679	下降	<0.01	α=0.01 时，有显著性意义
		总氮	96	−0.678	下降	<0.05	α=0.05 时，有显著性意义
		总磷	96	−0.126	—	0.113	无显著性意义
白石天河	石堆渡口	高锰酸盐指数	96	−0.177	下降	<0.05	α=0.05 时，有显著性意义
		氨氮	96	−0.084	—	0.209	无显著性意义
		总磷	96	0.301	上升	<0.01	α=0.01 时，有显著性意义
兆河	庐江缺口	高锰酸盐指数	96	−0.228	下降	<0.05	α=0.05 时，有显著性意义
		氨氮	96	−0.111	—	0.142	无显著性意义
		总磷	96	0.139	—	0.088	无显著性意义
巢湖	巢湖东半湖湖心	高锰酸盐指数	96	−0.126	—	0.112	无显著性意义
		氨氮	96	−0.672	下降	<0.01	α=0.01 时，有显著性意义
		总氮	96	0.007	—	0.473	无显著性意义
		总磷	96	0.109	—	0.144	无显著性意义
巢湖	巢湖西半湖湖心	高锰酸盐指数	96	−0.329	下降	<0.01	α=0.01 时，有显著性意义
		氨氮	96	−0.645	下降	<0.01	α=0.01 时，有显著性意义
		总氮	96	−0.273	下降	<0.01	α=0.01 时，有显著性意义
		总磷	96	−0.232	下降	<0.05	α=0.05 时，有显著性意义
派河	肥西化肥厂下	高锰酸盐指数	96	−0.405	下降	<0.01	α=0.01 时，有显著性意义
		氨氮	96	−0.751	下降	<0.01	α=0.01 时，有显著性意义
		总磷	96	−0.737	下降	<0.01	α=0.01 时，有显著性意义
瓦埠湖	瓦埠湖	高锰酸盐指数	96	−0.068	—	0.256	无显著性意义
		氨氮	96	−0.694	下降	<0.01	α=0.01 时，有显著性意义
		总氮	96	−0.082	—	0.214	无显著性意义
		总磷	96	−0.006	—	0.478	无显著性意义
东淝河	五里闸	高锰酸盐指数	96	0.004	—	0.486	无显著性意义
		氨氮	96	−0.153	—	0.068	无显著性意义
		总磷	96	−0.003	—	0.489	无显著性意义
淮河	鲁台孜	高锰酸盐指数	96	−0.146	—	0.078	无显著性意义
		氨氮	96	−0.314	下降	<0.01	α=0.01 时，有显著性意义
		总磷	96	−0.294	下降	<0.01	α=0.01 时，有显著性意义

续表 2

河湖名称	断面	指标	N	r_S 值	趋势	显著性	变化趋势检验
淮河	蚌埠闸上	高锰酸盐指数	96	0. 059	—	0. 283	无显著性意义
		氨氮	96	−0. 309	下降	<0. 01	α=0. 01 时，有显著性意义
		总磷	96	0. 102	—	0. 123	无显著性意义
颍河	太和段上游	高锰酸盐指数	96	−0. 632	下降	<0. 01	α=0. 01 时，有显著性意义
		氨氮	96	0. 001	—	0. 496	无显著性意义
		总磷	96	−0. 803	下降	<0. 01	α=0. 01 时，有显著性意义
西淝河	利辛段	高锰酸盐指数	96	0. 222	上升	<0. 05	α=0. 05 时，有显著性意义
		氨氮	96	−0. 512	下降	<0. 01	α=0. 01 时，有显著性意义
		总磷	96	0. 181	上升	<0. 05	α=0. 05 时，有显著性意义
涡河	涡阳义门大桥	高锰酸盐指数	96	−0. 522	下降	<0. 01	α=0. 01 时，有显著性意义
		氨氮	96	−0. 413	下降	<0. 01	α=0. 01 时，有显著性意义
		总磷	96	0. 09	—	0. 192	无显著性意义

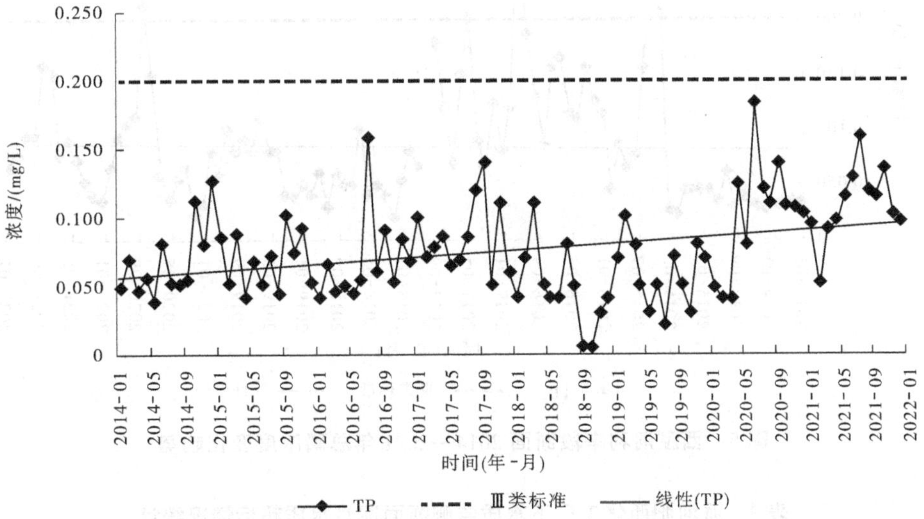

图 3　白石天河石堆渡口断面 2014—2021 年总磷浓度变化趋势

2. 3　水质安全问题

综合输水沿线水域典型断面平均水质的年际变化、逐月水质超标情况统计和污染物指标变化趋势分析，2014—2021 年，引江济淮工程输水沿线水域水质状况呈变好趋势，逐月水质超标次数总体呈减少趋势，主要污染物浓度呈现下降趋势。目前，输水干线输水水质安全保障仍存在以下问题：2014 年至今派河主要污染物浓度呈现下降趋势，但逐月水质达标情况较差，近 3 年派河年均有 83. 3%的月份水质不达标；西淝河水质总体较好，但汛期 5—9 月水质普遍存在超标情况。

2014—2021 年，派河肥西化肥厂下断面水质超标月份呈现逐年下降的趋势（见表 3），2014—2017 年超标月份数量最多为 12 次，2021 年超标月份数量最少为 8 次。各月超标次数差距较小，主要超标因子溶解氧、高锰酸盐指数、化学需氧量、氨氮、总磷浓度呈现逐年下降趋势。

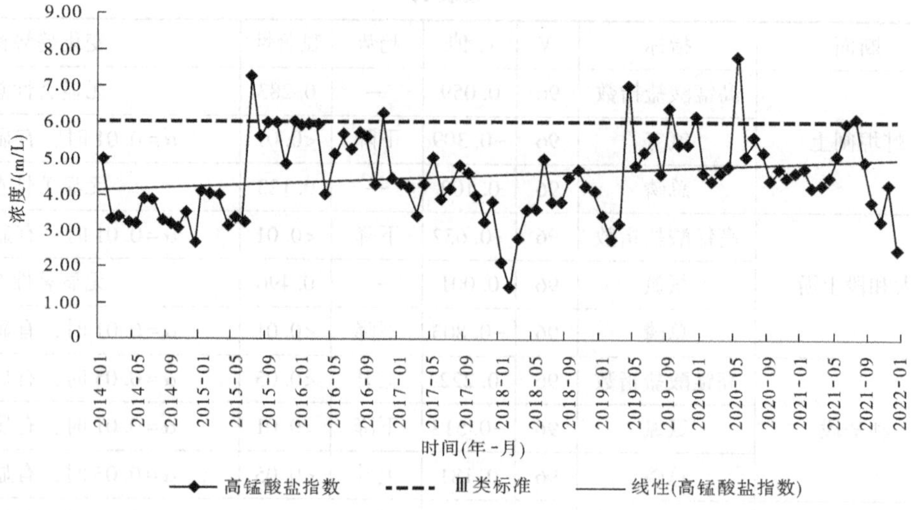

图 4　西淝河利辛段断面 2014—2021 年高锰酸盐指数变化趋势

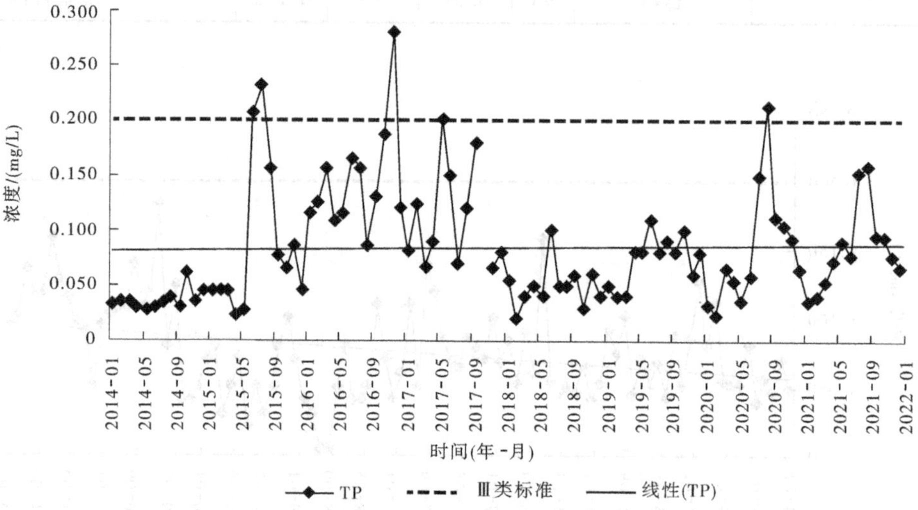

图 5　西淝河利辛段断面 2014—2021 年总磷浓度变化趋势

表 3　派河肥西化工厂下水质监测断面逐月水质超标情况统计

年份	1 月	2 月	3 月	4 月	5 月	6 月	7 月	8 月	9 月	10 月	11 月	12 月	合计
2014	1	1	1	1	1	1	1	1	1	1	1	1	12
2015	1	1	1	1	1	1	1	1	1	1	1	1	12
2016	1	1	1	1	1	1	1	1	1	1	1	1	12
2017	1	1	1	1	1	1	1	1	1	1	1	1	12
2018	1	1	1	1	0	1	1	1	1	0	1	1	10
2019	1	1	1	1	1	1	1	1	1	1	0	1	11
2020	1	0	1	1	1	1	1	1	1	1	1	1	11
2021	1	0	1	0	1	1	1	1	1	1	0	0	8
合计	8	6	8	7	8	7	8	8	8	7	6	7	88

西淝河统计了利辛段、西淝河闸下两个断面2014—2021年逐月水质超标情况（见表4）。2014—2021年，西淝河超标月份占总月份的百分比为38.5%，2019年超标月份最多为14次，2021年超标月份为11次，呈下降的趋势。超标月份主要集中在7月、11月，为9次，其次是5月、6月、9月，为7次。主要超标因子高锰酸盐指数呈现略有上升趋势，氨氮浓度呈现下降趋势，总磷浓度基本持平。

表4　西淝河水质监测断面逐月水质超标情况统计

年份	1月	2月	3月	4月	5月	6月	7月	8月	9月	10月	11月	12月	合计
2014	1	1	1	1	1	1	1	1	1	1	1	1	12
2015	1	1	1	1	1	1	1	1	1	1	1	1	12
2016	1	1	1	1	1	1	0	0	1	1	1	0	9
2017	0	0	0	0	0	0	0	0	0	0	2	1	3
2018	0	0	0	0	0	0	1	1	1	0	0	1	4
2019	2	1	1	1	1	1	2	0	2	0	2	1	14
2020	0	0	0	0	2	2	2	1	0	0	1	1	9
2021	1	0	0	2	1	1	2	1	1	1	1	0	11
合计	6	4	4	6	7	7	9	5	7	4	9	6	74

3　水质保障措施

现状派河流域中高锰酸盐指数、氨氮和总磷背景浓度较高，需进一步治理污染物，需要在源头控制、过程拦截以及进行河道净化，特别是污水处理厂稳定达标、雨污分流、初期雨水调蓄、污水处理厂尾水湿地净化、畜禽养殖污染治理等方面应加大力度，尽快使派河水质稳定达到Ⅲ类水质目标，以保障引江济淮工程顺利通水[5-6]。西淝河汛期水质不达标与沙颍河下泄污水关系密切，在进一步对西淝河流域进行污染物治理的同时，应加强汛前污水调度，把沙颍河进入西淝河流量控制在西淝河流量的7%~10%，确保西淝河取水口水质安全[7]。

4　结论

《安徽省引江济淮工程治污规划（2021—2025年）》实施效果显著，2021年引江济淮工程输水线路主要断面年水质类别可达到输水水质目标，2014—2021年高锰酸盐指数、氨氮、总氮、总磷等污染物指标总体呈现下降趋势。空间上存在水质风险的河道为派河和西淝河，较多月份水质类别未达到输水水质目标，超标因子除高锰酸盐指数、氨氮、总磷外，还包括溶解氧等。后续工作应进一步加强流域污染源治理，并采取水资源调度等措施，保障工程通水后取水口水质安全。

参考文献

[1] 童庆国. 引江济淮结合通航构建淮河水系第二入江通道［J］. 中国水运，2013，13（7）：30-31.
[2] 朱青. 按照新的治水思路与水权理论规划和建设引江济淮工程［J］. 水利经济，2002（2）：47-50.

[3] 沈洪生．关于引江济淮工程规划若干问题的探讨［J］．江淮水利科技，2009（1）：7-9.
[4] 张斯思，匡武．引江济淮巢湖调水区水污染特性及对策研究［J］．四川环境，2016，35（2）：42-47.
[5] 孙康茜，刘花台，曹文志，等．引江济淮工程对派河水环境的影响［J］．环境工程，2019，37（12）：49-54.
[6] 朱慧栾，黄志，张彦辉．引江济淮通道派河水污染治理研究［J］．安徽农业科学，2016，44（29）：47-50.
[7] 陈咏诗，珠海，杨旭，等．沙颍河下泄污水的降解与稀释特性对西淝河取水口水质的影响［J］．河海大学学报（自然科学版），2023，51（6）：29-36.

太湖贡湖湾湖流自动监测系统设计与应用分析

苗宝文[1]　季国安[2]　王　刚[1]　朱玉东[3]　王文种[1]　叶文彬[1]

（1. 江苏南水科技有限公司，江苏南京　210012；
2. 水利部南京水利水文自动化研究所，江苏南京　210012；
3. 太湖流域水文水资源监测中心，江苏无锡　214024）

摘　要：为进一步掌握太湖贡湖湾流场变化规律，实现该区域湖流的连续性自动监测，为引江济太过程模拟推演和数字孪生太湖构建提供有力的基础信息支撑，通过设备选型，综合考虑数据采集、传输、供电运维等方面，设计了湖流自动监测系统，并在太湖贡湖湾进行了系统性能评估和流场监测。结果表明，太湖贡湖湾湖流自动监测系统运行稳定，能提供较高质量的数据成果，引江济太改变了贡湖湾流场结构，促进了贡湖湾水体流动，非引水期的流场为风场和内部流的综合体现，采集的数据分析成果将对引江济太实施效果提供直接数据支撑，对贡湖湾水生态保护和供水调度评估具有指导意义。

关键词：贡湖湾；湖流监测；波潮仪；引江济太；流场

1　引言

太湖是流域洪水的集散地，贡湖湾位于太湖东北部，是太湖引江济太的口门，平均水深不足 2 m，属于大型湖湾型水域，其水质优劣直接影响无锡和苏州地区用水安全。引江济太工程通过改变太湖湖泊水动力条件，进而影响流域水生态，已有研究表明引江济太工程对于太湖水华爆发起到很好的控制作用[1-4]。对湖泊流场的长期监测可对引江济太工程效果以及湖泊流场规律研究提供直接数据支撑。目前，大面积湖泊开展湖流监测主要有两种方法：一种为水动力学数值模拟方法[5-6]，另一种为 ADCP 结合浮标等设备监测法[7]。水动力学方法应用较为广泛[8-10]，但对初始边界条件输入要求较高，模型对现场进行了较多的假设和概化，对模拟结果验证较为困难。设备监测法主要利用流速监测设备结合浮标等固定设施开展湖流监测。2018 年，洪泽湖在全湖布设 4 个固定监测点、6 个漂浮监测点和 10 个监测断面，对洪泽湖关键河口吞吐流和洪泽湖风生流进行为时 1 年的监测。2020 年 6 月，丽江分局等部门通过设立在洛克岛上的 QY-10 型小型自动测报气象站，利用声学多普勒流速剖面仪 ADCP 开展定点及断面流速监测，使用 GPS-GPRS 定位传输装置开展浮标示踪监测，通过浮标位移变化分析湖泊流向。太湖近几年也开始加强湖流研究分析及湖流自动监测站建设，对于以风生流为主的浅水型太湖贡湖湾，为进一步掌握引江济太过程中贡湖湾流场变化规律，急需既能监测分层流速又能监测表层波浪特征的一体化监测系统，为分析湖面风场、流场等提供基础数据资料，支撑引江济太调水效果评估，并能为模拟湖泊二维、三维水动力湖流数值模型提供直接率定和验证数据，以提高数值模拟精度，这具有重要的理论和现实意义。

基金项目：中央级公益性科研院所基本科研业务费项目（Y923009）。
作者简介：苗宝文（1988—），男，工程师，主要从事水利信息化技术应用研究工作。
通信作者：王文种（1983—），男，博士、工程师，主要从事水利信息化技术应用研究工作。

2 湖流自动监测系统设计

2.1 设备选型

湖流自动监测的要素主要包括流速和流向，辅以风速、风向和波高。常用的流速监测方法主要包括流速仪法、表面流速法、声学多普勒流速剖面仪（ADCP）法。流速仪法是指用机械式样流速仪测量一定测点流速，推算断面流速分布，但受限于安装和操作方式，不适用于长时间连续在线测量；表面流速法是测量水体表面流速，通常可采用水面浮标、电波流速仪、非接触微波测流仪等设备进行测量；但此方式只能监测湖表面流，无法监测水下分层流速，不适用湖流监测。声学多普勒流速剖面仪（ADCP）是利用声学多普勒原理开展流速测量，常用的有水平式 ADCP、座底式 ADCP、走航式 ADCP。水平式 ADCP 测量的是单层流速，通常固定安装在渠岸边壁实现水平层流速测量，也可安装在船舷侧用于流速流向测验。座底式 ADCP 通常固定安装在河床或渠道底部，测量的是当前安装位置的垂线流速。走航式 ADCP 测量的是断面多条垂线流速，采用船载方式开展观测，该方式通常用于日常巡测方式，易受波浪、风速等因素的影响，搭载仪器的浮体突然加速或减速严重影响测量精度。

为掌握贡湖湾区域流速范围，优化监测设备选型，于 2021 年在望虞河入贡湖湖口处至贡湖湖区 3 km 范围内进行了流速数据搜集，共设有监测点 7 处，采用走航式 ADCP 开展流速流向人工监测，同步开展风速风向监测。望亭水利枢纽入湖流量为 100 m^3/s 左右时，贡湖口测点垂线平均流速值在 0.012~0.081 m/s；入湖流量为 50 m^3/s 左右时，测点平均流速在 0.004~0.042 m/s。根据以上监测数据结果，比选现有测流设备，在较小流速时设备需具有较高的测量精度，同时设备需集成风速风向、波浪高度等数据，因而本次选择采用波潮仪作为湖流自动监测系统核心设备。波潮仪是声学多普勒流速剖面仪（ADCP）的一种，利用声学多普勒频移原理测量流速，固定安装于湖泊水底某点，它能精确监测安装位置处垂线分层水流、波浪等信息。流速分层距离设置 20 cm，流速测量范围：±5 m/s；流速准确度：水流速度的 1%，±0.5 cm/s；流速分辨率：≤0.1 cm/s。

2.2 系统组成和功能

湖流自动监测系统用于实现波浪、湖流、风速、风向等数据的自动采集功能，由波潮仪、风速风向仪、数据采集仪、中心数据平台、运维供电设备等组成，系统结构如图 1 所示。

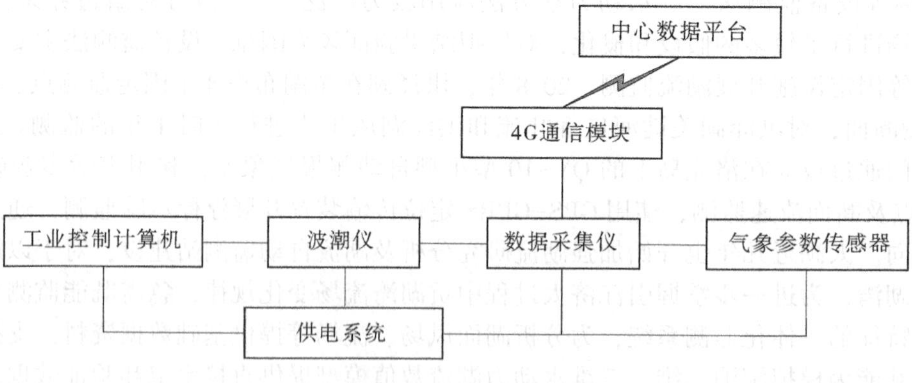

图 1 湖流自动监测系统结构示意图

波潮仪设备（见图 2）使用专用气囊式升降支架安装在湖底，能采集安装位置所在垂线上的波浪和湖流数据，并将采集的数据通过通信线缆传输至测站的工控机上，经过测站监测软件解析后，将波浪、湖流成果数据转发至测站数据采集仪，同时将波浪、湖流成果数据和湖流原始数据发送至中心数据平台。

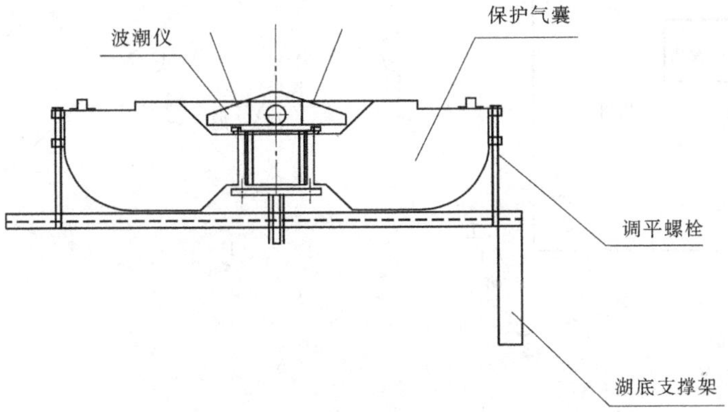

图 2　波潮仪及安装示意图

风速风向仪用于实现气温、风速、风向等气象数据的采集与处理功能。设备使用专用安装支架安装在设备安装平台上，采集气象数据，并将采集的数据通过通信线缆传输至测站的数据采集仪上。

数据采集仪接收风速风向数据并传输至工控机，同时将波浪、湖流成果数据和湖流原始数据通过4G 通信模块发送至中心数据平台。

中心数据平台接收存储湖流数据，包括波高、垂线流速、垂线流向、各单元流速、各单元流向以及原始数据，并在中心室内显示设备进行成果信息化展示。

运维供电设备主要包括空压机和电源保障系统，采用空压机作为系统的充气设备来保证波潮仪支架能够浮出水面，以便于设备维修维护。充气设备用空压机对波潮仪安装支架气囊进行充放气，让水下设备安装支架能够浮出水面和落回湖底。系统配备有 2 台发电机，一主一备，用于为空压机运行提供电源，配备风光供电系统，充分利用平台所处位置太阳能、风能资源，建设风光互补供电系统为平台供电系统。

3　贡湖湾湖流监测应用分析

3.1　监测站点布设

已有较多太湖湖流数值模拟成果表明太湖湖流特征可分为风生流和吞吐流，季风影响时多为风生流特征，静风时期则表现为吞吐流特征[11-14]。贡湖湾在春季东风影响下，形成大范围逆时针风生环流；夏季东南风影响下，东北区域产生较弱小范围顺时针环流；秋冬季东北风影响下，整体为较强的双环流，南部环流为逆时针，北部环流为顺时针[15]。在只有出入流的影响下，贡湖水体发生交换的范围及强度随流量的增大而增大，尤其以入湖河口局部区域的影响较为明显[16]。本次湖流监测既要考虑风生流也要考虑引水引起的吞吐流，湖流监测应能反映湖流流态特点，选点主要遵循以下原则：

（1）能够真实反映引江济太时湖流流态，支撑分析湖流空间分布、湖流流态规律和变化；

（2）代表性和测验条件较好：选择代表性较好、湖底平坦、无巨石等影响流态的地点；

（3）运行维护的经济性：节能并便于日常运行维护和管理。

结合已有研究基础，本次在贡湖湾设置 9 个监测点，在望虞河引水口门设置 9# 站点，在贡湖湾北岸设置 1#、4#、5#、6# 4 个站点，南岸设置 7#、8# 站点；另在望虞河入湖口、贡湖湾中线布置 2#、3# 2 处站点，一定程度上保证了湖流监测的代表性、均匀性。各站布设位置示意如图 3 所示。

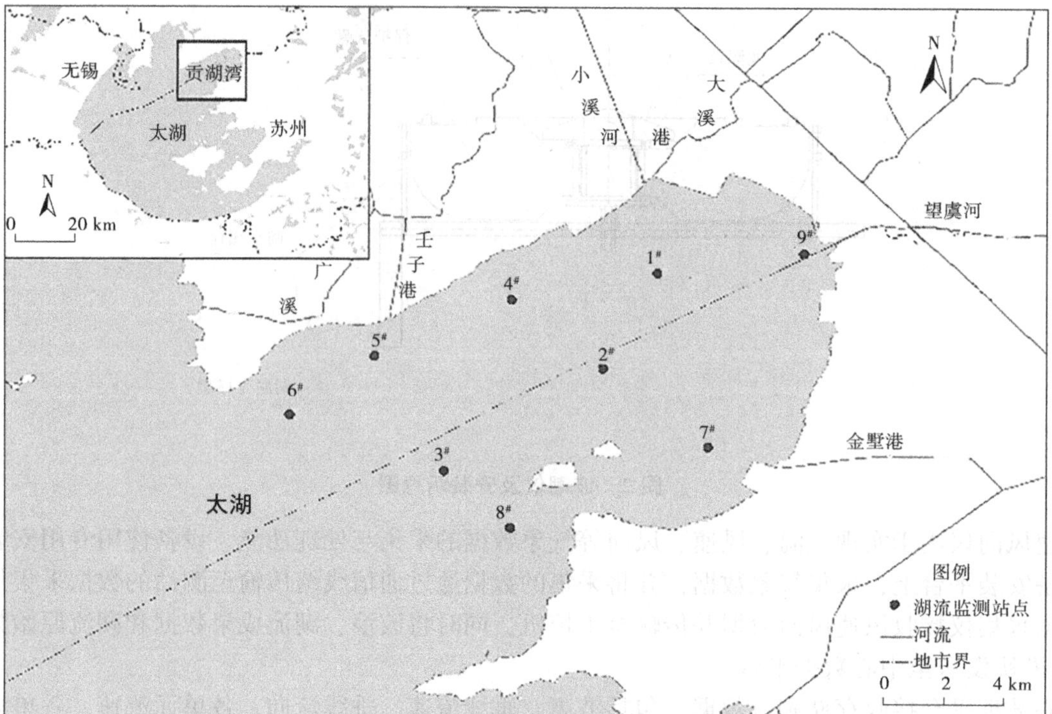

图3 贡湖湾湖流自动监测站点分布

3.2 监测系统性能评估

为评估湖流在线监测系统的性能，2022年9月17—19日在贡湖湾内望虞河口贡湖水文站，安装1台4探头波潮仪进行了现场测试，设备采用简易座底支架安装方式，入水深度1.7~2 m。

测试时，根据入水深度及仪器高度，设置仪器垂向上流速层间距为0.1 m，测验有效单元层数为12层，测试采集时间共历时25 h。根据监测结果显示，该湖区流速较小，测速范围10~30 mm/s，整体流向较为稳定，整体测量数据较为均一，质量良好，流速、流向剖面时序图分别如图4和图5所示。

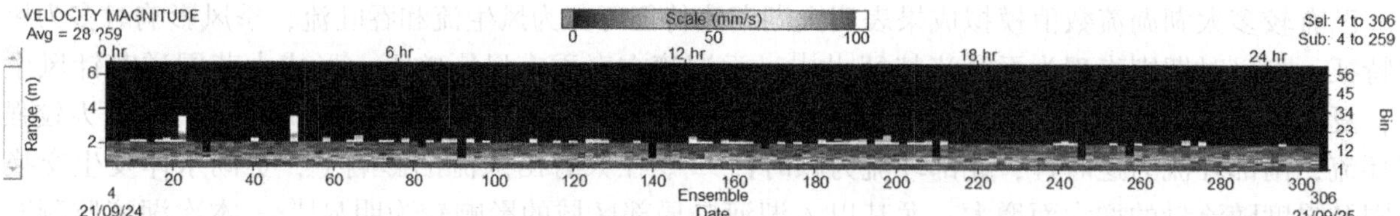

图4 流速剖面时序图

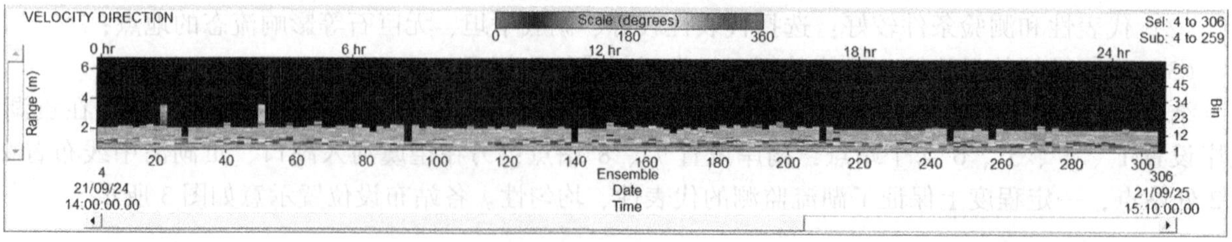

图5 流向剖面时序

设备在数据采集测试过程中姿态和罗经稳定，运行状态良好，纵摆（Pitch）稳定在±2°，横摇（Roll）稳定在-1°~-2°，罗经（Heading）稳定在312°~315°，如图6所示。

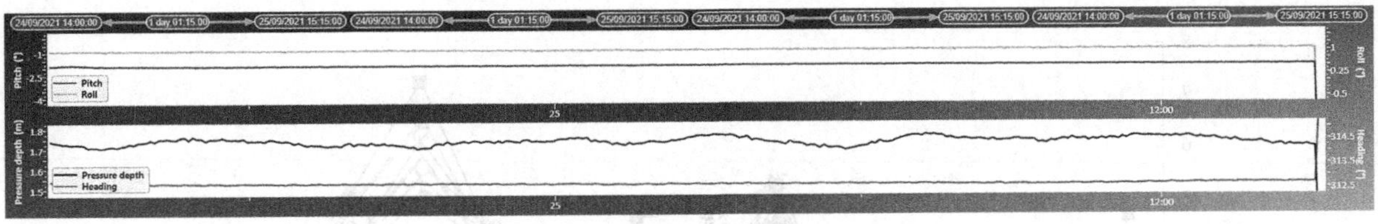

图 6　波潮仪压力、姿态信息时序

3.3　湖流监测应用分析

贡湖湾是太湖承接望虞河引江济太调水工程的直接口门，为分析调水对贡湖湾流场影响，收集相关调水资料，望亭水利枢纽于 2023 年 12 月 5 日开始引水，最大引水出现在 12 月 9 日。本次收集了 2023 年 12 月调水工况前后时段 1—14 日 9 个监测站点流速及风速监测数据，并进行对比分析。

总体来看，本次实施引江济太对贡湖湾流场影响效应较为复杂。从日均流速大小方面看，如图 7 所示，12 月 5 日引水开始，各监测点流速开始出现增大趋势，随着引水量的加大，流速逐渐增大，12 月 6 日达到小高峰，但在 12 月 9 日调水达到最大时，除位于望虞河入贡湖湾河口处的 9#监测点外，各点监测的流速并没有表现为继续上升趋势，反而在 10 日和 11 日各点流速增幅明显，根据湖流自动监测系统设计的风速风向仪数据（见图 8），和水流流速数据进行对比分析可见，流速的大小和风速的大小呈正相关关系（见图 9），表明风速对流场有一定影响，尤其是 10 日和 11 日，风速均较其他日期大。9#监测点因位于望虞河河口即太湖引水口门处，直接受到望虞河引水影响，流速大小变化最为明显。

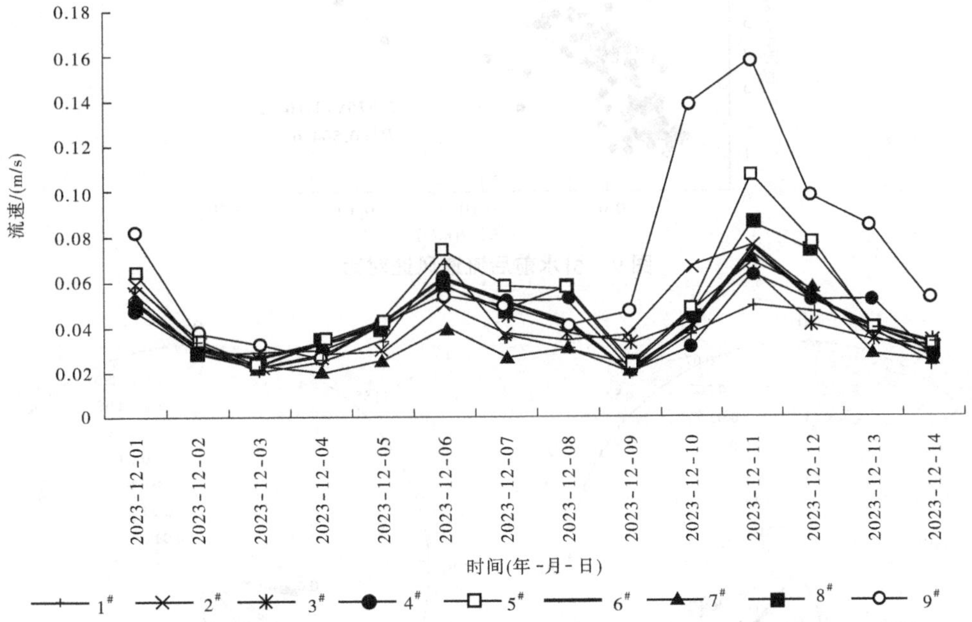

图 7　贡湖湾 9 个湖流监测站点 12 月 1—14 日平均流速变化

从流向上看，12 月 7—10 日，9#监测点以及位于贡湖湾无锡苏州市界线附近的 2#、3#监测点表现出一致的西南方向的流向，如图 10、图 11 所示，引水前后对比，流向出现较大变化，一定程度上表明太湖引望虞河水直接改变了贡湖湾无锡苏州市界线附近流场。而对于其他非引水期，流场是风速和内部流的综合表现，如 11 日的流场和风场，如图 11（c）、（d）所示，一定程度验证了太湖流场是以风生流为主的规律。

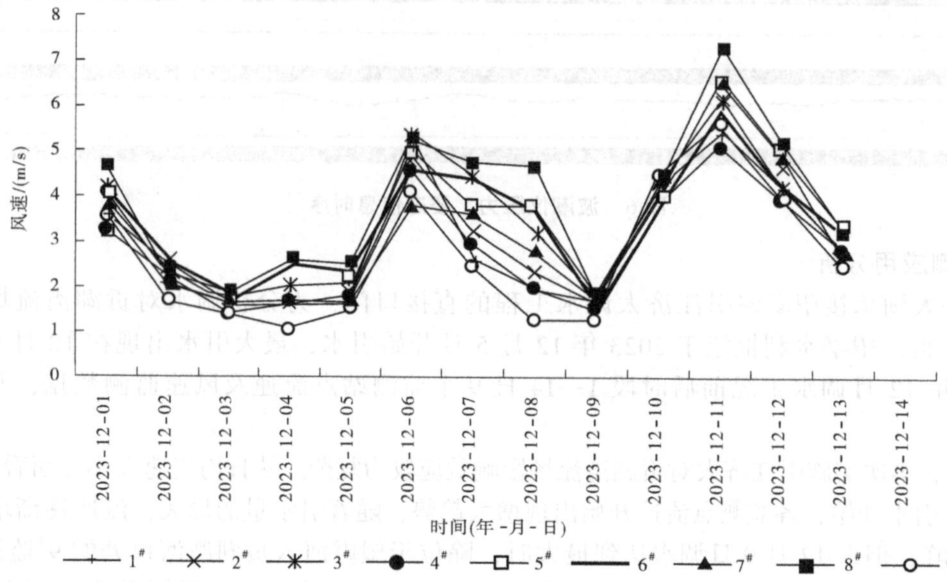

图 8　贡湖湾 9 个湖流监测站点 12 月 1—14 日平均风速变化

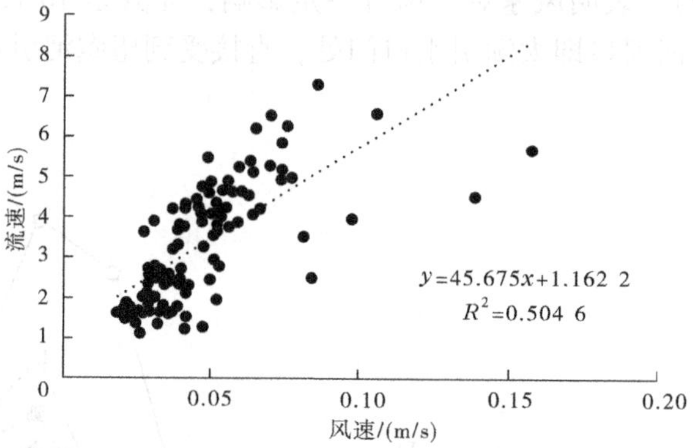

图 9　引水前后流速风速对比

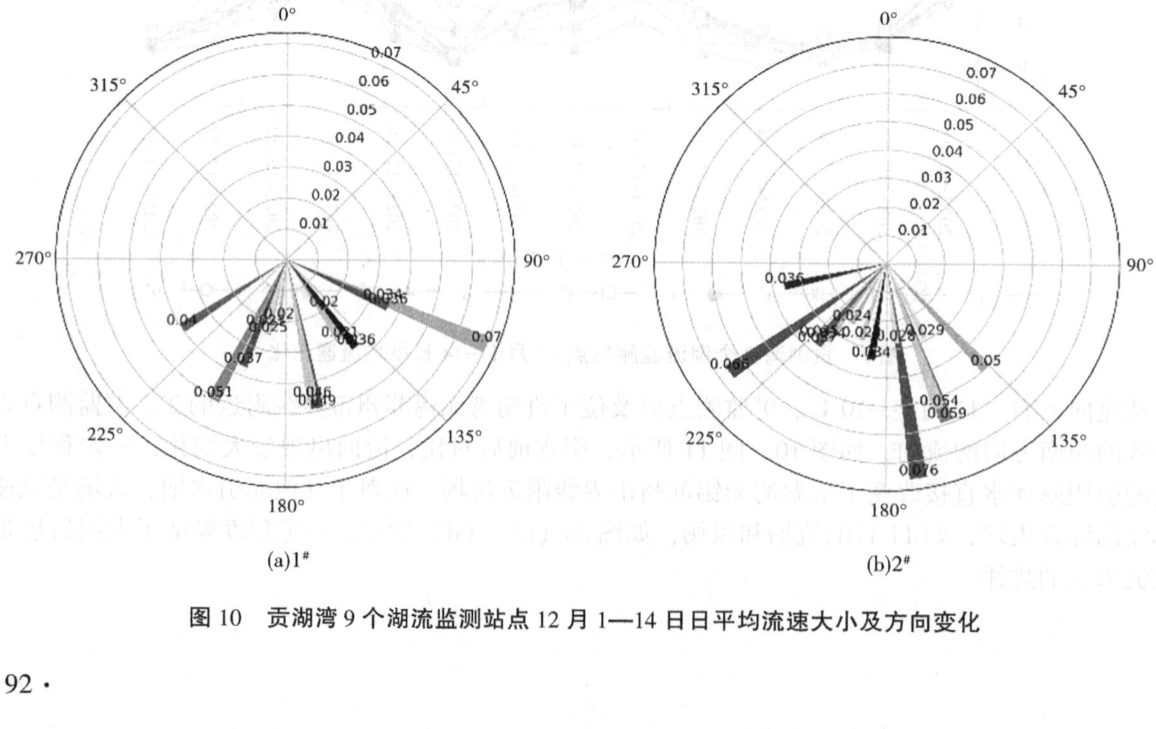

(a)1#

(b)2#

图 10　贡湖湾 9 个湖流监测站点 12 月 1—14 日日平均流速大小及方向变化

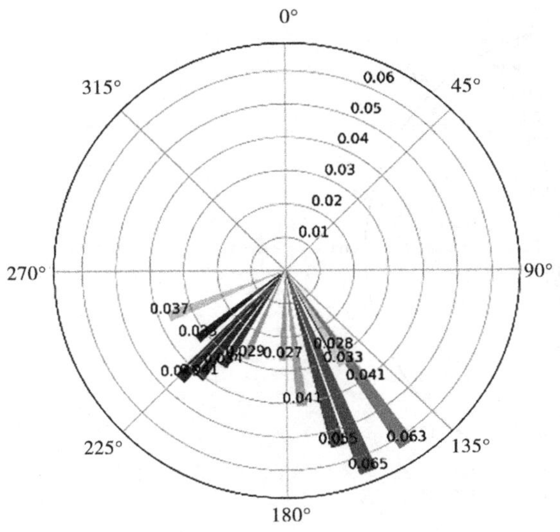

(c)3#

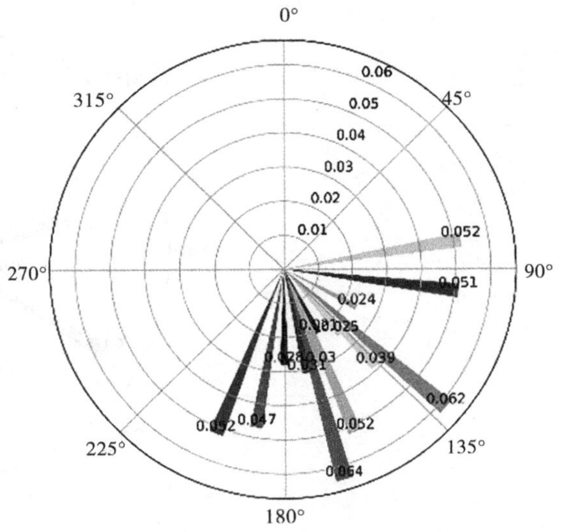

(d)4#

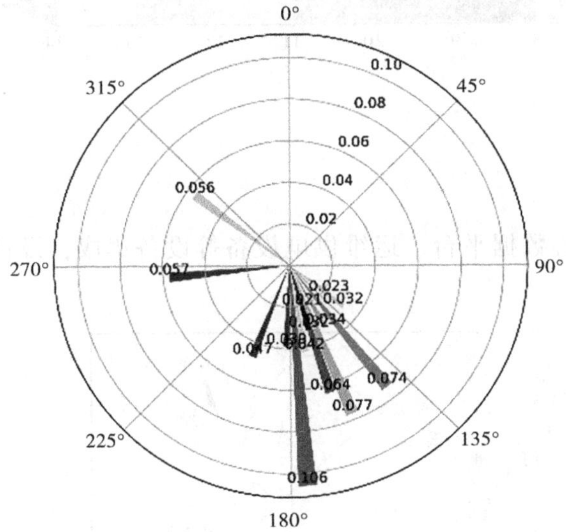

(e)5#

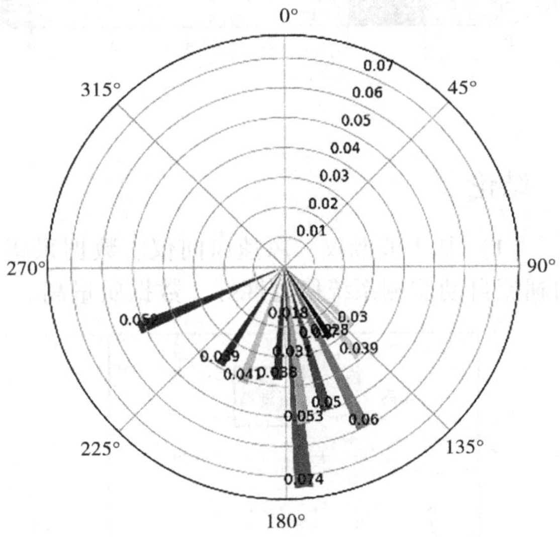

(f)6#

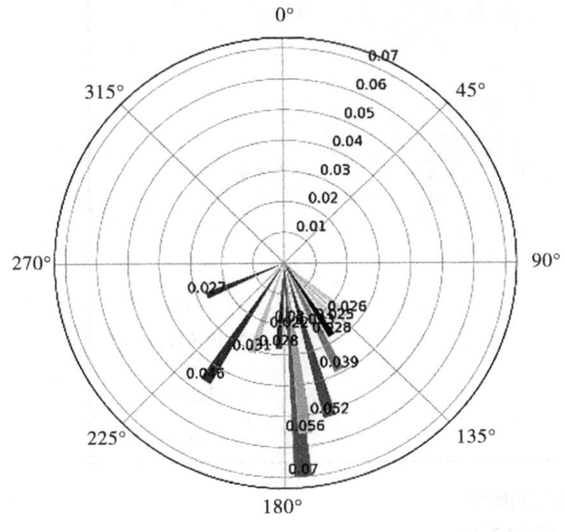

(g)7#

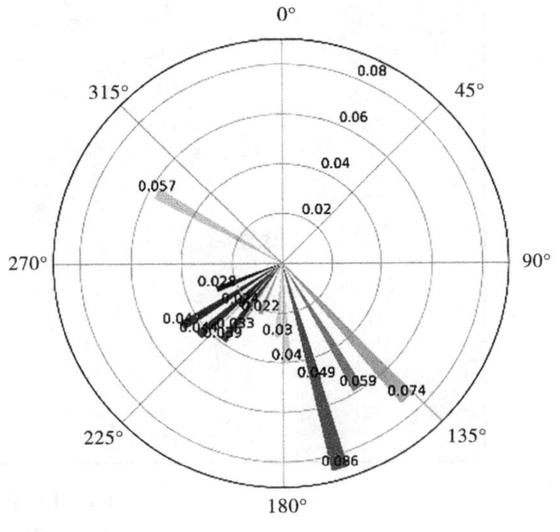

(h)8#

续图 10

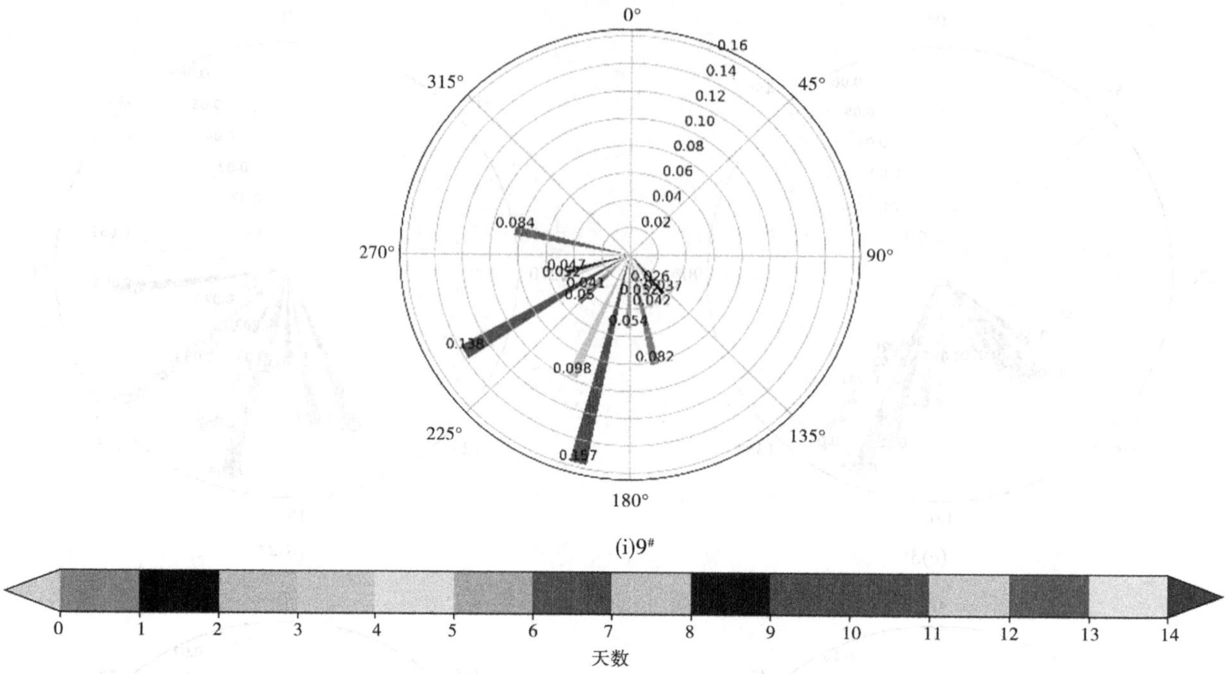

(i)9#

续图 10

4 结论

（1）基于波潮仪、风速风向仪、数据采集仪、中心数据平台、运维供电设备等设备集成，设计的湖流自动监测系统稳定性好，数据质量高。

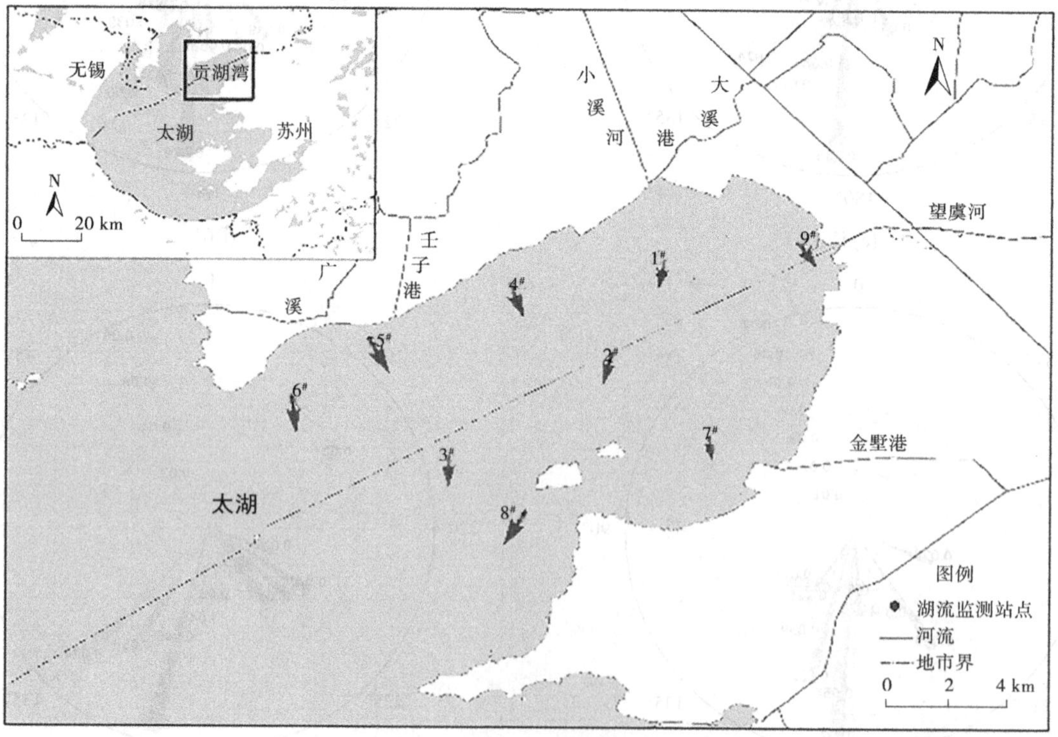

（a）12 月 4 日各监测点流速

图 11　引水前后流速流向对比

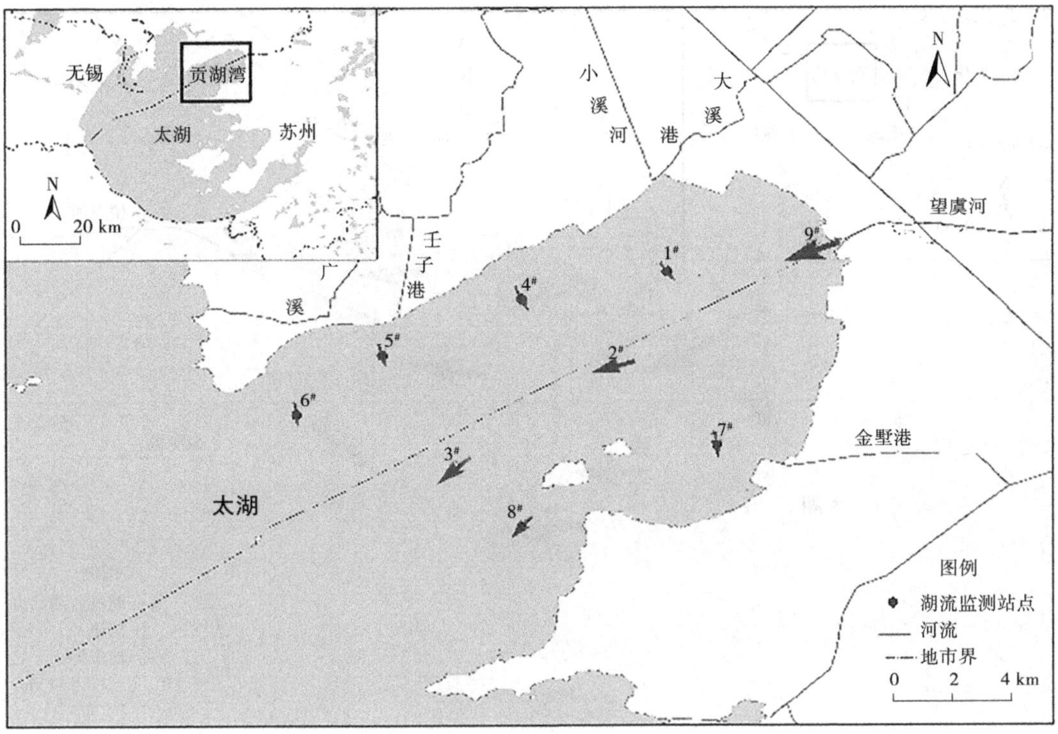

(b) 12 月 9 日各监测点流速

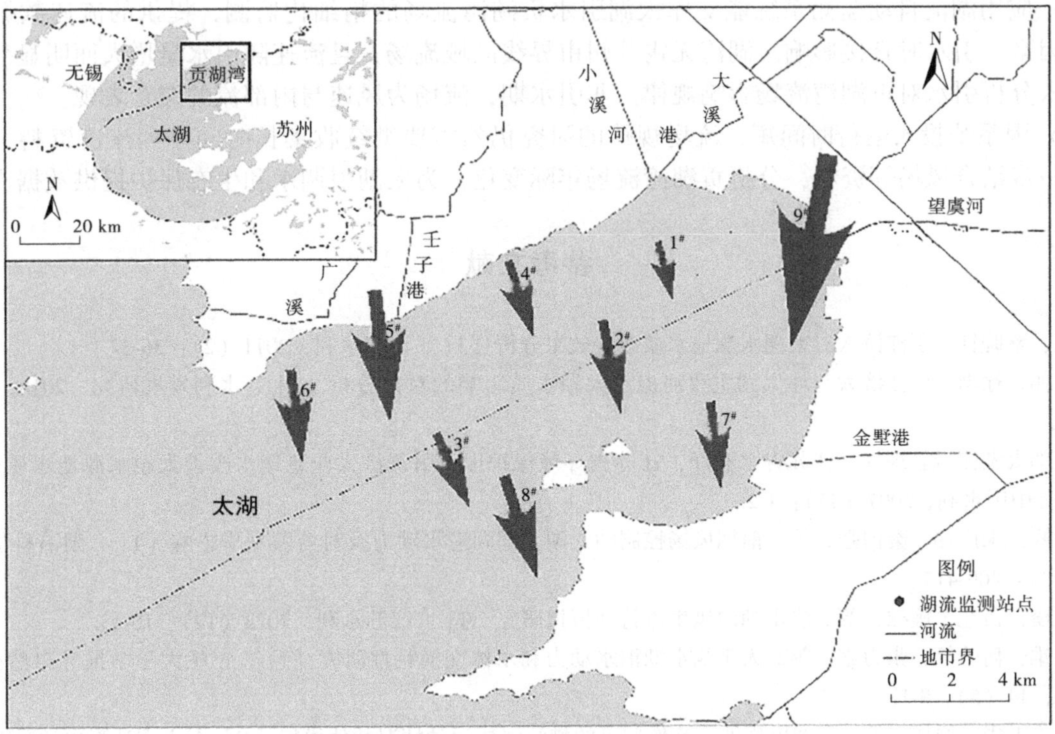

(c) 12 月 11 日各监测点流速

续图 11

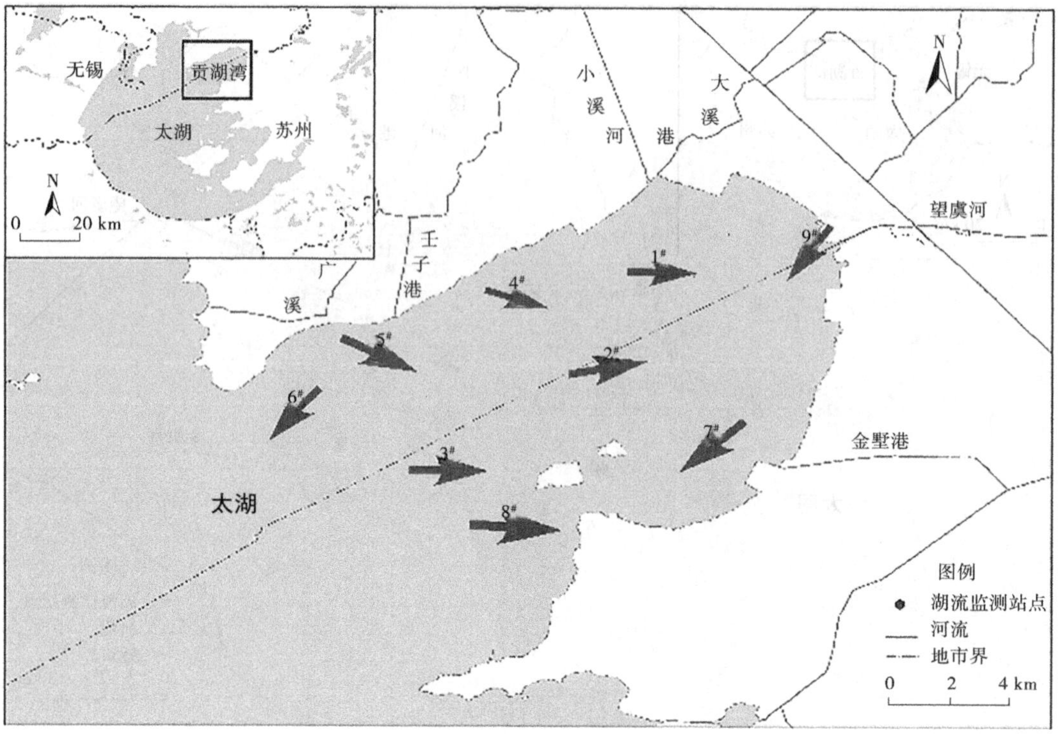

(d) 12月11日各监测点风速

续图 11

（2）应用湖流自动监测系统能支撑太湖引水贡湖湾流场的精细化监测，提供的流速数据综合了风浪等因素，引水时直接影响贡湖湾无锡苏州市界线区域流场，且流速随引水量增大而明显变化，有助于深入分析引水对贡湖湾流场影响规律。非引水期，流场为风速与内部流的综合表现。

（3）因系统投入运行时间短，流场规律的研究仍然需要继续收集长时间序列流速资料，后续研究将进一步结合风场等资料，分析贡湖湾流场年际变化，为太湖引调水和生态保护提供数据支撑。

参考文献

[1] 姜宇，蔡晓钰．引江济太对太湖水源地水质改善效果分析［J］．江苏水利，2011（2）：36-37.

[2] 毛新伟，徐枫．引江济太与环太湖主要河流对太湖水质影响的对比分析［J］．水利发展研究，2018，18（1）：29-32.

[3] 水利部太湖流域管理局，江苏省水利厅，江苏省环境保护厅. 引江济太应急调水改善太湖水源地水质效果分析［J］．中国水利，2007（17）：1-2.

[4] 吴挺峰，朱广伟，秦伯强，等．前期风场控制的太湖北部湖湾水动力及对蓝藻水华影响［J］．湖泊科学，2012，24（3）：409-415.

[5] 薛宗璞，吕艺，施维，等．浅水湖泊风生流特征模拟研究［J］．江苏水利，2023（12）：10-13.

[6] 张少雄，何晗笑，张力霆，等．人工浅水湖泊水动力和水体交换特性研究［J］．三峡大学学报（自然科学版），2022，44（5）：9-13.

[7] 王勇，王华，纪伟，等．太湖风生波、流作用下的漂流浮标运动情况数值模拟［C］//南方计算力学联络委员会，江苏省力学学会．第十一届南方计算力学学术会议（SCCM-11）摘要集，2017.

[8] 喻中文，司武卫，关兴中．鄱阳湖湖流监测与分析［J］．水利水电快报，2014，35（11）：20-23.

[9] 周媛媛，刘晓东，华祖林，等．太湖风生流水动力时空差异特征研究［J］．环境保护科学，2015，41（1）：51-56.

[10] 黄牧涛，田勇．湖泊三维流场数值模拟及其在东湖的应用［J］．水动力学研究与进展 A 辑，2014，29（1）：114-124.

[11] 王建威，李一平，罗潋葱，等．太湖风生流垂向切变规律的原位观测［J］．水资源保护，2016，32（6）：98-103，116.

[12] 胡维平，濮培民，秦伯强．太湖水动力学三维数值试验研究：2. 典型风场风生流的数值计算［J］．湖泊科学，1998（4）：26-34.

[13] 胡维平，濮培民，秦伯强．太湖水动力学三维数值试验研究：1. 风生流和风涌增减水的三维数值模拟［J］．湖泊科学，1998（4）：17-25.

[14] 丁文浩，秦伯强，吴挺峰，等．夏季风下的太湖风场-流场野外观测研究［J］．河海大学学报（自然科学版），2020，48（2）：102-108.

[15] 吕永政，李翠梅，肖昭文．风生流对贡湖湾水环境的影响过程模拟研究［J］．水电能源科学，2022，40（2）：39-42.

[16] 王震．引江济太背景下贡湖水动力场的数值模拟研究［D］．无锡：江南大学，2015.

环北部湾广东水资源配置工程水源点选择

樊　锐　张　艳　胡　刚

（中水珠江规划勘测设计有限公司，广东广州　510635）

摘　要：针对大型引调水工程的水源点选择问题，以环北部湾广东水资源配置工程为例，采用对水生态保护区、水质、拆迁占地、地形等条件进行利弊分析的方法，提出水源点初选的原则，从河床演变、水量水质、环境影响风险、工程地质条件、征地拆迁、对航道的影响、施工导流、施工场地布置及交通疏导、投资、施工工期、线路长度等方面进行了水源点综合比选，得出推荐为环北部湾广东水资源配置工程水源点的结论。通过方案论证理清了重大引调水工程水源点选择的思路，较成功地解决了超大型水资源配置工程水源点选择难题，可为类似工程提供参考和借鉴。

关键字：环北部湾广东；大型引调水工程；水源点；综合比选

1　引言

引调水工程的水源点选择非常关键，其位置选择因具体工程而异。水源点选择要考虑河湖水量、水质、地形地质条件、工程占地、施工组织设计、工程投资等因素，进行经济技术分析，综合比选确定。郑元格等[1] 从水量、水质、泥沙淤积等方面对杭州市的三大水源地进行了分析，并对原钱塘江水源取水口的位置进行了优化。逄辉等[2] 从河道形态、河道稳定性、采取的工程措施等方面，对大唐哈尔滨第一热电厂引水工程的取水口位置进行了分析，确定了水源点位置。刘斌等[3] 从交通条件、地质、地形、导流、投资等方面对坝址和站址进行比选，最终确定了黄金峡后泵址、黄金峡上坝址、三河口上坝址的工程总体布置形式。

2　工程概况

环北部湾广东水资源配置工程是系统解决粤西地区，特别是雷州半岛水资源短缺问题的重大水利工程。工程建设任务以城乡生活和工业供水为主，兼顾农业灌溉，为改善水生态环境创造条件。工程等别为Ⅰ等，工程规模为大（1）型，工程建成后可向粤西多年平均供水 26.10 亿 m^3，其中城乡生活、工业 18.56 亿 m^3，农业灌溉 7.54 亿 m^3。受水区包括云浮、茂名、阳江、湛江 4 个市的 13 个区县，面积达 3.09 万 km^2。各市水量分配：云浮市 1.83 亿 m^3，茂名市 6.14 亿 m^3，阳江市 1.46 亿 m^3，湛江市 16.67 亿 m^3。

3　水源点比选方案的拟定

3.1　取水位置的拟定

本工程从广东境内西江调水，向云浮市的罗定市和云安区、茂名市城区和化州市、阳江市的阳西县、湛江市的城区、廉江市、遂溪县、雷州市和徐闻县等受水区供水，考虑高州水库位于受水区中部，可选择其作为主要调蓄水库。从西江与高州水库相对位置可知，广东境内西江位于东北部，高州水库位于西南部，为尽量缩短输水线路长度，故选取云浮市郁南县都城镇至云安区六都镇 60 km 范围

作者简介：樊锐（1985—），男，高级工程师，主要从事水利水电工程设计工作。

内的西江河段为取水河段。

取水泵站及其附属建筑物占地 20 hm^2，占地范围较大。结合泵站占地规模，取水口位置选取按以下原则[4]：①避开河段水生态保护区；②水质良好，周边无水质污染点；③少征拆、少占地；④选择地形开阔位置，减少开挖支护工程量。

经现场查勘并分析研究，选取地心（建城）取水口、下迭（南江口）取水口、沙辽（六都）取水口三个方案。下迭村位置狭窄，泵站布置局促，两侧山体开挖大，故重点对地心和沙辽两个取水口方案进行技术经济比选。结合输水线路方案比选，选择东线云安沙辽（六都）取水口方案与西线郁南地心（建城）取水口方案进行比选。取水口示意见图 1。两个取水口对应的输水线路布置见图 2。

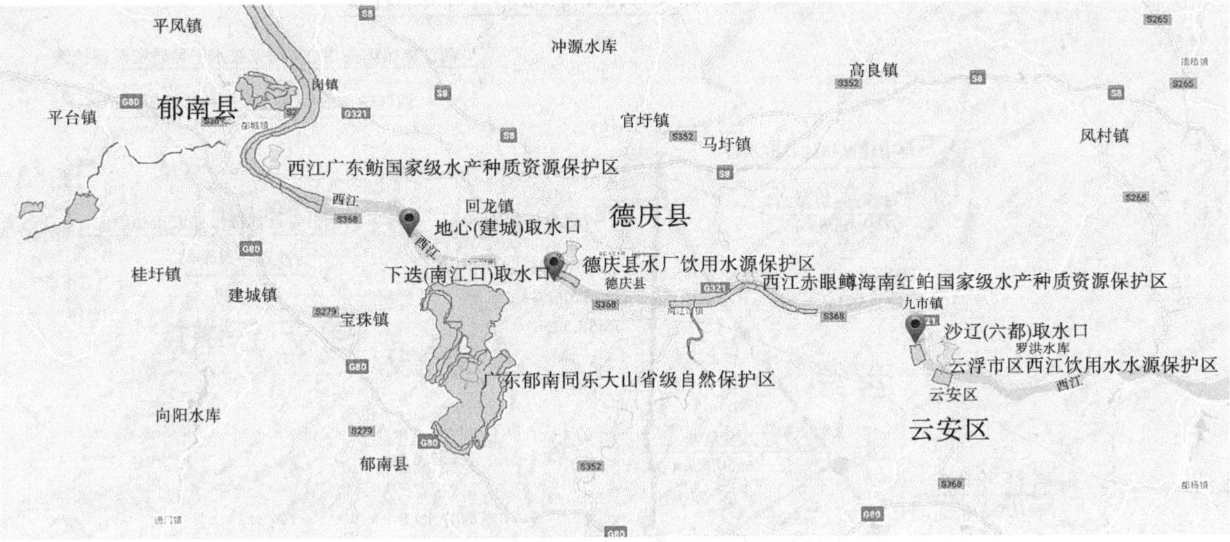

图 1　取水口位置示意图

3.2　水源点方案布置

3.2.1　地心（建城）取水口布置

在河床开挖长约 150 m 明渠，底高程−4.5 m，明渠采用钢筋石笼加混凝土护坦衬砌形式。为引入足够水量并减少泥沙入渠，明渠与河道夹角取 50°。明渠末端设置进水口，布置拦污栅和检修门。进水口后接 4 根 ϕ 4.0 m（$Q=92.5\ m^3/s$，$v=1.84\ m/s$。）压力钢管，钢管穿过堤防、厂区后转弯 70°，将水引入前池（兼沉砂池），前池长 200 m，宽 96 m，底高程−4.5 m。泵房安装高程−19.0 m，建基面−25.7 m。泵房内布置 8 台（6 用 2 备）立式单级单吸蜗壳离心泵，单泵流量 15.4 m^3/s，总装机容量 18.57 MW×8=148.56 MW。水流经前池、引水钢管，经主泵房提升后经过出水钢管及量水间后进入高位水池。由高位水池后压力钢管接入输水隧洞。地心（建城）取水口枢纽布置图见图 3。

3.2.2　沙辽（六都）取水口方案布置

在河床开挖长约 50 m 明渠，底高程−6.7 m，明渠采用钢筋石笼加混凝土护坦衬砌形式。泵站采用正向进水方式。明渠末端设置进水口，布置拦污栅和检修门。进水口后接 4 根 ϕ 4.0 m（$Q=92.5\ m^3/s$，$v=1.84\ m/s$。）压力钢管，钢管穿过堤防，将水引入前池（兼沉砂池），前池长 200 m，宽 96 m，底高程−6.7 m。泵房安装高程−21.0 m，建基面−27.7 m。泵房内布置 8 台（6 用 2 备）立式单级单吸蜗壳离心泵，单泵流量 15.4 m^3/s，总装机容量 16.42 MW×8=131.36 MW。水流经前池、引水钢管，经主泵房提升后经过出水钢管及量水间后进入高位水池。由高位水池后压力钢管接入输水隧洞。沙辽（六都）取水口枢纽布置图见图 4。

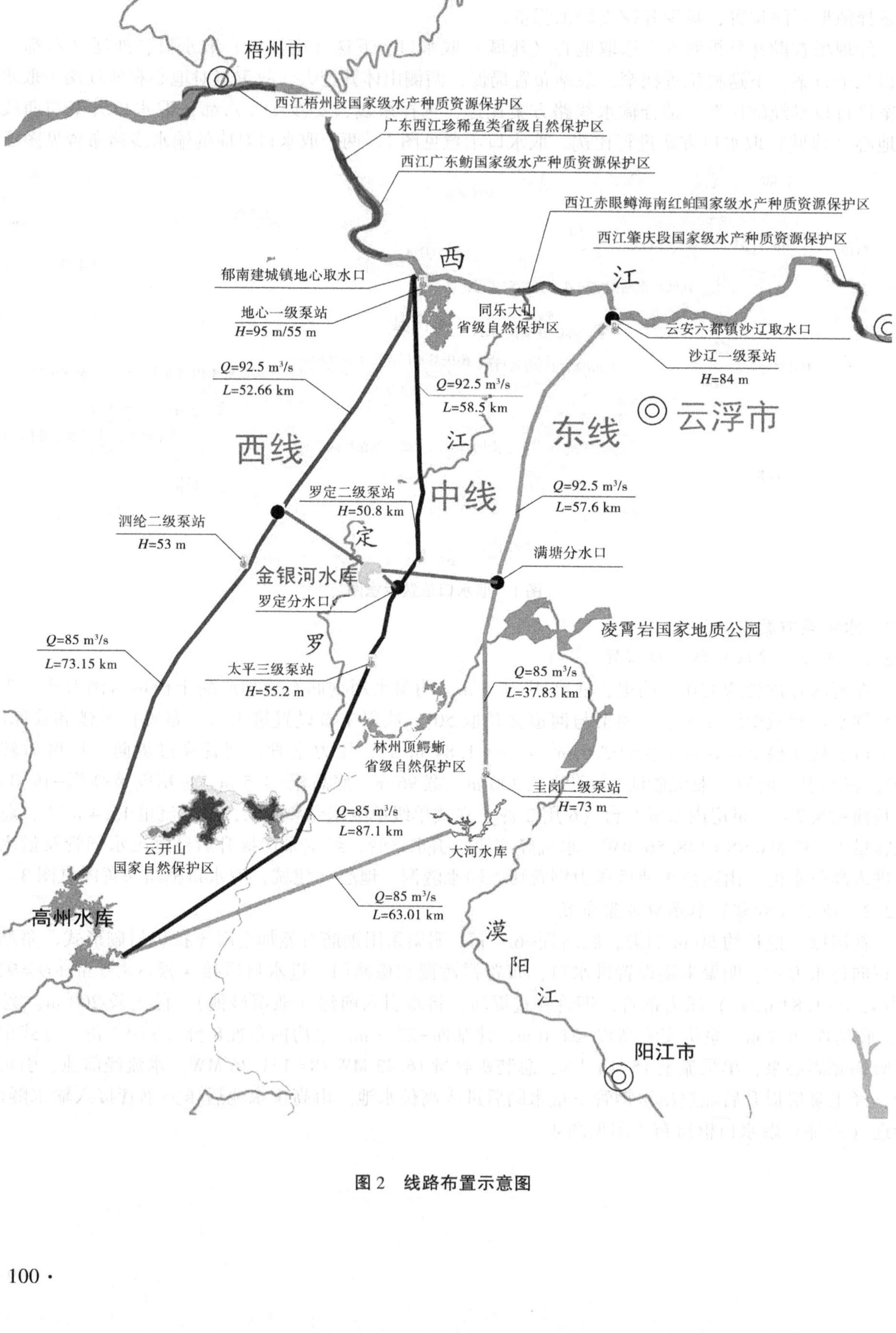
梧州市
西江梧州段国家级水产种质资源保护区
广东西江珍稀鱼类省级自然保护区
西江广东鲂国家级水产种质资源保护区
西江赤眼鳟海南红鲌国家级水产种质资源保护区
西江肇庆段国家级水产种质资源保护区
西
江
郁南建城镇地心取水口
地心一级泵站
H=95 m/55 m
同乐大山
省级自然保护区
云安六都镇沙辽取水口
沙辽一级泵站
H=84 m
Q=92.5 m³/s
L=52.66 km
Q=92.5 m³/s
L=58.5 km
云浮市
西线
东线
中线
罗定二级泵站
H=50.8 km
Q=92.5 m³/s
L=57.6 km
泗纶二级泵站
H=53 m
满塘分水口
金银河水库
罗定分水口
凌霄岩国家地质公园
Q=85 m³/s
L=73.15 km
太平三级泵站
H=55.2 m
Q=85 m³/s
L=37.83 km
林州顶鳄蜥
省级自然保护区
圭岗二级泵站
H=73 m
Q=85 m³/s
L=87.1 km
云开山
国家自然保护区
大河水库
Q=85 m³/s
L=63.01 km
高州水库
漠
阳
江
阳江市

图 2　线路布置示意图

图 3　地心（建城）取水口枢纽布置图

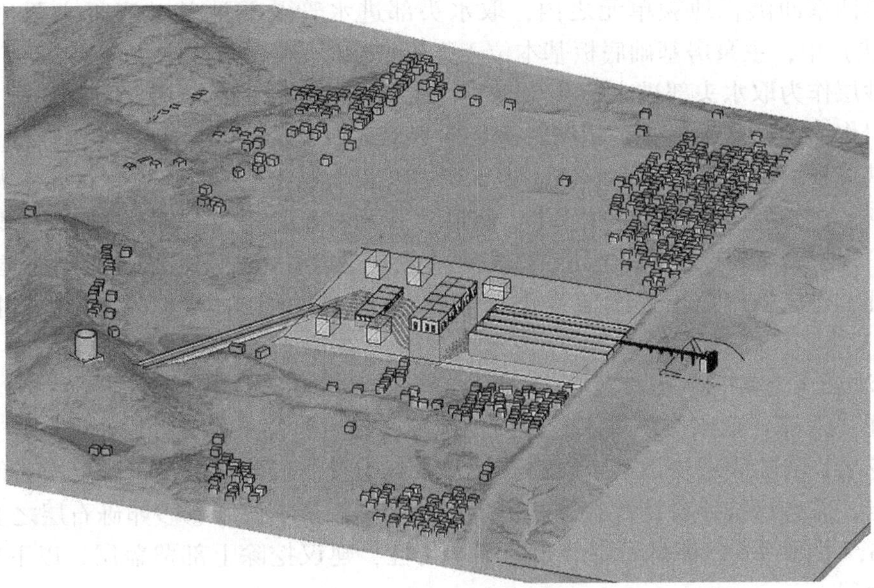

图 4　沙辽（六都）取水口枢纽布置图

4　水源点方案比较

4.1　取水条件比较

4.1.1　河床演变

2012 年以后，随着河道采砂行为的减少，深泓线下切现象得到了控制。取水口所在西江河段，多年平均水面宽变化不大，基本维持在 870 m 左右，在一定时期内，河道过水面积由于河道下切不断增加，近年来趋于稳定。

4.1.2　水量

根据梧州和高要站 1956—2016 年年径流设计成果，推求的地心、沙辽取水口多年平均来水量分别为 2 230 亿 m^3 和 2 256 亿 m^3，整体上西江水量充沛。

4.1.3　水质

就各取水口而言，埇口取水口距离建城河河口太近，距离郁南县城也不远，在雨季的局部时段可能处于上述点源、面源叠加后的污染带内，造成局部时段的水质超标。同时，埇口取水口沿岸上游工业企业、村庄距离太近，一旦要对取水口划分水源保护区，大量拆迁的风险较大。地心取水口的情况要优于埇口取水口，但上游沿岸零星分布有农村居民住宅（不足 20 户），一旦要对取水口划分水源保护区，也有拆迁的风险。下迭取水口的污染负荷主要是面源，距离较远、规模不大，污染负荷相对较小，但较为密集的农村人口距离取水口太近，存在一定的水质风险，一旦要对取水口划分水源保护区，存在大量拆迁的风险。沙辽取水口的污染负荷较复杂，虽然德庆县城区、罗定江等主要的污染负荷距离较远，紧邻取水口的大片农村居住区虽然有堤防阻隔，可以避免划入水源保护区，但上游区域经济社会建设较活跃，两岸均有交通主干道，水质风险相对较大。从水质保障的角度、污染负荷可控性方面以及成片拆迁的风险综合考虑，地心取水口相对占优。

综上所述，从河床演变角度分析，2012 年以后采砂行为减少，所处河段河床稳定，地心和沙辽取水口两处无明显差异；从水量角度分析，两处取水口均处于西江干流，水量充沛；从水质角度分析，取水河段水质总体上较好，基本维持在Ⅰ、Ⅱ类，上游水质总体上优于下游水质，地心取水口占优。

4.2 地形地质条件

4.2.1 郁南县地心（建城）取水口

基本位于第四系冲洪积地貌单元之内，取水头部进水管及前池基础底板主要位于④黏土夹砂（软可塑-可塑状）中，主泵房基础底板基本位于强-弱风化石英砂岩之上。

④黏土夹砂层作为取水头部进水管及前池基础地基，稍加处理后可满足承载力及变形要求。强-弱风化石英砂岩作为泵站基础地基，能同时满足地基承载力及变形的要求。

取水头部基坑开挖涉及地层主要有：①填土层；②粉质黏土层（可塑状）；③淤泥质土层（软塑状）；④黏土夹砂（软可塑-可塑状）；⑤中、粗砂（中密-密实）；⑥粉质黏土（残积土）及下伏基岩为全-弱风化等地层。其中，①填土层、③淤泥质土层及⑤中、粗砂层易垮塌，在基坑开挖过程中需进行支护处理，建议采用地下连续墙或止水帷幕+支护桩的形式进行支护处理，并合理避开汛期施工。

4.2.2 云安区沙辽（六都）取水口

云安区沙辽（六都）取水头部进水管及前池基础底板主要位于⑤砾砂层中，砾砂层多为中密-密实状，基础开挖后，清除表层松散砂土层后其地基承载力及变形能够满足设计要求，但考虑到砾砂层透水性强的特点，需进行抗浮设计及验算。主泵房基础底板基本位于⑥砂卵砾石层之上，而下伏基岩埋深多小于 3 m，考虑到⑥砂卵砾石层分布的不均匀性，建议挖除上部覆盖层，以下部强-弱风化基岩作为地基持力层。

取水头部基坑开挖涉及地层主要有：①填土层，②粉质黏土层（可塑状），③淤泥质土层（软塑状），④黏土夹砂（软可塑-可塑状），⑤砾砂（中密-密实），⑥砂卵砾石层等地层。其中，③淤泥质土层（软塑状）、⑤砾砂及⑥砂卵砾石层在开挖过程中需进行支护处理，建议采用地下连续墙进行支护处理，并需合理抽排地下水，避开汛期施工。

结合地质条件，比较地心（建城）取水口及沙辽（六都）取水口，两者的工程地质条件无明显差异，均可作为取水口场址。

4.3 工程占地

根据工程布置，地心（建城）取水口占地面积 304.25 亩，包括耕地 205.99 亩（其中基本农田 72.56 亩），园地 61.34 亩，林地 10.18 亩，草地 0.38 亩，住宅用地 7.9 亩，交通运输用地 18.46 亩。涉及搬迁人口 288 人，房屋 6 279.48 m^2。占地补偿投资估算 21 844.94 万元。

沙辽（六都）取水口占地面积 319.96 亩，包括耕地 223.58 亩（其中基本农田 179.77 亩），园地 0.01 亩，林地 38.59 亩，草地 27.59 亩，其他土地 9.25 亩。住宅用地 0.2 亩，交通运输用地 3.23 亩，水域及水利设施用地 17.81 亩。涉及搬迁人口 4 人，房屋 198.86 m^2，占地补偿投资估算 21 470.13 万元。

从两个取水口占地情况来看，占地面积相差不大，地心（建城）取水口方案搬迁多，占用基本农田少，沙辽（六都）取水口方案搬迁少，占用基本农田多，投资基本相当。

4.4 施工组织

4.4.1 施工导流设计

地心泵站采用侧向进水方式，其中泵站主要建筑物拟安排全年施工，进口安排枯水期施工，因此主要建筑物为1级，相应导流建筑物全年施工围堰为4级；进口建筑物为1级建筑物，安排枯水期10月至次年3月施工，相应导流建筑物为4级。枯水期全年施工围堰采用土石围堰，两侧边坡均为1：2.5。

沙辽泵站采用正向进水方式，根据泵站平面布置，泵房布置在堤后的空地上，可全年在堤防的保护下施工，仅在泵房四周设置防渗墙即可做干地施工条件。泵站进水口施工期采用破堤施工，需要设置施工围堰干地施工，拟安排枯期10月至次年3月施工。泵站建筑物为1级建筑物，外江枯水期围堰建筑物为4级。枯水期全年施工围堰采用土石围堰，两侧边坡均为1：2.5。

4.4.2 泵站施工工期

两处泵站施工控制性工期在泵房，两泵站规模均相当，均布置有8台机组，施工工期均按4年考虑。

4.5 输水线路比较

地心水源点对应的西线和中线线路，西线线路长度143.61 km，中线线路长度150.2 km。沙辽水源点对应的东线线路长度179.79 km。西线线路长度比东线短36.18 km，西线线路占优。

5 综合比较

取水口综合比较见表1。

表1 取水口综合比较

项目	地心（建城）取水口	沙辽（六都）取水口	比较结果
方案概述	侧向进水，装机容量14.8万kW（西线纵坡1：2 000方案），泵站布置8台立式单级单吸蜗壳离心泵	正向进水，装机容量13.1万kW（东线纵坡1：2 000方案），泵站布置8台立式单级单吸蜗壳离心泵	
河床演变	近年来河床稳定	近年来河床稳定	两者相当
水量	位于西江干流，水量充沛	位于西江干流，水量充沛	两者相当
水质	水质基本维持在Ⅰ~Ⅱ类，汛期略差于枯水期	水质基本维持在Ⅰ~Ⅱ类，汛期略差于枯水期；地心点至沙辽点之间城镇较多，有支流汇入，可能导致取水口局部时段水质超标	地心水源点占优
环境影响风险	上游郁南县城、绿水河、建城河等城镇及工业企业污水事故排放、小流域雨季汇入大面源	德庆县城、罗定江、马圩河、九市镇、右岸大规模村镇等城镇及工业企业污水事故排放、小流域雨季汇入大面源	两者相当
工程地质条件	泵站地基岩体局部可能构造破碎，泵站基坑存在渗漏或渗透稳定问题。云苍公路以东：冲洪积砂土层厚度24~35 m；弱风化岩面埋深40~49 m。云苍公路以西：冲洪积层厚一般小于15 m；弱风化岩面埋深22~35 m	本场地冲积覆盖层厚度大，砂卵砾石层导致泵站基坑渗漏与渗透稳定问题较突出，泵站后接线路埋管或箱涵开挖基坑均可能存在渗水或涌水问题。冲洪积砂土层厚39~50 m；弱风化岩面埋深40~50 m	两者相当
征地拆迁	永久征地：304.25亩； 耕地：205.99亩（基本农田72.56亩）； 搬迁人口：288人； 征地投资：21 844.94万元	永久征地：319.96亩； 耕地：223.58亩（基本农田179.77亩）； 搬迁人口：4人； 征地投资：21 470.13万元	两者相当

续表 1

项目	地心（建城）取水口	沙辽（六都）取水口	比较结果
对航道的影响	取水口远离主航道，施工期围堰和运行期水流对航道影响小	取水口靠近主航道，施工期围堰和运行期水流对航道影响较大	地心水源点占优
施工导流	河床布置枯水期围堰，最大堰高 20.1 m，围堰轴线长 590 m，防渗墙轴线长 926 m；岸坡布置全年围堰，最大堰高 14.0 m，围堰轴线长 775 m，防渗墙轴线长 775 m；围堰戗堤高约 8.5 m，围堰填筑期施工水深约 8.0 m	河床布置枯水期围堰，最大堰高 28.5 m，围堰轴线长 407 m，防渗墙轴线长 1 935 m；围堰戗堤高约 18.5 m，围堰填筑施工水深约 18.0 m，围堰水下部分填筑及拆除均较困难	地心水源点占优
施工场地布置及交通疏导	现状省道改线受地形限制，施工期因交通问题需分期施工进水渠段，现状道路改线略复杂；对外交通方便，下游均有场地布置施工区	现状堤顶省道改线受上下游村庄影响，施工期改线受场地限制，改线较困难；对外交通方便，堤后有场地布置施工区	两者相当
投资（含征地费用）	21.42 亿元	20.56 亿元	两者相当
施工工期	土石方开挖量约 152 万 m^3，混凝土浇筑总量约 43 万 m^3，8 台机组；施工期 4 年	土石方开挖总量约 142 万 m^3，混凝土浇筑总量约 43 万 m^3，8 台机组；施工期 4 年	两者相当
线路长度	西线线路长度 143.61 km，中线线路长度 150.2 km	东线线路长度 179.79 km	地心水源点占优

从技术层面分析，经多方面综合对比分析，结果表明地心取水口在水质、对航道的影响、施工导流、线路长度四方面占优，其余条件与沙辽取水口相当，地心取水口在技术层面占优。

从经济层面分析，地心取水口投资为 21.42 亿元，沙辽（六都）取水口投资为 20.56 亿元；地心（建城）取水口比沙辽取水口总投资多 0.86 亿元。考虑取水口及线路的总投资，地心取水口占优。

结合线路比选成果，本阶段环北部湾广东水资源配置工程取水口推荐地心（建城）取水口。

6 结论

（1）对于重大引调水工程，工程水源点的选择至关重要，水源点的选取要从水量水质、地形地质、线路长度等方面综合考虑。

（2）对于环北部湾水资源配置工程，本文从取水条件、地形地质条件、工程占地、施工组织、输水线路长度等方面进行了综合比选，确定了地心（建城）取水口的水源点是合适的。

（3）对于水源点的选取是一个综合优选的过程，要针对不同的工程规模、工程任务和自然条件，对不同的因素进行灵活的分析研究，本文以环北部湾广东水资源配置工程的水源点选择为例进行说明，可以为类似工程提供借鉴。

参考文献

[1] 郑元格，彭赵，叶霖，等．杭州市多水源配水策略与取水口选址研究［J］．给水排水，2023（49）：562-568.

[2] 逄辉，谷丹丹．从大唐哈尔滨第一热电厂引水工程分析江河取水口选址［J］．黑龙江水利科技，2006（3）：218.

[3] 刘斌，毛拥政．引汉济渭工程选址及总体布置研究［J］．水利水电技术，2017（8）：31-35.

[4] 中水珠江规划勘测设计有限公司．环北部湾广东水资源配置工程输水线路及取水口方案选择专题报告［R］．广州：中水珠江规划勘测设计有限公司，2020.

环北部湾广东水资源配置工程水源工程引水形式比选

樊锐　张艳　胡刚

（中水珠江规划勘测设计有限公司，广东广州　510635）

摘　要：针对大型引调水工程水源工程取水泵站的引水形式问题，以环北部湾广东水资源配置工程为例，从取水条件、施工导流、运行管理、工程投资等方面对取水建筑物的形式进行了比选，得出了取水建筑物形式的推荐方案。提出引水渠布置的原则，从引水渠进水条件、行洪影响、景观效果、防沙效果、工程投资等方面对引水渠的长度、轴线进行了比选，得出了引水渠布置的推荐方案。通过方案论证理清了重大引调水工程水源工程引水形式选择的思路，较成功地解决了超大型水资源配置工程水源工程引水形式的选择难题，可为类似工程提供参考和借鉴。

关键词：环北部湾广东；水源工程；引水形式；综合比选

1　引言

取水泵站的引水形式选择是泵站设计中的重要环节，它直接影响泵站的运行效率、维护成本及供水可靠性。取水泵站引水形式选择是一个复杂的过程，需要考虑多个因素以确保泵站的运行效率、经济性和可靠性。主要需考虑以下因素：水源条件，包括水位变化、水质、水流速度；地形地貌，包含地形条件和地质条件；投资与成本，包括初期投资和运行成本；环保生态，包括环境影响和生态保护；泵站建设运行的安全性和可靠性。马振友等[1] 介绍了近年来北江河床下切的程度，下切导致北江水面线下降，影响两岸引水建筑物的取水，并提出了对策。表明水源工程的取水建筑物要充分考虑河床下切的影响，应慎重确定引水建筑物的底板高程。李慈等[2] 提出高边坡的稳定是重大工程建设中必须重视的问题，金湖泵站引水渠在施工开挖中其左侧形成一个近 45 m 高差的边坡，坡体重复出现多处滑塌与较大面积的坡体隆起现象，就滑塌原因进行工程地质特性分析与总结。表明水源工程的设计要对地形地质着重考虑。李志祥等[3] 对斜向进流城市雨水泵站引水建筑物流态进行了数值模拟，针对引水建筑物中出现的不良流态提出整流措施，物理模型试验进一步验证了整流措施的有效性，表明引水建筑物的流态对泵站引水至关重要。

2　工程概况

环北部湾广东水资源配置工程是系统解决粤西地区，特别是雷州半岛水资源短缺问题的重大水利工程。工程建设任务以城乡生活和工业供水为主，兼顾农业灌溉，为改善水生态环境创造条件。工程等别为Ⅰ等，工程规模为大（1）型，工程建成后可向粤西多年平均供水 26.10 亿 m^3，其中城乡生活、工业 18.56 亿 m^3，农业灌溉 7.54 亿 m^3。受水区包括云浮、茂名、阳江、湛江 4 个市的 13 个区（县），面积达 3.09 万 km^2。各市水量分配：云浮市 1.83 亿 m^3，茂名市 6.14 亿 m^3，阳江市 1.46 亿 m^3，湛江市 16.67 亿 m^3。

作者简介：樊锐（1985—），男，高级工程师，主要从事水利水电工程设计工作。

3 泵站引水建筑形式比选

3.1 方案拟定

根据地心取水口附近地形条件，取水建筑物可采用塔式取水口接压力钢管引水至前池方案（方案一）和明渠引水方案（方案二）[4]。

3.1.1 塔式取水口引水方案

塔式取水口引水方案，引水口门宽 19.0 m，底高程-3.5 m，明渠采用钢筋石笼加混凝土护坦衬砌形式。为引入足够水量并减少泥沙入渠，明渠与河道夹角取 50°。明渠末端设置塔式进水口，布置拦污栅和检修门。进水口后接 3 根 ϕ 5.0 m（$Q=110\ m^3/s$，$v=1.87\ m/s$）压力钢管，钢管穿过堤防、厂区后转弯 50°，将水引入前池（兼沉沙池），前池长 200 m，宽 84 m，底高程-3.5 m。前池后通过引水钢管与泵房连接。水流自西江经塔式取水口、前池、引水钢管，经主泵房提升后经过出水钢管、流量计井、检修阀室后接入输水隧洞。

3.1.2 明渠引水方案

结合地形地质条件，泵站沿顺河向布置工程量较省，应在地心取水口方案引水渠之后紧接布置泵站建筑物。泵站从地心村上游约 820 m 的西江右岸引水，经长 330 m 引水渠沉沙后，通过长 32 m 进水闸和 70 m 引水钢管输水至泵站，之后通过出水钢管与输水隧洞连接。

引水渠布置于西江右岸，由引水口门、沉沙池段、连接段三部分组成。口门段宽 200.0 m，引水渠全长 330 m。为分区对淤积泥沙进行清理，引水渠中布置一道隔墙。

引水口门宽 200.0 m，前与西江河道相通，后与沉沙池相接。为满足取水保证率要求，保证足够水深，口门处高程-3.5 m。

沉沙池段长 280.0 m，为引入足够水量并减少泥沙入渠，沉沙池与河道夹角取 38°。为减少推移质入渠，沉沙池段进口设置一道拦沙坎，坎顶高程-1.50 m，坎长 200.0 m。拦沙坎前接引水口门，后接沉沙池。为尽量降低沉沙池流速，充分利用地形条件，布置条带型沉沙池，沉沙池底宽 79.5 m，底高程-3.5 m。沉沙池末端也设置一道拦沙坎，坎顶高程-1.50 m，坎长 79.5 m。

连接段长 50.0 m，前接沉沙池段底宽 79.5 m，后接进水闸，底宽 79.5 m。连接段首端底高程-3.5 m，末端底高程-8.50 m，其间以 1∶10 底坡相接。连接段两侧边坡坡比为 1∶2。

3.2 方案比选

方案一和方案二比较见表 1。方案一和方案二主要工程量对比见表 2。

表 1 方案一和方案二比较

方案	方案一（塔式取水口引水）	方案二（明渠引水）	比较结果
进水条件	泵站取水流量大，水流条件较复杂，水头损失大；河滩地引水口门长 95 m，底宽 19 m，汛期河床推移质淤积量比明渠引水的少	水流流速低，水流顺畅，进水条件好，水头损失小；河滩地引水口门长约 126 m，底宽 200 m，汛期河床推移质淤积量较大	明渠引水占优
施工导流	取水口深入河中，需干地施工，围堰下河，施工难度大。围堰填筑量较大	引水口门可采用水下开挖，施工难度小	明渠引水占优

续表 1

方案	方案一（塔式取水口引水）	方案二（明渠引水）	比较结果
运行管理	引水钢管暗埋，如泥沙淤积，清理难度大；前池（兼沉沙池）为混凝土结构，结构荷载较大，池中布置三道横撑，运行期前池清淤只能采用人工清理方式，用高压水对前池进行冲洗，清淤困难	明渠开敞式进水，采用机械清淤方式，拟采用射吸式吸沙船，吸沙船配置高压水泵和吸沙泵，挖泥、输泥、卸泥等工作过程都是一体化自动完成，运行方便	明渠引水占优

表 2　方案一和方案二主要工程量对比

项目	单位	方案一（塔式取水口引水）	方案二（明渠引水）	方案二-方案一
土方开挖	万 m^3	229.56	251.10	21.54
石方开挖	万 m^3	43.12	43.12	0.00
土方回填	万 m^3	212.99	228.84	15.85
C20 喷混凝土（厚 150）	万 m^2	1.55	1.70	0.15
地下连续墙	m^2	11 550	13 200	1 650
混凝土	万 m^3	51.48	43.00	-8.48
钢筋	t	29 836	24 813	-5 023

根据本阶段数模计算成果分析，明渠引水进口部位流线平顺，流态良好，具备较好的引水条件，取水对西江河道水流影响较小，且其施工导流方便、运行管理简单、比方案一投资少 6 951 万元，故本阶段推荐方案二明渠引水方案。

4　引水渠长度及轴线比选

4.1　引水渠布置原则

引水渠的主要功能是从西江河道引水，并可以沉淀水流中的部分泥沙，其布置应遵循以下原则：

（1）引水渠尽可能与河道平顺相接，保证进口流态稳定；

（2）引水渠口门应设置拦沙坎，以防止推移质入渠，并考虑拦沙坎对口门区水流流态及泥沙运移的影响；

（3）引水渠及进口拦污闸尽量布置在治导线以外，减小建筑物对河道行洪的影响；

(4) 引水渠布置应与周边环境相协调，尽量降低临西江侧引水渠渠顶高程，减小高大建筑物对环境景观的影响。

4.2 方案拟定

根据拦污建筑物形式比选内容，对可研方案进行优化，引水渠前端增加拦污闸，布置直栅拦污，设置叠梁门兼顾拦沙、检修功能。可研阶段机组台数为7台，初设阶段进行机组台数比选后，机组台数调整为6台，本次结合泵房布置、地形条件、沉沙效果、治导线，拟定了长引水渠方案（方案一，初设送审方案）、短引水渠放坡开挖方案（方案二）、短引水渠底部支挡方案（方案三）三个方案进行比选。

4.2.1 长引水渠方案（方案一）

引水渠布置于西江右岸，由引水口门、拦污闸、引水渠段三部分组成。口门段宽170 m，拦污闸长24.5 m，引水渠全长330 m。

引水口门宽170.0 m，前与西江河道相通，后与拦污闸相接。为满足取水保证率要求，保证足够水深，口门处高程-3.5 m。为减少推移质入渠，进水口门设置一道拦沙坎，坎顶高程-1.50 m，坎长164.0 m。口门区设置一道拦漂排，拦漂排轴线与西江水流方向平行，采用塑料浮筒形式。

拦污闸共6孔，前沿进水宽度76.0 m，前沿总长102.0 m，顺水流宽24.5 m。闸顶高程26.5 m，建基面高程-6.5 m，闸高33.0 m。

引水渠全长330.0 m，为引入足够水量并减少泥沙入渠，引水渠与河道夹角取30°。引水渠前接拦污闸，后接进水闸。充分利用地形条件，引水渠兼顾沉沙功能，结合引水渠布置条带型沉沙池，沉沙池水平段底宽76.0 m，底高程-3.5 m。水平段末端设置一道拦沙坎，坎顶高程-1.50 m，坎长76.0 m。连接段长48.0 m，前接水平段，后接进水闸，底宽76.0 m，连接段首端底高程-3.5 m，进水闸前10.0 m内范围底高程-7.3 m，其间以1：10底坡相接。

4.2.2 短引水渠放坡开挖方案（方案二）

方案一引水渠长度较长，拦污闸伸入河滩地较大，因河滩地形低，导墙高度较高。为降低导墙高度，方案二将方案一进口拦污闸沿引水渠轴线向岸边后退100 m。为延长泵站进口直线段，泵房绕进水闸右上角顺时针旋转5°。

方案二引水渠口门段宽310 m，拦污闸长24.5 m，引水渠全长230 m。

引水口门宽310.0 m，前与西江河道相通，后与拦污闸相接。为减少推移质入渠，进水口门设置一道拦沙坎，坎顶高程-1.50 m。

拦污闸共6孔，前沿进水宽度76.0 m，前沿总长102.0 m，顺水流宽24.5 m。闸顶高程26.5 m，建基面高程-6.5 m，闸高33.0 m。

引水渠全长230.0 m，为引入足够水量并减少泥沙入渠，引水渠与河道夹角取30°。引水渠前接拦污闸，后接进水闸。沉沙池水平段底宽76.0 m，底高程-3.5 m。水平段末端设置一道拦沙坎，坎顶高程-1.50 m，坎长76.0 m。引水渠两侧结构采用放坡开挖形式。连接段长48.0 m，前接水平段，后接进水闸，底宽76.0 m，连接段首端底高程-3.5 m，进水闸前10.0 m内范围底高程-7.3 m，其间以1：10底坡相接。

4.2.3 短引水渠底部支挡方案（方案三）

方案二进口导水墙进入治导线，为了降低其对行洪的影响。方案三将引水渠左侧导墙尽量靠近山边，引水渠底部进行垂直支挡，进水渠和泵房轴线相应向山边平移14.0 m。

方案三支挡结构采用1.2 m厚钢筋混凝土连续墙，墙顶高程3.0 m。引水渠水平段渠底高程-3.5 m，墙高6.5 m，引水渠末端10 m范围内水平段渠底高程-7.3 m，墙高10.3 m。

引水渠其余平面布置和方案二基本相同。

4.3 方案比选

各方案比较见表3。

表 3 方案比较

方案		方案一 长引水渠方案	方案二 短引水渠放坡开挖方案	方案三 短引水渠底部支挡方案	比较结果
引水渠进水条件		进水渠流速范围为 0.03~0.4 m/s，流速较小，泵站进口流态平顺	进水渠流速范围为 0.03~0.4 m/s，流速较小，泵站进口流态平顺	进水渠流速范围为 0.03~0.44 m/s，流速较小，泵站进口流态平顺	基本相当
行洪影响		部分导水墙建筑物进入治导线最大 50 m，对行洪影响不大	部分导水墙建筑物进入治导线 8~40 m，对行洪影响不大	少部分导水墙建筑物进入治导线 17 m，对行洪影响较小	方案三占优
景观效果		拦污闸伸入河滩较多，左侧导墙高度凸出地面最高 14.5 m，高度较大	拦污闸伸入河滩较少，左侧导墙高度凸出地面最高 5.5 m，高度较小，与周边环境较协调	拦污闸伸入河滩较少，左侧导墙高度凸出地面最高 5.5 m，高度较小，与周边环境较协调	方案二、方案三占优
防沙效果	推移质	进口拦污闸离推移质输沙带较近，口门处泥沙较多	进口拦污闸离推移质输沙带较远，口门处泥沙较少	进口拦污闸离推移质输沙带较远，口门处泥沙较少	方案二、方案三占优
	悬移质	引水渠内大于 0.1 mm 粒径的悬移质泥沙沉降率大于 75%	引水渠大于 0.1 mm 粒径的泥沙沉降率大于 60%	引水渠大于 0.1 mm 粒径的泥沙沉降率大于 60%	方案一占优
投资/万元		29 251.9	26 204.4	30 779.7	方案二占优

根据表 3，从技术层面分析，方案一在悬移质防沙效果方面占优，方案二在景观效果、推移质防沙效果两方面占优，方案三在行洪影响、景观效果、推移质防沙效果三个方面占优，引水渠进水条件方面三者基本相当。故方案三在技术层面占优，方案二次之。

从经济层面分析，方案二投资最省，方案一、方案三比方案二分别高 3 047.5 万元、4 575.3 万元，故经济层面方案二占优。

综上，考虑方案三垂直支护挡土高度较大，临近省道，风险较高，综合分析推荐方案二，即短引水渠放坡开挖方案。

5 结论

（1）对于重大引调水工程，取水口的引水形式选择至关重要，取水形式的选取要从取水条件、施工导流、景观效果、防沙效果、运行管理、工程投资等方面综合考虑。

（2）对于环北部湾广东水资源配置工程的水源工程，本文从取水条件、施工导流、工程投资等方面对塔式取水和明渠取水，进行了综合比选，确定了采用明渠引水是合适的。

（3）对于明渠引水方案，从引水渠引水条件、行洪影响、景观效果、防沙效果、投资等方面对引水渠的长度、支挡形式等进行了比选，比选采用了短引水渠放坡开挖方案是合理的。

（4）对于重大引调水工程，引水形式极其重要，但关于引水方式的资料较少，后期应结合理论研究、规范要求和工程实践，不断进行积累和研究。

参考文献

[1] 马振友，张治昊，刘未晶．北江河床下切对沿江地区引水环境的影响及治理对策［J］．水利建设与管理，2007（3）：71-72.

[2] 李慈，张定邦．东深供水改造工程金湖泵站引水渠左边坡滑塌工程地质特征分析［J］．吉林水利，2004（6）：25-27.

[3] 李志祥，冯建刚，钱尚拓，等．斜向进流城市雨水泵站引水建筑物流态改善数值模拟［J］．中国农村水利水电，2020（6）：139-147.

[4] 中水珠江规划勘测设计有限公司．环北部湾广东水资源配置工程初步设计报告 第五篇 工程布置及建筑物［R］．广州：中水珠江规划勘测设计有限公司，2020.

考虑调水工程的区域生态水网河湖水系连通关键技术

丁　洋　赵进勇　张志昊　张　剑　付意成　张　晶

（中国水利水电科学研究院，北京　100038）

摘　要：调水工程重构了区域水系格局，叠加闸坝泵站管涵工程群的调度情景，共同改变了河流水系连通，影响了河湖生态系统的结构与功能。因此，需开展中小型调水工程牵引下河湖水系连通的科学布局与调控研究，更好地发挥中小型调水工程的主导和牵引作用。通过梳理自然-人工复合水系三流四维四级连通性概念模型、区域中小型调水工程多维多级水系连通空间布局优化技术、以区域中小型调水工程为主体的闸坝泵站管涵水工程群生态调度技术，介绍考虑调水工程的区域生态水网河湖水系连通关键技术，为形成具有可持续特征的科学调水工程方案提供技术支撑。

关键词：调水工程；水系连通；自然-人工复合水系；生态调度

1　研究背景

2011 年中央 1 号文件提出，“完善优化水资源战略配置格局，在保护生态前提下，尽快建设一批骨干水源工程和河湖水系连通工程，提高水资源调控水平和供水保障能力”。2013 年 10 月，水利部印发《水利部关于推进江河湖库水系连通工作的指导意见》（水规计〔2013〕393 号），将河湖水系连通工程分为防洪减灾、水资源配置和水生态环境修复三种类型。2015 年起，水利部、财政部联合开展河湖水系连通建设，2015—2019 年，累计支持河湖水系连通建设任务 295 个，2020 年支持水系连通及农村水系综合整治试点县 55 个，2021 年支持水系连通及水美乡村建设试点 30 个、2022 年 42 个。2021 年，水利部印发了《关于实施国家水网重大工程的指导意见》。2023 年 5 月 25 日，中共中央、国务院印发了《国家水网建设规划纲要》，指出“要完善河湖生态系统保护治理体系，加强河湖生态保护治理，加强生态整治修复、水系连通，改善河湖水循环和水动力条件，恢复水清岸绿的水生态环境”。国家水网以“纲、目、结”作为总体布局，其中“目”的层级，就是河湖连通工程和输配水工程。

调水工程属于供水工程（广义的供水工程，包括灌溉供水工程）中的特殊类型，其特殊性在于“跨流域（区域）”。调水是实现河湖水系连通目的的重要水源条件之一，河湖水系连通是实现调水目的的工程条件之一，二者互为条件，共同构成了流域供水安全和生态安全的水量基础。调水工程在河湖水系连通中具有保障供水安全、改善水生态环境、增加雨洪资源利用、置换本地水源等作用。调水工程是区域水系连通格局中的主动脉之一，维护河湖生命健康是中小型调水工程的主要功能之一。全国目前已建和在建的调水工程 400 余项，其中以中小型调水工程（引水流量 $<10\ m^3/s$）为主。中小型调水工程重构了区域水系格局，叠加闸坝泵站管涵工程群的调度情景，共同改变了河流水系连通，进而改变了河流水文节律及水动力条件，促进了水体更新及物质输移，影响了河湖生态系统的结

基金项目：中央部门预算项目“重点河流生态调度效果评估”（WE0149B032024），中国水利水电科学研究院“城乡水系生态景观构建理论和技术研究创新团队”项目（WE0145B042021）。

作者简介：丁洋（1993—），男，工程师，主要从事河湖生态保护与修复等研究工作。

构与功能[1-3]。因此，需开展中小型调水工程牵引下河湖水系连通的科学布局与调控研究，更好地发挥中小型调水工程的主导和牵引作用。

2015年以来，水利部持续开展河湖水系连通、河湖生态保护与修复工作。笔者所在团队牵头承担了水利部重大科技项目“调水工程多维多级水系连通及生态调度关键技术研究”，以及水利部公益性行业科研专项经费项目“河湖水系生态连通规划关键技术研究与示范”等，开展了一系列河湖水系连通相关理论研究、技术研发与推广应用。本文通过模型框架、布局技术、优化调度三部分，介绍了笔者所在团队研发的“区域生态水网河湖水系连通关键技术”，为形成具有可持续特征的科学调水工程方案提供技术支撑。

2 建立框架——自然-人工复合水系三流四维四级连通性概念模型

根据生态系统整体性原则，考虑物质流、物种流和信息流3种生态过程，自然-人工复合水系上下游纵向、河道-岸滩侧向、地表-地下垂向和丰平枯水期4个维度上的变化特征与规律，中小型调水工程、河流干渠、小微支流、坑塘洼地等水网格局中的4个层级，建立了自然-人工复合水系三流四维四级连通性概念模型[4]，如图1所示。

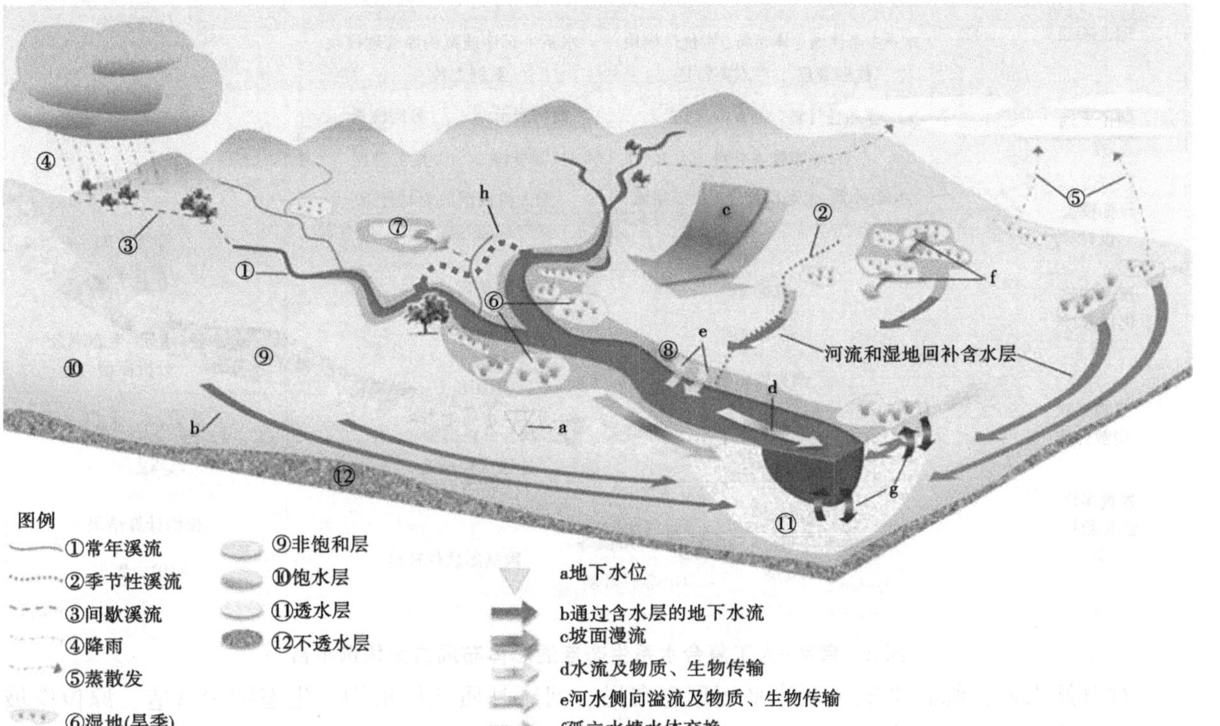

图1 自然-人工复合水系三流四维四级连通性概念模型

自然-人工复合水系三流四维四级连通性概念模型系统揭示了水文过程驱动下河湖水系内关键生态因子的时空变化机理，围绕水系结构完整度和生态过程的完成度，建立了水系生态系统结构-功能-过程之间的复杂响应关系。形成了区域生态水网河湖水系连通是调整自然-人工水系结构、恢复关键生态过程，保障水系生态服务功能持续发挥的科学认知[5]。

3 编织网络——区域中小型调水工程多维多级水系连通空间布局优化技术

构建了考虑复杂网络中水文地貌-物理化学-生物群落关联影响的自然-人工复合水系生态连通性调查分析技术，针对河河、河湖、河渠、湖湖连通等表象，河道相连水路不通、河道相连水路相通等特征，涵管、渠道、隧洞等不同工程类型，以及强连通、弱连通、时连时断等类型提出地貌单元统计、河湖连通状况、地貌动态格局调查技术，根据水系河网物理结构和水生生物迁移通道及群落组成矩阵，构建了自然-人工复合水系河网结构网络和生物共现网络。

建立了利用图论理论，基于数据库、模型库、案例库，包含交互层、功能层、支撑层的自然-人工复合水系生态连通总体布局方案优选平台（见图2）。对基础地理信息、水文、水质、地貌、生物、栖息地、中小型调水工程、社会-经济状况等方面的数据进行采集、整编、挖掘、加工等一系列整合处理，并结合水系连通工程特点，形成了自然-人工复合水系生态连通总体布局方案优选技术平台数据库；将自然-人工复合水系生态连通相关的专家知识、经验参数、科学试验参数，相关政策法规、行业标准，典型自然-人工复合水系生态连通规划典型案例等进行集成，形成了案例库[6]。

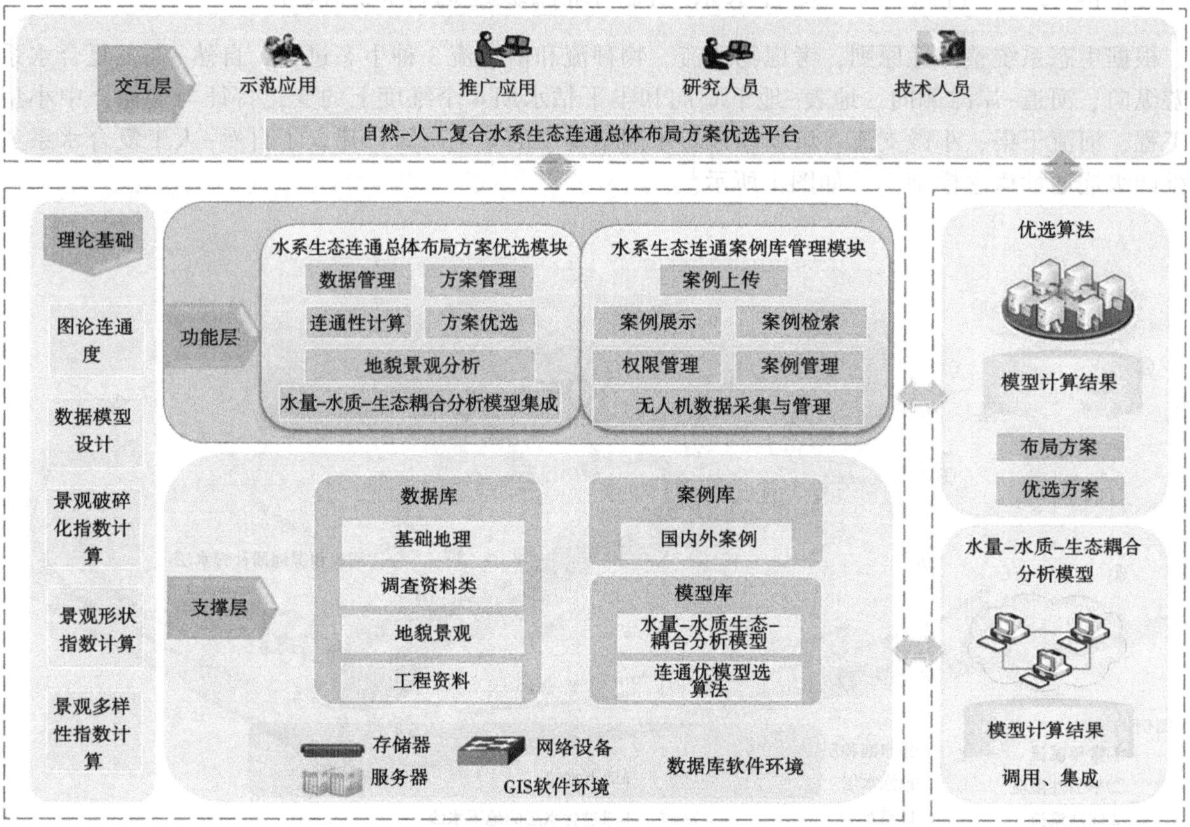

图2　自然-人工复合水系生态连通总体布局方案优选平台

针对自然水系，综合考虑了河流平面形态布局、河床基质条件重构、生态护岸营造、原位岸坡型自然型湿地建设、生态净水堰构造，构建了以自然为导向、适度人工干预的河湖水系生态连通工程技术体系，恢复了河道物理结构、改善了河流四维连通性，畅通河道水网各个堵塞环节，实现活水畅流。

4　优化调度——以区域中小型调水工程为主体的闸坝泵站管涵水工程群生态调度技术

构建了区域水网水量-水质-栖息地数值分析模型。可预测不同自然-人工复合水系连通格局下，区域生态水网在蓄泄洪水和保证最小生态流量、削减污染物以及提供鱼类适宜性栖息地等方面的综合能力，为构建优化调度模型提供了有效工具。

形成了以闸坝泵站管涵水工程群调度为核心的多目标优化调度技术。综合考虑区域闸坝泵站管涵水工程群，建立了多情景下水工程群联合多目标生态调度与区域水生态之间的关系。基于多水源、多目标、多情景开展了水质水量多目标优化调度，构建了调度方案评价体系，得到了多种情境下的优化调度方案，形成了不同水期的区域闸坝泵站管涵水工程群多目标优化调度方案，并基于目标进行了负反馈分析和优化调整。

例如在北方平原水网区，构建了基于水位-水面面积-植被覆盖度响应关系，以植被覆盖度和水面面积最优为准则，确定了闸坝调度模型生态水位目标，分段（不同河段）、分类（不同河段的不同功能）、分时（四季）分析了生态植被、防洪、灌溉、景观水位的闸坝调度情景，形成了最优调度方案。

建立了区域闸坝泵站管涵水工程群调度平台。基于形成的以闸坝泵站管涵水工程群调度为核心的水网水质水量联合调度方案，采用现代科技和信息化等手段，建立了包括感知层、传输层、交互层以及数据库、模型库、方案库的“三库三层”区域闸坝泵站管涵水工程群调度平台（见图 3）。在江淮平原扬州市水网区，华北平原廊坊永定河水网区进行了应用示范，产生了良好的经济效益、社会效益及环境效益。

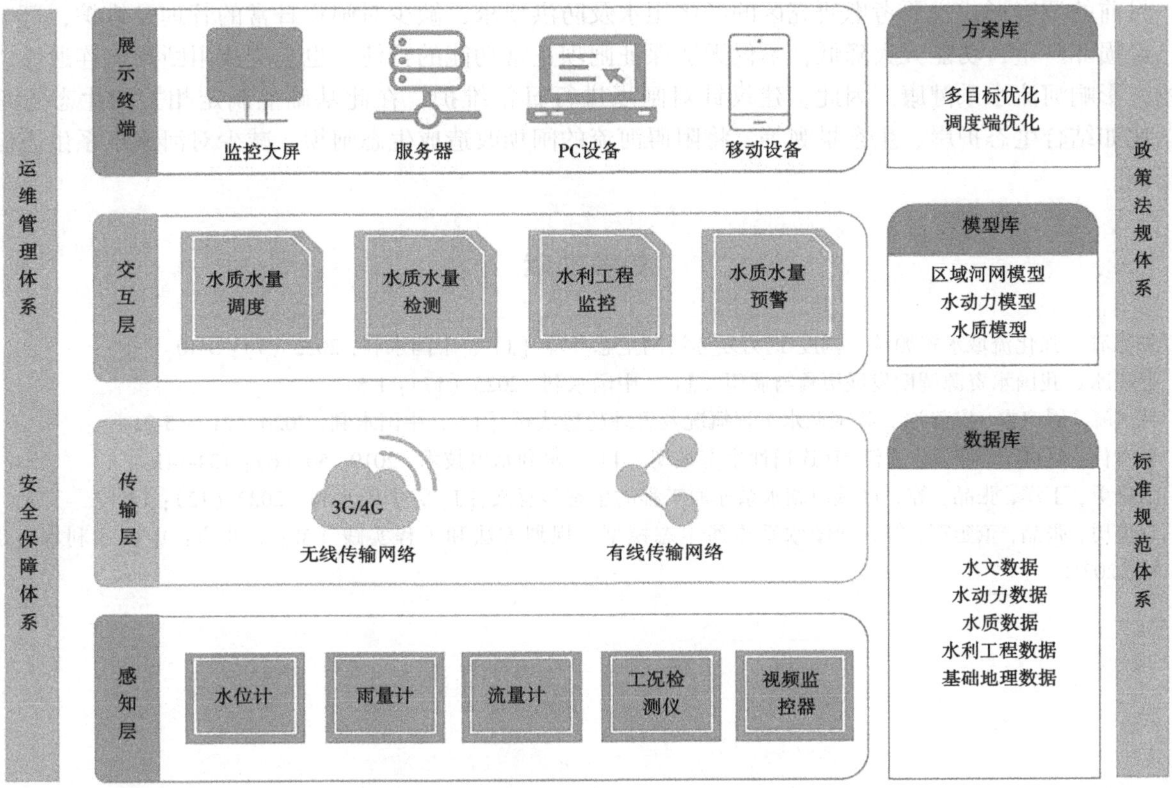

图 3　区域闸坝泵站管涵水工程群调度平台

5　小结及建议展望

5.1　小结

调水工程的科学论证与合理运行可以维持区域生态系统的结构和功能，并促进社会经济的持续发展。区域中小型调水工程多维多级水系连通空间布局优化技术可以有效改善水动力条件，促进物质流、物种流和信息流的畅通流动，有效维持社会-经济-自然复合生态系统的结构和功能。区域水工程群联合多目标生态调度需要从生态需水及水环境质量两方面统筹考虑，并协调水工程的经济社会效益与生态效益，追求综合效益的最优化，进而发挥河湖水系连通的综合功能。

5.2　建议与展望

开展已建调水工程的提质增效及标准化管理工作。目前，部分已建调水工程仍存在调水效率低、设施利用率不高等问题，导致所在地区水网建设仍然存在短板，区域水系连通格局存在断点。建议继续围绕调水工程提质增效工作目标，分析典型区域水系连通格局“连而不通”症结所在，进一步提出调水工程优化方法。

开展调水工程牵引下河湖水系连通空间格局演变机理研究。河湖水系格局决定了水资源格局，影响着区域/流域水资源的配置和社会经济发展，以及生态环境的演变。而目前，调水工程调度等动态过程导致的水系连通空间格局演变机理的研究尚显不足。建议开展调水工程牵引下河湖水系连通空间格局演变机理研究，探讨调水工程和河湖水系连通格局的相互作用机制，研究河湖水系连通与经济社会、生态环境相互作用关系，揭示河湖水系格局与经济社会、生态环境系统之间协同演化规律，为变化环境下河湖水系连通的科学调控、生态环境保护和良性水循环维持提供理论基础。利用研究成果可用于指导河湖水系连通格局下调水工程的建设与运行，促进河湖水系格局与经济社会格局、生态格局之间的协调。

针对闸坝等水利工程制定生态管理规章。研究的出发点即研究区闸坝调度不合理且未考虑生态调度，目前的调度形式主要考虑研究区的经济用水及防洪要求，缺少对闸坝日常的管理及维护，部分闸坝已经损坏严重，功能大大降低，不仅无法保证闸坝正常功能的行使，也会变成阻断河流连通性的障碍物，影响河流水系健康。因此，建议针对闸坝进行日常维护，在此基础上制定相关的生态管理措施，比如结合生态护岸、生态景观等，将阻碍河流的闸坝改造成生态闸坝，减少对河流水系生态健康的影响。

参考文献

[1] 朱程清．强化流域水资源统一调度 助力复苏河湖生态环境［J］．中国水利，2022（7）：9-10.
[2] 程晓冰．我国水资源调度发展历程与展望［J］．中国水利，2023（17）：1-5.
[3] 韩占峰，周曰农，安静泊．我国调水工程概况及管理趋势浅析［J］．中国水利，2020（21）：5-7.
[4] 董哲仁，赵进勇，张晶．3 流 4D 连通性生态模型［J］．水利水电技术，2019，50（6）：134-141.
[5] 赵进勇，丁洋，张晶，等．区域河湖水系连通工程的生态学意义［J］．中国水利，2022（12）：14-17.
[6] 赵进勇，张晶，董延军，等．河湖水系连通生态模型、规划方法和工程实践［M］．北京：中国水利水电出版社，2021.

大跨度水工地下洞室围岩类别判定分析

赵 晖 包 勋

(中水珠江规划勘测设计有限公司，广东广州 510635)

摘 要：为对 20 m 以上跨度的水工地下洞室的围岩类别进行详细判定，给设计提供充分的地质依据，在分析国家及行业规范的基础上，参考国内外相应的工程实例，采取《水利水电工程地质勘察规范》(GB 50487—2008)(2022 年版)和《工程岩体分级标准》(GB/T 50218—2014)，并运用国际上常用的 RMR 分类法进行对比分析，对跨度大于 20 m 的隧洞围岩在详细评分的基础上进行围岩分类。结果表明，三种分析方法在跨度大于 20 m 的隧洞围岩类别详细判定上，结果基本一致，这说明在大跨度地下洞室围岩分类中，运用这三种方法基本可行，能客观实际地判定围岩类别，为其他类似地下洞室围岩分类提供参考和借鉴。

关键词：大跨度水工洞室；围岩类别；RMR 分类法

1 引言

“十四五”规划期间，国家水网规划成为水利工程建设的一个重要内容，一些大型的长距离引调水工程陆续上马，如滇中引水工程、珠江三角洲水资源配置工程、引江补汉工程及环北部湾广东水资源配置工程等，这些工程中深埋隧洞很普遍。对于地下工程建设，根据隧洞围岩类别的不同采取不同的工程支护措施是项目实施的关键，这关系到设计方案的准确及施工过程的安全，因此全面准确地判定围岩类别是工程项目勘察工作的一个重要内容。工程实践中，水利行业规范[1] 对围岩的详细评分仅针对跨度小于 20 m 的地下洞室，对大于 20 m 跨度的洞室仅仅规定参照其他国家规范，而未指定确切的规范依据。而国家标准《工程岩体分级标准》(GB/T 50218—2014)[2] 中，也规定跨度大于 20 m 的地下洞室需参考其他国家现行标准执行。鉴于两本规范对大跨度洞室围岩分类详细评价的模糊性，给工程技术人员在勘察过程中对围岩的判定带来了相应的困惑。

以环北部湾广东水资源配置工程高鹤干线塘口支洞主支洞交汇处大跨度洞室（跨度 23 m）为例，依据现行的国家标准和水利行业标准对大跨度洞室进行详细评分，判定围岩类别，并利用国际常用的 RMR 分类法[3] 进行对比分析。结果表明，三种方法评价围岩类别判定基本一致，这为水利行业大跨度洞室围岩判定提供了一定的参考和借鉴。

2 工程概况

环北广东高鹤 B4 标塘口支洞（GH6#）为双护盾 TBM 始发和泥水盾构盾构接收，TBM 地面组装后步进。支洞断面形式为城门洞形，主洞断面形式为圆形。支洞与主洞交会段设置多心圆渐变段，支洞与主洞以 500 m 的平面曲线半径相交。主支洞交会段为满足双护盾始发、物料运输要求，断面最大开挖宽度 23. 3 m，成洞 21. 6 m，最大开挖高度 19. 6 m。洞室平面分布及断面图见图 1。

3 工程地质条件

拟建场地总体上为残丘地貌，主支洞交会处起始段地面为冲沟，地面高程 42~61 m，冲沟无地面

作者简介：赵晖（1986—），男，高级工程师，主要从事水利水电工程地质勘察工作。

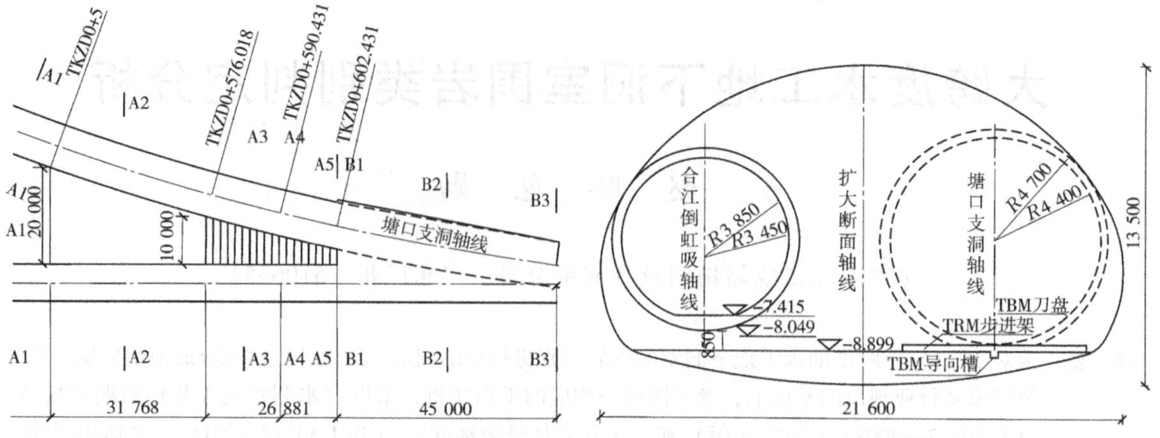

图 1　洞室平面分布及断面图　（单位：高程，m；尺寸，mm）

明流，植被茂密，交会处大里程方向为鱼塘，水深 1~2 m。

根据勘察钻孔地质资料反映，自上而下岩性出露第四系冲积层（Q_4^{al}）、第四系残积土层（Q_4^{el}），基岩云开岩群第三岩组（$Pt_{2-3}Y^3$），岩性组合为变粒岩、云母石英片岩等。覆盖层厚度 0.8~3.8 m，全风化层厚度 5.6~11.9 m，强风化层厚度 9.0~13.3 m，弱风化层埋深 18.4~26 m，相应高程 30.3~22.5 m。

场地地质构造简单，岩层层理产状为 65°/SE∠48°。结构面发育情况主要有如下三组：①50°/NW∠40°，闭合，平直，发育 1 条，延伸>10 m；②280°/SW∠50°，微张<1 mm，平直光滑，延伸 6~8 m，中厚-薄层结构；③10°/SE∠85°，微张 1~3 mm，钙质胶结，延伸>10 m，发育 1 条。

根据钻孔资料，现场钻孔注水试验统计见表 1，压水试验统计见表 2，岩石完整性系数根据钻孔统计见表 3。对钻孔岩芯进行点荷载试验及室内试验，钻孔点荷载试验结果为饱和单轴抗压强度平均值 $R_b=64.2$ MPa，室内饱和单轴抗压试验平均值 $R_b=58.7$ MPa，根据不利原则，围岩饱和单轴抗压强度取值为 $R_b=58.7$ MPa[4]。

表 1　场地岩体层注水试验统计

地层	孔号	孔口高程/m	地下水埋深/高程/m	渗透系数/(cm/s)	渗透系数平均值/(cm/s)
残积土/全风化	GH6Z6	48.94	3.6/45.34	1.91×10^{-5}	4.03×10^{-5}
	B4ZK03	48.49	8.0/40.49	$2.76\times10^{-5}\sim8.73\times10^{-5}$	
	B4ZK04	46.69	2.8/43.89	$3.00\times10^{-5}\sim3.78\times10^{-5}$	
强风化	GH6Z6	48.94	3.6/45.34	$1.82\times10^{-5}\sim2.39\times10^{-5}$	7.43×10^{-5}
	B4ZK03	48.49	8.0/40.49	$1.03\times10^{-4}\sim1.30\times10^{-4}$	
	B4ZK04	46.69	2.8/43.89	$1.15\times10^{-4}\sim7.96\times10^{-5}$	

表 2　压水试验统计

孔号	透水率 q/Lu		渗透性分级
	试验值	平均值	
GH6Z6	0.39~0.65	0.50	微透水
B4ZK03	1.30~3.21	2.19	弱透水
B4ZK04	1.39~44.98	13.91	中等透水

表 3　钻孔岩体完整性系数统计

钻孔编号	K_v	平均值	完整性分级
GH6Z6	0. 24~0. 72	0. 49	完整性差
B4ZK03	0. 34~0. 77	0. 58	较完整
B4ZK04	0. 38~0. 82	0. 56	较完整

4　围岩判定

4.1　根据水利行业规范判别

根据水利行业勘察规范相关规定，按五项基本判据岩石强度、岩体完整程度、结构面状态、地下水、主要结构面产状的评分总和及限定判据围岩强度应力比，运用评分法对隧洞围岩进行详细分类。

岩石强度按取钻孔岩芯进行室内试验及现场点荷载试验综合确定计算值，岩体完整程度采用岩体完整性系数 K_v 指标按钻孔声波测试考虑同等风化程度综合确定 K_v 计算值，结构面状态指相对发育、强度最弱的结构面，通过量测结构面倾角并描述节理的张开度、充填物、节理面的起伏粗糙程度判定；地下水的活动状态是对隧洞开挖后地下水出溢情况的初步判断，评分时划分为渗水-滴水、线状流水、涌水三种情况，可按钻孔压水试验岩体透水率及岩体完整程度综合判定。主要结构面产状指对围岩稳定性起主要影响的结构面，仅当岩体完整与较完整时进行修正评分，结合岩芯编录与地表节理统计确定；围岩强度应力比，通过深埋洞室钻孔的地应力测试确定地应力与深度的关系，再通过计算得出，埋深较浅的隧洞，计算围岩强度应力比时，围岩的最大主应力以自重应力代替。

结合勘察成果，本洞段围岩分类详细评分见表 4、表 5。根据评分结果，桩号 54+817~54+895 为Ⅲ类，长 78 m，占比 58.6%；桩号 54+895~54+950 为Ⅳ类，长 55 m，占比 41. 4%。

表 4　围岩类别详细评分

桩号		岩石强度及评分（A）		岩体完整程度及评分（B）		结构面状态及评分（C）		基本评分 T'
		R_b/MPa	评分	K_v	评分	状态	评分	
817	895	58. 7	19	0. 49	20	张开 1~5 mm，无充填，平直光滑	15	54
		58. 7	19	0. 58	23	张开 1~5 mm，无充填，平直光滑	18	61
895	950	58. 7	19	0. 56	22	张开 1~5 mm，无充填，平直光滑	15	57

表 5　围岩类别修正详细评分

桩号		地下水状态及评分（D）		主要结构面产状及评分（E）				总评分 T	强度应力比 S	围岩类别
		状态	评分	与洞轴线夹角 β	倾角 α	拱顶评分	边墙评分			
817	895	渗水到滴水	−4	$60°>\beta\geqslant30°$	55	0	0	50	21	Ⅲ
		渗水到滴水	−3	$60°>\beta\geqslant30°$	40	−10	−2	48	26	Ⅲ
895	950	涌水	−12	$60°>\beta\geqslant30°$	65	−5	−10	35	26	Ⅳ

4.2　根据《工程岩体分级标准》（GB/T 50218—2014）判别

工程岩体分级标准中对围岩类别的判定，首先从岩石坚硬程度（饱和单轴抗压强度）及岩体完整性确定岩体基本质量指标 BQ，然后从地下水、主要结构面产状及初始应力状态三个影响因素进行修正，最终计算得到［BQ］，从而判定围岩类别。根据规范，BQ 计算公式为

$$BQ = 100 + 3R_c + 250K_v \tag{1}$$

式中：R_c 的计算值取 R_c 试验值和 $90K_v+30$ 中的小值；K_v 计算值取 K_v 与 $0.04R_c+0.4$ 二者之间的小值[5]。经过修正后，［BQ］的计算公式为

$$[BQ] = BQ - 100(K_1 + K_2 + K_3) \tag{2}$$

计算结果如表 6、表 7 所示，根据计算结果，桩号 54+817～54+895 为Ⅲ类，长 78 m，占比 58.6%；桩号 54+895～54+950 为Ⅳ类，长 55 m，占比 41.4%。

表 6　BQ 计算评分

桩号		饱和单轴抗压强度 R_c		完整性系数 K_v		计算值		BQ
		原值	比较	原值	比较	R_c	K_v	
817	895	58.7	74.1	0.49	2.75	58.7	0.49	398.6
		58.7	82.2	0.58	2.75	58.7	0.58	421.1
895	950	58.7	80.4	0.56	2.68	57	0.56	416.1

表 7　［BQ］计算评分

桩号		地下水修正		结构面修正	初始应力修正		［BQ］	围岩类别
		地下水状态	K_1	结构面产状 K_2	初始应力状态	K_3		
817	895	潮湿、点滴出水	0.05	0.4	42.1	0	353.4	Ⅲ
		潮湿、点滴出水	0.03	0.4	26.5	0	378.2	Ⅲ
895	950	涌水	0.47	0.4	26.2	0	329.1	Ⅳ

4.3　根据 RMR 分类法判别

RMR 分类是 1973 年由比尼奥斯基提出的，早期主要用于隧洞等地下洞室围岩分类，目前也逐渐广泛地运用于边坡、坝基等工程的岩体分类。

RMR 计算公式为

$$RMR = R_1 + R_2 + R_3 + R_4 + R_5 + R_6 \tag{3}$$

式中：R_1 为岩石单轴抗压强度，指无侧限抗压强度，计算时采用饱和单轴抗压强度；R_2 为岩石质量指标，指 RQD，利用岩体完整性系数与 RQD 综合判定；R_3 为结构面间距，选择最有影响的结构面间距；R_4 为结构面状况，包括结构面粗糙程度、张开程度、填充物组成、岩体风化程度等；R_5 为地下水状况，分为完全干燥、潮、湿、淋水、涌水 6 个等级；R_6 为结构面方位，主要分析结构面走向与洞轴线的关系、结构面倾向与倾角，从而评价对工程的影响，主要分很有利、有利、较好、不利及很不利 5 个等级。

根据地质勘察资料，利用 RMR 分类法对本段隧洞进行详细评分[6]，评分结果见表 8。根据评分结果，桩号 54+817~54+895 为Ⅲ类，长 78 m，占比 58.6%；桩号 54+895~54+950 为Ⅳ类，长 55 m，占比 41.4%。

表 8　围岩 RMR 评分

桩号		R_1	R_2	R_3	R_4	R_5	R_6	R	围岩类别
817	895	7	3	15	20	10	-12	43	Ⅲ
		7	8	15	20	7	-12	45	Ⅲ
895	950	7	3	10	20	0	-12	28	Ⅳ

4.4　综合评判

根据三种方法对本洞段跨度大于 20 m 的地下洞室进行围岩详细评分，综合评判结果如下：桩号 54+817~54+895 为Ⅲ类，桩号 54+895~54+950 为Ⅳ类，详细说明及地质建议如下：

（1）桩号 54+817~54+895，围岩为Ⅲ类。地表为残丘，前部为冲沟，植被茂密，顶板埋深 45 m，围岩为变粒岩、云母石英片岩（$Pt_{2-3}Y^3$），弱风化，中硬为主，完整性差-较完整，中厚层-厚层结构。微-中等透水，以渗水-滴水为主，结构面平直粗糙，倾角 40°~60°，局部沿结构面有小量涌水或严重股状流水。估算外水压力 0.1~0.3 MPa。围岩总体强度较高，局部稳定性差，岩体不利组合易形成楔形体而塌落或岩体多沿节理面破裂而滑落。施工期及时采取初期支护。由于本段洞室跨度较大，在长时间无支撑的情况下，洞顶围岩可能因屈服作用而产生蠕变变形，进而造成岩体的破坏，建议采用适当的永久支护形式。

（2）桩号 54+895~54+950，围岩为Ⅳ类。本段地表为鱼塘，地表水丰富，围岩为变粒岩、云母石英片岩（$Pt_{2-3}Y^3$），弱风化，中硬为主，完整性差-较完整，层状结构，局部碎裂结构。结构面平直粗糙，倾角 40°~60°。弱-中等透水，大倾角裂隙发育，局部沿结构面有涌水可能。估算外水压力 0.1~0.4 MPa。本段围岩不稳定，或自稳时间很短，可能会发生规模较大的变形破坏，岩体不利组合易形成楔形体而塌落或岩体多沿节理面破裂而滑落；由于地表有冲沟鱼塘，岩体破碎或存在陡倾角贯通裂隙的情况下可能发生涌水现象，建议施工时做好先导孔超前钻探，探明掌子面前方地下水赋存情况；建议加强支护，并做好有效的阻水措施。建议疏干地表鱼塘水。

5　结论

（1）通过《水利水电工程地质勘察规范》（GB 50487—2008）（2022 年版）、《工程岩体分级标准》（GB/T 50218—2014）和国际上常用的 RMR 分类法进行对比分析，对跨度大于 20 m 的隧洞围岩类别进行详细分类，结果基本一致，符合性较好，为设计支护方案和确定支护参数提供了地质支撑。

（2）由于现行规范中对跨度 20 m 的隧洞围岩判别未进行明确规定，该隧洞的围岩分类方法可为同类工程提供借鉴和参考。

参考文献

[1] 中华人民共和国住房和城乡建设部．水利水电工程地质勘察规范（2022年版）：GB 50487—2008［S］．北京：中国计划出版社，2022.

[2] 中华人民共和国住房和城乡建设部，中华人民共和国国家质量监督检验检疫总局．工程岩体分级标准：GB/T 50218—2014［S］．北京：中国计划出版社，2014.

[3] 彭土标，袁新建，王惠明．水力发电工程地质手册［M］．北京：中国水利水电出版社，2011.

[4] 中水珠江规划勘测设计有限公司．环北部湾广东水资源配置工程初步设计报告（报批稿）［R］．广州：中水珠江规划勘测设计有限公司．2022.

[5] 郑海伦，于立宏，刘德斌．抽水蓄能电站隧洞浅埋段围岩工程地质分类［J］．水利技术监督，2023（11）：247-251.

[6] 胡剑峰，张学东，顾明刚．RMR分类在坝基岩体中的应用：基于巴基斯坦某水电站实例分析［J］．华北自然资源，2023（3）：69-73.

小浪底调水调沙水位对库区及下游河道冲淤的影响

段文龙[1,2]　朱呈浩[1,2]　高　兴[1,2]

（1. 黄河勘测规划设计研究院有限公司，河南郑州　450003；
2. 水利部黄河流域水治理与水安全重点实验室（筹），河南郑州　450003）

摘　要： 当前黄河下游河道主河槽过流能力提升至 5 000 m^3/s 以上，探究小浪底调水调沙对水库及河道冲淤的影响，有助于小浪底调水调沙运用方式的优化。以 2020 年小浪底实时调度过程为基础，采用实测资料分析和数学模型计算的手段，对比分析水库同时期最低运用水位 205 m 和 210 m 两种方案中库区及下游河道的冲淤情况。结果表明：相较于 210 m，本次调水调沙采用的 205 m 方案中小浪底库区多冲刷 0.61 亿 t，下游卡口段多冲刷 0.07 亿 t，输沙入海总量增加 0.21 亿 t，对水库多排沙和下游河道多输沙更为有利。研究成果能够为缓解小浪底库区淤积问题和充分发挥下游河道输沙能力提供技术支持。

关键词： 调水调沙；运用水位；小浪底水库；黄河下游；冲淤变化

黄河是一条自然条件复杂、河情极其特殊的多沙河流[1]。由于含沙量高，黄河具有善淤的特性，下游河道长期的累积性淤积，使河道成为举世闻名的“地上悬河”[2]。近年来，黄河来水来沙急剧减少[3-4]，引发下游河槽严重萎缩、河道行洪能力降低以及“二级悬河”等系列问题产生，严重威胁流域防洪安全[5-7]。“水少、沙多、水沙关系不协调”构成了黄河的基本特征，也是黄河复杂难治的症结所在[8-9]。在多沙河流的治理上，钱宁等[10]提出可以利用上游水库调节水沙过程，使下游河道朝有利方向发展。这种通过上游水库调节水沙的过程，即调水调沙，就是在考虑黄河下游河道输沙能力和不同量级的水流挟沙能力的前提下，利用水库调节库容，对水沙进行有效控制和调节，适时蓄存或泄放，调整天然水沙过程的历时、流量、含沙量，使不协调的水沙关系尽可能协调，从而达到输水冲沙、减轻河道萎缩、恢复并维持中水河槽的目的[11-14]。

截至 2020 年汛前，黄河水利委员会以小浪底水库为主开展了 19 次调水调沙，在恢复下游河道行洪输沙能力上取得了显著效果[15]，河槽最小过流能力从 1 800 m^3/s 增大到 5 000 m^3/s。虽然现阶段调水调沙取得了一定成果，但随着小浪底水库有效库容减少，调水调沙后续动力不足的问题愈发明显。如何优化水库运用方式，尽可能发挥小浪底水库拦沙后期调水调沙潜力是当前关注的重点[16]。陈翠霞等[17]提出当前黄河下游河道适宜的中水河槽规模已形成，可以通过小浪底水库适时泄放高含沙大流量过程，充分发挥黄河下游河道输沙能力输沙入海，同时缓解小浪底水库和下游河道的淤积。在汛期调水调沙的基础上，通过大洪水过程冲刷库区，同时借助下游河道输沙入海，不仅可以维持下游河道行洪能力，还可以有效延长水库使用寿命。

以往小浪底水库调度运用实践表明，大流量入库期间，小浪底运用水位降至泥沙淤积三角洲顶点高程以下时，排沙效果最好。因此，调水调沙运用水位高低对于水库排沙减淤效果至关重要，但水位具体降低多少，以及降低后会对水库排沙和下游河道冲淤带来什么样的影响都是需要考虑的问题，而由于小浪底水库低水位运用过程可参考样本较少，导致参照实际过程进行不同运用水位方案对比分析

作者简介： 段文龙（1989—），男，高级工程师，主要从事黄河泥沙研究工作。

的研究较少。本文在 2020 年小浪底调水调沙的基础上，结合水库实时调度过程和来水来沙数据，采用实测资料分析和数学模型计算的手段，分析不同运用水位对水库及下游河道冲淤的影响。研究成果有助于优化调水调沙运用方案，为持续发挥小浪底水库调水调沙潜力提供技术支持。

1 研究数据及方法

1.1 研究区域及数据

研究区域为黄河小浪底水库及下游河道，见图 1。小浪底水库位于黄河中游最后一个峡谷河段，下距花园口水文站 128 km，坝址以上控制流域面积 69.4 km^2，占黄河全流域的 92.3%。水库设计拦沙库容 75.5 亿 m^3，自 1997 年 10 月大坝截流至 2020 年 4 月，库区累计淤积泥沙 32.86 亿 m^3（断面法），其中干流淤积 25.49 亿 m^3，占总淤积量的 77.6%，支流淤积 7.37 亿 m^3，占总淤积量的 22.4%。当前库区淤积量已占水库设计拦沙库容的 43.5%，水库运用处于拦沙后期第一阶段。黄河干流自小浪底水库以下全长 881 km，小浪底水库运用前，下游河床不断淤积抬升，成为淮河和海河的天然分水岭，小浪底水库运用后，下游河道全线冲刷，自 1999 年 10 月小浪底水库投入运用以来至 2020 年汛前，全下游河道累计冲刷 20.88 亿 m^3（主槽冲刷 21.10 亿 m^3，即 29.24 亿 t），其中 19 次调水调沙累计冲刷 4.3 亿 t。

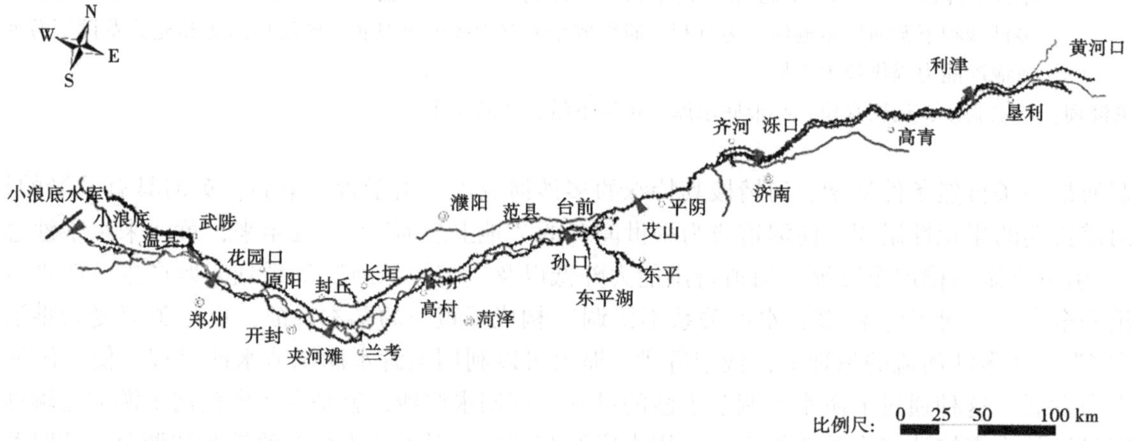

图 1 研究区域示意图

研究数据基于 2020 年 6 月 24 日至 9 月 15 日小浪底水库实际调度过程，水沙数据采用各水文站点实测资料。整个调度过程简述如下：6 月 24 日至 7 月 10 日为防御大洪水实战演练阶段，小浪底水库通过预泄大流量过程逐步降低库水位，6 月 24 日 8 时按 3 500 m^3/s 控泄，随后逐步加大，最大至 6 月 28 日 8 时 5 500 m^3/s，库水位在 7 月 1 日降至 235 m 以下，7 月 10 日降到 210 m 附近。7 月 10 日至 9 月 1 日为前汛期调度阶段，前期水库保持进出库平衡，维持库水位在 210 m 附近运用；7 月 21 日至 8 月 6 日，为充分利用上游洪水冲刷库区泥沙，进一步提高排沙效果，库水位降至 205 m 附近运用；8 月 6 日至 9 月 1 日，统筹考虑防洪和洪水资源利用，水库开始控泄抬升水位，库水位于 8 月 12 日回蓄至 225 m，8 月 20 日回蓄至汛限水位 235 m，随后根据中游来水情况，20 日按照 4 000 m^3/s 下泄，再次实施水沙调控，塑造对下游河道输沙有利的流量过程。9 月 1—15 日为后汛期调度阶段，由于上游来水持续偏丰，水库继续按 4 000 m^3/s 的大流量泄放，9 月 7 日起统筹防御秋汛洪水和洪水资源利用，逐步减压下泄流量，并转为蓄水运用，截至 9 月 15 日，小浪底水库库水位 244.81 m。全阶段小浪底水库库水位、出库流量及含沙量过程曲线如图 2 所示。

7 月 4 日小浪底库水位降至 226 m 以下时，出库含沙量明显增加，7 月 7 日 9 时 30 分沙峰达到 234 kg/m^3，此时库水位 217 m，随后含沙量不断减少；为进一步提高排沙效果，7 月 21 日起库水位

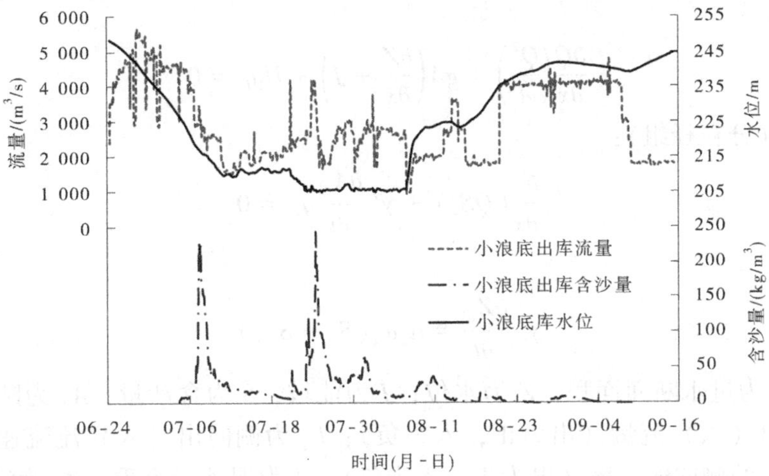

图 2 小浪底水库 6 月 24 日至 9 月 15 日库水位、出库流量及含沙量过程

降至 205 m 附近运用，7 月 24 日 12 时 30 分沙峰再次达到 245 kg/m^3，之后含沙量减小；8 月以后出库含沙量较小。全过程小浪底水库入库沙量 2.80 亿 t，出库沙量 3.35 亿 t，由输沙率法计算库区冲刷 0.55 亿 t。

黄河下游河道冲淤总量变化见表 1。全下游河道由输沙率法计算总淤积量为 0.74 亿 t，淤积主要集中在花园口以上河段为 0.79 亿 t，此外高村—孙口河段淤积 0.35 亿 t，泺口—利津淤积 0.17 亿 t，艾山—泺口微淤 0.01 亿 t，其余河段均冲刷。

表 1 黄河下游控制站水沙情况（6 月 24 日至 9 月 15 日）

水文站	洪峰流量		最大含沙量		水沙量		冲淤量/亿 t
	时间（月-日T时:分）	流量/（m^3/s）	时间（月-日T时:分）	含沙量/（kg/m^3）	径流量/亿 m^3	输沙量/亿 t	
花园口	06-29T08:00	5 520	07-25T10:00	47.4	224.77	2.56	0.79
夹河滩	06-29T18:00	5 360	07-26T16:00	33.1	223.83	2.65	-0.10
高村	06-30T07:22	5 120	07-11T08:00	26.7	217.65	2.86	-0.21
孙口	06-30T21:40	5 020	08-14T08:00	27.1	211.09	2.52	0.35
艾山	07-01T04:54	4 800	08-15T08:00	27	214.05	2.78	-0.27
泺口	07-01T11:54	4 680	07-12T08:00	24.6	210.53	2.78	0.01
利津	07-03T16:48	4 580	07-30T08:00	24.1	209.95	2.61	0.17
总计	—	—	—	—	—	—	0.74

1.2 研究方法

采用 RSS 数学模型[18] 模拟小浪底水库调度运用期间，出库含沙量、库区及下游河道冲淤变化。RSS 数学模型考虑了不同含沙量对泥沙沉速及水流挟沙力的影响，能够适应黄河下游高、低含沙水流条件下的河床冲淤变化，可进行冲淤量及含沙量等模拟计算[19]。

模型为一维恒定流悬移质不平衡输沙数学模型，基本方程包括水流连续方程、水流运动方程、泥沙连续方程（或称悬移质扩散方程）以及河床变形方程。

水流连续方程：

$$\frac{\partial Q}{\partial x} + q_1 = 0 \tag{1}$$

水流运动方程：

$$\frac{\partial Q}{\partial x}\left(\frac{Q^2}{A}\right) + gA\left(\frac{\partial Z}{\partial x} + J\right) + U_1 q_1 = 0 \tag{2}$$

泥沙连续方程（分粒径组）：

$$\frac{\partial}{\partial x}(QS_k) + \gamma' \frac{\partial A_{dk}}{\partial t} q_{sk} = 0 \tag{3}$$

河床变形方程：

$$\gamma' \frac{\partial Z_{bk}}{\partial t} = \alpha_k \omega_k (S_k - S_{*k}) \tag{4}$$

式中：Q 为流量；A 为过水断面面积；Z 为水位；J 为能坡；S 为含沙量；A_d 为断面冲淤面积；q_1 为单位流程上的侧向出（入）流量（出为正，入为负）；U_1 为侧向出（入）流流速在主流方向上的分量；q_s 为单位流程上的侧向输沙率（出为正，入为负）；γ' 为泥沙干容重；Z_b 为河床高程；α 为恢复饱和系数（根据实测资料分析率定）；ω 为沉速；S_* 为水流挟沙力；x 为流程；t 为时间；k 为粒径组编号。

水流挟沙力采用张红武公式[20-21]，对高含沙洪水适应性较好，在黄河上应用广泛，计算公式如下：

$$S_* = K\left[\frac{(0.002\,2 + S_v)U^3}{\kappa \frac{\lambda_s - \lambda_m}{\lambda_m} gh\omega_m} \ln\left(\frac{h}{6D_{50}}\right)\right]^m \tag{5}$$

式中：λ_s、λ_m 为泥沙和浑水密度；κ 为卡门常数[21-22]；S_v 为体积含沙量；ω_m 为混合沙挟沙力的代表沉速；D_{50} 为床沙的中值粒径；K、m 分别为挟沙力系数和指数，取值为 $K=0.25$、$m=0.62$。

泥沙沉速采用张瑞瑾公式：

滞性区（泥沙粒径 $d < 0.1$mm）

$$\omega = 0.039 \frac{\gamma_s - \gamma}{\gamma} g \frac{d^2}{\nu} \tag{6}$$

过渡区（泥沙粒径 0.1 mm<d<4 mm）

$$\omega = \sqrt{\left(13.95 \frac{\nu}{d}\right)^2 + 1.09 \frac{\gamma_s - \gamma}{\gamma} gd} - 13.95 \frac{\nu}{d} \tag{7}$$

紊流区（泥沙粒径 d>4 mm）

$$\omega = 1.044 \sqrt{\frac{\gamma_s - \gamma}{\gamma} gd} \tag{8}$$

其中，黏滞系数 ν 的计算公式为：

$$\nu = \frac{0.017\,9}{(1 + 0.033\,7 \times t + 0.000\,221 \times t^2) \times 10\,000} \tag{9}$$

式中：γ_s 为泥沙容重；γ 为浑水容重；t 为水温。

2 模型验证及计算方案

2.1 模型验证

根据 2020 年汛前小浪底水库实测地形、6 月 24 日至 9 月 15 日水库实际调度运用过程以及各水文站点实测水沙数据验证 RSS 模型准确性，计算得到的出库含沙量与实测值对比结果见图 3。结果显示，计算值与实测值吻合程度较高，库水位降低后形成的沙峰过程能够在计算结果中重现，而且含沙量整体变化过程与实测值较为贴近，因此从水库排沙的角度可以认为模型计算准确。

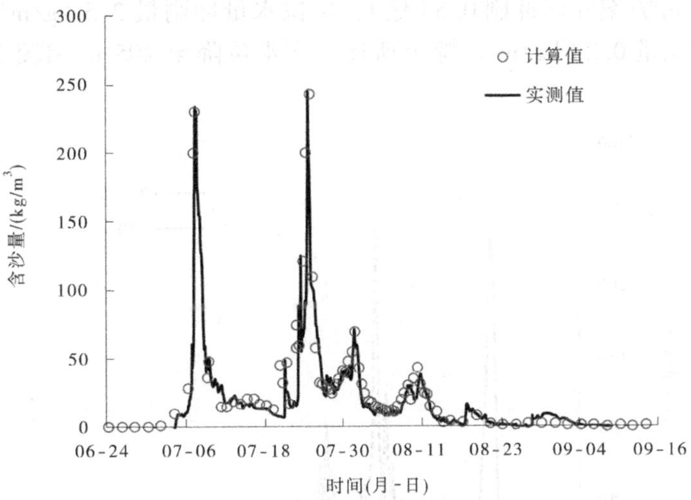

图3　小浪底水库出库含沙量计算值与实测值对比

小浪底库区及下游河道冲淤量计算值与实测值对比结果见表2。库区冲刷量计算值与实测值分别为0.57亿t、0.55亿t，误差仅为4%；全河段淤积量计算值与实测值均为0.74亿t，结果相同；其余各河段除高村—孙口外结果也基本相同，高村—孙口淤积量计算值与实测值分别为0.41亿t、0.35亿t，相差0.06亿t，误差为17%，仍在模型误差可接受范围内。综上所述，整体上可认为RSS模型在库区及下游河道冲淤量计算中结果准确。

表2　小浪底库区及下游河道冲淤量计算值与实测值对比

河段		小浪底库区	花园口以上	花园口—夹河滩	夹河滩—高村	高村—孙口	孙口—艾山	艾山—泺口	泺口—利津	全段
累计冲淤/亿t	实测值	-0.55	0.79	-0.10	-0.21	0.35	-0.27	0.01	0.17	0.74
	计算值	-0.57	0.80	-0.11	-0.22	0.41	-0.31	0.01	0.17	0.74

2.2　计算方案

计算方案分为两种，方案一为2020年6月24日至9月15日小浪底水库实际调度运用过程，即7月21日至8月6日库水位降至205 m附近运用；方案二改变水库运用方式，7月21日至8月6日库水位保持210 m不变。因为本文的关注重点在于调水调沙期间水库运用水位不同对库区及下游河道冲淤的影响，所以计算方案的差异主要在于水库运用期间库水位的不同。将方案一作为参照样本，采用验证后的RSS模型计算方案二并与之对比，分析库水位在降至205 m和保持210 m不变这两种方案中库区及下游河道冲淤量的差异。

3　结果分析与讨论

3.1　水库排沙减淤量

两种方案小浪底水库出库含沙量对比结果见图4。从图4中可以发现，7月21日前和8月13日后出库含沙量基本一致，差异主要体现在7月21日至8月13日。其中库水位降低至205 m方案中会再次出现新的沙峰，最高含沙量为245 kg/m^3，而库水位保持210 m不变方案中含沙量有一定起伏波动，但最高含沙量仅为104 kg/m^3，且出现时间相较前者更晚，整体上210 m方案相比205 m出库含沙量大幅降低。两种方案中低水位运用后期出库含沙量都较低，说明随着库区泥沙侵蚀基准面的稳定，水流对泥沙的冲刷作用将逐渐减弱。全过程小浪底水库出库水量217.85亿m^3，入库沙量2.75亿t；205 m方案出库沙量3.35亿t，排沙比为120%；210 m方案出库沙量2.74亿t，排沙比为98%。

采用输沙率法计算 205 m 方案库区冲刷 0.55 亿 t，单位水量冲刷量 2.5 kg/m^3；210 m 方案库区淤积 0.06 亿 t，单位水量淤积量 0.28 kg/m^3。综上所述，库水位降至 205 m 相较 210 m，水库排沙更多，减淤效果更好。

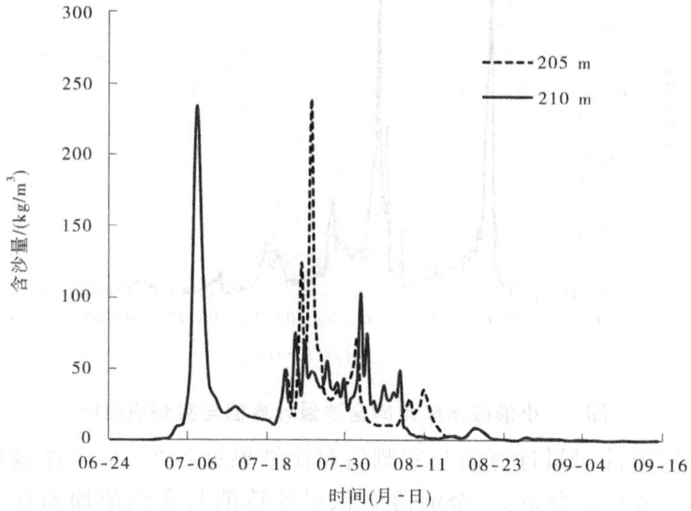

图 4　不同运用水位方案出库含沙量对比

汛前及调水调沙后库区淤积形态纵剖面如图 5 所示。相较于汛前断面，两种调水调沙方案下库区冲刷导致淤积断面均有一定程度的下切，其中 205 m 方案中淤积三角洲顶点下降更低，冲刷更为剧烈。

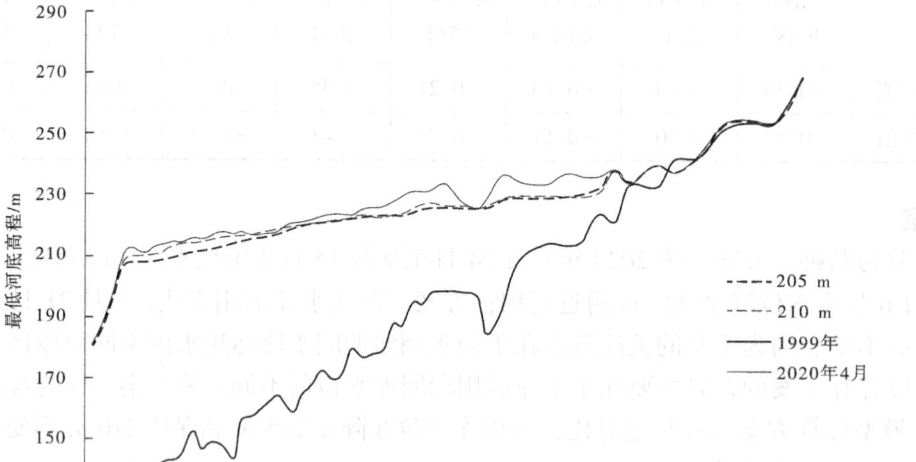

图 5　库区淤积形态纵坡面

3.2　下游河道冲淤量

两种方案下游河道冲淤量对比结果见表 3。从表 3 中可以发现，205 m、210 m 方案中下游全段分别淤积 0.74 亿 t、0.34 亿 t，205 m 方案相较 210 m 方案多淤 0.40 亿 t，原因是 210 m 方案中水库排沙少，进入下游河道的水流含沙量低，因此泥沙淤积量也会相应减少。分别从各河段来看，多淤的泥沙主要集中在花园口以上和泺口—利津，其中花园口以上多淤 0.14 亿 t，原因是该河段距离水库较近，高含沙洪水出库后会优先淤积于该处，泺口—利津多淤 0.16 亿 t。多淤的泥沙集中在这两个位置对于下游河段行洪能力的维持影响不大，原因是花园口以上河段平滩流量较大，一般大于 7 200 m^3/s，具有一定的滞沙能力，而且非汛期以及下一年的调水调沙初期清水下泄很容易将这部分泥沙输送至下游，同时泺口—利津靠近入海口，水流也很容易将该位置淤积的泥沙输沙入海。其余河段除孙口—艾山外也有一定程度的多淤，但多出的淤积量均不大。值得注意的是，孙口—艾山段205 m方案较210 m方案多冲刷了0.07亿t，增大幅度为35%，由于该河段位于下游卡口段，是限制下游河道最小平滩流量提高的关键部位，因此该河段多冲对于下游全段行洪输沙能力的提升是有利的。综上所述，205 m方案相较210 m方案花园口以上及泺口—利津多淤积，孙口—艾山多冲刷，因此205 m方案对于下游河道行洪输沙能力的维持更有利。此外，205 m方案输沙入海量2.61亿t，210 m方案2.40亿t，相同水量下205 m方案较210 m方案多输沙入海0.21亿t。

表3 不同运用水位方案下游河道冲淤量对比

河段		花园口以上	花园口—夹河滩	夹河滩—高村	高村—孙口	孙口—艾山	艾山—泺口	泺口—利津	全段
累计冲淤/亿t	205 m	0.79	−0.10	−0.21	0.35	−0.27	0.01	0.17	0.74
	210 m	0.65	−0.13	−0.27	0.27	−0.20	0.00	0.01	0.34
	差值	0.14	0.03	0.06	0.08	−0.07	0.01	0.16	0.40

4 结果分析与讨论

本文基于2020年调水调沙期间小浪底水库实际调度运用过程以及实测水沙数据，研究了水库运用水位不同对库区及下游河道冲淤的影响。采用验证后的RSS模型计算7月21日至8月6日库水位保持210 m不变的运用方案，与库水位降至205 m方案进行对比，从水库排沙减淤和下游河道冲淤的角度分析不同方案的差别，主要结论如下：

（1）库水位降低至205 m对于水库排沙减淤更有利。205 m方案出库沙量3.35亿t，排沙比120%，库区冲刷0.55亿t，而210 m方案出库沙量2.74亿t，排沙比98%，库区淤积0.06亿t，降低库水位能使出库水量多冲刷淤积泥沙0.61亿t，缓解库区淤积。

（2）库水位降低至205 m对于维持下游河道行洪输沙能力更有利。205 m方案较210 m多淤0.40亿t，但多淤位置主要集中在花园口以上和泺口—利津，该位置泥沙容易在清水下泄期间输沙入海，而在下游最小平滩流量关键的卡口段多冲0.07亿t，增大幅度35%，有利于提高下游河道行洪输沙能力。

参考文献

[1] 水利部黄河水利委员会．黄河流域综合规划（2012—2030年）[M]．郑州：黄河水利出版社，2013.

[2] 胡春宏．黄河水沙变化与治理方略研究 [J]．水力发电学报，2016，35（10）：1-11.

[3] 姚文艺，高亚军，安催花，等．百年尺度黄河上中游水沙变化趋势分析 [J]．水利水电科技进展，2015，35（5）：112-120.

[4] 高照良，付艳玲，张建军，等．近50年黄河中游流域水沙过程及对退耕的响应 [J]．农业工程学报，2013，29（6）：99-105.

[5] 吴保生．维持黄河主槽不萎缩的水沙条件研究 [M]．郑州：黄河水利出版社，2010.

[6] 赵玉，穆兴民，何毅，等．1950—2011年黄河干流水沙关系变化研究 [J]．泥沙研究，2014，39（4）：32-38.

[7] 赵阳，胡春宏，张晓明．近70年黄河流域水沙情势及成因分析 [J]．农业工程学报，2018，34（21）：112-119.

[8] Zhang J L. Estimating sediment moving into the Yellow River based on moving process analysis [J]. Journal of Costal Research, 2018, 84（1）：163-168.

[9] 李国英．黄河调水调沙 [J]．人民黄河，2002，24（11）：1-4.

[10] 钱宁，张仁，赵业安，等．从黄河下游的河床演变规律来看河道治理中的调水调沙问题［J］．地理学报，1978，33（1）：13-24.
[11] 安新代，石春先，余欣，等．水库调水调沙回顾与展望：兼论小浪底水库运用方式研究［J］．人民黄河，2002（5）：36-42.
[12] 刘善建．调水调沙是黄河不淤的关键措施［J］．人民黄河，2005，27（1）：1-2.
[13] 李国英．基于水库群联合调度和人工扰动的黄河调水调沙［J］．水利学报，2006，37（12）：1439-1446.
[14] 张金良．黄河调水调沙实践［J］．天津大学学报，2008，41（9）：1046-1051.
[15] 陈翠霞，安催花，罗秋实，等．黄河水沙调控现状与效果［J］．泥沙研究，2019，44（2）：69-74.
[16] 陈建国，周文浩，孙高虎．论黄河小浪底水库拦沙后期的运用及水沙调控［J］．泥沙研究，2016（4）：1-8.
[17] 陈翠霞，卢嘉琪，吴默溪，等．基于下游河道中水河槽维持的小浪底水库运用方式研究［J］．人民黄河，2021（11）：35-39.
[18] 罗秋实．基于非结构网格的二维及三维水沙运用数值模拟技术研究［D］．武汉：武汉大学，2009.
[19] 安催花，鲁俊，吴默溪，等．黄河下游河道平衡输沙的沙量阈值研究［J］．水利学报，2020，51（4）：402-409.
[20] 张红武，张耀先．黄河泥沙科学的新进展［J］．黄河水利职业技术学院学报，1999（3）：1-6.
[21] 张红武，张清．黄河水流挟沙力的计算公式［J］．人民黄河，1992（11）：7-9.
[22] 柳小珊，卢金友，廖小永，等．卡门常数研究现状及存在的问题［J］．长江科学院院报，2014（6）：1-6.

南水北调东线一期工程骆马湖水资源控制工程浮箱式钢闸门空间结构有限元计算

舒刘海[1]　邵春芬[2]

（1. 中水淮河规划设计研究有限公司，安徽合肥　230041；
2. 水利部水利水电规划设计总院，北京　100053）

摘　要：大型浮箱式钢闸门结构由封闭面板、甲板、纵横隔梁及水平次梁等构件组成，是典型的空间薄壁结构，该种结构形式较为复杂。本文对该种结构进行有限元计算分析，核算闸门在制作完毕后入水过程中最危险控制状态下的结构受力状况，根据实测资料分析研究造成闸门结构变形的原因；对浮箱门的充水及抽水过程进行仿真分析，计算闸门浮起、沉入水中和正常挡水工况下闸门整体和局部结构的应力和变形，从而论证改造设计方案的可行性。

关键词：浮箱式钢闸门；空间薄壁结构；有限元计算；仿真分析

1　引言

南水北调东线一期工程骆马湖水资源控制工程钢结构部分初步设计方案为：拟将原中运河临时性水资源控制工程中浮箱式闸门进行加固改造后加以利用，改造方案考虑在原浮箱式闸门的操作平台中部增设一箱式房屋。

中运河水资源控制工程的主体工程为浮箱式钢闸门，设计水头为5.5 m，闸孔静宽为50 m，整个结构由封闭面板、甲板、纵横隔梁及水平次梁等构件组成，是一个典型的空间薄壁结构。该浮箱式钢闸门结构形式较为复杂，其规模在国内尚属少见。

为了论证所拟定的改造设计方案是否合理和可行，有必要对浮箱式钢闸门结构采用先进的计算方法和力学模型对其受力状况进行深入的分析研究。为此，特委托专业机构对浮箱式钢闸门结构进行空间有限元计算分析，其主要研究内容包括：

（1）原设计方案核算。

按原设计方案，核算闸门在制作完毕后入水过程中最危险控制状态下的结构受力状况。根据实测资料分析研究造成闸门结构变形的原因。

（2）充水和抽水过程仿真分析研究。

对整个充水及抽水过程进行仿真分析，考虑闸门在充水及抽水过程中，因水流坡度的影响，水重力在闸门门体内不均匀分布，求得水流坡度的最大允许值或分段坡度的最大允许值。

（3）改造设计方案计算。

在现有结构设计的基础上增加箱式房屋后，计算闸门浮起、闸门沉入水中和正常挡水工况下闸门整体和局部结构的应力和变形。论证现改造设计方案的可行性。

2　计算模型

浮箱式钢闸门是一种典型的空间薄壁结构，由一系列板、壳、梁、杆等构件组合而成，主要为不

作者简介：舒刘海（1981—），男，正高级工程师，主要从事水工金属结构设计工作。

同厚度的面板、中甲板、下甲板（主桁架）及纵横隔板。闸门正常工作时所承受荷载将通过各构件的相互传递来共同承担。面板、主梁、隔板等将发生轴向变形和弯曲、扭转、剪切等组合变形。为了全面了解闸门各部件的应力、变形规律，利用先进的薄壁结构理论，采用空间有限元分析技术对闸门进行空间整体分析。计算模型的选择考虑到各构件的几何性质、变形特征和受力方式以及相互作用关系等，以正确反映出闸门的整体作用以及各构件的实际工作状态。

根据浮箱闸门的结构形式和受力特点，对闸门面板、中甲板、隔板、次梁、翼缘、桁架等不同部件，分别采用不同的单元模式进行精细模拟。对面板、甲板、隔板、腹板均采用了反映实际厚度的空间壳单元离散；对于角钢、翼缘采用了空间梁单元离散；主桁架采用了空间轴力杆单元离散。为了取得足够的精度，对闸门划分了稠密的网格。整个浮箱门离散后结点总数为 45 966、单元总数为 55 012。其中，板壳单元 47 516 个、空间梁单元 7 452 个、空间轴力杆单元 44 个[1]。图 1 给出了主桁架布置图。

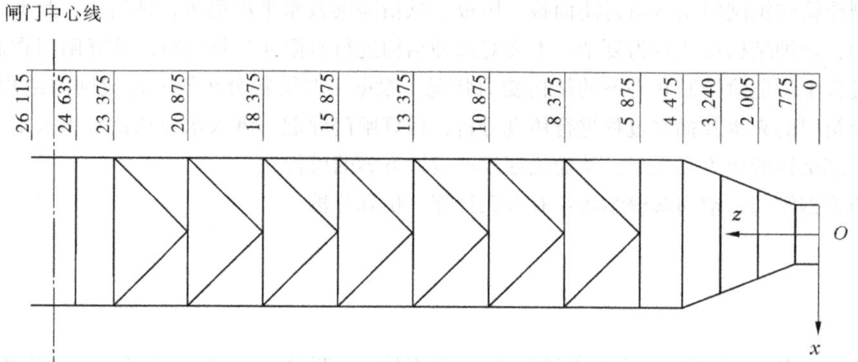

图 1　主桁架布置图

坐标系选择为：x 轴指向上游，y 轴竖直向上，z 轴沿闸门纵向（指向左岸），原点设在右岸闸门端板的底甲板中央。约束条件根据不同的计算工况确定。浮箱门的有关横截面位置如图 1 所示。

3　计算资料和计算工况

3.1　材料参数

计算采用的物理参数为：

钢材弹性模量 $E=2.06\times10^5\ \mathrm{N/mm^2}$，泊松比 $\mu=0.3$，容重 $\gamma=78.5\ \mathrm{kN/m^3}$。

3.2　计算工况和荷载

为了研究在现有结构设计的基础上增加箱式房屋后对闸门整体结构和局部结构的影响以及分析现有结构变形的原因，取以下几种典型工况。

（1）正常挡水工况（工况 1）：①上游水位：22.5 m；②下游水位：19.0 m；③舱内水位：调节水舱为 20.115 m，侧水舱为 19.815 m；④压载（按设计图取压载）；⑤浪压力；⑥自重；⑦设备重。

约束条件为：闸门两排支腿板底部加竖向链杆约束，两端板下游侧加顺河向链杆约束，左岸端板下游侧底部为铰支。

（2）抽水浮起工况（工况 2）：取闸门外水位为 22.5 m，试算求得浮起时调节水舱水位约为 19.9 m。①闸门四周水位：22.5 m；②舱内水位：调节水舱为 19.9 m，侧水舱为 19.815 m；③压载 $q=1.8\ \mathrm{t/m^2}$；④自重；⑤设备重。

约束条件取静定约束为：闸门两端板底部取简支（试算支座反力接近 0，即为刚处于浮起状态）。

（3）下水过程工况（工况 3）：①压载 $q=1.8\ \mathrm{t/m^2}$；②自重；③设备重；④浮力。

下水过程轨道坡度为 1∶25，考虑一端入水受浮力，另一端简支。试算得入水端淹没水深 2.46 m

(起自门底)。

4 成果整理和分析

根据以上计算模型、材料参数和荷载组合，对浮箱式闸门改造设计方案中 3 种典型工况行了计算。下面介绍计算成果。

4.1 正常挡水工况（工况 1）

工况 1 为研究闸门在正常挡水情况下闸门的变形应力变化规律所进行的计算。

计算结果表明，浮箱门总体变形为向下游面的弯曲变形。顺河向位移最大值为 51.8 mm，位于闸门的中部，指向下游，挠度仅为跨度的 1/1 000，满足露顶式闸门挠度小于 $L/750$ 的容许要求。最大竖向位移为 6.5 mm，位于闸门中部附近的调节水舱上部斜面板处，方向向下；最大纵向位移为 10.3 mm，位于调节水舱的上游面，指向河中心。正常挡水情况浮箱门整体变形满足设计要求。

顶甲板、中甲板、主桁架、底甲板以面内变形为主，上游面受压，下游面受拉。中甲板上下游面的最大纵向正应力约为 94 MPa，位于中甲板对称面位置，最大横向应力为-45.5 MPa；底甲板的最大纵向正应力为-61.0 MPa，位置与中甲板类似，横向应力为-74.2 MPa；主桁架层出现应力集中，最大纵向正应力达到-288 MPa，位于主桁架与中间水泵室底板连接部位，影响区很小。而主桁架层其余部位纵向应力都不大，主桁架层的最大横向应力为-87.7 MPa。上下游面板也在水泵室底板与面板的连接部位出现局部的应力集中，而其余部位应力都不大。因此，除主桁架与中间水泵室底板连接部位出现影响区很小的应力集中现象而需对该部位进行局部加强外，其余部位应力都不大，均满足设计要求。

4.2 抽水浮起工况（工况 2）

工况 2 为研究闸门在抽水浮起情况下闸门的变形应力变化规律所进行的计算。计算时假定闸门四周水位为调整挡水位 22.5 m，试算求得闸门处于悬浮状态时调节水舱水位约为 19.9 m。

计算结果表明，浮箱门总体处于浮运状态，闸门各部件变形较小。顺河向位移最大值为 5.2 mm，最大竖向位移为 5.9 mm，最大纵向位移为 1.5 mm。

顶甲板、中甲板、主桁架、底甲板应力值均不大。中甲板的最大正应力为-22.1 MPa，位于中甲板侧水舱位置；底甲板的最大纵向正应力为-35.7 MPa，最大横向正应力为-80.7 MPa；主桁架层最大纵向正应力为-27.4 MPa，最大横向正应力为-67.8 MPa。上下游面板最大纵向正应力为-49.7 MPa，最大竖向正应力为-60.34 MPa。因而抽水浮起工况门体应力总体不大，小于钢材容许应力，故闸门强度能够满足设计要求。

4.3 下水过程工况（工况 3）

工况 3 研究闸门在入水过程中的结构受力状况。下水过程轨道坡度为 1∶25，考虑一端入水受浮力，另一端简支。试算得入水端淹没水深 2.46 m（起自门底）。

计算结果表明，浮箱门总体变形为向下的弯曲变形。顺河向位移最大值为 2.7 mm，最大竖向位移为 9.5 mm，位于闸门中部偏岸侧顶板，方向向下；最大纵向位移为 2.9 mm。闸门入水过程工况位移值不大，整体变形满足设计要求。

中甲板应力较小，不足 10 MPa；底甲板的最大纵向正应力为 45.5 MPa，最大横向应力为-56.2 MPa；主桁架层最大纵向正应力为 26.5 MPa，最大横向应力-21.0 MPa。上下游面板应力也不大，最大竖向应力为 25.0 MPa，最大纵向应力为 20.0 MPa。因此，闸门入水过程各部位的变形和应力都不大，均能满足设计要求。

5 结语

根据现有的计算结果，可以得出以下几点初步认识：

(1) 本文采用先进的空间薄壁结构组合有限元理论和技术，对改造后的浮箱式钢闸门进行空间整体分析。计算模型有效地考虑了各种不同构件的几何性质、变形特征和受力方式以及相互作用关系，计算所得结果符合一般规律，可以正确反映闸门的整体作用以及各构件的实际工作状态。

（2）在现有结构设计的基础上增加箱式房屋后，在正常挡水时闸门的变形、应力相对较大，位于主桁架与中间水泵室底板连接部位有应力集中现象，可适当加强。总体而言，闸门的整体和局部结构的应力和变形满足工程强度和刚度的安全要求。

（3）增加箱式房屋后，在抽水浮起工况闸门各部位的变形、应力均不大，不对闸门的强度、刚度起控制作用。分析不同水位抽水浮起工况表明，闸门四周水位较低时抽水，其门体内的变形、应力较小，较为有利。

（4）闸门在入水过程中，考虑一端入水受浮力，另一端简支。试算得入水端淹没水深 2.46 m（起自门底）。结果表明，闸门入水过程中门体变形和应力均较小，不易对闸门造成损坏。

（5）计算结果表明，在现有结构设计的基础上增加箱式房屋的改造设计方案总体上是可行的。但在局部结构（如立柱）尺寸可能需要进行调整，以使闸门结构的受力更加合理。

（6）在基本荷载作用下，闸门产生过大变形的可能因素只有当闸门出现两端简支而且超过设计的向下荷载时才能发生。如果这种情况不会出现，则发生过大变形的原因除考虑基本荷载作用外，还可从闸门的焊接结点刚度、初始装配应力、温度应力以及材料的锈蚀和蠕变等综合因素加以考虑。

参考文献

[1] 常银兵．淮红新河西坝口闸闸门有限元分析［J］．水利技术监督，2020（5）：238-241.

连体模板技术在水下渠坡混凝土衬砌板修复工程中的应用

孟利利[1]　王延辉[1]　艾大伟[2]

（1. 黄河建工集团有限公司，河南郑州　450045；
2. 中国水利水电建设工程咨询西北有限公司，陕西西安　710000）

摘　要：南水北调中线干线焦作管理处渠段部分渠坡衬砌板受损严重，为了解决施工中存在的重重困难，借鉴移动模架技术，经技术革新，结合现场实际情况，研制了一套渠道衬砌板修复专用的连续模架，克服损毁区域高低不均、无相邻块辅助等困难，解决了模架定位和锚固问题，并形成了一套完整的模架系统。

关键词：连体模板；水下渠坡；衬砌板；修复；模架定位

1　引言

南水北调中线干线焦作管理处辖区左岸桩号 K544+861 至 K545+846、右岸 K544+861 至 K545+421 渠段共计损毁衬砌板 871 块，其中包括 300 多 m 受损严重区域，渠坡衬砌板整体塌陷，伴渠道路阻断，施工设备无法通行。

采用以前施工经验，单块衬砌板水下浇筑模架无法固定，没有参照无法正常定位，浇筑厚度过厚，压盖困难。

为了解决施工中存在的重重困难，黄河建工集团有限公司借鉴移动模架技术[1]，经技术革新，结合现场实际情况，研制了一套渠道衬砌板修复专用的连续模架。该模架侧模下部坐落在渠底，上部连通渠道拌渠道路，便于定位和锚固，面板分仓浇筑，衬砌板每个设计单元为一个分仓。施工时，从水毁段一端开始，跳仓浇筑，由底到渠顶逐仓施工。跳仓浇筑完成，混凝土强度达到设计强度后，拆除模架，进行填仓施工[2]。

2　成果技术原理分析

2.1　钢模架设计加工拼装

钢模架根据衬砌板设计厚度及宽度等尺寸以便于施工、便于组装、尽量减少水下作业时间为原则，采用常见的、有足够的强度和刚度的槽钢、工字钢、钢管、钢板等焊接成水下渠坡衬砌混凝土的侧模和盖模。其中侧模在现场焊接组装，盖模在工厂加工成标准规格后运至现场再组装。

钢模架结构主要由侧模和盖模组成。其中，侧模由长度为 22.5 m 的双立 25B[#]槽钢组成槽钢梁作为侧模支撑，为便于运输和施工，侧模总长度分为 12 m 和 10.5 m 两段。两侧模架由 6 组Φ 16 的对拉丝贯穿Φ 80 钢管连接固定形成一个 399 cm×2 250 cm 的空腔。此模架结构保证能承受混凝土浇筑和振捣的侧向压力和振动力，防止产生移位，确保混凝土结构外形尺寸准确，同时还能防止边模胀模。盖模模架标准规格为 210 cm×100 cm，主要由面板、边框、加劲肋组成，其中面板采用 0.5 mm 厚的钢板，边框采用 10 mm×63 mm 厚的钢板条，加劲肋采用 6.3#槽钢。在边框和面板相应位置开孔

作者简介：孟利利（1983—），女，高级工程师，主要从事水利水电工程施工方面的研究工作。

作为后期盖模和侧模连接的预留螺栓孔。然后将 4 块拼接成一块 200 cm×420 cm 的盖模模架，拼接好的盖模上侧加焊增强筋防止后续施工过程中模架变形。

为便于形成流水施工和加快工期，现场准备多套模架以满足施工要求，具体数量可根据施工情况调整。具体现场拼装图和设计结构图见图 1、图 2。

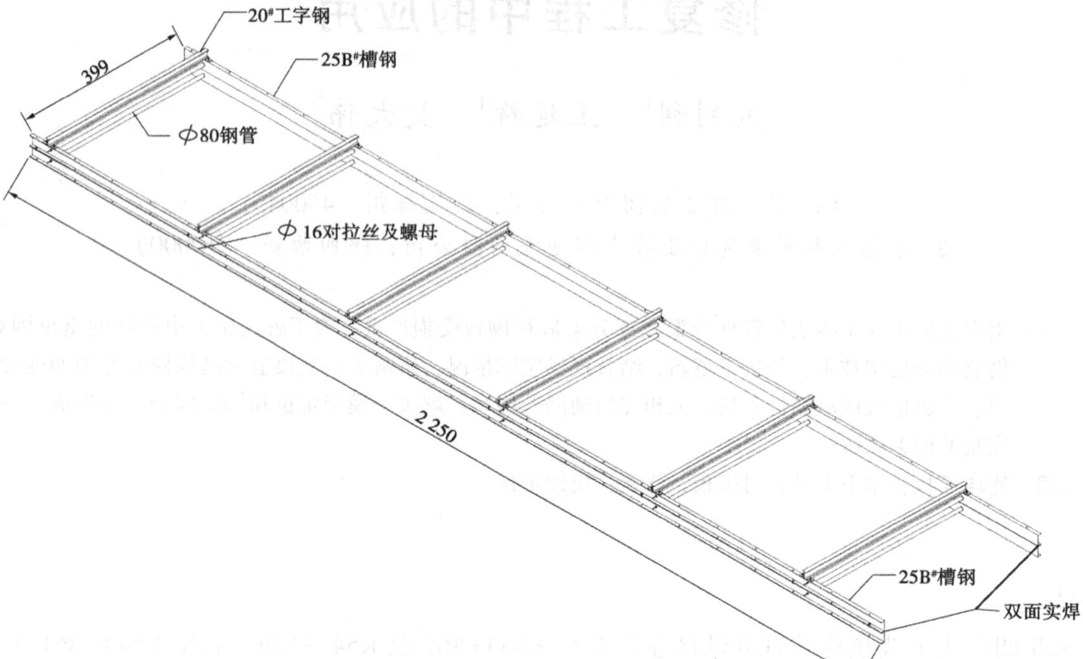

图 1　侧模拼装完成设计图　（单位：cm）

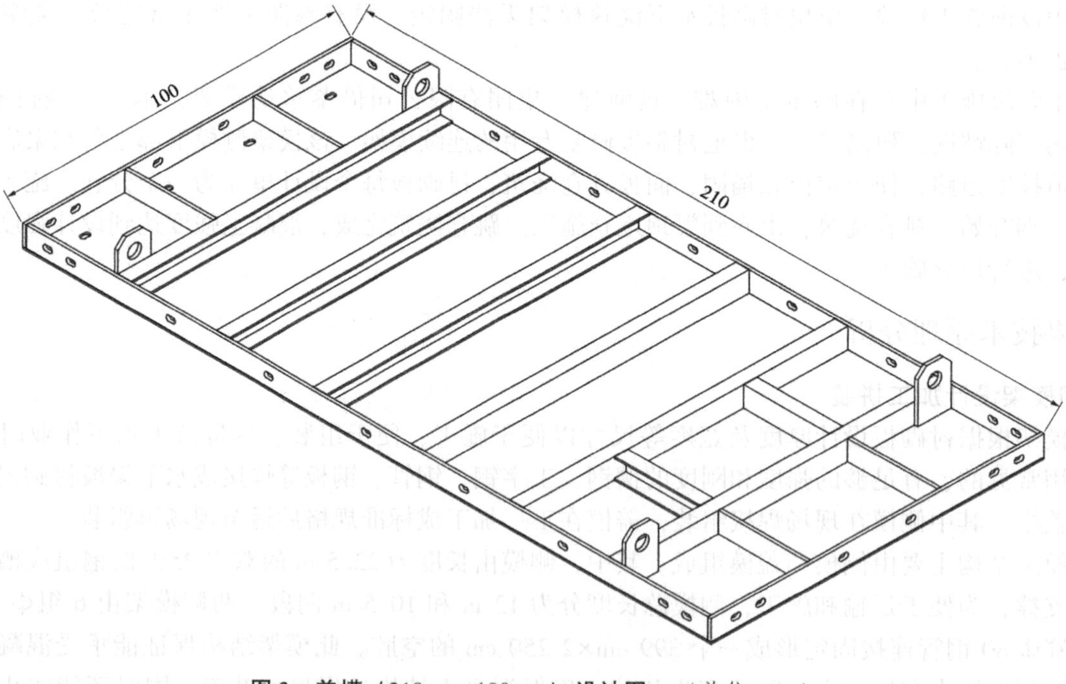

图 2　盖模（210 cm×100 cm）设计图　（单位：cm）

2.2　立齿槽模架并浇筑齿槽混凝土

齿槽开挖后，根据设计要求和现场实际情况，用 0.8 mm 厚的钢板按齿槽的横断面形式焊接成型，然后潜水员安装到位，模架外侧使用钢筋和吨包固定。

在浇筑混凝土前，在齿槽内安装预埋件，用于坡面衬砌面板盖模底端固定。

混凝土搅拌车运料运输至渠道附近顶部合适位置，用地泵泵送混凝土入仓。潜水员水下跟随泵管浇筑，分层分段浇筑，泵管保持埋入混凝土内。同时浇筑时，在入仓口整体覆盖土工膜，降低仓内的水流，减少水流对水下不分散混凝土的扰动。

2.3 立坡面模架

2.3.1 拼装坡面模架并吊装到位

坡面模架根据设计图纸在岸边场地拼装完成后，使用吊车将坡面模架吊放到指定位置。在模架入水后，因有水流冲刷，所以在岸边设置5 t卷扬机牵引模架调整到指定位置，然后通过对齿槽中的预埋件和岸边钢筋锚来调整坡面模架的高程和坡度，以符合设计要求。

2.3.2 封堵侧模

由于被高地下水冲毁的坡面并不是完全符合设计要求的平整坡面，有高低不平的坑洞，所以坡面模架就位后，模架两侧处于架空状态，用1 cm厚的钢板电焊到坡面模架边上，并在外侧用钢筋吨包加固，以起到封堵作用，从而形成两侧封闭的混凝土浇筑仓。

2.3.3 吊装盖模

根据模架设计图在工厂加工好盖模模架（210 cm×100 cm）运输至现场，然后将4块210 cm×100 cm的盖模模架拼接成一块200 cm×420 cm的盖模模架，拼接好的盖模上侧加焊增强筋防止后续施工过程中模架变形。随后将盖模整体吊装到指定位置，用螺栓固定到坡面模架上。

2.3.4 压重

模架安装就绪后，将吨包吊压在盖模上，以起到压重防胀模、防位移等作用。

2.3.5 校验

模架全部安装完成后，测量人员对模架的高程、坡度等进行校核，看是否满足设计要求。

2.4 浇筑水下坡面混凝土

2.4.1 混凝土的浇筑原则

由低向高，先周围后中间，严格控制混凝土浇筑高差，密切注意混凝土扩散；在导管浇筑混凝土时，严防附近未浇导管进入混凝土，导管停注间隔时间不宜超过30 min。

2.4.2 浇筑方式

混凝土搅拌车运料运输至渠道附近顶部合适位置，用地泵泵送混凝土入仓。潜水员水下跟随泵管浇筑，分层分段浇筑，泵管保持埋入混凝土内。混凝土浇筑现场技术值班人员应与测量人员一道测量和控制浇筑混凝土厚度，根据现场浇筑情况和测量记录，合理选择和控制导管插拔位置与时间，并决定导管交叉推进进程。

2.4.3 泵管布设

泵管由一级马道铺设至齿槽上部，改由软式泵管入仓。浇筑单元内埋设2根导管，用埋管法进行分层分段浇筑。导管底部与单元底部距离不超过30 cm，浇筑过程中导管始终埋入混凝土，对称、均匀浇筑，不得在同一导管位置浇筑过多混凝土，避免应力集中造成跑模、胀模等现象。浇筑过程中，严格控制混凝土上升速度，每仓模架支设铅直高度以60 cm控制，浇筑完成后，进行后续仓位的模架支设。水下不分散混凝土浇筑高出水面20 cm停止浇筑。

2.4.4 混凝土浇筑

潜水员全程在水下检查、辅助混凝土浇筑，保证每仓浇筑高度与浇筑质量。发现问题立即停止浇筑，采取措施进行处理，浇筑后及时清理现场，清洗导管。

2.5 浇筑水上坡面混凝土

（1）水下不分散混凝土浇筑后，待混凝土终凝且强度达到设计要求后，对混凝土接触面进行凿毛处理。先吊装水上部位钢盖模并用螺栓固定，模架上吨包压重。然后用溜槽浇筑水上普通混凝土，浇筑时振捣棒要配合从两侧向中间浇筑混凝土。

（2）待衬砌成型后的混凝土视气温、风速情况在混凝土初凝前抹面，以满足渠道糙率要求。操作人员穿平底鞋，踩在混凝土面上操控抹面机施工。抹面机施工时采用自下而上，由先浇面至后浇面有序搭接，机械抹面3遍。

（3）初凝前应及时压光，以消除表面气泡，使混凝土表面平整、光滑、无抹痕。人工用铁抹子压光。施工人员必须穿软平底鞋，且鞋底要干净，没有渣土。压光应由渠坡横断面最初施工的一侧向另一侧推行，在施工时应随时用4 m直尺检查，对不符合要求的及时处理，确保表面光滑平整。压光时禁止洒水湿润。

（4）混凝土浇筑完毕后，及时喷洒养护剂进行初始封闭保水养护，浇筑完毕后6~18 h开始洒水养护，并覆盖棉芯膜。经常观察混凝土表面湿润情况，及时补水，应保证湿润养护不少于28 d。

（5）拆模。在混凝土成型后，拆除侧模和盖模清理后安装到下一仓段。

2.6 填缝

新老混凝土衬砌间设置分缝止水，分缝止水由止水材料、闭孔泡沫板、固定结构组成，材料性能指标满足相关规范及设计要求。水下新旧混凝土部位使用A型缝、底部聚乙烯泡沫板、顶部填充氯丁橡胶棒和SR塑性止水材料，水下新新混凝土接合部位采用沥青木板嵌缝，水面以上部分采用聚硫密封胶填缝。

2.7 浇筑填仓混凝土

跳仓混凝土浇筑完成后，依托已浇筑混凝土，按照常规施工方法，支设面板模架，分仓浇筑填仓混凝土。

3 技术指标分析

在实际施工环境下，需要人员在围堰内部的静水区将损坏衬砌板切割移除，然后浇筑混凝土，待混凝土凝固后渠坡维修任务即算完成，混凝土浇筑模型如图3所示。

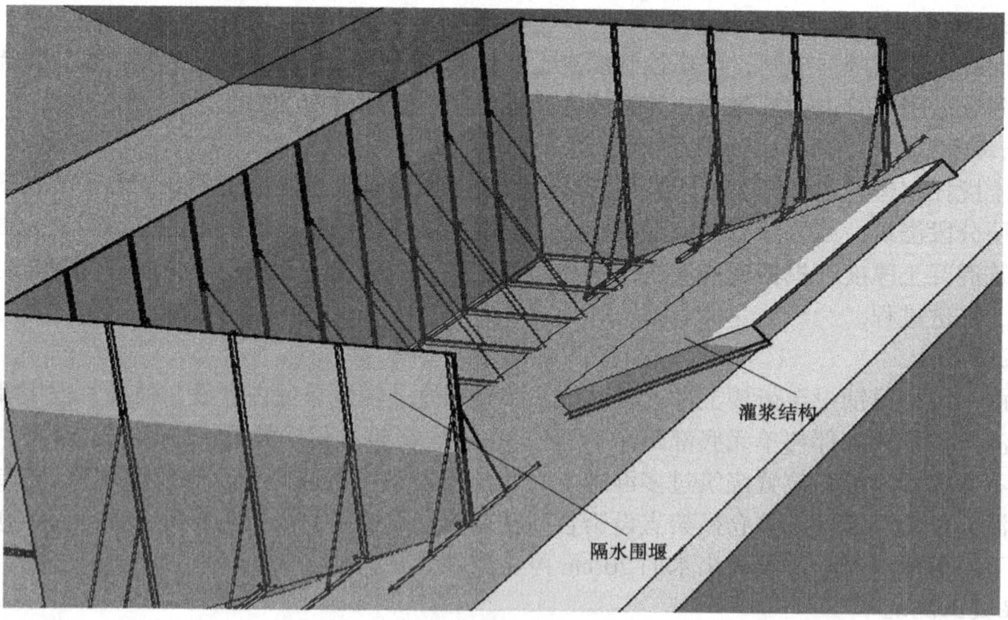

图3 混凝土浇筑模型

现行的浇筑方式为：首先，在渠坡上铺设两条槽钢，槽钢底部用钢钎锚定在渠坡上；其次，在槽钢上方拼接钢板，形成一个厚度为0.5 m、长度为10 m的方腔；最后，使用设备在方腔中浇筑混凝土，待混凝土凝固后撤去上述结构。目前在施工中，一次浇筑长度为4 m，浇筑尺寸如图4所示。

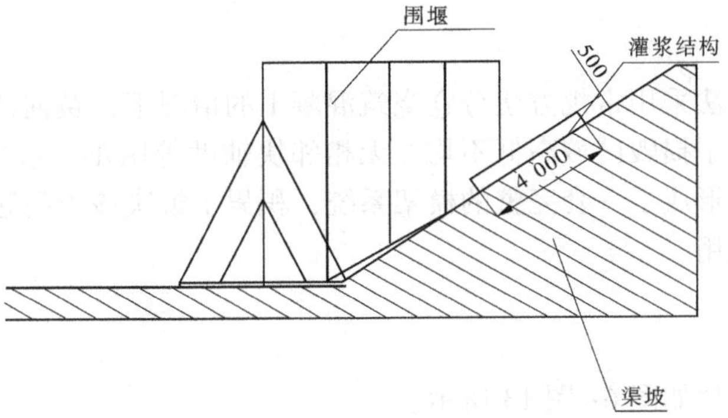

图 4　混凝土浇筑尺寸　（单位：mm）

工作时，混凝土浇筑处于渠坡底部，所受力分别为自重（钢结构+混凝土）、摩擦力以及静水压力，受力分析如图 5 所示。

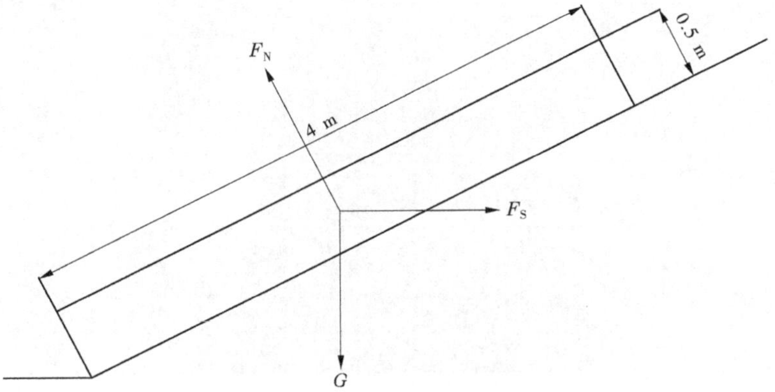

图 5　混凝土浇筑受力分析

混凝土浇筑钢结构自重约为 19 693 kg，钢结构的重量 G 约为：

$$G = 19\ 693 \times 9.81 \approx 193\ 188(\mathrm{N}) \tag{1}$$

方向竖直向下。

渠坡斜度为 1 : 2，隔水围堰内部静水高度差为 1.79 m，对混凝土浇筑的水压 F_S 为：

$$F_S = 10 \times \int_{5.2}^{7} \rho g h \mathrm{d}h = 1\ 098\ 000(\mathrm{N}) \tag{2}$$

方向水平向右。

因此，渠坡对钢结构的支持力 F_N 为：

$$F_N = \sqrt{G^2 + F_S^2} = 1\ 114\ 865.7\ (\mathrm{N}) \tag{3}$$

水下渠坡摩擦系数取 0.4，因此钢围堰静摩擦力 F_I 为：

$$F_I = 0.4 \times F_N = 445\ 946.3(\mathrm{N}) \tag{4}$$

钢结构内部充满混凝土（密度约为 2 500 kg/m^3）的质量约为 50 000 kg，因此混凝土沿渠坡方向的重力分力 F_H 为：

$$F_H = 9.81 \times 50\ 000 \times \frac{\sqrt{5}}{2} \approx 548\ 395.7(\mathrm{N}) \tag{5}$$

由于 $F_H > F_I$，导致钢结构不能自稳定，因此需要在钢结构侧边安装锚杆。根据施工经验，每根锚杆可以提供 2.5 t，即 24 525 N 的拉力，而钢结构的合力差 F_X 为 102 449.4 N。

因此，至少需要 5 根锚杆才能使混凝土浇筑稳定，考虑施工现场和安全余量，建议安装 6 根锚杆。

4 结论

在渠段损毁严重，无法采用常规方法分仓浇筑混凝土的情况下，黄河建工集团有限公司技术人员采用坐底通仓模架，克服了损毁区域高低不均、无相邻块辅助等困难，解决了模架定位和锚固问题，顺利完成了施工任务，并形成了一套完整的模架系统，积累了解决该类问题的经验。该模架值得在南水北调同类工程上推广应用。

5 现场照片

前述施工中的现场照片如图 6~图 13 所示。

图 6 衬砌板修复施工现场

图 7 现场组拼

图 8　连续模架安装

图 9　连续模架锚固

图 10　钢盖模吊装

图 11　钢盖模吨包压重

图 12　浇筑水下不分散混凝土

图 13　安装闭孔泡沫板

参考文献

[1] 王新存．桥梁工程中连续箱梁移动模架施工技术应用研究［J］．交通世界，2021（6）．
[2] 郭海亮，苏超．水下混凝土衬砌板修复技术及关键工序控制［J］．海河水利，2019（6）．

预制衬砌板定向运输安装支架研究与应用

艾大伟[1]　王延辉[2]　李佳琦[2]

（1. 中国水利水电建设工程咨询西北有限公司，陕西西安　710000；
2. 黄河建工集团有限公司，河南郑州　450045）

摘　要：南水北调渠道衬砌面板常年受流水剥蚀、冻融剥蚀等影响，存在水面以下衬砌面板裂缝、隆起、沉陷、滑移及错台等问题，为了保证渠道输水安全，需及时对损坏的水下衬砌面板修复来保障通水安全。由于输水需要，渠道无法停水检修，需进行水下维修。采用预制块修复渠道衬砌板受损区域，需解决三个问题：一是设备在斜坡上如何行走，二是设备如何在水中保持平衡，三是如何精确定位运输衬砌板。针对这些问题，进行了大胆假想，细心尝试，最终形成了一套行之有效的吊运设备。

关键词：衬砌面板；流水剥蚀；动容侵蚀；水下维修；定向运输

1　引言

南水北调渠道衬砌面板常年受流水剥蚀、冻融剥蚀等影响，存在水面以下衬砌面板裂缝、隆起、沉陷、滑移及错台等问题，为了保证渠道输水安全，需及时对损坏的水下衬砌面板进行修复来保障通水安全。由于输水需要，渠道无法停水检修，需进行水下维修。目前，渠道水下衬砌板维修有两大主流方向，一个是水下浇筑不分散混凝土，另一个是采用嵌套式预制衬砌板。

对于桥梁遮挡区域，桥梁与衬砌面板间距较小，水位高，不具备水下不分散混凝土浇筑条件，也无法使用起重机及水上浮船进行吊装更换衬砌面板，现有设备无法进行此类工况的水下衬砌面板修复工作，急需一套符合该条件水下施工的施工设备，用于水下预制衬砌板运输和安装。

南水北调中线干线沿线每 1~2 km 即有一座桥梁，桥梁宽度在 6~50 m，墩台处属于回填压实薄弱区，渠道衬砌板在运行期间受不均匀沉降、水力作用等因素影响，存在不同程度的破坏，急需采用预制块修复渠道衬砌板受损区域。

跨渠桥梁两侧均有三角区域，可以停放预制块和吊运设备。桥下距水面约 2 m，无法采用水面以上吊装运输，只能在水下寻求吊运方法。水下吊运需解决三个问题：一是设备在斜坡上如何行走，二是设备如何在水中保持平衡，三是如何精确定位运输衬砌板。针对这些问题，进行了大胆假想，细心尝试，最终形成了一套行之有效的吊运设备。

2　主要技术原理

2.1　水下衬砌面板运送支架设计

综合考虑渠道水位、流速、现场作业场地等情况，设计并制作的水下衬砌面板运送设备，可适用于多种工况，该设备框架形式采用长方型，尺寸略大于小块拼装衬砌面板，上部架设横梁并配两个手动葫芦，实现衬砌面板的升起及降落，底部采用万向轮支撑，配合卷扬机可以在渠道衬砌面板上自由移动，实现将损坏衬砌面板拆除及预制衬砌面板的拼装。

水下衬砌面板运送支架底部采用 4 个直径为 6 cm、宽度为 3 cm 的万向轮，上部基础采用 2.7 m×

作者简介：艾大伟（1982—），男，高级工程师，主要从事水利水电工程施工、管理工作。

1.7 m 的矩形框架结构，纵向支撑采用 2.7 m×1.6 m 的 U 形结构，距离顶端 0.4 m、1.3 m 处放置 2 个手动葫芦，再配置 2 个卷扬机，配重 2 个，衬砌面板临时横撑 2 个，配合 16 t 起重机完成桥下游及桥梁正下方衬砌板的修复施工工作，见图 1~图 3。

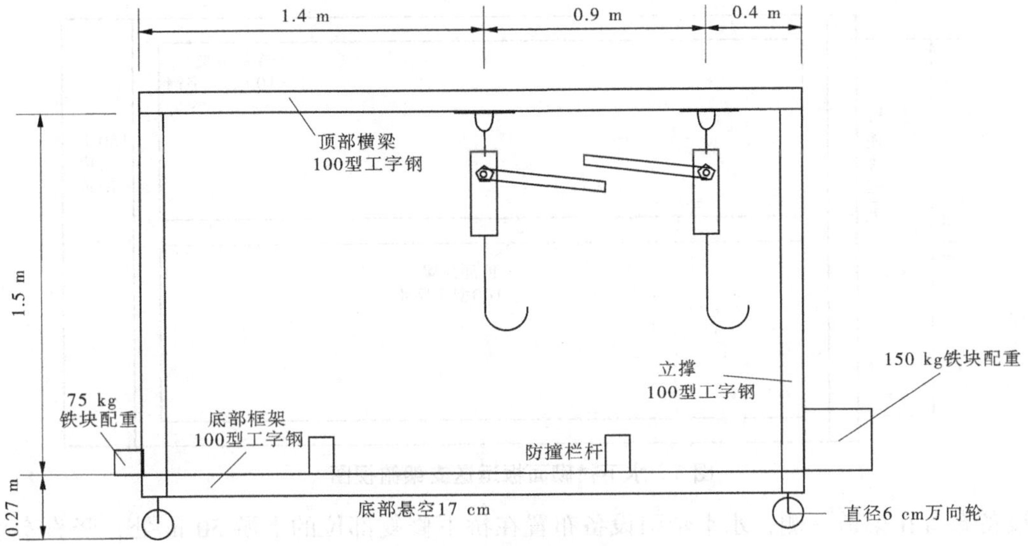

图 1　水下衬砌面板运送支架平面图

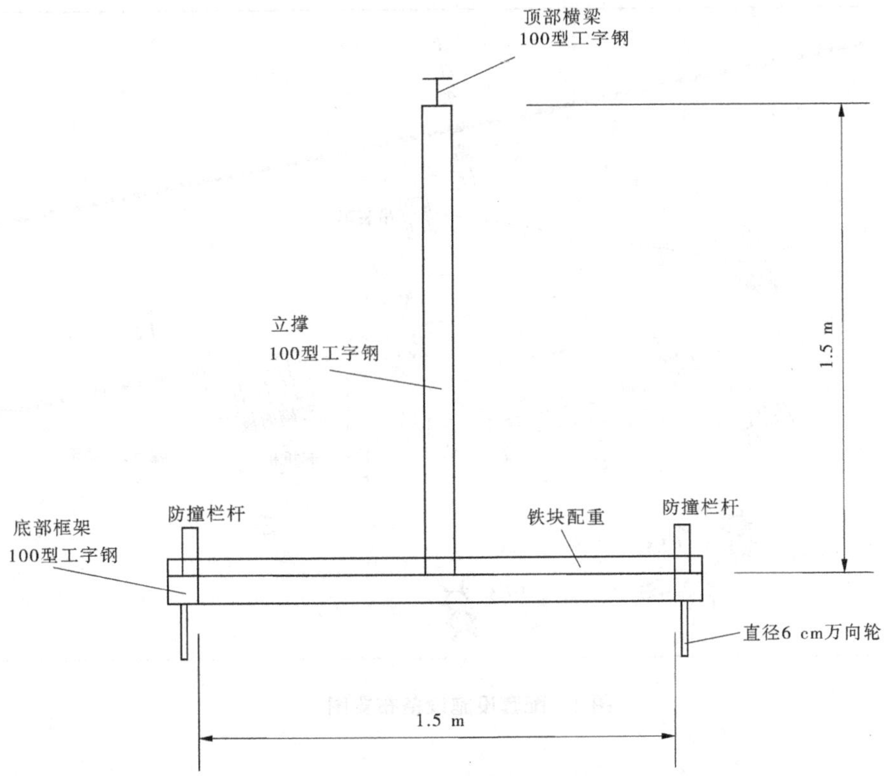

图 2　水下衬砌面板运送支架侧视图

2.2　配套设施设备布置

为使水下衬砌面板运送支架能够在水下衬砌面板上自由行走，需设置两个卷扬机，水平方向卷扬机拉力为 5 t，配套 ϕ 14 钢丝绳，竖直方向卷扬机拉力为 3 t，配套 ϕ 8 钢丝绳，与水下衬砌面板运送支架的两侧连接，通过遥控收放钢丝绳，完成对水下衬砌面板运送支架的水平方向及竖直方向的移动

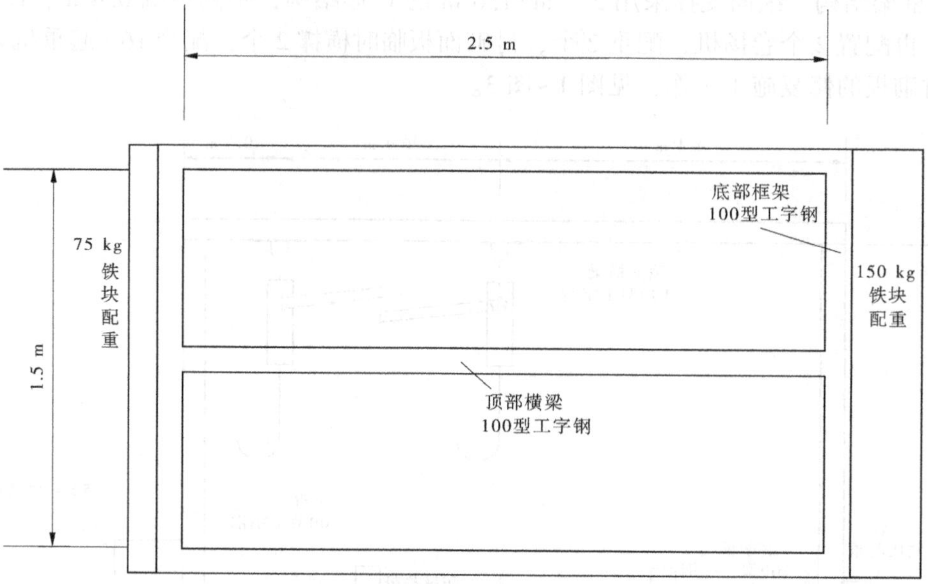

图 3　水下衬砌面板运送支架俯视图

工作，该设备布置在渠道一侧，水平牵引设备布置在桥下修复部位的上游 50 m 处，竖直牵引设备布置在桥下修复部位的下游 5 m 处，均固定在防浪墙（路缘石）外侧的三角区或一级马道位置，16 t 起重机及预制衬砌面板放置在桥上或桥梁下游侧，见图 4。

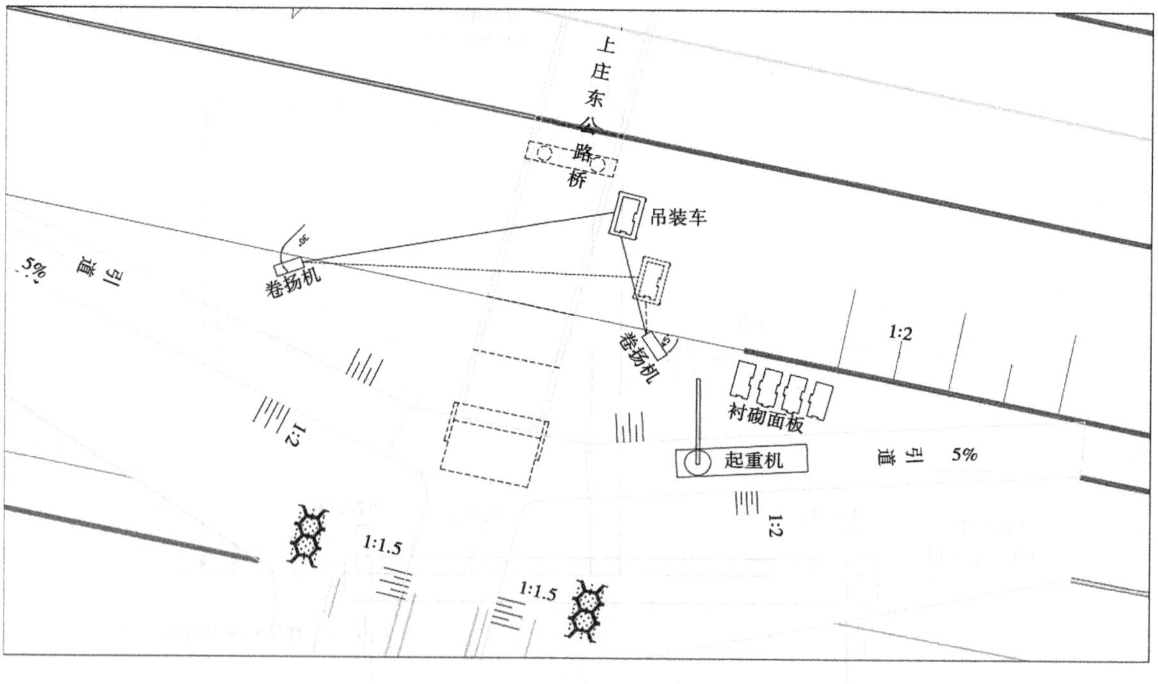

图 4　配套设施设备布置图

3　工作原理

运送支架停放在岸边，将两个卷扬机牵引绳分别与支架底框的两个吊环连接，使配重端向下。将预制块放置在渠道岸坡两个卷扬机之间的区域，调整卷扬机牵引绳，使预制块处于支架正下方，安装吊钩，并调节吊钩长度，使预制块吊起时，与渠坡保持平行。上、左、右三个方向用细绳将预制块与支架底框相连，牵引预制块不向下滑动。调整两个卷扬机牵引绳，使运送支架缓缓入水，行驶至预制块安装位置，潜水员水下指挥定位，调整支架上吊钩的长度，将预制块缓缓下放，直至嵌入安装位置，用垫块支撑固定。

4 性能指标

水下衬砌面板运送支架迎水断面最大面积 $S=2.7\times1.7=4.6$（m^2），根据 $F=ma$（水流速度按最大 $v=1.2$ m/s 考虑），$m=\rho V=\rho Svt$，$a=\Delta v/\Delta t$，经计算 $F=S\rho vv=6.6$（kN），水平方向水流冲击力 $F_1=0.7$ t，考虑钢丝绳 5 倍的安全系数，需要采用的钢丝绳为拉力不小于 3.5 t，现场采用 5 t 卷扬机，根据规范要求，钢丝绳拉力不少于 5 倍安全系数，所以钢丝绳拉力满足要求，钢丝绳与防浪墙（路缘石）夹角为 30°设置；水下衬砌面板运送支架自重 $G_1=165$ kg，配重 $G_2=225$ kg，$G_3=500$ kg，总重 $G=890$ kg，垂直方向牵引力 $F=0.4$ t，考虑钢丝绳 5 倍的安全系数，需要采用的钢丝绳为拉力不小于 2 t，现场采用 3 t 卷扬机。受力分析见图 5。

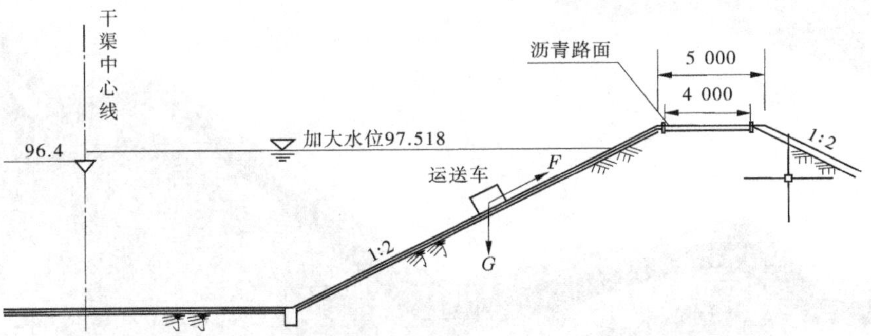

图 5 运送支架上下方向受力分析图 （单位：高程，m；尺寸，mm）

5 成果的先进性和创新性

（1）采用交会法，在桥梁两侧设置 2 台卷扬机牵引支架，顺利将预制块运送到指定位置，有效地解决了桥下预制块运输问题。

（2）三向牵引固定预制块，使其在支架上保持相对稳定，提高了预制块水下定位精度。

（3）支架下部配置配重块，使支架方向更容易保持顺坡向下，使潜水员在水中操作更加便捷，提高了安装效率。

6 国内外同类技术比较

水下运输方法多种多样，国内外均有非常成熟的技术。有用浮船拖动的，有用轨道小车运输的，有用气囊吊运的，花样繁多，涵盖水下施工各种用途。通过对国内外水下运输技术的查询和研究，并结合施工实践，在南水北调水下施工领域已有一定经验。在水下运输施工时，因地制宜，借鉴多种技术，采用过水下轨道小车、浮船吊运、吊车垂直吊运等多种技术，可顺利施工。但在桥下渠道修复时，吊车和浮船无法实施，轨道小车在顺渠坡运输时比较方便，却不够灵活，无法实现目的。

7 经济效果评价

在场地受限，预制块无法正常吊运的情况下，技术人员发扬工匠精神，针对问题寻求解决办法，采取有效措施，解决了预制块斜面横向运送和精确定位的难题，减少了潜水员水下作业时间，节约了成本，使衬砌板修复项目顺利实施，保障了南水北调中线干线运行安全，积累了该类问题的施工经验。

8 推广应用效果

在桥下渠道衬砌板修复开始，施工单位一边采取常规办法实施预制块安装，一边研制预制块水下运输装置，在该支架研制成功后，立即投入使用。该支架在预制块运输、定位过程中，大大加快了施工进度，节约了施工成本，圆满完成了施工任务。牵引式桥下渠道预制衬砌板定向运输安装支架的成功经验，值得在治黄事业类似工程中推广应用。

9 现场照片

施工现场照片见图 6~图 9。

图 6 预制衬砌面板

图 7 水下预制衬砌面板运送车

图 8　现场作业

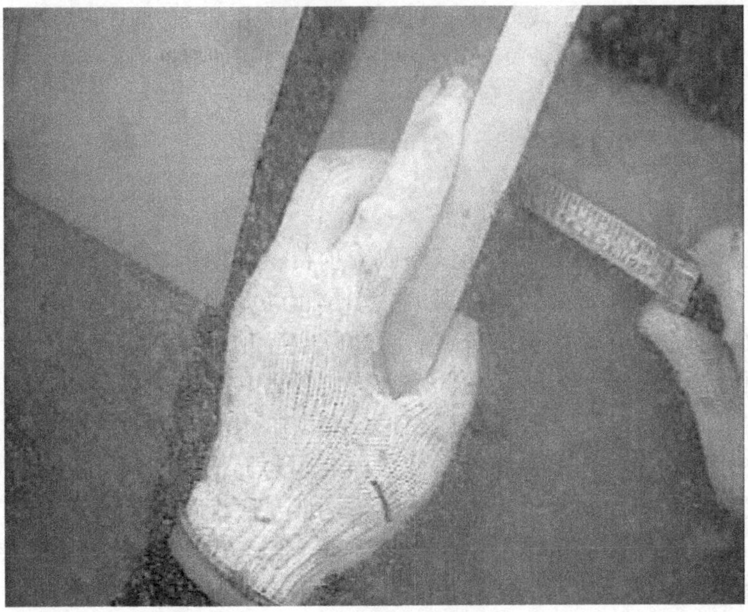

图 9　衬砌面板修复完成

参考文献

[1] 张克. 输水渠道衬砌板水下快速修复技术方案研究 [J]. 人民长江，2021 (6).
[2] 江冠煌. 预制板安装质量技术探讨 [J]. 四川建材，2019 (5).

薄壁超重预制构件翻转技术研制与应用

王延辉[1]　艾大伟[2]　李　洁[1]

（1. 黄河建工集团有限公司，河南郑州　450045；
2. 中国水利水电建设工程咨询西北有限公司，陕西西安　710000）

摘　要：南水北调中线输水建筑物出口设置后装导流墩，用于解决卡门涡街现象带来的紊乱涡流、水位壅高等问题。整个导流墩被拆分成若干薄壁空腔预制构件，通过水上浮箱平台拼装、沉放入水，最后安装在预设位置，经受力转换后固定在构筑物出口闸墩尾部，用于优化流态。为了确保导流墩的稳定性，底板设置为扩大基础的异形薄壁空腔结构，上口与标准层衔接，下口为扩大面，用于增大导流墩与渠底接触面，减小压强。底板受结构形式影响，需倒立预制，翻转后使用。如何将预制好的底板安全翻转，成为关系到该项目能否顺利实施的难题。

关键词：导流墩；薄壁空腔；优化流态；翻转

1　引言

南水北调中线立项实施了一项流态优化试验研究项目，在南水北调中线输水建筑物出口设置后装导流墩，用于解决卡门涡街现象带来的紊乱涡流、水位壅高等问题。为了便于实施，将导流墩结构形式设置为预制导流墩，即整个导流墩被拆分成若干薄壁空腔预制构件，通过水上浮箱平台拼装、沉放入水，最后安装在预设位置，经受力转换后固定在构筑物出口闸墩尾部，用于优化流态。

导流墩预制要在水面上拼装，沉入水中后要形成顺滑临水面，因此精度要求非常高，且不能有缺损掉角现象。预制块分为底板和标准层两种类型，标准层为上下相同尺寸的标准构件，采用高精度模具预制，即可进行试拼装和使用。为了确保导流墩稳定性，底板设置为扩大基础，为 11～16 t 不等的异形薄壁空腔结构，上口与标准层衔接，下口为扩大面，用于增大导流墩与渠底接触面，减小压强。底板受结构形式影响，需倒立预制，翻转后使用。如何将预制好的底板安全翻转，成为关系到该项目能否顺利实施的难题，亟待解决。

2　主要技术原理

2.1　方案比选

预制块高度 75 cm、长度 600 cm、宽度 230 cm，体积较大，质量 11～16 t 不等。由于预制块体形大、重量重，空腔薄壁易受损，翻转时需特别注意安全性。技术人员结合多种翻转方法，提出三种方案：一是制作专用的翻转工具，二是采用双绳套砂坑翻转法，三是采用龙门吊砂坑翻转法。

2.1.1　采用专用翻转工具

受预制块体积、重量影响，专用工具需能够将预制块托起，并进行翻转操作，工具体量较大，造价高，制作周期长。粗略计算，用钢量约 13.9 t，总造价约 16 万元，制作周期约 25 d，无法满足项目实施需求。

2.1.2　采用双绳套砂坑法

在预制块轴线横断面附近绑缚 ϕ 26 mm 的 2 根钢丝绳套，使其紧贴预制块，并在钢丝绳套上设置

作者简介：王延辉（1980—），男，工程师，主要从事水利水电工程施工方面的工作。

吊环，用2台吊车，1台将预制块吊起，1台吊住另一个绳套，2台吊车逐步换力，使预制块在空中翻转，放置在砂坑里，去除绳套。该方法易造成预制块缺损掉角，安全性差。

2.1.3 采用龙门吊砂坑翻转法

预制场有砂堆、龙门吊和相对开阔的场地，满足预制块吊装、翻转的基本条件，解决吊挂问题，即可实现无损翻转。

2.2 翻转准备工作

2.2.1 优化模板结构

按照已有导流墩预制块经验，导流墩预制块底板模板为高精度异形模板，内模为可拆除的封闭结构，外面为有足够强度、刚度和稳定性的钢模，底板为［10槽钢支撑架。已有导流墩底板钢模板样式见图1。

图1　已有导流墩底板钢模板样式

为了解决导流墩吊挂问题，将已有钢模板样式进行了优化，将底部支撑架从［10槽钢变更为I20工字钢，并在工字钢支撑架上设置吊环，导流墩预制块达到设计强度后，拆除侧模，底模和内模随预制块一起翻转。底部支撑架加大后底模板见图2。

底板混凝土浇筑完成，在原地养护至设计强度，去掉拉杆，按顺序拆卸连接螺栓，拆除侧模，使内模和底模保持原样。因为侧模上有加高的拉杆立柱，如果不拆除，将无法进行翻转作业。另外，侧模刚度仅能承受底板混凝土浇筑前后受力，翻转时无法确保其不变形受损，故翻转前需拆除侧模。拆除侧模后的底板预制块见图3。

2.2.2 加装吊钉

为了进行预制块翻转作业，除在预制块顶面、底面安装吊钉外，在预制块一侧侧面也安装了2个吊钉。翻转时，龙门吊可在侧面吊装换力。底板预制块侧墙吊钉见图4。

2.2.3 准备砂坑

在场地内龙门吊工作范围内设置砂坑。砂坑为粗砂堆积而成，高度1.5 m，顶部直径4 m。做翻转作业前，先将预制块置于其上，并操作龙门吊将砂坑顶部压一遍，使其保持稳固，防止在翻转过程中，预制块出现滑移侧翻等情况。

在使用过程中，专人负责砂坑维护，砂子堆积厚度低于1.5 m时，及时补充砂子。

2.3 翻转作业

2.3.1 翻转准备

预制块强度达到设计要求，拆除外模，用吊车和鸭嘴扣吊住朝向上部的预制块底部，将预制块转

图 2　底部支撑架加大后底模板

图 3　拆除侧模后的底板预制块

移至砂坑上方。预制块放置时，先放置在靠近边缘处，待预制块稳定后，缓缓放下，解除吊带。预制块吊运至砂坑准备翻转，如图 5 所示。

2.3.2　预制块翻转

将龙门吊两台天车开至砂坑上方，并将吊钩放下，每个吊钩上安装 2 根钢丝绳，并安装鸭嘴扣。先将一台天车上的鸭嘴扣安装在侧墙吊钉上，并缓缓吊起，使预制块侧立。拆除预制块对坐，再用另一台天车上的鸭嘴扣吊住预制块顶面上的吊钉，两台天车共同发力，将预制块吊起。在空中进行受力转换，使预制块缓缓正面朝上，实现预制块翻转。将翻转之后的预制块缓缓放置在砂坑上，吊离砂坑，完成预制块翻转作业，如图 6 所示。

3　性能指标

薄壁超重预制构件翻转技术性能指标如表 1 所示。

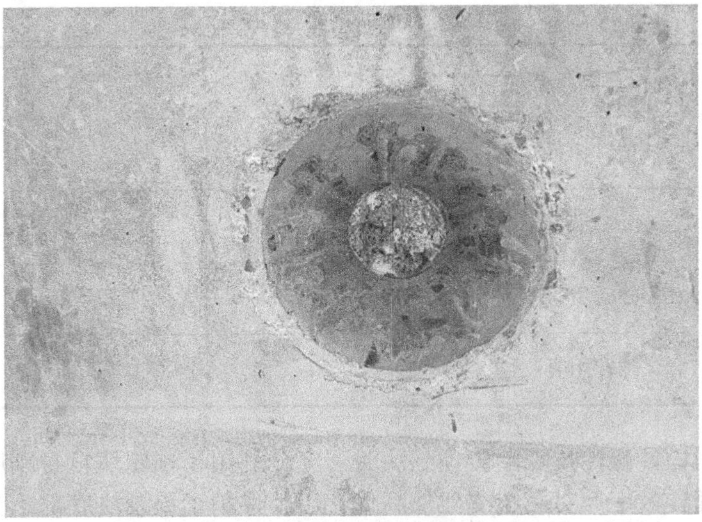

图 4　底板预制块侧墙吊钉

图 5　预制块吊运至砂坑准备翻转

图 6　预制块翻转

表 1　预制块翻转性能指标

预制块自重	11~16 t
吊钉承重	10 t/个
天车承重	20 t
砂子用量	24 m^3
翻转用时	2 h/块

采用薄壁超重预制构件翻转技术翻转预制块时，充分利用了预制块自身刚度和形体的特点，降低了翻转成本，提高了翻转效率。对底座支架加高优化后，保护了预制块底部不受挤压损害，在实现目标翻转的同时，最大限度地保障了导流墩预制块翻转安全。

4　成果的先进性和创新性

（1）优化模板底座，使其能够承受预制块重量，在翻转过程中保护预制块薄弱面免受破坏，确保了预制块完整。

（2）改变预制块吊装方法，采用吊钉作为吊点，保护了预制块棱角不受伤害，使整个翻转过程更加安全可靠。

（3）在预制块侧墙外侧设置吊点，增加了翻转着力点，确保了导流墩翻转安全性。

5　经济效果评价

采用专用翻转设备，制作周期约 25 d，用钢量约 13.9 t，费用约 16 万元，且翻转设备体量较大，翻转施工时安全保障率低。如采用双绳套砂坑翻转，需在预制块表面贴服橡胶垫，且易造成预制块缺损掉角，安全性差。

薄壁超重预制构件翻转技术在现有翻转技术的基础上，充分利用现场条件的同时，经创新改良，实现了导流墩预制构件无损翻转。改良底模，将［10 槽钢替换成 I20 工字钢，费用增加 1 500 元，增加 4 个吊钉，费用增加 80 元，即每个底板费用增加 1 580 元即可实现无损翻转。每个导流墩项目底板数量为 28 块，总费用约为 4.4 万元，费用节约约 11.6 万元。且使用该技术时，预制过程中即可完成相关预埋和改良，预制块强度达到设计要求后即可进行翻转作业，投入使用周期短，满足项目工期要求。

6　结论

近年来，国家推行装配式施工技术，很多薄壁超重预制构件受形态影响在预制时需倒立预制，预制完成达到强度要求需翻转使用，因此预制构件翻转技术在装配式施工中发挥着很大作用。薄壁超重预制构件翻转技术在现有翻转技术的基础上，利用预制块自身体量，通过对构件和模具微小优化，以达到翻转的目的。该技术在导流墩预制期间得到充分应用，效果良好。这种代价小、作用大的翻转技术，值得在黄河系统内治黄类似工程中推广应用。

7　现场照片

现场照片见图 7~图 10。

图 7　现场照片 1

图 8　现场照片 2

图 9　现场照片 3

图 10　现场照片 4

参考文献

［1］李海岗．大型薄壁筒形构件在位装配加工技术的研究［D］．大连：大连理工大学，2015.

基于离散元理论的深埋超大跨度地下洞室围岩稳定分析

李嘉生　刘许超

（黄河勘测规划设计研究院有限公司，河南郑州　450003）

摘　要：江门中微子实验站为深埋超大跨度地下洞室群，在施工支洞和实验大厅开挖过程中，揭露断层F2、F8、P3F1；长大裂隙L1、L2、L3及节理密集带等。采用离散元方法，对实验大厅及水池进行全过程开挖模拟。结果表明，实验大厅及水池全部开挖完成后，水池边墙的变形量较大，最大变形量达到120 mm。大厅顶拱的变形量较小，整体上处于稳定状态。在实验大厅第四层开挖完成后，边墙与附属洞室交叉口的局部区域出现围岩失稳现象。实验大厅边墙围岩出现较大变形的范围虽然较广，但主要集中在浅表，开挖后应及时进行支护。

关键词：超大跨度；地下洞室；离散元；围岩稳定；江门中微子实验站

1　引言

江门中微子实验站位于广东省江门市金鸡镇与赤水镇交界处的打石山一带，其地下实验大厅为拱顶结构，断面为城门洞形，开挖尺寸为56.65 m×49.4 m×27.4 m（长×宽×高），埋深约700 m，是目前国内跨度最大的拱顶结构地下洞室，保证其围岩稳定与安全是工程的首要问题。

本文采用离散元分析方法[1-4]，模拟施工支洞及实验大厅开挖揭露的地质条件，对实验大厅开挖全过程进行数值模拟，分析实验大厅围岩的稳定性，并重点关注实验大厅边墙围岩的稳定性。

2　工程概况

2.1　总体布置

该实验站地下部分主要为斜井、竖井、实验大厅及附属洞室。其中，实验大厅埋深达700 m级，跨度达50 m级；斜井长1 400 m，坡度为42.6%；竖井深610 m，为深埋大型地下洞室群。实验大厅下部为直径42.5 m的圆形水池，池内安装直径38.5 m的球形探测器。地下洞室群三维布置见图1。

2.2　地质概况

工程场址区为低山丘陵区，山脉主脊走向近南北向。地面高程一般为30~300 m，山坡地形坡度一般为10°~20°。场址区出露地层主要有寒武系、奥陶系、第四系和燕山期侵入岩。场址区大地构造属于开平凹褶断束（Ⅳ），因受多次构造的影响，加之岩浆活动，本区地质构造较为复杂。地下实验大厅布置在直径2 km左右的花岗岩侵入体内，岩性为灰白色中细粒二长花岗岩，其四周约200 m为接触变质形成的角岩，再向外为早古生代层状岩层，岩性较为复杂，包括碎屑岩、泥岩等黏土岩，性质变化较大，完整程度和质量总体不如花岗岩。

作者简介：李嘉生（1991—），男，工程师，主要从事地下空间设计工作。

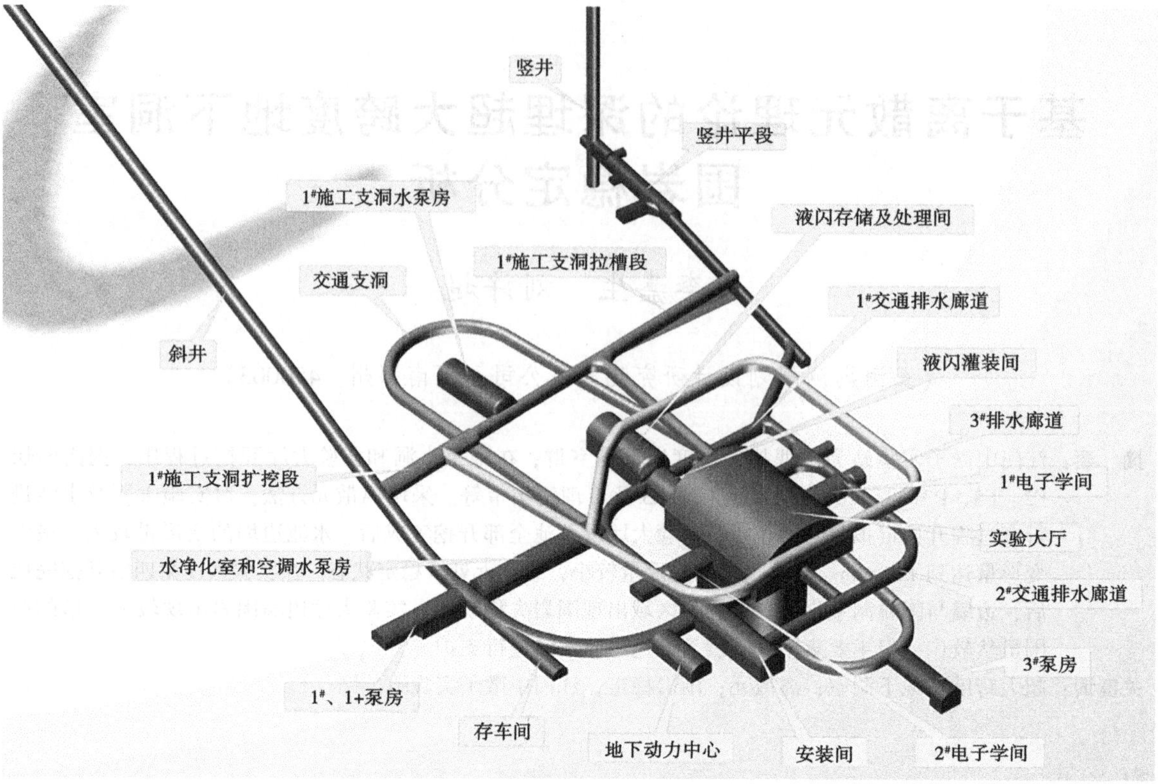

图 1　地下洞室群三维布置图

3　开挖揭露地质条件

3.1　施工支洞开挖揭露地质条件

3.1.1　断层

（1）F2 断层：产状 N30°E/SE∠80°，断层宽度 0.3~1.2 m，断层带物质主要由断层角砾、糜棱岩、碎裂岩及岩脉组成。

（2）F8 断层：产状 310°/SW∠70°，断层宽度 0.5~1.5 m，断层带物质主要是压碎岩块、角砾、糜棱岩及少量断层泥。

3.1.2　长大节理裂隙

（1）L1：产状 290°~300°/SW∠75°~85°，节理张开宽度 1~3 cm，节理面有钙膜，节理稍弯曲，节理贯穿洞壁两侧，渗水严重。

（2）L2：产状 290°~300°/SW∠75°~80°，节理张开宽度 0.5~1 cm，节理面有钙膜，节理稍弯曲，节理贯穿洞壁两侧，渗水严重。

（3）L3：产状 270°/S∠80°，节理张开宽度 3~5 cm，节理面有钙膜，节理稍弯曲，节理贯穿洞壁两侧，渗水严重。

3.2　实验大厅开挖揭露地质条件

3.2.1　断层

P3F1：产状 340°~350°/SW∠75°~85°，断层宽度 0.15~0.5 m，断层及影响带宽 0.7~1.5 m，断层带物质主要是断层角砾岩、压碎岩块、糜棱岩及少量断层泥。断层呈逆断层特征，西侧上盘岩体相对破碎，节理裂隙较多，东侧下盘岩体相对完整，沿断层带透水性较强。

3.2.2　节理

主要发育 4 组走向节理：①270°~290°/NE 或 SW∠65°~75°，节理面较平直，微张，少数张开，宽度可达 1~2 cm，无充填或充填岩脉；②330°~350°/NE 或 SW∠75°~85°，节理面平直，微张或张开，节理面充填少量钙膜；③10°~30°/SE∠70°~80°，节理面较平直，闭合或微张，少量钙质充填；④50°~70°/NW∠65°~80°，节理面较平直，闭合或微张，无充填。

除上述4组节理外，还发育1组缓倾角节理，即300°~320°/NE或SW∠5°~25°，该组节理较少，仅局部发育，延伸长度较短，但该组节理对实验大厅顶拱产生不利影响。

4 围岩稳定分析

4.1 计算模型

采用基于离散元理论的3DEC软件，计算模型模拟的地质条件包括两个方面：①确定性结构面；②五组随机节理。

如图2所示，确定性结构面包括断层（P3F1、F8和F2）及3条长大节理（L1、L2和L3）。其中，F2和F8断层距离实验大厅相对较远，经验判断对实验大厅的围岩稳定不会产生太大影响，这两条断层在计算模型中所发挥的作用相当于近场边界，对实验大厅开挖时围岩内部应力和位移分布会产生一定的影响。

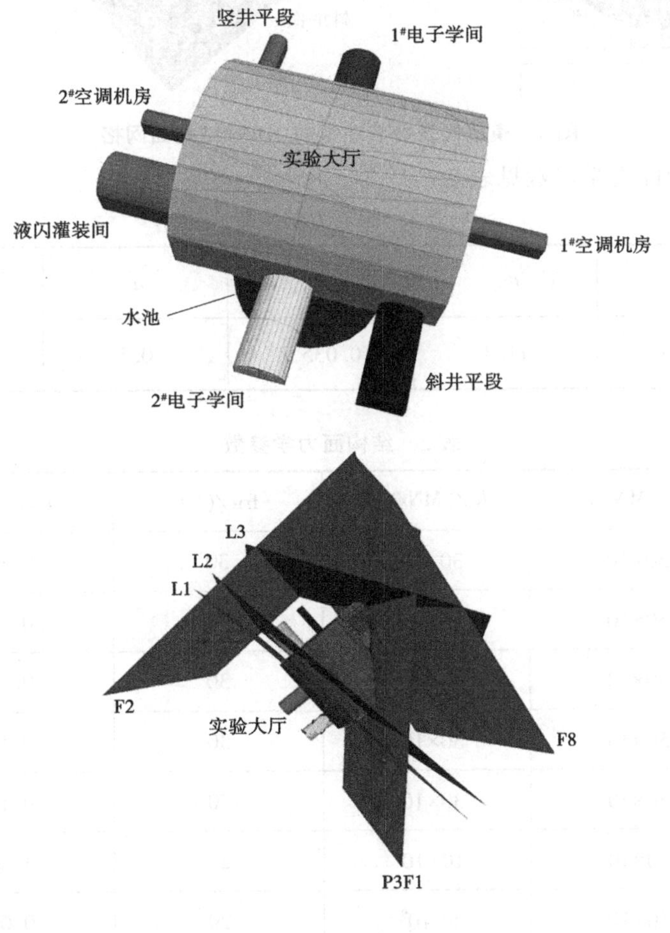

图2 模拟确定性结构面的计算模型

如图3所示，计算模型模拟的随机节理包括5组，其产状如图3所示。考虑计算效率，计算模型仅在顶拱和水池周围20 m深度范围内切割随机节理，以此作为计算模型的核心区域。计算模型范围为176.25 m×169 m×166.5 m（长×宽×高），大致相当于3倍开挖跨度。

4.2 本构模型和参数

计算模型中，对花岗岩岩体采用应变软化本构模型，其屈服强度服从Hoek-Brown强度准则，单轴抗压强度取100 MPa，围岩力学参数见表1。对结构面采用面接触弹塑性滑动模型，其屈服强度摩

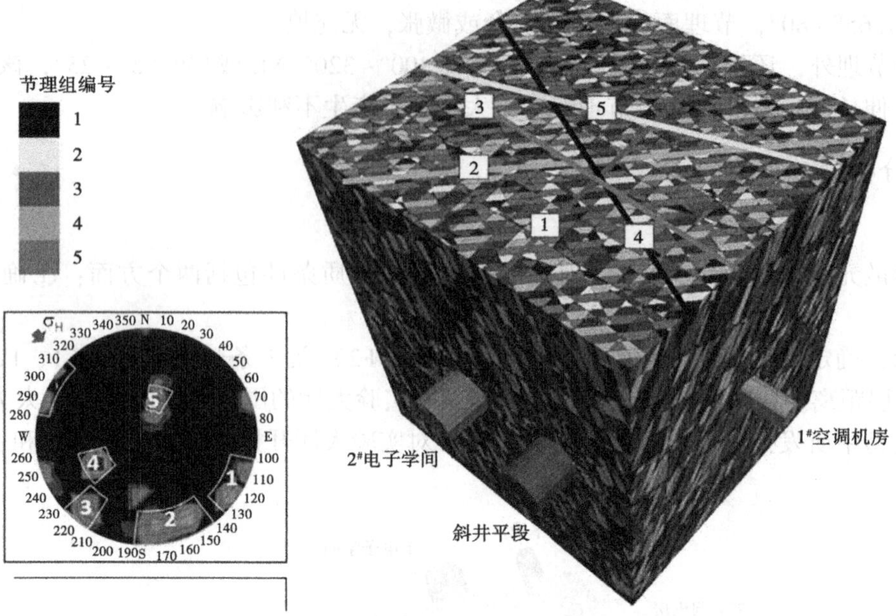

图 3　模拟代表性节理组的 3DEC 结构面网格

尔-库仑强度准则，结构面力学参数见表 2。

表 1　围岩力学参数

GSI	m_i	m_b	s	a	K/GPa	G/GPa
70	33	11.3	0.035 7	0.5	19.5	12.9

表 2　结构面力学参数

结构面	K_n/(MN/m)	K_s/(MN/m)	fric/(°)	coh/MPa	ten/MPa
第 1 组节理	50×10^3	30×10^3	30	0.15	0
第 2 组节理	50×10^3	30×10^3	30	0.10	0
第 3 组节理	50×10^3	30×10^3	30	0.10	0
第 4 组节理	50×10^3	30×10^3	30	0.15	0
第 5 组节理	50×10^3	30×10^3	30	0.15	0
长大裂隙	20×10^3	10×10^3	25	0.1	0
F8	10×10^3	5×10^3	20	0.05	0
F2	10×10^3	5×10^3	20	0.05	0
P3F1	10×10^3	5×10^3	20	0.05	0

4.3　模拟开挖分步

根据设计方案，实验大厅和水池采取分区分步的开挖方式进行作业，计算中模拟的开挖方案如图 4 所示。其中，大厅顶拱分为第一步至第四步开挖，水池分为第五步至第九步开挖。

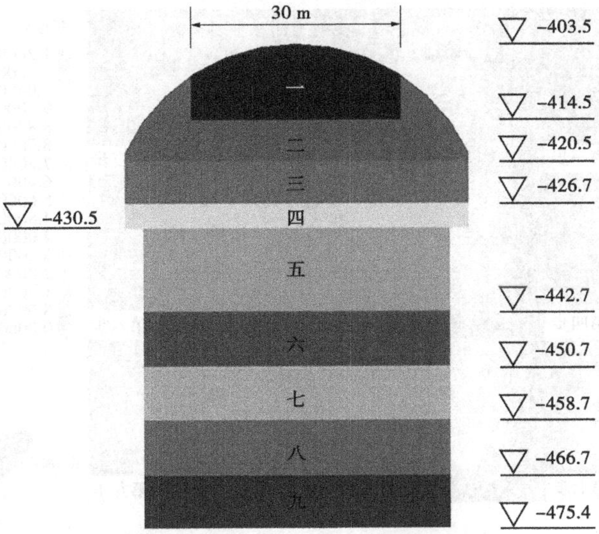

图 4　实验大厅及水池开挖方案

4.4　整体围岩稳定分析

对实验大厅及水池进行全过程开挖模拟，通过计算开挖过程中围岩的变形及分布规律判断实验大厅及水池围岩的稳定性。

图 5 反映了实验大厅及水池开挖过程中的围岩变形情况，为便于观察，在计算模型中沿电子学间中轴线设置切面，并分别从 SW 侧和 NE 侧两个视角方向显示计算结果。

由图 5 可以看出，当开挖至第六步时（高程−450.70 m），水池边墙顶部开始出现大位移，表明围岩开始由静力平衡过渡为动态运动，接近临界状态。当全部开挖结束后，水池边墙变形量较大，最大变形量达到 120 mm。从计算揭示的变形模式来看，水池边墙围岩主要沿结构面滑动，属于结构性破坏。另外，实验大厅边墙的变形量也较大，相比之下，顶拱的变形量则小得多，整体上处于稳定状态。

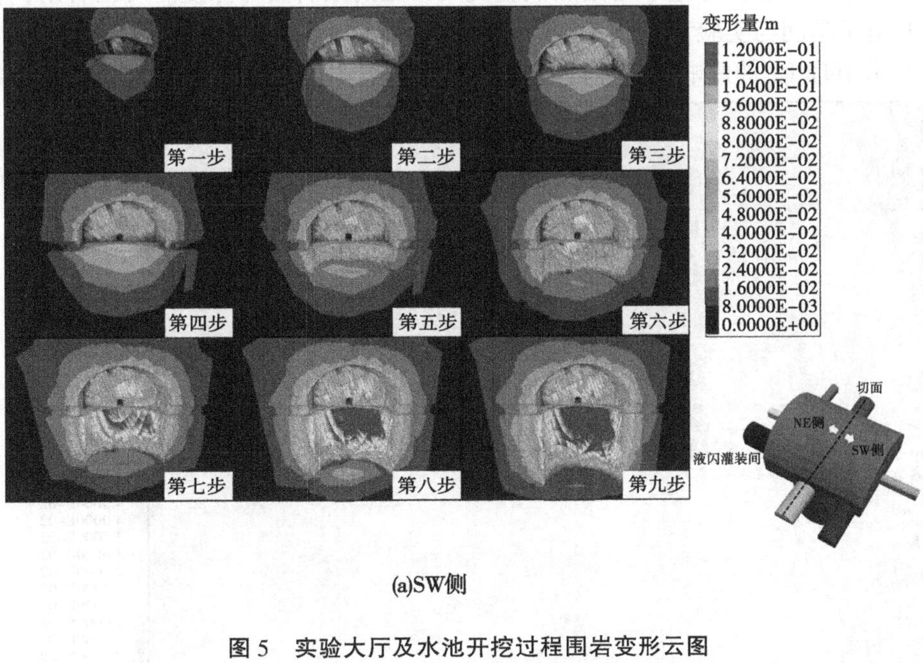

(a)SW侧

图 5　实验大厅及水池开挖过程围岩变形云图

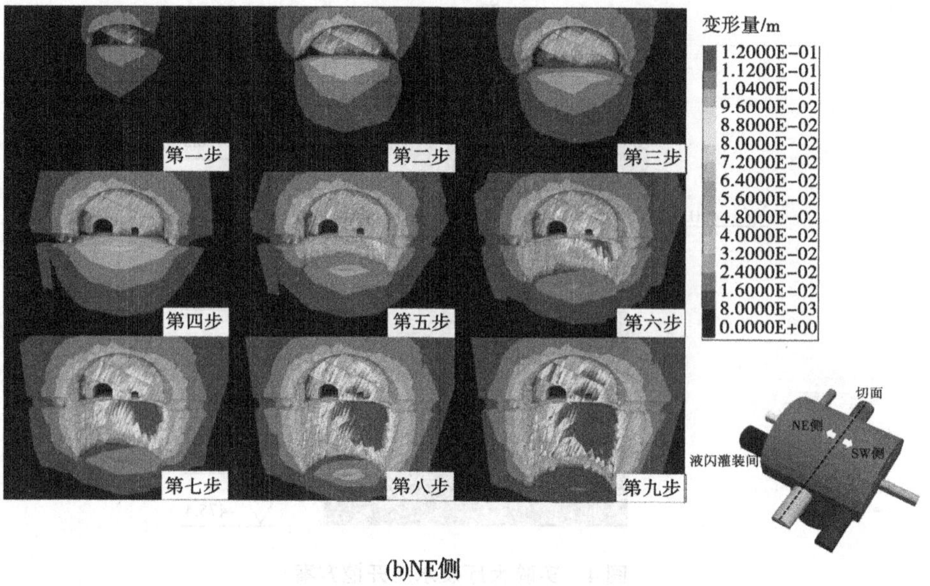

(b)NE侧

续图 5

4.5　边墙围岩稳定深化分析

为系统研究实验大厅边墙围岩变形的力学机制，定量评估围岩破坏的范围，此次计算对实验大厅边墙的围岩变形破坏特征进行了全面分析，并重点关注边墙与附属洞室交叉口的位置。

图 6~图 8 反映了第四步开挖完成后实验大厅边墙的变形情况。可以看出，实验大厅边墙较大范围内的围岩变形达到 50 mm，存在失稳破坏的风险，尤其是在附属洞室与边墙交叉口处更加明显。分析其原因，主要是由于在交叉口处，边墙与附属洞室的洞壁构成双向临空面，对于被多组节理切割后的岩体结构的稳定性极其不利。基于计算结果可以得出，在实验大厅第四层开挖完成后，边墙与附属洞室交叉口的局部区域将会出现围岩失稳现象，具体表现为岩块掉落。

图 9~图 11 显示了实验大厅边墙与附属洞室交叉口处的围岩破坏深度。可以看出，整体上围岩变形深度较浅，1#电子学间与实验大厅交叉口处的围岩变形深度约为 0.5 m，液闪灌装间与边墙交叉口的围岩变形受长大节理 L2 的影响，其深度相对较大，达到 1.8 m；2#电子学间与边墙交叉口的围岩

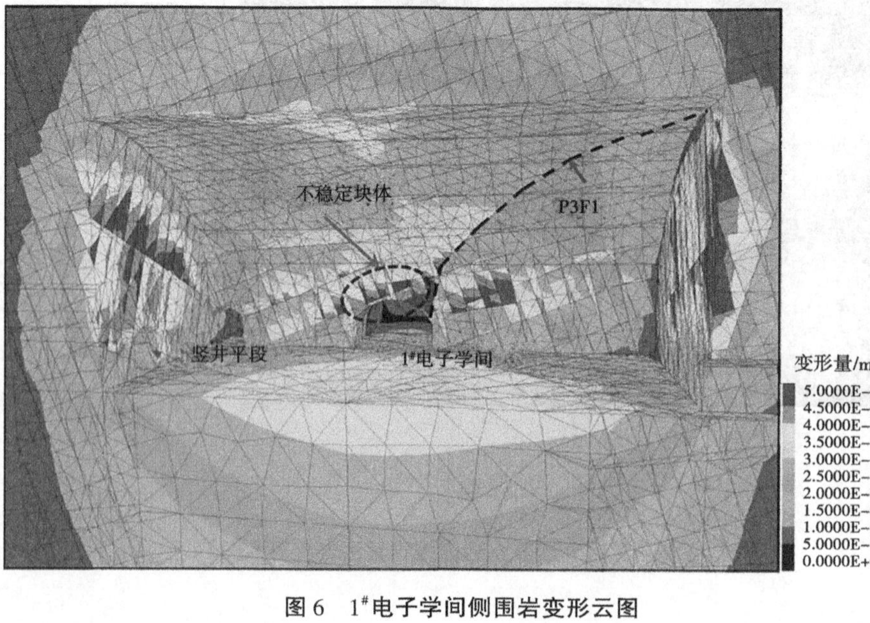

图 6　1#电子学间侧围岩变形云图

变形深度约为0.70 m，即实验大厅边墙与附属洞室交叉口的围岩变形主要集中在浅表，因此开挖后若及时进行支护，围岩变形便可得到较好控制。

图7　液闪灌装间侧围岩变形云图

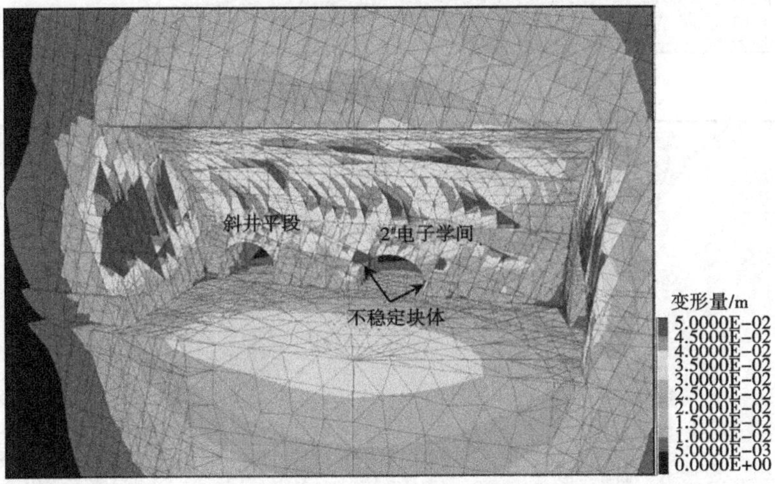

图8　2#电子学间侧围岩变形云图

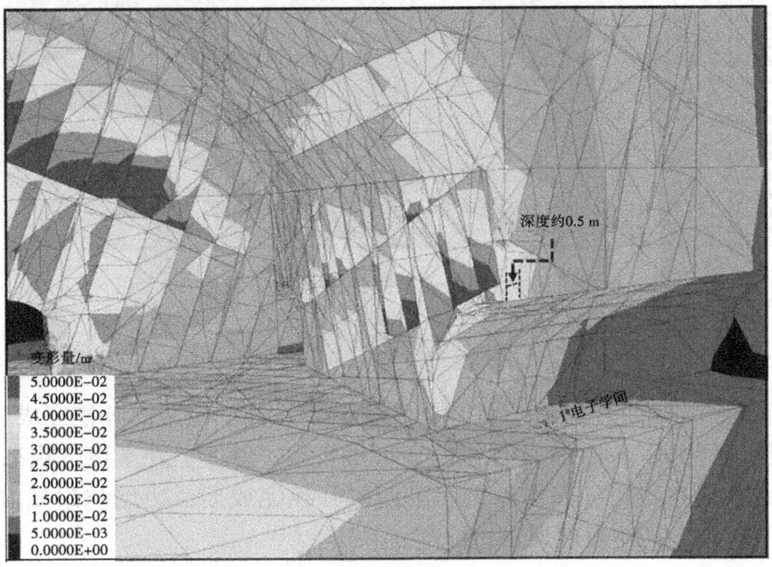

图9　1#电子学间侧围岩破坏深度

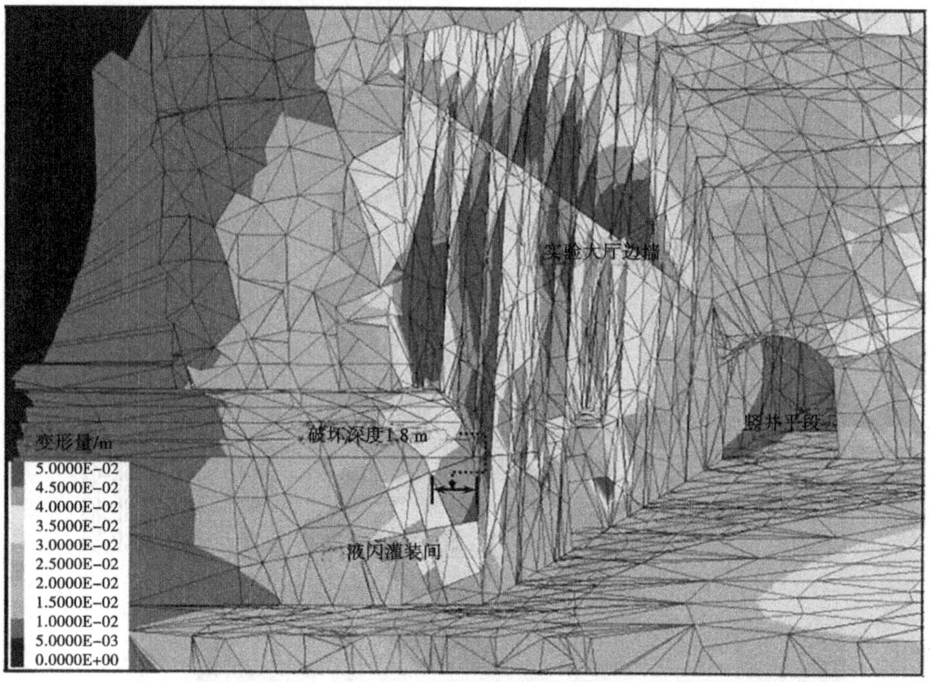

图 10　液闪灌装间侧围岩破坏深度

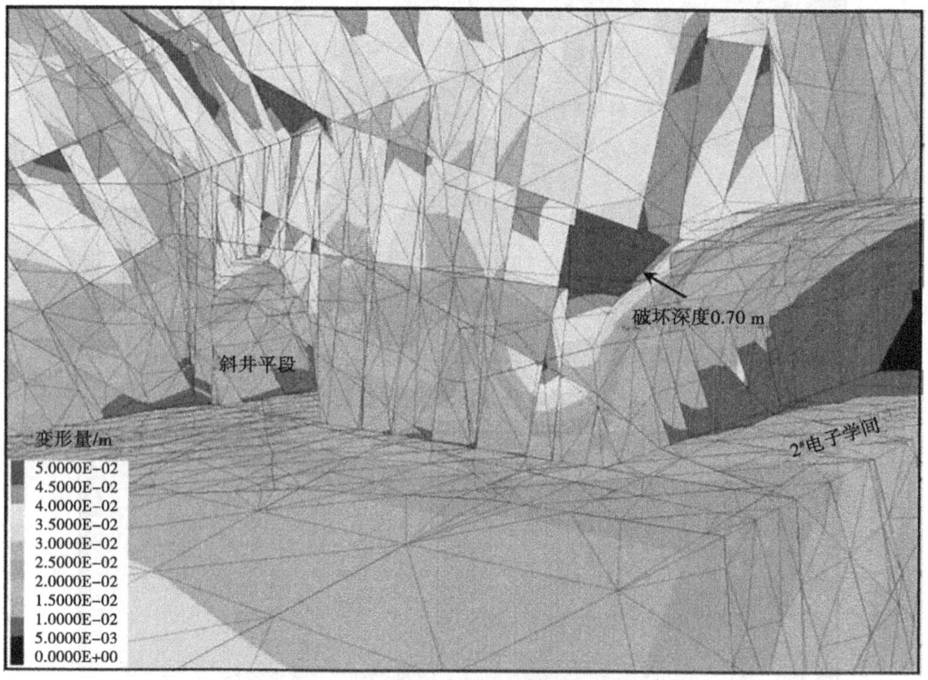

图 11　2#电子学间侧围岩破坏深度

5　结论

（1）采用基于离散元理论的3DEC软件，预测实验大厅及水池全部开挖完成后，水池边墙的变形量较大，最大变形量达到120 mm。大厅顶拱的变形量较小，整体上处于稳定状态。

（2）基于计算结果可以得出，在实验大厅第四层开挖完成后，边墙与附属洞室交叉口的局部区域将会出现围岩失稳现象，具体表现为岩块掉落。

（3）实验大厅边墙围岩出现较大变形的范围虽然较广，但主要集中在浅表，开挖后及时进行支护，即可较好地控制围岩变形。

参考文献

[1] 朱焕春，Brummer Richard，Andrieux Patrick. 节理岩体数值计算方法及其应用（一）：方法与讨论［J］. 岩石力学与工程学报，2014，23（20）：3444-3449.

[2] 汤艳春，商好凡，陈建林，等. 地质强度指标对白鹤滩水电站地下厂房围岩稳定性的影响研究［J］. 水电能源科学，2022，40（10）：140-143.

[3] 褚存，桂惠中，赵先宇，等. 基于离散元地下厂房围岩变形破坏特征分析［J］. 华中师范大学学报（自然科学版），2019，53（4）：594-600.

[4] 段建立，孙炎光，尤峻，等. 特大跨度扁平洞室开挖施工离散元数值模拟［J］. 地下空间与工程学报，2013，9（增2）：1882-1885.

环北部湾广西水资源配置工程玉林供水片江口水库后工程布局方案研究

涂晓霞　陈　艳

（中水珠江规划勘测设计有限公司，广东广州　510610）

摘　要：环北部湾广西水资源配置工程玉林供水片江口水库后线路受水点多，线路长度及受水点高程差距大，工程布局方案复杂，结合输水线路布置，提出3个泵站布局方案，通过输水线路及泵站布置、工程占地、运行管理、工程投资等方面综合比选，确定玉林供水片江口水库后工程布局方案。

关键词：环北部湾广西水资源配置工程；江口水库；工程布局

1　引言

随着经济发展，水资源分布不均匀性与需水不均衡性日趋突出，跨流域长距离引调水工程是缓解缺水地区水资源供需矛盾、支撑缺水地区可持续发展的有效途径。工程布局方案直接影响工程投资、施工难度、工期、运行管理。本文以环北部湾广西水资源配置工程玉林供水片江口水库后工程布局方案研究为例，结合工程自身特点和运行管理要求，拟订方案进行综合比选，以得到安全可靠、经济合理的设计方案，并为工程建成的运行管理创造便利条件。

2　工程概况

环北部湾广西水资源配置工程是《全国水资源综合规划》《珠江流域综合规划（2012—2030年）》提出的解决广西壮族自治区环北部湾水资源短缺的重大水利工程，位于广西中南部。该工程已列入2020年及后续150项重大水利工程建设项目清单和《“十四五”水安全保证规划》，工程任务是向南宁、钦州、北海、玉林等重点城市城乡生活和工业供水，提供供水安全保障能力，并为改善农业灌溉和水生态环境创造条件。

工程首部设计流量5.0~35.0 m^3/s，多年平均供水量为11.0亿m^3，工程等别为Ⅰ等，工程规模为大（1）型，主要由泵站工程、输水干线工程和输水支线等组成，全长491.10 km，其中输水干线总长243.98 km，输水支线总长247.12 km，泵站8座，总装机容量为74.06 MW。本工程总工期为72个月，项目总投资2 783 914万元[1]。

玉林供水片输水工程由1条干线和4条支线组成，输水线路总长度189.931 km，其中干线长84.185 km，支线长105.746 km，泵站3座，总装机容量17.02 MW。玉林干线从灵东泵站提水经江口水库后分别向博白、玉林城区、兴业、陆川输水。江口水库后线路受水点多，线路长度及受水点高程差距大，工程布局方案复杂，结合输水线路布置，拟订泵站布局方案进行综合比选，是确定环北广西工程玉林供水片江口水库后工程布局的关键。

3　工程布局方案比选

3.1　方案拟订

玉林供水片水源点江口水库进水口最低运行水位98.15 m，受水点的兴业县城南水厂高程105.00

作者简介：涂晓霞（1980—），女，高级工程师，主要从事水利水电工程设计等工作。

m，距离江口水库约20 km；玉林城区支线交水点围龙水厂设计交水水位为92.30 m、围龙水厂二期高程88.0 m，距离江口水库约16 km；陆川县城南水厂高程95.00 m，南山隧洞进口交水高程126.40 m，分别距离江口水库约50 km和36 km；博白县支线交水点博白县城南水厂设计交水水位为60.10 m，距离江口水库约60 km；博白县预留分水口按供水控制高程80.8 m（鸡冠水库正常高）并增加2.0 m水头损失（预留博白分水口距离鸡冠水库约1.5 km）考虑。根据水力计算，兴业县城南水厂、陆川县城南水厂及博白县城南水厂不满足重力流输水要求，需采用泵站提水输送。根据各支线长度以及各支线的提水扬程，兴业县支线及博白县支线的扬程接近，约32 m；陆川县支线的提水扬程约为55 m。根据各输水线路的相对位置关系及扬程等，拟订3个方案，分别为方案一：分散泵站方案（各输水分支线提水泵站单独布置）；方案二：一集中一分散方案（扬程接近的输水分支线提水泵站集中布置、扬程相差较大的输水分支线提水泵站单独布置）；方案三：集中泵站方案（各输水分支线提水泵站集中布置）。

3.2 分散泵站方案

3条需提水的输水支线单独布置提水泵站，各线路工程布局如下。

3.2.1 玉林干线

玉林干线江口进水口—玉林市城区分水口段，线路总长3.59 km，设计流量12~11.3 m^3/s，洞径/管径为DN3200。玉林干线玉林城区分水口至陆川分水口段，线路总长25.54 km，设计流量5.50 m^3/s，管径为DN2400。

3.2.2 玉林城区支线

玉林城区支线为无须泵站提水的有压自重流管线，自玉林市城区分水口—围龙水厂分水口前，线路总长13.29 km，设计流量6.1 m^3/s，管径为DN2600。

3.2.3 博白县支线

在陆川分水口至预留博白分水口段布置分界垌泵站，提水扬程为30.53 m，装机容量为1 800 kW，共安装4台单级双吸离心泵，其中备用机组1台，设计流量3.5 m^3/s。输水管道长32.68 km，其中陆川分水口至预留博白分水口设计流量3.5 m^3/s，管径为DN1800，管线长6.70 km；预留博白分水口至城南水厂设计流量1.5 m^3/s，管径为DN1200，管线长25.98 km。

3.2.4 兴业县支线

兴业县支线布置宁冲泵站，提水扬程30.63 m，装机容量为640 kW，共安装4台单级双吸离心泵，其中备用机组1台，设计流量0.70 m^3/s。输水管道长22.47 km，管径为DN1000。

3.2.5 陆川县支线

陆川县支线布置石门泵站，提水扬程为51.37 m，装机容量为2 000 kW，共安装4台单级双吸离心泵，其中备用机组1台，设计流量2.3 m^3/s。有压输水管道长7.37 km，管径为DN1600（有压管道计算长度为陆川分水口至陆透水库段中的陆川分水口至无压隧洞首端）。

方案一的总体布局见图1。

3.3 一集中一分散方案

根据各输水分支线提水扬程的分布情况，先统一提水33.85 m，则兴业县支线及博白县支线从泵站出水池接出即可满足有压自重流；陆川县支线提水扬程不足部分仍需布设泵站，但泵站扬程将减少到19.65 m。各线路工程布局如下。

3.3.1 玉林干线

江口进水口—成均泵站分水口段，线路总长1.04 km，设计流量12 m^3/s，洞径为DN3200。成均泵站分水口—陆川分水口段布置成均泵站，提水扬程32.59 m，装机容量为3 780 kW，共安装6台单级双吸离心泵，其中备用机组1台，设计流量6.20 m^3/s；玉林干线成均泵站分水口至陆川分水口段线路总长28.09 km，设计流量6.20~5.5 m^3/s，管径为DN2400。

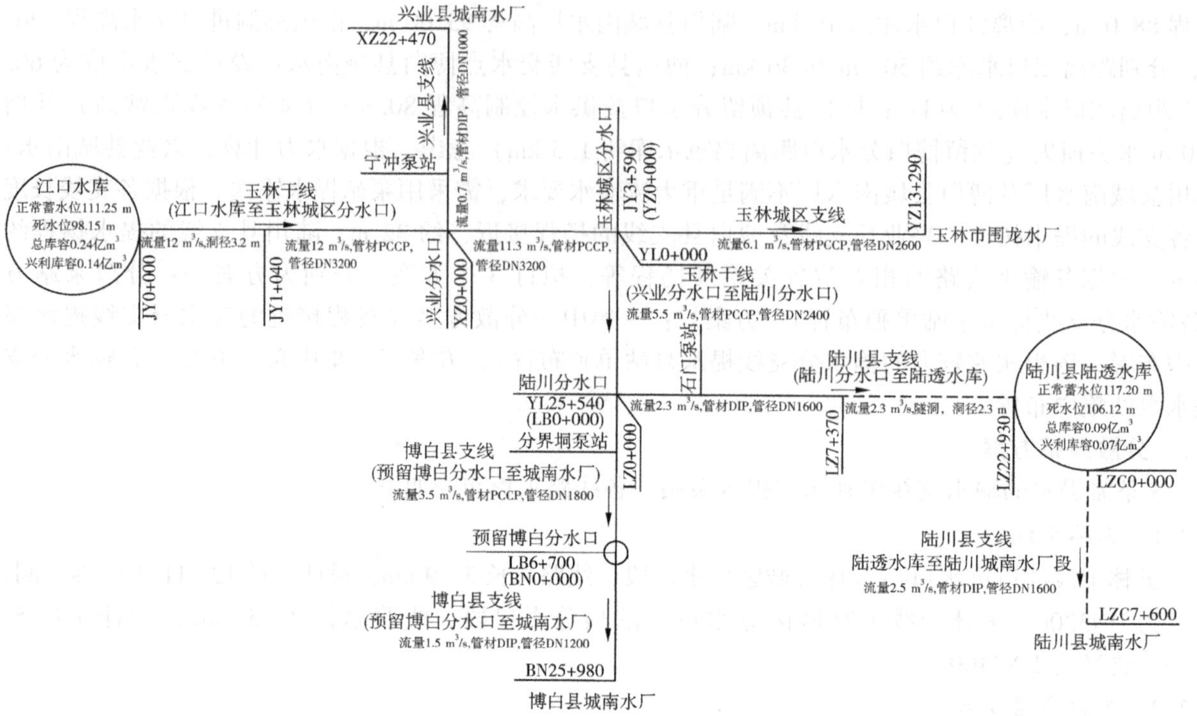

图 1　泵站布局方案比选方案一（分散泵站方案）

3.3.2　玉林城区支线

玉林城区支线为无须泵站提水的有压自重流管线，自成均泵站分水口—围龙水厂分水口前，线路总长 15.84 km，设计流量 6.1 m^3/s，管径为 DN2600。

3.3.3　博白县支线

设计流量 3.50~1.5 m^3/s，输水管道长 32.68 km，其中管径为 DN1800 的管线长 6.70 km，管径为 DN1200 的管线长 25.98 km。

3.3.4　兴业县支线

兴业县支线为兴业分水口至兴业县城南水厂，设计流量 0.7 m^3/s，输水管道长 22.47 km，管径为 DN1000。

3.3.5　陆川县支线

在陆川县支线布置石门泵站，提水扬程为 23.65 m，装机容量为 1 000 kW，共安装 4 台单级双吸离心泵，其中备用机组 1 台，设计流量 2.30 m^3/s。有压输水管道长 7.37 km，管径为 DN1600（有压管道计算长度为陆川分水口至陆透水库段中的陆川分水口至无压隧洞首端）。

方案二的总体布局见图 2。

3.4　集中泵站方案

根据各支线的提水扬程的分布情况，先统一提水 55 m，则玉林城区支线直接从玉林干线分出后自流至围龙水厂，其余支线从泵站出水池接出均可满足有压自重流，兴业县支线、博白县支线由于首端出水池高程的提升，其输水管道管径可以下降一个级别，即原管径为 DN1200 可降至 DN1100（博白）、原管径 DN1000 可降至 DN900（兴业）。各线路工程布局如下。

3.4.1　玉林干线

玉林干线江口进水口—成均泵站分水口段，线路总长 1.04 km，设计流量 12 m^3/s，洞径为 DN3200。玉林干线成均泵站分水口—陆川分水口段布置成均泵站，提水扬程 55 m，装机容量为 5 600 kW，共安装 5 台单级双吸离心泵，其中备用机组 1 台，设计流量 6.20 m^3/s；玉林干线成均泵站分水

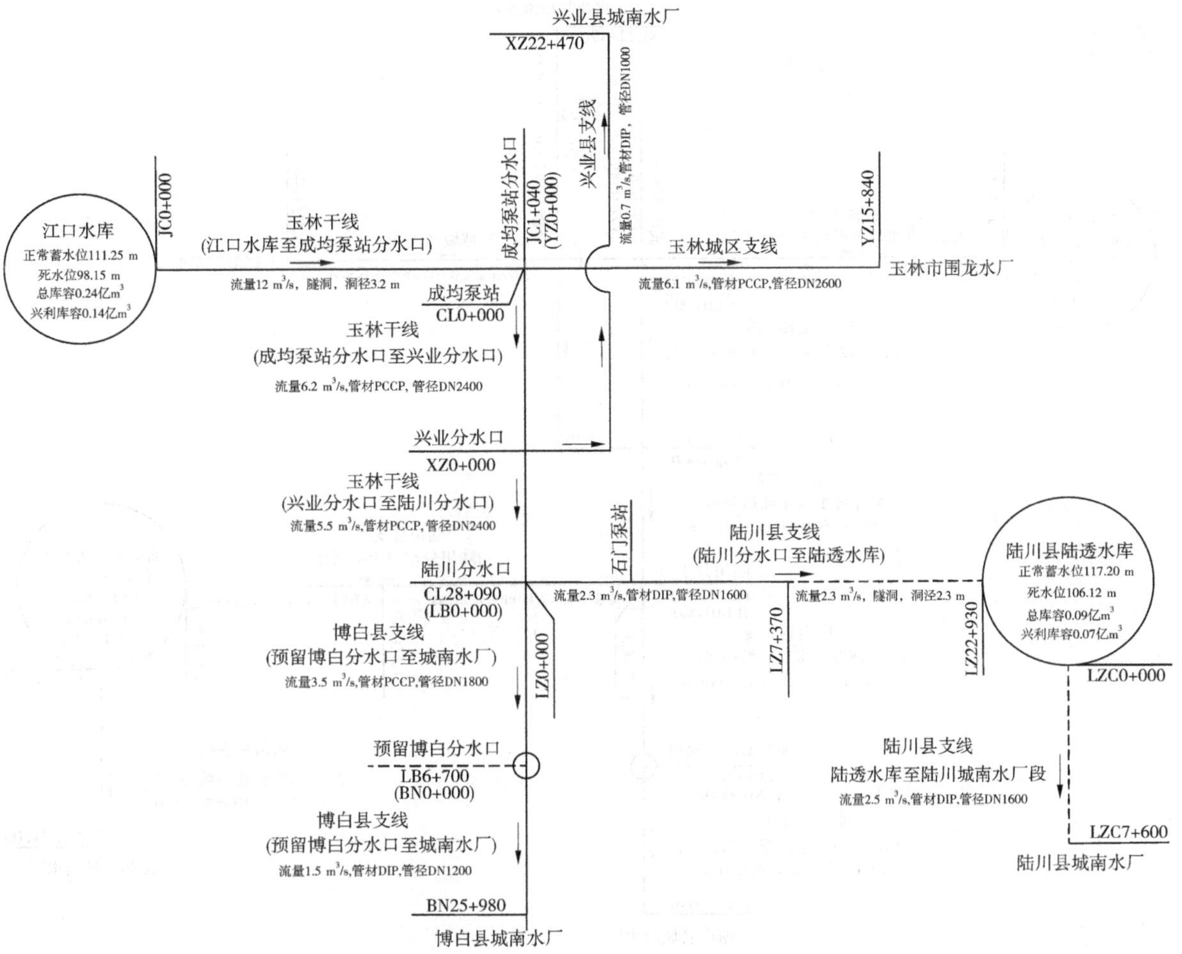

图 2　泵站布局方案比选方案二（一集中一分散方案）

口至陆川分水口段线路总长 28.09 km，设计流量 6.20~5.5 m^3/s，管径为 DN2400。

3.4.2　玉林城区支线

玉林城区支线为无须泵站提水的有压自重流管线，自成均泵站分水口至围龙水厂分水口前，线路总长 15.84 km，设计流量 6.1 m^3/s，管径为 DN2600。

3.4.3　博白县支线

博白县支线为陆川分水口至博白县城南水厂段，设计流量 3.50~1.50 m^3/s，输水管道长 32.68 km，其中管径为 DN1800 的管线长 6.70 km，管径为 DN1100 的管线长 25.98 km。

3.4.4　兴业县支线

兴业县支线为兴业分水口至兴业县城南水厂，设计流量 0.70 m^3/s，输水管道长 22.47 km，管径为 DN900。

3.4.5　陆川县支线

陆川县支线有压输水管道长 7.37 km，管径为 DN1600（有压管道计算长度为陆川分水口至陆透水库段中的陆川分水口至无压隧洞首端）。

方案三的总体布局见图 3。

3.5　方案比选

根据各方案的泵站及线路布置，各方案的主要技术指标见表 1。

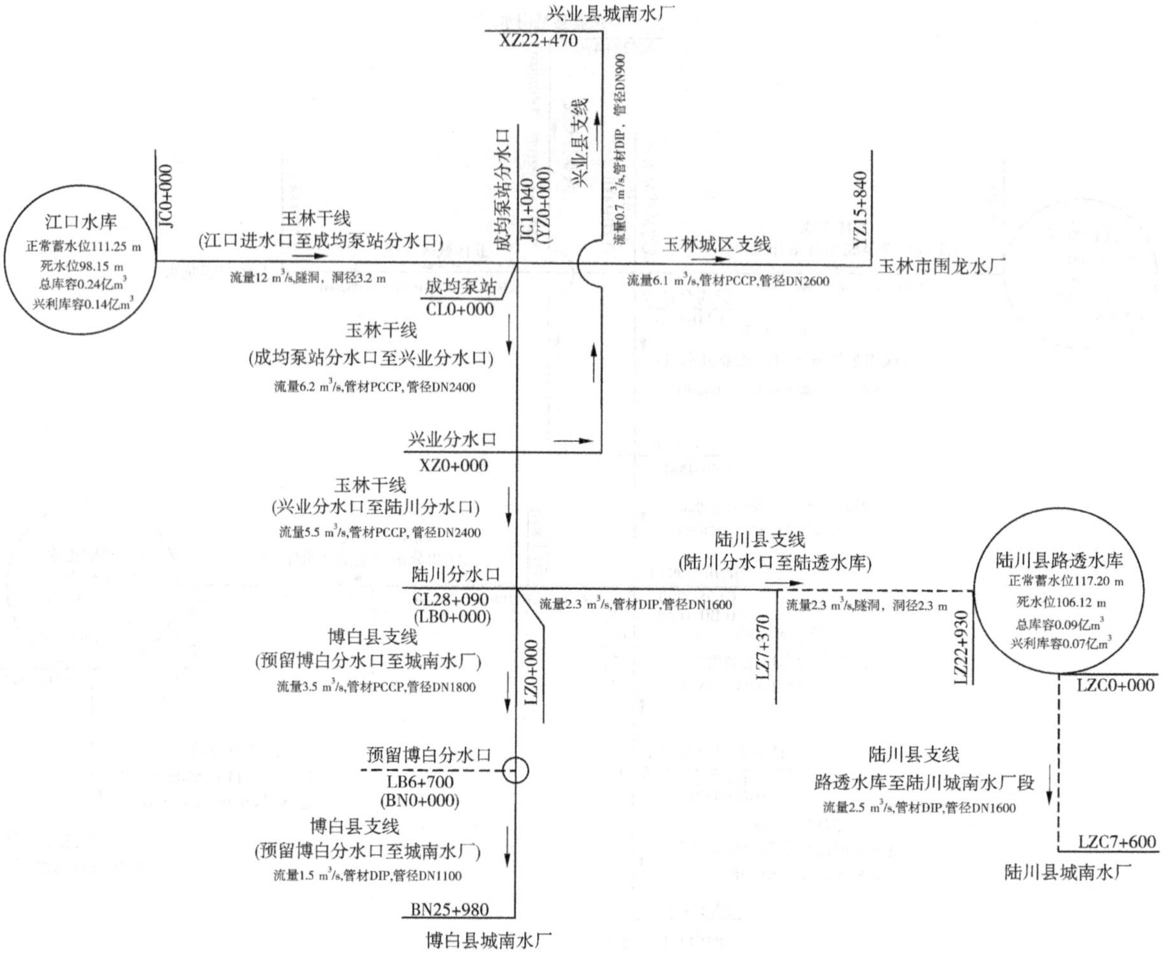

图 3　泵站布局方案比选方案三（集中泵站方案）

表 1　方案比选主要技术指标成果

项目		单位	方案一	方案二	方案三
一	线路工程				
1	DN3200（隧洞+出口钢管段）	km	1.04	1.04	1.04
2	DN3200 PCCP	km	2.55		
3	DN2600 PCCP	km	13.29	15.84	15.84
4	DN2400 PCCP	km	25.54	28.09	28.09
5	DN1800 PCCP	km	6.7	6.7	6.7
6	DN1600 DIP	km	7.37	7.37	7.37
7	DN1200 DIP	km	25.98	25.98	
8	DN1100 DIP	km			25.98
9	DN1000 DIP	km	22.47	22.47	

续表 1

项目		单位	方案一	方案二	方案三
10	DN900 DIP	km			22.47
11	线路总长	km	104.94	107.49	107.49
二	提水工程				
1	泵站座数	座	3	2	1
2	设计流量	m^3/s	3.5/0.7/2.3	6.2/2.3	6.2
3	设计扬程	m	30.53/30.63/51.37	32.59/23.65	55.00
4	装机规模	kW	1 800/640/2 000	3 780/1 000	5 600
5	泵站总装机	kW	4 440	4 780	5 600

方案比选分析成果见表 2。

表 2　泵站总体布局方案比选分析

编号	因素	方案一（分散）	方案二（集中+分散）	方案三（集中）	方案优劣
1	输水线路	线路长 104.94 km，其中首端 2.55 km 为 DN3200 的单管，兴业支线管径 DN1000、博白支线后段管径 DN1200	线路长 107.49 km，其中首端 2.55 km 为 DN2600 和 DN2400 的双管共槽段，兴业支线管径 DN1000、博白支线后段管径 DN1200	线路长 107.49 km，其中首端 2.55 km 为 DN2600 和 DN2400 的双管共槽段，兴业支线管径 DN900、博白支线后段管径 DN1100	三方案长度基本相当，方案三兴业、博白支线管径较方案一和方案二小，方案三较优
2	提水泵站	装机容量 4 440 kW	装机容量 4 780 kW	装机容量 5 600 kW	方案一装机容量最小，方案一较优
3	移民征地	永久及临时用地面积 7 935.37 亩	永久及临时用地面积 7 961.83 亩	永久及临时用地面积 7 728.31 亩	方案三管径小，泵站集中，工程用地较方案一少 207.06 亩，较方案二少 233.52 亩，方案三较优
4	投资费用	静态总投资 34.51 亿元，运行费 5 504 万元/年，其中抽水电费 842 万元/年。费用现值 38.86 亿元	静态总投资 34.80 亿元，运行费 5 594 万元/年，其中抽水电费 912 万元/年。费用现值 39.21 亿元	静态总投资 33.59 亿元，运行费 5 699 万元/年，其中抽水电费 1 152 万元/年。费用现值 38.03 亿元	方案三静态总投资较方案一少 0.92 亿元，较方案二少 1.21 亿元；虽抽水电费略大，总运行费略大，但费用现值最小，方案三较优

续表 2

编号	因素	方案一（分散）	方案二（集中+分散）	方案三（集中）	方案优劣
5	运行管理	三个提水泵站之间相距较远，最远的达到 45 km，不利于集中管理	两个提水泵站之间相距约 40 km，不利于集中管理	泵站布置于水源点江口水库附近，运行管理方便	方案三泵站集中，便于管理，方案三较优

经综合比选，在总投资上，方案三最省。输水线路长度上三个方案相当。在移民占地、运行管理上，方案三较其他方案占优。方案三用地范围小，后期征拆协调相对简单，有利于项目推进，且泵站站址统一位于江口水库附近，易于运行管理，故江口水库后工程布局方案选择推荐方案三（集中泵站方案），玉林城区支线直接从玉林干线分出后自流至围龙水厂，其余三条支线先统一提水 55 m 从泵站出水池接出后均可满足有压自重流。

4 结语

江口水库后工程布局方案较为复杂，经比选采用集中泵站方案，工程投资节省且方便后期管理，但输水线路控制阀门较多，对泵站运行管理要求高，在实际运行中需加强管理，实现输水线路高效、安全、稳定运行，为工程发挥效益提供保障。

参考文献

[1] 广西壮族自治区水利电力勘测设计研究院有限责任公司，中水珠江规划勘测设计有限公司．环北部湾广西水资源配置工程初步设计报告［R］．2023.

察尔森水库水资源调度工作成效及思考

孙 阳 陈理想

（松辽水利委员会水文局（信息中心），吉林长春 130021）

摘 要：本文首先对察尔森水库水资源调度工作进行了简要介绍，并对近5年来调度工作进行了总结，通过对察尔森水库的水资源调度，能够使洮儿河下游农业、工业、生态等供水要求得到满足，充分发挥了察尔森水库的综合效益，其中洮儿河中下游粮食灌溉得到有效保障，生态环境明显改善，地下水位整体呈上升趋势。最后为了进一步加强流域统一调度管理工作，做好洮儿河水资源调度，结合目前存在的问题提出可行性建议。

关键词：察尔森水库；生态环境明显改善；地下水位呈上升趋势；问题及建议

1 背景

近年来，松辽水利委员会按照水利部相关部署，组织编制完成洮儿河流域水量分配方案、洮儿河生态流量保障实施方案和水资源调度方案，有序开展洮儿河水资源调度工作。根据水量分配方案、水资源调度方案和生态流量保障有关要求，每年对内蒙古自治区和吉林省上报的年度用水需求进行核定，明确年度用水指标、断面下泄控制指标，将生态调度纳入流域水资源统一调度，制订年度调度计划并印发实施。察尔森水库是洮儿河干流上唯一一座大型控制性工程，察尔森水库的水资源调度对洮儿河水资源调度的影响至关重要。

2 洮儿河概况

洮儿河是嫩江下游右侧一级支流，发源于大兴安岭东麓高岳山，流经内蒙古自治区兴安盟和吉林省白城市，至月亮泡注入嫩江，河流全长563 km，流域面积36 912 km^2。其中，内蒙古自治区面积25 632 km^2，占流域总面积的69.44%；在吉林省内面积11 280 km^2，占流域总面积的30.56%。洮儿河流域上中游处于内蒙古自治区兴安盟境内，镇西断面以下为下游段，全部位于吉林省白城市境内。洮儿河流域除干流跨省界外，蛟流河及其支流也有多处跨省界情况，跨省界河段省界断面以上均为内蒙古自治区，省界断面以下均为吉林省。洮儿河主要支流为归流河和蛟流河，均位于洮儿河右侧。洮儿河流域多年平均水资源总量为32.63亿m^3，其中地表水资源量为21.50亿m^3（1956—2000年），多年平均地下水可开采量为11.13亿m^3。

3 察尔森水库概况

察尔森水库是洮儿河干流上唯一一座大型控制性工程。察尔森水库位于洮儿河中游，内蒙古自治区兴安盟科右前旗察尔森镇北1.70 km处，距乌兰浩特市32.00 km。控制流域面积7 780 km^2，多年平均径流量8.90亿m^3，水库总库容12.53亿m^3，兴利库容10.33亿m^3。察尔森水库按500年一遇标准设计，10 000年一遇标准校核，是一座以防洪、灌溉为主，结合发电、养鱼等综合利用的大型水利枢纽工程[1]，水库农业供水范围为兴安盟察尔森水库下游灌区和白城市洮儿河灌区，其中兴安盟察尔森水库下游灌区包括好田、义勒力特、乌兰哈达、斯力很、哈达那拉和国光6个灌域。按照察尔

作者简介：孙阳（1987—），男，高级工程师，主要从事水文水资源方面的工作。

森水库除险加固有关要求，水库增设生态机组用于下泄生态流量，自 2019 年 4 月启动察尔森水库生态放流至 2024 年 3 月末，实现基本生态放流 5.46 亿 m^3。

4 近 5 年察尔森水库水资源调度工作成效

察尔森水库水资源调度期为 4 月 1 日至翌年 3 月 31 日。每年水资源调度按照年度调度计划要求进行放流，均能满足农业、工业、生态等供水要求，充分发挥了察尔森水库的综合效益。

近 5 个调度年以来，水库来水经历了从平水年到丰水年，总体是偏多的情况。察尔森水库降水量、调度期起始蓄水量及入库水量、出库水量见表 1。从表 1 可见，2022 年度、2023 年度降水量低于历年平均降水量 463 mm，2019 年度、2022 年度来水量低于多年平均径流量 8.90 亿 m^3，其中 2021 年度降水量、来水量均为 5 年内最多。

表 1 近 5 年察尔森水库来水情况统计

年度	2019	2020	2021	2022	2023
降水量/mm	486	606.7	618.7	393.7	448.5
调度期起始蓄水量/亿 m^3	5.01	7.30	8.54	9.00	7.99
入库水量/亿 m^3	6.14	11.10	19.86	6.91	10.53
出库水量/亿 m^3	3.84	9.88	19.39	7.93	10.70

农业供水均能满足灌溉要求，粮食灌溉得到有效保障。近 5 个调度年以来，农业供水天数达到 126~144 d，农业灌溉用水量达到 2.65 亿~3.35 亿 m^3，均能达到年度调度计划目标。通过每年察尔森水库水资源调度工作，全面保障了下游两大灌区粮食用水安全，在保障粮食增产、保持社会稳定、实现经济社会全面协调可持续发展等方面发挥了巨大作用。

工业供水逐年增加，有效保障工业用水安全。内蒙古自治区工业用水由 2019 年的 300 万 m^3 增加到 2023 年的 1 200 万 m^3，取用水量逐年增加，有效保障了兴安盟工业用水安全。

生态放流满足要求。根据各年调度计划，确定察尔森水库在非灌溉季节（10 月至翌年 4 月）下泄生态流量不低于 2.53 m^3/s，灌溉季节（5—9 月）下泄生态流量不低于 5.06 m^3/s。除受泄洪洞检修、安全生产维修、电力系统检修等原因，察尔森水库每年均有个别时段出库为 0 以外，不满足生态放流要求，其他时段均满足调度计划要求。

生态环境明显改善。察尔森、镇西断面各月生态基流满足目标要求，全年下泄水量满足目标要求。通过近年来察尔森水库生态调度，特别是枯水期生态放流和灌溉期前集中生态补水，洮儿河河道水生态环境明显改善，河道有水河段、过水时段明显延长。2020 年、2021 年连续两年组织水库实施生态补水，向海湿地及周边泡沼补水 1.7 亿 m^3，湿地功能得到一定恢复。根据近 5 年镇西、洮南、黑帝庙水文站实际流量，镇西断面最小流量由 1.41 m^3/s 上升至 8.88 m^3/s，镇西断面最小流量持续增加；洮南断面由 2018 年全年断流到 2021 年、2022 年全年过水，黑帝庙断面由 2019 年全年断流到 2022 年全年过水。

洮儿河下游沿程地下水位整体呈上升趋势。从 2019 年 4 月至 2024 年 3 月，选用距离洮南水文站、黑帝庙水文站最近的地下水监测站（通达办事处、到保农场站）监测数据进行地下水位情况分析，具体情况见图 1，可见地下水埋深呈现减小趋势。通达办事处站月平均最大埋深从 2019 年的 9.65 m，到 2024 年的 7.90 m，提升 1.75 m；到保农场站月平均最大埋深从 2019 年的 3.60 m，到 2024 年的 3.04 m，提升 0.56 m，上升趋势明显。

5 问题及建议

兴安盟察尔森水库下游灌区用水定额严重偏大，用水浪费现象突出。《行业用水定额》（DB 15/T

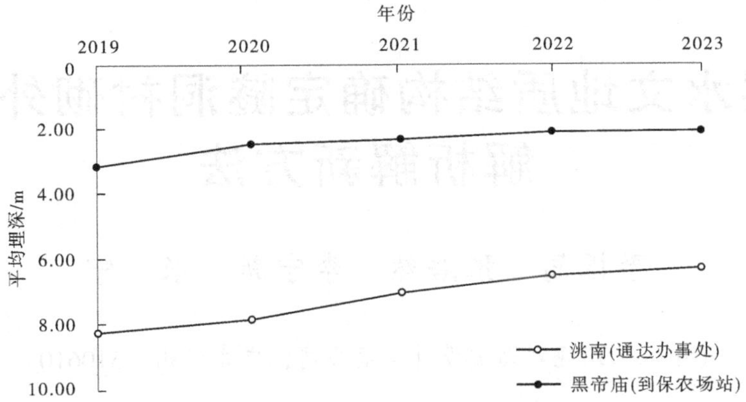

图1　洮儿河下游近5年地下水埋深变化图

385—2020）中，明确兴安盟察尔森水库下游灌区属于温暖半干旱农业区，75%灌溉保证率情况下水稻通用值为630 m^3/亩，用水定额调整系数为2.0，即调整后定额为1 260 m^3/亩。近5年来，兴安盟察尔森水库下游灌区实际用水定额按照上报数据均在2 500 m^3/亩左右，与行业用水定额标准差距较大，用水浪费现象突出。建议内蒙古自治区坚持以“节水优先、空间均衡、系统治理、两手发力”治水思路为引领，提高节水意识，加大推进节水力度，强化节约用水管理，通过实施灌区节水配套和节水改造、加强灌区田间工程管理等途径，不断提高灌溉水利用率，降低灌溉定额。

白城市洮儿河灌区计划用水变化大，用水管理粗放。近几年来，年度水资源调度开始后，白城市洮儿河灌区计划用水均存在调整，如2022年初白城市洮儿河灌区申请地表水计划用水1亿m^3，全部由察尔森水库供给，同年6月申请调整地表水计划用水由1亿m^{3}调整为5 000万m^3，察尔森水库直供水量调整为1 700万m^3。灌区管理单位没有统筹做好地下水、水库水和河道水的调度配置工作，影响流域水资源统一调度工作有序开展。建议灌区管理单位能够统筹做好水资源调配工作，做到精细调度，合理上报用水计划，若无重大情况按年度调度计划进行有序取水。

灌区取水计量设施不完善，未发挥作用。根据水利部关于强化取水口取水监测计量的意见，对5万亩以上的大中型灌区渠首取水口，到2022年应全部实现在线计量，目前兴安盟察尔森水库下游灌区和白城市洮儿河灌区安装的计量设施无法实现在线计量监测。白城市洮儿河灌区的5处引水工程为灌区供水和生态补水，没有分开计量灌溉引水量和生态补水量，特别是生态补水期间混用，易引发上下游矛盾，与严格水资源源头管控和水资源刚性约束要求不相符。建议两省（区）加强对大中型灌区在线监测计量工作指导和监管力度，推动灌区取水在线计量设施数据准确度、传输规约等符合有关标准规范要求，确保能够及时准确反映灌区地表水取水数据，有力支撑流域水资源管理和统一调度。

水费征收难，两省（区）均存在拖欠水费的情况。建议积极推动相关省（区）开展农业水价改革，提高农业水费收取率。两省（区）灌区水田灌溉均按亩收取水费，用水浪费现象十分严重，地方政府应按照最严格水资源管理制度有关要求，落实农业用水超定额累进加价制度并严格执行，探索农业水价综合改革、“一提一补”机制和水资源费改税等管理机制的衔接和融合，不断提升农民节水意识，推动水资源刚性约束制度在农业领域的有效落实。

参考文献

[1] 孙阳．察尔森水库2019年度兴利调度分析［J］．东北水利水电，2020（5）：52-54.

基于四层水文地质结构确定隧洞衬砌外水压力的解析解新方法

李振嵩　张浩然　李宁新　张　宁

（中水珠江规划勘测设计有限公司，广东广州　510610）

摘　要：针对现有计算隧洞衬砌外水压力解析解的方法存在忽视围岩渗透性分层、确定隔水岩体厚度不准确的问题，借鉴地下水越流理论，构建了地下水从围岩含水层进入隧洞内经历两次越流作用的四层水文地质结构越流模型，推导了衬砌外水压力、单宽隧洞渗流量的解析解新公式。基于解析解揭示了围岩隔水层（自然抗水层）的厚度及渗透系数对衬砌外水压力变化的影响规律。在此基础上，对工程上遇到的自然抗水层厚度不足、渗透系数略大等导致衬砌外水压力过高的问题提出了相应的建议措施。研究结果可为隧洞工程的前期勘察及防排水系统设计提供借鉴和参考。

关键词：水文地质结构；越流；外水压力；自然抗水层；解析解

1　引言

根据《水工隧洞设计规范》（SL 279—2016），隧洞外水压力通常定义为作用在衬砌结构外表面的地下水压力，是富水地区隧洞结构设计中必须考虑的关键参数之一。然而，受围岩渗透系数、岩层结构、地质构造、渗流类型、衬砌形式、补给水源等条件的影响，隧洞外水压力的评价是一个十分复杂的问题。目前，评价隧洞外水压力的方法主要有折减系数法[1-3]、数值模拟法[4-5]和理论解析法[6-9]。折减系数法通过钻孔压水试验获取的隧洞段透水率来确定外水压力折减系数，并以此对地下水位进行折减作为隧洞外水压力。不过折减系数法忽略了复杂地质特征对地下水渗流的影响，造成该方法存在取值范围大、精度通常偏低的缺点[10]。数值模拟法可以考虑复杂的水文地质特征，可较为准确地模拟地下水的渗流过程和确定衬砌外水压力，但是由于数值模型构建难，计算工作量大，对所有水工隧洞采用数值计算方法确定衬砌外水压力并不现实[11-13]。理论解析法以地下水动力学为基础，构建隧洞渗流方程，以解析解的方式确定衬砌外水压力，该方法具有概念清晰、精度高等优点，备受学者和工程技术人员青睐。

隧洞衬砌外水压力的解析解法最早由苏联科学家提出[8]，将隧洞围岩视为均质、各向同性的弹性介质，利用轴对称理论和Darcy定律推导得到，其中轴对称概念包括隧洞的物理条件、几何条件和荷载条件。Harr[14]基于叠加原理，通过镜像法研究分析了高水压富水区深埋山岭隧洞渗流场的分布规律，得出了高水压的隧洞围岩外水压力分布。以后的学者考虑了灌浆圈的影响，如应宏伟等[15]基于Harr镜像法，将半无限渗流场转化为2个无限渗流场的叠加，推导了水下大埋深隧洞衬砌及灌浆圈上外水压力解析计算方法，王建宇根据水流连续性方程得出了考虑灌浆圈作用后衬砌上的外水压力，而王秀英等[16]利用无限含水层的竖井理论推导了有灌浆圈情况下衬砌上的外水压力及灌浆圈上的外水压力；刘立鹏等[17]采用水岩分算的方法提出了堵排结合型复合衬砌各个部分（灌浆圈、初支、衬砌）的外水压力计算公式，分析了围岩岩体与灌浆圈、初支、衬砌渗透系数不同比值条件下

基金项目：中水珠江规划勘测设计有限公司科研项目（ZSZJ-KY-202105）。

作者简介：李振嵩（1982—），男，高级工程师，主要从事水利水电工程地质勘察工作。

各部分外水压力的变化趋势。王建秀等[1]认为当衬砌与围岩结合紧密、二者共同作用时采用水岩合算方法计算衬砌外水压力。铁路行业曹珂等[18]创新提出了灌浆圈与衬砌排水盲管共同作用的外水压力折减系数解析求解的方法，但是却没有考虑围岩的渗透系数，尤其是没有考虑灌浆圈层外的围岩渗透系数对衬砌上外水压力的重要影响。

现有的解析解法基于明确的隧洞及衬砌结构和假定的岩石圈层，展开了基于不同理论的求解，解析公式严谨，在参数准确条件下外水压力计算结果准确性较好。不过，需要指出的是，上述研究一般适用于水文地质结构比较单一的情况，即岩石圈层渗透特征为单一性状的情况。而在工程实践中，隧洞所处的岩石圈层往往存在多层水文地质结构，如果将多层水文地质结构简化为同一均匀介质，可能对隧洞外水压力的准确性影响较大。刘冲平等[19]认识到当前理论解析方法的不足，考虑了多层水文地质结构对隧洞外水压力的影响，针对隧洞围岩的多层缓倾岩土体，根据每一单层的渗透系数选取外水压力折减系数，再对多岩土层采用厚度加权平均的方法换算出综合所有岩土层的外水压力折减系数。不过，该方法虽然考虑了岩石圈层的多层性，本质上仍是折减系数法，并且没有考虑衬砌作用。

鉴于此，本文从实际的水文地质结构出发，从围岩含水层与隔水层、围岩开挖松动圈、隧洞结构四个方面提出隧洞地下水渗流的四层水文地质结构，并借鉴地下水越流理论，构建了地下水从围岩含水层进入隧洞内经历两次越流作用的四层水文地质结构越流模型，推导了衬砌外水压力、单宽隧洞入渗地下水量的解析解。基于解析解，揭示了围岩隔水层（自然抗水层）的厚度及渗透系数对衬砌外水压力变化的影响规律并提出了相应的建议措施。相关研究成果可为隧洞工程的前期勘察及防排水系统设计提供借鉴和参考。

2　四层水文地质结构的越流模型

实际山体中含水层一般分布在均匀水文地质结构的弱风化岩层中，或分布在渐变水文地质结构的全-强-弱风化上带岩体中，或分布在非均匀水文地质结构的强烈溶蚀风化溶洞溶腔内或裂隙性溶蚀风化较强的岩体中，或分布在一些节理密集带、断层带内，也可能分布在多层水文地质结构的承压含水层内。而在一些埋深较大的微风化-新鲜岩体，或裂隙性溶蚀风化较弱的岩体中，岩体的渗透系数往往较小，实际的水文地质试验结果表明，非含水层的渗透系数比上部含水层渗透系数小 100 倍以上，通常可看作相对隔水岩层。根据大多隧洞工程的勘察成果，一些隧洞往往位于这些渗透系数较小的岩体中。

隧洞开挖后，地下水途径弱风化岩层，微风化-新鲜岩体进入衬砌后再流向隧洞内部。由于衬砌在设计过程中通常采用不完全排水，渗透系数往往要大于围岩，因此从工程的角度看，衬砌可以看作是一种阻水层，阻隔了地下水渗流进入隧道。需要指出的是，受隧洞开挖扰动的影响，在衬砌周边围岩通常会形成一层松动圈。从水文地质结构上看，松动圈可以看作一层工程含水层，导致衬砌外表面上有地下水积蓄滞留从而形成衬砌上的外水压力。

基于上述隧洞所处的地质结构和隧洞衬砌的工程结构，可将地下水隧洞渗流场简化为四层水文地质结构（见图 1）：

（1）自然含水层。主要为全-强-弱风化上带岩体或溶蚀风化较强的岩体。在自然含水层内地下水富集且渗流系数大。

（2）自然抗水层。主要为微风化-新鲜岩体或溶蚀风化较弱的岩体。在自然抗水层内，地下水贫乏，渗透系数通常比自然抗水层低 100 倍以上。当自然含水层有多个分层，甚至存在承压含水层时，自然抗水层只选取最靠近衬砌的起到隔水作用的岩层。

（3）工程含水层。主要为衬砌结构与围岩之间的松动圈，是衬砌外水压力地下水存在的含水层。

（4）工程抗水层。主要为隧洞的衬砌，是外水压力的受力层。

此外，为了简化计算，模型的基本假定如下：

（1）隧道衬砌、围岩为均质、各向同性均匀介质。

（2）地下水释放瞬间完成，服从渗流线性定律，为稳定流且流体不可压缩。

（3）由于自然含水层和工程含水层渗透系数相对于抗水层的渗透系数较大，可忽略自然含水层和工程含水层对水力损失的影响。

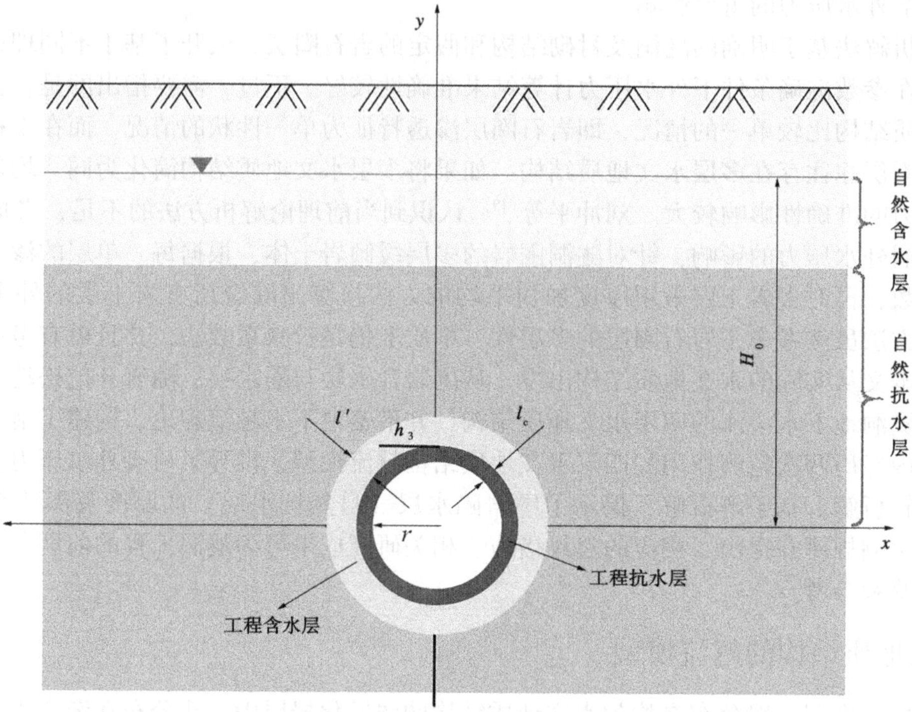

图 1　外水压力计算的四层水文地质结构模型

3　解析解求解

3.1　含可靠自然抗水层

根据地下水动力学，地下水越过相对隔水层，从一个含水层进入另一个含水层的过程称为“越流补给”。在四层水文地质结构的模型中，隧洞开挖后，将成为新的排泄基准面，地下水依次从自然含水层、自然抗水层、工程含水层和工程抗水层进入隧洞。在整个渗流场中，地下水渗流进入隧洞的过程中发生了两次越流，第一次越流为从自然含水层越过自然抗水层进入工程含水层的过程，第二次越流为从工程含水层越过工程抗水层进入隧洞的过程。

根据 Darcy 定律，在第一次越流过程中，在单宽模型下越流穿过自然抗水层渗入工程含水层的渗流量 q_1 为：

$$q_1 = 2\pi(r + l_c + l')\frac{k_d}{l_d}(H_0 - h_3) \tag{1}$$

式中：r 为隧洞半径，m；l_c 为衬砌厚度，m；l'为工程含水层的厚度，m；H_0 为地下水静水压力，即地下水位线至隧洞中心线的作用水头，m；h_3 为隧洞衬砌上的外水压力水头，m；k_d 为自然抗水层的渗透系数，m/d；l_d 为确定为自然抗水层的岩层的厚度，m；

在第二次越流过程中，在单宽模型下越流穿过工程抗水层渗入无压隧洞内的渗流量 q_2 计算公式如下：

$$q_2 = 2\pi r\frac{k_c}{l_c}h_3 \tag{2}$$

式中：k_c 为衬砌渗透系数，m/d，当衬砌含有排水孔等排水措施时应该考虑排水措施的综合渗透系数。

根据 Darcy 定律和地下水渗流的连续性，当 $q_1 = q_2$ 时，则联立式（1）和式（2）可得：

$$2\pi(r + l_c + l')\frac{k_d}{l_d}(H_0 - h_3) = 2\pi r\frac{k_c}{l_c}h_3 \tag{3}$$

推导式（3），可得 h_3 的表达式为：

$$h_3 = \frac{(r + l_c + l')\dfrac{k_d}{l_d}}{\left[(r + l_c + l')\dfrac{k_d}{l_d} + r\dfrac{k_c}{l_c}\right]}H_0 \tag{4}$$

设：

$$m = \frac{(r + l_c + l')}{r}\frac{l_c}{k_c}\frac{k_d}{l_d} \tag{5}$$

则 h_3 的表达式可以简化为：

$$h_3 = \frac{m}{m + 1}H_0 \tag{6}$$

式（6）即为采用四层水文地质结构越流模型的衬砌外水压力的解析解。

3.2 不含自然抗水层

当隧洞围岩不含自然抗水层（如穿过断层、中等-强岩溶层、承压水层等或原有岩层未达到自然抗水层的标准）时，为了防止地下水大量涌入隧洞内，需要对隧洞围岩进行灌浆形成灌浆圈，灌浆圈渗透系数根据设计方案处理要求达到弱-微透水，$k_g \leqslant 1.0\times10^{-5}$ cm/s（约为 0.01 m/d），因此灌浆圈构成了人工抗水层。这时在式（5）中可以用灌浆圈厚度 l_g 代替自然抗水层的厚度 l_d，用灌浆圈渗透系数 k_g 代替自然抗水层的渗透系数 k_d。则外水压力计算系数 m 为：

$$m = \frac{(r + l_c + l')}{r}\frac{l_c}{k_c}\frac{k_g}{l_g} \tag{7}$$

式（7）即是采取灌浆工程措施以后衬砌外水压力计算系数。采用本方法可以在研究衬砌外水压力与衬砌渗入隧洞内排水量之间的平衡后，合理选择不同的灌浆圈厚度。

4 解析解新公式确定的外水压力特征

4.1 参数分析

4.1.1 *岩石圈层地质参数*

自然抗水层的厚度 l_d、自然抗水层的渗透系数 k_d 是解析解中岩体的地质参数，需要通过地质钻探、地球物理勘探、水文地质调查以及水文地质试验合理确定这些参数，以此为基础才能合理确定隧洞衬砌外水压力。

在确定自然抗水层厚度时，需要通过自然抗水层的渗透系数及上下层的水力联系情况综合确定。现场水文地质试验可采用常规压水试验、抽水试验、注水试验、新型分层压水试验、示踪试验等。

按渗透系数定义，自然抗水层时可以结合埋深来分析，对于深埋大于 100 m 的隧洞，一般指隧洞顶板以上连续的微透水-极微透水层，其渗透系数满足 $k<1.0\times10^{-5}$ cm/s，或透水率 $q<1$ Lu；对于埋深小于 100 m 的隧洞，当隧洞围岩达不到微透水-极微透水层时，只要渗透系数满足弱透水要求（1.0×10^{-5} cm/s$\leqslant k<1.0\times10^{-4}$ cm/s），比上部含水层渗透系数小 100 倍以上，也可以当作自然抗水层。自然抗水层是隧洞围岩中连续分布的地层，不夹其他含水层。因此，水文地质试验的范围应包括隧洞顶板以上一定厚度的岩层，根据工程经验，建议不少于 100 m 的试验厚度，对于埋深较小的隧洞，当自洞顶往上的水文地质试验得到的渗透系数大于或等于 1.0×10^{-4} cm/s 时，即可终止试验。

4.1.2 *隧洞结构工程参数*

隧洞半径 r 及衬砌厚度 l_c 一般是工程结构上确定的参数，工程含水层厚度 l' 一般与爆破松动或开挖卸荷形成的松动圈有关，可以根据工程经验取值。衬砌渗透系数 k_c 根据结构的抗渗等级要求确定或考虑是否设置排水孔综合确定。

由于本文主要考虑岩层组合构成的水文地质结构对隧洞衬砌外水压力的影响，而隧洞结构本身的工程参数在现有解析解法已经做过大量而全面的分析，因此本文研究分析主要考虑不同岩石圈层地质参数的影响，而工程参数以某工程无压隧洞的典型断面及衬砌设计参数为例，如隧洞内径 $r=4.05$ m，衬砌厚度 $l_c=0.5$ m，衬砌初选的渗透系数为 $k_c=4.3\times10^{-4}$ m/d（5×10^{-9} m/s），工程含水层（围岩松动圈）厚度参考工程经验选为常数 $l'=1$ m。

4.2 计算分析

为了计算分析不同岩石圈层地质参数 l_d 及 k_d 的影响，为自然抗水层选取 7 个代表性厚度（分别为 5 m、10 m、20 m、50 m、100 m、200 m、300 m），再计算每种厚度的自然抗水层从极微透水-极强透水全域渗透性对应的外水压力折减系数，以期发现自然抗水层不同厚度、不同渗透性对外水压力折减系数的影响规律。计算结果如图 2 所示。

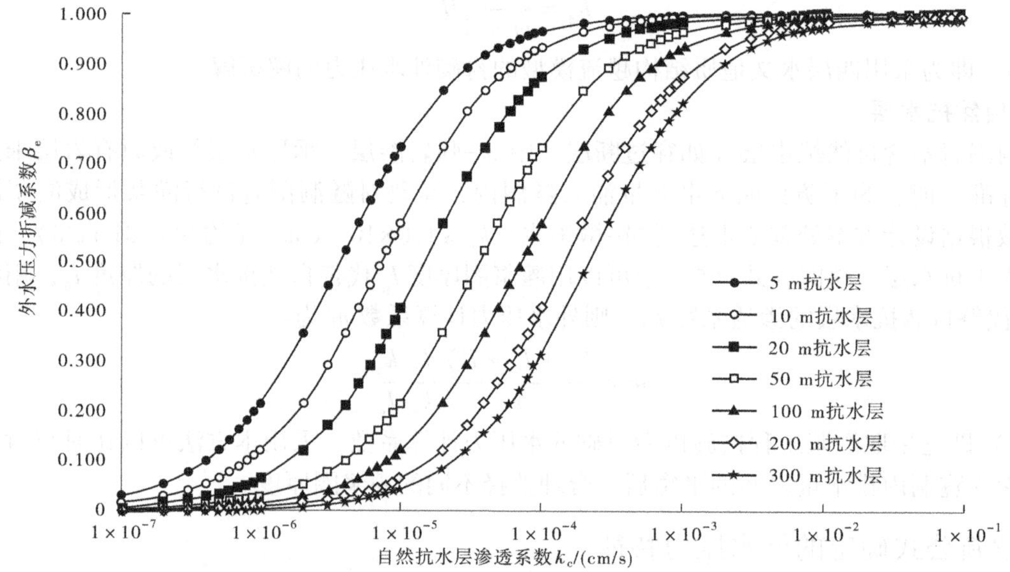

图 2 采用解析解新公式计算外水压力折减系数结果

不同自然抗水层的厚度产生的外水压力折减系数的差异是巨大的，体现在以下几个方面：

（1）当自然抗水层的渗透系数相同，如果厚度变化大，衬砌上的外水压力差异大，如厚度相差 10 倍，换算得到外水压力折减系数相差可超过 0.5，甚至大幅超过《水利水电工程地质勘察规范》（2022 年版）（GB 50487—2008）外水压力折减系数的取值范围，见表 1。为了合理计算外水压力值，要比较准确地确定自然抗水层的厚度。从考虑外水压力安全风险的角度出发，本文提出采用综合水文地质试验确定自然抗水层厚度时要取满足抗水层要求的“最小值”。

表 1 外水压力折减系数 β_e 取值对比

岩土体渗透性等级	渗透系数 k/(cm/s)	透水率 q/Lu	规范（GB 50487—2008）取值	解析解新公式取值
极微透水	$k<10^{-6}$	$q<0.1$	$0\leq\beta_e<0.1$	$0\leq\beta_e<0.2$
微透水	$10^{-6}\leq k<10^{-5}$	$0.1\leq q<1$	$0.1\leq\beta_e<0.2$	$0.01\leq\beta_e<0.73$
弱透水	$10^{-5}\leq k<10^{-4}$	$1\leq q<10$	$0.2\leq\beta_e<0.4$	$0.03\leq\beta_e<0.97$

续表 1

岩土体渗透性等级	渗透系数 k/(cm/s)	透水率 q/Lu	规范（GB 50487—2008）取值	解析解新公式取值
中等透水	$10^{-4} \leq k < 10^{-2}$	$10 \leq q < 100$	$0.4 \leq \beta_e < 0.8$	$0.3 \leq \beta_e < 0.99$ ($k < 1.0 \times 10^{-3}$ cm/s)
				$0.8 \leq \beta_e < 1.0$ ($k \geq 1.0 \times 10^{-3}$ cm/s)
强透水	$10^{-2} \leq k < 1$	$q \geq 100$	$0.8 \leq \beta_e < 1$	$0.97 \leq \beta_e \leq 1.0$

（2）当自然抗水层渗透性处于同一个等级，即使自然抗水层的厚度相同，由于渗透系数的差异也会导致衬砌上的外水压力差异较大。如自然抗水层厚度 50 m 为弱透水，但渗透系数为 1.0×10^{-5} cm/s 与 9.0×10^{-5} cm/s 分别计算后换算得到外水压力折减系数相差达到 0.5，这表明即使确定了自然抗水层的渗透性等级，还要较合理准确地确定其渗透系数值。从考虑外水压力安全风险的角度出发，本文提出采用综合水文地质试验确定自然抗水层渗透系数时要取满足抗水层要求的“最大值”。另外，建议将中等透水岩土体分两个级别：中等透水偏弱（$k < 1.0 \times 10^{-3}$ cm/s）、中等透水偏强（$k > 1.0 \times 10^{-3}$ cm/s）分别取外水压力折减系数。

（3）当围岩为极微透水，隧洞刚开挖后洞壁是干燥的，但是围岩厚度仅 5~10 m 时，根据本方法计算外水压力折减系数为 0.1~0.2，这与《水工隧洞设计规范》（SL 279—2016）干燥洞壁的经验取值也不匹配，这表明由于隧洞开挖后发生越流作用，隧洞洞壁的地下水活动状态不是一成不变的，当极微透水岩层的厚度较小时，在开挖一段时间后隧洞洞壁最终将变成潮湿或有渗水，这种隧洞围岩地下水活动状态的变化可称为因尺寸造成的滞后效应。

为了发现这种滞后效应，在勘察期要合理划定围岩自然抗水层的厚度，在施工期还要注意洞室围岩（裸岩或喷混后）干燥状态随时间变化的程度，以便及时修正外水压力估算值，为衬砌设计提供更合理的依据。

5 对工程措施的建议

5.1 自然抗水层厚度不够大

以某工程的岩溶隧洞为例，其中某段隧洞埋深超过 200 m，地下水位至隧洞中心线的自然水头有 180 m。由于上部岩溶发育，隧洞顶板以上能满足自然抗水层标准的弱岩溶层厚度根据“最小值”取值原则仅有 30 m，利用综合水文地质试验确定的渗透系数根据“最大值”取值原则达到 0.008 m/d。按照 GB 50487—2008，隧洞位于弱岩溶地层属于微透水，外水压力折减系数取值范围 0.1~0.2，估算外水压力为 18~36 m 水头。采用本文新方法计算得到衬砌上的外水压力达到 56 m 水头，说明不考虑自然抗水层厚度的折减系数法可能会低估实际的外水压力值，如果不采取相关工程措施处理，在长期较大外水压力作用下可能对衬砌结构不利，甚至会造成损坏。

由于隧洞围岩渗透性已经达到微透水的标准，采用灌浆圈的方案（超过 30 m）代价大、降低外水压力效果较有限，可以研究提高衬砌渗透性的工程措施。将衬砌渗透系数提高 2 倍、5 倍、10 倍、20 倍，不进行灌浆，再分析衬砌的外水压力及排入单宽隧洞的地下水量变化情况，计算结果见图 3。

从图 3 可看出，当衬砌渗透系数提高 5 倍达到 0.002 1 m/d，隧洞单宽入渗水量从 1.21 m^3/（d · m）增加至 1.60 m^3/（d · m），仅增加了 32%，但外水压力却可以降低至 15 m 水头，为衬砌可承受的正常水头，下降幅度达 73%，效果显著。因此，针对围岩渗透性满足抗水层要求但厚度不够大的情况，降低衬砌上高外水压力的经济且有效措施是适当提高衬砌的渗透性。

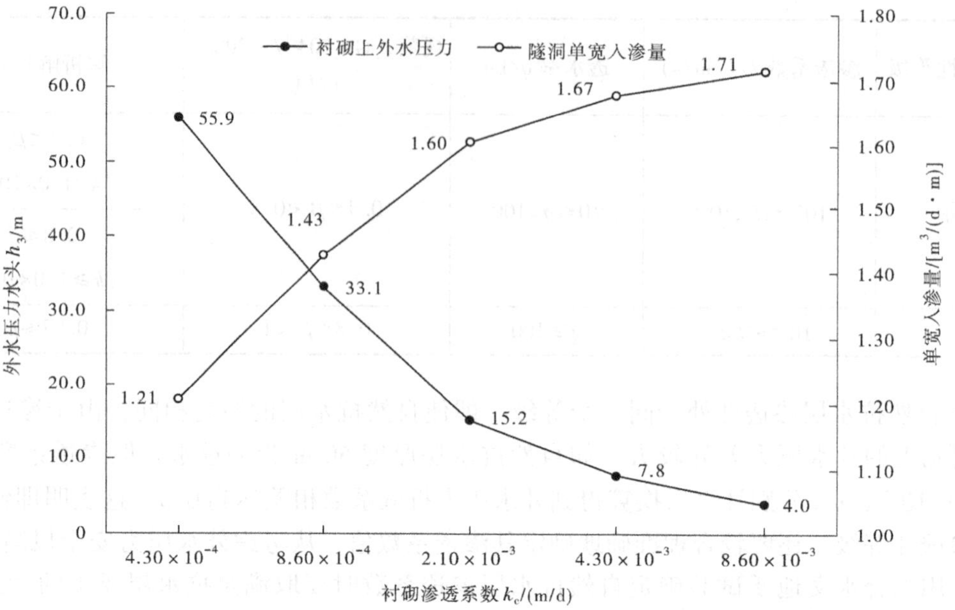

图 3　隧洞外水压力、单宽地下水入渗量随衬砌渗透系数变化

5.2　自然抗水层渗透系数略大

同样以某工程的岩溶隧洞为例，其中某段隧洞埋深超过了 250 m，地下水位至隧洞中心线的自然水头有 235 m。由于上部岩溶发育，隧洞顶板以上属于弱岩溶层，厚度约 90 m，利用综合水文地质试验确定的渗透系数根据“最大值”取值原则达到 0.044 m/d，虽然不满足渗透系数$<1.0\times10^{-5}$ cm/s（微透水）的要求，但是比上部含水层渗透系数小 100 倍以上，也可以当作自然抗水层。采用本文新方法计算得到衬砌上的外水压力达到 103 m 水头，这对衬砌是不可接受的，需要采取工程措施处理。

假定灌浆以后灌浆圈的渗透系数 $k_g=0.005$ m/d，由于隧洞围岩渗透性已经达到弱透水的标准，可以对比仅考虑灌浆圈构成抗水层与灌浆圈+围岩构成复合抗水层时衬砌外水压力的差异，灌浆圈+围岩构成复合抗水层的厚度仍然是原来自然抗水层的厚度 90 m，渗透系数由弱透水的岩石圈层与微透水的灌浆圈层串联组合计算得出，结果如图 4 所示。灌浆圈厚度越小，考虑复合抗水层后外水压力下降幅度越大，5 m 灌浆圈的外水压力下降幅度约 43%，20 m 灌浆圈的外水压力下降幅度约 22%，40 m 灌浆圈的外水压力下降幅度约 10%。

一般灌浆圈厚度不超过 20 m[20]，即使考虑复合抗水层，衬砌上的外水压力也仍超过 50 m 水头，为了衬砌安全，从经济角度如果灌浆圈厚度不超过 20 m，同样可以考虑提高衬砌的渗透性。当衬砌的渗透系数提高 5 倍达到 0.002 1 m/d，15 m 灌浆圈复合抗水层作用下衬砌上的外水压力就降至 15.3 m 水头。因此，针对自然抗水层围岩渗透性不满足微透水要求但厚度较大的情况，降低衬砌上高外水压力的经济且有效措施是对围岩进行灌浆并考虑其余围岩起作用的复合抗水层，同时适当提高衬砌的渗透性。

6　结论

本文研究分析了隧洞实际围岩结构不同含水层之间的水力联系，提出了采用越流模型计算衬砌上外水压力的解析解新公式，并针对不同围岩的主要地质特征（厚度、渗透系数）对衬砌外水压力进行了计算分析，主要研究结论如下：

（1）隧洞衬砌上的外水压力，本质是最靠近衬砌的自然抗水层（相对隔水围岩）低水头侧的压力，存在于衬砌与自然抗水层（相对隔水围岩）之间的松动圈内。地下水从自然含水层（含水岩土体）到衬砌外松动圈再到隧洞内发生了两次越流作用。

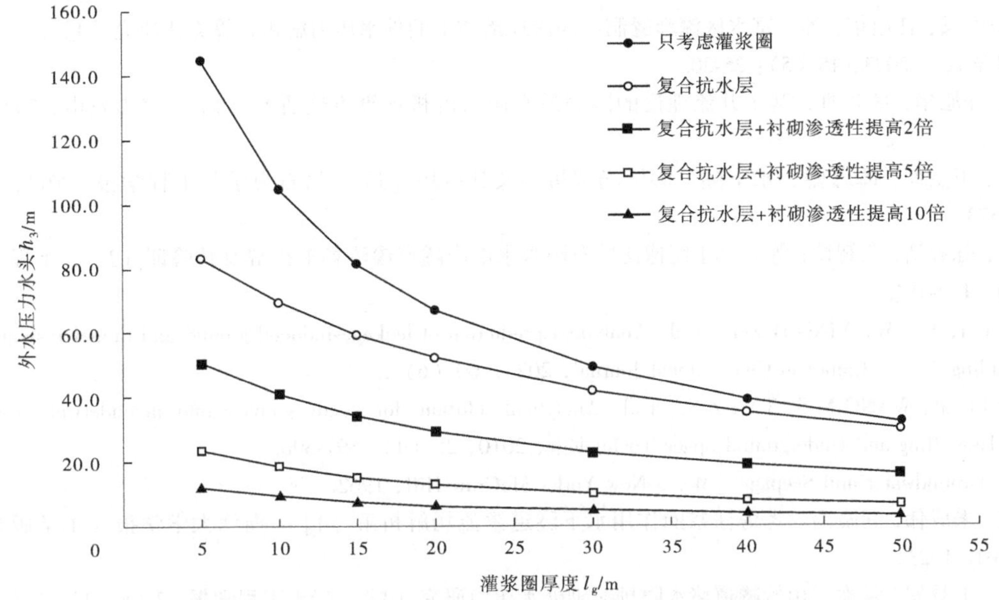

图4　隧洞外水压力随灌浆圈厚度、与围岩组合情况、衬砌渗透系数叠加变化

（2）对隧洞衬砌外水压力起决定作用的地质因素是最靠近衬砌的自然抗水层岩体的渗透系数及厚度，工程因素是衬砌的渗透系数。

（3）最靠近衬砌的自然抗水层渗透系数即使相同，但如果厚度相差10倍，外水压力折减系数相差可超过0.5；即使渗透性等级相同、厚度相同，但如果渗透系数相差9倍，外水压力折减系数相差可超过0.5，说明自然抗水层的厚度、渗透系数取值对衬砌外水压力有重大影响。

（4）要综合运用水文地质试验方法，合理确定最靠近衬砌的自然抗水层的厚度及渗透系数，才能合理确定外水压力折减系数或计算外水压力。从安全角度考虑，自然抗水层在满足标准前提下，厚度按“最小值”、渗透系数按“最大值”取值。

（5）自然抗水层厚度小于10 m时，隧洞开挖后围岩地下水活动状态存在滞后效应，应及时观测。

（6）自然抗水层厚度不够大但超过一般灌浆范围时，适当提高衬砌渗透性是解决过高外水压力经济且有效的措施。

（7）自然抗水层厚度大但不满足微透水仅满足弱透水时，采取灌浆措施后将灌浆圈与岩石圈组合成复合抗水层并适当提高衬砌的渗透性是解决过高外水压力经济且有效的措施。

参考文献

[1] 王建秀，杨立中，何静．深埋隧道衬砌水荷载计算的基本理论［J］．岩石力学与工程学报，2002（9）：1339-1343.

[2] 张有天．隧洞及压力管道设计中的外水压力修正系数［J］．水力发电，1996（12）：30-34.

[3] 宋岳，贾国臣，滕杰．隧洞外水压力折减系数工程地质研究［J］．水利水电工程设计，2007（3）：38-40.

[4] PARK D. Numerical investigation on the effect of water leakage on the ground surface settlement and tunnel stability［J］. Tunnelling and Underground Space Technology，2024，146：105656.

[5] YU C，DENG S C，LI H B，等．The anisotropic seepage analysis of water-sealed underground oil storage caverns［J］. Tunnelling and Underground Space Technology，2013，38：26-37.

[6] 张丙强．半无限平面双孔平行隧道渗流场解析研究［J］．铁道学报，2017，39（1）：125-131.

[7] 潘以恒，罗其奇，周斌，等．半无限平面含注浆圈深埋隧道渗流场解析研究［J］．浙江大学学报（工学版），

2018, 52 (6): 1114-1122.
[8] 王丹, 戚海棠, 任旭华, 等. 富水区深埋隧洞不同渗控措施下的外水压力解析计算方法研究 [J]. 三峡大学学报(自然科学版), 2023, 45 (5): 25-30.
[9] 戚海棠, 任旭华, 张继勋. 基于井流理论的隧洞外水压力解析计算方法研究 [J]. 水力发电, 2023, 49 (4): 29-35.
[10] 杜朝伟, 王梦恕, 谭忠盛. 水下隧道渗流场解析解及其应用 [J]. 岩石力学与工程学报, 2011, 30 (增 2): 3567-3573.
[11] 马少坤, 陈彩洁, 段智博, 等. 基于镜像法的有限含水层内隧道渗流场解析解及其验证 [J]. 工程力学, 2023, 40 (5): 172-181.
[12] ZHU C wei, WU W, YING H wei, et al. Analytical prediction of leakage-induced ground and tunnel response subject to tidal loading [J]. Canadian Geotechnical Journal, 2023, 60 (6).
[13] HUANGFU M, WANG M S, TAN Z S, et al. Analytical solutions for steady seepage into an underwater circular tunnel [J]. Tunnelling and Underground Space Technology, 2010, 25 (4): 391-396.
[14] HARR. Groundwater and Seepage [M]. New York: McGraw-Hill, 1962.
[15] 应宏伟, 朱成伟, 龚晓南. 考虑注浆圈作用水下隧道渗流场解析解 [J]. 浙江大学学报 (工学版), 2016, 50 (6): 1018-1023.
[16] 王秀英, 王梦恕, 张弥. 山岭隧道堵水限排衬砌外水压力研究 [J]. 岩土工程学报, 2005 (1): 125-127.
[17] 刘立鹏, 汪小刚, 贾志欣, 等. 水岩分算隧道衬砌外水压力折减系数取值方法 [J]. 岩土工程学报, 2013, 35 (3): 495-500.
[18] 曹珂, 石林, 谢俊, 等. 一种确定深部地下隧道结构及外围水压力折减系数的方法: 116680879A [P]. 2023-09-01.
[19] 刘冲平, 谭朝爽, 李会中, 等. 多层缓倾岩土体深埋隧洞潜水高外水压力估算方法及系统: 115994494A [P]. 2023-04-21.
[20] 侯新文, 李常锁, 郑婷婷, 等. 基于围岩及灌浆圈非均质性的外水压力计算 [J]. 煤炭学报, 2015, 40 (3): 534-540.

引调水工程调水规模论证要点探讨

张忠广　王晓云

（中水北方勘测设计研究有限责任公司，天津　300222）

摘　要： 作为国家水网工程体系组成，引调水工程起到国家水网主骨架和大动脉的重要作用，未来面临更大建设需求。引调水工程规模论证是确定工程建设规模，进一步影响工程技术经济指标合理性的重要基础性、系统性工作，对工程项目立项决策具有重要意义。本文梳理了引调水工程建设及规模论证面临的形势，初步提出了引调水工程规模论证的总体要求、主要工作内容，初步分析探讨了引调水工程调水规模论证需关注的规划合规性、用水总量、生态环境影响、社会稳定风险、调水影响等几个重点问题，得出了结论和建议，以期为引调水工程规划设计工作提供参考。

关键词： 国家水网；引调水工程；调水规模

1　引调水工程规模论证面临的新形势

1.1　推动国家水网建设，为引调水工程建设提出更多建设需求

2021 年 9 月，《学习时报》刊文“为什么要构建国家水网”，加快构建国家水网，建设现代化高质量水利基础设施网络，统筹解决水资源、水生态、水环境、水灾害问题，是以习近平同志为核心的党中央作出的重大战略部署[1]，事关战略全局、事关长远发展、事关人民福祉、事关民族永续。《国家水网建设规划纲要》（中发〔2022〕26 号）的印发，加快推进了国家一批重大引调水工程、水网骨干工程前期工作[2]。作为国家水网主骨架和大动脉，引调水工程将在国家水网建设中发挥重大作用。在充分考虑其可能带来的环境和社会影响的前提下，建设调水工程对于优化水资源配置、提高水资源保障能力、促进经济社会和生态环境协调发展等方面都具有重要意义，不仅可以有效地解决水资源的空间分布极不均衡的问题，带动受水区相关产业的发展，改善受水区的生态环境，还能增强国家的战略储备能力，在一定程度上缓解极端天气事件的频发对供水的影响，为国家的长远发展提供有力的水资源支撑。因此，引调水工程建设将迎来重大需求。

1.2　支撑受水区可持续发展需要更加经济合理的引调水工程规模

相对于仅在本流域开发的水利工程，跨流域引调水工程往往运行期更长，建成后成为百年工程的可能性更大，可以稳定、长久地支撑受水区经济社会可持续发展以及生态文明建设。同时，引调水工程通常建设周期较长、工程量大、外围边界条件复杂、影响因素较多、投资规模巨大，且随着调水规模的增加，投资进一步增高，代价更大，这就要求引调水工程的调水规模在充分考虑受水区更加长远用水需求的同时，也要充分考虑调水规模的经济合理性。然而，调水规模越大，尽管确保了受水区长远用水需求，但工程投资总额更高，如果不能及时达效，引调水工程效益将无法正常发挥，这样就会造成投资的浪费，且工程运行维护成本较高，工程将难以维持持续运行。我国重大引调水工程普遍存在难以达效的问题。如南水北调东线一期工程自 2013 年 11 月正式通水以来，除 2013—2014 年度抽江水量超过设计水量外，其他各年度实际抽江水量并未达到设计多年平均抽水量。新疆某工程设计水平年 2010 年，工程至今未达到设计供水量，工程近 5 年（2017—2021 年）平均引水量不足设计引水

基金项目： 新疆财政厅《引调水工程受水区水资源优化配置研究》专项课题（65000022C000076987948）。

作者简介： 张忠广（1987—），男，高级工程师，主要从事水利工程规划设计工作。

量的 60%。甘肃某工程因长期达不到设计水量，工程收入有限，建设运行管理需要政府补贴才能满足运行支出要求。

调水规模过小，尽管一次性投入较小，可以节省投资，暂时满足受水区用水要求，但考虑到需水预测的不确定性，很大可能支撑不了受水区长久的发展需求，且导致受水区寻求新的水源难度更大，代价也更高，影响区域水资源高效集约利用。尤其是输水工程中的隧洞等控制性工程，规模一旦确定后，后期再进行扩大规模的可能性很小，往往可能成为制约工程效益发挥的瓶颈，如新疆某大型引水工程，由于受水区作物种植结构的调整，用水高峰期的实际用水规模远大于其控制性隧洞工程的设计规模，导致即使受水区有需求、其余工程有能力输水，但受卡脖子段输水限制，受水区实际需求难以得到满足。同时，尽管一次性投资较小，但相对于更大规模调水量，其单方水投资的经济指标并不一定最优，如甘肃某引调水工程，满足基本需求下的工程单方水投资大于 70 元/m^3，而增加调水量后，增量单方水投资可降低到低于 30 元/m^3，其增量单方水投资远低于本地开发或者节水工程的投资，从整体角度考虑，在调出区水量充足、受水区有需求的前提下，增加调水规模更加经济合理。因此，寻求经济合理的调水规模是十分必要的。

1.3 节水优先及生态环境保护对引调水工程规模论证提出更加严格的要求

习近平总书记提出“节水优先、空间均衡、系统治理、两手发力”治水思路，把节水放在了治水管水的首要位置[3]，引调水工程可能跨流域或者跨行政区域，具有一定的特殊性，其规模论证也要充分考虑“三先三后”的原则。首先要回答的问题是受水区对水资源“确有需要”的问题，而且是在受水区当地水资源充分挖潜、全面落实节水前提下的“确有需要”，因此对于引调水工程的规模论证，应保证更加严格地落实“节水优先”的取用水要求。引调水工程往往可能造成调出区河流水量的减少等水文情势变化，同时长距离的输水工程对沿线生态环境也不可避免地造成一定的影响。因此，在满足河道外用水的基础上，需要考虑维持河床基本形态，保持河道输水能力，保持水体一定的自净能力的生态流量。“生态安全”是引调水工程论证同样需要重点关注的问题，其对调水规模的论证同样起到决定性的作用，随着我国把生态环境保护摆在更加突出的位置，生态环境保护对引调水工程规模提出更加严格的要求。

2 引调水工程调水规模论证的主要思路

在优先保障调出区生态安全以及未来可持续发展的用水需求的前提下，更加突出受水区节水，合理确定受水区用水需求，充分挖潜受水区可供水量，在调入调出区水资源优化配置的基础上，结合工程总体布局与调水规模经济技术比选，进行水资源开发利用和调度，确定合理的调水规模。

2.1 全面分析论证受水区水资源开发利用现状和存在问题

受水区水资源开发利用存在的问题以及问题导致的受水区在城乡生活供水、农田灌溉等经济社会发展以及生态保护的制约是引调水工程建设必要性论证的核心，是引调水工程“确有需要”论证的重点工作。水资源开发利用现状评价包括水资源量和水资源可利用量评价、现状供用水量分析、现状用水水平分析等内容，并重点开展现状节水水平评价与节水潜力分析，对比受水区与国内外先进地区和相似地区的供用水水平和效率，结合当地水资源禀赋条件、最严格水资源管理制度和相关规划中的节水指标要求等，按照受水区规划水平年需达到的节水目标与节水指标，分析测算受水区的现状节水潜力，同时结合当地用水习惯，在此基础上分析受水区水资源开发利用潜力及进一步开发利用当地水资源的可行性和经济合理性。应分析水资源短缺对人民群众生活的影响、对经济社会发展的制约以及对生态环境状况的影响。

2.2 节水优先，合理确定受水区未来发展需求

长距离引调水工程一般建设期较长，导致设计水平年时间段更长，往往由于各方对受水区经济社会发展认识角度不同，需水预测成果易存在争议[4]。考虑到需水预测的不确定性，需水预测宜分近期水平年与远期水平年分别进行分析，不同水平年选择应与区域国民经济发展规划相协调。需水预测

应充分考虑国家主体功能区规划对本地区的定位和要求，严格落实国家产业政策要求，合理预测受水区未来经济社会发展规模。应参照国内或者同类型地区先进指标值，以更加严格的节水要求，拟定受水区各行业用水定额指标；对于城乡生活用水定额，应考虑受水区水资源短缺导致的用水保障不足的客观实际，在现状基础上，适当予以提高，拟定合适的、满足人民群众美好生活向往的用水定额要求。应在需水预测阶段即考虑与节水评价工作的衔接，落实需水预测成果的节水符合性要求。需水预测时，应考虑与现状供水工程体系、未来供水格局的衔接，合理划定计算分区，提出各计算分区不同行业的需水预测成果。

2.3 充分挖潜当地供水潜力

梳理受水区已建、在建以及规划供水工程情况，将供水工程划分至相应的计算分区，结合计算分区需水预测成果，开展工程可供水量计算。已建工程应根据其原设计工况、现状实际运行情况，按照生态环境保护新要求，合理确定不同断面的生态流量下泄原则，复核不同水平年各供水工程的可供水量；在建工程应根据设计水平年拟定情况，合理确定供水发挥效益的水平年；规划工程应梳理其前期工作进展情况，对于前期工作进展可能受制约的供水工程，应通过综合研判，分析其是否可以发挥效益，以确定是否纳入当地工程可供水量。调水工程受水区供水潜力应充分挖潜其再生水、疏干水等非常规水源利用水平。应以各计算分区需水预测成果、可供水量预测成果为基础，计算调水工程建设前各计算分区不同行业的长系列缺水量及缺水过程，必要时应结合受水区工程布局方案调整进行多次试算。同时，应充分考虑气候变化、经济社会发展对下垫面的改变等对工程径流的影响，进一步合理确定受水区供水能力。考虑到受水区与调出区一般存在丰枯不同步的现象，应在满足受水区用水需求前提下，发挥受水区调蓄工程调蓄能力，开展受水区与引调水工程的联合调度，进一步挖掘受水区供水潜力[5]。

2.4 制定合理的配置方案

明确受水区水资源配置原则，从用水次序以及供水次序等方面统筹好外调水与当地水的关系，实现受水区对供水保证率的要求。按照受水区不同用水户缺水轻重缓急程度，拟定可能的需调水量方案；与不同调水工程规模下的可调水量方案进行组合，分析调水工程不同规模下的投资、效益、费用等技术经济指标，论证调水工程的经济可调水量。受水区当地工程与调水工程联合调度在满足受水区用水需求的前提下可有效优化调水过程、降低调水规模，科学合理地对水资源进行利用。

2.5 合理拟定调水工程总体布局及建设规模

应遵循资源配置高效、生态环境协调、工程技术可靠、技术经济合理的原则，考虑区域水资源开发利用特点及用水户需求，结合工程建设条件，考虑满足水资源配置的前提，对水源工程、取水口、输水工程主要控制节点、调蓄工程、配套工程、影响处理工程等进行统筹布局。对于长距离输水工程，应重点就调蓄工程布局、输水工程布局拟定多个组合方案，从工程布置、环境影响、建设征地及移民安置、施工布置、工程投资及运行管理等多方面，进行同等深度的技术经济比较，最终提出经济合理的总体布局方案。结合工程特点提出不同的工程建设规模。除常规水库工程规模、输水工程设计流量、提水泵站规模等指标外，考虑需水预测的不确定性、工程检修需要等，还应重点分析论证输水工程分水口门及其他主要分水点的工程规模。

3 需要重点关注的几个问题

3.1 满足水量分配方案等的规划符合性

为进一步夯实落实水资源刚性约束的基础，截止到2023年2月，全国已累计批复80条跨省江河流域水量分配方案，水利部指导督促各省份累计批复351条跨地市江河流域水量分配方案[6]。水量分配方案通常是在考虑规划跨流域引调水工程外调水量的基础上，对本流域内的各省、地市等用水水量再分配。因此，引调水工程是否符合水量分配方案中外调水引水规模要求是引调水工程规模论证的重要前提和依据。水量分配方案中外调水的规模往往来自于流域综合规划或者水资源综合规划，因此相关规划的规划符合性等常规论证要点同样需要重点关注[7]。

3.2 满足用水总量控制指标要求

相对于满足水量分配方案这一更偏重调出区的有关要求外，用水总量控制更多是对受水区的硬性用水指标要求。满足用水总量控制指标要求是同时满足项目立项以及取水许可行政审批的必要前置条件，考虑到外调水规模较大，覆盖范围较广，因此在调水规模论证的需水预测、供需分析和水资源配置的过程中，应重点关注用水总量满足情况。自最严格水资源管理制度实施以来，我国基本构建了覆盖省、市、县三级行政区的用水总量和强度控制指标体系。因此，在对用水总量满足情况进行分析时，为便于项目立项以及取水许可审批，应以当地政府下发的最基层的控制指标体系为最小分析单元。

3.3 尽量降低生态环境影响

科学合理的调水规模必须是在保证调出区流域生态安全的前提下拟定的[7]，即调水规模应充分具备环境合理性，应为统筹考虑水源区生态环境代价和受水区经济社会效益下的合理规模。环境合理的调水规模具体体现在以下几个方面，一是工程的调水规模和调水拦蓄过程应优先保障调出区生态环境用水目标要求，包括满足基本的生态流量（水量）要求以及重要生态保护对象的特殊生态用水（水量及过程）要求，以此作为调出区可调水量的底线[8]；二是工程总体布局应充分考虑对沿线自然保护区等各类生态环境敏感区、生态保护红线以及区域生态功能和结构的影响，必须做到对有关重要生态敏感区、生态保护对象的避让；同时，引调水工程还应必然满足“先治污、再调水”的要求，用水量的增加必然增加受水区的污染物总量，因此调水规模论证还应在充分考虑水污染防治相关措施的基础上，尽量做到增水不增污。

3.4 充分考虑社会稳定风险

长距离调水工程面临多种风险，其中社会稳定风险是前期论证需重点关注的问题[9]。社会稳定风险等级评价结论直接决定了工程能否立项，主要体现在建设征地和移民安置可能带来的社会风险。调水规模的大小是决定相应工程建设规模的重要前提，如调水规模越大，具备首部调蓄水库工程的引调水工程的调蓄水库建设规模也越大，水库淹没范围造成建设征地和移民安置的数量也更多，带来的社会风险也更大。因此，在调水规模确定时，要充分考虑调水规模大小带来的社会稳定风险，特别是库区移民涉及少数民族等，应充分尊重其文化习俗等特殊诉求。

3.5 其他有关影响

引调水工程的实施必然造成调水区水量减少，势必还会对调水断面下游河段的水情造成一定影响，水量的减少除对调出区河道生态环境产生影响外，还会对下游供水、灌溉等用水设施取水，下游梯级电站发电造成一定影响，且随着调水规模的增加，影响将进一步加大[10]。由于涉及发电损失等切身经济利益影响，引调水工程取水口下游相关电站的管理单位对调水的态度相当敏感，而在工程立项和取水许可审批、环境公参等多个方面，都需要下游影响第三方同意工程建设的意见，如相关利益方明确提出反对意见，则会造成工程论证的反复。因此，调水规模大小的相关影响也应在调水规模论证早期予以重点关注。调出区可调水量受天然径流量、上下游用水影响较大，调水规模也应重点考虑调出区河流径流变化对工程可调水量的影响。

4 结论与建议

推进国家水网建设、节水优先以及生态环境保护新要求使得引调水工程建设面临新形势和新需求，确定经济合理的调水规模对于支撑受水区长远可持续发展、节省工程投资、降低生态环境影响，同时对确保工程建成后可以良性可持续运行均具有重要的意义，应予以重点关注和分析论证。

参考文献

[1] 习近平．决胜全面建成小康社会 夺取新时代中国特色社会主义伟大胜利：在中国共产党第十九次全国代表大会

上的报告［M］. 北京：人民出版社，2017.
［2］李国英．今年夏汛情势如何？国家水网怎样建?：水利部部长李国英谈水利热点话题［N］．新华社，2022-3-8.
［3］鄂竟平．新时代水利改革发展的总基调［N］．新华网，2019-01-21.
［4］沈凤生，林德才，唐景云．引江补汉工程重大技术问题的考虑［J］．中国水利，2022（18）：12-14.
［5］朱兴华．引汉济渭工程水源联合调度应用研究［J］．水利规划与设计，2012（6）：13-16.
［6］付丽丽．我国已累计批复80条跨省江河水量分配方案［N］．科技日报，2023-2-22.
［7］唐景云，杨晴．浅谈调水工程对实现区域水资源优化配置的必要性［J］．中国水利，2015（16）：13-15.
［8］陆海明，邹鹰，丰华丽．国内外典型引调水工程生态环境影响分析及启示［J］．水利规划与设计，2018（12）：88-92，166.
［9］汤洪洁．长距离调水工程风险评估工作思考［J］．水利规划与设计，2020（5）：86-91.
［10］陈传友，陈根富．江河连通：构建我国水资源调配新格局［M］．北京：中国水利水电出版社，2016.

南水北调高地下水位渠段衬砌板隆起水下修复

杨俊杰　彭昌保

（黄河建工集团有限公司，河南郑州　450002）

摘　要：丹江口水库水质连续25年稳定在国家Ⅱ类以上标准，水质优良。2014年12月12日14时32分南水北调中线渠道开始从丹江口取水，为沿线北京等4个省（市）的20多座大中城市提供生活用水和生产用水。在通水运营期间，渠道常水位下发现多处混凝土衬砌面板损坏、地板塌陷坑洞等缺陷导致涌水现象时有发生，给渠道正常运行造成不可忽视的安全隐患。渠道断面平均流速1 m/s左右，在保证渠道正常通水运营的情况下，同时在确保水体不被污染的条件下，对过水断面以下的混凝土缺陷快速修复提出了挑战。

关键词：南水北调；混凝土衬砌板；水下修复

1　研究背景

丹江口水库水质连续25年稳定在国家Ⅱ类以上标准，水质优良。2014年12月12日14时32分南水北调中线渠道开始从丹江口取水，为沿线北京等4个省（市）的20多座大中城市提供生活用水和生产用水。在通水运营期间，渠道常水位下发现多处混凝土衬砌面板损坏、地板塌陷坑洞等缺陷导致涌水现象时有发生，给渠道正常运行造成不可忽视的安全隐患。虽经采取填堵围堰、土工膜覆盖、碎石袋盖压、碎石包袋抛投、定向填充石料等各种应急抢险措施，暂时延缓了混凝土缺陷的进一步恶化，但是仍然不能彻底消除威胁渠道安全运行的潜在隐患，且这些临时措施给优质的水源造成了一定程度的污染，对下游城市生活饮水安全提出挑战。

南水北调总干渠渠道断面平均流速大约1 m/s，在保证渠道正常通水运营的情况下，同时在确保水体不被污染的条件下，主要依靠潜水员在水下工作来完成水下混凝土的修复。高流速水下施工是一个技术难题。

2　主要技术原理

在保证南水北调总干渠正常通水条件下，在高流速水中，依靠水下不分散混凝土对渠道底板、边坡破坏部分进行修复，恢复渠道过水断面，保障渠道运行安全。

3　主要施工过程

施工前摸排录像→定位→浮台制作→起吊设备安装→潜水设备调试→设置挡水坝→打捞吨袋→打捞碎石→拆除面板→拆除保温板及土工布→泥石清理→支撑骨架制作及安装→模板加工及安装加固→导管安装及固定→泵车安装及固定→灌注混凝土→水下拆除模板→验收录像。

作者简介：杨俊杰（1976—），男，高级工程师，主要从事水利工程检测等研究工作。

通信作者：彭昌保（1981—），男，高级工程师，主要从事水利工程造价合同管理等研究工作。

4 主要施工工艺及技术措施

4.1 潜水设备调试

潜水设备安装固定完成后，通电通气调试确定设备正常运转。潜水装备由潜水员依次试戴，经现场潜水负责人检查确定无误后方可下水作业。

4.2 水下摄像及检查

（1）在各工作段施工前，由潜水员使用水下摄像机进行水下检查并留存影像资料，由各参建方共同确定破坏范围。

（2）施工过程中，在每项工序完成前后均应进行水下检查，并留存影像资料；当发现存在问题时应及时进行处理。

（3）水下施工完成后及时进行水下检查工作，对缺陷部位（见图1）及时进行处理，并留取影像资料。

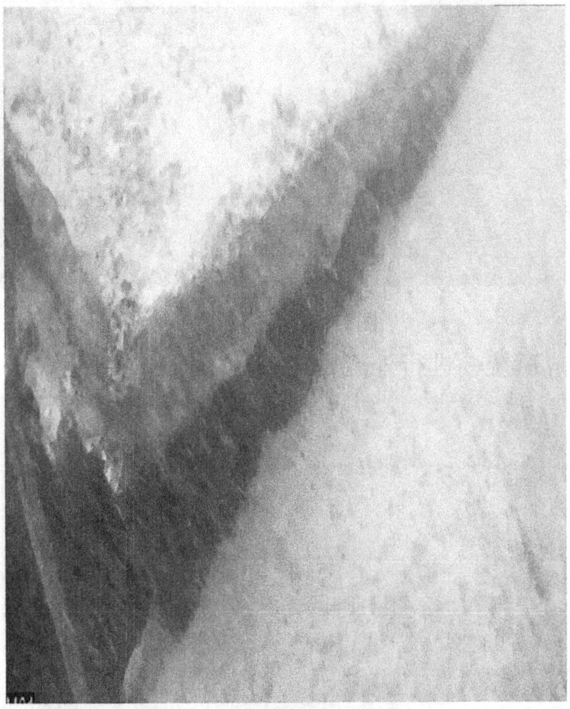

图1 水下观察破损的衬砌板

4.3 碎石袋清理

一般情况下，破坏衬砌板有压重碎石，应首先清理。潜水员在水下将碎石袋装在事先焊好的吊笼内，通过水下对讲机通知岸上调度，通过汽车吊吊出水面或者卷扬机配合带有橡胶轮的吊笼拉出水面，人工把吊笼内的碎石袋转运到农用三轮车内，通过农用三轮车运输到业主指定的临时堆放处，施工完成后统一进行外运处理，碎石袋打捞见图2。

4.4 混凝土衬砌拆除、清理

潜水员在水下采用液压金钢链石锯、液压镐、风镐等工具自上而下分层分段依次将衬砌面板混凝土切割成小块（见图3）。在接合部位拆除（需要拆除和需要保护的接合部）时，按照要求与完好衬砌板接合部应留存宽度不小于20 cm的土工膜，拆除时可先用液压锯切割距离原衬砌板50 cm处，把衬砌板完全切割到底，预留出50 cm的保护段，该50 cm保护段先不拆除，在大范围衬砌面板都基本拆除后再对该50 cm保护段进行拆除，拆除采用小型工具进行。潜水员将破碎的衬砌板和废弃土工膜装入安装了钢丝网的吊笼内，通过汽车吊吊出水面或者卷扬机配合带有橡胶轮的吊笼拉出水面（见图4），人工把吊笼内的破碎衬砌板和废弃土工膜转运到农用三轮车内，通过农用三轮车运输到业主

图 2　碎石袋打捞

指定的临时堆放处，施工完成后统一进行外运处理。

图 3　水下拆除破损的衬砌板

4.5　沉积淤泥清理

沉积淤泥清理包括衬砌结构拆除后底部淤泥、基面局部凸起位置与浸泡或扰动产生的淤泥。潜水员潜入水下至需要清理的区域，利用高压水枪形成的压力水柱对需要清理的淤泥进行清理。形成泥浆

图 4　打捞衬砌板碎块

后，由架设在浮船上的泥浆泵及时抽出水面，通过泥浆管排到装有彩条布的农用三轮车上，以防污染水质。局部坚硬位置采用风镐配合高压水枪进行清理。抽出泥浆见图 5。

图 5　抽出泥浆

4.6　混凝土工程

钢模板的作用为固定水下不分散混凝土的浇筑，需由钢架支撑。钢架采用 16 工字钢，根据施工现场实际尺寸将工字钢焊接成型，钢架内间距 1.5 m 设置一道工字钢支撑，钢架高度与混凝土厚度持平为 15 cm（钢架内间距根据实际情况进行调整）。固定钢架采用 50 cm 长 ϕ 25 螺纹钢筋（钢筋长度根据现场情况调整），打入基面土层内，使用水下焊接工艺将 ϕ 25 螺纹钢筋与钢架焊接固定，钢架与上下游完好衬砌板间距 1 m。钢架上部焊接 ϕ 12 对拉丝，间隔 40 cm，高 10 cm，模板吊装到位后，由潜水员在水下将模板依次横纵交叉安装在对拉丝上，调整到位，拧上丝帽，利用扳手将其拧紧。靠近完好衬砌板部位的模板，防止模板下滑，使用膨胀螺栓将最边缘模板固定至完好衬砌板上，为防止浇筑时模板涨模，采用碎石袋自重压重，通过潜水员和操作平台联系，将四周预留的碎石袋吊装到模板上即可。

4.6.1 模板设计与制作

模板采用定型钢模板，单块尺寸为 1.5 m×1.2 m。模板加工见图 6。

图 6 模板加工

4.6.2 模板框架制安

（1）模板框架结构使用工字钢在陆上进行制安，工字钢厚度根据实际破拆混凝土结构尺寸进行确定，不能小于 15 cm。模板支撑骨架制作与渠坡模块加工分别见图 7、图 8。

图 7 模板支撑骨架制作

图 8　渠坡模板加工

（2）固定模板框架采用钻孔机将 50 cm 长螺纹钢筋（钢筋长度根据现场情况调整）打入基面土层内，潜水员在水下将螺纹钢筋与框架进行焊接固定，框架与上下游完好衬砌板间距 1 m。

（3）钢架上部焊 ϕ 12 对拉丝，间隔 40 cm，高 10 cm，模板安装到位后，由潜水员在水下将模板依次横纵交叉安装在对拉丝上，调整到位，拧上丝帽，利用扳手将其拧紧。

（4）靠近完好衬砌板部位的模板，为防止模板整体下滑，使用膨胀螺栓将最边缘模板固定至完好衬砌板上。

（5）为防止浇筑时模板涨模，应采用碎石袋压重，通过潜水员和操作平台调度联系，将四周预留的碎石袋吊装到模板上即可。

4.6.3　模板安装

（1）待框架结构安装固定完成后，使用汽车吊将在陆上拼装好的模板吊运至待安装区域，由潜水员在水下安装在框架结构上，拼装完成后使用螺栓与框架进行固定。模板支撑骨架安装与渠坡横板安装分别见图 9、图 10。

（2）水下模板的安装应稳固牢靠，接缝严密，不得漏浆。

4.6.4　水下不分散混凝土浇筑

4.6.4.1　配合比

根据合同文件要求，水下不分散混凝土强度等级为 C35，抗渗等级 W6，抗冻等级 F150。按《水工混凝土试验规程》（SL/T 352—2020）、《水下不分散混凝土试验规程》（DL/T 5117—2021）[1] 等相关规范，进行 C35W6F150 水下不分散混凝土配合比试验。

4.6.4.2　混凝土原材控制

（1）水泥：采用普通硅酸盐水泥，强度等级不低于 P · O42.5，指标应符合《通用硅酸盐水泥》（GB 175—2023）的规定。

（2）水：采用饮用水。拌和用水所含物质不应影响混凝土和易性和混凝土强度的增长，以及引起钢筋和混凝土的腐蚀。

（3）外加剂：

①用于混凝土中的外加剂质量应符合《水工混凝土外加剂技术规程》（DL/T 5100—2014）的有

图 9　模板支撑骨架安装

图 10　渠坡模板安装加固

关规定。

②用于水下不分散混凝土的抗分散剂质量应符合《水下不分散混凝土试验规程》（DL/T 5117—2021）和《水工混凝土外加剂技术规程》（DL/T 5100—2014）的有关规定。

③根据混凝土的性能要求，结合混凝土配合比的选择，通过试验确定外加剂的掺量。

④外加剂应符合《混凝土用水标准》（JGJ 63—2006）的要求，不得对水体造成污染。

混凝土浇筑见图 11。

4.6.4.3　浇筑方法

使用吊罐或袋装混凝土进行水下衬砌板浇筑。采用袋装混凝土进行浇筑时，将拌制完成的混凝土人工装入防水编织袋内，并采用扎丝扎紧袋口。由潜水员将袋装混凝土运送到水下施工区域，打开袋口将水下分散混凝土倒入模板内，交替进行直至混凝土浇筑完成。

图 11　混凝土浇筑

采用吊罐法进行浇筑时，将容器轻轻放入水下，待混凝土排出后，容器应缓缓地提高。开底容器在不妨碍施工的范围内，宜尽量采用大容量。底的形状，以水下不分散混凝土能顺利流出为佳。且吊罐的结构不得使水下不分散混凝土在进料或排料时发生离析，排料口的开关应灵活，混凝土应易于从吊罐内排出，在关闭时混凝土及砂浆不得漏出。本方法对混凝土产生的振动小，混凝土能向垂直、水平等各个方向运输。

4.6.4.4　注意事项[2]

（1）新拌混凝土应具有水中不分散性能，浇筑过程中骨料应不离析，具有良好的自密实性和填充性。

（2）拌和宜采用强制式搅拌设备；当搅拌机内的水下不分散混凝土未全部排出时不得投入下批材料。

（3）采用施工现场附近的拌和站生产的商品混凝土进行现场施工。

（4）在浇筑过程中，当有显著离析时，应重新搅拌，使混凝土的质量均匀。

（5）混凝土浇筑时，应保证浇筑的连续性。

（6）每次浇筑前，检查仓面是否有淤泥和沉淀物，由潜水员对基面进行清理，避免淤泥和杂物沉积在仓内，清理方式与沉积淤泥清理方式相同。

（7）一次浇筑的高度需根据现场实际浇筑效果与浇筑方法确定，在保证浇筑质量与安全的前提下，可适当增加一次浇筑高度。

（8）禁止采用泵送入料方式，禁止振捣。

（9）浇筑过程中严格控制混凝土上升速度，每层模板支设铅直高度不大于 60 cm，浇筑完成后，进行后续仓位的模板支设。

（10）浇筑应充填到各个角落，浇筑完的水下混凝土应平整。

（11）第二层模板支设完成后，应间隔 24 h 再开始第二次浇筑。

（12）新拌水下不分散混凝土的坍扩度值及抗分散性应满足《水下不分散混凝土试验规程》（DL/T 5117—2021）的相关规定。

（13）新老混凝土板的接合面须在浇筑前清理干净。

（14）混凝土浇筑速度不宜太快，浇筑过程中由潜水员在水下随时观察混凝土入仓情况，查看是否有漏浆或跑模的情况，直至浇筑完成。

（15）新浇筑衬砌板间及新老衬砌板间横向缝填 2 cm 厚聚乙烯闭孔泡沫板一层。

4.6.4.5　模板拆除

根据混凝土的终凝情况，使用汽车吊配合潜水员进行水下模板拆除；拆除的模板及其支架结构在陆上进行清理并整齐分类码放。拆模见图 12。模板拆除的混凝土面见图 13。

图 12　拆模

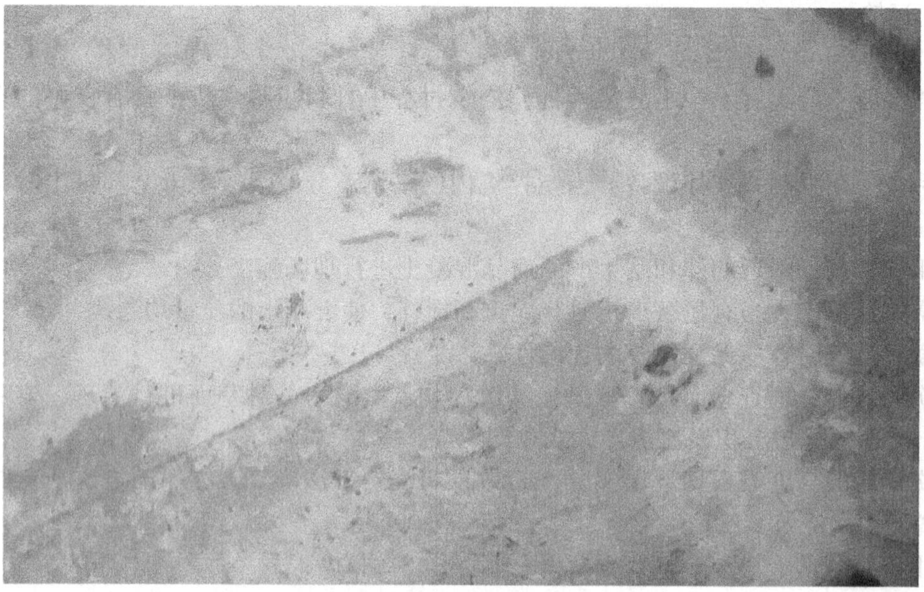

图 13　模板拆除的混凝土面

4.6.4.6　水下摄像及外观检查

水下不分散混凝土恢复完成后进行水下检查验收。

5 成果的先进性与创新性

在保证南水北调总干渠正常通水条件下即高流速环境下完成水下渠道混凝土面板破坏部分修复，恢复了渠道过水断面，保障了渠道运行安全。

6 完成及应用情况

完成情况：方城管理处（南水北调方城管理处桩号 154+507 右岸，桩号 155+230 左岸，桩号 157+784～157+804 左岸，桩号 158+630～158+650 左岸，桩号 162+346 左岸，桩号 173+136～173+160 左岸，桩号 173+850 左岸）7 组渠道衬砌板完成了修复处理。

应用情况：该项目实施以来，2019 年南水北调渠段已完成修复的混凝土面板尚未发现任何缺陷。

7 取得效益情况

南水北调高地下水位渠段通过衬砌板修复处理后，2019 年未发生衬砌板隆起事件，有效破解了衬砌面板因水位差造成衬砌板隆起失稳的实际难题，保证了工程安全平稳运行。对解决南水北调中线工程高地下水位渠段因高地下水位和衬砌板土工膜下高水头差造成衬砌面板隆起失稳具有较强的实用性和可借鉴性。

8 结语

习近平总书记指出，南水北调工程事关战略全局、事关长远发展、事关人民福祉。南水北调工程谱写了中华民族水利史上一部壮丽史诗，南水北调高地下水位渠段衬砌板隆起水下修复技术工艺保障了渠道运行安全，水源未受到二次污染，确保了河湖生态环境，保障了群众饮水安全。同时，开展高地下水位渠段衬砌板隆起水下修复工作不仅是南水北调工程不断创新开拓的历程，更是不断积累丰富经验的历程。南水北调工程创造了无数奇迹，积累了许多宝贵经验，书写了当代中国治水史的灿烂一页。

参考文献

[1] 中国石油天然气集团有限公司，国家能源局．水下不分散混凝土试验规程：DL/T 5117—2021［S］．北京：中国电力出版社，2021.

[2] 中华人民共和国水利部．水工混凝土施工规范：SL 677—2014［S］．北京：中国水利水电出版社，2014.

调水工程水源水库群可调水量优化模型研究与应用

赵亚威[1,2]　李　慧[1]　李克飞[1,2]

（1. 黄河勘测规划设计研究院有限公司，河南郑州　450003；
2. 水利部黄河流域水治理与水安全重点实验室（筹），河南郑州　450003）

摘　要：可调水量是决定调水工程规模的重要因素之一。针对以水库群为水源的调水工程可调水量分析计算困难的问题，考虑调水断面天然来水、调出区河道外经济社会用水和河道内生态环境用水需求，以水库群总可调水量最大为目标，构建了调水工程水源水库群可调水量优化模型。我国西南某大型调水工程实例分析结果表明：优化模型计算所得水源水库群总可调水量为91.1亿 m^3，较传统方法计算所得增加11.1亿 m^3，增幅明显，验证了模型的有效性；各典型年总可调水量满足丰水年>平水年>枯水年的大小关系，验证了模型的合理性。

关键词：调水工程；可调水量；水库群可调水量；生态基流；水库优化调度

1　引言

调水工程是为了满足供水、灌溉、生态需水要求而兴建的跨水系、跨区域水资源配置工程[1]。我国是世界上开展调水工程建设最早的国家之一，许多耳熟能详的著名调水工程建设于公元前，有的至今仍在发挥着重要作用，例如都江堰、京杭大运河等[2]。新中国成立后，依靠广大劳动人民的勤劳和智慧，我国新建了不少闻名中外的大型调水工程，例如南水北调东中线、引黄入冀补淀、引汉济渭、引江济淮等工程，为构建国家水网、优化全国水资源配置格局奠定了基础[3]。

调水工程水源的可调水量是决定工程规模的重要因素之一。可调水量是满足调出区合理的生活、生产和生态与环境用水后可能外调的水量，与调出区天然来水量、来水过程、河道内外用水量、用水过程以及调水保证率等因素关系密切[4]，因此可调水量的确定往往是调水工程规模论证的重中之重。

纵观调水工程成功案例，其水源工程按照调节能力主要可以分为两类：第一类是水源工程不具备调节能力。这类工程往往直接在调出区河流岸边设置取水口取水，适用于调水断面来水量远大于调水规模的情况，否则无法满足调水保证率的要求，例如引黄入冀补淀等。第二类是水源工程具备调节能力。这类工程往往在调水区河流新建水库工程或利用已建水库工程进行调水，通过水库的蓄丰补枯能力满足调水保证率要求，例如南水北调中线、引汉济渭等工程。对于第一类工程，可调水量的论证通常较为简单。而对于第二类工程，由于涉及调出区水库径流调节计算，可调水量的分析计算通常较为复杂，并且随着调水工程技术的不断成熟，近年来一些新建或规划的调水工程设计从多个水库同时调水，需要考虑水库群的联合调度问题，使得调水工程可调水量分析计算工作变得更加复杂。

针对以水库群为水源的调水工程可调水量计算困难的问题，基于最优化理论，以水库群总调水量最大为目标函数构建调水工程水源水库群可调水量优化模型，计算分析水源水库群最大调水潜力，为调水工程规模论证提供技术支撑。

基金项目：国家重点研发计划项目（2022YFC3202300）；黄河勘测规划设计研究院有限公司自立科研项目（2023KY008）。

作者简介：赵亚威（1992—），男，工程师，主要从事水资源系统规划与管理方面的工作。

2 调水工程水源水库群可调水量优化模型

2.1 目标函数

考虑调水工程调出区天然来水过程，以调节计算期内水源水库群总调水量最大为目标函数。

$$\max \sum_{i=1}^{I} \sum_{t=1}^{T} S_{i,t} \tag{1}$$

式中：i、I 分别为水源水库序号、总数；t、T 分别为调节计算期内时段序号、总数；$S_{i,t}$ 为 i 水库 t 时段调水量，亿 m^3。

2.2 约束条件

（1）水库水位约束：

$$L_{\min,i,t} \leqslant L_{i,t} \leqslant L_{\max,i,t} \tag{2}$$

式中：$L_{i,t}$、$L_{\min,i,t}$、$L_{\max,i,t}$ 分别为 i 水库 t 时段运行水位、最低水位、最高水位，m。其中，最低水位一般取死水位，最高水位在汛期一般取汛限水位，在非汛期一般取正常蓄水位。

（2）水库出库流量约束：

$$Q_{\min,i,t} \leqslant Q_{i,t} \leqslant Q_{\max,i,t} \tag{3}$$

式中：$Q_{i,t}$、$Q_{\min,i,t}$、$Q_{\max,i,t}$ 分别为 i 水库 t 时段出库流量、最小出库流量、最大出库流量，m^3/s。其中，最小出库流量包括下游河道内生态基流和河道外经济社会用水需求流量，最大出库流量根据水库最大泄流能力确定。

（3）水库水量平衡约束：

$$V_{i,t-1} + W_{\text{in},i,t} = V_{i,t} + W_{\text{out},i,t} + W_{\text{lost},i,t} + D_{i,t} \tag{4}$$

式中：$V_{i,t-1}$、$V_{i,t}$ 分别为 i 水库 t 时段初、末蓄水量，亿 m^3；$W_{\text{in},i,t}$、$W_{\text{out},i,t}$、$W_{\text{lost},i,t}$ 分别为 i 水库 t 时段入库水量、出库水量和蒸发渗漏损失水量，亿 m^3。

（4）时段内调水量上限约束：

$$\sum_{t=1}^{I} D_{i,t} \leqslant R_t \tag{5}$$

式中：R_t 为调入区 t 时段的总需水量，亿 m^3。

（5）调水保证率约束：

$$\sum_{t=1}^{T} \frac{U_t}{T} + 1 \geqslant P \tag{6}$$

$$U_t = \begin{cases} 0 & \sum_{t=1}^{T} D_{i,t} < R_t \\ 1 & \sum_{t=1}^{T} D_{i,t} = R_t \end{cases} \tag{7}$$

式中：P 为调水保证率（%）；U_t 为 t 时段调水量是否满足调入区需水量的判断变量，为 0-1 变量，0 表示不满足，1 表示满足。

3 实例分析

以我国西南某大型调水工程为例进行实例分析。该调水工程调出区为河流 A，调入区为河流 B，规划在河流 A 支流上选择 7 个调水断面，新建水库或利用已建水库进行调水，通过水源水库群的联合调度，经统一的输水线路将水量调入河流 B 受水区，主要满足受水区生活和工业用水需求，设计调水规模为 80 亿 m^3/a，调水保证率为 90%。该工程总体布局示意见图 1。

调出区天然来水丰沛，河道外经济社会用水量相对较小，水资源开发利用程度较低。为维持调出

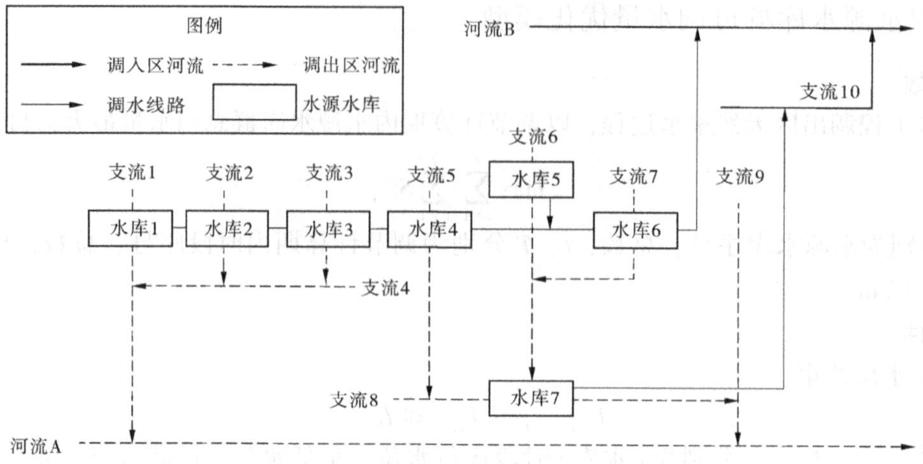

图 1　西南某大型调水工程总体布局示意

区正常的河流功能，减小调水对河流水生态、水环境的影响，在分析可调水量时必须充分考虑调水断面生态基流。根据各调水断面天然来水情况，采用 Tennant 法[5] 计算了各调水断面生态基流，见表 1。

表 1　各调水断面生态基流计算结果

单位：m^3/s

调水断面	枯水期（11 月至次年 2 月）	丰水期（6—10 月）	敏感期（3—5 月）
水库 1	14. 9	137. 5	40. 2
水库 2	2. 6	23. 7	7. 7
水库 3	2. 7	26. 9	9. 2
水库 4	3. 2	34. 5	8
水库 5	2. 5	26. 2	6. 9
水库 6	1. 3	15. 3	4
水库 7	37. 7	356. 6	159. 9

基于 1960 年 6 月至 2015 年 5 月共计 55 年长系列径流资料，采用调水工程水源水库群可调水量优化模型（简称优化模型）对该调水工程 7 座水源水库群总可调供水量进行优化计算。为了验证模型的有效性，同时采用“能蓄则蓄，应供尽供”的传统长系列水库调节计算方法（简称传统方法）对水源水库群的可调水量进行计算，并对比分析。

优化模型和传统方法计算所得多年平均可调水量结果见表 2。分析可知，传统方法计算所得水源水库群总可调水量为 80 亿 m^3，优化模型计算所得水源水库群总可调水量为 91. 1 亿 m^3，相较于传统方法，优化模型计算所得各水源水库群可调水量均有所增加，增量在 0. 1 亿~9. 6 亿 m^3，总可调水量增量为 11. 1 亿 m^3。这是因为优化模型考虑了各水源水库的跨年调节作用以及水库群的联合调节作用，故能够挖潜更多的可调水量，验证了优化模型的有效性。

表 2　各水源水库可调水量计算结果对比　　单位：亿 m^3

水库	传统方法	优化模型	增加调水量
水库 1	21	21.6	0.6
水库 2	3.5	3.7	0.2
水库 3	4	4.3	0.3
水库 4	5	5.2	0.2
水库 5	4	4.1	0.1
水库 6	2.5	2.6	0.1
水库 7	40	49.6	9.6
合计	80	91.1	11.1

优化模型和传统方法计算所得各典型年总可调水量计算结果见表 3。分析可知，优化模型同传统方法一样，各典型年总可调水量的大小关系为丰水年>平水年>枯水年，证明优化模型充分考虑了来水丰枯变化对可调水量的影响，在丰水年多调水，枯水年少调水，验证了模型的合理性。传统方法计算所得各典型年总可调水量在 57.4 亿~83.3 亿 m^3，优化模型计算所得各典型年总可调水量在 61.2 亿~95.8 亿 m^3。相较于传统方法，优化模型计算所得各典型年总可调水量均大，25%丰水年可增加总调水量 12.5 亿 m^3，98%极端枯水年可增加总调水量 3.8 亿 m^3。

表 3　各典型年总可调水量计算结果对比　　单位：亿 m^3

典型年	传统方法	优化模型	增加调水量
25%丰水年	83.3	95.8	12.5
50%平水年	80.3	91.3	11
75%枯水年	76.2	86.5	10.3
95%极端枯水年	72.6	82	9.4
98%极端枯水年	57.4	61.2	3.8
多年平均	80	91.1	11.1

4　结语

以水库群为水源的调水工程可调水量计算需要考虑水库群联合调度，可调水量分析计算工作较为复杂。针对上述难题，构建了调水工程水源水库群可调水量优化模型，在考虑调出区来水、用水和生态基流的基础上，充分挖掘调水潜力，并以西南某大型调水工程为例进行了实例分析。主要结论与展望如下：

（1）优化模型能够考虑水库跨年度调节能力和水库群联合调节作用，计算所得总可调水量较传统方法增加 11.1 亿 m^3，增幅明显，验证了优化模型的有效性。

（2）优化模型计算所得各典型年总可调水量均大于传统方法，且满足丰水年>平水年>枯水年的大小关系，验证了优化模型的合理性。

（3）调水工程水源水库群可调水量优化模型对水源水库群数量和串并联位置关系没有严格限制，可为其他相似调水工程可调水量分析计算提供可行的技术手段。

参考文献

[1] 方妍．国外跨流域调水工程及其生态环境影响［J］．人民长江，2005，36（10）：9-10.
[2] 沈佩君，邵东国，郭元裕．国内外跨流域调水工程建设的现状与前景［J］．武汉水利电力大学学报，1995，28（5）：463-469.
[3] 高媛媛，姚建文，陈桂芳，等．我国调水工程的现状与展望［J］．中国水利，2018（4）：49-51.
[4] 胡鹏，王浩，赵勇，等．南水北调西线工程水源区可调水量“十问”［J］．中国工程科学，2024，26（2）：210-223.
[5] 贾小俊．基于 Tennant 法的塔里木河河道基流生态需水量计算［J］．水利科学与寒区工程，2021，4（3）：49-53.

引江济淮二期阜阳泵站深基坑设计

姜小红　杨以亮

（中水淮河规划设计研究有限公司，安徽合肥　230601）

摘　要：引江济淮二期阜阳泵站基坑具有场区周边环境复杂、周围建筑物多、土层物理力学指标低、建基面下伏承压水层等特点。结合场区实际条件，设计利用现状边坡，施工帷幕后进行坑内抽水，在淤泥层采用钻孔灌注桩+旋喷锚索支护，淤泥层以下采用放坡开挖等方法，充分利用现有空间，解决基坑防渗止水要求高、水平荷载大、支护结构整体安全稳定等问题，降低基坑开挖水位下降对周边建筑物的影响。

关键词：引江济淮二期；阜阳泵站；深基坑支护设计

1　引言

引江济淮二期工程位于安徽省中、北部，横跨 12 个市，涉及长江流域和淮河流域，是在引江济淮工程的基础上，以城乡供水为主，结合灌溉补水，以区域应对供水安全风险、改善生态环境创造条件等为主要任务，不改变引江济淮工程调水规模和总体布局。引江济淮二期工程建设沙颍河线、涡河线、淮水北调三条输水干线以及城乡水厂配水通道，阜阳泵站为输水干线工程沙颍河线路三级提水泵站之一，其地质条件复杂，泵房基坑支护施工难度大。

2　工程概况

阜阳泵站位于阜阳县城东北北郊，紧邻阜阳闸，站址选在阜阳船闸西侧老河道河塘处，距离主河道约 500 m，站身布置于拦河坝南侧，离主干道沙颍河东路约 150 m。泵站为沙颍河输水河道第二级泵站，设计流量 45 m^3/s，总装机容量 8 000 kW。

阜阳泵站主要建筑物级别为 2 级，次要建筑物级别为 3 级，设计洪水标准 50 年一遇，校核洪水标准 200 年一遇。采用堤身式布置方案，进水前池主泵房与清污机桥之间采用空箱式挡墙连接，出水建筑物采用压力水箱+箱涵形式。

3　主要建筑物参数

阜阳泵站主要施工区现状地表高程 32.7~33.0 m（1985 国家高程基准，下同），与基坑开挖支护相关的主要建筑物设计参数为：①泵站主泵房：建基面高程为 10.2 m；②副厂房：底板建基面高程为 18.20 m，安装间建基面高程为 13.72 m；③前池、进水池建基面高程为 11.25~16.30 m；④清污机桥建基面高程约为 15.7 m；⑤压力水箱建基面高程约 20.54 m。

根据现状地面高程和阜阳泵站主要建筑物的建基面高程和结构形式可知，阜阳泵站基坑厂房段最大开挖深度 22.5 m（10.5 m 高程至 33.0 m 高程）。根据《建筑基坑支护技术规程》（JGJ 120—2012）和《建筑边坡工程技术规范》（GB 50330—2013），阜阳泵站基坑支护结构安全等级为一级，边坡工程安全等级为一级。

作者简介：姜小红（1973—），女，高级工程师，主要从事水利水电工程设计工作。

4 工程地质和水文地质条件

4.1 工程地质

根据野外编录、现场调查测绘、原位测试和室内土工试验成果，在勘探深度范围内揭露的地层主要为第四系地层。现将本次勘探揭露的地层按其时代、成因、分布以及岩土的工程性质，自上而下分为 9 层，分别叙述如下：

第⓪层：人工填土（Q_s），层厚 5.1 m，层底分布高程 23.60～27.10 m。第①层：淤泥、淤泥质黏土（Q_4^{al}），层厚 4.0 m，靠出水渠侧老河道分布较厚，约 11.2 m，层底分布高程 14.10～24.30 m。第②层：重粉质砂壤土（Q_4^{al}），层厚 4.2 m，层底分布高程 15.60～22.00 m。第③层：轻粉质砂壤土（Q_4^{al}），层厚 5.1 m，层底分布高程 10.03～19.61 m。第③$_1$ 层：淤泥质轻粉质壤土（Q_4^{al}），层厚 3.1 m，层底分布高程 8.53～17.36 m。第③$_2$ 层：粉细砂或砂壤土（Q_4^{al}），层厚 5.3 m，层底分布高程 8.80～13.66 m。第④层：粉质黏土（Q_4^{al}），层厚 5.9 m，层底分布高程 3.74～8.63 m。第⑤层：粉细砂或砂壤土（Q_3^{al}），层厚 3.6 m，层底分布高程-1.17～4.13 m。第⑥层：粉质黏土（Q_3^{al}），层厚 11.1 m，层底分布高程-27.61 m（未揭穿）。

4.2 水文地质

场地地下水类型主要为松散岩类孔隙水，地下水分为潜水和承压水。潜水主要赋存在第①、②、③、③$_1$、③$_2$ 土层中，主要接受大气降水和河水补给，潜水含水层与河水水力联系密切，并向沙颍河排泄。场区勘探深度内承压水含水层第⑤层承压水头约 20.0 m。地下水位一般为 25.54 m，地表水位 26.03 m。根据《水利水电工程地质勘察规范》（2022 年版）（GB 50487—2008）附录 G 土的渗透变形判别，站址处土第③、③$_2$、⑤层为管涌型，其余层均为流土型。

5 基坑开挖支护（防渗）难点及关键技术

阜阳泵站基坑工程地质、水文地质条件复杂，基坑工程规模大，深度大，工期紧，工程风险高，基坑施工安全要求高，支护技术难度大。基坑支护包含放坡开挖、软弱土层加固、防渗帷幕、支护结构等多方面。开挖和支护需要解决的主要技术难题有：①承压水层突涌水；②大水平荷载；③支护结构、锚索选型；④支护结构的整体稳定；⑤基坑开挖支护对周边建筑物安全的影响。

基于上述，本基坑支护（防渗）过程中的难题归纳为四个部分：①水（地下水，降雨汇水，承压水）；②土（淤泥或淤泥质黏土层失稳）；③护（土层支护结构选型及安全稳定）；④控（基坑开挖变形和水位变化对既有建筑物的影响控制）。

通过基坑支护设计研究，解决关键难题中的水、土和护等问题，并通过二维、三维数值模拟计算，分析研究基坑开挖及水位变化对周边建筑物的影响程度，研究支护结构的整体稳定性，解决控的问题。

6 基坑支护（防渗）设计

6.1 基坑工程特点

根据阜阳泵站工程布置和勘察成果，泵站基坑支护工程特点为：

（1）场区周边环境复杂，周围建筑物较多，基坑深度大，安全性要求高。基坑开挖及水位变化需要保证西侧的居民区房屋沉降在规范允许范围内，泵站北侧临近颍河东路，主体结构施工期间需保证正常交通运行。

（2）基坑建基面下伏承压水层。

（3）土层物理力学指标低，荷载大，特别是在 17.0~23.0 m 高程存在软弱淤泥或淤泥质黏土层，该段不具备放坡开挖条件。

（4）土层摩阻力低，难以提供足够的锚固力。

6.2 基坑支护设计

6.2.1 泵站主体结构段基坑支护设计思路

针对阜阳泵站基坑工程特点，经多方案比选，提出如下解决方法和设计思路：

（1）根据场区地下水位特点和地层渗透性，选择以薄混凝土防渗墙构筑防渗止水帷幕，帷幕穿过承压水层，切断承压水的渗漏路径，并降低基坑开挖导致水位下降后对周边建筑物的影响。

（2）泵站基坑可利用空间虽然较大，但是在 17.0~23.0 m 高程存在淤泥或淤泥质黏土层，不具备放坡开挖条件，因此基坑在 17.0~23.0 m 段整体采用桩锚支护，23.0 m 高程以上和 17.0 m 高程以下采用放坡开挖。

（3）泵站站址的地面高程为 23.0 m 左右，地下水位高程约 25.6 m。若利用淤泥层作为隔水层，将防渗结构分为两级，经济性较差，因此考虑在基坑外侧布置薄混凝土防渗墙，内侧采用钻孔灌注桩+锚索支护，并利用深搅桩挡土。

（4）鉴于基坑周围土体侧摩阻力较低，选用旋喷锚索，增大锚固体直径，同时加长锚索自由段长度，确保第二、三层锚索的锚固段进入可塑–硬塑的粉质黏土层，控制支护结构变形。

（5）坡面进行 50 mm 喷射混凝土防护，防止雨水冲刷破坏。

（6）鉴于基坑坑底土层参数较低，为保证基坑稳定，在支护桩内侧，对被动区土体进行格栅状深搅桩加固，控制桩体变形。

（7）通过三维渗流–应力耦合数值模拟计算，分析支护结构的整体稳定性及基坑开挖对周围建筑物的影响。

6.2.2 泵站主体结构段基坑支护设计

根据前述基坑支护设计思路，泵站主体工程施工包括泵房主体结构以及与其相邻的进、出水池段，施工期经过一个汛期。其他进出、水渠道和箱涵在非汛期施工。防渗结构为地连墙+混凝土防渗墙，设计帷幕顶高程 26.0 m（地下水位最高 25.6 m），底高程–2.0 m。支护结构分述如下：

（1）基坑东侧。基坑东侧空间较大，利用沙颍河岸坡+单排钢板桩围堰挡水，在现状边坡 26.0 m 高程马道上施工混凝土防渗墙，并将坑内抽水至 23.0 m 高程，在 17.0~23.0 m 高程采用桩锚支护，桩后布置两排深搅桩挡土，坑内 17.0 m 高程以下 1∶2放坡，分两级开挖至 10.5 m 高程，并分别在 17.0 m 高程和 12.5 m 高程设置 4 m 和 2 m 宽平台。支护桩直径 1 m，底高程 3.0 m，在 23.0 m 和 20.0 m 高程设置两层旋喷锚索，锚索锚固段直径 450 mm。桩前采用 3 排深搅桩加固软土，加固深度 8.5 m。

（2）基坑南侧。基坑南侧剖面，开挖方式和支护防渗方式与东侧剖面相同。

（3）基坑西侧。基坑西侧剖面临近堤顶路，可利用空间相对较小，基坑支护方式整体上与东侧剖面相同，利用现状边坡，将坑内水位降低至 23.0 m 高程后，采用桩锚支护，在 23.0 m、20.0 m 和 17.0 m 高程设置三层旋喷锚索，坑内采用深搅桩加固，深搅桩顶高程 15.0 m，宽度 5.6 m，底高程 6.5~8.5 m，悬臂 2.5 m，采用 1∶2放坡，自 12.5 m 高程开挖至 10.5 m 高程。

（4）基坑北侧。对于基坑北侧剖面，开挖方式和支护防渗方式与东侧剖面相同。

（5）坡面和桩间土防护。坡面采用喷射 50 mm 混凝土防护，桩间土采用挂网抹面防护。

6.3 泵站基坑支护结构计算

根据《建筑基坑支护技术规程》（JGJ 120—2012），对典型支护断面和放坡断面进行计算，结果统计见表 1，基坑支护结构各项控制指标符合相关规范要求。

表 1　阜阳泵站基坑支护结构计算结果统计

<table>
<tr><th rowspan="2">位置</th><th colspan="3">锚索设计值力（预应力）/kN</th><th colspan="2">整体稳定性</th><th colspan="2">抗隆起稳定性</th><th colspan="2">抗倾覆稳定性</th><th colspan="2">支护结构水平位移/mm</th><th colspan="2">支护桩最大弯矩/（kN·m）</th></tr>
<tr><th>第一层（23 m）</th><th>第二层（20 m）</th><th>第三层（17 m）</th><th>计算值</th><th>规范要求</th><th>计算值</th><th>规范要求</th><th>计算值</th><th>规范要求</th><th>计算值</th><th>规范要求</th><th>坑内</th><th>坑外</th></tr>
<tr><td>东侧剖面</td><td>531.2（300）</td><td>737.9（400）</td><td>—</td><td>1.71</td><td rowspan="3">1.35</td><td>3.69</td><td rowspan="3">1.8</td><td>2.64</td><td rowspan="3">1.25</td><td>26.6</td><td rowspan="3">25～30 或（0.2%～0.3%）H</td><td>299.2</td><td>728.6</td></tr>
<tr><td>西侧剖面</td><td>514.2（300）</td><td>797.6（400）</td><td>724.5（400）</td><td>1.35</td><td>3.05</td><td>2.11</td><td>22.1</td><td>1 004.7</td><td>943.6</td></tr>
<tr><td>北侧剖面</td><td>523.1（300）</td><td>734.1（400）</td><td>—</td><td>1.55</td><td>3.82</td><td>2.81</td><td>23.7</td><td>423.8</td><td>708.3</td></tr>
</table>

根据勘察成果，阜阳泵站基坑开挖底高程 10.5 m，位于粉质黏土、轻粉质黏土层中。建基面下覆承压水层（粉细砂或砂壤土层），承压水头约 20 m。泵房建基面距离承压水层顶部约 4.5 m。

根据《建筑基坑支护技术规程》（JGJ 120—2012）C.0.1，承压水作用下坑底应符合突涌稳定性公式。阜阳泵站坑底土层较薄，抗突涌稳定性安全系数仅为 0.4 左右，不满足规范要求，综合考虑后基坑设计止水帷幕采用落底式。

根据《建筑基坑支护技术规程》（JGJ 120—2012）7.2.2 条，落底式帷幕进入下卧隔水层的深度不宜小于 1.5 m，且应满足帷幕进入隔水层的计算深度要求。阜阳泵站地下水位 25.6 m，基坑开挖底高程 10.5 m，按照坑内水位低于基坑建基面 0.5 m 计算，坑内外水头差约 15.6 m。混凝土防渗墙厚度 0.6 m。因此，帷幕最小插入深度为 2.82 m，设计采用 3 m。

7　小结

（1）引江济淮二期阜阳泵站基坑具有场区周边环境复杂、周围建筑物多、土层物理力学指标低、建基面下伏承压水层等特点。结合场区实际条件，设计利用现状边坡，施工帷幕后进行坑内抽水，在淤泥层采用钻孔灌注桩+旋喷锚索支护，淤泥层以下采用放坡开挖等方法，充分利用现有空间，解决基坑防渗止水要求高、水平荷载大、支护结构整体安全稳定等问题，降低基坑开挖水位下降对周边建筑物的影响。

（2）根据《建筑基坑支护技术规程》（JGJ 120—2012），对典型支护断面和放坡断面进行计算，结果表明基坑支护结构各项指标符合规范要求，结构安全，基坑支护设计方案可行。

参考文献

[1] 中华人民共和国住房和城乡建设部．建筑基坑支护技术规程：JGJ 120—2012 [S]．北京：中国建筑工业出版社，2012.

[2] 化建新，郑建国，等．工程地质手册 [M]．5 版．北京：中国建筑工业出版社，2018.

重大引调水工程受水区节约用水管理机制研究

杨晓灵　王张娜　张宛宛

（珠江水资源保护科学研究所，广东广州　510611）

摘　要：广东省湛江市、茂名市、阳江市、云浮市作为环北部湾广东水资源配置工程的受水区，面临着水资源配置与节水管理的严峻挑战。本文深入剖析了工程受水区4个地市的供水与用水特性以及当前的节水管理状况，结合现行国家节水政策，依据环北部湾广东水资源配置工程的节水目标，以问题解决为驱动力，从节水管理机制体制、节水激励等多个维度出发，深入探讨并优化了工程受水区的节水管理体制和机制，构建了一套体现水资源刚性约束的节约用水管理制度，旨在全面提升重大引调水工程受水区的节水管理效能。

关键词：水资源刚性约束；引调水工程受水区；节水管理；水资源配置

1　引言

党中央、国务院高度重视引调水工程受水区水资源的节约与保护。2021年，习近平总书记在推进南水北调后续工程高质量发展座谈会上强调：要坚持节水优先，把节水作为受水区的根本出路，长期深入做好节水工作，根据水资源承载能力优化城市空间布局、产业结构、人口规模。水利部将建立健全节水制度政策作为推动新阶段水利高质量发展的六条实施路径之一，要求坚持量水而行、节水为重，从观念、意识、措施等各方面把节水摆在优先位置，建立健全水量分配、监督、考核的节水制度政策，全面提升水资源集约节约安全利用水平。2024年5月1日起实施的《节约用水条例》是我国国家层面首次对节水进行专门的立法，为依法依规强化节约用水工作提供了良好的法治保障。

环北部湾广东水资源配置工程是广东省迄今为止引水流量最大、输水线路最长、受水区域最广、建设条件最复杂、工程投资规模最大的跨流域引调水工程[1]。对该工程受水区加强节约用水管理，建立健全节水管理制度体制，是保障粤西地区水安全的重大决策部署，也是保护水资源、改善生态环境、保障民生、实现可持续发展的迫切需要。

本文根据粤西地区供用水特点和节水水平，结合现行国家节水政策及环北部湾广东水资源配置工程的节水目标指标要求，以节水现状问题为导向，探究完善受水区节水管理体制和机制，从节水管理机制体制、节水激励等不同维度设计体现水资源刚性约束的受水区节约用水管理制度，为全面提升重大引调水工程受水区节约用水管理提供借鉴与参考。

2　工程及区域概况

环北部湾广东水资源配置工程是国家水网骨干工程，是国务院确定的2022年加快推进的55项重大水利工程之一，也是广东省委、省政府大力推进的重大民生水利工程[2]。工程开发任务为以城乡生活和工业供水为主，兼顾农业灌溉，为改善水生态环境创造条件，从广东省云浮市郁南县地心村西江干流河段引水至广东省粤西地区，设计取水规模110 m^3/s，工程总投资606.43亿元，输水线路总长约500 km。工程建成后多年平均年供水量达20.79亿 m^3，其中城乡生活和工业供水14.38亿 m^3，农业灌溉供水6.41亿 m^3[1]。

作者简介：杨晓灵（1978—），女，高级工程师，主要从事水资源、水环境保护方面的研究工作。

工程供水范围覆盖湛江、茂名、阳江和云浮 4 个地级市，受水区面积 3.09 万 km^2，占广东省总面积的 22%，GDP 占广东省的 7.1%，人口占广东省的 13.6%，耕地面积占广东省的 30.7%[1]。受水区内多年平均年降水量 1 699 mm，多年平均水资源总量 267.4 亿 m^3，属于水资源短缺地区；且水资源时空分布不均，丰水期（4—9 月）径流量占全年径流量的 80%以上，空间分布上东多西少、北多南少，面临着水资源配置与节水管理的严峻挑战[2]。

3 工程受水区用水水平分析

2020 年工程受水区用水总量 62.08 亿 m^3，其中农业用水占比高达 75.9%，生活用水和工业用水占比分别为 16.6%和 6.8%，生态用水占比仅 0.7%，现状用水结构与产业结构基本匹配，用水量符合最严格水资源管理用水总量控制指标要求[3]。

对受水区用水指标现状进行分析，并与广东省总体水平及我国节水先进地区北京、天津、浙江等地对比，分析受水区 4 市用水效率水平。具体对比情况见表 1。

表 1 受水区用水指标统计

行政区	人均综合用水量/m^3	万元 GDP 用水量/m^3	万元工业增加值用水量/m^3	农田灌溉水有效利用系数	再生水回用率/%
广东省	323	36.6	21	0.51	—
北京	185.4	11.3	7.05	0.57	58.8
天津	200.6	19.85	10.47	0.5	40
浙江省	253	25.34	15.78	0.484	—
受水区	455	95.6	17.11	0.514	1.9
阳江市	503	96	14.1	0.513	4
湛江市	373	84	13.73	0.516	0
茂名市	431	81	17.19	0.51	0
云浮市	511	122	23.41	0.519	0

（1）受水区 4 市平均万元 GDP 用水量 95.6 m^3，约为广东省平均水平的 2.62 倍。对比产业结构类似的浙江省，受水区 4 市万元 GDP 用水量是浙江省的 3.78 倍，差距非常大。

（2）受水区 4 市万元工业增加值用水量 17 m^3，略低于广东省平均水平，与国内先进水平天津、北京、浙江仍有较大差距。受水区 4 市平均农田灌溉水有效利用系数 0.514，与广东省平均水平基本持平。

（3）供水设施老化，供水端水资源浪费严重。受水区现状城镇供水管网漏损率 14.8%，超过了《城市供水管网漏损控制及评定标准》（2018 年版）（CJJ 92—2016）中城市供水管网基本漏损率不应大于 12%的要求[3]。

（4）再生水回用率低，回用设施建设及推广力度不够。受水区现状再生水回用率仅 1.9%，茂名、阳江、云浮 3 市尚无再生水回用，距《关于推进污水资源化利用的指导意见》的目标差距较大。

4 节水管理现状及存在问题

王亚雄等[4] 开展了广东丰水地区节水型社会建设规划研究，提出广东省目前节约用水工作仍存在的短板弱项包括节水理念意识薄弱、节水法治机制不全、节水基础设施欠缺、节水监管能力不足等。在此基础上，本文总结分析了工程受水区节水管理现状及存在的问题如下：

（1）节水法律法规制度体系不完备。

现行广东省节水相关规章管理制度与全国层面节水主要工作内容和要求大致相同，没有立足于广东省水资源禀赋条件与北方地区的差异，因地制宜地制定切实可行的管理制度。节水法规政策执行监督体系不健全，《广东省节约用水办法》法规效力偏弱，且缺少具体的、可操作的配套管理规定，受水区部分节水相关文件未根据本地区实际进行设计，缺乏操作性，难以落实。

（2）节水监督管理水平较低。

工程受水区计划用水覆盖率低，计划用水指标核定方式不合理，下达计划指标偏大，用水定额和计划用水管理提升空间较大。非居民用水超定额累进加价制度尚未有效落实，农业水价综合改革进度滞后，未能充分发挥用水定额和水价对用水浪费行为的约束作用。节水评价工作按照省级水行政主管部门要求统一推进，未形成符合区域实际的有效工作机制，节水评价实施效果不明显。

（3）节水工作基础薄弱，进展缓慢。

农田灌溉体系不完善，灌区节水改造率和农业用水监测计量率整体偏低，农田灌溉水有效利用系数与国内先进水平仍有较大差距。节水社会达标建设工作进展缓慢，工程受水区县域节水型社会建成率仅13%，远未达到《国家节水行动方案》到2022年南方地区创建率达30%的要求。工程受水区现状非常规水源利用率非常低，再生水利用率仅1.9%。

（4）节水工作落实不到位，整体节水水平低。

工程受水区现状用水效率较低，不到广东省平均水平，较国内先进用水地区尚有较大差距。与工程确定的节水目标差距分析表明，2035年受水区万元GDP用水量需下降43.75%，城镇供水管网漏损率需从10%降至8%，万元工业增加值用水量需下降34.71%，农田灌溉亩均用水量需下降50.77%。受水区用水水平有待全面提升。

5　水资源刚性约束节水管理制度建议

通过分析工程受水区用水现状存在的问题，对标环北部湾广东水资源配置工程对受水区提出的节水要求，以问题为导向，以建设节水型社会为目的，从强化总量和强度双控、严格计划用水管理、落实节水评价管理、健全节水市场机制、推进节水型社会建设、促进非常规水源利用等方面提出体现水资源刚性约束的节水管理制度建议。

5.1　强化总量和强度双控

重大引调水工程受水区应强化水资源刚性约束，根据各县级行政区"十四五"期间用水总量强度双控目标，按年度进行分解落实并制定工作方案。受水区引调水工程供水涉及的非居民用水户，用水效率应达到省内先进水平。

5.2　严格计划用水管理

工程受水区各地市应根据本区域实际情况确定应纳入计划用水管理范围的用水户名录，确保计划用水覆盖率达到全覆盖。建立用水单位信息报送制度，水行政主管部门根据本行政区域年度用水总量控制指标、用水定额和用水单位的用水记录，按照统筹协调、综合平衡、留有余地的原则，核定用水单位的用水计划。

建立"预警+考核"机制。对国家级、省级、市级重点监控用水单位实行月预警、季考核，水行政主管部门按单月对出现超指标用水的单位进行预警提示，按季度对出现超指标用水的单位依法严格收取超指标累进加价费用。

建立用水在线监控和动态管理机制。对计划用水信息化提出原则性规定，要求90%现状许可水量、60%用水总量的取用水户实现在线监控，并要求用水户将用水水量、产量（服务量）等信息上传至计划用水管理系统，建立动态监管机制。

5.3　落实节水评价管理

开展规划和建设项目节水评价工作是践行节水优先方针的重要举措，2019年1月水利部正式提出建立节水评价机制，随后陆续出台了节水评价相关政策制度和规范性文件，明确要在规划和建设项目前期工作中突出节水的优先地位，强化规划制定、建设项目立项、取水许可中节水有关内容和要求，从严叫停节水评价审查不通过的规划和建设项目[5]。

广东省也相应出台了《广东省规划和建设项目节水评价工作指引（试行）》，要求与取水相关的水利规划、水利工程项目，需开展水资源论证的相关规划，办理取水许可并需要编制水资源论证报告书的非水利建设项目需要进行节水评价。工程受水区应将从城市公共管网等取水的高耗水建设项目和重点用水单位也纳入评价范围，规范节水评价的管理。

5.4 健全节水市场机制

王晶华等[6] 认为节水型社会的本质特征是建立以水权、水市场理论为基础的水资源管理体制，充分发挥市场在水资源配置中的导向作用，形成以经济手段为主的节水机制，不断提高水资源的利用效率和效益。因此，健全工程受水区节水市场机制是促进节水的重要措施。

完善非居民用水超定额累进加价制度。科学设定各阶梯（分档）水量幅度和不同阶梯（分档）水价，适度拉大非居民用水超定额累进加价的幅度，建议超定额（超计划）10%（含 10%）以内的用水，超出部分按照基准水价的 1 倍加收水费；超定额（超计划）10%~30%（含 30%）的用水，超出部分按照基准水价的 2 倍加收水费；超定额（超计划）30%以上的用水，超出部分按照基准水价的 3 倍加收水费。

推动农业水价改革。根据工程节水目标与指标，2035 年、2050 年受水区耕地实际灌溉亩均用水量相比现状分别需下降 50. 77%，农业用水效率亟须提高。到 2025 年，受水区农业用水实行分类水价，经济作物执行微利水价，粮食作物执行运行成本水价或略低于成本水价，总体达到全成本水价。鼓励受水区以镇街为单元，结合本地区实际，因地制宜开展节水工程，探索创新农业用水管理模式。

5.5 推进节水型社会建设

王亚雄等[4] 结合实际情况，提出广东省节水型社会建设“十四五”规划的目标：到 2025 年全省 60%以上（珠三角核心区 90%以上）县级行政区建成节水型社会，走出一条南方丰水地区的节水特色之路，迈进全国前列。本文据此对工程受水区节水载体建设和县域节水型社会建成率提出具体指标要求：到 2025 年，受水区县域节水型社会建成率≥60%，节水型企业建成率≥40%，公共机构节水型单位建成率≥50%，节水型居民小区建成率≥15%。各类节水载体创建评选时，应把用水定额先进值作为一票否决标准，不符合用水定额的不得授予节水型载体称号。加强对已创建节水载体复核审查，不符合最新发布用水定额或已不满足节水载体创建标准的，提出限期整改意见，整改不到位的由原评选单位取消节水载体称号。

5.6 促进非常规水源利用

非常规水源作为常规水源的重要补充，对缓解水资源供需矛盾、提高区域水资源利用效率具有重要作用。赵春红等[7] 针对当前非常规水源利用在法规制度、标准规范、统计口径、激励机制、配套管网建设、公众利用意识等方面存在的问题，提出了健全法律法规、统筹顶层设计、健全标准体系、激发内生动力、强化监督管理和增强公众意识等对策措施，以促进非常规水源的开发利用。

工程受水区现状非常规水源利用率非常低，需结合相关政策要求，做好非常规水源利用的顶层设计，完善制度体系，大幅度提升受水区非常规水源利用水平。到 2025 年，工程受水区各地级市再生水利用率≥25%。将非常规水源纳入计划用水管理，核定年度用水计划时，对于具备利用非常规水源条件的用水户要充分配置非常规水源，用非常规水源等量置换常规水源。下达的用水计划应当分别明确常规水源、非常规水源的计划用水指标，按计划应当利用非常规水源而未利用的，核减其下一年度常规水源的计划用水指标。以缺水地区、水环境敏感地区、水生态脆弱地区为重点，选择典型代表性强、再生水利用配置基础好、再生水需求量大的县级及以上城市开展试点。

6 结语

新时代节水工作面临全新的要求和形势，本文通过深入分析环北部湾广东水资源配置工程受水区粤西地区的用水水平及节水制度政策现状，聚焦工程受水区节水工作存在的突出问题和薄弱环节，提出了新形势下进一步建立健全体现水资源刚性约束的工程受水区节水制度政策的对策建议，可为工程受水区精打细算用好水资源、从严从细管好水资源提供有力支撑，全面提升工程受水区水资源节约集约利用水平。

参考文献

［1］李赫．广东史上投资规模最大的跨流域引调水工程正式开工环北部湾广东水资源配置工程为粤西四市“解渴”［N］．南方日报，2022-09-01（A03）．

［2］杨健，陈艳，王保华．环北部湾广东水资源配置工程规模与布局可行性研究［C］//2022 中国水利学术大会论文集：第二分册．郑州：黄河水利出版社，2022：17-21.

［3］何梁，王占海，王保华．环北部湾广东水资源配置工程受水区节水评价［C］//2023 中国水资源高效利用与节水技术论坛论文集，2023：132-136.

［4］王亚雄，秦蓓蕾，邓攀攀．广东丰水地区节水型社会建设规划研究［J］．水利规划与设计，2022（2）：5-8，21.

［5］樊毅，张玲玉，张春红，等．四川省节水评价工作实践与思考［J］．中国水利，2022（21）：64-65.

［6］王晶华，乔建华．全面推进节水型社会建设的政策思考［J］．水利发展研究，2006（11）：14-16.

［7］赵春红，刘中一，任志远．我国非常规水源利用现状、问题和发展对策［J］．水利发展研究，2022，22（5）：54-58.

节段预制渡槽设计与施工方法

张永恒　石俊奎　杨　林

（中水珠江规划勘测设计有限公司，广东广州　510610）

摘　要：传统的渡槽建设常采用现浇技术，适用于中短跨度结构，存在施工效率低、周期长及后期维护频繁的问题，难以满足现代大型水利项目对大跨度渡槽的需求。本文提出了一种创新的节段预制拼装施工方案，该方案将渡槽主体分割成多个节段，这些节段在预制工厂完成制作后，被运送至施工现场组装，并通过预应力技术连接成一体。此方法不仅可减少对施工环境的要求，而且显著提升了施工速度，缩短了工程周期。由于预制过程采用了先进技术和自动化设备，有助于降低混凝土浇筑过程中产生的环境污染，对于同类工程的设计与施工有着重要的指导意义。

关键词：节段预制；渡槽；整体式断面；悬臂拼装

1　研究背景

在大型引调水项目、水运项目及灌区项目中，一般均设有大型渡槽，常规水利渡槽一般采用现浇矩形梁结构或现浇U形梁结构，个别大型渡槽会采用预制小箱梁或T梁拼装成渡槽底板，再在上面现浇槽身的结构。常规渡槽结构适用于中短跨度结构，施工工期较长，造价较高，施工质量难以保证。

顾培英等[1] 对我国渡槽结构典型破坏特征进行了研究，常规渡槽多存在开裂、碳化、混凝土剥落或剥蚀、渗漏、钢筋锈蚀、接缝止水等耐久性破坏问题。

南流江渡槽采用5跨预应力混凝土连续箱梁结构，总长度为242 m。其中，边跨跨径为34 m，中跨跨径为58 m。槽身施工采用支架现浇法。谢开仲等[2] 主要研究了该连续箱梁渡槽的横向受力特性，以确保其结构的安全性和稳定性。

沙河渡槽是南水北调中线关键工程，全长9.05 km，综合规模世界第一。冯光伟等[3] 通过研究沙河梁式渡槽上部结构形式、受力体系、槽数与跨度，并结合满堂架、造槽机、架槽机施工方法，对不同结构与跨度方案的优缺点从结构受力、过流条件、防洪影响、施工技术水平与施工质量、施工工期、经济性、安全性等多方面进行综合对比，最终上部结构采用30 m跨预应力U形槽架槽机施工方案。

目前，渡槽槽身的主要结构形式是支架现浇或整孔预制，相关研究多集中在现有技术的力学性能分析和经验总结上，未能有效解决现浇工艺导致的工期长、施工难度大、成本高昂、安全风险高等问题，以及整孔预制仅限于中短跨径的应用限制。

本文提出了一种新的节段预制拼装渡槽设计与施工方案。该方案在预制场内集中制作渡槽节段，消除了现场支架搭建和混凝土浇筑工序，可实现渡槽槽身预制与排架墩同时施工，大大缩短了施工周期。节段预制技术的标准化和工业化水平较高，确保了施工质量优于传统的现浇方法。更重要的是，这种方法不受跨径大小的限制，特别适合大跨径渡槽的建设，解决了整孔预制技术无法应用于大跨径项目的难题。

作者简介：张永恒（1980—），男，高级工程师，院长，主要从事水利水电工程设计工作。

通信作者：石俊奎（1988—），男，高级工程师，副所长，主要从事水工结构设计、路桥工程设计工作。

2 节段预制渡槽设计与施工方法

2.1 基本原理

节段预制渡槽技术是一种现代化的建造方法，它涉及将渡槽的主体结构沿纵向分割成多个预制节段，每个节段的长度可以根据实际的运输条件和吊装设备的能力灵活调整。这些节段在专门的工厂中预制完成后，会被运输到施工现场，通过精确的拼装和施加预应力的方式，将各个节段紧密连接成一个完整的结构体，从而完成渡槽上部结构的施工。这种技术的一个重要特点是，渡槽的挡水侧墙与下部的箱梁可以作为一个整体进行预制，通过预应力张拉技术，使整个截面形成统一的受力体系，将传统工艺中仅仅具有挡水作用的渡槽侧墙变成结构受力的一部分，这样不仅能够有效减小截面的高度，提高材料的利用率，还提高了结构的经济性和施工的便捷性。这种方法相比传统施工方式，具有更高的施工效率、更好的质量和环境友好性，特别适用于需要跨越较大距离的水利工程。

2.2 结构设计

节段预制技术将渡槽纵向划分为若干渡槽节段，如图 1 所示，其中 131～133 为预制渡槽节段，131 和 132 为悬臂拼装节段，133 为边跨不平衡段，14 为湿接缝，211 和 212 为排架墩。

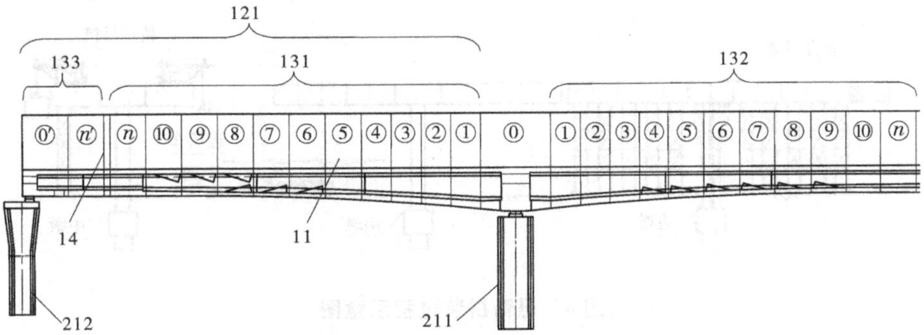

图 1　节段预制渡槽节段划分（变高截面）

节段预制渡槽采用箱梁结合挡水侧墙整体预制的横断面，如图 2 所示，其中 113 为箱梁，111 和 112 为挡水侧墙。

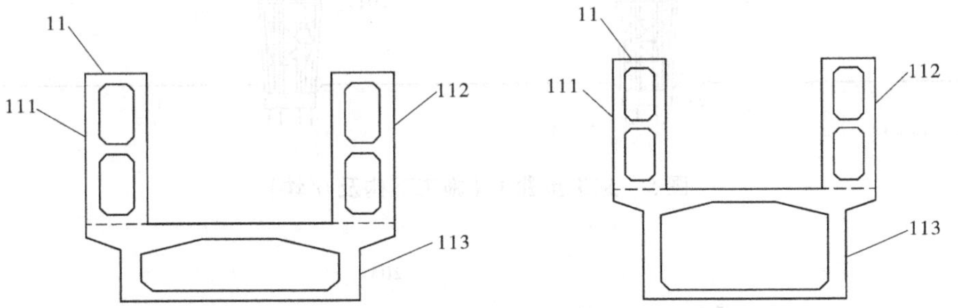

图 2　节段预制渡槽横断面

顶板、腹板和底板的厚度设计必须符合受力需求以及配置横向预应力和纵向预应力的构造要求。顶板主要承担横向弯矩，其厚度应超过 $d/30$（d 为箱梁腹板之间的净距离）。腹板负责应对由弯曲剪应力和扭转剪应力产生的主拉应力，并且当预应力钢束固定于腹板内部时，必须确保能满足锚点下的局部承压条件。对于箱梁底板，其厚度应当随着箱梁负弯矩的增加而逐步增厚，特别是在桥墩顶部位置，其厚度变化通常遵循与梁高变化相同的曲线模式。除在正常使用条件下满足受压要求外，箱梁底板的设计还应在极限状态下保持中性轴位于底板之内，确保跨中底板的最小厚度为 $d/30$，而在靠近支撑点的底板厚度通常设定为桥墩顶部箱梁高度的 1/12～1/10。

渡槽节段长度可根据运输条件和架设装备控制其长度和吊重，节段长度建议控制在 2.3~3.0 m。预制渡槽节段可分为标准节段、过渡节段和墩顶节段。

渡槽预应力钢束配置可类比同类型桥梁配束方案，主要分为悬臂束和合龙束。悬臂束在悬臂拼装过程中随节段拼装后张拉，合龙束在渡槽主体结构合龙后张拉，与桥梁不同的是，渡槽需在挡水侧墙中配置通长合龙束，实现侧墙与箱梁整体截面受力。节段预制渡槽钢束布置见图 3。

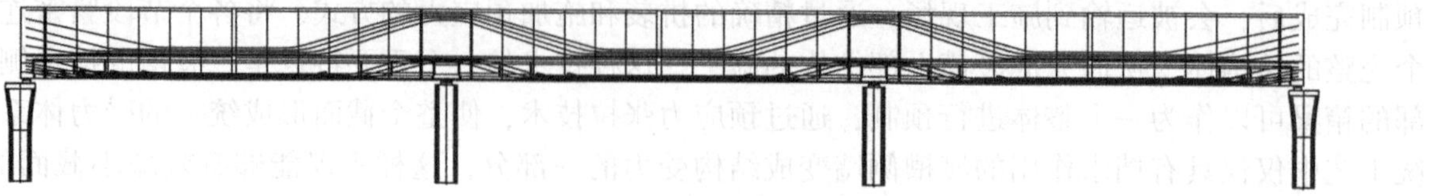

图 3　节段预制渡槽钢束布置

2.3　施工方法

基于悬臂拼装的节段预制渡槽的四个主要施工步骤如下：①下部结构施工；②0 号节段及 1 号节段架设；③其余节段架设及悬臂束张拉；④合龙束及连续束张拉。四个主要工序互不干扰、依次实施、流水施工，可极大地提高架设效率进而减少架设装备的投入。各工序流水施工如图 4 所示。

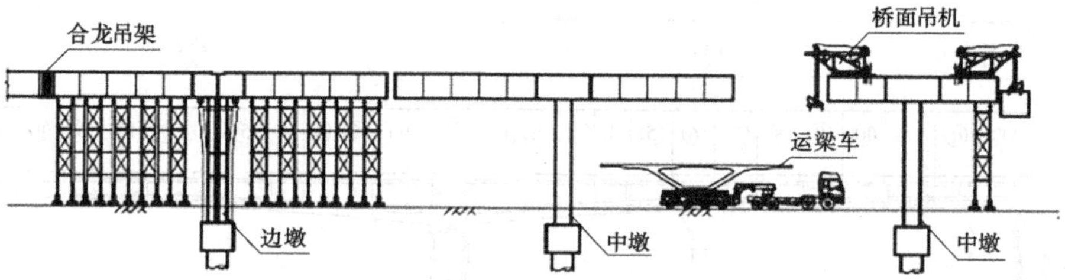

图 4　悬臂拼装过程示意图

悬臂拼装架设方案，可供选择的架设设备主要有上行式架桥机、桥面吊机、支架+汽车吊（或履带吊）、轮胎式提梁机（或轨道式龙门吊）、汽车吊（或履带吊）等。以架桥机为例细化施工步骤如图 5~图 7 所示。

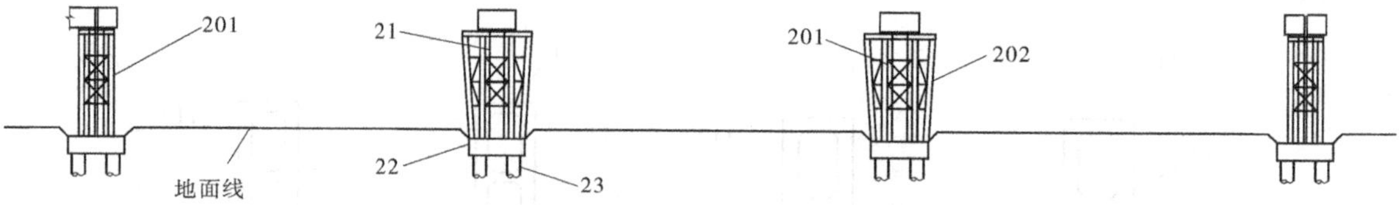

图 5　施工步骤 1（施工下构及 $0^{\#}$块）

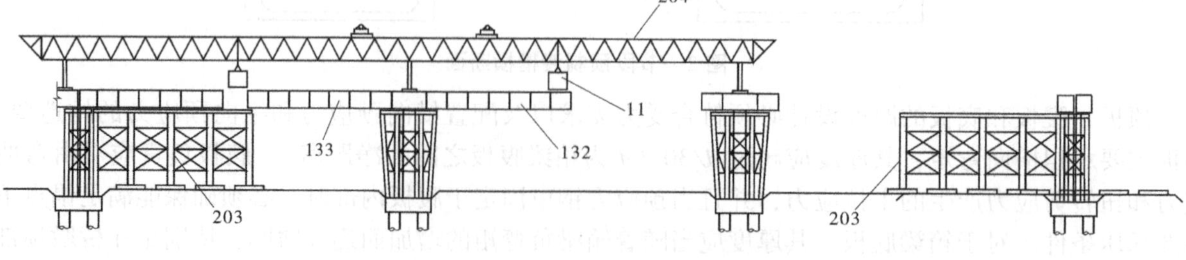

图 6　施工步骤 2（架桥机悬臂拼装其他节段）

2.4　结构优点

节段预制拼装的渡槽设计与施工方法，通过将渡槽本体沿纵向分成多个节段并在工厂预制，每个

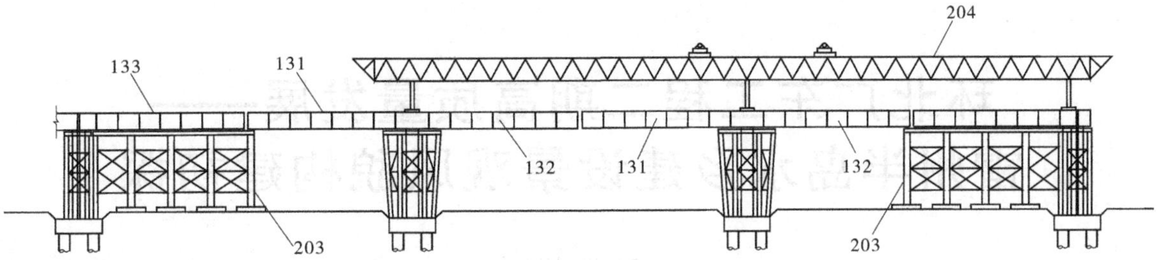

图7　施工步骤3（施工其他跨）

节段的挡水侧墙与下方的箱梁节段一体化预制，再通过预应力张拉实现整体截面受力。这种方法可以有效降低截面高度，减少材料使用量，从而提高经济性，并简化施工流程。

在预制场集中预制节段，可以更好地控制外观尺寸和内在质量，避免了自然环境因素对施工质量的影响。使用自动化生产设备和专业养护设备，进一步提高了产品质量的一致性和可靠性。

单个节段质量轻，易于运输和安装，因此可以使用较为简单的运架设备完成吊装作业。这使得设计和建造更大跨度的简支渡槽、连续渡槽乃至斜拉渡槽成为可能，无论是中小跨渡槽还是大跨渡槽均能适用，极大地扩展了该技术的应用范围。

节段预制技术简化了槽体制造工艺，减轻了单个构件的质量（最重不超过100 t），便于运输和现场拼装。所有现场拼装工作均可实现机械化操作，大幅提高了施工效率。

预制场集中生产减少了现场浇筑混凝土的需求，降低了施工过程中的环境污染。现场拼装主要采用胶结方式，仅在合龙段进行少量现浇作业，进一步减少了对环境的干扰。

3　结论

（1）相较于传统的施工方法，节段预制拼装渡槽展现出了显著的经济效益和社会效益，符合水利渡槽向高技术产业化发展的趋势。

（2）在中国当前大规模推进基础设施建设的背景下，随着引调水项目和水运交通项目的快速增加，节段预制拼装渡槽施工技术展现出了巨大的应用潜力。这项技术不仅能满足当前工程建设的需求，还能促进相关技术的发展和进步。

（3）整体式断面渡槽设计通过将侧墙与箱梁结合，形成了一个整体受力系统，能够更有效地利用截面的承载能力，从而在保证结构强度的同时降低截面高度，显著提升了经济效益。

本文所提出的基于节段预制拼装的渡槽设计与施工方法，不仅解决了传统施工方法中存在的诸多问题，还为未来的类似工程项目提供了宝贵的参考和借鉴，具有重要的实践意义。

参考文献

[1] 顾培英，王岚岚，邓昌，等. 我国渡槽结构典型破坏特征研究综述［J］. 水利水电科技进展，2017，37（5）：1-8.

[2] 谢开仲，陈玥樾，赖成联. 大流量预应力混凝土连续箱梁渡槽横向结构设计［J］. 水力发电，2023，49（7）：50-56.

[3] 冯光伟，左丽，王彩玲，等. 南水北调中线沙河梁式渡槽结构选型与跨度分析研究［J］. 南水北调与水利科技，2010，8（4）：27-30.

环北广东工程二期高质量发展——雷州半岛水乡建设景观风貌构建初探

阳华菁[1,2]

（1. 广东省水科勘测设计院有限公司，广东广州 510630；
2. 广东省水利水电科学研究院，广东广州 510630）

摘　要：环北部湾广东水资源配置工程二期工程建设在即，雷州半岛水乡建设是工程的重点工作板块之一，工程建设完成后将对未来雷州半岛景观风貌产生一定的影响，因此在建设前期对雷州半岛景观风貌打造的定位进行初步探索，形成具有可推广、可达成共识的景观规划思路，对未来打造具地方特色的水乡景观风貌有一定的推动作用。本文通过对雷州半岛现状资源开发条件进行整理和归纳，结合国内外案例分析，总结了建设雷州半岛水乡建设景观风貌构建的初步思路。

关键词：环北广东工程二期；雷州半岛；水乡；景观风貌

1　引言

为深入贯彻习近平总书记视察广东重要讲话、重要指示精神，广东省委主要领导的指示精神，环北部湾广东水资源配置工程二期工程（简称环北广东工程二期）应运而生，其三大重点工作板块为雷州半岛百库千塘万池输水储水网络建设、雷州半岛灌区工程建设和雷州半岛水乡建设。雷州半岛水乡建设依托前两项工作打下的水网建设基础，将把雷州半岛打造成一处具有示范性意义的岭南新水乡。目前，建设工作正在筹备当中，雷州半岛水乡应以何种景观风貌呈现及建设需提前探索谋划。

对雷州半岛全域尺度景观做整体谋划，尤其是打造符合雷州半岛本土风格的岭南水乡探索，在国内文献至今尚无研究。目前对于水乡建设的探索，国内对水乡设计的研究较多集中在长江三角洲地区的江南水乡和珠江三角洲片区的岭南水乡，主要基于对现存水乡进行历史研究，进而对未来做进一步传承保护及开发探索[1-6]。国外对水乡开发性研究则很少，主要是对现状水乡进行研究总结[7-8]。

本文通过对雷州半岛地理条件、自然资源、历史文化和旅游资源的发展条件进行归纳梳理，结合国内外相关案例研究，创新性地提出了若干对雷州半岛景观风貌构建的初步思路。

2　雷州半岛水乡建设条件

在地理区位方面，雷州半岛是我国三大半岛之一，是唯一处于热带区域的半岛，位于我国大陆最南端，与海南岛相隔琼州海峡相望，其地形地势以平原和台地为主。雷州半岛海岸线长度超过 2 000 km，海洋资源丰富，因受海洋气候的影响，常年冬暖夏凉，年平均气温在 22. 7～23. 5 ℃。

在自然资源方面，雷州半岛河流多，湖泊、水库及山塘也较多[9]。此地拥有热带特色的自然资源，如当地随处可见的棕榈科和雷州独有的红色土壤，当两者与城郊连片的田野相结合就形成了目前具雷州半岛特色的田园风光[10]。

在历史文化方面，雷州半岛文化形成于与广府文化等多文化的融合，是“岭南四大文化”中历

作者简介：阳华菁（1990—），女，工程师，主要从事水利水电建筑工程及景观设计工作。

史最为悠久的文化之一，多项非物质文化遗产被记录到国家级非物质文化遗产代表性项目名录中，雷州市更是国家级历史文化名城，并享有众多相关历史文化称号和盛誉[10]。雷州半岛的历史文化丰富程度使这里拥有在精神文化层面上独具一格的宣传名片。

在旅游资源方面，雷州半岛现有旅游资源分为海洋文化、生态文化和红土文化三类。海洋文化依托雷州半岛拥有的数千千米海岸线资源和热带气候，可为游客提供由沙滩、海岛、珊瑚礁、红树林和热带植物等组成的“热带半岛风情游”；生态文化主要指其现状具规模的自然资源和农业产业资源[11]，雷州半岛拥有一个世界地质公园，一个国家级森林公园和一个国家湿地公园，还有广袤的田园风光；红土文化顾名思义为因其地理及气候条件所形成的红色土壤，从远处或高空看去与绿色植被搭配形成鲜明的色彩对比，红土文化的另一层含义又被理解为是对雷州本土文化的精神提炼[12]。

总体来说，雷州半岛气候条件宜人，自然资源条件优越，热带气候资源使其与半岛以北地区自然环境有所区别，历史文化沉淀厚且特色鲜明，旅游参观资源好，居住及文旅建设开发潜力空间大，为建设宜居宜游的岭南新水乡提供了良好的基础条件。

3 景观建设思路推导

岭南水乡主要是指具有传统岭南园林典型风貌且水网密织地区的村镇。“岭南”的地域范围一般指我国地理范围内五岭以南地区，主要为我国的广东、香港、澳门、广西以及海南地区，岭南水乡则泛指粤中、粤北以及广西桂林地区的村镇[13]。通过环北广东工程二期的雷州半岛水乡建设工作内容，将雷州半岛地区水网和滨水城乡风貌进行优化和提升，使得将雷州半岛升级成宜居宜游的岭南新水乡美好愿景成为可能。景观风貌是水乡建设最终效果呈现的直接体现，因此应提前做好设计定位思考工作，形成整体统一、各地区略有不同且可实施性强的设计思路，避免后期因多家设计单位参与随意发挥，导致雷州半岛各处建设风格差异过大、景观杂乱无章且效果不佳。以下为对国内外相关案例进行研究后得到的几点初探思路。

3.1 以水景观为重点打造任务

重点打造水景观是营造水乡氛围的关键。依托雷州半岛百库千塘万池输水储水网络工程，雷州半岛地区未来将因地制宜连通地区水库、山塘和水池以构建输水储水水网，部分经流城镇或村镇地区的河道和水池将得到景观提升或生态改造，水体改造策划过程中应配合水乡建设工作同步考虑。

我国水乡案例以具代表性的江南水乡为例，其主要特点是水系基础条件优越，水陆相邻的空间布局使镇、街与水产生不可分割的联系；历史文化遗产保存良好，部分地区古水运航道及古码头保留至今，发挥着商业、旅游和学术研究的多重价值。在水岸空间的形态划分上，河道两岸常见为商业或公共活动空间，农村地区仍有部分当地居民的生产生活依赖水系，与水共生；建筑风格上，大部乡镇保留了历史建筑的风格，主体色调为白墙灰瓦，建筑形式细节变化丰富[1-5]。欧洲地区水乡与杭州地区水乡的共同特点为水网条件优越，乡镇依水而建，但因其人口密度远低于我国，其水乡在建筑密度和人均绿化面积上均优于我国；在水岸空间的形态划分上，根据河道流经空间区域进行不同的功能区设置，或采用不同形式的河岸空间形态，营造或活跃或安静的氛围，视觉变化丰富了河道的空间节奏；在使用功能上，商业和娱乐活动空间沿河道两岸发展，并鼓励商业或非商业的船运活动[7-8]；在建筑风格上，欧洲大部分水乡都延续或保留了历史建筑风貌。

水景观的营造是水乡建设风貌成败的关键，总结国内外水乡案例的经验思考，在岭南新水乡的未来建设上应兼顾考虑以下几点：①挖掘现有水系及未来工程新增水系条件，区分城镇景观和乡村景观进行分类建设，城镇化较高地区水景观建设应注意结合城镇形象和居民活动空间考虑，而乡村水景观则宜体现野趣并保留地域特色[14]；②设计过程中考虑水景观形式时，需注意河道两岸景观界面与村镇整体风格协调，并充分保留及发掘当地历史文化元素；③河道空间规划建议设置能与当地居民平日生活产生亲密互动的功能场所，使水与当地居民形成情感纽带。

3.2 强化并提升地方文化特色，结合村落发展

因古时岭南处于珠江三角洲地区，河网密布，理水文化在岭南园林造景中被得到重视。不同于江南水乡诗意典雅的造景意境，岭南的理水造景因受南越宫苑传承因素、自然气候因素以及明清时期商业文化的影响，体现出落于尘俗的生活意境[1]。新岭南水乡作为岭南水乡的发展，应继承其造景风格并结合本土文化及自然资源条件发展创新。

与本土文化结合应着重考虑雷州文化，可从建筑风格形式、人文习俗、当地生活习惯对社会空间的使用需求以及本土自然资源等方面着手。例如，雷州传统民居建筑在空间布局、建筑材料以及建筑装饰工艺上均有其独特魅力[10]；传统的雷州石狗文化、雷州换鼓文化以及古图腾文化均可运用融入人文活动空间的设计中；而在本土自然资源条件的运用上则可结合雷州半岛有别于珠江三角洲地区的热带气候、海洋文化及其红土文化考虑。雷州文化以其独特且丰富的形式经历千百年流传至今，将其提炼并融入岭南新水乡建设中，是对传统岭南文化的拓展，也是对自身文化认同与发扬的过程。

有人聚集生活的地方才有文化的传承，因此发扬体现文化的重要媒介在于聚居人口的村落。本域村落的文化是通过长期的历史沉淀而得来的，它不仅包含了形象风貌，还有精神传承和风俗习惯等[2]。雷州半岛文化自古在形成与发展的过程中因人口流动等因素逐渐吸纳融合了闽文化等多地区文化[9]。因此，虽同在雷州半岛这片土地和文化背景下生活，不同村落却因地理位置差异，有着细节上不同的文化传承和生活习性，有些村落甚至可能仍继承着当初随着移民而来的外地文化。雷州半岛水乡建设涉及村落众多，在做设计工作之前，逐一认真调研每个村落的历史文化背景和现状是设计人员必须要做的工作，避免“千村一面”。

3.3 结合文化和旅游产业推动持续发展

习近平总书记强调：文化产业和旅游产业密不可分，要坚持以文塑旅、以旅彰文，推动文化和旅游融合发展[15]。雷州半岛水乡建设融合文旅产业势在必行。当代地方文旅发展模式，已从最初仅需凭靠地理自然优势，演变为目前在“全民视频”的潮流当下通过引导手机客户流量将其助推为“网红城市”从而带动地方旅游发展。文化和旅游不仅能够带动当地知名度，还能引导周边住宿等配套产业的发展，更重要的是提升了地方经济活力，带来更多发展的可能性。但爆火的网红城市也会带来一系列城市管理的问题，以及网红热量退去后随之衍生的市场挑战[16]。雷州半岛水乡在建设初期建议：①通过打造少部分可赏或可玩的景观节点或“网红打卡点”来吸引游客到此体验广东新水乡，但需注意避免到处建设“网红打卡点”造成处处网红化，这样一来可能会导致公共资源浪费及城市发展失衡[17]。②避免建设景观节点时一味追逐新奇出众而不注意美观，与地方总体景观不协调，后期造成建设资源浪费。建议发掘当地原生资源做设计，例如，在徐闻县放坡村，设计师用珊瑚打造出了实用与美观并存的特色民宿，成为地方一处旅游亮点。③避免对其他景观节点、“网红打卡点”进行盲目抄袭、复制，导致出现景观雷同，削减地方景观特色和唯一性[2]。

对未来雷州半岛景观结合文化和旅游产业发展的具体建议主要在探索农业景观文化旅游和与“水乡”主题相对应的活动开发上。

在探索农业景观文化和旅游方面，雷州半岛农业资源优越，但在乡村文化和旅游上缺乏多样发展的竞争力[17]。从国内外农业发展历程来看，人们对文化和旅游的需求将逐渐促使以生产为主要功能的农业转移到以强调美观性、生态性和体验感为主的产业形式[18]。对比我国同样农业产业资源优越地区，新疆伊犁农业文化和旅游，尤其在农业景观文化和旅游上的经验值得借鉴。每年春夏两季，大片种植的薰衣草、杏花、芍药等经济作物争相开放，形成颜色艳丽的“花海”大地景观，吸引大批

游客前来观光拍照；到了秋季，伊犁成熟的瓜果又可供游客品尝和购买。其中，伊犁的薰衣草产业得到政府的大力支持，不仅建设了各类产业园，还建设了不同形式的衍生旅游设施以支撑旅游业的发展，薰衣草产业现已成为伊犁的一张旅游名片[19]。

雷州半岛发展农业景观文化旅游具备发展优势。例如，雷州市的万亩东西洋田，拥有“雷州粮仓”的美誉，其连片种植的农田景观带来视觉冲击力；徐闻县因大量种植菠萝被称为“菠萝的海”，以菠萝为主的农作物与红土地的结合在高空俯瞰下颜色对比度高，犹如一幅色彩明朗的印象派油画铺设在地面，吸引大批游客到此打卡体验。景观可探索在现有农业资源的基础上发挥创意，在不影响作物经济的情况下进行局部景观化改造，增加休闲娱乐服务设施，把农田升级为在满足第一生产力需求的情况下，还可观可游的大地景观艺术，提高农产品附加值，为雷州半岛增添旅游新名片。

在探索“水乡”主题活动开发上，通过工程设施优化后的地表水网以及现有海岸资源可结合景观平台建设引导水上活动。硬质驳岸的河道在流经中心村镇范围，并满足通航条件的情况下，可设置船运通道、船运码头，鼓励观光游船，水上小商贩等水上及水岸商业活动，发展水经济；在开阔水面或海域鼓励组织进行帆船、快艇等水上活动，定期举办相关活动赛事，提高知名度；沿岸设置亲水平台增加人对水的可接触度，提升水景观环境活力。

4　结语

雷州半岛水乡建设是雷州半岛民生福祉工程，提前研究整体景观风貌构建方式，形成共识性的设计思想，将有利于后期顺利建设、保质落实。为此本文提出了三大景观构建思路：首先，要突出“水乡”元素，以水景观为重点打造任务；其次，为强化并提升雷州半岛本土文化特色，并以村落为设计单元，结合其本土文化习俗和发展着手设计；最后，设计需考虑与文化和旅游产业结合以提高地方发展竞争力，可依据各地区条件发展农业景观文化旅游和探索水上运动，发展水经济。

参考文献

[1] 梁明捷，李萌．岭南与北方、江南园林理水文化对比研究［J］．湘潭大学学报（哲学社会科学版），2020，44（1）：191-193.

[2] 雷婉莹．地域文化在公共空间设计中的应用研究：以荆楚水乡地区乡村旅游规划为例［J］．大观，2023（11）：57-59.

[3] 季松，段进，薛松，等．基于空间基因传承的城市设计方法探索：以长三角一体化示范区水乡客厅为例［J］．城市规划，2023，47（12）：4-12.

[4] 俞依凡．江南水乡古镇滨水空间研究及应用初探［J］．资源与人居环境，2022（9）：34-38.

[5] 李琳．杭州地区乡村水体景观营造模式研究［D］．杭州：浙江农林大学，2021.

[6] 徐文雄，肖宁宁．珠三角水乡旅游开发经营模式初探：以中山市民众镇裕安村为例［J］．乡镇经济，2009，25（12）：105-108.

[7] 王萌．结合自然景观的小城镇滨水堤岸设计：以法国小镇安纳西为例［J］．小城镇建设，2005（3）：100-101.

[8] 汪洁琼，江卉卿，毛永青．生态审美语境下水网乡村风貌保护与再生：以荷兰羊角村为例［J］．住宅科技，2020，40（8）：50-56.

[9] 赵映．基于文化地理学的雷州地区传统村落及民居研究［D］．广州：华南理工大学，2015.

[10] 于法稳，于贤储，王广梁．雷州半岛生态文化旅游研究［J］．生态经济，2015，31（9）：151-155.

[11] 武星宽，雷芸．雷州文化与旅游资源的融合性研究［J］．美术大观，2017（12）：76-77.

[12] 伍康钦．乡土文化在实现乡村振兴发展的路径探索：以广东雷州半岛红土文化为例［J］．现代化农业，2019

（5）：44-46.
［13］莫伯治．岭南庭园概说［J］．建筑史，2003（2）：1-22，262.
［14］刘钒颖，闻丽媛．城镇型与乡村型河道景观设计的探讨［J］．江西建材，2020（9）：209-210.
［15］厉新建．顺应趋势 科学谋划 推动文化旅游业高质量发展［N］．光明日报，2020-10-12（16）.
［16］田卉，刘姝秀，王子彤，等．文旅城市，如何从“家喻户晓”到“口碑载道”［N］．光明日报，2024-04-11（7）.
［17］杨嘉慧．湛江休闲农业与乡村旅游发展现状及对策［J］．现代农业科技，2021（3）：237-238，242.
［18］陈姝，黄艳娜，杜丽清，等．旅游型海岛发展都市农业的探析：以湛江特呈岛为例［J］．农业研究与应用，2022，35（5）：69-76.
［19］李阳，地力夏提·哈依热丁，马贝贝．伊犁地区薰衣草产业发展的问题及对策［J］．福建农机，2022（1）：30-32，38.

水利工程EPC总承包安全管理模式研究

何 涛 何 鹏 李 昭

(1. 京水江河(北京)工程咨询有限公司,北京 100070;

2. 新疆昕昊达矿业有限责任公司,新疆哈密 832003;

3. 北京中恒寰宇咨询有限公司,北京 100070)

摘 要: EPC模式已成为现阶段我国建筑施工一体化发展的大趋势,尤其是近些年水利水电工程建设的主要模式。EPC项目安全管理属于一项系统工程,其工作控制点比较多,并且内容也较复杂,较传统项目管理模式具有更高的集约度,易于控制投资、进度和风险。传统项目安全管理方法,难以满足EPC模式下的安全管理要求。因此,如何发挥EPC总承包项目的优势,实现项目管理周期内的安全管理,将风险降到最低,是一项具有现实意义的全新课题。本文研究可为EPC项目全过程安全管理工作提供一些借鉴。

关键词: 水利工程;EPC项目总承包;安全管理;问题;研究;措施

过去,水利被称作"农业的命脉",传统水利很大程度上就是农业水利。现在随着经济社会的发展,水利的支撑作用更加凸显。水利是现代农业建设不可或缺的首要条件,是经济社会发展不可替代的基础支撑,是生态环境改善不可分割的保障系统,具有很强的公益性、基础性、战略性。水利建设目前已由高速增长阶段转向高质量发展阶段,而且随着规模快速扩张带来的发展正在成为传统水利建设面临的机遇与挑战,特别是EPC(engineering procurement construction)总承包项目的增加,一定程度上促进了项目管理水平的提高。我国大多数EPC总承包项目承包人是多个企业组成的联合体,这种承包形式也越来越被发包人所喜爱,因为联合体形式可以充分发挥设计单位和施工单位各自的优势,这就对联合体企业之间的协同配合要求非常高。

EPC总承包模式下工程项目安全管理过程中,业主通常认为从承包模式和法律角度考虑,他们仅仅只与总承包商存在合同关系和相关安全管理方面的法律责任,与设计、施工和采购等分包商安全管理和安全责任并无关系。例如,他们认为由设计导致的安全责任由设计单位和总承包商承担,施工过程中导致的安全责任由施工单位和总承包商承担,因采购导致的安全责任由采购单位和总承包单位承担。但是在实际工程项目管理过程中,尤其是在EPC总承包模式下存在建设项目规模大、周期长、参与主体较多、环境复杂多变、安全生产难度较大等问题,导致工程项目安全管理关系错综复杂,以及安全管理权责划分不明确等问题。

1 EPC总承包项目概述

EPC是指承包方受业主委托,按照合同约定对工程建设项目的设计、采购、施工等实行全过程或若干阶段的总承包,并对其所承包工程的质量、安全、费用和进度进行负责。

在国家发展和改革委员会联合住房和城乡建设部共同印发推行《房屋建筑和市政基础设施项目工程总承包管理办法》以及《关于推进全过程工程咨询服务发展的指导意见》的政策文件和相关指导意见下,国有企业和政府投资项目原则上需要配备由工程总承包(EPC)项目经理和工程总承包(EPC)项目管理师作为总负责人的EPC工程总承包管理团队进行工程总承包。

作者简介: 何涛(1988—),男,高级工程师,主要从事水文分析与计算等方面的研究工作。

在 EPC 模式中，工程（engineering）不仅包括具体的设计工作，而且可能包括整个建设工程内容的总体策划以及整个建设工程实施组织管理的策划和具体工作；采购（procurement）也不是一般意义上的建筑设备材料采购，需要进一步囊括专业设备、材料的采购；建设（construction），其内容包括施工、安装、试测、技术培训等。

2019 年 12 月 23 日，为贯彻落实《中共中央 国务院关于进一步加强城市规划建设管理工作的若干意见》和《国务院办公厅关于促进建筑业持续健康发展的意见》（国办发〔2017〕19 号），住房和城乡建设部、国家发展和改革委员会联合印发《房屋建筑和市政基础设施项目工程总承包管理办法》，文件要求：工程总承包单位应当设立项目管理机构，设置工程总承包（EPC）项目经理，配备相应管理人员工程总承包（EPC）项目管理师，加强设计、采购与施工的协调，完善和优化设计，改进施工方案，实现对工程总承包项目的有效管理控制，工程总承包（EPC）项目经理应当熟悉工程技术和工程总承包项目管理知识以及相关法律法规、标准规范，并具有较强的组织协调能力和良好的职业道德。

2020 年 8 月 28 日，住房和城乡建设部、教育部、科学技术部、工业和信息化部、自然资源部、生态环境部、中国人民银行、市场监督管理总局和银行保险监督管理委员会联合印发《关于加快新型建筑工业化发展的若干意见》，意见指出：大力推行工程总承包。新型建筑工业化项目积极推行工程总承包模式，促进设计、生产、施工深度融合。引导骨干企业提高项目管理、技术创新和资源配置能力，培育具有综合管理能力的工程总承包企业，落实工程总承包单位的主体责任，保障工程总承包单位的合法权益。

1.1 EPC 总承包模式特征

（1）在 EPC 总承包模式下，发包人（业主）不应该过于严格地控制总承包人，而应该给总承包人在工程项目建设中较大的工作自由。

（2）发包人（业主）对 EPC 总承包项目的管理一般采取两种方式：过程控制模式和事后监督模式。

①所谓过程控制模式，是指发包人（业主）聘请监理工程师监督总承包商“设计、采购、施工”的各个环节，并签发支付证书。发包人（业主）通过监理工程师各个环节的监督，介入对项目实施过程的管理。FIDIC 编制的《生产设备和设计—施工合同条件》（1999 年第一版）即采用这种模式。

②所谓事后监督模式，是指发包人（业主）一般不介入对项目实施过程的管理，但在竣工验收环节较为严格，通过严格的竣工验收对项目实施总过程进行事后监督。FIDIC 编制的《设计、采购、施工合同条件》（1999 年第一版）即采用这种模式。

（3）EPC 总承包项目的总承包人对建设工程的“设计、采购、施工”整个过程负总责、对建设工程的质量及建设工程的所有专业分包人履约行为负总责，即总承包人是 EPC 总承包项目的第一责任人[1]。

1.2 EPC 总承包模式合同结构形式

在 EPC 总承包模式下，总承包商对整个建设项目负责，但却并不意味着总承包商须亲自完成整个建设工程项目。除法律明确规定应当由总承包商必须完成的工作外，其余工作总承包商则可以采取专业分包的方式进行。在实践中，总承包商往往会根据其丰富的项目管理经验，根据工程项目的不同规模、类型和业主要求，将设备采购（制造）、施工及安装等工作采用分包的形式分包给专业分包商。所以，在 EPC 总承包模式下，其合同结构形式通常表现为以下几种形式：

（1）交钥匙总承包；

（2）设计-采购总承包（E-P）；

（3）采购-施工总承包（P-C）；

（4）设计-施工总承包（E-C）；

（5）建设-转让总承包（C-T）。

最为常见的是第（1）、（4）、（5）这三种形式。

交钥匙总承包，是指设计、采购、施工总承包，总承包商最终是向业主提交一个满足使用功能、具备使用条件的工程项目。该种模式是典型的 EPC 总承包模式。

设计-施工总承包，是指工程总承包企业按照合同约定，承担工程项目设计和施工，并对承包工程的质量、安全、工期、造价全面负责。在该种模式下，建设工程涉及的建筑材料、建筑设备等采购工作，由发包人（业主）来完成。

建设-转让总承包，是指有投融资能力的工程总承包商受业主委托，按照合同约定对工程项目的勘察、设计、采购、施工、试运行实现全过程总承包；同时，工程总承包商自行承担工程的全部投资，在工程竣工验收合格并交付使用后，业主向工程总承包商支付总承包价[2]。

1.3 EPC 总承包模式缺点

业主不能对工程进行全程控制；总承包商对整个项目的成本、工期和质量负责，加大了总承包商的风险，总承包商为了降低风险获得更多的利润，可能通过调整设计方案来降低成本，从而影响长远意义上的质量；由于采用的是总价合同，总承包商获得业主变更令及追加费用的弹性很小。

2 现阶段安全管理中存在的问题

由于缺乏专门的法律法规对市场准入、法律定位进行界定，因此 EPC 总承包项目安全管理中职责定位不清、法律意识不强、安全设计不足、设计与施工融合不够、分包商履约能力差和安全管理能力不足等问题仍存在。在实施过程中不能及时根据修订后的法律法规对管理制度和操作流程进行优化及更改，甚至有的流程没有按照法律规定进行，存在一定的违法行为。没有建设专门的管理责任机构以及配备专业人员，由其他人员兼职进行；在日常管理中不重视安全管理的开展；部分安全管理人员素质不高，对该项工作的认识不到位，不能有效落实各项制度；存在不专业、不敢管、管不动，甚至推诿的现象。

2.1 安全职责定位不清

目前，没有明确的法规界定 EPC 总承包单位安全管理的深度和要求，实施过程中容易出现以下情况：① EPC 总承包单位管理过于深入，总包单位、分包单位“安全管理重叠”，“多头指挥”造成沟通不畅，资源浪费。②EPC 总承包单位将工程分包后，对分包商放弃管理，造成管理脱节，最终出现“以包代管”现象。安全管理职责定位不清问题还体现在 EPC 工程总承包项目的安全管理机构设置没有统一规定，安全管理人员的配备也没有强制性要求[3]。

2.2 安全设计与施工融合不够

受工程设计人员资历和阅历限制，EPC 工程总承包项目无法实现工程项目本质安全设计，致使原本可以通过设计来消除的大量危险源在项目施工运行阶段显现。

2.2.1 重结构，轻施工

设计人员的安全设计意识淡薄，重结构而轻施工，对施工过程中的安全保障措施缺少系统考虑，未能做到全过程安全设计。

2.2.2 设计未能与施工良好融合

当前国内的 EPC 工程总承包项目多数由设计单位主导设计，总承包商将具体施工对外分包。由于设计单位通常缺少合格的项目管理人员，也很难有机会与分包商进行有效沟通，因此工程设计常常与施工融合不够，导致安全设计方面存在漏洞[3]。

EPC 项目由施工总承包单位主导，自主负责工程设计内容时，往往更多关注工程进度及效益，缺乏对工程准备阶段资料数据的了解，对设计安全的考虑不充分，且存在专业工程设计能力不足，设计人员水平不高等问题。将施工部分进行分包时，往往未能摆脱设计方的思维惯性，与施工单位缺乏有效沟通，对施工安全风险考虑不足，且对安全责任划分既不规范也不合理。

2.3 分包单位安全管理能力不足

施工安全是EPC工程总承包项目安全管理的重点和难点。由于目前工程多数是以最低价中标，为了降低成本，部分不合格的分包商也得以进入施工现场施工，这些不合格的分包商通常存在资源配置能力不足、技术力量薄弱、作业人员安全素质低、班组安全管理能力差等问题。部分分包商更是在签订分包合同后，进行违法的二次分包、转包[3]。

EPC项目易出现“重主体轻装饰”的缺位管理现象，EPC总承包管理体系不健全，对分包安全管理经验不足，现场安全管理弱化。

3 安全责任

从全面安全管理责任的角度分析，所有参与工程项目建设主体（包括业主、设计方、承包商、分包商、政府以及保险公司等）都对安全管理负有责任，各方应积极参与安全管理工作并承担相应责任。建设单位是工程建设第一责任人，对建设项目负全面责任；监理是业主现场安全监督的代言人；承包商是工程项目施工现场安全第一责任人[4]。

我国现有体制、政策条款和实际操作之间的矛盾造成了施工过程中各主体对安全责任的推脱，不利于施工过程中安全责任管理。建设工程各主体的安全责任的大小应与其能力相匹配。设计方案决定了施工现场潜在的安全隐患，应该延伸设计方安全责任，设计方在设计阶段应该考虑到方案在施工过程中可能导致的安全问题。

在总承包模式下，应该以业主和总承包商为中心组织协调各参与主体，在保证建设成本、质量和工期的基础上注重总承包项目安全管理，避免主体间出现安全责任相互推诿和扯皮的现象，确保项目的安全实施。

EPC总承包项目全过程安全管理中应注重设计阶段的安全设计、施工阶段模块化管理以及采购和试运行阶段安全策划。EPC总承包模式下应建立健全安全管理体系，建立健全安全生产责任制，做好施工过程以及施工后的安全管理总结与反馈，加强全过程安全管理，利用信息化手段提高安全管理效能，创新安全管理模式，减少安全事故发生，保证EPC总承包模式下安全管理机制高效运行[5]。

3.1 设计方安全责任

保证项目的勘察、设计（包括施工过程中不良地质现象的认定）质量，进行设计变更和变更设计，提供设计服务；采购合格的设备、材料，对到货的设备、材料进行检查并负责设备、材料交接前的安全；配合现场施工，对监理方审批的施工组织设计、施工方案和施工措施等进行审查；保证工程安全。提供安全投入，组织实施现场安全监督，保证现场施工符合法律法规要求；工程实施中，对公众和邻接土地的所有人、使用占用人实施保护，并提供可能需要的任何临时工程（包括道路、人行路、防护物和围栏等）[6]。

3.2 监理方安全责任

审查设计体系履行安全职责的状况，发现问题及时督促解决；审批单位工程开工报告，对分包人提交的施工组织设计、施工方案和施工措施等进行审批并监督实施；审查重大项目、重要工序、危险性作业和特殊作业的安全施工措施并予以监督实施，维护工程安全。审查分包人的安全保护工作程序；审查施工分包商大、中型起重机安全准用证、安装（拆除）资质证、操作许可证；监督审查施工机械安装、拆除、使用维修过程中的安全技术状况，发现问题及时督促整改；协调解决各施工分包方交叉作业和工序交接中存在的影响安全的问题，监控高危项目的实施安全。严格控制土建交付安装、安装交付调试，以及整套自动、移交生产所具备的安全文明施工条件，凡未经监理签证的程序不得进入下一道工序施工。负责实施现场安全监督，维护现场安全施工秩序，保持现场施工行为合规合法[6]。

3.3 分包方安全责任

组织施工组织设计、施工方案和施工措施的编制和报批并组织实施，明确施工安全措施，合理部署施工，优化施工方法，严格施工程序，控制施工工序，保证工程安全。全面遵守合同条款，承担合同中明确的安全文明施工和环境保护、卫生健康责任；依据国家法律、法规、政策的相关安全要求，编制安全工作程序，制订适应现场的各项安全管理措施并组织实施；服从管理，接受监督，及时纠偏[6]。

4 各阶段安全管理

4.1 设计阶段

工程设计是项目建设的灵魂，是非常重要的一个环节。设计环节的安全性对于工程施工、运行及维护所形成的影响也非常大。设计阶段应该尽可能地发现项目中潜藏的风险，同时对风险进行分析和管控。

EPC承包单位应与施工企业加强沟通、密切配合，认真开展图纸会审工作，在正式施工前，尽量防止风险的发生。根据交底具体要求，针对设计内容向施工方进行详细的介绍。深化设计，提出施工、制造、安装要求，接受施工或制造单位对施工图设计或设备设计的质疑，协调解决交底中提出的有关设计问题。

4.2 采购阶段

EPC总承包项目采购大多使用甲供方式，作为总承包方应增强对供应商的评审，要求设备和材料供应商必须要具备与其所供产品相符的能力与资质证明材料。EPC项目承包方需设置科学、实用、合格的采购途径，同时负责材料和设备交接以前的安全。EPC总承包方必须依据设计人员编制的材料和设备采购标准的要求进行采购。对进场设备和材料，应按照合同约定的检验标准来加强现场检测，严禁不合格材料进入施工现场危害工程质量及安全。

采购超大、超重、异形等超过道路通行规定的产品，需根据设计要求与供应商针对运输方式及安全防范对策进行协商。如需设备、材料供应商提供现场服务，应与供应商签订现场服务安全协议。对于进入现场的工作人员一定要对其进行安全教育。

4.3 施工阶段

4.3.1 准入方面的管理

在EPC项目总承包安全管理中，分包方实施的安全管理是整个工程安全管理的基础。所以，在分包方准入方面应严格按规范来选择安全管理、严格规范和安全生产标准化达标的分包商。

EPC项目总承包方结合本身优势，对施工承包方技术能力与安全保障水平进行评估，同时与分包方签订分包合同和安全生产管理协议，而且在安全生产管理合同和安全生产管理协议中对于双方安全义务和责任应进行明确。

4.3.2 安全管理体系的构建

EPC安全管理体系的制定是工程项目安全运行的前提条件和基石，EPC总承包企业需把企业安全管理体系实现项目化、标准化，同时还要积极地将总包和分包两个单位体系融合在一起，提升施工总承包管理能力，负责安全全面履约，防止建设和执行工作形式化。通过不断完善安全管理体系，达到安全生产有序可循，有制度可依，促进安全生产能够有章可循。同时在工程进展过程中，对安全管理体系进行不断完善和优化。

EPC总承包项目的过程管理需遵从依权控制、依势监管、依规确认和依约考核等原则，梳理明确安全管理关系，来划定安全责任具体范围[7]。

4.3.3 安全生产管理配置

（1）人员配置。EPC总承包项目采取的是矩阵管理模式，工程项目部应配置安全领导责任强、具有安全生产管理能力的人才负责安全管理工作，同时合理地授予其应有的责任和权利，使各层级的安全管理人员都具备安全管理意识和能力。

（2）设备管理。设备安全属于工程建设本质安全性的主要手段。EPC项目部应加强特种设备的管理。将设备管理纳入 EPC 总承包安全管理范畴，设备在进场前应对其进行严格审核和检验，集中特种作业人员培训上岗。在项目建设过程中，要求分包方建立设备安全技术档案，并同时加强设备检测、检验、维修及保养。

（3）安全设施。安全设施是在生产经营活动中预防、控制、减少与消除事故影响采用的设备、设施、装备及其他技术措施。项目部需对安全设施加强管理，安全设施应当严格按照安全设施设计和相关施工技术标准、规范施工。在项目建设过程中，需要分包方构建安全设施档案，并同时加强安全设施检测、维修及保养。建设项目安全设施竣工或者试运行完成后，生产经营单位应当委托具有相应资质的安全评价机构对安全设施进行验收评价，以保证其达到要求的安全绩效。

建设项目竣工投入生产或者使用前，生产经营单位应当组织对安全设施进行竣工验收，并形成书面报告备查。安全设施竣工验收合格后，方可投入生产和使用。

（4）安全措施费。安全生产投入是生产经营单位在生产经营过程中防止和减少生产安全事故的重要保障。EPC 项目应保证安全资金有效地投入，专款专用。EPC 项目总承包主要需确保资金安全、及时到位，并且还要按照计划来使用各项经费。对于安全经费需遵从计量支付制和实报实销原则，禁止采用比例计提。

4.3.4 责任范围划定

在 EPC 项目当中所涉及的单位比较多，管理会变得越来越复杂，所以一定要对 EPC 项目的安全管理责任做好划分，确定责任范围，从而更好地采取程序化管理，保证安全管理工作可以正常有序开展和实施。根据岗位的实际情况，确定相应的人员，明确岗位职责和相应的安全生产职责，实行“一岗双责”。

首先，总承包方安全责任。EPC 总承包对分包商安全管理承担控制、监督、确认、协调和考核等责任。而职责工作则主要包含规范安全管理流程和程序、对主要环节应合理地采取安全管理措施。

其次，分包方安全责任。分包方主要负责的是施工现场的安全责任，依据要求来合理地调配各项资源及科学地组织施工。对于施工方法应及时进行优化，严格管控施工程序，确定施工安全防护措施，由此保证工程整体安全。全面遵守合同条款，承担合同中明确的安全责任。在总承包单位的监督管理下，分包单位应服从总承包单位的管理，接受监督，及时纠偏。

4.3.5 安全过程控制

安全检查是预防安全事故的重要措施，在实施安全检查工作的过程中，需严格按照标准来实施，坚持做好这项工作，对检查中发现的安全问题，应当立即处理；不能处理的，应当及时报告本单位有关负责人，有关负责人应当及时处理。检查及处理情况应当如实记录在案。对于严重的隐患问题，应采取果断的处理对策，对于影响较大的事件应进行严肃处理。在进行检查时，需特别注意所使用的方法和方式，防止简单并且盲目的情况发生。检查过程 EPC 总承包单位要组织全员参与，安全检查要严格闭环管理。

EPC 项目的总承包方所实施的安全管理需重点突出执行力，促进分包方及时更新观念，从以往被动式管理转变成主动履职。基于开工前的具体安全标准及要求，如果施工前安全准备不足，坚决不允许开工。EPC 项目部如发现有隐患存在应及时采取停工处理，用实际行动向承包方展现良好的执行力，以便让其具备警觉性。

定期综合检查：以落实岗位安全责任制为重点、各个专业共同参与的全面检查。主要检查安全监督组织、安全思想、安全活动、安全规程、安全制度执行、安全生产目标实施的情况等。

专项检查：主要是对锅炉、压力容器、电气设备、安全装备、监测仪器、危险品、运输车辆等分别进行专业检查，以及在装置开、停机前，新装置竣工及试运转时期进行的专项安全检查。

季节性检查：根据季节特点开展的专项检查。

节假日检查：主要是节前对安全、保卫、消防、机械设备、安全设备设施、备品备件、应急预案等的检查。

日常检查：包括现场安全规程执行情况、安全措施是否执行、安全工器具是否合格、作业人员是否符合要求、有无违章违规作业、检查现场安全情况等。

EPC 总承包部定期召开安全会议，施工高峰期增加会议次数。除定期会议外，工程开工前，总承包单位应组织召开工程启动安全会议，做好安全工作部署。根据施工进展，组织召开现场会，实行样板引路。

安全教育：安全管理工作的有效实施主要元素是人。人员管理应实行“谁使用，谁教育，谁管理”的原则，EPC 总承包方要督促分包方加强对一线施工作业人员的培训。利用对人员实施进场前的安全教育培训和进场后的安全技能培训的形式从根源上防止安全事件的发生。

管理：一是把方案的“编制、审查、批准、交底、执行”五个环节作为一项重要内容来抓，加强对方案实施情况的监督检查。二是安全信息化管理，EPC 总承包方应采用工程项目管理信息系统等智慧建造手段，以信息化平台规范分包方安全行为。结合工程实际特点，设置安全管理模块，对工程关键部分实施 24 h 监控，实现“前台操作、后台监督”的安全信息化远程监控。三是施工安全标准化管理，施工现场应实现封闭管理，适当调整现场布局，实施流水作业，推行集约化施工，对施工系统和施工区域实施空间和时间调整，减少立体交叉作业，使用先进安全施工机具，减少手动和人力工具使用，提高安全系数。

4.3.6 安全管理效果绩效考核

EPC 项目部需结合合同与所发布的关于安全考核的相关标准来对分包方实施安全绩效考核。考核最终结果应与经济效益捆绑在一起，这样能够促进分包方积极做好安全工作，使项目全过程管理实现常态化和规范化。

4.4 试运行阶段

作为 EPC 总承包方需编制工程项目的试运行计划，确定试运行期间的工作内容、人员组织、工作程序和原则，辅助调试人员，确定调试位置和范围，制定调试阶段安全技术对策与突发事件应对对策，保证试运行过程安全性。在实施试运行前，需保证工程项目已严格落实好安全生产的各项制度。试运行前安排业主和施工分包商及供货商，从试运行层面来检测施工安装质量的安全性，核实试车、停车、操作、紧急事故处理和安全等方面是不是与设计要求相符，针对试运行阶段潜在的问题应以清单的形式将各项问题一一列举出来，并同时解决这些问题，以达到最终的设计目标。

与业主一起审查、签证试运行和考核的相关报告，确定工程项目工艺性能、经济指标都能够符合合同的具体要求。

5 结语

目前，国内关于 EPC 工程总承包安全责任方面的规范较少，并且由于 EPC 工程总承包和传统承包模式区别较大，主体之间安全责任界定复杂。导致在实施过程中相关主体安全责任划分不明确，易发生主体之间的权责和利益矛盾。在 EPC 总承包模式下，业主和总承包商应该以“安全第一、预防为主”的生产方针和“管生产必管安全”的安全生产原则做好安全管理工作。通过完善和规范 EPC 总承包模式下相关主体安全责任的界定，减少主体之间安全责任的分担，发挥自身优势，协同工作，将安全责任分担策略转化为有效的工程项目安全管理措施，形成相互影响、相互制约、相互促进的有机整体，提高工程项目安全管理水平，促进工程项目安全管理效率，节约安全管理成本，以达到双赢的目标。

因此，随着 EPC 总承包模式在我国的不断发展，“设计安全”是基础，“施工安全”是关键。设计阶段应积极推行安全设计，引进先进的安全设计理念，进行设计观念转变，在安全设计过程中加强设计核查，变消极防御为积极防范。通过模块化管理方式，在施工过程实施“全过程管理”。通过以风险预控为核心的、持续全面的、全过程的、全员参与的、闭环式的安全管理活动，避免安全事故的发生。

EPC 总承包项目应加强采购过程及试运行阶段的安全管理，管理前移下沉，加强入场检验关并对重要设备进行进厂监造，对试运行过程做好安全策划，制定好应急措施。

总体来说，在 EPC 总承包模式的广泛应用背景下，一体化、集成化管理成了工程项目的重点和主流，工程全过程安全管理是发展趋势和发展方向，EPC 总承包单位要对照国际工程公司的运行机制、管理体系，找差距和不足之处，同时制定相应措施，通过安全管理模式创新，确保责任明确、流程合理、管理重点清晰。

参考文献

[1] 王娜．建设工程 EPC 总承包模式及其相关法律问题［J］．法制与经济，2006（02X）：9-11.

[2] 余蕊．西门子：“一带一路”建设为跨国企业带来商机［EB/OL］．（2018-05-16）［2018-05-31］．https：//www.yidaiyilu. gov. cn/p/55490. html.

[3] 韩海荣，王岩．EPC 工程总承包项目全过程安全管理模式研究［J］．市政技术，2019（3）：258-260.

[4] 魏瑶．EPC 总承包模式下工程项目安全责任分担研究［D］．成都：西华大学，2020.

[5] 高海燕．以设计为龙头的 EPCI 总承包模式下的项目成本控制［J］．现代工业经济和信息化，2017（9）：28-29.

[6] 解秦保，潘方冬，翟超，等．国际海洋工程 EPCI 总承包项目进度计划的编制与控制研究［J］．项目管理技术，2017（2）：99-102.

[7] 郭建宏，苑卫．EPC 总承包项目施工安全管理［J］．城市建设理论研究（电子版），2013（11）.

南水北调东线一期工程实施经验与实施效果分析

孟 益 李林峰 金国强

（中水淮河规划设计研究有限公司，安徽合肥 230091）

摘 要： 南水北调东线一期工程是解决我国北方地区水资源严重短缺问题的重大战略举措，也是关系到我国经济社会可持续发展的特大型基础设施。南水北调东线一期工程在全过程中坚持全国一盘棋，从中央层面通盘优化资源配置，集中力量办大事，为推进南水北调后续及其他重大引调水工程建设提供了大量宝贵经验。南水北调东线一期工程建成通水至今，发挥了巨大的经济效益、生态效益、社会效益，对提高北方受水区水资源承载能力，改善城乡供水条件及河湖水质，修复生态环境，拓展区域发展空间做出了巨大贡献，已成为支撑区域经济社会高质量发展的生命线和稳定器。

关键词： 南水北调；东线一期工程；实施经验；实施效果

1 引言

我国水资源空间分布不均衡，呈“南多北少”格局[1]，长江流域年降水量超过 1 100 mm，而黄河流域大部分地区年降水量只有 200~600 mm。黄淮海流域作为重要的工业和粮食生产基地，以全国 7%的水资源量支撑着全国 24. 2%的人口、1/2 的耕地和国内生产总值。

南水北调工程分东、中、西三条线路，分别从长江上、中、下游调水，与长江、淮河、黄河、海河相互连通，构成我国水资源“四横三纵、南北调配、东西互济”的总体格局。其中，东线一期工程于 2002 年 12 月开工建设，2013 年 11 月正式通水，用于补充山东半岛和山东、江苏、安徽等输水沿线城市的生活、环境和工业用水，并适当兼顾农业和其他用水。

东线一期工程黄河以南以京杭大运河为输水主干线，并利用三阳河、淮河入江水道、徐洪河、韩庄运河、不牢河等河道北送。出东平湖后一路向山东半岛供水，另一路穿黄河至大屯水库，向鲁北地区供水。

东线一期工程多年平均抽江水量为 87. 66 亿 m^3，调过黄河水量为 4. 42 亿 m^3，到山东半岛水量为 8. 83 亿 m^3。东线一期工程多年平均净增供水量为 36. 01 亿 m^3，其中，江苏省净增供水量为 19. 25 亿 m^3，安徽省净增供水量为 3. 23 亿 m^3，山东省净增供水量为 13. 53 亿 m^3[2]。

2 相关研究进展

东线一期工程因其建设周期长、投资规模较大、供水范围广及供水目标多样化等特点，对东线一期工程实施经验和整体实施效果进行分析总结是一项较为复杂的工作。

已有的研究成果中，有聚焦于其中某一段工程综合效益发挥的研究。例如，王立健等[3] 对东线一期工程聊城段工程建设运行的效益进行研究，认为聊城段工程的实施有效解决了鲁北地区及津冀地区水资源短缺问题，并且在改善水生态、防洪除涝、弘扬运河文化、改良地质状况等方面产生了显著的效益。周亮等[4] 从提升水资源供给能力、提高防洪排涝标准、交通航运提档升级等 9 个方面总结了东线一期江苏境内工程的显著效益，结论指出，江苏境内工程建设投运短短几年时间，综合价值日渐显现。王蓓等[5] 在总结东线一期工程 2013—2021 年度向山东供水情况的基础上，研究工程对促进

作者简介： 孟益（1993—），男，工程师，主要从事水利工程规划设计研究工作。

山东省受水区经济社会高质量发展、水资源优化配置等方面发挥了积极作用。

研究成果中也有聚焦于东线一期工程实施后的具体效益。刘辉等[6] 利用东线一期工程通水 10 年来的调水运行数据，从补水、生态、航运、文化 4 个方面分析了东线一期工程建成后对大运河传承保护的重要作用。李振军等[7] 通过总结东线一期工程生态环境保护方案，对工程生态环境保护措施实施效果进行梳理和回顾，并提出具体建议供东线后续工程环境保护规划设计参考。吴炼石[8] 认为南水北调东线工程的实施将对南四湖及周边地区的自然生态环境改善、航运业和旅游业的发展起到积极作用。

但尚未有学者对东线一期工程实施经验及实施效果进行系统的总结分析。

3 实施经验总结

东线一期工程历经 10 余年的建设历程，于 2013 年正式通水运行，在跨流域调水工程建设、运行方面积累了大量的宝贵经验。

3.1 坚持全国一盘棋

东线一期工程规划、建设及运行过程中，党中央、国务院从中央层面统筹推动，通盘进行水资源优化配置，协调各方利益关系；各地区、各部门坚持全国一盘棋，同心协力，高效联动，确保了工程顺利建成通水，及时发挥效益。

3.2 集中力量办大事

东线一期主体工程投资 365 亿元，梯级泵站建设技术复杂、难度大，征地移民多。中央层面集中资金保障和用地等要素，有效解决了投资保障、征地移民、技术攻关等重大问题，彰显了中国特色社会主义的本质特征，体现了集中力量办大事的独特优势。

3.3 坚持尊重客观规律

从 1952 年提出构想，2002 年国务院批复《南水北调工程总体规划》，南水北调工程历经 50 年科学论证和 50 多个方案比选。经过规划、项目建议书、可行性研究、初步设计、项目施工等阶段，在城市水资源规划、水资源配置、环境影响评价、治污规划、节水、总体布局与分期实施、设计方案、建管体制等方面开展了大量的科学论证工作，论证成果充分体现了“既讲人定胜天，也讲人水和谐”，经过多次技术专家咨询会和水利部技术审查会，通过了国家发展和改革委员会评估，充分保证了东线一期工程各阶段成果的质量，为东线一期工程的顺利建成打下了坚实的基础。

3.4 坚持规划统筹引领

《南水北调工程总体规划》在统筹江、淮、黄、海四大流域水资源情势，兼顾各有关地区和行业需求的基础上，对调水规模、总体布局、建管体制等进行了总体部署和统筹安排，充分发挥了规划统筹引领作用，为南水北调工程建设提供了重要遵循，更为东线一期工程、中线一期工程顺利建成奠定了重要基础。

3.5 重视节水治污

在工程前期论证和实施阶段，重视节水治污，始终坚持先节水后调水、先治污后通水、先环保后用水的“三先三后”原则。沿线各省均开展了治污规划编制工作，实施了水质保护和水质提升工程，通过实施南水北调工程，促进节约用水、水污染防治和生态系统修复，保障经济社会的稳定、健康发展。东线一期工程通水以来，各省市节水水平稳步提升，水质稳定达标。

3.6 精准精确调水

在充分征求受水区意见的基础上，科学制订东线一期工程年度水量调度计划，加强从水源到用户的精准调度，根据来水情况和用水需求，实施精细化调度，动态调整调水过程。

3.7 准市场模式运作

东线一期工程的准市场运作模式很好地解决了工程建设资金筹措问题。一方面发挥了政府的宏观调控职能，实现了政府控股主导，通过“静态控制、动态管理”对资金使用情况进行严格监督考核管理，保障了资金全过程使用安全；另一方面有效激发了市场机制发挥作用，采用中央财政投资、地方南水北调基金和银行贷款融资等多元融资模式，促进了工程多元化投资，有利于形成“利益共享、风险共担”的机制。

4 实施效果评价

4.1 提供有力的水安全保障

东线一期工程的实施使长江水受益范围向北、向东大幅扩展，向北可供水到天津（北延应急供水工程），向东直达山东半岛，打通了自长江向黄淮海东部平原及山东半岛的调水通道，连通了江淮黄海水系，与当地水资源共同形成了能够灵活调度的水网体系，构建了我国东部地区水网主骨架和大动脉，为沿线受水区提供了有力的水安全保障。

4.2 综合效益发挥显著

东线一期工程水源位于长江下游，水源丰富、供水稳定，对长江水生态影响最小；沿线有洪泽湖、骆马湖、南四湖、东平湖等多级水库调节，总调蓄库容 49.67 亿 m^3，调度灵活方便；充分利用现有河道，直接复苏现有河道的生态功能。利用江苏省原江水北调工程，通过扩大规模向北延伸，扩大供水范围，完善了江苏省原江水北调工程体系。东线一期工程是多功能、多目标、综合性的工程，除供水外，还具有灌溉、排涝、航运等功能，具有“以线带面”特点和“辐射漫溢”效应，发挥了优化水资源配置、保障群众饮水安全、复苏河湖生态环境、畅通南北经济循环的生命线作用，凸显了工程的战略性基础设施功能。

4.3 治污效果明显

根据 2013—2020 年的《中国生态环境状况公报》，南水北调（东线）长江取水口水质为优良。输水干线京杭运河里运河段、宝应运河段、宿迁运河段、不牢河段、韩庄运河段和梁济运河段水质均为优良。南四湖水质为Ⅲ类，营养状况为中营养状态。

调水促进治污效果明显，环保治污倒逼经济转型，加强了技术创新、淘汰了落后产能，南四湖由“酱油湖”变身“清水湖”。

4.4 有效保障国家重大战略的实施

南水北调工程是解决我国北方地区水资源严重短缺问题的重大战略举措，也是关系到我国经济社会可持续发展的特大型基础设施。未来南水北调东线二期工程建成后，与其他线路多源共济，战略互备，成为国家“四横三纵”水资源配置网络的重要组成部分，也成为畅通“四条生命线”的重要水源，将有效支撑京津冀协同发展水安全，加强北京、天津多水源保障，助力雄安新区高标准高质量建设，缓解华北地区地下水超采和河湖生态环境问题，为复苏京杭大运河、畅通南北经济注入活力之源。

5 结语

（1）东线一期工程建设和运行取得了宝贵的经验。东线一期工程从中央到地方、从管理部门到参建单位，在规划、设计、建设、运行全过程，坚持全国一盘棋，从中央层面通盘优化资源配置，集中力量办大事，从中央层面统一推动，尊重客观规律，规划统筹引领，重视节水治污，精确精准调水，为推进南水北调后续及其他重大引调水工程建设提供了大量宝贵经验。

（2）实践证明，党中央、国务院关于南水北调工程建设的决策是十分正确的。东线一期工程作为国家重大战略性基础工程，连通了江淮黄海水系，构建了我国东部地区水网的主骨架和大动脉，历经 10 余年的通水运行后，为沿线受水区提供了有力的水安全保障，且综合效益得到充分发挥。东线一期工程建成通水，发挥了巨大的经济效益、生态效益、社会效益，通过科学统筹、合理配置，提高了北方地区水资源承载能力，改善了城乡供水条件及河湖水质，修复生态环境，拓展区域发展空间，从根本上优化了我国南北水资源空间格局，有效保障了受水区供水安全，成为支撑区域经济社会高质量发展的生命线和稳定器。

（3）尽快启动东线后续工程建设。东线工程水源丰富，调蓄能力强，供水保障程度高，对长江生态影响较小，而且尽可能利用现有河湖输水，既发挥了现有河湖供水、防洪除涝、航运等综合功能，又减少了征地和移民。建议有关部门和单位，对标对表习近平总书记重要指示批示和重要讲话精神，加快推进东线后续工程前期工作。

参考文献

[1] 张建云，王国庆，金君良，等．1956—2018 年中国江河径流演变及其变化特征［J］．水科学进展，2020，31（2）：153-161.

[2] 张少华，等．南水北调东线一期工程可行性研究报告［R］．2006.

[3] 王立健，黄茜，于明．南水北调东线聊城段工程效益浅析［J］．海河水利，2020（3）：31-32.

[4] 周亮，薛刘宇，王军，等．南水北调东线一期江苏境内工程效益综述［J］．江苏水利，2015（9）：28-30.

[5] 王蓓，周立霞．南水北调东线一期工程向山东省供水效果评价［J］．治淮，2022（9）：72-73.

[6] 刘辉，王冠．南水北调东线工程对大运河传承保护作用研究［J］．水利技术监督，2024（8）：40-44.

[7] 李振军，訾宇翔，殷庆元，等．南水北调东线一期工程生态环境保护方案及实施效果分析［J］．中国水利，2021（20）：78-81.

[8] 吴炼石．南水北调东线一期工程对南四湖及周边地区环境和经济影响分析［D］．济南：山东大学，2012.

大口径流量调节阀在引调水工程中的应用分析

刘　政　何昌炎

（长江勘测规划设计研究有限责任公司，湖北武汉　430010）

摘　要：流量调节阀用于实现管线不同流量和压力工况间的转换，其良好的调节性能和流动特性对管线系统的安全高效运行意义重大。本文通过对活塞阀与锥形阀两种典型流量调节阀的形式分析，结合流量调节阀在引调水工程中的应用情况，为同类型引调水工程提供科学、合理的流量调节阀选型参考。

关键词：引调水工程；大口径流量调节阀；应用分析

1　引言

流量调节阀作为引调水工程控流设备，担负着系统启闭和限制流量的重要功能，其运行工况多而复杂，一般需要阀门在多种开度下长时间运行。现阶段用于引调水工程的流量调节阀一般有活塞阀或固定锥形阀两种，其选型设计和应用效果直接决定了引调水工程的可靠性、先进性。

2　大口径流量调节阀形式分析

目前，比较常用的流量调节阀主要有活塞阀和固定锥形阀两种形式（见图 1）。活塞阀的运动部件为活塞，主要通过活塞轴向运动改变活塞与外套筒间的过流面积以及节流元件孔口面积实现流量调节。固定锥形阀的运动部件为外套筒，流量调节是通过外套筒轴向运动，改变固定锥与外套筒间的过流面积实现流量调节。

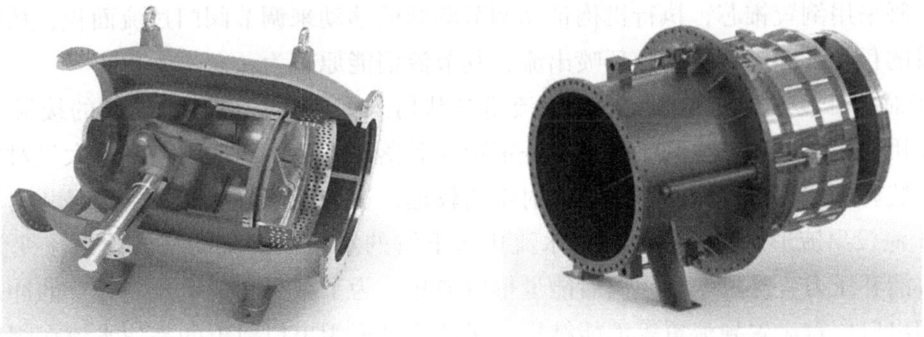

(a)活塞阀　　　　(b)固定锥形阀

图 1　活塞阀和固定锥形阀示意图

2.1　结构形式

活塞阀主要由阀体、活塞、活塞导轨、内置曲柄滑块机构以及密封元件等组成。按节流元件形式分为开槽型、网孔型、扇叶圈型和阀座环喷型、复合型。活塞阀主体为内外圆筒双层结构。活塞阀门结构的动作原理是：阀门驱动装置通过曲柄连杆机构，带动阀内一个类似于活塞状的圆柱体（简称

作者简介：刘政（1990—），男，工程师，主要从事水力机械设备的研究设计工作。

活塞），在阀腔内做轴向运动，从而改变阀体出口的过流面积来实现流量和压力的调节。

固定锥形阀由阀体、导流筋片、固定锥和调节套筒等主要部件组成。固定锥形阀结构简单，流道通畅光滑，流阻系数低，放空性能好，通过专门的防气蚀设计一定程度上解决阀体部件的气蚀以及振动，产品使用寿命长。目前，应用最多的固定锥形阀的结构有不带导流罩和带导流罩两种，阀门出口的应用分大气对空排放（末端布置）和淹没排放（管中布置）两种，形成了以下四种组合：①对空排放，无导流罩；②对空排放，有导流罩；③淹没出流，无导流罩；④淹没出流，有导流罩[1]。

活塞阀和固定锥形阀典型结构图见图 2。

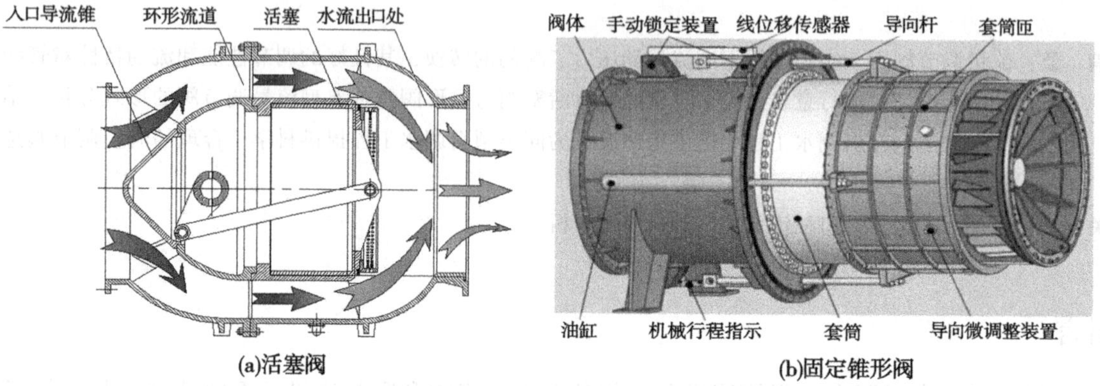

图 2　活塞阀和固定锥形阀典型结构图

2.2　消能方式

活塞阀主要通过曲柄滑块机构带动活塞运动，并在阀体内部形成轴向对称的环形流道，通过控制流道面积，形成从入口至出口截面面积逐渐减小的流道，导致流速逐渐上升，并通过在管道内部圆周方向设置节流孔槽，流体通过孔槽向管中心方向形成径向射流并在管道中心对撞。因此，活塞阀的消能方式为管道中心流体对撞消能，即在阀门前后压差作用下，高压水流通过节流部件在阀后管道中心处对撞消能，将动能转化为热能。因此，活塞阀在一定的安全淹没深度条件下，具有耐气蚀性能好、振动噪声较小、调节精度高等优点。

固定锥形阀采用倒置锥芯，执行机构带动调节套筒的移动来调节阀门过流面积，从而达到调节固定锥形阀流量的目的。固定锥形阀为环喷出流，其节流消能原理为：

（1）对于对空排放形式，其出口高速水流呈伞状射入大气中，通过与大气的接触和摩擦，加之空气的阻力作用使水流速度迅速减小，喷出一定距离后落入下游水池或河道中。大气对空排放形式的固定锥形阀安装和操作简单，因出口水流喷射距离较远，适用于下游有较大空间尺寸的场所。

（2）对于淹没出流形式，阀后的高速水流排入下游的水体中，流动状态由急流变为缓流，动能迅速转化为位能和压力，经过一段距离后能量得以消除。为了减少高速水流对管壁的冲击，一般必须在固定锥形阀出口位置设置导流罩等消能结构，保证从锥形阀出口射出的高速水流在阀后导流罩的消能结构中进行消能。淹没出流方式主要适用于较小空间尺寸的场所[2-4]。

2.3　运行维护

2.3.1　抗堵塞能力

随着工程应用经验的不断增加，活塞式流量调节阀节流部件形式逐渐多样化，可在满足消能需求的基础上通过改变节流部件结构形状以避免堵塞问题。对于网状或条形开孔结构，孔口尺寸小，管道水流中的杂物如树枝、塑料一旦进入阀体，容易堵塞出流孔，因此带网孔型节流型元件的活塞阀因输送原水易堵塞，一般需要设置进人孔和手孔，以便对活塞阀进行检修并清除污物，因此非网状结构节流型元件具有较好的抗堵塞能力，且为避免节流孔堵塞最恶劣情况发生，在阀体设置检修孔，可对阀门全流道进行检修与清污。

锥形阀过流位置为环状开孔部分，因此其过流部件呈环状且面积相对较大，可通过优化进水口拦污栅栅条间距与锥形阀过流通道的匹配设计，减少输送原水过程中的堵塞。

2.3.2 部件更换

活塞阀运动部件在阀体内，运行维护复杂。锥形阀的运动部件在阀体外，运行维护方便。

3 大口径流量调节阀的工程应用

为了进一步了解活塞阀和固定锥形阀的使用业绩及在已经投运工程中的使用效果情况，对国内多项大型引调水工程进行了工程应用调研。

其中，对空排放型固定锥形阀使用历史悠久、技术成熟，早已被人们所熟知，但作为管中型流量调节阀，在工程上应用较少，辽西北供水工程桓仁东湖电站及凤鸣电站采用的直径 DN2 400 固定锥形阀，是为数不多的大口径管中型流量调节阀工程实例。活塞阀尺寸小、流量调节灵活，但是其结构复杂，且目前多应用于直径小于 2 m 的输水管道调流。本文对已经投产的大口径流量调节阀在水利工程中的应用案例进行如下汇总。

3.1 活塞阀

（1）珠江三角洲工程。珠江三角洲水资源配置工程流量调节阀采用活塞阀，其中最大口径为罗田泵站反向供水管采用的 DN2 200、PN1.6 活塞阀，已于 2024 年 1 月投运。

（2）山东黄水东调二期工程。采用 2 台 DN2 400、PN1.0 活塞阀，且已于 2021 年 6 月投运。前后水头差 5~10 m，出口水头 6.1 m，设计流量 2.5~7.5 m^3/s。

（3）揭阳引韩供水工程。采用 1 台 DN2 400、PN1.0 活塞阀，且已于 2019 年 7 月投运。揭阳引韩供水工程流量调节阀出口压力 12 m，前后压差 2 m，过阀流量 5~10 m^3/s。

3.2 固定锥形阀

3.2.1 对空排放型固定锥形阀

对空排放型固定锥形阀工程实例见图 3。

(a)云南德泽水库 DN2 800、PN16液压固定锥形阀　(b)广州百色紫溪水库 DN1 500、PN16液压固定锥形阀

图 3 对空排放型固定锥形阀工程实例

3.2.2 管中型固定锥形阀（淹没出流）

管中型固定锥形阀工程实例见图 4。

3.3 其他案例汇总

除上述的典型工程外，活塞阀和固定锥形阀被广泛地应用于水利水电、市政及引调水工程中，大

(a)桓仁东湖电站
DN2 400固定锥形阀

(b)凤鸣电站
DN2 400固定锥形阀

图 4 管中型固定锥形阀工程实例

口径流量调节阀工程实例汇总如表 1 所示。

表 1 大口径流量调节阀工程实例汇总

序号	项目	阀门形式	公称直径	设计压力
1	辽宁大伙房水库	固定锥形阀	DN3 000	PN6
2	缅甸吉荣吉瓦水电站	固定锥形阀	DN2 600	PN6
3	韩江粤东灌区改造工程	固定锥形阀	DN2 600	PN6
4	宁夏长城水务上海庙	固定锥形阀	DN2 200	PN16
5	宁东供水工程	固定锥形阀	DN2 200	PN10
6	宁波市皎口水库	固定锥形阀	DN2 200	PN10
7	广州梅州抽水蓄能项目	固定锥形阀	DN2 000	PN10
8	广东英德锦潭水电站放水阀	固定锥形阀	DN2 000	PN6
9	东方电气阳开电站	固定锥形阀	DN1 800	PN10
10	湖北锁金山水库	固定锥形阀	DN1 800	PN6
11	新疆阿尔塔什电站	固定锥形阀	DN1 600	PN22
12	海南洋浦水厂	固定锥形阀	DN1 600	PN16
13	西藏金桥水电站	固定锥形阀	DN1 500	PN6
14	义乌水资源开发有限公司	固定锥形阀	DN1 400	PN6
15	浙江丽水市自来水有限公司	固定锥形阀	DN1 400	PN6
16	四川木里河卡基瓦电站	固定锥形阀	DN1 200	PN22
17	广西小榕江水利枢纽工程	固定锥形阀	DN1 200	PN16
18	广西川江水利枢纽工程	固定锥形阀	DN1 200	PN10
19	四川永定桥工程	固定锥形阀	DN1 200	PN10
20	锡林努姆水电站	固定锥形阀	DN1 000	PN10
21	马来西亚胡鲁电站	固定锥形阀	DN1 000	PN25
22	南水北调工程河西支线工程	活塞阀	DN2 000	PN10

续表 1

序号	项目	阀门形式	公称直径	设计压力
23	南水北调工程东干渠亦庄调节池扩建工程	活塞阀	DN1 800	PN10
24	南水北调工程密云水库调蓄工程	活塞阀	DN1 800	PN10
		活塞阀	DN1 400	PN10
25	北京排水集团凉水河再生水管线工程	活塞阀	DN1 800	PN10
26	北京排水集团通久路、凉水河再生水管线工程	活塞阀	DN1 800	PN10
27	南水北调工程南干渠	活塞阀	DN1 600	PN10
28	广西清平水库补水工程	活塞阀	DN1 400	PN6
29	北京东方中远市政工程	活塞阀	DN1 400	PN10
30	北京燕山石化分水口改造工程	活塞阀	DN1 400	PN6
		活塞阀	DN700	PN10
		活塞阀	DN700	PN10
31	北京排水集团南护城河、凉水河再生水管线工程	活塞阀	DN1 200	PN10
32	贵州独洞水库工程	活塞阀	DN1 200	PN10
33	贵州省习水县铜灌口水库工程	活塞阀	DN1 200	PN10
34	北京京城中水城市供水工程	活塞阀	DN1 200	PN10
		活塞阀	DN1 000	PN10
35	新疆高清能源开发有限公司生态放水工程	活塞阀	DN1 100	PN25
36	广西金川有色金属园区供水工程	活塞阀	DN1 000	PN10
37	四川古学水电站	活塞阀	DN1 000	PN6
38	黄金峡三河口电站	活塞阀	DN2 000	PN16
39	山东黄水东调二期工程	活塞阀	DN2 400	PN10
40	揭阳引韩供水工程	活塞阀	DN2 400	PN10

4 大口径流量调节阀的应用分析

从锥形阀最早于1926年在美国被发明至今，由于其结构简单、过流能力强的特点，多应用于水利水电工程的泄流消能，但作为管中型流量调节阀，在工程中应用较少。目前，通过调研了解到已经投入运行的最大口径末端泄水锥形阀为辽宁大伙房水库（DN3 000、PN6），最大口径管中型锥形阀为辽西北供水工程（东湖、凤鸣电站，DN2 400、PN10）。其中东湖电站投运数年来，因未达到设计流量，2台锥形阀互为备用、交替运行，阀门长期在12%开度运行，阀室内噪声较大，大于80 dB，在锥形阀顶部楼板处感觉振动明显。

直到20世纪末，活塞阀才凭借其尺寸小、流量调节灵活的特点，逐渐成为调流调压的关键设备，并被广泛应用于引调水工程中。目前，已经投入运行的最大口径活塞阀为山东黄水东调二期工程（DN2 400、PN10）和揭阳引韩供水工程（DN2 400、PN10）。

5 结论

通过以上统计分析可以看出，两种形式流量调节阀各有优缺点：放空型锥形阀使用历史悠久，技术成熟，已被人们所熟知，具有结构简单、过流能力强的特点，但阀体尺寸大、更占空间；同时作为管中型流量调节阀，在工程上应用较少。活塞阀尺寸小、流量调节灵活，但是其结构复杂，且目前多应用于直径小于 2 m 管中型调流，超大口径活塞阀的运行稳定性有待验证。

两种形式的流量调节阀门主要特点对比如表 2 所示。

表 2 活塞阀和锥形阀应用对比

主要性能	活塞阀	锥形阀
节流原理	活塞位置变化，改变节流件过流面积调节流量	套筒位置变化，改变节流件过流面积调节流量
相对调节精度	高	中
阀芯相对行程	短	长
外形尺寸	小	大
耐气蚀性能	高	低
振动、噪声	小	大
全开流量	小	大
防淤堵能力	无网孔高［无节流孔、开口槽（V 形）］，有网孔低（圆形、条形封闭孔口）	高
驱动结构	通过连杆将油缸直线运动转换为阀轴旋转，再通过连杆转换为活塞直线运动；驱动结构较复杂，但无不同步问题	双油缸直接推动滑动套，输出效率高，但存在同步性问题
出水流态	经活塞阀外环通道后向管道中心汇集	通过固定锥后成环状喷出

综上所述，本文通过对活塞阀与锥形阀的对比及应用分析，不仅揭示了两者在结构设计、性能特点、适用场景及维护管理等方面的异同，更为引调水工程领域在流量调节阀的选型与运用上提供了宝贵的参考依据。随着水资源调配工程规模的不断扩大与复杂性的增加，选择合适的流量调节阀对于确保工程的安全稳定运行、提高水资源利用效率具有至关重要的意义。

参考文献

［1］丁昌斌，李志鹏．DN2400PN10 特大型活塞式调流阀结构设计［J］．中国设备工程，2021（22）：79-81.
［2］阎秋霞．大口径调流阀应用研究［J］．水利建设与管理，2012（5）：20-22.
［3］李燕辉，廖志芳，蒋劲，等．大口径活塞套筒式调流调压阀流动特性分析［J］．水利学报，2019，50（4）：516-523.
［4］罗毅，谭哲武．高压输水管道中锥形阀的消能研究［J］．中国农村水利水电，2015（3）：185-187.

左岸滑坡分析及防治设计

刘许超　卢　玲

（黄河勘测规划设计研究院有限公司，河南郑州　450003）

摘　要：水库扩建工程在开挖施工过程中，扰动一古滑坡体诱发变形导致左岸发生滑坡。滑坡防治采取了动态设计理念，通过勘测、监测、推测、动态防治等手段，分析研究了变形体工程地质特征及其形成机制，通过采取应急措施、应急处置、永久处置等多措并举，因地制宜地提出变形体治理，有机结合本工程土石坝坝型及填筑特点，采用开挖方案，结合大坝分区以及坝料设计，利用大部分开挖料作为大坝填筑料上坝，可减少原设计石料场开采量和开挖弃渣量，极大限度地减少变形体处置费用及不良影响。

关键词：滑坡；顺层滑动；动态设计；应急处置；永久处置；开挖处理

某水库扩建工程在小型滑坡体下方修建施工道路时，诱发该小型滑坡体出现滑塌，随后在完成滑坡的清挖和左岸灌浆洞平台及洞脸边坡开挖施工后，左坝肩山体（高程 1 984 m 以上）出现扰动变形。2018 年 2 月 26 日开始，左岸坝肩灌浆平洞边坡马道高程 2 016. 8 m 和高程 2 076 m 出现裂缝，当时裂缝宽度约达 30 cm，错台约 30 cm 高。后期在左坝肩相关区域开展了变形监测和裂缝监测，发现变形体仍在不断地蠕滑变形中，严重威胁着下方道路通行和水库大坝的安全。

1　工程区地质条件

工程区地处滇中高原，属构造侵蚀中山地貌，区内地层岩性以震旦系下统澄江组（Z_ac）中薄层—薄层状中细粒长石石英砂岩为主，局部夹薄层泥质粉砂岩、泥岩等，夹层耐风化能力差，存在夹层风化和囊状风化现象。左岸构造不发育，岩层一般呈单斜产出，产状 120°~150°∠35°~45°。

左岸坝肩发育有小规模滑坡，为基岩顺层小型滑坡，具有分级滑动的特征，后缘可见错坎，水库扩建施工前，处于欠稳定状态。

工程区为亚热带季风气候，多年平均降水量 868. 9 mm，每年 5—10 月为雨季，降水量占全年降水总量的 87. 9%。11 月至次年 4 月为干季，降水量只占全年降水总量的 12. 1%。工程区地下水类型主要为基岩裂隙水和第四系孔隙水，受大气降水补给。左岸边坡地下水位埋深较大，均位于滑坡底滑面以下。

工程区基本地震动峰值加速度为 0. 15g，基本地震动反应谱特征周期为 0. 45 s，相应地震基本烈度为Ⅶ度，区域构造稳定性较差。

2　变形体特征及形成机制

2. 1　变形体基本特征

左岸滑坡分布高程 1 984~2 075 m，面积约 1. 5 万 m^2，滑体厚度 10~20 m，方量约 25 万 m^3。沿滑坡边界已形成明显拉裂缝，以后缘和上游侧缘变形最为强烈（见图 1）。主要有以下特征：

（1）变形体发育于中厚层砂岩夹薄层泥质粉砂岩及泥岩地层内，变形岩体虽能保持原岩层面，但岩体破碎，呈碎裂结构，以 2 015 m 高程为界，滑坡分上、下两个分区；上部变形区岩体产状

作者简介：刘许超（1978—），男，高级工程师，主要从事水利水电工程设计与研究工作。

120°~150°∠32°~42°，下部变形区岩体倾向不变，倾角变缓，为 19°~26°，上、下两个变形区的交界部位，在地表产生一条横向的鼓胀裂缝（见图 1）。

（2）变形体下部存在一层破碎带，层厚 4~9 m，反倾向坡内，产状 6°∠13°，由坡面向坡内逐渐变厚，向坡内延伸距离较短，钻孔 BZK04 未揭露（见图 2），滑坡沿破碎带顶部有明显剪出现象。

（3）破碎带下部岩体在靠近破碎带位置，倾角变陡，产生倾向滑动方向的弧状弯曲变形（见图 2）。

（4）变形体底滑面为三段式，后缘沿层面滑动，中部沿下部变形区内的软弱夹层滑动，前缘沿破碎带顶部滑动。

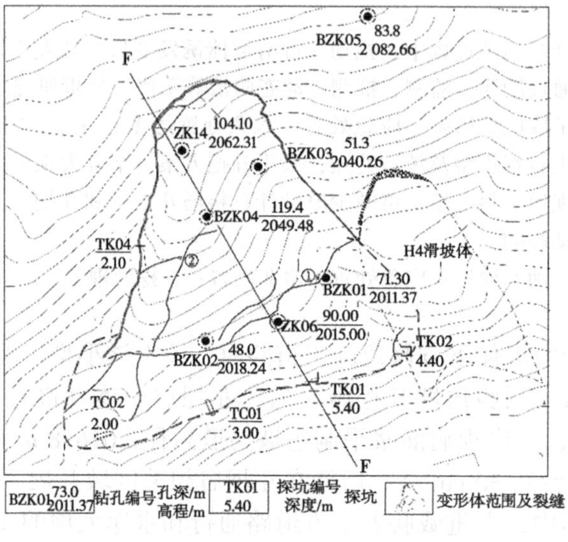

图 1　变形体工程地质平面示意图

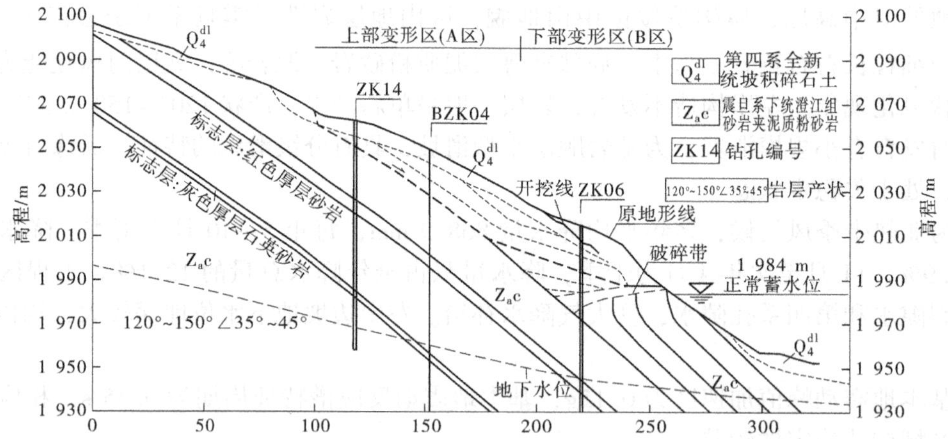

图 2　变形体地质剖面图 F—F

2.2　变形体形成机制

2.2.1　古滑坡的形成

左岸斜坡陡峻，岩性为中厚层砂岩夹薄层泥质粉砂岩，泥质粉砂岩岩性较软，在自然风化及降雨入渗等作用下，易形成软弱滑面；斜坡沿软弱层面发生顺层滑移，下部中厚层—薄层岩体发生倾向临空方向的隆起变形，形成了变形性质不同的上、下两个分区，随着斜坡下部隆起变形的加剧，将最终被剪断而导致滑坡的发生，其滑动模式为滑移（弯曲）-剪断型，一般该类型的斜坡滑动失稳的过程非常缓慢。综合拖担水库左岸滑坡变形特征来看，古滑坡由于滑动速度慢、滑移距离短等因素，滑坡解体程度低，形成了左岸保留原岩层序的破碎岩体。该类现象非常特殊，且隐蔽性高，勘察时非常容易被认为是构造破碎岩体。

2.2.2 *古滑坡扰动复活*

左岸上、下两个变形区，在力学机制上，对应于“主动传力区”和“被动挤压区”[1]，上部变形区在自重应力作用下，沿古滑坡体后缘滑面产生顺层滑移，此时下部缓倾角变形岩体提供阻滑力，由于阻滑力较大，斜坡岩体破碎、导水性好，施工前处于长期稳定状态，后期由于施工开挖主要集中在下部变形区和前缘山体，斜坡前缘阻滑力减小，并在下部变形区内沿泥质粉砂岩夹层形成新的滑动面，左岸边坡出现变形。

左坝肩下游的小规模滑坡已经全部清挖完成，滑床基岩出露，其滑动模式和左坝肩滑坡基本一致。二者滑体厚度差别较大，底滑面不连续，为同时发育在左岸的两个古滑坡体，且被清除的现状小滑坡的存在对左坝肩滑坡提供了一定的阻滑力。

3 变形体应急处置

3.1 应急措施

变形体发现后为保证施工安全，首先暂停了整个左坝肩的施工，并拉上安全围挡，设置警示，要求左岸道路严禁车和人通行，另外考虑变形体下部道路改道避开变形体。

为进一步查明变形体边界条件，在左岸变形体下部灌浆洞平台附近及灌浆洞上游约 30 m 位置，挖 2 个探坑进行初探。随后布置监测点对滑坡体进行监测。

另外，建议尽快在变形体外侧修建通至坡顶的临时道路，为下一步变形体坡顶减载应急处理方案做好准备工作和争取时间。

3.2 变形体顶部卸荷应急处置

根据变形体初步勘察及相关分析计算，提出变形体顶部卸荷应急处置方案，卸荷底高程按 2 030.00 m 高程控制，卸荷开挖岩质边坡原则按 15 m 设一级马道，非岩质边坡按 10 m 设一级马道，另外在土岩分界位置增设一级马道；最下部一级边坡沿推测剪切带开挖，开挖开口线可依据现场实际地形放线调整。卸荷开挖过程每开挖 5.0 m 高差，应及时会同设计人员对揭露实际变形边界进行复核，设计人员将根据卸载开挖揭露地质条件动态调整卸荷开挖方案；卸荷形成的边坡，应及时进行支护，岩质边坡采用喷锚支护，非岩质边坡采用框格梁支护，支护形式可根据现场开挖揭露地质条件进行动态调整。卸荷施工过程中，变形体下部应停止一切活动，并设立警戒线。

卸荷应急处置一方面通过上部减载，改善变形体受力状况，防止变形体恶化，另外通过减载开挖揭示地质条件，可以复核、研判变形体形成机理、滑动模式，揭示底滑面，为下一步精准永久处置积累必要的勘察资料。

3.3 汛前应急处置方案实施

受施工组织及汛期迫近影响，顶部卸荷应急处置方案未能按计划实施，结合现场施工现状及施工安排，会商后提出了汛前应急处置实施方案。治坡先治水，即在变形体上、下游周边变形缝以外，依地形修建截水沟，做好坡面排水，避免变形体以外坡面水进入变形缝内。上游截水沟排水至水库内，下游截水沟应布置在变形体（包含 H4 变形体）以外的坡面，依地形布置排至高程 1 980 m 以下。鉴于目前汛期即将来临，截水沟采取临时防渗措施，汛期过后截水沟应按永久截水沟采用浆砌石进行衬砌。汛前应对变形缝进行封闭，采用黏土进行塞填，缝顶覆盖聚乙烯复合土工膜。汛前应急处理方案实施过程中，应设专人加强边坡变形监测、巡视，确保施工安全；施工过程中，变形体下部应停止一切活动，并设立警戒线。

4 变形体永久处置

4.1 底滑面力学参数反演

滑带土强度反演是获取其抗剪强度参数的一种有效途径[2]。左岸滑坡边界条件清晰，成因明确，底滑面为“三段式”，滑带物质主要为泥夹碎屑，滑动方向约 145°。根据边坡开挖前后稳定性不同，采用 EMU 软件（萨尔玛法），针对典型剖面 F—F（见图 2）进行计算。根据各部分岩体的工程地质特性，所选用的岩土体物理力学参数见表 1。

表 1 边坡岩土体物理力学参数

滑坡	天然重度/(kN/m^3)	内摩擦角/(°)	黏聚力/kPa
滑体	23.0	25.0	20.0
完整基岩	25.0	40.0	500.0

左岸滑坡变形强烈，依据边坡当前的变形与稳定性状况，现状地形条件取 0.95 的稳定性系数，进行正常运用条件下的反演分析，结果见表 2。

表 2 底滑面抗剪强度反演结果（K=0.95）

f	φ/(°)	c/kPa	f	φ/(°)	c/kPa
0.416	22.6	0	0.325	18.0	30.0
0.404	22.0	4.0	0.306	17.0	36.0
0.384	21.0	10.5	0.287	16.0	42.0
0.364	20.0	17.0	0.268	15.0	48.0
0.344	19.0	24.0	0.249	14.0	54.0

为验证底滑面强度参数取值的合理性，取表 3 中抗剪指标 φ 和 c 的均值，对左岸剖面 F—F 开挖前的稳定性进行验算。结果表明：左岸开挖前，天然工况稳定性系数约为 1.10，处于稳定状态；暴雨工况下，稳定性系数为 1.01，处于欠稳定状态。反演结果与边坡实际情况相吻合，表明取值基本合理。

表 3 底滑面抗剪强度指标建议值

天然状态		饱和状态	
摩擦角 φ/(°)	黏聚力 c/kPa	摩擦角 φ/(°)	黏聚力 c/kPa
16.0~20.0	20.0~40.0	15.0~18.0	20.0~30.0

取表 3 中饱和抗剪指标 φ 和 c 的均值，对剖面 F—F 在暴雨工况的稳定性进行验算。结果表明：极端暴雨条件下，滑坡的稳定性系数约为 0.88，降幅较大，存在整体失稳的可能。

4.2 计算工况

工程主要建筑物为 4 级建筑物。左岸边坡滑坡位于左坝肩，其安全性状对大坝影响严重，因此确定边坡级别同主要建筑物级别，即边坡级别为 4 级。边坡计算工况及安全系数取值见表 4。

表 4　边坡计算工况及安全系数取值

运用条件	计算工况	K
正常运用条件Ⅰ	正常运用期、非饱和状态	1.15
正常运用条件Ⅱ	正常运用期降雨、饱和状态、排水有效，考虑 2 m 水头	1.15
非常运用条件Ⅰ	正常运用期暴雨、饱和状态、排水失效，考虑 5 m 水头	1.10
非常运用条件Ⅱ	正常运用条件Ⅰ+7 度地震	1.05

4.3　变形体处理方案比选

根据滑坡变形模式及底滑面的分布，拟采取的处置方案为：①开挖方案；②挖锚结合方案；③抗滑桩方案。

抗滑桩方案由于受地形条件限制，施工困难，且造孔施工对滑坡扰动大，存在较大安全隐患。另外，抗滑桩实施后，左岸灌浆洞及灌浆实施对加固后的边坡稳定存在较大扰动，因此不再深入研究，重点研究开挖方案和挖锚结合方案。

4.3.1　开挖方案

根据左岸滑坡边界和底滑面位置，将滑坡自上而下全部挖除。为避免滑坡清除后顶部覆盖层发生浅表层滑动，清除滑坡顶部覆盖层至基岩面，顶部覆盖层按 1∶1.5 坡度进行放坡，覆盖层清除至高程约 2 025 m 地形坡度较缓部位。

开挖后后缘边坡根据风化情况进行随机支护。另外，根据大坝分区以及坝料设计，开挖石渣料可利用上坝，填筑至大坝下游排水体以上的石渣设计区。结合大坝坝基开挖以及大坝填筑施工进度安排，先对滑坡顶部进行卸荷开挖，开挖至 2 035 m 高程后，此时不考虑降雨，安全系数约为 1.098，处于基本稳定状态，随后可启动大坝坝基开挖、填筑工作。

开挖总量 42.3 万 m^3，其中碎石土 27.6 万 m^3，石渣 14.7 万 m^3。

4.3.2　挖锚结合方案

对比分析了滑坡上部开挖至 2 035 m 高程+下部锚固方案和上部开挖至 2 015 m 高程+下部锚固两种方案。滑坡下部岩体为中厚层砂岩夹泥质粉砂岩，岩体完整性差，岩体质量属Ⅳ~Ⅴ类。

4.3.2.1　挖锚结合方案（2 035 m 高程）

根据计算成果（见表 5），F—F 现状剖面最不利工况为非常运用条件Ⅱ工况，计算安全系数为 0.826，安全系数不满足要求，采用最大锚固力为 4 300 kN/m 的锚索加固后，安全系数可达到 1.062，满足稳定要求。锚索间排距 3.5 m×3 m（高度方向按 3 m），锚索采用 150 t，框格梁按 3.5 m×3 m（高度方向按 3 m）进行布置。锚索内锚固段布置于滑动底面以下弱风化岩体内，锚固长度按 10 m 考虑。

表 5　2 035 m 高程挖锚方案计算成果

类别	正常运用条件工况（>1.15）	非常运用条件Ⅰ工况（>1.10）	非常运用条件Ⅱ工况（>1.05）
加固前（K）	1.098	0.853	0.826
加固后（K）	1.167	1.111	1.062
最大锚固力/(kN/m)	900	3 600	4 300

主要工程量：锚索 253.5 万 t·m，混凝土 3 380 m^3，钢筋 507 t，开挖总量 29.2 万 m^3。

4.3.2.2　挖锚结合处置方案（2 015 m 高程）

根据计算成果（见表 6），F—F 现状剖面最不利工况为非常运用条件Ⅱ工况，计算安全系数为 0.966，安全系数不满足要求，采用最大锚固力为 800 kN/m 的锚索加固后，安全系数可达到 1.071，满足稳定要求。锚索间排距按 4 m×4 m（高度方向按 4 m），锚索采用 100 t，框格梁按 4 m×4 m（高度方向按 4 m）进行布置。锚索内锚固段布置于滑动底面以下弱风化岩体内，锚固长度按 10 m 考虑。

主要工程量：锚索 67.1 万 t·m，混凝土 1 345 m^3，钢筋 174 t，开挖总量 37.0 万 m^3。

表 6　2 015 m 高程挖锚方案计算成果

类别	正常运用条件工况（>1.15）	非常运用条件Ⅰ工况（>1.10）	非常运用条件Ⅱ工况（>1.05）
加固前（K）	1.354	1.018	0.966
加固后（K）	—	1.108	1.071
最大锚固力/(kN/m)	—	500	800

4.3.3　方案比选

三个方案从施工条件、施工隐患以及投资等方面进行比较（见表 7），滑坡处置方案推荐投资较小，施工简单、方便的开挖方案。开挖方案可根据开挖揭露地质条件及时进行复核，动态调整开挖设计方案，对滑坡处理彻底、明确。同时，可利用开挖料直接或者通过转运上坝，减少大坝填筑料料场开采量，以到达减损的目的。另外，滑坡全开挖处置后，左岸原设计的 66 m 长的灌浆洞将取消，节省了该部分投资。

表 7　左岸滑坡处置方案对比

项目	开挖方案	挖锚结合（2 035 m 高程方案）	挖锚结合（2 015 m 高程方案）
处置方案施工安全性	存在施工安全问题	锚索造孔、安装施压等施工对左岸边坡扰动较大，存在较大施工安全隐患	
对左坝肩灌浆实施影响	左岸灌浆洞取消，对灌浆实施无影响	灌浆洞及灌浆的实施对加固后的边坡存在较大扰动，存在施工安全隐患	
施工条件	施工简单	施工较复杂	
工期/月	6.5	10.5	9.5
土建投资/万元	806	2 522	1 408
总投资/万元	1 405	3 500	2 193

5　变形体开挖处置验证

按照施工计划，2019 年 4 月下旬完成了变形体 2015 m 高程以上部分的开挖。2 015 m 高程以下的变形体开挖计划于汛后结合大坝填筑再进行，汛期不再继续开挖。根据计算，变形体开挖至 2 015 m 高程以后，主要下滑力已经消除，基本可保证安全度汛。

根据 2 015 m 高程以上开挖揭露地质条件，左岸变形体滑动模式为皱曲岩体沿层间软弱面顺层蠕滑变形，底滑面为“三段式”组合滑动面，属浅层滑动，不存在深层滑动问题；滑动面类型为泥夹碎屑-碎屑夹泥型。开挖揭露左岸变形体滑动模式及底滑面与前期推测基本一致，底滑面为一层 0.1~0.5 m 厚的泥夹岩屑软层，底部以下为完整连续的基岩面；变形体后缘位置地质条件较前期推测稍有出入，主要为该位置构造发育，滑面下部岩体破碎，开挖后对坡面进行了加强支护；变形体下游侧缘顺沟发育，地质条件与前期推测结果一致。左岸变形体外部边坡设计为清除覆盖层，前期推测左岸覆盖层厚度一般为 4~7 m，与实际开挖揭露的覆盖层厚度基本一致，但由于局部沟谷及构造发育等原因，存在一定差别。

6　结论

根据左岸变形体发展情况及现场施工现状，2019 年 4 月下旬完成了变形体 2 015 m 高程以上部分的开挖。2020 年 9 月变形体高程 2 015 m 以上支护、排水施工完成，截至 2023 年左岸所有开挖、支护、排水等工作已施工完毕。变形体从发现、发展、应急处置、永久处置，采取动态设计理念，因地制宜提出变形体治理，有机结合本工程土石坝坝型及填筑特点，把变形体处置安排在汛后实施，采用开挖方案，结合大坝分区以及坝料设计，利用大部分开挖料（石渣料及部分碎石土）作为大坝填筑料上坝，可减少原设计石料场开采量和开挖弃渣量。变形体处置没有不改变该工程功能以及枢纽建筑物形式，且基本在原工程征地范围内进行，对水土保持、生态环境不产生新的不利影响，极大限度地减少了变形体处置费用及不良影响。

参考文献

[1] 张永辉，宫海灵，刘增杰. 大华桥水电站沧江桥–营盘滑坡稳定性分析及初步治理［J］. 水力发电，2019，45（6）：50-55.

[2] 邓超，胡焕校，张天乐，等. 基于改进极限学习机模型的岩质边坡稳定性评价与参数反演［J］. 中国地质灾害与防治学报，2020，31（3）：1-10.

南水北调一期工程经验及在国家水网建设中的运用建议

陈文艳　佟昕馨

（水利部南水北调规划设计管理局，北京　100038）

摘　要：南水北调工程作为我国跨流域跨区域配置水资源的重大战略基础设施，在发挥显著综合效益的同时，也为推进国家水网建设积累了宝贵经验。本文通过概述南水北调一期工程的建设运行现状，总结在统筹规划、技术攻关、建设管理等方面的经验做法；在分析南水北调一期工程成功经验的基础上，提出在推进国家水网建设中的运用建议。

关键词：南水北调；一期工程；经验；国家水网；运用建议

1　南水北调工程概况

南水北调工程是优化我国水资源配置的重大战略性基础设施。工程规划东、中、西线三条调水线路，连通长江、黄河、淮河和海河，形成我国“四横三纵、南北调配、东西互济”的水资源配置格局。工程总体规划调水总规模为448亿m^3，其中东线148亿m^3、中线130亿m^3、西线170亿m^3。工程根据实际情况分期实施。其中，东、中线一期工程分别于2013年11月、2014年12月通水。东、中线一期工程通水以来，经受了极端天气、汛情、冰期等各种工况考验，运行安全平稳，水质持续达标，工程经济、社会、生态等综合效益显著。

因此，系统梳理和总结南水北调工程在前期工作、工程建设、调度运行、维护管理过程中的经验，提出有利于国家水网工程建设的对策建议非常必要。

2　南水北调一期工程成功经验

经过梳理分析，从统筹规划、技术攻关、建设管理、投资控制、移民安置、节水治污、系统调度等方面总结南水北调一期工程的宝贵经验。

2.1　统筹规划经验

南水北调工程规划论证历经半个世纪，经过深层次、多方面、全方位的规划论证过程，合理确定工程建设目标任务、规模和标准；成立国务院南水北调工程建设委员会，研究南水北调工程建设的重大方针、政策、措施和其他重大问题；实行“政府宏观调控、准市场机制运作、现代企业管理、用水户参与”的体制原则；坚持以水定城、以水定地、以水定人、以水定产，合理配置受水区的生活用水、生产用水、生态用水。

2.2　技术攻关经验

南水北调工程确立了反复论证、传承与创新相结合、先进性和安全性相统一、合理性和可行性相结合原则；构建了“政府主管、项目组织单位指导、实施单位具体实施、项目法人协助”的管理模

资助项目：“十四五”科研项目-中线调水系统水资源适应性均衡配置模型与方案（2023YFC3209401-04）。

作者简介：陈文艳（1985—），女，高级工程师，处长，主要从事南水北调调度管理、建设管理相关工作。

式；建立了工程建设专用管理技术标准、设计技术标准和施工技术标准三类专用技术标准；组建了包含政府、项目法人、参建单位和社会四个层面的技术创新团队；推行自主研发与制造，在工程设计与施工、设备与材料、输水调控与安全等方面进行了一系列重大技术创新；组建了专家智库，组织专题技术会议，开展专家现场技术攻关；构建南水北调工程科技信息资源共享平台；采用“产–学–研”结合模式，积极开展技改活动。

2.3 建设管理经验

以工程项目法人为主导，实行项目法人直接管理、委托管理以及选择代建机构管理相结合的工程建设管理模式；确立了“政府监督、项目法人负责、监理控制、设计服务和施工保证”的质量管理体系；采用集中统一管理、分项实施的进度管理方式，并建立了系统的工程进度动态监控体系；形成协同验收工作机制，建立了完善的验收领导体系。

2.4 投资控制经验

建立了由中央基本建设投资、南水北调工程基金、重大水利工程建设基金、过渡性资金和南水北调工程项目法人承担风险的银团贷款等组成的多渠道筹集资金的工作机制；按成本由低到高配置使用资金，实行“静态控制、动态管理”的投资管理模式，明确投资控制责任，建立分阶段奖惩激励机制；探索建立了南水北调工程资金中财政资金的国库集中支付方式；创建了包含内部监管和外部监管相结合、管理审计和专项审计相结合、审计监督和纪检监督相结合的多维度资金监管工作机制。

2.5 移民安置经验

实行“建委会领导、省级政府负责、县为基础、项目法人参与”的管理体制，构建“市包县、县包乡、县乡干部包村包户”格局，确定补偿标准、补偿补助项目构成；调整优化安置点基础设施建设，实行村务民主管理、加强和创新经济组织管理、完善社会服务管理；出台后期帮扶政策，帮助移民发展生产，开展移民生产和就业技能培训，提高移民就业创业能力。

2.6 节水治污经验

合理确定了可调水量、用水需求；建立水价协调机制，开展水权制度建设探索，建立生态补偿机制；建立了“治理、截污、导流、回用、整治”系统治污体系；建立了治污责任追究制度；以控制单元为基础，以局部保整体，以支流保干流，建立起“水质、排污总量、工程项目、投资、责任”五位一体的治污工作机制；强化河湖长制，严格管控河湖水域岸线，开展水质监测和应急能力建设。

2.7 系统调度经验

制定全线水量调度方案，实行年度水量调度计划管理；实施泵站群联合调度、湖泊联调联蓄措施，开展冰期输水调度。研发了水情自动化预报系统、工程运行管理决策支持系统，建设调度运行管理系统工程、数字孪生平台，不断提升数字化智能化水平。

3 南水北调一期工程经验在推进国家水网建设中的运用建议

《国家水网建设规划纲要》明确提出，到2035年基本形成国家水网总体格局，国家水网主骨架和大动脉逐步建成，省市县水网基本完善，构建与基本实现社会主义现代化相适应的国家水安全保障体系。为推进国家水网工程建设实施，建议从以下几个方面充分借鉴运用南水北调一期工程的成功经验。

3.1 发挥制度优势

在国家水网建设中，要坚持和加强党的全面领导，深入学习贯彻习近平总书记关于治水的重要论述，充分发挥其科学性、先进性及人民至上的价值理念，构建“系统完备、安全可靠，集约高效、绿色智能，循环通畅、调控有序”的国家水网，全面提升水资源统筹调配能力、供水保障能力、战略储备能力，为构建美丽中国和实现中华民族伟大复兴提供坚实的水安全保障。

3.2 系统战略布局

国家水网建设应以习近平新时代中国特色社会主义思想为指导，坚持人与自然和谐共生、高质量发展、"节水优先、空间均衡、系统治理、两手发力"治水思路、重大水利工程论证原则等；立足流域整体和水资源空间均衡，结合江河湖泊水系特点和水利基础设施布局，加强国家骨干网、省市县水网之间的衔接，推进互联互通、联调联供、协同防控，实现水资源的跨区域调配和优化配置，促进水资源与人口经济布局相均衡。还应注重提升国家的防灾减灾能力、推动新型城镇化和乡村振兴、加强新能源开发和利用，为国家经济社会发展注入强大动力，实现可持续发展的目标。建议借鉴南水北调工程关于战略布局的经验，在推进国家水网工程实施中，定义明确的目标、科学评估环境影响、加强技术选择与创新、优化资金使用和资源配置、推进创新研究与示范引领、加强社会参与及沟通。

3.3 加强工程建设管理

推进国家水网工程建设过程中必须加强工程建设管理，严格把关，确保质量达到规范要求，建议借鉴南水北调一期工程经验，规范设计与施工、创新工程建设管理模式、强化施工管理、重视质量监测与监督、完善验收程序、强化质量监控、提高技术水平，保证工程质量。同时，建议从明确移民资格和要求、提高社会融入与文化交流、确保可持续发展与福利保障、维持社会稳定与和谐发展、进行持续监测与评估方面建立完善移民政策，确保工程建设的顺利进行和移民稳定发展。

3.4 完善投融资机制

投资制度是一个多目标、多层次、结构复杂、因素众多的系统，制定合理的投资制度，确保资金的合理安排和风险的有效管理，有助于促进工程的可持续发展。建议在推进国家水网工程建设中注重优化投资评估与选择、建立完善的投融资体系、维持稳定的投资环境、强化风险管理与控制、强化监督与审计、加强信息公开。

3.5 构建智慧水网

在数字化转型背景下，构建由物理水网、数字水网和业务水网耦合组成的智慧水网，可助力国家水网科研创新突破。建议借鉴南水北调工程经验推行构建先进的智慧水网，应用传感器与监测技术、建立数据采集云平台、利用大数据与人工智能、采用智能调度与控制、推广智慧用水与节水措施、倡导跨部门协同与信息共享，实现科学配水、合理用水，发挥水网工程综合效益，促进我国人口经济布局和国土空间利用格局优化调整，实现最大化的水资源利用和经济效益、社会效益、生态效益、安全效益相统一。

参考文献

[1]《中国南水北调工程》编纂委员会．中国南水北调工程［M］．北京：中国水利水电出版社，2018.

[2] 左其亭，郭佳航，李倩文，等．借鉴南水北调工程经验 构建国家水网理论体系［J］．中国水利，2021（11）：22-24.

[3] 王亚杰，乔根平，张瑞美．南水北调工程建设运营管理体制构建探析［J］．水利发展研究，2023，23（10）：67-71.

[4] 高媛媛，陈文艳，王仲鹏，等．浅谈南水北调工程对国家水网建设的作用［C］//水利部南水北调规划设计管理局．中国水利学会调水专业委员会 2022 年度学术论文集．北京：中国水利水电出版社，2023：196-200.

[5] 邵在栋，赵汝浩，任泽俭，等．南水北调山东段工程建设投资控制的经验［J］．河南水利与南水北调，2024，53（6）：37-38.

长距离重力输水管道分段减压方案与水锤防护分析

张同森

（巴音郭楞蒙古自治州水利水电勘测设计有限责任公司，新疆库尔勒市　841000）

摘　要： 以新疆某城市第二水源地引水工程输水管道为例，分析了三段减压方案和二段减压方案，并探讨其优缺点及应注意的问题。经过方案对比分析，三段减压方案优于二段减压方案。对三段减压方案进行水锤分析计算，采用空气阀、泄压阀和空气罐进行水锤防护，建议各管段实际关阀时间不小于 600 s。

关键词： 长距离输水管道；有压重力输水；减压

1　工程概况

新疆某城市第二水源地引水工程输水管道部分，水源工程为已经建设的水库及 500 m^3 调节池。已建调节水池底板高程为 1 354.50 m，池顶高程为 1 360.50 m，基本和地面相平，预留管道接口管底高程为 1 353.70 m。本工程输水管道从该水库电站尾水调节池预留的 ϕ900 管道接口开始接入（桩号 0+000），沿河铺设至出山口后，管道转向西沿山前冲积扇延伸，管道末端分为三支，1#支线投入工业园区 500 m^3 调节池用于园区工业供水，2#支线接水厂进水管用于生活供水，3#支线投入 15 万 m^3 事故调蓄水池用于事故检修期间工业及生活供水。管道全长 48.5 km，总落差 314 m，设计流量 1.15 m^3/s，初期小流量运行工况时流量为 0.29 m^3/s。

2　分段减压方案选择

长距离重力输水管道长度一般长达几十千米甚至上百千米，地形落差往往高达数百米。过大的静水压力导致管道管材选型和管压方案设计变得尤为重要，同时由于地形的起伏变化，不同管段的压力变化更加复杂，这给减压设计和水锤防护带来了巨大挑战。

在管长和落差较大的情况下，通常选择在管道沿线设置一定数量减压点，来调节管道内的压力，一方面可降低管材压力等级以节省工程投资，另一方面可降低水锤危害，减小水锤防护难度。减压方案设计一般主要需考虑：①上下游管道最大工作压力满足管材压力等级要求，并有一定安全余量；②管道沿线不出现负压，最小压力满足管道安全运行要求；③管道出口压力满足供水要求；④减压点上下游压力波动小，运行安全稳定[1]。

本工程输水管道总长 48.5 km，总落差 314 m，设计流量 1.15 m^3/s；初期小流量运行工况时流量为 0.29 m^3/s，估算管道总水头损失为 19 m，此时还需消减动压 295 m。一般情况下，可以采用减压阀或减压水池进行减压。减压阀具有结构简单、操作方便的优点，但需要根据管道的流量、压力等参数进行精确选择，以确保减压效果稳定可靠。减压水池通过蓄水来调节管道内的压力，但需要占用较大的空间，且建设成本较高。考虑到本工程从运行初期至正常运行期，管道流量及压力变幅很大，且初期小流量工况时需消减动水头较高，减压水池并不适合本工程，本次设计选择减压阀进行减压。

根据本工程的特点，如果管道不分段，初步分析管道最大压力等级需要 4.7 MPa，同时根据厂家提供的资料，市面上减压设备常见消减动压能力一般在 100~150 m。综合考虑管道压力等级提高对工

作者简介： 张同森（1991—），男，中级工程师，主要从事水利工程规划设计工作。

程投资增加的影响，以及减压设备选型，本次设计初步考虑将输水管道分为 2~3 段进行减压，一方面可以降低管道压力等级，另一方面便于减压设备选型。

2.1 减压阀选型

目前，市面上可选的减压阀类型有活塞式调节阀、多喷孔式调节阀、淹没式调节阀、锥形调节阀等[2]。多喷孔式调节阀可实现消能和线性调流，调流特性稳定，适用于高压力和大压差变化调流，流阻系数小，调流过程中水流比较平稳，无气蚀和水力振动问题。

根据本工程供水要求，输水管道沿线无供水需求，输水管道末端需保留 15 m 水头进行供水。为了有效隔断静水压力及水锤传递，防止减压阀失效对输水管道造成破坏，在输水管道中间设水池隔断，即减压阀出口为自由水面。经过对市面上的产品对比分析，本次设计输水管道中间减压阀选择淹没式多喷孔调节阀，管道末端选择多喷孔调节阀。

2.2 三段减压方案

本方案在输水管道沿线设 2 处减压点，将管道分为三段（见图 1）。1#减压点位于管道桩号 7+607 处，地面高程为 1 267.66 m，和首端 0+000 处落差 93.94 m。2#减压点位于管道桩号 19+706 处，地面高程为 1 164.00 m，和 1#减压点处落差 103.66 m。管道末端设调节阀供水[3]。

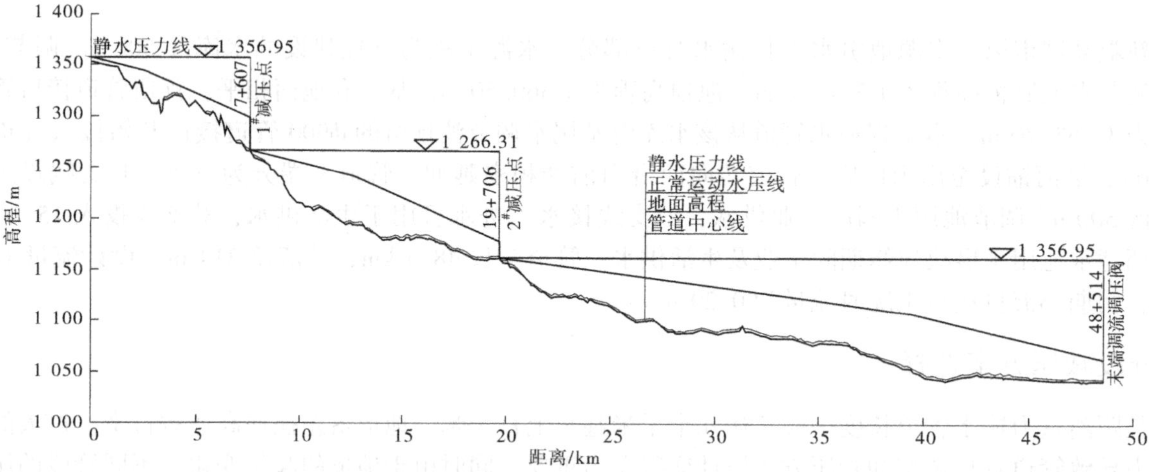

图 1　三段减压方案纵断面图

2.2.1 管道布置

输水管道全段为重力流有压输水，根据管道水流所含颗粒，为保证水流不对管道产生破坏以及水中悬浮物不沉积在管中，初定管中流速不小于 1.0 m/s，不大于 3.0 m/s。根据管道正常运行水头要求，以及不冲不淤流速要求，结合地形条件，通过水力计算，对各段管道管径进行布置；并根据管道输水时的最大动水压力和不输水时的最大静水压力确定各段最大使用压力，再考虑一定安全余量，综合确定各段管道的压力等级。三段减压方案管道统计如表 1 所示。

根据海曾-威廉公式进水管道水力计算[4]，输水管道正常运行情况下压力线如图 1 所示。经计算，正常运行情况下管道沿程水头损失加上局部水头损失后，总的水头损失为 246.36 m，1#减压点的动水压力水头（测压管水头）为 32.92 m，2#减压点的动水压力水头为 17.34 m，管道末端动水压力水头为 21.86 m。初期小流量运行工况（流量为 0.29 m^3/s）时，管道沿程水头损失加上局部水头损失后，总的水头损失为 19.41 m，1#减压点的动水压力水头为 87.12 m，2#减压点的动水压力水头为 99.01 m，管道末端动水压力水头为 112.94 m。

表 1　三段减压方案管道统计

序号	桩号	管段长/m	管材	管径/mm	压力等级/MPa	备注
1	0+000~2+531	2 531	涂塑复合钢管	820	1.0	首端接已建调节池
2	2+531~3+149	618		720	1.0	
3	3+149~5+272	2 123		720	1.0	
4	5+272~7+607	2 335		720	1.6	末端为 1#减压点
5	7+607~9+675	2 068		820	1.0	
6	9+675~12+775	3 100		820	1.6	
7	12+775~19+706	6 931		720	1.6	末端为 2#减压点
8	19+680~25+325	56 199		920	1.0	
9	25+325~39+375	14 050		920	1.6	
10	39+375~48+514	9 139		820	2.0	末端为调流调压阀

2.2.2　1#、2#减压点设计

1#、2#减压点主要包括泄压阀井、检修阀井、减压阀井和调节池四部分（见图 2）。泄压阀井为钢筋混凝土结构，净长×宽×高为 3.0 m×3.0 m×3.5 m，内设 DN250 安全泄压阀、DN150 空气阀及其他配套管件和阀件。泄压阀井后管道分为两路（互为备用）。检修阀井为钢筋混凝土结构，净长×宽×高为 5.0 m×8.0 m×4.0 m，井内双管线分别设 DN700Y 型过滤器及其他配套管件和阀件。减压阀井为钢筋混凝土结构，共两厢，每厢净长×宽×高为 4.0 m×4.0 m×8.0 m，每厢分别设 DN700 淹没式多喷孔调节阀 1 套。减压阀井上部设彩钢板房。调节池为钢筋混凝土封闭式条形蓄水池，容积 500 m^3，净长×宽×高为 11.4 m×11.4 m×4.0 m。

2.2.3　管道末端调流调压设计

管道末端调流调压设施主要包括泄压阀井、减压阀井两部分（见图 3）。泄压阀井为钢筋混凝土结构，净长×宽×高为 3.0 m×3.0 m×3.5 m，内设 DN250 安全泄压阀、DN150 空气阀及其他配套管件和阀件。泄压阀井后管道分为两支（互为备用）。减压阀井为钢筋混凝土结构，净长×宽×高为 9.0 m×7.0 m×4.0 m，井内双管线分别设 DN700Y 型过滤器、DN700 多喷孔调节阀、DN700 检修蝶阀及其他配套管件和阀件。减压阀井后两支汇合后向下游供水。

2.3　二段减压方案

本方案在输水管道沿线设 1 处减压点，将管道分为二段（见图 4）。1#减压点位于管道桩号 10+955 处，地面高程为 1 212.77 m，和首端 0+000 处落差 148.73 m。管道末端设调节阀供水。

2.3.1　管道布置

二段减压方案管道布置原则和方法与三段减压方案相同。二段减压方案管道布置如表 2 所示。根据水力计算，输水管道正常运行情况下压力线如图 4 所示，正常运行情况下管道沿程水头损失加上局部水头损失后，总的水头损失为 238.63 m，1#减压点的动水压力水头为 56.6 m，管道末端动水压力水头为 21.72 m。初期小流量运行工况时，管道沿程水头损失加上局部水头损失后，总的水头损失为 18.61 m，1#减压点的动水压力水头为 139.16 m，管道末端动水压力水头为 159.28 m。

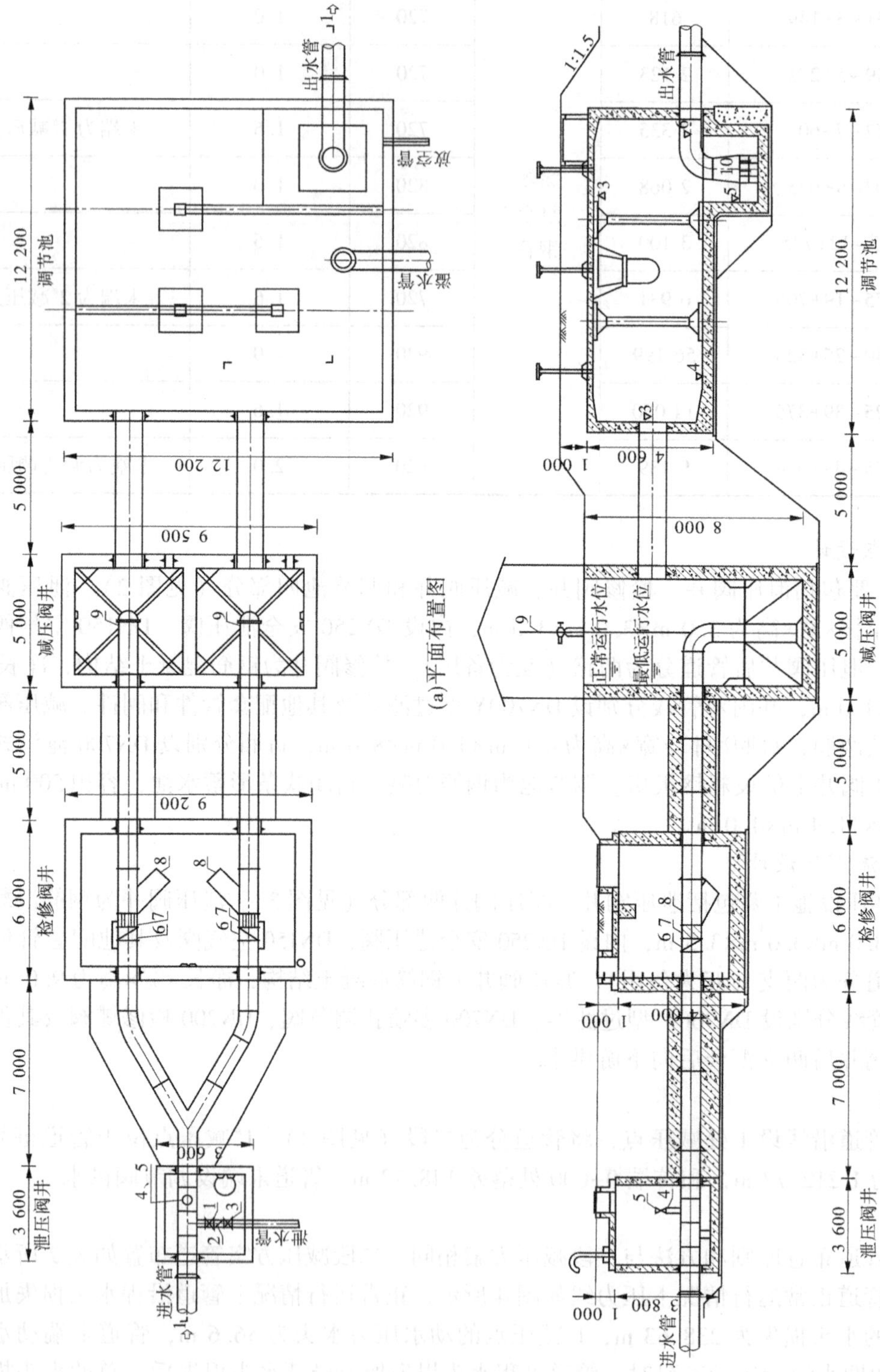

1—DN250检修闸阀；2—DN250安全泄压阀；3—DN250限位伸缩节；4—DN150检修闸阀；5—DN150空气阀；6—DN700检修蝶阀；7—DN700伸缩节；8—DN700Y型过滤器；9—DN700淹没式多喷孔调节阀。

图2 三段减压方案1#、2#减压点平剖面图（单位:mm）

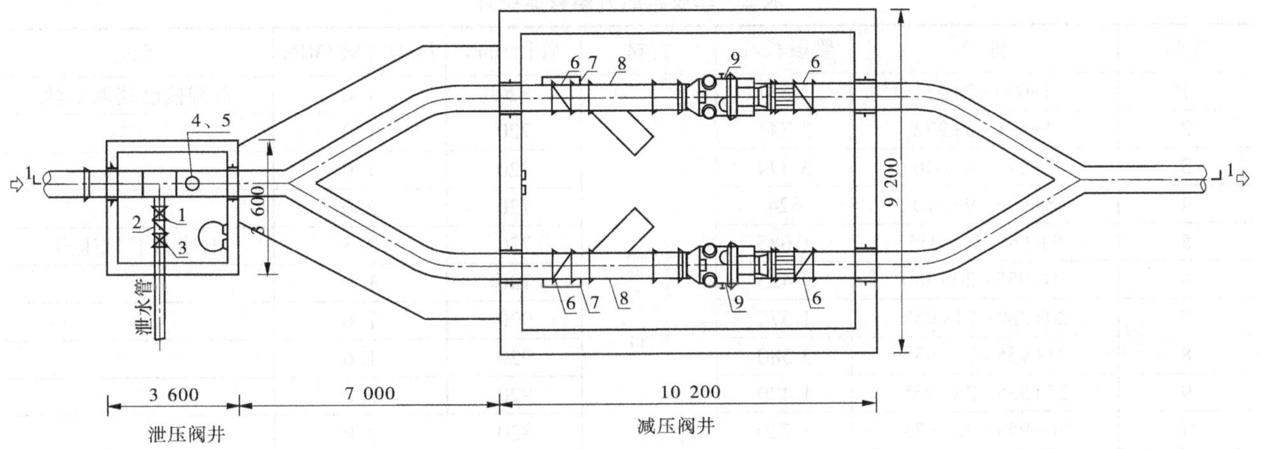

(a)平面布置图

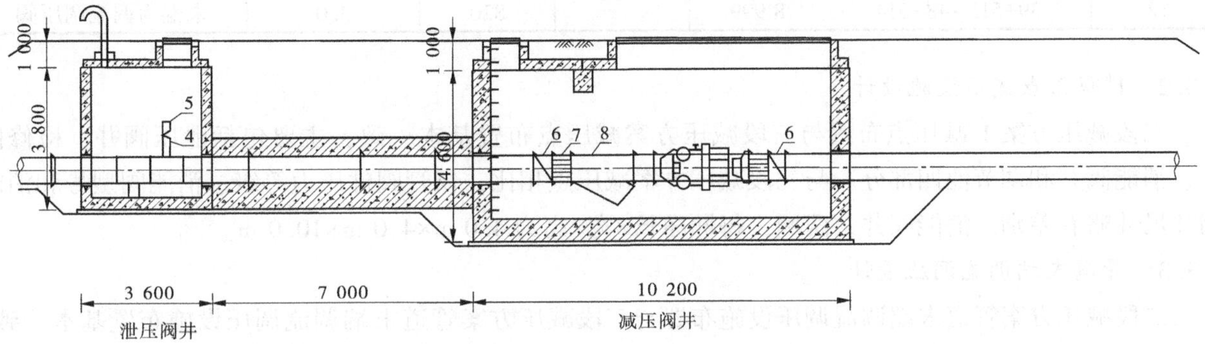

1—DN250检修闸阀；2—DN250安全泄压阀；3—DN250限位伸缩节；

4—DN150检修闸阀；5—DN150空气阀；6—DN700检修蝶阀；

7—DN700伸缩节；　8—DN700Y型过滤器；9—DN700多喷孔调节阀。

(b)1—1剖面图

图3　三段减压方案末端调流调压设施平剖面图　（单位：mm）

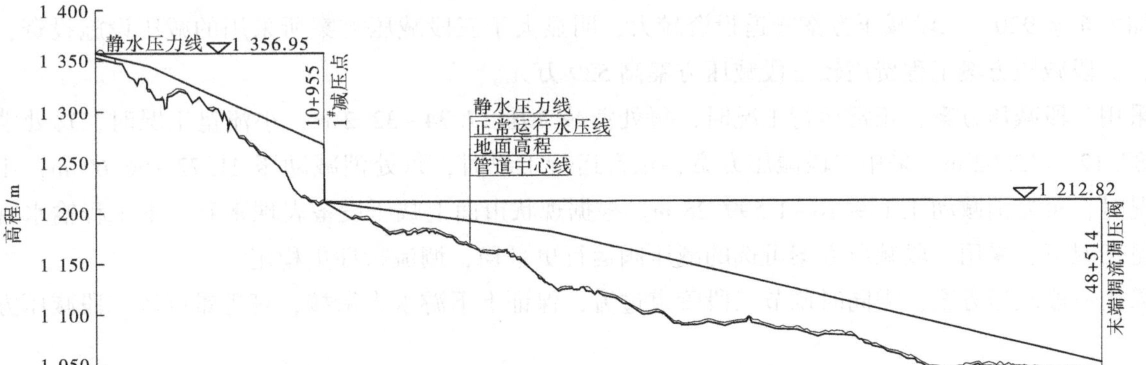

图4　二段减压方案纵断面图

表 2　二段减压方案管道统计

序号	桩号	管段长/m	管材	管径/mm	压力等级/MPa	备注
1	0+000~2+531	2 531		820	1.0	首端接已建调节池
2	2+531~5+272	2 741		720	1.0	
3	5+272~8+646	3 374		720	1.6	
4	8+646~9+270	624		720	2.0	
5	9+270~10+955	1 685		720	2.5	末端为 1# 减压点
6	10+955~20+380	9 425	涂塑复合钢管	720	1.0	
7	20+380~21+955	1 575		920	1.6	
8	21+955~25+535	3 580		920	1.6	
9	25+535~26+955	1 420		920	2.0	
10	26+955~32+675	5 720		820	2.0	
11	32+675~39+515	6 840		820	2.5	
12	39+515~48+514	8 999		820	3.0	末端为调流调压阀

2.3.2　1# 减压点减压设施设计

二段减压方案 1# 减压点布置与三段减压方案减压点布置基本一致，主要包括泄压阀井、检修阀井、消能阀井和调节池四部分。与三段减压方案减压点相比，仅管阀件压力等级、消能阀型号和消能阀井尺寸略有差别。消能阀井共两厢，每厢净长×宽×高为 4.0 m×4.0 m×10.0 m。

2.3.3　管道末端调流调压设计

二段减压方案管道末端调流调压设施布置与三段减压方案管道末端调流调压设施布置基本一致，主要包括泄压阀井、调流控制阀井两部分。与三段减压方案减压点相比，仅管阀件压力等级、调流控制阀型号和调流控制阀井尺寸略有差别。调流调压阀井净长×宽×高为 10.0 m×7.0 m×4.0 m。

2.4　减压方案比选

二段减压方案与三段减压方案相比，将 624 m ϕ 720 管道压力等级提高至 2.0 MPa，将 1 685 m ϕ 720 管道压力等级提高至 2.5 MPa，将 6 840 m ϕ 820 管道压力等级提高至 2.5 MPa，将 8 999 m ϕ 820 管道压力等级提高至 3.0 MPa，将 1 420 m ϕ 920 管道压力等级提高至 2.0 MPa，将 3 860 m 管道管径加大至 ϕ 920。二段减压方案管道投资较大，明显大于三段减压方案所采用的减压设施投资，经计算，二段减压方案工程费用较三段减压方案高 539 万元。

采用三段减压方案，正常运行工况时，每处消减动压 17.34~32.2 m；小流量工况时，每处消减动压 87.12~112.92 m。采用二段减压方案，正常运行工况时，每处消减动压 21.72~56.69 m；小流量工况时，每处消减动压 139.16~1 599.28 m。根据现状市面上减压设备表现来看，本工程输水管道小流量工况下，采用三段减压方案可选的减压阀运行更平稳，调流特性更稳定。

采用三段减压方案，需同时调节三段管道过流，保证上下游水力衔接，管理难度较二段减压方案略高。

综合考虑，本次设计推荐三段减压方案。

3　三段减压方案水锤计算分析

由于本工程各运行工况流量变幅较大，特别是初期运行流量很小，因此选取表 3 所列两种典型工况进行分析。首先以设计流量 1.15 m^3/s（工况 1）分析并进行安全防护，然后验证在该防护条件下最小设计流量 0.29 m^3/s（工况 2）是否满足。

表 3　三段减压方案水锤计算分析工况

序号	工况	流量/(m^3/s)	备注
1	工况 1：正常运行工况	1.15	设计水平年，园区达产后
2	工况 2：小流量运行工况	0.29	工程建成后初期运行阶段

3.1　工况 1：采用空气阀和安全泄压阀进行防护

根据《城镇供水长距离输水管（渠）道工程技术规程》（CECS 193：2005），结合地形情况，管道沿线 0.5~1.0 km 设置空气阀[5]，并在每段管道末端，即减压设施首端安装 DN250 安全泄压阀。按 300 s 关阀计算，第一段管道多处出现负压，最小压力-9.5 m，最大压力 181.3 m，发生在桩号 7+380 处；第二段管道在桩号 7+640~8+380 段有负压，最小压力-5.8 m，发生在桩号 7+730 处；全线最大压力 128.7 m，发生在桩号 18+746 处；第三段管道全线无负压，最大压力 134.4 m，发生在桩号 41+030 处。

3.2　工况 1：增设空气罐进行防护

根据采用空气阀+安全泄压阀防护后，管道水锤分析计算结果，在桩号 1+700、8+180 处各增设一台 5 m^3 的空气蓄能罐。按 300 s 关阀计算，第一段管道全线无负压；全线最大压力 117 m，发生在泄压阀处（见图 5）；第二段管道全线无负压，最大压力 129 m，发生在桩号 19+120 处（见图 6）。

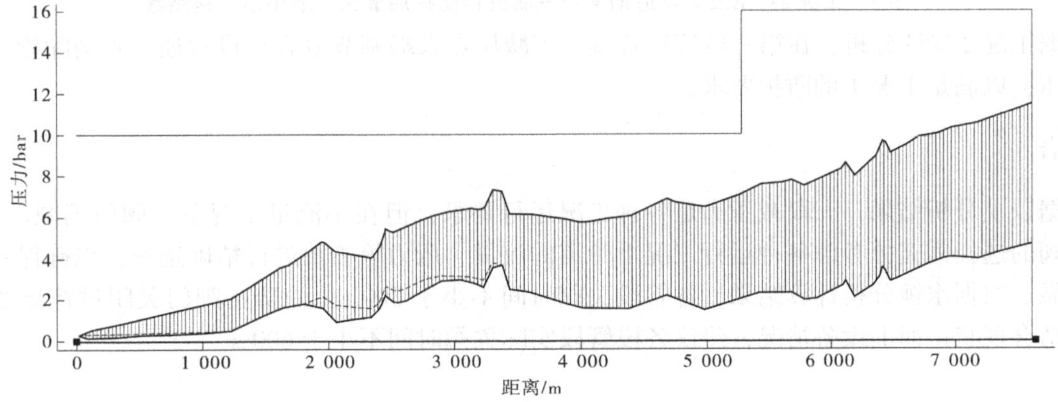

图 5　工况 1：第一段管道增设空气罐进行防护后最大、最小压力包络线

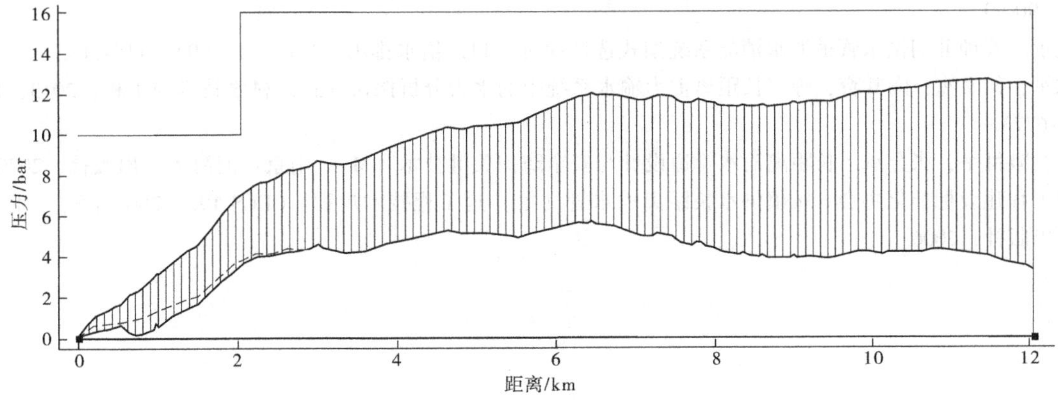

注：1 bar = 10^5 Pa。

图 6　工况 1：第二段管道增设空气罐进行防护后最大、最小压力包络线

3.3 工况 2：验证分析

按照工况 1 分析计算结果进行防护后，再对工况 2 进行验证分析。按 300 s 关阀计算，第一段管道全线无负压，全线最大压力 116.7 m，发生在泄压阀处；第二段管道全线无负压，最大压力 128.1 m，发生在桩号 19+120 处；第三段管道在桩号 19+713~19+880 段有负压，最小压力-2.8 m，发生在桩号 19+780 处，为瞬时负压；全线最大压力 149.1 m，发生在桩号 48+505 处（见图 7）。

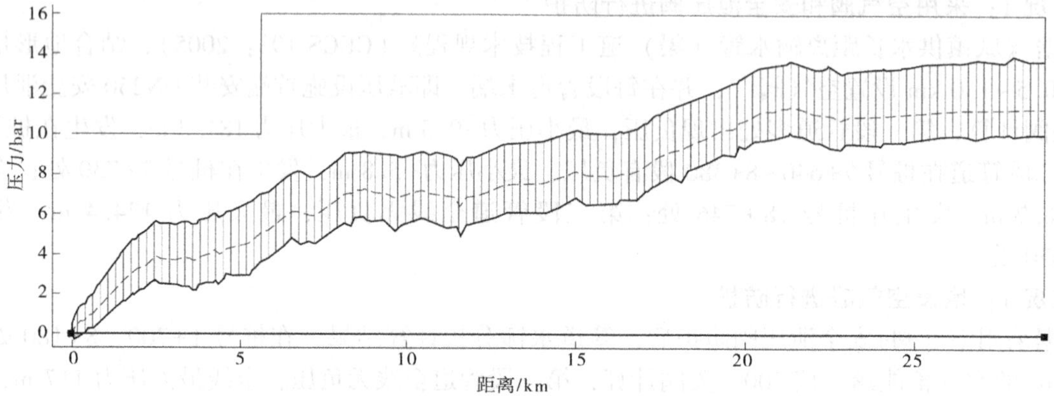

图 7 工况 2：第三段管道增设空气罐进行防护后最大、最小压力包络线

根据工况 2 验证分析，在第三段管道首端（2#减压点末端调节池后）设置通气管消除管道前段存在的负压，以满足工况 1 的防护要求。

4 结语

根据以上分析结果，三段减压满足各种工况运行要求，但在小流量工况下，阀门消减动压较大，对减压阀的选择需充分考虑各种运行工况下管道的流量、压力等参数进行精确选择，以确保减压效果稳定可靠。根据水锤分析计算结果，各管段关阀时间不小于 300 s，为防止阀门关闭过快导致减压阀失效，结合现状市面上设备情况，建议各段管段实际关阀时间不小于 600 s。

参考文献

[1] 李江，徐燕，张金承. 长距离重力流输水工程分级减压设计优化与水锤防护分析［J］. 水利水电技术，2015，46（9）：90-99.

[2] 张金承. 罗钾Ⅱ期供水管道泄水消能系统型式选择探讨［J］. 给水排水，2016，42（9）：115-118.

[3] 张志军，何文杰，陶其育，等. 长距离重力输水系统中的水力分析探讨［J］. 科学技术与工程，2013，13（23）：6767-6773.

[4] 李江，皱世平，张金承. 长距离输水管道设计与安全防护关键技术［M］. 南京：河海大学出版社，2020.

[5] 中国工程建设标准化协会. 城镇供水长距离输水管（渠）道工程技术规程：CECS 193：2005［S］. 北京：中国计划出版社，2006.

引江补汉工程调水对三峡—葛洲坝梯级电站发电效益影响研究

傅巧萍　荆平飞

（长江勘测规划设计研究有限责任公司，湖北武汉　430010）

摘　要： 本文基于长江上游干支流已建、在建控制性水库和相关引调水工程及河道外用耗水的边界条件，分别建立有、无引江补汉工程工况下长江上游控制性水工程联合调度模型，针对引江补汉工程设计调水量和调水过程，进行长系列模拟调度计算，分析引江补汉工程调水对三峡—葛洲坝梯级电站发电效益的影响及其年内、年际分布情况。结合三峡水库和丹江口来水量及水库调度运行情况，分析引江补汉工程设计调度规则和调水过程的年际、年内分布特点，提出引江补汉工程调度方式的优化建议。

关键词： 引江补汉工程；引调水工程；控制性水工程；调度方式；发电效益

1　引江补汉工程基本情况

1.1　工程概况

引江补汉工程为南水北调中线工程提供了后续水源，从长江三峡库区支流龙潭溪自流引水入汉江支流安乐河，提高汉江流域的水资源调配能力，增加南水北调中线工程北调水量，提升中线工程供水保障能力，并为引汉济渭工程达到远期调水规模、向工程输水线路沿线地区城乡生活和工业补水创造条件。

根据可行性研究阶段研究成果，引江补汉工程多年平均年调水量 39.0 亿 m^3，其中入汉江水量 36.0 亿 m^3，相机向湖北汉江右岸丘陵区补水 3.0 亿 m^3。进口水位 145~175 m，出口水位约 90 m，隧洞输水流量 170~212 m^3/s，分水口设计流量 40 m^3/s。

2022 年 6 月，国家发展和改革委员会以《关于印发〈国家发展改革委关于审批南水北调中线引江补汉工程可行性研究报告的请示〉的通知》（发改农经〔2022〕978 号）批复了可行性研究报告，工程于 2022 年 7 月 7 日正式开工。

1.2　设计调度规则

引江补汉工程可行性研究阶段拟定的调度规则如下：

（1）引江补汉工程服从三峡水库、丹江口水库防洪调度。

（2）设置引江控制水位线，丹江口水库蓄水位低于引江启动线时，开始向汉江干流或沿线补水区补水；丹江口水库蓄水位高于引江停止线时，停止向汉江干流补水，但可向沿线补水区补水。

引江控制水位线以引江后基本不增加丹江口水库弃水为目标，采用长系列调节计算模型逐旬试算确定，见图 1。

1.3　设计引水过程分析

引江补汉工程可行性研究阶段，依据汉江水文年 5 月至次年 4 月，采用 1956 年 5 月至 2018 年 4

基金项目： 国家重点研发计划项目（2022YFC3202805）。

作者简介： 傅巧萍（1971—），女，高级工程师，主要从事水工程调度研究和水利水电规划设计工作。

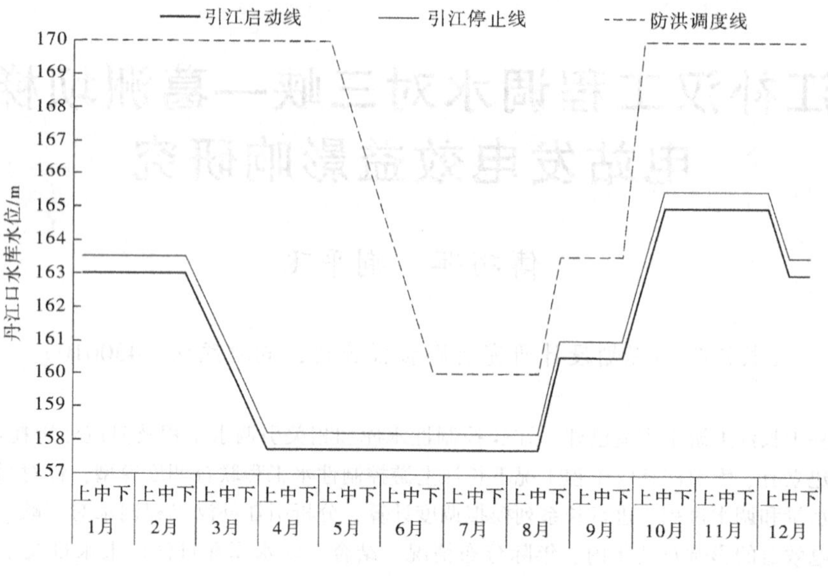

图 1　引江补汉工程控制水位线

月系列，多年平均年调水量 39 亿 m^3，其中本文计算依据长江上游干流和主要支流水文年 6 月至次年 5 月，并考虑资料的可靠性、一致性和代表性，采用 1959 年 6 月至 2014 年 5 月系列，引江补汉工程对应多年平均年调水量 38.37 亿 m^3，逐年调水量、多年平均月均调水流量过程分别见图 2、图 3。

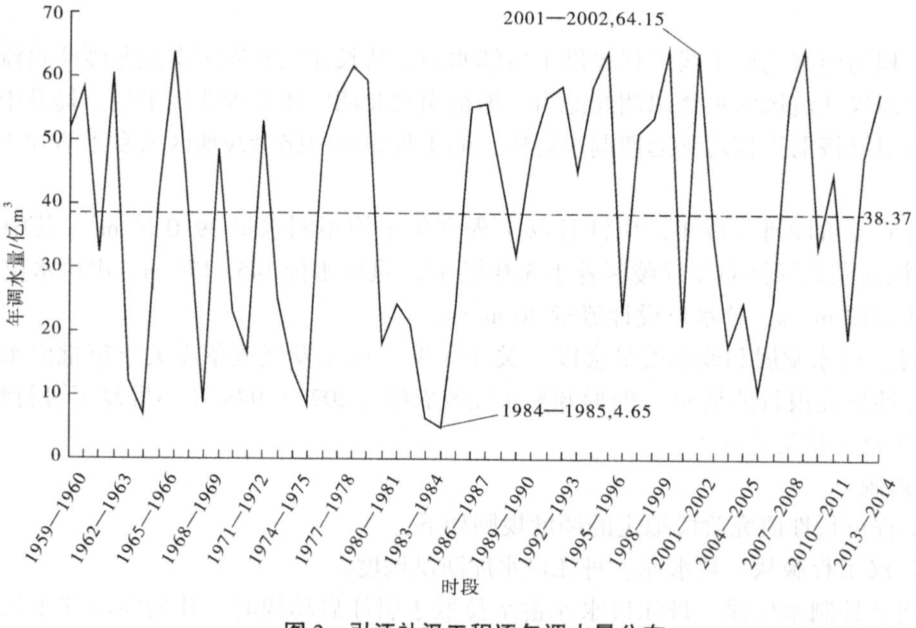

图 2　引江补汉工程逐年调水量分布

从年际分布看，引江补汉工程设计年调水量最大的为 2001 年 6 月至 2002 年 5 月，达 64.15 亿 m^3，年调水量最小的为 1984 年 6 月至 1985 年 5 月，仅 4.65 亿 m^3，极值比 13.8；从年内分布看，多年平均调水流量 121.66 m^3/s，其中 2 月平均调水流量最大，为 167.68 m^3/s，7 月平均调水流量最小，为 71.69 m^3/s。

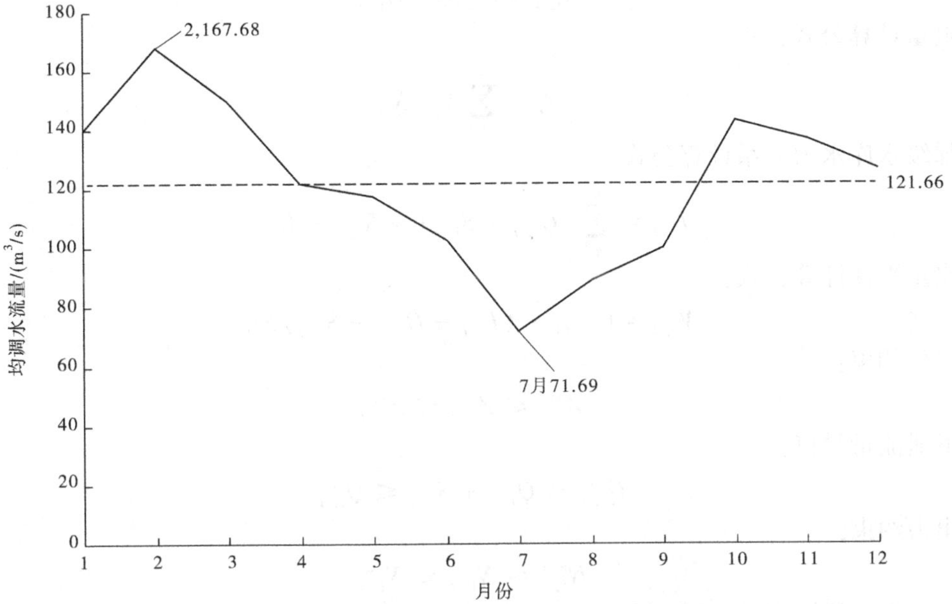

图 3　引江补汉工程多年平均月均调水流量过程

2　引江补汉工程调水对三峡—葛洲坝梯级电站发电效益影响

2.1　边界条件

2.1.1　长江上游干支流控制性水库

目前，长江上游干支流已建、在建控制性水库有：金沙江上游的叶巴滩、拉哇，金沙江中游的梨园、阿海、金安桥、龙开口、鲁地拉、观音岩，雅砻江的两河口、锦屏一级、二滩，金沙江下游的乌东德、白鹤滩、溪洛渡、向家坝，岷江干流的紫坪铺、支流大渡河的双江口、瀑布沟，嘉陵江支流白龙江的碧口、宝珠寺及干流的亭子口、草街，乌江的洪家渡、东风、乌江渡、构皮滩、思林、沙沱、彭水，长江干流的三峡。总调节库容 744.28 亿 m^3，总防洪库容 488.98 亿 m^3，总装机容量 113 655 MW。

2.1.2　跨流域引调水工程

根据有关规划和设计成果及工程实施情况，长江上游已建、在建调出本流域的引调水工程主要有：滇中引水[1]、窑上海子调水、车马碧调水、曲溪水库调水、黔中水利枢纽、引江补汉等，总调水规模 79.80 亿 m^3，年均调出长江上游水量 60.87 亿 m^3；调入长江上游的跨流域调水工程有引洱入宾、黄草坪调水、玉舍水库等，年调入水量共 0.98 亿 m^3，即长江上游已建、在建跨流域引调水工程影响三峡水库多年平均年入库水量 59.89 亿 m^3。

2.1.3　河道外用耗水

根据《长江区第三次水资源调查评价》[2]、《全国水资源综合规划》[3]、《长江流域及西南诸河水资源综合规划》[4] 等成果，结合《国务院办公厅关于印发实行最严格水资源管理制度考核办法的通知》（国办发〔2013〕2 号），预测长江上游 2030 年水平年及以后新增河道外年耗水量（含流域内引调水量）约 135 亿 m^3[5]。

2.2　长江上游控制性水工程联合调度模型

采用 1959 年 6 月至 2014 年 5 月共 55 年连续径流系列，建立包含上述控制性水库和跨流域引调水工程（分别考虑有、无引江补汉工程工况），并考虑河道外年耗水量（含流域内引调水量）的长江上游干支流控制性水工程联合调度计算模型，水库调度运行方式、电站特征参数结合设计、调度规程及已建梯级实际运行情况和相关研究成果分析拟定[6-12]。主要公示及约束条件[13] 如下。

（1）出力计算公式：

$$N_{i,\ t} = K_{i,\ t}Q_{i,\ t}H_{i,\ t} \tag{1}$$

（2）电量计算公式：

$$E_i = \sum_{t=1}^{T} N_{i,\ t}\Delta t_t \tag{2}$$

（3）梯级水库水力联系计算公式：

$$I_{i,\ t} = \sum_{j=1}^{n} (Q_{j,\ t} + S_{j,\ t}) + R_{i,\ t} - U_{i,\ t} \tag{3}$$

（4）水量平衡计算公式：

$$V_{i,\ t} = V_{i,\ t-1} + (I_{i,\ t} - Q_{i,\ t} - S_{i,\ t})\Delta t_t \tag{4}$$

（5）水位约束：

$$Z_{i,\ t}^{\min} \leqslant Z_{i,\ t} \leqslant Z_{i,\ t}^{\max} \tag{5}$$

（6）下泄流量约束：

$$Q_{i,\ t}^{\min} \leqslant Q_{i,\ t} + S_{i,\ t} \leqslant Q_{i,\ t}^{\max} \tag{6}$$

（7）出力约束：

$$N_{i,\ t}^{\min} \leqslant N_{i,\ t} \leqslant N_{i,\ t}^{\max} \tag{7}$$

（8）初、末水位协调：

$$Z_{i,\ \mathrm{start}} = Z_{i,\ \mathrm{end}} \tag{8}$$

式中：i 为电站序号；T 为时段数；t 为时段序号（$\forall t \in T$）；Δt_t 为时段 t 的时长；n_i 为下泄流量汇入电站 i 库区的电站座数；E_i 为电站 i 在 T 时段内的发电量；$K_{i,\ t}$、$N_{i,\ t}$、$Q_{i,\ t}$、$H_{i,\ t}$、$I_{i,\ t}$、$S_{i,\ t}$、$R_{i,\ t}$、$U_{i,\ t}$、$V_{i,\ t}$、$Z_{i,\ t}^{\min}$、$Z_{i,\ t}^{\max}$、$Q_{i,\ t}^{\min}$、$Q_{i,\ t}^{\max}$、$N_{i,\ t}^{\min}$、$N_{i,\ t}^{\max}$ 分别为电站 i 在时段 t 的出力系数、出力、发电流量、净水头、入库流量、弃水流量、与上级水库间的区间流量、引调水及河道外耗水流量之和、时段末库容、最低允许库水位、最高允许库水位、最小下泄流量、最大下泄流量、最小出力、最大出力；$Z_{i,\ \mathrm{start}}$、$Z_{i,\ \mathrm{end}}$ 分别为调度期初和期末水位。

梯级水库及跨流域引调水工程分布示意见图 4。

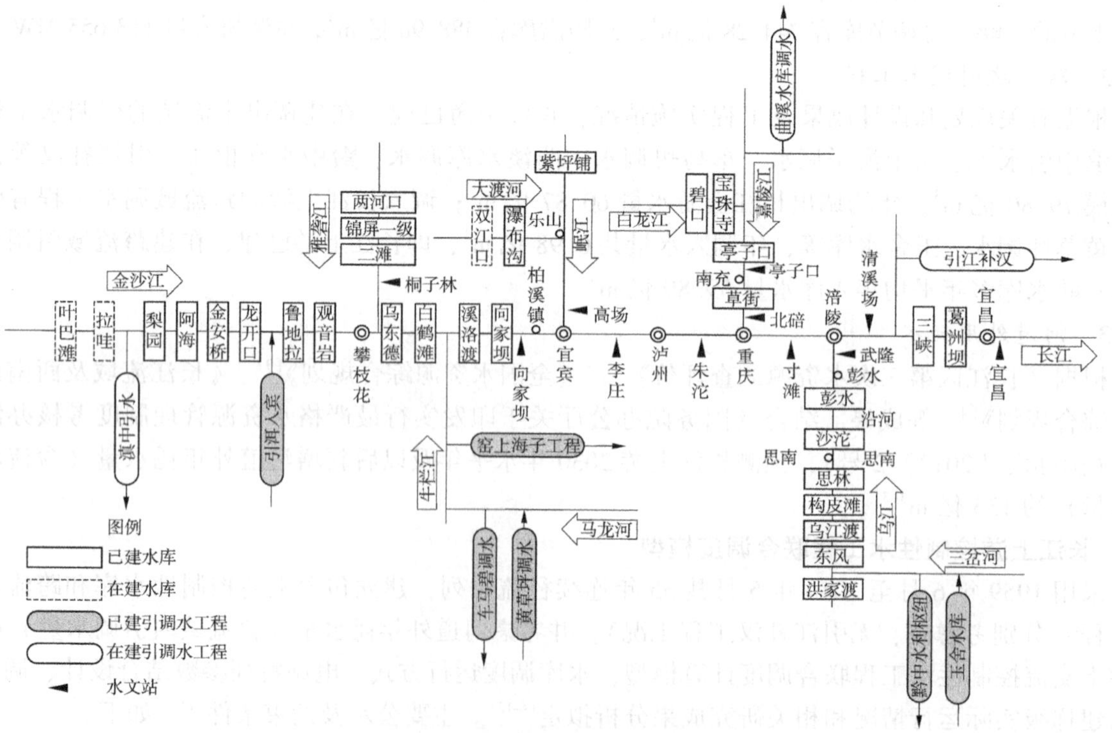

图 4　长江上游控制性水库及跨流域引调水工程分布示意

计算时每一级水库的入库流量为上游水库调蓄后的下泄量加上区间流量和调入流量，减去调出流量和耗水流量；梯级水库有水位重叠时电站的尾水位考虑下游水库水位的顶托影响。

2.3 引江补汉工程调水对三峡—葛洲坝梯级电站发电效益的影响

采用长江上游控制性水工程群联合调度模型，分别进行有、无引江补汉工程工况下长系列模拟调节计算并进行对比，结果表明引江补汉工程调水后，三峡—葛洲坝梯级多年平均年发电量减少 11.43 亿 kW·h。其中，三峡电站减少 10.01 亿 kW·h，葛洲坝电站减少 1.42 亿 kW·h，引江补汉工程调水对三峡—葛洲坝梯级年内、年际影响分别见图 5 和图 6，调水影响年电量和引江补汉工程年调水量及三峡水库来水量的关系见图 7 和图 8。

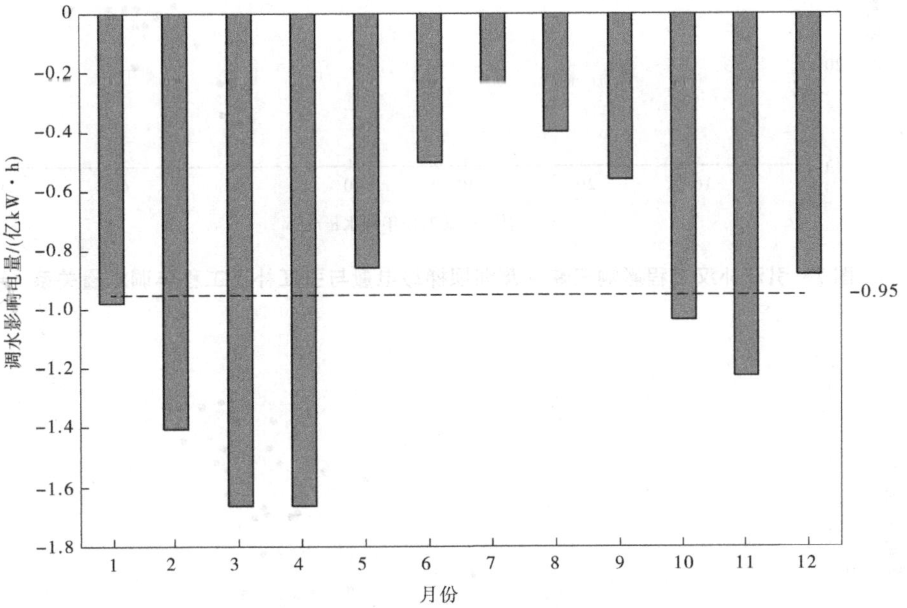

图 5　引江补汉工程影响三峡—葛洲坝梯级电量年内分布图

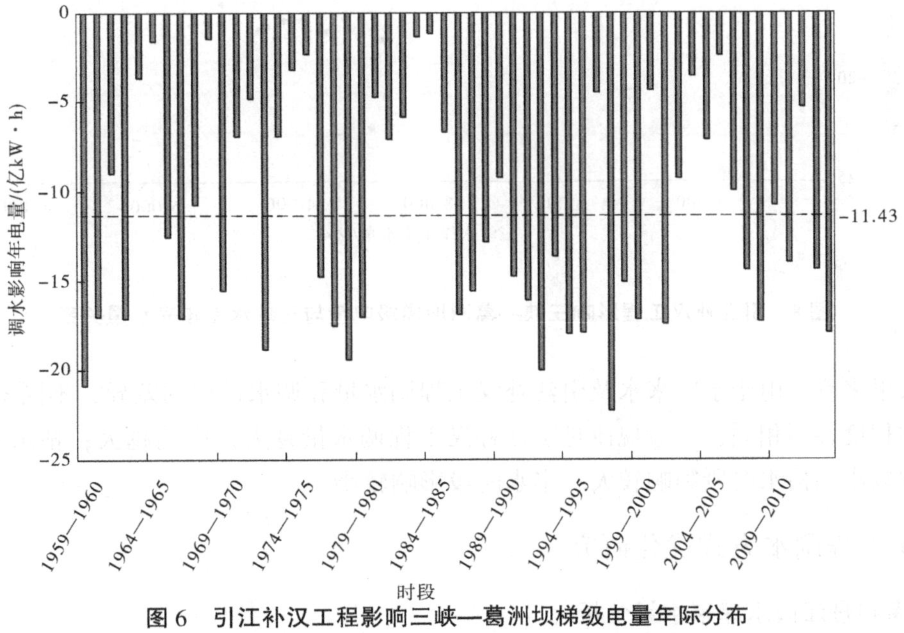

图 6　引江补汉工程影响三峡—葛洲坝梯级电量年际分布

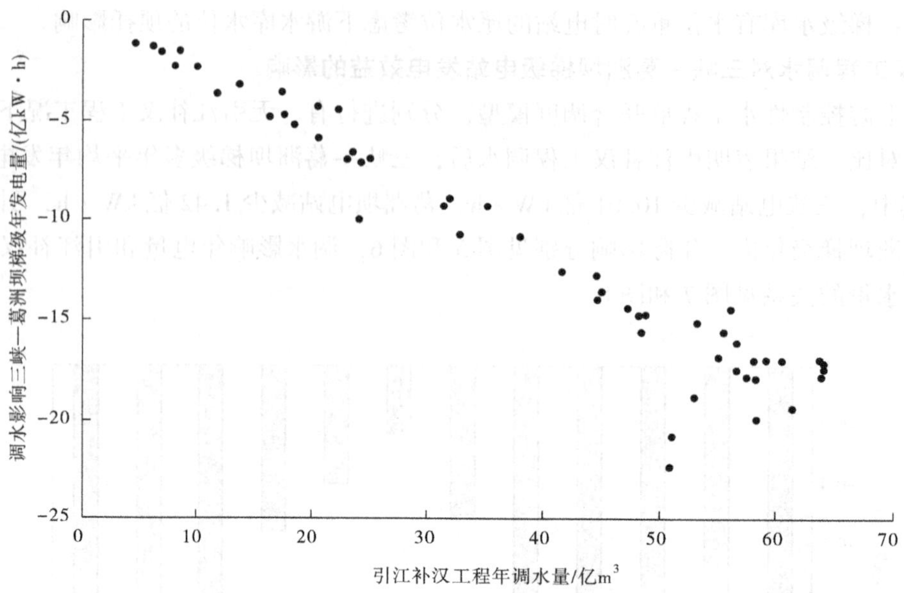

图 7　引江补汉工程影响三峡—葛洲坝梯级电量与引江补汉工程年调水量关系

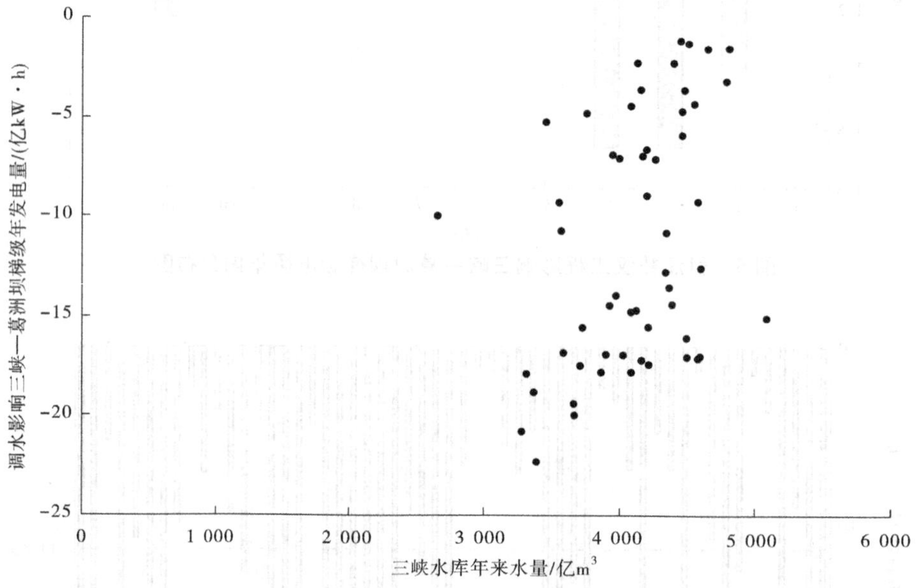

图 8　引江补汉工程影响三峡—葛洲坝梯级电量与三峡水库年来水量关系

从计算结果来看，由于水库来水及引江补汉工程调水量和调水过程的差异，不同来水年份及年内不同时期影响程度各不相同，一般规律是引江补汉工程调水量越大，影响越大；枯水年份影响较大、丰水年份影响较小；枯水时段影响较大、丰水时段影响较小。

3　引江补汉工程调水方式优化研究

3.1　三峡水库和丹江口水库来水量分析

分析 1959 年 6 月至 2014 年 5 月共 55 年连续径流系列中三峡水库和丹江口水库逐年水量距平和

多年平均分月水量占比，并与引江补汉工程调水量对比，见图 9 和图 10。

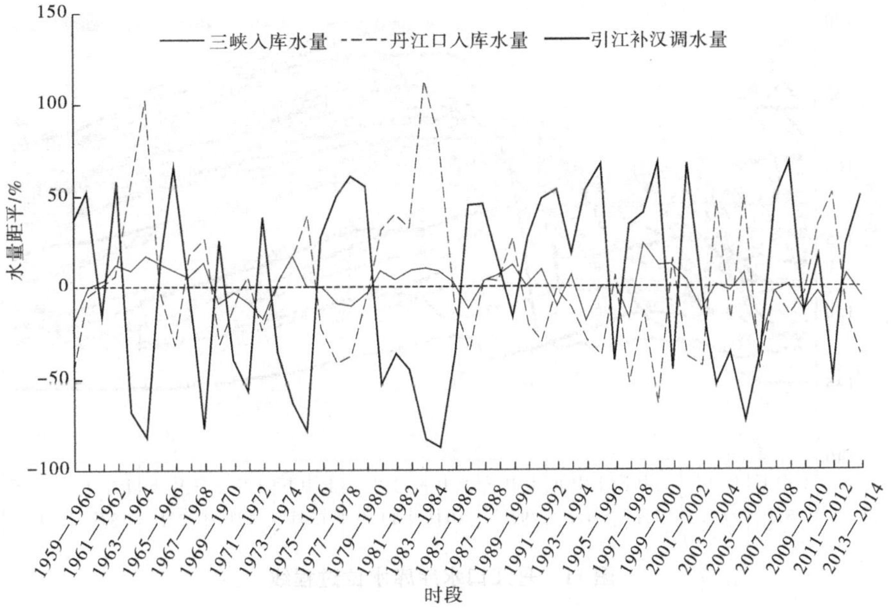

图 9　三峡、丹江口水库和引江补汉工程逐年水量距平

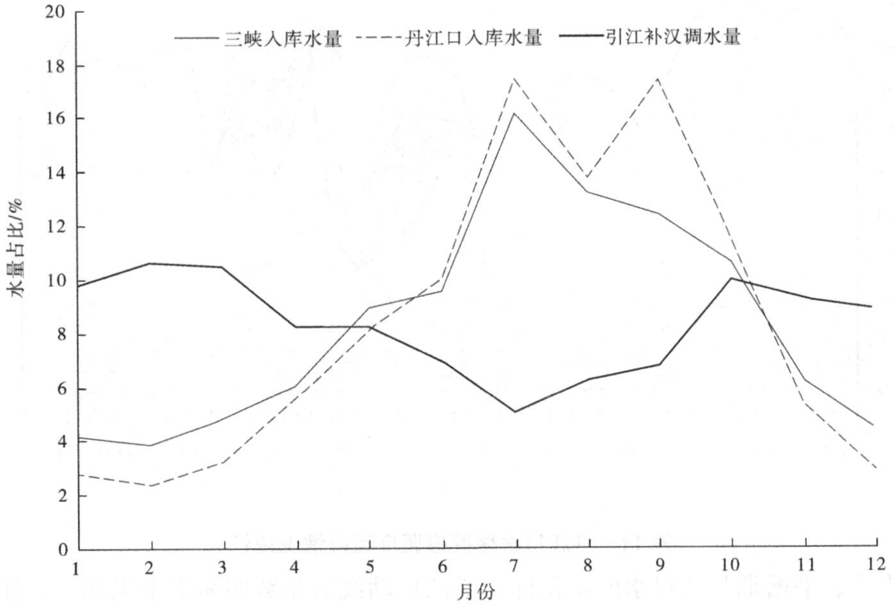

图 10　三峡水库、丹江口水库和引江补汉工程多年平均分月水量占比

从图 9、图 10 可以看出，三峡水库和丹江口水库的丰枯同步性很强，从年际分布看，三峡水库来水较枯的年份引江补汉设计引水量一般较大；从年内分布看，三峡水库来水较枯的时段引江补汉设计引水量一般较大。

3.2　丹江口水库调度运行情况

建立汉江上游控制性水工程联合调度计算模型，经长系列模拟调度计算，丹江口水库库水位过程线和运行情况统计见图 11 和图 12。

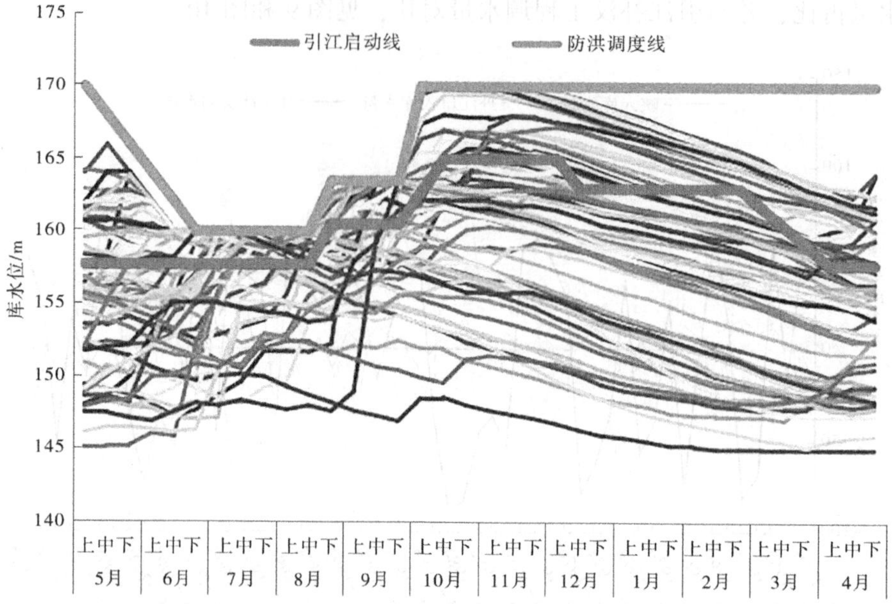

图 11　丹江口水库库水位过程线

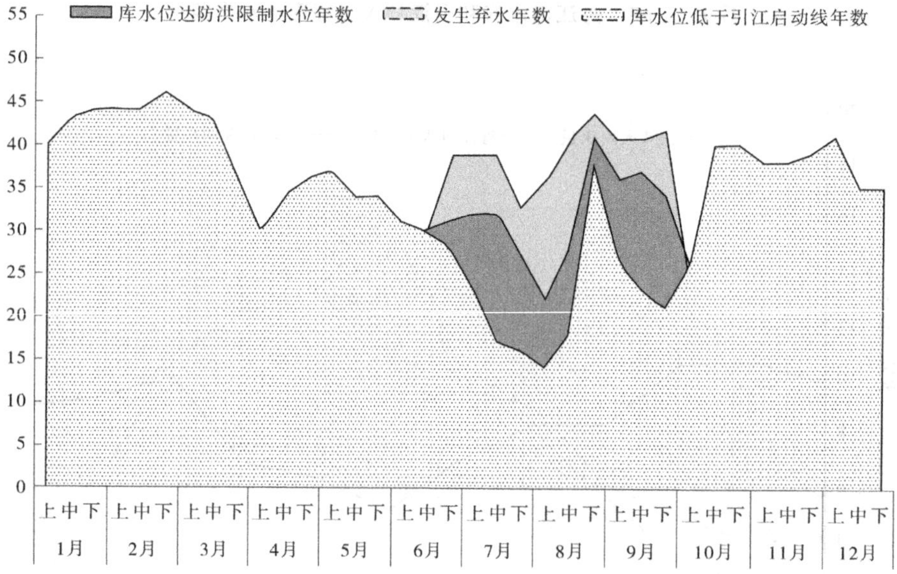

图 12　丹江口水库模拟调度运行情况统计

从统计结果看，消落期丹江口水库水位低于引江启动线的年数明显多于汛期。丹江口水库为多年调节水库，在 55 年长系列中，夏汛期能蓄水至防洪限制水位 160 m 和秋汛期能蓄水至防洪限制水位 163. 5 m 的年数均只有 20 年左右，而三峡水库汛期防洪限制水位 145 m，基本为水库运行的最低水位，因此适当抬高汛期引江启动线、降低消落期引江启动线，在保证年引水量不变的前提下，增大汛期引水量、减少消落期引水量，不会对丹江口水库造成不利影响，但是对减少三峡—葛洲坝梯级弃水量、提高水量利用率效益明显。从提高水资源利用率，减轻引江补汉调水对三峡—葛洲坝梯级影响的角度，适当抬高汛期 6—9 月引江启动线、降低消落期 1—3 月引江启动线较为有利。

4　结语

引江补汉工程可行性研究阶段，采用 1956 年 5 月至 2018 年 4 月系列，多年平均年调水量 39 亿

m^3，本文计算采用的系列 1959 年 6 月至 2014 年 5 月多年平均年调水量 38.37 亿 m^3，基于长江上游干支流已建、在建控制性水库和相关引调水工程及河道外用耗水的边界条件，引江补汉工程调水后，三峡—葛洲坝梯级多年平均年发电量减少 11.43 亿 kW·h。其中，三峡电站减少 10.01 亿 kW·h，葛洲坝电站减少 1.42 亿 kW·h。由于水库来水及引江补汉工程调水量和调水过程的差异，不同来水年份及年内不同时期影响程度各不相同，一般规律是引江补汉工程调水量越大，影响越大；枯水年份影响较大、丰水年份影响较小；枯水时段影响较大、丰水时段影响较小。

三峡水库汛期防洪限制水位 145 m，基本为水库运行的最低水位，而丹江口水库为多年调节水库，夏汛期能蓄水至防洪限制水位 160 m 和秋汛期能蓄水至防洪限制水位 163.5 m 的概率均不高，弃水年数更少。鉴于引江补汉工程设计阶段拟定的汛期引江启动线比丹江口水库防洪调度线低 2~3 m，研究表明从提高水资源利用率，减轻引江补汉调水对三峡—葛洲坝梯级影响的角度，可以适当抬高汛期 6—9 月引江启动线、降低消落期 1—3 月引江启动线，在保证年引水量不变的前提下，增大汛期引水量、减少消落期引水量。

参考文献

[1] 桂耀，肖昌虎，侯丽娜．跨流域引调水工程规划方案优选研究：以滇中引水工程为例［J］．中国农村水利水电，2017，9：63-66.

[2] 水利部长江水利委员会．长江区第三次水资源调查评价［R］．武汉：水利部长江水利委员会，2020.

[3] 中华人民共和国水利部．全国水资源综合规划［R］．北京：中华人民共和国水利部，2010.

[4] 水利部长江水利委员会．长江流域及西南诸河水资源综合规划［R］．武汉：水利部长江水利委员会，2010.

[5] 马建华，雷静．长江流域水资源综合规划概要［J］．中国水利，2011，23：115-117.

[6] 中华人民共和国水利部．关于 2024 年长江流域水工程联合调度运用计划的批复［R］．北京：中华人民共和国水利部，2024.

[7] 陈桂亚．长江流域水库群联合调度关键技术研究［J］．中国水利，2017（14）：11-13.

[8] 仲志余，邹强，王学敏，等．长江上游梯级水库群多目标联合调度技术研究［J］．人民长江，2022（2）：12-19.

[9] 丁毅，傅巧萍．长江上游梯级水库群蓄水方式初步研究［J］．人民长江，2013，44（10）：72-75.

[10] 郭生练，何绍坤，陈柯兵，等．长江上游巨型水库群联合蓄水调度研究［J］．人民长江，2020，51（1）：6-10，35.

[11] 黄艳．长江流域水工程联合调度方案的实践与思考［J］．人民长江，2020，51（12）：116-128.

[12] 严凌志，傅巧萍，鲁军，等．关键参数变化对电站多年平均年发电量的影响［J］．人民长江，2018，49（13）：44-47，89.

[13] 雷静，汪伟，傅巧萍．长江水资源开发利用的径流累积影响研究：以大通断面为例［J］．水利水电技术（中英文），2021，52（21）：25-34.

基于跨流域调水的淄博市水资源供需形势分析

丁厚钢　燕双建　孟凡宇

（淄博市水文中心，山东淄博　255000）

摘　要：淄博市水资源短缺，时空分布不均，除当地水资源外，引黄引江外调水是重要的供水水源。本文设定了三种供水情景，分别开展了淄博市近期规划水平年 2025 年及远期规划水平年 2035 年的水资源供需平衡计算及供需形势分析，分析了跨流域调水对供需形势的影响，并提出了调水工程建设措施，对实现水资源优化配置、落实跨流域调水效益、助力调水工程高质量发展都具有一定意义。

关键词：跨流域调水；引黄引江；供需平衡

1　供水情况设定

为了分析跨流域调水对近期规划水平年 2025 年及远期规划水平年 2035 年的水资源供需形势的影响，设置“本地水资源+非常规水”“本地水资源+非常规水+现状外调水”和“本地水资源+非常规水+现状外调水+规划年新增外调水”三个供水情景，具体如下：

（1）情景一（不跨）：“本地水资源+非常规水”。即供水水源中不包含跨流域调水工程，充分挖掘当地常规水供水潜力，大力发展非常规水源工程。

（2）情景二（一跨）：“本地水资源+非常规水+现状外调水”。在情景一的基础上，充分利用现有跨流域调水指标水量，即黄河水、长江水指标水量。

（3）情景三（二跨）：“本地水资源+非常规水+现状外调水+规划年新增外调水”。在情景二的基础上，规划水平年考虑规划跨流域调水工程新增水量。因近期规划水平年 2025 年较难实现新增调水量，因此仅远期规划水平年 2035 年采用此情景。

2　供需平衡计算

2.1　2025 年供需平衡计算

2.1.1　情景一（不跨）

50%来水条件下，总需水量为 12.86 亿 m^3，供水量为 8.91 亿 m^3。城镇缺水 2.47 亿 m^3，缺水率 33.6%；农村缺水 1.48 亿 m^3，缺水率 26.7%。

75%来水条件下，总需水量为 13.76 亿 m^3，供水量为 8.88 亿 m^3。城镇缺水 2.92 亿 m^3，缺水率 39.8%；农村缺水 1.96 亿 m^3，缺水率 30.5%。

95%来水条件下，总需水量为 13.76 亿 m^3，供水量为 8.38 亿 m^3。城镇缺水 3.39 亿 m^3，缺水率 46.1%；农村缺水 1.99 亿 m^3，缺水率 31.1%。

2.1.2　情景二（一跨）

50%来水条件下，总需水量为 12.86 亿 m^3，供水量为 12.82 亿 m^3。城镇缺水 0.04 亿 m^3，缺水率 0.5%。农村不缺水。

75%来水条件下，总需水量为 13.76 亿 m^3，供水量为 12.90 亿 m^3。城镇缺水 0.62 亿 m^3，缺水率

作者简介：丁厚钢（1982—），男，高级工程师，淄博市水文中心水资源科科长，主要从事水资源监测及评价工作。

8.4%；农村缺水 0.24 亿 m^3，缺水率 3.7%。

95%来水条件下，总需水量为 13.76 亿 m^3，供水量为 12.63 亿 m^3。城镇缺水 0.82 亿 m^3，缺水率 11.1%；农村缺水 0.31 亿 m^3，缺水率 4.9%。供需平衡分析成果见表 1。

表 1　淄博市 2025 年供需平衡分析成果

县(市、区)	缺水率（情景一）						缺水率（情景二）					
	城镇			农村			城镇			农村		
	50%	75%	95%	50%	75%	95%	50%	75%	95%	50%	75%	95%
淄博市	33.6%	39.8%	46.1%	26.7%	30.5%	31.1%	0.5%	8.4%	11.1%	—	3.7%	4.9%
张店区	18.1%	19.6%	22.1%	—	—	—	—	—	2.9%	—	—	—
高新区	29.9%	29.9%	46.4%	—	—	—	—	—	—	—	—	—
淄川区	—	7.5%	19.2%	—	—	—	—	0.5%	12.1%	—	—	—
博山区	—	—	—	—	—	—	—	—	—	—	—	—
周村区	30.9%	47.4%	56.7%	—	—	—	—	9.9%	26.3%	—	—	—
文昌湖区	—	19.9%	22.2%	—	—	10.2%	—	19.9%	11.7%	—	—	18.5%
临淄区	35.0%	35.9%	36.6%	—	13.2%	13.5%	—	—	—	—	13.5%	14.0%
桓台县	69.6%	81.5%	82.8%	—	—	0.9%	—	10.2%	—	—	—	—
高青县	92.5%	86.4%	92.5%	74.6%	78.2%	78.2%	11.2%	86.4%	75.6%	—	2.7%	4.7%
沂源县	16%	30.6%	78.3%	—	—	2.0%	—	29.1%	76.7%	—	—	2.0%

2.2　2035 年供需平衡计算

2.2.1　情景一（不跨）

50%来水条件下，总需水量为 14.81 亿 m^3，供水量为 9.83 亿 m^3。城镇缺水 3.62 亿 m^3，缺水率 37.8%；农村缺水 1.36 亿 m^3，缺水率 26.0%。

75%来水条件下，总需水量为 15.61 亿 m^3，供水量为 9.72 亿 m^3。城镇缺水 4.13 亿 m^3，缺水率 43.1%；农村缺水 1.76 亿 m^3，缺水率 29.2%。

95%来水条件下，总需水量为 15.61 亿 m^3，供水量为 9.13 亿 m^3。城镇缺水 4.70 亿 m^3，缺水率 49.1%；农村缺水 1.78 亿 m^3，缺水率 29.4%。

2.2.2　情景二（一跨）

50%来水条件下，总需水量为 14.81 亿 m^3，供水量为 14.48 亿 m^3。城镇缺水 0.33 亿 m^3，缺水率 3.4%；农村不缺水。

75%来水条件下，总需水量为 15.61 亿 m^3，供水量为 14.09 亿 m^3。城镇缺水 1.42 亿 m^3，缺水率 14.9%；农村缺水 0.10 亿 m^3，缺水率 1.6%。

95%来水条件下，总需水量为 15.61 亿 m^3，供水量为 13.67 亿 m^3。城镇缺水 1.84 亿 m^3，缺水率 19.2%；农村缺水 0.10 亿 m^3，缺水率 1.7%。

2.2.3　情景三（二跨）

50%来水条件下，总需水量为 14.81 亿 m^3，供水量为 14.79 亿 m^3。城镇缺水 0.02 亿 m^3，缺水率 0.2%；农村不缺水。

75%来水条件下，总需水量为 15.61 亿 m^3，供水量为 15.19 亿 m^3。城镇缺水 0.33 亿 m^3，缺水率 3.4%；农村缺水 0.10 亿 m^3，缺水率 1.6%。

95%来水条件下，总需水量为 15.61 亿 m^3，供水量为 14.86 亿 m^3。城镇缺水 0.64 亿 m^3，缺水率 6.7%；农村缺水 0.11 亿 m^3，缺水率 1.7%。

供需平衡分析成果见表 2。2035 年情景二为引黄水量 4.0 亿 m^3、引江水量 0.5 亿 m^3 指标，情景三为引黄水量维持 4.0 亿 m^3、引江水量增加到 2.12 亿 m^3 指标。经供需平衡分析，95%来水条件下，在农村供水基本不变的前提下，城镇缺水率由情景二的 19.2%降为情景三的 6.7%，缺水程度有了较大改善。

表 2　淄博市 2035 年供需平衡分析成果

县(市、区)	缺水率（情景一）						缺水率（情景二）						缺水率（情景三）					
	城镇			农村			城镇			农村			城镇			农村		
	50%	75%	95%	50%	75%	95%	50%	75%	95%	50%	75%	95%	50%	75%	95%	50%	75%	95%
淄博市	37.8%	43.1%	49.1%	26.0%	29.2%	29.4%	3.4%	14.9%	19.2%	—	1.6%	1.7%	0.2%	3.4%	6.7%	—	1.6%	18%
张店区	25.8%	27.8%	33.7%	—	—	—	5.5%	7.5%	13.4%	—	—	—	—	—	—	—	—	—
高新区	44.7%	47.0%	51.4%	—	—	—	3.4%	5.7%	25%	—	—	—	—	—	—	—	—	—
淄川区	8.9%	17.2%	26.3%	—	—	—	—	17.2%	20.8%	—	—	—		5.6%	14.7%	—	—	—
博山区	—	—	—	—	—	—	—	—	—	—	—	—	—	—	—	—	—	—
周村区	38.9%	47.8%	55.2%	—	—	—	—	18.6%	25.9%	—	—	—		5.3%	6.5%	—	—	—
文昌湖区	5.8%	24.5%	36.3%	—	—	—	5.8%	24.5%	36.3%	—	—	—	5.8%	24.5%	33.7%	—	—	2.7%
临淄区	39.9%	42.8%	43.3%	—	8.2%	8.7%	—	2.9%	3.4%	—	8.2%	8.7%	—	—	—	—	8.2%	8.7%
桓台县	67.1%	74.6%	76.0%	—	—	—	—	22.3%	23.7%	—	—	—	—	—	—	—	—	—
高青县	79.7%	79.7%	93.7%	72.3%	76.5%	76.7%	46.6%	76.3%	72.3%	—	—	—		24.7%	25.7%	—	—	—
沂源县	3.5%	22.4%	62.0%	—	—	—	1.4%	22.4%	62.0%	—	—	—	3.5%	22.4%	62.0%	—	—	—

3　供需形势分析

3.1　供需形势判别

供需形势总体判别的分级表征包括：①不缺水：可供水量大于总需水；②基本均衡：缺水率小于 5%；③轻度缺水：缺水率 5%～10%；④中度缺水：缺水率 10%～20%；⑤重度缺水：缺水率大于 20%。对比平衡计算成果，分别进行不同规划水平年三种供水情景下的形势总体判别。

3.1.1　2025 年

（1）情景一（不跨）。

该种供水情景下，95%来水条件下，全市缺水率 39.1%，属重度缺水；75%来水条件下，全市缺水率 35.5%，属重度缺水；50%来水条件下，全市缺水率 30.7%，属重度缺水。

（2）情景二（一跨）。

该种供水情景下，95%来水条件下，全市缺水率 8.2%，属轻度缺水；75%来水条件下，全市缺水率 6.2%，属轻度缺水；50%来水条件下，全市缺水率 0.3%，基本均衡。

3.1.2　2035 年

（1）情景一（不跨）。

该种供水情景下，95%来水条件下，全市缺水率 41.5%，属重度缺水；75%来水条件下，全市缺水率 37.8%，属重度缺水；50%来水条件下，全市缺水率 33.6%，属重度缺水。

（2）情景二（一跨）。

该种供水情景下，95%来水条件下，全市缺水率 12.4%，属中度缺水；75%来水条件下，全市缺水率 9.7%，属轻度缺水；50%来水条件下，全市缺水率 2.2%，基本均衡。

（3）情景三（二跨）。

该种供水情景下，95%来水条件下，全市缺水率 4.8%；75%来水条件下，全市缺水率 2.7%；50%来水条件下，全市缺水率 0.2%，各来水条件下均属基本均衡。

3.2 缺水类型识别

区域缺水一般可以分为四种类型，分别为资源性缺水、水质性缺水、工程性缺水、指标性缺水，这四种类型往往具有一定的承接关系。根据全市各区县供用水情况，淄博市北部平原总体来说是资源性缺水，南部山区地表水资源丰富，但由于小型水利工程的不完善，导致开发利用严重不足，属工程性缺水。各区县缺水类型见表3。

表3 淄博市各区县缺水类型统计

行政区	缺水类型
张店区	资源性缺水
淄川区	资源性缺水、工程性缺水
周村区	资源性缺水
临淄区	资源性缺水
桓台县	资源性缺水
高青县	资源性缺水
沂源县	工程性缺水、指标性缺水
高新区	资源性缺水
文昌湖区	资源性缺水

3.3 跨流域调水影响分析

引黄引江水是淄博市的主要跨流域调水水源。淄博市引黄工程2001年9月建成通水后，引黄水量呈增长趋势，2001年引黄水量仅1.22亿 m^3，2010年增加到2.09亿 m^3。2011年最严格水资源管理制度实施后，淄博市逐渐调整供水结构，逐步压减地下水的开发，加大引黄引江水的供水量，近年来维持在3.0亿~3.8亿 m^3。

淄博市浅层地下水开发利用程度一直较高，多年平均地下水供水量为60 466万 m^3。随着引黄引江水供水量加大及最严格水资源管理制度的实施，浅层地下水开采量呈下降趋势，供水量由2010年的7.35亿 m^3，压减到2019年的4.89亿 m^3，近年来供水量一般在4.8亿~5.4亿 m^3。对淄博市浅层地下水超采区2011年至2020年的特征因子进行统计分析，超采区面积由2011年的1 045 km^3 缩减至2020年的900 km^3，区域内平均埋深由2011年的22.81 m减小至2020年的21.00 m，漏斗中心点埋深由2011年的42.30 m减小至2020年的29.19 m。综上各项因子的变化趋势，可以判断超采区状况总体向好，超采面积逐步萎缩，地下水位逐步回升。

4 跨流域调水工程措施

4.1 南水北调二期淄博市配套工程

根据2035年情景三与情景二供需平衡分析，南水北调二期工程全市供水量在2035年需增加1.62亿 m^3。目前，能够利用黄河引江输水的涵闸仅有刘春家引黄闸，调蓄水库为大芦湖和新城水库，两水库总库容为5 172万 m^3，在南水北调一期配套工程时已经按照“大芦湖和新城水库的联合调度，新城水库优先调蓄长江水，大芦湖水库调蓄黄河水为主”的原则进行了联合调算，因此必须新建调蓄工程或扩建现有调蓄工程才能满足2035年调水目标的要求。根据相关规划及现有情况，提出南水北调二期工程措施如下：

（1）扩建大芦湖水库，增加蓄水库容约1 000万 m^3。

（2）在桓台县新建平原调蓄水库1座，蓄水量约3 000万 m^3，通过扩建桓台县引黄南干渠引水入库。

（3）在临淄区利用现有冲沟建设调蓄水库1座。水库占地约1 500亩，蓄水量约2 000万 m^3；从现有马南路引黄管线末端接出，通过新建泵站和输水管道提水入库。

（4）利用萌山水库增容后增加的调蓄库容进行调蓄，估算调蓄库容约1 000万 m^3/a。

以上四项调蓄工程新增总调蓄库容为7 000万 m^3，基本可满足年调水1.62亿 m^3/a 的要求。

4.2 引沂补淄工程

淄博市沂河境内长度84.6 km，流域面积1 456 km^2。淄博市沂河流域多年平均地表水可分配水量为1.70亿 m^3/a，50%、75%、95%来水频率下可分配水量分别为1.59亿 m^3/a、1.48亿 m^3/a、1.18亿 m^3/a。经统计分析，沂河流域现状多年平均50%、75%、95%保证率计划用水量分别为0.41亿 m^3/a 、0.49亿 m^3/a 、0.54亿 m^3/a，余水较多。规划开展引沂入淄调水工程的前期调研、方案编制及设计工作，并推进工程实施。

5 结语

通过跨流域调度引黄引江水，2035年95%来水条件下，淄博市缺水率由情景一的41.5%，情景二降为12.4%，情景三降为4.8%；75%来水条件下，全市缺水率由情景一的37.8%，情景二降为9.7%，情景三降为2.7%；50%来水条件下，全市缺水率由情景一的33.6%，情景二降为2.2%，情景三降为0.2%。从而可见，跨流域调水供水，从根本上解决了淄博市的用水供需矛盾，为经济和社会事业的可持续发展奠定了坚实的基础。

参考文献

[1] 赵家祥，刘开磊，王启猛，等．淮河流域水资源精细化调度技术［M］．北京：中国建材工业出版社，2022.
[2] 刘猛，王式成，陈竹青，等．淮河中游枯水期水资源调度技术与实践［M］．合肥：中国科学技术大学出版社，2016.
[3] 邱林，王文川．水资源优化配置与调度［M］．北京：中国水利水电出版社，2015.
[4] 任艳梅．基于跨区域跨流域调水的枣庄市水资源供需形势分析［J］．中国资源综合利用，2022，40（12）：79-81.
[5] 赵乐乐，孙明杰，朱文超．山东省滨州市水资源供需形势与可持续利用研究［J］．中国水利，2022（23）：54-56.

引调水工程经济评价浅析

李　庆　李林峰

（中水淮河规划设计研究有限公司，安徽合肥　230601）

摘　要： 临沂市引沂灌溉供水工程是利用沂河雨洪资源作为水源的引调水工程，对该项目进行国民经济评价及财务分析。结果表明，该项目经济内部收益率为10.08%，经济净现值为12.06亿元，经济效益费用比为1.36，国民经济评价指标较好；建议本项目从优化融资方案、降低运行费用、优惠税金等方面改善财务状况。

关键词： 引沂工程；国民经济评价；财务分析

引调水工程是通过水利枢纽及配套设施调配区域内水资源的水利工程，可将江河湖泊内富余的水资源调往缺水区域，解决受水区内农业灌溉用水、生活工业用水等问题。本文以临沂市引沂灌溉供水工程（简称引沂工程）为例，对引调水工程经济评价进行浅析。

引沂工程是利用沂河雨洪资源作为水源的引调水工程，供水范围包括枢纽灌区、青日沿海供水区、输水沿线供水区。因此，不仅要开展国民经济评价，分析其对国家经济社会发展的贡献，还应该测算其财务支出与收入，并为项目提供改善财务状况的建议。

1　工程介绍

引沂工程位于山东省临沂市沂河干流上，以灌溉、供水为主，兼顾水环境保护和水生态改善，工程规划从沂河干流引水，向附近灌区和沿线城镇供水，并利用富余水量向山东省日照市、青岛市供水。主要工程内容包括新建节制闸、溢流堰，下游土山闸改造，河道切滩疏挖、堤防加固、岸坡防护等。

引沂工程兴利库容1.15亿m^3，多年平均向城市供水10 270万m^3，设计灌溉面积30.2万亩，多年平均向灌区供水3 949万m^3。工程建设期4年，静态总投资39.02亿元，其中主体工程投资28.00亿元，建设征地及移民安置补偿投资10.05亿元，环境保护工程投资0.55亿元，水土保持工程投资0.42亿元。

2　国民经济评价

国民经济评价是从国家宏观角度出发，分析计算工程建设对国民经济的贡献，评价工程的经济合理性。引沂工程的费用和效益均可用货币表示，采用经济费用效益分析方法对经济内部收益率、经济净现值和经济效益费用比三项指标进行分析评价。

2.1　工程费用分析

引沂工程的费用包括固定资产投资、更新改造费、年运行费和流动资金四部分。

2.1.1　固定资产投资

固定资产投资包括主体工程、建设征地移民补偿、环境保护、水土保持等内容。根据《水利建设项目经济评价规范》（SL 72—2013）（简称《经济评价规范》）[1] 的规定，在工程投资估算的基础上，对工程静态投资进行调整。调整后，国民经济评价总投资为35.44亿元。分年度分项目投资见表1。

作者简介： 李庆（1994—），女，工程师，从事水利规划领域相关工作。

表 1　引沂工程分年度分项目投资　　单位：亿元

序号	工程项目名称	合计	第一年	第二年	第三年	第四年
Ⅰ	工程部分投资	25.45	7.63	6.36	6.36	5.09
Ⅱ	建设征地移民补偿投资	9.11	5.47	2.73	0.61	0.30
Ⅲ	环境保护工程投资	0.50	0.15	0.12	0.12	0.10
Ⅳ	水土保持工程投资	0.38	0.11	0.10	0.10	0.08
Ⅴ	静态投资合计	35.44	13.36	9.31	7.19	5.57

2.1.2　更新改造费

工程运行期间需对机电设备和金属结构设备进行更新改造。机电设备及金属结构设备经济使用年限为 25 年，工程运行期间需进行一次更新改造。其费用由设备费、安装费、其他费用和预备费组成。

设备费及安装费按照机电设备和金属结构设备费用投资估算成果，其他费用按设备费、安装费之和的 10%估列，计算得本项目的更新改造费为 1.75 亿元。

2.1.3　年运行费

年运行费为工程运行管理所需的费用，包括材料费、燃料及动力费、修理费、职工薪酬、工程管理费、其他费用等。

（1）材料费。工程属于引调水工程，材料费按扣除征地移民拆迁费用后的固定资产投资核算，费率取 0.1%，为 263 万元。

（2）燃料及动力费。按扣除征地移民拆迁费用后的固定资产投资核算，费率取 0.1%，为 263 万元。

（3）修理费。按扣除征地移民拆迁费用后的固定资产投资核算，费率取 1%，核算得 2 633 万元。

（4）职工薪酬。按新增管理人员核算，参照临沂市近期平均工资水平，职工工资按 9.47 万元/（人·年）计，费率 162%。本工程设岗 10 人，经测算，职工薪酬为 153 万元。

（5）工程管理费。按职工薪酬的 1 倍测算，为 153 万元。

（6）其他费用。其他费用指上述费用以外，现阶段无法预计的费用。按（1）~（4）项合计的 10%计算，为 331 万元。

以上各部分合计，工程的年运行费为 3 796 万元。

2.1.4　流动资金

本项目的流动资金按年运行费的 10%估列，为 380 万元。

2.2　工程效益分析

引沂工程是利用沂河雨洪资源作为水源的引调水工程，以灌溉、供水为主，兼顾水环境保护和水生态改善。本工程效益包括生活供水效益、农业供水效益、生态补水效益等。

2.2.1　生活供水效益

生活供水效益是指工程向居民生活提供用水产生的效益。由于生活供水效益难以直接定量计算，本次单方水生活供水效益按单方水工业供水效益计算，采用分摊系数法。即生活供水效益为单方水工业供水效益乘以生活供水量。

生活供水效益采用分摊系数法计算，计算公式如下：

$$B_{工} = \alpha W/q \tag{1}$$

式中：$B_{工}$为多年平均工业供水效益，万元；α 为工业供水效益分摊系数（%），参考南水北调东线、引江济淮等工程，取值 1.2%；W 为净供水量，万 m^3；q 为受水区工业用水定额，m^3/元。

根据近年来受水区经济实际增速、城市总体发展规划，考虑淮海经济区、鲁南经济圈建设带来的新机遇，预测2035年受水区万元工业增加值用水量见表2。

表2　2035年受水区万元工业增加值用水量

地区			万元工业增加值用水量/(m^3/万元)
青日沿海供水区	日照	东港区	20.00
		岚山区	10.80
	青岛	黄岛区	4.80
输水沿线供水区	临沂	临沭县	13.40
		莒南县	12.86
		郯城县	10.38

净供水量为本工程多年平均供水量扣除分水口门至用户之间的输水损失而得。综合考虑长距离供水过程中的水量损失，青日沿海受水区输水损失率取10%，位于输水沿线的受水区全程采用有压管道输水，输水损失率取5%。本工程多年平均生活供水量为10 270万m^3，经估算，生活供水效益约为11.20亿元，见表3。

表3　引沂工程生活供水效益测算

地区		供水量/万m^3	净供水量/万m^3	供水效益分摊系数/%	供水效益/万元
日照	东港区	3 913	3 522	1.20	21 130
	岚山区	1 702	1 532	1.20	17 020
青岛	黄岛区	2 220	1 998	1.20	49 950
临沂	临沭县	761	723	1.20	6 474
	莒南县	480	456	1.20	4 255
	郯城县	1 195	1 135	1.20	13 124
合计		10 270	9 366	1.20	111 954

生活供水效益按供水工程投资占包含城镇配套供水工程投资的总投资比例确定，分摊系数取0.35。经计算，本工程多年平均生活供水效益为3.92亿元。

2.2.2　农业供水效益

农业供水效益是指本工程向农业供水、改善灌溉条件所带来的农作物增产效益，采用分摊系数法计算农业供水效益。计算公式如下：

$$B = \varepsilon \times A \times Y_{增产} \times P \tag{2}$$

式中：B为多年平均农业供水效益，万元；$Y_{增产}$为有、无工程农作物的亩均增产量，kg/亩；A为灌溉面积，万亩；ε为农业供水效益分摊系数（%）；P为农作物的产品价格，元/kg。

本工程实施后，农业供水均用于改善灌溉条件，灌溉面积可由现状的26万亩增加到30.2万亩。灌区内主要作物有小麦、玉米、花生、棉花和大棚蔬菜等，现状复种指数为170%；至2035年，枢纽灌区复种指数将提升为180%。

参考南水北调东线、引江济淮等工程[2]，估算农业供水效益分摊系数、亩均增产量；农产品单价采用近期市场价格。经测算，多年平均农业供水效益约为1.05亿元，具体见表4。

表 4　引沂工程农业供水效益测算

项目名称	单位	冬小麦	玉米	水稻	棉花	春花生	大棚蔬菜	合计
2022 年种植比例	%	79	51	5	10	10	15	170
2035 年种植比例	%	80	65	10	5	5	15	180
2022 年播种面积	万亩	20. 54	13. 26	1. 3	2. 6	2. 6	3. 9	26
2035 年播种面积	万亩	24. 16	19. 63	3. 02	1. 51	1. 51	4. 53	30. 2
亩产	kg/亩	450	450	600	90	300	3 900	—
单价	元/kg	2. 56	2. 6	3. 2	20	11. 6	5. 2	—
农作物增产效益	万元	4 696	7 694	3 406	−1 702	−3 703	13 831	24 223
灌溉效益分摊系数	%	35	30	45	35	35	50	—
灌溉增产效益	万元	1 644	2 308	1 533	−596	−1 296	6 915	10 509

农业供水效益按供水工程投资占包含灌区配套供水工程投资的总投资比例，参考南水北调东线、引江济淮等工程，分摊系数取 0. 55。经计算，本工程多年平均农业供水效益为 5 780 万元。

2. 2. 3　生态补水效益

引沂工程优先满足河道生态流量要求，在枯水年份、枯水季节进行生态补水，以保障下游河道生态流量。沂河苏鲁省界断面最小生态下泄流量为 1. 74 m^3/s，李庄闸、马头闸最小生态下泄流量均为 1. 74 m^3/s；基本生态水量汛期（7—9 月）451 万 m^3/月、非汛期（10 月至次年 6 月）4 104 万 m^3。

生态补水的效益难以用货币价值进行定量计算。本次按农业供水的单方水灌溉效益 1. 46 元/ m^3 估算补水效益。经估算，本工程生态补水效益为 6 007 万元。

2. 3　国民经济评价

本项目建设期 4 年，工程运行期 50 年，经济计算期 54 年，计算基准点选在第 1 年年初。社会折现率取 8%。流动资金在工程建设期末一次性投入，计算期末一次性回收；更新改造投资较大，考虑分 3 年完成，安排在计算期的第 29~31 年实施；不考虑工程固定资产残值。

经测算，引沂工程的经济内部收益率为 10. 08%，经济净现值为 12. 06 亿元，经济效益费用比为 1. 36。

3　财务分析

财务分析是在国家现行财税制度和价格体系的前提下，从项目的角度，测算财务费用和收益。

3. 1　总成本费用测算

引沂工程的总成本费用包括固定资产折旧费、年运行费和财务费用等。根据《经济评价规范》等相关规程规范规定，对引沂工程总成本费用进行分项测算。

3. 1. 1　固定资产折旧费

固定资产折旧费按固定资产额乘以折旧费率测算，折旧费率 2. 0%。经分析计算，引沂工程年基本折旧费 7 816 万元。

3. 1. 2　年运行费

年运行费（经营成本）包括材料费、燃料及动力费、修理费、职工薪酬、管理费、其他费用等。其中，材料费、燃料及动力费、修理费、职工薪酬、管理费、其他费用的计算方法与国民经济评价中一致，其中计算基数按投资估算成果，此处不再赘述。

引沂工程在实际运行过程中，还需征收水资源费（税）。根据《山东省水资源税（试点）税额标准表》，城镇公共供水企业税额标准为 0. 4 元/ m^3，农业生产者税额标准为 0. 1 元/ m^3。经测算，引沂工程水资源费（税）为 4 503 万元。

3. 1. 3　财务费用

本工程的财务费用主要是工程运行期贷款年利息支出，依照本工程建设资金筹措建议方案核算。

贷款采用等额还本，借款利息累计到建设期末开始按年等额支付，计算公式如下：

$$每年偿还本金 = \frac{I_c}{n} \tag{3}$$

$$每年支付利息 = (I_c - 年初偿还本金累计) \times i \tag{4}$$

式中：I_c 为建设期末贷款本利和；n 为扣除建设期的还贷期限；i 为贷款利率（%）。

引沂工程资金来源包括资本金和银行贷款，其中银行融资比例为 30%，借款利息累计到建设期末开始按年等额支付，还贷期限 30 年，还款利率 3.5%，运营期每年等额还本。

3.1.4　总成本费用测算成果

经测算，引沂工程还贷期年平均总成本费用为 1.88 亿元，还贷后年平均总成本费用为 1.65 亿元，整个运营期年平均总成本费用 1.79 亿元，具体见表 5。

表 5　引沂工程总成本费用

单位：万元

序号	项目	还贷期	还贷后	整个运营期
1	年运行费	8 657	8 657	8 657
2	折旧费	7 816	7 816	7 816
3	财务费用	2 301	0	1 381
3.1	年平均长期借款利息	2 301	0	1 381
4	年平均总成本费用	18 774	16 473	17 854
4.1	固定成本	13 327	11 026	12 407
4.2	可变成本	5 447	5 447	5 447

3.2　单方水供水成本测算

3.2.1　供水量

引沂工程受水区范围包括枢纽灌区，临沂市临沭县、莒南县、郯城县，日照市东港区、岚山区，青岛市黄岛区、胶州市。工程多年平均供水量为 1.42 亿 m^3，其中向城市供水 10 270 万 m^3，向灌区供水 3 949 万 m^3，见表 6。

表 6　引沂工程多年平均供水量

供水类别	供水范围		多年平均/万 m^3
生活供水	日照	东港区	3 913
		岚山区	1 702
		小计	5 615
	青岛	黄岛区	2 220
	临沂	临沭县	761
		莒南县	480
		郯城县	1 195
		小计	2 435
	小计		10 270
农业供水	灌区		3 949
合计			14 219

3.2.2　单方水供水成本测算

根据供水量、总成本费用测算成果，对单方水供水成本进行分析测算。整个运营期内年平均单方水供水成本为 1.26 元/ m^3。

3.3 财务分析

引沂工程以灌溉、供水为主，参考《关于明确胶东调水工程部分供水口门价格的通知》（鲁发改价格〔2022〕292 号），峡山水库向胶东各市县供水价格 0.64 元/ m^3。本工程多年平均供水量为 14 219 万 m^3，根据采用的水费收费标准计算年收入为 9 100 万元，扣除年总成本费用后，年利润总额小于 0，偿还债务能力不足。

4 结论

（1）引沂工程实施后，可有效缓解受水区内的缺水矛盾、保障灌区粮食安全、改善周边水生态环境。国民经济评价成果表明，经济内部收益率大于 8%，本项目在经济上是合理的。

（2）按照现行财务评价标准，本项目计算期内年利润总额小于 0，偿还债务能力不足。引沂工程属于提升当地水资源保障水平的准公益性项目，建议当地政府对本项目从优化融资方案、降低运行费用、优惠税金等方面进行支持，以保障工程实现良性运行。

参考文献

[1] 中华人民共和国水利部．水利建设项目经济评价规范：SL 72—2013［S］：北京：中国水利水电出版社，2013.

[2] 白雪．团山水库工程财务评价及国民经济评价分析［J］．水利科技与经济，2015（4）：76-78.

水网规划中的水生态环境保护规划体系构建

林国俊[1]　陈莎莎[2]　杨寅群[1]

（1. 长江水资源保护科学研究所，湖北武汉　430051；
2. 长江生态（湖北）科技发展有限责任公司，湖北武汉　430010）

摘　要： 推进水网规划建设是党中央、国务院做出的重大战略部署。针对当前水网规划中水生态环境保护规划体系不健全的问题，按照“三水统筹”的系统观念，提出水生态环境保护规划体系构建思路，从水生态空间划分、水资源保护、水环境治理、水生态修复、水土流失治理等方面明确规划的重点任务，以期为优化水网规划提供参考。

关键词： 国家水网；水生态环境保护规划；三水统筹

1　引言

实施国家水网重大工程是党的十九届五中全会、《中华人民共和国国民经济和社会发展第十四个五年规划和2035年远景目标纲要》明确的重大任务。2023年5月，中共中央、国务院印发了《国家水网建设规划纲要》，提出建设“系统完备、安全可靠、集约高效、绿色智能、循环畅通、调控有序”的国家水网。水利部将实施国家水网工程作为推动新阶段水利高质量发展的六条路径之一，印发了《关于加快推进省级水网建设的指导意见》等文件，加快推进国家水网规划与建设。其中，水生态环境保护体系因涉及部委职责调整、生态环境保护要求不断提高等，在不同层级和区域的水网规划编制中存在内容与深度差异较大的问题，直接影响水网规划编制质量，以及水网建设目标的实现。研究水网规划中水生态环境保护的规划任务，明确编制思路，对优化水网规划、推进国家水网建设具有重要的意义。

2　国家水网建设发展历程

我国水网建设历史悠久，自战国以来陆续建设了关中平原水网、成都平原水网、京杭大运河、洛阳城市水网等工程。此类水网工程或为提高水旱灾害防御能力的灌溉排水网、防洪水网，或为提高交通运输能力的水运网，或为服务于城市建设的城市水网，总体上功能较为单一，有学者称为历史水网[1]。新中国成立后，水网建设逐步转向为城镇供水、水资源调配和水生态环境治理，陆续建设了江苏江水北调、淮河入海水道、引滦入津、引黄济青、南水北调等一大批水网工程，形成了“四横三纵、南北调配、东西互济”的水资源配置总体格局，水网功能不断向系统化、生态化方向发展[2]，由单一功能目标连通向综合多功能目标连通转变[3-4]。进入新发展阶段，国家水网建设被提升到战略高度，对国家水网也有了更为清晰的认识和定位，即以自然河湖为基础、引调排水工程为通道、调蓄工程为结点、智慧调控为手段，集水资源优化配置、流域防洪减灾、水生态系统保护等功能于一体的综合体系。近年来，以南水北调工程为骨干（纲）、区域水网为分支（目）、大中型湖库为节点、地方和城市水系连通为基础的水网工程建设也已取得显著成效[5]，有力支撑了经济社会高质量发展。

3　水网规划中水生态环境保护规划体系现状与问题

自20世纪70年代以来，我国逐渐意识到环境保护对经济社会可持续发展的重要意义，并于20

作者简介： 林国俊（1983—），男，高级工程师，主要从事水资源保护研究工作。

世纪 80 年代开始将环境保护纳入国民经济和社会发展计划。水利部门于 20 世纪 70 年代开始在流域层面组建水资源保护专门机构，承担水利规划与工程建设中的环境保护相关工作。在长期的工作实践中，水利规划也逐渐形成防洪减灾、水资源综合利用、水资源与水生态环境保护、水利管理四大体系。其中，水资源与水生态环境保护体系主要包括水功能区管理、入河排污口设置与纳污限排、水污染治理、饮用水水源地保护、生态需水保障、水生态系统保护、水土流失综合防治等内容，囊括了水资源、水环境与水生态各个方面，统筹了“量-质-生”各个要素。

2018 年机构改革后，水环境保护相关职责并入生态环境部。同时，随着我国生态文明建设的深入推进，环境保护工作理念逐渐由末端治理转向源头控制，工作目标由减缓环境影响转为改善生态环境。在此形势下，水网规划中水生态环境保护体系必然重构。但目前对水网规划中水生态环境保护规划构建理论尚不成熟[6-9]，部分已编制完成的水网规划中水生态环境保护体系也差异较大。如有的水网规划未对涉水生态空间分区管控提出要求，或未与国土空间规划、生态保护红线等衔接；有的水网规划沿用原有水资源与水生态环境保护体系；有的水网规划在原有水资源与生态环境保护体系的基础上结合部委职责调整，仅将饮用水水源地保护、生态需水保障、河湖岸线保护、水土流失综合防治等作为规划任务；有的水网规划在水资源、水环境与水生态保护的基础上，将城市黑臭水体治理、水美乡村建设、水文化与水景观建设等也纳入水生态环境保护规划体系。

4 水网规划中水生态环境保护体系构建思路

《国家水网建设规划纲要》提出要以提升生态系统质量和稳定性为核心，坚持系统治理、综合治理、源头治理，统筹流域上中下游，兼顾地表地下，因地制宜、综合施策，大力推进河湖生态保护修复，加强地下水超采综合治理，加强水源涵养与水土保持生态建设，加快复苏河湖生态环境，让河流恢复生命、流域重现生机，实现河湖功能永续利用。以此为遵循，提出国家水网规划中水生态环境保护规划体系构建的思路。

4.1 水网规划中水生态环境保护规划目标

水生态空间得到有效保护；重要河湖生态水量得到有效保障，重要饮用水水源地水质稳定达标，超采区地下水位得到回升；重要河湖岸线得到有效保护，河流水系连通得到有效恢复和保障，健康水生态系统基本形成；水土流失得到有效治理；重要河湖水环境质量显著提升。水生态环境保护规划指标体系如表 1 所示。

表 1 水生态环境保护规划指标体系

类别	指标	指标属性	备注
水资源保护	重要河湖基本生态流量（水位）满足程度①	定量指标	水利部职责
	重要饮用水水源地水质达标率	定量指标	水利部职责
	超采区地下水位回升程度	定量指标	水利部职责
水生态修复	重要河湖生态岸线保有率	定量指标	水利部职责
	水生生物敏感河段连通度	定量指标	与其他部门规划衔接
水土流失治理	水土保持率	定量指标	水利部职责
水环境治理	水功能区、国控断面、省控断面水质达标率	定量指标	与其他部门规划衔接

注：①河流主要控制断面生态基流保障情况原则上按日均流量进行评价，湖泊最低生态水位原则上按照旬均水位进行评价。

4.2 水网规划中水生态环境保护规划技术路线

基于水资源、水环境与水生态现状调查结果，划分水生态环境分区，明确功能定位和总体布局。在此基础上，从水资源保护、水生态修复、水土流失治理、水环境治理等方面分别提出规划措施，并明确重点任务与骨干工程实施安排，见图1。

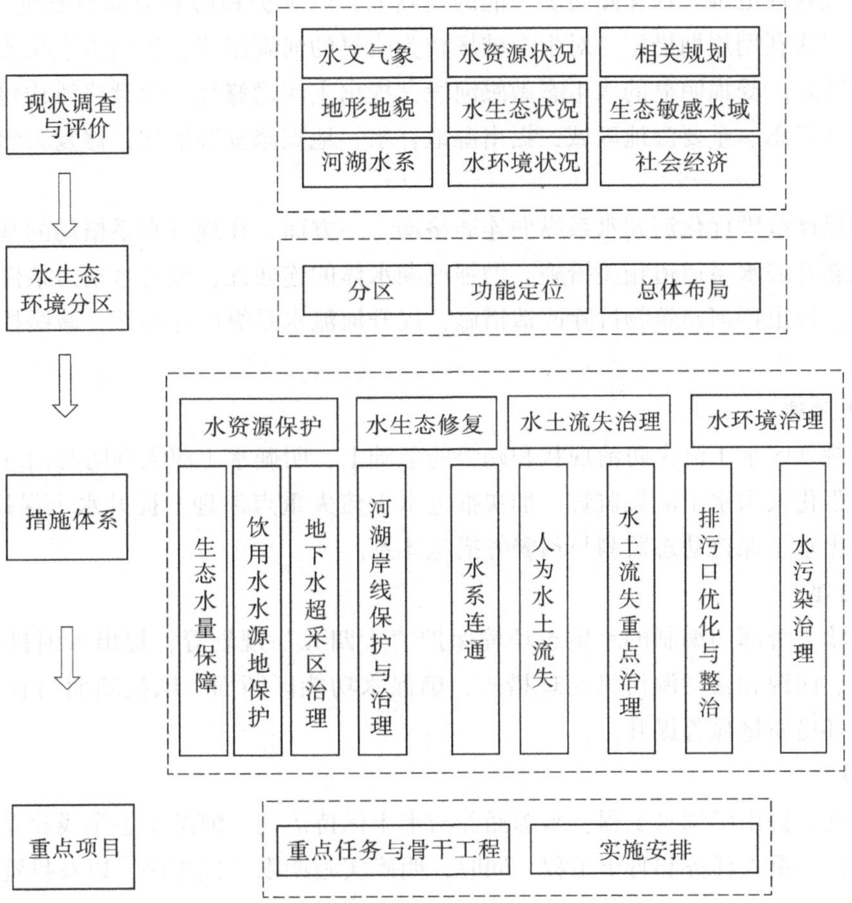

图1 水网规划中水生态环境保护规划技术路线

4.3 水网规划中水生态环境保护规划任务

4.3.1 水生态空间划分

在对规划区域自然地理、水文水资源、水生态、水环境和社会环境等本底情况进行调查的基础上，结合主体功能区规划、生态功能区划、水资源分区、生态保护红线、生态环境保护规划及行政区划等，将规划区域划分为不同类型的水生态环境分区。明确各分区功能定位，识别各分区主要的水生态环境问题，并分别提出水生态保护的总体布局与措施类型。

4.3.2 水资源保护

对已纳入国家或地方生态流量保障重点河湖名录内的河流、湖泊，跨行政区的江河干流及其主要支流、湖泊，以及其他生态地位突出的河流，明确生态流量（水位）断面及目标值。原则上，已批复水量分配方案、相关规划确定的断面，以及控制性工程断面均应纳入规划。针对生态水量保障程度较低的河流、湖泊，从水资源分配、工程调度、引调水工程建设、监督监管等方面提出相应措施。

在已有重要饮用水水源地名录的基础上，统筹好流域和区域、城市和乡村、常用和备用、地表和地下水源地布局，科学设置水源地和取水口。对水量长期不稳定、水质始终难达标或水源周边存在较大风险隐患的在用水源地，提出整治措施。

对存在地下水超采的区域，根据地下水取水总量、水位“双控”指标，合理确定和优化区域地下水取水工程布局。同时，提出超采区治理、地下水回补、监督管理等措施。

4.3.3 水生态修复

明确河湖岸线管理范围。在保障防洪功能的基础上，以维护和修复河湖自然蜿蜒性特征为目标，提出河湖滩地与岸线利用规划措施。对生态破坏较为明显的河湖岸线，提出生态化改造措施，提升河湖与陆域的横向联系。受损明显的水生态敏感河段，提出主河槽修复、深潭浅滩构建等措施，恢复河流岸线缓冲带自然形态。重要湿地区域，提出湿地补水、地貌修复等措施，修复天然湿地的自然生境形态。

在一定空间尺度范围优化河湖水系纵向连通格局。一方面，在现有水系格局的基础上，提出恢复历史连接通道或新开辟水系通道相关措施，增强河湖水体的连通性，改善水动力条件和水生态系统稳定性；另一方面，提出拦河建筑物拆除改造措施，提升河流水系纵向连通性，减缓拦河建筑物对水生生物的阻隔影响。

4.3.4 水土流失治理

在综合分析规划区水土流失防治现状和趋势的基础上，明确水土流失预防与治理的范围、对象和主要措施。全面强化人为水土流失监管，加快推进水土流失重点治理，提升水土保持监测评价能力，从监管的角度提出水土保持动态监测与预警等措施体系。

4.3.5 水环境治理

结合生态环境主管部门编制的水生态环境保护“十四五”规划等，提出入河排污口优化与整治措施，以及点源、面源和移动源污染治理措施，确保水功能区断面、国控断面与省控断面等水质达标，重要河湖水环境质量显著提升。

4.3.6 重点项目

根据规划措施，提出引调水工程、水源涵养与水土保持治理、河湖生态岸线建设、水系连通、监测站网与体系建设等重点任务和骨干工程。同时，明确实施期限、优先序，以及投资安排等。

5 结语

推进水网规划建设是我国新时代水利发展的重大战略部署，水生态环境保护是水网规划建设中的重要内容。随着生态环境保护要求的不断提高，以及机构改革部委职责的调整，当前水网规划中水生态环境保护体系已不能适应新时代水利发展要求。本文在深入分析水网规划中水生态环境保护规划体系现状和存在问题的基础上，按照“三水统筹”的系统观念，提出水生态环境保护规划体系构建思路、指标体系、技术路线，并从水生态空间划分、水资源保护、水环境治理、水生态修复、水土流失治理等方面明确水生态环境保护规划的重点任务，可为优化水网规划、推进国家水网建设提供参考。

参考文献

[1] 王浩，赵勇，等．国家水网［M］．北京：科学出版社，2024.

[2] 王平，郦建强，何君，等．现代水网规划编制的战略思考［J］．水利规划与设计，2021，9：3-6.

[3] 郭旭宁，刘为锋，邢西刚，等．国家水网的理论内涵与战略策略关系［J］．南水北调与水利科技（中英文），2023，21（6）：1055-1062.

[4] 徐宗学，庞博，冷罗生．河湖水系联通工程与国家水网建设研究［J］．南水北调与水利科技（中英文），2022，

20（4）：757-763.
[5] 夏军，陈进，佘敦先，等．变化环境下中国现代水网建设的机遇与挑战［J］．地理学报，2003，78（7）：1608-1617.
[6] 钮新强．国家水网规划建设体系及关键问题探讨［J］．长江技术经济，2023，7（5）：24-30.
[7] 刘兆孝．新时期长江流域水资源保护规划及管理工作的思考［J］．长江科学院院报，2024，41（4）：1-7.
[8] 王建华，刘欢，胡鹏．水资源“量-质-域-流-生”全要素保护体系架构与实施策略［J］．水利水电技术（中英文），2024，55（8）：51-58.
[9] 张建云，金君良．国家水网建设几个方面问题的讨论［J］．水利发展研究，2023，23（11）：1-7.

引调水工程项目划分常见问题及解决对策

廖文来[1,2]　付传雄[1,2]　吴润康[3]　孟宪刚[1,2]　李伟康[1,2]

（1. 广东省水利水电科学研究院，广东广州　510610；
2. 广东省水利建设工程质量与安全管理中心，广东广州　510610；
3. 广东省水利厅，广东广州　510610）

摘　要：为更好地做好施工质量评定及验收管理，充分发挥项目划分在引调水工程质量控制中的“牛鼻子”作用。本文梳理了水利工程项目划分的发展历程、重要性、划分原则、划分程序和具体的单位工程、分部工程和单元工程划分，归纳了常见引调水工程项目划分问题和解决思路，可较为有效地识别出主要单位工程、重要分部工程和重要隐蔽（关键部位）单元工程，使项目划分结果更为合理，充分起到对施工质量控制及施工管理的纽带作用。结合某在建大型引调水工程项目，进行项目划分示例，可为类似引调水工程项目划分提供参考，从而提升水利工程质量，提高工程验收效率。

关键词：项目划分；划分原则；划分程序

1　引言

项目划分最早见于《水利电力建筑安装工程施工管理费定额》中，将工程项目划分为扩大单位工程、单位工程和分部工程三个层级，主要目的在于提升水利基本建设的管理水平，统一概预算及计划、统计、财务管理口径，以利于技术经济指标的分析和积累。1988 年水利电力部颁发《水利水电基本建设工程质量管理若干规定》，将项目划分引入水利工程质量验收评定中，明确将工程划分为扩大单位工程、单位工程、分部工程和单元工程。后颁发的《水利水电工程单元工程施工质量验收评定标准》《水利水电工程施工质量检验与评定规程》，取消了扩大单位工程，统一将水利水电工程项目划分为单位工程、分部工程和单元工程三级。

项目划分在水利工程建设中扮演着举足轻重的角色，它是质量检验、评定和验收的“牛鼻子”，是施工质量评为优良或合格的纽带，可使水利工程建设做到宏观控制、微观管理，从微观到宏观的全面质量监控[1-2]。科学、合理的项目划分，可有效实现施工质量的系统性控制，提升施工质量等级评定的准确性，便于工程资料的规范化管理，从而保障合格或优良工程的实现。不合理的项目划分会带来施工质量管理、验收评定和施工进度款支付等问题的困扰。一般综合考虑工程设计布局、施工布置和合同约定等各种因素，按工程由施工检验项目、工序到局部实体再到工程整体的形成过程[3]，将拟建水利工程根据特定原则划分为若干单位工程、若干分部工程、若干单元工程。在工程施工时按单元工程、分部工程、单位工程由小到大的施工过程质量控制来保证整体工程建设质量的目的。

在实践中，理应受到高度重视的项目划分，由于受参建各方的认识不深入和重视程度不够等因素影响，存在着诸多问题。主要表现在：未开展项目划分、项目划分漏项或项目划分时机、划分程序不合理；单位工程划分不合理，或未确定主要单位工程；分部工程划分不合理，或未确定主要分部工程；单元工程划分不合理，或未确定重要隐蔽单元工程和关键部位单元工程等。

作者简介：廖文来（1978—），男，教授级高级工程师，主要从事水利工程质量与安全管理及研究工作。

2 项目划分依据和原则

部分引调水工程项目划分混乱，出现诸如扩大单位工程、子分部工程、分项工程、检验批等项目划分名称，究其原因是划分依据不对。作为引调水工程，其项目划分应以水利行业标准为主。若涉及永久性房屋、专用公路、铁路等，如按市政、交通、铁路等行业标准进行验收评定，可按其行业标准进行项目划分，验收评定时不参与水利工程的评优；如按水利行业标准进行验收评定，则结合相关行业标准和水利行业标准进行划分，避免出现水利行业标准没有的项目划分名称。

部分工程项目划分漏项，如出现未对安全监测设施、闸门启闭设备、信息化工程等建设内容进行项目划分，除项目划分人员对工程建设内容不清楚外，项目划分顺序不清晰也是原因之一。工程项目划分应遵循从宏观到微观的顺序，即从单位工程、分部工程、单元工程由大到小进行划分，"庖丁解牛"形成的项目划分成果，以利于从宏观上进行项目评定的规划，并确保在施工过程中，从单元工程、分部工程、单位工程由低到高评定时不会出现层次、级别和归类上的混乱[4]。项目划分时应注意：一是要充分考虑工程结构特点，确保划分的合理性与科学性，利于项目整体评价；二是要遵循施工部署，保证施工进度和质量，利于进度计价；三是要符合合同要求，确保施工过程中的合同履行，利于验收；四是要有利于施工质量检验评定（考核），提高工程质量水平。项目划分一般应遵循适应性原则、均衡性原则和动态性原则[5]，具体划分时结合实际灵活应用。

2.1 项目划分程序

部分项目未开展项目划分或者项目划分不及时，表现为主体工程开工前未进行项目划分，分部工程开工前未进行单元工程划分，工程建设过半甚至接近尾声仍未开展项目划分等问题。

项目划分可一步完成，对于大型引调水工程，若施工图纸资料未出齐，可根据供图计划和施工部署，分三个阶段分层次开展。第一阶段，项目法人在确定招标方案时进行整体项目划分，即根据工程布局、结构、建设安排，初步拟定单位工程，然后确定招标方案，原则上一个单位工程应在同一施工标段内，以利于管理。第二阶段，在施工单位进场后，项目法人组织监理、设计、施工等单位根据施工部署等因素，优化单位工程划分，明确分部工程划分。第三阶段，在每个分部工程开工前，由建设单位或监理单位组织设计、施工单位，根据施工组织设计及各专项施工方案，将分部工程中包含的单元工程划分清楚。遵循在主体工程开工前划分单位工程和分部工程，确定主要单位工程、主要分部工程，书面将项目划分结果及说明报工程质量监督机构确认。在分部工程开工前确定重要隐蔽单元工程和关键部位单元工程，书面将单元工程划分结果报工程质量监督机构备案，将重要隐蔽单元工程和关键部位单元工程报工程质量监督机构确认[5-11]。

部分工程项目划分程序不对，常出现施工单位进行项目划分后即上报，施工单位主导项目划分后经监理、项目法人审核后上报监督机构确认，设计单位未参与项目划分等问题。项目法人承担项目划分的主体责任，其他参建单位应积极参与，项目划分程序应合规，避免以施工单位主导划分，应经监理审核，由项目法人报监督机构确认的程序。因各参建单位未进行充分沟通，未完全吃准摸透设计意图，不清楚工程所有建设内容，也无监督机构的指导，可能造成项目划分不合理，甚至出现漏项或混乱的情况，将影响项目划分对工程建设、验收评定、结算等的"牛鼻子"作用。

实践中，存在由于设计变更、施工部署的重新调整等诸多因素，未对单位工程、主要分部工程、重要隐蔽单元工程和关键部位单元工程的划分进行及时调整，并重新报送工程质量监督机构确认的问题，项目法人应重视并按要求及时调整，如对不影响单位工程、主要分部工程、关键部位单元工程、重要隐蔽部位单元工程的项目划分的局部调整，则由项目法人组织监理、设计和施工等单位进行调整即可。

对于监督机构，存在未提醒和指导项目划分，未及时进行确认，将确认结果发给施工单位等违规问题。在工程项目报监后，质量监督机构应提醒和指导项目法人组织参建单位开展项目划分，在收到项目法人上报项目划分结果后 14 个工作日内进行确认，确认的内容包括项目划分原则说明，单位工程的名称、数量及主要单位工程，各单位工程中分部工程的数量及主要分部工程，重要隐蔽（关键部位）单元工程及数量等，并将确认结果书面通知项目法人。如项目法人未及时上报项目划分，质量监督机构应发函督促。

2.2 单位工程划分

引调水单位工程项目划分时常出现单位工程划分不合理（如工程量小、跨标段）、未确定主要单位工程等问题。

早在工程施工标段划分时，项目法人即应根据建设内容和建设计划，与设计单位一起初步划分单位工程。施工招标后，按设计和施工部署优化调整单位工程划分，一个单位工程一般不跨标段，将整个工程划分为若干个单位工程。对引调水工程，可按一项独立工程（一座建筑物、一个结构物或者一个设施）进行划分，如施工支洞、倒虹吸隧洞、取（分、交）水口（规模小时划分为分部工程），检修（节制）闸、管理区建筑等；或按独立施工条件建筑物的一部分进行划分，如主体隧洞区间（钻爆隧洞、盾构隧洞、TBM 隧洞）、顶管区间、埋管区间；或按具备组合功能建筑物的原则划分，如控制性建筑物、泵站及调压塔、隧洞交汇段（规模小时划分为分部工程）；或按独立区段的连接段与相连的建筑物原则划分，如检修阀井—水库区间输水管线；对于相应的安全监测工程，其属构筑物的组成部分，因专业和功能的独立性及特殊性，一般可作为独立的单位工程[12]，按招标标段进行划分。

在引调水工程中，一般设计文件中会确定有主要建筑物[13]，如隧洞、泵站、调压塔等。项目法人在项目划分时，应根据设计文件，结合相关规程规范要求，将工程建设内容中起主要作用、失事后造成下游灾害或严重影响工程效益发挥的建筑物，如排水泵站、倒虹吸、主洞隧洞钻爆段、水库检修闸、水库交水口、泵站及调压塔和盾构隧洞等定为主要单位工程。

2.3 分部工程划分

对于分部工程，常出现分部工程划分不合理（如工程量小、同单位工程中不同分部工程量悬殊）、未确定主要分部工程等问题。

对于引调水工程，主要依据《水利水电工程施工质量检验与评定规程》（SL 176—2007）规定的原则，按单位工程中的完整部位、主要结构、施工阶段或功能相对独立的组成部分来划分。为方便评定验收，对于会影响总体施工或验收的，以及存在不确定性的，可合并划分为附属及其他分部工程。①对于隧洞（倒虹吸、交汇段等），划分进口段（盾构工作井、出口段）、洞身开挖与支护（盾构掘进）、洞身衬砌、回填灌浆、固结灌浆、排水系统、附属及其他等；②对于检修（节制）闸，划分渐变段、闸基开挖与处理、闸室段、连接段、箱涵、消能防冲、金属结构及机电设备安装、检修道路、附属及其他等；③对于泵站及调压塔，划分地基与基础处理、主机段、泵房房建、主机泵设备安装、阀井、金属结构及机电设备安装、辅助设备安装、排水系统（支洞）、附属及其他等；④对于输水管线，划分为 PCCP 管段、球墨铸铁管段、钢管安装、顶管安装、机电设备安装、附属及其他等；⑤对于取（分、交）水口，划分检修阀室、量水间、储水池、房屋建筑及装饰工程、金属结构及启闭机安装、机电设备安装、联结段、消能防冲段、附属及其他等；⑥对于管理房，划分地基与基础处理、主体结构、建筑装饰装修、建筑屋面、建筑给排水、建筑电气、智能建筑物、附属及其他；⑦对于安全监测，土建单位工程对应的安全监测项目或具有相对独立作用的监测项目划分为一个分部工程。

考虑引调水工程基本为地下线型工程等实际，为避免同一个单位工程中同类型主要分部工程数量过多，确定不良地质段、工程首开段、同等地质条件下工程量较大段为主要分部工程。

2.4 单元工程划分

单元工程一般有三种类型：划分工序的单元工程、不划分工序的单元工程和由若干个桩（孔）组成的单元工程。单元工程划分常见的问题有：未划分单元工程或划分不及时，如分部工程已开工甚至分部工程将完工未划分单元工程；单元工程划分不合理，如线性工程超 100 m 划分为一个单元；单元工程划分与施工部署不一致，如沟槽开挖与相应的回填单元工程长度不一。一般来说，依据工程结构、施工部署或质量考核要求，按层、块、段进行单元工程划分；安全监测以每支（组）仪器或以每一测点进行单元工程划分，应将每支仪器安装埋设的全过程（检查检验、安装埋设、保护调试）划分为一个单元工程，以保障监测点的最终质量。对于引调水土石方开挖与回填按施工区、段划分，地下连续墙按槽段划分，搅拌桩、灌注桩等按区块划分，混凝土按浇筑仓划分，钻爆隧洞洞身开挖和洞身支护、顶管顶进与钢管安装、埋管段沟槽开挖、沟槽回填、管道安装、中粗砂垫层、管道混凝土、阴极保护按长度（米）划分，盾构（TBM）掘进与管片安装按长度（环）划分，内衬段钢管安装按长度（管节）划分，回填灌浆、固结灌浆按长度（衬砌段）划分，锚喷支护按每个施工区划分，沉井浇筑及下沉按结构浇筑分层划分，安全监测工程按每支（组、套）仪器或测点划分，分布式光纤传感器按段划分，观测房（监测站）按座划分。

实践中存在未确定重要隐蔽单元工程或确定重要隐蔽单元工程不合理等问题，针对该问题首先应充分掌握隐蔽工程和重要隐蔽单元工程的概念，结合引调水工程为线状工程、大部分建筑物位于地下的工程实际，按质量管控重点[14]，控制数量的思路，确定为重要隐蔽（关键部位）单元工程。①对建筑物最底层（建基面）土石方开挖划分为重要隐蔽单元工程；②对钻爆隧洞洞身开挖、TBM 掘进，首末单元、超 3 m 断层的单元划分为关键部位单元工程（主要单位工程中的单元则划分为重要隐蔽单元工程）；③对隧洞回填灌浆、隧洞固结灌浆、管道沟槽开挖，首单元工程划分为关键部位单元工程（主要单位工程中的单元，则划分为重要隐蔽单元工程）；④对钻爆隧洞洞身衬砌（底板混凝土、边顶拱混凝土）、TBM 衬砌、管道（PCCP 管、球墨铸铁管、钢管）安装、顶管顶进与钢管安装，首末单元划分为关键部位单元工程；⑤对于自密实混凝土、管道中粗砂垫层、管道混凝土、管道阴极保护、管道沟槽回填，首单元工程划分为关键部位单元工程；⑥建筑物主要的板、梁、柱等划分为混凝土关键部位；⑦对于安全监测工程，一般对涉及结构安全的关键部位或重要隐蔽工程布设的监测仪器，综合考虑监测目的和监测内容确定关键部位单元工程。

3 项目划分案例

某大型引调水工程，涉及水源工程、泵站、调压塔、引水隧洞（盾构隧洞）和输水管线等建筑物。输水线路总长度 490.33 km，其中干线长度 201.68 km，分干线长度 288.65 km。全线共布置 48 座（段）输水建筑物，其中泵站 5 座、有压隧洞 16 段、无压隧洞 6 段、倒虹吸 5 座（隧洞形式）、有压管道 16 段。工程分为 17 个施工标段和 4 个安全监测标段。该工程 TBM 隧洞、组合隧洞、安全监测等的项目划分示例，见表 1～表 3。

表 1 TBM 隧洞工程项目划分示例

单位工程	分部工程	单元工程	单元工程划分原则
云开山隧洞 TBM 段（XG72+000~XG79+350）	TBM 段开挖与支护 1 段	★TBM 开挖	按每 120 m 划分单元，TBM 开挖首末单元、超 3 m 断层为关键部位单元工程
		初期支护	
	⋮	⋮	⋮
	△TBM 段洞身衬砌 1 段	★底板衬砌	按每 12 m 划分单元，首末单元为关键部位单元工程
		★边顶拱衬砌	
	⋮	⋮	⋮
	△回填灌浆	★回填灌浆	按每 3 个衬砌段划分单元，回填灌浆、固结灌浆首单元为关键部位单元工程
	固结灌浆	★固结灌浆	
	排水系统	排水孔	
	附属及其他	机电设备及安装	

注：△表示主要单位工程或主要分部工程，★表示关键部位单元工程，▲表示重要隐蔽单元工程。

表 2 组合隧洞工程项目划分示例

单位工程	分部工程	单元工程	单元工程划分原则
△那梨隧洞	洞身开挖与支护	▲洞身开挖	按每 60 m 划分单元。洞身开挖首末单元、超 3 m 断层为重要隐蔽单元工程
		洞身支护	
	△洞身衬砌	垫层混凝土	按每 12 m 划分单元。首末单元为关键部位单元工程
		★底板混凝土	
		★边顶拱混凝土	
		排水系统	按每 3 个衬砌段划分单元，回填灌浆、固结灌浆首单元为重要隐蔽单元工程
	△回填灌浆	▲回填灌浆	
	固结灌浆	▲固结灌浆	
	△盾构掘进	▲盾构掘进	按每 120 m 划分单元，首末单元、超 3 m 断层为重要隐蔽单元工程
		★管片拼装	按每 20 环划分单元，首末单元为关键部位单元工程
		★盾构段洞身衬砌	按每 12 m 划分单元，首末单元为关键部位单元工程
	排水系统	排水孔	按每 60 m 划分单元

注：△表示主要单位工程或主要分部工程，★表示关键部位单元工程，▲表示重要隐蔽单元工程。

表 3 安全监测工程项目划分示例

单位工程	分部工程	单元工程	单元工程划分原则
△施工 D1 标安全监测	PCCP 埋管输水管线监测	垂直位移工作基点	一个（组）测点
		位移测点	
		★振弦式测缝计	一支仪器，不良地质段单元为关键部位单元工程
		★位错计	
		★振弦式渗压计	
		FBG 应变计	一支（组、套）仪器
		振弦式钢板计	
		振弦式土压力计（压应力计）	
		高频压力计	
		水听器	
		分布式振动应变复合传感光缆	每 1 km（不足 1 km 归到相邻单元）
		12 芯通信光缆	
		自动化监测站	一套设施（含土建）
	ZJ01# ~ ZJ03# 盾构隧洞监测	★振弦式测缝计	一支仪器，不良地质段单元为关键部位单元工程
		★振弦式渗压计	
		FBG 测缝计	一支（套）仪器
		FBG 渗压计	
		振弦式钢筋计	
		FBG 钢筋计	
		振弦式螺栓应力计	
		振弦式土压力计（压应力计）	
		自动化监测站	一套设施（含土建）

注：△表示主要单位工程或主要分部工程，★表示关键部位单元工程。

4 结语

引调水工程项目划分是施工质量评定验收的“牛鼻子”，对施工质量控制起着非常重要的作用，关系到参建各方的切身利益，应受到项目法人及参建各方的充分重视，并开展科学合理的项目划分，以利于保障工程施工质量。

（1）根据现阶段工程建设特点，按适应性、均衡性和动态调整性原则，分工程施工招标前、主体工程开工前和分部工程开工前三个阶段分别进行单位工程初步划分、项目划分（单位工程、分部工程划分）和单元工程划分，工程实施过程中根据实际情况做适当调整。

（2）单位工程的划分应根据独立建筑物、独立施工条件建筑物、建筑物组合、特有专业等进行划分，分部工程按单位工程中的完整部位、主要结构、施工阶段或功能相对独立的组成部分来划分，单元工程应按最便于施工部署、质量评定和适当控制单元工程数量的原则进行划分。

（3）对于主要建筑物的单位工程应定为主要单位工程，对单位工程安全性、使用功能或效益起决定性作用的分部工程应定为主要分部工程，主要建筑物中涉及严重影响建筑物安全或使用功能的隐蔽工程应定为重要隐蔽单元工程，对工程安全、效益、功能有显著影响的单元应定为关键部位单元工程。

参考文献

[1] 四川大唐国际甘孜水电开发有限公司．水电水利建设工程项目划分实用手册［M］．北京：中国电力出版社，2018.

[2] 邓韬，徐瑛丹，徐杰．水利枢纽工程项目划分剖析及建议［J］，江西水利科技，2018，44（6）：432-434.

[3] 常见水利工程项目划分参考［J］．中国水能及电气化，2019（11）：68-70.

[4] 顾雪峰．浅析水利工程项目划分的原则［J］．农家参谋，2019（24）：141.

[5] 中华人民共和国水利部．水利水电工程施工质量检验与评定规程：SL 176—2007［S］．北京：中国水利水电出版社，2007.

[6] 中华人民共和国水利部．水利水电工程单元工程施工质量验收评定标准：土石方工程：SL 631—2012［S］．北京：中国水利水电出版社，2012.

[7] 中华人民共和国水利部．水利水电工程单元工程施工质量验收评定标准：混凝土工程：SL 632—2012［S］．北京：中国水利水电出版社，2012.

[8] 中华人民共和国水利部．水利水电工程单元工程施工质量验收评定标准：地基处理与基础工程：SL 633—2012［S］．北京：中国水利水电出版社，2012.

[9] 中华人民共和国水利部．水利水电工程单元工程施工质量验收评定标准：堤防工程：SL 634—2012［S］．北京：中国水利水电出版社，2012.

[10] 中华人民共和国水利部．水利水电工程单元工程施工质量验收评定标准：水工金属结构安装工程：SL 635—2012［S］．北京：中国水利水电出版社，2012.

[11] 中华人民共和国水利部．灌溉与排水工程施工质量评定规程：SL 703—2015［S］．北京：中国水利水电出版社，2015.

[12] 王迎春．大坝安全监测仪器埋设安装施工质量控制［J］．水利建设与管理，2007（10）：27-29.

[13] 中华人民共和国水利部．水利水电工程等级划分及洪水标准：SL 252—2017［S］．北京：中国水利水电出版社，2017.

[14] 中华人民共和国水利部．水利水电建设工程验收技术鉴定导则：SL 670—2015［S］．北京：中国水利水电出版社，2015.

富水断层隧洞突涌水防控技术研究

李建贺　汪　洋　许　然　张　洋　崔定旭　曾晨阳

（长江勘测规划设计研究有限责任公司 水利部水网工程与调度重点实验室，湖北武汉　430010）

摘　要：结合滇中引水工程香炉山隧洞过龙蟠—乔后断层突涌水防控实例，提出了超前钻探、超前灌浆、超前泄压、超前支护组合处置对策；采用的双层套管排水孔解决了常规反滤排水管因塌孔施作困难、反滤土工布易淤堵、反滤性能下降快等问题，显著提高了整体反滤效果和排水量；针对隧洞围岩细粉质含量高、阻止浆液扩散导致注浆效果不佳的问题，提出了置换式注浆加固技术，在高压富水断层突涌水防控中取得了较好的应用成效。研究成果可为类似地质条件下隧洞突涌水灾害防控提供参考。

关键词：隧洞；富水断层；突涌水；防控技术

1　工程概况

滇中引水工程是国务院确定的172项节水供水重大水利工程中的标志性工程，也是目前国内在建难度最大的水利工程，穿越具有“地质博物馆”之称的滇西北横断山脉，面临涌水突泥、软岩大变形、高地应力岩爆、高外水压及穿越全新世活动断裂等诸多技术难题。自工程开工以来，遭遇了断层碎粉岩、砂化白云岩、风华囊等不同类型的涌水突泥地质灾害，涌水突泥问题已然成为滇中引水工程最大的“拦路虎”。隧洞涌水突泥地质灾害见图1。

香炉山隧洞是滇中引水工程技术难度最大的工程，也是施工总进度的控制工程。隧洞全长62.596 km，最大埋深1 450 m，成洞后内径8.3~8.8 m，其地质条件具有“三高两活跃”的特点，即地应力高、外水压力高、地震烈度高，地下水环境活跃、地质构造活跃。香炉山隧洞输水线路横跨青藏高原东麓和横断山脉地区，跨越金沙江与澜沧江两大流域分水岭，岩溶大泉发育，地形高差大

（a）断层碎粉岩涌水突泥　　（b）风化囊涌水突泥

图1　隧洞涌水突泥地质灾害

基金项目：湖北省技术创新计划项目（2024BCB104-1）；水利部重大科技项目（SKS-2022103）；长江设计集团自主创新项目（CX2021Z01）。

作者简介：李建贺（1989—），男，高级工程师，主要从事引调水工程设计与研究工作。

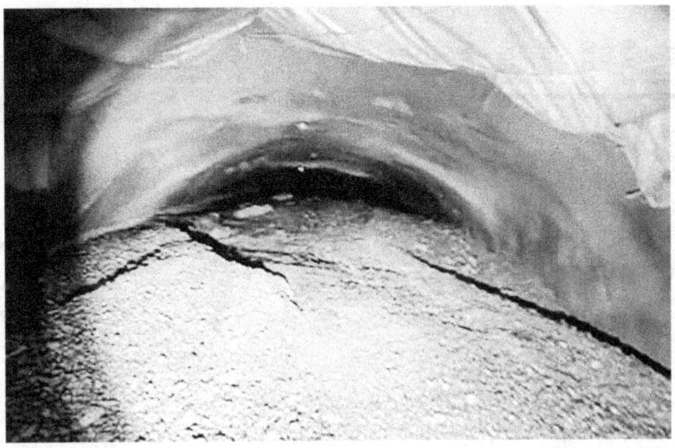

（c）砂化白云岩涌砂

续图 1

（最高峰马鞍山高程 3 958.40 m），岩性多样（主要有灰岩类、砂泥岩类、玄武岩类、片岩类等），涉及 4 大岩溶水系统（白汉场岩溶水系统、拉什海岩溶水系统、鹤庆西山岩溶水系统、清水江—剑川岩溶水系统），新构造运动十分活跃，区内断裂发育，隧洞穿越区域性大断裂（带）共 13 条，其中龙蟠—乔后、丽江—剑川、鹤庆—洱源 3 条为全新世活动断裂，基本地震烈度为Ⅷ度，地貌演变过程与岩溶水文地质条件极其复杂。本工程几乎都能遇到隧洞工程中可能存在的所有地质问题，特别是地下水环境问题风险突出，施工中频繁遭遇涌水突泥问题。香炉山隧洞过大栗树断裂带、龙蟠—乔后断裂带，4[#]施工支洞穿越丽江—剑川断裂带、5[#]施工支洞穿越石灰窑断裂带，地下水丰富，外水压力高，碎粉岩及断层泥可灌性差，但抗渗流破坏能力低，处置难度巨大。

2 工程地质特征

龙蟠—乔后断裂为全新世区域性活动断裂，断裂带形成于古生代，中生代强烈运动，新生代早期以挤压-逆冲运动为主，晚期以拉张-走滑运动为主，香炉山隧洞穿过部位晚期及现今为左旋走滑运动为主。断裂带主要由 3 条断层组成，其中西支断层（F_{10-1}）及中支断层（F_{10-2}）对现今地貌控制作用明显，西支断层（F_{10-1}）地表揭露处主断裂带宽 250 m 左右，带内两侧为角砾岩带，中间部位为碎粒岩、碎粉岩及断层泥条带，工程力学性质极差；中支断层（F_{10-2}）位于盆地中间位置，沿断层发育顺直的水沟，断裂带内零星露头可见大面积的灰岩角砾岩带夹碎粒岩、碎粉岩带，结合超前地质钻孔揭示，碎粒岩、碎粉岩带宽约 50 m，工程力学性质差，呈岩粉状。在西支断层（F_{10-1}）及中支断层（F_{10-2}）之间地表可见挤压揉皱强烈的破碎岩体，可见宽约 300 m，断层构造地质剖面图见图 2。断层及其影响带存在洞室剪断破坏、大变形、涌水突泥、高外水以及断层导水可能疏干白汉场水库而引起的重大环境地质风险。

根据穿越槽谷的 EH4（大地电磁）测深剖面成果，龙蟠—乔后断裂中支（F_{10-2}）部位的电阻率在 650~875 Ω·m，处于明显低值区，见图 3；该段隧洞埋深 312~315 m，地下水头约 280 m，地下水类型主要为基岩裂隙水与断层脉状水，因有上部白汉场槽谷地下水的稳定补给，水量相对较丰，断层带内岩体破碎、性软、赋水性较好，继续向前开挖将分别遭遇碎裂岩带、角砾岩带、碎粒岩带、碎粉岩带及断层泥等，在揭穿赋水性相对较差地层（片岩、碎粒岩带与碎粉岩带）后存在高地下水水头作用下的渗透破坏风险，涌水突泥处置不当还会疏排白汉场槽谷地下水系统，甚至对白汉场水库产生较大影响，施工安全风险高至极高。

2022 年 7 月 7 日，隧洞开挖至桩号 DLⅠ BK0+840.4，揭露该断层性状逐渐变差，岩层产状 260°~270°∠50°~60°，局部倾角 65°~70°；T_2^a 超覆于 T_2^b 之上，岩性界面以断层接触（见图 4），断层产状为 290°~300°∠55°~65°，接触面上见灰黄色泥钙质胶结的角砾岩，角砾以白云岩为主，定向排列特征明显，胶结较好-较差，并见光面与擦痕（指示方向为 312°），沿断层面见岩层牵引迹象；岩体处

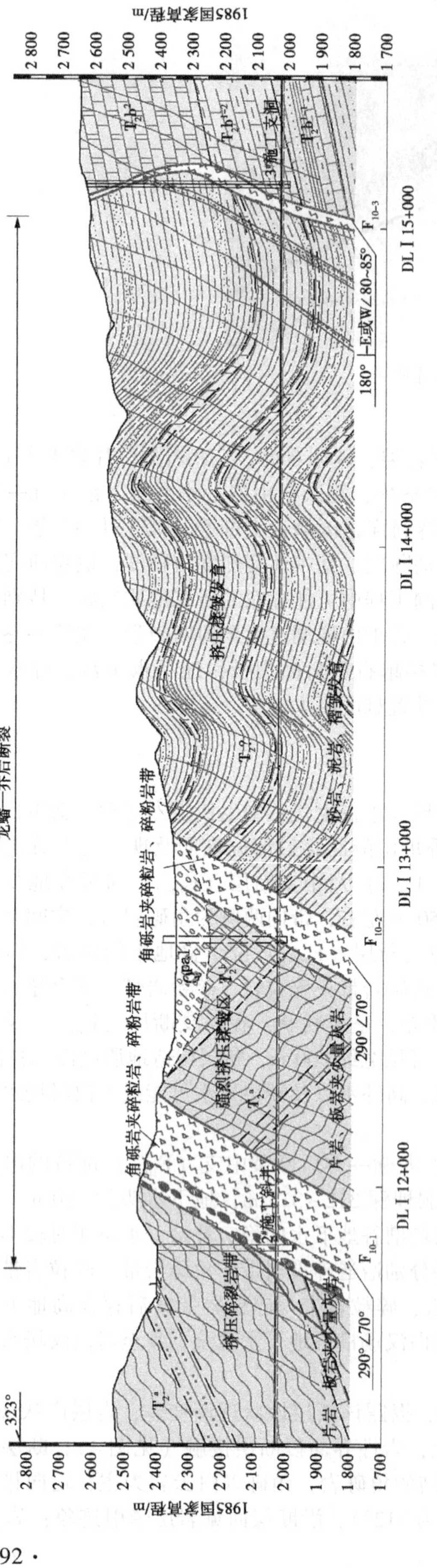

图 2 龙蟠—乔后断裂构造地质剖面

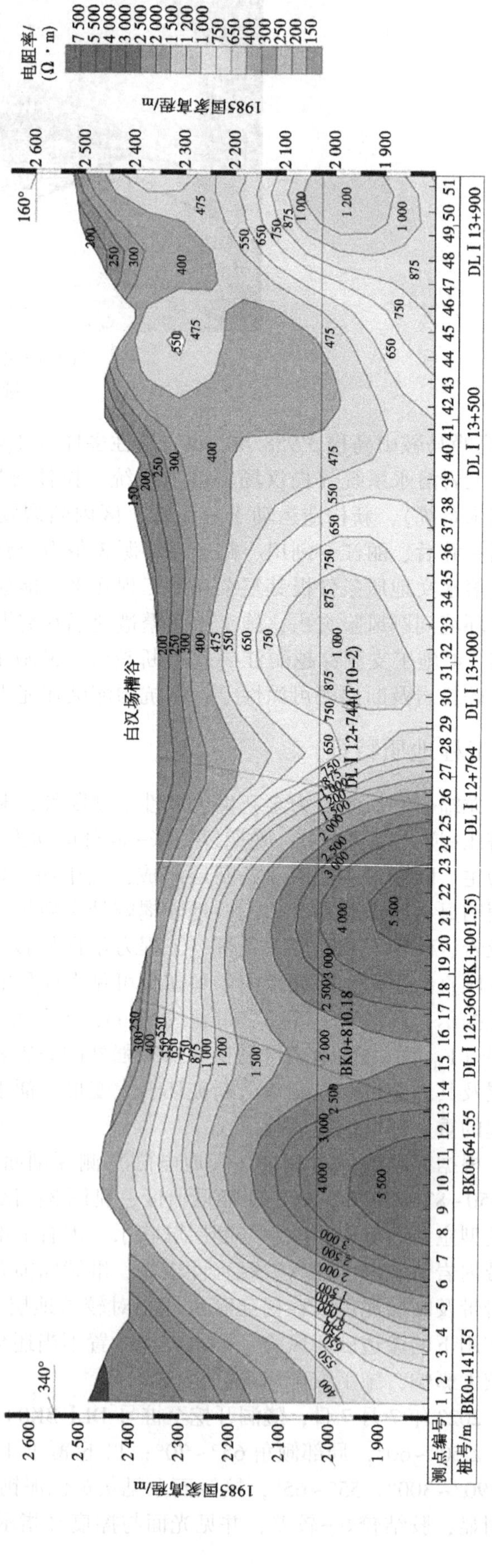

图 3 香炉山隧洞（穿越白汉场槽谷洞段）大地电磁测深视电阻率等值图

于微风化带，泥质白云岩岩体风化蚀变明显或溶蚀充泥现象普遍，蚀变后呈灰黄色。片岩局部沿片理面有轻微色变现象，微裂隙及顺片理面裂隙发育，裂隙面多起伏稍粗，充填 1~2 cm 泥质；掌子面围岩岩质总体较软-较坚硬。岩体破碎，多呈碎裂结构；该洞段洞壁及掌子面总体潮湿，沿断层界面附近及超前探水孔见集中股状出水（见图 5），为Ⅴ类围岩。

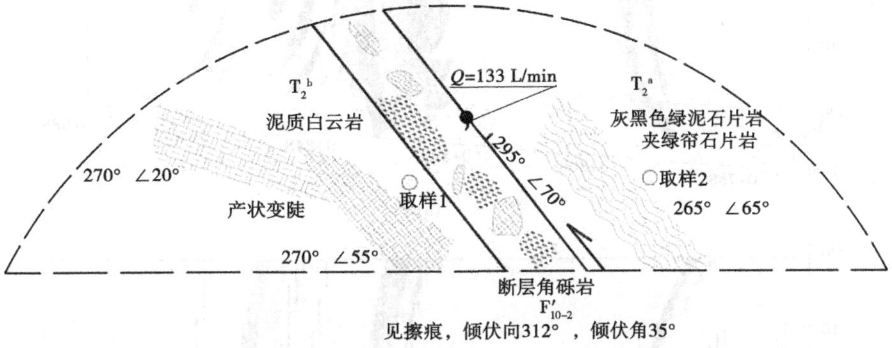

图 4　桩号 DLIBK0+840.4 掌子面编录图

图 5　沿断层界面见集中出水点

3　涌水突泥防控对策

如何有效防控深埋隧洞涌水突泥地质灾害，是困扰学术界和工程界的突出技术难题之一[1-4]。尤其对于高压富水断层破碎带，由于岩体软弱破碎、水压大，碎粉岩及断层泥可灌性差、与水泥浆胶结强度低，处置难度极大。香炉山隧洞在应对涌水突泥方面，执行“安全第一，预防为主，综合治理”的方针，按“把老虎关在笼子里”的思想，在生产实践中总结了突泥涌水“四超前”防治对策，即超前预报、超前泄压、超前灌浆、超前支护。

3.1　超前预报

主要是结合前期地质资料，对突泥涌水风险洞段采用“物探+超前钻探”的超前地质预报方法，以探明岩溶、断层等富水构造地质缺陷，根据具体情况选择“封堵、排水减压、疏导、绕行”等针对性措施，以规避或减小风险。香炉山隧洞超前地质预报由专项超前地质预报单位开展，根据该洞段进行的 TIP 法三维成像图及切片图，结合探测区域的反射图像、激发极化三维成像中的电阻率分布和地质分析[5]，特别是在 DLⅠBK0+838 和 DLⅠBK0+858 桩号及附近，地震波速明显下降，并且地震波反射图像中对应出现明显负反射，见图 6、图 7。

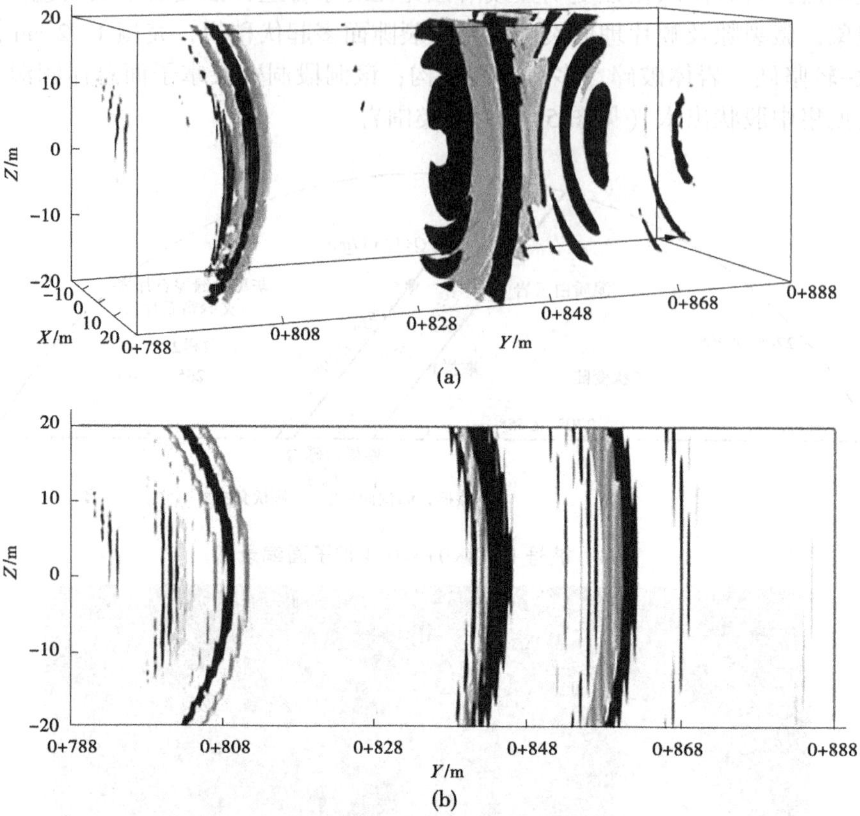

图 6　隧道地震法反射图像三维图及侧视图[5]

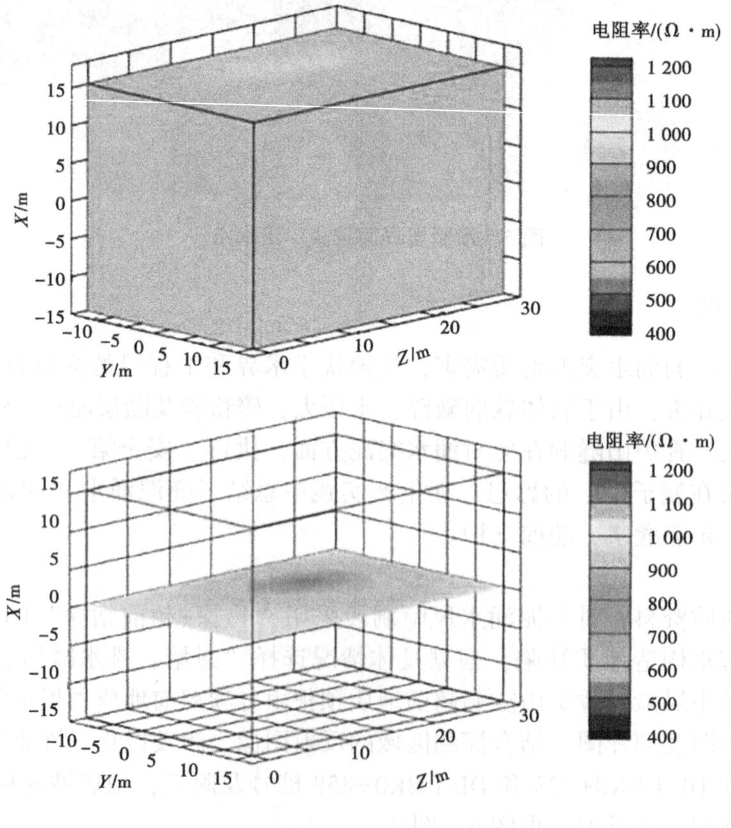

图 7　隧道激发极化法三维成像图及切片图[5]

2022 年 6 月 11 日完成了掌子面（DL Ⅰ BK0+814）超前取芯钻，取芯长度 50 m，对应桩号 DL Ⅰ BK0+814～DL Ⅰ BK0+864 段。根据钻孔揭露，孔位处 DL Ⅰ BK0+814～DL Ⅰ BK0+839 以灰黑色绿帘石片岩为主（见图 8），局部为角砾岩，角砾成分为绿帘石片岩，岩体破碎；DL Ⅰ BK0+839～DL Ⅰ BK0+841.5 为断层角砾岩（见图 9），角砾成分为泥质白云岩及绿帘石片岩；DL Ⅰ BK0+841.5～DL Ⅰ BK0+864.4 以灰白色-灰黄色泥质白云岩、灰岩为主（见图 10、图 11），局部为角砾岩，角砾成分为白云岩、灰岩，该段岩体破碎，多见溶蚀风化加剧现象，局部发育溶缝，宽一般 0.5～3 cm，无充填或半充填泥质。

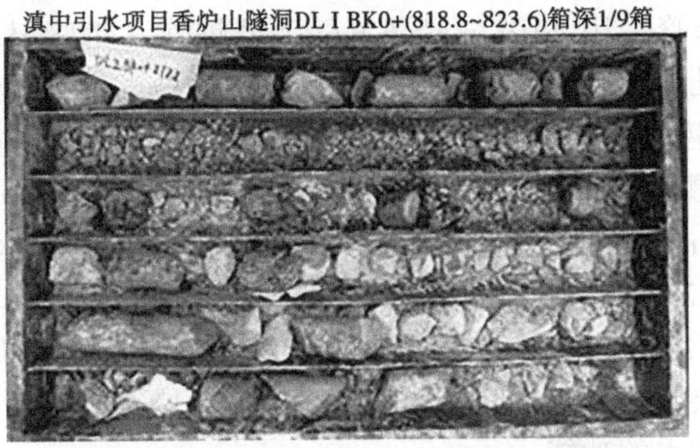

图 8　桩号 823 绿帘石片岩夹角砾岩

图 9　桩号 839 断层及角砾岩

图 10　白云岩溶蚀风化及发育溶蚀现象

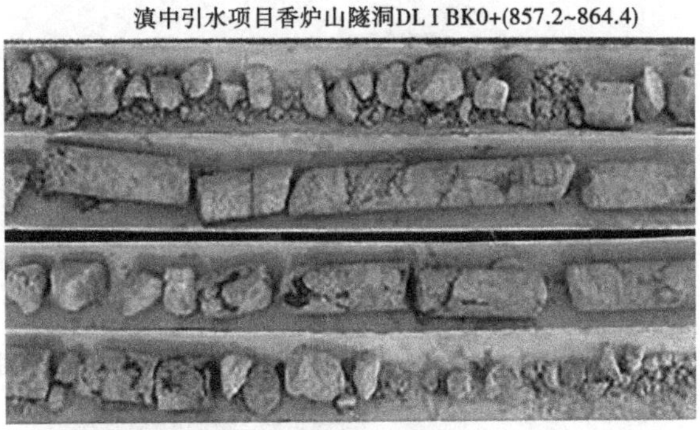

图 11　白云岩、灰岩岩体破碎溶蚀发育

在地质勘察资料分析的基础上，结合物探和钻探结果，分析认为掌子面前方为稳定性极差的Ⅴ类围岩，围岩稳定及构造岩挤压变形问题突出，且超前钻孔见线状-股状出水，开挖洞段局部见渗滴水，且已揭露灰岩、白云质灰岩、角砾岩等溶蚀裂缝发育，连通性较好的中等-强透水岩体，并已揭示了陡倾 NW 的断层破裂面，关键是目前掌子面已逐渐进到白汉场槽谷下方，掌子面已接近断层带脉状富水体，在高地下水水头（白汉场槽谷地下水位约 2 300 m，隧洞高程约 2 025 m）作用下，发生较大规模渗透破坏甚至是涌水突泥的风险较高。

根据超前物探和钻探结果综合分析，现场开展了对掌子面前方的系统固结灌浆治理，以防止因阻水安全岩盘厚度不足而导致的高水头作用下的渗透破坏风险。

3.2　超前泄压

超前泄压是指从围岩较为稳定的区域向围岩深部地下水主要径流通道上施作引流排水孔，减少施加在固结加固圈和掌子面上的水压力，实现“以堵为主，堵排结合，深部引排”的治理理念。其主要施作要点如下：

（1）在掌子面处施作 C20 混凝土止浆墙，止浆墙厚度 2.5 m。在止浆墙基底（基底要求无虚渣）及周边设置两排 C25 砂浆锚杆，锚杆长度为 3 m，排间距 50 cm，环向间距 1 m，呈梅花形布置，锚杆入岩 1.5 m，外露 1.5 m，并在末端设置 20 cm 直弯钩。止浆墙靠近临空面侧布置 C16 单层钢筋网，间距 20 cm×20 cm。止浆墙混凝土强度达到设计强度 75%后方可进行钻孔注浆施工。

（2）根据超前钻探揭示的富水断层的发育特征，在止浆墙施作完成后，进行超前泄水孔施作。超前泄水孔直径 110 mm，深度 30~50 m，拱顶和两侧拱肩各布设一个钻孔并安装孔口管；超前泄水孔从止浆墙后方围岩较为稳定的区域施作，一般在止浆墙后方 2~5 m 位置，上倾 20°~40°，钻孔至前方富水断层的主要渗流通道上，进行深部引排。

在断层破碎带中施作超前泄水孔，存在的问题是断层带中超前泄水孔易塌孔，常规反滤排水管施作困难，且碎粉岩含量高时，反滤排水管极易发生淤堵而失效。为解决上述问题，在香炉山隧洞断层带涌水处理工程实践中，发明了一种双层套管泄水减压装置[6]，双层套管排水孔结构及示意图见图 12~图 14，具体参数如下：孔径 ϕ110 mm，外套管采用 ϕ108 mm×6 mm 无缝钢管（钢管材质为 R780 无缝钢管），超前灌浆加固圈外管壁钻圆孔，孔径 15 mm，间距 48 mm，排距 60 mm，梅花形布置；内套管（反滤芯管）为 ϕ76 mm×3. 5 mm 无缝钢管（钢管材质为 Q235 无缝钢管），管壁外侧采用 6~10 根直径 6 mm 的圆钢点焊固定，沿内套管外侧均匀布置，钢筋之间打设长 30 mm、宽 8 mm 的长条孔（形状可灵活调整），孔距及排距均为 100 mm，开孔率不小于 3%，内套管外裹 2 层钢丝网，采用扎丝绑扎固定，钢丝网目数为 20 目、丝径为 0. 25 mm、孔宽 1 mm，内套管孔口 50 cm 长度范围采用 150 g/m^2 丙纶机织土工布包裹后与外套管紧密结合。为施工方便，外套管顶部可施工为锥头，内套管端部封闭。灌浆圈范围以内不设置花孔。双层套管排水孔在排水的过程中发生堵塞淤积后，可拔出内套管进行清孔后再插入，使排水孔恢复反滤排水的功能。

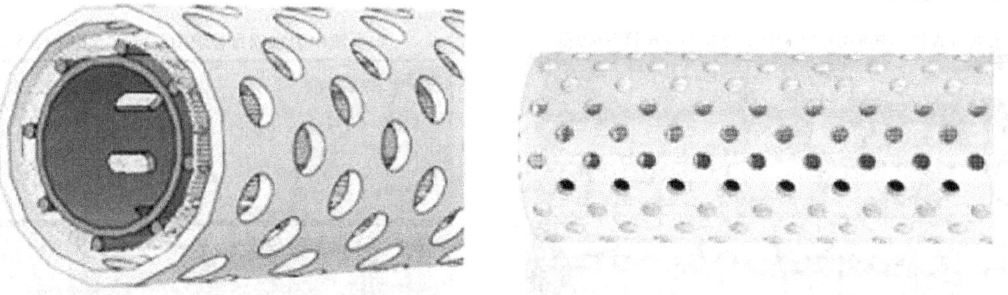

图 12　双层套管排水孔外套管结构示意图

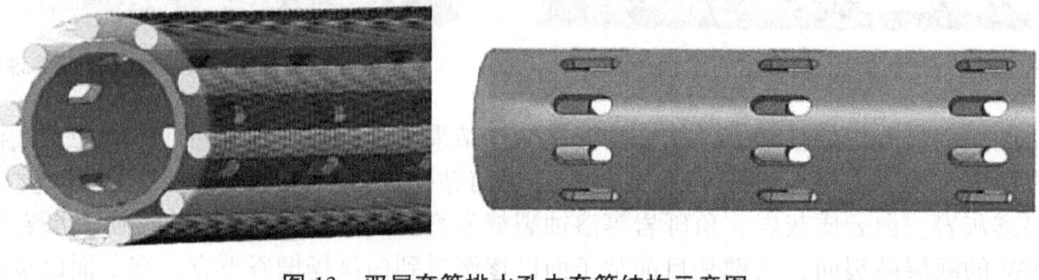

图 13　双层套管排水孔内套管结构示意图

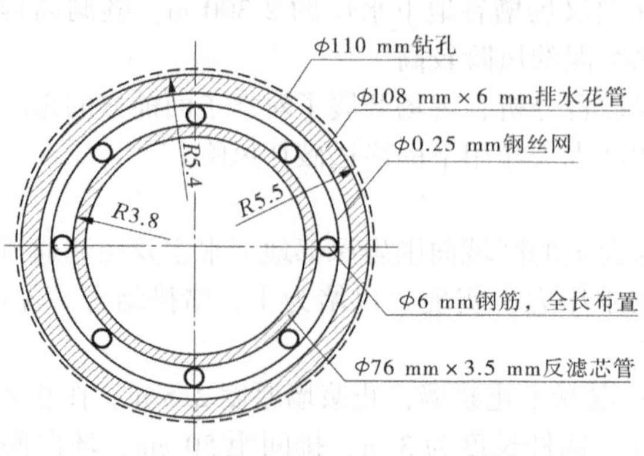

图 14　双层套管排水孔结构断面示意图

双层套管排水孔解决了常规反滤排水管因塌孔施作困难、反滤土工布易淤堵、反滤性能快速下降的问题，可有效地实现反滤作用，且可在现场直接加工安装，便于施工。根据现场断层碎粉岩排水泄压实践，未施作反滤内管时，排水孔排出水中含碎粉细颗粒最大达到53%，插入内套管后，经过半个小时，排水由最初含11%碎粉细颗粒的浑水渐渐变为基本不含细颗粒的清水，平均反滤排水量约为20 L/min，整体反滤效果和排水量显著提高。

3.3 超前灌浆

对掌子面前方超前注浆处理，形成有效的固结圈，防止揭露的围岩不足以抵抗外水压力造成涌水突泥灾害。超前灌浆主要设计和工艺参数如下：

（1）超前灌浆加固圈范围至开挖轮廓线外9 m，单循环注浆长度为30 m，开挖20~25 m，并保留5~10 m止浆岩盘，再视超前地质预报成果决定是否进行下一循环超前灌浆。注浆前在止浆墙或止浆岩盘内埋设ϕ127 mm×4 mm无缝钢管作为孔口管，孔口管长3.5 m，孔口外露0.2~0.3 m。

（2）注浆孔布置由工作面向开挖方向呈伞形辐射状，浆液扩散半径2.5 m，终孔间距3~4 m。超前固结灌浆布置图见图15，钻孔及注浆顺序一般按“由外到内、由下到上、间隔跳孔”的原则进行，以达到控域注浆、挤密加固的目的。

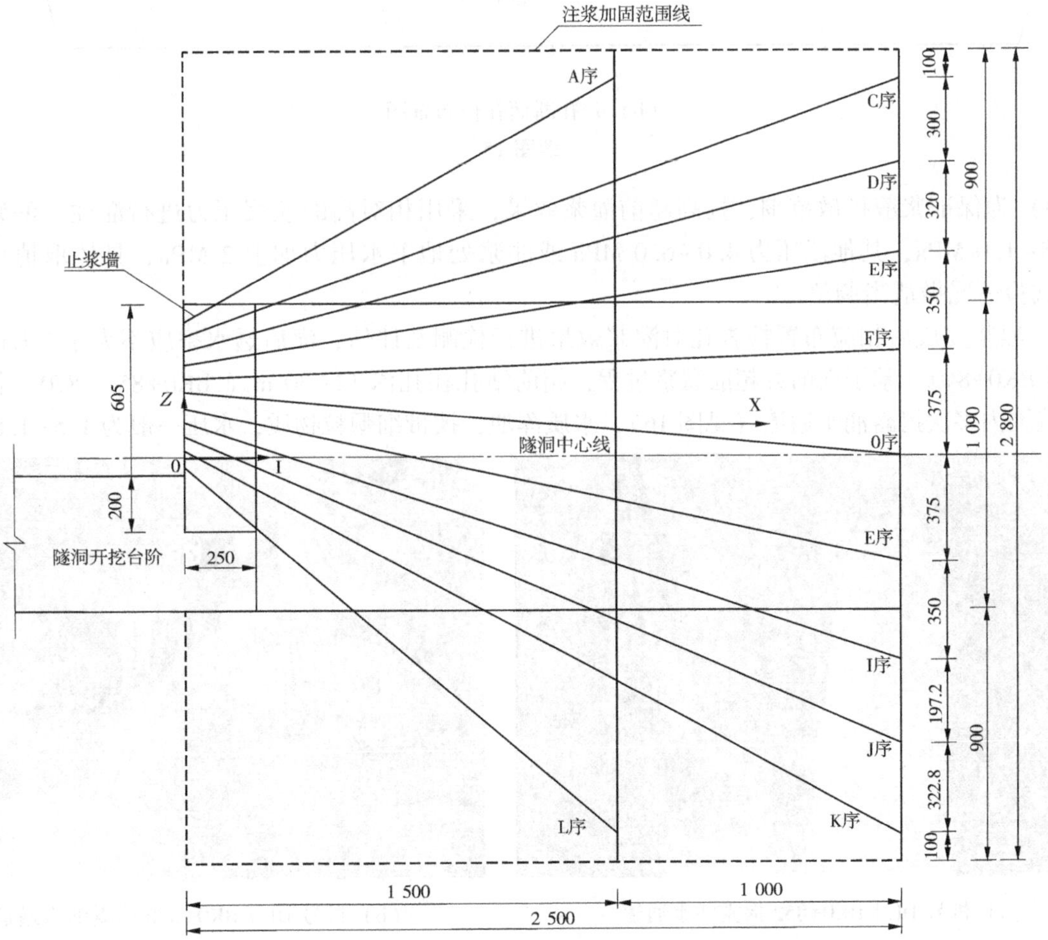

（a）超前灌浆纵断面图

图15 超前固结灌浆布置图 （单位：cm）

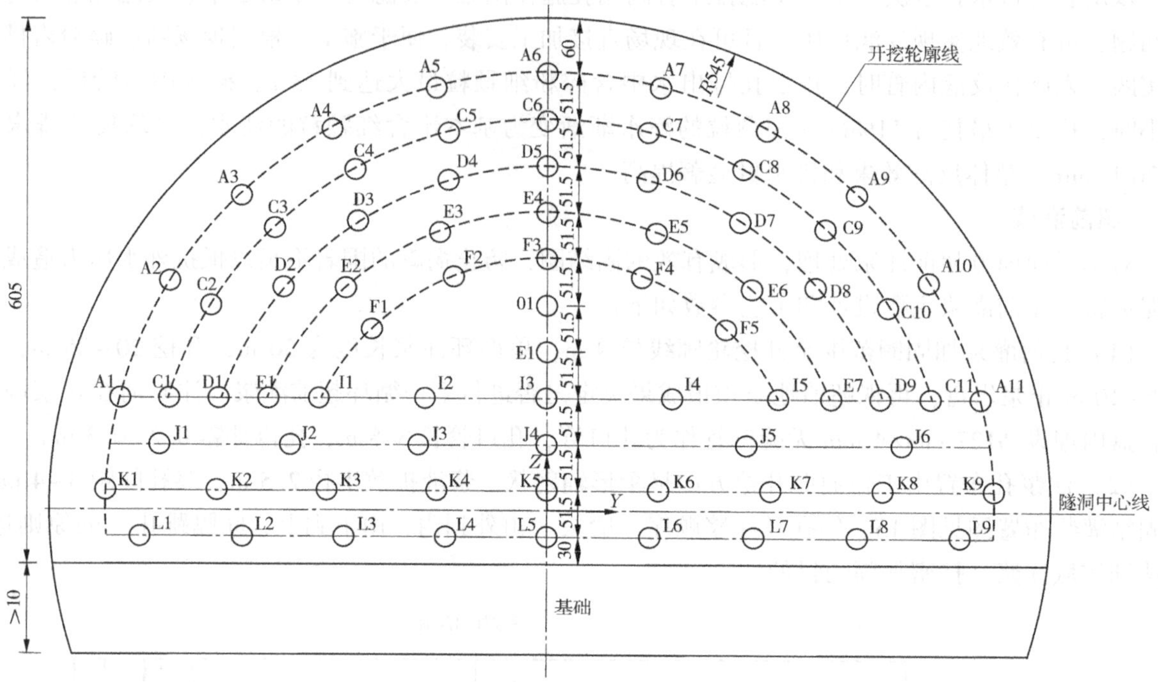

（b）开孔断面孔位布置图

续图 15

（3）为保证浆液扩散范围，提高超前灌浆效果，采用相对高的灌浆压力进行灌注。灌浆压力第一段 0.5~1.0 MPa，其他段压力 4.0~6.0 MPa 或注浆处地下水压力加上 2 MPa，具体取值可根据现场灌浆试验情况做适当调整。

（4）灌浆完成后相应布置检查孔对灌浆效果进行检测及评估，灌后透水率应不大于 5 Lu。

DLⅠBK0+840.4 掌子面前方超前灌浆过程，超前钻孔在孔深 12~30 m（BK0+852~870）长度段不同深度范围内多次揭露涌水通道（见图 16），水质浑浊，挟带细颗粒物质，水压一般为 1.5~1.8 MPa。

（a）桩号 DLⅠBK0+852 揭露涌水通道　　（b）桩号 DLⅠBK0+870 揭露涌水通道

图 16　超前灌浆造孔过程中揭露的涌水通道

由于前方围岩细颗粒物质多，灌浆采用前进式分段置换式注浆加固方法，即以相邻的两个注浆孔分别作为注浆通道与回浆通道，向其中一个注浆孔中注浆，水泥浆从另一个注浆孔中回流并置换断层破碎带中的岩粉，见图 17。置换式注浆加固解决了断层带围岩细粉质含量高、阻止浆液扩散导致注浆效果不佳的问题。

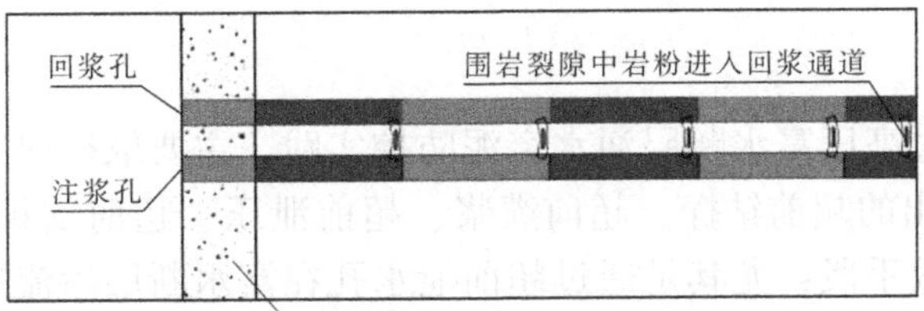

图 17 前进式分段置换式注浆加固

超前注浆结束后，进行了孔内电视录像和钻孔压水试验，孔内电视揭示掌子面前方围岩成孔较好，钻孔压水试验透水率 $q \leq 5$ Lu，注浆效果达到设计要求后，决定施作超前大管棚支护，并继续掘进下一循环。超前灌浆后钻孔摄像见图 18。

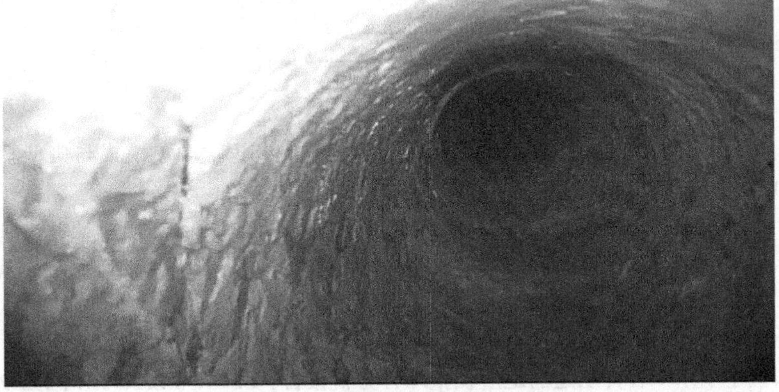

图 18 超前灌浆后钻孔摄像

3.4 超前支护

超前灌浆固结、堵水完成后，为确保下一步开挖的围岩变形稳定，采取超前注浆大管棚或者超前注浆小导管等超前支护措施。考虑到 F_{10-2} 洞段围岩胶结差，本循环采用超前注浆大管棚支护，支护方案见图 19。

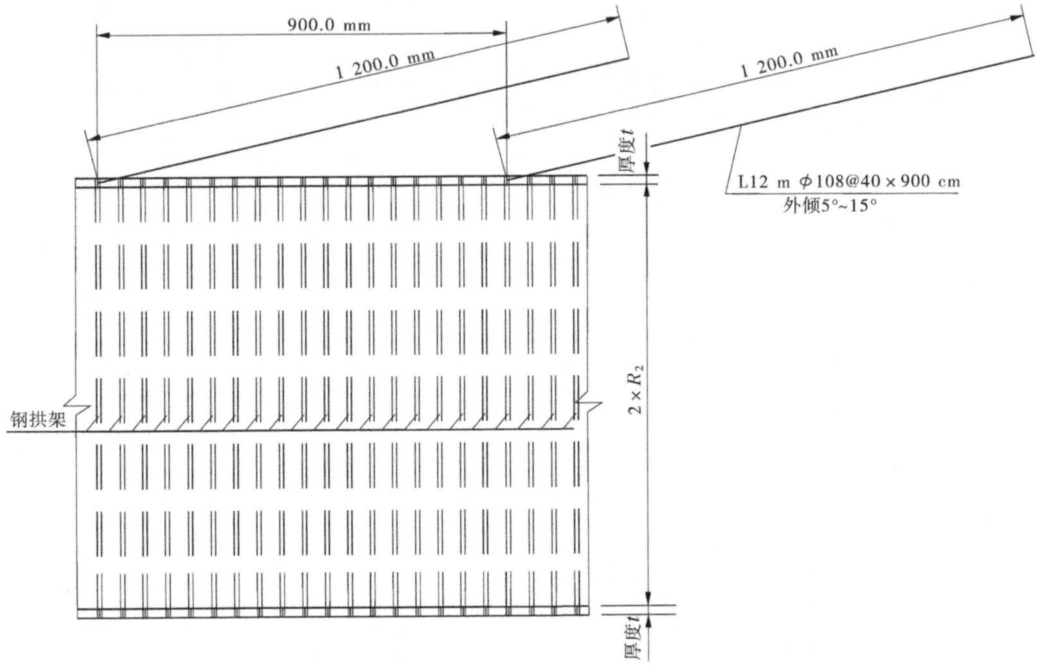

图 19 超前注浆大管棚支护方案

4 结语

本文结合香炉山隧洞过高压富水断层涌水突泥防控实践，主要取得研究结论如下：

（1）结合工程实践提出的超前钻探、超前灌浆、超前泄压、超前支护“四超前”处置对策是系统治理涌水突泥灾害的有效手段；尤其是通过超前泄水孔在富水断层渗流通道上进行深部引排，减小了止浆墙及前方围岩的水压力，降低了超前注浆的难度及实施过程中的安全风险。

（2）双层套管排水孔克服了富水断层破碎带围岩中打设泄水减压孔时，出现的成孔后易塌孔、反滤排水管难下放、反滤土工布易淤堵、反滤性能快速下降等问题，整体反滤效果和排水量显著提高。

（3）置换式注浆加固，解决了断层带围岩细粉质含量高、阻止浆液扩散导致注浆效果不佳的问题，在高压富水断层涌水突泥防控中取得了较好的应用成效。

参考文献

[1] 李术才，许振浩，黄鑫，等．隧道突水突泥致灾构造分类、地质判识、孕灾模式与典型案例分析［J］．岩石力学与工程学报，2018，37（5）：1041-1069.

[2] 李术才，张庆松．隧道及地下工程突涌水机理与治理［M］．北京：人民交通出版社，2014.

[3] 张成平，张顶立，叶英，等．高压富水岩溶隧道注浆机理及作用效果分析［J］．地下空间与工程学报，2009，5（5）：996.

[4] 包德勇．高压富水隧洞断层破碎带突涌水分析与工程对策［J］. 现代隧道技术，2012，49（5）：123.

[5] 山东大学．云南省滇中引水工程专项超前地质预报综合分析报告，SDDX-DZZX-DLⅠ1-2022-027［R］. 2022.

[6] 吴德绪，王杰，张传健，等. 软岩破碎带隧洞内的泄水减压装置：ZL202320939801. 9［P］. 2023-10-24.

水库大坝安全问题及应对措施的探讨

陈精卫　杨军义

（黄河勘测规划设计研究院有限公司，河南郑州　450003）

摘　要： 水库大坝的安全不仅是保护人民生命财产安全的基本要求，也是维护社会稳定、促进经济发展、保护生态环境、遵守法律法规、提升公众信心和促进科技进步的重要保障。不断加强大坝安全管理，确保大坝的安全运行，直接关系到下游居民的生活用水和生产用水，安全管理能保障水资源供应的稳定性，维护社会秩序和居民生活的正常进行。本文对大坝失事的原因进行剖析，并提出了预防大坝失事的应对措施

关键词： 大坝；失事原因；措施；运行管理

水库大坝作为一种重要的挡水建筑物，充分发挥着水资源的合理调度和分配的作用，提高了水资源的利用效率。我国目前已建水库大坝近 10 万座，这些水库对维护国家的水安全具有重要意义。水库大坝失事情况经常发生，主要分为内部原因和外部原因[1]。内部原因主要是大坝在设计和施工过程中、运行管理等方面存在问题；外部原因是大坝遭遇大洪水、大地震、战争等自然破坏和人为破坏。水库大坝不仅关乎数万人民生命财产安全，还关乎社会经济的稳定发展和国家水资源的合理利用。为了保证水库大坝的正常运行，需要了解并采取一定措施防止大坝失事。在此背景下，水库大坝失事原因的分析以及应对措施的研究更具有理论意义和实际应用价值。

1　大坝失事的主要原因分析

1.1　大坝运行不当

1.1.1　渗流控制不当

大坝作为挡水建筑物，其水库上、下游存在高水头差，会产生较大的渗透压力。对于深覆盖层土石坝地基，由于坝基岩石的孔隙、裂隙、溶洞、断层等存在，会出现孔隙性渗漏、裂隙性渗漏、管道式渗漏等现象，容易引起坝基发生渗流破坏，从而导致大坝发生渗透破坏。对于地质条件较好的岩质地基混凝土坝，极端洪水条件下，因为水库上下水头差较大，会出现较大的扬压力，当扬压力远大于大坝自身重量时，会导致大坝发生倾覆破坏或者表层滑动。如 1928 年，圣弗朗西斯重力坝由于坝基存在地质缺陷，导致大坝出现表层滑动，洪水将数个混凝土大坝坝段冲走，导致 400 多人死亡和巨大的经济损失[2]。

1.1.2　泄洪能力不足

泄洪能力不足会直接影响到大坝的安全运行和下游地区的防洪安全。由于大坝作为挡水建筑物，担负着拦洪削峰的作用，如果泄洪能力不足可能导致水库水位过高，增加大坝溃坝的风险。在极端洪水事件中，如果泄洪能力不足以应对大量来水，可能会导致水库超设计标准运行，增加结构失稳的可能性，从而导致下游地区遭受洪水侵袭，造成严重的经济损失和人员伤亡。例如，洪水可能淹没农

作者简介： 陈精卫（1989—），男，工程师，主要从事水利工程水工结构设计工作。

田、破坏房屋和基础设施，影响正常生活和经济活动。同时，还可能对下游的生态环境造成长期的负面影响。例如，石漫滩大坝由于超标准洪水，洪水流量远大于泄水建筑物的泄洪能力，从而导致溃坝[3]。

1.2 设计与施工原因

大坝稳定及安全运行最关键的因素是设计和施工。大坝设计与施工是一个涉及多个学科的复杂过程，其对大坝的影响主要体现在大坝安全性、功能性、经济性以及环境影响等方面。在设计阶段，必须充分考虑坝址的地形地质条件，如基岩的稳定性和地震活动性。如果地勘深度做得不足，将直接影响大坝的安全。对于混凝土大坝，在设计过程中，有深层较大的地基滑块未发觉；在浇筑过程中，混凝土温控措施不符合技术标准；在施工过程中，新老混凝土接触面及固结灌浆、帷幕灌浆未按质量标准执行，将会对大坝造成很大的安全威胁。在土石坝施工过程中，对于坝体材料的碾压质量的控制不合格、坝体材料的质量控制不达标以及防渗体的渗透系数过大等原因也能够诱发大坝溃决。

综上所述，大坝的设计与施工对其安全性、功能性、经济性以及环境和社会等方面产生深远的影响。因此，大坝工程必须在设计初期就充分考虑各种因素，采用科学合理的设计方案和施工技术，确保大坝的安全可靠和高效运行。

1.3 极端工况

1.3.1 极端天气

极端天气是导致大坝出现事故的关键因素之一，如连续的大雨或暴雨，会导致水库水位迅速上升，增加溢洪道的压力，持续的高水位可能超出大坝设计标准，导致渗漏甚至溃坝的风险。长期的湿润状态会加速混凝土结构的老化和损伤，影响其耐久性。总的来说，极端天气对大坝的影响是多方面的，包括对大坝结构、运行、设计、管理和环境的直接影响，以及对经济和社会的间接影响。例如，在 1975 年的板桥水库，遭受极端降雨导致水库大坝溃决，造成极大的伤亡和经济损失[4]。

1.3.2 地震

地震对于大坝结构的安全影响较大。地震会使大坝遭受直接的物理损害，主要表现在地震动荷载的施加导致大坝承受过载约束而出现结构破坏，如裂缝、位移或塌陷。强烈的地震动摇可能影响大坝的结构稳定性，尤其是对老旧或设计标准较低的大坝。地震对土石坝的影响，主要破坏包括坝坡滑动、较大的张开裂缝和防浪墙的拉裂等。总的来说，地震对大坝的影响是多方面的，不仅包括直接的物理损害，还涉及社会经济、环境以及长期的管理和政策挑战。如 1999 年中国台湾的 Shih-Kang 混凝土重力坝，由于坝基基础断层破坏，导致大坝溃决[5]。

1.3.3 战争因素

水库大坝已经成为现代战争的主要目标之一。由于大坝具有目标巨大、不可移动性和一旦破坏具有很大的连锁反应等特征，已经逐渐成为军事攻击目标。而且现代的军事战争中，因其快速部署、远程打击能力和精确制导武器的使用大大增加了对大坝等非移动目标的破坏效率和准确性。由于战争的突发性和不可控性，战争导致大坝破坏的不确定性大大提高，这可能导致大量的居民死亡和受伤，引起大规模的难民流动，造成社会动荡。

2 预防大坝失事措施及方案

2.1 优化大坝设计

水库大坝的设计内容不仅涉及工程技术问题，还包括社会经济、环境保护和运营管理等多个方面。每一项内容都是确保大坝安全、高效运行的关键因素，需要在设计阶段进行全面考虑和周密规划。水库大坝的设计内容主要包括水文分析、工程地质、结构设计、安全评估以及环境保护等方面。大坝设计是个科学严谨的过程，对于重大技术问题应通过科学的分析以及方案的多重比选，才能设计出可靠的、经济合理的、科学的设计方案。利用先进的计算理论，借助科学实验以及大型计算机等手段，优化设计，精细设计，最终得到理想解。这是为水库大坝安全提供技术支持，也是保障水库安全的前提条件。

2.2 提高施工质量

大坝施工质量关系到工程投资的适用性和项目投资效果，同时直接影响到大坝结构的安全性和耐久性以及后期的维护成本。提高施工质量可以从规范管理流程、强化制度执行、加强专业培训、严格材料采购、采用先进技术、持续改进工艺等方面着手。总的来说，提高施工质量是一个系统工程，需要从多个方面入手，综合运用各种管理和技术手段。通过完善管理制度、提升管理人员素质、严格材料质量控制、落实建设单位责任、创新施工技术、加强现场管理和促进信息共享等措施，可以有效提升施工质量，为建筑业的健康发展提供坚实保障。

2.3 加强大坝运行管理

2.3.1 构建数字赋能水库大坝的安全建设和管理平台

通过建立数值仿真模型和云计算大型数字分析系统再结合人工智能的运用，自动分析计算监测设备反馈的数据，对大坝及其结构进行监测，及时发现潜在的安全隐患，从而预防和减少可能发生的事故，起到在线对大坝进行安全监控和动态安全预警的作用。

2.3.2 加强大坝应急管理能力

面对大坝出现各种情况下的风险，研究不同风险等级的应急响应预案。针对特殊极端天气情况，加强抗洪抢险预案演练，增加临时泄洪口，引流至蓄洪区。面对战争时，需提前降低水库水位至死水位，将水库水引至蓄洪区，疏散下游群众。以上险情过后，快速对大坝进行安全鉴定以及进行除险加固，减少经济损失。

2.3.3 加强水库维护工作

水库大坝的维护工作内容主要包括结构检查与评估、监测系统管理、养护与修复作业、安全管理与应急预案、环境与生态保护以及法规遵守与监管等方面。主要包含：对大坝的主体结构、辅助设施及周边环境进行定期的视觉和手工检查，以发现裂缝、渗漏、侵蚀或其他潜在的损害迹象；利用先进的传感技术持续监测大坝的结构行为，包括位移、应力、应变等参数，确保所有数据都在安全范围内；定期检查和维护安装在大坝上的各种监测设备，确保其准确性和可靠性，以便及时发现问题并采取措施等。通过这些维护活动，可以确保大坝的结构安全和功能稳定，延长服务寿命，同时保护环境，促进社会经济的可持续发展。

3 结论

水库工程在防洪、供水、农业灌溉、民生改善以及生态环境保护等方面发挥着至关重要的作用，其中大坝又是水库中最重要的建筑物。水库大坝的安全监测和安全管理工作十分必要，也是重中之重。随着智能建造技术的发展，未来的大坝建设将更加智能化、自动化，为大坝的全生命周期管理提供更加强大的技术支持。通过深入实施智能化管理，可以有效提高水库大坝的安全性、经济性和服务性，为实现资源的可持续利用和保护生态环境提供了强有力的支撑。

参考文献

[1] 盛金保，向衍，杨德玮，等．水库大坝安全诊断与智慧管理关键技术与应用［J］．岩土工程学报，2022，44（7）：1351-1366.
[2] 杨彦龙，沈海尧，黄维．混凝土坝破坏模式及溃口几何参数探讨［J］．大坝与安全，2022（3）：1-9.
[3] 吴旭．石漫滩水库的“75·8”事件［J］．中国防汛抗旱，2005（3）：27-37.
[4] 汪大全．国内外溃坝事件对大坝安全管理的启示［J］．水利技术监督，2021（6）：9-10.
[5] 林皋．汶川大地震中大坝震害与大坝抗震安全性分析［J］．大连理工大学学报，2009，49（5）：657-666.

土石坝防渗加固措施探讨

陈精卫　王志强

（黄河勘测规划设计研究院有限公司，河南郑州　450003）

摘　要： 我国大中型水库约90%以上为土石坝，小型水库绝大多数也都是土石坝。新中国成立以来我国溃坝失事共进行3次统计，失事的主要原因是渗透破坏。本文对常用的高压喷射灌浆、复合土工膜、混凝土防渗墙、冲抓套井黏土井柱、深层搅拌连续墙、黏土斜墙等防渗措施的优缺点进行分析，旨在更好地指导水库除险加固中防渗方案的选取。

关键词： 防渗加固；措施；土石坝

1　引言

新中国成立以来，全国持续开展大规模水利建设，基本建成防洪、除涝、灌溉等工程体系，为国内除水害兴水利发挥了巨大的作用。截至2024年，全国在册水库共计9.8万多座，总库容8 983亿 m^3。其中，土石坝占水库数量的90%以上。国内的水库绝大多数建于20世纪50—70年代，受当时社会、经济、技术条件的制约，设计标准低、施工质量差。清基不彻底、填筑质量差、存在坝体坝基渗漏或接触渗漏等问题是土石坝的主要病险特征。国内平均每年溃坝几十起，溃坝总数中土石坝最多，主要原因是大坝渗透破坏引起的。例如，美国方坦奈耳坝因渗水通过与节理相交的水平面层或裂隙，冲蚀大坝的黏土心墙土料，最终形成管涌，导致大坝大面积坍塌[1]。本文对国内常用的高压喷射灌浆、复合土工膜、混凝土防渗墙、冲抓套井黏土井柱、深层搅拌连续墙、各类灌浆施工方法等防渗措施的优缺点进行分析，旨在更好地指导水库除险加固中防渗方案的选取。

2　防渗加固措施

土石坝的渗流控制一般分为水平防渗和垂直防渗两大类。垂直防渗是加固工程中十分常见的防渗处理措施。对于透水地基，垂直防渗措施与水平防渗措施相比，截流效果更显著。下面重点介绍几种常用的垂直防渗措施。

2.1　混凝土防渗墙

混凝土防渗墙是利用专门的造槽机械设备营造槽孔用导管在槽孔中浇筑混凝土形成一道连续的防渗墙体。混凝土防渗墙按墙体材料分为普通混凝土防渗墙、钢筋混凝土防渗墙、黏土混凝土防渗墙、塑性混凝土防渗墙和灰浆防渗墙等。成槽方法主要有钻挖成槽防渗墙、射水成槽防渗墙、链斗成槽防渗墙和锯槽防渗墙。

高强混凝土或塑性混凝土防渗墙技术在堤坝工程除险加固方面得到广泛应用，取得了良好的效益。但同时可看到高强混凝土或塑性混凝土防渗墙存在的缺陷：混凝土防渗墙因高弹性模量造成墙体的高应力问题，塑性混凝土防渗墙强度和抗渗性较低，而且耐久性较差；墙体普遍偏厚，使成本提高；施工现场场面铺设过大、施工工期偏长、对原坝体扰动较大等。

作者简介： 陈精卫（1989—），男，工程师，主要从事水利工程水工结构设计工作。

2.2 深层搅拌连续墙

水泥搅拌桩是通过搅拌机将软土和水泥进行搅拌，利用水泥和软土之间发生的一系列反应，使土体固结，形成具有一定强度和整体性的基础。土石坝中，多采用水泥搅拌桩搭接搅拌形成连续防渗墙，用于坝基防渗。例如，长林坞水库虽先后两次进行除险加固，但是右坝段坝基存在粉质黏土且渗透系数较大，存在渗漏问题。采用深层水泥搅拌桩防渗墙起到明显防渗效果，达到了防渗的目的[2]。深层水泥搅拌桩防渗墙适用范围主要包括：淤泥质土、素填土、软黏性土、粉细砂等。主要优点是防渗效果较好，城墙深度可达 25 m，无须开槽，可有效缩短工期和节约投资；缺点是防渗墙的连续性和完整性受操作影响较大，易出现桩体之间搭接开叉等问题。

2.3 高压喷射灌浆防渗

高压喷射灌浆是利用钻机造孔，然后将带有喷头的注浆管下至土层预定位置，用高压水或高压浆液形成高速喷射流束，冲击、切割、破坏地层土体，并以水泥基质浆液充填、掺混其中，形成桩柱或幕墙状的凝结体，用以提高地基防渗或承载能力的施工技术。高压喷射灌浆可用于可塑黏土、粉土、砂土、黄土、素填土等，防渗效果好，施工工艺简单成熟，施工平台要求较小，用于围堰、堤防、闸站等建筑物的防渗或地基加固[3-5]。

2.4 冲抓套井防渗

套井回填就是用冲抓机造孔，然后用黏土回填并用夯实锤夯实黏土，施工完成后相当于在坝体中构筑了一道黏土防渗墙。同时，在夯锤夯击回填黏土时对井壁的土层产生挤压，使其周围土体密实以提高坝体质量，从而起到防渗和加固的目的。经过夯锤夯击的回填黏土，干密度增大，渗透系数减小，可采取多个工作面同时开工，节省施工时间。

2.5 复合土工膜

复合土工膜（复合防渗膜）分为一布一膜和两布一膜，是用土工织物与土工膜复合而成的不透水材料，主要用于防渗。土工布作为土工膜的保护层，保护防渗层不受损坏。为减少紫外线照射，增加抗老化性能，最好采用埋入法铺设。复合土工膜的优点是施工质量容易控制，检测方便，对原坝体不造成任何影响。复合土工膜是以适应结构较大位移而不是以自身的强度抵御破坏，膜在坝体内的变形主要受制于坝体结构的位移，其本身对限制位移的作用很小。例如，马力水库采用复合土工膜结合坝基帷幕灌浆，其对土石坝渗漏处理有明显效果，能适应坝体结构的较大变形。复合土工膜主要由刚性锚固部位产生局部很大的变形而使膜内产生很大拉力，从而容易造成破坏。另外，复合土工膜如有孔洞不容易被发现，会影响坝体防渗效果。

2.6 黏土斜墙

黏土斜墙是以黏性土材料做成的土石坝上游铺盖作为倾斜防渗体，其主要优点是施工场地便利，施工条件要求低，难度小，防渗效果好；缺点是施工速度较慢，施工围堰工作量较大，黏土需求量大，与黏土心墙之间易形成饱水带。黏土斜墙防渗体能满足对水库渗漏量控制的要求。同时，与其他防渗方式相比，其具有很明显的价格优势，施工简易，可以节省工程投资和工期。

3 结语

土石坝事故中，渗透破坏最为主要，破坏类型主要是管涌、流土、接触冲刷和接触流失 4 种。本文未提及的还有劈裂灌浆、化学灌浆、垂直铺塑防渗等防渗措施。土石坝的防渗加固措施受多种因素制约，例如施工条件、施工工期要求、地质条件等，所以选择防渗加固措施时，应根据工程具体情况分析各项措施的优缺点，提出科学合理、经济较优的解决方案。

参考文献

[1] 汝乃华，牛运光．大坝事故与安全·土石坝［M］．北京：中国水利水电出版社，2001.

[2] 郭艳惠．深层水泥搅拌桩在长林坞水库大坝防渗加固中的应用［J］．珠江水运，2020（12）：23-24.

[3] 杨震．高压喷射注浆法防渗加固机理与施工技术应用研究［D］．长沙：中南大学，2008.

[4] 王新民，朱顺强，周腾飞，等．前坪水库高喷防渗墙施工技术探讨［J］．人民黄河，2020，42（增1）：188-190.

[5] 陈浩．土石围堰高压旋喷桩防渗施工技术应用［J］．水运工程，2021，589（12）：112-114.

长距离输水系统的改进蓄量控制方法研究

陈栋格[1]　吴永妍[2]　闫弈博[2]　王　鹏[1]　吴　欢[1]

（1. 云南省滇中引水工程有限公司，云南昆明　650051；
2. 长江勘测规划设计研究有限责任公司，湖北武汉　430010）

摘　要：泵站取水的长距离输水工程的入渠流量呈现阶跃变化，输水系统大多时段处于出、入流流量不平衡状态运行。本文在传统控制蓄量算法的基础上，提出了改进的多渠段耦合条件下蓄量控制算法，提高了蓄量控制算法在多渠段运行调度中的计算效率。以滇中引水工程渠首至牧羊村渠段为例，采用水动力学模型，对改进蓄量控制法在阶跃流量变化下长距离输水渠隧系统中的控制性能进行了评估。结果表明：改进蓄量控制法能充分利用渠段调蓄能力，消减出、入流不平衡对运行的影响，可以实现长距离输水工程在阶跃流量下的平稳调控。

关键词：滇中引水工程；阶跃流量；输水调度；蓄量控制法

1　背景

长距离输水工程是优化区域水资源配置、缓解缺水地区供需矛盾的重要基础设施。长距离输水工程引水流量大、工程线路长、建筑物种类多，输水运行系统表现出大滞后性和高度非线性的特点[1-3]，科学合理的运行控制是保障工程建设效益充分发挥的关键。输水工程运行控制方式主要有闸前常水位、闸后常水位和控制蓄量等方式，其中闸前常水位运行方式所要求的堤顶高度最小，工程量最省，但由于蓄量变化趋势与下游需水变化相反，导致采用这种运行方式时需提前确定分水变化，渠道自身调整能力不足[4]。闸后常水位运行方式可以对用户需水变化进行快速反应，但水平渠岸使得工程量和投资较大。蓄量控制通过改变渠段中蓄水量对输水进行控制，能够快速响应用户需水变化，具有高度灵活性，不同学者结合实际渠系，对不同蓄量控制方式展开了研究[5-10]。如吴永妍等[7] 提出了一种基于控制蓄量法的运行方式，并通过模拟南水北调中线一期工程非计划分、退水流量变化下的节制闸流量变化过程对其进行了验证，结果显示该运行方式能降低需要参与调节的节制闸数量，提高了总干渠控制系统的灵活性和稳定性。管光华等[8] 考虑了多个渠池间的蓄量调节，提出了一种基于渠池蓄量平衡的闸前控制点变目标水位控制模式，不同用水需求变化下南水北调东线济平干渠段水力变化仿真结果显示，该算法较闸前常水位控制模式对渠首水库造成的调蓄压力更小，各无量纲性能指标整体较优。

滇中引水工程是解决滇中高原缺水、优化云南水资源配置的长距离输水工程[11]。该工程水源工程位于丽江市玉龙县石鼓镇，从金沙江大同无坝引水、由竹园村上站址一级地下泵站提水至总干渠渠首；输水工程自丽江石鼓渠首由北向南布设，途经丽江市、大理州、楚雄州、昆明市、玉溪市，终点为红河州新坡背。输水工程总长664. 24 km，其中，隧洞长611. 99 km，倒虹吸长42. 60 km，渡槽长3. 70 km，暗涵长4. 89 km，渠道消能建筑物长1. 06 km。工程多年平均引水量34. 03 亿 m^3。总干渠渠首设计流量135 m^3/s，渠末设计流量 20 m^3/s。由于渠首采用泵站提水，供水流量只能是单机流量（13. 5 m^3/s）的整数倍，且实际提水流量还受金沙江水位影响；而各分水口门供水计划可以是设计流

作者简介：陈栋格（1987—），男，高级工程师，主要从事调水工程管理工作。

量范围内任意值，因此入流难以完全响应下游需取水流量。本文提出一种改进蓄量控制技术，以滇中引水工程渠首至下庄节制闸段为研究对象，研究了在出入流不平衡条件下输水渠系的运行方式，利用长距离输水系统水动力模型，针对典型工况进行了模拟验证。

2 研究方法

2.1 水动力数学模型

长距离输水工程通常由节制闸分为一系列串联的输水渠段。受节制闸调控或分水口需水流量变化影响时，渠道水流状态为非恒定渐变流，其流动特性可采用一维 Saint-Venant 方程组描述：

$$\left.\begin{aligned}&\frac{\partial A}{\partial t}+\frac{\partial Q}{\partial x}+q=0\\&\frac{\partial Q}{\partial t}+\frac{2Q}{A}\frac{\partial Q}{\partial x}+Ag\frac{\partial Z}{\partial x}-\frac{Q^2}{A^2}\frac{\partial A}{\partial x}-q\left(\frac{Q}{A}-\nu_{qs}\right)+\frac{gQ|Q|}{AC^2R}=0\end{aligned}\right\}\tag{1}$$

式中：A 为过水断面面积，m^2；Q 为流量，m^3/s；q 为侧向入流流量，m^3/s；Z 为水位，m；ν_{qs} 为旁侧入流流速在水流方向的投影，m/s；g 为重力加速度，m/s^2；C 为谢才系数；R 为水力半径，m。

节制闸过闸流量根据相对开度的不同，分别采用孔流、堰流和过渡流公式计算，其中孔流、堰流过渡状态的流量采用线性插值得到：

$$\begin{cases}Q_c=\sigma\varepsilon mbe\sqrt{2gh} & e/h<0.6\\Q_c=\sigma\varepsilon mb\sqrt{2g}h^{1.5} & e/h\geqslant 0.7\\Q_c=Q_p+10(e/h-0.6)(Q_w-Q_p) & 0.6\leqslant e/h<0.7\end{cases}\tag{2}$$

式中：Q_c 为节制闸过闸流量，m^3/s；σ 为淹没系数；ε 为侧收缩系数；m 为流量系数；b 为闸门宽度，m；e 为闸门开度，m；h 为闸前水深，m；Q_p 为按照闸孔出流公式计算得到的过闸流量，m^3/s；Q_w 为按照堰流公式计算得到的过闸流量，m^3/s。

模型求解时，采用二重迭代的方式求解由渠段和节制闸构成的非线性耦合系统，即子渠段内采用 Saint-Venant 方程求解各水力要素，渠段间以节制闸过闸流量方程为边界条件进行耦合。其中，Saint-Venant 方程组采用 Pressimann 四点差分隐格式离散，选主元消去法迭代求解。

2.2 蓄量控制算法

输水系统各渠段闸前水位相同时，不同流量下渠段稳定状态的蓄量存在差异，如图 1 所示。同一输水流量下，渠段目标蓄量和闸前目标水位一一对应。在输水稳定状态下，渠段入渠水量和出渠水量、分水量、输水损失量处于平衡状态。因此，当需水流量发生变化时，若采用蓄量控制法，需要调整节制闸使渠段蓄量维持在目标蓄量附近。

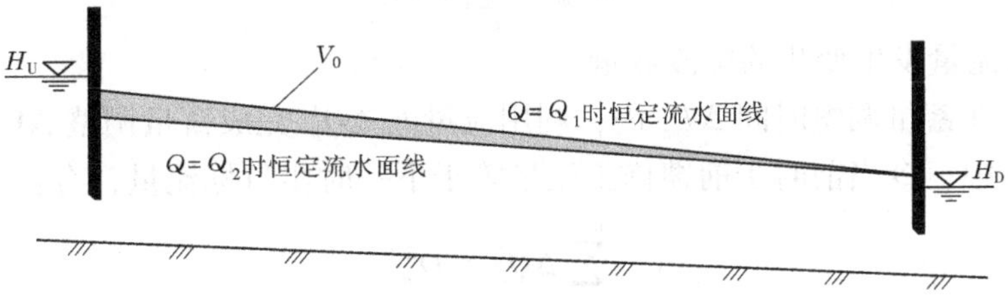

图 1 不同稳定输水流量下渠段蓄量变化示意

当渠段蓄量控制目标或节制闸水位控制目标确定后，可基于蓄量平衡基本原理，根据确定的蓄量目标计算节制闸流量调整的前馈过程。对于单个渠段，蓄量控制就是通过控制上游或下游节制闸，利用渠段入渠与出渠流量差实现对渠段充水或泄水。对于多渠段组成的输水渠隧系统，由上游向下游依次完成蓄量控制时，对任一节制闸的前馈流量计算，都应考虑下游所有分水口流量变化，对该节制闸下游所有渠段进行蓄量补偿。

多渠段耦合条件下蓄量补偿公式可以表示为：

$$\Delta Q_{1,\ m,\ i} = \sum_{k=m}^{n} \Delta V_{k,\ i} / \sum_{k=m}^{n} \Delta \tau_{k,\ i} \tag{3}$$

$$\Delta Q_{2,\ m,\ i} = \Delta q_i - \Delta Q_{1,\ m,\ i} \tag{4}$$

$$t_{1,\ m,\ i} = t_{\mathrm{d}i} - \sum_{k=m}^{n} \Delta \tau_{k,\ i} \tag{5}$$

$$t_{2,\ m,\ i} = t_{\mathrm{d}i} \tag{6}$$

式中：n 为需水改变的渠段编号；Δq_i 为需水流量变化，$\mathrm{m^3/s}$；$\Delta Q_{1,\ m,\ i}$ 为基于渠段 n 中的需水流量变化对渠段 m 进行的首次入流变化调节量，$\mathrm{m^3/s}$；$\Delta Q_{2,\ m,\ i}$ 为二次入流变化调节量，$\mathrm{m^3/s}$；$\Delta \tau_{k,\ i}$ 为渠段 k 响应需水流量变化所需要的时间，即前馈调整时间，s；$\Delta V_{k,\ i}$ 为需水流量变化引起的渠段 k 的蓄量变化量，$\mathrm{m^3}$；$t_{\mathrm{d}i}$ 为需水流量变化发生时刻，s；$t_{1,m,i}$ 为首次入流变化调节发生时刻，s；$t_{2,m,i}$ 为二次入流变化调节发生时刻，s。

前馈调整时间综合采用动力波和运动波理论计算得到：

$$\left.\begin{aligned} \Delta \tau_{k,\ i}^{\mathrm{DW}} &= \frac{L_k}{v_{k,\ i} + c_{k,\ i}} \\ \Delta \tau_{k,\ i}^{\mathrm{KW}} &= \frac{L_k}{\dfrac{1}{B_{k,\ i}} \dfrac{\mathrm{d}Q_{k,\ i}}{\mathrm{d}h_{k,\ i}}} \\ \Delta \tau_{k,\ i} &= (1-\varphi)\Delta \tau_{k,\ i}^{\mathrm{DW}} + \varphi \Delta \tau_{k,\ i}^{\mathrm{KW}} \end{aligned}\right\} \tag{7}$$

式中：下标 k 为第 k 个渠池；下标 i 为第 i 个时刻；$\Delta \tau_{k,i}^{\mathrm{DW}}$ 为动力波波速，m/s；$\Delta \tau_{k,i}^{\mathrm{KW}}$ 为运动波波速，m/s；L_k 为渠池长度，m；$v_{k,i}$ 为平均流速，m/s；$c_{k,i}$ 为平均波速，m/s；$B_{k,i}$ 为水面宽，m；$h_{k,i}$ 为水深，m；$Q_{k,i}$ 为流量，$\mathrm{m^3/s}$。

对于给定的分水口流量变化，利用式（3）~式（6），通过各个流量过程的叠加，可得到最终的节制闸过流过程。当有多个分水需求变化时，此方法计算量非常庞大，需要做出改进。

在两个供水计划时步内，节制闸需要对其下游所有渠段内所有分水口变化造成的蓄量变化进行前馈响应，即对于指定渠段上游节制闸而言，其在两个时步间需要调整的蓄量等于其下所有分水口的蓄量需调整量的代数和。假设某渠段在相邻时步内，响应其下游分水口流量需求变化而发生的蓄量变化量为 ΔV，则该渠段上游节制闸相邻时步内需要的蓄量调整量 ΔV_m 为：

$$\Delta V_m = \sum_{k=m}^{\max} \Delta V_k \tag{8}$$

式中：max 为分水口流量发生变化的渠段数量。

对任一节制闸，在蓄量调整时间 ΔT_m 内，利用流量差 ΔQ_m^1 完成蓄量调整 ΔV_m；在节制闸流量从下游向上游递推过程中，令当前时步前馈修正流量等于下一时步目标流量，有：

$$\sum_{k=m}^{\max} \Delta Q_m^1 = Q_m^2 \tag{9}$$

采用节制闸调整流量分配系数建立流量差与当前时步前馈修正流量的关系，则有：

$$\Delta Q_m^1 = \beta_m \sum_{k=m}^{\max} \Delta Q_m^1 \tag{10}$$

式中：m 为节制闸编号；β_m 为节制闸调整流量分配系数。

对于串联渠段，各节制闸的蓄量调整量必须满足其下所有分水口的蓄量调整要求，且蓄量调整要求同渠段蓄量成正比：

$$\beta_m = \sum_{k=m}^{\max} V_k / \sum_{k=0}^{\max} \sum_{k=m}^{\max} V_k \tag{11}$$

联立式（9）~式（11），可得节制闸蓄量调整时间为：

$$\Delta T_m = \frac{\Delta V_m}{\left(\sum_{k=m}^{\max} V_k / \sum_{k=0}^{\max} \sum_{k=m}^{\max} V_k\right) Q_m^2} \tag{12}$$

采用本文提出的改进蓄量动态控制算法后，蓄量调整量只受到下游分水口流量变化速度的影响，因此在分水口流量变化速度已知的情况下，节制闸蓄量调整时间可快捷地根据式（12）计算得到。

反馈控制采用基本的PI水位控制器，控制闸前水位稳定在目标水位附近。当水位偏离目标水位一定程度时，执行反馈操作，生成反馈开度变化：

$$\Delta e = K_p \max(D_i) + K_i \sum_{i=1}^{N} D_i \tag{13}$$

式中：K_p 为偏差系数；K_i 为积分系数；N 为一个控制时步（60 min）内监测点的监测数据数量，实时运行控制中水位监测设备一般5~30 min采集上报一次数据，本文中采用5 min读取一次监测数据，则 $N=12$；D_i 为水位监测值，m。

3 计算结果

3.1 研究工况条件

为分析改进蓄量动态控制算法在渠首流量阶跃变化的滇中引水工程中的应用效果，制定供水计划如图2（a）所示。供水计划的调整时步长为24 h，变化主要发生在北衙分水口（桩号89+506）、海

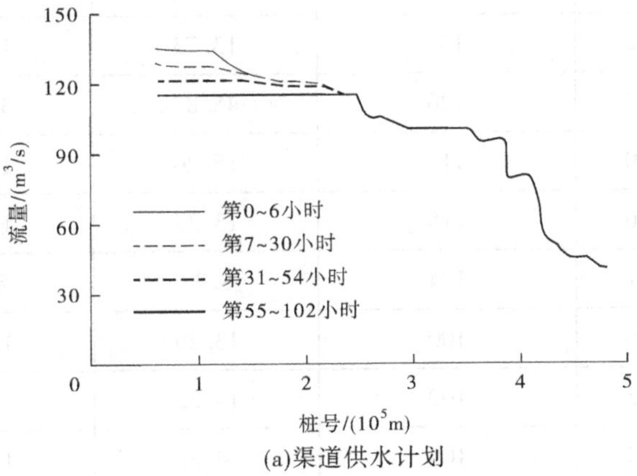

(a)渠道供水计划

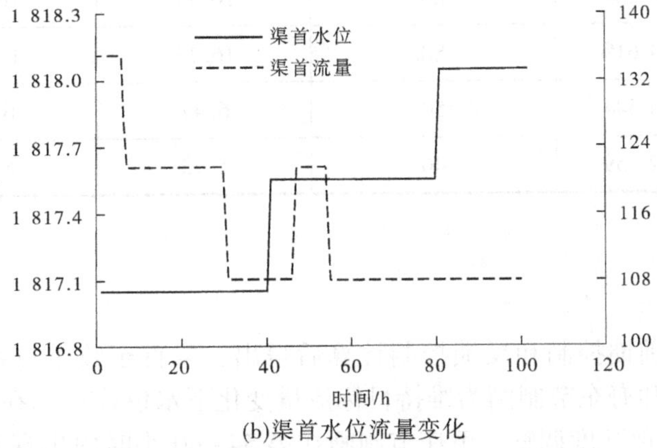

(b)渠首水位流量变化

图2 研究工况

东分水口（桩号 116+609）、甸头分水口（桩号 140+371）、麻栗园分水口（桩号 170+868）、下庄分水口（桩号 190+792）和万家分水口（桩号 237+306）。

根据供水计划和研究区域内各渠段可调蓄容积，确定闸首泵站开机计划：第 0~6 小时石鼓泵站开机 10 台，第 7~30 小时石鼓泵站开机 9 台，第 31~46 小时石鼓泵站开机 8 台，第 47~54 小时石鼓泵站开机 9 台，第 55 小时后石鼓泵站保持开机 8 台不变，由此确定入渠流量过程如图 2（b）所示。

研究假定闸首水位发生阶跃变化，渠末保持设计水位不变。各节制闸、泵站、分水口的操作时间间隔为 1 h，总模拟时长取 102 h。

3.2 渠段调蓄能力分析

滇中引水工程共设有 18 座节制闸，通过节制闸调节自身稳定蓄量，各渠段具备一定的应对出入流不平衡的能力。首先采用恒定流水面线计算程序，计算滇中引水工程不同输水流量下下河坝至牧羊村渠段在设计水位至闸前最低水位运行时的容积变化，结果如表 1 所示。渠段调蓄容积与渠段长度成正比，各渠段中下河坝渠段、海东渠段和下庄渠段的调蓄能力较大，在输水流量稳定时的调蓄容积变化区间分别为 15.52 万~17.12 万 m^3、13.73 万~16.65 万 m^3 和 31.00 万~45.87 万 m^3，因此这三个渠段可采用蓄量动态控制算法进行运行调度控制。下庄节制闸至牧羊村节制闸渠段采用下游水位区间运行，牧羊村以后各渠段因调蓄容积较小，为尽量保持渠池内蓄量及闸前水位稳定，采用闸前常水位运行。

表 1 滇中引水工程各渠段不同输水流量下的调蓄容积

名称	长度/m	设计流量/(m^3/s)	调蓄容积/万 m^3		
			设计流量	90%设计流量	80%设计流量
下河坝渠段	99 272	135	15.52	15.97	17.12
海东渠段	17 372	135	13.73	14.98	16.65
下庄渠段	78 544	120	45.87	34.01	31.00
万家渠段	42 130	115	15.26	16.07	17.71
凤屯渠段	22 776	115	13.38	14.08	15.37
伍庄村渠段	11 631	104	8.37	8.90	9.59
龙川江渠段	25 896	100	13.29	13.58	13.53
鲁支河渠段	40 445	100	14.32	14.55	15.13
观音山渠段	23 725	100	14.32	14.55	15.13
小鱼坝渠段	24 089	80	16.11	16.92	17.89
龙泉渠段	34 619	80	16.11	16.92	17.89
昆呈渠段	24 344	50	6.47	6.99	7.55
牧羊村渠段	32 259	40	5.73	6.47	6.89

3.3 控制效果分析

3.3.1 节制闸开度调整

各节制闸的指令通过前馈控制和反馈控制计算后得出，渠首至牧羊村各节制闸开度调整过程如图 3 所示。下河坝节制闸和海东节制闸为维持目标流量变化下水位稳定，在第 7~13 小时、第 30~36 小时和第 54~60 小时内出现开度调整，下庄节制闸在第 54~60 小时内出现开度调整，其余节制闸开度均保持不变，表明控制稳定性较好。

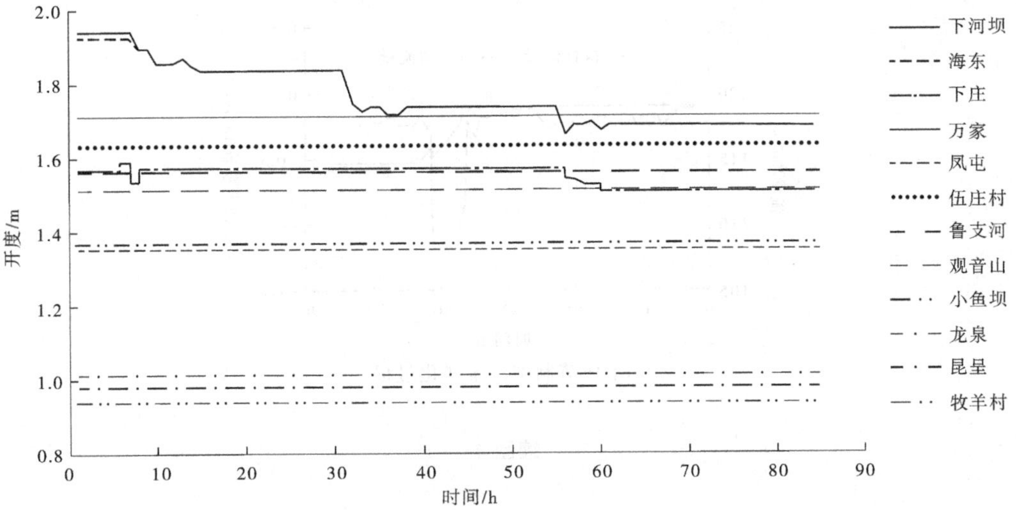

图 3　典型运行工况渠首至牧羊村各节制闸开度变化

3.3.2　节制闸流量变化

渠首至下庄节制闸渠段内各节制闸流量变化过程如图 4 所示。采用本文提出的改进蓄量动态控制算法后，渠首至下庄节制闸渠段内各节制闸均在第 80 小时附近达到目标流量，反馈调整量逐渐降低，实现充水或泄水控制目标。具体而言，下河坝节制闸和海东节制闸流量变化基本一致［见图 4（a）、（b）］，流量变化过程均与供水流量变化密切相关，这是因为分水流量发生变化的海东分水口、甸头分水口、麻栗园分水口均位于海东节制闸渠段内。下庄节制闸仅在第 3 个供水计划时步发生前进行流量调整［见图 4（c）］，这是由于下庄节制闸下游仅万家分水口在第 3 个供水计划时步发生流量变化，其余时刻均保持不变，导致下庄节制闸流量变化较小。牧羊村以下渠段各节制闸流量仅因水位波动所致的反馈调节而发生了微小变化。

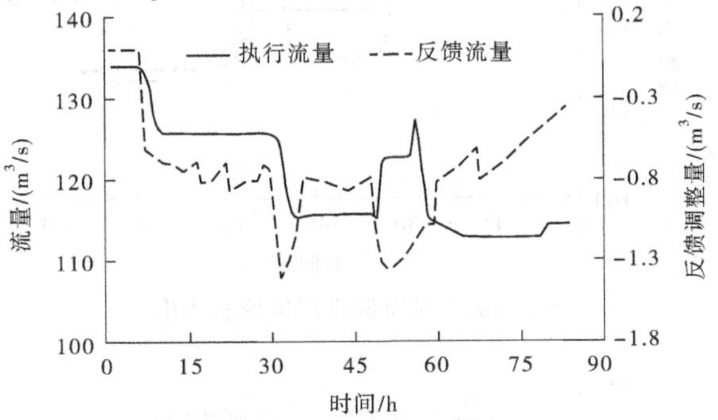

(a)下河坝节制闸流量变化过程

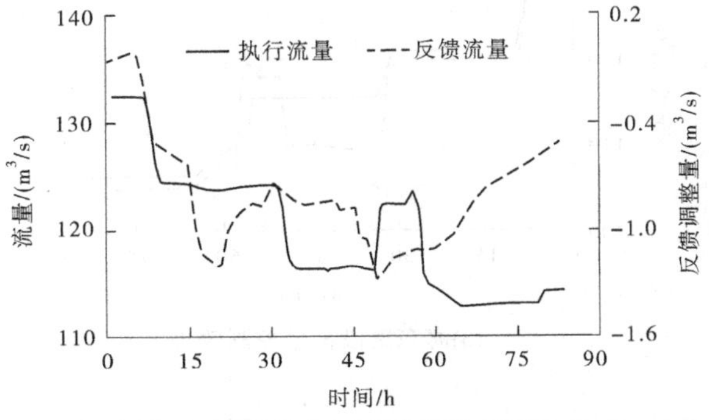

(b)海东节制闸流量变化过程

图 4　典型运行工况下河坝至下庄节制闸流量变化过程

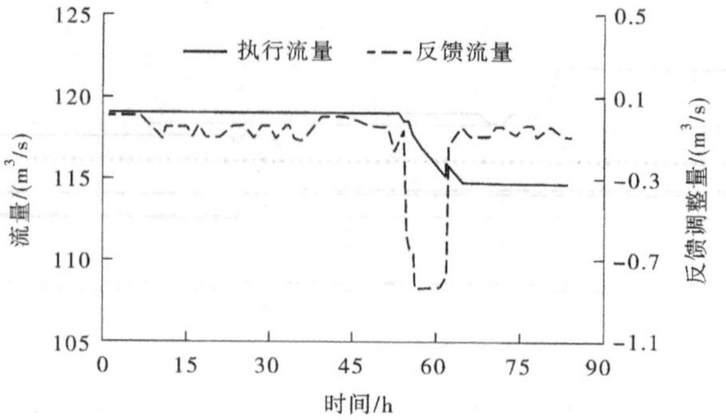

(c)下庄节制闸流量变化过程

续图 4

3.3.3　蓄量控制效果

下河坝节制闸、海东节制闸和下庄节制闸的前馈及平衡流量关系如图 5 所示。下河坝节制闸渠段通过 2 次合理充泄，降低了出入流不平衡对工程运行的影响，即第 7~10 小时和第 47~56 小时期间前馈流量大于平衡流量，为充水过程；其余时间前馈流量小于平衡流量，为泄水过程。海东节制闸渠段的充泄过程与下河坝节制闸渠段基本一致［见图 5（b）］，也存在 2 次充泄过程。由图 5 可以发现，海东节制闸第 56 个控制时步的前馈流量为 124.72 m^3/s，小于对应时刻下河坝节制闸的前馈流量 128.62 m^3/s，两者之差随时间的积分即为下河坝至海东节制闸渠段的蓄量变化。

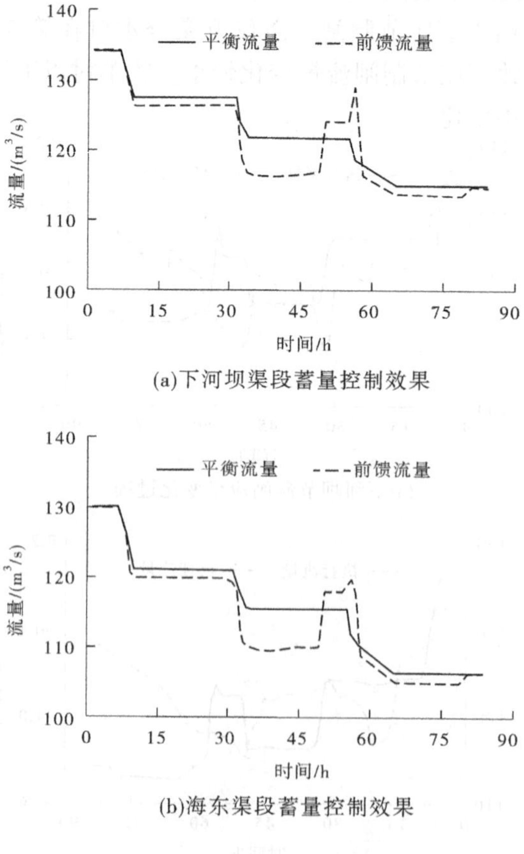

(a)下河坝渠段蓄量控制效果

(b)海东渠段蓄量控制效果

图 5　典型运行工况渠首至下庄三个渠段蓄量控制效果

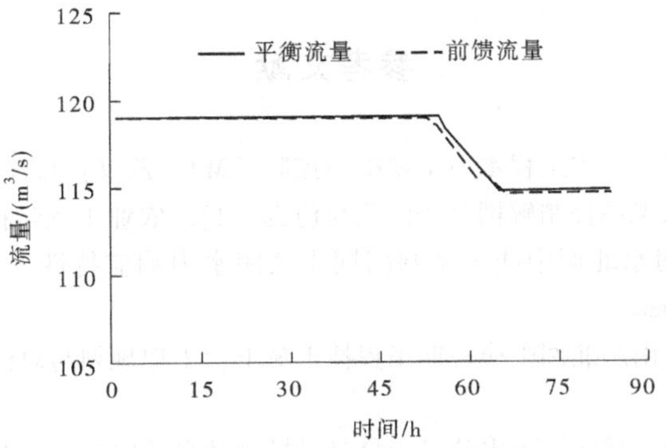

(c)下庄渠段蓄量控制效果

续图 5

下庄节制闸只在第54~60小时期间前馈流量小于平衡流量［见图5（c）］，这是因为该节制闸只需要根据万家分水口供水流量变化造成的蓄量变化进行调整。由于下庄节制闸下游渠段分水口流量无变化，因此下庄节制闸前馈流量与平衡流量之差随时间的积分等于该渠段的蓄量变化。

3.3.4　水位控制效果

计算工况下渠首至牧羊村渠段内各节制闸的水位控制效果如图6所示。虽然各节制闸在流量调整的过程中闸前水位发生变化，但变化幅度较小，并且在第76小时后趋近目标水位，水位控制效果较好。

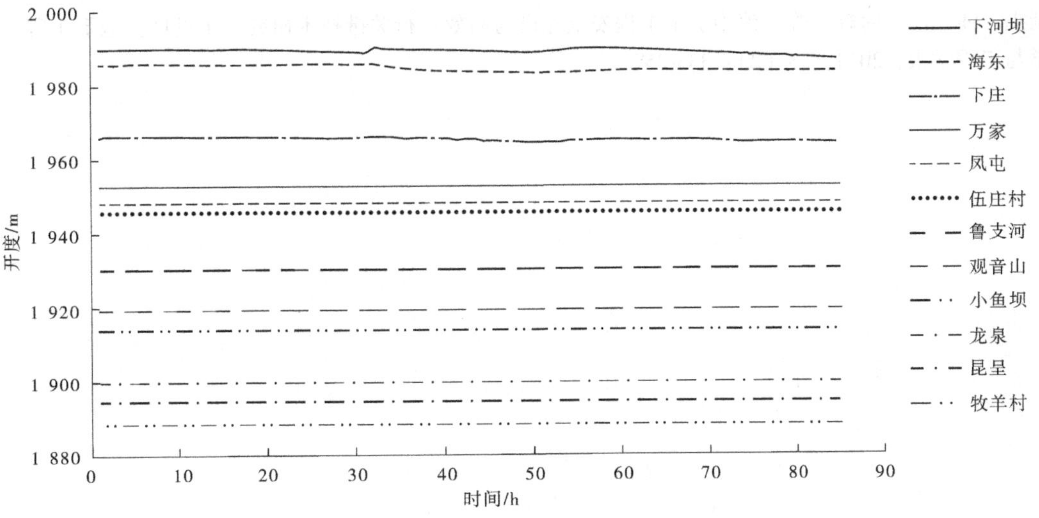

图6　典型运行工况下渠首至牧羊村各节制闸闸前水位变化过程

4　结语

（1）本文提出了改进的多渠段耦合条件下蓄量控制算法，该算法克服了已有蓄量控制算法当有两个或更多分水需求变化时，渠首闸初始流量调整时间计算量很大的缺点，较大地提高了计算效率。

（2）本文分析了滇中引水工程下河坝至牧羊村渠段的调蓄能力，渠首至下庄渠段设计流量、90%设计流量和80%设计流量下的调蓄容积分别为75.12万m^3、64.96万m^3和64.77万m^3，具备一定的调蓄能力，可采用蓄量动态控制算法对该渠段进行运行调度控制。

（3）利用水动力学模型，本文研究了蓄量动态控制改进算法在渠首流量非阶跃变化的滇中引水工程中的应用效果，模拟结果表明本文建立的算法可以实现滇中引水工程在出入流不平衡条件下的平稳调控。

参考文献

[1] 刘子慧，黄会勇，吴永妍，等．输水工程水力学模拟与控制［M］．武汉：长江出版社，2022.

[2] 管光华，刘王嘉仪．串联输水渠系控制解耦算法优化与仿真［J］．农业工程学报，2021，37（15）：68-77.

[3] 崔巍，王磊，穆祥鹏，等．南水北调中线干渠闸门同步关闭水力响应特性［J］．南水北调与水利科技（中英文），2023，21（5）：1013-1020.

[4] 钮新强，毛文耀，王磊，等．南水北调中线一期工程技术丛书：工程规划与总体设计［M］．北京：科学出版社，2024.

[5] 刘晋龙，王忠静，杨志刚，等．灌区输配水分段积分时滞模型及自适应预测控制方法［J］．水利学报，2023，54（2）：232-243.

[6] 张保航，张召，雷晓辉，等．基于水动力耦合的明渠调水工程节制闸安全调控［J］．南水北调与水利科技（中英文），2023，21（4）：821-832.

[7] 吴永妍，黄会勇，闫弈博，等．南水北调中线一期工程渠系运行方式研究［J］．人民长江，2018，49（13）：65-69.

[8] 管光华，廖文俊，毛中豪，等．大型输水渠系蓄量非叠加非充分补偿优化算法［J］．华中科技大学学报（自然科学报），2019，47（9）：60-66.

[9] 管光华，李慧滢，苏海旺，等．串联渠系多渠池蓄量平衡控制模拟研究［J］．灌溉排水学报，2021，40（2）：84-92.

[10] Wu Yongyan，Li Liqun，Liu Zihui，et al. Real-time control of the middle route of South-to-North Water Diversion Project［J］. Water，2021，13：97.

[11] 张延杰，浦仕江，周辉，等．滇中引水工程安全建设与高效运行关键技术研究若干进展：地下工程［J］．岩石力学与工程学报，2024，43（2）：333-357.

引黄入冀补淀工程渠首水价调整机制研究

杨　森　顾丽娜

（河南黄河河务局供水局，河南郑州　450003）

摘　要： 引黄入冀补淀工程为跨省区长距离调水工程，运行初期沿用黄河下游多数引黄供水工程的分类定价单一制水价，需要耗费巨量人力、物力界定用水性质。目前，采用的用水不分类单一定价也存在无法避免不均衡水量带来的供水风险。本文提出了两部制水价模式，对引黄入冀补淀工程水价形成和调整机制做出探索。

关键词： 引黄入冀补淀；调水；两部制水价

引黄入冀补淀工程渠村线路于2015年正式开工建设，从河南濮阳渠村闸引黄河水，利用濮清南干渠输水，穿卫河进入河北省，途经河南、河北6市26个县，最终到达位于雄安新区腹地的白洋淀。2017年11月16日引黄入冀补淀渠首工程通水验收，正式向河北供水以来，为沿线部分地区农业供水和向白洋淀实施生态补水，缓解沿线农业灌溉缺水及地下水超采状况，也为雄安新区生态水源提供保障。截至2023年底共计引水29.53亿m^3。工程经过6年多运行，在水量计算和水费计收上有了一定经验和探索，但如何建立更加合理和长效可行的水价调整机制以维护工程长期稳定良性运行，需持续深入研究。

1　渠首定价及存在问题

目前，黄河下游引黄供水工程实行单一制水价，政府定价后，按照用水性质分类计收。引黄入冀补淀渠首闸2017年通水以后，按照《国家发展改革委关于调整黄河下游引黄渠首工程和岳城水库供水价格的通知》（发改价格〔2013〕540号）收取渠首工程水费，分为农业和非农水两种计费标准。由于渠村引黄入冀补淀工程渠首闸是河南首家提供水质监测服务的引黄渠首，按照《水利工程供水定价成本监审办法》，渠首工程水价不含水质监测服务的费用。另外，由水利部牵头，引黄入冀补淀相关省水利厅、流域机构共同核定，渠首工程管理单位按水量收取工程水价，弥补工程运行维护费用投入。同时，渠首清淤及采取保持渠首供水能力其他措施所需费用另计。

但在2017年底至2019年8月将近2年的长距离跨距离调水实践中发现，引黄入冀补淀渠村线路输水线路长，沿线口门多，线路复杂。黄河水入河北境内以后，与岳城水库等上游水源共用渠道，无法界定黄河水实际去向，以用水性质定价的渠首工程水价难以执行。同时还有着多方协调管理机制不完善，实时沟通协商效率不高的问题，在维护供水秩序、保障输水安全、水量双方确认、水费结算等方面容易发生争议和矛盾。鉴于沟通协调的不及时和过程烦琐，渠首工程管理单位实际负担了渠首引渠清淤和口门开挖等费用。

2019年经与河北用水单位充分协商后，继续执行国家定价，但双方提前商定农业用水和非农业用水比例，由该比例推算单方水综合水价，据此计费。该方法暂时规避了按用水性质计费的难题，但一方面没有解决取水用途监管问题，另一方面仍属于单一制水价体系，无法体现用水量变化造成的成本变化，不能将成本信息传递给用水户，无法起到调节供需的作用。从工程运行角度考虑，在工程运

作者简介： 杨森（1979—），女，高级工程师，主要从事引黄供水工程管理、供水工程建设与管理、供水规划发展与研究工作。

行初期供水量远远达不到工程设计能力的情况下，水费收入较少，难以满足供水工程的正常维修养护和运行，造成工程失修，设备老化，无法稳定地发挥供水效益。从用水户角度考虑，在供水量较大的时段，用水户的水费负担较重。这种不均衡性不利于供水工程长期稳定地发挥供水效益。

2 水价构成

引黄入冀补淀渠首工程包括渠村引黄闸、引黄入冀补淀渠首闸、北金堤闸以及闸前引渠等建筑物，其均应作为测算对象。核定渠首工程水价成本应综合考虑工程建设成本、后期运行管理与维护费用、多泥沙河流特性、调水时段，并结合水资源供给状况等因素合理确定。供水成本包含固定资产折旧费、无形资产摊销费、运行维护费和纳入定价成本的相关税金[1]，其中与运行维护相关的工程类费用、人员类费用、直接费用是核定重点。

2.1 工程费用

2.1.1 大修费

作为新建工程，大修费按照供水经营者为事业单位的标定取费，即大修费=固定资产原值×费率，本工程大修费费率取 1.4%。由于引黄入冀补淀渠首闸建成后与渠村引黄闸联合调度，北金堤闸专为引黄入冀补淀工程建设，且不与当地分摊工程资产比例。三闸大修费均应计列。正式运行满 5 年，重新核定供水成本时，大修费应按照剔除不合理因素后的监审期间平均值核定。

2.1.2 日常运行维护费

根据《水利工程维修养护定额标准》中水闸工程计算基准表，确定工程等别。测算单价依据《河南黄河水闸工程维修养护实施方案单价测算报告》，测算范围覆盖工程管理范围内所有必要支出。运行维护费中还包括渠首水质自动监测运行维护费用以及水质检测必要的试剂和送检开支等。水闸安全鉴定、安全检测、水文水工观测、安全生产费用、劳动保护费、生产用车使用费、委托业务费、水文水工观测费应充分考虑并计入成本。

2.2 人员类费用

以黄河水利委员会现行管理体制，水闸管理人员执行事业单位工资标准。但因北金堤现有水管单位，在 2006 年水管体制改革后只有防汛和堤防工程管理职能，目前无法因新增管理职能和人员获得国家财政拨款。工资、福利、保险费、日常公用经费和节假日值班费等应列入输水工程水费。

根据《水利工程管理单位定岗标准（试点）》，北金堤闸的闸孔口面积 52.8 m^2，设计流量 92.94 m^3/s，管理单位岗位定员级别为 5 级水闸。根据公式“$Z=G+S+F$”，测算北金堤闸至少应配备 10 名管理人员。渠村引黄闸编制 44 人，引黄入冀补淀渠首闸建成后，渠首段的建筑物管理由原编制人员负责，不再增减人员。引黄入冀补淀工程运用时段也由冬 4 月改为常年供水，人员费用应按河南、河北两省水量指标比例分摊列入输水工程水费。

2.3 直接费用

2.3.1 渠首保供费用

考虑黄河特殊水沙条件，为维持闸门过水能力，必须在每年春季濮阳地区引水之前对渠村老闸和渠村新闸闸前渠道清淤一次，每年冬季河北省引水之前对渠村老闸和渠村新闸闸前渠道清淤一次。泥沙开挖、处理成本，沉沙弃土区土地沙化处理费和生态补偿费应考虑在内。另外，还应考虑发生应急保供可能产生的架设临时泵站、取水口拉沙冲淤等发生费用。

2.3.2 破冰除冰费用

濮阳为流凌河段，冬季若不采取措施将会产生冰坝，堵塞妨碍引水，无法保证闸门过流能力。考虑在渠村老闸和渠村新闸的闸前引渠和临近大河段雇用船只和人员，以扰动避免大河取水口形成冰坝或渠道冰封。在渠村老闸、渠村新闸、渠村新闸防沙闸前，为防止闸门活动部分与埋固部分被冰冻结在一起，以及防止冰团、冰凌、冰珠和冰块堵塞闸门，采用小型潜水泵在闸门宽度方向平行布设，以射流扰动防冰融冰。北金堤闸初设已有金属结构防冰冻措施，按其投资取运行维护费用。

2.3.3 防汛费

在引黄入冀补淀项目建设审批阶段，上级并未批复北金堤闸防汛专项费用的资金来源，北金堤闸应按照《防汛业务经费定额标准》，测算防汛物资购置与管护费、防汛调度费用、防汛专项费用、防汛组织费用和防汛设施设备运行维护费。

3 水价形成机制

受气候变化影响，近几年引黄入冀补淀工程沿线夏秋季降水量偏多，暴雨过程频繁，农业需求压减。降水对天然河道和地下水补给作用较为明显，生态需水量减少。入冀每年引黄水量不足高峰期的1/2，引水指标没有充分利用。水量减少使供水收入不能完全弥补支出成本，单一制水价缺乏灵活性、无法均衡供水量变化的弊端显现。加上引黄入冀补淀工程投资规模大、输水距离长、供水地域广、管理环节层次多，更适配能够兼顾区域差异，科学归集和分摊不同功能类型和供水类别的成本，留出校核调整空间，确保工程良性合理运行。

3.1 两部制水价

参考南水北调中线工程、引江济淮工程安徽段实践经验，在引黄入冀补淀工程推行基于两部制水价理论[2]，通过分摊用水成本，构建工程水价、计量水价相结合的水价成本模型更为相宜。工程水价用于补偿供水过程产生的固定成本，计量水价按实际用水量计量，用于补偿生产过程中应急工程措施、动力费等可变成本及部分固定成本[3]。

实行两部制水价，核心问题是确定基本水费和基本水量。基本水费与供水成本相关，在基本水费确定的条件下确定基本水量，以水价、水量、水费关系确定基本水价。基本水量的高低关系到供水单位的经营风险，基本水量过大时，若实供水量不及预期，由于基本水价低于单一定价，工程运行难以维系，基本水量选择过小则造成基本水价太高，倒逼用户寻求其他水源或压缩需求。引黄入冀补淀工程受水区水源有海河流域诸多水库和黄河多处供水口门，统筹考虑用户承受能力，确定合适的基本水量是工程水价定价的关键。

3.2 基本水量

基本水量的确定方法有全年用水定额法、特殊枯水年最小可调水量法、丰水年用水户最小需水量法、财务盈亏平衡点法、图解与试算结合法等[4]。引黄入冀补淀工程在达产过程中，2017 年和 2018 年引水量为 5 000 万 m^3，不达设计供水量的 60%。自 2019 年起，引黄入冀补淀工程助力河北省地下水超采综合治理，由冬 4 月供水变为“常年供，供常年”。工程用水需求已发生重大变化，供水量远超设计量的 60%。通过分析风险程度，宜用全年用水定额法测算，以国家发展和改革委员会批复的全年 6.2 亿 m^3 引水指标为基本水量。

4 调整机制展望

引黄入冀补淀工程是国务院确定的国家 172 项节水供水重大水利工程之一，是缓解冀东南地区农业灌溉和生态环境用水严重短缺的基础工程，是维持白洋淀生态环境的民生工程，是保障国家粮食安全、协调区域经济发展、缓解水资源供需矛盾的战略性工程。工程通水 5 年多以来，已经为工程沿线农业灌溉、华北地下水补偿以及白洋淀地区生态环境恢复发挥了举足轻重的作用。为保障工程的良性运行，合理制定和调整水价将发挥政策指导以外的主导作用。目前，引黄入冀补淀工程运行初期供水价格较低，度过平稳运行期，在下一个调价窗口到来之际，调整供水价格构成方式，规避供水风险的同时发挥价格杠杆作用，有利于工程持续健康稳定运行，充分发挥供水效益。

本文仅深入讨论了引黄入冀补淀渠首闸的基本供水单价测算，未将水价层级延伸至终端，也未充分调研论证受水区用水户的水价承受能力，该项工作仍有进一步深入的空间和必要，抓住基本水量变化将是这一调整机制的关键。在综合考虑黄河流域水资源的稀缺性和引黄入冀补淀工程的社会效益、生态效益基础上，结合农业用水价格现阶段仍处于改革关键期的特殊性，更加合理的供水价格将起到经济杠杆作用，在一定程度上弥补农业供水收益无法满足工程运行维护的部分。只此才能保障工程长期平稳运行，持续发挥供水效益，促进水资源合理高效利用，为造福沿线群众、改善区域环境、助力雄安新区建设做出新的、更大的贡献。

参考文献

[1] 马聪聪，丁丽萍．水利工程供水定价成本监审问题研究［J］．合作经济与科技，2024（13）：116-118.

[2] 穆东雪，李克勋．跨流域调水工程两部制水价研究［J］．水资源与水工程学报，2011，22（6）：87-90.

[3] 乔舒悦．农村供水工程两部制水价研究与应用［D］．北京：中国水利水电科学研究院，2020.

[4] 李臻．重大调水工程基于两部制水价的贷款能力测算分析：以引江济淮工程安徽段为例［J］．水利规划与设计，2017（7）：152-155.

基于经验公式的软岩坝基混凝土重力坝适宜性研究

王占军[1,2,3]　朱祖国[1,2]

（1. 长江勘测规划设计研究有限责任公司，湖北武汉　430010；
2. 国家大坝安全工程技术研究中心，湖北武汉　430010；
3. 水资源工程与调度全国重点实验室，湖北武汉　430072）

摘　要：软岩特殊力学特性给软岩坝基混凝土重力坝安全带来挑战，其修建混凝土重力坝适宜性尚缺乏定量研究。针对坝基抗滑稳定、坝基岩体变形和坝基承载力特性3个影响重力坝安全的主要因素，基于重力坝实例工程资料分析，利用统计分析方法建立了坝基岩体参数的最大可能坝高经验公式，并应用于实例工程进行验证。结果表明，建立的基于坝基岩体剪切参数的最大坝高经验公式 $H = 122\tan\psi^{0.57}$、基于坝基岩体抗压强度参数的最大坝高经验公式 $H = 48R^{0.33}$ 是合适的，便于规划阶段定量分析软岩坝基混凝土重力坝适宜性。

关键词：软岩坝基；重力坝；工程实例；坝高；经验公式

1　引言

混凝土重力坝是国家水网水源工程和水电工程广泛采用的重要坝型之一，目前中国220余座已建高坝中采用重力坝坝型的达75座[1]。混凝土重力坝主要依靠自重在坝基面产生的摩擦力以及坝体与坝基间的凝聚力来抵抗水荷载以维持稳定，坝基岩体性能对工程安全性起决定性作用，其能否满足工程安全要求，关键在于其变形模量和强度参数能否保证建筑物稳定和变形要求[2-3]。随着我国水利水电工程开发程度不断提高，具有较好坝基岩石基础条件的工程越来越少，我国西北、四川盆地、湖北和广西等广泛分布第三系红层软岩，较多重力坝将不可避免修建在软岩岩基上[3-5]。目前，软岩坝基上修筑高混凝土重力坝的工程实践较少[3-5]，周华等[3]统计了国内19座典型的软岩坝基混凝土重力坝（闸坝）工程，在软岩坝基上修筑的混凝土重力坝坝高普遍较低，尚无100 m级高坝工程实例。

软岩因具有抗压强度低、变形模量低及承载能力低等特殊工程性质，在软岩坝基上修筑混凝土重力坝，可能出现坝体不均匀变形过大，沿软弱夹层滑动，导致坝体失稳和坝体破坏[3]。因此，需重视软岩坝基修筑混凝土坝的适宜性，否则可能导致施工中更改设计方案或增加大坝运行安全风险。如柏岭寺水库建设中因揭露的坝基岩体为软岩，在施工详图阶段对重力坝体型进行了必要的变更[5]；纪村重力坝坝基为黏土质粉砂岩（内富含蒙脱石），运行不久即出现坝基岩层泥化、软化现象，致使7号坝段坝基摩擦系数由0.4降至0.31，威胁大坝抗滑稳定[6]。国内一些学者围绕软岩坝基修筑混凝土重力坝的可行性开展了研究，如余侃柱[7]采用定性评价与定量相结合方法优选川中红层地区龙象寺混凝土重力坝建基面，巩绪威等[8]通过加大坝体断面形式和采用三维有限元分析等论证在强震区软岩坝基上修建90 m高重力坝可行性，宋海印[9]通过重力坝稳定和应力计算以及典型断面设计等研究在软岩坝基上修建重力坝。上述研究均是对具体工程计算分析软岩坝基筑重力坝的可行性，缺乏软岩坝基混凝土重力坝适宜性定量研究。

基金项目：长江勘测规划设计研究有限责任公司自主创新项目（CX2020Z47，CX2022Z36）。
作者简介：王占军（1986—），男，高级工程师，主要从事大坝设计与安全保障技术研究工作。

本文在分析软岩坝基主要工程地质问题的基础上，基于重力坝实例工程资料分析，采用统计分析方法建立基于坝基岩体参数的最大可能坝高经验公式，并结合工程实例分析验证经验公式的实用性。研究成果可用于规划阶段初步分析软岩坝基筑重力坝的适宜性，也可初步选择其建基面，为评价软岩坝基混凝土重力坝适宜性提供定量化依据。

2 基于坝基岩体参数的最大可能坝高经验公式

周华等[3] 基于收集的软岩坝基工程实例和软岩力学特性，分析了软岩坝基主要工程地质问题，主要为坝基抗滑稳定、坝基承载力、坝基岩体变形控制。因此，本文重点从坝基抗滑稳定、坝基岩体变形和坝基承载力 3 个方面分析软岩坝基筑混凝土重力坝的适宜性。坝基抗滑稳定、坝基岩体变形和坝基承载力特性往往通过坝基岩体力学参数反映，通过收集已建工程坝基岩体力学参数和坝高等相关资料，建立相关关系式，使得软岩坝基混凝土重力坝适宜性评价定量化。

2.1 基于坝基岩体剪切参数的最大可能坝高经验公式

抗滑稳定决定了软岩坝基上筑混凝土重力坝的适宜性，即决定了能否构筑混凝土重力坝，构筑多高的混凝土重力坝。与重力坝坝基抗滑稳定相关的岩体抗剪力学指标主要是混凝土与坝基岩体接触带的抗剪强度以及软岩坝基岩体中分布的各类软弱夹层的抗剪强度。因此，可认为混凝土重力坝坝高与坝基岩体剪切参数有关。

岩体剪切参数常用抗剪断参数表示，即摩擦系数 f' 和黏聚力 c'，为统一表示抗剪断参数，本文构建了反映坝基岩体剪切特性的综合参数：

$$\tan\psi = \tau/\sigma = f' + c'/\sigma \tag{1}$$

式中：τ 为剪应力；σ 为接触面正应力，$\sigma = \gamma_w H$，γ_w 为水的容重，H 为坝高。

为有利于公式方便使用，不需反复试算才能得出最大坝高经验值，为此设定 σ 为 1 MPa。

本文收集了 60 座混凝土坝（闸坝）坝基岩体剪切参数，其坝高范围为 20~192 m，其中软岩坝基有 18 座，硬岩坝基 42 座，见图 1。关于工程实例选取，本文收集了尽可能多的软岩坝基上的混凝土重力坝资料，但鉴于软岩坝基混凝土重力坝工程实例较少，建立统计公式样本较少，本文同时收集了典型硬岩坝基岩体上不同坝高的混凝土重力坝资料，如武都、向家坝、三峡和龙滩等工程。

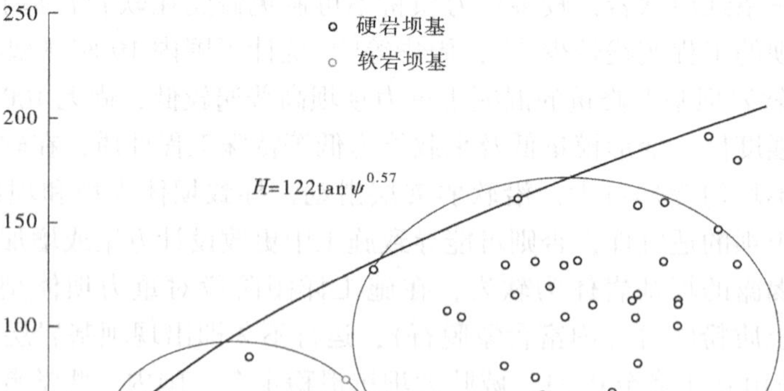

图 1 坝基岩体剪切参数与坝高关系

整理分析了 60 座混凝土坝（闸坝）坝基岩体剪切参数与坝高的关系，如图 1 所示，考虑到这些大坝均未出现坝基抗滑稳定失效的事实，为安全起见，建议将这些实例工程资料的上包线作为坝基岩体筑混凝土重力坝最大可能坝高的经验公式，见式（2）。由式（2）可以计算得出各坝高（如 50 m、

75 m、100 m 和 125 m）混凝土重力坝所需坝基岩体剪切参数，同理也可由坝基岩体剪切参数得出所能构筑的最大坝高。

$$H = 122\tan\psi^{0.57} \tag{2}$$

2.2 基于坝基岩体变形参数的最大可能坝高经验公式

坝基岩体变形模量值主要取决于岩体本身特性，包括岩体的坚固性、裂隙产状与发育程度及风化程度等。坝基岩体变形模量决定了坝基变形特征，也决定了坝体稳定性。因此，可认为岩体变形模量影响软岩坝基上筑混凝土坝的适宜性，即决定了能否构筑混凝土坝，构筑多高的混凝土坝。本文整理分析了 55 座混凝土坝（闸坝）坝基岩体变形模量值与坝高的关系（其中软岩坝基 16 座），如图 2 所示。

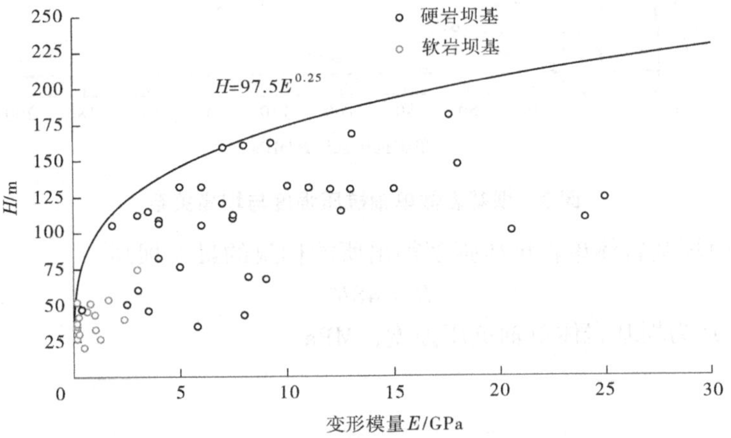

图 2　坝基岩体变形模量与坝高关系

考虑到这些大坝均未出现坝基变形稳定失效的事实，为安全起见，建议将这些实例工程资料的上包线作为坝基岩体筑混凝土重力坝变形稳定控制标准，见式（3）。由式（3）可以计算得出各坝高混凝土重力坝所需坝基岩体变形模量值，同理也可由坝基岩体变形模量得出所能构筑的最大坝高。

$$H = 97.5E^{0.25} \tag{3}$$

式中：H 为坝高，m；E 为坝基岩体变形模量，GPa。

2.3 基于坝基岩体抗压强度参数的最大可能坝高经验公式

坝基岩体允许承载力一般根据岩石饱和单轴抗压强度，结合岩体结构、裂隙发育程度及岩体完整性等综合确定[10-11]。根据《水利水电工程地质勘察规范》（2022 年版）（GB 50487—2008），软岩的允许承载力采用载荷试验极限承载力的 1 /3 与比例极限二者之小者作为标准值，无载荷试验时，取岩石单轴饱和抗压强度试验值的 1/10～1/5 作为承载力标准值；中硬岩取岩石饱和抗压强度的 1/20～1/10 作为承载力标准值；硬岩取岩石饱和抗压强度的 1/25～1/20 作为承载力标准值。考虑到岩石饱和单轴抗压强度是常用地基承载力取值方法[10-11]，且试验较容易，工程实例也较易收集到该数据，因此本文采用岩石饱和抗压强度间接反映坝基承载力。但软岩简单地采用室内饱和抗压强度取值不合理，弱化后的抗压强度不能代表地基岩石的真实赋存环境和力学环境，因此对软岩承载力评价时应用天然状态强度代替室内饱和状态强度的理念选取合理的参数。因此，本文对硬岩采用岩体饱和抗压强度作为坝基岩体抗压强度参数，对软岩采用天然状态下岩体抗压强度作为坝基岩体抗压强度参数。

本文收集了 52 座混凝土坝（闸坝）坝基岩体抗压强度，其中软岩坝基 17 座，硬岩坝基 35 座，整理分析了 52 座混凝土坝（闸坝）坝基岩体抗压强度与坝高的关系，如图 3 所示。

考虑到这些大坝均未出现坝基因承载力不足而失效的事实，为安全起见，建议将这些实例工程资料的上包线作为坝基岩体筑混凝土重力坝承载力满足与否的标准，采用实例工程资料的上包线作为最大可能坝高的经验公式，见式（4）。由式（4）可以计算得出各坝高混凝土重力坝所需坝基岩体单轴

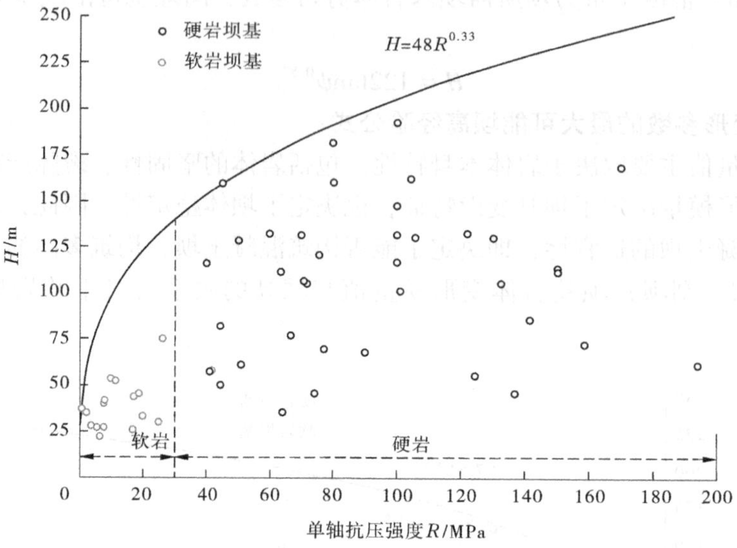

图 3　坝基岩体单轴抗压强度与坝高关系

抗压强度，同理也可由坝基岩体单轴抗压强度得出所能构筑的最大坝高。

$$H = 48R^{0.33} \tag{4}$$

式中：H 为坝高，m；R 为坝基岩体单轴抗压强度，MPa。

3　工程实例验证

为验证上文建立的经验公式的正确性与适用性，以陕西 BLS 水库重力坝和四川 TZK 重力坝（红层地区已建最大坝高）为例进行验证。

3.1　陕西 BLS 水库重力坝

BLS 水库大坝为碾压混凝土重力坝，最大坝高 38.5 m。坝基持力层为深厚砂岩，砂岩抗剪断参数 f' 和 c' 分别为 0.65 和 0.3 MPa，变形模量 E 为 2 GPa，单轴饱和抗压强度为 3.7 MPa，干燥抗压强度 14.7 MPa[5]。

根据坝基岩体剪切参数，由式（2）计算可得到 $H=118$ m，即从抗滑稳定角度可知该坝基可筑混凝土重力坝最大坝高为 118 m。

根据坝基岩体变形模量值，由式（3）计算可得到 $H=116$ m，即从坝基岩体变形角度可知该坝基可筑混凝土重力坝最大坝高为 116 m。

根据坝基岩体单轴抗压强度值，由式（4）计算可得到 $H=116$ m，即从坝基岩体承载力角度可知该坝基可筑混凝土重力坝最大坝高为 116 m。

该水库重力坝设计最大坝高为 38.5 m，均小于上述值，综合运用本文建立的经验公式可以初步定量分析软岩坝基上该混凝土重力坝适宜性。

3.2　四川 TZK 重力坝

四川 TZK 重力坝是红层地区已建最高大坝，工程对坝基软弱夹层采取抗滑键后，控制坝基稳定性的岩体为砂质黏土岩 k_{1c}^{2-2}，其抗剪断参数 f' 和 c' 分别为 0.65 和 0.35 MPa，变形模量 E 为 2 GPa，单轴饱和抗压强度为 10 MPa，天然抗压强度为 15 MPa。

根据坝基岩体剪切参数，由式（2）计算可得到 $H=122$ m，即从抗滑稳定角度可知该坝基可筑混凝土重力坝最大坝高为 122 m。

根据坝基岩体变形模量值，由式（3）计算可得到 $H=116$ m，即从坝基岩体变形角度可知该坝基可筑混凝土重力坝最大坝高为 116 m。

根据坝基岩体单轴抗压强度值，由式（4）计算可得到 $H=117$ m，即从坝基岩体承载力角度可知该坝基可筑混凝土重力坝最大坝高为 117 m。

该重力坝实际最大坝高为 116 m，均小于或等于上述经验公式得到的坝高值，所以综合运用本文建立的经验公式可以初步定量分析软岩坝基上该混凝土重力坝适宜性。

4 结语

（1）根据收集的 60 座混凝土坝（闸坝）（坝高为 20～192 m，其中软岩坝基 18 座）坝基岩体剪切参数，建立了基于坝基岩体剪切参数的最大坝高经验公式 $H = 122\tan\psi^{0.57}$。

（2）根据收集的 55 座混凝土坝（闸坝）（其中软岩坝基 16 座）坝基岩体变形模量，建立了基于坝基岩体变形参数的最大坝高经验公式 $H = 97.5E^{0.25}$。

（3）根据收集的 52 座混凝土坝（闸坝）（其中软岩坝基 17 座）坝基岩体单轴抗压强度，建立了基于坝基岩体抗压强度参数的最大坝高经验公式 $H = 48R^{0.33}$。

需要说明的是，决定坝高因素众多，除坝基岩体工程特性外，还有规划（防洪、水能等）、经济和两岸地形等因素。工程实例样本数量也决定了本文建立的最大可能坝高经验公式的准确性和可靠性，今后需继续增加实例工程资料，以验证和完善经验公式。同时，还需在软岩坝基重力坝安全破坏机制和数值计算方面进一步完善建坝适宜性研究。

参考文献

[1] 吴茂林，何卫平，姚惠芹，等．国内 100 m 以上重力坝地基弹性参数与波速分析［J］．人民珠江，2024，45（1）：95-102，130.

[2] 周伟，常晓林．高混凝土重力坝复杂坝基稳定安全度及极限承载能力研究［J］．岩土力学，2006，17（增刊）：161-165.

[3] 周华，王占军，杜威，等．软岩坝基筑混凝土重力坝关键问题分析［J］．水利规划与设计，2021（3）：105-110.

[4] 张磊．软基重力坝设计中的技术问题与方案选择［J］．水资源与水工程学报，2011，22（1）：159-162.

[5] 薛晓鹏，王维维，郑柯君．软基岩层上的混凝土重力坝设计及基础处理［J］．水利与建筑工程学报，2015，13（3）：140-144.

[6] 邢林生．纪村混凝土坝基红层的恶化及其原因分析［J］．水利学报，1996（9）：38-44.

[7] 余倪柱．川中红层地区混凝土重力坝建基面选择研究［J］．人民长江，2020，51（11）：146-152.

[8] 巩绪威，张芳勇，华鹏飞．强震区软岩坝基上重力坝的可行性研究与设计［J］．水电站设计，2018，34（2）：15-19.

[9] 宋海印．关于在软岩地基上修建重力坝的探讨［J］．河南水利与南水北调，2011（18）：60-62.

[10] 余波．水电水利工程地质参数取值问题的几点讨论［J］．水利水电技术，2013，44（8）：40-46.

[11] 王贵军，李文雅．岩石地基承载力取值原则探讨［J］．人民长江，2016，47（18）：61-64.

200 m 级深大竖井一次成井技术在东庄工程应用研究

杨俊峰[1]　吴晓飞[2]　段秦生[2]

（1. 黄河古贤水利枢纽有限公司，河南郑州　450003；
2. 中国水电基础局有限公司，天津　301700）

摘　要：东庄水利枢纽工程左右岸通风竖井施工在坝顶隧洞内进行，井深 210.14~214.45 m，工作场地狭小，且竖井部位围岩为硬质灰岩，单轴饱和抗压强度 R_c>80 MPa，极不易破碎。为解决上述问题，提高施工效率，经方案比选，采用反井钻机一次成井技术。通过对扩孔钻头上刀盘、滚刀、镶齿结构的合理化研究与设计，研制出一种适用于灰岩地层反井钻机扩孔钻头，平均破岩效率可达到 18 m/d。同时，采取灌注水泥浆、配置稳定钻杆等孔斜精度控制措施，使左右岸竖井导孔偏斜率分别为 0.069%和 0.076%，远小于规范要求 1%，实现了通风竖井的高效、高质量施工，可为类似水利水电工程提供借鉴。

关键词：深大竖井；一次成井；钻头研制；孔斜控制

1　引言

随着国家大型水利水电设施建设蓬勃发展，特长隧洞不断涌现[1]。通风竖井作为隧洞重要配套工程之一，采用分段式纵向立体通风方式，对隧洞建设期和运营期的通风排烟、灾害救援等起着重要作用[2]。传统“全断面正井法”或“导井+钻爆扩挖法”对岩石爆破成井会产生超欠挖和井壁松动等问题，施工人员在井内会面临空气质量差、吊桶坠落和涌水塌方等地质缺陷风险，并且开挖和初期/永久支护交替进行的施工程序导致施工效率低下[3]。近年来，随着机械化程度的提高，反井钻机逐渐兴起与应用，因其施工速度快、精度高的特点使得反井钻机一次成井技术施工隧洞深竖井工程成为可能。综合隧洞竖井围岩工程地质条件，为提高竖井施工效率，减少因爆破出渣造成的环境问题，进一步探索和研究高深度、大直径通风竖井一次成井关键技术显得尤为重要和必要[4]。

东庄水利枢纽工程是水利部列入“十二五”规划的陕西最大单体水利工程，是国务院确定的 172 项节水供水重大水利工程，坝址位于泾河干流最后一个峡谷段出口（张家山水文站）以上 29 km，水库总库容 32.76 亿 m^3。其中，库坝区防渗工程主要施工内容为隧洞开挖、衬砌及灌浆。大坝左、右岸 5 层灌浆廊道自上而下依次对应高程为：804 m、751 m、685 m、640 m、592 m。通风竖井分为左岸竖井及右岸竖井，左岸通风竖井井深 210.14 m，开挖标准断面尺寸 3.5 m；右岸通风竖井井深 214.45 m，开挖标准断面尺寸 3.5 m。竖井施工地质条件复杂多样，岩体裂隙极为发育，局部有泥岩夹层，具有工作场地狭小、安全风险大、施工难度大等特点。考虑工程坝体左右两岸施工支洞已全线贯通，竖井井位段的灌浆平洞也已施作完成，具备采用反井法施工的基本条件。为此，从施工精度、质量、安全、进度等多方面分析对比导井+人工钻爆施工方案与反井钻机一次成井方案（见表 1）。

作者简介：杨俊峰（1973—），男，高级工程师，主要从事水利水电工程研究工作。

表 1　方案比选

项目	导井+人工钻爆法	反井钻机一次成井法
施工精度	先导孔施工阶段通过使用稳定钻杆控制先导孔精度，后期钻爆施工时进行纠偏	先导孔施工时使用定向钻杆或稳定钻杆，实时电子仪器控制及信息反馈
施工质量	溜渣井扩挖人工手风钻钻孔、装药爆破质量控制精度不够，溜渣井成型质量很差，井壁凸凹不平，井身断面尺寸大小不一	井壁成型光滑无破损，无须二次开挖或加强支护，井身断面尺寸均匀一致
施工安全	作业人员进入井内完成爆破开挖及支护作业，安全风险大；通风散烟条件差；落石风险大；通信网络信号差；救援难度大	施工人员不进入井内作业，无须爆破开挖
地质风险	开挖时导井直径为 1.4 m，扩挖至设计断面时可以及时采取支护措施。但扩挖爆破对竖井围岩的破坏较大	存在地质风险，遇到特殊地质情况在导孔形成过程中提前预处理；全断面反扩时可以采用放慢反扩速度的方法通过
施工进度	采用人工爆破开挖，施工工期较长	减少了由人工从 ϕ1.4 m 导井扩挖至 ϕ3.5 m 溜渣井的工序，施工效率明显提升
可行性	国内和世界上通用的施工方法	国内水电行业硬岩地层 200 m 级直径超 3.5 m 的深大通风竖井少见使用

从表 1 中可以看出，导井+人工钻爆法存在溜渣井扩挖程序烦琐、安全风险高、作业环境差、成型质量差、施工进度慢等问题。为了降低施工安全风险，提高竖井成型质量，缩短竖井施工工期，经方案比选，决定采用反井钻机一次成井法，从根本上解决传统溜渣井开挖施工的安全、质量、进度风险。

2　设备机具研究

本工程竖井部位围岩为厚层、巨厚层灰岩，岩体完整性好，力学强度较高，抵抗变形能力强，特别是局部段存在的硅质灰岩，硬度高，韧性大，极不易破碎，滚刀刀体磨损严重。

2.1　设备选型

设备选型时应以其最大钻井深度作为主参数，同时综合经济因素考虑，在同等成本条件下，尽量提高钻机能力，增加实用性。经研究比选，采用 BMC-600 大型反井钻机（见图 1），其最大拉力为 6 000 kN，最大额定转矩 300 kN·m，最大转矩 450 kN·m，能够满足岩石抗压强度 300 MPa 以上的硬岩地层钻进，可钻进导孔直径最大 350 mm，扩孔直径 5.0 m、最大深度 600 m，完全满足左右岸通风竖井的施工。同时，配套选用 TBW850/5B 型泥浆泵，可实现 850 L/min 的公称流量。

2.2　钻头研制

2.2.1　*刀盘结构设计*

因大坝及泾河大桥均未竣工，导致大直径扩孔钻头运距长，且竖井均在隧洞内施工，运输空间狭窄，将直径 3.5 m 的大直径扩孔钻头设计为中间分体组装式结构，中心管、花键套和锁紧螺母成为单

图 1　BMC-600 大型反井钻机

独一件，使钻头体的单件运输尺寸及重量降低，且隧洞内拼装简单，便于检修更换。同时，对漏渣孔尺寸进行扩大设计，除刀盘周围的漏渣区域外，在刀盘中心设置 6 个大小相等的扇形漏渣孔，扇形角度为 60°，半径 0.6 m，均匀分布。

2.2.2　滚刀结构布置

镶齿滚刀以相邻并排的方式布置在扩孔的径向，再通过旋转使不同安装半径的滚刀均布排列。刀盘上布置 18 个滚刀，其中包括 2 个中心刀、4 个边刀、12 个正刀，中心刀破岩面与水平面夹角 30°，边刀破岩面与水平面夹角 15°，正刀破岩面为水平方向。滚刀采用分组布置，每 2 个滚刀为一组，钻头体刀盘旋转时，每组滚刀形成环形切削带，各切削带的组合占满设计孔径圆断面。镶齿滚刀布置方式见图 2。

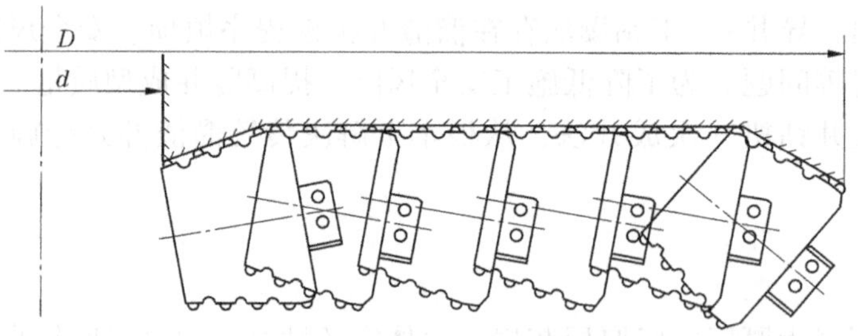

图 2　镶齿滚刀布置方式

2.2.3　镶齿结构研究

为合理选择镶齿滚刀齿形，进行了单齿压入破岩试验。试验中选用的岩石为东庄水利枢纽库坝区灰岩，且未经爆破影响过的取芯钻所得岩芯，岩石单轴饱和抗压强度 R_c>80 MPa，岩石密度 2.69×10^3 kg/m^3。4 种刀齿单齿静压入试验结果如图 3 所示。由图 3 可知，相同压力条件下镐齿的侵深与破岩体积均大于其他 3 种齿形，且其功比耗较小，证实了镐形镶齿滚刀在灰岩地层的适应性，因此齿形选择镐齿。

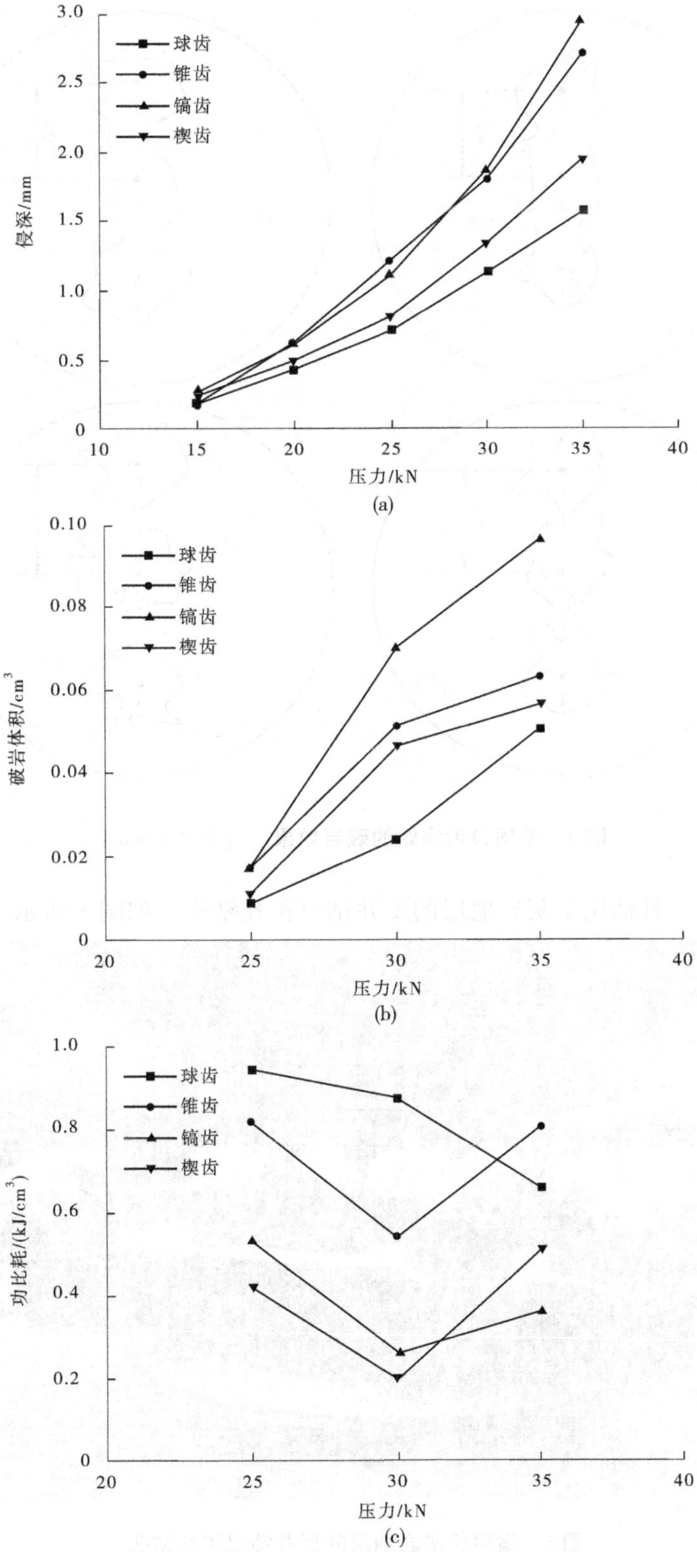

图 3　4 种刀齿单齿静压入试验结果　（单位：mm）

同时选取 35 kN 单齿压力，分析了不同刀齿间距的破岩效果，结果如图 4 所示，从而确定了镐齿在破碎灰岩时合理的刀齿间距为 15～25 mm。

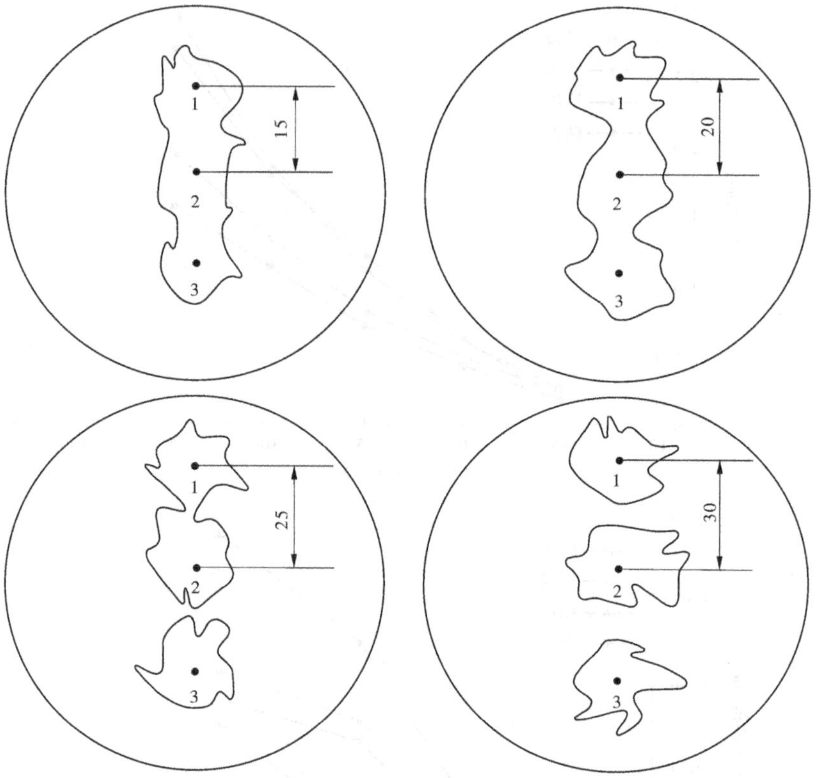

图 4　不同刀齿间距的破岩效果　（单位：mm）

综上，成功研制了一种适用于灰岩地层的反井钻机扩孔钻头，如图 5 所示。

图 5　适用于灰岩地层的反井钻机扩孔钻头

3　反井钻机一次成井技术

3.1　工艺流程

反井钻机一次成井施工工艺流程如图 6 所示。

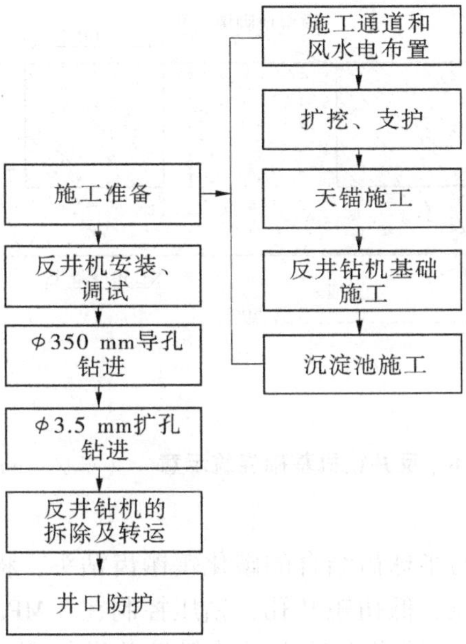

图6　反井钻机一次成井施工工艺流程

3.2　施工方法

3.2.1　施工准备

3.2.1.1　天锚施工

反井钻机设备起吊采用天锚配合左右水平锚点移动就位，钻机起吊采用7组φ25 mm锚杆作为天锚，每组锚杆6根，入岩5.5 m，外露长度0.5 m，天锚布置在洞轴线顶部，在钻孔中心点布置1组，钻前布置2组，钻后1 m布置1组，吊装轴线布置3组；在隧洞轴线设置一处水平锚，从端部2.5 m开始在两侧墙位置设置9组φ25 mm水平锚，水平锚间距2 m，距底板1.2 m高处布置，入岩2.5 m，外露长度0.5 m。锚杆安装示意如图7所示。

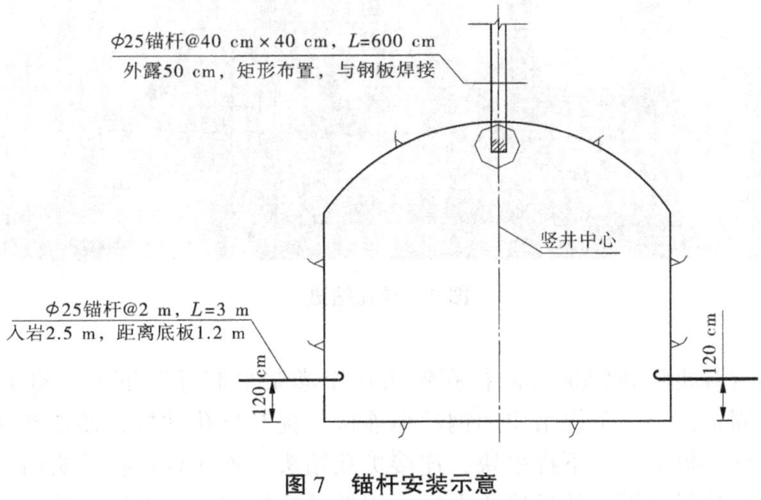

图7　锚杆安装示意

3.2.1.2　基础施工

根据反井钻机施工要求，采用基础换填方法确保反井钻机基础满足承载力及平整度要求。反井钻机基础按照长4.5 m、宽2.5 m、深0.8 m的尺寸确定开挖范围，然后采用小药量爆破的方式进行底板爆破开挖，将基岩面清理干净后采用C30混凝土进行回填，并制作4个长0.6 m、宽0.7 m、高0.6 m的木模板用于钻机基础地脚螺栓预留孔浇筑成型。反井钻机基础浇筑施工剖面如图8所示。

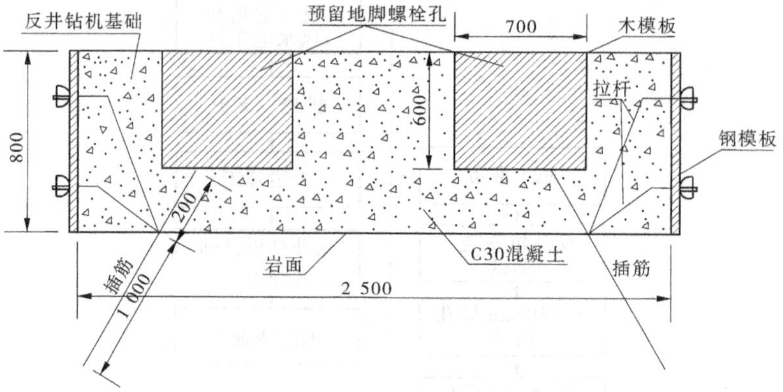

图8 反井钻机基础浇筑示意 （单位：mm）

3.2.2 导孔钻进

根据灰岩地层特性选择锥齿与半球齿结合的碳化钨镶齿钻头，将导孔钻头与稳定钻杆以丝扣连接在一起进行开孔作业，采用低钻压、低扭矩开孔，钻压控制在 3 MPa 之内、转速控制在 20 r/min，导孔孔径 350 mm。待钻进约 1 m 后，技术人员应对孔斜偏差进行测量，若符合设计要求可继续钻进，否则应停止钻进并重新开孔。地勘资料显示，本工程Ⅱ类灰岩坚固性系数 $f=8$，特硬岩石特性系数 K 为 4×10^{-5}，采用钻压、扭矩计算经验公式可得导孔钻进钻压约为 183 kN，扭矩约为 102.6 kN·m。若导孔钻进过程中遇到空洞、裂缝等地质缺陷而不返水，应及时起钻采用泥浆护壁或灌注砂浆、水泥浆、混凝土等材料，待其凝固后再重新钻孔，以避免卡钻。导孔钻进见图 9。

图9 导孔钻进

3.2.3 扩孔施工

导孔贯通后，用装载机将 ϕ3 500 mm 扩孔钻头运至灌浆平洞导孔下方，将上、下提吊块分别同扩孔钻头、导孔钻杆固定，上、下提吊块用钢丝绳连接，提升导孔钻杆，使钻头离开地面 0.2 m，然后固定钻头，下落钻杆，拆去上、下提吊块，连接扩孔钻头。连接好扩孔钻头后，通知操作手慢速上提钻具。直到滚刀开始接触岩石，然后停止上提，用低转速旋转，缓慢提动钻具，防止钻头因快速提动导致滚刀受力过大而冲击破坏，当钻头入岩 1/3 时暂停提动钻头，当刀齿将凸出的岩石破碎掉，再继续上提直至扩孔钻头体完全入孔，等钻头体入孔后才能正常扩孔钻进。根据扩孔钻进参数现场试验可知，当反井钻机的拉力为 1 800 kN、转速为 4 r/min 时，钻速最大，破岩效率最高，同时为保证钻机和滚刀的使用寿命，一般将系统压力限制在 20 MPa 之内，当岩石硬度较大，可适当增加钻压；反之可以减少钻压。扩孔施工见图 10。

图10 扩孔施工

3.2.4 完孔及钻机拆除

当钻头扩孔至距基础2.5 m时，降低钻压慢速钻进，认真观察，如果基础周围出现异常现象，要及时采取措施处理，继续缓慢进行扩孔，直至钻头露出地面。扩孔完成后，将扩孔钻头用ϕ20 mm短钢丝绳和钢梁上吊环锁在井口，将主机的一些辅助设备（转盘吊、钻杆输送器等）拆下，并把除主推缸外的所有油缸和马达油管拆除，安装钻机起架拉杆，操作主推缸片阀控制手柄，使主推缸慢慢向上运动，带动动力水龙头上行，慢慢放倒主机，放倒后拆掉主推缸油管及电机电缆，把主泵站、油箱副泵站、操作台和主机推离工作位置，然后将钻头利用10 t或20 t的手拉（电动）葫芦及井口上方的起吊锚杆吊离井口，把扩孔钻头慢慢下放至平板车上推离井口至安全地带。

3.3 控制要点

3.3.1 施工精度控制

3.3.1.1 施工定位控制

反井钻机施工定位对孔位偏差有很大影响，其精度取决于吊点锚杆、基础混凝土预留地脚螺栓、顶面平整度和钻机安装。反井钻机吊点锚杆施工时，根据设计坐标，采用测量放点，准确定位吊点，严格控制吊点锚杆外露长度；基础混凝土备仓时，采用测量放点，准确定位预留地脚螺栓孔，并做好焊接固定，浇筑过程中加强检查，确保螺栓孔位不变；基础混凝土浇筑完成收面时，顶面应保证水平，起伏差不超过1.5 cm，对于不满足要求的部位，使用砂布磨平或砂浆补缺；反井钻机安装时，认真调整钻杆定位，确保钻杆对中，钻孔孔位偏差在允许范围内。

3.3.1.2 导孔偏斜控制

采用硬质合金稳定钻杆，在导孔钻头后连续配置5根稳定钻杆，以便在钻孔底部形成一段刚性的、与孔壁多处接触的钻具组，然后分别间隔3 m、5 m、11 m各配置1根稳定钻杆，以后每隔50 m配置1根稳定钻杆；在常规钻杆中接入由有线测斜仪及钻具动力源组成的斜向器，在导孔钻进过程中实时测量导孔的倾斜角度，当导孔偏斜过大时，配合井下动力马达进行偏斜纠正。

3.3.1.3 导孔纠偏措施

经仪器测量，发现导孔偏斜超过设计值时，立即停止正常钻进，对钻孔进行纠偏处理。钻孔偏斜程度和方向非常有规律时，采取偏置钻机的方法来纠正预计的偏斜，移动钻机的距离和方向根据施工经验确定；对于偏斜程度和方向无规律或程度较大的导孔，采用纯水泥浆、砂浆等胶凝材料回填偏斜段，待其凝固后校正钻进方向重新钻孔。

3.3.2 安全出渣控制

（1）对通风竖井底部交通洞进行安全警戒，扩孔施工过程中严禁人员、设备进入。

（2）采用无轨运输方式，装载机配合自卸汽车进行出渣。出渣车辆顶部设置盖板，防止运输过程中的碎渣掉落，且禁止驶入竖井孔的正下方。

（3）为预防堵井，扩孔过程中定期出渣，使洞底距渣料顶不小于 2 m，同时在竖井底部预留部分渣石，防止高落差下竖井施工产生的新渣飞溅。

（4）对洞底切削的渣料进行分析，判断围岩的性质及是否存在塌方等异常情况。

（5）在支洞洞身侧壁上每间隔 200 m 设置一处尺寸 15 m（长）×5 m（宽）×5.4 m（高）的避险车道，用于出渣车辆及人员紧急避险。

（6）竖井贯通后锁住井口，在井口周围设置围栏，防止井口有石渣落入井内。

3.4 应用效果

3.4.1 施工效果

本工程通风竖井采用反井钻机一次成井技术，减少了从 ϕ1.4 m 导井扩挖至 ϕ3.5 m 竖井的人工扩挖工序，从根本上解决了传统溜渣井开挖施工的安全、质量、进度风险。采用灌注水泥浆的方法有效地对导孔过程中的裂隙、断层破碎带等不良地质进行封闭填充，为导孔钻进和后续的全断面反扩施工创造了有利条件。左右岸竖井导孔偏差分别为 0.146 m 和 0.163 m，偏斜率分别为 0.069% 和 0.076%，施工规范要求不大于 1%，相比规范提升了一个数量级以上。研制的分体式扩孔钻头平均破岩效率达到 18 m/d，施工效率明显提升，同时减少滚刀磨损，避免堵孔卡钻，解决了普通扩孔钻头对地层的适应性难题。竖井贯通后井壁光滑无破损，井身断面尺寸均匀一致。导孔偏斜控制与扩孔成井效果见图 11。

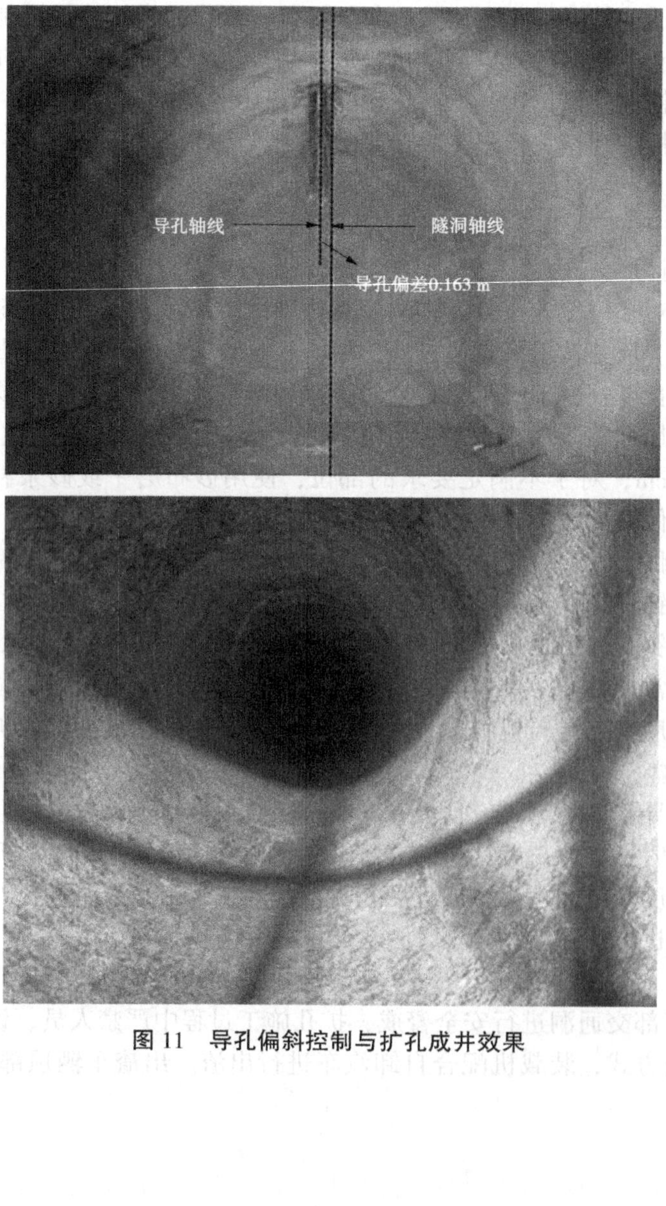

图 11　导孔偏斜控制与扩孔成井效果

3.4.2　效益分析

本技术研究解决了国内水电行业硬岩地层 200 m 级直径超 3.5 m 的深大通风竖井技术难题，提高了施工效率，工期由实施前的 160 d 缩短至 90 d，节省工期 70 d。节约施工成本 330 万元、时间成本 106.4 万元，总计获取经济效益 436.4 万元。在施工过程中，竖井质量、安全、进度均满足工程需求，受到相关单位的高度评价和关注。同时，项目研究成果可推广至其他大型水利工程，具有工程示范影响，也为企业开拓市场提供了有力支持，可产生多层次、多方面的社会效益。

4　结语

（1）本文结合隧洞通风竖井实际工程地质条件，从施工准备、导孔钻进、扩孔施工、完孔及钻机拆除等方面详细阐述了反井钻机一次成井施工工艺技术。

（2）研制的一种适用于灰岩地层反井钻机扩孔钻头，极大提升了施工效率，采取孔斜高精度控制技术，有效降低了导孔偏斜度。

（3）现场应用结果表明，反井钻机一次成井技术在东庄水利枢纽库坝区防渗工程隧洞通风竖井施工过程中应用效果较好，其效率较高，施工质量好，具有较为广泛的应用前景，可为其他类似工程施工提供一定的参考和借鉴。

参考文献

[1] 梁振，冯伟，卞宇轩．反井钻机在某特长隧道通风竖井施工中的应用［J］．采矿技术，2022，22（1）：183-186.
[2] 秦政，陈建伟，李功子，等．复杂环境下竖井掘进与局部爆破开挖组合施工技术研究［J］．水利水电技术（中英文），2023，54（3）：105-115.
[3] 杨康．山区高速公路大直径深竖井正井法施工技术研究［J］．西部交通科技，2022（2）：143-147.
[4] 潘江波，李庆祥，程运信，等．金华山隧道深大通风竖井施工关键问题研究［J］．科技通报，2021，37（7）：99-104.

大型引调水工程施工质量过程管控的思考与探索

付传雄[1,2]

（1. 广东省水利水电科学研究院，广东广州 510610；
2. 广东省水利建设工程质量与安全管理中心，广东广州 510610）

摘 要：为改变当前水利工程施工质量验评资料与工程实体质量控制存在“两张皮”等现象，从源头上实现引调水工程施工工序质量控制。本文基于“三检制”的机理进行深入分析，认真分析了当前水利工程施工“三检制”执行过程中存在的问题。通过调研分析和实践探索，提出建立一种基于施工工序质量控制的水利工程施工质量的三检记录表，旨在促进加强施工过程质量管控，实现从源头上对施工工序的质量控制。

关键词：引调水工程；施工工序质量控制；三检制；三检记录表

1 引言

当前随着国家水网的规划和实施，大型引调水工程陆续开工，且这类工程多是通过输水隧洞、管线进行调水，其施工质量好坏直接关系到工程能否发挥正常效益。

当前水利工程施工质量的现场验收评定和管控还是采用施工“三检制”来实现的。然而，当前施工企业的组成形式相较于早期工程局已发生了较大变化，同时部分工程技术人员对该项制度的内在机制认识不到位，以及“三检制”的记录表格适用性不强等问题逐渐凸显，导致“三检制”执行不好，从而加重了实体质量与工程资料“两张皮”现象。

本文在深入研究“三检制”机理的基础上，以优化三检适用性为导向进行深入思考和实践，旨在探索建立一种适应当前大型引调水工程施工实际的三检表，助力“三检制”有效执行，有效解决当前三检记录与工程实体质量存在的“两张皮”现象。

2 水利工程“三检制”的历史背景及主要作用

2.1 “三检制”的概念

根据《水利水电工程单元工程施工质量验收评定标准》（SL 631~639）的规定，工序施工质量验收评定时，施工单位应提交各班（组）的初检记录、施工队复检记录、施工单位专职质检员终检记录，这即是业界普遍所称的“三检制”。

2.2 “三检制”的沿袭和主要作用

水利工程“三检制”最早出现于1982年，当时，水力发电建设总局为践行全员参与工程质量控制的管理理念，印发了《水电基本建设工程施工质量检查办法（试行）》。办法中明确规定了各项工程的施工检查，采取工人、班组长、值班施工人员（技术员和施工员）的自检、互检和专职质量检查人员的检查相结合的机制，对施工质量共同把关；既要依靠专职质量检查人员，也要充分发挥广大工人参加质量管理的作用。

“三检制”建立的初衷是为了实现谁做工谁负责、谁施工谁检查、施工标准化、对施工内容全数

作者简介：付传雄（1985—），男，高级工程师，主要从事水利工程质量监督、检测等研究工作。

检查的原则；坚持在工序施工过程中严格执行“三检制”，确保在上一道工序完成并经过三检合格后，方可进行下一道工序。通过这种方式，能够及时发现并纠正施工中的质量问题，避免将前道工序的潜在问题带入后道工序，从而防止工程质量事故的发生或扩大。因此，通过“三检制”运用，使得各施工环节的责任主体，从工序施工质量出发，严格把控质量关，最终实现水利工程质量控制目标。由于“三检制”有工序质量控制把关的基础作用，自1995年水利部首次明确提出“三检制”概念[1]至今，“三检制”在历次的质量管理改革中都得以保留和发展。

3 现阶段“三检制”运行存在的问题

随着社会经济的发展，传统以工程局自带作业班组的组织形式已逐渐消失。取而代之的是，施工企业多以派驻施工现场管理团队，工程一线的作业人员则通过劳务分包或专业分包的模式组织生产，总包形式下的劳务分包、专业分包为普遍形式，有的甚至还以包代管、包而不管。

在实践中，由于劳务分包和专业分包等施工组织模式出现，“三检制”在执行过程中不同程度地出现了初检不会检、终检没人真正检等市场化消极现象。初检不会检主要是由于三检记录表设计得过于复杂，一线作业人员不知道如何开展检验；终检没人真正检主要是总包单位终检人员不负责，采取以包代管等，导致终检未认真开展，很多三检记录都是后期为了验收编造的数据。因此，三检数据不可靠，不能真实反映工程实际情况，不仅起不到对工序施工质量的有效管控，相反还给施工企业造成了较大负担，进而形成了当前这种施工方不愿做，管理方觉得没有用的局面。有的观点甚至还呼吁取消“三检制”，认为新颁布的《水利工程质量管理规定》（水利部令第52号）没有提出“三检制”就是回应。究其成因，除在主观上认为“三检制”没必要存在的错误观点外，在“三检制”机制认识统一上和三检记录表上也还存在一些客观原因，从而造成“三检制”不好实行和实行不好的现象。

3.1 对“三检制”机制认识未能统一

水利工程施工质量管理过程中，部分工程技术人员对“三检制”的理解较为片面，对“三检制”机制认识存在差异，主要体现在以下两方面：一是未能厘清施工工序“三检”与质量验收评定的区分。具体有：①认为施工“三检”是质量验收前提，但两者要检要验的内容都一样，所以两者表格检验项目应相同（当前大多数做法），这给实施者造成了多此一举的错觉；②有人认为三检记录表要手工填写，是为了证明根据质量验评结果打印出来的质量验收评定表的真实性，如果验收评定表现场验评并手工填写，甚至可以不用“三检”。二是针对如何开展“三检”也存在较大的分歧。主要有：①有人坚持初检、复检、终检应分别进行，要求有三组数据，有时甚至分为三张表，过程烦琐，负担重；有的认为质量验收评定表中有关检验记录和检测结果为终检数据，所以三检可合为一检，三方联检一同签字确认即可，这又似乎失去了三级质量把关的初衷。②对于验收评定表中有关量测、检测结果，施工三检人员是否需要参与以及如何体现其工作应负的必要质量责任也都还存在分歧。③对于施工三检记录表需不需要规范也存在不同看法，多数认为这是施工单位的质量管理，应由施工单位自己制定表格；由于缺乏有效指导，造成当前三检记录表适用性不强。正是因为上述对“三检制”机理认识的问题，导致“三检制”在执行过程中存在各种各样的问题。三是单纯认为三检记录仅是单元工程验收的依据，未深刻认识到其是工程质量有效管控的手段。古往今来，官府督造工程和匠作的要求多是谁做工谁负责，谁检查谁负责，签字画押，立据为凭，出了问题就追根溯源，罚当其罪。古人要把工匠名字刻在作品上，现在要求把工人的名字写在三检记录表上，其核心目的都是压实各级的质量责任。

3.2 三检记录表的适用性不强

三检记录表作为“三检制”最常用的实现载体，具备原始性、直观性、易判断性和可保存等特点。然而，由于缺乏统一的技术标准和规范性文件来明确三检记录表的样式，各单位往往自行设计表格。由于对“三检制”有关机制存在认识不同，所以反映在表格上也必然是较为混乱的。

特别是表格设置不能满足工序施工质量控制实际，适用性不强。当前多数情况是施工单位直接简单地将单元（工序）质量验收评定表的表头改为三检记录表的表头，而表中内容基本与单元（工序）质量验收评定表一致，导致一线作业人员在使用相关的三检记录表时，容易出现以下问题：一是部分表格保留了“合格数”“合格率”内容，与质量验收评定表无差别，既增加了“三检”检查数量，又增加了不必要的数量统计；二是不加区分地对所有项目都检三次，对应地需填写三次表（填三张表或在一张表内分栏填），增加了工作的烦琐性；三是统一所有检验项目只检一次，只填一次，这削弱了现场施工质量分级控制的作用；四是三检记录表中某些项目，如高程、变形、强度等指标需要量测和质量检测人员配合开展的项目，但三检记录表中未能体现专业量（检）测第一责任人的要求[3]。

由此可见，当前普遍采用的三检记录表并未全面遵循单元（工序）质量验收评定的整体要求，同时，也未充分考虑工程施工项目的独特性和现场一线作业人员的实际情况来设计，导致三检记录表与工程实际脱节，从“不好用”发展到“不愿用”最后到“没有用”的境地。

3.3 当前“三检制”的执行未能实现施工质量过程有效控制

针对“三检制”在执行过程中存在的诸多问题，经深入分析，其主要原因有“三检制”机制认识不统一、三检记录表适用性不强等，从而导致了工程实体质量与验收资料之间存在明显的脱节，即“两张皮”现象。关于“两张皮”的典型成因，主要归结为四类：第一类是施工过程中无论是工序三检还是验收评定，都未真验真检；第二类是只有单元工程验收评定开展了检查检验，但工序三检未开展，三检记录表只是在验收评定表上仿造三检记录表（以验收评定数据为基础上下左右凑调数字）；第三类是都开展了检查检验，但记录不真实，只记好不记差，无法真实反映施工实际；第四类是都开展了检查检验，也想如实记录，但由于三检记录表因前面所述适用性不强的原因，使得一线作业班组不能在现场便捷地完成填报，三检的第一个流程就无法顺利进行，加之不能及时完成后续的现场复检、终检核验等原因，最终又沦入资料后补的路子。综合分析，前三类成因主要是总包单位管理不到位或者是以包代管，导致三检资料弄虚作假，造成施工质量过程管控虚化。第四类是在主观上虽想严格控制质量，但由于三检记录表的设计不合理，导致三检记录仅是针对一个单元的检验数据，未能全面反映每一个施工工序（循环）的质量情况，更有甚者，设计三检记录表时未考虑当前施工作业班组都是劳务分包，作业人员大多为农民工，其专业化水平不高这一基本事实，三检记录表的设置与一线作业班组的实际操作需求脱节，增加一线作业班组完成初检的难度，甚至有可能出现某些检验项目仅凭班组力量难以完成，最终导致三检记录表编造数据的不良现象，从而导致单元工程验收质量与实体工程质量出现“两张皮”的情况。

上述种种迹象表明，当前“三检制”的实施无法有效实现对施工质量的过程控制，失去了当初提出“三检制”的初衷。因此，必须对当前“三检制”在执行过程中出现的问题进行深入剖析，并采取切实有效的措施进行修正。

4 拟解决的办法

鉴于“三检制”在水利工程实际执行中存在上述诸多问题，因此不少工程管理者或研究人员对此提出一些解决办法。陈相龙[2]通过分析水利行业“三检制”存在的诸多问题，提出制定更能反映施工过程、便于检验检测的“三检制”；魏向魁等[3]提出基于多元化组合和实事求是的工序验收检验评定制度；蔡奇等[4]提出建立基于作业人员责任制条件下的施工单位终检制度。从上述研究者提出的建议可以看出，大家均希望能够制定出一种便捷有效且能追溯到具体施工作业人员的水利工程质量检验评定办法。2023 年颁布的《水利工程质量管理规定》[5]（水利部令第 52 号）中明确指出：施工单位要加强施工过程质量管控，形成完整、可追溯的施工质量文件资料，并按照档案管理的有关规定进行收集、整理和归档。该规定明确了通过完整、可追溯的施工质量管理文件资料实现工程施工质量可追溯的施工质量过程控制要求，而高效可行的水利工程“三检制”应用就能够有效实现工程施工质量可追溯。

本文通过对“三检制”的机制进行深入研究，同时结合工程一线的现状，提出建立一种基于施工质量过程控制下水利工程施工质量的“三检制”记录表。

4.1 机理研究

当前我国正处在转型升级的关键时刻，我国质量事业实现跨越式发展，质量强国建设取得历史性成效，全民质量意识显著提高，为适应新时代质量建设的需要。中共中央、国务院于2023年2月印发了《质量强国建设纲要》，纲要中明确指出：工程建设过程中要强化质量责任追溯追究。2023年8月水利部印发的《深入贯彻落实〈质量强国建设纲要〉提升水利工程建设质量的实施意见》中明确提出：强化质量责任追溯。参建单位要建立水利工程建设岗位责任制，明确工程项目及关键部位、关键环节的质量责任，加强施工记录和验收资料管理，注重采集、留存关键部位和重要隐蔽单元工程影像资料，保证工程质量的可追溯性。由此可见，强化全员质量责任、加强施工过程质量控制，在制度层面都有要求。

通过研究分析认为：“三检制”主要作用是在质量过程控制中严格落实工程各项质量标准，三检记录表就是其成果体现，是作为单元（工序）工程施工质量验收评定的重要支撑；“三检制”思路是“谁施工谁负责、谁施工谁检查”，其目的是实现各施工工序质量控制，将各类质量问题和质量事故消除在萌芽中。其作用机制主要体现在：①“三检制”成果作为单元（工序）工程施工质量责任落实的原始记录；②“三检制”的实施要适合当前施工组织形式；③“三检制”实施过程中要充分发挥施工单位的测量、监测、检测等专业技术人员作用。

三检记录表作为实现“三检制”的载体，在设计过程中，应按照国家和水利行业的相关规定，并充分考虑工程实际和施工过程中质量控制的需求。因此，制定出一种与水利工程施工现状相适应，便于施工工序质量控制的“三检制”记录表格势在必行。

4.2 “三检制”记录表设计思路

本文设计的三检记录表，其设计思路主要是基于施工工序的质量控制，具体体现在以下几个方面。

（1）结合当前工程行业存在的专业分包和劳务分包这一实际及给质量管理带来的主要问题，按最大化落实“谁施工谁负责”的质量管理理念，压实施工班组和分包队伍质量自控的责任，强化施工单位的质量管控责任。为此，设计的三检记录表中，初检可由分包队班组长上提至分包队技术员组织实施并最终签字确认（也可由班组长和分包队技术人员双签），复检可从分包队技术员上提至总包单位派驻在项目现场的施工员负责实施并签名确认，终检由总包单位的专职质检员负责实施并签名。

（2）施工三检表终检员与单元（工序）验收评定表的质量终检负责人原则上应为同一人。对于单元（工序）内工作循环次数较多而施工终检负责人无法都参与三检履行其终检员职责的特殊情况，终检负责人可以委托其助手代行现场终检，终检负责人在分析该项三检记录表中数据基础上整理出该项三检总表，四方签字确认后作为该项单元（工序）验收评定表的支撑。

（3）优化三检表的表现形式。具体而言，一是初检、复检和终检统一在一张表内，有利于三者数据比对。二是检查项与检测项分开做要求，检查项实行三检；检测项（含测量）则以专业数据为准，三检人员签字予以确认。三是表格设置在保留关键数据的同时尽量减少填写工作，尽可能设置成勾选项，以减少填表负担，实现现场检验后能迅速出表。四是若无适用的三检表，应按照《水利水电工程单元工程施工质量验收评定表及填表说明》[6]“填表基本规定”的要求，由项目法人组织施工、监理、设计等单位，制定适用的三检记录表，以完善备查资料表格。

4.3 探索与应用

本文以环北部湾广东水资源配置工程土质洞室开挖单元中的土质洞室开挖工序为例，充分考虑一线作业人员的专业素质，按照工程项目划分的原则，同时遵循洞室开挖支护的施工循环规律，设计了一套既便于现场三检，又能有利于工序施工质量控制的三检记录表，该三检记录表能够促进压实各级质量控制责任，较好解决当前三检记录与工程实体质量控制存在“两张皮”的现象，有利于严格工序质量管控。

该土质洞室开挖单元按照项目划分，通常将 60~100 m 划分为一个单元，而洞室开挖则以每个循环来进行质量控制。为实现开挖的每个循环都有检验，实现对工序施工质量控制，因此针对每一个开挖循环制定三检记录表，如表 1 和表 2 所示；单元验收时，将之前的开挖工序各施工循环的三检记录汇总，制定了这个工序各循环的三检记录汇总表，如表 3 和表 4 所示。三检记录分为验收检查项和验收检验项两类表，将验收检验项三检表设定为由初检人员、复检人员和终检人员进行联合验收，对于量测等检验项，则以专业测量数据为三检依据；将验收检查项设定为由初检人员、复检人员和终检人员分别验收，三检记录表中部分检验项能采用勾选的尽量设置为勾选，以简化现场一线检验操作，提高检验效率，以最有利于现场一线真实检验为目的。通过制定满足施工现场工序质量控制的三检记录表，有效加强施工质量过程管控，实现所有工序验收的三检记录都在施工现场实检完成，形成真实可靠的原始数据，从而实现了对施工工序质量的管控。

表 1 ____（单元工程名称）____土质洞室开挖检测项目三检记录表

日期	桩号、部位	检验项目	测量数据	签字
		洞、井轴线		测量： 初检： 复检： 终检： 监理：
		底部标高	仅下台阶填写	
		径向尺寸		
		侧向尺寸		
		开挖面平整度		
		洞、井轴线		测量： 初检： 复检： 终检： 监理：
		底部标高	仅下台阶填写	
		径向尺寸		
		侧向尺寸		
		开挖面平整度		

表 2 ____（单元工程名称）____土质洞室开挖检查项目三检记录表

桩号及部位：（明确桩号范围和上中下台阶）　　施工日期：（注明实际施工日期）

检验项目	质量要求	检验记录	三检日期
超前支护	钻孔安装位置、倾斜角度准确。注浆材料配比与凝胶时间、灌浆压力、次序等符合设计要求	初检：符合要求□；基本符合要求□	
		复检：符合要求□；基本符合要求□	
		终检：符合要求□；基本符合要求□	
初期支护	初喷，格栅拱架（钢拱架）加工及安装满足要求	初检：符合要求□；基本符合要求□	
		复检：符合要求□；基本符合要求□	
		终检：符合要求□；基本符合要求□	

续表 2

桩号及部位：（明确桩号范围和上中下台阶）		施工日期：（注明实际施工日期）	
检验项目	质量要求	检验记录	三检日期
洞面清理	洞壁围岩无松土、尘埃	初检：符合要求□；基本符合要求□	
		复检：符合要求□；基本符合要求□	
		终检：符合要求□；基本符合要求□	
洞室变形监测	土质洞室的地面、洞室壁面变形监测点埋设符合设计或有关规范要求	初检：符合要求□；基本符合要求□	
		复检：符合要求□；基本符合要求□	
		终检：符合要求□；基本符合要求□	
初检：	复检：	终检：	监理：（非必填项）

表 3　土质洞室开挖单元工程施工质量验收检测项目三检记录汇总表

单位工程名称					单元工程量	
分部工程名称					施工单位	
单元工程名称、部位					施工日期	
项次		检验项目	质量要求	三检	检查记录	
主控项目	1	洞、井轴线	符合设计要求，允许偏差-5～5 cm		共检测××点，合格××点数，详见记录表	
一般项目	1	底部标高	符合设计要求，允许偏差 0～10 cm（▽387.01～▽387.61 m）		共检测××点，合格××点数，不合格××点数，详见记录表	
	2	径向尺寸	符合设计要求，允许偏差 0～10 cm（R = 6.23，控制范围 6.23～6.33 m）		共检测××点，合格××点数，不合格××点数，详见记录表	
	3	侧向尺寸	符合设计要求，允许偏差 0～10 cm（b = 5.53，控制范围 5.53～5.63 m）		共检测××点，合格××点数，不合格××点数，详见记录表	
	4	开挖面平整度	符合设计要求，允许偏差 10 cm		共检测××点，合格××点数，不合格××点数，详见记录表	
初检： 日期：			复检： 日期：		终检： 日期：	

注：1. 本表所填“单元工程量”不作为施工单位工程量结算计量的依据。

2. “+”表示超挖；“-”表示欠挖。

表 4　土质洞室开挖单元工程施工质量验收检查项目三检记录汇总表

<table>
<tr><td colspan="3">单位工程名称</td><td colspan="2"></td><td>单元工程量</td><td></td></tr>
<tr><td colspan="3">分部工程名称</td><td colspan="2"></td><td>施工单位</td><td></td></tr>
<tr><td colspan="3">单元工程名称、部位</td><td colspan="2"></td><td>施工日期</td><td></td></tr>
<tr><td colspan="2">项次</td><td>检验项目</td><td>质量要求</td><td>三检</td><td colspan="2">检查记录</td></tr>
<tr><td rowspan="6">主控项目</td><td rowspan="3">1</td><td rowspan="3">超前支护</td><td rowspan="3">钻孔安装位置、倾斜角度准确。注浆材料配比与凝胶时间、灌浆压力、次序等符合设计要求</td><td>初检</td><td colspan="2">共检查××点，合格××点数，详见三检记录表</td></tr>
<tr><td>复检</td><td colspan="2">共检查××点，合格××点数，详见三检记录表</td></tr>
<tr><td>终检</td><td colspan="2">共检查××点，合格××点数，详见三检记录表</td></tr>
<tr><td rowspan="3">2</td><td rowspan="3">初期支护</td><td rowspan="3">安装位置准确。初喷、喷射混凝土、回填注浆材料配比与凝胶时间、灌浆压力、次序以及喷射混凝土厚度等符合设计要求。喷射混凝土密实、表面平整，平整度满足±5 cm</td><td>初检</td><td colspan="2">共检查××点，合格××点数，详见三检记录表</td></tr>
<tr><td>复检</td><td colspan="2">共检查××点，合格××点数，详见三检记录表</td></tr>
<tr><td>终检</td><td colspan="2">共检查××点，合格××点数，详见三检记录表</td></tr>
<tr><td rowspan="6">一般项目</td><td rowspan="3">1</td><td rowspan="3">洞面清理</td><td rowspan="3">洞壁围岩无松土、尘埃</td><td>初检</td><td colspan="2">共检查××点，合格××点数，不合格××点数，详见三检记录表</td></tr>
<tr><td>复检</td><td colspan="2">共检查××点，合格××点数，不合格××点数，详见三检记录表</td></tr>
<tr><td>终检</td><td colspan="2">共检查××点，合格××点数，不合格××点数，详见三检记录表</td></tr>
<tr><td rowspan="3">2</td><td rowspan="3">洞室变形监测</td><td rowspan="3">土质洞室的地面、洞室壁面变形监测点埋设符合设计或有关规范要求（填写设计图纸的要求，如设计没有要求，则填写规范要求）</td><td>初检</td><td colspan="2">共检查××点，合格××点数，不合格××点数，详见三检记录表</td></tr>
<tr><td>复检</td><td colspan="2">共检查××点，合格××点数，不合格××点数，详见三检记录表</td></tr>
<tr><td>终检</td><td colspan="2">共检查××点，合格××点数，不合格××点数，详见三检记录表</td></tr>
<tr><td colspan="3">初检：

日期：</td><td colspan="2">复检：

日期：</td><td colspan="2">终检：

日期：</td></tr>
</table>

注：1. 本表所填“单元工程量”不作为施工单位工程量结算计量的依据。

2. “+”表示超挖；“−”表示欠挖。

通过上述三检记录表的设计，充分考虑了当前施工组织等实际，既压实了班组、分包单位和总包单位的质量管控责任，又发挥了项目部测量、质量检测、安全监测人员的专业把关责任，确保每一个检验数据有来源，有检查，有印证，真实可靠，从而真正实现了对施工工序质量的有效管控[7-9]。

5　小结

通过对“三检制”有效实施的探索，发现真实适用的三检记录表能够很好地作为大型引调水工程工序施工质量管控载体，有利于工程实体质量控制，彻底解决当前三检记录结果与工程实体质量存在“两张皮”的现象，本文通过探索和分析得出以下几个方面结论：

（1）通过对“三检制”机制进行分析，明确“三检制”作用就是体现“谁施工谁负责”，上一道工序未通过验收，不得进行下一道工序施工的过程质量管控的理念，从而实现对施工过程质量的严格控制。

（2）通过探索分析，优化了“三检制”的记录表。以适应当前施工组织等实际和最便于劳务分包作业人员开展“三检”为原则，压实班组、分包单位和总包单位的质量管控责任，发挥项目部测量、质量检测、安全监测人员的专业把关责任，确保每一个检验项数据有来源可靠，检查到位，有充分印证，并确保数据真实。

（3）通过优化三检记录表，使其更契合现场检验的实际需求，确保了三检记录的真实性和实时性，从根本上消除当前工程中三检记录与工程实体质量控制“两张皮”的现象，显著提升工程施工质量的管控效能，从而实现对施工质量的全面、动态和精准管理。

参考文献

［1］中华人民共和国水利部．水利工程施工质量检查评分办法［Z］．1995-09-06.
［2］陈相龙．水利施工三检制的问题及解决方法［J］．河南水利与南水北调，2016（5）：66-67.
［3］魏向魁，李秀民．关于水利工程施工单位现场质量管理制度改革的探讨［J］．中国水能及电气化，2016（12）：21-24.
［4］蔡奇，张振洲，李守通．水利工程工序质量“三检制”调查研究［J］．水利发展研究，2020（8）：26-30.
［5］中华人民共和国水利部．水利工程质量管理规定［Z］．2023-03-01.
［6］中华人民共和国水利部．水利水电工程施工质量检验与评定规程：SL 176—2007［S］．北京：中国水利水电出版社，2007.
［7］杨茂松．新时期做好水利工程质量监督实践与思考［J］．水利技术监督，2022（3）：1-3，50.
［8］王烈，王金玉，李晓辉．大凌河防洪工程施工质量控制监理工作体会［J］．水利技术监督，2008（6）：13-14.
［9］刘爱国，尉玉华，宋涛．三检制在施工质量控制中的应用探讨［J］．水利技术监督，2015（9）：1-2.

抽水蓄能电站环水保绿色施工综合技术研究与应用

郭廷凯

（中国水利水电第十二工程局有限公司，浙江杭州 310030）

摘 要： 近年来，在“双碳”政策的引领下，抽水蓄能正逐渐发展成为一片“新蓝海”，但是抽水蓄能施工期间面临的最大难题是绿色环保问题。为解决此问题，本文以宁海抽水蓄能电站为背景，通过分析施工期绿色环保控制的重难点，始终坚持以环境效益为先的原则，提出采用废水处理及回用技术、边施工边复绿、开挖降噪等一系列绿色环保施工技术，有效解决了施工过程中的水污染、水土流失、噪声污染等环保问题，取得了工程建设与生态建设同步推进的良好效果，以期为同类工程提供施工借鉴。

关键词： 抽水蓄能电站；绿色环保施工综合技术；环境效益

近年来，在抽水蓄能电站建设发展中，逐渐要求工程建设与生态建设并进，环境保护备受瞩目。绿色环保施工关乎个人利益与社会效应。随着国家“双碳”目标与电站发展规划出台，建设规模将扩大，环境影响也将加剧。因此，需采取多措并举，推进生态建设，实现人与自然和谐共生。

宁海抽水蓄能电站位于浙江省宁海县城东北面大佳何镇境内，电站总装机容量 1 400 MW（4×350 MW），电站枢纽建筑物主要由上水库、下水库、输水系统、地下厂房和地面开关站等组成。电站投运后每年可节约燃煤消耗量约 18 万 t，减排二氧化碳约 36 万 t，将为宁海“无废城市”创建注入更多的“绿色”动能。

1 施工期绿色环保控制的重要性、内容和技术思路

针对工程施工期间环境问题进行分析、控制及提供技术解决思路，有效解决工程建设与环境保护协调发展，实现真正意义上的绿色环保施工。

1.1 绿色环保控制的重要性

宁海抽水蓄能电站工程所在地宁海县被评为生态环境部“国家生态县”和水利部“国家水土保持生态文明综合治理县”，对工程建设环保、水保的过程监督检查非常严格，实时监测工程上库大坝下游汶溪、下库大坝下游涨坑溪、桃花溪等多条水系水质，一旦发生因环保、水保问题引起的投诉，将严重影响施工进度及公司形象，因此本工程在施工期间如何控制好环保、水保问题，满足当地标准是工程建设的重要环节。

1.2 绿色环保控制的内容

本工程施工期绿色环保控制的重难点，主要在废水处理及回收利用、隧洞开挖噪声及环境污染、水土流失等方面进行控制：

（1）施工废水排放量大，污染物较多，如果不经过处理直接排放，将造成下游汶溪、涨坑溪、桃花溪等多条水系水质的下降，影响当地居民用水质量。

（2）施工区距居民区距离较近，工程车辆往来将产生扬尘及道路污染问题。

（3）传统人工爆破开挖隧洞易产生爆破噪声和有害气体，给附近居民带来噪声污染。

基金项目： 公司重点科研项目：绿色建造在抽水蓄能电站建设期的研究与应用（2021-39）。

作者简介： 郭廷凯（1990—），男，中级工程师，公司技术部业务副主任，主要从事水利水电工程研究工作。

(4) 本工程边坡开挖时土质边坡裸露，易造成扬尘、水土流失及滑坡等问题。

1.3 绿色环保控制的技术思路

针对抽水蓄能施工期绿色环保控制难题，依托宁海抽水蓄能电站工程，通过调研及结合施工经验，形成了一套绿色环保施工综合技术。该技术主要包括废水处理及回用技术、边施工边复绿技术、开挖降噪技术及施工车辆自动冲洗技术，成功应用于工程各环节，有效控制了环境问题，深层次解决了工程建设与环境保护的协调发展难题，真正实现了绿色环保施工的目标。

2 废水处理及回用技术

本工程施工期间主要废水包括砂石拌和系统废水、混凝土拌和系统废水、隧道开挖废水及生活等其他废水。针对废水的产生部位、废水成分及产生机理进行分析，采用不同的处理方法及回用技术。砂石、混凝土拌和系统产生的废水采用“集水沉淀+细砂回收+人工加药沉淀+机械脱水相结合”多种技术综合动态处理方式；隧道开挖废水采用“集水沉淀+人工加药沉淀+反应隔油沉淀+机械脱水相结合”多种技术综合动态处理方式；生活等其他废水主要采用一体化成套生活污水处理设备。经处理后的废水水质不仅能够应用在砂石骨料生产、混凝土生产及生活用水方面，而且满足外排标准要求，实现废水零排放。

2.1 砂石、混凝土拌和系统废水处理及回用技术

本工程砂石料加工系统在加工过程中，主要是40 mm以下的混合料筛洗后产生废水，筛选高峰时期用水量140 m^3/h，废水排放效率约为85%，则废水排放量约为119 m^3/h；混凝土拌和系统主要是清洗设备后的废水，高峰时期用水量大约3 m^3/h，总计需处理废水量约为122 m^3/h。另外，本工程水资源比较短缺，在系统运行期周边水源大概提供70 m^3/h，只能提供砂石料加工系统在运行高峰期用水量的1/2，因此必须通过废水处理进行循环回用，不仅能真正解决工程期间的缺水问题，而且也能解决水污染问题，实现零排放的要求。

砂石拌和系统废水中含有较多细石和石粉，采用一般沉淀法处理不仅沉淀时间长，而且沉淀效果不理想，无法重复利用；同时沉淀池容量有限，如不及时处理沉淀物，极易存在废水外溢污染周边环境的风险。

针对本工程环保要求高、水源短缺、弃渣场用地紧张等特点，经过研究比选，确定采用“集水沉淀+细砂回收+人工加药沉淀+机械脱水相结合”多种技术综合动态处理砂石、混凝土拌和系统废水。砂石、混凝土拌和系统废水处理系统主要包括废水集中池、加药罐点、浓缩池、板框式压滤机、三级清水池等。具体工艺流程为：将砂石骨料加工及混凝土拌和系统施工生产的废水及周边经排水（暗）沟汇集水引排至废水集中池，集中池废水沉淀后经螺旋洗砂机将生产废水与人工砂分离，然后在施工废水中先后加入絮凝剂（PAM、PAC），经搅拌池至浓缩池。施工废水在浓缩池沉淀分层，上层清水溢流至三级清水池，下层浊水抽至板框式压滤机，进行机械脱水。通过板框式压滤机挤压及滤布过滤后，一部分清水经清水离心泵抽至清水池，一部分废水经泥浆泵抽至浓缩池循环过滤；通过板框式压滤机挤压后底部产生一部分浓缩的、脱水的污泥泥饼直接排入泥饼池中，后续运至当地砖厂，用作制砖的原材料，对于弃料起到回收利用、节能环保的效果。压滤机底部产出另外一部分弃渣，采用装载机、自卸车运送至指定弃渣场，极大减少弃渣量，解决弃渣场场地不足的问题。最后通过抽水泵将清水池的水抽至供水系统和高位水池，应用于砂石拌和系统、混凝土系统及清洗车辆系统。砂石、混凝土拌和系统废水处理工艺流程见图1。

2.2 隧道开挖废水处理技术

本工程隧道开挖采用TBM和SBM设备，其废水来源主要有喷水降尘产生的废水、喷射混凝土和注浆产生的废水和施工机械检修、清洗产生的废水；TBM和SBM施工废水具有水量大且连续集中、悬浮物与石油类污染物含量高及污染物总量大等特点。

为解决上述难题，隧道开挖废水采用“集水沉淀+人工加药沉淀+反应隔油沉淀+机械脱水相结

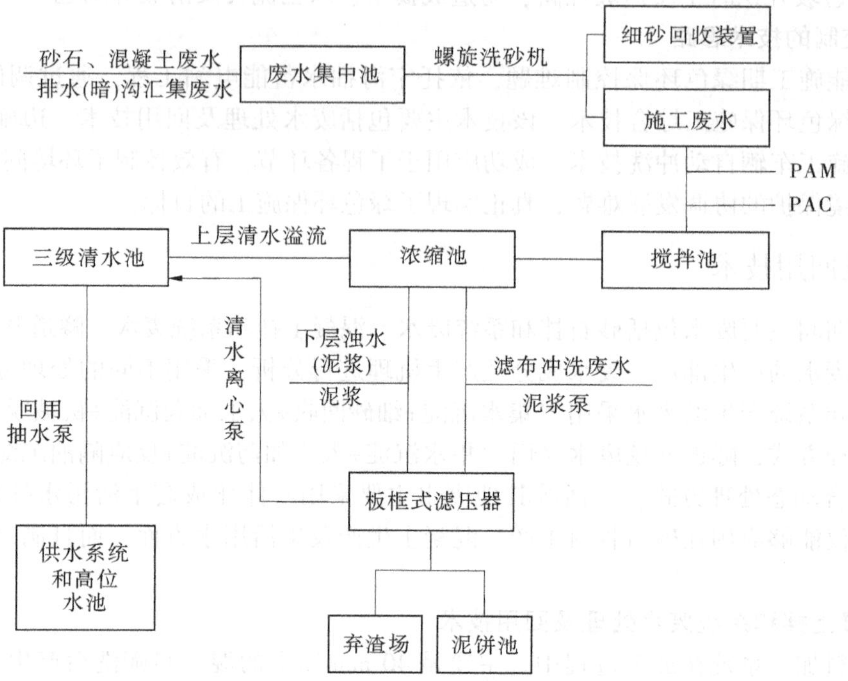

图 1　砂石、混凝土拌和系统废水处理工艺流程图

合”多种技术综合动态处理方式。大体上与砂石、混凝土拌和系统废水施工工艺流程一样，局部有以下区别和优化：①在加药罐点处，增加 HCl 投放药物，由于 TBM 开挖产生的废水氨氮化合物比较多，将酸化工序与 pH 调节工序相结合，提前建设好反应环境，加快水解反应效率。②在搅拌池后增加反应隔油沉淀器，将反应隔油沉淀器代替传统反应沉淀池、分离池、水解酸化池等处理工艺，增加单一设备处理功能，缩短总体工艺流程，提高处理效率。

2.3　其他废水处理技术

其他废水主要包括施工区的生活污水、施工车辆冲洗废水等。其中，生活污水主要包括厕所水、洗浴水、厨房水。由于生活污水主要污染物是易生物降解的有机物，选择以生物接触氧化为主体的一体化成套生活污水处理设备，布置在各生活区域附近，主要施工工艺流程如图 2 所示，经使用该技术满足施工期污水处理达标要求。

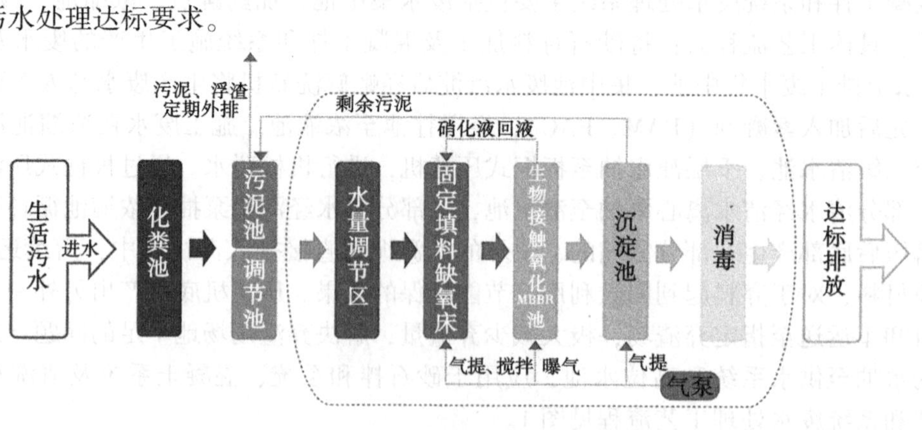

图 2　其他废水施工工艺流程图

3　边施工边复绿技术

相较常规水电站，宁海抽水蓄能电站多处于山洞内，工程点多面广线长，前期修建道路 16 km、开挖洞室 20 余个，施工后遗留的岩质边坡会对原有生态环境造成扰动。为减少裸露坡面对当地环境

造成的污染，防止水土流失和滑坡灾害的发生。自项目开工以来，结合工程所在地的土质及气候条件，研究采用边施工边复绿技术进行生态修复。

边施工边复绿技术主要为：①普通的挡墙外边坡采用“覆土+播撒草籽”的方式进行复绿；②较为平坦的土质边坡采用TBS植被护坡技术；③岩质边坡采用VCC植被混凝土生态防护绿化技术，相较于传统的TBS植被护坡技术，VCC技术采用混合有水泥、砂壤土、绿化有机质、绿化添加剂和多种植物种子的植被混凝土，该技术具有强度高、抗冲刷、酸碱度适宜植物生长等特点。

4 开挖降噪技术

在抽水蓄能电站施工期，工程爆破开挖、设备运行、施工车辆行驶是主要的噪声污染源，其中工程爆破开挖最易产生噪声污染和环境污染，而且本工程下水库大坝离大佳何镇的涨坑村较近，很容易影响周边居民正常生活。为解决此问题，积极探索地下洞室掘进安全高效手段与方式，引用新设备，采用机械开挖代替传统爆破开挖。

开挖降噪技术主要为：①水平洞开挖采用TBM硬岩隧道掘进机[1]，竖井洞开挖采用SBM竖井掘进机[2]，替代传统的人工爆破开挖，有效减少了施工期的噪声污染和环境污染，施工安全效率显著提高。②在施工区周边采用亮瓦、吸音棉等节能环保材料，有效控制噪声，保证了周边居民生活不受影响。

5 施工车辆自动冲洗技术

抽水蓄能电站施工具有点多面广、工程线较长的特点，且道路沿线居民多，为尽量避免施工车辆污染道路，提高文明、环保施工企业形象，对施工车辆进行冲洗，并且要求运渣车辆进行密封运输，来满足文明、环保施工标准。

通过分析研究，在工区、交通洞、渣场道路的路口布置全自动洗轮机设备，设备尺寸为4.8 m×3.6 m×1.0 m（长×宽×高）。全自动洗轮机为免基础型，在道路外侧布置三级沉淀池进行冲洗水回收循环利用，循环水补充根据现场情况采取布设供水管、就近取水或洒水车进行补水。

6 绿色环保施工综合技术应用效果

宁海抽水蓄能电站在施工过程中采用了绿色环保施工综合技术后，取得了工程建设与生态建设同步推进的良好应用效果，主要表现在以下方面：

（1）宁海抽水蓄能电站投资3 500万元建设9座废水处理装置，废水处理能力超过1 000 m^3/h，废水处理系统的设计处理能力为122 m^3/h。通过采用废水处理及回用技术，处理后的“废水”循环使用于砂石、混凝土拌和系统与车辆冲洗等方面，并且废水经处理后悬浮物浓度（SS）小于20 mg/L，水质满足《污水综合排放标准》（GB 8978—1996）的要求。废水处理效果良好，达到了循环使用、零排放的目标。宁海抽水蓄能电站局部污水处理系统如图3所示。

（2）砂石料加工高峰期用水量为140 m^3/h，废水处理的效率约为85%，可生成清水119 m^3/h，砂石料加工生产除系统检修、保养、节假日或其他不可抗拒原因导致的停工外，砂石料加工系统每年大约工作300 d。每年大约节省30万 m^3 的施工用水，当地的工业用水单价为3.0元/m^3，每年大约可节省90万元。既解决了水源短缺问题，又获得了良好的经济效益。

（3）压滤机压制的泥饼，每日达60 t，当地砖厂自行装运制砖每日可消化20 t，泥饼运输的运输单价为2.1元/t，砂石料加工系统每年大约工作300 d，每年大约节省12 000元，既解决了弃渣场用地紧张问题，又获得了良好的经济效益。

（4）目前通过边施工边复绿技术复绿面积已超过25万 m^2。绿化效果好，避免了后续重复绿化，保证了边坡长期稳定，有效减少了水土流失，满足了环保、水保要求。绿化效果如图4所示。

（5）本工程积极引进TBM、SBM先进设备，不仅取得了230 d顺利完成2 841 m地下厂房排水洞

（a）3#污水处理系统

（b）8#污水处理系统

图 3　宁海抽水蓄能电站局部污水处理系统布置图

图 4　上下库连接公路 3#洞进口绿化效果图

施工，工效比常规人工开挖提高 8~10 倍，创造了国内同类项目施工日、月安全快速掘进新纪录，而且还代替了传统人工挖孔爆破开挖，大大提高了施工期的安全，降低了施工噪声和环境污染。

（6）本工程在运行期间未发生一起由水污染、噪声污染、环境污染造成的投诉案件，不仅满足施工绿色环保要求，而且还得到业主和监理的一致好评。

7 结语

抽水蓄能电站施工期中施工的绿色环保是重要保护环节。宁海抽水蓄能电站施工期间始终坚持以环境效益为先的原则，通过采用绿色环保施工综合技术在废水处理及回收、边坡绿化、隧洞开挖施工噪声等方面不仅得到了成功应用，而且还取得了良好的经济效益和社会效益，更重要的是有效解决了抽水蓄能电站施工期环境保护难题，实现了工程建设与生态建设同步推进，人与自然和谐共生的良好局面，树立了良好的国有企业形象，以期该技术为同类工程提供施工借鉴。

参考文献

[1] 刘杰 . 竖井掘进机在抽蓄电站建设中的应用 [J] . 水电站设计，2023，39（4）：66-69.
[2] 孟继慧，夏万求，彭泽豹，等 . SBM 施工风险分析及管控措施：以宁海抽水蓄能电站竖井工程为例 [J] . 建井技术，2021，42（6）：1-6.

大型地埋式泵站厂房聚脲防渗技术探究与应用

韩业庆

（南水北调东线山东干线有限责任公司，山东济南 250109）

摘　要： 针对南水北调东线韩庄泵站地埋式主厂房平面屋顶混凝土面层碳化破损导致主厂房内渗水等情况，影响高压电机、变频器、液压启闭系统等机电设备运行安全，需对主厂房屋顶混凝土面层维修处理，近几年先后采用聚合物砂浆、环氧砂浆、聚脲弹性体等多种修补料对混凝土面层进行修复，经对比观察，采用喷涂防渗透聚脲弹性体修复材料，可较好地解决混凝土面层碳化渗水问题。

关键词： 南水北调；地埋式泵站；主厂房渗水；聚脲弹性体修复

1　引言

韩庄泵站作为南水北调东线一期工程第九级抽水梯级泵站（山东段第二级泵站），工程等别为Ⅰ等，建筑物级别为大（1）型，设计净扬程 4.15 m，设计流量 125 m^3/s，出水渠直接和南四湖下级湖连通。泵站主厂房为地下式钢筋混凝土结构，地面以上无厂房，主厂房自下而上分为三层，采用玻璃屋顶式设计，运行中发现主厂房顶部玻璃屋面四周混凝土区域碳化破损，雨水渗漏至主厂房，影响电气设备的安全运行。

2　混凝土碳化渗水修复技术比选

为解决泵站主厂房屋顶混凝土碳化破损引起的渗水问题，运行管理单位先后采用聚合物修复砂浆、环氧修复砂浆、聚脲弹性体等材料对碳化部位进行维修处理。随着季节气候变化，聚合物修复砂浆和环氧修复砂浆的施工面层均出现不规则细微裂缝，局部呈现龟裂状，较重区域出现起泡，并和混凝土原基层面脱离；聚脲弹性体未出现开裂、起泡等情况，弹性和附着性表现良好，满足地埋式主厂房屋顶混凝土防渗需求。

3　聚脲弹性体修复材料概述

3.1　聚脲弹性体的组成

聚脲弹性体是由 A 组分异氰酸酯与 B 组分氨基混合树脂或羟基树脂反应生成的一种弹性物质。它最基本的特性为防腐、防水和耐磨。A 组分可以是芳香族异氰酸酯，也可以是脂肪族异氰酸酯。B 组分是由端氨基树脂或聚酸、碳氨基扩链剂组成。A、B 组分反应生成脲键，而脲键的结构对称，具有稳定的特性和优异的键能，使得聚脲特性优异，非常稳定。

3.2　聚脲弹性体的特性

3.2.1　固化速度快、耐低温、高温稳定性好

不含任何挥发性，有机物立面、曲面连续坡涂不流挂一次成膜 0.5～10 mm。3～120 s 凝胶，几分钟即可达到步行强度，可在−45～150 ℃下使用，并能承受 200 ℃的短时热冲击。

基金项目： 基于用水行为的南水北调东线调水系统分层用水需求模拟（2022YFC3204601−02）。

作者简介： 韩业庆（1988—），男，高级工程师，主要从事水利工程建设及运行管理工作。

3.2.2 优异的物理性能

高抗冲磨性、高抗拉强度、高伸长率、超耐磨、耐碾压性、耐老化。突出的耐磨性，可达 2~3 mg 以下；优异的低温机性（-40 ℃对折不断）；拉伸强度高，可达 40 MPa；伸长率 20%~600%可调；耐磨性可达钢铁 10 倍。

3.2.3 优异的耐腐蚀性

可耐大部分腐蚀性介质（酸、碱、盐和海水的长期浸泡），可长期在高温浓碱（NaOH 30%，温度 90 ℃）状态下使用，聚脲理化性能不会发生质的改变，是优良的重防腐材料。

3.3 聚脲弹性体基本构造

聚脲弹性体防水涂层基本构造由基层、基层处理剂、聚脲防水层、找平层和保护层五部分组成（见图 1）。

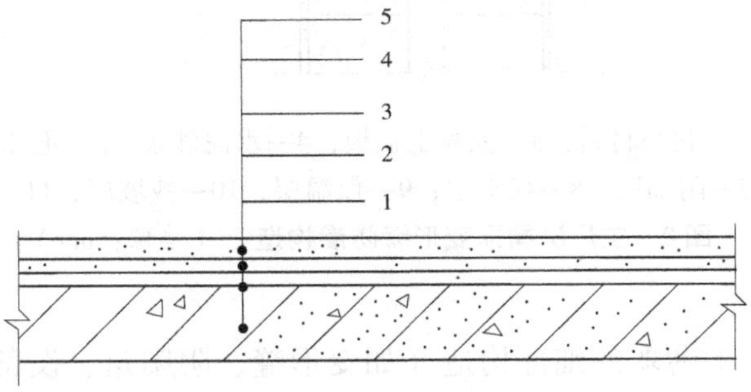

1—基层；2—基层处理剂；3—聚脲防水层；4—找平层；5—保护层。

图 1 聚脲弹性体防水涂层基本构造

4 聚脲弹性体施工准备

4.1 混凝土基层处理

用填缝料（石英砂加环氧腻子）将混凝土表面孔洞、裂痕填补平整，待填缝料固化后，再用打磨机将填缝部位打磨平整。打磨底涂加石英砂，用地平打磨机进行粗糙度处理，满足附着力要求。

刮涂腻子将混凝土表面修复平整，磨平凸起处，并填补凹陷部位，若混凝土面层仍然存在凹陷现象，需用腻子再次修补找平。保持混凝土面层充分干燥，含水率<8%，pH<10%。

4.2 变形缝细部处理

泵站主厂房 2#机组和 3#机组、4#机组和 5#机组之间各有一道南北方向的变形缝。变形缝细部处理对厂房屋顶防渗至关重要，变形缝内先采用单组分聚脲一布两涂做 U 形防水附加层，填入轻质保温材料，上部填放衬垫材料，其上再设置第二道单组分聚脲一布两涂附加层，顶部加装不锈钢扣板（见图 2）。

5 机械喷涂工艺及要求

5.1 机械喷涂施工工艺

喷涂施工前检查喷涂主机和料管的加热系统是否正常工作，设定喷涂主机的参数，调节施工温度和压力处于工作状态。

对喷涂区域先薄层喷涂一遍，下一遍喷涂应覆盖上一遍 50%，通过 2~3 遍连续交叉地喷涂至设计厚度。

多层聚脲喷涂施工时，两次喷涂的间隔时间控制在 12 h 以内，一般以 6 h 左右为宜，若因天气等特殊原因超过 12 h，要对之前喷涂的聚脲面层满涂一遍聚脲搭接层间处理剂，其后的 6~24 h 期间，聚脲搭接层间处理剂活性基因适宜下一遍聚脲涂层充分反应，可保证层间的黏结力。

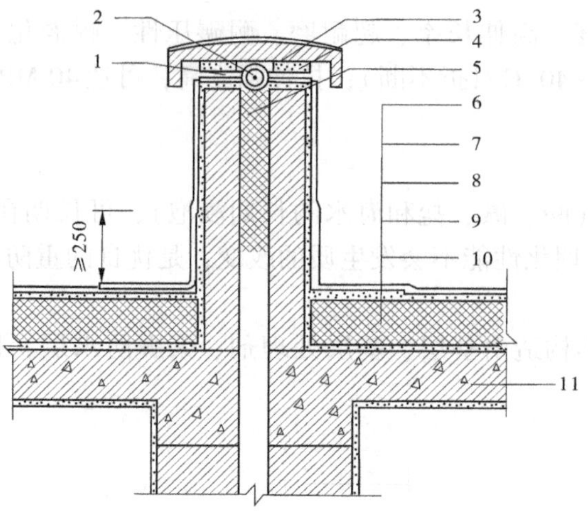

1—卷材封盖；2—衬垫材料；3—混凝土盖板；4—水泥砂浆；5—泡沫塑料填充材料；
6—聚脲防水层；7—附加层；8—找平层；9—保温层；10—找坡层；11—主厂房顶部结构。

图2 主厂房屋顶变形缝防渗构造 （单位：mm）

5.2 机械喷涂技术要求

喷涂聚脲时先对易渗水的薄弱的细部构造（如变形缝、阴阳角、设备基座等）进行喷涂，后一次性整体喷涂至设计厚度，喷涂速度均匀，垂直底涂面适中距离。

喷涂聚脲施工中要及时处理落到底涂层上的落叶等杂物和底涂施工未处理干净的混凝土碎渣。聚脲层喷涂完毕，配合施工人员及时检查有无气孔、沙眼、空鼓，发现后及时进行修补。小范围局部缺陷可使用单组分聚脲涂刷，面积较大缺陷要清理干净重新喷涂。

喷涂前先在易于剥离材质板上试验喷涂，调整喷涂距离，观察喷涂质量及固化情况是否正常，确定移动速度、喷涂遍数等施工参数，注意观察喷涂设备的工作温度、压力等参数，若材料的温度过低，混合及雾化效果不佳，极易形成气泡。停止喷涂前因混合材料不均匀，要将喷枪料管内的残料喷至废弃池内，每次喷涂施工完毕后应按设备使用说明要求进行喷涂设备清洗维护。

6 人工刷涂施工工艺及要求

6.1 人工刷涂施工工艺

人工涂刷聚脲宜分两遍涂刷至设计厚度，第二遍涂刷应在第一遍涂膜凝固后进行，且上下两遍涂刷方向应相互垂直；涂布时应均匀，厚度一致，不得有堆积、流淌情况。

涂刷混凝土构件的夹缝、边角、棱角处和隐蔽位置，用刷尖沾上涂料进行来回弹拍涂刷。刷子的2/3沾上涂料，刷前在桶边刮一下以便减少刷子一边的涂料，使用时使有涂料的一边向上涂刷，涂刷搭接宽度宜为50~100 mm，涂刷按照从上到下、从左向右、从里向外的原则进行。聚脲防水层施工完成后应进行质量检查，发现有厚薄不一致、漏涂、针孔、气泡、空鼓等缺陷时应及时进行修补。

6.2 人工刷涂技术要求

刷涂前应使混凝土表面无灰尘、油污、浮土等。按照材料说明书的配比要求，将材料进行充分搅拌混合，减少桶底的沉淀物，每次涂刷前也要搅拌均匀，以保证材料性能。施工环境温度以15~30 ℃为宜，相对湿度不宜大于80%。涂层的第一遍涂膜实干经检查合格后，才允许下一遍涂刷。

涂层表面应平整、光滑，无剥落、气泡、针孔、粉化、流挂，颜色均匀一致，总干膜厚度和每道厚度满足设计要求。对薄弱区域，要采用毛刷点涂，避免产生流挂、漏涂、流淌等情况。

7 施工安全防护

喷涂现场施工存在许多危害：喷涂开始时噪声很大（尤其是空压机噪声），可能会造成听觉障碍；高空作业注意系好安全带；密闭空间作业要注意防火防爆危害。聚脲喷涂作业时应注意通风，操作人员应在上风口操作，施工现场要做好安全防护措施及环境保护措施。

聚脲喷涂作业人员要配备防护用具。喷涂操作人员应配备防护面具、乳胶手套、工作服、安全鞋、护目镜；涂刷施工作业人员应戴手套、眼镜、口罩。

8 聚脲弹性体质量检测

按照《建筑防水涂料试验方法》（GB/T 16777—2008）要求，试喷涂聚脲弹性体期间留取三块20 cm×20 cm 的试块，待试块固化后委托专业检测机构进行物理性能检测，通过多个项目检测，检测结果均满足规范要求（见表 1）。

表 1 聚脲弹性体性能指标检测数据

序号	检测项目	检测依据	指标	检测结果
1	拉伸强度/MPa	GB/T 16777—2008 中 9.2.1	16.0	20.6
2	断裂伸长率/%	GB/T 16777—2008 中 9.2.1	≥450	506.2
3	撕裂强度/(kN/m)	GB/T 529—2008 中 5.1.2	≥50	58.2
4	不透水性	GB/T 16777—2008 中 15	0.4 MPa，2 h 不透水	0.4 MPa，2 h 不透水
5	加热伸缩率 (8±2)℃，168 h/%	GB/T 16777—2008 中 12	伸长或收缩≤1.0	伸长 0.3
6	黏结强度/MPa	GB/T 16777—2008 中 第 7 章 A 法	≥2.5	3.94
7	吸水率/%	GB/T 23446—2009 中 7.14	≤5.0	1.0
8	硬度（邵 A）	GB/T 531.1—2008	≥80	92
9	耐磨性（750 g，500 转）/mg	GB/T 1768—2006	≤30	14
10	耐冲击性/(kg · m)	GB/T 20624.2—2006	≥1.0	1.80

9 施工注意事项

喷涂聚脲材料施工时，会产生材料飞溅散落，应用塑料薄膜等材料遮挡包裹好非作业区，防止造成环境污染。喷涂前放出空压机汽缸和油水分离器中的水分，防止水分混入料管内，影响聚脲喷涂成品质量，进而影响材料性能。

作业环境温度不低于 10 ℃，空气湿度小于 80%；材料温度不低于 21 ℃，温度过低需对原料进行加温。加温不得采用明火，温度不宜超过 85 ℃，大桶加温时应略松开桶盖，以免桶内空气受热膨胀造成泄漏。利用加热带对大桶物料进行加热时应注意搅拌，以避免局部过热。

混凝土基层表面应坚固、密实、平整、干燥，不得有油污、空鼓、裂缝、麻面、起砂、孔洞等缺陷，基层正拉黏结强度不应小于 2.0 MPa。打磨的混凝土基层不能有灰尘、浮渣或其他突起，填缝打磨圆滑，不能存在尖锐物，底涂料的配比应准确，刮涂均匀，不能有漏刮情况，聚脲喷涂要均匀移枪，并垂直于混凝土面。

10 结语

韩庄泵站地埋式主厂房屋顶混凝土面层碳化渗水使用聚脲弹性体修复以来，已经历三个年度冷热冲击及风雨霜雪的交变冲击检验，未出现开裂、粉化等情况，解决泵站厂房渗水问题。实践和数据验证，聚脲弹性体具有很高的柔韧性，抗冲性、耐撕裂、抗老化、耐碾压，弹性好，耐磨性极佳，它将新技术、新材料和新工艺结合起来，综合涂料、橡胶、塑料的功能，是传统施工技术的一次革命性飞跃。综合对比，聚脲弹性体可广泛应用到南水北调工程渠道衬砌板、水闸闸墩、前池翼墙等混凝土构件碳化破损部位的修复，提高水工构筑物的完好率，保证工程安全平稳运行，助一泓清水永续北上。

参考文献

[1] 夏宏伟，魏宇宸．聚脲在水工混凝土表面修补施工中的应用［J］．黑龙江水利科技，2018，46（4）：198-200.

[2] 杨林，刘存辉，闫翠秋．丙烯酸盐灌注与表面聚脲封堵工艺在南水北调工程中的应用［J］．中国水能及电气化，2022（5）：17-20，16.

[3] 刘建，梁慧，朱泽文，等．聚脲类水工混凝土防护涂层研究进展［J］．四川水力发电，2024，43（1）：13-16.

[4] 韩业庆，吕晓理，任思涛．韩庄泵站安全检测分析与研究［J］．山东水利，2023（9）：75-77.

[5] 杨先文．单组份聚脲涂料在上游坝面防渗中的应用研究［J］．水利科学与寒区工程，2023，6（7）：150-152.

大型调水工程明渠输水瓶颈段水力优化

贾东远[1,2] 潘志权[1,2]

（1. 广东粤港供水有限公司，广东深圳 518021；
2. 广东粤海水务股份有限公司，广东深圳 518021）

摘　要：对于存在明渠输水瓶颈段的大型调水工程，水头损失关系到系统输水能力和能耗，在设计阶段提出合理可行的方案，建立三维输水瓶颈段水力模型，分析输水瓶颈段水力优化后的流态是十分必要的，可以确保水力优化工程发挥预期效益，具有重要的实践意义。根据分析，明渠瓶颈段经过扩挖后，流态得到明显改善，水流总体较为平顺，避免了原渠道弯曲段水流紊乱现象，能够有效减小渠段水头损失。

关键词：调水工程；明渠；输水瓶颈；水力优化；流场

1 引言

大型调水工程具有线路长、水工建筑物种类繁多的特点，从长距离输水线路全局来看，有时存在某处由于设计不合理等历史因素导致局部水头损失大，限制系统供水流量的情况，也就是所称的输水瓶颈段[1-4]。某大型跨流域调水工程采用泵站提水至高位水池再通过自重流输送至交水点，中段有压箱涵出口采用明槽与人工土明渠衔接，长度约 600 m，根据运行情况，该段明渠结构变化复杂，横断面由矩形变为梯形，且沿程底宽由 11. 1 m 突增至 17 m 再渐变至 12 m，沿程底高程由 1. 726 m 突增至 8. 752 m 再渐变至 8. 657 m，水头损失较大，水流流态较差，紊流现象较严重，存在一定的渠底冲刷等情况，影响结构安全，需对该段明渠进行改造和断面优化，使得水流平顺，减小水头损失。水头损失的降低不仅能够提升系统输水能力，还会为上游泵站带来节能效益，因此在设计阶段提出合理可行的方案，分析输水瓶颈段水力优化后的流态是十分必要的[5-7]。采用 RNG 模型和 VOF 法，建立三维输水瓶颈段水力模型，对流态、过流能力等进行数值模拟，分析水力优化可行性，以确保水力优化工程发挥预期效益。

2 工程方案比选

现状明渠左侧为浆砌石挡土墙，距渠道边 15 m 以内为工程管理范围，在挡土墙外设有约 5 m 宽的检修道路。在明渠右侧有约 200 m 宽的范围内有一片空地，主要为鱼塘及农用地，尚未建设开发，见图 1。结合输水瓶颈段的水力条件改善需求，将空地纳入方案对比设计。如将该区域按永久征地考虑，则可对临近水厂储水塘进行扩建，扩大水厂的蓄水量以延长水厂供水时段。故方案比选考虑利用空地或不新增用地两种情况。

2.1 不考虑新增用地方案

不考虑新增用地时，可对输水瓶颈段采取的工程措施主要有对渠道进行扩宽或挖深以改善该渠道的流态，由于左侧的扩宽范围有限且需保留运行管理必需的检修道路，因此本次研究考虑的渠道扩宽方案仅考虑在渠道右侧进行扩宽。可在现渠道右岸渠堤上先期进行地下连续墙施工或在堤脚新建钢筋

作者简介：贾东远（1991—），男，工程师，主要从事调水工程技术管理工作。

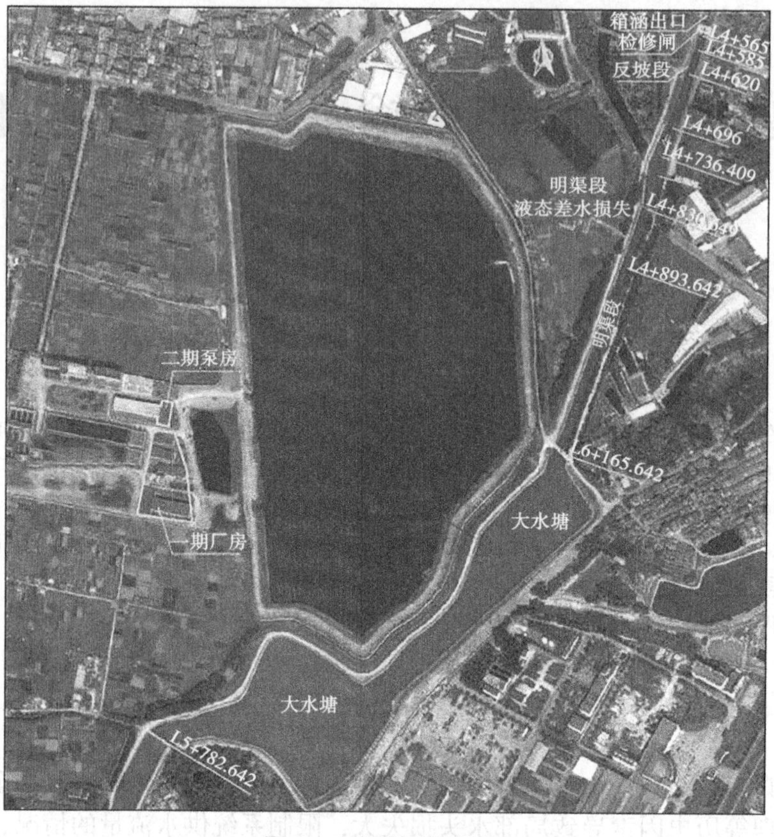

图 1　工程平面俯瞰图

混凝土挡墙，再利用停水检修期对墙前设计扩挖部分进行挖除施工，渠顶外有约 24 m 地段可作为渠道扩宽使用，考虑一定的巡检道路需要，可扩挖宽度最大按 20 m 考虑。

另外，渠道左岸为浆砌石挡土墙，挡墙埋深 0.5 m，从挡土墙稳定考虑，不宜对渠道进行较大深度的开挖；同时本渠道是工程输水的唯一渠道，工程施工时间仅可按停水检修期 1 周左右考虑，因此对本渠道进行挖深需同时考虑开挖深度和施工周期等因素，在研究挖深方案时，本次研究仅按较小的挖深考虑。

2.2　考虑新增用地方案

考虑新增用地时，可利用空地进行分期施工，不受工程停水检修期的制约，先期保留渠道右岸渠堤，对空地进行扩挖并与现水厂储水塘合并，接通水塘和供水渠道，再利用扩挖部分进行供水，对原明渠段进行加固和挖深，改善输水瓶颈段水力条件，最后对原渠道右岸渠道挖除，在原渠道出口处建设挡水闸，将该渠道段、水塘、水厂储水塘和空地区域合并为一调蓄水库，增加水厂的供水调节水量。工程检修期利用挡水闸挡水，储水可作为检修期供水之用。采用该方案可减小明渠段的水头损失，一并解决输水瓶颈段过流能力不足、明渠段流态差、堤岸渗漏及水厂供水时段有限等问题。

此外，针对可能存在明渠右侧空地征地困难问题，也提出了基于上述两种方案的折中，即在明渠段扩宽的基础上，将现水塘与现水厂储水塘合并，对原水塘进行挖深和挖除水塘右岸渠堤，在原水塘段出口处建设挡水闸，将该渠道段、水塘段和原水厂储水塘合并为一调蓄水库，增加水厂的供水调节水量。另在大水塘出口处设一挡水闸，在工程检修期利用挡水闸挡水，储水作为检修期供水之用。该方案可减小明渠段的水头损失、改善水流流态，提高输水瓶颈段过流能力、解决大水塘右岸的渗漏问题，并适当延长水厂的供水时段。

经综合对比，考虑不新增用地情况下的改建实施方案。将明渠右侧渠堤进行开挖，开挖后明渠断面形状与原断面近似，右侧开挖为 1 : 1.5 的边坡，底宽至少为 21 m，底部高程不变。根据目前常用的施工方法，矩形渠段拟考虑采用在明渠右侧打连续墙或修建悬臂式挡墙的方法进行施工，梯形渠段左侧保留原状态、右侧采用贴坡式挡墙。鉴于打连续墙成本过高，对矩形渠段考虑修建悬臂式挡墙的设计方案，对明渠右侧渠堤进行部分挖除，留出一定宽度修建悬臂式挡墙，然后在挡墙外侧回填土方并压实，在停水检修期内对悬臂式挡墙内侧的渠堤进行挖除，并在渠道底板上浇筑混凝土。梯形渠段修建贴坡式挡墙，坡度与原坡面一致，典型断面见图2。

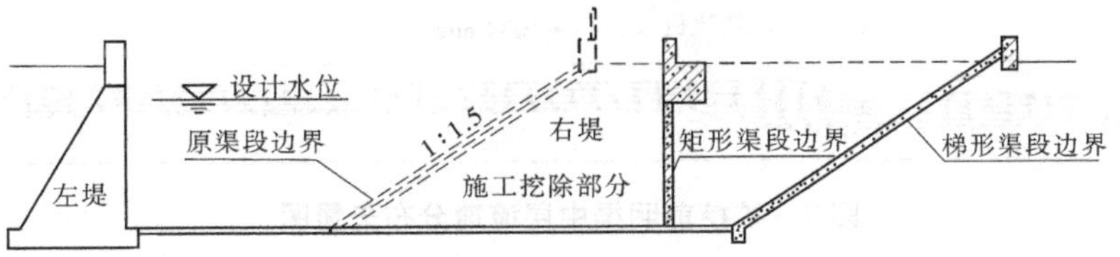

图2　典型断面设计图

3　工程改造水力特性分析

采取改造方案，扩宽了输水瓶颈段的过流断面，必然引起明渠段水流流态和渠道水面线出现变化，尤其是对断面变化相对较大区域的水流流态特征与流速分布产生较大影响。而水塘及水厂储水塘水域开阔，流态对塘底及挡墙的影响相对较小。基于上述考虑，采用三维水动力学数学模型，对输水瓶颈段扩宽前后流态情况进行对比分析。研究采取具体工程措施后的水力特性改善情况，特别是流态相对复杂部位的改进影响与效果。

该段渠道体形呈非对称的空间分布，水力参数（流速、水深等）在垂向方向的变化相比水平方向的变化不能忽略，计算域水平尺度与垂向尺度量级相当，具有强三维运动特性，故考虑建立三维数值计算模型。本文只模拟原渠道及扩宽渠道的水流流态，不考虑水塘的影响，分析渠道扩宽对流态的改善效果。

利用中望CAD软件，按1∶1等比例建立渠道扩挖前和扩挖后的三维几何模型，模型包含一段10 m双孔有压箱涵、渠道和水塘进口等，整个模型长610 m、宽60 m、高13.3 m，见图3和图4。

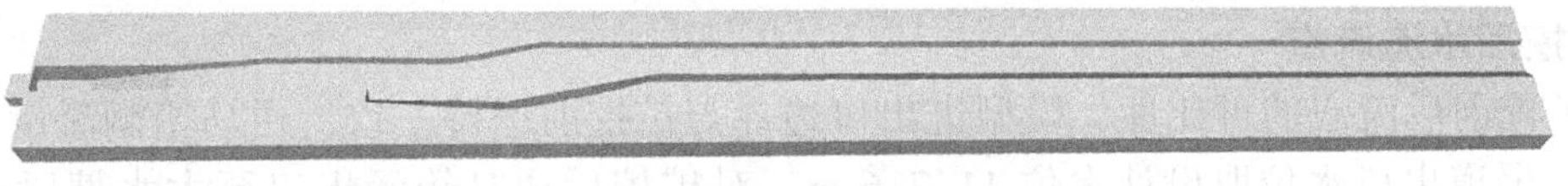

图3　扩挖前渠道三维模型

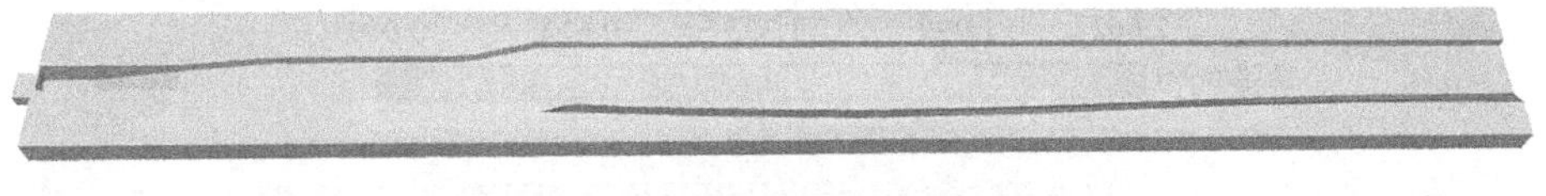

图4　扩挖后渠道三维模型

3.1　明渠扩挖前水流流态

利用建立的三维数值模型对司马箱涵出口至大水塘段现状渠道水流流态进行模拟研究，司马箱涵流量取设计抽水流量100 m^3/s，渠道出口水位取设计水位11.716 m，数模流速分布和紊动能分布结果见图5~图9。

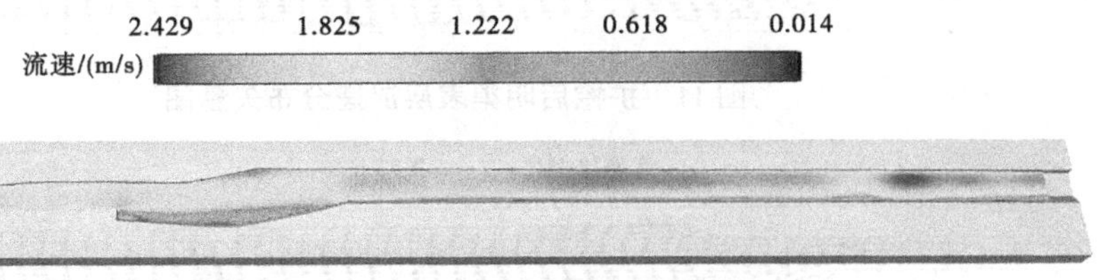

图5　扩挖前明渠表面流速分布云图

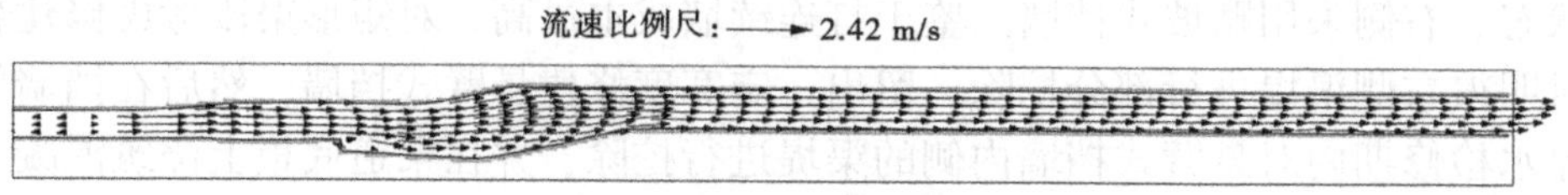

图 6　扩挖前明渠表层流速分布矢量图

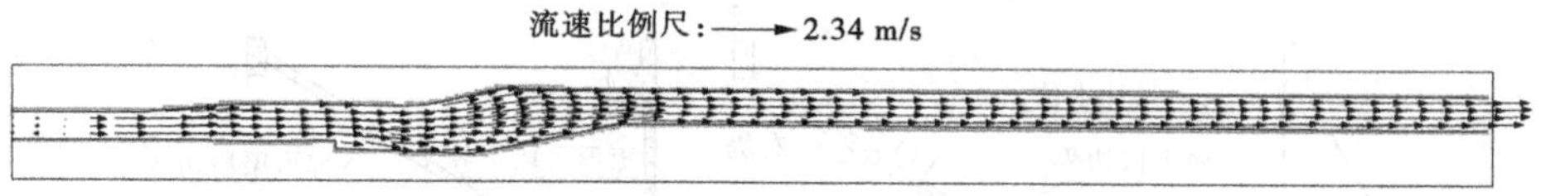

图 7　扩挖前明渠中层流速分布矢量图

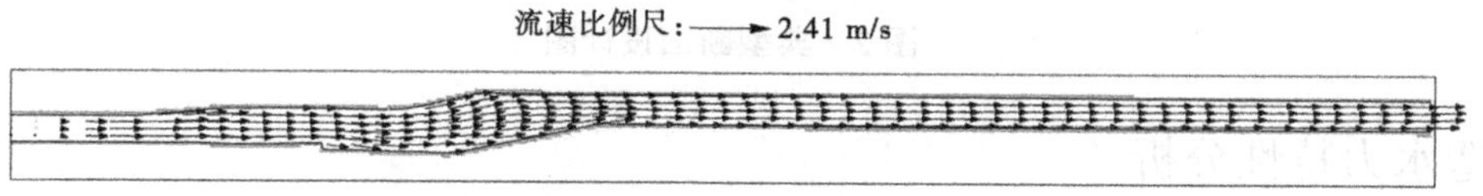

图 8　扩挖前明渠底层流速分布矢量图

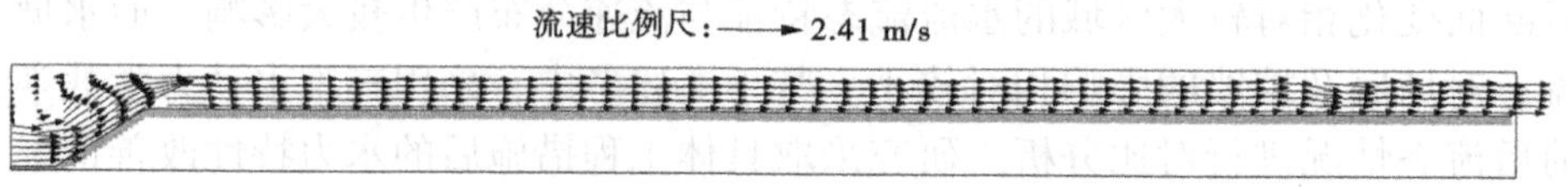

图 9　扩挖前明渠中心线垂向流速分布矢量图

观察发现，司马箱涵出口主流沿反坡向前向上流动，同时在箱涵出口上部形成反流，明渠水面出现轻微波动，此处是司马箱涵出口至大水塘整段明渠紊动最为剧烈的地方。水流沿底坡及左右护坡向左摆动进入断面突扩段，水流衔接较差，不能够自然顺畅地过渡。水流在右堤直角突扩处形成范围较小、紊动剧烈的漩涡，水流虽未与右堤挡墙边界发生明显分离，但右堤向内的渐变收缩束窄了有效过流断面，主流向左偏转，导致过流能力受到一定程度的影响。下游渠段区域未出现强烈旋流，水流无明显上下翻腾现象，无回流区，渠道左侧流速明显高于右侧，水流横向分布不均匀，水流纵向总体较为平顺。

3.2　明渠扩挖后水流流态

为保证扩挖前后流态的可比性，模型进出口边界与扩挖前保持一致，司马箱涵流量取设计抽水流量 100 m^3/s，渠道出口水位取设计水位 11.716 m，对扩挖后司马箱涵出口至大水塘段渠道流态进行研究，数模流速分布和紊动能分布结果见图 10~图 14。

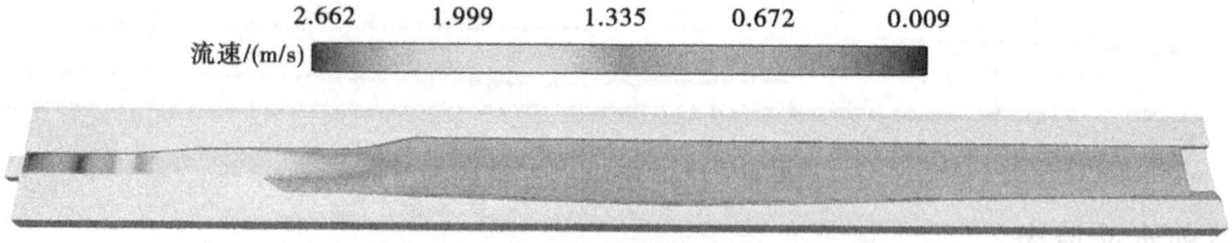

图 10　扩挖后明渠表面流速分布云图

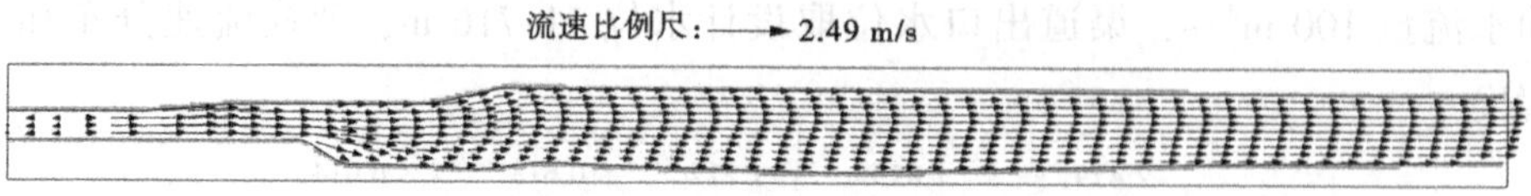

图 11　扩挖后明渠表层流速分布矢量图

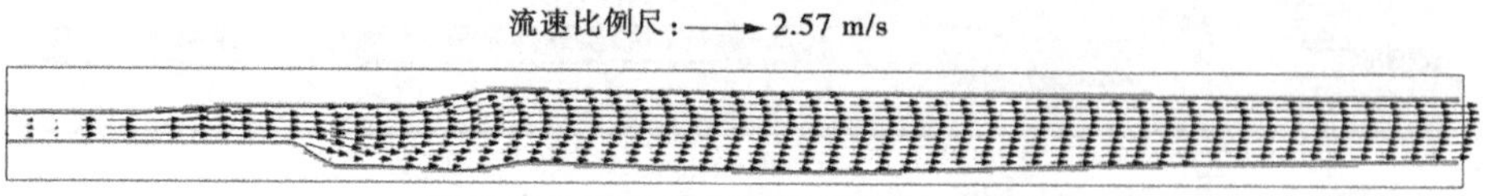

图 12　扩挖后明渠中层流速分布矢量图

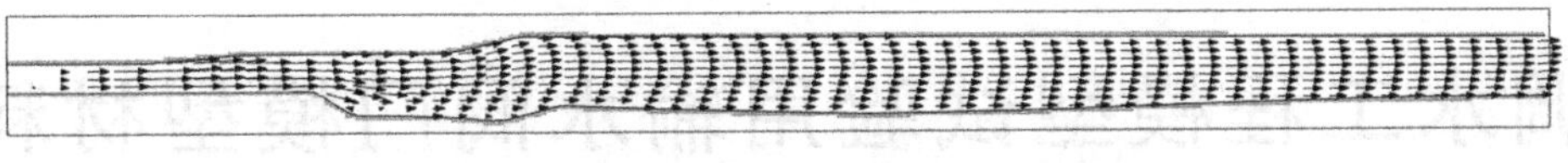

图 13　扩挖后明渠底层流速分布矢量图

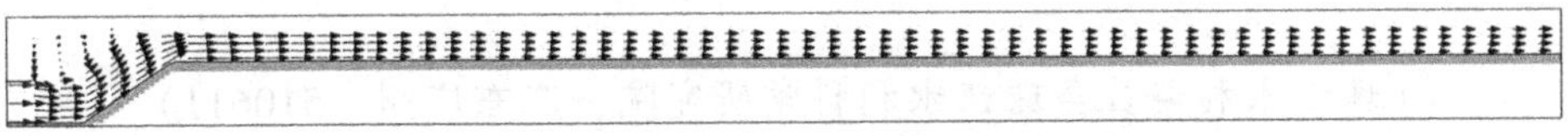

图 14　扩挖后明渠中心线垂向流速分布矢量图

观察发现，司马箱涵出口至大水塘段明渠经过扩挖后，流态得到明显改善。司马箱涵出口至渠道扩宽段起点，流态与扩宽前基本一致，主流沿反坡向前向上流动，同时在箱涵出口上部形成反流，明渠水面出现轻微波动。水流沿底坡及左右护坡平顺地进入断面扩宽处，水流衔接良好，能够自然顺畅地过渡。水流在右堤渐扩处无漩涡，无明显紊动，水流未与左、右堤挡墙边界发生分离，左、右堤均顺直向下游延伸，过流断面未出现束窄的情况，主流顺直向下，过流顺畅，水面稳定。下游渠段区域未出现强烈旋流，水流无明显上下翻腾现象，无回流区，渠道左、右侧流速基本一致，水流横向分布均匀、无横向环流，水流纵向总体较为平顺。司马箱涵出口至大水塘段明渠经过扩挖后，水流流态得到明显改善，避免了原渠道弯曲段水流紊乱现象，能够有效减小渠段水头损失。

4　结语

（1）针对调水工程明渠输水瓶颈段水头损失较大的问题，基于三维数模方法模拟明渠改造前后水力优化效果，具备重要的实践意义。

（2）明渠瓶颈段经过扩挖后，流态得到明显改善，水流总体较为平顺，避免了原渠道弯曲段水流紊乱现象，能够有效减小渠段水头损失。

参考文献

[1] 赵广川，孙博，曹倩．长距离调水工程梯级泵站优化调度研究［J］．水利水电技术（中英文），2024，55（增刊2）：82-93.
[2] 胡晖，张小卫，王博．流量调节和闸门控制条件下的渠池水力响应特性研究［J］．水电能源科学，2024，42（10）：149-152.
[3] 杨波，刘波，刘兵聪，等．管渠结合调水工程输水系统运行调度［J］．水利技术监督，2024（5）：135-138，155.
[4] 卢明龙，崔巍，陈文学，等．大型明渠调水工程输水建筑物水头损失测算［J］．水电能源科学，2023，41（10）：108-110.
[5] 白佳琦，张召，陈铭瑞，等．明渠调水工程流量切换条件下的渠池水力响应特性分析［J］．中国农村水利水电，2023（7）：153-159.
[6] 李甲振，郭新蕾，殷峻暹，等．配水枢纽水力控制的仿真研究［J］．水利学报，2022，53（11）：1328-1335.
[7] 赵丽伟，陈仕军，黄炜斌，等．跨流域调水工程的发电影响分析模型研究［J］．水电能源科学，2022，40（8）：198-202.

调水工程模型试验用输水阀门模型材料

黄 立 吴 娟 潘 宏 张恩明

（珠江水利委员会珠江水利科学研究院，广东广州 510611）

摘 要：在调水工程模型试验测量中，为精确模拟模型与原型间物理特性的等比关系，往往需要专项研发特殊的试验对象以满足测量要求。为满足 1∶20 等比例输水阀门“完全水弹性相似”模型测试试验的需要，研制与原型金属阀门结构的流固耦合（水弹性）特性成一定比尺相似的高密度、指定弹性模量的特殊材料至关重要，该材料将作为模型试验对象的构造原材。

关键词：水弹性相似；高密度；弹性模量；输水阀门

1 研发目的

我国水资源分布不均衡，往往需要跨地区、跨流域、长距离有压输水，对于一些落差较大的地形，一般通过重力流自流供水，长距离输水工程沿线地形复杂且流量大；对于无防护措施的长距离重力流输水工程，一般只能通过缓闭阀门来切断水流，并利用合理的关阀方案来控制关阀产生的巨大水锤压力[1]。

对于调水工程控制大口径阀门关阀过程中产生的巨大水锤压力及流激振动等相关水力学问题，设计建造阀门前需做好充足的模型试验，尽可能地发现问题并解决。解决方式通常有两种：数学模型试验与物理模型试验。其中，建立输水阀门物理模型，对运行期水位下的阀门进行“完全水弹性相似”流激振动特性研究，可弥补数学模型模拟时的不足，为阀门的设计提供更充足的依据。

为研制出与原型金属阀门结构的流固耦合（水弹性）特性成一定比尺相似的高密度、指定弹性模量的特殊材料，满足 1∶20 等比例的输水阀门“完全水弹性相似”模型试验的需要，模型与原型相比需满足尺寸相似、重力相似及弹性模量相似等要求，即密度相近，模型材料弹性模量为原型材料的 1/20，$E_M = E_p/20$。原型阀门一般采用 Q355 钢材，其弹性模量约为 206 GPa，因此本文所研发的模型材料性能应满足：弹性模量为 10 300 MPa，密度为 7.85 g/cm^3。

2 传统模型材料的不足

石膏是最常用的水工结构模型材料，但其性质与混凝土比较接近，均属于脆性材料，极限抗压强度远大于抗拉强度，比值为 5~10，不符合输水阀门模型材料抗压强度和抗拉强度相差不大的要求。

采用变态模拟技术，在保证模型的主要尺寸几何相似和流体边界条件相似的前提下，有机玻璃可增加板的厚度来近似符合相似要求[2]。但一般调水工程大口径阀门属于薄壁力学结构（如蝶阀、闸阀等）。而有机玻璃阀门的面板厚度增加几倍后，虽然整体强度符合模型需要，但其振动力学特性完全异于薄壁力学结构的表现。

以重晶石粉为主要材料，采用石膏或液体石蜡油作为胶结剂，以石英砂、氧化锌粉、铁粉、膨润土粉等作为调节密度和弹性模量的添加剂的复合材料，可应用于水工结构模型试验和地质力学模型试验。但这类材料极限抗拉强度太低，在流激振动试验中容易开裂，无法应用于输水阀门模型。

作者简介：黄立（1982—），男，高级工程师，主要从事水利工程金结与机电检测、试验工作。

3 新型模型材料的设计

由于模型材料弹性模量比尺等于几何比尺为最佳，且要求原型、模型材料密度相似，参考国内外的相关经验，拟定采用以重金属粉为主体材料与胶结剂相结合的方式制备符合要求的模型材料。

胶结剂的选择：无机胶结剂往往不耐酸、碱的腐蚀，耐水性较差（甚至有的是水溶性的），脆性较大，不耐冲击，而难以用作输水阀门模型材料。常用的有机胶结剂中，环氧树脂分子结构中含有活泼的环氧基团，可与多种类型的固化剂发生交联反应而形成不溶的网状结构高聚物。固化后的环氧树脂具有良好的物理、化学性能，对金属材料和非金属材料的表面具有优异的黏结强度，制品尺寸稳定性好，硬度高，柔韧性较好，对碱及大部分溶剂稳定。环氧树脂密度约 1.36 g/cm^3，抗拉强度约 50.5 MPa，耐磨性为调质钢的 1~1.5 倍[3]，以上性能符合输水阀门模型的使用需要，因此本文的研究选用环氧树脂作为阀门模型材料的胶结剂。

因复合材料主要靠胶结剂胶结而成，若胶结剂比例太低，则无法获得良好的力学性能，甚至无法成型，因此本文研究初步认为胶结材料的体积比例应不低于 50%。根据环氧树脂的平均密度为 1.36 g/cm^3，Q355 钢材的密度为 7.85 g/cm^3，从式（1）计算可知：

$$2X \cdot 7.85 = X \cdot 1.36 + X \cdot Y \tag{1}$$

式中：X 为模型材料体积分量；Y 为模型主体材料密度。

模型主体材料理论密度为 $Y=14.34$ g/cm^3，为保证胶结材料体积比例不低于 50%，实际使用的重金属粉密度应高于此理论密度。

自然界中密度在 14.34 g/cm^3 之上的无毒、无放射性可选元素里，钽的密度为 16.65 g/cm^3，有非常出色的化学性质，具有极高的抗腐蚀性，但其在地壳中的含量只有 1×10^{-6}，产量稀少、难以获得；铼的密度为 21.04 g/cm^3，纯铼质软，有良好的机械性能，但在地壳中含量只有 4×10^{-10}，是极稀有元素，基本不用考虑获得的可能性。

钨的密度为 19.35 g/cm^3，是银白色有光泽的金属，熔点极高，硬度很大，蒸汽压很低，蒸发速度较小，化学性质也比较稳定；我国钨矿资源丰富，钨的产量和出口总量均占世界第一。因此，本文选择综合性能较优的钨（粉状）作为阀门模型材料的主体材料[4]。

4 测试方法

4.1 弹性模量测试

采用动态法来测定输水阀门模型材料的弹性模量。具体测试方法按国家标准内的悬丝耦合弯曲共振法，试样在受交变应力作用下产生振动，测定试样的基频，求得动态弹性模量。

4.2 扫描电镜

采用扫描电子显微镜观察复合材料的表面形貌。

4.3 冲击强度测试

采用摆锤冲击仪测定材料的无缺口冲击性能。

4.4 弯曲强度测试

采用电子式万能试验机测定材料的弯曲性能。

5 环氧树脂与钨粉的并用比

为了达到原型钢材 Q355 密度数值，对模型材料中环氧树脂及钨的混合比例进行计算，已知钨的密度为 19.35 g/cm^3，环氧树脂的平均密度为 1.36 g/cm^3，Q355 钢材的密度为 7.85 g/cm^3。经计算，结果显示环氧树脂（固化后）与钨的体积比约为 16∶9，质量比约为 12.5∶100。据此，设计材料配方 1 为：钨粉 100 g，环氧树脂 6.9 g，环氧丙烷 2.1 g，聚硫醇 2.8 g，三乙胺 0.7 g。

经试验测试，所得模型材料的性能为：密度 6.91 g/cm^3、弹性模量 7 962 MPa、冲击强度 14.3

kJ/m^2、弯曲强度 3.0 MPa、固化前黏度 11 Pa·s。可见，固化成型后的模型材料密度偏低，比理论值相差了 13.6%；弹性模量更是相差了 29.4%。

颗粒之间的间隙在 1.50 μm 左右，钨粉颗粒为多角形形状，如图 1 所示。钨粉颗粒之间连接面少，面上的原子力无法形成强的键力，没有固定形状，本应具有与液体相似的流动性，但由于移动时钨粉颗粒之间摩擦明显，使其流动性有限。

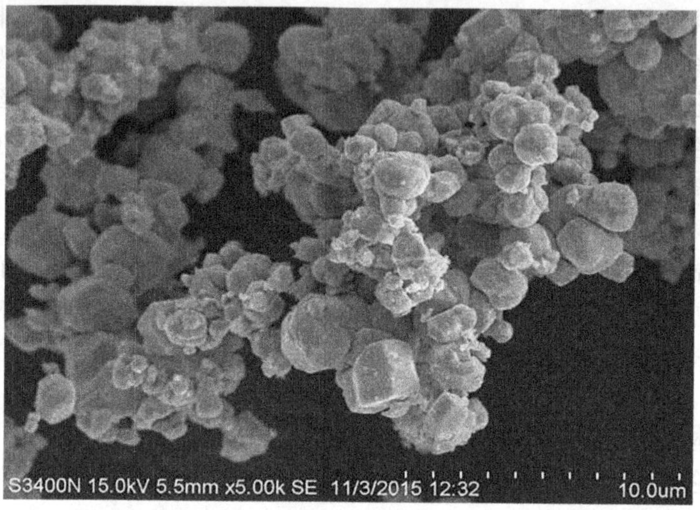

图 1　钨粉的电镜照片

环氧树脂是黏度较高的液体，对钨粉的分散造成了一定障碍，使得相当一部分的二次颗粒内细微孔的空气难以排出，从而降低了密度。图 2 为固化后模型材料的断面电镜图。由图 2 可见，液体混合物不能充分浸润固体钨粉，材料内部、界面间存在较多气泡和间隙。

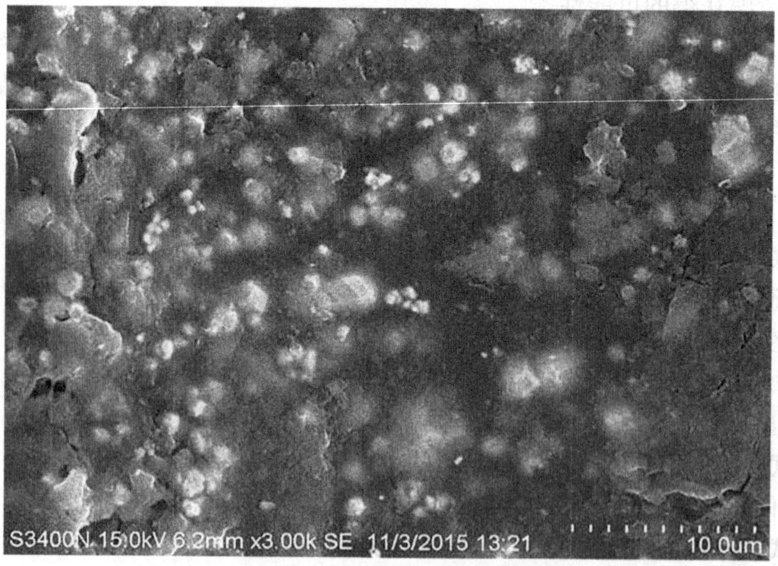

图 2　配方 1 的断面电镜图

6　真空浇注下料

由于上述试验条件限制，试验中混合物内空气无法完全排出，导致所研制的材料密度不足，因此需采用真空浇注下料技术的制备工艺，此工艺能有效地把“环氧树脂-钨粉”混合料中的空气抽出来，减少配料中的气泡。

真空浇注设备的浇注过程：材料预处理（插入“环氧树脂-钨粉”混合料，抽空和干燥填料，熔融和抽空固体环氧树脂，抽空固化剂）→物料混合（首先将主体材料和环氧树脂混合，抽空树脂，然后与固化剂混合）→固化（注造材料在室温中固化）→脱模（保持适当的温度以释放材料应力）。成型流程见图3。

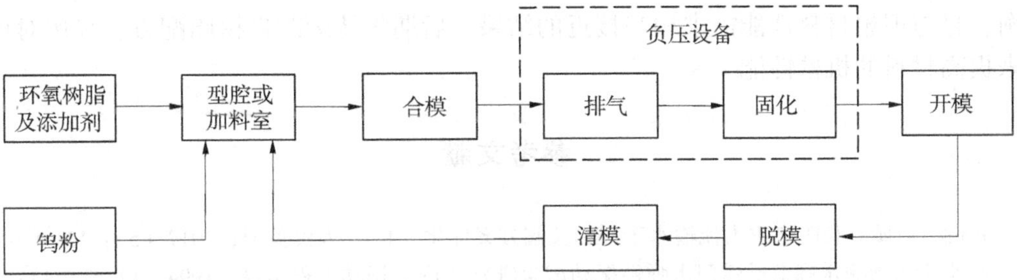

图3 成型流程图

固化成型后，测得所得模型材料的性能为：密度为7.35 g/cm^3，弹性模量9 601 MPa、弯曲强度3.8 MPa、冲击强度17.4 kJ/m^2、固化前黏度19.633 Pa·s。可见，采用真空浇注下料技术，模型材料的密度和弹性模量有较明显的提高，密度距理论值仅相差6.8%，弹性模量仅差7.3%。图4为真空浇注材料的断面电镜图。

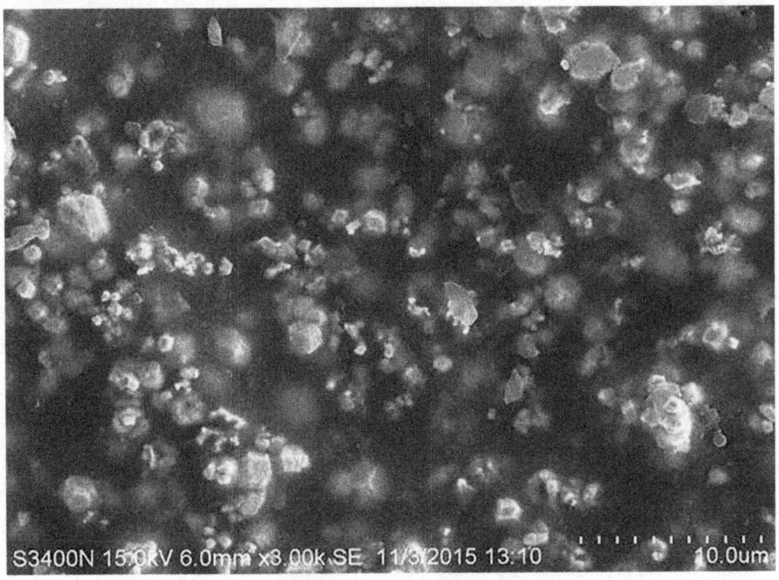

图4 真空浇注材料的断面电镜图

经分析，上述差距原因为：

（1）市面上的钨粉主要采用氢还原三氧化钨或仲钨酸铵的方法制备，通过先在500~700 ℃温度下将三氧化钨还原成二氧化钨，再在700~900 ℃温度下将二氧化钨还原成钨粉，两次还原都难以100%地实现所有物质的转化，存在三氧化钨和二氧化钨残留在粉末内，这二者密度远低于钨，造成了市购钨粉的密度偏低。

（2）由于本试验采购的钨粉粒度较小（W-4，颗粒度在2.00 μm，颗粒之间的间隙在1.50 μm左右），含氧量较高，为0.3%。混合时，若干一次颗粒聚集成二次颗粒，一次颗粒之间形成一定的黏结面，在二次颗粒内存在些细微的孔；同时由于环氧树脂是黏度较高的液体，对钨粉的分散造成了一定障碍，使得相当一部分的二次颗粒内细微孔的空气难以排出，导致密度下降。

（3）前文计算环氧树脂（固化后）与钨粉的体积比时，使用了环氧树脂的平均密度（1.36 g/cm^3），而本试验所采购的环氧树脂（双酚A环氧树脂E44、双酚A环氧树脂E51、双酚F环氧树脂）的密度介于1.15~1.35 g/cm^3，整体偏低，这也是密度不足的原因之一。

7 结论

通过科学的材料比选、合理的材料配比、改进的下料技术，逐步摸索并得到在密度、弹性模量方面比较均衡，且与理想材料性能需求相当接近的结果。后期将持续改良树脂配方，采用对环氧树脂改性的方式来提高材料的机械性能。

参考文献

[1] 王焰康，张健，何城．长距离重力流输水工程的关阀方案优化［J］．人民黄河，2017（5）：131-139.

[2] 吴杰芳．高水头船闸输水廊道反弧门水弹性振动试验研究［J］．振动工程学报，1994，12，7（4）：351-356.

[3] Takayuki Semoto，Yuta Tsuji，Kazunari Yoshizawa. Molecular Understanding of the Adhesive Force between a Metal Oxide Surface and an Epoxy Resin［J］J. Phys. Chem，2011，115（23）：11701-11708.

[4] Le Chang ，Yan Zhang ，Yujian Liu ，et al. Preparation and characterization of tungsten/epoxy composites for c-rays radiation shielding［J］. Nuclear Instruments and Methods in Physics Research B，2015，356-357：88-93.

大管径输水管线交叉穿越石油管线施工技术研究

金岳堂　高小乐　张深垒

（中国水利水电第十二工程局有限公司，浙江杭州　310000）

摘　要： 本文围绕大管径输水管线与石油管线交叉穿越工程的施工技术进行了深入研究。首先梳理了相关工程技术的发展历程，为穿越工程提供了理论依据和技术参考。本文重点探讨了穿越施工方案的设计原则和实施步骤，注重技术创新与优化，保障了施工的安全性和经济性。同时，对安全风险的识别和防控措施进行了系统分析，确保了该类高风险工程的安全施工。通过案例分析，验证了所提方案的可行性与有效性。本文研究的结论对提升类似工程施工技术水平提供了有益参考，对石油与水利行业的基础建设具有实际推广价值。

关键词： 大管径输水管线；石油管线交叉；施工技术；安全风险防控；方案设计；案例分析

1　引言

在输水管线施工过程中，大管径输水管线的交叉穿越备受关注。这涉及工程技术人员需要关注的管线的水平位置和垂直位置，以及避免干扰石油管线的施工过程，此外还需要综合考虑土壤条件、管线材料和施工工艺等多方面因素。为解决这一问题，工程技术人员可使用特殊的支撑结构或调整施工工艺，以确保大管径输水管线与石油管线的顺利施工。在实际工程中，针对大管径输水管线的交叉穿越，工程技术人员可以采用特殊设计的支架或支撑结构，例如采用跨越架等来实现管线的顺利穿越，确保石油管线施工不受影响。此外，工程技术人员还需要根据具体情况，调整施工工艺，例如采用特殊的挖掘机械和施工方式，以确保管线顺利铺设和施工顺利进行。

石油管线在输送石油、天然气等能源资源方面具有重要作用，其安全运行至关重要。而大管径输水管线作为城市供水的重要组成部分，其施工与石油管线的交叉穿越问题成为研究的焦点之一。本文将结合实际工程案例，探讨大管径输水管线与石油管线交叉穿越的施工技术，并提出相应的解决方案。

通过对大管径输水管线与石油管线交叉穿越问题的研究，可以为工程技术人员在实际施工中提供参考与借鉴，为保障石油管线的安全运行和大管径输水管线的顺利施工提供技术支持，有着重要的理论和实际意义。

本文从大管径输水管线与石油管线交叉穿越问题的背景与意义入手，分析当前存在的问题与挑战，探讨相关的解决方案，并对实际工程案例进行分析，以期为类似工程提供技术支持与指导，为相关工程领域的发展贡献一份力量。

2　相关工程技术回顾

（1）在进行石油管线穿越之前，需要深入回顾和研究大直径输水管线的施工技术。这样可以更好地了解施工过程中可能遇到的挑战和难点，以及为制订更科学合理的施工方案提供必要的参考。管线施工过程中可能遇到的挑战和难点，如地质条件、施工技术、材料选用等因素需要特别关注。通过分析类似工程项目的案例，探讨施工中可能出现的问题及解决方案，将有助于为实际工程施工提供更

作者简介： 金岳堂（1987—），男，高级工程师，主要从事项目管理工作。

具针对性的指导。在实际工程中，通过深入研究大直径输水管线施工技术，可以更好地解决施工中可能遇到的挑战。例如，对于土壤条件复杂的区域，结合案例分析，可以制订更科学合理的施工方案，从而提高工程施工的效率和质量。

（2）通过分析和总结类似工程经验和教训，避免在进行大管径输水管线交叉穿越石油管线的工程施工中遇到相同的问题，这对提高工程施工的效率和质量至关重要。

（3）对相关的工程技术标准和规范进行详细的总结和归纳。只有准确理解和遵守相关的技术标准，才能保证工程施工的安全和可靠。

（4）总结和归纳与大管径输水管线交叉穿越石油管线相关的先进施工技术和设备。随着科技的进步，不断涌现出各种新的施工技术和设备，这些新技术和设备可为工程施工带来更大的效益和便利。因此，需要对这些先进的施工技术和设备进行详细的了解和分析，以便在实际施工中灵活运用。

综上所述，对于大管径输水管线交叉穿越石油管线的施工技术研究，相关工程技术的回顾是十分重要的。只有充分了解工程技术和规范，吸取经验教训，并灵活运用先进技术和设备，才能确保工程施工的顺利进行。因此，在实际施工前，应该充分重视对相关工程技术的充分总结和归纳与研究，以期取得更好的施工效果。

3 穿越施工技术方案设计

3.1 施工前准备与方案制订

在进行大管径输水管线交叉穿越石油管线施工前，必须进行充分的准备工作，并制订详细的施工方案。包括对施工现场的勘察、设计图纸的审核、施工设备的选型、施工人员的培训以及施工安全措施的制订。

（1）施工单位需要对施工现场进行详细的勘察，了解地质条件、地下水位、周边环境等因素，这些信息对施工方案的设计至关重要。同时，还需要对设计图纸进行审核，以确保图纸的准确性和可行性，以及与现场条件的匹配度。

（2）施工设备的选型也是施工前准备工作的重要部分。根据施工要求和现场条件，选择合适的挖掘机械、吊装设备、焊接设备等，以确保施工的顺利进行。

（3）施工人员的培训也是不可忽视的环节。施工人员需要熟悉施工流程、掌握施工技术、了解安全规范，以提高施工效率并确保施工安全。

（4）施工安全措施的制订是施工前准备工作的重中之重。包括制订应急预案、设置安全警示标志、配备安全防护用品等，以预防和减少施工过程中可能发生的安全事故。

综上所述，施工前准备与方案制订是确保大管径输水管线交叉穿越石油管线施工顺利进行的关键步骤，需要施工单位精心策划和周密安排。

3.2 施工过程中的关键技术

施工过程中的关键技术主要包括以下几个方面：

（1）精确测量与定位技术。为了确保输水管线与石油管线的安全距离，需要采用高精度的测量设备进行精确测量，并通过 GPS 定位技术确定施工位置，确保施工的准确性。

（2）管线开挖与支护技术。在交叉穿越施工中，需要对土壤进行开挖以露出石油管线，同时要确保开挖过程不会对石油管线造成损伤。支护技术用于防止开挖过程中土壤塌陷，保护作业人员安全。

（3）防腐与密封技术。在施工过程中，需要对输水管线和石油管线进行防腐处理，以防止长期运行中因腐蚀导致泄漏。同时，在管线连接处要采用高性能密封材料，以确保连接的密封性。

（4）施工机械与设备的选择。根据施工现场的具体条件，选择合适的施工机械和设备，如挖掘机、推土机、吊装设备等，以提高施工效率和安全性。

（5）应急处理技术。在施工过程中，可能会遇到突发状况，如管线泄漏、土壤塌陷等。因此，需要制订应急预案，并配备相应的应急处理设备和技术，以便迅速有效地处理突发事件。

（6）施工后的恢复技术。施工完成后，需要对开挖区域进行回填和恢复，确保地表恢复原状，并对植被进行恢复，以减少对环境的影响。

这些关键技术是确保大管径输水管线交叉穿越石油管线施工顺利进行的重要保障，它们相互配合，共同构成了施工过程中的技术体系。

3.3 施工后的检测与评估

在完成大管径输水管线交叉穿越石油管线的施工后，进行全面的检测与评估是确保工程质量和安全的关键步骤。

3.3.1 检测方法与技术

施工后的检测主要包括非破坏性检测（NDT）和破坏性检测（DT）。非破坏性检测方法包括超声波检测、磁粉检测、射线检测等，用于检查焊缝、接头等关键部位的质量。破坏性检测则通过取样和实验室测试来评估材料性能和连接强度。

3.3.2 评估标准与流程

评估标准应参照国家相关规范和行业标准，确保检测结果的准确性和可靠性。评估流程包括初步检测、详细检测、数据分析和报告编制等步骤。通过对比检测结果与标准要求，可以判断施工质量是否合格。

3.3.3 检测与评估结果的应用

检测与评估的结果对后续的维护管理和风险控制至关重要。根据评估结果，可以制订相应的维护计划和应急预案，以确保管线的安全运行。同时，评估结果也是改进施工技术和提升工程质量的重要依据。

4 安全风险与防控

在大管径输水管线与石油管线交叉穿越的施工过程中存在着严重的安全风险。由于施工现场可能存在火灾、爆炸等安全隐患，这些可能对环境造成极大影响。为了有效处理这些风险，必须采取切实有效的措施进行安全风险的预防和控制。

（1）施工单位在施工前应进行认真的安全评估，充分了解施工区域的地质、气候、地形等情况，对潜在的安全风险进行科学的预测和分析。

（2）施工单位应采取有效的安全措施，比如在施工现场严格执行安全操作规程，配备专业的安全设施和器材，并对施工人员进行安全培训，以增强他们的安全意识和应急处理能力。

（3）施工单位应积极配合相关部门进行安全监督和检查，及时发现和解决存在的安全隐患，确保施工现场的安全环境。同时，施工单位还应制订完善的应急预案，建立健全的安全管理体系，以便在发生安全事故时能够迅速、有效地应对，最大限度地减少损失。

（4）在进行石油管线施工前，施工单位需要与石油管线所有权单位充分沟通，共同制订施工方案和安全管理措施，以确保施工过程中不会对石油管线造成损害。施工单位还必须严格遵守相关法律法规和标准要求，严格按照规定的程序和要求进行施工，以保证施工过程的合法合规。例如，可以通过与石油管线所有权单位协商，确定施工时间和地点，避免对管线设施造成损坏。此外，严格按照施工方案和安全管理措施执行施工工序，确保不会影响石油管线的正常运行。

综上所述，大管径输水管线交叉穿越石油管线施工的安全风险不能忽视，但只要施工单位采取有效的防控措施，严格遵守相关规定，加强安全管理和监督，就能够保证施工过程的安全稳定，保障工程的顺利进行，以及人员和环境的安全。

5 结论

在大管径输水管线交叉穿越石油管线的施工过程中，对施工中的关键问题进行了深入研究和分析，并通过实地调研和数据分析，得出了以下结论：

（1）施工前的充分准备工作至关重要。在进行大管径输水管线交叉穿越石油管线施工前，需要对地形、地质、管线材质等进行全面评估，并制订详细的施工方案。只有充分准备，才能在施工中妥善应对突发情况，保障施工的顺利进行。

（2）施工过程中的安全措施必不可少。在大管径输水管线交叉穿越石油管线施工中，安全永远是第一位的。必须严格执行安全操作规程，配备专业的施工人员和监控设备，确保施工过程中不发生任何安全事故。

（3）施工中的技术手段和设备也是至关重要的。采用先进的无损检测技术和施工设备，能够有效提高施工效率，减少施工风险。因此，在选择施工方案和技术设备时，需要进行科学的评估和论证，确保施工的顺利进行。

（4）施工过程中的沟通协调必须到位。大管径输水管线交叉穿越石油管线的施工涉及多个部门和单位，需要进行良好的沟通与协调，确保各方利益得到充分考虑，避免因沟通不畅而造成施工延误和风险增加。

综上所述，大管径输水管线交叉穿越石油管线的施工技术研究是一项复杂而又关键的工作。这项工作涉及多方面的因素，其中包括施工准备、安全措施、技术手段和沟通协调。只有各个方面都得到充分重视和有效控制，才能确保施工工作的顺利进行，为输水管线和石油管线的安全运行提供可靠保障。例如，在施工准备阶段，需要对地质条件、管线布置、环境保护等因素进行综合评估和规划，以确保施工过程中的稳定性和安全性。另外，在交叉穿越施工中，需要采用先进的定位技术和管道安全监测设备，以实时监测管线的状态和运行情况，从而及时发现问题并采取应急措施。

参考文献

[1] 牛景光．输电线路-油气管道交叉点杂散电流与过电压防护研究［D］．淄博：山东理工大学，2019.

[2] 陈帅．石油管道安装与施工工艺技术研究［J］．中国科技期刊数据库（工业 A），2021，24.

[3] 王富强．高海拔地区油气管道山体定向钻施工关键技术研究与应用［J］．石油天然气学报，2023（2）：170-175.

[4] 天工．中国石油管道局工程有限公司创国内大管径长距离定向钻穿越新纪录［J］．天然气工业，2020：40（9）.

[5] 杨帆．我国石油行业上市公司环境会计信息披露问题研究［D］．长春：长春工业大学，2020.

[6] 于晓惠．风险视角下中国石油股份换购 ETF 问题研究［D］．武汉：中南财经政法大学，2020.

[7] 赵岩，姜旭，常通，等．管径 1422mm，X80 管线钢管关键力学性能参数探讨［J］．石油和化工设备，2021，24（11）：8-10.

[8] 高莉华．试论开孔封堵技术特点及应用［J］．石油石化物资采购，2020（4）：29.

[9] 沈子莹．石油储罐底板外周导波激励与检测技术研究［J］．重庆：重庆大学，2019.

[10] 王冬．大管径 PCCP 管道交叉穿越方案比选研究［J］．水利技术监督，2019（5）：225-228.

[11] 钟千里．石油磺酸盐与甜菜碱复配体系油水界面行为研究［D］．抚顺：辽宁石油化工大学，2019.

[12] 孙洋．低温石油焦作为锂离子电池负极材料的改性研究［D］．济南：济南大学，2019.

河北省南水北调受水区地下水压采成效巩固提升的思考和对策

赵　源　佟昕馨　李　佳

（水利部南水北调规划设计管理局，北京　100038）

摘　要：河北省水资源严重短缺，过度依赖开采地下水保障生产生活用水，造成地下水水位持续下降，地下水漏斗不断扩大。近年来，通过实施南水北调工程受水区地下水压采和地下水超采区综合治理，河北省受水区超采区面积及超采量大幅下降，压采工作取得积极成效，但是压采成效处于“紧平衡”。本文通过梳理河北省南水北调受水区地下水压采实践，分析现状地下水压采存在的问题和相应对策，为后续地下水压采成效巩固提升提供参考。

关键词：河北省；南水北调；地下水压采；成效巩固提升

1　引言

河北省水资源严重短缺，多年平均（1956—2000 年）降水量 532 mm，人均水资源量 307 m^3，仅为全国平均水平的 1/7。长期以来，河北省不得不过度依赖开采地下水保障生产生活用水，造成地下水水位持续下降，地下水漏斗不断扩大，是全国地下水超采最严重的省份[1-2]。2014 年南水北调中线一期工程正式建成通水，为缓解河北省水资源短缺提供了重要水源[3-4]。

2013 年，国务院批复《南水北调东中线一期工程受水区地下水压采总体方案》（简称《总体方案》），河北省受水区结合《总体方案》要求，坚持节水优先，通过采取综合措施，充分利用南水北调水、黄河水、当地地表水，逐步替代超采的地下水。在水利部等部委的支持下，2014 年开始，河北省启动地下水超采综合治理试点，通过“节、引、调、补、蓄、管”等措施，落实《华北地区地下水超采综合治理行动方案》各项任务，持续开展引江引黄调水和河道生态补水，积极实施农业灌溉水源置换，严控地下水开采[5-6]。近年来，河北省南水北调受水区地下水压采成效明显，节水水平进一步提升，地下水水位下降趋势得到遏制，但是地下水压采成效处于“紧平衡”状态，需进一步分析现状地下水压采存在问题和相应对策，为后续地下水压采成效巩固提升提供参考。

2　受水区地下水压采措施及成效

河北省南水北调中线一期工程受水区覆盖了京津以南 6.21 万 km^2 的平原区，占到了河北省总面积的 33%，涉及石家庄、衡水、邢台等 7 个设区市，均为地下水超采区。南水北调中线工程通水以来，河北省优化配置各类水源，大力推进节水，开展水源置换，加强机井管理，有序推进完成《总体方案》提出的各项目标任务，受水区累计压采量超 53 亿 m^3。2024 年较 2022 年，受水区超采区面积减少 22 861 km^2，地下水超采量减少 6.76 亿 m^3。

2.1　实施多领域节水

一是开展农业节水，在实施水源置换的同时，稳步推进种植结构调整，依托高标准农田建设，受

基金项目：国家重点研发计划项目南水北调中线工程多水源供水保障与智慧调控技术（2023YFC3209400）课题一“中线多水源调水系统水资源适应性均衡配置理论与技术”（2023YFC3209401）。

作者简介：赵源（1987—），男，经济师，副处长，主要从事南水北调工程规划设计与管理相关工作。

水区新增管灌、喷微灌等高效节水灌溉面积 1 282 万亩（1 亩 = 1/15 hm^2）。二是开展工业节水，推进高耗水行业去产能，开展节水型企业创建活动。三是开展城镇节水，积极创建节水型城市，推进城市公共供水管网建设改造，2018—2020 年，全省县城及以上城市新建供水管网 3 996 km，改造供水老旧管网 1 503 km。

2.2 实施水源置换

多渠道、多水源增加地表水水源供给，开展地下水水源置换，减少地下水开采。印发《关于用足用好南水北调引江水的意见》，促进引江水消纳，2014—2020 年，全省引江水总量累计达 93 亿 m^3，成为河北受水区地下水压采的重要水源保障。2014—2020 年，全省引黄调水累计达 53.8 亿 m^3，缓解了河北中东部严重缺水状况、改善沿线水生态、助力地下水超采综合治理工作。利用引江水、引黄水、当地地表水，推进城乡生活生产水源置换。截至 2020 年底，已在沧州、衡水等 7 市 59 个县实施南水北调中线农村生活水源置换，解决 1 354 万农村人口饮水问题，在 79 个县实施农业灌溉水源置换，改造灌溉面积 777 万亩。

2.3 实施生态补水

在保障城乡生活和工业正常供水的前提下，河北省积极申请南水北调中线引江生态补水水量。自 2018 年利用南水北调中线引江水向滹沱河、南拒马河、滏阳河 3 条试点河道实施河湖生态补水以来，截至 2024 年 8 月，累计通过引江中线向 29 条河道补水 71.53 亿 m^3。同时，利用南水北调中线引江水，向白洋淀上游河道生态补水，2018—2024 年累计补水 31.18 亿 m^3，助力华北地下水超采综合治理。

2.4 加强地下水管控

在全面摸清城市、农村取水井分布及数量的基础上，逐井建立电子标识，按照“先通后关、应关尽关、关管并重”的原则，有序开展关井工作，截至 2023 年底，南水北调受水区累计关停取水井 23.8 万眼。严格落实《河北省取水井管理办法》，进一步修订完善《河北省地下水管理条例》《河北省取水许可管理办法》，进一步优化地下水取水许可审批流程，自 2018 年 9 月地下水取水许可审批权限上收到省级以来，至 2023 年底，南水北调受水区累计注销取水许可证 16 075 个，核减地下水许可水量 10.84 亿 m^3。强化监控能力建设，全省共布设非农用水在线监测点 11 600 多个，年取水量 1 万 m^3 以上非农取用水户全部实现在线监控。逐步织密地下水水位水量监控站网，全省地下水水位监测站点累计达 3 151 个，基本实现超采区地下水水位监测站网全覆盖，为受水区地下水压采提供技术支撑。

2.5 实施制度措施创新

开展水资源税改革试点，通过税收杠杆减少地下水开采。开展农业水价综合改革，出台《关于推进农业水价综合改革的实施意见》，探索建立了“超用加价”“一提一补”“终端水价”等水价改革模式。开展水权水市场改革，围绕用水权改革不断完善制度，先后印发《河北省水权确权登记办法》《河北省农业水权交易办法》《河北省工业水权交易办法》等规范性文件，借助中国水权交易平台、省资源交易平台、省农村产权流转交易平台等，推进水权交易。探索农业用水计量手段，研究印发《河北省农业用水限额及水量核定工作办法》《河北省农业用水以电折水计量实施细则》，划定了不同区域农业灌溉用水“以电折水”系数。推进深层地下水回补试点。

3 受水区地下水压采面临问题

3.1 部分区域农业灌溉用水替代水源难以落实

受建设资金需求、管理体制、水价、供水保障率、调蓄工程等多重因素影响，部分农村生活用水、农业灌溉用水等缺乏稳定可靠的压采替代水源，导致局部地区仍超采。河北东南部地区多是地表水源条件差的粮食主产区，主要开采深层水灌溉，由于田间“最后一公里”问题尚未解决，引黄保证率不足，深层地下水开采量仍居高不下，部分区域农业灌溉用水替代水源难以落实。

3.2 保障粮食安全与推进地下水压采需要统筹平衡

面对保障粮食安全和推进地下水压采的双重任务，部分地区统筹压力大，对政策依赖较大。如国家新增1 000亿斤（合500亿kg）粮食生产能力任务，一些区域需扩大水浇地，一些旱作雨养和季节性休耕区域，补贴资金筹措困难，一旦降雨偏少、来水不足或补贴资金不足，存在复灌反弹风险。

3.3 财政补贴压力大

河北省实施季节性休耕、旱作雨养，每年各级财政需补贴38.5亿元。此外，还需要统筹农业节水投入、节水品种补贴等，财政压力大。一旦停止补贴，农民重新开采地下水，压采效果难以巩固。

4 压采成效巩固提升对策建议

4.1 结合水网建设优化水资源配置

进一步巩固提升受水区节水水平，推进节水规模化经营，严格执行落实《地下水管理条例》，减少地下水开采。结合大水网建设，进一步优化区域水资源配置，提高引江、引黄配套工程建设力度，改善灌区水源条件，提高替代水源稳定性和可靠性。进一步推进城市供水管网向农村延伸，促进农村供水工程与城市管网互联互通，畅通供水网络的“毛细血管”[7]。协调构建生态补水工作机制，指导规范后续生态补水工作，继续相机开展生态补水。

4.2 加强部门和政策协同衔接

进一步建立完善与农业农村等部门的协商机制或联席会议制度，提高水资源安全保障、粮食安全、国土空间用途管制等有关政策协同衔接。加强地下水相关监测数据共享，加强地下水相关基础及技术应用研究，优化地下水超采治理方案，探索地下水深层回补技术，及时评估治理成效。

4.3 积极争取相关资金支持

梳理近年已实施的各项措施，综合分析不同措施实现的压采成效和持续性推广所需的水源、工程、资金等前提条件，优化压采措施安排，提高工作主动性，多渠道积极争取相关治理资金支持，进一步推进地下水压采成效的巩固提升。

参考文献

[1] 赵伟，张封．南水北调中线工程对河北地下水超采综合治理的作用分析［C］//中国水利学会．中国水利学会2019学术年会论文集：第二分册．北京：中国水利水电出版社，2019.

[2] 王艳霞，程林，刘西汉，等．南水北调中线工程河北受水区地下水资源利用及保护对策研究［J］．石家庄经济学院学报，2018，41（3）：30-36.

[3] 赵勇，陆垂裕，何鑫，等．华北地区地下水超采治理十问：地下水，河湖复苏下的涌动［J］．中国水利，2023（4）：19-25.

[4] 高媛媛，陈文艳，李佳，等．重点超采区地下水超采综合治理实践与启示［C］//中国水利学会调水专业委员会2023年度论文集，2023：78-84.

[5] 崔志清．贯彻新发展理念 坚持综合施策 全力推进河北省地下水超采综合治理［J］．中国水利，2021（7）：40-42.

[6] 刘宪亮．南水北调中线工程在华北地下水超采综合治理中的作用及建议［J］．中国水利，2020（13）：31-32.

[7] 李国英．深入贯彻新发展理念推进水资源集约安全利用：写在2021年世界水日和中国水周到来之际［J］．水利发展研究，2021，21（3）：1-2.

引调水工程泵站建设工期管理要点

王耀军[1]　房敬年[1]　刘琳琳[2]

（1. 黄河古贤水利枢纽有限公司，河南郑州　450018；
2. 商丘市水利建筑勘测设计院，河南商丘　476002）

摘　要：泵站工程建设内容涉及专业、环节众多，各专业、各环节工作间存在大量交叉，且相互制约，工期冗余度低，造成其工期管理难度大，精细化管理要求高。但由于建设规模和投资在引调水工程中占比小，其工期管理易被忽视。本文从泵站工程自身特点出发，从设计、采购、施工等三方面分析了对泵站工程建设工期的影响及在工期控制和管理中需要关注的工作要点。

关键词：泵站；工期管理；要点

1　引言

泵站是引调水工程中常见的水工建筑物，其建设内容不但涉及常见的土建施工，而且涉及大量的水机、电气、金结等设备的制造和安装，建设内容涉及专业、环节众多，各专业、各环节工作间存在大量交叉，既前后衔接紧密，又相互制约。

工期一般指一个建设项目或一个单项工程从开始到完成既定工作目标所经历的时间[1]。工期管理的目的是通过一系列管理活动，实现既定工期目标。工期管理是确保工程早日发挥效益，实现收益目标的需要，同时也是各参建单位满足合同履约要求，降低企业成本的重要措施。现阶段水利工程建设普遍具有建设工期紧、工作节奏快的特点，这对泵站这类“小而繁”的项目的进度管理提出了更高的要求。特别是对于一些中小型泵站，因体量小，工期管理往往受到忽视；但也正因为体量小，各环节工期冗余度有限，一旦某个环节出现工期延误，往往牵一发而动全身，导致整个工程的工期延误。

本文结合笔者在多个引调水项目建设管理工作的经历，从设计管理、采购管理、施工管理等方面对做好泵站工程的工期控制和管理提出了几点认识。

2　设计管理工作要点

工程项目的建设需要以设计为依据，设计管理主要指针对设计工作质量、进度等进行管控，以求提高设计的可行性，为施工提供更大的便捷。设计管理的水平对设计的合理性乃至整个工程的成本、工期和质量控制都有直接的影响[2]。

泵站工程的设计工作也存在专业多、交叉多、配合多、干扰多、内容繁的特点，要保证工程建设进度，首先要重点关注设计工作的进度和设计成果质量。

2.1　设计管理人员要求

好的设计管理人员不仅要懂设计，也要懂施工、懂设备采购，应该是一个多面手。作为泵站工程的设计管理人员，必须提升自身综合业务素质，对泵站的建设内容、整体施工过程安排甚至具体的施工工序都有深入的认识，能详细识别不同阶段的图纸及设计文件需求，并且熟悉不同专业设计工作中相互间的配合、干扰和制约条件。在此基础上，能编制出详细的、符合工程建设实际的设计管理工作

作者简介：王耀军（1983—），男，高级工程师，主要从事水利水电工程建设项目管理研究工作。

计划及施工图需求计划，并据此跟踪、监督设计工作进展，协调各专业设计工作有序开展。

2.2 设计进度管理

（1）整体设计工作应适度超前。泵站工程设计工作涉及专业、部门、人员较多，且相互之间存在配合和干扰。为了不影响施工及后续设计，整体设计工作应该适度超前。应结合现场施工计划编制供图计划，并组织有经验的管理人员及设计人员认真复核供图计划的可实施性和存在的制约因素。施工图的供应应尽可能早、全：一是有利于施工人员提前研究图纸，确定合理的施工安排；二是可提前发现施工图中错漏项内容，及时反馈设计人员；三是有利于施工人员对工程施工内容有更全面深入的认识，避免施工安排时漏项，后期窝工、返工，影响进度。

（2）必须关注“小专业”进度。对于泵站工程，要特别关注安全监测、给水排水等“小专业”的设计进度。“小专业”设计进度滞后，往往酿成工期的大延误。工程施工中，最先开始的是开挖及土建混凝土浇筑施工，因此很多管理人员只关注开挖及土建图纸是否到位，能否按时开工，一旦第一批图纸到位，工程顺利开工，对后续图纸供应就放松了要求，或者对于一些安全监测、电气、给水排水等“小专业”的图纸供应疏于跟踪和督促。但实际上，泵站工程的土建施工牵涉很多配套专业设计成果，如安全监测施工在基坑开挖到位后就要开始仪器埋设，电气专业的接地及给水排水等专业的埋管图应该在结构混凝土浇筑前提供。此类“小专业”设计进度一旦疏于管理，就会直接导致停工待图，严重影响工程整体进度安排。

（3）重视关键设备招标技术文件编制。确定设备采购清单及相应的招标技术文件是设计工作的一部分，也是设备采购招标的前提条件。同时，对于关键的非标设备，只有生产厂家确定并提供设备尺寸等资料后，设计人员才能开展下一步的土建及安装施工图设计工作。上述工作是一个链条多、周期长且环环相扣的过程，设备招标技术文件的编制跟不上，不但会影响设备的招标、生产和交付，反过来又会影响设计进度，最终影响整体工程进度。

2.3 设计成果质量管理

设计成果质量同样是保证工程建设顺利开展的关键因素，忽视设计成果质量，会给工程推进带来更大问题。现状工程设计行业设计人员大都同时承担多个设计项目，工作任务重、强度高、节奏快。泵站工程设计工作又具有内容琐碎、涉及专业多、各专业间配合频繁，设计成果反复修改等特点，加之个别设计人员可能责任心不强，如不严把设计质量关，常常出现设计成果错漏碰缺、粗制滥造等情况。

设计成果质量不高，甚至出现“错漏碰”项，往往会造成工程返工或者二次施工，甚至需要重新论证新的设计方案，严重影响施工进度。例如，某调水工程泵站因设计时主泵房风机预留孔洞尺寸偏小，后期风机需扩孔才能安装；泵站阀门及水泵电机安装高程水机图与土建图不一致，导致安装时一部分已浇筑基座需要凿除，而另一部分需要增设钢支架垫板。此类问题不可避免地会导致施工工期显著增加。

对于设计成果质量的管理，除设计单位加强内部质量控制、增强设计人员质量责任意识外，作为建设单位也应该加强对设计成果的管控和责任追究力度，重视并加强设计图纸交底；监理单位和施工单位则应加强施工图审图工作，以便及时发现、反馈并消除图纸中的问题。

3 设备采购管理工作要点

合理安排采购时间，做好设备采购管理是保证设备生产、安装以及相关设计和施工工作顺利进行的关键一环，也是实现工期目标的重要保障。

3.1 合理安排采购时间

泵站工程中的水泵及电机、闸门、拦污栅、启闭机、桥机甚至电气设备等多属非标产品，需要定制。设备自身的产品设计、制造及试验检验周期短则一两个月，长则一年以上。同时，闸门与启闭机、水泵与电机等不同设备之间、设备生产与土建设计之间还相互关联。采购及生产过程中需要设备厂家反复和设计人员修改、确认相关参数后才能开始生产，需要耗费大量时间，供货周期普遍较长。因此，必须提前合理安排好采购工作，预留足够的采购生产周期，否则不但影响设备本身的正常生产和安装，还可能影响相关设计工作及土建工程施工。

3.2 加强乙购设备采购管理

对于乙购设备，一方面，对其真实采购工作状态难以获取更真实、翔实的信息，更难掌控；另一方面，由于各方在涉及设备功能、质量标准、采购成本等方面的诉求差异越大，矛盾点越多，沟通过程往往越不畅，耗费时间也更长。因此，更应重点关注，加强跟踪，及时掌握乙购关键设备的采购进展，督促设计单位尽早提供采购清单及技术文件，督促采购方尽快敲定采购合同，以便尽快开始组织生产。

例如，某泵站的水泵及电气等设备由施工方负责采购。实施过程中，因各方对水泵效率、气蚀余量、转动惯量等一系列设备参数是否满足设计技术要求存在不同意见，召开了多次设计联络会反复进行沟通，并邀请了权威专家进行咨询，前后历时近一年才达成一致，耽误了大量时间。另外，施工方为降低采购成本，在采购设备品牌上与建设方、设计方长时间无法达成一致意见，故对电气设备迟迟不予采购，出现了土建施工急需电气专业配套图纸而电气设计又因无设备厂家配合无法开展的矛盾，严重影响了工程整体进度。

4 施工管理工作要点

施工阶段是工程建设中占用时间最长、资源消耗最多、涉及相关方最复杂、协调管理难度最大的阶段，做好施工阶段工期管理，是实现项目整体工期目标的根本保证。

4.1 充分的施工准备工作

为节省工期，开工前，应提前做好人员、设备、材料及生产设施的准备工作。除常规的“三通一平”准备工作外，还需特别注意做好以下准备工作：

（1）钢筋、水泥、砂石料等大宗材料，材料选购及进场检验需要一定的周期，应注意提前采购送检。

（2）对于混凝土工程，无论是自拌还是采购商品混凝土，使用前都需要进行配合比试验。混凝土配合比试验周期较长，一般需要 2 个月左右，对于北方高寒地区，混凝土涉及抗冻指标检验，正常试验周期需要 3~4 个月。需要提前开展混凝土配合比试验，避免因配合比成果滞后影响混凝土施工。

4.2 详细的施工进度计划

过于宏观的施工进度计划难以对施工任务进行详细分解，也很难得出工程项目关键线路、关键工作真实的资源需求和逻辑关系。泵站工程涉及工序多、各工序间存在严格的逻辑关系，很多时候不具备依靠增加资源投入抢工期的条件。为了保证计划工期的实现，必须分级、分项制订详细的施工进度计划，逐一确定每项工作任务所需的资源投入、持续时间及各工作任务之间的内在逻辑关系，协调资源在不同时期、不同工作之间的合理分配，确定关键线路、关键工作及合理的工期目标。同时，对关键工作可能受到的影响及制约因素进行周全考虑，提前制订应急或者备用方案。

4.3 严格的施工质量控制

施工质量合格是工程建设的基本要求，保证施工质量是后续工程正常推进的先决条件。施工质量出了问题，短则处理一两天，长则需要几个月，不可避免地会影响工程工期。因而在工程建设过程中，必须严格管控施工质量，为工程正常建设创造良好条件。

4.4 预留充裕的电气设备安装工期

泵站工程电气设备安装具有专业性强、工作量大、交叉作业多、技术标准高、协调面广的典型特点。对安装工作的连续性和严谨性都有很高的要求，且需要跨行业和供电部门对接各种验收及手续办理等工作，不可控因素多，在制订项目施工计划时需要预留充裕的工期。

例如，某调水工程泵站，3 台水泵总装机容量 8 400 kW，从规模上来讲仅仅是一个中型泵站，但电气工程就涉及场外高压电源引接及架空线路架设、场内变电设备及各种类型的开关柜、变频柜、软起柜、无功补偿柜、控制柜、继电保护系统、计算机监控系统、视频监视系统、泵组在线监测系统、交直流电源系统、通信系统、网络系统、计量系统、照明系统、火灾报警系统等，仅场区内配置的各类电气柜箱就达到了 150 多台，各类电缆总长达到 34.4 km，端子接口多达上万个。对于此类系统的安装调试施工，盲目上人抢工期反而容易出事故，增加后期调试工作难度，因此很难依靠增加人手来缩短工作周期。

因此，泵站工程在进行工期安排时，对于电气设备安装必须考虑合理的工作时长，预留充裕的工期。同时，为保证后期顺利验收投产，建议选择当地的专业电气安装队伍，保证安装质量的同时，还可协助办理相关供电手续，加快专项验收，能有效节省工期。

5 结语

引调水项目中，泵站工程一般占工程建设总投资比例不高，总体工程量也相对较小。但泵站工程由于其自身特点，反而造成其工期管理难度大、精细化管理要求高，一旦某个环节出现延误，则很可能导致整个工程的工期延误。因此，在引调水工程项目中，要高度重视泵站工程的工期控制和管理。

泵站工程的工期控制和管理，需要从设计、采购、施工等多方面统筹考虑。特别是不能忽视设计工作的进度控制和质量控制、关键设备采购进度控制等环节；在施工前，应做好充足的施工准备，识别干扰因素，编制详细的施工进度计划；在施工过程中，则应特别注意做好电气设备安装环节的合理工期安排和控制。

参考文献

[1] 倪亚萍，倪伟军．新形势下建设工期管理工作思考［J］．工程造价管理，2021（11）：65-68.
[2] 陈康．EPC 模式下施工单位的设计管理［J］．工程建设与设计，2023（11）：252-254.

橙子沟引水隧洞Ⅳ类围岩区二衬厚度优化比选研究

房敬年[1,2]　王耀军[1,2]

（1. 黄河古贤水利枢纽有限公司，河南郑州　450000；
2. 黄河勘测规划设计研究院有限公司，河南郑州　450003）

摘　要：橙子沟引水隧洞规模大，Ⅳ类围岩段地质条件复杂，是隧洞设计的重点，采用有限差分法对不同厚度二次衬砌工况下隧洞围岩与二次衬砌中的应力进行分析，进而以衬砌最大拉应力为比选指标，对橙子沟引水隧洞Ⅳ类围岩区二衬厚度进行了优化比选。结果表明：①各计算工况隧洞围岩中的最大拉应力均出现在隧洞顶部，故隧洞顶部围岩支护应予以适当加强；②二衬所受最大拉应力随二衬厚度增加而减小；③最大拉应力作为二衬厚度优选主要指标，二衬厚度为 60 cm 是 4 个可选厚度中既安全又经济的较优者。

关键词：引水隧洞；Ⅳ类围岩；二衬厚度；数值仿真计算；拉应力；比选

1　工程背景

如何兼顾工程的安全性和经济性一直是工程设计与施工中面临的重要课题。当前引水隧洞施工设计中仍然对工程经验具有较大的依赖性，在平衡工程的安全性和经济性方面缺乏必要的理论支撑[1]。

白龙江橙子沟水电站位于白龙江甘肃省武都市宗家坝村下游 300 m 处，为径流引水式电站。引水隧洞沿白龙江右岸布置，属傍山隧洞，沿途大小冲沟较发育，全长约 17 km，为有压引水隧洞，引用流量 260.5 m^3/s。引水隧洞为圆形断面，Ⅳ类围岩段采用钢筋混凝土全断面砌衬，衬砌后洞径为 10.5 m。引水隧洞围岩岩性主要为灰岩和石英云母片岩两大类，深埋时前者以Ⅱ类为主，后者以Ⅲ类为主，岩性为千枚岩，局部过冲沟、滑坡体下部的岩体以Ⅳ类围岩为主，Ⅳ类围岩段约占整个洞室的 10%，是整个工程的重难点之一。

鉴于橙子沟水电站工程引水系统隧洞规模大，Ⅳ类围岩段地质条件复杂，是隧洞衬砌设计的重点，为保证该工程建设的安全性与经济合理性，拟采用有限差分法对引水隧洞围岩和二衬衬砌中的应力进行多工况计算分析，进而比选出合理、安全、经济的二衬厚度，为支护设计工作提供依据。

2　计算工况、模型与参数

2.1　工况与荷载

计算主要针对持久状况和放空检修工况展开，并结合隧道围岩条件建立简化模型（上覆岩体厚度为 40 m，代表浅埋型Ⅳ类围岩区）和山体模型（代表深埋千枚岩型Ⅳ类围岩区），计算工况与荷载取值如表 1 所示。

作者简介：房敬年（1982—），男，高级工程师，主要从事水利工程施工管理及勘测设计方面的研究工作。

表 1　计算工况与荷载取值

计算模型	工况特点	备注
简化模型	上覆岩体厚度为 40 m，考虑内水压力、衬砌自重、围岩抗力，不考虑山岩压力，二衬厚度分别为 40 cm/50 cm/60 cm/70 cm	内水压力 23.4 m，外水压力 40 m，外水折减系数 0.6
山体模型	不考虑内水压力，考虑外水压力、衬砌自重和山岩压力，二衬厚度分别为 40 cm/50 cm/60 cm/70 cm	

2.2　数值计算模型

计算软件采用有限差分软件 FLAC3D。系统锚杆采用 cable 单元模拟，初喷混凝土和二衬采用 shell 单元模拟，钢拱架采用 beam 单元模拟。

考虑到钢拱架纵向间距对结果的影响，把平面模型沿纵向拉伸了 2 倍间距的长度，从而使模型成为准三维模型。钢拱架纵向间距取为 0.6 m，这样模型纵向长度（*Z* 轴方向）为 1.2 m。数值计算模型网格如图 1 所示，其中的白色线为钢拱架。

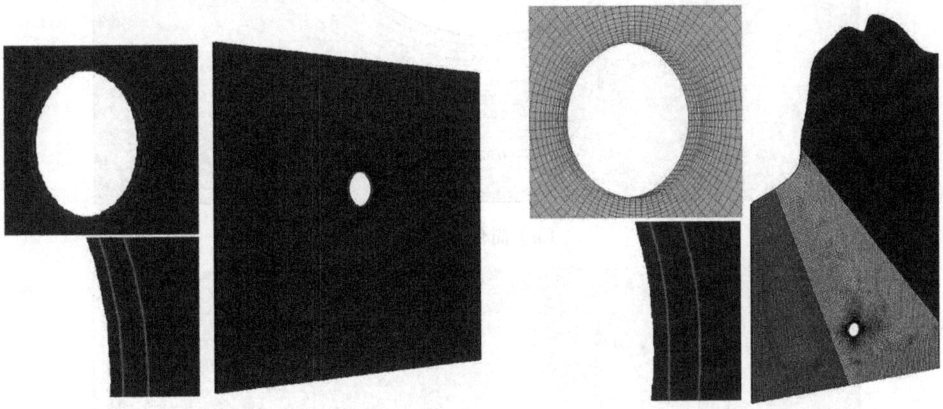

（a）简化模型　　（b）山体模型

图 1　典型Ⅳ类围岩区隧洞准三维有限差分计算模型

2.3　计算参数

计算中涉及的参数如表 2 所示。

表 2　计算参数

材料类别	弹性模量/GPa	泊松比	黏聚力 *c*/MPa	抗剪断 *f*
Ⅳ类围岩	2	0.22	0.35	0.55
C25	28	0.17	1.67	1.34

3　计算结果分析

3.1　围岩第三主应力分布特征

隧洞围岩中的第一主应力以压应力为主，第三主应力可能出现拉应力，因此应重点关注围岩中第三主应力的分布。由于篇幅所限，以二衬厚度 60 cm 为例介绍围岩第三主应力分布情况。图 2 给出了二衬厚度为 60 cm 时围岩第三主应力等值线图。由图 2（a）可知，由于简化模型工况未考虑山岩压力，仅考虑了围岩抗力，故围岩中第三主应力为正，即均为拉应力。此外，最大拉应力出现在隧洞顶部位置，这是由上覆岩体厚度较小导致的。由图 2（b）可知，由于山体模型考虑了山岩压力，其围岩中第三主应力以负值为主，即以压应力为主。与简化模型相同，最大拉应力出现在隧洞顶部。因此，隧洞顶部围岩支护应予以适当加强。

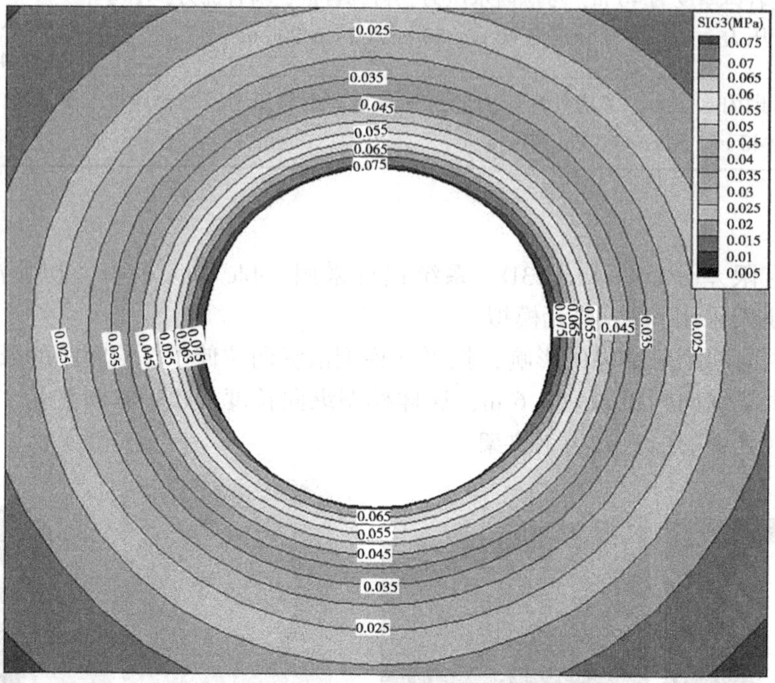

（a）简化模型

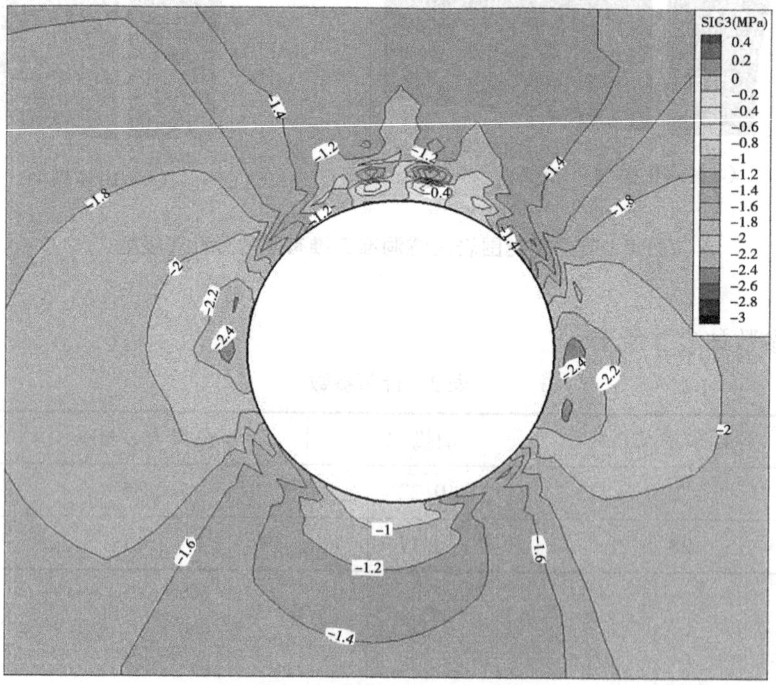

（b）山体模型

图 2　二衬厚度为 60 cm 时围岩第三主应力等值线图

3.2　不同二衬厚度中的最大拉应力

由于混凝土材料的拉压比在 0.1 左右，且混凝土受拉时所表现出的变形能力同样较差，因此隧洞受外力引起的裂缝中多数情况下是由于受拉发生开裂的[2-6]。因此，本文以二次衬砌中的最大拉应力作为二衬厚度的比选指标。

简化模型、山体模型不同二衬厚度工况下的最大拉应力如表3所示。由表3可知，二衬所受最大拉应力随二衬厚度的增加而减小。由于C25混凝土抗拉强度设计为1.27 MPa[7]，故山体模型中所有工况下的二衬最大拉应力均小于混凝土抗拉强度设计值，简化模型中二衬厚度60 cm时二衬最大拉应力小于混凝土抗拉强度设计值，二衬厚度为40 cm、50 cm时二衬最大拉应力大于混凝土抗拉强度设计值。综合考虑，二衬厚度60 cm是4个可选厚度中兼顾安全性和经济性的较优值。

表3　不同二衬厚度工况下的最大拉应力统计

二衬厚度/cm	二衬所受最大拉应力/MPa	
	简化模型	山体模型
70	1.08	0.385
60	1.23	0.41
50	1.43	0.45
40	1.69	0.58

4　结语

通过建立典型工况下引水隧洞有限差分法计算模型，计算了不同厚度二衬时围岩和二衬中拉应力分布和量值，进而比选出合理、安全、经济的二衬厚度，取得的主要结论如下：

（1）各工况围岩中的最大拉应力均出现在隧洞顶部，故隧洞顶部围岩支护应予以适当加强。

（2）各工况计算表明，二衬所受最大拉应力随二衬厚度的增加而减小。

（3）最大拉应力作为二衬厚度优选主要指标，二衬厚度为60 cm是4个可选厚度中既安全又经济的较优值者。

参考文献

[1] 朴春红．大伙房输水工程特长隧洞衬砌选型及支护系统优化研究［J］．水利建设与管理，2016，36（5）：33-36.
[2] 刘子睿．船闸输水廊道混凝土抗裂性能研究［D］．重庆：重庆交通大学，2020.
[3] 刘阳．浅埋压力隧洞抗裂设计数值模拟分析［J］．长江科学院院报，2014，31（12）：78-82.
[4] 张有天．水工隧洞建设的经验和教训：上［J］．贵州水力发电，2001（4）：76-84.
[5] 张有天．水工隧洞建设的经验和教训：下［J］．贵州水力发电，2002（1）：75-84.
[6] 郭湛湛．不同外水压力下输水隧洞结构及配筋计算要点分析［J］．陕西水利，2020（1）：169-171.
[7] 中华人民共和国住房和城乡建设部．混凝土结构设计规范：GB 50010—2010［S］．2015年版，北京：中国建筑工业出版社，2015.

环北部湾广西水资源配置工程玉林片供水管道软基处理设计

涂晓霞　刘亚洲

（中水珠江规划勘测设计有限公司，广东广州　510610）

摘　要：环北部湾广西水资源配置工程玉林片供水管道部分基础土质软弱，力学强度低，在软土地基上敷设管道时，必须重视地基的变形和稳定性问题。本文分别介绍了换填法、抛石挤淤法、松木桩法和水泥搅拌桩法等软基处理方法，结合玉林片软基特点，综合选择管道软基处理措施。

关键词：环北部湾广西水资源配置工程；玉林片；供水管道；软基处理

1　工程概况

环北部湾广西水资源配置工程位于广西中南部，工程任务是向南宁、钦州、北海、玉林等重点城市城乡生活和工业供水，提供供水安全保障能力，并为改善农业灌溉和水生态环境创造条件。工程首部设计流量 5.0~35.0 m^3/s，多年平均供水量为 11.0 亿 m^3，工程等别为Ⅰ等，工程规模为大（1）型。玉林供水片输水工程由 1 条干线和 4 条支线组成，输水线路总长度 189.931 km，其中输水管道长 122.419 km，设计流量 0.7~6.2 m^3/s，管径 DN1 800 及以上管道管材采用预应力钢筒混凝土管（PCCP）；管径 DN1 600 及以下管道管材采用球墨铸铁管（DIP）；局部跨路、跨河等特殊部位采用钢管（SP）[1]。

2　地质情况

管道沿线冲洪积层含泥中粗砂（Q_4^{alp}），砂质黏土（Q_2^{alp}），含砾、含泥中粗砂（Q_1^{alp}）、一级阶地冲积层含砾、含泥中粗砂（Q_1^{al}），砂质黏土（Q_3^{al}），残坡积层含砾砂质黏土（Q_1^{eld}），含碎石黏土、砂质黏土（Q_2^{eld}）可作管线天然基础持力层。下伏基岩全风化层、强风化层、弱风化层承载力较高，是管线天然基础良好的持力层，但埋深一般较深。

沿线分布的冲洪积层软塑状含砂粉质黏土（Q_5^{alp}）、含有机质淤泥质粉质黏土、淤泥质砂（Q_3^{alp}）、一级阶地含砂黏质粉土（Q_2^{al}），土质软弱，力学强度低，不足以支撑上部结构自重和附加荷载时，地基存在局部或整体剪切破坏的风险。当软基在管道荷载作用下产生过大的压缩变形时，会引起管道整体或局部过量下沉，导致接口开裂，影响管道的正常使用，因此上述软土基础不能作为管道的天然基础持力层。

沿线跨越的岩土层较多，性质变化大，当同一建筑物基础跨越两种性质差异大的地层时，存在不均匀基础因素，需考虑不均匀基础对管线建筑物的影响。

冲洪积含泥中粗砂（Q_4^{alp}）属不液化土，冲洪积含砾、含泥中粗砂（Q_1^{alp}）及一级阶地冲积层含砾、含泥中粗砂（Q_1^{al}）属液化土，存在地震液化问题。

3　软基对供水管道的影响

由于软基础处理不当，安装完毕的 PCCP 管、DIP 管等管材在土压力和外部荷载作用下产生不均

作者简介：涂晓霞（1980—），女，高级工程师，主要从事水利水电工程设计等工作。

匀沉陷，极易造成管道接口脱开；SP 管通过焊接连接，属于刚性接口，由于软基础处理不当，也很容易在外部荷载和土压力作用下脱开致使管道失稳，在最薄弱处产生破裂而漏水。在供水管道工程实践中，软基对其产生的损坏[2]主要有：

（1）在采用橡胶圈密封的承插口处，往往橡胶圈被挤出；在采用打口方式的承插口处，接口易松脱发生漏水事故。

（2）钢管在焊接口处断裂，裂缝一般为环向，呈中间大、两边小的形状。

（3）管道伸缩节的接头易被拉裂。

（4）阀门的法兰被拉裂或皮垫被损坏而造成漏水。

（5）管节与阀井等其他构筑物连接处的管节以及管道与井的接口容易被拉坏。

软基是造成管道漏水的主要原因之一。在软土地基上敷设管道时，必须重视地基的变形和稳定性问题。

4 地基处理

4.1 地基处理方法

大部分管基位于冲洪积层含泥中粗砂（Q_4^{alp}），砂质黏土（Q_2^{alp}），含砾、含泥中粗砂（Q_1^{alp}），一级阶地冲积层含砾、含泥中粗砂（Q_1^{al}），砂质黏土（Q_3^{al}），残坡积层含砾砂质黏土（Q_1^{eld}），含碎石黏土，砂质黏土（Q_2^{eld}），可作管线天然基础持力层。局部深埋管道的基底应力较大，需采用修正后的基础承载力复核，经复核管道承载力满足要求。沿线分布的冲洪积层软塑状含砂粉质黏土（Q_5^{alp}）、含有机质淤泥质粉质黏土、淤泥质砂（Q_3^{alp}）、一级阶地含砂黏质粉土（Q_2^{al}），土质软弱，力学强度低，可能产生较大沉降和不均匀沉降。为满足管道承载力要求，保证管道运行期间不发生较大的沉降和差异沉降，需对管道地基进行处理。管道地基处理可采用换填法、抛石挤淤法、松木桩法、钢筋混凝土预制桩法、水泥搅拌桩法、高压旋喷桩法等。

4.1.1 换填法

当软土层厚度较小，管底软土厚度小于 2 m、埋深较浅时，采用换填法，换填材料可采用砂砾、碎石、素土、石灰土和土石屑等材料。换填层须分层夯实，其压实度须满足相关规范的要求。

4.1.2 抛石挤淤法

抛石挤淤法就是通过向流塑状高灵敏的淤泥表面大量集中抛填块石、片石，依靠填筑体的自重强行挤开淤泥并占据其位置，强制置换饱和软土地基，以此来提高地基承载力，减小沉降量、提高基础稳定性的一种地基加固处理方法。一般适用于厚 3~4 m 含水量高、孔隙比大、透水性弱、抗剪强度低的流塑状软土地基和常年积水且不易抽干的湖、塘、河流等积水洼地以及表层无硬壳、软土液性指数大、片石能沉至下卧硬层的沼泽地段。

玉林片软土基本为软塑状，天然含水量不够高，采用抛石挤淤的深度有限，约 0.5 m 深，部分位置极限能达到 1.0 m，存在软弱下卧层的风险，容易造成不均匀沉降导致管道及接口处因变形过大引起的渗漏。因此，抛石挤淤法不适用于玉林片软土地基处理。

4.1.3 松木桩法

由于松木长期置于水中有很高的耐久性和不易腐蚀的特点，本工程地下水位均较高，供水工程中在条件许可的情况下采用松木桩处理软土地基不仅施工便捷，而且费用经济合理。施工速度快，所需施工场地小，当管道以下软土层不太厚时，松木桩可以代替水泥搅拌桩使用，但松木桩浪费森林资源，不利于环保，不宜大量使用。

4.1.4 水泥搅拌桩法

水泥搅拌桩是利用水泥作为固结剂，通过特制机械搅拌，在不良软基中将水泥和不良土体强制拌和，使不良软土硬结成整体而提高地基强度。适用于持力层埋深较深的地基，施工时对周围建筑物的影响小，无振动、无噪声、无污染。但搅拌桩桩机较大，所需施工空间大；桩体成桩固结时间较长，所需工期长，从试桩开始最少需 3 个月时间。

4.1.5　预制桩法

由于预制桩为刚性桩，一般基底应力大，沉降变形要求严格时才采用此类处理方法，桩穿透软土层到达持力层，预制桩一般造价较高，边长 300 mm 的每米造价约 150 元。本工程对承载力要求不高，沉降变形控制也没有高层建筑类严格，因此不拟采用。

4.1.6　水泥粉煤灰碎石桩

水泥粉煤灰碎石桩基础处理效果也可以，但工程造价高，每米约 250 元，适宜于对承载力大、变形有严格控制的建筑物，本工程不采用。

4.1.7　高压旋喷桩法

高压旋喷桩法与水泥土深层搅拌桩的工作原理类似，但高压旋喷桩法采用水泥浆是高压喷射，适用于处理淤泥、淤泥质土、流塑、软塑或可塑黏性土、粉土、砂土、黄土、素填土和碎石土等地基。在高压旋喷桩法中，因为高压旋喷桩桩机小，可以在施工场地狭窄、操作空间受到限制的地方使用。但高压旋喷桩的费用大，每延米所需费用相当于同一桩径的水泥土深层搅拌桩的 4 倍左右。所以，一般施工场地狭窄、空间矮小，如在桥底等特殊地段无法采用水泥土深层搅拌桩法情况下使用。

4.1.8　砂石桩法

砂石桩法虽然工程造价比上述几种方法低，但相对水泥搅拌桩法高，且桩体呈松散状，不能与土体结合改善土壤性能。由于本工程软土为饱和软黏土，桩间土的强度不能平衡砂石料的挤入力，砂石料就以较松散的状态挤入并散布在周围的土中，从而不能形成桩和土共同发挥作用的复合地基，因此本工程不采用。

4.2　玉林片供水管道软基处理方式

综合考虑场地工程地质、基坑周边环境、地下水埋深、工程的经济性、施工机械的可行性，以及施工工期等因素，结合施工场地实际情况，玉林片供水管道软基处理方式如下：

（1）软土层厚度小于 2 m 时，全部挖除后采用级配碎石换填，要求碎石级配良好，含泥量不超过 5%，分层压实，压实系数不小于 0.95 或相对密度不小于 0.8。

（2）局部软土较深，且范围较大时，采用搅拌桩进行基础处理。基础软硬不均时，采用渐变搅拌桩进行处理。对于需采用钢板桩支护开挖的管道剖面，鉴于管槽宽度小，钢板桩施工需要的空间较大，搅拌桩在管槽开挖前，在地面进行施工，地面至建基面上部 0.5 m 范围采用空钻处理。

水泥搅拌桩采用强度等级 42.5 普通硅酸盐水泥，要求 28 d 水泥土无侧限抗压强度 f_{cu} 为 1.0 MPa，90 d 的无侧限抗压强度达到 1.5 MPa，水泥掺入比不低于 18%。水泥搅拌桩桩径 600 mm，桩长及桩距根据复合地基承载力特征值要求进行选取。

（3）本工程仅 DN900 的球墨铸铁管基础存在地震液化问题，鉴于管径小，管道对地基的要求相对不高，且球墨铸铁管适应地基变形的能力相对较高，因此仅对阀井基础进行地震液化处理。在阀井基础四周外扩 5 m 范围内采用振冲碎石桩进行处理，碎石桩桩径 0.8 m，桩间距 2.0 m，三角形布孔，桩底需穿过液化土层。

（4）供水管道施工过程中出现设计的基础处理形式与现场开挖地质情况不适应的情况，在施工过程中管道建基面仍存在 2~3 m 软土层而设计为天然地基的地段，现场采用尾径 80 mm、桩长 4 m 的松木桩复合地基处理方式进行下部的软土处理。

5　结语

环北部湾广西水资源配置工程玉林片供水管道正在施工，软基处理已实施碎石换填法和松木桩法。通过供水管道软基处理方法的实践，目前已取得了一定的收获，在后续的施工图设计和施工中，通过对更多软基处理方法的探索，可积累更加丰富的工程经验，为后续类似地区软基处理提供更好的借鉴。

参考文献

[1] 广西壮族自治区水利电力勘测设计研究院有限责任公司，中水珠江规划勘测设计有限公司．环北部湾广西水资源配置工程初步设计报告［R］．2023.

[2] 梁其东，韩淑婷，张鑫．沿海滩涂地区供水管道软基处理方法［J］．水利建设与管理，2014，34（9）：11-14.

某水库土石坝渗漏成因及安全性分析

乐江华[1]　王占军[1]　吴和平[2]

（1. 长江勘测规划设计研究有限责任公司，湖北武汉　430010；
2. 长江三峡勘测研究院有限公司，湖北武汉　430010）

摘　要：某水库土石坝下游坝脚出现渗漏，渗漏量随库水位上升而增大，最大渗漏量约 30 L/min。本文采取渗流监测资料分析、地质勘探验证相结合的方法确定渗漏成因，采用二维渗流场有限元计算评价大坝渗透安全性。研究成果表明，土石坝渗漏成因主要采用坝体防渗墙未进入坝基隔水岩体；由于坝体防渗墙存在缺陷和坝体填筑质量较差，计算得到的出逸点的渗透比降接近或小于渗透允许比降值，大坝存在渗透破坏风险，建议对渗漏点附近坝体新建防渗墙。研究成果可为该水库土石坝渗漏后续除险加固处理提供依据，并为同类工程渗漏问题处理提供参考。

关键词：土石坝渗漏；监测资料；现场勘探；成因分析；渗流数值计算；安全性

1　引言

我国已建约 9.8 万座水库，中坝型以土石坝为主，50%以上的大中型水库、75%以上的小型水库建于 20 世纪 50 至 70 年代，因建设年代特殊，较多土石坝存在安全隐患，再加上运行维护不力等因素，导致我国水库病险率较高，病险水库中土石坝渗漏已成为常见的病害之一，因此分析土石坝渗漏成因及评价其安全性十分必要[1-3]。大坝渗漏成因分析主要为勘探、物探与数值计算等方法。如陈丽等[4] 对苇子水水库大坝采用勘探分析渗漏成因、三维数值计算进行验证的方法，查明左岸坝基断层破碎岩体区为渗漏通道。程康等[5] 对某围坝型平原水库采用勘探和物探相结合的方式分析渗漏成因、三维数值计算进行验证的方法，查明渗漏原因为地基相对隔水层渗透性偏大、厚度不均，防渗墙未封闭深厚透水层。蒋立柯等[6] 对某水库副坝采用物探方法，查明渗漏成因为坝基存在强透水性的砂砾石层，防渗墙未完全封闭砂砾石层，并开展二维数值计算分析，得出防渗墙失效时坝基砂砾石层存在渗透破坏。

本文以某水库土石坝为例，采取渗流监测资料分析、地质勘探验证相结合的方法确定渗漏成因，采用二维渗流场有限元计算评价大坝渗透安全性，并提出大坝渗漏处理措施建议。研究成果将为同类工程渗漏问题处理提供参考。

2　工程概况

某水库于 20 世纪 60 年代建成并投入使用，总库容 2 836 万 m^3，是一座以灌溉为主的中型水利枢纽工程。枢纽工程由主坝、南北副坝、溢洪道、南北 2 处输水涵管等部分组成。主坝为黏土斜墙坝，坝顶长 830 m，最大坝高 22.5 m；南副坝最大坝高为 16.0 m，坝顶长度为 60 m；北副坝最大坝高为 14.0 m，坝顶长 160 m。该水库于 2010 年进行了除险加固，加固措施为新建坝体混凝土防渗墙等。2021 年，对该水库检查过程中发现主坝桩号 MK0+430 附近下游坝脚存在一处渗漏点，渗漏量约 30 L/min，临时渗漏量观测成果反映渗漏量与库水位关系密切，渗漏量随库水位上升而增大。

基金项目：长江勘测规划设计研究有限责任公司自主创新项目（CX2020Z47，CX2022Z36）。
作者简介：乐江华（1996—），男，助理工程师，主要从事水利水电工程设计工作。

3 大坝渗漏成因分析

根据以往土石坝病险问题的经验总结，发生坝体渗漏病害的主要成因是防渗土料抗渗指标不足、防渗体或坝体填筑质量差、防渗体开裂老化等，也有一些工程因坝基清基和防渗处理不彻底等原因导致坝基处发生渗漏[7]。鉴此，本文以大坝防渗体（防渗墙）作为渗漏成因分析对象，以渗流监测资料分析、勘探进行验证相结合的方法开展渗漏成因分析。

3.1 监测资料分析

本水库主坝共设置三处测压管监测断面，监测断面桩号分别为 MK0+102（SY1）、MK0+319（SY2）和 MK0+469（SY3），监测断面布置见图 1，主坝渗水部位靠近 SY3 监测断面。现有测压管监测数据时段为 2018 年 1 月 16 日至 2019 年 12 月 17 日，测压管典型测值见表 1，测压管与库水位测值变化过程线见图 2。

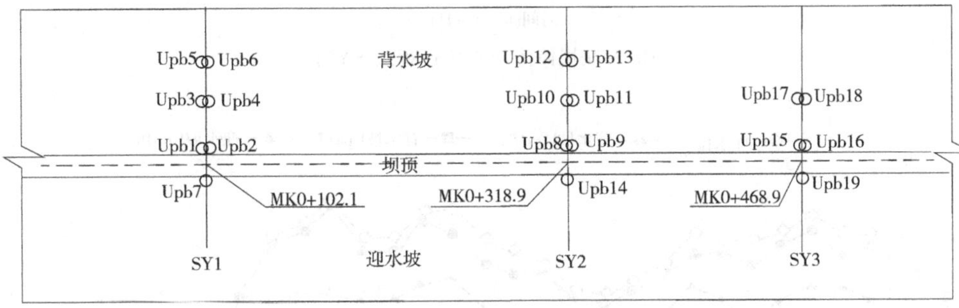

图 1 主坝渗流监测断面布置示意图

表 1 测压管典型测值

监测断面	库水位/m	防渗墙上游水位/m	防渗墙下游水位/m	水头差/m
SY1	68.37	66.48	52.53	13.95
SY2	68.37	66.61	56.14	10.47
SY3	68.37	68.20	64.40	3.80

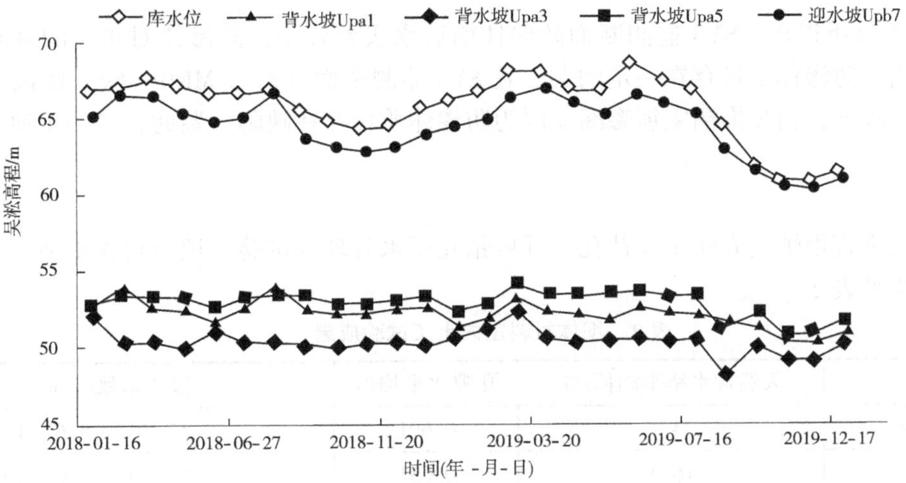

(a)大坝坝体渗压水位过程线(SY1)

图 2 测压管与库水位测值变化过程线

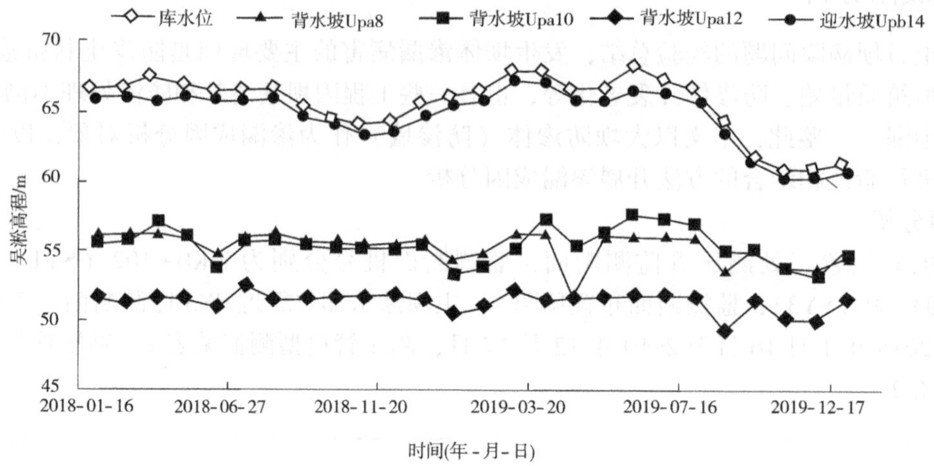

(b)大坝坝体渗压水位过程线(SY2)

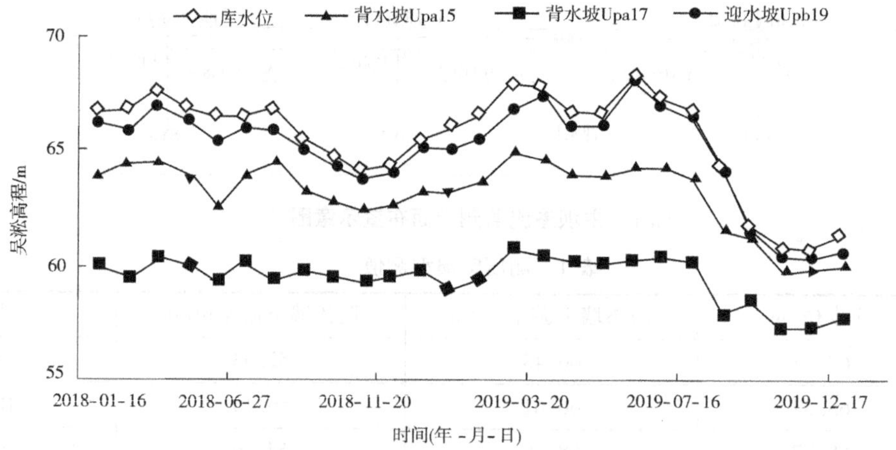

(c)大坝坝体渗压水位过程线(SY3)

续图 2

由表 1 和图 2 分析得出：SY3 监测断面防渗体前后水头差较小，防渗体对水头的衰减作用不明显，说明该断面附近防渗体质量存在一定问题，且 SY3 监测断面（桩号 MK0+469）距离主坝渗水点（桩号 MK0+430）较近，初步推测主坝渗漏原因为防渗体质量存在缺陷。鉴此，进一步通过地质勘探进行验证。

3.2 地质勘探

在主坝渗水点垂直坝轴线方向布设钻孔，开展钻孔压水等现场试验、填筑料含水率等室内土工试验，试验部分成果见表 2。

表 2 坝体材料室内土工试验成果

材料类别	天然含水率平均值/%	孔隙比平均值	渗透系数/(cm/s)
坝体黏土夹碎（砾）石	24.1	0.691	$4.43\times10^{-6}\sim5.67\times10^{-2}$
坝体碎石土	16.3	0.631	$5.58\times10^{-5}\sim6.67\times10^{-1}$
坝基砂砾石土	14.2	0.557	$1.05\times10^{-3}\sim3.22\times10^{-3}$
坝基黏土夹碎石	24.3	0.657	$1.02\times10^{-4}\sim3.03\times10^{-3}$
坝体防渗墙	—	—	$1.00\times10^{-7}\sim5.00\times10^{-3}$

钻孔揭露主坝渗漏点部位坝体填筑料为黏土夹砾石、碎石土，坝基为冲积层砂砾石土，分布连续。混凝土防渗墙岩芯见图3。由图3可知，混凝土防渗墙钻孔芯样完整性较差，岩芯多呈短柱状、碎块状、部分柱状，部分孔段水泥浆与坝体土体混合搅拌而成，水泥砂浆不均匀，孔隙较多，且防渗墙未进入坝基隔水岩体。

由表2和图3可知，坝体材料孔隙比数值偏大，密实度较差，渗透系数偏大且含水率偏高，坝体填筑质量存在缺陷。混凝土防渗墙质量较差，渗透系数偏大，且防渗墙未进入坝基隔水岩体。

(a) 防渗墙中上部芯样 (b)防渗墙下部芯样

图3 混凝土防渗墙芯样

3.3 综合分析

根据上述监测资料和现场勘探成果，综合分析认为：大坝渗漏成因为防渗墙在渗漏点部位未进入坝基隔水岩体中，导致库水沿坝基出现渗流。同时，坝体防渗墙也存在缺陷，水头削减作用减弱，加之筑坝时间较早，填筑质量存在缺陷，造成坝体下游侧填筑料渗透系数较大，大坝存在渗透稳定安全风险。

4 大坝渗透稳定性分析

通过建立大坝二维渗流场有限元计算模型，计算各运行工况下大坝（含坝基）渗流场，获得水头分布、浸润线、渗透比降及坝体渗流量，评价坝体和坝基防渗体系的渗控效果及渗透稳定安全风险。

4.1 计算断面及参数

选取主坝渗水点坝体断面开展二维渗流有限元计算分析，建模范围包括坝体、坝基和混凝土防渗墙，主坝典型断面计算有限元网格见图4，以4结点四边形单元为主，局部辅以三角形单元进行过渡，其中结点数1 689个，单元数1 621个。根据勘探成果结合除险加固竣工验收资料确定坝体、坝基材料渗透系数，具体见表3。

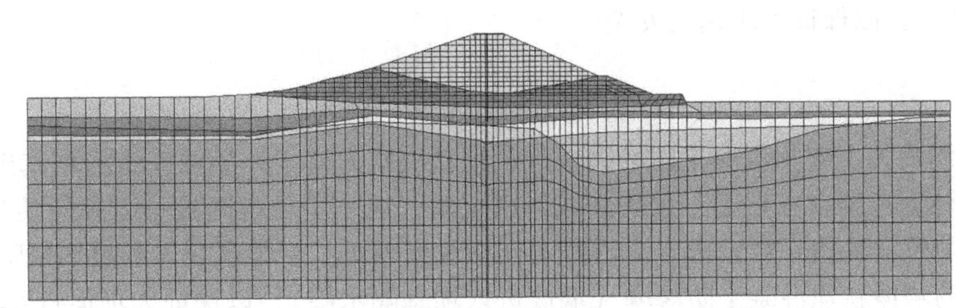

图4 主坝有限元网格

表 3　主坝坝体、坝基材料渗透系数

材料分区	渗透系数/(cm/s)	材料分区	渗透系数/(cm/s)
混凝土防渗墙	2.00×10^{-5}	砂砾石（坝基）	5.00×10^{-3}
碎石土（坝体）	5.00×10^{-3}	强风化泥质粉砂岩	1.00×10^{-4}
黏土夹碎石/砾石（坝体）	5.00×10^{-4}	3 Lu 线至强风化泥质粉砂岩	5.00×10^{-5}
排水棱体	1.00×10^{-2}	3 Lu 线以下泥质粉砂岩	3.00×10^{-5}

4.2　渗透稳定计算结果分析

根据确定的坝体、坝基材料渗透系数，计算正常蓄水位、设计洪水位、校核洪水位等三种典型运行工况下的稳定渗流场，主坝断面渗流成果和等水头线分布分别见表 4 和图 5。

表 4　主坝渗流计算成果

计算工况	渗透比降		允许渗透比降	单宽渗流量/[m³/(d·m)]
	下游坝体填筑料	排水棱体		
正常蓄水位	0.41	0.12	0.5	9.63
设计洪水位	0.45	0.13	0.5	11.71
校核洪水位	0.46	0.14	0.5	12.93

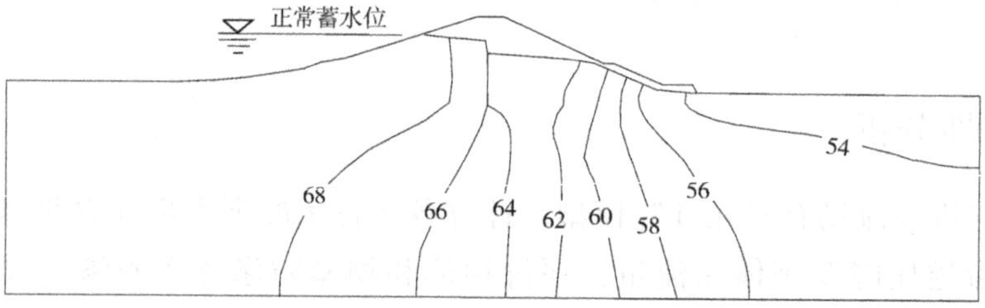

图 5　主坝正常蓄水位等水头线分布

由表 4 和图 5 可知，主坝等水头线分布在混凝土防渗墙处集中程度较小，水头在混凝土防渗墙处削减作用较小，坝体浸润线在防渗墙内只下降了 3.11 m，在排水棱体作用下，浸润线在较短范围内下降明显，在下游坝脚逸出。出逸点的渗透比降小于渗透允许比降值，但坝体单宽渗流量偏大，且邻近排水棱体部位的坝体填筑料（黏土夹碎石/砾石）的渗透比降接近渗透允许比降，结合存在的渗漏问题，分析认为主坝存在渗透破坏风险。建议对渗水点附近一定范围的坝体新建混凝土防渗墙（墙底进入坝基隔水层），以保证大坝运行安全。

5　结语

（1）主坝渗漏成因主要为混凝土防渗墙未进入坝基隔水岩体中，导致库水沿坝基出现渗流。

（2）由于坝体防渗墙存在缺陷，水头削减作用减弱，加之筑坝时间较早，填筑质量也存在缺陷，造成坝体下游侧填筑料渗透系数较大。渗透稳定计算成果表明，主坝存在渗透破坏风险，建议对渗水点附近一定范围的坝体新建混凝土防渗墙（墙底进入坝基隔水层），以保证大坝运行安全。

参考文献

[1] 郭晓雅，李思远．我国水库工程分布特点分析［J］．工程技术研究，2021，6（2）：252-254.
[2] 刘志明，汤洪洁．病险水库主要问题及除险策略［J］．水利规划与设计，2021（5）：1-4，57.
[3] 钮新强．水库病害特点及除险加固技术［J］．岩土工程学报，2010，32（1）：153-157.
[4] 陈丽，谢定松，张守臻，等．苇子水水库大坝渗漏分析与治理建议［J］．人民长江，2020，51（9）：194-200.
[5] 程康，段祥宝，谢罗峰，等．某平原水库坝基渗漏成因分析［J］．水电能源科学，2018，36（9）：98-101，88.
[6] 蒋立柯，房伟，宇彤，等．某水库副坝坝基渗漏成因分析及渗透稳定性计算［J］．水电能源科学，2017，35（7）：101-104，158.
[7] 谭界雄，位敏，徐轶，等．水库大坝渗漏病害规律探讨［J］．大坝与安全，2019（4）：12-19.

TBM 有压引水隧洞充放水过程中衬砌管片结构力学响应特征分析

房敬年[1,2]　耿轶君[1,2]

(1. 黄河古贤水利枢纽有限公司，河南郑州　450000；
2. 黄河勘测规划设计研究院有限公司，河南郑州　450003)

摘　要： 采用非线性有限元对某 TBM 有压供水隧洞充放水过程进行模拟，分析衬砌管片结构的应力、变形等力学响应演化特征，结果表明：①充水过程中，随着内外水压差增大，管片中部衬砌环向应力等各主要应力值均随之增大，均未超过限值，表明管片与螺栓受力良好。②放水过程中，随着内外水压差增大，衬砌应力值逐步增大，环向应力处于压应力状态，最大达到-10.15 MPa；径向压应力较低，接缝处局部径向拉应力集中。③与充水过程相比，放水过程中环向螺栓最大轴向应力值大幅降低，径向压应力也有所降低，但最大拉应力增大。

关键词： TBM；供水隧洞；充放水；衬砌；管片结构；力学响应

1　引言

隧洞充水和放水过程中，衬砌结构的受力分析是保障隧道安全和稳定的关键[1-3]。随着我国 TBM 技术的发展成熟，其在远距离引调水工程中的应用越来越多，预制混凝土管片衬砌也成为常见的衬砌方式[4-6]。管片及其连接接头是隧洞的永久衬砌结构，其工程性能直接关系到隧洞的运营安全。由于管片间止水失效的不可预见性、豆砾石回填密实度的不均一性、外部围岩透水能力的随机性等问题，导致在充放水过程中，作用在衬砌管片上的水荷载在时间和空间上的分布极不均匀，直接威胁到衬砌管片的结构安全，分析充放水过程中衬砌管片的结构受力与变形特征，是 TBM 管片结构的重要研究内容。

本文以西北地区某引水工程中 TBM 有压输水隧洞区间段为研究对象，建立精细化有限元模型，探究充放水过程中管片结构及其连接接头的力学响应特性。研究结果可为类似水工引水隧洞的运营安全评估提供参考。

2　数值模型与参数

2.1　工程概况

西北某采用 TBM 施工的有压引水隧洞长约 22 km，其中隧洞开挖洞径 5.46 m，衬砌后内径 4.6 m。本文选取Ⅲ类花岗岩洞埋深为 696 m 段作为研究对象。管片为平行四边形，单环宽度 1.5 m，厚度 0.3 m，6 块管片拼装成环。衬砌与围岩间回填 0.13 m 厚的豆砾石。

2.2　数值模型

隧洞四周围岩取 5 倍开挖洞径，沿洞轴线方向取一个环的长度 1.5 m。计算时，岩体选用八节点等参单元模拟，管片衬砌混凝土选用八节点等参实体单元模拟，本构模型采用线弹性模型，豆砾石选用八节点等参实体单元模拟，采用线弹性模型；螺栓选用杆单元模拟，为理想弹塑性材料。整体模

作者简介： 房敬年（1982—），男，高级工程师，主要从事水利工程施工管理及勘测设计方面的研究工作。

型、管片衬砌单元、豆砾石单元及环向螺栓单元见图 1。

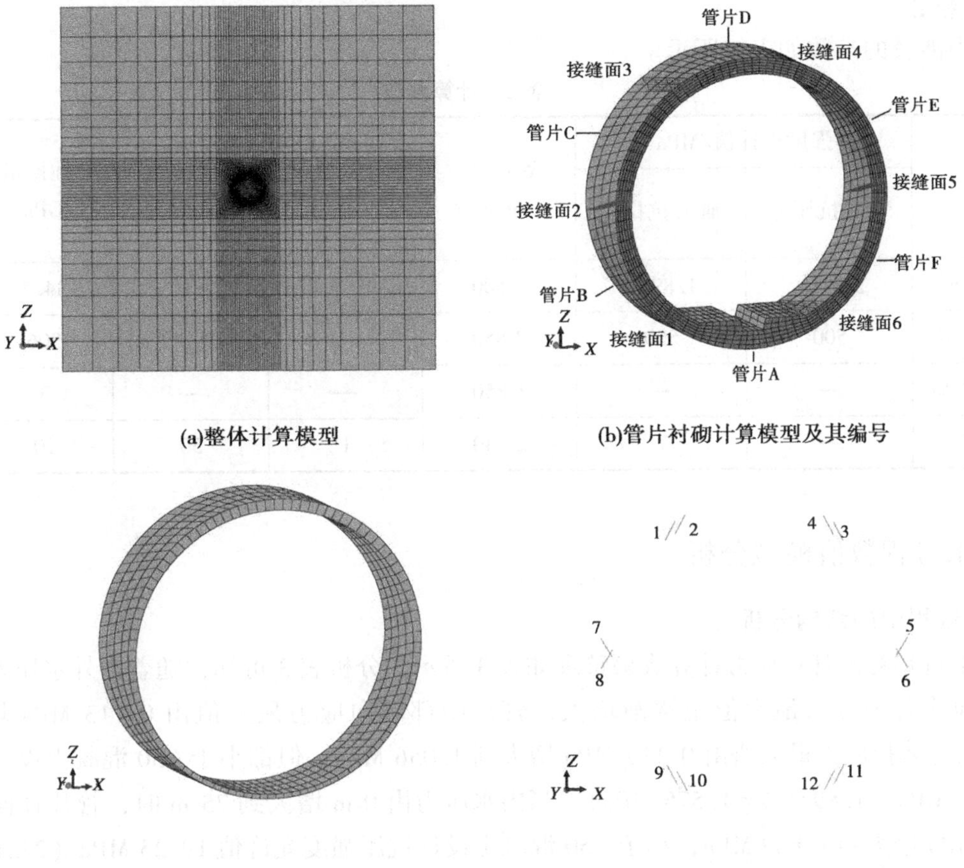

(a)整体计算模型　(b)管片衬砌计算模型及其编号

(c)豆砾石计算模型　(d)环向螺栓计算模型及其编号

图 1　有限元计算模型

2.3　计算方案

拟定计算方案列于表 1，其中，A1～A8 为充水方案，B1～B9 为放水方案。各方案中围岩类别为Ⅲ类花岗岩，隧洞埋深为 696 m，接缝处环向螺栓以及纵向螺栓型号为 10.9 级 M24，豆砾石弹性模量为 3 GPa，豆砾石与管片之间摩擦系数为 0.5。

表 1　隧洞充放水计算方案

单位：m

计算方案	内水	外水	内外水压差（内高）	计算方案	内水	外水	内外水压差（外高）
A1	5		5	B1	75		0
A2	15		15	B2	70		5
A3	25		25	B3	60		15
A4	35		35	B4	50		25
A5	45	0	45	B5	40	75	35
A6	55		55	B6	30		45
A7	65		65	B7	20		55
A8	75		75	B8	10		65
—	—	—	—	B9	0		75

2.4 计算参数

计算中涉及的参数如表2所示。

表2 计算参数

材料	强度设计值/MPa		密度 ρ/(kg/m^3)	抗剪强度		弹性模量/GPa	泊松比
	轴心抗压 f_c	轴心抗拉 f_t		黏聚力 c/MPa	摩擦角/(°)		
混凝土 C50	23.1[7]	1.89[7]	2 500	—	—	34.5	0.167
螺栓 10.9 级	500	500	7 850	—	—	206	0.3
豆砾石灌浆后	—	—	1 850	—	—	3	0.27
Ⅲ类围岩	—	7	2 640	1	50	10	0.22

3 充放水过程数值模拟分析

3.1 充水过程中的结构分析

将充水过程衬砌管片应力计算成果整理如表3所示。分析表3可知，随着内外水压差从5 m增至75 m，衬砌中各项应力最大值也逐渐增大，管片中部环向应力最大值由0.113 MPa增大到0.616 MPa，衬砌整体拉应力最大值由0.113 MPa增大到1.056 MPa，但都小于C50混凝土设计抗拉强度允许值1.575 MPa（1.89/1.2=1.575 MPa）。当内水压力由0 m增大到75 m时，管片径向最大压应力由0.420 MPa增大到1.889 MPa，小于C50混凝土设计抗压强度允许值19.25 MPa（23.1/1.2=19.25 MPa），环向螺栓最大轴向应力达到131.7 MPa，也小于螺栓设计抗拉强度允许值。以上结果表明，在充水过程中，管片与螺栓受力良好。

表3 充水过程衬砌管片应力计算成果汇总

计算方案	衬砌应力最大值/MPa			环向螺栓最大轴向应力值/MPa
	管片中部环向应力最大值	拉应力最大值	径向应力最大值	
A1	0.113	0.113	−0.420	11.93
A2	0.124	0.124	−0.380	20.06
A3	0.240	0.326	−0.549	38.13
A4	0.296	0.504	−0.910	65.08
A5	0.380	0.647	−1.184	84.18
A6	0.456	0.779	−1.431	100.9
A7	0.536	0.917	−1.665	116.7
A8	0.616	1.056	−1.889	131.7

限于篇幅，以方案A8（内水75 m，外水0 m）为例分析管片中应力和位移的分布特征。如图2所示，环向应力方面，各管片中部内侧受拉应力状态，最大值为0.617 MPa。衬砌与螺栓连接位置局

部拉应力集中，最大值为 1.056 MPa，在管片 A 凹槽转折处产生压应力集中，最大值为-0.701 MPa；在径向应力方面，衬砌大部分径向受压，处于-0.604～-0.764 MPa，仅在与螺栓连接位置出现局部应力集中，压应力最大值为-1.889 MPa。衬砌在内水压力作用下，各管片间呈现相互脱离趋势，螺栓处于受拉状态，最大拉应力值为 131.7 MPa。

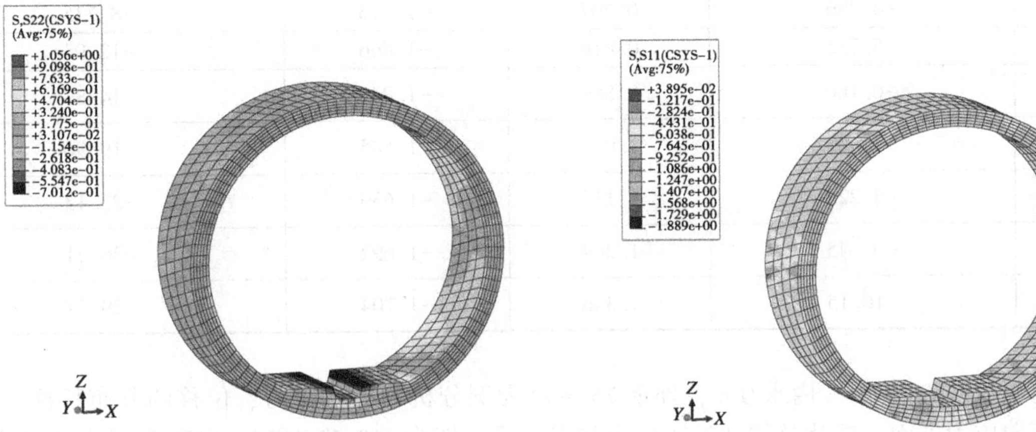

(a)环向应力　　(b)径向应力

图 2　充水运行工况（方案 A8）管片衬砌应力等值线云图　（单位：MPa）

如图 3 所示，衬砌在内水压力作用下向外变形。环向位移的较大值出现在衬砌腰部（接缝面 2、5 附近）以及管片 B、F 底部（接缝面 1、6），约为 0.232 mm。从径向位移图可以看出，最大值约为 0.266 mm，出现在顶部管片 D 处，最小值约为 0.164 mm，出现在底部管片 A 两侧接缝处，衬砌整体径向上较为均匀地向外变形。

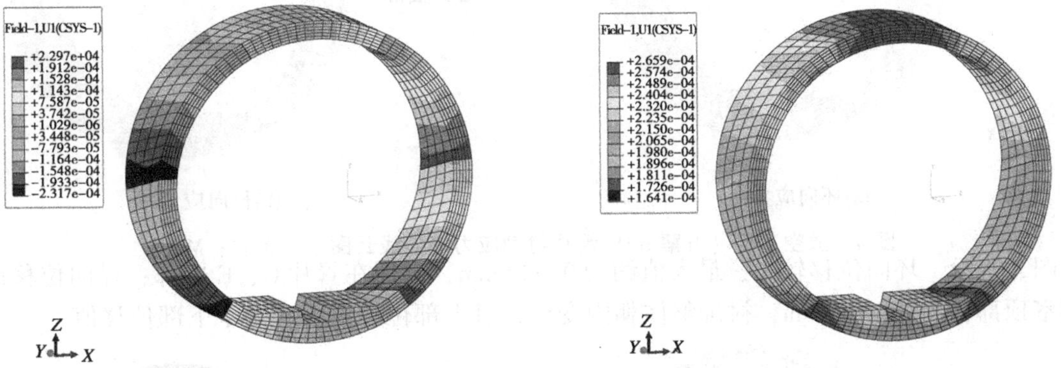

(a)环向位移　　(b)径向位移

图 3　充水运行工况（方案 A8）管片衬砌位移等值线云图　（单位：m）

3.2　放水过程中的结构分析

将放水过程衬砌管片应力计算成果整理如表 4 所示。从表 4 可以看出，在放水过程中，随着内外水压差从 0 m 增加至 75 m，其中环向处于压应力状态，内外水压差增至 75 m 时，环向压应力达到-10.15 MPa；径向压应力水平较低，但接缝处出现局部拉应力集中，最大达到 1.346 MPa；与充水过程相比，放水过程中环向螺栓最大轴向应力值大幅降低。

表 4　放水过程衬砌管片应力计算成果汇总

计算方案	衬砌应力最大值/MPa			环向螺栓最大轴向应力值/MPa
	环向压应力最大值	拉应力最大值	径向压应力最大值	
B1	-3. 509	0. 204	-1. 261	-3. 535
B2	-3. 945	0. 359	-1. 409	-3. 849
B3	-4. 796	0. 607	-1. 716	-8. 735
B4	-5. 732	0. 816	-1. 866	-12. 94
B5	-6. 160	0. 886	-1. 840	-14. 83
B6	-7. 405	1. 040	-1. 585	-19. 96
B7	-8. 225	1. 115	-1. 639	-23. 13
B8	-9. 045	1. 264	-1. 692	-26. 21
B9	-10. 15	1. 346	-1. 704	-29. 21

限于篇幅，以方案 B9（内水 0 m，外水 75 m）为例分析管片中应力、位移的分布特征。如图 4 所示，在环向应力方面，管片整体处于压应力状态，最大值为-10. 15 MPa，出现在管片底部接缝处；在径向应力方面，衬砌大部分处于受压状态，最大值为-1. 704 MPa，出现在管片与螺栓连接处，接缝处出现局部拉应力集中，最大值为 1. 346 MPa，相较于充水工况拉应力最大值有所增大。

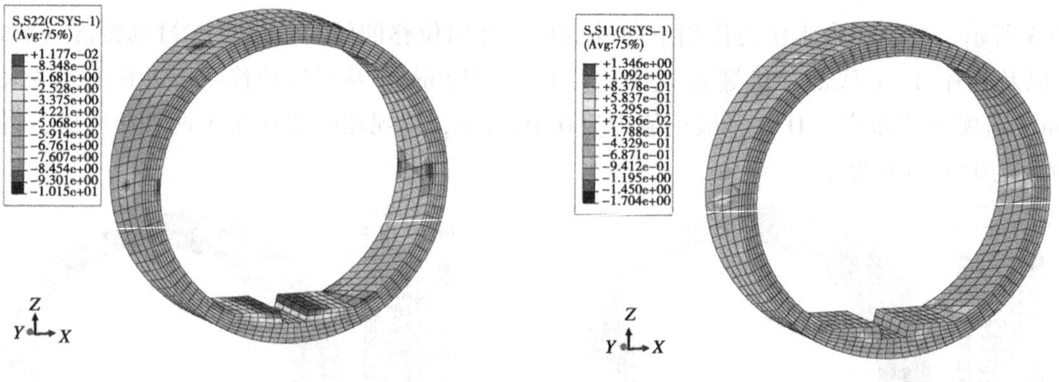

(a)环向应力　　(b)径向应力

图 4　放空工况（方案 B9）管片衬砌应力等值线云图　（单位：MPa）

如图 5 所示，环向位移较小，最大值约为 0. 680 mm，出现在管片 C、E 中部；径向位移最大值出现在洞室顶部，为-1. 327 mm，衬砌整体朝内变形，且上部位移值普遍大于下部位移值。

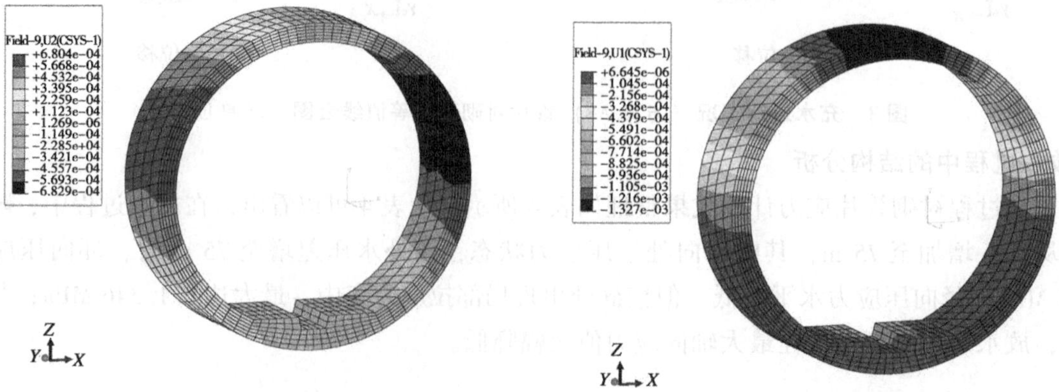

(a)环向位移　　(b)径向位移

图 5　放空工况（方案 B9）管片衬砌位移等值线云图　（单位：m）

4 结语

以西北地区某引水工程中TBM有压输水隧洞区间段为研究对象，通过有限元计算探究充放水过程中管片结构及其连接螺栓的力学响应特性，取得的主要结论如下：

（1）在充水过程中，随着内外水压差从5 m增至75 m（内高外低），管片中部衬砌环向应力从0.113 MPa逐渐增至0.616 MPa，局部环向拉应力最大值也增至1.056 MPa，径向应力处于压应力状态，最大应力值为-1.889 MPa。环向螺栓轴向应力值从11.93 MPa增至131.7 MPa。各项应力指标均小于材料限制，表明充水过程中，管片与螺栓受力良好。

（2）在放水过程中，随着内外水压差从0 m增加至75 m（外高内低），衬砌应力值逐步增大，其中环向处于压应力状态，内外水压差增至75 m时，环向压应力达到-10.15 MPa；径向压应力水平较低，接缝处出现局部径向拉应力集中，拉应力值达到1.346 MPa。

（3）与充水过程相比，放水过程中环向螺栓最大轴向应力值大幅降低，径向压应力也有所降低，但最大拉应力增大。

参考文献

[1] 赵大洲，景来红，杨维九．南水北调西线工程深埋长隧洞管片衬砌结构受力分析［J］．岩石力学与工程学报，2005（20）：81-86.

[2] 高章荣．内水压力作用下3层衬砌输水隧洞结构受力分析［J］．水利技术监督，2022（4）：144-149.

[3] 尚星航．高外水压力隧洞渗流分析与复合衬砌受力研究［D］．兰州：兰州交通大学，2021.

[4] 善鸿泽．超特长隧洞TBM施工期通风技术研究［D］．乌鲁木齐：新疆农业大学，2023.

[5] 石怡安，苏凯，毛文然，等．TBM隧洞管片衬砌受力与连接螺杆的必要性研究［J］．水电与新能源，2016（1）：12-16，24.

[6] 陶洪辉，盘春军，韩晓凤，等．高水头钢筋混凝土衬砌隧洞开挖充排水过程离散元分析［J］．水力发电，2024，51（11）：1-9.

[7] 中华人民共和国住房和城乡建设部．混凝土结构设计规范：GB 50010—2010［S］．2015年版．北京：中国建筑工业出版社，2015.

东湖水库放水洞漏水封堵技术应用实践

李典基　姜春燕　姜延国

（南水北调东线山东干线有限责任公司，山东济南　250013）

摘　要：东湖水库由于防水涵洞出口和压力箱涵之间的变形缝为活动缝，引起了橡胶止水带的破坏，介绍了一种新型聚氨酯封堵新材料新技术，材料可在水中作业，黏度以 2 000 mPa · s 为宜，面干时间 30 min。反应物耐水性能好，弹性好，断裂伸长率大（可达 1 000%以上），抗拉强度高（薄膜拉伸强度可达 12 MPa 以上）。预聚体渗透性强，能够渗透到混凝土裂缝面内部，和里面的活性键发生扩链反应，黏结强度大（附着力可达 4 MPa）。材料为单组分聚氨酯，施工工艺简单，对裂缝前期处理没有特殊要求。

关键词：活缝；聚氨酯；堵漏；黏结力；伸长率

1　工程概况

东湖水库位于济南市东北部，是南水北调东线一期山东段 3 座重要调蓄平原水库之一，主要用于调节南水北调东去胶东方向的长江水和济南市区及章丘区工业、生活用水，水库库容 5 583 万 m^3，调节库容 4 905 万 m^3，死库容 678 万 m^3，年入库流量 15 685 万 m^3，年供水流量 14 997 万 m^3，年蒸发量 227 万 m^3，年渗漏量 805.4 万 m^3，设计蓄水位 30.1 m，死水位 18.5 m，入库泵站最大流量 11.6 m^3/s，向济南市区供水流量 3.47 m^3/s，向济南市章丘区供水流量 0.54 m^3/s，向滨州市、淄博市供水最大流量 22 m^3/s。水库周边有村庄、基本农田，工程防渗要求高。

为向济南市区及章丘区供水，在水库围坝建放水洞，放水洞为单孔，孔口尺寸 1.5 m×2.0 m（宽×高），闸的后部连接现浇钢筋混凝土方形压力箱涵，长 85 m，箱涵横向 1.5 m×2.0 m（宽×高），底部坡比 1/200，涵洞的出口位置连接着钢筋混凝土压力箱，两者采用 654 型橡胶止水带中埋式止水，止水离内壁 200 mm。因地基承载力不满足设计要求，放水涵洞采用水泥搅拌桩进行地基处理。

2　放水涵洞第 1 次渗漏处理

水库在向济南及章丘两地供水过程中 2 个放水洞都发生了漏水，漏水发生在涵洞出口和钢筋混凝土压力箱的环向拼接缝处，渗水为清水，沿着水库坡脚处流向截渗沟。漏水可能是由涵洞出口和压力箱涵发生不均匀沉降或施工缺陷引起橡胶止水带破坏引起的[1]。漏水部位及漏水情况如图 1、图 2 所示。

由于渗漏点隐蔽性强，不能判断具体漏水部位，水库管理方进行了堵漏施工，方案为锚固法处理。首先，对渗水处伸缩缝进行压力灌浆，灌浆材料采用 OPU 聚氨酯。灌浆完成后，在箱涵断面内侧沿箱涵伸缩缝凿宽 6 cm、深 2 cm 的槽，槽内填塞沥青砂浆，再沿箱涵断面内侧伸缩缝安装板式橡胶止水带，用钢板压条搭配膨胀螺栓进行固定，处理工艺比较复杂。渗漏点施工大样图如图 3 所示。

作者简介：李典基（1969—），男，研究员，主任，主要从事水利技术开发工作。

通信作者：姜春燕（1984—），女，工程师，主任，主要从事水利经济管理工作。

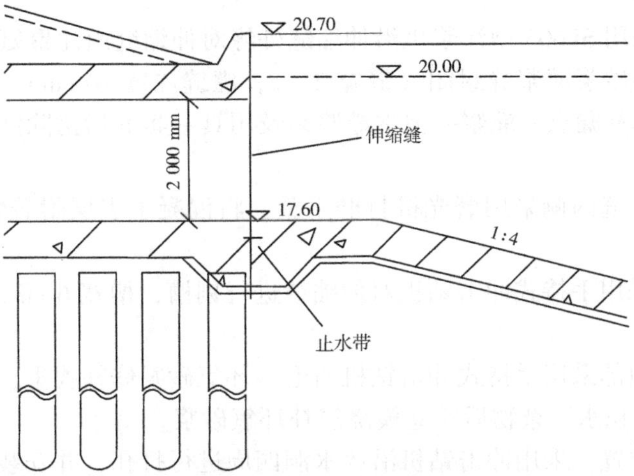

图 1　放水洞漏水位置

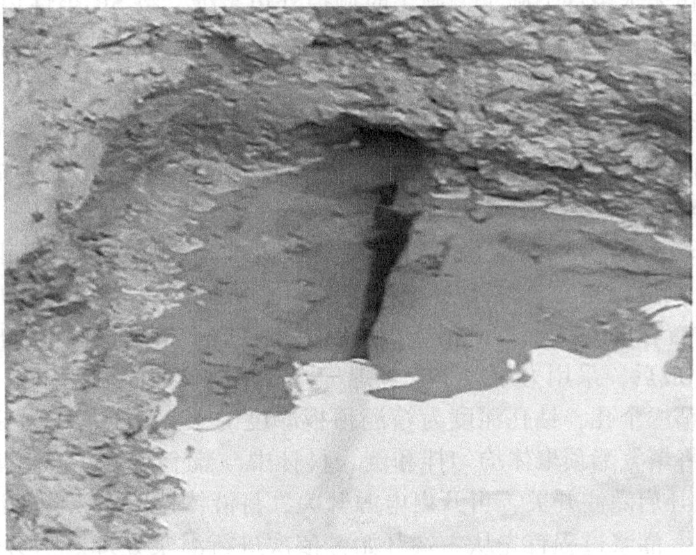

图 2　第 1 次处理前现场漏水情况

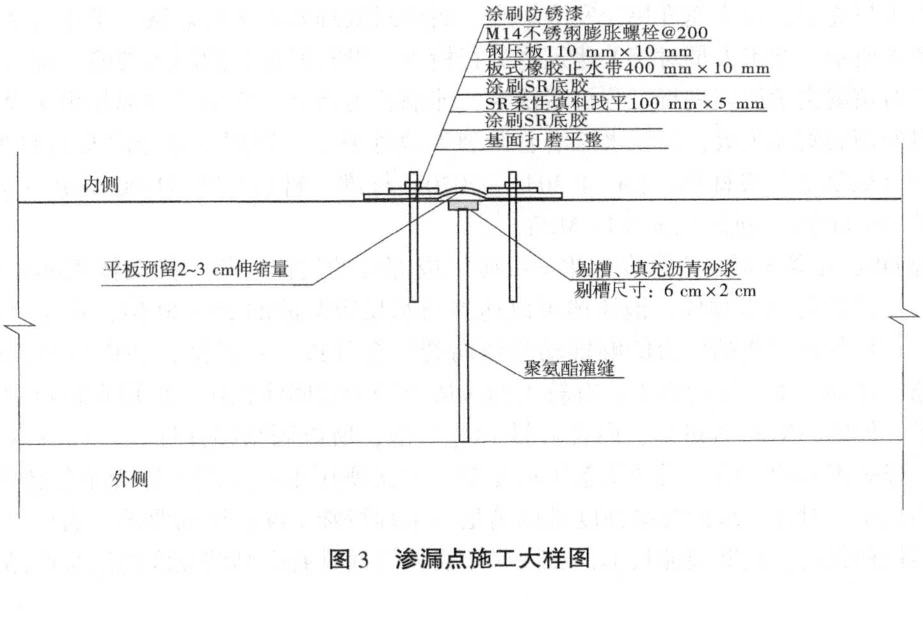

图 3　渗漏点施工大样图

2.1 具体处理方案

伸缩缝处理措施：采用 SL605 型注浆机沿伸缩缝外缘对伸缩缝灌注聚氨酯密封材料。施工工艺如下：清理缝面—环氧树脂砂浆灌浆缝封闭（缝宽 2 cm，灌缝深度 10 cm）—贴灌浆嘴（或埋管）—封闭缝面—压风试漏—修补漏点—灌浆—清洗灌浆泵及用具—48 h 后凿除灌浆管。

2.2 箱涵内侧处理措施

（1）对末节箱涵伸缩缝内侧采用磨光机打磨平整，将混凝土表层附着物清理干净，直至露出坚硬混凝土面层。

（2）在伸缩缝两侧采用手持式冲击钻机对伸缩缝进行剔槽，槽宽 6 cm、深 2 cm，槽内填充沥青砂浆。

（3）压力箱涵底板顶部采用手持式冲击钻机凿毛，环氧砂浆修补找平，凿毛宽度 35 cm，毛面应凿出裸露碎石，清除缝面积水、杂物后，立模浇筑补环氧砂浆。

（4）根据钢板开孔位置，采用冲击钻机沿放水洞四周进行打孔，并安装膨胀螺栓。

（5）涂刷 SR 底胶，涂刷宽度为 10 cm，涂刷时要均匀、连续平顺，不脱胶、无溢胶。

（6）SR 柔性填料在无水条件下施工，施工时撕掉外包装纸，将 SR 柔性填料从中部向两边粘贴，确保密实，需要边粘贴边排放结合面的气体，在接头位置将填料互相搭接紧密，搭接长度为 5 cm，使填料与界面之间连接为密实的整体。

（7）板式橡胶止水表面要平整、光洁、厚度一致，边缘平直，无气泡、无裂纹等。根据钢板压条的螺栓孔位置，提前采用人工开孔，孔位偏差不大于 1.5 mm；板式止水带指标如下：拉伸强度为 12 MPa，拉断伸长率≥380%。

（8）根据钢板压条上螺栓孔的对应位置，安装钢板压条，拧紧螺母紧固钢压板；为防止板式橡胶止水出现空鼓现象，钢板压条安装时，从一侧向另一侧顺延安装，严禁钢板压条的接缝位置与下层板式橡胶止水的接缝位置在同一位置上；相邻两块钢板安装应平整顺直，不得出现错台。

（9）钢压板安装完成后，采用力矩扳手安装螺母，并用防锈漆涂刷钢压板及膨胀螺栓。

（10）每隔 20 cm 钻一个孔，钻孔深度为箱涵顶板厚度的 1/2，注浆压力一般控制范围为 0.25~0.4 MPa。注浆时，先将聚氨酯预聚体均匀拌和倒入料杯中，盖上杯盖，将注浆机牛油嘴对准止水针头，用力插紧扶正，先开启灌注开关，再开启电源开关，将液体持续增压注入混凝土结构缝体内，直至有树脂液从表面溢出。灌浆过程首先从一端开始，依次进行灌浆处理。当旁边灌浆孔开始冒浆后，压力保持 3~5 min，本孔灌浆停止，改注旁边相邻孔灌浆。

上述方案为类似缺陷处理的正常方案，并经过了专家论证，施工企业按照方案进行认真施工。本次施工缝隙内水量充足，反应速度快，发泡率高。后期对处理效果进行观察，半年后 2 座放水洞又先后漏水，如图 4 所示。技术人员对相关建筑物进行检查，没有发现新的漏水裂缝，漏水还是发生在伸缩缝部位。在对堵漏失效原因进行了分析后认为，伸缩缝为活缝，变形量局部超出了设计伸缩量，引起了堵漏材料的撕裂破坏失效，高压水流沿着撕裂失效处涌出。所用聚氨酯灌浆材料为 OPU 灌浆材料，性能符合《聚氨酯灌浆材料》（JC/T 2041—2020）标准，材料黏度≤1 000 mPa · s，凝固时间≤800 s，发泡率≥1 000%，抗压强度≥15 MPa。

市售传统 OPU 在遇水后将立即发生化学反应生成部分的气体产物，推动体积膨胀生成一种不溶于水且拥有一定强度的发泡物体，泡沫体可以达到与水反应浆液的 25~30 倍，化学反应过程中释放出 CO_2 气体，CO_2 气体产生的压力能够推动浆液向裂缝深处进一步扩散，并成为坚韧的结固体，进一步阻塞缝隙，达到防水堵漏的效果，有较大的渗透半径和凝固体积比，应用在稳定裂缝堵漏时会取得较好的效果，但因—NCO 含量高，内含大量 CO_2 气泡，所以固结物弹性差。针对本工程，伸缩缝还有变形、沉降等因素的影响，活动状态比较复杂，本次所用聚氨酯结固体为市售传统 OPU 灌浆材料，其弹性伸长率、对伸缩缝的黏结强度难以满足本工程特殊工况的堵漏要求，需要一种类似止水橡胶带的具有高拉伸强度、高断裂伸长率，和混凝土裂缝界面具有高黏结强度的灌浆产品对止水带进行功能性修复，并能在水中作业[2]。板式橡胶止水需要涵洞出口内表面和钢筋混凝土压力箱内表面对齐且无扭曲，本工程很难一直保持这种状态，难以达到止水效果。

图4　第2次处理前现场漏水情况

3　一种新型灌浆材料

化学灌浆是一种利用加压将化学浆液灌入裂缝的工程措施，以达到填充、扩散、凝胶、固结等目的。本次漏水处理还是采用化学灌浆处理方案，灌浆材料有聚氨酯、环氧树脂、丙烯酸盐、水玻璃、脲醛树脂、酚醛树脂、甲基丙烯酸甲酯等，聚氨酯和环氧树脂材料适合在水中防渗堵漏及补强加固施工，借鉴第1次堵漏失效的经验教训，经综合对比分析，不同分子制得的聚氨酯材料虽然结构相似，但性能确迥异，本次灌浆料是一种采用多官能度聚醚多元醇和全疏水结构的聚二元醇的单组分聚氨酯聚合体。新方案采用了一种聚氨酯化学灌浆新材料，使用聚醚多元醇和聚醚二醇做原料，聚醚多元醇因为其官能度大于2，后期反应成膜时能够实现化学交联作用，提高结构交联的密度，并且引入聚醚二醇，可以有效地改变交联点的疏密度，在保证满足较高拉伸强度的同时，使材料的断裂伸长率得到极大提升。由于生产用的混合多元醇皆为疏水性分子结构，整个生产过程没有引入其他亲水性基团或链段，生成的聚氨酯预聚体浆料拥有良好的耐水性能。浆料注入缝隙中后，以缝隙内的水作为固化剂，发生扩链交联反应，转化反应成高密实的聚氨酯固结弹性体，牢固地黏结在缝隙两壁上。因加入了多官能度活性基团，预聚体浆料遇水固化后可形成致密的交联网络结构，其力学性能非常优良。材料黏度2 000 mPa·s，表干时间30 min，实干时间8 h。反应凝固后弹性好，伸长率大（断裂伸长率大于1 000%），抗拉强度高（薄膜拉伸强度可达12 MPa以上）。材料能渗透到混凝土内部，—NCO—基团与混凝土或水中的—OH发生反应，形成渗透黏结层，因此和混凝土的黏结力强（附着力可达4 MPa）。和市售传统OPU灌浆材料不同，本材料需要控制CO_2的生成速度及生成量，因此材料中—NCO 含量不易过高，占比在 2%~10%，过高反应慢，CO_2 气泡在胶体中残留多，影响材料的防水性能和力学性能；过低预聚体分子量较大，黏性大，不利于灌浆施工，最好控制在 5%~6%。为控制气泡的影响，需要进行消泡处理，本产品采用有机硅消泡剂。

4 放水洞第 2 次渗漏水处理

东湖水库是章丘的重要水源，要求每天不间断供水。方案 1 从外部不停水灌浆处理，压力箱涵漏水接缝漏水位置位于地下，需要对箱涵周围覆土进行开挖。基坑位置位于水库外坝脚，土层含水量大，为保证施工人员安全，需要加大基坑开挖面积，影响水库坝体安全，处理费用高。方案 2 进入箱涵内部灌浆处理，需要暂时停止供水，经测算，4 h 就能完成处理工作，由此引起的水量减少可以通过调度工作补偿回来，采用新型灌浆料灌浆，处理费用很低。采用方案 2 效率高、费用低，是先进的处理技术。

具体工作如下：

（1）关闭放水洞工作闸门及检修闸门，阻断库内水流进入箱涵内。

（2）排水。排水完成后，安装了送风机，往箱涵内进行通风，作业前采用多参数气体检测报警器（ADKS-4）对箱涵内气体进行现场检测。

（3）沿着上次处理的位置在距离接缝 10 cm 箱涵体位置使用电锤与接缝呈 45°夹角钻通孔，埋设专用注浆针（注浆针间距 25 cm），注射新型聚氨酯材料，压力 0.4 MPa。检查观察孔，聚氨酯浆液把水顶出，直至有浆液从观察孔冒出。自下而上沿周施工，不要遗漏。为便于施工观察，在无色的聚氨酯液体材料中加入蓝色染料，如图 5 所示。

（4）堵水效果观察。整个注浆施工工作在 3 h 内完成，撤离放水洞，进行防水试验，没有出现渗漏明水，4 d 后再去观察，原渗漏部位土壤表面已经面干，如图 6 所示。

图 5 放水洞内堵漏施工

图 6 4 d 后现场观察情况

5 结语

东湖水库是南水北调东线工程的重要调蓄水源，放水洞漏水既影响了水库工程的安全，又损失了水量。针对放水洞漏水问题，对变形缝进行了 2 次化学灌浆处理，第 1 次采用市售传统 OPU 聚氨酯灌浆材料，由于漏水缝隙为活动缝，变形复杂，灌封固结体材料的韧性、伸长率和黏结性能不满足本工程复杂的变形工况而又使堵漏部位发生了破坏；第2次采用新型的高韧性、高伸长率、能够带水施工的高黏结聚氨酯灌浆材料，用时3 h就高效完成了漏水处理，随后即刻进行输水运行。本技术使一个非常棘手的漏水难题很快得到了解决，可供其他类似工程借鉴使用。

参考文献

[1] 刘伟旺．钢筋混凝土箱涵伸缩缝渗漏治理技术探讨［J］．海河水利，2011（1）：35-37.
[2] 张慧莉．聚氨酯材料在水利工程中的研究与应用综述［J］．水利与建筑工程学报，2022，20（1）：8-18.

2023—2024 年度南水北调东线一期工程北延应急供水工程南运河河北段输水损失估算

邵文伟 侯 煜 于 茜 刘 婧

（中国南水北调集团东线有限公司，北京 100071）

摘 要：河渠输水损失计算是评价灌区、跨流域调水工程河（渠）输水效率的重要手段。本文基于水量平衡法，以数据资料较为完整的北延应急供水工程南运河山东段为典型段，推算南运河河北段的输水损失。结果表明，2023—2024 年度南运河山东段每千米输水损失为 0.035 7 $m^3/(s \cdot km)$，计算得到南运河河北段输水效率为 0.66，计算结果和北延工程规划设计输水效率、潘庄引黄济津工程设计输水效率以及 2010—2011 年潘庄引黄济津实际输水效率基本接近。本文研究成果可提高北延工程年度水量调度计划和实施方案编制的科学性。

关键词：北延应急供水工程；南运河；输水损失

河渠输水损失计算是评价灌区、跨流域调水工程河（渠）输水效率的重要环节，直接影响着受水区输配水效率、计划编制、调水成本控制和工程良性运行。

河道输水损失包括水面蒸发损失、渠床渗漏损失、闸门漏水和渠道退水等，其中蒸发损失一般不足渗漏损失水量的 5%，可忽略不计[1]。影响输水损失的因素包括气温、河渠土质及类型、断面形态、水力特性、地下水埋深、衬砌条件等[2-3]。

在设计阶段，由于缺乏运行资料，一般是通过输水损失经验公式计算的。战家男[4] 利用考斯加可夫经验公式确定了渠道输水损失，推求干渠渠道水利用系数。工程投入运行后，输水损失一般基于实际运行数据，通过静水法、动水法或水动力模型分析实测资料确定。于维丽等[5] 利用动态输水试验和静态输水试验计算引黄济青工程的输水损失，并与设计输水损失进行对比。郑世宗等[3] 采用静水法系统测量了灌区渠道输水损失情况。邱婷[6] 利用 Mike11 动态模拟引黄济青工程不同流量下的输水效率，并结合戴维斯威尔逊和考斯加可夫经验公式对比分析。

南水北调东线一期工程北延应急供水工程（简称北延工程）是华北地区地下水超采综合治理重点水源工程，通过调引长江、淮河等地表水源置换河北、天津深层地下水超采区农业用水，南运河是主要输水河道之一。随着近年来京杭大运河全线贯通补水行动的实施，南运河段开展了北延工程、潘庄引黄工程和岳城水库的多水源联合调度工作，输水流量、时间和水量进一步增加，输水损失也相应发生变化。为加强工程的输配水调度，保障受水区的供水安全，提高水资源的集约节约用水，开展南运河输水损失研究具有重要意义。本文的研究基于实际调度运行数据，利用水量平衡法和经验公式计算北延工程 2023—2024 年度南运河河北段的输水损失，为后续调度运行管理奠定基础。

1 研究区概况

北延工程主要利用东线一期工程、位山及潘庄引黄部分线路向河北和天津供水。黄河以南是利用

资助项目：国家重点研发计划资助项目，南水北调东线工程多水源均衡配置与输水智能调控技术（2022YFC3204600）。

作者简介：邵文伟（1985—），男，高级工程师，主要从事水量调度工作。

东线一期工程原有工程输水。黄河以北，自穿黄工程出口经东线一期工程小运河输水至邱屯枢纽。邱屯枢纽以下至杨圈采用西线、东线双线输水。西线通过邱屯枢纽向位山引黄线路分水，经穿卫倒虹吸入河北省，于杨圈闸入南运河；东线自邱屯枢纽输水至六五河节制闸后，继续沿六五河向下游输水，通过潘庄引黄穿漳卫新河倒虹吸，于倒虹吸出口（四女寺节制闸闸下）入南运河；东线、西线自杨圈汇合后，沿南运河继续输水至九宣闸。穿黄沿西线输水至天津九宣闸总长约 441 km，自穿黄沿北延东线输水至天津九宣闸总长 450 km。自 2021 年北延工程正式通水运行以来，主要利用北延东线输水。

南运河位于海河流域漳卫南河下游段，起于四女寺枢纽，流经山东省德州市德城区、河北省衡水、沧州市，止于天津市静海县独流镇的十一堡节制闸，全长 309 km。沿线主要设有耿李杨水文站、南运河第三店水文站、北陈屯和天津市九宣闸等水文站。耿李杨水文站为河道入口控制站；南运河第三店为山东、河北省际断面，监测入河北水量；九宣闸为河北、天津省际断面，监测入天津市水量。以南运河第三店断面为界，四女寺枢纽至第三店为南运河山东段，全长 35 km，由海委漳卫南局负责运行管理，仅有 1 处分水口门；第三店至九宣闸为南运河河北段，全长 226 km，由河北省负责运行管理，北延工程的分水口门主要分布在该段，数量众多。

2 研究方法

南运河河北段口门分水量不明确，难以通过水量平衡法直接计算输水损失。考虑到南运河山东段（穿漳卫新河倒虹吸至南运河第三店）与南运河河北段（南运河第三店至九宣闸）在河床土壤性质、断面形态、水力特性上较为近似，拟通过计算数据资料较为完整的南运河山东段的输水损失，推算南运河河北段的输水损失。

对于某一计算时段，某河段的槽蓄变化量等于进入该河段的总水量与流出该河段总水量、口门引水量和损失水量的差值。

$$\Delta_v = (W_{入} + W_p) - (W_{出} + W_{引}) - W_{损} \tag{1}$$

式中：Δ_v 为槽蓄变化量，万 m^3，为计算时段末时刻槽蓄量与计算时段初时刻槽蓄量的差值；$W_{入}$ 为河段入口断面调水量，万 m^3；W_p 为降雨量，本次调水期为非汛期，沿线几乎无降雨，降雨量基本可以忽略；$W_{出}$ 为河段出口断面调水量，万 m^3；$W_{引}$ 为引水量，万 m^3；$W_{损}$ 为输水损失水量，包括蒸发、渗漏、闸门漏水等，万 m^3。

3 北延工程 2023—2024 年度输水损失

3.1 水量平衡法

根据调水期间的巡查管护情况，与其他调水时段相比，在 3 月 20 日至 4 月 17 日期间，沿线非计划引水现象非常普遍，对输水损失计算影响较大，因此需要将 3 月 20 日至 4 月 17 日期间输水沿线非计划引水量计入口门水量。因为在 4 月 18—30 日期间，沿线非计划引水现象少且输水流量与 3 月 20 日至 4 月 17 日时段接近，故以 4 月 18—30 日的输水损失作为 3 月 20 日至 4 月 17 日期间的理论输水损失，通过还原计算，得到南运河山东段非计划引水量约 333 万 m^3。

根据实际水量监测数据，北延工程 2023—2024 年调水期间（2024 年 3—5 月），南运河山东段入流控制断面（穿漳卫新河倒虹吸）总过水量为 20 101 万 m^3，出流断面（南运河第三店）总过水量 18 775 万 m^3，南运河山东段非计划引水量约 333 万 m^3，计算得到本年度北延工程南运河山东段的输水损失为 5%（输水效率 95%），相应每千米的输水损失量约为 0.035 7 $m^3/(s \cdot km)$（见表 1）。

3.2 南运河河北段输水效率

南运河河北段长 226.2 km，假设其每千米的输水损失与南运河山东段相同，则南运河河北段的总输水损失为 6 420 万 m^3，输水效率为 66%。

表 1 南运河输水损失计算

河段	河道长度/km	损失量/万 m^3	每千米损失/[m^3/(s·km)]	输水效率/%
倒虹吸至第三店（山东段）	35	993	0.035 7	95
第三店至九宣闸（河北段）	226.2	6 420		66

4 结果分析与讨论

4.1 与北延工程南运河河北段设计输水效率对比

《南水北调东线一期工程北延应急供水工程初步设计报告》明确的北延工程东线河道分段输水损失情况见表 2。

表 2 北延工程东线河道分段输水损失情况

线路	河段	河道长度/km	损失率
输水干线	穿黄至邱屯枢纽	98	0.05
北延东线	邱屯枢纽下至六五河节制闸	77	0.11
	六五河节制闸至四女寺枢纽	11	0.01
	四女寺枢纽至第三店	35	0.05
	第三店至杨圈	94	0.11
输水干线	杨圈至九宣闸	134.7	0.14
北延东线输水合计	穿黄至九宣闸	449.7	0.47

注：损失率为各段的损失水量与穿黄断面总水量的比值。

经计算，规划报告中南运河第三店至九宣闸段（南运河河北段）的输水效率为 68%，与 2023—2024 年度实际输水效率（66%）接近。

4.2 与潘庄引黄济津工程输水损失对比

根据潘庄引黄济津工程设计引水规模，潘庄闸引水规模 10 亿 m^3，穿漳卫新河倒虹吸出口过水量 8 亿 m^3，南运河第三店站过水量 7.68 亿 m^3，天津市九宣闸收水量 4.99 亿 m^3，计算得到南运河河北段的输水率为 65%，与 2023—2024 年度北延工程输水效率基本接近。

根据 2010—2011 年度潘庄引黄济津调水实际计算输水损失。本次调水时间为 2010 年 10 月 24 日至 2011 年 4 月 16 日。第三店累计调水量为 6.69 亿 m^3，九宣闸累计调水量 4.20 亿 m^3，计算得到第三店至九宣闸的输水率为 63%，与 2023—2024 年度北延工程输水效率基本接近。

4.3 关于利用南运河山东段推算河北段输水损失可能存在的误差

因南运河河北段缺少口门实测数据，本文以南运河山东段为典型段，推算南运河河北段输水损失。在实际运行中，因为山东段位于河北段上游，南运河山东段的输水流量要高于河北段的，从输水流量和输水损失的关系看[3]，南运河山东段每千米的输水损失应略高于河北段的，因此南运河河北段实际的输水率应略高于 66%。本文研究为初步估算，暂忽略流量不同造成的误差。

5 结论

本文通过计算数据资料较为完整的南运河山东段的输水损失，初步推算南运河河北段的输水损失，计算得到 2023—2024 年度南运河河北段输水效率为 66%，和北延工程设计输水效率、潘庄引黄济津工程设计输水效率以及 2010—2011 年度潘庄引黄济津实际输水效率基本接近。考虑到近年来实施的华北地区地下水压采综合整理行动、华北生态环境复苏行动、河北省实施的京杭大运河文化带建设等，河北省南运河段的本底条件（地下水位、河道土壤含水率、衬砌情况）较以往已经有很大改善，本调水年度南运河河北段输水效率66%基本符合实际。

参考文献

[1] 郭元裕．农田水力学［M］．北京：中国水利水电出版社，2007.

[2] 肖雪，王修贵，谭丹，等．几种计算渠道渗漏损失的经验公式比较［J］．武汉大学学报（工学版），2016，49（3）：365-371.

[3] 郑世宗，贾宏伟，崔远来．渠道输水效率影响因素及其规律［J］．灌溉排水学报，2013，32（6）：77-79.

[4] 战家男．干渠渠道水利用系数预测研究：以汉延渠为例［J］．农业科学研究，2016，37（4）：44-47.

[5] 于维丽，周黎明，张建泽．引黄济青输水河工程输水损失分析［J］．人民黄河，2003，25（2）：34-35.

[6] 邱婷．引黄济青工程输水效率确定与输配水方案优化分析［D］．山东：山东大学，2021.

南水北调东线第一期工程多水源多用户组合水价计算方法初探

殷卫国[1]　刘　磊[2]

（1. 中水淮河规划设计研究有限公司，安徽合肥　230000；
2. 水利部建设管理与质量安全中心，北京　100038）

摘　要：南水北调东线第一期工程利用南四湖上级湖和东平湖等非规划水源调水，是一个多水源多用户组合的供水系统，供水到鲁北地区水价高于北延应急工程供水到河北、天津的水价，现有水价政策不协调，难以指导实际运行。本次在现有水价政策的基础上，研究了多水源多用户组合供水水价计算方法，并提出相关建议。

关键词：水源；用户；多水源多用户组合

1　基本情况

南水北调工程是解决我国北方地区水资源严重短缺问题的重大战略性基础设施，是完善我国水资源优化配置格局，增强我国水资源统筹调配能力、供水保障能力和战略储备能力，统筹发展和安全、助推经济社会可持续发展的重大举措，东线工程是重要的调水线路之一。

东线第一期工程是在江苏省江水北调工程的基础上，扩大规模、向北延伸而成，用户涉及江苏、安徽、山东、河北、天津5省（直辖市），供水目标包括城市生活、工业、农业和生态环境用水，是一个多水源多用户组合的供水系统。工程规模为抽江500 m^3/s，入东平湖100 m^3/s，过黄河50 m^3/s，送山东半岛50 m^3/s。工程建成后，多年平均抽江水量87.66亿 m^3，多年平均净增供水量36.01亿 m^3。

为保证东线第一期工程正常运行，国家发展和改革委员会于2014年1月印发了《国家发展改革委关于南水北调东线一期主体工程运行初期供水价格政策的通知》（发改价格〔2014〕30号），按照“准市场”原则，确定了一期主体工程规划水源向规划用户供水的水价。东线一期北延应急工程采用协商的办法定价，河北（第三店断面）为0.91元/m^3，天津（九宣闸断面）为1.39元/m^3。

2013—2022年，东线第一期工程共完成9个年度的调水运行，向山东省调水52.9亿 m^3，一期北延应急工程进行了3个年度的调水运行，向河北、天津供水3.1亿 m^3（穿黄断面），缓解了鲁西南、胶东半岛、鲁北地区以及河北东部地区和天津严重缺水局面，取得了良好的经济效益、社会效益和生态环境效益。但是东线一期水价政策存在不足，与实际调度运行不适应。如2021—2022调水年度，一期工程实际利用南四湖上级湖和东平湖非规划水源北调，水价政策难以指导实际运行；又如供水到鲁北地区水价1.34~2.24元/m^3，高于一期北延应急工程供水到河北、天津的水价，水价政策不协调。

为认真贯彻落实党中央、国务院决策部署，充分发挥南水北调东线第一期工程输水效益，更好地推动南水北调后续工程高质量发展，根据水利部关于推动南水北调后续工程高质量发展有关部署要求，开展健全水价机制研究工作意义重大。

作者简介：殷卫国（1981—），男，高级工程师，主要从事水利规划、咨询、河道设计等工作。

2 东线第一期工程水价计算

2.1 水价测算方法

南水北调东线第一期工程的供水水价由供水总成本费用、利润和税金构成。

按照“谁受益、谁分摊”的原则，只为某一地区服务的工程，其成本费用由该地区独自承担，同时为两个或两个以上地区服务的工程，其成本费用由受益地区按受益大小分摊，各地区受益大小按增供水量比例确定。

供水总成本费用：包括新增工程的成本费用（扣除专门为排涝增加项目的成本费用）和现有工程中为南水北调增供水量服务的成本费用两部分。成本费用包括水资源费、固定资产折旧费、工程维护费、管理人员工资福利费、工程管理费、贷款年利息支出、抽水电费和其他费用等。东线第一期工程中的治污工程由地方负责建设，工程建成后交地方运行管理，其工程投资不纳入东线第一期工程供水成本测算。

水资源费：根据《南水北调工程总体规划》，水资源费按国家统一规定收取，在国家未制定统一规定前，暂不计水资源费。

固定资产折旧费：采用直线折旧法计算，由固定资产额乘以综合折旧率测算，各类资产的综合折旧率按照《水利建设项目经济评价规范》（SL 72—2013）选取。

工程维护费：包括一般维修费和大修理费，根据《水利建设项目经济评价规范》（SL 72—2013）的规定，按固定资产额（扣除占地补偿费和建设期贷款利息）乘以维护费率考虑。

管理人员工资福利费：按管理定员乘以管理人员工资福利费标准计算，福利费按工资总额的62%计算。

工程管理费：按管理人员工资福利费的1.5倍考虑。

年利息支出：按还贷期年等额还本付息，贷款利率6.55%。

抽水电费：按式（1）计算：

$$E = \alpha HkW/\eta \tag{1}$$

式中：E 为抽水电费；α 为换算系数，为 2.722×10^{-3}；H 为抽水平均扬程；k 为电价，采用两省实际执行电价计算；W 为抽水量；η 为综合效率。

利润：根据《南水北调工程总体规划》，还贷期不计利润。

税金：考虑营业税及附加，共5.5%。

2.2 各单项工程在水价测算中的处理办法

2.2.1 现有工程

现有工程包括现有河道、现有泵站和其他现有工程三大类。

（1）现有河道。南水北调东线第一期工程利用的现有河道有夹江、新通扬运河、里运河、灌溉总渠、京杭运河、入江水道、二河、骆南中运河、徐洪河、房亭河、骆北中运河、不牢河、韩庄运河等13条。

水价测算考虑现有河道运行维护费用。

现有河道一般都具有调水、防洪除涝、航运等综合利用的功能，综合分析后，调水按1/3分摊成本费用。同时，江苏省现状调水也利用这些河道，调水功能分摊的成本费用再按现状调水和新增调水两部分分摊。新增调水成本费用的分摊系数 K 按式（2）计算：

$$K = (\text{河道规划输水量} - \text{现状输水量}) / \text{河道规划输水量} \tag{2}$$

（2）现有泵站。南水北调东线第一期工程利用的现有泵站有江都站、淮安站、淮阴站、泗阳站、刘老涧站、睢宁站、皂河站、刘山站、解台站等。

水价测算考虑现有泵站固定资产折旧和运行维护费。

现有泵站的固定资产采用重置的方法计算，按新建泵站的平均单位流量投资指标估算。对于更新改造的泵站需从重置投资中扣除其更新改造投资的贷款，贷款投资按新增工程考虑。

现有泵站主要有调水、除涝、航运等方面的功能，调水分摊系数利用江水北调工程 1989—1998 年实际运行资料分析确定。同时，江苏省现状调水也利用这些泵站，调水功能分摊的成本费用再按现状调水和新增调水两部分分摊。新增调水分摊系数 K 按式（3）计算：

$$K=(\text{泵站规划装机利用小时}-\text{现状装机利用小时})/\text{泵站规划装机利用小时} \tag{3}$$

（3）其他现有工程。江苏省利用世界银行贷款建设的大运河监测调度系统工程，水价测算中考虑其固定资产折旧费和运行维护费。按调水与航运功能分摊调水成本费用，再按现状调水和新增调水两部分分摊。南水北调东线第一期工程分摊现有工程费用分摊系数见表 1。

表 1　南水北调东线第一期工程分摊现有工程费用分摊系数

项目	区段	现有工程名称	调水与防洪除涝、航运分摊系数	新增调水分摊系数 K
现有泵站	长江—洪泽湖	江都站	0.85	0.29
		淮安站	0.92	0.15
		淮阴站	0.95	0
	洪泽湖—骆马湖	泗阳站	0.95	0.28
		刘老涧站、睢宁站	0.95	0.34
		皂河站	0.95	0.41
	骆马湖—下级湖	刘山一站	0.95	0
		解台一站	0.95	0
现有河道	长江—洪泽湖	夹江等 6 段河道	1/3	0.25
	洪泽湖—骆马湖	二河等 4 段河道	1/3	0.41
	骆马湖—下级湖	不牢河等 3 段河道	1/3	0.61
其他现有工程	长江—洪泽湖	大运河监测调度系统	0.6	0.80

2.2.2　新增工程

水价测算中新增工程分七类进行处理。

第一类：泵站更新改造项目，包括江都站、淮安二站和皂河一站三个项目，贷款还本付息费用向北分摊。

第二类：为排涝增加的项目，包括洪泽站的洪金洞、泗洪站的利民河排涝闸、邳州站的刘集南闸、皂河一站改造的邳洪河地涵等项目的成本费用，以及金湖泵站因排涝而增加的成本费用不向北分摊。

第三类：里下河水源调整、梁济运河灌区影响处理、鲁北段灌区影响处理、徐洪河影响处理、骆南中运河影响处理、沿运闸洞漏水处理等六个项目只考虑贷款的还本付息费用，并向北分摊。

第四类：拆除老站建新站项目，包括泗阳站、刘山站、解台站。老站规模分摊的投资按现有泵站投资处理；增加规模的投资即为新增工程投资，成本费用向北分摊。

第五类：洪泽湖抬高蓄水位影响处理工程中安徽境内工程由中央出资建设，建成后交安徽省运营管理，不纳入水价测算；江苏境内工程的成本费用不向北分摊。

第六类：截污导流工程和血防工程。截污导流工程只考虑贷款还本付息费用。骆马湖以南截污导流工程的贷款还本付息费用不向北分摊，骆马湖以北的截污导流工程的贷款还本付息费用向北分摊；

血防工程的成本费用不向北分摊。

第七类：其余工程，成本费用向北分摊。

3 多水源供水成本和水价

3.1 一期工程各种水源各断面供水成本

对一期工程规划调水过程进行调整，不再考虑江水和淮水并用，将水量调度过程重新设计为单一水源调度过程，各种水源均暂不考虑原水费，实际运用时可根据具体情况调整。

长江水源：一期工程多年平均增供水量、一期北延应急多年平均穿黄供水量均从长江抽水，估算相应输水损失，按照水价政策的原则、方法、参数估算长江水源供水成本。

洪泽湖水源：长江至洪泽湖段的水量、成本费用不纳入计算，洪泽湖及洪泽湖以北各段水量过程视为洪泽湖水源北调过程，得到洪泽湖水源的水量调配方案，据此水量调配方案估算洪泽湖水源供水成本。

同理，估算骆马湖、南四湖、东平湖等水源供水的成本。

3.2 一期工程各种水源各断面供水水价

水价政策明确“东线一期主体工程运行初期供水水价按照保障工程正常运行和满足还贷需要的原则确定，不计利润，并按规定计征营业税及其附加”。按照该原则计算各种水源供水价格。

4 多水源多用户组合供水成本和水价

4.1 用户水费

用户应缴纳水费由该用户各种水源取水量、相对应的各种水源供水水价，采用式（4）进行计算。

$$F_n = \sum_{i=1}^{6} w_{ni} \times c_{ni} \tag{4}$$

式中：F_n 为第 n 区段用户应缴纳水费；w_{ni} 为第 n 区段用户第 i 种水源取水量；c_{ni} 为第 n 区段第 i 种水源供水价格；i 为水源编号，分别为长江、洪泽湖、骆马湖、南四湖下级湖、南四湖上级湖、东平湖等 6 个水源；n 为顺调水方向区段编号。

关于 w_{ni}，可以根据调入断面（泵站）、调出断面（泵站）的监测数据分析计算。以洪泽湖为例，入湖泵站测流数据为长江水源量，淮河入湖水量测流数据为洪泽湖水源量，以两组数据确定出洪泽湖断面长江水源和洪泽湖水源的比例，以此比例确定入骆马湖水量中长江水量和洪泽湖水量。以后各区段以此类推。

4.2 多水源多用户组合供水水价计算

根据各种水源供水成本和水价，分析多水源多用户组合供水水价，拟定了两个方法：

方法一，供水量加权平均法。用户取用的各种水源供水水价用其取用水量进行加权平均，计算用户水价。

$$C_n = \frac{\sum_{i=1}^{5} w_{ni} \times c_{ni}}{\sum_{i=1}^{5} w_{ni}} \tag{5}$$

式中：C_n 为第 n 区段用户多水源水价；其他符号意义同前。

方法二，区域综合水价法。区段外调水源和当地水源按供水量加权，计算该区段的综合水价，本区段用水、向外区段供水均采用本区段综合水价。

5 结论与建议

本文研究了多水源多用户组合供水水价计算方法，提出了供水量加权平均法、区域综合水价法两种方法，水量加权平均法是从增量供水的角度分析成本和水价，对各种水源既有用户没有影响；区域综合水价法是从水资源统一配置的角度分析成本和水价。根据我国有关法律法规，水资源属国家所有，国家水行政主管部门对水资源进行统一配置。因此，对区域内不同的用户统一采用区域综合水价是合理的。考虑到实行区域综合水价对既有用户会有一定影响，有关各方尚有不同意见，计算范围和方法都还需深入研究，暂推荐加权平均法分析计算用户多水源组合水价。

建议加快研究区域综合水价，提出政策措施，实时推进实施。

参考文献

[1] 中华人民共和国国家发展和改革委员会. 南水北调东线一期工程供水价格测算口径［R］. 北京：中华人民共和国发展和改革委员会，2012.

[2] 水利部海河水利委员会. 南水北调东线工程规划（2001 年修订）［R］. 蚌埠：水利部淮河水利委员会，2001.

[3] 水利部淮河水利委员会，水利部海河水利委员会. 南水北调东线第一期工程可行性研究总报告［R］. 2007.

接触面变形和强度特性尺寸效应试验研究

殷　殷[1]　孙天祎[1]　张丙印[2]

（1. 中国水利水电科学研究院，北京　100038；
2. 清华大学，北京　100084）

摘　要：接触面直剪试验是研究接触面变形和强度特性的主要手段，在该方法中假设所测得的剪应力和剪切位移关系曲线同接触面试样的大小无关，这与一些试验成果并不相符。鉴于此，本文研制了可沿剪切方向调节大小的接触面剪切土盒，采用糯扎渡反滤堆石料进行了系列的接触面直剪试验，研究了接触面试样尺寸大小对接触面变形特性的影响。试验结果表明，接触面强度不存在接触面尺寸效应；对于接触面变形，低法向正应力下接触面尺寸效应不明显，但随正应力的增加，接触面尺寸效应逐渐增强，主要表现为随接触面尺寸增加，接触面变形模量逐步减小。

关键词：接触面；尺寸效应；堆石料；变形；强度

1　引言

土与结构接触问题在水利工程中广泛存在，涉及的影响因素众多。其复杂性不仅源于土的性质多样性，还受到诸如法向应力、结构面粗糙度、试验方法、应力路径等多种因素的影响。接触面直剪试验是目前研究接触面变形和强度特性的主要试验手段。在该种试验中，通常采用一个具有固定接触面尺寸的剪切土盒，并将该接触面试样假设为均匀变形的单元体，测定不同法向应力条件下接触面剪切应力和剪切位移的关系曲线。显然，在上述方法中假设所测得的剪应力和剪切位移关系曲线同接触面试样的大小无关。但已有初步试验和研究成果表明，在接触面试验过程中，接触面试样中的应力和变形均是不均匀的[1]，有可能存在试样大小的尺寸效应问题。

目前，针对土与结构相互作用尺寸效应的研究多集中于土工合成材料与土体方面[2-6]。对于涉及结构物与土体以及不同土体之间的接触问题，学者们尚未达成一致意见。Yin 等[7] 进行了法向正应力 σ_n = 300 kPa 下圆形试样与不同尺寸方形试样的直剪试验，圆形试样直径 6.4 cm，方形试样边长分别为 10 cm 和 18 cm。其试验结果显示，随着试样尺寸的逐步增大，试验所得的剪应力-切向位移曲线越来越平坦。通过仔细观察发现，剪切盒中土体位移的分布也并不是均匀的。因此，由直剪试验获得的模型变形参数并不可靠，仅为特定试样尺寸下的结果，不能准确代表土与结构接触面变形特性的材料参数。高俊合等[8] 进行了不同尺寸方形试样（L = 44.5 cm）与圆形试样（D = 6.2 cm）细粒土与混凝土板单剪试验，最大法向正应力 σ_n = 200 kPa。发现相同剪应力情况下小尺寸试样对应的剪切位移较小，破坏时大尺寸试样相对位移较大，但破坏时相对位移与试样尺寸的比值变小。同时，接触面摩擦角随试样尺寸减小而减小。马杰利用不同尺寸方形剪切盒（50 cm×36 cm、25 cm×25 cm）进行了粗粒土与混凝土板直剪试验，最大法向正应力 σ_n = 800 kPa。根据试验结果发现，当接触面最大尺寸与土料最大粒径之比大于一定范围时，试样尺寸大小对接触面强度[9] 与法向切向变形[10] 的影响不大。

基金项目：国家自然科学基金（51979143）。

作者简介：殷殷（1989—），女，高级工程师，主要从事岩土工程方面的研究工作。
通信作者：张丙印（1963—），男，教授，主要从事岩土工程方面的研究工作。

综上所述，已有一些学者的研究成果初步证实，接触面试验存在试样的尺寸效应。但已有相关成果多是在利用不同形状试样的基础上获得的，这使得相关试验的影响因素并不唯一。此外，目前学者对接触面试验尺寸效应存在的机理等问题认识尚不深入，对许多问题也还存在不少争议。鉴于此，本文研制了可沿剪切方向调节大小的接触面剪切土盒，利用糯扎渡反滤堆石料进行了系列的接触面直剪试验，以揭示接触面试验尺寸大小对接触面变形特性的影响规律。

2 材料与方法

2.1 试验设备及剪切盒研制

接触面直剪试验采用清华大学大型土与结构接触面循环剪切机 TH-20t CSASSI 进行。该试验机主要由加载框架、土容器车（剪切土盒）、结构面板、法向应力控制系统、剪切应力控制系统和数据采集系统等部分构成[11]。其中，试验土料装在土容器车中，混凝土板等结构面安装在结构面板上。试验时，首先在结构面板法向施加所要求的法向应力。待法向变形稳定后，在剪切土盒上施加水平向剪切力进行剪切，直至接触面达到破坏状态。

为研究接触面的尺寸效应，研制了可沿剪切方向调节大小的剪切土盒。该剪切土盒的设计图和实物照片分别如图 1 和图 2 所示。新研制的剪切土盒深 $H=16$ cm、宽 $B=25$ cm，沿剪切方向最大长度 $L=50$ cm。为研究试样尺寸对接触面变形特性的影响，剪切土盒中预留钢槽用以放置刚性挡板，试验时可通过在土盒中调节刚性挡板的位置调节土盒沿剪切方向的大小。为保证受剪时刚性挡板能承受较大拉力与压力，并能保持静止不动的状态，在钢板后放置钢块，并通过螺栓相连。刚性挡板上预开空槽，槽底放置弹簧，弹簧之上放置可上下活动的刚性板。试验时，这种结构可使得土样四周的刚性挡板不受法向应力的作用，而只起到在四周固定土样的作用。剪切土盒下设置轮子，剪切过程中通过液压装置使剪切土盒以一定的速度沿剪切方向相对混凝土板移动。

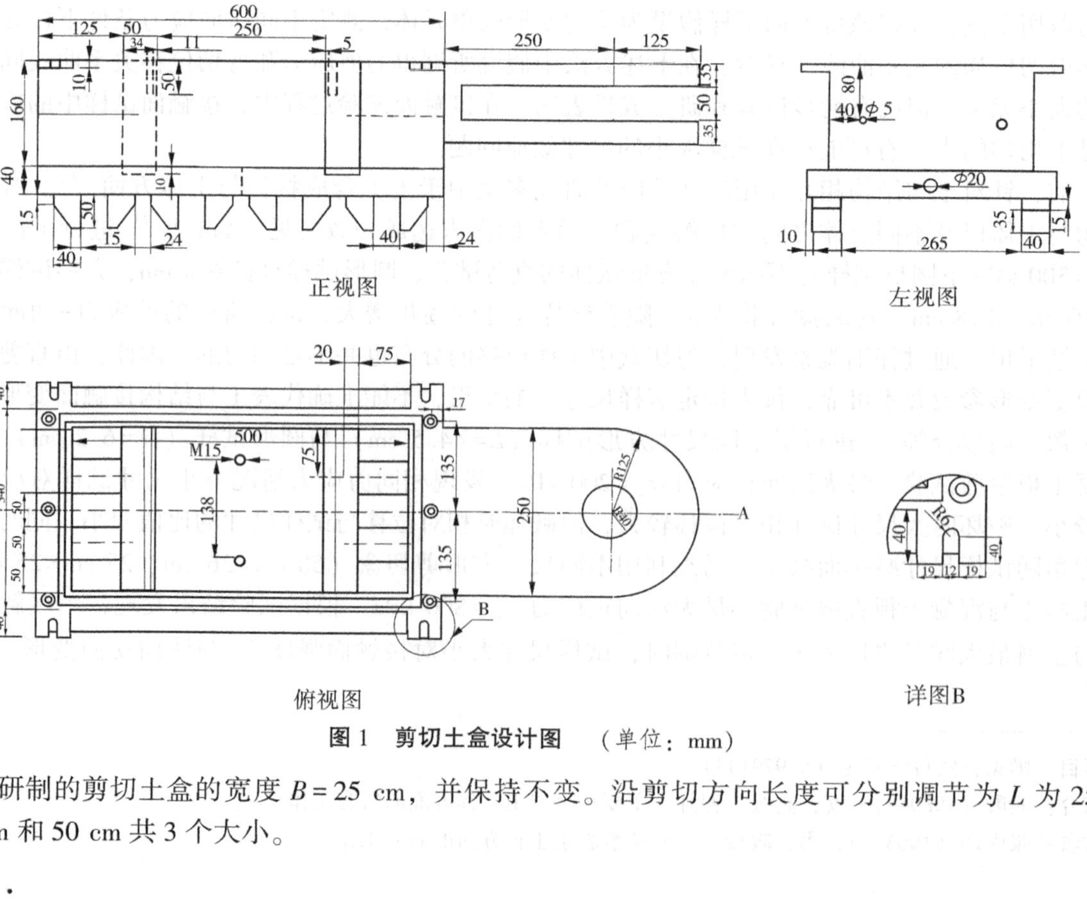

图 1 剪切土盒设计图 （单位：mm）

新研制的剪切土盒的宽度 $B=25$ cm，并保持不变。沿剪切方向长度可分别调节为 L 为 25 cm、37.5 cm 和 50 cm 共 3 个大小。

图 2 研制的剪切土盒

2.2 试验用料与方案

试验用料采用糯扎渡高心墙堆石坝中的反滤堆石料Ⅰ（下文简称为反滤料Ⅰ），制样干密度 1.94 g/cm^3。该反滤料Ⅰ的级配如表 1 所示，可见最大颗粒粒径 20 mm，因此在满足尺径比D/d_{max}（试验试样尺寸/试料允许最大直径 d_{max}）≥5 原则的情况下，本次试验可以采用原始级配进行试验。制样时分 4 层分别称重和击实，每层高度 4 cm。本次试验的结构面板采用混凝土面板。

表 1 反滤料Ⅰ的级配

反滤料Ⅰ颗粒粒径/mm	20~10	10~5	<5
颗粒重量比/%	18	15	67

表 2 给出了本次试验的方案。在保持接触面宽度为 25 cm 不变的情况下，共进行了接触面长度分别为 25 cm、37.5 cm 和 50 cm 3 个不同接触面尺寸的试验。对每个不同的接触面尺寸又分别进行了法向正应力 σ_n 为 300 kPa、800 kPa 和 1 500 kPa 的试验。

表 2 试验方案

接触面长度 L/cm	接触面宽度 B/cm	法向正应力 σ_n/kPa
25.0	25	300、800、1 500
37.5	25	300、800、1 500
50.0	25	300、800、1 500

试验流程依据《土工试验规程》(SL 237—1999)[12] 有关规定进行。首先调整剪切土盒与混凝土板中心对齐，控制结构面板上部的 4 个油压装置调整结构面板使其水平；然后利用充气气囊施加正应力，待法向位移稳定后开始剪切，剪切速率控制在约 0.05 mm/s。

3 试验结果分析与讨论

3.1 接触面强度特性尺寸效应分析

为了分析接触面尺寸效应，根据试验结果，整理了相同正应力条件下不同接触面试样尺寸的剪应力-剪切位移试验曲线，分别如图 3~图 6 所示。由试验结果可见，无论是低法向应力还是高法向应力，接触面强度基本不受接触面尺寸大小的影响，也即接触面强度特性基本不存在尺寸效应。

3.2 接触面剪切变形尺寸效应分析

在接触面剪切变形尺寸效应方面，由图 3~图 5 所示的试验结果可见，接触面尺寸大小对试验的剪应力-剪切位移曲线具有一定的影响，但其影响的大小与所受到的法向正应力的高低有关。当接触面试验的法向正应力较低（如本文试验的 σ_n=300 kPa，计算结果如图 3 所示）时，不同接触面尺寸大小情况下的试验结果基本重合，基本不存在接触面尺寸效应。随着接触面法向应力的提高，接触面尺寸大小对试验结果的影响逐步增大，也即尺寸效应越来越明显。例如，对由图 5 所示法向应力 σ_n = 1 500 kPa 的情况，对于相同的剪应力，试样长度 L=25 cm 的试样所得到的剪切位移最小，试样长度

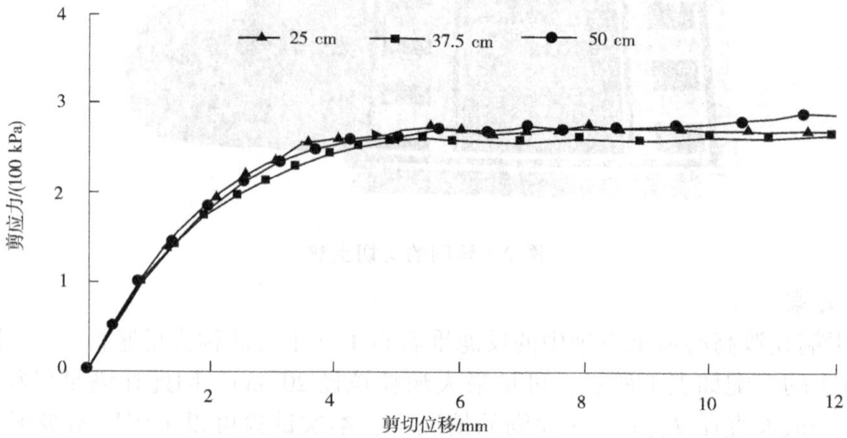

图 3　不同接触面尺寸剪应力-剪切位移曲线 1（法向应力 $\sigma_n = 300$ kPa）

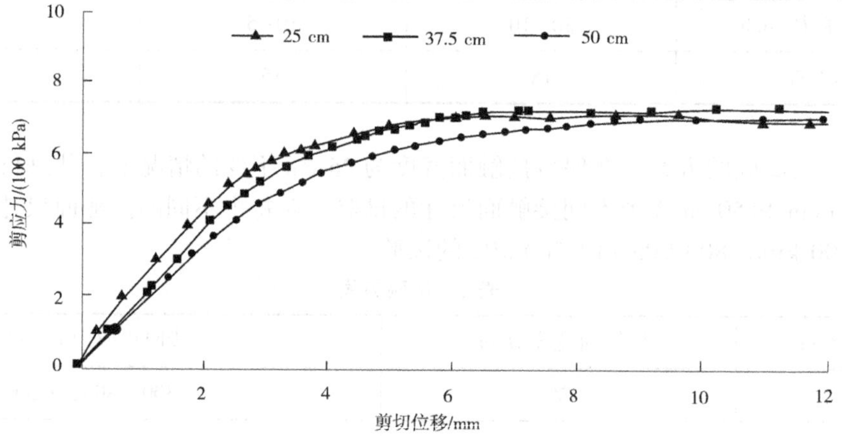

图 4　不同接触面尺寸剪应力-剪切位移曲线 2（法向应力 $\sigma_n = 800$ kPa）

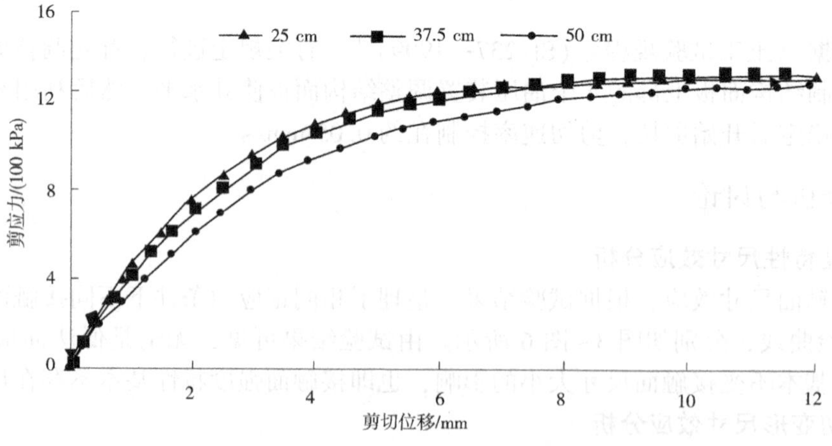

图 5　不同接触面尺寸剪应力-剪切位移曲线 3（法向应力 $\sigma_n = 1\ 500$ kPa）

$L=37.5$ cm 的试验结果居中，而试样长度 $L=50$ cm 的试验结果最大。

为了具体比较接触面尺寸大小的影响，表 3 以法向应力 $\sigma_n = 1\ 500$ kPa 试验结果为例，整理了不同剪切力情况下，不同大小试样所得剪切变形的大小及差别。其中，最大变形差一项是以接触面长度 $L=25$ cm 试样结果为基准得到的。由表 3 中的数据可见，对于本次试验，当接触面长度由 25 cm 增大到 50 cm 时，所对应的剪切位移最大可相差 46.14%。

表 3　不同尺寸接触面试验的剪切位移差（σ_n = 1 500 kPa）

剪切力/(100 kPa)	剪切变形/mm			最大变形差/%
	L = 25 cm	L = 37.5 cm	L = 50 cm	
4	0.83	1.00	1.20	44.58
6	1.47	1.65	2.07	40.82
8	2.19	2.55	2.99	36.53
10	3.23	3.66	4.56	41.18
12	5.31	6.02	7.76	46.14

由于接触面直剪试验存在上述的尺寸效应，由直剪试验确定的 Clough-Duncan 非线性弹性模型参数应为特定试验试样尺寸条件下的结果，并不能代表接触面变形的一般规律。付建[13] 曾根据直剪试验结果拟合得到了 Clough-Duncan 模型的参数，具体如表 4 所示。付建所进行的接触面试验的条件与本文相同，所采用的接触面尺寸的长和宽均为 25 cm，也与本文的小尺寸相一致。本文根据付建所确定的参数反算出了相对应的参数拟合线，并与本次试验结果进行对比，分别如图 6~图 8 所示。

表 4　Clough-Duncan 模型参数

c /kPa	δ /(°)	R_f	k_1/(100 kPa/m)	n
0	39.6	0.91	1092	0.785

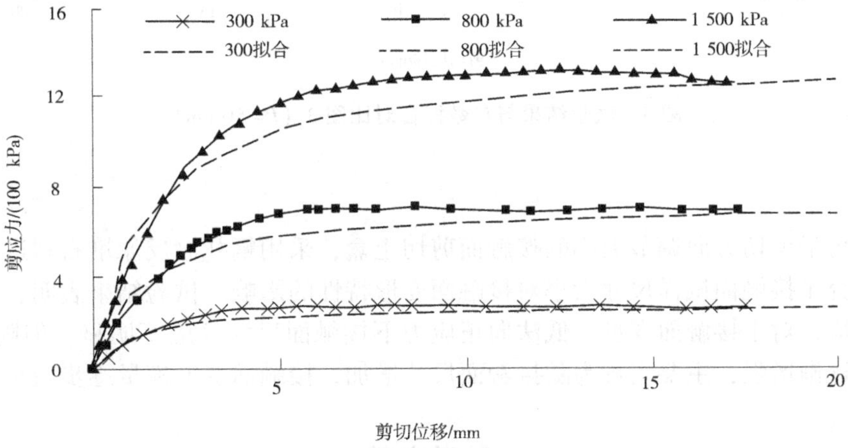

图 6　试验结果与拟合曲线对比图 1（L = 25 cm）

由图 6~图 8 可以看出，当法向应力 σ_n = 300 kPa 时，参数拟合曲线与不同尺寸试验结果均符合较好。但法向应力 σ_n = 1 500 kPa 时，随接触面尺寸的增大，拟合曲线的初始段逐渐位于试验曲线上方。对于 L = 50 cm 试验，其初始模量明显小于拟合曲线，表现为相同剪应力时，试验曲线剪切位移较拟合曲线为大。上述的结果也从另一个方面证明接触面直剪试验中试样尺寸效应的存在。

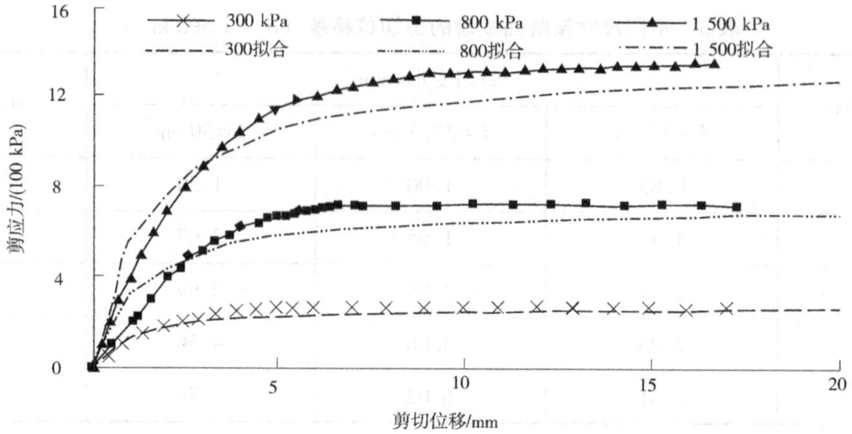

图 7　试验结果与拟合参数对比图 2（L=37.5 cm）

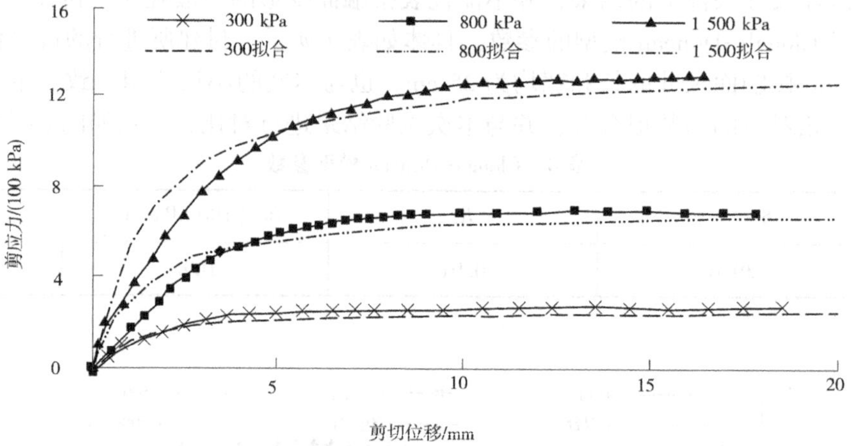

图 8　试验结果与参数拟合对比图 3（L=50 cm）

4　结论

本文研制了可沿剪切方向调节大小的接触面剪切土盒，采用糯扎渡反滤堆石料进行了系列的接触面直剪试验，研究了接触面试样尺寸大小对接触面变形特性的影响。试验结果表明，接触面强度不存在接触面尺寸效应；对于接触面变形，低法向正应力下接触面尺寸效应不明显，但随正应力的增加，接触面尺寸效应逐渐增强，主要表现为随接触面尺寸增加，接触面变形模量逐步减小。

参考文献

[1] 胡黎明，马杰，张丙印．直剪试验中接触面渐进破坏的数值模拟［J］．清华大学学报（自然科学版），2008（6）：943-946.

[2] 杨广庆，李广信，张保俭．土工格栅界面摩擦特性试验研究［J］．岩土工程学报，2006（8）：948-952.

[3] 李志斌，徐超，叶观宝，等．影响 HDPE 膜与砂土接触面摩擦特性因素的斜板试验研究［J］．岩土力学，2006（12）：2289-2293.

[4] 李登华，郦能惠．土与混凝土结构接触面力学特性试验研究［J］．水电能源科学，2009，27（5）：114-118.

[5] Ochiai Hidetoshi，Otani Jun. The pullout resistance of geogrids in reinforced soil［J］. Geotextiles and Geomembranes，1996（14）：14-42.

[6] Hsieh Chiwan，Hesich Ming Wen. Load plate rigidity and scale effects on the frictional behavior of and /geomembrane

interfaces [J]. Geotextiles and Geomembranes, 2003 (21): 25-47.
[7] Zong-Ze Yin, Hong Zhu, Guo-Hua Xu. A study of deformation in the interface between soil and concrete [J]. Computers and Geotechnics, 1995, 17 (1): 75-92.
[8] 高俊合，于海学，赵维炳．土与混凝土接触面特性的大型单剪试验研究及数值模拟［J］．土木工程学报，2000 (4): 42-46.
[9] 马杰．高心墙堆石坝接触面力学特性研究［D］．北京：清华大学，2006.
[10] 胡黎明，马杰，张丙印，等．粗粒料与结构物接触面力学特性缩尺效应［J］．清华大学学报（自然科学版），2007 (3): 327-330.
[11] 殷殷，张丙印，袁会娜，等．接触面直剪试验及数值模拟分析［J］．水力发电学报，2018，37 (6): 84-92.
[12] 中华人民共和国水利部，南京水利科学研究院．土工试验规程：SL 237—1999［S］．北京：中国水利水电出版社，1999.
[13] 付建．糯扎渡高心墙堆石坝接触面变形特性试验研究与数值模拟［D］．北京：清华大学，2004.

南水北调东线山东省受水区调水量达效认识与分析

侯　煜[1]　陈奕冰[2]　于　茜[1]　佟佳骏[2]

（1. 中国南水北调集团东线有限公司，北京　100070；
2. 水利部南水北调规划设计管理局，北京　100038）

摘　要：开展东线一期工程受水区调水量达效研究，对于促进南水北调东线工程良性运行和后续工程高质量发展具有重要意义。本文通过对南水北调东线一期工程通水以来向山东省受水区调水量情况进行研究，发现水文气候条件、用水经济效益、工程运行能力是导致山东省调水量达效率平均水平较低的主要原因，并针对性地提出相关意见与建议。为进一步提高南水北调东线一期工程综合效益提供参考。

关键词：工程概况；调水效益；原因分析；达效率

1　南水北调东线一期工程

南水北调工程是实现我国水资源优化配置、促进经济社会可持续发展、保障和改善民生的重大战略性基础设施。根据2002年国务院批复的南水北调工程总体规划，南水北调工程分别从长江下游、中游和上游调水，形成东、中、西三条调水线路。其中，东线工程从长江下游扬州附近抽引长江水，利用京杭大运河及与其平行的河道逐级提水北送，出东平湖后一路向北穿过黄河输水到天津，另一路向东输水到烟台和威海（见图1）。东线工程规划分三期实施，总调水规模抽江水量148亿 m^3（流量800 m^3/s）、过黄河水量38亿 m^3（流量200 m^3/s）、到天津水量10亿 m^3（流量100 m^3/s），送山东半岛水量21亿 m^3（流量90 m^3/s）。

东线一期工程在江苏已有江水北调工程体系基础上扩大规模、向北延伸。东线一期工程多年平均抽江水量87.66亿 m^3，抽江流量500 m^3/s，从长江北岸三江营引水，通过13梯级泵站逐级提水，连通洪泽湖、骆马湖、南四湖、东平湖等湖泊，出东平湖后分两路，一路向北穿过黄河输水到德州大屯水库，另一路向东输水到引黄济青上节制闸，线路总长1 467 km。工程主要任务是从长江下游调水到山东半岛和鲁北地区，补充江苏、山东、安徽等省输水沿线地区的城市生活、工业和环境用水，兼顾农业、航运和其他用水。东线一期工程新增主体工程于2002年12月27日开工建设，2013年3月完工，于2013年11月15日全线正式通水。

南水北调东线一期工程是我国规模最大、技术最复杂的跨流域调水工程之一，其运行管理十分复杂且具有代表性，但当前仍缺少对其达效路径相关问题的系统研究。开展东线一期工程调水量达效研究不仅对南水北调工程的运行管理至关重要，还可为其他调水工程的运行管理提供重要参考。本文主要根据山东省提供的南水北调东线一期工程通水11年（2013—2024年）以来供用水情况，通过资料收集及整理总结，对东线一期工程山东省调水量达效情况进行研究分析，总结工程达效方面存在的问题，并提出有针对性的改进对策建议，促进南水北调东线工程良性运行和后续工程高质量发展。

2　调水量达效的概念与内涵

受水区用水量与经济社会发展和人口的增长存在密切联系，并随着社会发展和人口增长而逐步增

作者简介：侯煜（1981—），男，高级工程师，主要从事水资源调度领域相关工作。

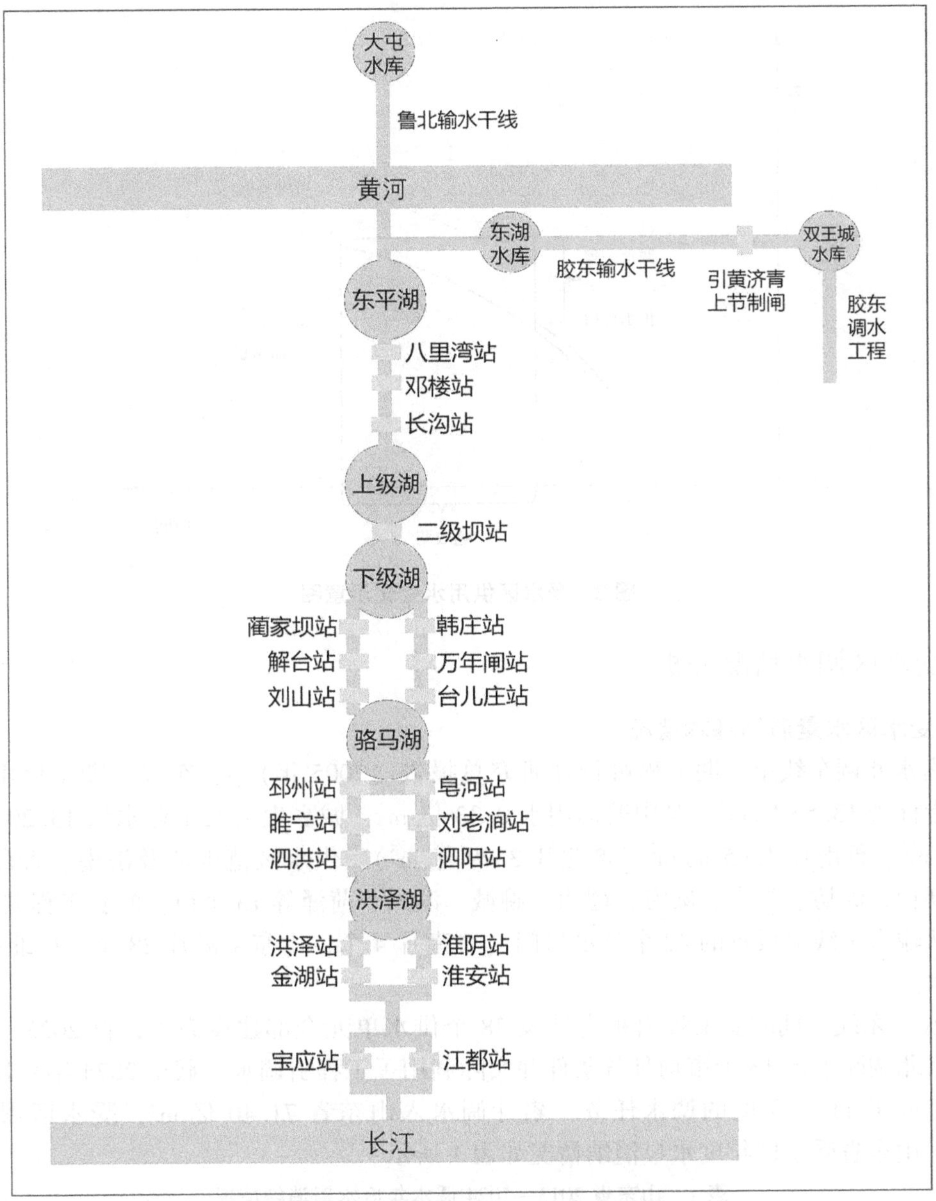

图1　南水北调东线工程调水线路概化图

加，这种变化是渐进的过程，而受水区的可供水量则会在调水工程建成后骤然增大。图2显示了调水工程受水区在没有其他供水工程建设以及大规模用水增加的情况下，受水区的供用水理想变化情况，外调水用水量达到设计供水规模需要较长时间。

南水北调工程受水区的外调水用水量变化趋势具有相同变化规律，不可能一蹴而就、短时间达到设计供水规模。尤其是随着受水区经济发展进入新常态，产业结构调整、节水优先发展、最严格水资源管理制度等多项措施的深化落实，社会节水意识和节水技术水平不断提高，现阶段经济社会发展对水资源的需求与工程规划阶段预测的需水量相比有所减少，工程的达效时间必然要比规划的时间更长。

为更好地研究东线工程山东省受水区供用水变化情况，分析调水量达效情况，首先要明确“调水工程调水量达效”相关概念与内涵。“调水工程调水量达效”指调水工程建成后，受水区外调水用水量达到调水工程设计供水规模；“达效期”指从调水工程正式通水日起，外调用水量与调水工程设计供水规模达到平衡所需的时间；调水工程调水量的达效情况用达效率的高低来进行评价，达效率的值越大，表示达效情况越好。

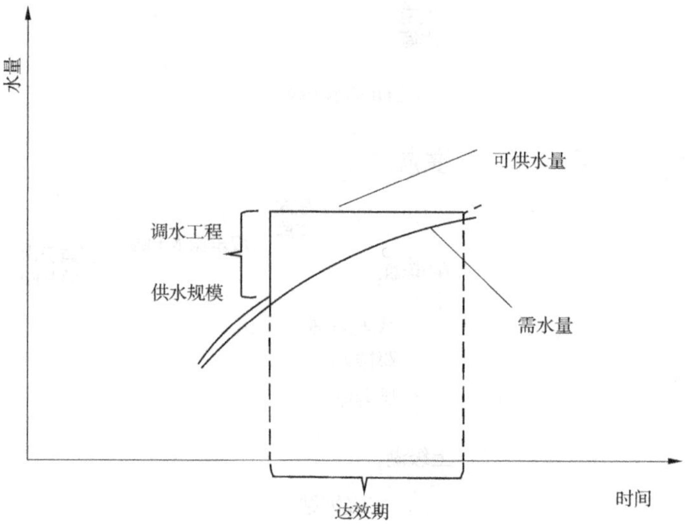

图 2　受水区供用水变化示意图

3　山东省受水区调水情况分析

3.1　山东省受水区水量消纳基本情况

根据《南水北调东线第一期工程可行性研究总报告（2005 年）》，东线一期工程山东省多年平均需调水量指标为 13.53 亿 m^3，其中航运用水 0.33 亿 m^3，城乡生活及工业水量 13.20 亿 m^3（山东半岛 7.46 亿 m^3、鲁南片 1.95 亿 m^3、鲁北片 3.79 亿 m^3），供水区范围涉及济南、青岛、淄博、枣庄、东营、烟台、潍坊、济宁、威海、德州、聊城、滨州、菏泽等 13 个市。配套工程共划分为 38 个供水单元，从输水干线上设置的 42 个分水口门（鲁南片 4 个，山东半岛片 28 个，鲁北片 10 个）向各用水户供水。

2019 年底，东线一期配套工程山东省涉及 38 个供水单元全部建设完工，自 2022—2023 调水年起山东省南水北调受水区 13 个市均具备条件并实际利用了工程引调水。截至 2024 年 9 月底，东线一期工程已经完成了 11 个年度的调水任务，累计调水入山东省 71.40 亿 m^3，受水区累计消纳水量 48.34 亿 m^3。山东省受水区年度水量消纳情况如表 1 所示。

表 1　山东省 2013—2024 调水年度水量消纳情况

序号	调水年度	入省水量/亿 m^3	受水区消纳水量/亿 m^3
1	2013—2014	1.60	1.18
2	2014—2015	3.28	1.34
3	2015—2016	6.02	4.51
4	2016—2017	8.89	6.25
5	2017—2018	10.88	7.05
6	2018—2019	8.44	5.50
7	2019—2020	7.03	4.59
8	2020—2021	6.74	4.33
9	2021—2022	0	0
10	2022—2023	8.51	6.66
11	2023—2024	10.01	6.93
合计		71.40	48.34

3.2 山东省受水区调水量达效情况

3.2.1 受水区调水量达效情况计算方法

由于南水北调东线一期工程自2013年通水以来，累计通水时间仅11个调度年，运行时间相对较短，受水区来水丰枯对调水量达效计算结果影响较大。为排除来水丰枯影响，采用调水工程通水以来的实际调水量与规划相应来水年的调水量的比值进行计算。计算公式如（1）所示：

$$调水量达效率=\frac{实际调水量}{规划相应来水年的调水量} \tag{1}$$

3.2.2 受水区调水量达效情况统计分析

根据受水区调水量达效率计算方法，计算得到2013—2024年山东省受水区调水量达效情况，计算结果如图3所示。根据相关水文气候和工程运行资料可知，2013—2014年度、2021—2022年度是东线一期工程运行以来较为特殊的年份。其中，2013—2014年度是东线一期工程调度的第1个年份，主要依靠行政协调开展水量调度工作；2021—2022年度，山东省受水区遭遇了有水文记录以来的第2丰水年，同时叠加多年罕见的秋汛，河道和大中型水库蓄水量较多，未启动跨省调水。相应年度的达效情况意义不大，不纳入统计分析。

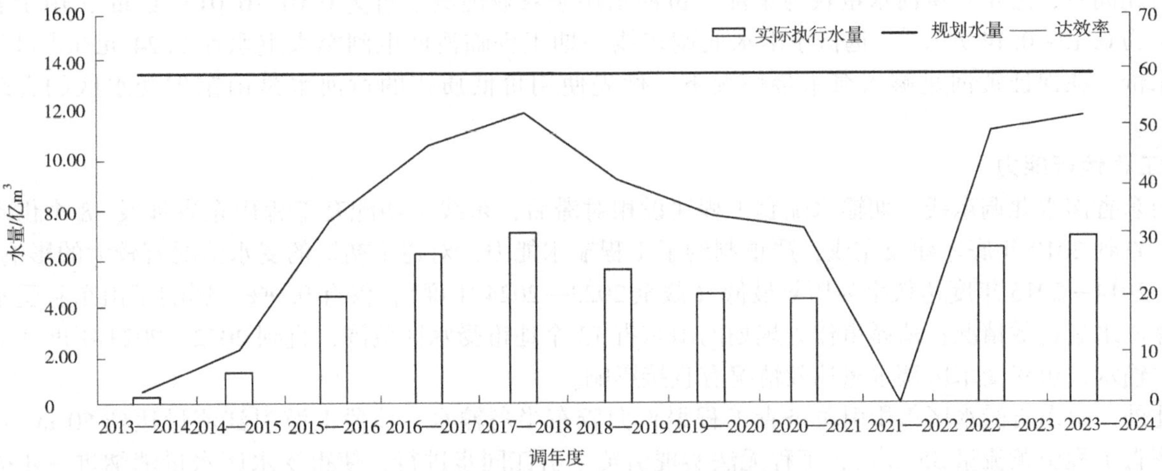

图3 山东省受水区调水量达效率

根据统计结果，通水以来，山东省受水区调水量达效率最大值为52.1%，最小值为9.9%，平均值为38.7%。综合平均值与历年数值来看，山东省受水区达效率水平并不理想。

山东省每年调水量和受水区消纳水量起伏较大，进而对达效率也有较大的影响。2014—2017年山东省连续降水偏枯，调水量逐年增加，特别是2017—2018年度，入省水量达到10.88亿m^3，消纳水量达到7.05亿m^3。2018—2020年山东省降水总体偏丰，入省水量逐年减少，分别为8.44亿m^3、7.03亿m^3、6.74亿m^3，消纳水量分别为5.50亿m^3、4.59亿m^3、4.33亿m^3，达效率也相应减少。随后的2022—2024年有所回升。从目前的受水区水量消纳情况来看，达效期在短时间内还无法达到且难以预测。

4 山东用水量未达效的原因分析

东线一期工程通水已完整经历11个调度年，山东受水区实际使用南水北调东线一期工程调水量未达到多年平均设计供水量，受水区调水量达效率较低，主要可以从水文气候条件、用水经济效益和工程运行能力三个方面进行分析。

4.1 水文气候条件

当来水较丰沛时，山东省受水区优先使用当地水、黄河水，仅将东线工程供水作为补充水源。受水文气候条件影响，山东水资源年际丰枯变化较大。根据山东省年降水量数据统计情况（见表 2）可知，通水运行 11 年来，山东省降水量基本属于丰、平或稍偏枯年份。来水相对充沛的实际情况使得当地水资源和其他客水对于南水北调东线一期工程山东省受水区的水量消纳情况造成一定的冲击，影响了山东省受水区调水量的达效情况。

表 2　山东省年降水量及丰枯情况

年份	2014	2015	2016	2017	2018	2019	2020	2021	2022	2023
年降水量/mm	518.8	575.7	658.3	635.8	789.5	558.9	838.1	979.3	878	688.6
丰枯类型	枯水年	枯水年	平水年	平水年	丰水年	枯水年	丰水年	丰水年	丰水年	平水年

4.2　用水经济效益

东线一期工程作为受水区的补充水源，提升了受水区用水保障程度，但引江水并非东线一期工程受水区唯一水源，东线一期工程受水区与黄河水受水区存在大范围重叠，且与黄河水价相比不具备相对优势。根据山东省水资源利用中长期规划报告相关数据，分配给山东省的黄河干流多年平均引水指标为 65.03 亿 m^3，远大于南水北调东线一期工程多年平均调水指标 13.53 亿 m^3。

与此同时，近年来黄河水量较为丰沛，黄河水用于农业灌溉水价为 0.01~0.012 元/m^3，用于非农水价为 0.12~0.14 元/m^3，远低于南水北调东线一期工程临清邱屯闸至大屯水库 2.24 元/m^3 口门综合水价，在保证黄河足够入海水量情况下，优先使用价低质优的黄河水是山东省受水区的合理选择。

4.3　工程运行能力

山东省南水北调东线一期输水配套工程建设相对滞后，东线一期配套工程山东省涉及 38 个供水单元，直到 2019 年底才建设完成，严重制约了工程输水能力，对通水初期的受水情况有较大的影响。其中，2014—2015 年度达效率为历年最低（截至 2023—2024 年度），仅有 9.9%，影响了山东省受水区整体调水量达效情况；菏泽市作为规划的山东省 13 个地市受水区范围，直到 2022—2023 年度才实现首次输水，也对受水区调水量达效情况有直接影响。

此外，山东省受水区借用引黄济青工程渠首向胶东半岛输水，该段上游引江流量达到 50 m^3/s，引黄济青工程引黄流量 35 m^3/s，工程无法实现引黄、引江同步进行，使得受水区水量消纳进一步受阻，制约了受水区调水量的达效率。

5　结论与建议

5.1　结论

（1）自 2013 年 11 月 15 日正式通水以来，东线一期工程已完成 11 个年度水量调度任务，累计调水入山东省 71.40 亿 m^3，受水区累计消纳水量 48.34 亿 m^3。东线一期工程通过跨流域的水资源优化配置，改变了受水区供水格局，提高了受水区供水保证率。

（2）南水北调东线一期工程山东省每年调水量和受水区消纳水量起伏较大，受水区调水量达效率最大值为 52.1%，最小值为 9.9%，平均值为 38.7%，受水区调水量达效率水平并不理想，仍存在较大提升空间，达效期在短时间内还无法达到且难以预测。

（3）南水北调东线一期工程“优化水资源配置、保障群众饮水安全、复苏河湖生态环境、畅通南北经济循环”的生命线作用整体有所提升。但水文气候条件、用水经济效益和工程运行能力等方面仍是制约山东省受水区调水量达效率的主要因素。

5.2　建议

（1）充分发挥东线一期工程综合效益，进一步加强水量消纳能力，科学合理配置水资源是关键。山东省受水区应优化南四湖、东平湖水量调度运行机制，优先配置当地水资源，根据来水情况和用水需求精准、科学、合理地确定南水北调东线一期工程水量需求，真正做到近水近用、经济合理，进一步激发受水区水量消纳活力，从而提高调水量达效率。

（2）山东省每年调水量和受水区消纳水量起伏较大，同时受水区达效率水平并不理想。应充分统筹水源水价，科学合理配置水资源。进一步加强南水北调东线一期工程与山东省域内工程联合调度运用，优化调度运行，科学合理调配当地水资源，充分发挥当地水库、湖泊等调蓄作用，做到精准配水调水；根据年度水量调度计划确定的水量配置方案，区分当地水和客水水源，基于真实调水成本合理确定供水水价，引导受水区科学经济用水，从而促进受水区调水量达效进一步提升。

（3）南水北调东线一期工程以“T”型骨干水网为山东省输水基本框架，优化了省内水资源配置格局，虽然南水北调东线一期工程山东省受水区调水量达效率相对较低，但是在保障城市供水安全、抗旱应急、防洪排涝、生态保护等方面发挥了重要作用，应进一步优化调度运行机制，基于合理基本水量制度构建基本水价体系，进一步完善配套设施建设，破除接水、配水、输水堵点，提高工程输水运行能力，增强山东省引黄、引江两条主要水资源供应线调度协同性，保障受水区调水量达效。

参考文献

[1] 高媛媛，王仲鹏．山东省南水北调受水区地下水压采实践与成效［J］．山东水利，2023（12）：62-63.

[2] 冯慧．胶东调水工程受水区水资源利用分析［J］．水利技术监督，2020（6）：220-223.

[3] YIN L X，GAO Y Y，WU P H，et al. Water-saving potential evaluation of water-receiving regions in Shandong province on the East Route of the South-to-North Water Transfer Project of China［J］. Journal of Groundwater Science and Engineering，2020，8（3）：287-297.

[4] 李娟，简海风，李秋香．山东省南水北调配套工程施工因素分析［J］．山东水利，2020（7）：10-12.

[5] 李娟，蔡家宏，常明浩．南水北调工程在山东水资源配置中的作用［J］．中国水利，2020（13）：49-51.

[6] 尹华峰．南水北调受水区山东省博兴县地下水超采综合整治浅析［J］．海河水利，2018（3）：10-11.

[7] 孙少楠，张慧君．基于 FAHP 的南水北调中线工程调水量风险评价［J］．人民珠江，2016，37（9）：9-12.

[8] 张娜，胡石华，刘江侠，等．南水北调中线工程受水区二期需调水量预测研究［J］．人民长江，2015，46（24）：21-23.

[9] 李梦楚，李绍文．引汉济渭工程后续水源初步构想及可能调水量［J］．陕西水利，2015（6）：25-28.

[10] 郝永怀，杨侃，程卓，等．调水量合理分配指标体系的建立及其应用［J］．水电能源科学，2011，29（3）：13-15.

[11] 张慧，沈林栋，张凌东．浅谈南水北调对山东受水区的影响［J］．山东水利，2007（8）：75-76.

南水北调东线一期工程东平湖水资源调度相关问题探讨

邵文伟[1]　陈悦云[2]　韩　聪[1]　何莉莉[2]

（1. 中国南水北调集团东线有限公司，北京　100070；
2. 水利部南水北调规划设计管理局，北京　100038）

摘　要：南水北调东线工程运行11个年度以来，东平湖在实际参与南水北调东线一期工程水量调度实施中的功能定位及调度运用方式，相比规划发生了较大的变化。分析东平湖在东线调水中的实际运用情况，明确东平湖在东线调度运行过程中的调蓄作用。深入研究新形势下东平湖调度运行面临的新形势，提出有关建议，对更好发挥工程效益、提升运行管理水平具有十分重要的意义。

关键词：东平湖；东线一期工程；调蓄作用

1　基本情况

1.1　东线一期工程

东线一期工程从长江干流三江营引水，利用京杭运河以及与其平行的河道输水。黄河以南设13级泵站，连通洪泽湖、骆马湖、南四湖、东平湖，经泵站逐级提水进入东平湖。出东平湖后分两路，一路向北输水至大屯水库；另一路向东经胶东输水干线西段工程，输水至引黄济青上节制闸与胶东调水工程相接，利用山东省内相关调水工程向胶东地区供水。

东线一期工程调水线路总长1 466.50 km。工程供水目标主要是补充山东、江苏、安徽等省输水沿线地区的城市生活、工业和环境用水，兼顾农业、航运和其他用水。在需要时，可向河北省、天津市应急调水。东线一期工程多年平均增供水量46.43亿m^3，扣除损失水量后，受水区干线分水口门多年平均净增供水量36.01亿m^3，其中江苏省19.25亿m^3、安徽省3.23亿m^3、山东省13.53亿m^3。

东线一期工程2002年12月开工建设，2013年3月完工，2013年8月15日通过全线试通水，2013年11月15日正式通水。

1.2　东平湖

东平湖滞洪区位于黄河与大汶河下游冲积平原相接的洼地上，地跨山东省泰安和济宁两市的东平、梁山、汶上三县，位于黄河过渡性河段与弯曲性河段相接处的右岸，上距桃花峪357 km，下距入海口429 km，是黄河下游防洪工程体系的重要组成部分，承担分滞黄河洪水和调蓄大汶河来水的双重任务，是黄河下游唯一的重要滞洪区，控制艾山站下泄流量不超过10 000 m^3/s。

东平湖湖区由隔堤（称为二级湖堤）隔为新、老两湖区两部分，总面积627 km^2，其中老湖区面积209 km^2，新湖区面积418 km^2。目前建有石洼、林辛和十里堡三座分洪闸，总分洪能力为8 500 m^3/s。通向黄河的退水闸有陈山口、清河门两座，设计总泄水能力为2 500 m^3/s。新湖区南端建有司垓退水闸，设计排水流量1 000 m^3/s，当新湖区分洪运用、围坝出现大的险情时，可相机向南四湖紧急泄水。

作者简介：邵文伟（1985—），男，高级工程师，主要从事水量调度工作。

东平湖设计防洪运用水位，老湖区 44.72 m，相应库容 12.3 亿 m^3；新湖区 43.72 m，相应库容 23.7 亿 m^3；全湖区 43.72 m，相应总库容 33.8 亿 m^3。汛期 7 月 1 日至 10 月 31 日，老湖区汛限水位 7—8 月为 40.72 m，相应库容 4.3 亿 m^3；9—10 月为 41.72 m，相应库容 6.2 亿 m^3；警戒水位为 41.72 m。

根据水利部印发的《南水北调东线一期工程水量调度方案（试行）》（水资源〔2013〕466 号），东平湖老湖区仅承担调节调水水位的任务，不承担调节调水水量的任务。东线工程调水至东平湖后，一路经扩建的穿黄隧洞过黄河向黄河以北供水，兼顾向山东半岛和黄河三角洲供水；一路通过济平干渠陈山口渠首闸自流出东平湖，向山东半岛供水。

2　东平湖在东线调水中的规划运用规则

根据水利部印发的《南水北调东线一期工程水量调度方案（试行）》（水资源〔2013〕466 号），南水北调东线一期工程利用东平湖调蓄和输水，其调水方式为：

（1）10 月至翌年 5 月，东平湖老湖区水位低于 39.30 m 且有调水要求时，八里湾泵站抽水补充东平湖老湖区，补水位按 39.30 m 控制。

（2）东平湖老湖区水位在 39.30～41.3 m 时，10 月视黄河、大汶河雨水情，按山东半岛、鲁北段调水要求抽水入东平湖；11 月至翌年 5 月按山东半岛、鲁北段调水要求抽水入东平湖。

（3）东平湖老湖区水位高于 41.30 m 或黄河花园口站流量大于 10 000 m^3/s 时，八里湾泵站停止抽水入东平湖。

根据《南水北调东线一期工程可行性研究》，东线一期工程东平湖湖泊水位在调水水位 39.30 m 以上时，蒸发损失由当地水源承担，湖泊水位在调水水位 39.30 m 以下时，蒸发损失由东线一期工程调水承担，由调水承担的损失量多年平均约为 0.1 亿 m^3。

3　东平湖在东线调水中的实际运用情况

东平湖 2015—2024 年的 9 个调度年在东线工程调水过程中的实际运行调蓄水量情况见表 1。

表 1　东平湖实际运行调蓄水量　　单位：10^7 m^3

调度年	2015—2016	2016—2017	2017—2018	2018—2019	2019—2020	2020—2021	2021—2022	2022—2023	2023—2024
10 月	0	−3.68	2.10	0	0	−0.87	−6.92	−2.22	−4.40
11 月	0	−3.40	2.10	−8.03	13.21	−0.28	−1.87	−11.64	−0.87
12 月	0	−1.06	4.46	3.24	64.93	−1.13	−9.29	−1.33	3.13
1 月	9.87	−3.68	3.24	1.93	−2.80	−0.16	−4.22	−1.76	0.70
2 月	−0.63	−2.82	−2.55	0.58	1.61	0.22	−0.82	−7.54	−3.36
3 月	0.01	0.07	3.61	2.81	−65.64	−0.17	−13.10	4.27	−0.92
4 月	0.67	−2.09	3.42	3.04	18.64	0.25	−13.56	3.87	1.12
5 月	−0.16	6.79	3.06	−0.79	22.45	−0.63	0.93	−2.35	−0.45
6 月	7.21	1.23	−1.00	−9.56	−2.03	−2.85	−0.40	−9.49	−8.78
7 月	−3.38	−2.57	−8.10	−1.13	−0.07	0	0	0	−1.23
8 月	−3.51	−4.70	−2.43	−0.20	0	0	0	0	−1.39
9 月	−2.96	−7.70	−0.78	−0.39	−10.84	0	0	−1.59	0

2015—2016 调度年，东平湖 1 月入湖水量为 $9.87\times10^7\ m^3$，经过 1—9 月的出入湖水量调度后，该调度年最后剩余调蓄水量 $7.13\times10^7\ m^3$，采用了“先进后出”的调度运用模式，2015—2016 年度东平湖出入湖水量情况见图 1。2017—2018 调度年也采用“先进后出”的调度运用模式，从 10 月到翌年 2 月都是只有入湖水量，而没有利用东平湖水量，到调度年末当年剩余调蓄水量 $7.13\times10^7\ m^3$，2017—2018 调度年东平湖出入湖水量情况见图 2。

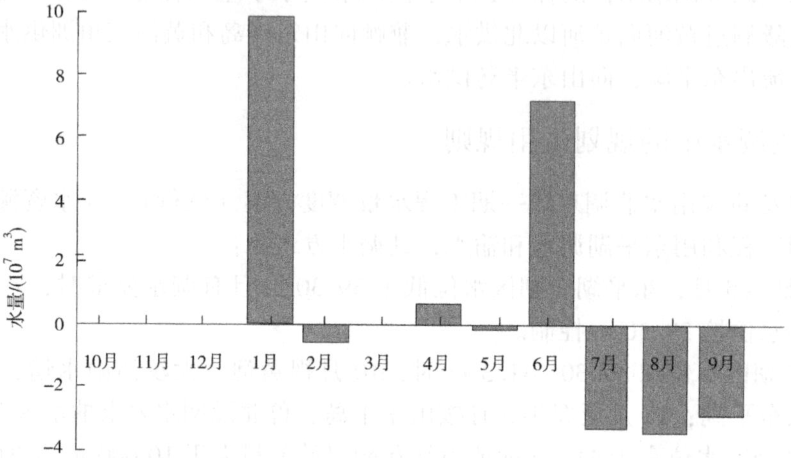

图 1　2015—2016 调度年东平湖调蓄水量情况

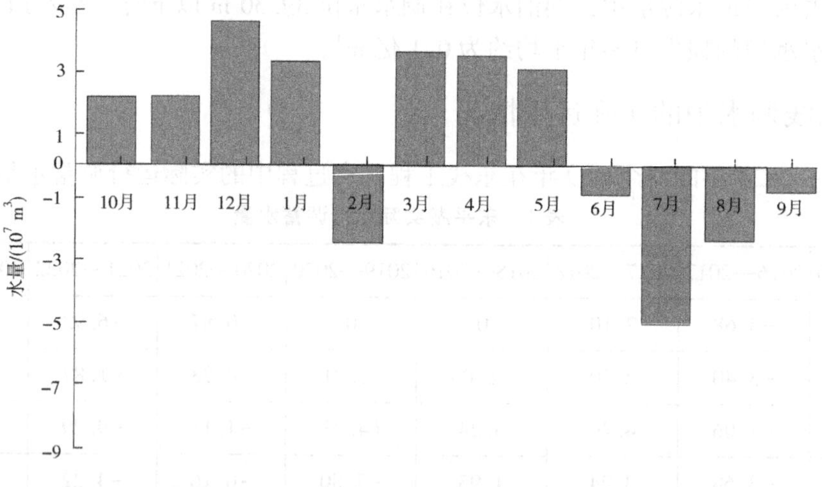

图 2　2017—2018 调度年东平湖调蓄水量情况

2021—2022 调度年，东平湖只有次年 5 月有少量入湖水量，该调度每月几乎都在利用东平湖水量，到该调度年末当年累计利用东平湖水量 $5.62\times10^7\ m^3$，见图 3。

2015—2024 调度年中，受来水情况影响，东平湖水位部分时段持续偏高，超过泵站启动运行最高设计水位，未及时满足沿线用水需求，东平湖在南水北调东线一期工程调水过程中未能做到实时“出入平衡”。东平湖调度运用的实际需求与规程规范的客观要求之间存在不完全匹配的情况，东平湖在南水北调东线工程年度水量调度过程中，利用湖泊调蓄功能，不同程度地参与了调水。其中，2015—2016、2017—2018、2019—2020 三个调度年采用了“先进后出”的调度运用模式，在调度年末留有调蓄水量。而其余调度年则采用了“先出后进”或几乎“只出不进”的调度运用模式，调度年末累计都是只利用了东平湖原有水量而没有增加调蓄水量。

根据山东省水利厅统计的有关数据，从 2021 年起，山东省开始大规模利用东平湖水。据统计，

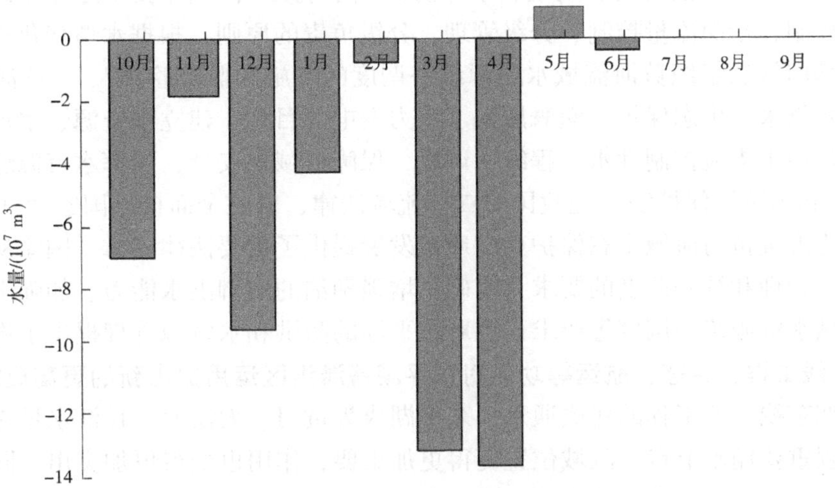

图 3　2021—2022 调度年东平湖调蓄水量情况

2021—2022 调度年，由于水情发生重大变化，未实施跨省调水，山东省利用东线一期山东省境内工程就近调用东平湖水 3.68 亿 m³；2022—2023 调度年，充分利用汛前东平湖存蓄水量，调用东平湖水 2.82 亿 m³；由于 2023 年汛后东平湖水位较高，调用东平湖水以降低东平湖水位，使东平湖以南段工程具备调水启动条件，2023—2024 调度年调用东平湖水 1.66 亿 m³。

4　东平湖调度运行面临的新形势

4.1　黄河流域生态保护和高质量发展重大国家战略对东平湖保护治理提出新要求

2019 年 9 月，习近平总书记在黄河流域生态保护和高质量发展座谈会指出，黄河流域生态保护和高质量发展，同京津冀协同发展、长江经济带发展、粤港澳大湾区建设、长三角一体化发展一样，是重大国家战略。具体提出了加强生态环境保护、保障黄河长治久安、推进水资源节约集约利用、推进流域高质量发展、弘扬黄河文化等五个方面的要求。东平湖滞洪区是确保黄河下游大堤不决口、保障黄河长治久安的重要工程。

2021 年 10 月，中共中央、国务院印发了《黄河流域生态保护和高质量发展规划纲要》，提出了“加强大汶河、东平湖等下游主要河湖生态保护修复力度”，“以汾河、湟水河、无定河、延河、乌梁素海、东平湖等河湖为重点，统筹推进农业面源污染、工业污染、城乡生活污染的防治和矿区生态环境综合整治”，“加强黄淮海流域防洪体系协同，优化沿黄蓄滞洪区、防洪水库、排涝泵站等建设布局，提高防洪避险能力”。东平湖是黄河流域唯一重要的滞洪区，优化沿黄滞洪区建设布局是推动黄河流域生态保护和高质量发展的需要。

2022 年 10 月，国家发展和改革委员会与水利部印发了《黄河流域生态保护和高质量发展水安全保障规划》，明确提出“开展东平湖蓄滞洪区综合治理及桃花峪等重大问题研究论证”，“积极推进东平湖综合整治。按照系统治理、综合治理的原则，研究论证东平湖综合整治方案，完善蓄滞洪区安全建设措施，确保蓄滞洪区‘分得进、蓄得住、退得出’。提升东平湖综合利用能力，发挥其调节水资源、改善湖区水环境、生态保障等综合功能”，“推进东平湖综合整治，在保障黄河下游防洪安全的前提下，实施水生态保护与修复工程，通过污染控制、恢复重建、栖息地保护等措施，改善湖区水环境，提高生物多样性”。开展东平湖综合治理，确保蓄滞洪区“分得进、蓄得住、退得出”，是完善“两岸分滞”工程、提高洪水有效滞蓄能力的需要。

4.2　《中华人民共和国黄河保护法》对东平湖滞洪区防洪安全和水资源配置提出更高要求

2023 年 4 月实施的《中华人民共和国黄河保护法》中提出：“黄河流域河道治理，应当因地制宜采取河道清障、清淤疏浚、岸坡整治、堤防加固、水源涵养与水土保持、河湖管护等治理措施，加强悬河和游荡性河道整治，增强河道、湖泊、水库防御洪水能力”，“国家对黄河流域水资源实行统一调度，遵循总量控制、断面流量控制、分级管理、分级负责的原则，根据水情变化进行动态调整。国务院水行政主管部门依法组织黄河流域水资源统一调度的实施和监督管理”，“黄河流域管理机构统筹防洪减淤、城乡供水、生态保护、灌溉用水、水力发电等目标，建立水资源、水沙、防洪防凌综合调度体系，实施黄河干支流控制性水工程统一调度，保障流域水安全，发挥水资源综合效益”。

《中华人民共和国黄河保护法》是我国第二部流域法律，也是全面推进国家“江河战略”法治化的标志性立法，为推进黄河流域生态保护和高质量发展提供了重要法律支撑。国家从法律的角度提出了统一规划、统一管理和统一调度的要求，明确了增强湖泊的防御洪水能力、加强干支流控制性水工程统一调度、流域水资源统一调度等要求，也对东平湖的防洪和水资源管理提出了更高要求。

4.3 南水北调东线工程、生态、航运等功能对东平湖蓄滞洪区运用提出新的更高要求

随着南水北调东线一期工程的建成通水，东平湖成为黄河、大汶河、长江水量交换节点，也成为南水北调东线工程重要输水节点，区域位置变得更加重要，作用也变得更加突出。同时，东平湖作为黄河下游的淡水湖泊和重要湿地，对维系区域生态环境和生物多样性具有不可替代的作用；南四湖至东平湖航运等也在快速发展，已依托南水北调东线工程调水线路实现通航，船闸、作业区和码头等航运工程已经建成并发挥效益；东平湖作为省级风景名胜区，旅游产业发展迅速，已成为当地的支柱产业之一。因此，东平湖已由单一滞洪功能转变为以滞洪为主，兼具生态、供水、航运、旅游等多种功能的综合体，同时也对滞洪区的建设和运用提出了更高要求。

5 结论与建议

5.1 结论

（1）南水北调东线一期工程建成后，东平湖由单一的蓄滞洪区，变为在保证黄河蓄滞洪安全的同时，又是南水北调东线山东干线工程的枢纽，也是重要的省级生态功能保护区。东线工程运行 11 个年度以来，东平湖在实际参与南水北调东线工程水量调度实施中的功能定位及调度运用方式，相比规划发生了较大的变化。

（2）受来水情况影响，东平湖在南水北调东线一期工程调水过程中未能做到实时“出入平衡”，在南水北调东线工程年度水量调度过程中，利用湖泊调蓄功能，不同程度地参与了调水，存在东平湖调度运用的实际需求与规程规范的客观要求之间不完全匹配的情况。

（3）黄河流域生态保护和高质量发展重大国家战略、《中华人民共和国黄河保护法》、南水北调东线工程以及生态、航运等功能对东平湖的运用提出了新的更高要求。

5.2 建议

5.2.1 加快东平湖功能定位研究

南水北调东线一期工程通水运行以来，东线一期工程调度运行的边界条件发生很大改变，东平湖在南水北调东线工程年度水量调度过程中不同程度地参与了调水。近年来，大汶河流域来水偏丰、东平湖抬高后汛期汛限水位运行，增加了东平湖高水位运行的概率，打破了东线一期工程现有调度运行条件，同时，新形势下对东平湖的运用也提出了新的更高要求。建议深入研究新形势下东平湖的功能定位，加强统筹协调，科学运用东平湖水资源。

5.2.2 明确东线一期工程涉及东平湖调度运用规则

在历年调水过程中，受来水情况影响，东平湖水位部分时段持续偏高，超过泵站启动运行最高设计水位，为及时满足沿线用水需求，同时确保年度水量调度计划顺利执行以及工程运行安全，部分时段内采取了“先出后进”或“先进后出”的调度运用模式，未能做到实时“出入平衡”。东线一期工程涉及东平湖调度运用的实际需求和规范规程的客观要求之间存在不完全匹配的情况，需进一步根据多年来调水实践细化明确相关湖泊的调度运用规则。

5.2.3 加强东平湖调水信息共享

目前，南水北调东线管理单位提供给流域管理机构的水资源调度信息是整编后的调水总量和进出湖流量，黄河水利委员会无法对东线工程的进、出湖水量进行实时监管。建议建立由黄河水利委员会牵头，南水北调东线工程和梁济运河航运管理部门参与的东平湖水量调度协商运行机制，加强东线工程入湖、出湖水量有效管理，实现南水北调控制中心数据与山东黄河水量管理系统对接，保证水量调度信息实时共享，为加强黄河流域水资源统一调度提供基础支撑。

参考文献

[1] 孙晓明，孙明庆．南水北调东线一期工程东平湖调水工作的探讨［C］∥河海大学，南阳市人民政府，南阳师范学院，等．2022（第十届）中国水生态大会论文集，2022：7.

[2] 王永刚，齐永志，丰焕平．东平湖老湖生态补水相关问题探讨［J］．山东水利，2022（10）：22-24.

[3] 郭大川，张璐璐．东平湖水资源现状及开发利用思路［C］∥中国水利经济研究会．贯彻新发展理念 全面提升水利基础保障作用论文集．2022.

[4] 李德峰，张冬，高坚．黄河水资源合理调度对东平湖综合利用效益分析［J］．科技资讯，2018，16（15）：121-122.

[5] 梁云，殷峻暹，张丽丽，等．东平湖老湖调整为综合利用水库的可行性：南水北调东线通水后［J］．南水北调与水利科技，2012，10（4）：18-20.

[6] 王胜利，王广伟，徐秀丽．东平湖蓄滞洪区安全运用存在问题分析［J］．科技信息，2009（29）：1091.

高取水塔顶部悬挑平台施工技术

李福增

（中国水利水电第十二工程局有限公司，浙江杭州　310004）

摘　要：钢筋混凝土悬挑结构在水利工程中应用广泛，通常采用支架法施工，高达水库枢纽工程取水塔顶部混凝土悬挑平台，悬挑长度2.0 m，板厚0.3~0.8 m，取水塔最大高度47.2 m，采用常规的满堂支架法施工难度大，安全风险高，在施工过程中应用在塔身合适位置预埋钢结构作为搭设支架的施工平台，完成混凝土悬挑结构施工，并取得了良好的经济效果，以供同行参考。

关键字：悬挑板；钢结构

1　工程概况

高达水库枢纽工程位于广西来宾市武宣县境内黔江支流东乡河上游，工程以城镇供水为主，兼顾农业灌溉、事故备用等。水库枢纽由大坝、溢洪道、导流（引水）隧洞、管线等组成。总库容1 089.70万m^3，兴利库容923.00万m^3。坝顶高程278.50 m，最大坝高65.5 m，正常蓄水位276.00 m，设计洪水位276.48 m，校核洪水位278.44 m，死水位238.50 m。主要建筑物为3级、次要建筑物为4级。

取水塔位于大坝上游右岸，距大坝约140 m，通过栈桥与右岸道路衔接，主要功能为供水和放空水库。取水塔为独立式圆形塔身，采用厚0.6 m钢筋混凝土结构现浇，由进水明渠、塔身、检修门、工作门、启闭机房、栈桥等组成；取水塔底部高程232.3 m，顶部高程279.5 m，最大高度47.2 m；启闭机房位于取水塔顶部，共3层，高度12.5 m，其中取水塔顶部278.7~279.5 m高程设置悬挑板，悬挑长度2.0 m。

2　取水塔外伸平台施工方案

2.1　施工方案概述

取水塔塔身顶部平台施工采用满堂支架法施工，取水塔278.7~279.5 m高程外伸平台宽度2.0 m，平台厚度0.3~0.8 m，将塔身与塔顶平台同时浇筑。悬挑部分采用搭设满堂支架，由于塔身高度达47.2 m，从取水塔底部设满堂支架高度大，安全风险高，施工费用高。故采用在取水塔塔身预埋工字钢及槽钢，利用14#工字钢作为主梁，14#槽钢作为斜撑，形成一个悬挑的钢结构平台，用悬挑钢结构平台作为满堂支撑架搭设平台，满堂支架搭设高度约3.5 m，从而进行取水塔顶部悬挑板混凝土施工。取水塔预埋工字钢主梁平面布置示意见图1。悬挑钢结构平台及满堂支架搭设示意见图2。

作者简介：李福增（1981—），男，高级工程师，项目总工程师，主要从事施工技术研究管理工作。

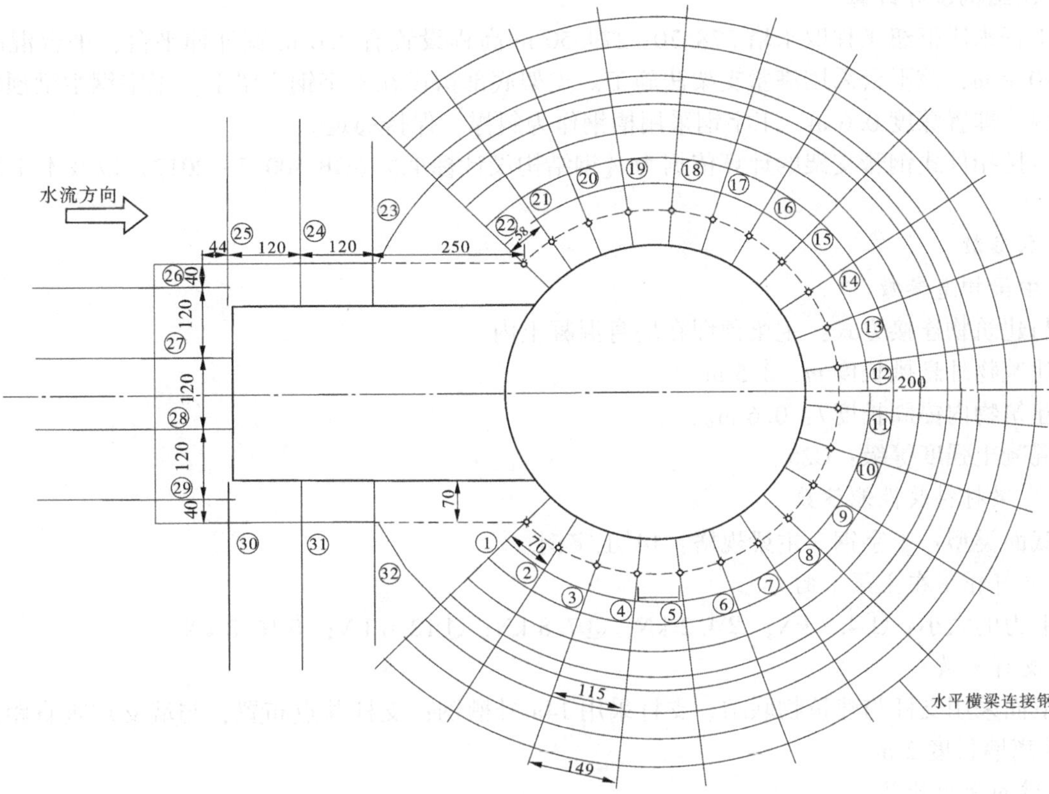

图 1　取水塔预埋工字钢主梁平面布置示意图

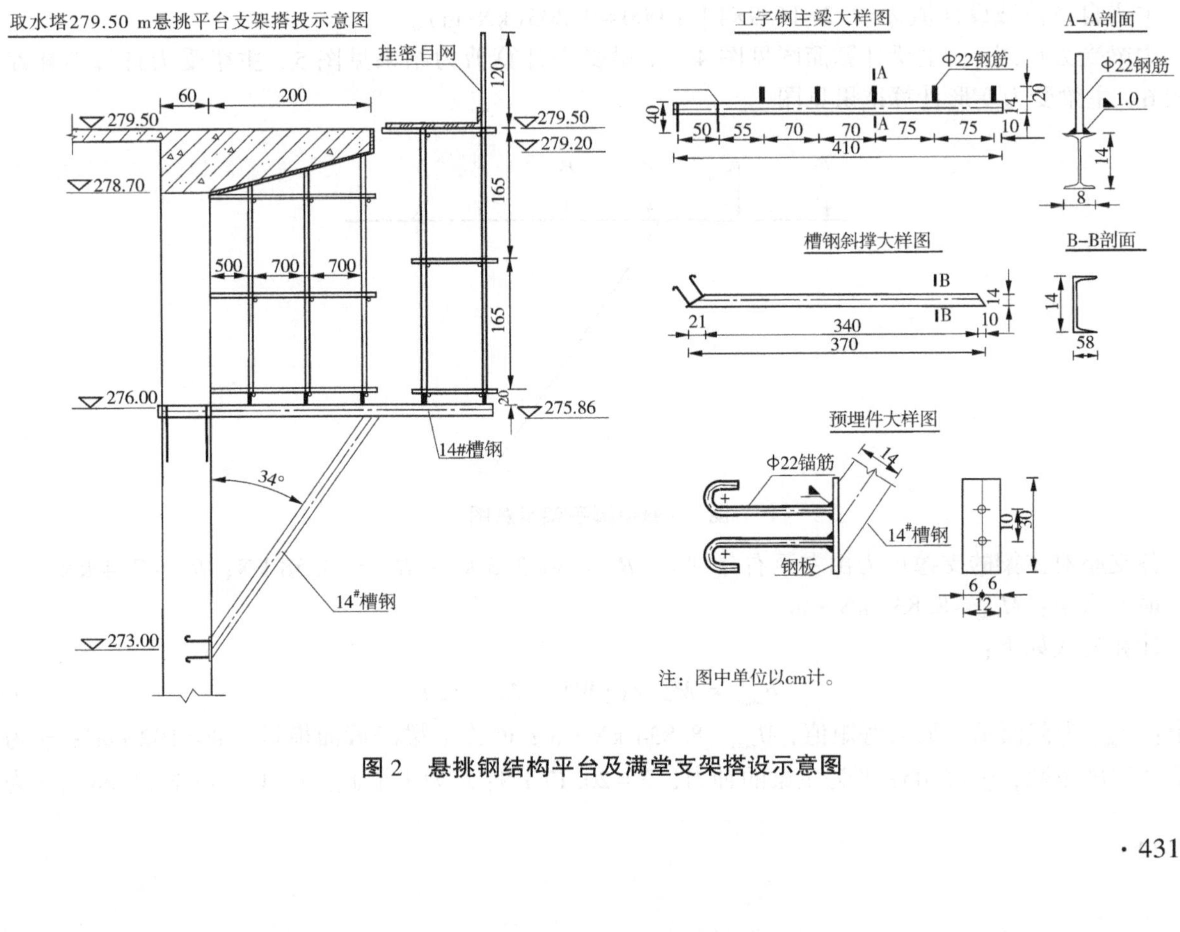

注：图中单位以cm计。

图 2　悬挑钢结构平台及满堂支架搭设示意图

2.2　**悬挑钢结构设计计算**

高达工程水库枢纽工程取水塔 278.70~279.50 m 高程设置有 2.0 m 宽外伸平台，平台混凝土板厚度 0.3~0.8 m，该平台采用满堂支架法施工。支架底部搭设在工字钢主梁上。工字钢主梁预埋在塔身混凝土内，埋置深度 0.6 m。工字钢采用槽钢作为斜撑，保持稳定。

型钢悬挑扣件式钢管支架的计算依据为《钢结构设计标准》（GB 50017—2017）以及本工程的施工图纸。

2.2.1　基本参数

2.2.1.1　主梁构造参数

主梁与建筑物连接方式：主梁预埋在塔身混凝土内。

主梁建筑物外悬挑长度 m：3.5 m。

主梁建筑物内锚固长度 l：0.6 m。

塔身混凝土强度等级：C25。

2.2.1.2　主梁材料及性能参数

主梁截面类型：工字钢。主梁规格：14#工字钢。

2.2.1.3　立杆作用在主梁上的力

主梁上力的大小：①4.2 kN；②4.2 kN；③7.8 kN；④12.6 kN；⑤16.8 kN。

2.2.1.4　支杆参数

主梁下面采用支杆与建筑物联结。支杆采用 14a 号槽钢；支杆共点布置，与墙支点垂直距离为 3 m；支撑距离墙长度 2 m。

2.2.2　主梁的受力计算

主梁按照悬臂连续梁计算。

主梁的截面惯性矩 $I=712\ cm^4$，截面抵抗矩 $W=102\ cm^3$，截面面积 $A=21.5\ cm^2$，质量 $m=16.9$ kg/m。

主梁自重荷载设计值 $q=1.2\times16.9\times10/1\ 000=0.203(kN/m)$。

主梁受力见图 3。主梁计算简图见图 4。主梁受力计算剪力结果见图 5。主梁受力计算弯矩结果见图 6。主梁受力变形计算结果见图 7。

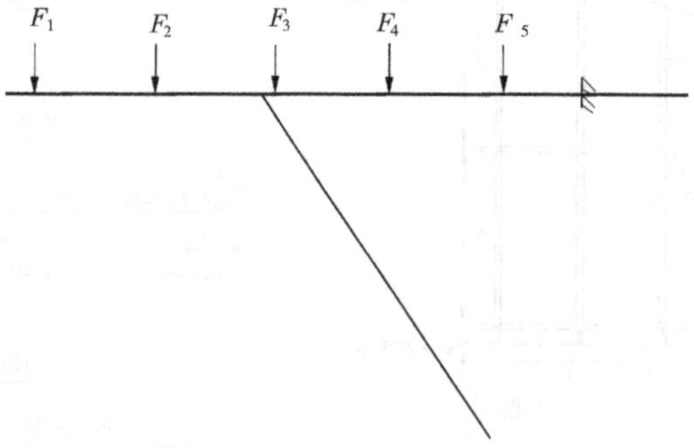

图 3　悬挑脚手架示意图

各支座对主梁的支撑反力由左至右分别为：R_1 = 30.255 kN；R_2 = 23.58 kN；R_3 = 7.4 kN。

最大弯矩：$M_{max}=8.834$ kN · m。

计算公式如下：

$$\sigma_{max} = M_{max}/(\gamma W) + N/A \leq f \tag{1}$$

式中：M_{max} 为截面承受最大弯矩值，$M_{max}=8.834$ kN · m；W 为主梁净截面模量，$W=102\ cm^3$；γ 为截面塑性发展系数，$\gamma=1.05$；N 为主梁的轴力，$N=20.17$ kN；A 为主梁截面面积，$A=21.5\ cm^2$；f 为钢

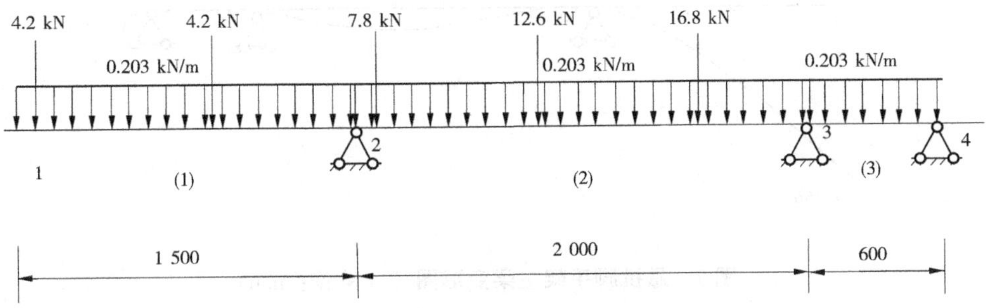

图 4　悬挑脚手架主梁计算简图

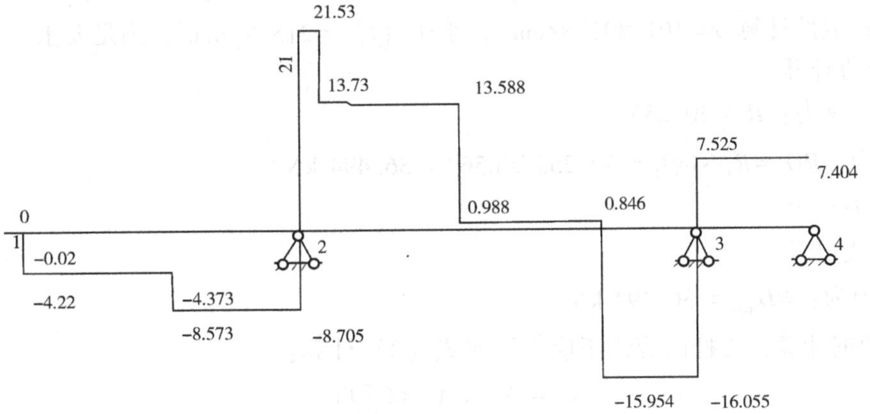

图 5　悬挑脚手架主梁剪力图　（单位：kN）

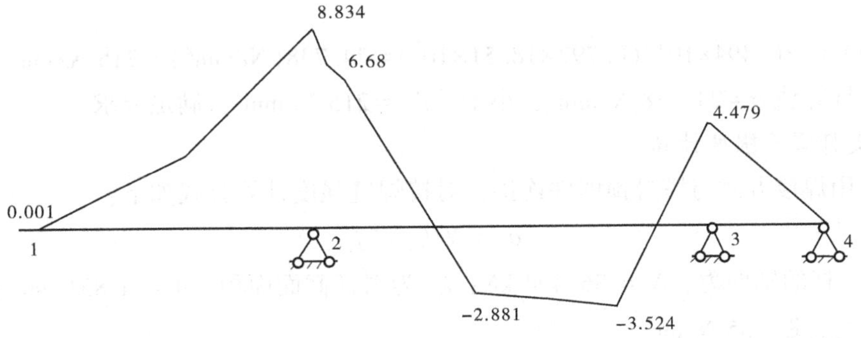

图 6　悬挑脚手架主梁弯矩图　（单位：kN · m）

材的抗弯强度设计值，f = 215 N/mm²。

经计算得出

$$\sigma_{max} = 8.834 \times 10^6/(1.05 \times 102\,000) + 20.17 \times 10^3/2\,150 = 91.865(\text{N/mm}^2)$$

主梁的正应力计算值 σ_{max} = 91.865 N/mm²，小于钢材抗弯强度设计值 f = 215 N/mm²，满足要求。

2.2.3　主梁的整体稳定性计算

主梁采用 14# 工字钢，计算公式如下：

$$\sigma = M/\varphi_b Wx \leqslant [f] \tag{2}$$

式中：φ_b 为均匀弯曲的受弯构件整体稳定系数，查《钢结构设计标准》（GB 50017—2017）得 φ_b =

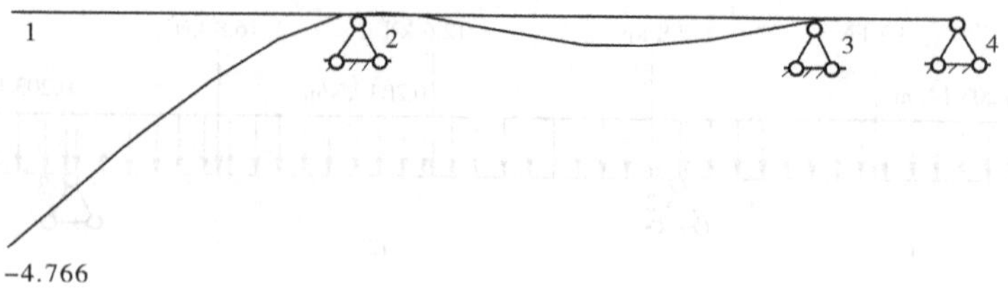

图 7　悬挑脚手架主梁变形图　（单位：mm）

1.3，由于 $\varphi_b>0.6$，根据《钢结构设计标准》（GB 50017—2017）附表 B，得到 φ_b 值为 0.85。

经过计算得到最大应力：$\sigma=8.834\times10^6/(0.85\times102\ 000)=101.892(\mathrm{N/mm^2})$。

水平钢梁的稳定性计算 $\sigma=101.892\ \mathrm{N/mm^2}$，小于 $[f]=215\ \mathrm{N/mm^2}$，满足要求。

2.2.4　支杆的受力计算

支杆产生的支座力：$R_1=30.255$

支杆的轴力为：$RD_1=R_1/\sin\beta_1=30.255/\sin56°=36.494\ \mathrm{kN}$

2.2.5　支杆的强度计算

2.2.5.1　支杆强度计算

支杆最大轴力为：$RD_{max}=36.494\ \mathrm{kN}$

支杆以 14#槽钢计算，支杆的容许正应力按照式（3）计算：

$$\sigma=N/(\varphi A)\leqslant[f] \tag{3}$$

式中：σ 为支杆正应力计算值；N 为支杆轴力设计值，$N=36.494\ \mathrm{kN}$；φ 为支杆的稳定系数，由长细比 l/i 查表得到 $\varphi=0.797$；i 为支杆的截面回转半径，$i=5.52\ \mathrm{cm}$；l 为支杆的计算长度，$l=3.606\ \mathrm{m}$；A 为支杆的净截面面积，$A=18.51\ \mathrm{cm^2}$；$[f]$ 为支杆的抗压强度设计值，$f=215\ \mathrm{N/mm^2}$。

计算结果：

$\sigma=N/(\varphi A)=36.494\times10^3/(0.797\times18.51\times10^2)=24.738(\mathrm{N/mm^2})<215\ \mathrm{N/mm^2}$。

支杆强度性计算值 $\sigma=24.738\ \mathrm{N/mm^2}$，小于 $[f]=215\ \mathrm{N/mm^2}$，满足要求。

2.2.5.2　斜撑支杆焊缝强度计算

斜撑支杆采用焊接方式与塔身预埋件连接，对接焊缝强度计算公式如下：

$$\sigma=N/l_{wt}\leqslant f_t \tag{4}$$

式中：N 为斜撑支杆的轴向力，$N=36.494\ \mathrm{kN}$；l_{wt} 为斜杆截面面积，$A=1\ 851\ \mathrm{mm^2}$；f_t 为对接焊缝的抗拉或抗压强度，取 185 $\mathrm{N/mm^2}$。

经过计算得到焊缝最大应力：

$$\sigma=N/l_{wt}=36.494\times10^3/1\ 851=19.715\ (\mathrm{N/mm})^2<f_t=185\ \mathrm{N/mm^2}$$

对接焊缝的最大应力 $\sigma=19.715\ \mathrm{N/mm^2}$，小于 $f_t=185\ \mathrm{N/mm^2}$，满足要求。

2.3　施工工艺程序

取水塔外伸平台支架采用扣件式钢管架，钢管架为 3 排，最大搭设高度 3.5 m。起始高程为 276.0 m。搭设尺寸为：立杆离侧墙外边 0.5 m 为第一排脚手架，1.2 m 为第二排脚手架，1.9 m 为第三排脚手架，立杆的纵距 1.0~1.5 m，立杆的横距 0.5~0.7 m，扫地杆距底座上皮 0.2 m，横杆的步距 1.3 m。

取水塔启闭机房脚手架采用扣件式钢管架，脚手架为双排脚手架，取最大搭设高度 13.0 m 进行计算。

搭设尺寸为：立杆离混凝土外边线 0.3 m 为第一排脚手架，1.0 m 为第二排脚手架，立杆的纵距 1.50 m，立杆的横距 0.7 m，扫地杆距底座上皮 0.2 m，横杆的步距 1.80 m。

施工工艺流程：摆放扫地杆→逐根竖立杆→随即与扫地杆扣紧→装扫地小横杆或大横杆与竖杆扣紧→安第一步大横杆→安第一步小横杆→安第二步大横杆→安第二步小横杆→架设临时斜横杆→安第三步大小横杆→依次类推→安立杆连接件→架设剪刀撑、铺脚手板张挂安全网→验收使用。

2.4 材料准备

（1）脚手架钢管采用 48 mm，壁厚 3.5 mm；横向水平杆最大长度 1 500 mm，其他杆最大长度 6 000 mm，且每根钢管最大质量不应大于 25 kg。

（2）钢管尺寸和表面质量应符合表 1 的规定。

表 1 钢管尺寸和表面质量检查

序号	项目	允许偏差	检查工具
1	焊接钢管尺寸/mm	-0.5	游标卡尺
2	钢管两端面切斜偏差/mm	1.7	塞尺、拐角尺
3	钢管外表面锈蚀深度/mm	≤0.50	
4	各种杆件的端部弯曲/(L≤1.5 m)	≤5	钢板尺
5	立杆弯曲/(3 m<L≤4 m)	≤12 ≤20	
6	栏杆、支撑体系的钢管弯曲(L≤6.5 m)	≤30	
7	钢管上禁止打眼	—	目测

（3）工字钢及槽钢。

采用 14#工字钢作为主横梁，14#槽钢作为斜撑，工字钢及槽钢质量满足《热轧型钢》（GB/T 706—2016）的规定。

（4）扣件。

采用可锻铸铁制作的扣件，其材质应符合现行国家标准《钢管脚手架扣件》（GB/T 15831—2023）的规定。脚手架采用的扣件，在螺栓拧紧扭矩达 6.5 N · m 时，不得发生破坏。

3 钢筋混凝土施工

3.1 模板施工

取水塔塔身采用 P3015 钢模板分层浇筑，每层高度约 2.5 m。悬挑板浇筑模板采用 15 mm 厚竹胶板，底模采用 5 cm×8 cm 方木支撑。人工安装固定模板。

3.2 钢筋安装

取水塔混凝土用钢筋在左岸下游钢筋加工场内统一加工成型，用材料运输车将钢筋运至取水塔施工现场，25 t 汽车吊吊运至工作面，人工安装钢筋，钢筋接头采用焊接。

3.3 混凝土施工

混凝土在本工程左岸拌和系统统一拌制，10 m^3 混凝土搅拌运输车运至施工现场，混凝土采用 25 t 汽车吊结合 0.7 m^3 吊罐吊运入仓，人工平仓，使用 ϕ 50 插入式振捣器振捣密实。

3.4 支架及模板拆除

混凝土浇筑并养护 28 d 后拆模，拆模前用回弹法检测混凝土强度，强度满足设计要求后进行拆除。采用自上而下拆除，首先卸落立杆顶部丝杠，抽出方木，人工使用撬棍拆除侧模和底模。

3.5 施工平台拆除

施工平台拆除在支架及模板拆除完后进行，拆除采用人工用氧乙炔焊枪割除，施工人员佩戴双安全带。割除采用从一侧向另一侧逐根割除，割除前先将工字钢采用钢丝绳绑扎牢固，25 t 汽车吊向上吊起，防止割除过程中掉落，割除后由吊机吊运至地面。依次循环，直至割除完成，割除后对在混凝土面留下的钢结构采用砂轮机打磨，然后涂刷环氧防锈漆防止锈蚀，以免影响混凝土耐久性。模板支架拆除前后图片分别见图 8、图 9。

图 8 模板支架拆除前图片

图 9 模板支架拆除后图片

4 结语

取水塔悬挑板施工历时约 30 d，与原计划搭设 42.5 m 高满堂支架施工节约 60 d。共安装钢结构 4.1 t，节约满堂支架搭设 465.8 m^3，节约资金 8 万余元，节约工期 75 d。该技术在高达水库枢纽工程取水塔悬挑平台施工应用非常成功。该技术很好地解决了悬挑平台超高模板支架问题，具有操作简便、成本低、安全风险小等特点，随着近年来全国各地水利工程施工全面展开，该技术应用前景十分广阔。目前，该项技术已在中国水利水电第十二工程局有限公司承建贵州三都县鸭寨水库首部枢纽工程进水塔中得到应用。

参考文献

[1] 中华人民共和国住房和城乡建设部．建筑施工扣件式钢管脚手架安全技术规范：JGJ 130—2016［S］．北京：中国建筑工业出版社，2011.

[2] 中华人民共和国住房和城乡建设部．钢管脚手架扣件：GB 15831—2006［S］．北京：中国标准出版社，2023.

[3] 全国钢标准化技术委员会．热轧型钢：GB/T 706—2016［S］．北京：中国标准出版社，2016.

[4] 中华人民共和国住房和城乡建设部．建筑结构荷载规范：GB 50009—2012［S］．北京：中国建筑工业出版社，2012.

[5] 中华人民共和国住房和城乡建设部．钢结构设计标准：GB 50017—2017［S］．北京：中国建筑工业出版社，2017.

数字孪生水利大模型

MIKE21 模型在珠江西航道珠江东桥防撞设施工程洪水影响评价中的研究与运用

常　赜　黄伟杰　孙玲玲　董道蛟　曾志鹏

（珠江水利委员会珠江水利科学研究院，广东广州　510610）

摘　要： 珠江水系近年来基本建成了珠江三角洲高等级航道网。由于部分早期建设的桥梁通航净空尺度较小、防撞标准较低，安全风险凸显。通过珠江三角洲一维数学模型为工程局部二维模型（由MIKE21 搭建）提供边界条件，以位于珠江西航道的羊城八景之一“双桥烟雨”珠江大桥东桥为研究对象，模拟不同水文工况条件下防撞设施工程建设前后水文变化情况。通过方案比选，工程建设对所在河道的整体影响较小。本模型对珠江西航道水文情势变化模拟具有良好的适应性，可较精准地模拟防撞设施工程建设对河道的影响，也为洪水影响评价提供充分的技术依据和指导。

关键词： MIKE21；珠江西航道；防撞设施

1　引言

近年来，珠江流域船舶碰撞桥梁的险情时有发生，单次事故造成的人员伤亡以及财产损失巨大。由于部分早期建设的桥梁通航净空尺度较小、防撞标准较低，随着船舶大型化发展等，安全风险凸显，直接影响交通运输的安全和畅通。

目前，国内较为常用的洪水演算模拟方法有水文学方法、一维水力学方法、二维水力学方法等。其中，MIKE21 模型是目前常用的专业二维自由水面流动模拟模型[1]，适用于模拟河口和海岸地区的水力平面二维仿真，具有较强的适应性和还原性，广泛应用于珠江三角洲范围内的洪水影响评价。

本文通过珠江三角洲一维数学模型为工程局部二维模型（由 MIKE21 搭建）提供边界条件，模拟不同水文工况条件下防撞设施工程建设前后的河道水位、流速和流场等变化情况，MIKE21 模型较好地模拟了珠江三角洲防撞设施建设的影响，可为防撞设施工程洪水影响评价提供充分的技术依据和指导意义。

2　概况

珠江大桥是羊城八景之一“双桥烟雨”，因跨越珠江而得名。珠江大桥分为东桥及西桥，东桥由中山八路跨越珠江至大坦沙岛，长约 336 m，通航净高 8.4 m；西桥由大坦沙岛跨越珠江接广佛公路和芳村大道，长约 415.5 m，通航净高 6 m，桥宽 23 m；两桥距离为 1.5 km，中间是一条双轨铁路——广三铁路，广三铁路建于 1901 年，1903 年通车运营，是广东省第一条铁路线。珠江大桥两侧为单线公路及人行路，于 1960 年 10 月建成通车，是广州第一批历史建筑，具有极高的历史意义。

本次研究对象为珠江大桥东桥主墩，其四周均设置有防撞钢架，防撞设施设计船舶吨级 500 DWT，其防撞能力不满足现状通航的 2 000 t 级船舶防撞要求。为尽可能加大防撞墩保护范围，减小

基金项目： 国家重点研发计划项目“珠江流域关键生源要素多介质溯源与协同管控”（2022YFC3202205）。

作者简介： 常赜（1993—），男，工程师，主要从事环境水利数值模拟技术等工作。

河道新增阻水比，通过方案比选及优化后，各洪水频率下新增阻水比不超 1%，保护范围尽量接近珠江东桥承台纵向宽 6.7 m，以保护好桥墩及承台。在综合考虑防洪、通航等因素优化后，珠江东桥防撞墩采用 3 根 *D*1.5 m 钢管混凝土柱方案，按等边三角形布置，柱间距为 4 m，防撞保护范围为 5.5 m。珠江大桥东桥防撞墩平面布置见图 1，珠江大桥东桥防撞墩横断面布置见图 2。

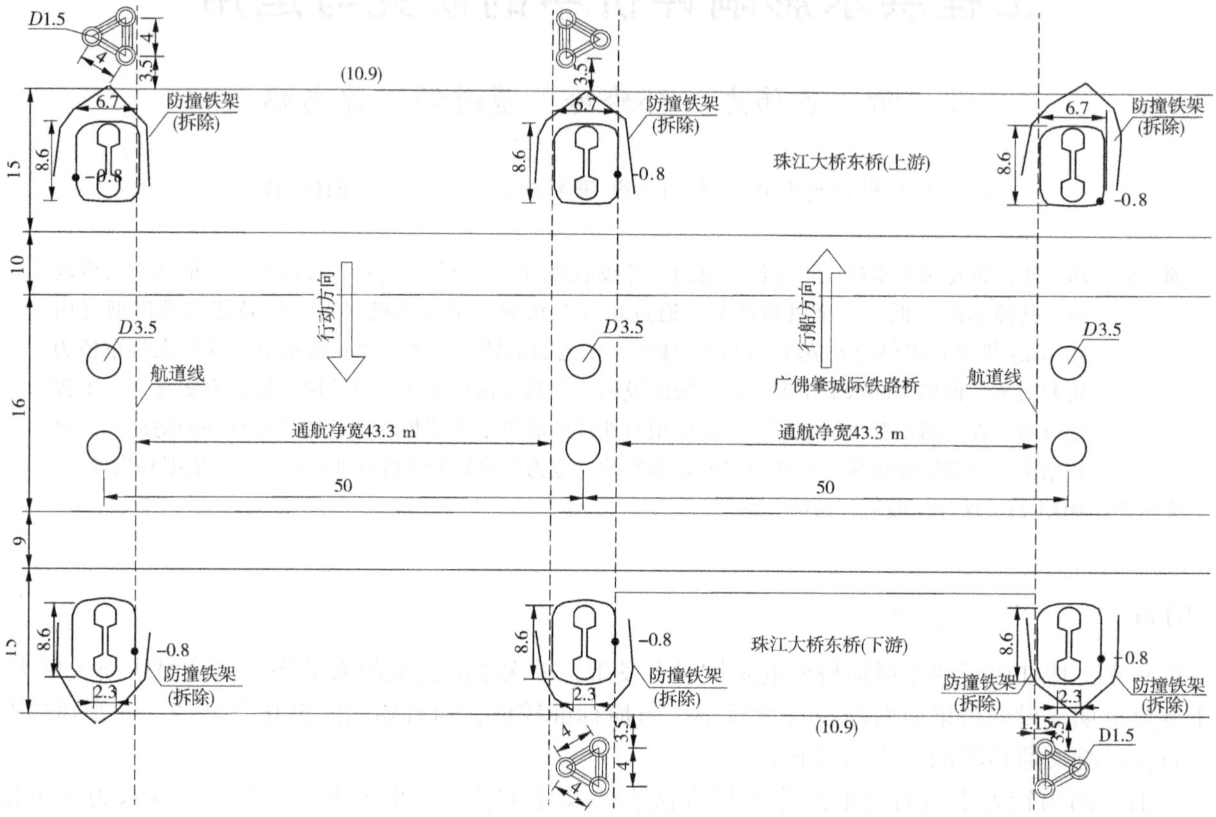

图 1　珠江大桥东桥防撞墩平面布置　（单位：m）

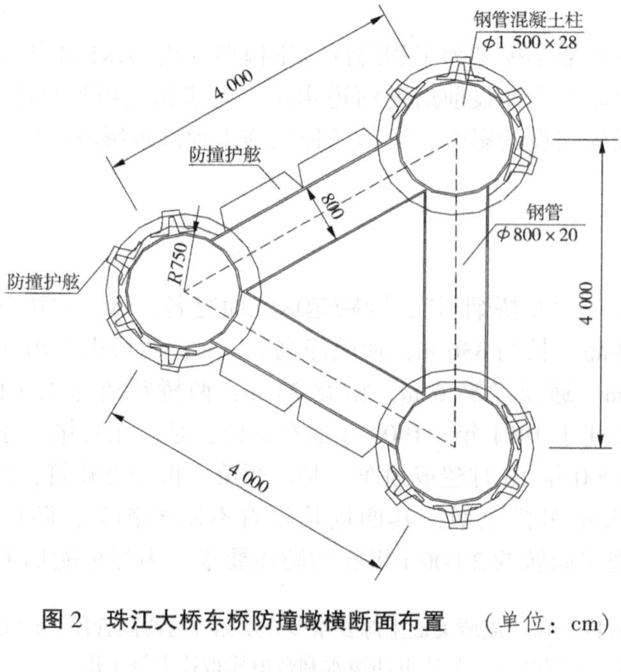

图 2　珠江大桥东桥防撞墩横断面布置　（单位：cm）

3 模型构建

珠江大桥东桥防撞墩工程地处珠江三角洲腹地，工程附近河网纵横交错，其水动力条件既受上游河道下泄径流影响，也受下游经出海口门上溯潮流的影响，本研究采用珠江三角洲网河区一维潮流数学模型和工程附近局部二维潮流数学模型相结合的方法进行[2-3]。工程断面处水位采用广东省水利厅2002年颁布的《西、北江下游及其三角洲网河河道设计洪潮水面线（试行）》的相关成果，流量的计算采用珠江三角洲网河区一维潮流数学模型的方法进行。

3.1 一维潮流数学模型

一维潮流数学模型采用一维圣维南方程组，方程如下：

连续方程

$$B\frac{\partial Z}{\partial t}+\frac{\partial Q}{\partial x}=q \tag{1}$$

动量方程

$$\frac{\partial Q}{\partial t}+\frac{\partial}{\partial x}\left(\beta\frac{Q^2}{A}\right)+gA\left(\frac{\partial Z}{\partial x}+S_{\mathrm{f}}\right)+u_1q=0 \tag{2}$$

式中：Q、A、B 分别为断面流量、过水面积、水面宽度；q 为旁侧入流，负值表示流出；x、t 分别为距离和时间；Z 为断面平均水位；β 为动量校正系数；g 为重力加速度；u_1 为单位流程上的侧向出流流速在主流方向的分量；S_{f} 为摩阻坡降，采用曼宁公式计算，$S_{\mathrm{f}}=g/C^2$，$C=h^{1/6}/n$。

3.2 二维水动力数学模型

采用二维水动力数学模型计算、分析工程对所跨河道工程附近流速、流态等水动力条件的影响，并分析影响大小与范围。二维水动力数学模型主要计算工程附近流场的变化，同时利用流场变化分析成果以及经验公式来分析工程对河道冲淤演变的影响等。

工程附近二维水动力数学模型基本方程采用纳维–斯多克斯方程，形式如下：

连续方程

$$\frac{\partial h}{\partial t}+\frac{\partial h\bar{u}}{\partial x}+\frac{\partial h\bar{v}}{\partial y}=hS \tag{3}$$

动量方程

$$\begin{aligned}\frac{\partial h\bar{u}}{\partial t}+\frac{\partial h\bar{u}^2}{\partial x}+\frac{\partial h\overline{vu}}{\partial y}=&f\bar{v}h-gh\frac{\partial \eta}{\partial x}-\frac{h}{\rho_0}\frac{\partial p_{\mathrm{a}}}{\partial x}-\frac{gh^2}{2\rho_0}\frac{\partial \rho}{\partial x}+\frac{\tau_{sx}}{\rho_0}-\frac{\tau_{bx}}{\rho_0}-\\&\frac{1}{\rho_0}\left(\frac{\partial s_{xx}}{\partial x}+\frac{\partial s_{xy}}{\partial y}\right)+\frac{\partial}{\partial x}(hT_{xx})+\frac{\partial}{\partial y}(hT_{xy})+hu_{\mathrm{s}}S\end{aligned} \tag{4}$$

$$\begin{aligned}\frac{\partial h\bar{v}}{\partial t}+\frac{\partial h\overline{uv}}{\partial x}+\frac{\partial h\bar{v}^2}{\partial y}=&-f\bar{u}h-gh\frac{\partial \eta}{\partial y}-\frac{h}{\rho_0}\frac{\partial p_{\mathrm{a}}}{\partial y}-\frac{gh^2}{2\rho_0}\frac{\partial \rho}{\partial y}+\frac{\tau_{sy}}{\rho_0}-\frac{\tau_{by}}{\rho_0}-\\&\frac{1}{\rho_0}\left(\frac{\partial s_{yx}}{\partial x}+\frac{\partial s_{yy}}{\partial y}\right)+\frac{\partial}{\partial x}(hT_{xy})+\frac{\partial}{\partial y}(hT_{yy})+hv_{\mathrm{s}}S\end{aligned} \tag{5}$$

$$T_{xx}=2A\frac{\partial \bar{u}}{\partial x},\ T_{xy}=2A\left(\frac{\partial \bar{u}}{\partial y}+\frac{\partial \bar{v}}{\partial x}\right),\ T_{yy}=2A\frac{\partial \bar{v}}{\partial y}$$

式中：u、v 分别为 x、y 方向上的流速分量；h 为水深；η 为表面水位；g 为重力加速度；ρ_0 为水的密度；f 为柯氏力系数；A 为涡黏系数；S 为点源源项；s_{xx}、s_{yy}、s_{xy}、s_{yx} 为辐射应力；p_{a} 为大气压强；τ_{sx}、τ_{bx}、τ_{sy}、τ_{by} 为水体表面风场摩擦力和底部的摩擦力。

数值求解方法为有限体积法，基本原理为将计算域分成若干三角单元，在计算出每个控制体边界沿法向输入（出）的流量和动量通量之后，对每个控制体分别进行水量和动量平衡计算，得到计算时段末各控制体的平均水深和流速。

3.3 模型范围

二维水动力模型计算区域的网格单元总数为 106 652 个，节点总数为 57 137 个，网格最大边长为 30 m，工程附近局部加密，桥墩处网格最小边长为 0.3 m。桥墩根据实际尺寸及形状工程概化为不过水的实体，相应桥墩附近添加阻力。模型上游边界采用流量控制，下游边界采用水位控制。工程局部二维模型研究范围划分见图 3，二维水动力模型工程附近局部加密网格见图 4。

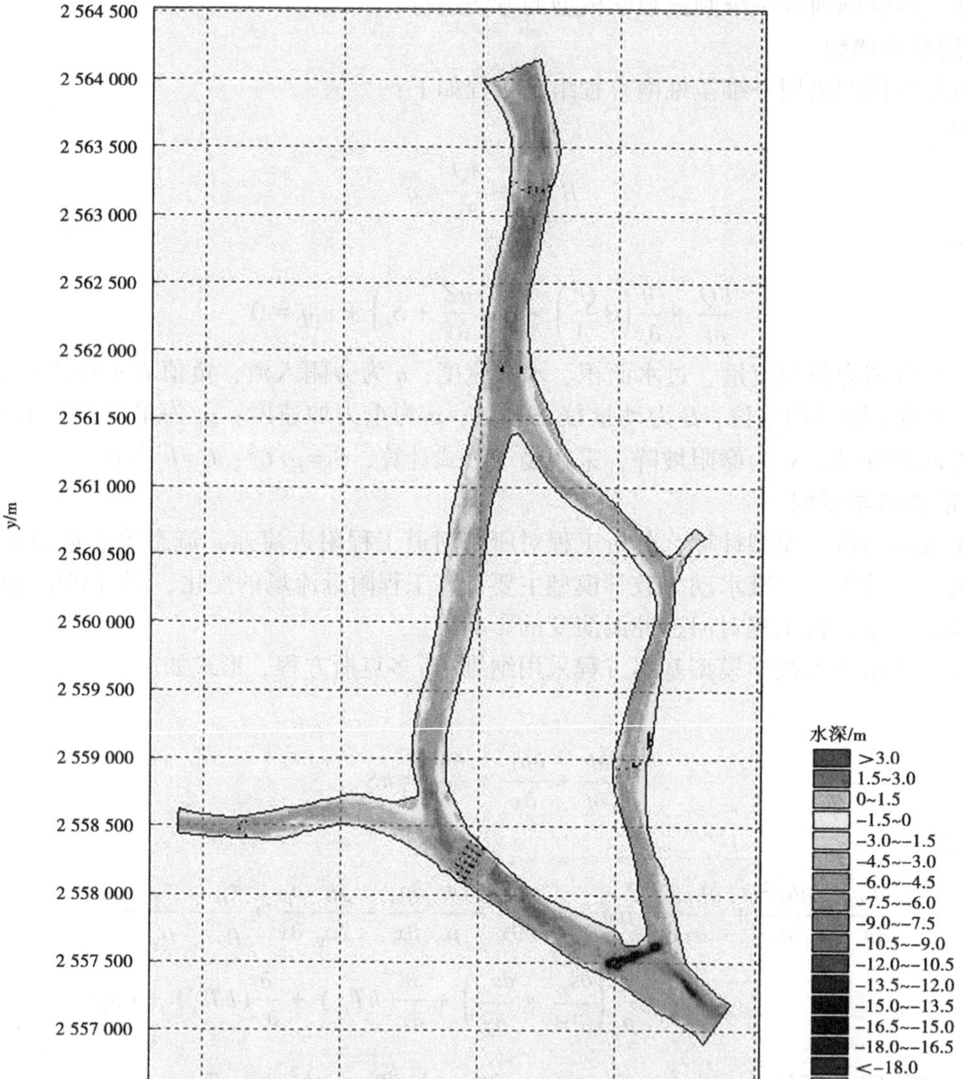

图 3　工程局部二维水动力模型研究范围划分

3.4 边界条件

西航道下游航道属感潮河段，以洪为主的水位高于以潮为主的水位，出于偏安全考虑，本次水文分析的水位成果采用以洪为主的水位。广东省水利厅 2002 年颁布了《西、北江下游及其三角洲网河河道设计洪潮水面线（试行）》的相关成果，在发生 2008 年“黑格比”、2017 年“天鸽”、2018 年“山竹”台风后，对沿海地区的潮位站数据进行重新分析论证，考虑 2017 年 1713 号台风“天鸽”、2018 年 1822 号台风“山竹”影响，计算系列延长至 2018 年，工程位于白坭水下游西航道，白坭水设计洪（潮）水面线见表 1。

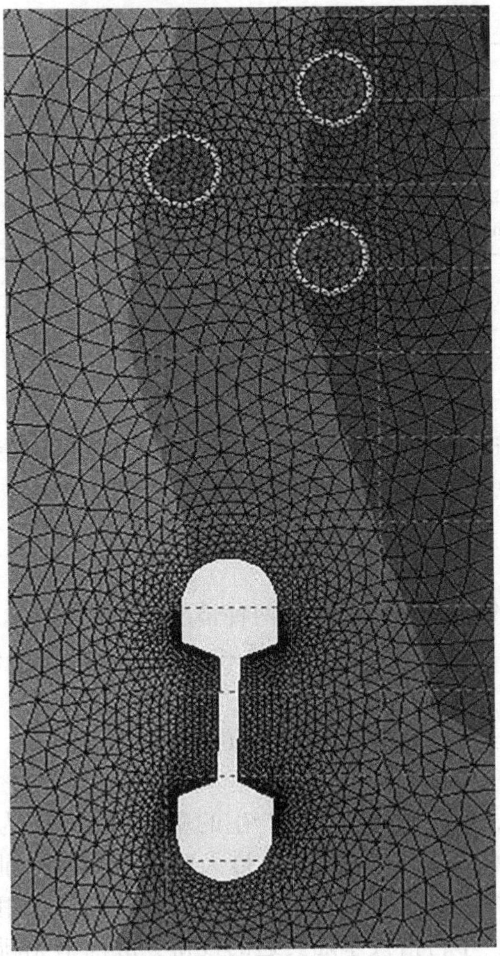

图 4　二维水动力模型工程附近局部加密网格

表 1　白坭水设计洪（潮）水面线

单位：m

河道名称	断面名称	各级频率下设计水位						
		0.33%	0.5%	1%	2%	5%	10%	20%
白坭水	老鸦岗	3.764	3.714	3.654	3.604	3.364	3.224	3.064
	沉香沙	3.744	3.684	3.634	3.574	3.344	3.214	3.044
	白坭 23	3.594	3.534	3.474	3.424	3.234	3.124	2.974

工程位于白坭 23 断面上游珠江大桥东桥处，根据一维潮流数学模型计算的流量成果，珠江东桥拟建防撞墩断面处设计洪水位成果列于表 2。

表 2　拟建防撞墩断面处设计洪水位成果

设计频率/%	0.5	1	2	5	10
洪水流量/(m^3/s)	1 201	1 200	1 199	947	836
桥址处设计水位/m	3.724	3.634	3.554	3.324	3.174

二维模型计算边界的控制条件：上边界为流量边界，下边界为洪水位边界。模型计算的初始水位定为略高于模型边界取值，初始流速为零，计算时间步长取为 1 s。二维水动力模型边界条件见表 3。

表 3　二维水动力模型边界条件

设计频率/%		0.5	1	2	5	10
上游流量边界/(m^3/s)	西航道上游	2 923	2 918	2 911	2 326	2 062
	后航道上游	589	582	577	434	374
下游水位边界/m		3.65	3.56	3.48	3.25	3.11

4　结果分析与讨论

4.1　计算水文条件

防洪评价计算主要包括河道防洪水位、流态、流速等，根据设计标准，考虑所在河段堤岸防洪，工程河段选取 $P=0.5\%$、$P=1\%$设计洪水水文条件，对工程附近水位、流速、流向工程前后变化进行计算分析。

4.2　计算工况

二维水动力模型计算工况分工程前、工程后两种情况，具体如下：

（1）工程前：河道范围仅考虑原珠江大桥东桥和广佛肇城际铁路桥桥墩的阻水，采用工程前的河道边界及地形条件。

（2）工程后：在工程前的基础上考虑新增拟建防撞墩的阻水。

4.3　水位成果分析

运行期各频率洪水条件下，新建防撞墩工程产生的壅水影响范围为上游 200 m 范围内，珠江东桥防撞墩建设后附近河道最大壅水高度为 0.002 m，最大壅高发生在桥址上游 50 m 处，拟建防撞墩对河道下游壅水几乎没有影响。根据施工方案及施工进度安排，施工采用水上作业，采用船舶作为作业平台，不设置固定式作业平台，不再搭设水陆交通的栈桥，故河道无新增阻水，由此可见，工程建设后对河道行洪影响较小。

4.4　流速成果分析

从工程前后流速变化等值线图可以看出，在各频率下，流速变化 0.01 m/s 的最大范围为上游防撞墩上游 30 m 至下游 203 m 范围。拟建防撞墩上下游附近流速有所减小，防撞墩左右两侧附近流速有所增加，原珠江大桥桥墩附近流速略微减小。

防撞墩工程建设对河岸的影响，主要表现在近岸位置防撞墩附近局部绕流对岸滩的影响。受桥墩及河道岸线分布的影响，防撞墩靠近左岸侧最大流速在 0.737 m/s 左右，靠近右岸侧最大流速在 1.015 m/s 左右。

珠江西航道两岸堤防现状防洪标准已经达 200 年一遇。河段左、右岸堤防采用浆砌石结构（抗冲流速为 4.0~5.0 m/s），近岸流速不会对浆砌石结构造成明显破坏。

4.5　流场成果分析

从工程前、工程后流场对比图及流向变化统计来看，拟建工程建设后，由于防撞墩的阻水、束流作用，防撞墩附近局部产生绕流，流向偏转较大，流场有所变化，流向变化最大的是下游防撞墩处的采样点，变化为 3.5°。除桥墩位置流场变化较大外，其余地方流场变化不大，西航道整体流态依然平顺，工程建设对河道整体流态及流势的影响不大。

5　结语

本文以珠江东桥防撞墩工程为例，对 MIKE21 模型在涉水工程洪水影响评价中的应用进行了研究，主要结论如下所述：

（1）MIKE21 模型能够较好地应用于防撞墩工程洪水影响评价中，洪水演算模拟计算成果表明：

工程建设后，工程上游出现最大壅水高度为0.002 m，发生在桥址上游50 m处；防撞墩上下游附近流速有所减小，左右两侧附近流速有所增大，原珠江大桥桥墩附近流速略微减小；防撞墩附近局部产生绕流，流向偏转较大，流场有所变化，工程建设对河道整体流态及流势的影响不大。

（2）通过方案比选及优化后，各洪水频率下新增阻水比不超1%，对行洪整体影响较小。本模型对珠江西航道及珠江三角洲水文情势变化模拟具有良好的适应性，可较精准模拟防撞设施工程建设对河道的影响，也为洪水影响评价提供充分的技术依据和指导。

参考文献

[1] 常颉，张琼海，姜宇，等．基于MIKE21模型的入海排污口对澳门近岸海域水质影响分析［J］．人民珠江，2021，42（3）：70-80.

[2] 常颉，张琼海，王腾飞，等．珠江河口磨刀门马骝洲水道两岸防洪（潮）体系提升研究［J］．中国防汛抗旱，2022，32（11）：44-47，60.

[3] 陈晓宏，陈永勤．珠江三角洲网河区水文与地貌特征变异及其成因［J］．地理学报，2002（4）：429-436.

城市内涝多时空维度集合预报研究
——以广州市电力设施为例

潘璀林　邹显勇　赵旭升　王高丹　安　雪　胡志豪

（珠江水利委员会珠江水利科学研究院，广东广州　510000）

摘　要： 生命线设施是支撑城市正常运转的基本保障，由于极端气候频发以及中国城市化进程加快，城市暴雨内涝暴露出生命线设施如电力设施安全管运存在漏洞短板。城市内涝的仿真模拟是内涝防治的关键环节之一，而集合预报是未来水文预报研究的重点发展方向。本文以广州市电力设施作为研究对象，构建风险评估、深度学习、简化机理和水文水动力机理 4 种模型，通过对各单一确定性模型进行组合和加权从而建立集合预报模式，并评估集合预报模式在不同空间尺度和时间维度上的合理性和有效性，为广州市及大湾区其他城市电力设施防治洪涝提供理论依据。

关键词： 电力设施；集合预报；城市内涝；多模型组合

1　引言

高密度城市是人口密集、风险集中、管理复杂的重点地区，其关键生命线设施如电力、交通、供水等一旦遭到破坏、丧失功能，会极大扰乱城市正常生产生活秩序，威胁人民群众生命财产安全，甚至危害国家安全[1]。由于全球极端气候频发以及城市化进程加快，城市极端暴雨内涝危害越来越严重，暴露出城市关键基础设施安全管运存在漏洞短板，已成为制约我国乃至世界社会经济发展的重要因素[2]。

城市内涝的仿真模拟是内涝防治的关键环节之一[3]。一般而言，城市内涝模型由产流、汇流和淹没分析等模块组成。根据建模机制不同，各模块可采用水文学方法、水动力学方法或简化方法进行计算[4]。当前，由于监测手段的不断丰富，与内涝有关的数据以几何级数增加。因此，以海量数据为基础，深度学习算法也在内涝模拟中被频繁应用[5-7]。虽然单一预报模型在预报过程中可通过调参、优选预报因子等方式提高预报精度，但是单一模型本身存在模型结构不确定性、难以适应不同区域流域的缺点[8]。众多研究表明，将多个单一预报模型进行组合，构建组合预报模型，可有效发挥各不同模型的优势，进而提高中长期径流预报的可靠性和预报精度[9-11]。如何进一步提高预报精度，同时量化或表征预报的不确定性依然是现阶段水文预报领域的热点和难点问题[12]。

集合预报是表征水文预报不确定性的重要手段之一[13-14]。集合预报最早起源于气象领域，水文研究者将其应用于水文领域，并发展出水文集合预报[15]。水文集合预报不仅可给出预报要素的具体数值，还可提供事件发生的概率和可能范围[16]。集合预报不仅可用概率的形式定量描述预报的不确定性，还可提供预报量的各种统计特征[17]。其中，均值反映各模型综合预报的效果，置信区间则反映预报的不确定性[18]。

当前学者们在水文集合预报方面已经取得了诸多成果[16,19-20]，但尚未针对城市内涝，尤其是电力

作者简介： 潘璀林（1990—），男，高级工程师，主要从事智慧水利及城市水循环等方面的研究工作。

通信作者： 邹显勇（1981—），男，高级工程师，主要从事智慧水利、大数据与云计算、数字孪生技术应用等方面的研究工作。

设施等城市生命线开展针对性的集合预报研究。针对以上不足，本文以广州市电力设施作为研究对象，通过对各单一确定性模型进行组合和随机加权从而建立集合预报模式，并利用多目标优化方法率定集合预报各成员模型的权重上、下限，最终得到集合预报样本和量化集合预报不确定性的预报区间。同时评估集合预报模式在不同空间尺度和时间维度上的合理性和有效性，为广州市及大湾区其他城市电力设施防治洪涝、降低洪涝灾害风险提供理论依据。

2 基于多模型随机组合的集合预报方法

基于多模型随机组合的水文集合预报方法基本流程如下：首先，将多个预报模型进行线性加权组合，得到组合预报模型；其次，采用多目标优化算法优化组合权值上、下限；最后，在区间上、下限内随机生成多组权值从而得到集合预报样本。基于多模型随机组合的水文集合预报方法基本流程如图1所示。

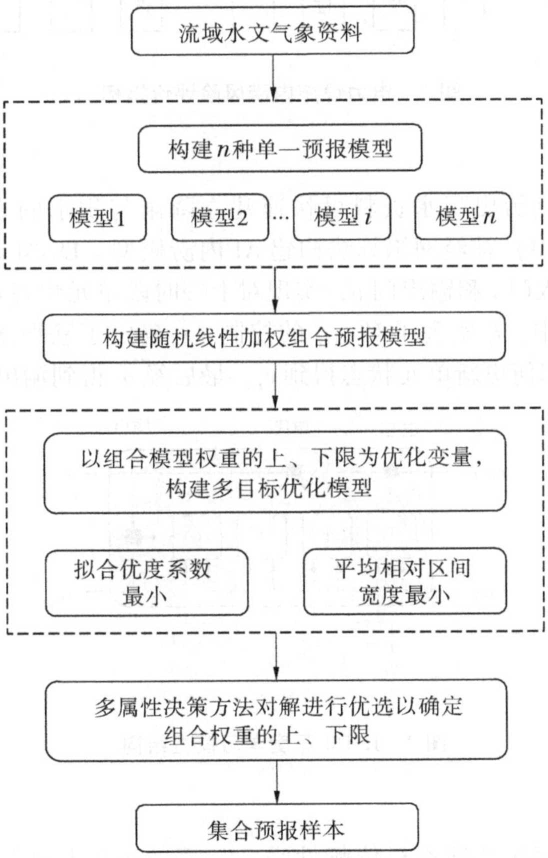

图1 基于多模型随机组合的水文集合预报方法基本流程

2.1 预报模型实例

本文使用集合预报的方式，结合风险评估模型、深度学习模型、简化机理模型和水文水动力机理模型，构建内涝多时空维度的集合预报体系。

2.1.1 风险评估模型

基于AHP层次分析法构建电力设施内涝风险评估模型。城市电力设施有其独有的特征，如建造位置（地上、地下）、防护对象和积水来源等，因此需结合其特点拟定内涝风险评价体系。本文提出历史内涝情况、电力设施危险性和电力设施易损性等10个具体指标综合评价电力设施的内涝风险，构建电力设施风险评估模型。电力设施内涝风险评价指标如图2所示。

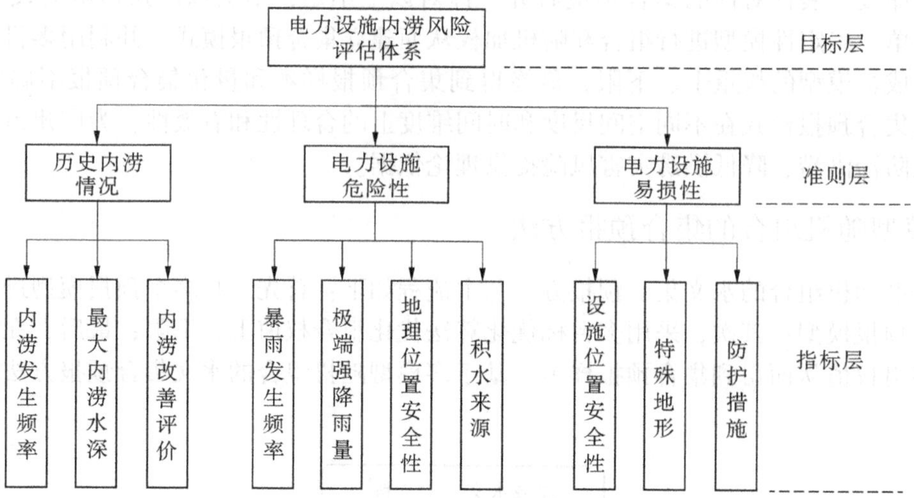

图 2 电力设施内涝风险评价指标

2.1.2 深度学习模型

深度学习模型依靠内涝点历史积水资料可快速建立降雨与积水的直接关系，选取长短期记忆（long short-term memory，LSTM）神经网络算法构建 AI 内涝模型。LSTM 深度学习模型结构如图 3 所示，LSTM 借助遗忘门 f、输入门 i 和输出门 o，实现对上一时段单元状态 c_{t-1}、隐含层输出 h_{t-1} 和本时段输入 x_t 的记忆和遗忘。其中，f_t 实现了对 c_{t-1} 的控制，i_t 确定了获取多少来自 h_{t-1} 和 x_t 的输入信息，两者的输出结合决定了如何更新单元状态得到 c_t，最后经 o_t 得到输出。

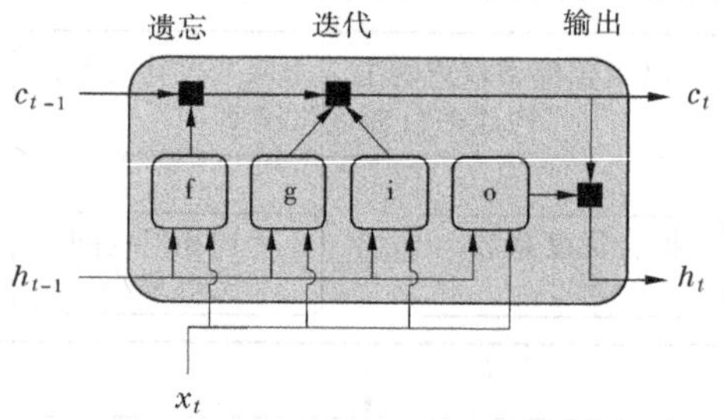

图 3 LSTM 深度学习模型结构

2.1.3 简化机理模型

本文针对传统内涝模型存在基础资料依赖性强、计算效率低和适用性差等问题，基于深度学习算法，筛选积水影响关键因子如地形、蒸发、下渗、排水和河涌水位，建立降雨与积水的量化关联关系，构建城市内涝多因子关联模型，提高内涝模拟的速度与适用性。多因子关联内涝模型框架图如图 4 所示。

2.1.4 水文水动力机理模型

水文水动力机理模型选用 SWMM 模型，建模过程包括依据地形和排水管网数据确定低洼地段的模型建模范围，其次根据土地利用数据划分汇水区，再开展实地调研对汇水区划分情况进行校正；管网方面通过管网概化方法得到真实有效的管网数据，节点则需要根据汇水区分布和管道设置情况进行设置。结合已有数据资料的属性信息以及 GIS 分区统计功能对模型水文响应单元的参数进行计算，通过历史暴雨积水时间数据率定模型参数。水文水动力机理模型框架图如图 5 所示。

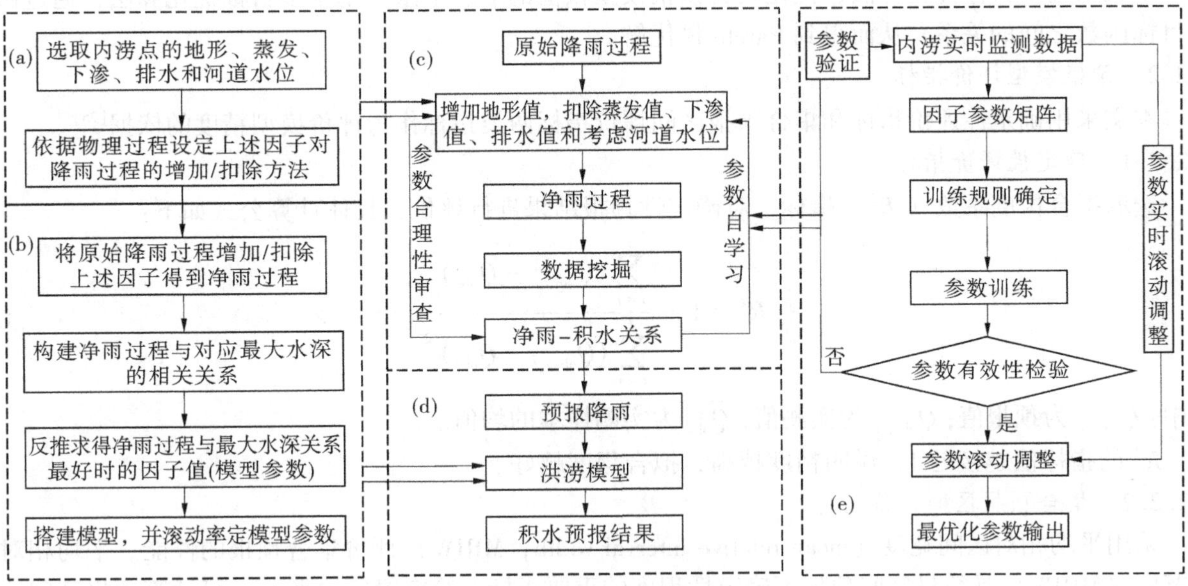

图 4　多因子关联内涝模型框架图

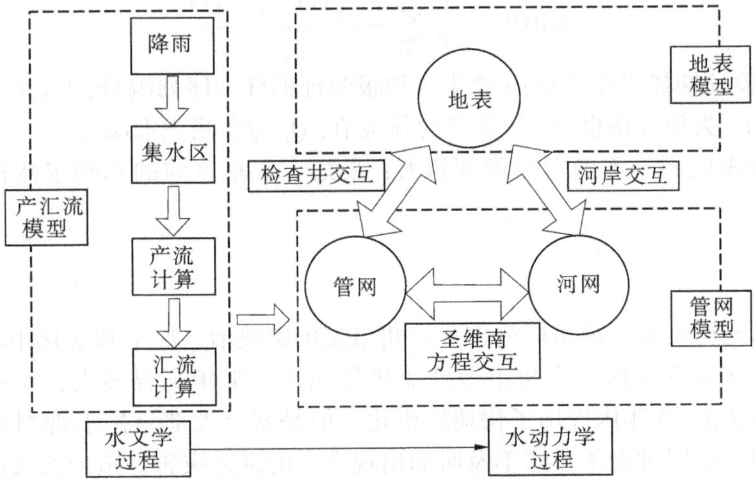

图 5　水文水动力机理模型框架图

2.2　组合预报模型

2.2.1　组合预报模型原理

组合预报概念最早由 Bate 提出[21]。其基本原理是，在相同的预报时刻下，采用多种不同的单一确定性模型对流域水文气象因子进行预报，最后线性加权形式将单一确定性模型进行组合，从而得到组合预报结果[22]。组合预报模型形式为

$$F = \sum_{e=1}^{E} w_e f_e \tag{1}$$

式中：E 为成员模型的个数；w_e 为第 e 个模型的权重；f_e 为单一确定性模型的预报值；F 为组合预报值。

本文在进行模型组合时，选择风险评估模型、深度学习模型、简化机理模型和水文水动力机理模型 4 种单一确定性模型。其中，风险评估模型适合大区域预警，其优点是模型结构简单、易于编程的实现[23]；深度学习模型具有良好的非线性映射能力、收敛速度快、对数据适应性好等优势[24]；水文水动力机理模型具有明确的物理意义，可以提供完整的内涝模拟过程；简化机理模型则兼具深度学习模型和水文水动力机理模型的特点。

本文采用多目标优化算法，优化集合预报模型权值的上、下限。基于多目标优化算法，通过协调各目标函数之间的关系，从而得到 Pareto 最优解。

2.2.2 预报模型评价指标

本文采用确定性评价指标和集合预报区间评价指标两类指标作为评价模型精度的依据[25]。

2.2.2.1 确定性评价指标

选取拟合优度系数（R^2）指标，对确定性预报结果进行评价，具体计算公式如下：

$$R^2 = 1 - \frac{\sum_{t=1}^{T}(Q_{\mathrm{sin},\ t} - \overline{Q}_{\mathrm{obs}})^2}{\sum_{t=1}^{T}(Q_{\mathrm{obs},\ t} - \overline{Q}_{\mathrm{obs}})^2} \tag{2}$$

式中：$Q_{\mathrm{sin},\ t}$ 为预报值；$Q_{\mathrm{obs},\ t}$ 为实测值；$\overline{Q}_{\mathrm{obs}}$ 为实测样本的均值。

R^2 的指标值越接近 1，说明精度越高，拟合程度越好。

2.2.2.2 集合预报区间评价指标

采用平均相对区间宽度（mean relative interval width，MRIW）评价集合预报的性能。平均相对区间宽度（MRIW）是衡量区间预报不确定性程度的重要指标，给定置信水平 α，可计算预报区间，此处取 $\alpha=5\%$。

$$\mathrm{MRIW} = \frac{1}{T}\sum_{t=1}^{T}\frac{F_{95\%}(t) - F_{5\%}(t)}{Q_t} \tag{3}$$

式中：T 为集合预报验证期样本总个数；t 是集合预报验证期样本序列编号；$F_{95\%}(t)$ 为集合预报 95%分位点的预报值；$F_{5\%}(t)$ 为集合预报 5%分位点的预报值；Q_t 为实测积水深度。

MRIW 越大，预报区间的不确定性程度越大；反之，预报区间的不确定性程度越小。

3 实例分析

3.1 研究区和数据

研究区选择中国南方特大型城市广州市。广州市是国家政治、经济和文化中心城市之一，同时也是自然灾害的高敏感区和脆弱区。广州市地处亚热带地区，常年高温多雨，年降雨量为 1 700 mm，河流网络密集，在过去的 30 年内经历了快速城市化，但是城市大部分排水管网设计标准仅为一年一遇，致使市区在面对暴雨时常由于排涝不及时而出现严重的洪涝灾害，造成大量财产损失以及严重交通拥堵。特别是近年来极端暴雨天气频发，致使广州市每年都遭遇数次严重的暴雨洪涝灾害袭击。

3.1.1 数据资料

城市电力设施包括变电站、配电房、输电杆（塔）等，设施数量众多，作用重要，是城市内涝灾害中需要优先保护的设施。广州市境内的输电、变电、配电设施总数超过 3 万个，分布覆盖面广，内涝防治难度大，亟须开展内涝预报预警技术和灾害应急处置研究，保障市民用电安全。本文共收集到广州市 367 个变电站和 8 763 个配电房的相关数据，输电杆（塔）受内涝影响较小，因此不考虑。

水雨情数据方面，内涝积水数据主要基于自 2019 年 3 月起在广州市陆续新建 443 个内涝监测站点收集积水深度数据，数据精度为 1 cm，时间精度为 10 min，同时使用 2018—2022 年的电力设施台账数据，记录有内涝事件最大水深，精度为 1 cm。雨量数据取自广州市 272 个雨量站，数据时间精度为 10 min，数据精度为 0.1 mm。气象预报数据由气象局提供，数据空间精度为 1 km×1 km，时间精度为 10 min，数据精度为 0.1 mm，预报时长为 2 h，预报降雨数据 10 min 更新一次。同时收集了广州市及附近地区的 195 个河涌水位站点的河涌水位数据，数据精度为 1 cm，时间精度为 10 min。研究区站点示意图如图 6 所示。

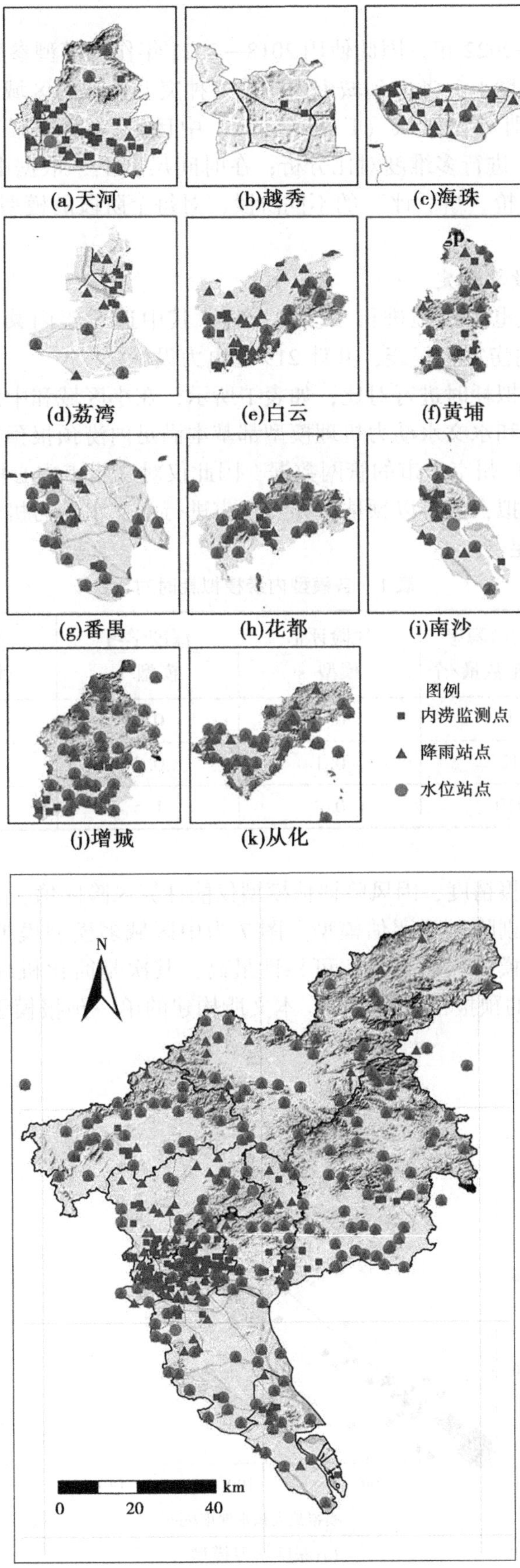
(a)天河
(b)越秀
(c)海珠
(d)荔湾
(e)白云
(f)黄埔
(g)番禺
(h)花都
(i)南沙
(j)增城
(k)从化
图例
内涝监测点
降雨站点
水位站点
N
km
0
20
40

图 6　研究区站点示意图

3.1.2　预报方案构建

数据维度主要在2018—2022年，因此使用2018—2021年作为模型参数的率定期，2022年作为模型参数的验证期。在空间尺度上，考虑到城市内涝是一种突发性强的区域性灾害，对模拟效率和精度的要求都较高，因此将分别对大区域（广州全市）、中区域（天河区）和小区域（选取天河区110 kV北棠变电站内涝点）进行多维度对比分析；在时间尺度上，依据电力部门将应急管理工作分为“灾前防、灾中守、灾后抢、事后评”的不同阶段，对每个阶段的模型适用性进行定性分析。

3.2　实际案例

3.2.1　单一预报模型精度效率评定

针对发生过内涝事件的电力设施进行多模型构建，其中近5年内共有44个变电站（12%）和175个配电房（2%）遭受内涝灾害侵袭，共计219处电力设施。

首先对各模型的内涝模拟耗时进行对比，如表1所示，在小区域和中区域上，风险评估模型、深度学习模型、简化机理模型和水文水动力机理模型都基本满足内涝预报预警的应急性需求，计算效率在2 min以内，因没收集到广州市全市的管网数据，因此仅对广州市中心域（天河区）开展了水文水动力机理模型建模和预报模拟，但可以预估，如对全市进行水文水动力机理模型预报模拟，则模拟耗时将超过2 min，时效性不足。

表1　各模型内涝模拟耗时对比

空间尺度	存在内涝隐患电力设施数量/个	风险评估模型/s	深度学习模型/s	简化机理模型/s	水文水动力机理模型/s
小区域（单点）	1	0.1	0.1	0.1	0.5
中区域（天河区）	42	0.1	0.3	1.2	80
大区域（广州全市）	219	0.3	1.5	13	—

同时对比单个模型的预报精度，因风险评估模型仅能计算风险阈值，无法得到准确的预测最大积水深度，因此后续模型评估剔除风险评估模型。图7为中区域多模型模拟误差对比，在中区域模拟上，水文水动力机理模型的模拟误差最低，可靠性最高，其次是简化机理模型，最后是深度学习模型。总体上，3种预报模型的预报精度均较高，本文所构建的单一预报模型合理、有效，可作为构建集合预报的成员模型。

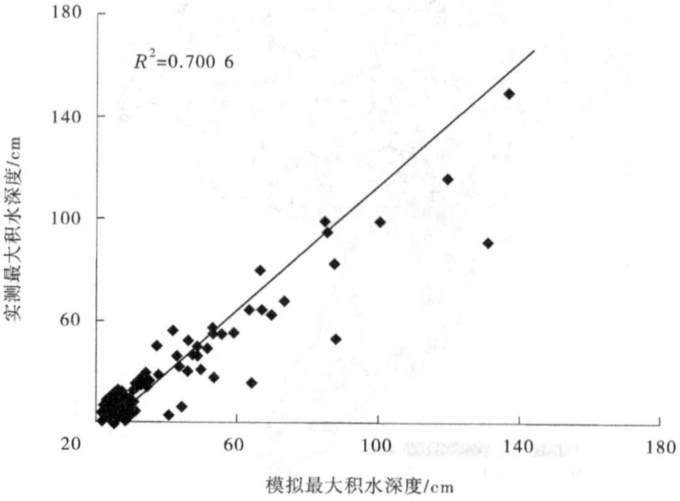

(a)深度学习模型

图7　中区域多模型模拟误差对比

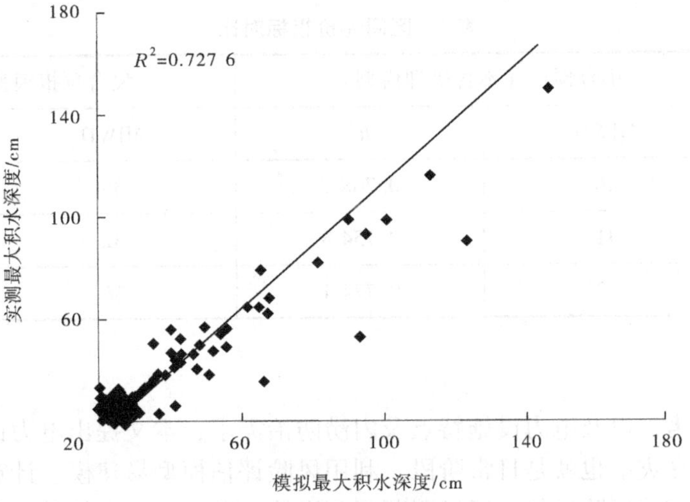

(b)简化机理模型

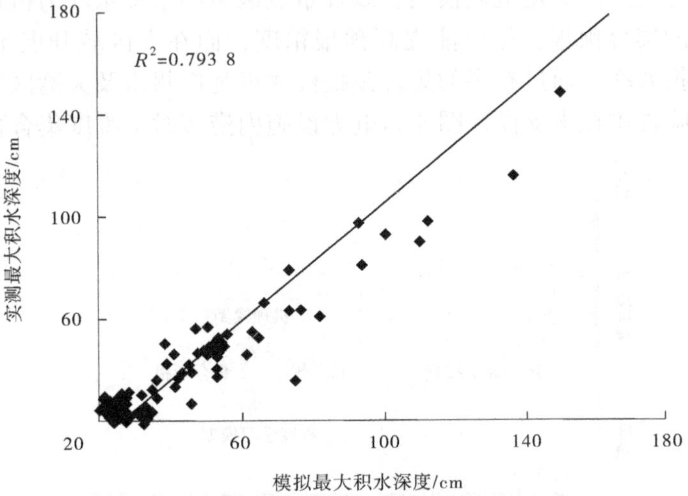

(c)水文水动力机理模型

续图 7

3.2.2 集合预报精度效率评定

预报区间可以量化预报结果的不确定性。通常，区间越小，不确定性越小；区间越大，不确定性越大。通过表 2 中各单一预报模型最优权重的上、下限生成集合预报样本。

表 2 各单一预报模型最优权重上、下限

空间尺度	深度学习模型		简化机理模型		机理模型	
	下限	上限	下限	上限	下限	上限
小区域（单点）	0.15	0.19	0.22	0.32	0.52	0.96
中区域（天河区）	0.05	0.15	0.25	0.52	0.44	0.64
大区域（全市）	0.13	0.20	0.26	0.29	0.36	0.97

表 3 对比了不同空间尺度下的集合预报区间评价指标结果，其中含机理模型的 MIWD 度和 R^2 都要优于不含机理模型的。考虑到机理模型建模范围无法覆盖广州全市区域，因此最优的集合预报方案是在小区域和中区域使用含机理模型的集合预报体系，在大区域上使用不含机理模型的集合预报体

系，预报效果可以达到效率和精度的平衡。

表 3　区间评价指标对比

空间尺度	集合预报（不含机理模型）		集合预报模型（含机理模型）	
	MIWD	R^2	MIWD	R^2
小区域（单点）	46	0.768 7	35	0.820 4
中区域（天河区）	41	0.754 8	32	0.812 3
大区域（全市）	43	0.774 1	36	—

3.3　结果讨论和分析

考虑到各模型的优劣，以及电力设施特点及内涝防治需求，本文提出电力设施的内涝多时空维度集合预报体系。首先，在灾前也就是日常阶段，利用风险评估模型易建模、计算效率快的特点，定时对全区域电力设施进行事前风险评估，通过不断更新设施台账信息，查找潜在的高风险电力设施；其次，建立全区域深度学习模型、简化机理模型，以及重点区域的水文水动力机理模型，在小区域和中区域范围内开展全模型的集合预报，尽可能提高预报精度，而在大区域开展不含机理模型的集合预报，兼顾预报精度和预报效率。通过有序的集合预报模式可为广州市及大湾区其他城市电力设施防治洪涝、降低内涝灾害风险提供技术支撑。图 8 为电力设施内涝多时空维度集合预报体系图。

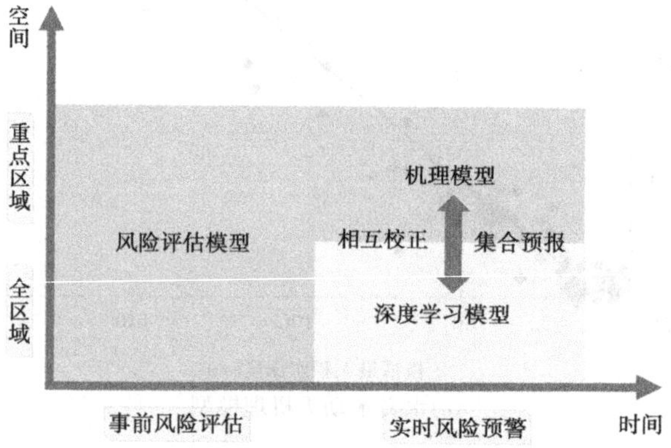

图 8　电力设施内涝多时空维度集合预报体系图

4　结论

本文针对电力设施特点提出了一种基于多模型随机组合的城市内涝集合预报体系，以广州市为例进行研究，得到的主要结论如下：

（1）在时间维度上，电力设施的事前风险评估可基于风险评估模型开展，及时发现具有内涝风险的电力设施；实时风险预警阶段，通过深度学习模型、简化机理模型和水文水动力机理模型进行集合预报，提高预报精度。

（2）在空间尺度上，因受建模数据的制约，可在重点区域构建水文水动力机理模型，在全区域构建深度学习模型和简化机理模型，在重点区域进行三模型集合的精细化预报，在全区域进行双模型集合的快速预报，可更好地兼顾预报效率和精度。

参考文献

[1] 徐炜，张弛，彭勇．基于多模型预报信息融合的中长期径流预报研究［J］．水力发电学报，2013，32（6）：

11-18.

[2] 明波，黄强，王义民．基于 GA-AHP 法的径流组合预报［J］．水电能源科学，2014，32（7）：6-10.

[3] Nguyen D H，Bae D. Correcting mean areal precipitation forecasts to improve urban flooding predictions by using long short-term memory network［J］．Journal of Hydrology，2020，584：1-15.

[4] Xu H，Ma C，Xu K，et al. Staged optimization of urban drainage systems considering climate change and hydrological model uncertainty［J］．Journal of Hydrology，2020，587：1-11.

[5] Bosy A，Ahmed M，Hamid R，et al. Flood susceptibility prediction using four machine learning techniques and comparison of their performance at Wadi Qena Basin，Egypt［J］．Natural Hazards，2021，105（1）：83-114.

[6] Wu Z N，Zhou Y H，Wang H L，et al. Depth prediction of urban flood under different rainfall return periods based on deep learning and data warehouse［J］．Science of the Total Environment，2020，716：1-11.

[7] Zhao G，Pang B，Xu Z X，et al. Assessment of urban flood susceptibility using semi-supervised machine learning model［J］．Science of the Total Environment，2019，659：940-949.

[8] 赵泽谦，强黄，波明，等．基于多模型随机组合的水文集合预报方法研究［J］．水力发电学报，2021，40（1）：12-76.

[9] 刘冀，王本德，周惠成．基于分期组合预报模型的水电站优化调度及其模糊风险分析［J］．水力发电学报，2009，28（6）：140-145，213.

[10] Huang H P，Liang Z M，Li B Q，et al. Combination of multiple data-driven models for long-term monthly runoff predictions based on bayesian model averaging［J］．Water Resources Management，2019，33（9）：3321-3338.

[11] 李伶杰，王银堂，胡庆芳．基于时变权重组合与贝叶斯修正的中长期径流预报［J］．地理科学进展，2020，39（4）：643-650.

[12] 严登华，袁喆，王浩．水文学确定性和不确定性方法及其集合研究进展［J］．水利学报，2013，44（1）：73-82.

[13] 袁喆，严登华，杨志勇．集合建模在径流模拟和预测中的应用［J］．水利学报，2014，45（3）：351-359.

[14] 徐静，叶爱中，毛玉娜．水文集合预报研究与应用综述［J］．南水北调与水利科技，2014，12（1）：82-87.

[15] 林锐，泮苏莉，刘莉．耦合降水预报和多目标参数优化的洪水预报方法［J］．水力发电学报，2017，36（10）：27-34.

[16] 刘章君，郭生练，许新发．贝叶斯概率水文预报研究进展与展望［J］．水利学报，2019，50（12）：1467-1478.

[17] Zhang Y Z，Guo S L，Ba H H，et al. Evaluation of the BMA probabilistic inflow forecasts using TIGGE numeric precipitation predictions based on artificial neural network［J］．Hydrology Research，2018，49（5）：1417-1433.

[18] Zhang Z X，Liang F M，Srinivasan R，et al. Estimating uncertainty of streamflow simulation using Bayesian neural networks［J］．Water Resources Research，2009，45（2）：40-55.

[19] 苏翔，袁慧玲．集合预报统计学后处理技术研究进展［J］．气象科学进展，2020，10（2）：30-41.

[20] Han S S，Coulibaly P. Bayesian flood forecasting methods：A review［J］．Journal of Hydrology，2017，551：340-351.

[21] Kasviswanathan K S，Clibin R，Sudheer K P，et al. Constructing prediction interval for artificial neural network rainfall runoff models based on ensemble simulations［J］．Journal of Hydrology，2013，499：275-288.

[22] Roman K. Bayesian system for probabilistic river stage forecasting［J］．Journal of Hydrology，2002，268（1-4）：16-40.

[23] 彭勇，徐炜，王萍．TIGGE 降水集合预报的洪水预报［J］．天津大学学报（自然科学与工程技术版），2015，48（2）：177-184.

[24] 代刊，朱跃建，毕宝贵．集合模式定量降水预报的统计后处理技术研究综述［J］．气象学报，2018，76（4）：493-510.

[25] 李向阳，程春田，林剑艺．基于 BP 神经网络的贝叶斯概率水文预报模型［J］．2006，37（3）：354-359.

东江风光船闸闸室消能结构优化试验研究

吕文斌[1,2]　黄代忠[1,2]　张金明[1,2]　范楚航[1,2]　李红婷[1,2]

（1. 珠江水利委员会珠江水利科学研究院，广东广州　510611；
2. 水利部珠江河口治理与保护重点实验室，广东广州　510611）

摘　要：船闸闸室输水系统复杂，闸室的消能结构能有效减少闸室的水流紊动，对东江风光船闸闸室消能结构优化进行物理模型试验研究，能为东江风光船闸闸室消能结构是否合理提供支撑。本文通过对东江风光船闸消能结构进行物理模型试验，研究不同消能结构下船闸室的水流特性，提出东江风光船闸闸室消能结构推荐方案。结果表明：设计方案下大小闸灌水时船舶瞬时最大纵向系缆力接近规范值，瞬时最大横向力略超规范值，需要优化支孔出口消能结构；推荐方案下，廊道平均流速及闸室船舶泊稳条件均满足规范要求。通过物理模型试验，东江风光船闸采用推荐消能结构方案，其闸室的水流条件满足规范要求。

关键词：东江河道；风光船闸；输水系统；模型试验

1　引言

东江自然条件较好，河道宽阔，沿江惠州、河源等地市经济社会发展对水运需求越来越迫切[1-3]。为充分合理利用东江的水资源，结合水利水电梯级开发，发挥水资源的综合效益，将河源至石龙头航道按Ⅲ级航道标准进行升级建设是十分必要的[4]。项目完成后将实现东江干流千吨级航道至河源，对促进东江干流水运发展、全面发挥东江水运优势、带动沿江地区社会经济发展具有重要意义。

因此，为带动沿江地区社会的经济发展，需要开展东江二线船闸建设[5-7]。风光枢纽位于广东省河源市境内的东江干流新丰江与东江交汇处下游的源城区源南镇原三坑渡口处，是木京梯级及新丰江水库下游河段的第一个梯级电站。拟改扩建风光船闸在原址拆除重建，等级按Ⅲ级标准建设，设计船型为1 000 t。由于其船闸平面尺度大，水头高，要求的灌泄水时间短、强度大，可能会产生局部区域超出规范要求的纵、横向流速和回流流态、水面涌浪、往复流等水力学问题；设计初选的船闸输水系统采用闸墙长廊道侧支孔形式，其闸室水流条件有待通过物理模型试验进行验证研究，满足其水力学要求的难度较大，如何使改扩建船闸高效、安全、平稳地运转，解决船闸在运行过程中一系列的水力学问题十分必要[8-11]。

基于此，本文在船闸输水系统布置和水力计算分析的基础上，进一步开展闸室消能结构优化物理模型试验研究，通过构建船闸物理模型，研究不同消能结构的合理性与消能效果，从而提出推荐方案。相关研究结果能为船闸消能结构优化提供科学依据，对船闸及过闸船舶的安全都具有十分重要的意义。

基金项目：国家自然科学基金（50909110）；广州市科技计划项目（201804010202）。
作者简介：吕文斌（1983— ），男，高级工程师，主要从事水利工程相关研究工作。
通信作者：黄代忠（1992—），男，工程师，主要从事水利工程相关研究工作。

2 材料与方法

2.1 模型比尺

模型按弗劳德相似律设计，在满足试验成果精度的前提下，根据规范要求、试验场地、供水条件等，选取几何比尺 $\lambda_L=30$ 的正态模型。

2.2 测量与控制

模型上、下游水位由首末端平水槽控制，其溢流量远大于模型灌水流量、泄水流量，能很好地消除水面波动和保持上、下游水位的稳定；闸室水位采用压力计测量；输水廊道沿程压力采用压力计测量；输水阀门启闭采用无级调速的步进电机驱动，由专用控制系统模拟阀门的启闭过程和速度；系缆力采用电阻缆绳拉力仪同步测定船首横向和纵向、船尾横向 3 个分力；流速流向由 LS-3C 光电旋桨流速仪施测；流态采用数码相机拍摄。选用 1 000 t 级散货船，长、宽、吃水深度分别为 49.9 m、12.8 m、2.8 m，开展闸室灌泄水过程的系缆力测试。对所测的各水力参数及试验数据采用计算机进行整理、分析、计算及绘制相关图表。相关设备见图 1。

(a) 上、下游平水槽

(b) 系缆力测量系统

图 1 上、下游平水槽与系缆力测量系统

2.3 试验工况

选用上游正常蓄水位与下游最低通航水位的最大设计水头、上游最低通航水位与下游最低通航水位两组工况对一二线船闸输泄水系统开展方案验证与优化。其中，灌泄水阀门开启时间为 5 min（匀速），风光船闸模型试验工况如表 1 所示。

表 1 风光船闸模型试验工况 单位：m

序号	上游水位	下游水位	水头	说明
1	34.94	27.24	7.70	设计最大水头
2	32.27	27.24	5.03	上游最低通航水位

3 结果与分析

3.1 设计方案试验闸室船舶停泊条件

3.1.1 大闸

大闸设计方案消力槛距支孔出口 3.0 m，槛高 0.5 m，厚 0.5 m，长 178.5 m。

大闸 5 min 灌泄水时的闸室船舶（1 000 t 级散货船，长、宽、吃水深度分别为 49.9 m、12.8 m、2.8 m）系缆力过程线见图 2（灌泄水阀门开启时间为 5 min，船舶系缆力测量时长 12 min）。

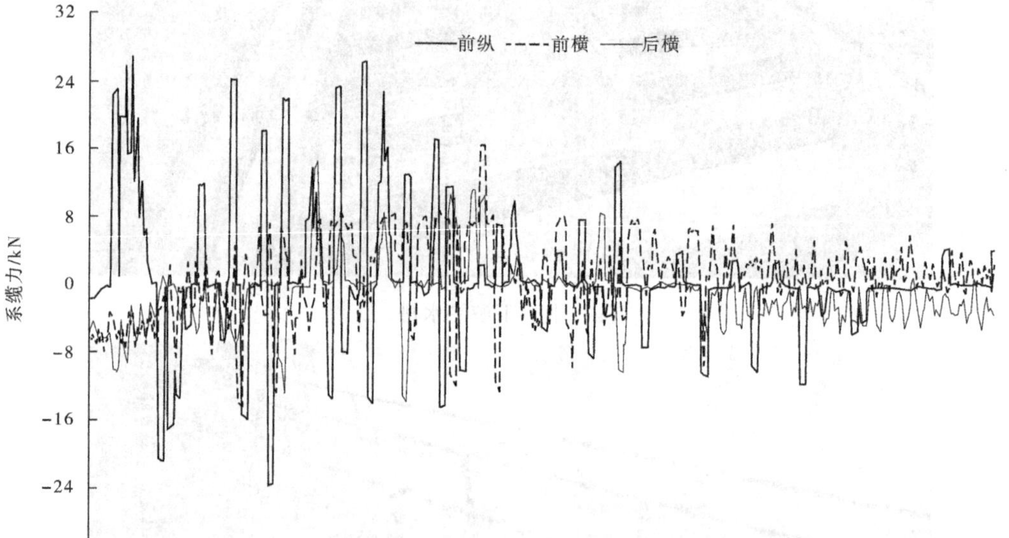

图 2 大闸闸室灌水船舶系缆力过程线（中部，5 min）

大闸灌水时，船舶瞬时最大纵向系缆力为 26.73 kN，船舶瞬时最大横向系缆力为 16.43 kN；大闸泄水时，船舶瞬时最大纵向系缆力为 20.96 kN，船舶瞬时最大横向系缆力为 8.29 kN。灌水时的瞬时最大纵向系缆力较大，接近规范要求，瞬时最大横向系缆力超规范要求，需进一步优化大闸闸室消能结构，系缆力汇总见表 2。

表 2　大闸阀门开启时间 5 min 船舶系缆力统计结果　单位：kN

位置	前纵	前横	后横
灌水	26.73	16.43	14.52
泄水	20.96	8.29	4.70

3.1.2　小闸

小闸设计方案消力槛距支孔出口 2.0 m，槛高 0.5 m，厚 0.5 m，长 178.5 m。

小闸 5 min 灌泄水时的闸室船舶（1 000 t 级散货船，长、宽、吃水深度分别为 49.9 m、12.8 m、2.8 m）系缆力过程线见图 3。

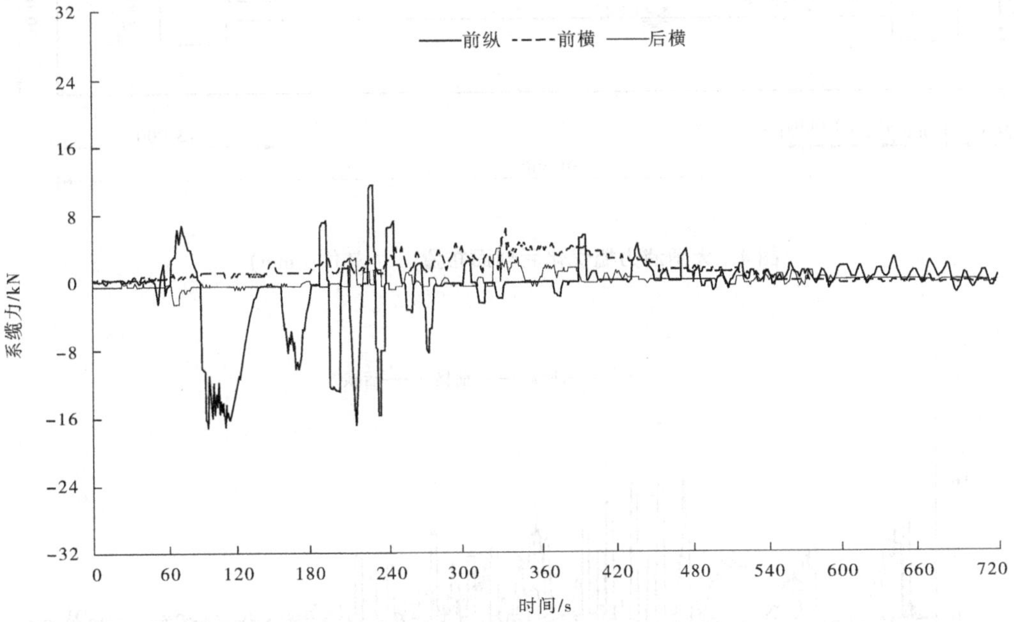

图 3　小闸闸室灌水船舶系缆力过程线（中部，5 min）

小闸灌水时，船舶瞬时最大纵向系缆力为 17.17 kN，船舶瞬时最大横向系缆力为 6.08 kN；小闸泄水时，船舶瞬时最大纵向系缆力为 10.59 kN，船舶瞬时最大横向系缆力为 1.35 kN。为降低小闸灌水时的瞬时最大纵向系缆力，建议进一步优化闸室消能结构，系缆力汇总见表 3。

表 3　小闸阀门开启时间 5 min 船舶系缆力统计表　单位：kN

位置	前纵	前横	后横
灌水	17.17	6.08	3.79
泄水	10.59	1.35	1.01

3.2　闸室消能结构优化

3.2.1　大闸闸室消能结构优化

3.2.1.1　消力槛优化

在设计方案基础上，将消力槛与支孔出口间距由 3.0 m 调整至 2.0 m，消力槛高度仍保持 0.5 m，槛厚 0.5 m，大闸消力槛优化后剖面布置见图 4。阀门双边 5 min 开启灌水，1 000 t 级散货船（长、宽、吃水深度分别为 49.9 m、12.8 m、2.8 m）闸室系缆力过程线见图 5。

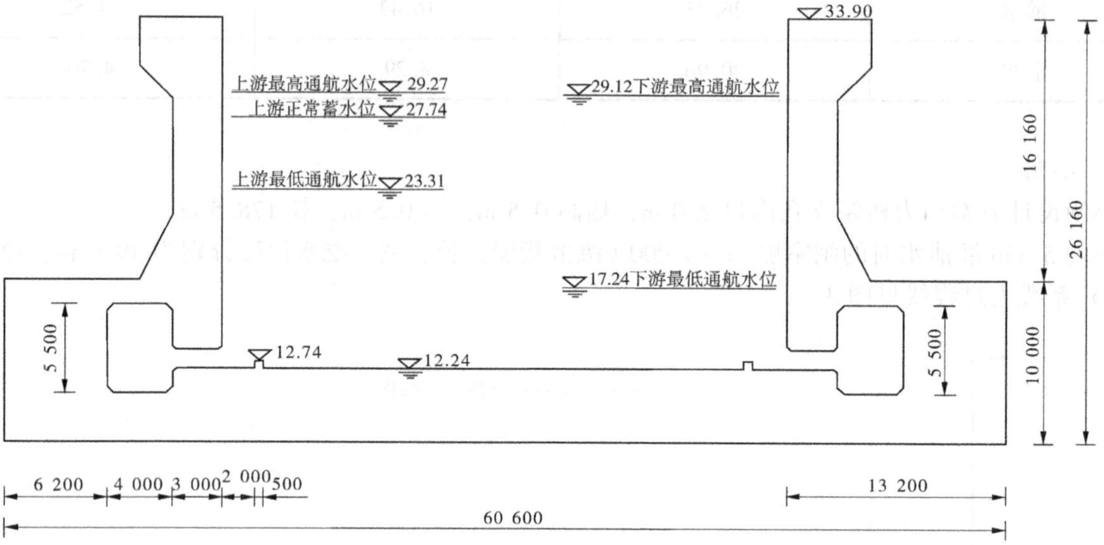

图 4　大闸消力槛优化后剖面布置　（单位：mm）

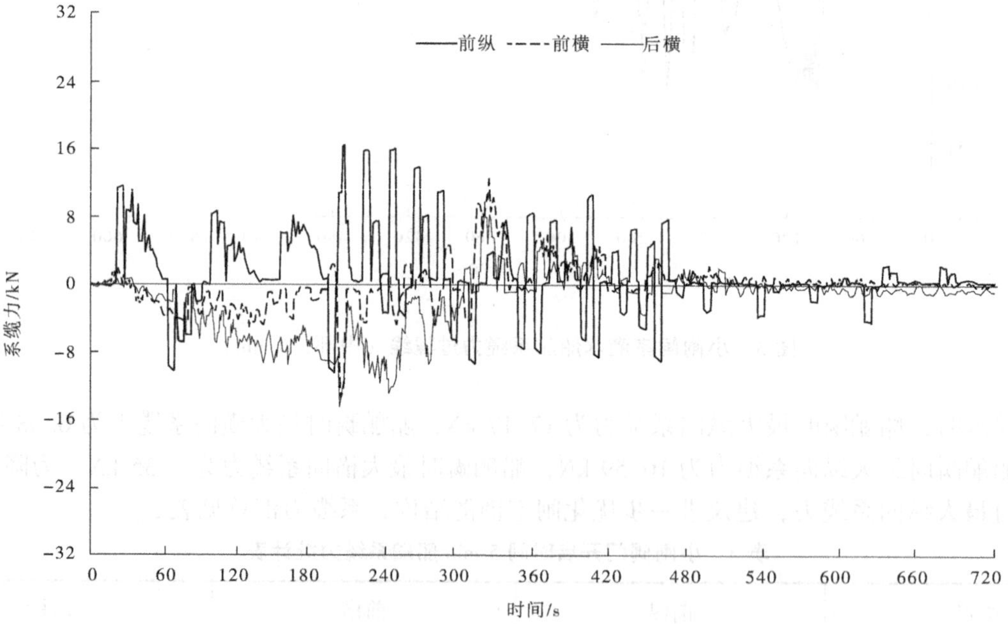

图 5　消力槛优化方案闸室灌水船舶系缆力过程线（中部，5 min）

由图 5 可见，闸室灌水过程船舶最大纵向系缆力为 16.52 kN，最大横向系缆力为 14.36 kN，船舶系缆力满足规范要求。

3.2.1.2　明沟+消力槛

在距侧支孔出口 4.0 m 处设置明沟消力梁，高度 2.0 m、宽 0.5 m，中部设高 0.35 m、长 6.0 m 的过水缝。消力梁后 3.5 m 处设长 2.25 m、高 1.5 m、宽 0.5 m 的消力槛，间缝隙 2.0 m。大闸明沟+消力槛优化后方案布置见图 6。

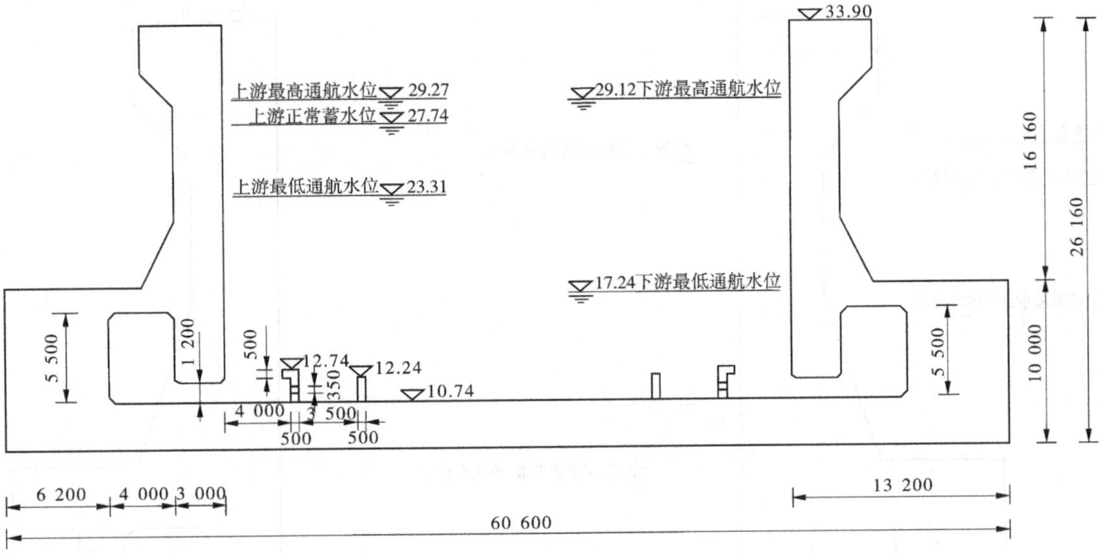

注：高程数据单位为 m，其余数据单位为 mm。

图 6　大闸明沟+消力槛优化后方案布置

闸室系缆力过程线见图 7。试验测得阀门双边开启灌水 5 min 时，船舶最大纵向系缆力为 12. 65 kN，船舶最大横向系缆力为 3. 54 kN，闸室纵、横向最大系缆力均满足规范要求。

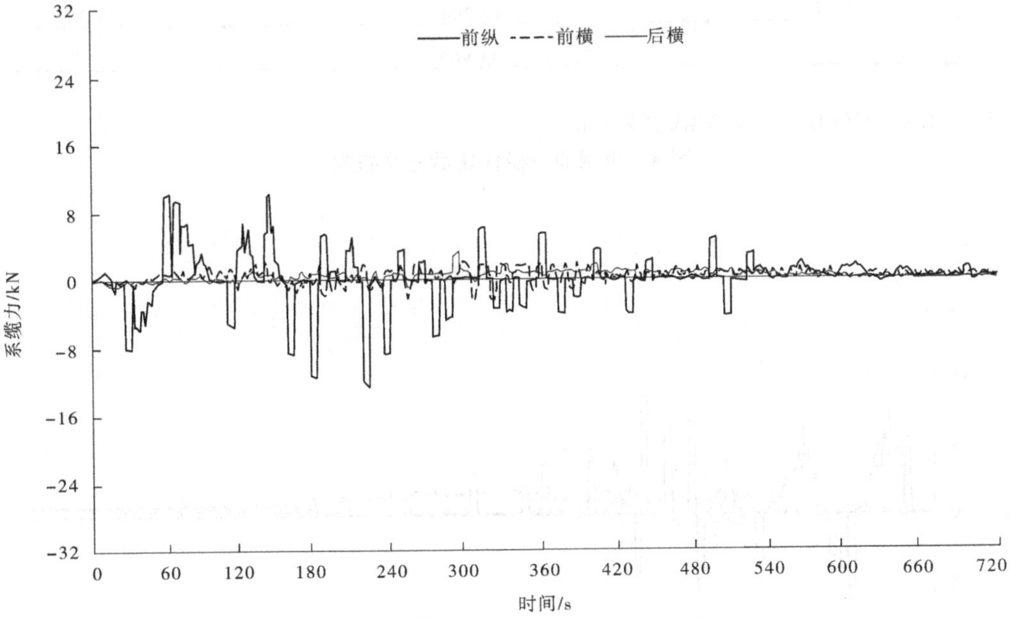

图 7　明沟+消力槛优化方案闸室灌水船舶系缆力过程线（中部，5 min）

3. 2. 2　小闸闸室消能结构优化

消力槛对比试验采用倍支孔高度的 60%即消力槛高 0. 36 m，距支孔出口 1. 2 m，厚度 0. 5 m，小闸消力槛优化后方案布置见图 8。阀门 5 min 开启闸中船舶系缆力过程线见图 9。

试验测得阀门双边开启灌水 5 min，船舶最大纵向系缆力为 14. 04 kN，船舶最大横向系缆力为 3. 86 kN；泄水时，船舶最大纵向系缆力为 6. 13 kN，船舶最大横向系缆力为 2. 05 kN，闸室纵、横向最大系缆力较设计方案明显降低，建议将该方案作为推荐方案。

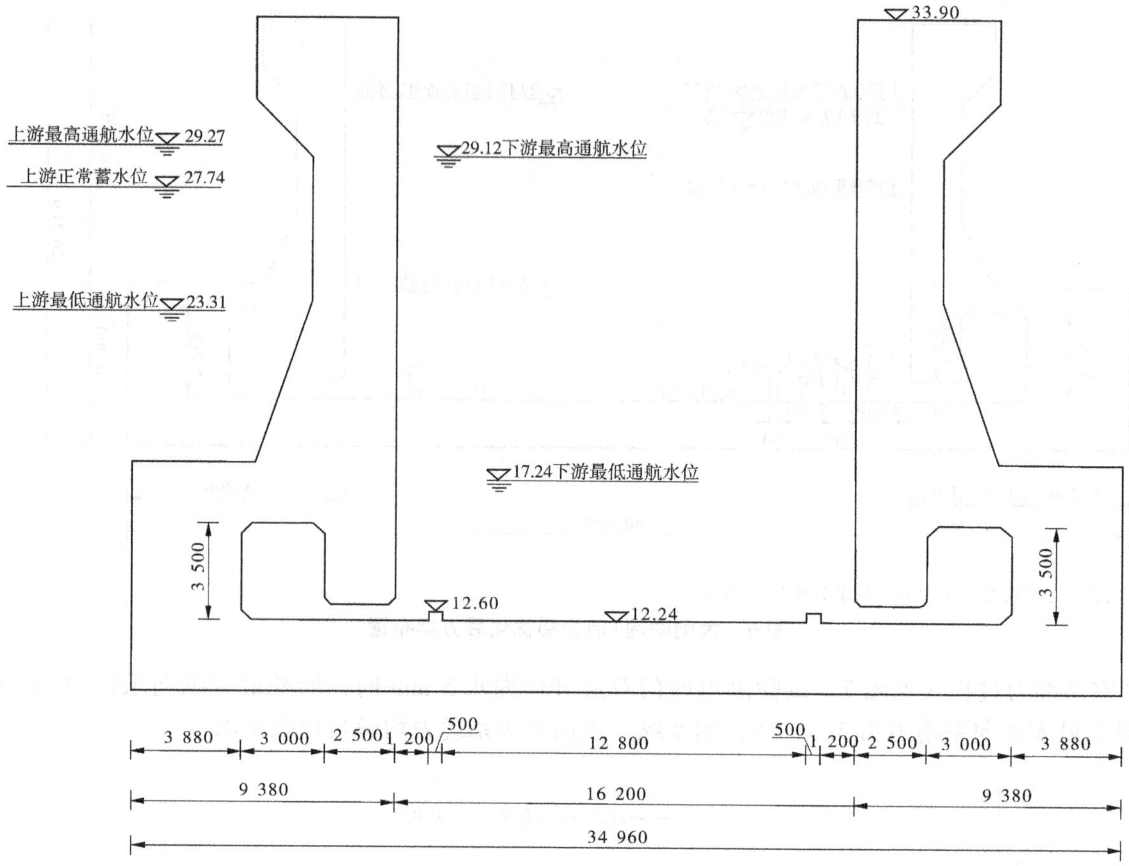

注：高程数据单位为m，其余数据单位为mm。

图8　小闸消力槛优化后方案布置

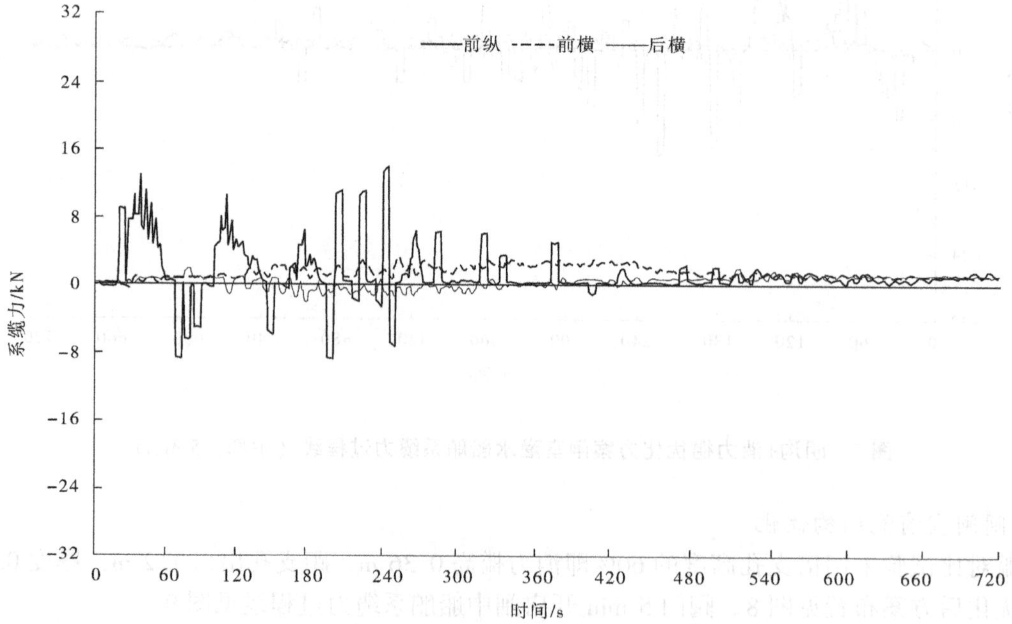

图9　闸室消力槛推荐方案灌水船舶系缆力过程线（中部，5 min）

4 结论

设计方案的消能槛为大闸距支孔出口 3.0 m，槛高 0.5 m，厚 0.5 m；小闸距支孔出口 2.0 m，槛高 0.5 m，厚 0.5 m。设计方案下大小闸灌水时船舶瞬时最大纵向系缆力接近规范值，瞬时最大横向力略超规范值，需要优化支孔出口消能结构。优化后的大闸闸室消力槛为距支孔出口 2.0 m、高 0.5 m、宽 0.5 m 连续消力槛；小闸闸室消力槛为距支孔出口 1.2 m、高 0.36 m、宽 0.5 m 连续消力槛。优化后的消力槛作为推荐方案，廊道平均流速及闸室船舶泊稳条件均满足规范要求。因此，东江风光船闸采用优化后的消能结构推荐方案能满足通航的水力特性要求。

参考文献

[1] 郑健良．东江干流开发高等级航道方案技术研究［J］．珠江水运，2012（15）：73.
[2] 王冉，林桦，师雯．东江航道扩能升级对沿江经济的贡献研究［J］．物流技术，2018，37（9）：99-102.
[3] 杨芳，邹华志，卢陈，等．东江三角洲咸潮加剧原因和对策探讨［J］．中国水利，2022（4）：28-30.
[4] 李艳，刘亚辉，周勤，等．东江（河源至石龙段）航道整治研究技术难点分析［J］．人民珠江，2019，40（1）：20-24.
[5] 何海胜，杨志明，蒋昌波，等．东江航道潜能分析与开发研究：Ⅱ．东江中游优良河段河相关系分析［J］．中国水运（下半月），2016，16（1）：51-54.
[6] 何海胜，杨志明，蒋昌波，等．东江航道潜能分析与开发研究：Ⅰ．枢纽调节下东江中游非恒定流传播特性［J］．中国水运（下半月），2015，15（12）：55-57.
[7] 刘超，张世宝，张金明，等．沥口枢纽上游口门区通航水流条件试验研究［J］．水运工程，2019（4）：141-146.
[8] Tao G L，Shi X L，Jiang C H，et al. Experimental Study of Dredged Sediment Sample Analysis and Solidification in Waterway Regulation Engineering［J］．Applied Mechanics and Materials，2014，3489：638-640.
[9] Liu P，Wang N，Lei X. Structural Design of the Waterway Regulation Project of Dongbei Waterway in the Lower Reaches of Yangtze River［J］．IOP Conference Series：Earth and Environmental Science，2019，283（1）：1-9.
[10] 祁永升，许光祥，李昌耀．改善二线船闸下游引航道口门区流态的补流措施研究［J］．水运工程，2023（7）：157-163.
[11] 王召兵，陈亮，周家俞，等．共用引航道船闸下游引航道的平面布置［J］．水运工程，2018（1）：117-122.

广州城区内涝模拟及风险评估

徐　嫣　雷佳欣　郭晓辉　胡　凡

（广东华南水电高新技术开发有限公司，广东广州　510620）

摘　要：为了更好地评估城市内涝洪水风险，本文运用 HydroMPM_FloodRisk 洪水风险模拟分析软件构建多维耦合模型，以广州市黄埔区中新广州知识城南起步区超级邻里中心为研究区域，模拟并评估地块现状工况与规划工况下内涝风险，计算得出在 100 年一遇 24 h 降雨情景下，该地块区域将发生内涝，未达到 100 年一遇的内涝防治标准，而规划条件下由于地块区域竖向标高的调整、海绵调蓄等措施的实施，使地块满足 100 年一遇内涝防治标准。该耦合模型在广州城区具有高度的适用性，其内涝数值模拟结果准确可靠，可为城区改造中的防洪排涝规划提供有力的科学依据和技术支撑。

关键词：多维耦合模型；城区内涝；风险评估

1　引言

在气候变化与人类活动的双重影响下，全球范围内极端强降雨事件频发，导致城市内涝问题日益严峻[1-2]。尤其是一些沿海城市，在台风与强降雨的共同作用下，洪涝灾害风险显著上升。目前，如何精确重现城市在极端降雨条件下的淹没情景及识别易涝区域，从而实现对内涝风险的准确预测，成为了一个亟须攻克的难题[3]。针对这一挑战，学界在水文学、水动力学过程及其相互作用机制、模型构建与求解方法等领域展开了深入研究，成功研发了一系列水文驱动的水动力模型软件，如 PCSWMM[4]、InfoWorks ICM[5] 及 DigitalWater[6] 等，在城市暴雨内涝的模拟方面展现了良好的应用成效。然而，面对我国城镇高速发展及地表覆盖不断变化的情况，现有模型在细化程度与计算速率之间的平衡上仍存在局限，城市暴雨内涝的水文水动力自适应耦合建模技术不成熟[7]，对于城市近郊建成区与非建成区边界不断变化的内涝模拟仍缺乏深入的研究。

在海绵城市与智慧水务建设不断深化的背景下，城市暴雨内涝相关的水文水动力自适应耦合建模技术正逐步成为科研领域的关注焦点和未来发展趋势[8]，本文选取广州市黄埔区建成区边界上的中新广州知识城南起步区超级邻里中心为研究区域，基于 HydroMPM_FloodRisk 洪水风险模拟分析软件，构建了一维河道、二维地表和地下管网排水的多维耦合模型，对研究区域内涝灾害进行模拟分析和风险评估。

2　区域概况

本次控规调整范围属于凤凰河排涝片。凤凰河排涝片发源于广州市帽峰山单刀松顶，流经沙田农场、白米洞、广州红星农场、新南村、登塘村、浦丁村，于五指坡汇入流溪河。凤凰河总集雨面积 88 km^2，其中黄埔区 63 km^2。凤凰河干流全长 11.73 km，均为非感潮河段。

作者简介：徐嫣（1981—），女，高级工程师，主要从事智慧水利、数字孪生相关方面的研究工作。

项目所在片区属于流沙河片雨水排水分区，地块周边沿南侧 1 号路、西侧 2 号路和东侧 Y079 路分别布设有 DN600～DN800 雨水管，顺接地块外侧雨水井，汇集至地块北部创新大道两侧的雨水管渠。地块内无相关水闸、雨水泵站、供水加压泵站、污水提升泵站及处理设施等水务基础设施。项目地块概况见图 1。

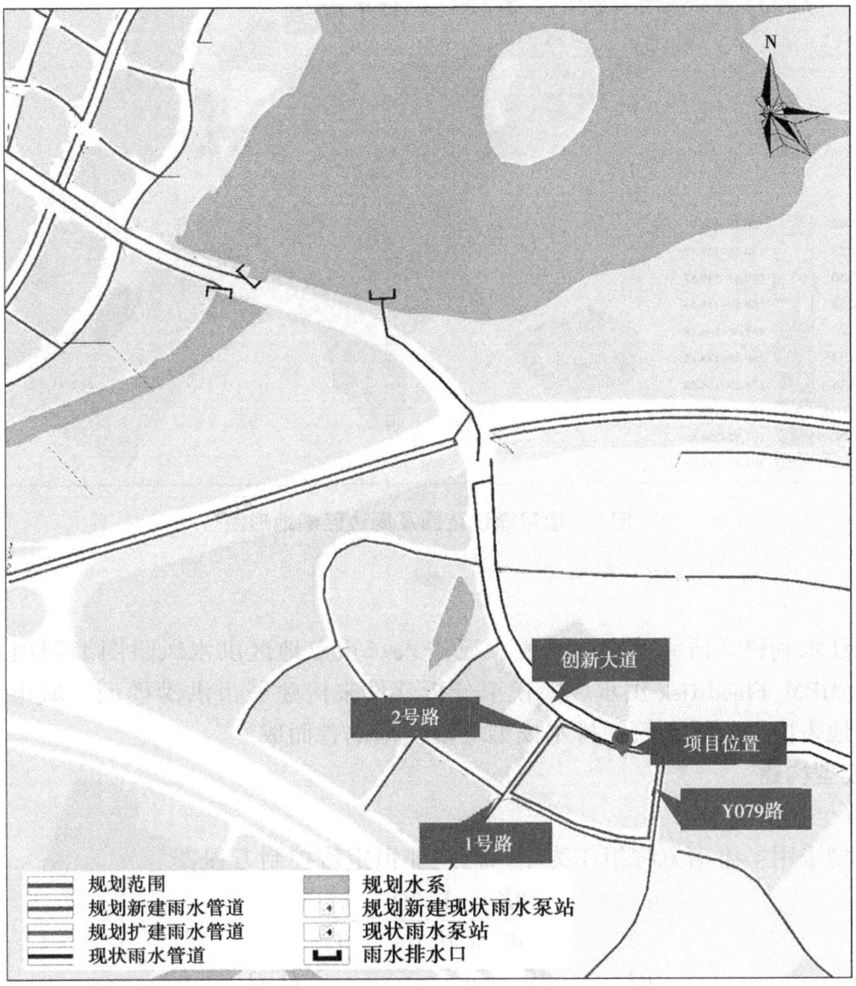

图 1　项目地块概况

凤凰河排涝片地势呈西南、东北高，中间低，属于丘陵地貌，高程为 25～245 m。

本项目控规调整地块位于 AG0603 规划管理单元，管理单元面积 247.27 hm^2。其中，本次控规修改范围面积 7.03 hm^2。根据 2019 年区域高精度 DEM 资料，控规管理单元范围内地势为西北部高东南部低，高程范围 31.34～208.49 m，排涝分区内的低洼地主要集中在凤凰湖周边，其中控规调整地块地势平坦，高程在 49.62～55.60 m，区域地形图如图 2 所示。

项目控规调整地块中非建成区与建成区交错分布，带来复杂内涝风险。非建成区地势低洼、土壤渗透性差，易积水且难以下渗，加之山洪突发、水量集中流速大，进一步加剧内涝。同时，排水设施不完善、能力不足，难以应对极端天气。而建成区地表硬化率高、调蓄能力不足。因此，非建成区地表与管网耦合的计算模型尤为关键。

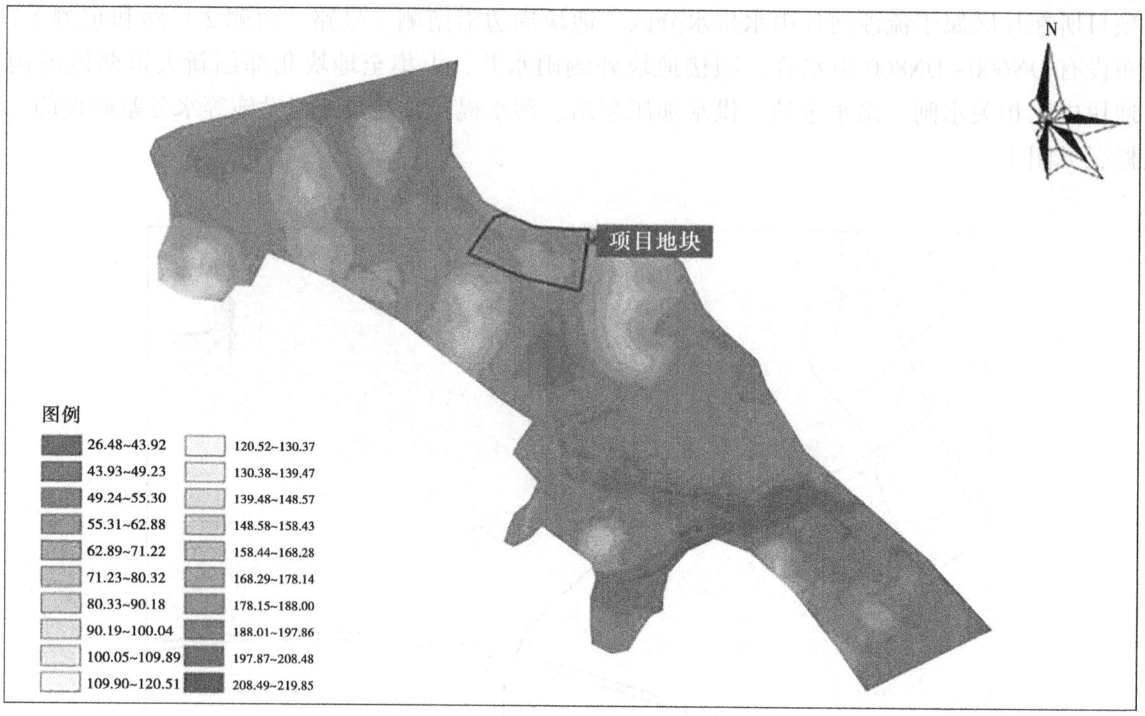

图 2　项目建设范围及周边区域地形图

3　研究方法

本文采用珠江水利科学研究院自主开发、已进入《重点地区洪水风险图编制项目软件名录》中的软件——HydroMPM_FloodRisk 洪水风险模拟分析软件来构建城市洪涝模型。城市洪涝模型由一维河道模型、二维地表模型、地下管网排水模型等多模型耦合而成。

3.1　一维河道模型构建

3.1.1　模型原理

一维模河道型采用圣维南方程组作为单一河道非恒定流控制方程：

$$\frac{\partial Z}{\partial t} + \frac{1}{B}\frac{\partial Q}{\partial x} = \frac{q}{B} \tag{1}$$

$$\frac{\partial Q}{\partial t} + gA\frac{\partial Z}{\partial x} + \frac{\partial}{\partial x}(\beta u Q) + g\frac{|Q|Q}{C^2 AR} = 0 \tag{2}$$

式中：x 为里程；t 为时间；Z 为水位；B 为过水断面水面宽度；Q 为流量；q 为侧向单宽流量，正值表示流入，负值表示流出；A 为过水断面面积；g 为重力加速度；u 为断面平均流速；β 为校正系数；R 为水力半径；C 为谢才系数。

采用水文方法计算非建成区的山地洪水作为模型的入流边界，汊点连接关系通过连接河段边界节点变量实现河段间的水动力过程耦合，汊点处的水量与能量守恒关系如下：

$$\sum_{i=1}^{m} Q_i = 0 \tag{3}$$

$$Z_1 = Z_2 = \cdots = Z_m \tag{4}$$

式中：Q_i 为汊点第 i 条支流流量，流入为正，流出为负；Z_i 为汊点第 i 条支流的断面平均水位；m 为汊点处的支流数量。

3.1.2　模型构建

根据研究区水系图建立河网拓扑结构，明确断面位置与河段属性。各断面地形可根据河道地形插值得到，一维河道模型将黄田河进行概化，共布置了 15 个断面。一维河道模型的位置和断面布置如图 3 所示。

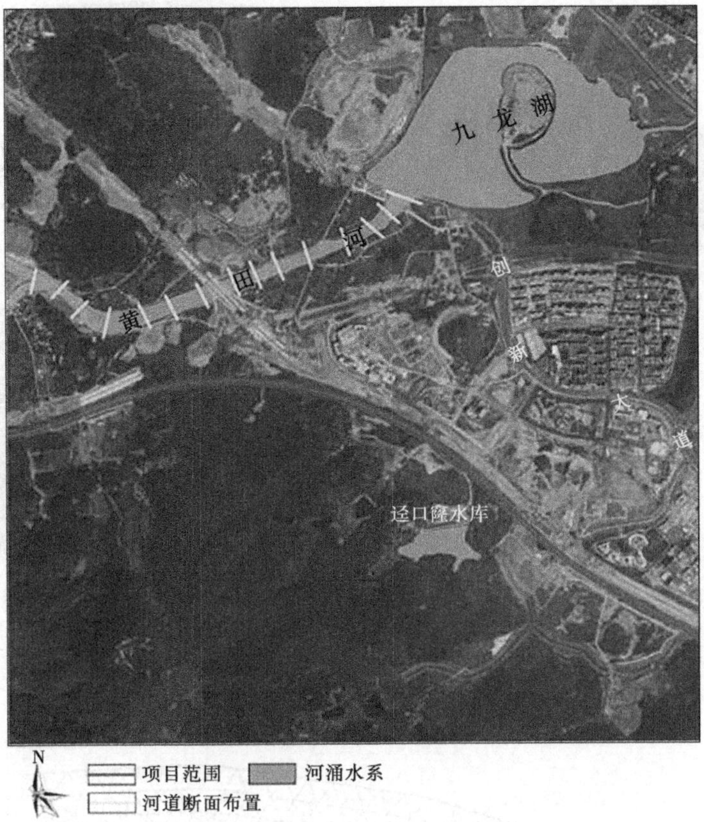

图 3　一维河道模型的位置和断面布置

3.2　二维地表模型构建

3.2.1　模型原理

二维地表模型的控制方程为守恒形式的二维浅水方程，采用曼宁公式计算摩阻斜率，紊动黏性系数采用如下代数关系计算：

$$v_t = \alpha \kappa u_* h \tag{5}$$

式中：α 为比例系数，一般取 0.2；κ 为卡门系数，取 0.4；u_* 为床面剪切流速；h 为水深。

对于城市洪涝淹没模拟问题，在部分模拟时段或整个模拟时段，有效计算单元数量要远小于总网格数量。为此，模型采用自适应动态调整方法，针对有效计算单元大幅缩减计算负荷并加速计算进程。在洪涝模型的数值求解全过程中，网格边界与网格单元均参与迭代计算。首先，根据网格边两侧单元的水深确定网格边是否需要计算，即若网格边为边界边或任意一侧单元的水深大于 0，则该边为有效计算边，否则该边不参与计算；其次，根据边的计算状态确定单元状态，即若单元的任意一条边为有效计算边，则该单元为有效计算单元，否则该单元不参与计算。

3.2.2　二维网格剖分及高程插值

本次二维模型的构建覆盖了项目调整区域及其周边地带，建模总面积为 171.21 hm^2（见图 4），经核实建模范围内无地铁、下沉隧道等重要基础设施。采用不规则三角网格对建模区域进行离散，并对项目调整范围进行加密处理，共划分了 64 963 个网格单元 32 692 个节点。根据已有资料生成的二维模型网格剖分示意图及二维模型网格现状地形插值示意图如图 5、图 6 所示。

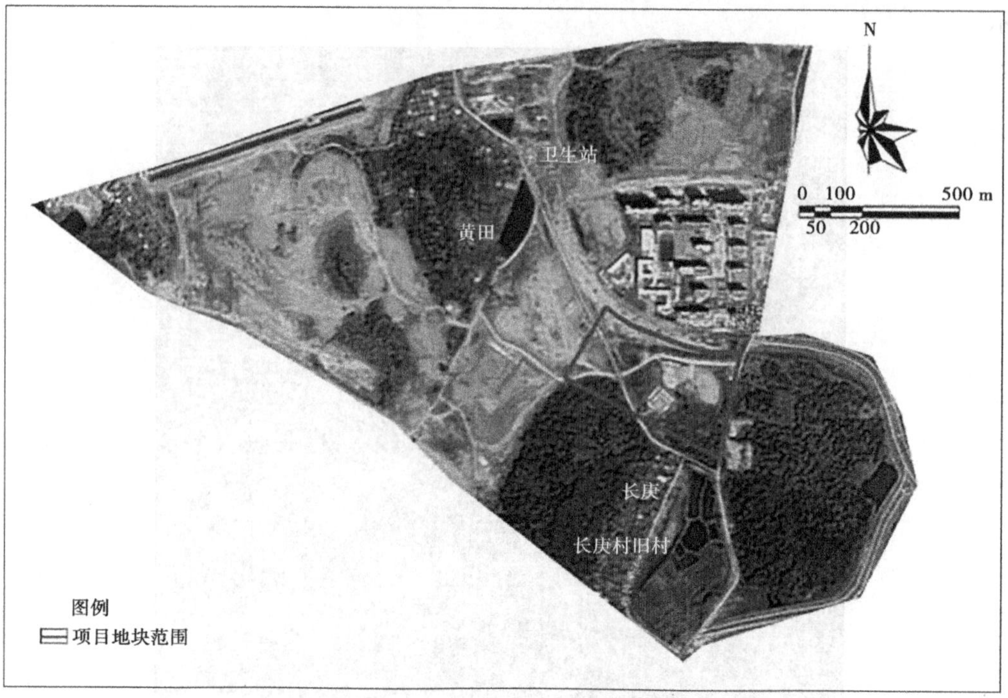

图 4　二维模型评估范围示意图

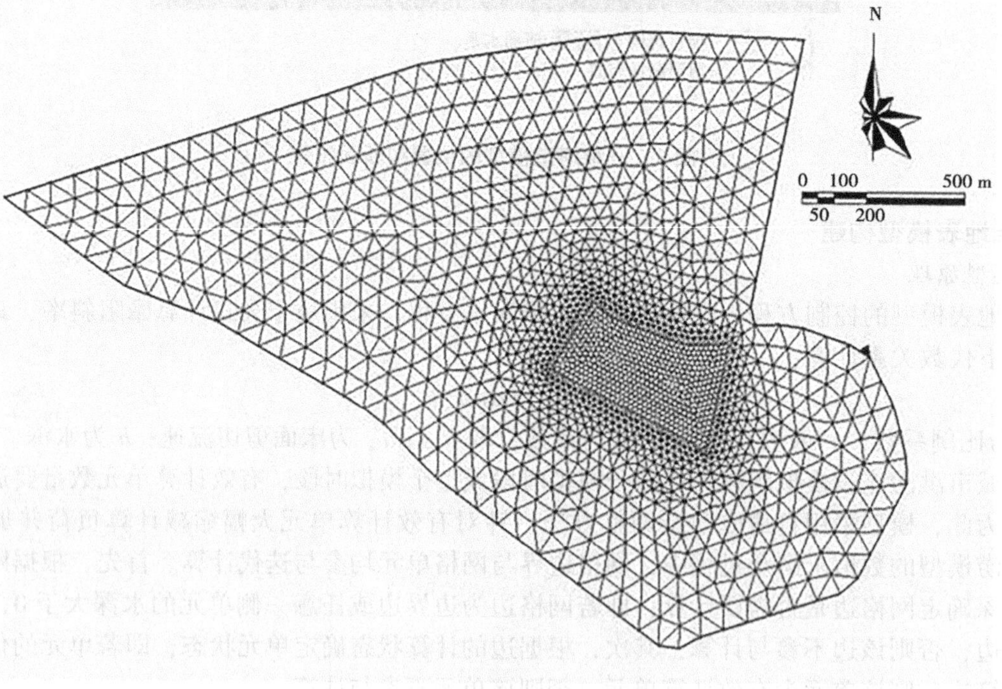

图 5　二维模型网格剖分示意图

3.2.3　糙率设置

研究区域内，土地利用类型呈现多样化且分布零散，涵盖了河道、滩涂、林地、草地、居住区、耕地及水域等多种地形地貌特征。为确保模型的计算精确度，必须针对各种土地利用类型分别设定相应的糙率值。同时，为了模拟建筑物对洪水动态过程的影响，鉴于网格尺度的限制以及所获地形数据难以精确反映建筑物实际高度，本文采用提高糙率的方法来近似表示建筑物的阻水效应。本文结合土地利用类型数据，按照下垫面情况选取糙率参数，参照表 1 对初始糙率进行合理赋值。

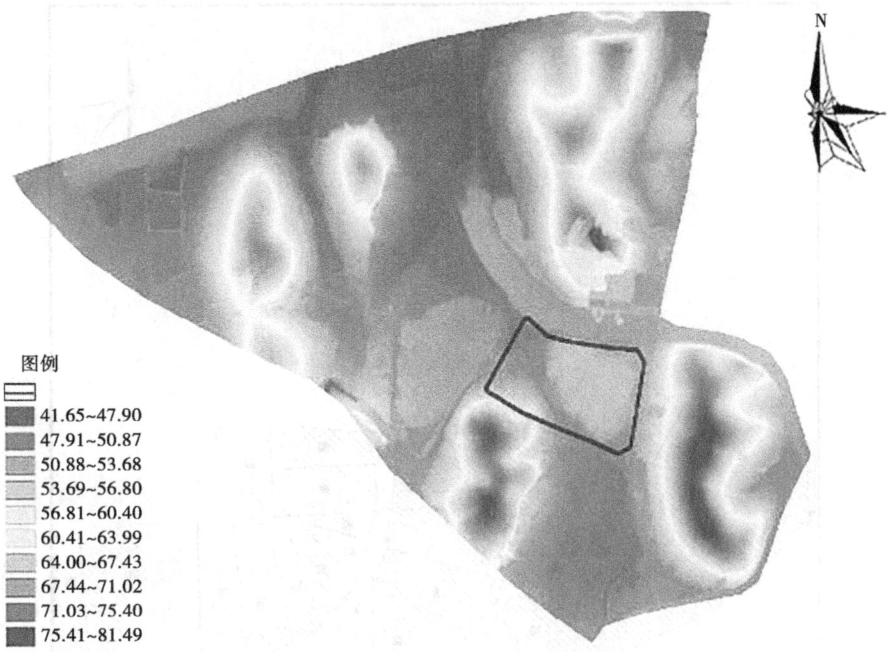

图 6　二维模型网格现状地形插值示意图

表 1　糙率取值参考

下垫面	密集建成区	村庄	树丛	旱田	水田	道路	水面
糙率 n	0.1	0.07	0.065	0.06	0.05	0.035	0.025

3.3　地下管网排水模型构建

3.3.1　模型原理

本文采用自主研发的一维管网模型，对排水管网系统进行了数值模拟。该模型的核心应用涵盖了产流与汇流计算，以及管网内的水力学分析。在此模型中，子汇水区被视为最基本的分析单元，用以精确反映地表径流情况，模拟计算则以子汇水区作为空间划分的基本单位进行。

本模型地面产流模块是模拟降雨扣除损失后到产生地表汇流的过程。其中，下渗是降雨损失中的主导因素，而在黄埔区这类高度城市化的区域，蒸发量通常可忽略不计。此外，洼地蓄水的计算也纳入了植物截留的影响。模型内嵌有两种汇流机制：地表汇流与管网和街沟的汇流。地表汇流的模拟涉及将各子汇水区的净雨过程转换为出流，此过程采用非线性水库法，通过联立连续方程与曼宁公式来求解。对于管网中的流量演算，则是基于质量平衡与动量平衡原则来确定的，常采用运动波或动力波算法进行求解。当使用动力波模型进行计算时，需联立连续性方程、动量方程及节点控制方程。为确保计算的精确性和稳定性，在应用此算法时，应设定时间步长，并确保其在 1 min 以内运行。

3.3.2　管网模型构建

构建管网模型需汇集多方面资料，包括降雨数据、排水管网信息、当地地形及下垫面特征资料，以及必要的边界条件数据。鉴于本项目所在区域当前为未开发状态，且缺乏市政管网设施，本次评估工作将针对规划情况下的管网设计方案进行模型构建。规划雨水管网模型如图 7 所示。

3.4　模型耦合

一维河道模型、二维地表模型、地下管网排水模型通过以下过程进行耦合：

（1）根据水文方法计算得到的山地洪水作为一维河道模型和二维地表模型的流量边界。

（2）一维河道-二维地表模型通过堤岸进行耦合，以模拟漫堤洪水演进过程。

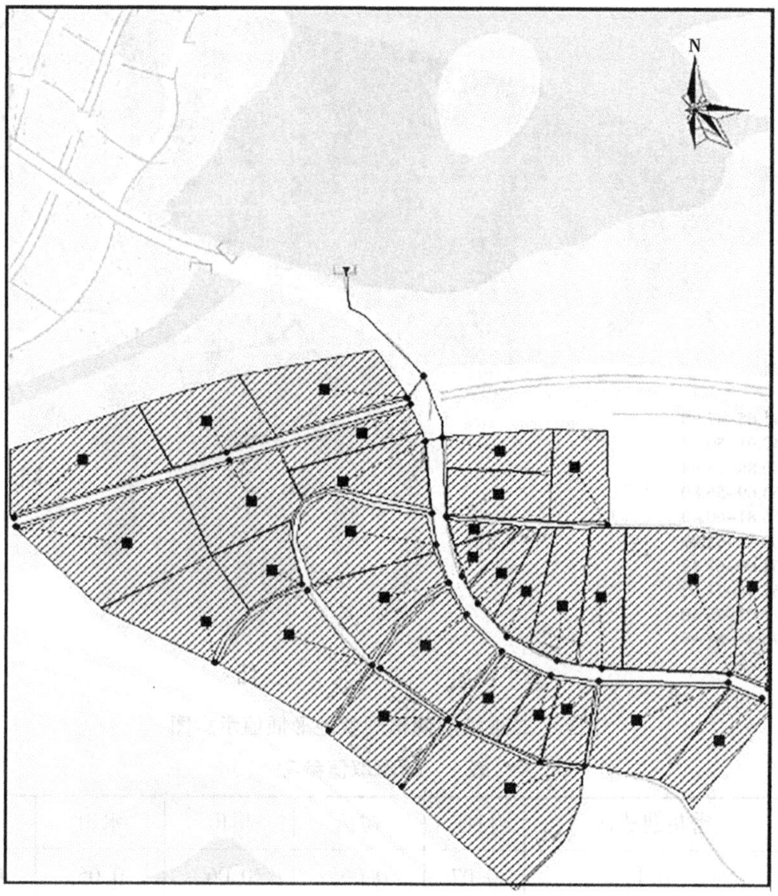

图 7　规划雨水管网模型

（3）一维河道-排水管网通过排水口进行耦合，以反映河道水位对管网的顶托或倒灌作用。

（4）二维地表-排水管网通过雨水口/地表单元进行耦合，以反映管网排水作用及漫溢淹没过程。模型耦合关系示意图如图 8 所示。

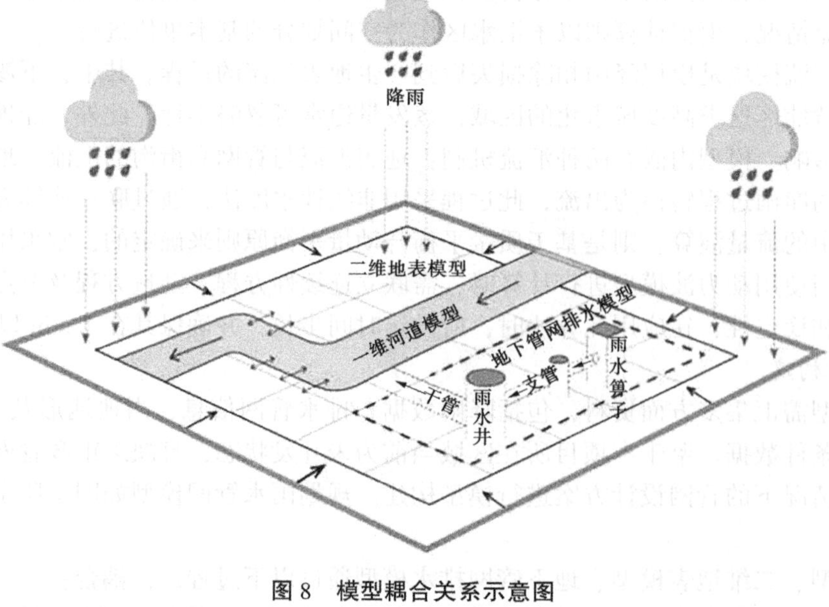

图 8　模型耦合关系示意图

4 结果分析

4.1 洪涝安全计算

4.1.1 现状工况洪涝风险等级评定

4.1.1.1 计算工况及边界条件

模型范围内地面高程、水利工程、排水管网按现状情况考虑。洪涝风险等级评价边界条件为该片区遭遇100年一遇降雨。

4.1.1.2 洪涝安全等级划分标准

由洪涝淹没分析计算得到淹没水深及流速，综合确定城市建设用地洪涝风险等级，城市建设用地洪涝风险等级划分标准如表2所示。洪涝风险等级不同时，按两者的高等级采用。

表2 城市建设用地洪涝风险等级划分标准

风险图类型	建设用地风险等级		
	低	中	高
洪水风险图	$h_v < 0.3$ 且 $h < 1.1$ 且 $v < 2.6$	$0.3 \leqslant h_v < 1.2$ 且 $0.12 \leqslant h < 1.1$ 且 $0.27 \leqslant v < 2.6$	$h_v \geqslant 1.2$ 或 $h \geqslant 1.1$ 或 $v \geqslant 2.6$
内涝风险图	$0.3 \leqslant h < 0.5$	$0.5 \leqslant h < 1.0$	$h \geqslant 1.0$
对人的影响	对部分人（老人、孩子等）的行动有威胁	对大部分人的行动有威胁	对所有人的行动均有威胁

注：h 为水深，m；v 为流速，m/s；h_v 为水深和流速的乘积，m^2/s。

4.1.1.3 洪涝安全等级划分标准

根据计算结果，现状工况100年一遇暴雨情景计算得到的淹没水深如图9所示。从模拟结果可以看出，现状工况下项目调整范围地势较高，排水条件较好，在100年一遇降雨情景下，项目范围内大部分区域无积水，地块内南部少量低洼地处积水深度在0.15~0.3 m。项目范围外南侧区域由于处在山坡间的低洼处，积水深度最深处0.5~1 m。综合洪涝安全等级划分标准，项目所在区域总体上属于洪涝低风险区。

图9 现状工况100年一遇暴雨情景淹没水深

4.1.2 规划工况内涝防治标准复核

4.1.2.1 计算工况及边界条件

规划计算工况在现状工况基础上，结合竖向工程推荐方案图中的高程推荐值插值生成规划标高。海绵城市建设中考虑规划地块中海绵调蓄设施的调蓄作用。评估范围排水管网能力按规划情况进行考虑。边界条件为该片区遭遇 100 年一遇降雨。

4.1.2.2 内涝防治标准复核

在规划工况下，100 年一遇暴雨情景下淹没水深如图 10 所示。从模拟结果可以看出，规划工况下由于地块竖向标高的调整、海绵调蓄等措施实施后，项目调整范围内部区域无积水，符合《城镇内涝防治技术规范》（GB 51222—2017）的 100 年一遇内涝防治目标的积水设计标准。项目范围外南侧区域由于处在山坡间的低洼处，积水深度在 0.3~0.5 m。

图 10 规划工况 100 年一遇暴雨情景下淹没水深

5 结论

城市环境因其密集的建筑群和复杂的基础设施，以及多层次的排水系统，产汇流过程相较于自然流域更为错综复杂。为了高效且精确地模拟城市区域在暴雨条件下的产汇流过程，本研究提出了一种将一维河道模型、二维地表模型与地下管网排水模型相结合的方法。以中新广州知识城南起步区超级邻里中心项目为例，对所在排涝片区遭遇 100 年一遇降雨时的内涝风险进行模拟分析，得到主要结论如下：

（1）根据洪水分析数值模型计算，结合历史内涝情况，规划范围内大部分区域无积水，南部少量低洼地处积水深度在 0.15~0.3 m，总体而言规划区域属于洪涝低风险区域。

（2）在规划区域内，通过增设雨水管道、实施海绵城市策略、优化地形高程等综合措施，经复核确认，在规划条件下，该区域能够达到 100 年一遇的内涝防治设计标准。该耦合模型可用于城市区域暴雨内涝数值模拟，为城市防洪和内涝治理措施的制定提供科学依据。

参考文献

[1] 徐宗学，叶陈雷．城市暴雨洪涝模拟：原理、模型与展望［J］．水利学报，2021，52（4）：381-392.

[2] 陈文龙，杨芳，宋利祥，等．高密度城市暴雨洪涝防御对策：郑州“7·20”特大暴雨启示［J］．中国水利，2021（15）：18-20，23.

[3] 郭亮，孟昭辉，孙志豪，等．基于城市内涝模拟的管网排水能力及内涝风险评估研究［J］．给水排水，2024，60（7）：121-129.

[4] 刘蒙泰，荀继萍，闫业庆，等．基于 PCSWMM 的城市暴雨内涝模拟分析［J］．水利科技，2020（4）：6-8，13.

[5] 张枭鸣．基于 InfoWorks ICM 的内涝风险评估与分析［J］．陕西水利，2024（2）：59-62.

[6] 余黎，陈小龙，段元秀，等．基于 DigitalWater 的海绵城市内涝防治效果评估［C］//中国环境科学学会环境工程分会．中国环境科学学会 2019 年科学技术年会：环境工程技术创新与应用分论坛论文集（一），北京：环境工程，2019.

[7] 宋利祥，徐宗学．城市暴雨内涝水文水动力耦合模型研究进展［J］．北京师范大学学报（自然科学版），2019，55（5）：581-587.

[8] 徐嫣，邱鹏，郭晓辉，等．粤港澳大湾区区县智慧水务建设思路探析：以广州市白云区智慧水务建设为例［C］//中国水利学会．2023 中国水利学术大会论文集（第一分册），郑州：黄河水利出版社，2023：435-442.

国产化水利机理模型构建及在水资源管理中的应用

王长江[1]　邵春芬[2]

（1. 中水淮河规划设计研究有限公司，安徽合肥　230601；
2. 水利部水利水电规划设计总院，北京　100120）

摘　要：在全球气候变化和水资源短缺的背景下，水利工程的可持续发展显得尤为重要，通过结合我国独特的水文气候特征和地理环境，构建适合国内实际情况的水利机理模型，不仅能够提高水资源管理的科学性与有效性，还能为水利工程的规划与决策提供更为可靠的理论依据。因此，本文将探讨国产化水利机理模型的构建方法、应用现状及未来发展方向，以期为相关研究提供参考和借鉴。

关键词：国产化；水利机理；模型建设；发展

1　引言

近年来，我国水利事业经历了快速发展，然而现有的水利机理模型在本土化适应性、精确性和可操作性等方面仍存在一定的不足，为此开展国产化水利机理模型的建设与发展显得尤为必要。此外，国产化模型的推广应用将有效促进水利科研的自主创新，提升我国在水利工程领域的竞争力，从而为实现水资源的可持续利用和生态环境保护奠定坚实基础。

2　国产化水利机理模型建设的重要性

2.1　提高水资源管理的科学性与有效性

随着我国经济的快速发展，水资源的需求日益增长，而水资源的供给却面临着严峻的挑战。据统计，2019 年我国人均水资源占有量仅为 2 095 m^3，远低于全球平均水平的近 7 000 m^3，这一现实促使我国亟须依靠先进的水利机理模型，以实现对水资源的合理配置和科学管理。通过构建适合我国水文特征的机理模型，可以更好地模拟和预测水文过程，提升水资源的调度效率，比如利用水文模型可精准估算流域的径流量、蒸发量和土壤湿度，从而为水资源的合理分配提供依据。在实际应用中，采用基于分布式水文模型的技术，通过 GIS（地理信息系统）和遥感技术，能够对流域内的水文要素进行高精度监测与分析，进而实现对水资源的动态管理。

2.2　促进自主创新与技术进步

国产化水利机理模型的建设不仅是应对水资源挑战的需要，更是推动我国水利科技自主创新与技术进步的重要途径。目前，我国在水利机理模型的研发领域仍依赖于国外技术，尤其是在复杂水文和水动力学模拟方面，缺乏具有自主知识产权的高水平模型。为此，加快国产化水利机理模型的研发显得尤为迫切，根据 2022 年《中国水利统计年鉴》，截至 2022 年，我国水库总数已达 9 万多座，水利工程的复杂性和规模日益增加，这对模型的精确度和适用性提出了更高的要求，通过自主研发的水利机理模型，不仅可以提升模型的适应性，还能够融合本土的水文学、气候学及地理信息特征，形成具有中国特色的水利管理工具。

作者简介：王长江（1983—），男，高级工程师，主要从事水工金属结构设计工作。

3 当前国产化水利机理模型建设现状分析

3.1 水利机理模型的技术发展现状

近年来，国产水利机理模型的建设得到了迅速发展，目前国内已形成了一套相对完整的水利模型体系，包括水文模型、水动力模型和水质模型等，其中以HEC-HMS、SWMM等国际通用模型为基础，结合我国的实际情况进行改进和发展。在水文模型方面，基于GIS技术的水文模拟已成为主流，如“基于遥感的水文模型”，其精度可达到95%以上，能够准确反映流域内的水文特征。同时，在水动力模型方面，采用了二维和三维数值模拟技术，常用的如“MIKE FLOOD”模型，通过计算流速、流量等参数，能够模拟复杂水流情况，处理河流、湖泊等多种水体的水动力学问题。此外，国内一些高校和研究机构也在积极开发自主品牌的机理模型，如水利部水文水资源监测中心推出的水文水资源模型，为水资源管理提供了强有力的技术支持。

3.2 数据共享与模型应用现状

在水利机理模型的应用过程中，数据共享成为了一个重要的环节，随着大数据技术的发展，水利管理部门逐渐建立了多层次的水利数据共享平台，如水利部的全国水利数据中心，通过整合水文、气象、水资源等多种数据，使用户可以通过该平台获取实时数据和历史数据，提升了模型的应用效率。目前，全国范围内的河流流量监测站点已达到4 000个，覆盖了主要流域，提供了丰富的现场监测数据。此外，通过与气象部门的合作，水利模型可以获取更为精准的降雨、蒸发等气象数据，提升了模型的预测能力，比如基于全国水文自动监测系统的实时数据，某些区域的水位监测精度达到了±0.01 m，极大地提高了洪水预警的及时性与准确性，然而由于各地区数据标准不统一、信息孤岛现象严重，模型的应用效果受到一定限制，亟须在数据共享机制上进行进一步完善。

3.3 人才培养与科研力量现状

在水利机理模型的研发和应用中，目前我国在水利工程及相关学科领域的人才培养体系逐渐完善，高校如清华大学、河海大学等纷纷设立了水利工程及水资源管理专业，培养了一批具有国际视野和实践能力的专业人才，近年来水利专业毕业生年均增加约15%，但与行业需求相比，仍存在一定的缺口。此外，科研机构如中国水科学研究院和各地水利研究院所，积极开展水利机理模型的研究工作，推动了相关学术成果的转化和应用，根据最新的科研数据，目前国内在水利机理模型方面的研究论文年均发表量超过500篇，其中核心期刊论文占比约30%，显示出学术研究的活跃度。然而，当前在模型的深度研究、联合攻关及多学科交叉方面，人才的短缺与流失仍是制约水利模型进一步发展的瓶颈，需要通过完善的培养体系和激励政策来吸引和留住优秀人才。

4 国产化水利机理模型建设分析

4.1 加强基础数据收集与整合

国产化水利机理模型的建设离不开高质量的基础数据支持。首先，水文、气象、土壤和水资源等基础数据的收集与整合是模型构建的关键环节，据统计，2019年我国每年因水资源短缺损失的经济成本超过3 000亿元，反映了数据支撑不足的问题，因此建立完善的基础数据体系显得尤为重要，应加强与气象、地质、水文等多部门的合作，利用遥感技术和地理信息系统（GIS）等现代技术手段，获取精确的水文气象数据。在此基础上，建立全国范围内的水文数据库，包含流域的水文特征、降水量、蒸发量、土壤水分等信息，确保数据的时效性与准确性，同时针对不同流域的特点，开展区域性水文监测，定期更新数据，确保模型在动态变化的环境中保持有效性。

4.2 结合区域特征优化模型结构

在国产化水利机理模型的建设过程中，结合区域特征对模型结构进行优化是提升模型适用性和准确性的关键步骤。我国各地区的水文气候条件差异显著，南方地区以湿润气候为主，北方则以干旱或半干旱气候为主，这使得统一的模型往往难以满足各地的需求。因此，在模型设计阶段，需依据具体的流域特征，采用分布式模型和集成模型的结合方式，确保能够准确反映流域内的水循环过程。例如，针对长江流域的复杂水文过程，可以采用 SWAT（土壤水分分析工具）模型，考虑土壤、植被和地形等多种因子的影响；而对于黄河流域，则可以结合 HSPF（氮磷水文模型）进行水质与水量的联动分析。通过这种区域特征优化的建模策略，可以提高模型的预测能力和适用范围，进而增强水资源管理的科学性。此外，针对各流域的具体需求，考虑引入机器学习和人工智能技术，通过数据驱动的方式进一步优化模型参数，提升模型在复杂水文条件下的表现。

4.3 加强模型验证与应用反馈机制

模型的有效性不仅取决于其理论构建，还需要在实际中进行验证，通过与历史观测数据进行对比，评估模型的预测精度和稳定性是验证过程的重要环节。例如，在某一流域实施的水文模型应用中，若观测数据与模型预测的流量偏差在5%以内，则可认为模型具有较好的适用性，通过系统的模型验证，可以发现模型在某些特定条件下的不足之处，进而进行相应的调整和优化。此外，建立模型应用的反馈机制，及时收集用户在实际应用中的意见和建议，能够为模型的改进提供第一手资料，在这一过程中，鼓励地方水利部门和科研机构共同参与，通过定期召开研讨会、技术交流等形式，分享使用经验和教训，形成良好的信息反馈循环。这样的机制不仅能提升模型的适应性和科学性，还能促进水利领域的技术进步和创新，为后续的模型建设提供有价值的参考。

5 国产化水利机理模型的未来发展探究

5.1 发展基于大数据与人工智能的智能水利模型

随着信息技术的迅猛发展，大数据与人工智能（AI）在水利领域的应用前景广阔，未来国产化水利机理模型将更加依赖这些先进技术来提升模型的智能化水平。根据统计，全球每年产生的数据量已超过44 ZB（$1\ \text{ZB}=10^{21}$ 字节），其中相当一部分涉及水文气象、土壤特性和水资源利用等方面。通过采集和分析这些海量的多源数据，智能水利模型能够实时捕捉水文变化趋势，提高预测精度[1]。例如，利用机器学习算法可以通过历史水文数据训练模型，使其具备自我学习和适应能力，从而在面对各种气候变化和人类活动影响时，仍能保持较高的预测准确性。此外，结合物联网技术，未来的水利模型可以实现实时监测和动态调整，实时获取流域内的水位、降水量、土壤湿度等数据，形成一个智能化的水资源管理系统，这不仅提高了水资源利用的效率，也为防汛抗旱等应急管理提供了更为精准的数据支持。

5.2 推动水利模型的开放共享与标准化建设

未来国产化水利机理模型的发展必须重视开放共享与标准化建设，以促进技术的快速推广和应用，当前水利领域的模型缺乏统一的标准和开放的数据共享平台，这在一定程度上制约了模型的广泛应用和技术进步。根据相关研究，超过70%的水利模型在应用过程中面临数据获取困难的挑战，因此建设一个全国性的水利模型共享平台，提供标准化的数据接口和模型框架，将有助于不同地区和部门之间的协同工作，通过推动模型的开源化，鼓励科研机构、高校和企业共同参与模型的开发与验证，实现资源的有效整合。以“水利科技共享平台”为例，该平台可以集成各种水利模型及其应用案例，提供用户友好的操作界面，使得各类用户都能方便地访问和使用这些资源[2]。此外，建立完善的标准化体系，制定相关的技术规范和评估标准，将有助于提升模型的可靠性和适用性，确保不同模型之间的可比性与兼容性。例如，制定水文模型的参数标准化和验证流程，能够为模型的应用提供清晰的指导，降低技术壁垒，促进知识的传播与共享，通过开放共享与标准化建设，未来水利机理模型将更好地服务于水资源的科学管理与可持续发展。

5.3 模型集成与多尺度应用

未来国产水利机理模型的发展将趋向于模型的集成与多尺度应用，以应对复杂的水资源管理和防灾减灾需求。当前单一模型在处理水文、水动力和水质等不同领域时往往存在局限性，因此多模型集成的需求日益迫切，通过采用耦合模型技术，将水文模型与水动力模型进行有效整合，可以实现对流域水文过程与水体动力行为的同步模拟。根据最新研究，采用集成模型的流域管理系统可将水资源利用效率提高约25%，并能有效降低水灾损失。此外，随着空间数据获取技术的进步，如遥感和无人机监测技术的应用，未来的水利模型将能够在区域、流域乃至全国范围内进行实时监测和预测，形成从局地到全局的多尺度水资源管理决策支持系统[3]，这对于应对极端气候变化带来的挑战具有重要意义。

5.4 可持续性与生态友好型建设

在未来的发展中，国产水利机理模型将更加注重可持续性与生态友好型建设，随着生态文明建设的深入推进，水利工程不仅要满足水资源的调配需求，还需考虑生态保护与恢复，未来的水利模型将整合生态水文学的理论和方法，建立以生态需求为导向的水资源管理模型，比如针对生态流量的计算，国内外研究者已提出了多种生态流量评估方法，如环流水文分析法，通过对流域生态需求的精准评估，确保生态用水的合理配置，目前在国内多个重点流域的研究中，生态流量的适用性评估模型已显示出其在提升生态系统健康和水质改善方面的显著效果，相关研究表明，适当的生态流量管理可以使河流的生物多样性提升30%以上。

6 结语

综上所述，国产化水利机理模型的建设具有重要的现实意义和广阔的应用前景，在我国水资源日益紧张的背景下，依靠先进的水利机理模型实现科学的水资源管理显得尤为迫切，通过加强基础数据收集与整合，结合区域特征优化模型结构，以及建立完善的模型验证与应用反馈机制，国产化模型能够更有效地模拟和预测水文过程，提高水资源调度的科学性与效率。此外，未来的发展将更加依赖于大数据与人工智能技术的融合，推动智能水利模型的形成，进一步提升预测的准确性和适应能力，同时推动水利模型的开放共享与标准化建设，将促进技术的快速推广与应用，打破各自为政的局面，实现资源的有效整合。

参考文献

[1] 师现营．浅谈水利工程向水利资源的转变［J］．河南科技，2017（13）：82-83.
[2] 黄沛．浅谈水利工程与资源水利［J］．科技展望，2016，26（29）：110.
[3] 王雷．论水利工程向资源水利的转变［J］．农民致富之友，2016（8）：297.

汉川市城隍汉江特大桥跨越汉江数学模型研究

杜 涛[1,2] 张士君[1] 李 俊[1] 平妍容[1]

（1. 长江水利委员会水文局长江上游水文水资源勘测局，重庆 400020；
2. 长江水利委员会水文局，湖北武汉 430010）

摘 要：武汉都市圈环线高速公路孝感南段工程在汉川市城隍镇设置汉江特大桥跨越汉江，其中主1#墩、主2#墩和主3#墩布置于汉江河道内。工程所在河段现状已建有堤防，且均已达标。本文采用工程河段最新实测水下地形资料，结合工程河段设计洪水研究成果，构建了河段平面二维水流数学模型，分析了工程建设引起的河段水位及流速变化。结果表明，通过模型率定，计算水位与实测水位误差均在 2 cm 以内，流速计算值与实测值误差一般在 0.1 m/s 以内，个别点误差稍大，在 0.2 m/s 左右，最终确定本河段糙率变化范围为 0.020~0.035；各计算工况条件下，工程建设引起壅水高度最大值为 3.4 cm，水位降低最大值为 2.3 cm；工程引起流速增大最大值为 23.6 cm/s，流速减小最大值为 31.4 cm/s。研究成果可为工程河段的防洪及河势安全提供技术参考依据。

关键词：武汉都市圈环线；汉江特大桥；二维水流数学模型；模型率定

1 研究背景

武汉都市圈环线高速公路孝感南段，是在建的孝汉应高速公路的南延段，已列入《湖北省综合交通运输发展“十四五”规划》，确立为湖北“十四五”重点建设项目。根据工程建设方案，项目起于汉川市南河乡以东的孝感与武汉分界处，对接拟建武汉都市圈环线高速汉南长江大桥及接线工程段，路线向北途经南河东、马口南、庙头西、城隍西、汈汊湖养殖场、刘家隔西、麻河东，终点与武荆高速交叉，对接孝汉应高速。工程在汉川市城隍镇设置汉江特大桥跨越汉江，其中主1#墩、主2#墩和主3#墩布置于汉江河道内。工程所在河段现状已建有堤防，且均已达标[1-2]。因此，有必要针对工程设计方案，开展工程建设对河段水位、流速的影响研究工作。本文采用工程河段最新实测水下地形资料，结合工程河段设计洪水研究成果，构建了河段平面二维水流数学模型，分析了工程建设引起的河段水位及流速变化，为工程河段的防洪及河势安全提供了技术参考依据。

2 杜家台以下汉江干流泄流能力分析

汉江中下游的防洪标准是防 1935 年型洪水，杜家台闸以下汉江干堤设计洪水位为 1954 年实测最高洪水位。根据《汉江洪水与水量调度方案》[3] 和《汉江流域综合规划》[4] 成果，杜家台以下汉江干流泄流能力与长江干流顶托情况有关：仙桃水位 36.20 m（冻结基面，下同）、汉口水位 29.73 m 时，杜家台以下汉江干流泄流能力约为 5 250 m^3/s；仙桃水位 36.20 m、汉口水位 25.00 m 时，杜家台以下汉江干流泄流能力约为 9 150 m^3/s。

3 城隍汉江特大桥设计方案

城隍汉江特大桥全长 624 m，在汉江河道内设置桥墩 3 个（主1#墩承台顶埋深 0.463 m、主2#墩

基金项目：长江水科学研究联合基金（U2240201）。

作者简介：杜涛（1988—），男，高级工程师，主要从事水文分析与计算等方面的研究工作。

承台顶埋深0.344 m、主3#墩承台顶埋深2.32 m），大堤外设置桥墩3个（主4#墩承台顶埋深0.75 m、主5#墩承台顶埋深0.257 m、主6#墩承台顶埋深0.304 m）。主1#墩、主6#墩采用矩形墩，顺水流方向布置4个支墩，单个支墩垂直水流流向宽3.0 m，顺水流流向长2.5 m，4个支墩公用承台，承台尺寸为37.4 m×6.25 m×2.5 m（顺水流流向长度×垂直水流流向宽度×高度，下同），承台下接10根直径1.5 m、长67 m的钻孔灌注桩。主2#辅助墩、主5#辅助墩，采用矩形墩，顺水流方向布置2个支墩，单个支墩垂直水流流向宽3.0 m，顺水流流向长4.5 m，下接承台尺寸为6.25 m×6.25 m×2.5 m，承台下接4根直径1.5 m、长24 m的钻孔灌注桩。主1#过渡墩、主2#过渡墩均埋置在地面以下。主3#墩、主4#墩采用八边形墩，顺水流方向布置2个支墩，单个支墩垂直水流流向宽8.0 m（主4#墩宽7.94 m），顺水流流向长6.0 m（主4#墩长5.94 m），单个支墩承台尺寸为18.7 m×20.1 m×5.0 m，单个承台下接14根直径2.2 m、长90.0 m（4#墩桩基长度92.0 m）的钻孔灌注桩。图1为城隍汉江特大桥桥型方案图。

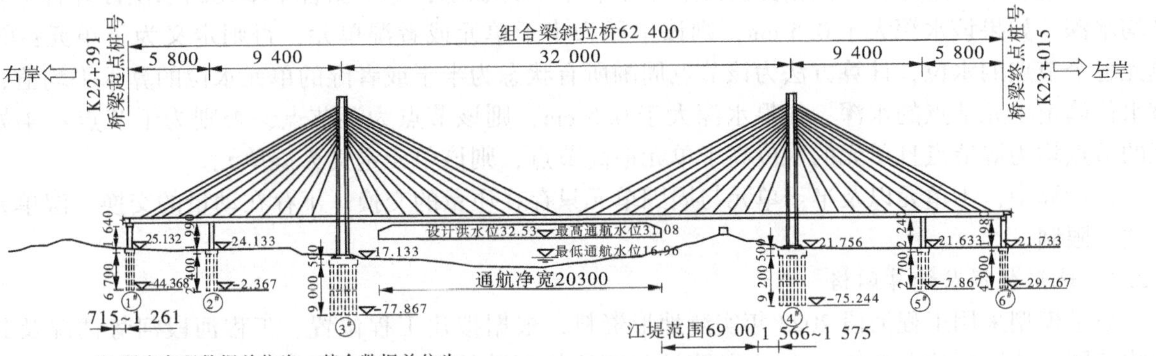

注：图中高程数据单位为m，其余数据单位为cm。

图1　城隍汉江特大桥桥型方案

4　平面二维水流数学模型分析计算

4.1　模型原理

本模型采用守恒形式的二维浅水方程，具体形式如下[5-6]：

$$\frac{\partial U}{\partial t}+\frac{\partial E}{\partial x}+\frac{\partial G}{\partial y}=S \tag{1}$$

式中：$\boldsymbol{U}$为守恒变量所组成的向量；$\boldsymbol{E}$、$\boldsymbol{G}$分别为x、y方向的通量向量；S为源项向量。具体形式如下：

$$\boldsymbol{U}=\begin{bmatrix}h\\hu\\hv\end{bmatrix},\ \boldsymbol{E}=\begin{bmatrix}hu\\hu^2+0.5gh^2\\huv\end{bmatrix},\ \boldsymbol{G}=\begin{bmatrix}hv\\huv\\hv^2+0.5gh^2\end{bmatrix} \tag{2}$$

$$\boldsymbol{S}=\begin{bmatrix}0\\ \frac{\partial}{\partial x}\left(h\Gamma\frac{\partial u}{\partial x}\right)+\frac{\partial}{\partial y}\left(h\Gamma\frac{\partial u}{\partial y}\right)-gh\left(\frac{\partial b}{\partial x}+s_{fx}\right)\\ \frac{\partial}{\partial x}\left(h\Gamma\frac{\partial v}{\partial x}\right)+\frac{\partial}{\partial y}\left(h\Gamma\frac{\partial v}{\partial y}\right)-gh\left(\frac{\partial b}{\partial y}+s_{fx}\right)\end{bmatrix} \tag{3}$$

式中：u、v分别为x、y方向的流速；h为水深；b为河床高程；g为重力加速度；n为糙率系数；s_{fx}、s_{fy}分别为x、y方向阻力，由Manning公式确定。

$$s_{fx}=\frac{n^2u\sqrt{u^2+v^2}}{h^{4/3}},\ s_{fy}=\frac{n^2v\sqrt{u^2+v^2}}{h^{4/3}} \tag{4}$$

Γ 为紊动扩散系数并由下式进行计算：

$$\Gamma = \kappa U^* h/6 \tag{5}$$

$$U^* = \sqrt{gn^2(u^2+v^2)/h^{1/3}} \tag{6}$$

式中：κ 为冯卡门常数，通常取 0.4；U^* 为摩阻流速。

4.2 模型中相关问题的处理

4.2.1 边界条件

在模型计算中存在三类边界条件：①固体边界条件：包括河道两岸堤防形成的边界以及其他地势较高部分形成的边界，这一类边界采用无滑移边界处理，即边界处的流速全部设定为 0；②进口边界条件：给定实测的断面流量；③出口边界条件：给定实测的水位。

4.2.2 干湿边界处理

在二维水流数值模拟中，水位总是处于变化中，因此水陆交界面也不断地调整变化。本模型采用如下方法处理干湿边界：①网格分为湿、半干、干三种状态；②根据各个单元的水位计算各个单元的平均水深，如果该水深大于 0.5 cm，则该单元为半干单元或者湿单元，否则定义为干单元；③计算单元各个节点的水位，计算方法为该节点周围所有状态为半干或者湿的单元水位的算术平均值，根据该水位确定单元节点的水深，如果水深大于 0.5 cm，则该节点为湿节点，否则为干节点；④如果单元的节点均为湿节点且单元的水位高于单元最高节点，则该单元定义为湿单元。

在计算中，干单元以及半干单元与周围单元只存在质量的交换，不存在动量的交换，湿单元则没有这一限制。

4.2.3 地形数据及计算网格

数学模型采用工程河段 2023 年实测地形资料，根据拟建工程位置、工程河段河势情况及其可能影响范围，选取桥位上游约 4.4 km 的张池村至桥位下游约 3.9 km 的雷祖村之间长约 8.3 km 的汉江干流河段作为二维数学模型的计算区域。计算河段河道地形示意图见图 2。计算采用三角形网格作为计算网格，节点总数为 53 113，网格总数为 103 111。二维模型计算河段的三角网格布置见图 3。

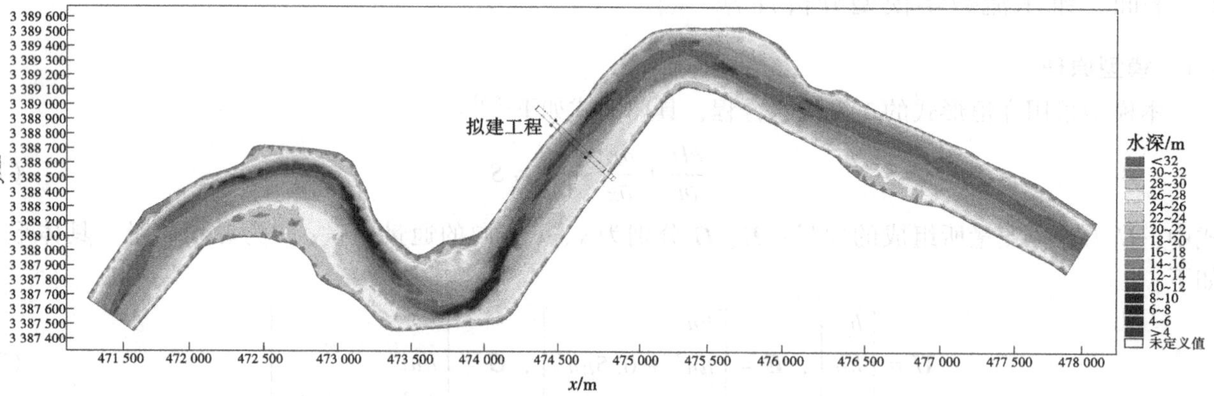

图 2 计算河段河道地形示意图

4.3 工程概化

为使数学模型计算能反映工程建设对水流的影响，根据桥梁立面布置图及桥墩基础结构图，对工程进行合理概化。工程概化目前多采用局部地形修正和局部糙率修正两种方法。本文在网格大小尽量能够和工程特征尺寸匹配的同时，依据工程结构和计算网格布置的不同分别采用了以上两种概化方法。

4.3.1 局部地形修正法

当工程建筑物尺寸大于或与网格尺寸相当时，可以直接根据工程建筑物高度来修改相应网格节点的高程。当建筑物尺寸相对网格尺寸较小时，可以假定建筑物的阻水面积与河底高程增加值所产生的

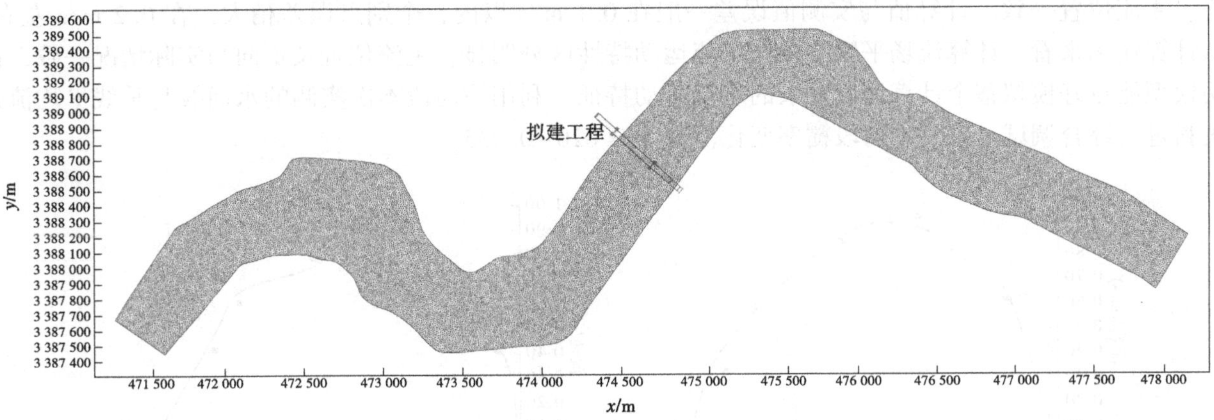

图 3　二维模型计算河段的三角网格布置

阻水面积相等，根据换算得到的河底高程增加值来修正工程局部附近网格节点的高程。对桥墩而言，可以根据以下公式在原始地形高程上附加高程值：

$$\Delta Z_b = h\left(\frac{b_1}{b_2}\right)^{\frac{1}{m+1}} \tag{7}$$

式中：h 为水深；b_1 为桥墩墩台宽度；b_2 为网格宽度；m 为流速分布指数，一般取值为 1/6。

4.3.2　*局部糙率修正法*

工程的存在引起附近局部阻力增大，需要对局部糙率进行修正。模型采用拦污栅阻力计算公式对桥墩的阻力进行概化处理，其局部水头损失系数 ξ 的计算公式为

$$\xi = 0.5\left(1 - \frac{A_2}{A_1}\right) \tag{8}$$

式中：A_1、A_2 分别为工程前、后过水断面面积。

为方便计算，将桥墩局部水头损失系数 ξ 转化为桥墩局部糙率 n_1：

$$n_1 = h^{1/6}\sqrt{\xi/8g} \tag{9}$$

假定工程前桥墩附近河床的初始糙率为 n_0，则工程后桥墩处河床的综合糙率 n 为

$$n = \sqrt{n_l^2 + n_0^2} \tag{10}$$

4.4　模型率定

本次选取 2023 年 5 月实测水文资料对计算河段糙率进行率定。率定计算采用的地形为 2023 年 5 月实测 1 : 5 000 地形图。实测期间布设了 DM1～DM5 共 5 个流速测量断面进行流速测量，同时沿程进行水位测量，实测期间模型入口流量为 656 m^3/s，模型出口水位为 17.00 m（1985 国家高程基准）。

根据模型率定结果，计算水位与实测水位误差较小，二者差值均在 2 cm 以内。

表 1　2023 年 5 月（Q=656 m^3/s）水位率定成果（1985 国家高程基准）　　单位：m

位置	实测值	计算值	差值
DM1	17.00	17.02	0.02
DM2	17.06	17.07	0.01
DM3	17.10	17.10	0
DM4	17.18	17.16	-0.02
DM5	17.24	17.22	-0.02

模型率定计算与实测断面流速分布对比见图 4。由图 4 可知，计算断面流速分布与实测值符合较

好，主流位置一致。计算值与实测值误差一般在 0.1 m/s 以内，个别点误差稍大，在 0.2 m/s 左右。从计算流场来看，计算流场平顺，滩槽水流运动特性区分明显，主流位置及走向与实际情况一致，说明模型能较好模拟整个计算河段复杂的水流运动特征。利用该河段本次实测的水面线与垂线平均流速资料进行综合调试，得到本河段糙率变化范围为 0.020~0.035。

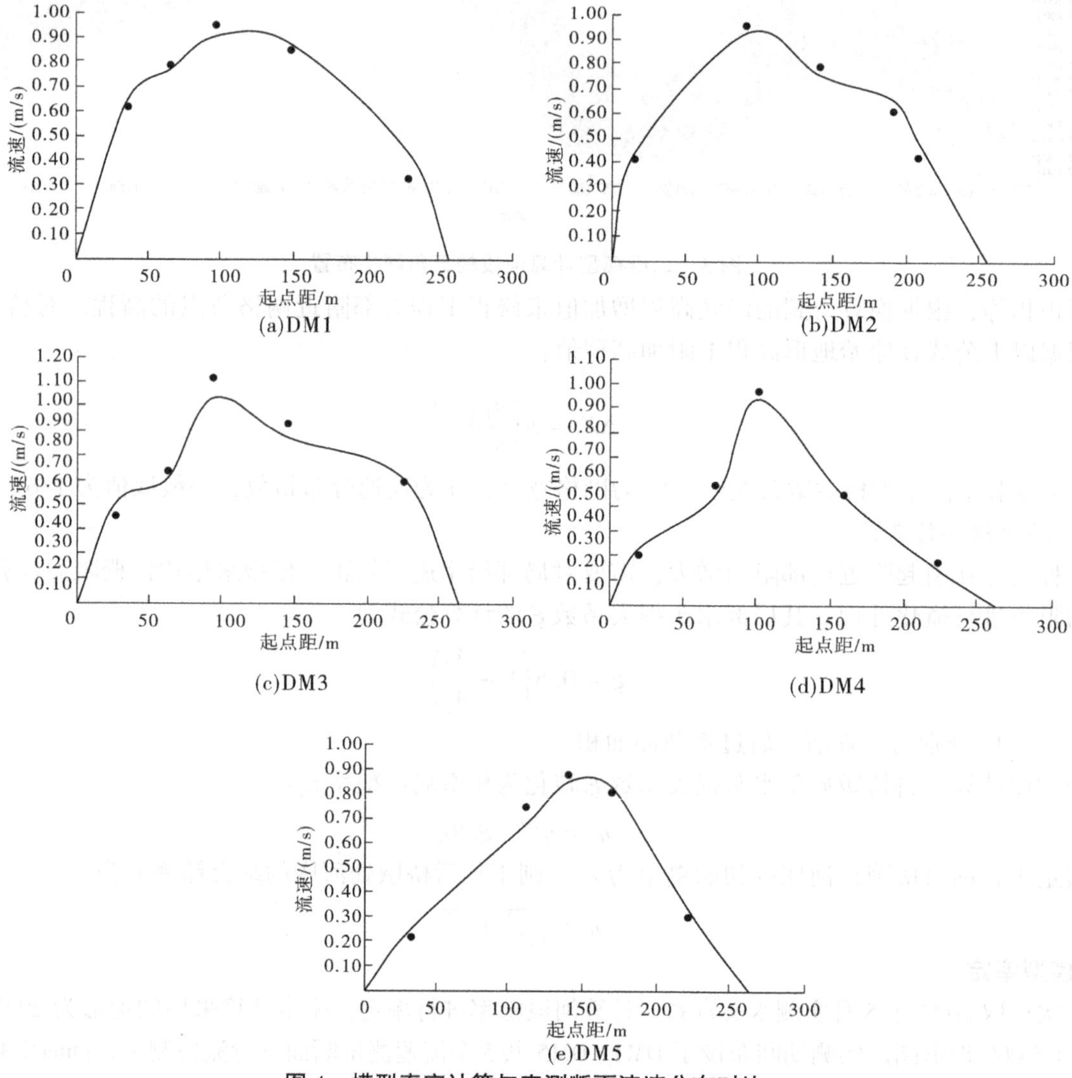

图 4　模型率定计算与实测断面流速分布对比

模型率定计算流场如图 5 所示。

4.5　计算工况

根据工程河段洪水特性，同时参考《汉江洪水与水量调度方案》《汉江流域综合规划》《武汉至重庆高速公路武汉至汉川段马口汉江特大桥洪水影响评价报告（报批稿）》等成果，本次模型计算拟定三种工况：以长江来水为主，仙桃水位 36.20 m、汉口水位 29.73 m 时杜家台以下汉江干流泄流能力约为 5 250 m^3/s；以汉江来水为主，仙桃水位 36.20 m、汉口水位 25.00 m 时杜家台以下汉江干流泄流能力约为 9 150 m^3/s；考虑汉江大流量偏低水位不利情况，以 2017 年实际发生洪水为模拟工况。计算工况见表 2。

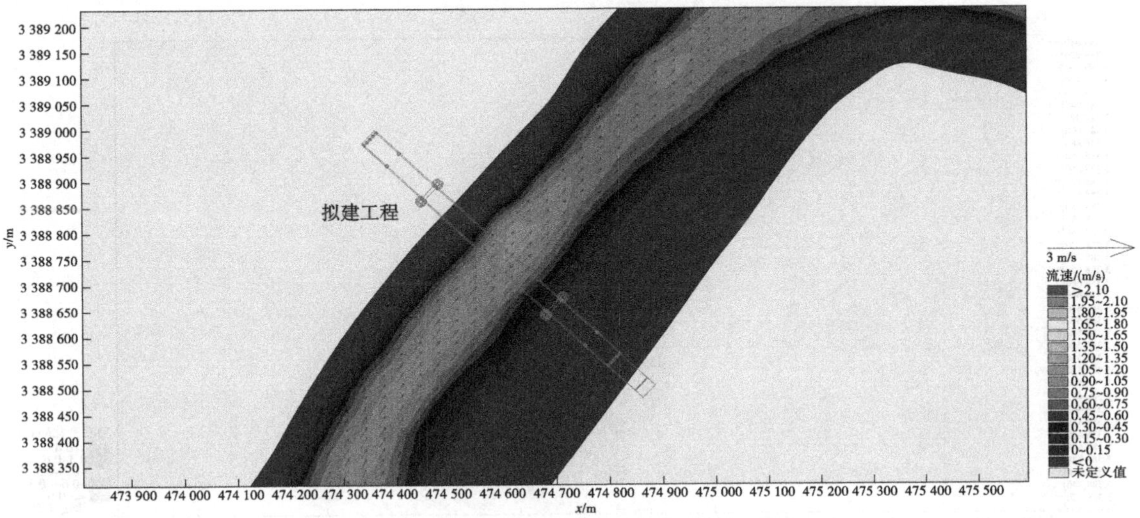

图 5　模型率定计算流场

表 2　计算工况

序号	计算工况		流量（入口）/（m^3/s）	水位（出口）1985 国家高程基准/m
工况 1	运行期	以长江来水为主	5 250	29.74
工况 2	运行期	以汉江来水为主	9 150	30.52
工况 3	运行期	2017 年洪水	9 240	29.43

4.6　计算结果分析

4.6.1　水位影响分析

建桥前、后水位变化结果统计见表 3、表 4，建桥前、后水位变化等值线见图 6（以工况 1 为例）。

表 3　建桥前、后水位变化结果统计（一）

水流计算工况	壅水高度/cm		水位降低/cm	
	最大值	变化超过 0.3 cm 区域	最大值	变化超过 0.3 cm 区域
以长江来水为主	2.2	254 m×240 m（桥位主 1#~3#墩上游）	1.6	210 m×115 m（桥位主 1#~3#墩下游）
以汉江来水为主	2.5	265 m×320 m（桥位主 1#~3#墩上游）	2.1	245 m×260 m（桥位主 1#~3#墩下游）
2017 年洪水	3.4	300 m×390 m（桥位主 1#~3#墩上游）	2.3	255 m×265 m（桥位主 1#~3#墩下游）

表 4　建桥前、后水位变化结果统计（二）

水流计算工况	壅水高度/cm		水位降低/cm	
	最大值	变化超过 0.6 cm 区域	最大值	变化超过 0.6 cm 区域
以长江来水为主	2.2	30 m×30 m（桥位主 3#墩上游）	1.6	30 m×25 m（桥位主 3#墩下游）
以汉江来水为主	2.5	65 m×65 m 水为主（主 3#墩上游）、20 m×20 m（主 2#墩上游）、45 m×35 m（主 1#墩上游）	2. 1	75 m×45 m（主 3#墩下游）、20 m×15 m（主 2#墩下游）
2017 年洪水	3.4	95 m×100 m（主 3#墩上游）、85 m×50 m（主 1#~2#墩上游）	2.3	85 m×50 m（主 3#墩下游）、10 m×10 m（主 2#墩下游）

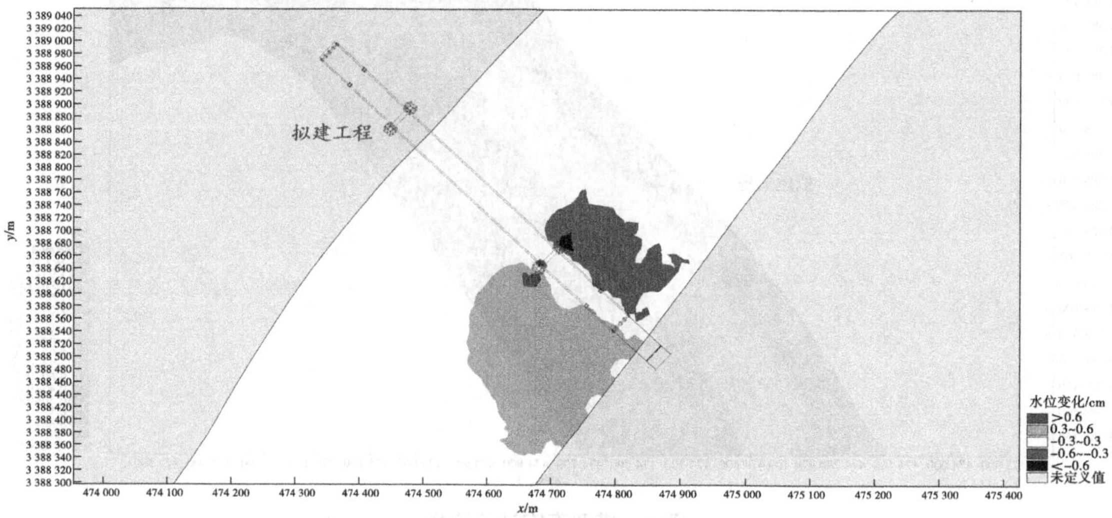

图 6　建桥前、后水位变化等值线（工况 1）

以长江来水为主条件下，主墩附近最大壅水高度为 2.2 cm，水位降低最大值为 1.6 cm，水位壅高超过 0.6 cm 的区域大小为 30 m×30 m（主 3#墩上游），水位壅高超过 0.3 cm 的区域大小为 254 m×240 m（桥位主 1#~3#墩上游），水位降低超过 0.6 cm 的区域大小为 30 m×25 m（主 3#墩下游），水位降低超过 0.3 cm 的区域大小为 210 m×115 m（桥位主 1#~3#墩下游）。

以汉江来水为主条件下，主墩附近最大壅水高度为 2.5 cm，水位降低最大值为 2.1 cm，水位壅高超过 0.6 cm 的区域大小为 65 m×65 m（主 3#墩上游）、20 m×20 m（主 2#墩上游）、45 m×35 m（主 1#墩上游），水位壅高超过 0.3 cm 的区域大小为 265 m×320 m（桥位主 1#~3#墩上游），水位降低超过 0.6 cm 的区域大小为 75 m×45 m（主 3#墩下游）、20 m×15 m（主 2#墩下游），水位降低超过 0.3 cm 的区域大小为 245 m×260 m（桥位主 1#~3#墩下游）。

以 2017 年洪水条件下，主墩附近最大壅水高度为 3.4 cm，水位降低最大值为 2.3 cm，水位壅高超过 0.6 cm 的区域大小为 95 m×100 m（主 3#墩上游）、85 m×50 m（主 1#~2#墩上游），水位壅高超过 0.3 cm 的区域大小为 300 m×390 m（桥位主 1#~3#墩上游），水位降低超过 0.6 cm 的区域大小为 80 m×50 m（主 3#墩下游）、10 m×10 m（主 2#墩下游），水位降低超过 0.3 cm 的区域大小为 255 m×265 m（桥位主 1#~3#墩下游）。

4.6.2　流速影响分析

各计算工况条件下，建桥前、后流速变化等值线见图 7（以工况 1 为例）。工程修建后，桥墩上、下游局部区域内流速有所降低，桥墩之间和桥墩与两岸之间流速略有增大。建桥前、后流速变化统计见表 5。

以长江来水为主条件下，桥梁修建后，流速减小最大值为 18.1 cm/s，流速减小超过 3 cm/s 的区域主要位于主 1#~3#墩上下游，大小为 470 m×40 m（主 3#墩）、50 m×10 m（主 2#墩）、50 m×15 m（主 1#墩）。流速增大最大值为 11.0 cm/s，流速增大超过 3 cm/s 的区域主要位于桥墩之间以及桥墩与两岸之间，大小为 145 m×40 m（主 2#~3#墩之间）、33 m×10 m（主 1#~2#墩之间）、70 m×18 m（主 1#墩与两岸之间）。

以汉江来水为主条件下，桥梁修建后，流速减小最大值为 29.2 cm/s，流速减小超过 3 cm/s 的区域主要位于主 1#~3#墩上下游，大小为 750 m×45 m（主 3#墩）、200 m×20 m（主 2#墩）、140 m×20 m（主 1#墩）。流速增大最大值为 16.1 cm/s，流速增大超过 3 cm/s 的区域主要位于桥墩之间以及桥墩与两岸之间，大小为 240 m×50 m（主 2#~3#墩之间）、70 m×17 m（主 1#~2#墩之间）、130 m×32 m（主 1#墩与两岸之间）。

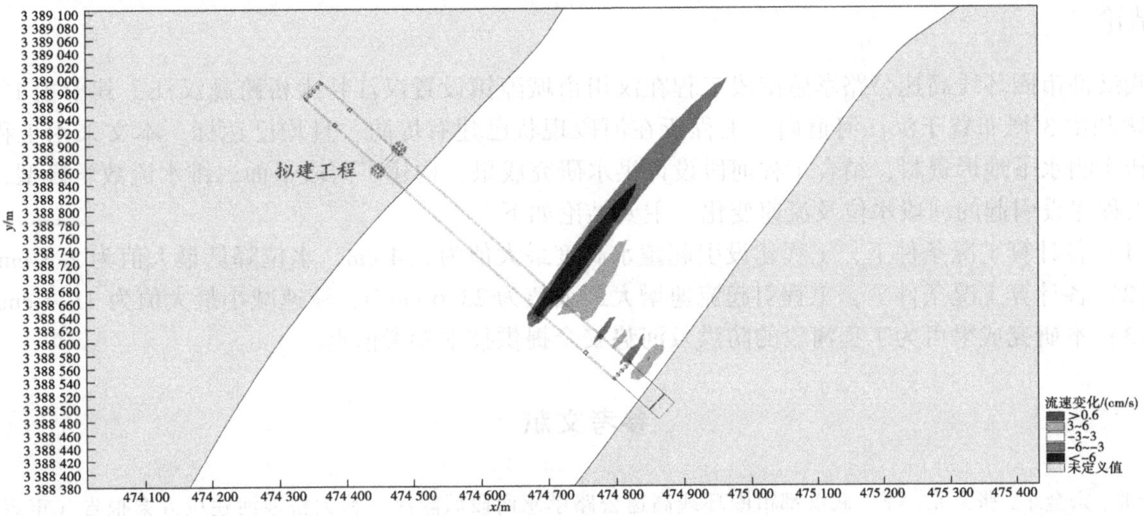

图 7　建桥前、后流速变化等值线（工况 1）

表 5　建桥前、后流速变化统计

水流计算工况	流速增大/(cm/s)		流速减小/(cm/s)	
	最大值	变化超 3 cm/s 区域	最大值	变化超 3 cm/s 区域
以长江来水为主	11.0	桥墩之间以及桥墩与两岸之间，大小为 145 m×40 m（主 2#~3#墩之间）、33 m×10 m（主 1#~2#墩之间）、70 m×18 m（主 1#墩与两岸之间）	18.1	主 1#~3#墩上下游，大小为 470 m×40 m（主 3#墩）、50 m×10 m（主 2#墩）、50 m×15 m（主 1#墩）
汉江来水为主	16.1	桥墩之间以及桥墩与两岸之间，大小为 240 m×50 m（主 2#~3#墩之间）、70 m×17 m（主 1#~2#墩之间）、130 m×32 m（主 1#墩与两岸之间）	29.2	主 1#~3#墩上下游，大小为 750 m×45 m（主 3#墩）、200 m×20 m（主 2#墩）、140 m×20 m（主 1#墩）
2017 年洪水	23.6	桥墩之间以及桥墩与两岸之间，大小为 248 m×53 m（主 2#~3#墩之间）、82 m×19 m（主 1#~2#墩之间）、97 m×29 m（主 1#墩与两岸之间）	31.4	主 1#~3#墩上下游，大小为 760 m×45 m（主 3#墩）、170 m×20 m（主 2#墩）、122 m×17 m（主 1#墩）

在 2017 年洪水条件下，桥梁修建后，流速减小最大值为 31.4 cm/s，流速减小超过 3 cm/s 的区域主要位于主 1#~3#墩上下游，大小为 760 m×45 m（主 3#墩）、170 m×20 m（主 2#墩）、122 m×17 m（主 1#墩）。流速增大最大值为 23.6 cm/s，流速增大超过 3 cm/s 的区域主要位于桥墩之间以及桥墩与两岸之间，大小为 248 m×53 m（主 2#~3#墩之间）、82 m×19 m（主 1#~2#墩之间）、97 m×29 m（主 1#墩与两岸之间）。

5 结论

武汉都市圈环线高速公路孝感南段工程在汉川市城隍镇设置汉江特大桥跨越汉江，其中主 1#墩、主 2#墩和主 3#墩布置于汉江河道内。工程所在河段现状已建有堤防，且均已达标。本文采用工程河段最新实测水下地形资料，结合工程河段设计洪水研究成果，构建了河段平面二维水流数学模型，分析了工程建设引起的河段水位及流速变化。主要结论如下：

（1）各计算工况条件下，工程建设引起壅水高度最大值为 3.4 cm，水位降低最大值为 2.3 cm。

（2）各计算工况条件下，工程引起流速增大最大值为 23.6 cm/s，流速减小最大值为 31.4 cm/s。

（3）本研究成果可为工程河段的防洪及河势安全提供技术参考依据。

参考文献

[1] 李渊，宗金东，张家元，等．武汉都市圈环线高速公路孝感南段城隍汉江特大桥涉河建设方案报告（审定稿）［R］．湖北省交通规划设计院股份有限公司，2024.

[2] 李雪晨，何明，王双，等．武汉都市圈环线高速公路孝感南段城隍汉江特大桥工程洪水影响评价报告（审定稿）［R］．武汉林水工程咨询有限公司，2024.

[3] 国家防汛抗旱总指挥部．汉江洪水与水量调度方案［R］. 2012.

[4] 水利部长江水利委员会，汉江流域综合规划［R］. 2019.

[5] 周倩倩，杨胜发，邓懿．王家滩航道整治方案数学模型研究［J］．长江科学院院报，2015，32（2）：1-4, 10.

[6] 邓懿，杨胜发，张帅帅，等．长江黄草峡河段航道整治数学模型研究［J］．长江科学院院报，2014，31（8）：6-11.

河南宝泉抽水蓄能电站洪水期调度方式研究

陈翠霞[1,2]　钱　裕[1,2]　胡笑妍[1,2]　陈松伟[1,2]

（1. 黄河勘测规划设计研究院有限公司，河南郑州　450003；
2. 水利部黄河流域水治理与水安全重点实验室（筹），河南郑州　450003）

摘　要：针对河南宝泉抽水蓄能电站特点，建立泥沙模拟模型，计算多年平均情况和洪水期电站过机含沙量及泥沙粒径，研究电站洪水期优化调度方案，提出多年平均情况下电站抽水、发电时主汛期和年均过机含沙量均小于规范要求的 0.08 kg/m³；大洪水期间电站机组因水头高、流速大，泥沙对转轮磨损剧增，造成机组供水系统易堵塞，建议主汛期 7—8 月洪水期水库入库流量大于 400 m³/s 时，电站停机避沙，洪峰过后入库流量降至 200 m³/s 时，电站开机运行，电站年均停机天数约 0.35 d。本文成果可为抽水蓄能电站调度提供参考。

关键词：抽水蓄能电站；过机泥沙；数值模拟；避沙调度；宝泉

抽水蓄能电站与一般水电站不同，抽水蓄能电站是双向运行的，即进水口和出水口合一[1]。在多沙河流上建设抽水蓄能电站，泥沙会对机组造成严重磨损，导致水轮机的工作效率和电站出力大大降低，应研究制定相应的水沙调度方式[2]，优化电站避沙调度方式。

抽水蓄能电站进/出水口工作条件要适应发电及抽水时双向水流的水力条件，水位变化频繁、变幅较大[3]，尚没有成熟的理论方法去解决电站进出水口前含沙量、泥沙淤积及过机含沙量的准确预测问题，目前采用的研究方法主要有数值模拟和模型试验。Bonalumi M 等[4] 基于实测资料分析了某抽水蓄能电站对原有上、下水库泥沙的影响；魏红艳等[5] 建立抽水蓄能电站水沙调控数学模型，模拟了水库淤积及过机含沙量。但目前对多沙河流上抽水蓄能电站泥沙问题研究相对较少，且主要以物理模型试验为主[6]。

宝泉抽水蓄能电站为高水头电站，额定水头 510 m，下水库多年入库含沙量为 2.3 kg/m³，在抽水蓄能电站中属于偏高。电站建成投运前，张建等[7] 通过物理模型试验研究了过机泥沙。宝泉电站于 2008 年投运，2016 年“7·19”洪水发生后泥沙堵塞电站供水过滤器导致机组停机事故（洪水最大含沙量 24.0 kg/m³）。本文在总结以往研究成果的基础上，通过电站泥沙模拟模型计算，分析了电站过机含沙量及泥沙级配，以期为抽水蓄能电站避沙调度提供参考。

1　概况

1.1　工程概况

宝泉抽水蓄能电站位于河南省辉县市薄壁乡大王庙以上 2 km 的峪河上，主要由上水库、下水库、输水系统、地下厂房和开关站等组成，属日调节纯抽水蓄能电站。电站利用原宝泉水库（1980 年建成运用）改建加高后作为下水库，上水库在库区左岸支流东沟（沟口距下水库坝址上游约 2 km）上修建，库尾建有副坝拦截汛期推移质泥沙，东沟汛期含沙水流来水来沙由排水洞宣泄至下水库，不进入上水库，上水库只有机组抽水进入的水沙。下水库进/出水口布置在下水库左岸，距坝 1.5 km，底板高程 207 m；上水库进/出水口底板高程 745 m，修建拦沙坎防沙。电站装机规模 1 200 MW，2008 年投入运用。根据工程设计标准，多年平均过机含沙量应不大于 0.080 kg/m³，允许进入引水系统大

基金项目：国家自然科学基金项目（U22A20237）；水利部重大科技项目（SKR-2022030）。

作者简介：陈翠霞（1987—），女，高级工程师，主要从事水库调度研究方面的工作。

于 0.1 mm 泥沙含沙量不大于 5 g/m³。

1.2 来水来沙特性

峪河河道弯曲，比降大，水流湍急，一遇暴雨，山洪陡涨陡落，洪水过后，河道干涸，为典型的山区河流。峪河洪水主要发生在7—8月，实测最大洪水出现在1963年8月8日，峪河口水文站洪峰流量达2 240 m³/s，洪水峰高、量小、历时短。峪河来沙集中在洪水期，水沙同步，主汛期多年平均含沙量为2.3 kg/m³，洪水过后即为清水，实测最大含沙量为1976年8月26日的28.5 kg/m³。

2 泥沙模拟模型

基于水库一维泥沙冲淤模型，结合宝泉抽水蓄能电站特点，建立电站泥沙模拟模型。

2.1 水库一维泥沙冲淤模型

2.1.1 模型原理及基本控制方程

水库一维泥沙冲淤模型原理及基本控制方程如下：

（1）水流连续方程：

$$B\frac{\partial z}{\partial t}+\frac{\partial Q}{\partial x}=q_1 \tag{1}$$

（2）水流运动方程：

$$\frac{\partial Q}{\partial t}+2\frac{Q}{A}\frac{\partial Q}{\partial x}-\frac{BQ^2}{A^2}\frac{\partial z}{\partial x}-\frac{Q^2}{A^2}\frac{\partial A}{\partial x}\bigg|_z=-gA\frac{\partial z}{\partial x}-\frac{gn^2|Q|Q}{A(A/B)^{4/3}} \tag{2}$$

（3）不平衡输沙方程：

将悬移质泥沙分为 k 组，其不平衡输沙方程为

$$\frac{\partial(AS_k)}{\partial t}+\frac{\partial(QS_k)}{\partial x}=-\alpha\omega_k B(S_k-S_{*k})+q_{1s} \tag{3}$$

（4）河床变形方程：

$$\gamma'\frac{\partial A}{\partial t}=\sum_{k=1}^{M}\alpha\omega_k B(S_k-S_{*k}) \tag{4}$$

（5）水流挟沙能力：

采用适合于高含沙水流的张红武公式[8]：

$$S_*=2.5\left[\frac{(0.0022+S_V)u^3}{\kappa\frac{\rho_s-\rho_m}{\rho_m}gh\omega_m}\ln\frac{h}{6D_{50}}\right]^{0.62} \tag{5}$$

$$\omega_m=\left(\sum_{k=1}^{M}\beta_{*k}\omega_k^m\right)^{\frac{1}{m}} \tag{6}$$

式中：x 为沿流向坐标，m；t 为时间，s；Q 为流量，m³/s；z 为水位，m；B 为河宽，m；q_1 为单位时间单位河长汇入或流出流量，m²/s²；A 为过水面积，m²；n 为糙率；g 为重力加速度，m/s²；α 为恢复饱和系数；ω_k 为第 k 组泥沙颗粒沉速，m/s；S_k 为第 k 组泥沙含沙量，kg/m³；S_* 为水流挟沙力，kg/m³；S_{*k} 为第 k 组泥沙水流挟沙力，kg/m³；q_{1s} 为单位时间单位河长汇入（流出）的沙量，kg/（m·s）；γ'分别为泥沙干容重，kN/m³；u 为水流流速，m/s；h 为水深，m；ρ_s、ρ_m 分别为泥沙和浑水密度，kg/m³；κ 为 Karman 常数，与含沙量有关；S_V 为体积比含沙量，kg/m³；ω_m 为混合沙挟沙力的代表沉速，m/s；D_{50} 为床沙中值粒径，mm；m 为系数。

采用有限体积法对模型控制方程进行离散，采用基于交错网格的 SIMPLE 算法处理流量与水位的耦合关系，离散方程求解时在进口给定流量和含沙量过程，出口给定水位过程。

2.1.2 模型验证

宝泉水库于2003年、2015年和2018年测量了库区地形。采用2003年1月至2017年12月水沙资料对模型参数进行验证，验证计算初始地形为2003年实测库区大断面。模型计算纵剖面与实测值

基本一致（见图1）；2018年计算库容与实测库容相差不大，相对误差为0.32%~1.47%。

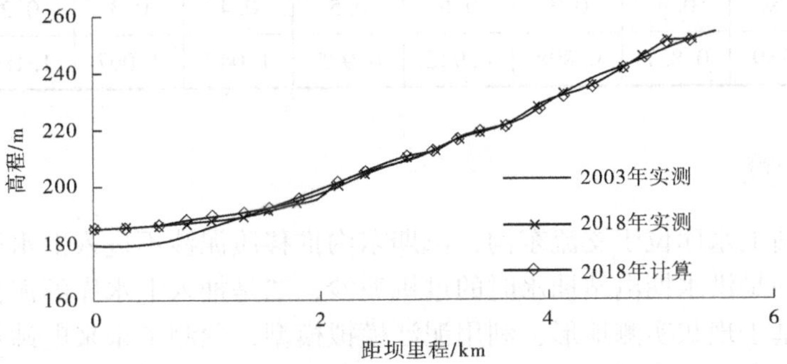

图1　模型计算纵剖面与实测纵剖面对比

2.2　过机泥沙计算方法

一般来说，河道断面水流表层含沙量较小，底层含沙量较大。因此，过机含沙量的大小与电站进/出水口高程密切相关。宝泉水库含沙量垂线分布计算采用劳斯公式：

$$S_y/S_x=\left[\left(\frac{h}{y}-1\right)/\left(\frac{h}{x}-1\right)\right]^Z \tag{7}$$

$$Z=\frac{\omega}{\kappa U_*} \tag{8}$$

式中：S_y 为沿垂线分布点含沙量，kg/m³；y 为沿垂线分布点高程与河底高程之差，m；h 为断面水深，m；Z 为悬浮指标；ω 为泥沙颗粒沉速，m/s，κ 为卡门常数；U_* 为摩阻流速，m/s；S_x 为 $y=x$ 处的含沙量，kg/m³，$x=0.05h$。

为验证劳斯公式的合理性，采用与宝泉水库入库悬移质中数粒径相近的三门峡水库实测含沙量垂线分布数据对公式进行验证。宝泉入库悬移质中数粒径为0.03 mm，三门峡水库入库悬移质中数粒径为0.025~0.035 mm，与宝泉水库相近，1989年8月21日三门峡水库实测含沙量垂线分布数据见表1，测量断面平均含沙量为35.6 kg/m³，表层含沙量与平均含沙量的比值为0.5，底层含沙量与平均含沙量的比值为1.51。按式（7）计算的三门峡水库含沙量沿垂线分布曲线见图2，与实测值相比差别不大。宝泉水库采用劳斯公式计算得到的含沙量沿垂线分布结果见表2。

表1　1989年8月21日三门峡水库实测含沙量垂线分布数据

y/h	1.0	0.8	0.4	0.2	0
S_y	17.9	32.2	34	42.9	53.8
S_y/S 实测值	0.50	0.90	0.96	1.21	1.51

注：S 为平均含沙量。

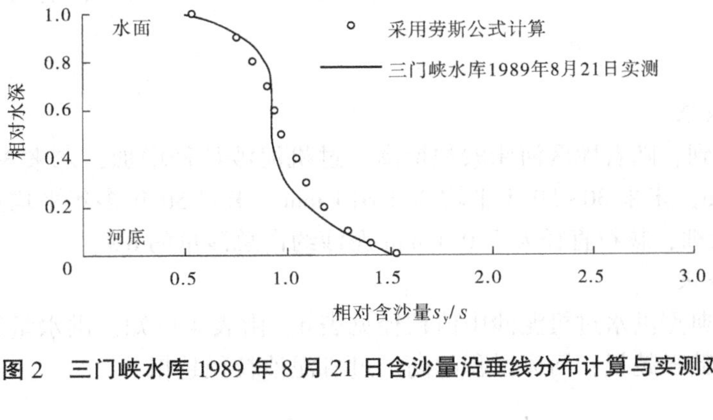

图2　三门峡水库1989年8月21日含沙量沿垂线分布计算与实测对比

表 2　劳斯公式计算得到的含沙量沿垂线分布结果

y/h	1	0.9	0.8	0.7	0.6	0.5	0.4	0.3	0.2	0.1	0.05
S_y/S	0.536	0.759	0.837	0.898	0.942	0.975	1.047	1.097	1.180	1.297	1.408

3　过机泥沙分析计算

宝泉抽水蓄能电站上水库位于支流东沟，汛期东沟推移质泥沙不进入上水库。因此，电站过机泥沙从两个方面考虑：一是洪水期电站抽水时的过机泥沙，二是抽入上水库的泥沙在发电时二次经过机组的过机泥沙。本文基于现状实测地形，利用泥沙模拟模型，预测了未来电站年均过机泥沙情况。同时选取了 30 年一遇、5 年一遇频率洪水，计算了洪水期也就是集中来沙期电站过机泥沙情况。

3.1　过机沙量及过机含沙量

3.1.1　多年平均计算成果

数学模型计算得到的宝泉抽水蓄能电站多年平均过机泥沙量计算结果见表 3。未来水库运用 50 年后，宝泉下水库淤积了 493.5 万 m^3 泥沙，下水库未来仍为近似锥体的复合型淤积形态，坝前淤积高程 194.52 m，进/出水口处淤积高程为 206.29 m，接近进/出水口底板高程 207 m。年均抽水进入上水库泥沙为 1.20 万 t，发电排出上水库的泥沙为 1.02 万 t，上水库年均淤积 0.18 万 t，为水平淤积，平均淤高约 0.21 m。主汛期抽水年均过机含沙量为 0.036 kg/m^3，发电年均过机含沙量为 0.033 kg/m^3，均小于规范要求的 0.080 kg/m^3，满足机组要求。

表 3　宝泉抽水蓄能电站多年平均过机泥沙量计算结果

工况	入库悬移质沙量/万 t	下水库淤积量/万 m^3	上水库淤积量/万 t	过机沙量占入库悬沙比/%	过机沙量/万 t	主汛期过机水量/亿 m^3	主汛期过机含沙量/(kg/m^3)
抽水	12.09	493.5	0.18	9.92	1.20	3.3	0.036
发电				8.44	1.02	3.1	0.033
合计				18.36	2.22	6.4	0.035

3.1.2　典型洪水计算成果

典型洪水过机含沙量计算结果见图 3。由图 3 可知，入库洪水洪峰量级越大，洪水含沙量越大，过机含沙量越高。同场洪水，随着水库运用库区淤积增加，河床淤积抬升，过机含沙量增加，均超过了规范要求的多年均值 0.080 kg/m^3。可知，电站泥沙问题主要发生在洪水期间，如 2016 年发生的“7·19”洪水最大入库洪峰流量 2 034 m^3/s，最大含沙量 24.0 kg/m^3，电站供水过滤器就曾发生了堵塞造成机组停机。

3.2　过机泥沙粒径

3.2.1　多年平均计算成果

由数学模型计算得到，随着库区河床淤积抬高，过机泥沙粒径增加，未来 30 年多年平均过机泥沙中值粒径约 0.009 mm，未来 30~50 年平均约 0.014 mm，未来 50 年多年平均过机泥沙中值粒径约 0.011 mm。过机泥沙较细，颗粒直径大于 0.1 mm 泥沙约占总沙量的 8%。

3.2.2　典型洪水计算成果

宝泉抽水蓄能电站典型洪水过机泥沙中值粒径见表 4。由表 4 可知，洪水量级越大，洪水挟带泥沙粒径越粗，过机泥沙粒径越粗；河床淤积越高，过机泥沙粒径越粗。

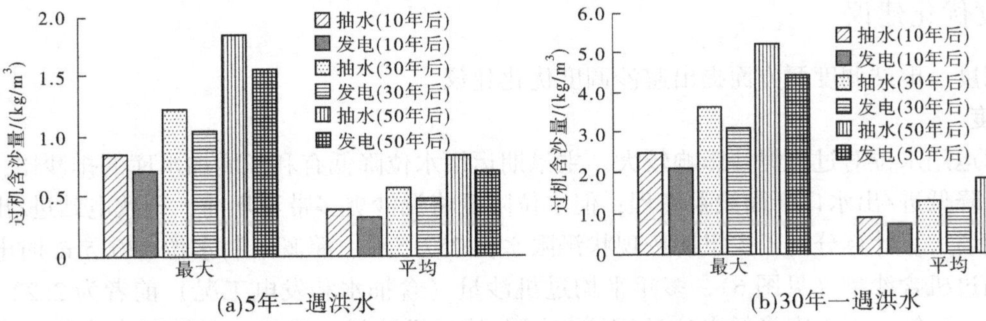

图 3　典型洪水过机含沙量计算结果

表 4　宝泉抽水蓄能电站典型洪水过机泥沙中值粒径　　单位：mm

洪水频率	2018 年	2038 年	2058 年
5 年一遇	0.011	0.014	0.017
30 年一遇	0.018	0.019	0.020

宝泉水库入库洪水峰高、量小、历时短，一般不超过 1 d。模型计算的 5 年一遇洪水、30 年一遇洪水进入供水系统≥0.1 mm 的泥沙含沙量过程见图 4、图 5。由图 4、图 5 可知，两场典型洪水涨水期入库流量分别>400 m^3/s、500 m^3/s 时，进入供水系统≥0.1 mm 的粗泥沙含沙量>5 g/m^3，电站宜停机避沙；两场典型洪水落水期入库流量分别<300 m^3/s、200 m^3/s 时，粗泥沙含沙量<5 g/m^3，电站可以开机运行。

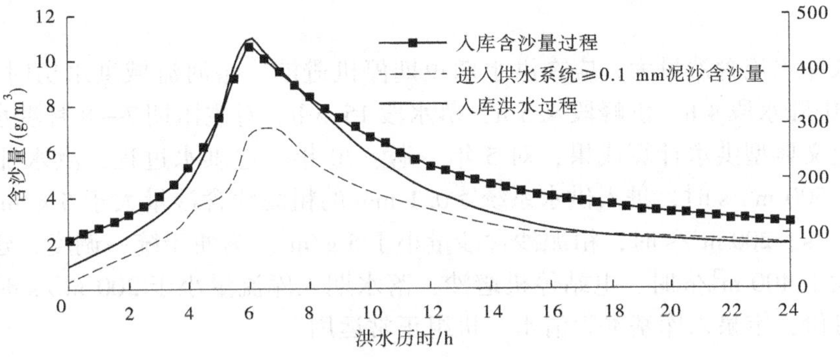

图 4　5 年一遇洪水进入供水系统≥0.1 mm 泥沙含沙量过程

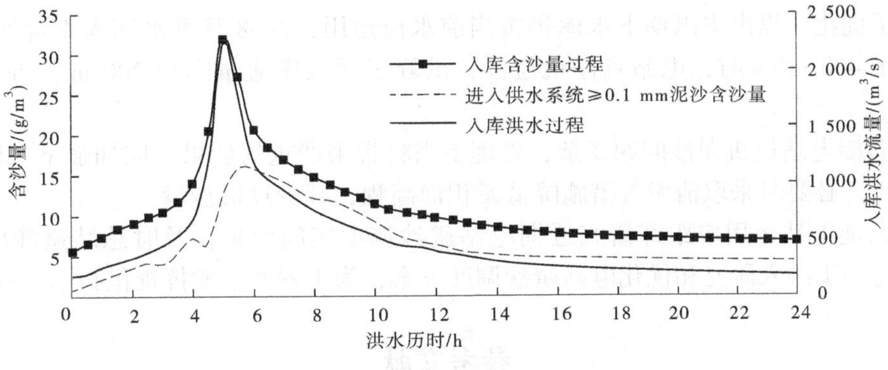

图 5　30 年一遇洪水进入供水系统≥0.1 mm 泥沙含沙量过程

4 避沙调度优化建议

从水库调度、电站调度两方面提出避沙调度优化建议。

4.1 水库调度

宝泉水库运用水位对过机泥沙影响较大。主汛期运用水位降低有利于增加水库的排沙比，减缓水库淤积速率，降低进/出水口断面淤积高程；但水位降低将泥沙更多带至坝前，导致电站进/出水口断面平均含沙量增大。计算分析了主汛期按现状汛限水位 257.5 m、灌溉限制水位 230.5 m 时电站过机沙量和主汛期过机含沙量（见图6），多年平均过机沙量（含抽水和发电工况）前者为 2.22 万 t，后者为 2.75 万 t。可知，下水库降低水位运用增加了电站过机沙量，建议主汛期下水库仍按当前水位运用。

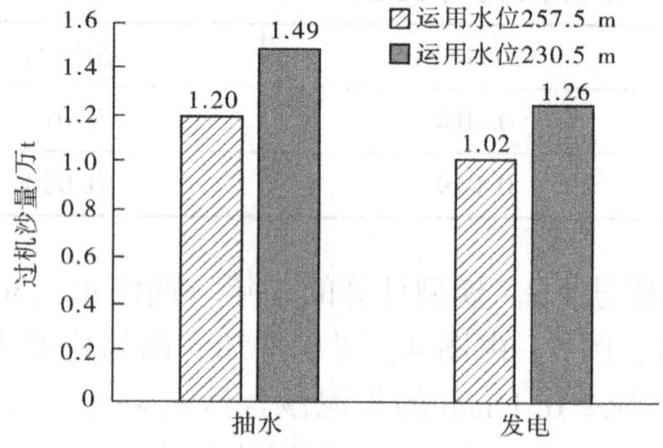

(a)不同库水位电站过机沙量

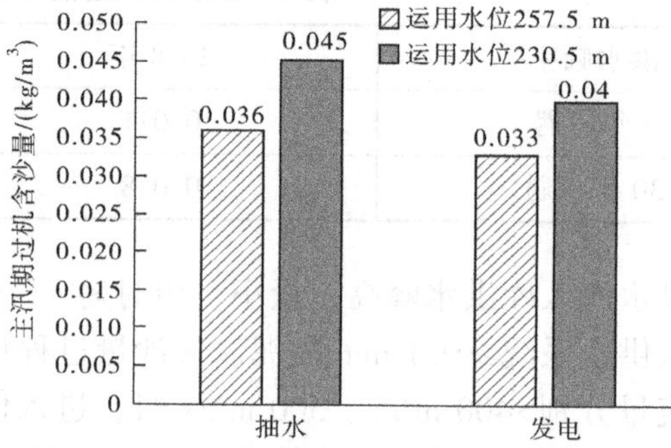

(b)不同库水位电站主汛期过机含沙量

图6 不同库水位时电站主汛期过机沙量和过机含沙量

4.2 电站调度

主汛期洪水期入库水流含沙量大，应在洪水期短期停机避沙。峪河流域洪水历时短，如 30 年一遇洪水历时 1 d，其中涨水段 4 h，洪峰段 4.5 h，落水段 15.5 h。对主汛期 7—8 月洪水期电站调度方式进行优化，根据上文典型洪水计算成果，对 5 年一遇、30 年一遇洪水过程，洪水涨水期入库流量分别大于 400 m^3/s、500 m^3/s 时，进入供水系统≥0.1 mm 的粗泥沙含沙量大于 5 g/m^3，落水期入库流量分别小于 300 m^3/s、200 m^3/s 时，粗泥沙含沙量小于 5 g/m^3。为便于统一调度，建议洪水涨水期当下水库入库流量大于 400 m^3/s 时，电站停机避沙，落水期入库流量小于 200 m^3/s 时，电站开机运行；平水期和其他月份，宝泉入库基本为清水，机组正常运用。

5 结论

（1）电站避沙是确保抽水蓄能电站安全运行和工程效益发挥的重要前提条件。对宝泉电站避沙调度方式提出了优化，提出主汛期下水库仍按当前水位运用，7—8 月洪水期入库含沙量高，当下水库入库流量大于 400 m^3/s 时，电站宜停机避沙，洪峰过后入库流量降至 200 m^3/s 时，电站可开机运行。

（2）抽水蓄能电站过机泥沙问题复杂，处理不当将带来严重的后果，应加强下水库进/出水口河床淤积高程监测，必要时采取清淤等措施降低淤积面高程，减少过机沙量。

（3）抽水蓄能电站运用应跟踪研究近期电站避沙调度实施效果，及时总结避沙调度管理经验，结合运用实践进一步深入研究和优化电站避沙调度方案，为工程效益发挥提供技术支撑。

参考文献

[1] 孙东坡，陈浩，胡祥伟．某抽水蓄能电站下库进出水口水沙运动特性试验研究［J］．泥沙研究，2017，42（2）：

28-34.
[2] 国家能源局．抽水蓄能电站设计规范：NB/T 10072—2018［S］．北京：中国水利水电出版社，2018.
[3] 梅家鹏，任晓倩．某抽水蓄能电站下库侧式进/出水口数值模拟［J］．人民黄河，2015，37（1）：108-110.
[4] BONALUMI M，ANSELMETTI F S，KAEGI R，et al. Particle dynamics in high-Alpine proglacial reservoirs modified by pumped-storage operation［J］．Water Resources Research，2011，47（9）：1-15.
[5] 魏红艳，徐秋蒙，余明辉．抽水蓄能电站水沙调控数值模拟研究［J］．水力发电学报，2015，34（2）：91-97，117.
[6] 张国良，孙东坡，胡祥伟．天池抽水蓄能电站上、下水库整体动床泥沙模型的设计与验证［J］．华北水利水电大学学报（自然科学版），2017，38（3）：70-75.
[7] 张建，詹义正，郭选英．河南国网宝泉抽水蓄能电站泥沙问题研究［C］//中国水力发电工程学会水文泥沙专业委员会．中国水力发电工程学会水文泥沙专业委员会第七届学术讨论会论文集（上册）．成都：四川科学技术出版社，2007：229-232.
[8] 张红武，张清．黄河水流挟沙力的计算公式［J］．人民黄河，1992（11）：7-9，61.

黄河流域高质量发展中的重大环境灾害及减灾路径

岳　涛

（聊城黄河河务局陶城铺闸管所，山东聊城　252000）

摘　要：黄河流域环境灾害的发生频率和影响力日益凸显，主要表现为洪水、干旱及水土流失等问题。本文探讨了防洪减灾体系的构建、智慧水利的应用、城市防洪韧性提升以及应对干旱的水资源调配策略，通过现代化的水利基础设施建设、智能监测与调度系统、海绵城市理念以及中水回用技术来实现黄河流域的可持续发展。政策引导、公众参与及科技与资金支持是实现高质量发展的重要保障，在多方协同下，可以提升流域的环境灾害应对能力，促进经济和生态的协调发展。

关键词：黄河流域；环境灾害；减灾路径

1　引言

黄河作为中国的“母亲河”以及重要的生态屏障，贯穿九省区，涵盖了从西部高原到东部平原的广阔区域，历来在中国生态保护与经济发展中占据着核心位置。然而，受其复杂的自然地理环境及人类活动影响，黄河流域近年来频繁遭遇多种环境灾害，尤以洪水、干旱和水土流失等问题最为突出。随着中国经济社会的快速发展，黄河流域高质量发展被提升到国家战略层面。黄河流域的高质量发展不仅是为了维持生态平衡，更是确保该区域经济、社会的持续繁荣。因此，减轻环境灾害对黄河流域的负面影响，成为推动该区域高质量发展的关键。通过优化水资源管理、加强生态修复、提升防灾减灾能力，黄河流域有望在实现经济增长与环境保护的双重目标中发挥引领作用。而这一目标的实现，必须以构建高效的减灾技术和策略为基础，既要保护生态环境，又要增强区域的抗灾韧性[1]。

2　黄河流域环境灾害分析

2.1　洪水灾害

黄河的洪灾主要发生在下游。与一般河流相比，黄河下游的洪灾有三个特点：一是下游为“地上悬河”，一旦发生决口，往往造成毁灭性灾害；二是洪灾发生频率高，此所谓“三年两决口、百年一改道”；三是灾害影响范围大，目前，黄河一旦决溢，将影响两岸 12 万 km^2 8 500 万人口。因此，治理黄河下游的洪灾历来是国家安民兴邦的大事。

黄河流域的洪水灾害由多种因素引发，主要包括季风性降水、上游冰雪融水以及人为因素。由于黄河流域雨季降水集中且强度大，极端天气现象频发，黄河经常经历短时间内的大量水流聚集。与此同时，流域的地形复杂，河道狭窄且坡度陡峭，导致河道蓄水能力有限，易发生短时间内洪水迅速上涨的现象。黄河上游和中游地区的冰雪融水，在春季气温上升时大量涌入河道，也增加了洪水的发生风险。历史上，黄河被称为“善淤、善徙、善决”的三善之河，频繁的决堤和改道造成人口流离失所和经济损失，严重制约了沿岸地区的社会发展。现代城市化进程的加快，使得黄河流域的洪涝灾害问题变得更加复杂。大量人口涌入城市，加大了对城市防洪排水系统的压力，尤其是洪水侵袭时，排水不畅易导致城市内涝。城市内涝不仅造成居民生活不便，影响市政基础设施的正常运转，更会对经济、生态和社会产生多重影响。

作者简介：岳涛（1983—），男，工程师，主要从事引黄水闸工程管理、引黄灌溉及防汛工作。

2.2 干旱灾害

黄河流域的干旱灾害，特别是在上游和中游地区，也日益成为该流域面临的重大环境问题。黄河上游位于青藏高原，气候干旱，降水量有限，而中游地区则为典型的半干旱、半湿润气候区，年降水量波动较大，干旱灾害发生频率较高。近年来，由于气候变暖、降水减少及水资源过度利用，黄河流域的水资源供需矛盾日益突出，导致了更加频繁和严重的干旱现象[2]。

干旱灾害对农业生产、生态环境和城市供水带来了多方面的负面影响。首先，农业是黄河中游地区的主要经济支柱，长期干旱导致农作物减产甚至绝收，直接威胁区域粮食安全；干旱还会引发土壤退化、植被稀疏，进一步加剧水土流失和生态恶化。其次，干旱加剧了区域内城市供水的压力。黄河流域的许多城市依赖于地表水资源和地下水资源供水，干旱导致水源枯竭，不仅影响居民的日常生活用水，还对工业用水、农业灌溉及生态补水产生不利影响。尤其是在用水量需求巨大的城市，干旱带来的水资源短缺问题愈加凸显。

2.3 水土流失与泥沙淤积问题

黄河流域的水土流失问题尤为突出，特别是在中游的黄土高原地区，由于其特殊的地质构造，水土流失十分严重。黄土高原地区的土壤结构疏松，植被覆盖率低，降雨时容易形成强烈的地表径流，导致大量土壤被冲刷进黄河，其不仅加剧了中游地区的水土流失，还直接影响下游的泥沙淤积问题。黄河下游河道泥沙淤积导致河床不断抬高，使得黄河成为一条“地上悬河”，防洪压力剧增，洪水泛滥的风险也随之增加。黄河的泥沙问题长期以来成为该流域防洪与水资源管理的难题。水土流失和泥沙淤积不仅影响黄河的行洪能力，还给水库、灌溉系统及下游的水利工程带来严重的管理挑战。水库泥沙淤积会减少其蓄水容量，影响调节洪水、供水和发电的功能。此外，泥沙流入灌溉渠道也会影响农业用水的供应，进一步影响区域农业生产。

3 黄河流域环境灾害的减灾路径探讨

3.1 防洪减灾体系的构建

3.1.1 水利基础设施的现代化建设

构建现代化的水利基础设施是有效防洪减灾的关键[3]。传统的防洪设施，如堤坝、泄洪工程和水库，虽然在历史上起到了一定的作用，但随着城市化进程加快、气候变化加剧，这些设施面临着功能老化、容量不足以及灾害防控能力弱化等问题。因此，必须进行现代化改造，以应对未来更严峻的挑战。

防洪堤坝的现代化建设应着眼于提高其防洪能力和适应性。在防洪堤坝方面，需引入现代化的建筑材料与工程技术，加强堤坝的防护能力和韧性，确保在洪水高峰期也能有效抵御洪水冲击。泄洪工程的改造应注重动态调度能力的提升，特别是在汛期洪水来临时，根据实时水文数据调整泄洪策略，减少下游的洪灾风险。水库的调度管理也亟须现代化。水库调度的现代化也需要智能化技术的支持，通过物联网、自动化控制系统等，实时监测和管理水库的水位变化，并结合天气预报等信息进行精准的预调度。

3.1.2 流域综合治理

单纯依靠工程措施难以应对黄河流域复杂的洪灾和水资源问题，因此“源头治理-流域综合调控”的理念显得尤为重要。源头治理强调通过修复水土流失，减少泥沙进入河道，以降低中下游河道的泥沙淤积问题，关键是加强植被恢复和生态重建，通过大规模植树造林和草原恢复，增强土壤的涵养能力，从而减少水土流失。流域综合调控则聚焦于水资源的合理分配和洪水的统一调度。通过建立跨区域的水资源联动调度机制，实现上下游地区的协同防洪，缓解洪水对流域不同区域的冲击。这种综合性治理方式，能够提高流域整体的防洪能力，促进生态环境的改善。

3.2 智慧水利的应用

3.2.1 智能监测与预警系统

随着信息技术的快速发展，智慧水利逐渐成为应对环境灾害的重要手段。利用大数据、物联网等技术，建立实时监测和预警系统，可以显著提高灾害的监测和预警能力，进而提升防灾减灾的效率。智能监测系统通过部署在流域各地的传感器网络，实时获取水文、气象和地质数据，形成海量的动态数据集。利用这些数据，可以对洪水、干旱等灾害进行动态风险评估，并通过大数据分析和模型预测，及时向相关部门发出预警，确保能够在灾害发生前采取相应的应对措施。

3.2.2 水利工程的智能化调度

人工智能在水利工程中的应用，尤其是智能调度系统，正在为黄河流域的防洪抗旱提供精细化管理的可能性。基于人工智能的水利工程调度系统，可以根据实时的水文数据，自动优化调度策略，实现防洪与供水、灌溉等多重需求的平衡。在洪水调度中，智能系统可以综合考虑上游降雨量、河道水位以及下游地区的防洪需求，自动调整泄洪量和泄洪时间，最大程度地减少洪水对人口密集区域的威胁。同时，在抗旱调控中，智能系统可以通过分析干旱区域的水资源需求和整体水库储水量，精确安排灌溉和供水计划，确保水资源的合理高效利用。

3.3 城市防洪韧性提升

3.3.1 海绵城市理念在黄河流域的实践

随着城市化进程加快，城市内涝问题日益严重，尤其在黄河流域的部分城市，暴雨引发的内涝灾害给城市运行和居民生活带来了巨大挑战。为应对这一问题，海绵城市的理念逐渐得到推广与实践。海绵城市倡导通过建设绿色基础设施，如渗透池、湿地、绿色屋顶和透水铺装等，提高城市对雨水的吸纳、储存和利用能力。在暴雨来临时，这些设施能够有效减少地表径流，缓解城市排水系统的压力，降低城市内涝发生的概率。海绵城市理念还注重雨水资源的利用，通过雨水回收系统，收集并利用降水资源，为城市绿化、清洁等提供额外水源，进一步实现水资源的可持续利用。运用海绵城市理念，黄河流域的城市可以显著增强应对极端天气事件的韧性，减少洪水对城市的破坏，形成“蓄-排-用”一体化的城市雨水管理模式。

3.3.2 城市排水系统的优化

城市排水系统的智能化改造和基础设施优化设计，是提升城市防洪韧性的另一条重要路径。传统的排水系统在面对极端降雨时往往难以承受，而智能排水系统则能够通过实时监测排水管网的流量、流速等数据，动态调整排水策略，确保排水系统的高效运转。可以利用物联网、大数据等技术实时监控排水系统的运行状态，预测排水高峰期的管网负载情况，并及时进行分流域调度。优化设计排水基础设施也能在一定程度上提升城市的防洪能力。例如，增加排水管道的直径、合理布局雨水井、建设多层级的排水网络等措施，都能有效提高城市在暴雨情况下的应急排水能力。

3.4 应对干旱的水资源调配策略

3.4.1 跨流域调水与水资源优化配置

黄河流域干旱问题日益严重，跨流域调水工程成为解决这一问题的重要手段。南水北调工程等大型跨流域调水项目在缓解黄河流域水资源紧缺方面发挥了关键作用。优化调水路径应结合区域的水资源需求、生态保护目标和社会经济发展水平，通过科学的水资源调度系统，动态调整调水量和调水时间，确保水资源高效合理地分配。在此过程中，可以利用现代技术手段进行实时监测与评估，借助大数据与 GIS 技术，进行调水效果的动态分析，确保调水工程的高效运行和科学管理。注重跨区域的水资源协调管理，建立跨流域的协调机制，推动上游地区与下游地区的协同合作，促进区域间的水资源共享和生态环境共同保护。

3.4.2 中水回用与水资源高效利用

城市中水回用技术是缓解黄河流域城市水资源压力的重要途径之一。为了推动这一技术的广泛应用，首先应加强中水处理技术的研发与升级，通过提高处理工艺的效率与成本效益，确保中水的水质达到城市生活用水和工业生产的要求。在城市规划中，应构建中水管网系统，将中水用于绿化灌溉、道路清洗和工业冷却等非饮用领域，减少城市对天然水资源的依赖。此外，还应在居民区推广中水回用设备，逐步实现小规模中水处理系统的分散式应用，使水资源在使用端得到更加精细的管理。

4　黄河流域高质量发展的政策支持与实施保障

4.1　政策引导与规划保障

为了实现黄河流域的高质量发展，国家与地方政府在防洪减灾、水资源保护等方面制定了一系列政策支持与规划。国家层面上，政府制定的《黄河流域水资源保护与利用规划》及《黄河流域防洪减灾规划》，明确了流域水资源的可持续发展目标和防洪减灾措施。政策规范了水资源的合理配置和生态保护，也强调了流域内各级水利工程的建设与管理，确保了流域生态环境的恢复与维护。在政策的实施过程中，需加强跨部门的协调与合作，确保不同部门之间信息共享与资源整合。例如，环境保护、农业、水利和城市规划等部门应建立常态化的沟通机制，共同应对水资源管理与环境保护的挑战。鼓励地方政府在具体政策实施中探索创新，及时总结经验并向上级部门反馈，以便不断优化政策内容和实施路径，从而增强政策的适应性和可操作性。

4.2　公众参与与环保教育

提升公众参与意识和环保教育是黄河流域高质量发展不可或缺的组成部分。政府和社会组织应开展多层次、多形式的环境教育活动，增强公众对黄河流域环境现状及其所面临威胁的认识。通过举办知识讲座、社区活动、环境科普展览等方式，普及防洪减灾知识，提高市民的参与度；利用新媒体技术，通过社交网络和移动应用程序，传播减灾技术和应急措施，使更多人群能够便捷地获取相关信息。鼓励公众积极参与到防灾减灾的实践中。例如，建立志愿者团队，组织社区防灾演练，培养居民的防灾意识和应急能力；设立公众意见反馈机制，收集居民对环境管理和水资源保护的意见与建议，增强政府在政策制定过程中的透明度与互动性。

4.3　科技与资金支持

科技创新和资金投入是推动水利减灾技术开发和转化应用的关键驱动力。在黄河流域高质量发展的背景下，必须加强科研力度，促进水利技术的创新与实践[4]。国家和地方政府应加大对水利科技研究的资金支持，特别是在水资源管理、环境监测和灾害预警等领域的基础研究与应用研究，设立专项资金、科研项目和技术攻关团队；鼓励高校和研究机构与企业的合作，形成产学研一体化的创新模式，推动科研成果的转化与应用。针对黄河流域的实际情况，科技研发应聚焦于智能监测、数据分析和自动化管理等前沿领域。例如，利用物联网、大数据和人工智能等技术手段，提高水资源管理的精细化水平和应急响应能力。同时，应加强对新技术的试点和示范，评估其在实际应用中的效果，逐步推广至更大范围。

5　结语

黄河流域作为我国重要的生态和经济区域，其环境灾害的有效应对关系到区域的可持续发展与社会稳定。通过构建现代化的防洪减灾体系、推进智慧水利的应用以及优化水资源配置，能够有效减少环境灾害带来的影响。同时，政策支持、公众参与和科技投入的共同作用，必将为黄河流域的高质量发展提供坚实的基础。

参考文献

[1] 申艳军，杨博涵，王双明，等．黄河几字弯区煤炭基地地质灾害与生态环境典型特征［J］．煤田地质与勘探，

2022，50（6）：104-117.
[2] 张润平，余金龙，张志强，等．陕西省黄河流域生态保护和高质量发展水利规划构想［J］．陕西水利，2021（8）：56-59.
[3] 何爱平，安梦天．黄河流域高质量发展中的重大环境灾害及减灾路径［J］．经济问题，2020（7）：1-8.
[4] 魏向阳，蔡彬，肖曼珍．2023 年黄河流域水旱灾害防御工作［J］．中国防汛抗旱，2023，33（12）：15-18.
[5] 魏胜玮．2021 年黄河中游秋汛的成因分析［J］．农业灾害研究，2023，13（8）：187-189，263.

黄河水量调度优化模型研究与应用

赵亚威[1,2]　秦国锐[1]　李克飞[1,2]　李　慧[1]

（1. 黄河勘测规划设计研究院有限公司，河南郑州　450003；
2. 水利部黄河流域水治理与水安全重点实验室（筹），河南郑州　450003）

摘　要：黄河是我国最早开展水量统一调度的大江大河。针对黄河水量调度涉及面广、数据量大、流程复杂的特点，以河道外供水量最大、入海水量最大和调度期末水库总蓄水量最大为目标，构建黄河水量调度优化模型，并采用线性规划算法对模型进行求解。以2023—2024年黄河水量调度年计划编制为例进行实例分析，结果表明：优化方案能够保障2023—2024年黄河流域河道外360亿m^3耗水量；相较于原方案，优化方案能够在满足基本入海水量的前提下，将全河富余水量尽可能多地存蓄在水库中，以保障下一年度黄河流域供水安全。

关键词：黄河水量调度；水库优化调度；线性规划；Cplex；多目标

1　引言

水量调度是一种调节河流天然径流过程的非工程手段。由于河流天然来水往往与用水过程不完全匹配，需要借助具有调蓄能力的水库工程将丰水期或丰水年的富余水量调节至枯水期或枯水年，或者将水资源丰沛地区的富余水量引（调）至水资源匮乏的地区，以实现水资源在时间上和空间上的合理分配[1]。水量调度通常涉及多目标、多过程、多尺度，实质上是一个典型的复杂大系统非线性约束优化问题[2]。一般的技术路径为：首先对流域或区域水资源系统进行概化，根据各要素之间的水力联系，构建水资源系统网络拓扑，然后根据调度目标和调度约束条件，建立水量调度数学模型，接着采用合适的优化算法对模型进行求解，最终获得最优水量调度方案[3]。

黄河全长5 464 km，流域面积79.5 km^2，是我国第二大流域。为缓解黄河流域水资源短缺问题，国务院于1987年批复实施了黄河“八七”分水方案，明确了黄河流域9省（区）和河北、天津的黄河分水指标[4]。彼时黄河干流已经建成龙羊峡、刘家峡等大型调蓄工程，但由于水库管理责任单位不同，没有条件开展统一调度，导致水量调度工作开展困难。1998年12月14日，国家计划委员会联合水利部颁布实施了《黄河水量调度管理办法》，规定黄河水量实行统一调度，并明确了黄河水量的统一调度管理工作由黄河水利委员会负责，从此开启了黄河水量统一调度的新时期[5]。

黄河水量统一调度的核心技术是总量控制、滚动修正、实时监管[6]。总量控制，是指根据调度年初来水预报和水库蓄水情况确定黄河可供水量，作为本年度黄河流域用水总量的控制指标。滚动修正，是指在水量调度过程中，根据面临月/旬来水预报和前期实况用水，滚动修正余留期的可供水量和分水计划。实时监管，是指根据重要控制断面实测流量变化情况，在可能发生断流风险时，通过迅速调整上游调蓄水库调度方式和取水口引水计划来消除断流危机。自1999年至今，黄河水量统一调度已经连续开展了25年，确保了黄河25年不断流[7]，为黄河流域水安全保障提供了重要技术支撑。

根据黄河水量调度基本原理，采用最优化技术，构建黄河水量调度优化模型，统筹协调黄河河道

基金项目：国家重点研发计划重点专项（2023YFC3206703）；黄河勘测规划设计研究院有限公司自立科研项目（2023KY008）。

作者简介：赵亚威（1992—），男，工程师，主要从事水资源系统规划与管理、数字孪生流域研究工作。

外经济社会用水和河道内生态环境用水，为年度计划的制订提供决策参考。

2 黄河水量调度优化模型构建及求解

2.1 目标函数

黄河水量调度主要可以归结为三大目标：一是满足河道外经济社会用水需求，保障黄河流域供水安全；二是满足利津入海水量要求，保障黄河水生态安全；三是调度期末水库总蓄水量最大，保障下一年度供水安全。因此，可建立黄河水量调度优化模型目标函数如下。

2.1.1 河道外供水量最大（F_1）

$$F_1 = \max\Big(\sum_{i=1}^{I}\sum_{t=1}^{T} S_{\mathrm{riv},\ i,\ t} + \sum_{j=1}^{J}\sum_{t=1}^{T} S_{\mathrm{res},\ j,\ t}\Big) \tag{1}$$

式中：i、I分别为河段序号、总数，根据省界断面、重要水文站断面将黄河干流划分为若干河段，便于水量调度管理；j、J分别为水库序号、总数，主要考虑黄河干流上调节库容较大的龙羊峡、刘家峡、万家寨、三门峡和小浪底五座水库；t、T分别为时段序号、总数；$S_{\mathrm{riv},i,t}$为i河段t时段供水量，亿 m^3；$S_{\mathrm{res},j,t}$为j水库t时段库区供水量，亿 m^3。

2.1.2 入海水量最大（F_2）

$$F_2 = \max\sum_{t}^{T} G_t \tag{2}$$

式中：G_t为t时段入海水量，亿 m^3。

2.1.3 调度期末水库总蓄水量最大（F_3）

$$F_3 = \max\sum_{j=1}^{J} V_{j,\ T} \tag{3}$$

式中：$V_{j,T}$为j水库T时段初（调度期末）蓄水量，亿 m^3。

2.2 约束条件

2.2.1 水库水位约束

调度过程中水库运行水位需满足水位上下限制，见式（4）。

$$Z_{\min,\ j,\ t} \leqslant Z_{j,\ t} \leqslant Z_{\max,\ j,\ t} \tag{4}$$

式中：$Z_{j,t}$、$Z_{\min,j,t}$、$Z_{\max,j,t}$分别为j水库t时段运行水位、最低水位、最高水位，m。

通常，水库允许的最低水位为死水位，允许的最高水位汛期为汛限水位、非汛期为正常蓄水位。

2.2.2 水库下泄流量约束

水库下泄流量需满足上下限制，见式（5）。

$$Q_{\min,\ j,\ t} \leqslant Q_{j,\ t} \leqslant Q_{\max,\ j,\ t} \tag{5}$$

式中：$Q_{j,t}$、$Q_{\min,j,t}$、$Q_{\max,j,t}$分别为j水库t时段下泄流量、最小下泄流量、最大下泄流量，m^3/s。

2.2.3 控制断面最小下泄流量约束

控制断面的最小下泄流量主要是为了保障下游河段经济社会用水和河道内生态基流，见式（6）。

$$q_{i,\ t} \geqslant q_{\min,\ i,\ t} \tag{6}$$

式中：$q_{i,t}$、$q_{\min,i,t}$分别为i河段下断面t时段下泄流量、最小下泄流量，m^3/s。

2.2.4 水库水量平衡约束

水库水量平衡原理为：时段内水库加水项与减水项之差等于水库蓄水变化量。其中，水库加水项主要为入库水量，减水项主要为出库水量、蒸发渗漏损失量和库区供水量，见式（7）。

$$V_{j,\ t-1} + W_{\mathrm{in},\ j,\ t} = V_{j,\ t} + W_{\mathrm{out},\ j,\ t} + W_{\mathrm{lost},\ j,\ t} + S_{\mathrm{res},\ j,\ t} \tag{7}$$

式中：$V_{j,t-1}$、$V_{j,t}$分别为j水库t时段初、末蓄水量，亿 m^3；$W_{\mathrm{in},j,t}$、$W_{\mathrm{out},j,t}$、$W_{\mathrm{lost},j,t}$分别为j水库t时段入库水量、出库水量、蒸发渗漏损失水量，亿 m^3。

2.2.5 河段水量平衡约束

河段水量平衡原理为：时段内河段加水项与减水项之差等于河段槽蓄水变化量。其中，加水项包括上断面下泄流量、区间加水流量、区间退水流量，减水项包括河段供水流量和蒸发渗流损失流量。这里做一定简化处理：第一，由于黄河总来水量远大于槽蓄水变化量，故不考虑槽蓄水变化量，即时段内河段加水项与减水项之差等于 0；第二，由于河段上、下断面距离较远，水流传播时间不能忽略，根据上断面当前时段和上一时段下泄流量，基于流量组成法计算下断面当前时段下泄流量，见式（8）。

$$q_{i,\ t} = \frac{t_{\mathrm{trans},\ i}}{\Delta t} q_{i-1,\ t-1} + \frac{\Delta t - t_{\mathrm{trans},\ i}}{\Delta t} q_{i-1,\ t} + q_{\mathrm{in},\ i,\ t} + q_{\mathrm{retu},\ i,\ t} - \frac{S_{\mathrm{riv},\ i,\ t}}{\Delta t} - q_{\mathrm{lost},\ i,\ t} \tag{8}$$

式中：$q_{i-1,t-1}$、$q_{i-1,t}$ 分别为 i 河段上断面 t 时段初、末下泄流量，m^3/s；$q_{\mathrm{in},i,t}$、$q_{\mathrm{retu},i,t}$、$q_{\mathrm{lost},i,t}$ 分别为 i 河段 t 时段区间加水流量、退水流量、蒸发渗漏损失流量，m^3/s；Δt 为计算时段时长，d；$t_{\mathrm{trans},i}$ 为 i 河段水流传播时间，d。

2.2.6 防凌控泄流量约束

黄河干流刘家峡、小浪底等水库因地理位置特殊，每年均有防凌调度任务，即在防凌期水库需严格按照防凌控泄流量下泄，以保证下游河段稳步封河和开河，缓解凌汛威胁，见式（9）。

$$Q_{j,\ t} = Q_{\mathrm{ice},\ j,\ t} \tag{9}$$

式中：$Q_{\mathrm{ice},j,t}$ 为 j 水库 t 时段的防凌控泄流量，m^3/s。

2.3 模型求解

线性规划法是比较传统的优化算法，相较于遗传算法、粒子群算法等当前研究热度比较高的智能算法而言，虽然计算效率偏低，但能够求解严格意义上的全局最优解，因此仍具有明显的优势。同时，目前国际上有多款基于线性规划开发的求解器，例如 Cplex、Gurobi、Lingo、Xpress、Lpsolver、SCIP、GLPK、Matlab 等，通过使用并行计算、多线程计算等先进技术，大部分求解器的求解效率相较于传统求解模式已经有了质的提升，并且大部分求解器都提供了丰富的接口，模型研发者仅需要通过简单编程便可实现对求解器的调用，大大缩短了研发时间，节省了研发成本。

黄河水量调度模型不含非线性项，为标准的线性模型，可以使用线性规划方法对模型进行求解。通过 C#编程调用 Cplex 求解器线性规划算法接口，实现对模型的快速求解。

3 实例分析

黄河水量调度年度计划由黄河水利委员会于每年 10 月底编制完成，并上报水利部批复实施，是指导下一调度年黄河水量分配工作的重要依据。以 2023—2024 年黄河水量调度年计划编制为例进行实例分析。

根据《水利部关于批准下达 2023 年 7 月至 2024 年 6 月黄河可供耗水量分配及非汛期水量调度计划的通知》（水调管〔2023〕319 号），2023 年 11 月至 2024 年 6 月黄河流域主要来水区合计预报来水为 187.54 亿 m^3，截至 2023 年 10 月 26 月 8 时（调度期初），黄河干流龙羊峡、刘家峡、万家寨、三门峡、小浪底五大水库合计蓄水量为 317.31 亿 m^3。依据“八七”分水方案，考虑骨干水库蓄水、长期径流预报以及各省（自治区）用水计划建议，确定 2023—2024 年度黄河可供耗水量为 360 亿 m^3。

根据《黄河水量调度条例实施细则（试行）》（水资源〔2007〕469 号）、《水利部关于印发第一批重点河湖生态流量保障目标的函》（水资管函〔2020〕43 号）等文件确定黄河干流主要控制断面最小下泄流量或生态基流；根据《2023—2024 年度黄河防凌调度方案》确定刘家峡、小浪底等水库的防凌控泄流量。

根据上述资料进行模型计算，得到 2023—2024 年度黄河水量调度计划（简称优化方案），主要成果与原印发实施方案（简称原方案）对比结果见表 1～表 3，并得出以下主要结论。

表 1　计算结果主要指标对比

单位：亿 m^3

项目	原方案	优化方案
分配河道外耗水量	360	360
非汛期入海水量	100. 97	92. 89
调度期末水库总蓄水量	229. 70	237. 78

表 2　原方案和优化方案非汛期入海流量过程

单位：m^3/s

月份	原方案入海流量	优化方案入海流量
11	390	394
12	290	187
1	290	191
2	260	286
3	410	138
4	480	497
5	590	767
6	1 150	1 100

表 3　原方案和优化方案调度期末黄河干流主要水库蓄水量

单位：亿 m^3

水库	原方案	优化方案
龙羊峡	189. 07	188. 39
刘家峡	24. 31	28. 33
万家寨	2. 86	2. 81
三门峡	0. 85	5. 10
小浪底	12. 61	13. 15
合计	229. 70	237. 78

（1）分析表 1 可知，优化方案与原方案分配河道外耗水量均为 360 亿 m^3，均能够保障河道外用水安全。

（2）原方案非汛期入海水量为 100. 97 亿 m^3，而优化方案为 92. 89 亿 m^3，较原方案少 8. 08 亿 m^3，原方案和优化方案非汛期入海流量过程见表 2；原方案调度期末黄河干流主要水库总蓄水量为 229. 70 亿 m^3，优化方案则为 237. 78 亿 m^3，较原方案多 8. 08 亿 m^3，原方案和优化方案调度期末黄河干流主要水库蓄水量见表 3。由此可知，在满足基本入海水量的前提下，优化方案可将全河富余水量尽可能多地存蓄在水库中，以保障下一年度黄河流域供水安全。

4　结语

根据黄河水量统一调度总量控制、滚动修正、实时监管的基本原理，构建了黄河水量调度优化模型，并以 2023—2024 年黄河水量调度年计划编制为例进行了实例分析，主要结论与展望如下：

（1）黄河水量调度模型计算所得方案能够满足 2023—2024 年黄河流域河道外 360 亿 m^3 耗水量的基本要求，并且在保证基本入海水量的前提下，将年度富余来水尽可能多地存蓄在水库之中，为下一年度黄河流域供水安全提供一定保障。

（2）黄河水量调度涉及面广、数据量大、流程复杂，通过将黄河水量调度高度数字化、模型化，下一步可结合现代编程技术将黄河水量调度模型程序化、模块化、标准化，把黄河水量调度“装进”计算机里，可为数字孪生黄河模型平台建设提供技术支撑。

参考文献

［1］杨森，刘埔，黄鑫磊，等．兴利调节计算的计算机自动化实现［J］．水利信息化，2010，23（4）：55-57.

［2］刘英华，王敬，王镜淋，等．基于协同进化粒子群算法的水库优化调度与应用［J］．中国农村水利水电，2022（7）：122-127，139.

［3］张永永，黄强，张洪波，等．黑河上游梯级水库联合调度研究［J］．水力发电学报，2010，29（4）：52-57，69.

［4］王煜，郑小康，彭少明，等．黄河流域水资源配置研究与展望［J］．人民黄河，2024，46（9）：18-24.

［5］苏茂林．黄河水资源精细调度研究［J］．人民黄河，2007，29（1）：1-2，60，79.

［6］蔡治国，王光谦，魏加华．黄河流域水量调度的自校正控制模型［J］．清华大学学报（自然科学版），2004，44（12）：1660-1663.

［7］忠静，沈文欣，石羽佳，等．数字孪生催动水利新质生产力与数字水利经济发展研究［J］．中国水利，2024（15）：7-12.

黄河下游高效输沙对中游水库运用的要求

陈翠霞[1,2]　吴默溪[1,2]　高　兴[1,2]

（1. 黄河勘测规划设计研究院有限公司，河南郑州　450003；
2. 水利部黄河流域水治理与水安全重点实验室（筹），河南郑州　450003）

摘　要：当前黄河下游河道适宜的中水河槽规模已形成，维持下游河槽稳定、提高河道输沙效率，对小浪底水库运用提出了新要求。根据1960年以来实测资料，分析不同含沙量级、流量级条件下游河道输沙效率，提出河道输沙水量与洪水含沙量密切相关，单位输沙净水量随洪水含沙量增大而减小。进入下游的平均含沙量在60 kg/m³以上时，黄河下游尤其是高村以上河段均会发生不同程度淤积。基于当前来水来沙特性和河道边界，提出在现状小浪底水库调度基础上，水库遇入库含沙量大于60 kg/m³的洪水过程，可适时降低水位排沙。本文成果可为多沙河流高效输沙提供参考。

关键词：输沙效率；河道冲淤；场次洪水；小浪底水库；黄河下游

黄河水少沙多、水沙关系不协调，历史上大量的泥沙淤积在下游河道形成了举世闻名的“地上悬河”。1950—1999年下游河道共淤积泥沙约93亿t，与20世纪50年代相比，河床普遍抬高2~4 m，严重威胁下游防洪安全。1999年10月小浪底水库蓄水运用后，通过水库拦沙和调水调沙，实现了下游河道全线冲刷，扭转了下游河道持续性淤积的局面。然而，黄河流域水资源匮乏[1]，河道输沙用水必定挤占经济社会发展用水，随着经济持续快速发展及工农业用水需求的增长，如何通过水库调节水沙，充分利用有限的水资源，在减少下游河道淤积的同时提高河道输沙效率，减少输沙水量，是值得研究和探讨的重要问题。

输沙水量可以表示为输送单位质量泥沙所需要的水量[2-4]，也可以表示为单位质量泥沙输送到下游或入海所用的清水的体积[5-7]，还可以表示为输送一定量泥沙所需的水量[8]。前两种概念是单位输沙水量，第三种概念是总输沙水量。单位输沙水量或单位输沙净水量越小，输沙效率越高，反之输沙效率越低。国内外众多学者对黄河下游河道输沙效率开展了大量的研究，钱意颖等[2]、岳德军等[3]分别分析了黄河下游汛期、非汛期和洪峰期的输沙水量，将输沙水量小于20 m³/t、河道淤积量占来沙量的比例小于20%的洪峰称为高效输沙洪峰。石伟等[6]提出河道淤积状况与输沙效率综合最优时的单位输沙水量为最经济输沙需水量，输沙水量在25 m³/t以下黄河下游可维持较好的河流功能。Li等[9]研究提出下游高效输沙洪水可以用平均流量3 200 m³/s、平均含沙量65 kg/m³来代表。

小浪底水库运用初期，水库调度以下游防洪和河道减淤为主要目标，河道输沙效率并不高。水库运用20年来，进入下游的水沙和河道边界条件均发生了显著变化，在确保下游防洪安全的同时，如何提高河道输沙效率对水库运用的要求也发生了变化。基于当前黄河水沙特性和下游河道边界条件，本文分析了黄河下游河道输沙效率和对挟沙水流的冲淤响应，对小浪底水库运用提出要求，以期为小浪底水库调度运用和黄河水资源优化配置提供参考。

基金项目：国家重点研发计划项目（2023YFC3208603）；国家自然科学基金项目（U22A20237，U2243237）；水利部重大科技项目（SKR-2022030）。

作者简介：陈翠霞（1987—），女，高级工程师，主要从事水库调度工作。

1 研究区域、方法和数据

1.1 研究区域

本文研究区域为黄河小浪底水库及下游河道（见图 1）。小浪底水库位于黄河中游最后一个峡谷河段，下距花园口站 128 km。坝址控制流域面积 69.4 万 km^2，占黄河全流域面积的 92.3%。工程开发任务以防洪（防凌）、减淤为主，兼顾供水、灌溉、发电。水库总库容 126.5 亿 m^3，其中防洪库容 40.5 亿 m^3，拦沙库容 75.5 亿 m^3。工程于 1997 年 10 月 28 日截流，1999 年 10 月 25 日下闸蓄水。截至 2024 年 4 月水库累计淤积量为 34.2 亿 m^3。

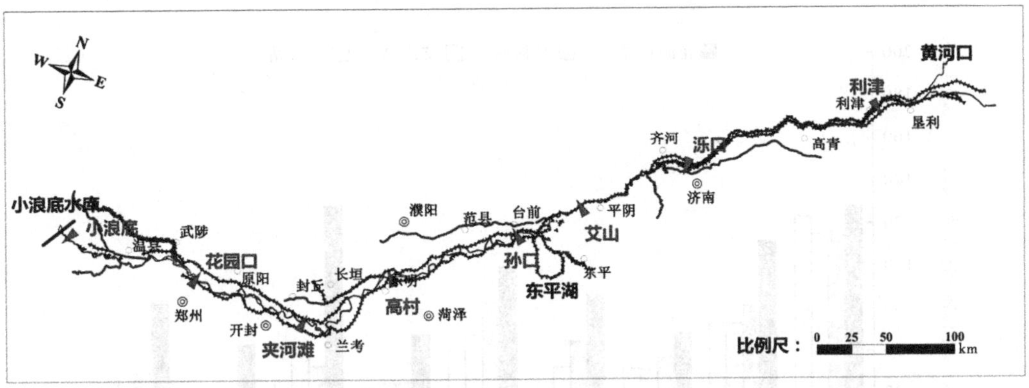

图 1 研究区域示意图

黄河干流自小浪底大坝以下，经华北平原，于山东省东营市垦利区注入渤海，河长 881 km。由于进入黄河下游水少沙多，河床不断淤积抬高，主流摆动频繁，现状下游河床普遍高出两岸地面 4~6 m，部分地段达 10 m 以上，成为淮河和海河流域的天然分水岭。黄河下游有花园口、夹河滩、高村、孙口、艾山、泺口和利津（入海口控制站）七个控制水文站。高村以上为游荡型河段，河道宽浅，两岸堤距为 4.1~20.0 km，主槽宽 1.5~10.0 km；高村至陶城铺（艾山站上游 28.24 km）为过渡性河段，两岸堤距为 1.4~8.5 km，主槽宽 0.7~3.7 km；陶城铺以下至利津为弯曲性河段，两岸堤距为 0.4~5.5 km，主槽宽 0.3~1.5 km；利津以下为河口段。依据河型变化，根据水文站位置分布情况和河道特性，将河道分为高村以上、高村—艾山、艾山—利津三个河段，基于花园口站、高村站、艾山站、利津站实测水沙数据，研究三个河段的输沙特性。

1.2 研究方法

本研究采用单位输沙净水量来分析黄河下游河道的输沙效率，即将单位重量泥沙输送到下游所需要的净水量。计算公式为

$$q' = \frac{W - W_s/\gamma_s}{W_s} = \frac{1 - S/\gamma_s}{S} \tag{1}$$

式中：q' 为单位输沙净水量，是针对河道某一个断面来说的，m^3/t；W 为输沙浑水水量，亿 m^3；W_s 为输沙量，亿 t；γ_s 为泥沙密度，为 2.65 t/m^3；S 为断面平均含沙量，t/m^3。

1.3 研究数据

黄河下游河道泥沙输移主要集中于汛期，汛期的输沙效率大于非汛期，其中汛期洪水期的输沙效率高于汛期平水期。采用 1960 年以来进入黄河下游洪峰流量大于 1 000 m^3/s 的非漫滩洪水共 306 场分析下游河道输沙效率，其中高含沙非漫滩洪水（指进入下游的洪水过程最大日平均含沙量超过 300 kg/m^3 的非漫滩洪水）14 场。下游主要控制水文站水沙资料均由黄河水利委员会整编和刊印。

2 黄河下游河道输沙效率分析

来水来沙条件是影响河道输沙效率的决定因素。根据式（1），输沙水量与含沙量密切相关。将

进入下游河道的水流按洪水平均含沙量划分为 20 kg/m³ 以下、20~60 kg/m³、60~100 kg/m³、100~200 kg/m³、200~300 kg/m³ 和大于 300 kg/m³ 共 6 个含沙量级；按洪水平均流量划分为 1 000~1 500 m³/s、1 500~2 000 m³/s、2 000~2 500 m³/s、2 500~3 000 m³/s、3 000~3 500 m³/s、3 500~4 000 m³/s、4 000~4 500 m³/s、4 500~5 000 m³/s、5 000~5 500 m³/s、大于 5 500 m³/s 共 10 个流量级。计算得到的花园口站、高村站、艾山站、利津站的单位输沙净水量见图 2。由图 2 可知，当进入下游的洪水含沙量小于 20 kg/m³ 时，各站单位输沙净水量在 50 m³/t 以上；含沙量增大至 60 kg/m³ 时，单位输沙净水量逐渐减小到 16 m³/t 左右；含沙量进一步增大至 100 kg/m³ 以上时，单位输沙净水量减小到 10 m³/t 以下，并逐渐趋于稳定。

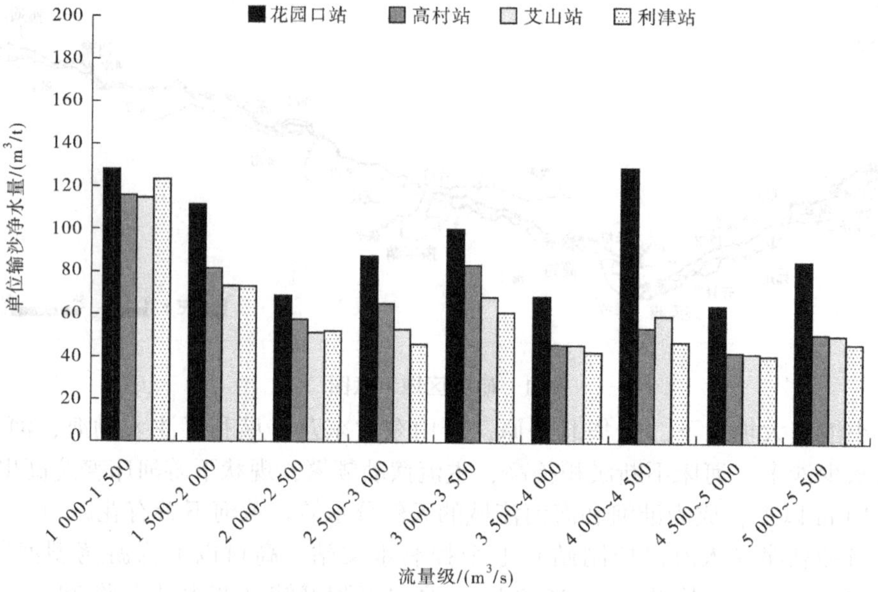

(a)含沙量20 kg/m³以下

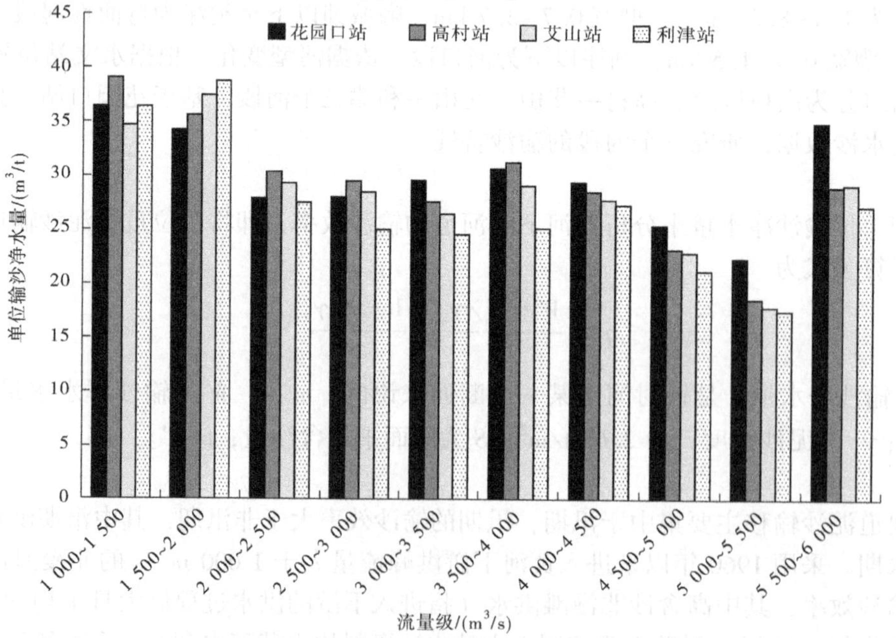

(b)含沙量20~60 kg/m³

图 2 黄河下游河道控制站单位输沙净水量

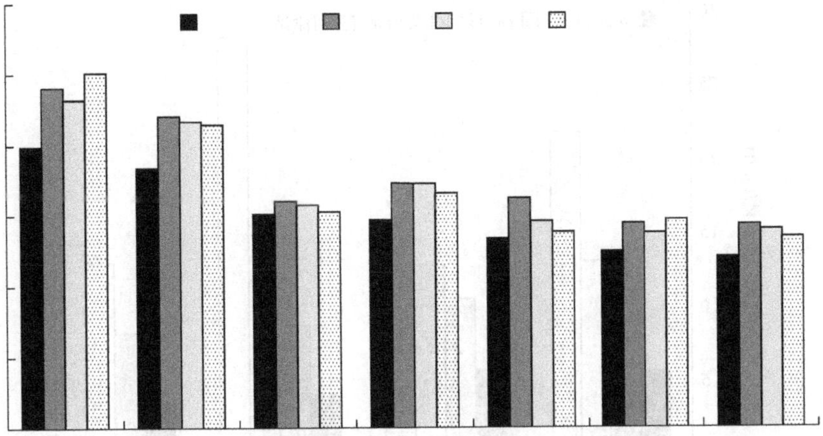

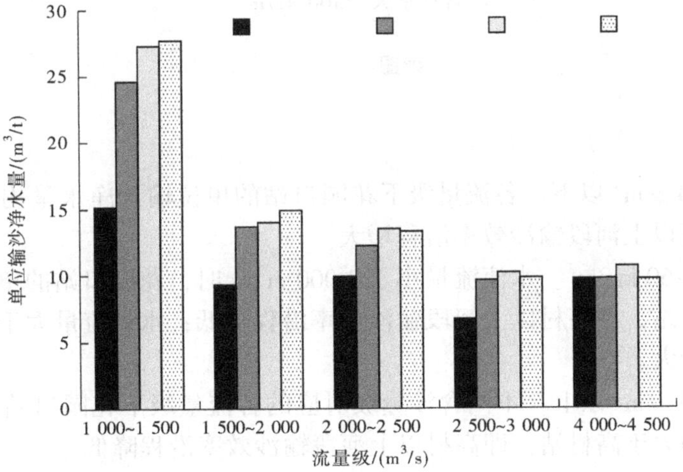
单位输沙净水量/(m^3/t)
0
5
10
15
20
25
30
1 000~1 500
1 500~2 000
2 000~2 500
2 500~3 000
4 000~4 500
流量级/(m^3/s)

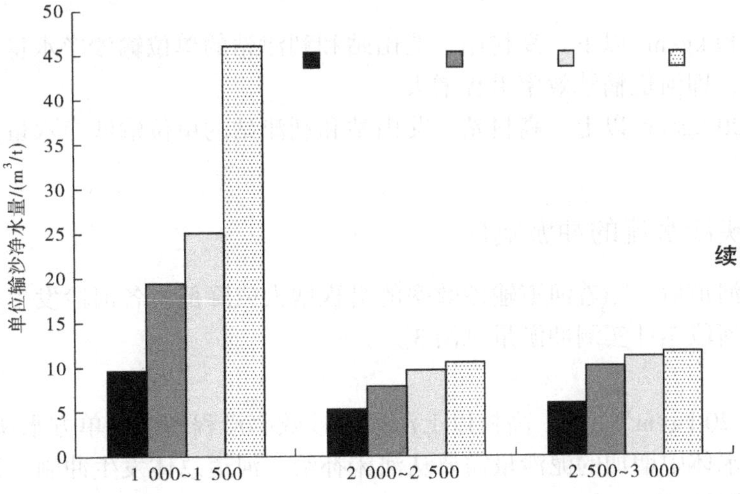
单位输沙净水量/(m^3/t)
0
5
10
15
20
25
30
35
40
45
50
1 000~1 500
2 000~2 500
2 500~3 000

续图 2

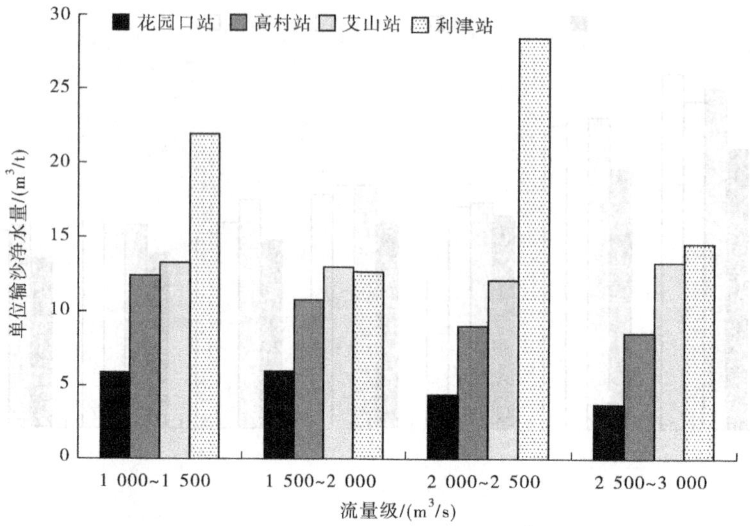

(f)含沙量大于300 kg/m^3

续图 2

2.1 高村以上河段

(1) 平均含沙量在 20 kg/m^3 以下。各流量级下花园口站的单位输沙净水量均大于高村站，即输沙效率均小于高村站，高村以上河段输沙效率沿程增大。

(2) 平均含沙量在 20~60 kg/m^3。水流流量小于 3 000 m^3/s 时，花园口站的单位输沙净水量小于高村站，输沙效率大于高村站，即高村以上河段输沙效率沿程降低；水流流量大于 3 000 m^3/s 时，高村以上河段输沙效率沿程增大。

(3) 平均含沙量在 60 kg/m^3 以上。不同含沙量级对应的各流量级下花园口站的单位输沙净水量均小于高村站，输沙效率均大于高村站，即高村以上河段输沙效率沿程降低。

2.2 高村以下河段

(1) 平均含沙量 100 kg/m^3 以下。高村站、艾山站和利津站的单位输沙净水量相差不大，各流量级下多表现为沿程减小，即河道输沙效率沿程增大。

(2) 平均含沙量 100 kg/m^3 以上。高村站、艾山站和利津站的单位输沙净水量沿程增加，即河道输沙效率沿程递减。

3 黄河下游河道对挟沙水流的冲淤响应

挟沙水流进入下游河道后，随着河道输沙效率的沿程增大或降低，各河段发生了冲刷或淤积。不同含沙量级黄河下游各河段累计实测冲淤量见图 3。

3.1 高村以上河段

(1) 平均含沙量在 20 kg/m^3 以下。高村以上河段输沙效率沿程增大，单方水挟带的泥沙量增加，与上游断面相比，单方水体中增加的泥沙量需要从河床补给，河道总体发生冲刷。该含沙量级下，高村以上河段实测共冲刷泥沙 17.51 亿 t。

(2) 平均含沙量在 20~60 kg/m^3。高村以上河段总体发生冲刷，且主要发生在流量大于 3 000 m^3/s 时。水流流量小于 3 000 m^3/s 时，高村以上河段输沙效率沿程降低，单方水挟带的泥沙量减少，减少部分的泥沙在床面落淤，河道淤积 3.38 亿 t；水流流量大于 3 000 m^3/s 时，随着输沙效率的沿程增加，高村以上河段总体由淤积转变为冲刷，冲刷量为 9.85 亿 t。

(3) 平均含沙量在 60 kg/m^3 以上。随着河段输沙效率的沿程降低，不同量级的洪水在该河段均

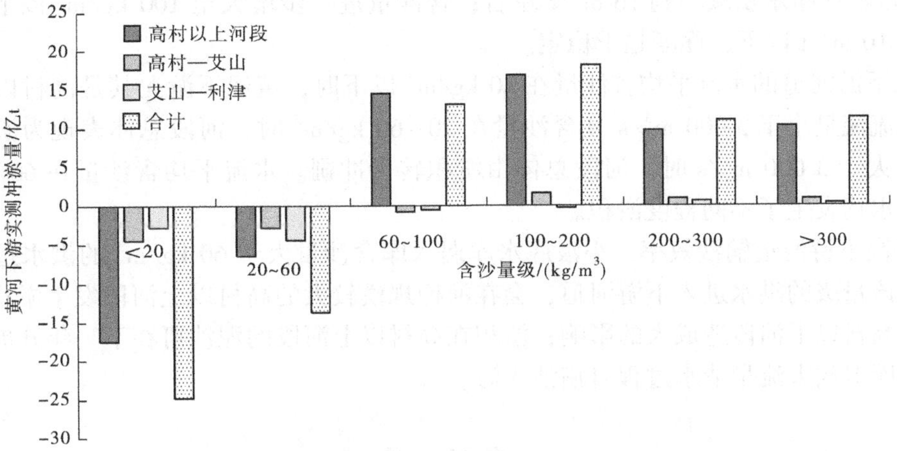

图 3　不同含沙量级黄河下游各河段累计实测冲淤量

发生了不同程度的淤积，累计淤积泥沙 51.11 亿 t。

3.2　高村以下河段

平均含沙量在 100 kg/m^3 以下：随着河道输沙效率的沿程增大，该河段总体发生冲刷。平均含沙量在 100 kg/m^3 以上：随着河道输沙效率的沿程减小，该河段总体发生淤积。

从图 3 还可以看出，进入下游的水沙过程经过高村以上河段冲淤调整之后，高村以下河段冲淤变化远不如高村以上河段明显，进入下游平均含沙量 20 kg/m^3 以下的洪水，高村以下河段的冲刷量占下游总冲刷量的 29.5%，平均含沙量 100 kg/m^3 以上的洪水河段淤积量占下游总淤积量的 7.4%~12.3%。

4　黄河下游河道高效输沙对小浪底水库运用的要求

黄河中游小浪底水库运用前，下游河道年均淤积泥沙约 2 亿 t。小浪底水库 1999 年 10 月蓄水运用以来，通过水库拦沙和调水调沙，下游河道发生全线冲刷。截至 2024 年 4 月黄河下游河道累计冲刷泥沙 32.2 亿 t，河槽最小平滩流量由 2002 年汛前的 1 800 m^3/s 增加到 4 600 m^3/s，尤其是高村以上河段平滩流量已经达到了 6 600 m^3/s 以上，下游河道适应的中水河槽规模已经形成，河道防洪能力大幅提升。

总结小浪底水库 20 年来运用实践，为实现下游河道减淤，水库主要以蓄水拦沙运用为主，拦蓄了易造成下游河道淤积的高含沙洪水过程，泄放了清水或含沙量较低的大流量洪水过程，河道的输沙效率较低。通过上文输沙用水量与水沙条件之间的关系可知，要提高下游河道输沙效率，需要小浪底水库泄放较大含沙量的水流过程，但高含沙水流过程容易造成下游河道泥沙淤积。当前，黄河下游河道适宜的中水河槽规模已经形成，如何在维持下游河槽规模的基础上，提高下游河道输沙效率，并实现水库减淤，是对小浪底水库调度提出了新要求。

根据上文研究结果，进入下游的洪水流量含沙量增加到 60 kg/m^3 以上时，河道的输沙效率较高；该量级的洪水进入下游河道，会在河槽规模较大的高村以上河段发生淤积，但不会对河槽规模适宜的高村以下河段造成大的影响；淤积在高村以上河段的泥沙可在下一年开展汛前调水调沙期间小浪底水库泄放大流量清水过程时输沙入海。因此，为提高下游河道输沙效率，小浪底水库遇入库含沙量大于 60 kg/m^3 的洪水过程，可适时降低水位排沙。

5　结论

（1）黄河下游河道的输沙水量与洪水含沙量密切相关，河道单位输沙净水量随洪水含沙量的增大而减小。洪水含沙量在 20 kg/m^3 以下时，河道单位输沙净水量在 50 m^3/t 以上；含沙量增大至 60

kg/m^3 时，单位输沙净水量减小到 16 m^3/t 左右；含沙量进一步增大至 100 kg/m^3 以上时，单位输沙净水量减小到 10 m^3/t 以下，逐渐趋于稳定。

（2）进入下游河道的水流平均含沙量在 20 kg/m^3 以下时，黄河下游尤其是高村以上河段总体表现为冲刷。水流流量小于 3 000 m^3/s 且含沙量在 20～60 kg/m^3 时，河段总体表现为淤积，该含沙量级下水流流量大于 3 000 m^3/s 时，河段总体由淤积转为冲刷。水流平均含沙量在 60 kg/m^3 以上时，不同量级的洪水均发生了不同程度淤积。

（3）为提高下游河道输沙效率，小浪底水库遇入库含沙量大于 60 kg/m^3 的洪水过程，可适时降低水位排沙。该量级的洪水进入下游河道，会在河槽规模较大的高村以上河段发生淤积，但不会对河槽规模适宜的高村以下河段造成大的影响；淤积在高村以上河段的泥沙可在下一年开展汛前调水调沙期间小浪底水库泄放大流量清水过程时输沙入海。

参考文献

[1] Wang H J, Yang Z S, Saito Y, et al. Interannual and seasonal variation of the Huanghe (Yellow River) water discharge over the past 50 years: Connections to impacts from ENSO events and dams [J]. Global and Planetary Change, 2006, 50 (3/4): 212-225.

[2] 钱意颖，叶青超，周文浩．黄河干流水沙变化与河床演变［M］．北京：中国建材工业出版社，1993.

[3] 岳德军，侯素珍，赵业安，等．黄河下游输沙水量研究［J］．人民黄河，1996（8）：32-33.

[4] 赵华侠，陈建国，陈建武，等．黄河下游洪水期输沙用水量与河道泥沙冲淤分析［J］．泥沙研究，1997（3）：57-61.

[5] 费祥俊．高含沙水流长距离输沙机理与应用［J］．泥沙研究，1998（3）：55-61.

[6] 石伟，王光谦．黄河下游输沙水量研究综述［J］．水科学进展，2003（1）：118-123.

[7] 王光谦，石伟．黄河下游最小输沙水量初探［M］．北京：清华大学出版社，2002.

[8] Yan J, Liang B, Zhang Y H, et al. The high efficient sediment-transport water volume in the lower Yellow River [J]. Advanced Materials Research, 2012, 403-408: 228-234.

[9] Li X P, Qu S, Shen G. Study on Flood Characteristics of Scouring and Deposition and High Efficient Sediment transport in the Lower Yellow River [J]. 3rd International Yellow River Forum, 2007: 161-168.

黄河中游测区数字孪生模型构建若干问题思考

甄雨欣　王　堃

（黄河水利委员会中游水文水资源局，山西晋中　030600）

摘　要：通过分析黄河中游测区数字孪生模型构建基础水文信息平台现状，列举现有平台缺陷，提出数字孪生模型下的黄河中游测区水文信息平台改进措施，包括推动水文测报流程优化，明确水文测报发展方向，购置更适合数字孪生模型的仪器设备，推进水文基础设施建设，丰富信息传输通道，推进水文预警预报智能化建设，拓宽预警信息发布渠道。分析黄河中游测区数字孪生流域模型建设的风险，详述水文数据的保密性、平台搭建的专业性、水文规范的滞后性及多方合作的现实性等方面存在的风险，并针对性提出建议。

关键词：数字孪生；黄河中游；水文信息平台；大数据；云计算；物联网

1　引言

“十四五”以来，随着中央治水方针的深入贯彻落实，国家对水利的投资力度与日俱增。水文测验设施的更新改造和水文测验新仪器新设备的引进使用，为黄河中游测区数字孪生模型的建设和完善提供了硬件基础。然而，配套软件繁杂、数目众多、系统不一致等问题导致水文信息无法整合处理，黄河中游测区数字孪生模型基础平台自动化水平较低，仍需大量的人工介入，无法真正自主完成水文数据自动采集、自动传输发送、自动分类处理、自动整编并完成最终自动预报的流程。

近年来，随着5G时代的到来，大数据、云计算等概念的提出和逐渐成型[1]，数字孪生模型的广泛建立和发展日趋成熟，黄河中游测区数字孪生模型发展有了新的方向和思路。黄河中游测区数字孪生模型的构建，可以更加系统化、成体系、有逻辑地实现水文测报流程优化，明确水文测报发展方向，购置更适用于该体系的仪器设备，并完成相应的测验设施建设和系统软件引进等工作。而大数据、云计算概念的引入和投入使用，对于水文测验模式的更新、水文数据采集量的几何倍数增加、水文数据分析的快捷精准，都可有效提升水文测验精度等级，进一步推动黄河中游洪水演进规律的推演、降水蒸发数据的归并、黄河中游洪水预报模型的建立完善和论证。

2　黄河中游测区数字孪生模型水文信息平台现状

黄河中游水文信息平台由雨水情监测站网、水文信息传输、水文信息软件系统、水文设施设备监控系统和水文信息汇总展示平台等部分组成。主要功能为黄河中游水文信息采集、传输和处理，最终汇总为水文资料进行整编保存。

目前，黄河中游雨水情监测站网分布点多、线长、面广，站点布设在黄河干流及大型支流上。较小支流没有控制水文站，设有少量雨量站。黄河中游雨水情监测站网主要监测项目包括水位、流量、含沙量、降水、蒸发等。

中游水文信息主要依靠4G传输，水利卫星作为应急手段补充传输。报汛水文站建设有手机短信、水利卫星，部分站配备手持移动卫星电话，以手机短信为主向各分中心、中转台发送水情短信，

作者简介：甄雨欣（1995—），女，工程师，主要从事黄河流域水利工程规划计划及建设管理、水文测报升级等工作。

其余为备用。自动雨量站通过 4G 网络通道向各分中心、中转台发送雨情信息。各分中心、中转台建设有 GSM 平台、MSTP 专线、水利卫星和手持移动卫星电话等四种通信方式，以 MSTP 专线为主发送水情信息，其余为备用。

3 黄河中游测区数字孪生模型平台缺陷分析

3.1 数据采集缺陷

水文数据采集的过程主要集中在水文测验和水文情报预报的过程中。其中，现有采集过程重点放在水文测验数据采集方面。采集方式如前文所述，为分项目分类采集。

在数据采集过程中，数据量的大小对能否获得真实反映流域特征的数据分析成果有着至关重要的影响。在水文测验数据采集中，站网密度是数据采集的第一道门槛。站网密度不足会导致信息数据采集代表性不强，无法用几个站点数据代表整个流域的数据，导致获得的数据只有其独立意义，无法推广到整个流域使用。

信息采集设备自动化程度时效性较差。目前，黄河中游测区的水文、雨量、蒸发等数据基本实现自动化采集，且采集频率较高。虽然流量、泥沙自动化测验设备也有较大程度的改善，但水文测报自动化、智动化仍处于较低水平。大部分数据的采集还是依靠传统的技术和手段，无法满足防汛抗旱的现实需要。

3.2 数据传输缺陷

在地处偏僻的水文站点中，通信条件较为落后，一旦遇到恶劣天气，当设备出现故障时，将极大影响防汛抗旱工作。目前，4G 通道是水文预警预报信息数据传输最经济、最便捷的传输通道，甚至可以说是最依赖的传输通道。水利卫星通道作为水文数据传输的备用选项，只能提供语音通信，无法保障信息数据的传输稳定性。

3.3 数据深加工缺陷

水文数据存储、查询、展示分散。受仪器供应分散影响，水文预警预报数据并未按照统一的通信传输协议、库表结构存储到一起，且数据查询、成果展示并未集中到一个系统中[2]。

水文预警预报手段落后。目前使用的水文预报方法为上、下游相应流量法，即以历史数据为依据建立相关性，精确度和时效性有待提高。水文预报理论单一，水文模拟、预报模型等方式未能应用，不能达到多种预报成果相互检验以提高预报精度的需求。

3.4 数据发布缺陷

现阶段，水利部门并未像气象部门、地震部门那样拥有特定的信息发布渠道，预警预报产品相对单一，目前仅通过手机短信的方式发布预警信息，虽发布方式脱离人工，但仍然严重地影响了数据发布的深度和广度。洪水预报模型建立还处于初级阶段，预报准确性、提前性都没有达到期望效果。

4 黄河中游测区数字孪生模型优化方案

4.1 基于数字孪生的平台改进

数字孪生模式下的平台改进主要集中在以下几点，重点在于水文测验自动化程度的大幅提升、信息传输通道的构建、软硬件系统的优化等方面。

4.1.1 加快水文设施建设

数字孪生模型建设的基础是水文设施建设。必须对水文预警预报设施总体布置进行规划，结合流域暴雨洪水特征，建立合理有效的监测、传输、预报站点。增加站网密度，尽可能降低未控区间对预警预报成果的影响。

在现有站点的基础上增加雨水情站点，加大雨水情数据的覆盖面，确保得到更加详细的雨水情数据，使雨水情信息能够更加准确、及时地传递到各个终端，为洪水预报预测提供重要的参考数据[3]。同时更新雨水情站点设备，加大站点硬件投资以及比测试验力度，将预警预报信息采集设备尽快转换为生产力，使雨水情数据采集覆盖范围更广、数据更加准确，保证雨水情的准确性和合理性，让防汛人员在第一时间掌握最新雨水情数据。

4.1.2 丰富信息传输通道

水文预警预报通信通道是水文预警预报体系的重要组成部分，其直接影响了预警预报的时效性。卫星通信较常规通信手段，具有通信距离远、通信质量高、系统可靠性高、不受地理条件限制的优点，更加适用于地处偏僻水文站点的应急通信。将预警预报数据传输与卫星通信相结合，丰富水情监测站点的信息传输通道，形成稳定性高、时效性强、可靠性好的多通道传输网络。

4.1.3 推进水文预警预报智能化建设

水文预警预报智能化建设，需要加大基础理论研究，深度挖掘历史资料，研究降水、水位等水文资料及对应洪水规律和特点，并且利用成熟的洪水预报方法，编制合理完整的预警预报方案；利用大数据和云计算，加快水文预警预报模型的建立和使用进程[4]。

4.1.4 健全水文预警信息发布渠道

水文预警预报对于预防灾难性事件发生、提高应急处置能力、最大限度避免或减少损失具有重要意义。完善水雨情网上发布、远程访问、短信通知等手段，实现重要对象的资源共享。需要丰富预警手段，将水文预报相关仪器设备和软硬件系统接入水文信息物联网中，及时将水文预警预报信息传输到防汛关键部位，对危险区域人员起到警示作用。

4.2 大数据与云计算参与的黄河中游测区数字孪生模型构建

黄河中游测区数字孪生模型若是只完成水文数据从采集到整编的过程，物联网完全可以实现自动获取数据并整理计算整编成册；但显然，黄河中游测区数字孪生模型的意义应远大于过往资料的整理和积累。这就需要在大数据时代运用云计算实现洪水演进过程推演和水文预报模型建立。

首先是大数据的获取。数据量的要求需要从更密集的雨水情监测站网获得更丰富翔实的庞大数据，从而完成训练数据的前期积累和不断供应。数据的获取需要摒弃现有的分时段采集，要采用雷达水位计、RG30 等全自动远程测报仪器设备，进行不间断的水文信息测报和数据传输统计，以提供连续的、大量的原始数据。

其次是大数据的加工与云计算。需要选择安全可靠的云计算服务提供商，对训练数据进行分析处理，找到水位、流量、时间等数据间的强相关性，总结统计规律，从而构建洪水推演模型，完成水文预报模型的初步建立[5]。

在初步建立水文预报模型后，需要使用不断产生的新数据作为验证数据进行模型的验证和调优，使模型更加适用于实际洪水演进推演工作。在模型训练完成后，使用新数据作为测试数据进行水文预报模型的测试工作，在通过测试并保持在一定精度后，模型训练初步完成。

在水文预报模型训练初步完成后，就可投入实际测报工作中做比测率定和优化提升。使用不同水位级的数据进行模型优化，最终形成全覆盖各水位级的优化模型，并作为水文预报模型应用于实际的水文预报工作中。

4.3 多方结合的黄河中游测区数字孪生模型构建

前文提到的大数据与云计算参与的黄河中游测区数字孪生模型构建，是针对洪水演进推演和水文预报的一大尝试。然而，构建这一计算模型需要的数据中，有很大一部分与气象数据息息相关。尤其是历史降水数据、实时降水情况、未来降水情况预报等数据与洪水演进、水情报汛、河流径流量、洪峰流量及峰现时间的推演有着直接关系。将历史气象数据与水文数据共同导入计算，推演河流水情规律，建立水文-气象洪水预报模型，将水文与气象数据相结合，并利用气象预报修正水文预报，保证水文预报的准确性和可靠性。

4.4 平台优化风险分析

4.4.1 水文数据保密性

水文资料依法保密，在借助云计算等方式进行数据处理时，水文数据资料的保密性需要着重注意。需要确认云计算服务提供商的安全性和稳定性，防止出现水文数据资料泄密等违法行为。

4.4.2 平台搭建专业性

黄河中游测区数字孪生模型的搭建和运维工作不仅需要具备基本的水文理论知识，还要掌握计算机、通信、数据统计分析、建模等方面的知识，综合性强，对搭建和运维人员的知识广度、学习能力、各学科人员交叉度要求较高。在提高工作人员的基本素养并加强其技术培训的同时，也需要联系专业的企业及团队协助搭建和运维工作，以满足平台搭建的专业性。

4.4.3 测验整编相关规范的滞后性

水文行业相关规范种类繁多、涉及面广且要求严格，这对提升日常水文资料的精确度和准确性有促进作用，但对新仪器新设备的投产使用、新模式新方法的推广采纳都有一定的逆向影响。在黄河中游测区数字孪生模型搭建过程中，需要考虑相关测验整编规范的要求，尽量满足规范通用数据输出格式，循序渐进改变规范，不能一蹴而就。

4.4.4 多方合作的现实性

在洪水演进推演和水文预报的模型建立过程中，大量实时和历史气象数据的获取是必不可少的，考虑流域机构现有气象设备的精度和气象站网密度不足，需要与气象部门达成合作，这就要求水利部门与气象部门的通力合作，把气象数据也纳入大数据范围内，共同参与云计算。气象数据的预报已成熟，但气象数据的获取仍然需要更高层的合作共通，这对水文预报模型的建立是一项不小的挑战。

5 结论与展望

黄河中游测区数字孪生模型需要大量的基础设施建设和仪器设备引进，以及雨水情站网的丰富和密集化建设。在黄河中游测区数字孪生模型基础平台及数据收集站网建成后，可以采集大量数据，利用云计算对大数据进行处理分析，最终建立通过实际检验的洪水推演水文预报模型，从根本上改变水文测报工作的侧重点，优化水文测验工作。在黄河中游测区数字孪生模型构建过程中，需要考虑水文数据的保密性、构建团队的专业程度、相关规范的适应性和多方合作的现实性，需要建立健全相关制度，加强各部门、各团队间的沟通和合作，共同推进黄河中游测区数字孪生模型建设。

参考文献

[1] 曾瑞，龚朝海，曹贯中，等．水文智慧平台设计与实现［J］．水利水电快报，2021，42（4）：79-82.

[2] 翟航，陈思宁，李长跃，等．水文信息化平台构建［J］．东北水利水电，2020，38（9）：63-65，72.

[3] 刘家宏，蒋云钟，梅超，等．数字孪生流域研究及建设进展［J］．中国水利，2022（20）：23-24，44.

[4] 王皓玮．水雨情预警预报系统设计与实现［D］．西安：长安大学，2020.

[5] 蔡阳．数字孪生水利建设中应把握的重点和难点［J］．水利信息化，2023（3）：1-7.

基于 CMIP6 多模式的天山地区未来降水和气温变化预测

杜军凯[1,2]　吕向林[1,2]　仇亚琴[1,2]　郝春沣[1,2]　董　颢[1,2]　贾　玲[1,2]

（1. 中国水利水电科学研究院，北京　100044；
2. 流域水循环模拟与调控国家重点实验室，北京　100038）

摘　要：近年来以全球变暖为代表的气候变化越发剧烈，流域水安全保障面临严峻挑战。厘清变化环境下干旱地区降水和气温演变情势，对提升水资源合理开发利用水平和水旱灾害防御能力具有重要意义。基于 CMIP6 多模式降水、气温数据产品，本文采用偏差校正和模式集合法，对天山地区 2030—2100 年的降水、气温变化进行了预测评估。结果表明：在近期（2030—2065 年），天山地区的降水呈微弱上升趋势且不同情景的差异较小，气温呈上升趋势且 SSP585 情景的升温趋势更显著；在远期（2066—2100 年），SSP585 情景的降水量持续增加，SSP245 情景的增速减缓，未来气温变化特征与降水基本一致；在空间分布上，降水增加的地带主要位于中天山地区，而气温增加的地带主要在东天山、南天山南部等区域。

关键词：气候变化；CMIP6 气候模式；天山；降水变化；气温变化

联合国政府间气候变化专门委员会（IPCC）第六次评估报告指出，全球平均气温自工业化以来已上升约 1.1 ℃（IPCC，2021）。降水模式随之发生显著改变，在大空间尺度上呈现出“湿润地区更湿，干旱地区更干”的极端化演变趋势[1]。降水是全球大气水文循环的关键组成，直接影响水资源的时空分布[2]，与区域生态系统功能和经济社会发展密切相关。过去几十年来，全球变暖导致水文循环加速，进而改变了全球范围内的降水格局和水资源分布[3]。

天山山脉位于欧亚大陆腹地，是中亚多条重要河流的发源地。受欧洲平原地形和盛行西风、季风等的多重影响，区域降水量显著高于中亚其他地区，且呈现出很强的空间异质性[4]。依托独特自然地理条件和丰沛的水资源，天山中下游流域已发展为重要的城市和经济活动中心。在气候变化背景下，天山地区的降水-气温模式正经历一系列显著变化[5-6]，厘清天山地区未来降水和气温的时空变化特征，对制定区域可持续发展策略、增强水旱灾害应对能力具有重要意义。鉴于此，本研究基于高分辨率的历史降水气温栅格数据产品，对多个 CMIP6 模式的输出结果进行偏差校正和多模式集合，在精度验证、偏差校正的基础上，对不同排放情景（如 SSP245 和 SSP585）下天山地区 2030—2100 年的降水、气温的时空演变格局进行预测，以期为区域水安全保障提供科技支撑，并为其他类似区域提供参考。

1　研究区概况

天山山区地处亚欧腹地，呈纬向分布，由一系列山脉、山间盆地和谷地组成。中国境内的天山山

基金项目：国家重点研发计划资助项目（2023YFF1304202，2021YFC3201101）；云南省重点研发计划项目（202303AC100020）；浙江省水利厅科技计划项目（RB2416）。

作者简介：杜军凯（1987—），男，高级工程师，主要从事水资源动态评价和数字孪生水利方面的工作。

脉位于 39.6°N~45.5°N 和 73.5°E~96.1°E，约占天山山脉总面积的 3/4，山脉呈近东—西向延展，跨度约 1 700 km，南北向宽度 250~350 km[7]。根据地理特征，将天山地区细分为四个三级区流域单元，分别为东天山（ETM）、南天山（STM）、中天山（CTM）和北天山（NTM）。天山地区属大陆性气候，年平均气温约 5.72 ℃，年平均降水量在 200 mm 以上[8-9]。天山降水、气温空间分布随地形变化差异悬殊，降水量自西向东递减，山区降水量高于平原区，北坡降水量明显高于南坡，且气温垂直分带明显。

2 数据和方法

2.1 所用数据

所用 10 个高分辨率 CMIP6 模型降水数据产品来自美国国家航空航天局（NASA）地球交换全球每日降尺度预测（NEX-GDDP-CMIP6）数据库，空间分辨率为 25 km。CMIP6 模型降水数据是考虑人类活动与气候系统复杂相互作用的综合性框架[10]，包括多个集成场景，本研究选择“减缓气候变化措施有限”的温和排放情景 SSP245 和“无减缓气候变化措施”的高排放情景 SSP585 两种典型集成场景[11]。

所用 CN05.1 逐月降水数据来自中国气象局（CMA）的观测数据库，用于对气候模式数据产品的精度验证和偏差校正。CN05.1 数据集生产过程有严格质量控制，在多区域进行了验证[12]，被广泛认为是气候变化检测、归因研究和模型评估等研究的可靠数据源。

2.2 偏差校正与多模式集合方法

采用 CDF-t（累积分布函数变换）法对原始 CMIP6 数据进行偏差校正。与传统标准 QM 方法依赖模型和观测分布在未来保持相同形状的“平稳性”假设[13]不同，CDF-t 是一种基于分位数映射（QM）的统计方法，其不依赖于“平稳性”假设，即模型和观测分布可以演变并且不同，可以通过转移函数的“映射变换”来推断。转移累积概率分步法（CDF-t）主要思想是，假定在历史时段存在一个转移函数 T，能够将观测降水的 CDF 与模式模拟结果的 CDF 建立关系。

$$T[F_{MH}(X)]=F_{OH}(X) \tag{1}$$

首先定义 $u=F_{MH}(X)$，则 $X=F_{MH}^{-1}(u)$，u 的取值范围在 [0，1]，将 X 代入方程，则得到转移函数 T：

$$T(u)=F_{OH}[F_{MH}^{-1}(u)] \tag{2}$$

假定该转移函数在未来时段仍然成立，订正后的结果即

$$T[F_{MH}(X)]=F_{OF}(X) \tag{3}$$

$$F_{CF}(X)=F_{OH}\{F_{MH}^{-1}[F_{MH}(X)]\} \tag{4}$$

在偏差校正后，采用算术均值法集合经过偏差校正的 CMIP6 模型降水数据。算术均值法通过计算多个模型输出的平均值，简便地减少了模型间的极端值和偏差。在逐栅格进行单独计算之后，采用泰勒图来评估比较不同 GCM 和模式集合的性能。

3 研究结果

3.1 未来降水变化预测

图 1 展示了 ETM、NTM、STM、CTM 四个区域降水的各 GCM 模式和模式集合的泰勒图。集合前各分区 GCM 相关系数均在 0.4 左右，最大值不超过 0.6，且各模式的方差与观测数据的方差较为接近，表明经偏差校正后的 GCM 模式可较好地捕捉观测数据的变异性与波动范围。模式集合后相关系数提升至 0.6 以上，可较大程度降低降水模拟不确定性。

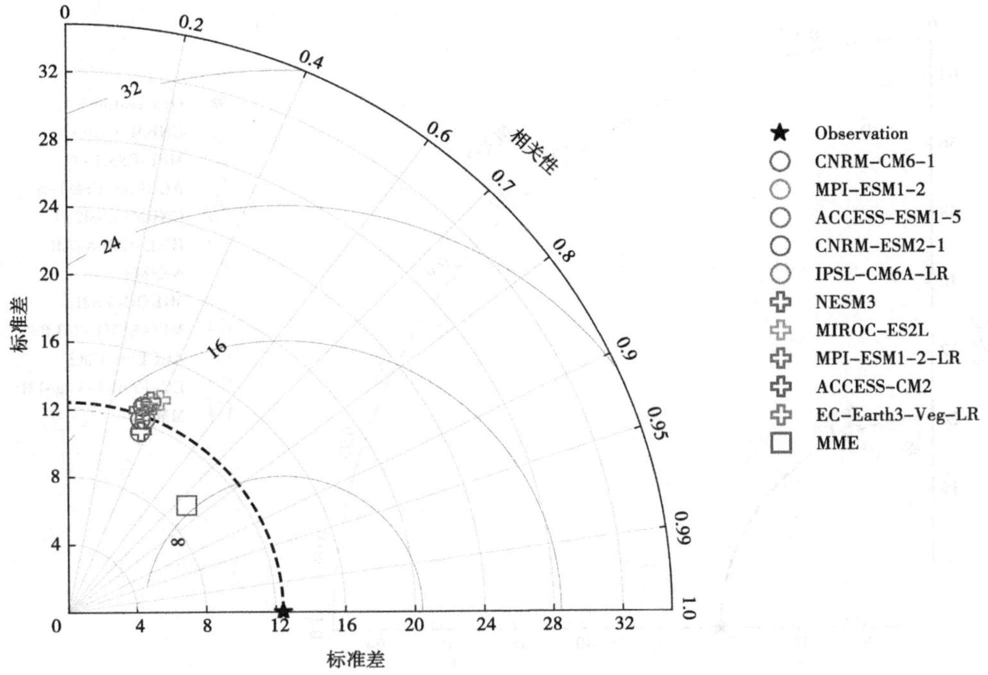

(a)ETM

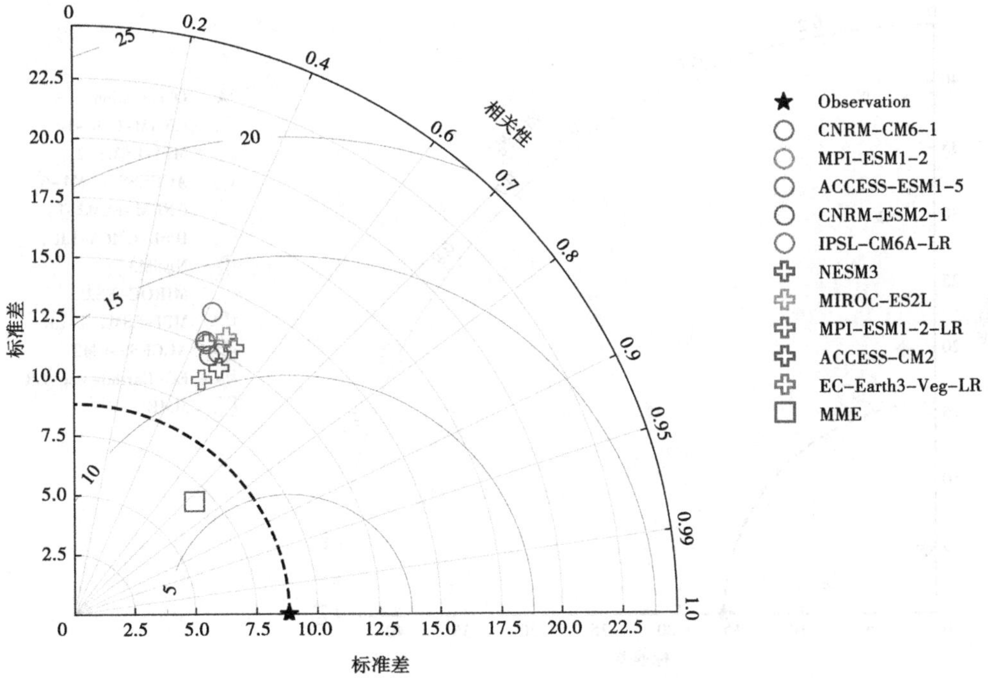

(b)NTM

图 1　四个区域降水的各 GCM 模式和模式集合的泰勒图

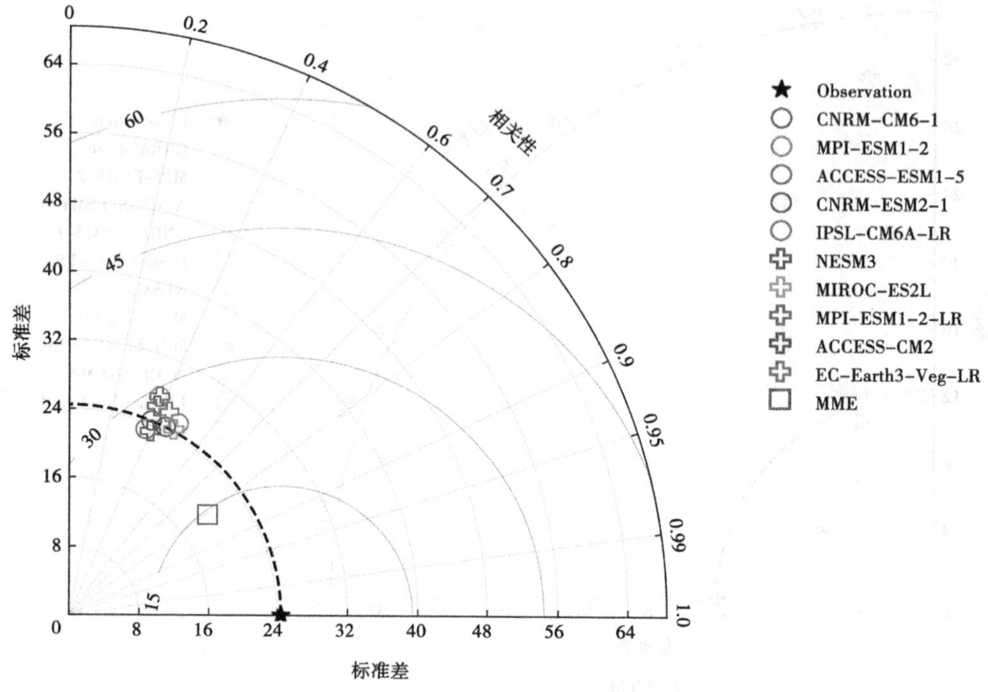

(c)STM

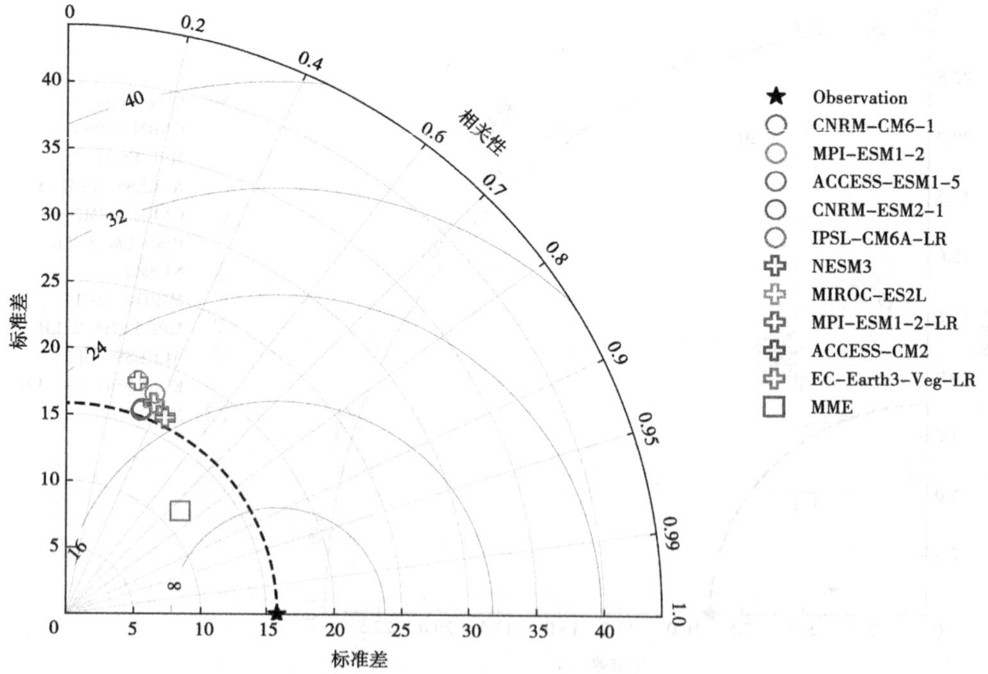

(d)CTM

续图 1

图 2 为 2015—2100 年天山地区年平均降水量变化。在近期（2030—2065 年），ETM 降水量在 SSP245 情景下处于波动均衡状态，无明显趋势，在 SSP585 情景下存在微弱上升趋势，年变化幅度为 0. 04 mm/a。STM 降水量在 SSP245 情景下处于微弱上升趋势，年变化幅度为 0. 07 mm/a，在 SSP585 情景下上升趋势更为显著，年变化幅度为 0. 09 mm/a。NTM 降水量在 SPP245 情景下处于微弱上升趋势，年变化幅度为 0. 05 mm/a，在 SSP585 情景下同样处于微弱上升趋势，年变化幅度为 0. 04 mm/a。CTM 降水量在 SSP245 情景下处于上升趋势，年变化幅度为 0. 29 mm/a，在 SSP585 情景下同样处于微弱上升趋势，年变化幅度为 0. 23 mm/a。

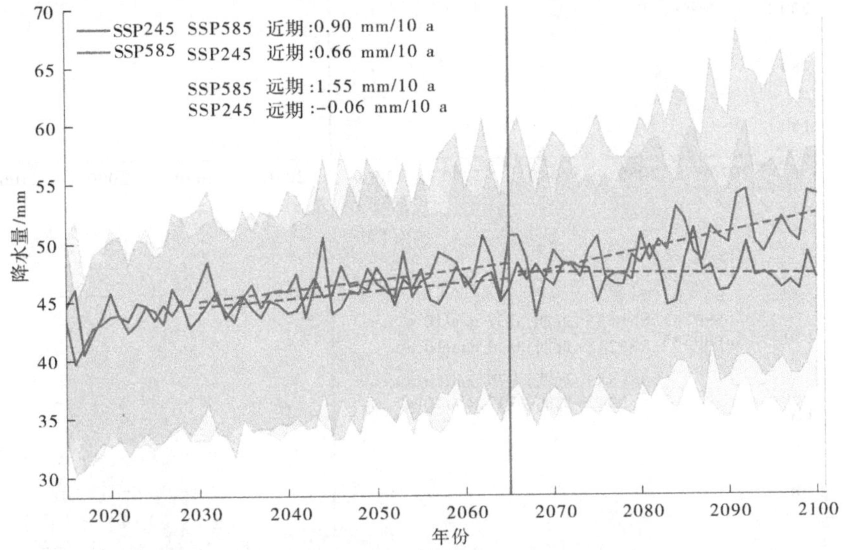

(a)STM

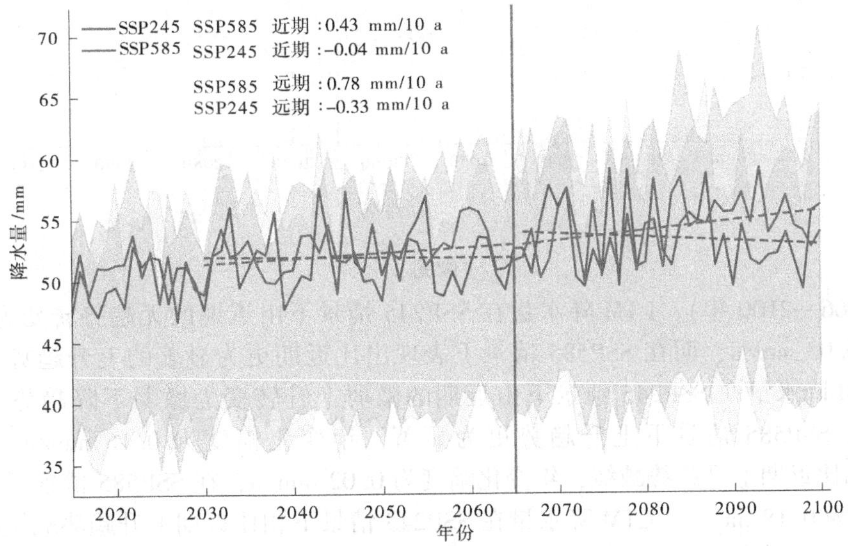

(b)ETM

图 2 2015—2100 年天山地区年平均降水量变化

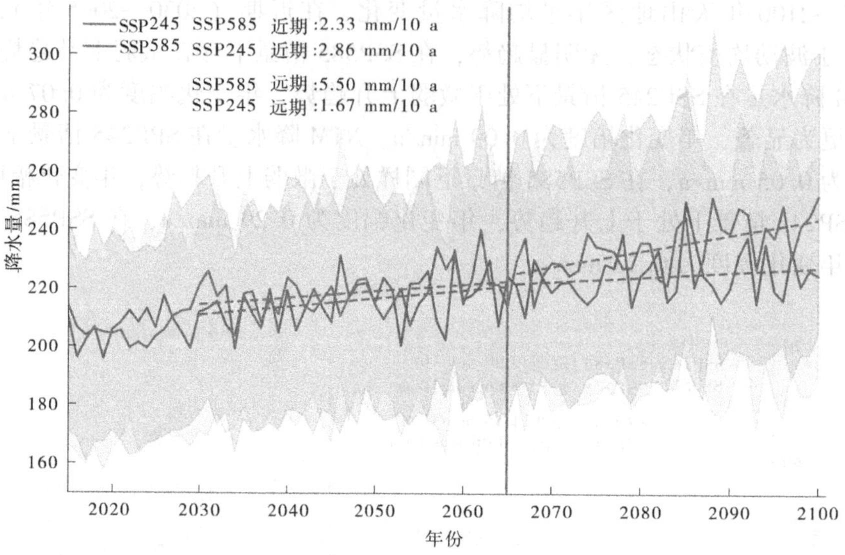

(c)CTM

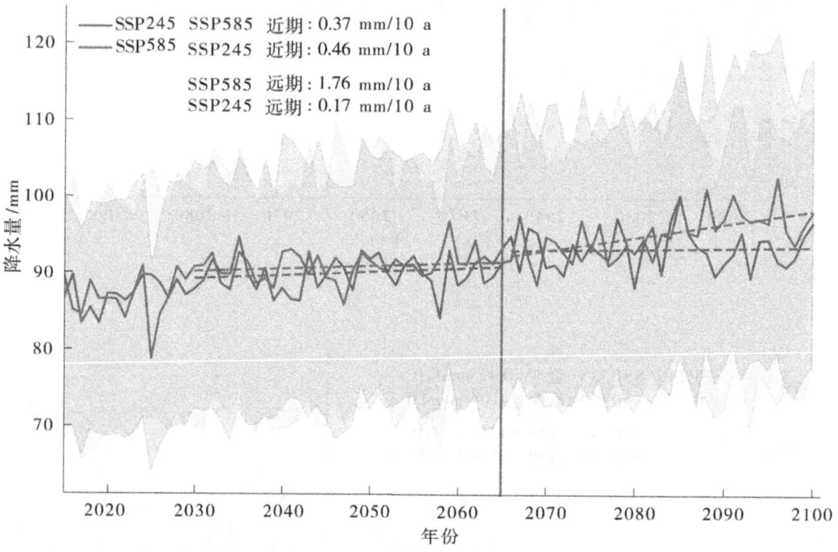

(d)NTM

续图 2

在远期（2066—2100 年），ETM 降水量在 SSP245 情景下由近期的无趋势转变为微弱下降趋势，年变化幅度为-0.03 mm/a，而在 SSP585 情景下表现出比近期更为显著的上升趋势，年变化幅度为 0.08 mm/a。STM 降水量在 SSP245 情景下由近期的微弱上升转变为微弱下降趋势，年变化幅度为 -0.01 mm/a，在 SSP585 情景下上升趋势更为显著，年变化幅度为 0.16 mm/a。NTM 降水量在 SSP245 情景下相比近期上升趋势减缓，年变化幅度为 0.02 mm/a，在 SSP585 情景下上升趋势更为显著，年变化幅度为 0.18 mm/a。CTM 降水量在 SSP245 情景下相比近期上升趋势减缓，年变化幅度为 0.17 mm/a，在 SSP585 情景下上升趋势更为显著，年变化幅度为 0.55 mm/a。

根据多年平均降水量和年际变化趋势的空间分布特征，进一步分析降水量变化的空间特征。图 3 展示了不同情景下天山地区多年平均降水量的空间分布［见图 3（a）～（d）］并对比了不同情景之间的降水量差异［见图 3（e）～（g）］。

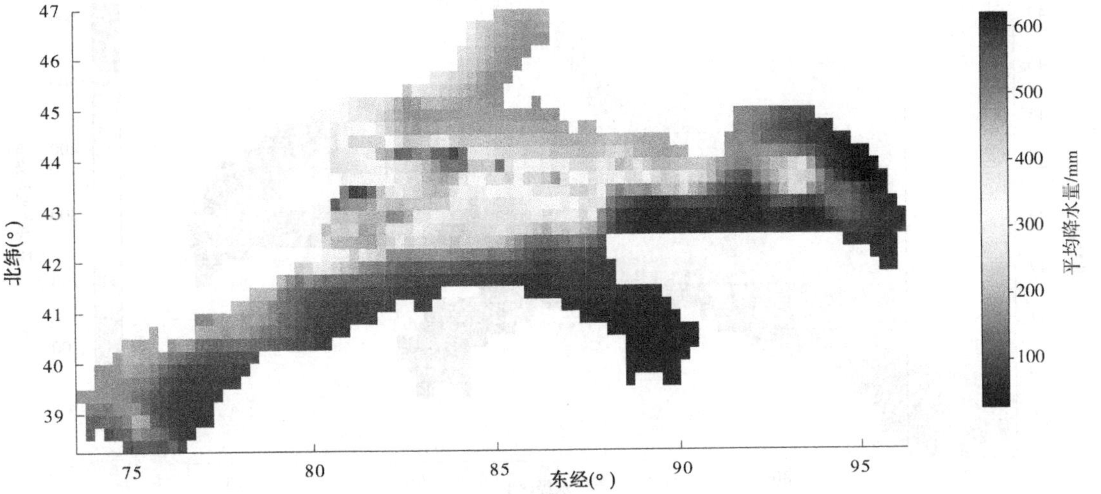

(a)SSP245近期

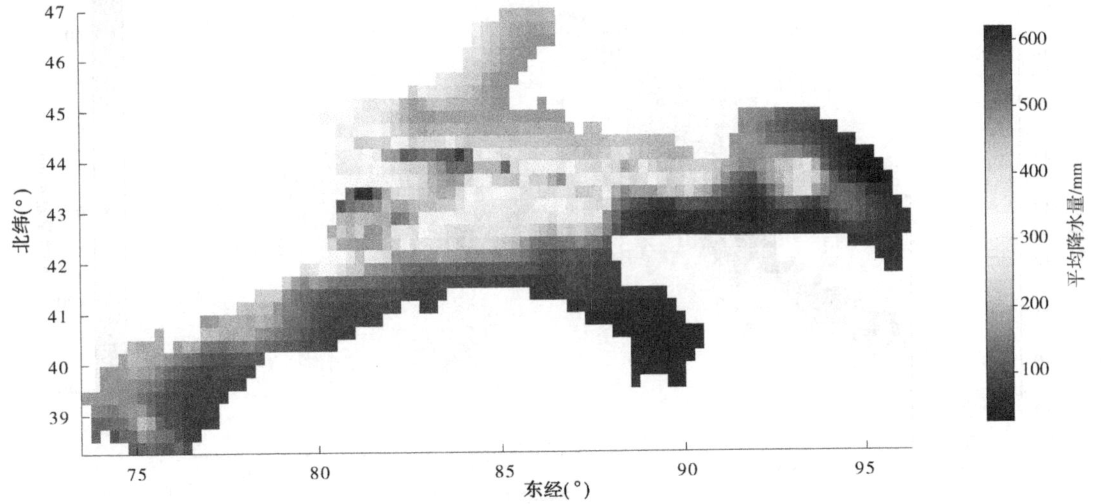

(b)SSP245远期

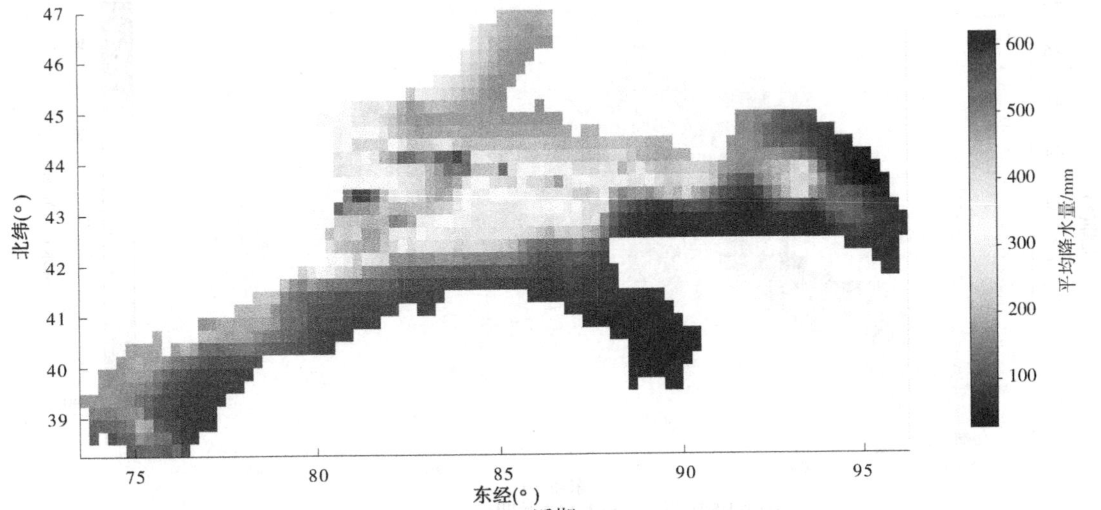

(c)SSP585近期

图3　不同情景下天山地区多年平均降水空间分布及不同情景之间的降水差异

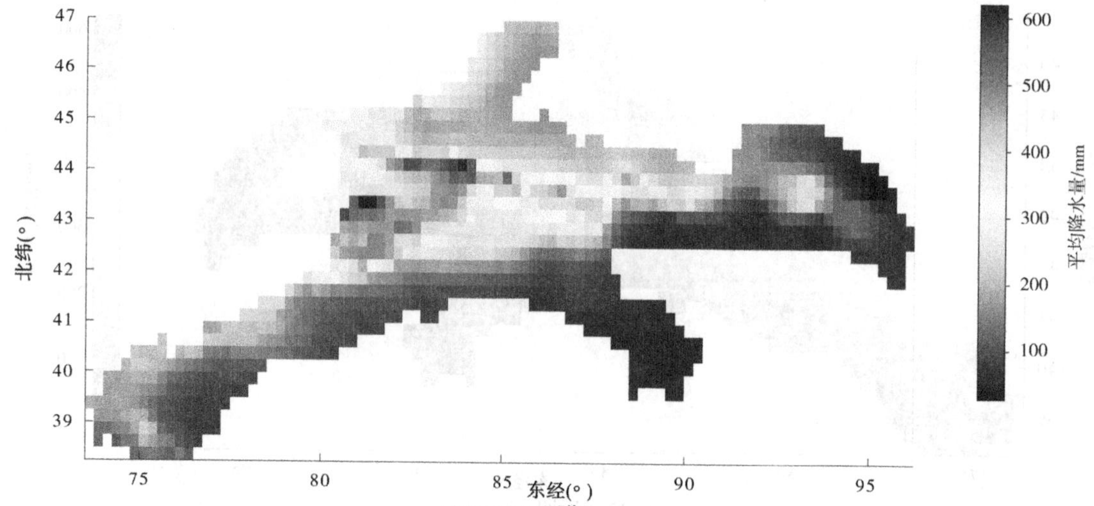

(d)SSP585远期

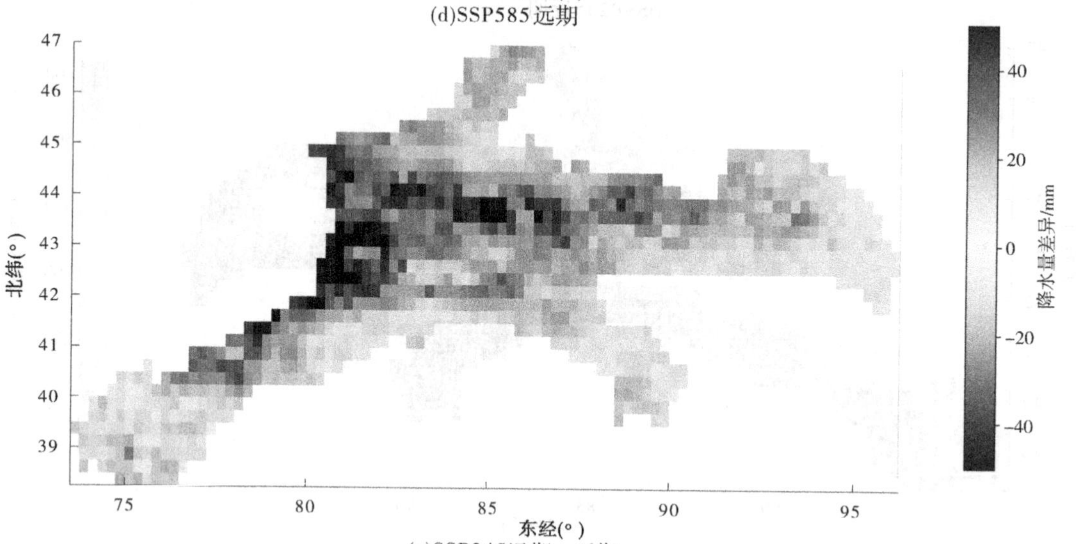

(e)SSP245远期- 近期

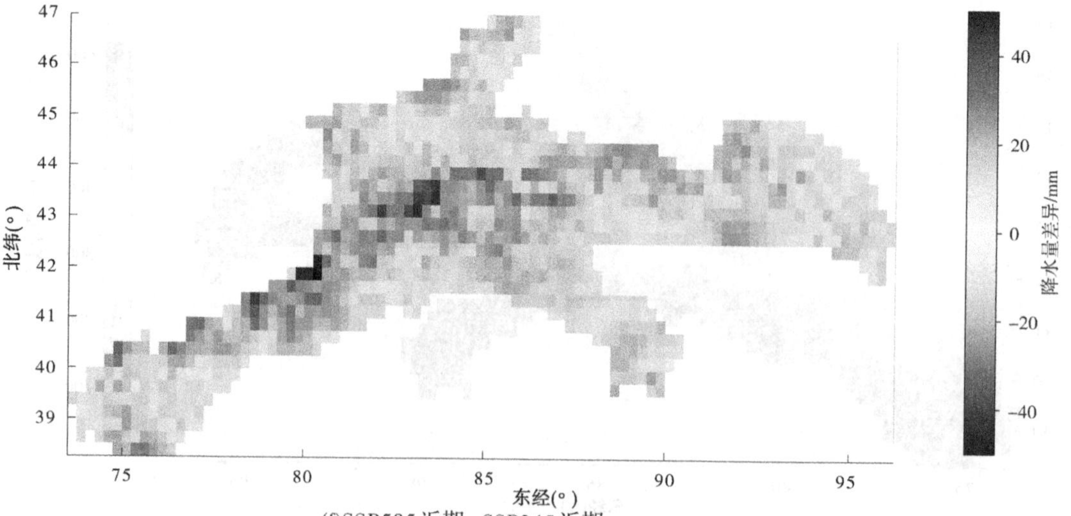

(f)SSP585近期-SSP245近期

续图 3

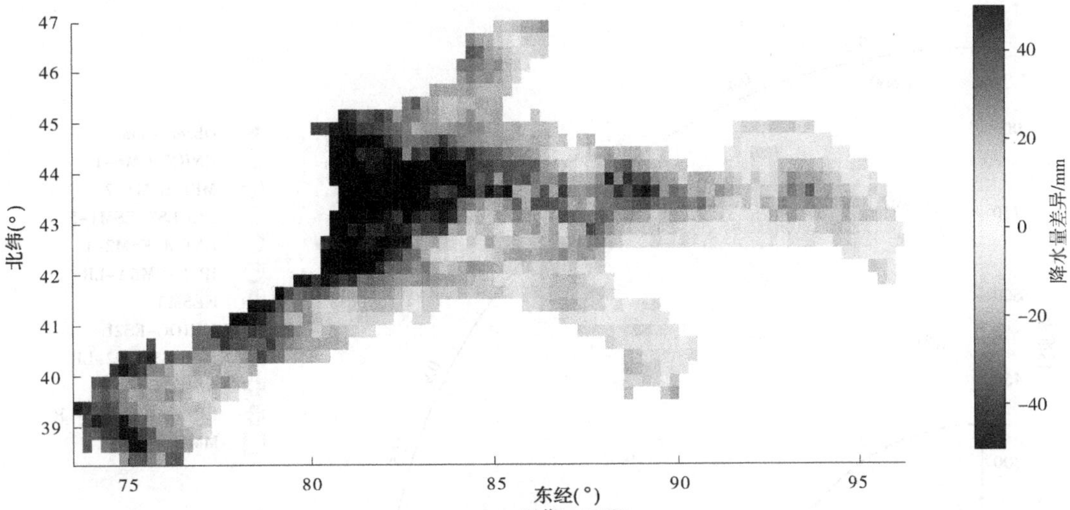

(g)SSP585远期-近期

续图 3

在近期（2030—2065 年），SSP585 与 SSP245 情景空间分布基本相同，但仍存在局部差异：ETM 区域北部降水量略高，南部较低；STM 区域降水量增加主要集中在北部，而西部降水量相对较低；NTM 区域整体保持均衡，北部略高于南部；CTM 区域则呈现出南高北低的趋势，降水量总体低于 SSP245 情景。

在远期（2066—2100 年），SSP245 情景下 ETM 山脉附近降水量仍较近期增加，而在东南部降水量减少；STM 北部降水量较近期增加，但南部减少。SSP585 情景下，降水量几乎均较近期增加，但降水量较高地区仍有更大增幅；表明远期降水量空间分布会更不均衡，且 SSP245 情景下干旱地区将更加干旱。

3.2 未来气温变化预测

与图 1 类似，图 4 展示了 ETM、NTM、STM、CTM 四个区域气温的各 GCM 模式和模式集合的泰勒图。集合前，各分区 GCM 相关系数均在 0.95 以上，且各模式的方差与观测数据的方差较为接近，模型可较好地反映观测数据的时空变异性。模式集合后，各相关系数提升至 0.98 以上，仍有效降低了气温模拟的不确定性。

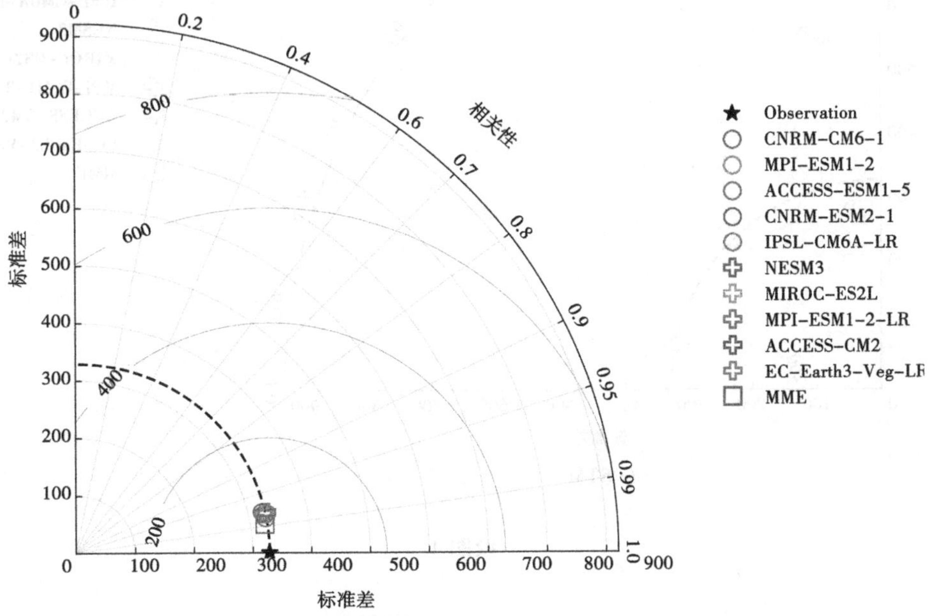

(a)ETM

图 4　四个区域气温的各 GCM 模式和模式集合泰勒图

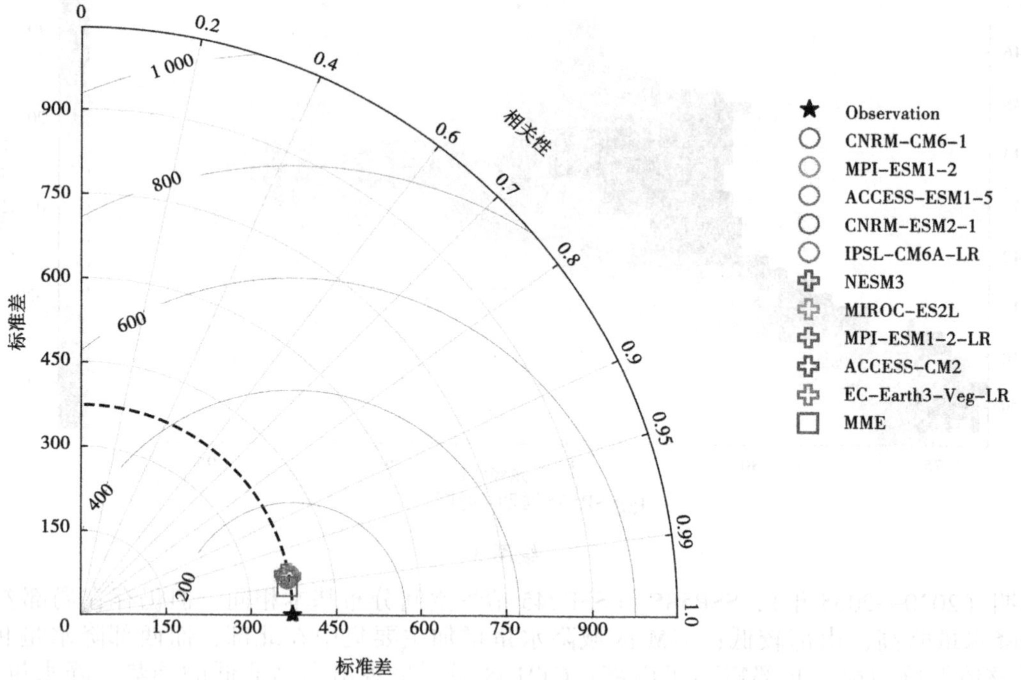

(b)NTM

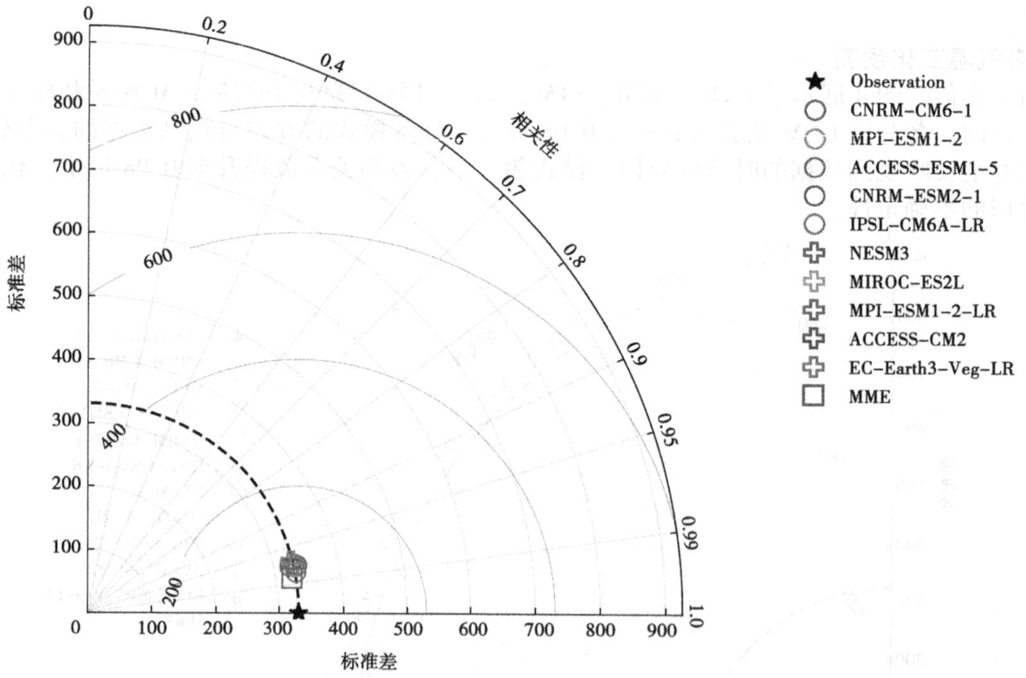

(c)STM

续图 4

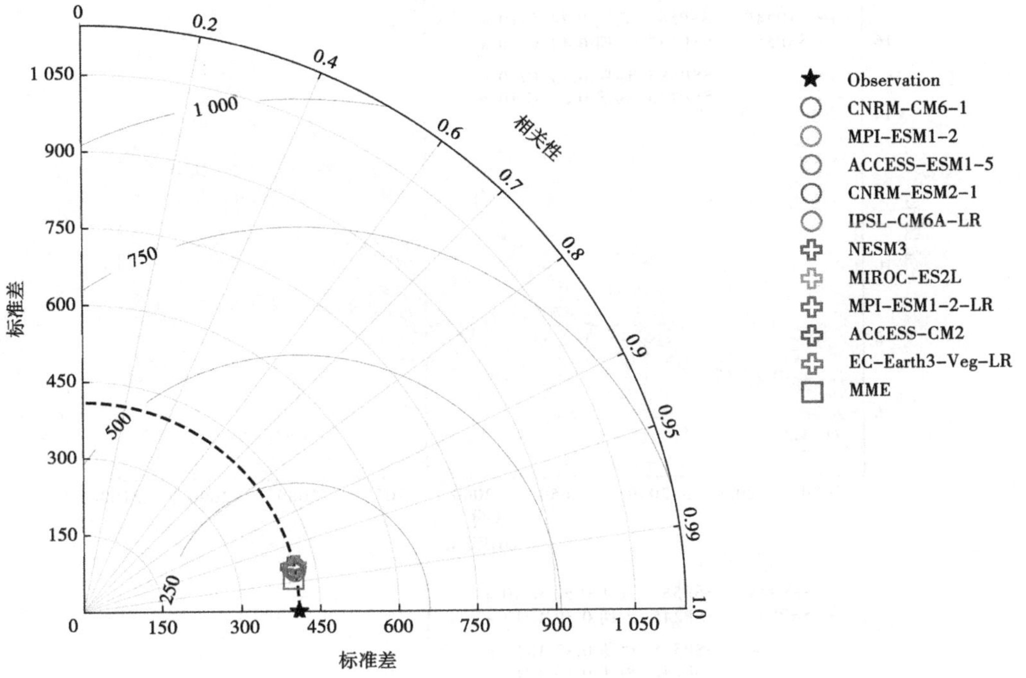

(d)CTM

续图 4

如图 5 所示，四个子区域气温未来变化过程基本一致。在近期（2030—2065 年），SSP245 情景下为上升趋势，升温幅度为 0.39～0.44 ℃/10 a；SSP585 情景下的上升趋势更为显著，升温幅度为 0.67～0.77 ℃/10 a。在远期（2066—2100 年），SSP245 情景下气温增速减缓，升温幅度为 0.18～0.21 ℃/10 a；SSP585 情景下气温增速加剧，升温幅度为 0.82～0.99 ℃/10 a。

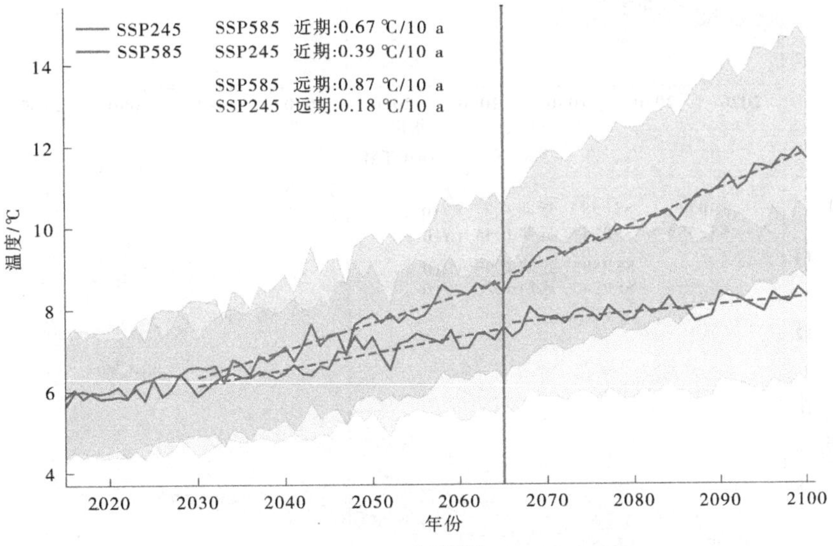

(a)STM

图 5　2015—2100 年天山地区年平均气温变化

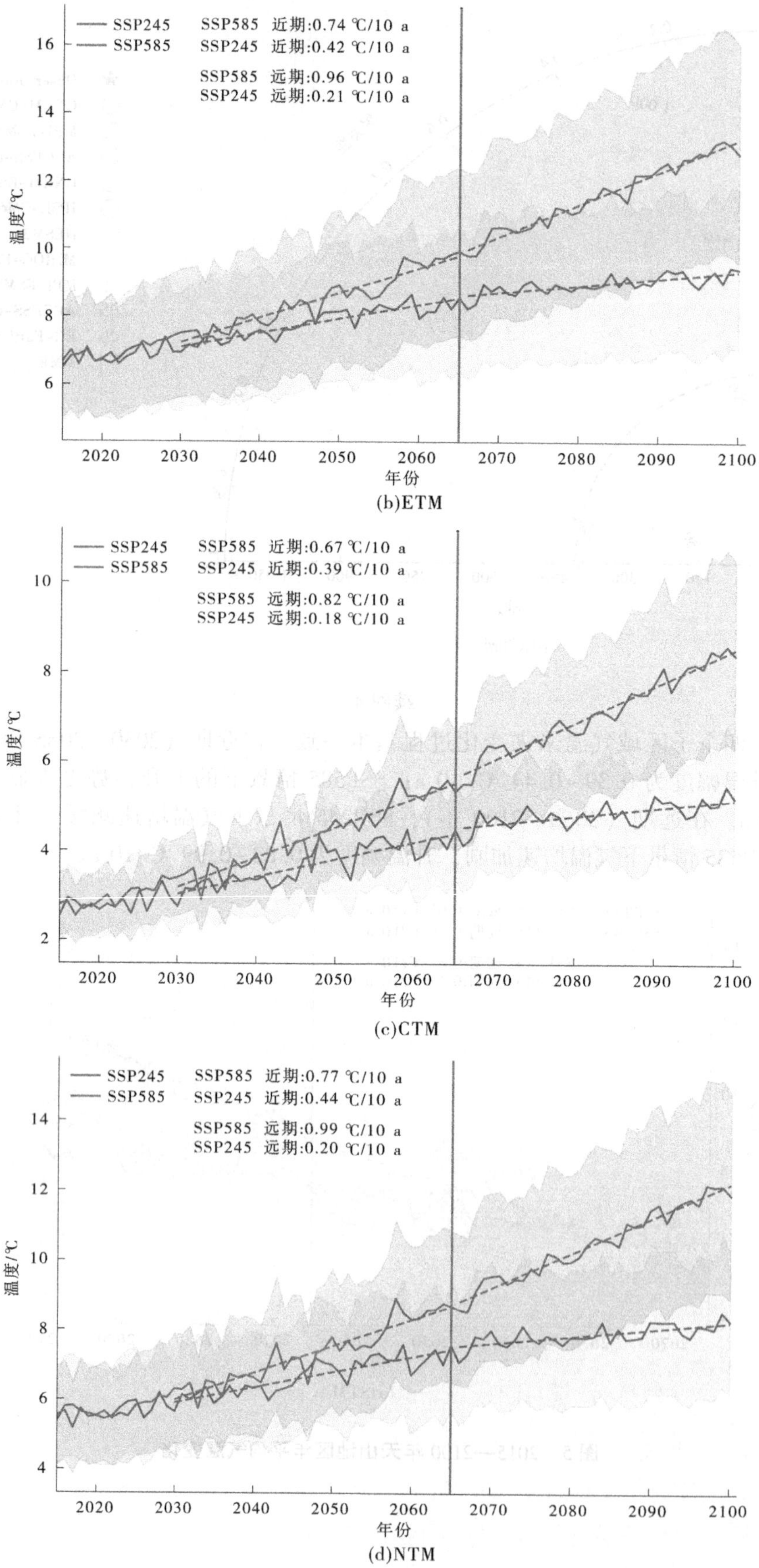
SSP245
SSP585
SSP585 近期:0.74 ℃/10 a
SSP245 近期:0.42 ℃/10 a
SSP585 远期:0.96 ℃/10 a
SSP245 远期:0.21 ℃/10 a
温度/℃
年份
(b)ETM
SSP245
SSP585
SSP585 近期:0.67 ℃/10 a
SSP245 近期:0.39 ℃/10 a
SSP585 远期:0.82 ℃/10 a
SSP245 远期:0.18 ℃/10 a
温度/℃
年份
(c)CTM
SSP245
SSP585
SSP585 近期:0.77 ℃/10 a
SSP245 近期:0.44 ℃/10 a
SSP585 远期:0.99 ℃/10 a
SSP245 远期:0.20 ℃/10 a
温度/℃
年份
(d)NTM

续图 5

图 6 展示了不同情景下天山地区多年平均气温的空间分布［见图 6(a)～(d)］，并对比了不同情景之间的气温差异［见图 6(e)～(g)］。不同情景的多年气温空间分布基本一致。在近期（2030—2065 年），相比于 SSP245 情景，SSP585 情景在 CTM 北侧山区，ETM 的气温增加更为显著。在远期（2066—2100 年），SSP245 情景下气温增加较为均匀，空间差异不明显；SSP585 情景的气温增加更为显著，且存在空间差异，比如 CTM 南部、STM 北部地区的气温增幅较小，而 STM 南部地区以及 ETM 等地区的升温效应更为显著。

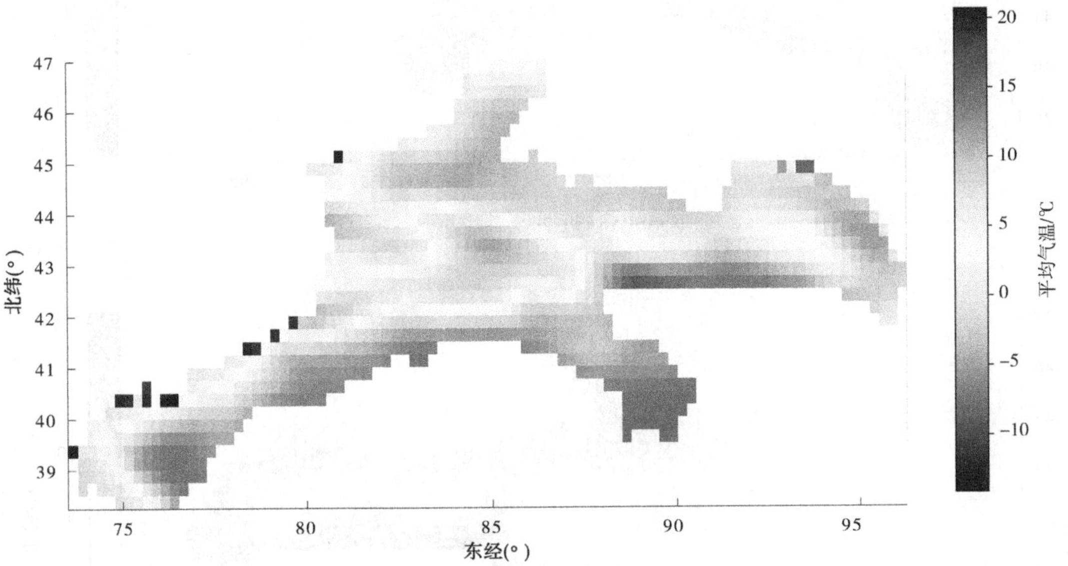

(a)SSP245近期

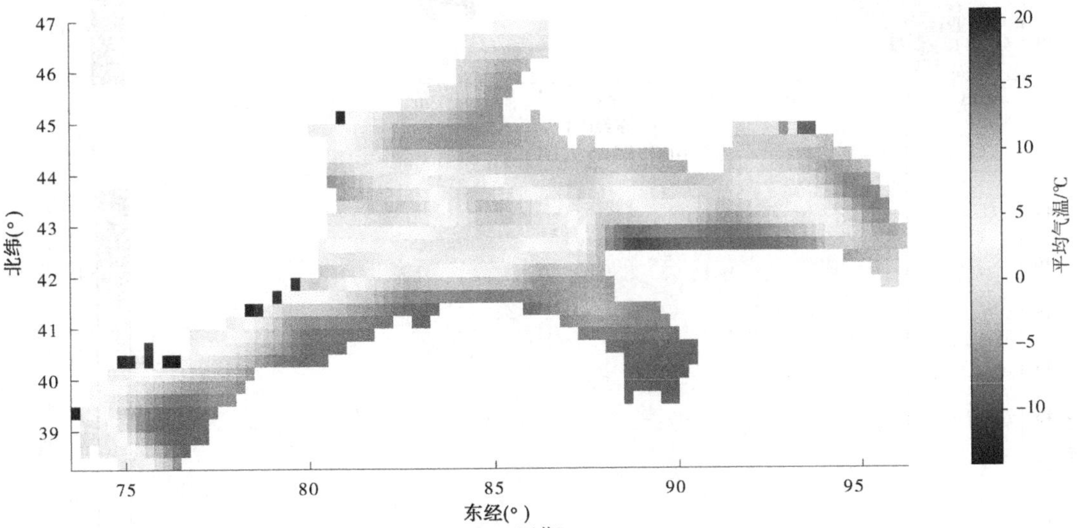

(b)SSP245近期

图 6　不同情景下天山地区多年平均气温的空间分布及不同情景之间的气温差异

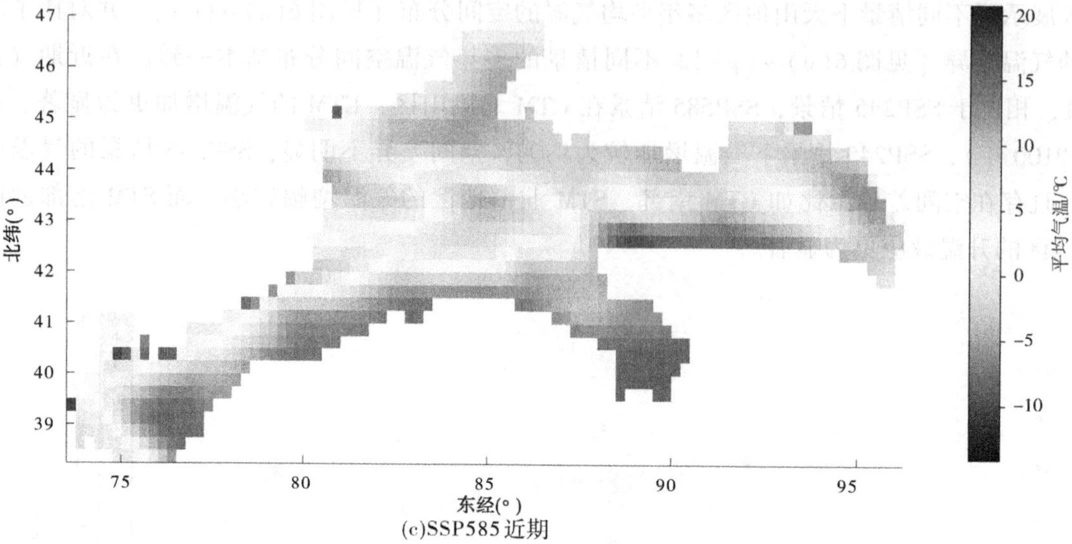

(c)SSP585 近期

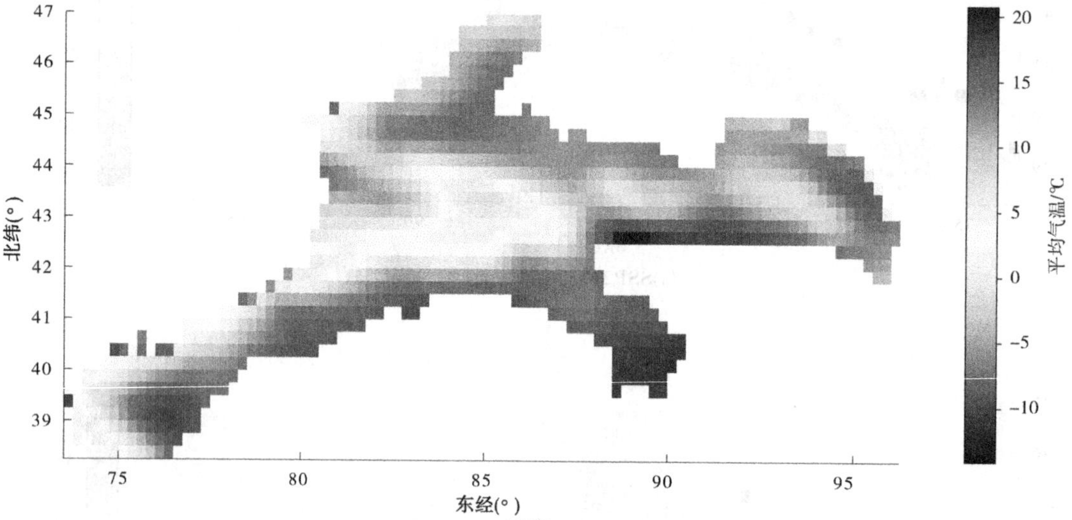

(d)SSP585 远期

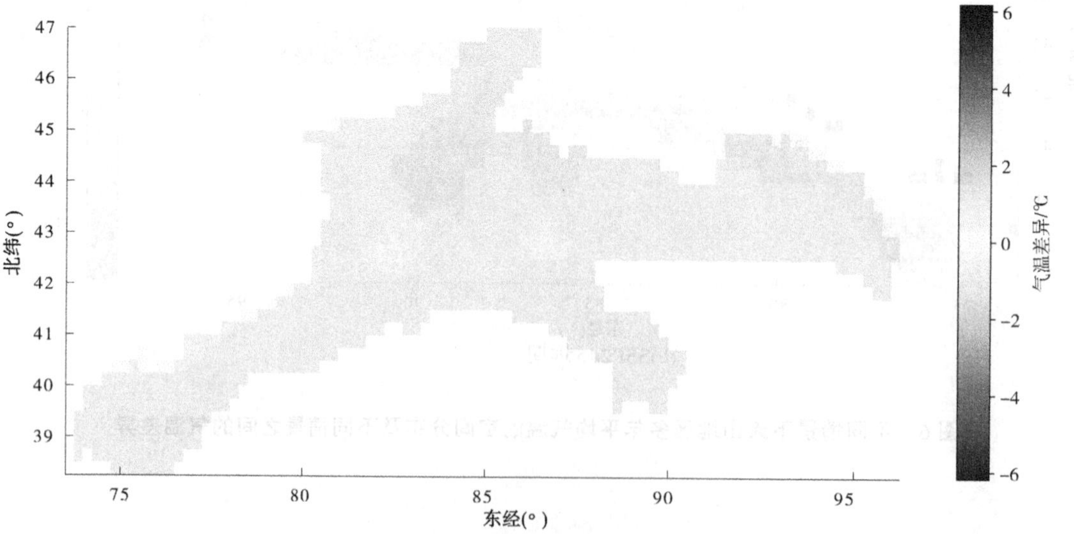

(e)SSP245远期- 近期

续图 6

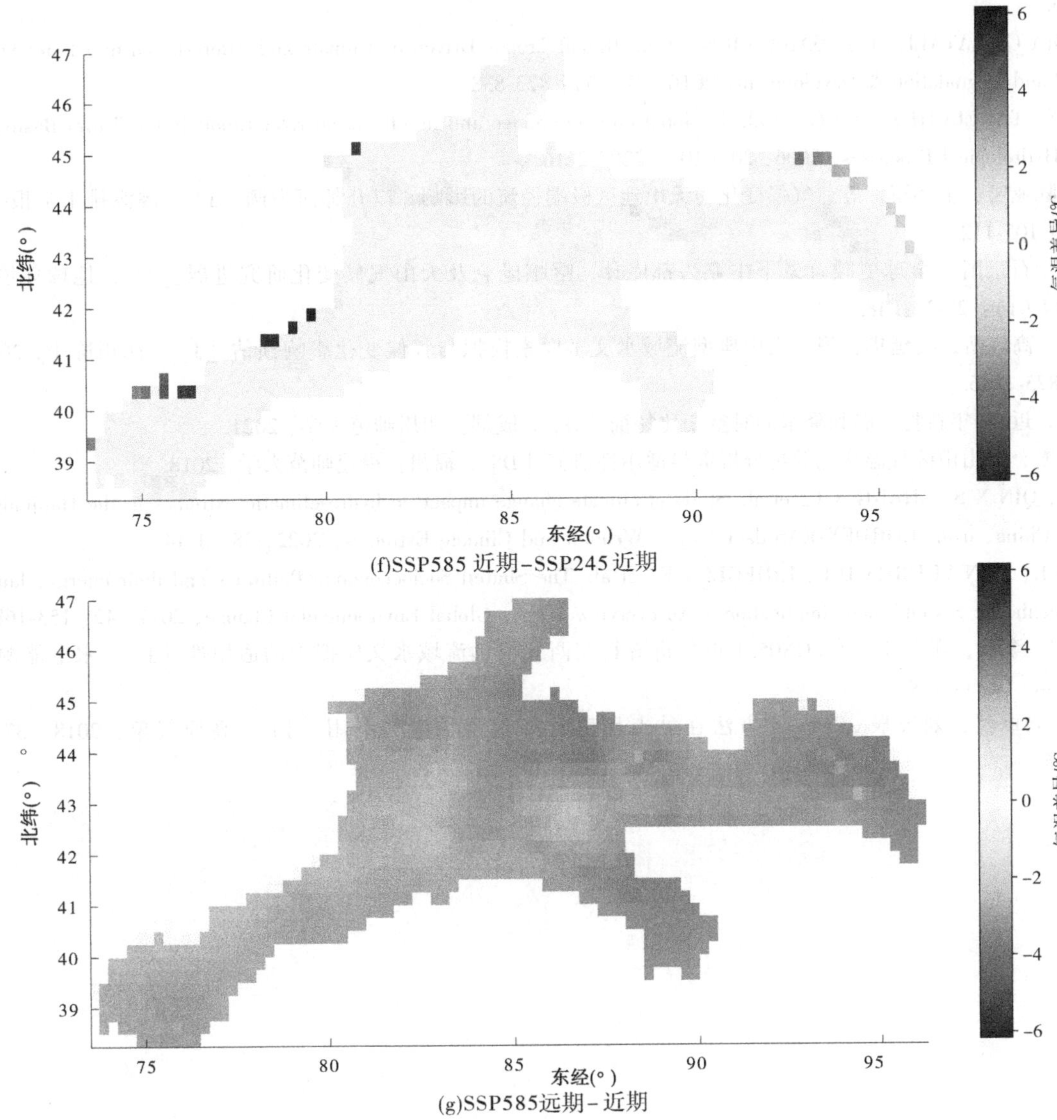

续图 6

4 结论

基于 CMIP6 多模型数据，对天山地区 2030—2100 年降水量和气温的变化进行了预测，结果表明：在近期（2030—2065 年），降水量呈微弱上升趋势且不同情景之间差异较小，气温同样为上升趋势且 SSP585 情景更为显著。在远期（2066—2100 年），降水量在 SSP585 情景下继续增加，在 SSP245 情景下增加趋势减缓，气温变化呈相似的特征。在空间分布上，降水量增加主要位于中天山地区，而气温增加主要发生东天山和南天山南部等区域。研究结果有助于厘清天山地区未来气候演变趋势，可为提高区域水资源合理开发利用水平、提升水旱灾害应对能力提供科技支撑。

参考文献

[1] HELD I M, SODEN B J. Robust Responses of the Hydrological Cycle to Global Warming [J]. Journal of Climate, 2006, 19 (21): 5686-5699.

[2] 王亚萍，王帅，丁婧祎，等．气候变化背景下全球陆地干湿变化研究综述［J］．生态学报，2023，43（2）:

475-486.
[3] BUENDIA C, BATALLA R J, SABATER S, et al. Runoff Trends Driven by Climate and Afforestation in a Pyrenean Basin [J]. Land Degradation & Development, 2016, 27 (3): 823-838.
[4] CHEN Y, TAKEUCHI K, XU C, et al. Regional climate change and its effects on river runoff in the Tarim Basin, China [J]. Hydrological Processes, 2006, 20 (10): 2207-2216.
[5] 郑鹏，陈亚宁，王怀军，等. 气候变化对天山地区极端径流的影响：以开都河为例 [J]. 灌溉排水学报，2024，43 (4): 105-112.
[6] 刘方圆，石正国. 全球变暖背景下中亚兴都库什、喀喇昆仑及天山气候变化研究进展 [J]. 地球环境学报，2023，14 (1): 27-37，48.
[7] 倪静雯，高红凯，秦延华，等. 天山典型流域水文多要素模拟与气候变化影响预估 [J]. 冰川冻土，2023，45 (6): 1875-1886.
[8] 汤三玲. 近40年新疆气温和降水的时空变化特征 [D]. 成都：四川师范大学，2021.
[9] 程新宇杰. 天山山区气温变化及再分析资料适用性研究 [D]. 福州：福建师范大学，2018.
[10] DAI C, QIN X S, ZHANG X L, et al. Study of climate change impact on hydro-climatic extremes in the Hanjiang River basin, China, using CORDEX-EAS data [J]. Weather and Climate Extremes, 2022, 38: 1-14.
[11] RIAHI K, VAN VUUREN D P, KRIEGLER E, et al. The Shared Socioeconomic Pathways and their energy, land use, and greenhouse gas emissions implications: An overview [J]. Global Environmental Change, 2017, 42: 153-168.
[12] 潘张榕，李薇，郭军红，等. CN05.1 再分析资料在西北偏远流域水文模拟中的适用性 [J]. 水电能源科学，2022，40 (11): 6-9.
[13] 吴蔚，梁卓然，刘校辰. CDF-T 方法在站点尺度日降水预估中的应用 [J]. 高原气象，2018，37 (3): 796-805.

基于 HEC-RAS 的东江惠州市东平半岛洪水淹没分析

林焕新[1]　朱三华[1]　黄熔蓝[1]　黄芷璇[2]

（1. 中水珠江规划勘测设计有限公司，广东广州　510610；
2. 河海大学，江苏南京　210008）

摘　要：以东江干流岭下站至樊屋站段河道为研究范围，以东平半岛为研究对象，基于最新河道地形资料和东平半岛航拍 DEM 建立基于 HEC-RAS 的二维水流数学模型，利用 2024 年 4 月和 2022 年 6 月洪水资料进行率定验证，在此基础上计算分析 200 年一遇洪水工况下，东平半岛淹没主要位于岛西南侧老城区和中北部公园区域，新建路与桥东路交界附近最大淹没水深 1.8 m，滨江东路与黄家塘街交界附近淹没水深也达 1.5 m，岛西南部整体淹没在 1 m 以上。

关键词：水面线计算；超标准洪水；淹没分析；HEC-RAS 模型

1　引言

2024 年 4 月下旬，国家防汛抗旱总指挥部检查组检查珠江流域惠州市防汛工作时指出，要重视东平半岛的洪水风险，特别是对低矮老旧房子等的淹没要足够重视，超前研判高风险区并提前转移危险区群众。经对接地方水行政主管部门和现场查勘，确定东平半岛的洪水风险研究任务为：在现状基础资料收集整理和评估的基础上，构建洪水分析模型，根据城市洪水来源及组合、洪水量级设定计算方案，开展东平半岛漫溢条件下的洪水分析，并在此基础上提出东平半岛防洪措施的建议。

本次洪水淹没研究以东江干流岭下站至樊屋站河道为研究范围，以东平半岛为重点研究对象，结合东江和西枝江的上下游流量、水位、DEM 和影像等数据，通过构建东江干流（含东平半岛所在西枝江）二维模型，模拟 2024 年 4 月和 2022 年 6 月洪水过程，并采用 200 年一遇超标准设计洪水计算分析东平半岛的 200 年一遇洪水淹没情况，为下一步分析洪水风险、防洪工程措施布置和应急避险提供依据。

2　模型构建

2.1　模型软件简介

河道水力分析模型（river analysis system，HEC-RAS）由美国陆军工程师兵团（USACE）水文工程中心（HEC）开发，1995 年发布基于 Windows 风格的 HEC-RAS1.0，用于取代 Dos 时代的 HEC-2。HEC-RAS 可进行一维恒定流和非恒定流的河道水力模拟和水质计算[1]。

该软件普遍用于国外防洪规划、风险评估和淹没分析，2013 年入选国家防汛抗旱总指挥部办公室公布的重点地区风险图编制项目软件名录，在河流洪水演进模拟[2]、水面线计算中均有广泛的应用。

2015 年发布的 HEC-RAS5.0 版本加入二维计算模块，能实现一二维连接计算、纯二维计算、降雨产汇流计算等[3-5]，同时该软件具有较强的开放性，与遥感、GIS 软件和雷达卫星数据交互性较好[6-7]。2023 年已经更新至 6.4 版本[8]。

作者简介：林焕新（1979—），男，高级工程师，主要从事水利规划设计方面的工作。

2.2 洪涝模型构建

2.2.1 建模范围

建模范围：①东江干流岭下站至石龙（樊屋）站，河段总长约 142 km；②西枝江平山站以下至东江干流，河段总长约 48 km；③淡水河淡水站以下至西枝江，河段总长约 38 km；④东江与西枝江交汇的东平半岛区域面积 4 km^2（见图 1）。

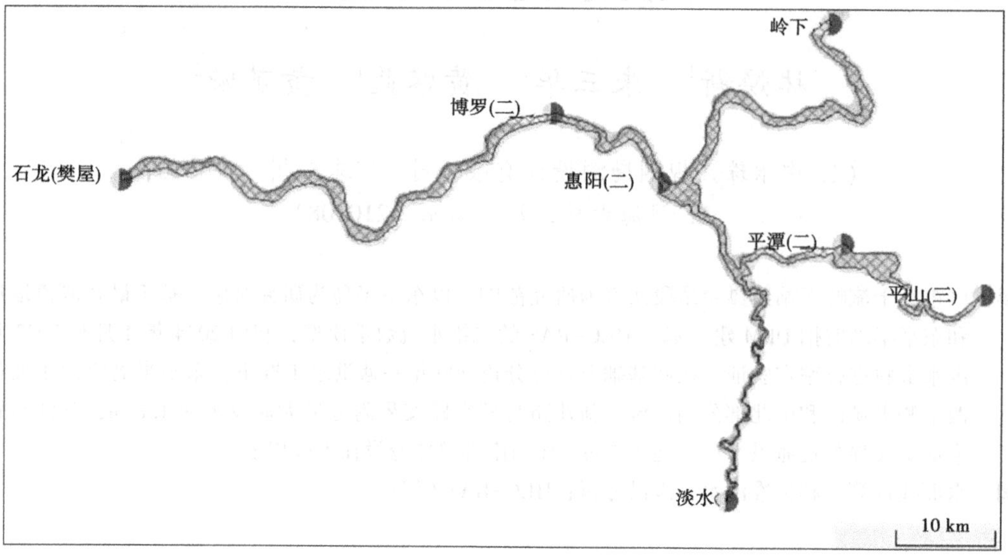

图 1 模型研究范围

2.2.2 河道网格布置

考虑模型的计算速度，河道水面线、洪水漫过东平半岛，淹没、流速，计算精度等要求，本次模型均采用 50 m 网格进行布置，模型计算网格数约 64 万，东平半岛附近网格布置见图 2。

图 2 东平半岛附近网格布置

2.2.3 水工建筑物

惠州东江（剑潭）水利枢纽于 2006 年 10 月 10 日下闸蓄水，枢纽包括左右河汊拦河闸坝泄水建筑物，共设有泄洪闸 21 孔，其中左河汊 9 孔、右河汊 12 孔。拦河闸孔尺寸，左河汊单孔宽 13.96 m，总宽 125.64 m，堰顶高程 2.7 m（1985 国家高程基准 3.44 m）；右河汊单孔宽 13.9 m，总宽 166.8 m，底槛高程 3.2 m（1985 国家高程基准 3.94 m）。模型中结合地形概化成为左右汊两单孔闸，按宽顶堰，左汊单闸宽度 125.64 m、堰顶高程 3.44 m，右汊单闸宽 166.8 m，堰顶高程 3.94 m。在二维计算中，根据剑潭初设阶段和运行期成果，结合实测洪水闸上下游的壅水程度进行复核后给定相关参数，确定水闸的泄流能力。

2.3　模型率定和验证

2.3.1　边界范围

上边界选用东江岭下站、西枝江平山站、淡水河淡水站实测流量或根据水位过程推算的流量成果，下边界由于博罗水文站距离研究对象东平半岛仅有 17 km 且距离上游剑潭枢纽仅有 3 km，为避免下边界影响模型精度，将模型下边界进一步下移 67 km 至石龙（樊屋）站，采用樊屋站的实测水位。

2.3.2　率定和验证

采用 2024 年 4 月 26 日 0 时至 4 月 30 日 24 时实测水文资料，对东江岭下、惠阳、剑潭坝下、博罗等站点水位（1985 国家高程基准）进行率定；采用 2022 年 6 月 14 日 0 时至 6 月 18 日 24 时实测资料进行验证。水位率定、验证如图 3、图 4 所示，水位率定、验证峰值误差均小于 10 cm，水面线计算基本合理；对两场洪水控制站博罗站的流量进行率定、验证（见图 5、图 6），流量峰值流量误差不超过 5%，率定、验证成果满足规范要求。

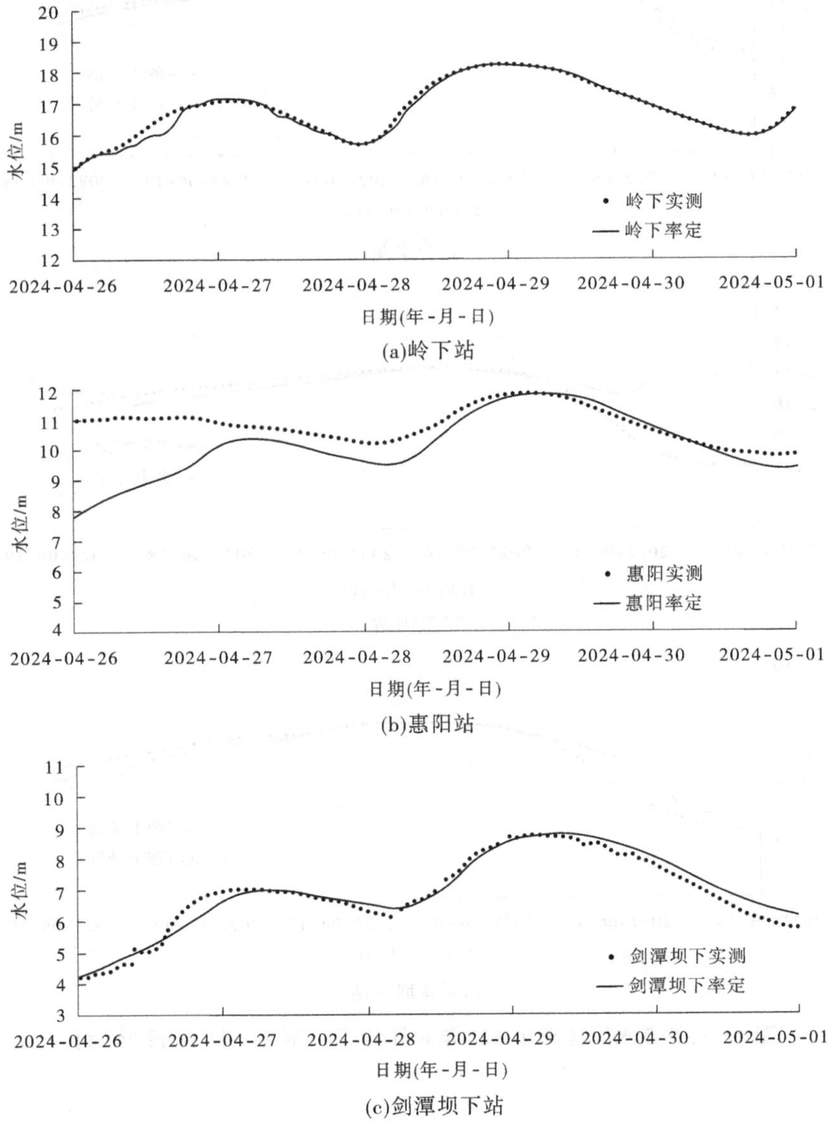

图 3　各站点水位率定（2024 年 4 月 26 日 0 时至 4 月 30 日 24 时）

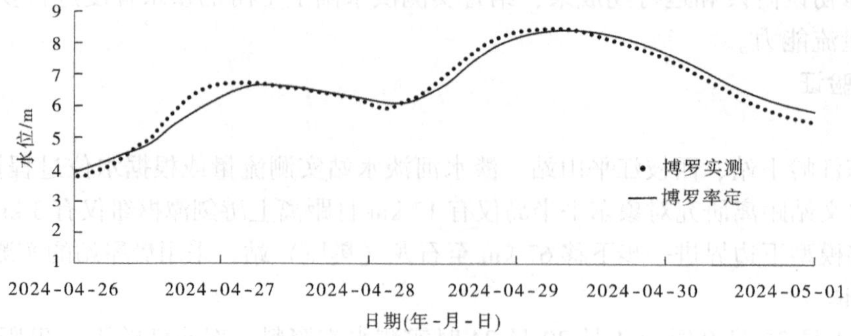

(d)博罗站

续图 3

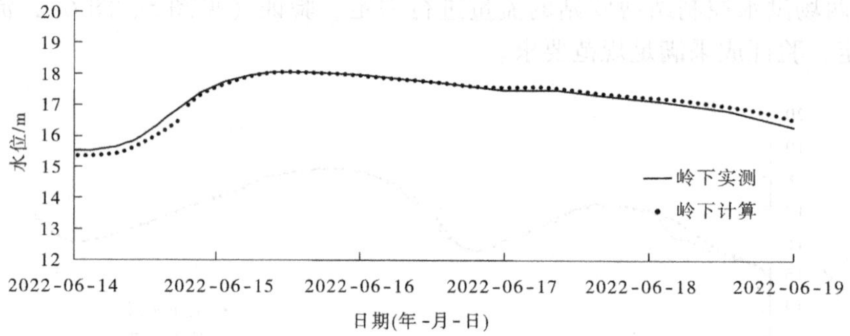

(a)岭下站

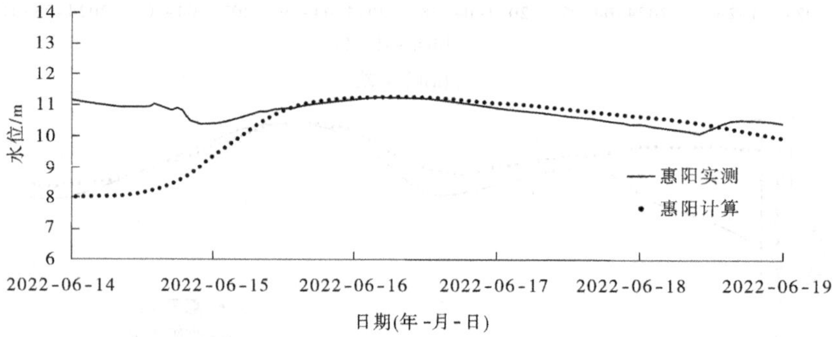

(b)惠阳站

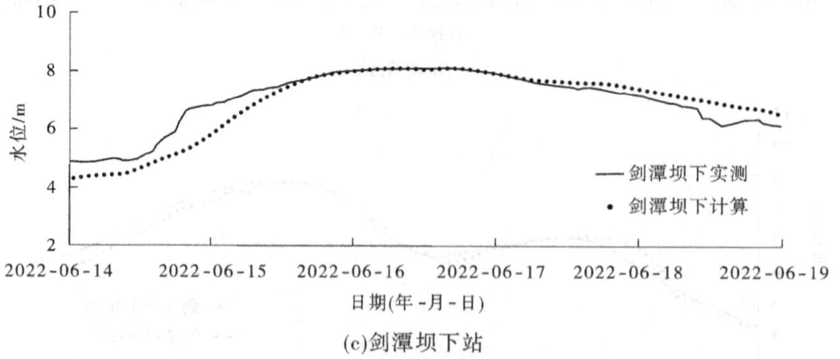

(c)剑潭坝下站

图 4 各站点水位验证（2022 年 6 月 14 日 0 时至 6 月 18 日 24 时）

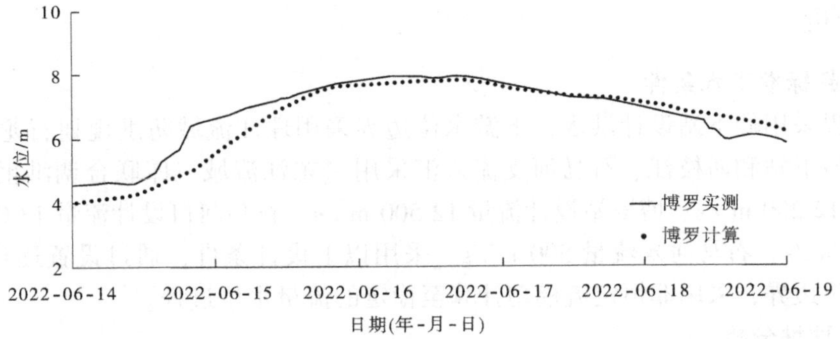

(d)博罗站

续图 4

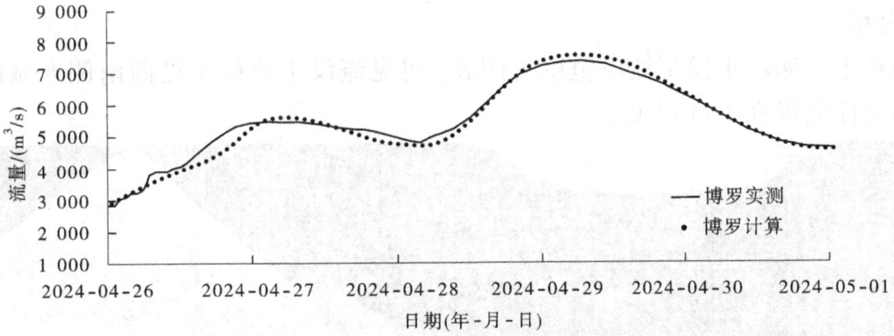

图 5　博罗站流量率定（2024 年 4 月 26 日 0 时至 4 月 30 日 24 时）

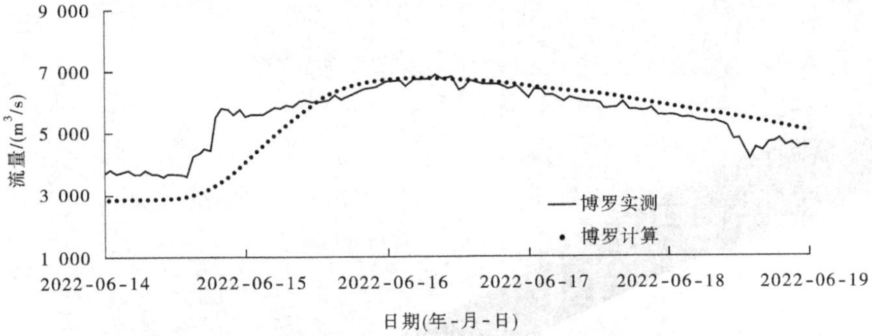

图 6　博罗站流量验证（2022 年 6 月 14 日 0 时至 6 月 18 日 24 时）

糙率采用分区试算的原则进行，糙率值在 0.035~0.04，与以往成果较为接近，糙率分布总体上游小、下游大，其分布规律也与东江干流水面线计算采用的糙率相似，糙率分布见图 7。

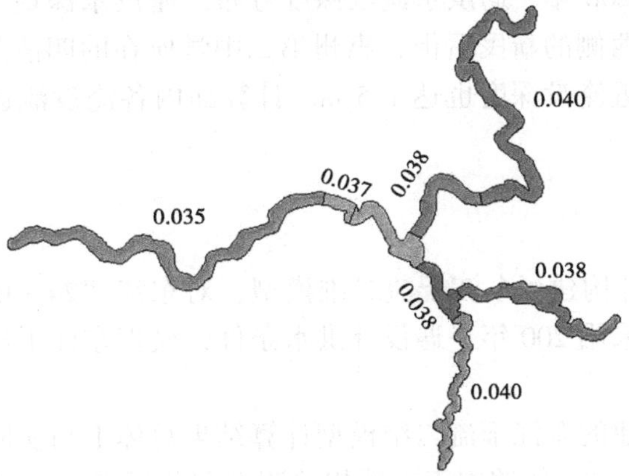

图 7　模型采用糙率分布

3　模型计算分析

3.1　200 年一遇超标准洪水条件

上游入流边界采用岭下站设计洪水；下游水位边界采用珠江流域防洪规划石龙（樊屋）设计潮位；上边界条件岭下站和西枝江、石马河支流入汇采用《东江流域三库联合调洪报告》成果，其中岭下站设计流量 12 250 m^3/s、博罗站设计流量 12 500 m^3/s、石马河口设计流量 13 000 m^3/s，区间西枝江入流量 250　m^3/s、石马河入流量 500 m^3/s。采用以上设计条件，通过设置逐步增加至恒定 200 年一遇的流量水位边界，采用非恒定流模型计算至稳定的流量水位过程。

3.2　计算结果合理性分析

根据上述条件，计算惠阳水位站 200 年一遇水位为 15. 24 m，略低于珠江流域防洪规划修编东干 200 年一遇水位 15. 58 m，计算结果基本合理。

3.3　洪水淹没分析

东平半岛 200 年一遇洪水模型淹没范围见图 8，可见淹没主要位于岛西南侧老城区和中北部公园区域，岛西南部整体淹没在 1 m 以上。

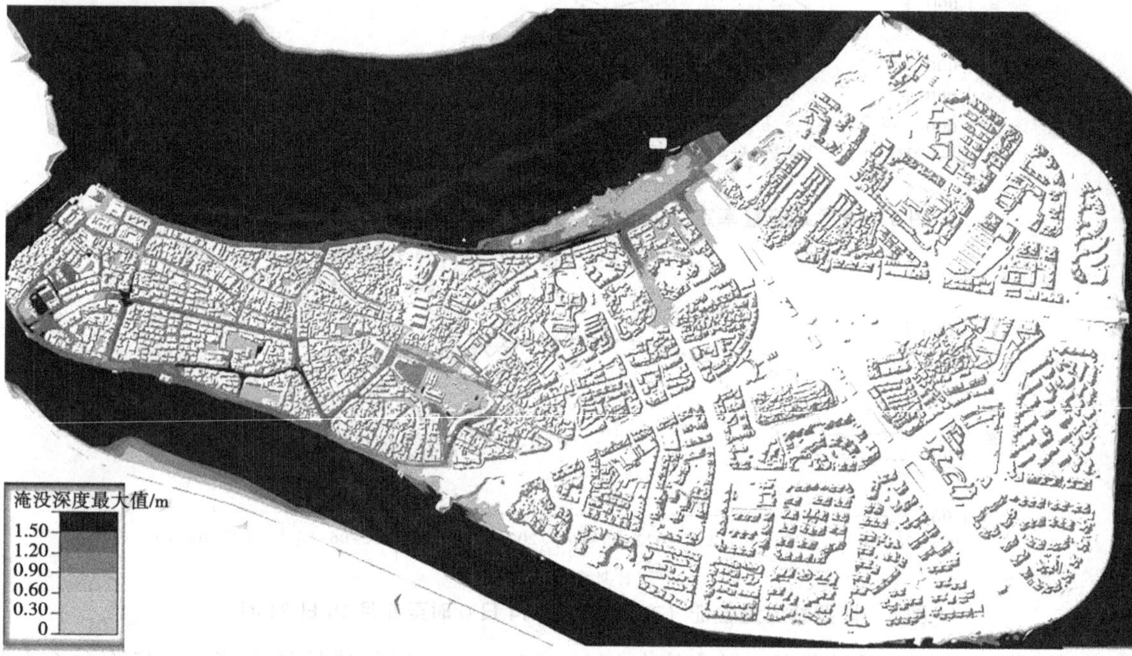

图 8　东平半岛 200 年一遇洪水模型淹没范围

图 9 为东平半岛西南部 200 年一遇洪水淹没深度分布。淹没水深最大约 1. 8 m，位于新建路与桥东路交界北部附近，其中岛西侧的新民后街、惠州第二中学所在的四清路淹没程度较高。岛中北部的滨江东路与黄家塘街交界附近淹没深度也达 1. 5 m。计算岛内各淹没流速最多在 0. 5 m/s 以下，主要位于狭窄老城区街道。

4　结论与展望

采用 HEC-RAS 模型软件构建了东江干流二维模型，对东江“24 · 04”“22 · 06”洪水进行了模拟，结合率定、验证成果，采用 200 年一遇设计洪水条件，模拟东江干流和东平半岛水位过程和淹没情况，结论如下：

（1）基于 HEC-RAS 构建的东江干流二维模型计算结果总体上与实际情况较为吻合。外江水位站实测和计算最高水位小于 10 cm，能够用于支撑相关调查和分析工作，可作为洪水淹没分析的重要技术支撑。

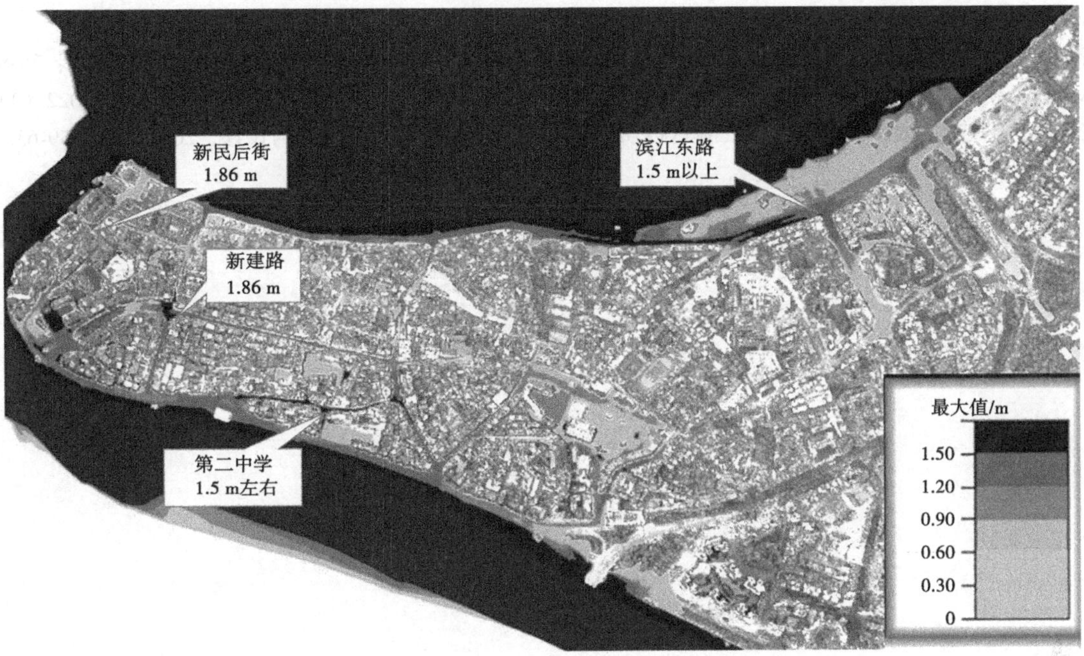

图9　东平半岛西南部200年一遇洪水淹没深度分布

（2）200年一遇洪水工况下，东平半岛淹没主要位于岛西南侧老城区和中北部公园区域，新建路与桥东路交界附近最大淹没深度约1.8 m，滨江东路与黄家塘街交界附近淹没深度也达1.5 m，岛西南部整体淹没深度在1 m以上

（3）基于实测水位过程、高精度DEM和航拍正射影像的洪水淹没情况，可更好地体现HEC-RAS二维分析和展示功能的优势。HEC-RAS具有开放、便捷的淹没绘制功能和自带的GIS分析计算功能，可满足相关分析要求；又或是进一步加强与ArcGIS等软件的交互输出等功能[9]，可为防洪风险图的编制提供便利的解决方案[10]。

（4）相较于如SWMM模型在城市内涝应用较为广泛[11]，但HEC-RAS尚未加入管网计算模块，本次在东平半岛洪水淹没计算取得较好的效果，与洪水位超过并漫越护岸、管网顶托排水困难有较大的关系，后续需要加强HEC-RAS与其他管网计算功能耦合应用的研究。

参考文献

[1] 胡婷婷，袁徐刚，苏东旭，等. 基于HEC-RAS的梧桐山河流域水质模拟及应用［J］. 水文，2022（3）：37-42.

[2] 王光朋，查小春，黄春长，等. HEC-RAS模型在汉江上游洪水演进和流量重建中的应用［J］. 西北农林科技大学学报（自然科学版），2017（12）：129-137.

[3] Juan P，Luis T. Performance assessment of two-dimensional hydraulic models for generation of flood inundation maps in mountain river basins［J］. Water Science and Engineering，2019（1）：11-18.

[4] Lea D，Yeonsu K，Hyunuk A. Case study of HEC-RAS 1D-2D coupling simulation：2002 Baeksan flood event in Korea［J］. Water，2019，11（10）：1-14.

[5] Patel D P，Ramirez J A，Srivastava P K，et al. Assessment of flood inundation mapping of Surat city by coupled 1D/2D hydrodynamic modeling：A case application of the new HEC-RAS 5［J］. Natural Hazards，2017，89（1）：93-130.

[6] Alin M P，Cătălin I C，Cristian C S，et al. Using High-Density LiDAR Data and 2D Streamflow Hydraulic Modeling to Improve Urban Flood Hazard Maps：A HEC-RAS Multi-Scenario Approach［J］. Water，2019，11（9）：1-24.

[7] Elizabeth M P，Charles A，Jonathan A C，et al. Estimating Floodplain Vegetative Roughness Using Drone-Based Laser Scanning and Structure from Motion Photogrammetry［J］. Remote Sensing，2021（13）：1-19.

[8] USACE-IWR-HEC. HEC-RAS 6.0 2D Modeling Users Manual.［M］Hydrologic Engineering Center，609 Second Street

Davis, CA 95616, 2020.
[9] 刘青云，王慧彦．北京市通州区洪涝灾害风险评估及区划研究［J］．水利规划与设计，2022（10）：76-82.
[10] 林焕新，靳高阳．新形势下粤港澳大湾区城市防洪规划的问题与建议［J］．水利规划与设计，2022（11）：1-5.
[11] 王登敏，王若飞．深圳市南联第六工业区内涝整治工程研究［J］．水利规划与设计，2022（9）：59-63.

基于 RAG 的大模型水利知识问答质量评价方法研究

朱乔利　吴尚猷　程　杰　刘亦超

（湖北省水利水电规划勘测设计院有限公司，湖北武汉　430070）

摘　要： 针对大模型在水利知识问答领域存在的可靠性问题，提出一种基于检索增强生成的多模型交叉校验评价方法，通过检索增强生成框架获取给定的水利相关知识并融入提示词，进而规范大模型水利知识问答的输出。选取三个大模型进行水利知识问答实验，自动生成问题集并在模型间交叉校验得到数据统计结果，对大模型问答质量进行量化分析，衡量不同大模型对水利行业专业语言和逻辑的理解能力，为水利大模型知识问答的可靠性提供一种量化评价方法。

关键词： 检索增强生成；大模型；知识问答；水利知识；质量评价

1　研究背景

近年来，人工智能等新一代信息技术的发展受到了国家的高度重视与关注，2024 年国务院政府工作报告明确提出要深化大数据、人工智能等研发应用，开展“人工智能+”行动，打造具有国际竞争力的数字产业集群。随着深度学习技术的不断进步，大语言模型（large language model，LLM）在人工智能自然语言处理领域取得了显著进展，如 GPT-3/4、ChatGPT、Claude 等大语言模型，扩展了模型规模并大幅提升了模型性能[1]。这些模型实现了任务求解途径通用化，能够理解和生成类似人类的文本，为知识问答提供了强大的技术支持，目前已广泛应用于医疗、教育、法律等行业[2-3]。

我国的国产大模型在数量、技术、应用等方面也取得了显著成果。百度的文心一言、科大讯飞的星火认知大模型、阿里云的通义千问等在各自知识问答领域广泛应用，不仅提升了自然语言处理技术的水平，也为各行业的智能化转型提供了有力支持。在以智慧水利为建设目标的水利行业新发展阶段，借助先进技术提高管理水平和决策能力是新时代水利事业高质量发展的思路之一。大模型技术能够从海量知识中快速提取并组织有价值的信息，为水利知识问答和方案应对提供强大的数据支撑和决策依据。通用大语言模型目前主要面向通用知识，不同的训练架构和训练数据源导致其对专业知识问答的质量参差不齐，尤其在面对专业性较强的水利知识问答领域时，会出现语义幻象和答非所问的现象，给出的问题答案仍需要人工进行验证。如何对多种大模型在水利知识问答领域的可靠性进行自动评估，选取合适的大模型作为基础进一步构建水利大模型，快速实现大语言模型与水利行业的融合是当前亟待攻关的技术方向之一。

本文针对大模型在水利知识问答领域存在的可靠性问题，提出一种基于检索增强生成（retrieval-augmented generation，RAG）的多模型交叉校验评价方法，选取不同国产大模型对水利专业知识进行问答质量自动对比分析，衡量不同大模型对水利行业专业语言和逻辑的理解能力，为水利大模型知识问答的可靠性提供一种量化评价方法。

基金项目： 湖北省水利重点科研项目（HBSLKY202404）。

作者简介： 朱乔利（1986—），男，高级工程师，主要从事水利数字化应用及地理信息系统研究工作。

2 大模型水利知识问答质量评价方法

2.1 关键技术

2.1.1 大语言模型

大语言模型是大模型的一个重要分支，是一种可以执行自然语言相关任务的深度学习模型，借助深度学习机制，把海量训练数据中的各种语言逻辑、语言组织规律有效提取出来，再借助 AI 算法，在实际用户需求中，理解或生成自然语言文本。目前，大语言模型普遍使用 Transformer 神经网络架构，通过对用户输入的“上文”进行加工，实现对下一个词的预测并输出相应的文本[4]。其核心是利用编码器将输入的文本拆分成计算机能处理的 Token，即词元，每个 Token 被转换为一串整数作为在词汇表中的索引，拆分后的整数系列再转换为向量以便捕获词汇之间的语法和语义关系。关键是要向向量中添加位置编码以确保模型能够理解词在句子中的顺序，有了位置编码，就能不按照顺序将文本语句中的单词输入到 Transformer。

自 GPT 问世以来，许多机构加大投入研发大语言模型，国内外涌现出一批具有实用性的大语言模型，如具有强大对话理解与表达能力的 ChatGPT。这些模型的使用方式有开源的，也有提供 API 接口或受限访问的，本文综合考虑国内各模型的使用方式和市场知名度，选取阿里云的通义千问、百度的文心一言和智谱 AI 的智谱清言进行实验对比研究。

2.1.2 提示词工程

提示词工程（prompt engineering）是在大语言模型的应用中，为了优化和规范模型输出结果，引导模型生成符合特定要求或期望的文本而设计和优化输入提示的过程[5]。在不同专业领域如水利行业，这些提示词用来激活模型中的专业相关知识和能力，从而使其输出更加精确、相关和可控。通过调整和优化提问的方式或给出的指令作为提前输入给模型的文本，可以显著影响模型问答输出结果的质量和相关性。但是在开发大语言模型应用时，想要给出最佳组合的提示词需要一定的专业知识和经验，以及一个良好的迭代优化过程。

提示词工程首先需要选择能准确反映用户期望的词汇，提供明确的指示，使所用的大模型知道要执行什么任务，例如“使用输入的语料创建问题”。同时可以提供足够的上下文信息、控制输出风格、优化输入文本的格式等方式来综合优化提示词，通过不同的提示词表达方式实验，观察模型的反应并根据结果进行调整。本文使用开源的大语言模型编程框架 LangChain 管理和优化提示词。

2.1.3 检索增强生成

检索增强生成（RAG）是一种结合检索和生成技术的方法，也是目前流行的大语言模型应用技术之一。当大语言模型需要生成文本或者回答问题时，会先从一个庞大的文档集合中检索出相关的信息，然后利用这些检索到的信息来指导文本的生成，从而提高预测的质量和准确性。RAG 能够引用外部知识库的信息来生成答案或内容，因此可以检索自有垂直领域数据库的相关信息，具有较强的可解释性和定制能力[6]。

RAG 模型可以根据特定领域如水利知识库和提示词进行定制，使其快速具备该领域的能力。在检索阶段，从提供的专业文档集合中检索相关信息；在利用阶段，利用之前检索到的信息融入提示词来填充文本或回答问题；在生成阶段，会根据检索到的知识来生成最终文本内容。检索时利用向量数据库的高效存储和检索能力召回目标知识，生成时利用大语言模型和提示词工程将召回的知识合理利用，生成目标答案。

2.2 大模型水利知识问答质量评价方法

本文提出的大模型水利知识问答质量评价方法主要思路是给定水利知识文本数据，让三个大模型分别根据文本数据，按照提示词生成问题集，问题集包括具体问题和问题类别；然后通过模型交叉回复问题集，即模型 1 生成的问题集由模型 2 和模型 3 分别回复，回复输出内容包括问题的答案、判定问题的类别、问题质量以及问题修改建议；最后对模型之间的输出结果进行统计数据分析，得出不同模型对水利知识问答的质量评价。大模型水利知识问答质量评价流程如图 1 所示。

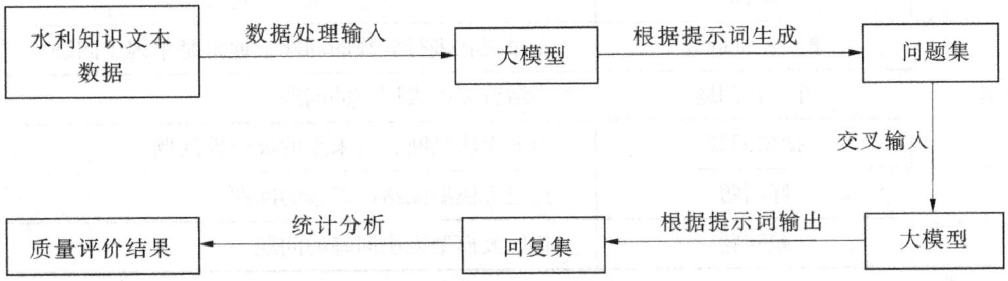

图 1　大模型水利知识问答质量评价流程

3　实验设计与结果

3.1　总体技术设计

本文提出的大模型水利知识问答质量评价方法实现主要基于 RAG 框架进行实验，主要分为数据准备、大模型应用和数据统计分析三个阶段。数据准备即将本地数据文本进行分割、词编码、向量化后存入向量数据库，本文使用的水利知识文本为某水利工程的工程综合说明、工程任务规模、工程地质、水文情况等报告文本资料，调用开源 Embedding 模型接口进行文本分割和向量化，采用 Chroma 向量数据库存储。大模型应用阶段包括提示词优化、大模型问答结果数据。大模型水利知识问答的实验技术架构如图 2 所示。

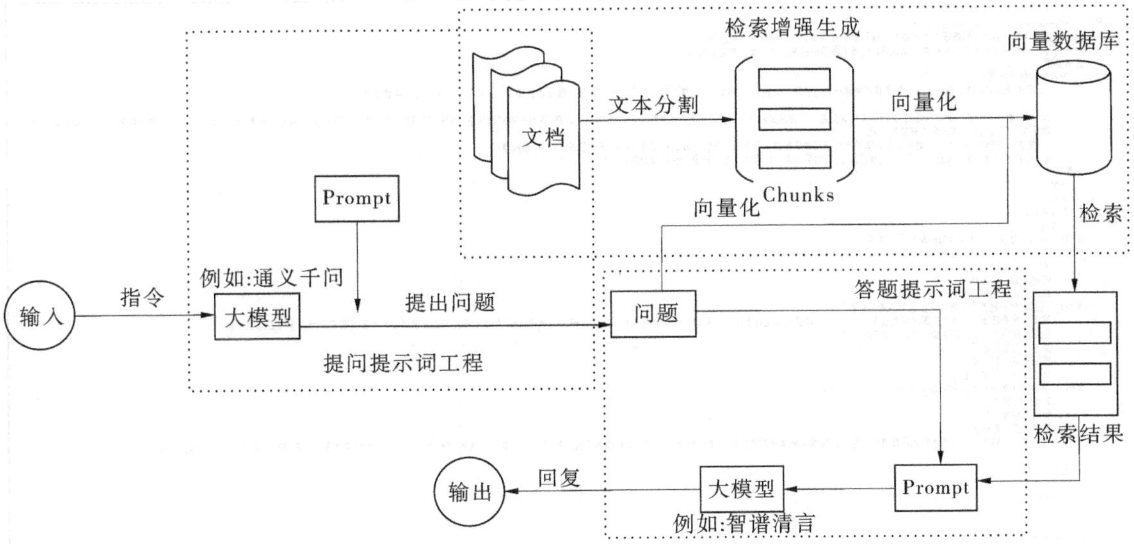

图 2　大模型水利知识问答的实验技术架构

3.2　提示词优化

提示词一般包括任务描述、背景知识、任务指令等，本文结合水利领域经验和多次大模型问答应用结果分析，在提示词中适当加入一些指令来优化大模型的输出。本文将大模型自动提出的问题分为三类：事实验证问题、开放式问题和抽象问答，将提问质量评价为好问题和差问题，问题类别及质量评价指标的定义见表 1。

表 1 问题类别及质量评价指标的定义

项目	指标	定义
问题类别	事实验证问题	能对现状进行解释的问题，通常是单因子问题
	开放式问题	要结合多因素回答的问题
	抽象问答	当下无法判断，对未来的展望性问题
提问质量	好问题	其他大模型能给出答案的问题
	差问题	其他大模型无法回答的问题

本文提示词工程包括生成问题提问时用的提示词工程和解答问题时用的提示词工程。提问时提示词工程包括角色定位、任务目标、任务要求、示例（见图 3），解答时提示词工程包括角色定位、任务目标、任务要求、答题格式、案例（见图 4）。

```
pro_sys = """你是一个优秀的问题提出者，能很好地把握文案中的细节信息和总体框架信息。现在你需要使用下面的语料来创建三类问题：
其一是事实验证问题，这种问题比较具体，例如：杜家台分蓄洪区的地理位置是哪里？
其二是开方式问题，例如：提升杜家台分蓄洪区蓄水量有哪些优势？
其三是抽象问答，例如：未来五年杜家台分蓄洪区发展如何？

你务必提出具有代表性的问题，且问题间的差异要比较明显。
请注意，例子中的问题不可复用。
请注意，为了保证问题可追溯，请不要用"本区、本地"等代词，直接指示目标。
请注意，为了保证问题的严谨性和简洁性，你的问题字数需要控制在10~30字之间；且输出格式为"问题：..."，输出格式必须整齐。

"""
```

图 3 提问提示词

```
prompt = ChatPromptTemplate.from_template("""
    -角色定位：你是一名出色的答题者和评论人，特别擅长根据知识回答问题和评判出题质量。
    -任务目标：通过调用你的知识库和本地知识库，使用下面的语料来回答本模板最末尾的问题。
    -任务要求：
        依次完成如下步骤：
            1、尽可能回答问题！但请注意，如果你不知道问题的答案，直接回答"不知道"，禁止随意编造答案。此外，保证答案简洁，且你的回答中不可以带有星号；

            2、对问题进行分类，看该问题归属于"事实验证问题"、"开放式问题"、"抽象问答"中的哪一类，"事实验证问题"指的是能对现状进行解释的问题，通常是单因子问题，"开放式问题"指的是要结合多因素回答的问题，"抽象问答"指的是当下无法判断，对未来的展望性问题；
            3、根据你的知识库评判该问题的质量，如果你觉得问题质量好，回复"好问题"，反之如果你觉得问题质量差，回复"烂问题"；
            4、如果你觉得问题质量好，请写入"无修改意见"，如果你觉得问题质量差，请给出你的修改建议。
    -答题格式：
        答案：...
        类别：...
        提问质量：...
        修改建议：...
    -案例1：问题：杜家台分蓄洪区的地理位置在哪里？
            答案：杜家台分蓄洪区位于武汉市附近汉江下游右岸与长江左岸之间的一片低洼地带
            类别：事实验证问题
            提问质量：好问题
            修改建议：无修改意见
    -案例2：问题：提升杜家台分蓄洪区蓄水量有哪些优势？
            答案：提升杜家台分蓄洪区蓄水量的优势包括：1. 可以更有效地分蓄汉江下游和长江中游的超额洪水，缓解洪灾风险；2. 有助于解决汉江上游洪量与下游河道安全泄量不相适应的问题；3.
            在一定程度上保护汉江下游和武汉市的防洪安全。
            类别：开放式问题
            提问质量：好问题
            修改建议：无修改意见
    -案例3：问题：未来五年杜家台分蓄洪区的发展规划是什么？
            答案：不知道
            类别：抽象问答
            提问质量：烂问题
            修改建议：问题过于开放且缺乏具体背景信息，建议提供更具体的规划方向或已有的官方规划文件作为依据。例如，可以询问："根据现有官方文件，未来五年杜家台分蓄洪区的主要发展目标是什么？"

    以下是语料：
    <context>
        {context}
    </context>

  Question:{input}"""
```

图 4 解答提示词

3.3 实验结果分析

本文利用通义千问、文心一言和智谱清言进行问答实验，根据文本资料提出问题，其中通义千问生成问题 664 个、文心一言生成问题 733 个、智谱清言生成问题 934 个，大模型生成问题分类数量见表 2。

表 2　大模型生成问题分类数量　　单位：个

模型名称	问题总数	事实验证问题	开放式问题	抽象问答
通义千问	664	237	229	198
文心一言	733	292	245	196
智谱清言	934	315	312	307

对生成的问题集进行模型互答检验，根据提示词要求，回答输出的内容包括问题的答案、问题类型、提问质量和修改建议。根据问题类型的判别统计，大模型问题类型判别一致性分析统计如表 3 所示，通义千问提出的 237 个事实验证问题中有 232 个与另外两个模型判别一致，文心一言提出的 292 个事实验证问题中有 255 个与另外两个模型判别一致，智谱清言提出的 315 个事实验证问题中有 295 个与另外两个模型判别一致，根据问题类别的交叉判断，可以发现事实验证类问题的判别一致性最高，较为适合基于 RAG 的大模型水利知识问答。

表 3　大模型问题类型判别一致性分析统计　　单位：个

问题来源	事实验证问题判别相同	开放式问题判别相同	抽象问答判别相同
通义千问	232	81	17
文心一言	255	177	29
智谱清言	295	58	115

根据大模型提问质量的交叉判断统计见表 4，综合来看，由通义千问生成的问题集被另外两个模型判断为好问题的比例相对要高于文心一言和智谱清言的问题集。

表 4　大模型提问质量的交叉判断统计　　%

问题来源	通义千问 好问题率	文心一言 好问题率	智谱清言 好问题率
通义千问		79.82	86.00
文心一言	68.08		87.45
智谱清言	54.50	78.59	

对于大模型回答问题规范性统计（见表 5）可以看出，通义千问大模型对给定水利知识文本资料后回答问题的规范性高于另外两个模型。

表 5　大模型回答问题规范性统计

回答问题模型	问题来源	格式错误数量/个	问题总数/个	格式错误率/%
通义千问	文心一言	0	733	0
	智谱清言	0	934	0
文心一言	通义千问	63	664	9.49
	智谱清言	143	934	15.31
智谱清言	通义千问	13	664	1.96
	文心一言	29	733	3.96

综合以上统计数据分析结果，基于 RAG 的大模型水利知识问答应用中，三个国产大模型对于事实验证类问题的判别比较一致，而回答问题的规范性方面，通义千问明显优于另外两个模型。

4 结语

面对当前涌现出的大量大语言模型，为判断模型在水利知识问答领域的适用性，本文基于检索增强生成框架进行大模型水利知识问答应用试验，通过自动生成问题集并在模型间交叉校验得到数据统计结果，对大模型问答质量进行量化评价。利用大模型技术将水利知识文本进行分割、向量化及存储，通过检索增强生成框架获取给定的水利相关知识并融入提示词，结合水利领域经验和多次大模型问答应用测试分析优化提示词，规范大模型的输出。本研究选择通义千问、文心一言和智谱清言三个大模型进行水利知识问答实验，根据交叉校验统计数据分析评价不同模型在水利知识问答领域的适用性，后续可以此为基础丰富知识问答质量评价体系，进一步优化大模型在垂直领域的应用效果，为构建水利大模型提供参考。

参考文献

[1] 钱峰，成建国，夏润亮，等．水利大模型的建设思路、构建框架与应用场景初探［J］．中国水利，2024（9）：9-19.

[2] 刘泓泽，王耀国，唐圣晟，等．医学大语言模型的应用现状与发展趋势研究［J］．中国数字医学，2024，19（8）：1-7，13.

[3] 孙思涵．大模型及其应用前景分析：从大模型应用场景到推理算力在边缘的展望［J］．江西通信科技，2024（3）：1-2.

[4] 舒文韬，李睿潇，孙天祥，等．大型语言模型：原理、实现与发展［J］．计算机研究与发展，2024，61（2）：351-361.

[5] 杨必胜，陈一平，邹勤，等．从大模型看测绘时空信息智能处理的机遇和挑战［J］．武汉大学学报（信息科学版），2023，48（11）：1756-1768.

[6] 窦凤岐，胡珊，李佳隆，等．基于 LangChain 的 RAG 问答系统设计与实现：以 C 语言课程问答系统为例［J］．信息与电脑（理论版），2024，36（6）：101-103.

基于内涝数值模拟的泵站排涝能力复核评估研究

吴辉明[1,2]　陈　琰[1,2]　林　程[1,2]

（1. 广州珠科院工程勘察设计有限公司，广东广州　510610；
2. 珠江水利委员会珠江水利科学研究院，广东广州　510610）

摘　要：排涝泵站作为城市内涝防治体系的重要环节，其设计规模是否满足实际和规划标准要求，将直接关系城市内涝。以深圳中心城区双界河泵站为研究对象，通过数值模型模拟计算 50 年、100 年降雨条件有无泵站工况下，对泵站排涝能力进行复核评估。模拟结果显示，该排涝泵站满足 50 年一遇内涝防治标准，100 年一遇降雨条件下，积水深度大于 0.15 m 的淹没范围仅 0.001 km^2。

关键词：排涝泵站；复核评估；水文形势；数学模型

1　引言

随着全球气候变化加剧，城市极端降雨多发频发，给城市防洪排涝带来挑战[1]。排涝泵站作为城市内涝防治体系的重要环节，其设计规模是否满足实际要求，将直接关系城市内涝治理。传统排涝泵站规模复核主要有平均排除法、水量平衡法等，其中平均排除法是一种用于计算设计排涝流量或排涝模数的方法，其基本原理是将相应设计标准的净雨量在规定的排涝时间内平均排除，这种方法相对简单，所需资料较少且较易获得，因此被广泛应用；水量平衡法是一种简化模型计算方法，对基础资料的要求不高又有较高的计算精度，较适用于确定河道调峰作用明显的城市地区泵站规模复核。目前，已有专家学者将数学模拟方法应用于内涝防治系统复核评估[2-4]。本文以深圳市中心城区双界河泵站为研究区域，采用自主研发的 HydroMPM（Hydro Multi-Processes Modeling）模型云平台建模软件，对该区域的排涝系统进行水力建模，通过水力模拟运算对排涝泵站规模进行复核评估，求得泵站的设计流量与实际需求的差距，为排涝泵站的提标升级提供科学依据。

2　工程概况

双界河泵站工程位于深圳市南山区南头检查站西侧双界河左岸。双界河发源于南山区北部的铁屎岭，属珠江口水系的独立入海的河道，主河道全长 5.36 km，汇水面积 5.75 km^2，最终排入大铲湾。

双界河泵站汇水面积为 0.14 km^2（见图 1），排涝标准按照市政暴雨重现期 3 年一遇设计，设计规模为 3.55 m^3/s，设计扬程为 5.75 m，共有水泵 3 台。泵站紧邻双界河建设，其收水为上游箱涵来水，经泵站提升后由 3 根管道排入双界河。工程主要建筑物级别为 4 级，次要建筑物级别为 5 级。

3　现状排涝能力分析

3.1　水文分析

3.1.1　设计暴雨

设计暴雨采用《广东省暴雨参数等值线图》进行查算。《广东省暴雨参数等值线图》由广东省水文局于 2003 年编制颁布，成果具有可靠性、合理性。根据《广东省暴雨参数等值线图》查算珠江口

作者简介：吴辉明（1991—），男，工程师，主要从事城市洪涝研究方面的工作。
通信作者：陈琰（1993—），女，工程师，主要从事城市洪涝研究方面的工作。

图 1　双界河泵站汇水面积

水系的最大 10 min、1 h、6 h、24 h、72 h 暴雨参数，珠江口水系各设计频率下设计暴雨结果见表 1。

表 1　珠江口水系各设计频率下设计暴雨结果

工程区域	点暴雨统计参数（$C_s/C_v=3.5$）			设计点雨量/mm			
	时段	均值/mm	C_v	$P=0.5\%$	$P=1\%$	$P=2\%$	$P=5\%$
珠江口水系	10 min	19.7	0.22	33.9	32.2	30.3	27.6
	1 h	55	0.4	139	127	114	97.6
	3 h	85	—	241	218	194	162
	6 h	112	0.5	342	307	271	223
	24 h	170	0.5	519	466	411	338
	72 h	235	0.52	745	665	583	477

3.1.2　设计雨型

设计雨型采用《深圳市暴雨强度公式及查算图表（2015 版）》，以 5 min 为间隔时段推求各时段雨量，推求不同频率暴雨的典型暴雨过程；采用设计暴雨成果进行同倍比缩放得到设计暴雨过程。50 年一遇、100 年一遇暴雨强度公式见表 2。

表 2　深圳暴雨强度公式

重现期/年	暴雨强度/(mm/min)	暴雨强度/[L/(s·hm²)]
50	13.007/(t+9.058) 0.495	2 167.827/(t+9.058) 0.495
100	12.587/(t+8.298) 0.47	2 097.854/(t+8.298) 0.47

根据计算，50 年一遇、100 年一遇情况下，1 h、3 h 典型暴雨过程以及本次设计暴雨过程见表 3、表 4。

表 3　珠江口水系设计暴雨过程（1 h）

时间/min	典型雨量过程/mm		分配比例		设计雨量/mm	
	50 年一遇	100 年一遇	50 年一遇	100 年一遇	50 年一遇	100 年一遇
5	4.6	5.2	0.048	0.050	5.5	6.4
10	5.2	5.7	0.054	0.055	6.2	7.0
15	5.8	6.4	0.060	0.062	6.9	7.8
20	6.9	7.5	0.072	0.072	8.2	9.2
25	8.7	9.3	0.091	0.090	10.3	11.4
30	12.6	13.4	0.131	0.129	15.1	16.4
35	17.6	18.7	0.184	0.180	20.9	22.9
40	10.2	10.9	0.106	0.105	12.1	13.3
45	7.6	8.3	0.079	0.080	9.0	10.2
50	6.3	6.9	0.066	0.067	7.5	8.5
55	5.5	6	0.057	0.058	6.5	7.3
60	4.9	5.4	0.051	0.052	5.8	6.6

表 4　珠江口水系设计暴雨过程（3 h）

时间/min	典型雨量过程/mm		分配比例		设计雨量/mm	
	50 年一遇	100 年一遇	50 年一遇	100 年一遇	50 年一遇	100 年一遇
5	2.9	3.4	0.017	0.018	3.2	3.8
10	3.1	3.5	0.018	0.018	3.4	3.9
15	3.2	3.7	0.018	0.019	3.6	4.2
20	3.4	3.8	0.019	0.020	3.8	4.3
25	3.5	4	0.020	0.021	3.9	4.5
30	3.8	4.2	0.022	0.022	4.2	4.7
35	4	4.5	0.023	0.023	4.4	5.1
40	4.3	4.8	0.025	0.025	4.8	5.4
45	4.6	5.2	0.026	0.027	5.1	5.9
50	5.2	5.7	0.030	0.030	5.8	6.4
55	5.8	6.4	0.033	0.033	6.4	7.2
60	6.9	7.5	0.039	0.039	7.7	8.5
65	8.7	9.3	0.050	0.048	9.7	10.5
70	12.6	13.4	0.072	0.069	14.0	15.1
75	17.6	18.7	0.101	0.097	19.5	21.1
80	10.2	10.9	0.058	0.056	11.3	12.3
85	7.6	8.3	0.043	0.043	8.4	9.4
90	6.3	6.9	0.036	0.036	7.0	7.8

续表 4

时间/min	典型雨量过程/mm		分配比例		设计雨量/mm	
	50 年一遇	100 年一遇	50 年一遇	100 年一遇	50 年一遇	100 年一遇
95	5.5	6	0.031	0.031	6.1	6.8
100	4.9	5.4	0.028	0.028	5.4	6.1
105	4.5	5	0.026	0.026	5.0	5.6
110	4.1	4.6	0.023	0.024	4.6	5.2
115	3.8	4.3	0.022	0.022	4.2	4.9
120	3.6	4.1	0.021	0.021	4.0	4.6
125	3.4	3.9	0.019	0.020	3.8	4.4
130	3.3	3.7	0.019	0.019	3.7	4.2
135	3.1	3.5	0.018	0.018	3.4	3.9
140	3	3.4	0.017	0.018	3.3	3.8
145	2.9	3.3	0.017	0.017	3.2	3.7
150	2.9	3.3	0.017	0.017	3.2	3.7
155	2.8	3.2	0.016	0.017	3.1	3.6
160	2.7	3.1	0.015	0.016	3.0	3.5
165	2.7	3.2	0.015	0.017	3.0	3.6
170	2.7	3	0.015	0.016	3.0	3.4
175	2.6	3	0.015	0.016	2.9	3.4
180	2.6	3	0.015	0.016	2.9	3.4

珠江口水系 50 年一遇 1 h、3 h 降雨分配结果见图 2、图 3，珠江口水系 100 年一遇 1 h、3 h 降雨分配结果见图 4、图 5。

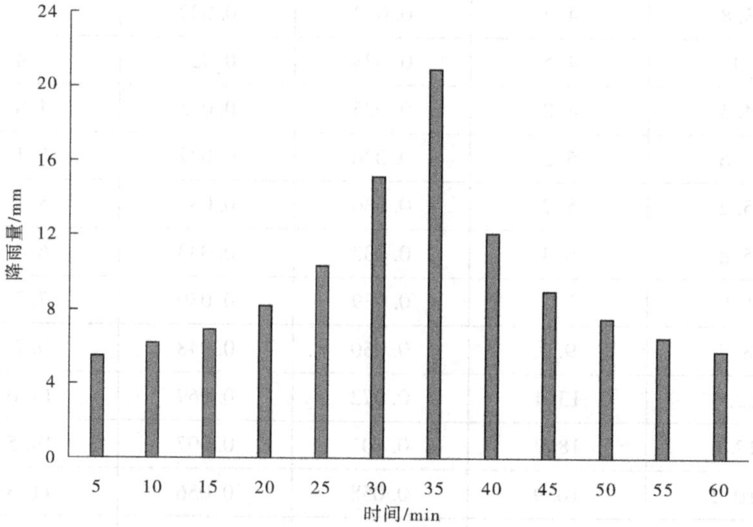

图 2　珠江口水系 50 年一遇 1 h 降雨分配结果（5 min 间隔）

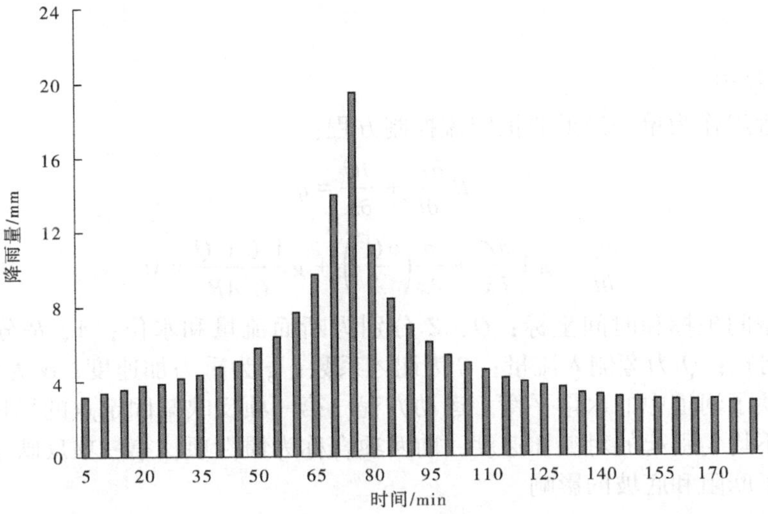

图 3　珠江口水系 50 年一遇 3 h 降雨分配结果（5 min 间隔）

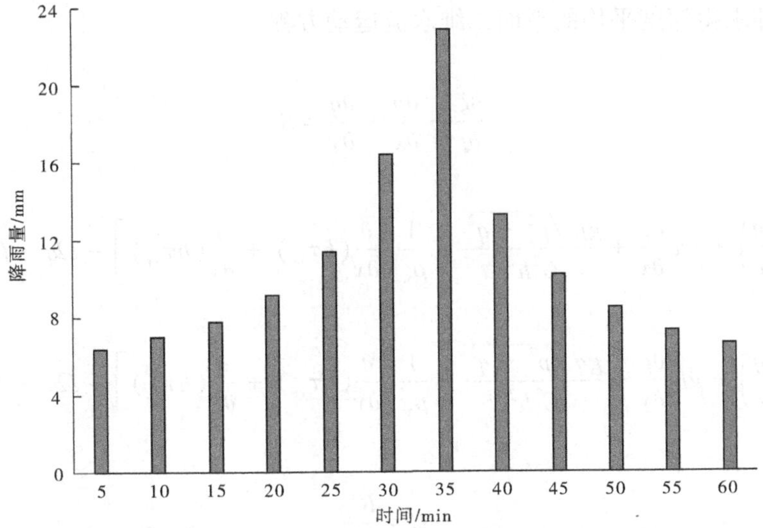

图 4　珠江口水系 100 年一遇 1 h 降雨分配结果（5 min 间隔）

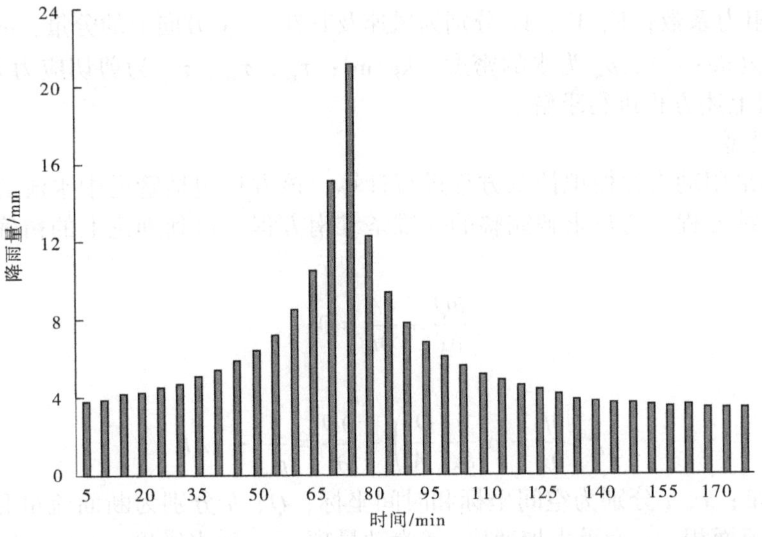

图 5　珠江口水系 100 年一遇 3 h 降雨分配结果（5 min 间隔）

3.2 模型计算

3.2.1 计算原理

3.2.1.1 一维河道模型

采用圣维南方程组作为单一河道非恒定流控制方程：

$$B\frac{\partial Z}{\partial t}+\frac{\partial Q}{\partial x}=q \tag{1}$$

$$\frac{\partial Q}{\partial t}+gA\frac{\partial Z}{\partial x}+\frac{\partial}{\partial x}\left(\frac{\alpha Q^2}{A}\right)+g\frac{|Q|Q}{C^2AR}=0 \tag{2}$$

式中：x、t 分别为空间坐标和时间坐标；Q、Z 分别为断面流量和水位；A、R 分别为断面过流面积和水力半径；B 为河宽；Q 为旁侧入流量；C 为谢才系数；g 为重力加速度；α 为垂向速度分布系数。

连续性方程反映了河道中的水量平衡。运动方程，第一项反映某固定点的局地加速度，第二项反映由于流速的空间不均匀引起的对流加速度，前两项合称为惯性项；第三项反映了水深的影响，为压力项；第四项反映了摩阻和底坡的影响。

3.2.1.2 二维地表模型

采用通用的平面二维数学模型，从不可压缩流体运动的基本方程忽略物理量沿水深方向的变化，沿水深方向积分，即求得深度平均的平面二维水流运动方程。

连续方程：

$$\frac{\partial \zeta}{\partial t}+\frac{\partial p}{\partial x}+\frac{\partial q}{\partial y}=S \tag{3}$$

动量方程：

$$\frac{\partial p}{\partial t}+\frac{\partial}{\partial x}\left(\frac{p^2}{h}\right)+\frac{\partial}{\partial y}\left(\frac{pq}{h}\right)+gh\frac{\partial \zeta}{\partial x}+\frac{gp\sqrt{p^2+q^2}}{C^2h^2}-\frac{1}{\rho_w}\left[\frac{\partial}{\partial x}(h\tau_{xx})+\frac{\partial}{\partial y}(h\tau_{xy})\right]-\Omega q-fVV_x+\frac{h}{\rho_w}\frac{\partial}{\partial x}(p_a)=0 \tag{4}$$

$$\frac{\partial q}{\partial t}+\frac{\partial}{\partial y}\left(\frac{q^2}{h}\right)+\frac{\partial}{\partial x}\left(\frac{pq}{h}\right)+gh\frac{\partial \zeta}{\partial y}+\frac{gq\sqrt{p^2+q^2}}{C^2h^2}-\frac{1}{\rho_w}\left[\frac{\partial}{\partial y}(h\tau_{yy})+\frac{\partial}{\partial x}(h\tau_{xy})\right]+\Omega p-fVV_y+\frac{h}{\rho_w}\frac{\partial}{\partial y}(p_a)=0 \tag{5}$$

$$C=\frac{R^{\frac{1}{6}}}{n} \tag{6}$$

式中：h 为水深，m；ζ 为水位，m；p、q 分别为 x、y 向的单宽流量，$m^3/(s\cdot m)$；C 为谢才系数；n 为曼宁系数；f 为风阻力系数；V、V_x、V_y 分别为风速及其在 x、y 方向上的分量，m/s；Ω 为 Coriolis 参数；p_a 为大气压，$kg/(m\cdot s^2)$；ρ_w 为水的密度，kg/m^3；τ_{xx}、τ_{xy}、τ_{yy} 为剪切应力分量。

采用 ADI 格式对上述方程进行求解。

3.2.1.3 管网排水模型

管网中流量演算采用动力波模拟控制方程进行计算，该方程包括管道中水流的连续方程、动量方程和节点处的水量连续方程。通过求解完整的一维圣维南方程，得到理论上的精确解。

连续方程：

$$\frac{\partial Q}{\partial x}+\frac{\partial A}{\partial t}=0 \tag{7}$$

动量方程：

$$gA\frac{\partial h}{\partial x}+\alpha\frac{\partial}{\partial x}\left(\frac{Q^2}{A}\right)+\frac{\partial Q}{\partial t}=\frac{f}{\rho_w}-gAI \tag{8}$$

式中：q 为管道渗流量；x、t 分别为空间坐标和时间坐标；Q、h 分别为断面流量和水深；α 为动量分布系数；A 为断面过流面积；g 为重力加速度；f 为动量项；ρ_w 为水密度；I 为水头损失。

对于封闭管道，管道排水能力计算可以定义为当水深等于管道高度时的流量。但是当流量再增加时水流的条件根本上发生了变化，即圣维南方程的基本假设是不成立的，水流从自由表面流转为了承压流。管道超负荷出现压力流时，管顶引入一个恰当的概念化的窄缝，称为 Preissmann 缝。Preissmann 缝指一个概念化的垂直狭窄的缝，当水位超出封闭管道的顶高时，为水流提供一个概念化的自由表面条件。通过这种方式可以实现管渠中自由表面流到超负荷状态的平滑过渡。此时圣维南方程修正为

连续方程：

$$\frac{\partial(\rho Q)}{\partial x}\mathrm{d}x\mathrm{d}t = \frac{\partial(\rho A)}{\partial t}\mathrm{d}x\mathrm{d}t \tag{9}$$

动量方程：

$$\frac{\partial Q}{\partial x} + \frac{Q}{\rho}\frac{\partial \rho}{\partial t} + \frac{\partial A}{\partial t} + \frac{A}{\rho}\frac{\partial \rho}{\partial t} = 0 \tag{10}$$

3.2.1.4 模型耦合

河道-地表模型的侧向耦合：侧向耦合界面处需要满足流量约束条件，即保证一维河道、二维地表模型间水量及动量守恒。因此，通过“互相提供边界”的方式实现河道-地表模型的侧向耦合，即将每相邻两个断面间的河道边界作为一个耦合边界，在二维模型中，各耦合边界被定义为独立的水位边界，其边界节点的水位值由相邻两个上、下游断面的水位按照反距离插值得到；在一维模型中，各耦合边界被定义为旁侧入流；一维-二维模型侧向耦合求解时，在每一计算时间步长内，首先进行一维模型计算，并将耦合边界的上、下游断面水位传递给二维模型；然后通过二维模型计算，将得到的耦合边界流量以旁侧入流的方式传递给一维模型，模拟洪水演进过程。

3.2.2 模型搭建

3.2.2.1 地表模型

根据双界河排涝泵站汇水范围内地形数据，建立流域二维地表模型。

地形数据：采用深圳市地理空间地形数据，结合流域内堤防、道路高程等资料对片区地表模型网格进行插值。

模型概化：流域内土地利用类型多，河道、居民地建筑、道路等不同区域的地形地貌不同，为保证模型计算精度，需要分别设置不同土地利用类型的糙率。此外，为模拟建筑物对暴雨洪水的影响，在网格尺度制约及收集到的地形难以准确代表建筑物高程的情况下，采用加大糙率的方法进行建筑物阻水效果概化。本次模型搭建网格个数为 2 856。地表水模型网格布置如图 6 所示。

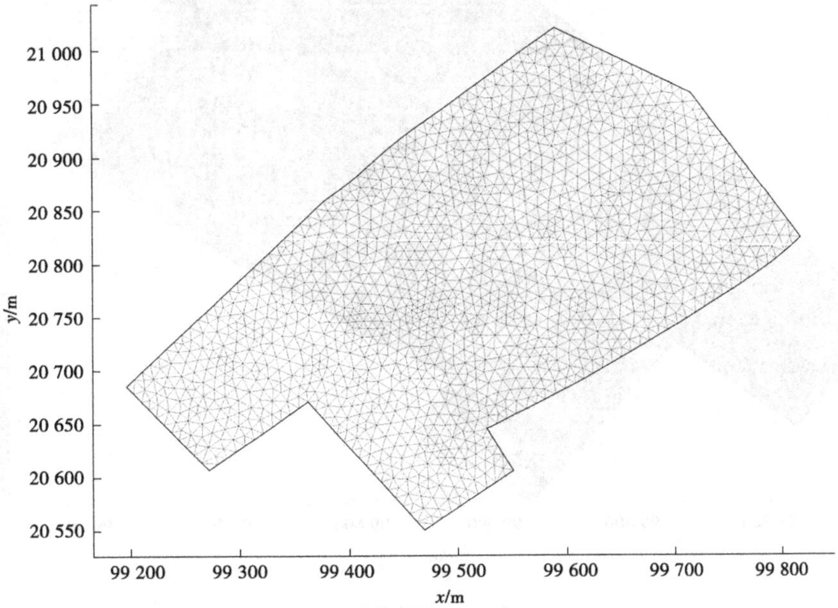

图 6 地表水模型网格布置

3.2.2.2 管网模型

根据双界河排涝泵站汇水范围内雨水管网资料、下垫面数据、土地利用情况，建立片区管网模型。管网数据：采用珠江口水系雨水管网数据提取管道基础数据，包括检查井井底高程、雨水管道底高程、管径、长度等。汇水区划分：按照每一个雨水口为单元，以地形、建筑物为主要的分界线，建立子汇水区。汇水参数：利用研究片区航拍影像以及实测地形图中的建筑物、道路、绿地、道路铺装等土地利用数据以及遥感影像数据确定各汇水区的渗透系数，各分区综合径流系数为 0.6~0.85。

模型共考虑雨水管道 113 条，雨水检查井共 109 座。管网模型布置如图 7 所示。

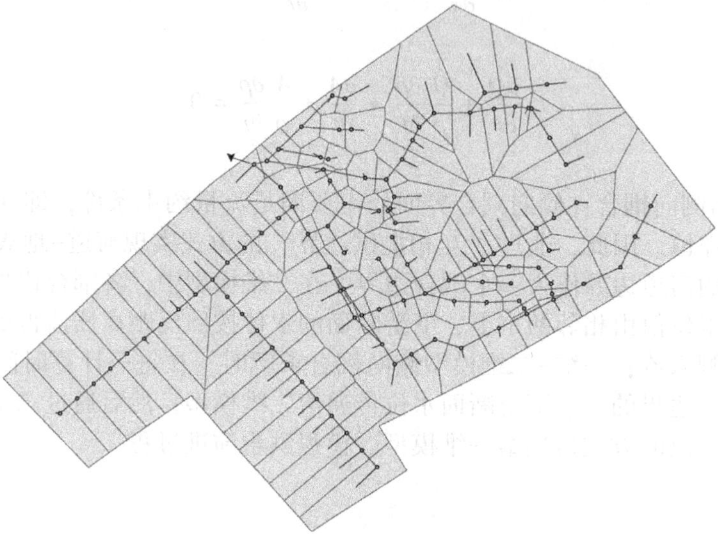

图 7　管网模型布置

3.2.2.3 模型耦合

根据片区建立的管道、地表模型进行耦合，片区模型耦合见图 8。

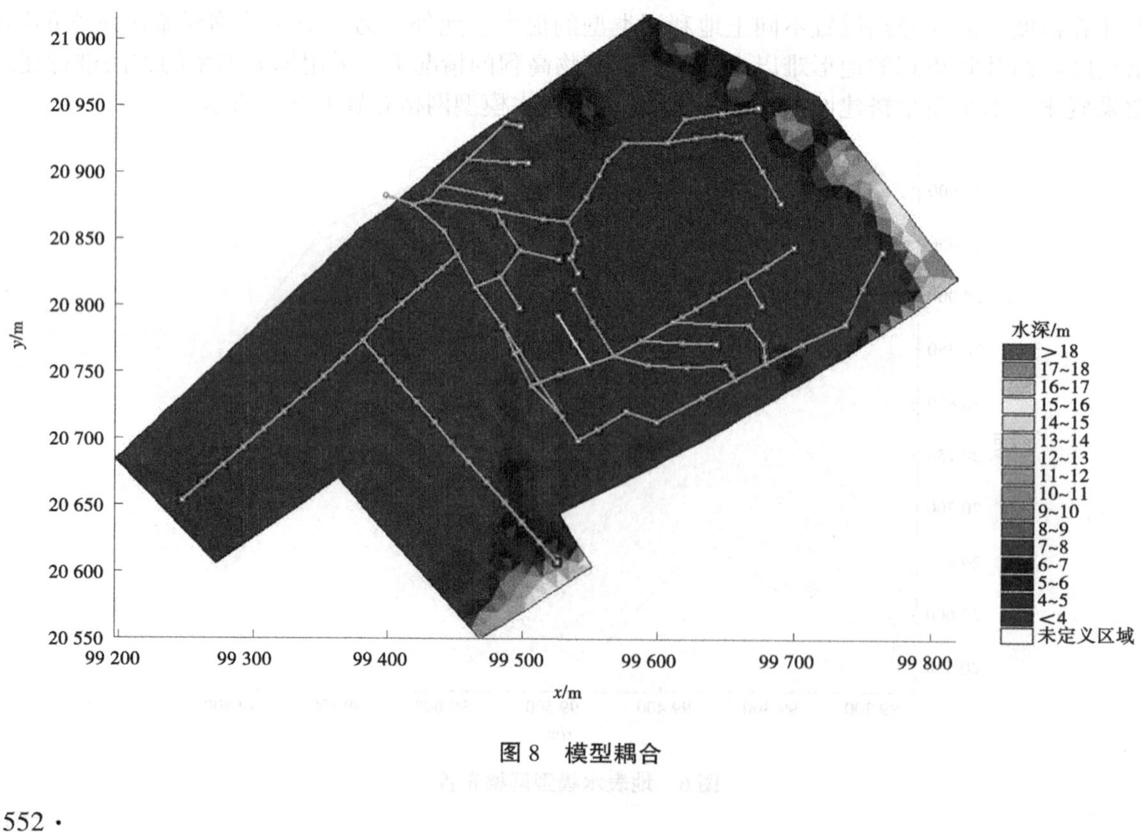

图 8　模型耦合

3.2.3 分析工况

泵站复核评估分析工程包括三种：

（1）工况一：无泵站工况下，泵站汇水范围内的淹没风险（$P=1\%$、$P=2\%$）及受涝情况分析。

（2）工况二：加入现状泵站后的工况，研究区域内的淹没风险（$P=1\%$、$P=2\%$）及受涝情况分析。

（3）工况三：若排水区域在工况二下仍存在内涝风险，则增加泵站规模，研究区域内的淹没风险（$P=1\%$、$P=2\%$）及受涝情况分析。

3.2.4 边界条件及参数

3.2.4.1 边界条件

降雨边界：采用珠江口水系50年一遇、100年一遇设计降雨过程，见表3、表4。

水位边界：双界河排涝泵站排入双界河，水位边界采用泵站位置对应的双界河设计频率水位。

3.2.4.2 模型参数

（1）地表参数：研究区域内土地利用类型多且分布零散，河道、居民地建筑、道路等不同区域的地形地貌不同，为保证模型计算精度，需要分别设置不同土地利用类型的糙率。此外，为模拟建筑物对暴雨洪水的影响，在网格尺度制约及收集到的地形难以准确代表建筑物高程的情况下，采用加大糙率的方法进行建筑物阻水效果概化。本项目根据《洪水风险图编制技术细则》和《水力计算手册》，结合土地利用类型数据，按照下垫面情况选取糙率（见表5）。

表5 糙率取值参考

下垫面	建筑物	林地	草地	水域	空地	道路
糙率 n	0.2	0.065	0.05	0.035	0.035	0.017

（2）管道参数：管道糙率根据相关文献资料确定出范围，结合片区管网数据资料，本次雨水管道糙率取0.015。

（3）河道参数：区域基本位于城市建成区，本次根据《水力计算手册》查取河道断面糙率，取值0.03。

3.2.4.3 内涝判别条件

从积水深度、积水范围和积水时间综合考虑，明确内涝判别标准[4-5]：

（1）积水时间超过30 min，积水深度超过0.15 m，积水范围超过1 000 m^2。

（2）下凹桥区，积水时间超过30 min，积水深度超过0.27 m。

以上条件同时满足时为内涝灾害，否则为可接受的积水，不构成灾害。

3.3 排涝能力分析

3.3.1 工况一计算结果分析

3.3.1.1 50年一遇降雨下洪涝风险分析

50年一遇降雨条件下，泵站服务范围内主要积水内涝风险在智恒产业园西南侧，积水深度大于0.15 m的淹没范围共计0.009 km^2，最大淹没水深0.41 m。现状无泵站工况下，50年一遇降雨时，区域淹没风险图见图9。

3.3.1.2 100年一遇降雨下洪涝风险分析

100年一遇降雨条件下，泵站服务范围内主要积水内涝风险区域与50年一遇降雨工况基本一致，只是在淹没面积上有所增大，积水深度大于0.15 m的淹没范围共计0.016 km^2，最大淹没水深0.53 m。现状无泵站工况下，100年一遇降雨时，区域淹没风险图见图10。

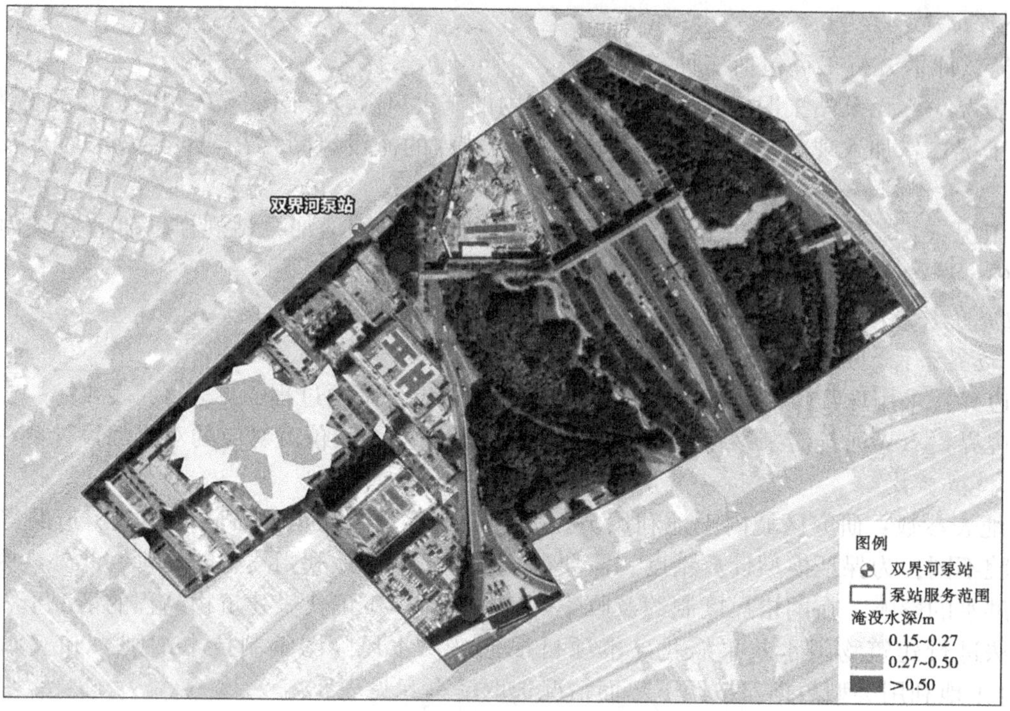

图 9　无泵站工况下 50 年一遇淹没风险图

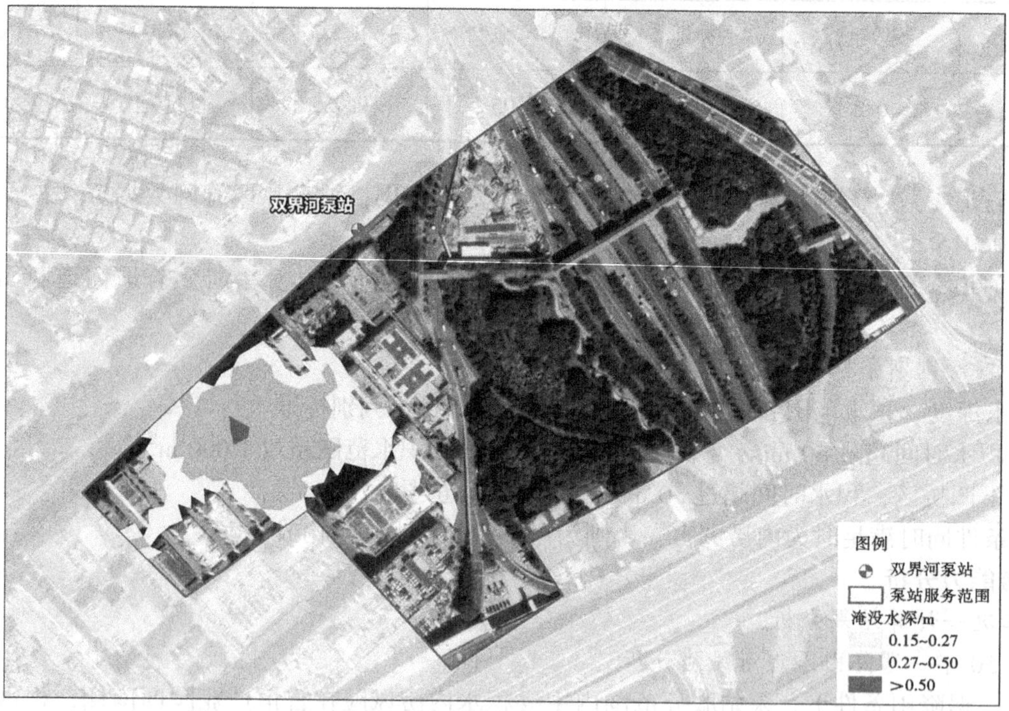

图 10　无泵站工况下 100 年一遇淹没风险图

3.3.2　工况二计算结果分析

3.3.2.1　50 年一遇降雨下洪涝风险分析

50 年一遇降雨条件下，泵站服务范围内积水内涝风险基本消除。

3.3.2.2　100 年一遇降雨下洪涝风险分析

100 年一遇降雨条件下，区域主要内涝风险在智恒产业园 17 栋。积水深度大于 0.15 m 的淹没范围共计 0.001 km^2，最大淹没水深 0.24 m。现状泵站规模下，100 年一遇降雨时，区域淹没风险图见图 11。

相比于无泵站工况，100 年一遇降雨条件下，积水深度大于 0.15 m 的淹没范围减少了 0.015 km^2，且最大淹没水深有所减小。

图 11 有泵站工况下 100 年一遇淹没风险图

4 结论及建议

4.1 结论

（1）泵站工程所在区域现状已形成“泵排为主”的排涝体系，区域现状地势偏低，西南侧工业区建成区密度较高，规划以工业用地为主，双界河拓宽可能性较小，中远期时限内将维持“泵排为主”的排涝体系，双界河排涝泵站是区域排涝体系中的重要组成部分。

（2）现状泵站工况下，双界河排涝泵站可有效降低服务范围内涝风险。50 年一遇降雨情况下，双界河排涝泵站服务范围内内涝淹没面积由无泵工况下 0.009 km^2 降低至风险基本消除，淹没水深由最大 0.41 m 降至 0；100 年一遇降雨情况下，内涝淹没面积由 0.016 km^2 降低至 0.001 km^2，淹没水深由最大 0.53 m 降至 0.24 m。泵站服务范围内积水区域主要位于智恒产业园西南侧。

（3）根据模型计算成果，现状泵站规模满足近期 50 年一遇内涝防治重现期要求，100 年一遇降雨条件下存在仅 0.001 km^2 内涝风险区。现状泵站规模基本满足《深圳市防洪（潮）及内涝防治规划（2021—2035）》要求的近期内涝防治重现期 50 年及远期内涝防治重现期 100 年要求[6-8]。

4.2 建议

通过加强内涝监测及值守、加强雨水系统与泵站设施定期检修及维护、严格执行调度方案及防汛应急预案、加强预警预报、健全应急处置机制、加强海绵城市建设等非工程措施，解决远期内涝防治重现期 100 年可能存在的内涝风险。

参考文献

[1] 刘慕嘉，杨秀芹，姚飛，等．1961—2020 年中国洪水-热浪复合极端事件时空变化特征［J］．中国农村水利水电，2023（4）：167-176.

[2] 黄国如，王欣，黄维．基于 InfoWorks ICM 模型的城市暴雨内涝模拟［J］．水电能源科学，2017，35（2）：66-

70，60.

［3］王媛媛．基于 Infoworks CS 的城市内涝风险评估与防涝规划研究［C］// 中国城市规划学会，贵阳市人民政府．新常态：传承与变革——2015 中国城市规划年会论文集（02 城市工程规划）．沈阳市规划设计研究院，2015：134-142.

［4］郑志勤．广州市中心城区市政排水与水利排涝的暴雨标准衔接关系研究［D］．广州：华南理工大学，2017.

［5］中华人民共和国水利部．治涝标准：SL 723—2016［S］．北京：中国水利水电出版社，2016.

［6］中华人民共和国住房和城乡建设部，中华人民共和国国家质量监督检验检疫总局．灌溉与排水工程设计标准：GB 50288—2018［S］．北京：中国计划出版社，2018.

［7］中华人民共和国住房和城乡建设部，国家市场监督管理总局．室外排水设计标准：GB 50014—2021［S］．北京：中国计划出版社，2021.

［8］中华人民共和国住房和城乡建设部，中华人民共和国国家质量监督检验检疫总局．城镇内涝防治技术规范：GB 51222—2017［S］．北京：中国计划出版社，2018.

基于自适应 ε-ZOA 优化算法在水库优化调度中的研究

储逆诗[1]　康爱卿[2]　陈海涛[1]　王宇琪[3]

（1. 华北水利水电大学，河南郑州　450046；
2. 中国水利水电科学研究院，北京　100038；
3. 中水珠江规划勘测设计有限公司海南分公司，海南海口　571126）

摘　要： 近年来，受动物群体智能启发的算法开始广泛应用在水库群防洪优化调度中，该类算法以自然界的动物种群灵感为原型，借鉴了食物链、动物个体协作和猎物适应过程等自然机制。该文旨在研究基于自适应 ε 约束法耦合斑马优化算法（ε-ZOA）在水库群防洪优化调度中的应用。在 ZOA 的基础上与自适应 ε 约束法耦合，提出 ε -ZOA 算法。本文选取三门峡水库、小浪底水库作为研究对象，将 ε -ZOA 算法应用于模型求解。研究结果显示，ε-ZOA 算法在水库群防洪优化调度中具有较好的应用潜力，可以使其在水资源管理和防洪减灾等方面发挥更大的作用。

关键词： 自适应 ε-ZOA 算法；约束优化问题；梯级水库调度；最大削峰

1　引言

水库防洪优化调度，是一项重要的可以提高水库防洪能力的非工程性防洪措施，起到调节洪峰、储蓄洪水、减轻甚至避免洪涝灾害的作用[1]。在实际应用中，通常是建立最优调度模型，然后根据某些优化算法对其进行求解。目前，常见的优化算法可以分为数学规划法和现代智能算法。数学规划法应用在水库调度领域主要包括：线性规划（Linear programming）[2-3]、非线性规划（nonlinear programming）[4]、动态规划（dynamic programming）[5]。从 20 世纪 60 年代开始，线性规划开始不断被运用在水库调度中。但线性规划存在一定的局限性，它只能满足于求解线性关系的目标函数和约束条件，无法满足求解非线性的目标函数或约束条件。因此，采用线性求解方法对优化问题进行求解之前，需要对非线性部分进行线性处理或者一定程度的近似假设[6]。2022 年，吴海燕等[7] 以最大削峰准则为目标，提出基于非均匀离散动态规划的求解方法，有效平衡了离散精度与计算时间，试验结果表明，与常规调度相比削峰效果显著，且下泄过程更平缓。但是，该方法在使用的过程中还是存在一些局限性，运用动态规划方法处理复杂问题时，会出现“维数灾”现象。

随着学者的不断深入研究，现代智能算法开始广泛运用于水库调度中，例如粒子群算法（PSO）[8]、遗传算法（GA）[9]、蚁群算法（ACO）[10] 等得到了发展。Liu 等[11] 提出一种集成多策略粒子群优化（IMPSO）算法对梯级水库调度过程中长期发电的优化调度问题进行求解，结果表明，所提方法在搜索精度方面优于其他方法，具有显著提高水电资源利用率和发电效率的潜力。Zhao

基金项目： 国家重点研发计划“重大自然灾害防控与公共安全”专项课题三洪涝灾害精准协同调蓄与资源化利用（2023YFC3006503）。

作者简介： 储逆诗（1999-），女，研究生，研究方向为水文与水资源。

通信作者： 康爱卿（1983-），男，正高级工程师，主要从事数字孪生水利和水文水资源方面的工作。

等[12] 采用基于遗传算法构建的机组运行组合与流量分配优化方法，优化机组运行，实现合理分配流量，能够最大限度地降低能耗，实现泵站运行效率的最大化。Tong 等[13] 提出了一种改进的蚁群算法 DACA，利用 DACA 对大渡河梯级水库联合优化调度进行了实例研究。仿真结果与逐步优化法和标准 DACA 的结果进行了对比，验证了 DACA 在速度和精度上的优势。同时一类基于生物学的智能启发算法也得到了发展，如兰回归等[14] 将改进的萤火虫多目标算法应用于三峡水库中，研究结果表明：改进算法能够获得更高质量的解集和寻求最优解。He 等[15] 提出了融合柯西突变和逆向学习策略的改进麻雀算法（ISSA）。虽然智能优化算法克服了传统算法对“维数灾”问题求解速度慢、计算复杂等缺点，但是，由于库群防洪调度模型中存在的强约束、多约束问题[16]，这些算法仍然具有不稳定、不易陷入局部最优等问题。本文就针对库群防洪调度模型中存在的强约束、多约束问题，提出了一种基于自适应 ε 约束方法的改进思路。

2 水库群防洪优化调度模型

2.1 目标函数

水库的防洪任务主要是，在确保水工建筑物安全的前提下，减少下游防洪地区的洪水灾害，发挥最大的社会效益。目前，水库调度中应用最广的三种目标函数准则分别是最大削峰准则、最短洪水历时准则和最小洪灾损失或最小防洪费用准则。本文选取最大削峰准则作为目标函数，最大削峰准则是在控制水库最高水位的前提下，以下游防洪控制断面的最大流量 $q_{\max}$ 最小作为控制目标，最大程度削减下游断面洪峰流量。由控制点最大削峰准则建立的目标函数为

$$\text{ob} = \sum_{t=1}^{T} \sum_{n=1}^{N} (q_{t,n} + Q_{t,n})^2 \Delta t \tag{1}$$

式中：$q_{t,n}$ 为第 n 个水库在第 t 时段的下泄流量；$Q_{t,n}$ 为第 n 个水库与第 $n+1$ 个水库之间的区间洪水流量；Δt 为调度时间间隔。

2.2 约束条件

（1）水量平衡约束。

$$V_t^m = V_{t-1}^m + \left(\frac{Q_t^m + Q_{t+1}^m}{2} - \frac{q_t^m + q_{t+1}^m}{2} \right) \Delta t \tag{2}$$

式中：V_t^m、V_{t-1}^m 分别为第 m 个水库第 t 个时刻和第 $t-1$ 个时刻的库容；Q_t^m、Q_{t+1}^m 分别为第 m 个水库第 t 时段和第 $t+1$ 时段的平均入库流量；q_t^m、q_{t+1}^m 分别为第 m 个水库第 t 时段和第 $t+1$ 时段的平均出库流量。

（2）最大河道安全泄量约束。

$$q_t^m \leqslant Q_{\max} \tag{3}$$

式中：q_t^m 为第 m 个水库第 t 时刻的出库流量；$Q_{\max}$ 为保障下游河道安全允许的最大下泄流量。

（3）闸门下泄流量约束。

$$q_t^m \leqslant q(Z_t^m) \tag{4}$$

式中：$q(Z_t^m)$ 为第 m 个水库 t 时刻初水位为 Z_t^m 时的最大泄流能力。

（4）起始水位。

$$Z_0^m = Z_{\text{begin}}^m \tag{5}$$

式中：Z_0^m 为第 m 个水库调度初始时段的初始水位；Z_{begin}^m 为第 m 个水库的起调水位。

（5）期末水位约束。

$$Z_T^m = Z_{\text{end}}^m \tag{6}$$

式中：Z_T^m 为第 m 个水库调度期末时段的水位；Z_{end}^m 为第 m 个水库调度期末的预期水位。

（6）水位约束。

$$Z_{\min}^m \leqslant Z_T^m \leqslant Z_{\max}^m \tag{7}$$

式中：$Z_{\min}^m$、$Z_{\max}^m$ 分别为第 m 个水库的汛限水位和防洪高水位。

（7）非负约束：以上变量均为非负值。

3　ε-ZOA 优化算法

3.1　觅食行为阶段

斑马的食物主要是草和莎草，它们采用社群觅食的方式，寻找最新鲜、最营养丰富的草料。在社群里，斑马会互相靠近，搜寻草料，自由采食。斑马不会一直停留在同一区域，它们会移动到新的草场上寻找新的食物。因此，在第一阶段，种群成员在搜索饲料时根据斑马行为的模拟进行位置更新。其位置更新公式为

$$x_{i,j}^{\mathrm{new},P1} = x_{i,j} + r\cdot(\mathrm{PZ}_j - I\cdot x_{i,j}) \tag{8}$$

$$X_i = \begin{cases} X_i^{\mathrm{new},P1}, & F_i^{\mathrm{new},P1} < F_i \\ X_i, & 其他 \end{cases} \tag{9}$$

式中：$X_i^{\mathrm{new},P1}$ 为第一阶段生成的第 i 个斑马的新位置；$x_{i,j}$ 为当前斑马个体位置；$x_{i,j}^{\mathrm{new},P1}$ 为第 j 维度值；X_i 为当前斑马个体；$F_i^{\mathrm{new},P1}$ 为目标函数值；F_i 为当前函数值；PZ_j 为先锋斑马的第 j 维；r 为区间（0，1）上的随机数；I 为在 1 或 2 之间随机选择的整数。

3.2　捕食者的防御策略阶段

斑马的防御策略因捕食者而异。面对比它较大较强的捕食者时，斑马选择逃跑战略；面对较小的攻击者时，斑马则选择攻击策略。因此在第二阶段，模拟斑马对捕食者攻击的两种防御策略，以更新 ZOA 种群成员在搜索空间中的位置。其数学表达式如下：

$$x_{i,j}^{\mathrm{new},P2} = \begin{cases} S_1:\ x_{i,j} + R\cdot(2r-1)\cdot\left(1-\dfrac{t}{T}\right)\cdot x_{i,j}, & \mathrm{Ps}\leqslant 0.5 \\ S_2:\ x_{i,j} + r\cdot(\mathrm{AZ}_j - I\cdot x_{i,j}), & 其他 \end{cases} \tag{10}$$

$$X_i = \begin{cases} X_i^{\mathrm{new},P2}, & F_i^{\mathrm{new},P2} < F_i \\ X_i, & 其他 \end{cases} \tag{11}$$

式中：$X_i^{\mathrm{new},P2}$ 为第二阶段生成的第 i 个斑马的新位置；$x_{i,j}^{\mathrm{new},P2}$ 为第 j 维度值；$F_{\mathrm{i}}^{\mathrm{new},P2}$ 为目标函数值；t 为迭代次数；T 为最大迭代次数；R 为 0.01 的常数；Ps 为在区间[0，1] 内随机生成的两个策略中选择一个的概率；AZ_j 为被攻击斑马的第 j 维值。

3.3　自适应的 ε 约束法

在传统的优化算法中，通常将违反约束条件的解排除在搜索空间外，这种方法称为罚函数法。然而，罚函数法可能导致搜索受限，无法找到满足所有约束条件的最优解。自适应约束法则尝试通过动态调整处理约束的策略，使得算法能够在搜索过程中更好地处理约束条件。它可以根据当前搜索状态和约束条件的情况，实时调整罚函数的权重或添加额外的约束条件，以促使优化算法更好地探索搜索空间。本文基于自适应的 ε 约束法进行如下改进：

（1）针对种群多样性较低的问题，利用改进后的个体比较准则，提高种群的多样性，使在整个搜索空间中找到全局最优解，确保了收敛性。准则公式如下：

$$x_1\text{is better than } x_2 \Leftrightarrow \begin{cases} f(x_1) < f(x_2), & G(x_1)=0, \quad G(x_2)=0 \\ f(x_1) < f(x_2), & 0 < G(x_1) \leqslant \varepsilon, \quad 0 < G(x_2) \leqslant \varepsilon \\ 0 < G(x_1) \leqslant \varepsilon, & G(x_2) > \varepsilon \\ G(x_1) < G(x_2), & G(x_1) > \varepsilon, G(x_2) > \varepsilon, \text{rand} \leqslant \text{Ps} \\ f(x_1) < f(x_2), & G(x_1) > \varepsilon, \quad G(x_2) > \varepsilon, \text{rand} \leqslant \text{Ps} \\ f(x_1) < f(x_2), & G(x_1)=0, 0 < G(x_2) \leqslant \varepsilon \\ G(x_1)=0, & G(x_2) > \varepsilon \\ f(x_1) < f(x_2), & 0 < G(x_1) \leqslant \varepsilon, \quad G(x_2)=0 \end{cases} \tag{12}$$

式中：$G(x)$ 为约束违反度的大小；$f(x)$ 为函数适应度值；Ps 是区间为［0.9，1］上的随机数。

（2）利用 ε 约束方法来处理约束条件，并根据群体约束违反度的优劣程度对水平参数 ε 进行自适应调整，充分利用较优不可行个体的有效信息，有效提高对可行域的搜索效率。ε 公式如下：

$$\varepsilon(t) = \begin{cases} \varepsilon(0) \times e^{-\alpha \times (t/\text{Te})} & t \leqslant \text{Te} \\ 0 \quad t > \text{Te} \end{cases} \tag{13}$$

$$\varepsilon(0) = 0.6 \times \sum_{t=1}^{N} G(X_i)/N \tag{14}$$

$$\alpha = \alpha_{\min} + \lambda \times (\alpha_{\max} - \alpha_{\min}) \tag{15}$$

式中：Te 为截断进化迭代次数；N 为种群数目；λ 为可行个体在种群中的比例。

在迭代过程中需注意 Te 取值的合理性，取值的不合理性将对迭代过程产生不利影响，如果取值过小会导致大部分不可行个体在迭代初期被淘汰，从而使得迭代过程无法向着全局最优解进行。如果取值过大，则在迭代过程中可能会产生过多的不可行解，从而影响到群体的收敛。

3.4 ε-ZOA 算法的步骤

ε-ZOA 算法具体步骤如下：

（1）初始化种群参数，其中包含最大迭代次数 T，种群数目 N，边界条件 $\alpha_{\min}$、$\alpha_{\max}$，决策变量维度和截断进化迭代次数。

（2）初始化种群，计算初始适应度值以及当前拥有最优和最劣适应度值的斑马种群位置。

（3）在斑马的觅食行为阶段，根据自适应权重因子策略公式更新斑马位置。

（4）更新下一代斑马个体位置，计算适应度值，并对个体进行比较并选择。

（5）判断是否达到终止迭代的条件，若满足，转到步骤（6），否则转到步骤（3）。

（6）计算得出斑马最优适应度值和最优个体。

4 调度结果分析

根据建立的花园口断面最大削峰目标函数，采用本文提出的 ε-ZOA 算法对三门峡、小浪底梯级水库防洪调度模型进行求解，得到三门峡水库和小浪底水库的调度结果（见表 1、图 1 和图 2,）花园口断面洪水过程见图 3、表 2。

表 1 水库联合调度结果

水库	起调水位/m	末水位/m	最大入库/(m^3/s)	最大出库/(m^3/s)	削峰率/%
三门峡	307	307	12 638	9 521.16	24.66
小浪底	230	252	28 297	12 890.76	54.44

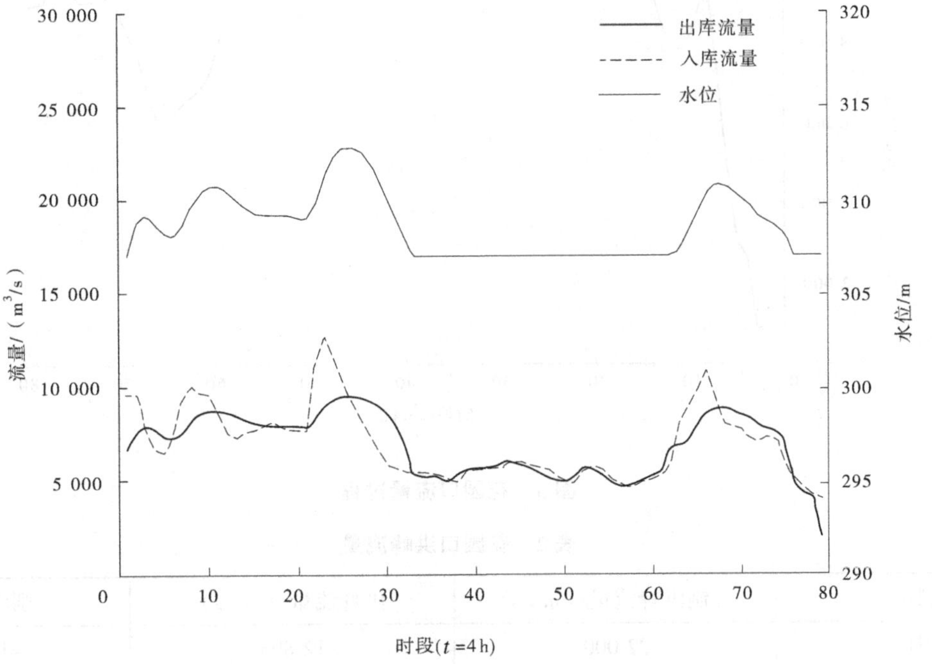

图 1 三门峡水库调度结果

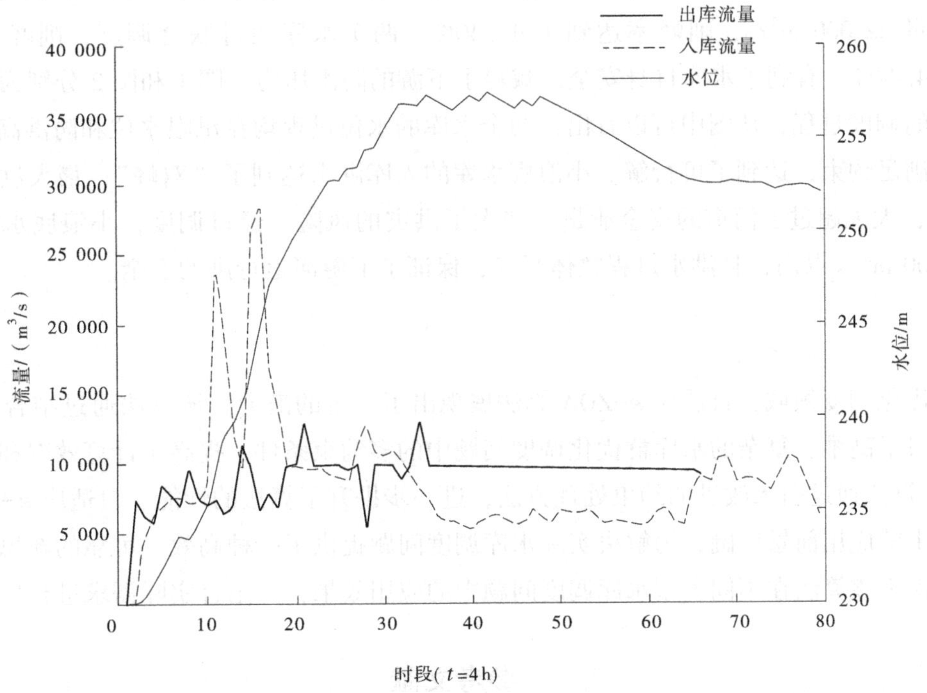

图 2 小浪底水库调度结果

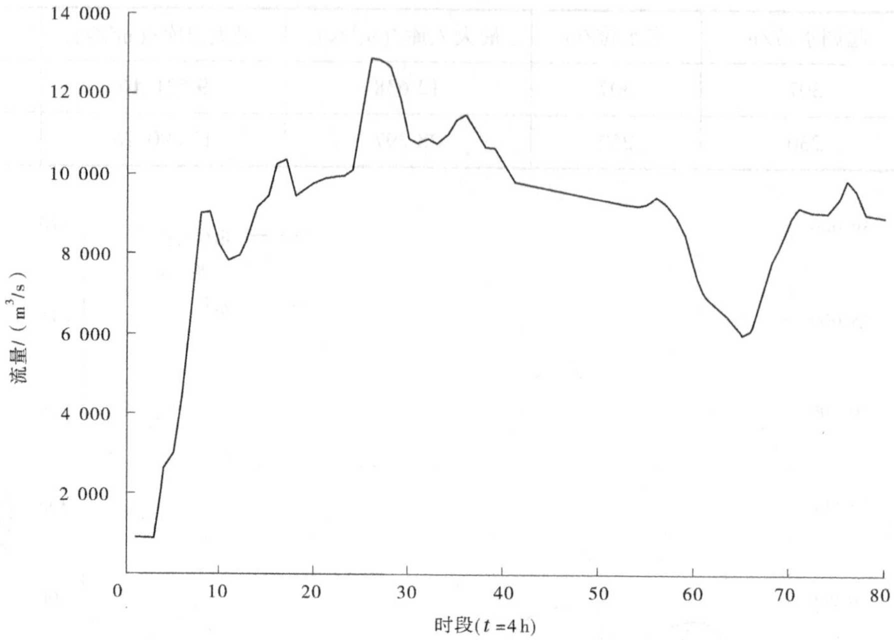

图 3　花园口流量过程

表 2　花园口洪峰流量

控制站	控制洪峰流量/(m^3/s)	洪峰流量/(m^3/s)	削峰率/%
花园口	22 000	12 893	41.40%

由表 1、表 2 可知，通过联合调度后，花园口断面的洪峰流量为 12 893 m^3/s，没有超过花园口的控制洪峰流量 22 000 m^3/s，削峰率达到了 41.40%。两个水库通过联合调度，削峰率分别达到了 24.66%和 54.44%，有利于水库自身安全，减轻了下游的防洪压力。图 1 和图 2 分别为三门峡水库和小浪底水库的调度过程，从图中可以看出，两个水库的水位过程均在汛限水位和防洪高水位之间，说明求解结果满足约束，达到了可行解。小浪底水库的入库洪水达到了“双峰”，最大洪峰流量超过了 25 000 m^3/s，大大超过了河道的安全泄量，加大了洪灾的风险，经过调度，小浪底水库的下泄流量稳定在 11 000 m^3/s 以内，且洪水过程整体平稳，保证了下游河道行洪的安全。

5　结语

在水库优化调度领域，自适应 ε-ZOA 算法展现出了一定的潜力。该算法通过结合 ε 约束处理方法，有效应对了高维、复杂的水库群优化调度问题中的多约束条件，提高了计算效率和解的质量。自适应 ε-ZOA 算法通过引入改进的约束处理方法，进一步提升了算法的性能。自适应 ε-ZOA 算法在水库优化调度中的应用前景广阔，为解决实际水库调度问题提供了一种高效、可靠的新思路。未来研究可以进一步探索该算法在不同类型水库调度问题中的应用效果，并结合实际需求进行优化和改进。

参考文献

[1] 罗福. 水库群联合防洪优化调度分析［J］. 南方农机，2017，48（16）：176.

[2] Needham J T , David W W J, Lund J R, et al. Linear Programming for Flood Control in the Iowa and Des Moines Rivers [J] . Journal of Water Resources Planning and Management, 2000, 126 (3): 118-127.

[3] Chen S, Li D, Tao X, et al. Development and application of a compensative regulation linear programming model for reservoir flood-control [J] . Advances in Water Science, 2017, 28 (4): 507-514.

[4] Unver O I, Mays L W. Model for real-time optimal flood control operation of a reservoir system [J]. Water Resources Management, 1990, 4 (1): 21-46.

[5] Sidney, Yakowitz. Dynamic programming applications in water resources [J] . Water Resources Research, 1982.

[6] 陈诚, 基于随机线性规划的水库概率约束调度模型与方法 [D] . 武汉: 华中科技大学, 2019.

[7] 吴海燕, 刘懿, 徐华, 等. 基于非均匀离散 DP 的碧口水库防洪优化调度 [J] . 人民黄河, 2022, 44 (9): 100-105.

[8] Baltar A M, Fontane D G . Use of Multiobjective Particle Swarm OptimCation in Water Resources Mangement [J] . Journal of Water Resources Planning & Management, 2008, 134 (3): 257-265.

[9] Wardlaw R, Sharif M . Evaluation of genetic algorithms for optimal reservoir system operation [J] . Journal of Water Resources Planning and Management, 1999, 125 (1): 25-33.

[10] Dorigo M, Maniezzo V. Ant system: optimCation by a colony of cooperating agents [J] . IEEE transactions on systems, man, and cybernetics, Part B. Cybernetics: A publication of the IEEE Systems, Man, and Cybernetics Society, 1996 (1): 26.

[11] Liu Y, Mo L, Yang Y, et al. Optimal Scheduling of Cascade Reservoirs Based on an Integrated Multistrategy Particle Swarm Algorithm [J] . Water, 2023, 15 (14): 1-27.

[12] Zhao Y, Zhang P, Pu Y, et al. Unit Operation Combination and Flow Distribution Scheme of Water Pump Station System Based on Genetic Algorithm [J] . Applied Sciences, 2023, 13 (21): 1-14.

[13] Tong X X, Xu W S, Wang Y F, et al. Application of the dynamic ant colony algorithm on the optimal operation of cascade reservoirs [J] . IOP Conference Series: Earth and Environmental Science, 2016, 39 (1): 1-11.

[14] 兰回归, 李英海, 李清清, 等. 基于改进萤火虫算法的水库多目标调度决策研究 [J] . 人民长江, 2022, 53 (9): 195-201.

[15] He J, Liu S M, Chen H T, et al. Flood Control Optimization of Reservoir Group Based on Improved Sparrow Algorithm (ISSA) [J] . Water, 2022, 15 (1): 1-15.

[16] 朱迪, 梅亚东, 许新发, 等. 复杂防洪系统优化调度的三层并行逐步优化算法 [J] . 水利学报, 2020, 51 (10): 1199-1211.

数字化交付在水利数字孪生工程中的研究与应用

贺逸清　苏　琼　李姝蕾

（黄河勘测规划设计研究院有限公司，河南郑州　450003）

摘　要： 随着国内水利行业数字孪生先行先试项目和相关技术的快速落地、发展和应用，对基于 BIM 的数字化交付成果的多样性、准确性、轻量化程度、属性数据标准化程度等方面的要求也越来越高。为此，本文针对水利行业数字化交付现状及存在的问题，研究包括模型拆分、重构、继承、转换与轻量化等一系列数字化交付技术，提出基于需求的交付物自动化生产方案，并探索基于 BIM 的模型数据集成和治理方法，开发标准化、数字化交付平台和标准功能接口，并简述该项技术在某数字孪生项目中的应用。

关键词： 数字化交付；BIM；模型轻量化；模型拆分

1　引言

针对水利数字孪生的数据底板建设，对于 BIM 模型的精度、轻量化程度等方面都有了更高要求，水利工程设计过程是一个多专业协同的过程，一般涉及地质、坝工、厂房、金属结构、电气设备、施工和安全监测等众多专业，对于这种复杂的工程，针对应用方的数字化交付成为综合数字化平台搭建需要重点解决的问题[1]。蔡雨芳和嵇晓辉[2] 在基于 BIM 的工程数据交付平台对工程项目全生命周期要生成的巨量信息和数据进行集成。在此基础上，实现对项目分阶段、分层级、分专业的分析，将各项数据通过图、表格的形式进行直观的反映，并实现对未来情势的预判，通过科学数据指导未来其他类似项目的实施和决策。武健超等[3] 在洺河渡槽工程中对三维协同设计及数字化交付的应用进行了实际探索，达到了节约工程建设成本、降低管理成本、提高管理水平、实现工程管理信息化的目的。然而目前对于水利工程的数字化交付主要集中于设计阶段和施工阶段，且只针对单一的设计平台或工程类型，对于全生命周期的、面向不同阶段、不同项目类型、不同业务应用的数字化交付来说，主要存在以下问题：

（1）设计平台不同。在数字化设计实施中，不同的设计单位往往会采用不同的协同设计平台与设计软件，因此会产生不同格式的模型和数据，如何保证交付出去的模型与数据的一致性和准确性是数据化交付需要解决的重点问题。

（2）应用场景不同。数字化交付成果的应用场景（如设计模型交付、施工模型交付、运维模型交付等）决定了模型交付的成果结构和形式。

（3）模型轻量化程度标准不同。对于模型设计的精度也需要根据应用场景进行确定。

基于上述分析，本文针对水利行业数字化交付现状及存在的问题，将研究包括模型拆分、重构、继承、转换与轻量化等一系列数字化交付技术，提出基于需求的交付物自动化生产方案，并探索基于 BIM 的模型数据集成和治理方法，开发标准化、数字化交付平台和标准功能接口，并简述该项技术在某数字工程中的应用。

2　技术路线

本研究首先基于国内外数字化交付技术现状，尤其是对于水利行业，分析目前技术存在的问题和

作者简介： 贺逸清（1991—），女，工程师，主要从事水资源规划、水信息方面的工作。

发展趋势，得出本研究技术研究需求和模式。其次根据目前水利行业主流 BIM 设计平台，研究编制企业级交付标准，规定交付模型格式、属性内容、精度等。随后根据工程不同生命周期阶段需求，研究模型拆分、重构和属性继承扩展方法，探索模型数据转换和轻量化方法，进而融合集成在同一平台中，对交付数据集成治理，形成规范、标准的数据结构，最终研发数字化交付平台供用户使用。数字化交付研究与应用技术路线如图 1 所示。

（1）拟通过 BIM 引擎的集成与二次开发，解决工程交付的数据完整性、正确性，以及数据转换与轻量化展示问题。

（2）通过基于 BIM 集成的工程项目的集合信息、物理属性、材料特性、设计特征、机理特征等交付数据，实现对项目的过程数据和结果数据的全覆盖。

（3）以 BIM 模型为中心，基于交付的多元模型数据，充分结合设计变更等需求，设计后台数据库，基于 Spring Framework/Boot、Vue 等先进的互联网开发框架和技术，实现统一数据源的 Web 端开发，并实现基于云服务器的部署发布。

（4）研究基于 BIM 的数字交付接口标准，提供模型及其附加信息的规范和调用接口。

3　企业级交付标准

工程全生命周期数字化交付标准面向不同阶段、不同项目类型、不同业务应用，参考《水利水电工程设计信息模型分类和编码标准》（T/CWHIDA 0007—2020）主要分为两部分：成果交付、模型架构和精细度。

3.1　成果交付

3.1.1　模型交付

为了保证数据的完整性，应保持原有的数据格式，尽量避免数据转换造成的数据损失。同时，为了在设计交付中便于浏览、查询、综合应用，也应考虑提供其他几种通用的、轻量化的数据格式（如 NWD、3DXML、IFC 等）。以基于 3DE 设计平台的模型交付为例，通过 3DXML 格式进行模型交付，此方法可适用于任何专业的模型导入，然而由于平台限制，3DE 平台中的材质无法通过 3DXML 格式带出平台，因此需要将交付模型的唯一 ID 输出后进行手动材质对应，在应用平台单独进行材质添加。

3.1.2　其他产品交付

对于其他产品的交付，根据实际需求主要包括工程图纸（*.dwg）、设计报告（*.doc）、点云数据（*.asc）、数据表文件（*.xls、*.xlsx）、视频（*.mp4）及图片（*.jpg）等，其中工程图纸的生成必须基于模型进行生成交付。

3.2　模型架构和精细度

为反映工程阶段和区分模型重要性，以及模型轻量化的需求，模型在建立前根据实际需求，参考《水利水电工程设计信息模型分类和编码标准》（T/CWHIDA 0007—2020），对模型的层级和模型精度及信息深度进行规划。

3.2.1　模型架构

水利水电工程数字设计产品的模型单元应划分为四层：项目级模型单元（主要承载项目、子项目或局部建筑工程信息）、功能级模型单元（承载完整功能的模块或空间信息）、构件级模型单元（承载单一的配件或产品信息）、零件级模型单元（承载从属于构配件或产品的组成零件或安装零件信息）。

3.2.2　模型精细度。

针对水利水电工程数字设计产品包含的最小模型单元应由模型精细度等级衡量，规定模型精细度基本等级分为四层：1.0 级模型精度（LOD100）、2.0 级模型精度（LOD200）、3.0 级模型精度（LOD300）、4.0 级模型精度（LOD400）。在模型创建过程中，应根据需求选择适宜的几何表达精度。

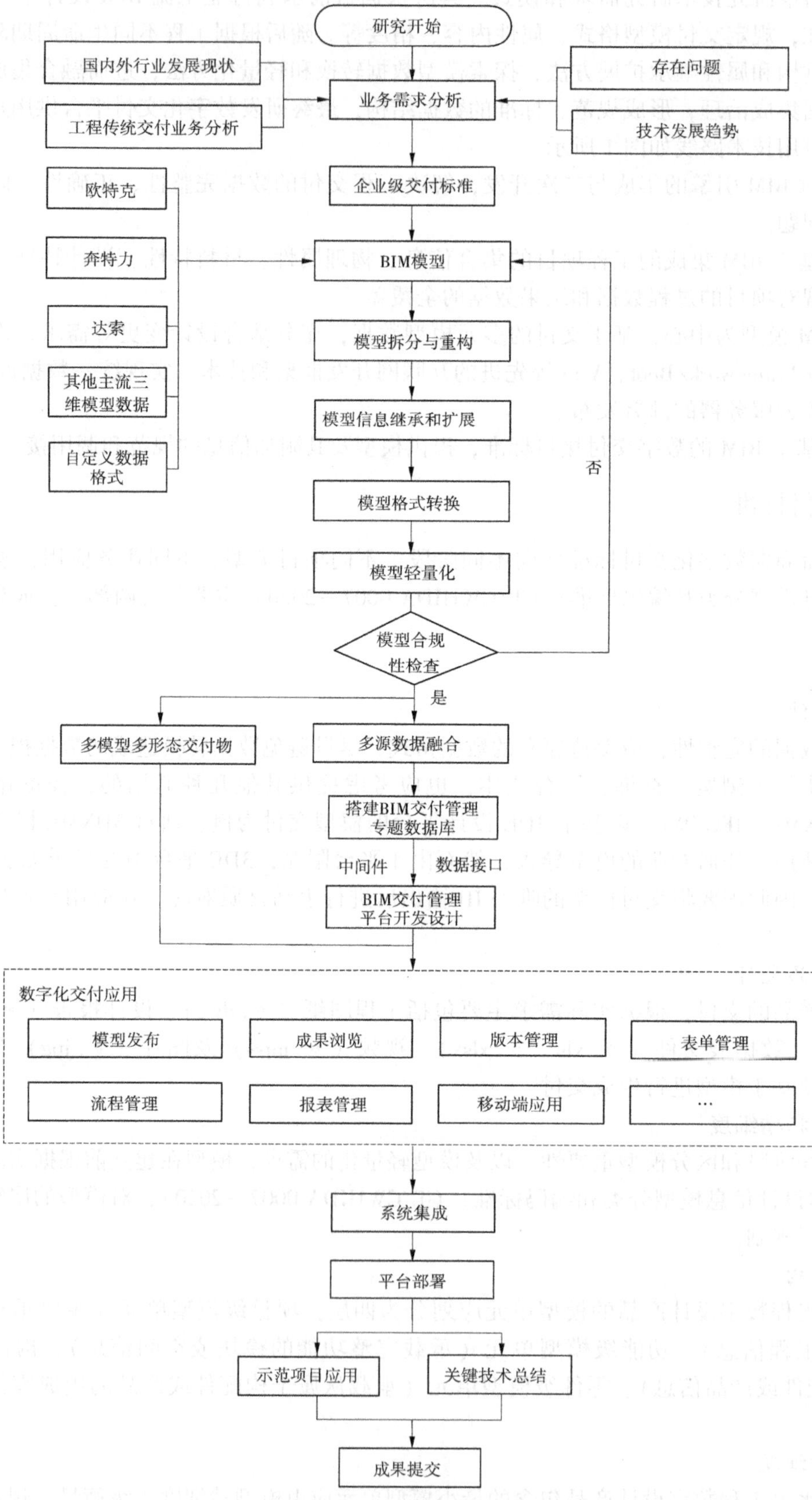

图 1　数字化交付研究与应用技术路线

4 平台研发与应用

4.1 标准化交付功能

根据应用需求，分析并开发标准化、数字化交付功能模块，核心功能包括交付模型发布、成果浏览、版本管理、合规性检查、表单管理、流程管理、报表管理等；通过数据关联、数据穿透和信息迭代等方式，实现业务管理数据与 BIM 数据的双向交互，形成了通用的水利水电工程 BIM 交付管理平台。模型管理如图 2 所示，成果浏览如图 3 所示。

图 2 模型管理

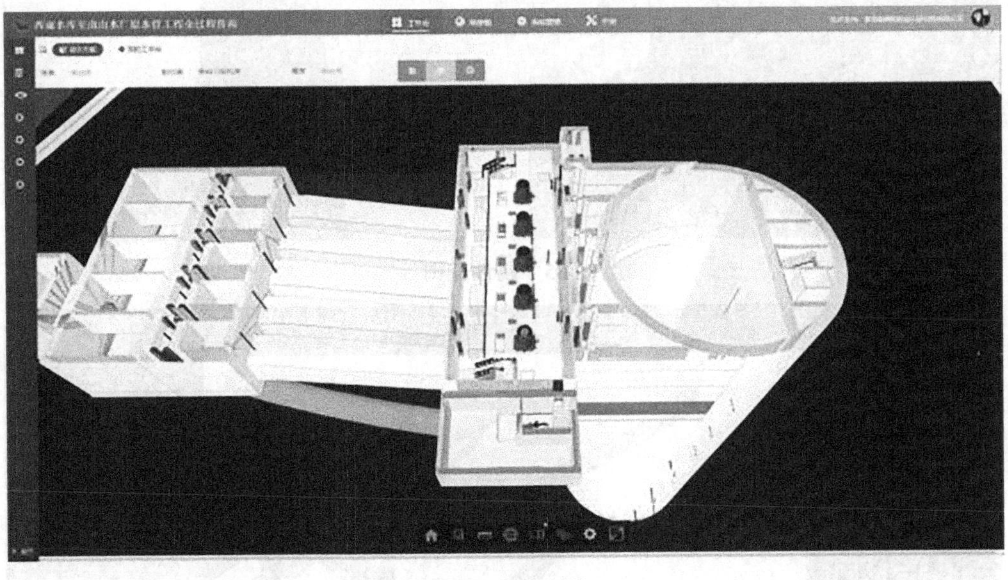

图 3 成果浏览

4.2 BIM 引擎设计及二次开发

基于轻量化 BIM 引擎，开发网页端与移动端的 BIM 模型融合、预览和调用一系列流程功能，实现 BIM 数据集成，并针对标准化交付功能，封装基础功能开发接口，基础功能包括 BIM 模型的测量、构件属性查询、构件显隐控制、构件上色、剖切、路径漫游、透明度设置等，实现工程从宏观到微观的精细化、可视化交付管理，模型剖切如图 4 所示，属性查询如图 5 所示，标准化调用接口服务查看 BIM 模型如图 6 所示。

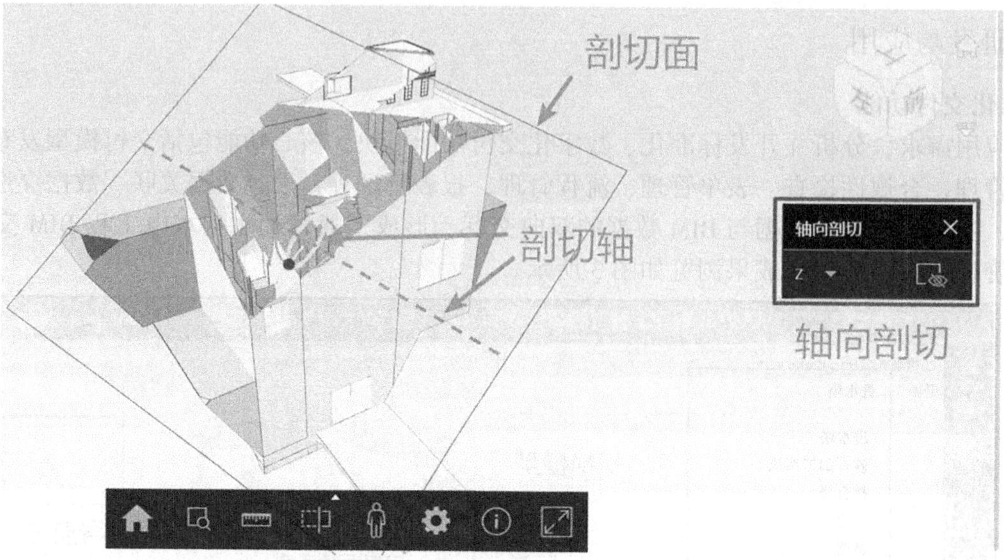

图 4　模型剖切

图 5　属性查询

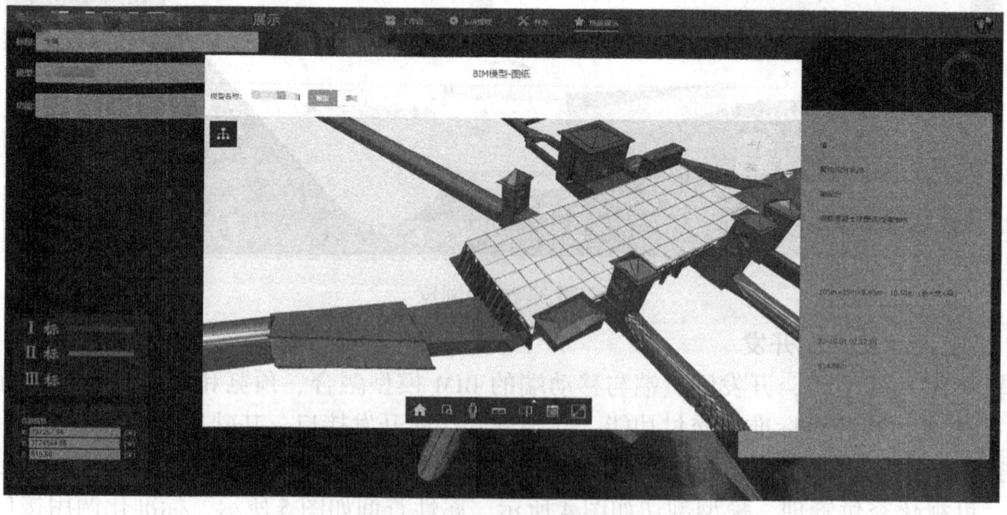

图 6　标准化调用接口服务查看 BIM 模型

4.3 平台 APaaS 可视化开发环境设计

基于国产化软件进行自主研发，采用 APaaS 开发模式构建生态化服务平台，开发设计与集成包括数据字典引擎、BIM 引擎、表单引擎、报表引擎、工作流引擎和门户引擎等可视化开发引擎，提供快速开发环境，快速实现应用程序的搭建、部署、使用、更新和管理，针对不同的业务场景实现快速的功能适配，将所需要的权限、界面、数据、交互、流程、业务抽象出来，形成可视化配置环境，形成快速应用程序开发工具服务和应用程序部署服务。

5 应用案例——数字孪生小浪底

数字化交付的场景融合主要包括交付数据融合、交付模型与其他场景融合、交付精度和模型轻量化。

5.1 交付数据融合

基于设计平台的小浪底工程 BIM 模型包括工程挡水建筑物、输水建筑物、边坡工程、导流建筑物、运行管理建筑物等，模型主要组成部分为结构构件和附属构件，构建数据包括基本数据及扩充数据。为满足数字孪生平台的建设需求，需要提取的数据主要包括构件类别信息、构件几何信息、构件材质信息、构件外观信息。在模型轻量化前需要对工程模型进行数据提取，包括材质及构件颜色自动获取，常用属性提取包括构件 ID、体积、表面积、定点数量及高程，将 BIM 模型文件中的非几何数据剥离出来，导出为 CSV 文件或表格文件，供 BIM 应用开发使用，数据提取如图 7 所示。

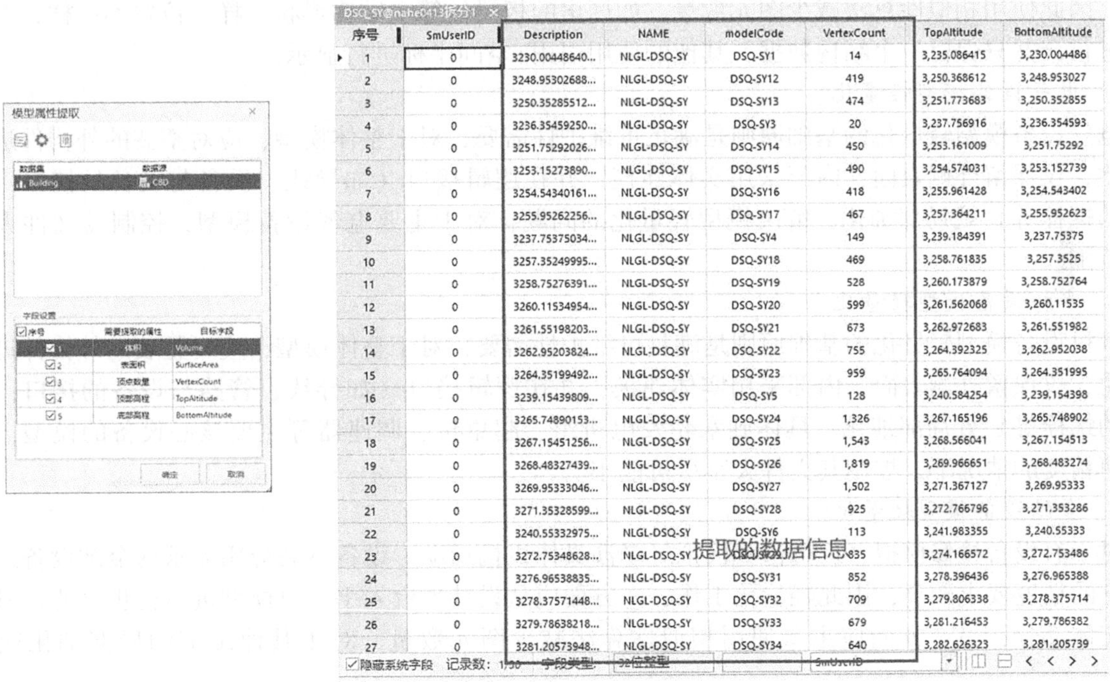

图 7　数据提取

5.2 交付模型与其他场景融合

对于多平台的模型成果，模型轻量化过程应保证与设计平台软件无关，支持 Autodesk Revit、Microstation、Catia、Navisworks 等主流 BIM 平台数据的原生转换，可直接导入的模型格式包括 IFC、FBX、DAE、OBJ 等多种文件格式，兼容性强。得到的轻量化模型数据中几何、属性、材质纹理数据不可缺失，且轻量化后的输出模型应具有通用模型格式，能统一输入应用平台，实现多源 BIM 数据的融合工作。对于数字孪生小浪底项目来说，模型的交付格式统一定义为 3DE 平台可以导出的“用于复核的 3DXML”格式，一方面满足 BIM 应用的格式需求，另一方面对导出模型进行一定程度的简化，减小交付模型的数据大小。

5.3 交付精度

根据水利部印发的《关于大力推进智慧水利建设的指导意见》《智慧水利建设顶层设计》《“十四五”智慧水利建设规划》中对于数据底板的要求，并参考招标文件中相关描述可知，对于 BIM 模型的建模，应参考《水利水电工程设计信息模型交付标准》（T/CWHIDA 0006—2019）中对 BIM 模型的精度定义确定，具体如下：

（1）针对一般应用场景，主要体现其可视化和全要素，主要用于场景展示、仿真模拟等，按照招标文件要求，定位在构件级别，几何表达精度达到 G3 级别。

（2）针对特殊应用场景，如设备检修模拟、运行仿真模拟等牵涉具体机构运动、设备拆装的，按照招标文件要求，定位在零件级别，几何表达精度达到 G4 级别。

5.4 模型轻量化

5.4.1 水工建筑物轻量化

水工建筑物 BIM 模型的轻量化基础原则是满足运行维护要求，在进行模型轻量化时，除采用渲染优化、文件格式以及数据结构的轻量化方法外，还可以采用几何简化的方法进行轻量化，对构件局部、整体进行简化（如预应力锚索简化模型可以采用圆柱体表示）。

5.4.2 厂房专业模型轻量化

厂房专业模型轻量化的基础原则是满足可维护性需要，由于厂房专业模型的结构规整、相似图元较多，因此使用相似性算法减少图元数量，如厂房的板梁柱等，结构形状一样、位置不一样，对相似图元进行合并只保留一个结构数据，其他的使用引用+空间坐标进行显示。

5.4.3 电气设备模型轻量化。

电气设备模型轻量化的基础原则是满足可维护性需要，对于整体模型，应对整装的外构件进行内部简化，仅保留外侧表面，内部采用实体建模，并在逻辑接口（如导线、设备与设备的接口，设备固定的螺栓等）处局部细化，解决模型轻量化的问题，对于主要电气设备模型，控制其文件大小在合适范围。

5.4.4 水机设备模型轻量化

水机设备模型轻量化的基础原则是满足可维护性需要，对于整体模型，应对整装的外构件进行内部简化，仅保留外侧表面，内部采用实体建模，并在逻辑接口（如导线、管路与设备的接口，设备固定的螺栓等）处局部细化。具体到水轮发电机组、起重机、调速器等主要核心设备的模型，在满足几何精度的情况下，控制其文件大小尽可能小。

5.4.5 金结设备模型轻量化

对于有设备检修模拟、运行仿真模拟等牵涉具体机构运动、设备拆装应用需求的金结设备，对交付模型的精度要求较高，因此轻量化工作，一方面应从设计平台入手，对模型进行初步过滤，只保留设备实体部分，另一方面应主要使用相似性算法减少图元数量，对于其他细节的局部细化应谨慎使用。

6 总结与展望

本文主要叙述了多源数据包括多平台 BIM 模型数据以及常用 GIS 数据在“一张图”场景中的融合方法和应用成果，其中创新性关键且创新技术包括：

（1）提出了基于 3DE 平台设计模型处理、导入到超图平台中且保持模型轻量化、高质量化、系统可用性高的多种技术路线，适用于不同模型格式、不同项目要求的情况，并得到应用验证。

（2）创新性地提出了一系列的模型轻量化处理方法，在一定程度上解决了 BIM 可视化平台模型体量大、管理数据多、平台加载慢的老大难问题。

（3）探索并在不同项目中实践了基本上所有的市面主流 BIM 平台在 GIS 中的融合方法，提出了各自的最优方案并部分应用于实际项目中，在一定程度上形成了标准化多源 BIM 数据融合流程，解决了实际项目中同一平台、同一场景，不同参加方、不同模型数据源的问题。

然而，多源数据融合技术仍有很大的可提升空间，如建设期 BIM 模型体量大、块数多、更新快，现有的数据编码手段很难高效地解决问题，需要通过一定的标准化流程、二次开发等手段将复杂的工作交给计算机完成，提高数据处理和融合的效率。

参考文献

［1］郭莉莉，王小平，聂常山．数字交付在水利工程中的研究与应用［J］．水利规划与设计，2018（2）：77-80.

［2］蔡雨芳，嵇晓辉．工程数据数字化交付解决方案研究［J］．土木建筑工程，2020，12（4）：129-133.

［3］武健超，王立朝，张楠．数字化交付技术在洺河渡槽工程中的应用探索［J］．水利规划与设计，2018（2）：89-91.

数字孪生大坝安全监测预测模型研究与应用

王建成　黎海星　何宝根

（中水珠江规划勘测设计有限公司，广东广州　510610）

摘　要： 为了研究数字孪生大坝安全监测预测模型，首先对大坝水平位移监测历史数据进行粗差识别，然后建立多元线性回归模型和 BP 神经网络模型，最后评估各模型计算精度，分析各模型在大坝安全监测预测方面的性能。结果表明：多元线性回归模型和 BP 神经网络模型的相关系数 R^2 都接近于 1，MAE 和 MSE 的值也比较小，两种模型都可以用于数字孪生大坝安全监测模型建设，但 BP 神经网络模型比多元线性回归模型计算的误差小、模型精度高，监测预测结果较准确，在大坝安全监测预测方面表现得更具优势。

关键词： 大坝安全监测；监测预测模型；多元线性回归模型；BP 神经网络模型

数字孪生水利工程是以物理水利工程为单元、时空数据为底座、数学模型为核心、水利知识为驱动，对物理水利工程全要素和建设运行全过程进行数字映射、智能模拟、前瞻预演，与物理水利工程同步仿真运行、虚实交互、迭代优化，实现对物理水利工程的实时监控、发现问题、优化调度的新型基础设施。数字孪生大坝能够实现安全监测方面的数据感知、数据处理、数据分析、数据可视化，可靠的数学模型能够对大坝运行状态监测及预测。

大坝安全监测预测结果对大坝的安全性和稳定性至关重要，基于大坝变形与其作用因子之间的关系和历年的变形数据，采用数学分析方法构建的统计模型是最常见的安全监测预测模型[1-2]。随着人工智能技术的发展，越来越多的智能分析技术运用在工程安全监测领域，BP 神经网络作为一种强大的非线性预测模型，具有适应能力强、自适应性好的特点，在大坝位移预测中也取得了显著的成果。其多层次的神经元结构使其能够捕捉到数据中的高度复杂的关系，从而提高了预测的准确性。本文利用大坝水平位移监测历史资料，建立了多元线性回归模型和 BP 神经网络模型，并对模型计算精度和预测结果进行了分析，为大坝安全监测预测模型研究提供了参考。

1　模型介绍

1.1　多元线性回归模型

大坝的变形位移响应是多种可逆与不可逆效应综合作用的结果[6]，不可逆效应通常与长期徐变、蠕变和材料老化等因素有关，可逆因素主要由每日温度变化以及水库水位波动而产生。统计模型的主要假设是大坝的响应 y 由各可逆因素的叠加以及不可逆响应组成，可逆因素包括静水效应 y_H 和温度效应 y_S，不可逆因素为时间效应 y_t。因此，混凝土大坝在长期运行过程中，位移变化统计模型的表达式[7] 如下式所示：

$$y = y_H + y_S + y_t \tag{1}$$

其中，静水压力引起的大坝位移分量、温度因子产生的响应、时间效应引起的响应的表达式分别如下：

基金项目： 中水珠江勘测信息系统开发（企业创新基金项目 2022KY06）。

作者简介： 王建成（1981—），男，高级工程师，主要从事安全监测方面的研究和管理工作。

通信作者： 何宝根（1969—），男，正高级工程师，主要从事测绘生产和技术管理工作。

$$y_H = a_1H^1 + a_2H^2 + a_3H^3 \tag{2}$$

$$y_S = b_1\sin(ws) + b_2\cos(ws) \tag{3}$$

$$y_t = c_1\ln t + c_2t \tag{4}$$

式中：H^1、H^2 和 H^3 分别为库区水位的 1 次方、2 次方和 3 次方；a_1、a_2 和 a_3 分别为对应的系数；$w = \frac{2\pi}{365} = 0.0172$；$s$ 为当前监测日至起始监测日的累计天数；b_1 和 b_2 分别为温度对应的系数；t 为时间；c_1 和 c_2 分别为时间的系数。

1.2 BP 神经网络模型

BP 神经网络一般由输入层、隐含层和输出层组成，图 1 为神经网络结构图。从结构图中可以看到该神经网络结构仅含有一个隐含层，输入层有 n 个节点数，输出层节点为 m。输入层和隐含层之间的连接权值为 W_{ij}，输出层和隐含层连接权值为 W_{jk}。主要原理是通过反向传播算法对神经网络进行训练，经过反复学习和训练，当确定误差最小对应的网络参数时，训练便完成[8]。

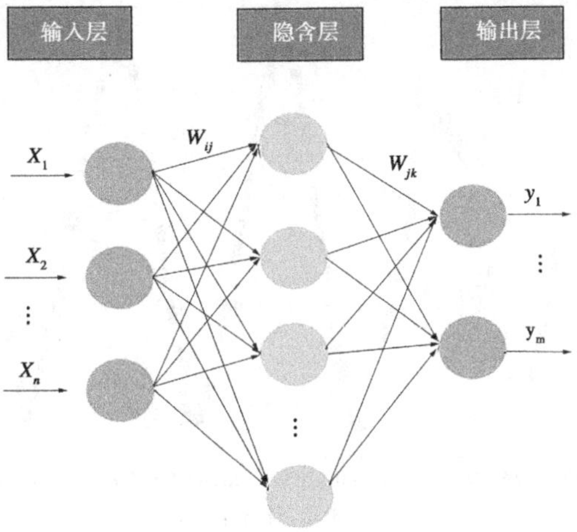

图 1　神经网络结构图

假设有 n 个神经元，输出层神经元的个数 m，设输入样本为 x_1，x_2，…，x_m，则隐含层各神经元的输出 H_j 为

$$H_j = f\left(\sum_{i=1}^{n} W_{ij} \cdot x_i + \theta_j\right) \quad (j = 1,\ 2,\ \cdots,\ l) \tag{5}$$

式中：l 为隐含层节点个数；θ_j 为隐含层阈值；f 为激励函数。

BP 神经网络的预测输出 O_k 为

$$O_k = \sum_{i=1}^{n} H_j \cdot W_{jk} - b_k \quad (k = 1,\ 2,\ \cdots,\ m) \tag{6}$$

式中：k 为输出层节点数；W_{jk} 为输入层和隐含层连接权值；b_k 为输出层阈值。

基于网络预测输出 O_k 和预期输出 Y_k 可计算网络误差 e^k 为

$$e^k = Y_k - O_k \quad (k = 1,\ 2,\ \cdots,\ m) \tag{7}$$

通过网络训练，根据网络预测误差对 W_{ij} 和 W_{jk} 进行权值更新：

$$W_{ij} = W_{ij} + \eta H_j(1 - H_j)\,x(i) \sum_{k=1}^{m} e^k \cdot W_{jk} \quad (i = 1,\ 2,\ \cdots,\ n;\ j = 1,\ 2,\ \cdots,\ l) \tag{8}$$

$$W_{jk} = W_{jk} + \eta H_j e^k \quad (j = 1,\ 2,\ \cdots,\ l;\ k = 1,\ 2,\ \cdots,\ m) \tag{9}$$

接着通过网络误差 e^k 计算得出隐含层阈值 θ_j 和输出层阈值 b_k：

$$\theta_j = \theta_j + \eta H_j(1 - H_j) \sum_{k=1}^{m} e^k \cdot W_{jk} \quad (i = 1,\ 2,\ \cdots,\ n;\ j = 1,\ 2,\ \cdots,\ l) \tag{10}$$

$$b_k = b_k + e^k \quad (k = 1,\ 2,\ \cdots,\ m) \tag{11}$$

根据更新后的网络连接权值 W_{ij} 和 W_{jk} 、隐含层阈值 θ_j 和输出层阈值 b_k ，按上式计算得 e^k ，运行至 e^k 达到设置的误差限额时，网络训练结束；否则继续迭代至满足误差限额或者达到最大迭代次数。

2 监测数据粗差识别

以大坝表面水平位移监测点为例展开研究，大坝中间坝段监测点年变幅较大，与环境量相关性较明显，因此选取坝顶真空激光准直系统中间坝段 LAB-3 测点的数据进行研究。图 2 为 LAB-3 测点在 2015 年 9 月 5 日至 2020 年 9 月 5 日期间水平位移监测变化过程线，监测数据呈现年周期变化，大坝运行中客观原因导致个别数据无法采集，部分数据缺失。图 3 为库水位监测变化过程线，受水库发电及防洪调节影响，库水位变化规律不明显。将监测数据处理成初始数据集，最终形成 2015 年 9 月至 2020 年 9 月期间共计 1441 个数据。

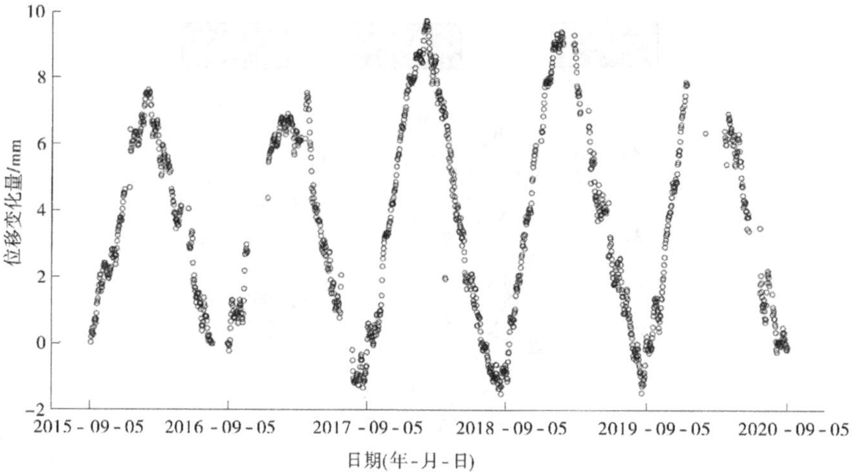

图 2 LAB-3 测点水平位移监测变化过程线

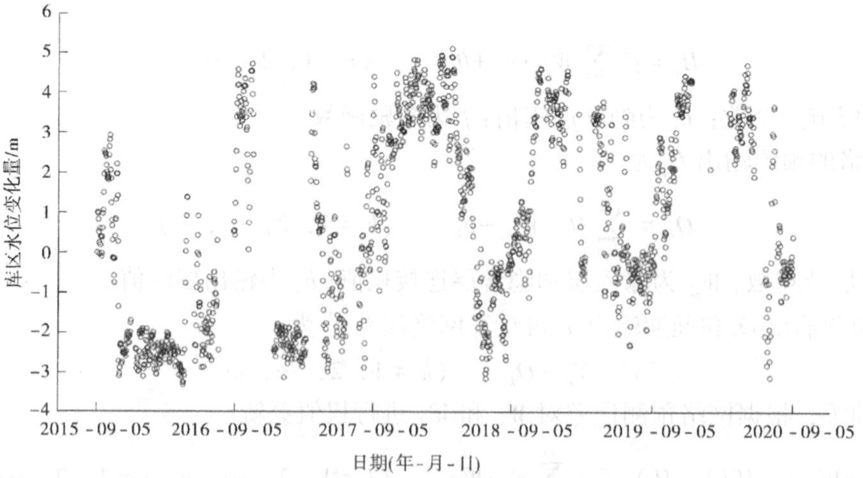

图 3 库水位监测变化过程线

在获取监测数据的过程中，人为误差、外界干扰和设备故障等因素是不可避免的，这会导致数据中存在一定数量的异常值，并对后续的分析产生不良影响[9]。根据《混凝土坝安全监测资料整编规程》（DL/T 5209—2020）中的粗差检查方法，对初始数据集进行数据序列检查[10]，先使用初始数据计算出多元线性回归模型，根据 3σ 原则判断实测值是否有异常。图 4 为监测数据异常点及多元线性回归模型预测值，检查发现共有 6 个粗差数据，初始数据集的数据正常率为 99.6%，说明监测数据可靠，可以用于模型计算。将检查出的 6 个粗差数据剔除，建立新的数据集，再次进行计算，获得多元线性回归模型，具体表达式如下：

$$y = 4.3369 + 0.12H + 0.1032H^2 + 0.0049H^3 + 1.7648\sin\left(\frac{2\pi}{365}S\right) - 3.6002\cos\left(\frac{2\pi}{365}S\right) - 0.2570\ln t + 0.001t \quad (12)$$

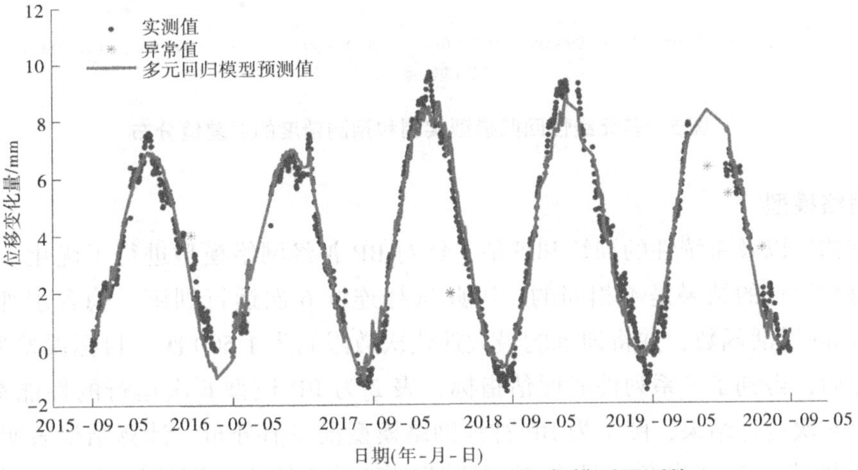

图 4　监测数据异常点及多元线性回归模型预测值

3　模型计算分析

经过粗差检查而建立的新数据集，一共有 1 435 个样本（时间为 2015 年 9 月至 2020 年 9 月），将所有的样本数据分为模型计算数据和模型预测比较数据，其中 1 200 个样本数据（时间为 2015 年 9 月至 2019 年 9 月）用于建立多元线性回归模型、BP 神经网络模型，235 个样本（时间为 2019 年 9 月至 2020 年 9 月）用于模型预测比较数据分析。通过相关系数 R^2、平均绝对误差 MAE、均方误差 MSE 等性能指标对不同的模型进行评估。

3.1　多元线性回归模型计算分析

表 1 为多元线性回归模型精度和预测精度统计结果，通过相关系数 R^2 接近 1，平均绝对误差 MAE、均方误差 MSE 值较小，表明模型精度高，预测性能较好。经统计，实测值和预测值之差在 ±0.5 mm 范围内的数据数量为 867 个，占比为 60.42%；误差在 ±1 mm 范围内的数据数量为 1 288 个，占比为 89.76%，图 5 为多元线性回归模型实测和预测精度的误差值分布。

表 1　多元线性回归模型精度和预测精度统计结果

不同模型	R^2		MAE		MSE	
	模型精度	预测精度	模型精度	预测精度	模型精度	预测精度
多元线性回归模型	0.980 6	0.976 2	0.472 1	0.460 9	0.346 1	0.337 1

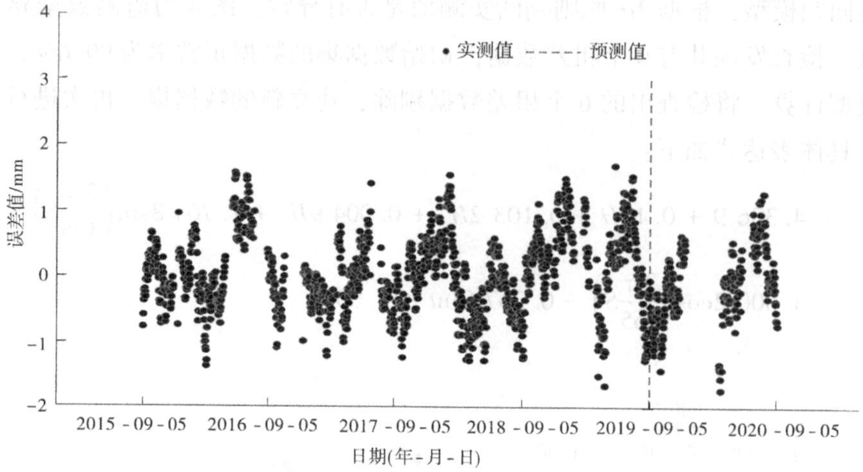

图 5　多元线性回归模型实测和预测精度的误差值分布

3.2　BP 神经网络模型

通过采用试错法以及系统性的训练和评估，针对 BP 神经网络模型进行了优化。由于模型权值的随机初始化，每次运行的结果是不相同的，因此选择连续 6 次运行训练。隐含层神经元数量为 15，使用默认的 sigmoid 激活函数，并将训练的最大迭代次数限制为 1 500 次，目标误差为 10^{-3}。

在每次运行后，得到了一系列性能评估指标，表 2 为 BP 模型 6 次运行的性能参数，图 6 为 BP 神经网络模型第 6 次运行结果，图 7 为 BP 神经网络模型误差值分布。计算结果表明，所构建的神经网络模型在平均性能上表现出色，具有高预测精度和泛化能力。训练阶段相关系数 R^2 平均值为 0.986 3，测试阶段相关系数 R^2 平均值为 0.983 2，都接近于 1，MAE 和 MSE 的值也比较小。误差在 ±0.5 mm 范围内的样本数量为 1 180 个，占总样本 82.23%；误差在±1 mm 范围内的样本数量为 1 416 个，占总样本 97.48%，这些性能参数表明，模型精度及预测能力比多元线性回归模型精度高，预测模型相较于传统的多元线性回归模型预测值误差整体上更小一些。

表 2　BP 模型 6 次运行的性能参数

运行次数	R^2		MAE		MSE		S	
	训练集	测试集	训练集	测试集	训练集	测试集	训练集	测试集
1	0.979 6	0.969 2	0.411 4	0.471 4	0.355 0	0.500 7	3.685 0	3.707 2
2	0.979 3	0.976 2	0.428 0	0.448 8	0.355 1	0.403 9	2.955 6	3.049 2
3	0.989 9	0.989 2	0.323 1	0.327 5	0.173 2	0.188 2	1.775 3	1.604 1
4	0.985 3	0.983 9	0.362 5	0.382 6	0.252 1	0.285 1	3.230 6	1.884 7
5	0.991 5	0.989 3	0.297 7	0.312 0	0.147 1	0.176 0	1.572 3	1.449 4
6	0.992 7	0.991 4	0.278 3	0.305 1	0.125 0	0.146 1	1.214 4	1.327 0
平均值	0.986 3	0.983 2	0.350 2	0.374 6	0.234 6	0.283 1	2.405 5	2.170 3

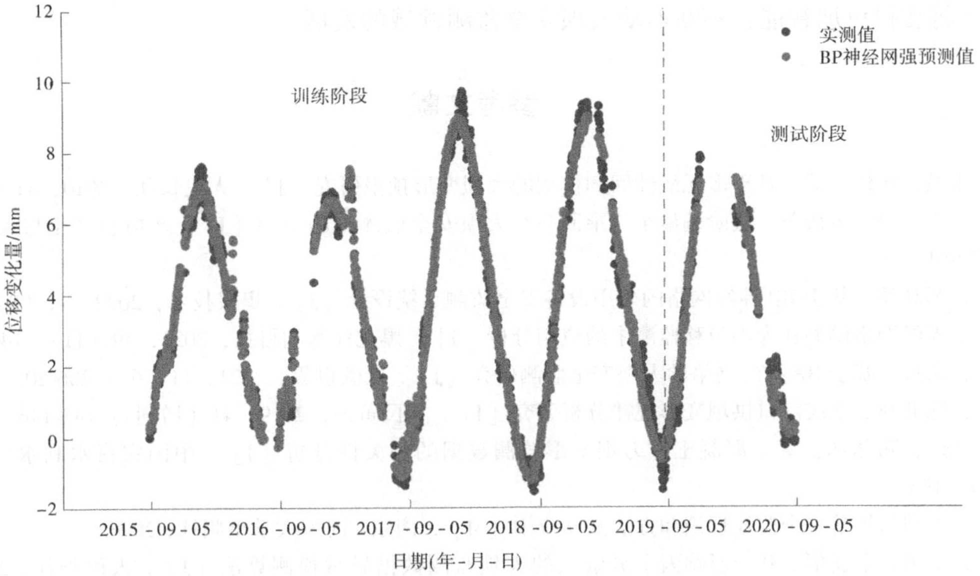

图 6　BP 神经网络模型第 6 次运行结果

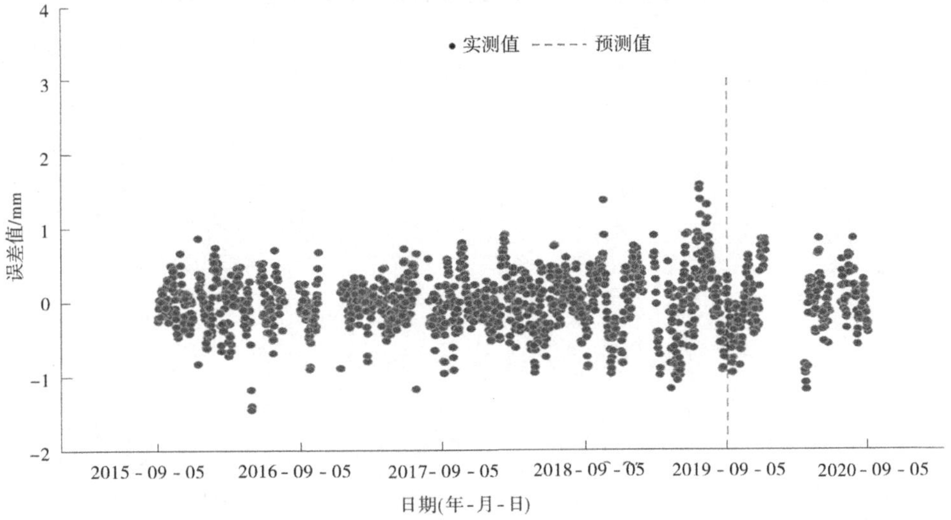

图 7　BP 神经网络模型误差值分布

4　结论

通过建立多元线性回归模型和 BP 神经网络模型，比较分析模型精度和预测效果，可以得出以下结论：

（1）首先应对监测数据粗差进行检查，通过对历史数据序列的分析建立预测模型，根据 3σ 原则判断实测值是否有异常，本次计算发现了 6 个监测异常数据，数据正常率为 99.6%，监测数据整体可靠。

（2）多元线性回归模型和 BP 神经网络模型的相关系数 R^2 都接近于 1，MAE 和 MSE 的值也比较小，两种模型都可以用于数字孪生大坝安全监测模型建设。

（3）两种模型计算的误差在±0.5 mm 范围内的数据分别占总样本的 60.42%、82.23%；误差在±1 mm 范围内的数据占总样本的 89.76%、97.48%，统计数据表明，BP 神经网络模型比多元线性回归模型计算的精度高，预测值误差整体上更小一些。

随着科技的发展，越来越多的人工智能方法将运用于数字孪生大坝安全监测模型建设过程中，数字孪生大坝将变得更加智能，不断推动大坝安全监测领域的发展。

参考文献

[1] 刘波，张斌，喻佳，等．基于多元线性回归模型的大坝变形预报研究［J］．人民长江，2010，41（20）：53-55.

[2] 周光文，袁晓峰，黄筱蓉．递阶偏最小二乘回归在大坝安全监测中的应用［J］．水电自动化与大坝监测，2008（4）：59-61，70.

[3] 王志强，彭高辉．基于 BP 神经网络的矿用设备安全监测系统设计［J］．煤炭技术，2022，41（8）：218-220.

[4] 吕德浩．神经网络模型在大坝位移监测中的应用分析［J］．黑龙江水利科技，2021，49（11）：148-149，225.

[5] 吴佳骏，唐虹．基于 BP 神经网络的大坝安全监测研究［J］．低碳世界，2021，11（6）：206-207.

[6] 龚久南，陈浙新．重庆江口拱坝变形规律分析研究［J］．人民黄河，2019，41（增刊）：143-146.

[7] 王瑄，姚远，陶丛丛，等．混凝土重力坝变形监测数据的相关性分析［J］．中国农村水利水电，2024（8）：180-187，193.

[8] 顾冲时．大坝与坝基安全监控理论和方法及其应用［M］．南京：河海大学出版社，2006.

[9] 李松轩，丁勇，李登华．基于影响因子分解法的大坝监测数据异常检测算法［J］．人民长江，2023，54（4）：234-240.

[10] 魏肖怡．大坝自动化监测数据粗差处理方法探究［J］．科技风，2019（31）：227.

水利模型管理平台的实现思路及设计

张永占　邓长涛

（珠江水利委员会珠江水利科学研究院，广东广州　510610）

摘　要： 深圳市智慧水务一期项目由于业务需要，构建了多个水利专业模型，为实现模型的统筹管理，构建模型管理平台，实现模型管理规范化、模型接口标准化和模型运行长效化。本文从模型管理平台建设任务、需求分析、整体方案设计方面阐述了平台构建方式，为水利专业类模型管理平台的实现提供了思路。

关键词： 模型；管理平台；计算管理；计算监控

1　建设背景及目标

深圳市智慧水务一期项目建设内容，紧密围绕“水安全、水资源、水环境、水生态、水建设、水事务”的业务需求，充分利用大数据、云计算、物联网、人工智能、移动互联网等新技术，打造涵盖智慧政务、智慧调度、智慧管理、智慧服务四类业务的多个应用系统，重点推进流域综合调度、水源供水调度、水务工程建设管理、智慧水库四个重点系统建设。建设内容涉及如下模型：深圳河湾流域水量水质模拟模型、深圳河湾流域污水统筹调度模型、深圳河湾流域水环境调度模型、茅洲河流域水环境调度模型、茅洲河流域污水统筹调度模型、全市水源供水调度模型、知识图谱模型、大数据内涝分析模型。

国内外学者对模型管理平台已进行大量研究。刘昌军等[1] 从模型平台架构、功能设计、关键技术、主要特点等方面介绍了水利专业模型平台的设计，并结合南四湖水系实际应用案例，介绍了模型平台的实例化运行情况；刘荣华等[2] 构建了水动力学模拟服务平台，采用云端计算和存储模式降低了高性能计算的门槛；夏润亮等[3] 研发水利数值仿真模型计算服务平台，实现水利数值模拟服务平台的资源动态部署、模型耦合计算。

在参阅其他研究的基础上，为规范模型建设，减少模型与业务系统重开发及对接工作量，统筹模型管理工作，需构建模型管理平台。水利模型管理平台的建设目标主要有以下几方面：

（1）模型管理规范化。改变当前模型无序、分散的现状，构建水务模型集中规范化管理平台，实现模型资产的集约管理。

（2）模型接口标准化。屏蔽同类水利业务不同模型厂商的接口服务差异，提供统一的接口服务，提升模型服务的支撑能力。

（3）模型运行长效化。实时监控模型运算状态，统计分析运行指标，时效评价模型运算质量，促进模型长效运行。

2　建设任务

2.1　接口标准化设计

调研分析不同模型开发方、不同业务类型的水利模型，将水利模型按照专业进行分门别类。针对每一类水利业务模型与业务系统方交流模型计算需求，明确业务系统与模型平台的接口交互形式、接

作者简介： 张永占（1988—），男，工程师，主要从事水利信息化、智慧水利、数字孪生等方面的工作。

口列表、接口参数等，形成统一的模型对外计算服务接口。针对每一类水利专业模型，与各模型开发方对接模型的启动计算接口、输出接口，制定出满足各模型开发方开发的同一类水利模型的模型调用接口规范，明确各专业水利模型必须实现的接口列表，以实现各水利专业模型能快速注册到平台以供调用。

2.2 模型计算请求分发

调研各水利专业模型的计算工作量、响应时间以及多模型多方案多用户的并发访问需求，分析传统分散部署的模型在计算效率和用户体验上存在的瓶颈，设计模型计算请求分发方法，通过实现资源探针动态探测服务器 CPU 等资源消耗情况，将模型计算服务分发到负载较轻的服务器上，提升计算效率。

2.3 模型平台构建

运用应用系统集成、数据库集群等技术，实现集水利模型管理与注册、模型统一服务接口、计算请求分发、模型监控与评价等功能需求的模型运行监控及评价管理一体化平台。

3 需求分析

根据不同的业务应用场景，系统用户主要包括市系统管理员、模型厂商、业务系统与一般用户等。不同用户主要围绕模型计算统一化调用、模型管理和模型运行评估等业务场景开展工作。

3.1 模型计算统一化调用

通过模型接口的标准化，可屏蔽同类水利业务不同模型厂商的接口服务差异；平台提供统一的接口服务，提升模型服务的支撑能力。

3.2 模型管理

对不同单位建设的不同模型进行节约化管理，改变模型厂商自行维护所建设模型易导致的无序、分散的现状。

3.3 模型运行评估

通过实时监控模型运算状态，统计分析运行指标，可时效评价模型运行质量。

4 整体方案设计

4.1 设计原则

（1）以模型管理、模型评价等需求为导向，分步实施，先行对接部分模型，实现对其管理、注册、计算调用、模型评价等，总结经验，再实现其他模型的逐步纳入。

（2）设计的模型标准化接口、业务支撑接口、平台功能接口应调用简便、容错性好。

（3）平台建设应概化全面，需涵盖使用平台的各类角色用户、要进行管理的各类对象。

（4）分析功能主次，科学地简化和假设，实时监控，稳定运行。同时需考虑后续更新维护的便捷性。

4.2 设计依据

（1）《信息安全技术 网络安全等级保护基本要求》（GB/T 22239—2019）；

（2）《信息安全技术 网络安全等级保护测评要求》（GB/T 28448—2019）；

（3）《信息安全技术 操作系统安全技术要求》（GB/T 20272—2019）；

（4）《信息安全技术 网络安全等级保护实施指南》（GB/T 25058—2019）；

（5）《信息安全技术 数据库管理系统安全技术要求》（GB/T 20273—2019）；

（6）《信息系统密码应用基本要求》（GM/T 0054—2018）；

（7）《信息系统运行维护技术服务规范》（SZDB/Z 32—2010）；

（8）《计算机软件可靠性和可维护性管理》（GB/T 14394—2008）；

（9）《水文基本术语和符号标准》（GB/T 50095—2014）；

（10）《水文情报预报规范》（GB/T 22482—2008）；

（11）《国际标准化组织标准信息处理：数据流程图、程序流程图、系统流程图、程序网络图和系统资源图的文件编制符号及约定》（GB 1526-1989/ISO 5807-1985）；

（12）《计算机软件可靠性和可维护性管理》（GB/T 14394—2008）。

4.3 系统逻辑架构

模型平台主要对接模型层、业务系统层以及水务大数据中心。平台向下对模型进行集中统一管理、调用及提供相应接口支撑服务，向上为业务系统提供模型调用业务支撑。为规范模型标准化结果输出，在水务大数据中心中设计模型结果主题库，同时，设计构建平台业务数据库进行平台业务数据存储，逻辑架构关系如图1所示。

4.3.1 模型管理平台

作为模型层、业务系统层的对接平台，完成模型管理、服务管理、计算管理、模型评估等核心业务功能。同时需进行平台业务数据库设计与建设，为平台运行提供数据存储。

（1）模型管理：为模型层的模型提供模型注册、版本控制、模型目录、模型测试等功能。

（2）服务管理：为平台开发的业务支撑服务和模型支撑服务提供服务目录、服务监控、服务测试等功能。

（3）模型评估：提供对模型的使用率、模型计算效率、模型稳定性进行评估等功能。

（4）计算管理：提供多方案计算支撑、模型计算负载均衡选择等功能，对服务器资源信息进行管理、监控，对正在计算的模型方案进行监控显示。

（5）安全管理：安全管理模块通过向Web应用系统发放调用令牌，保障Web模型调用请求来源的合法性。

（6）模型管理平台数据库：进行模型基本信息、模型版本信息、模型服务基本信息等数据的存储。

4.3.2 业务系统层

业务系统层主要包括流域综合调度、水源供水调度、水务工程建设管理、智慧水库等重点业务系统。

4.3.3 模型层

模型层主要包括深圳河湾流域水量水质模拟模型、深圳河湾流域污水统筹调度模型、深圳河湾流域水环境调度模型、茅洲河流域水环境调度模型、茅洲河流域污水统筹调度模型、全市水源供水调度模型、知识图谱模型、大数据分析模型等水利类专业模型。

4.3.4 水务大数据中心

深圳市智慧水务一期项目中，水务大数据中心包括基础属性库、基础空间库、主题库及综合监测库。模型平台产生的计算结果作为主题库的一部分进行存储。大数据中数据通过数据与业务集成平台（ROMA）对外共享，提供数据接口服务。

4.4 总体设计

4.4.1 总体架构

根据深圳市智慧水务一期项目统一架构，模型运行监控及评价管理向下统筹管理、调用、监控模型，向上为业务应用层提供支撑，总体架构如图2所示。

4.4.2 业务架构图

从业务功能需求出发，设计模型运行监控及评价管理平台功能架构，如图3所示。平台主要包括了模型评估、模型信息、计算管理、平台管理等功能模块。

4.5 业务场景设计

模型平台的建设可实现以下业务场景：

（1）模型计算统一化调用。通过模型接口的标准化，可屏蔽同类水利业务不同模型厂商的接口服务差异；平台提供统一的接口服务，提升模型服务的支撑能力。

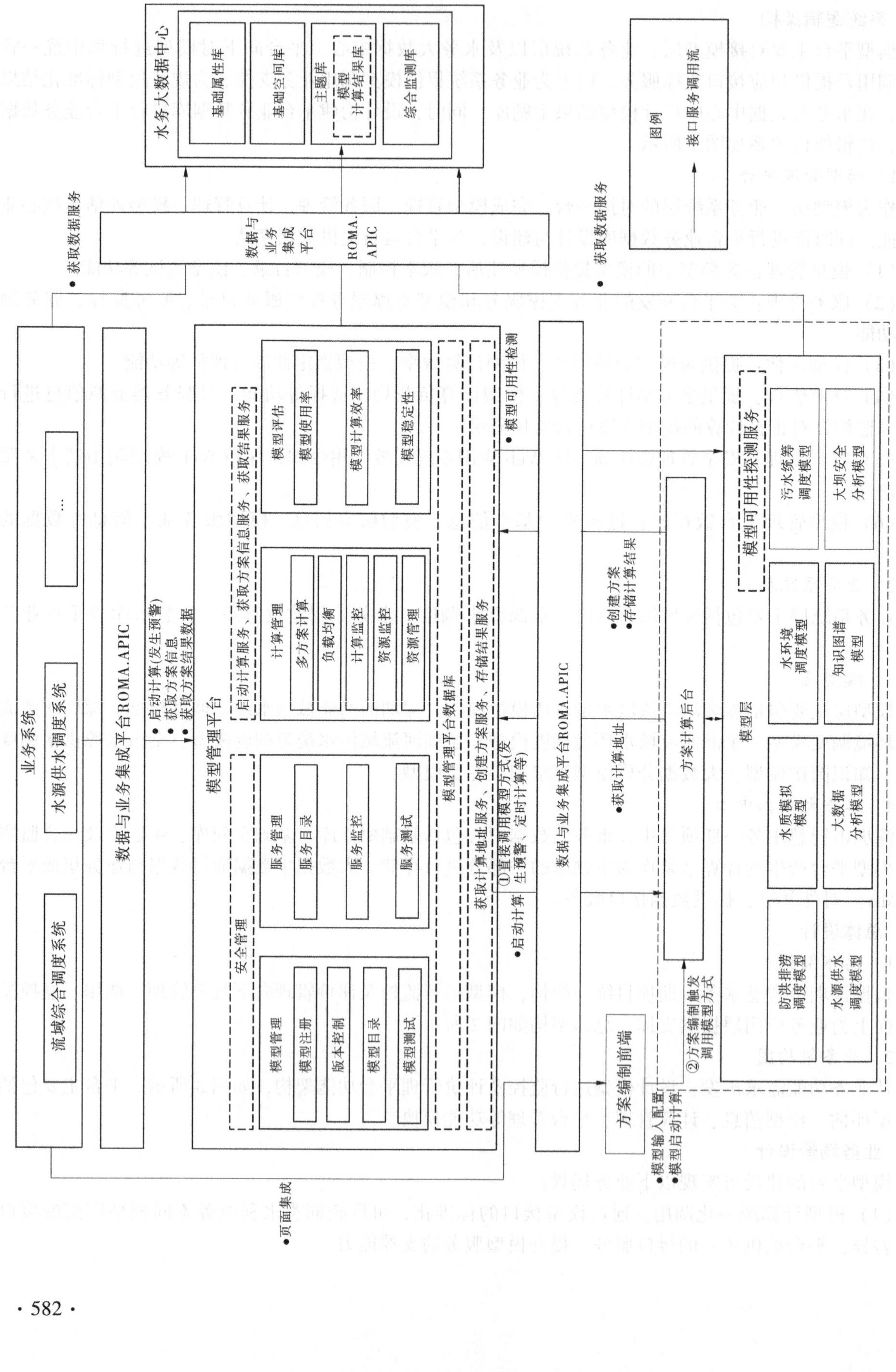

业务系统
流域综合调度系统
水源供水调度系统
…
数据与业务集成平台ROMA.APIC
页面集成
获取数据服务
启动计算(发生预警)
获取方案信息
获取方案结果数据
模型管理平台
安全管理
模型管理
模型注册
版本控制
模型目录
模型测试
服务管理
服务目录
服务监控
服务测试
启动计算服务、获取方案信息服务、获取结果服务
计算管理
多方案计算
负载均衡
计算监控
资源监控
资源管理
模型评估
模型使用率
模型计算效率
模型稳定性
模型管理平台数据库
获取计算地址服务、创建方案服务、存储结果服务
①直接调用模型方式(发生预警、定时计算等)
启动计算
模型可用性检测
数据与业务集成平台ROMA.APIC
数据与业务集成平台ROMA.APIC
水务大数据中心
基础属性库
基础空间库
主题库
模型计算结果库
综合监测库
获取数据服务
获取计算地址
创建方案
存储计算结果
方案编制前端
模型输入配置
模型启动计算
②方案编制触发调用模型方式
方案计算后台
模型层
模型可用性探测服务
防洪排涝调度模型
水源供水调度模型
水质模拟模型
大数据分析模型
水环境调度模型
知识图谱模型
污水统筹调度模型
大坝安全分析模型
图例
接口服务调用流

图 1 逻辑架构关系

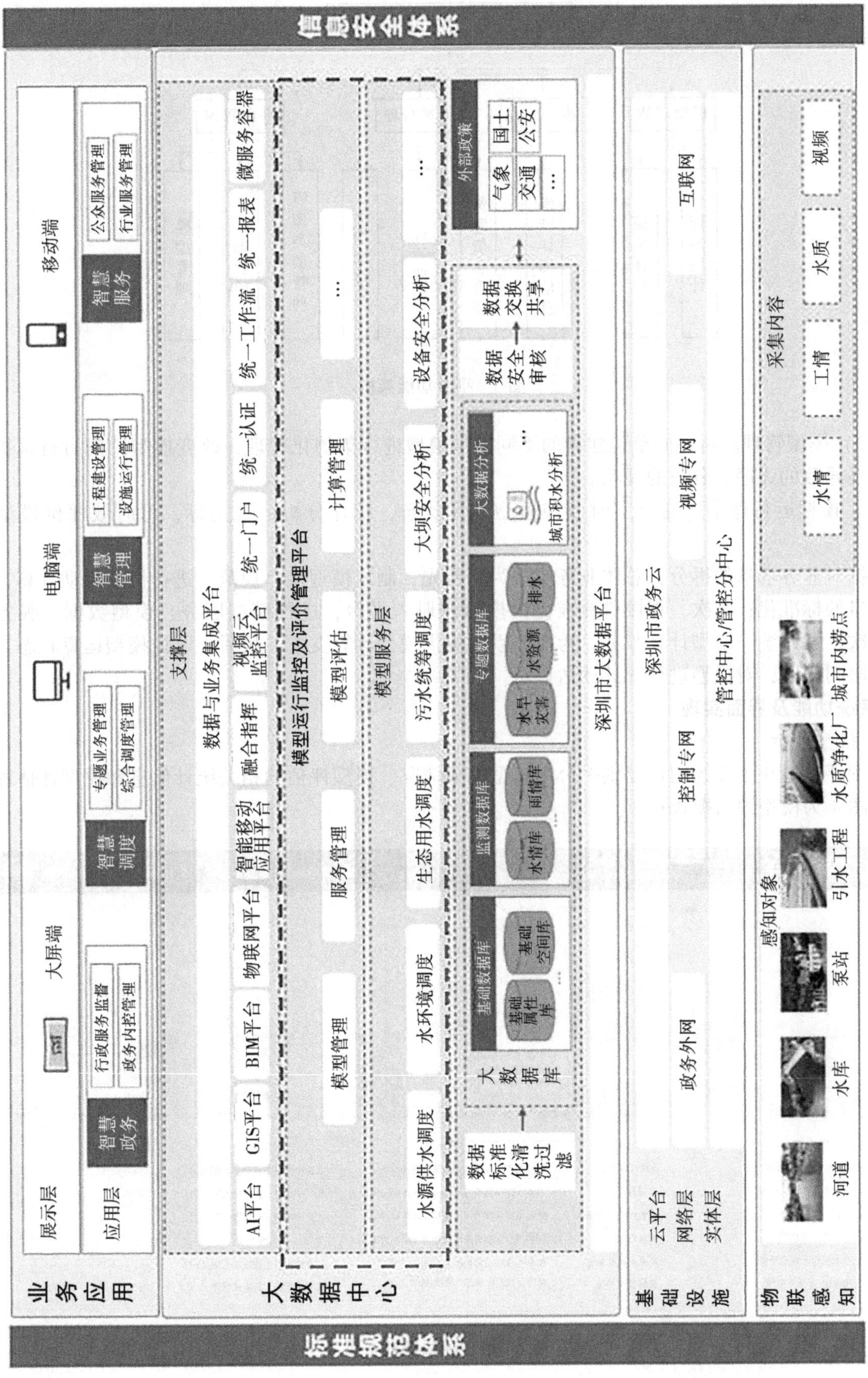
信息安全体系
标准规范体系
业务应用
展示层
大屏端
电脑端
移动端
应用层
智慧政务
行政服务监督
政务内控管理
智慧调度
专题业务管理
综合调度管理
智慧管理
工程建设管理
设施运行管理
智慧服务
公众服务管理
行业服务管理
大数据中心
支撑层
数据与业务集成平台
AI平台
GIS平台
BIM平台
物联网平台
智能移动应用平台
融合指挥
视频云监控平台
统一门户
统一认证
统一工作流
统一报表
微服务容器
模型运行监控及评价管理平台
模型管理
服务管理
模型评估
计算管理
…
模型服务层
水源供水调度
水环境调度
生态用水调度
污水统筹调度
大坝安全分析
设备安全分析
…
深圳市大数据平台
数据标准化清洗过滤
大数据库
基础数据库
基础属性库
基础空间库
监测数据库
水情库
雨情库
专题数据库
水旱灾害
水资源
排水
大数据分析
城市积水分析
数据安全审核
数据交换共享
外部政策
气象
国土
交通
公安
基础设施
云平台
网络层
实体层
深圳市政务云
政务外网
控制专网
视频专网
互联网
管控中心/管控分中心
物联感知
感知对象
河道
水库
泵站
引水工程
水质净化厂
城市内涝点
采集内容
水情
工情
水质
视频

图2 总体架构

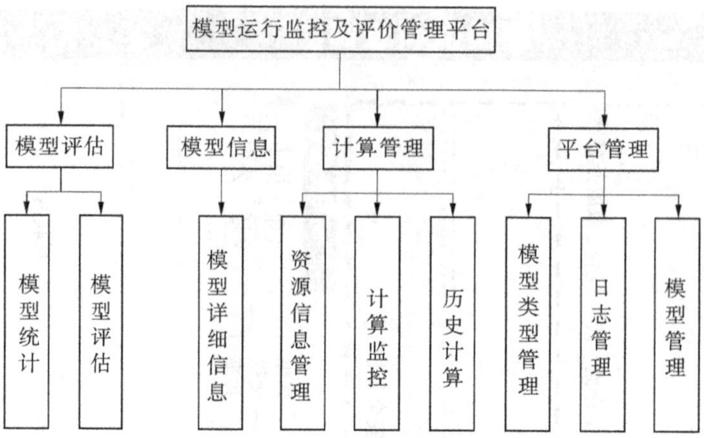

图 3　平台功能架构

（2）模型管理。对不同单位建设的不同类型模型进行集约化管理，改变模型厂商自行维护所建设模型易导致的无序、分散的现状。

（3）模型运行评估。通过实时监控模型运算状态，统计分析运行指标，可时效评价模型运行质量。

根据对业务场景的拆分，总体业务流程为：首先，制定模型接口规范，进行模型启动计算、结果输出接口的标准化；其次，将接口标准化的模型注册入平台，进行模型服务、模型数据、服务的管理；再次，发布统一模型计算服务，为业务系统提供模型计算支撑；最后，监控模型运算状态，根据选取的时间区段，对模型进行统计评估显示。

4.6　系统功能及界面实现

4.6.1　模型评估

模型评估模块主要为用户提供平台中模型集成情况、模型评估的相关统计信息和模型评估的详细信息。图 4 为模型评估模块首页。

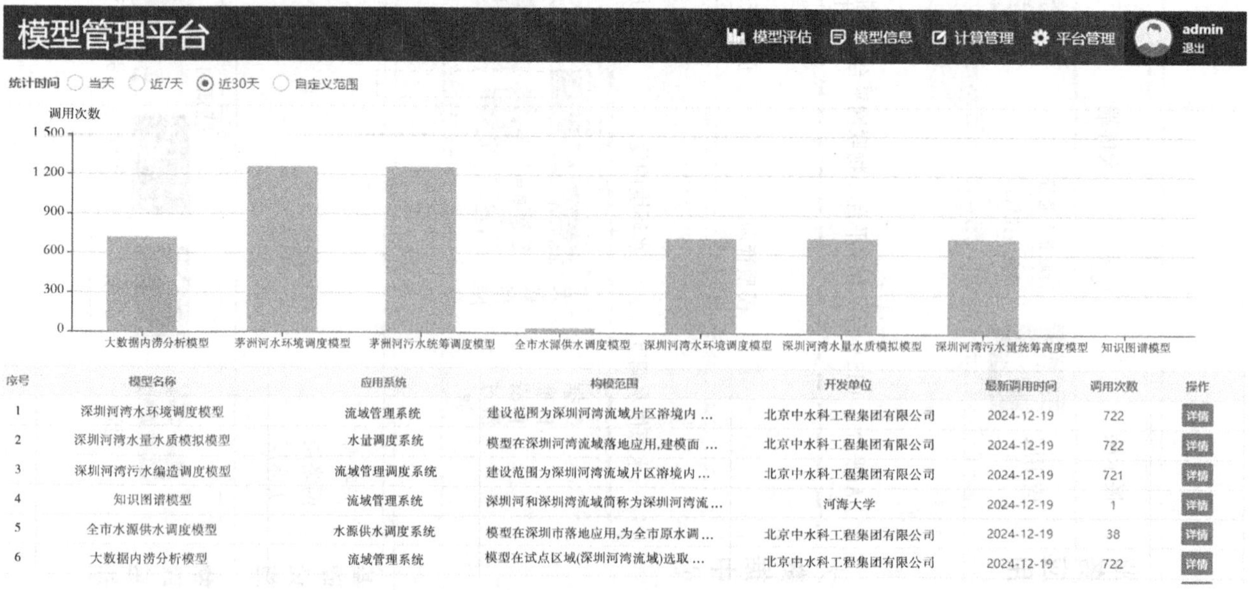

图 4　模型评估模块首页

4.6.2 模型信息

模型信息模块为用户展示已在平台中完成注册的模型信息，为用户展示直观清晰的模型内容。图5为模型信息页面。

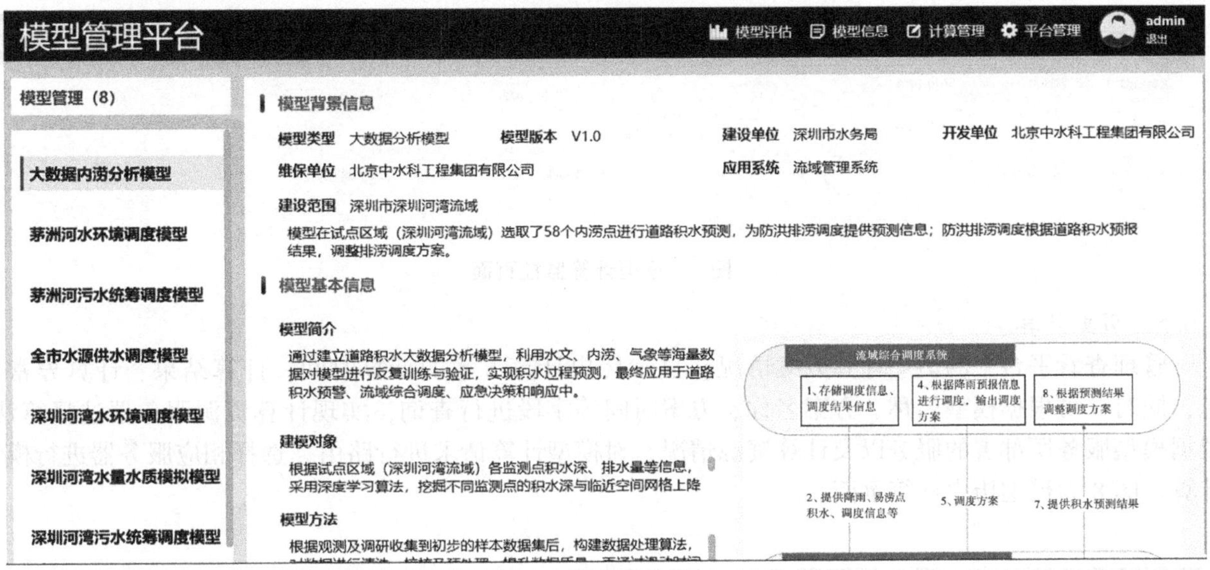

图5 模型信息页面

4.6.3 模型资源信息管理

模型资源信息管理模块主要为用户提供业务相关的各个模型服务器基础信息，配置资源监控服务地址，支持用户在线编辑、删除、新增、查询模型服务器信息等功能，对模型服务器进行监控，实时显示服务器CPU、内存使用情况。图6为模型资源信息管理页面。

图6 模型资源信息管理页面

4.6.4 计算监控

实时监控平台中计算方案情况，显示方案计算是否成功、计算进度、计算所需时间、计算异常信息等。图 7 为模型计算监控页面。

图 7 模型计算监控页面

4.6.5 历史计算

管理查看平台中的历史计算方案情况，显示历史计算方案的计算时间、计算结果、计算异常信息，同时，可根据模型名称、方案名称、方案时间等字段进行查询，实现计算资源服务器选择算法，根据模型服务所部署的服务以及计算资源情况，对模型计算请求进行路由，选择相应服务器进行模型计算。图 8 为模型历史计算页面。

序号	方案名称	调用模型	计算结果	生成方案时间	计算开始时间	计算结束时间	计算用时
1	智能决策调度	茅洲河污水统筹调度模型	计算完成	2024-12-19 16:10:16	2024-12-19 16:10:16	2024-12-19 16:11:36	1分20秒
2	智能决策调度	茅洲河水环境调度模型	计算完成	2024-12-19 16:10:16	2024-12-19 16:10:16	2024-12-19 16:11:36	1分20秒
3	规则调度	茅洲河污水统筹调度模型	计算完成	2024-12-19 16:08:26	2024-12-19 16:08:26	2024-12-19 16:11:36	3分10秒
4	规则调度	茅洲河水环境调度模型	计算完成	2024-12-19 16:08:26	2024-12-19 16:08:26	2024-12-19 16:11:36	3分10秒
5	2024-12-19污水统筹fd64782...	深圳河湾污水统筹调度模型	计算完成	2024-12-19 16:06:07	2024-12-19 16:06:06	2024-12-19 16:12:40	6分34秒
6	schem_2024121900017	大数据内涝分析模型	计算完成	2024-12-19 15:58:51	2024-12-19 15:58:51	2024-12-19 15:59:18	27秒
7	2024-12-19水环境调度6d8f6...	深圳河湾水量水质模拟模型	计算完成	2024-12-19 15:58:35	2024-12-19 15:58:35	2024-12-19 16:05:53	7分18秒
8	2024-12-19水环境调度6d8f6...	深圳河湾水环境调度模型	计算完成	2024-12-19 15:58:35	2024-12-19 15:58:34	2024-12-19 16:05:53	7分19秒
9	智能决策调度	茅洲河污水统筹调度模型	计算完成	2024-12-19 15:10:16	2024-12-19 15:10:16	2024-12-19 15:11:46	1分30秒
10	智能决策调度	茅洲河水环境调度模型	计算完成	2024-12-19 15:10:16	2024-12-19 15:10:16	2024-12-19 15:11:46	1分30秒
11	规则调度	茅洲河污水统筹调度模型	计算完成	2024-12-19 15:08:27	2024-12-19 15:08:26	2024-12-19 15:11:46	3分20秒
12	规则调度	茅洲河水环境调度模型	计算完成	2024-12-19 15:08:26	2024-12-19 15:08:26	2024-12-19 15:11:46	3分20秒
13	2024-12-19污水统筹ebd581...	深圳河湾污水统筹调度模型	计算完成	2024-12-19 15:06:00	2024-12-19 15:05:59	2024-12-19 15:12:30	6分31秒

图 8 模型历史计算页面

4.6.6 平台管理

系统管理模块主要包括模型类型管理、日志管理和模型管理功能。图 9 为模型平台管理页面。

4.6.7 模型管理

模型管理模块为用户展示已在平台中完成注册的模型信息以及模型服务信息，为用户提供模型注册、更新、修改、测试、删除等相关功能。修改主要内容包括：模型基本信息（流域编码、模型标识符、模型类型、模型版本、构模范围、建设单位、开发单位、维保单位）、部署信息（部署相对地址、部署人员、联系方式）、模型可用性状态控制（异常、正常、正在维护）、模型包含的各个服务注册信息（相对服务地址、服务名称、服务类型、请求方式、输入参数编码类型——contentType、返回参数类型、输入参数模板）。图 10 为模型管理页面。

图 9　模型平台管理页面

图 10　模型管理页面

参考文献

[1] 刘昌军，刘业森，喻海军，等．水利模型平台构建及南四湖水系应用探索［J］．中国水利，2023（20）：43-48.

[2] 刘荣华，魏加华，翁燕章，等．HydroMP：基于云计算的水动力学建模及计算服务平台［J］．清华大学学报（自然科学版），2014，54（5）：575-583.

[3] 夏润亮，冯兴凯，何明民，等．基于模型标准化的水利数值模拟云服务平台研究［J］．水利信息化，2015（6）：1-7.

水文水动力耦合模型研究进展与前沿分析
——基于 Cite Space 文献计量分析

许晶晶　杜鹏飞　张　沛

（中国水利水电科学研究院，北京　100048）

摘　要：水文水动力耦合模型研究对于水资源管理、洪水预测及灾害评估等领域具有重要应用价值。本研究通过 Cite Space 软件对 1990—2023 年的相关文献进行了计量分析，系统梳理了该领域的主要研究热点和发展方向。结果表明，水文水动力耦合模型的研究呈现出逐年增长的趋势，当前该领域研究热点集中在气候变化、风险评估以及模型不确定性等方面；同时，多尺度、多过程的耦合模型研究有望进一步提升模型性能与应用价值。此外，人工智能与机器学习技术的引入为耦合模型提供了新的发展路径，有助于增强模型的适应性和稳定性。

关键词：水文水动力耦合模型；研究进展；文献计量分析；Cite Space

近年来，全球气候变化的加剧使极端气候事件对水循环系统的影响日益显著。水文水动力耦合模型作为模拟洪水过程的重要工具，在减灾效果评估和工程设计优化方面提供了关键的科学依据[1-2]。基于此，本文利用 Cite Space 文献计量分析工具，系统梳理了水文水动力耦合模型相关研究文献，旨在总结该领域的研究发展脉络，探讨当前的研究热点与前沿问题，并提出未来的研究方向。

1　水文水动力耦合模型的发展

水文水动力耦合模型的发展始于 20 世纪中后期，最初集中于独立的水文模型和水动力模型的应用，如 HEC-HMS 和 SWAT 用于产流与汇流模拟，HEC-RAS 和 MIKE 11 用于洪水演进[3]。然而，单一模型难以应对复杂的水文现象。1990 年后，随着计算机技术的进步，水文与水动力模型开始尝试耦合，早期多为松耦合方式，存在时间步长和空间分辨率不匹配的问题[4]。2000 年后，紧耦合和全耦合模型如 MIKE SHE 和 Delft3D 兴起，提升了模拟精度。如今，耦合模型在洪水管理和气候变化领域具有广泛应用前景[5]。未来，随着人工智能、机器学习和高性能计算技术的发展，耦合模型的性能和适用性将进一步增强。

2　研究方法

本文选择 Web of Science 核心合集数据库作为数据来源，检索范围为 1990—2023 年，以“hydrological and hydrodynamic coupling model”或“hydrological and hydrodynamic model”或“coupled hydrologic-hydrodynamic model”为关键词进行文献检索。筛选掉与研究主题无关的文献后，获得 1 114 篇相关文献。利用 Cite Space 对文献进行时空分布特征分析、关键词共现分析，并通过聚类和突显分析揭示研究热点和前沿动态。

基金项目：国家自然科学基金项目（52309041）；国家自然科学基金项目（U2243213）。

作者简介：许晶晶（1996—），男，博士研究生，研究方向为流域水文模拟与水土保持研究。

通信作者：张沛（1988—），男，高级工程师，主要从事干旱区水资源管理与社会水文学研究工作。

3 研究现状分析

3.1 文献时空分布特征

3.1.1 年度发文量

年度发文数量的变化趋势对判断该领域发展至关重要。图 1 为水文水动力耦合模型研究论文年度发文量统计。通过对 1990—2023 年的文献计量分析发现，水文水动力耦合模型的研究呈现出逐年增长的趋势，尤其是 2010 年以后，相关文献的数量增长显著。这一趋势反映了随着全球气候日益变化，学术界对水文水动力耦合模型的关注度也在日益增加。

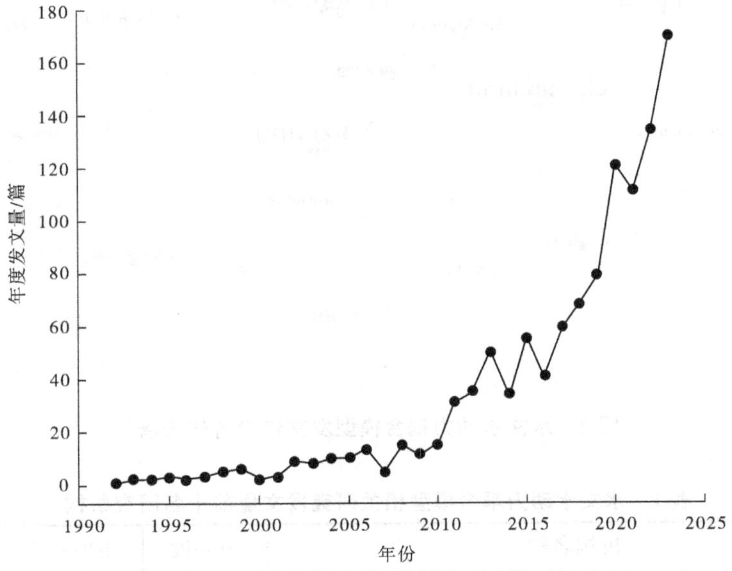

图 1 水文水动力耦合模型研究论文年度发文量统计

3.1.2 作者共现分析

作者共现分析有助于了解该领域学术领军人物和衡量作者的合作影响力。图 2 为水文水动力耦合模型发文作者合作图谱。由图 2 可知，学者之间存在显著的合作聚集效应，形成了多个密切合作的研究团队，典型的包括 Yao，Jing 团队、Yamazaki，Dai 团队和 Collischonn，Walter 团队等。此外，Yao，Jing 团队还包含了 Zhang，Qi 和 Li，Yunliang 等具有较大学术影响力的成员。不同团队之间也展现出一定的合作关系，表明这些学者在水文水动力耦合模型领域建立了广泛的合作网络，推动了该领域的共同进步。

3.1.3 发文机构分析

研究机构的发文量在一定程度上反映了机构的科研活跃度和创新能力。表 1 为水文水动力耦合模型相关研究发文量前十名研究机构。由表 1 可知，从中心度和发文数量来看，中国科学院以 0.13 的中心度和 110 篇论文居第一位，在该领域拥有较大的学术贡献。其次是法国国家科学研究中心（CNRS），其中心度为 0.20，发文量为 83 篇，表明其在该领域也具有重要影响。第三名是中国水利水电科学研究院，发文量为 47 篇。中心度指标反映了机构在科研网络中的影响力和连接度，除中国的多家机构（如河海大学、中国科学院南京地理与湖泊研究所、武汉大学）外，法国发展研究所也排名靠前，显示出国际合作在该领域中的重要性。

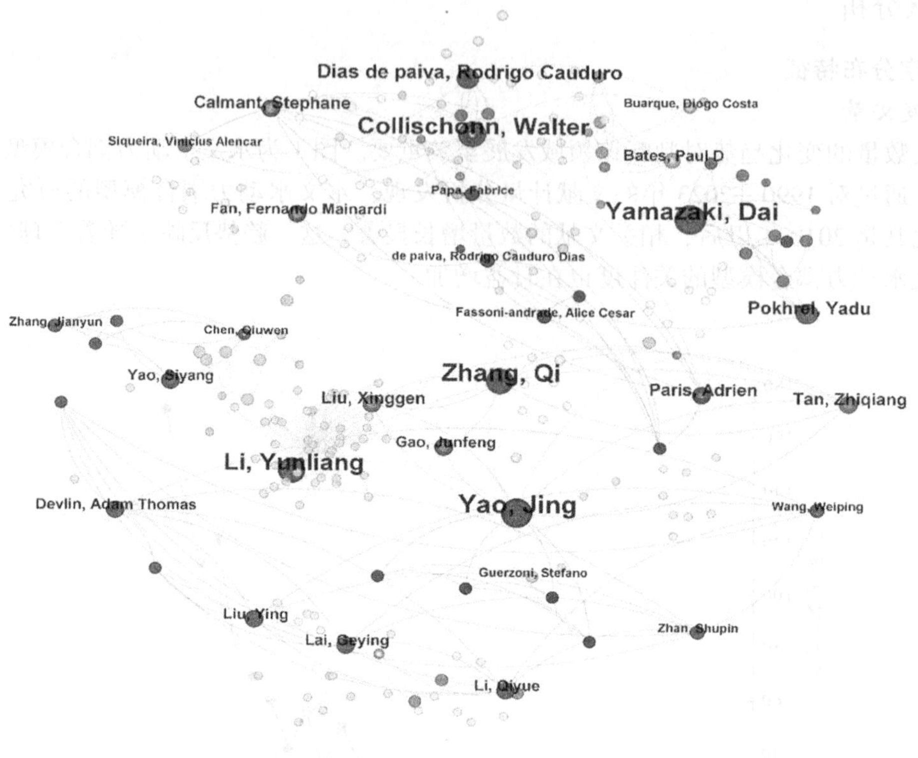

图 2　水文水动力耦合模型发文作者合作图谱

表 1　水文水动力耦合模型相关研究发文量前十名研究机构

排名	机构名称	中心度	主要发文年份	发文数量/篇
1	Chinese Academy of Sciences（中国科学院）	0. 13	2009	110
2	Centre National de la Recherche Scientifique（法国国家科学研究中心）	0. 20	1998	83
3	China Institute of Water Resources and Hydropower Research（中国水利水电科学研究院）	0. 04	2014	47
4	Hohai University（河海大学）	0. 05	2015	46
5	Nanjing Institute of Geography & Limnology Chinese Academy of Sciences（中国科学院南京地理与湖泊研究所）	0. 04	2014	42
6	Institut de Recherche pour le Développement（法国发展研究所）	0. 07	2002	40
7	Universidade Federal do Rio Grandedo Sul（南里奥格兰德联邦大学）	0. 03	2008	33
8	Wuhan University（武汉大学）	0. 07	2015	25
9	University of Chinese Academy of Sciences（中国科学院大学）	0. 03	2016	25
10	Université Toulouse Ⅲ-Paul Sabatier（图卢兹第三大学）	0. 02	1999	24

3.2 关键词频次及共现分析

关键词共现是指在一组文献中，两个或多个关键词同时出现在同一篇文献中的现象。通过统计关键词共现的频率，可以构建关键词共现网络，进而揭示文献所涉及领域的研究热点、研究结构以及发展趋势等内容。在此分析中，关键词的中心性反映了其对研究领域的影响力和控制程度。节点和标签大小代表了关键词的出现频次，节点之间的连接线表示共现关系，连接线的粗细与关键词之间的关联强度成正比。

表2为水文水动力耦合模型相关文献关键词出现频次。由表2可知，出现频次较高的关键词包括“model（模型）”“climate change（气候变化）”“water（水）”“hydrodynamic model（水动力学模型）”“river（河流）”等。图3为水文水动力耦合模型领域关键词共现图谱。由图3可知，关键词如“model（模型）”“flow（流动）”“water（水）”“hydrology（水文学）”处于网络的核心位置，表明这些概念是该领域的主要研究主题。这些关键词周围密集的节点和连线代表了其他相关研究主题，如“climate change（气候变化）”“hydrodynamic model（水动力模型）”“river（河流）”“basin（流域）”等，显示了这些主题与主要研究主题的紧密联系。图3中的颜色渐变表示不同节点之间的连接强度，其中较深的颜色意味着较强的共现关系，反映出该研究领域中某些主题之间的高度关联性。关键词如“climate change”“impact（影响）”“uncertainty（不确定性）”等揭示了该领域的前沿研究方向。

表2　水文水动力耦合模型相关文献关键词出现频次

排名	频次	中心性	关键词	排名	频次	中心性	关键词
1	176	0.10	model	11	81	0.01	management
2	143	0.06	climate change	12	81	0.04	impact
3	119	0.14	water	13	78	0.01	system
4	105	0.09	hydrodynamic model	14	61	0.02	inundation
5	102	0.03	river	15	61	0.02	variability
6	97	0.08	simulation	16	56	0.02	Transport
7	95	0.11	flow	17	54	0.03	Water quality
8	89	0.06	basin	18	53	0.04	calibration
9	86	0.06	dynamics	19	53	0.11	hydrology
10	81	0.04	uncertainty	20	52	0.01	runoff

3.3 关键词聚类分析

关键词聚类通过将主题相似的关键词组合在一起，有助于识别不同研究热点和领域的分支结构。图4为水文动力耦合模型领域关键词聚类图谱。在图4中，网络的模块度用Modularity Q表示，取值范围为0到1，当Modularity $Q>0.3$时，说明关键词聚类图具有明显的网络聚类结构。Modularity Q值越接近1，说明关键词聚类图中各簇之间的关系愈紧密，聚类结果越理想。Sihouette S是用来度量网络同质性的一个轮廓值，其值范围为-1到1，当Sihouette S值超过0.7时，聚类效果具有较高的可信度，且同质性与Sihouette S值成正比。图4中的Modularity Q值为0.471 9，Sihouette S值为0.755 7，表明该网络模块构造显著，同质性较强，聚类效果理想。

由图4可知，编号#0的聚类代表了“水文水动力耦合模型”，是网络中最大的聚类，紧随其后的#1（数值建模）和#3（岩溶系统）等主题聚类也显示了相关研究的重要性。此外，#5（洪水动力学）和#9（地震条件）等主题显示出显著的关联性，尤其是#5与#0聚类之间的交叉表明，在洪水研究中，水文水动力耦合模型应用广泛。

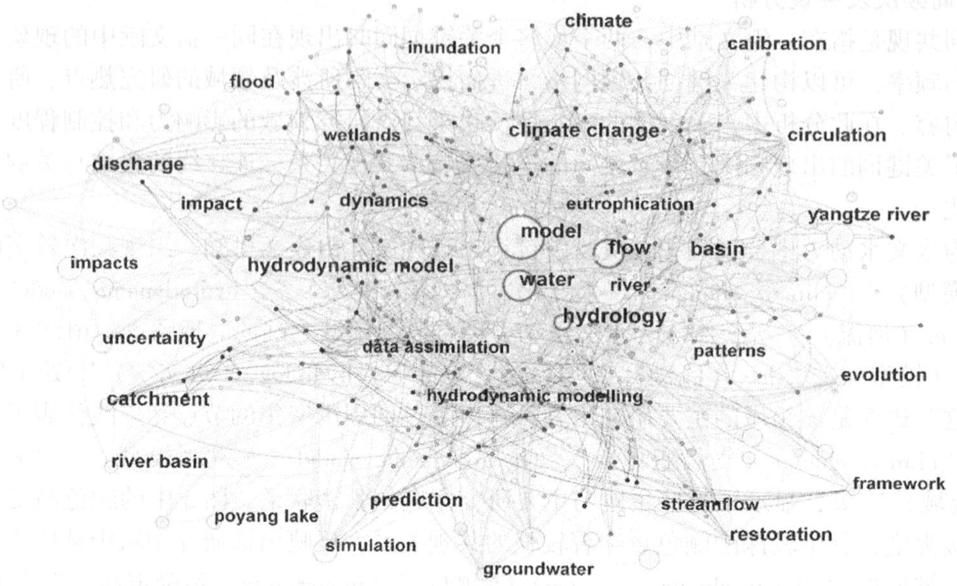

图 3　水文水动力耦合模型领域关键词共现图谱

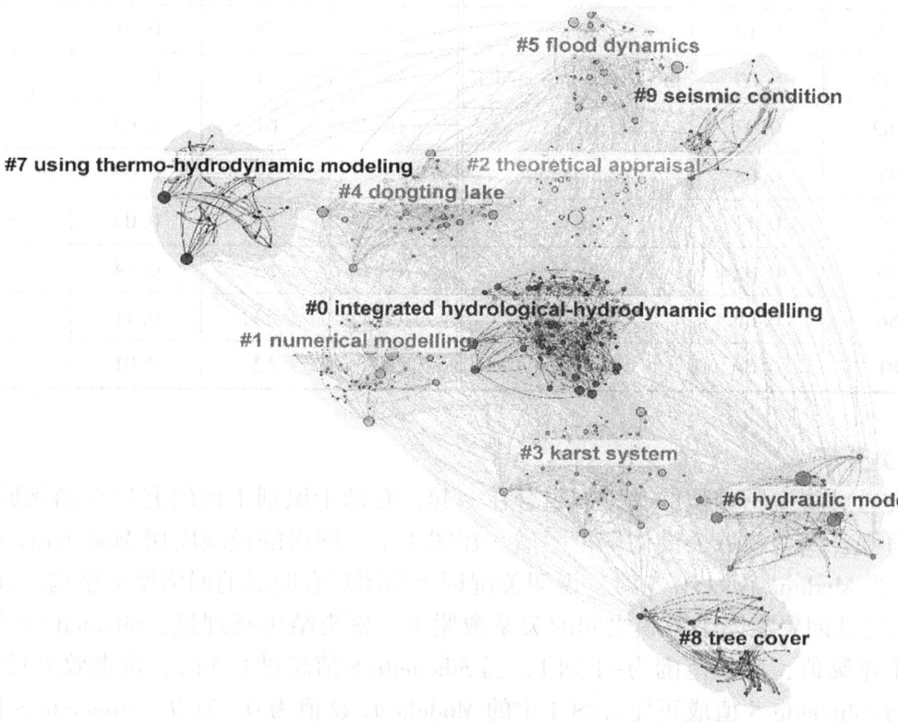

图 4　水文水动力耦合模型领域关键词聚类图谱

表 3 为水文水动力耦合模型关键词聚类。表 3 进一步展示了#0（水文水动力耦合模型）、#1（数值模拟）和#2（理论评估）等聚类包含的关键词较多，如气候变化和风险评估，表明这些主题是当前研究热点。

表 3　水文水动力耦合模型关键词聚类

排序	聚类号	聚类大小	轮廓值	主要关键词
1	#0	139	0.476	climate change; inundation; risk; model; hazard; hydrodynamic model; social vulnerability
2	#1	91	0.636	Poyang lake; gorges reservoir; joint operation; local reservoir; hydrodynamic simulation; hydrodynamic model
3	#2	78	0.834	hydrodynamic model; karaoun reservoir; water surface temperature; estuarine responses; risk assessment
4	#3	67	0.782	sediment transport; evolution; geomorphology; morphological response; channel adjustment
5	#4	63	0.797	hydrodynamic modeling; land subsidence; mekong floodplains; water infrastructure; magallanagigas
6	#5	41	0.81	wetland restoration; hydrodynamic model; tidal hydrology; hunter river, conservative tracer simulation
7	#6	40	0.92	data assimilation; hydrological-hydrodynamic modeling; hydrological reanalysis; hydrological extreme events; Congo river basin
8	#7	34	0.851	hydrodynamic model; cross section; aerial laser; morphological evolution; yangtze river delta
9	#8	34	0.909	climate change; extreme events; ganga river; topographic wetness index; habitat
10	#9	26	0.94	hydrodynamic models; fluvial hydraulics; cuiaba river basin; flood control; hydrodynamic modelling

图 5 为水文水动力耦合模型领域关键词时间线图谱。图 5 展示了在不同时间段内水文领域的研究热点以及关键词的演变趋势，反映了这一领域内多个研究主题的相互关系和发展历程。图 5 中较大的节点如“climate change”（气候变化）和“basin”（流域）表明这些主题在近几年受到了较多的关注，而绿色和蓝色节点则代表了较早期的研究热点如“hydrology”（水文学）和“circulation”（环流）。同时，图中展示了多个重要的子主题，如“compound flooding”（复合型洪水）和“hydrodynamic processes”（水动力过程），这些子主题的相关性通过弧线和节点之间的连线得以体现。总体来看，该图揭示了在气候变化背景下的该领域研究重点逐渐转向复杂的水文过程和区域生态系统的动态变化。

3.4　关键词突现分析

突现关键词指某段时间内相关领域频率急剧增加的关键词，关键词突现分析可反映某段时间内的研究热点，有助于预测研究趋势。图 6 为水文水动力耦合模型领域关键词突现。由图 6 可知，1992—2023 年共检测到 25 个突现关键词，“circulation”（环流）在 2001—2011 年引发了强烈的关注，强度达到 5.09。同样，“hydrology”（水文学）在 2006—2015 年间表现出较高的研究热度，强度为 5.66。近年来，关键词如“flood”（洪水）和“numerical simulation”（数值模拟）也表现出较高的研究热度，分别在 2016—2018 年和 2017—2020 年间引起较大的关注，强度分别为 5.19 和 4.32。此外，2021 年后“risk assessment”（风险评估）、“scale”（尺度）、“flood risk”（洪水风险）和“water balance”（水量平衡）等关键词表现出新的热度，表明这些主题在当前水文水动力模型领域中的重要性不断提升。

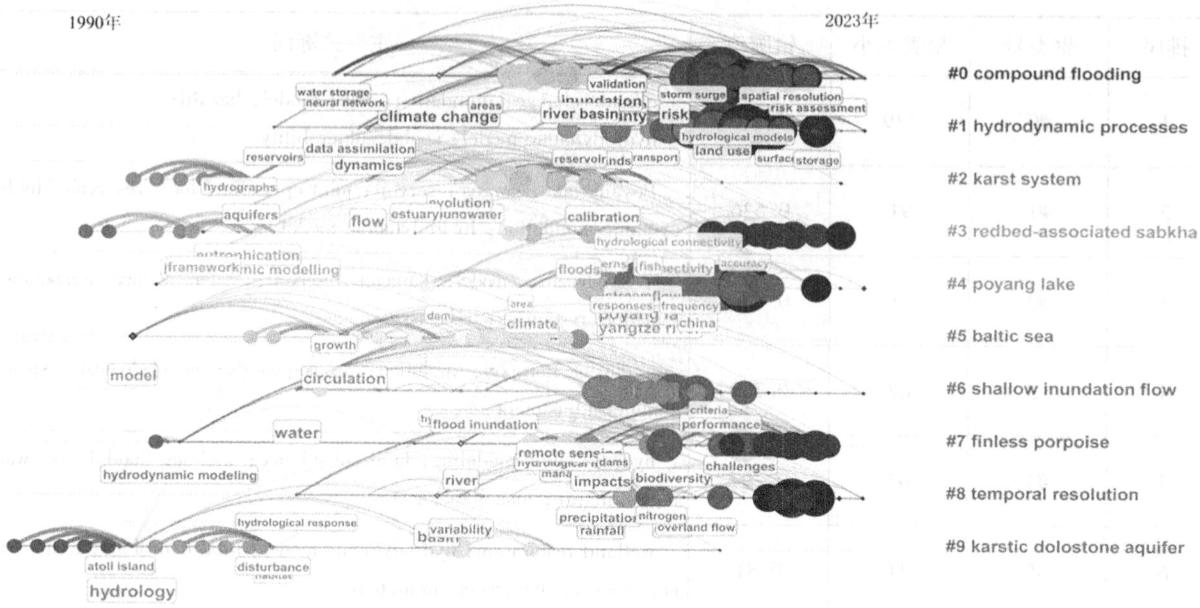

图 5　水文水动力耦合模型领域关键词时间线图谱

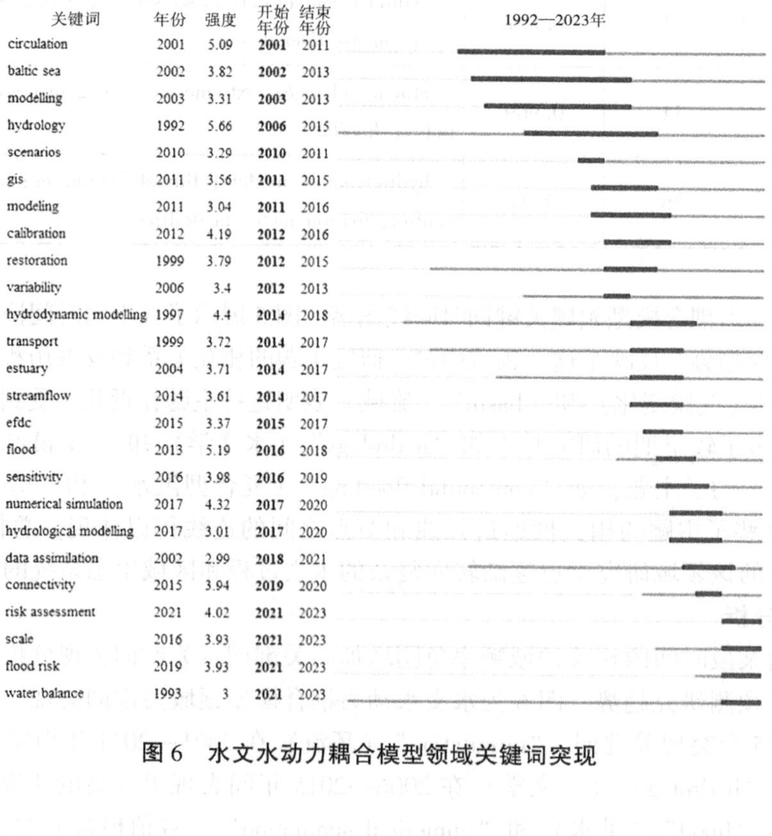

关键词	年份	强度	开始年份	结束年份	1992—2023年
circulation	2001	5.09	**2001**	2011	
baltic sea	2002	3.82	**2002**	2013	
modelling	2003	3.31	**2003**	2013	
hydrology	1992	5.66	**2006**	2015	
scenarios	2010	3.29	**2010**	2011	
gis	2011	3.56	**2011**	2015	
modeling	2011	3.04	**2011**	2016	
calibration	2012	4.19	**2012**	2016	
restoration	1999	3.79	**2012**	2015	
variability	2006	3.4	**2012**	2013	
hydrodynamic modelling	1997	4.4	**2014**	2018	
transport	1999	3.72	**2014**	2017	
estuary	2004	3.71	**2014**	2017	
streamflow	2014	3.61	**2014**	2017	
efdc	2015	3.37	**2015**	2017	
flood	2013	5.19	**2016**	2018	
sensitivity	2016	3.98	**2016**	2019	
numerical simulation	2017	4.32	**2017**	2020	
hydrological modelling	2017	3.01	**2017**	2020	
data assimilation	2002	2.99	**2018**	2021	
connectivity	2015	3.94	**2019**	2020	
risk assessment	2021	4.02	**2021**	2023	
scale	2016	3.93	**2021**	2023	
flood risk	2019	3.93	**2021**	2023	
water balance	1993	3	**2021**	2023	

图 6　水文水动力耦合模型领域关键词突现

4　未来发展方向

随着全球气候变化和极端天气事件的频发，未来的水文水动力耦合模型需要在更复杂的环境中提供更高精度的模拟结果[6-7]。通过关键词共现、聚类和突现分析可以预见，未来该领域的发展将主要集中在多尺度、多过程的耦合模型以及模型的不确定性分析等关键问题上[8]。在应用方面，水文水动力耦合模型将广泛应用于洪水预警与防灾减灾、城市排水与内涝管理、河道生态修复及水质管理等领域[9]。

第一，多尺度、多过程的耦合将是未来模型发展的重要方向之一[10]。现有模型通常在特定时空尺度下运行，但水文过程涵盖大气环流、地表水文、河道水动力学和地下水循环等多种复杂过程。多过程、多尺度耦合模型能够更全面、准确地描述水文系统的复杂性。第二，人工智能和机器学习技术的引入将为耦合模型的发展提供新的机遇[11]。通过数据驱动的方法，人工智能和机器学习可以优化模型参数、提升模型性能，并自动化模型校准、参数优化及不确定性分析，从而增强模型的适应性和稳定性。

5 结论

经过对水文水动力耦合模型领域的研究成果进行 Cite Space 可视化分析，得出以下结论：

（1）1990—2023 年的文献计量分析发现，水文水动力耦合模型的研究呈现出逐年增长的趋势，尤其是 2010 年以后，相关文献的数量增长显著。

（2）中国科学院、法国国家科学研究中心（CNRS）和中国水利水电科学研究院是该领域的主要发文机构，河海大学、武汉大学和法国发展研究院发文量也较高。

（3）国际上水文水动力耦合模型的研究热点主要集中在模型跨尺度和不确定性等方面，气候变化和风险评估目前是该领域研究的热点方向。

（4）人工智能和机器学习与耦合模型的结合，可以用于自动化模型校准、参数优化以及不确定性分析，从而提高模型的适应性与稳定性。

参考文献

[1] 宋利祥，徐宗学．城市暴雨内涝水文水动力耦合模型研究进展［J］．北京师范大学学报（自然科学版），2019，55（5）：581-587.

[2] 张婷，徐彬鑫，康爱卿，等．流域水文、水动力、水质模型联合应用研究进展［J］．水利水电科技进展，2021，41（3）：11-19.

[3] Shabani A，Woznicki S，Mehaffey M，et al. A coupled hydrodynamic（HEC-RAS 2D）and water quality model（WASP）for simulating flood-induced soil，sediment，and contaminant transport［J］. Journal of Flood Risk Management，2021，14（4）：1-17.

[4] 王达桦．小流域水文水动力耦合模型的研究及应用［D］．郑州：华北水利水电大学，2020.

[5] 江春波，周琦，申言霞，等．山区流域洪涝预报水文与水动力耦合模型研究进展［J］．水利学报，2021，52（10）：1137-1150.

[6] Shen Y，Jiang C. A comprehensive review of watershed flood simulation model［J］. Natural Hazards，2023，118（2）：875-902.

[7] 梅超．城市水文水动力耦合模型及其应用研究［D］．北京：中国水利水电科学研究院，2019.

[8] 曾志强，杨明祥，雷晓辉，等．流域河流系统水文-水动力耦合模型研究综述［J］．中国农村水利水电，2017（9）：72-76.

[9] Liu Z，Zhang H，Liang Q. A coupled hydrological and hydrodynamic model for flood simulation［J］. Hydrology Research，2019，50（2）：589-606.

[10] Li J，Wang Z，Zhang T，et al. Flood simulation using the hydrological model and the hydrological-hydrodynamic coupling model in a small watershed in semi-arid and sub-humid region，North China［J］. Journal of Water and Climate Change，2023，14（10）：3496-3516.

[11] 胡义明，陈钰，周瑛，等．基于水文水动力模型和机器学习模型耦合的河道水位预报方法［J］．水电能源科学，2024（10）：29-32.

西霞院水库排沙水位及调控指标分析

赵东晓[1]　王天格[2,3]

（1. 黄河水利水电开发集团有限公司，河南济源　454681；
2. 黄河勘测规划设计研究院有限公司，河南郑州　450003；
3. 水利部黄河流域水治理与水安全重点实验室（筹），河南郑州　450003）

摘　要：西霞院水库是典型的宽滩水库，研究水库排沙规律对水库长期保持有效库容和充分发挥综合效益至关重要。通过水库运用以来的入出库水沙特性、调度运用、排沙水位等实测资料，分析了不同运用水位对库区淤积的影响，提出了近期排沙期最低控制水位。结果表明：水库排沙主要集中在汛期库水位 131 m 以下，近年来汛期库水位在 130.5 m 以下时排沙比在 100%以上；为了延缓库区泥沙淤积，并兼顾工程运行安全，西霞院水库与小浪底水库联合调水调沙期间，需要降低水位至 129.5~130.5 m。本文研究成果可为西霞院水库排沙调度提供参考。

关键词：泥沙冲淤；排沙水位；黄河；西霞院水库

水库工程是防御水旱灾害、完善水资源调配格局、复苏河湖生态环境和推动地区高质量发展的重要基础工程[1-2]。多沙河流宽浅水库具有水面宽浅、滩地易淤积、库容淤损快等特点，在水库运用中多面临减淤兴利协同调度难、单一水利措施保持库容难等问题，往往制约了水库综合效益的发挥，甚至影响枢纽工程的安全运行。研究水库排沙规律和调控指标，对于水库长期保持有效库容和充分发挥综合效益至关重要[3-4]。黄河中游西霞院水库是典型的宽滩水库，位于河南省洛阳市境内，上距小浪底水库 16 km，下距郑州花园口水文站 112 km，控制流域面积 69.46 万 km^2。水库总库容 1.62 亿 m^3，校核洪水位 134.75 m，正常蓄水位 134 m，排沙控制水位 131 m，开发任务以反调节为主，结合发电，兼顾供水、灌溉等综合利用，对小浪底水库下泄的不稳定流进行反调节。西霞院库区水面宽、水深浅，库区滩地宽达 3 km，滩地易淤积，库容淤损快，若运用不当将影响其效益发挥。以往在小浪底、西霞院水库联合调度方面开展了一些研究[5-6]，但针对西霞院水库自身排沙运用的研究较少。基于此，本文分析了西霞院水库运用以来的入出库水沙特性，总结了水库调度运用及淤积现状，研究提出了排沙影响因素及调控指标，以期为水库排沙调度提供技术支撑。

1　入出库水沙特性

西霞院水库 2007 年 5 月下闸蓄水，2011 年 3 月通过竣工验收，小浪底水文站、西霞院水文站分别为西霞院水库的入库、出库水文站。西霞院水文站整编资料自 2011 年至今，本文主要利用 2011 年以来实测资料开展探讨。

1.1　入出库年均水沙量

2011 年以来，小浪底水文站、西霞院水文站多年实测水沙量特征值统计见表 1。入库小浪底水文站年均水量为 325.58 亿 m^3，沙量为 1.61 亿 t，平均含沙量为 4.96 kg/m^3，其中汛期水、沙量分别占

基金项目：水利部重大科技项目（SKS-2022088）。

作者简介：赵东晓（1971—），男，高级工程师，主要从事水利水电工程建设管理及运行管理方面的工作。

通信作者：王天格（1997—），男，主要从事水库调度研究方面的工作。

39.1%、100%，汛期平均含沙量为 12.68 kg/m³。出库西霞院水文站年均水量为 320.12 亿 m³，沙量为 1.33 亿 t，平均含沙量为 4.15 kg/m³，其中汛期水、沙量分别占 39.4%、99.5%，汛期平均含沙量为 10.48 kg/m³。

表 1　西霞院水库入出库水文站多年实测水沙量特征值统计（2011 年 7 月至 2023 年 6 月）

水文站	水量/亿 m³			沙量/亿 t			含沙量/(kg/m³)		
	汛期	非汛期	全年	汛期	非汛期	全年	汛期	非汛期	全年
小浪底	127.20	198.37	325.58	1.61	0	1.61	12.68	0	4.96
西霞院	126.20	193.93	320.12	1.32	0.01	1.33	10.48	0.03	4.15

1.2　入出库水沙过程

由于黄河调水调沙多在 6 月中下旬启动，西霞院水库汛期（7—10 月）的不同流量级水沙量变化统计的时间段为 6—10 月。

1.2.1　入库站

小浪底水文站 2011—2022 年不同流量级出现天数、水量、沙量占 6—10 月的比例见图 1。出现天数上，流量 800 m³/s 以下、800~2 000 m³/s、2 000~2 600 m³/s、2 600~4 000 m³/s 及 4 000 m³/s 以上占 6—10 月总天数的比例分别为 46.4%、32.6%、6.4%、10.6%和 4.1%；从水量占比看，各流量级占 6—10 月总水量的比例分别为 16.8%、31.9%、11.4%、26.5%和 13.4%；从沙量上看，各流量级占 6—10 月总沙量的比例分别为 2.2%、9.8%、19.0%、66.1%和 3.0%，其中 2 600~4 000 m³/s 量级最大，2 000~2 600 m³/s 次之，其他三个量级较小。

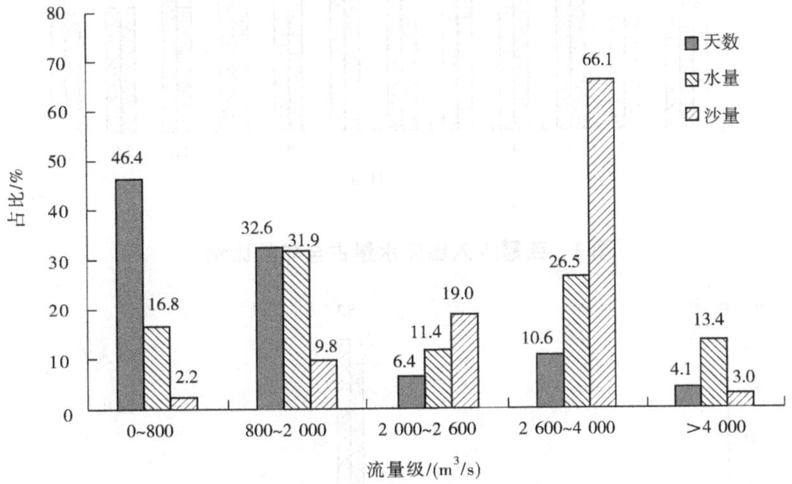

图 1　小浪底水文站不同流量级出现天数、水量、沙量占 6—10 月的比例

1.2.2　出库站

西霞院水文站 2011—2022 年不同流量级出现天数、水量、沙量占 6—10 月的比例见图 2。出现天数上，流量 800 m³/s 以下、800~2 000 m³/s、2 000~2 600 m³/s、2 600~4 000 m³/s 及 4 000 m³/s 以上占 6—10 月总天数的比例分别为 47.3%、31.9%、5.7%、9.9%和 5.2%；从水量占比看，各流量级占 6—10 月总水量的比例分别为 16.8%、31.3%、10.2%、24.5%和 17.2%；从沙量上看，各流量级占 6—10 月总沙量的比例分别为 2.4%、8.8%、19.5%、64.1%和 5.2%，其中 2 600~4 000 m³/s 的含沙量最大，2 000~2 600 m³/s 含沙量次之，其他量级含沙量较小。

西霞院水库年内不同月份入库、出库水量和沙量占全年的比例对比见图 3 和图 4。由于西霞院水库库容较小，西霞院水库入库、出库各月水量、沙量占比总体变化不大，仅 7 月出库沙量略有增加。

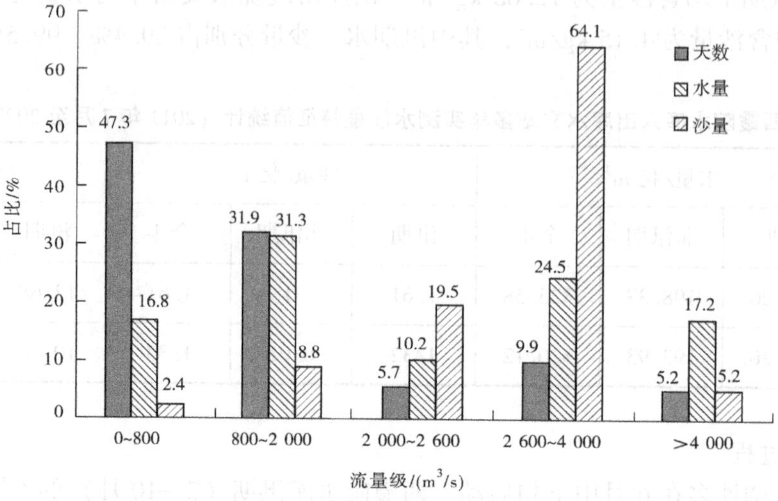

图 2　西霞院水文站不同流量级出现天数、水量、沙量占 6—10 月的比例

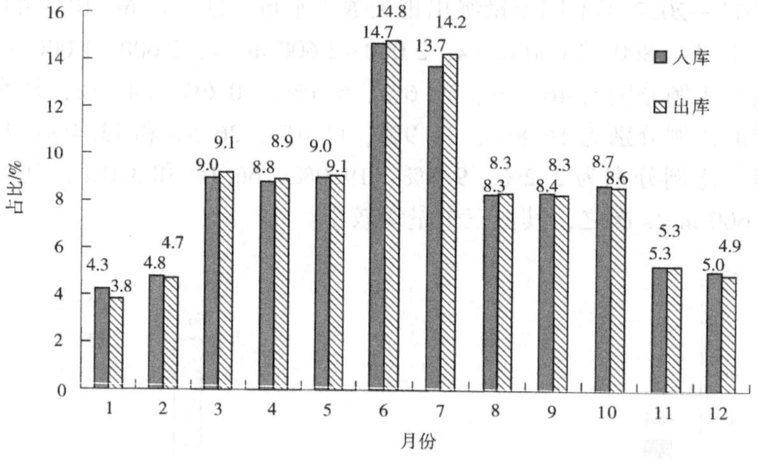

图 3　西霞院入出库水量占全年的比例

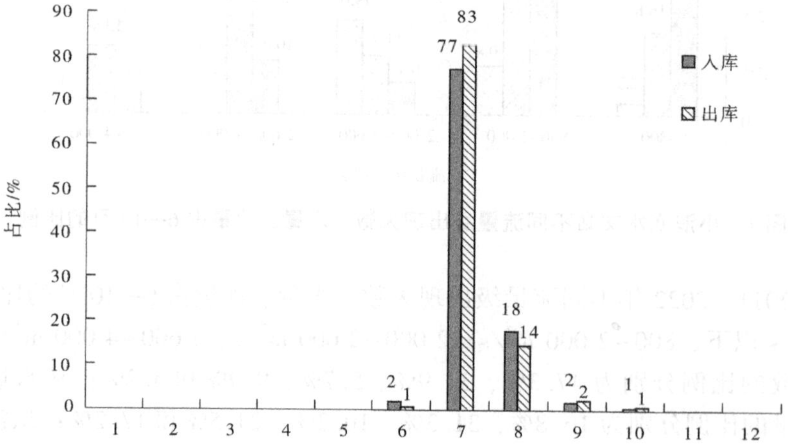

图 4　西霞院入出库沙量占全年的比例

2 水库调度运用现状

2.1 坝前运用水位变化

西霞院水库7—8月运用水位较低，一般在130～132 m；9月运用水位有所抬高，逐步向非汛期过渡，平均水位约133 m，10月至次年6月，坝前水位一般维持在133～134 m。西霞院水库作为小浪底水利枢纽的反调节水库，当小浪底水库调水调沙或降水位排沙运用时，西霞院水库相应降低水位运用，泄放小浪底出库的高含沙水流，延缓水库淤积。除2012年、2019年外，其余年份汛期平均水位均在131 m以上，其中2016年、2017年汛期平均水位较高，分别为133.62 m、133.52 m；2018年、2019年汛期平均水位分别为131.03 m、130.47 m；2020年汛期平均水位又升至131.89 m。汛期最高运用水位均在133 m以上，最高为2011年的133.95m，最低为2018年的133.67 m。

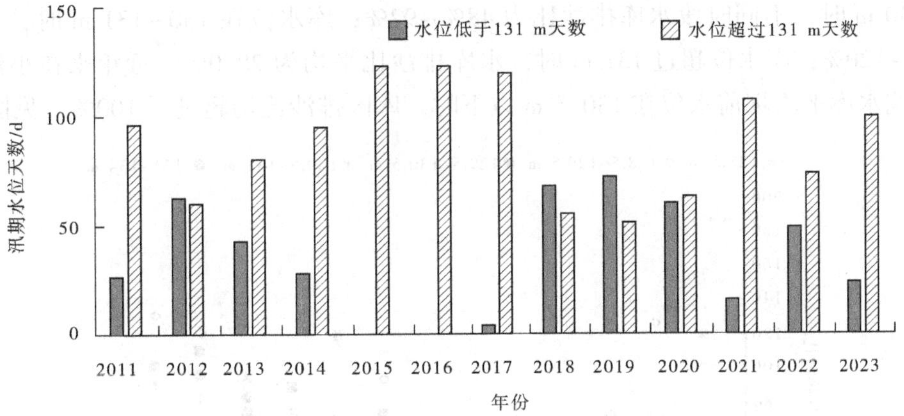

图5 西霞院水库汛期运用水位统计

2.2 库区冲淤变化

截至2023年10月，西霞院水库累计淤积泥沙0.70亿m^3，占总库容1.62亿m^3的43.2%。其中，坝前8 km范围断面基本表现为持续淤积抬高，主槽相比原始河床淤积了近4 m；距坝8 km以上河段断面冲淤变化不大。距坝0.92 km的XXY01断面滩面高程约130.5 m。图6为西霞院水库XXY01断面（距坝0.92 km）套汇图。

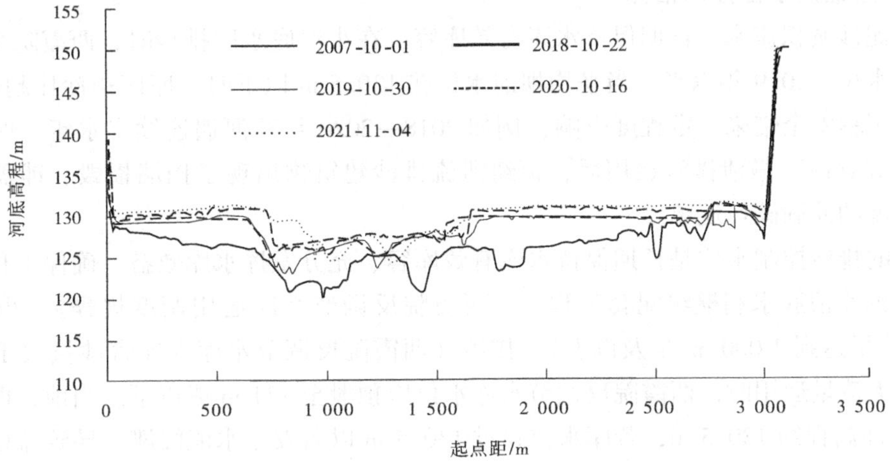

图6 西霞院水库XXY01断面（距坝0.92 km）套汇图

3 库水位控制指标

3.1 水库排沙情况

2011 年 7 月至 2023 年 6 月西霞院水库入库沙量 19.4 亿 t，出库沙量 16.3 亿 t，排沙比 84%。受入库水沙条件、水库调度以及边界条件等影响，不同年份排沙差别较大，排沙量范围 0~4.04 亿 t，排沙比范围 56%~136%。2018—2020 年，小浪底水库利用入库大流量水流过程，汛期低水位排沙导致年出库沙量增多，西霞院水库入库沙量相应增加，并维持低水位排沙，年排沙量分别为 4.04 亿 t、4.04 亿 t、2.58 亿 t，排沙比分别为 87%、74%、79%。

3.2 不同运用水位对库区淤积的影响

西霞院水库排沙主要集中在库水位 131 m 以下，128.5 m 以下水库排沙比可达 72%~105%；库水位在 128.5~130 m 时，不同时段水库排沙比为 48%~92%；库水位在 130~131 m 时，不同时段水库排沙比为 34%~120%；库水位超过 131 m 时，水库排沙比平均为 28.0%。近年来在小浪底水库排沙时段内，西霞院水库平均坝前水位在 130.5 m 以下时，库区排沙比均超过了 100%（见图 7）。

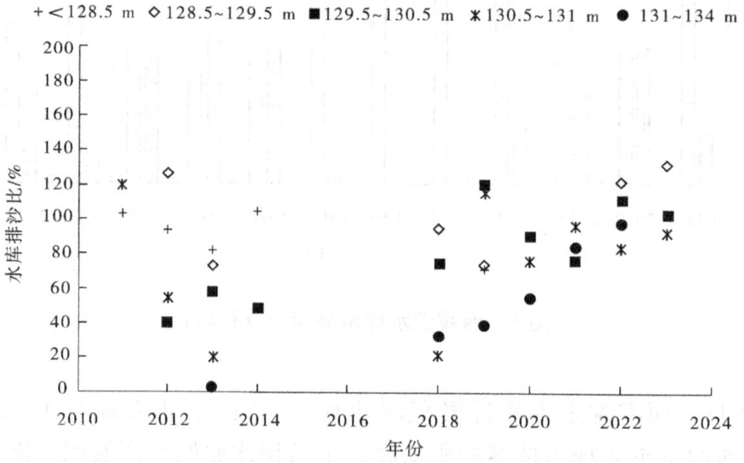

图 7 水库排沙比与排沙控制水位的关系

3.3 近期排沙期最低水位控制指标

为了控制泥沙淤积速率、长期保持水库有效库容，在小浪底水库排沙时，西霞院水库一般维持较低的排沙控制水位。2019 年以来，当平均坝前水位在 130.5 m 以下时，库区排沙比超过 100%。但库水位过低会对工程安全带来一定程度影响，例如 2018—2020 年黄河遇连续丰水年，西霞院水库长时间“低水位、高含沙”敞泄排沙运用后，枢纽泄流排沙建筑物出现了挡墙损毁、铺盖掏空、干砌石冲垮等不同程度的冲刷破坏现象。

汛期合理的排沙控制水位是长期保持水库有效库容、充分发挥水库效益、确保工程安全运行的前提。根据《黄河小浪底水利枢纽配套工程——西霞院反调节水库运用调度规程》，小浪底水利枢纽（凑泄花园口流量达到 4 000 m^3/s 及以上）、排沙（西霞院反调节水库入库含沙量大于 1 kg/m^3）和调水调沙下泄大流量运用时，西霞院反调节水库水位应预泄至 131 m 或以下。当前，西霞院库区坝前 XXY01 断面滩面高程约 130.5 m，若库水位超过 130.5 m 以后发生水流漫滩，导致滩地淤积泥沙易淤难冲，为了延缓库区泥沙淤积，并兼顾工程运行安全，西霞院水库与小浪底水库联合调水调沙期间，需要降低水位至 129.5~130.5 m。

4 结语

本研究根据实测水沙资料，分析了西霞院水库运用情况，对水库排沙提出建议，成果可为西霞院水库排沙调度提供参考。主要结论如下：

（1）作为反调节水库，当小浪底水库调水调沙或降水位排沙运用时，西霞院水库相应降低水位运用，泄放小浪底出库的高含沙水流，延缓水库淤积。西霞院水库排沙主要集中在库水位 131 m 以下，128.5 m 以下水库排沙比可达 72%~105%，130.5 m 以下水库排沙比均超过了 100%。

（2）为了控制泥沙淤积速率、长期保持水库有效库容，在小浪底水库排沙时，西霞院水库一般维持较低的排沙控制水位。为了延缓库区泥沙淤积，并兼顾工程运行安全，西霞院水库与小浪底水库联合调水调沙期间，需要降低水位至 129.5~130.5 m。

参考文献

[1] 谭界雄，李星，杨光，等．新时期我国水库大坝安全管理若干思考［J］．水利水电快报，2020，41（1）：55-61.
[2] 李爱花，白亮亮，黄火键，等．新时期我国防洪水库布局与功能优化提升［J］．中国水利，2023（14）：8-10.
[3] 胡春宏．我国多沙河流水库“蓄清排浑”运用方式的发展与实践［J］．水利学报，2016，47（3）：283-291.
[4] 高兴，朱呈浩，刘俊秀，等．新时期黄河调水调沙思考与建议［J］．人民黄河，2023，45（2）：42-46.
[5] 王欣，唐凤珍，李想，等．基于博弈论的汛期小浪底-西霞院-下游河道水沙资源优化分配研究［J］．人民黄河，2022，44（8）：42-46，75.
[6] 沈笛，赵珂，王渤权，等．考虑减淤的小浪底-西霞院水库联合优化调度［J］．人民黄河，2020，42（12）：23-28.

小浪底水库排沙规律分析

陈翠霞[1,2]　朱呈浩[1,2]　高　兴[1,2]　崔　鑫[1,2]

（1. 黄河勘测规划设计研究院有限公司，河南郑州　450003；
2. 水利部黄河流域水治理与水安全重点实验室（筹），河南郑州　450003）

摘　要：小浪底水库是控制黄河水沙的关键工程，研究其排沙规律对长期保持水库有效库容至关重要。通过分析小浪底水库运用以来不同时期、流量级和水位条件下排沙情况，发现近期水库冲刷主要发生在拦沙后期库水位低于 225 m、出库流量 2 000 m^3/s 以上，且主要集中在水位 220 m 以下。从冲刷效率看，水位 220~215 m 区间水库冲刷效率最高，水位降至 215 m 以下冲刷效率呈下降趋势。为有效延缓小浪底水库淤积，应充分利用 2 600 m^3/s 以上大流量过程排沙，排沙时水位宜控制在 220~215 m。本文成果可为小浪底水库排沙调度提供参考。

关键词：小浪底水库；排沙量；冲淤量；调水调沙

水库发挥了重要的防洪减淤、供水灌溉、发电兴利、生态改善等作用[1-2]。水库蓄水导致库水位抬高、流速减缓，水流中挟带的泥沙进入库区后易于落淤。泥沙淤积是水库运行难以避免的问题[3]，严重时还会导致水库功能受损[4]。研究水库排沙规律，对于水库有效库容长期保持和综合效益充分发挥至关重要。小浪底水库处于控制黄河下游水沙的关键位置，在黄河保护治理中具有举足轻重的战略地位。水库开发任务是以防洪（包括防凌）、减淤为主，兼顾供水、灌溉、发电。正常蓄水位 275 m，设计总库容 126.5 亿 m^3，其中长期有效库容 51 亿 m^3，拦沙库容 75.5 亿 m^3。小浪底水库排沙研究一直以来都是关注的热点。张俊华等[5] 采用物理模型试验对小浪底水库拦沙初期泥沙输移进行研究，王婷等[6] 分析了 2018—2020 年小浪底水库低水位排沙运用效果。当前小浪底水库排沙主要集中在调水调沙期[7]，仍有必要进一步结合水库调度实践深入研究水库排沙规律，为水库排沙优化调度提供支撑。本研究根据实测水沙资料，分析了不同流量级、不同水位级小浪底水库冲淤变化，对水库排沙提出建议。

1　小浪底水库排沙量分析

收集了 1999—2023 年小浪底水库入库三门峡站和出库小浪底站逐日水沙资料以及汛前、汛后库区实测地形，数据来源于黄河水利委员会水文局，已经过系统的整编。

1.1　水库冲淤变化

截至 2023 年 10 月，小浪底水库累计淤积泥沙 34.40 亿 m^3（见图 1）。由图 1 可知，2007 年以前，小浪底水库累计淤积量小于 22 亿 m^3，处于拦沙初期运用阶段，由于库区蓄水体大，泥沙不容易运动至坝前排出，水库淤积速率较快，年均淤积 2.74 亿 m^3；2007 年以后，水库进入拦沙后期，随着库区累计淤积量的增加，泥沙相对容易运动至坝前排出，以及近几年水库创新调水调沙方式，库区淤积速率有所减缓，年均淤积 0.79 亿 m^3。当前水库运用处于拦沙后期第一阶段。

基金项目：国家自然科学基金项目（U22A20237，U2243237）；水利部重大科技项目（SKS-2022088，SKR-2022030）。

作者简介：陈翠霞（1987—），女，高级工程师，主要从事水库调度工作。

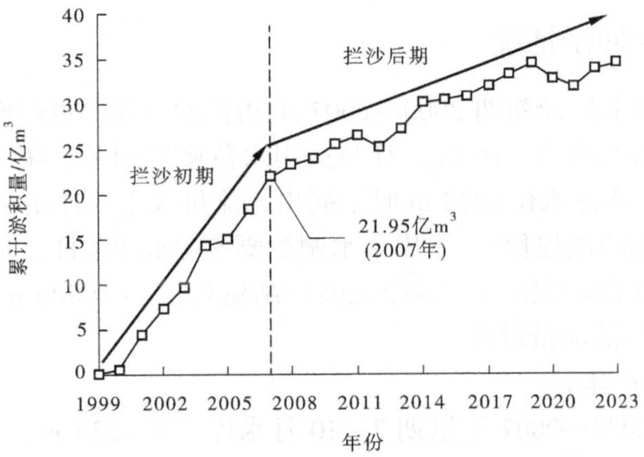

图 1 小浪底水库累计淤积量变化过程

1.2 水库排沙情况

2000—2023 年，小浪底水库累计排沙 27.5 亿 t，平均排沙比 40.9%。受入库水沙条件、水库调度以及边界条件等影响，不同运用阶段、不同年份排沙差别较大。图 2 给出了 2000—2023 年小浪底水库历年排沙情况。

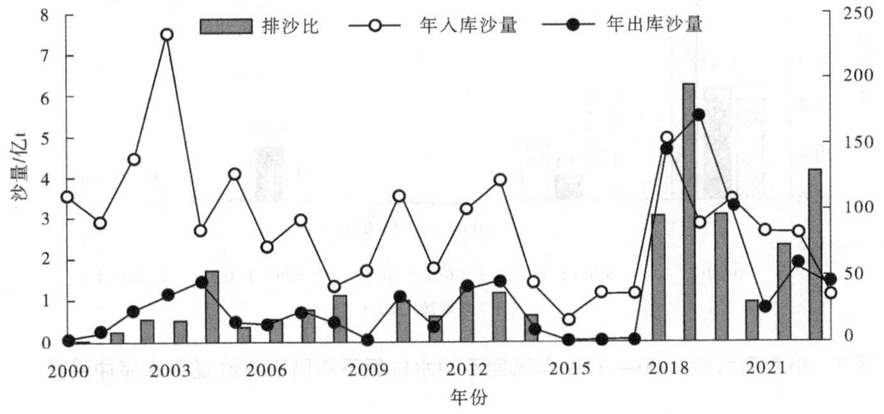

图 2 2000—2023 年小浪底水库历年排沙情况

(1) 小浪底水库拦沙初期（2000—2006 年）。水库整体以蓄水拦沙运用为主，排沙较少，2000 年、2001 年和 2002 年分别排沙 0.04 亿 t、0.23 亿 t 和 0.75 亿 t。2000—2006 年累计排沙 4.42 亿 t，排沙比为 16.11%。

(2) 2007—2017 年。2007 年水库进入拦沙后期第一阶段，2007—2017 年小浪底水库累计排沙 5.61 亿 t，水库多年平均排沙比为 25.04%。2015 年、2016 年和 2017 年，水库来水来沙较少，水库未排沙。2007 年、2010 年、2012 年和 2013 年，水库均开展了汛前和汛期调水调沙，排沙相对较多，全年出库沙量分别为 0.70 亿 t、1.09 亿 t、1.30 亿 t 和 1.42 亿 t。

(3) 2018 年以来。水库利用汛期来水以及汛前调水调沙尽可能开展降低水位排沙调度，排沙量显著增加。2018—2020 年，汛期洪水期水库进行较长历时低水位排沙运用，年出库沙量较大，分别为 4.64 亿 t 和 5.45 亿 t 和 3.28 亿 t。2021 年、2022 年和 2023 年利用汛前调水调沙和汛期洪水排沙也相对较多，年出库沙量分别为 0.78 亿 t、1.89 亿 t 和 1.44 亿 t。总体上，2018—2023 年小浪底水库累计入库沙量 17.49 亿 t，累计排沙 17.48 亿 t，水库排沙比为 99.94%，取得了较好的排沙效果，减缓了水库淤积，近几年内基本实现了库区泥沙冲淤平衡。

2 汛期不同流量级水库冲淤情况

分析小浪底水库运用以来拦沙初期 2000—2007 年和拦沙后期 2008 年以来两个阶段水库冲淤变化。小浪底水库排沙主要在汛期 7—10 月，且与运用水位密切相关，统计分析了水库水位>235 m、水库水位位于 225~235 m、水库水位<225 m 时不同出库流量级水库冲淤量。根据《小浪底水利枢纽拦沙后期（第一阶段）运用调度规程》，水库调水调沙要考虑水沙条件、水库淤积和黄河下游主槽的过流能力，充分利用下游河道输沙能力，调控花园口站流量或小于 800 m^3/s 或大于 2 600 m^3/s，尽量避免出现 800~2 600 m^3/s 的流量过程。

2.1 拦沙初期（2000—2007 年）

统计分析了拦沙初期 2000—2007 年汛期 7—10 月水库水位>235 m、水库水位位于 225~235 m、水库水位<225 m 时不同出库流量级水库冲淤量（见图 3）。可以看出，水库淤积主要发生在流量小于 800 m^3/s 和 800~2 000 m^3/s 流量级下，分别淤积 0.43 亿 t 和 0.37 亿 t，其他流量级库区未发生明显冲淤变化。

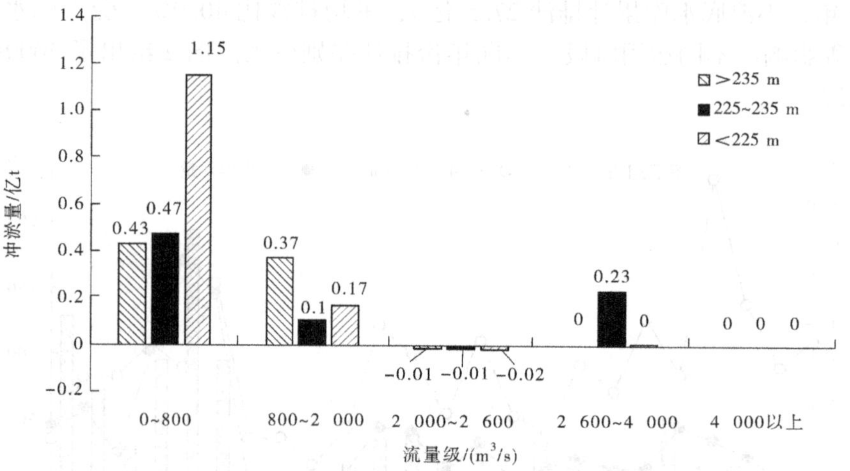

图 3 小浪底水库 2000—2007 年汛期不同水位级下不同出库流量级水库冲淤量

水库拦沙初期库水位>235 m 年均出现 33 d。流量小于 800 m^3/s 和 800~2 000 m^3/s 流量级年均出现天数较多，分别为 20 d 和 10.3 d，占该水位分级总天数的比例为 60.8%和 31.2%；2 000~2 600 m^3/s 和 2 600~4 000 m^3/s 流量级汛期年均出现天数较少，分别为 2.4 d 和 0.3 d；流量大于 4 000 m^3/s 未出现。

水库水位位于 225~235 m 年均出现 20.7 d。流量小于 800 m^3/s、800~2 000 m^3/s 和 2 600~4 000 m^3/s 流量级年均出现天数较多，分别为 15.5 d、2.6 d 和 2.5 d，占该水位分级总天数比例之和为 99.4%；2 000~2 600 m^3/s 流量级汛期年均出现仅 0.1 d，占比 0.6%；流量大于 4 000 m^3/s 未出现。水库淤积主要发生在流量小于 800 m^3/s、800~2 000 m^3/s 和 2 600~4 000 m^3/s 流量级下，分别淤积 0.47 亿 t、0.11 亿 t 和 0.23 亿 t，占该水位分级总淤积量的比例分别为 59.1%、13.4%和 29.2%，其他流量级库区未发生明显冲淤变化。

拦沙初期小浪底水库汛期逐步抬高汛限水位运用，水库累计淤积量少，汛期坝前大部分时间低于 225 m，水位<225 m 年均出现 69.4 d。流量小于 800 m^3/s、800~2 000 m^3/s 和 2 000~2 600 m^3/s 流量级年均出现天数较多，分别为 58.5 d、9.4 d 和 1.4 d，占该水位分级总天数的比例分别为 84.3%、13.5%和 2.0%；2 600~4 000 m^3/s 流量级汛期年均出现仅 0.1 d，占比 0.2%；流量大于 4 000 m^3/s 未出现。水库淤积主要发生在流量小于 800 m^3/s 流量级下，淤积 1.15 亿 t，汛期淤积占比为 88.3%；800~2 000 m^3/s 流量级略有淤积，淤积 0.17 亿 t，淤积占比 13.0%；2 000~2 600 m^3/s 流量级库区略

冲，2 600~4 000 m^3/s 流量级库区未发生明显冲淤变化。

2.2　**拦沙后期（2008 年以来）**

拦沙后期水库汛期进一步抬高汛限水位运用，2013 年前汛期汛限水位由 225 m 抬高至 230 m，2019 年进一步抬高至 235 m。拦沙后期库水位>235 m 年均出现 70.7 d。流量小于 800 m^3/s 和 800~2 000 m^3/s 流量级下，汛期年均出现天数较多，分别为 41.1 d 和 21.5 d，占该水位分级天数的比例分别为 58.2%和 30.4%；2 000~2 600 m^3/s、2 600~4 000 m^3/s 和大于 4 000 m^3/s 流量级汛期年均出现天数基本相当，分别为 2.1 d、3.9 d 和 2.1 d，占该水位分级天数的比例分别为 2.9%、5.6% 和 2.9%。

统计分析了拦沙后期 2008—2023 年汛期 7—10 月水库水位>235 m、225~235 m、<225 m 三个级别下不同出库流量级水库冲淤量（见图 4）。水库水位>235 m 时，水库在不同流量级下均发生淤积，淤积主要发生在流量小于 800 m^3/s 和 800~2 000 m^3/s 流量级下，分别淤积 0.41 亿 t 和 0.26 亿 t，占该水位分级总淤积的比例分别为 44.9%和 28.3%；2 000~2 600 m^3/s、2 600~4 000 m^3/s 和大于 4 000 m^3/s 流量级库区略有淤积，年均淤积量分别为 0.03 亿 t、0.12 亿 t 和 0.09 亿 t，占该水位分级总淤积的比例分别为 3.4%、13.6%和 9.8%。

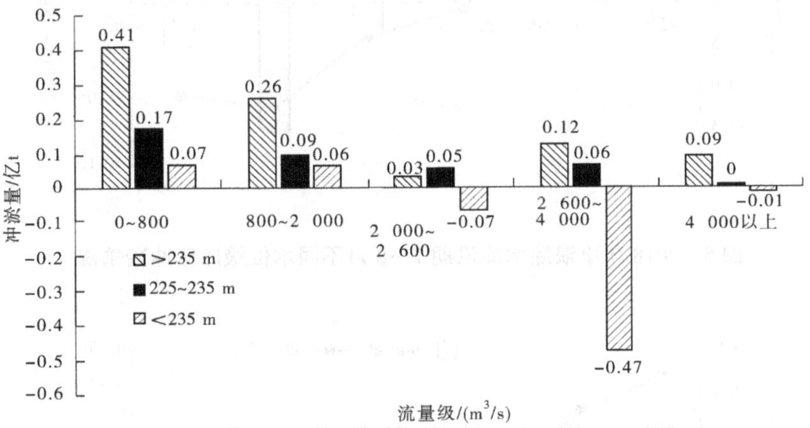

图 4　小浪底水库 2008—2023 年汛期不同水位级下不同出库流量级水库冲淤量

库水位位于 225~235 m 年均出现 24.2 d。流量小于 800 m^3/s 和 800~2 000 m^3/s 流量级年均出现天数较多，分别为 17.0 d 和 3.8 d，占该水位分级天数的比例分别为 70.1%和 15.7%；2 000~2 600 m^3/s、2 600~4 000 m^3/s 和大于 4 000 m^3/s 流量级汛期年均出现天数基本相当，分别为 1.1 d、1.9 d 和 0.4 d，占该水位分级天数的比例分别为 4.6%、8.0%和 1.5%。库水位位于 225~235 m 时，水库在不同流量级下均发生淤积，淤积主要发生在流量小于 800 m^3/s 和 800~2 000 m^3/s 流量级下，分别淤积 0.17 亿 t 和 0.09 亿 t，占该水位分级总淤积的比例分别为 44.9%和 24.5%；2 000~2 600 m^3/s 和 2 600~4 000 m^3/s 流量级库区略有淤积，年均淤积量分别为 0.05 亿 t 和 0.06 亿 t，占该水位分级总淤积的比例分别为 13.9%和 16.6%，大于 4 000 m^3/s 流量级淤积较少。

库水位<225 m 年均出现 28.2 d。流量小于 800 m^3/s 流量级汛期年均出现天数最多，为 14.0 d，占该水位分级天数的比例为 49.9%；800~2 000 m^3/s、2 000~2 600 m^3/s 和 2 600~4 000 m^3/s 流量级汛期年均出现天数相差不大，分别为 5.1 d、3.6 d 和 5.2 d，占该水位分级天数的比例分别为 18.0%、12.7%和 18.5%；大于 4 000 m^3/s 流量级汛期年均出现仅 0.3 d，占比 0.9%。水库水位<225 m 时，水库整体为冲刷，淤积主要发生在流量小于 800 m^3/s 和 800~2 000 m^3/s 流量级下，分别淤积 0.07 亿 t 和 0.06 亿 t，占该水位分级总冲淤量的比例分别为 15.8%和 14.9%；冲刷主要发生在 2 000~2 600 m^3/s 和 2 600~4 000 m^3/s 流量级下，分别冲刷 0.07 亿 t 和 0.47 亿 t，占该水位分级总冲淤量的比例分别为 15.8%和 111.5%；流量大于 4 000 m^3/s 时，库区略冲 0.01 亿 t。

因此，为了有效延缓小浪底水库库区淤积，水库应当充分利用 2 600～4 000 m^3/s 这一量级排沙出库。当前，黄河下游河道主槽最小平滩流量为 4 600 m^3/s。结合当前下游河道边界条件，在控制下游河道不漫滩的前提下，为提高水库排沙、下游河道输沙效率，小浪底水库可调控出库 2 600 m^3/s 以上、4 600 m^3/s 以下的大流量过程。

3 汛期不同水位级水库冲淤情况

小浪底水库运用以来至 2018 年以前，水库排沙期间，仅 2010 年、2011 年、2012 年、2013 年库水位分别降至 217.64 m、214.28 m、213.87 m、211.93 m，其他年份水库水位均在 220 m 以上。2018—2020 年，小浪底水库利用上游来水偏丰有利条件，探索开展了全河调水调沙，为利用“水库-河道”多年调节泥沙提供了实践基础，期间水位降低至 210 m 以下。以 2018 年、2019 年、2020 年为典型年，分析了 7—8 月不同水位级水库排沙及库区冲淤情况，见图 5～图 7。

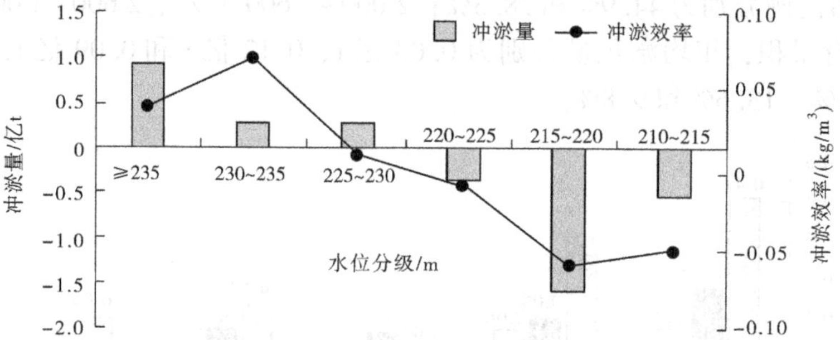

图 5　2018 年小浪底水库汛期 7—8 月不同水位级库区冲淤情况

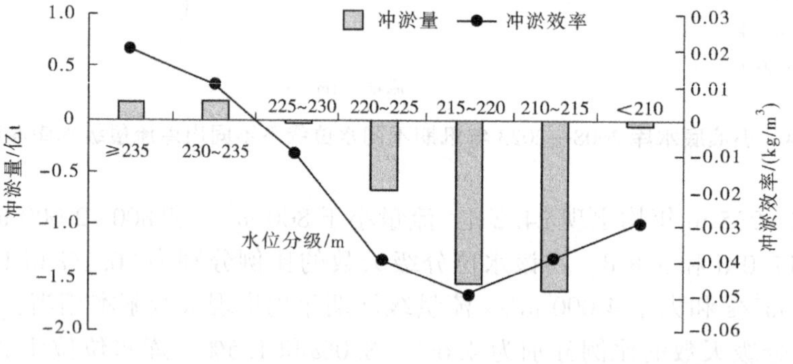

图 6　2019 年小浪底水库汛期 7—8 月不同水位级库区冲淤情况

从冲淤量的绝对值来看，小浪底水库冲刷主要发生在库水位 225 m 以下，主要集中在库水位 220 m 以下。从冲刷效率看，库水位 215～220 m 水库的冲淤效率最高，库水位降至 215 m 以下冲淤效率呈下降趋势，且随着水库的前期冲刷，水库前期可冲的淤积物减少，215 m 以下的冲淤效率下降幅度较大，210～215 m 水位级的冲淤效率由 2018 年的 0.05 kg/m^3、2019 年的 0.04 kg/m^3 下降至 2020 年的 0.01 kg/m^3，210 m 以下水位级的冲淤效率由 2019 年的 0.03 kg/m^3 下降至 2020 年的 0.01 kg/m^3。因此，为充分利用有效水资源量，从水库高效冲刷的角度，水库排沙时水位宜控制在 215～220 m。后期水库排沙调度时水位控制指标宜根据库坝区淤积情况调整。

4 结论

本文根据实测水沙资料，分析了不同流量级、不同水位级小浪底水库冲淤变化，对水库排沙提出

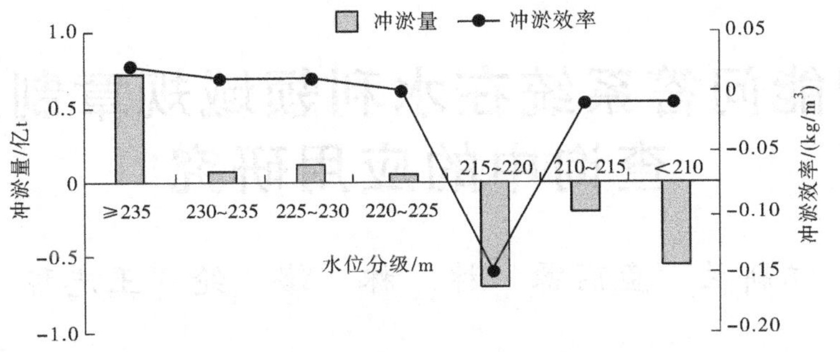

图 7　2020 年小浪底水库汛期 7—8 月不同水位级库区冲淤情况

建议，成果可为小浪底水库排沙调度提供参考。主要结论如下：

（1）2000—2023 年小浪底水库累计排沙 27.5 亿 t，排沙比 40.9%。受入库水沙条件、水库调度以及边界条件等影响，不同运用阶段、不同年份排沙差别较大。2007 年以前小浪底水库处于拦沙初期运用阶段，库区蓄水体大，淤积速率较快；2007 年以后，水库进入拦沙后期，同水位下蓄水体减少，泥沙相对容易运动至坝前排出，库区淤积速率有所减缓。

（2）近年来，小浪底水库冲刷主要发生在库水位低于 225 m、出库流量 2 000 m^3/s 以上，且主要集中在库水位 220 m 以下，库水位 215~220 m 水库的冲淤效率最高，库水位降至 215 m 以下冲刷效率呈下降趋势。为了有效延缓小浪底水库库区淤积，水库应当充分利用 2 600 m^3/s 以上大流量过程排沙出库，水库排沙时水位宜控制在 215~220 m。

参考文献

[1] 胡春宏，陈建国．江河水沙变化与治理的新探索［J］．水利水电技术，2014，45（1）：11-20.

[2] 邓安军，陈建国，胡海华，等．我国水库淤损情势分析［J］．水利学报，2022，53（3）：325-332.

[3] 陈建国，周文浩，韩闪闪．黄河小浪底水库拦沙后期运用方式的思考与建议［J］．水利学报，2015，46（5）：574-583.

[4] 高宇，任实，王海，等．三峡水库场次洪水排沙规律及影响因素［J］．水科学进展，2024，35（1）：112-122.

[5] 张俊华，陈书奎，李书霞，等．小浪底水库拦沙初期泥沙输移及河床变形研究［J］．水利学报，2007，38（9）：1085-1089.

[6] 王婷，马怀宝，王远见，等．小浪底水库 2018—2020 年排沙运用效果研究［J］．人民黄河，2023，45（2）：47-51.

[7] 陈翠霞，朱呈浩，高兴，等．新形势下黄河调水调沙“丰调枯蓄”运用方式［J］．人民黄河，2024，46（1）：32-38.

智能问答系统在水利领域规章制度查询中的应用研究

江新兰　鱼丽源　林　林　缪　纶　王志璋

（中国水利水电科学研究院，北京　100038）

摘　要： 随着人工智能技术的快速发展，智能问答系统在客户服务和知识管理中发挥了重要作用。本文以水利领域规章制度和办事流程等内部文档为数据源，探讨了一种基于自然语言处理与知识检索的智能问答系统架构和优化策略。通过将大模型强大的自然语言理解和生成能力与高效的知识检索技术相结合，构建一个智能问答助手来解答用户以自然语言方式提出的关于规章制度和办事流程查询等特定业务场景下的问题，本文旨在减少用户理解分析复杂规章制度的难度和解决咨询渠道分散的困难，提高信息检索的精度和用户体验，从而促进机构组织内部管理效率的提升。

关键词： 智能问答系统；大语言模型；Qwen2-72B；BM25；RAG；规章制度

1　引言

2024年《政府工作报告》提出的“人工智能+”行动，无疑将为人工智能技术在各行业的广泛应用开启新篇章，成为引领新一代产业变革的核心力量。ChatGPT的爆火也预示着人工智能迈向通用人工智能的新阶段。除OpenAI、百度等企业推出的大模型产品外，近两年，Llama、GLM、Baichuan、Qwen等国内外系列优秀开源模型的持续迭代，以及RWKV、Mamba等新型模型架构的不断提出，也有力推进了水利行业大模型的探索实践[1]。根据腾讯研究院大模型研究课题组的调研，多个行业都已开始探索其在各生产环节的应用落地，尤其像互联网、游戏等数字原生行业是大模型应用的先行者，然而对比上述大模型应用扩张的迅速，很多传统行业推进得并不畅快，这种差异主要来自行业数字化水平、行业对专业性和准确性的要求以及投入产出比等因素的不同[2]。因此，传统行业只有不断深化数字化、智能化转型，持续探索技术应用落脚点，真正解决用户切实需求，才将拥有大模型应用的未来。

新的时代背景下，随着信息化、数字化、智能化需求的增加，企业规模和业务复杂性不断扩张，管理办法、办事流程等规章制度的数量和复杂性也随之攀升，如何让用户高效准确地找到所需的信息已成为人们研究的目标[3]。传统的事实类信息咨询或业务流程类信息查询烦琐且耗时，咨询渠道相对分散，用户通常要根据所需咨询的内容去相关内部网站上查阅文件，或者询问身边的同事和有关部门工作人员。虽然各类搜索引擎努力满足用户信息检索的需求，但用户仍然需要从大量的搜索结果中筛选答案，这种传统的文本检索方式已无法满足用户快速准确查找所需信息的需求。这些多源异构且具有时效性特点的内部文档给知识的自动提取和标注带来了很大的困难，在以上条件下采用人工构建完备的知识库效率低下且不现实。因此，必须解决这些内部资料文档的知识库快速构建问题，并研究一种内部文档智能化检索和问答方法。

2　问答系统功能分类及相关技术

2.1　问答系统功能及分类

当今数字化时代，智能问答技术已经成为人机交互的重要方式[4]。问答系统的功能主要是使用

作者简介： 江新兰（1983—），女，高级工程师，主要从事水利信息化、计算机技术研究与应用方面的工作。

自然语言处理技术和模型来理解和分析用户输入的问题，通过查询相关数据源或知识库来返回或生成答案，从而帮助使用者高效地解决问题。一般分为三个步骤：问题解析处理、知识源的检索排序和相关答案的返回或生成[5]。

按照应用范围划分，问答系统可以分为限定领域问答系统和开放领域问答系统[6]。

（1）限定领域的问答系统一般是基于专家知识库的系统，提供与特定领域相关的精确答案，但是对于非当前领域的问题无法回答，移植到其他业务系统相对复杂。

（2）开放领域的问答系统主要是通过深入分析和理解海量信息，可以解决多种不同领域的普遍性问题，但是对于相对专业的特定业务问题则无法准确地进行回答[7]。

根据问答系统使用的知识源类型，可以分为基于结构化的知识图谱问答系统[8-10]、基于非结构化的纯文本类型问答系统[11-13]。

（1）基于结构化的知识图谱问答系统以“实体-关系-实体”三元组的方式来简化表示知识，形成网状的知识结构。图谱信息关系明确，答案属性明确，问答结果更加简洁可靠，但是受限于知识图谱规模和知识库的数据质量，存在问题的有效覆盖性不足等缺陷。

（2）基于非结构化的纯文本类型问答系统主要用来应对开放领域问答，使用的语料信息通常来自非结构化文档，一般方法是先用搜索引擎查找出合适的文档，从最相关的文本段中抽取答案字符串。

2.2 相关技术

2.2.1 分词技术

由于自然语言的抽象程度高，如何让计算机理解用户的意图成为难题。智能问答的过程还包含了理解问题、分析语义、推理、查询、生成答案等行为环节，使得复杂的自然语言处理难上加难。在传统流程化算法的问答系统中，一般是通过分词技术来提取关键词，用来查找和匹配对应的答案。在深度学习的问答系统中，通过分词技术将自然语言文本分割成一个词语序列，然后通过词嵌入技术将分好的词汇转换为向量，从而让计算机理解文本的语义并完成相应答案的生成。根据分词技术主要分为基于词典的、基于统计的和基于深度学习的分词算法[14]。

2.2.2 词嵌入

为了使计算机能理解和处理用户的问题，通过词嵌入将自然语言转换为词向量，使用词的向量信息替代原来文本中的语义进行计算处理。词向量的表示方法一般有热独码表征和分布式表征两种[5]。经研究发现，计算分布式表征的词向量之间的距离可以衡量词之间在语义或词性上的相似关系。好的词向量可以提升语义匹配效果，这是问答系统中的重要环节。

2.2.3 检索增强生成技术

由于依赖的信息可能过时，缺乏专业领域的深度洞察，大语言模型（LLM）可能会产生误导性的“幻觉”。在这样的背景下，检索增强生成技术（RAG）在语言模型生成答案之前，先从广泛的文档数据库中检索相关信息，然后利用这些信息来引导生成过程，有效地缓解了幻觉问题，极大地提升了内容的准确性和相关性。RAG 包括三个关键步骤：①将文档库分割成较短的片段（chunk），并通过编码器构建向量索引；②根据问题和 chunks 的相似度检索相关文档片段；③以检索到的上下文为条件，生成问题的回答。

3 智能问答系统框架设计及模块化实现

ChatGPT、文心一言和通义千问等大语言模型，凭借其强大的自然语言处理能力，正引领着人工智能技术的革命。但 LLM 在生成回复时，在“事实性”“实时性”等方面存在天然的缺陷，很难直接被用于客服、答疑等一些需要精准回答的领域知识型问答场景。因此，如何帮助 LLM 借助外部知识库生成准确的回复，成为解决这类问题的钥匙。

3.1 智能问答系统整体框架

传统的问答系统方案的检索主要面向关键词，缺乏对上下文的理解，强依赖于知识库的质量，需要投入大量人力进行语言、交互等细节上的审核工作。本文借助大模型的知识理解和涌现能力，构建面向水利领域规章制度的智能问答系统，从而高效地对用户问题进行回答，解决咨询渠道分散的难题和减轻查阅复杂规章制度的负担。智能问答系统整体框架如图 1 所示。

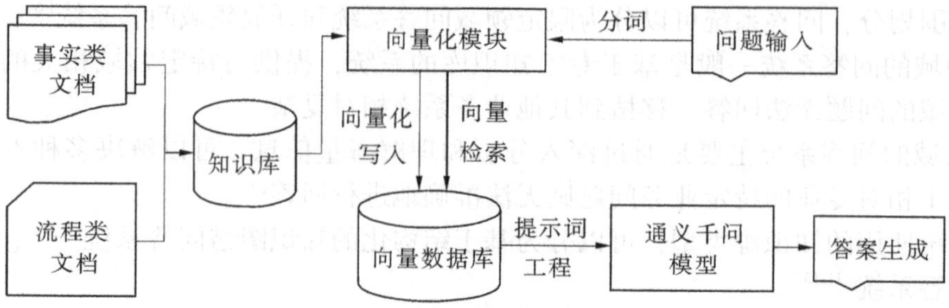

图 1　智能问答系统整体框架

从模块化实现角度，智能问答系统主要包括文本预处理、文本建模、文本检索、检索增强、答案生成等模块，智能问答系统功能模块如图 2 所示。

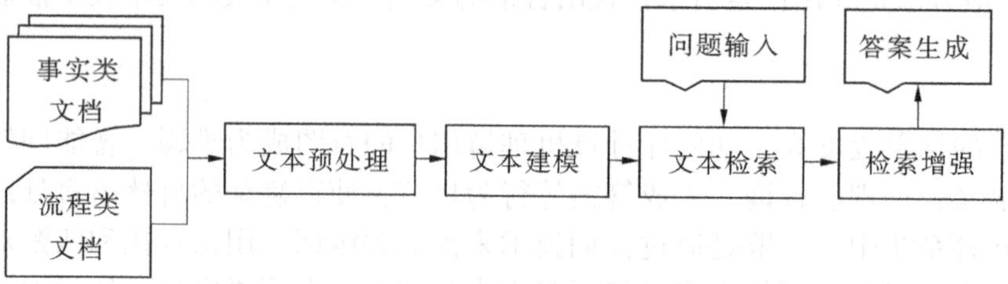

图 2　智能问答系统功能模块

3.2　文本预处理

3.2.1　知识库

本文以水利领域的某科学研究院的规章制度和办事流程文档为数据来源，主要包含事实类和流程类两类文档，这些文档具有以下特点：

（1）格式多样，包括文本、图片、流程图、嵌套表格、PDF、WORD、EXCEL 等。

（2）来源广泛且分散，这些文档来自多个部门，发布的文档存在较大的内容差异，行文格式不统一，且文档中概念实体的分布没有规律，语义关系缺乏特定的模式。

（3）不同部门的文档可能会存在业务交叉，同一部门的文档可能会存在新旧版本之分。

基于以上分析，本文将文档中的知识提取归类为一种树状结构的问答知识库进行存储，方便有效地组织起文档中不同粒度的知识条目。

3.2.2　主题词提取

为了帮助 LLM 借助外部知识库生成准确的回复，在用户问题输入时，根据主题词给模型提供相关知识和限制，使其更为聚焦在特定的主题问题中，从而给出更为符合用户要求的回答，同时有针对性地使用高质量的业务数据对模型参数进行微调，让模型掌握更为充分的领域背景知识。结合本文的数据来源，规章制度和办事流程文档通常具有严格的命名规则，文档内容也是由清晰的标题和段落结构进行组织的文本。文档名称、章节标题通常可以代表一段文字的主题或类别；标题之间存在着具有层次关系的依赖和约束关系。因此，本文结合文档的名称、结构特征和文本的主题信息，首先对文本标题和段落结构进行解析，再利用主题层次聚类算法，从整个文档库的统计层面对标签进行扩充和完善，以求能更好地实现文本的语义标注。

3.2.3　文档知识构建

在构建向量检索库前，需要对知识库文档进行文本处理，包括数据清洗、文档切块（chunk）、问答（QA）提取等，文档知识构建过程如图3所示。

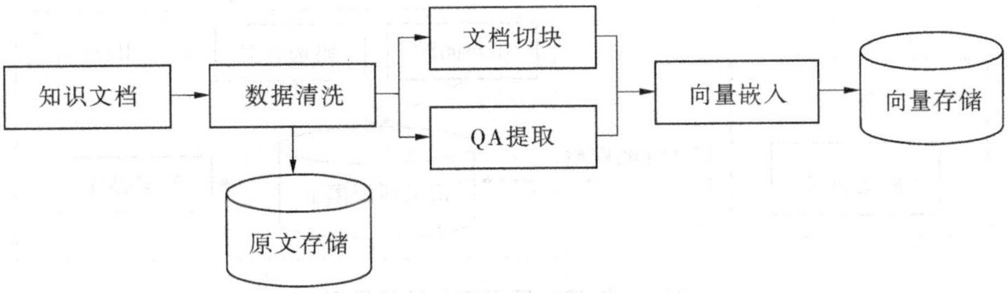

图3　文档知识构建过程

（1）数据清洗。如果知识库文本较脏或不规范，需要先做些数据清洗，如将PDF提取为txt文本，将文本中的嵌套表格、附表等提取出来。

（2）文档切块。对于非结构化文档，文本将通过TextSplitter被切分为固定大小的片段chunks，这些chunks将被作为不同的知识条目，用于辅助LLM生成回答。如果知识库文本较干净或已经过处理，可以直接根据文档名称或者文中标题语段进行切分。

（3）QA提取。实际应用中发现，使用QA替代纯文本语块，在向量检索时效果更好。因此，可基于现有非结构化文本，预先自动生成一些QA对，并将其向量化后存入向量数据库中。

3.3　文本建模

本文研究分析的文本主要是内部规章制度和办事流程类文档，训练文本包含了大量特殊的短语结构，例如，描述事件流程的“持报到证到干部科报到”“携带合同申请审批表和一式四份合同文本至合同管理科盖章”。其中，“持”与“携带”具有语义相似性，“干部科”与“合同管理科”都为岗位名称。本文采用的向量化（Embedding）模型是BGE-large-zh-v1.5。它是一套开源模型，通过其将输入的用户知识库文件进行处理，存储在向量检索库中。每次推理时，用户问题会先在知识库中查找相近的候选答案，并将候选答案与用户问题一起，输入部署好的LLM服务中，从而生成基于领域知识库的定制答案，提高LLM生成答案的真实性和准确性。

3.4　文本检索

为使查询效率更高，对知识库中的数据预先进行处理，即对知识库中QA提取的所有问题（question）进行分词，之后构建倒排索引并计算每个词汇的权重，最后将词汇的权重与索引信息进行持久化保存。在用户问答阶段，首先对用户的问题进行分词，生成m个词汇，表示为query=（q_1，…，q_i，…，q_m），计算query中每个词汇q_i与question的相关性得分，随后通过倒排索引召回所有的候选答案，最后使用BM25算法对用户的问题与召回的候选答案中的问题进行相似度评分计算，基于BM25算法的候选答案召回原理如图4所示。

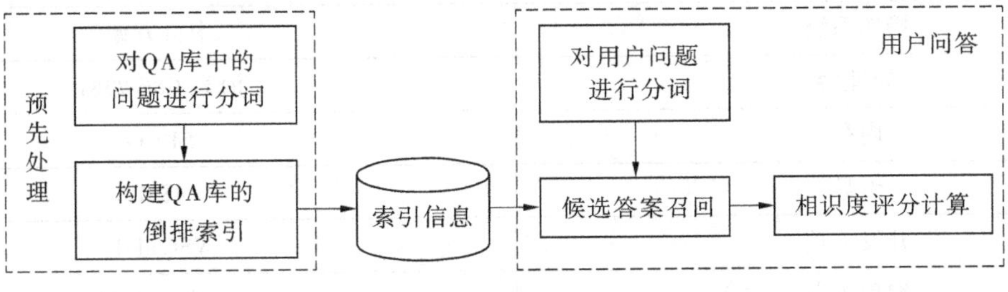

图4　基于BM25算法的候选答案召回原理

与传统的关键词匹配不同，这种向量检索的方式可以通过语义相似性来匹配文档，从而提高召回率。语义匹配算法通过将召回阶段得到的结果与用户的问题共同输入模型来得到更加准确的语义相似度信息，基于得到的相似度信息对大于阈值的结果进行排序返回，从而进一步提高问答系统的准确率。框架中语义匹配阶段原理如图 5 所示。

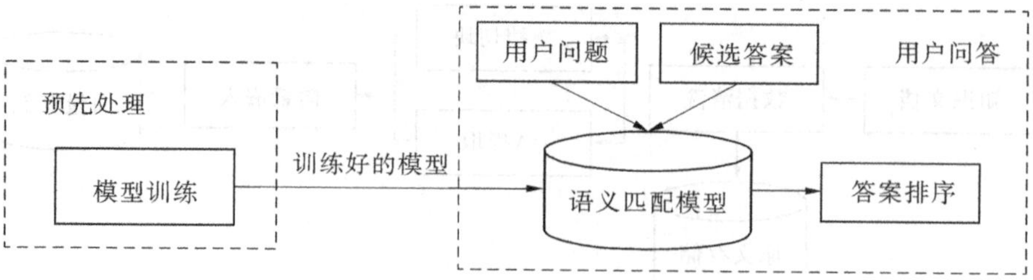

图 5 框架中语义匹配阶段原理

3.5 检索增强

用户提问时，通常无法清晰地表达自己的想法。他们的意图可能含糊不清，重要细节可能缺失。问题也可能太短，表述不够清晰，系统无法提供相关答案。像 BM25、TF-IDF 等这类稀疏向量查询通常会存在棘手的词汇空缺或语义鸿沟问题。词汇空缺可以理解为用户查询与文档的不对称性，如知识库中通常存储的都是比较标准、正式的问句，然而真实场景下用户的提问通常为口语化描述，存储的标准问句和真实查询的字面匹配分数常常很低，可以通过其他技术进行增强，如查询重写、查询增强、改进检索、按主题数据进行过滤等。语义鸿沟可以理解为是自然语言词汇的稀疏性和语法的多样性，可以通过同义词典、句式转换等方式来改善。

3.6 答案生成

在答案生成阶段，系统会根据检索到的知识来生成最终的文本内容，其核心思想是将 LLM 的能力作为一个模块与其他能力组合，借助向量检索库等模块的检索能力，对用户 query 进行增强，从而充分利用 LLM 强大的归纳生成能力，生成符合事实的相对准确的回复。通过 RAG 技术，大语言模型在回答问题时，可以从机构内部知识库中检索最新的相关信息来生成内容，从而提高回答的准确性、关联性和新鲜度，并解决“幻觉”问题。同时，RAG 技术外挂的私有数据不参与大模型训练，保证了内部数据安全。

4 智能问答系统应用与优化策略

4.1 系统部署及运行环境

由于本文的智能问答系统需要处理的是机构内部资料，不仅涉及机构私有数据的调用，还会与机构办公业务、流程结合，这就使得需要充分考虑安全可控性，因此运行环境采用国产化部署方案，智能问答系统运行环境整体配置如表 1 所示。

表 1 智能问答系统运行环境整体配置

名称	参数
操作系统	中科方德
处理器	海光 C86 7381
内存	512 G
磁盘	48 T
开发工具	VSCode1
编程语言	python 3.11
向量数据库	pgvector
Embedding 模型	BGE-large-zh-v1.5
开源大模型	Qwen2-72B-Instruct

根据上述模块化搭建 RGB 检索增强 LLM 问答的制度流程问答助手，每个模块均在前端中展示并可进行自定义配置，参数配置界面如图 6 所示。

图 6　参数配置界面

4.2　数据准备

4.2.1　数据来源

本文的数据来源于水利领域的某科学研究院的大量规章制度和办事流程文档，包括 13 个部门的 621 份文档。结合 3.2 文本预处理中对知识库数据来源的文档特点的分析，通过对上述整理出来的 621 份规章制度和办事流程文档的考察分析，发现上述文档主要分为事实类和流程类两类文档，如图 7 所示，基本全面覆盖了职工在日常工作中所需的知识。事实类文档主要包括管理办法、管理规定、工作制度、工作规程、工作规定、实施办法、实施细则、应急预案等，例如《差旅费管理办法》《会议管理办法》《新闻宣传工作办法》等，此类文档大部分都是纯文本形式的文档；流程类文档是指描述各部门事务办理流程的说明性文档，包括工作流程、申办审批流程、登记流程、评选流程、会议流程、使用流程等，均以流程图形式呈现，在知识提取时需采用合适的方法进行文档切分，利用文档标题可以高效地识别知识单元。

其中，部分包含相关管理规定或标准的文档正文中会存在一些嵌套表格或者存在相关的附表，如图 8 所示。此类文档中的表格或附表在知识提取时需将表格映射处理为纯文本后再进行行文特征挖掘，获取表格内容的层次和关联关系，从而在不同粒度上构建知识单元和相应的语义标注。

4.2.2　知识库

智能问答系统的“规章制度知识库”选项卡中，按照界面操作进行知识库文件上传，如图 9 所示。选取文档后单击“上传文档”按钮，完成知识库资料的填充。

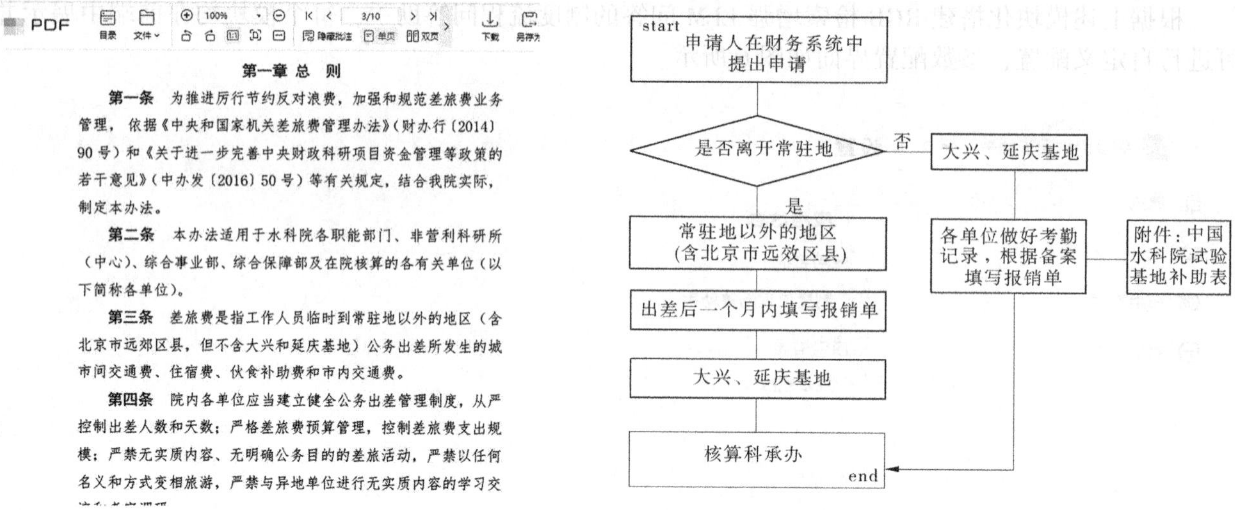

第一章 总 则

第一条 为推进厉行节约反对浪费，加强和规范差旅费业务管理，依据《中央和国家机关差旅费管理办法》（财办行〔2014〕90号）和《关于进一步完善中央财政科研项目资金管理等政策的若干意见》（中办发〔2016〕50号）等有关规定，结合我院实际，制定本办法。

第二条 本办法适用于水科院各职能部门、非营利科研所（中心）、综合事业部、综合保障部及在院核算的各有关单位（以下简称各单位）。

第三条 差旅费是指工作人员临时到常驻地以外的地区（含北京市远郊区县，但不含大兴和延庆基地）公务出差所发生的城市间交通费、住宿费、伙食补助费和市内交通费。

第四条 院内各单位应当建立健全公务出差管理制度，从严控制出差人数和天数；严格差旅费预算管理，控制差旅费支出规模；严禁无实质内容、无明确公务目的的差旅活动，严禁以任何名义和方式变相旅游，严禁与异地单位进行无实质内容的学习交

图 7　事实类、流程类文档示例

交通工具 / 级别	火车(含高铁、动车、全列软席列车)	轮船(不包括旅游船)	飞机	其他交通工具(不包括出租、小汽车)
院士及相当职务人员	火车软席(软座、软卧)，高铁/动车商务座，全列软席列车一等软座	一等舱	头等舱	凭据报销
司局级、五级(含五级)以上专业技术人员	火车软席(软座、软卧)，高铁/动车一等座，全列软席列车一等软座	二等舱	经济舱	凭据报销
其余人员	火车硬席(硬座、硬卧)，高铁/动车二等座、全列软席列车二等软座	三等舱	经济舱	凭据报销

附表1:

中央和国家机关国内差旅住宿费和伙食补助费标准表　单位:元/(人·天)

序号	地区(城市)	住宿费标准			淡旺季浮动标准建议					伙食补助费标准
		院士(普通套间)	司局级及五级以上高工(含五级)(单间或标准间)	其他人员(单间或标准间)	旺季期间	旺季上浮价			上浮比例	
						院士	司局级	其他人员		
1	北京市	1 100	650	500						100
2	天津市	800	480	380						100
3	河北省(石家庄)	800	450	350						100
4	山西省(太原)	800	480	350						100
5	内蒙古(呼和浩特)	800	460	350						100
6	辽宁省(沈阳)	800	480	350						100
7	大连市	800	490	350	7-9月	960	590	420	20%	100
8	吉林省(长春)	800	450	350						100
9	黑龙江省(哈尔滨)	800	450	350	7-9月	960	540	420	20%	100
10	上海市	1 100	600	500						100

图 8　事实类文档中的嵌套表格或附表示例

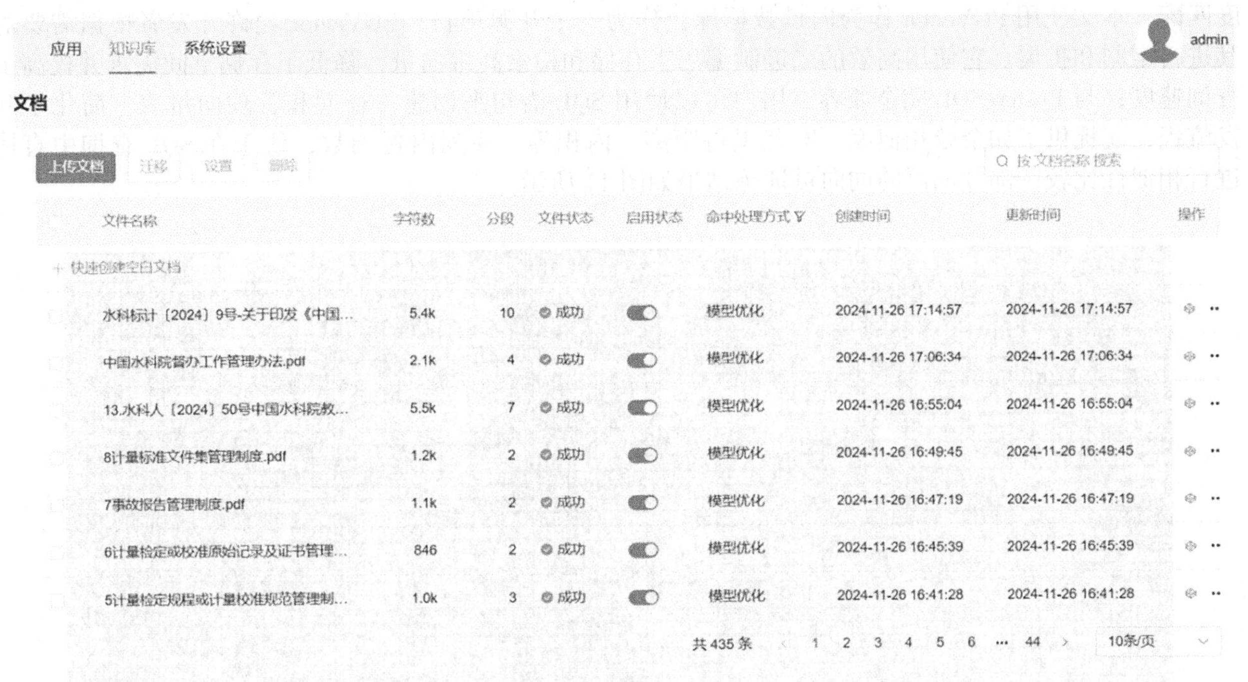

图 9　知识上传建库界面

4.3　大模型应用实践

4.3.1　文档切块

在构建大模型 LLM 相关应用时往往会面临如何抉择 token 数量与向量长度的问题，因此想做好一个基于 LLM 的应用，需要找到一种适合实际情况的平衡，在有限的 token 数量内完成推理任务。常见的做法是将大量的文档信息根据一定策略进行分段（chunking），然后输入 LLM 中。总的说来，分段大小要根据实际情况具体分析，在讨论分段策略之前，需要认识到两点：较大的 chunk 可能会引入噪声或削弱单个句子或短语的重要性，使得查询索引时更难找到精确的匹配项，然而过小的 chunk 会集中于具体内容而导致忽略段落或文档中更广泛的上下文。这也就使得我们在实际应用中，需要考虑索引内容的性质，是长篇的文档资料还是短篇的记录，以及所使用的 Embedding 模型在不同 chunk 大小上的表现。

考虑到计算资源和时间的限制等实际情况，针对事实类规章制度文档资料，本文采用的是最常见、最直接的分段策略，即按照固定大小进行分段，这种分段策略维护上下文关系的思路比较简单粗暴，就是为了保持上下文的连贯性，在 chunk 和 chunk 之间保留一定的重叠，优点是不需要使用任何 NLP 库或 LLM，使用简单且计算成本低，缺点是比较长的段落可能被掐头去尾，从而导致断章取义；针对办事流程类的文档资料则不需要分段，因为它们相对较短且自成体系。部分文档分段结果如图 10 所示。

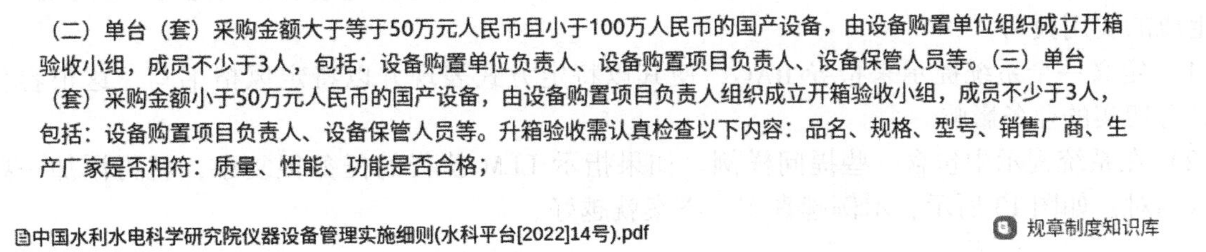
（二）单台（套）采购金额大于等于50万元人民币且小于100万人民币的国产设备，由设备购置单位组织成立开箱验收小组，成员不少于3人，包括：设备购置单位负责人、设备购置项目负责人、设备保管人员等。（三）单台（套）采购金额小于50万元人民币的国产设备，由设备购置项目负责人组织成立开箱验收小组，成员不少于3人，包括：设备购置项目负责人、设备保管人员等。开箱验收需认真检查以下内容：品名、规格、型号、销售厂商、生产厂家是否相符：质量、性能、功能是否合格；

中国水利水电科学研究院仪器设备管理实施细则(水科平台[2022]14号).pdf　　规章制度知识库

图 10　文档分段结果示例

4.3.2　向量数据库

向量数据库可以存储大量的文本向量数据，并通过向量索引技术可以实现快速的文本搜索和相似度匹配。本文使用 PGVector 作为向量数据库，作为一个开源项目，PGVector 允许开发者根据需要对其进行定制和扩展。它使用高效的二进制编码来存储和检索高维向量，降低了存储空间需求并提高了查询速度；与 PostgreSQL 完全兼容，用户可以使用 SQL 语句来创建、查询和管理向量表，简化了开发流程；还提供了如余弦相似度、欧几里得距离、内积等一系列内置函数，便于在 SQL 查询中直接进行相似性比较。部分词语的词向量训练结果如图 11 所示。

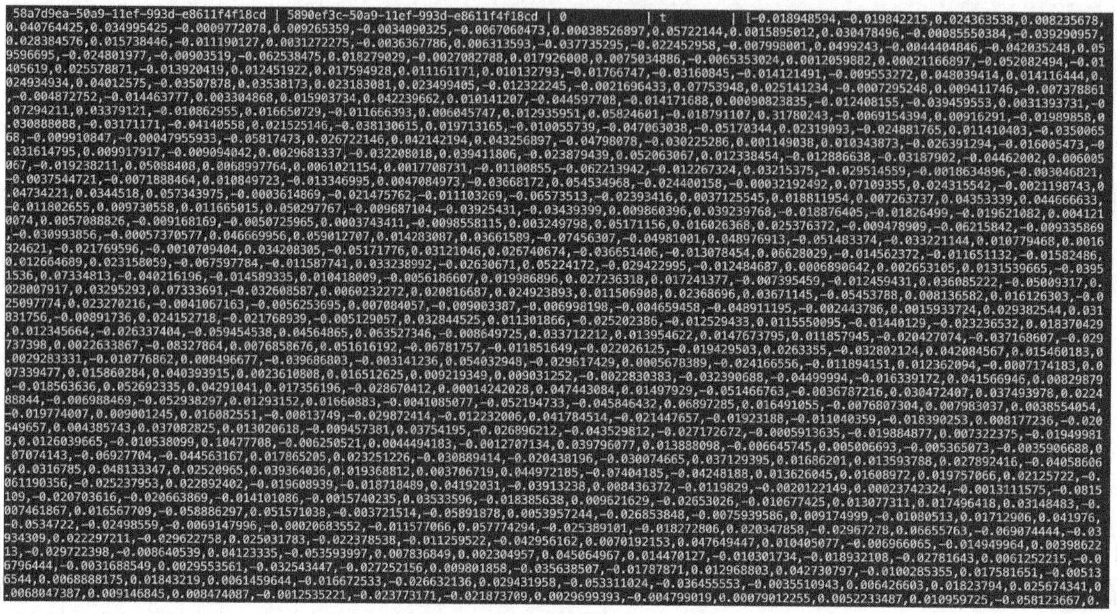

图 11　词向量训练结果示例

4.3.3　候选答案召回

本文问答检索的召回阶段采用 BM25 算法作为候选答案的召回方法。BM25 是一种基于概率的信息检索模型，其核心思想是通过计算文档与查询之间的相似度来对文档进行排序。BM25 算法的优势在于其能够考虑到词在文档中的分布情况，它使用词频逆文档频率（TF-IDF）来计算文档中每个词的重要性，从而更好地捕捉文档与查询之间的语义信息。按相似度排序召回的相关文档分段示例如图 12 所示。

4.3.4　优化策略

RAG 通过搜索算法找到与查询相关的内容，并将这些内容作为上下文整合，作为提示传递给 LLM，进而生成更准确和详细的回答。虽然这一步至关重要，但在 RAG 工作流程中，许多人并没有给予它足够的重视，没有仔细分析业务价值、用户和数据背景，而只关注检索部分，因此 RAG 不总是有效。技术实现只是一部分，更重要的是明确需求并针对性地优化索引和块处理。以下是一些增强答案生成的实用技巧：

（1）定义一个系统提示来指导 RAG，使其以特定方式表现并以特定风格书写。这很容易实现，并且具有切实的业务影响。

（2）在系统提示中包含一些提问样例。如果指示 LLM 执行的任务很复杂，就再添加一些输入/输出示例对，如图 13 所示，示例越真实，答案就越好。

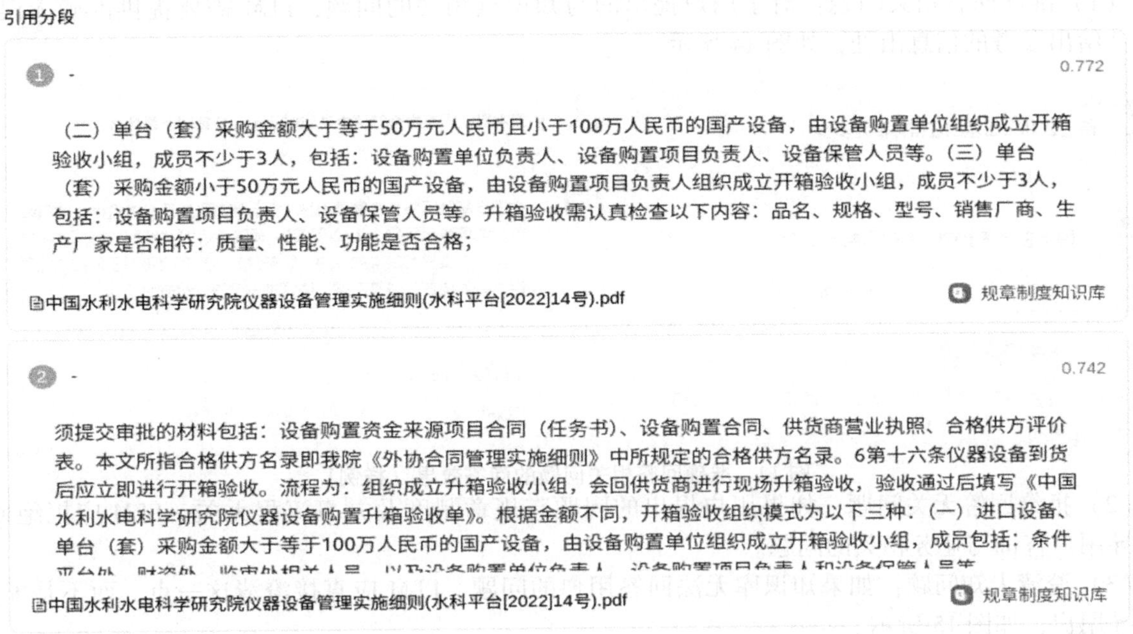

图 12　召回的相关文档分段（按相似度排序）示例

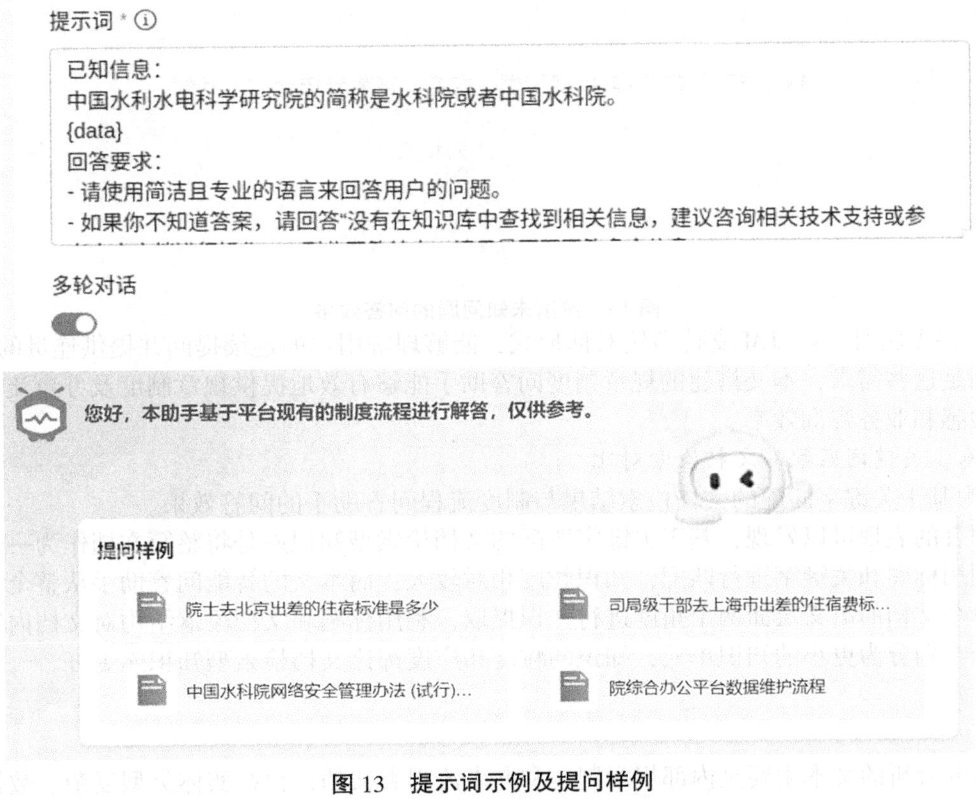

图 13　提示词示例及提问样例

（3）只要结构化输出符合业务逻辑，就强制 LLM 生成结构化输出。

4.4　应用效果分析

4.4.1　满足应用需求情况

针对规章制度及办事流程咨询的业务场景，通过 LLM 能够实现以下需求：

（1）准确回答相关问题：对于用户提出的与知识点相关的问题，LLM 需要提供准确无误的回答，并给出参考的信息出处，如图 14 所示。

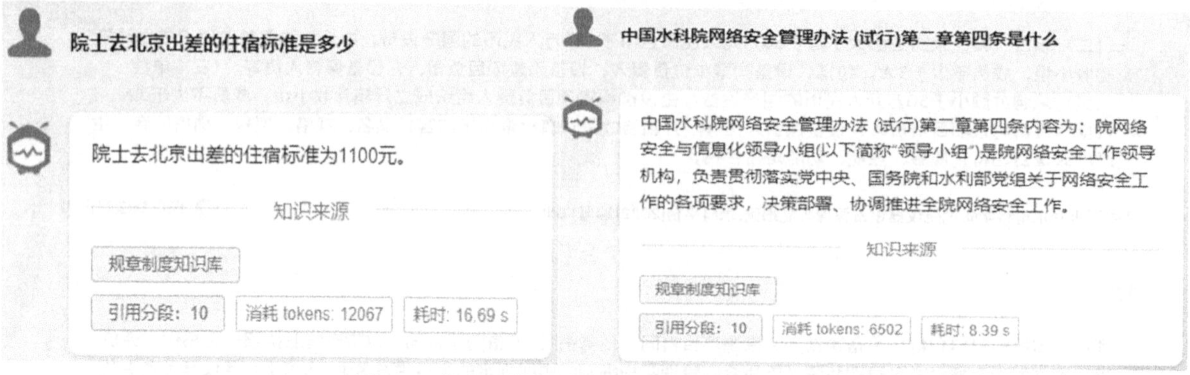

图 14　准确回答相关问题的问答效果（样例）

（2）拒绝回答无关问题：如果用户提出的问题与规章制度及办事流程无关，LLM 应拒绝回答，并引导用户咨询与业务相关的问题。

（3）澄清未知问题：如果知识库无法回答用户的问题，LLM 应直接澄清这一点，而不是捏造答案误导用户，如图 15 所示。

图 15　澄清未知问题的问答效果

（4）支持多轮对话：LLM 支持多轮对话形式，能够理解用户的连续提问并提供连贯的回答。

通过满足这些需求，本文搭建的规章制度问答助手能够有效地提供规章制度及办事流程咨询，提升用户体验感和业务咨询效率。

4.4.2　与基于关键词匹配的文档检索对比

图 16 为基于关键字匹配的文档检索结果与制度流程问答助手的问答效果。

比较两者的表现可以发现，基于关键字匹配的文档检索型知识库是将整篇文档作为一个独立的知识单元，利用标题和关键字进行匹配，知识粒度相对较大；而本文的智能问答助手从整个文档库的统计层面和单个文档的语义层面两个角度进行知识提取，利用标题和文档段落结构对文档内容进行语义层面的切分，划分为更小的知识单元，知识的粒度和广度都比文档检索型知识库更好。

5　结语

本文研究分析的文本主要是内部规章制度和办事流程类文档，存在实体类型复杂、数据来源种类各异、实例数据稀疏等现状，用户在进行规章制度和办事流程相关知识检索时，往往会面临知识难以获取、知识管理不便、知识使用效率低等问题。本文借助大模型的知识理解和涌现能力，基于 BM25 算法和通义千问 Qwen2-72B 大模型构建了面向水利领域规章制度和办事流程的智能问答助手，便于用户快速、准确地获取相关信息，解决咨询渠道分散的难题和减轻查阅复杂规章制度的负担。但研究中仍然存在以下不足：①文档切块方法目前只采用了按照固定大小进行分段，容易造成断章取义的情况，下一步将结合按段落、语义等方式动态调度进行文档分段；②尽管生成式人工智能试图模仿人

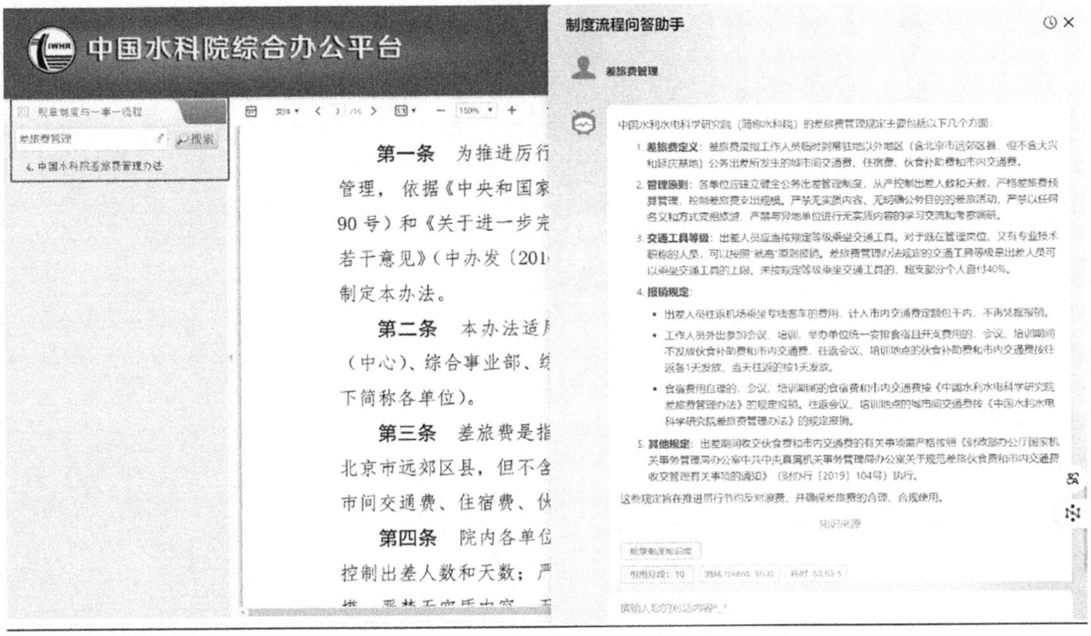

图 16 基于关键字匹配的文档检索结果与制度流程问答助手的问答效果

类，但需要详细地说明才能创建高质量和符合用户要求的输出，因此在提示词方面还有很多值得探索的地方，选择最合适的格式、短语、单词和符号指导 AI 与用户进行更有意义的交互；③针对一些问句嵌套或长文本问句等复杂的用户提问时的准确率还比较低，后续考虑融合基于问句与图谱嵌入的智能问答方法，进一步扩大问答的广度和提升用户的问答体验。

参考文献

[1] 钱峰，成建国，夏润亮，等．水利大模型的建设思路、构建框架与应用场景初探［J］．中国水利，2024（9）：9-19.

[2] 腾讯研究院大模型研究课题组．AI 行业大模型培育新质生产力［J］．企业管理，2024（7）：56-63.

[3] 姚元杰，龚毅光，刘佳，等．基于深度学习的智能问答系统综述［J］．计算机系统应用，2023，32（4）：1-15.

[4] 吴晓蓉，程俊杰．基于 GPT 的本地文档智能问答方法及应用研究［J］．电脑知识与技术，2024，20（13）：91-94.

[5] 王旭．智能问答系统的关键技术研究［D］．长沙：中国人民解放军国防科技大学，2018.

[6] 姚元杰，龚毅光，刘佳，等．基于深度学习的智能问答系统综述［J］．计算机系统应用，2023，32（4）：1-15.

[7] 盛亮亮．基于层次多标签的智能问答知识库自动构建技术研究［D］．南京：东南大学，2018.

[8] Berant J，Chou A，Frostig R，et al. Semantic parsing on freebase from question-answer pairs［J］．Proceedings of Emnlp，2013.

[9] Zhang Y，Liu K，He S，et al. Question Answering over Knowledge Base with Neural Attention Combining Global Knowledge Information［J］．arXiv preprint arXiv：1606.00979，2016.

[10] Dong L，Wei F，Zhou M，et al. Question Answering over Freebase with Multi-Column Convolutional Neural Networks［C］//ACL（1）．2015：260-269.

[11] NLC Group. R-NET：Machine Reading Comprehension with Self-matching Networks［J］．2017.

[12] Seo M，Kembhavi A，Farhadi A，et al. Bidirectional Attention Flow for Machine Comprehension［J］．2016：1553-1554.

[13] Wang S，Jiang J. Machine Comprehension Using Match-LSTM and Answer Pointer［J］．IEICE Transactions on Fundamentals of Electronics，Communications and Compter Science，2016.

[14] 翟铁英．面向应用系统的智能问答系统框架研究［D］．秦皇岛：燕山大学，2023.

2024中国水利学术大会论文集

第六分册

中国水利学会 编

黄河水利出版社

内 容 提 要

本书是以“发展水利新质生产力，助力高水平科技自立自强”为主题的2024中国水利学术大会论文合辑，积极围绕当年水利工作热点、难点、焦点和水利科技前沿问题，重点聚焦水资源短缺、水生态损害、水环境污染和洪涝灾害频繁等新老水问题，主要分为水生态、智慧水利等板块，对促进我国水问题解决、推动水利科技创新、展示水利科技工作者才华和成果有重要意义。本书旨在助力我国水问题解决、推动水利科技创新，可供广大水利科技工作者和大专院校师生交流学习和参考。

图书在版编目（CIP）数据

2024中国水利学术大会论文集 ：全七册 / 中国水利学会编. -- 郑州 ：黄河水利出版社，2024. 12.
ISBN 978-7-5509-4078-9

Ⅰ. TV-53

中国国家版本馆 CIP 数据核字第 2024KN8997 号

策划编辑：杨雯惠　电话：0371-66020903　E-mail：yangwenhui923@163.com

出版发行　黄河水利出版社
地址：河南省郑州市顺河路49号　邮政编码：450003
网址：www.yrcp.com　E-mail：hhslcbs@126.com
发行部电话：0371-66020550

承印单位　河南新华印刷集团有限公司
开　　本　889 mm×1 194 mm　1/16
印　　张　275（总）
字　　数　8 712 千字（总）
版次印次　2024年12月第1版　　2024年12月第1次印刷

定　　价　1 260.00元（全七册）

《2024 中国水利学术大会论文集》

编　委　会

主　任： 段　虹

副主任：（以姓氏笔画为序）

丁留谦　王　孟　王　煜　牛志奇　白　涛　刘九夫
刘忠恒　刘雪梅　江恩慧　许继军　孙和强　李　江
李国玉　李瑞清　李锦秀　李德旺　杨　芳　张　阳
张文洁　张淑华　陈　文　周蓓蓓　郑小康　赵　勇
姚仕明　夏　军　钱　峰　凌红波　高俊峰　彭少明
彭文启　蒋云钟　韩宇平　韩瑞光　鲁胜力　谭徐明
潘保柱　戴长雷　鞠连义

委　员：（以姓氏笔画为序）

马志鹏　王　英　王　琼　朱　滨　刘　扬　刘　彧
刘　晓　刘建峰　刘姗姗　齐　莹　关　炜　李　琳
李云鹏　李军华　李聂贵　杨姗姗　何　凡　佟可欣
辛小康　宋锦焘　张　艳　张　翔　张广朋　张伟兵
张晓勤　张爱静　林　莉　季昭沁　周　普　郑小康
赵广举　赵进勇　倪城玲　徐　红　康爱卿　董　飞
曾　焱　熊卫红　颜文珠　霍炜洁

前言

PREFACE

学术交流是学会立会之本。作为我国历史上第一个全国性水利学术团体，90多年来，中国水利学会始终秉持“联络水利工程同志、研究水利学术、促进水利建设”的初心，团结广大水利科技工作者砥砺奋进、勇攀高峰，为我国治水事业发展提供了重要科技支撑。自2000年创立年会制度以来，中国水利学会20余年如一日，始终认真贯彻党中央、国务院方针政策，落实水利部和中国科协决策部署，紧密围绕水利中心工作，针对当年水利工作热点、难点、焦点和水利科技前沿问题、工程技术难题，邀请院士、专家、代表和科技工作者展开深层次的交流研讨。学术年会已成为促进我国水问题发现解决、推动水利科技创新、展示水利科技工作者才华成果的良好交流平台，为服务水利科技工作者、服务学会会员、推动水利学科建设与发展作出了积极贡献。为强化学术年会的学术引领力，自2022年起，中国水利学会学术年会更名为中国水利学术大会。

2024中国水利学术大会以习近平新时代中国特色社会主义思想为指导，认真贯彻落实党的二十大精神，紧紧围绕“节水优先、空间均衡、系统治理、两手发力”治水思路，以“发展水利新质生产力，助力高水平科技自立自强”为主题，聚焦发展水利新质生产力，从水旱灾害防御、河湖生态保护和治理、数字孪生水利建设、水资源集约节约利用等多领域，设置一个主会场和智慧水利·数字孪生、水利大模型、水生态等19个专题会议。

大会论文征集通知发出后，受到广大会员和水利科技工作者的广泛关注，我们收到来自有关政府部门、科研院所、大专院校和设计、施工、管理等单位科技工作者的论文共880余篇。为保证本次大会入选论文的质量，大会积极组织相关领域的专家对稿件进行了评审，共评选出653篇主题相符、水平较高的

论文入选论文集。按照大会各专题会议，本论文集共分 7 册予以出版。

本论文集的汇总工作由中国水利学会秘书处牵头、各专题会议协助完成。论文集的编辑出版也得到了黄河水利出版社的大力支持和帮助，参与评审、编辑的专家和工作人员付出了艰辛的劳动，在此一并表示感谢。同时，对所有应征投稿的论文作者表示诚挚的谢意。

由于编辑出版论文集的工作量大、时间紧，且编者水平有限，错漏在所难免。不足之处，欢迎广大作者和读者批评指正。

中国水利学会

2024 年 12 月 12 日

目录

CONTENTS

检验检测与计量

雨水利用

检验检测与计量

陕西某水库溢洪道弧形闸门支铰故障诊断分析

涂从刚[1]　王　佩[1]　吴　祥[2]　张全彪[2]

（1. 水利部水工金属结构质量检验测试中心，河南郑州　450044；
2. 黄河水利水电开发集团有限公司，河南郑州　450000）

摘　要：某在役水库溢洪道3号孔弧形闸门在运行中支铰铰链出现裂纹，且支铰牛腿混凝土开裂破坏，通过大尺寸三坐标测量系统对支铰进行空间位置关系测量、金属材料力学及化学成分检测、混凝土抗压强度检测及资料查验等分析手段，查明了3号孔弧形闸门铰座结构与设计不一致，弧门大开度运行时铰链与铰座有异常挤压，且铰链力学性能和牛腿混凝土抗压强度均不满足设计要求是事故发生的根本原因。故障诊断结果为水库管理部门提供了可靠依据，并由此有针对性地制定了解决方案，保证了水库安全度汛。

关键词：弧形闸门；支铰；混凝土强度；力学性能；故障诊断

1　工程概况

某在役水库工程位于陕西洛南县伊洛河干流上游，属Ⅳ等小（1）型工程，主要建筑物溢流坝、非溢流坝、引水孔、泄洪冲沙孔等按4级建筑物设计。水库原设计按50年一遇洪水设计，500年一遇洪水校核。水库校核洪水位1 121.64 m，正常蓄水位1 120.00 m，死水位1 105.00 m；水库总库容995.0万m^3，正常蓄水位以下库容为864万m^3，兴利库容664万m^3，死库容200万m^3。溢流坝设置三孔溢洪道表孔弧形闸门（简称弧门），结构形式为双主梁斜支臂弧门，闸门孔口宽度8.0 m，设计水头3.8 m，闸门门叶材质为Q235B，支铰材质为ZG310-570，其工作方式为动水启闭，采用一台2×100 kN双吊点固定卷扬启闭机进行启闭操作。

2　项目背景及研究意义

水库于2016年12月下闸蓄水，水库溢洪道弧形工作闸门2019年投入运行，2023年3月，管理单位在巡检溢流坝时发现3号孔弧形工作闸门左、右牛腿混凝土整体出现开裂破坏，左支铰铰链存在裂纹，右铰链顶部筋板处存在较深压痕，如图1~图4所示。由于该水库承担着伊洛河干流汛期泄洪的重要功能，每年的5—8月伊洛河处于汛期，水库流域内面积较大，洪水含泥沙量大，暴雨历时短，洪水暴涨暴落，泥沙含量大，突发性洪峰严重，直接威胁水库安全，按照水库管理部门的汛期应急预案，如果洪水来临，遇到诸如泄洪冲沙孔闸门出现故障的险情时，可开启溢流坝3孔弧形闸门进行泄洪，但当出现溢流坝全部或个别弧形闸门出现因毁坏或故障无法升降的极端情况，水库随时都面临着溃坝的可能，直接危及下游8个村2.8万人以及洛南县城的安全，对下游河道、耕地、居民住房等方面产生极大的威胁。为了查明事故原因，保证水库安全度汛，针对该情况开展对闸门支铰故障诊断及研究，指出产生故障的根本原因，使水库管理部门能够有针对性地制定解决方案，保障水库安全，科学实施防洪调度计划，保障人民群众的生命财产安全，促进社会稳定和经济发展，也为其他类似工程

基金项目：中央级科学事业单位修缮购置专项资金项目（水工金属结构现场应急快速检测诊断系统）（126216318000200004）；郑州市水利工程精密测量重点实验室资助项目（20230201K01）。

作者简介：涂从刚（1983—），男，高级工程师，量测专总，主要从事水工金属结构检测技术研究工作。

及金结设备提供宝贵的运行及管理维护经验。

图 1　左支铰牛腿混凝土整体开裂示意图

图 2　右支铰牛腿混凝土整体开裂示意图

图 3　左铰链开裂示意图

图 4　右铰链顶部筋板受挤压示意图

3　现场初步勘察

技术人员到达现场后，通过对溢洪道 3 号孔弧形闸门及牛腿混凝土的现场巡视及外观检查，除发现牛腿混凝土整体开裂及左支铰铰链开裂的情况外，右支铰铰链顶部筋板有明显的挤压变形痕迹。除此之外，未发现诸如弧形闸门门叶金属结构变形、支铰连接螺栓松脱缺失、两侧闸墩混凝土开裂及剥蚀等其他异常。现场勘查初步判断闸门在启闭过程中，支铰及牛腿部位受到某种较大的挤压力或者拉力才导致铰链出现裂纹和混凝土开裂，因此该故障的诊断分析拟从 3 个方面进行：①闸门运行时主要构件的空间位置关系与运行轨迹是否合理；②牛腿结构混凝土强度是否与设计相符；③铰链的制造材料特性是否符合铸钢标准要求，结构是否与设计图纸相符。

4　闸门支铰故障诊断与分析

4.1　闸门运行时主要构件的空间位置关系及运行轨迹检测分析

由于出现故障的 3 号溢洪道弧形闸门搭设了用于维修施工的脚手架，无法启闭运行，1 号及 2 号弧门可以小开度启闭，因此技术人员需要采集几个关键数据：①1 号及 2 号弧门启门过程中门叶顶梁左右端相对高差及单侧左右方向位移；②所有弧形闸门左右支铰同轴度；③所有弧形闸门铰轴中心至弧门面板外缘曲率半径偏差及相对差。根据这些数据，技术人员通过相应的分析处理，可以判断弧形闸门在启闭过程中是否因为运行偏斜导致单侧支铰出现额外的挤压力。

在数据采集时，技术人员使用了徕卡 MS60 型激光全站扫描仪，该仪器既可以单点测量，也可以使用激光扫描的形式对被测对象进行点云扫描。在测量时，全站扫描仪通过发射和接收激光光束来实现测量目标点的定位，具有非常高的角度和距离测量精度，并通过内置的高速 CPU 进行目标点的水平角度、垂直角度和斜距数据处理及存储。根据现场条件，激光全站扫描仪布置在闸门下游交通桥上，在闸门门叶顶梁左右端布置反射标志，闸门启门过程中间隔特定的开度，使用连续单点测量的方式采集运行轨迹点，在左右支铰轴处依次放置标志点，并在靠近侧止水处的面板依次放置标志点，采集支铰轴的空间位置点数据以及面板曲率半径点数据。数据采集完成后，使用 SpatialAnalyzer 软件进行点数据处理及相对位置解算。仪器布置及采集情况见图 5，导入 SpatialAnalyzer 软件的采集点数据见图 6、图 7。

在 SpatialAnalyzer 软件中，通过坐标系转换，使用点坐标工具得到运行轨迹的每个点的 Z 轴坐标以及 X 轴坐标，从而计算出 1 号及 2 号弧门启门过程中门叶顶梁左右端相对高差及单侧左右方向位移，见表 1 及表 2。

图 5　激光全站扫描仪现场架设及采集示意图

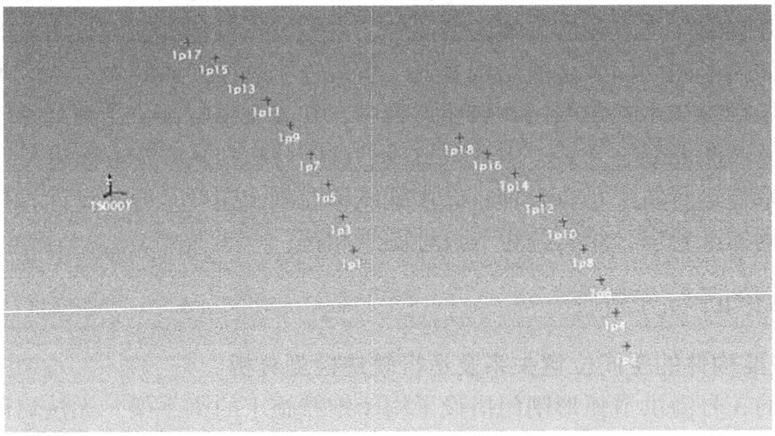

图 6　弧形闸门启门时左右侧运行轨迹点

图 7　支铰轴空间位置点以及面板半径点

表1　1号弧形闸门启门时左右侧运行轨迹点　　单位：mm

测量位置	闸门开度	两测点高差（左-右）	两测点相对0开度时的高差变化	右侧测点左右方向位移	左侧测点左右方向位移
在顶梁左右两侧对称设置两观测点，测点间距：8 000 mm	0	1.5	0	0	0
	0.5	6.0	4.5	3.2	3.0
	1.0	5.5	4.0	2.5	2.5
	1.5	6.3	4.8	5.5	5.3
	2.0	6.5	5.0	2.8	2.5
	2.5	5.1	3.6	4.6	4.2
	3.0	5.6	4.1	3.5	3.0
	3.5	6.3	4.8	2.0	1.8
	4.0	5.2	3.7	5.0	4.3

表2　2号弧形闸门启门时左右侧运行轨迹点　　单位：mm

测量位置	闸门开度	两测点高差（左-右）	两测点相对0开度时的高差变化	右侧测点左右方向位移	左侧测点左右方向位移
在顶梁左右两侧对称设置两观测点，测点间距：8 000 mm	0	2.0	0	0	0
	0.5	4.5	2.5	1.2	1.1
	1.0	5.5	3.5	2.5	2.2
	1.5	6.8	4.8	3.8	3.5
	2.0	7.5	5.5	4.8	4.2
	2.5	6.0	4.0	4.6	4.2
	3.0	5.6	3.6	4.5	4.0
	3.5	6.1	4.1	3.0	2.9
	4.0	6.8	4.8	3.5	3.0

闸门设计开度是5 m，但闸门启升到4 m开度时，铰链与铰座出现挤压干涉，继续运行将出现不可控的危险状况，因此闸门运行试验最大开度设定为4 m。从表1和表2中可以看出，1号孔闸门在0~4 m开度内运行平稳，闸门启升过程中，门顶两侧高差最大变化量为5.0 mm（两测点相对0开度时的高差变化），门顶左右方向最大位移量为5.5 mm；2号孔闸门在0~4 m开度内运行平稳，闸门启升过程中，门顶两侧高差最大变化量为5.5 mm，门顶左右方向最大位移量为4.8 mm。根据闸门在0~4 m开度内两侧的高差变化情况，并未发现闸门运行时出现偏斜的情况，3孔闸门同时施工建设，通过1号和2号的空间位置关系和运行轨迹检测结果，基本可以分析3号闸门也不会出现严重的运行轨迹偏差。但超过4 m开度时铰链与铰座出现挤压干涉，需要在后续查验设计图纸与实际结构是否一致。

为得到闸门左右支铰的同轴度、单个支铰的倾斜度以及铰轴中心至弧门面板外缘曲率半径，在SpatialAnalyzer软件中，建立合适的坐标系，使用几何拟合工具对左右支铰空间位置点拟合出“虚拟圆心”，从而解算出1号、2号及3号弧门的支铰同轴度、倾斜度及曲率半径，见图8、图9。1号、

2 号及 3 号弧门的支铰同轴度、倾斜度及曲率半径解算结果见表 3~表 5。

图 8　支铰同轴度拟合及解算示意图

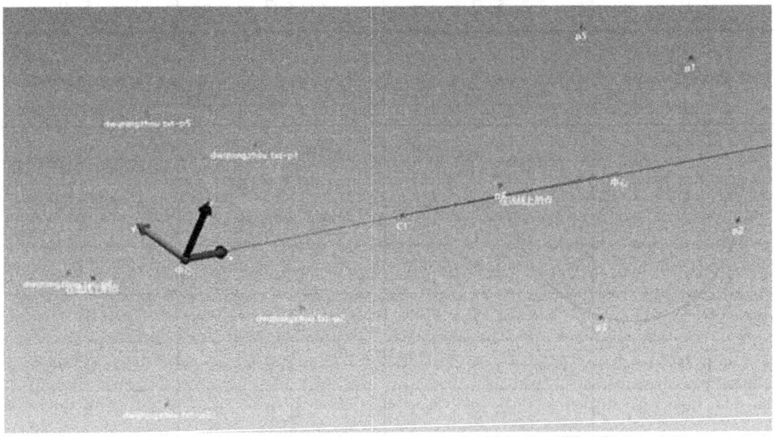

图 9　支铰倾斜度拟合及解算示意图

表 3　1 号孔闸门支铰空间位置关系检测成果

序号	检测项目	单位	特征尺寸	质量指标	检测数据或偏差	单项评定
1	两支铰中心距	mm	7 400	±2. 0	−10. 0	不合格
2	两支铰同轴度	mm	—	≤1. 0	4. 0	不合格
3	左支铰轴倾斜度	mm	—	≤1/1 000	0. 8/1 000	合格
4	右支铰轴倾斜度	mm	—	≤1/1 000	1. 0/1 000	合格
5	铰轴中心至弧门面板外缘半径 R 的极限偏差	mm	5 000	±7. 0	左：最大偏差-6. 0 最小偏差-1. 0 右：最大偏差-5. 0 最小偏差+1. 0	合格
6	铰轴中心至弧门面板外缘半径 R 的两侧相对差	mm	—	≤5. 0	3. 0	合格

表4　2号孔闸门支铰空间位置关系检测成果

序号	检测项目	单位	特征尺寸	质量指标	检测数据或偏差	单项评定
1	两支铰中心距	mm	7 400	±2.0	-7.0	不合格
2	两支铰同轴度	mm	—	≤1.0	8.0	不合格
3	左支铰轴倾斜度	mm	—	≤1/1 000	1.0/1 000	合格
4	右支铰轴倾斜度	mm	—	≤1/1 000	1.0/1 000	合格
5	铰轴中心至弧门面板外缘半径 *R* 的极限偏差	mm	5 000	±7.0	左：最大偏差-7.0 最小偏差-3.0 右：最大偏差-5.0 最小偏差-2.0	合格
6	铰轴中心至弧门面板外缘半径 *R* 的两侧相对差	mm	—	≤5.0	3.0	合格

表5　3号孔闸门支铰空间位置关系检测成果

序号	检测项目	单位	特征尺寸	质量指标	检测数据或偏差	单项评定
1	两支铰中心距	mm	7 400	±2.0	-9.0	不合格
2	两支铰同轴度	mm	—	≤1.0	14.0	不合格
3	左支铰轴倾斜度	mm	—	≤1/1 000	1.0/1 000	合格
4	右支铰轴倾斜度	mm	—	≤1/1 000	1.0/1 000	合格
5	铰轴中心至弧门面板外缘半径 *R* 的极限偏差	mm	5 000	±7.0	左：最大偏差-7.0 最小偏差-1.0 右：最大偏差-7.0 最小偏差-2.0	合格
6	铰轴中心至弧门面板外缘半径 *R* 的两侧相对差	mm	—	≤5.0	4.0	合格

从表3～表5中可以看出，3孔闸门的两支铰中心距及两支铰同轴度均超出了标准要求，但根据以往类似工程检测经验来看，由于弧形闸门支铰采用球铰形式，能够根据支铰安装的误差自适应调整而且自由度较大。因此，两支铰中心距及两支铰同轴度的安装偏差并不是支铰及牛腿混凝土开裂的主要原因。

4.2　牛腿结构混凝土强度检测分析

弧形闸门支铰牛腿为钢筋混凝土结构，为检测内部钢筋分布及数量是否与图纸一致，使用瑞典进口的钢筋保护层检测仪对牛腿的5个面进行内部钢筋分布检测，该仪器使用电磁互感原理，能够自动感应内部钢筋的位置并在仪器屏幕上绘制钢筋分布图（见图10、图11）。经检测，3孔弧门支铰牛腿内部钢筋间距与数量与设计图纸一致。

在确定3号弧门支铰左右侧牛腿混凝土内部钢筋的具体位置后，对混凝土取样进行抗压强度检测，根据设计图纸，支铰牛腿混凝土原设计强度等级为C25，即抗压强度不得小于25 MPa，经取样检测，左侧支铰牛腿混凝土抗压强度平均值为22.97 MPa，右侧支铰牛腿混凝土抗压强度平均值为14.49 MPa，均不满足原设计要求。混凝土抗压强度检测结果及取样位置见表6。

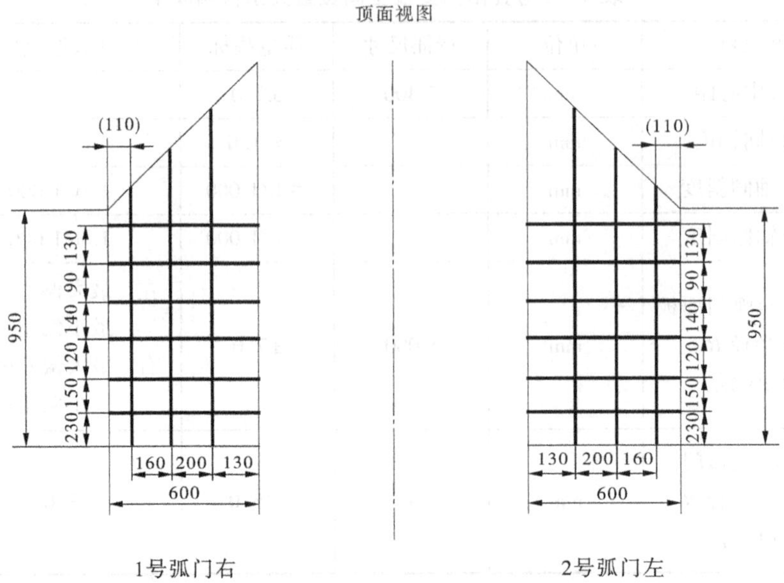

图 10　1 号弧门支铰牛腿内部钢筋分布测量结果

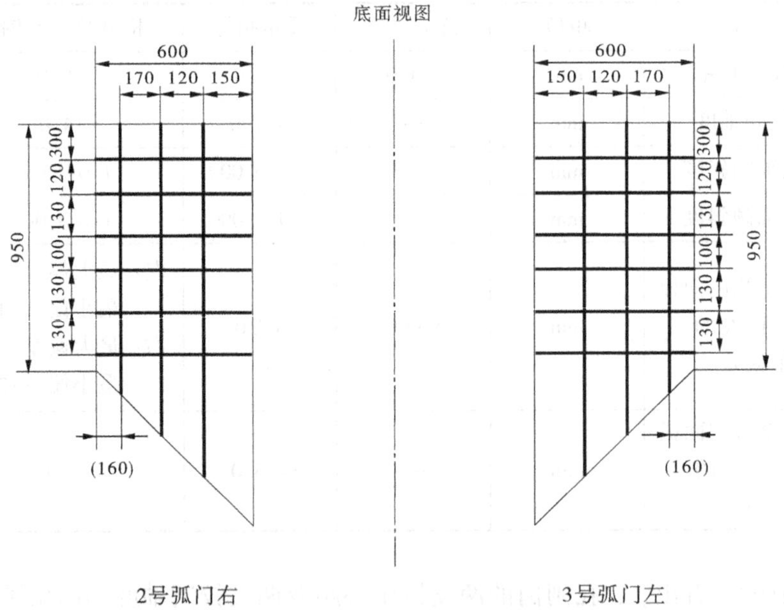

图 11　2 号弧门支铰牛腿内部钢筋分布测量结果

混凝土强度偏低时，当弧形闸门出现异常运行或超负荷运行时，牛腿难以保证设备的安全性，因此在闸门安装时，必须做好现场的质量检验，确保金属结构安装及土建结构满足设计要求。

4.3　铰链材料特性检测与结构形式查验分析

根据现场勘察情况，3 号弧门支铰铰链出现了明显的裂纹或挤压变形情况，为确定支铰铰链的制造材料是否满足标准要求，技术人员对出现裂纹的左支铰铰链上筋板切割取样进行力学及金相检验。检测结果表明：3 号孔支铰取样的 ZG310-570 铸钢件试样抗拉强度 R_m 标准值要求不低于 570 MPa，检测值 418 MPa；屈服强度 R_{eH} 标准值要求不低于 310 MPa，检测值 242 MPa；断后伸长率 A 标准值要求不低于 15%，检测值 13%；冲击吸收能量（20 ℃）标准值不低于 15 J，检测平均值 12.6 J；均不符合《一般工程用铸造碳钢件》（GB/T 11352—2009）标准中 ZG310-570 的要求；化学元素 C、Si、Mn、S、P 的含量符合《一般工程用铸造碳钢件》（GB/T 11352—2009）标准中 ZG310-570 的要求，金相组织符合 ZG310-570 铸钢的特性。

表 6　3 号孔闸门混凝土芯样强度测试一览表

芯样编号	芯样位置	芯样直径/mm	芯样长度/mm	高径比	芯样抗压强度/MPa	抗压强度平均值/MPa	混凝土设计强度
1 号	3 号孔右侧牛腿	100	100	1 : 1	14. 90	14. 49	C25
2 号	3 号孔右侧牛腿	100	100	1 : 1	12. 20		
3 号	3 号孔右侧牛腿	100	100	1 : 1	16. 38		
4 号	3 号孔左侧牛腿	110	110	1 : 1	23. 43	22. 97	C25
5 号	3 号孔左侧牛腿	110	110	1 : 1	22. 71		
6 号	3 号孔左侧牛腿	100	100	1 : 1	22. 77		
取样位置	 右支铰牛腿取样位置			 左支铰牛腿取样位置			

在进行支铰的工程设计资料查验中，技术人员发现溢洪道 3 孔弧形工作闸门安装的支铰铰座与设计图有较大出入，实物铰座在左右侧耳板之间增加了两道加强肋，但设计图上并未设计，如图 12、图 13 所示。导致闸门在启门过程中，在到达某一开度时铰链与铰座上多出的加强肋挤压干涉，同时支铰铰链的材料不满足 ZG310-570 铸钢的力学性能要求，导致挤压过程中铰链上出现开裂，同时较大的挤压力传递至牛腿后，因牛腿的混凝土强度未达到设计要求，牛腿无法承受挤压力而导致开裂。

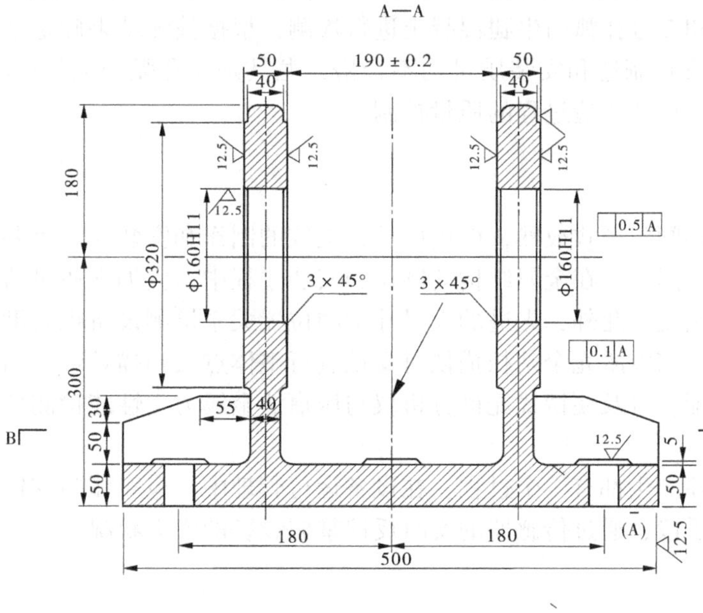

图 12　支铰铰座原始工程设计图

图 13　支铰铰座现场安装实物图

5　支铰故障诊断结论及建议

经过弧形闸门安装空间位置关系检测及运行轨迹检测、3 号弧形闸门牛腿结构混凝土强度检测、铰链的金属材料力学及金相检测、结构形式查验后，可以得出该溢洪道弧形闸门支铰故障诊断结论及建议：

（1）因弧门铰座结构与设计不一致，弧门大开度运行时铰链与铰座有异常挤压，且铰链力学性能和牛腿混凝土抗压强度均不满足设计要求，这是 3 号孔弧门左支铰铰链开裂以及两侧牛腿混凝土破坏的主要原因。

（2）因溢洪道 3 孔弧门的铰座均存在使弧门不能正常运行的缺陷，且抽查 3 号孔左侧铰链的力学性能不满足设计要求，建议溢洪道 3 孔弧门的支铰全部重新制作。

（3）因 3 号孔弧门两侧牛腿混凝土抗压强度均不满足设计要求且已破裂，建议重新制作 3 号孔弧门牛腿，并对 1 号孔和 2 号孔弧门牛腿混凝土进行检测，根据检测结果确定处理方案。

（4）因 3 孔弧门原支铰制造和安装质量均不合格，尤其是 3 孔弧门支铰的空间位置和形态不易控制，建议加强弧门支铰更新改造过程的质量控制。

6　总结与展望

水利水电工程中弧形闸门形式成熟，应用广泛，支铰的制作和安装尤为重要，直接关系到弧形闸门是否能安全顺利运行。因此，在金属结构的制作和安装过程中，应加强质量监控，条件允许的情况下严格执行第三方检验制度。此外，先进的大尺寸空间位置关系检测设备也有助于故障的现场诊断与分析，在后续研究中，可探索激光全站扫描仪对支铰进行整体点云扫描处理，结合三维处理软件直接进行被测对象的模拟装配，以及便携式光谱分析仪与压痕法金属力学性能检测仪对金属材料力学性能的现场检测。

金属结构设备的故障产生都有一个过程，在设备运行管理中，应对弧门支铰这样的重要受力传力部位逐步增设在线监控手段，通过传感器的实时反馈掌握设备的安全状况。

参考文献

［1］涂从刚，史瑞强，李东风，等．非接触式测量在弧形闸门安装检测中的应用［J］．水利技术监督，2023（8）：12-15.

［2］牛爱军，李新华，陈崇德．向家草坝节制闸牛腿拆除后弧形闸门的安装技术［J］．水电与新能源，2020（1）：19-22.

［3］王永亮，李陆明，杨青杰．前坪水库弧形闸门安装中三维检测技术应用［J］．中国水利，2020（18）：36-38.

［4］王源坤，王宏飞，韦仕龙，等．某水库泄洪闸工作弧门支铰轴承抱死问题分析及处理［C］//2023 中国水利学术大会论文集．郑州：黄河水利出版社，2023：298-304.

［5］张兵，孔垂雨，张怀仁，等．某水库大坝底孔弧形工作闸门事故过程推理及事故原因分析［J］．水利技术监督，2023（4）：213-215.

［6］张怀仁，洪伟，涂从刚，等．某弧形工作闸门启闭异常故障诊断及处理措施［J］．水利技术监督，2020（6）：43-46.

［7］张怀仁，陆鹏飞，腾飞．近景摄影测量技术在钢岔管水压试验变形检测中的应用［J］．水电与新能源，2015（1）：32-35.

［8］蒋凌云，马小燕．基于数字孪生技术的闸门故障自动化诊断方法研究［J］．设备管理与维修，2023（12）：31-33.

［9］郝楠楠，韩刚，腾楷．弧形闸门状态监测与故障诊断技术研究［J］．中国水能及电气化，2020（9）：42-45.

［10］刘扬扬，罗建华，杨瑞坤．北疆某工程溢洪道弧形工作门支铰故障的原因及维修办法［J］．中国水运，2011，11（6）：135-136.

摄影测量技术在压力钢管失稳变形检测中的应用

涂从刚[1]　王　佩[1]　张全彪[2]　吴　祥[2]

（1. 水利部水工金属结构质量检验测试中心，河南郑州　450044；
2. 黄河水利水电开发集团有限公司，河南郑州　450000）

摘　要：江西某电厂循环水进出水管运行过程中发现钢管多处失稳变形。由于测量精度要求高、检测现场条件受限、测点密度要求大等问题，使得钢管的变形测量较为困难，现场基本不具备全站仪、激光跟踪仪和扫描仪等工业测量系统的操作条件。摄影测量系统具有精度高、非接触式测量、受温度影响小、不需要稳定的测量平台等特点，是最适合此次变形检测的测量手段。测量结果表明，钢管的变形规律与应力测试呈现的规律和有限元计算反映的规律一致。通过变形部位的量化分析，不仅能对应力测试和复核计算起到指导和相互印证的作用，还能为压力钢管变形修复工作提供指导意见。

关键词：摄影测量；压力钢管；失稳；变形检测；修复

1　引言

压力钢管是水利水电工程中输水建筑物的重要组成部分，它承受着较大的内水压力以及自身的重量和水重，对整个工程的安全运行有重要的影响[1]。

压力钢管常见的失稳变形主要包括：①管道在上部荷载的作用下，竖向上被压缩，水平上向外凸出，即从正圆被压成椭圆，称为“环向变形”。多发生在埋藏式压力钢管工况条件下。②管道随着地基沉降变形而沉降，称为“沉降变形”。③管道同时发生以上两种变形的复合变形。④钢管在受到外部荷载和作用力时，其本身刚度、强度或伸缩节等部位的连接强度不够等原因使钢管发生的上翘、扭曲等折弯变形。

压力钢管失稳变形的原因主要包括：①管理单位技术人员对深孔闸门和启闭机未按照要求进行开启的人为因素。②对于明管，尤其是高水头明管，镇墩之间安装位置公差严重偏离设计及标准要求是造成折弯、上翘等变形的主要原因。③对于埋藏式压力钢管，土建施工质量（回填土密实度等）不合格是造成环向变形或复合变形的主要原因。④在设计院提供主要参数的情况下，钢管制作厂家对伸缩节等具体部位的设计不能满足实际刚度要求也是一个重要原因。压力钢管的变形检测是保证水利水电工程安全运行的重要措施，尤其体现在其运行管理阶段[2]。

由于测量精度要求高、检测现场条件限制、测点密度要求大等问题，钢管的变形测量较为困难，常见的经纬仪、全站仪、激光跟踪仪和扫描仪等工业测量系统难以发挥其优势[3-4]。摄影测量系统具有精度高、非接触式测量、受温度影响小、不需要稳定的测量平台等特点，是目前水工金属结构变形检测的首选手段[5]。

本文以江西某电厂三期工程循环水进出水管母管为载体进行研究和分析摄影测量技术在压力钢管失稳变形测量中的应用。该钢管直径 3.6 m，总长度约为 1 145 m，在运行过程中多处出现失稳变形。

基金项目：中央级科学事业单位修缮购置专项资金项目（水工金属结构数字视觉大尺寸动态测量系统）（126216318000190004）；郑州市水利工程精密测量重点实验室资助项目（20230201K01）。

作者简介：涂从刚（1983—），男，高级工程师，量测专总，主要从事水工金属结构检测技术研究工作。

该钢管是连接循环水泵房、电厂主厂房和自然通风冷却塔的输水管线，在整个电厂三期工程中起着重要作用。

2 测量技术方法

2.1 测量原理

摄影测量是通过一台高分辨率的数字相机对被测物进行多角度拍摄，在不同位置和方向获取同一物体的多张数字图像，经过像点扫描、定向、匹配与平差得到待测点的精确三维坐标，通过分析三维点坐标从而达到最终目的。摄影测量系统的精度主要取决于相机的空间分辨率，用于检测时一般采用高分辨率、高精度的专业型量测相机，其检测精度可高达到 1/12 万 mm。摄影测量原理示意图如图 1 所示。

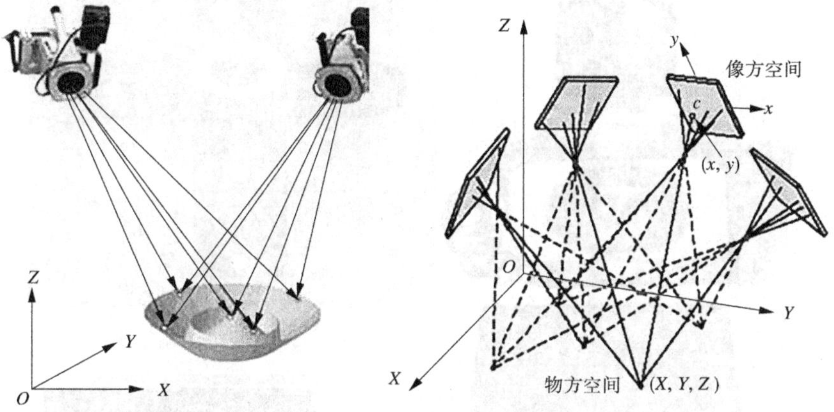

图 1 摄影测量原理示意图

将像片外方位元素、物方点坐标、相机内参数作为初值，进行自检校光束法平差即可得到被测点的精确三维坐标，坐标系如图 2 所示。其共线方程为：

$$\left.\begin{aligned} x - x_0 &= -f\frac{a_1(X - X_S) + b_1(Y - Y_S) + c_1(Z - Z_S)}{a_3(X - X_S) + b_3(Y - Y_S) + c_3(Z - Z_S)} \\ y - y_0 &= -f\frac{a_2(X - X_S) + b_2(Y - Y_S) + c_2(Z - Z_S)}{a_3(X - X_S) + b_3(Y - Y_S) + c_3(Z - Z_S)} \end{aligned}\right\} \tag{1}$$

式中：(x, y) 为标志点的像点坐标；(x_0, y_0) 为像主点的像点坐标；(X, Y, Z) 为标志点的物方坐标；(X_S, Y_S, Z_S) 为拍摄中心的物方坐标；f 为相机主距；$a_1 \sim a_3$、$b_1 \sim b_3$、$c_1 \sim c_3$ 为像空间坐标系到物方坐标系的旋转矩阵，由像片定向求取。

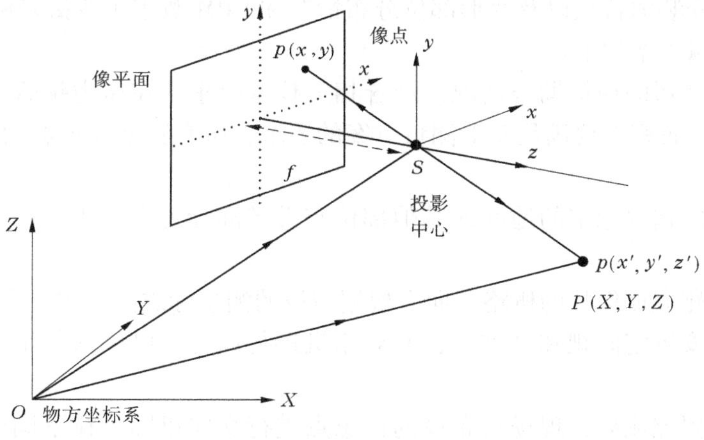

图 2 摄影测量坐标系示意图

2.2 测量仪器

本次钢管变形检测采用的是水利部专项修购水工金属结构数字视觉大尺寸动态测量系统——DPM 数字工业摄影测量系统，主要由 SV-CAM-DH2900 相机、定向靶、基准尺、回光反射标志、编码标志和像点解算软件 svlmage、数据处理软件 Spatival View 构成。单相机系统 10 m 之内的测量精度优于 0.1 mm，相机分辨率 2 900 万，视场角 74×59°，相机最大帧速 4 Hz，曝光时间≥30 ms，工作温度 0~40 ℃，支持自动测光，支持软件单次触发、软件指定频率触发、遥控触发、外部 TTL 触发，定向模式有稳定模式（定向尺定向）和非稳定模式（控制点定向），测量模式有编码标志测量、振动测量、位姿测量等。系统组件如图 3 所示。

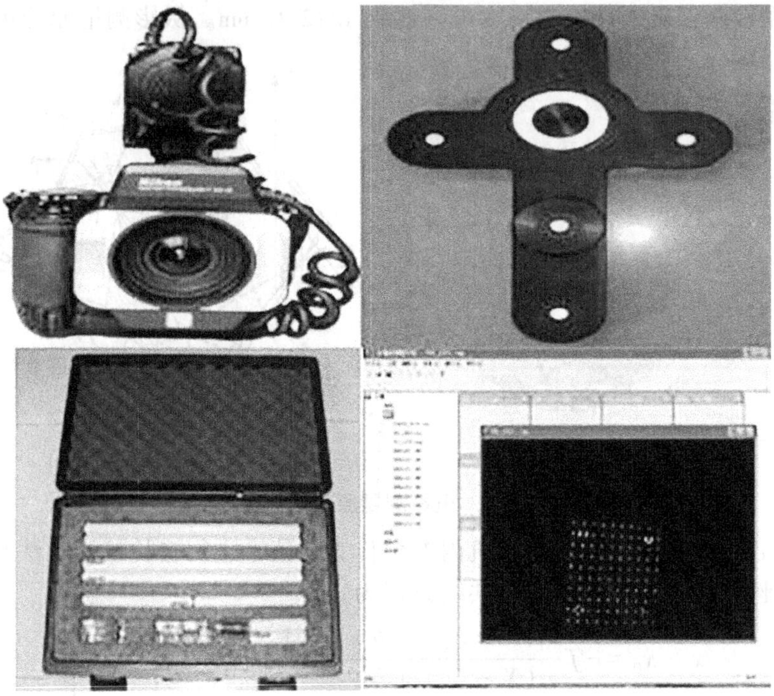

图 3　DPM 数字工业摄影测量系统

该系统在 20 m 内的标称测量精度为 5 μm+5 μm/m，即 8 m 范围内测量的精度优于 0.05 mm，这完全满足现场拍摄距离的要求和精度的要求。目前，DPM 数字工业摄影测量系统已广泛应用于大型工业部件设计、仿制、安装、检测、质量控制和动态监测中。

2.3 测量方法

根据压力钢管现场安装的特点以及变形部位分布情况和 DPM 数字工业摄影测量系统的工作流程，此次变形测量的具体测量方案如下：

（1）根据钢管失稳变形的现场勘查情况，结合相关技术要求，在压力钢管变形区的关键位置布设测量标志点，标志点布置密度要满足变形测量方案的要求，所有测量标志点均参与分析计算钢管的变形。

（2）在压力钢管周围选取稳定的地面或其他部位布设基准标志点，用于构建压力钢管变形测量坐标系的基准系统。

（3）为了配合定向靶完成像片的概略定向，根据布设的测量标志点位置，布设编码标志。

（4）在合适的位置安置定向靶和基准尺，并对相机进行调光，以确保每个标志点与编码标志识别的质量。

（5）所有标志点布置完成后，现场对布设的标志点进行交向摄影，在不同位置和方向拍摄钢管变形区域的多张数字图像。

（6）拍摄完成后，用摄影测量数据处理软件对图像进行处理和分析计算。

DPM 数字工业摄影测量系统建立的坐标系由定向靶放置的位置与姿态决定，该坐标系不适用于表达钢管变形的方向。因此，为了便于分析钢管的变形方向，还需建立钢管变形分析坐标系，如图 4 所示。

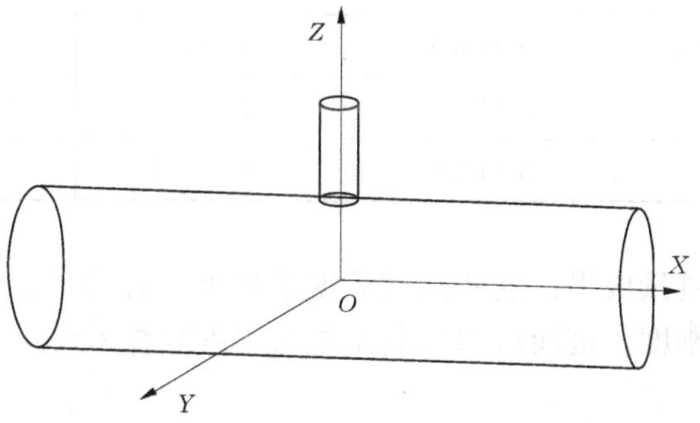

图 4　钢管变形分析坐标系

以钢管中心为坐标原点，以钢管轴线为 X 轴，以竖直向上为 Z 轴，根据右手坐标系确定 Y 轴。

将各部位在原始坐标系下的变形值转换到该坐标系下后，可得钢管变形部位在各方向的变形值，最终可绘制钢管不同特征点位的变形曲线图。

3　检测成果及分析

3.1　测量成果

根据测量技术方案要求，在压力钢管变形严重的某断面宽度约 2 m 的范围内进行了布点测量，测量完成后截取 5 个截面进行计算及模型分析，截面位置分布如图 5 所示，截面投影如图 6 所示，截面均分别选取在每圈靶标点上。

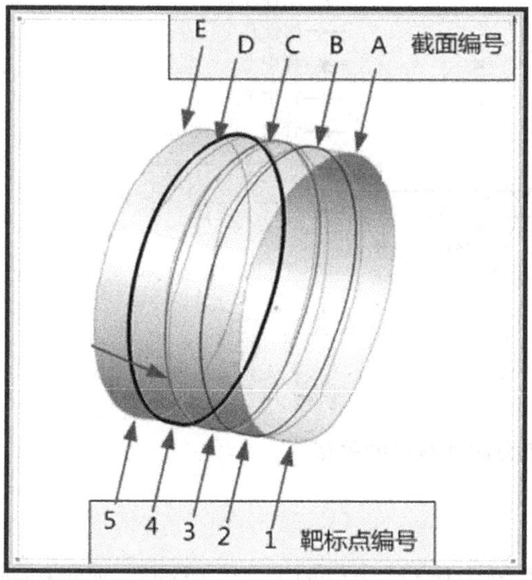

图 5　截面位置分布图

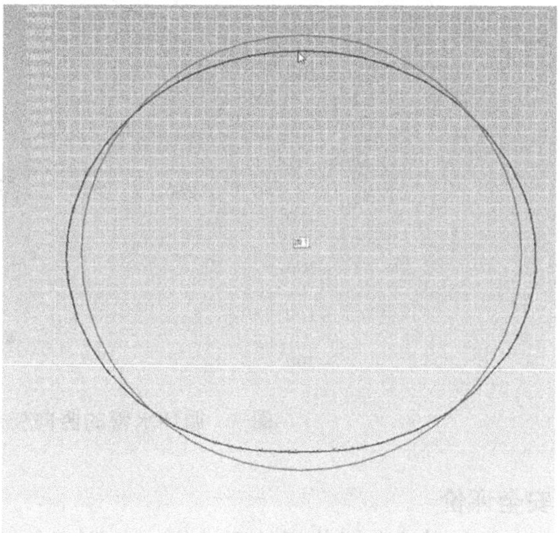

图 6　截面投影图

将每个截面投影到与该钢管的中轴线垂直的平面上，测量其最长轴和最短轴的长度、内周长以及两个方向的直径变化量，如表 1 所示。

表 1 各截面测量结果

单位：mm

截面编号	短轴长度	长轴长度	内周长	竖向直径增加量	横向直径减少量
A	3 304.3	3 818.4	11 247.1	280.5	236.3
B	3 303.4	3 818.1	11 247.2	281.8	238.2
C	3 301.9	3 818.5	11 247.5	277.3	234.5
D	3 300.1	3 819.1	11 247.8	274.2	232.8
E	3 298.3	3 817.4	11 247.2	273.8	230.9

现场检测取得了完整的测量成果，这些测试数据结果可以有助于后续的有限元计算及分析，进一步复核钢管变形后的强度和刚度，进而可以判断是否可以继续投入使用，以便为更好地制定后续的加固修复方案提供参考建议。

3.2 一致性分析

压力钢管失稳变形原因分析一般会结合残余应力的测试结果，对于二者的一致性分析有助于更清晰地判断钢管变形的真实原因，通过摄影测量系统软件分析处理功能计算变形测量结果和残余应力测试结果的平均值，可以得出二者的对应关系。从测试结果可以看出，在竖向变形量达到 280 mm 时，应力测试值达到最大值，达到 Q235 钢板的标准规定屈服强度。变形量小于或等于 280 mm 时，循环水管上部和下部内表面测得残余拉应力，腰部测得残余压应力，与循环水管局部受压产生变形引起的残余应力分析结果一致。变形量超过 280 mm 后，应力测试值不升反降，有的部位内表面甚至出现压应力，说明循环水管在过大的外力作用下，材料已产生塑性变形。循环水管的竖向变形量与应力测试数据的关系见图 7。

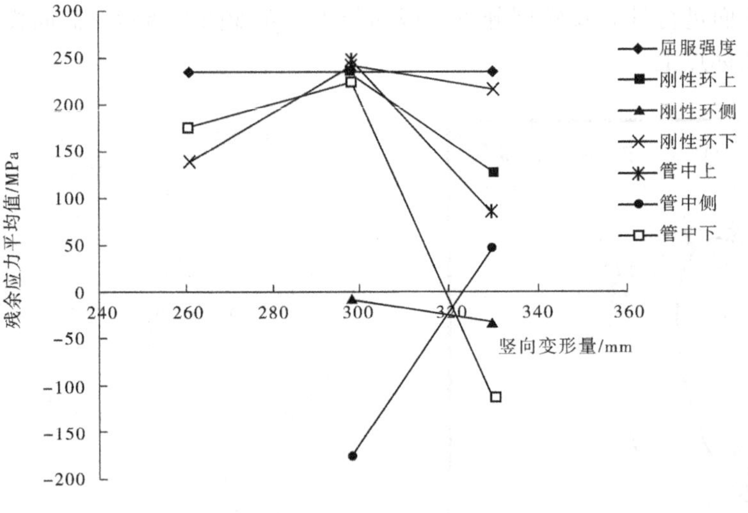

图 7 循环水管的竖向变形量与应力测试数据的关系

3.3 安全评价

通过应力测试数据分析处理结果，各测区的应力数据较为接近，环向应力呈现钢管顶部和钢管底部受拉、钢管腰部受压的规律与摄影测量得到的钢管变形规律一致，与后续有限元计算反映的规律也一致。

根据循环水管使用的钢材 Q235 的力学性能，材料的断后伸长率大于等于 29%，虽然循环水管材料局部达到屈服，但该材料尚有足够的塑性储备。从测量结果分析可知，循环水管不存在局部超量塑性变形，所有变形均为缓慢过渡，因此可对该循环水管进行修复，在结构尺寸等质量达到制造安装标准要求后可投入使用。

4 总结与展望

摄影测量技术已经广泛应用于各个领域，其测量精度高，操作简单，携带方便，不需要稳定的测量平台，而且避免了直接接触被测物体带来的风险，充分显示了其优越性，特别是现场环境恶劣、空间狭窄受限的测量时更能体现其独特性。

通过摄影测量技术对压力钢管的变形部位进行了精密测量并进行量化分析，既可以对变形部位的应力测试结果进行验证，同时也能为运行管理单位制定修复方案提供科学依据和有力的技术支持。

此次压力钢管失稳变形测量积累了一定的实验数据，结合钢管内部声发射检测与无线动态应变测试的实验数据，将更有利于研究压力钢管水压试验时加压各阶段材料的力学特征，掌握塑性变形的发生节点，并为水压、应力、声发射及变形的相关性研究提供基础。

参考文献

[1] 张怀仁，陆鹏飞，腾飞．近景摄影测量技术在钢岔管水压试验变形检测中的应用［J］．水电与新能源（信息科学版），2015（1）：32-35.
[2] 杨兆福．水工金属结构［M］．北京：水利电力出版社，1989.
[3] 李广云，李宗春．工业测量系统原理与应用［M］．北京：测绘出版社，2011.
[4] 冯其强，李广云，李宗春．数字工业摄影测量技术及应用［M］．北京：测绘出版社，2013.
[5] 丁凯，郑圣义，马志飞．金属结构［M］．郑州：黄河水利出版社，2019.
[6] 冯文灏．工业测量方法及其选用的基本原则［J］．武汉大学学报（信息科学版），2001，26（4）：331-336.
[7] 李广云，范百兴．精密工程测量技术及其发展［J］．测绘学报，2017，46（10）：1742-1751.
[8] 郭迎钢．工业摄影测量网形优化设计［D］．郑州：解放军信息工程大学，2017.
[9] 王保丰，李广云，于志坚，等．自主交会对接最后逼近阶段单台 CCD 测量方法研究［J］．宇航学报，2007，28（1）：22-27.
[10] 冯其强，李广云，黄桂平．基于自动定向棒和编码标志的像片概略定向［J］．红外与激光工程，2008，37（S1）：132-136.
[11] 冯其强，李广云，李宗春．基于点松弛法的自检校光束法平差快速计算［J］．测绘科学技术学报，2008，25（4）：300-302.

平面闸门流固耦合自振特性分析及试验验证

李　勤[1]　孔繁臣[2]　吴　纵[1]　韩四保[2]

(1. 水利部产品质量标准研究所，浙江杭州　310012；
2. 内蒙古赤峰抽水蓄能有限公司，内蒙古赤峰　024000)

摘　要：本文介绍了虚质量法仿真分析闸门结构流固耦合自振特性的原理，并针对某水电站的平面闸门进行了干模态计算、虚质量法流固耦合自振特性分析和工作模态测试。通过比较闸门自振特性仿真分析成果和实测结果，得出并验证了以下结论：流固耦合中水体附加质量对闸门的振动特性存在显著影响；应用虚质量法计算得到的模态基本接近工作模态，采用该方法分析弹性结构流固耦合自振频率是合适的；闸门自振频率随着耦合水面积的减小而提高。

关键词：水工闸门；流固耦合；虚质量法；自振特性；工作模态

1　引言

从当前闸门事故实例分析来看，发生破坏时往往都伴随着强烈振动。不论随机荷载能否引起共振，即使闸门自激振动，振动系统也往往被激励在其固有频率上。因此，闸门振动的外因虽有不同解释，闸门自振特性实际上标志着闸门振动的内因，而振动的性质和量级取决于结构的自振特性和水动力荷载作用。因此，研究闸门结构的流固耦合自振特性是进行振动分析的基础[1]。

潘树军等[2]、鲍秋慧等[3]、徐振东等[4] 探索了闸门流固耦合振动特性的数值模拟分析，但是试验验证未见阐述。目前，流体对闸门结构自振特性的影响有一些定性的研究，但影响程度还没有明确的定量数据，流场范围对结构流固耦合特性的影响大小尚无定论和具体的研究成果。

本文以某电厂溢流坝平面闸门为研究对象，采用虚质量法对平面闸门结构的流固耦合自振特性进行数值分析研究，并与实际工作情况下的工作模态测试数据进行研比，以获得水工平面闸门流固耦合振动特性相关的判断依据。

2　水工钢闸门模态分析——虚质量法

2.1　水工钢闸门流固耦合振动方程

流体与工程结构是相互作用的两个系统，它们之间的相互作用是动态的。流体作用在结构上的力把这两个系统联结在一起，流体力使工程结构变形，而工程结构变形时又改变了流场，于是流体力又发生了变化。因此，流固耦合多自由度闸门组成的振动系统的运动微分方程可表示为：

$$[\boldsymbol{M}_S+\boldsymbol{M}_A]\{\ddot{\boldsymbol{u}}\}+[\boldsymbol{C}_S+\boldsymbol{C}_A]\{\dot{\boldsymbol{u}}\}+[\boldsymbol{K}_S+\boldsymbol{K}_A]\{\boldsymbol{u}\}=\{\boldsymbol{F}_S\}+\{\boldsymbol{F}_A\} \tag{1}$$

式中：$[\boldsymbol{M}_S]$ 为闸门结构质量矩阵；$[\boldsymbol{M}_A]$ 为水体的附加质量矩阵；$[\boldsymbol{C}_S]$ 为闸门结构阻尼矩阵；$[\boldsymbol{C}_A]$ 为水体的附加阻尼矩阵；$[\boldsymbol{K}_S]$ 为闸门结构刚度矩阵；$[\boldsymbol{K}_A]$ 为水体的附加刚度矩阵；$\{\ddot{\boldsymbol{u}}\}$、$\{\dot{\boldsymbol{u}}\}$、$\{\boldsymbol{u}\}$ 分别为闸门结构的加速度、速度、位移向量；$\{\boldsymbol{F}_S\}$ 为附加水动压力引起的载荷列向量；

基金项目：浙江省基础公益研究计划（LGC22E050012）。

作者简介：李勤（1978— ），女，高级工程师，检测机构质量负责人，主要从事检测机构质量体系管理、水工金属结构检测评估和检测方法研究工作。

$\{\boldsymbol{F}_A\}$ 为闸门结构上的其他荷载列向量。

由于闸门结构在工作过程中处于材料的线弹性范围内，流固耦合平面闸门是小阻尼结构系统，因而忽略阻尼的作用[5]；一般情况下水对结构形成的刚度 $[\boldsymbol{K}_A]$ 相对结构本身的刚度小得多，因此可以忽略。水下振动特性分析重点考虑水附加质量 $[\boldsymbol{M}_A]$。若想得到闸门结构的自由振动方程，令 $\{\boldsymbol{F}_S\}+\{\boldsymbol{F}_A\}=0$。

故将式（1）简化后，闸门结构的无阻尼自由振动方程的矩阵形式为：

$$[\boldsymbol{M}_S+\boldsymbol{M}_A]\{\ddot{\boldsymbol{u}}\}+[\boldsymbol{K}_S]\{\boldsymbol{u}\}=0 \tag{2}$$

由于此时闸门结构将做简谐运动，故可设式（2）的解为

$$\{\boldsymbol{u}\}=\{\phi\}\sin(\omega t+\varphi) \tag{3}$$

将式（3）代入式（2）得

$$([\boldsymbol{K}_S]-\omega^2[\boldsymbol{M}_S+\boldsymbol{M}_A])\{\phi\}=0 \tag{4}$$

结构做自由振动时，式（4）中各节点振幅 ϕ 显然不为0，故式（4）括号中矩阵的行列式的值必须为0，由此得到闸门结构自振频率满足的方程为

$$|[\boldsymbol{K}_S]-\omega^2[\boldsymbol{M}_S+\boldsymbol{M}_A]|=0 \tag{5}$$

将式（5）展开成关于 ω^2 的无缺项、系数正负相间的 n 次代数方程式，即自振频率方程，解方程得闸门结构的 n 个频率，将其按从小到大顺序依次即为闸门结构的第1，2，3，…，n 阶固有频率[6]。

通过求解式（5）即可获得闸门的各阶自振特性，但是在求解的过程中，如何得到附加质量 $[\boldsymbol{M}_A]$ 的值，是需要解决的问题。经过研究，提出通过虚质量法来求解附加质量 $[\boldsymbol{M}_A]$ 的值，从而可以解决流固耦合问题。

2.2 水下闸门模态虚质量法

虚质量法的原理是使水中物体运动，不仅该物体需要加速，而且包围该物体附近水域也要受到加速运动，该结构运动所需要的力 F' 比空气中加速同样结构所需的力 F 大，可表示为

$$F'=(m+m')a>F=ma \tag{6}$$

式（6）中 m' 即为附加于结构上的水质量。

水下模态计算重点考虑水的附加质量[7]。Tanaka 等[8] 对水中三维柱体结构进行了试验研究，并研究了用附加质量法分析弹性结构自振频率的适用性。

虚拟质量法通过施加一个附加质量矩阵，实现不可压缩流体对结构的作用。流体中结构振动模态的有限元计算方程为式（2）。

假设水具有各向同性、不可压缩特性，忽略结构表面重力的影响，且结构的运动速度很低。根据流体力学的基本方程组，求解 Laplace 方程可以得到速度势以及压力场[9]：

$$\dot{\boldsymbol{u}}_i=\sum_j\int_{A_j}\frac{\boldsymbol{\sigma}_j\boldsymbol{e}_{ij}}{|r_i+r_j|^2}\mathrm{d}A_j \tag{7}$$

$$p_i=\sum_j\int_{A_j}\frac{\rho\boldsymbol{\sigma}_j\boldsymbol{e}_{ij}}{|r_i+r_j|}\mathrm{d}A_j \tag{8}$$

式中：$\dot{\boldsymbol{u}}_i$ 为任意节点 r_i 处的速度向量；A_j 为结构表面上一微元的面积；$\boldsymbol{\sigma}_j$ 为 j 节点处的速度向量；$\boldsymbol{e}_{ij}$ 为从 j 点到 i 点的单位向量；p_i 为任意面 A_j 上的压力；ρ 为流体密度。

将式（7）和式（8）积分得到

$$\{\dot{\boldsymbol{u}}\}=[x][\boldsymbol{\sigma}] \tag{9}$$

$$\{\boldsymbol{F}\}=[\Lambda]\{\boldsymbol{\sigma}\} \tag{10}$$

式中：F 为节点压力。

根据力矩阵、质量矩阵与加速度矩阵的关系式为

$$\{\boldsymbol{F}\}=[\boldsymbol{M}_A]\{\ddot{\boldsymbol{u}}\} \tag{11}$$

将式（9）和式（10）代入式（11）得到虚质量矩阵为：

$$[\boldsymbol{M}_A]=[\Lambda][x]^{-1} \tag{12}$$

根据式（12）求得附加质量 $[\boldsymbol{M}_A]$，进一步求解式（5），即可获得闸门水下流固耦合特征值。

3　闸门自振特性计算应用

本文以某水电站溢流坝平面工作闸门作为研究对象，进行干模态和基于虚质量法的流固耦合自振特性（湿模态）的计算。某水电站溢流坝平面工作闸门，单扇闸门门叶自重约 98.2 t，孔口净宽×净高为 14.0 m×14.5 m，闸门的底坎标高 140.935 m，设计水位 155.0 m，闸门主结构金属材料为 16Mn，密度为 7 858 kg/m^3，弹性模量 E=2.06×10^5 MPa，泊松比 μ=0.3。

以整扇闸门为分析对象，建立计算模型。闸门结构有限元计算采用线弹性有限元法，把闸门结构离散为主框架由板壳单元和次梁采用梁单元组成的弹性结构。计算模型的节点总数 113 649 个，单元总数 14 905 个。

基于虚质量流固耦合自振特性分析时，模型数据卡定义水的密度 $\rho_水$ = 1 000 kg/m^3，水深根据所需计算工况定义；闸门所有单元与水接触。

3.1　干模态的模拟分析

干模态模拟分析时，闸门底部约束竖向、主轮水流向及坝轴向等三个方向的平移自由度，其他自由度自由。

溢流坝工作闸门的干模态分析结果列于表 1，模态振型见图 1～图 3。

表 1　闸门干模态分析结果

阶次	自振特性	
	自振频率/Hz	振型描述
1	14.48	壳曲
2	18.35	上中段反相壳曲
3	19.87	中段沿坝轴向扭振

图 1　闸门干模态一阶振型

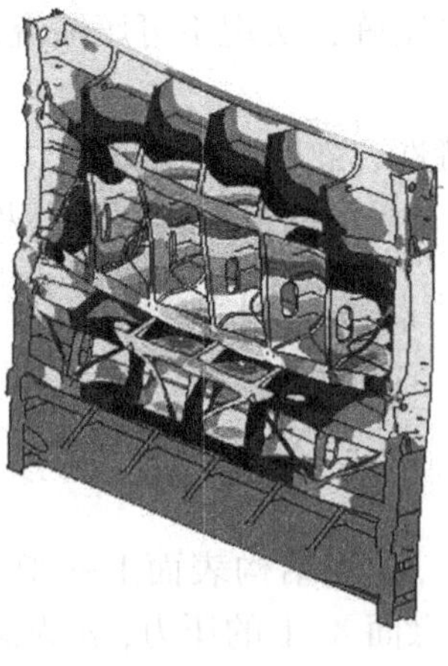

图 2　闸门干模态二阶振型

图 3　闸门干模态三阶振型

3.2　流固耦合自振特性（湿模态）的计算

流固耦合模态分析时，选取了几个比较有代表的耦合水位来确定边界条件。闸门挡水工况时底部约束竖向、主轮水流向及坝轴向等三个方向的平移自由度，挡水高度为 14.0 m；闸门局部开启时，约束闸门边柱主轮的水流向平移自由度，其他自由度自由。计算结果见表 2。14.0 m 挡水（0 开度）

时的前三阶模态振型见图 4～图 6。

表 2　模态参数的计算值与实际测量值比对

工况	项目		一阶	二阶	三阶
14 m 挡水（0 开度）	阶次		一阶	二阶	三阶
	频率/Hz	计算值	5.57	7.68	10.08
		实测值	4.46	6.53	7.41
	振型	计算	壳曲	上段沿坝轴扭振，中下段同相壳曲，上中同相	上段沿坝轴扭振，中下段同相壳曲，上中反相
		实测	壳曲	上段与中下段反相壳曲	上段沿坝轴扭振，中下段同相壳曲，上中同相
11 m 挡水（3 m 开度）	阶次		一阶	二阶	三阶
	频率/Hz	计算	7.25	11.85	14.06
		实测	6.03	8.63	11.28
	振型	计算	壳曲	上下段同相壳曲，中段反相壳曲	上段沿坝轴向扭振，中下段反相壳曲
		实测	壳曲	上段与中下段反相壳曲	上下段同相壳曲，中段反相壳曲
8 m 挡水（6 m 开度）	阶次		一阶	二阶	三阶
	频率/Hz	计算	8.67	11.25	13.95
		实测	6.93	10.59	12.14
	振型	计算	壳曲	上中段沿坝轴向扭振，下段壳曲	上段沿坝轴向扭振，中下段反相壳曲
		实测	壳曲	上中段沿坝轴向扭振，下段壳曲	上段上部壳曲，中下段沿坝轴向扭振

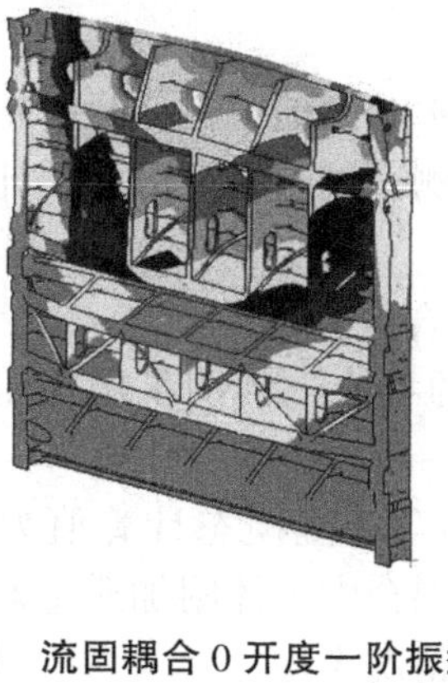

图 4　流固耦合 0 开度一阶振型

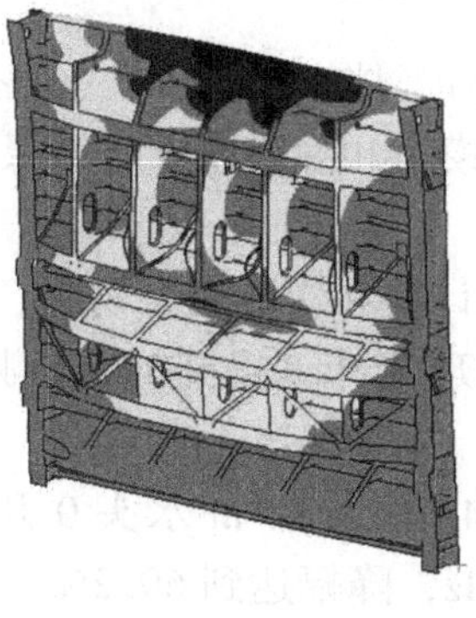

图 5　流固耦合 0 开度二阶振型

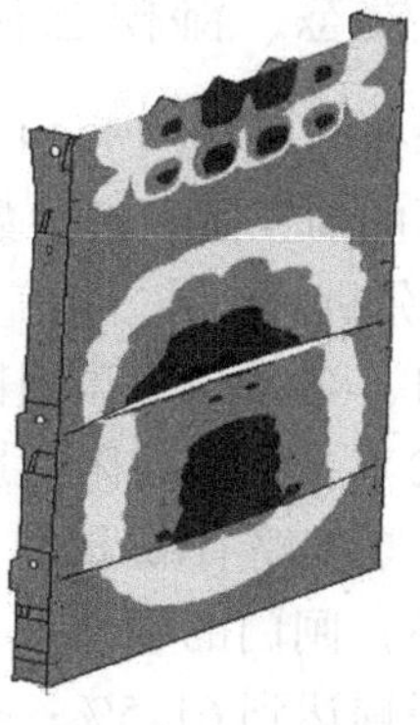

图 6　流固耦合 0 开度三阶振型

4 闸门工作模态测试

水工闸门工作模态实验分析采用自然水流脉动法进行数据测量。数据采集和分析采用 LMS 动态数据采集分析系统。

闸门在实际测试时，闸门上游水位 155.07 m，下游水位 142.02 m，底槛高程 140.935 m。根据现场泄洪状况，对闸门 0~7 m 开度，每隔 1 m 开度作为一个测试工况，共 8 个工况进行了测试。本次实验的测点布置，不考虑结构的局部模态。测点具体位置见图 7，测点均沿水流方向，为 *X* 向。

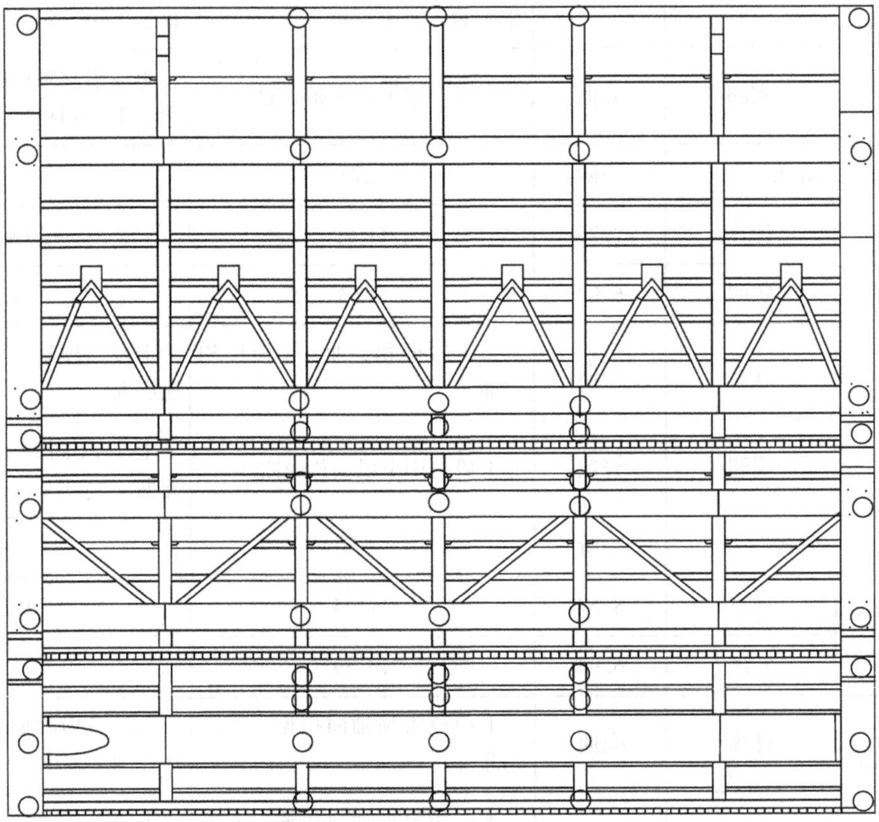

图 7　溢流坝工作闸门工作模态测点布置图

闸门在挡水及泄流情况下的系统自振频率、阻尼比及振型等模态参数的实验测试结果见表 2。

5 干模态、湿模态和测试工作模态研比

选择闸门在挡水 14.0 m 时（0 开度）、挡水 11 m 时（3 m 开度）、挡水 8 m 时（6 m 开度）三种情况下的前三阶模态参数，进行结构干模态和湿模态计算结果及工作模态测试结果对比分析，比对见表 2，分析可知：

（1）各水位下流固耦合自振特性的计算和实测振型吻合，频率基本吻合。

（2）在未考虑阻尼影响的情况下，理论计算得到的自振频率比实测的稍小，证明了增加阻尼会使共振频率略有减小[10]。

（3）闸门的干模态一阶频率为 14.48 Hz；14 m 水头 0 开度下流固耦合的湿模态计算值为 5.57 Hz，降幅达到 61.5%；实测值为 4.46 Hz，降幅达到 69.2%。可见，流固耦合中水体附加质量对闸门的振动特性存在显著影响，在实际工程闸门自振特性分析时需按流固耦合情况考虑。

（4）在 0~7 m 开度实验中，闸门模态参数在 0 开度下的自振频率相应最低（基频仅 4.46 Hz）；随着开度增大，水和闸门耦合面积逐步降低，参与耦合振动水体越来越少，系统模态参数也逐渐靠近

闸门干模态参数。当考虑水体与闸门的流固耦合作用影响时，闸门自振频率变化的趋势是随着水头的降低而增大的，即自振频率随着耦合水面积的减小而提高。

6 结论

（1）当考虑流固耦合作用影响时，闸门自振频率随着水头的降低而增大，即自振频率随着耦合水面积的减小而提高。

（2）水体附加质量显著影响闸门的自振特性，采用虚质量法分析闸门流固耦合自振频率是合适的。

（3）在分析实际工程闸门自振特性时，要考虑流固耦合情况。有条件的可进行工作模态的测试分析，为闸门振动特性评判提供更准确的数值依据。

参考文献

[1] LIU Yakun，NI Hangen. Analysis of flow-induced vibration of hydraulic radial gate［J］. Journal of Dalian University of Technology，2005，5（45）：730-734.

[2] 潘树军，王新．大型平面钢闸门流激振动模型试验与数值模拟［J］．水电能源科学，2011，29（8）：148-151.

[3] 鲍秋慧，胡兆荣，孙蓬勃．升卧式卧倒闸门的自振特性［J］．人民黄河，2013，35（2）：114-115，119.

[4] 徐振东，杜丽惠，才君眉．平面闸门流固耦合自振特性研究［J］．水力发电，2001（4）：39-43，67.

[5] 吴一红，谢省宗．水工结构流固耦合动力特性分析［J］．水利学报，1995（1）：27-34.

[6] 梁权伟，王正伟，方源．考虑流固耦合的混流式水轮机转轮模态分析［J］．水力发电学报，2004，23（3）：116-120.

[7]《鱼雷力学》编写组．鱼雷力学［M］．北京：国防工业出版社，1999.

[8] TANAKA Y，HUDSPETH R T. Restoring forces on vertical circular cylinders forced by earthquake［J］. Earthquake Engineering and Structural Dynamics，1988，16（1）：99-119.

[9] MSC Nastran Prior Versions. Advanced Dynamic Analysis User's Guide［K］. 2005.

[10] 沃德·海伦，斯蒂芬·拉门兹，波尔·萨斯．模态分析理论与试验［M］．白化同，郭继忠译．北京：北京理工大学出版社，2001.

综合物探方法在水库渗漏检测中的应用研究

包 勋 赵 晖

（中水珠江规划勘测设计有限公司，广东广州 510000）

摘 要：水库大坝渗漏检测是保证水利工程安全运行及除险加固工作的关键环节。而准确的渗漏检测是治理水库渗漏的前提，地球物理方法以其快速、无损等优点被广泛应用。笔者依据水库大坝物性特征，利用直流电法对渗漏通道视电阻率响应特征灵敏的优点，选取高密度电法并结合自然电场法对水库大坝进行综合检测，先利用自然电场法圈定渗漏通道空间位置，再结合高密度电法剖面进行解析，通过两种方法的相互验证，有效圈定渗漏隐患发育位置及规模，通过管道电视检测输水涵管的健康情况，为水库大坝渗漏通道排查及除险加固提供精确可靠的依据。

关键词：自然电场；渗漏隐患；高密度电法；无损检测；水库大坝；管道电视检测

1 引言

截至2023年12月31日，全国已建成各类水库94 877座，水库总库容9 999亿m^3[1]。但因种种原因，不同阶段修建的水利工程正经受着各种因自然灾害、人为原因和其他因素造成的建设质量问题、老化病险失修严重、大坝渗（漏）水严重、缺乏良性运行机制等问题。这些问题在中小型水库中尤为突出，以上问题正制约着水利行业的可持续发展。因此，水库大坝渗漏隐患排查是水利工程安全运行及除险加固工作的关键环节，对保障大坝安全运行及下游人民生命财产安全具有重要意义[2]。

常见的土石坝病险隐患检测方法主要有破损法和无损法。前者包括人工破损探测（坑槽探、井探和钻探等），后者包括地球物理检测（如直流电法、电磁法和弹性波法等）、同位素示踪探测等。但由于人工破损探测技术使本已处于病险状态的水库大坝再受损伤，因此工程人员更青睐于采用地球物理方法[3-7]、同位素示踪[8] 等无损检测技术。相比于前者，因其采用具有无损性、连续性、整体性、快速性以及高分辨率能力等优点的地球物理方法，所以能快速有效地发现目标隐患。

因此，笔者在前人研究基础上，将直流电阻率法应用于海南某水库大坝渗漏检测中，首先利用自然电场法的常规观测方式——电位观测法探测渗漏通道的空间位置，然后结合不同库水位情况下的高密度电法剖面进行解析，画出渗漏隐患位置和规模，为水库大坝渗漏通道排查及除险加固提供精确可靠的依据。

2 检测方法及原理

2.1 高密度电法

高密度电法是以岩（矿）石的导电性差异为基础的电探方法，通过研究在施加电场的作用下，地下传导电流的分布规律。高密度电阻率法最大的特点是电极可以沿测线同时布设几十到几百根，仪器按选定的供电、测量排列方式自动采集所有电极的电位值。电极距可以视探测深度和探测目标体的尺度设置到很小的距离，充分体现了高密度的特点。

测量时，只需要将全部电极布设在一定电极距的测点上，然后用多芯电缆将其连接上程控式电极

作者简介：包勋（1984—），男，高级工程师，主要从事工程检测与物理探测工作。

转换开关。测量信号通过转换开关被送入微机工程电测仪并且将测量结果依次存到随机存储器，测量及滚动方式见图 1。

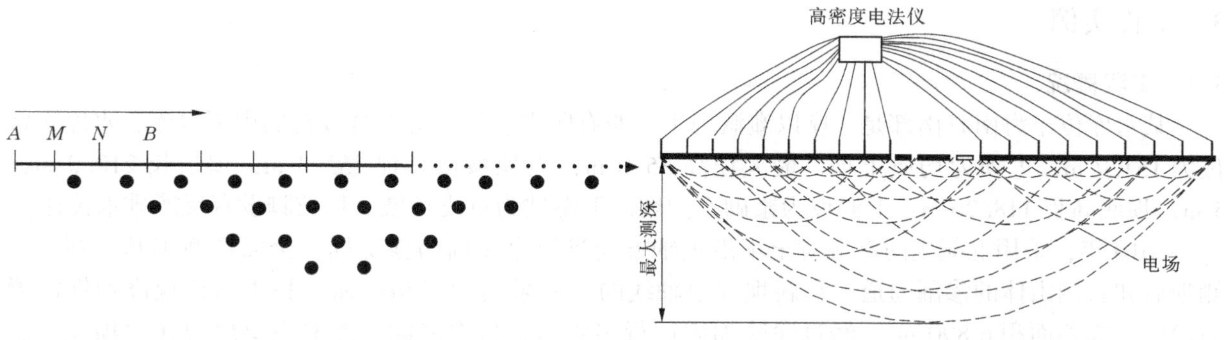

(a)电极滚动测量示意图　　(b)仪器采集方式

图 1　高密度电法检测示意图

在实际工作中，选用视电阻率与电流密度的关系式，根据电压和电流以及电流密度及装置系数的关系式计算得到视电阻率值。装置系数满足下列关系式：

$$k = \frac{2\pi}{\frac{1}{AM} - \frac{1}{AN} - \frac{1}{BM} + \frac{1}{BN}} \tag{1}$$

可以求得测点 x 处的视电阻率值，满足下列关系式：

$$\rho_s = k\frac{\Delta U_{MN}}{I} \tag{2}$$

式中：ΔU_{MN} 为测量电极 MN 的观测电位差；I 为 AB 供电电极的供电电流；k 为装置系数；AM（BM）和 AN（BN）为供电电极 A（B）至测量电极 M 和 N 的距离，BM 和 BN 为供电电极 B 至测量电极 M 和 N 的距离。

当坝体均匀时，由于浅表部干燥密实、下部水分增加，视电阻率等值线呈层状分布，从地表（坝顶）向下呈降低趋势。当坝体内存在不均匀土体、裂缝、渗漏通道等隐患时，则视电阻率等值线梯度变化大，成层性差，出现高阻或低阻异常闭合圈。

2.2　自然电场法

自然电场法是探测自然电位分布规律的一种常见方法，其不需要人工源，设备轻便，工作效率高。当堤坝存在隐患时，水溶液在岩土体空隙、裂隙中流动，经过渗透过滤、扩散吸附等作用，形成大地表面的电位异常，通过常规电法仪进行检测（测量过程中采用不极化电极进行电位测量）获得测线上电位异常的分布及变化规律，通过定位引起渗漏源和通道一定区域内自然电位出现显著异常的，利用这种异常性可大致推测出岩土体中渗漏通道和渗漏缺陷等的水平位置。

由于水在坝体渗流的过程中，土体颗粒选择性吸附负离子的作用，所以在渗漏、管涌的进水口处及其通道下降段可以产生自然电场的低电位异常，而在渗漏、管涌等通道上升段及其出水口处则产生高电位异常，具备采用自然电场法勘探的地球物理前提。

2.3　管道电视检测

管道电视检测又称为 CCTV 检测，它是目前市政排水管道缺陷和泄漏检测使用最多的方法。从 CCTV 检测获得的影像资料可以直接发现管道存在的缺陷类型、位置及严重程度，评估结果直观可靠。该系统由运动搭载平台、摄像单元、控制器、图像处理终端、自动收线车等部分组成。系统采集管道图像时，控制运动搭载平台、摄像单元拍摄管道内部图像，传输至图像处理终端，选取部分管道图像进行缺陷特征标注，完成管道图像采集及数据集准备。

本次管道电视检测采用设备为施罗德 SINGA 300，是一款多功能管道检测机器人系统，该系统功能强大，可搭载自主研发的 3D 激光进行管道变形检测，3D 声呐系统进行管底淤泥沉积分析，或机械手臂到人工无法达到的地方，采集泥沙或水样。

3 工程实例

3.1 工程概况

某水库位于海南省南部是一座以灌溉为主，兼有防洪、发电等综合效益的中型水库，水库正常水位为 151.7 m，大坝为均质土坝，最大坝高 35.0 m，大坝坝顶高程 153.3 m，坝顶长 210.0 m、宽 5 m，坝底高程 118.26 m，上游坡为浆砌石护坡，下游坡为草皮护坡。坝坡脚设有反滤排水棱体。

2010 年，采用混凝土防渗墙对土坝沿坝轴方向进行全断面防渗加固，全面截断坝基、坝体、两侧坝肩和右侧山体的渗漏通道。在新坝顶中轴线的上游采用“二钻一抓”技术造槽现浇塑性混凝土防渗墙，成墙面积 6 890 m^2。经过除险加固运行多年后，再次渗漏，渗漏主要出现在大坝坝体、坝基、坝肩、输水涵管等工程部位。

3.2 测线布置

3.2.1 高密度电法

本次检测共布置 3 条测线：第 1 条测线位于坝后坡 132.0 m 高程处，为高密度电法Ⅰ-Ⅰ′剖面，电极距 2.0 m，共 60 个电极；第 2 条测线位于坝后坡 140.0 m 高程处，为高密度电法Ⅱ-Ⅱ′剖面，电极距 2.5 m，共 60 个电极；第 3 条测线位于坝后坡 147.0 m 高程处，为高密度电法Ⅲ-Ⅲ′剖面，电极距 3.0 m，共 60 个电极，检测时水库水位为 147.7 m。

3.2.2 自然电场法

本次自然电场法检测采用 1.0 m 点距平行坝轴线布置，异常点附近加密，确保测出完整异常，检测时水库水位为 147.7 m。各测线布置及异常分布见图 2。

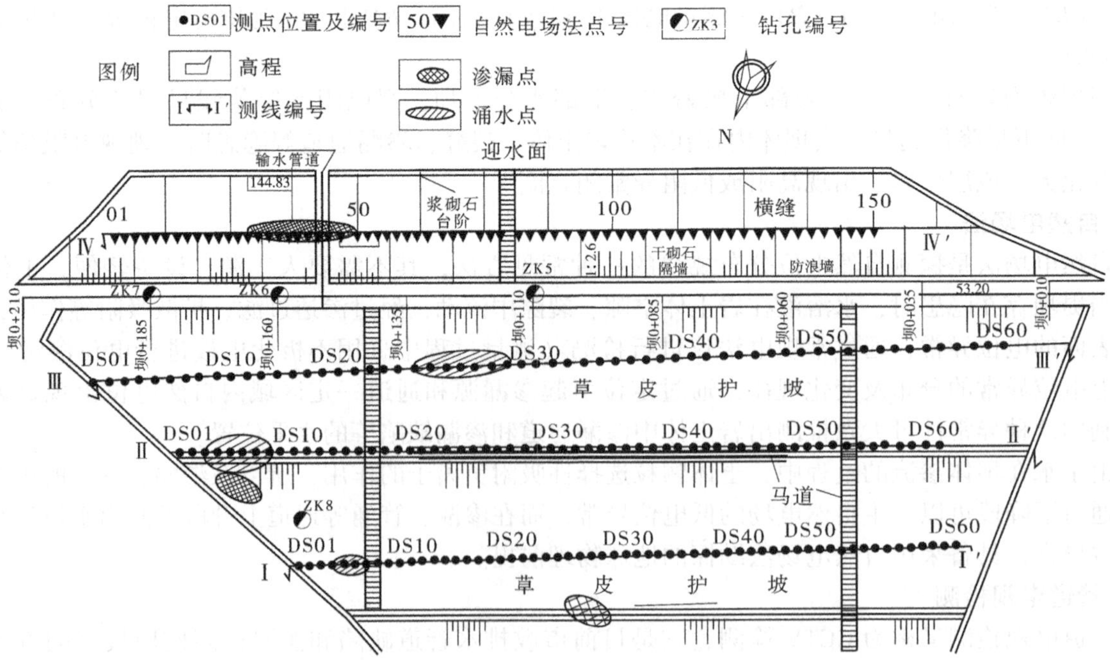

图 2 水库渗漏检测测线布置示意图

3.3 检测结果分析

3.3.1 高密度电法

由图3（a）Ⅰ—Ⅰ′剖面视电阻率等值线色谱图可见，剖面视电阻率分层明显且界面平缓，从上到下可分为二层：①层，视电阻率一般为200～400 Ω·m，厚度一般为3.0～5.0 m，平均为4.0 m，解释为填土（干燥），在Ⅰ—Ⅰ′剖面测点编号DS05～DS07位置见有低阻异常，解释为坝体水向上渗出；②层，视电阻率为30～100 Ω·m，解释为饱水层，推测浸润线高程一般为128.0 m。

由图3（b）Ⅱ—Ⅱ′测线色谱图可见，剖面在纵向上可分为二层：①层，视电阻率一般为200～400 Ω·m，厚度一般为5.0～12.0 m，平均为6.0 m，解释为填土（干燥），在Ⅱ—Ⅱ′测线剖面测点编号DS3～DS5和DS22～DS28位置见有低阻异常，解释为坝体水向上渗出；②层，视电阻率为30～100 Ω·m，解释为饱水层，推测浸润线高程一般为134.0 m。

由图3（c）Ⅲ—Ⅲ′测线色谱图可见，剖面在纵向上可分为二层：①层，视电阻率一般为200～400 Ω·m，厚度一般为5.0～10.0 m，平均为8.0 m，解释为填土（干燥）；②层，视电阻率为30～100 Ω·m，解释为饱水层，推测浸润线高程一般为139.0 m。

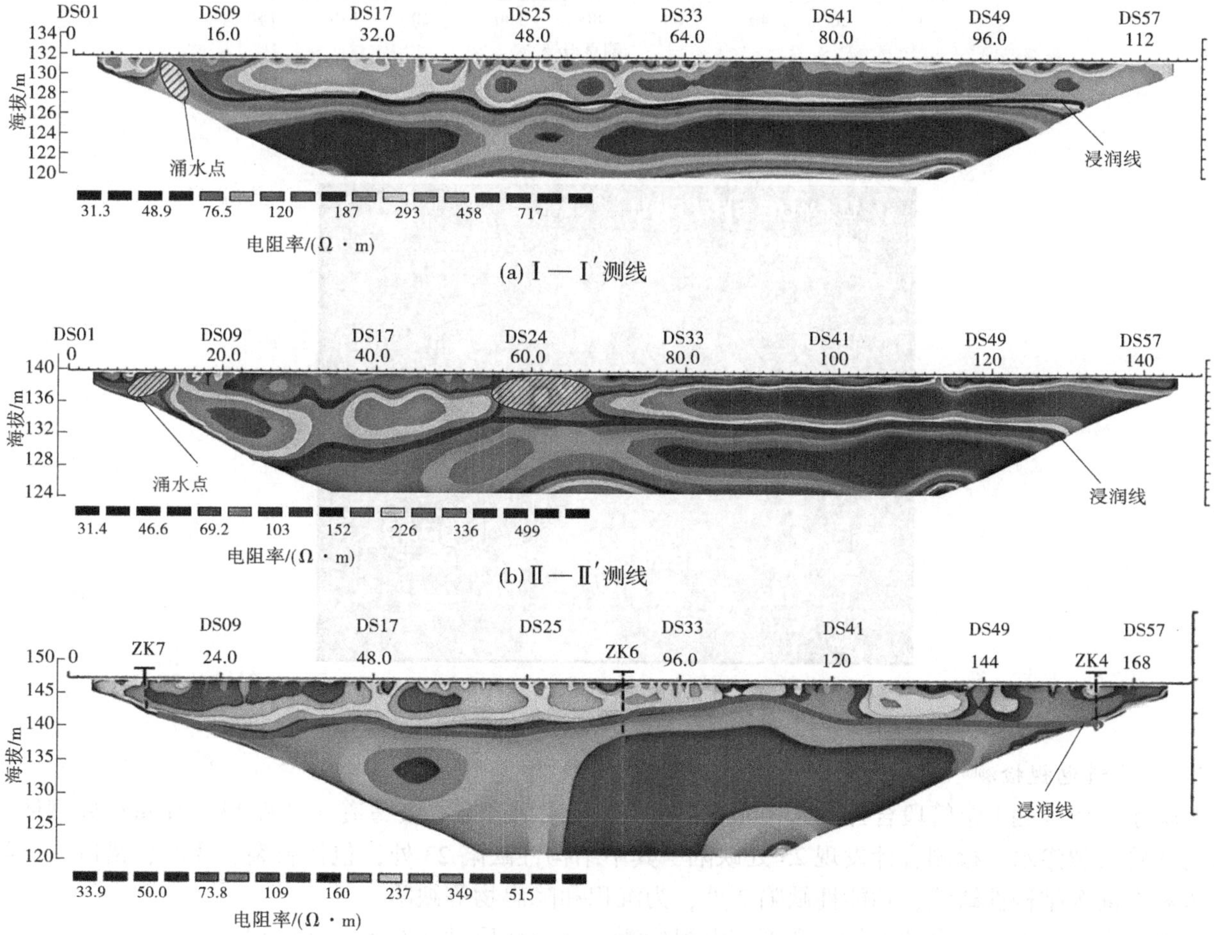

(a) Ⅰ—Ⅰ′测线

(b) Ⅱ—Ⅱ′测线

(c) Ⅲ—Ⅲ′测线

图3 高密度电法色谱图

3.3.2 自然电场法

将各测点的电位值换算成同一基点电位的相对电位值，据此电位值绘制自然电位曲线（见图4）或电位平面等值线（自电等位线）。图5为利用自然电场法确定渗漏点成果图，渗漏点上出现宽幅双峰异常，曲线呈锯齿状，高低起伏相似，它反映的渗漏带较宽，每个峰（谷）值点对应着一个主要渗漏带，测点编号 23~45 处对应于大坝坝顶桩号坝 0+170~坝 0+190。

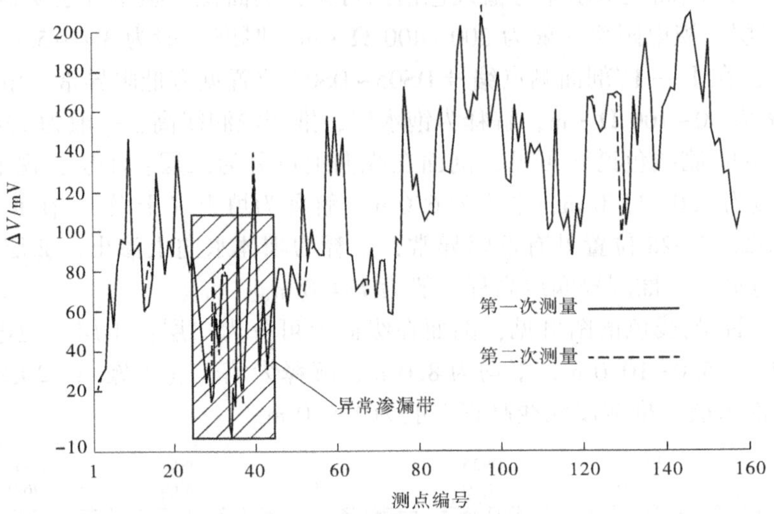

图 4　自然电位曲线

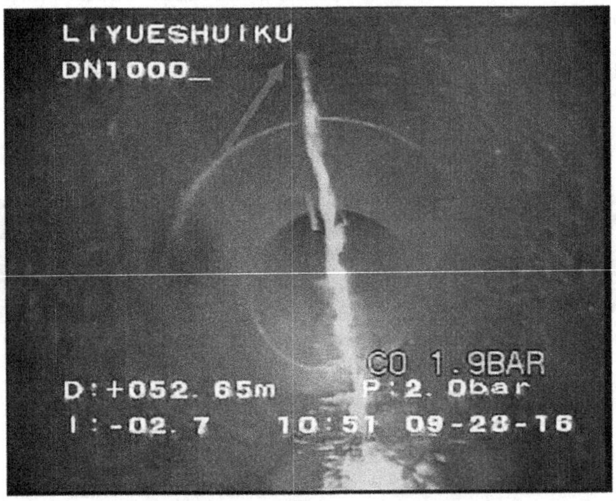

图 5　输水涵管内部渗水点照片

3.3.3　管道电视检测

输水涵管检测 1 个管段合计 198.3 m，通过视频发现坝体第二级马道（高程 139.81 m）处坝体冒水为涵管破裂渗水。检测合计发现 25 处缺陷，其中结构性缺陷 23 处，包括破裂、变形、错口、异物穿入和渗漏等结构性缺陷；功能性缺陷 2 处，为沉积和障碍物等缺陷。

通过高密度电法、自然电场法和管道电视检测，结合地质勘察获得一些认识：

（1）大坝坝体填筑土整体属于弱透水层，局部（桩号 0+155~0+230 m）范围坝体上部 10.0 m 以内填筑土压实度欠佳，属中等透水层，存在渗漏问题，须进行防渗处理。

（2）坝后第二级马道（高程 139.81 m）处冒水为涵管破损造成。

（3）右岸坝肩 142.09 m 高程处坝肩有水渗出，坝肩其余位置未有漏水点渗出，经勘查认为，该渗漏点主要为山体地下水排泄，其次为水库坝基渗漏所致，建议做好排水及引水措施。

4 结语

通过本次水库大坝渗漏检测工作获得以下一些认识：

（1）在渗漏检测中，应结合每种物探方法的应用前提和局限性，进行综合探测与分析，不同方法相互验证，以提高解译成果的可靠性。

（2）以自然电场法检测渗漏隐患，其实质就是以渗流产生的过滤电场为场源，以基点为相对电位零点，根据测得的自然电位曲线或等电位线图，对饱水渗漏带的空间分布、渗漏强度以及时空动态进行解释。基点应选在自然电场相对稳定的地方。

（3）高密度电法检测在水库大坝裂缝、洞穴、松软层、高含砂层以及其他土质不均等隐患的详查中较为适用，对浅部缺陷比较敏感，可刻画出浸润面的起伏形态。

参考文献

[1] 中华人民共和国水利部．2023 年全国水利发展统计公报［M］．北京：中国水利水电出版社，2024.

[2] 徐竹青，张桂荣，郑军．我国病险土石坝隐患分类及快速检测方法概述［J］．水利与建筑工程学报，2010，8（3）：50-52，81.

[3] 樊炳森，郭成超．高密度电法在水库渗漏检测中的应用［J］．长江科学院院报，2019，36（10）：165-168.

[4] 刘雷斌，高守有，朱禹洲，等．排水管道泄漏检测技术及发展趋势分析［J］．市政技术，2024，42（2）：197-206.

[5] 李姝昱，樊二涛，白家泽，等．探地雷达在水利工程质量检测中的应用［J］．水利水电技术，2014，45（1）：143-147，151.

[6] 张建清，徐磊，李鹏，等．综合物探技术在大坝渗漏探测中的试验研究［J］．地球物理学进展，2018，33（1）：432-440.

[7] 郑灿堂．应用自然电场法检测土坝渗漏隐患的技术［J］．地球物理学进展，2005（3）：854-858.

[8] 姚纪华，宋汉周，罗仕军，等．综合示踪法在岩溶水库渗漏探测中的应用［J］．工程勘察，2014，42（5）：93-98.

QS-1000 自动泥沙监测站在天河（二）水文站的质量检测

吴春熠[1]　许　征[2]

（1. 水利部珠江水利委员会水文局，广东广州　510611；
2. 中水珠江规划勘测设计研究公司，广东广州　510611）

摘　要： 泥沙在线监测是实现水文现代化的必经之路。以可以连续自动采样的 QS-1000 自动泥沙监测站为研究对象，研究其质量检测关键技术，与横式采样器在天河（二）水文站同一断面同步测验，利用采集的含沙量与仪器测量值，建立两者的相关关系，分析该泥沙监测仪的适用范围和使用条件，检测含沙量测验成果质量能否满足规范精度要求。结果表明，QS-1000 自动泥沙监测站在天河（二）水文站的检测精度暂未能满足规范要求，但仍具有一定的推广应用价值。

关键词： 悬移质含沙量；天河（二）水文站；质量检测；水文现代化

1　引言

江河水体的泥沙颗粒资料是防汛、工程设计、河道演变分析等工作的重要来源，水体含沙量的采集是水文测验的一项重要工作，只有准确采集到河流水体的含沙量，才能得到可靠的河流泥沙颗粒资料。悬移质含沙量直接影响水库、渠道、河流等冲淤变化，亦是研究流域产沙、输沙规律的重要途径。一直以来，因为受到环境影响和技术的约束，泥沙采样手段非常落后。传统的采样手段是需要驾驶测船在河流断面上由人工取水。这种方式虽然采样可靠，但是对于测站人员来说危险性大，而且样品处理周期长，操作过程烦琐，难以实时监测河流悬移质含沙量的变化，不适应水文现代化的要求。其他测验方法多采用同位素测沙仪、光学测沙仪、声学测沙仪、振动式测沙仪等，适用性皆有限。QS-1000 自动泥沙监测站可自动测量水体含沙量密度、水温等特征值，数据采集和处理均可全自动现场完成，操作简便，能实时测量得到水体的悬移质含沙量，但其作为一种新的水利产品，需要进行检测适用后方能广泛应用。本文主要研究 QS-1000 自动泥沙监测站的质量检测关键技术。

2　QS-1000 自动泥沙监测站简介

QS-1000 自动泥沙监测站是由采配水单元、控制单元、浊度仪[2]、数据采集与传输单元、水质自动监测平台等组成，系统框架见图 1。

水样由控制单元控制外部水泵进行采样，使用浊度仪进行分析。该浊度仪基于光散射与反射原理，包含一个能发出 860 nm 红外线[3] 的 LED，红外线进入被测水样后水样中的固体颗粒会对光线有散射作用，在一定范围内固体颗粒数量越多散射强度越大，基于这一原理，在与光入射方向成 90°的位置上设置一个电光二极管用于测量散射光强度，经过计算即可测得溶液的浊度值。对于高浓度的溶液，光线难以穿透，而反射光的强度与悬浮物浓度正相关。因此，对于高浓度溶液，传感器利用一个监测方向与入射方向成 140°的光电二极管测量反射光的强度，经过换算即可测得溶液的浊度值或者悬浮物的浓度值。工作流程见图 2。

作者简介： 吴春熠（1984—），男，高级工程师，科长，主要从事水文与水资源工作。

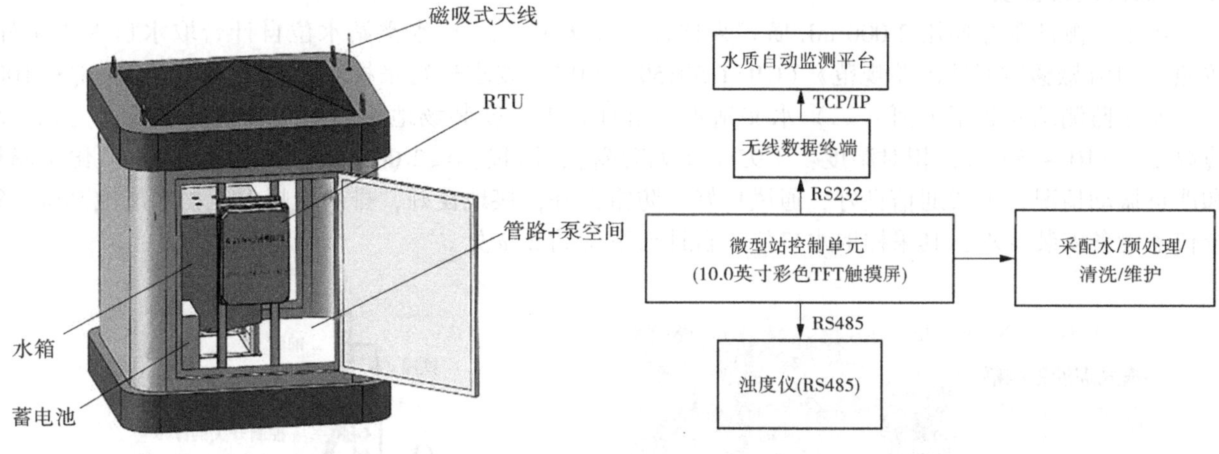

图 1　泥沙自动监测站系统框图

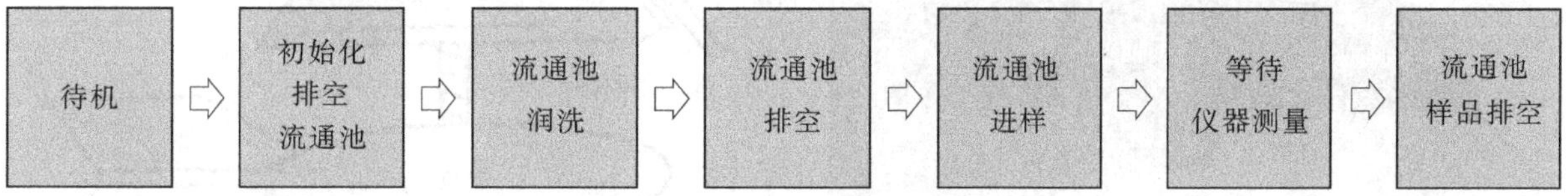

图 2　泥沙自动监测站工作流程

3　天河（二）水文站概况

天河（二）水文站位于广东省江门市蓬江区棠下镇西江虎岭堤段，本站 1952 年 7 月在现址上游约 4. 8 km 处设立为水文站，1955 年 4 月改为潮水位站，1958 年 9 月在现址增设巡回测流断面，1959 年 4 月基本水尺断面迁至现位置，改称天河（二）水文站。本站是国家基本站、重要站，中央报汛站。监测项目有水位、流量、泥沙、雨量等。主要监测西江干流水道在甘竹滩分入西海水道后的水文要素，为珠江三角洲防汛抗旱、水资源管理、水安全保障等提供服务。天河（二）水文站是西江干流下游西海水道的重要控制站。西江来水约 56%经西海水道由磨刀门、鸡啼门、虎跳门、崖门等珠江西边 4 个口门入海。本站上游约 5 km 为东海水道分流口，下游右岸 250 m 有莲台山嘴稍伸入河边；再往下约 1 km 有一江心洲把主河分为两支。本站距河口约 73 km，测验河段基本顺直，河床坡降平缓。本站河床组成为沙泥，床沙粒径绝大部分小于 1 mm。

4　QS-1000 自动泥沙监测站现场质量检测

为了解烘干法测沙与 QS-1000 自动泥沙监测站测沙结果之间的关系，在天河（二）水文站进行 QS-1000 自动泥沙监测站和烘干法测沙的比测检测，并进行分析对比，建立相关关系曲线，以此对其进行质量检测。

4.1　检测关键技术

现场检测采用的技术为使用 QS-1000 自动泥沙监测站水样取水口附近采用横式采样器同时采样，QS-1000 自动泥沙监测站取样点位于水面下 0. 5 m 处，自动分析含沙量；为防止同时采样相互干扰，横式采样器采集自动泥沙监测站水样取水口下游 5 m 处水样，采样水层依次为 0. 2H、0. 8H，采样后烘干进行悬移质含沙量分析。QS-1000 自动泥沙监测站施测现场水体的含沙量（记为 $C_{\text{S自动}}$，下同），用水样烘干法进行悬移质含沙量（记为 $C_{\text{S人工}}$，下同）分析，建立两者之间的关系曲线和相关关系进行分析。

4.2 仪器设备安装

烘干法测沙采样使用2 000 mL横式采样器，在天河（二）水文站水位自计台取水口人工采样，按照《河流悬移质泥沙测验规范》（GB/T 50159—2015）要求进行采样和悬移质水样处理。QS-1000自动泥沙监测站安装于天河（二）水文站水位自计台上，安装场地平整夯实，基础承载能力强，环境温度：-10 ~ 55 ℃，相对湿度：≤95%（无凝露），海拔：≤2 000 m；无爆炸、火灾、化学腐蚀和严重振动情况，无线通信良好，通风良好，防雷良好，接地良好，排水通畅，无积水浸泡基础，符合仪器设备安装要求，其采样取水口位于自计台下游约2 m处。

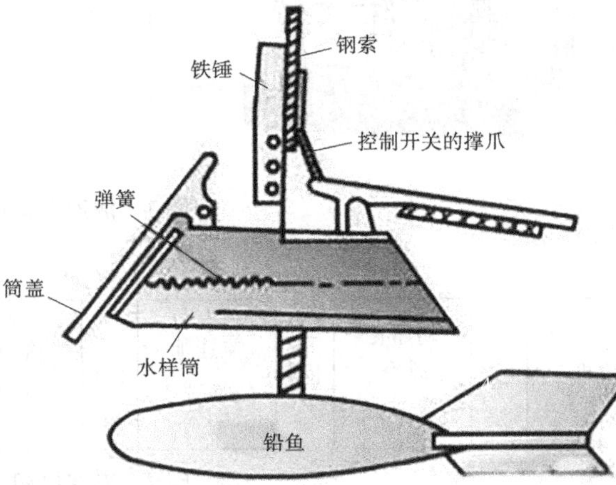

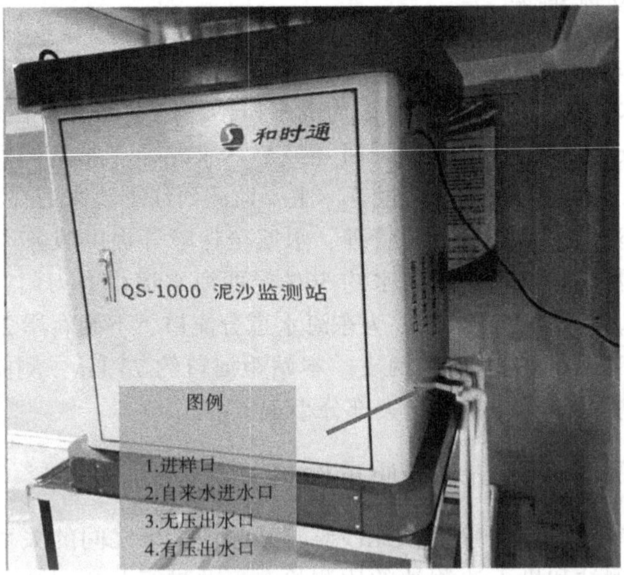

图3 两种仪器设备示意图

5 检测数据分析

5.1 检测数据

比测检测从2022年2月22日至2022年7月11日，共比测58次，比测期间，含沙量变幅为0.004~0.36 kg/m^3，水位变幅为0.04~5.0 m。检测成果见表1。

表 1　2022 年天河（二）水文站横式采样器与 QS-1000 泥沙监测站含沙量相关计算

序号	月	日	时间	水位/m	含沙量/(kg/m^3)		相对误差/%	序号	月	日	时间	水位/m	含沙量/（kg/m^3）		相对误差/%
					QS-1000	横式采样器							QS-1000	横式采样器	
1	2	22	16：00	1. 30	0. 026	0. 042	40. 0	30	6	5	16：00	2. 33	0. 070	0. 100	28. 2
2		23	16：00	0. 99	0. 027	0. 022	−29. 0	31		6	16：00	2. 46	0. 050	0. 074	32. 1
3		24	16：00	0. 92	0. 018	0. 017	−19. 0	32		7	16：00	3. 09	0. 058	0. 087	33. 8
4		25	16：00	0. 70	0. 014	0. 016	0. 0	33		22	18：00	4. 90	0. 126	0. 130	−7. 1
5		26	16：00	0. 34	0. 015	0. 013	−23. 5	34		23	8：00	4. 93	0. 118	0. 130	−0. 8
6		27	16：00	0. 13	0. 020	0. 021	−8. 7	35			11：00	5. 00	0. 116	0. 120	−7. 0
7		28	16：00	0. 13	0. 011	0. 011	−15. 4	36			13：00	4. 99	0. 110	0. 100	−18. 0
8	3	1	16：00	0. 07	0. 011	0. 012	−7. 7	37			15：00	4. 98	0. 128	0. 120	−15. 5
9		2	16：00	0. 04	0. 013	0. 020	33. 3	38			18：00	4. 95	0. 148	0. 140	−14. 6
10		3	16：00	0. 33	0. 010	0. 012	0. 0	39		24	8：00	4. 95	0. 117	0. 120	−7. 7
11		4	16：00	0. 29	0. 009	0. 012	9. 1	40			11：00	4. 98	0. 130	0. 130	−9. 7
12		5	16：00	0. 36	0. 007	0. 010	11. 1	41			13：00	4. 93	0. 126	0. 130	−7. 1
13		6	16：00	0. 63	0. 009	0. 006	−45. 5	42			15：00	4. 88	0. 128	0. 140	−1. 4
14		7	16：00	0. 54	0. 010	0. 004	−66. 7	43			18：00	4. 79	0. 141	0. 150	−3. 8
15	5	16	16：00	1. 64	0. 058	0. 090	38. 5	44		25	8：00	4. 46	0. 166	0. 170	−7. 6
16		17	16：00	1. 58	0. 039	0. 060	36. 4	45			11：00	4. 44	0. 212	0. 240	2. 1
17		18	16：00	1. 46	0. 024	0. 030	11. 1	46			13：00	4. 37	0. 230	0. 250	−1. 6
18		19	16：00	1. 38	0. 020	0. 030	30. 4	47			15：00	4. 26	0. 292	0. 340	5. 3
19		20	16：00	1. 34	0. 026	0. 040	33. 3	48			18：00	4. 08	0. 345	0. 360	−5. 5
20		21	16：00	1. 30	0. 022	0. 030	20. 0	49		26	16：00	2. 90	0. 222	0. 270	9. 8
21		22	16：00	1. 22	0. 021	0. 030	25. 0	50		27	16：00	1. 95	0. 137	0. 170	11. 8
22		23	16：00	0. 96	0. 020	0. 030	30. 4	51		28	16：00	1. 49	0. 130	0. 140	−2. 8
23		24	16：00	0. 62	0. 018	0. 040	90. 5	52		29	16：00	1. 34	0. 099	0. 090	−18. 2
24		25	16：00	0. 71	0. 018	0. 040	90. 5	53		30	16：00	1. 43	0. 086	0. 060	−37. 5
25	5	27	16：00	1. 65	0. 034	0. 055	44. 7	54	7	6	16：00	3. 69	0. 094	0. 140	33. 3
26		28	16：00	2. 00	0. 039	0. 063	43. 2	55		7	16：00	3. 50	0. 089	0. 121	22. 2
27		29	16：00	2. 39	0. 063	0. 048	−31. 4	56		8	16：00	3. 37	0. 072	0. 093	16. 3
28		30	16：00	2. 42	0. 112	0. 150	21. 0	57		9	16：00	2. 93	0. 062	0. 110	59. 4
29	6	4	16：00	2. 37	0. 062	0. 100	44. 9	58		11	16：00	1. 52	0. 083	0. 110	19. 6

注：表中水位采用珠江基面。

5. 2　相关关系建立

本次检测时间为 2022 年 2 月 22 月至 7 月 11 日，共计收集 58 份比测数据。比测检测涵盖了 2 月、3 月枯水期及 5—7 月洪水期，代表性较强。

对 $C_{S自动}$ 与 $C_{S人工}$ 进行相关分析，按照最小二乘法，对 58 份数据进行线性回归计算[1]，关系曲线见图 4，相关关系公式见式（1）。

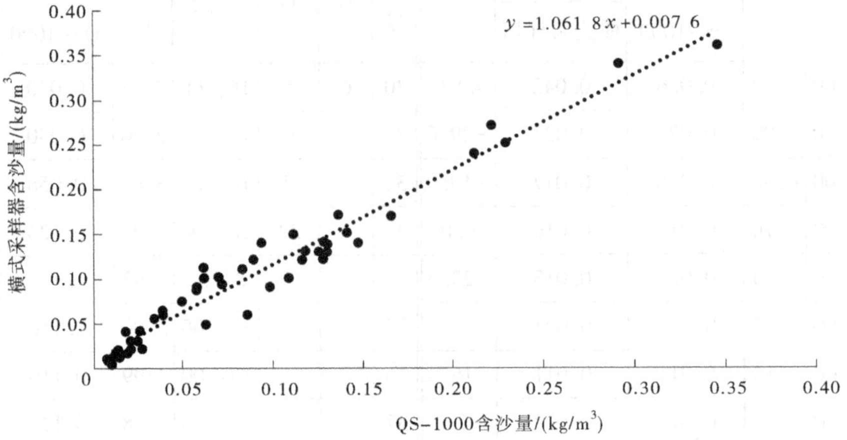

图 4　关系曲线

$$C_{S人工} = 1.061\ 8C_{S自动} + 0.007\ 6 \tag{1}$$

相对误差统计见表 2，系统误差，随机不确定度等见表 3。按《水文资料整编规范》（SL 247—2020）相关规定，随机不确定度不满足三类泥沙精度站要求的 28%。

表 2　样本相对误差统计

区间	样本数	比例/%
$\lvert\delta\rvert \leqslant 7\%$	7	12.10
$7\% < \lvert\delta\rvert \leqslant 10\%$	12	20.70
$\lvert\delta\rvert > 10\%$	39	67.20
合计	58	100

表 3　样本检测结果

指标	数值
系统误差/%	-3.5
标准差/%	28.1
随机不确定度/%	56.2
相关系数	0.98

6　结论与建议

（1）QS-1000 自动泥沙监测站占地面积小，安装方便，能无人值守，自动、迅速、高效地测量得到水体的悬移质含沙量值，提高悬移质含沙量测量的时效性，促进水文现代化，具有一定的推广价值。

（2）经检测，QS-1000 自动泥沙监测站测量值与常规横式采样器实测含沙量存在显著的线性相关，且相关关系是单一直线关系，随着含沙量增加会发生变化，但关系曲线未能通过水文规范要求，在天河（二）水文站的比测结果暂不满足水文测验精度要求。

（3）检测结果可能受到悬移质泥沙取样点相距 5 m 的影响，亦可能是样本数量不够多。QS-1000

自动泥沙监测站将在天河（二）水文站改进测验方法，进一步进行应用研究。

（4）建议 QS-1000 自动泥沙监测站增加取水口自动定深采样功能，使测验方法与传统横式采样器更接近，更符合规范要求。

参考文献

[1] 刘鼎华、盖山．义序防洪堤有限元分析［J］．水利科技，2009（3）：52-53，55.

[2] 邓才，竺红阳．OBS-3A 浊度仪在含沙量测验中的应用分析［J］．水利水电快报，2016，37（7）：4-7.

[3] 伍先锋，胡兴艺，李广源，等．基于红外光传感器的泥沙在线监测方法应用研究［J］．水利信息化，2022（4）：41-44，61.

[4] 裴自勇，王付磊，张孟伟．黄河下游泥沙采集开发研究与应用［C］//大数据时代的信息化建设——2015（第三届）中国水利信息化与数字水利技术论坛论文集．［出版者不详］，2015：69-72.

[5] 曹建生，张万军．小流域径流泥沙自动采集器的试验研究［J］．农业工程学报，2009，25（1）：45-49.

探地雷达堤防裂隙探测正演模拟研究

杨忠治　田树斌　陈志铭

（广东珠基工程技术有限公司，广东广州　510000）

摘　要：针对堤防内部的裂隙空洞探地雷达图像中异常特征，建立探测介质模型，采用时域有限差分法（FDTD）开展正演模拟。通过对电磁波在堤防内部多个裂隙空洞内部及界面产生的折射、反射及多路径传播的信号进行分析，解释了模拟探地雷达图像中多道近似平行的直线段与十字交叉形双曲线信号特征的来源，与实测探地雷达图像中异常特征相吻合，现场开挖后验证实测及模拟探地雷达图像探测结果的真实。该模拟研究可为准确、快捷识别裂隙空洞探地雷达图像特征提供依据。

关键词：探地雷达；FDTD；堤防探测；裂隙空洞；正演模拟

1　引言

探地雷达作为一种探测浅层地下结构的无损检测方法，已经广泛应用于各个工程行业。探地雷达对裂缝空洞探测已经有较多的开展，包括探地雷达探测方法、原理及应用[1]，王国群等对裂隙空洞探测的典型的探地雷达图像进行了分析研究[2-3]。

对裂缝及空洞的模拟研究也开展较多，李鹏宇等详细分析了模拟电磁波在非频散介质与频散介质中的传播特性[4-5]，杜良等研究了模拟裂隙空洞形状与位置不同的雷达图像[6-7]，郭士礼等模拟了裂缝宽度与传播过程特性[8-9]。但是对水利工程尤其是堤防探测研究较少，主要从测量方法[10] 与信号处理方面[11] 进行研究。堤防裂隙空洞探测过程中，对探地雷达图像中的异常特征准确解读需要较多工程经验及多种技术手段综合确定，技术与时间成本较大。本研究根据堤防现场探测的裂隙空洞探地雷达图像，结合现场开挖情况，建立介质模型模拟电磁波传播，与得到的模拟探地雷达图像综合对比分析。通过模拟结果揭示电磁波在模拟裂隙空洞中传播过程，解释实测探地雷达图像中异常特征来源，为准确识别探地雷达图像中异常特征及快速确定异常区域位置提供指导。

2　时域有限差分

时域有限差分法是采用有限差分法在时间域对麦克斯韦微分方程直接求解的方法。根据麦克斯韦方程组，选取 TM（transverse magnetic）模式模拟电磁波在介质中的传播特性，计算公式见式（1）~式（5），其中式（4）、式（5）仅为模拟频散介质所采用的计算公式。

$$\frac{\partial E_z}{\partial t}=\frac{1}{\varepsilon}\left(\frac{\partial H_y}{\partial x}-\frac{\partial H_x}{\partial y}-\sigma E_z\right) \tag{1}$$

$$\frac{\partial H_x}{\partial t}=\frac{1}{\mu}\left(-\frac{\partial E_z}{\partial y}-\sigma^{*}E_x\right) \tag{2}$$

$$\frac{\partial H_y}{\partial t}=\frac{1}{\mu}\left(-\frac{\partial E_z}{\partial x}-\sigma^{*}E_y\right) \tag{3}$$

作者简介：杨忠治（1990—），男，工程师，主要从事水利工程检测监测工作。

$$\chi(\omega)=\frac{\varepsilon_d}{1+j\omega\tau} \tag{4}$$

$$J_p+\tau\frac{\partial J_p}{\partial t}=\varepsilon_0\varepsilon_d\frac{\partial E_z}{\partial t} \tag{5}$$

$$v_{\max}\cdot\Delta_t\sqrt{\frac{1}{\Delta_x^{\ 2}}+\frac{1}{\Delta_y^{\ 2}}}\ll 1 \tag{6}$$

式中：H_x、H_y 分别为 x、y 方向的磁场强度；E_z 为 z 方向的电场强度；ε 为介电常数；σ 为电导率；μ 为磁导率；σ^* 为磁阻率；χ（ω）为复数频域函数；J_p 为介质极化电流；ε_d 为静态相对介电常数 ε_s 与高频相对介电常数 ε_∞ 的差值；ε_0 为真空介电常数；τ 为介电驰豫时间；ω 为频率；Δ_x，Δ_y，Δ_t 分别为 x，y，t 的离散单元；$v_{\max}$ 为差分网格中最大相速度。

电导率 σ、磁阻率 σ^* 在无磁损耗介质中为 0。对于非频散介质，ε、σ、μ 都为常数，而对于频散介质，ε、σ 为频率相关的复数。频散介质模拟只考虑 ε 随频率变化，采用 ε 随频率变化 Deybe 介质模型，χ（ω）可以作为复数频域的描述函数。J_p 为 Deybe 介质极化电流，是在原有方程的基础上添加辅助差分方程[12]，可以有效地模拟频散介质中电磁波的传播。对式(1)～式(3)进行离散，得到模拟差分格式（差分格式采用 YEE 提出的在时间和空间上具有二阶精度有限差分法）。E_z、H_x、H_y 空间位置分布如图 1。

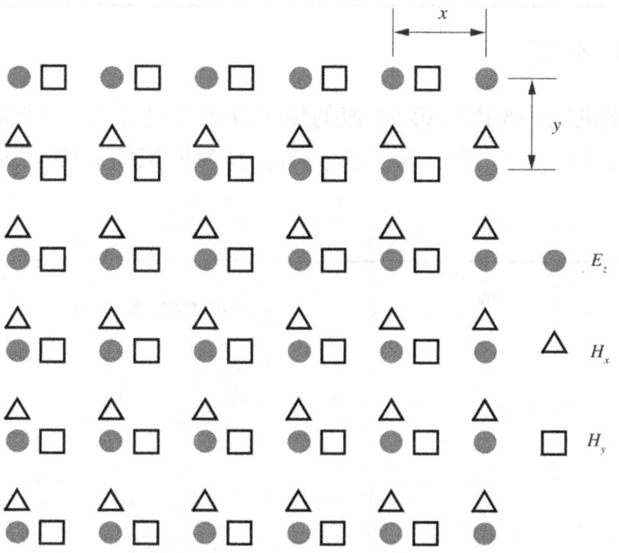

图 1　电磁场分量 E_z、H_x、H_y 在 TM 模式下分布

图 1 中 Δ_x、Δ_y、Δ_t 为离散单元。其中，ε、σ、μ 在坐标系中的分布与电场一致，同样 μ、σ^* 在坐标系中的分布与磁场一致，n 代表时间步，E_z、H_x、H_y 相差半个时间步。式（6）是为了保证波形稳定，$v_{\max}$ 是差分网格中最大相速度，使其满足数值稳定条件[12]。采用 C++编写模拟程序，输出模拟结果、Python 及 Matplotlib 后处理模拟数据。

3　数值模型

根据堤防结构建立三维模型，切取二维剖面，建立探地雷达模拟介质模型剖面，见图 2。图 2（a）为堤防三维模型，包含内部三角形裂隙空洞，箭头方向为测线方向。图 2（b）为沿着三维模型空洞顶面切片，提取空洞二维剖面，作为模拟的探地雷达模拟介质模型剖面。

选择合适的计算参数，采用时域有限差分法模拟探地雷达探测剖面。Δ_x 与 Δ_y 取值 0.05 m，Δ_t 取 1.17×10^{-10}，三角形裂隙空洞高与底边长都占 20 个单元格，PML 区域占 50 个单元格。波源为主频为 100 MHz 的 rick 子波。堤防填筑材料以黏性土为主材料，空洞内部无水分，可以认为是空气。模拟计算参数见表 1。

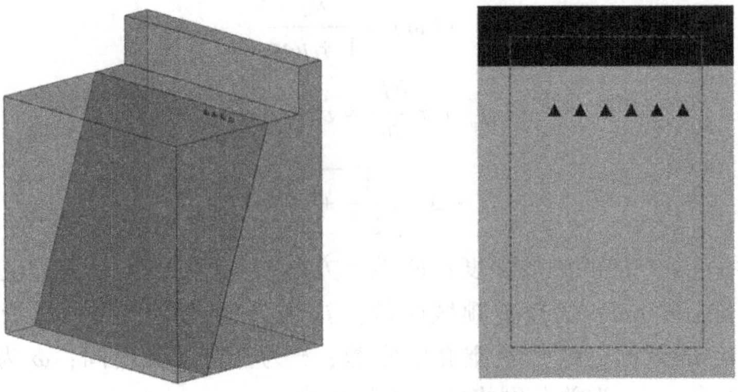

(a)　　　　(b)

图 2　探地雷达模拟介质模型

表 1　堤防探测模型参数

介质	模拟参数取值	
	相对介电常数	电导率/(S/m)
空气	1	0
堤身填筑物	15	0.001

4　探地雷达波传播特性分析

经过模拟程序计算，选取第 15 道与第 25 道的模拟探地雷达信号，对模拟结果进行分析，提取关键时间的模拟波场快照图，图中①、②、③、④、⑤、⑥为模拟的裂隙空洞编号，见图 3 与图 4。

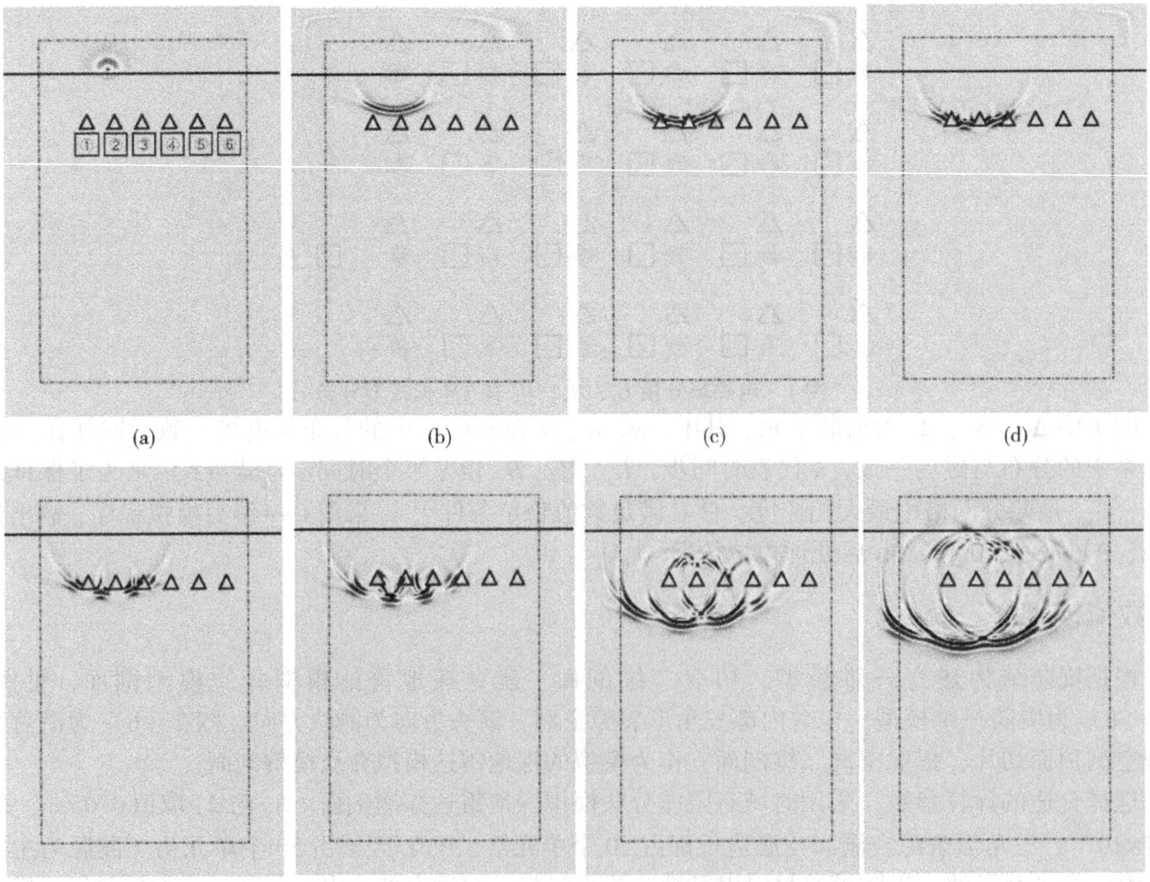

(a)　(b)　(c)　(d)

(e)　(f)　(g)　(h)

图 3　第 15 道探地雷达模拟波场快照

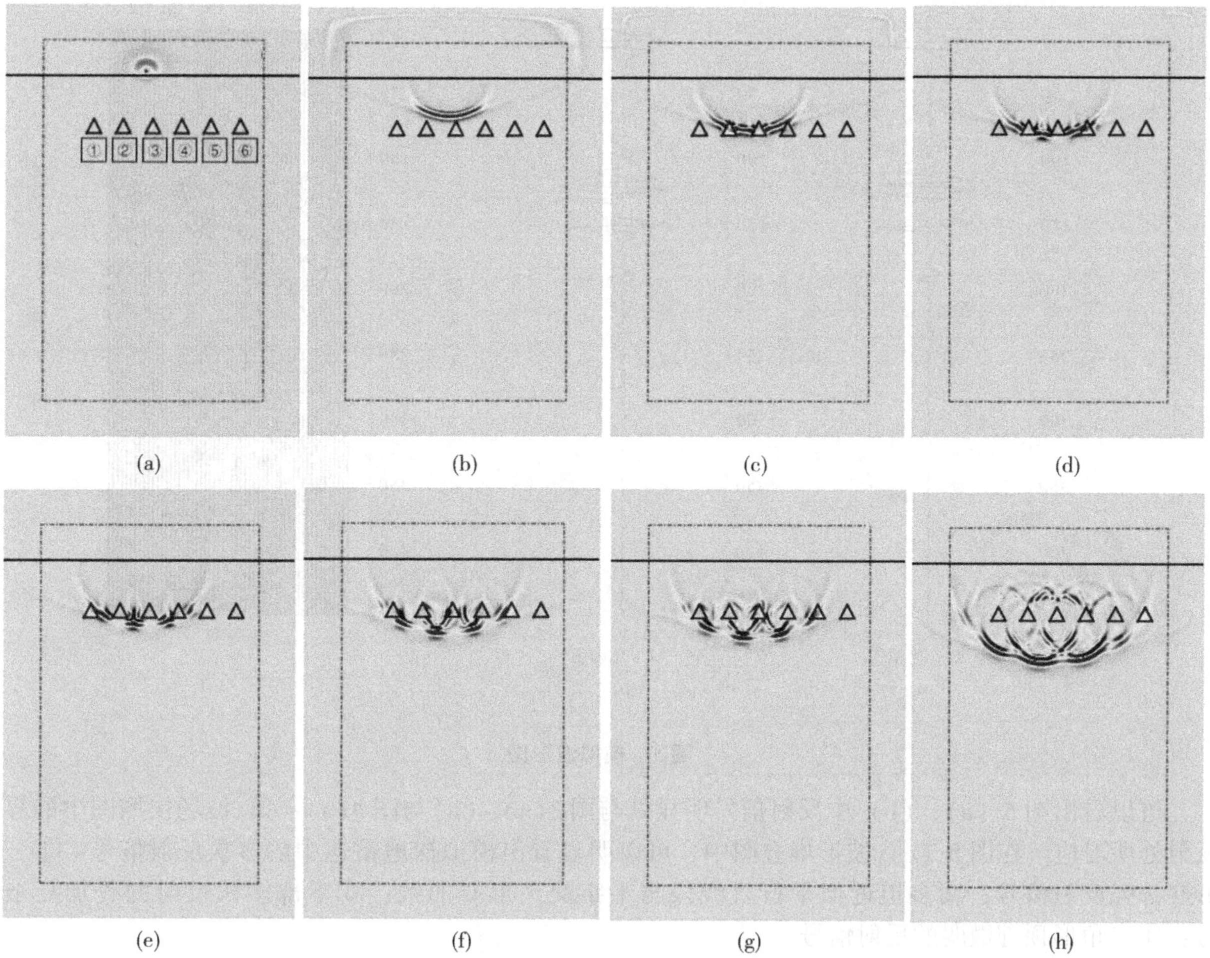

图 4　第 25 道探地雷达模拟波场快照

分析第 15 道波形信号的雷达波形传播过程，图 3（a）中为直达波信号，在空气中传播。图 3（b）中雷达信号进入堤防路面介质，遇到下方②号裂隙空洞顶，由于介电常数差异，发生反射。图 3（c）中雷达信号进入②号裂隙空洞，并在其底部发生反射，部分信号在裂隙空洞间继续传播。图 3（d）中雷达信号在相邻的①与③号两个裂隙空洞侧边处发生反射。图 3（e）中雷达信号在相邻的①与③号裂隙空洞底部发生反射。图 3（f）中雷达信号经过相邻的①与③号裂隙空洞侧边发生反射后在下方②号裂隙空洞侧边发生反射。图 3（g）中雷达信号在右侧④号裂隙空洞侧边处发生反射。图 3（h）中雷达信号在右侧⑤裂隙空洞侧边处发生反射。

相同地分析第 25 道波形信号的雷达波形传播过程，图 4（a）为直达波信号在空气中传播。图 4（b）中雷达信号进入堤防路面介质，遇到下方③号裂隙空洞顶，发生反射。图 4（c）中雷达信号进入③号裂隙空洞，并在其底部发生反射。图 4（d）中雷达信号在相邻的②与④号两个裂隙空洞侧边处发生反射。图 4（e）中雷达信号在相邻的②与④号裂隙空洞底部发生反射。图 4（f）中雷达信号经过相邻②与④号裂隙空洞侧边发生反射后，在下方③号裂隙空洞侧边发生反射。图 4（g）中雷达信号在两侧①与⑤号裂隙空洞侧边处发生反射。图 4（h）中雷达信号在右侧⑥裂隙空洞侧边处发生反射。可以看出，雷达信号在每个裂隙空洞处都发生多次反射与折射，雷达信号由单一信号变成多次反射信号相叠加，显示出复杂波形特征。

对第 15 道及第 25 道探地雷达信号提取单道波形图，经过球面增益，得到所对应的单道波形图。见图 5（a）、（b）。对模拟的多道波形叠加，绘制出波形堆叠图，见图 5（c）。

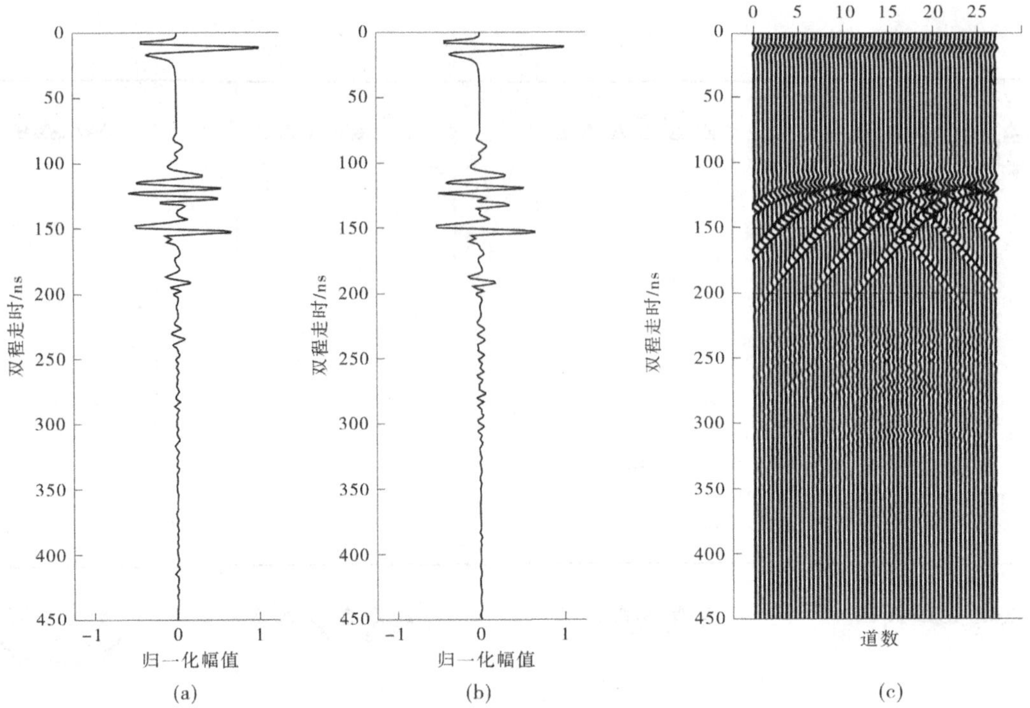

图 5　模拟波形图

可以看出图 5（a）、（b）中反射信号明显处与图 3(a)~(h)与图 4(a)~(h)波场快照图中的界面反射处所对应。在图 5（c）波形堆叠图中，可以明显看出模拟探地雷达中的多次反射信号：①三角形底部强反射信号；②多道近似平行直线段与十字交叉形双曲线；③下部多次反射的叠加复杂信号；④三角形顶部微弱的反射信号。

5　模拟与实测结果分析

采用 100 MHz 天线的探地雷达对某堤防内部的裂隙空洞进行探测，探测探地雷达图像中存在这种特殊的多道近似平行直线段及十字交叉双曲线信号，见图 6（a）。根据现场情况模拟的探地雷达图像也很明显地显示出这种现象，见图 6（b）。现场探测探地雷达图像与模拟探地雷达图像图形特征相

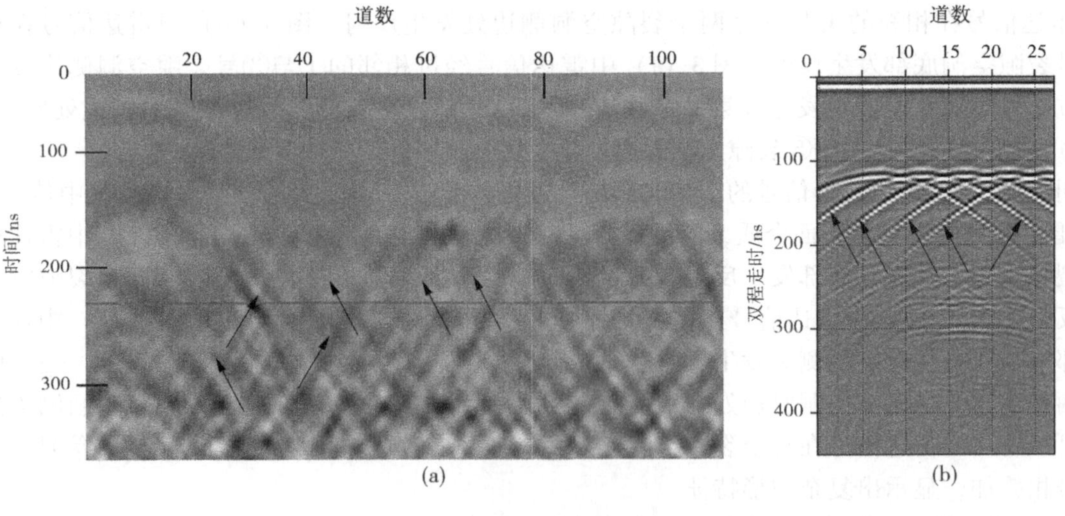

图 6　探地雷达探测剖面图

似。开挖验证，可以发现较多间隔不连续，沿堤身填筑区域及堤顶防浪墙混凝土结构相接区域的小型裂隙空洞，见图 7。对比现场探测与模拟探地雷达图像的信号特征，通过模拟探地雷达图像中较为清晰、明显的信号特征，解释了现场探测探地雷达图像中的这种特殊的信号特征。所以，正演模拟得到的探地雷达图像与探测得到的探地雷达图像相吻合，建立的模拟介质模型与现场开挖后实际裂隙空洞相符合。解释了现场探测的裂隙空洞探地雷达图像中的信号特征。

(a)

(b)

图 7　现场堤防裂隙空洞开挖图

6　结论

为了更好地解释现场探地雷达图像中的信号特征，本文根据现场堤防结构与现场探测的探地雷达图像，合理简化建立模型，对探测剖面进行切片后，建立介质模型开展模拟，把模拟图像与实测图像进行对比分析。

（1）探地雷达对某堤防裂隙空洞进行探测，在探地雷达图像中显示为多道近似平行直线段及十字交叉双曲线信号特征，开挖后，发现多个不连续的、尺寸 0.5~1 m、结构近似三角形的裂隙空洞。

（2）建立的探测介质模型，模拟电磁波在堤防内部多个裂隙空洞中传播，在裂隙空洞多个界面反射与折射，产生的多个叠加的电磁波信号。合成后的模拟探地雷达图像解释了实测探地雷达图像中这种特殊的多道近似平行直线段及十字交叉双曲线信号来源。

（3）该研究可以为快捷、准确识别探地雷达图像中异常信号特征提供指导。

参考文献

[1] 曾昭发，刘四新，冯晅，等．探地雷达原理及应用［M］．2 版．北京：电子工业出版社，2023.

[2] 王国群．不同成因地裂缝探地雷达图像特征［J］．物探与化探，2009，33（3）：345-349.

[3] 娄玉鹏，凌同华，何文超，等．衬砌结构异形富水微裂缝模型试验与量化识别［J］．交通科学与工程，2024，40（3）：74-81.

[4] 杨忠治，刘敦文，褚夫蛟，等．富水裂隙岩体探地雷达信号特性模拟研究［J］．武汉理工大学学报，2014，36（11）：103-108.

[5] 李鹏宇，王洪华，王欲成，等．探地雷达高频电磁波在频散介质中的传播特征分析［J］．地球物理学进展，2023，38（5）：2276-2287.

[6] 杜良，刘树才，梁棋念，等．隧道检测中基本形状空洞探地雷达图像特征［J］．地球物理学进展，2015，30（6）：2892-2896.

[7] 秦臻，黄波林，张鹏．基于探地雷达检测的岩溶岸坡内部宏观裂隙响应规律研究［J］．工程地质学报，2021，29

（3）：628-639.
[8] 郭士礼，闫飞，朱培民，等. 裂缝宽度探地雷达波场响应的数值研究［J］. 地球物理学进展，2016，31（4）：1803-1808.
[9] 凌同华，刘芳，何文超，等. 含水空洞的探地雷达正演模拟与试验研究［J］. 交通科学与工程，2022，38（3）：40-47.
[10] 王万顺，孙建会，郝丽生，等. 探地雷达在堤防检测中的应用［J］. 中国水利水电科学研究院学报，2004，2（3）：226-230.
[11] 杨建功，江泉，刘文颖，等. 探地雷达在堤防检测中的应用［J］. 水电能源科学，2012，30（1）：156-158.
[12] TAFLOVE A，HAGNESS S C. Computational Electrodynamics：The Finite-Difference Time-Domain Method［M］. 3rd edition. Norwood：ARTECH HOUSE，INC，2005.

基于探地雷达相位特征的混凝土内部缺陷自动识别

刘　浩

（上海市建筑科学研究院有限公司，上海　200032）

摘　要：混凝土内部缺陷探地雷达检测数据常规依赖人工，极大制约了精度和效率，亟待发展智能化解释方法。本文采用数值模拟研究了混凝土内部缺陷的探地雷达信号相位特征。基于相位特征差异，利用预设阈值的行方差确定目标区域，执行直方图均衡化和图像二值化增强缺陷目标区域，采用导数计算缺陷的相位导数序列，实现了脱空、空洞和含水孔洞的自动分类识别，提高了检测成果的分析效率和准确性。

关键词：混凝土缺陷；探地雷达；相位导数序列；模式识别

1　研究背景

探地雷达具有高分辨率和快效率的优势，已广泛应用于土木工程和水工结构的内部缺陷检测[1-3]。然而，探地雷达数据处理流程复杂，解释具有较大主观性，极大制约了检测精度和效率，故亟待发展一种混凝土结构内部缺陷的自动识别方法。分析和提取探地雷达数据中混凝土结构缺陷特征既重要且具有挑战性，已开发了多种算法[4-6]。Kuang 等根据材料介电常数对探地雷达电磁信号传播的影响，通过时域散射信号的振幅和能量表征缺陷特征。然而，结构缺陷造成的散射信号幅值小，噪声能量大，导致准确率较低[7]。Barkataki 等开发了一种自动算法识别埋藏目标的深度和位置。该算法虽能有效检测内部缺陷，但无法识别缺陷类型[8]。Liu 等利用预训练的多尺度特征融合深度神经网络，通过检测探地雷达图像中双曲线顶点确定目标位置，但对点状散射体的非双曲线信号无效[9]。还有研究者采用 H-alpha 分解法、瑞利波、分形理论和主成分分析等确定缺陷特征[10-13]，但上述方法具有高度复杂性，无法实现缺陷自动分类。

本文探索了一种混凝土结构复杂内部缺陷的自动识别方法。首先，研究了混凝土结构脱空、空洞和含水孔洞的探地雷达图像特征。其次，采用预设阈值行方差、直方图均衡化、图像二值化和导数计算，获得相位导数序列，提出了相位特征识别算法，研发了探地雷达数据增强及缺陷自动识别技术。最后，通过实际数据的处理，验证了方法的分析效率和准确性。

2　探地雷达图像特征

混凝土结构主要有三种缺陷：脱空、空洞和含水孔洞。脱空通常出现在二次衬砌和钢筋支撑层之间的分界面或钢筋支撑层和周围混凝土之间。脱空通常发生在浅部，距离表层 20 cm 处，但有时可深达 1 m。图 1（a）显示了混凝土结构脱空模型。图 1（b）为采用时域有限差分软件 GprMax2D 模拟的脱空模型探地雷达图像。由于混凝土的介电常数大于空气，当电磁波遇到脱空顶部（上覆混凝土—脱空上界面）时，反射与入射信号相位相同；反之，在脱空底部（空气—混凝土下界面），反射与入射信号的相位相反。通常脱空结构尺寸较大，探地雷达图像中通常表现为不规则的水平条状模式。空洞缺陷的结构类似脱空但尺寸较小，在探地雷达图像中通常表现为双曲线模式。

基金项目：北京市自然科学基金青年项目（8244059）；上海建科集团科研创新项目（KY10000038. 20220023）；中国博士后科学基金面上资助（2022M713473）；国家重点研发计划（2023YFF0906100）。

作者简介：刘浩（1989—），男，高级工程师，高级项目经理，主要从事工程物探和岩土勘察工作。

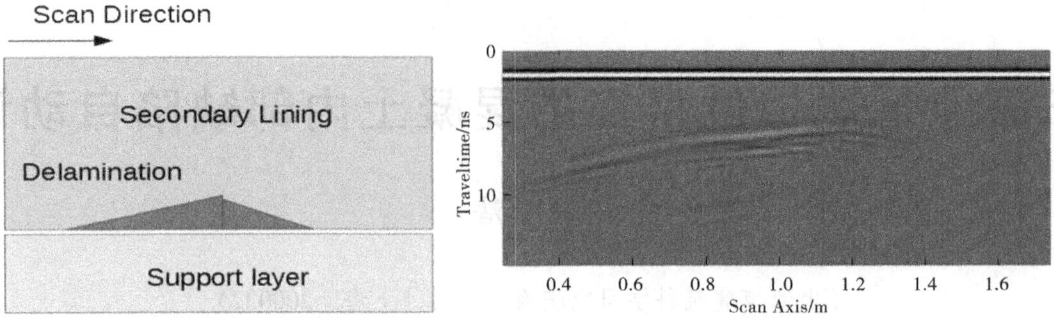

(a) (b)

图 1　混凝土结构脱空模型及其数值模拟探地雷达图像

混凝土结构因排水问题而形成高含水区域，不利于混凝土结构的稳定性。图 2 显示了含水孔洞模型及其数值模拟的探地雷达图像。与脱空和空洞不同，由于水的介电常数高于空气，含水孔洞顶部的反射波与入射波相位相反，底部的反射波与入射波相位相同。

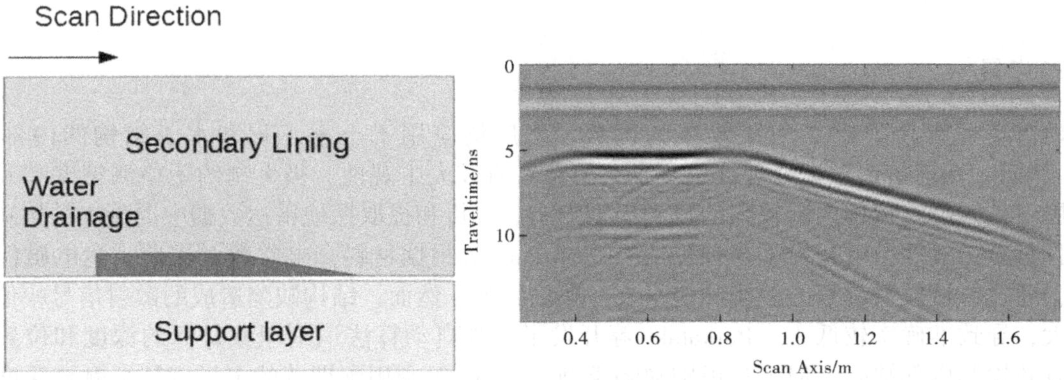

(a) (b)

图 2　混凝土结构含水孔洞模型及其数值模拟探地雷达图像

3　自动识别算法

基于混凝土结构缺陷的探地雷达图像特征，可利用相位差异识别脱空、空洞和含水孔洞。图 3 给出了相位特征提取算法流程。缺陷区域的行方差通常远大于背景区域的行方差，故先采用预设阈值的行方差确定探地雷达图像中混凝土结构缺陷的位置。在确定缺陷目标区域后，执行直方图均衡化以增强缺陷区域信号与背景信号的对比度。最后采用图像二值化和导数计算提取缺陷相位模式。

3.1　行方差和阈值计算

方差衡量随机变量与其数学期望（均值）的偏差度。在探地雷达数据处理中，可利用方差特征提取混凝土结构内部缺陷的目标区域。行方差越小，代表不同道电磁波形的相似性越高；行方差越大，代表不同道电磁波形的相似性越低。故可根据行方差提取缺陷的目标区域。假设探地雷达图像的尺寸为 $M \times N$，其中 M 表示每道电磁波信号的采样点数，N 表示二维剖面的道数。计算探地雷达图像的行方差，并将其表示为 S_1，S_2，…，S_M。

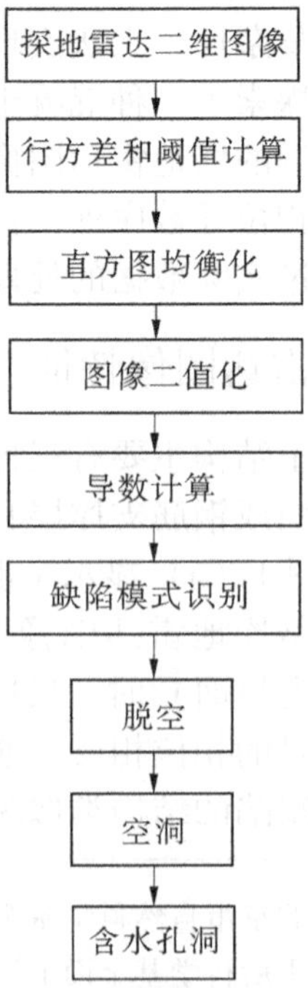

图 3　相位特征提取算法流程

利用 GprMax2D 模拟混凝土结构内部空洞模型的探地雷达图像，空洞直径 0.2 m，顶端与天线的距离为 0.2 m（见图 4）。图 5 显示了无空洞模型的探地雷达图像及其行方差，可见背景区域的行方差较小（本例小于 4）。图 6 显示了空洞模型的探地雷达图像及其行方差，可见空洞区域的行方差急剧增大，高达 1 000。需设置行方差阈值提取缺陷区域。测试结果表明，将行方差阈值设为 50 可有效提取缺陷区域［见图 6（c）］。

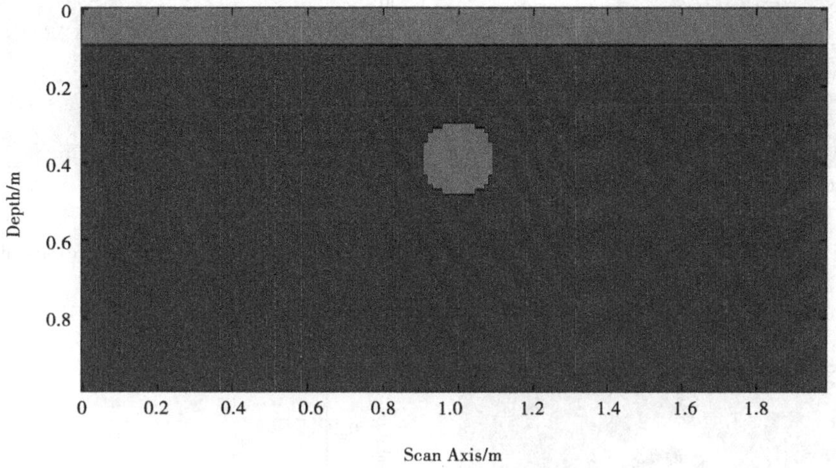

图 4　混凝土结构空洞模型

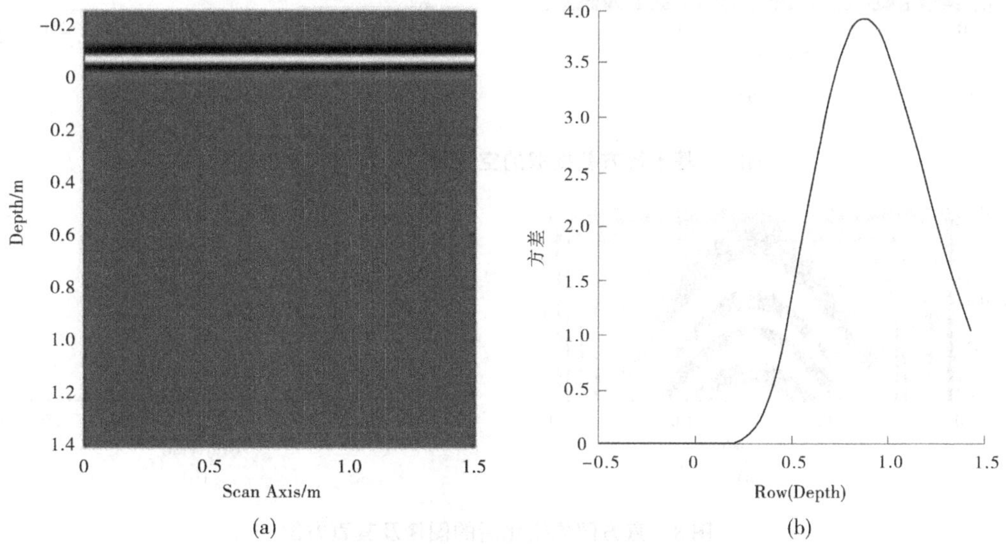

图 5　无空洞模型的探地雷达图像及其行方差曲线

3.2　直方图均衡化

可利用直方图均衡化改变图像的直方图分布模式，从而突出相位特征。图 7（b）的直方图分布较为集中。直方图均衡化后，图 8（b）的直方图分布更均匀且相位特征更清晰。图 8（a）显示了混凝土结构空洞模型的探地雷达二维图像处理结果，可见空洞区域的特征更加清晰。

3.3　图像二值化

直方图均衡化后依然难以识别缺陷的反射信号相位特征，故可分析探地雷达数据集确定阈值。通过分析图像像素的振幅，可观察到缺陷区域反射数据大部分位于顶部和底部 20%的灰度区域，即阈值选择适用 2-8 原则。对灰度值低于最大值 20%的像素，分配新的灰度值 0，图像中显示为黑色；对灰度值超过最大值 80%的像素，分配新的灰度值 255，图像中显示为白色；其余像素的灰度值为 127。图像二值化进一步突出了混凝土结构内部空洞。

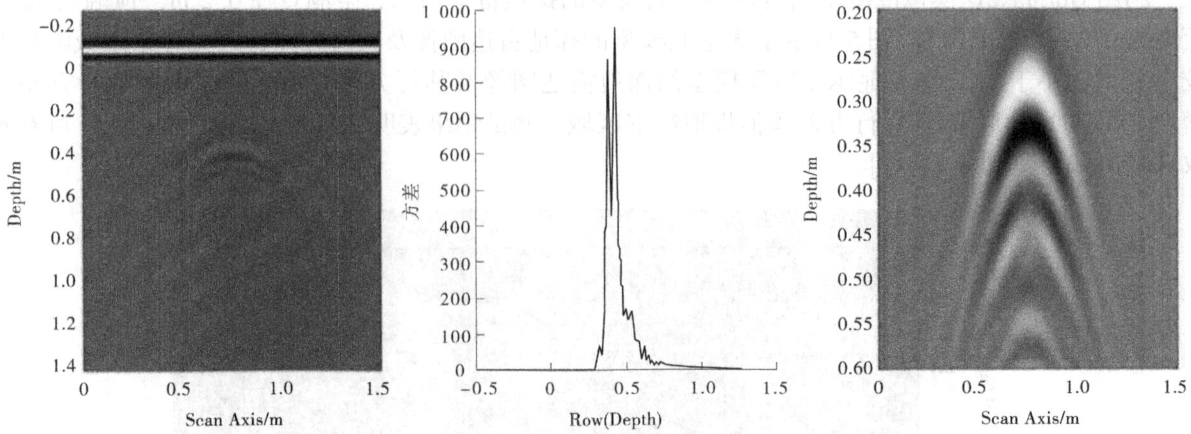

(a)混凝土结构空洞模型的探地雷达图像　(b)行方差曲线　(c)提取的缺陷目标区域

图 6　空洞模型的探地雷达图像及其行方差

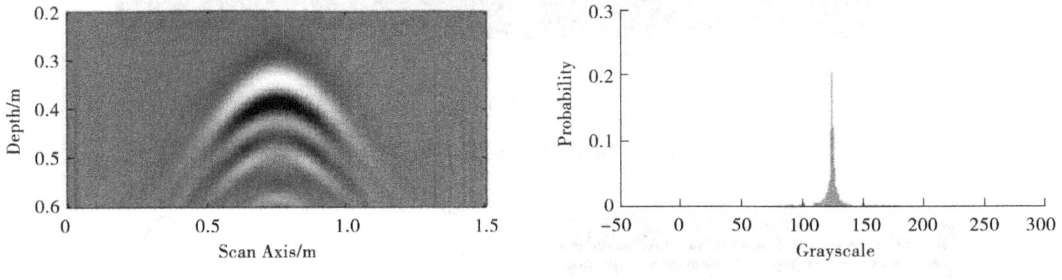

(a)　(b)

图 7　基于行方差提取的空洞目标区域及其直方图

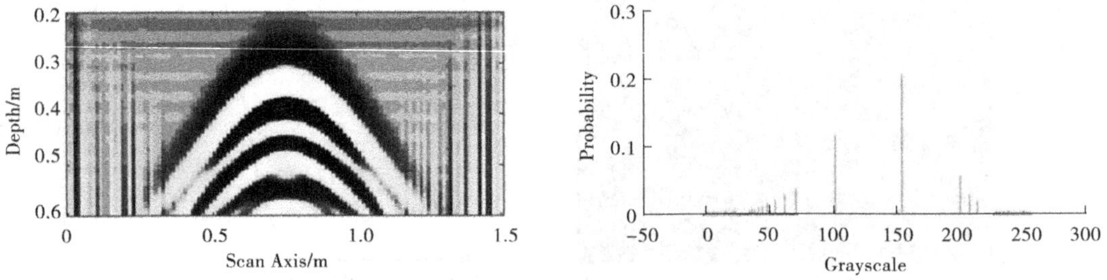

(a)　(b)

图 8　直方图均衡化后的图像及其直方图

图 9 给出了不同阈值的图像二值化结果。从图 9（a）可见，1-9 法则所得图像丢失了大量相位信息，3-7 法则所得图像出现更多噪声，2-8 法则较好地保持了相位特征。最佳阈值的选择取决于实际数据。图 10 显示了空洞模型的探地雷达图像经过直方图均衡化和图像二值化处理的结果。

3.4　导数计算

沿深度轴求导表征灰度值的变化。若导数为正，则赋予其新值 1；若导数为负，则赋予其新值 -1；若导数为 0，则赋值 0。新的三值数据集可用于识别内部缺陷。例如，空洞模型的相位导数序列为 0→1 → 0→-1。图 11（a）由 N 道电磁波信号记录组成，故可计算出 N 个相位导数序列。如图 11（b）～（d）所示，第 10、60 和 110 道的相位导数序列分别为［0，1，-1］，［0，-1，0，1，0，-1，0，1］，［0，-1，0，1，1，0，-1，…］。选取 N 个相位导数序列的前 8 个值，将占比较大的序列作为最终的相位导数序列：［0，-1，0，1，0，-1，0，1］表示脱空或空洞，［0，1，0，-1，0，1，0，-1］表示含水孔洞。

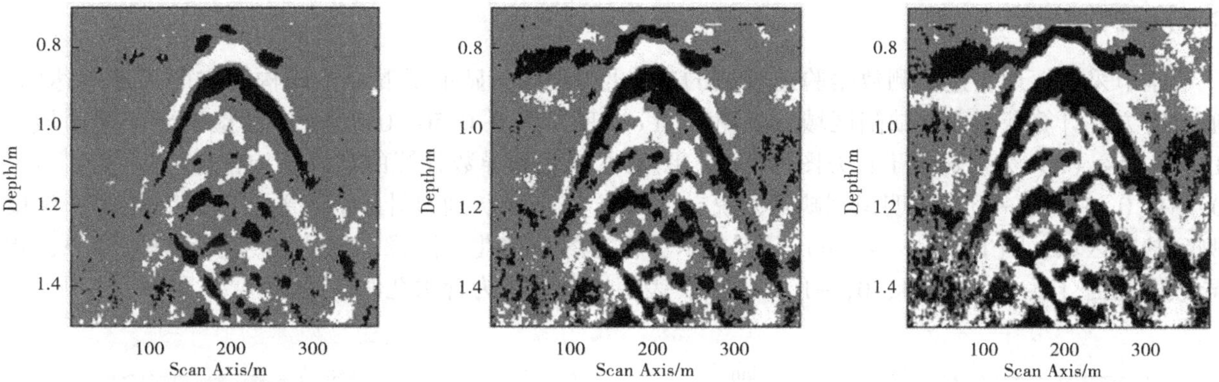

(a)1-9法则　(b)2-8法则　(c)3-7法则

图 9　1-9 法则、2-8 法则和 3-7 法则所得图像二值化结果

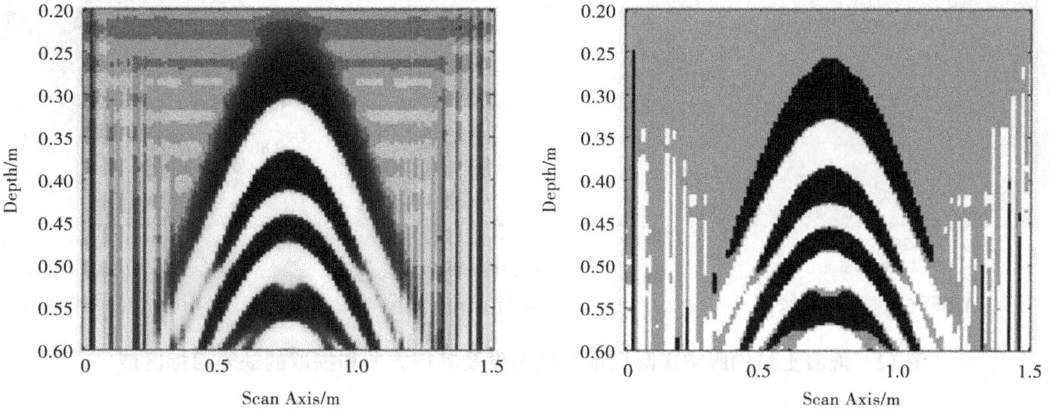

(a)直方图均衡化　(b)2-8法则所得图像二值化结果

图 10　混凝土结构空洞模型的探地雷达图像直方图均衡化及其 2-8 法则所得图像二值化结果

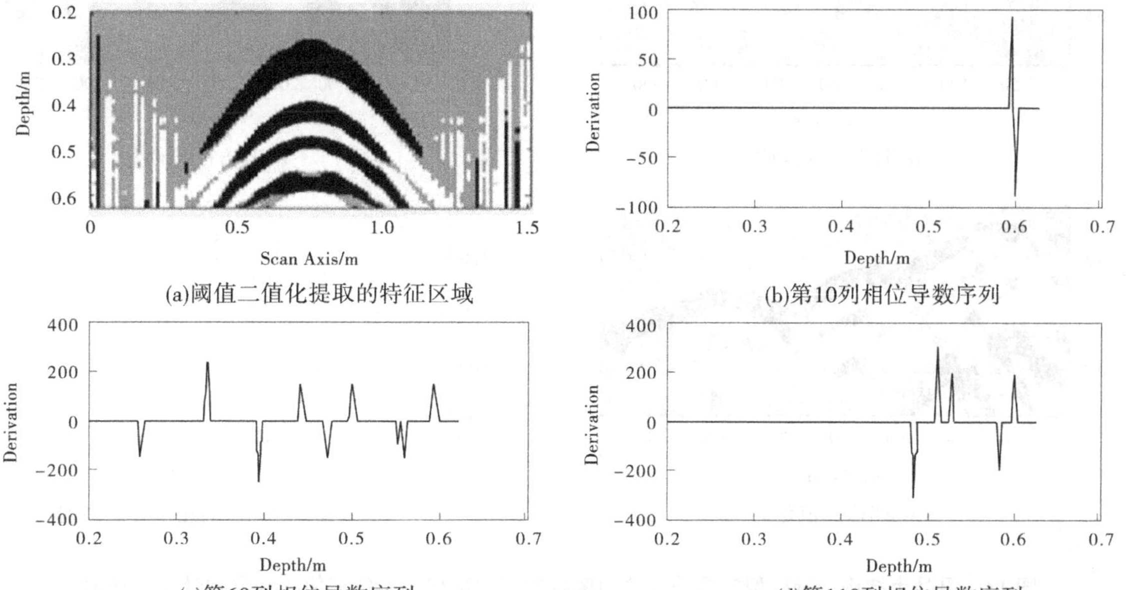

(a)阈值二值化提取的特征区域　(b)第10列相位导数序列

(c)第60列相位导数序列　(d)第110列相位导数序列

图 11　混凝土结构空洞模型的探地雷达图像阈值二值化提取的特征区域及其第 10、60、110 列的相位导数序列

4 准确性验证

本节采用探地雷达实测数据验证算法的准确性。图 12 显示了混凝土结构脱空的探地雷达图像，通过行方差计算获得内部缺陷区域。如图 12（c）所示，在 0.50～0.80 m 深度检测到缺陷区域。图 13（b）～（d）分别显示了直方图均衡化、图像二值化和导数计算的结果，相位导数序列为［0，1，0，-1，0，1，0，-1］，表明识别缺陷为脱空。如图 14 所示，通过计算行方差，在 0.7～1.5 m 深度检测到缺陷区域。图 15（b）～（d）分别显示了直方图均衡化、图像二值化和导数计算的结果，相位导数序列为［0，-1，0，1，0，-1，0，1］，表明识别缺陷为含水孔洞。

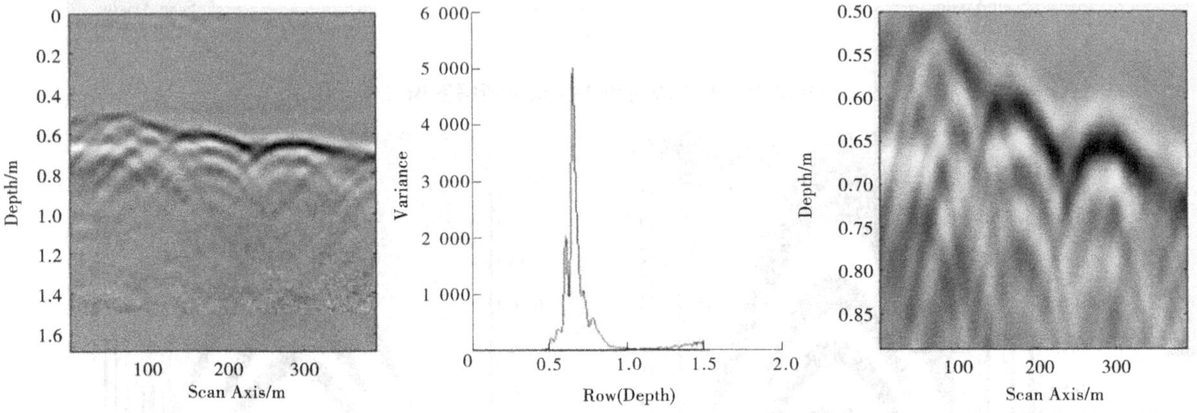

(a)实际探地雷达图像　(b)行方差　(c)提取的缺陷目标区域

图 12　混凝土结构脱空实际探地雷达图像及其行方差和提取的缺陷目标区域

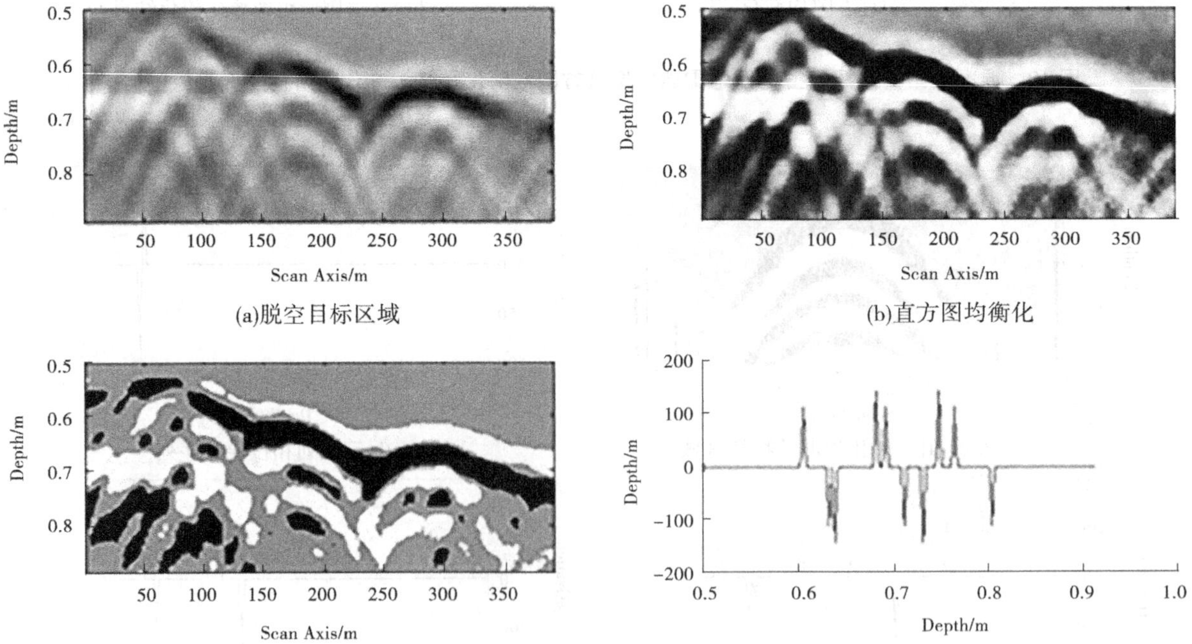

(c)图像二值化　(d)第200道的相位导数序列

图 13　混凝土结构空洞模型的探地雷达图像直方图均衡化、图像二值化和导数计算的结果

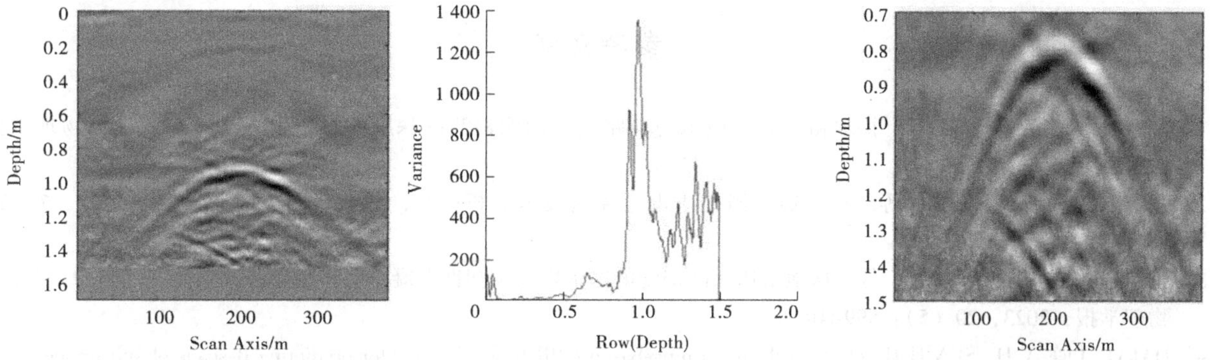

(a)实际探地雷达图像　　(b)行方差　　(c)提取的缺陷目标区域

图 14　混凝土结构含水孔洞实际探地雷达图像及其行方差和提取的缺陷目标区域

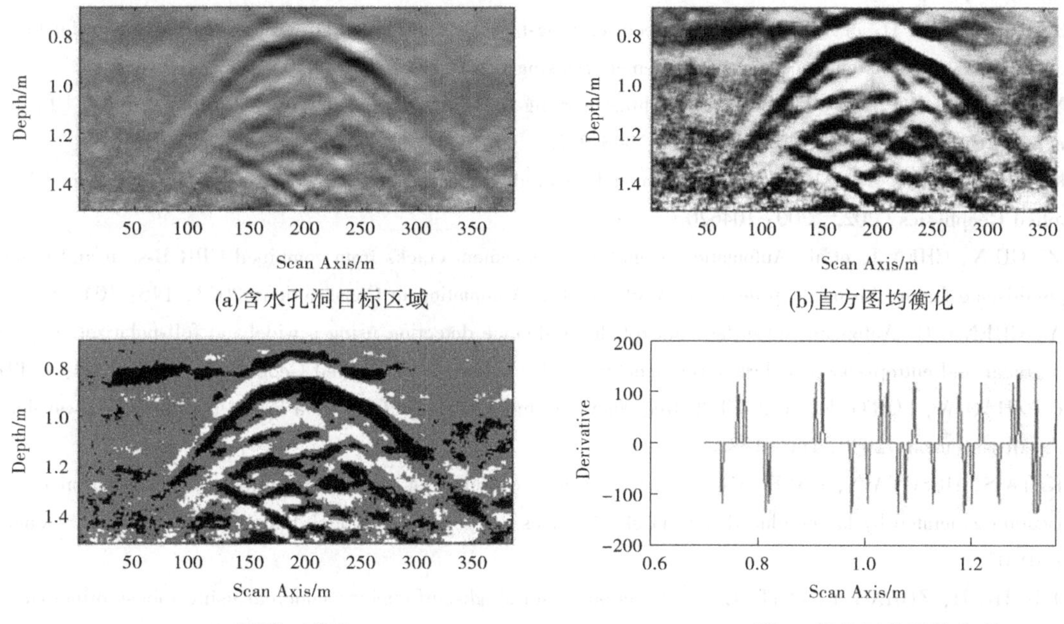

(a)含水孔洞目标区域　　(b)直方图均衡化

(c)图像二值化　　(d)第200道的相位导数序列

图 15　混凝土结构含水孔洞实际探地雷达图像直方图均衡化、图像二值化、导数计算结果

5　结论

（1）采用数值模拟方法研究了混凝土结构三种主要缺陷（脱空、空洞和含水孔洞）的探地雷达图像特征。模拟结果表明，大尺寸脱空通常为不规则水平条状模式，小尺寸空洞通常为双曲线模式，顶部反射与入射信号相位相同，底部反射与入射信号相位相反；含水孔洞顶部反射与入射信号相位相反，底部反射与入射信号相位相同。

（2）基于探地雷达信号的相位特征差异，利用预设阈值的行方差确定缺陷目标区域，执行直方图均衡化和图像二值化增强缺陷目标区域，采用导数计算缺陷的相位导数序列，实现了探地雷达图像混凝土结构内部缺陷的自动分类识别。模拟数据分析结果表明，脱空的相位导数序列模式为［0，1，0，−1，0，1，0，−1］，含水孔洞的相位导数序列模式为［0，−1，0，1，0，−1，0，1］。实测数据的分析结果证明，本方法可实现脱空、空洞和含水孔洞的自动分类识别，提高了检测成果的分析效率和准确性。

参考文献

[1] 刘震，顾兴宇，李骏，等．探地雷达数值模拟与道路裂缝图像检测的深度学习增强方法［J］．地球物理学报，2024，67（6）：2455-2471.

[2] 张家阳，王宇，徐昭巍，等．水工输水洞地质雷达探测技术分析［J］．水利科学与寒区工程，2024，7（2）：54-57.

[3] 姚纪华，伍佑伦，宋子龙，等．探地雷达和高密度电法识别大坝塑性混凝土防渗墙渗漏缺陷研究［J］．工程地球物理学报，2023，20（5）：599-604.

[4] DAI Q, LEE Y H, SUN H H, et al. A deep learning-based GPR forward solver for predicting B-scans of subsurface objects［J］. IEEE Geoscience and Remote Sensing Letters, 2022, 19: 1-5.

[5] WANG J, LIU H, JIANG P, et al. GPRI2Net: A deep-neural-network-based ground penetrating radar data inversion and object identification framework for consecutive and long survey lines［J］. IEEE Transactions on Geoscience and Remote Sensing, 2021, 60: 1-20.

[6] LIU B, REN Y, LIU H, et al. GPRInvNet: Deep learning-based ground-penetrating radar data inversion for tunnel linings［J］. IEEE Transactions on Geoscience and Remote Sensing, 2021, 59（10）: 8305-8325.

[7] KUANG G, LI B, MO S, et al. Review on machine learning-based defect detection of shield tunnel lining［J］. Periodica Polytechnica Civil Engineering, 2022, 66（3）: 943-957.

[8] BARKATAKI N, TIRU B, SARMA U. A CNN model for predicting size of buried objects from GPR B-Scans［J］. Journal of Applied Geophysics, 2022, 200: 104620.

[9] LUY Z, GU X, CHEN J, et al. Automatic recognition of pavement cracks from combined GPR B-scan and C-scan images using multiscale feature fusion deep neural networks［J］. Automation in Construction, 2023, 146: 104698.

[10] YU Y, CHEN C C. Automatic subsurface unexploded ordnance detection using a wideband full-polarization ground penetrating radar and entropy-based polarimetric signatures［J］. Journal of Applied Geophysics, 2023, 209: 104913.

[11] LU G, ZHAO W, FORTE E, et al. Multi-frequency and multi-attribute GPR data fusion based on 2-D wavelet transform［J］. Measurement, 2020, 166: 108243.

[12] WAKATA S, HOSOYA N, HASEGAWA N, et al. Defect detection of concrete in infrastructure based on Rayleigh wave propagation generated by laser-induced plasma shock waves［J］. International Journal of Mechanical Sciences, 2022, 218: 107039.

[13] CAO J, HE H, ZHANG Y, et al. Crack detection in ultrahigh-performance concrete using robust principal component analysis and characteristic evaluation in the frequency domain［J］. Structural Health Monitoring, 2024, 23（2）: 1013-1024.

极软岩石物理力学性质室内测试实践

赵顺利[1,2]　杜卫长[1,2]　郭　冲[1,2]　李晨雨[1]　王晓明[1]

（1. 江河安澜工程咨询有限公司，河南郑州　450003；
2. 黄河勘测规划设计研究院有限公司，河南郑州　450003）

摘　要： 针对工程中普遍存在的极软岩石室内物理力学性质测试质量不高的问题，考虑极软岩石水稳定性差、易扰动等特点，通过工程实践总结，在现行试验标准的框架下，开展极软岩石室内测试的难点和对策研究，制定了可实现极软岩石低扰动无水取样的特制环刀制样方案，优化了可抑制吸水试验过程中极软岩石崩解的岩石标准试件的饱和架，提出了部分极软岩石试验的替代方案。基于实际的测试实践，提出的极软岩石试验对策可满足常规物理力学参数的测试工作，支撑工程勘察设计对极软岩石基础参数的需求。

关键词： 极软岩石；物理力学参数；水稳定性差；对策研究；测试实践

1　引言

极软岩石作为工程中常见的一类特殊岩石，在新沉积或风化严重等地层中广泛存在。极软岩石强度低、水稳定性差、抗变形能力弱等工程特性，对工程安全建设具有重要影响[1]。合理确定极软岩石的基础参数对于勘察设计、建设运营十分关键[2-3]。

工程实践中，通常将饱和单轴抗压强度低于 5 MPa 的岩石视为极软岩石[4]，但未规定极软岩石的强度下限值，路新景[5] 进一步提出软岩/硬土的概念，将其作为岩土过渡材料开展了系统性的研究，提出了创新性的试验方法。薛鹏等[6] 通过工程调查和室内测试等手段，系统研究了不同高径比下极软岩的单轴抗压强度尺寸效应。丁济金等[7] 进一步优化了极软岩石单轴压缩变形试验过程中数据采集措施。在现行试验规范下，关于如何提高极软岩石测试质量的研究相对不足。

由于胶结强度弱，表现出硬土的特征，极软岩石样品制备和试验检测成功率低，日益成为高效获取岩石基础试验参数的障碍。工程实践中，为防止试件破坏，获取有效试验参数，试验前需制备大量备用岩样，检测样品数量不足时，需重新进行现场取样，造成人力、物力的浪费。

为进一步提升极软岩石物理力学试验参数的测试质量，开展难点分析、对策研究，结合室内测试进行分析，为极软岩石的室内测试提供参考。

2　极软岩石室内测试难点分析

2.1　极软岩石基本特性

极软岩石基本特性与矿物组成、内部结构等因素有关，形成原因主要分为 3 种类型：沉积型、风化型和构造型，其中沉积型多见于第三系[8]。由于内部含有黏土矿物、有机质且颗粒胶结强度差，浸水后通常具有可塑性、膨胀性、崩解性和易扰动性等特点[1]，典型的极软岩石如图 1 所示。

通过室内测试总结，重点分析极软岩石的基本特性对岩石密度试验、吸水试验、力学试验和一些

基金项目： 江河安澜工程咨询有限公司第二类研发项目（JH-ky02-2023）；黄河勘测规划设计研究院有限公司第一类研发项目（2022ky003）。

作者简介： 赵顺利（1992—），男，工程师，博士，主要从事岩土本构模型、岩土工程测试技术等研究工作。

特殊性试验影响，分析关键难点问题。

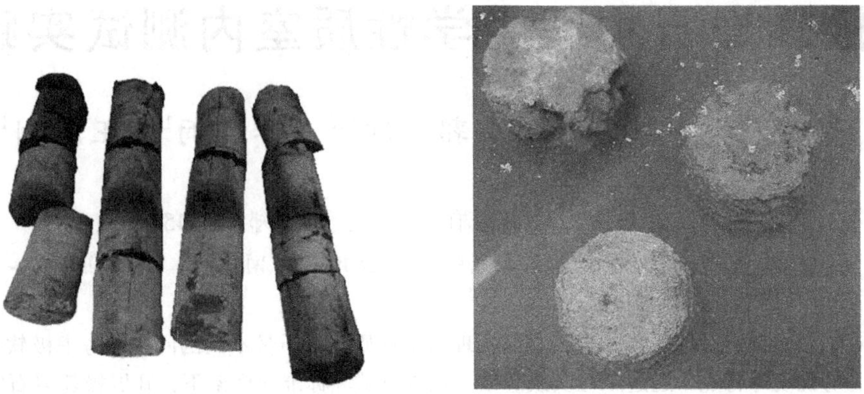

(a)运输过程中断裂　　(b)浸水逐步崩解

图 1　典型的极软岩石样品

2.2　极软岩石制样问题

室内开展力学试验（单轴抗压强度试验、单轴压缩变形试验、三轴压缩试验等）时，通常要求试验样品为高径比 2.0~2.5 的标准试件，试件尺寸以直径 50 mm、高度 100 mm 为主，物性试验中量积法确定块体密度时，也要求规则试件，但对高径比未有严格要求。

由于极软岩石水稳定差、易扰动的特点，采用钻机进行室内试样二次加工时，难以获取较为满意的结果。林宗元等[9] 指出可通过干钻和干磨的方式进行制样，但通过室内测试实践，制样成功率依然较低。极软岩石的低扰动无水取样技术是目前的关键难点之一。

2.3　极软岩石的浸水保护措施

极软岩石的水理性质是工程建设需考虑的关键性质，但在开展密度试验、吸水试验、不同含水状态的力学试验时，直接浸水容易崩解破坏，导致试验失败。以吸水性试验为例，现行的国家标准《工程岩体试验方法标准》（GB/T 50266—2013）指出吸水性试验不适用于浸水崩解、干缩湿胀的岩石[4]；现行的水利行业标准《水利水电工程岩石试验规程》（SL/T 264—2020）在适用范围上与国家标准基本保持一致，在具体的试验步骤中增加了针对极软岩石吸水试验的保护措施等论述[10]，但未明确保护措施的具体内容。

实际上，由于未明确浸水崩解和干缩湿胀岩石的定量化指标，适用性主要依赖试验人员的主观判断。具体的工程勘察设计中，含水状态显著影响极软岩石的物理力学性质，相关指标是需重点查明的问题。因此，如何采用保护措施，尽可能获取不同的极软岩石含水状态，是目前极软岩石室内测试的另一个关键难点。

2.4　极软岩石的试验替代方案

极软岩石特殊性质决定了部分试验在现行的岩石试验规范中，无法开展有效的试验并获得工程勘察设计所需的试验参数，典型的如岩石自由膨胀率试验。同时部分试验因原理上的缺陷，导致获取的试验参数参考价值不高，典型的如饱和状态下的三轴压缩试验和直剪试验等，杨旭等[11] 通过室内软岩边坡模型试验指出孔隙水压力和有效应力是判断边坡稳定的关键参数。岩石规范中对有效应力原理考虑不足，忽略了孔隙水压力的影响，抗剪强度指标的参考价值有限，廖红建等[12] 为规避岩石规范的不足，参考土工试验方法，测试了软岩的液塑限等基本物理指标，开展了软岩的固结不排水剪切试验，为极软岩石的试验提供了新的思路。

《工程岩体试验方法标准》（GB/T 50266—2013）[4] 中，针对结构面填充物的含水率试验明确了可按照《土工试验方法标准》（GB/T 50123—2019）相关规定执行[13]。从资质认定的角度，岩土工程试验应从现行有效的试验规范中匹配试验方法，对极软岩石应尽可能探索按照《土工试验方法标准》（GB/T 50123—2019）开展试验的可能性。

3　极软岩石物理力学测试对策研究

3.1　特制环刀制样方案

考虑到生产效率，对于含水较低的极软岩石仍然建议采用干钻法，钻进过程中注意岩粉的及时处理。对于含水较高的极软岩石，建议采用特制环刀进行边切削、边制样的工作。

通过实践，总结了一种简单实用的特制环刀方案，环刀为特制的ϕ 50×50 mm 尺寸，为减少切削的摩擦力，在环刀内壁涂抹凡士林，通过环刀压板、切土刀，逐步进行切削制样。切削完成后，岩样高径比达到 2.0 以上时，将岩芯顶出，削平两端面完成制样。制样完成后，为避免试样失水破坏，及时采用保鲜膜包裹备用。

关于环刀的尺寸，环刀高度较低时，容易在制样过程中导致切削完成的部分遭到破坏和制样偏心；环刀高度较高时，环刀内壁的摩擦力较大，不利于环刀制样工作的开展。相关技术人员也可结合具体情况，对环刀尺寸进行调整。制成标准岩样后的极软岩石，即可按照岩石试验规程开展常规的物理力学性质试验。

3.2　极软岩石的保护措施

极软岩石的浸水保护措施主要是防止在吸水饱和过程中，极软岩石的崩解溃散，结合多种方案的比选，可采用土工三轴压缩饱和架的原理制作极软岩石标准试件的饱和架。具体吸水饱和过程中，标准试件上、下端面垫滤纸和透水石，试件四周贴滤纸条，增加试件中水的扩散。

增加保护措施后的极软岩石吸水饱和过程和硬岩基本一致，在饱和时，为减少煮沸法对试件的扰动，建议采用真空抽气的方式，并适当增加抽气饱和的时间。

在开展块体密度试验过程中，制成标准试件和增加浸水保护措施的极软岩石，可优先采用量积法开展密度测试；当采用水中称重法开展块体密度测试时，可采用蜡封法或高分子材料密封法，蜡封法由于温度较高，蜡封过程会导致极软岩石含水状态的改变[10]；《水利水电工程岩石试验规程》（SL/T 264—2020）规定可采用高分子材料密封法开展试验，按照规范中配置的高分子材料味道刺鼻，试验操作人员感受较差。颗粒密度试验则采用比重计，不宜采用水中称重法。

开展单轴抗压强度等力学试验时，达到预设的含水状态并小心撤除保护措施后即可开展相关试验。极软岩石一般均处于带约束的工程环境中，增加保护措施不会造成数据结果的不可信。

3.3　极软岩石的试验替代

增加保护措施会一定程度抑制极软岩石水稳定性差等特性对试验过程中影响，现行岩石试验规范中仍然存在部分试验不适用的情况，典型的如 2.4 节中论述的自由膨胀率、岩石直剪、岩石三轴压缩强度等，根据杨旭等[11]、廖红建等[12]的研究结论，软岩应在充分考虑孔隙水压力和有效应力的影响下开展参数测试工作。

通过工程总结，可按照《土工试验方法标准》（GB/T 50123—2019）中土工自由膨胀率试验开展极软岩石的膨胀性测定，为极软岩石的膨胀性判断提供简易的判断参考。关于岩石直剪和岩石三轴压缩试验，参考《土工试验方法标准》（GB/T 50123—2019）增加快速剪切、慢速剪切、固结剪切、不固结不排水试验、固结不排水试验、固结排水试验等针对极软岩石的抗剪强度试验。

4　工程实践

按照提出的极软岩石物理力学测试对策，对青海省引黄济宁工程中部分极软岩石依据《水利水电岩石试验规程》（SL/T 264—2020）进行了常规的物理力学性质测试，制样过程和吸水试验的保护措施如图 2 所示。

(a)制样过程

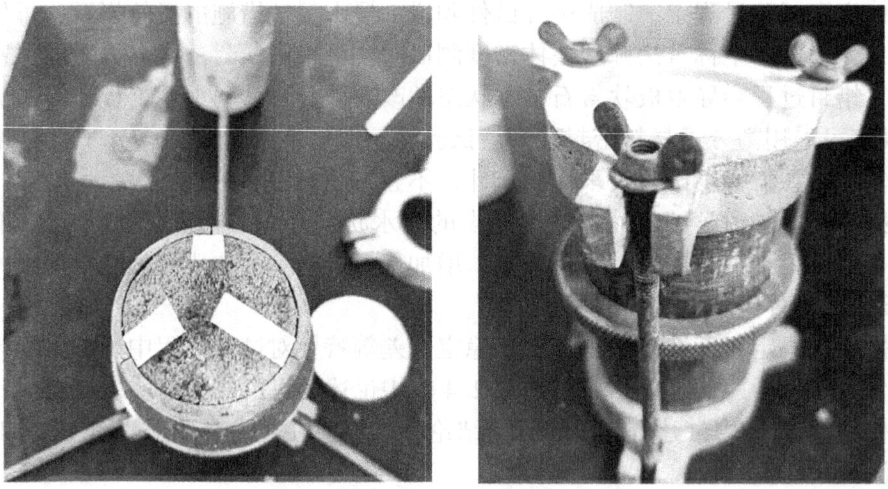

(b)浸水保护措施

图 2　极软岩石样品室内测试

其中，块体密度试验采用高分子材料密封法，颗粒密度试验采用比重计法，抗剪强度试验采用慢剪法，典型极软岩石 10 根原状岩芯的测试情况如表 1 所示。由表 1 可知，通过提出的极软岩石对策可以满足常规的物理力学参数的测试工作，在现行试验规范的框架下满足工程勘察设计对极软岩石基础参数的需求。

表 1　极软岩石室内测试情况

岩芯编号	岩芯长度/cm	预计制样结果	实际制样结果	成功测试的试验参数
1	25.1	2 个高件	1 个高件	块体密度（干、饱和）、吸水率、颗粒密度、孔隙率、含水率、单轴抗压强度（干、饱和）、软化系数、弹性模量、三轴压缩强度（饱和）、直剪强度（饱和）
2	18.6	1 个高件、1 个低件	2 个低件	
3	25.1	2 个高件	2 个高件	
4	28.0	2 个高件、1 个低件	2 个高件、1 个低件	
5	25.6	2 个高件	2 个高件	
6	20.3	1 个高件、1 个低件	1 个高件、1 个低件	
7	26.8	2 个高件	2 个高件	
8	28.9	2 个高件、1 个低件	2 个高件、1 个低件	
9	26.5	2 个高件	2 个高件	
10	18.1	1 个高件、1 个低件	1 个高件、1 个低件	

注：1. 高件代表直径 50 mm、高度 100 mm 的标准件，低件代表直径 50 mm、高度不足 100 mm 的圆柱件。
2. 三轴压缩强度、直剪强度等参数依据 GB/T 50123—2019 开展测试，其余参数依据 SL/T 264—2020 开展测试。

5　结论

通过工程实践总结，在现行岩石试验标准的框架下，分析了开展极软岩石室内测试的难点和对策，通过研究得出以下几点结论：

（1）由于水稳定性差、易扰动的特点，极软岩石试验检测成功率低，已成为工程勘察设计阶段高效获取岩石基础试验参数的障碍。

（2）极软岩石室内测试的难点主要包含样品制备、浸水保护措施、试验方案替代等方面。

（3）总结的简单实用特制环刀方案，可实现极软岩石的低扰动无水取样；提出的极软岩石的浸水保护措施（岩石标准试件的饱和架）可抑制吸水试验过程中极软岩石的崩解；典型的自由膨胀率试验、岩石直剪试验、岩石三轴压缩试验可参照《土工试验方法标准》（GB/T 50123—2019）执行。

（4）通过提出的极软岩石对策可以满足常规的物理力学参数的测试工作，在现行试验规范的框架下满足工程勘察设计对极软岩石基础参数的需求。

参考文献

[1] 齐洪亮，田伟平．中国极软岩石的分布及对公路建设的影响［J］．公路，2007（12）：1-4.
[2] 王宝权，吴妍宇，李洋．极软岩综放面大型综机设备安装工序改进与实践［J］．中国设备工程，2024（S1）：209-211.
[3] 刘珂铭，高延法，张风银．大断面极软岩巷道钢管混凝土支架复合支护技术［J］．采矿与安全工程学报，2017，34（2）：243-250.
[4] 中国电力企业联合会．工程岩体试验方法标准：GB/T 50266—2013［S］．北京：中国计划出版社，2013.
[5] 路新景．软岩/硬土强度与变形特性试验方法研究［M］．郑州：黄河水利出版社，2011.
[6] 薛鹏，任东兴，黄海，等．不同高径比下极软岩（泥岩）单轴抗压强度尺寸效应试验研究［J］．四川地质学报，2023，43（4）：713-716.
[7] 丁济金，夏謇，孙宏达，等．极软岩石单轴压缩变形试验数据采集方案［J］．工程建设与设计，2019（5）：10-12.
[8] 张永双，曲永新．硬土—软岩的厘定及其判别分类［J］．地质科技情报，2000（1）：77-80.
[9] 林宗元，王长科，化建新．岩土工程试验监测手册［M］．北京：中国建筑工业出版社，2005.

[10] 中华人民共和国水利部. 水利水电工程岩石试验规程：SL/T 264—2020 [S]. 北京：中国水利水电出版社，2020.
[11] 杨旭，周翠英，刘镇，等. 华南典型巨厚层红层软岩边坡降雨失稳的模型试验研究 [J]. 岩石力学与工程学报，2016，35（3）：549-557.
[12] 廖红建，蒲武川，殷建华. 软岩的应变速率效应研究 [J]. 岩石力学与工程学报，2005（18）：3218-3223.
[13] 中华人民共和国住房和城乡建设部. 土工试验方法标准：GB/T 50123—2019 [S]. 北京：中国计划出版社，2019.

探讨资质认定告知承诺制在检验检测机构中的应用：风险评估与策略应对

刘　飞　张晨晨

（长江水利委员会水文局长江下游水文水资源勘测局，江苏南京　210011）

摘　要：告知承诺制度作为检验检测机构资质认定改革的一项重要创新举措，不仅有效地简化了工作流程，还显著缩短了申请机构的获证时间。这一制度的实施，使得越来越多的机构对其表示认可和支持。告知承诺制度带来便捷的同时，也给申请机构带来一些与一般程序不同的潜在风险。本文将结合实际工作经验，深入探讨资质认定告知承诺方式可能带来的风险，并提出相应的应对措施，以期为同行们提供一定的参考和借鉴，帮助他们在实际操作中更好地规避风险，确保资质认定工作的顺利进行。

关键词：检验检测机构；资质认定；告知承诺；风险

1　引言

2019年10月，国家市场监督管理总局发布了《市场监管总局关于进一步推进检验检测机构资质认定改革工作的意见》（国市监检测〔2019〕206号），文件要求进一步推进检验检测机构资质认定改革，试点推行告知承诺制度。2021年4月，国家市场监督管理总局发布了修订后的《检验检测机构资质认定管理办法》（总局第163号令），将资质认定程序分为一般程序和告知承诺程序，并在全国范围内推行告知承诺制度。

长江下游水环境监测中心于2024年1月提交复查换证申请并采用告知承诺程序实施，2月该中心获得新的国家级资质认定证书，并在5月顺利通过告知承诺现场核查。本文将基于实际工作经验，对告知承诺制度下的潜在风险及其应对策略进行初步探讨，以供同行参考。

2　告知承诺与一般程序的区别

告知承诺是指当检验检测机构向资质认定部门提交资质认定申请时，资质认定部门会一次性明确告知该机构所需满足的资质认定条件和要求，以及必须提交的相关材料。申请机构在收到这些信息后，需要以书面形式承诺其已经具备了资质认定所要求的法定条件和技术能力。随后，资质认定部门将根据申请机构的书面承诺，作出是否授予资质认定证书的决定。

与一般程序相比，告知承诺在审批时效、评审流程和风险等级等3个方面存在显著的区别。

2.1　审批时效

在告知承诺制的框架下，资质认定部门将在收到申请后的5个工作日之内完成初步审查，并作出是否受理的决定。如果申请符合要求，受理之后的7个工作日内，申请机构将顺利获得资质认定证书。这一流程大大缩短了等待时间，提高了工作效率。按照资质认定的一般程序，从提交申请到资质认定证书的颁发，需要经过初审、技术评审、整改验证等程序，过程最长可达40多个工作日。因此，

作者简介：刘飞（1990—），男，高级工程师，主要从事水环境监测与管理工作。

告知承诺制的实施，无疑为申请机构提供了一种更为高效、便捷的资质认定途径。

2.2 评审流程

在告知承诺制的框架下，资质认定部门在批准资质许可的决定后，会安排在接下来的 3 个月内对申请机构承诺的真实性进行现场核查，主要目的是加强对申请机构承诺履行情况的后续监督。相比之下，在一般程序中，申请机构需要在提交资质认定申请后、获证之前，接受技术评审，主要目的是评估申请机构是否具备获得资质的条件，确保其在技术能力和管理体系等方面符合要求。

2.3 风险等级

在告知承诺制的框架下，申请机构面临着更为重大的风险责任。具体来说，如果申请机构在提交申请时作出了虚假的承诺，或者其承诺的内容与实际情况严重不符，那么资质认定部门有权撤销已经授予的资质认定证书，或者取消相应的资质认定事项。这一决定不但会被正式公布，以警示其他机构，而且还会被记录在申请机构的信用档案中，对其未来的业务活动产生负面影响。相比之下，在一般程序中，技术评审的结果通常会分为“基本符合”和“不符合”两种情况，申请机构并不会面临信用方面的风险。

总体来看，告知承诺作为对传统行政审批方式的创新，在实践中给了申请机构更多的自主选择权，以告知承诺程序申请 CMA 并取得资质认定证书，比一般程序取得资质认定证书的时间缩短 1.5~2 个月[1]。

3 风险识别

告知承诺作为一种创新模式，通过先发证、后核查，为申请机构提供了便利。然而，这种模式也相应地增加了申请机构的风险，主要体现在两个方面：一是诚信风险，二是产品风险。

3.1 诚信风险

告知承诺是由资质认定部门作出资质认定决定后 3 个月内组织对申请机构的承诺内容是否属实进行现场核查，并作出相应的核查判定。因此，除去申请机构的主观故意虚假承诺，申请机构在取得资质认定证书后，由于无法及时获取对自身检验检测能力核查的结果，极易产生自身检验检测能力不满足相关要求而不自知的情况，产生在现场核查中可能会被判定为“承诺严重不属实/虚假承诺”的诚信风险。

3.2 产品风险

由于申请机构在现场核查前已获取了资质认定证书（CMA），理论上该机构已具备对外出具具有证明作用的检验检测报告的资质。如后期现场核查后申请机构被资质认定部门依法撤销资质认定证书或者相应资质认定事项，则以该资质认定证书为基础对外出具的相关检验检测报告不具有证明作用，该机构要承担因此引发的相应法律责任。在实际过程中，一般已发出的检验检测报告很可能已被委托方使用，从而产生的一系列问题是极难纠正的，也会对该机构业务开展造成极大的后续影响。

4 应对措施

4.1 加强理论学习宣贯

检验检测机构要组织全体人员，认真学习贯彻落实《检验检测机构监督管理办法》（总局第 39 号令）、《检验检测机构资质认定管理办法》（总局第 163 号令）、《检验检测机构资质认定告知承诺实施办法（试行）》、《检验检测机构资质认定评审准则》（2023 年版）等多个检验检测机构监管文件的有关精神和要求。尤其是要着重学习告知承诺相关的内容和注意事项，这也是降低告知承诺风险的第一步。

4.2 强化人员监督和持证上岗

检验检测机构要与所有人员建立符合相关法律法规规定的劳动、聘用合同，这也是评审准则中的“*”条款，即现场核查过程中的“一票否决”条款。同时，机构要对申请的检测参数和分析方法进行逐项梳理，尤其是新增检测能力，要提前进行岗前培训，确保每个申请能力至少2人经培训合格后持证上岗。机构应做好质量控制计划并有效实施，针对新人员、新仪器、新方法或投诉异议的重点项目要积极组织参加各类能力验证或比对实验[2]，也应对人员进行经常性的监督，确保人员能力能持续满足检验检测要求。

4.3 加强设备设施配备和管理

检验检测机构要配备能充分满足检测能力要求的、能独立支配使用权、性能符合工作要求的设备设施，这也是评审准则中的“*”条款。机构通常比较注重配备分析仪器设备，有时会忽视辅助设备设施的配备或性能，前处理等辅助设备设施的缺失或功能不足会在现场核查过程中给机构带来诚信风险。同时，机构要按照要求做好仪器设备（标准物质）的检定/校准、确认、期间核查和使用维护等工作，确保仪器设备状态良好并处于受控状态。

4.4 做好标准方法管理和验证

检验检测机构要能正确使用有效的方法开展检验检测活动，这也是评审准则中的“*”条款。机构应定期开展方法查新，确保所使用的标准方法均现行有效。对于存量检验检测能力，机构应利用模拟试验等方式组织人员进行全流程操作，确保持续保持有效使用标准方法的能力；对于新增能力，机构应提前准备，从“人、机、料、法、环、测”等6个方面对标准方法进行验证并保留记录，确保机构各方面均符合方法要求、检验检测的数据结果质量得到有效控制，如有必要，还应制定作业指导书。在此，笔者不建议机构使用非标方法。

4.5 合理规划工作场所与环境

检验检测机构要具有符合要求的场所，且具有完全的使用权，这也是评审准则中的“*”条款。机构的工作场所布局应充分考虑合理性和方便性，相邻区域的检测工作不能产生干扰和交叉污染，要做好合理的分区，如：要设置各类分析室、样品室、前处理室、缓冲区域、试剂仓库及废液仓库等[3]。工作场所的环境条件要满足标准方法或技术规范的要求，如：要充分考虑室内通风、防震、防潮及温湿度控制等情况[4]，确保实验室环境满足检验检测工作要求，同时要采取措施使环境条件能持续符合要求。

4.6 规范出具检测报告

检测报告作为检验检测机构的产品，也是“双随机，一公开”监督检查的重点和处罚的最大风险点，机构应高度重视检测报告的全过程控制。机构要从样品管理规范、仪器设备完整溯源、正确使用认证的标准方法、数据传输保存可追溯等方面，避免出现不实报告的风险；要完全规避未经检验检测、伪造变造记录、改变检测项目、调换样品、伪造签章等出具虚假报告的违法行为[5]。同时，笔者不建议机构在现场核查前使用新的资质认定证书对外出具检测报告。

4.7 主管部门把好审核关

排除检验检测机构主观虚假承诺的情形，资质认定部门应利用自身的专业优势，在机构提出申请后做好各类申请材料的审核工作，尤其是新增检测能力方法验证报告的科学性、真实性和完整性，对于事实不清的问题可采用照片、远程视频等方式进行进一步核实，帮助机构更好地开展资质认定工作。

5 结语

告知承诺制作为一种创新的管理模式，显著提高了资质认定审批的效率，对于促进检验检测机构的发展起到了积极的推动作用，在很大程度上提高了社会运行的效率。对于检验检测机构而言，通过告知承诺制获得审批便利的同时，也必须深刻认识到在后续核查过程中可能面临的风险。机构应当严格遵守《检验检测机构资质认定评审准则》的相关规定，认真学习并掌握评审要点，积极主动地进行自我管理。通过这种方式，机构可以有效地规避可能导致核查不通过的否决项，从而最大程度地降低潜在风险。只有这样，机构才能确保风险处于可控状态，顺利通过现场核查，更好地在检验检测工作中履行好自身的义务和责任，为社会提供可靠的、高质量的检验检测服务。

参考文献

[1] 邢奇凤．告知承诺新模式下北京市检验检测机构资质认定扩项的要点解析［J］．中国质量监管，2023（4）：58-61.

[2] 王灵玺，周忠云，沈荣静，等．检验检测机构资质认定告知承诺下的风险探讨研究［J］．中国标准化，2023（19）：188-191.

[3] 高颜琴，赵登宇，王富强．检验检测机构资质认定申请前期准备工作［J］．粮食加工，2022，47（2）：98-100.

[4] 边红娟，吴娟，曲柏兵．浅析检验检测机构分场所资质认定准备要点［C］//中国水利学会．2022 中国水利学术大会论文集（第六分册）．郑州：黄河水利出版社，2022：368-370.

[5] 杨凤华，吴丹青，吴益春，等．通过不实和虚假检验检测报告案例分析规避检测风险［J］．中国卫生检验杂志，2023，33（12）：1528-1530，1534.

某抽水蓄能电站甩负荷时对压力钢管厂房明管的影响

张　宇[1]　王志鹏[2]

（1. 水利部水工金属结构质量检验测试中心，河南郑州　450044；
2. 河南国网宝泉抽水蓄能有限公司，河南新乡　453636）

摘　要： 在甩负荷工况下，测试了某抽水蓄能电站厂房明管段应力值及振动位移值。测试结果表明，钢管测试应力小于钢管结构允许应力，其振动可忽略不计。

关键词： 抽水蓄能电站；厂房明管；应力；振动

1　引言

水电站压力钢管按其布置形式可分为明管、地下埋管、坝内埋管和坝后背管。压力钢管承受着输送高压水的任务，一旦发生破坏，将对下游的坝体、厂房及机组造成严重伤害[1-2]。对于整条输水管线，厂房内的明管段裸露在外，主要承受内水压力，在甩负荷时，还要经受水流的脉动压力，是整条管线的薄弱环节。本文通过对厂房明管段试验测试的方法，分别在25%、50%、75%、100%甩负荷工况下，检验明管段钢管的强度及振动情况[3]。

2　测试

某抽水蓄能电站，采用单管单机布置，共4台机组，引水压力钢管明管段采用07MnCrMoVR材料，直径为3.3 m，壁厚36 mm。上库在设计正常蓄水位时，钢管明管段承受水头为273.05 m[4]。现对2号机组的引水压力钢管明管进行应力及动态响应测试[5]。

2.1　应力测试

明管段应变片布置如图1所示。

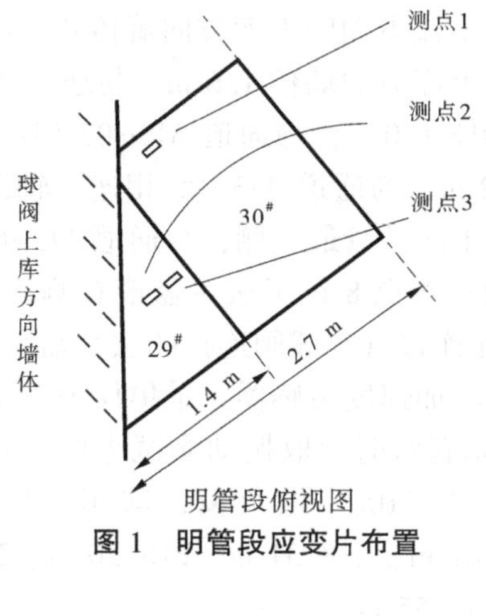

图1　明管段应变片布置

作者简介：张宇（1983—），男，硕士，主要从事水工金属结构检测及相关技术研究工作。

测点 1 位于管节 30#的左侧腰线，水流方向距上库方向墙体 0.6 m，应变片为双向片，其中环向方向与通道 AI5-04 相连，轴向方向与通道 AI5-03 相连；测点 2 位于管节 29#的顶部，水流方向距上库方向墙体 0.7 m，应变片为双向片，其中环向方向与通道 AI5-02 相连，轴向方向与通道 AI5-01 相连；测点 3 位于管节 29#的底部，水流方向距上库方向墙体 1.2 m，应变片为单向片，环向方向与通道 AI08-02 相连。

应变片采用 TML 日本东京测器的防水型应变片，采集仪采用东华 DH5908L 无线动态应变测试仪，系统不确定度≤0.5%±3 με。静应力测试中，钢管放空状态下，取测试零位；球阀关闭，球阀前钢管充满水后，开始测试；检测时，上库水位为 212.00 m，明管段承受水头为 263.05 m。动应力测试中，球阀关闭且阀前充满水时，取测试零位；球阀打开，机组分别进行 25%、50%、75%、100%甩负荷，球阀关闭，测试结束；25%、50%、75%、100%甩负荷时上库水位分别为 218.81 m、218.31 m、218.20 m、210.50 m，明管段承受水头分别为 269.86 m、269.36 m、269.25 m、261.55 m。

2.2 动态响应测试

明管段加速度传感器布置图如图 2 所示。

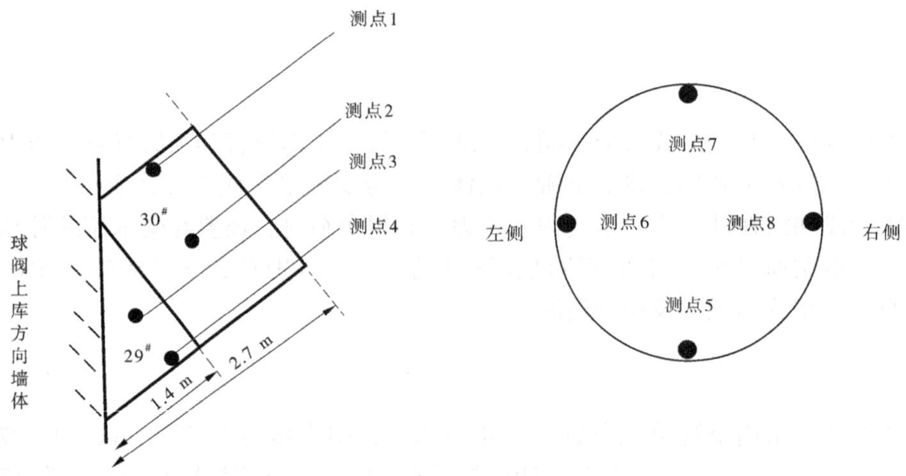

(a)明管段俯视图　　(b)球阀上库连接管与球阀连结法兰盘上库方向正视图

图 2 明管段加速度传感器布置图

测点 1 位于管节 30#左侧腰线，水流方向距上库方向墙体 0.7 m，与通道 AI3-02 相连，轴向；测点 2 位于管节 30#顶部，水流方向距上库方向墙体 1.6 m，与通道 AI3-03 相连，径向；测点 3 位于管节 29#底部，水流方向距上库方向墙体 1.0 m，与通道 AI3-07 相连，径向；测点 4 位于管节 29#右侧腰线，水流方向距上库方向墙体 1.2 m，与通道 AI3-06 相连，轴向；测点 5 位于法兰盘最底部，与通道 AI3-08 相连，轴向；测点 6 位于法兰盘最左侧，与通道 AI3-01 相连，径向；测点 7 位于法兰盘最顶部，与通道 AI3-04 相连，径向；测点 8 位于法兰盘最右侧，与通道 AI3-05 相连，轴向。面向下库分左右，本处法兰盘指球阀上库连接管与球阀连接的法兰盘。

加速度传感器采用丹麦 B&K 单轴加速度传感器，采集仪采用东华 DH5902N 动态采集系统，系统误差≤0.3%F.S。球阀关闭且阀前充满水时，取振动测试零位，开始振动响应测试；测试中球阀打开，机组分别进行 25%、50%、75%、100%甩负荷，球阀关闭，测试结束；25%、50%、75%、100%甩负荷时上库水位分别为 218.81 m、218.31 m、218.20 m、210.50 m，明管段承受水头分别为 269.86 m、269.36 m、269.25 m、261.55 m。

3 测试结果

3.1 应力测试结果

图 1 中测点 1 和测点 2 的环向静应力分别为 179.13 MPa 和 141.34 MPa，轴向静应力分别为 110.25 MPa 和 127.84 MPa；测点 3 的环向静应力为 104.23 MPa。

动应力测试结果在 25%甩负荷测试工况下，测点 1 和测点 2 的环向脉动应力最大值分别为 12.46 MPa 和 10.42 MPa，轴向分别为-42.87 MPa 和-48.91 MPa；测点 3 的环向脉动应力最大值为 7.30 MPa。

动应力测试结果在 50%甩负荷测试工况下，测点 1 和测点 2 的环向脉动应力最大值分别为 25.28 MPa 和 27.94 MPa，轴向分别为-44.56 MPa 和-51.30 MPa；测点 3 的环向脉动应力最大值为 24.36 MPa。图 3~图 6 为 50%甩负荷时测点 1 和测点 2 脉动应力曲线。

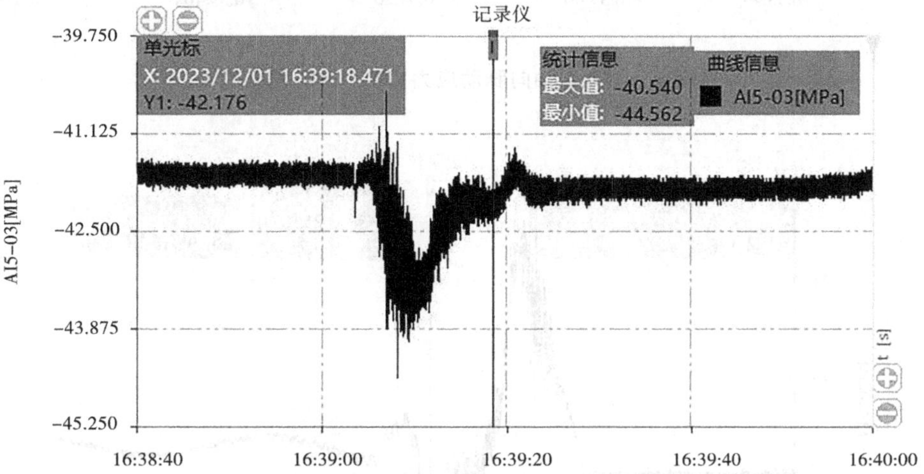

图 3　测点 1 轴向脉动应力曲线（50%甩负荷）

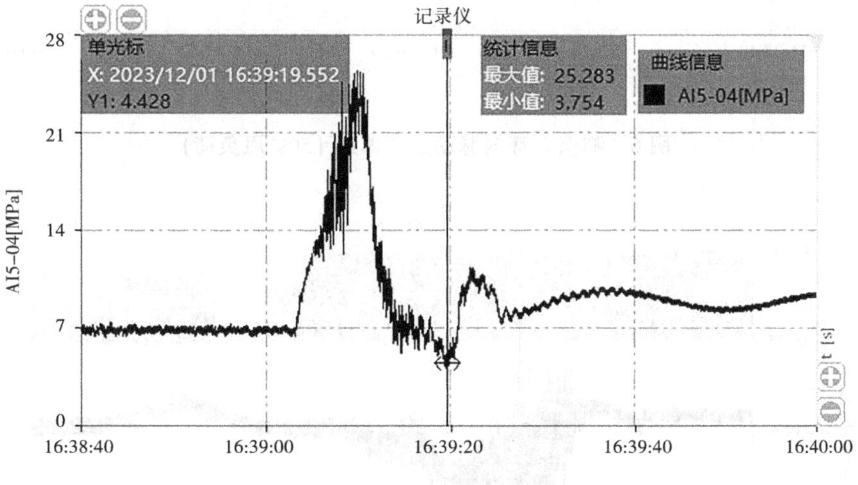

图 4　测点 1 环向脉动应力曲线（50%甩负荷）

动应力测试结果在 75%甩负荷测试工况下，测点 1 和测点 2 的环向脉动应力最大值分别为 24.78 MPa 和 28.19 MPa，轴向分别为-41.14 MPa 和-48.57 MPa；测点 3 的环向脉动应力最大值为 23.10 MPa。

动应力测试结果在 100%甩负荷测试工况下，测点 1 和测点 2 的环向脉动应力最大值分别为 31.45 MPa 和 38.26 MPa，轴向分别为-41.89 MPa 和-49.91 MPa；测点 3 的环向脉动应力最大值为 31.97 MPa。图 7~图 10 为 100%甩负荷时测点 1 和测点 2 的脉动应力曲线。

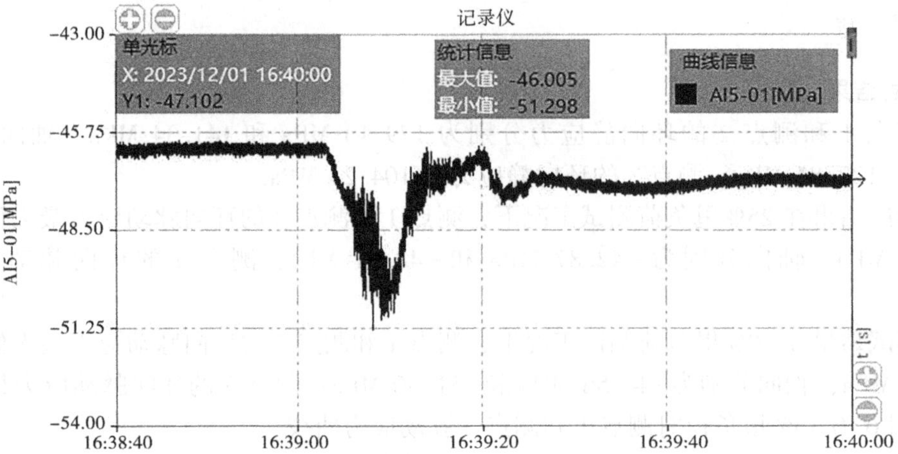

图 5　测点 2 轴向脉动应力曲线（50%甩负荷）

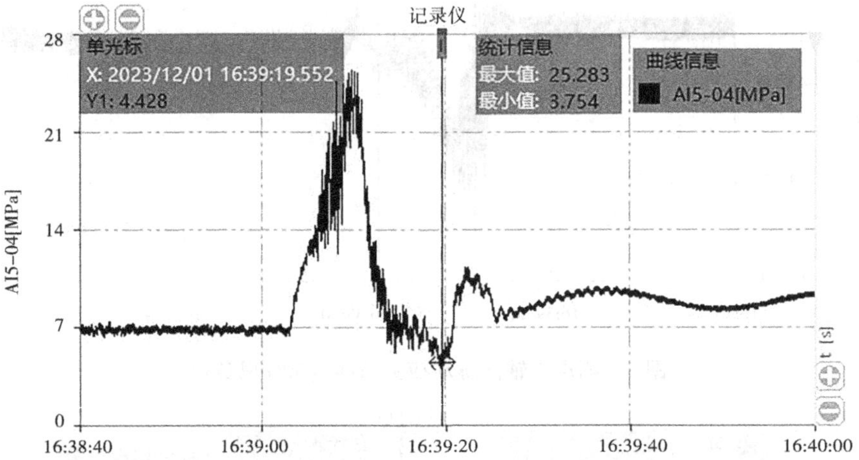

图 6　测点 2 环向脉动应力曲线（50%甩负荷）

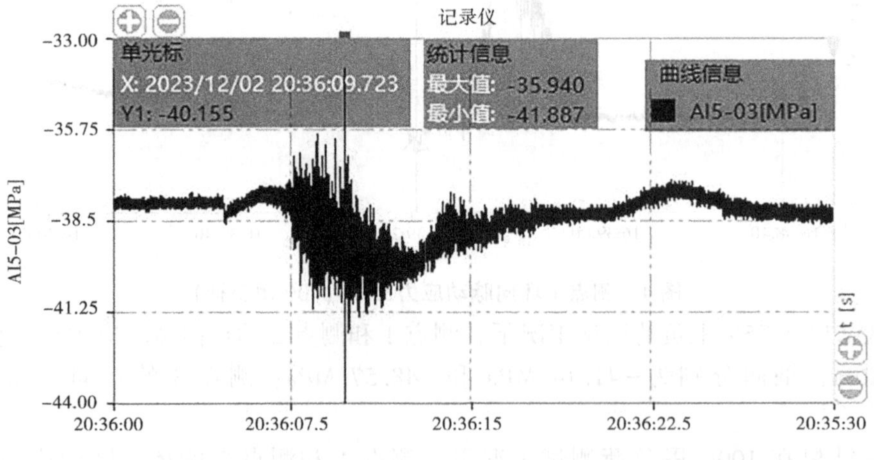

图 7　测点 1 轴向脉动应力曲线（100%甩负荷）

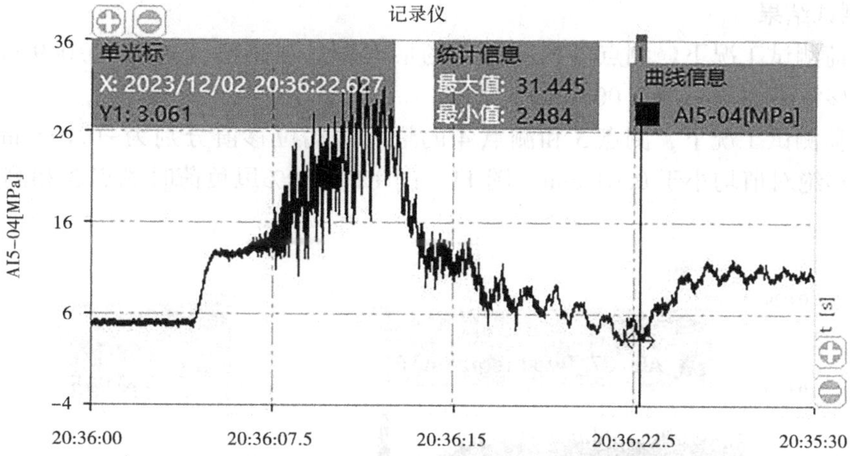

图 8　测点 1 环向脉动应力曲线（100%甩负荷）

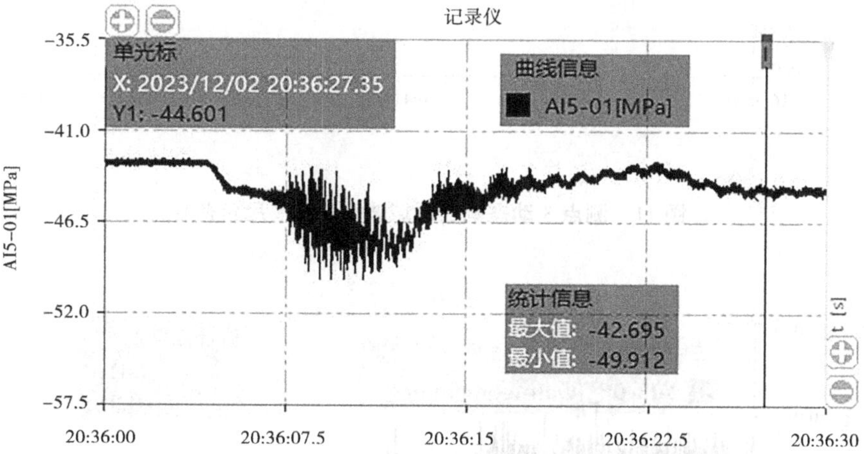

图 9　测点 2 轴向脉动应力曲线（100%甩负荷）

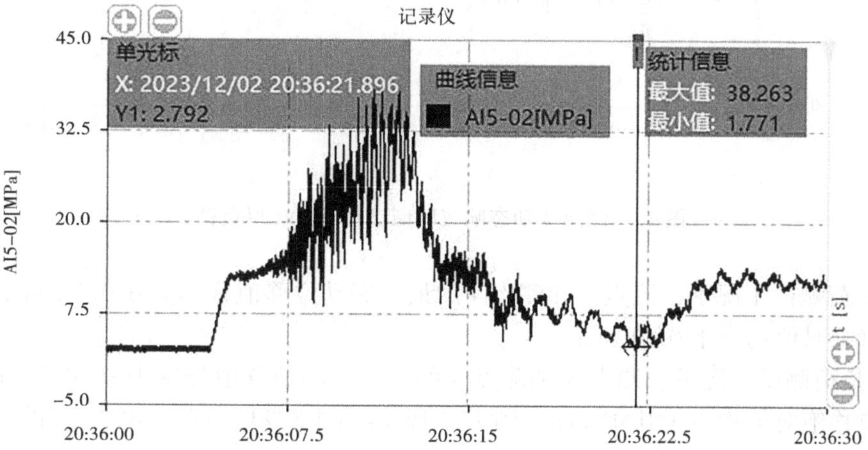

图 10　测点 2 环向脉动应力曲线（100%甩负荷）

3.2 动态响应测试结果

在 25%甩负荷测试工况下，测点 3 和测点 4 的最大振动位移值分别为-0.009 mm 和 0.006 mm，其余测点振动位移绝对值均小于 0.004 mm。

在 50%甩负荷测试工况下，测点 3 和测点 4 的最大振动位移值分别为-0.015 mm 和 0.015 mm，其余测点振动位移绝对值均小于 0.01 mm。图 11、图 12 为 50%甩负荷时测点 3 和测点 4 的动态响应时域波形。

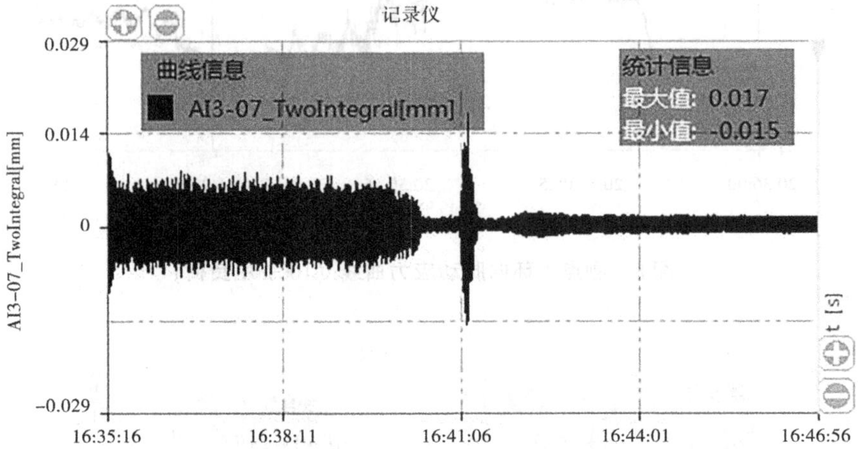

图 11 测点 3 动态响应时域波形（50%甩负荷）

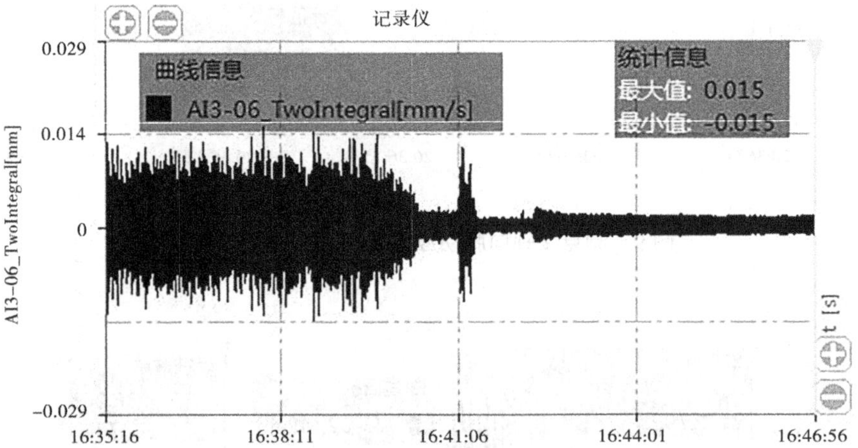

图 12 测点 4 动态响应时域波形（50%甩负荷）

在 75%甩负荷测试工况下，测点 3 和测点 4 的最大振动位移值分别为 0.017 mm 和 0.015 mm，其余测点振动位移绝对值均小于 0.01 mm。

在 100%甩负荷测试工况下，测点 3 和测点 4 的最大振动位移值分别为-0.023 mm 和 0.015 mm，其余测点振动位移绝对值均小于 0.01 mm。图 13、图 14 为 100%甩负荷时测点 3 和测点 4 的动态响应时域波形。

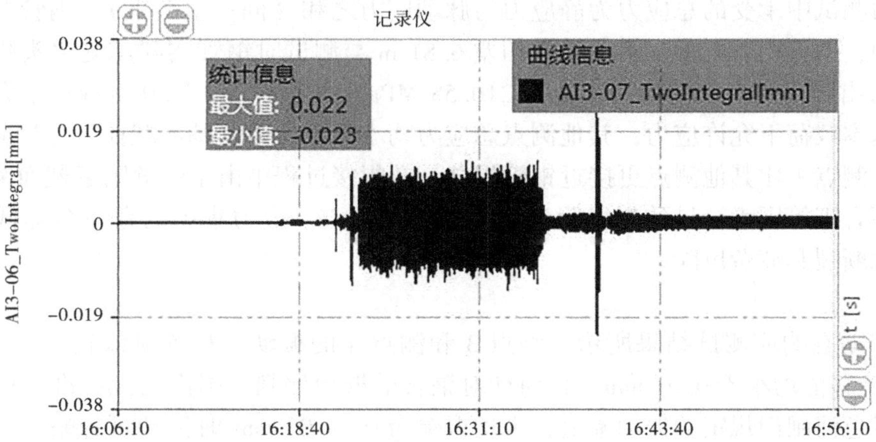

图 13 测点 3 动态响应时域波形（100%甩负荷）

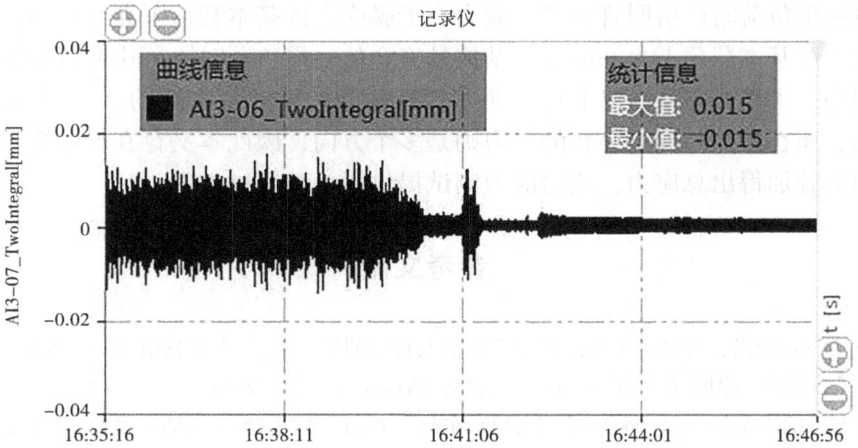

图 14 测点 4 动态响应时域波形（100%甩负荷）

4 结果分析

4.1 应力分析

根据设计规范[6] 对压力钢管允许应力的规定，明钢管膜应力区基本载荷下允许应力取 $0.55\sigma_s$，明钢管局部应力区基本载荷下允许应力取 $0.67\sigma_s$，主厂房内的明管应按允许应力降低 20%。明管段钢材屈服应力 σ_s 为 490 MPa，抗拉强度 σ_b 为 610 MPa。根据规范要求，当钢材屈强比 σ_s/σ_b 大于 0.7，应以 $\sigma_s=0.7\sigma_b$ 计算允许应力[7]。明管段材料的屈强比 $\sigma_s/\sigma_b=490/610=0.80$，大于 0.7，所以应以 $\sigma_s=0.7\sigma_b=427$ MPa 计算允许应力。由上可得出明钢管膜应力区基本载荷下允许应力 $\sigma=0.8\times0.55\sigma_s=0.8\times0.55\times427=187.9$（MPa），明钢管局部应力区基本载荷下允许应力 $\sigma=0.8\times0.67\sigma_s=0.8\times0.67\times427=228.9$（MPa）。计算时，取弹性模量 $E=2.06\times10^5$ MPa，泊松比 $\mu=0.3$。

钢管静应力测试中，环向应力均大于轴向应力，最大静应力 179.13 MPa 出现在测点 1 位置，其值小于膜应力区基本载荷下允许应力。

钢管脉动应力测试中，轴向脉动应力为压应力，环向脉动应力为拉应力，最大脉动应力峰值出现在测点 2，其值分别为−51.30 MPa、38.26 MPa，如图 5、图 10 所示，应力虽有波动，但很快趋于稳定。从图 3～图 10 中可以看出，随着甩负荷数量的增加，各测点环向脉动应力峰值有增大趋势，轴向脉动应力变化不大。

钢管动应力测试中承受的总应力为静应力与脉动应力之和（同一水头下）。钢管在进行静应力和脉动应力测试中，钢管明管段承受水头最大相差 6.81 m 与测试时钢管实际承受水头相比可忽略。明管段最大总应力出现在测点 1 的环向，值为 210.58 MPa，大于膜应力区基本载荷下允许应力，但小于局部应力区基本载荷下允许应力；其他测点总应力均小于膜应力区基本载荷下允许应力。从应变片粘贴位置来看，测点 1 比其他测点更接近钢管焊缝，在焊接过程中由于焊缝附近截面突变、工艺缺陷以及接头设计不合理等因素会导致焊缝附近产生应力集中[8]。应力集中的存在会降低钢管本身的强度和韧性，增加断裂和疲劳风险。

4.2 振动分析

如前文 2.2 动态响应测试结果所示，测点 3 和测点 4 的振动位移绝对值较大，最大值为 0.023 mm，其他测点位移值均小于 0.01 mm。目前针对钢管的振动评判，国内尚无标准。借鉴美国陆军工程师兵团为阿肯色河闸门规定的振动幅值，平均振幅为 0~0.05 mm 时振动可忽略不计[9]。钢管振动测试时未发现明显振动。

5 结论

抽水蓄能电站甩负荷时厂房明管的实测应力小于膜应力区基本载荷下允许应力，应力集中部位应力值小于局部应力区基本载荷下允许应力，结构是安全的；甩负荷时，厂房明管的动态响应结果表明钢管本体振动很小，可忽略不计。以上均表明了厂房明管的设计是安全的[10]。本文中所测试的应力均为单方向应力，而在实际结构中存在的应力则是多个方向，因此本文存在局限性。然而本文利用静应力和脉动应力的叠加得出总应力，这给应力测试提供了一种解决方案。

参考文献

[1] 杨光明，郑圣义，夏仕锋．水电站压力钢管安全检测与评估研究［J］．水力发电学报，2005（5）：65-69.
[2] 朱小刚．高水头电站压力钢管安全评定［D］．成都：西南交通大学，2011.
[3] 韩伶俐，王腊芬．抽水蓄能电站一洞多机同时甩负荷试验探讨［J］．水电与抽水蓄能，2017，3（1）：63-68.
[4] 周培勇．高水头抽水蓄能电站压力钢管设计探讨［J］．东北水利水电，2022（6）：7-8，22.
[5] 徐亚鹏，柴可馨，曹佳丽，等．某抽水蓄能电站厂房内压力钢管应力测试和分析［J］．水电与抽水蓄能，2023，9（3）：51-53，63.
[6] 水电站压力钢管设计规范：SL 281—2020［S］．北京：中国水利水电出版社，2020.
[7] 郭杭冈．水电站明钢管强度设计的应力分类法研究［D］．南宁：广西大学，2015.
[8] 张飞，朱晨，徐静，等．抽水蓄能电站压力钢管焊缝应力测试与评价分析［J］．人民长江，2017，48（17）：91-95.
[9] 李林．水工金属结构设备实时在线监测系统运用及智能管控研究［J］．水力发电，2019，45（3）：95-99.
[10] 赵毅锋．金属结构安全评价［J］．水电与抽水蓄能，2023，9（3）：79-82.

综合物探检测技术在水库坝体安全检测中的应用

包　勋　王绍彪

（中水珠江规划勘测设计有限公司，广东广州　510000）

摘　要：地球物理方法以其快速、无损等优点被广泛应用于水工建筑物无损检测中，而综合的物探方法又能发挥其各自优势，其中地质雷达和高密度电法是水库大坝质量检测中常用的两种无损检测方法。本文主要介绍物探检测技术应用于某水库大坝质量检测，检测中首先利用高密度电法对坝体缺陷进行普查，有效圈定坝体填土松散区域位置及规模，然后采用不同中心频率天线的地质雷达进行精细探测，较准确地推断出隐患的准确位置和性状，为水库大坝除险加固提供依据，也可为相关工程提供借鉴。在实际生产中采用合适的检测技术及其组合，可以提高检测成果的可靠度。

关键词：无损检测；高密度电法；地质雷达；土石坝；不均匀沉降；裂缝

1　引言

某中型水库始建于1975年，完建于1984年，是一座以防洪为主，结合发电、灌溉、供水等综合利用的水利工程，坝体为均质土坝，坝基主要岩层为中细粒花岗岩。2012年10月底因发电输水隧洞加固需将水库放水，将水库水位由37.00 m降至27.98 m后，在大坝巡查时发现在主坝坝顶的坝伸缩缝变宽，宽度3.0~4.0 cm不等，且在库前坝坡见有混凝土保护面板伸缩缝变宽，最宽处约8.0 cm，同时见有不均匀沉降。均质土坝在长期运行产生效益的同时，因当时的技术水平、施工工艺和管理水平等方面的限制，使水库变成病险水库，如长期带病运行将危及大坝安全，严重情况下可能导致溃决[1]，给国家财产和人民生命安全造成重大损失。

地球物理方法以其快速、无损等优点被广泛应用于水利工程质量无损检测[2-3]中，为获得更为准确有效的检测结果，一般采用多种地球物理方法开展综合研究[4]，进行综合分析判断。国内学者多采用高密度电法[6-7]和地质雷达[8-10]进行裂缝探测，取得一定的效果。

笔者依据水库大坝的现状，利用高密度电法对坝体缺陷进行普查，有效圈定坝体填土松散区域位置及规模，采用不同中心频率天线的地质雷达进行精细探测，结果表明地质雷达和高密度电法在水库大坝质量检测中发挥着重要作用。

2　检测方法及原理

2.1　高密度电法

高密度电法原理为将直流电通过接地电极供入地下，建立稳定的人工电场，在地表观测某点的垂向和水平方向的电阻率变化，从而了解地下介质的特性。本次高密度电法选用温纳装置，一次可以完成水平与垂直二维的勘探过程，根据工作场地和探测目的电极距 a 选用 $n\times1$ m、$n\times2$ m 和 $n\times4$ m（$n=1, 2, 3, \cdots, 16$），一次排列布置60根电极。

选用高密度电法的原理是：裂缝因充填空气，而使其电阻率较周围电阻率高，且在电阻率剖面上往往呈扁长条形高阻闭合圈，此闭合圈在剖面的倾角和深度较好的反映裂缝形态及延伸状况，为了较

作者简介：包勋（1984—），男，高级工程师，主要从事工程检测与物理探测工作。

为精确地探测裂缝存在与否及产状等要素，探测裂缝选择电极距 a 为 $n×1$ m（$n=1$，2，3，…，16），一次排列布置 60 根电极。

为了解主坝填土深部是否存在其他病险（如松散、塌陷、掏空和土坝填土不良接触面等），电极距 a 选择 $n×2$ m 和 $n×4$ m（$n=1$，2，3，…，16），一次排列布置 60 根电极，以查明坝体较深处填土状况。黏性土（富水）区较周围介质电阻率低，松散及脱空区较周围电阻率高，这些物性差异就为高密度电法探测提供前提条件。

2.2 地质雷达

地质雷达（Ground Penetrating Radar，简称 GPR）方法是一种用于确定地下介质分布的广谱电磁的技术，地质雷达利用一个天线发射高频宽频带电磁波，另一个天线接收来自地下介质界面的反射波。电磁波在介质中传播时，其路径、电磁场强度与波形将随所通过介质的电性质及几何形态而变化。因此，根据接收到波的旅行时间（亦称双程走时）、幅度与波形资料，可推断介质的结构。

此次地质雷达探测所使用的仪器为美国产的 SIR-3000 型地质雷达系统，天线工作中心频率为 60 MHz、100 MHz 和 500 MHz，其中 500 MHz 为探测浅部（2.0 m 以内）的裂缝和松散、掏空情况，100 MHz 探测深度范围为 2.0~6.0 m，60 MHz 探测深度范围为 2.0~10.0 m，主要探测填土的松散情况，填土层的电磁波速度取 7.0 cm/ns。采用连续剖面法探测。

高密度电法不同极距的剖面相互验证，地质雷达不同天线中心频率相互验证，高密度电法和地质雷达剖面相互验证，从而构成随深度变化的物探解释成果，小电极距和地质雷达天线中心的高频保证了浅部探测的精度。

3 检测成果分析

3.1 测线布置

本次外业共布置纵测线 5 条（高密度电法剖面 3 条、地质雷达剖面 2 条），裂缝重点关注区的地质雷达横测线 4 条，测线布置示意图见图 1。其主要目的为检测伸缩缝处是否有裂缝及裂缝的产状、宽度和向下延伸程度，以及主坝体是否存在其他病害（如松散、塌陷、掏空和填土不良接触面等）。

图 1 综合物探检测测线布置示意图

3.2 检测成果

3.2.1 高密度电法

主坝填土的松散层在水位以上由于充填空气，其视电阻率要比密实层高，呈高阻反映；杂填土粉质土含水电阻率比周围层电阻率低，砂岩电阻率较粉质土电阻率低，呈低阻反映。

将高密度电法的野外测试数据传输到计算机上，将剖面采集到的数据进行筛选，把不合理的异常点剔除，然后利用电阻率成像系统处理软件进行数据处理，并对所勘探深度范围进行视电阻率成像处理剪辑，将剖面以视电阻率等值线色谱图形式输出成果图，见图2。

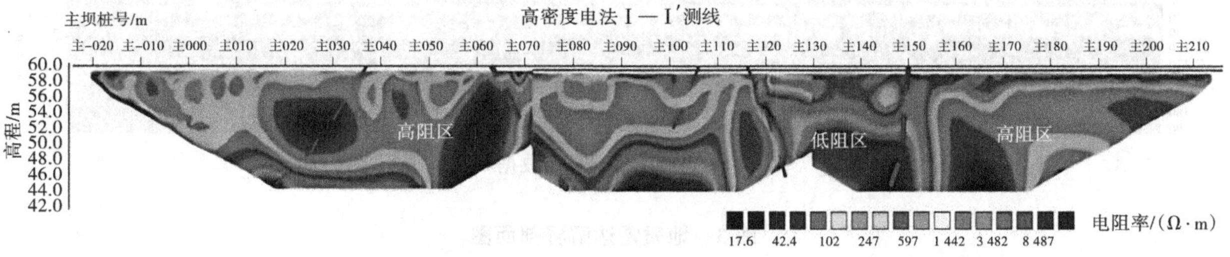

(a)电极距为2.0 m

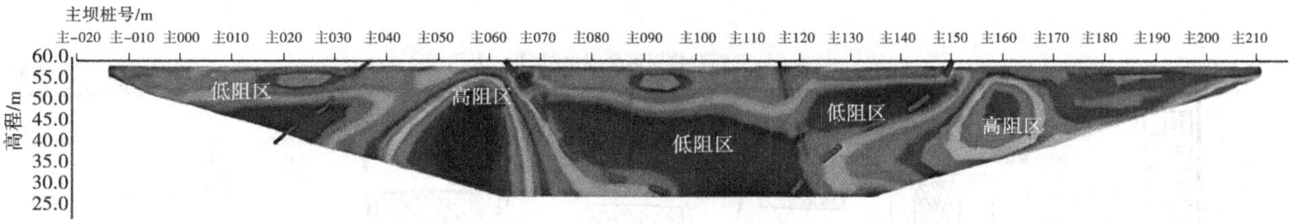

(b)电极距为4.0 m

图2 高密度电法电性—地质解释成果图（I—I′测线）

由图2（a）可见：整个剖面中下部（54.0 m高程以下）以高阻为主，仅在桩号主062~主114和主118~主151下部见有低阻区，高阻区和低阻区解释同上述，高阻闭合圈和低阻闭合圈的接触面为不良填土接触面，共有4条，位置在主063、主106、主116和主150，尤以主063和主150存在的高低阻分界面较为明显。由图2（b）可见：整个剖面有2处高阻区和3处低阻区，且高阻区和低阻区相互交错，高阻或低阻闭合圈的接触面为填土不良接触面，共有4条，向下延伸长度不等，最长可达30 m，位置同图2（a）剖面，即桩号主063、主106、主114和主150。

3.2.2 地质雷达

在现场进行增益标定后，选取合适的采样间隔和时窗，并根据现场场地条件选取合适的电磁波速度，然后将地质雷达采集到的数据进行了零点漂移、背景去噪、垂直带通滤波和线性增益处理后得到地质雷达剖面及地质雷达解释图，见图3。

从图3（a）和图3（b）2张雷达解释剖面图中2个剖面都见有强反射组，反射组水平短小，平行或近似平行相交，反射组频率小、振幅相同，同向轴错动，解释这些反射组为填土松散区或脱空且充满空气，松散区共有5个松散区域，松散区宽度20.0~30.0 m不等，且在松散区见有填土塌陷区，桩号分别为主25~主35和主52~主57。且在主037、主063、主106、主116和主150见有同向轴错动和中断，解释为主坝填土不良接触面，该位置同高密度电法探测到的不良接触面吻合，向下延伸长度不等，一般大于10.0 m。

通过本次高密度电法和地质雷达检测，基本查明伸缩缝变宽区域内的裂缝发育情况，对坝顶的填土层的松散区进行划分，形成初步解释如图4所示。

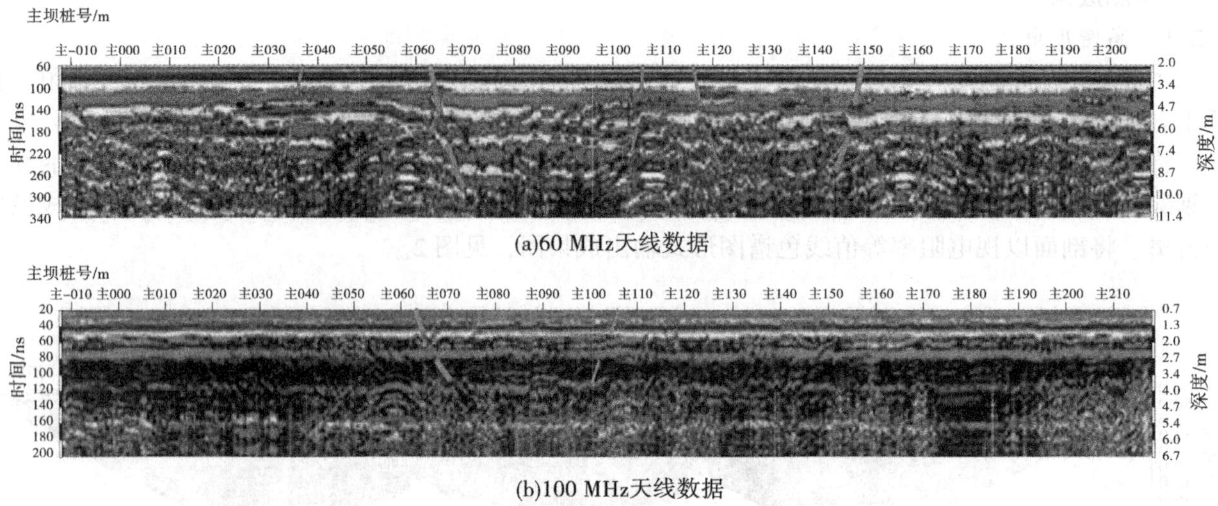

(a)60 MHz天线数据

(b)100 MHz天线数据

图 3　地质雷达解释剖面图

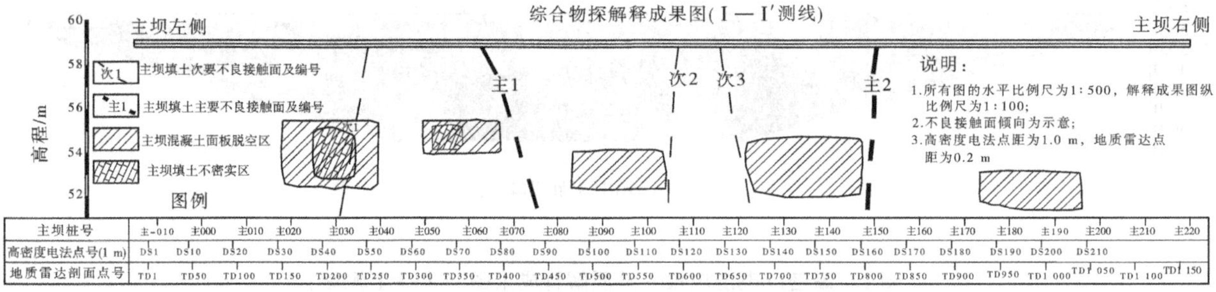

图 4　Ⅰ—Ⅰ′测线综合物探解释图

4　结论

（1）伸缩缝变宽区域（主 009~主 033）未见有裂缝，在浅部区域（约 1.0 m）见有填土松散区。

（2）坝体填土松散区域较多，共有 5 处，宽度 5.0~30.0 m 不等，松散区域顶板高程一般为 54.0~56.0 m，且在松散区见有填土塌陷区，桩号分别为主 25~主 35 和主 52~主 57。

（3）在桩号主 037、主 063、主 106、主 116 和主 150 见有填土不良接触面，向下延伸长度不等，一般大于 10.0 m。其走向与坝轴线垂直或斜交，倾角较大，松散区一般在不良接触面附近发育。

（4）据前期资料并结合高密度电法成果，不良接触面原因为土坝分段施工（土体材料不同）或为坝基压缩性差异大的结合部位引起。

参考文献

[1] 张建云，杨正华，蒋金平．我国水库大坝病险及溃决规律分析［J］．中国科学：技术科学，2017，47（12）：1313-1320.

[2] 陈薇，蒋科，张振忠，等．水利工程中常用无损检测方法分析［J］．科技创新与应用，2022，12（22）：154-157.

[3] 李兆锋，陈江平，陈敏，等．水利工程运行安全检测关键技术及其应用［J］．水利水电快报，2022，43（6）：66-72.

[4] 徐竹青，张桂荣，郑军．我国病险土石坝隐患分类及快速检测方法概述［J］．水利与建筑工程学报，2010，8（3）：50-52，81.
[5] 张建清，徐磊，李鹏，等. 综合物探技术在大坝渗漏探测中的试验研究［J］. 地球物理学进展，2018，33（1）：432-440.
[6] 刘康和，赵楠，郑洪．用高密度电法探测坝体裂缝的实例分析［J］．水电站设计，2007（2）：80-83.
[7] 张宏伟，苏超鹏，朱龙开．高密度电法在某水库高阻地裂缝探测中的应用［J］．河南水利与南水北调，2021，50（10）：86-87，90.
[8] 曹恒亮，杨潇，陆晓春. 地质雷达在堤坝隐患（裂缝）探测中的应用［J］. 水利建设与管理，2017，37（3）：74-77，51.
[9] 代立博. 地质雷达在水库坝体安全检测中的应用［J］. 水利科技与经济，2020，26（12）：70-75.
[10] 张超. 地质雷达技术在坝体裂缝探测中的应用［J］. 山西水利科技，2018（1）：25-27，31.

弹性波 CT 技术在混凝土缺陷检测中的应用研究

郭威威[1,2]　任蒙蒙[1,2]

（1. 珠江水利委员会珠江水利科学研究院，广东广州　510610；
2. 水利部粤港澳大湾区水安全保障重点实验室，广东广州　510610）

摘　要：水利工程在建设和服役过程中可能出现混凝土结构内部缺陷，但由于其位于结构内部，难以掌握具体位置。弹性波层析成像（CT）技术因其分辨率和准确性高等特点在水利工程混凝土缺陷检测中的应用越来越多。本文以某水利工程为例，采用弹性波 CT 技术对混凝土内部缺陷进行检测与分析，准确识别了低波速区，从而判断其可能存在的缺陷类型（蜂窝、麻面和轻微脱落等）。结合其他无损检测方法，验证了弹性波 CT 技术的测试准确性与分辨率，为弹性波 CT 法在水利工程中的广泛应用提供技术支撑。

关键词：混凝土结构缺陷；弹性波 CT 技术；无损检测；水利工程

1　引言

混凝土作为现代建筑工程中使用最广泛的结构材料之一，其质量直接关系到工程的安全性和耐久性。混凝土结构在施工和使用过程中可能会产生各种内部缺陷，如裂缝、蜂窝、空洞等，使得混凝土力学性能和耐久性下降，对工程结构安全造成严重威胁，从而增加了工程结构的失效风险[1-2]。随着大型基础设施项目的增多，对混凝土结构的安全性要求越来越高。因此，针对混凝土缺陷开展检测与排查对保障工程安全和延长结构寿命至关重要。

目前，混凝土结构缺陷检测方法主要分为两类：有损检测和无损检测。无损检测因其具有测试速度快、非破坏性等特点广泛应用于水利工程。随着科技的不断发展，越来越先进的无损检测技术用于混凝土缺陷检测，例如，地质雷达、超声波、弹性波 CT 等[3-5]。其中，弹性波 CT 技术因具有识别和定位精确度高而广泛应用于混凝土缺陷检测领域[6-7]。

本文以某水利工程混凝土墩柱为例，采用弹性波 CT 技术对墩柱混凝土内部缺陷进行检测，通过对检测数据进行处理，结合相关资料综合分析，判断混凝土内部缺陷情况。由于墩柱混凝土尺寸大，钢筋布置较密，结合弹性波 CT 技术的测试结果，提出探测大体积混凝土内部缺陷的综合判断方法，为弹性波 CT 技术在水利工程中的广泛应用提供技术支撑。

2　弹性波 CT 技术基本原理

弹性波 CT 技术是利用弹性波（P 波）在混凝土介质中的传播特性来探测内部结构缺陷。通过在混凝土待检测位置处布置测线源，收集反射或透射的弹性波信号，然后通过数据处理和成像技术，重建混凝土内部结构图像[8]。

2.1　基本原理

弹性波 CT 技术的基本工作原理是“走时成像原理”，即通过测量弹性波在混凝土中传播的时间来推断波速。当弹性波遇到内部缺陷，如空洞或软弱不密实区时，其传播时间会增加，从而影响波速的测量值[8]。弹性波在传播过程中，其能量衰减、波速等物理参数的计算与激发点、接收点的距离

作者简介：郭威威（1991—），男，工程师，主要从事水利工程质量检测工作。

及其在介质中传播的时间相关，从而基于测试的时间、波速等参数进行反演及特定物性图像的绘制，可精确识别出混凝土内部的缺陷分布状况及位置[9-11]。

2.2 数据采集与处理

弹性波 CT 技术在测试过程中，首先需要在混凝土结构上布置测线，并在测线上设置多个测点。通过发射弹性波并记录其在各个测点的到达时间，收集相应的数据。然后，利用数学模型和反演算法，如迭代重建技术和约束最小二乘类算法，对收集到的数据进行反演计算和后处理，以求解得到混凝土内部缺陷度分布状况。

此外，弹性波 CT 技术的测试结果准确性、可靠性与混凝土的均匀性、环境噪声、测线布置的合理性等因素密切相关。在测线布置过程中，通过增加测线的密度和优化数据处理算法，可提高弹性波 CT 技术的解析精度和分辨率。

2.3 测试方法

在本研究中，采用了斜测法进行测试，以适应现场的实际情况并提高检测效率。测线布置考虑了结构特点和潜在的缺陷区域，确保了检测结果的代表性和全面性。本次测试采用斜测法进行测试，测线布置及实际测线示意图如图 1、图 2 所示。

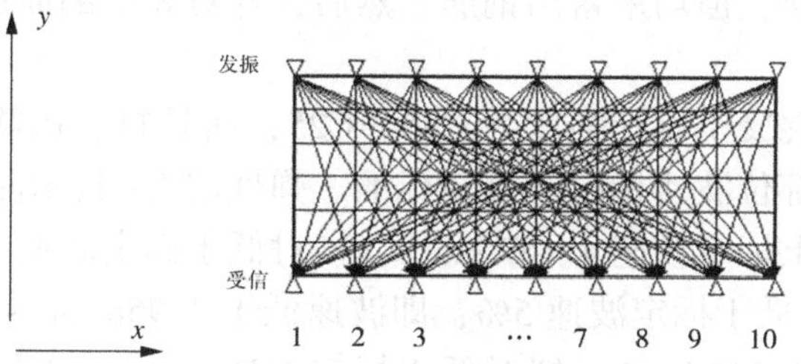

图 1 测线布置图

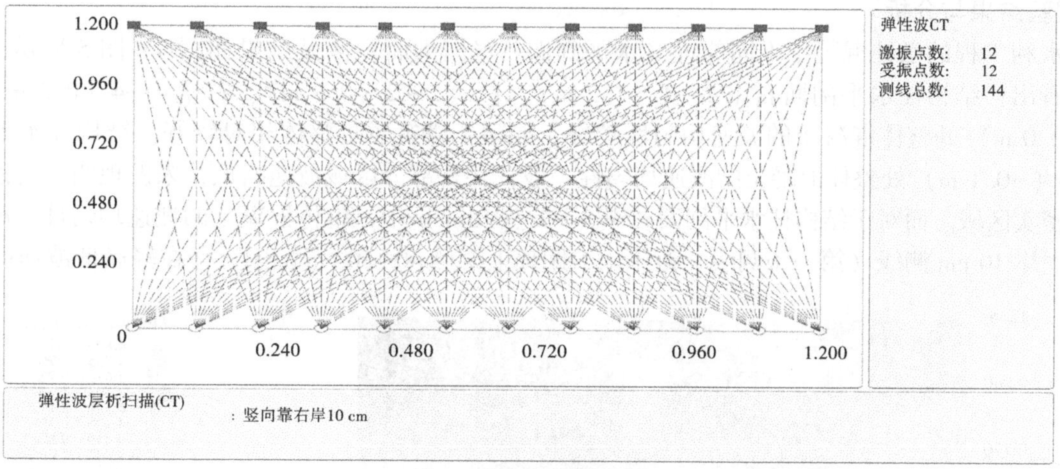

图 2 实际测线示意图

3 工程应用实例

3.1 检测方案

本次测试对象为某水利工程的混凝土墩柱，现场测试结构柱共计 8 个剖面（含水平剖面 6 个、竖向剖面 2 个），水平剖面位于施工模板缝往下 30 cm，各水平剖面间隔为 30 cm，竖向剖面分别位于结构柱两侧（现场混凝土麻面、蜂窝面两侧）各 10 cm，各剖面测线布点间距为 10 cm，以分层浇筑缝为基准标高记录测试剖面高程。8 个剖面分别为水平剖面右岸 1—1（1.2 m）、右岸 2—2（0.9 m）、右岸 3—3（0.6 m）、右岸 4—4（0.3 m）、右岸 5—5（0.0 m）、右岸 6—6（-0.1 m）、竖向右岸 5—1、竖向左岸 1—1（0.1 m）。测线布置示意图及现场检测剖面图如图 3 所示。

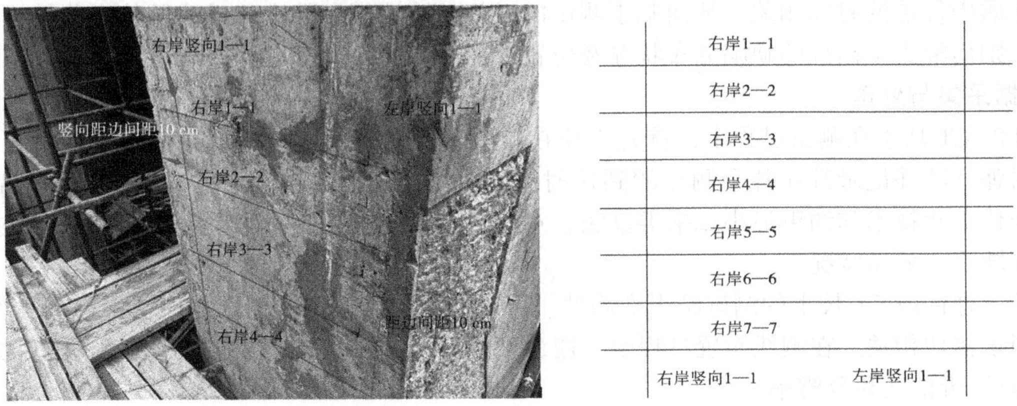

图 3　测线布置示意图及现场检测剖面图

现场对某水利工程的混凝土墩柱进行外观检查，检查结果为：结构柱整体混凝土质量整体较好，未发现明显的裂缝；在结构柱两侧区域存在明显的蜂窝、麻面现象，部分区域表层混凝土存在脱落现象，且分层浇筑处混凝土疏松，但均未露出钢筋。然后，针对 8 个剖面进行弹性波 CT 进行测试。

3.2　数据分析判定依据

本研究的检测主体结构混凝土设计强度为 C35、C25，而骨料、钢筋数量、含水量等与之有较大差异，因此需要通过完善全部位波速标定，重建标准。弹性波 CT 技术测试中颜色越暖（红）表示波速越高。本次测试 C35 混凝土标定波速 4.167 km/s，拟对低于标定波速 10%，即波速低于 3.750 km/s 判定为明显缺陷（深蓝色），低于标定波速 5%，即波速低于 3.958 km/s 为疑似缺陷（浅蓝色）。

C25 混凝土标定波速为 4.080 km/s，拟对低于标定波速 10%，即波速低于 3.672 km/s 判定为明显缺陷（深蓝色），低于标定波速 5%，即波速低于 3.876 km/s 为疑似缺陷（浅蓝色）。

3.3　试验结果与分析

该水利工程的墩柱混凝土不同位置（水平剖面、竖向剖面）测试结果如图 4、图 5 所示。从图 4 中可以看出，结构柱水平剖面右岸 1—1（1.2 m）、右岸 2—2（0.9 m）、右岸 4—4（0.3 m）、右岸 5—5（0.0 m）处整体混凝土的波速均匀性较好，混凝土浇筑质量整体相对较好。结构柱水平剖面右岸 6—6（-0.1 m）处整体混凝土的波速均匀性一般，存在部分区域波速略低，未发现明显的混凝土缺陷或不密实区域。而对于结构柱水平剖面右岸 3—3（0.6 m）中，整体混凝土的波速均匀性一般；该测试剖面左岸 10 cm 测线（第一条测线）范围内，距离上游侧 40~50 cm 范围，存在轻微低波速区。

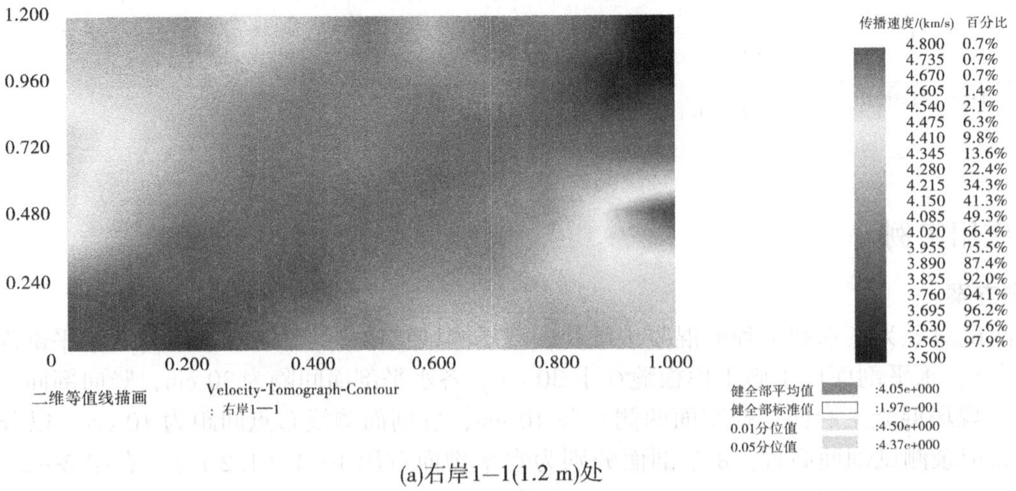

(a)右岸1—1(1.2 m)处

图 4　结构柱水平剖面右岸不同位置测试结果比例等值线图

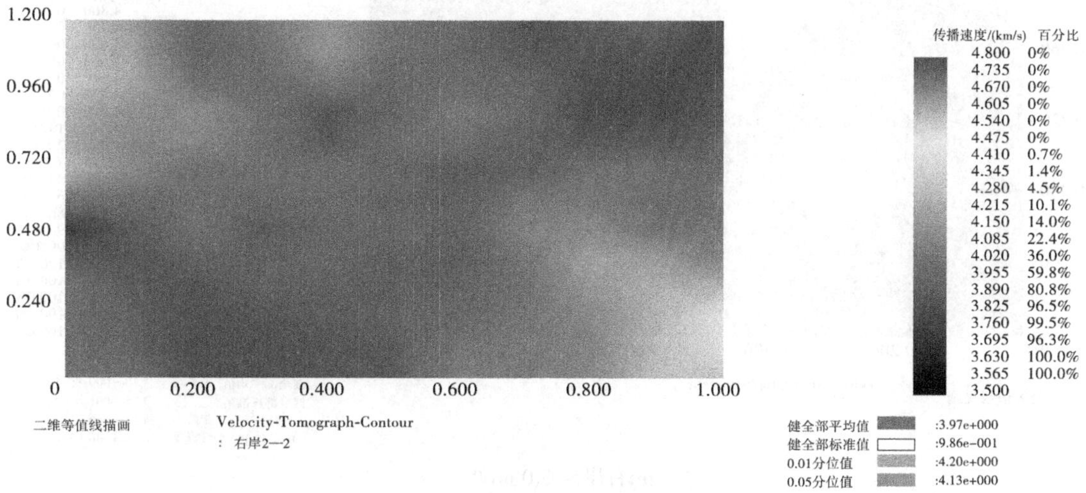

(b)右岸2—2(0.9 m)处

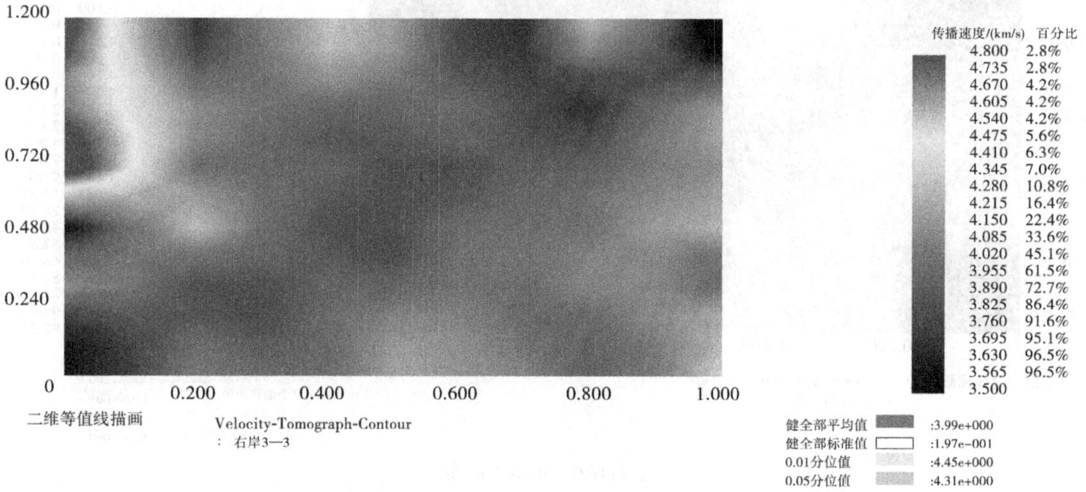

(c)右岸3—3(0.6 m)处

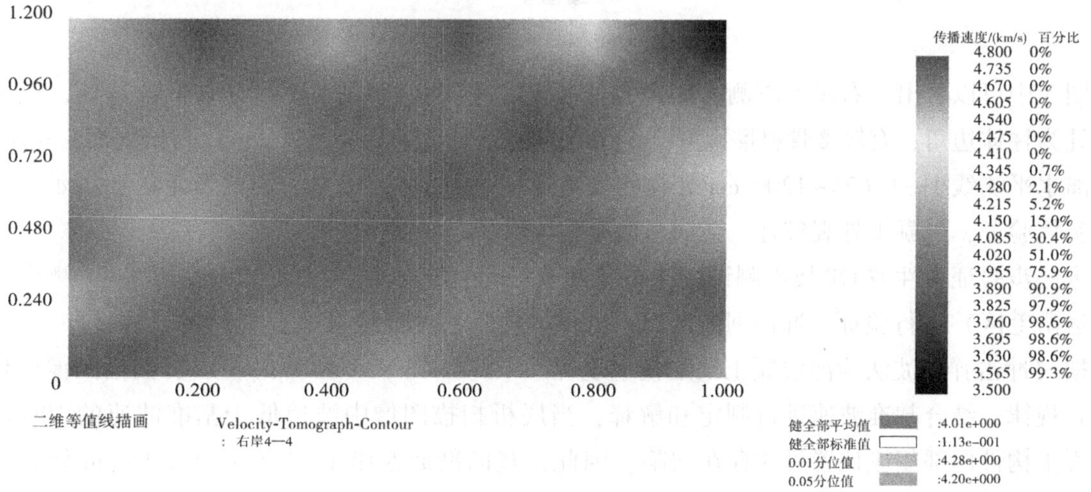

(d)右岸4—4(0.9 m)处

续图 4

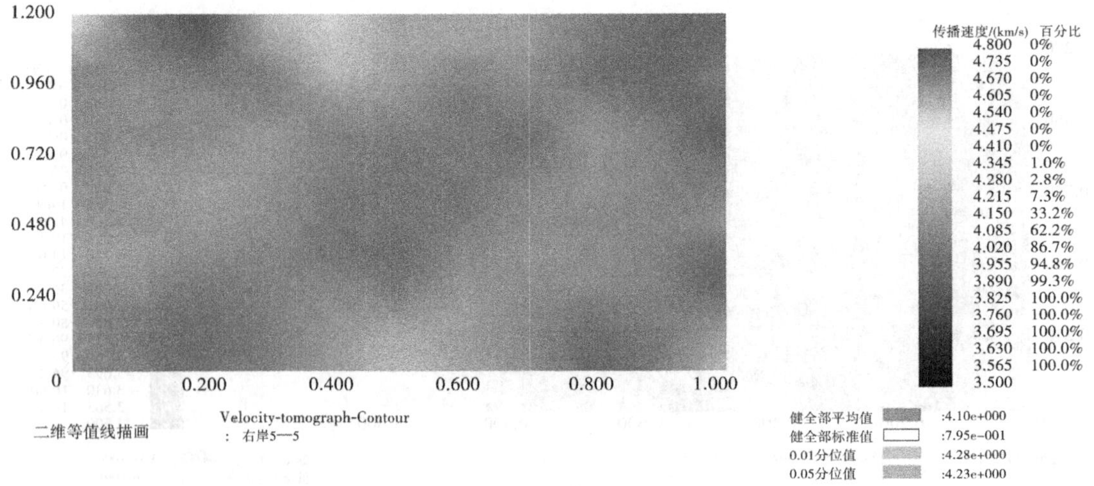

(e)右岸5—5(0 m)处

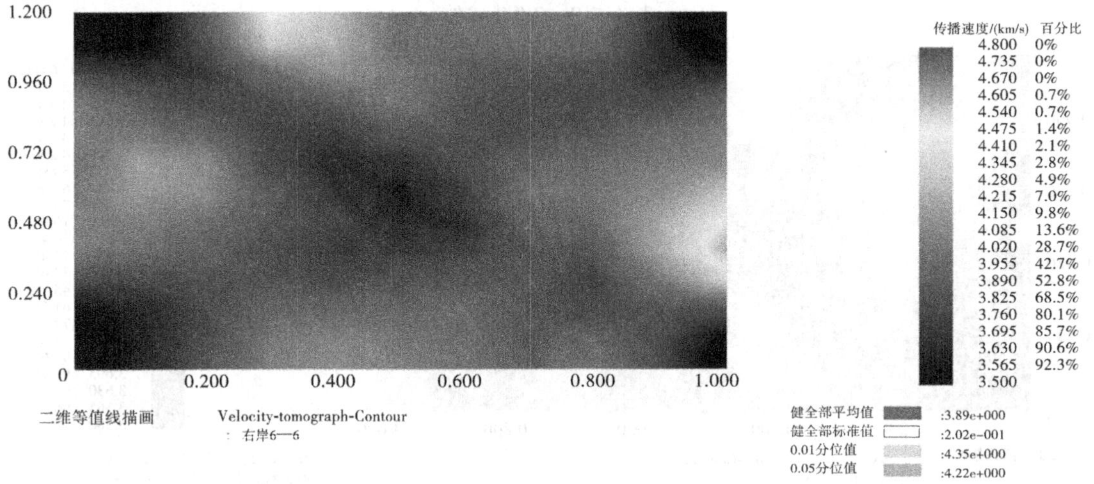

(f)右岸6—6(-0.1 m)处

续图 4

从图 5 中可以看出，右岸上游侧［距离测线 1—1，（48~72）cm 处］存在低波速区，经实体验证，此处为柱体边角，有轻微骨料堆积情况。在结构柱竖向左岸 1—1（0.1 m）测试剖面，左岸上游-下测距离水平测线 1—1（75~120）cm 处存在低波速区（1#区），也是目前的凿毛区；图示 2 区低波速区经实体验证，混凝土外观较好，无明显缺陷。

为进一步验证弹性波 CT 技术测试结果的准确性，采用冲击回波法对竖向左岸 1—1 测线（剖面切片穿透凿毛区）进行验证。冲击回波测试图如图 6 所示，验证结果见表 1。

根据《冲击弹性波法检测混凝土缺陷技术规程》（T/CECS 925—2021），层析扫描图像应根据波速的分布规律，结合基准波速进行判定和解释；当层析扫描图像中波速低于基准波速的 10%时，可判定混凝土构件内部相应位置可能存在缺陷。因此，竖向剖面左岸 1—1（距边界 10 cm 处）存在缺陷。冲击回波与弹性波 CT 法测试结果一致，从而可验证弹性波 CT 法测试结果的准确性。

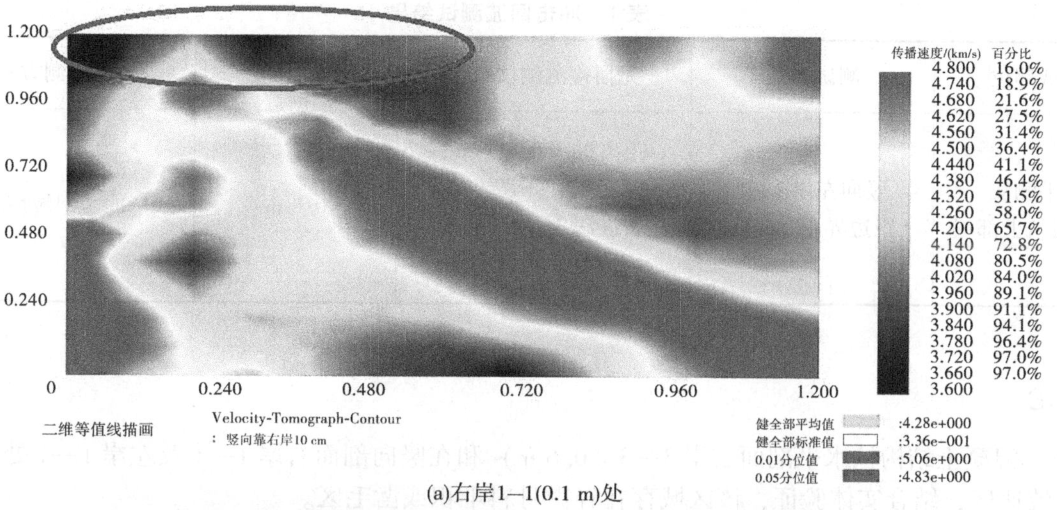

(a)右岸1—1(0.1 m)处

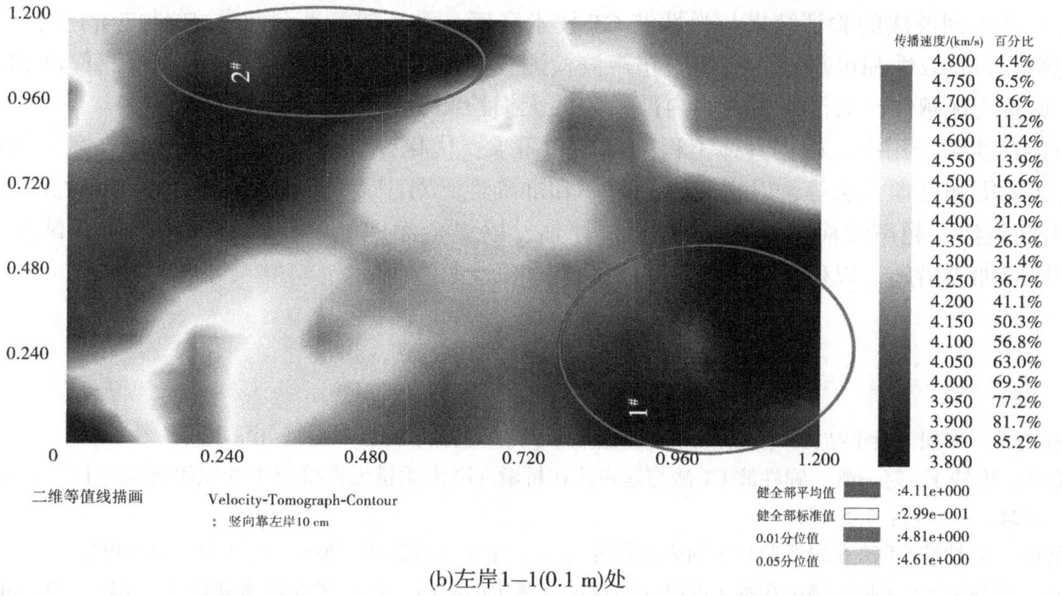

(b)左岸1—1(0.1 m)处

图5 结构柱竖向剖面左右岸不同位置测试结果比例等值线

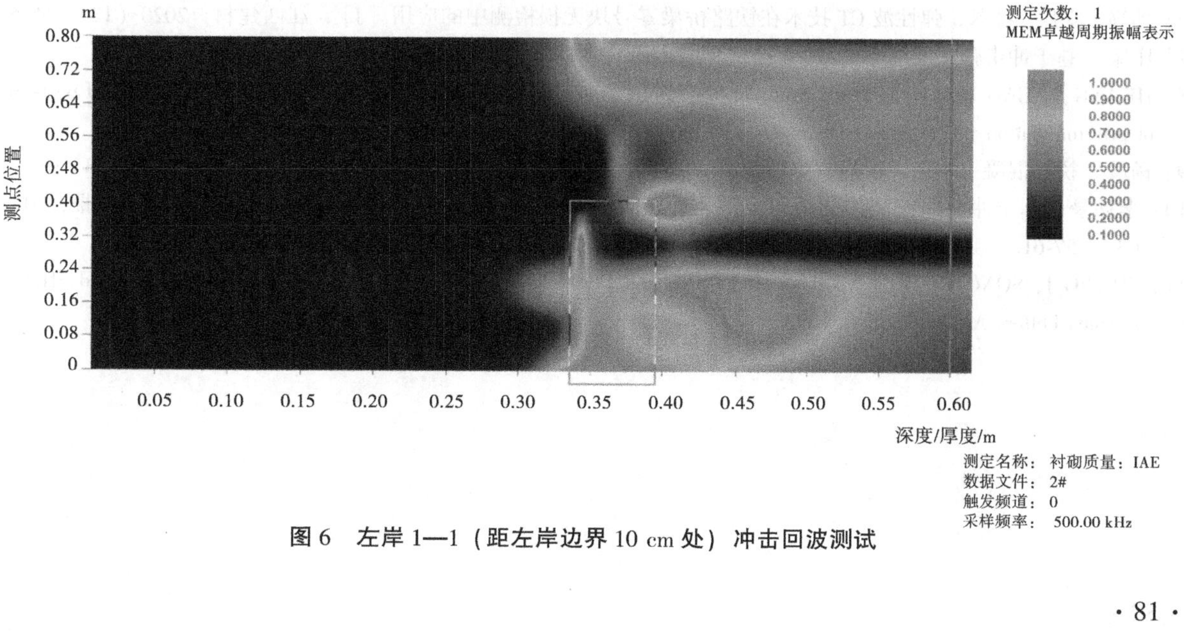

图6 左岸1—1（距左岸边界10 cm处）冲击回波测试

表 1 冲击回波测试结果

测试部位	测试测线	无损检测测试结果	测试长度	检测方式
水平测线 分层浇筑上部层	竖向左岸 1—1 （距边界 10 cm 处）	距离根部 0~40 cm， 从上游往下游方向 进深 35 cm 处， 存在回波反射	0.8 m	冲击回波声频法

4 结论

（1）混凝土结构柱水平剖面右岸 3—3（0.6 m）和在竖向剖面右岸 1—1 及左岸 1—1 处，均存在轻微低波速区，结合实体验证，该区域存在轻微骨料堆积或凿毛区。

（2）冲击回波法的验证结果与弹性波 CT 技术高度一致，进一步证实了弹性波 CT 技术在混凝土缺陷检测中的有效性和可靠性。与传统超声波检测技术相比，弹性波 CT 技术在检测深度和准确性上显示出明显的优越性，为混凝土结构内部缺陷的无损检测提供了新的解决方案。

（3）在实际应用中，根据具体工程的特点和需求，优化弹性波 CT 技术的检测方案，包括测线布置、数据采集和处理方法等，以提高检测效率和准确性。对于复杂环境，建议采用多种无损检测手段（如冲击回波法、超声波检测等），综合分析评估，以更全面地了解混凝土结构的内部缺陷状况，从而采取相应加固措施，以确保水利工程的耐久性和安全性。

参考文献

[1] 陈敬松．大体积混凝土结构缺陷无损检测方法研究［J］．公路，2023（12）：178-183.

[2] 官显金，庞铁军，赵一帆．弹性波 CT 法与超声法在桥墩混凝土质量无损检测中的应用研究［J］．广东土木与建筑，2024，31（7）：115-118.

[3] 贾海鹏．弹性波 CT 法在岩溶勘察中的应用研究［J］．土木工程技术，2024，38（4）：489-493.

[4] 刘盼．弹性波 CT 无损检测法在水工混凝土防渗墙检测中的应用［J］．黑龙江水利科技，2022（9）：141-142.

[5] GUO J，XU Y，HU S，et al. Dam concrete quality evaluation and prediction model based on fractal characteristics of elastic-wave computed tomography［J］. Journal of Materials Research and Technology，2023，27：4224-4235.

[6] 孙巍，罗强，易翠．弹性波 CT 技术在铁路桥梁零号块无损检测中的应用［J］．江西建材，2020（12）：58-59.

[7] 庄康．基于冲击弹性波的全梁 CT 无损检测技术研究［J］．铁道建筑技术，2023（1）：48-50.

[8] HUANG S，CAO H，LIU J，et al. Study on the application of elastic wave CT technique to detect the effect of post-grouting of pile foundation［J］. Applied Sciences，2022，13（1）：456.

[9] 杨晨．桥梁混凝土结构无损检测中弹性波 CT 检测技术的应用分析［J］. 工程前沿，2021，6（24）：34-36.

[10] 李存录．基于冲击回波法的隧道衬砌混凝土内部缺陷识别［J］. 广东水利电力职业技术学院学报，2024，22（3）：57-61.

[11] ZHANG J，SONG G，ZHU F，et al. Elastic wave CT with multistage inversion process based on improved SIRT［J］. Physics Letters A，2024，522：129739.

预应力锚索张拉应力损失原因及监测数据分析

王建成　袁树才　何宝根　张志文　赖忠良

（中水珠江规划勘测设计有限公司，广东广州　510610）

摘　要：预应力锚索张拉过程中，经常出现千斤顶施加荷载与锚索测力计测值差距较大的问题，为了解决该问题，对锚索预应力损失产生的原因进行了研究，分别从孔内锚束安装偏心、限位板尺寸不合理、锚索测力计安装偏心等方面分析了受力损失情况，同时通过锚索张拉过程、锚索锁定、锚索运行期的监测数据变化情况，分析了锚索长期剪力作用下产生的蠕动变形，以及锚索和岩体在内部的应力变化。通过分析应力损失原因和监测数据变化情况，可充分地掌握锚索应力变化，保证岩土体及结构体安全，对预应力锚索工程施工具有一定的理论和指导意义。

关键词：安全监测；锚索测力计；预应力锚索；应力损失原因

预应力锚索加固技术广泛应用在岩石边坡、桥梁、基坑、隧洞、水工结构物及其他混凝土结构物等加固过程中，其技术实质就是预应力锚索将结构与岩土体紧密连接在一起，形成共同作用的工作体系，锚索的张拉力使岩土体或结构体受压，外加荷载在沿锚索孔的深度方向扩展的同时向四周扩散，使得锚索张拉力影响范围内的岩土体或结构体处于受压状态，岩土体或结构体的抗剪强度和保持坡体开挖面的自身稳定性的能力得以提高，从而起到了主动加固的作用。

锚索施工及张拉过程中，极易造成锚索应力损失，宋自愿等[1]在隧道工程中研究了锚索预应力损失影响因素，将影响锚索预应力的因素划分为系统损失、短期损失和长期损失；华维[2]对水利边坡预应力锚索结构力学性能进行研究，分析了锚索预应力的变化趋势；益波等[3]对水电站闸墩锚索监测结果进行了分析，归纳得出预应力损失的一般原因和其他影响因素。锚索张拉过程中应力损失的原因很多，为了充分了解锚索应力损失的主要原因，分析锚索张拉过程的受力状况，监测锚索安装完成后的运行状况，保证岩土体及结构体安全，对预应力锚索张拉应力损失原因及监测数据进行分析十分必要。

1　锚索张拉及监测

锚索施工应执行严格的程序，图1为锚索施工工艺流程，注浆浆液达到设计张拉强度时安装锚索测力计，首先将达到强度要求的预应力钢绞线穿过锚索测力计，锚索测力计安装于锚垫板与工具锚之间，预紧后按设计要求分5级（设计荷载的25%、50%、75%、100%、110%）进行张拉，在每级荷载下，测读锚索测力读数，达到设计预加荷载时进行锁定。

锚索测力计是监测锚索受力的主要专业设备，可长期监测结构物预应力的锚固状态，当对预应力锚索施加荷载时，锚索测力计中的传感器产生同步变形，使其内部振弦产生应力变化，从而改变振弦的振动频率。本工程通过张拉过程监测数据分析，初步判断影响受力损失的主要原因有孔内锚束安装偏心、限位板尺寸不合理、锚索测力计安装偏心等。

基金项目：中水珠江勘测信息系统开发（企业创新基金项目2022KY06）。

作者简介：王建成（1981—），男，高级工程师，部门总工程师，主要从事安全监测方面的研究和管理工作。

通信作者：何宝根（1969—），男，正高级工程师，主要从事测绘生产和技术管理工作。

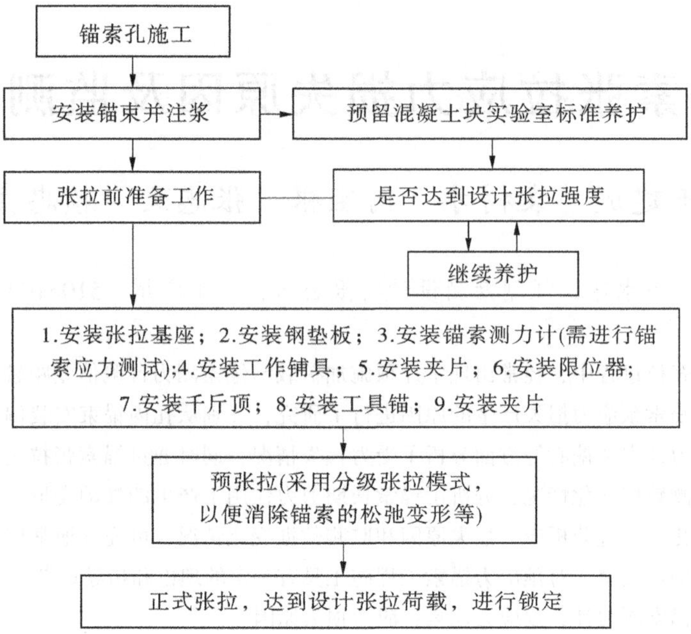

图1　锚索施工工艺流程

2　应力损失原因分析

2.1　孔内锚束安装偏心

锚索施工应使得锚束从孔内至孔外形成一条顺直的直线，但因施工误差导致锚束偏心安装，具体表现为：锚孔实际倾斜角度与设计倾斜角度不一致；锚座或腰梁安装误差；钢绞线伸出端头角度不一致；钢垫板在张拉过程中产生变形，以及钢垫板表面平整度较低等，使锚索产生偏心受力现象。因锚束偏心现象，使其同孔壁产生摩擦，邢晓飞等[4]对锚索所能承受的最大偏心率进行了研究，即个别锚束在达到极限抗拉强度时所受到的最大偏心率，锚索的偏心率不宜超过30%。

锚索实际张拉过程中钢绞线存在偏心受力情况，图2为锚索偏心受力模型，将钢绞线、锚具、工具锚夹片作为整体进行受力分析，根据静力平衡原理可得式（1）：

$$F\cos\alpha - N = 0 \tag{1}$$

式中：F 为千斤顶施加荷载；N 为锚索测力计对工作锚的支持力；α 为钢绞线偏心角。图2中，$P_{摩擦}$ 为锚索测力计对工作锚的摩擦力。当 $\alpha=10°$，$F=480$ kN 时，受力偏差 $\Delta=F(1-\cos\alpha)=7.3$ kN，可知误差为1.52%。刘勇等[5]对测量误差进行了统计分析，当钢绞线偏心角较小时，偏心受力造成的监测数据发生偏差较小，但随着偏心角的增大，摩擦力增大，监测数据将发生较大偏差。

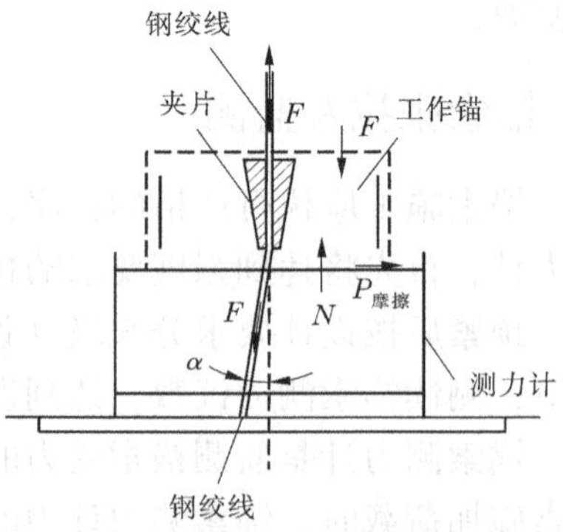

图2　锚索偏心受力模型

2.2　限位板尺寸不合理

张拉设备中的千斤顶、液压泵及压力表必须配套检定、配套使用。限位板的选择通常由生产锚具的厂家根据锚索锚束公称直径提供配套产品，才能达到良好的效果，表1为厂家提供的钢绞线直径与限位尺寸配套说明表，彭传阳等[6]通过实验研究了锚具锚固效果及与之对应的最佳限位距离。当限位尺寸理想时，千斤顶加载后限位板凹槽内的夹片被限位板推入工作锚具，“咬住”锚束，在预应力钢绞线张拉和卸载回缩过程中，工作锚夹片始终对预应力钢绞线有机械啮合力，工作锚夹片对钢绞线的摩擦力相对张拉力可忽略不计。

表 1　钢绞线直径与限位尺寸配套说明　　单位：mm

钢绞线直径 D	限位尺寸 h
15.00≤D<15.05	5.8±0.1
15.05≤D<15.15	6.2±0.1
15.15≤D<15.25	6.6±0.1
15.25≤D<15.35	7.0±0.1
15.35≤D<15.45	7.4±0.1
15.45≤D<15.55	7.8±0.1
15.55≤D <15.60	8.2±0.1

现场锚索张拉过程中，发现钢绞线张拉完成后表面发生刮伤，初步判断限位板尺寸与锚具不匹配，钢绞线直径为 15.2 mm，限位板限位尺寸为 4 mm，限位板凹槽限位尺寸偏浅，导致锚具张拉过程中锚索提前被锁定，液压千斤顶加力过程中锚索受摩擦力作用导致表面刮伤，锚索测力计受到的反力减小。

2.3　锚索测力计安装偏心

锚索测力计安装时，锚垫板应平整光滑，并与测力计上下面紧密接触，测力计或传力板应与孔轴线垂直，不应出现偏心。大吨位锚索测力计重量在 40 kg 以上，需要用铁链、滑轮组吊起后反复调整位置，现场组装和同心对中难度较大。实际安装过程中，锚索测力计和锚具组装后没有进行精确调整，由于锚索测力计与内外锚板重量较大，因重力原因呈现下坠情况，直接与钢绞线接触，会造成与锚索钻孔偏心。

图 3 为锚索测力计的偏心受压有两种典型的工况：锚索张紧后的合力与锚索测力计的轴线平行，但存在偏心距 e；锚索的合力与锚索测力计轴线存在夹角 θ。

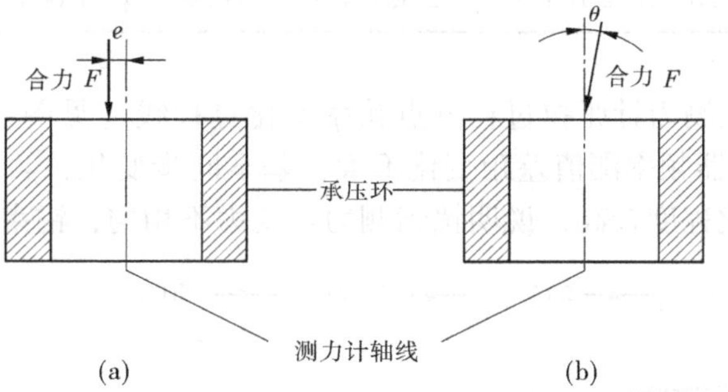

图 3　锚索测力计两种偏心受压示意图

张才连等[7] 对锚索测力计偏心受压进行研究，通过试验和数值模拟计算得出，荷载 2 000 kN，偏心距为 2 mm、5 mm、10 mm 时，测量误差分别为 1.70%、3.23%、6.67%，随着荷载和偏距的增加，误差逐渐增大；荷载 2 000 kN，偏心角为 1°、3°、5°时，测量误差分别为 1.97%、4.10%、11.67%，随着荷载和角度的增加，误差逐渐增大。从结果来看，偏心角是造成测量误差非常重要的原因，实际施工过程中应尽量减小偏心角，必要时可以检验锚垫板与钻孔之间的夹角（锚垫板法线与钻孔轴线方向的夹角即为偏心角）。

2.4　其他原因分析

除上述主要原因外，锚索组装质量、锚孔灌浆情况、仪器设备质量、施工人员技术水平等原因也会造成应力损失，通过严控施工质量，一般可以避免对锚索的影响。

3 监测数据分析

3.1 逐级张拉过程监测数据分析

锚索测力计量程为 1 200 kN，精度为 0.5%F.S（满量程），每台包含 4 支传感器，间隔 90°呈环形对称分布，4 支传感器电缆颜色分别为紫、蓝、绿、白。分别测读和计算锚索测力计空载、预计、分级张拉、锁定时的数据，表 2 为锚索测力计监测计算统计表。

表 2 锚索测力计监测计算统计

序号	测点编号及测值/Hz				温度/℃	计算值/kN	荷载/kN	备注
	1# （紫）	2# （蓝）	3# （绿）	4# （白）				
1	2 640.4	2 525.9	2 514.8	2 624.5	34.8	0	—	空载读数
2	2 640.3	2 525.9	2 514.8	2 624.5	34.8	0	—	
3	2 640.3	2 525.9	2 514.7	2 624.4	34.8	0	—	
4	2 594.7	2 489.3	2 487.3	2 595.5	35.3	—	—	预紧后
5	2 576.6	2 470.1	2 469.4	2 581.1	35.7	170.4	250.0	逐级张拉
6	2 462.5	2 364.0	2 364.3	2 508.5	41.7	482.8	500.0	
7	2 382.0	2 279.0	2 271.5	2 450.1	41.6	724.8	750.0	
8	2 299.5	2 174.9	2 171.3	2 384.3	41.4	984.4	1 000.0	
9	2 257.2	2 112.5	2 112.5	2 347.0	41.2	1 127.4	1 150.0	
10	2 297.5	2 168.0	2 166.3	2 367.3	40.9	1 007.5	—	锁定后
11	2 297.4	2 168.1	2 165.9	2 367.5	40.9	1 007.6	—	
12	2 297.6	2 166.0	2 166.0	2 367.4	40.9	1 008.9	—	

根据表 2 数据绘制锚索测力计张拉过程测点频率变化过程线（见图 4）。由图 4 可知，随着锚索逐级张拉，1#、2#、3#传感器频率测值差距变化不大，基本同步变化，4#传感器测值逐渐分化，频率测值差距逐渐拉大，离散化程度较高，说明锚索测力计受力不均匀，锚束之间存在不均匀受力。

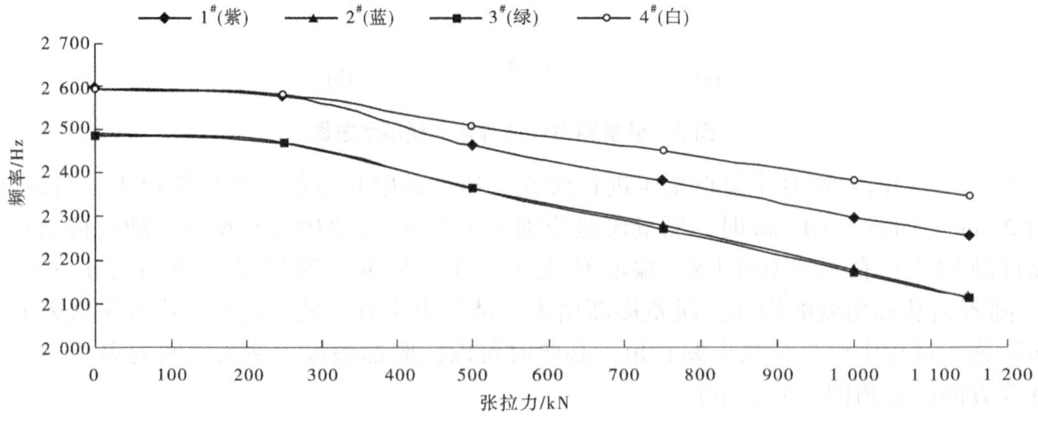

图 4 锚索测力计张拉过程测点频率变化过程线

3.2 锚索锁定后监测数据分析

本工程边坡为土质边坡，锚索张拉锁定后对锚索测力计开始连续监测，监测频次为：3 d 以内为 2 次/d，3~10 d 为 1 次/d，10~30 d 为 1 次/5 d，以后为 1 次/月。图 5 为锚索锁定后典型锚索测力计变化过程线。

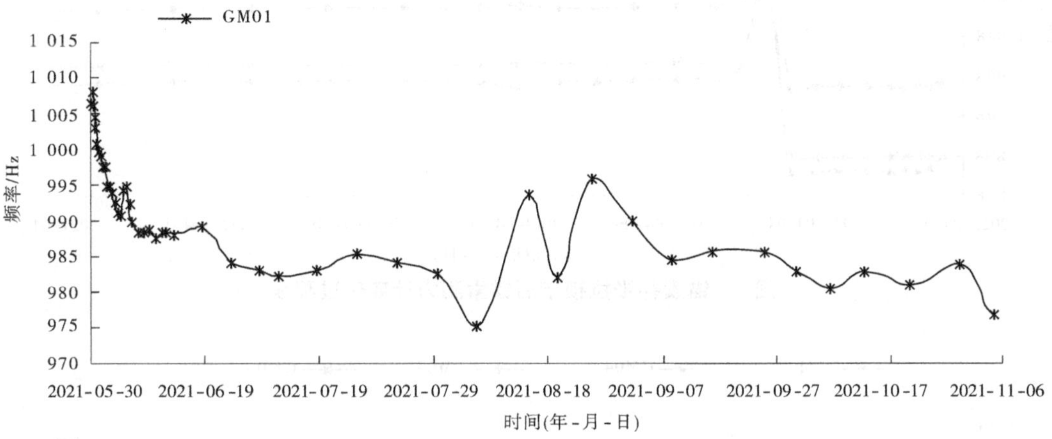

图 5 锚索锁定后典型锚索测力计变化过程线

由图 5 可知，锚索锁定后预应力发生了三个过程的变化，第一是预应力快速损失变化过程，从 2021 年 5 月 30 日至 6 月 7 日，在近 8 d 的时间内锚索预应力快速损失，锚固力损失值约为 2.0%，其间预应力出现短暂受力变化，直至达到稳定；第二是预应力波动变化过程，2021 年 7 月 29 日至 9 月 7 日，预应力出现波动变化情况，波动最大差值约 20 kN，主要是岩体和锚索在内部进行应力调整，产生压缩、回弹的反复变化，从而导致锚索预应力出现变化；第三是预应力平稳变化过程，2021 年 9 月 7 日后，预应力变化的规律比较平稳，呈现下降的趋势，是因为岩土体具有流变特征，在锚索长期剪力作用下会产生蠕动变形，造成锚索松弛，导致锚固力损失，但是下降幅值不是很大，主要是岩体在锚索锚固作用下变形已经趋于稳定，且变形量不大，同时锚索体本身的松弛也已基本不再发展，锚索预应力变化不是很大。

陈安敏等[8] 对软弱岩体在长期外力作用下岩体变化进行了研究，锚固力压缩岩层产生的变形大但变形减小的速度比较缓慢。张宏博等[9] 对坚硬的花岗岩中安装预应力锚索进行了研究，实测锚固力损失值为 10.0%，主要是由锚索松弛和混凝土的徐变造成的，岩体徐变及其他因素引起的锚固力损失所占比例很小，仅 2%左右。

3.3 锚索补张拉监测数据分析

本工程预应力锚索采用压力分散型，锚索设计吨位为 1 000 kN，设计长度为 45 m，部分锚索张拉锁定后预应力损失较大，对其进行了补张拉，图 6 为锚索补张拉锁定后锚索测力计变化过程线。

由图 6 可知，锚索补张拉时预应力迅速升高，锁定后预应力出现快速损失，直至达到稳定状态。

3.4 锚索运行期监测数据分析

根据边坡锚索测力计监测数据，绘制边坡锚索测力计监测至今的变化过程线（见图 7），对锚索运行期数据进行分析，GM03、GM04、GM05 位于同一高程 EL130 位置，GM05 位于下一高程 EL115 位置。

由图 7 可知，GM04 在 2024 年 10 月受力明显增大，GM05、GM06 也呈现缓慢受力变大趋势，结合现场勘察分析，该位置边坡存在部分崩塌堆积体，边坡地质条件较差，锚索穿过天然的断层、裂隙时，锚固力使得岩土体中的结构面和裂隙被压密，受降雨影响，该位置岩体缓慢下降，锚索预应力出现增大趋势。

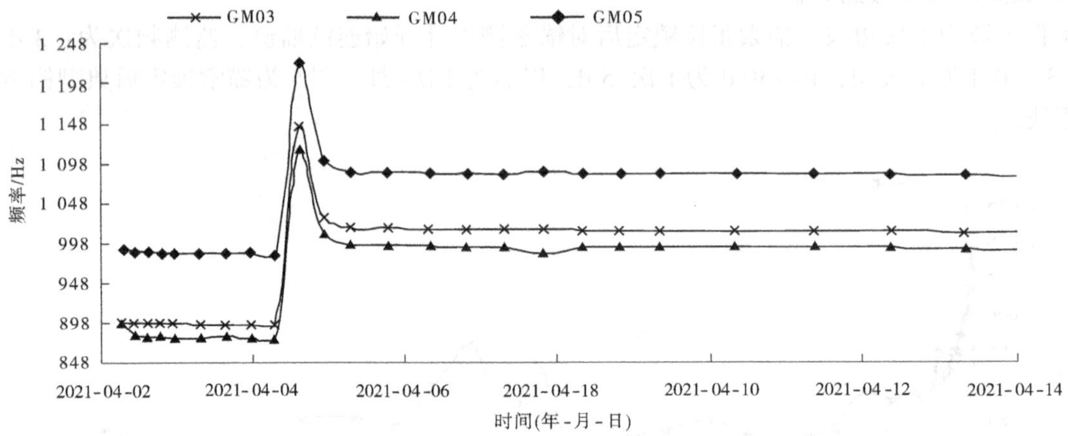

图 6　锚索补张拉锁定后锚索测力计变化过程线

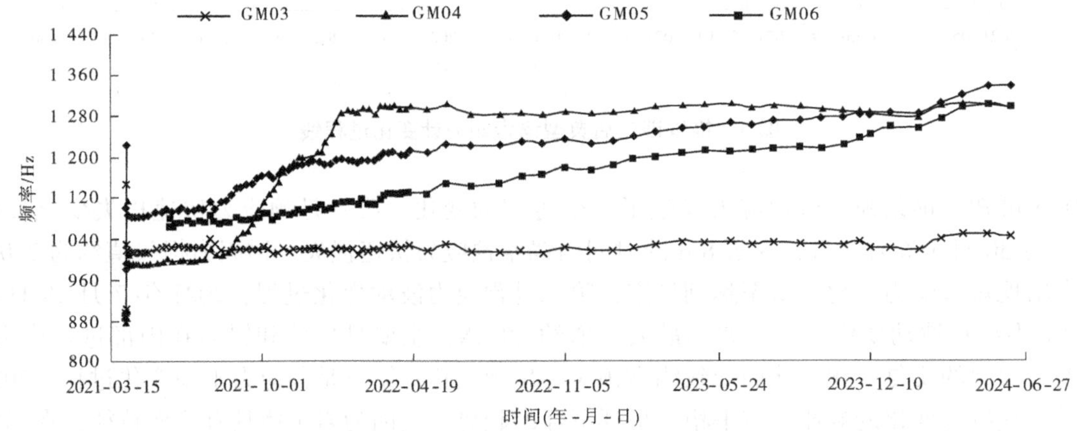

图 7　边坡锚索测力计监测变化过程线

4　结论

（1）预应力锚索张拉应力损失原因有很多，主要原因有孔内锚束安装偏心、限位板尺寸不合理、锚索测力计安装偏心等，其中限位板尺寸不合理是最常见的因素，由生产锚具的厂家根据锚索锚束公称直径提供配套产品，才能达到良好的效果。

（2）根据锚索张拉过程测力计测点频率变化过程线，可直观地掌握测值分化、离散情况，对于频率测值差距逐渐拉大的测点，锚索测力计将出现受力不均匀现象。

（3）锚索锁定后，在未受到外界变形情况下，预应力将发生预应力快速损失、预应力波动、预应力平稳等变化过程，主要是受岩体和锚索在内部应力的调整，以及锚索长期剪力作用下会产生蠕动变形，最终将达到平衡状态。

参考文献

[1] 宋自愿，陈强，周梦琳，等．隧道锚索预应力损失影响因素研究［J］．建筑技术开发，2024，51（5）：128-132.
[2] 华维．水利边坡预应力锚索结构力学性能研究［J］．水利技术监督，2023（4）：138-141.
[3] 益波，王一凡，吕琦，等．汉江蜀河水电站闸墩锚索预应力监测及分析［J］．西北水电，2017（6）：112-116.
[4] 邢晓飞，师亚龙，沈文辉，等．预应力锚索不均匀受力原因分析及对策［J］．重庆交通大学学报（自然科学版），2019，38（9）：29-33.
[5] 刘勇，王珣，徐鑫，等．锚索拉力监测数据偏差原因分析［J］．施工技术，2020，49（15）：86-88.

[6] 彭传阳，陈强，方宗平，等．不同锚具锚固效果及最佳限位距离研究［J］．隧道建设（中英文），2022，42（10）：1772-1779.
[7] 张才连，冯波．锚索测力计偏心受压情况下的误差分析［J］．时代农机，2018，45（9）：224-226.
[8] 陈安敏，顾金才，沈俊，等．软岩加固中锚索张拉吨位随时间变化规律的模型试验研究［J］．岩石力学与工程学报，2002（2）：251-256.
[9] 张宏博，黄茂松，宋修广，等．预应力锚索在滑坡体加固中的影响因素分析［J］．岩土力学，2004（2）：324-326.

澜沧江 RM 水电站不同材料组合的抗冲磨混凝土性能对比研究

乔　国　樊孟军　钟　瑞

（中国水利水电第一工程局有限公司，吉林长春　132100）

摘　要：本文依托澜沧江 RM 水电站，对工程使用的抗冲磨混凝土进行了相关物理力学性能研究，通过对硅灰、粉煤灰、HB-16 抗冲磨剂、PCA®-1 聚羧酸减水剂、SBTJM-Ⅱ高效减水剂等几种不同材料组合所拌制的混凝土进行力学性能、耐久性能、变形及抗冲磨性能的对比试验，总结得出不同材料组合类型的抗冲磨混凝土性能优缺点，为工程进行混凝土的施工配合比设计提供一定参考。

关键词：混凝土；抗压强度；抗冲磨；极限拉伸；抗冻性

1　引言

水利水电工程中泄水建筑物的表面属于高速水流区，其水流流态差、结构应力复杂，易产生紊流，且经常受高速水流夹泥、夹砂、夹石长期反复的冲刷磨损，造成混凝土磨蚀严重及空蚀现象，缩短建筑物使用寿命。对水工建筑物破坏情况的调查结果表明，在已建大中型水电工程中有近 70%存在冲磨、空蚀破坏。为了应对这一挑战，国内外的研究人员探索了多种方法来提升混凝土的抗冲磨性能，这些方法包括优化胶凝材料、粗细骨料、纤维的添加以及表面防护技术的应用。例如，通过添加橡胶颗粒、纤维等材料，可以有效提高混凝土的抗冲磨性能，尤其是在高水头、高泄洪量、高流速的环境下。此外，国内外的一些研究中，还有通过冻融循环与海水腐蚀等方面的研究，进一步探索了超高性能混凝土（UHPC）的抗冲磨性。

本文结合工程使用要求，初步对工程使用的抗冲磨混凝土进行了相关性能的研究，通过对硅灰、粉煤灰、HB-16 抗冲磨剂、PCA®-1 聚羧酸减水剂、SBTJM-Ⅱ高效减水剂等几种不同材料组合类型的混凝土进行相关力学性能、耐久性能、变形及抗冲磨性能的对比试验研究，优选抗冲磨混凝土的材料组合方案，为工程的施工配合比设计提供一定参考。

2　工程概况

RM 水电站位于 XZ 自治区芒康县境内，是 LCJ 上游河段规划一库七级开发方案的第五个梯级，坝址距芒康县城公路里程 48 km，G318 通过 RM 坝址左岸。RM 水电站多年平均流量 650 m^3/s，水库总库容 38 亿 m^3，为年调节水库。初拟装机容量 2 600 MW，工程规模为一等大（1）型工程。本工程为 RM 水电站导流洞土建及金属结构安装工程，主要施工项目为 1#、2#导流洞，两条导流洞平行布置在右岸，两洞洞轴线中心距 60. 00 m，洞身断面尺寸为 13. 2 m×15. 4 m（宽×高），进口底板高程 2 625. 00 m，出口底板高程 2 594. 00 m。洞身长度分别为 3 813. 81 m 和 3 643. 61 m，隧洞采用全断面钢筋混凝土衬砌。

施工项目标段主要包括导流洞进口段、导流洞与尾水洞洞身段（尾水结合前段）、导流洞封堵闸

作者简介：乔国（1973—），男，工程师，常务副主任兼质量负责人，主要从事混凝土方面的研究工作。

室、尾水洞与导流洞洞身段（结合段）、尾水洞检修闸室、尾水出口段、进出口危岩体、贴坡、截排水沟、框格梁、安全墩等部位的混凝土工程。工程主要使用的原材料为怒江昆钢水泥、滇东电厂粉煤灰、水电七局如美砂石项目加工系统生产的砂石骨料。原材料品质满足相应国家标准及水利水电工程行业标准要求，抗冲磨混凝土技术控制指标满足设计要求，混凝土设计技术指标见表1。

表1　导流洞抗冲磨混凝土控制指标

序号	强度等级	保证率/%	级配	抗渗等级	抗冻等级	抗冲磨强度/[h/(kg·m^2)]	极限拉伸值(1×10^{-4})	使用部位
1	C35	95	二	W6	F100	≥10	≥0.95	尾水底板、1.5 m以下边墙

3　抗冲磨混凝土的力学性能试验对比与研究

3.1　原材料试验

3.1.1　水泥

采用怒江昆钢水泥有限公司生产的P·O42.5普通硅酸盐水泥。检测结果满足《通用硅酸盐水泥》(GB 175—2007）指标要求。检测结果见表2、表3。

表2　水泥物理力学性能检测结果

编号	水泥品牌等级	比表面积/(m^2/kg)	安定性	凝结时间/min		抗折强度/MPa		抗压强度/MPa	
				初凝	终凝	3 d	28 d	3 d	28 d
SN-1	P·O42.5	353	合格	177	275	5.2	7.5	25.1	46.8
依据标准	GB 175—2007	≥300	合格	≥45	≤600	≥3.5	≥6.5	≥17.0	≥42.5

表3　水泥化学指标检测结果　%

编号	水泥品牌等级	烧失量	不溶物	三氧化硫	氧化镁	氯离子	碱含量
SN-1	P·O42.5	3.2	—	2.51	2.65	0.02	0.56
依据标准	GB 175—2007	≤5.0	—	≤3.5	≤5.0	≤0.06	≤0.60

注：水泥中碱含量按$Na_2O+0.658K_2O$计算值表示。

3.1.2　粉煤灰

采用滇东能源有限公司生产的“F类”Ⅱ级粉煤灰。检测结果满足《水工混凝土掺用粉煤灰技术规范》(DL/T 5055—2007）F类Ⅱ级粉煤灰指标要求。检测结果见表4、表5。

表4　粉煤灰物理力学检测结果

编号	粉煤灰品种	细度/%	需水比/%	含水量/%	烧失量/%	密度/(g/cm^3)	活性指数/%
FMH-1	F类Ⅱ级	13.5	96	0.2	3.7	2.39	74
依据标准	DL/T 5055—2007	≤25.0	≤105	≤1.0	≤8.0	≤2.6	≥70

表 5　粉煤灰化学指标检测结果　%

编号	粉煤灰品种	三氧化硫	不溶物	游离氧化钙	碱含量
FMH-1	F 类Ⅱ级	1.11	—	0.28	1.4
依据标准	DL/T 5055—2007	≤3.0	—	≤1.0	—

注：粉煤灰中碱含量按 $Na_2O+0.658K_2O$ 计算值表示。

3.1.3　硅灰

采用西安霖源微硅灰有限公司生产的 SF90 级硅灰。检测结果满足《砂浆和混凝土用硅灰》（GB/T 27690—2023）SF90 级硅灰指标要求。检测结果见表 6。

表 6　硅灰检测结果　%

编号	硅灰品种	细度	需水比	含水量	烧失量	二氧化硅含量	活性指数
GH-1	SF90	4.0	111	0.6	2.20	94.8	120
依据标准	GB/T 27690—2023	≤5.0	≤125	≤2.0	≤3.0	≥90.0	≥105

3.1.4　外加剂

采用江苏苏博特新材料股份有限公司 PCA®-1 聚羧酸缓凝高性能减水剂和 SBTJM-Ⅱ萘磺酸系缓凝高效减水剂。检测结果均满足《水工混凝土外加剂技术规程》（DL/T 5100—2014）中对应的高性能减水剂和高效减水剂指标要求。检测结果见表 7、表 8。

表 7　SBTJM-Ⅱ萘磺酸系缓凝高效减水剂试验结果　%

检测项目	减水率	泌水率比	含气量	抗压强度比			碱含量	细度	氯离子	硫酸钠
				3 d	7 d	28 d				
萘磺酸减水剂	20.1	78	1.5	158	141	136	5.15	3.3	1.21	12.8
依据标准 DL/T 5100—2014	≥15	≤100	<3	≥125	≥125	≥120	—	—	—	—

表 8　PCA®-1 聚羧酸缓凝高性能减水剂试验结果

检测项目	减水率/%	泌水率比/%	含气量/%	抗压强度比/%			碱含量/%	pH	氯离子/%	硫酸钠/%
				3 d	7 d	28 d				
聚羧酸减水剂	27.6	34	1.8	—	172	146	0.61	5.71	0.08	0.72
依据标准 DL/T 5100—2014	≥25	≤70	≤2.5	—	≥140	≥130	—	—	—	—

3.1.5　引气剂

采用山西虎邦新型建材有限公司生产的 HBAE 引气剂。检测结果满足《水工混凝土外加剂技术规程》（DL/T 5100—2014）中引气剂指标要求。检测结果见表 9。

表 9　HBAE 引气剂试验结果　%

检测项目	减水率	泌水率比	含气量	抗压强度比			碱含量	氯离子	硫酸钠	相对耐久性
				3 d	7 d	28 d				
HBAE 引气剂	6.8	42	5.2	94	96	91	2.4	0.03	0.33	86
标准依据 DL/T 5100—2014	≥6	≤70	4.5~5.5	≥90	≥90	≥85	—	—	—	≥80

3.1.6 抗冲磨剂

采用山西虎邦新型建材有限公司生产的 HB-16 混凝土抗冲磨专用剂。检测结果见表 10。

表 10 HB-16 混凝土抗冲磨专用剂试验结果 %

检测项目	减水率	泌水率比	含气量	抗压强度比			碱含量	氯离子	硫酸钠
				3 d	7 d	28 d			
HB-16 抗冲磨剂	15.7	40	1.9	142	135	131	2.21	0.63	6.32

3.1.7 骨料

采用项目砂石系统生产的机制砂、5~20 mm 碎石、20~40 mm 碎石。检测结果满足《水工混凝土施工规范》（DL/T 5144—2015）指标要求。检测结果见表 11、表 12。

表 11 机制砂品质检测结果

产地	细度模数	石粉含量/%	堆积密度/(kg/m^3)	表观密度/(kg/m^3)	吸水率/%	硫化物及硫酸盐含量/%	云母含量/%	坚固性/%
机制砂料场	2.72	15.9	1 490	2 660	1.0	0.26	0	2
依据标准 DL/T 5144—2015	2.4~2.8	6~18	—	≥2 500	—	≤1	≤2	≤8

表 12 粗骨料品质检测结果

检测项目	表观密度/(kg/m^3)	针片状含量/%	含泥量/%	饱和面干吸水率/%	压碎指标/%	超径含量/%	逊径含量/%	硫酸盐含量/%
5~20 mm	2 650	4	0.4	0.39	3.5	0	4	0.25
20~40 mm	2 650	2	0.2	0.29	—	0	3	0.22
依据标准 DL/T 5144—2015	≥2 550	≤15	≤1.0	≤2.5	≤30	≤5	≤10	≤0.5

3.2 碱骨料反应与抑制有效性试验

3.2.1 碱骨料反应试验

采用《水工混凝土砂石骨料试验规程》（DL/T 5151—2014）中砂浆棒快速试验法进行，试验结果见表 13。

表 13 碱骨料反应试验（砂浆棒快速试验法）检测结果

序号	产地	水泥碱含量/%	砂浆水灰比 W/C	试件龄期/d	膨胀率/%		结果评定
					单值	平均值	
1	项目驻地砂石系统产	0.9	0.47	14	0.215	0.212	该骨料为具有潜在危害反应的活性骨料
					0.217		
					0.204		

评定标准：①若试件 14 d 的膨胀率小于 0.1%，则骨料为非活性骨料。②若试件 14 d 的膨胀率大于 0.2%，则骨料为具有潜在危害反应的活性骨料。③若试件 14 d 的膨胀率为 0.1%~0.2%，对这种骨料应结合现场使用历史、岩相分析、时间观察时间延至 28 d 后的测试结果，或混凝土棱柱体法试验结果等进行综合评定。

碱骨料反应试验中，试件的 14 d 龄期膨胀值为 0.212%，依据《水工混凝土砂石骨料试验规程》（DL/T 5151—2014）中当试件 14 d 的膨胀率大于 0.2%时，骨料判定为具有潜在危害反应的活性骨料，故该骨料判定为具有潜在危害反应的活性骨料，需进一步进行碱骨料反应抑制有效性试验。

3.2.2 抑制碱骨料反应试验

抑制试验采用部分粉煤灰置换水泥的方法，分别用不同掺量粉煤灰取代水泥进行砂浆棒膨胀试验，通过测试砂浆棒的 28 d 膨胀率，确定抑制方案的有效性。碱骨料反应抑制措施试验（砂浆棒快速法）检测结果见表 14。

表 14 碱骨料反应抑制措施试验（砂浆棒快速法）检测结果

序号	抑制材料品种及掺量	水泥碱含量/%	砂浆水灰比 W/C	试件龄期/d	膨胀率/%		效果评定
					单值	平均值	
1	滇东能源 F 类Ⅱ级粉煤灰；掺量 10%	0.9	0.47	28	0.109	0.114	无效
					0.121		
					0.112		
2	滇东能源 F 类Ⅱ级粉煤灰；掺量 15%	0.9	0.47	28	0.098	0.102	无效
					0.106		
					0.101		
3	滇东能源 F 类Ⅱ级粉煤灰；掺量 20%	0.9	0.47	28	0.082	0.079	有效
					0.078		
					0.077		

评定标准：若试件 28 d 的膨胀率小于 0.10%，则该掺量下抑制材料对该种骨料的碱骨料反应危害抑制效果评定为有效。

通过对滇东能源Ⅱ级粉煤灰在 10%、15%、20%掺量下进行的抑制碱骨料反应试验得出：当粉煤灰掺量达到 20%时，试件 28 d 龄期膨胀率 0.079%，依据《水工混凝土砂石骨料试验规程》（DL/T 5151—2014）中当试件 28 d 的膨胀率大于 0.10%时，骨料的碱活性抑制措施试验判定为有效，故骨料的碱活性抑制措施试验方案评价为有效。该抑制方案的粉煤灰最低掺量为 20%。

3.3 混凝土性能试验与分析

3.3.1 试验方案

本文参照澜沧江 RM 水电站导流洞底板抗冲磨混凝土设计参数，初步对几种不同原材料组合类型的抗冲磨混凝土分别进行试拌，通过采用掺加粉煤灰为空白试验，对掺加硅灰、HB-16 抗冲磨剂、PCA®-1 聚羧酸减水剂、SBTJM-Ⅱ高效减水剂等材料的不同组合所拌制的混凝土力学性能、耐久性能、变形及抗冲磨性能进行对比试验，得出几种不同材料组合类型的抗冲磨混凝土的性能特点。通过综合比选，推荐出一种抗冲磨性能较好的材料组合方案，作为混凝土施工配合比设计的技术参考。本次对比研究中混凝土的试验项目有：①拌合物性能试验，包括坍落度、黏聚性、含气量；②混凝土力学性能试验，包括 7 d、28 d 抗压强度，7 d、28 d 劈裂抗拉强度，28 d 轴拉强度，抗压弹性模量，28 d 极限拉伸值，抗冻性，抗渗性，抗冲磨性能。

水流对水工建筑物的破坏主要有三种方式：推移质、类推移质的冲击磨损破坏，悬移质泥沙的磨损破坏，高速水流的气蚀、冲刷破坏。目前混凝土抗冲磨试验方法主要有圆环法、水下钢球法、风砂枪法。本次抗冲磨试验依据《水工混凝土试验规程》（DL/T 5150—2017）中的水下钢球法进行，测定混凝土受水下流动介质磨损的相对抗力，评价混凝土表面的相对抗磨性能。

混凝土抗冲磨指标以抗冲磨强度或磨损率表示，抗冲磨强度按式（1）计算：

$$f_a = \frac{tA}{\Delta m} \tag{1}$$

式中：f_a 为抗冲磨强度，即单位面积上被磨损单位质量所需的时间，h/（kg·m^2）；t 为试验累计时间，h；A 为试件受冲磨面积，m^2；Δm 为经 t 时段冲磨后，试件损失的累计质量，kg。

抗冲磨损率按式（2）计算：

$$L = \frac{m_0 - m_1}{m_0} \times 100\% \tag{2}$$

式中：L 为磨损率（%）；m_0 为试验前试件质量，kg；m_1 为试验后试件质量，kg。

3.3.2 混凝土试拌及拌合物性能试验

混凝土的配合比及拌合物性能试验结果见表 15。混凝土试拌分别选用 0.40、0.38、0.35 三个水胶比进行，外加剂选用 SBTJM-Ⅱ萘系高效减水剂、PCA®-1 聚羧酸高性能减水剂及 HB-16 抗冲磨剂共三种外加剂，掺合料选用 F 类Ⅱ级粉煤灰和 S90 级硅灰两种掺合料进行比对，其中 E01 由于硅灰代替粉煤灰需水量比增大，表面积增加，导致混凝土流动性降低。为保证拌合物的流动性，加大了 SBTJM-Ⅱ萘系高效减水剂的掺量，E03~E04 中由于外加剂的减水率较大，为使混凝土的坍落度控制在 120~140 mm，混凝土性能具有可比性，故对混凝土的用水量和减水剂掺量进行了相应的降低，同时考虑混凝土的抗冻抗渗性能要求，分别对每种组合类型的混凝土掺加 5‰的 HBAE 引气剂，使其拌合物的含气量保持在 3.5%~4.5%。

表 15 混凝土配合比及拌合物试验结果

编号	材料用量/(kg/m^3)						水胶比	减水剂/%	HBAE 引气剂/%	HB-16 抗冲磨剂/%	坍落度/mm	含气量/%	和易性
	水 W	水泥 C	粉煤灰	硅灰	砂 S	石 G							
E00	135	270	68	—	725	1 182	0.40	1.1	0.05	—	131	3.8	良
E01	135	270	—	68	725	1 182	0.40	1.2	0.05	—	126	3.2	良
E02	135	284	71	—	718	1 172	0.38	—	0.05	2.5	138	3.9	优
E03	119	250	63	—	740	1 208	0.38	0.53	0.05	—	133	4.1	优
E04	119	272	68	—	710	1 210	0.35	0.53	0.05	—	141	3.6	优

注：E01 中掺加硅灰，其余加粉煤灰；E00、E01 外加剂为 SBTJM-Ⅱ；E03、E04 外加剂为 PCA®-1。

3.3.3 硬化混凝土力学性能试验

对表 15 中试拌的混凝土分别成型各混凝土的力学性能试件，并对不同龄期的混凝土进行抗压强度、劈裂抗拉强度、抗压弹性模量、轴心抗拉强度、极限拉伸值、抗冻性、抗渗性、抗冲磨强度的试验。混凝土力学性能试验结果见表 16~表 18。

表 16 混凝土力学性能试验结果

编号	抗压强度/MPa		劈裂抗拉强度/MPa		抗压弹性模量/GPa	轴心抗拉强度/MPa	极限拉伸值/10^{-4}
	7 d	28 d	7 d	28 d	28 d	28 d	28 d
E00	28.1	37.7	2.19	3.47	34.0	3.30	1.07
E01	32.9	45.1	2.70	4.33	42.3	4.09	1.24
E02	31.3	42.6	2.54	4.13	40.4	3.95	1.21
E03	28.8	39.2	2.16	3.65	35.4	3.43	1.15
E04	33.2	43.8	2.52	4.12	40.1	3.91	1.18

表 17　混凝土抗冻抗渗性能试验结果

编号		E00	E01	E02	E03	E04
抗冻性能（100 次冻融循环）	P_{100}/%	85.3	91.5	92.4	88.2	89.3
	W_{100}/%	0.88	0.64	0.57	0.81	0.76
抗渗性能（水压 1.1 MPa 维持 8 h）	试件渗水情况	无渗水	无渗水	无渗水	无渗水	无渗水

注：P 表示试件冻融循环后的相对动弹性模量（%）；W 表示试件冻融循环后的质量损失率（%）。

表 18　混凝土抗冲磨试验结果

编号	E00	E01	E02	E03	E04
抗冲磨强度/[h/(kg·m²)]	7.4	9.7	10.7	8.5	9.2
磨损率/%	3.98	3.02	2.74	3.47	3.17

从表 16~表 18 中的混凝土性能试验结果来看：①混凝土材料用量和拌合物性能方面，E01 与 E00 在相同的条件下以硅灰取代粉煤灰后，拌合物的坍落度变小、和易性变差，在试拌过程中提高了 0.1%的 SBTJM-Ⅱ减水剂掺量，其坍落度状态基本保持了相同；E02 使用了 HB-16 抗冲磨剂，在厂家推荐掺量 2.5%的状态下，其未掺减水剂的混凝土坍落度与掺 SBTJM-Ⅱ减水剂的 E00、E01 混凝土坍落度分别为 138 mm、131 mm、126 mm，含气量分别为 3.9%、3.8%、3.2%。E03 与 E04 使用了 PCA®-1 减水剂，其掺量和用水量有显著降低，混凝土和易性较好，这对于混凝土在经济成本控制方面有明显优势。②混凝土力学性能方面，E04、E01 与 E00 相比在胶凝材料相同的情况下，其 28 d 抗压强度分别提高了 16.2%、19.6%，28 d 劈裂抗拉强度分别提高了 18.7%、24.7%，28 d 轴心抗拉强度分别提高了 18.5%、23.9%，可见使用 PCA®-1 减水剂取代 SBTJM-Ⅱ减水剂的 E04 或使用硅灰取代粉煤灰的 E01，对混凝土强度方面均有显著提升；使用 HB-16 抗冲磨剂的 E02 与使用 PCA®-1 的 E03 在相同水胶比和粉煤灰掺量的情况下，其 28 d 抗压强度、劈裂抗拉强度、轴心抗拉强度分别提高了 8.7%、13.2%、15.2%，可见使用 HB-16 抗冲磨剂取代 PCA®-1 减水剂对混凝土抗压、抗拉强度有显著的增强效果。③混凝土耐久性方面，抗渗压力在 1.1 MPa 情况下维持 8 h，5 组试验均未出现渗水现象，抗渗等级均达到了 W10 以上，抗渗性能表现良好；从冻融循环试验结果来看，E02 在以 HB-16 抗冲磨剂取代 E00 的 SBTJM-Ⅱ减水剂后，相对动弹性模量提高了 8.3%、质量损失率降低了 32.5%，E01 在以硅灰取代 E00 粉煤灰后，相对动弹性模量提高了 7.3%、质量损失率降低了 27.2%，可见使用 HB-16 抗冲磨剂取代 SBTJM-Ⅱ的 E04 和使用硅灰取代粉煤灰的 E01 对混凝土的抗冻性均有显著的提升。④混凝土抗冲磨强度及拉伸变形方面，采用 PCA®-1 取代 SBTJM-Ⅱ的 E04 和采用硅灰取代粉煤灰的 E01 与空白 E00 的极限拉伸值相比，其极限拉伸值分别提高了 10.3%、15.9%；采用 HB-16 抗冲磨剂的 E02 与采用 PCA®-1 的 E03 和采用 SBTJM-Ⅱ的 E00 相比，其极限拉伸值分别提高了 5.2%和 11.6%；采用 PCA®-1 取代 SBTJM-Ⅱ的 E04 和采用硅灰取代粉煤灰的 E01 与空白 E00 的抗冲磨强度相比，其抗冲磨强度分别提高了 24.3%、31.1%；采用 HB-16 抗冲磨剂的 E02 与采用 PCA®-1 的 E03 和采用 SBTJM-Ⅱ的 E00 相比，其极抗冲磨强度分别提高了 25.9%和 44.6%；可见使用 HB-16 抗冲磨剂的 E02 和使用硅灰的 E01 两者在混凝土极限拉伸变形和混凝土抗冲磨强度方面均有显著提高。而采用 HB-16 抗冲磨剂的 E02 在抗冲磨性能方面与采用硅灰的 E01 相比，其抗冲磨强度又提高了 10.3%，抗冲磨损率降低了 9.3%，同时在抗冻方面其相对动弹模提高了 1%，质量损失降低了 10.9%，故通过以上综合比较，使用 HB-16 抗冲磨剂材料组合方案，其混凝土的抗压抗拉强度、极限拉伸值满足设计指标要求，且其抗冻抗渗性能、抗冲磨性能最佳。故推荐采用

HB-16 抗冲磨剂的材料组合方案，为工程下一阶段进行抗冲磨混凝土施工配合比设计时的优选参考方案。

4 结语

澜沧江 RM 水电站的导流洞尾水段兼顾了施工期的导流泄洪和工程永久发电期的尾水排水功能，其底板混凝土的设计具备一定抗水流冲蚀能力，在本次对不同材料组合类型的抗冲磨混凝土性能对比试验研究中，使用 HB-16 抗冲磨剂对混凝土的强度、耐久性能以及抗冲磨强度均有较大提升。从改善混凝土拌合物和易性以及提高混凝土抗冲磨强度等综合情况来看，所拌制的混凝土 28 d 抗压强度、28 d 劈裂抗拉强度与 28 d 轴心抗拉强度分别提高了 13.0%、19.1%、19.7；28 d 混凝土的抗冻提高 8.3%；28 d 极限拉伸值提高 13.1%，28 d 混凝土抗冲磨强度提高 44.6%、抗冲磨损率降低 31.2%，混凝土的和易性保持良好。故推荐编号为 E02，使用 HB-16 抗冲磨剂的材料组合方案为抗冲磨混凝土材料选择的优选方案，以此作为混凝土施工配合比设计时的参考方案。鉴于本次室内试验项目有限，在一些混凝土的形变及耐久性方面开展还有不足，在后续的工作中还需对此开展更为深入的试验和研究。

参考文献

[1] 李光伟，杨元慧．溪洛渡水电站抗冲耐磨混凝土性能试验研究［J］．水电站设计，2004（3）：92-97.
[2] 杨春光，王正中，田江永．水工混凝土抗冲磨性能试验研究［J］．水利水电工程，2006（4）：73-74.
[3] 陈国新，唐修生，祝烨然，等．几种抗冲磨混凝土性能试验研究［J］．混凝土，2008（3）：72-74.
[4] 彭友勤．HF 高强抗冲耐磨粉煤灰混凝土施工技术［J］．云南水力发电，2010（1）：48-52.

三峡升船机船厢安全机构振动和噪声测试分析

耿红磊[1]　胡　锟[1]　史清坤[2]

（1. 水利部水工金属结构质量检验测试中心，河南郑州　450044；
2. 郑州国水机械设计研究所有限公司，河南郑州　450044）

摘　要：三峡升船机是三峡水利枢纽工程中的重要通航设施，安全机构作为其核心保护部件，直接关系到整个系统的稳定运行与人员安全。升船机船厢安全机构运行过程中，振动与噪声异常往往说明结构存在损伤，因此对其振动和噪声的测试与监测尤为重要。本文以三峡升船机船厢安全机构为例，通过系统的测试方法和深入的数据分析，揭示了该机构在运行过程中产生的振动和噪声特性，可为同类设备的振动和噪声控制提供科学依据和实用参考。

关键词：升船机；安全机构；振动；噪声

1　引言

升船机是利用机械装置升降船舶以克服航道上集中水位落差的通航设施，对于我国内河航运的发展具有重要作用。安全机构是升船机的安全保护装置，在升船机遇到险情时能够将船厢锁定在相应的位置，保障人员和财产安全[1]。升船机安全机构运行时产生的振动和噪声不仅会污染工作环境，还包含安全机构的运行状态、潜在故障等信息[2]。

本文针对三峡水利枢纽工程升船机船厢安全机构运行过程中的振动和噪声进行测试，并通过测试结果的对比分析，揭示了该机构在运行过程中的振动模式和噪声分布规律。

2　工程概况

升船机船厢安全机构共4套，对称于船厢纵、横向中心线布置于船厢两侧的侧翼平台上，4套安全机构分别通过机械轴系统与相邻的驱动机构连接，二者同步升降。安全机构主要由旋转螺杆、支撑杆、上导向架、下导向架、万向轴等组成，如图1所示。

球形支铰由左外轴套、右外轴套、上球座、下球座、止扭锁及连接件等组成，如图2所示。球头的上下球面分别支承于下球座和上球座，外轴套和下球座的内球面均用螺钉装设了球面自润滑轴承，轴承材料为DEVABM302；上球座和下球座通过长螺杆与船厢结构的钢管法兰相连，通过高强螺栓安装在船厢的悬臂结构上；止扭锁与球头螺纹连接，防止球头在球面支铰内转动。本次选取升船机4号和2号安全机构进行振动和噪声现场测试，并进行对比分析。

3　振动响应测试

3.1　测试工况

升船机全行程升降，对整个升降过程中的安全机构进行振动响应测试。

3.2　测试仪器

本次振动响应测试使用仪器为丹麦B&K公司生产3560C PULSE测试系统（包含B&K 4535-B-001加速度传感器），仪器经过计量检定且在检定有效期内。

作者简介：耿红磊（1985—），男，高级工程师，创新业务处副处长，主要从事水工金属结构检测、监测与创新工作。

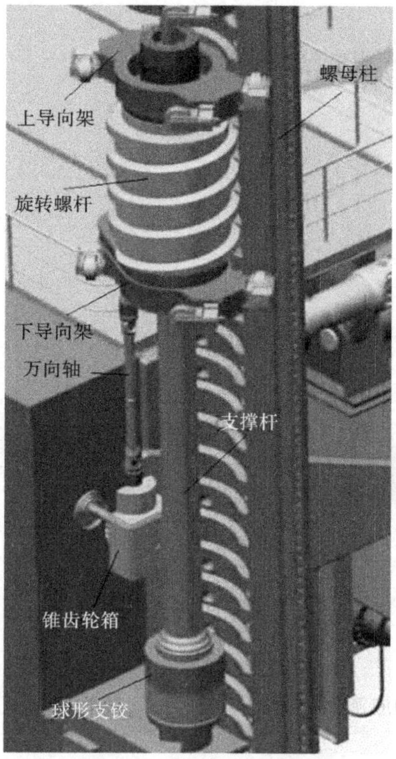

图 1　升船机船厢安全机构布置

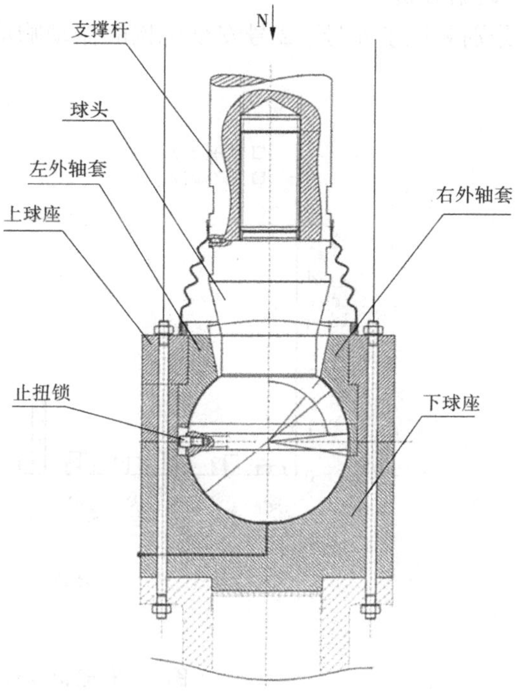

图 2　球形支铰结构

B&K 4535-B-001 加速度传感器性能参数见表 1。根据对安全机构结构分析，升船机正常运行速度约为 0.2 m/s，旋转螺杆运行一周约 2.25 s，转动频率约为 0.44 Hz。安全机构中推力球轴承型号为 SKF 29496EM，其故障特征频率均高于 0.44 Hz。因此，选取的 B&K 4535-B-001 的测振频率范围符合使用要求。

表 1　B&K 4535-B-001 加速度传感器性能参数

参数	指标
测振频率范围	0.3 Hz~10 kHz
灵敏度	10 mV/(m/s^2)
最大测量范围	71 g
环境温度	-60~+125 ℃

3.3　测点布置

测点选择在能代表升船机安全机构整体运动的刚性较强的结构部件上，不得安装在刚性差、局部振动过大的部位，并按规定在每个安装面均布置测点[3]。每台设备至少选择 4~8 个测点，较大或重要的设备可适当增加测点[4]。

本次振动响应测试中，每套安全机构共布置三向加速度传感器 5 支，支撑杆布置振动传感器 1 支；上、下导向架布置振动传感器各 1 支；上、下球铰座布置振动传感器各 1 支，安装方式为磁铁吸附。

3.4 数据分析

分别测试了4号、2号安全机构的振动响应，加速度峰值测试结果见图3、图4。

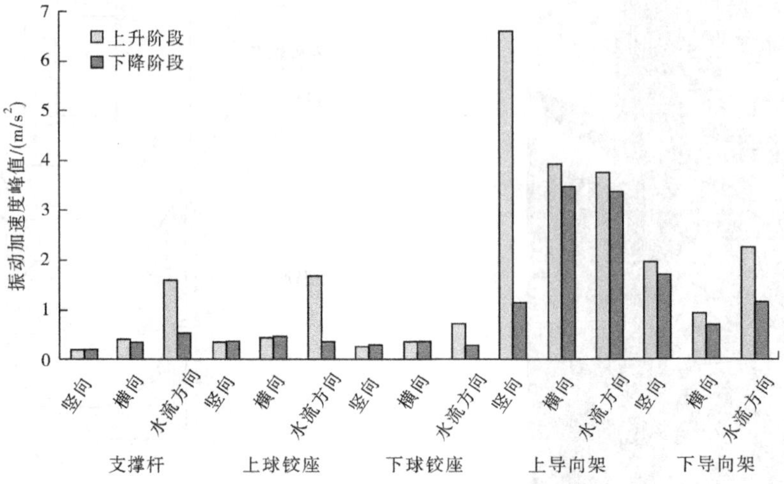

图3 升船机4号安全机构振动响应测试结果

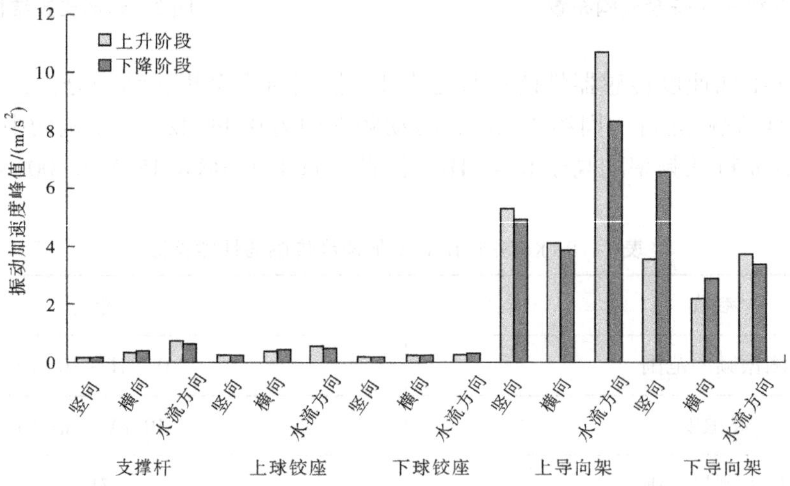

图4 升船机2号安全机构振动响应测试结果

从测试结果可以看出，升船机运行过程中，4号和2号安全机构上升阶段和下降阶段振动趋势及振动强度基本一致。支撑杆和上、下球铰座三个测点的振动强度基本一致，上、下导向架两个测点的振动强度基本一致，但明显高于支撑杆和上、下球铰座三个测点的振动强度。上球铰座振动信号强度整体略大于下球铰座振动信号，4号安全机构上升阶段试验中，上、下球铰座振动强度均为水流方向明显大于横向和竖向；4号安全机构下降阶段试验中，上、下球铰座振动强度均为横向较大；2号安全机构上、下球铰座振动强度在上升阶段和下降阶段均为水流方向较大。

图5~图12是上、下球铰座的振动频谱图。从振动频谱图可以看出，4号和2号安全机构上、下球铰座振动信号均在2 kHz和5 kHz频率附近有较明显频率分量。4号和2号安全机构振动信号频率主成分均在800 Hz以下，在频域上4号和2号安全机构振动信号规律基本一致。

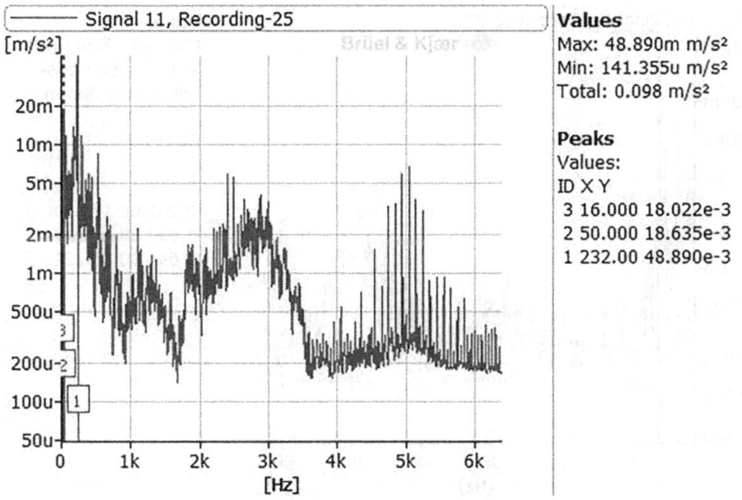

图 5　4 号上球铰座上升阶段振动频谱图（水流方向）

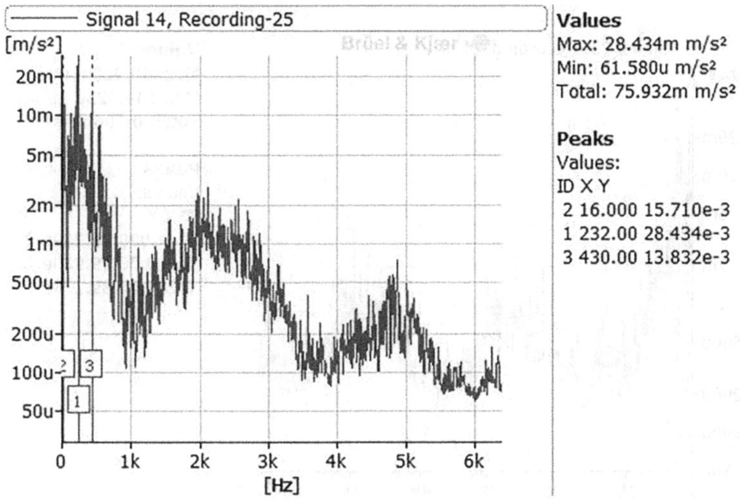

图 6　4 号下球铰座上升阶段振动频谱图（水流方向）

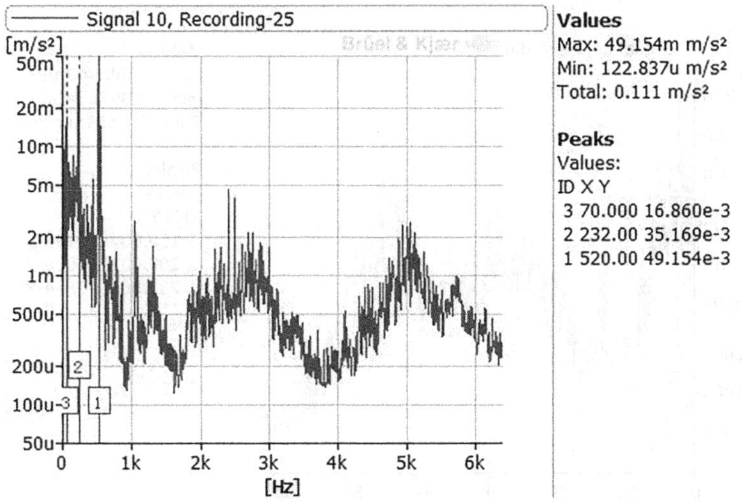

图 7　4 号上球铰座下降阶段振动频谱图（横向）

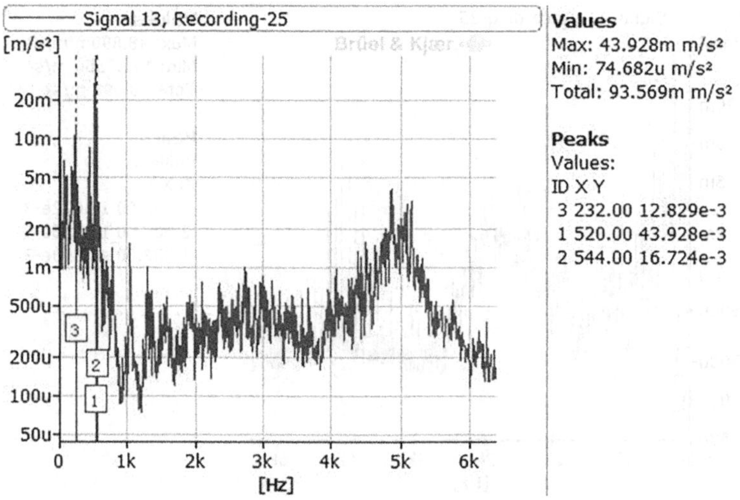

图 8　4 号下球铰座下降阶段振动频谱图（横向）

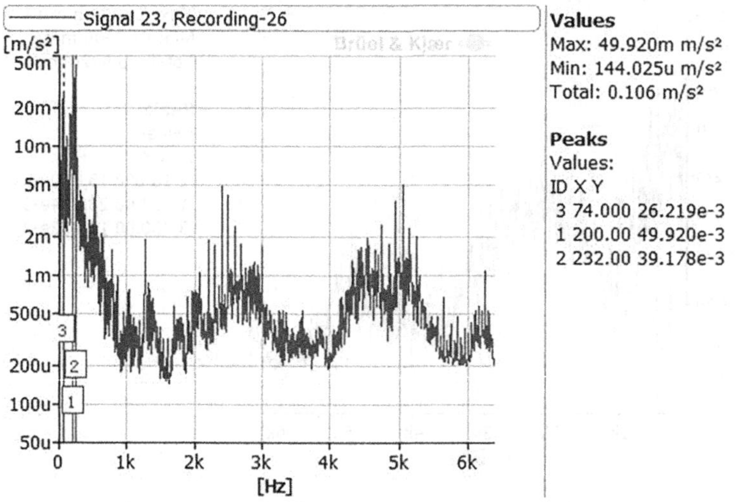

图 9　2 号上球铰座上升阶段振动频谱图（水流方向）

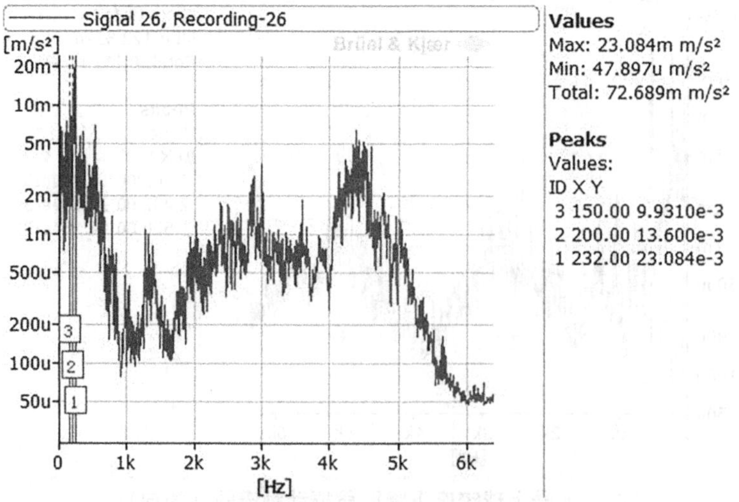

图 10　2 号下球铰座上升阶段振动频谱图（水流方向）

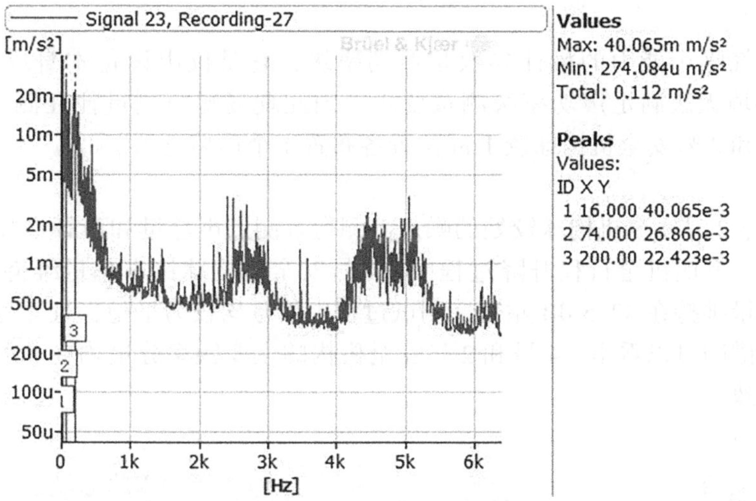

图 11　2 号上球铰座下降阶段振动频谱图（水流方向）

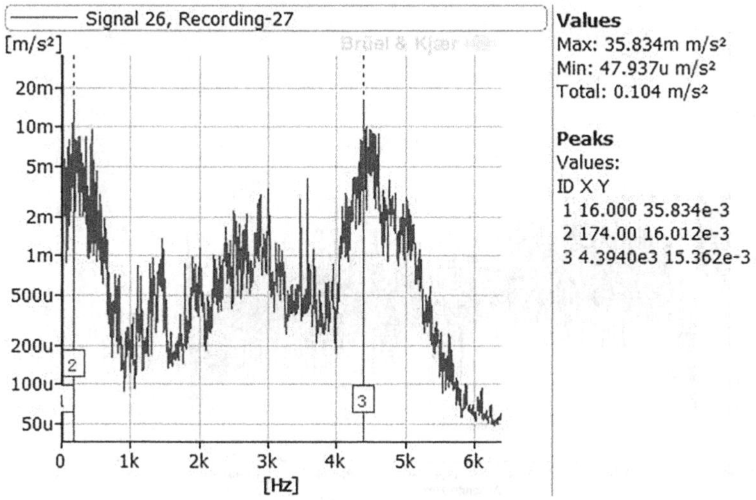

图 12　2 号下球铰座下降阶段振动频谱图（水流方向）

4　噪声测试

4.1　测试工况

升船机全行程升降，对整个升降过程中的船厢安全机构进行噪声测试。

4.2　测试仪器

本次噪声测试使用仪器为丹麦 B&K 公司生产的均 3560C PULSE 测试系统（包含 MPA201 声传感器、LAN-XI 数据采集模块和 B&K Connect 软件系统），仪器经过计量检定且在检定有效期内。每次测量前后，要用精度小于±0.3 dB 的声校准器进行校准[5]。

B&K 3560C PULSE 系统可同时使用各种分析仪，具有 FFT（傅立叶分析）、CPB（1/n 倍频程分析）、总级值分析仪等功能，采集前端的数据通过 LAN 传输至 PC，通信距离可达 150 m，可测量高达 40 次的谐波信号。MPA201 声传感器性能参数见表 2。

表 2　MPA201 声传感器性能参数

参数	指标
符合标准（IEC61672）	1 级
频率响应	20 Hz~20 kHz
动态范围	17~134 dBA
温度范围	−30~+80 ℃

4.3 测点布置

描述机械辐射空气噪声能力的最佳参数是声功率级，它是仅由设备本身决定而与环境无关的量[6]，但现场测量环境无法满足声功率级测量要求，因此现场噪声测量往往测量设备表面声压级。本次测试在距离 4 号和 2 号安全机构球铰 1 m 位置各布置 1 个声传感器。

4.4 数据分析

分别测试了 4 号、2 号安全机构球铰处的噪声，测得各测点声总量和声频谱如图 13～图 20 所示。从声总量图可以看出，升船机全行程升降过程中，4 号安全机构球铰声总量维持在 40.5 dB 左右，2 号安全机构球铰声总量维持在 32.5 dB 左右，测试过程中信号均较为平稳，且 4 号安全机构球铰未出现明显响声。从声频谱图可以看出，4 号和 2 号安全机构的主要频率分量均在 50 Hz 以下，声信号频率上二者特征趋势一致。

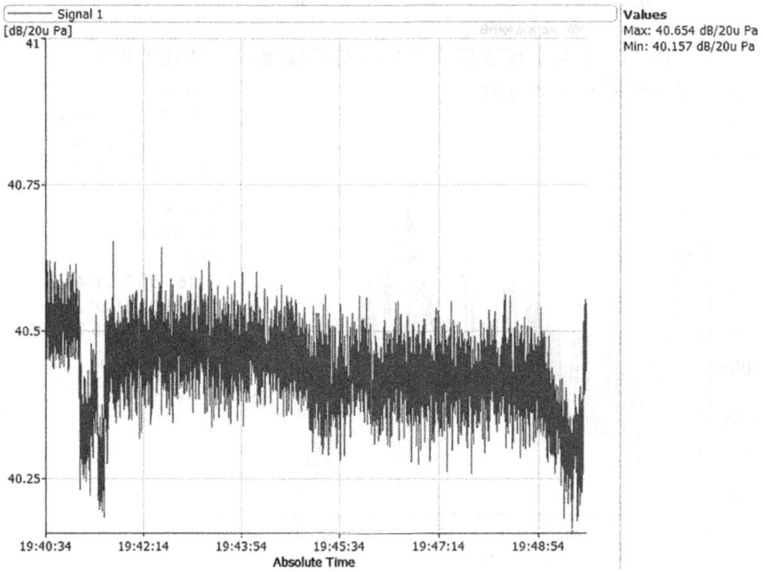

图 13　4 号球铰-上升过程声总量图

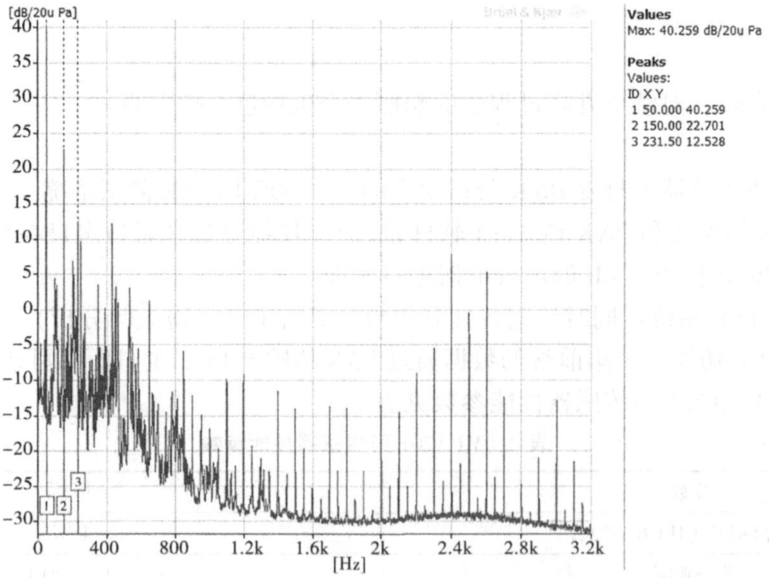

图 14　4 号球铰-上升过程声频谱图

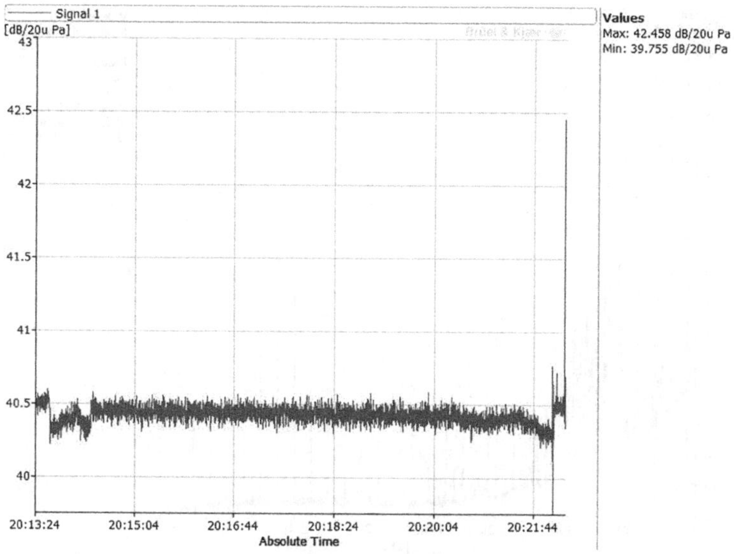

图 15　4 号球铰-下降过程声总量图

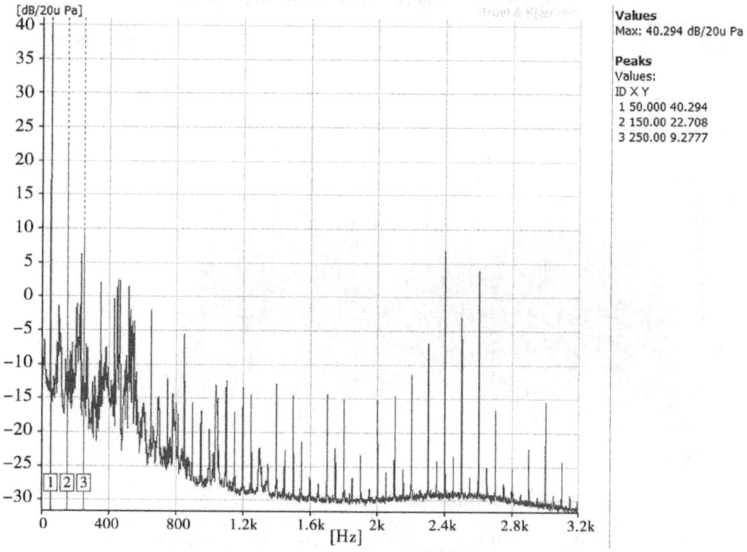

图 16　4 号球铰-下降过程声频谱图

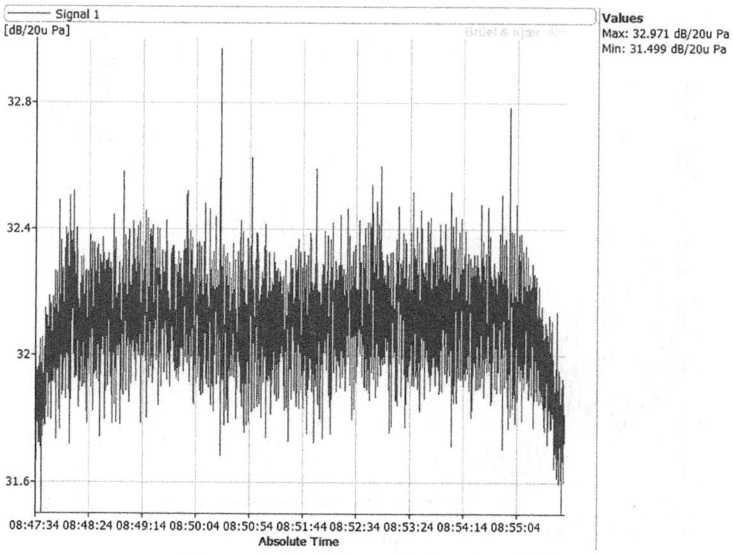

图 17　2 号球铰-上升过程声总量图

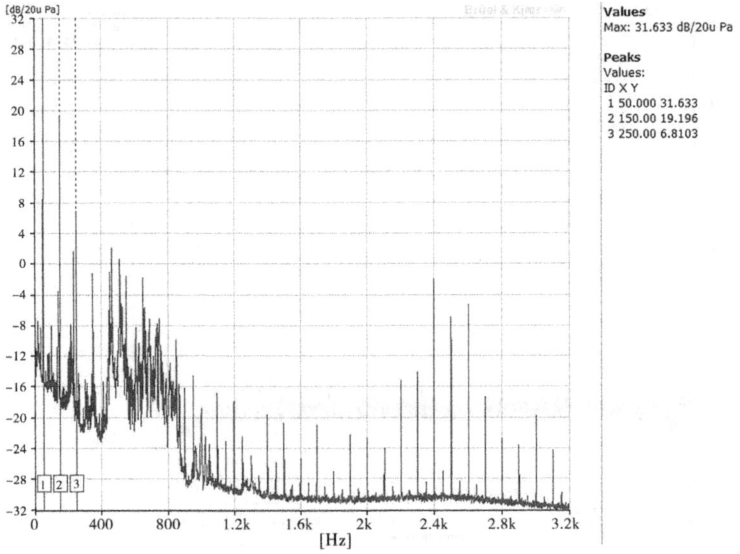

图 18　2 号球铰-上升过程声频谱图

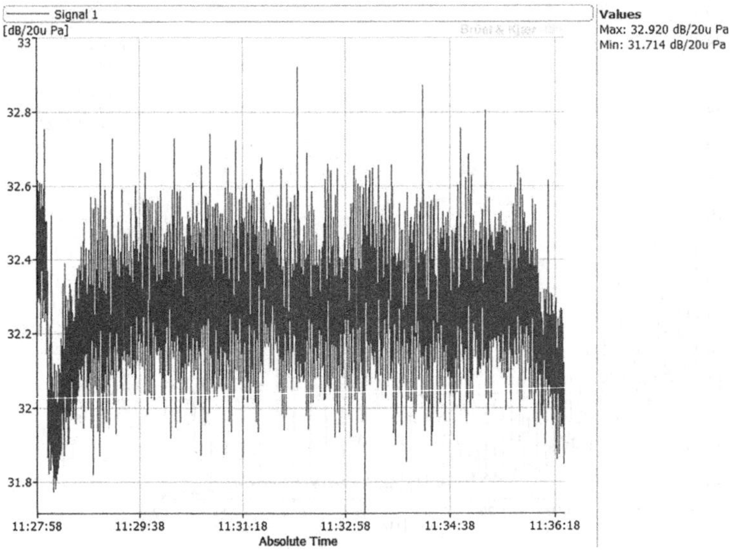

图 19　2 号球铰-下降过程声总量图

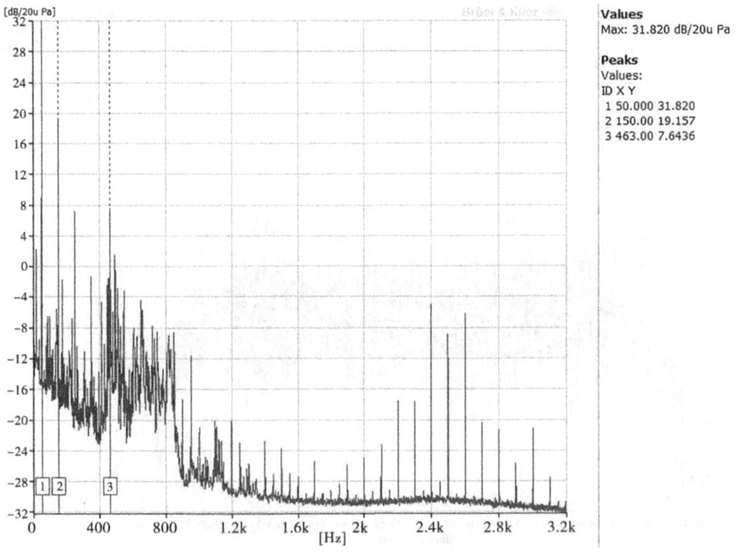

图 20　2 号球铰-下降过程声频谱图

5 结论

本文对某水利枢纽工程升船机船厢安全机构的振动和噪声进行测试，通过对测试数据进行对比分析，得出如下结论：

（1）4 号和 2 号安全机构声信号在上升阶段和下降阶段信号强度基本一致，但 4 号安全机构信号强度整体大于 2 号安全机构。后期需对 4 号安全机构球铰声信号进行监测，可考虑将声信号强度作为故障特征参数之一。

（2）上球铰座振动强度整体略大于下球铰座振动强度，上、下球铰座在试验中振动信号表现规律基本一致，后期监测时可将上球铰座作为主要监测点。

（3）试验信号分析结果中，4 号和 2 号安全机构振动信号频率主成分均在 800 Hz 以下，后期球铰出现明显响声信号时需实时关注信号频率成分。

（4）2 号安全机构上、下导向架正常运行的振动信号强度明显大于支撑杆和上、下球铰座振动信号，故障信号不容易被观测，上、下导向架测点可作为备选监测点。

（5）安全机构球铰试验时未见明显异响，建议对安全机构进行振动和噪声实时监测，实时监控球铰状态以检测潜在故障，并即时通知运行维护人员进行相应处理。

参考文献

[1] 钮新强，覃利明，于庆奎．三峡工程齿轮齿条爬升式升船机设计［J］．中国工程科学，2011（7）：98-105.

[2] 耿红磊，方超群，胡锟，等．液压启闭机泵站噪声及振动特性测量方法研究［C］//中国水利学会．2022 中国水利学术大会论文集．郑州：黄河水利出版社，2023：484-492.

[3] 耿红磊，古文倩，张怀仁，等．水运船闸工程顶升式跨闸桥故障诊断分析研究［J］．水利技术监督，2023（7）：215-218.

[4] 国防科学技术工业委员会．舰船设备噪声、振动测量方法：GJB 4058—2000［S］．

[5] 钱文，朱宜生，周兆逊，等．舰船设备振动噪声测量方法探讨［J］．环境技术，2022，40（2）：154-163.

[6] 原春晖，朱显明．舰艇机械设备噪声振动特性的测试方法［J］．舰船科学技术，2006（S2）：30-33，53.

冲击回波测试技术在跨河桥梁检测中的应用

鲁立三　赵志忠　张　彬

（黄河水利委员会黄河水利科学研究院，河南郑州　450003）

摘　要： 预应力桥梁箱梁混凝土内部钢绞线、钢筋网较为密集，部分箱梁仅有单一检测面，采用超声脉冲法、探地雷达法、钻芯法等技术存在局限性，为准确地判断混凝土内部质量，迫切需要找到一种简单、准确、快速，在可重复测试的情况下开展相关测试的技术。利用冲击回波测试技术检测预应力箱梁混凝土时，不仅不受内部钢绞线和钢筋网的影响，而且可快速判断混凝土内部质量，在厚度检测方面也具有较高的准确度和精度。

关键词： 冲击回波测试技术；预应力箱梁；内部缺陷；厚度测试

1　引言

针对预制预应力桥梁箱梁混凝土质量检测，常用超声脉冲法、探地雷达法、钻芯法等检测技术。超声脉冲法检测混凝土内部缺陷时，需有一对（或两对）相互平行的测试面，检测过程繁冗、作业效率低，测试信号也容易被干扰。探地雷达法采用发射高频脉冲电磁波来进行探测，具有探测速度快、探测过程连续、分辨率高等优点，但易受金属屏蔽作用，特别是金属波纹管和密集钢筋网对其屏蔽作用更大。钻芯法结果较为直观，但需在混凝土结构上钻取芯样，钻取过程复杂且易对结构造成损伤，不利于大范围检测。预应力混凝土箱梁钢筋网和钢绞线（钢束）密集，部分构件仅有一个检测面，常用的检测技术难以实现无损、高效、准确的检测。20 世纪 80 年代中期，美国科内尔大学对冲击回波测试技术进行了最早的研究，随后国内外学者逐渐将其用于探测混凝土结构内的疏松区，路面、底板的剥离层，预应力张拉管中灌浆的孔洞区，表层裂缝深度等，杨雅勋等采用室内试验的方式验证了冲击回波法在预应力管道检测中的可靠性，并初步分析了影响冲击回波检测结果的主要因素[1-3]。有学者采用有限元法对影响冲击回波法检测预应力混凝土桥梁管道灌浆缺陷展开了参数分析[4]。文献调研显示，利用冲击回波法检测预应力桥梁箱梁混凝土质量的尚不多。本文应用冲击回波测试技术对预应力箱梁混凝土内部缺陷和厚度进行测试，可为准确评价箱梁混凝土质量提供参考。

2　冲击回波测试原理

冲击回波测试就是用小钢球敲击物体表面激发沿物体内部传播的弹性波（P 波），当遇到波阻抗和波速发生变化的界面时，会产生反射波并被布设在物体表面敲击点附近的接收传感器接收，该接收换能器把接收到的波动信号转换成电信号并传输到数据采集仪，可存储在计算机中进行相关分析。冲击回波法最初多采用时域法，即通过记录冲击开始到 P 波回波到达的时间来进行分析；如果将时域信号通过滤波和快速傅立叶变换转换为频率域信号，这时幅值谱图中会出现一个或多个极值峰，它是由波阻抗发生变化的界面所引起，这就是频域法。时域法需要正确识别 P 波到达的时间，而采用频率分析代替时域分析来分析记录的波形大大地促进了冲击回波法的应用。利用冲击回波法检测混凝土时，若混凝土内部质量完好，应力波反射界面为混凝土与空气分界面；若混凝土内部存在缺陷，应力

作者简介： 鲁立三（1982—），男，工程硕士，高级工程师，主要从事水利工程安全评价、结构及岩土工程检测等方面的工作。

波反射界面分别为缺陷和空气的界面。如果混凝土较密实，则反射波频域曲线反射波形呈现为一个主频，频率高、衰减快，且幅值较小，时域曲线呈现逐波衰减的过程；如果混凝土内部存在缺陷或不密实区，则频域曲线反射波形呈现为振动频谱较宽且多能量峰并列的情况，时域曲线的波峰不明显，呈现多峰形态，且向低频漂移，衰减无明显的规律。根据峰值频率，利用式（1）可确定结构混凝土的厚度或缺陷深度：

$$H=\frac{\beta V_{\mathrm{P}}}{2f} \tag{1}$$

式中：H 为板厚或缺陷深度，mm；V_{P} 为 P 波速度，m/s；f 为频率，kHz；β 为几何结构形状系数。

根据来回传播的距离 $2T$（T 为测试面与反射面之间的距离）和波速可得到传播的时程，而传播的频率（f）为时程的倒数，公式如下：

$$f=\frac{C_{\mathrm{PP}}}{2T} \tag{2}$$

式中：C_{PP} 为 P 波通过板厚度方向的波速；T 为反射面到测试面的距离。

在冲击回波测试中，用于计算缺陷深度和结构尺寸的公式为 P 波波速的线性函数，其结果的精度部分取决于波速的精度，通常有直接测量法和间接测量法两种。直接测量法就是固定传感器之间的间距，测定 P 波或 R 波的传播时间，然后计算波速；间接测量法就是通过板厚进行反算，在厚度已知的实心板上作冲击回波测试求得厚度频率，利用公式来求取 P 波速度。

3 测试方案

3.1 工程概况

某公路桥与某大型调水工程总干渠相交，总干渠与路线交叉角度为 85°，桥梁设计斜度为 5°，桥梁总长度为 126.0 m，桥梁总宽度为 11.5 m，预制预应力箱梁设计单跨长度 40.0 m，箱梁高 2.0 m，顶部宽 2.4 m，底部宽 2.0 m，腹板厚度 18 cm，腹板布置 ϕ10@200 双层钢网，内部设 5 根预应力钢束。预制预应力箱梁浇筑完成后进行外观检查时，发现箱梁连续端混凝土表面存在漏浆现象，且梁体局部腹板表面存在一定的起伏状，初步判断认为箱梁混凝土内部可能存在不密实区，且局部腹板厚度不满足设计要求。为确定判断箱梁混凝土内部质量和测量腹板的实际厚度，拟采用冲击回波测试技术进行测试。

3.2 测试准备

为准确评估箱梁混凝土的质量和腹板厚度，需在现场对应力波波速进行标定，箱梁混凝土应力波波速的标定采用间接测量法，选取已知厚度（箱梁局部外露部分）且混凝土质量较好部位测试 5~10 点，根据各测点的厚度与测试时间计算混凝土应力波速，经实测应力波波速为 4 500 m/s。本次测试采用的仪器设备为丹麦 Docter 冲击回波测试仪，主要由数据采集和敲击系统组成，其有多种直径的冲击球可选，可以应对不同的测试条件。

根据本次测试目的，在预应力箱梁连续端和腹板上布置网格状测线，检测位置及测线布置见图 1，箱梁端部内部质量测线第一条横向测线距顶部倒角 20 cm，网格间距为 20 cm，共布设横向测线 6 条（编号 1~6），竖向侧线 6 条（编号 A~F），总计 36 个测点；腹板厚度测试测线从上至下布置 3 条水平测线（A、B、C），其中 A 测线距顶部倒角 20 cm，A—B、B—C 测线间距为 30 cm，布置 10 个竖向断面，间距为 100 cm，总计 30 个测点。测点编号方法为“字母+数字”，如 C 测线第 3 个横线，命名为 C3。

(a)箱梁端部检测位置

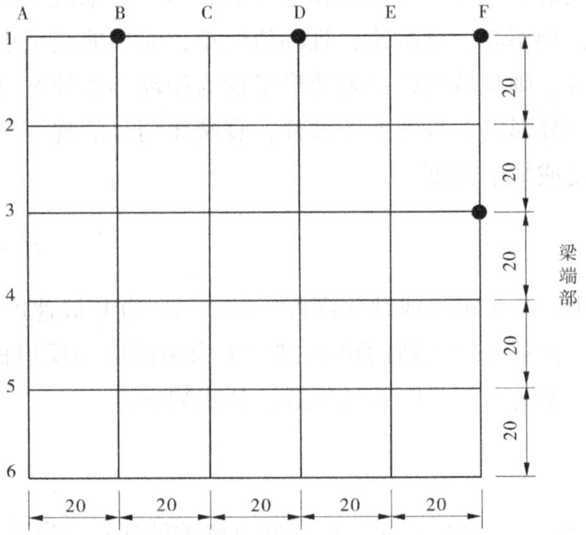

(b)箱梁端部测线布置 （单位:mm）

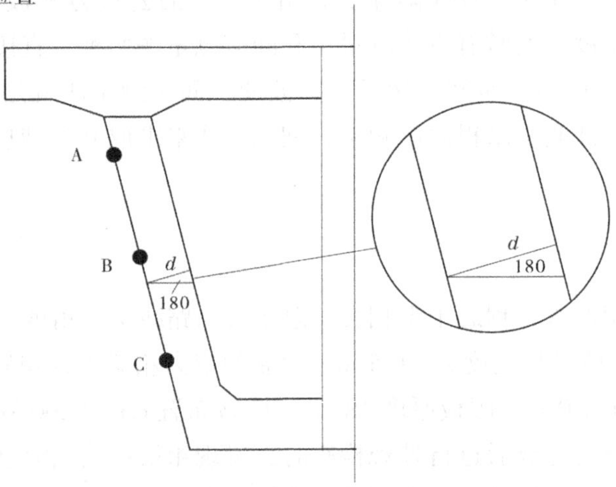

(c)箱梁腹板截面及测线位置 （单位:mm）

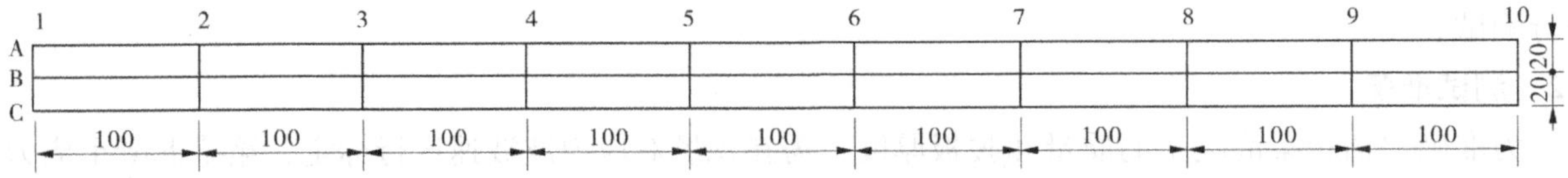

(d)箱梁腹板测线布置（单位:cm）

图 1　检测位置及测线布置

4　结果分析

4.1　腹板混凝土内部质量

对箱梁连续端混凝土内部质量进行测试，结果见表 1。根据测试结果，主频参考值为 7.03 kHz，实测结果最大值为 7.28 kHz，最小值为 5.86 kHz，平均值为 6.57 kHz，大部分数据低于主频参考值，分析主要原因是受现场条件限制，应力波波速标定选取的混凝土和被测试箱梁混凝土存在一定的差异，测试应力波波速选取偏大。部分测点的测试主频低于厚度主频值，分析其主要原因是混凝土厚度存在偏差。根据现场检查情况，箱梁顶部和端部混凝土存在外观缺陷，选取 B1、D1、F1、F3 测点进行分析，其中 D1 和 F3 测点的时域和频域曲线如图 2 所示（上半部分为时域图，下半部分为频域图）。

表 1　箱梁连续端的左侧腹板混凝土内部质量测试结果

断面	测点	主频/kHz	断面	测点	主频/kHz
1	A1	6. 35	2	A2	5. 86
	B1	6. 84		B2	7. 13
	C1	6. 84		C2	6. 84
	D1	6. 84		D2	6. 84
	E1	6. 84		E2	6. 84
	F1	6. 84		F2	6. 84
3	A3	6. 35	4	A4	6. 81
	B3	6. 35		B4	5. 86
	C3	6. 37		C4	6. 35
	D3	6. 35		D4	6. 35
	E3	6. 35		E4	6. 35
	F3	6. 35		F4	6. 84
5	A5	6. 84	6	A6	5. 86
	B5	7. 28		B6	5. 86
	C5	6. 35		C6	6. 84
	D5	6. 35		D6	6. 84
	E5	6. 35		E6	6. 84
	F5	6. 84		F6	6. 84

通过对典型测点图的分析，F3 测点主频数据（6. 35 kHz）低于其他 3 个测点的主频值（6. 84 kHz），该测点测试厚度大于其他测点。对比分析各测点时域图和频域图，其波形规律基本一致，特征谱峰清晰，无明显缺陷峰，频域曲线均呈现为一个主频，频率高、衰减快，幅值较小，且对应的时域曲线最大波幅基本一致，呈现逐波衰减的过程，无明显变形，特征符合一般规律。参照冲击回波法频谱识别方法，可以判断预应力梁端部测试区域混凝土内部质量完好，无明显内部质量缺陷，不存在不密实区。

4. 2　腹板厚度

由于预应力箱梁腹板非竖直截面（见图 1），采用冲击回波测试技术时，传感器需垂直布设在测试面上，且冲击回波沿着最短路径反射，经计算回波路径值为 174 mm（测试的设计值），其厚度主频为 12. 78 kHz。通过现场测试得到箱梁腹板各测点的厚度测试值，将厚度测试值-设计值-偏差进行对比分析，3 条测线各测点的对比情况如图 3 所示。

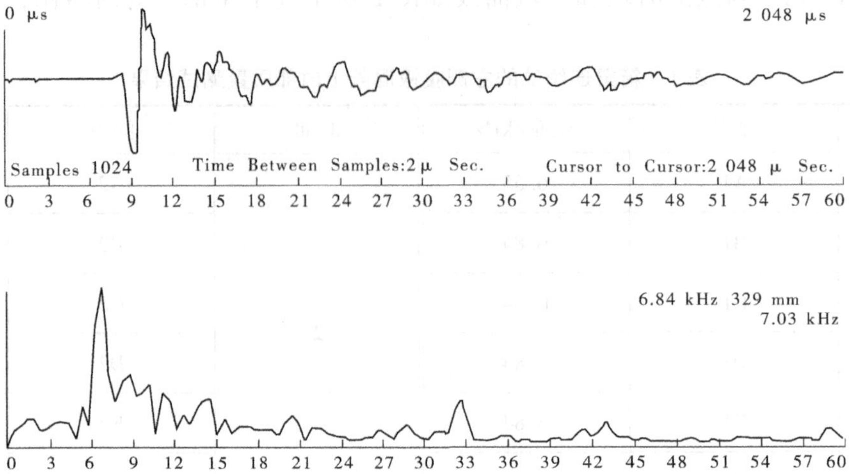

(a)D1测点

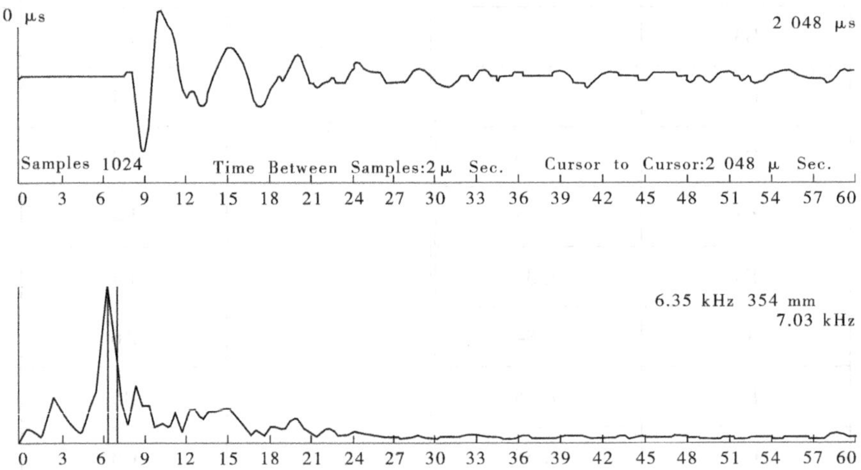

(b)F3测点

图 2 典型测点测试主频和厚度主频对比

根据现场测试结果，腹板厚度的测试平均值为 172. 9 mm，其中正偏差最大值为 7 mm，负偏差最大值为-6 mm，根据 3 条测线的厚度测试值-设计值-偏差对比图可以看出，测点的偏差在设计值的-3%~4%的区间波动，与设计值偏差不大，可以初步确定腹板的厚度满足原设计要求。从测试结果分析可以得出，利用冲击回波法测量混凝土厚度，当波速选取合适时，其精度可达到毫米级，且几乎不受内部钢筋和钢绞线的影响，相较超声脉冲法、探地雷达法等技术具有一定的优势。

5 结论

（1）冲击回波测试技术具有测试方便的特点，其可在单一检测面的条件下进行测试，测试效率高，且不受钢筋和钢绞线的影响，用于预应力箱梁混凝土内部质量现场测试具有一定的优势。

（2）利用冲击回波测试技术生成的时域图和频域图，可以快速、直观地判断混凝土内部是否存在缺陷，无须进行软件的后处理即可以现场进行判定，但是对于缺陷的定性尚需进一步的分析。

（3）利用冲击回波测试技术，不仅可测试预应力混凝土箱梁混凝土的内部质量，在厚度测试方面也具有较高精度，可以科学准确评价箱梁的工程质量，具有一定的意义。

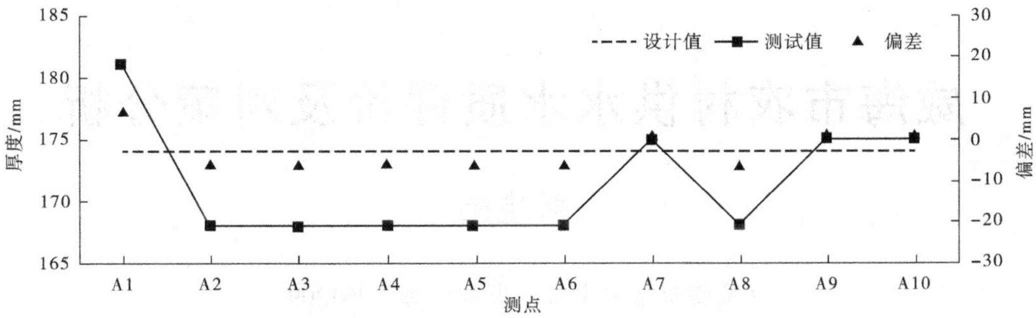

(a)测线A

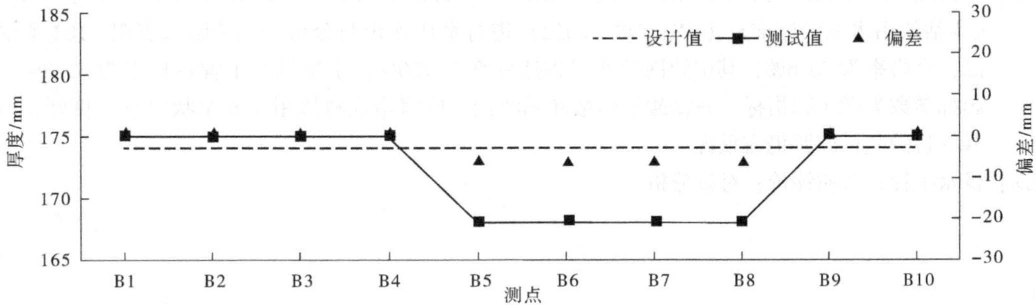

(b)测线B

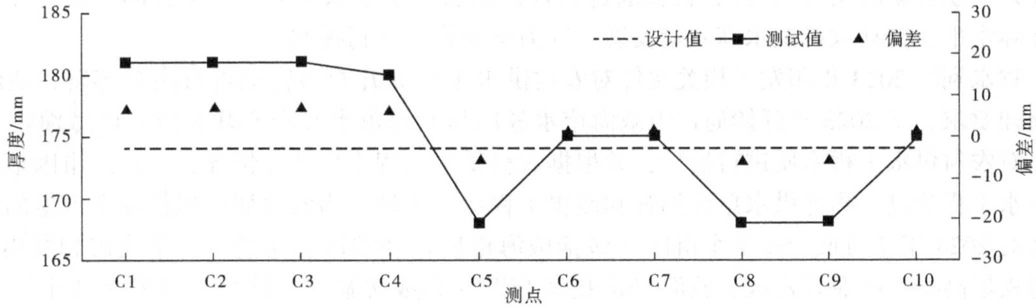

(c)测线C

图 3　厚度测试值–设计值–偏差对比

参考文献

[1] 杨雅勋，柴文浩，于海波，等．基于冲击回波法的预应力孔道压浆缺陷探究［J］．沈阳建筑大学学报（自然科学版），2020，36（3）：457-464.

[2] 周迪，刘昌明，王志刚，等．小波变换在混凝土冲击回波检测中的应用［J］．中国测试，2019，45（4）：135-140.

[3] SUN X T，LI D，HE W Y，et al. Grouting quality evaluation inpost-tensioning tendon ducts using wavelet packet transform and bayes classifier［J］．Sensors，2019，19（24）：5372.

[4] 岳泽英．基于冲击回波法的桥梁预应力管道灌浆缺陷研究［J］．市政技术，2023（4）：194-199，205.

威海市农村供水水质评价及对策分析

刘建光

（威海市水文中心，山东威海　264209）

摘　要：为研究威海市农村供水工程水质，选取 2024 年 7 月底威海市 7 个区抽检的 4 种水质样品，根据《生活饮用水卫生标准》（GB 5749—2022）进行水质评价与分析。抽检结果表明：102 个水质样品，合格率为 70.6%，其中管网延伸工程达标率为 100%，小型供水工程达标率为 65.8%，主要超标参数为微生物指标、高锰酸盐指数和硝酸盐。威海市农村饮用水安全状况总体良好，但对有些项目的超标问题仍需重视。

关键词：供水工程；水质评价；对策分析

1　引言

2022 年水利部会同生态环境部、国家疾病预防控制局、国家乡村振兴局印发《关于开展农村供水水质提升专项行动的指导意见》，旨在通过联合开展农村供水水质提升专项行动，加快提升农村供水水质保障水平，推动农村供水高质量发展，助力全面推进乡村振兴。

山东省水利厅 2023 年印发了相关文件对农村供水水质提升专项行动进行决策部署，威海市水务局根据通知要求，于 2023 年开始通过由威海市水务局与威海市水文中心联合成立的威海市水生态监测实验室对农村供水工程水质进行抽检，并根据农村供水工程水质达标情况，督促区市因地制宜推进规模化供水工程建设，指导供水单位加强和改善工程运行管理，为农村居民提供安全卫生的饮用水。

本文对 2024 年 7 月底全市 7 个市区（包括威海市所辖环翠区、文登区、荣成市和乳山市 2 区 2 市及威海火炬高技术产业开发区、威海经济技术开发区和威海临港经济技术开发区 3 个国家级开发区）的 102 处供水点开展的随机抽查结果，按照《生活饮用水卫生标准》（GB 5749—2022）进行水质合格率统计评价。

2　评价方法

2.1　评价范围

2024 年 7 月底抽检的农村集中供水工程点包括管网延伸工程、千吨万人工程、千吨万人工程末梢水和小型供水工程（单村供水）共 102 处检测工程。其中，管网延伸工程占比 6.86%，千吨万人工程占比 10.78%，千吨万人工程末梢水占比 10.78%，小型供水工程占比 71.58%。

2.2　检测参数

管网延伸工程与千吨万人工程检测参数为 43 项，其中微生物指标 3 项、毒理指标 18 项、感官性状和一般化学指标 16 项、放射性指标 2 项、饮用水中消毒剂常规指标 4 项。

千吨万人工程末梢水检测参数为 5 项，其中微生物指标 3 项、感官性状和一般化学指标 1 项、饮用水中消毒剂常规指标 1 项。

小型供水工程检测参数为 24 项，其中微生物指标 3 项、毒理指标 6 项、感官性状和一般化学指标 14 项、饮用水中消毒剂常规指标 1 项。

作者简介：刘建光（1970—），男，山东威海人，高级工程师，主要从事水文水资源管理工作。

2.3 评价标准

检测结果按《生活饮用水卫生标准》（GB 5749—2022）中“水质常规指标及限值”和“农村小型集中式供水和分散式供水部分水质指标及限值”进行评价。

3 评价结果

3.1 检测参数达标合格率统计

3.1.1 各市区合格率统计

本次抽检的样品 102 个，检测参数全部达标 72 个，合格率为 70.6%。抽检 7 个市区的达标率见图 1。其中，A、B 两个市区各抽检 1 个样品，合格率达到 100%；G 市区抽检 2 个样品，有 1 个合格，达标率为 50%。

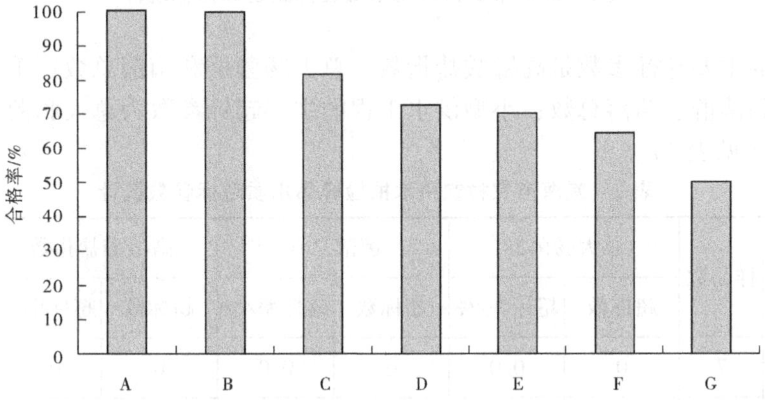

图 1 威海市各市区农村饮用水抽检样品合格率统计

3.1.2 不同类型水样合格率统计

本次调查 4 种类型水样。其中，合格最高的是管网延伸工程水样，合格率达 100%；千吨万人工程水样合格率 72.7%；千吨万人工程末梢水合格率 81.8%；小型供水工程水样合格率 65.8%（见表 1）。

表 1 威海市农村饮用水抽检样品不同类型样品合格率统计

样品类型	样品数	合格数	合格率/%
管网延伸工程	7	7	100
千吨万人工程	11	8	72.7
千吨万人工程末梢水	11	9	81.8
小型供水工程	73	48	65.8
合计	102	72	70.6

3.2 检测参数超标参数统计

根据抽检结果，供水中消毒剂常规指标 4 项、放射性指标 2 项全部合格，微生物指标、毒理学指标、感官性状和一般化学指标的部分指标超标。

主要超标参数为总大肠菌群、菌落总数、高锰酸盐指数和硝酸盐。其中，总大肠菌群超标 24 个，占检测样品总数的 23.5%；菌落总数超标 14 个，占检测样品总数的 13.7%；高锰酸盐指数超标 9 个，占检测样品总数的 9.9%；硝酸盐超标 6 个，占检测样品总数的 6.6%（见图 2）。

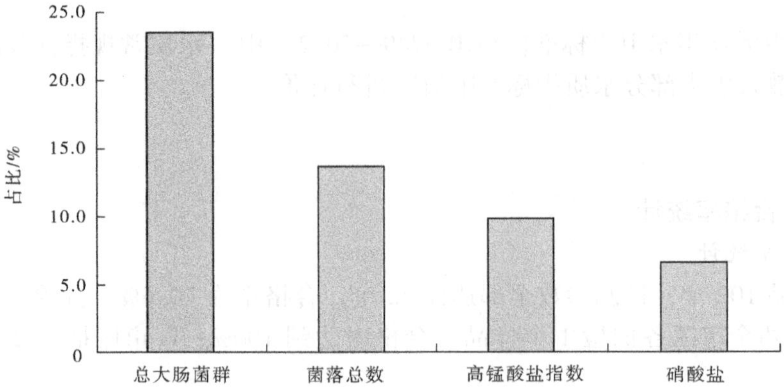

图 2　威海市农村饮用水抽检样品超标指标统计

千吨万人工程的主要超标参数是高锰酸盐指数、总大肠菌群和菌落总数；千吨万人工程末梢水主要超标参数是总大肠菌群、菌落总数；小型供水工程的主要超标参数为总大肠菌群、菌落总数、硝酸盐和高锰酸盐指数（见表 2）。

表 2　威海市农村饮用水抽检样品水质超标参数统计

样品类型	样品数	总大肠菌群		菌落总数		高锰酸盐指数		硝酸盐	
		超标数	超标率/%	超标数	超标率/%	超标数	超标率/%	超标数	超标率/%
管网延伸工程	7	0	0.0	0	0.0	0	0.0	0	0.0
千吨万人工程	11	1	9.1	1	9.1	3	27.3	0	0.0
千吨万人工程末梢水	11	2	18.2	2	18.2	—	—	—	—
小型供水工程	73	21	28.8	12	16.4	6	8.2	6	8.2

4　水质超标原因分析

4.1　千吨万人工程水质影响因素

千吨万人工程水源取自水库地表水。本次抽检正值汛期，降雨较多，地表土壤、杂物随地表径流流入沟塘、水库，使地表水中有机物含量增加，这是千吨万人工程部分样品中高锰酸盐指数超标的主要原因。

净化消毒设施设备不完备或输水管道老化、破损或维护不当等都可能使微生物超标。自来水输水管道内壁上积累着大量的藻类与微生物，如果维护不当，当水经过管道时，容易受到二次污染。这也是千吨万人工程末梢水比千吨万人工程水质的微生物超标比例增大的原因。

4.2　千吨万人工程末梢水水质影响因素

4.2.1　管网中的二次污染

随着输水管道的长度增加，管道内壁上的沉积物、藻类、细菌等微生物可能会对水质产生影响。如果管道清洁不及时或管道维护不到位，容易导致微生物超标问题，进而影响末梢水的安全性。

4.2.2　水体停滞时间过长

如果某些末梢管网的水体停留时间过长，水质容易发生变化。水在管道中停滞过久时，消毒剂的作用减弱，微生物繁殖增加，导致水质下降。

4.3 小型供水工程水质影响因素

4.3.1 地表水入渗

威海市农村小型供水工程，即单村供水以开采地下水为主，威海市地下水按含水层的性质主要分为基岩裂隙水和第四系孔隙水。基岩裂隙水，地下水埋深一般为10～30 m，水量较小，主要由降水入渗补给。地表水与地下水之间存在密切的相互作用。地表水和地下水之间的相互作用机制主要包括水量、化学物质和能量的交换。汛期，大气降水入渗补给地下水，使地下水水量增加；枯水期，地下水位下降，地表水就会下渗到地下，地表水中的污染物，如废水排放、农药、化学物质可能通过渗入、径流与地下水相互作用，导致地下水的污染。这是地下水中部分参数超标的主要原因。

2023—2024 年共进行过 5 次农村饮用水小型供水工程抽检取样，通过表 3 数据比较看出，2024 年 5 月底，硝酸盐超标率达到 37.3%，汛期以后抽检水样的硝酸盐超标率逐渐降低，2024 年 7 月底，硝酸盐超标率降到 8.3%，可见枯水期的硝酸盐超标率要明显高于丰水期的。

表 3 威海市农村小型供水工程硝酸盐、高锰酸盐指数超标对比

时间	样品数	硝酸盐超标率/%	高锰酸盐指数超标率/%
2023 年 6 月 20 日	70	21.4	1.4
2024 年 5 月 22 日	83	37.3	2.4
2024 年 6 月 12 日	81	29.6	2.5
2024 年 7 月 15 日	70	27.1	14.3
2024 年 7 月 29 日	73	8.3	8.3

4.3.2 净化消毒不够

根据调查得知，各市区对饮用水进行不同的消毒处理，如 D 市区采用二氧化氯消毒，F 市区以臭氧、紫外线消毒为主，E 区部分村采用次氯酸钠消毒。抽检期正值汛期和夏季，温度高使微生物繁殖速度加快，如果采用的饮用水消毒剂杀菌效力不够，也会导致细菌超标。

另外，村级水厂消毒设备落后，靠人工操作，日常消毒净化管理不到位。且早期供水标准低，加之运行多年，维修经费难落实，部分供水设施设备老化，年久失修。村里没有专业的运维人员，专业化程度低，这是导致小型供水工程水质超标，特别是微生物超标的主要原因。

此次研究的抽查范围有限，只分析丰水期一个时间段的抽检结果，不代表整个季度的水质情况，也未将枯水期与丰水期进行更深入比较，研究结果可能有一定的偶然性。

5 对策分析

5.1 对策措施

农村饮水安全关系到农村居民的身心健康，也是推进乡村振兴的重要民生问题。为了解决小型供水工程和农村饮水安全面临的问题，相关政府部门已出台多项政策措施，具体包括以下几方面：

（1）加强供水工程建设：增加投入，推动集中式供水，提升供水质量与效率。

（2）强化水源保护：制定水源保护政策，在饮用水水源地设立保护区，减少污染源。

（3）完善水质监测：建立水质监测网络，定期检测水质。

（4）加强宣传教育：增强农民的饮水安全意识，推广水资源保护知识。

5.2 对策建议

（1）实行规模化供水：整合分散的小型供水系统，提升供水规模和专业化水平，确保水质达标，满足农村需求。

（2）划定饮用水水源保护区：在水库和小型水源地周围设立保护区，清理污染源，严格控制农业和工业活动，保障水源安全。

（3）规范供水管理与维护：设立专业团队，负责供水设备的日常维护，利用数字化技术监控供水系统，提升管理效率。

（4）配套净化消毒设施：大规模供水工程应配备消毒设备，小型供水可通过补贴安装净化设施，定期维护，确保水质卫生。

（5）强化水质监测与监督：设立水质监测站，定期检测水源和供水系统，确保水质变化得到及时处理，保障饮水安全。

农村饮水安全关乎乡村振兴和农民健康，需要从多个方面采取有效措施。通过推进规模化供水、加强水源保护、提升管理水平、完善消毒设施以及强化水质监测与监督，可以逐步解决当前农村饮水工程存在的问题，确保农村饮用水的质量安全和供应稳定。

上海地区水闸混凝土结构安全检测实例分析

尹凯丽

（上海勘测设计研究院有限公司，上海 200434）

摘　要： 水闸是非常重要的水利工程，承担着挡潮、排涝、引水、保证水质和船只通航等功能，上海地区水闸众多，极大地保障了当地人民生命财产的安全，水闸需要定期进行安全鉴定，其中水闸混凝土结构安全检测是鉴定中一项重要的工作，混凝土结构检测分为水上结构检测及水下结构检测。本文以上海市浦东新区某水闸为例，对水闸的混凝土结构安全检测工作展开叙述探讨，总结安全检测工作中存在的问题并进行分析，为水闸安全鉴定和安全运行及修复提供数据与技术支撑。

关键词： 水闸；安全检测；水下检测

1　引言

在水利工程中，水闸的作用非常重要，承担着挡潮、排涝、引水、水资源调度、保证水质和船只通航等功能，保障当地人民生命财产的安全，促进当地社会经济发展，具有十分显著的经济效益和社会综合效益[1]。

根据水利部《水闸安全鉴定管理办法》（水建管〔2008〕214号）和《上海市水闸安全鉴定工作管理办法》（沪水务〔2011〕912号）需定期对水闸进行安全鉴定，安全鉴定是对水闸结构安全检查并进行安全类别评价，是水闸工程进行维修、加固、改建或重建的决策依据，安全鉴定主要包括现状调查、现场安全检测、安全复核分析及安全评价四个方面[2]。

水闸中的混凝土结构现场检测是安全鉴定中一项重要的工作，现场检测结果不但是评价水闸的重要依据，也是复核计算的基础，因此检测结果的正确与否在一定程度上影响水闸的最后评定等级[3]。本文重点阐述水闸混凝土结构现场安全检测，包括水上结构检测及水下结构检测，以上海市浦东新区某水闸为例，对水闸的混凝土安全检测工作展开叙述探讨，总结安全检测工作中存在的问题并进行分析，来为水闸安全鉴定和后期的安全运行及修复提供数据与技术支撑。

2　工程概况

本文以上海市浦东新区某水闸为例，分析该水闸的混凝土安全检测。该水闸至今投入使用24年，其主要功能是防洪挡潮、引水、排涝等，该水闸为单孔闸，闸门孔口净宽6.0 m，工程为Ⅰ等工程，水闸主要建筑物为1级建筑物，其他永久性建筑物为3级建筑物，临时建筑物级别为4级。水闸工程范围顺水流方向长127.5 m，主要由内外河防冲槽、内外河海漫、内外河消力池和闸室等组成。

水闸闸室采用钢筋混凝土坞式结构，闸室长16.5 m，闸孔净宽6.0 m，闸墩顶高程内河侧为4.70 m、外河侧为7.30 m。控制室布置在闸室中部，通过启闭机排架支撑在闸墩上，启闭机室长7.6 m、宽3.0 m、净高3.5 m，启闭机室地面高程为7.30 m。水闸内外河消力池均采用钢筋混凝土U形结构。底板顶面高程为-1.80 m，底板厚0.8 m；外河侧底板高程由6 m渐变至12 m，顺水流方向长16.5 m；内河侧底板高程由6 m渐变至10 m，顺水流方向长14.5 m。内外河侧侧墙顶宽0.3 m、底宽0.8 m，内河侧消力池侧墙顶高程4.70 m，外河侧消力池侧墙顶高程7.30 m。

作者简介： 尹凯丽（1991—），女，硕士，工程师，研究方向为水利水电工程检测、水闸、防汛墙安全鉴定等。

3 混凝土结构安全检测

该水闸混凝土结构现场安全检测项目[4] 包括：

（1）混凝土结构外观质量检查；

（2）混凝土结构无损检测：混凝土强度、结构耐久性、钢筋锈蚀、层面高程；

（3）消能防冲、防渗设施混凝土结构水下检查。

3.1 水闸混凝土外观质量检查

水闸整体外观一般，内、外河侧消力池挡墙、圆弧翼墙混凝土结构完好，闸室段混凝土结构表层有苔藓附着，迎水侧有船只摩擦痕迹，未见钢筋外露、裂缝等明显破损现象；启闭机梁板存在混凝土破损、露筋现象。

3.2 混凝土结构无损检测

3.2.1 混凝土强度检测

本次主要采用超声回弹综合法对该水闸各主要构件混凝土强度进行推定，并采用钻芯修正。该水闸改造至今已运行24年。本次超声回弹法测试部位分别为北侧排架、北侧外河翼墙、北侧闸墩、南侧排架、南侧内河翼墙、南侧闸墩共6处，其中对北侧外河翼墙、南侧闸墩进行钻芯，测得混凝土抗压强度，再与该对应部位的超声回弹所测值进行计算修正，得出局部修正量值+1.8 MPa，表明该项目中超声回弹综合法所测混凝土强度偏低，故水闸其他部位防汛墙通过修正得出最终检测结果，检测结果统计见图1。

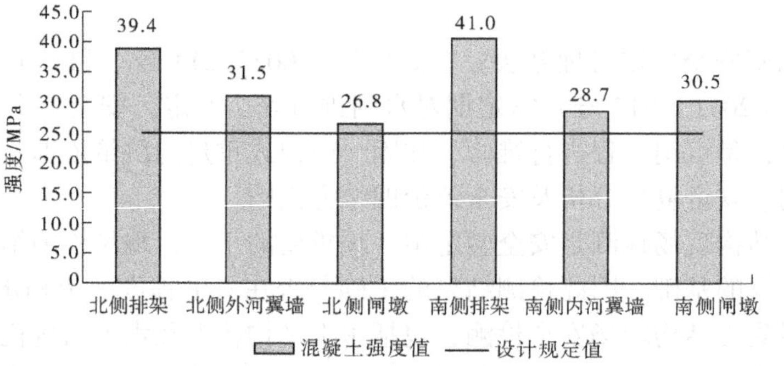

图1 水闸混凝土强度分布

3.2.2 混凝土耐久性检测

本次混凝土耐久性检测避开钢筋外露、钢筋锈胀等混凝土耐久性明显失效的部位，主要检查混凝土外观较好，其耐久性未知的部位。混凝土结构耐久性检测包括碳化深度、钢筋保护层厚度检测，并将两者对比分析，推测钢筋锈蚀情况，共检测6个构件，检测结果见图2。

3.2.3 钢筋锈蚀检测

根据相关资料，影响钢筋锈蚀率最直接的因素是钢筋周围的一些参数。本次采用半电池电位法对钢筋锈蚀状态进行无损检测。《水工混凝土试验规程》（SL/T 352—2020）规定：① 半电池电位正向大于-200 mV时，则此区域发生钢筋锈蚀概率小于10%；② 半电池电位在-200～-350 mV时，则此区域发生钢筋锈蚀性状不确定；③ 半电池电位负向大于-350 mV时，则此区域发生钢筋锈蚀概率大于90%。

本次共计检测6个构件，分别是北侧排架、北侧外河翼墙、北侧闸墩、南侧排架、南侧内河翼墙、南侧闸墩等部位，测试点位按网格化布置，横向间距0.2 m，竖向间距0.1 m，每个构件检测25个点。钢筋锈蚀电位测试成果见图3。

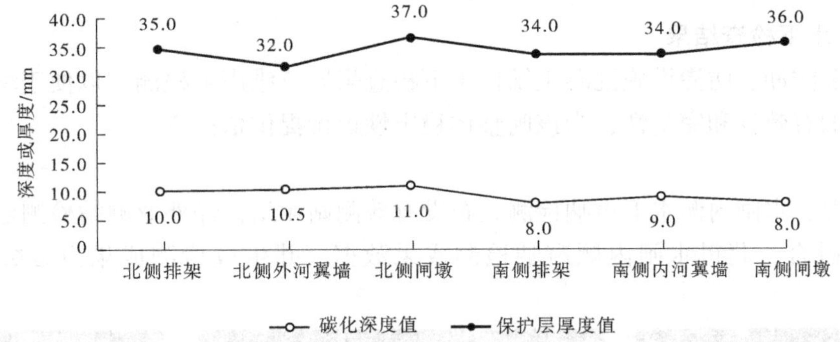

图 2　水闸混凝土碳化深度与保护层厚度检测对比

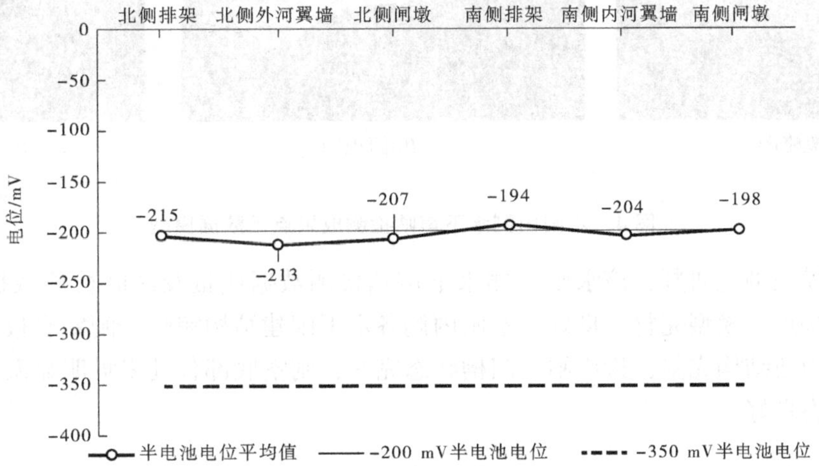

图 3　钢筋锈蚀电位测试结果

3.2.4　结果分析

混凝土强度检测结果表明，该闸 6 个检测部位混凝土强度推定值在 26.8~41.0 MPa，均满足《水工混凝土结构设计规范》（SL 191—2008）三类环境强度应不低于 C25 的要求，也满足原设计要求。

混凝土结构耐久性检测结果表明：本次钢筋保护层厚度检测 6 组，保护层厚度值在 32.0~37.0 mm，混凝土碳化深度检测 6 组，各部位碳化深度平均值在 8.0~11.0 mm，同部位碳化深度均小于实测钢筋保护层厚度，表示钢筋仍在混凝土保护层范围内，未进入锈蚀期。

钢筋锈蚀检测结果显示：该水闸抽检部位半电池电位值大多数在-200 mV 左右，表明该水闸抽检部位钢筋锈蚀性状为锈蚀概率小于 10%，未发现明显钢筋锈蚀区域。

3.3　断面及高程测量

该水闸混凝土高程测量共测量 24 个高程点，水闸层面高程测量结果如下：

（1）水闸闸室段内河侧墙及内河翼墙实测高程为 4.519~4.572 m，水闸闸室段外河侧墙及外河翼墙实测高程为 7.117~7.225 m，交通桥高程为 6.046~6.060 m。

（2）水闸各部位沉降量介于 75~181 mm，局部点不满足《水闸设计规范》（SL 265—2001）中天然土质地基上水闸地基最大沉降不宜超过 15 cm 的要求。

（3）伸缩缝两侧相邻墙体相对沉降量介于 0~7 mm，小于规范要求 50 mm，表明该处闸无明显相对沉降差。

3.4 混凝土结构水下检查结果

水闸中的消能防冲、防渗设施混凝土结构水下检查采取三维声呐检测，以便于掌握水下部分消能防冲、防渗设施的有效性和完整性，为该闸整体稳定性评价提供依据[5]。

3.4.1 内河侧

根据现场情况，水闸内侧水下声呐检测共布设有效测站 4 站，经外业测站检测数据后处理和站间后处理数据拼接融合，获得水闸内侧声呐检测成果数据，并生成检测成果点云数据模型，如图 4 所示。

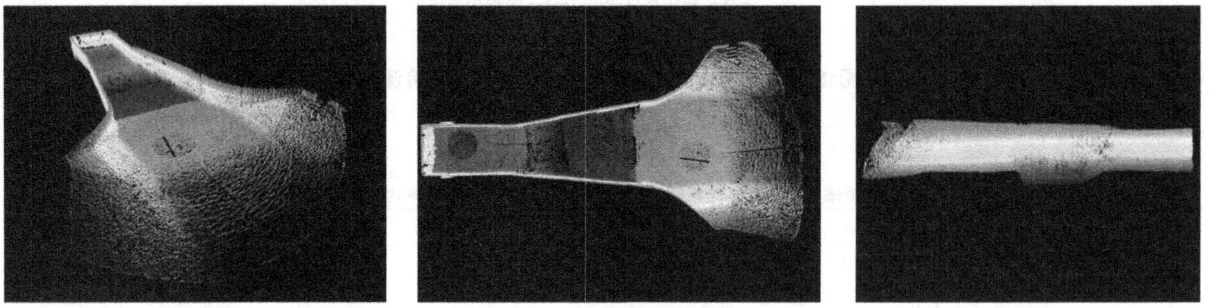

(a)概略图　　(b)俯视图　　(c)平视图

图 4　水闸内侧水下声呐检测成果点云数据模型

经点云数据模型浏览研判，该水闸内侧水下声呐检测数据质量及站间检测数据拼接融合状态良好，最终检测成果点云模型完整、良好。水闸内侧各水下闸建结构完整，闸室底板、导流明渠立墙未见明显破损，消力池结构完整，检修闸门门槽状态完好，闸室底部各处未见明显淤积，水闸内侧水下闸建结构整体状态良好。

3.4.2 外河侧

根据现场情况，水闸外侧水下声呐检测共布设有效测站 3 站，经外业测站检测数据后处理和站间后处理数据拼接融合，获得该水闸外侧声呐检测成果数据，并生成检测成果点云数据模型，如图 5 所示。

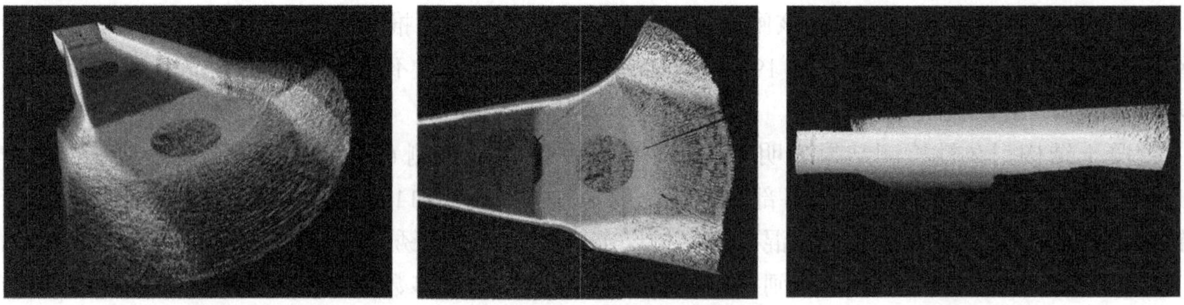

(a)概略图　　(b)俯视图　　(c)平视图

图 5　水闸外侧水下声呐检测成果点云数据模型

经点云数据模型浏览研判，该水闸外侧水下声呐检测数据质量及站间检测数据拼接融合状态良好，最终检测成果点云模型完整、良好。水闸外侧各水下闸建结构完整，闸室底板、导流明渠立墙未见明显破损，消力池结构完整，检修闸门门槽状态完好，闸室底部各处未见明显淤积，水闸外侧水下闸建结构整体状态良好。

4 结语

（1）本文通过上海地区水闸混凝土结构安全检测实例，详细、完整地阐述了水闸混凝土结构安全检测流程，包括混凝土外观检查、无损检测、层面高程及水下结构检测。安全检测既是水闸安全鉴定的一部分，也为工程后期的安全复核提供数据和材料支撑，为主管单位后续安全管理提供了数据支撑和依据，可为类似项目提供借鉴。

（2）在混凝土安全检测中存在一些不足，建议可采用超声波缺陷扫描仪对混凝土结构内部缺陷进行检测，使安全检测更加全面。

参考文献

[1] 尚海龙，田苡菲，朱新民，等．中型水闸的土建安全检测分析［J］．水利技术监督，2023（3）：25-31.

[2] 桂彬．船闸安全检测与评价实例分析［J］．珠江水运，2022（14）：33-35.

[3] 郭乙霏，王文婷，刘长垠．大沙河朱营节制闸安全综合评价［J］．河南水利与南水北调，2019（7）：63-65.

[4] 周菊英．南冲水闸工程安全检测与评估［J］．水利科学与寒区工程，2022（5）：81-83.

[5] 许可．水下机器人及三维声呐技术在水闸安全鉴定中的应用研究［J］．珠江水运，2020（8）：89-90.

数字式监测仪器调试装置的研发

周芳芳[1,2,3,4]　黄跃文[1,2,3,4]　韩贤权[1,2,3,4]

（1. 长江水利委员会长江科学院，湖北武汉　430010；
2. 水利部水工程安全与病害防治工程技术研究中心，湖北武汉　430010；
3. 国家大坝安全工程技术研究中心，湖北武汉　430010；
4. 湖北省智慧水电技术创新中心，湖北武汉　430010）

摘　要： 安全监测是保障水利水电工程安全的重要技术手段，随着自动化与信息化技术的快速发展，变形、渗流等安全监测细分领域涌现了较多通信协议各异的数字式监测仪器，有些仪器不支持实时读数功能，不能直接判断仪器是否连接或通信正常，安装调试存在较大困难。本文介绍了一款数字式监测仪器调试装置，该装置可为监测仪器提供通信转换及供电电源，运用配套开发的调试App，可集成和解析常用厂家数字式监测仪器的通信协议，解决了数字式监测仪器安装调试不便、现场维护困难、数据交互不及时等问题，为智能感知体系建设提供便捷可靠的技术支持。

关键词： 数字式监测仪器；调试装置；通信转换；手机 App

1　引言

安全监测是保障水利水电工程安全稳定运行的重要技术措施，工程安全监测主要是通过仪器监测和巡视检查对工程结构、相关设施以及周围环境等进行测量及观察[1]。近年来，随着自动化与信息化技术的快速发展，变形监测、渗流监测、环境量监测等安全监测细分领域涌现了较多工作原理各不相同的数字式传感器，其中以 RS485、RS232 通信方式为主，生产此类仪器的厂家较多，却无统一的通信协议标准[2]。

工程项目实施过程中，有些监测仪器需接入的采集单元距离较远，有些采集单元无法现场查看实时读数，导致监测仪器安装时不能核查实时读数，不能直接判断仪器是否连接及通信正常，这就给监测仪器的安装调试造成较大不便。尽管市面上有较多 RS485/RS232 转 USB 的转换模块，但是普通的转换模块并不能为数字式监测传感器提供仪器配置、实时数据读取等调试服务，且不能直接给数字式监测仪器供电；同时针对逐步推广使用的 CAN 总线通信的监测仪器，现场调试同样不方便。

本文从工程实践出发，研发了一款数字式监测仪器调试装置，将 RS485、RS232、CAN 总线通信方式转换为 USB 的 Type-C 通信方式，连接到智能手机，开发配套的调试 App，集成和解析常用厂家数字式传感器的通信协议，并为监测仪器提供稳定的供电电源，为数字式监测传感器的安装、调试提供可靠便利的技术手段，及时查看仪器的采集、通信连接是否正常，解决数字式监测仪器现场维护不便、数据交互不及时等问题。

2　装置基本原理和结构

数字式监测仪器调试装置运用微处理器与不同通信模块硬件电路实现通信帧封装、信号转换等功能，通过开发的手机 App 集成和解析常用厂家数字式传感器的通信协议，实现数字式传感器实时数

基金项目： 国家自然科学基金项目（42271447）。

作者简介： 周芳芳（1988— ），女，高级工程师，硕士，主要从事水利安全监测自动化技术研究工作。

据的采集，为数字式传感器的现场安装、测试提供通用性强的调试设备。数字式监测传感器通常采用MODBUS协议或其他自定义协议，本装置通过微处理器将与数字监测传感器交互的整个数据帧，作为USB通信协议的数据区，整包传输到手机App，运用手机App对数据帧的数据区进行解析，具体解析方式会按照App中选择的仪器类型进行。

数字式监测仪器调试装置的硬件结构主要包括微处理器、CAN保护及转换模块、RS232隔离及转换模块、RS485隔离及转换模块、USB防静电保护电路、供电模块和Type-C接口、智能手机等模块，如图1所示。数字式监测传感器根据其接口类型与CAN总线接口、RS232接口或RS485接口连接，供电模块通过Type-C接口从智能手机处接入输入电压，将输入电压转换为本装置所需电压及数字式监测传感器工作所需的工作电压。

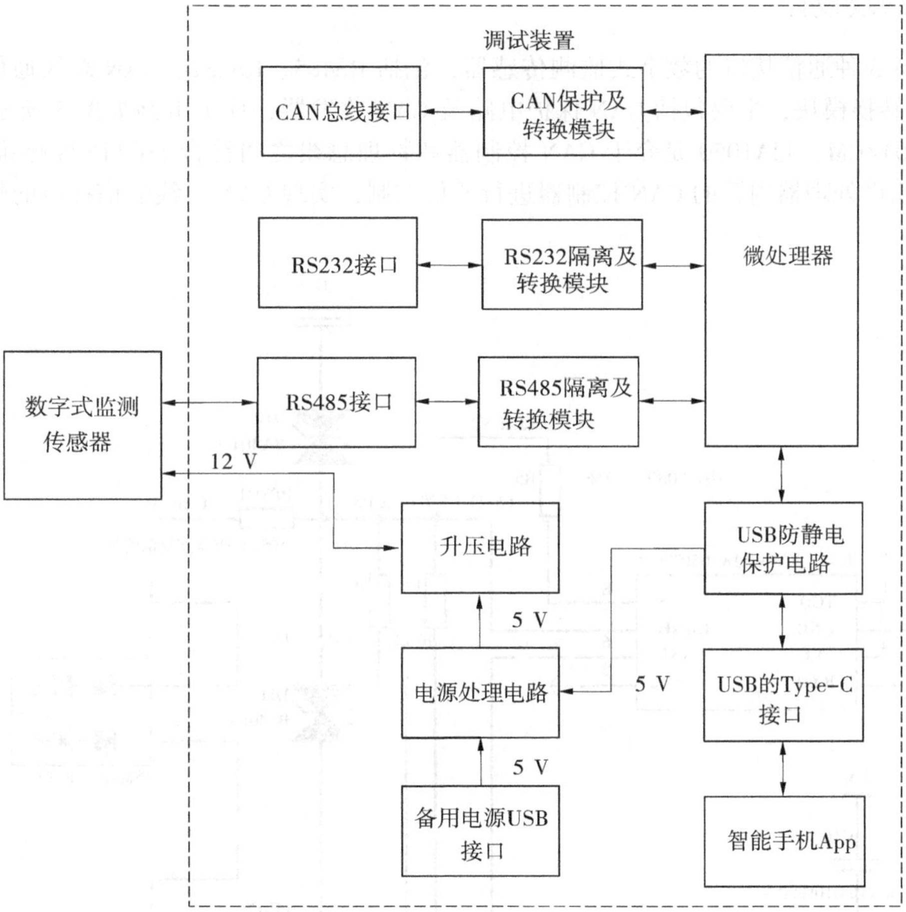

图1　装置总体结构

本装置的微处理器采用STM32系列微处理器芯片，微处理器主要实现数据交互、通信数据帧封装及USB控制。USB采用的控制器为微处理器自带的USB2.0/3.0控制器，外围添加USB防静电保护电路和USB的Type-C接口，即可实现USB的通信功能。

智能手机按照App已选择的协议类型给本调试装置发送数据读取或控制指令时，USB通信帧中的数据区，即为本调试装置需要发送给数字式监测传感器的通信帧，待数字式监测传感器接收到对应指令回复后，本调试装置会将回复的数据帧作为数据区通过USB通信协议发送给智能手机，如图2所示，智能手机即可进行对应的显示。

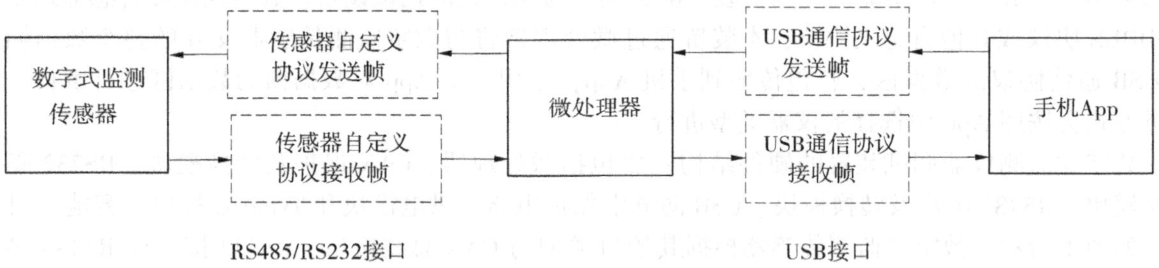

图 2　微处理器通信协议转换图

3　通信接口模块设计

本装置支持 3 种通信接口的数字式监测传感器，包括 RS485、RS232、CAN 总线通信方式。设计的 CAN 保护及转换模块，主要包括 CAN 保护电路及 CAN 收发器，详细电路如图 3 所示，CAN 收发器选用 TJA1050T/CM，TJA1050 是介于 CAN 控制器和物理总线之间符合 ISO11898 标准的高速 CAN 收发器[3]，运用微处理器内置的 CAN 控制器进行通信控制，实现 CAN 总线通信接口的数字式传感器的接入。

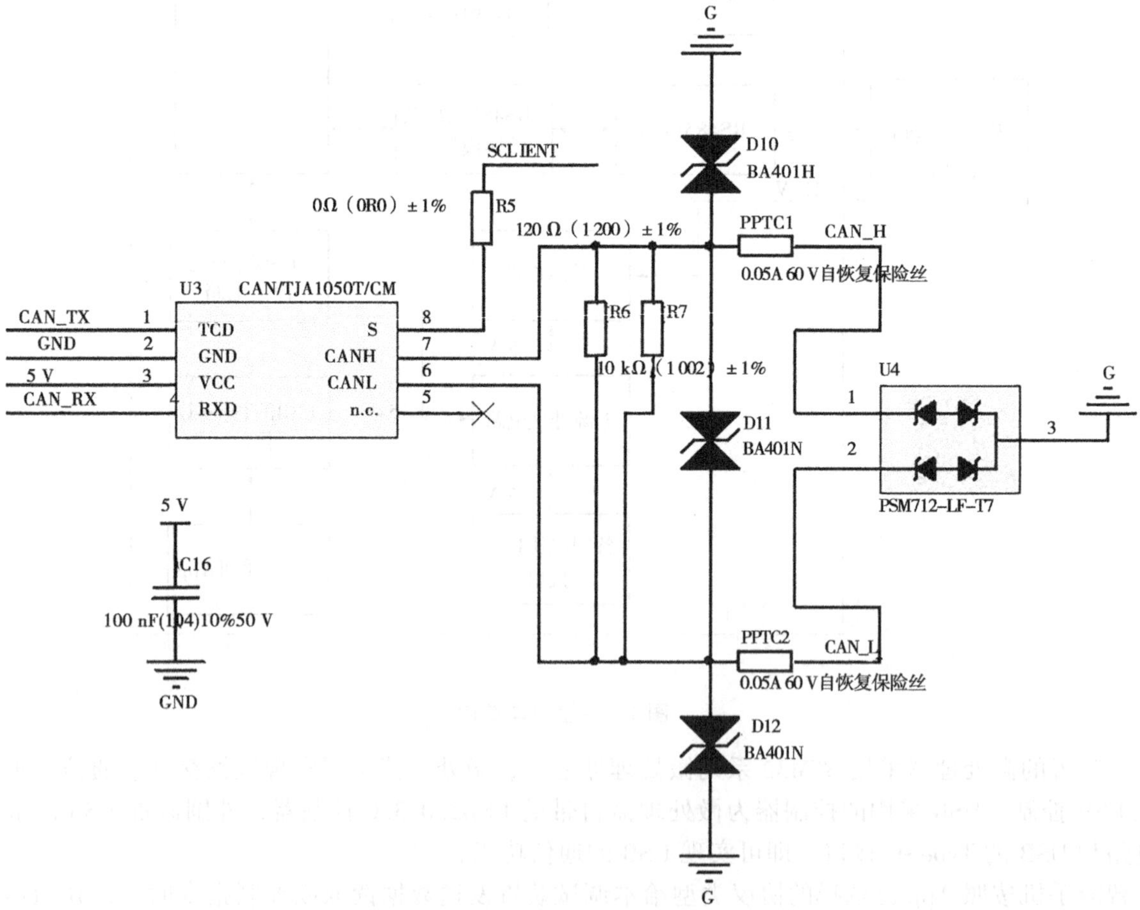

图 3　CAN 总线保护及转换模块

本装置设计的 RS485 隔离及转换模块，主要包括 RS485 保护电路及 RS485 隔离收发器，RS485 隔离收发器选用 ADM2587，RS485 保护电路包括依次串接的防静电器件、气体放电管、自恢复保险管及双向瞬态抑制二极管，电路结构如图 4 所示。本装置设计的 RS232 隔离及转换模块，主要包括

RS232 保护电路及 RS232 隔离收发器，RS232 隔离收发器选用 ADM3251，电路结构如图 5 所示，所述 RS232 保护电路包括依次串接的防静电器件、气体放电管、自恢复保险管及双向瞬态抑制二极管。

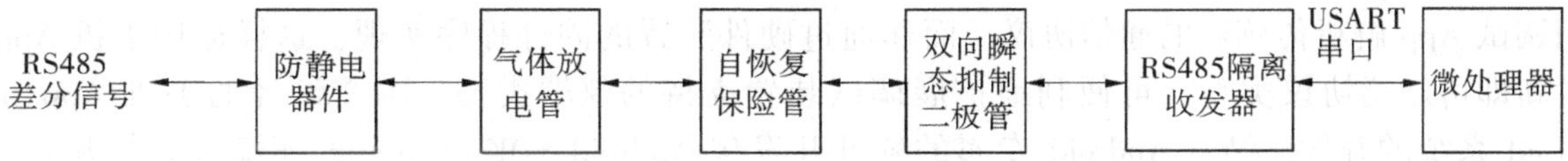

图 4　RS485 隔离及转换模块电路结构

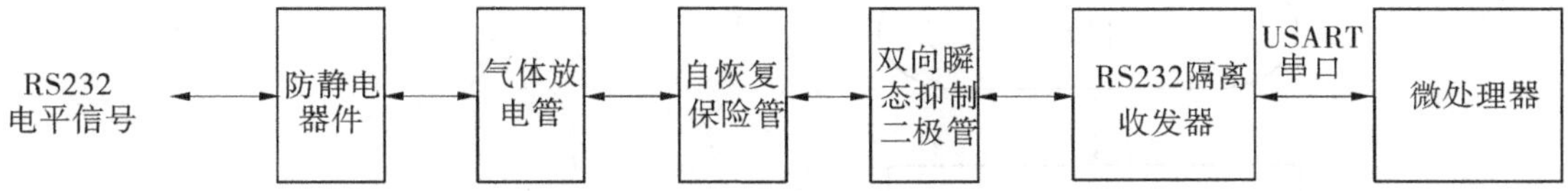

图 5　RS232 隔离及转换模块电路结构

为了仪器的可靠性，本装置均采用隔离收发器，可有效防止传感器线缆端引入的电磁干扰，对应的保护电路能起到一定的防雷作用。

4　供电模块设计

供电模块主要包括升压电路、电源保护电路及备用电源 USB 接口。一方面，智能手机的 5 V 电源经 Type-C 接口接入，经保护电路后为 CAN 总线模块供电，同时转换成 3.3 V 电源为微处理器、485 通信模块等电路供电；另一方面，接入的 5 V 电源转换为传感器常用的 12 V 电源后，可以为传感器提供调试期间的供电，安全监测或水文类的数字式监测传感器通常功率较低，一般情况下能保证仪器正常工作所需功耗。若遇到功率稍大的仪器，可通过在备用电源 USB 接口处连接充电宝，避免出现仪器供电不足，无法正常工作的情况。从备用电源 USB 接口输入的 5 V 电源，经过正向通断二极管、静电保护等电路后，可转换为数字式监测传感器工作所需的工作电压。

供电模块提供装置的电源保护和切换，升压电路在设计时选用芯片 TPS61040DBV，具体电路如图 6 所示，FB 接口的 TPS6104x 是高频率升压转换器，工作开关频率高达 1 MHz，较适用于从标准 3.3 V 或 5 V 到 12 V 的功率转换。USB 接口输入端增加的 USB 防静电保护电路，可选择例如 USBLC6 作为 ESD 保护器件。

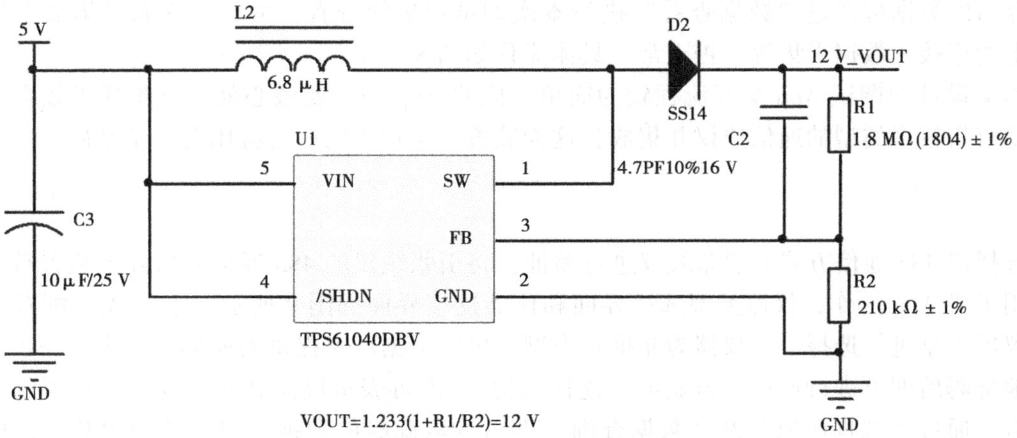

图 6　5 V 转 12 V 升压电路

5 交互 App 设计

调试 App 是本装置通信协议兼容性的关键组成部分，考虑到数字式传感器通信协议的多样化，采用调试 App 解析传感器的通信协议，而非通过硬件装置的固件程序实现，这样运用手机 App 的实时更新即可新增协议类型，可便利地扩展调试装置支持的仪器类型。本文设计的手机 App 是基于 Android 系统的开发，结合 Android 专属的软件开发包 Android SDK 在 junit4 环境下进行开发。交互 App 的仪器设置流程如图 7 所示。由于本装置是为了现场调试方便需要而开发，设置信息较少，尽可能减少调试烦琐流程，便于装置较快投入使用。

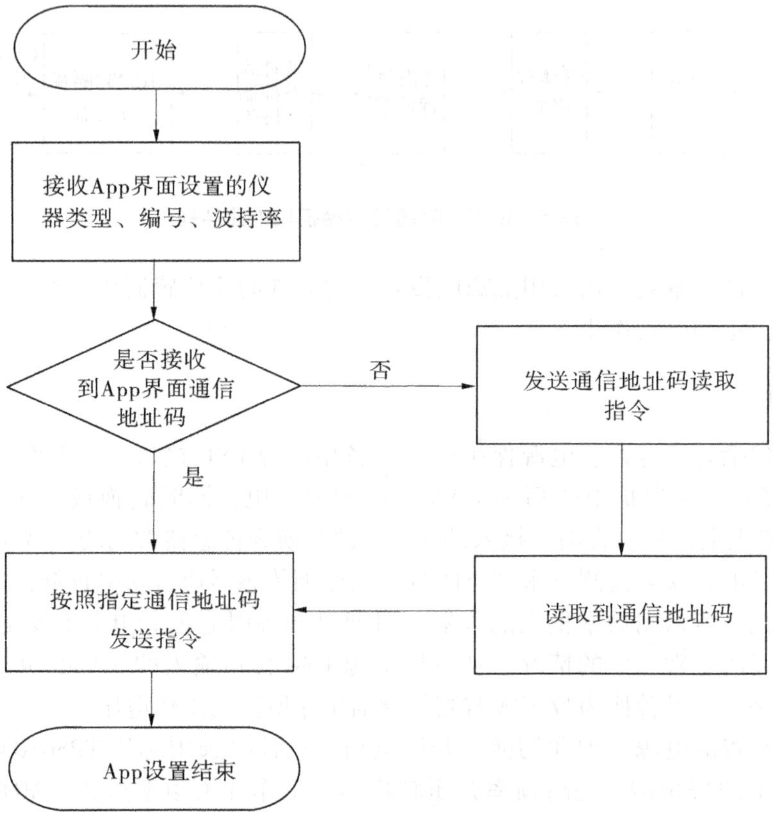

图 7 App 设置流程

装置在设置完后可正常接收“实时读取”指令，“数据保存”指令会在单次读取后确认是否需要保存，保存后的数据可通过“数据查看”进行本次调试数据的查看，可通过读取采集数据检查数字式传感器电缆连接、数据采集等是否正常，具体流程如图 8 所示。

尽管本文设计的调试 App 交互流程较为简单，但此 App 的主要核心就在于集成了较多的传感器类型，需要解析较多类型的通信协议并集成，这为装置在工程中的广泛应用奠定了基础。

6 验证

本文选择以 485 通信方式的引张线仪进行验证，将引张线仪的 485 通信接口经本装置转换连接到手机，运用手机 App 操作，仪器类型选择界面和仪器连接界面如图 9 所示。手机 App 配置时，需根据提示的仪器类型进行选择，若仪器为非推荐类型，可以根据厂家提供的通信协议进行添加，输入仪器编号和地址码后即可进行连接，若显示“连接成功”，即可表示仪器到通信线缆出线端的供电及通信连接正常。通过“数据读取”和“数据查询”即可读取此时的数据及保存的历史数据，可用于确定仪器读数是否满足要求，为仪器的安装调试及合理性提供快速、便捷的技术手段。

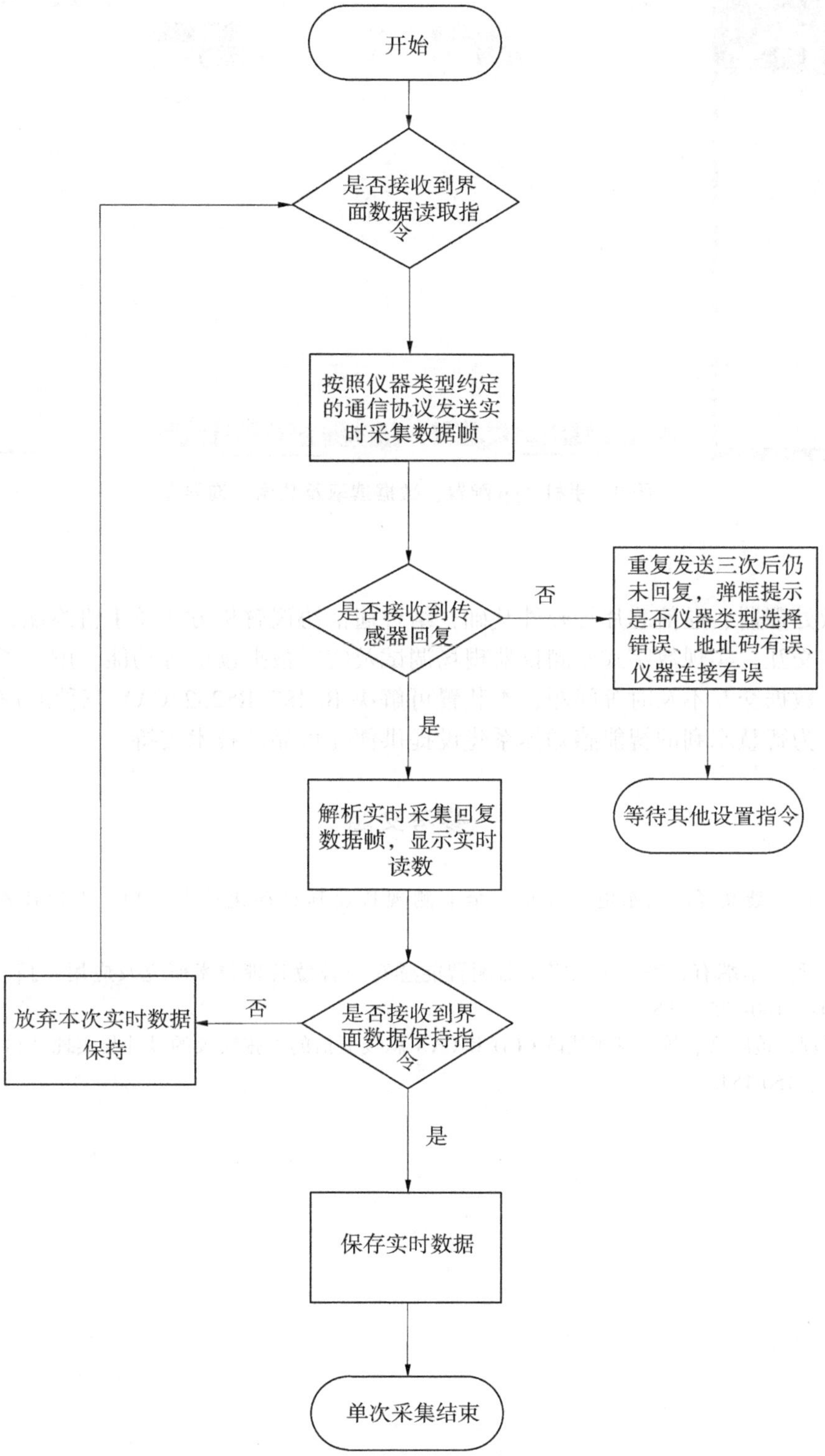

图 8　App 实时采集流程

图 9　手机 App 配置、数据读取及数据查询界面

7　结语

本文基于微处理器、通信芯片等硬件基础，结合通信协议解析方法及手机终端，完成数字式监测仪器的实时通信交互，实现数字式监测仪器现场调试及实时数据读取等功能，解决了数字式监测仪器现场维护不便、数据交互不及时等问题，本装置可解决 RS485/RS232/CAN 三种通信方式的传感器的现场调试问题，为智慧水利的智能感知体系建设提供便捷可靠的技术支持。

参考文献

[1] 任利江，郭永禧，聂文泽. 论水电站大坝安全监测现状及其自动化动态［J］. 工程技术研究，2018(15)：151-152.

[2] 黄跃文，牛广利，李端有，等. 大坝安全监测智能感知与智慧管理技术研究及应用［J］. 长江科学院院报，2021，38（10）：180-185，198.

[3] 周芳芳，毛索颖，黄跃文，等. 基于线阵 CCD 和 CAN 总线通信的引张线仪的设计与实现［J］. 长江科学院院报，2021，38（4）：150-154.

检验检测机构仪器设备检定和校准实施过程控制

焦　瑞　徐晓民　李凯旋

（水利部牧区水利科学研究所，内蒙古呼和浩特　010020）

摘　要：仪器设备的检定和校准是保证检验检测结果准确可靠的有效途径，是确保仪器设备计量溯源性的两种方式。检验检测机构应对检测数据和结果有影响的设备实施检定或校准，确保数据和结果满足计量溯源性的要求。本文从检定和校准概念、仪器设备检定和校准的选择、检定和校准的实施、检定和校准结果确认以及校准结果的应用进行探究，以期为解决检验检测机构在检定和校准实施过程中遇到的困难提供帮助，为做好检测机构仪器设备计量溯源工作提供参考。

关键词：检定校准；量值溯源；过程控制；仪器设备

1　引言

仪器设备是检验检测工作顺利开展的重要基础，确保仪器设备的质量和维护是检验检测工作顺利进行的前提条件。为保证最终检测成果所载数据准确无误和有效可靠，检验检测机构应对检验检测数据、结果的准确性或有效性有影响的设备（包括用于测量环境条件的辅助测量设备）实施检定、校准或核查，保证数据、结果满足溯源要求[1]。由此可见，仪器设备的检定和校准对于实际检验检测工作开展至关重要，是保证检测工作最终成果准确有效的重要因素之一。在实际检验检测工作中，只有厘清检定和校准的区别，正确进行仪器设备的检定和校准，充分利用校准证书中的信息和仪器设备的特性，才能扎实做好仪器设备的检定和校准工作。

2　检定和校准

2.1　检定

检定是查明和确认仪器设备是否符合法定要求的活动，包括检查、加标记和/或出具检定证书[2]。检定是自上而下的量值传递过程，是对仪器设备的技术要求以及计量特性进行全面评定，并根据计量检定规程给予仪器设备是否合格结论以及检定有效期。检定的对象是国家计量法明确规定的强制检定的仪器设备。按照我国计量法的规定，检定具有计量监督管理的性质，即具有法制性，检定的风险由承担检定的部门承担。

2.2　校准

校准是在规定条件下的一组操作，确定由测量标准提供的量值与相应示值之间的关系[2]。校准是自下而上的量值溯源过程，是根据客户需求对仪器设备某些计量特性的测量（如仪器设备“示值误差”）或测量与检定规程上要求不一样的测量点的“示值误差”，并在校准报告中给出测量的具体结果，但不给出仪器设备是否合格结论以及校准有效期。校准的对象是强制性检定之外的其他仪器设备。校准的结论不具备法律效力，属于非强制性活动，校准的风险由仪器设备使用单位承担，使用单位根据校准结果决定设备是否准予使用。

作者简介：焦瑞（1981—），男，高级工程师，技术负责人，主要从事水资源集约节约利用、水环境监测评价和检验检测机构资质认定等工作。

3 检定和校准的选择

3.1 法规依据

《中华人民共和国计量法》第九条明确规定："县级以上人民政府计量行政部门对社会公用计量标准器具，部门和企业、事业单位使用的最高计量标准器具，以及用于贸易结算、安全防护、医疗卫生、环境监测方面的列入强制检定目录工作计量器具，实行强制检定。"由此可见，除计量法规定的强制检定以外的仪器设备，可根据实际检测工作的具体需求选择检定或者校准。

列入《实施强制管理的计量器具目录》且监管方式为"强制检定"和"型式批准、强制检定"的工作计量器具，使用中应接受强制检定，其他工作计量器具不再实行强制检定，使用者可自行选择非强制检定或者校准的方式，保证量值准确。由此可以看出，除目录中用于贸易结算、安全防护、医疗卫生、环境监测的工作计量器具外，其他工作计量器具不一定均实施强制检定，可根据实际检测工作的具体需求选择检定或者校准[3]。

3.2 实际需求的考虑

检定分为强制检定和非强制检定。

有检定规程无校准规范的仪器设备、全量程使用的仪器设备（如 pH 计、电子天平和电导率仪等），建议优先选择检定；若仪器设备经检定不合格或检定合格但检定结果不满足检测方法需要，可以选择校准对检测方法需要的计量特性进行校准，所选择校准点的性能满足检验方法需要的亦可使用；无检定规程的仪器设备以及使用中需要进行具体参数设置的仪器设备（如电热鼓风干燥箱、马弗炉、恒温培养箱等），可选择校准。

4 检定和校准的实施

检定和校准的实施过程包括检定和校准计划、检定和校准点的确定、检定和校准机构的评价等三个过程的内容。

4.1 检定和校准计划

检定和校准计划是保证仪器设备性能和精度的重要方法，确保测量工具在使用过程中保持准确性和一致性。年初应梳理所有仪器设备，明确需要检定和校准的设备。根据上一年度的记录和设备使用情况，制定年度的详细检定和校准计划。所有需要强制检定的计量设备检定周期不应大于其检定规范规定的周期，必须在有效期内完成检定，应优先安排即将到期的设备，避免超期使用，防止因超期导致测量结果不准确。

校准周期的确定原则是测量仪器超出允许误差风险最小化和校准费用经济合理化，即在保证测量准确性的同时，考虑成本效益，寻求超差风险和校准费用之间的平衡点，通过科学的方法，积累大量的实验数据，经过分析研究后确定最佳的校准周期。具体仪器设备的校准周期的确定应综合考虑设备使用频率、使用环境以及所要达到的测量准确度等因素。例如，频繁使用或处于恶劣环境中的仪器设备需缩短校准周期，而使用较少的仪器设备可适当延长周期。

在检定和校准计划的执行过程中，定期检查仪器设备状态，确保检定和校准计划按时完成，若遇特殊情况（如仪器设备损坏或环境变化），应根据实际情况及时调整检定和校准计划。

4.2 检定点和校准点的确定

检定是指对仪器设备进行全面评估的过程，旨在确认其是否符合计量检定规程的相关规定。检定必须按照计量检定规程所规定的要求开展，检定内容、检定周期均由检定规程规定，不能根据个人或检验检测机构的需要自行确定。因此，检定过程中不需要特别指定检测点，按检定规程规定的检测点开展检定工作即可。

校准的内容是对仪器设备的示值误差进行评定，以确保检测机构检测所需使用仪器设备量值的准确。校准的内容是根据仪器设备使用过程需要确定校准点。校准点的选择应符合检测技术规范或检测标准方法的要求，并应涵盖仪器设备在实际使用中涉及的所有重要计量特性。例如，用于总磷(使用波长为 700 nm[4])和总氮（使用波长为 220 nm 和 275 nm[5]）测定的紫外可见分光光度计，应至少选择以上三个检测使用的波长值作为校准点；当用于测定 BOD_5（使用温度为 20 ℃[6]）和粪大肠菌群(使用温度为 37 ℃和 44. 5 ℃[7])的恒温培养箱应至少选择以上三个检测使用的温度点作为校准；用于环境检测的温湿度计通常选择 40%RH、60%RH、80%RH 以及温湿度上下限值作为校准点。

4. 3 检定和校准机构的评价

在仪器设备的计量检定和校准过程中，检定和校准机构的选择与评价至关重要。为了确保测量的准确性和设备的量值溯源性，检验检测机构必须对检定校准机构的技术能力、服务质量、资质认证和价格等多方面进行评价。

首先，技术能力是评价检定校准机构的首要标准。这包括检定校准人员的技术水平是否合格、经验是否丰富，使用的设备是否先进精确，遵循的计量技术规范是否正确。

其次，服务质量也是评价检定校准机构的重要标准。这包括服务态度、响应速度、检定校准结果的准确性和稳定性，以及是否能够提供个性化的服务方案。

再次，资质认证也是评价检定校准机构的关键。需要确认机构的资质能力，包括检定校准机构的证件、认可证书等。

最后，价格也是选择检定校准机构时需要考虑的因素之一。需要在评价过的供应商中选择技术水平高、服务质量好、通过资质认证认可且价格合理的检定校准机构。

5 检定和校准的确认

检定和校准的确认其实就是对其证书的确认，主要完成两个方面的确认工作：其一是证书完整性确认，即确认证书所载信息是否正确齐全；其二是结果符合性确认，即确认仪器设备是否满足检验检测工作的预期用途。

5. 1 检定证书的确认

5. 1. 1 证书完整性确认

证书中的检测项目应在检定机构的授权能力范围内，并对证书信息、被检定设备的主要信息、计量溯源信息等内容进行核对，以确认证书的完整性和规范性是否符合要求。确认是对证书封面和内页的核对。封面应核对：①证书编号、页码和总页数；②发出证书的单位名称和委托单位名称；③被检定仪器设备名称、型号规格、生产厂商、出厂编号；④检定合格的结论；⑤检定、核验、批准人员签名（或经授权的电子签名）；⑥检定日期和有效期。

内页应核对：①计量检定规程名称及编号；②计量标准器具和主要配套设备的有关信息；③计量基准或计量标准装置的有关信息；④检定的地点；⑤检定时的环境条件；⑥检定规程规定的检定项目及其结果数据和结论，以及检定规程要求的其他内容。

5. 1. 2 结果符合性确认

结果符合性确认是确认仪器设备的等级或其他指标是否满足预期使用要求，判断仪器设备是否满足检测标准，满足检定规程不一定满足检验检测标准要求。当检定的仪器设备的计量特性与预期使用要求一致时，确认结论为合格。在实际工作中，大多数确认人员只要看到检定证书结论为“合格”，就认为是满足检测使用要求的，这是不合适的。因为检定“合格”是依据计量检定规程的相应规定做出的判定，至于仪器设备是否满足实际工作中检测标准的要求，仍需检测人员根据实际使用的技术要求进行确认，如原子荧光分光光度计检定规程[8] 中要求测量线性相关性 $r \geq 0.997$，但原子荧光光度法测定水中铅含量的检测方法[9] 中要求其线性相关性 $r \geq 0.999$，需要根据实际检测需求进行判定。

5.2 校准证书的确认

5.2.1 证书完整性确认

校准证书的完整性和规范性确认内容基本同检定证书的确认内容，但不包括检定结论、有效期和计量基准或计量标准装置的有关信息。

5.2.2 结果符合性确认

校准证书不给出是否合格的结论，仪器设备操作人员应以其在检验检测中所使用的要求和检测方法的规定为判定依据，进行校准结果的符合性判定。校准结果的符合性评定，一般就是评定仪器设备的示值误差是否在其最大允许误差的范围内，也就是评定仪器是否符合相应技术方法或检测标准的要求。相应的方法和检测标准可以是检验检测标准方法、检定规范、校准规范或仪器设备性能指标。

当仪器设备示值误差的扩展不确定度（U_{95}）与最大允许误差的绝对值（MPEV）小于或等于1/3时，不考虑扩展不确定度的影响，若示值误差的绝对值小于或等于MPEV，判定为合格，表示仪器设备可正常使用；否则为不合格，仪器设备不能正常使用。当仪器设备示值误差的测量不确定度与最大允许误差的绝对值（MPEV）大于1/3时，应考虑扩展不确定度的影响，若示值误差的绝对值小于或等于MPEV-U_{95}，判定为合格，表示仪器设备可正常使用；若示值误差的绝对值大于或等于MPEV+U_{95}，判定为不合格，表示仪器设备不能正常使用；否则为待定区，此时通知承担校准的机构采用准确度等级更高的计量标准、改善测量条件、增加测量次数等措施来减小示值误差的测量不确定度 U_{95} 重新校准。

对校准确认不合格的仪器设备仍可以使用的，若校准证书已给出修正值或修正因子，则使用其进行检测结果的修正，如对pH计的校准证书中显示pH修正值为-0.9，则检测结果必须加上修正值-0.9；若校准证书未给出修正值或修正因子，负责确认的检测人员应通过计算得到修正值或修正因子并将其运用到实际检验检测活动中。对确认不合格不能使用的仪器设备，应进行维修调试，并在完成后重新开展校准和校准证书确认工作。

6 结语

仪器设备是检验检测机构开展检测工作的核心硬件资源，确保其准确性和可靠性至关重要。明确检定与校准概念、合理选择检定与校准方式、严格实施检定与校准过程和及时确认检定和校准结果是否满足检验检测工作的预期用途等，是检验检测机构仪器设备检定和校准实施过程关键性控制要素。通过全面、有效地控制检定与校准过程，检验检测机构不仅能确保检测数据的准确性与可靠性，还能提升设备管理水平，增强整体运行效率和竞争力。

参考文献

[1] 国家市场监督管理总局．检验检测机构资质认定评审准则［EB］．2023年第21号公告．

[2] 通用计量术语及定义技术规范：JJF 1001—2018［S］．

[3] 国家市场监督管理总局．市场监管总局关于调整实施强制管理的计量器具目录的公告［EB］．2020年第42号公告．

[4] 水质 总磷的测定 钼酸铵分光光度法：GB 11893—1989［S］．

[5] 水质 总氮的测定 碱性过硫酸钾消解紫外分光光度法：HJ 636—2012［S］．

[6] 水质 五日生化需氧量（BOD_5）的测定 稀释与接种法：HJ 505—2009［S］．

[7] 水质 粪大肠菌群的测定——多管发酵法：SL 355—2006［S］．

[8] 原子荧光分光光度计：JJG 939—2009［S］．

[9] 水质 铅的测定 原子荧光光度法：SL 327.4—2005［S］．

[10] 赵庭誉．浅谈检验检测实验室仪器设备的检定或校准［J］．中国检验检测，2021，29（4）：65-66.

[11] 杨在罡．检验检测机构仪器设备检定或校准后如何进行计量确认探究［J］．中国标准化，2023（11）：196-199.

浅谈检验检测机构资质认定复查评审准备及整改

张晓英　巩立亮

（江河安澜工程咨询有限公司，河南郑州　450003）

摘　要： 检验检测机构资质认定复查评审是延续资质认定证书的必经阶段，复查评审顺利通过，资质认定证书才可有效延续，检验检测业务才能够正常承揽和开展，因此对于检验检测机构来说具有重要的作用和意义。本文结合笔者单位复查评审实际经历，针对资质认定复查评审工作，从前期准备、资料上传、现场评审、后期整改等方面进行了总结分析，分享资质认定复查评审工作的相关注意事项，以便为同行提供参考和借鉴。

关键词： 检验检测机构；资质认定；复查评审；前期准备；后期整改

1　引言

依据《检验检测机构资质认定管理办法》，资质认定是指由市场监督管理部门依照法律、行政法规规定，对向社会出具具有证明作用的数据、结果的检验检测机构的基本条件和技术能力是否符合法定要求实施的评价许可[1]。资质认定证书的有效期为6年，机构需在资质认定证书有效期届满前3个月申请办理证书延续。资质认定复查评审是对已获得资质认定的检验检测机构，资质认定部门依据《检验检测机构资质认定评审准则》对其资质是否持续满足资质认定条件进行现场确认的评审。资质认定复查评审对检验检测机构来说非常重要，复查评审顺利通过资质认定证书才能够有效延续，具有证明作用的数据、结果才可以继续向社会出具，检验检测业务可以继续承接，检验检测能力和技术水平才能够得以保持或提升。

本文以本单位在2023年的复查评审准备及现场迎审的全过程为例，对资质认定复查评审工作流程进行归纳整理，分享资质认定复查评审工作的相关要点及注意事项，以期对行业内从事资质认定工作的人员起到一定的参考和借鉴作用。

2　复查评审前期准备

检验检测机构的复查评审是对其整体运行状况的全面检查，涉及机构主体、管理体系、人员能力、场所环境、设备设施、检测标准、检测样品、资料文档和记录文档等多个方面。为确保顺利通过复查评审，检验检测机构需做好充分的准备工作。

2.1　法人材料的准备

法人材料能够证明机构从事检验检测工作的合法合规性，主要包括：法人登记、注册文件，登记、注册文件中的经营范围应包含检验检测服务或相关内容；批准检验检测机构成立文件；法人对非独立法人授权文件；法定代表人对最高管理者进行授权文件；遵守法定要求、独立公正从业、履行社会责任、严守诚实信用的自我承诺文件；第三方检测公正性声明文件等见证材料。

见证材料具体表现为：营业执照（具有独立法人资格的机构）、组织机构图、场所证明、取得的资质认定证书和参数附表等。需注意的是，对于组织机构图，独立法人机构应表明本检验检测机构内部和外部关系，非独立法人机构应表明本检验检测机构在所在法人单位的位置，以及检验检测机构的

作者简介： 张晓英（1979—），女，高级工程师，主要从事岩土工程质量检测与检验检测机构质量管理研究工作。

内部和外部关系。

2.2 管理体系的准备

检验检测机构应建立并持续完善质量管理体系，确保其与国家和行业标准的符合性。定期进行内部审核和管理评审，检查管理体系的符合性、有效性和适宜性。建立清晰的岗位职责，确保人员能力与工作任务相匹配。持续监控与改进，建立有效的监控机制，努力提高产品和服务质量，确保机构能够不断适应市场变化和客户需求。加强与先进检验检测机构的交流与合作，引入新的管理理念和方法，不断提升自身管理水平。管理体系一旦建立或者修订，机构需注重对体系开展相关培训，增强人员质量管理意识，确保管理体系能够有效运行。

2.3 人员能力的准备

检验检测机构应拥有具备专业知识和技能的检验检测人员，并对其进行培训和再教育。提供人员档案，机构内各人员资料不要混淆放置，实现一人一档。档案中资料包括人员基本信息表、各类证件（职称证、上岗证、内审员证等）、任命文件（通常指关键岗位人员，例如技术负责人、质量负责人、监督员、内审员、样品员等）、培训记录、操作技能考核表、能力确认表等。机构需注意的是有些岗位是可以兼职的，比如监督员和内审员；有些岗位是不能兼职的，比如技术负责人和质量负责人。

2.4 场所环境的准备

机构要按照规程规范要求进行设施与环境的保持，明确哪些试验间对环境有特殊要求，并制定相应的措施。例如：对有温湿度要求的试验间、养护间要有温湿度记录、监测控制记录；特殊检测区域，要有对应的进入特殊区域的记录；相互干扰的仪器设备，要进行有效的隔离。

2.5 设备设施的准备

机构应配备先进的仪器设备和必要的辅助设施，满足检验检测要求。对设备设施进行定期维护和保养，确保其正常运行。对设备性能进行定期比对和验证，确保其准确性和可靠性。建立设备台账和档案，台账要能够反映设备的基本信息，通常包括设备名称、型号、设备编号、购入时间、检校方式、检校周期、有效日期等，大型设备需一机一档，档案内容包括采购验收单、合格证、质量保修书、检校证书、仪器设备维修、保养、使用记录等。需特别注意的是，机构需对计量机构出具的检校证书所载明的有用信息、结果准确性和有效性进行确认。

2.6 检测标准的准备

检验检测机构应按《检验检测机构资质认定评审准则》[2] 规定，对复查申请参数的所有检验检测方法定期查新并保留查新记录，确保所用方法正确有效。查新可采用外部查新和内部查新相结合的方式，内部查新通常是一季度查新一次，外部查新通常为一年查新一次。

2.7 检测样品的准备

机构要从样品的接收、传递、保存、处置等方面对样品进行全过程管理，包括样品信息、检测项目、检测要求等。具有收样记录、留样记录以及样品处置、保护、存储等环节控制记录。

2.8 资料文档的准备

资料文档包括质量手册、程序文件、作业指导书、人员简历、培训记录、考核记录、设备清单、设备维护记录、样品接收记录、样品处理记录等。这些资料应详细、规范，以便向监管部门和复查评审人员展示机构的实力和合规性。

2.9 记录文档的准备

记录文档包括原始记录、仪器使用记录和保养记录、质量监督员记录、采样容器抽检记录、供应商评价记录、个人培训记录、实验室温湿度记录等。这些记录应详细、准确，反映机构的日常运作情况。

3 网上系统资料上传

准备工作完成并就绪后，可登录国家市场监督管理总局“检验检测机构资质认定审批系统”进行检验检测机构基础概况信息的填写和相关资料的上传工作。上传资料最终将成为申请书的一部分，主要包括人员信息表、授权签字人汇总表、仪器设备信息表、检验检测能力表和仪器设备（标准物质）配置表，这些表格均可在系统中下载模版，模版中有相关的填报说明，需严格按填报说明进行信息填写。此外，行业评审组（例如：国家计量认证水利评审组）在机构申请前，会给机构下发“检验检测机构资质认定申请书对照检查表”，该表从申请书的封面、基本信息、检验检测能力表等9大方面明确了填报时的各项要点，上传系统前需严格按该要点检查修改填报信息。

3.1 人员信息表

与检验检测工作无关的人员，无须在该表中进行填写，比如财务人员、后勤人员等。表中信息主要包括姓名、文化程度、证件类型及号码、所学专业、从事本技术领域年限、所在部门岗位等。其中，从事本岗位技术年限填写为数字格式，最小为0.5年，不满半年的四舍五入。

3.2 授权签字人汇总表

授权签字人应熟悉资质认定相关法律法规的规定、评审准则及其所承担签字领域的相应标准或者技术规范要求，熟悉检验检测报告或证书审核签发程序。授权签字领域必须为此次申请涉及的领域，且不能用概述性的描述，比如“全部检测项目”，而应写“检验检测能力申请表”中对应的类别名称；培训经历要表述准确，避免使用含糊字眼，规范表述为：××年××月参加由××举办的××培训，取得××证书；检测工作经历，内容应包括授权签字领域及其他与检测相关的主要工作经历、检验检测技术水平及其成果，证明其具备从事相关专业检验检测的技术能力。

3.3 检验检测能力表

不同于扩项申请的检测能力表，只需填写新增能力，复查申请要填写所有能力，复查评审的说明栏中只对较先前能力附表新增内容注明“新增参数”或“新增标准”。需要注意的是，表中一行只能写一项标准，切不可将多项标准写在一行内，如果所填的标准为系列标准，则需要将每项标准分行填写。

3.4 仪器设备信息表和仪器设备（标准物质）配置表

仪器设备信息表中的设备量应大于等于仪器设备（标准物质）配置表中的仪器设备量，即后者的仪器设备必须在仪器设备信息表中涵盖到，否则仪器设备（标准物质）配置表无法通过系统自测，仪器设备（标准物质）配置表与“检验检测能力表”中关联列的内容一一对应，一个标准对应不少于一种仪器设备，但如果一个标准对应的相同型号和量程设备有多台，只写一台即可。需注意设备有效日期应在申请日期之后。

上述5个表格，系统传送无误后，提交国家计量认证行业评审组进行形式审查，团体标准需向评审组提供“标准发布单位出具的有关标准技术优势及领先性、创新性的相关说明”，形式审核通过后，评审组通过随机抽取的专家对资料进行初步的技术审核，为方便专家审核，机构最好事先将系统中提交的所有标准的电子版分专业整理，提供给评审组，由评审组发送各位专家参考。专家审核后，各类表格需按专家的反馈意见完成修改再重新上传系统，上传系统的原件申报资料需要盖章邮寄评审组。完成申报资料邮寄后，便可以进行现场迎审工作的准备。

4 现场复查评审流程

国家市场监督管理总局受理机构的复查评审申请后，下发《质量监督检验检疫行政许可受理单》，机构会沟通国家计量认证行业评审组确定好评审时间和评审专家，由评审组发送《关于国家级检验检测机构资质认定复查评审的通知》，机构收到评审通知书后会第一时间联系评审组长，在专家到达现场前，专家组先拟定现场考核参数，盲样已由评审组邮寄到机构，机构不允许私自打开，待专家到达评审现场，进行盲样考核时才允许打开。参加首末次会议人员名单以及现场考试、座谈考核人员名单要提前发送至评审组。

4.1 预备会议

商议并确定评审日程安排，明确评审组内部分工，确定现场考核项目参数，理论考试人员、座谈考核人员，确定被评审机构相关联系人，并明确与各位专家一对一对接的陪同人员。

4.2 首次会议

评审组各位专家、机构的管理层、技术负责人、质量负责人、授权签字人、各部门负责人和关键岗位人员参加会议，会议由评审组长主持，宣读评审通知，介绍评审组成员及分工，宣讲评审目的、范围和依据，宣布评审日程、评审纪律和要求，由机构负责人汇报准备工作和机构的运行情况，评审组宣布现场考核项目参数、理论考试人员、座谈考核人员名单。

4.3 查看场所环境

首次会议结束后，由陪同人员引领专家按专业分别进行现场考察，考察范围涉及收样室、留样室、档案室、实验室等，各房间负责人将试验间的整体情况向专家做简要介绍。专家通过查看环境监控记录、仪器设备标识、设备检定校准等情况进行详细检查，相关负责人员对专家的提问和存疑点进行现场解答与解释。

4.4 理论考试

所有授权签字人、从事技术方面的检验检测人员以及质量负责人需参加线上理论考试，考试时间为60分钟，理论考试集中进行，由专家组成员进行监考；答题期间严禁使用手机、智能手表等电子产品，不允许私下商量。

4.5 现场考核

按专家组确定的现场考核参数进行考核，考核参数需覆盖复查评审参数的15%以上，水环境类的现场考核参数不事先告知机构。考核方式涉及盲样考核、仪器比对、方法比对、人员比对、报告验证、样品复测、操作演示、见证试验等。

4.6 座谈考核

授权签字人考核与关键岗位人员考核可分开进行，也可同步进行。考核前，被考核人员名单提供给各位专家。由专家随机抽取人员进行提问，提问的内容通常结合关键岗位人员岗位职责、合同管理、设备管理、环境控制、质量监督、质量控制、内审管评等多个方面展开。所以，要求被考核人员提前做好充分的准备。

4.7 查看资料文件

查看资料文件可贯穿于首次会议后和末次会议前的整个评审过程。评审组成员通过查看体系、人员、设备等文件资料，审阅现场考核项目（参数）的检测报告，并在评审组内部进行交流，从而形成初步的评审意见；评审组同时与机构负责人和主要管理层交换意见，通报评审意见和结论，对评审中发现的问题提出整改意见和要求。

4.8 末次会议

专家组长宣布评审意见和评审结论，机构主要负责人做表态发言，评审员网上填报材料后打印并签字确认，现场评审工作结束。

5 复查评审后期整改

现场评审结束后，需要进一步进行整改的机构需要在30个工作日内完成整改工作。整改前，机构通常会结合整改项，召开内部会议，再次传达整改内容并根据整改项所属专业部门，进行任务分工，确定整改措施。复查评审的后期整改措施主要包括以下几项：

（1）问题识别与诊断。通过复查评审发现存在的问题和不足，找出问题的核心，分析追溯问题的根源，弄清是由于管理体系的不符合、设备设施的不符合，还是检测方法与数据处理的不符合、报告与记录的不符合等，从而明确整改的方向和重点。

（2）制定整改方案。根据问题诊断结果，制定详细的整改方案，对应每一条整改项和依据的条款号，明确整改措施、责任人和时间节点，并表明提供的支撑材料，比如与体系修编有关的，需提供体系文件修订前后相关页截图、体系文件修订页、发布通知、培训照片、培训签到表、培训效果评价等。

（3）实施整改措施。按照整改方案，逐项落实整改措施，在对不符合项进行整改时，认真学习条款规定，梳理符合要求的正确的行为方式，从不符合项出发举一反三，确保各项问题得到有效解决。

（4）监督检查与评估。对整改措施的执行情况进行监督检查，通过听汇报、查资料、看现场、个别座谈、考卷等相结合的方式，评估整改效果，确保整改措施得到有效落实。

（5）持续改进与优化。在整改过程中不断总结经验，机构要设立明确的目标和指标，定期评估和检查，激励机构人员积极参与体系的持续改进，同时进行培训和知识分享，提升人员的能力和素质，制定改进计划，优化管理流程和制度，建立长效机制，借助 PDCA 循环方法，系统性地进行持续改进和优化，提高管理效率和质量，防止问题再次发生。

整改完成后，整改报告需经评审专家组审核，专家组长确认完毕后，提交国家计量认证行业评审组，整改报告纸质版以及其他的评审资料由评审组长邮寄至国家计量中心行业评审组。行业评审组审核同意后，整改材料上传系统，等待国家市场监督管理总局审核。

6 获取资质延续能力

国家市场监督管理总局审核通过后，检验检测机构便可获得延续后的资质认定证书和证书附表。至此，复查评审流程结束。

7 结语

检验检测机构在进行资质认定复查评审时面临的工作较多，本文只是结合笔者自身的工作经历，对其中的一些工作要点及要点中需注意的事项进行了浅显的归纳总结，期待能够为更多的水利行业同行在类似的工作中提供帮助，促使大家更好地提升技术水平和质量管理水平，从而不断提升检验检测机构综合实力，实现又好又快发展。

参考文献

[1] 国家市场监督管理总局．检验检测机构资质认定管理办法．总局令第 163 号［Z］．
[2] 国家市场监督管理总局．检验检测机构资质认定评审准则［Z］．2023.

基于梯度下降优化算法的压力钢管管口中心控制研究

文　俊　关　键　李婷婷　王军强　褚霄洁

（水利部农村电气化研究所，浙江杭州　310000）

摘　要： 压力钢管是水电站发电引水系统关键组成部分，其安装精度，特别是管口中心位置的准确性，对保障水流条件、确保发电系统平稳运行至关重要。为提高安装精度，本文以设计坡比为1%的上平段和上弯段截面关键安装节点为例，提出一种基于梯度下降算法的管口中心位置优化方法，通过计算测点设计值和实测值偏差，从而拟合出管口中心位置。与传统方法相比，该算法显著提升了定位精度，减少了中心位置偏差和均方根误差（RMSE）。结果验证了该方法的有效性，对提升在建工程中压力钢管的安装精度及整体工程质量具有重要的应用价值。

关键词： 压力钢管；安装精度；管口中心位置；梯度下降

1　引言

随着水电站新改扩建规模的不断扩大和对运行性能要求的日益提高，对压力钢管安装精度的控制提出了更高要求。发电引水系统压力钢管作为连接水库与水轮机的关键设施，其精准安装是确保水力发电效率与安全运行的重要保障。

传统上，压力钢管的安装主要依赖于直接测量法，测量并计算偏差得出管口中心位置。但在实际测量过程中，由于多种因素（如加工精度、运输过程中的变形、安装过程中的应变等）的影响，管口圆度测量值存在误差[1]，直接用于评估压力钢管的安装精度并不可靠。在带坡比的上平段和下平段、定位节、弯管起点等重要安装节点，对精度控制要求更加精准，一旦安装出现偏差，将会造成后续管节安装定位出现困难[2]，并容易造成焊接径向错位，影响钢管的安装质量。为解决这一问题，可应用圆拟合法、最小二乘法、主成分分析（PCA）、迭代算法（ICP）等空间几何算法拟提高管口中心位置的准确性[3-5]。目前，基于梯度下降优化思想的拟合分析方法，因其计算效率高、定位精度好而受到广泛关注。为验证该方法的安装精度，本文将选取新疆某在建工程发电引水系统压力钢管坡比为1%的上平段和上弯段连接处安装节点，通过对钢管截面“米”字形分布测点进行测量，对8个实测点进行梯度下降优化，拟合并计算出管口中心点坐标。

2　管口中心位置的梯度下降算法

梯度下降算法是一种寻找函数局部最小值的优化算法，在压力钢管安装测量中，利用梯度下降法找到一组圆心坐标（管口中心坐标），并使得所有实测点到这个圆心距离（管口内壁或外壁到管口中心的距离）的方差最小。通过计算目标函数（本例中为平均距离的平方）的梯度，并沿着梯度的反

基金项目： 南京水利科学研究院中央级公益性科研院所基本科研业务费专项（青年基金）Y124013。

作者简介： 文俊（1994—），男，工程师，主要从事水利水电工程质量检测与安全评估工作。

通信作者： 关键（1981—），男，高级工程师，工程安全中心主任，主要从事水利水电工程质量检测与安全评估工作。

方向更新参数（圆心坐标），逐步逼近最小值点。

在管口中心安装定位中，假设有一组测点（ y_i , z_i ）和圆心（ y_0, z_0），半径为 r ，则误差函数 E 可以表示为[6-7]：

$$E(y,\ z,\ r) = \sum_{i=1}^{N} \left(\sqrt{(y_i - y_0)^2 + (z_i - z_0)^2} - r\right)^2 \tag{1}$$

梯度下降优化算法用于最小化误差函数 E ，通过计算误差函数关于圆心坐标（ y_0, z_0）和半径 r 的偏导数，可以得到梯度的表达式。然后，使用这些梯度信息来更新圆心坐标和半径，直到收敛到误差函数的最小值。梯度表达为：

$$\nabla f = \left[\frac{\partial f}{\partial y_0}, \frac{\partial f}{\partial z_0}\right] \approx \left[\frac{1}{N}\sum_{i=1}^{N} \frac{y_i - y_0}{\sqrt{(y_i - y_0)^2 + (z_i - z_0)^2}}, \frac{1}{N}\sum_{i=1}^{N} \frac{z_i - z_0}{\sqrt{(y_i - y_0)^2 + (z_i - z_0)^2}}\right] \tag{2}$$

式中：(y_0, z_0) 为圆心（管口中心）坐标；r 为半径；y_i , z_i 为测点；E 为误差函数；$\left[\frac{\partial f}{\partial y_0}, \frac{\partial f}{\partial z_0}\right]$ 为误差函数关于 (y_0, z_0, r) 的偏导数。

3　梯度下降算法优化测量误差

在工程实践中，管口中心偏差对焊缝对接质量和后续管节安装定位有显著影响。测量和计算的局限性会导致焊缝对接错位集中，影响整个压力钢管系统的安装质量。在压力钢管安装过程中，受管口对接偏差或形状偏差等多种因素影响，如形状偏差中管口为圆形［见图 1（a）］、偏椭圆形［见图 1（b）和图 1（c）］和不规则形状［见图 1（d）］，会造成局部偏差过大。传统几何中心法主要依赖于管口的几何尺寸和位置信息，应用简单的数学计算来确定管口中心的位置，准确性和可靠性低。

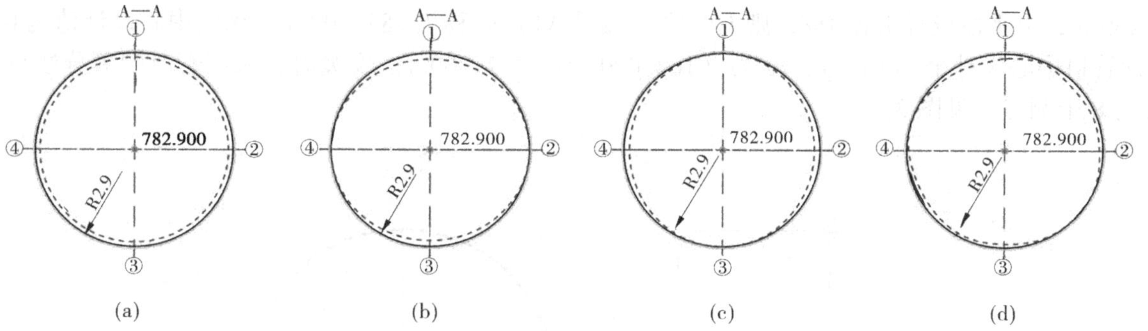

图 1　压力钢管安装管口圆度设计圆弧和实际测量形状偏差图

为有效防止因偏差导致的焊缝对接错位集中现象，本研究在钢管截面均匀选取 8 个代表性测点，即“米”字形分布。具体工程实践中测点的数量和分布基于工程的具体要求、管径尺寸，以及所采用的测量技术和工具等来确定。根据《水利水电工程压力钢管制造安装及验收规范》（SL 432—2008）中管口圆度测量对称直径方法和相关工程实践测量方法[1]，对于 D<2 000 mm 管径，可选择 4 测点分布测量；对于 2 000 mm<D<8 000 mm 管径，可选取“米”字形 8 个测点；超大管径钢管（如管径 D>8 000 mm），为了确保安装精度，可以在截面上选取 16 个测点进行精细测量和调整。测量完成后，运用梯度优化拟合算法，计算出最优管口中心位置，实现对管口中心偏差的量化计算，使得在安装过程中焊缝对接的错位能够得以有效分散，甚至在整个管口对接圆周范围内实现最小化，从而提升焊缝的对接精度。

4 工程实际应用分析

4.1 压力钢管布置安装概况

某在建水电站发电引水系统压力钢管主要由上平段、上弯段、斜井段、下弯段、下平段、岔管及支管等组成，见图 2。选取上平段末节（编号 052）和上弯段（编号 A1）A—A 截面关键安装节点，钢管内径 D=5 800 mm，壁厚 δ = 24 mm。

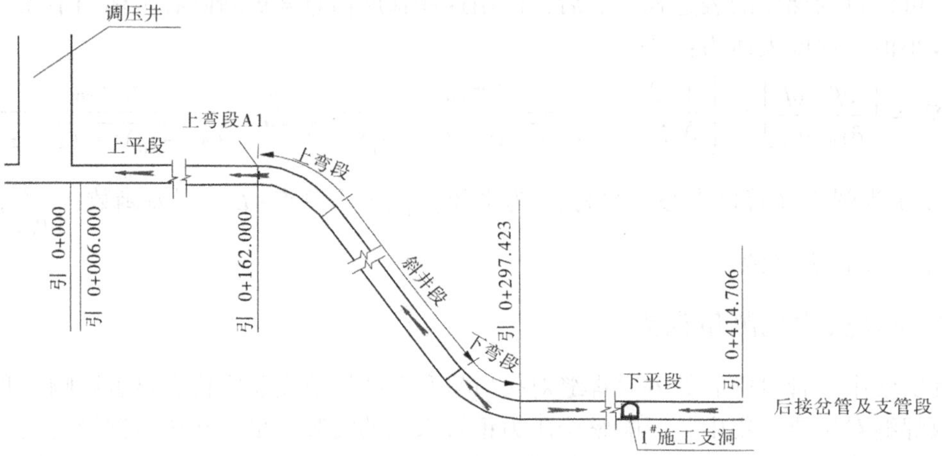

图 2 发电引水系统压力钢管安装顺序及布置

4.2 管口中心及桩号设计值计算

发电引水系统压力钢管始装节（编号 001）桩号为 0+006. 000，上平段钢管设计长度为 156 m，则上弯段（编号 A1）起点截面 A—A 设计桩号为 0+162. 000。始装节（编号 001）管口中心高程为 784. 460 m，上平段设计坡比 1%，则上弯段（编号 A1）高程为 782. 900 m。纵向中心设计值为 0. 000 m，则管口中心设计坐标（x，y，z）为（162. 000，0，782. 900 ）。安装时，采用管口四等分法将管口划分为 8 个测点，见图 3。

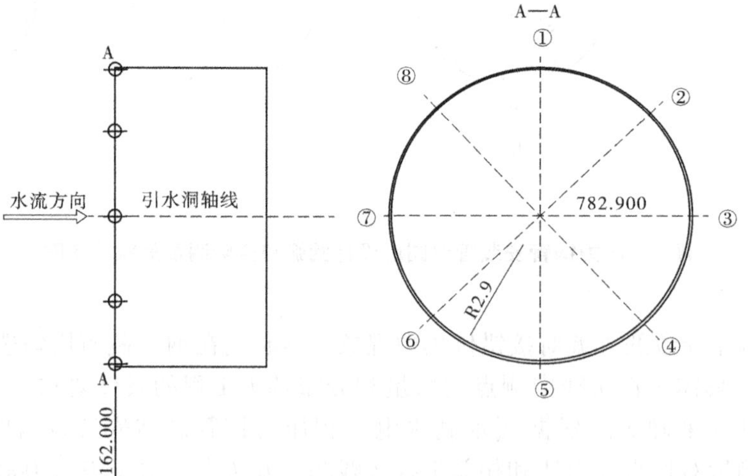

图 3 上弯段（编号 A1）A—A 截面管口四等分法测点布置

放点完成后，先使用徕卡 MS60 全站激光三维扫描仪测设安装专用控制网，校验完成后测量 8 个放样测点，仪器精度 0. 5″。测量结果见表 1。

表 1　上弯段（编号 A1）管节 A—A 截面测点测量结果

点号	设计值/m			实测值/m			偏差/mm		
	x	y	z	x	y	z	Δx	Δy	Δz
①	162.000	0	785.800	162.002	0.006	785.804	2	6	4
②	162.000	2.045	784.930	162.001	2.049	784.927	1	4	-3
③	162.000	2.900	782.900	162.000	2.906	782.902	0	6	2
④	162.000	2.045	780.830	162.001	2.049	780.834	1	4	4
⑤	162.000	0	780.000	162.002	0.004	780.006	2	4	6
⑥	162.000	-2.045	780.830	162.001	-2.039	780.835	1	6	5
⑦	162.000	-2.900	782.900	162.002	-2.903	782.905	2	-3	5
⑧	162.000	-2.045	784.930	162.001	-2.049	784.934	1	-4	4

根据表 1 测量结果显示，上弯段（编号 A1）A—A 截面桩号最大偏差为 6 mm，因为上弯段起点作为重要节点，需提前安装定位，因此偏差较小。满足《水利工程压力钢管制造安装及验收规范》（SL 432—2008）中弯管起点桩号偏差应为±10 mm 的要求。

4.3　管口中心梯度反方向拟合

由上述分析可知，钢管的高程和纵向中心偏差呈现不规则变化，因此需要更加准确且复杂的计算方法来满足管口中心定位高精度需求。管口中心梯度反方向拟合是基于最小化误差函数，通过计算误差函数关于管口中心坐标（y，z）和半径 r 的偏导数，然后通过实测点坐标和偏差，使用这些梯度信息来更新圆心坐标和半径，直到圆心坐标和半径收敛到最小值。根据表 1 上弯段（编号 A1）A—A 截面测点测量结果，结合 Python 软件，首先初始化圆心坐标，再通过优化目标函数，即最小化所有点到圆心的平均距离的平方，最后进行梯度计算。结果见图 4。

根据图 4 拟合结果可以看出，上弯段（编号 A1）A—A 截面压力钢管梯度反方向拟合管口中心的 y 和 z 坐标分别为 0.003 m 和 782.894 m，即管口中心向右侧偏差 2.5 mm，高程向下偏差 6 mm，经计算管口中心偏差约等于 6.5 mm。根据规范要求钢管内径 $5\ \mathrm{m} < D \leqslant 8\ \mathrm{m}$ 时，与蜗壳、伸缩节、蝴蝶阀、球阀、岔管连接的管节及弯管起点的管口中心极限偏差为 12 mm，安装结果显示为合格。为进一步对比管口中心安装偏差，将压力钢管梯度反方向拟合图调整并可视化处理，结果见图 5。

根据图 5 可视化结果并结合上弯段（编号 A1）A—A 截面偏差表可以看出，管口中心 8 个测点设计值和实测值位置和方向并不一致，偏差有正有负。经过反复梯度计算更新圆心坐标和半径，直到收敛到最小值，拟合的管口中心跟设计管口中心较接近，拟合效果较好。

4.4　梯度下降优化误差与传统测量计算偏差对比

传统测量计算中，计算点①-⑤和点③-⑦两组测点的纵向和横向中心最大偏差或直接计算 8 个测点的最大纵向和横向中心偏差得出管口中心偏差，并对比分析梯度下降优化计算偏差和传统测量计算偏差，结果见表 2。

表 2　梯度下降优化偏差与传统测量计算偏差对比分析

误差对比	纵向中心（Δy）	横向中心（Δz）	管口中心偏差 $\sqrt{\Delta y^2+\Delta z^2}$
传统测量偏差计算	6	6	8.5
梯度下降优化偏差计算	2.5	6	6.5

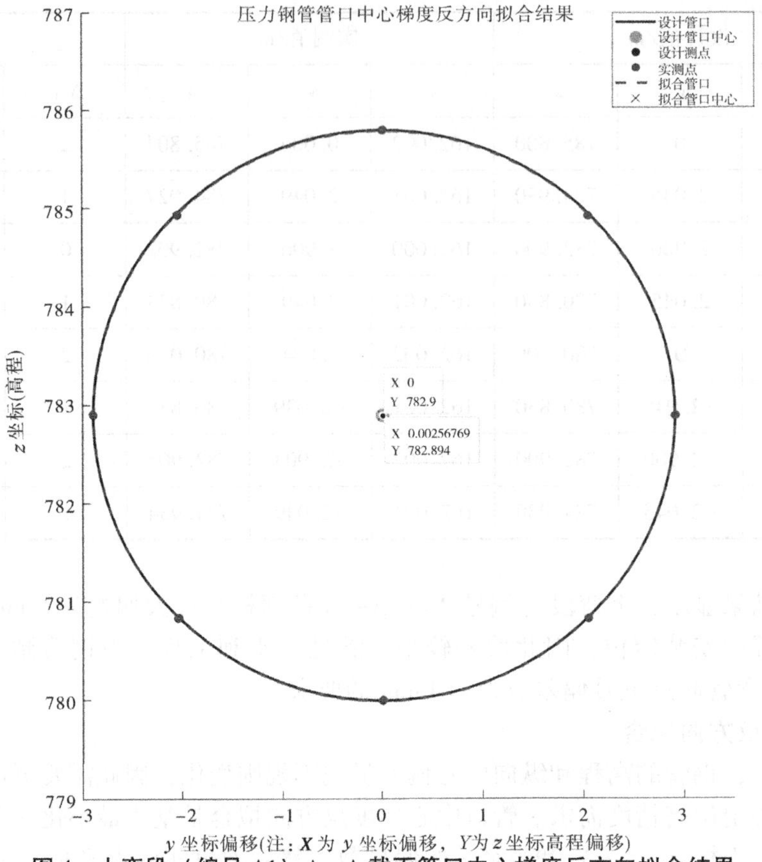

图 4　上弯段（编号 A1）A—A 截面管口中心梯度反方向拟合结果

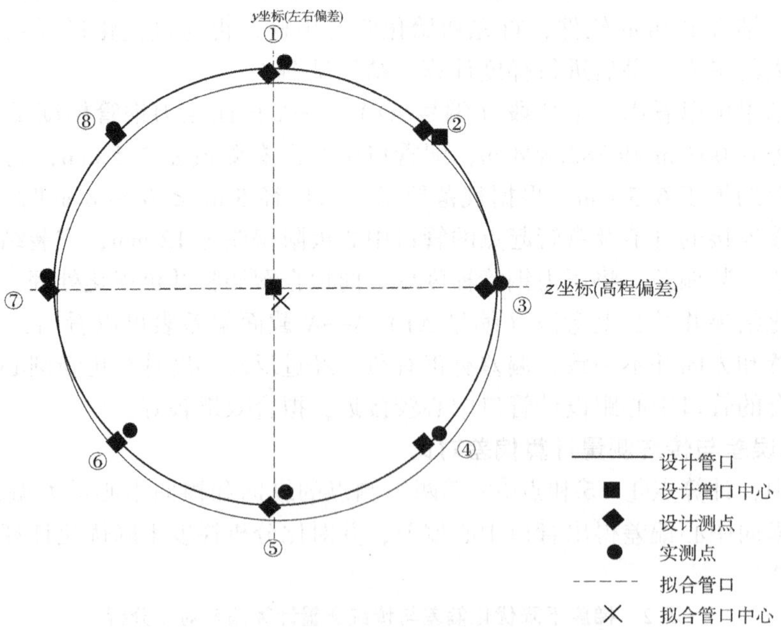

图 5　可视化结果

根据表 2 结果显示，梯度下降优化计算得到的管口中心最终偏差为 6.5 mm，传统计算方法得到管口中心最终偏差为 8.5 mm，梯度下降优化计算方法显著提升了定位精度，减少了管口中心位置偏差。

4.5 误差分析

为进一步判断管口中心拟合效果，使用均方根误差（RMSE）、最大误差和 R^2 统计量（或决定系数）方法进行评估。但在管口中心坐标拟合中，R^2 统计量（或决定系数）直接应用可能不太直观，因为它通常用于线性回归，RMSE、最大误差和最小误差是量化拟合质量的直接方法，误差结果分析见表 3，残差见图 6。

表 3 误差结果分析

误差评估	均方根误差（RMSE）	最大误差/m	最小误差/m
结果	0.008	0.014	0.001

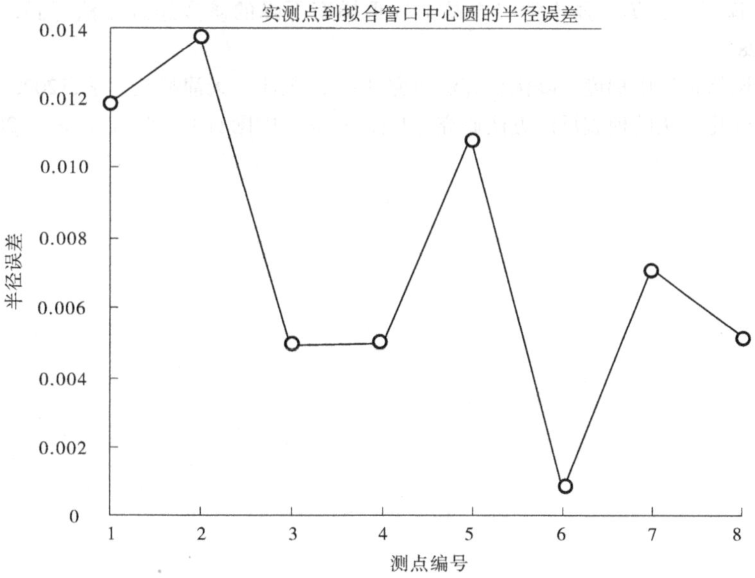

图 6 实测点到拟合管口中心的残差

由表 3 和图 6 可以看出，管口中心拟合的均方根误差（RMSE）较小，为 0.008。最大误差为 0.014 m，最小误差为 0.001 m，误差较小，钢管管口中心安装精度满足设计要求。

5 结论

本文结合水电站发电引水系统压力钢管安装的工程实例，测量坡比 1%的上平段和上弯段截面关键安装节点的三维坐标结果，构建基于梯度下降优化思想的管口中心拟合算法，最后用于评估管口中心安装精度，并得出以下结论：

（1）梯度下降算法能够通过管口偏差的最小值量化计算，实现最优管口中心位置，克服了传统几何中心算法中只应用简单的数学计算来确定管口中心位置的不足，能够显著提升钢管安装对接的精度。

（2）通过测量上弯段（编号 A1）A—A 截面管口中心的桩号、纵向中心和高程偏差，并结合梯度优化算法实际，计算得出桩号最大偏差为 2 mm，纵向中心向右偏差 2.5 mm，高程向下偏差 6 mm，管口中心安装偏差为 6.5 mm，符合规范要求。计算得到的均方根误差（RMSE）为 0.008，精度较好，验证了梯度优化算法确定压力钢管管口位置的可行性。

参考文献

[1] 王满想，郑宏杰，赵荣生，等. 黄藏寺水利枢纽工程引水压力钢管安装质量控制［J］. 人民黄河，2023，45（S2）：10-11，13.

[2] 赵晨熹，杨广渝. 超大型压力钢管定位节在下弯段安装中的应用［J］. 人民黄河，2020，42（S1）：267-268，270.

[3] 刘军丽，张旭，李权洋，等. 工程测量中三坐标测量机拟合算法的选择［J］. 微电机，2023，56（12）：60-62，66.

[4] 任镤，孙晓敏，李源，等. FR-ICP 算法在倾斜摄影测量点云配准中的应用［J］. 航天返回与遥感，2023，44（1）：13-22.

[5] 秦晓燕，刘禹含，徐云龙，等. 强化学习中基于权重梯度下降的函数逼近方法［J］. 网络与信息安全学报，2023，9（4）：16-28.

[6] 姚敏达. 深度神经网络训练中梯度下降优化算法研究［D］. 天津：天津科技大学，2022.

[7] 李怀懿. 基于梯度优化算法的地震反演方法研究［D］. 青岛：中国石油大学（华东），2021.

H-ADCP 在感潮河段支流口门的实时流量监测应用

钱睿智　郭天辰　张艺铭

（江苏省水文水资源勘测局泰州分局，江苏泰州　225300）

摘　要：为解决感潮河段支流流量受水力要素和工程因素的影响，难以及时精准计算的问题，应用 H-ADCP 开展感潮河段支流口门的实时流量监测，以感潮闸站夏仕港闸为例，从设备安装及设置、数据比测率定、成果精度分析等方面开展研究。结果表明：不同工况下的定线成果均满足精度要求，H-ADCP 在感潮河段支流口门的实时流量监测得到了很好的应用，可实时监测报送流量并推导计算引排水量，为区域水资源管理、水利工程优化调度提供可靠保障。

关键词：H-ADCP；感潮河段；支流口门；比测率定；实时流量

1　引言

入海河流下游为感潮河段，水位、流量受径流和潮汐双重影响呈波浪形变化，感潮河段区域经济社会发展对水资源调配、防汛减灾等需求较高，其支流多建有闸泵等水利工程，利用潮汐过程合理调度引排水，受水力要素和工程因素的影响，流量实时变化复杂，引排水量难以及时精准计算[1]，传统采用“一潮推流法”计算平均流量和引排水量，并在此基础上开展了淹没堰流和淹没孔流的计算公式研究，这些建立在一个潮次作为整体引排水过程的水量计算，精度受水利工程调度时复杂流态的影响较大，且无法给出引排水过程中瞬时流量数据。[2-4]

近年来，流量在线监测系统 H-ADCP、V-ADCP 及二者组合方案在感潮河段研究较多[5-9]，此类方法基于各时刻同一水力因素环境下的指标流速和断面平均流速之间的关系来推算流量，因而对于水流条件受工程调度、区域来水、潮汐等多重影响的感潮河段支流也能建立较好的关系。本文以长江下游支流夏仕港为例，开展 H-ADCP 在感潮河段支流口门的实时流量监测应用分析。

2　研究内容

2.1　河道概况

夏仕港属长江流域苏北沿江地区水系，入长江 2 km 处建有夏仕港节制闸，节制闸左边另有船闸一座与闸平行，引河在闸上游 800 m 处分流，下游 1 000 m 处汇合，测流断面为单一河槽，河道稍微弯曲，断面间无支流和外水汇入，河面宽 117 m 左右，宽深比好，为窄深河道，河段内无乱流、阻水、漩涡等现象，来往船只少，通航影响较小。夏仕港闸站历史实测最大引水流量 585 m^3/s，实测最大排水流量 611 m^3/s。测站位置概况见图 1。

2.2　监测设备安装及设置

夏仕港闸站 H-ADCP 测流系统仪器的测速范围为±5 m/s（最大流速±20 m/s），主要配置了太阳能供电系统、ADCP 测流系统、数据传输系统、接地防雷系统等，负责实时采集、上传测流断面的流量、水位数据，如图 2 所示。

作者简介：钱睿智（1987—），男，高级工程师，主要从事水文分析计算和水文情报预报工作。

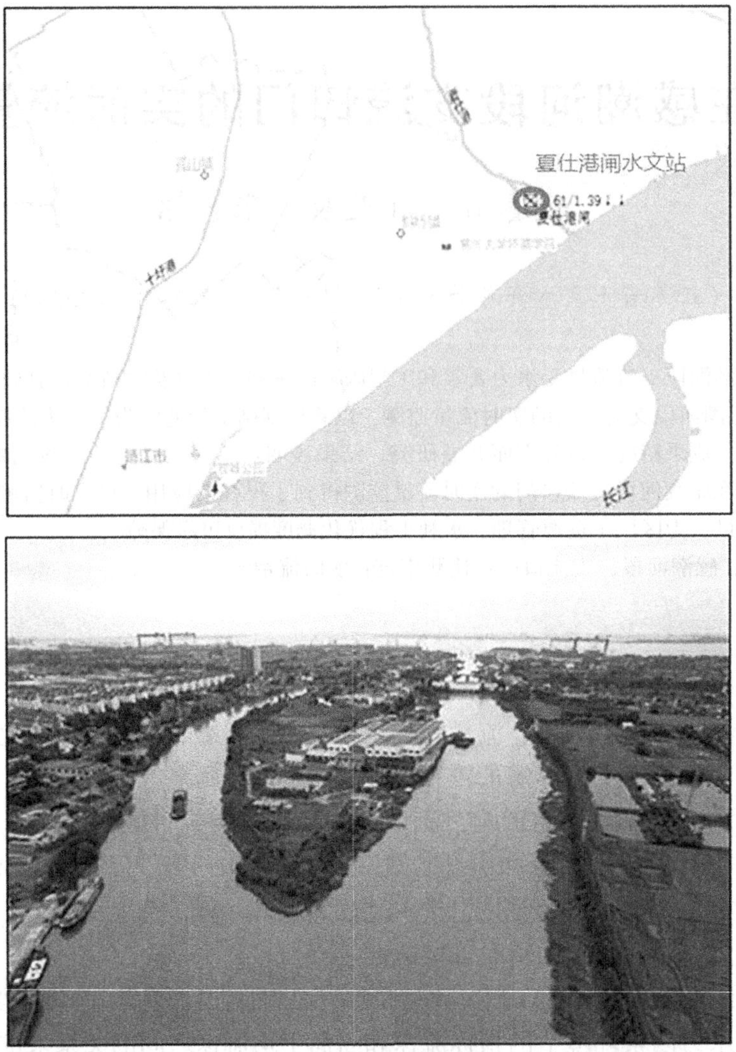

图 1　测站位置概况

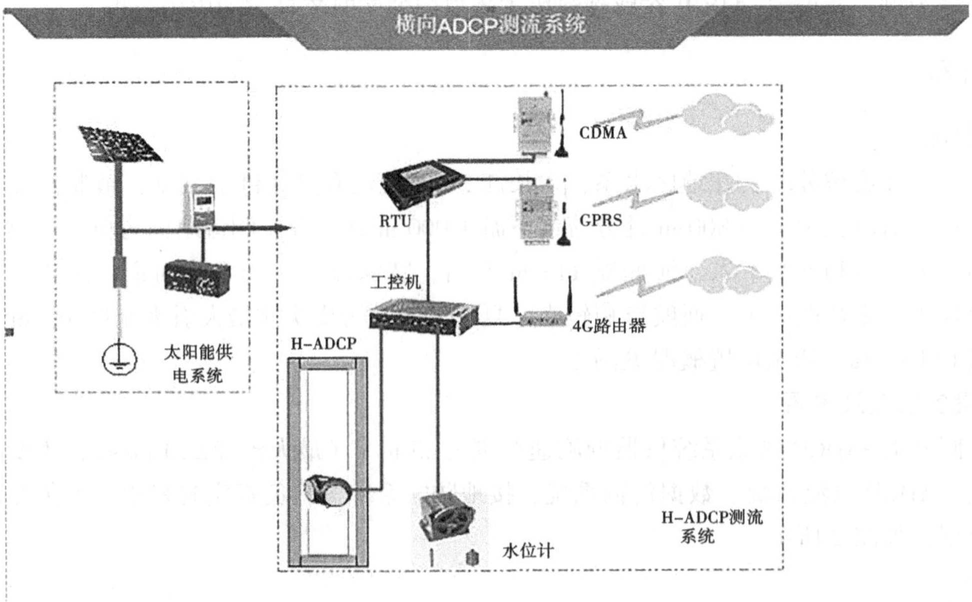

图 2　H-ADCP 测流系统

测流系统安装断面处水面宽 110 m 左右，中泓处偏右，河底高程约-5.25 m，历史最低水位 0.13 m（1993 年），2000 年以来，该站历史最低水位为 0.54 m（2013 年），断面处下游约 50 m 有一修船厂，偶尔有船经过测流断面至修船厂，根据测流断面处大断面资料考虑栈桥安全不宜前突至航道处，H-ADCP 安装位置分析时，需要考虑在出现不同水位时，使探头能够保持在水下一定相对水深的位置，综合考虑现状及规划夏仕港闸调度方案，测流断面最低水位特征值采用 0.54 m 来分析 ADCP 安装高程参数。

由表 1 可以看出，夏仕港闸站 H-ADCP 采用相对水深 0.6 分析，该站综合考虑将 ADCP 安装高度放置 0 m 处，在此安装高程下，可以使 ADCP 测流时的相对水深保持在 0.09~0.44。除枯水期较低水位时（相对水深小于 0.2）会影响 ADCP 测速代表性外，能基本满足 H-ADCP 流量测验要求。

表 1　夏仕港闸站 ADCP 安装高程分析

水位特征值	水位/m	河底高程/m	水深/m	相对水深	仪器安装高程/m	ADCP 安装夹角/（°）	ADCP 测验河宽/m	固定安装高程/m	固定安装高程相对水深	能测到的最低水位/m
最低水位	0.54	-5.25	5.79	0.60	-2.93	22.5	117	0.00	0.09	0.75
常水位	2.40	-5.25	7.65	0.60	-2.19	22.5	117	0.00	0.31	0.75
最高水位	4.07	-5.25	9.32	0.60	-1.52	22.5	117	0.00	0.44	0.75

夏仕港闸站 H-ADCP 安装高程 0 m，安装起点距 21 m，垂直于河道主流线，安装在左岸，如图 3 所示。

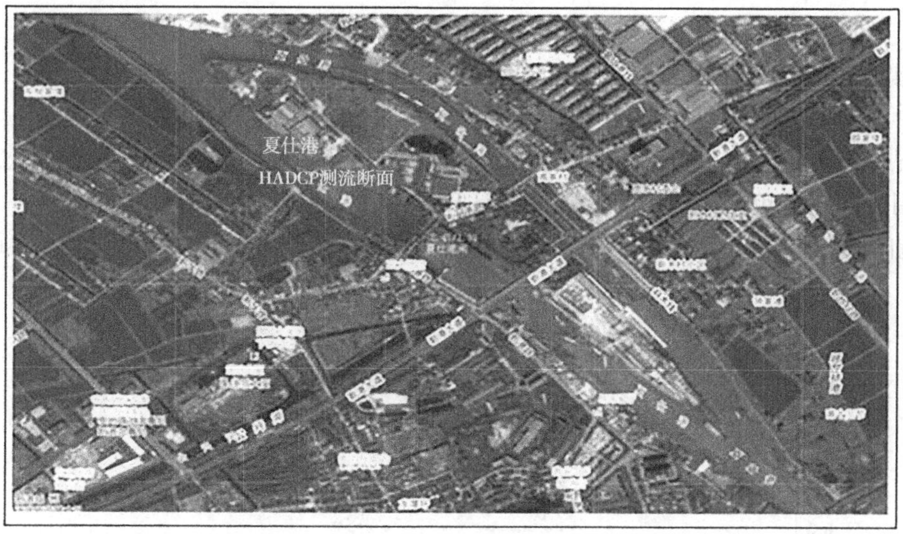

图 3　H-ADCP 安装位置示意图

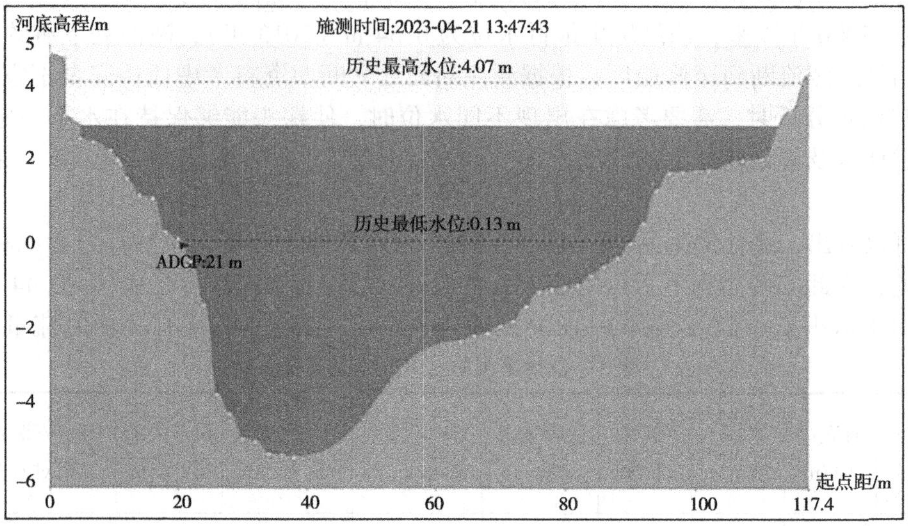

续图 3

2.3 比测率定

针对夏仕港闸调度运行的引排水实际情况，依据《河流流量测验规范》（GB 50179—2015），在开闸引水、排水期间，采用流速仪和走航式 ADCP 对 H-ADCP 测流进行比测 30 个测次以上，分析和率定出满足流量测验和资料整编等相关规范要求的代表流速与断面平均流速的相关关系，达到 H-ADCP 可以采用代表流速法进行流量测验的目的。

夏仕港闸站为感潮闸坝站，按照工程调度分为引水和排水两种工况，一潮引（排）水过程中存在高、中、低水位（大、中、小流速）等比测时机，因此比测工作按潮次开展，采用走航式 ADCP 或流速仪进行同步流量测验。引水潮次共比测了 7 个潮次 36 个测点，分别为 2023 年 5 月 4 日、5 月 7 日、5 月 8 日、5 月 21 日、7 月 6 日、9 月 1 日、9 月 4 日，实测最大流量 $-356\ m^3/s$、最小流量 $-23.0\ m^3/s$；排水潮次共比测了 9 个潮次 58 个测点，分别为 2024 年 6 月 23—28 日、7 月 1 日、7 月 11—12 日，实测最大流量 $317\ m^3/s$、最小流量 $66.4\ m^3/s$。

H-ADCP 测流软件处理了每分钟某一单元流速（某一测速垂线的某一测点流速），根据断面流速横向分布情况、探头安装高程处的测验河宽和划分的单元尺寸等，分析计算代表流速选用的单元流速区间，以选用区间的各单元流速作为代表流速计算样本。[10-12]

从夏仕港闸站 H-ADCP 实测单元横向流速分布图 4 可以看出，ADCP 安装位置的起点距 23.5~66.5 m

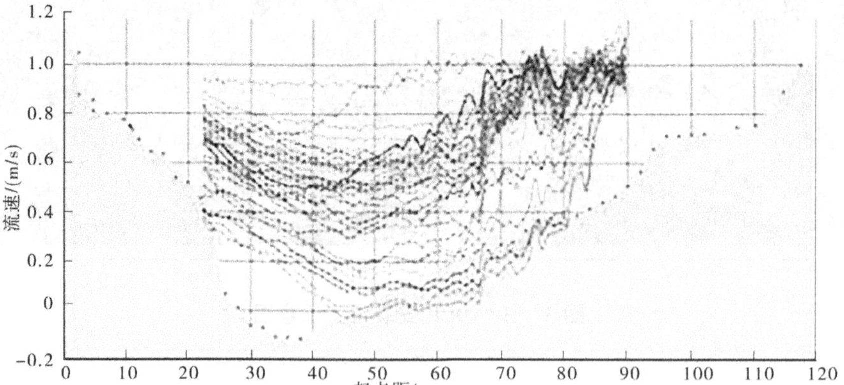

(a)引水工况

图 4　横向流速分布图

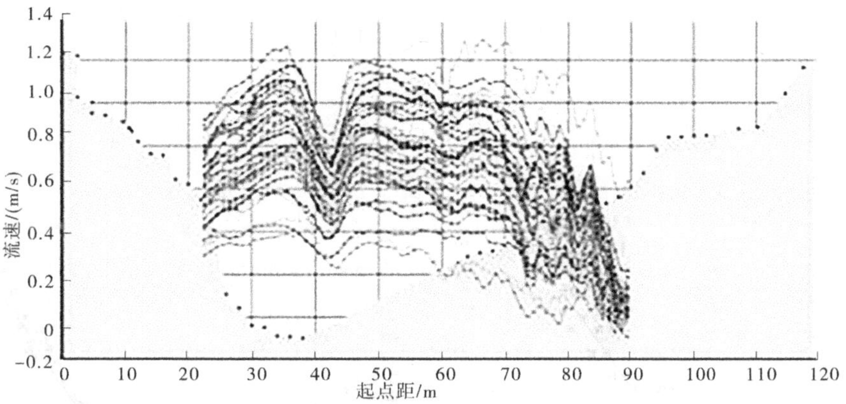

(b)排水工况

续图 4

的区间流速比较稳定，通过对第 2-32、2-42、2-52 等代表流速测流区段分析（见表 2），第 2-42 个单元流速作为代表流速测流区段综合误差较小，因此可以将该区段作为代表流速法的实测区段。

表 2　实测代表流速区间分析

单元区间	起点距区间/m	符号检验	适线检验	偏离数值检验	随机不确定度/%	系统误差	工况
2-32	23. 5~53. 5	0. 27	0	1. 74	14. 41	-1. 64	引水
2-42	23. 5~63. 5	0. 33	0	0. 31	14. 26	-0. 36	引水
2-52	23. 5~73. 5	0. 41	1. 37	1. 38	18. 21	1. 67	引水
2-32	23. 5~53. 5	0	-2. 12	0. 07	6. 75	-0. 13	排水
2-42	23. 5~63. 5	0. 05	-0. 53	0. 45	5. 49	0. 06	排水
2-52	23. 5~73. 5	0. 44	-0. 26	1. 49	7. 03	0. 67	排水
临界值		1. 15	1. 64	1. 94	20	±2	—

3　成果及误差分析

根据 7 个引水潮次 36 个测点和 9 个排水潮次 58 个测点的比测率定分析，分别得到不同工况下夏仕港闸站 $\bar{v}$（实测断面平均流速）$-v_{cp}$（代表流速）关系。

引水工况：H-ADCP 代表流速与断面平均流速关系式如下：

$$\bar{v} = 0.905v_{cp} \tag{1}$$

式中：$\bar{v}$ 为断面平均流速，m/s；v_{cp} 为 H-ADCP 代表流速，m/s。

排水工况：H-ADCP 代表流速与断面平均流速关系式如下：

$$\bar{v} = 0.962v_{cp} \tag{2}$$

式中：$\bar{v}$ 为断面平均流速，m/s；v_{cp} 为 H-ADCP 代表流速，m/s。

夏仕港闸站 H-ADCP 代表流速与断面平均流速关系线见图 5。

夏仕港闸站按流量测验的要求与精度等级，属于三类精度站，建立代表流速与断面平均流速单一曲线相关关系，按照《声学多普勒流量测验规范》（T/CHES 61—2021）的规定，随机不确定度不大于 20%，系统误差不大于±2%。

根据该站 H-ADCP 流速相关率定分析成果（见表 3），引水工况代表流速与断面平均流速关系线

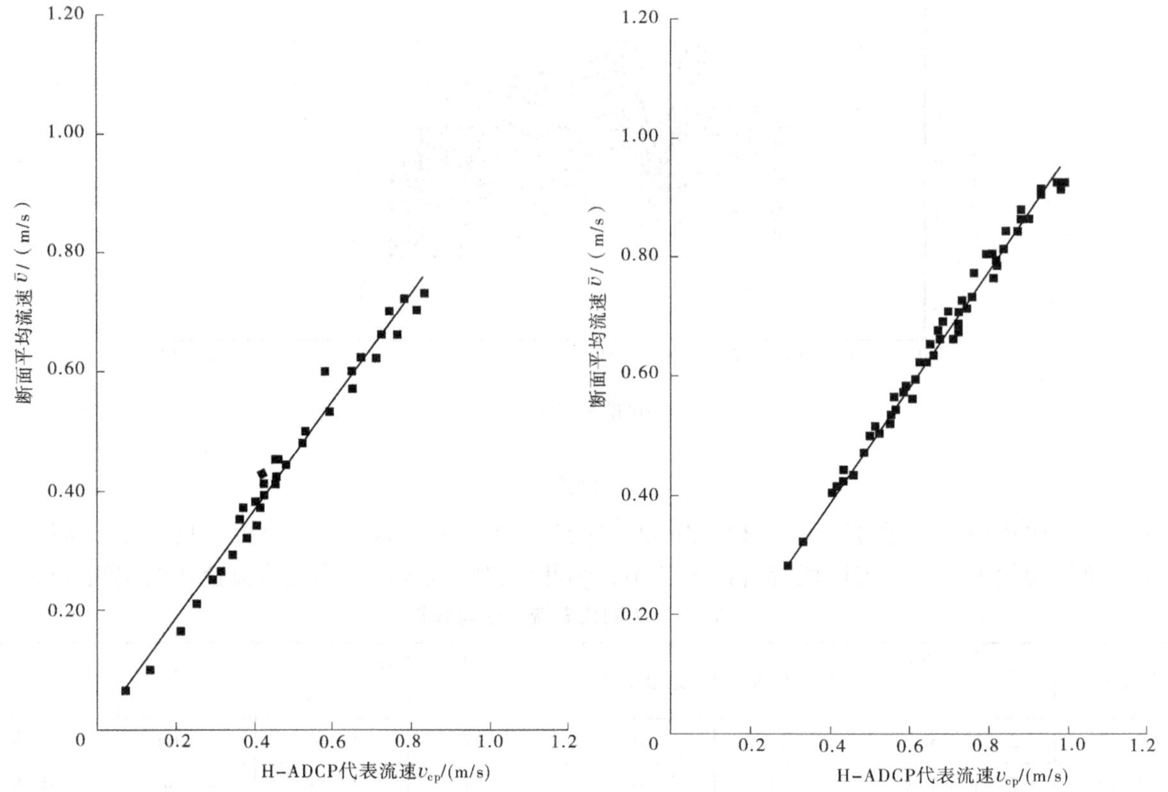

(a)引水工况　　(b)排水工况

图 5　夏仕港闸站 H-ADCP 代表流速与断面平均流速关系线

系统误差为-0. 36%，随机不确定度 14. 26%；排水工况代表流速与断面平均流速关系线系统误差为 0. 06%，随机不确定度 5. 49%；均满足规范的定线精度要求，并通过流速关系线的三项检验。

表 3　夏仕港闸站 H-ADCP 代表流速与断面平均流速关系率定成果

引水工况定线	H-ADCP 单元取用区间	率定样本数	代表流速与断面平均流速换算关系	三项检验	系统误差/%	随机不确定度/%
	23. 5 m（2 单元）~63. 5 m（42 单元）	36	0. 905	合格	-0. 36（合格）	14. 26（合格）
率定范围	实测断面平均流速/(m/s)			H-ADCP 代表流速/(m/s)		
	-0. 064~-0. 732			-0. 071~-0. 809		
排水工况定线	H-ADCP 单元取用区间	率定样本数	代表流速与断面平均流速换算关系	三项检验	系统误差/%	随机不确定度/%
	23. 5 m（2 单元）~63. 5 m（42 单元）	58	0. 962	合格	0. 06（合格）	5. 49（合格）
率定范围	实测断面平均流速/(m/s)			H-ADCP 代表流速/(m/s)		
	0. 280~0. 945			0. 291~0. 982		

4 结语

夏仕港闸站为感潮闸坝站，一潮引（排）水过程中存在高、中、低水位（大、中、小流速）等比测时机，因此比测过程中有效捕捉了大流速、大流量等水情，定线具有较好的代表性，不同工况下的定线成果均满足精度要求，H-ADCP 在感潮河段支流口门的实时流量监测得到了很好的应用，可实时监测报送流量并推导计算引排水量，为区域水资源管理、水利工程优化调度提供可靠保障。

参考文献

[1] 张芮，李寿千，王志力，等．基于补偿水头差的沿江口门引排流量计算方法研究［J］．人民长江，2024，55（8）：187-192，209.

[2] 任晓东，张韫华，陆建伟，等．杨林闸（闸上游）水文站引排水量计算方法研究［C］//中国水利学会．2022 中国水利学术大会论文集（第五分册）．郑州：黄河水利出版社，2022.

[3] 邵勇，夏达忠，周樨旸，等．长江下游感潮河段水闸引排水能力的计算模型应用：以新孟河界牌水利枢纽为例［J］．江苏水利，2024（8）：43-46.

[4] 仲兆林．常州沿江感潮河道水文站水位流量关系综合定线分析［J］．广东水利水电，2009（11）：33-34，41.

[5] 黄国新，上官晖，熊忠文．H-ADCP 流量监测系统在复杂河势中的应用［J］．广东水利水电，2022（4）：38-42.

[6] 王巧丽，王灿，鲁青，等．神经网络在组合式 ADCP 在线测流系统中的应用［J］．人民长江，2024，55（S1）：43-45，58.

[7] 韦立新，蒋建平，曹贯中．基于 ADCP 实时指标流速的感潮段断面流量计算［J］．人民长江，2016，47（1）：27-30.

[8] 韦立新，曹贯中，蔡磊．不同方法在感潮河段 ADCP 在线测流系统中应用的比较分析［J］．水文，2019，39（6）：64-68.

[9] 陈佳伟，曾瑞，毛金锋，等．感潮河段流量在线监测系统精度控制方法分析［J］．水利水电快报，2023，44（5）：6-11，31.

[10] 张泉荣，谢运山，王萍，等．定点式横向声学多普勒流速剖面仪应用研究［J］．水文，2021，41（2）：69-74.

[11] 张院．阜宁（射）站 H-ADCP 流量测验比测误差分析［J］．中国水运（下半月），2022，22（2）：109-111.

[12] 宗长荣，刘永亮，薛亮，等．H-ADCP 在沿海川东港闸水文站的比测率定研究［J］．治淮，2024（2）：37-38，52.

探地雷达检测地下障碍物的技术研究与应用

王跃华　杨　娜　郑　伟　贺　涛　岳光亚

（黄河建工集团有限公司，河南郑州　450045）

摘　要： 水利工程检测现场，通过 YL-GPR 探地雷达探测数据反馈，GPS 测量现场放样定位标记，施工机械定点翻挖，经过一系列先进技术的应用，成功将影响管线施工的地下孤石进行挖除，并使得施工变得简单可控，质量、安全得到保证，缩短了工期，降低了施工成本。

关键词： 探地雷达；地下障碍物；数值模拟

1　研究背景

传统土方工程施工，常常需要软基中障碍物清除等缺陷处理，常规操作一般是按照地质勘察成果及设计要求直接采用挖掘机翻挖到基地控制标高，然而往往会漏掉翻挖控制标高以下的障碍物或缺陷，从而造成后期进行竖向排水通道施工、顶管施工、管道及其支护措施等施工中再次受阻，造成二次翻挖清除、增加翻挖施工工程量、延长工期、增加成本等问题。

水利工程检测现场，通过 YL-GPR 探地雷达探测数据反馈，GPS 测量现场放样定位标记，施工机械定点翻挖，经过一系列先进技术的应用，成功将影响管线施工的地下孤石进行挖除，并使得施工变得简单可控，质量安全得到保证，缩短了工期，降低了施工成本。

2　技术原理及雷达天线选择

2.1　地质雷达技术原理

地质雷达是工作于高频、超高频微波频段的超带宽探测技术，由发射天线向地下发射电磁波，遇到地下介质不均匀、介电常数有差异时便会产生反射、绕射和透射电磁波。其反射系数和波速由介质的相对介电常数决定。

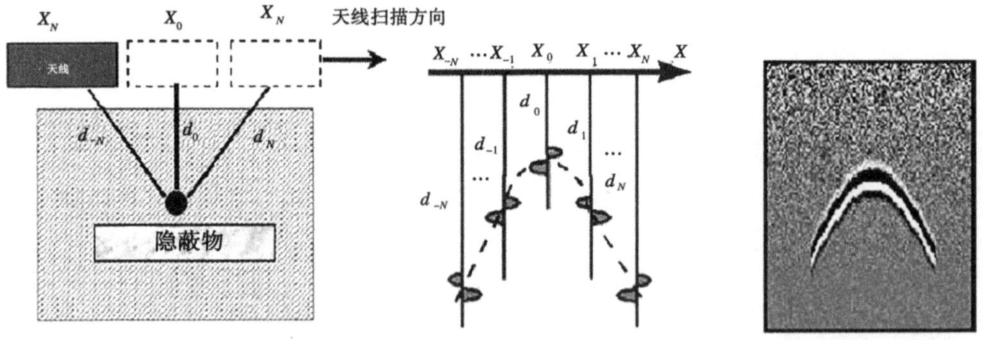

(a)数据采集　(b)双曲线　(c)雷达图

图 1　探地雷达工作原理示意图

公式如下：

$$R = \frac{\sqrt{\varepsilon_1} - \sqrt{\varepsilon_2}}{\sqrt{\varepsilon_1} + \sqrt{\varepsilon_2}} \tag{1}$$

$$v = \frac{c}{\sqrt{\varepsilon}} \tag{2}$$

式中：ε_1 为上层介质的相对介电常数；ε_2 为下层介质的相对介电常数；v 为波速；c 为电磁波在空气中的传播速度。

2.2 探地雷达性能

YL-GPR 探地雷达（见图 2）以最先进的高速脉冲发生器和皮秒取样技术为中心，采用软件控制的全数字化设计，实现硬件及软件滤波、时变增益、软件延时、软件可调采样、无线非接触测距、标准 IEEE802.11 通信协议、自动 GPR 全部参数设定等功能，可探测非导电性管道以及固体障碍物、寻找地下埋设物等。该仪器可准确探测障碍物的埋深及平面位置，且可探测深度大、精度高。它采用基于网格的数据收集系统，可生成水平和垂直深度图，可为现场分析工具以及数据传输提供先进的报告能力。

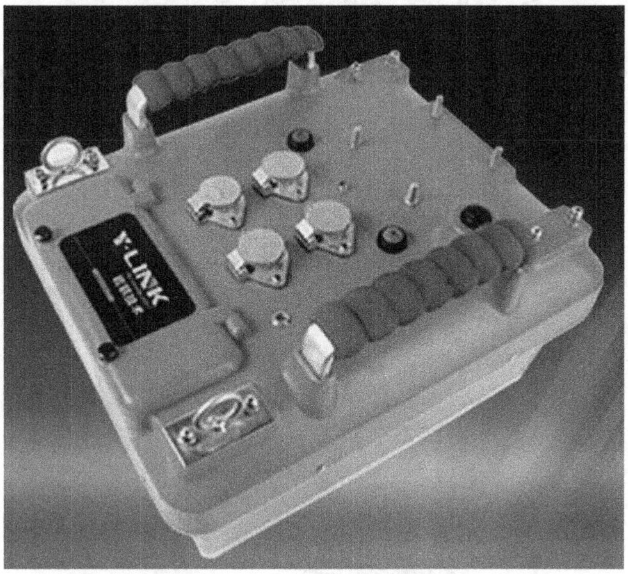

图 2　YL-GPR 探地雷达

YL-GPR 探地雷达主要技术参数如下：

（1）采样频率：50 k~250 ksps；

（2）工作频率：双频、100 MHz、150 MHz、200 MHz、250 MHz、400 MHz、600 MHz、900 MHz、1 GHz、1.6 GHz；

（3）无线数据传输距离：大于 20 m；

（4）最小采样间隔：5 ps；

（5）探测深度：0~30 m；

（6）时间窗口：10~1 000 ns；

（7）采样点：512~32 768；

（8）无线通信：802.11 b/g/n；

（9）有线通信：以太网，100 Mbps；

（10）工作环境：-20~50 ℃。

2.3 探地雷达天线选择

根据工程实际情况，YL-GPR 探地雷达收发天线采用 100 MHz，探测最大深度可以探测到 20 m，满足孤石、空洞等缺陷探测技术要求。为了保证数据的准确性，探测前选取一段进行探测试验段及模拟数值探测，试验探测仪器在项目地质中波长的准确性，减低因探测误差引起的不必要的翻挖量，待试验数据可行后再全面探测。

3 探地雷达检测及模拟数值探测试验设计

为了得出孤石在探地雷达探测成果中的表现特征，在土介质中将直径 D 分别为 10 cm、15 cm、20 cm、30 cm、40 cm 的花岗岩球状孤石埋设在 50 cm 深度，每一次埋设完采用探地雷达进行探测。

图 3 为实测的埋深 50 cm 不同大小孤石的探测结果，左侧为雷达反射波形图，右侧为孤石中间、左侧的单道波形图。从图 3 中可以看出，雷达波在孤石处出现了明显的弧形反射，反射弧的张开宽度随孤石直径的增大而增大，反射弧弧顶对应的深度即为孤石的实际埋深 50 cm。

孤石数值模拟结果分析：采用时域有限差分法进行二维数值模拟，利用 GprMax2D 软件结合 Matlab 得到模拟结果。孤石岩性、直径、埋深、周边介质以及探地雷达天线频率与现场试验的相同。

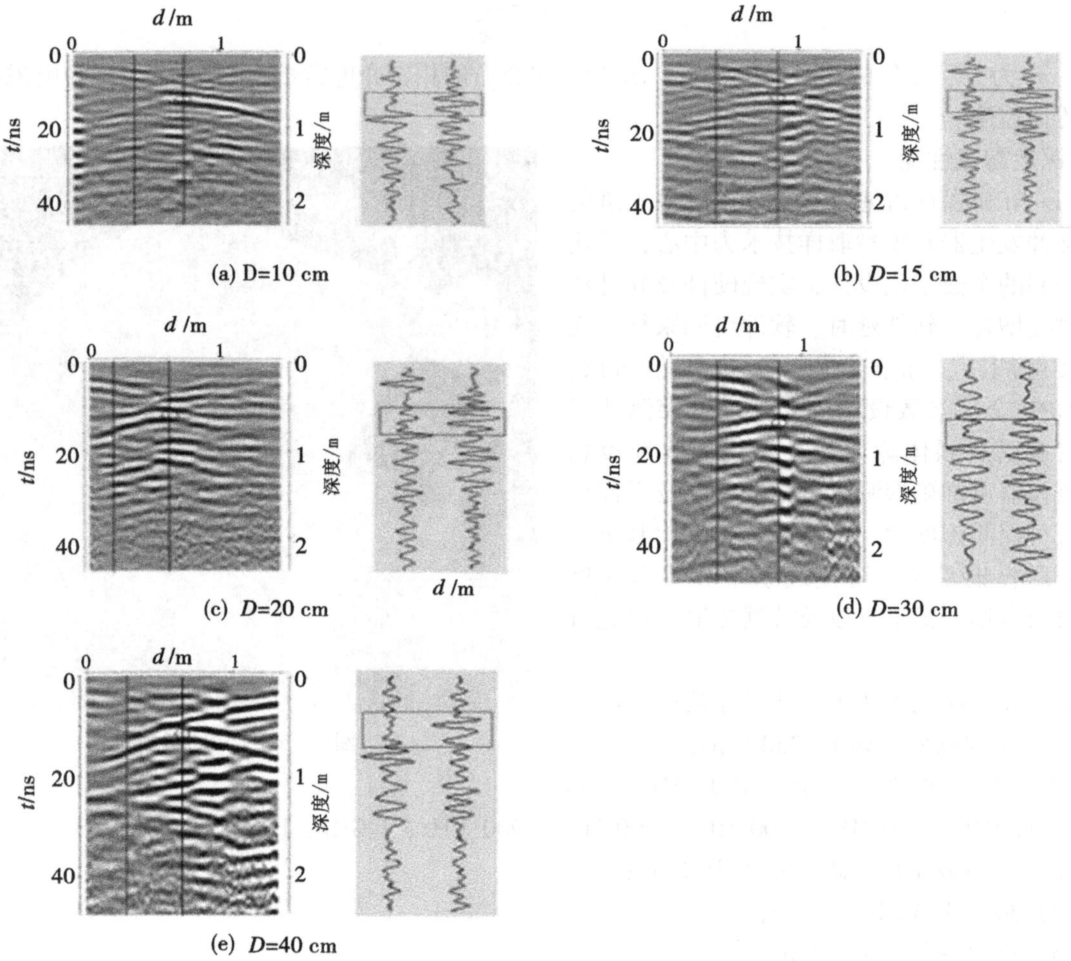

(a) D=10 cm (b) D=15 cm (c) D=20 cm (d) D=30 cm (e) D=40 cm

图 3　不同大小孤石探地雷达探测成果

由文献查得，土的相对介电常数 $\varepsilon_r = 20$，花岗岩孤石的相对介电常数 $\varepsilon_r = 6$ ，电导率 $\sigma = 0.01$ S/m，磁导率 $\mu_s = 1$ H/m，模拟区 1 m×1 m。

由图 4 模拟结果可以看出：孤石出现了明显的反射，反射弧的张开宽度随孤石直径的增大而增大，反射弧弧顶对应的深度与孤石埋深相同。

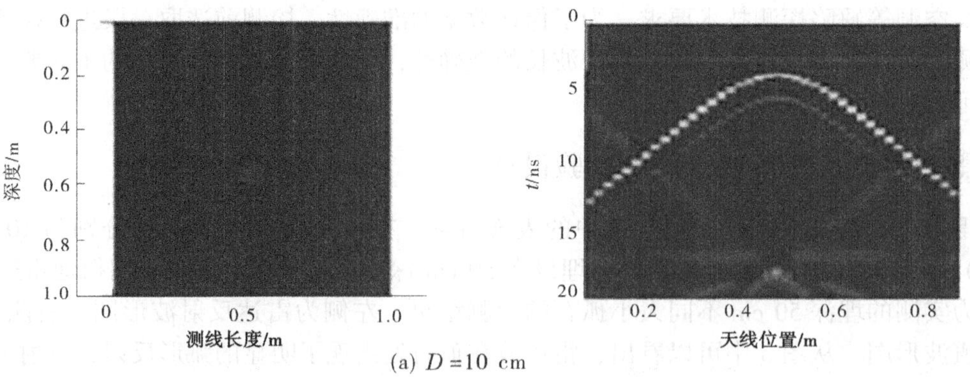

(a) D =10 cm

图 4　不同大小孤石数值模拟成果

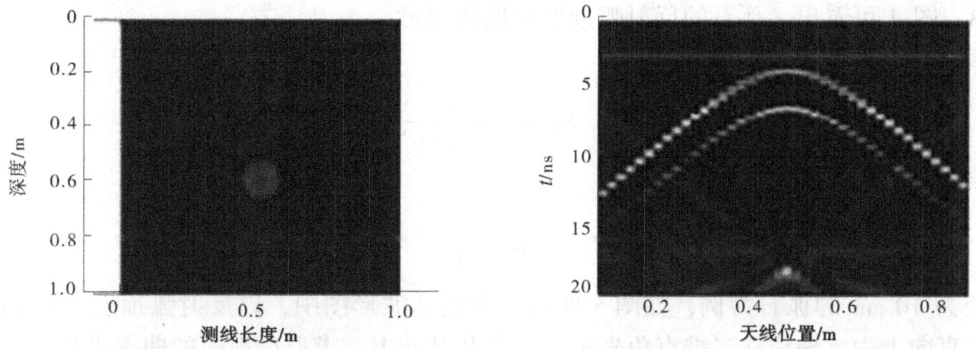

(b) D=15 cm

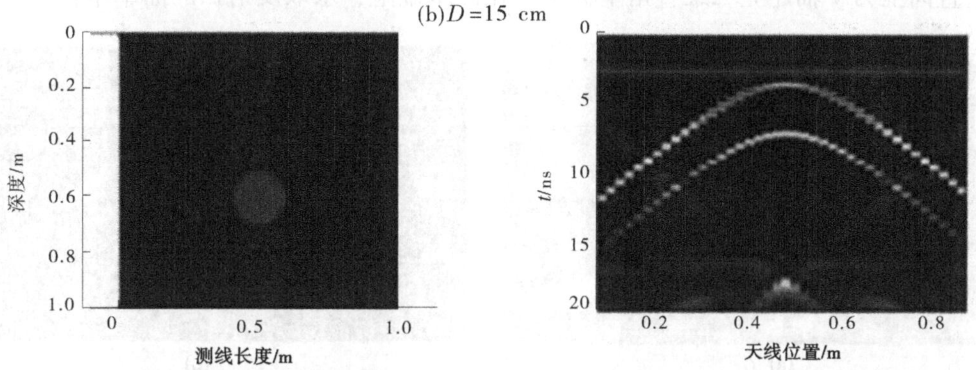

(c) D=20 cm

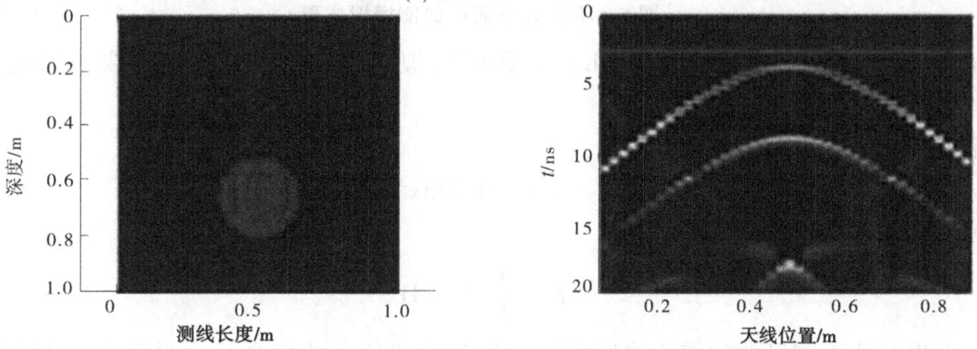

(d) D=30 cm

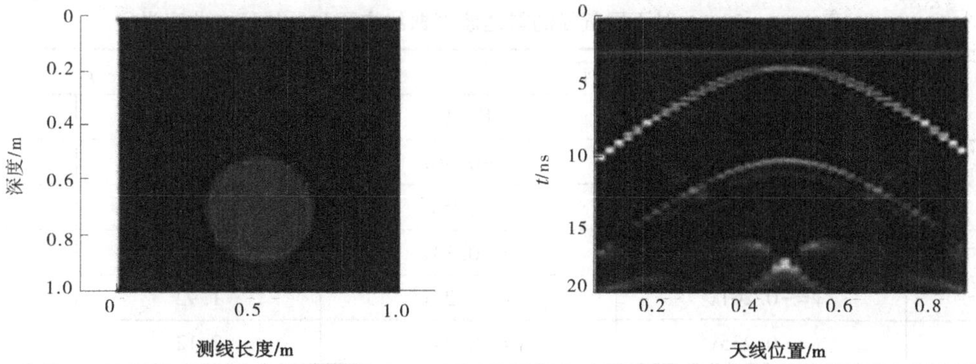

(e) D=40 cm

续图 4

现场探测及数值模拟结果均表明：孤石处出现了明显的弧形反射，且反射弧的张开宽度随孤石直径的增大而增大。因此，可以用反射弧顶点的曲率半径来反映反射弧的张开程度并建立孤石大小与反射弧曲率半径的关系，为从探地雷达探测成果中分析孤石的大小提供依据。

由图 3、图 4 可看出，孤石的反射弧近似呈抛物线形。

抛物线在点（x，y）的曲率：

$$K_1 = \frac{|y|}{(1+y^2)^{3/2}} \tag{3}$$

曲率半径：

$$\rho_1 = \frac{1}{K_1} \tag{4}$$

以直径为 10 cm 的孤石为例，如图 5 所示，在雷达波形图中，以反射弧顶点为 O 点、水平向右为 x 轴、垂直向上为 y 轴建立二维直角坐标系。在此基础上，求取反射弧的曲率半径。

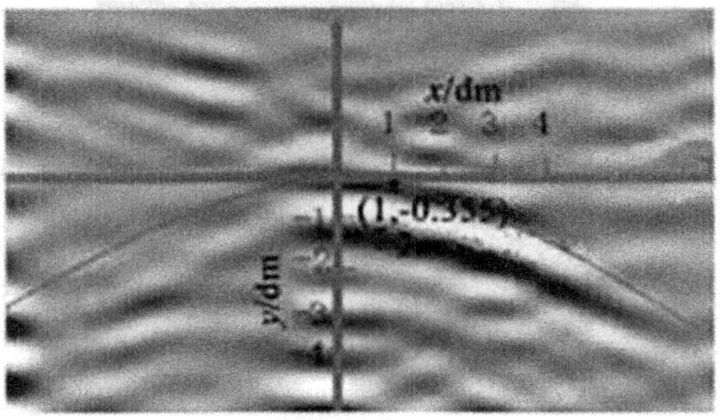

(a)

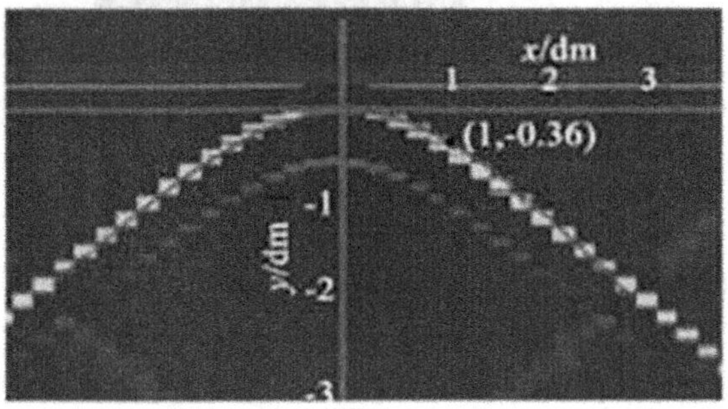

(b)

图 5　不同大小孤石数值模拟成果

图 5（a）为实测反射曲线，图 5（b）为数值模拟曲线，以前者为例，取抛物线上一点（1，$-0.355x^2$），抛物线过点（0，0）。

由数学几何关系推出抛物线曲线方程：

$$y = -0.355x^2 \tag{5}$$

计算可得到双曲线顶点曲率半径：

$$\rho = \frac{1}{K} = 1.41 \tag{6}$$

同理，求出其他不同尺寸的雷达波形曲线方程和曲线顶点曲率半径（见表 1），根据统计表结果做出不同大小孤石的反射弧曲率半径。

表 1　$h=50$ cm 时不同直径的雷达波形曲线方程和曲线顶点曲率半径

D/cm	曲线方程		ρ	
	实测	模拟	实测	模拟
10	$y=-0.355x^2$	$y=-0.36x^2$	1.41	1.39
15	$y=-0.343x^2$	$y=0.35x^2$	1.46	1.43
20	$y=-0.316x^2$	$y=-0.33x^2$	1.58	1.57
30	$y=-0.261x^2$	$y=-0.27x^2$	1.92	1.85
40	$y=-0.235x^2$	$y=-0.24x^2$	2.12	2.08

由图 6 可以看出：现场实测与数值模拟得出的孤石反射顶点的曲率半径非常接近。由于数值模拟为较理想的状态，模拟中地下介质设置为各相同性的均土，而实际现场模拟试验时，岩土介质不是理想的均质土，同时现场试验中还存在人为因素、仪器、环境条件的影响，使现场模拟试验与数值模拟存在一定偏差，所以仍存在一些不完全一致的地方。这说明，采用上述的数值模拟方法对探地雷达探测成果中孤石的表现特征及其规律进行研究是可行的。

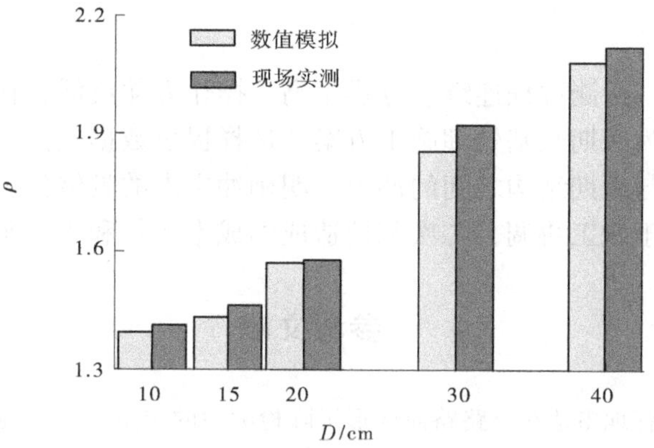

图 6　埋深 50 cm 不同大小孤石的反射弧曲率半径

孤石直径与反射弧曲率半径的关系：根据表 1 中埋深 50 cm 时不同大小的模拟反射弧顶点的曲率结果，然后可以模拟出不同埋深的反射弧顶点的曲率半径。该探测仪器及探测数据符合项目要求，该仪器性能指标满足相关规范的要求。

数据采集：地质雷达法野外数据采集过程按电磁法勘探作业指导书及相关规范进行。

地质雷达法采集参数为：中心频率，100 MHz；采样时窗，300 ns；点测模式，测点间距 1 m。

因此，可以采取该仪器对项目地质内分散的孤石进行探测。

探测定位成果：查明了本项目测线范围深度 10 m 以内的分布在管线施工区域内的地层分布情况，共探测出直径 0.3~1.0 m 粒径孤立块石 192 处，其中 135 处在管线开挖沟槽范围内且不影响开挖支护，29 处因真空堆载后沉降至非影响区域，28 处孤立块石影响管线施工。经统计，共 164 处无须在整平翻挖换填场地时进行定点挖除，28 处需提前精准定点挖除（见图 7）。

图 7　精准定点翻挖施工作业

4 结语

探地雷达探测速度快、探测过程连续、分辨率高、操作方便灵活，在软基处理前期探测定位地下障碍物分布区域及深度，为后期软基处理施工方案的选择提供数据支撑；根据探测数据和设计沉降数据，全面反映地下障碍物与后期结构之间的冲突，明确冲突点的具体位置；显著减少工程变更，大大提高生产效率，降低了由于施工协调、二次翻挖造成的成本增长和工期延误。

参考文献

[1] 郭士礼，许磊，李修忠．探地雷达在公路路面变形沉降检测中的应用［J］．地球物理学进展，2018，33（3）：1213-1217.

[2] 郑建颖．探地雷达在公路路基路面检测中的应用［J］．交通世界，2015（8）：86-88.

淡水沉积物中总磷分析方法探究

胡　园[1,2]　刘　敏[1,2]　赵良元[1,2]　金海洋[1,2]　邓声飞[1,2]
伍明利[1,2]　韩　成[1,2]

（1. 长江水利委员会长江科学院 流域水环境研究所，湖北武汉　430010；
2. 长江科学院 流域水资源与生态环境科学湖北省重点实验室，湖北武汉　430010）

摘　要：为了探究适宜于沉积物中总磷的检测方法，采用灼烧-浸提-分光光度法分别测定水系沉积物成分分析标准物质实际沉积物样品中 TP 的含量。结果表明：本研究建立的灼烧-浸提-分光光度法，方法检出限为 0.94 mg/kg，分析沉积物标准物质的相对误差较小（<±3%），其中 GSD-9、GSD-26、GSS-29 的相对误差分别为-0.72%、-2.01%、1.03%，变异系数也较小（<3%），GSD-9、GSD-26、GSS-29 的变异系数分别为 1.22%、1.64%、2.97%；实际样品的变异系数因采样地点、有机质含量等的不同而差异较大，其范围为 0.04%～8.95%。由此可见，灼烧-浸提-分光光度法测定沉积物或土壤中 TP 的方法，测试结果准确性较高，可推广应用。

关键词：沉积物；TP；检出限；变异系数

1　研究背景

磷是引起水体富营养化的重要营养元素[1]，在外源得到控制的情况下，沉积物中磷的释放是决定水体中磷浓度的关键[2-3]，但沉积物中 TP 的测定还没有统一、高效、便捷的方法。目前，沉积物 TP 的测定方法主要有微波消解法、过硫酸钾消解法、高氯酸-硫酸消解法、碱熔法和欧盟标准测试方法（SMT）。微波消解法结合了高压消解和微波加热两方面的性能，是一种较为安全有效的样品前处理方法，已逐渐应用于多个领域的实际分析中[4-5]。黎国有等[6]对高氯酸-硫酸消解法和过硫酸钾消解法提取沉积物 TP 的结果进行了研究，证实高氯酸-硫酸消解法优于过硫酸钾消解法，但在实验过程中用到强氧化性酸，温控消煮过程控制对操作人员要求较高。碱熔法是参考土壤标准方法 HJ 632—2011，将土壤或沉积物样品经氢氧化钠熔融，样品中含磷物质可全部转化为可溶性的正磷酸盐而被测定[7]，但熔融过程需要镍坩埚，不适合大批量样品测定，测试成本高。SMT 法是欧洲标准测试委员会框架下发展的淡水沉积物磷形态分离方法，因重复性好而被广泛应用[8-10]，其中有 TP 的测定方法。

本研究对 SMT 法进行方法适用性探究，然后分别测定水系沉积物成分分析标准物质 GSD-9、GSD-26、GSS-29 中的 TP 含量，分析方法检出限、准确度和精密度，同时对洪湖、三峡库区、溪洛渡库区采集的沉积物样品进行 TP 含量的测定，进一步验证方法的可靠性和稳定性，为相关沉积物中 TP 含量准确检测提供一种新的测定方法。

基金项目：国家重点研发计划（2023YFC3208702 基金编号）；中央级公益性科研院所基本科研业务费基金（CKSF2021743/HL）。

作者简介：胡园（1988—），女，湖北麻城人，工程师，主要从事水环境治理研究工作。
通信作者：刘敏（1987—），男，高级工程师，主要从事水环境分析与流域水环境治理工作。

2 材料与方法

2.1 沉积物与实验设计

2.1.1 沉积物来源

实验沉积物样品选用中国地质科学院地球物理地球化学勘查研究所研制的水系沉积物成分分析标准物质及实验室野外采集的沉积物实际样品。沉积物标准样品选择了不同浓度和不同地域的 GBW07309（GSD-9）采自武汉长江沉积物［TP 含量（670±23）mg/kg］，GBW07377（GSD-26）采自西藏纳木措沉积岩区［TP 含量（498±23）mg/kg］，GBW07385（GSS-29）采自上海市崇明县新海镇［TP 含量（1 080±50）mg/kg］该标准样品于 1986 年定值，2003 年修订。沉积物实际样品选择研究较多的洪湖和三峡库区沉积物以及溪洛渡库区采集的沉积物。

2.1.2 主要仪器和试剂

BGZ-240 型电热鼓风干燥箱、BSA224S-CW 型电子天平、MF-1200C 型箱式电阻炉、Mikro 220R 型冷冻高速离心机、HZQ-X700C 型恒温振荡器、UV2600 型紫外分光光度计。

主要试剂：3.5 mol/L 盐酸、钼酸盐、10%抗坏血酸等。

2.1.3 实验设计

沉积物标准样品实验共进行 3 个批次，每批各做 6 个 GSD-9 平行，6 个 GSD-26 平行，6 个 GSS-33 平行，6 个空白；野外实际样品验证实验也进行 3 个批次，每批各做 3 个洪湖沉积物样品，3 个三峡沉积物样品，3 个溪洛渡沉积物样品，3 个空白，分析不同沉积物中 TP 含量。

2.2 实验方法

2.2.1 样品采集与预处理

利用抓泥斗挖取表层沉积物样品，新鲜沉积物样品放入干净的自封袋密封带回实验室。三峡、洪湖及溪洛渡沉积物采集回来后，用锡箔纸摊开晾干，用粉碎机研磨后，过 100 目筛，装袋备用。

2.2.2 沉积物中 TP 的分析操作步骤

①准确称量（200±5）mg 烘干的沉积物样品于坩埚中；②将坩埚放入马弗炉中 450 ℃灼烧 3 h，灼烧完后立即将样品放入干燥器中冷却；③待样品冷却后，小心将样品倾倒转移至离心管中，用滴定分次加入 3.5 mol/L HCl 提取液，先加入少量 HCl 提取液于坩埚中协助完全转移样品，HCl 提取液总加入量为 20 mL；④旋紧离心管盖帽，水平放置于摇床中，在恒温 25 ℃、振速 200 r/min 条件下振荡 16 h；⑤振荡结束后，在 5 000 r/min 离心力下离心 10 min，离心后立即将上清液转移至 25 mL 具塞比色管中；⑥采用磷钼蓝法测定上清液中的正磷酸盐浓度；⑦根据测得的磷酸盐浓度对应每一份样品的精确质量及上清液稀释倍数计算出沉积物样品中 TP 含量（见图 1）。

2.2.3 沉积物中物理性质的测定

有机质：通过 550 ℃条件下样品灼烧 4 h 得到的烧失量（LOI）计算。

含水率：称取 10 g 沉积物至于已称重的铝盒中，测定总质量后，将其放入烘箱中，在（105±5）℃下烘干至恒重，置于干燥器中冷却 45 min 后，再次称量总质量，两次总重量之差除以沉积物的质量即为沉积物的含水率。

3 结果与分析

3.1 方法检出限

按照样品分析的全部步骤，重复 n（$n \geqslant 9$）次空白试验，将各测定结果换算为样品中的 TP 含量，计算 n 次平行测定的标准偏差，按式（1）计算方法检出限。

$$\mathrm{MDL} = t_{(n-1,\ 0.99)}\, s \tag{1}$$

式中：MDL 为方法检出限；n 为样品的平行测定次数；t 为自由度为 $n-1$、置信度为 99%时的 t 分布（单侧）；s 为 n 次平行测定的标准偏差。

平行 9 次空白试验，测定及统计结果见表 1。

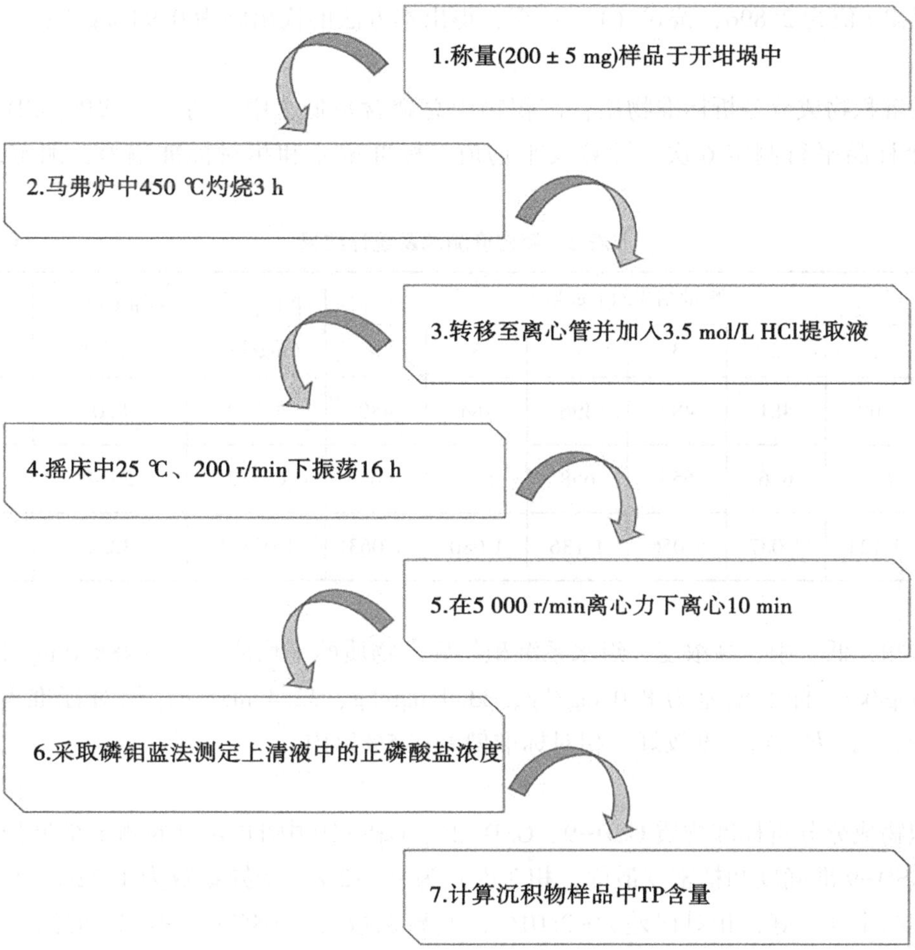

图 1　样品 TP 分析操作流程

表 1　方法检出限测试数据

平行样品编号	测定结果/(mg/kg)
1	0. 257 8
2	0. 340 9
3	0. 729 4
4	0. 729 4
5	1. 142 3
6	1. 142 3
7	0. 931 1
8	0. 866 2
9	1. 072 4
平均值 $\bar{x}$/(mg/kg)	0. 801 29
标准偏差 s/(mg/kg)	0. 324 96
t 值	2. 896
检出限/(mg/kg)	0. 94

从表 1 可知，此方法测得的空白平均值为 0.801 29 mg/kg，标准偏差为 0.324 96 mg/kg，查阅 t 分布图表，得出 t 值为 2.896，按式（1）计算，得出本方法的检出限为 0.94 mg/kg。

3.2 精密度

利用水系沉积物成分分析标准物质，沉积物中总磷含量低、中、高三个浓度 GSD-26、GSD-9、GSS-29，每个样品平行测定 6 次。计算其平均值、标准偏差和相对标准偏差，测定及统计结果见表 2。

表 2 精密度测试及统计结果

标准物质	测量结果/(mg/kg)						平均值 $\bar{x}$/(mg/kg)	标准偏差 s/(mg/kg)	相对标准偏差 RSD/%
	1	2	3	4	5	6			
GSD-26	500	481	487	496	484	480	488.0	8.0	1.64
GSD-9	673	676	655	658	666	664	665.2	23.4	3.58
GSS-29	1 124	1 087	1 056	1 136	1 080	1 063	1 091.1	32.4	2.97

由表 2 可知，低、中、高浓度三组水系沉积物标准物质的平均值分别为 488.0 mg/kg、655.2 mg/kg、1 091.1 mg/kg，标准偏差为 8.0 mg/kg、23.4 mg/kg、32.4 mg/kg，相对标准偏差为 1.64%、3.58%、2.97%。此方法精密度较好，相对标准偏差在 5%以内。

3.3 准确度

水系沉积物成分分析标准物质 GSD-9、GSD-26、GSS-29 中 TP 含量的测定结果如表 3 所示。三种沉积物中 GSD-9 准确度和精密度最优，相对误差为-0.72%，变异系数为 1.22%；GSD-26 的测定结果准确度和精密度较好，相对误差为-2.01%，变异系数为 1.64%；GSS-29 的测定结果准确度和精密度较差，相对误差为 1.03%，变异系数为 2.97%。

表 3 水系沉积物 TP 含量的测定结果

标准物质	测量结果/(mg/kg)						平均值/(mg/kg)	变异系数/%	参考值/(mg/kg)	相对误差/%
	1	2	3	4	5	6				
GSD-9	673	676	655	658	666	664	665.2	1.22	670 ± 23	-0.72
GSD-26	500	481	487	496	484	480	488.0	1.64	498±23	-2.01
GSS-29	1 124	1 087	1 056	1 136	1 080	1 063	1 091.1	2.97	1 080±50	1.03

通过标准物质的测量结果可知，利用 SMT 法测得的水系沉积物标准物质中 TP 含量与给定的标准物质参考值相对误差都较小，误差范围大多在 3%以内；6 次测定结果的变异系数也在 3%以内。

实际样品中 TP 含量的测定结果见表 4。洪湖沉积物 TP 的测定结果与潘雄等测定结果（TP 含量在 502.7~1 252.4 mg/kg）相吻合[11]，三峡沉积物 TP 的测定结果与贺阳的研究结果（全磷含量在 314~2 799 mg/kg）相符[12]。其中，洪湖 1、洪湖 2、洪湖 3 的变异系数分别为 0.46%、0.54%、0.51%；三峡 1、三峡 2、三峡 3 的变异系数分别为 0.91%、0.07%、2.21%；溪洛渡 1、溪洛渡 2、溪洛渡 3 的变异系数分别为 1.48%、0.13%、0.04%。

表4　实际样品沉积物 TP 含量的测定结果

标准物质	测量结果/(mg/kg)			变异系数/%
	1	2	平均值	
洪湖 1	675	671	673	0.46
洪湖 2	571	575	573	0.54
洪湖 3	627	622	625	0.51
三峡 1	771	781	776	0.91
三峡 2	976	975	975	0.07
三峡 3	856	830	843	2.21
溪洛渡 1	832	850	841	1.48
溪洛渡 2	637	636	636	0.13
溪洛渡 3	1 237	1 238	1 238	0.04

水系沉积物中有机质和含水率的参考值与实际样品中有机质和含水率含量的测定结果见表5。沉积物中总磷的含量受多种因素影响，包括但不限于有机质含量、含水率。随着有机质分解，磷可能会被释放出来，从而增加水体中的磷含量。有机质分解过程中，微生物活动会促进磷的各种形态之间的转化，使得沉积物中的磷变得更加活跃，更容易被植物吸收或再循环回水体中。与此同时，较高的含水率意味着更多的水可以溶解沉积物中的磷，并促进其在水体中的迁移。含水率的变化会影响沉积物的氧化还原状态，进而影响磷的化学形态。

表5　水系沉积物和实际样品中的有机质和含水率统计表

标准物质	有机质含量/%	含水率/%	TP 含量/(mg/kg)	有机物/TP
洪湖 1	11.68	73.99	673	173.55
洪湖 2	7.10	47.78	573	123.91
洪湖 3	7.36	58.09	625	117.76
三峡 1	8.84	68.14	776	113.92
三峡 2	5.61	41.37	975	57.54
三峡 3	6.22	48.07	843	73.78
溪洛渡 1	5.74	37.48	841	68.25
溪洛渡 2	5.34	31.29	636	83.96
溪洛渡 3	6.31	39.26	1 238	50.97

实际样品的含水率都较高，且在采集地区的人为干扰对沉积物中 TP 含量的影响较大，有机物/TP 的比值在 50.97~173.55 变化，均值为 96.97，有机质/TP 比值较高[13-14]，这使得沉积物中 TP 更容易被释放到水体中，因此准确测量沉积物中 TP 含量至关重要。

其中，洪湖沉积物的有机物/TP 的比值最高（117.76~173.55），样品的含水率也在 58.09%~73.99%这一较高的范围，有机质含量为 7.10%~11.68%，其变异系数为 0.46%~0.54%；三峡沉积物的有机物/TP 的比值为 57.54~113.92，样品的含水率为 41.37%~68.14%，有机质含量为 5.61%~8.84%，其变异系数为 0.07%~2.21%；溪洛渡沉积物的有机物/TP 的比值为 50.97%~83.96%，样品的含水率为 31.29%~39.26%，有机质含量为 5.34%~6.31%，其变异系数为 0.04%~1.48%。

4 结论

参照 SMT 法，先利用马弗炉灼烧水系沉积物标准物质与实际样品沉积物后，再用 3.5 mol/L HCl 提取 16 h，提取完成后立即离心分离提取液，及时取提取液测定其中磷含量。本研究建立的灼烧-浸提-分光光度法，方法检出限为 0.94 mg/kg，精密度为 1.64%~3.58%，适用于测定土壤或底泥沉积物中 TP 含量，标准物质相对误差较小（-2.01%~1.03%），变异系数也较小（1.22%~2.97%）。通过实际样品测定结果验证发现，人类影响较大区域的沉积物样品相对误差差异性较大，这可能与采集的沉积物样品含水率及有机质含量有关，但测定结果的变异系数差异性较小。由此可推断，本研究测定土壤或沉积物的方法可作为今后分析土壤或沉积物样品 TP 的一种可靠的参考方法。

参考文献

[1] 陈国祥，刘双，王娜，等．磷对水生植物菱及睡莲叶生理活性的影响［J］．南京师大学报（自然科学版），2002，25（1）：71-76.

[2] ABRAMS M M，JARRELL W M. Soil-phosphorus as a potential nonpoint-source for elevated stream phosphorus levels［J］. Journal of Environmental Quality，1995，24（1）：132-138.

[3] XIE L Q，XIE P，TANG H J. Enhancement of dissolved phosphorus release from sediment to lake water by Microcystis blooms-an enclosure experiment in a hyper-eutrophic ，subtropical Chinese lake［J］．Environmental Pollution，2003，122（3）：391-399.

[4] 田春秋，邵坤．微波消解-磷钼蓝分光光度法测定土壤和水系沉积物中的总磷［J］．冶金分析，2013，33（12）：52-56.

[5] 江锦花，柯世省，梁华定．微波消解法测定湖泊和海洋沉积物中总磷含量［J］．台州学院学报，2004，26（6）：62-64.

[6] 黎国有，王雨春，陈文重，等．两种消解法测定沉积物总磷的对比［J］．中国环境监测，2013，29（3）：112-116.

[7] 环境保护部科技标准司．土壤 总磷的测定 碱熔-钼锑抗分光光度法：HJ 632—2011［S］．北京：中国环境科学出版社，2011.

[8] RUBAN V，BRIGAULT S，DEMARE D，et al. An investigation of the origin and mobility of phosphorus in freshwater sediments from Bort-Les-Orgues Reservoir，France［J］. Journal of Environmental Monitoring，1999，1（4）：403-407.

[9] RUBAN V，LOPEZ-SANCHEZ J F，PARDO P，et al. Harmonized protocol and certified reference material for the determination of extractable contents of phosphorus in freshwater sediments-a synthesis of recent works［J］．Fresenius' Journal of Analytical Chemistry，2001，370（2/3）：224-228.

[10] 俞振飞，王国祥，钱君龙，等．SMT 法测定沉积物标准样品有机磷形态分析方法探究［J］．中国环境监测，2013，29（3）：117-122.

[11] 潘雄，顾文俊，李欢，等．洪湖沉积物碳氮磷分布特征及污染评价［J］．长江科学院院报，2021，38（8）：41-46.

[12] 贺阳．三峡库区腹心地带消落区土壤氮磷含量调查及其释放潜力分析［D］．重庆：重庆大学，2009.

[13] 王朝晖，李友富，牟德海．大亚湾大鹏澳海域 C、N、B、Si 的沉积记录研究［J］．海洋环境科学，2010，29（1）：1-7.

[14] 何桐，杨文丰，谢健，等．大亚湾柱状沉积物中 C、N、P 的分布特征及其环境意义［J］．海洋环境科学，2015，34（4）：524-529.

某电站埋藏式钢岔管残余应力测试及分析

王光旭[1]　傅含富[2]　姜胜先[1]　谭　新[1]

（1. 长江水利委员会长江科学院，湖北武汉　430010；
2. 浙江宁海抽水蓄能有限公司，浙江宁波　315600）

摘　要：焊接残余应力是评价钢岔管焊接制作质量的重要指标，较低且均匀的残余应力是确保钢岔管正常运行的重要保障。本文以某抽水蓄能电站埋藏式钢岔管为例，对其进行了水压试验前后的残余应力测试，并从残余应力峰值消除率、残余应力平均消除率和残余应力均化率等方面对钢岔管残余应力消除效果进行了分析，测试结果表明：该钢岔管制作质量较好，水压试验对其残余应力的消除效果较好。测试成果为该钢岔管的安全运行提供了数据支撑，同时可为类似电站钢岔管及其他大型异形钢结构残余应力测试和分析提供参考。

关键词：钢岔管；残余应力测试；水压试验；残余应力消除率

1　引言

水电站钢岔管是电站厂房引水管道分岔部位的管段，主要由主管段、锥管段及支管段组成[1]。埋藏式钢岔管结构的特点是母材钢板厚、拼接焊缝多及焊接拘束度大，由于钢岔管以上的结构特点，加之其在焊接组装过程中局部受热，致使其在焊接组装完成后会产生较高的残余应力。通常情况下，较高的残余应力会降低钢岔管在运行期的强度、刚度、稳定性和耐腐蚀性，从而降低其使用寿命，甚至造成破坏事故。因此，为保证钢岔管长期安全稳定地运行，在其安装前应进行消应处理。

目前，水压试验是消除钢岔管残余应力的一个常用方式[2]，其优点在于水压试验不仅可以使钢岔管残余应力重新分布，消除尖端应力，达到削峰效果，同时还可以检验钢岔管的焊接制作质量，验证结构设计的可靠性和合理性[3]。然而，如何评价水压试验对钢岔管残余应力的消除效果，则需要在水压试验前后测定钢岔管特定部位的残余应力并进行对比分析。残余应力的测定方法可分为破坏性测量法和无损测量法两种，破坏性测量法包括盲孔法、压痕法、取条法、切槽法及剥层法等，无损测量法包括X射线法、磁性法及超声法等。X射线法因其对钢岔管结构无破坏，测量精度高且重复性、再现性好等优点，被广泛地应用于钢岔管等大型复杂异形结构的残余应力测试中。因此，本文拟以某电站埋藏式钢岔管为例，采用X射线法测定水压试验前后钢岔管特定部位的残余应力，并对测试结果进行分析评价，以期为后续钢岔管的稳定运行提供技术支撑，同时为类似钢岔管及其他大型异形钢结构的残余应力测试提供参考。某抽水电站钢岔管为内加强月牙肋形埋藏式钢岔管，其主管管径5.4 m，支管管径3.8 m，月牙肋板厚130 mm，材料为800 MPa级高强钢，钢岔管运行时最大净水头502 m，HD值3 877 m·m，属于高水头、大HD值巨型岔管。

基金项目：中央级公益性科研院所基本科研业务费项目（CKSF2023299/CQ）。
作者简介：王光旭（1990—），男，工程师，主要从事水工金属结构安全分析及评价工作。
通信作者：姜胜先（1995—），男，工程师，主要从事水工金属结构试验及研究工作。

2 残余应力测试方案

2.1 测区布置

根据钢岔管三维有限元分析结果，结合钢岔管制作及焊缝分布情况，选取具有代表性的部位作为残余应力测试区域，共选取 A、B、C、D、E、F 共计 6 个部位作为残余应力测区，其中 A、C、D、E、F 测区为对接焊缝测区，B 测区为 T 形焊缝测区，测区布置如图 1 所示。

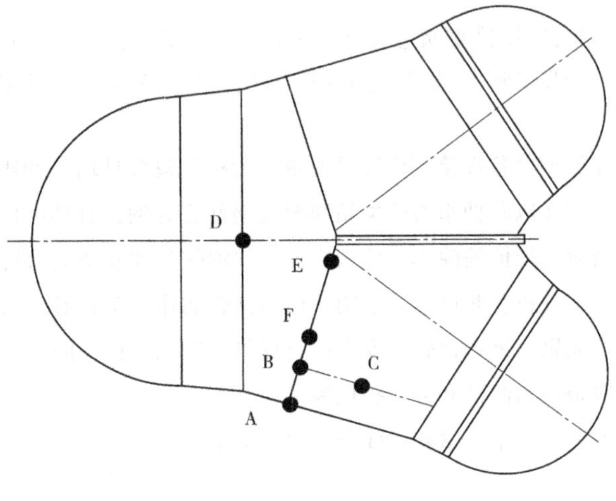

图 1 残余应力测区布置示意图

2.2 测区表面处理

测区布置完成后，对各测区进行表面处理，划定测量区域，先用磨光机磨平测区部位焊缝余高，再用抛光轮精细打磨，最后用饱和盐水作电解质进行电解抛光，直至消除磨痕，并清晰地分辨出焊缝、熔合线、热影响区和母材。

2.3 测点布置

测区表面处理完成后，每个测区按垂直焊缝的方向标记测点，测点覆盖焊缝、热影响区和母材，每个测区共布置 7 个测点，对接焊缝与 T 形焊缝测点布置如图 2 所示，其中 σ_x 为平行于焊缝方向的焊接残余应力，σ_y 为垂直于焊缝方向的焊接残余应力。

3 残余应力消除效果评价方法

钢岔管焊接残余应力消除的程度及评判标准，目前行业内尚无相关规范或标准进行指导说明。彭建国等[4] 从平均应力消除率、最大应力消除率和总平均应力消除率 3 个方面对钢岔管残余应力消除效果进行了分析，关磊等[5] 从单点应力降低率和平均应力降低率 2 个方面对钢岔管残余应力消除效果进行了分析。以上对残余应力消除效果的分析均各有侧重点，但分析方法较为单一，而靳红泽等[6] 提出了从残余应力峰值消除率、平均消除率和均化程度 3 个方面评价钢岔管焊接残余应力的消除效果，分析方法较为全面，具有较好的可借鉴性。

3.1 残余应力峰值消除率 R_p

在对应测区中，水压试验前所测残余应力超过 $0.5\sigma_s$ 的值称为残余应力峰值，相应的测点称为峰值点，其值用 σ_p 表示，各峰值测点水压试验后的残余应力测试值用 σ'_p 表示。残余应力峰值消除率为反映各测区或整个钢岔管测点的残余应力峰值消除效果，其计算公式如下：

$$R_p = \frac{\overline{\sigma_p} - \overline{\sigma'_p}}{\overline{\sigma_p}} \times 100\% \tag{1}$$

式中：$\overline{\sigma_p}$ 为试验前某一测区或整个钢岔管各峰值点 σ_p 的算术平均值，MPa；$\overline{\sigma'_p}$ 为某一测区或整个钢岔

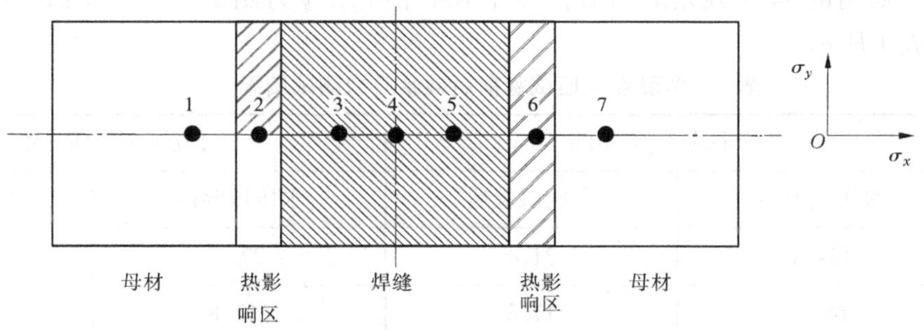

(a)对接焊缝测区测点布置示意图

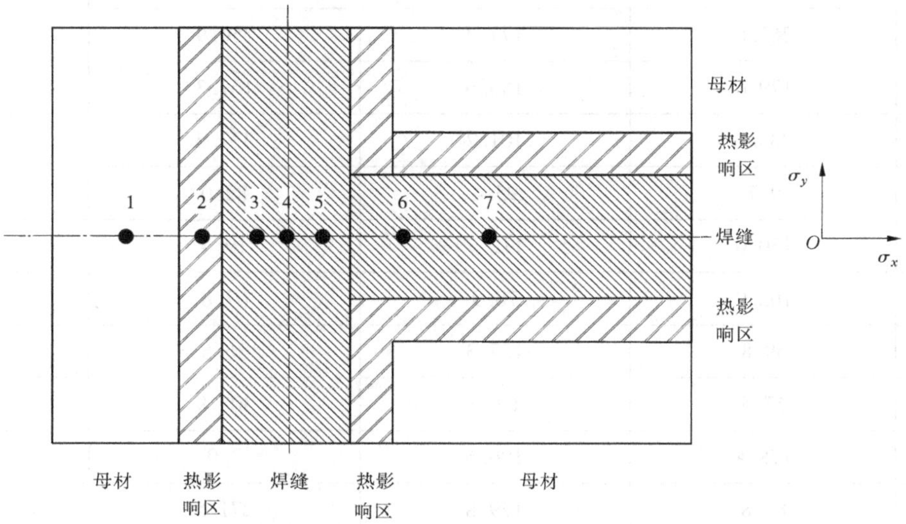

(b)T形焊缝测区测点布置示意图

图 2　测点布置示意图

管各峰值点水压试验后 σ'_{p} 的算术平均值，MPa。

3.2　残余应力平均消除率 R_{a}

残余应力平均消除率为反映各测区或整个钢岔管测点残余应力的整体消除效果，其计算公式如下：

$$R_{\mathrm{a}} = \frac{\overline{\sigma}_{\mathrm{a}} - \overline{\sigma}'_{\mathrm{a}}}{\overline{\sigma}_{\mathrm{a}}} \times 100\% \tag{2}$$

式中：$\overline{\sigma}_{\mathrm{a}}$ 为试验前某一测区或整个钢岔管各测点残余应力的算术平均值，MPa；$\overline{\sigma}'_{\mathrm{a}}$ 为试验后某一测区或整个钢岔管各测点残余应力的算术平均值，MPa。

3.3　残余应力均化率 R_{d}

残余应力均化率为反映各测区测点残余应力被平均化的程度，其计算公式如下：

$$R_{\mathrm{d}} = \frac{\sigma_{\mathrm{d}} - \sigma'_{\mathrm{d}}}{\sigma_{\mathrm{d}}} \times 100\% \tag{3}$$

式中：σ_{d} 为各测区内水压试验前残余应力最大值和最小值之差，称为残余应力幅度差，MPa；σ'_{d} 为各测区内水压试验后残余应力最大值和最小值之差，称为残余应力幅度差，MPa。

4　残余应力测试成果及分析

残余应力测试共测 6 个测区，每个测区布置 7 个测点，每个测点分别测量其 X 和 Y 方向残余应力，水压试验前后分别测量 84 个残余应力值，共计 168 个残余应力测试值。水压试验前后各测点残余应力测试结果如表 1 所示。

表 1　各测点水压试验前后残余应力测试结果

测点编号		X 方向应力值/MPa		Y 方向应力值/MPa	
		水压试验前	水压试验后	水压试验前	水压试验后
A 测区	1	124. 4	31. 4	27. 6	45. 3
	2	68. 2	17. 8	217. 8	108. 3
	3	70. 1	126. 6	240. 4	171. 2
	4	262. 8	177. 7	350. 9	221. 9
	5	179. 6	155. 6	161. 3	159. 9
	6	233. 1	101. 2	327. 4	98. 5
	7	9. 7	95. 4	82. 0	105. 0
B 测区	1	150. 0	112. 7	19. 4	125. 9
	2	162. 0	78. 9	67. 8	278. 4
	3	59. 8	127. 3	36. 5	237. 3
	4	67. 5	63. 0	308. 9	273. 3
	5	178. 4	106. 6	2. 9	132. 9
	6	86. 8	129. 8	271. 5	66. 0
	7	62. 8	87. 5	156. 5	43. 8
C 测区	1	22. 4	52. 2	105. 0	99. 4
	2	245. 4	106. 3	241. 8	178. 1
	3	302. 1	177. 6	324. 5	181. 5
	4	63. 2	168. 3	221. 8	165. 1
	5	105. 8	106. 6	154. 1	97. 1
	6	132. 1	159. 3	85. 6	34. 4
	7	235. 0	175. 2	176. 0	171. 5
D 测区	1	140. 4	79. 4	89. 1	87. 9
	2	146. 1	193. 2	205. 9	151. 8
	3	93. 3	106. 8	238. 8	183. 8
	4	92. 9	149. 1	113. 4	32. 1
	5	3. 0	41. 6	186. 9	100. 0
	6	110. 7	33. 8	13. 4	11. 7
	7	165. 2	128. 1	120. 4	31. 7

续表 1

测点编号		*X* 方向应力值/MPa		*Y* 方向应力值/MPa	
		水压试验前	水压试验后	水压试验前	水压试验后
E测区	1	132.1	58.0	196.0	20.4
	2	6.3	11.5	377.2	0.9
	3	99.2	34.6	218.2	67.5
	4	237.8	180.5	223.1	128.7
	5	280.3	231.4	23.1	100.9
	6	103.0	61.0	106.5	126.8
	7	46.7	23.6	7.6	89.3
F测区	1	261.1	129.7	112.2	100.5
	2	331.8	172.8	168.1	170.7
	3	344.3	267.7	311.4	226.2
	4	131.9	172.3	352.1	153.9
	5	138.3	106.2	202.7	155.8
	6	19.8	29.8	1.3	24.1
	7	321.3	182.3	172.7	154.8

由表 1 可知，水压试验前各测点中最大残余应力值为 377.2 MPa，位于 E 测区焊缝热影响区，为 *Y* 方向残余应力，远小于母材的屈服极限（685 MPa），说明钢岔管的设计方案是合理的，且焊接制作工艺较好，水压试验后各测点中最大残余应力值为 273.3 MPa，位于 B 测区焊缝中心点，为 *Y* 方向残余应力。绘制各测区的残余应力测试数据柱状图，分别见图 3~图 8。

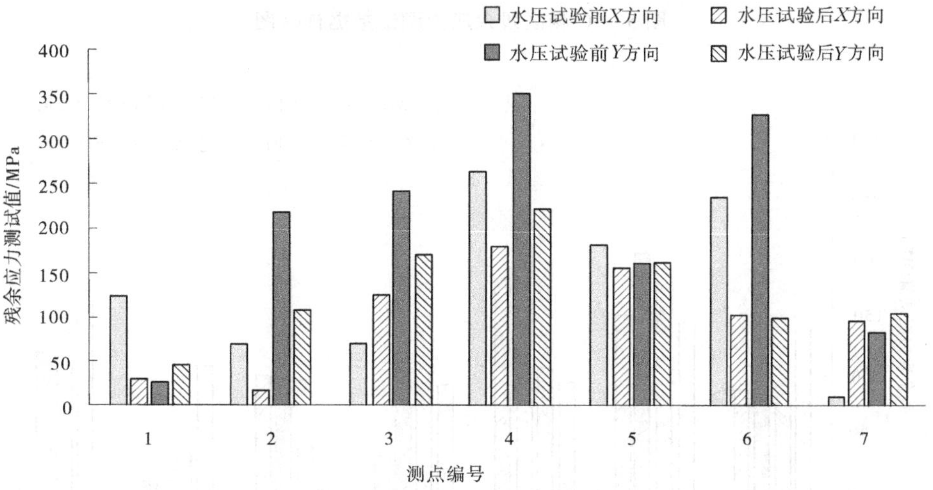

图 3　A 测区残余应力测试数据柱状图

由图 3~图 8 可知，各测区水压试验前后各测点中多数测点呈下降趋势，少数测点试验后残余应力值变大，整体呈下降趋势。

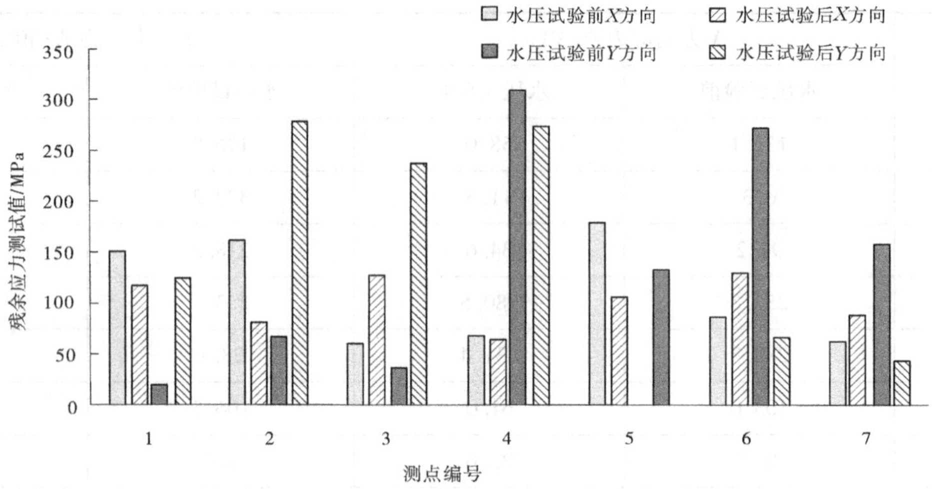

图 4　B 测区残余应力测试数据柱状图

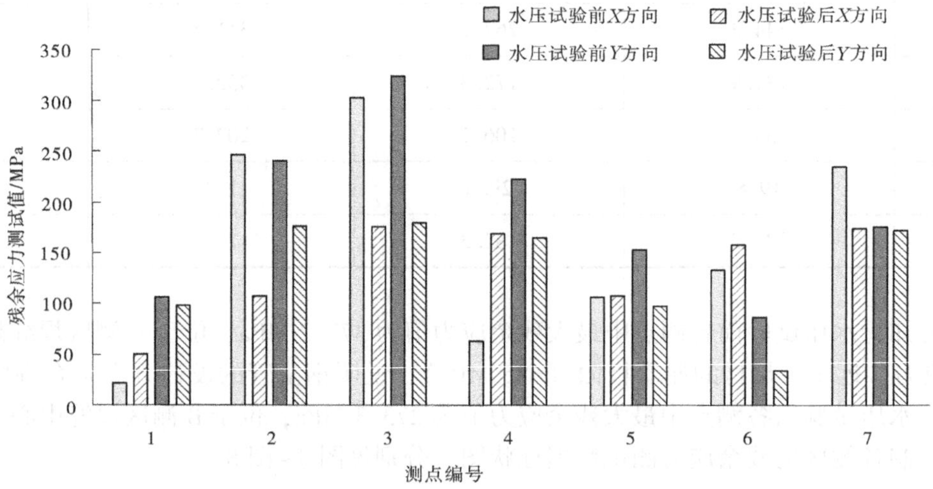

图 5　C 测区残余应力测试数据柱状图

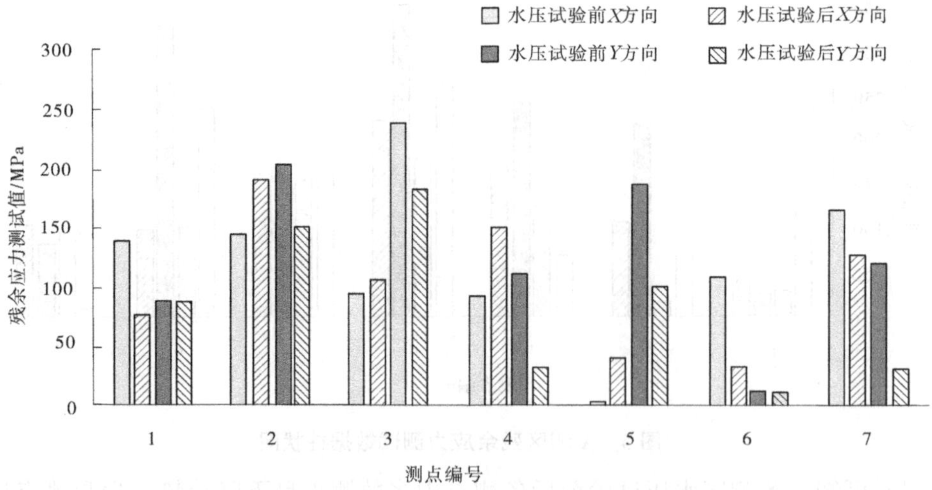

图 6　D 测区残余应力测试数据柱状图

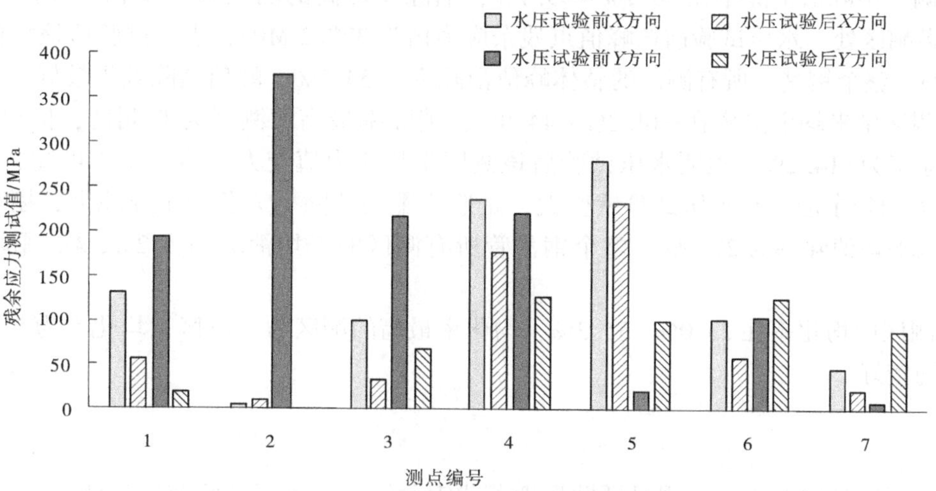

图 7　E 测区残余应力测试数据柱状图

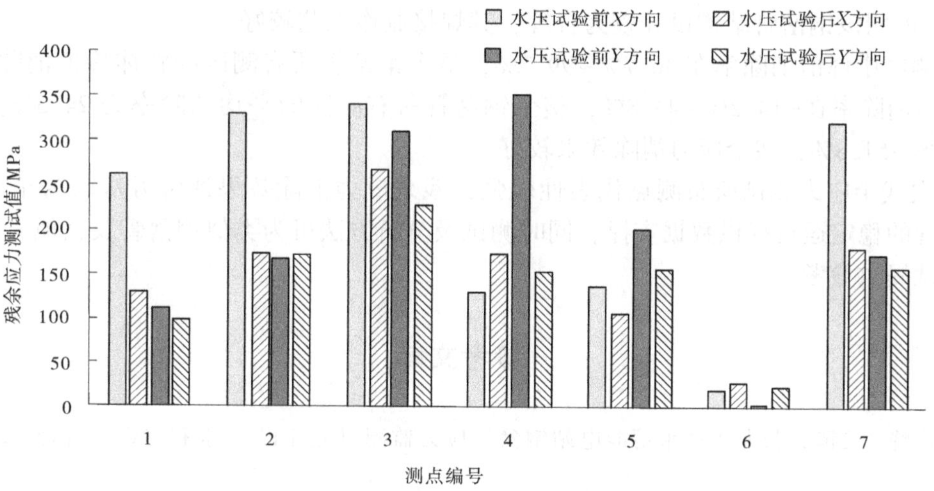

图 8　F 测区残余应力测试数据柱状图

为定量描述水压试验对各测点残余应力的消除效果，统计出各部位残余应力峰值消除率、平均消除率和均化率如表 2 所示。

表 2　水压试验前后各部位残余应力消除效果统计

%

测区编号	测区峰值消除率	整体峰值消除率	测区平均消除率	整体平均消除率	测区均化率
A	36.7	54.7	31.3	24.3	40.1
B	—		-14.2		25.0
C	—		22.4		51.3
D	—		22.5		23.0
E	99.7		44.8		37.8
F	39.5		28.6		30.5

由表 2 可知：

（1）各测区中峰值消除率在 36.7%~99.7%，消除率最高的测区为 E 测区，该测区共一个峰值点，位于热影响区处，水压试验前该峰值点残余应力值为 377.2 MPa，水压试验后该峰值点残余应力值为 0.9 MPa，整个钢岔管所有测区的整体峰值消除率为 54.7%，峰值消除效果较好。

（2）各测区中平均消除率在-14.2%~44.8%，消除率最高的测区为 E 测区，值得注意的是，B 测区平均消除率为-14.2%，表明水压试验后该测区平均应力值变大，结合图 4 可知，该测区 1、2、3、5 测点 Y 方向残余应力在水压试验后变大，是造成平均消除率为负的主要原因，剔除这几个测点数据，该测区平均消除率为 27.6%，整个钢岔管所有测区的平均消除率为 24.3%，平均值消除效果较好。

（3）各测区中均化率在 23.0%~51.3%，均化率最高的测区为 C 测区，均化率为 51.3%，所有测区均化效果均较好。

5 结论

通过对某电站对称 Y 形内加强月牙肋形埋藏式钢岔管进行水压试验前后的残余应力测试及分析，得到结论：

（1）水压试验前，钢岔管所布测点中，残余应力最大值为 377.2 MPa，远小于母材屈服极限（685 MPa），说明该钢岔管结构设计较为合理，其焊接制作工艺较好。

（2）各测区中峰值消除率在 36.7%~99.7%，整个钢岔管所有测区的整体峰值消除率为 54.7%，各测区中平均消除率在-14.2%~44.8%，整个钢岔管所有测区的平均消除率为 24.3%，各测区中均化率在 23.0%~51.3%，残余应力消除效果较好。

（3）本次残余应力测试所布测点代表性较强，残余应力消除效果评价方法较为全面，测试结果可为该钢岔管的稳定运行提供数据支撑，同时测试及分析方法可为类似钢岔管及其他大型异型结构的残余应力测试提供参考。

参考文献

[1] 关磊，岳高峰，吴鹏．长龙山抽水蓄能电站钢岔管应力监测研究［J］．水利建设与管理，2021，41（12）：26-30.

[2] 王辉．某管道建安工程水压试验方案分析［J］．水利规划与设计，2017（5）：132-134.

[3] 孔垂雨，靳红泽，耿红磊，等．非接触应变测量系统在钢岔管水压试验中的应用［J］．水利技术监督，2017，44（6）：139-143.

[4] 彭建国，余健，刘蕊．高强钢岔管残余应力测试与研究：以呼和浩特抽水蓄能电站为例［J］．水电与新能源，2016（3）：1-4，11.

[5] 关磊，余鹏翔，邱丛威．水电站钢岔管残余应力测试与分析［J］．水利技术监督，2021（5）：6-8，79.

[6] 靳红泽，曹佳丽，杜雅楠，等．钢岔管水压试验消除焊接残余应力效果评价方法探讨［J］．水电与抽水蓄能，2021，7（4）：71-74.

新时期水利检验检测机构能力建设和质量提升的思考

杨晓红　翁月娇　汪　洋

（长江水利委员会河湖保护与建设运行安全中心，湖北武汉　430010）

摘　要：水利检验检测机构作为水利高质量发展的基础支撑，其能力建设和质量提升对于保障水利工程质量安全、水利产品与设备质量以及水环境监测等方面具有重要意义。随着国家对检验检测机构的准入政策放宽，导则市场化竞争进一步加剧，水利检验检测机构面临诸多挑战。本文探讨了新时期水利检验检测机构能力建设和质量提升的重要性、现状及存在的问题，并提出了相应的对策建议，旨在为我国水利检验检测机构的发展提供参考。

关键词：检验检测；能力建设；问题；对策

1　引言

近年来，随着我国水利基础设施建设步伐的持续加快，水利检验检测机构在强化水利工程质量安全、推动水利行业向高质量发展阶段迈进的过程中，扮演了至关重要的角色。然而，面对国内外环境的复杂变化和新技术的不断涌现，水利检验检测机构的能力建设和质量提升显得尤为迫切。本文旨在分析新时期水利检验检测机构能力建设和质量提升的现状及存在的问题，并提出相应的对策建议，以期为我国水利检验检测机构的发展提供新的思路和方法。

2　水利检验检测机构能力建设和质量提升的重要性

2.1　保障水利工程质量安全

水利工程质量直接关系到人民生命财产安全和经济社会稳定。水利检验检测机构通过对水利工程材料、结构、环境等进行全面检测，能够及时发现并纠正存在的问题，确保水利工程质量符合标准要求。因此，加强水利检验检测机构的能力建设和质量提升，对于保障水利工程质量安全具有重要意义。

2.2　促进水利行业高质量发展

水利行业的高质量发展是我国经济社会进步不可或缺的关键一环。水利检验检测机构作为水利行业的技术支撑力量，其能力建设和质量提升直接关系到水利行业的技术水平和创新能力。因此，加大对水利检验检测机构的能力建设和质量提升，不仅可以提升行业技术竞争力，更是驱动水利行业技术创新、加速产业升级，最终实现高质量发展的关键驱动力。

2.3　应对市场化竞争的挑战

随着国家对检验检测机构准入政策的放宽和市场化竞争的加剧，水利检验检测机构面临前所未有的挑战。为了在激烈的市场竞争中保持领先地位，水利检验检测机构亟待强化自身能力建设，致力于质量提升，不断优化服务质量和提升技术水平，以满足市场与客户的多元化、高标准需求。

作者简介：杨晓红（1973—），女，高级工程师，主要从事水利工程质量监督和质量检测管理工作。

3 水利检验检测机构发展现状

3.1 水利检验检测市场发展前景广阔

近年来，我国水利行业投资持续大幅增长，“十三五”期间水利发展改革投资规模达 2.43 万亿元[1]。进入“十四五”后，水利投资更是持续发力，2023 年水利建设完成投资 11 996 亿元，在 2022 年首次迈上万亿元大台阶基础上，再创历史最高纪录。面对水利建设投入的不断增加，水利工程检验检测市场发展前景广阔。

3.2 机构数量及地域分布情况

伴随着水利建设市场投资规模的持续增长，水利检验检测机构也发展迅速。截至 2022 年底，我国水利工程质量检测行业共有 808 家检测机构，其中企业 765 家，事业单位 43 家[2]。在地域分布上，截至 2022 年底，我国水利工程质量检测机构的地域分布情况为：东北地区 79 家，华北地区 59 家，西北地区 109 家，西南地区 147 家，华东地区 236 家，中南地区 178 家[2]。可以看出，在经济相对发达、检验检测需求较大的东部沿海地区检验检测机构数量较多，而东北、华北、西北等经济相对落后的地区检验检测机构数量相对较少，呈现出分布不均匀、发展不均衡的特点。

3.3 技术能力和机构规模

随着水利检验检测机构数量的迅速扩张，其技术能力也得到了长足进步。截至 2022 年底，我国水利工程质量检测机构参数数量 783 751 项，产品标准数量 101 011 项，方法标准数量 356 434 项，基本上形成了较为全面的参数标准体系。水利工程质量检测机构全部仪器设备 497 959 台（套），50 万元以上仪器设备 1 721 台（套），其中进口仪器设备 8 951 台（套）。一般产品检测设备的国产化率不断加快，现已基本能够满足各类检测工作的需求。水利工程质量检测机构总面积 2 895 250.9 m^2，其中实验室面积 1 762 395.2 m^2。检验检测机构环境条件得到较大改善，同时场所管理逐渐标准化、制度化。

在机构规模上，当前水利检验检测机构仍以小微型机构为主。截至 2022 年底，我国水利工程质量检测行业大型机构 15 家（营收 507 641.4 万元），中型机构 131 家（营收 801 280.3 万元），小型机构 659 家（营收 556 025. 8 万元），微型机构 3 家（营收 295 万元），检验检测行业运行方式逐渐由政府主导向由市场主导的自由竞争模式转变[2]，水利检验检测行业市场化是大势所趋。

4 水利检验检测机构存在的问题

4.1 管理体系不完善

部分水利检验检测机构在管理体系建设方面存在不足，对质量管理体系的重视程度不够，管理体系的建立和运行仅停留在文字上，缺乏可操作性和执行力度。一些机构编写的管理体系文件，只根据标准要求将各项规定文件化，没有结合实验室实际运行情况去编写，从而导致一些具体工作描述不清，实际操作时往往无从下手。有的机构甚至出现管理体系文件制定后长期不对其进行审查修订，日常工作时也不按管理体系文件规定来执行。久而久之，导致机构实际运行与管理体系文件脱节，体系文件成了“一纸空文”。

4.2 人员素质参差不齐

水利工程质量检测因其专业性和复杂性，对检测人员的专业能力与职业素养有着较为严苛的要求。检测人员的专业素养直接关乎检测工作能否顺畅进行以及检测结果的准确性，其重要性不言而喻。《水利工程质量检测管理规定》（水利部令第 36 号）明确要求水利检验检测机构从事检测工作的技术人员应当具有水利工程质量检测职业资格或具备水利水电工程及相关专业中级以上技术职称，以确保检测工作的专业性与权威性。部分机构在开展业务时因考虑检测成本等因素，通常会使用临时聘用人员进行工作，从而导致检测人员的专业素质和技术水平得不到有效保证。检测人员职业水平较低，人员紧张，无法有效保证检测工作的及时有效开展已成为许多机构的共性问题。此外，检验检测机构不能及时对检测人员进行定期培训，导致检测人员综合能力水平较低，设备操作能力不强，应变能力不足，严重影响了质量检测工作的质量，也制约了质量检测工作的作用发挥。

4.3 能力建设滞后

虽然当前水利检验检测行业处于蓬勃发展期，但部分检验检测机构因资金不足或观念落后，未能及时引进先进的检测设备和技术，导致检测能力受限，难以满足水利行业日益复杂的检测需求。同时在新技术、新方法的研究和应用方面投入不足，缺乏自主创新能力，难以跟上行业发展的步伐。与此同时，受限于自身能力，部分机构只能提供基本的检测服务，无法满足客户多样化的需求，导致服务范围有限。更有甚者，一些中小型民营机构无序竞争，扰乱检验检测市场，出现检测工作质量不高、伪造检验数据等问题。这些因能力建设滞后带来的直接后果是使得这部分检验检测机构不能适应新形势、新要求，同时又影响和制约了自身的进一步发展。

4.4 信息化、智能化水平低

检验检测工作有其自身独特的特点，检测过程通常涉及大量的数据采集、运算、分析和处理工作。采用人工采集数据、计算分析和编辑报告的传统方式，不仅会导致检测工作效率低下，而且质量也难以保障。这在一定程度上也影响了工程质量检测数据的准确性和施工质量检测结果反馈的时效性。在人员成本居高不下的时代，尽可能多地将标准化的工作通过信息化手段替代，既能提高效率，又能减小失误率。此外，新兴产业、新兴技术的发展影响检验检测行业的发展[3]。互联网+、云计算、大数据、人工智能等新兴技术将会影响现有检测的思路和架构，未来可能会引发行业颠覆性的变化[4]。例如：快速测试技术的重大突破，将大大简化检验检测大型设备的复杂操作；虚拟技术与量子技术的深入应用，可实现样品无须送达即可实现远程化“傻瓜化”的检验检测等，这些新技术、新趋势将可能导致检验检测行业生态的重大变化。检验检测技术在“互联网+”的时代背景下，与人工智能融合，将会衍生出新的价值，促进检验检测行业的长远发展[5]。

从监管角度来说，水利工程质量监督部门在面对工程质量检测过程中产生的浩如烟海的检测数据和信息时，也无法实现系统、全面、完整地开展针对性监管，不利于水利工程质量检测以及水利工程的高质量发展[6-9]。

5 水利检验检测机构高质量发展对策建议

5.1 优化质量管理体系

检验检测机构应结合自身实际状况，建立与自身检验检测活动相适应并保证其独立、公正、科学、诚信的质量管理体系。质量管理体系的优化，核心就在于实验室的日常运作要与管理体系深度融合，实现“实践与理念高度契合”。这意味着必须严格遵守管理体系的各项规定，并建立起体系文件的周期性审查机制，涵盖审查周期、方法、关键点、记录及结果处理等多个维度。一旦发现实际操作运行与质量管理体系之间存在不契合或脱节现象，必须即刻触发修订程序的启动，并着手进行具体的、有目标的改进措施，以确保质量管理体系能够保持其连续性与健康运行的状态。

5.2 提高人员专业技术水平和综合素质

检验检测机构在开展各项检测工作时，应鼓励并激发员工的积极性和创造力，将关注焦点放在促进员工全面成长与发展上。机构应基于自身的发展蓝图，针对当前人员配置中的不足，用科学的指导策略精心设计比较全面的人员培训计划。这些培训计划的形式与内容要力求多元化，特别要强化实操技能方面的训练。为此，机构可定期安排实操演练，为员工提供实践平台；若条件允许，也可邀请行业专家亲临现场指导，分享宝贵经验，这样还可以促进不同机构间的技术交流与合作。

针对演练及日常工作中遇到的挑战与难题，鼓励员工进行系统性的反思与总结，并建立详尽的记录机制，以便后续分析与改进。此外，机构还应为员工搭建一个开放的平台，通过定期举办金点子、头脑风暴会议等多种形式的活动，鼓励大家自由交流心得、分享创新想法，以此促进团队凝聚力与整体能力的提升[10]。

5.3 加强能力建设

在追求高质量发展的宏观环境下，推动水利检验检测行业实现高质量发展不仅是时代赋予的必然使命，也是行业发展的主流趋势。在加强水利检验检测机构能力建设的过程中，不仅要聚焦于硬件设施的升级与扩展，还需在软件管理、技术创新、人才培养及服务质量优化等多个维度上同步发力，以全面提升机构的综合竞争力和市场适应性。在深化硬件设施方面，机构应在逐步完善仪器设备配有率的基础上，优先选择高精度、高效率、智能化的检测仪器，并引入自动化、无人化检测系统，减少人为误差，提升检测精度与效率。同时，建立设备定期维护与校准机制，确保检测数据的准确性与可靠性。在推动技术创新方面，鼓励和支持技术人员参与科研项目，开发新型检测技术和方法，特别是在水质监测、水利工程材料性能检测等领域，形成具有自主知识产权的核心技术，提升机构在行业内的技术引领地位。在拓宽检测领域方面，紧跟水利行业发展趋势，及时扩充必要的检测项目参数，覆盖水资源保护、水污染治理、水利工程安全监测、生态修复等多个方面，形成全方位、多层次的检测服务体系。在优化客户服务方面，深入了解客户需求，提供个性化、定制化的检测服务方案，满足不同客户群体的特定需求，增强客户黏性。

5.4 提升信息化、智能化水平

当前，部分水利检验检测机构正积极迈向信息化与智慧化转型的新阶段，已初步搭建起信息化系统框架，并有效运用该系统实施检验检测作业。然而，现有系统尚存"数据孤岛"现象[11]，亟待打破壁垒，实现与行业内外部单位的信息互联互通与资源共享。此外，为积极响应《"十四五"水利科技创新规划》的战略部署，水利检验检测机构应加速推动物联网、大数据、云计算、人工智能等前沿信息技术在水利工程质量检测服务领域的深度融合与创新应用。通过技术创新驱动，促进检测技术的迭代升级，引领服务模式的深刻变革，将水利检测行业推向全产业链与价值链的高端位置。

在此过程中，相关部门应积极引导水利工程质量检测机构深度融入国家科技创新体系，强化机构内部的科技研发机制建设，确保科技创新战略的有效落地。特别要聚焦于数字孪生技术的构建与应用，以数字化、信息化的精准策略精准对接水利建设市场的多元化需求，最终实现检测流程的信息化、智能化转型，为水利行业的高质量发展提供强有力的技术支撑与服务保障。

6 结语

水利检验检测机构作为水利事业高质量发展的坚实基石，其综合实力的持续提升与服务质量的不断优化，是确保水利工程建设安全无虞、水利产品与服务品质卓越、水环境得到有效监测与保护的关键所在。这一进程不仅守护着水利事业的健康发展，更是水利行业向更高效、更绿色、更智能方向迈进不可或缺的强大动力。面对政策放宽带来的市场机遇与竞争加剧的双重挑战，水利检验检测机构需紧跟时代步伐，正视自身发展中存在的短板与不足，积极采纳并实施本文提出的对策建议。从加强能力建设、优化管理流程、推动技术创新、深化数据共享与利用等多方面入手，不断提升服务效能与核心竞争力。只有通过不懈努力与持续创新，水利检验检测机构才能在保障水利安全、促进产业升级、服务经济社会发展的道路上发挥更加积极的作用，为构建水安全保障体系、实现水资源可持续利用贡献坚实力量。

参考文献

[1] 陈芳，熊焕淮，叶霞．水利行业事业单位检测机构如何在竞争中求发展［J］．实验室研究与探索，2018，37（6）：255-257.

[2] 杨磊，冷元宝．水利工程质量检测行业发展现状研究［C］//中国水利学会．2023 中国水利学术大会论文集．郑州：黄河水利出版社，2023.

[3] 宋迎宾，罗资坤，屈乐，等．检验检测新技术助推水利行业高质量发展研究［C］//中国水利学会．2022 中国水

利学术大会论文集．郑州：黄河水利出版社，2022.
[4] 宋寰，卫尊义，白小亮，等．检验检测机构及实验室智能化发展探索［J］．石油管材与仪器，2019，5（4）：91-93.
[5] 胡崛群，詹德佑，蔡锋．数智化工程检验结果记录系统的研究［J］．浙江交通职业技术学院学报，2022，23（4）：18-22.
[6] 杨建喜，李兆恒，王立华，等．基于“互联网+智慧水利”的水利工程质量检测监管系统设计［J］．广东水利水电，2021（10）：81-85，103.
[7] 江宏玲．新形势下建设工程质量检测监管探究［J］．工程质量，2020，38（1）：46-49.
[8] 张文清．安徽省水利工程质量检测工作存在问题及对策［J］．中国水利，2016（12）：33-34.
[9] 李建业，张秀英，张萌，等．新形势下加强工程质量检测机构监管工作的探讨［J］．工程质量，2016，34（10）：36-39.
[10] 敖宁．浅议检验检测科研单位提升战略目标管理水平的分析思考［J］．质量与市场，2023（12）：1-3.
[11] 李琳，邓湘汉，霍炜洁，等．检验检测服务水利高质量发展分析［M］．人民黄河，2023，43（12）：143-146.

水耦合冲击回波检测水下混凝土内部缺陷数值模拟

万 发[1,2] 任蒙蒙[1,2]

(1. 珠江水利委员会珠江水利科学研究院，广东广州 510116；
2. 水利部粤港澳大湾区水安全保障重点实验室，广东广州 510116)

摘 要：冲击回波在陆地混凝土结构缺陷检测中已有广泛应用，但在水下混凝土结构检测中仍需进一步研究。本文采用有限元数值模拟方法，对比分析了水下缺陷混凝土和完整混凝土在冲击回波检测过程中的冲击波传递规律。研究结果表明：①本模型可准确模拟水耦合冲击回波对水下混凝土内部缺陷的检测过程；②水耦合冲击回波法能通过水中波形变化有效识别水下混凝土结构的内部缺陷。本研究可为水下冲击回波检测技术的成熟应用提供理论依据和技术支持。

关键词：冲击回波；水下混凝土；质量检测；有限元；数值模拟

1 引言

冲击回波法作为一种无损检测技术，近年来在土木工程领域得到了广泛关注和应用。该技术利用冲击弹性波在混凝土结构中的传播特性，可以有效地检测混凝土内部的缺陷，如空洞、裂缝、不密实等，为结构安全评估和病害防治提供重要依据。

张景奎等[1] 通过有限元仿真分析，研究了冲击回波法检测混凝土内部缺陷的原理，发现缺陷会导致板厚对应频率向低频漂移，并验证了方形空洞比圆形空洞引起的频率漂移量更大。李军[2] 通过ANSYS软件建立了冲击应力波检测模型，分析了应力波在不同缺陷设置模型中的传播规律，并论证了冲击回波法检测孔道灌浆的可靠性。易家胜等[3] 研究了不同边界条件对冲击回波检测套筒灌浆缺陷模拟结果的影响，发现采用无限元边界能滤除反射杂波，提高计算效率。耿豪劼等[4] 通过有限元分析和试验验证，建立了混凝土缺陷大小和厚度振幅的关系，发现冲击回波法可较准确判断孔洞和裂缝位置，并可判断金属波纹管内灌浆饱满度。杨海林[5] 分析了缺陷程度、预应力孔道材料、缺陷横截面周长对厚度主频和关键频率的影响，并分析了不同因素对检测结果产生的误差。杨效广等[6] 通过ABACUS数值模拟和实际结果验证，研究了不同缺陷类型、缺陷深度、缺陷大小对结构响应特征的影响。许玉德等[7] 研究了空气耦合冲击回波法对无砟轨道层间脱空检测的适用性，并分析了激振位置、激振力幅值、作用时间以及信号采集位置等因素对检测效果的影响。

冲击回波法在陆地混凝土结构内部缺陷检测中已得到应用和研究，但水下混凝土结构，如水下隧道、港口码头、海底管道等，在建设和运营过程中面临着更为复杂的服役环境，其内部缺陷的形成和发展机制也与陆上混凝土结构有所不同。因此，针对水下混凝土结构的冲击回波检测技术需要进行专门的研究和开发。本文拟采用数值模拟方法，研究水耦合冲击回波法在水下混凝土内部缺陷检测中的应用。通过建立水下混凝土结构的有限元模型，模拟冲击弹性波在水下环境中的传播规律，探讨水耦合冲击回波法在水下混凝土结构内部缺陷检测中的可行性，并为水下冲击回波混凝土缺陷检测提供有

作者简介：万发（1991—），男，工程师，主要从事水利工程检测和岩土结构相关研究工作。

限元分析方法。

2 理论分析

2.1 冲击回波检测法的原理

冲击回波检测混凝土缺陷的原理是基于敲击混凝土表面产生的应力波在材料内部的传播行为，当这些波遇到如裂缝、空洞等缺陷时，由于缺陷处的物理性质与完好混凝土不同，波会发生反射并形成回波，传感器放置在敲击点附近接收这些反射回来的波，通过傅立叶变换等信号处理技术分析回波的频率成分和时间域特征，可以确定缺陷的存在、大致位置以及可能的尺寸，因为波的传播速度是已知的，所以通过计算波传播的时间差和波速，就能够对混凝土内部的缺陷进行定位和评估。

波在两种介质中传播时，定义反射系数为 R，透射系数为 D，介质的声阻抗 $Z=\rho c$，其中 ρ 为介质密度，c 为介质中的声速。

$$\begin{aligned} R &= (Z_2 - Z_1)/(Z_2 + Z_1) \\ D &= 2Z_2/(Z_2 + Z_1) \end{aligned} \tag{1}$$

可见：$Z_2=Z_1$ 时，$R=0$，$D=1$，此时无反射，全透射，两种介质相同。

弹性波传播并反射过程中，信号接收器主要接收的为波信号为 P 波，P 波的传播波速由式（1）可得：

$$v_{\mathrm{p}} = \sqrt{\frac{E - E\nu}{\rho(1 - \nu - 2\nu^2)}} \tag{2}$$

式中：v_{p} 为 P 波传播波速，m/s；E 为被检测物体的弹性模量，Pa；ν 为被测物体的泊松比；ρ 为被测物体的密度，kg/m^3。

应力波的传播，在不同介质界面发生反射和透射。当在混凝土与其他介质的界面时，应力波传播路程为 2 倍的结构厚度，频率 f 计算公式为

$$f = \frac{\alpha v_{\mathrm{p}}}{2H} \tag{3}$$

式中：α 为截面系数，一般取 0.96；H 为板厚，m；f 为 P 波的频率。实际情况中 S 波波速为 P 波的 3/5 倍。

2.2 激振源的选择和公式

冲击载荷 $P(t)$ 为半周期正弦函数，载荷函数如下：

$$P(t) = \begin{cases} F\sin(\pi t/T_{\mathrm{c}}) & (0 \leqslant t < T_{\mathrm{c}}) \\ 0 & (t \geqslant T_{\mathrm{c}}) \end{cases} \tag{4}$$

激振锤与混凝土试件表面接触时间 T_{c} 计算公式如下：

$$\begin{cases} T_{\mathrm{c}} = 4.53\left[\dfrac{(\delta_1 + \delta_2)m_1}{\sqrt{R_1 v_0}}\right]^{2/5} \\ \delta_1 = \dfrac{1 - {\mu_1}^2}{E_1\pi} \\ \delta_2 = \dfrac{1 - {\mu_2}^2}{E_2\pi} \\ m_1 = \dfrac{4}{3}\pi R_1^3\rho \end{cases} \tag{5}$$

式中：E_1 为钢球弹性模量，取 2.1×10^{11} Pa；E_2 为混凝土弹性模量，Pa；μ_1 为钢球泊松比，取 0.3；μ_2 为混凝土泊松比，取 0.2；R_1 为钢球半径，m；v_0 为钢球碰撞时的速度，自由下落 0.6 m 计算；m_1 为钢球质量，kg；ρ 为钢球密度，取 7 800 kg/m^3。

2.3 固体振动和水波传递公式

根据流体质量和动量守恒定律，水中压力声波传递方程如下：

$$\begin{cases}\dfrac{1}{\rho c^2}\dfrac{\partial p_t}{\partial t}+\nabla\cdot\boldsymbol{u}_t=Q_m\\ \rho\dfrac{\partial\boldsymbol{u}_t}{\partial t}+\nabla\cdot(p_t\boldsymbol{I})=\boldsymbol{q}_{\mathrm{d}}\end{cases}\tag{6}$$

式中：p_t 为总声压，Pa；c 为介质声速，m/s；$\boldsymbol{u}_t$ 为流速矢量矩阵；Q_{m} 为质量源项；$\boldsymbol{u}$ 为单位矩阵。

混凝土结构中弹性波传递方程如下：

$$\begin{cases}\rho\dfrac{\partial\boldsymbol{v}}{\partial t}-\nabla\cdot\boldsymbol{S}=Fv\\ \dfrac{\partial\boldsymbol{\varepsilon}}{\partial t}-\dfrac{1}{2}[\nabla\boldsymbol{v}+(\nabla\boldsymbol{v})^{\mathrm{T}}]=0\\ \boldsymbol{S}=\boldsymbol{C}:\varepsilon\end{cases}\tag{7}$$

式中：$\boldsymbol{v}$ 为速度矢量矩阵；$\boldsymbol{S}$ 为应力张量矩阵；$\boldsymbol{\varepsilon}$ 为应变张量矩阵；$\boldsymbol{C}$ 为弹性张量矩阵；Fv 为体积力。

3 水下混凝土结构冲击回波检测数值分析

3.1 模型的建立

为探究水耦合冲击回波法检测水下混凝土结构内部缺陷可行性，采用有限元数值分析建立了水下混凝土结构内部缺陷冲击回波检测数值模型。为简化计算，模型采用二维模型，尺寸在 150 cm×100 cm，模型下层为 50 cm 厚的带缺陷混凝土，上层为 50 cm 厚的水（见图 1）。混凝土几何结构中采用弹性模模拟应力冲击波，在水中采用压力声学进行模拟计算。此处缺陷深度设置为距上表面 25 cm，

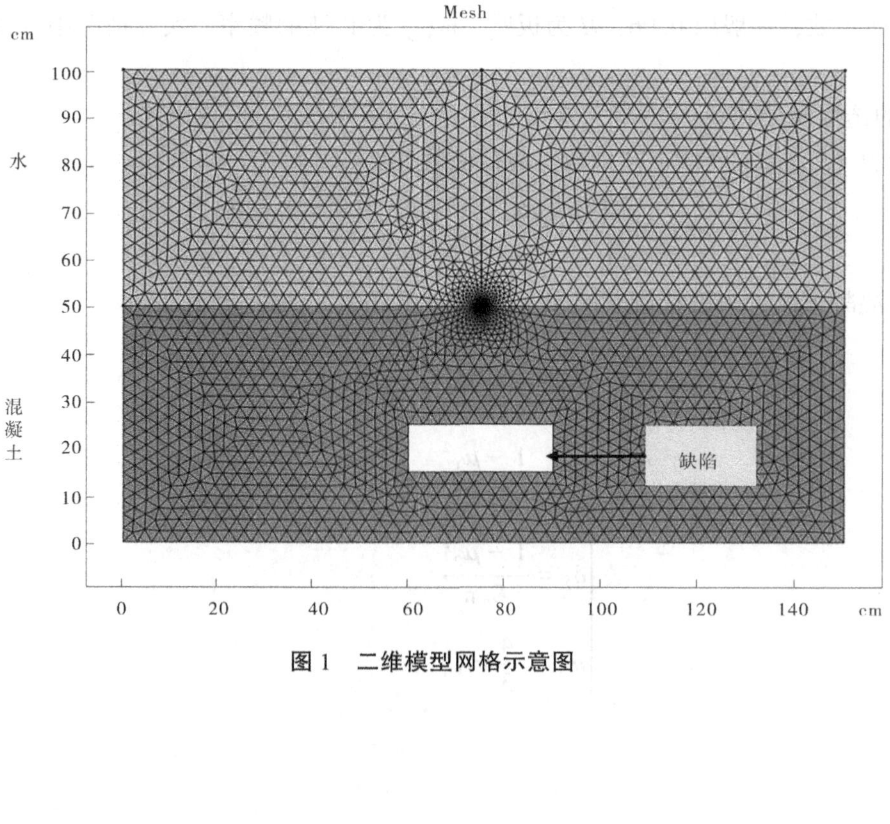

图 1　二维模型网格示意图

缺陷的类型选择为方形空腔，缺陷宽度为 30 cm，缺陷高度为 10 cm。激振位置选择于缺陷正上方的混凝土上表面。混凝土底部为固定边界，为模拟无限场地的检测结果，混凝土两侧为低反射界面，水的两侧和顶部为软声场边界。为直观对比分析，此处另建立无缺陷的完整水下混凝土结构数值模型，其冲击过程和上述相同。

3.2　数值模型结果分析

图 2 中的时间序列展示了冲击回波水下混凝土缺陷检测中冲击波在水下混凝土结构中的传播过程。至 50 μs 时，因底板上的敲击而产生的冲击波在混凝土和水中的传播过程；至 100 μs 时，冲击波首次接触到缺陷界面时产生反射波。这一反射波前的形成，验证了波阻抗不连续性导致的能量反射现象。根据波动理论，当冲击波从高声阻抗介质传播到低声阻抗介质时，会发生显著的反射。混凝土与缺陷之间的声阻抗差异是反射波前形成的主要原因。

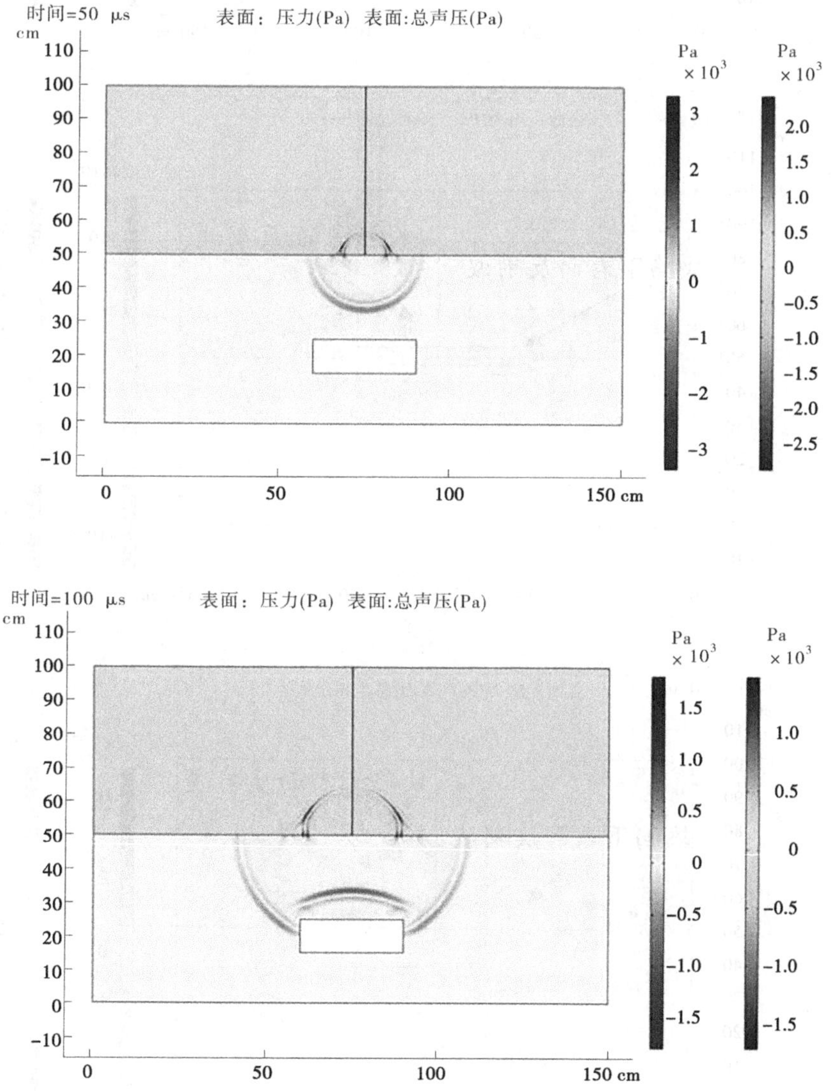

图 2　不同时刻水下缺陷混凝土和水内冲击波压力分布

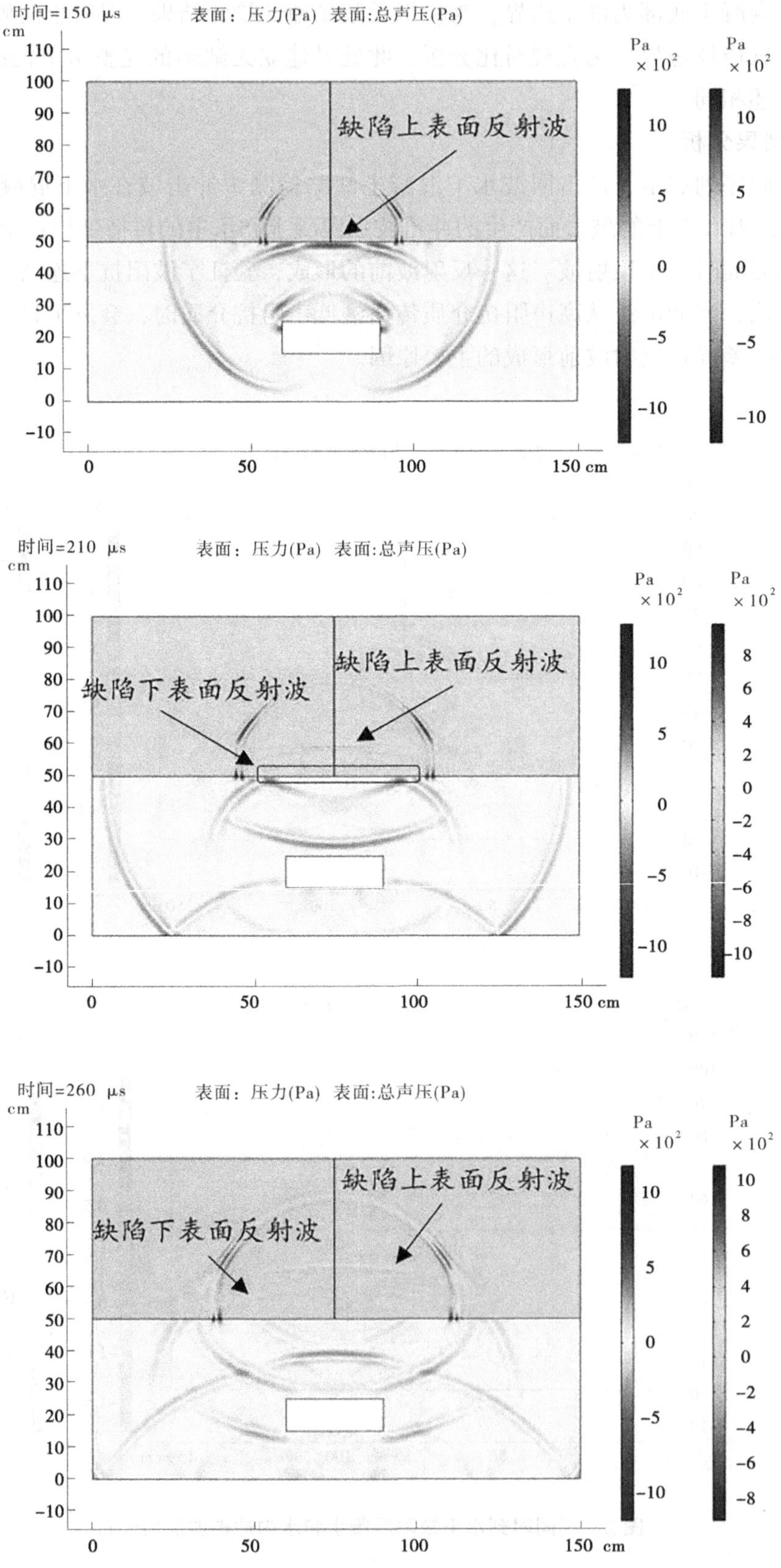
时间=150 μs
表面：压力(Pa) 表面:总声压(Pa)
缺陷上表面反射波
时间=210 μs
表面：压力(Pa) 表面:总声压(Pa)
缺陷下表面反射波
缺陷上表面反射波
时间=260 μs
表面：压力(Pa) 表面:总声压(Pa)
缺陷下表面反射波
缺陷上表面反射波

续图 2

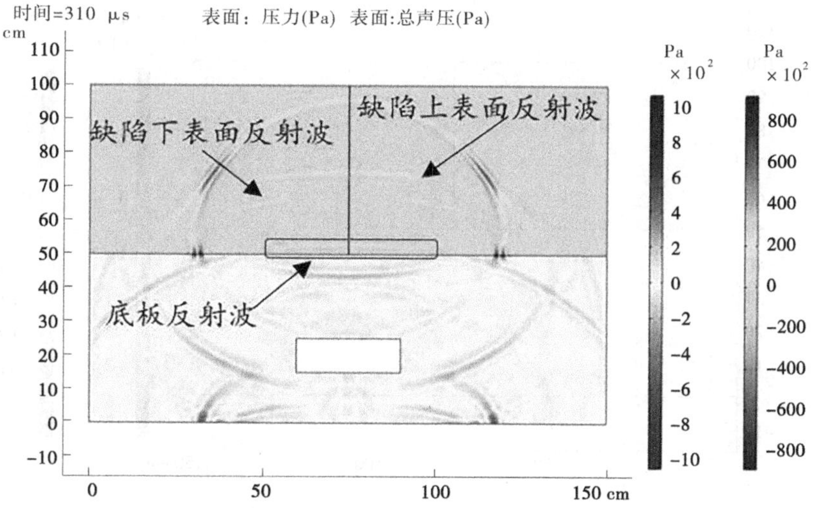

续图 2

随时间推移，至 150 μs 时，缺陷上表面的反射波传递至混凝土与水的交界面处，同时缺陷下表面的反射波也开始向上传播。在 210 μs 时，缺陷上表面反射波传播至水中，缺陷下表面的反射波传播至混凝土与水的交界面处，同时上表面的反射波在与混凝土与水的交界面产生的二次反射波，也向下传递至靠近缺陷上表面处。至 310 μs 时，混凝土底部的反射波向上传播至混凝土与水的交界面处。

反射波在缺陷内部发生多次反射和干涉，导致能量在缺陷区域集中。这一现象表明，缺陷的存在对波的传播路径产生了显著影响，使得能量在缺陷处反复震荡，从而为缺陷的检测提供了显著的声学特征。同时，带缺陷结构的回波信号中还包含了多普勒效应引起的频率偏移。这种现象是由于声波在经过不均匀介质时，其传播方向和速度都会发生变化，从而导致了频率的改变。这种频率偏移的大小和方向取决于缺陷的类型、尺寸及其在介质中的位置。因此，通过测量回波信号的频率偏移，可推断出缺陷的具体位置和性质。

水下完整混凝土不同时刻冲击波压力分布如图 3 所示，由图 3 可知，在整个敲击和传播过程中，只有混凝土底面反射波向上通过混凝土和水的界面传递至水中。由图 3 和图 2 的对比可知，不带缺陷的混凝土结构在冲击作用下产生了清晰可辨的回波信号，其峰值强度高，衰减缓慢。然而，带缺陷的结构回波信号峰值强度明显降低，且衰减速度加快。这种变化主要归因于缺陷对声波能量的吸收和散射作用。缺陷区域会吸收一部分入射能，导致到达接收器的有效能量减少；同时，缺陷边缘还会引起声波的散射，使原本单一的回波信号变得更加复杂多变。

数值模拟结果显示，带缺陷结构的回波信号在空间上表现出更强的横向扩散趋势。这是因为缺陷的存在打破了介质的连续性，使得声波在传播过程中更容易发生散射。这种散射现象不仅导致了回波信号在空间的扩展，还使其携带了更多关于缺陷的信息。因此，通过观察回波信号的空间分布特征，可以获得有关缺陷几何形状和大小的信息。带缺陷结构的回波信号在纵向穿透深度上也受到了限制。表明声波在穿过缺陷区域后，其能量损失较为严重，难以继续深入到更深层次的介质中去。

相干度是衡量两个信号之间相似程度的指标。数模结果显示，带缺陷结构的回波信号与其参考信号之间的相干度较低。这说明缺陷破坏了声波传播过程的稳定性，使得回波信号失去了原有的规律性。低相干度意味着回波信号的可预测性和重复性较差，这在一定程度上影响了缺陷检测的可靠性和精度。

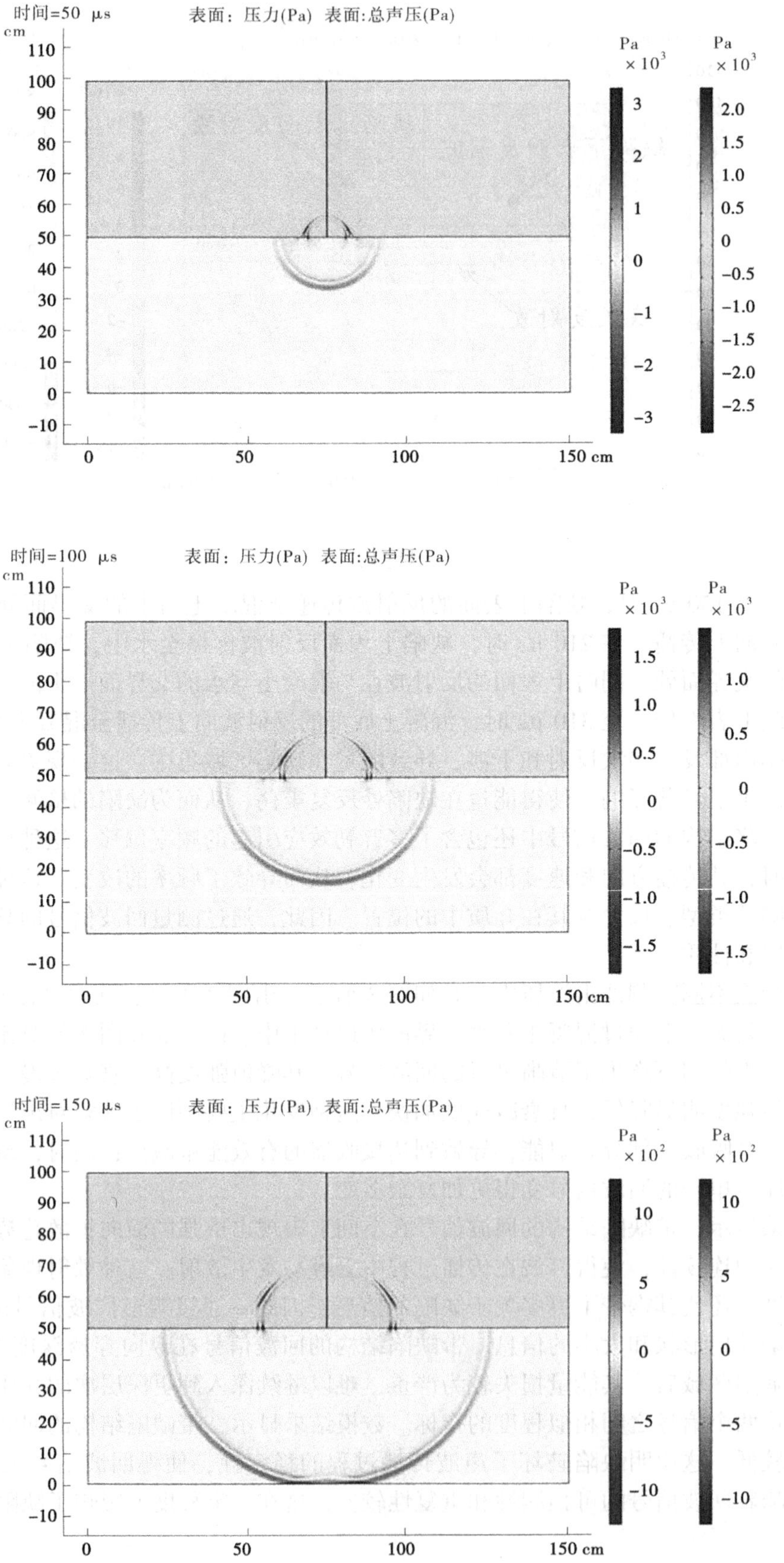

图 3　不同时刻水下完整混凝土和水内冲击波压力分布

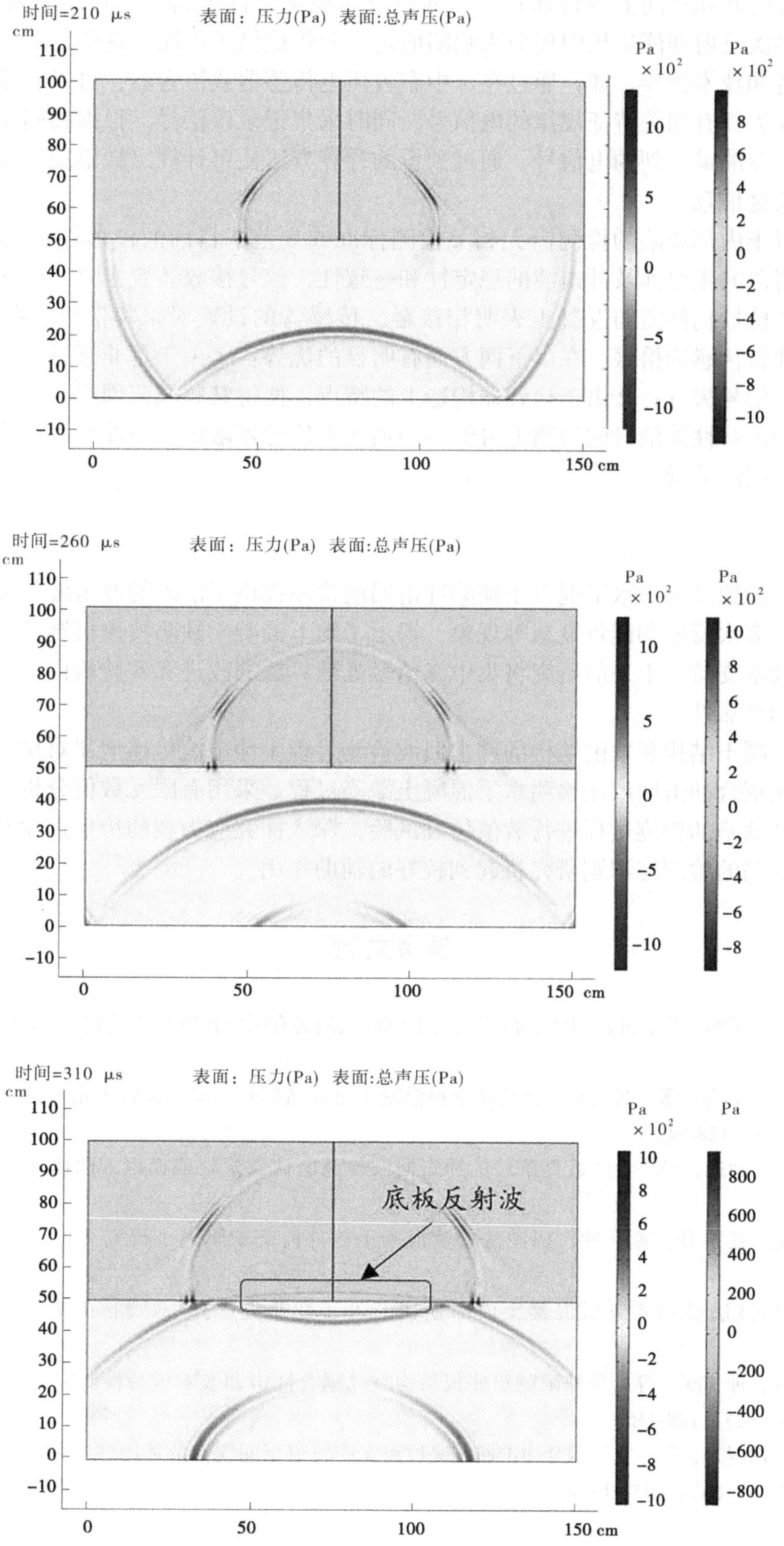
时间=210 μs
表面：压力(Pa) 表面:总声压(Pa)
cm
Pa ×10²
Pa ×10²
时间=260 μs
表面：压力(Pa) 表面:总声压(Pa)
时间=310 μs
表面：压力(Pa) 表面:总声压(Pa)
底板反射波
150 cm

续图 3

通过对比分析带缺陷与不带缺陷结构的回波信号特征，发现缺陷不仅改变了回波信号的强度分布，还影响了其在时间和空间上的传播特性。通过分析反射波前的特征，可以有效地识别和定位缺陷。缺陷内部的多次反射和能量集中现象为缺陷的定量分析提供了可能。这些发现为实际工程中的应用提供了理论支持和技术指导。如：通过在水中布置压电传感器或拾音器，可以有效地将水中波动传递的声压信号转换为具有相关特征规律的电信号，同时采集记录该信号，根据相同冲击过程不同高度和位置的压电传感器的采集到的电信号，通过预设的计算方法便可计算出缺陷地深度、高度、宽度以及底板的厚度等关键信息。

当前水下混凝土内部缺陷的检测尚无相关检测标准或规范，目前的仪器设备仍处于研发验证阶段，目前激发装置研究主要涉及冲击波的稳定性和一致性，信号接收装置主要有加速度传感器和水听器两种，加速度传感器仍然需与混凝土表明相接触，传感器的设置对采集信号的频谱特征有很大影响。采用水听器代替传感器拾振，在以下两方面有明显的优势：①由于是非接触式拾振，可避免传感器固定不良造成的信号失真；②由于拾音器构造上的特点，使得其频域范围广，频谱特性好。但水听器在瞬时事件如冲击弹性波信号的检测上可能不如加速度传感器敏感，因此对水下传感器的可靠性研究是该方法成熟应用的关键。

4 结论

本研究的数值模拟结果为水下混凝土缺陷冲击回波检测提供了清晰的冲击波传递规律。通过分析波的反射、折射、多次反射和能量衰减等现象，揭示了水下混凝土缺陷检测机制，为实际工程检测提供了理论依据和技术支持。未来的研究将集中在信号处理算法的改进和实验验证上，以进一步提高检测技术的实用性和可靠性。

由水下完整混凝土结构和缺陷结构的冲击回波检测过程中冲击波传递规律对比可知，本模型可较好地模拟并预测水耦合冲击回波法检测水下混凝土缺陷过程。采用有限元数值分析，对水下混凝土内部缺陷尤其是复杂缺陷的检测过程进行数值仿真试验，深入探究应力波的传播规律及缺陷识别的影响因素，对混凝土缺陷的检测与识别研究将起到较好的辅助作用。

参考文献

[1] 张景奎，郑继，罗居刚，等．冲击回波法检测混凝土内部缺陷的有限元仿真分析［J］．水利水电技术，2020，51（6）：164-171.

[2] 李军，刘文昊，杨建喜，等．冲击回波法检测钢衬混凝土组合结构脱空缺陷试验研究与应用［J］．水利水电技术，2023，54（7）：128-140.

[3] 易家胜，王德才，种迅，等．考虑边界条件的冲击回波检测套筒灌浆缺陷模拟方法研究［J］．混凝土，2021（8）：150-154.

[4] 耿豪劼，刘荣桂，蔡东升，等．冲击回波法检测混凝土构件内部缺陷大小研究［J］．混凝土，2021（11）：150-154，160.

[5] 杨海林．冲击回波法检测火灾后混凝土内部损伤的可行性研究［J］．工业技术与职业教育，2022，20（1）：11-16.

[6] 杨效广，刘书奎，种玉配，等．带缺陷隧道底板结构空气耦合冲击回波响应特性研究［J］．隧道建设（中英文），2020，40（S2）：128-135.

[7] 许玉德，胡猛，徐国尧，等．空气耦合冲击回波法检测无砟轨道层间脱空的适用性［J］．中南大学学报（自然科学版），2022，53（5）：1918-1929.

水利工程混凝土裂缝无人机巡检系统设计与裂缝识别

杨晓红　徐　安　汪　洋

（水利部长江水利委员会 河湖保护与建设运行安全中心，湖北武汉　430010）

摘　要：为满足水利工程混凝土裂缝检测的需求，设计了一套基于无人机的巡检系统，提出一种针对水利工程混凝土裂缝检测的图像处理算法，通过使用快速检索机制，划定裂缝所在区域，之后进行精准分割的方式，来实现水利工程混凝土裂缝的定位与识别。实验结果表明，使用本文所提出的无人巡检系统，能够对水利工程的混凝土裂缝进行有效识别与定位，为后续的修复和补救提供依据，为水利工程安全平稳运行提供保障。

关键词：图像处理；Otsu 算法；阈值分割；机器视觉

1　引言

水利工程是国民经济的重要支柱，与社会民生关系紧密。我国目前已建成众多各类水利工程，近年又重点推进 150 项重大水利工程建设。水利工程在建设、运行等阶段，受外界原材料供应、施工工艺以及外部环境中水压、温度等变化的影响，会一定程度地产生裂缝[1]、渗透、磨损、侵蚀、气蚀等质量安全问题，这些质量安全问题[2-4] 中，混凝土裂缝问题最为常见且严重，若不加以重视，有可能发展成重大险情，甚至导致水利工程的溃决。现行的混凝土裂缝检测方法主要采用人工巡检等手段，花费大量的人力、财力，且执行效率低下。因此，迫切需要开发一种高效的自动化巡检系统来对混凝土裂缝问题进行科学评价。随着科学技术的发展和进步，无人机[5-6] 作为一种新兴的数据采集工具，可以通过搭载多种型号的传感器，快速获取测量人员难以采集的数据信息，同时，通过无线传输的方式向地面传输所拍摄的图像信息，与现有的图像算法相结合，可以对水利工程混凝土裂缝进行准确的定位与识别。

为此，本文提出一套水利工程混凝土裂缝无人机巡检系统，针对传统混凝土裂缝巡检过程中效率低下的问题，使用无人机设备来采集巡检过程中的图像，同时提出一种针对水利工程混凝土裂缝的图像识别处理方法，实现裂缝的定位与识别。使用该视觉巡检系统，可有效降低混凝土裂缝检测过程中的人力和财力，并有效完成自动化巡检工作任务。

2　总体方案设计

2.1　系统组成

水利工程混凝土裂缝无人机巡检系统主要由无人机、图像采集系统和图像处理系统组成（见图 1）。系统无人机采用四旋翼无人机，四旋翼无人机具有机动灵活、容易操控的特点，能够在云台上搭载各种传感器，同时还能应对一定程度的天气变化，满足实际工程的需要。

图像采集系统搭载在四旋翼无人机的云台上，其搭载的相机能够对水利工程的裂缝进行拍摄，并且能够获取清晰的图像。且搭载图像采集系统的云台有防抖功能，能够保证在无人机拍摄过程中图像

作者简介：杨晓红（1973— ），女，高级工程师，主要从事水利工程质量监督和质量检测管理工作。

采集的稳定性，满足实际拍摄过程的需要。

图像处理系统处于远程的计算机，通过接收图像采集系统传来的图像，进行裂缝的定位与识别。最后将有裂缝的图像及裂缝显示在显示器上。

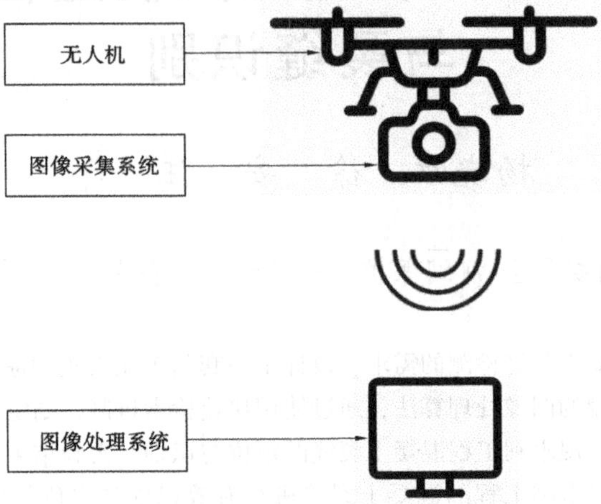

图 1　系统组成示意图

2.2　巡检流程

首先，无人机按照设定好的路线在水利工程设施开始巡检，通过云台相机将拍摄到的图像传入远程 PC 端。在 PC 端中，针对采集到的图像，首先进行图像灰度化处理，之后对灰度化的图像进行中值滤波降噪，然后使用裂缝快速检索机制，提取出裂缝所在的大致区域，接着对该区域进行精准分割，实现裂缝的识别与定位，最后将裂缝检测的结果在远程 PC 端展示，巡检流程如图 2 所示。

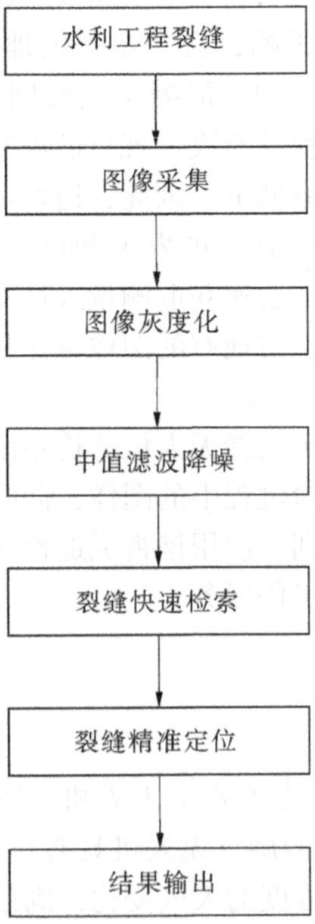

图 2　巡检流程

3 裂缝识别与定位方法

3.1 图像预处理

3.1.1 图像灰度化

灰度一般是指灰度图像上每一个像素的亮度值，即黑白图像中点的颜色深度，其取值范围为0~255。

现在大部分的彩色图像都是采用RGB颜色模式，处理图像的时候，要分别对R、G、B三种分量进行处理。图像的灰度化可以使裂缝图像在保留整体色度、亮度等级分布与特征的基础上，减少后续图像处理过程中的计算量。图像灰度化处理可以为之后的图像分割、图像识别和图像分析等上层操作做准备。

在数字图像处理中，对图像灰度化处理通常有分量法、最大值法、平均值法和加权平均法。由于人眼对绿色的敏感度最高，对蓝色的敏感度最低，因此采用式（1）对R、G、B三种分量进行加权平均能获得较为准确的灰度图像。

$$\mathrm{Gray}(x, y) = 0.23\mathrm{R}(x, y) + 0.59\mathrm{G}(x, y) + 0.11\mathrm{B}(x, y) \tag{1}$$

式中：Gray (x, y) 为转化后的灰度图像在点 (x, y) 处的灰度值；R (x, y)、G (x, y)、B (x, y) 分别为彩色图像R、G、B通道的分量值。

3.1.2 图像滤波去噪

在水利工程设施上通过相机传感器对裂缝采集的过程中，会受到电子噪声和光电子噪声的影响，这些噪声会影响图像采集过程中的成像质量，干扰裂缝检测过程中的定位与识别。图像滤波去噪就是在保留图像裂缝区域细节特征的情况下，通过算法来对噪声进行抑制，甚至消除噪声的影响。通过图像滤波去噪，可以提高裂缝定位与识别过程中的可靠性和准确性。

中值滤波器是一种常用的非线性平滑滤波器，其基本原理是把数字图像或数字序列中一点的值用该点的一个领域中各点值的中值代换，其主要功能是将与周围像素灰度值差异较大的像素修改成与周围的像素值接近的值，从而消除孤立的噪声点，所以中值滤波器能够有效去除图像中椒盐噪声的干扰，同时又能够保护图像的边缘，获得比较满意的复原效果。

中值滤波器的具体实现是通过构造一个包含有奇数个像素点的滑动窗口，通过滑动窗口来对所有的像素点进行处理。针对滑动窗口内的每一个像素点，通过对该像素点计算领域中各点的中间值来代替该像素点的灰度值，从而消除图像中噪声点对图像的影响。常用的中值滤波器滑动窗口大小为3×3、5×5，中值滤波器的处理效果很大程度上由滑动窗口的尺寸来决定。通常来说，滑动窗口的尺寸越小，越能够保护图像中的某些细节，但是去噪效果不好；滑动窗口的尺寸越大，能够有良好的噪声过滤效果，但是会对图像边界造成模糊。

对于水利工程混凝土裂缝图像，大多数情况下只需要剔除一些点噪声而保留裂缝的细节，所以在本巡检系统中，采用的滑动窗口大小为5×5。

3.2 裂缝的识别与定位

3.2.1 Otsu阈值分割方法

Otsu算法[7] 是一种全局的图像分割算法，是一种基于概率统计学原理的自适应阈值分割方法，也称为最大类间方差法。根据传统的Otsu算法，有许多学者提出改进的Otsu算法，通过结合邻域信息，达到更好的分割效果[8]。

Otsu算法的原理是按照图像的灰度特性，将灰度级分为两类，依次计算每一次分类结果的类间方差，再选取类间方差最大值作为整体图像分割的最佳阈值。

将目标与背景的分割阈值记作 T，原始图像的灰度级为 L，前景和后景像素点的比例记为 ω_1、ω_2，其平均灰度值记为 μ_1、μ_2，图像的总平均灰度记为 μ，类间方差记为 σ^2。假设图像的大小为 $M×N$，图像中像素的灰度值小于阈值 T 的像素个数记作 N_1，响度灰度值大于阈值 T 的像素个数记

作 N_2，则有两类灰度值的比例为：

$$\omega_1 = \frac{N_1}{MN} \tag{2}$$

$$\omega_2 = \frac{N_2}{MN} \tag{3}$$

图像总的灰度均值为：

$$\mu = \mu_1\omega_1 + \mu_2\omega_2 \tag{4}$$

两类的类间方差为：

$$\sigma^2 = \omega_1(\mu - \mu_1)^2 + \omega_2(\mu - \mu_2)^2 \tag{5}$$

可简化为：

$$\sigma^2 = \omega_1\omega_2(\mu_1 - \mu_2)^2 \tag{6}$$

类间方差表示了每个类的内聚性，在 Otsu 算法最大类间方差准则下的最佳阈值选取公式为：

$$T = \mathrm{Arg}_{t \in \{0,\ 1,\ \cdots,\ L\}} \mathrm{Max}(\sigma^2) \tag{7}$$

式中：$\mathrm{Arg}_{t \in \{0,1,\cdots,L\}}$ Max 为取所有的类间方差σ^2 的最大值。

由于 Otsu 算法会考虑图像的信息来进行阈值分割，与固定阈值方法相比，在一定程度上能够适应光照和天气的变化。

3.2.2 裂缝快速检索机制

水利工程施工过程和水利工程设施运行期间，由于人为因素或者自然环境因素，会导致水利工程设施表面存在一些痕迹，这些痕迹并不会影响水利工程设施的正常运行，但是在计算机分析图像中，很容易将这些痕迹与裂缝误判为同一种，所以本文提出了裂缝的快速检索机制，具体步骤如下：

步骤 1：当无人机的图像经过图像预处理后，使用 Otsu 算法计算出自适应阈值，并在自适应阈值的基础上，同时给予一个减幅，使用该阈值进行图像的二值化。

步骤 2：对二值化后的图像划定形态学变化，增强裂缝边界的对比度，剔除二值化后图像中的噪声和相互重叠的边界。

步骤 3：对形态学变化后的图像进行裂缝的最小包络矩形，并对该矩形进行扩展，粗略划定裂缝的所在区域。

3.2.3 裂缝精确识别与定位方法

在对裂缝进行快速检索之后，对该区域进行新的自适应阈值计算，以提取裂缝更加详细的细节和更加准确的轮廓。最后，在原始图像上划定裂缝的所在区域。

4 实验与分析

为了对水利工程混凝土裂缝无人机巡检系统的可行性进行测试，本文对此系统进行了现场试验。无人机试验平台采用四旋翼无人机，并搭载云台相机进行拍摄；远程 PC 的图像处理软件系统运行于 Ubuntu 20.04 操作系统上，图像处理软件使用 OpenCV 进行编程，完成算法的验证。

4.1 无人机巡检测试

本系统通过采用预设飞行路径的方式来完成无人机的自动巡检。同时，在无人机拍摄图像数据时，需要调整相机云台拍摄的角度，保持相机云台镜头与堤坝的表面呈垂直状态。

4.2 裂缝识别与定位测试

为验证算法的有效性，对无人机采集的裂缝图像进行实验。实验结果如图 3 所示。

对比图 3（a）和图 3（b）可以看出，经过中值滤波后的图像更加平滑，表明在图像预处理过程中，中值滤波能够有效降低图像噪声，能够在后续的裂缝识别与定位过程中提高可靠性。

由图 3（c）可以看出，如果只使用自适应阈值分割对图像进行裂缝提取，由于裂缝的灰度值与一些划痕的灰度值相近，导致这些划痕也会被提取出来，无法精准定位裂缝的区域。

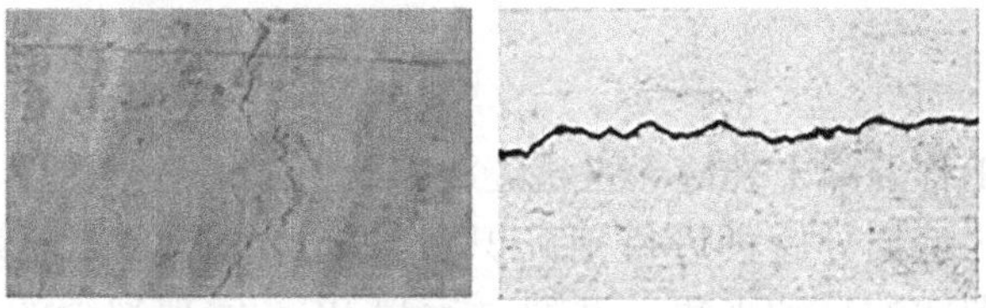

(a)图像灰度化的效果

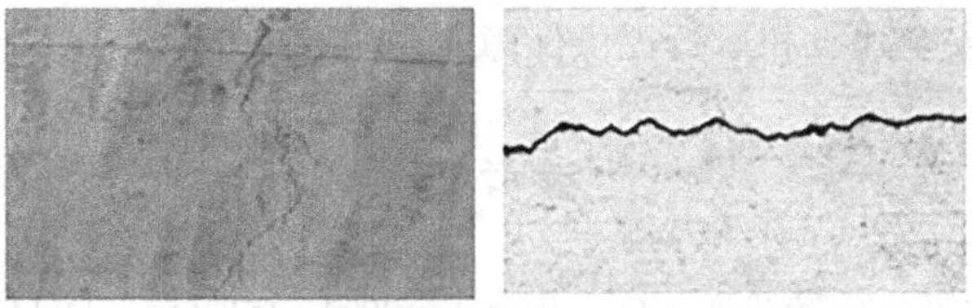

(b)对灰度图像进行中值滤波的效果

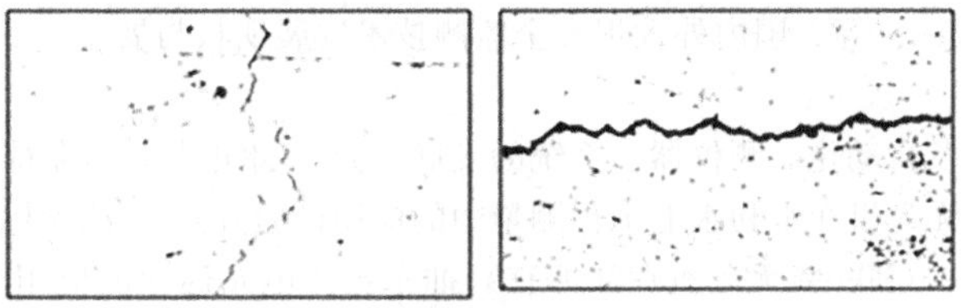

(c)Otsu阈值分割方法结果

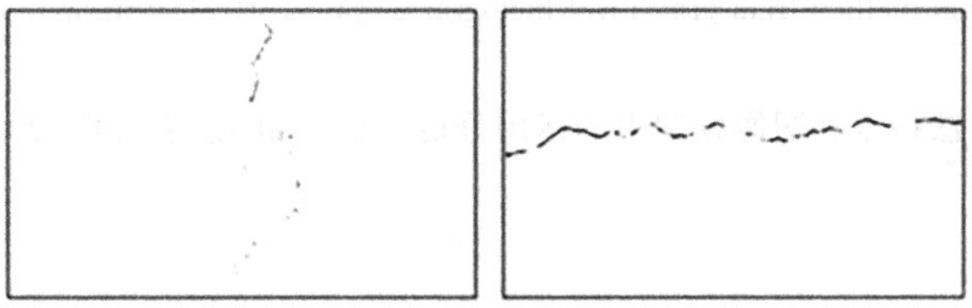

(d)通过快速检索机制划定区域

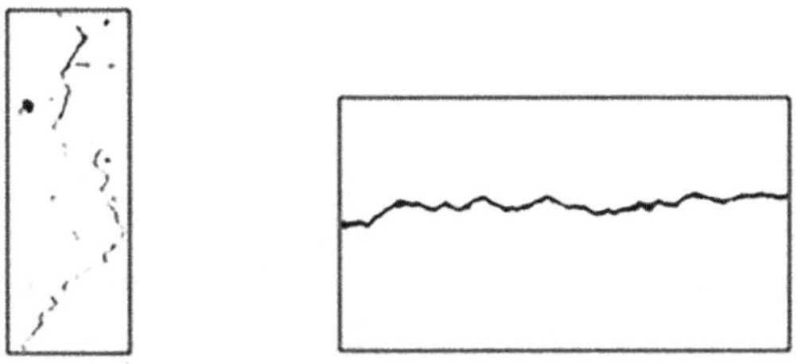

(e)划定区域的裂缝轮廓

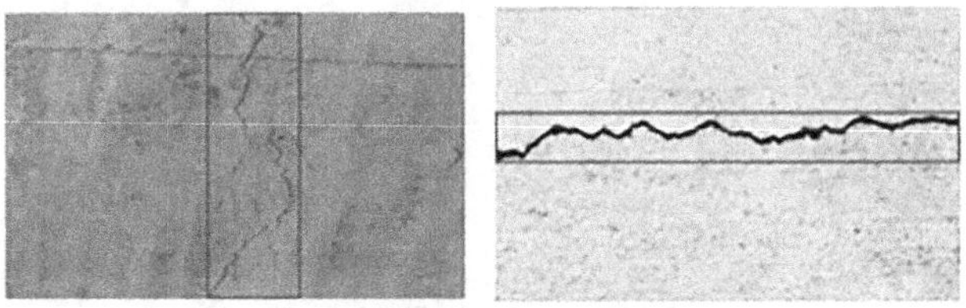

(f)裂缝精确识别与定位结果

图 3　裂缝识别与定位实验结果

由图 3（d）可以看出，采取裂缝快速检索机制后，能够有效剔除周边一些划痕的干扰，完成裂缝区域的大致划定，之后再对该区域的裂缝进行精确的识别与定位，如图 3（e）所示。综上所述，采用本文的方法，能够有效消除与裂缝灰度值相近的划痕对裂缝提取造成的影响，实现裂缝的精准识别与定位。

最后如图 3（f）所示，在原始图像上将裂缝的区域标识出来，并在终端显示，以供人员查看。

5 结语

本文设计了一种水利工程混凝土裂缝无人机巡检系统，同时针对裂缝图像的定位与识别，设计了先使用快速检索机制进行区域划分后再进行精确识别与定位的图像处理算法。基于该无人机巡检系统，能够实现水利工程中图像的自动采集，并通过远程 PC，实现裂缝的识别与定位。结果表明，该系统能够有效满足水利工程混凝土裂缝巡检的需要，实现混凝土裂缝的准确识别和精确定位，可为后续裂缝的修补、水利工程安全建设和运行提供保障。

参考文献

[1] 鞠丽艳．混凝土裂缝抑制措施的研究进展［J］．混凝土，2002，151（5）：11-14.
[2] 赵志仁，赵永，贾文利，等．关于堤坝安全检测技术的研讨［J］．大坝与安全，2004（1）：9-12，19.
[3] 赵志仁，徐锐，ZHAO Zhiren，等．国内外大坝安全监测技术发展现状与展望［J］．水电与抽水蓄能，2010，34（5）：52-57.
[4] 吕刚．大坝安全监测技术及自动化监测仪器、系统的发展［J］．水电与抽水蓄能，2001，25（3）：1-4.
[5] 李俊锋，姚丹，陈建权．无人机在水利水电工程测量中的应用试验［J］．测绘标准化，2014（4）：45-46.
[6] 邹彬，陈金颖，李斌，等．互联网+无人机在江苏宜兴抽水蓄能电站巡检的应用与研究［C］// 2018（第六届）中国水利信息化技术论坛．
[7] Otsu N. A threshold selection method from gray-level histograms［J］. IEEE transactions on systems, man, and cybernetics, 1979, 9（1）: 62-66.
[8] 卢雪飞．多源图像融合算法在水利图像处理中的运用分析［J］．市场与管理，2020（1）：81-82.

电阻率与岩土力学参数回归分析在渠道滑坡检测中的应用

刘忠富[1,2]　王艳龙[1,2]　吴艳彬[3]

（1. 中水东北勘测设计研究有限责任公司，吉林长春　130061；
2. 水利部寒区工程技术研究中心，吉林长春　130061；
3. 中国建筑东北设计研究院有限公司，辽宁沈阳　110000）

摘　要：渠道作为重要的输水结构，在国内引水灌溉中起着至关重要的作用。随着近些年降雨量的增加，渠道出现水毁滑坡等现象屡见不鲜。传统检测方式中存在着成本高、效率低等不利因素，如何准确、快速地对渠道滑坡稳定性做出定量评价是人们十分关注的问题。本文基于电阻率法与渠道土体的岩土力学参数回归分析结果，提出了一种适用于渠道滑坡稳定性分析的方法，实现了电阻率法从定性判断到定量分析的新突破。结合现场检测和室内试验数据，初步验证了该方法的可行性及准确性。

关键词：渠道滑坡；电阻率法；岩土力学；回归分析

1　引言

渠道作为重要的输水结构，在国内引水灌溉中起着至关重要的作用。随着近些年降雨量的增加，渠道出现水毁滑坡等现象屡见不鲜，其中降雨入渗是导致边坡失稳的主要因素[1]。尤其对于高填方渠道，当汛期降水量增大时，无衬砌支撑的背水侧极易发生水毁滑坡情况，轻者对渠道运行管理带来危害造成经济损失，严重时甚至导致渠道堤防垮塌，造成跑水事故。

传统针对渠道填筑土体的滑坡稳定性检测有钻孔取芯法、现场原位试验等。这些试验方法虽能准确地获取岩土体的物理力学参数，但是时间及人力成本均相对较高，且无法对整段渠道做出全面检测，仅能选取代表部位做出局部定量评价。另一类无损检测方法中，电阻率法是应用最多的方法，尤其是高密度电阻率法在渠道隐患探测上近年得到了较快的发展[2]。国内众多学者和相关单位均应用高密度电阻率法进行渠道边坡及隐患探测，并且取得了较好的效果。但是传统的高密度电阻率法仅是通过反演后视电阻率的相对差异来对探测对象做出定性判断，无法准确地提供定量评价指标。以渠道滑坡稳定性分析为例，滑坡体的稳定性系数主要取决于该部分土体下滑力和抗滑力的比值[3]，而确定该稳定性系数主要取决于该部分土体的岩土力学参数，如重度、含水率、内聚力、内摩擦角等[4]。这些参数仅仅通过传统的电法勘探是无法获取的，也就无法通过电阻率探测直接计算出滑坡的稳定性。

因此，针对水利工程中渠道滑坡稳定性检测的需求，探寻一种便捷、高效、准确的检测方法是非常必要的。本文基于土力学及电法勘探理论，提出了一种适用于水利工程中渠道滑坡稳定性的分析方法，结合现场测试及室内试验结果，验证了该方法的可行性及准确性。

2　试验检测结果

吉林某引水工程主要由渠道、渡槽、涵洞等构成，经多年长期运行，原有填方渠道因汛期雨水侵

作者简介：刘忠富（1972—），男，高级工程师，主要从事水利工程及试验检测方面的研究工作。
通信作者：王艳龙（1992—），男，工程师，主要从事岩土工程及试验检测方面的研究工作。

蚀，多出现滑坡水毁等问题。为了查明该工程渠道边坡可能存在的安全隐患，现场采用高密度电阻率法并结合原状土样室内试验的方式进行探查。

2.1 高密度电法检测结果

在隐患渠道左、右岸两侧背水侧边坡分别沿渠道走向布置高密度电法测线，其装置形式为Wenner（温纳）装置，电极间距为3 m，单条测线长度为213 m，反演后的电阻率剖面如图1、图2所示。从图中可见，两张剖面整体上均呈现出“上低下高”的电阻率分布形态，这与测试时当地降雨量密切相关，土体表层基本呈现高含水率—饱和状态。其中，图1在左岸0+168～0+213 m范围内出现了明显的低阻状态，初步判断该范围内渠道可能存在渗漏或滑坡隐患。

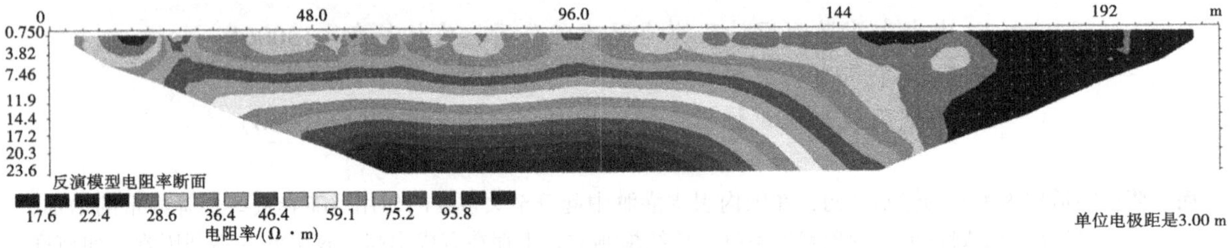

图1 左岸高密度电阻率法剖面

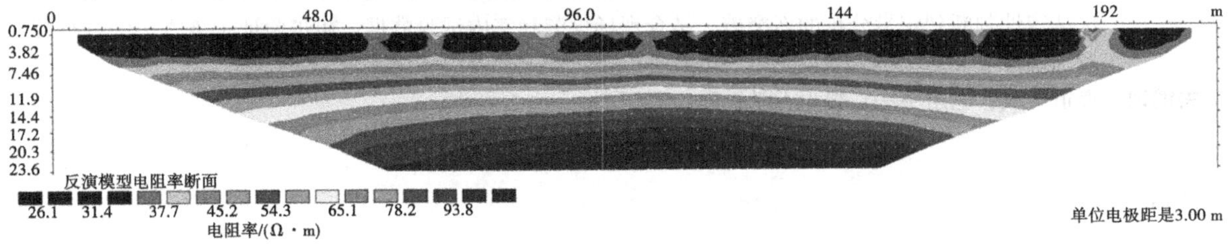

图2 右岸高密度电阻率法剖面

传统高密度电阻率法通常是根据反演后的电阻率剖面中阻值高低的相对性对探测介质做出定性判断，无法对该剖面下的具体物理力学指标做出定量分析。为了对该剖面下的滑坡稳定性做出定量判断，并进一步分析左岸渠道可能存在的安全隐患，本文将一些特征点位的视电阻率提取出来，用作下一步的相关分析，视电阻率结果如表1所示。

表1 左岸渠道视电阻率值

单位：Ω · m

深度/m	取样桩号					
	0+030	0+060	0+090	0+120	0+150	0+180
4	36.8	36.2	32.4	29	26.5	20.2
8	48.2	43.3	42.3	41.7	29.4	22.4
12	52.3	63.5	60.5	57.4	30.2	20.3
17	—	91.2	93.5	73.9	34.5	—
21	—	102.4	104.3	88.8	40.3	—

2.2 室内试验结果

为进一步分析左岸渠道可能存在的安全隐患，采用带取土器的钻机获取了不同特征点位的原状土样，对其不同深度的土样进行室内试验，包括直剪试验、环刀法密度试验、烘干法含水率试验等。室内试验方法如图3所示，获取的试验结果如表2所示。

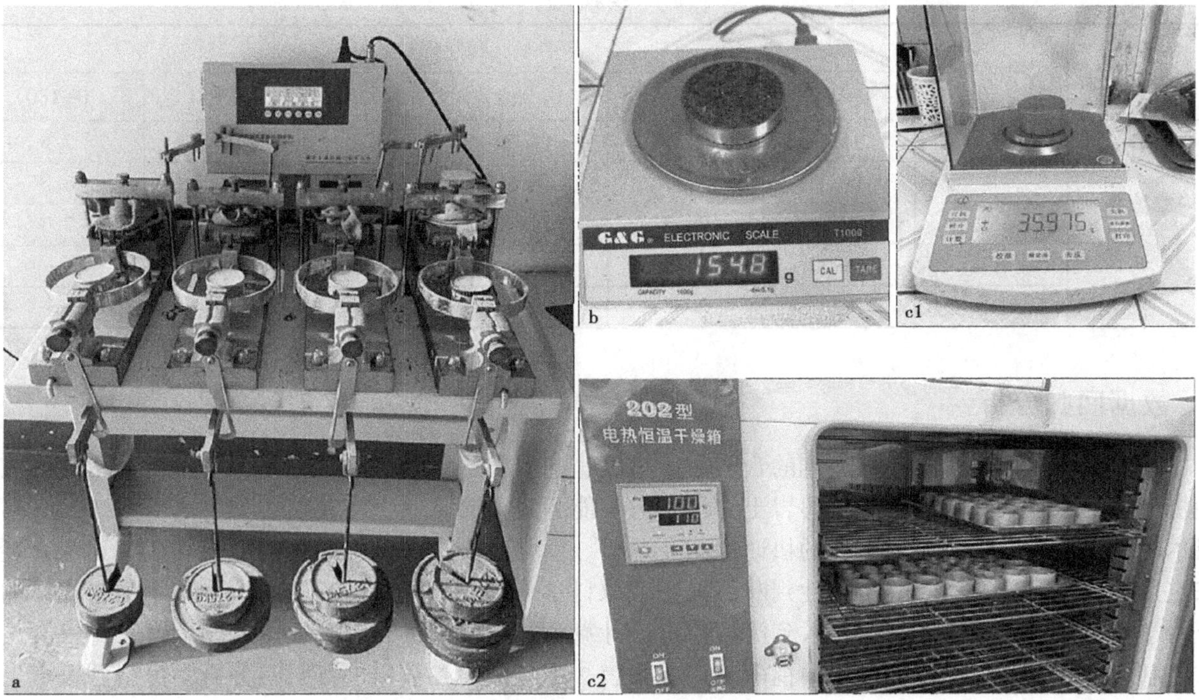

(a) 直剪试验;(b) 环刀法密度试验;(c) 烘干法含水率试验

图 3　土力学室内试验

表 2　左岸渠道原状土岩土力学参数值

试验参数	深度/m	取样桩号					
		0+030	0+060	0+090	0+120	0+150	0+180
容重/(g/cm^3)	4	19.60	19.40	19.70	19.80	19.60	19.90
	8	18.70	18.80	18.60	18.70	19.50	19.80
	12	18.20	18.30	17.90	17.90	19.30	19.90
	17	—	17.40	17.10	17.70	18.90	—
	21	—	17.20	17.20	16.90	19.20	—
含水率/%	4	22.5	23.4	24.2	27.5	28.5	29.7
	8	20.4	22.4	21.8	24.5	29.0	28.3
	12	19.3	19.2	18.6	21.3	28.5	28.4
	17	—	18.6	17.7	19.9	27.0	—
	21	—	17.2	17.3	18.5	25.0	—
内聚力/kPa	4	28.4	25.5	24.3	23.4	22.1	17.5
	8	30.5	27.8	29.7	27.8	25.7	19.8
	12	32.5	32.4	38.5	34.3	30.1	18.5
	17	—	47.9	52.3	47.6	32.8	—
	21	—	58.4	57.8	60.4	36.7	—

续表 2

试验参数	深度/m	取样桩号					
		0+030	0+060	0+090	0+120	0+150	0+180
内摩擦角/(°)	4	15.3	13.6	15.3	12.2	12.3	7.8
	8	20.1	19.7	18.5	15.6	14.3	8.3
	12	22.6	24.3	24.3	22.1	19.3	7.7
	17	—	28.8	28.8	28.3	20.2	—
	21	—	29.3	27.6	26.7	20.4	—

3 数据回归分析

前文分析表明，渠道边坡土体的含水率、重度、内聚力、内摩擦角等均是影响斜坡稳定性的关键随机变量，但在实际工程中，上述岩土力学参数仅能通过室内试验直接获取，如图 3 中方法，时间和成本均相对较高，不利于对渠道的快速检测及分析。而常规渠道检测中采用的电阻率法又无法直接用来定量计算，仅能通过经验来定性判断，无法获取科学准确的检测数据。若能将电阻率值与土体的岩土力学参数建立定量关系，再代入到滑坡稳定性计算公式中，则可有效解决这一问题。

基于上述研究思路，将表 1 中视电阻率值和表 2 中各试验参数值进行回归分析，可得到渠道土体视电阻率与岩土力学参数之间的相关关系，如图 4～图 7 所示。由图 4 可见，视电阻率与土体含水率之间呈现负相关关系，随着含水率的增加，土体视电阻率逐渐降低，采用三次多项式回归拟合，$R^2=0.9056$。可见，回归方程可以较好地反映视电阻率与含水率的关系。由图 5 可见，视电阻率与土体重度之间呈现负相关关系，同样采用三次多项式回归拟合，$R^2=0.9492$。可见，三次多项式回归方程可以很好地反映视电阻率与土体重度之间的变化关系。经验表明，对于以特定压实度指标回填的同一类土体，重度与含水率在一定范围内存在着正相关关系，当土体含水率增大至饱和时，其重度将不再改变。再次结合图 4 及图 5 中曲线形态分析，曲线整体均呈“S”形，即对于压实度一定的填方渠道，高含水率时视电阻率呈低阻状态，但当土体达到饱和时，视电阻率不再变化；低含水率时，视电阻率呈现高阻状态，且逐渐趋于稳定。

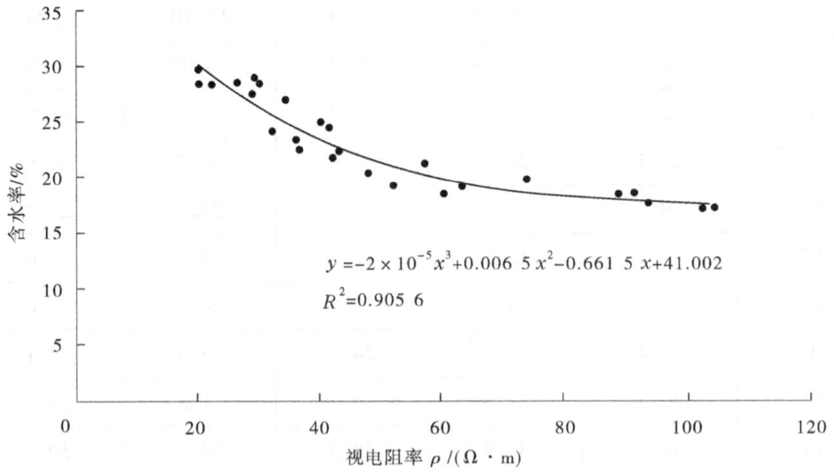

图 4 含水率回归分析结果

内摩擦角和内聚力是滑坡体与结构面非常重要的物理力学参数，决定着岩土体的抗剪强度并在一定程度上控制着滑坡破坏的形式[4]。大量试验表明，当土体含水率增加时，岩土体的内摩擦角和内聚力等力学参数均会相应减小，不利于土质边坡的稳定。从图 6 和图 7 回归分析结果可见，视电阻率

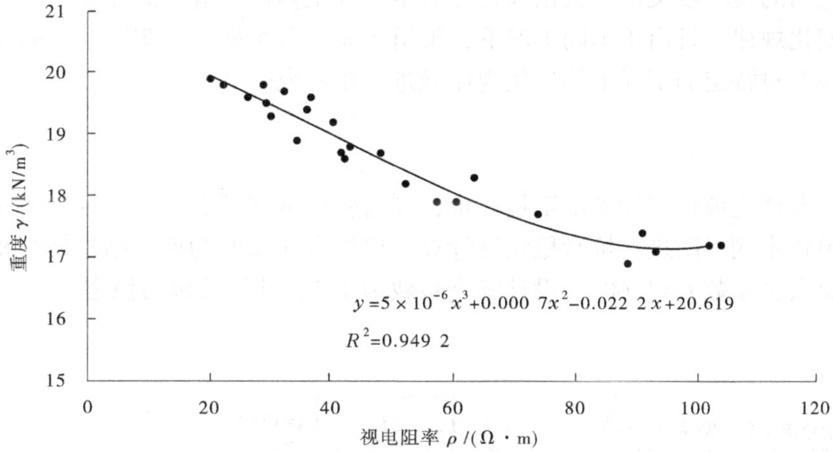

图 5　重度回归分析结果

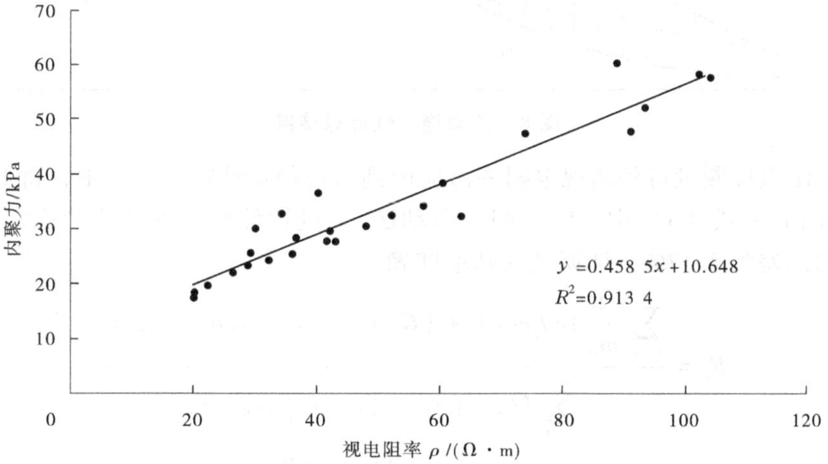

图 6　内聚力回归分析结果

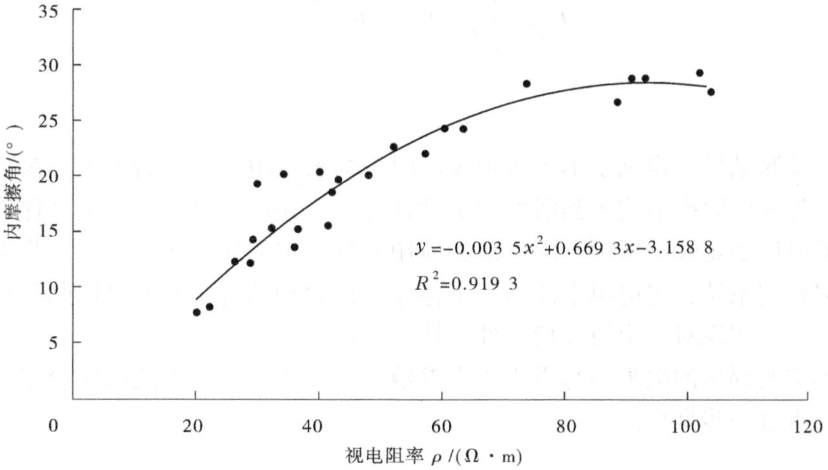

图 7　内摩擦角回归分析结果

与内聚力和内摩擦角均呈现正相关关系，不同的是采用不同多项式拟合时，其 R^2 值存在着差异，但二者均在 0.91 以上，说明拟合效果较好，表明在同一土质条件下，土体的视电阻率与岩土体力学参数之间存在着必然的相关性，这一结论可为后续的计算打下基础。

另外，需要说明的是，本文试验数据仅是针对本工程土体情况进行的计算，还不能代表电阻率在全类型土体内的变化规律。且由于不同工况下，渠道土质、含水率、压实度等指标均存在差异，在实际工程应用时，还需对特定的工况下的变化规律做进一步研究。

4 结果分析

为了进一步对渠道边坡稳定性做出定量评价，同时验证本文所提方法的可行性及准确性，采用简化毕肖普法对渠道背水侧堤防进行抗滑稳定性计算，以桩号 0+120 为例，结果如图 8 所示。由计算结果可见，抗滑稳定安全系数 $k=1.607$，设计安全系数为 1.5，计算结果为稳定。

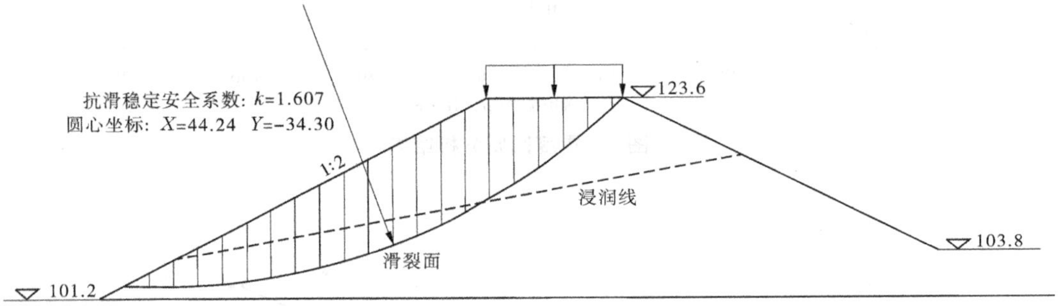

图 8 抗滑稳定性计算结果

为了将电阻率法直接测量得到的视电阻率值应用到滑坡稳定性定量计算中，将上文图回归得到的拟合公式代入式（1）~式（3）中，应用圆弧滑动法[5] 进行计算，得到抗滑稳定性系数为 1.566，与上文数值计算的误差为 3.17%，计算结果基本准确。

$$F_s = \frac{\sum_{i=1}^{n} \frac{1}{m_{\theta i}} [c_i l_i \cos\theta_i + (G_i + G_{bi} - U_i \cos\theta_i) \tan\varphi_i]}{\sum_{i=1}^{n-1} [(G_i + G_{bi}) \sin\theta_i + Q_i \cos\theta_i]} \tag{1}$$

$$m_{\theta i} = \cos\theta_i + \frac{\tan\varphi_i \sin\theta_i}{F_s} \tag{2}$$

$$U_i = \frac{1}{2}\gamma_\omega (h_{\omega i} + h_{\omega,\ i-1}) l_i \tag{3}$$

5 结论与展望

通过上述试验检测结果，得到了本工程中视电阻率与渠道填筑土的岩土力学参数之间的相关关系式。并通过换算，将视电阻率值代入到滑坡稳定性计算中，完成了电阻率法定性评价到定量计算的转化，对今后在渠道滑坡稳定性分析中电阻率法的应用起到一定的促进作用。进一步地，后续可开发一种轻便快捷的无损检测系统，将电阻率法与岩土体原位试验相结合，并通过回归分析间接得到填筑土的岩土力学参数，从而实现对渠道滑坡稳定性的快速检测。

综上所述，本文所提出的电阻率与岩土力学参数回归分析方法对渠道滑坡稳定性检测具有较好的可行性及准确性，可进一步推广。

参考文献

[1] 杜建伟，陈鹏飞．降雨入渗条件下膨胀土渠道边坡稳定性分析［C］//中国水利学会．中国水利学会 2019 学术年会论文集（第五分册）．北京：中国水利水电出版社，2019.

[2] 王艳龙，范永，谭春．改进的赤道偶极法在防渗墙渗漏检测中的应用［C］//中国水利学会．2022 中国水利学术

大会论文集（第六分册）. 郑州：黄河水利出版社，2022.
[3] 李同录，赵成，付昱凯. 滑坡稳定性及推力计算中的几个概念解析［C］//中国地质学会工程地质专业委员会. 中国地质学会工程地质专业委员会 2006 年学术年会暨“城市地质环境与工程”学术研讨会论文集，2006.
[4] 谭卓英，蔡美峰. 变坡角浅层黏土斜坡稳定敏感性分析［J］. 北京科技大学学报，2005（3）：272-277.
[5] 杨波. 边坡稳定性计算中圆弧滑动法与传递系数法的差异［J］. 黑龙江水利，2016，2（2）：64-66，70.

浅析水工金属结构声发射特征信号提取方法

李东风　石朋琳　高志萌　伍卫平

（水利部水工金属结构质量检验测试中心，河南郑州　450044）

摘　要： 为了精准获取并解析水工金属结构在服役状态下声发射信号中隐藏的关键特征信息，进而实现对其出现损伤、产生裂纹或材料疲劳的有效识别与评估，学术界已发展出多种特征提取技术。这些技术主要可划分为四大类：基于时域的特征提取方法、基于频域的特征提取方法、融合时域与频域优势的时频域特征提取方法以及基于熵域的特征提取方法。本文将深入综述这四类特征提取方法的研究进展与现状，以期为后续水工金属结构健康检测和运行维护研究与应用提供坚实的理论基础与参考。

关键词： 水工金属结构；声发射；时频域分析；熵域分析；特征提取

水工金属结构，如大型水轮机转轮叶片、弧门支铰、起重设备、压力钢管等，在长期使用过程中容易受到水流冲击、气蚀、振动、材料疲劳等因素的影响，产生裂纹等缺陷。这些缺陷不仅影响设备的运行效率，还可能引发严重的安全事故。因此，对水工金属结构的健康监测与故障诊断显得尤为重要。声发射（Acoustic Emission，AE）技术作为一种非接触、实时监测的方法，在金属结构裂纹检测中展现出独特的优势。本文基于水工金属结构声发射特征提取的方法，探讨了其在水工金属结构健康监测中的应用。

声发射技术是一种通过捕捉材料内部因应力状态变化所激发的瞬态弹性波信号，来评估材料完整性的检测技术。当材料受到应力作用时，其内部缺陷（如裂纹、夹杂等）会产生微观的屈服或变形，这些应力变化迅速以应力波的形式在材料内部释放能量，这一过程产生的信号即为声发射信号。这些信号携带了丰富的材料状态信息，可以用于评估材料的健康状态。为了精准提取并解析声发射信号中的关键特征信息，学术界已发展出多种特征提取技术。这些技术主要可划分为四大类：基于时域的特征提取方法、基于频域的特征提取方法、基于时频域的特征提取方法以及基于熵域的特征提取方法。

1　基于时域的声发射信号特征提取方法

时域特征是以时间为自变量，通过计算和分析时间序列数据来提取特征。其中，特征参数可进一步细分为有量纲和无量纲两类（见表1）。有量纲的特征值由于常发生骤变难以有效且准确地表征系统的缺陷状态。无量纲指标因其能在负载和运行速度变化时保持较高的稳定性，为水工金属结构运行状态监测和诊断提供了可靠的依据[1]。

表1　时域特征参数

时域特征参数				
有量纲参数		无量纲参数		
参数名称	作用	参数名称	公式	作用
峰值 幅值	常用于波源的类型鉴别、强度及衰减的测量	峭度	$K_v = \dfrac{\sum_{i=1}^{N} X_i^{4}}{N X_{rms}^{4}}$	描述信号在时间域或频率域的陡峭程度

作者简介： 李东风（1979—），男，高级工程师，副主任，主要从事无损检测方向工作。
通信作者： 石朋琳（1999—），女，助理工程师，主要从事无损检测方向工作。

续表 1

时域特征参数					
有量纲参数		无量纲参数			
参数名称	作用	参数名称	公式	作用	
能量	反映事件的相对能量或强度	裕度因子	$CL_f = \frac{X_p}{X_{rms}}$	峰值相对于平均波动水平的变化情况	
持续时间	特殊波源类型和噪声的鉴别	脉冲因子	$I = \frac{X_p}{\lvert\overline{X}\rvert}$	反映信号中冲击成分、强度和能量	
峰值频率	评价声源活动性和定位集中度	波形因子	$S_f = \frac{X_{rms}}{\lvert\overline{X}\rvert}$	评估交流信号质量，检测信号冲击程度	
振铃计数	测量突发型信号	偏斜度	$S = \frac{\sum_{n=1}^{N}\left[X(n) - \overline{X}\right]^3}{(N-1)\sigma_x^3}$	用于识别异常值和噪声点、去除噪声和干扰，并作为故障特征量用于检测	
信号均方根值	反映信号的能量特性	—	—	—	
平均信号电平	背景噪声水平测量				
电压阈值	提高检测效率与响应灵敏度				
上升时间	反映信号频率特性和带宽				
信号强度	反映了材料或结构内部的应力状态和变形程度				
质心频率	了解材料在受力过程中的频率变化，分析材料的损伤情况				
到达时间	推断应力波传播路径和速度，评估材料内部结构和完整性以及波源位置计算				
上升时间与幅值比	用于裂纹断裂模式的分类				

注：式中，K_v 为峭度；N 为采样点；X 为随机信号幅值；X_{rms} 为均方根值；CL_f 为裕度因子；X_p 为信号峰值。

在此基础上，可以在常规特征参数的基础上构造新的特征参数，用于有效识别各类损伤信号，如 RA 和 AF 值，如图 1 所示。

RA 定义为上升时间与最大幅值的比值，表示波形梯度倒数：

$$RA = \text{Rise time} \div \text{Peak amplitude} \tag{1}$$

平均频率 AF 定义为振铃计数与持续时间的比值：

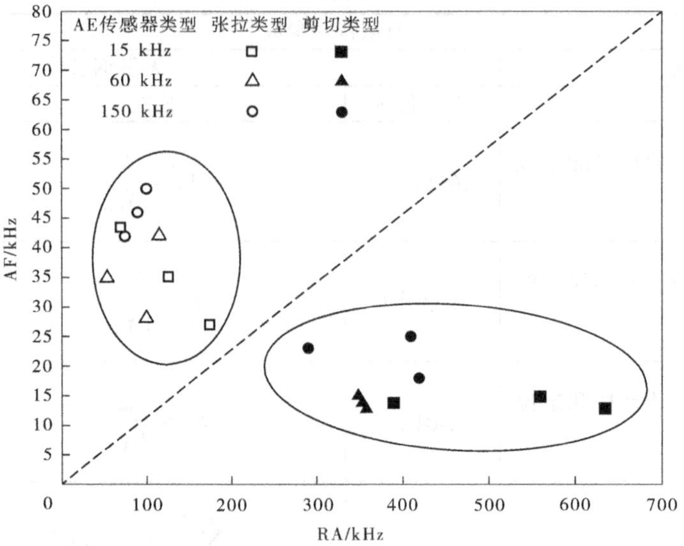

图 1　张拉和剪切类型信号

$$AF = Ring\ counts \div Duration\ time \tag{2}$$

RA 和 AF 参数可结合使用，用于识别张拉和剪切类型损伤声发射信号。一般张拉型损伤信号相较于剪切型损伤信号，具有较大的 AF 值和较小的 RA 值。Ohtsu[2] 研究发现，当钢筋因腐蚀产生拉伸裂纹对应 RA 值较低、AF 值较高时，当出现剪切裂纹时，两者的值与之相反，如图 1 所示；付雅琪等[3] 研究发现，GH4169 合金剪切波形计算得到的 RA 值约为 60 ms/V，拉伸破坏信号 RA 值大约为 7 ms/V。

蒋鹏等[4] 研究高强度管线钢试样充氢后拉伸损伤演化过程的声发射幅值-累计撞击数随时间变化的关系，撞击计数随时间变化图如图 2 所示，发现撞击计数的时间随着氢浓度增加而提前，通过将声发射幅值和累计撞击数作为氢脆性能动态参数，分析金属氢脆、内部细观裂纹和位错的演化过程。

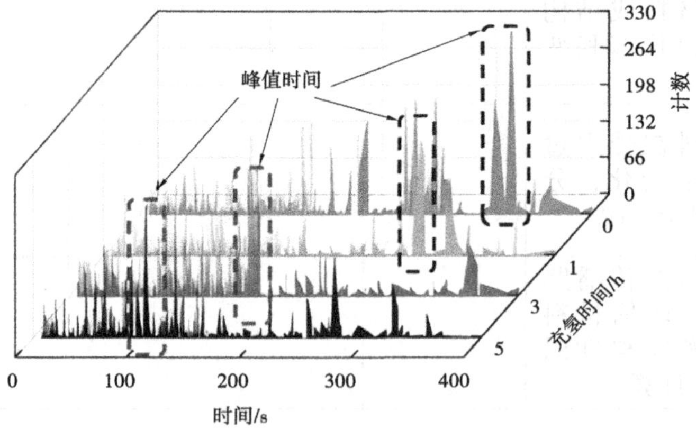

图 2　撞击计数随时间变化

常红等[5] 通过分析管线钢焊接接头的母材、焊缝和热影响区疲劳裂纹扩展的声发射信号峰值幅值分布及振铃数分布特征（X52 钢不同试样裂纹扩展速率与声发射振铃计数率关系如图 3 所示），发现可以初步对疲劳裂纹在焊接接头中的具体发生区域进行定性判别；Ji 等[6] 通过研究起重机运行过程中声发射信号的概率密度、均值、均方根值、峭度等时域特征参数，完成设备核心部件故障预警；吴璞等[7] 研究发现仅噪声振动的情况下峭度值维持在 3 左右，由于峭度是对信号进行了 4 次方处理，因此峭度对故障信号较敏感，随着材料故障的出现，峭度值会随之增大。除此之外，何鹏举等[8] 针对实际应用中两原始信号间隔时间较长导致峭度计算中重要信息被忽略的问题提出了等时差峭度值计

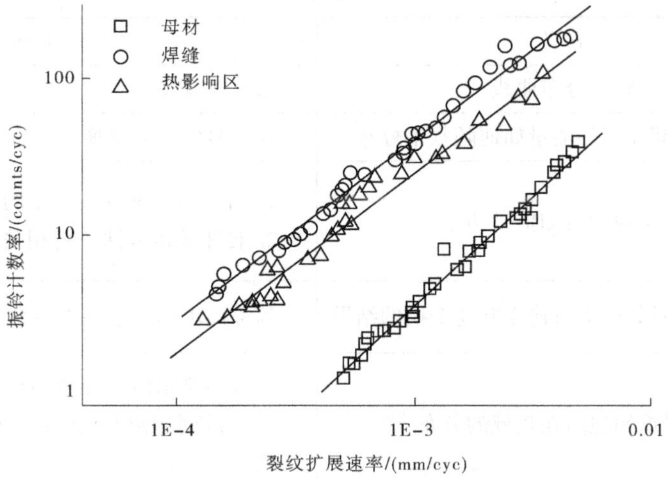

图 3　X52 钢不同试样裂纹扩展速率与声发射振铃计数率关系

算，显著提高了由于缺陷产生的声发射信号特征提取的准确性。

在传统时域特征参数分析研究的基础上，结合机器学习，学者们引入了多种先进的时域分析方法，其中包括主成分分析（PCA）和聚类分析等（见表 2）。

表 2　时域分析方法

方法	特点
主成分分析（PCA）	在保留尽可能多的数据信息的同时降低数据的维度
聚类分析	将相似数据在无标签预设的前提下直接分成簇，可以有效识别不同行为的信号特征

李力等[9] 通过 PCA 基于对上升时间、持续时间、幅值等 9 个特征参数的相关性分析，进行降维处理，大幅减少了计算所需的数据量，通过设置的 2 个主成分对机械设备涂层裂纹产生的声发射（AE）信号与干扰信号进行分类，结果显著提升了分类的精确性，实现了高达 96%的分类准确率；林沛贤等[10] 通过谱聚类，使用质心频率与能量作为聚类特征参数，研究 TiB/TC4 复合材料在剪切、拉伸与缺口 3 种不同应力状态下塑性变形的机制，结果发现在拉伸试验中的声发射信号分为低频连续和高频突发类型，低频连续信号对应基体晶粒位错运动，其幅值波动范围大，高频、突发信号对应晶界处颗粒断裂，其幅值范围波动较小。

2　基于频域的声发射信号特征提取方法

频域分析是一种基于傅立叶变换理论的信号处理方法，它将信号从时间轴转换为频率轴，以便分析信号中包含的不同频率成分及其特性。目前，常见的频域分析方法包括频谱、能量谱、包络谱等[11]（见表 3）。

雷经发等[12] 通过提取 Q235 钢试样轴向拉伸试验声发射信号中的小波包能量谱，如图 4 所示各拉伸损伤阶段高频能量和低频能量的占比图，结果发现，随着损伤的增加，高频段能量随之减少，低频段能量随之增加。与频谱相比，包络谱不仅可有效滤除无关紧要的频率干扰，并且在凸显机械结构损伤特征频率方面展现出显著优势。游俊等[13] 在齿轮裂纹的故障诊断中考虑到强噪声干扰，采用故障特征包络能量占比的方法显著提升了故障特征的可识别性。

表 3　频域分析方法

方法	含义	求解方法
频谱	频率分布曲线	傅立叶变换
能量谱	信号或时间序列的能量如何随频率分布	原信号傅立叶变换的平方
功率谱	单位频带内的信号功率	1. 直接法：傅立叶变换的平方/区间长度； 2. 自相关函数法：自相关函数的傅立叶变换
倒频谱	信号功率谱对数值进行傅立叶逆变换的结果	信号→求功率谱→求对数→求傅立叶逆变换
包络谱	信号振幅包络在频域的分布	信号→希尔伯特变换→得到解析信号→求解析信号的模→得到包络信号→傅立叶变换→得到 Hilbert 包络谱

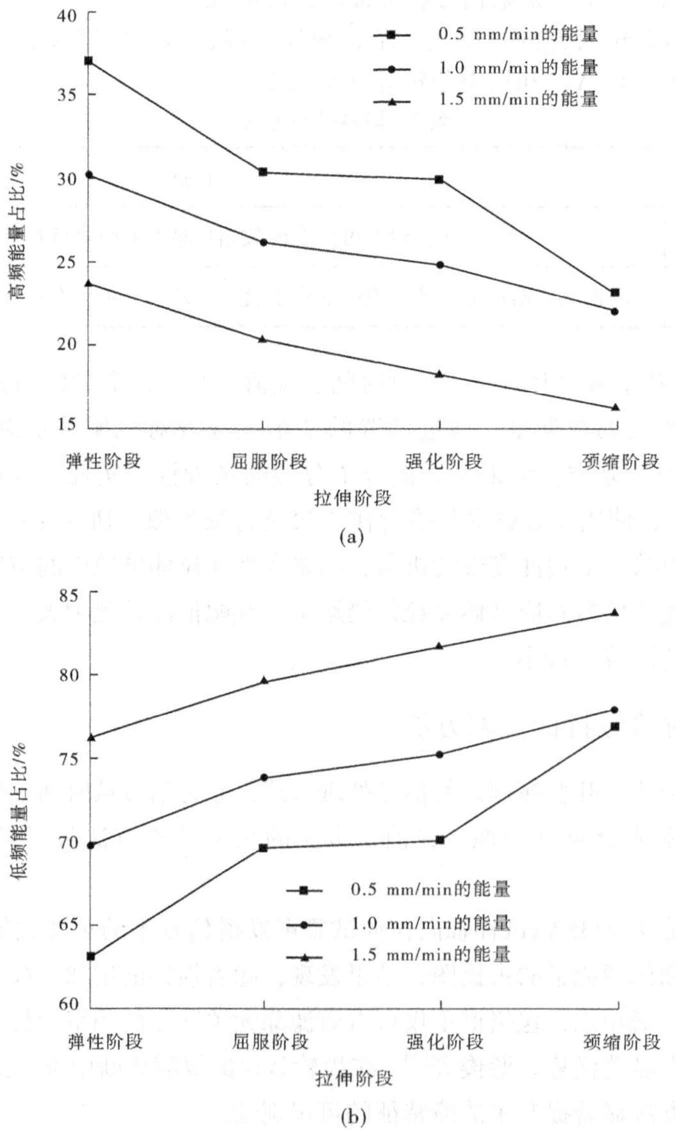

图 4　各拉伸损伤阶段高频能量和低频能量占比

除此之外，由于线性分布频谱图在特征提取方面并不充分，受到人耳对声音频率的感受呈对数关系的启发，一种基于声音频率的非线性梅尔刻度（Mel scale）的对数能量频谱的线性变换——梅尔频率倒谱系数（Mel-frequency cepstral coefficients，MFCC）应运而生，具体特征提取步骤如图 5 所示。

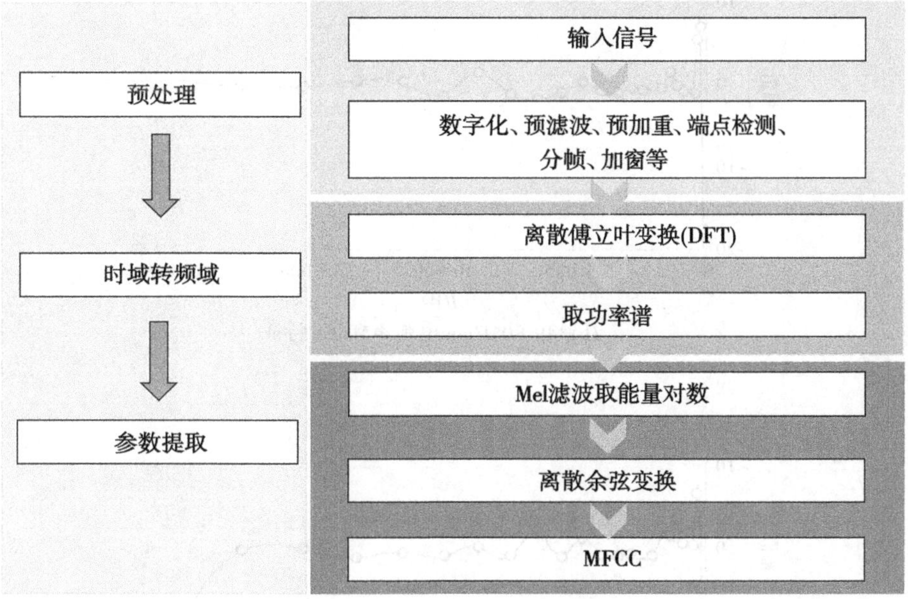

图 5　MFCC 特征提取步骤

通过处理声发射信号实现机电设备的故障预测，朱子东等[14]将 MFCC 识别效果与信号的 9 个时频域特征值进行对比，结果显示 MFCC 展现出更高的识别准确率，针对-20 dB 的信号典型时频域特征值对支持向量机（SVM）模型进行了训练，分类准确率为 65%，MFCC 特征向量作为 SVM 模型的输入进行模式识别，分类准确率显著提升至 77.50%；黄林然[15]根据电弧声道与焊接线能量、焊缝熔透程度呈相关性，以 MFCC 作为特征向量实现了对电弧声的精准识别，最终达到了 99.25%的高识别率，实现了焊接过程中熔透状态的实时在线监测需求，如图 6 所示。

由此可见，针对非平稳信号的频域分析技术，已展现出其损伤特征提取的能力。然而，面对水工金属结构服役时复杂多变的工作环境使得采集到的声发射信号中混杂着大量噪声，传统的谱分析方法难以保证分析结果的准确性和可靠性，这直接限制了小波分析等传统方法在精准提取损伤特征频率方面的应用效果。

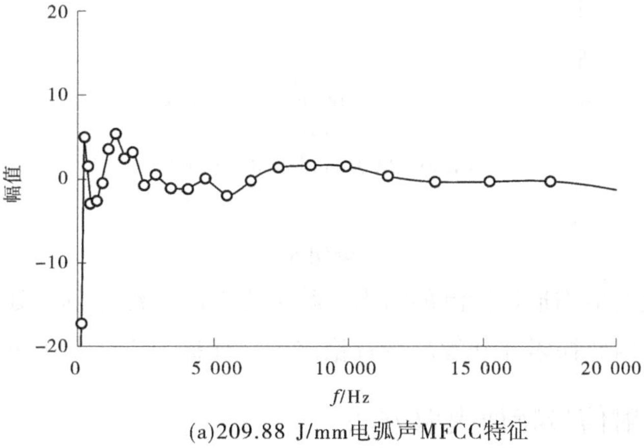

(a)209.88 J/mm电弧声MFCC特征

图 6　MFCC 不同焊接能量电弧声 MFCC 特征

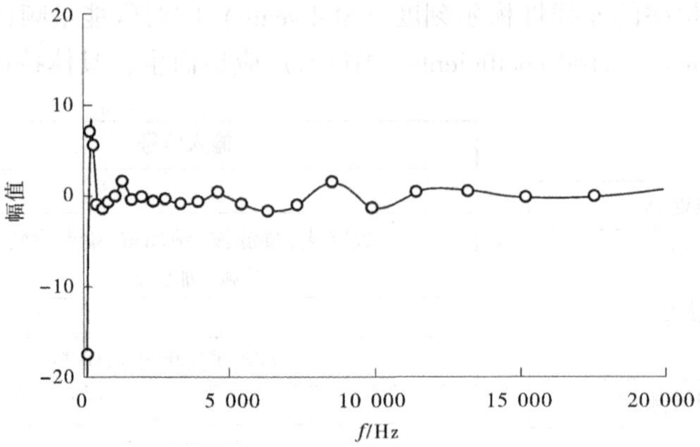

(b)349.80 J/mm电弧声MFCC特征

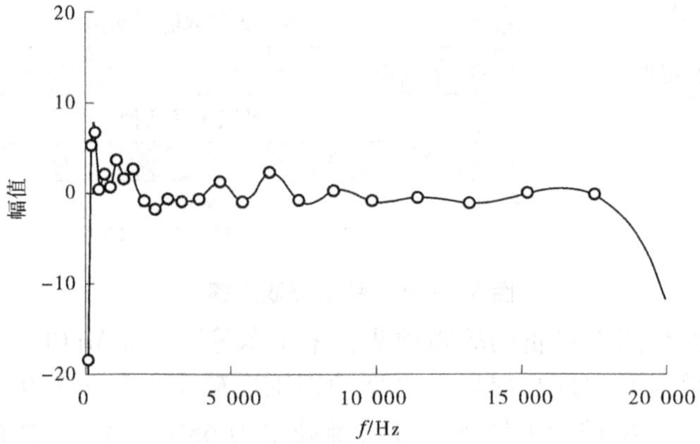

(c)524.70 J/mm电弧声MFCC特征

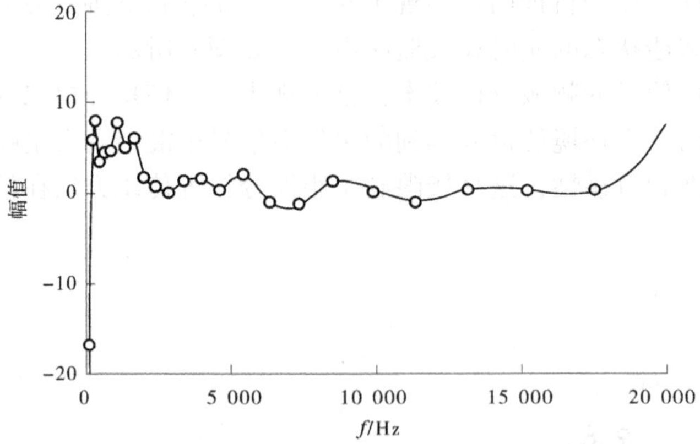

(d)807.23 J/mm电弧声MFCC特征

续图 6

鉴于此，针对水工金属结构损伤检测的需求，特征提取的方法需具备处理非平稳信号及在强噪声环境中有效工作的能力，因此探索并开发高级且稳定的特征提取方法至关重要。

3 基于时频域的声发射信号特征提取方法

时频域分析的基本原理为：通过构建时间与频率的联合函数，全面描述信号在不同时间和频率上的能量密度或强度。小波变换是一种经典的时频域分析手段，通过将傅立叶变换中若干个三角函数基变换成有限个衰减的小波基，相比傅立叶变换小，波变换更适合处理突变信号，但由于 Heisenberg 测不准原理的制约，小波信号在处理突变信号时必须权衡时间分辨率与频率分辨率。因此，学者大多采用希尔伯特-黄变换（Hilbert-Huang Transform，HHT）处理突变信号。

HHT 由经验模式分解（EMD）与 Hilbert 变换组成。首先，通过 EMD 技术，原始信号被分解为一系列不同频率尺度的本征模态函数（IMF）模态分量。随后，每个 IMF 都经过 Hilbert 变换处理，这一步骤不仅赋予了 IMF 瞬时幅值和瞬时频率的物理意义，还成功构建了 IMF 的时间-频率关系图，从而能够清晰地揭示信号在时域和频域中的动态特性。

刘贵杰等[16] 将管道内漏模型分成混合区、过渡区和充分发展区，在给信号加入均匀的高斯白噪声基础上采用 HHT 分析方法，提高了内漏信号作用频率识别的准确率，如图 7 所示。

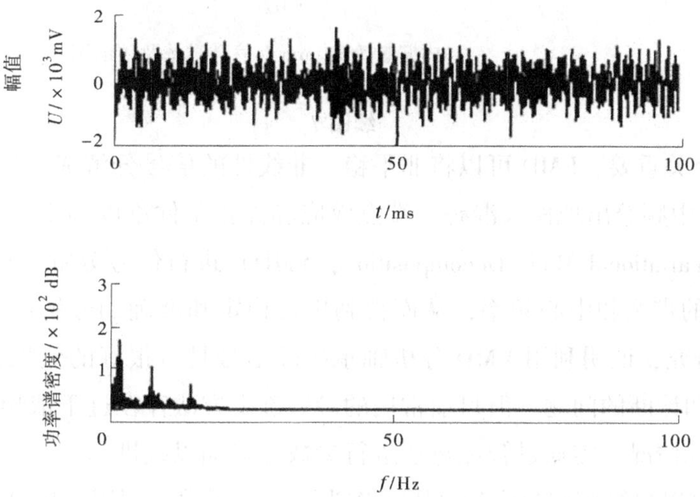

(a)未泄漏下的时域及频谱图

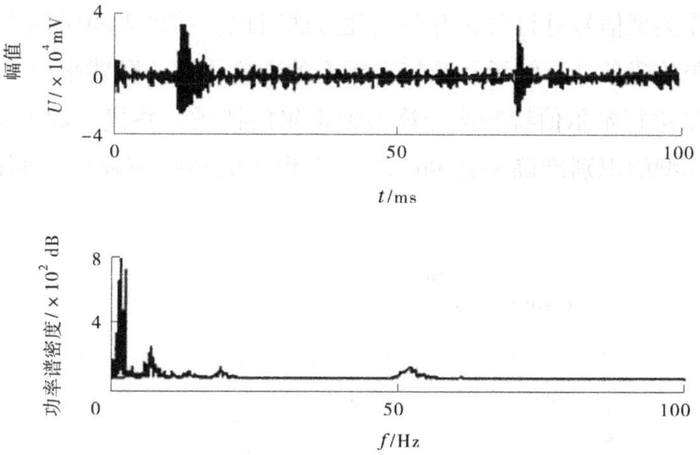

(b)内漏量为12.5 mm³/s信号时域及频谱图

图 7　阀门内漏声发射信号

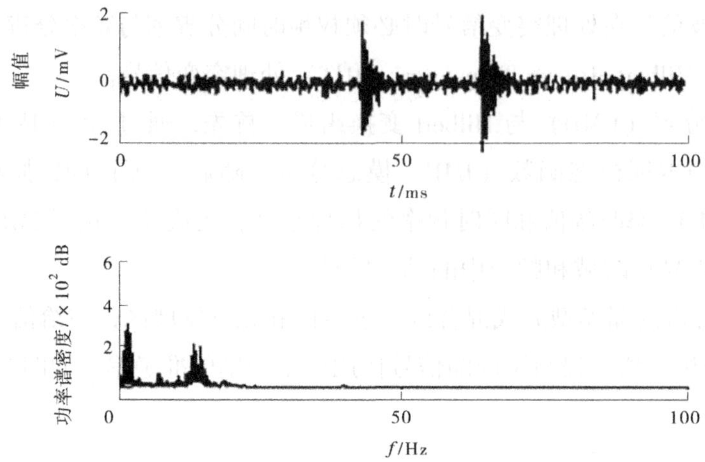

(c)内漏量为50 mm³/s信号时域及频谱图

续图 7

EMD 对于 HHT 至关重要，EMD 可以将非平稳、非线性的信号分解成不同时间尺度的平稳信号，然而 EMD 在使用过程中频繁出现模式混叠、端点效应和停止条件难以判定等问题，因此目前学者多采用变分模态分解（Variational Mode Decomposition，VMD）进行信号分解：VMD 通过求解一个变分问题来优化每个 IMF 的带宽和中心频率，从而得到更加稳定和准确的分解结果。近年来，许多学者对 VMD 进行了深入研究，证明利用 VMD 分析轴承故障信号具有很好的效果，可以成功解决早期微弱故障信号难以发现和诊断的问题。但目前常用的参数确定方法存在过于依赖人工经验的缺陷，不适合处理复杂的工程实际情况，需通过智能算法进行参数寻优加以改进。

单玉庭等[17] 提出以包络熵和包络峭度因子作为适应度函数，利用遗传算法全局寻优的特点，对 VMD 的模态分量个数和惩罚参数组合进行优化。通过最优参数组合下的 VMD 对信号进行分解选择适应度函数最小 IMF 分量作为有效 IMF 分量进行包络解调，从中提取轴承信号的故障特征频率，如图 8 所示。对多种轴承故障类型信号进行分析并与其他方法对比，结果表明所提方法能有效提取轴承故障特征，有助于实现微弱故障条件下轴承故障特征频率的准确提取；顾建平等[18] 通过将管道腐蚀损伤声发射信号的 IMF 分量进行希尔伯特变换计算得到希尔伯特谱，并代入深度 BiGRU 神经网络进行训练，结果发现，所提模型的识别准确率达 96.3%，实现了流动噪声环境下腐蚀信号的有效区分，如图 9 所示。

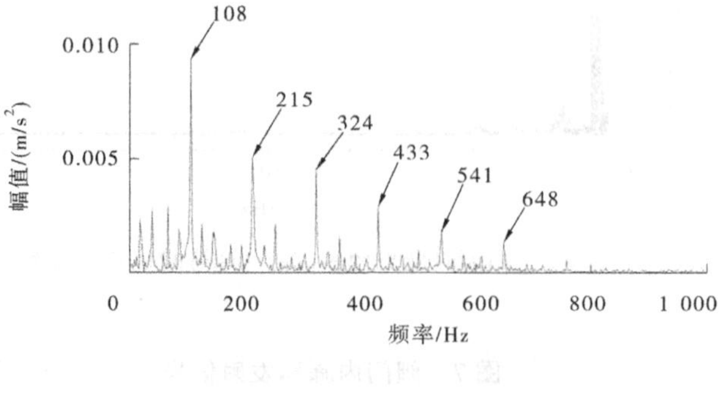

图 8　轴承内圈的故障特征频率

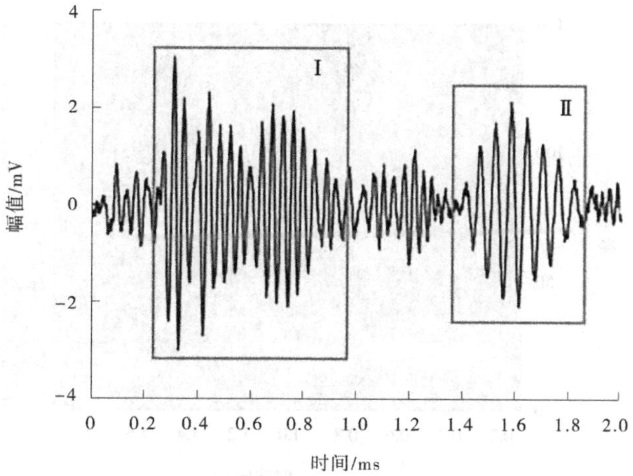

(a)腐蚀信号波形

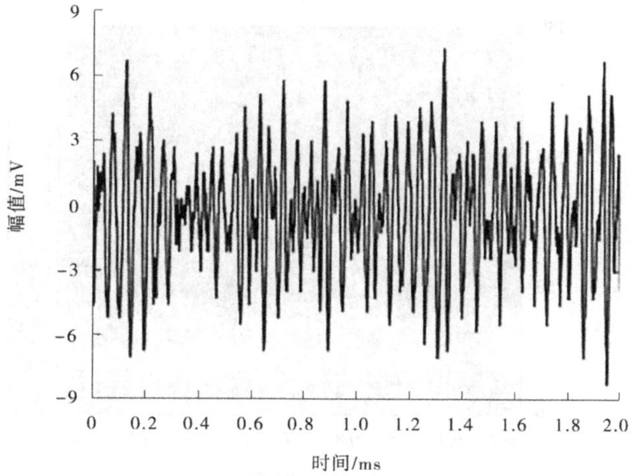

(b)流动噪声波形

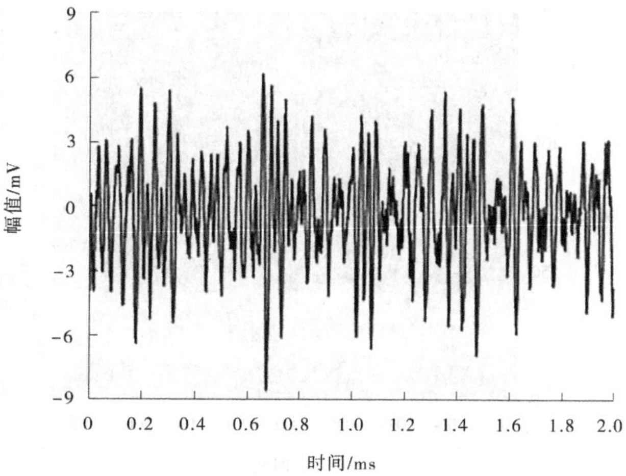

(c)混合信号波形

图 9　腐蚀、流动和混合信号类型的时域与时频图谱

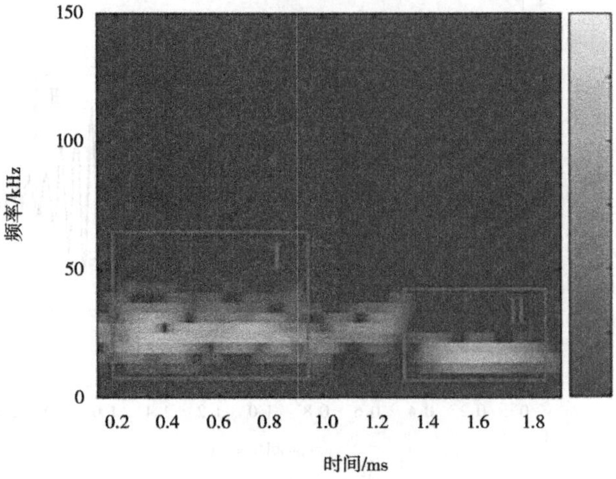

(d)腐蚀信号时频谱

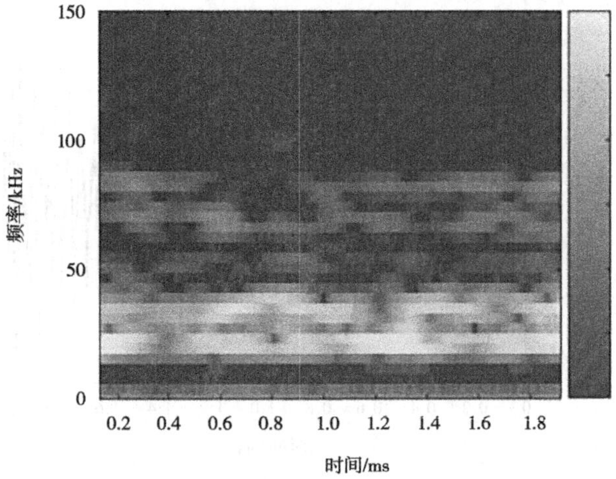

(e)流动噪声时频谱

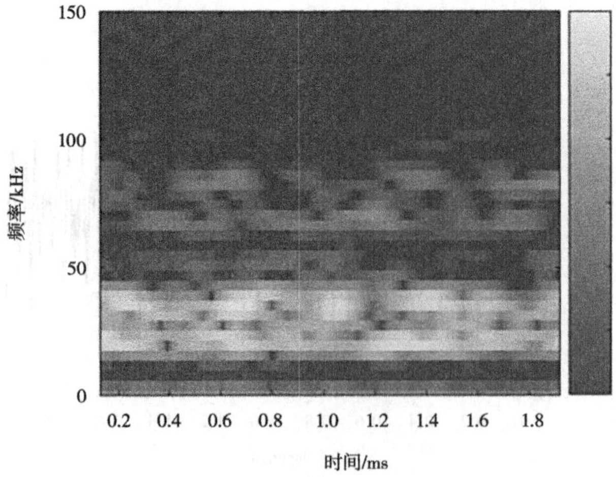

(f)混合信号时频谱

续图 9

除此之外，还有学者采用短时傅立叶变换（STFT）和小波包分解（Wavelet Packet Decomposition，WPD）等方法。STFT 通过将信号分割成多个短时间窗，并对每个窗内的信号进行傅立叶变换，从而得到信号随时间变化的频谱特性。李婷等[19] 根据变桨轴承难以通过振动、应变等手段检测的特点，提出采用 STFT 分析方法处理声发射信号的监测诊断技术，据学者研究证明，在频率为 90～140 kHz 区域内钢材裂纹会出现常见的稳定且持续的冲击信号，如图 10 所示，AE 信号 STFT 时频图与无裂纹的声发射信号对比，二维与三维谱图均出现明显的冲击信号特征，证明采用 STFT 分析方法可实现有效捕捉变桨轴承裂纹故障信号。

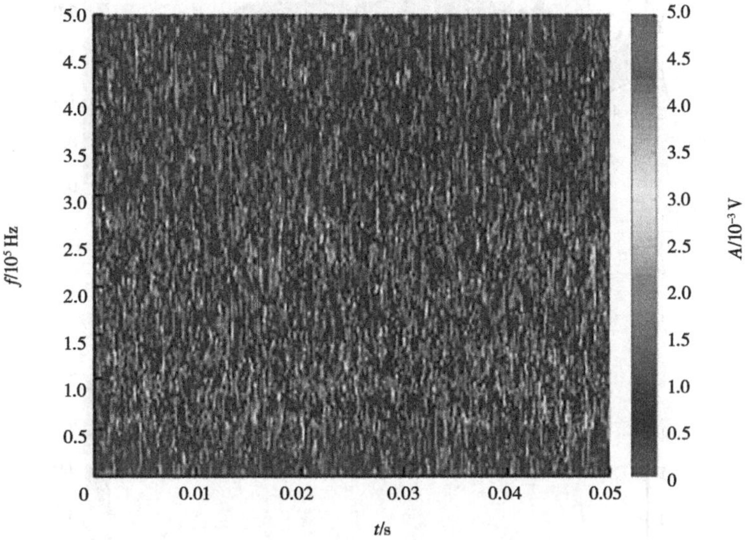

(a)无裂纹AE信号STFT时频二维图

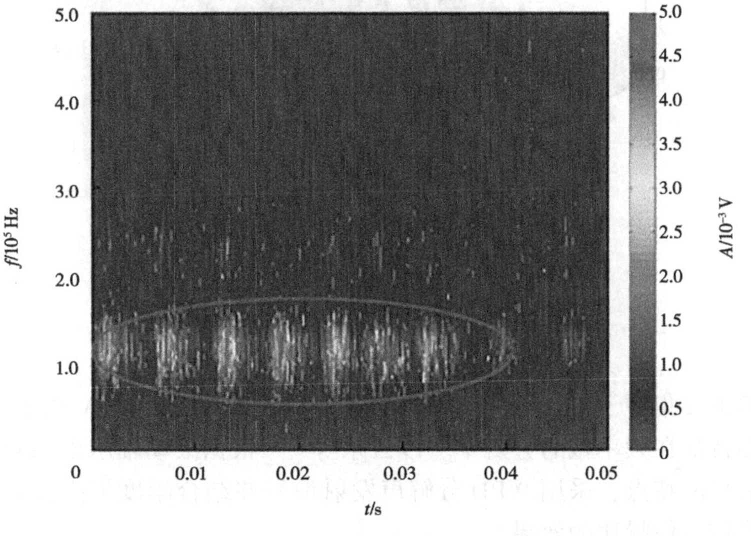

(b)有裂纹AE信号STFT时频二维图

图 10　AE 信号 STFT 时频图

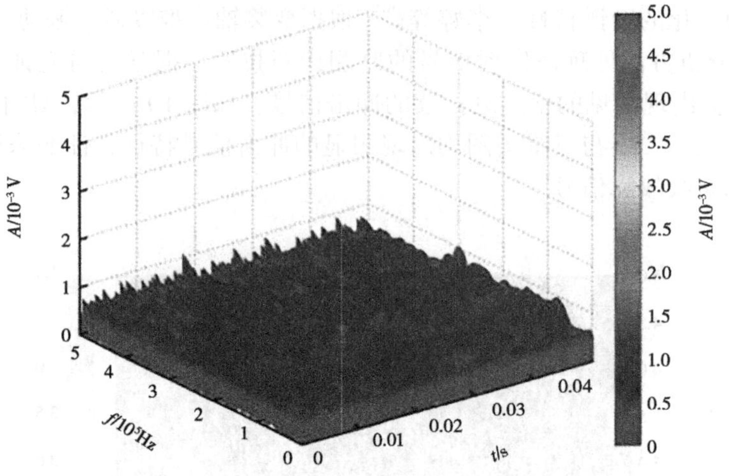

(c)无裂纹AE信号STFT时频三维图

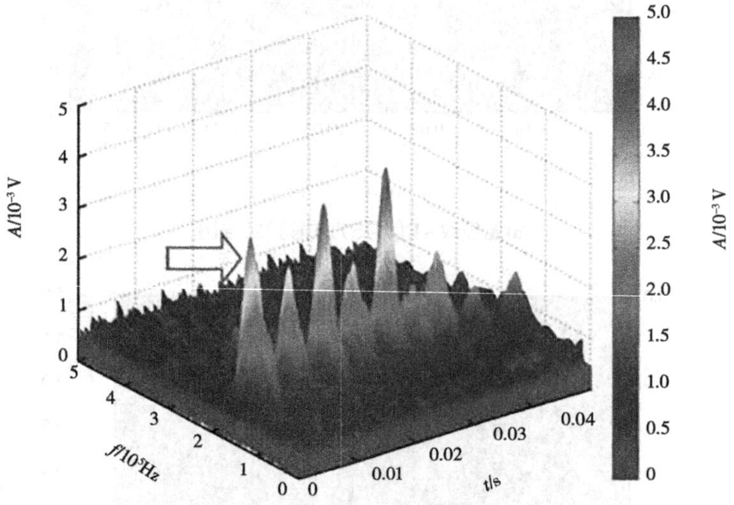

(d)有裂纹AE信号STFT时频三维图

续图 10

与标准小波变换主要集中于对信号的低频部分进行逐层分解不同，WPD 同时对高频部分也进行分解处理，提高局部特征在频率域的分辨率。沙云东等[20] 根据滚动轴承出现局部损伤其声发射信号中出现周期性脉冲信号的特点，采用 WPD 分解声发射信号并结合峭度值指标筛选重构信号，起到了消除干扰，提高故障信号信噪比的效果。

在深入探索了基于时频域的声发射信号特征提取方法后，有许多学者转而聚焦于基于熵域的特征提取策略，以期从信息不确定性的新视角进一步挖掘声发射信号的深层次特征。

4　基于熵域的声发射信号特征提取方法

信息熵（Information Entropy）是对某种信息的定量描述方式，其核心思想是用一个期望值来衡量一个随机变量出现的概率。在声发射（Acoustic Emission，AE）技术中，信息熵的应用主要体现在对声发射信号的特征提取和复杂程度分析上。信息熵值越高，说明信号越复杂，包含的信息量也越大，通过比较不同信号的信息熵值，可以提取出对材料状态评估有用的特征参数。这些特征参数能够反映材料内部的损伤情况、裂纹扩展等过程。

基于信息熵理论，柴孟瑜等[21] 提出了一个与声发射系统门槛值无关的、能反映波形混沌特征的新参数——声发射熵（Acoustic Emission Entropy），提取步骤如图 11 所示。通过计算并绘制裂纹扩展中所有声发射波形的声发射熵随时间变化的演化规律，有效地对高强钢材料的裂纹损伤演化状态进行识别和评估。

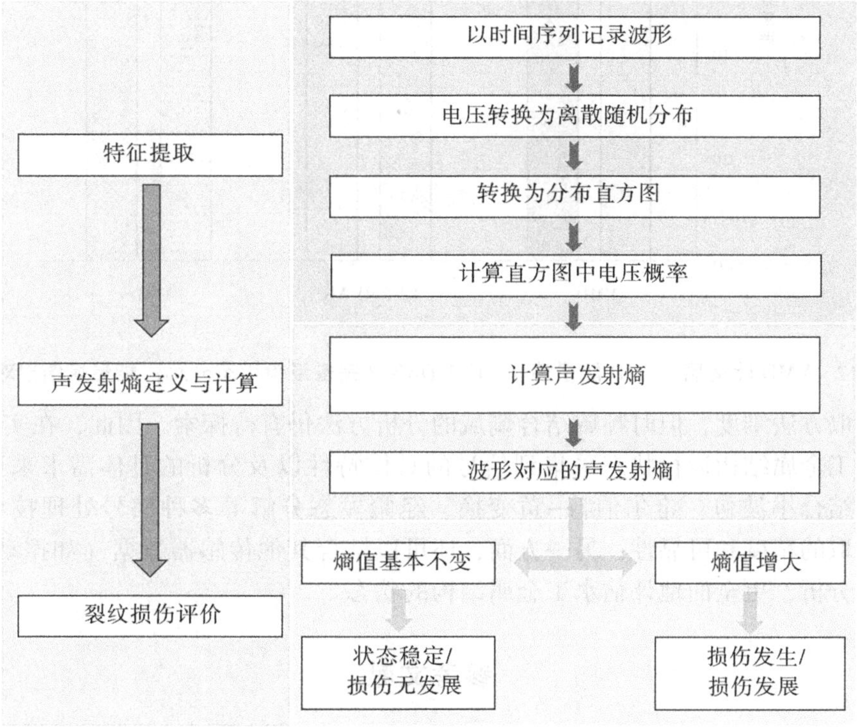

图 11　基于信息熵的声发射熵提取步骤

声发射熵计算公式如下：

$$H_{AE}(V)=\sum_{i=1}^{n}p(V_i)\log_b\frac{1}{p(V_i)}=-\sum_{i=1}^{n}p(V_i)\log_b p(V_i)$$

式中：H_{AE} 为声发射熵；$p(V_i)$ 为每种可能的电压值 V 在各个组距中的概率；$b=2$，表明量纲为 bit（比特）。

基于信息熵理论，谭东杰等[22] 利用信息熵的表达方式来量化管道的应变能，将 Ramberg-Osgood 模型的积分形式下管道应变能定义为应变能熵 H，求解出指定工况下的熵值曲线，结果表明，管道应变能熵能够全面反映管道在外力作用下的安全状态并能够对管道的失效风险进行定量评价；彭宁伟等[23] 引入信息熵的概念，通过计算 IMF 分量的能量熵，将 VMD 能量熵、EMD 能量熵和 CEEMDAN（完备经验模态分解）能量熵三者通过 GA-SVM 作为分类识别的结果，如图 12 所示。结果发现 VMD 能量熵向量在表征焊接冷裂纹损伤声发射信号特征时具有很好的分类识别效果，且随着分类器的优化，分类识别效果会得到进一步提升。

5　结论与展望

在信号处理领域，不同的分析方法各有其独特的优势和局限性。基于时频域的声发射信号特征提取方法弥补了时域与频域降维分析的单一性，但针对非平稳时变信号联合函数的完善仍存在诸多困难，例如小波基自适应性差、VMD 参数设置难度大等问题。基于熵域的声发射提取方法通过量化信

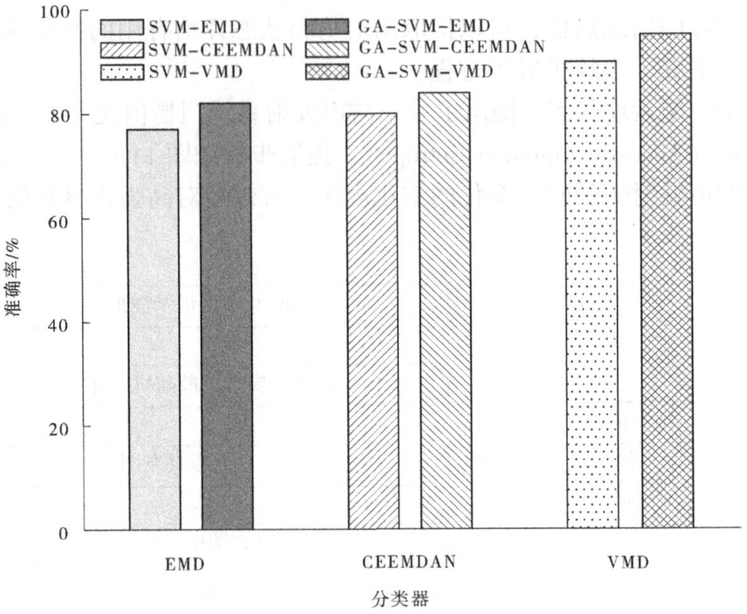

图 12　VMD 能量熵、EMD 能量熵和 CEEMDAN（完备经验模态分解）能量熵结果对比

号特征拓展了提取方法维度，但时频域结合熵域的分析方法仍有待探索。因此，在实际应用中，关键在于根据不同水工金属结构运行状态采集到信号的具体特性以及分析的具体需求来选择最合适的方法。一方面，可结合小波包、希尔伯特-黄变换、经验模态分解等多种信号处理技术，实现优势互补，提高特征提取的精度和可靠性；另一方面，还可以结合其他传感器数据（如振动、应力等），进行多源信息融合分析，更全面地评估水工金属结构的状态。

参考文献

[1] 王振成，张雪松，刘爱荣，等. 工程测试技术及应用［M］. 重庆：重庆大学出版社，2014.

[2] OHTSU M. Quantitative A E. Techniques Standardized for Concrete Structures［J］. Advanced Materials Research，2006（13-14）：183-192.

[3] 付雅琪，舒佳，杨会兵，等. GH4169 合金高温低周疲劳损伤的声发射特性分析［J/OL］. 长沙理工大学学报（自然科学版），1-9［2024-09-13］. https：//doi. org/10. 19951/j. cnki. 1672-9331. 20240416001.

[4] 蒋鹏，吴爽，黄洋，等. 基于声发射和 DIC 的金属材料氢脆性能测试实验［J］. 实验技术与管理，2024，41（6）：20-27.

[5] 常红，曹俊杰. 管线钢焊接接头疲劳裂纹扩展的声发射信号特征分析［J］. 深圳职业技术大学学报，2024，23（3）：74-79.

[6] JI Y，LEITE F. Automated tower crane planning：Leveraging 4-dimensional BIM and rule-based checking［J］. Automation in Construction，2018，93：78-90.

[7] 吴璞，夏长林. 分段峭度值用于列车滚动轴承故障声发射诊断研究［J］. 机电产品开发与创新，2015，28（6）：58-60.

[8] 何鹏举，于洋. 基于峭度分析的声发射故障检测［J］. 电子世界，2018（12）：23-24.

[9] 李力，李骥. 基于 PCA 和 SVM 的铬层裂纹声发射识别方法［J］. 无损检测，2014，36（2）：1-4.

[10] 林沛贤，冯雄飞，郭文天，等. 基于声发射的 TiB/TC4 复合材料塑性变形缺陷检测［J］. 精密成形工程，2024，16（7）：96-108.

[11] 谭静，卞晓晓，张小琴，等. 信号与线性系统分析［M］. 南京：南京大学出版社，2016.

[12] 雷经发，邬竞雄，刘涛，等. Q235 钢拉伸过程声发射能量谱与奇异性指数特征提取［J］. 机械科学与技术，2019，38（12）：1954-1959.

[13] 游俊，吕勇，鲁志文，等．转炉齿轮传动系统裂纹动力学特性及诊断方法研究［J］．机械设计，2023，40（12）：23-30.

[14] 朱子东，吕辅勇，李雪峰．融合 MFCC 特征的声发射故障检测［J］．仪表技术与传感器，2021（9）：121-125.

[15] 黄林然. 基于电弧声响度与 MFCC 特征的 MIG 焊焊接状态检测与识别［D］．南昌：南昌航空大学，2019.

[16] 刘贵杰，徐萌，王欣，等．基于 HHT 的管道阀门内漏声发射检测研究［J］．振动与冲击，2012，31（23）：62-66.

[17] 单玉庭，刘韬，褚惟，等．遗传算法优化变分模态分解在轴承故障特征提取中的应用［J］. 噪声与振动控制，2024，44（1）：148-153，204.

[18] 顾建平，许世林，张延兵，等．基于 VMD-HT 和深度学习的流噪环境腐蚀损伤声发射识别模型［J］．无损检测，2024，46（6）：43-48.

[19] 李婷，付德义，薛扬．基于 AE 与 STFT 的变桨轴承裂纹诊断研究［J］．振动、测试与诊断，2021，41（2）：299-303，412.

[20] 沙云东，陈兴武，栾孝驰，等．基于小波包分解-峭度值指标-希尔伯特包络解调融合方法处理声发射信号的滚动轴承故障诊断［J］．科学技术与工程，2023，23（21）：9315-9323.

[21] 柴孟瑜，段权，张早校．一种基于信息熵理论的声发射信号特征提取与裂纹损伤识别方法：CN202210037753. 4［P］. CN202210037753. 4［2024-08-27］.

[22] 谭东杰，白路遥，施宁，等．基于信息熵理论的悬空管道失效分析［J］．地质科技情报，2016，35（2）：90-94.

[23] 彭宁伟，张颖，王雪琴，等．基于 VMD 能量熵和 GA-SVM 的焊接冷裂纹声发射信号分类方法研究［J］．中国测试，2024，50（5）：47-53.

水化温升抑制剂对大藤峡水利枢纽工程大体积混凝土的性能影响研究

梁贤浩　万　发　孙文娟

（珠江水利委员会珠江水利科学研究院，广东广州　510610）

摘　要：针对大藤峡水利枢纽工程大体积混凝土存在产生温度裂缝的风险，本文在大体积混凝土中掺入水化温升抑制剂并对其热物理性能、变形性能和力学性能的影响进行研究，研究表明：水化温升抑制剂能够有效降低混凝土早龄期绝热温升下的温升速率及延缓其温升过程，减少混凝土因温度应力产生的开裂；水化温升抑制剂能够提高混凝土的自生体积变形，起到补偿收缩效果，减少混凝土因收缩而产生开裂；水化温升抑制剂会明显降低混凝土早龄期的力学性能，但是会略微提高混凝土长龄期的力学性能。

关键词：水化温升抑制剂；大体积混凝土；温度裂缝；大藤峡水利枢纽工程

1　引言

大体积混凝土在大藤峡水利枢纽工程中的应用非常广泛，主要应用于坝体、船闸等主体结构的建设。混凝土水化过程中会生成大量热量，对于大体积混凝土意味着热量无法快速散发，混凝土内部和表面之间容易形成较大温差，而且工程所在地的环境极端温差大，高温天气时间长且寒潮频繁[1]，这些因素产生的混凝土内外温差会引起不均匀的温度应力，如果温度应力超过了混凝土的抗拉强度，就容易导致混凝土发生开裂，这种由于温度效应而产生的裂缝占混凝土裂缝的大部分，因此温度控制已经成为大体积混凝土裂缝控制的主要技术难点之一[2-3]。大藤峡水利枢纽工程对大体积混凝土的温控措施主要有控制混凝土浇筑温度、通水冷却、表面保温等方法[1]，而利用外加剂实现温度控制是一种前沿方法。混凝土水化温升抑制剂是一种应用在混凝土中减缓硬化过程水化放热的外加剂，其主要作用是影响水泥的水化放热过程，使放热过程变缓慢，避免放热过快造成内部温度过高产生裂缝。与普通混凝土缓凝剂相比，水化温升抑制剂能够有效降低胶凝材料水化温升峰值及延迟峰值出现时间，大大降低混凝土开裂风险，而缓凝剂只能推延水化时间，对降低水化放热没有明显效果。

已有学者针对水化温升抑制剂对混凝土性能的影响及应用开展了研究：侯敏等[4] 研究发现水化温升抑制剂会影响混凝土的工作性能，延长混凝土的凝结时间，降低绝热温升 8%～29%，并且会显著降低拌合物的流动性和混凝土的抗氯离子渗透性；郝兵等[5] 通过在混凝土中掺入不同类型的水化温升抑制剂，发现水化温升抑制剂能够延迟混凝土水化放热峰值出现，降低早期水化速率，一定程度上减小混凝土的绝热温升，并且能够提高混凝土在 28 d 与 60 d 龄期下的强度。张坚等[6] 在地下车站结构混凝土中掺加水化温升抑制剂，能够有效减缓胶凝材料水化加速期放热的过程，并使混凝土模型最高温度降低 5.9 ℃，推迟到达最高温时间 0.83 d，提高混凝土抗裂性能。

目前水化温升抑制剂在混凝土中的研究主要在力学性能及热物理性能的影响方面，而对混凝土长期的形变性能影响研究较少，本文针对大藤峡水利枢纽工程使用的大体积混凝土存在产生温度裂缝的风险，研究了水化温升抑制剂对混凝土的热物理性能、变形性能及力学性能的影响，探讨水化温升抑

作者简介：梁贤浩（1992—），男，工程师，主要从事水利工程检测及研究工作。

制剂在大体积混凝土中的抗裂原理，为水化温升抑制剂在大型水利工程中的应用提供参考。

2 试验方案

2.1 原材料

水泥：广西鱼峰水泥股份有限公司所产的P·MH 42.5中热硅酸盐水泥，3 d、7 d、28 d抗压强度分别为21.0 MPa、31.2 MPa、56.3 MPa，3 d、7 d、28 d抗折强度分别为5.2 MPa、6.5 MPa、8.9 MPa，密度为3 210 kg/m^3，比表面积为327 m^2/kg，初凝时间为174 min，终凝时间为251 min。

粉煤灰：广西钦州蓝岛环保材料有限公司所产F类Ⅱ级粉煤灰，活性指数为70%，烧失量为3.40%，密度为2.50 g/cm^3，需水量比为102%。

细骨料：中水八局砂石标所产的人工砂，堆积密度为1 520 kg/m^3，表观密度为2 650 kg/m^3，吸水率为1.2%。

粗骨料：中水八局砂石标所产的5~20 mm小石及20~40 mm中石，堆积密度分别为1 520 kg/m^{3}及1 560 kg/m^3，表观密度为2 650 kg/m^3，吸水率分别为0.96%及0.82%，含泥量分别为0.2%及0.4%。

减水剂：天津市鑫永强混凝土外加剂有限公司所产XYQ-SPH聚羧酸高性能减水剂，减水率为27.8%，含气量为2.0%，泌水率比为37%，7 d、28 d抗压强度比分别为223%、226%。

引气剂：天津市鑫永强混凝土外加剂有限公司所产YQ-AE引气剂，含气量为5.0%，泌水率比为36%，3 d、7 d、28 d抗压强度比分别为91%、90%、89%。

水化温升抑制剂：江苏苏博特新材料股份有限公司所产SBT-TRI水化温升抑制剂。

拌和水：饮用水。

2.2 配合比

本文选用的试验配合比信息与材料用量见表1与表2，以C25二级配混凝土配合比作为基准配合比，该配合比为大藤峡水利枢纽工程大体积混凝土常用配合比之一，水胶比0.46，砂率42%，粉煤灰掺量20%，粗骨料级配40∶60，减水剂掺量0.95%，引气剂掺量0.015%。水化温升抑制剂的厂家推荐掺量为胶凝材料用量的1.2%，因此试验配合比中水化温升抑制剂的掺量选择0.6%、1.2%、1.8%，配合比满足《水工混凝土试验规程》(SL/T 352—2020)中的相关要求。

表1 混凝土配合比信息

技术设计参数				施工条件		配合比设计参数	
环境条件	强度等级	抗渗等级	抗冻等级	坍落度/mm	搅拌方式	标准差/MPa	配制强度/MPa
干燥	C25	W6	F100	70~90	机械搅拌	4.0	31.6

表2 混凝土配合比材料用量

配合比	水胶比	砂率/%	材料用量/(kg/m^3)								
			水泥	粉煤灰	砂	石		水	减水剂	引气剂	水化温升抑制剂
						5~20 mm	20~40 mm				
Y-0	0.46	42	206	51	642	546	820	118	2.442	0.039	0
Y-0.6	0.46	42	206	51	642	546	820	118	2.442	0.039	1.542
Y-1.2	0.46	42	206	51	642	546	820	118	2.442	0.039	3.084
Y-1.8	0.46	42	206	51	642	546	820	118	2.442	0.039	4.626

2.3 试验研究依据与方法

本文依据《水工混凝土试验规程》（SL/T 352—2020）中的方法对混凝土的绝热温升、自生体积变形、抗压强度及劈裂抗拉强度进行试验。

绝热温升试验采用 HR-3 混凝土热物理参数测定仪进行测定，该试验在绝热环境下测定混凝土水化的温升过程，可以有效反映混凝土的放热量与放热速率，试验对比研究了基准混凝土与 1.2%水化温升抑制剂掺量混凝土的绝热温升 28 d 温升过程。

自生体积变形试验通过将混凝土成形于直径 200 mm、高 500 mm 的密封试件桶中，测读置于试件中间的电阻应变计来计算表征混凝土在恒温绝湿环境下发生的自变形，试验以基准混凝土在初凝时间下的电阻及电阻比作为基准值，研究了 0.6%~1.8%掺量的水化温升抑制剂对混凝土 90 d 龄期内自身体积变形的影响。

抗压强度是混凝土的主要力学指标，劈裂抗拉强度能反映混凝土抵御温度应力的能力。为研究水化温升抑制剂对混凝土力学性能的影响，对混凝土的 3 d、7 d、14 d、28 d 龄期抗压强度和劈裂抗拉强度进行了试验，试件尺寸均为 150 mm×150 mm×150 mm。

3 试验结果与分析

3.1 水化温升抑制剂对混凝土绝热温升的影响

混凝土的绝热温升试验结果见表 3 及图 1，绝热温升是控制大体积混凝土温度和防止裂缝的关键衡量标准。在混凝土固化过程中，胶凝材料与水反应产生的水化热会迅速产生大量热量，这种热量的累积使混凝土内部温度急剧升高。由于大体积混凝土的尺寸较大，无法得到很好的散热，因此内部温度的升高更为显著。温度下降阶段混凝土的收缩可能会受到外部环境的约束产生应力，从而引起裂缝。由图 1（a）可知，水化温升抑制剂的掺量为 1.2%时，混凝土前 9 d 龄期的温升明显低于未掺水化温升抑制剂的混凝土，与未掺水化温升抑制剂的混凝土相比，其 1 d、3 d、7 d 温升分别降低 72.6%、20.0%、3.3%，尤其在 1 d 龄期时温升仅为 4.90 ℃，水化温升抑制剂对混凝土早期水化放热有明显的减缓效果，降低了混凝土早期的温升。随着龄期达到 10 d 之后，两组混凝土的温升趋近于一致，假定未掺与已掺水化温升抑制剂的两组混凝土比热相近，最终的温升基本一样的情况下，则两组混凝土的总放热量基本相同。

表 3 混凝土绝热温升试验结果

配合比	绝热温升/℃					
	1 d	3 d	7 d	14 d	21 d	28 d
Y-0	17.88	27.92	33.11	35.01	35.94	36.54
Y-1.2	4.90	22.33	32.01	35.17	36.03	36.31

由图 1（b）可知，掺 1.2%水化温升抑制剂的混凝土在试验 26 h 的时候达到放热峰值，温升速率峰值为 27.9 ℃/d，未掺水化温升抑制剂的混凝土在试验 11 h 的时候达到放热峰值，温升速率峰值为 45.7 ℃/d。相比未掺水化温升抑制剂的混凝土，放热峰值推迟了 15 h，最大温升速率降低 38.9%。

水化温升抑制剂对混凝土早期水化放热有明显的抑制效果，减缓了混凝土早期的温升速率，并且能够明显推迟混凝土的水化进程，延后了混凝土快速水化阶段的出现，并大大降低快速水化阶段混凝土水化放热速率，但是对混凝土的最终总放热量并没有明显影响，这是由于水化温升抑制剂的长链聚合物分子能够吸附到水泥颗粒的表面，抑制 C-S-H 在水泥颗粒表面生长，降低了 C-S-H 的生成速率，通过影响胶凝材料水化产物的成核过程而改变其水化放热过程[7-8]。大体积混凝土的开裂主要发生在温度降低的阶段，水化温升抑制剂能够有效降低混凝土表面与内部温差形成的温度应力，从而减少混凝土的内部裂缝形成。

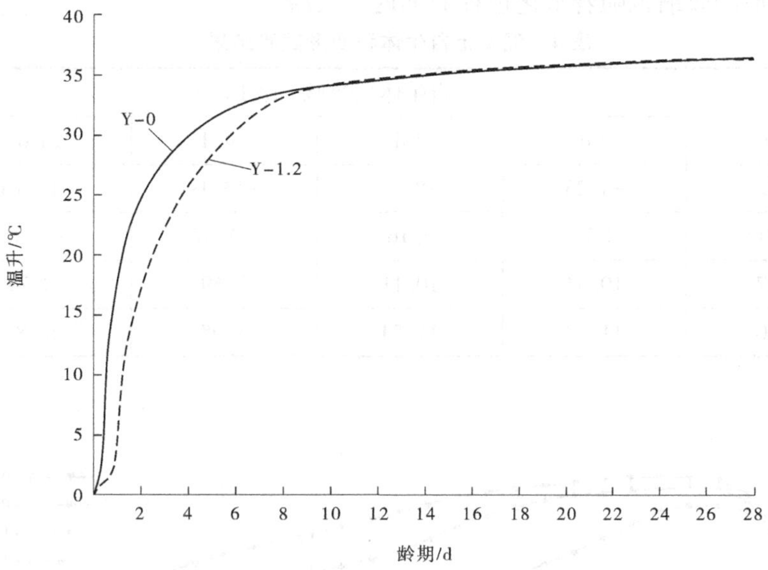

(a)

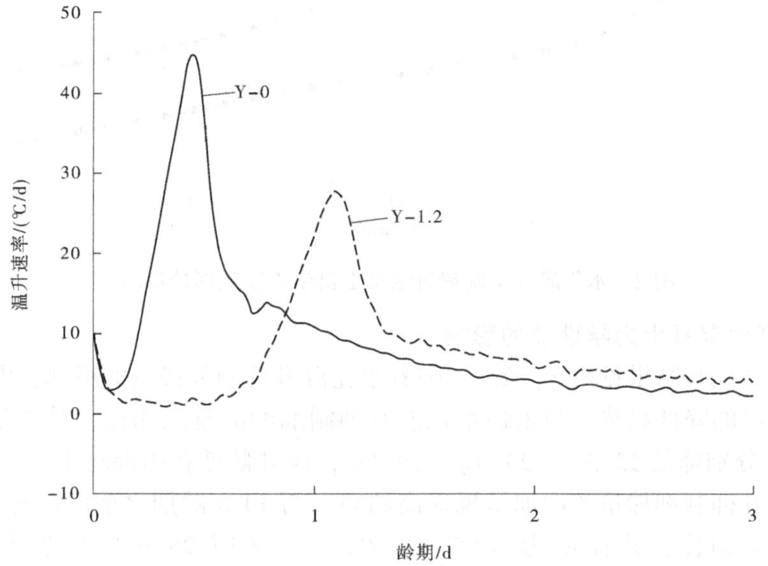

(b)

图 1　水化温升抑制剂对混凝土绝热温升的影响

3.2　水化温升抑制剂对混凝土自生体积变形的影响

混凝土的自生体积变形试验结果见表 4 及图 2。混凝土自生体积变形是在恒温绝湿条件下，由混凝土胶凝材料水化产物与原材料密度发生变化而带来的变形。由图 2 可知，混凝土自生体积变形出现先增大后降低的趋势，且各个龄期的自生体积变形膨胀峰值均随着水化温升抑制剂掺量的提高而提高。未掺水化温升抑制剂的混凝土 1 d 变形达到峰值 1.72×10^{-6}，3 d 开始收缩；掺 0.6%的混凝土 3 d 变形达到峰值 8.73×10^{-6}，12 d 开始收缩；掺 1.2%的混凝土 4 d 变形达到峰值 10.65×10^{-6}，20 d 开始收缩；掺 1.8%的混凝土 5 d 变形达到峰值 11.86×10^{-6}，25 d 开始收缩。随着水化温升抑制剂掺量的提高，混凝土膨胀变形峰值随之提高，变形由膨胀转成收缩的时间也随之推迟，相比未掺水化温升抑制剂的混凝土，水化温升抑制剂的掺入能够提高混凝土的自膨胀能力，延缓混凝土的化学收缩过程。这主要是由于水化温升抑制剂吸附在水泥颗粒表面，影响 C-S-H 的成核过程，改变了水化产物的微观结构，从而产生一定的膨胀效果，而且水化温升抑制剂延缓了 C-S-H 的生成，推迟了混凝土的水化过程，自生体积变形的收缩也随着水化过程的推迟而延后。

表 4　混凝土自生体积变形试验结果

配合比	自生体积变形/ ($\times10^{-6}$)					
	1 d	3 d	7 d	14 d	21 d	28 d
Y-0	1.72	-1.25	-8.84	-13.19	-17.16	-21.24
Y-0.6	4.31	8.73	5.16	-2.87	-9.56	-13.03
Y-1.2	5.27	10.54	10.11	3.69	-0.74	-3.90
Y-1.8	6.00	11.50	11.54	8.05	2.38	-1.78

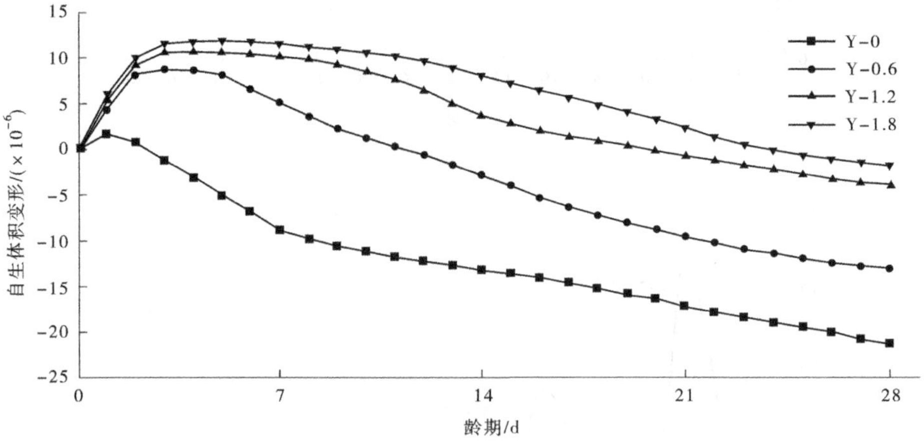

图 2　水化温升抑制剂对混凝土自生体积变形的影响

3.3　水化温升抑制剂对混凝土力学性能的影响

混凝土的抗压强度试验结果见表 5、图 3。随着水化温升抑制剂掺量的增加，混凝土 3 d 与 7 d 的早期抗压强度出现明显的降低趋势，与未掺水化温升抑制剂的混凝土相比，其掺量为 0.6%、1.2%、1.8%时 3 d 抗压强度分别降低 13.5%、23.0%、29.1%，14 d 龄期各组混凝土的抗压强度相近，28 d 的抗压强度随水化温升抑制剂掺量的增加呈现提高趋势，与 14 d 龄期之前的趋势相反，与未掺水化温升抑制剂的混凝土相比，其掺量为 0.6%、1.2%、1.8%时 28 d 抗压强度分别提高 2.8%、6.8%、8.5%。

表 5　混凝土抗压强度试验结果

配合比	抗压强度/MPa			
	3 d	7 d	14 d	28 d
Y-0	14.8	17.4	22.6	28.1
Y-0.6	12.8	16.3	23.0	28.9
Y-1.2	11.4	15.8	22.7	30.0
Y-1.8	10.5	15.4	22.5	30.5

混凝土的劈裂抗拉强度试验结果见表 6、图 4，一旦混凝土水化时产生的温度应力大于混凝土的抗拉强度，便会产生温度裂缝。由图 4 可知，随着水化温升抑制剂掺量的提高，混凝土 3 d、7 d 龄期的劈裂抗拉强度出现明显的降低趋势，14 d 龄期劈裂抗拉强度接近，28 d 龄期的劈裂抗拉强度反而出现上升趋势。与未掺水化温升抑制剂的混凝土相比，水化温升抑制剂掺量为 0.6%、1.2%、1.8%

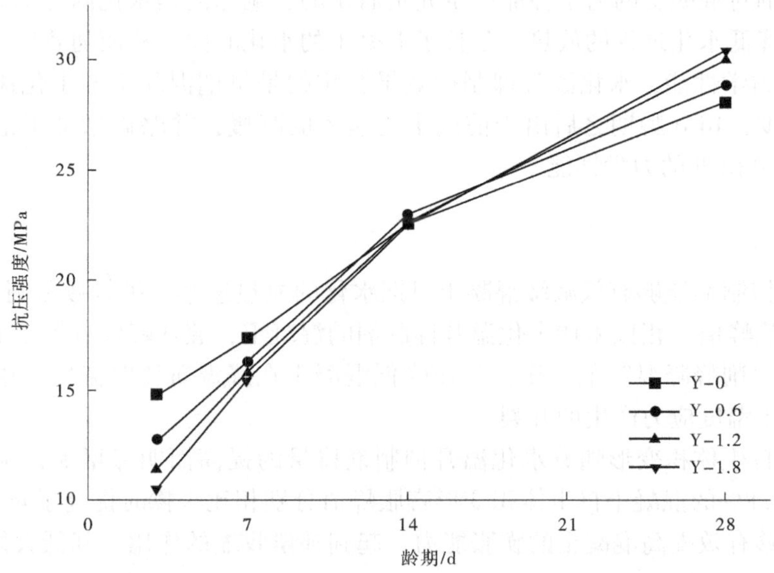

图 3　水化温升抑制剂对混凝土抗压强度的影响

时的混凝土 3 d 劈裂抗拉强度分别降低 14. 2%、25. 8%、31. 7%，28 d 劈裂抗拉强度分别提高 3. 5%、11. 8%、13. 1%，该趋势与抗压强度的变化趋势一致，均出现先负后正的影响。

表 6　混凝土劈裂抗拉强度试验结果

配合比	劈裂抗拉强度/MPa			
	3 d	7 d	14 d	28 d
Y-0	1. 20	1. 39	1. 76	2. 29
Y-0. 6	1. 03	1. 25	1. 67	2. 37
Y-1. 2	0. 89	1. 16	1. 67	2. 56
Y-1. 8	0. 82	1. 13	1. 65	2. 59

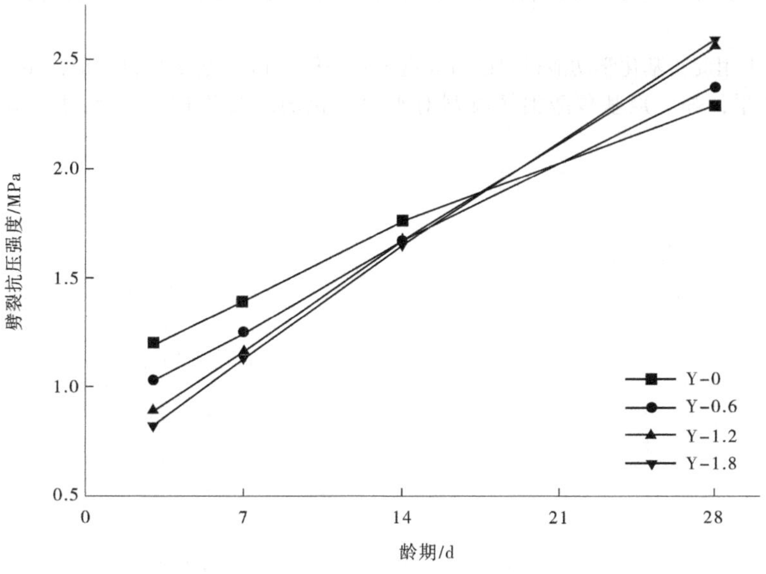

图 4　水化温升抑制剂对混凝土劈裂抗拉强度的影响

水化温升抑制剂对混凝土的力学性能产生先负后正的影响原因是水化温升抑制剂能够降低混凝土早期的水化速率来降低水化过程的放热，延长了混凝土的水化时间，从而随着掺量的提高而降低混凝土 3 d、7 d 龄期的力学性能，水化温升抑制剂效果影响的是早期混凝土的水化速率，而不会影响混凝土最终的水化程度，14 d 龄期之后由于前期水化速率的减慢，并略微增加了最终的水化程度，从而提高了混凝土 28 d 龄期的力学性能。

4 结论

（1）水化温升抑制剂能够有效减缓混凝土早期水化的放热速率，推延胶凝材料的快速放热阶段，并降低该阶段的放热峰值，相比未掺水化温升抑制剂的混凝土，放热峰值推迟了 15 h，最大温升速率降低 38.9%，起到“削峰降温”的作用，从而降低混凝土在降温阶段时温度差引起的温度应力，减少大体积混凝土由于温度应力产生的开裂。

（2）混凝土的自生体积变形随着水化温升抑制剂掺量的提高而明显增大，水化温升抑制剂掺量为0.6%、1.2%、1.8%的混凝土自生体积变形膨胀峰值分别相比未掺时提高了408%、519%、590%，水化温升抑制剂能够有效提高混凝土的膨胀能力，起到补偿收缩的作用，降低大体积混凝土因收缩而产生开裂的风险。

（3）水化温升抑制剂会降低混凝土 3 d、7 d 早龄期的抗压强度与劈裂抗拉强度，并随着掺量的提高而降低；相反，混凝土 28 d 龄期的抗压强度与劈裂抗拉强度随着水化温升抑制剂的掺量提高而升高。

参考文献

［1］王富强．大藤峡船闸混凝土温控标准和措施研究［J］．东北水利水电，2021，39（10）：27-29.
［2］夏玲．大体积混凝土施工的裂缝控制研究［D］．武汉：湖北工业大学，2017.
［3］刘凯，刘虎，向姚尧，等．大体积混凝土底板温度裂缝控制技术研究［J］．混凝土世界，2023（3）：61-65.
［4］侯敏，霍新，高超，等．水化温升抑制剂对混凝土性能的影响［J］．新型建筑材料，2023，50（3）：12-15.
［5］郝兵，赵文丽，臧圣国．水化热抑制剂对大体积混凝土性能的影响研究［J］．建筑技术，2017，48（10）：1073-1075.
［6］张坚，徐文，王育江，等．水化温升抑制技术在地下车站结构混凝土中的应用研究［J］．建筑科学，2021，37（3）：64-69.
［7］李彬，王玲．混凝土用淀粉基化学功能材料的研究进展和展望［J］．建筑材料学报，2021，24（4）：858-865.
［8］余鑫，于诚，冉千平，等．羟基羧酸类缓凝剂对水泥水化的缓凝机理［J］．硅酸盐学报，2018，46（2）：181-186.

三维超声横波技术在沉井隧道检测中的应用

张　震　刘东坤

（上海勘测设计研究院有限公司，上海　200434）

摘　要： 三维超声横波技术在工程领域研究及应用较为广泛，对于沉降隧道中灌砂管位置的探测，通过与地质雷达法、冲击回波法比较，三维超声横波技术具有较高的精度，取得了良好的应用效果。

关键词： 三维超声横波；地质雷达；冲击回波；混凝土结构

1　引言

三维超声横波技术是利用超声波在混凝土传播过程中遇到波阻抗差异的物体界面会产生反射，通过合成孔径聚焦三维成像技术，对混凝土内部缺陷、埋深和形态特征精确成像。近年来，三维超声横波技术在工程领域的研究和应用取得了显著进展，栗宝娟等[1] 研究了超声横波反射三维成像技术在水工混凝土缺陷诊断中的应用；徐涛等[2] 采用阵列超声横波反射成像和探地雷达等地球物理探测方法相结合的方法，对引水隧洞混凝土衬砌结构进行无损检测，并钻芯验证成果；董明华等[3] 将超声横波技术与探地雷达相结合，应用于密集型钢筋混凝土结构检测中，从而提高了密集型钢筋混凝土结构检测信号的分辨率和判识准确率；张继伟等[4] 采用超声横波成像法对工业厂房抗微震平台、调压井牛腿部位、混凝土接触面和预应力梁内波纹管进行检测，均取得了良好的效果。

2　方法原理及适用范围

2.1　测试原理

采用超声波收发技术，通过 4×12 干点接触阵列天线向混凝土结构内发射剪切波，阵列天线控制单元激活一排换能器作为信号发射端，而其他排的换能器作为信号接收端。如图 1 所示，左边表示第一排换能器发射信号，其他换能器接收信号。下一排换能器激发信号，其右侧的换能器接收信号。此过程循环重复，直至前 11 排换能器都已经激发过信号。

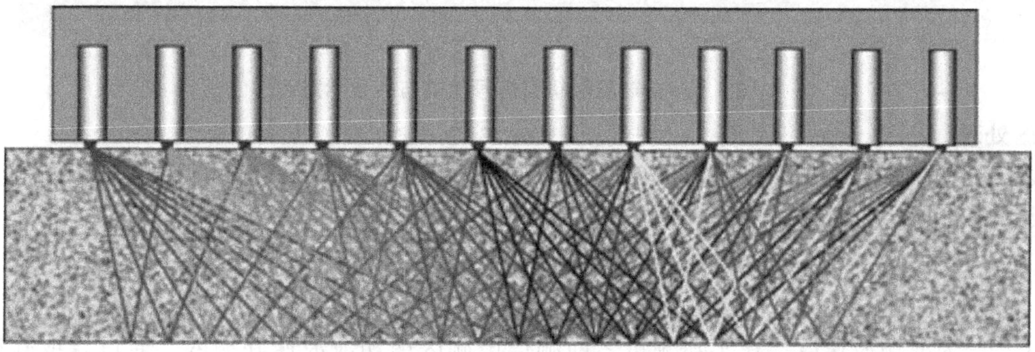

图 1　超声信号传播与接收示意图

基金项目： 上海地区河道堤防等防汛墙地下结构型式探查方法研究及应用（2022QT（83）-024）。

作者简介： 张震（1986—），男，高级工程师，主要从事工程物探及工程检测工作。

通常，信号的主频可在 25 kHz 到 85 kHz 之间调节，借此调节信号穿透深度和图像分辨率。如图 2 所示，实线为脉冲经空气界面反射后的典型图像，虚线则是该脉冲的频谱。

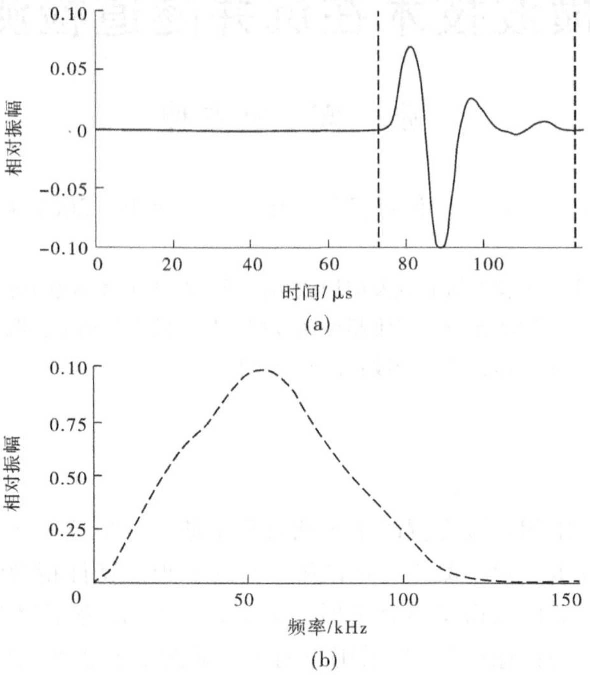

图 2　脉冲经空气界面反射后的典型图像

如果遇到界面，一部分发射的超声波脉冲信号会被该缺陷提前反射。因为路径更短，由缺陷反射的信号会早于构件底面反射的信号到达接收端。信号处理软件依据每排换能器接收到的反射脉冲的到达时间，来推断界面的位置，如图 3 所示。

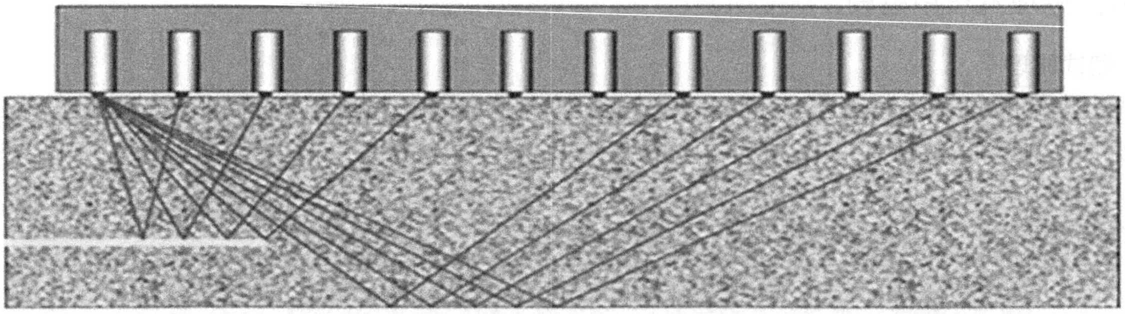

图 3　存在缺陷时超声信号传播与接收示意图

2.2　数据处理

天线下方的区域被划分为一个个小单元，根据脉冲到达时间 Δt 和已知的激发–接收端位置 X，可以计算反射体的深度 d。公式如下：

$$d = \sqrt{\left(C_s \frac{\Delta t}{2}\right)^2 - X^2}$$

其中，C_s 为剪切波速度，在实际测量之前测得该测区剪切波波速并输入。通过合成孔径聚焦技术重建天线下方区域混凝土构件内部的 2D 图像，再由成像软件将一系列 2D 图像整合为 3D 图像，此 3D 图像用于对测试结果的解译，与反射界面有关的体积元在图像中的颜色代表了反射强度（见图 4）。

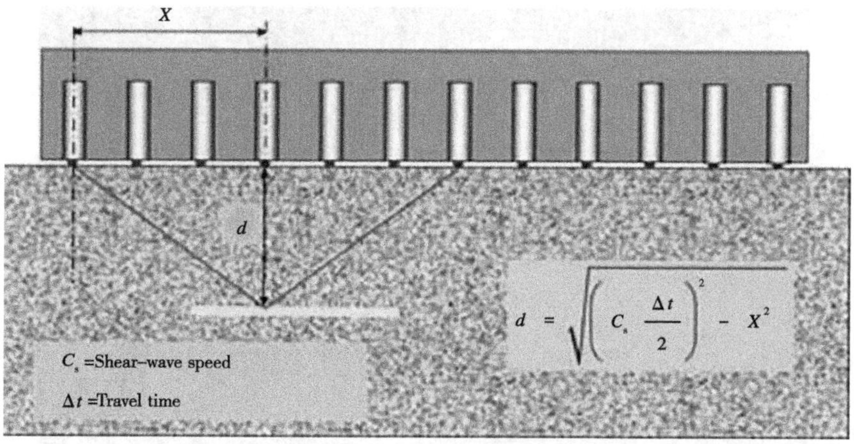

图 4　反射界面位置

3　工程应用

灌砂法是沉管隧道常用的基础处理方法，通过灌砂管向管段底下预留基础空间进行灌砂，实现基础稳定。某沉管隧道管段内灌砂管采用 PVC 材质，管径为 16 cm，壁厚 4.7 mm，通过直径 10 mm 的固定箍筋进行固定。灌砂管间距约为 10 m，现场施工存在偏差，所以沉管隧道检修时需要现场探查定位灌砂管，以免造成破坏。中隔墙厚度为 55 cm，检修时对于灌砂管保护范围为 1.5 m，灌砂管位置示意图见图 5。

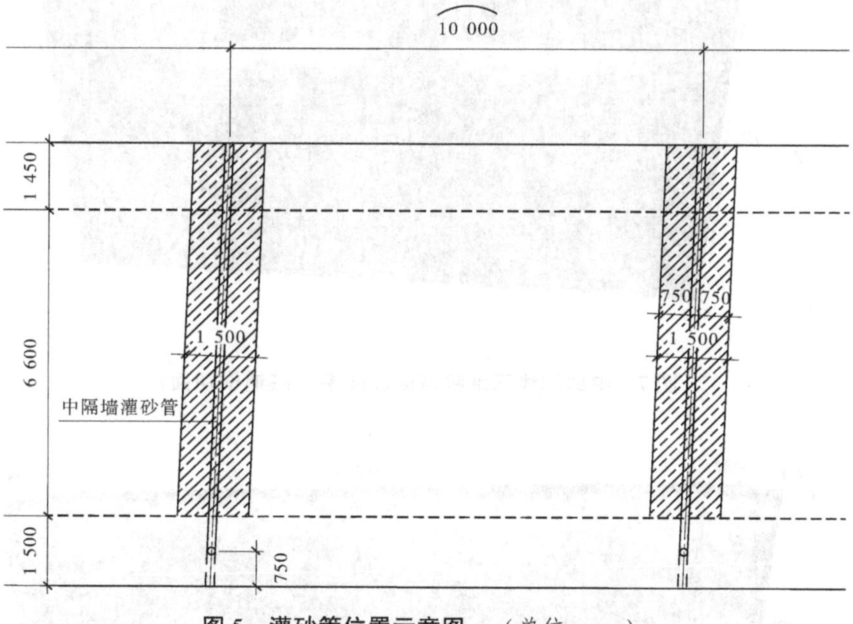

图 5　灌砂管位置示意图　（单位：mm）

现场根据设计里程桩号，初步确定灌砂管位置，并左右各延伸 1 m，待测区域共 2 m（见图 6）。对混凝土表面进行打磨平整，确保测试表面不存在浮泥和松散颗粒，测试过程中保证周围无连续机械振动干扰。

采用 MIRA 三维超声横波仪对 2 m 待测区域进行检测，共布置两条测线，一条位于中隔墙中部，一条位于中隔墙下部。两条测线横向 80～92 cm 位置均发现异常，推测为灌砂管位置，具体见图 7、图 8。

在附近未有灌砂管中隔墙位置布设一条测线，检测成果中钢筋位置清晰，未见明显异常，具体见图 9。

图 6　现场测区位置情况

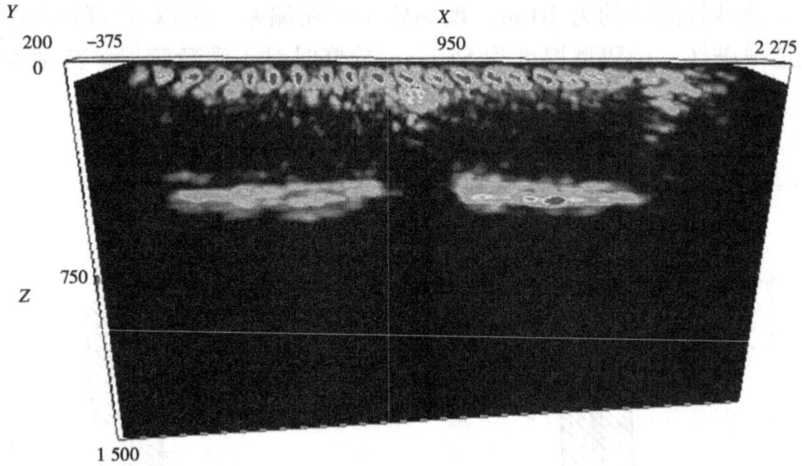

图 7　中部测线三维超声横波成果（隧道横切面）

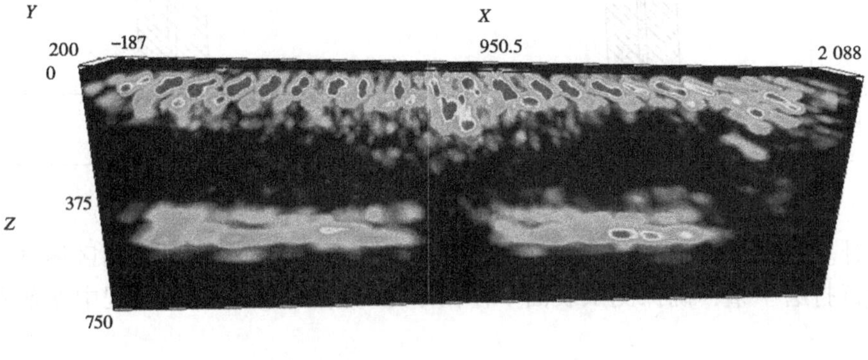

图 8　下部测线三维超声横波成果（隧道横切面）

通过对两处位置上下部对比，成果中异常区域显示一致；与未有灌砂管位置对比，异常图像明显，三维超声横波成像可准确探测到灌砂管位置。

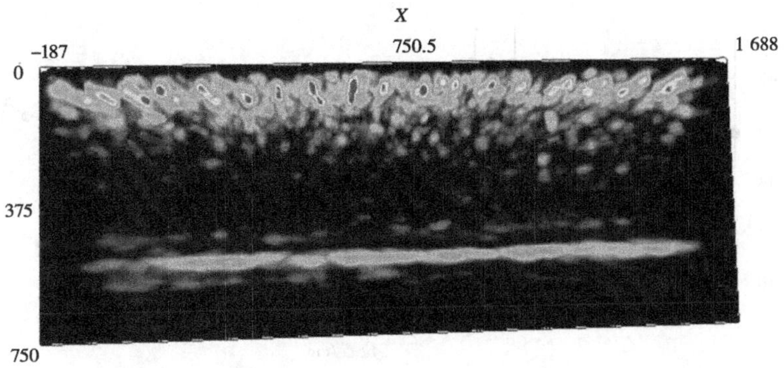

图 9　中部测线三维超声横波成果（隧道横切面）

4　方法对比

4.1　地质雷达法

采用地质雷达法对 2 m 待测区域进行检测，所用天线为 900 MHz，可见雷达剖面同相轴连续，钢筋反射信号明显，未见较为明显双曲线异常，不能判定灌砂管位置，如图 10 所示。

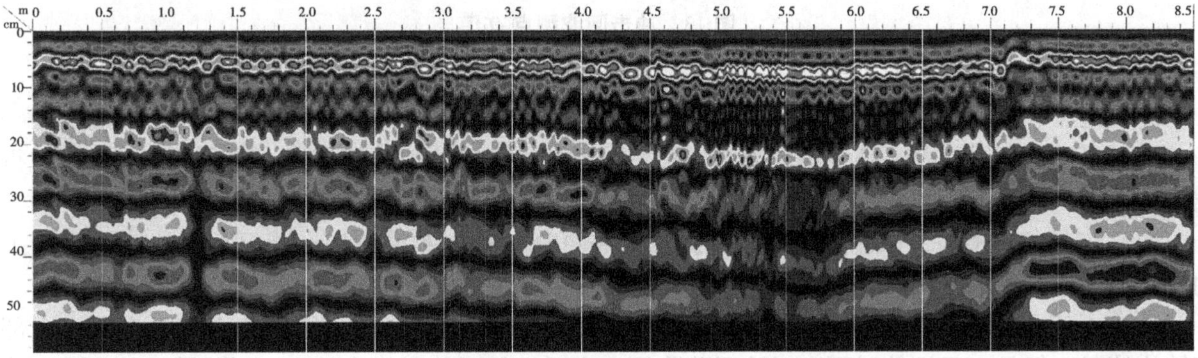

图 10　地质雷达成果剖面

4.2　冲击回波法

采用冲击回波法对 2 m 待测区域进行检测，点距为 5 cm，异常位置在 55～65 cm，与三维超声横波成果不相符，同时单次采集数据离散型较大，体现为锐度 Q 值变化大，对于灌砂管位置探测效果不明显，如图 11～图 13 所示。

图 11　冲击回波测点位置

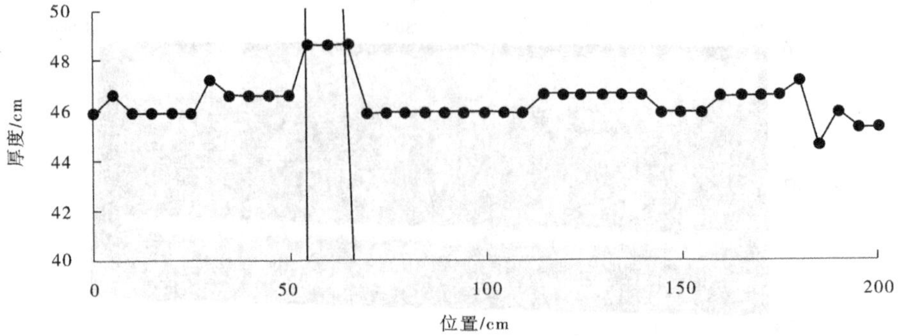

图 12 冲击回波成果及异常点

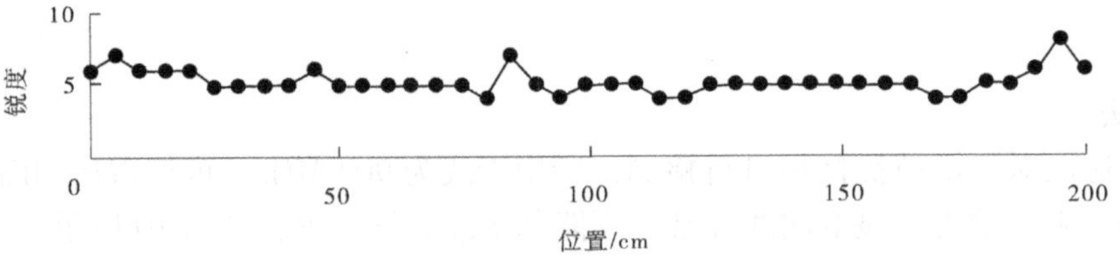

图 13 冲击回波测点 Q 值

5 结论

根据工程的具体情况，结合不同方法比较，获得较为准确的灌砂管位置，通过上述应用研究得出结论如下：

（1）三维超声横波方法相比地质雷达方法具有更高的精度和准确度，能更真实地反映混凝土结构以及界面，成果信噪比高，成像清晰。

（2）对于 1 m 以内的混凝土结构，采用 900 MHz 的地质雷达天线，能够清晰反映混凝土内部钢筋结构情况，但是由于钢筋对于电磁波吸收作用，穿透钢筋后能量损失较大，对于灌砂管位置不能很好识别。

（3）现场地质雷达作业较为便捷快速，三维超声横波方法可以推广使用，但效率不高，适用于小范围重点段落的精细探测。

（4）冲击回波法对于现场条件要求比较高，探头需要较好地耦合，如混凝土结构平整性一般，实测数据差异性较大。

参考文献

[1] 栗宝鹃，张涛，张美多，等．超声横波反射三维成像技术及在水工混凝土缺陷诊断中的应用［J］．工程地球物理学报，2022，19（5）：595-602.

[2] 徐涛，曾永军，张建清，等．物探技术在隧洞衬砌质量检测中的应用［J］．水利技术监督，2019（4）：43-46.

[3] 董明华，穆鹏宇．地质雷达及超声横波技术在密集型钢筋混凝土结构检测中的应用［J］．工程地球物理学报，2019，16（5）：686-693.

[4] 张继伟，赵尹建，王勇，超声横波成像法在混凝土质量检测中的应用［J］．江西建材，2023（11）：83-85.

水利行业工地试验室管理现状及对策研究

李海峰[1] 潘明鸿[2] 王 勇[1] 吴 娟[1]

（1. 珠江水利委员会珠江水利科学研究院，广东广州 510610；
2. 广西大藤峡水利枢纽开发有限责任公司，广西南宁 530000）

摘 要： 近年来，全国水利工程建设提质增速，各省水利工程建设均加大投入。工地试验室作为主要的水利工程现场检测方式，对工程质量控制起到了重要作用。本文梳理了公路水运、铁路、电力和水利行业的质量检测管理办法，同时对各省水行政主管部门发布的水利工程质量检测管理办法进行分析，从工地试验室是做什么的（作用或定位）、谁监管工地试验室（监管部门）、管工地试验室的哪些方面（监管内容）等几个方面进行研究，探讨水利行业工地试验室的管理方式和管理要点，旨在提高工地试验室管理和检测工作质量。

关键词： 水利工程；工地试验室；授权管理；信息化

1 概况背景

2023 年 1 月，水利部发布《水利工程质量管理规定》（水利部令第 52 号），明确了水利工程各参建单位的质量责任，其中重要关注点就是各参建方对质量检测的管理要求。目前，水利工程质量检测有较为完备的资质管理体系，水利行业关于质量检测也制定了较为规范、完善的管理制度、规范及标准体系。

目前，适逢全国水利建设投资提速，水利工程建设也蓬勃发展。全国各水利工程建设中设立有大量工地试验室。关于工地试验室的管理，现行的做法中，一般是“一地一策”或“一工程一策”。如福建省发布了工地试验室设置导则[1]，珠江三角洲水资源配置工程、环北部湾广东水资源配置工程等工程分别发布了工程质量检测管理办法，并配套发布了工地试验室验收工作指引[2]，引洮二期供水工程、引江济淮工程也对引调水工程的工地试验室进行了有效监管[3-4]。上述开拓性工作对工程建设起到了较好的指导作用，但对于当前大量存在的工地试验室而言，尚存在管理空白。对于工地试验室是做什么的（作用或定位）、谁监管工地试验室（监管部门）、管工地试验室的哪些方面（监管内容）等管理要点，水利行业尚缺乏统一且完善的规范文件。

本文通过对公路水运、铁路、电力、水利等 4 个主要涉及工地试验室运行的相关管理规定进行比较分析，重点分析关于工地试验室的管理政策，针对工地试验室的建设及运行管理等方面的程序方法进行比较借鉴，形成适用于水利行业的工地试验室标准化建设管理要素。

2 各行业工地试验室管理现状

公路水运、铁路、电力等行业的工程建设和水利工程建设有相似性，本文主要对上述主管部门发布的工程质量检测相关的管理办法进行梳理，尤其对涉及工程质量检测、工地试验室管理部分的内容进行梳理分析。

2.1 公路水运行业

2005 年，交通部出台了《公路水运工程试验检测管理办法》（交通部令 2005 年第 12 号，2016

作者简介： 李海峰（1985—），男，高级工程师，主要从事工程质量检测管理工作。

年、2019 年两次局部修订），建立了检测机构等级评定制度，系统规范了检测活动。2023 年 8 月 22 日，交通运输部发布《公路水运工程质量检测管理办法》（中华人民共和国交通运输部令 2023 年第 9 号），自 2023 年 10 月 1 日起施行。

《公路水运工程质量检测管理办法》对工地试验室进行了定义，明确了监督管理部门、监督检查包含的内容，对什么是工地试验室、工地试验室干什么、谁来监管工地试验室、监管什么进行了规范性规定，包含了记录报告、标准规范、样品管理、仪器设备、质量体系、人员管理等，从行业管理层面对工地试验室有了责任定位，纳入了公路水运工程质量检测管理体系范畴。

2.2 铁路行业

2023 年 10 月 26 日，国铁集团发布《铁路建设项目试验检测管理办法》（铁建设〔2023〕146 号），办法主要对目的、适用范围、管理方式、资质要求、管理职责划分、勘察设计施工及监理单位检测要求、第三方检测要求、监督检测要求、诚信管理及考核等方面进行规定。办法还重点对检测机构及检测人员的检测行为考核进行规范，并严格细分了工作程序。

《铁路建设项目试验检测管理办法》对工地试验室管理十分细致，这主要与铁路工程建设特点有关系，工程主要是在野外，远离城镇区域、远离检测机构母体，这也就决定了铁路工程检测主要用工地试验室来进行，办法中明确工地试验室为"工程试验室"。

《铁路建设项目试验检测管理办法》明确了国铁集团工程监督局负责铁路工程具体检测管理工作，明确了建设单位、施工单位、监理单位对工程试验室的管理职责，明确了施工、监理单位设立的工程试验室具体管理事项（如施工、监理工程试验室的回避原则，工程试验室的工作范围，监理单位工程试验室的运行模式，工程试验室的 5M1E，委外管理，人员考核等），明确了建设单位委托的第三方检测的工作程序、检测项目、检测数量、检测费用支出、检测单位资质考核、主要人员要求、工程试验室验收、报告出具、问题台账等。整体而言，管理涵盖了工程试验室检测的各方面，配套《铁路建设项目工程试验室管理标准》实施，对铁路项目工程试验室的标准化建设管理有较好的指导意义[5]。

2.3 电力行业

2015 年 5 月 1 日，《电力工程检测试验管理办法》开始实施，该办法由国家能源局原电力工程质量监督总站发布。后因电力工程质量监督总站职责变化，该办法于 2021 年废止。

《电力工程检测试验管理办法》虽然已经作废，但其中对于工地试验室的管理值得参考借鉴。办法中独立列了一章来表述对工地试验室的管理。这主要与电力工程建设特点有关系，较多电力工程尤其是大型发电、输变电工程均远离城镇区域、远离检测机构母体，现场电力工程的施工质量必须要通过建立工地试验室来进行管理。办法中明确工地试验室为"现场试验室"。

《电力工程检测试验管理办法》明确了检测机构对现场试验室承担全部管理责任，明确了现场试验室的能力认定由工程监督机构组织实施，明确了能力认定的内容包含检测机构资质、检测机构检测项目、现场试验室组织机构、管理体系、人员、设备、环境条件、管理制度、质控方案、拟开展检测项目等。基本涵盖了电力工程现场试验室管理的主要控制要素。

2.4 水利行业

2008 年 8 月 28 日，水利部发布《水利工程质量检测管理规定》（水利部令第 36 号），至今约 16 年。《水利工程质量检测管理规定》主要的管理对象是检测机构，对水利行业的检测机构资质等级认定、检测活动规范化管理提出了明确要求。但对于工地试验室未做出明确规定，关于工地试验室要建什么、怎么建、管什么、怎么管存在管理空白区。部分省份将工地试验室按检测机构或检测机构分支机构的要求进行管理，但因管理成本与检测合同额之间的巨大差距，无法全面推行。

2.5 监管要点梳理

2.5.1 工地试验室作用

公路水运、铁路、电力行业的检测管理办法中，均对工地试验室的作用或者定位做了相关说明，如公路水运行业明确“取得资质的检测机构应当根据需要设立公路水运工程质量检测工地试验室（以下简称工地试验室）。工地试验室是检测机构设置在公路水运工程施工现场，提供设备、派驻人员，承担相应质量检测业务的临时工作场所”。

工地试验室是工程项目质量管理的关键部门，发挥着重要的质量控制作用[6]。关于工地试验室的技术管理作用定位，各行业基本有相似的共识，即检验检测机构设立于工程现场的临时性试验室，服务的是具体某个工程的工程质量控制。由于工地试验室本身不具备法律地位，不能进行服务合同签署、人员合同签订、设备购置、场地租赁等工作，因此工地试验室不能服务于多个不同的工程。

2.5.2 监管部门

公路水运行业明确“负有工程建设项目质量监督管理责任的交通运输主管部门应当对工地试验室进行监督管理”。铁路行业明确“建设单位应严格按照《铁路建设项目工程试验室管理标准》加强工程试验室管理，国铁集团工程监督局负责铁路工程具体检测管理工作”。电力行业明确“质监机构在开展阶段性监督检查工作时，应当同时对承担工程项目检测试验任务的现场试验室进行监督检查”。

对于水利工程工地试验室的监管责任划分，要回归到水利工程工地试验室的定位，其作为检验检测机构在工程现场设立的临时性试验室，检验检测机构需对工地试验室的质量检测行为负责。因此，对于工地试验室的管理，一要针对工程属性，由水利工程质量监督管理部门、项目法人、监理机构等工程质量监管的相关各方进行监管；二要针对其本身法律责任，由检验检测机构对工地试验室进行监管；另外，由于工地试验室作为检验检测机构的一个临时试验室，还需按照检验检测机构的资质认定管理部门的要求进行相关管理。

2.5.3 监管要点

公路水运、铁路、电力等3个行业的管理要求中均涉及了对检验检测机构的管理和对工地试验室的管理。针对工地试验室，公路水运行业的监管内容包含检测机构资质证书管理、工地试验室授权检测能力、原始记录、检测报告、标准方法、仪器设备、质量保证体系、检测人员等；铁路行业的监管内容包含检测机构资质证书管理、工地试验室授权检测能力、检测报告、标准方法、质量保证体系、检测人员、仪器设备、环境条件等；电力行业的监管内容包含检测机构资质证书管理、工地试验室授权检测能力、检测报告、标准方法、质量保证体系、检测人员、仪器设备、环境条件等。

公路行业配套发布了《公路工程工地试验室标准化指南》对工地试验室的建设运行进行标准化管理，铁路行业配套发布了《铁路建设项目工程试验室管理标准》（Q/CR 9204—2015）对工地试验室进行全面管理。电力行业中，部分工程的检测活动监督仅由质监机构以质量监督的形式参照《电力建设工程质量监督检查大纲》开展，监督范围仅限于本工程范围内，未从行业层面进行统一要求。水利行业，对于工地试验室的建设及管理也未在行业层面进行统一要求，在水利部监督司印发的《水利建设项目稽察常见问题清单》中有少量涉及。

对于水利工程工地试验室的监管要点，一是要考虑其作为检验检测机构在工程现场的临时性场所，检验检测机构对其质量检测行为负责，因此要包含对检验检测机构的日常检测行为管理，还要考虑质量责任的传递，对检测能力授权、试验室验收进行管理。二是要考虑其作为水利工程的质量工地试验室，除了通过检验检测提供试验数据，还要在施工过程中进行现场质量控制，要参与工程质量检查、工程质量事故的调查分析、工程验收等工程建设相关工作[7]，因此要考虑科学性、公正性、对比性，要求不得同时承担同一工程中多个质量主体委托的检测，还需要对检测不合格事项进行重点管理。

2.6 分析及建议

对各行业的质量检测管理办法进行梳理，并对其中涉及工地试验室管理的部分进行分析，分析汇总如表1所示。

表 1　不同行业质量检测管理办法及工地试验室管理要求对比

省份	发布年份	发布形式	发布部门	工地试验室管理具体内容														
				定义/范围	省级资质认定*	组织机构	检测人员	设施设备	样品管理	标准规范	场所、环境条件	检测行为	管理制度	质量控制	检测不合格	授权管理	试验室验收	信息化
公路水运	2023	部门规章	交通运输部	√	×	√	√	√	√	√	√	√	√	×	√	√	√	√
铁路	2023	央企部门规章	国铁集团	√	×	√	√	√	√	√	√	√	√	√	√	√	√	√
电力	2015	规范性文件	电力工程质量监督总站	√	×	√	√	√	√	√	√	√	√	√	√	×	√	×
水利	2008	部门规章	水利部	无														

注：* 此处所指“省级资质认定”，指工地试验室需要开展省级以上检验检测机构资质认定。

从表 1 可知：

（1）发布时间上，公路水运、铁路行业最新，为 2023 年；电力行业为 2015 年；水利行业为 2008 年。

（2）发布形式上，公路水运、铁路、水利行业为部门规章，约束力强；电力行业为规范性文件。

（3）涵盖内容上，公路水运、铁路、电力行业均对工地试验室进行了规范性管理；水利行业未涉及工地试验室，目前水利工程建设中存在大量工地试验室，但从行业管理层面尚缺失系统性的规范管理要求。

（4）对于工地试验室的管理，公路水运、铁路、电力、水利等各行业均十分关注。不同的是，公路水运、铁路、电力等行业在部一级层面进行了统筹管理；而水利行业则暂未在部一级层面进行统筹管理，但各省根据水利工程建设及质量管理的实际，发布了适合于本身经济社会发展的水利工程质量检测管理办法，有针对性地对工地试验室进行管理，呈现出百花齐放的现象。

（5）对于工地试验室的管理，已发布的管理办法中，基本都包含了对检测人员、仪器设备、样品管理、检测方法、场所环境条件、检测行为、管理制度、质量控制等检验检测机构日常事项的监管，另外还包含了授权管理、试验室验收等工地试验室特有的事项管理。

3　各省水利工程质量检测管理情况梳理

3.1　基本概况

自 2008 年《水利工程质量检测管理规定》发布以来，全国水利工程质量检测行业不断发展，取得了很多成果，但各个省水利工程质量检测行业都存在一些共性的问题，如检测行为不规范、公正性不够[4]，检测单位的分支机构及工地试验室设立不规范，检测单位对工地试验室管理不规范、无章可循等。因此，自2008年以来，陆续有省级水利行业主管部门发布省一级的水利工程质量检测管理办法，针对本省范围内的水利工程质量检测工作尤其工地试验室的管理缺失进行补缺，如浙江省、江苏省、重庆市、河北省、广西壮族自治区、江西省、广东省等地区。本文选取部分省份进行比较分析。

3.2　各省水利工程质量检测管理办法比较

浙江、江苏、重庆、河北、广西、江西、甘肃、广东等省（区、市）的地方水行政主管部门发布了质量检测管理办法对工地试验室进行了管理，分别从工地试验室的定义/服务范围、省级资质认定、组织机构、检测人员、设施设备、样品管理、标准规范、场所、环境条件、检测行为、管理制度、质量控制、管理评审、内审、授权管理、全省信息化等要素进行管理，见表2。

表2　各省质量检测管理办法及工地试验室管理要求对比

省份	发布年份	发布部门	关于工地试验室管理	工地试验室管理具体内容														
				定义/范围	省级资质认定*	组织机构	检测人员	设施设备	样品管理	标准规范	场所、环境条件	检测行为	管理制度	质量控制	管理评审、内审	授权管理	登记备案	全省信息化
浙江	2017	省水利厅	有	√	√	√	√	√	√	√	√	√	√	√	√	√	√	√
江苏	2018	省水利厅	有	√	√	√	√	√	√	√	√	√	√	×	√	√	√	×
重庆	2018	直辖市水利局	有	√	×	√	√	√	√	√	√	√	√	√	×	×	×	×
江西	2018	省水利厅	有	√	×	×	√	√	√	√	√	√	√	√	×	√	√	×
河北	2020	省水利厅	有	×	×	√	√	√	√	√	√	√	√	×	×	√	×	×
辽宁	2023	省水利厅	有	×	×	√	√	√	√	√	√	√	√	√	×	√	×	×
甘肃	2023	省水利厅	有	√	×	√	√	√	√	√	√	√	√	√	√	√	×	×

续表 2

省份	发布年份	发布部门	关于工地试验室管理	工地试验室管理具体内容														
				定义/范围	省级资质认定*	组织机构	检测人员	设施设备	样品管理	标准规范	场所、环境条件	检测行为	管理制度	质量控制	管理评审、内审	授权管理	登记备案	全省信息化
广西	2023	省水利厅	有	√	×	×	√	√	√	√	√	√	√	√	×	√	√	√
海南	2023	省水务厅	有	√	×	√	√	√	√	√	√	√	√	√	√	√	√	×
广东**	—	省水利厅	有	√	√	×	√	√	√	√	√	√	√	×	×	√	√	√

注：* 此处所指“省级资质认定”，指工地试验室需要开展省级以上检验检测机构资质认定。

** 指广东省于 2022 年发布的《广东省水利工程质量检测管理办法》（征求意见稿）。

另外，也有部分省份发布的水利工程质量检测管理办法，未涉及工地试验室的管理，如山东省水利厅 2015 年发布了《山东省水利工程建设项目质量检测管理办法》，于 2021 年发布《山东省水利工程建设项目质量检测管理办法》修订征求意见稿，同时于 2021 年发布地方标准《水利工程质量检测管理规范》（DB37/T 4371—2021），3 个文件中均未涉及工地试验室的管理，要求检测机构应当按照水利行业规定取得资质，并在资质等级许可的范围内承担质量检测业务[8]。

3.3 监管内容分析

3.3.1 工地试验室管理的必要性

大部分省级水行政主管部门已经注意到《水利工程质量检测管理规定》（水利部令第 36 号）存在管理空白。如：在工程现场设置临时性试验室有迫切需求、质量检测单位设立的临时性机构定位困难、部分质量检测单位检测行为不规范、部分建设管理单位对工地试验室的管理混乱[9-10]等问题，急需出台办法进一步加强对质量检测机构的工地试验室管理，进一步规范有关质量检测行为，更好地发挥质量检测在质量管理工作中不可替代的作用，同时填补各省质量检测管理纲领性法规文件的空白。

3.3.2 工地试验室服务范围

对于工地试验室的服务范围，已出台相应水利工程质量检测管理办法的各省要求一致，工地试验室均是仅限于开展委托方工地现场的检测试验，工地试验室不得对外承揽检测业务。这与公路水运、铁路等行业的要求也一致，说明这是检测行业的共识。

3.3.3 资质管理

对于工地试验室是否需要进行省级质量技术监督局的资质认定，各省要求不一。有部分省份要求开展资质认定，如江苏、浙江；其余大部分均不需要。对于工地试验室是否需要进行省质监机构或工程质监机构登记备案，各省要求不一。有部分省份要求登记备案至省质监主管部门，如江苏、浙江、江西、广西等；部分不需要登记备案，如重庆、辽宁、甘肃等。

工地试验室一般有以下几个特点：

（1）服务唯一性：仅服务于某个独立工程或者工程的某个独立标段，不对外承揽业务。

（2）临时性：应工程建设需求而生，到工程建设完成而撤销。

（3）体量小：工地试验室规模普遍偏小、人均产值低[11]。

基于以上特点，要求工地试验室进行省级质量技术监督局的资质认定，无论从成本还是从技术管理实际考虑，都是不现实的，如管理要求过于苛刻，反而可能会催生管理“两张皮”的问题出现。但对于到工程所属工程质量监督机构进行登记备案，是切实可行的，一来管理便捷、手续简单，二来对检测机构及工地试验室会产生一定的约束作用。

3.3.4　授权管理

对于是否需要进行授权管理，各省的要求一致，基本都要求进行授权；授权内容也基本一致，主要包含技术负责人、授权签字人、授权项目参数范围、授权周期等。

对于工地试验室的管理要素，各省要求基本一致，对于检测机构的核心要素，如检测人员、仪器设备、样品管理、检测方法、场所环境条件、检测行为、管理制度、质量控制等均进行了要求。

授权管理是检测能力和管理责任的传递过程，是工地试验室责任定位的重要标志。因此，基于能力和责任的角度，对试验室管理的关键事项，如技术负责人、授权签字人、授权项目参数范围、授权周期等需进行授权，并辅以检测人员、仪器设备、环境条件、检测培训、管理制度等支撑项目的管理。

3.3.5　信息化

管理方式上，对于是否进行全省检测信息化管理，各省要求不同，部分省份走在检测管理数字化、信息化的前列，如广西、浙江等。

信息化是提高工程检测监督管理的可靠途径，提高信息交互水平，强化工地试验室各检测过程的监控管理，可进一步规范工地试验室、其他检测参与单位的检测行为。通过“互联网+”技术，采用手机端、电脑端、视频端等进行检测过程信息的交互关联，保证检测过程的有效性。基于信息化手段也可提高工程工地试验室的各项工作标准化运行，同时基于系统平台可强化对于不合格事项的管控及闭合管理，有效保证工程建设质量。

工地试验室的信息化建设可有多种渠道，一是可基于全省进行信息化平台构建，二是可基于全市进行信息化平台构建，三是可基于单个工程进行信息化平台构建。上述 3 种模式都有成熟规范的经验，都是切实可行且有效的。

4　结论

（1）水利工程工地试验室标准化建设对水利工程的质量提升有极大的作用，规范和标准化建设可有力支持水利工程的质量管理，加强对工地试验室的管理是十分有必要的。

（2）建议水利行业对工地试验室的建设及管理发布统一性的管理文件，给予水利工程工地试验室以明确的质量责任定位，水利工程工地试验室仅限于开展委托方工地现场的检测试验，工地试验室不得对外承揽检测业务。

（3）对于工地试验室的管理，除了有水利工程质量监督管理部门、项目法人、监理机构等工程质量监管的相关各方进行监管，还要有检验检测机构按照资质认定管理部门的要求对工地试验室进行监管。

（4）工地试验室管理内容除了要包含对检测人员、仪器设备、样品管理、检测方法、场所环境条件、检测行为、管理制度、质量控制等检验检测机构日常事项的监管，还包含了授权管理、试验室验收等工地试验室特有的事项管理。

（5）授权管理是检测能力和管理责任的传递过程，是工地试验室责任定位的重要标志。对试验室管理的关键事项，如技术负责人、授权签字人、授权项目参数范围、授权周期等需进行授权。工地试验室宜进行信息化管理，提高工程建设管理水平，保证工程建设质量。

（6）各省可根据水利工程建设及质量管理的实际，发布适合于本身经济社会发展的工地试验室建设及管理工作指引。工地试验室不宜独立开展资质认定工作，到工程所属工程质量监督机构进行登记备案的方式是务实可行的监管方式。

参考文献

[1] 福建省水利工程质量检测工地试验室设置导则：DB35/T 2097—2022 [S].
[2] 李伟挺. 大型水利工程工地试验室标准化建设与安全管理 [J]. 人民珠江，2022（S1）：171-175.
[3] 马晶. 引洮二期供水工程工地试验室标准化建设与管理 [J]. 农业科技与信息，2017（14）：112-113.
[4] 周杰. 引江济淮某水利工地试验室精细化布局探讨 [J]. 中国科技纵横，2023（22）：114-116.
[5] 铁路建设项目工程试验室管理标准：Q/CR 9204—2015 [S].
[6] 崔学臣. 浅谈水电工程工地试验室管理 [J]. 中国检验检测，2021（1）：49-52.
[7] 王辉. 水利水电工程工地试验室的建设与管理 [J]. 水利水电施工，2012（2）：50-53.
[8] 山东省地方标准 水利工程质量检测管理规范：DB37/T 4371—2021 [S].
[9] 吴亚斌. 天津市水利工程质量检测管理现状分析及对策研究 [J]. 海河水利，2021（3）：65-53.
[10] 陈向日. 新形势下广东水利工程质量检测监管方法的探讨 [J]. 广东水利水电，2022（9）：101-104.
[11] 蔡奇. 水利工程质量检测制度研究 [J]. 水利技术监督，2020（6）：7-10.

地下厂房硐室开挖离散元数值模拟

赵云鹏[1,2]　姜　彪[1]　吴清驰[3]

（1. 中水东北勘测设计研究有限责任公司，吉林长春　130061；
2. 水利部寒区工程技术研究中心，吉林长春　130061；
3. 沈阳市勘察测绘研究院有限公司，辽宁沈阳　110000）

摘　要：本文研究了吉林省通化抽水蓄能电站地下厂房硐室的开挖稳定性，采用离散单元法进行数值模拟。通过试验获取岩石、岩体参数以及地应力特征；利用平硐裂隙数据，构建三维裂隙网络模型，并进行简化处理以提升计算效率。利用3DEC软件模拟硐室开挖，结果显示顶板区域位移显著，最大达0.5 m，存在破坏风险。这些发现为支护设计和施工提供了科学依据，确保电站安全稳定运行。

关键词：抽水蓄能；围岩稳定性；数值模拟

1　引言

近年来，随着双碳战略的深入实施，抽水蓄能电站已成为国内基础设施建设的热点项目[1]。抽水蓄能电站主要由上、下水库，输水隧洞和地下厂房构成。其中，输水隧洞和地下厂房多建于山体中，施工时需开挖形成地下硐室。因此，分析地下硐室围岩的稳定性显得尤为重要[2-8]。

目前，地下硐室围岩稳定性分析采用的方法多样，包括工程类比法、现场试验法、力学解析法和数值模拟法等[2,4,9-11]。数值模拟法因计算成本低、适用范围广，逐渐成为主流。常见的数值模拟方法包括有限元法[12-13]、离散单元法[14-15]、有限差分法[8,16]以及不连续变形分析等[17-18]。考虑到围岩中存在大量不连续面，其是明显的不连续介质。针对此特性，离散单元法特别适用于解决不连续介质问题[19]。

精确描述地下硐室围岩内部裂隙具有挑战性。常规做法是分析实测裂隙的分布特征，包括裂隙的迹长、间距和产状等[20-22]。随后，利用蒙特卡罗原理来生成三维裂隙网络（DFN）。然而，该方法生成的DFN模型裂隙数量多，不利于进行数值模拟[23]。因此，为提高围岩稳定性分析效率，需对DFN进行简化。

本文以吉林省通化抽水蓄能电站的地下厂房硐室为研究对象，通过试验获取基本的岩石、岩体参数及地应力特征。收集平硐内裂隙数据，生成三维裂隙网络（DFN）模型，并建立地下厂房的离散单元模型。随后，利用3DEC软件对该模型进行数值模拟，模拟厂房硐室开发过程中因应力卸荷导致的围岩损伤特征，进而分析和识别潜在的围岩风险区域。

2　研究区概况

2.1　地质概况

吉林省通化抽水蓄能电站坐落于吉林省通化县大都岭龙胜村附近。电站距离通化市区大约15 km，与长春市相隔约245 km。电站的下水库位于浑江干流，上水库则坐落于浑江左岸的泉源沟沟谷。输水隧洞与地下厂房均埋藏于浑江左岸山体内部（见图1）。

作者简介：赵云鹏（1995—），男，助理工程师，主要从事岩体力学研究工作。

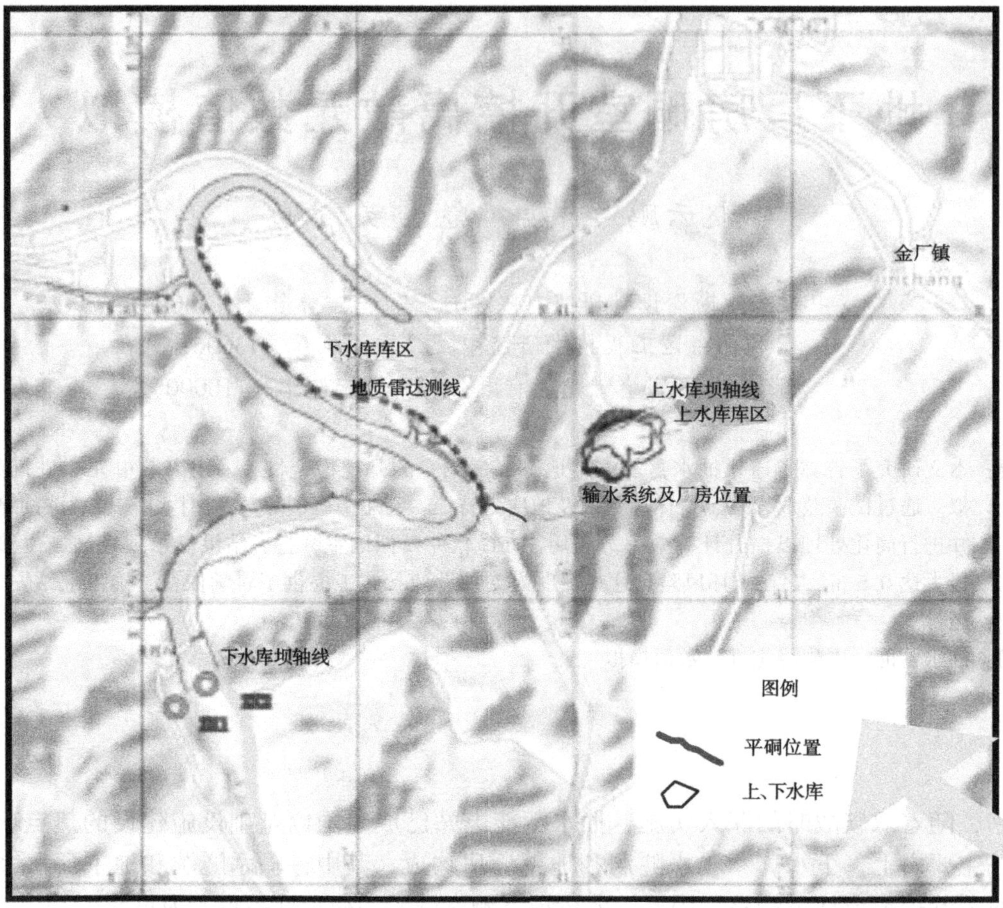

图 1　电站布置

研究区内出露的地层主要为大理岩、绿泥斜长片麻岩和花岗片麻岩。研究区的地质构造主要受到浑江—湾沟断裂的影响，区域内有 $F_1 \sim F_8$ 以及 $f_1 \sim f_4$ 等 12 条断层，主要集中分布在上水库区域。其中，F_2 断层穿过输水系统的引水隧洞，且发育规模较大，其余断层发育规模相对较小。

2.2　地下厂房地质概况

地下厂房的地质情况主要通过平硐与钻孔勘察揭示。平硐勘察系统包括 1 个主洞及 3 个支洞，而钻孔勘察则设置了 5 个钻孔。勘察数据表明，地下厂房围岩主要为花岗片麻岩，质地坚硬且完整，仅在暗色矿物富集区域略显松软。岩体透水性微弱，未发现大型断层破碎带穿越。

地下厂房节理发育显著，可划分为 4 组：第一组走向 N52°~62°W，倾向 SW，倾角 45°~75°；第二组走向 N39°~57°E，倾向 NW/SE，倾角 41°~65°；第三组走向 N65°~80°E，主要倾向 SE，倾角 45°~80°；第四组走向 N10°W，倾向 SW，倾角 80°。现场勘察显示，节理面多呈闭合状态，无充填物，且节理不连续。

厂房围岩的岩体 RQD（岩石质量指标）平均值为 88.7%，节理裂隙平均密度为 0.9 条/m。岩体声波纵波速（v_{pm}）介于 4.83~6.14 m/s，完整性系数（K_V）在 0.61~0.98 范围内，表明岩体大多为较完整至完整状态。综合勘察结果，现场判定围岩类型为Ⅲ类。

3　岩石、岩体试验

3.1　室内岩石试验

根据钻孔岩石试验，花岗片麻岩比重平均值为 2.95；天然密度 2.82~2.94 g/cm³，平均值为 2.90 g/cm³；饱和密度 2.83~2.95 g/cm³，平均值为 2.91 g/cm³；干密度 2.80~2.93 g/cm³，平均值为 2.88 g/cm^3；弹性模量 32.0~35.0 GPa，平均值为 33.0 GPa；单轴饱和抗压强度 53~73 MPa，平均值为 64 MPa。

3.2 原位岩体试验

现场原位试验主要布置在拟建地下厂房附近，共设置了 6 组变形试验和 3 组岩体抗剪试验。变形试验采用刚性承压板法，试样状态饱和。试验压力荷载分为 5 个级别，最大试验应力达到 14.50 MPa，变形参数按照式（1）进行计算。抗剪试验则采用平推法，剪切破坏遵循库仑准则，试样状态饱和。试验压力荷载分为 6 个级别，最大试验应力也为 14.50 MPa。法向应力和剪切应力的计算依据式（2）。在完成抗剪试验后，根据式（3）获取抗剪强度指标。现场试验的布置情况如图 2 所示，具体试验结果见表 1 和表 2。

$$E = \frac{\pi}{4}\frac{(1-\mu^2)pD}{W} \tag{1}$$

式中：E 为变形模量或弹性模量，MPa；μ 为岩体泊松比；p 为按承压面单位面积计算的压力，MPa；D 为承压板直径，cm；W 为岩体表面变形，cm。

$$\begin{cases} \sigma = \dfrac{P}{A} + \dfrac{P'\cos\alpha}{A} \\ \tau = \dfrac{Q}{A} - \dfrac{f(P + P'\cos\alpha)}{A} \end{cases} \tag{2}$$

式中：σ 为作用于剪切面上的法向应力，MPa；τ 为作用于剪切面上的剪应力，MPa；P 为作用于剪切面上的总法向荷载，N；P'为试件与设备质量之和，N；α 为结构面倾角；f 为滚轴排摩擦系数；Q 为作用于剪切面上的总剪切荷载，N；A 为剪切面面积，mm^2。

$$\tau = \sigma\tan\varphi + c \tag{3}$$

式中：τ 为施加在剪切面上的剪应力，MPa；σ 为施加在剪切面上的法向应力，MPa；φ 为材料的内摩擦角；c 为材料的黏聚力，MPa。

表 1　岩体抗剪强度统计

抗剪类别	试验编号	抗剪断		抗剪	
		内摩擦角/(°)	内聚力/MPa	内摩擦角/(°)	内聚力/MPa
岩体抗剪	Yτ01	1.831 2	1.824 5	1.070 6	0.573 4
	Yτ02	1.517 7	1.637 5	0.892 6	0.490 1
	Yτ03	1.705 6	1.721 6	0.929 1	0.554 5
	三组综合值	1.684 8	1.727 9	0.964 1	0.539 3

表 2　岩体变形指标统计

试点位置	变形模量/GPa		弹性模量/GPa	
	单个试验点平均值	6 组平均值	单个试验点平均值	6 组平均值
PD04-01	16.499	15.211	28.932	25.839
PD04-02	17.766		29.339	
PD02-01	12.621		20.228	
PD02-02	14.770		24.657	
PD01-01	14.743		24.101	
PD01-02	14.866		27.778	

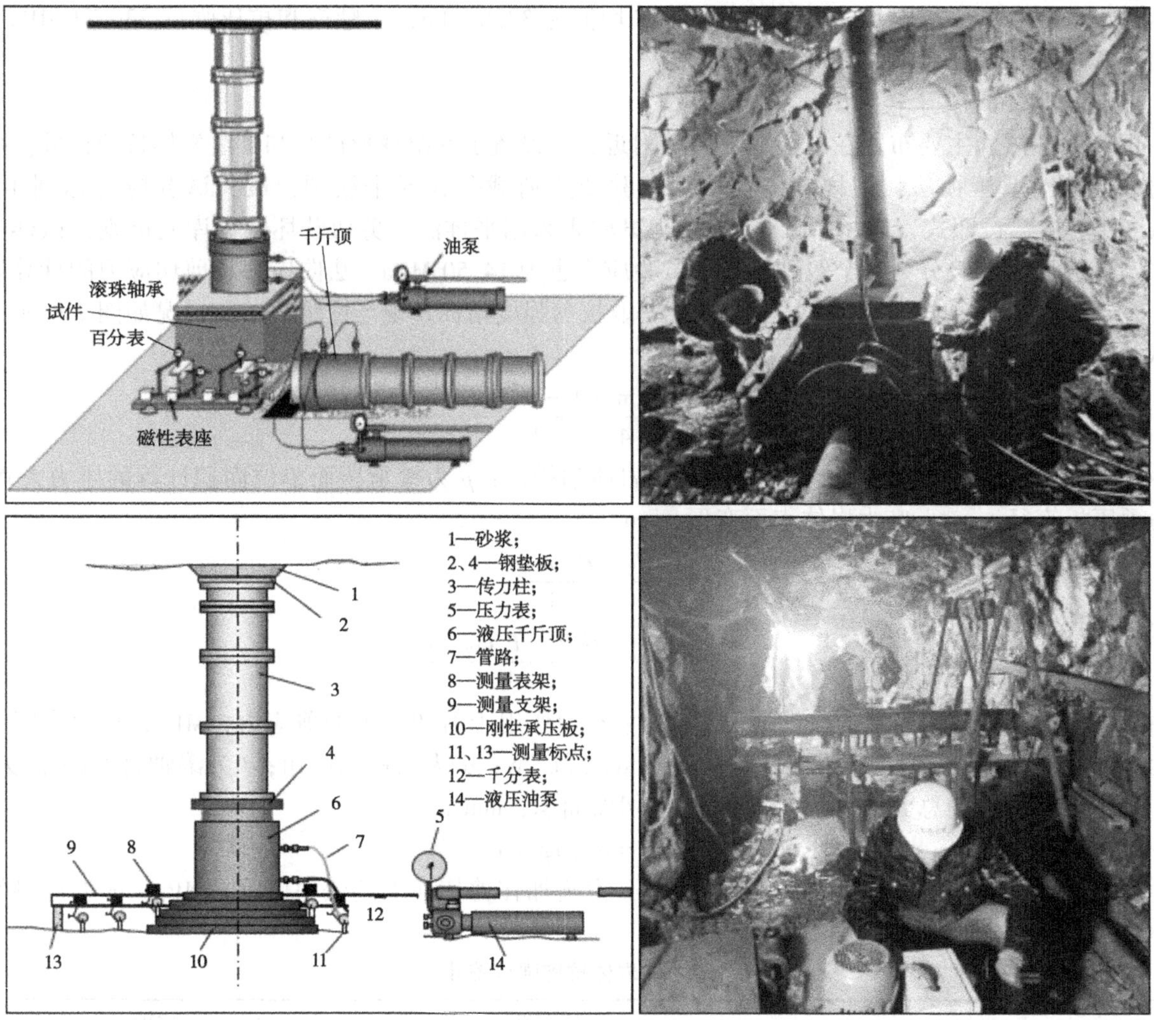

图 2　现场原位试验图

3.3　地应力试验

在地下厂房钻孔中进行了 9 段水压致裂地应力测试，求得的最大水平主应力 S_H 一般为 11.35~14.50 MPa，最小水平主应力 S_h 一般为 6.36~8.43 MPa，最大、最小水平主应力均随深度的增加而增加。

4　建模及结果分析

4.1　模型建立

地下厂房位于输水隧洞中部的山脊处，地面高程介于 520~600 m，埋深约 260 m，底板高程为 283.40 m。厂房的尺寸为 163.8 m 长、23.6 m 高、49 m 宽。在建设过程中，厂房周围岩体的应力方向和数值发生显著变化，这种应力的重分布可能导致岩石强度下降，从而引发脆性破坏和岩体失稳。据研究，开挖影响范围主要集中在硐室截面以外 4~6 倍截面半径的区域，而且这种影响会从硐室边缘向外逐渐减弱。超出这一范围的区域主要受到自然地应力的作用，基本不受开挖干扰。

为了研究硐室开挖对围岩变形的影响，本文建立了一个三维隧洞模型。该模型中，围岩区域设定为距硐室边缘 4 倍硐室尺寸的范围，厂房硐室长度设定为 700 m，模型的总体尺寸为 700 m×100 m×200 m。模型的具体布局见图 3。

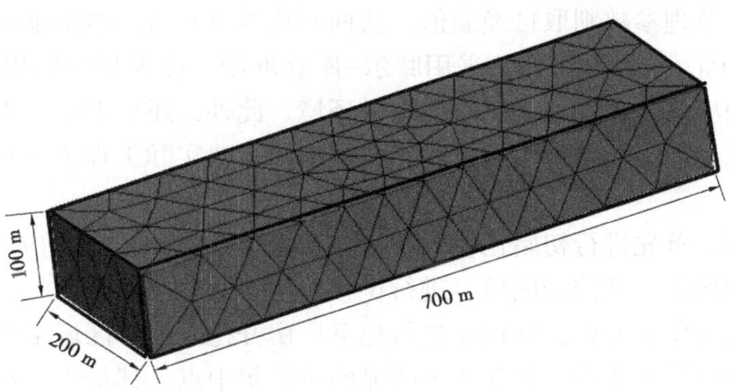

图3　地下厂房的3DEC模型

4.2　等效岩体

在2.2节中，详细阐述了地下厂房的节理分布和组数。通过对平硐的节理进行测绘，共获得了520条节理数据。利用这些数据，进行了节理分布计算，并借助3DEC软件建立了地下厂房的三维裂隙网络模型。计算结果显示，现场实测的节理产状符合Fisher分布，分布系数分别为14.16、21.87、19.32和3.66。迹长采用了Uniform分布；空间密度分别为0.88、1.0、1.0和0.34；裂隙的空间位置则使用均匀分布。根据模型尺寸、裂隙产状、裂隙迹长和裂隙位置的分布类型，利用3DEC生成了三维裂隙网络，如图4所示。

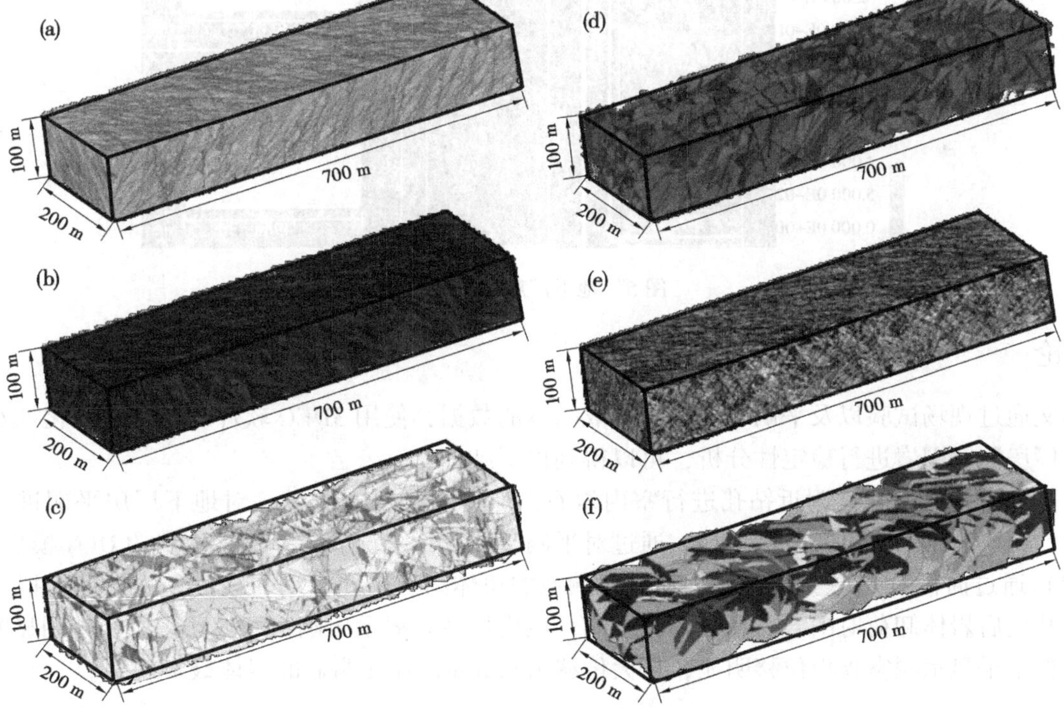

图4　地下厂房的DFN模型

通过3DEC生成的三维离散裂隙网络（DFN）模型中，包含高达14 798条裂隙数据。根据李玉超等[24]的研究成果，节理尺寸小于最大节理尺寸的40%的节理对岩体强度影响不大。依据这一原则，对DFN模型进行了简化，优化后裂隙数量减少至595条［见图4（f）］。

4.3　参数赋值

利用优化后的DFN模型对厂房硐室模型进行切割，获得了厂房的离散单元模型。根据试验进行岩石、岩体参数赋值，节理参数则取自经验值，法向刚度为 9 GPa，切向刚度为 3 GPa，内摩擦角为 0.91，内聚力为 1.5 MPa。岩石和节理均采用摩尔-库仑准则。在模型的四周和底部采用位移边界条件，而模型表面则采用应力边界条件，以模拟埋设环境。此外，还根据地应力测试结果对模型进行了地应力赋值。这些设置确保了模型在模拟过程中能够准确反映实际工程条件和地应力状态。

4.4 结果分析

在进行开挖模拟前，首先进行初始化应力平衡。这里将模拟的初始化应力平衡点设为 1e4，在应力平衡后，再进行开挖操作。开挖完成后，进行位移分析。

通过对模拟结果进行位移分析，发现在进行地下厂房开挖时位移区域主要集中在厂房的顶板，而底板位移较小。从顶板位移云图看，存在 4 个明显的位移集中点，其最大位移为 0.5 m。根据地下厂房硐室水平截面位移分布图，地下厂房顶板中部的位移突变规模较大，其高 20 m、宽 35 m，是潜在的破坏点。而顶板的最大位移点的围岩高 10 m、宽 10 m。因此，根据顶板位移云图，在进行开挖后，需要注意围岩支护。由于底板位移较小，不需要支护。

根据岩体位移云图（见图 5），围岩岩体位移集中代表围岩变形明显，开挖后其应力释放大。过大的位移集中、过高的应力释放暗示该区域越易发生岩体破坏现象，因此地下厂房顶板存在明显的潜在风险区域。

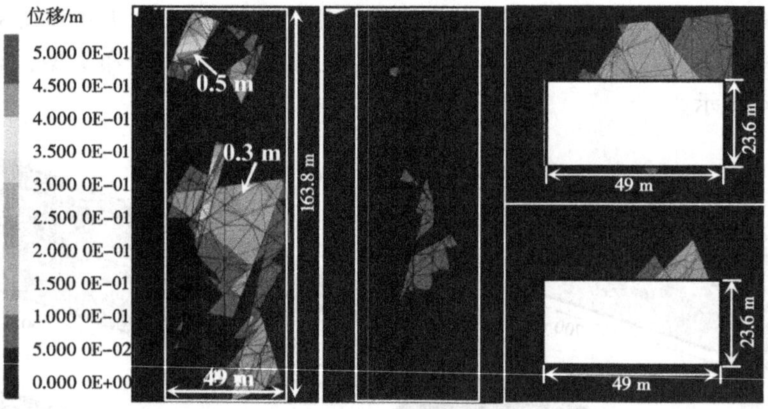

图 5 地下厂房的位移云图

5 结论

本文通过现场试验以及平硐裂隙统计获取基本的数据，使用 3DEC 软件对吉林省通化抽水蓄能电站地下厂房硐室围岩进行稳定性分析，可以得到以下结论：

（1）通过对地下厂房附近钻孔进行室内岩石试验以及地应力测试，对地下厂房平硐进行原位岩体试验，获取基本的岩石、岩体参数。通过对平硐裂隙进行统计，建立地下厂房的 DFN 模型。

（2）通过简化 DFN 模型，建立地下厂房硐室的块体离散单元模型，该模型很好地模拟了地下厂房硐室开挖后岩体卸荷对围岩变形破坏的影响，该模拟结果揭示出硐室开挖过程中存在明显的变形现象。模拟结果显示硐室顶板位移明显，最大位移为 0.5 m，存在明显的岩体破坏现象。

参考文献

[1] 任艳，崔正辉．全球能源转型背景下中外抽水蓄能发展分析研究［J］．水力发电，2023，49（10）：92-96，115.

[2] 李鹏，王启鸿．缓倾岩层地下厂房洞室围岩稳定性评价：以某抽水蓄能电站地下厂房为例［J］．西北水电，2023（2）：40-46.

[3] 屈海涛，王亚军，杨东升．陕西镇安抽水蓄能电站地下厂房动力响应分析［J］．水利水电快报，2025（1）.

[4] 孙金辉，沈霞琼．安徽绩溪抽水蓄能电站地下厂房洞室群围岩稳定性分析［J］．浙江水利科技，2022，50（1）：

67-72，77.

[5] 王波，王灵，任永政，等．扰动荷载作用下抽水蓄能电站地下厂房围岩稳定性分析［J］．华北科技学院学报，2023，20（3）：49-59.

[6] 徐俊祥，王艳强，李旭，等．某抽水蓄能电站地下厂房洞室群三维有限元稳定性分析［J］．水利与建筑工程学报，2024，22（2）：26-31.

[7] 徐唯强，陈全宝，刘震震．吉林省和龙抽水蓄能电站上水库坝型比选合理性分析［J］．东北水利水电，2024，42（6）：1-2，8.

[8] 赵雨，白金朋．基于 FLAC3D 的多元线性回归法地下厂房初始地应力场反演重构［J］．水电能源科学，2022，40（3）：149-152，185.

[9] 白永健．深切河谷土石混合体滑坡细观结构及灾变过程研究［D］．成都：成都理工大学，2021.

[10] 杜时贵，雍睿，陈咕扦，等．大型露天矿山边坡岩体稳定性分级分析方法［J］．岩石力学与工程学报，2017，36（11）：2601-2611.

[11] 陆瑞年，高光庭．基于 3DEC 的地下厂房围岩稳定性分析［J］．企业科技与发展，2013（11）：104-106.

[12] VERMA A K，SINGH T N，Nikhil Kumar Chauhan，et al. A Hybrid FEM-ANN Approach for Slope Instability Prediction［J］．Journal of The Institution of Engineers（India）：Series A，2016，97（3）：171-180.

[13] HUANG Maosong，JIA Cang-qin. Strength reduction FEM in stability analysis of soil slopes subjected to transient unsaturated seepage［J］．Computers and Geotechnics，Elsevier，2009，36（1-2）：93-101.

[14] ZHANG Bo，Ranjith Pathegama Gamage，ZHANG Chengpeng，et al. Hydrocarbon recovery：Optimized CFD-DEM modeling of proppant transport in rough rock fractures［J］．FUEL，2022，311.

[15] HUANG Dan，WANG Jianfeng，LIU Su. A comprehensive study on the smooth joint model in DEM simulation of jointed rock masses［J］．GRANULAR MATTER，2015，17（6）：775-791.

[16] 杨继华．基于 FLAC3D 的层间错动带对大型地下洞室地震响应影响分析：以白鹤滩水电站为例［J］．水利水电快报，2023，44（3）：39-45.

[17] LIU Guoyang，LI Junjie，WANG Zhuangzhuang. Experimental Verifications and Applications of 3D-DDA in Movement Characteristics and Disaster Processes of Rockfalls［J］．Rock Mechanics and Rock Engineering，2021，54（5）：2491-2512.

[18] YAGODA-BIRAN G，HATZOR Y H. The numerical Discontinuous Deformation Analysis（DDA）method：Benchmark tests［J］．Rock Mechanics and Engineering Volume 3：Analysis，Modeling and Design，CRC Press，2017：91-119.

[19] SARFARAZ H，AMINI M. Numerical Simulation of Slide-Toe-Toppling Failure Using Distinct Element Method and Finite Element Method［J］．Geotechnical and Geological Engineering，2019，38：2199-2212.

[20] 刘畅．大藤峡泄水闸坝基岩体的三维裂隙网络模拟研究［D］．长春：吉林大学，2017.

[21] 张文，陈剑平，牛岑岑，等．基于三维裂隙网络 RQD 的确定及最佳测线数量的研究［J］．岩土工程学报，2013，35（2）：321-327.

[22] 张文，韩博，孙昊林，等．高陡岩质斜坡的结构面非接触式采集技术与三维裂隙网络模拟研究［J］．工程地质学报，2020，28（2）：221-231.

[23] 陈东辉．裂隙岩体的等效结构地质力学模型与结构稳定性分析［D］．长春：吉林大学，2022.

[24] LI Yuchao，CHEN Jianping，ZHOU Fujun，et al. Stability evaluation of rock slope based on discrete fracture network and discrete element model：A case study for the right bank of Yigong Zangbu Bridge［J］．Acta Geotechnica，2022，17（4）：1423-1441.

新时期水利工程质量检测工作实践与思考

宋迎宾[1,2]　李　娜[1,2]　邱　龙[3]　高文玲[3]　罗资坤[3]

（1. 黄河水利委员会黄河水利科学研究院，河南郑州　450003；
2. 水利部堤防安全与病害防治工程技术研究中心，河南郑州　450003；
3. 河南黄科工程技术检测有限公司，河南郑州　450003）

摘　要：本文结合工作实践，从实验室管理规范性、检验检测报告等方面，对水利工程质量检测过程中发现的问题进行了分析探讨，并提出相应对策和建议，以期为水利工程质量检测提供参考，推动水利检验检测机构高质量发展。

关键词：水利工程；检验检测；实践策略

1　概述

近年来，检验检测机构作为国家质量基础设施的重要组成部分，服务我国高质量发展的作用日益凸显[1]。检验检测服务业先后被国家列为高技术服务业、生产性服务业、科技服务业，事关国计民生、国家经济安全及产业安全。

《检验检测机构资质认定能力评价 检验检测机构通用要求》（RB/T 214—2017）对检验检测报告提出了明确要求：检验检测机构应准确、清晰、明确、客观地出具检验检测结果，符合检验检测方法的规定，并确保检验检测结果的有效性。检验检测报告是检验检测机构的最终产品，是检验检测机构的基本条件和技术能力的最终体现，也是对检验检测机构质量体系是否有效运行的基本检验。因此，如何提高检验检测报告质量，避免因出现错误而导致报告失效、出现违规行为，对于检验检测机构至关重要。同时，实验室作为检验检测机构开展工作的主阵地和实验数据的产生部门，实验室运行管理是否规范影响着检测结果是否准确。

本文从实际工作出发，将水利工程质量检测过程中发现的问题进行汇总和分析，并对如何避免这些问题提出对应建议。

2　水利工程质量检测过程中发现的问题

2.1　实验室管理规范性问题

检测实验室都按照标准要求建立了质量管理体系，体系文件往往是全面和适宜的，但是体系运行有效性方面却差强人意，尤其是质量控制和持续改进方面存在短板，许多检测工作细节不严谨，标准要求没有落实到位，甚至有造成虚假数据的风险，加强检验检测机构主体意识，激发检验检测机构提升实验室管理水平的内生动力，是检验检测事业从“求速度”迈向“求质量”，推动检验检测事业可持续性发展的核心。

（1）样品处置未按照标准和程序实施。样品管理是实验室管理过程中的重要内容，是保证检测数据真实可靠和溯源的重要依据，对样品的接收、流转、储存、处置以及样品的识别等各个环节实施有效的质量控制至关重要。通过管理样品可以确保样品的代表性、有效性和完整性，从而保证检测结

作者简介：宋迎宾（1991— ），男，工程师，主要从事新型水工材料与结构性能研究工作。

果的准确性[2]。在对检验检测机构的监督检查中，经常发现不符合要求的做法，如样品重量不足、制备过程不规范、储存条件不满足，未留样或留样有泄漏、混淆、变质的风险等现象非常普遍；样品状态标识管理混乱，缺少关键信息；留置样品保存不符合要求，以及台账不健全等。

（2）缺乏场所与环境监控。在检测过程中，环境条件很重要，条件发生偏差必定导致结果不准，监控环境条件就是为了防止实验环境发生偏差而导致系统误差的产生。有些检验检测机构存在仪器设备布局不合理、缺乏环境监控设施的情况，如：仪器设备放置相互干扰，未采取有效隔离措施；恒温恒湿条件的检测区域缺少有效的温湿度控制设施；场所环境存在安全风险，未进行有效控制；缺少样品间或者样品间设置不合理；缺少有效的通风设施；检测区域布局不合理等。

（3）设备管理不符合要求。在设备管理方面发现的不符合要求的现象有：设备未按照使用说明书要求进行安装固定；设备性能不满足标准要求；标准物质储存环境不当；个别未进行检定或校准；使用台账信息不全，设备状态标识不齐全或者标识过期；多功能检测设备校准参数不全；设备精度不满足标准要求。

（4）人员培训不到位或资格未确认。实验室管理主要是体现在“人、机、料、法、环、测”6个环节上，人员管理排在第一位，培训是统一全体人员认识、增进对管理体系认识的有效途径。但是，很多机构的检测人员不熟悉检验检测机构资质认定相关的规定，对管理体系的理解片面，没有系统的认识。还有的检测人员未获得所使用仪器设备的授权就操作设备出具检测数据，而有的机构没有对关键岗位人员进行有效的岗位资格确认。

（5）原始记录及检测报告欠规范。检测结果报告是检测工作质量的最终体现，其结果的准确性直接影响着委托方的切身利益，也体现检验检测机构的信誉与水平[3]。原始记录是追溯检测数据可靠与否的依据，其规范性要求不言而喻。原始记录未附检测过程图谱、缺少检测计算过程、通过软件程序出具的数据未经检验人员签字、原始记录上没有体现设备运行及环境条件，未按照标准等规定采用原始数据记录、设备使用记录、检测原始记录，检测报告中人员签字不一致、有“涂、描、刮、贴、抄”现象，报告内容更改未按照要求采用杠改等不规范现象比比皆是。

（6）实验室还存在其他的常见不规范做法，如关键岗位人员、能力取消、检验标准、地址等事项发生变更时，未及时办理变更手续；部分机构检测合同、委托单、检测报告未按照年度统一编号，或者编号不连续，存在空号等。

2.2 检验检测报告出现的问题

检验检测报告能够反映检测机构的管理水平，是检验检测机构工作质量的最终体现。准确、清晰、明确、客观的检验检测报告是检测机构良好形象和信誉的体现，本文结合工作实践，对检验检测报告出具过程中经常出现的问题进行了汇总探讨，旨在加强检测机构对检测报告的质量控制，确保能够出具准确、清晰、明确、客观的检验报告。

（1）报告信息量不足或信息有误。

《检验检测机构资质认定能力评价 检验检测机构通用要求》（RB/T 214—2017）中对检验检测报告应包含的内容作了明确规定[4]。目前，大部分检验检测机构的报告编制仍为人工录入电脑，报告编写人员将原始记录中的信息一一进行手工录入，在信息录入过程中不可避免会出现漏填、多填、输入错误等情况，这些情况一旦发生，就会导致检测报告与原始记录无法对应，报告中的信息无法溯源，致使报告的真实性存在质疑。这种由报告编写人员的输入失误导致的错误，会直接导致报告结果无效。

（2）检验检测依据错误。

检验检测方法是检验检测工作的前提和基础，使用正确的检验检测依据是保证出具有效报告的重要保证，检验检测机构应注意检验检测依据的正确使用，防止由于依据和方法错误导致报告无效。出现报告中的检测依据与委托方的要求不一致，主要有以下两种情况：一是实验室人员有时会忽略委托方的要求，按照习惯对检测参数用常用的检测方法进行检测，但并不是委托方要求的方法；二是委托方要求的方法不适用却没有及时与委托方沟通，造成委托合同与检测报告的依据不一致。

（3）检验结论不规范。

检验结论是检验检测报告的核心，是委托方关注的重点。检验检测结论应做到准确、清晰、明确、客观，易于客户理解。检验结论一般分为两种：一是明确检测数据是否符合判定规则；二是只提供检测结果数据，不对结果做出符合性评价。

（4）分包项目未在报告中注明。

检验检测机构需分包检验检测项目时，检验检测报告中应体现分包项目，并予以标注。分包的情况分为两种：一种是“有能力的分包”，指拟分包的项目已获得检验检测机构资质认定的技术能力，但因工作量急增、关键人员暂缺、设备设施故障、环境状况变化等原因，暂时不满足检验检测条件而进行的分包。这种情况需经客户同意，出具的报告中应明确分包项目，并注明分包方的名称和资质认定许可编号。另一种是“没有能力的分包”，指拟分包的项目是其未获得检验检测机构资质认定的技术能力，分包给获得检验检测机构资质认定并有相应技术能力的另一检验检测机构。此种情况若经客户许可，可将分包方的检验检测数据、结果纳入自身的检验检测报告中，但在报告中应明确标注分包项目，且注明自身无相应资质认定技术能力，并注明分包方的名称和资质认定许可编号。应事先征得客户同意，对分包方资质和能力进行确认，并规定不得二次分包。检测机构还应对分包方检测质量进行监督和验证。

（5）原始记录不规范或信息量不足。

记录是阐明所取得的结果或提供所完成的活动的证据，可供识别、分析和追溯。完整、真实、准确的原始记录是检验检测结果有效性和可追溯性的重要保证。原始记录设计应规范合理，信息量应充分、可溯源。检验检测报告原始记录容易出现原始记录表格设计信息不全，导致记录不充分，或者出现仅记录了样品预处理后的检测结果，而未记录预处理过程，导致检测结果无法溯源的现象。此外，原始记录检测人员和复核人员签字、页码标识、更改的规范性等也是原始记录中容易忽视的问题。

（6）超范围检测。

《检验检测机构资质认定管理办法》（质检总局第 163 号令）中明确规定，严禁检验检测机构出具超出资质认定证书规定的检验检测能力范围的报告，违反者将受到相应的处罚。检验检测机构出现超范围检测的情况主要有两种：一是合同评审时，业务人员未核对本机构的资质范围，对超出资质认定证书规定的检验检测项目未核实而下达任务；二是检验检测机构使用已过期的检测方法进行检测并出具报告。

3 推动水利检验检测机构高质量发展的对策建议

如何加强检验检测机构高质量发展，避免出现以上常见问题，本文结合实际工作经验，提出以下几点建议。

3.1 规范合同评审，从源头控制和细化分包协议

合同评审是指在合同签约之前，需要对委托方的委托内容，包括样品个数、项目、依据标准、完成时间以及其他约定的事项（保存期限、异议时间、判定规则等）进行沟通，在充分了解客户需求后，对自身的技术能力和资质状况能否满足客户要求进行评审。合同评审是一切检验检测工作的开始，是必须进行的一项工作，要求检验检测机构合同评审人员具备较高业务水平和必要的权利，能够在合同评审时，充分理解客户需求，并有权了解本机构的能力配置，有效完成合同评审[5]。对委托方的检测样品及项目依据标准进行仔细核对，是否包含在本机构的资质认定附表范围，防止出现超范围检测的情况。

当需要进行分包事项时，机构应在洽谈业务时争得委托方同意，并在合同评审和合同签署过程中予以书面体现。在实施分包时，作为发包方，务必对分包方的资质与能力进行调查，分包协议中务必明确分包项目，要求检测时间，保证分包项目的时效性，并规定分包方不得二次分包。

3.2 加强细节管理，提高各环节信息录入准确性

报告编写人员要有强烈的责任心和认真严谨的工作态度，加强对工作细节的管理，在报告编写过程中，仔细核对采样单及各项原始记录，认真对待每一项信息和数据，及时、准确、清晰地录入电脑或信息系统，对数据的合理性进行基本的判断，保证检验检测报告体现的信息和数据准确无误。

随着检验检测机构运用实验室信息管理系统（LIMS）的不断普及[1,6]，以及物联网的快速发展，检测原始数据信息将以直接导入的方式生成检验检测报告，这会大大减少由于二次录入造成的人为错误，迅速提高信息录入准确性。

3.3 查新检测方法，及时保证方法的现行有效性

因使用作废方法而产生超范围检测的现象也不在少数，应避免出现使用作废方法，要求检验检测机构规范标准查新工作，及时跟踪标准的制修订情况，快速做出反应，在新标准实施之前完成方法变更及变更审批，从而可以有效避免作废标准的使用，保证所用标准的现行有效[7]。

3.4 强化原始记录，保证信息的充分性和追溯性

检验检测机构应保证原始记录信息的充分性和准确性，首先原始记录表格的设计应保证信息齐全，其次在检测过程到记录的填写要严格把关，复核人员真正起到校核作用，要对原始记录的完整性和规范性，仪器设备、分析方法的适用性和有效性，测试数据和计算结果的准确性进行校核，减少因原始记录填写问题导致的结果和结论的不准确。另外，随着新标准的实施，也要求检验检测机构根据新标准要求更新原始记录，保证满足新方法的要求。

3.5 严格三级审核，确保检验检测报告准确性

检验检测报告的完成通常要经过报告编制、报告审核、报告签发三个主要环节，也就是报告的三级审核。报告编写人员是汇总报告相关信息、检验结果，以及下达检验结论，形成完整检验检测报告的过程[8]。编制报告过程中需要对原始信息、数据等进行校对。报告审核是对检测报告和原始记录的一致性、报告内容完整性、数据准确性和结论正确性进行审查，是报告审核的第二个环节。最后是报告签发环节，由授权签字人完成，主要审核报告内容的完整性和符合性，检测结果的合理性和结论的正确性。三级审核内容有所不同，各级人员明确分工，各负其责，有所侧重，分别把关。三级审核人（授权签字人）对二级审核人（报告审核员）进行考核；二级审核人对一级审核人（报告编写员）进行考核；一级审核人对业务受理人员、检测人员、复核人员进行考核。加强检验检测报告的三级审核，能够最大程度地降低报告出差错的风险，参与三级审核的人员应具备相应的资质和能力，不断提高工作责任心和业务水平。

4 结语

随着检验检测行业的迅猛发展，水利检验检测行业面临的机遇与挑战并存。在不断变化的市场中，在水生态文明建设和大规模水利工程建设的过程中，水利检验检测机构发挥着越来越重要的技术支撑作用，水利检验检测机构的合规运营更为重要。检验检测报告的质量控制是检验检测机构质量体系建设的重中之重。从源头控制，规范合同评审、细化分包协议；进一步加强各环节工作细节管理，提高信息录入准确性；检测方法及时查新，保证方法的现行有效性；完善原始记录，保证信息的充分性和准确性；严格实行检验检测报告三级审核制度，减少各种疏漏和问题，是切实提高检验检测报告质量的关键，也是检验检测机构更好地实现可持续发展，增强在社会上的影响力和权威性的重要保证。

参考文献

[1] 宋迎宾，许新，高文玲，等．新时期推动水利检验检测行业高质量发展的思考：以事业单位为例［C］//2023中国水利学术大会论文集．郑州：黄河水利出版社，2023.

[2] 贺运鸣，孙丽婷，薛晓光．从检验检测机构资质认定能力评价要求剖析检验检测报告编写常见问题及解决对策［C］//中国环境科学学会2024年科学技术年会，湖北武汉，2024.
[3] 郭威威．检验检测机构能力建设的几点思考［C］//中国水利学会2021学术年会论文集．郑州：黄河水利出版社，2021.
[4] 田润，刘婷，习亚超，等．检验检测机构能力扩项申请内容概述［J］．中国标准化，2024（2）：141-145.
[5] 陈建，郑英，陈芳．江西省水利工程质量检测管理工作实践与思考［J］．江西水利科技，2023，49（5）：382-385.
[6] 宋迎宾，罗资坤，屈乐，等．检验检测新技术助推水利行业高质量发展研究［C］//2022中国水利学术大会论文集．郑州：黄河水利出版社，2022.
[7] 董宏，马艳婷，孙良泉，等．资质认定检验检测机构管理的典型问题及对策建议［J］．中国质量，2024（4）：52-55.
[8] 肖小艳．水利工程质量检测工作的实践与建议探讨［J］．水上安全，2023（11）：126-128.

新型 FQY 高性能膨胀剂在大体积混凝土二期施工中的应用效果研究

方　朋　吴　娟

（珠江水利委员会珠江水利科学研究院，广东广州　510611）

摘　要：为准确控制新型 FQY 高性能膨胀剂在某工程大体积混凝土二期施工中的最佳掺量并验证其实际应用效果，选择不同膨胀剂掺量的试验组混凝土与不掺膨胀剂的基准混凝土进行拌和试验，基于试验数据分析了在各膨胀剂掺量下混凝土的工作性能、力学性能、膨胀性能及耐久性能的变化规律，确定了 FQY 高性能膨胀剂的最佳掺量为 40 kg/m^3。在此基础上探究了掺入膨胀剂后对混凝土温升值、现场抗压强度及结构应变值的影响，经验证 FQY 高性能膨胀剂在该工程大体积混凝土二期施工中的应用效果良好，能够有效补偿混凝土收缩。

关键词：膨胀剂；配合比；混凝土性能；最佳掺量；抗裂性；补偿收缩

1　研究背景

水工大体积混凝土的收缩开裂问题一直是水利行业关注的焦点。由于大体积混凝土的表层温度较低且散热迅速，而内部温度较高且散热缓慢，这种热不良导体的内外温差较大，导致结构内部出现收缩裂缝，进而影响混凝土的使用和耐久性[1]。为有效补偿混凝土收缩，降低混凝土开裂风险[2]，在混凝土中掺入膨胀剂补偿其自身收缩是一种经济有效的措施[3]。其作用原理是膨胀剂中的膨胀组分在混凝土拌和过程中能够与水产生水化反应生成稳定的膨胀水化结晶体，这些膨胀结晶体填充于混凝土内部的微小孔隙中，从而使混凝土产生一定体积膨胀，补偿混凝土收缩，避免裂缝产生。

混凝土膨胀剂按限制膨胀率分为Ⅰ型和Ⅱ型，其中Ⅰ型膨胀剂水中 7 d 限制膨胀率规范要求为不小于 0.035%，Ⅱ型膨胀剂为不小于 0.050%[4]。目前，国内市场上很多膨胀剂产品仅能满足Ⅰ型标准，其在水中 7 d 的限制膨胀率通常在 0.040%以内，部分厂家的膨胀剂甚至无法达到 0.035%[5]。鉴于施工过程中各种因素的影响，使用此类膨胀剂配制的补偿收缩混凝土难以达到标准条件下的膨胀效果，实际膨胀率将有所降低。由此产生的膨胀量不足以完全补偿混凝土结构的收缩变形，使得混凝土硬化后结构最终呈现收缩状态，在结构内部由于约束作用，这种体积收缩受到限制会产生收缩应力。混凝土的抗拉强度较低，一旦收缩应力超过了抗拉强度，混凝土结构就会出现开裂现象，进而影响结构的安全和使用[6]。因此，在进行大体积混凝土施工时，选择合适的膨胀剂至关重要。

国内某水利工程大体积混凝土一期施工时采用Ⅰ型氧化镁膨胀剂未达到预想补偿收缩效果，因此在二期施工中选用国内某公司研发的新一代 FQY 高性能膨胀剂。它的主要有效成分为硫铝酸钙（$3CaO \cdot 3Al_2O_3 \cdot CaSO_4$）和氧化钙（CaO），是一种双膨胀源复合Ⅱ型膨胀剂，其水中 7 d 限制膨胀率能达到 0.050%以上。近年来，关于 FQY 高性能膨胀剂的研究主要集中在室内试验以及其在防水工程领域的应用[7-10]，将其应用于水工大体积混凝土施工中的相关研究资料还比较匮乏，其抵消大体积混凝土自收缩的掺量往往依据经验判断，缺乏合理充分的验证手段。

本文结合工程二期大体积混凝土自身特点，在施工前通过分析不同掺量下混凝土的各项性能变化

作者简介：方朋（1994—），男，工程师，主要从事水利工程质量检测的研究工作。

规律确定 FQY 高性能膨胀剂的最佳掺量。施工后基于最佳掺量下混凝土的温升值、结构回弹强度及应变值验证该膨胀剂在工程中的实际应用效果，为水工大体积混凝土抗裂性能提升及 FQY 高性能膨胀剂的应用提供相关技术参考。

2 基准配合比与试验原材料

2.1 基准配合比

工程二期大体积混凝土设计强度等级为 C30F100W8（一级配），28 d 极限拉伸值不小于 0.90×10^{-4}，其设计坍落度为 50~70 mm，设计含气量为 3%~5%。混凝土基准配合比材料用量见表 1。

表 1 二期混凝土基准配合比材料用量

配合比编号	设计强度	水胶比	材料用量/(kg/m^3)						
			水	水泥	粉煤灰	砂	小石	减水剂	引气剂
E30-1	C30	0.34	139	327	82	606	1 220	3.272	0.171 8

2.2 原材料性能

（1）水泥：选用华润水泥（平南）有限公司生产的 P·O42.5 水泥，其性能检验成果见表 2、表 3。

表 2 水泥物理性能检验成果

检测项目	比表面积/(m^2/kg)	安定性	凝结时间/min		抗压强度/MPa		抗折强度/MPa	
			初凝	终凝	3 d	28 d	3 d	28 d
实测值	332	合格	161	215	26.8	52.2	5.1	7.9
GB 175—2007 标准要求	≥300	合格	≥45	≤600	≥17.0	≥42.5	≥3.5	≥6.5

表 3 水泥化学分析检验成果

检测项目	SO_3/%	MgO/%	Cl^-/%	烧失量/%	CaO/%	f-CaO/%	碱含量/%
实测值	1.84	2.08	0.007	4.87	59.41	0.76	0.54
GB 175—2007 标准要求	≤3.5	≤5.0	≤0.06	≤5.0	—	—	—

（2）掺合料：选用广西华天能环保科技股份有限公司生产的 F 类 Ⅰ 级粉煤灰，其性能检验成果见表 4、表 5。

表 4 粉煤灰物理性能检验成果

检测项目	细度/%	密度/(g/cm^3)	需水量比/%	含水量/%	强度活性指数/%
实测值	9.6	2.23	93	0.2	83.5
GB/T 1596—2017 标准要求	≤12.0	≤2.6	≤95	≤1.0	≥70.0

表 5　粉煤灰化学分析检验成果

检测项目	SO_3/%	f-CaO/%	SiO_2、Al_2O_3、Fe_2O_3 总含量/%	烧失量/%	碱含量/%
实测值	1.84	0.76	71.03	2.82	0.67
GB/T 1596—2017 标准要求	≤3.5	≤1.0	≥70.0	≤5.0	—

（3）膨胀剂：选用武汉三元特种建材有限责任公司生产的 FQY 高性能膨胀剂，其品质检验成果见表 6。

表 6　FQY 高性能膨胀剂品质检验成果

检测项目	比表面积/(m^2/kg)	氧化镁含量/%	凝结时间/min		限制膨胀率/%		抗压强度/MPa	
			初凝	终凝	水中 7 d	空气中 21 d	7 d	28 d
实测值	301	1.37	145	251	0.056	0.001	26.4	45.7
GB/T 23439—2017 标准要求（Ⅱ型）	≥200	≤5	≥45	≤600	≥0.050	≥-0.010	≥22.5	≥42.5

（4）骨料：细骨料是由料场天然粗骨料经机械破碎加工生产出的人工砂，其细度模数为 2.7，石粉含量为 17.8%，饱和面干表观密度为 2 630 kg/m^3；粗骨料为料场天然骨料经分级筛洗而得到的 5~20 mm 卵石，其超径含量为 4%，逊径含量为 7%，含泥量为 0.5%，饱和面干表观密度为 2 660 kg/m^3。骨料所检各项指标均满足《水工混凝土施工规范》（SL 677—2014）要求。

（5）外加剂：减水剂选用咸宁天安新型建材有限公司生产的 TA-1001 缓凝型高效减水剂，减水率为 16.4%；引气剂选用山东华伟银凯建材科技股份有限公司生产的 NOF-AE 引气剂，减水率为 9.6%，含气量为 5.1%。外加剂所检各项指标均满足《水工混凝土外加剂技术规程》（DL/T 5100—2014）要求。

3　膨胀剂掺量选择试验

根据《补偿收缩混凝土应用技术规程》（JGJ/T 178—2009）中对补偿收缩型混凝土中膨胀剂掺量的规定[11]，FQY 高性能膨胀剂分别以内掺掺量 0 kg/m^3、30 kg/m^3、35 kg/m^3、40 kg/m^3、45 kg/m^3、50 kg/m^3 等比例替代胶凝材料中的水泥与粉煤灰，保持水胶比不变，通过调整减水剂掺量控制各试验组坍落度均在设计值以内，最终确定试验组混凝土配合比（见表 7）。在相同环境条件下对各试验组配合比围绕混凝土工作性能、力学性能、膨胀性能及耐久性能开展试验。通过综合分析试验数据，优选出 FQY 高性能膨胀剂的最佳掺量。

表 7　试验组混凝土配合比

配合比编号	设计强度	水胶比	材料用量/(kg/m^3)							
			水	水泥	粉煤灰	FQY 膨胀剂	砂	小石	减水剂	引气剂
E30-1	C30	0.34	139	327	82	0	606	1 220	3.272	0.171 8
E30-2	C30	0.34	139	303	76	30	606	1 220	4.008	0.143 2

续表 7

配合比编号	设计强度	水胶比	材料用量/(kg/m³)							
			水	水泥	粉煤灰	FQY 膨胀剂	砂	小石	减水剂	引气剂
E30-3	C30	0. 34	139	299	75	35	606	1 220	4. 008	0. 135 0
E30-4	C30	0. 34	139	295	74	40	606	1 220	4. 172	0. 122 7
E30-5	C30	0. 34	139	291	73	45	606	1 220	4. 335	0. 122 7
E30-6	C30	0. 34	139	287	72	50	606	1 220	4. 826	0. 122 7

3. 1 混凝土工作性能

在对减水剂及引气剂掺量进行调整的过程中发现，为保证混凝土的坍落度与含气量达到设计要求，当增大膨胀剂掺量时，减水剂的用量需要随之逐渐调高，而引气剂的用量却需要逐渐调低。这主要是由于膨胀剂颗粒的比表面积较大，其在拌和过程中易与混凝土浆体中的水分发生反应产生气体[12]。

由图 1 可知，当膨胀剂掺量在 35~50 kg/m³ 时，随着膨胀剂掺量的增大，即使其减水剂用量有所增大，可混凝土的坍落度却依然呈下降趋势。当膨胀剂掺量增加到 40 kg/m³ 时，即使不再调整引气剂掺量，混凝土含气量也并未随着膨胀剂掺量的增加而大幅提升，说明在膨胀剂掺量到达某一临界值后，膨胀剂在混凝土浆体中的水化反应会趋于稳定。且当膨胀剂掺量较低时，减水剂掺量的相对增量还较小，但当膨胀剂掺量为 50 kg/m³ 时，减水剂的掺量显著增大，同时混凝土拌合物也出现了轻微的离析与泌水。因此，从工作性能方面来说，膨胀剂掺量小于 50 kg/m³ 时，C30 二期混凝土的工作性能较为理想，配制及施工成本也相对较低。

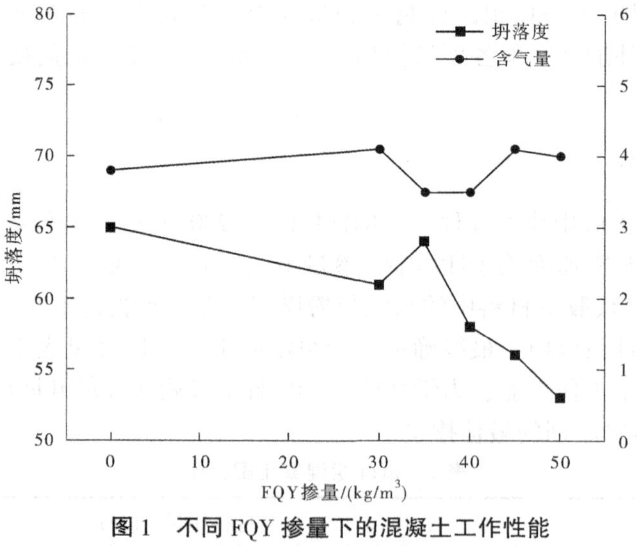

图 1 不同 FQY 掺量下的混凝土工作性能

3. 2 混凝土力学性能

在标准养护条件下，混凝土 7 d、28 d、90 d 抗压强度与 28 d 极限拉伸值随膨胀剂掺量的变化关系见图 2。从试验结果可知，相较于 0 膨胀剂掺量的基准混凝土，相同龄期混凝土的抗压强度均随着膨胀剂掺量的提高而降低，7 d 强度降低较小，随着龄期的增长，28 d 龄期之后强度的差距越来越明显，90 d 时 45 kg/m³ 膨胀剂掺量下，混凝土强度下降最为明显。分析原因可能是水化早期少量膨胀剂的膨胀作用填充了混凝土内部的微小孔隙和微裂隙结构，使得内部结构更为密实，这能给混凝土提供一定强度[13]，具体表现为 FQY 高性能膨胀剂掺量对混凝土早期强度影响较小。但随着龄期与掺量的增长，FQY 高性能膨胀剂的膨胀作用已无法补偿其替代的原胶凝材料水化后产生的结构强度，因此导致掺入膨胀剂后混凝土后期强度的降低，且掺量越大该问题越明显[14]。

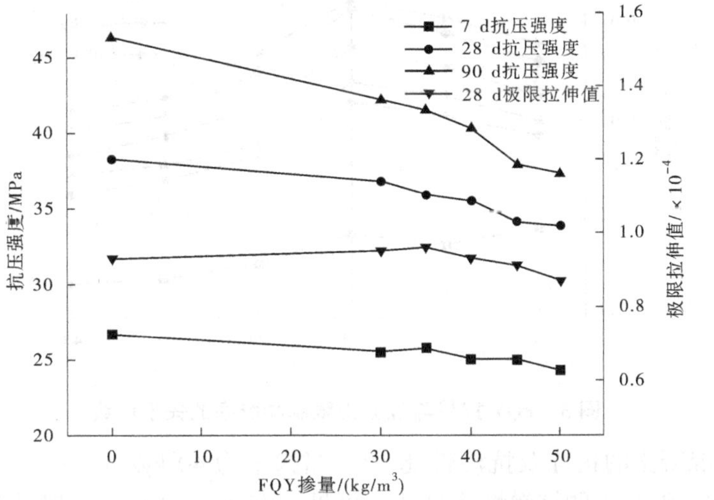

图 2　不同 FQY 掺量下的混凝土力学性能

在掺入 FQY 高性能膨胀剂后，混凝土 28 d 极限拉伸值随着膨胀剂掺量的提高而先增大后减小。从具体的试验数据来看，当膨胀剂掺量小于 35 kg/m^3 时，混凝土极限拉伸值随着膨胀剂掺量的提高而增大；当膨胀剂掺量大于 35 kg/m^3 时，混凝土极限拉伸值随着膨胀剂掺量的提高而减小，膨胀剂掺量为 45 kg/m^3 时的混凝土极限拉伸值已低于未掺膨胀剂方案，当掺量为 50 kg/m^3 时混凝土极限拉伸值已不满足设计要求。其原因与抗压强度类似，在一定掺量范围内，FQY 高性能膨胀剂产生的膨胀效应填充了混凝土中的微小孔隙，使骨料与胶凝材料之间黏结更为紧密[15]，进而改善了混凝土的拉伸性能。但过量的膨胀剂会产生过多的膨胀产物，无法被混凝土基体有效约束，从而降低了混凝土的密实度和强度。

3.3　混凝土膨胀性能

FQY 高性能膨胀剂掺量与混凝土限制膨胀率的关系曲线见图 3。其中，3 d、7 d、14 d 为试件在恒温水体中养护状态下的测值，14 d 后，试件从水中移入恒温恒湿室内养护，再分别测量出试件在空气中 28 d、42 d 的测值[16]。从图 3 中可以看出，不掺膨胀剂的混凝土虽然在水养条件下 7 d 至 14 d 时有轻微的膨胀现象，但整体仍呈现收缩状态。膨胀剂的掺入使混凝土出现膨胀效应，且掺量越高其限制膨胀率越大；当掺量超过 45 kg/m^3 时，混凝土的膨胀速度已开始变慢，各掺量下的混凝土膨胀速率在水中前 7 d 增长幅度均较为明显，在后 7 d 至 14 d 中虽略有增长，但增长速率已明显放缓。当试件从水中移入恒温恒湿室内养护后，不同掺量的混凝土均由膨胀转为收缩状态，掺量越大收缩后最终膨胀保持率越大。其中，前 14 d 的收缩速率较大，14 d 后收缩速率均明显减小并趋于平稳。

上述现象说明仅仅凭借普通胶凝材料自身的水化反应不会使混凝土出现明显膨胀效应，必须掺入膨胀剂或其他类似外掺物才能让混凝土呈现膨胀状态[17]。掺入合适掺量的 FQY 高性能膨胀剂可以有效补偿混凝土自收缩，但混凝土在浇筑后必须要加强养护工作，需要采取一定措施确保混凝土表面保持湿润状态，从而促进膨胀剂的水化作用，充分发挥其膨胀效应。

3.4　混凝土耐久性能

表 8 为不同 FQY 高性能膨胀剂掺量下，混凝土的抗冻性能与抗渗性能试验成果。由表 8 中数据可知，在试验掺量下，混凝土的抗冻性能及抗渗性能均随着膨胀剂掺量的提高先增大后减小。这是因为混凝土中掺入适量的膨胀剂有利于减小内部孔隙率，降低了水分和溶质物质的渗透速度，从而提高了混凝土的抗冻性能与抗渗性能；但掺量过高反而会使混凝土产生过度膨胀甚至出现新的微小裂隙，

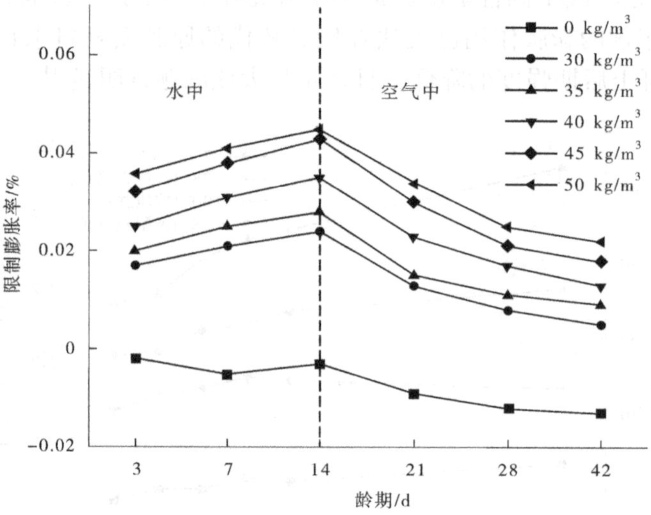

图 3　FQY 掺量与混凝土限制膨胀率的关系曲线

在一定程度上降低了混凝土的抗冻及抗渗性能[18]。当掺量为 40 kg/m³ 时，混凝土的抗冻性能最佳；当掺量为 45 kg/m³ 时，混凝土的抗渗性能最佳。可见，在 30~40 kg/m³ 掺量范围内，内掺膨胀剂可提升混凝土的抗冻性能，在 30~45 kg/m³ 掺量范围内，内掺膨胀剂可提升混凝土的抗渗性能。

表 8　混凝土耐久性能

配合比编号	抗冻性能/100 次冻融循环后			抗渗性能	
	质量损失率/%	相对动弹模量/%	抗冻等级	相对渗透性系数/($\times10^{-7}$cm/h)	抗渗等级
E30-1	0.53	82.5	>F100	15.511 5	>W8
E30-2	0.28	86.4	>F100	8.341 7	>W8
E30-3	0.25	88.3	>F100	6.005 4	>W8
E30-4	0.21	91.7	>F100	4.412 2	>W8
E30-5	0.24	87.8	>F100	3.707 4	>W8
E30-6	0.30	85.3	>F100	4.787 5	>W8

3.5　膨胀剂最佳掺量

由混凝土性能试验成果可知，当膨胀剂掺量为 30~45 kg/m³ 时，混凝土的工作性能较好；在 30~40 kg/m³ 掺量下混凝土的强度保持率较高，虽然在 35 kg/m³ 时混凝土拉伸性能已开始降低，但 40 kg/m³ 掺量的混凝土极限拉伸值仍高于未掺膨胀剂方案；从膨胀效能来看，试验掺量下的混凝土限制膨胀率均满足设计要求，且掺量越高其限制膨胀率越大，但在 50 kg/m³ 掺量时混凝土的膨胀速率已然放缓；当掺量为 30~40 kg/m³ 时，混凝土的抗冻性能稳步提高，掺量为 30~45 kg/m³ 时，混凝土的抗渗性能在不断增强，虽然在 40 kg/m³ 掺量时，混凝土的抗渗性能不是最优状态，但仍处于抗渗性能提升阶段。综上所述，最终确定 FQY 高性能膨胀剂的最佳掺量为 40 kg/m³。

4　FQY 高性能膨胀剂实际应用效果

温度、强度及应变是大体积混凝土施工质量控制的三个关键参数[19]。在浇筑成型前进行混凝土温升试验检测其绝热温升值，并在混凝土浇筑后选取部分代表性部位进行回弹强度与结构应变值的跟踪监测，从而验证 FQY 高性能膨胀剂在施工中的实际应用效果。

4.1　混凝土绝热温升值

大体积混凝土在施工过程中，由于胶凝材料的水化反应会释放出大量的水化热，导致混凝土内部温度升高。如果内外温差过大，其产生的温度应力会使得混凝土出现裂缝，这不仅影响结构的整体性和耐久性，还会对水工建筑物的安全运行构成危害[20]。因此，在大体积混凝土浇筑前检测其绝热温升值，能够及时掌握混凝土内部的温度变化规律，从而采取相应的控制措施，避免或减少温度裂缝的产生，提高大体积混凝土的整体抗裂性。

最佳掺量膨胀混凝土与未掺膨胀剂的基准混凝土绝热温升值变化曲线如图 4 所示。从图 4 中对比发现，混凝土中内掺 40 kg/m^3 的膨胀剂会提升其温升速率，略微加快温升时间，但会将混凝土总的温升值降低 6.3%。说明 FQY 高性能膨胀剂与其等比例替代的胶凝材料相比，其前期水化速率更快，但水化反应期间放热总量更小，这降低了混凝土的总温升值，有利于提高大体积混凝土结构的稳定性，降低其开裂风险。

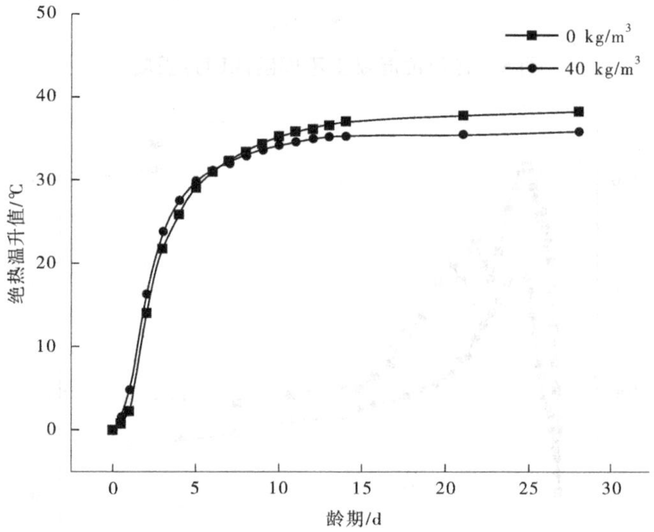

图 4　混凝土绝热温升值变化曲线

4.2　回弹法检测抗压强度

二期大体积混凝土浇筑完成后，选取 2#仓、5#仓、11#仓、25#仓、31#仓作为待检部位，采用回弹法分别检测各部位 28 d、90 d、180 d 龄期时的抗压强度，各部位不同龄期回弹强度值见图 5。各部位混凝土的现场 28 d 抗压强度均大于设计强度值，且随着龄期的增长继续增大，在 90 d 后混凝土强度仍在平稳缓慢提升，未出现强度下降的现象。这说明掺入适量 FQY 高性能膨胀剂不会对混凝土现场浇筑强度产生较为不利的影响。

4.3　结构应变监测

对 11#仓、25#仓中心部位的应变值及混凝土温度进行同步监测，监测结果如图 6、图 7 所示。由图 6 可知，11#仓中心部位温度峰值为 42.3 ℃，达到温峰时间为浇筑后 2.5 d；由图 7 可知，25#仓中心部位温度峰值为 41.5 ℃，达到温峰时间为浇筑后 2.2 d。温度峰值至 7 d 龄期时为温降阶段，此阶段监测部位混凝土冷却速度较快，11#仓温降速率约为 2.36 ℃/d，25#仓温降速率约为 1.96 ℃/d；7 d 后温度下降均较为缓慢，至 28 d 龄期时，混凝土温度都保持在 23 ℃以上。

11#仓、25#仓混凝土中心部位温升阶段最大应变值分别为 314 $\mu\varepsilon$、303 $\mu\varepsilon$，虽然随着后期温降收缩及失水收缩，应变逐渐减小，但 FQY 膨胀剂仍在持续产生膨胀，使混凝土整体处于膨胀状态。后期混凝土内部应变值基本稳定在 60~90 $\mu\varepsilon$，此时混凝土仍处于微膨胀状态，表明 FQY 高性能膨胀剂具有较好的补偿收缩效果。

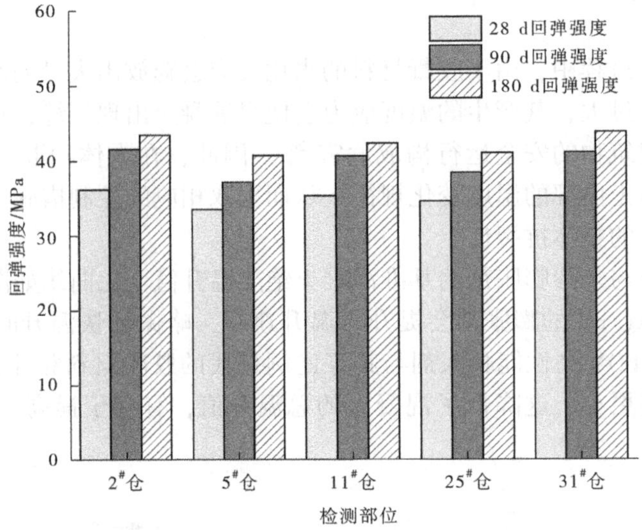

图5　各部位混凝土不同龄期回弹强度

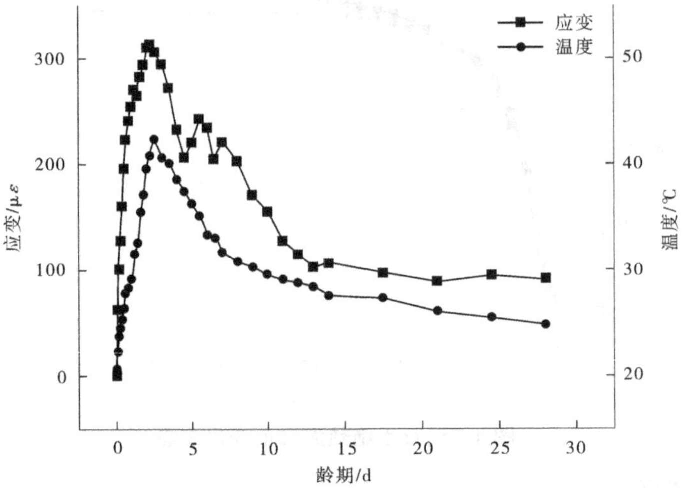

图6　11#仓应变及温度随龄期变化曲线

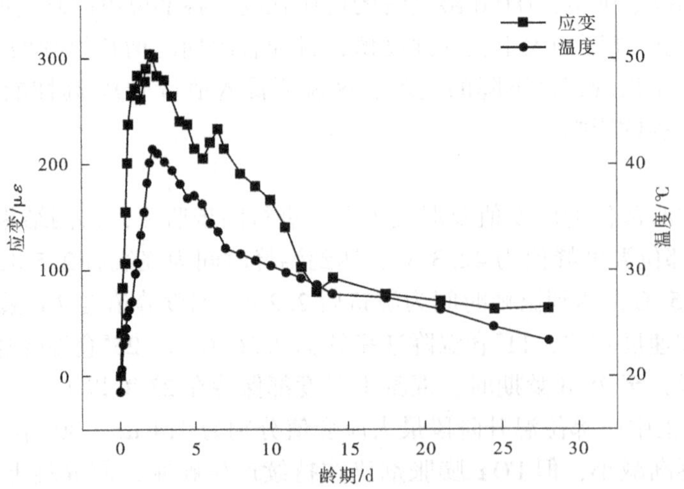

图7　25#仓应变及温度随龄期变化曲线

5 结语

（1）FQY 高性能膨胀剂的掺入不利于混凝土的配制和泵送，为了保证其工作性能，需要通过增加减水剂用量及减少引气剂用量的方式进行改善，但需要注意减水剂的过量掺入易导致混凝土出现离析与泌水。

（2）本工程二期大体积混凝土中 FQY 高性能膨胀剂的最优掺量为 40 kg/m^3，该掺量在保证混凝土各项基本性能均表现优良的同时，还可以持续补偿温降收缩，使混凝土在后期整体仍处于膨胀状态，能够有效抑制混凝土的收缩变形。

（3）对大体积混凝土结构进行收缩补偿以预防裂缝，是一项涉及多方面因素的综合性系统工程。不仅需要选用性能良好的膨胀剂，更要严格把控好设计、施工以及养护等关键环节，各环节管理到位才能充分发挥膨胀剂的效能，确保大体积混凝土具备良好的抗裂性能。

参考文献

[1] 冯小忠，刘胜松，唐修生，等．水工混凝土抗硫酸盐侵蚀性能改善研究［J］．混凝土，2014（5）：41-43，48.

[2] SHEN P，LU L，HE Y，et al. Investigation on expansion effect of the expansive agents in ultra-high performance concrete［J］．Cement and Concrete Composites，2020，105（C）：103425-103425.

[3] 蒋建华，林明益，裘佳琪．抗裂型外加剂对粉煤灰混凝土抗压强度的影响［J］．河北工程大学学报（自然科学版），2020，37（3）：40-46.

[4] 全国水泥制品标准化技术委员会．混凝土膨胀剂：GB/T 23439—2017［S］．北京：中国标准出版社，2018.

[5] 彭亮．FQY 高性能膨胀剂结构自防水技术在泸州主城区某地下停车场的应用［C］//《施工技术》杂志社，亚太建设科技信息研究院有限公司．2020 年全国土木工程施工技术交流会论文集（上册）．中国建筑一局（集团）有限公司，2020：3-5.

[6] 曹丰泽，阎培渝．活性与养护温度对氧化镁膨胀剂膨胀性能的影响［J］．硅酸盐学报，2017，45（8）：1088-1095.

[7] 孙奇超，杨辉，孔金鸣，等．不同膨胀体系对高强聚合物修补砂浆性能的影响［J］．混凝土世界，2022（5）：29-32.

[8] 王丙垒，徐智丹，徐可．FQY 防水系统解决方案在住宅建筑地下工程中的应用［J］．新型建筑材料，2020，47（11）：49-54.

[9] 赵娟，白琪，徐可，等．FQY 氧化镁膨胀剂在地下防水工程中的应用［J］．混凝土世界，2019（8）：78-82.

[10] 邹亮，刘晓强，曾映彬．FQY 结构自防水的施工技术及应用［J］．四川建筑，2018，38（6）：261-262.

[11] 中华人民共和国住房和城乡建设部．补偿收缩混凝土应用技术规程：JGJ/T 178—2009［S］．北京：中国建筑工业出版社，2009.

[12] 谭成．掺膨胀剂与减水剂水工混凝土性能研究［J］．地下水，2023，45（2）：278-279，282.

[13] 汪洋，王育江，李华．膨胀混凝土早龄期变形及力学性能试验研究［J］．新型建筑材料，2022，49（6）：86-90.

[14] 纪艾．减水剂和膨胀剂对混凝土收缩的影响研究［J］．通化师范学院学报，2024，45（6）：41-46.

[15] 王海龙，贺念，程福星，等．钙镁复合型多源体系膨胀剂的制备及其在混凝土中的应用［J］．混凝土与水泥制品，2022（9）：29-32，37.

[16] 中华人民共和国住房和城乡建设部．混凝土外加剂应用技术规范：GB 50119—2013［S］．北京：中国建筑工业出版社，2014.

[17] 徐志民．粉煤灰掺量对膨胀混凝土的限制膨胀率及强度影响的探讨［J］．建筑与预算，2021，（5）：62-64.

[18] 杨磊，张威，何咏嘉．膨胀剂对大体积混凝土性能的影响研究［J］．粘接，2023，50（4）：75-78.

[19] 刘雨冰，李浩，李倩．不同掺量膨胀剂对混凝土自生体积变形影响的试验研究［J］．红水河，2022，41（3）：134-138.

[20] 杨智诚，杨永民，纪宪坤，等．大体积膨胀混凝土水化热实验与数值模拟研究［J］．材料研究与应用，2022，16（2）：222-227.

检验检测机构管理评审的实践探索

宋小艳[1]　刘　彧[1]　刘姗姗[1]　齐　莹[1]　王丽丽[2]

（1. 中国水利水电科学研究院，北京　100038；
2. 临沂大学，山东临沂　276400）

摘　要： 随着检验检测机构资质认定工作的不断成熟，管理评审工作在管理体系持续改进方面的作用愈加重要。本文结合水利检验检测机构的管理评审实践，梳理了管理评审的流程，归纳了管理评审输入和输出的关注重点，分析了管理评审的常见问题并提出改进建议，为检验检测机构管理评审有效性和实效性提供借鉴。

关键词： 检验检测；管理评审；改进

1　引言

2023 年 12 月 1 日，新版《检验检测机构资质认定评审准则》（简称评审准则）正式实施，这是全面落实《质量强国纲要》的重要举措。管理评审是最高管理者进行质量管理和质量控制的重要手段[1]，目的是评价管理体系的适宜性、充分性、有效性，确保执行方针和目标，并为持续改进提供依据。管理评审作为评估机构运作状况、发现潜在问题并提出改进措施的重要手段，其重要性不言而喻。然而，在实际操作中，管理评审往往存在形式化、套路化等问题，影响了其应有作用的发挥。本文结合水利检验检测机构的管理评审实践，浅谈管理评审输入和输出的关注重点、常见问题及改进建议。

2　管理评审流程

检验检测机构的管理评审流程通常包括以下几个关键步骤（流程图见图 1）：

（1）管理评审策划。通常是质量负责人确定管理评审的频次、时间、评审范围、评审方式等。质量管理部门根据年度管理体系运行计划的时间安排，在每次管理评审前编制《管理评审计划》，报质量负责人审核、最高管理者审批，并将《管理评审计划》分发至责任部门。

（2）管理评审输入。责任部门根据管理评审计划，准备和提供管理评审的基础信息。质量管理部门负责收集、汇总管理评审所需的输入信息，报质量负责人审核。管理评审的输入通常包括内外部环境的变化、目标实现情况、政策和程序的适宜性、以往管理评审的措施情况、内部审核结果、客户反馈、投诉和申诉、风险识别结果等。

（3）安排管理评审。质量管理部门确定管理评审的参与者，包括最高管理者、质量负责人、技术负责人以及相关部门负责人，并提前通知他们准备相关的评审资料。

（4）实施管理评审。召开管理评审会议，由最高管理者主持，讨论管理评审输入内容，识别改进需求，并形成最终的改进决定。质量管理部门负责与会人员签到，做好管理评审会议记录。

（5）管理评审输出。管理评审的输出至少应记录与管理体系及其过程的有效性、履行评审准则相关要求的活动的改进、资源需求、变更需求等相关的决定和措施。

（6）管理评审报告。质量管理部门负责汇总、整理管理评审的输出，编制管理评审报告，提交

作者简介： 宋小艳（1989— ），女，硕士，副高级工程师，主要从事标准化、资质认定、质量管理工作。

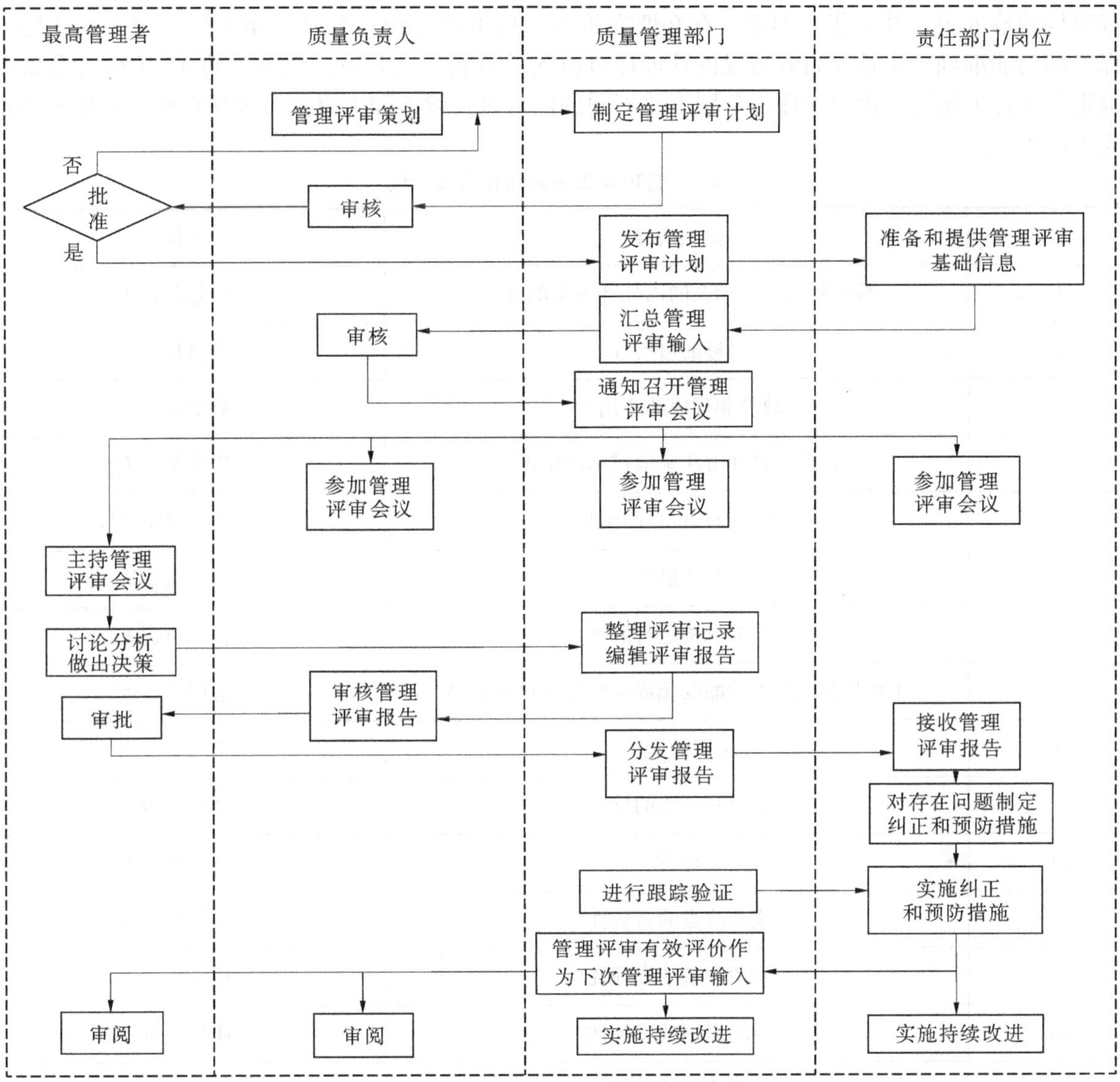

图1　管理评审流程图

给质量负责人审核、最高管理者批准，并及时分发管理评审报告。

（7）落实管理评审决议。责任部门根据管理评审报告中的决议，对存在的问题制定纠正和预防措施，明确每项决议所需资源、责任部门/岗位、完成时限等，及时实施纠正和预防措施。质量管理部门进行跟踪验证，并将其作为下次管理评审的输入，实现持续改进。

（8）管理评审记录。完整保留管理评审记录，包括管理评审通知、计划、输入材料、会议记录、报告以及决议措施落实记录等，并确保记录的清晰、即时、真实和完整。

3　关注重点

3.1　管理评审输入

检验检测机构按照评审准则要求至少每年开展一次管理评审工作[2]，管理评审的策划应包括评审时间和地点、评审目的、评审内容、参加评审部门及人员、评审准备工作要求等内容。评审内容通常与管理评审的输入保持一致，包括15个方面的内容，涉及内外部因素、目标、文件、措施、内审、投诉、改进、资源、风险等内容，可以说是检验检测机构年度最全面的一份总结。管理评审的输入形式一般有两种，一是责任部门制，由开展检验检测业务的各部门提供输入资料后，质量管理部门汇总形成机构的输入报告并汇报。因此，有必要在策划阶段形成一份《管理评审的输入报告》（提纲），确保各部门能准确、完整和高效地提供管理评审所需的资料。二是责任人制，将 15 项内容分解到不同级别的责任人编写，再由责任人分别汇总不同的内容进行输入和汇报。管理评审输入责任分解示例如表 1 所示。

表 1　管理评审输入责任分解示例

序号	输入内容	责任人
1	检验检测机构相关的内外部因素的变化	质量负责人
2	目标的可行性	质量负责人
3	政策和程序的适用性	质量负责人
4	以往管理评审所采取措施的情况	质量负责人
5	近期内部审核的结果	质量负责人
6	纠正措施	质量负责人
7	由外部机构进行的评审	技术负责人
8	工作量和工作类型的变化或检验检测机构活动	部门负责人
9	范围的变化	部门负责人
10	客户和员工的反馈	部门负责人
11	投诉	部门负责人
12	实施改进的有效性	质量负责人
13	资源配备的合理性	质量负责人
14	风险识别的可控性	质量负责人
15	结果质量的保障性	质量负责人

管理评审输入中，最容易被忽视的就是检验检测机构相关的内外部因素的变化。常见的变化有：

（1）外部因素的变化。一是法律法规变化。国家对检验检测机构的资质认定和认证制度日益严格，相关的法律法规和标准也在不断更新与完善。这些变化要求检验检测机构必须及时跟进，确保自身的运营和服务符合最新的法规要求。二是市场需求变化。随着市场对产品和服务的质量、安全要求越来越高，检验检测机构需要不断提升自身的检测能力和服务水平，以满足市场多样化的需求。三是技术进步。新技术如人工智能、大数据、物联网等不断涌现，为检验检测机构提供了新的技术手段和工具。机构需要关注这些技术的发展，并考虑如何将其应用于自身的检测工作中，以提高检测效率和准确性。四是竞争环境变化。检验检测行业竞争日益激烈，各大机构纷纷加大市场推广力度，优化产品服务。在这种竞争环境下，检验检测机构需要不断提升自身的核心竞争力，以应对市场竞争的挑战。五是社会和环境因素。随着社会经济的发展和人们环保意识的增强，对产品和服务的环保要求也越来越高。这要求检验检测机构在检测过程中关注产品的环保性能，并为其提供相应的检测服务。

（2）内部因素的变化。一是组织结构变化。检验检测机构的组织结构在适应市场变化和发展需求的过程中也在不断调整和完善。这种变化可能涉及部门的增减、职能的调整等方面。二是管理体系变化。为了应对新的法规要求或市场需求，机构需要更新其质量管理体系文件或改进管理流程。三是人员和设备变化。人员的变动（如新员工的加入、老员工的退休或离职）以及设备的更新或维护都可能对检验检测机构的运营产生影响。机构需要关注这些变化，并确保人员和设备能够满足当前的检测需求。四是检测能力和方法变化。随着技术的不断进步和市场需求的变化，检验检测机构可能需要引入新的检测方法或提升现有的检测能力。这要求机构在人员培训、设备更新等方面投入更多的资源。五是服务意识和质量变化。检验检测机构的服务质量直接影响着客户的满意度和市场声誉。机构需要关注自身服务意识和服务质量的提升，以赢得客户的信任和支持。检验检测机构在管理评审中应全面考虑内外部因素的变化，并根据这些变化及时调整自身的发展战略和管理机制，以确保机构的可持续发展和稳健增长。

3.2 管理评审输出

管理评审通常以会议的形式进行，可以是专门的一次管理评审会议，也可以是多次管理层会议的集合，原则是要保证会议能将管理评审的输入全部评审。参与者应包括最高管理层人员、技术负责人、质量负责人、授权签字人、各部门负责人等。在管理评审会议上，全体参会人员围绕15项内容，对管理体系的适宜性、充分性和有效性作出评价，并对存在的问题分析产生原因，提出改进措施。管理评审会议后，以管理评审报告的形式完成管理评审的输出工作。

管理评审的输出主要包括四个方面：一是管理体系及其过程的有效性。对检验检测机构当前的管理体系及其过程进行全面评估，判断其是否有效运行，是否能够满足相关法律法规、标准以及客户的要求；基于评估结果，给出管理体系及其过程有效性的结论，指出存在的问题和不足之处。二是符合标准和评审准则要求的改进。针对评审过程中发现的问题和不符合项，提出具体的改进，包括改进的方向、措施和方法等；制定详细的改进计划，明确责任部门、责任人、完成时间等，以确保改进措施得到有效实施。三是提供所需的资源。根据管理体系运行的需要和检测活动的特点，识别出当前和未来可能需要的资源，包括但不限于人力资源、设备设施、资金、技术支持等；基于资源识别的结果，制定资源规划方案，明确资源的来源、配置方式、使用效率等，确保机构在资源方面能够满足管理体系运行和检测活动的需求。四是变更的需求。在管理评审过程中，识别出管理体系、检测活动或相关要素中可能需要进行变更的方面。这些变更可能源于内外部环境的变化、目标实现情况、技术发展的要求、客户需求的变化等。针对识别出的变更需求，制定详细的变更规划方案，明确变更的目的、范围、影响、实施步骤和时间表等，确保变更过程有序进行，并对变更后的效果进行评估和监控。

4 常见问题

4.1 评审流程问题

流程执行不严格，部分机构在管理评审过程中存在形式化现象，未能严格按照预定的流程执行，导致评审结果缺乏有效性和指导意义；评审时间安排不合理，参与人员无法对评审要素和输入材料进行充分准备，影响评审的深入性和全面性；策划不充分，《管理评审的输入报告》（提纲）不全面或责任分工不清晰，导致各部门不能准确提供管理评审所需的资料。风险管理不到位，未建立和完善风险管理机制，对潜在风险进行识别、评估和控制，导致机构面临不必要的风险。

4.2 评审输入问题

输入要素不全面，评审输入信息未能全面覆盖管理体系的各个方面，包括内外部环境变化、目标实现情况、客户需求、技术发展趋势、政策和程序的适宜性等；部门间沟通不畅，导致输入信息存在片面性和遗漏；数据收集方法单一，数据来源有限，导致输入数据质量不高；数据分析能力不足，无法从海量数据中提取有价值的信息和趋势。

4.3 输出措施问题

输出改进措施不明确或未进行后续跟踪与验证。评审输出中提出的改进措施缺乏具体性和可操作性，导致后续执行困难；改进措施未针对评审中发现的主要问题，缺乏针对性和有效性；执行力度不足，改进措施在执行过程中遇到各种阻力，如资源不足、责任不明等，导致改进措施未能得到有效执行；缺乏持续的跟踪和评估机制，无法对改进措施的执行效果进行验证和持续优化。

5 改进建议

5.1 重视领导参与，强化流程执行力度

区别于内审和外审，管理评审是为了评价管理体系适宜性、充分性和有效性，考虑风险和机遇，确保方针和目标实现，与机构的战略方向保持一致，并实现持续改进。管理评审的宗旨是确保管理体系与整体战略目标的紧密对齐。通过评审，识别并调整管理体系中可能阻碍战略目标实现的因素。管理评审的核心在于推动持续改进，而不仅仅是满足当前标准的符合性检查。管理评审输出应设定具体的改进目标和指标，以衡量评审后的实际成效。因此，提升管理层参与度至关重要。高层管理者应亲自参与管理评审，通过他们的领导力和决策力，合理配置资源，确保评审结果得到足够的重视和有效的实施。合理安排评审时间，确保参与人员有足够的时间准备和参与评审过程。建立风险管理机制，对潜在风险进行识别、评估和控制。建立反馈机制，确保管理层能够及时了解评审中发现的问题、风险及改进措施，并快速作出响应。

5.2 科学数据分析，助力管理评审输入

管理评审的输入应使用先进的管理手段，由数据驱动决策。充分利用数据分析工具和方法，如统计过程控制、六西格玛等，对管理体系的运行数据进行深入分析，识别关键绩效指标的波动趋势和潜在问题。结合市场趋势、行业最佳实践及内部运营数据，为管理评审提供全面、客观的信息支持。组织跨部门、跨层级的实地调研和访谈，深入了解一线员工、客户及供应商的真实需求和反馈，确保评审内容贴近实际，反映真实情况。鼓励员工提出创新想法和改进建议，形成全员参与、共同改进的良好氛围。

5.3 突出重点改进，实施输出措施

管理评审的输出应以问题为导向，对评审中发现的问题进行优先级排序，重点关注那些对战略目标实现影响最大、风险最高或客户最为关注的问题。制定针对性的改进措施和行动计划，明确责任部门、完成时间和预期成果。建立跟踪验证机制，定期评估改进措施的实施进度和效果，确保改进措施得到有效执行。对于未能达到预期效果的改进措施，及时分析原因，调整策略，确保持续改进的闭环管理。将持续改进融入企业文化，通过表彰优秀改进案例、分享成功经验等方式，激发员工的积极性和创造力。建立与改进成果挂钩的激励机制，鼓励员工主动发现问题、提出改进建议并积极参与改进活动。

6 结语

随着新版《检验检测机构资质认定评审准则》的正式实施，我国检验检测机构的管理体系迈入了新的发展阶段。管理评审作为检验检测机构持续改进和优化管理体系的重要环节，其有效性和针对性直接关系到检验检测机构质量目标的实现及市场竞争力的提升。本文围绕水利检验检测机构的管理评审实践，详细阐述了管理评审流程、关注重点、常见问题及改进建议。通过不断优化管理评审工作，检验检测机构将能够更好地适应市场需求，提升管理效能，为实现质量强国战略贡献力量。

参考文献

[1] 董君，王明丽，冯静．浅析检验检测机构管理评审的质量控制［J］．黑龙江科技信息，2017（8）：116.

[2] 中华人民共和国住房和城乡建设部．检验检测机构资质认定能力评价 检验检测机构通用要求：RB/T 214—2017［S］．北京：中国标准出版社，2017.

浅析检验检测机构人员规范管理

边红娟[1,2]　吴　娟[1,2]　孙文娟[1,2]

（1. 珠江水利委员会珠江水利科学研究院，广东广州　510610；
2. 水利部粤港澳大湾区水安全保障重点实验室，广东广州　510610）

摘　要：人员作为检验检测机构管理体系运行的主体，对机构正常开展检验检测工作十分重要，特别是人员能力的确认与持续保持，直接影响检验检测数据或结果的正确性和可靠性。本文从检验检测机构资质认定要求出发，结合检验检测工作实际，分析阐述了机构人员管理的选择、培训、监督、授权、监控等重要环节，为检验检测机构科学规范有效地做好人员管理提供参考。

关键词：检验检测机构；人员选择；人员培训；人员监督；人员授权；人员能力监控

1　引言

检验检测机构的人员管理是确保检验检测质量和效率的关键。2023 版《检验检测机构资质认定评审准则》对人员管理方面提出了更高的要求，检验检测机构应根据要求进一步加强人员管理，为向社会出具具有证明作用的数据或结果打下良好基础。随着社会对检验检测工作要求的提高，国家对检验检测机构的管理越发严格，机构运行管理的难度和复杂性也逐渐增加[1]，人员管理中容易出现人员选择不合理、培训不深入、监督不到位、授权不明确、能力监控不持续等问题，这就需要检验检测机构进一步强化人员规范化管理，增强检验检测能力，从而提高自身的工作水平和核心竞争力。

对于检验检测机构来说，人员是最重要的要素，也是机构检验检测能力强弱的彰显[2]。如何加强对技术人员和管理人员的使用、选拔和培养，并通过规范有效的管理、协调以及创造相应条件使其在检测工作中发挥最大的能动性，对检验检测机构的能力提升有着重要的意义。

2　人员管理范围

2023 版《检验检测机构资质认定评审准则》第九条规定，检验检测机构应当具有与其从事检验检测活动相适应的检验检测技术人员和管理人员。其中，技术人员包括抽样人员、操作设备人员、检验检测人员、报告或证书签发人员、提出意见和解释人员、样品管理人员、报告或证书编制人员、报告或证书审核人员、内审人员、监督人员等[2]。管理人员包括最高管理者、技术负责人、质量负责人、授权签字人等对检测活动的质量、技术负有管理职责的人员。

《检验检测机构资质认定能力评价 检验检测机构通用要求》[3]（RB/T 214—2017）规定，检验检测机构应建立和保持人员管理程序，对人员资格确认、任用、授权和能力保持等进行规范管理。因此，在人员管理方面，检验检测机构不仅要考虑管理岗位和技术岗位对于人员的具体要求，还要与机构发展、组织框架要求等相适应，从人员选择、人员培训、人员监督、人员授权、人员能力监控等五个方面进行规范化管理。

3　人员管理要求

检验检测机构应建立和保持人员管理程序，对人员选择、人员培训、人员监督、人员授权、人员

作者简介：边红娟（1981— ），女，高级工程师，主要从事试验室质量管理工作。

能力监控等进行规范管理。

3.1 人员选择

检验检测机构依据管理体系运行模式、拟开展检测活动工作量大小、检测项目多少等进行人员配备，并按照《中华人民共和国民法典》等法律法规的有关规定，与人员签订劳动、聘用合同，建立劳动关系，法律、行政法规对检验检测人员执业资格或者禁止从业另有规定的，依照其规定。

根据人员的受教育程度、专业技术背景和工作经历、资质资格、技术能力等条件，合理安排人员岗位，明确职责，做到定人、定岗、定职责。对于有特定要求的岗位，如技术负责人、质量负责人、授权签字人、内审员、质量监督员、意见和解释的人员等，应严格按照《检验检测机构资质认定评审准则》和《检验检测机构资质认定能力评价 检验检测机构通用要求》（RB/T 214—2017）的规定进行人员选择。机构的技术人员和管理人员的数量、结构、技术背景和经历、实际操作能力、职业素养等应符合检验检测工作类型、工作范围和工作量的需要，确保管理体系的有效运行及出具正确的检验检测数据和结果。

为确保检验检测公正性，检验检测机构不得录用同时在两个及以上检验检测机构从业的人员，人员签署“检验检测人员承诺书”，对保证检测公正和诚信、保护客户秘密信息和所有权，以及仅在本机构从业等进行自我承诺声明，并存入个人档案。

3.2 人员培训

人员岗位确定后，根据不同工作特点由其所在部门负责组织上岗培训。培训内容包括管理体系文件及其规定、法律法规、标准规范、作业指导书、检验检测方法原理与操作技能、计量学基本知识、设备使用、安全生产注意事项、规章制度、职业道德等。培训方式包括内部组织的讲座、实际操作、师带徒、经验交流等，以及外部组织的培训班、设备操作、其他单位的学习交流等方式。

人员培训对象是检验检测机构所有人员，重点是新转岗、新设备的操作、新岗位、涉及检测方法标准发生变更、技术考核成绩较差等人员。检验检测机构应重视培训工作，通过制定培训计划、组织实施培训、考核评价等流程，帮助人员掌握操作技能，具备相应能力[4]。培训后，机构组织对从事抽样、检测、签发报告、提出意见和解释以及操作设备等关键人员，按要求根据相应的教育、培训、经验、技能、参加能力验证、比对试验情况等进行能力确认并授权。

3.3 人员监督

人员监督是对人员进行能力授权前的一项管理活动，是根据机构管理体系要求对检验检测涉及的抽样、样品管理、样品接收、样品处理、检测、合同评审等所有与检验检测活动有关的人员，包括在培、新进及转岗人员的工作能力具备情况进行监督。监督对象是人员，监督内容偏重检验检测活动过程，比如对人员的操作是否符合规程规范及作业指导书要求的监控。监督方式包括采用质量控制活动、人员考核、记录审核等。人员监督可结合日常开展的检测活动过程进行。

监督工作涉及从接收样品（若取样则从确定取样方案）开始，直至检验检测活动结束的全过程，包括：人员初始能力和持续能力（资格及资格保持）；仪器设备的操作能力，会不会操作，操作熟练性、正确性；选用方法正确性、操作的熟练度，熟悉检验规程和作业指导书及执行能力；环境、设施的符合性；样品标识情况；样品制备及试剂和消耗性材料的配置情况；抽样计划及执行情况；原始记录及数据核查能力；数据处理及判定能力；结果报告的出具能力及审核能力等。

监督员在进行监督前，应详细了解检测项目内容和要求，做好监督准备。监督过程中，对任何不符合检验检测方法、规程规范的工作程序，以及检验检测数据结果不能正确、全面反映检验检测实际情况的，监督员有权干预，并责令检验检测人员现场纠正或后续采取纠正措施、组织培训等。检验检测机构根据监督结果对人员能力进行再评价，确认是否具有上岗能力。

3.4 人员授权

人员授权是对人员能力的确认，是人员开展检验检测活动的前提，是机构将完成某项工作所必需的权利授予个人。对于检验检测机构来说，人员上岗授权是机构人员管理的一项重要工作，目的是确认相关人员是否具有胜任特定岗位的能力，是否能够按照相关要求开展检验检测工作。

机构人员在进入新岗位后、独立开展检验检测并出具检验检测数据前，都应进行能力确认并获得授权。授权人员包括检验检测活动中的抽样、操作设备、检验检测、签发检验检测报告及提出意见和解释等关键技术岗位人员，而对于检验检测人员授权主要是检验检测项目的授权，该项目授权即代表涉及该项目活动的仪器设备同样被授权。机构依据人员检验检测相关的教育、培训经历、工作经历、经验及掌握技能等进行验证考核，可通过外部培训获证（例如内审员、特定专业技能人员等），或者检验检测机构自行制定的上岗考核要求（包括相应的专业知识和操作技能等）进行能力确认并授权。授权完成后，机构向获得授权人员颁发上岗证明，确认其具备了相应的工作能力和工作资格。经确认授权上岗后的人员，方可独立开展检验检测工作。

3.5 人员能力监控

人员能力监控是在人员授权之后进行的人员管理活动，也是持续保持检验检测机构人员能力的重要内容。人员能力监控的对象是工作能力，获得授权人员定期接受监控，重点是能力的持续。由于检验检测行业新技术、新设备发展迅速，且检验检测人员培养周期较长，检验检测机构要采取多渠道、多方式对人员能力进行监控和评价，如邀请专家定期就行业更新知识对人员进行指导培训，对实际工作中存在的疑难问题进行探讨，从而提升检验检测人员的专业能力；或通过组织操作技能比赛、能力验证、实验室间比对、盲样测试、人员比对、留样再测、内部考核、外部审核等多种方式，对人员的能力进行全方位、有效的监控，验证评价检验检测活动人员的持续能力的维持状况，督促人员及时改进提高，从而预防或减少检验检测活动中的不利影响和可能的失败，确保检验检测数据和结果的准确、可靠。

4 结语

在检验检测机构的各种资源中，人员是最宝贵的，直接影响检验检测数据或结果的正确性和可靠性。一个检验检测机构水平的高低，很大程度上取决于人员的素质和水平。检验检测机构要科学、有效、规范地做好人员管理，特别是人员的选择、培训、监督、授权及能力持续提升等[5]，这不仅有利于加强检验检测机构的规范化管理运行，还可大大提升机构的检验检测技术水平，从而增强其市场竞争力。

参考文献

[1] 钱云桥．检验检测机构人员标准化管理研究［J］．质量与市场，2014（5）：36-38.
[2] 彭笑蓉．检验检测机构人员要素的管理［J］．上海计量测试，2017（5）：55-56.
[3] 中华人民共和国住房和城乡建设部．检验检测机构资质认定能力评价 检验检测机构通用要求：RB/T 214—2017［S］．北京：中国标准出版社，2017.
[4] 沈群红．关于质检机构人员培训的思考［J］．中国检验检测，2018（6）：64-66.
[5] 师源，吴晓晨，郭家琪，等．基于风险和机遇思维的检测实验室人员管理关键环节［J］．分析仪器，2020（2）：118-122.

微波等离子体原子发射光谱法分析水体中的钾钠钙镁

陶晶祥　刘　敏　金海洋　伍明利　邓声飞

（长江科学院流域水环境研究所，湖北武汉　430010）

摘　要： 本研究采用微波等离子体发射光谱法（MP-AES）分析水体中K、Na、Ca、Mg等金属元素，通过开展水体中K、Na、Ca、Mg的检出限、准确度和精密度的分析，建立一种快速、高效、高性价比的分析方法。研究结果表明，各元素的标准曲线均呈良好线性，相关系数 R 均大于0.999 6，检出限范围为0.011~0.029 mg/L，标准物质分析平均相对标准偏差范围为0.08%~2.17%，加标回收率范围为90.7%~110.3%。因此，MP-AES能较好地应用于水体中K、Na、Ca、Mg的分析检测。

关键词： K、Na、Ca、Mg；MP-AES；分析方法

K、Na、Ca、Mg是生物生长和发育所必需的元素，K、Na、Ca、Mg四种金属元素占人体中金属离子总量的99%，对高级动物来说，钠、钾的比值在细胞内液和细胞外液中有很大不同[1]。这种浓度差别决定了高级动物体内神经脉冲的传送、隔膜端电压与隔膜之间的迁移和渗透压的调节等。钙和镁都能调节植物和动物体内磷酸盐的输送与沉积，对于骨骼和牙齿等的生长有直接作用[2]。

目前，测定K、Na、Ca、Mg等金属元素主要方法有电感耦合等离子体质谱法（ICP-MS）、原子吸收光谱法（AAS）、电感耦合等离子体发射光谱法（ICP-OES）[3]，但ICP-MS在设备耐盐量、轻元素干扰、污染控制和运维成本等方面存在不足；AAS在多元素同时测定、提高灵敏度和降低干扰方面仍有提高空间；ICP-OES存在谱线强度影响因素多、不能进行结构形态测定、固体样品无法直接测定和成本高的不足[4]。此外，ICP-MS和ICP-OES每个样品的所有元素分析时间普遍在2~6 min，AAS每个样品每个元素3~4 min，时间均较长。

随着医学、环境、生物和农业领域对K、Na、Ca、Mg等金属元素检测日益增高的需求，迫切需要开发一种简便、高效、科学、低成本的检测方法。与其他方法相比，微波等离子体发射光谱法（MP-AES）每分钟能完成单个样品的5~30种元素的分析，同时MP-AES使用氮气作为等离子体气体，显著降低了运行成本，没有易燃气体也增加了安全性。此外，MP-AES还拥有连续的波长范围，允许根据预期浓度范围选择合适、不受光谱干扰的波长。因此，其具有快速、低成本、科学的特点，更加适用于样品中K、Na、Ca、Mg等金属元素的测定。吴春华等[5] 采用MP-AES新技术同时测定环境水样中的多种金属元素，刘敏等[6] 采用微波消解-MP-AES的方法对比分析了土壤、沉积物和选铜尾砂复杂介质中Cu等4种重金属元素的分析。近年来，随着检测行业的发展，在相关领域也有一些关于MP-AES分析方法的报道[7-17]。

本文以标准样品、标准物质和不同环境条件下的自然水体水样为代表，对比分析MP-AES的可靠性和准确性，为开展K、Na、Ca、Mg等金属元素的分析测试提供科学依据。

作者简介： 陶晶祥（1991—），男，工程师，主要从事水环境治理研究工作。

通信作者： 刘敏（1988—），男，高级工程师，科室副主任，主要从事水环境污染治理工作。

1 试验部分

1.1 仪器与试剂

微波等离子体发射光谱仪 Agilent 4200 MP-AES，密理博超纯水机 Milli-Q，普利赛斯万分之一天平 Precisa XB120A，多元素混合标准溶液（含 K、Na、Ca、Mg，100 mg/L），国药优级纯硝酸(66.6%)。

1.2 仪器原理及工作条件

微波等离子体发射光谱仪依赖于微波能量通过特殊的技术耦合到等离子体激发腔中，从而形成稳定的微波等离子体光源。与此同时，高频振荡器产生高频电流，经过耦合系统连接在位于等离子体发生管上端，形成一个铜制内部用水冷却的管状线圈。工作气体通过中部的石英管道引入，启动高压放电装置让工作气体发生电离。电离的气体经过环绕石英管顶部的高频感应圈时，线圈产生的巨大热能和交变磁场使电离气体的电子、离子和处于基态的原子发生反复猛烈的碰撞，各种粒子的高速运动导致气体电离形成等离子体炬区面。样品经处理制成溶液后，由超雾化装置变成气溶胶由底部导入管内，经轴心的石英管从喷嘴喷入等离子体炬内。样品气溶胶进入等离子体焰时，绝大部分立即分解成激发态的原子、离子状态。当这些激发态的粒子回收到稳定的基态时要放出一定的能量（表现为一定波长的光谱），测定每种元素特有的谱线和强度，通过微波导波技术，实现了对多种元素准确、快速、灵敏的分析结果。

本实验所用仪器为安捷伦微波等离子体发射光谱仪，型号 MP-4200，仪器配备有 5 通道蠕动泵，双路旋流雾化室和 One Nebulizer 雾化器，雾化器的工作压力为 80~240 kPa，进样积分时间为 5 s，样品提升时间为 30 s，稳定时间为 15 s，背景校正为 Auto 模式，仪器用气为高纯氮气。仪器各工作条件见表 1。

表 1 MP-AES 分析 K、Na、Ca、Mg 时的工作条件

序号	仪器参数	工作情况
1	主机型号	MP-4200
2	蠕动泵	5 通道
3	雾化室	双路旋流雾化室
4	雾化器	One Nebulizer
5	雾化器工作压力	80~240 kPa
6	积分时间	5 s
7	样品提升时间	30 s
8	稳定时间	15 s
9	背景校正	Auto
10	气源	高纯氮气

1.3 标准曲线配制及样品制备

用 100 mg/L 的标准溶液按其证书上的标准物质使用说明，配制 5%稀硝酸，采用重量法逐级稀释后直接上机测试，各标准曲线浓度如表 2 所示。MP-AES 自带分析谱线库，同时也列出了可能存在干扰的其他谱线，测定时，仪器可自动选择合适、不受光谱干扰的波长，也可以通过手动选择待测元素波长，逐一优化相应参数。未知环境水样采用 5%硝酸酸化后直接上机进行测定。

表 2　标准溶液组及系列浓度　　单位：mg/L

元素	K	Na	Ca	Mg
波长	766.491 nm	588.995 nm	393.366 nm	285.213 nm
标准系列 1	0	0	0	0
标准系列 2	0.5	0.5	0.5	0.5
标准系列 3	1	1	1	1
标准系列 4	2	2	2	2
标准系列 5	3	3	3	3
标准系列 6	4	4	4	4
标准系列 7	5	5	5	5
标准系列 8	6	6	6	6
标准系列 9	8	8	10	8
标准系列 10	10	10	—	10

2 结果与讨论

2.1 线性范围和检出限

在优化设定好各仪器的气体流速、测定波长等参数后，再根据设定的标准溶液和样品顺序逐级进样，绘制工作曲线，结果显示，各元素的线性良好，线性系数均大于 0.999。根据检出限的定义，本次取试剂空白溶液进行连续 11 次的上机测试，按式（1）的方法计算检出限，检出限范围为 0.011~0.029 mg/L，见表 3。

$$\mathrm{MDL}=t_{(n-1,\ 0.99)}S \tag{1}$$

式中：MDL 为方法检出限；n 为样品的平行测定次数；t 为自由度为 $n-1$，置信度为 99%时的 t 分布（单侧）；S 为 n 次平行测定的标准偏差。

表 3　标准溶液组及系列浓度

元素	回归方程	线性相关系数 r	检出限/(mg/L)
K	$y=24\ 003.4x-198.9$	0.999 9	0.011
Na	$y=159\ 948.6x-383\ 8.2$	0.999 6	0.024
Ca	$y=433\ 687.2x-11\ 010$	0.999 8	0.029
Mg	$y=133\ 424.6x+887.5$	0.999 9	0.025

2.2 方法精密度

随机选取 1 个样品（本次实验为清洁水样），连续进样 6 次，以响应强度的相对标准偏差（RSD）作为方法精密度。结果显示，4 种元素的相对标准偏差范围为 0.03%~0.09%（见表 4），均小于 1.5%，满足常规试验的分析要求。

表 4　各金属元素方法精密度结果

元素	K	Na	Ca	Mg
方法精密度（RSD）/%	0.09	0.08	0.03	0.09

2.3 方法准确度

选取水利部标准物质，按证书要求配制好上机溶液后，依次平行测定 8 次，分别比较各测定值是否在标准物质的范围内，检测结果显示，各检测结果均在标准物质范围内，且 K、Na、Ca、Mg 的相对误差范围分别为 1.26%~3.27%、0~2.00%、0.38%~1.92%、0.39%~6.20%，平均误差为 0.08%~2.17%，方法准确度满足检测要求，见表 5。

表 5　各方法准确度测试结果

元素	K［202 623，（0.397±0.023）mg/L］		Na［202 623，（1.50±0.05）mg/L］		Ca［202 623，（2.60±0.17）mg/L］		Mg［202 623，（0.258±0.022）mg/L］	
	测定值/（mg/L）	误差/%	测定值/（mg/L）	误差/%	测定值/（mg/L）	误差/%	测定值/（mg/L）	误差/%
1	0.404	1.76	1.52	1.33	2.61	0.38	0.265	2.71
2	0.405	2.02	1.52	1.33	2.63	1.15	0.259	0.39
3	0.409	3.02	1.48	1.33	2.63	1.15	0.269	4.26
4	0.403	1.51	1.47	2.00	2.62	0.77	0.274	6.20
5	0.402	1.26	1.49	0.67	2.65	1.92	0.257	0.39
6	0.406	2.27	1.51	0.67	2.61	0.38	0.260	0.78
7	0.410	3.27	1.50	0	2.62	0.77	0.264	2.33
8	0.406	2.27	1.52	1.33	2.63	1.15	0.257	0.39
平均值	0.406	—	1.50	—	2.63	—	0.263	—
平均误差	—	2.17	—	0.08	—	0.96	—	1.99

2.4 未知样品分析及加标回收率

为进一步论证该方法对于自然水体样品的可靠性，本实验选取了不同环境条件下的水体样品为分析对象，通过添加一定量的标准溶液（每一种元素各自添加其单标元素标准溶液），标准溶液中目标物质的含量范围为样品浓度的 0.5~2 倍（复杂基体样品经稀释后加标测试），且加标后溶液中目标物总含量不超过标准曲线的上限，随后测定其浓度后计算相应的加标回收率，结果显示，K、Na、Ca、Mg 的加标回收率范围分别为 90.7%~97.7%、92.3%~104.9%、107.5%~110.3%和 102.4%~109.4%。加标回收率也能满足检测分析要求，如表 6 所示。

表 6　不同背景水体 MP-AES 检测方法精密度测试结果　　%

元素	水样 1（饮用水水源地水样）		水样 2（城市河流水样）		水样 3（高原水样）	
	RSD	加标回收率	RSD	加标回收率	RSD	加标回收率
K	0.000 6	97.7	0.000 6	95.4	0.000 9	90.7
Na	0.000 4	94.7	0.000 6	104.9	0.000 8	92.3
Ca	0.000 5	108.1	0.000 4	107.5	0.000 3	110.3
Mg	0.000 4	102.4	0.000 7	105.6	0.000 9	109.4

2.5　MP-AES 的性能分析

以上实验结果显示，通过调整优化仪器参数，MP-AES 对 K、Na、Ca、Mg 等金属元素的测定线性、精密度、准确度和加标回收率均呈较好结果，同时，通过对比分析不同基体水样，其精密度和加标回收率也有较好结果。因此，MP-AES 对 K、Na、Ca、Mg 等金属元素的测定符合准确性和科学性的要求。

3　结论

通过采用微波等离子体原子发射光谱法（MP-AES）对标准样品和不同环境条件下的自然样品中的 K、Na、Ca、Mg 等金属元素的测试，结果显示，各金属元素的线性、精密度、准确度、加标回收等均能满足分析测试要求，在保证了高效、准确和科学的基本要求下，MP-AES 对于 K、Na、Ca、Mg 等金属元素的分析具备更安全、更低运维成本的优势，具有较好的应用前景。

参考文献

[1] 郭俊生，郭红卫，王晓黎，等. 膳食钾和钠的摄入量：生理需要量与心血管疾病预防［C］//营养健康与观察（第四十八期），新版中国 DRIs 要览，2018：12-15.
[2] 孟德姣，程懿，李晶晶，等. 评估膳食磷摄入有效公式的建立研究［J］. 中国食物与营养，2022（1）：71-74.
[3] 全国纺织品标准化技术委员会基础分会. 纺织品重金属的测定 第二部分：电感耦合等离子体原子发射光谱法：GB/T 17593.2—2007［S］. 北京：中国标准出版社，2007.
[4] 汪玉洁，涂振权，周理，等. 大气颗粒物重金属元素分析技术研究进展［J］. 光谱学与光谱分析，2015，35（4）：1030-1032.
[5] 吴春华，欧阳昆，陈玉红，等. 采用微波等离子体原子发射光谱（MP-AES）新技术同时测定环境水样中的多种金属元素［J］. 环境化学，2011，30（11）：1967-1969.
[6] 刘敏，雷菁，林莉，等. 基于（MP-AES）的复杂介质中金属元素分析［J］. 人民长江，2018（S1）：43-46.
[7] 李应东，余晶晶，刘耀敏，等. MP-AES 法测定水产饲料中多种金属元素［J］. 光谱学与光谱分析，2015，35（1）：234-237.
[8] 杨熙，潘佳钏，雷永乾，等. 微波等离子体原子发射光谱法同时测定特色南药中多种元素［J］. 分析测试学报，2015，34（2）：227-231.
[9] John Cauduro. 微波等离子体原子发射光谱仪（MP-AES）测定米粉中的常量、微量和痕量元素［J］. 中国无机分析化学，2014，4（3）：82-84.
[10] 欧阳昆，吴春华，张兰，等. 微波等离子体原子发射光谱（MP-AES）法同时分析植物中的多元素［J］. 环境化学，2011，30（12）：2112-2114.

[11] 冯先进．微波等离子体原子发射光谱法直接法氧化锌中铜铅铁镉锰［J］．冶金分析，2014，34（8）：58-62.
[12] 于趁，姚春毅，马育松，等．微波等离子体-原子发射光谱仪（MP-AES）测定葡萄酒中 10 种金属元素方法［J］．食品安全与检测，2016，41（1）：306-310.
[13] 于趁，马育松，姚春毅，等．微波等离子体原子发射光谱（MP-AES）测定出口营养强化剂种十种元素［J］．中国食品添加剂，2020，31（4）：129-137.
[14] 刘学国，刘果．微波等离子体光谱法同时测定食盐中多种微量元素［J］．中国调味品，2019，44（11）：151-156.
[15] Terrance Hettipathirana Phil Lowenstern. 微波等离子体发射光谱法（MP-AES）测定地质样品中的常量和微量元素［J］．中国无机分析化学，2015，5（1）：41-44.
[16] 韩枫，孟卓然，刘轶群，等．微波等离子体发射光谱法同时测定食品中 13 种元素［J］．卫生研究，2016，45（1）：76-81.
[17] Craig　Taylor. 微波等离子体发射光谱法（MP-AES）测定矿石中的贵金属元素［J］．中国无机分析化学，2013，3（增刊）：1-4.

三级配变态混凝土配合比设计及其性能研究

田树斌[1,2]　吴立彬[1,2]　郭云波[1,2]　欧兆腾[1,2]

（1. 中水珠江规划勘测设计有限公司，广东广州　510610；
2. 水利部珠江水利委员会基本建设工程质量检测中心，广东广州　510610）

摘　要：本文结合某大型水电站工程，探讨变态混凝土配合比设计方法，并通过与碾压混凝土的对比试验，研究其热学与力学特性。结果表明，通过确定浆液水灰比及粉煤灰掺量，用质量法计算的变态混凝土浆液设计方法，可高效简化设计程序，有效保证碾压与加浆变态两类混凝土在强度、变形等性能上满足设计要求。这不仅为变态混凝土的配合比试验提供了参考，也为变态混凝土在碾压混凝土大坝中的应用提供了应用技术基础。

关键词：变态混凝土；配合比设计；热学特性；力学特性

1　引言

变态混凝土经过近三四十年的发展，对碾压混凝土坝的美观、防渗、耐久使用等方面发挥了巨大的作用。作为我国碾压混凝土筑坝技术的原创，变态混凝土的使用范围逐渐从改善碾压混凝土坝上下游面外观、解决近坝面模板区难以碾压密实的难点扩大到模板周边、竖井廊道周围、岸坡及止水片周围等，也可用于替代非关键部位的常态混凝土，也有部分工程将变态混凝土用于基础垫层[1-2]。

变态混凝土作为碾压混凝土坝的一种辅助防渗结构，能有效地减少异种混凝土间薄弱的接合部位，同时可机械化施工，大大提高效益，使得碾压混凝土筑坝技术的优势得到充分发挥，展现更强的生命力，在水利工程中的应用越来越广泛[3-6]。

变态混凝土是在不改变碾压混凝土基本特性和运输条件下，通过在碾压混凝土层面注入适量水泥浆液，并强力插入振捣使碾压混凝土达到低流动性混凝土水平的新形态混凝土。浆液是保证变态混凝土质量的关键之一。现行标准中无变态混凝土配合比设计规范，仅规定浆液所用原材料应与碾压混凝土相同，浆液水胶比不大于碾压混凝土原本的水胶比，对浆液其他方面没有作出规定。因此，目前不同工程变态浆液配合比存在较大差异，对浆液配合比设计方法的研究较少。本文通过对浆液配合比设计方法的探讨，以及对变态混凝土热学与力学特性的研究，旨在探索和完善变态混凝土的应用基础。

2　试验原材料

2.1　水泥

水泥为贵州黔桂三合水泥有限责任公司生产的拓达牌 42.5R 普通硅酸盐水泥，其化学成分及物理性能见表 1、表 2。

表 1　水泥的化学成分　　%

项目	SiO_2	Fe_2O_3	Al_2O_3	CaO	MgO	氯离子	硫化物硫
实测值	26.93	3.97	7.75	54.18	2.4	0.019	0.05

作者简介：田树斌（1973—），男，高级工程师，主要从事地质勘察、试验研究等相关技术与管理工作。

表 2　水泥的物理力学性能

项目	密度/(g/cm³)	细度/%	标准稠度/%	凝结时间/min		安定性	抗压强度/MPa		抗折强度/MPa	
				初凝	终凝		3 d	28 d	3 d	28 d
实测值	2.97	0.90	29.0	269	380	合格	23.0	44.4	4.2	7.2
规范要求	—	≥5.0	—	≥45	≤600	合格	≥22.0	≥42.5	≥4.0	≥6.5

2.2　粉煤灰

粉煤灰为贵州黔桂发电有限责任公司生产的Ⅱ级粉煤灰，其主要品质指标检验的结果见表 3、表 4。

表 3　粉煤灰品质检验结果　%

项目	细度	需水量比	烧失量	SO_3	含水率
实测值	10.9	91	5.3	0.51	0.08
规范要求（Ⅱ级灰）	≤25	≤105	≤8	≤3	≤1.0

表 4　粉煤灰化学成分　%

项目	SiO_2	Fe_2O_3	Al_2O_3	CaO	MgO	碱含量	氯离子
实测值	56.05	7.21	23.95	4.18	1.46	0.97	0.002

2.3　砂石骨料

混凝土采用的粗骨料和细骨料均为人工骨料，人工骨料为位于坝址左岸山体盘县英武乡西发养殖场西北山腰附近的料场石料破碎筛分而成，其物理力学性能结果见表 5、表 6。

表 5　人工砂物理力学性能

项目	表观密度/(kg/m³)	堆积密度/(kg/m³)	紧密密度/(kg/m³)	吸水率/%	石粉含量/%	云母含量/%	硫化物及硫酸盐/%	有机质含量	细度模数
实测值	2 730	1 410	1 630	0.6	17.5	0	0.06	合格	2.80
规范要求	≥2 500	—	—	—	6~18	≤2	≤1	不允许	2.40~2.80

表 6　粗骨料物理力学性能

粒径/mm	表观密度/(kg/m³)	堆积密度/(kg/m³)	紧密密度/(kg/m³)	吸水率/%	含泥量/%	泥块含量/%	压碎指标/%	有机质含量
5~20	2 730	1 410	1 630	0.84	0.1	0	8.2	浅于标准色
20~40	2 720	1 420	1 690	0.83	0.2	0	—	
40~80	2 720	1 430	1 700	0.79	0.1	0	—	
规范要求	≥2 550	—	—	≤2.5	≤0.5	不允许	≤16	浅于标准色

2.4　外加剂

混凝土配合比及性能试验中，均使用龙游五强混凝土外加剂有限责任公司生产的 ZB-1Rcc15（碾压型）缓凝型高效减水剂、ZB-1G 引气剂。

3 变态混凝土配合比设计方法

变态混凝土配合比由碾压混凝土在后加变态浆液振动液化变态为具有低流动性混凝土这一系列过程构成。碾压混凝土的配合比设计已有相应规范可供参考，而变态浆液的设计尚存在各单位设计的浆液配合比千差万别，导致变态混凝土性能差异颇大，也不能对变态混凝土防渗能力及其他能力进行有效控制，制约变态混凝土的推广使用。本文以某大型水电工程为例，探讨变态混凝土配合比设计方法。

3.1 三级配碾压和变态混凝土设计要求

三级配碾压和变态混凝土的设计要求见表7。

表7 混凝土设计要求

使用部位	强度等级	品种	级配	设计龄期/d	强度保证率/%	抗冻等级	抗渗等级	坍落度/cm	VC 值/s	含气量/%
坝体大体积	C_{180}15W4F50	碾压	三	180	85	F50	W4	—	5~12	3.5~4.5
下游面	C_{180}20W6F50	变态	三	180	85	F50	W6	1~3	5~12	3.5~4.5

3.2 三级配变态混凝土配合比设计

3.2.1 碾压混凝土配合比及试验成果

按照《水工混凝土试验规程》（SL/T 352—2020），坝体大体积碾压混凝土采用三个不同水胶比进行配合比试验，其配合比及试验成果见表8、表9。可见，碾压混凝土选用水胶比0.50、粉煤灰掺量60%、减水剂掺量0.8%时能满足坝体大体积混凝土 C_{180}15W4F50 的设计要求。

表8 C_{180}15W4F50 三级配碾压混凝土配合比

编号	每方混凝土材料用量/(kg/m³)					水胶比	减水剂/%	引气剂/%
	W	C	F	S	G			
Z1-1	80	71	107	621	1 521	0.45	0.8	0.3
Z1-2	80	64	96	648	1 512	0.50	0.8	0.3
Z1-3	80	58	87	674	1 501	0.55	0.8	0.3

表9 C_{180}15W4F50 三级配碾压混凝土性能

编号	VC 值/s	容重/(kg/m³)	初凝时间(h：min)	终凝时间(h：min)	含气量/%	抗压强度/MPa				
						7 d	14 d	28 d	90 d	180 d
Z1-1	8.0	2 455	12：55	18：15	2.9	7.1	10.6	15.9	20.5	23.9
Z1-2	6.2	2 412	14：20	20：20	3.5	6.8	8.9	13.9	17.0	20.4
Z1-3	6.0	2 391	15：50	21：55	4.5	6.2	7.5	12.5	15.6	17.0

3.2.2 变态浆液配合比设计

在碾压混凝土配合比试验成果的基础上，变态混凝土的配合比设计主要是变态浆液的设计。对于变态浆液的配合比设计，纪国晋等[5]提出用变态浆液流动度仪来表征浆液的流变性能，通过控制浆液流动度在（6±3）s区间作为配合比优选标准，改变各组分的用量和掺量，确定用水量，再采用水灰比固定，用绝对体积法计算出粉煤灰用量，得到配合比。朱圣敏[7]采取正交设计方法对变态浆液进行试验，得到各影响因素的最优配合比。这两种方法均需要事先进行较为复杂的试验，难以对变态浆液设计进行标准化推广。在前人研究的基础上，结合规范要求，本文本着简化设计程序及易于标准化推广的原则，主要依据拟变态碾压混凝土水胶比、掺合料掺量及外加剂掺量，确定变态浆液的水胶比及掺合料掺量比例，忽略外加剂质量，参考混凝土配合比设计的质量法计算，提出变态浆液配合比设计方法。

（1）变态浆液水胶比、掺合料掺量的确定。

变态浆液水胶比计算：宜不大于拟变态碾压混凝土的水胶比，一般选取拟变态碾压混凝土水胶比为变态浆液的水胶比。

变态浆液粉煤灰掺量计算：粉煤灰掺量与本体碾压混凝土相当，考虑现场施工等不利因素，一般选取略低于拟变态碾压混凝土粉煤灰掺量10%左右为变态浆液的粉煤灰掺量。

（2）变态浆液质量密度。

国内部分工程变态混凝土浆液配合比统计见表10[8]，水胶比介于0.40~0.55，粉煤灰掺量介于40%~60%，灰浆密度介于1 549~1 805 kg/m^3。可见，变态浆液的水胶比和掺合料掺量在此范围内基本能满足大部分工程要求。因工程常用的浆液由于水、水泥和粉煤灰密度的差异，会导致浆液拌合物质量密度的不同，故应通过试验确定。在此范围内的水胶比及粉煤灰掺量，变态浆液质量密度主要与水胶比相关，经实测试验后修约提出变态浆液拌合物质量密度假定值，见表11。

表10　国内部分工程变态混凝土浆液配合比统计

序号	工程名称	碾压混凝土设计指标	浆液配合比参数				灰浆密度/（kg/m^3）
			水胶比	粉煤灰/%	减水剂/%	引气剂/%	
1	棉花滩	R_{180}200	0.50	55	0.6	—	1 567
2	龙首	C_{90}20F300W8	0.45	40	0.7	—	1 598
3	蔺河口	R_{90}200D50S8	0.51	50	0.7	0.007	1 755
4	百色	R_{90}200D50S10	0.50	58	0.6	0.03	1 656
5	招徕河	C_{90}20F150W8	0.48	50	0.6	—	1 613
6	宜兴副坝	C_{90}20F100W8	0.45	50	0.6	—	1 634
7	龙滩	C_{90}25F150W12	0.40	50（Ⅰ级灰）	0.4	—	1 744
8	光照	C_{90}25F150W12	0.45	50	0.7	—	1 693
9	光照	C_{90}20F100W10	0.50	55	0.7	—	1 730
10	金安桥	C_{90}20F100W10	0.52	50	0.5	—	1 683
11	戈兰滩	C_{90}20F100W8	0.43	40（矿渣石粉）	0.8	—	1 805
12	功果桥	C_{180}20F100W10	0.46	40	0.7	—	1 780
13	官地	C_{90}25F100W6	0.45	50	0.7	—	1 618
14	官地	C_{90}25F50W6	0.48	50	0.7	—	1 549
15	莲花台	C_{180}20F200W6	0.47	60	0.6	—	1 572
16	向家坝	C_{180}25F150W10	0.42	50（Ⅰ级灰）	0.4	—	1 685

表 11　不同水胶比的变态浆液假定质量

水胶比	假定质量密度/(kg/m³)
0.40	1 800
0.45	1 750
0.50	1 700
0.55	1 650

注：1. 适用于粉煤灰掺量在 40%~60%的变态浆液。

2. 水胶比每增减 0.01，浆液质量相应减增 10 kg/m³。

（3）确定变态浆液各组分用量。

按质量法，其基本原理是单位体积变态浆液的质量等于各组成材料质量之和。每立方米变态浆液的质量计算时可按表 10 选用，变态浆液每立方米的实际质量应通过试验确定。

每立方米变态浆液中用水量：

$$m_{w} = m_{b,e} \times \frac{w/(c+f)}{1+w/(c+f)} \tag{1}$$

每立方米变态浆液中水泥用量：

$$m_{c} = (1-P_{f}) \times (m_{b,e} - m_{w}) \tag{2}$$

每立方米变态浆液中粉煤灰用量：

$$m_{f} = P_{f} \times (m_{b,e} - m_{w}) \tag{3}$$

式中：m_w 为每立方米浆液中用水量，kg；$m_{b,e}$ 为每立方米浆液拌合物质量假定值，kg；m_c 为每立方米浆液中水泥用量，kg；m_f 为每立方米浆液中粉煤灰用量，kg；P_f 为粉煤灰掺量（%）；$w/(c+f)$ 为水胶比。

按此设计方法，根据本工程碾压混凝土配合比，变态浆液选用水胶比 0.5，粉煤灰掺量比例选用 50%，假定密度为 1 700 kg/m³，计算得出各组分用量，考虑变态浆液减水剂掺量应与拟变态碾压混凝土相同，不掺加引气剂，得到本工程变态浆液的配合比，如表 12 所示。

表 12　变态浆液配合比

变态浆液材料用量/(kg/m³)			水胶比	减水剂/%
W	C	F		
570	570	570	0.5	0.8

（4）确定变态浆液加浆量。

由于加浆方式及浆液配合比的不同，加浆量也存在较大差异，一般为变态混凝土总量的 4%~7%。以加浆后变态混凝土的坍落度满足设计 10~30 mm 要求来控制。综合各项指标影响，本试验的加浆量为 6%，其变态混凝土试验结果见表 13。

表 13　C_{180}20W6F50 三级配变态混凝土性能

编号	坍落度/cm	容重/(kg/m³)	初凝时间(h：min)	终凝时间(h：min)	含气量/%	抗压强度/MPa				
						7 d	14 d	28 d	90 d	180 d
Z2-1	1.5	2 356	15：50	20：15	3.5	6.0	9.9	16.5	25.2	28.1
Z2-2	3.5	2 327	14：55	19：45	4.0	4.7	9.5	14.1	21.2	24.5
Z2-3	2.5	2 310	14：30	19：20	3.9	4.5	7.6	10.5	16.6	19.9

可见，变态混凝土较相应的碾压混凝土流动度增大，具有较大的坍落度和流动性，更容易引气，强度也有所提高。选用碾压混凝土水胶比为0.50的配合比，再加入6%浆液经拌和变态而成，变态混凝土的180 d抗压强度能满足设计要求。

4 变态混凝土的热学与力学特性

按照上节选用的配合比进行变态混凝土的力学、变形、热学、耐久性能试验，并与相应的碾压混凝土进行对比试验。

4.1 变态混凝土力学性能

碾压、变态混凝土的力学性能试验结果见表14、表15。可见，变态混凝土早期较相应碾压混凝土抗压、劈拉强度低，随着龄期的增长，加浆后的水化反应充分发挥，变态混凝土抗压、劈拉、轴心抗拉强度逐渐增长并超过相应碾压混凝土。

表14 混凝土抗压强度

混凝土类型	编号	抗压强度/MPa				
		7 d	14 d	28 d	90 d	180 d
C_{180}15W4F50 碾压	Z1-2	6.0	8.1	12.7	17.2	20.1
C_{180}20W6F50 变态	Z2-2	5.4	9.0	15.3	21.0	24.6

表15 混凝土劈拉、轴拉强度

混凝土类型	编号	劈裂抗拉强度/MPa					轴心抗拉强度/MPa		
		7 d	14 d	28 d	90 d	180 d	28 d	90 d	180 d
C_{180}15W4F50 碾压	Z1-2	0.58	0.71	0.94	1.49	1.74	0.99	1.62	1.71
C_{180}20W6F50 变态	Z2-2	0.46	0.88	1.02	1.63	1.98	1.21	1.71	1.89

4.2 变态混凝土变形性能

变态混凝土的变形性能试验结果见表16~表18及图1、图2。可见，变态混凝土的抗压弹模、极限拉伸值随着强度的增长而增长；变态混凝土的干缩变形介于常态混凝土与碾压混凝土之间，至90 d达到基本稳定，趋势与碾压混凝土相当；变态混凝土的自生体积变形介于常态混凝土与碾压混凝土之间，趋势更趋近于碾压混凝土。

表16 混凝土抗压弹模、极限拉伸值

混凝土类型	编号	抗压弹模/GPa				极限拉伸/($\times10^{-6}$)		
		7 d	28 d	90 d	180 d	28 d	90 d	180 d
C_{180}15W4F50 碾压	Z1-2	19.8	24.4	29.1	32.6	63	72	77
C_{180}20W6F50 变态	Z2-2	19.5	27.2	30.5	34.0	67	73	79

表17 混凝土干缩变形

混凝土类型	编号	干缩变形/($\times10^{-6}$)								
		3 d	7 d	14 d	28 d	60 d	90 d	120 d	150 d	180 d
C_{180}15W4F50 碾压	Z1-2	61	120	189	245	296	320	328	331	338
C_{180}20W6F50 变态	Z2-2	71	140	211	281	332	368	377	385	391

表 18　混凝土自生体积变形

混凝土类型	编号	自生体积变形/(×10⁻⁶)						
		3 d	7 d	14 d	28 d	56 d	90 d	180 d
C_{180}15W4F50 碾压	Z1-2	-1	-3	-5	-8	-14	-19	-25
C_{180}20W6F50 变态	Z2-2	-3	-6	-10	-16	-22	-28	-33

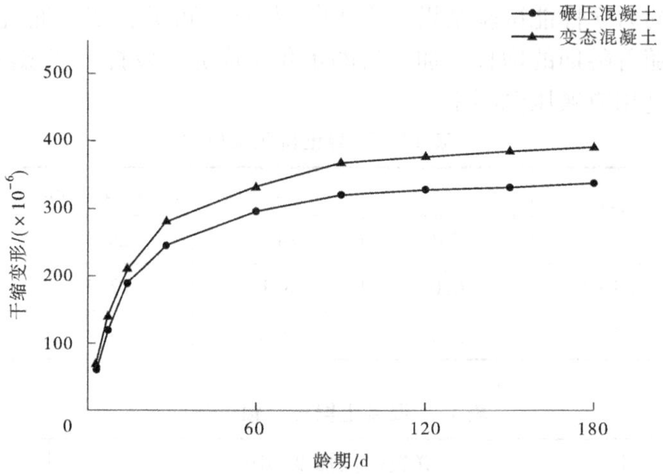

图 1　混凝土的干缩变形

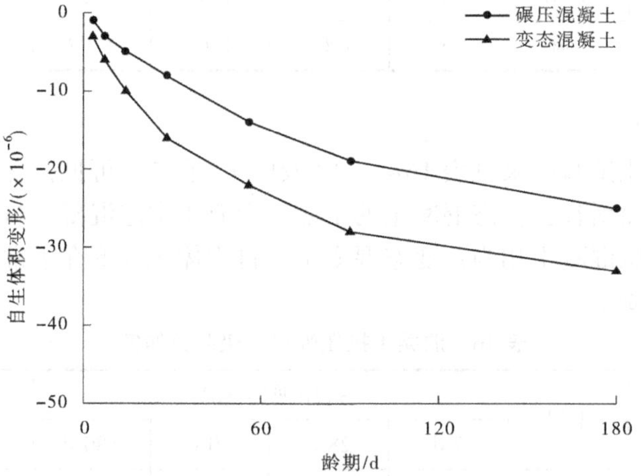

图 2　混凝土的自生体积变形

4.3　变态混凝土热学性能

变态混凝土在初始温度为 20 ℃时的绝热温升试验结果及绝热温升表达式见表 19 及图 3，初始温度为 25 ℃时的绝热温升见表 20 及图 4。可见，变态混凝土的在两种初始温度下，绝热温升均大于碾压混凝土，其最终绝热温升值相对于碾压混凝土则高出 40%左右，这主要是后加的变态浆液水化反应的影响。同时，由两种不同初始温度的绝热温升数据可知，随着初始温度的提高，水泥水化速率加快，混凝土早期绝热温升值增大，但由于相同配合比的混凝土，其水泥最终水化程度基本相同，因此不同初始温度混凝土的最终绝热温升值基本相同。

表 19 混凝土绝热温升试验结果（初始温度 20 ℃）

混凝土类型	编号	绝热温升/℃								
		1 d	3 d	7 d	14 d	28 d	60 d	90 d	180 d	最终温度
C_{180}15W4F50 碾压	Z1-2	3. 9	9. 8	15. 2	16. 9	17. 7	19. 1	19. 3	19. 6	19. 9
C_{180}20W6F50 变态	Z2-2	5. 4	15. 1	21. 1	24	25. 1	27. 1	27. 5	27. 9	28. 3
绝热温升表达式	Z1-2	$T=19.9t/(t+2.64)$							相关系数	0. 956 2
	Z2-2	$T=28.3t/(t+2.72)$								0. 993 8

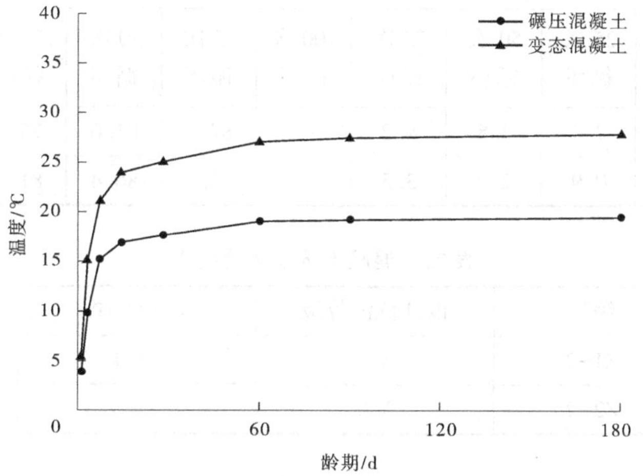

图 3 混凝土的绝热温升（初始温度 20 ℃）

表 20 混凝土绝热温升试验结果（初始温度 25 ℃）

混凝土类型	编号	绝热温升/℃								
		1 d	3 d	7 d	14 d	28 d	60 d	90 d	180 d	最终温度
C_{180}15W4F50 碾压	Z1-2	3. 8	10. 6	15. 3	16. 6	17. 3	18. 6	18. 9	19. 1	19. 4
C_{180}20W6F50 变态	Z2-2	6. 7	16. 0	21. 7	24. 2	25. 7	27. 3	27. 7	28. 0	28. 4
绝热温升表达式	Z1-2	$T=19.5t/(t+2.47)$							相关系数	0. 957 1
	Z2-2	$T=28.4t/(t+2.44)$								0. 997 1

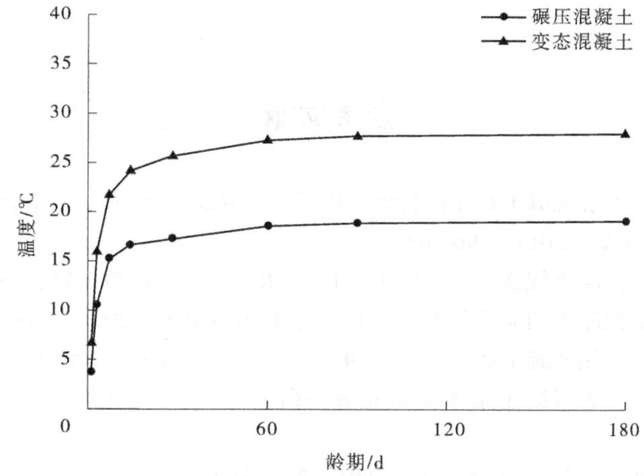

图 4 混凝土的绝热温升（初始温度 25 ℃）

4.4 变态混凝土耐久性能

碾压、变态混凝土的耐久性能试验结果见表 21、表 22，混凝土的抗冻、抗渗性能均满足设计要求。混凝土的抗冻性主要取决于硬化混凝土的强度和混凝土的内部气泡质量。变态混凝土在掺入净浆后，由于浆料的加入增大了混凝土的密实度，流动度增加也使得母体混凝土更容易引气，抗冻性能有所提高，50 次冻融循环后质量损失率减小 16.6%，相对动弹模数增大 8.2%；变态混凝土的浆液能有效地填充毛细孔通道，使得拟变态碾压混凝土中的空隙较少，不透水的小孔增多，从而改善其抗渗性能。

表 21 混凝土抗冻试验结果

混凝土类型	编号	质量损失率/%				相对动弹模数				抗冻等级
		25 次循环	50 次循环	75 次循环	100 次循环	25 次循环	50 次循环	75 次循环	100 次循环	
C_{180}15W4F50 碾压	Z1-2	2.4	3.8	4.2	—	87.3	81.6	75.6	—	>F50
C_{180}20W6F50 变态	Z2-2	0.9	2.3	3.5	—	93.5	86.4	81.8	—	>F50

表 22 混凝土抗渗试验结果

混凝土类型	编号	设计抗渗等级	试验结果	平均渗水高度/cm
C_{180}15W4F50 碾压	Z1-2	W4	>W4	9.1
C_{180}20W6F50 变态	Z2-2	W6	>W6	11.2

5 总结

（1）变态混凝土浆液设计可依据拟变态碾压混凝土水胶比、掺合料掺量及外加剂掺量，确定变态浆液的水胶比及掺合料掺量比例，经试验能快速确定浆液拌合物质量，用质量法计算各组分用量。采用此设计方法，其变态混凝土各方面的性能均能满足该工程的设计要求。

（2）变态混凝土的力学性能、变形性能介于常态混凝土与碾压混凝土之间，趋势更接近于碾压混凝土，能够保证变态混凝土与碾压混凝土在强度、变形等性能上具有匹配性，满足坝体结构性要求。

（3）变态混凝土的绝热温升受后加浆液水化反应的影响较大，需对变态浆液进行改性研究，或者在现场施工应控制变态混凝土的厚度，减少温升导致裂缝的风险。

（4）变态混凝土能改善碾压混凝土的抗冻、抗渗性能，可作为碾压混凝土坝防渗的一种辅助结构。

参考文献

[1] 陈光耀，张细和，谭建军．变态混凝土在超高粉煤灰掺量碾压混凝土坝中的应用［C］//贵州省岩石力学与工程学会 2014 年度学术交流论文集，2014：196-202.
[2] 杨康宁．变态混凝土在碾压混凝土坝施工中的应用［J］．水利发电，1999（7）：53-55.
[3] 沈崇刚．碾压混凝土坝变态混凝土的应用与发展［J］．水利水电快报，2001（20）：9-11.
[4] 叶剑，张艳杰．变态混凝土应用及施工技术［J］．水利发电，2012（6）：100-102.
[5] 纪国晋，陈改新，姜福田．变态混凝土浆液的试验方法研究［C］//第五届碾压混凝土坝国际研讨会论文集，2007：435-440.
[6] 林长农．变态混凝土试验研究［J］．水利发电，2001（2）：51-53.
[7] 朱圣敏．水电工程变态混凝土配合比设计探讨［C］//水利可持续发展与碾压混凝土坝建设的技术进展：中国大

坝协会 2015 学术年会论文集，2015：207-214.
[8] 张振宇 . 变态混凝土施工技术发展方向探讨 [C] //水利可持续发展与碾压混凝土坝建设的技术进展：中国大坝协会 2015 学术年会论文集，2015：118-121.
[9] 任喜平，张乐，杨军超 . 变态混凝土配合比设计及性能研究 [J] . 水利建设与管理，2021，41 (9)：44-48，52.
[10] 熊涛，李佳宾 . 变态混凝土在高海拔地区碾压大坝施工中的应用 [J] . 四川水利，2022，43 (4)：69-71.
[11] 胡宏峡 . 黄登水电站大坝变态混凝土试验研究 [J] . 甘肃水利水电技术，2020，56 (1)：40-45，49.

无人机摄影结合 RTK 技术在水库防洪库容侵占情况摸排中的应用

谢　龙　李伟健

（珠江水利委员会珠江水利科学研究院，广东广州　510611）

摘　要：水库是流域防洪工程体系的重要组成部分，而水库的防洪库容是水库有效发挥防洪功能的重要保障。针对部分水库存在防洪库容被侵占的情况，本文分析无人机摄影技术、RTK 技术的基本原理，提出了在侵占情况摸排中综合应用这两种技术的方案，并通过实际案例分析，验证了该方案的可行性和有效性，可为水库防洪库容侵占情况摸排提供技术参考。

关键词：防洪库容；侵占情况摸排；无人机摄影；RTK

水库是行蓄洪水的重要空间，确保其空间完整、功能完好，事关防洪安全。筑坝拦汊、围（填）库造地、垃圾填埋、弃渣弃土、非法建筑物等侵占水库防洪库容的行为，都将严重影响水库防洪功能的发挥。

为了更好地摸排水库防洪库容侵占情况，本文提出在侵占情况摸排中综合应用无人机摄影和 RTK 技术的方案，并通过实际案例分析，验证了该方案的可行性和有效性，可为水库防洪库容侵占情况摸排提供技术参考。

1　基本原理分析

1.1　无人机摄影技术

无人机摄影技术是利用无人机搭载高精度摄影设备，从空中拍摄高分辨率影像，用计算机对图像信息进行处理，并按照一定精度要求制作成图像的技术[1]。无人机摄影技术基本原理是通过获取 1 组具有一定重叠率的航空影像，以立体数字影像为基础，通过计算机处理影像与匹配，由二维像片点坐标得到对应目标的实际三维坐标，并输出正射影像等地理产品[2]。无人机摄影技术具有快速、高效、灵活等优点。

1.2　RTK 技术

RTK 技术是一种实时动态差分定位技术，利用全球定位系统或全球导航卫星系统获取高精度的位置信息。其基本原理是通过同时观测接收基准站和移动站接收的卫星信号，并通过差分计算来消除大气延迟、接收机钟差和卫星轨道误差等因素的影响，从而提供具有厘米级甚至毫米级精度的实时位置解算[3]。RTK 技术具有实时性和高精度的特点，适用于需要高精度定位的测量任务[4]。

2　水库防洪库容侵占情况判定方法

2.1　防洪库容

水库防洪库容是指防洪高水位至防洪限制水位之间的水库容积[2]，用以控制洪水，满足下游防护对象的防洪标准；当汛期各时段分别拟定不同的防洪限制水位时，防洪库容指其中最低的防洪限制水位至防洪高水位之间的水库库容。水库特征水位示意图见图 1。

作者简介：谢龙（1982—），男，高级工程师，主要从事河湖管理方面的研究工作。

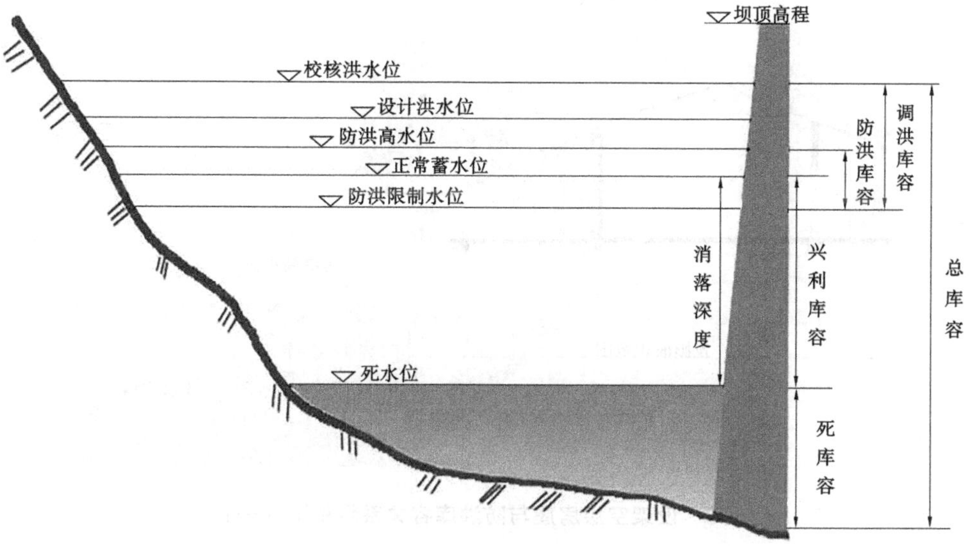

图 1　水库特征水位示意图

2.2　侵占情况判定方法

本文中防洪库容侵占情况摸排主要以建（构）筑物地面高程作为判断的重要指标，分为以下 3 种情况：

（1）当建（构）筑物位于库区岸线临水侧，且地面高程位于最低的防洪限制水位至防洪高水位内，判定其为侵占防洪库容建筑物，如图 2 所示。

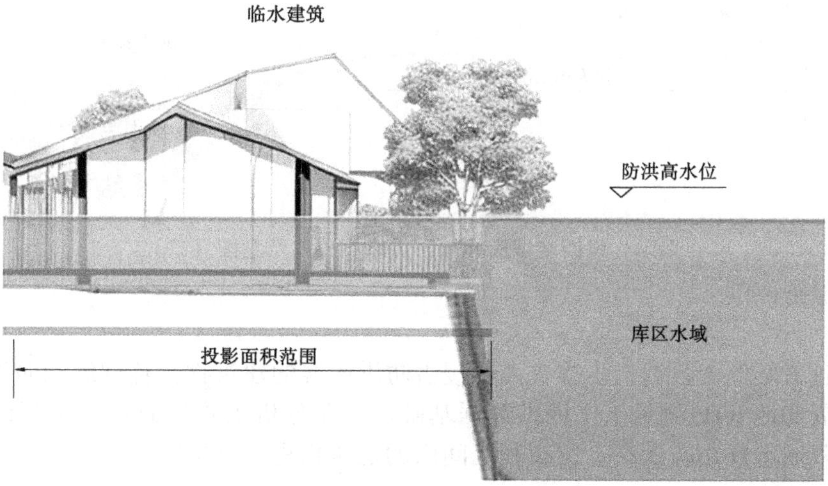

图 2　房屋侵占防洪库容示意图

（2）建（构）筑物存在架空层，建筑轮廓正射投影地面面积的高程低于防洪高水位，判定为侵占防洪库容建筑物，如图 3 所示。

（3）当建（构）筑物存在架空层，建筑轮廓正射投影地面面积的高程高于防洪高水位，判定为非侵占防洪库容建筑物，如图 4 所示。

3　侵占情况摸排技术方案

3.1　无人机摄影

利用无人机对水库库区开展正射影像数据的航摄工作，获取库区 0.05 m 分辨率正射影像图，摄

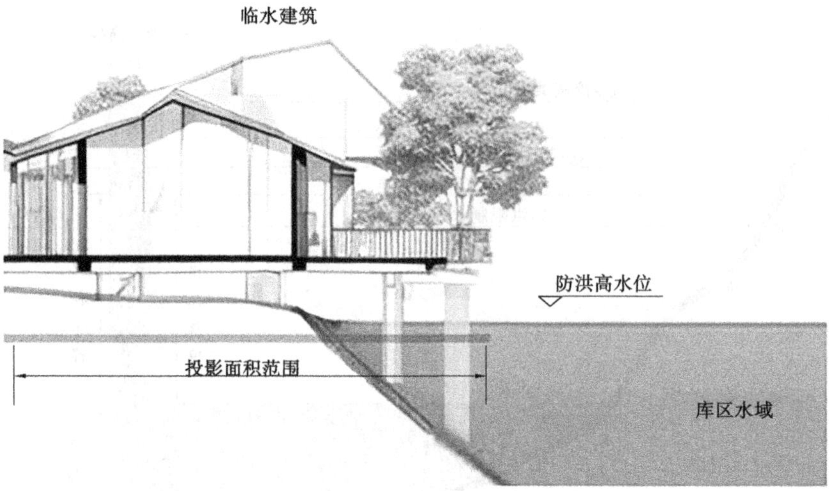

图 3　设架空层房屋与防洪库容关系示意图（一）

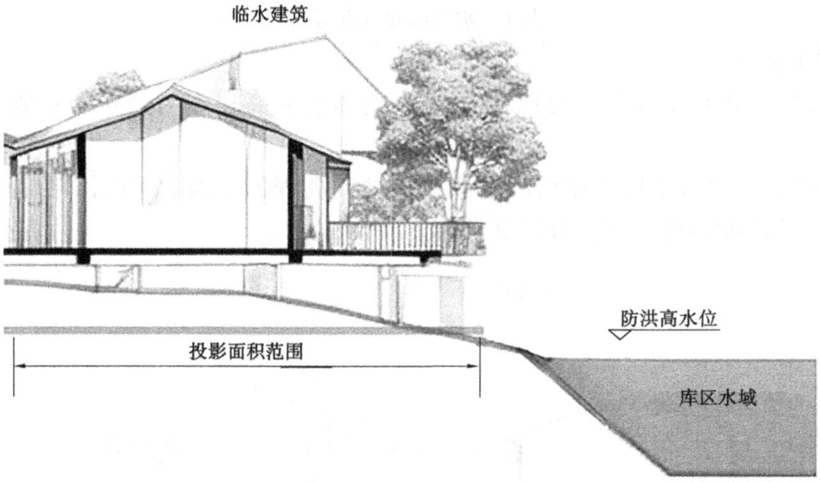

图 4　设架空层房屋与防洪库容关系示意图（二）

影范围覆盖水库保护范围。

3.2　内业分析

结合高精度正射影像图数据初步排查涉嫌侵占防洪库容的建筑物，整理编制防洪库容侵占情况拟摸排清单，为开展实地 RTK 测量工作提供数据基础。内业分析主要是通过人工判读法，对库区保护范围内位于防洪限制水位至防洪高水位高程区间内的建筑物进行分析整理。

3.3　RTK 测量

通过陆路、水路等方式开展现场调查与 RTK 测量工作，完成库区拟摸排清单的逐宗现场核实工作，采集涉嫌侵占防洪库容建筑物实景图片，形成摸排成果照片数据库，为进一步落实侵占防洪库容清单提供可靠数据资料。

3.4　复核确认

按照防洪库容侵占情况判定方法，结合 RTK 测量数据复核相关建筑物地面高程，形成水库防洪库容侵占情况清单。

4　应用案例

4.1　案例背景

采用本文所述的技术方案对广东省某水库开展防洪库容侵占情况，该水库为大型水库，防洪限制水位为 60. 00 m，防洪高水位为 65. 62 m。根据水库特征水位，同时参考库区建筑物的高程分布情况，摸排任务的工作范围设定为防洪限制水位 60. 00 m 至防洪高水位 65. 62 m 高程区间。

4. 2 案例实施

水库库区沿线居民聚居特点明显，房屋大多呈零散片区分布，为全面、准确摸排侵占防洪库容房屋数量，本次摸排工作结合库区沿线居民房屋分布情况，以行政村为单元，分 25 个片区开展摸排工作。25 个片区中有 24 个片区存在侵占防洪库容的情况，总建筑物数量为 149 栋，占地面积约 22 550 m^2。侵占防洪库容建筑物示例见图 5、图 6。

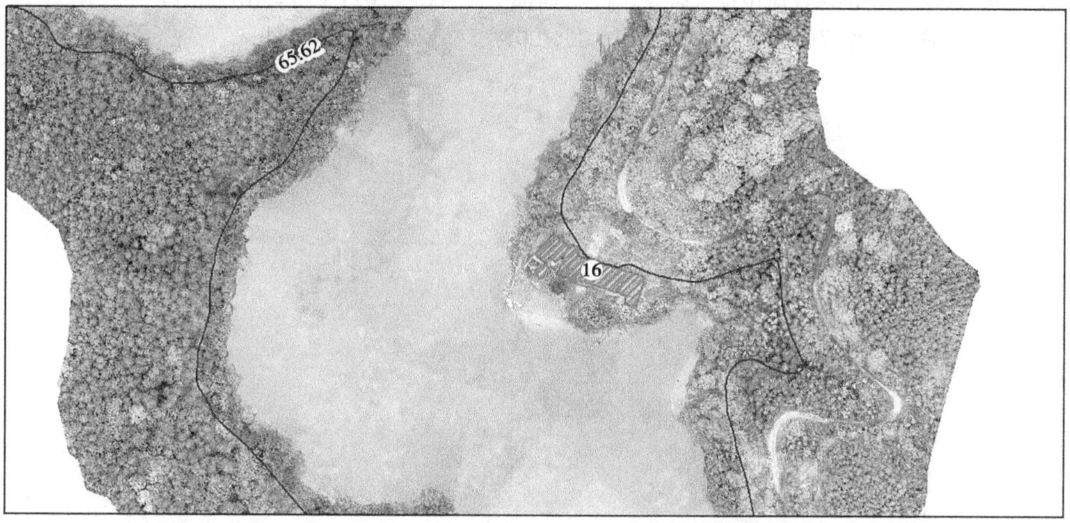

图 5 侵占防洪库容建筑物正射影像示例

图 6 侵占防洪库容建筑物斜射影像示例

5 结论

通过将无人机摄影技术和 RTK 技术相结合，本文提出了一种在水库防洪库容侵占情况摸排中综合应用的技术方案，按照文中设置的侵占情况判定方法，可以全面、高效地摸排出水库周边侵占防洪库容的建筑物情况。在实际案例中的应用，验证了该方案的可行性和有效性，可为水库防洪库容侵占情况摸排提供技术参考。

参考文献

[1] 刘文壮，梁文广，宋瑞平．无人机遥感技术在河湖岸线监管中的应用［J］．水利信息化，2022（4）：45-49.
[2] 毛烨．基于无人机技术的正射影像生成和精度评估［J］．工程技术研究，2024（8）：219-221.
[3] 卫耀平．RTK 在道路测量中的操作及应用研究［J］．工程与建设，2021（5）：132-134.
[4] 陈文政．GPS-RTK 结合测深仪应用技术研究［J］．西部交通科技，2023（2）：1012-1014.
[5] 莫丽红．三荔水库防洪库容的确定［J］．陕西水利，2018（4）：212-213，217.

水利工程质量检测资质认定经验交流与问题研讨

邢耀文　刘存辉

（广西珠委南宁勘测设计院有限公司，广西南宁　530000）

摘　要： 水利工程质量检测工作是一项具有极强技术性与政策性的工作，为加强水利工程质量检测管理，规范水利工程质量检测行为，水利部制定了《水利工程质量检测管理规定》（水利部令第 36 号），检测单位应当按照管理规定取得资质，并在资质等级许可的范围内承担质量检测业务。本文以广西壮族自治区水利工程质量检测乙级资质申报为案例，对资质申报过程中的常见问题及注意事项进行总结分析，为水利检测行业的同仁提供参考，为水利工程检测事业的发展贡献力量。

关键词： 水利工程；检测；资质认定；计量认证

1　引言

随着我国水利工程建设的快速发展，人们对水利工程质量的要求也越来越高，水利工程质量检测也备受关注，也是整体工程质量的重要保证。水利工程质量检测工作是一项具有极强技术性与政策性的工作，为加强水利工程质量检测管理，规范水利工程质量检测行为，水利部制定了《水利工程质量检测管理规定》（水利部令第 36 号），检测单位应当按照本规定取得资质，并在资质等级许可的范围内承担质量检测业务。作者主持并筹办了所在单位的水利工程质量检测资质申报工作，所在单位于 2024 年 9 月顺利获得水利工程质量检测乙级资质，积累了一些经验和思考建议，本文以广西壮族自治区水利工程质量检测乙级资质申报为案例，供读者参考。

2　概述

水利工程质量检测是指水利工程质量检测单位依据国家有关法律法规和标准，对水利工程实体以及用于水利工程的原材料、中间产品、金属结构和机电设备等进行的检查、测量、试验或者度量，并将结果与有关标准、要求进行比较以确定工程质量是否合格所进行的活动。根据《水利工程质量检测管理规定》，水利检测单位资质分为岩土工程、混凝土工程、金属结构、机械电气和量测共 5 个类别，每个类别分为甲级、乙级 2 个等级。根据《水利工程质量检测管理规定》，取得甲级资质的检测单位可以承担各等级水利工程的质量检测业务。大型水利工程（含 1 级堤防）主要建筑物以及水利工程质量与安全事故鉴定的质量检测业务，必须由具有甲级资质的检测单位承担。取得乙级资质的检测单位可以承担除大型水利工程（含 1 级堤防）主要建筑物以外的其他各等级水利工程的质量检测业务。

水利部负责审批检测单位甲级资质；省、自治区、直辖市人民政府水行政主管部门负责审批检测单位乙级资质。

3　水利检测乙级资质申报的法定条件

（1）具有满足资质标准要求的技术负责人及检测人员。

技术负责人应满足以下条件：具有 8 年以上从事水利水电工程建设相关工作经历，并具有水利水

作者简介： 邢耀文（1985—），男，高级工程师，主要从事水利工程勘察设计、咨询及检测工作。

电专业高级以上（含高级）技术职称。

检测人员应满足以下条件：具有水利工程质量检测员职业资格或具备水利水电工程及相关专业中级以上（含中级）技术职称人员不少于 10 人。

（2）具有满足资质标准要求并符合《检验检测机构资质认定能力评价 检验检测机构通用要求》的管理体系和质量保证体系。

（3）具有满足乙级资质所含项目的检测能力。

①计量认证资质证书批准的检测参数及所对应的检测标准（方法）必须符合水利工程质量检测标准；

②设备设施配置满足检测标准要求；

③检测试验环境条件满足检测标准要求。

4 水利检测乙级资质需要提交的材料

以广西壮族自治区水利工程质量检测乙级资质申报为例，根据《广西水利工程质量检测管理办法》，检测单位申请乙级资质的，应提交如下申请材料：

（1）水利工程质量检测单位乙级资质认定告知承诺书；

（2）水利工程质量检测单位乙级资质认定审批申请表；

（3）计量认证资质证书和证书附表复印件；

（4）主要试验检测仪器、设备清单；

（5）主要负责人、技术负责人的职称证书复印件，检测人员的从业资格证明材料复印件；

（6）管理制度及质量控制措施。

5 水利检测乙级资质申报流程

以广西壮族自治区水利工程质量检测乙级资质申报为例，根据《广西水利工程质量检测管理办法》，检测单位申请乙级资质的申报流程如下：

（1）申请人应当按照告知承诺书的约定，向广西水利厅提交告知承诺书原件（一式两份）及相关材料。

（2）广西水利厅将按照《水利部办公厅关于进一步推进水利工程质量检测单位乙级资质认定改革工作的意见》要求实施审批。

（3）广西水利厅将在行政许可认定决定后 3 个月内，按照要求加强事中事后监管，依据《水利工程质量检测管理规定》等制度，对申请人的承诺内容是否属实进行现场核查。

6 资质申报常见问题及注意事项

以广西壮族自治区水利工程质量检测乙级资质申报为例，在资质申报过程中，有以下 5 个方面的问题需要注意，主要为计量认证、评审依据、体系构建、人员配备、现场核查。

6.1 计量认证

根据《水利工程质量检测管理规定》的要求，申请资质检测机构必须要有健全的技术管理和质量保证体系，有计量认证资质证书。因此，申请水利检测资质必须取得省级市场监督管理局颁发的计量认证证书，计量认证是申报资质非常重要的一个环节，从提出申请到通过评审，都需要花费大量的时间，所以计量认证工作必须要提前谋划，也是前期工作的重点[1]。

6.2 评审依据

2023 年 6 月 1 日，市场监管总局发布了新修订的《检验检测机构资质认定评审准则》，于 2023 年 12 月 1 日起实施[2]。虽然 RB/T 214—2017 仍然有效，但它已经不再作为检验检测机构资质认定的直接评审依据。目前评审依据是 2023 版《检验检测机构资质认定评审准则》。2023 版《检验检测机构资质认定评审准则》和 RB/T 214—2017 都是依据 163 号令的第九条资质认定条件和能力要求编写的，没有原则性差异。但依据 2023 版《检验检测机构资质认定评审准则》第十二条（一）来看，依然可以借鉴 RB/T 214—2017 来建立健全并有效运行管理体系，只要满足 2023 版《检验检测机构资质认定评审准则》的要求就可以。

6.3 体系构建

体系文件是质量管理体系的文字体现，一般包括质量手册、程序文件、作业指导书、记录表格及附件等 4 个层次[3]。质量管理体系的建立是计量认证工作的重中之重，既要符合评审准则的要求，又要符合检测单位的实际情况，具有可操作性。因而，编制质量管理体系文件必须遵循系统协调、科学合理、可操作实施的原则[4]，相互衔接、前后呼应、内容要求一致，评审准则中提到的每一个要素、每一项条款都要在文件中有所体现，否则将存在不符合项，影响计量认证评审的顺利通过。同时，质量管理体系的试运行也是十分重要的，一般而言，在新的质量管理体系建立后需要试运行 3 个月以上，必须进行一次正规完整的内部审核和管理评审工作，同时还需要严格按照体系文件要求，填写和保存各种记录表格，保持质量管理体系的完整性、有效性和适宜性，否则将影响计量认证最终的评审工作。

6.4 人员配备

根据《水利工程质量检测单位资质等级标准》人员配备要求（见表 1），乙级资质的检测人员应具有水利工程质量检测员职业资格或具备水利水电工程及相关专业中级以上（含中级）技术职称人员不少于 10 人，经官方查询，水利部自 2013 年以来都没有举办过水利工程质量检测员资格考试，2013 年以来广西水利检测员大多是通过参加广西水利水电工程质量检测协会举办的培训班取得上岗资格，根据协会规定，广西水利工程质量检测员职业资格考试需要检测单位取得资质后方能加入协会参加培训，因此大多数检测单位在首次资质申报时，检测人员往往不具备职业资格，大多以水利水电工程及相关专业中级以上技术职称去申报，但很多检测单位在申报资质时往往容易忽略检测人员专业技术职称问题，尤其是市政、交通、工民建等外系统检测机构，这些检测机构技术负责人大多数是市政、交通、工民建等系统的专业技术职称，并不在水利水电专业技术职称范畴内。

表 1　人员配备要求

等级		甲级	乙级
人员配备	技术负责人	具有 10 年以上从事水利水电工程建设相关工作经历，并具有水利水电专业高级以上技术职称	具有 8 年以上从事水利水电工程建设相关工作经历，并具有水利水电专业高级以上技术职称
	检测人员	具有水利工程质量检测员职业资格或者具备水利水电工程及相关专业中级以上技术职称人员不少于 15 人	具有水利工程质量检测员职业资格或者具备水利水电工程及相关专业中级以上技术职称人员不少于 10 人

根据《水利工程质量检测单位资质等级标准》人员配备要求（见表 1），乙级资质的技术负责人应具有 8 年以上从事水利水电工程建设相关工作经历，结合广西水利检测资质申报情况分析，检测单位在申报资质时往往容易忽略技术负责人工作经历问题，尤其是市政、交通、工民建等外系统检测机构，这些检测机构技术负责人大多数是从事本系统的工作经历，并不在水利水电工程建设相关工作经历范畴内。

综上所述，建议申报单位参照水利部或者地方水利水电技术职称专业目录，认真复核技术负责人及检测人员的技术职称专业是否在规定的专业目录内，同时要核查清楚技术负责人的工作经历是否属于水利水电工程建设的相关工作经历，工作年限是否满 8 年，根据《水利工程质量检测管理规定》，人员属于法定条件，人员配备如若不满足《水利工程质量检测单位资质等级标准》的要求，资质将不予批准，因此对于人员问题申报单位要引起高度重视。

6.5 现场核查

根据《广西水利工程质量检测管理办法》《广西水利工程质量检测单位乙级资质认定现场核查办法》，广西壮族自治区水行政主管部门负责辖区内水利工程质量检测单位乙级资质审批，实行告知承诺，自治区水利厅在作出行政许可决定后 3 个月内，对申请人承诺的全部内容是否属实进行现场核查，现场核查的主要内容是水利工程质量检测单位人员配置、水利工程质量检测单位管理体系和质量保证体系、水利工程质量检测单位检测能力是否满足《水利工程质量检测单位资质等级标准》要求。因此，检测单位的申报信息一定要真实、准确、全面、无遗漏，不能弄虚作假，更不能存有侥幸心理，否则对于隐瞒有关情况或者提供虚假材料申请资质的，自治区水利厅将不予受理或者不予批准，并给予警告或者通报批评；2 年之内，在现场核查中被撤销水利工程质量检测单位乙级资质行政许可的申请单位、申请单位主要负责人、技术负责人，申请单位不得再申请资质，任何单位申请水利工程质量检测单位乙级资质时，也不得聘任其为相应的主要负责人、技术负责人，否则后果很严重。

7 结语

随着国家对水利工程建设质量管理工作的不断加强和水利工程质量检测行业的迅速发展，对于想申报水利检测资质加入水利检测市场的众多单位来说，尽早取得水利检测资质的重要性不言而喻，作者希望通过本文能为水利检测行业的同仁提供参考，为水利工程检测事业的发展贡献一份力量。

参考文献

[1] 王多姿．水利工程质量检测资质申报工作方法分析［J］．水利规划与设计，2015（6）：71-73.

[2] 国家市场监督管理总局．检验检测机构资质认定评审准则：2023 年第 21 号［S］．2023.

[3] 沈炳岗，张甫风．对计量认证评审工作的一些体会和思考［J］．陕西环境，2003，10（6）：9-10.

[4] 中国国家认证认可监督管理委员会．检验检测机构资质认定能力评价 检验检测机构通用要求：RB/T 214—2017［S］．北京：中国标准出版社，2017.

多场景融合的检测信息系统设计

林中杰　王　宵

（上海勘测设计研究院有限公司，上海　200434）

摘　要：水利工程质量检测是保障工程建设全生命周期的重要手段与方法。针对目前质量检测工作中存在的检测模式多样化、检测人员投入量大、检测质量缺乏体系化管控等诸多问题，本文提出基于分布式系统架构的多场景融合检测信息化系统设计方案，通过对业务场景的分类管控，提高检测管理模式的专业化、高效化和可控性。实践表明，信息化系统的应用，能有效地提升各业务模式的运行质量和运行效率，提高机构对检测全生命周期的管控性。

关键词：质量检测；信息化；系统设计；计量认证

1　引言

当前，随着社会的发展和科技的进步，数字化已然成为推动各行业发展的主要驱动力。水利工程质量检测是保障工程建设质量的重要方法与手段，是验证水利工程质量的主要方式[1]，在服务国家经济、产业科技发展，保障社会安全、人民健康等诸多方面发挥着重要的支撑作用。检验检测机构作为行业产业链的源头，如何做好检验检测机构的数字化转型，带动整个行业信息化的进步，是现阶段面临的巨大挑战。

各检验检测机构所处的协会不同，资质范围不同，所服务的对象不同，难以统筹整个检验检测行业进行数字化系统的搭建。通过计算机技术、互联网技术、物联网技术等实现对工程质量检测的智慧化建设已经是大势所趋。因此，如何规划建设基于本机构业务范围和业务模式，又具备行业数据标准的，可扩展、可兼容的信息化系统是一项复杂度较高的工作。

在信息化平台建设之前，本机构实验中心各项检测业务和质量管理主要通过人工模式开展，费时费力且容易出错。因此，本机构希望通过信息化建设加强管理，提升实验室检测能力和质量管理。本文提出建设一个多场景融合的检测信息系统，用于满足本机构多样性业务模式的工作现状。以业务分布式的建设和集约化的管理为原则，构建业务平台以及移动平台，按检测场景划分功能模块为实验室检测模块、现场检测模块、工地实验室模块。

2　信息化系统设计思路

基于分布式和多租户的系统设计原则，系统建设目标为实现基础配置数据的统一管理和差异化业务场景数据的独立化治理。基础配置以计量认证资质为基础，对工程信息、人员信息、设备信息、标准规范信息、质量监督信息、检测项目和参数等信息进行统一化管理。业务管理以机构本部为母体检测，开展实验室检测和现场检测两大业务，并设立工地试验室租户群，对外开展大型工程工地的试验检验。系统功能设计架构如图 1 所示，检测系统共分为两级模块，以基础数据配置和业务管理为一级功能分区，建立所属的二级具体实施功能点模块，各模块之间以公有共享数据库为数据仓库，统一数据格式与数据关系网络。

作者简介：林中杰（1998—），男，助理工程师，数字化经理，主要从事工程质量检测和工程安全监测数字化方面的工作。

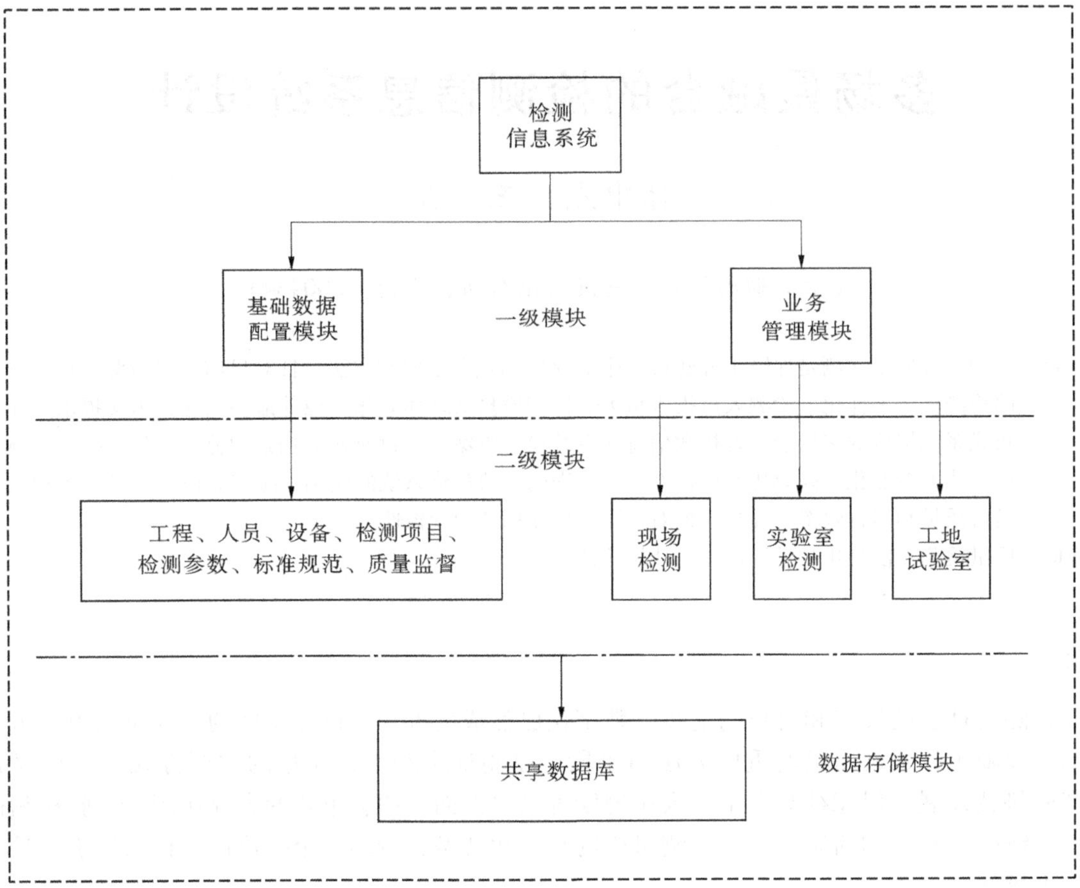

图1　信息系统功能架构

2.1　基础信息管理

基础信息是开展工程质量检测工作的基础，与其相关的基础信息包括工程信息、人员信息、设备信息、标准规范信息、检测项目和参数信息、质量监督信息以及标准物资等信息。基础信息基于全局配置化的模式进行统一管理。

（1）工程信息。包括工程名称、标段名称、项目类型、检测类别、所属计量认证体系、项目负责人、环境因素、检测情况、校核审等信息。

（2）人员信息。包括员工信息、手机号、职位基本信息、所属体系、所属部门、岗位权限、签名信息、证书信息以及授权参数和审签权限等。

（3）设备信息。包括设备名称、型号、生产厂家、设备编号、设备管理员、准用范围、检定校准信息、设备使用信息等。

（4）标准规范信息。包括标准规范编码、名称、行业类型、是否通过计量认证、版本号、发布实施日期、标准状态以及附件等信息。

（5）质量监督信息。包含意见征询、人员监督、设备期间核查、质量控制、培训管理、检查评审等信息。

（6）检测参数。为检验检测开展的最小单位，针对检测参数，配置检测人员、审核人员、授权签字人、受控的检测标准以及检测参数所需用到的检测设备。检测参数需要绑定对应的检测原始记录表，用于检测人员进行数据的填报和数据流转。

（7）检测项目。检测项目是检测参数的集合，针对已配置好的检测参数，需建立检测项目集，检测项目需与对应的样品录入VUE模板、委托单打印模板、任务单打印模板、样品标签打印模板进行绑定。根据体系文件要求，构建每个检测项目的定制化的报告模板并与之关联，检测项目与检测参数如图 2 所示。

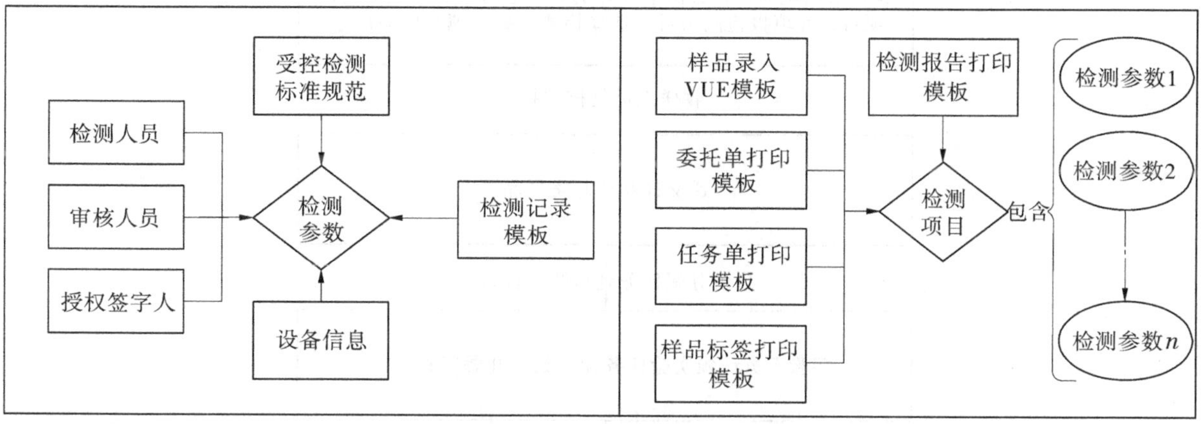

图 2　检测项目、检测参数配置架构

2.2　实验室检测

实验室检测是以委托送样检测为业务出发点的检测模式。平台设计根据检测机构的实际管理需求，以检测机构的质量手册与程序文件为中心，完全满足实验室评审准则要求，检测业务处理均受控于质量体系，以在此深度上进行设计为原则。实验室检测根据水利工程质量检测业务的需要，将质量检测管理系统分为委托单位和检测单位两个模块[2-6]。

（1）委托单位模块。系统基于委托模式的多样化，设计基于移动端和 WEB 的两种委托下单方式，其中移动端的建设基于微信公众号、微信小程序的多联绑定。微信公众号提供给委托单位包含检测单位的资讯信息、检测资质、收费详情等告知信息。微信小程序则提供在线的委托下单、邮寄信息登记等功能。实现“门户+功能”的分控管理，解耦互联。

（2）检测单位模块。检测业务的开展主要流程为：项目合同管理—委托下单/复核—样品流转—任务分配/自动分配—参数检测—原始记录表填写/自动生成—报告编制—报告校审—报告发放[7]。图 3 为实验室检测流程图。

为确保实验数据的真实性与可追溯性，本系统基于人工数据填报与自动化采集两种数据录入模式，设计了数据录入解析模式。人工数据填报基于实验人员的实验操作，在原始记录表中录入实验过程值，在各类参数的原始记录模板中会预置实验结果计算公式和修约模式并锁定结果单元格，实现所有检测参数按规范标准配置的公式结果输出。对于安装有第三方本地采集软件的实验设备，本系统设计有中间采集抓取软件，支持一键部署，基于窗口抓取、数据文本解析、第三方数据库读取等多种数据抓取能力，实现第三方试验设备数据抓取的低延迟性、高精度化，直传系统服务器云端。根据原始记录模板，对采集的数据进行键值映射，自动输出到原始记录表中，根据配置的计算公式自动化输出结果。依据委托下单所选择的判定标准，系统根据原始记录表的实验结果自动计算出各个参数的实验结果是否合格。

检测实验室同步引入视频监控技术，在自动采集检测任务中进行运用。在检测人员进行样品实验开始时候，平台调用视频抓拍接口进行实验样品上机规范抓拍。在实验过程中对检测人员实验过程进行随机抓拍，加强实验过程的管理。实验结束后，再次调取抓拍接口进行抓拍，保证整个实验过程的合规性。

为加强实验报告的管控，系统在报告编制过程中遵循数据保护和结果自动判定。实验人员采集的原始记录表数据，在报告模板生成的过程中，会自动进行数据流转，渲染在报告模板所标注的实验结果签注中。报告编制人员只可编制报告基本信息，报告的合格性则根据原始记录表中参数的实验结果进行集合判定，只有满足所有参数的结果为合格，报告才可出具合格检测结果。

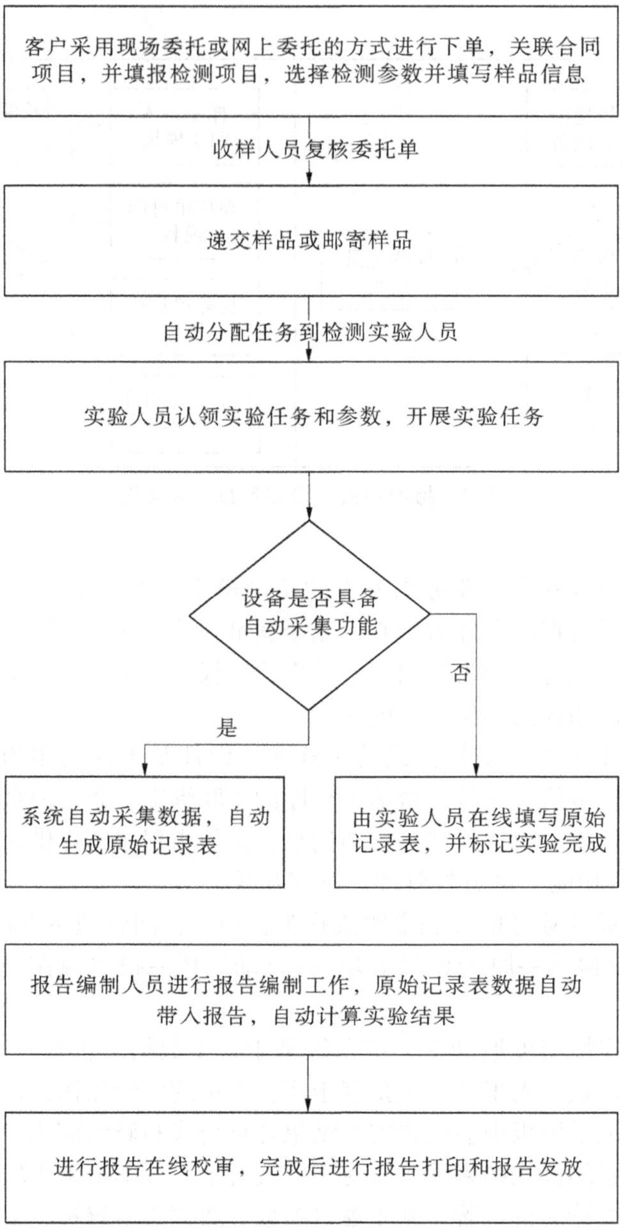

图 3　实验室检测流程

2.3　现场检测

检验检测机构对于水利工程的现场质量检测信息化能力建设较为缺失，缺乏系统流程化的系统建设。本系统基于基础的信息配置，提出基于移动端设备使用信息填报、WEB 端数据处理的现场检测模式，提高现场作业人员的效率和数据的可靠性。

现场检测按业务开展节点，系统优化设计主要流程为：人员进场检测—现场情况登记—检测设备使用填报—现场检测记录填报/上传—报告编号申请—报告校审与发放。图 4 为现场检测过程图。

现场情况登记是基于实验室检测委托下单模式进行功能映射改造，检测人员入场后，进行项目基本信息、环境信息、检测参数信息的填报，生成现场情况登记表。

现场人员根据现场情况登记表开展现场检测试验，利用微信小程序端的设备管理模块，进行作业设备的使用信息实时填报，设备使用信息包括使用时间、工程项目信息、检测人员以及相应关联的现场情况登记表。

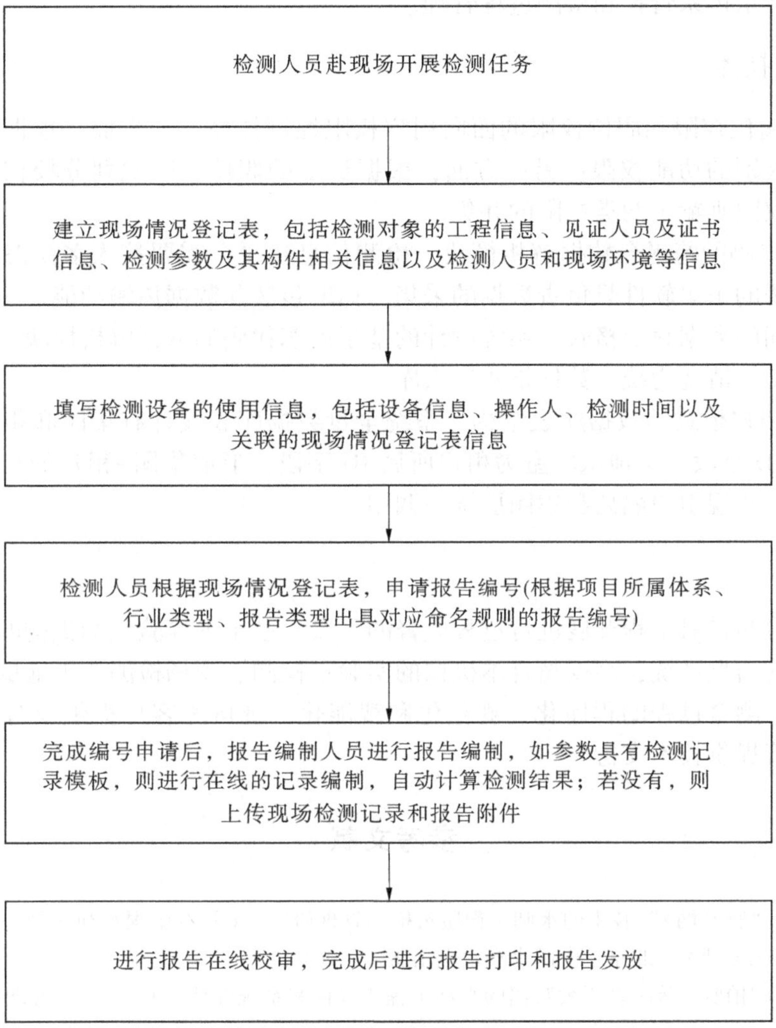

图 4　现场检测过程

现场检测记录管理是基于委托检测的原始记录模板数据填报进行功能映射，检测人员根据现场情况登记和设备使用信息，进行检测数据的管理。对于单参数的情况登记表，系统根据预置的检测记录模板，生成原始记录表，检测人员在线进行检测数据的填报，并自动生成检测结果。对于多参数、跨项目的检测参数，系统以检测人员线下的原始记录附件表为数据管理单位，进行在线的管理。

为加强报告的管理，检测人员可以根据批次化的现场检测记录进行报告编号的申请，多现场检测记录映射一个报告编号。报告编制人员根据编号申请所对应的检测记录信息进行报告的编制。

2.4　工地试验室

根据计量认证要求，母体检测机构应在其计量认证核定的资质项目参数范围内对现场工地试验室检验检测参数授权，工地试验室检测项目不得超出母体检测机构授权的项目及参数范围[8]。

为加强工地试验室的检测资质风险管控，本系统提出多租户在工地试验室中的运营管控体系。管控体系具体运行模式为：以检测机构为母体，下属工地试验室为所属租户。母体对系统基础配置进行统一化管理，点对点进行各个工地试验室授权检测参数和检测项目的启用。在工地租户模式下，只可选择已启用的检测参数和标准，所有租户按照母体试验室检测模块进行功能授权，开展标准流程的试验室检测工作。

租户管控体系设置了严格的租户间数据隔离措施，租户所属检测人员只可查看本租户下的检测信息，即租户的数据归属于租户。母体机构可以查看所有租户的配置信息和检测信息，便于检测母体机构的管理人员进行计量体系管控和检测过程管理。

3 系统设计关键技术

（1）设计基于岗位权限和职位权限的面向用户权限控制体系。一方面，根据岗位授权的职责匹配功能菜单和按钮级别的功能权限；另一方面，根据员工的职位，匹配划分校核审查模块的办理权限，员工账号的总权限则赋于两类权限的并集。

（2）基于动态代码的跨平台数据解析模块。检测信息化平台需要接入多模态的检测设备采集数据，在设备终端部署的采集软件只负责数据的采集、抓取包装和数据传输功能。多终端的数据具有不同的传输协议、不同的数据封装格式，系统设计的基于动态代码的数据解析模块，点对点地进行特定终端的数据二次加工，清洗为统一数据格式后入库。

（3）建立基于租户模式的数据库表结构。系统全量数据库表设计有集团和租户字段，已检测母体机构为集团所属 ID 字段，工地试验室为租户所属 ID 字段，形成集团+租户的唯一外键，满足业务数据的差异化管理，实现租户隔离和集团层统一调用。

4 结语

水利工程质量检测是对工程开展进行过程监督的手段。基于本检验检测机构的业务模式，设计一套基于多场景融合的信息系统，高度契合本机构的实验室检测、现场检测、工地试验室检测三大业务场景。实现了工程检测全过程的程序化、规范化和智能化，既可为客户提供及时准确的检测技术服务，也可为行业监管提供技术支持。

参考文献

[1] 张晔，赵礼．基于“物联网+”技术的水利工程质量检测管理研究［C］//中国水利学会．中国水利学会 2019 学术年会论文集（第三分册）．北京：中国水利水电出版社，2019.

[2] 郑旭明，刘东晓，谭柏贤，等．基于大数据的水利工程质量检测系统设计［J］．项目管理技术，2020，18（9）：47-52.

[3] 张丹丹，王果．质量检测信息化系统在水利工程质量检测机构的运用研究［J］．建材与装饰，2019（25）：48-49.

[4] 张立全．水利工程质量检测信息化平台的构成及应用［J］．珠江水运，2021（3）：101-102.

[5] 陈思可．水利工程质量检测新方法的具体应用［J］．工程技术研究，2022，7（11）：51-53.

[6] 佘春勇，许方安，张可．水利工程质量检测行业现状及对策研究：以浙江为例［J］．建筑经济，2023，44（10）：20-25.

[7] 韦彪，郑人逢，牛志伟，等．水利工程质量检测实验室信息管理系统设计［C］//中国水利学会．中国水利学会 2021 学术年会论文集（第三分册）．郑州：黄河水利出版社，2021.

[8] 刘国文．福建省水利工程质量检测工地试验室建设标准探讨［J］．水利科技，2021（3）：74-77.

检验检测机构设备设施管理存在的问题及对策

乐　峰　原瑞轩

（江苏省水文水资源勘测局连云港分局，江苏连云港　222000）

摘　要：设备设施管理是检验检测工作的重要组成要素，高质量的设备设施管理工作可以提升检测水平，确保检测数据的科学性与可靠性。新版《检验检测机构资质认定评审准则》已于2023年12月1日正式实施，对检验检测机构的设备设施管理工作提出了新的要求，文章结合《检验检测机构资质认定评审准则》对实际工作中容易遇到的相关问题进行剖析，解决这些问题的关键在于建立科学的设备设施管理体系，进行针对性的检定校准及维护操作以及提升检测人员规范操作的水平等，从而确保检验检测工作的顺利开展。

关键词：检验检测；设备设施；问题；对策

1　概述

在环境监测实验室管理中，设备设施管理是确保实验室能够持续提供准确、可靠测量结果的关键因素之一。随着科学技术的不断进步，实验室对设备设施的依赖程度越来越高，设备设施管理在检验检测机构资质认定中的重要性也日益凸显，2023年12月1日实施的《检验检测机构资质认定评审准则》（以下简称《评审准则》）中第十一条阐述了检验检测机构从事检验检测活动所必需的检验检测设备设施要求。机构可根据自身实际情况制定出符合实际条件的设备设施管理体系，在这样的背景下，检验检测机构应当更加重视仪器管理体系的实施效果，由于实验室仪器设备设施管理工作涉及环境监测工作的各个主要过程，从现场样品的采集到实验室样品分析，仪器设备的运行状态对监测结果的影响较大，且仪器设备的管理工作烦琐，在2023版《评审准则》实施后的计量认证评审工作中，设备设施的管理往往会是评审工作的一项重要内容。因此，对设备设施管理的有关问题值得探讨和研究。

2　主要问题

2.1　设备设施管理不够科学

通常情况下，检验检测机构设备设施数量较多，部分机构往往采取顺序编号甚至是直接采用仪器出厂编号的方式来进行管理，这样一来针对临时存在故障设备很难进行有效区分；档案管理不尽完善，机械组织档案目录，缺乏对仪器的针对性及目录的合理性，缺少专门存放档案的场地，造成检索困难甚至档案丢失的情况；部分管理体系下使用三色表示不够明显，张贴方式不可靠，无法有效地指示设备设施的状态。另外，部分机构机械地对自己所使用的全部设备设施进行人员授权，对人员授权的要求了解不够深刻。不科学的设备设施管理方式在实际操作的过程中往往容易增加工作量甚至造成混乱。

2.2　设备设施检定校准不够准确

从《评审准则》的要求来理解，对检验检测数据、结果的准确性或者有效性有影响的设备均应实施检定、校准或核查，确保其符合计量溯源性的要求。但是部分检验检测机构在实际操作中往往存

作者简介：乐峰（1978—）男，高级工程师，主要从事水资源质量分析评价工作。

在溯源对象不明、校准参数不能满足本机构实际使用需求、设备设施管理员及检测人员不能进行有效确认等实际问题。机构在实际操作中对《评审准则》中对设备设施中设备溯源性要求不能准确把握，造成机构对设备设施全部校准，造成较大工作量。此外，部分机构对检测依据理解不够深刻，不能准确提供体现关键量程的校准条件，校准机构机械按照校准规范进行校准，使得校准结果无法满足溯源要求。其根本原因，往往是检测人员与设备设施管理员不能够有效联动，检测人员不能有效参与到设备设施检定校准活动中来，而设备设施管理员对设备设施要求理解不足，最终导致设备设施检定校准工作不能满足计量认证工作的具体要求。

2.3 设备设施维护缺乏针对性

《评审准则》中不再对设施设备的维护提出具体要求，但是实践中发现部分机构在指定设备设施维护规程及维护频次时往往依据厂商所提供的说明材料，但是由于监测对象不同，所使用的辅助设施也不同，项目样品量的大小差异也会导致监测仪器设备的使用频率不尽相同，不同程度的磨损也会导致仪器设备的检修周期存在差异；个别仪器设备存在特殊的维护需求；与此同时，一些使用频率不高的设备设施缺乏有效的维护，未按照使用频率进行有效的清洁，导致部分仪器发霉、锈蚀等情况；此外，在实际维护的操作过程中往往忽视对软件的维护，造成软件数据目录混乱，启动过慢，长时间造成仪器工作站不够稳定可靠。实践中对设备设施长期缺乏针对性的维护保养造成设备设施故障率高等情况，无法满足检验检测机构的监测要求。

2.4 设备设施操作不够规范

部分进口仪器缺乏中文版的操作说明书且缺少可靠有效的作业指导书，给操作人员规范操作仪器造成一定困难。另外，一部分操作人员在上岗之前并未接受过系统专业的培训，往往是按照前面操作人员的方法进行操作，而操作人员之间的口口相传往往会存在误差，从而影响设备设施管理工作的质量与效率。

3 对策建议

3.1 建立适合的设备设施管理体系

通过分析机构自身情况，建立科学适合的管理体系。针对仪器建立分类管理制度。例如，针对结果有重要影响或者有安全隐患等其他要求的设备设施实施人员授权管理且建立档案，对于一些对结果影响不大的设备或者辅助设施可不进行人员授权，分类建立仪器档案，优化档案检索方式；同时针对不同的仪器材质定制适宜的三色标识，尽量减轻人员的工作量，提升设备设施管理效率。

3.2 优化设备设施检定校准流程

结合机构自身实际条件，制定设备设施检定规程。可以由设备设施管理员组织各检测操作人员结合各个设施设备的项目、标准、规范等要求，确定机构有溯源需求的设备设施清单，并明确需要校准的关键量值，制定相应的年度检定/校准计划，报机构管理层批准后执行。检定校准活动结束后，由机构设备设施管理员与设备设施操作人员共同进行设备设施确认工作。同时指定专人加强对设备设施信息的管理，必要时可以应用 lims 系统进行辅助管理并制定好相关措施，针对每次送检记录需及时进行记录，以此来提高检定工作的工作效率，达到《评审准则》中溯源性的要求。

3.3 制定针对性的维护规程

在指定设备设施维护规程之前，应当充分收集相关资料，资料来源可以是设备设施厂商及相关资料文献，必要时可请专业人士对进口设备设施的说明书进行翻译。根据仪器设备类型、使用频率的区别、工作原理的不同及使用环境条件的差异制定针对性的维护操作规程，并根据实际情况及时对规程及相关程序进行升级维护；建立专业的维护团队，并根据维护规程及相应的操作条件及时按规定进行维护操作；同时针对一些使用频率较低的相关仪器可以制定适宜的简易维护指南，管理人员应定期对设备设施的运行状态进行检查，并根据实际使用情况定期进行彻底清洁，对于损坏的部件及时进行更换，并做好维护记录，确保设备设施状态良好、数据可靠。

3.4 进一步规范设备设施的检测操作

检验检测机构应针对不同仪器对检测人员定期开展培训，如同一故障反复出现，则应组织技术人员及时排查原因并制定针对措施；实施人员授权制度，对于对检测结果有较大影响、仪器原理复杂、操作步骤烦琐等设备设施先培训后上岗；用于现场监测的设备设施使用前确保其能够正常使用，设备设施使用前后应对其功能和校准状态进行检查，并及时填写使用记录。此外，机构还应建立完善的设备设施管理制度，定期对检测操作流程进行审核和改进，确保检测结果的准确性和可靠性。对于新引进的设备，应在投入使用前进行充分的测试和验证，确保其符合相关标准和要求。检测人员应保持良好的职业道德，严格遵守操作规程，确保检测数据的真实性和有效性。通过不断提升设备设施操作能力和管理水平，确保检测工作的高效和高质量。

总而言之，《评审准则》的实施对检验检测机构的设备设施管理提出了更高的要求，机构的设备设施管理工作总会面对各种各样的问题，但是从根本上来讲，机构应该避免机械照搬《评审准则》或其他机构的管理体系文件，而应该根据自身实际情况建立适宜的设备设施管理体系。将设备设施的档案管理、检定校准、设备维护及操作人员水平提升作为设备设施管理的重要内容，从而进一步提升机构设备设施的管理水平。

参考文献

[1] 吴好庭，刘绯，门立强，等．2023 年版《检验检测机构资质认定评审准则》变化解析［J］．中国动物检疫，2024，41（9）：50-53.

[2] 张哲．环境监测仪器设备管理中存在的问题分析［J］．中国设备工程，2024（14）：188-190.

[3] 罗珺．环境监测计量认证中仪器设备管理的有效措施［J］．大众标准化，2023（13）：189-191.

[4] 宋娇，陈科．探讨环境监测仪器设备管理程序和存在问题：以四川省雅安市生态环境监测机构为例［J］．环境保护与循环经济，2023，43（11）：69-71.

[5] 张亚晶，柯春英．环境监测仪器设备管理中存在问题与建议［J］．民营科技，2017（8）：63.

[6] 刘树莲．环境监测实验室资质认定计量认证中仪器设备管理有关问题的探讨［J］．轻工科技，2013，29（2）：119-120.

植生混凝土抗压强度的试验影响因素

吴光军[1]　王英杰[2]　李伟挺[1]　李海峰[1]

（1. 珠江水利委员会珠江水利科学研究院，广东广州　510630；
2. 江苏省建筑工程质量检测中心有限公司，江苏南京　210000）

摘　要：本文采用体积法配合比设计原理，选定目标孔隙率为20%和水灰比为0.22、0.25、0.28、0.40进行多孔混凝土拌制，研究了不同振捣成型方式、试件尺寸、试验人员对多孔混凝土抗压强度测试结果的影响。试验结果显示：水泥裹石法和石裹干灰法的胶结浆体能均匀包裹于骨料表面，两种方法的抗压强度无明显差异；检测按照统一要求进行时，不同试验人员对多孔混凝土抗压强度无明显影响；同条件下，100 mm立方体的多孔混凝土抗压强度略大于标准尺寸的检测结果，在采用非标准试件进行多孔混凝土抗压强度测试时，应乘以相应的尺寸效应系数。

关键词：生态混凝土；抗压强度；试验检测

1　引言

植生混凝土是以多孔混凝土为骨架、内部分布有大量连通孔隙的沙琪玛结构，较传统水泥混凝土具有更好的透水、透气性能，在孔隙内部填充以植生营养土，能够满足绿色植物生长，使其在改善城市热岛效应、增强地表蓄水能力、修复生态环境、净化水质等方面效益显著[1-2]，目前，已被广泛用于房屋坡面结构及河流护坡工程中[3-4]。相较于传统水泥混凝土结构，植生型多孔混凝土追求较大孔隙比带来的生态性功能，使用的胶凝材料较少，力学稳定性主要由骨料及骨料间的水泥石提供，在外力作用下，整体呈现为点连接破坏，造成其强度测试结果离散和测值较低[5-6]。相关研究表明，可以从多孔混凝土自身孔隙特性优化和材料性能提升出发，通过优化水胶比、调整胶凝材料配比、优化骨料级配等方式来提升抗压强度和降低测试结果离散性[7-9]。此外，也可以从试验检测各环节要素出发，通过控制加料顺序、振捣方式、养护条件、试件尺寸、试验人员水平等使多孔混凝土的力学性能获得提升[10-12]。

本文从试验检测各环节要素控制出发，采用体积法配合比设计原理，选用目标孔隙率20%和0.22、0.25、0.28、0.30四种不同水灰比进行多孔混凝土拌制，试验研究了不同振捣成型方式、不同试件尺寸、不同试验人员对多孔混凝土抗压强度测试结果的影响。

2　试验

2.1　试验原材料

（1）水泥。本试验选用台泥（英德）水泥有限公司生产的P·O 42.5级水泥，其密度为3.13 g/cm^3，标准稠度用水量为28.0%，初、终凝时间分别为176 min和229 min，28 d抗折、抗压强度分别为8.1 MPa和55.6 MPa。

（2）骨料。本试验选用骨料为广西来宾广西新东运矿业有限公司提供的5~10 mm和10~15 mm的级配碎石。其中，粒径为5~10 mm的骨料表观密度为2 710 kg/m^3，紧密堆积密度为1 570 kg/m^3，紧密堆积孔隙率为46%；粒径为5~10 mm的骨料表观密度为2 720 kg/m^3，紧密堆积密度为1 500

作者简介：吴光军（1991—），男，工程师，主要从事水利工程新材料研发和质量检测新技术应用工作。

kg/m^3，紧密堆积孔隙率为45%。

（3）拌和水。经检测符合混凝土用水要求的市政管网自来水。

2.2 搅拌方式

2.2.1 水泥裹石法

水泥裹石法是先将30%的胶凝材料和60%的水搅拌30 s后，再把集料全部投入搅拌60 s，最后加入剩余胶凝材料和水，拌和90 s后进行装模。

2.2.2 石裹干灰法

石裹干灰法是将全部集料和50%的水投入搅拌30 s，然后将胶凝材料一次投入再搅拌30 s，最后加入剩余50%水，搅拌120 s，使多孔混凝土拌合物充分搅拌均匀。

2.3 成型及养护

试验采用插捣后振动的方式成型，具体步骤如下：

（1）第一层填料至试模2/3插捣。其中，100 mm×100 mm×100 mm为四角各1次，侧边各2次，平面内4次；150 mm×150 mm×150 mm为四角各1次，侧边各4次，平面内16次。

（2）第二层装满试模插捣。其中，100 mm×100 mm×100 mm为四角各1次，侧边各2次，平面内4次；150 mm×150 mm×150 mm为四角各1次，侧边各4次，平面内16次。

（3）填料至高出试模10 mm，采用平板振动器振动50 s。

养护条件：成型模具使用塑料薄膜，成型后用薄膜覆盖，放置标养间，24 h后拆模，并做好标记，轻拿轻放，移至标养室养护。

2.4 抗压强度测试方法

本试验按照《普通混凝土力学性能试验方法标准》（GB/T 50081—2016）进行多孔混凝土试块的抗压强度测试，试验仪器选用WAW-1000全自动压力试验机，试块尺寸有100 mm×100 mm×100 mm和150 mm×150 mm×150 mm两种。其中，150 mm×150 mm×150 mm为标准试件；对于试件尺寸为100 mm×100 mm×100 mm的非标准试件，需要乘以0.95的修正系数对测值进行修正[9]。

3 结果与分析

3.1 水灰比对抗压强度的影响

试验以粒径为5~10 mm和10~15 mm的碎石作为试验粗骨料，分别在水灰比为0.22、0.25、0.28及0.30的4种条件下拌制成型多孔混凝土，试验设计目标孔隙率为20%，拌和成型方式采用水泥裹石法进行，相关材料用量及7 d、28 d抗压强度结果如表1所示。

表1 试验各原材料用量情况

编号	粒径/mm	目标孔隙率/%	水灰比	粗骨料用量/（kg/m^3）	水泥用量/（kg/m^3）	水/（kg/m^3）	抗压强度/MPa	
							7 d	28 d
A-1	5~10	20	0.22	1 538.6	500.5	110.10	15.18	15.94
A-2	5~10	20	0.25	1 538.6	475.5	118.88	16.94	21.05
A-3	5~10	20	0.28	1 538.6	451.7	126.48	17.46	20.39
A-4	5~10	20	0.30	1 538.6	437.1	131.14	14.97	17.25
A-5	10~15	20	0.22	1 470.0	481.9	106.03	12.17	16.22
A-6	10~15	20	0.25	1 470.0	458.3	114.58	15.07	18.66
A-7	10~15	20	0.28	1 470.0	435.4	121.90	13.86	17.09
A-8	10~15	20	0.30	1 470.0	421.3	126.39	12.09	15.61

随着水灰比的不断增大，理论用水量增加，粗骨料理论用量不变而水泥用量减小，所以水泥浆体逐渐变稀，骨料表面出现亮光。如图 1 所示，水灰比为 0.22 时，拌合物状态分散，水泥浆体较干燥，无法将碎石很好地黏结在一起，拌合物状态呈现骨料松散堆积状；水灰比为 0.25 时，透水混凝土拌合物黏聚性较好，且碎石表面被水泥浆体均匀包裹；水灰比为 0.28 和 0.30 时，水泥浆体流动性较大，无法均匀包裹在骨料表面，且存在部分水泥浆体块，致使用于拌合物黏结的浆体减少，整体黏聚性较差。

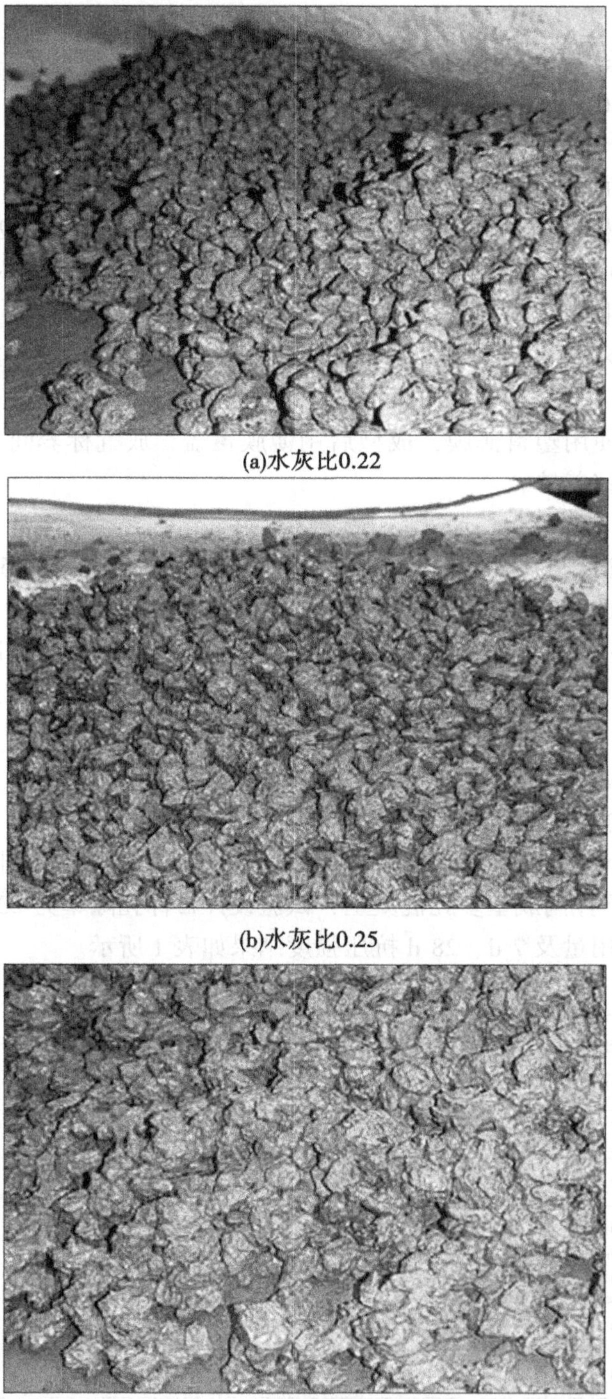

(a)水灰比0.22

(b)水灰比0.25

(c)水灰比0.28

图 1　骨料粒径 10~15 mm 的拌合物状态

(d)水灰比0.30

续图 1

从图 2（a）和图 2（c）可以发现，随着水灰比的增大，透水混凝土抗压强度呈现出先增加后减小的趋势，且水灰比为 0. 25 和 0. 28 时的透水混凝土抗压强度较高。这是由于当水灰比为 0. 22 时，骨料堆积松散，浆体包裹不均匀，黏结强度低，整体表现为结构强度较低，且试件抗压强度单值离散性大；对于水灰比为 0. 30 时的透水混凝土，由于浆体流动性强，在底部沉积，用于包裹骨料提供黏结力的浆体减少，结构整体的浆体分布不均，更易产生局部脆弱区或强度短板区，导致整体强度降低，试件抗压强度单值离散性大。

图 2（b）和图 2（d）是表述单个试件抗压强度测试值离散性的箱线图，箱线图越细长，表明数据越离散，反之则越均匀。从图 2（b）中可以看出，水灰比为 0. 25 和 0. 28 的透水混凝土抗压强度测试值较均匀，与上述凝结硬化试件状态情况吻合。此外，标准差也是反映一组数据离散程度的常用评判指标，从图 2（a）中发现 A-2 组试验值标准差为 3. 42，较其他 3 组高，但是箱线图显示其测试值较均匀，所以对于检测结果具有高离散性特点的多孔混凝土，除了标准差分析法判定法，还可以结合箱线图分析法对试验结果的离散性进行综合分析。

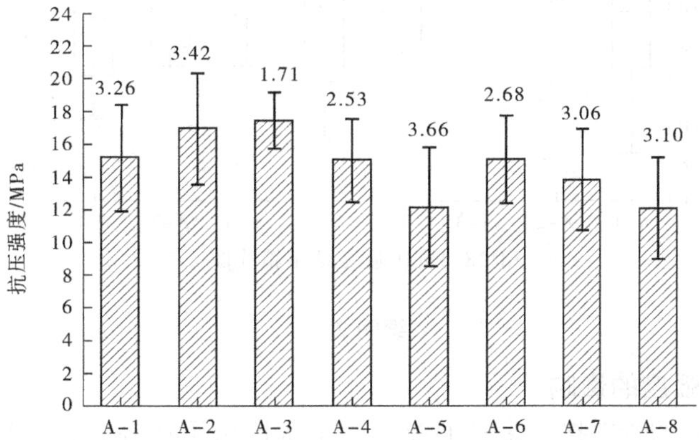

(a)7 d抗压强度均值误差棒图

图 2　不同水灰比下的透水混凝土抗压强度结果

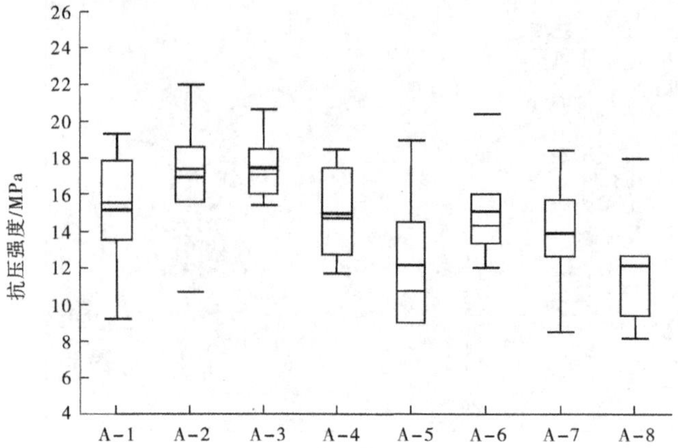

(b)7 d抗压强度结果箱线图

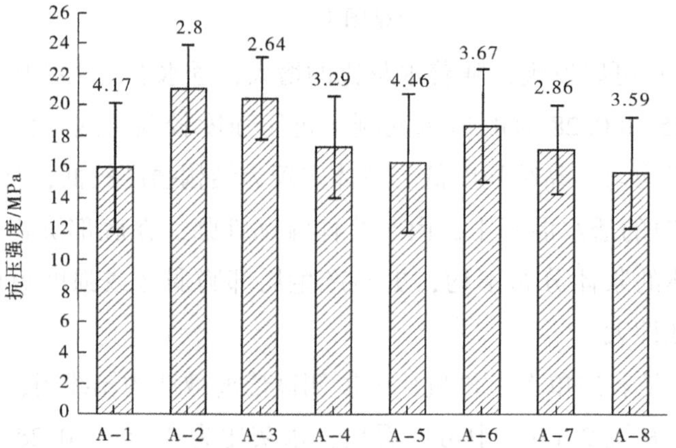

(c)28 d抗压强度均值误差棒图

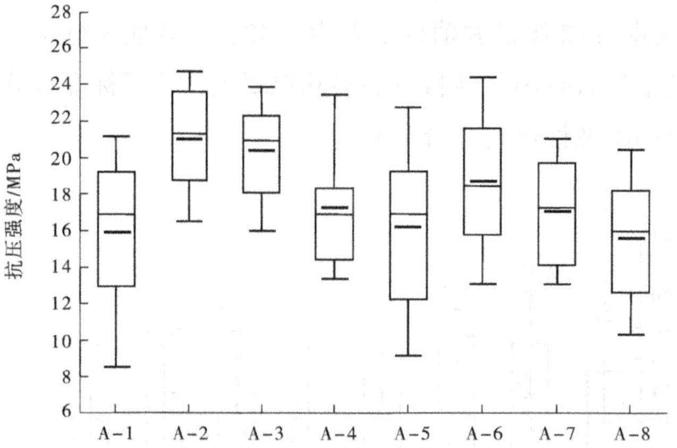

(d)28 d抗压强度结果箱线图

续图 2

3.2 搅拌成型方式对抗压强度的影响

试验以粒径为 5~10 mm 的骨料拌制多孔混凝土，水灰比选用 0.28，试件尺寸为 100 mm×100 mm×100 mm。试验由 3 个人员分别采用水泥裹石法和石裹干灰法搅拌成型，相关试验设计及试验结果见表 2。采用两种搅拌方法的抗压强度结果无明显差异。

表 2　不同搅拌成型方式的抗压强度结果

试验编号	龄期/d	试验人员	搅拌方式	抗压强度/MPa	
				7 d	28 d
B-1	7	甲	水泥裹石法	17.82	20.91
B-2	7	甲	石裹干灰法	18.01	21.22
B-3	7	乙	水泥裹石法	18.33	22.20
B-4	7	乙	石裹干灰法	18.42	22.83
B-5	7	丙	水泥裹石法	18.41	21.88
B-6	7	丙	石裹干灰法	17.64	20.89

从图 3 中可以发现，当成型人员相同时，两种拌和成型方式的 7 d、28 d 抗压强度结果无明显差异。试验员甲、乙采用石裹干灰法成型试块的 7 d、28 d 抗压强度略高于水泥裹石法成型的试件，但差距较小，抗压强度结果差异最大仅有 0.63 MPa。试验员丙的试验结果显示，水泥裹石法成型的试件抗压强度优于石裹干灰法，且 7 d 抗压强度高出 0.77 MPa，28 d 抗压强度高出 0.99 MPa。再结合图 3(a) 中的散点图可以发现，采用两种拌和方式成型的试件 7 d 抗压强度值没有明显的界限，整体呈现出围绕某一水平上下浮动的规律，说明两种搅拌方式下透水混凝土抗压强度值无明显差异。从图 3(b) 的箱线图也可以看出，7 d、28 d 龄期时，采用两种拌和方式成型的试件抗压强度测试值的箱线图相似，这也说明两种拌合成型方法对抗压强度无明显影响，在多孔混凝土拌合成型过程中，确保浆体能够均匀地包裹在骨料表面是关键。

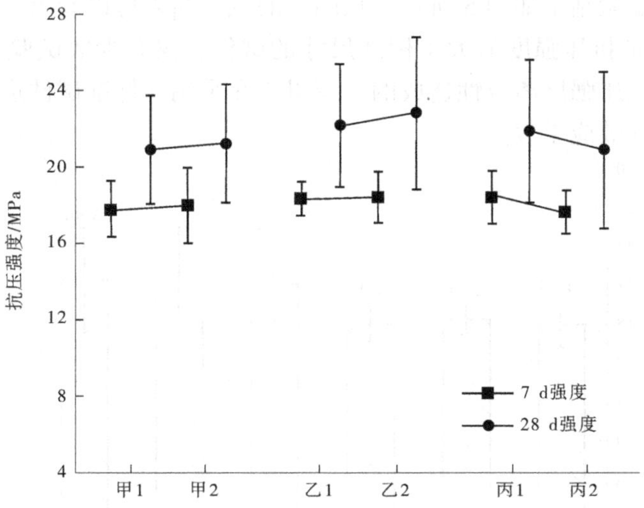

(a)抗压强度均值及标准差

图 3　不同搅拌成型方式的抗压强度结果

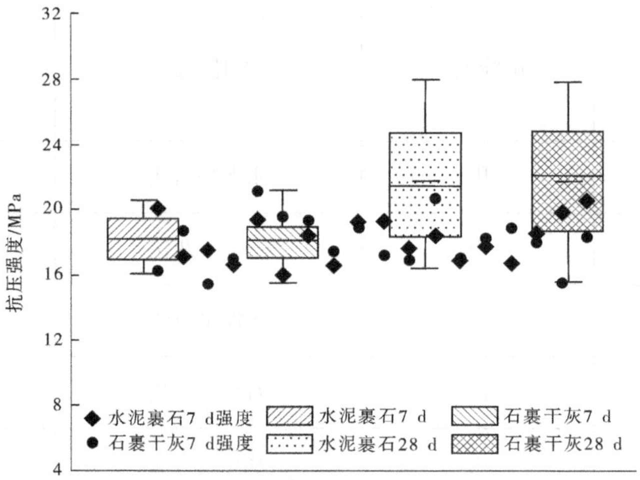

(b)抗压强度散点及箱线分析

续图 3

3.3 试验人员对抗压强度的影响

试验以粒径为 5~10 mm 的骨料拌制透水混凝土，水灰比选用 0.28，试件尺寸为 100 mm×100 mm×100 mm，拌和成型方式采用水泥裹石法进行。分别由 3 人各自成型了 2 组试件，相关试验结果如图 4 所示。从图 4（b）的箱线图中可以发现，7 d 龄期的箱线图较 28 d 龄期的矮小，即抗压强度测试值相对集中，且数据的离散性与成型人员无明显相关性。以图 4（c）中可以看出，7 d 龄期时，不同人员成型的多孔混凝土试块抗压强度测试值均在一定范围内波动，这也很好地印证了“抗压强度测试值与成型人员无明显相关性”的表述。

3.4 试件尺寸对抗压强度的影响

试验以粒径为 5~10 mm 的骨料拌制透水混凝土，在水灰比分别为 0.22、0.25、0.28 及 0.30 下采用水泥裹石法进行搅拌成型，试件尺寸为 100 mm×100 mm×100 mm 和 150 mm×150 mm×150 mm 两种尺寸，相关试验设计及试验结果如图 5 所示。从图 5 的试验结果可以看出，多孔混凝土试件尺寸为 100 mm×100 mm×100 mm 的抗压强度值大于标准尺寸的试件，仅有少数试验组的数据出现异常，这可能是透水混凝土试件的抗压强度离散性造成的。所以，在采用非标准试件进行多孔混凝土抗压强度测试时，应乘以相应的尺寸效应系数。

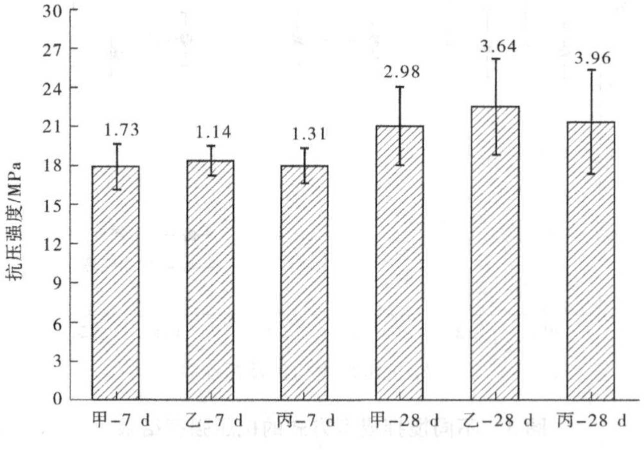

(a)抗压强度结果

图 4　试验人员验证结果的均值和箱线图

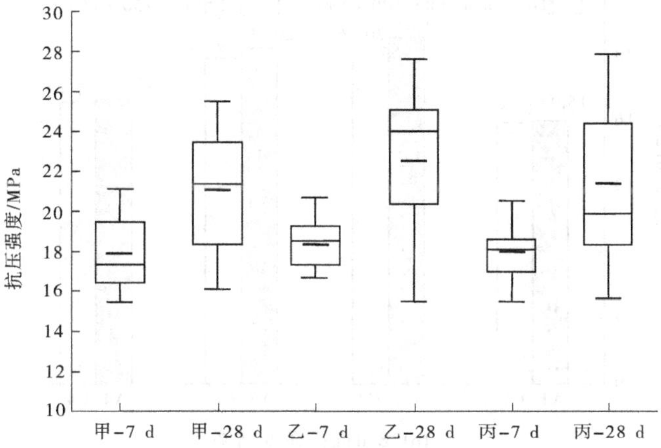

(b)试验人员验证结果箱线图

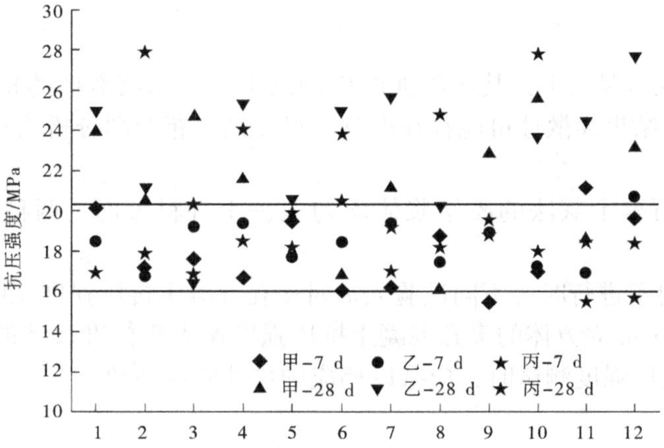

(c)不同人员检测结果离散情况

续图 4

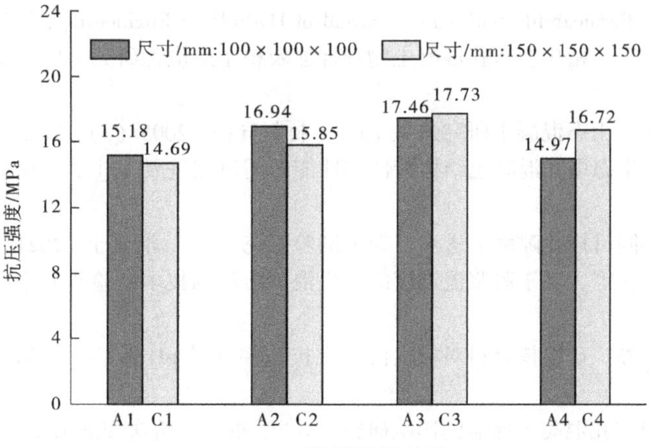

(a)7 d抗压强度结果

图 5　不同试件尺寸下的抗压强度结果

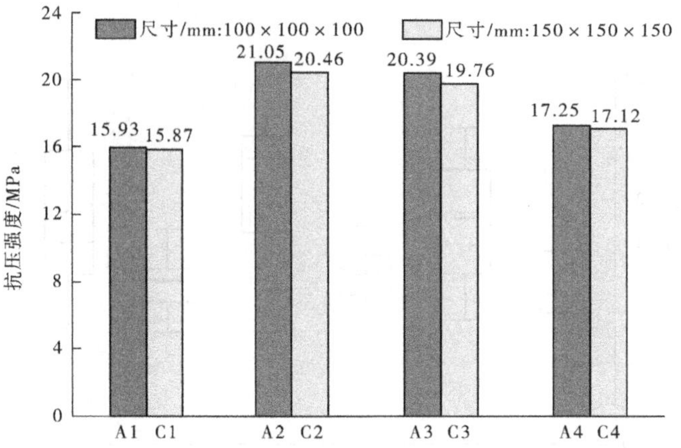

(b)28 d抗压强度结果

续图 5

4 结论

（1）多孔混凝土较普通混凝土，其抗压强度检测结果具有高离散性的特点，以往以均值误差法和标准差分析法判定试验结果离散性可能存在误判，可以结合箱线图分析法对试验结果的离散程度进行综合分析评判。

（2）水泥裹石法和石裹干灰法的胶结浆体均匀包裹于骨料表面，两种方法的抗压强度无明显差异。

（3）检测按照统一要求进行时，不同试验人员对多孔混凝土抗压强度无明显影响。

（4）同条件下，100 mm 立方体的多孔混凝土抗压强度略大于标准尺寸的检测结果，在采用非标准试件进行多孔混凝土抗压强度测试时，应乘以相应的尺寸效应系数。

参考文献

[1] 高婷，尹健，桑正辉，等．绿色生态混凝土研究进展［J］．商丘师范学院学报，2017，33（3）：46-50.

[2] DRAKE J，BRADFORD A，VAN SETERS T．Hydrologic Performance of Three Partial-Infiltration Permeable Pavements in a Cold Climate over Low Permeability Soil［J］．Journal of Hydrologic Engineering，2013，19（9）：159-169.

[3] 田砾，逄增铭，全洪珠，等．植生型多孔混凝土物理性能及植生适应性研究［J］．硅酸盐通报，2016，35（10）：3381-3386.

[4] 李化建，孙恒虎，肖雪军．生态混凝土研究进展［J］．材料导报，2005（3）：17-20，24.

[5] 熊优优，杨雁，崔天祥．生态多孔混凝土结构特性与性能匹配研究进展［J］．河南城建学院学报，2020，29（4）：35-39.

[6] 申明昊．基于体积法的不同目标孔隙率下透水混凝土试验研究［J］．混凝土，2021（9）：140-144，14.

[7] 吴光军，陈建国，郭燕友，等．基于胶浆流动度的植生混凝土配制技术试验研究［J］．新型建筑材料，2020，47（8）：61-64.

[8] 吴光军，陈建国，蒋涛，等．矿物掺合料对植生混凝土抗压强度及 pH 值的影响研究［J］．混凝土，2020（3）：85-88.

[9] 郭桂香．集料骨架结构对多孔混凝土性能的影响研究［D］．重庆：重庆交通大学，2016.

[10] 王爱勤，张承志，俞锋，等．透水混凝土试验方法研究［J］．混凝土与水泥制品，2019（12）：29-32.

[11] 徐仁崇，桂苗苗，龚明子，等．不同成型方法对透水混凝土性能的影响研究［J］．混凝土，2011（11）：129-131.

[12] 高建明，薛宝法，李学红．《生态型多孔混凝土物理力学性能试验方法》标准制定中的试验验证［J］．建筑砌块与砌块建筑，2013（4）：46-50.

东北严寒地区水电站有压引水隧洞安全检测及评价

董延超[1]　曲　洋[2]

（1. 中水东北勘测设计研究有限责任公司，吉林长春　130021；
2. 水利部松辽水利委员会，吉林长春　130021）

摘　要：云峰水电站地处东北严寒地区，工程已建成运行近60年，为确保水电站的安全运行，掌握有压引水隧洞衬砌结构质量情况，采取回弹检测、钻孔取芯、超声波等多种手段，对引水隧洞的混凝土强度、混凝土碳化、钢筋锈蚀等进行全面检测，并在检测成果分析的基础上，依据现行规范进行引水隧洞的安全性评价，为类似电站工程引水隧洞的安全评价提供技术依据。

关键词：有压引水隧洞；衬砌结构；质量检测；安全评价

1　前言

引水隧洞是水电站的重要组成部分，由于有压引水隧洞运行环境复杂，结构安全受到不良气候和地质条件的影响，早期建造的隧洞工程逐渐出现结构老化和损伤现象。为确保引水发电系统的安全稳定运行，做好建筑物维护管理，需定期与不定期按照缺陷检测、评估程序与方法开展水工隧洞安全检测与评估。水工隧洞混凝土检测多采用人工普查法与数字化检测相结合的形式，根据所获得的检测成果，结合勘察、设计、施工资料，以各类规范为准则，采取各种方法来评价引水隧洞的运行状况，对其结构的安全性做出评价，为工程存在的安全隐患采取修复和预防措施提供依据。

2　工程概况

云峰水电站位于中朝两国界河鸭绿江中上游，吉林省集安市境内，工程于1958年10月初开工建设，1967年4月竣工。工程是以发电为主，兼顾筏运、防洪、养鱼、航运和灌溉等综合效益的混合式水电站，电站装机容量400 MW，多年平均发电量15.23亿kW·h。

云峰水电站工程为一等大（1）型工程，工程枢纽由大坝、引水隧洞和地面发电厂房三部分组成。引水发电系统为2级建筑物，采用引水隧洞接地面厂房布置的方式。引水隧洞采用现浇钢筋混凝土衬砌，两条压力管道布置形式完全相同，采用平行布置方式，隧洞中心间距51.5 m，两条引水隧洞直径均为8.6 m，隧洞长度分别为775 m和759 m。

云峰水电站建成运行近60年，为确保电站安全运行，消除电站安全隐患，依据现行规范开展了引水隧洞安全检测和评价工作。

3　引水隧洞安全检测内容及评价

有压引水隧洞安全检测包括一般项目检测和专项检测。一般项目检测包括外观缺陷、裂缝、剥蚀、渗漏、附着物及沉积埋没、伸缩缝、施工缝工作状态等，专项检测包括混凝土抗压强度、抗渗性、碳化程度、混凝土保护层厚度和钢筋间距、钢筋锈蚀程度等。

3.1　一般项目检测

一般项目检测过程中，压力管道内表面存在附着物，经清洗露出表面混凝土。经过对两条引水隧

作者简介：董延超（1979—），男，硕士研究生，高级工程师，主要从事水工结构设计研究工作。

洞的检查，发现混凝土外观整体尚可，存在麻面和轻微骨料裸露；1#、2#引水隧洞混凝土分别发现裂缝 34 条和 47 条，裂缝分布主要为环向，渗漏主要集中在施工缝、结构缝和裂缝分布处，大部分为渗水，有钙质析出或渗漏现象，形成渗流仅 4 处，无影响结构安全的较大混凝土缺陷。

3.2 专项检测

3.2.1 混凝土抗压强度

混凝土抗压强度检测采用回弹法和钻孔取芯法相结合的形式[1,4]。在回弹检测的基础上，钻取少量芯样对无损检测方法进行验证，以使检测结果更加完善、可靠。

（1）混凝土回弹法抗压强度检测。

结合各检测面的实际情况，混凝土回弹法检测在两条引水隧洞共布设 28 个部位。引水隧洞混凝土抗压强度回弹检测成果见表 1。

表 1 引水隧洞混凝土抗压强度回弹法检测成果

检测部位		强度推定值/MPa	检测部位		强度推定值/MPa
1#引水隧洞	桩号 0+005（左侧）	35.5	2#引水隧洞	桩号 0+005（左侧）	33.8
	桩号 0+050（右侧）	31.6		桩号 0+050（右侧）	31.0
	桩号 0+100（左侧）	30.6		桩号 0+100（左侧）	35.7
	桩号 0+150（右侧）	35.5		桩号 0+150（右侧）	32.5
	桩号 0+200（左侧）	32.8		桩号 0+200（左侧）	31.3
	桩号 0+250（右侧）	34.9		桩号 0+250（右侧）	32.6
	桩号 0+300（左侧）	30.8		桩号 0+300（左侧）	35.6
	桩号 0+350（右侧）	35.3		桩号 0+350（右侧）	34.4
	桩号 0+400（左侧）	34.5		桩号 0+400（左侧）	31.9
	桩号 0+450（右侧）	34.5		桩号 0+450（右侧）	33.7
	桩号 0+500（左侧）	31.2		桩号 0+500（左侧）	34.7
	桩号 0+550（右侧）	32.7		桩号 0+550（右侧）	30.3
	桩号 0+600（左侧）	35.1		桩号 0+600（左侧）	34.5
	桩号 0+650（右侧）	31.9		桩号 0+650（右侧）	30.1

（2）混凝土钻孔取芯法抗压强度检测。

有压引水隧洞混凝土衬砌属于薄壁结构，为减少钻孔取芯对隧洞结构的影响，每条引水隧洞选取 4 处位置进行混凝土取芯。引水隧洞混凝土芯样性能指标检测结果见表 2，引水隧洞混凝土抗压强度钻孔取芯法与回弹法混凝土检测结果对照见表 3。

表 2 引水隧洞混凝土芯样性能指标检测结果

隧洞编号	检测取芯位置	强度试验测定值/MPa	弹性模量试验测定值/MPa
1#引水隧洞	桩号 0+030（左侧）	33.8	—
	桩号 0+032（右侧）	34.6	2.81×10^4
	桩号 0+673（左侧）	33.2	—
	桩号 0+675（右侧）	34.9	—

续表 2

隧洞编号	检测取芯位置	强度试验测定值/MPa	弹性模量试验测定值/MPa
2#引水隧洞	桩号 0+029（左侧）	35.3	—
	桩号 0+027（右侧）	34.9	2.83×10^4
	桩号 0+662（左侧）	33.9	—
	桩号 0+660（右侧）	35.1	—

表 3　引水隧洞混凝土抗压强度钻孔取芯法与回弹法混凝土检测结果对照

隧洞编号	芯样试件混凝土强度/MPa	回弹法推定混凝土强度值/MPa
1#引水隧洞	33.2~34.9	30.6~35.5
2#引水隧洞	33.9~35.3	30.1~35.7

有压引水隧洞原设计衬砌混凝土强度为 R250 和 R200，相当于现行强度等级为 C24 和 C19，由检测结果可知，回弹法与钻孔取芯法检测得到混凝土强度值基本一致，混凝土结构存在一定的超强现象，大于原设计混凝土强度，且能满足现行规范 C25 的设计要求，混凝土弹性模量值均大于现行规范 C25 混凝土弹性模量。

3.2.2　混凝土保护层厚度和钢筋间距检测

本次采用电磁感应法钢筋探测仪检测混凝土保护层和钢筋间距，两条引水隧洞每条检测 14 组，钢筋间距检测结果与设计偏差在-12~15 mm；钢筋保护层厚度检测结果与设计偏差在-5~19 mm，混凝土保护层厚度和钢筋间距与原设计基本一致。

3.2.3　混凝土碳化检测

碳化深度检测在混凝土强度回弹法检测完毕后进行，用冲击钻在回弹值的测区内，使用酚酞乙醇溶液对混凝土碳化深度进行检测，两条引水隧洞每条检测 14 组，每组在回弹值的测区内钻一个直径 20 mm、深 70 mm 的孔洞，用 1%的酚酞乙醇溶液滴在孔洞内壁的边缘处，再用钢尺测量混凝土碳化深度。衬砌混凝土碳化深度检测结果显示，检测得到衬砌混凝土碳化深度范围为 3.0~4.5 mm，均大于 0.4 mm，表明衬砌混凝土已发生碳化，由于衬砌混凝土碳化深度较小且远小于混凝土保护层厚度，暂不影响结构安全。

3.2.4　钢筋锈蚀检测

钢筋锈蚀采用仪器检测和综合分析评定，利用钢筋锈蚀测量仪测量，根据混凝土中钢筋表面各点的电位评定钢筋的锈蚀发生概率。两条引水隧洞内各检测 14 组，检测部位电位值范围-110~10 mV，检测电位值高于-200 mV，不发生锈蚀的概率大于 90%，综合外观检查、碳化深度测量结果及电位法检测结果，判定所检测线段钢筋基本未发生锈蚀。

3.2.5　混凝土钻孔取芯法抗渗等级检测

有压引水隧洞衬砌混凝土抗渗性能检测采用混凝土芯样抗渗性检测方法，每条压力管道取 4 组芯样进行试验。混凝土抗渗芯样加工成直径 100 mm、高度 150 mm 的圆柱体试件，每组芯样利用高强度砂浆包裹，制作成上口直径 175 mm、下口直径 185 mm、高 150 mm 的截头圆锥体标准抗渗芯样，养护 3 d 后进行试验。试验采用逐级加压法进行，水压从 0.1 MPa 开始，每隔 8 h 增加 0.1 MPa 水压，当 6 个试件中超过 2 个试件表面出现渗水时，或加至规定压力在 8 h 内 6 个试件中表面渗水试件不超过 2 个时，即可停止试验，并记下此时的水压力。混凝土的抗渗等级应以每组 6 个试件中表面渗水超过 2 个时的最小水压力乘以 10 来确定。检测结果显示，引水隧洞衬砌混凝土抗渗等级全部达到 W10，满足现行规范抗渗等级的最小允许。

4 引水隧洞结构安全复核

4.1 设计基本参数

引水发电系统有压引水隧洞为2级建筑物。隧洞衬砌采用圆形钢筋混凝土结构，内径8.6 m，其中4类衬砌厚0.5 m，5类衬砌厚1.7 m，其余类型衬砌厚度均为0.7 m。

引水隧洞衬砌混凝土采用R250（5类衬砌）和R200（其余类型衬砌），换算为现行强度等级为C24和C19，检测得到混凝土强度为33.2~35.3 MPa，大于现行规范最小混凝土强度等级C25要求，复核计算混凝土强度采用C25。工程采用钢筋为3号圆钢，抗拉强度设计值240 N/mm^2。

4.2 计算方法

引水隧洞深埋地下，其结构按照弹性厚壁圆筒原理，考虑弹性抗力作用，衬砌结构内力计算方法采用公式法和边界值法求解[5]。衬砌结构按承载能力极限状态进行截面强度计算，按正常使用极限状态进行裂缝验算，按允许出现裂缝进行限裂设计[2]。

4.3 计算工况和荷载组合

引水隧洞深埋于地下，主要荷载有衬砌自重、内水压力、外水压力、围岩压力和围岩弹性抗力，计算不考虑温度荷载、地震荷载。隧洞已建成投运，按正常运行工况和检修养护工况进行计算，引水隧洞的计算工况及荷载组合见表4，各计算工况主要荷载参数见表5。

表4 引水隧洞承载能力极限状态和正常使用极限状态计算工况及荷载组合

设计状况	作用效应组合	计算工况	荷载名称				
			围岩压力	衬砌自重	净水压力	水击压力	外水压力
持久状况	基本组合/标准组合	正常运行工况	√	√	√	√	√
短暂状况	基本组合/标准组合	检修工况	√	√	×	×	√

表5 各计算工况主要荷载参数

衬砌类别	内水水头/m		外水水头/m		单位弹性抗力系数/(MN/m^3)
	正常运行工况	检修工况	正常运行工况	检修工况	
1	53.3	0	33.5	53.6	20 000
2	50.0	0	53.6	80.4	2 500
3	49.5	0	78.0	78.0	750
4	60.7	0	26.5	42.4	10 000
5	54.5	0	40.0	100	300
6	54.9	0	40.0	60.0	2 000

4.4 结构安全复核结果

结合有压引水隧洞布置和围岩情况，依据有压引水隧洞衬砌类别分为6类衬砌6个计算断面。依据水工隧洞和水工混凝土结构等设计规范[5-6]的有关规定，进行引水隧洞衬砌的配筋计算和裂缝验算。引水隧洞结构复核成果见表6。

表 6 引水隧洞结构复核成果

衬砌类别	衬砌厚度/m	计算内侧配筋	计算外侧配筋	实际内侧配筋	实际外侧配筋	最大裂缝宽度/mm	裂缝宽度限制值/mm	备注
1	0.7	ϕ 20@ 20	ϕ 20@ 20	ϕ 16@ 20	—	不开裂	0.25	不满足最小配筋率
2	0.7	ϕ 20@ 20	ϕ 20@ 20	ϕ 28@ 18	ϕ 22@ 18	0.01	0.25	满足现行规范
3	0.7	ϕ 20@ 20	ϕ 20@ 20	ϕ 16@ 20/ ϕ 19@ 20	ϕ 16@ 20	0.09	0.25	不满足最小配筋率
4	0.5	ϕ 16@ 20	ϕ 16@ 20	ϕ 16@ 20	—	0.02	0.25	满足现行规范
5	1.7	ϕ 32@ 20（构造）	ϕ 32@ 20（构造）	2 ϕ 22@ 20/ ϕ 25@ 20	ϕ 25@ 20	0.04	0.25	不满足最小配筋率
6	0.7	ϕ 20@ 20	ϕ 20@ 20	ϕ 19@ 20	ϕ 19@ 20/ ϕ 16@ 20	0.01	0.25	不满足最小配筋率

由结构安全强度复核结果可见，各工况引水隧洞各类衬砌实际配筋满足结构承载力要求，但除2、4类衬砌外，其余衬砌均不满足现行规范钢筋混凝土结构最小配筋率的要求。正常使用极限状态最大裂缝宽度均小于裂缝宽度限值，满足现行规范要求。

4.5 结构安全评价

（1）引水隧洞各类衬砌结构承载能力极限状态验算均满足现行规范要求，正常使用极限状态最大裂缝宽度均小于裂缝宽度限值，满足现行规范要求，引水隧洞结构受力满足安全要求。除有2、4类衬砌外，其余衬砌局部配筋不满足现行规范最小配筋率构造要求，由于承载力安全系数有一定余度，不影响结构安全运行。

（2）引水隧洞混凝土强度 R250 和 R200，相当于现行规范 C24 和 C19，混凝土检测强度为 33.2~35.3 MPa，满足现行规范最低强度等级 C25，现场检测混凝土抗渗等级为 W10，满足现行规范抗渗等级 W10，混凝土强度和抗渗等级均满足设计要求。

5 结论

云峰水电站是东北严寒地区的早期电站，工程建筑物运行近 60 年，为全面掌握电站有压引水系统运行状况，在工程现状调查的基础上，采取安全检测和结构复核相结合的方式，进行了有压引水隧洞的安全检测和结构安全性评价工作。

（1）检测结果表明，有压引水隧洞整体外观质量尚可，混凝土强度和抗渗等级满足原设计要求，有压引水隧洞衬砌混凝土已发生碳化，碳化深度较小且远小于混凝土保护层厚度，暂不影响结构安全，钢筋基本未发生锈蚀，隧洞混凝土强度、抗渗等级满足现行规范要求，混凝土安全检测指标基本满足标准要求，不影响电站的安全运行。

（2）结构安全复核结果表明，引水隧洞混凝土结构强度和裂缝宽度，均在规范允许的限值指标范围内，承载力安全系数有一定余度，不影响结构安全运行。

（3）虽然现在的引水隧洞混凝土质量尚能维持工程运行，但考虑该建筑物投入运行时间长、局部存在裂缝缺陷，建议结合隧洞运行检修情况，择机采取加固处理措施消除缺陷，提高结构耐久性和安全性。

参考文献

[1] 赵明志，负桂鑫，郝志辉，等．引滦输水隧洞衬砌混凝土质量检测方法及评价［J］．海河水利，2017（7）：108-111.

[2] 苏旭华，张晓宁．红花寺水库输水隧洞结构安全复核及防渗加固修复处理［J］．甘肃水利水电技术，2017（5）：15-17.

[3] 杨武，谭剑波．天生桥水库输水隧洞安全复核及除险加固设计［J］．浙江水利水电学院学报，2016（8）：36-39.

[4] 胡明罡，高云柱．潮河泄空隧洞混凝土结构安全检测及评估［J］．水利建设与管理，2016（11）：72-74.

[5] 国家能源局．水工隧洞设计规范：NB/T 10391—2020［S］．北京：中国水利水电出版社，2020.

[6] 国家能源局．水工混凝土结构设计规范：NB/T 11011—2022［S］．北京：中国水利水电出版社，2022.

外加剂对混凝土表面气泡影响试验研究

李禄禄[1]　韩德强[2]　王长征[2]　张双兵[3]

（1. 江河安澜工程咨询有限公司，河南郑州　450000；
2. 新疆库尔干水利枢纽工程建设管理中心，新疆喀什　844000；
3. 陕西正创工程检测有限公司，陕西西安　710000）

摘　要：选取不同厂家外加剂，按照先减水剂后引气剂的顺序分别对 C35F200W8 混凝土配合比中外加剂进行替换并进行室内试拌，通过测量含气量及气泡数量，研究外加剂对混凝土表面气泡影响因素。试验结果表明：在外加剂层面，减水剂是造成该工程 C35F200W8 混凝土表面气泡较多的重要原因；混凝土含气量大小与混凝土表面气泡大小无直接关系，品质优秀的外加剂引入气泡直径较小且均匀，在振捣过程中气泡稳定，不易汇集成大气泡；混凝土气泡状况改善后，硬化混凝土气泡比表面积和气孔间距系数明显提高。

关键词：外加剂；混凝土表面气泡；气孔参数；含气量；配合比

1　前言

混凝土表面气泡的存在，不仅影响建筑物的外观质量，还影响混凝土结构的耐久性。造成混凝土表面气泡的原因众多，如原材料、配合比以及施工工艺等。国内外学者对混凝土表面气泡的成因和影响因素等做了大量研究，王迎春等对三峡工程混凝土表面气泡形成原因进行了分析。方小利等[1]、李炜等[2]、艾红梅等[3] 对混凝土原材料对混凝土表面气泡的影响进行了研究。方小利等[1] 认为机制砂含泥量对混凝土含气量及硬化外观气孔分布具有一定影响。李炜等[2] 认为砂级配对混凝土含气量具有一定影响。艾红梅等[3] 研究了粉煤灰品质，如掺量、含碳量、细度等对混凝土含气量的影响。罗祥[4]、李炜等[5]、温金保等[6] 对外加剂对混凝土含气量的影响进行了研究，结果表明温度对引气剂的作用效果以及引气稳定性具有一定影响，引气剂和消泡剂复掺可以改善混凝土的外观形貌。徐海源等[7]、付昌会[8] 对施工工艺对混凝土表面气泡的影响进行了研究，徐海源等[7] 认为水溶性脱模剂对混凝土外观的改善效果优于油类脱模剂，付昌会[8] 研究发现搅拌方式对混凝土含气量具有一定影响。

新疆库尔干水利枢纽位于新疆克孜勒苏柯尔克孜自治州阿克陶县境内库山河中游河段，是库山河的控制性水利枢纽工程。工程等别为Ⅱ等，工程规模为大（2）型。枢纽主要由沥青混凝土心墙坝，右岸溢洪道、右岸无压泄洪冲沙兼导流洞、发电引水洞、坝后式厂房、生态放水管及过鱼建筑物等组成。水库总库容 1.24 亿 m^3，最大坝高 82 m，电站装机容量 24 MW。工程在泄洪冲沙兼导流洞和发电引水洞施工过程中发现，混凝土拆模后表面气泡较多，且气泡直径大于 1 mm 的偏多，给工程外观质量带来了一定影响。因此，极有必要对工程混凝土表面气泡成因及影响因素进行研究，改善工程外观质量。影响混凝土表面气泡的因素较多，如地理位置、气候环境、原材料以及施工工艺等，本文重点研究了外加剂，如减水剂、引气剂以及消泡剂等对混凝土表面气泡的影响，其他因素的影响将在后续研究中进行。通过室内试验，研究了不同类型减水剂和引气剂、是否掺加消泡剂等对混凝土含气量、表面气泡分布的影响，以及不同厂家减水剂和引气剂的适应性。通过硬化混凝土气孔检测，研究了外加剂对混凝土表面气泡参数的影响。分析不同外加剂对混凝土表面气泡的影响程度，比选出最适应的

作者简介：李禄禄（1995—），男，硕士，工程师，主要从事水利工程检验检测等相关工作。

减水剂与引气剂组合，并在工程实体上对研究结果进行验证。研究成果对解决外加剂对混凝土表面气泡的影响具有重要的指导意义。

2 试验方案

2.1 原材料及配合比

试验选用工程中使用较多的 C35F200W8 二级配泵送混凝土进行试验，配合比见表 1。其中，粗细骨料为工程所在库山河天然河道骨料，水泥为当地生产的 P · HSR42.5 水泥，粉煤灰为当地生产的 F 类 Ⅰ 级粉煤灰，拌和水为库山河天然河道水，减水剂和引气剂选用不同厂家进行对比研究。所有原材料均检验合格，并且一次备料充足，保证后续试验各原材料品质稳定。

表 1 C35F200W8 混凝土配合比

水胶比	粉煤灰掺量/%	砂率/%	减水剂掺量/%	引气剂掺量/‰	坍落度要求/mm	含气量要求/%
0.38	20	40	1.0	3.0	170~190	4.5~6.5

单位材料用量/（kg/m^3）

水	水泥	粉煤灰	减水剂	引气剂	砂	小石	中石	大石
145	306	76	3.82	0.115	777	583	583	—

2.2 试验方法

混凝土拌合物室内拌和以及拌合物坍落度、含气量测定均依据《水工混凝土试验规程》（SL/T 352—2020）进行。混凝土拌合物坍落度、含气量等测定完成后，采用 150 mm×150 mm×150 mm 的抗压试模成型试块，各试验工况下试模光滑程度相同，涂抹同种脱模剂。为便于观察抗压试块表面气泡，试件成型时一次装模，振动台振动 20 s，四面不进行插捣，24 h 后拆模进行标准养护。

试验采用单一变量控制的方法，研究某一影响因素时，其余因素均相同。由于不同减水剂减水率不同，试验通过调节减水剂掺量控制混凝土坍落度在 170~190 mm。

为研究试块表面气泡分布情况，采用人工计数和读数显微镜相结合的方法，分别统计一组 3 个试块 4 个侧面直径大于 1 mm 和大于 3 mm 的气泡数量，结果求平均值作为该组试验结果。

2.3 试验方案

首先，在配合比和其余原材料不变的情况下，选取不同厂家的减水剂进行试验，比较不同厂家减水剂对混凝土试块表面气泡的影响程度，比选出最佳的减水剂。然后，用比选出的最佳减水剂和不同厂家的引气剂进行试拌，比较不同厂家引气剂对混凝土试块表面气泡的影响程度，比选出最佳的减水剂和引气剂组合。最后，选取混凝土原配比成型试块、配合比调整后成型试块进行切片，依据《水工混凝土试验规程》（SL/T 352—2020）进行混凝土气泡参数试验，测定不同试块切片的硬化混凝土含气量、气泡比表面积以及气孔间距系数等参数。

3 试验结果分析

3.1 室内试验结果分析

3.1.1 减水剂

试验选用 5 种不同厂家生产的聚羧酸高性能减水剂，根据产地和来源不同，分别命名为山西减水剂、乌鲁木齐减水剂、和田减水剂、大石峡减水剂和库尔楚减水剂。其中，山西减水剂为原配比中减水剂，各减水剂掺量及拌合物状态见表 2。从表 2 中可以看出，由于不同厂家减水剂的减水率不同，其掺量也不同，最终拌合物坍落度均在 170~190 mm，满足试验要求。将不同减水剂掺量条件下混凝土拌合物含气量统计结果绘制如图 1 所示，将不同减水剂条件下混凝土试块表面气泡分布统计结果绘制如图 2 所示。

表2　不同减水剂掺量及混凝土拌合物状态统计

产地	外加剂掺量/%		坍落度/mm	含气量/%
	减水剂	引气剂		
山西减水剂（原配比）	0.70	4/万	190	4.6
和田减水剂	1.00	4/万	185	5.0
乌鲁木齐减水剂	0.35	4/万	190	5.1
库尔楚减水剂	1.00	4/万	170	3.1
大石峡减水剂	0.80	4/万	175	3.5

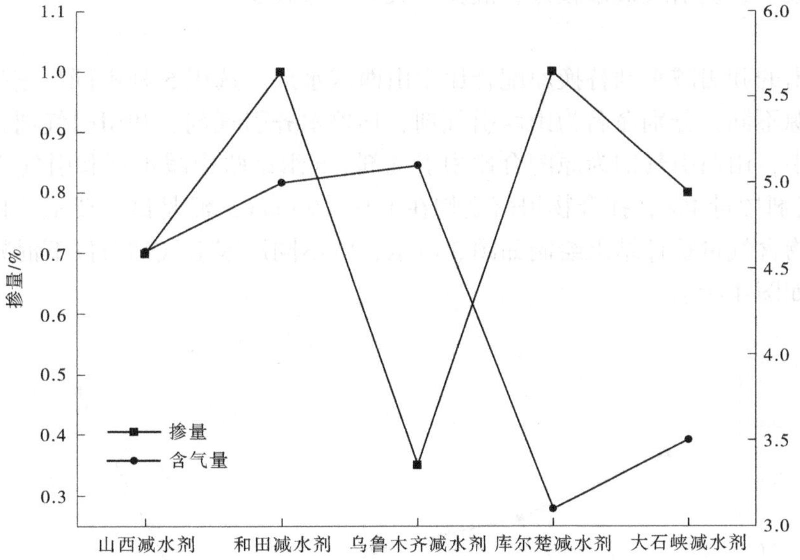

图1　不同减水剂掺量与含气量关系

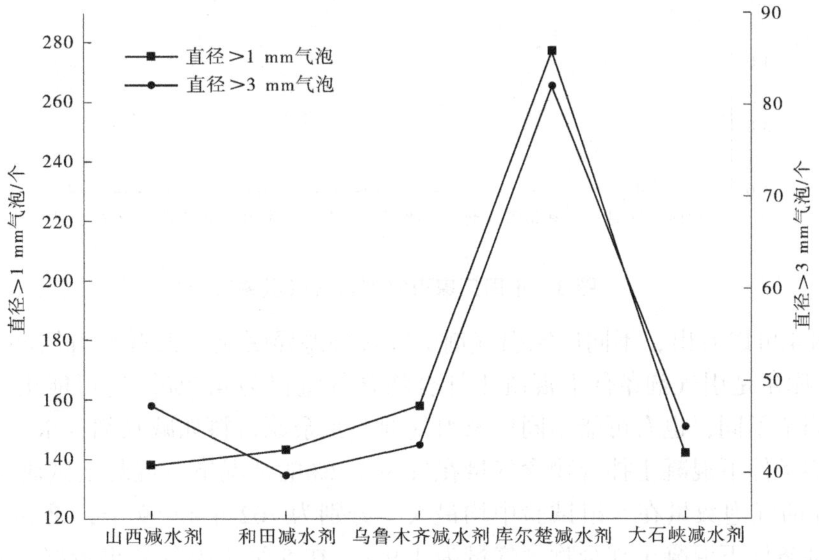

图2　不同减水剂气泡对比

从表 2 和图 1 可以看出，当控制坍落度在 170~190 mm 范围内时，不同厂家减水剂掺量有所不同，如乌鲁木齐减水剂掺量最低，仅为 0.35%，但在 5 组中含气量最高，达到 5.1%。可见，不同厂家减水剂的减水率和引起效果有所差异，这与减水剂的化学组成以及含固量等参数有关。

结合图 1、图 2 可以发现，不同厂家减水剂引起的含气量大小与混凝土表面气泡大小无直接关系。如相同产量下，和田减水剂条件下混凝土拌合物含气量为 5.0%，混凝土表面直径大于 1 mm 的气泡数量仅为 143 个，直径大于 3 mm 的气泡仅为 40 个，而库尔楚减水剂条件下混凝土拌合物含气量仅为 3.1%，混凝土表面直径大于 1 mm 的气泡数量达 277 个，直径大于 3 mm 的气泡达 82 个。由此可见，不同厂家减水剂引入气泡的质量不同，气泡的质量指标常有气泡直径分布、气泡稳定性等。品质优秀的减水剂引入气泡直径较小且均匀，在振捣过程中气泡稳定，不宜汇集成大气泡。品质较差的减水剂引入有害气泡较多，进而引起混凝土表面气泡较多、较大。通过 5 个厂家减水剂比选，和田减水剂虽然掺量相对较大，但引气效果较好，混凝土表面气泡较少。

3.1.2 引气剂

采用已经比选出的和田减水剂替换原配合比中山西减水剂，选用 5 种不同厂家生产的 AE 型引气剂，根据产地和来源不同，分别命名为山西引气剂、乌鲁木齐引气剂、和田引气剂、大石峡引气剂和库尔楚引气剂。其中，山西引气剂为原配合比中引气剂。5 组试验中减水剂和引气剂掺量均相同，减水剂掺量 1%，引气剂掺量 4‰，拌合物坍落度均在 170~190 mm，满足试验要求。将不同厂家引气剂条件下混凝土拌合物含气量统计结果绘制如图 3 所示，将不同厂家引气剂条件下混凝土试块表面气泡分布统计结果绘制如图 4 所示。

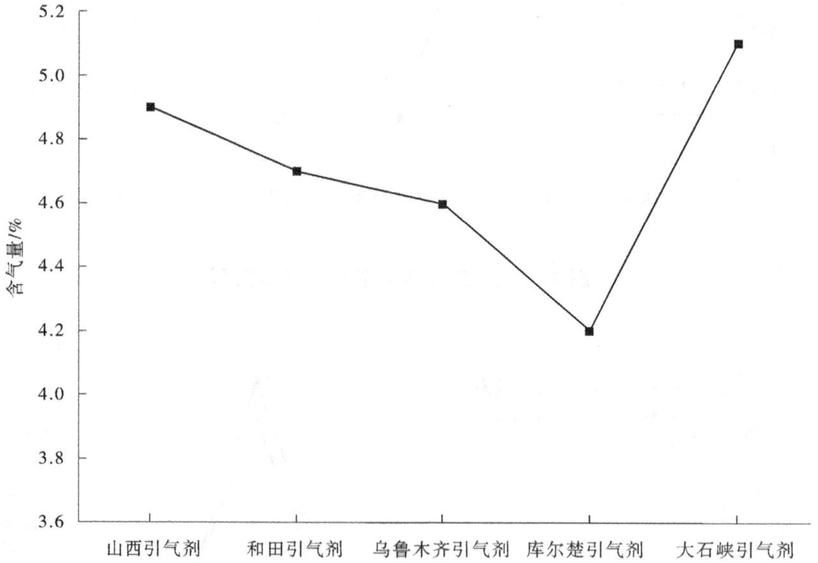

图 3 不同厂家引气剂与含气量关系

结合图 3、图 4 可以看出，不同厂家引气剂引气效果差异明显。大石峡引气剂条件下混凝土拌合物含气量 5.1%，库尔楚引气剂条件下混凝土拌合物含气量仅为 4.2%。这可能由于不同厂家引气剂化学组成以及含固量不同，也有可能不同厂家引气剂与其余原材料如减水剂、水泥等的适应性不同。

库尔楚引气剂条件下混凝土拌合物含气量在仅为 4.2%的情况下，混凝土试块表面直径大于 1 mm 和直径大于 3 mm 的气泡数量在 5 组试验中均最大，分别为 702 个和 59 个，是其余几组数量的 2~3 倍。而山西引气剂条件下混凝土拌合物含气量为 4.9%，在 5 组中引气效果较好，并且混凝土试块表面直径大于 1 mm 和直径大于 3 mm 的气泡数量在 5 组试验中均最小，分别仅为 134 个和 25 个。可见，原配合比中的山西引气剂在 5 组试验中作用效果最好。

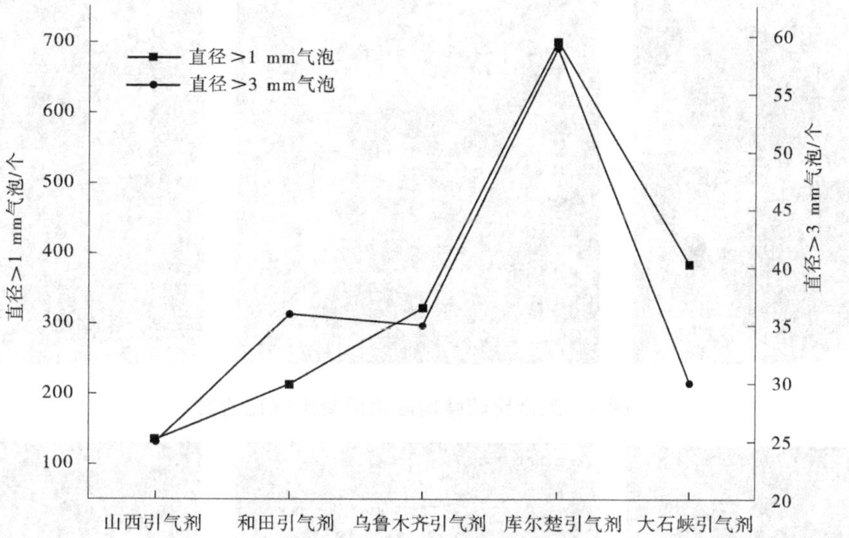

图 4　不同引气剂气泡对比

同时，比较原配比山西减水剂+山西引气剂组合与替换减水剂后和田减水剂+山西引气剂组合发现，2 种情况下混凝土拌合物含气量基本相同，混凝土试块表面直径大于 1 mm 气泡数量也基本相同，而山西减水剂+山西引气剂组合下直径大于 3 mm 气泡数量为和田减水剂+山西引气剂组合下的 2 倍左右，分别为 48 个和 25 个。可见，和田减水剂与山西引气剂适应效果更好。

3.2　混凝土气泡参数试验结果分析

通过不同厂家减水剂和引气剂的不同组合混凝土室内试拌，发现替换原配比中减水剂对混凝土表面气泡影响较大，而替换原配比中引气剂对混凝土表面气泡影响不明显。为了进一步验证试验结果，选取原配比混凝土试块切片和替换减水剂后混凝土试块切片依据《水工混凝土试验规程》（SL/T 352—2020）进行硬化混凝土气孔检测，测定配合比调整前后气孔参数的变化，试验结果见表 3、图 5 和图 6。

表 3　配合比调整前后硬化混凝土气孔参数的变化

配合比	硬化混凝土含气量/%	气泡比表面积/(mm^2/mm^3)	气孔间距系数/μm	气泡频率/mm^{-1}
调整前	10.8	91.3	27.6	2.43
调整后	8.81	117	53.1	0.827

从图 5、图 6 可以看出，在配合比调整前，硬化混凝土内部气泡气孔直径较大，且气孔直径分布不均匀；配合比调整后，即更换减水剂后，硬化混凝土内部气泡气孔直径较小，且气孔直径分布均匀。表 3 也验证了上述结果，配合比调整后硬化混凝土气泡比表面积和气孔间距系数明显提高，说明配合比调整后硬化混凝土气泡直径明显变小，且气泡直径更加均匀。硬化混凝土气孔检测结果与室内试验结果一致，说明在外加剂层面，减水剂是造成混凝土表面气泡较多的主要原因。减水剂引气混凝土表面气泡较多具体原因较多，如减水剂与水泥不适应、减水剂自身引气效果不稳定等，该问题将在后续工作中进一步深入研究。

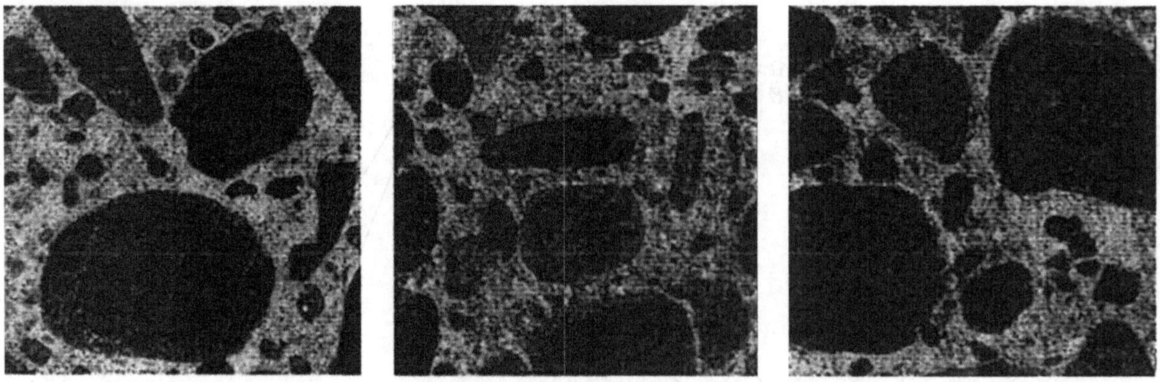

图 5　配合比调整前硬化混凝土气孔情况

图 6　配合比调整后硬化混凝土气孔情况

4　结论

通过选取不同厂家外加剂，按照先减水剂，后引气剂的顺序分别对 C35F200W8 混凝土配合比中外加剂进行替换并进行室内试拌，通过测定混凝土拌合物的含气量以及硬化混凝土气泡数量，研究了外加剂对混凝土表面气泡影响因素，并通过硬化混凝土气孔检测，对室内试验成果进行验证。试验结果表明：

（1）在外加剂层面，替换减水剂后混凝土表面气泡明显减少，而替换引气剂后混凝土表面气泡变化不明显。可见，减水剂是造成该工程 C35F200W8 混凝土表面气泡较多的重要原因。

（2）混凝土含气量大小与混凝土表面气泡大小无直接关系。而与气泡直径分布以及气泡稳定性等有关。品质优秀的外加剂在提高含气量的同时，引入气泡直径较小且均匀，在振捣过程中气泡稳定，不易汇集成大气泡，混凝土外观质量较好。

（3）混凝土气泡状况改善后，硬化混凝土气泡比表面积和气孔间距系数明显提高。

参考文献

[1] 方小利，李炜，王安书，等．机制砂含泥量对混凝土气泡参数的影响研究［J］．新型建筑材料，2022，49（6）：108-111.

[2] 李炜，陆加越，赵少鹏，等．砂级配对混凝土气泡参数的影响研究［J］．混凝土与水泥制品，2017（2）：29-32.

[3] 艾红梅，孔靖勋，朱苏峰，等．大掺量粉煤灰海工混凝土含气量与气泡参数研究［J］．混凝土，2015（8）：104-107.

[4] 罗祥．引气剂低温作用效果及其温度敏感性机理［D］．北京：中国建筑材料科学研究总院，2022.

[5] 李炜，陆加越，刘浩，等．消泡剂和引气剂复掺对混凝土气泡参数及外观形貌的影响［J］．混凝土，2016（8）：

103-106.
[6] 温金保，樊金光，唐修生，等. 外加剂对机制砂混凝土表面气泡参数影响试验研究［J］. 新型建筑材料，2021，48（11）：129-132.
[7] 徐海源，沙建芳，陆加越，等. 聚羧酸混凝土表观气泡影响因素及改进研究［J］. 混凝土与水泥制品，2013（7）：11-14.
[8] 付昌会. 搅拌方式对水泥混凝土含气量与性能影响的研究［D］. 西安：长安大学，2011.

喷射混凝土初凝时间原位测试方法研究

宁逢伟[1,2]　隋　伟[1]　褚文龙[1]　罗阳阳[1]　赵　明[1]

（1. 中水东北勘测设计研究有限责任公司，吉林长春　130021；
2. 南京水利科学研究院，江苏南京　210024）

摘　要：针对喷射混凝土初凝时间无法原位测试、现场工艺参数调节缺少可靠依据的技术难题，对初凝时间测试装置与方法进行探究，研发了由弹击能量调节系统、测钉发射系统、测钉切换系统和自动记录系统构成的试验装置，根据测钉实际贯入深度和对应的发射时间推算初凝时间。结合具体工程实例，实现了初凝时间的原位测试，并且该装置自带能源，体积小、质量轻，便携性强，能够满足初凝前后、凝结状态快速演化的高频次测试需求。

关键词：喷射混凝土；初凝时间；原位测试；便携式；插值法

1　引言

喷射混凝土是地下工程支护、边坡加固等领域最重要的建筑材料之一，喷射施工工艺机动灵活，不必搭设模板，能够适应各种异型断面[1]。混凝土喷射至工作面后，凝结硬化快，早期强度高，可快速发挥承载作用，及时恢复围岩稳定，在保障地下工程安全有效运行方面发挥着举足轻重的作用[2]。

喷射混凝土初凝时间对施工阶段的塑性黏附力、一次喷射厚度、回弹率等影响显著，也是揭示混凝土瞬时冲击与反弹机制的关键技术指标之一[3]。然而，混凝土与速凝剂接触后急剧水化，极短时间内完成初凝，目前仍没有可靠的方法和设备用于测试喷射混凝土初凝时间。

混凝土初凝时间一般采用贯入阻力仪测试，试验前必须先将混凝土过 5 mm 圆孔筛，采用通过筛孔的砂浆测试初凝时间。由于喷射混凝土一般在 1~5 min 内初凝，可操作时间短，常规过筛、取样工序无法落实[4]。此外，贯入阻力仪体型大，需外接电源才可使用，而喷射混凝土只能在现场取样，施工条件复杂，传统方法实用性差[5]。

当前，喷射混凝土的初凝时间主要通过测试净浆初凝时间来间接反映，它是一种室内检验速凝剂品质的方法，通常将特定速凝剂掺量下测得的净浆初凝时间近似看成喷射混凝土的初凝时间，这是极不科学的[6]。首先，室内制备净浆样品时，速凝剂加入水泥浆后，通过快速搅拌振动成型，这与喷射施工中速凝剂雾化掺入混凝土射流的方式差别较大。正常施工速凝剂混入混凝土后，不会再受到外力扰动。而室内检测时，快速搅拌会破坏速凝剂与水泥快速反应形成的絮凝结构，凝结硬化过程与现场不一致。其次，室内试验和现场喷射施工配合比中速凝剂的有效成分用量具有显著差别，室内试验时，制备净浆需扣除速凝剂中固含量以外的水[7]，一般为速凝剂质量的 50%~60%[8-9]。而工程现场直接将预拌混凝土与速凝剂混合，不扣除固含量以外的水[3]。室内试验扣除固含量以外的水相当于水胶比发生了变化，这对初凝时间的影响是显著的[10]。最后，工程现场喷射混凝土初凝时间的影响因素极为复杂，包括速凝剂的品质波动、速凝剂与混凝土流量的匹配性、混凝土自身的凝结硬化速度

基金项目：中水东北勘测设计研究有限责任公司科技计划项目（202406）。

作者简介：宁逢伟（1986—），男，吉林长春人，博士，高级工程师，主要从事水工混凝土功能防护及病害诊治研究工作。

等。室内的净浆试验很难反映现场的真实情况，无法直接指导喷射施工。研发一种直接测试喷射混凝土初凝时间的设备和方法是根本解决途径。

针对上述问题，从操作便携性和数据可靠性两个角度出发，由弹击能量调节系统、测钉发射系统、测钉切换系统和自动记录系统 4 个关键技术环节入手，研发了一种便携式喷射混凝土初凝时间测试装置，探讨了贯入深度与初凝时间的相关关系，可为快速调节喷射混凝土现场工艺参数提供数据支撑。

2 初凝时间原位测试装置构思与设计

初凝时间测试装置由弹击能量调节系统、测钉发射系统、测钉切换系统和自动记录系统共 4 部分组成，如图 1 所示。弹击能量调节系统通过压缩特定长度的弹簧，设置初始弹击能量。测钉发射系统可将储备的弹击能量传递给测钉，为测钉发射提供动力。测钉切换系统可快速更换测钉，便于连续测试。自动记录系统能够记录测钉逐次发射时间，根据测钉实际贯入深度和对应的发射时间推算喷射混凝土的初凝时间。测钉钉身有显著的初凝时间刻度标记，测钉截面为圆形，端部截面为正方形。

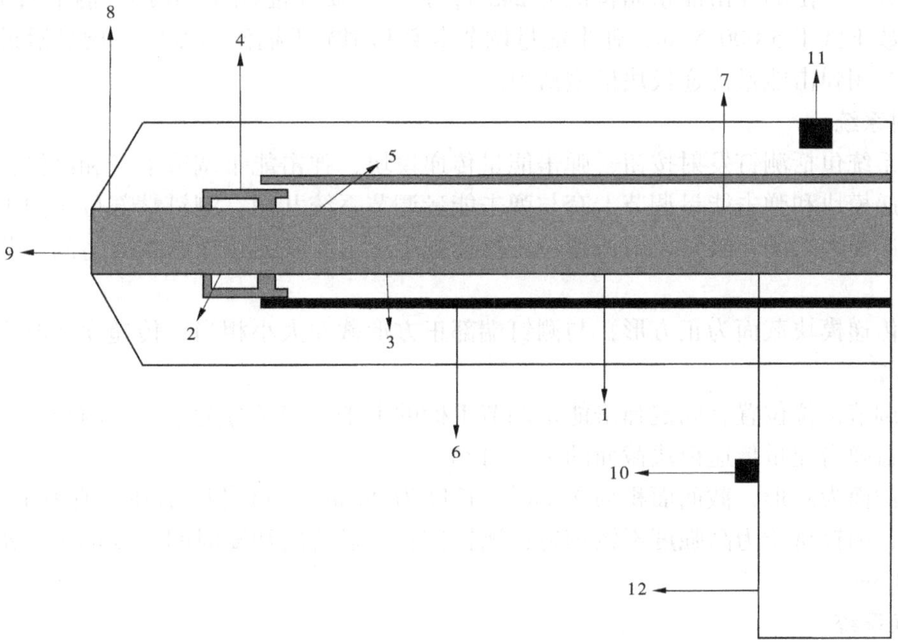

1—弹簧；2—弹击能量传递模块；3—弹击能量传递模块槽型滑道；4—弹击能量调节卡套；5—弹击能量调节手柄；6—调节卡套和调节手柄槽型滑道；7—初凝时间调节档位；8—测钉；9—测钉切换装置；10—测钉发射按钮；11—测钉逐次发射时间自动记录装置；12—操作把手。

图 1 装置正视图

测钉发射系统与弹击能量调节系统位于同一轴线上，与测钉发射方向相平行。测钉发射系统将测钉的尾部与弹击能量调节系统的弹击能量传递模块相接，能够接受绝大部分弹击能量。测钉切换系统与测钉发射轴线方向、操作把手均垂直，切换过程由切换系统内部的弹簧传导装置完成，切换控制取决于弹击能量调节卡套所处位置，发射测钉，并回复原位后，会打开测钉切换系统与弹击能量传递模块槽型滑道之间的金属挡片，切换系统在内部弹簧和传力杆作用下向槽型滑道自动补充测钉。测钉发射过程中，测钉发射按钮与测钉逐次发射时间记录装置相连接，每次按压测钉发射按钮，都会在逐次发射时间记录装置上留下记录（如：第一根 min：s，第二根 min：s，……）。

2.1 弹击能量调节系统

弹击能量调节系统由弹簧、弹击能量传递模块、弹击能量传递模块槽型滑道、弹击能量调节卡套、弹击能量调节手柄、调节卡套和调节手柄槽型滑道、初凝时间调节挡位组成；弹簧一侧与弹击能量传递模块相连，另一侧固定在设备的尾部；弹击能量传递模块左、右两侧设有弹击能量传递模块槽型滑道；弹击能量调节手柄与弹击能量调节卡套为一体，弹击能量调节手柄方向与测钉发射轴线方向垂直，弹击能量调节卡套整体上位于弹击能量传递模块槽型滑道的外侧，初凝时间调节挡位与弹击能量调节卡套相连接，控制卡套的闭合。

测钉与弹击能量传递模块相距较近，弹击能量传递模块与弹簧连接为整体，设置初始弹击能量就是将弹击能量传递模块运动至初凝时间调节挡位。调节过程中，利用弹击能量调节卡套同时拖动测钉和弹击能量传递模块，弹击能量调节手柄与弹击能量调节卡套为一体，弹击能量调节手柄方向与测钉发射轴线方向垂直，初凝时间调节挡位位置有固定调节手柄的卡子，卡子可通过按压按钮打开，使调节卡套和调节手柄回复原位。弹击能量调节卡套的上下卡子可进行闭合调节，当按钮测钉发射按钮时，卡套的上下卡子打开，释放弹击能量传递模块和测钉。为保证测钉沿轴线方向运动，在其左右侧设置了弹击能量传递模块槽型滑道，此滑道与测钉共用。此外，为确保设置初始弹击能量时，弹击能量调节卡套和调节手柄能够稳步运动、垂直压缩弹簧，设计了调节卡套和调节手柄槽型滑道，此滑道方向与测钉发射的轴线方向相平行。

初凝时间调节挡位的弹击能量储备值为 245 J，弹簧材质应能满足初凝时间挡位的弹击能量储备需求，劲度系数不低于 5 000 N/m，弹击能量调节卡套和调节手柄使用专门的槽型滑道，测钉、弹击能量传递模块共用弹击能量传递模块槽型滑道。

2.2 测钉发射系统

测钉发射系统包括测钉发射按钮、弹击能量传递模块、弹击能量调节卡套和测钉；测钉发射系统的弹击能量传递模块和弹击能量调节卡套与弹击能量调节系统共用；测钉端部位于弹击能量调节卡套和弹击能量传递模块之间，测钉发射按钮位于操作把手之上，发射按钮与初凝时间调节挡位处的传力杆相连。

弹击能量传递模块截面为正方形，与测钉端部正方形截面大小相当，传递模块厚度为正方形截面边长的 1/3~1/2。

初凝时间调节挡位位置有固定弹击能量调节手柄的卡子，卡子分为上、下两个，上、下卡子在竖直方向均可覆盖弹击能量传递模块截面的 1/4~1/3。

测钉钉身截面为圆形，截面面积为 7 mm^2，长度为 20 mm，钉身最小刻度值为 1 mm；钉身端部截面为正方形；测钉材质为高强度不锈钢钉；测钉钉身有显著的初凝时间刻度标记，初凝时刻测钉的贯入深度为 10 mm。

2.3 测钉切换系统

测钉切换系统由测钉切换装置和弹击能量调节卡套组成；测钉切换系统的弹击能量调节卡套与弹击能量调节系统和测钉发射系统一致；测钉切换装置内部设置弹簧传力装置，切换装置与弹击能量传递模块槽型滑道中有一道金属片挡片。弹击能量调节卡套位于初始位置（测钉发射出口一侧）时，金属片打开，测钉切换装置能够向测钉发射系统补充测钉，当弹击能量调节卡套用于储备初始弹击能量时，即调节卡套不在原位时，金属片关闭，测钉保留在切换装置内备用。

测钉钉身截面为圆形，钉身端部截面为正方形。

2.4 自动记录系统

自动记录系统由测钉逐次发射时间自动记录装置和测钉发射按钮组成，测钉逐次发射时间自动记录装置位于测试装置顶部，操作把手的正上方。系统能够自动记录初始喷射时间和测钉的逐次发射时间，精度为 0.1 s。

3 原位测试装置技术优点

（1）可直接测试喷射混凝土初凝时间。本发明提出采用特定弹击能量下的测钉贯入深度作为初凝时间的判定标准。提出了基于实测试验时间和测钉贯入深度的相关曲线，采用插值法推算喷射混凝土初凝时间的方法。这比以往水泥净浆试验结果更直接、更全面，可用于评价现场复杂因素影响下喷射混凝土的早期凝结硬化特点。

（2）量程小、精度高。本发明装置设有初凝时间弹击能量调节挡位，能够精确控制测钉初始弹击能量；喷射混凝土初凝时间的判据明确，贯入深度值为测钉长度的一半，量程小，精度高。

（3）便于携带、操作简便。本发明测试装置体积小、质量轻，克服了传统贯入阻力仪体型大、自重高，难以在工程现场高频测试喷射混凝土初凝时间的缺点。

（4）自带能源、高频测试。本发明采用弹簧为测钉提供初始弹击能量，可突破常规油泵、气泵等动力需要外接电源的限制；设备可连续发射测钉，并自动记录每颗测钉的发射时间，能够满足工程现场喷射混凝土初凝时间的高频测试需求。

4 原位测试方法与应用实例

4.1 方法操作流程

初凝时间测试根据测钉贯入深度与测试时间的相关曲线，采用插值法推算喷射混凝土的初凝时间。初凝时间由自动记录系统采集，混凝土与速凝剂的混合时刻为初凝时间记录的起始点。贯入深度为初凝时间弹击能量调节挡位发射测钉的深度结果。测钉发射前，测试装置应垂直于喷射混凝土表面，测试装置出口应与喷射混凝土表面密贴。

初凝时间以测钉贯入深度 10 mm 时刻为预定值，插值法推算初凝时间为贯入深度测值必须同时包括小于 10 mm 的测值和大于 10 mm 的测值，小于和大于 10 mm 的贯入深度测值均不得少于 2 个，测值总数不少于 6 个。

喷射混凝土初凝时间原位测试装置应用流程如下：

（1）设备调试完毕后，先拖动弹击能量调节手柄，带动弹击能量调节卡套，沿着调节卡套和调节手柄专用槽型滑道，将测钉和弹击能量传递模块按特定轨道拖至初凝时间弹击能量调节挡位（卡住、固定）。

（2）观测喷射混凝土现场施工进程，连续出料后，在速凝剂与混凝土混合的同时启动测钉逐次发射自动记录装置，并清零、开始计时。

（3）根据需要，适时按压测钉发射按钮，发射测钉。

（4）每次启动测钉发射按钮，都会同时启动测钉逐次发射时间自动记录装置，记录每一根测钉的具体发射时间。

（5）按压测钉发射按钮，首先打开弹击能量调节卡套，释放测钉和弹击能量传递模块，在特定初始弹性势能作用下，测钉从设备射出，沿轴线方向垂直射入喷射混凝土。

（6）每次测钉发射后，将弹击能量调节手柄和调节卡套进行复位，打开测钉切换系统和弹击能量传递模块槽型滑道之间的金属挡片，再在测钉切换装置内部弹簧、传力杆的组合作用下，向测钉发射系统补充测钉。

（7）试验过程中，密切关注测钉的贯入深度，当贯入深度超过预定值（初凝时刻贯入深度临界值）后，即可停止发射测钉，并统计所有已发射测钉的发射时间和贯入深度，进而回归分析、确定喷射混凝土的初凝时间。

4.2 方法应用实例

喷射混凝土初凝时间原位测试方法应用研究工作在四川省凉山州某水电站进行。实施过程如下：

开动混凝土喷射机，先将喷嘴对准空地，待喷射机出料均匀后，将喷嘴垂直对向边墙，喷射距离为 0.8~1.2 m，喷射风压为 0.3~0.5 MPa，喷嘴运动轨迹为螺旋式喷射，在边墙选取一处直径约 20 cm 的圆形基面，一次混凝土喷射厚度为 12~15 cm。

在喷嘴垂直对向边墙时，启动自动记录系统，记录混凝土和速凝剂的混合时间，即喷射混凝土初凝时间测试的初始点。按照混凝土喷射机工作效率为 4 m^3/h 进行估算，在直径为 20 cm 的圆形基面上施工 15 cm 厚混凝土，耗时约 4 s，时间较短，可认为 15 cm 厚混凝土均匀、同步凝结硬化，即初凝时间大小一致。

圆形基面上喷射混凝土厚度满足要求后，即可测试初凝时间。发射测钉前，测试装置出口垂直于喷射混凝土表面，并与喷射混凝土表面紧贴。根据经验，适时发射测钉（测钉钉身截面面积为 7 mm^2、长度为 20 mm），每次发射射钉前，先拉动弹击能量调节手柄，带动弹击能量调节卡套，将测钉和弹击能量传递模块调至初凝时间调节挡位，此时，弹簧经压缩储备的弹性势能为 245 J。测试过程中，测钉自动切换，测钉的逐次发射时间得以记录。试验过程中，观察 2 个以上测钉钉身初凝时间刻度标记裸露在空气中后，即可停止试验。记录所有测钉的发射时间和贯入深度，绘制试验时间和测钉贯入深度的相关曲线，采用插值法推算喷射混凝土的初凝时间。

喷射混凝土的配合比见表 1，水泥的强度等级为 P・O42.5；硅粉的 SiO_2 含量为 92%，比表面积为 22 000 m^2/kg；砂为大理岩人工砂，细度模数为 3.0，石粉含量为 12%；小石的粒径范围为 5~10 mm；聚丙烯粗纤维的长度为 24 mm，直径为 0.80 mm，长径比为 30；减水剂为聚羧酸高性能减水剂，1.0%掺量下减水率为 28%。

表 1　喷射混凝土配合比　　单位：kg/m^3

水泥	硅粉	水	砂	小石	聚丙烯粗纤维	减水剂
419	41.9	201	1 006	670	8	4.6

混凝土喷射施工时，速凝剂的掺量为胶凝材料质量的 8%。速凝剂为无碱液体速凝剂，pH 为 3，8%掺量下，水泥净浆的初凝时间为 3.0 min、终凝时间为 6 min。

实测喷射混凝土原位测钉贯入深度和试验时间曲线如图 2 所示。在 10 mm 贯入深度前后共测试了 6 个有效点，测试时间分别为 30 s、1 min、1.5 min、2.0 min、2.5 min 和 3.0 min。由于 2.0 min 和 2.5 min 的贯入深度分别为 11 mm 和 6 mm，因此插值法推出 10 mm 贯入深度对应的试验时间为 2.1 min，即该喷射混凝土的初凝时间为 2.1 min。

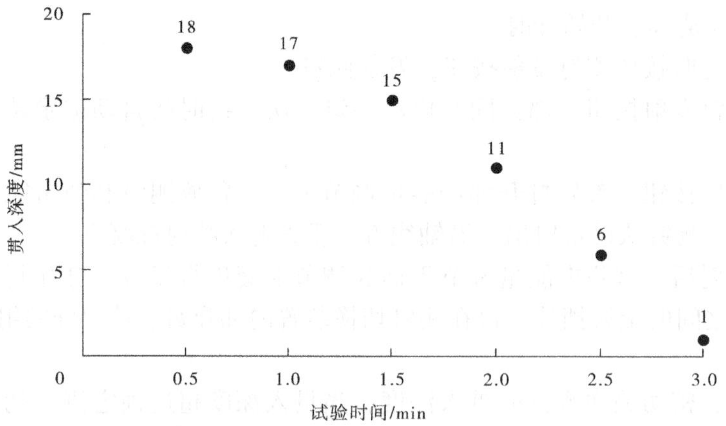

图 2　喷射混凝土原位测钉贯入深度和试验时间实测曲线

5　结语

喷射混凝土是地下工程支护、边坡加固等领域最重要的建筑材料之一，混凝土与速凝剂混合喷射质量受速凝剂掺量、喷射风压、喷射距离、喷射角度等影响，但快速测试与调节的试验方法与测试装置仍不成熟，研究工作针对该问题展开。研发了一种便携式喷射混凝土初凝时间测试装置，探究了可靠的使用方法，利用喷射混凝土凝结硬化过程与测钉贯入深度发展历程密切相关的特性来推算初凝时间，解决了无法直接测试喷射混凝土初凝时间的技术现状；摆脱了传统贯入阻力仪体型大、自重高、需要外接电源、不易在工程现场使用的窘境。

参考文献

[1] IKUMI T, SALVADOR R P, AGUADO A. Mix proportioning of sprayed concrete: A systematic literature review [J]. Tunnelling and Underground Space Technology Incorporating Trenchless Technology Research, 2022, 124: 104456.

[2] 张建云，金君良. 国家水网建设几个方面问题的讨论 [J]. 水利发展研究，2023, 23 (11): 1-7.

[3] YUN K K , CHOI P, YEON J H . Correlating rheological properties to the pumpability and shootability of wet-mix shotcrete mixtures [J]. Construction and Building Materials, 2015, 98 (15): 884-891.

[4] 宁逢伟，苏安双，丁建彤，等. 基于小型湿喷机施工的喷射混凝土性能评价 [J]. 人民长江，2017, 48 (16): 67-72.

[5] Zhang L , Morgan D, Mindess S . Comparative evaluation of transport properties of shotcrete compared to cast-in-place concrete [J] . ACI Materials Journal, 2016, 113 (3): 35-46.

[6] 赵芳娣，张丰，宁逢伟. 搅拌制度对无碱液体速凝剂检测性能影响 [J]. 低温建筑技术，2016, 38 (3): 22-25.

[7] 全国水泥制品标准化技术委员会. 喷射混凝土用速凝剂: GB/T 35159—2017 [S] . 北京: 中国标准出版社, 2017.

[8] 宋少飞，曲启恒，周福林，等. 硫酸铝型无氟无碱液体速凝剂的制备 [J]. 化工技术与开发，2024, 53 (6): 6-9.

[9] 王俊竹，宁逢伟，陈正聪，等. 基于湿喷混凝土致密性的无碱液体速凝剂研发 [C] //2023 年全国工程建设行业施工技术交流会论文集（上册），2023: 689-693.

[10] 黄斌. 无碱速凝剂的凝结时间测试方法研究 [J] . 公路交通科技（应用技术版），2016, 12 (9): 251-252.

"数字"赋能，"智慧"监管——环北部湾广东水资源配置工程质量检测智慧监管系统的设计与应用

杨建喜[1]　王　勇[2]　梁贤浩[2]　李海峰[2]　王　寅[3]

（1. 广东粤海粤西供水有限公司，广东湛江　524043；
2. 珠江水利委员会珠江水利科学研究院，广东广州　510610；
3. 武汉英思工程科技股份有限公司，湖北武汉　430071）

摘　要：环北部湾广东水资源配置工程是我国重大水利工程之一，由于该工程规模大，导致工程质量管理与控制难度较高，因此本文提出设计一个基于数字孪生、物联网、大数据及云计算等技术的质量检测智慧监管系统，以实现对该工程质量检测的实时监控和智能分析。本文介绍了系统的整体设计规划、系统功能特点及系统的应用效果，并通过与其他在役监管系统对比，阐明了该系统在多个方面展现出的优势和创新点。该系统能够使工程质量检测流程全面数字化，提高工程检测的透明度和工作效率，并确保检测过程的可追溯性，为工程的建设提供了强大的技术保障。

关键词：水利工程；质量检测；监管系统；数字孪生

1　引言

环北部湾广东水资源配置工程（以下简称"环北广东工程"）是一项具有重大战略意义的水利工程，是国家水网建设骨干工程之一，工程的建设覆盖云浮、茂名、阳江、湛江 4 个城市，输水线路总长约 490 km，预计年平均供水量达到 20. 79 亿 m^3。作为国家水网的重要组成部分，环北广东工程能够解决广东省粤西地区水资源短缺的问题，不仅关系到粤西地区人民的生活质量，也是推动区域经济社会可持续发展的关键。该工程建设规模大，施工线路长，工程布局复杂，工程构筑物数量多，工程沿线设置了 18 个施工自检试验室，4 个平行检测试验室，4 个对比检测试验室，3 个 PCCP 管试验室，存在大量原材料及现场检测任务。

近年来，随着此类大型水利工程项目的快速推进，施工质量安全问题频发，在检测监管领域存在诸多挑战[1-5]：①检测机构由于业务的拓展，新增的资质参数越来越多、越来越复杂，对大量参数无法进行有效的监管，容易出现效率低、超资质等问题；②水利行业缺少持证检测员，检测单位容易出现无证上岗问题；③试验室设备数量不断增加，设备管理成本上涨；④检测单位工作量持续增大，人工管理效率不高，报告出具的时效性变差，并且在监管不严的情况下容易出现数据造假、虚假报告等严重质量事故。因此，构建一个高效、可靠的质量检测智慧监管系统显得尤为重要[6-7]。

在水利工程中构建一个质量检测智慧监管系统，能够实现对水利工程质量的实时监控和智能分析，确保工程的安全性和可靠性。该系统可以实现对工程各个环节的精确管理，从原材料的选取、施工过程的监控到最终的工程验收，每一个环节都能够通过信息化手段进行严格的质量控制[8-12]。系统的建设也将推动相关标准的制定和完善，为未来水利工程的信息化建设提供参考和借鉴。

本文研究了环北广东工程质量检测智慧监管系统的规划与构建，从系统设计目的、系统整体架构、系统业务流程等方面介绍了系统的设计规划，并列举了该系统的功能特点。对比了某大型水利工

作者简介：杨建喜（1985—），男，正高级工程师，从事水利工程建设管理和技术管理工作。
通信作者：梁贤浩（1992—），男，工程师，从事水利工程检测及研究工作。

程应用的质量检测监管系统，分析得出本系统具有多个方面的优势和创新。本系统能够实现工程质量检测过程的透明化、电子化、精细化，对工程进行全流程精确管理。建设单位、监理单位、施工单位能够通过质量检测智慧监管系统快速识别原材料、实体结构、施工流程等过程的管理风险，为各监管部门对工程的质量监督工作提供便利，大大保障了环北广东工程的质量水平。

2 系统设计规划

2.1 系统设计目的

为全面信息化管理环北广东工程的大量试验检测工作，构建一个综合性的质量检测智慧监管系统以实现水利工程质量检测流程的全面数字化，从而增强工程检测的透明度、减少人为因素的干扰，并确保检测过程的可追溯性，并且实现试验检测资料的电子签章和电子归档。同时，监管系统通过施工自检及第三方检测数据，对比分析质量检测过程数据的科学性、合理性，规避试验检测过程中的缺陷和隐患，为环北广东工程质量提供技术保障。此外，该系统能够与建设单位工程建设管理系统集成，作为一个专业系统为工程建设全面信息化管控提供可靠数据和技术应用支撑。

2.2 系统整体架构

质量检测智慧监管系统以各工程参建单位为服务对象，以原材料、半成品及试验检测过程为管控对象，利用人工智能、工业互联网、物联网以及大数据等技术手段，采用“工程质量检测智慧监管系统+管理流程规范化+检测设备智能化+检测分析专业化+检测数据共享化+工程质量验评智能化+工程质量档案电子化智能化”技术路线，构建涵盖工程全参建方、全过程试验检测信息管理平台，实现对历史数据的充分挖掘与分析，为试验检测管理人员及专业人员提供决策依据。

质量检测智慧监管系统的总体架构见图 1，系统以质量检测系统与试验机系统为基础，通过实时双向数据交互和传输，为粤西供水数据中心提供试验检测的实施数据、检测报告、表单数据、工程数据及不合格闭合情况数据，并且利用数据接口与档案系统、签章系统、短信平台、质量验收评定系统、环北门户系统及项目管理信息系统（PMIS 系统）等外部系统实现集成。系统支持项目检测对象全流程试验检测管理，包括移动端取样、RFID 芯片或二维码标记样品、流转过程监控、养护过程监控、临检漏检提醒、伺服式试验机集成及试验结果自动采集、试验成果报告自动生成、试验结果系统分析，实现从生产到成品全过程监控等功能，确保检测数据的真实性、唯一性和可追溯性，提升试验检测工作效率和工作质量。

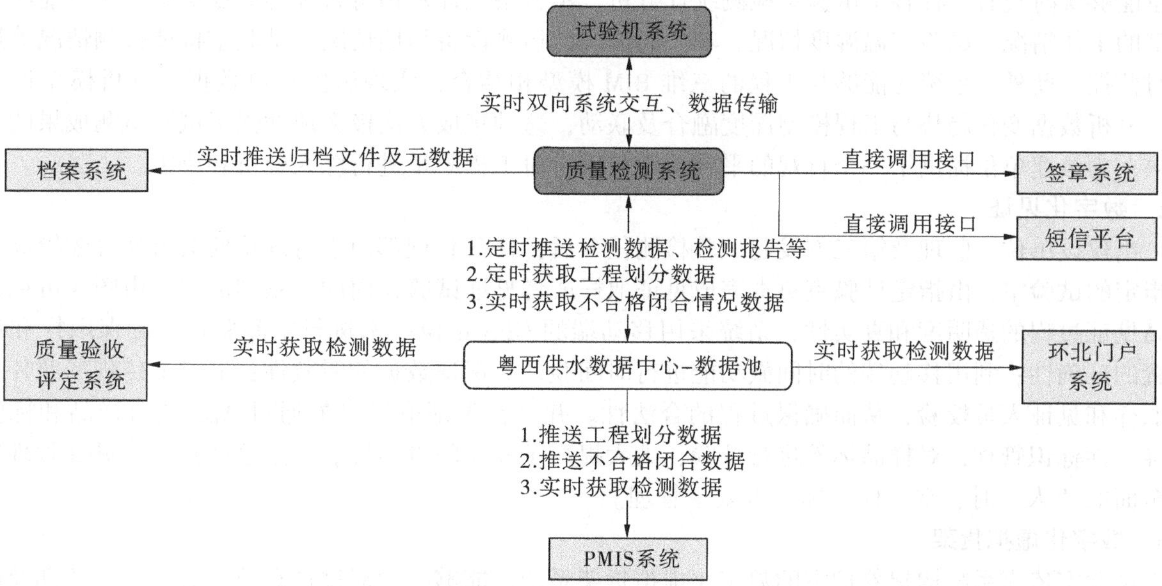

图 1 质量检测智慧监管系统总体架构

2.3 系统业务流程

质量检测智慧监管系统核心管理要素及核心业务流程见图2。质量检测智慧监管系统将建立以项目工程建设周期内的检测活动监管为主线，贯穿质量检测的现场取样、见证送检、检验检测、成果发布等检测流程的全线监管。通过对检测活动中“人、机、料、法、环、测”等全要素覆盖的信息化及智慧化管理，并基于物联网、云平台、大数据、AI 识别等手段实现试验检测工作可视、可管、可控、可测，为工程质量提供保证。

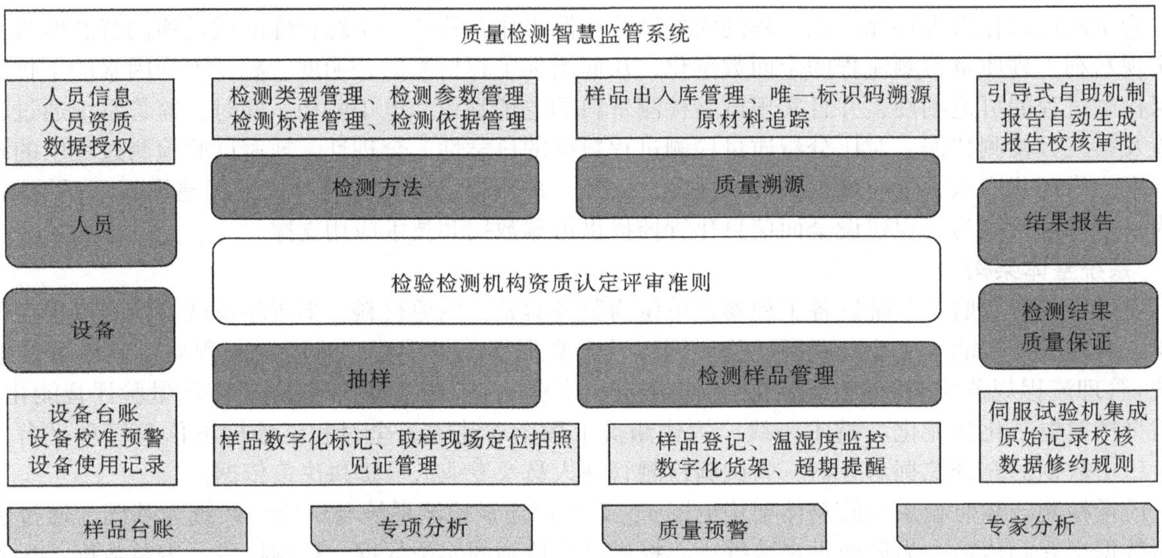

图2　质量检测智慧监管系统核心管理要素及核心业务流程

3　系统功能特点

3.1 实时监控

质量检测智慧监管系统能够在工程管理系统或者客户端进入工程项目试验检测实时监控（见图3），能够提供项目详细统计指标数据的可视化展示。通过建设试验检测实时监控看板，各个参建单位能够实时查看工程各个试验室检测统计分析、不合格统计及预警管理等关键信息，并且能够对试验室的工作情况、试验室温湿度情况、养护间情况、检测设备超期情况、试验室按期检测情况等进行实时监控。此外，系统还能够与工程的三维 BIM 模型相结合，实现试验检测数据、分析模型评价成果、分析数据变化趋势与工程模型深度融合及联动，这种集成方法极大地增强了试验检测成果的应用效果，为参建单位提供了一个直观的平台，便于用户对工程质量进行深入分析和决策。

3.2 数字化见证

当建设单位、监理及第三方发起试验检测任务后，任务管理部门进行确认便会自动分配给委托任务指定的试验室，由指定试验室负责完成见证取样或者见证试验在内的一系列流程。由图4可见，为提高见证过程的透明度和真实性，系统采用移动端的 GPS 定位技术进行空间验证，确保取样和试验位置的准确性；利用移动端的时间戳功能进行时间验证，保证数据的时效性；通过上传现场照片，实现取样和见证人员校验，从而确保过程的合法性。并且在见证取样时能通过 App 端对样品和标签进行唯一性标识管理，对样品标签进行校验，大大提高了样品的真实性。通过这些技术，见证管理实现了全面的“人、时、空、样、标”五要素管理。

3.3 数字化虚拟货架

试验室依靠系统构建养护室的数字化虚拟货架系统，能够实现对试件存放状态、试件龄期及破型时间的实时全面监控。通过试件标签扫描和物联网技术，系统能够精确跟踪每个试件的存放位置以及信息，包括试件的实时状态、预期的破型时间以及试件的龄期管理，使得样品的存放、检索和检测变

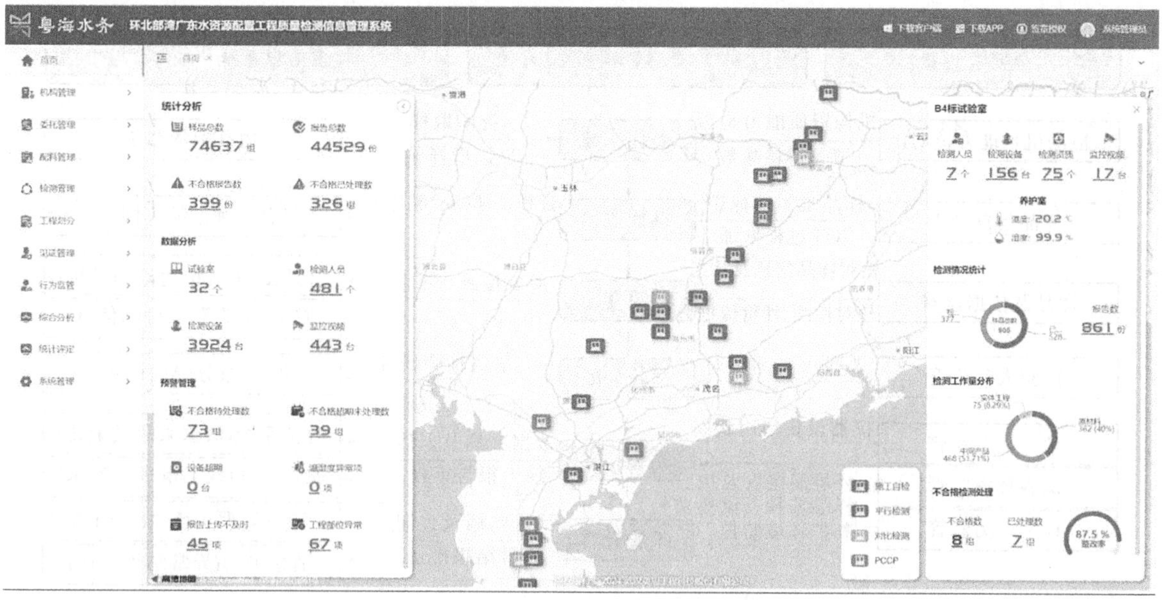

图 3　工程质量检测实时监控界面

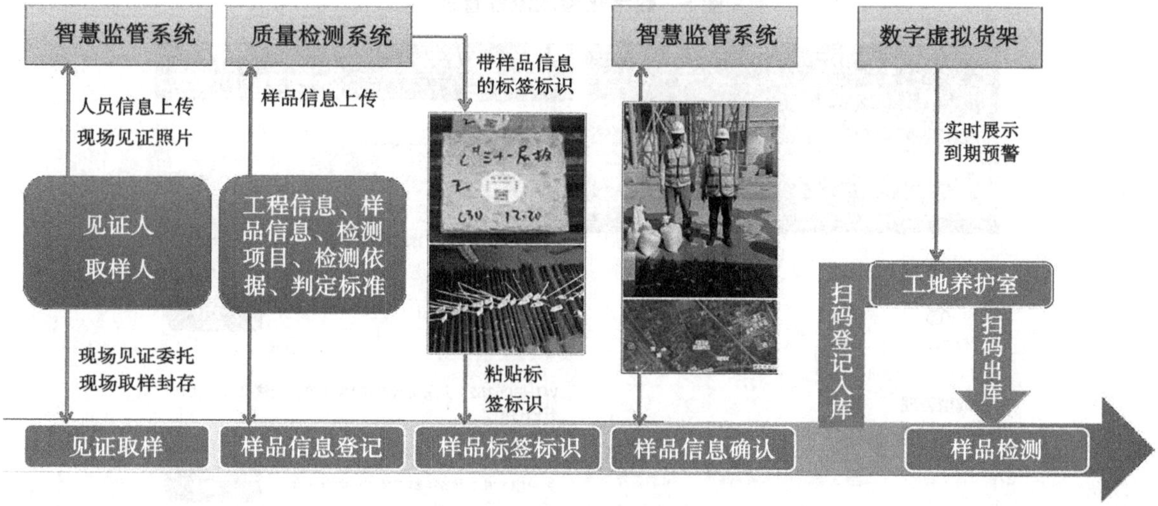

图 4　见证管理的数字化流程

得更加高效和有序，确保试件管理的精确性和高效性，进而达到试件管理的数字化仓库管理。

3.4　监造检测监管

环北广东工程应用到大量的 PCCP 管材，驻厂监造检测是确保 PCCP 管材质量控制的关键环节，涉及从原材料检验到成品管理各个生产阶段的质量控制。系统通过驻厂监督和现场检测模块，对 PCCP 管的原材料、中间产品、成品质量、生产过程进行检测和监督，检测过程、结果数据、评定结果等内容实现数字化实时上传，确保从原材料到最终成品的每一个环节都符合质量标准，满足工程设计和使用要求。

3.5　数字化检测

系统的数字化检测流程管理见图 5，系统基于移动端 App（见图 6）、检测芯片、二维码、实时视频等技术应用实现样品委托、取样、送样、登记、分配、检测、结果上传、报告分析过程控制的数字化，同时与试验设备对接，实现对力学试验过程关键数据进行实时采集、监控、统计，并对关键数据进行修改监控（对数据修改痕迹的审批、统计、分析、报警等功能）。其中，系统能够实时对检测不合格数据和超标数据进行短信预警通知和闭合处理，并记录处理结果。对于电子自动采集的试验项目，相关试验结果原始数据及试验曲线在试验完成时即实时传输至试验检测结果数据库，自动进行计

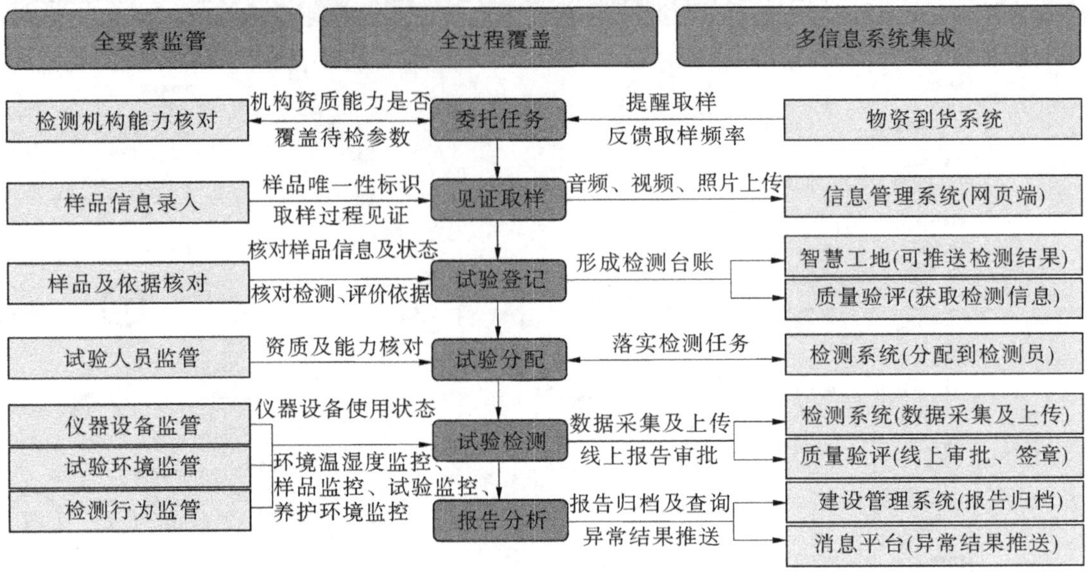

图 5　数字化检测流程管理

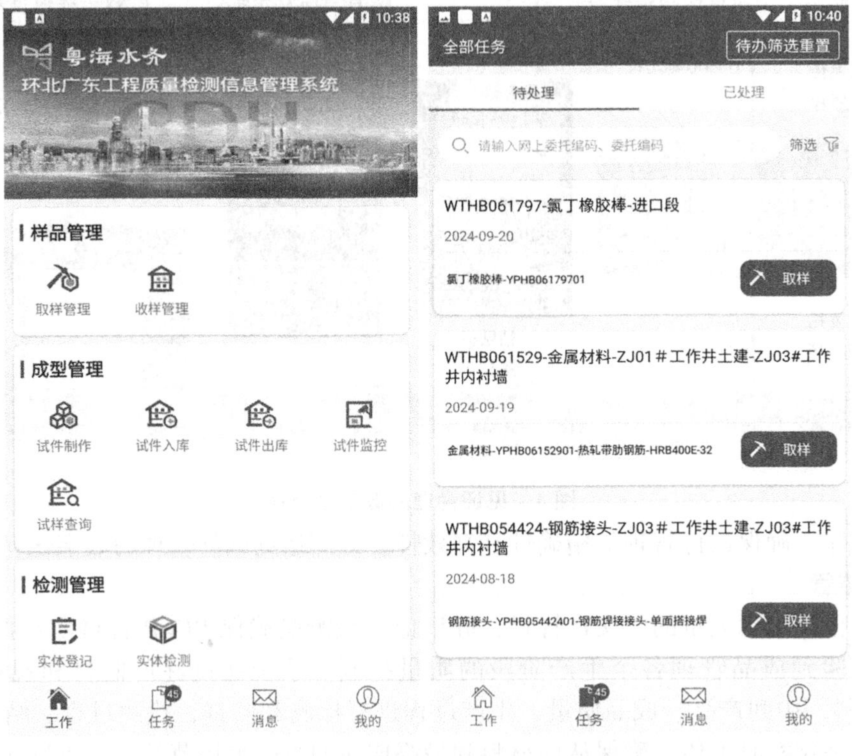

图 6　移动端 App 界面

算并评定结果；对于非自动采集类项目如水泥、粉煤灰、骨料等试验项目，系统能够在客户端手动录入采集，并生成原始记录，通过自有计算公式对数据进行处理并评定结果。系统针对实体检测数据的实时监管，对部分数字化的实体检测设备集成检测数据的采集和自动上传功能，比如锚杆无损检测仪、桩基静载检测设备及桩基低应变检测设备等，其他无法自动上传的试验则主要通过移动端 App 录入、分析软件数据对接等方式进行数据采集与上传，并利用现场定位信息、拍照、视频的方式对实体检测进行监管，系统根据采集的数据与信息生成原始记录并对结果进行评定。该系统通过高度集成的数字化检测流程，为试验检测提供一个全面、高效、准确的管理方案。

3.6 电子签章及电子档案

系统通过与电子签章平台和电子档案系统进行集成，实现了试验检测业务流程中的电子签章及归档功能。检测报告在系统中经过检测、审核、批准等流程的电子签名后便推送到电子签章平台进行电子签章，该功能在确保签章的法律效力和安全性的情况下，有效简化了签章过程，提高了工作效率。签章后的检测报告、原始记录及其他流程文件能够自动归档到电子档案系统中，确保了文件的长期保存和易于检索，实现了全数字化的档案管理，提高了档案文件管理的效率和安全性，为质量检测资料的长期管理和利用提供了强有力的支持。

3.7 统计分析

系统能够对检测成果报告进行统计、分析和处理，对各类试验检测报告进行分类统计，自动生成质量统计报表、不合格报表以及质量检测结论分析文档等，为质量管理提供有力的数据支持；系统还能够对检测项目及检测数据成果进行有效利用，自动生成月报、年报，对阶段性工作进行总结，并为长期趋势分析提供依据。此外，系统具备对不合格项目或超标数据项目处理过程的跟踪管理功能，能够对数据修改和采集过程中的异常情况进行分析，保证数据的准确性和真实性。为了进一步提高系统的分析深度，系统建立了专家分析功能。该功能借助多源耦合算法，实现对所有样品检测状态的监控统计、混凝土强度发展规律分析、混凝土性能与拌合物耦合分析，可对混凝土强度、混凝土拌合物性能、混凝土性能等进行预报预警。该功能不仅提高了检测的准确性，也为预防施工及结构的潜在问题提供了依据。

3.8 多系统集成

系统作为一个专业技术子系统与建设单位的管理系统和验评系统进行集成，如验收评定系统、公司门户、消息平台、PMIS 系统、人工智能管理平台等进行相关数据集成、接口集成、页面集成及用户权限集成等工作，实现工程质量多维度统计分析，满足工程质量全过程管控要求，不仅发挥了检测数据在多个系统平台中的作用，还增强了跨平台协作的效率，确保了工程质量信息的实时共享和有效沟通。

4 应用效果及系统对比

4.1 应用效果

环北部湾水资源配置工程沿线 29 家试验单位全部通过质量检测智慧监管系统开展检测业务，其中包含施工自检 21 个试验室、监理平行检测 4 个试验室、业主对比检测 4 个试验室。系统实现对工程所有原材料、中间产品、实体的试验检测进行监管，对共计 151 类检测对象、2 000 余项参数进行监管，直至目前，各参建单位通过系统下发 55 132 次检测委托，进行见证取样/检测 90 625 组/次，编制检测报告 54 058 份，发现 523 次“检测不合格/异常”并使用“检测不合格/异常”管理模块进行有效闭合处理，从而有效排除了工程质量隐患，确保了工程的高质量建设。

4.2 系统对比

在大型水利工程建设的过程中，检测监管系统的应用必不可少，其中广东某大型水利工程的建设过程中便采用了一套独立云端服务器的质量检测监管系统，该系统与环北广东工程使用的质量检测智慧监管系统相比存在诸多差异（见表 1），两者在技术基础、业务流程以及功能实现等方面各具特色，在确保工程检测质量监管方面均显示出了独有的价值。通过对比该质量检测监管系统，环北广东工程使用的质量检测智慧监管系统在多个方面更有优势，对检测工作的监管更加全面，并能够实现更多功能，提供更多解决方案。

表 1　环北系统与其他系统的区别

功能	环北广东工程质量检测智慧监管系统	某大型水利工程质量检测监管系统
监管项目	系统实现对所有原材料、中间产品、实体检测项目的监管，包含 151 类检测对象、2 000 余项参数，均能够通过系统下单进行全流程检测管理，便于建设单位在管理系统上全面掌握工程的所有检测项目，为数字化验评、孪生工程等工作提供数据支撑	系统只对部分原材料、中间产品检测实现全流程管理（委托、检测、报告出具），其他没有涵盖的项目以及实体检测项目只能依靠用户自定义使用
标准化	系统实现委托单、原始记录、报告模板标准化，实现样品的关键工程信息、产品信息等一码关联，并具备数字验评功能实现水利行业质量检测的标准化管理	系统仅对少量的室内检测项目实现报告、原始记录的标准化，报表格式不统一，资料杂乱，部分报表检测项目信息内容不完整
移动 App 端	系统移动 App 端功能更完善，能够覆盖更多工作内容，可对所有原材料、实体检测进行委托报检，并在现场进行见证检测与数据录入，还能实现工程部位数据抓取、位置信息抓取、施工自检-监理平行/法人对比检测信息共享作用	系统移动 App 端只有委托检测与现场见证功能，且手机端下单后需到电脑端进行样品信息、工程部位信息完善
数据共享	系统能够与质量验评系统进行数据共享，检测数据、检测结论、检测报告都能被质量验评系统获取，在质量验评过程中作为验评依据加以利用	系统缺少一个功能完善的质量验评系统
电子签章	系统能够实现电子文件（委托单、原始记录、报告文件）的电子签名，以及试验室检测章、CMA 章的电子签章，并生成满足要求的电子文件保存至归档系统	系统能够实现检测报告的单子签名，但是缺少完善的电子签章系统和归档系统
检测预警	系统能够严格监控检测过程，通过系统监测检测数据，自动判断异常，对异常数据自动发送短信提醒与预警。包括：力学试验完成后实时自动判断，对异常数据即时提醒；不合格处理即将到期与不合格处理逾期提醒；试块临检到期提醒等	系统能够监控监测数据的异常情况，如果检测数据出现异常，会在监管系统中出现提醒并预警

续表 1

功能	环北广东工程质量检测智慧监管系统	某大型水利工程质量检测监管系统
实体检测	系统能够实现对实体检测的实时监控，对锚杆无损检测、桩基低应变检测、桩基超声波检测等实体检测数据进行自动采集及上传	系统能够实现对现场实体检测的任务分配下达与拆分，但是无法实现对实体检测做到实时监控
数据分析	系统能够通过专项分析、结果统计、统计报表等功能提供多种形式的分析统计数据，并生成详细的数据分析报表，可对常规检测材料检测做周期性分析	系统能够将部分项目的检测数据与检测报告上传至建设单位的管理系统，但是无法对结果进行详细的统计分析

5 结论

本文分析了环北广东工程的工程现状，提出了针对该工程的质量检测智慧监管系统设计思路，从系统设计目的、系统整体架构、系统业务流程及系统功能特点等方面详细介绍了系统的整体设计规划。该系统通过数字孪生、物联网、大数据及云计算等技术手段实现了对水利工程质量的实时监控和智能分析，对检测试验室的“人、机、料、法、环、测”进行全要素的监管，对检测流程的委托报检、见证检测、数据采集、报告出具、签字签章、资料归档进行全流程的监控，实现了从检测报检到工程验收的全流程精确管理，能够有效提升工程检测的透明度、减少人为因素干扰、确保检测过程的可追溯性。

对比某大型水利工程使用的质量检测监管系统，环北广东工程质量检测智慧监管系统在监管项目、标准化、移动 App 端、数据共享、电子签章、检测预警、实体检测、数据分析等方面具有更大优势及创新，并且能够接入工程建设管理的各个系统与平台实现数据共享，给建设单位提供更多决策依据。

环北广东工程质量检测智慧监管系统不仅为工程质量安全提供了强有力的技术保障，而且推动了水利工程信息化建设的发展，为今后水利工程的智能化、数字化发展奠定了坚实的基础。随着系统功能的不断开发和应用的深入，该系统有望在更广泛的领域发挥更大的作用，乃至为其他行业的数字化质量管控提供高效、智能的解决方案。

参考文献

[1] 李燕．浅析水利工程质量检测信息化建设［J］．农业科技与信息，2019（22）：65-66.

[2] 郑旭明，刘东晓，谭柏贤，等．基于大数据的水利工程质量检测系统设计［J］．项目管理技术，2020，18（9）：47-52.

[3] 田春艳，卢开艳，郭晗．我国工程检测信息化管理系统发展现状分析［J］．工程质量，2020，38（1）：38-41.

[4] 孙上升．我国水利工程质量检测信息化建设研究［J］．中小企业管理与科技（中旬刊），2015（4）：60.

[5] 郑彦梅．论建筑工程质量检测管理信息系统的重要性［J］．建设科技，2019（14）：88-90.

[6] 聂素娥，饶家信，张宏伟．浅谈质量检测信息化系统在水利工程质量检测机构的运用研究［J］．中国水能及电气化，2019（5）：16-20.

[7] 於汝青．工程质量检测管理系统的设计与实现［D］．镇江：江苏大学，2018.

[8] 黄智刚．水利工程质量检测信息化建设初探［J］．中国水能及电气化，2019（6）：1-3，7.

[9] 汪魁峰，张欣，宋立元．水利工程质量检测管理系统的研发与应用［J］．吉林水利，2018（12）：44-47.
[10] 陈杰．建设工程质量检测信息化管理系统的应用［J］．住宅与房地产，2018（28）：120.
[11] 文豪，陈云，胡志刚，等．水电工程试验检测信息化管理系统设计［J］．水利水电快报，2018，39（9）：61-64.
[12] 邹双春．信息化管理系统在水利水电工程质量检测机构中的应用［J］．广东水利水电，2011（S1）：55-56，62.

关于抽水蓄能电站钢岔管水压试验加卸压方法的探讨

谭　新[1]　傅含富[2]　王光旭[1]　姜胜先[1]　李维树[1]

(1. 长江水利委员会长江科学院，湖北武汉　430010；
2. 浙江宁海抽水蓄能有限公司，浙江宁波　315600)

摘　要：本文针对抽水蓄能电站钢岔管设计、制造、安装及验收相关规范，结合工程实例分析了目前水压试验过程中存在的问题与不足，提出了关于加卸压方法的建议。加压速率宜为 0.02～0.05 MPa/min，卸压速率宜为 0.05～0.1 MPa/min，提出了加压设备输出流量的一种经验公式；压力循环宜采用逐级循环法，并至少进行两个完整的压力循环；加压分级宜为 8～12 级，卸压分级宜不少于 5 级，低压阶段级差可适当增大，高压阶段级差可适当降低；加压阶段各级稳压时间宜不小于 30 min，卸压阶段各级稳压时间宜不小于 10 min。

关键词：钢岔管；水压试验；加卸压方法

1　引言

我国抽水蓄能电站正处于快速建设期，预计到 2035 年电站投产总规模达到 3 亿 kW，并将形成技术先进、管理优质、国际竞争力强的现代化产业。引水系统是抽水蓄能电站的重要部分，其中钢岔管是引水系统中的关键构件。随着科学技术的发展，抽水蓄能电站的装机容量不断增大，钢岔管的规格趋于大型和超大型化，新的结构形式、材料得到广泛应用。高强度及大 HD 值的钢岔管拼装及焊接难度大，水压试验是检验钢岔管质量必不可少的重要手段。

然而我国现行的相关规范[1-6]仅对水压试验提出了指导性要求，试验参数如加卸压速率、压力循环、稳压时间、压力分级等要求不明确或不统一，导致在开展水压试验时方法各异，不利于钢岔管的质量评定及应力应变规律分析研究。我国现有与水利水电工程钢岔管有关的设计规范 3 个[1-3]、制造安装及验收规范 3 个[4-6]，表 1 列出了相关规范对钢岔管水压试验技术要求的对比。由表 1 可知：①设计规范要求水压试验宜进行两个完整的压力循环，但对压力循环方式未作明确说明，制造安装及验收规范未规定循环次数；②部分规范要求分级缓慢加卸载，但对分级方式、分级数量及卸载方式均未明确规定；③第 1～5 项规范要求加卸压速率不大于 0.05 MPa/min，但未给定参考值，第 6 项规范要求不同压力分级的加卸压速率不同，也未给定参考值；④第 1～3 项规范均要求每级稳压时间应大于 30 min，其中 NB/T 35110—2018 还要求在最大压力时也应稳压 30 min 以上，制造安装与验收规范只要求在工作压力和最大试验压力下稳压 30 min 以上，其余压力段是否稳压未明确。

作者简介：谭新（1981—），男，高级工程师，主要从事水工金属结构安全检测与试验研究工作。
通信作者：王光旭（1990—），男，工程师，主要从事水工金属结构安全检测与试验研究工作。

表 1　相关规范对水压试验技术要求的对比

序号	规范	试验压力 P_m	循环次数	加压方式	卸压方式	加卸压速率	稳压时间
1	SL/T 281—2020[1]	不小于 1.25P	两个完整的压力循环	缓慢增压	缓慢减压	不大于 0.05 MPa/min	每级不少于 30 min
2	NB/T 35056—2015[2]	不小于 1.25P	两个完整的压力循环	分级缓慢加载	分级缓慢卸载	不大于 0.05 MPa/min	每级不少于 30 min
3	NB/T 35110—2018[3]	1.25P	两个完整的压力循环	分级缓慢加载	分级缓慢卸载	不大于 0.05 MPa/min	每级不少于 30 min
4	SL 432—2008[4]	符合设计文件规定	未规定	分级加载	未规定	加压速率不大于 0.05 MPa/min，卸压未规定	P_g 时 30 min 以上，P_m 时 30 min 以上，其余压力段未规定
5	DL/T 5017—2007[5]	符合设计技术文件规定	未规定	分级缓慢加压	未规定	加压速率不大于 0.05 MPa/min，卸压未规定	升压时 P_g 和 P_m 稳压 30 min 以上，卸压时 P_m 稳压 30 min 以上
6	GB 50766—2012[6]	符合设计技术文件规定	未规定	分级加载	未规定	小于 10 MPa 不大于 0.3 MPa/min；大于 10 MPa 不大于 0.2 MPa/min	升压时 P_g 和 P_m 稳压 30 min 以上，卸压时 P_m 稳压 30 min 以上

注：表中 P 为设计压力，P_g 为工作压力，P_m 为最大试验压力。

2　加卸压速率

现行相关规范中，大多数要求水压试验的加卸压速率小于 0.05 MPa/min，GB 50766—2012 放宽至 0.2~0.3 MPa/min。表 2 列出了国内部分电站钢岔管水压试验案例，案例 2、4、7 中加卸压速率均大于 0.05 MPa/min，案例 1、3、5、6、8 中加卸压速率均不大于 0.05 MPa/min，案例 9 中加卸压速率等于 0.05 MPa/min，案例 10 中加压速率远小于 0.05 MPa/min。对于卸压速率，大于 0.05 MPa/min 的有案例 2、4、7，远小于 0.05 MPa/min 的有案例 10。

表 2　部分钢岔管水压试验加卸压速率统计

序号	案例名称	最高压力/MPa	加压速率/(MPa/min)	卸压速率/(MPa/min)
1	浙江仙居[7]	6.80	不大于 0.05	—
2	吉林敦化[9]	10.00	0.1	0.2

续表 2

序号	案例名称	最高压力/MPa	加压速率/(MPa/min)	卸压速率/(MPa/min)
3	江西洪屏[11]	6.09	不大于 0.05	0.05
4	河南天池[12]	7.14	0.15~0.3	连续
5	安徽金寨[13]	4.86	不大于 0.05	不大于 0.05
6	安徽绩溪[14]	6.50	不大于 0.05	10
7	河北丰宁[15]	6.90	0.08	0.07
8	呼和浩特[16]	9.06	不大于 0.05	不大于 0.05
9	辽宁清原[18]	6.50	0.05	0.05
10	浙江宁海[21]	6.00	0.008~0.01	0.01~0.04

为了比较加压速率对应力的影响，用辽宁清原和浙江宁海钢岔管在相同位置各级水压力下的等效应力差（指某一级水压下测点等效应力相比于上一级水压下等效应力的差值）来作对比分析，清原使用 1#和 2#钢岔管（分次进行水压试验），采用了限流阀，严格控制加压速率在 0.05 MPa/min 左右，宁海钢岔管（两个钢岔管对接进行水压试验）因加压设备偏小，加压速率为 0.01~0.008 MPa/min。相同级差下等效应力差与水压关系曲线见图 1，由图 1（a）和（b）可见，对于月牙肋与相贯线顶点交会处测点，加压速率相同，等效应力差变化趋势基本一致，外壁测点在水压 2.0 MPa 前加压速率低则等效应力差小，2.0 MPa 后加压速率低则等效应力差大，内壁测点在整个试验过程中加压速率低则等效应力差大；如图 1（c）和（d）可见，对于钢岔管腰部处测点，加压速率相同，等效应力差变化趋势基本一致，在 2.5~3.0 MPa 前，加压速率低则等效应力差大，在 2.5~3.0 MPa 后，加压速率低则等效应力差小。

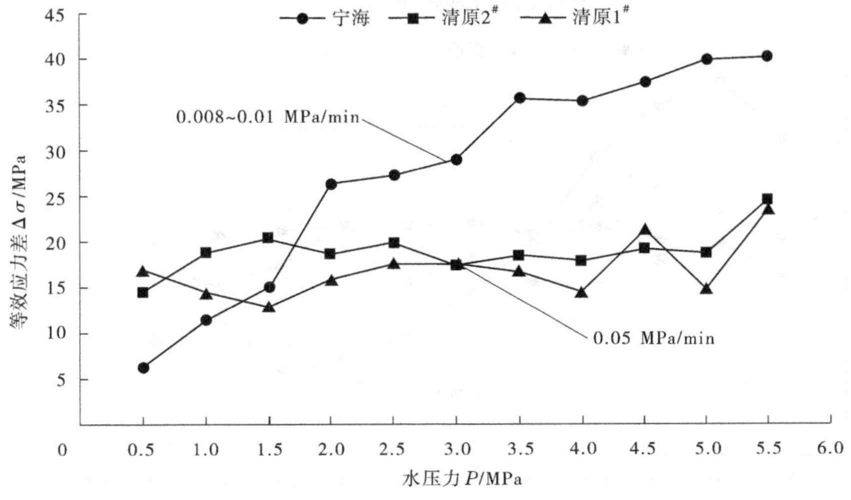

(a)钢岔管顶点外壁

图 1　不同加压速率应力差与水压力关系曲线

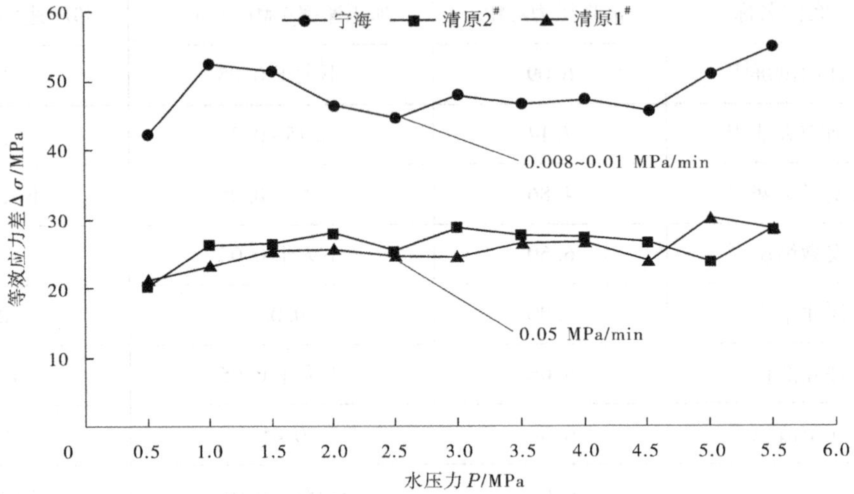

(b)钢岔管顶点内壁

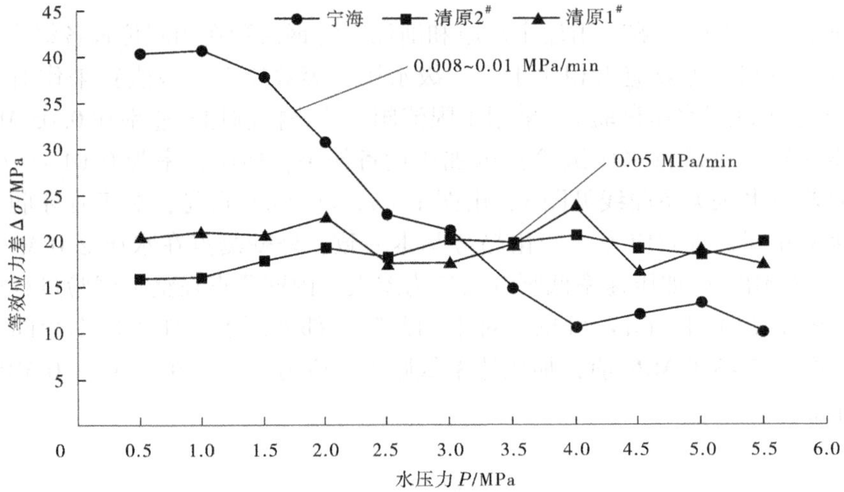

(c)钢岔管左侧腰部外壁

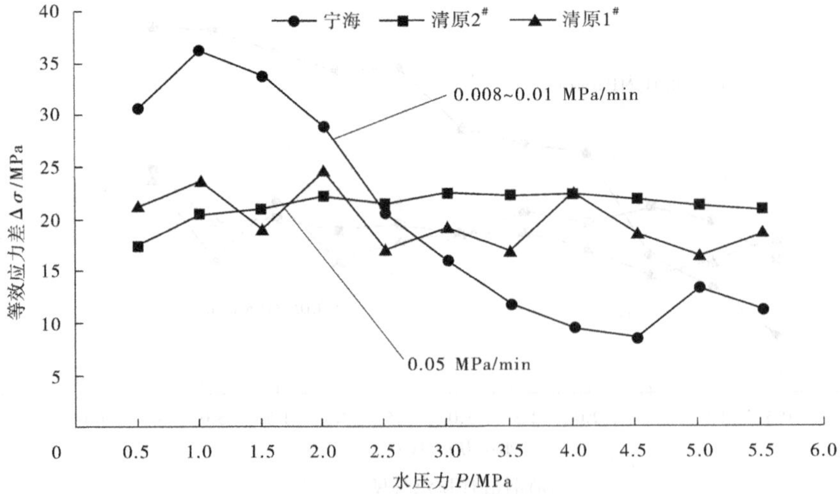

(d)钢岔管左侧腰部内壁

续图 1

虽然辽宁清原和浙江宁海钢岔管结构尺寸有一定的差异，但材料都为 800 MPa 级高强钢，应力监测设备及方法完全相同，具有一定的可比性。以上对比分析说明，加压速率对应力的影响是存在的，加压速率太低可能有利于残余应力的充分消散，但不利于细微缺陷的钝化。笔者建议，加压速率宜控制在 0.05~0.02 MPa/min 范围，卸压速率宜控制在 0.05~0.1 MPa/min 范围。

为了尽量控制加卸压速率，对加压设备的选用至关重要，笔者在实际工作中总结发现，加压设备除满足额定工作压力条件外，还应合理选择额定输出流量。额定输出流量与钢岔管规模及试验参数（压力、级数等）有关，可以用下式估算：

$$Q = (kqvn)/(p_e m) \tag{1}$$

式中：Q 为水泵输出流量，L/min；k 为经验系数（0.04~0.05），根据具体情况确定；q 为钢岔管的内体积，L；v 为拟确定的加卸压速率，MPa/min；n 为钢岔管数量（1~2）；p_e 为加压设备的额定压力，MPa；m 为主试验的预估加压级数。

3　压力循环

设计规范要求钢岔管水压试验宜进行“两个完整的压力循环”，加压和卸压均应分级，其主要目的是进一步钝化尖端缺陷和消除焊接残余应力，同时避免快速加卸压对钢岔管结构造成不可逆的损伤或者破坏。一个完整压力循环是指按一定级差从初始水压开始逐级升压至最大水压后再逐级卸压至初始水压，目前已开展的钢岔管水压试验中，所采用的压力循环方式各不相同，可概括为三大类。

（1）逐级循环法。逐级加压至最高压力后再逐级卸压，形成 1 个大循环，表 3 中案例 1~7 属于此类，压力循环典型曲线如图 2（a）所示。

（2）跳跃循环法，即加压阶段在某级采用升压—降压—升压的跳跃方式，直至最大试验压力后再分级卸压，此类循环方式在实际工程案例中运用较少见。表 3 中案例 8 属于此类，压力循环典型曲线如图 2（b）所示。

（3）分档循环法。即将最高试验压力分多档，每档的压力不同，每档分多级完成一个分级循环，表 3 中案例 9 和案例 10 属于此类，压力循环典型曲线如图 2（c）所示。

表 3　典型案例中水压试验循环方法与循环次数统计

项号	案例名称	最高压力/MPa	循环方法	循环次数
1	安徽绩溪[14]	6.5	逐级循环法	两次
2	河北丰宁[15]	6.9	逐级循环法	两次
3	重庆蟠龙[19]	5.4	逐级循环法	两次
4	辽宁清原 3#[18]	6.5	逐级循环法	两次
5	辽宁清原 1#[18]	6.3、6.5	逐级循环法	两次（两次循环的最高压力不同）
6	辽宁清原 2#[18]	6.0、6.2	逐级循环法	两次（两次循环的最高压力不同）
7	浙江长龙山[8]	9.0、10.0	逐级循环法	两次（两次循环的最高压力不同）
8	陕西镇安[20]	8.67	跳跃循环法	两次
9	浙江宁海[21]	4.0、5.6	分档循环法	两次（两次循环的最高压力不同）
10	江苏宜兴[17]	5.42	分档循环法	一次

压力循环的目的之一是充分利用水压试验对结构应力及残余应力的均化，并尽量消除峰值残余应力，有关不同压力循环方法与试验前后残余应力的变化规律目前尚无研究的文献，笔者初步对比分析了几个工程的试验资料。

表 4 为采用 X 射线法分别对辽宁清原钢岔管和浙江宁海钢岔管开展残余应力测试的结果，二者

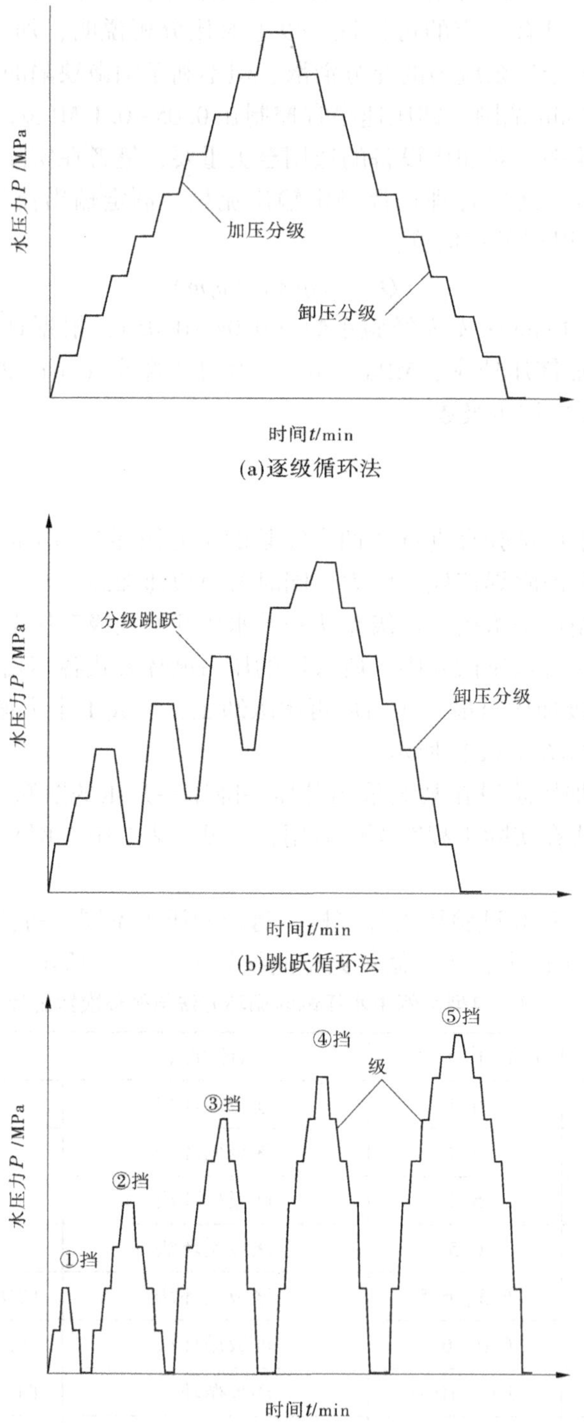

(a)逐级循环法

(b)跳跃循环法

(c)分档循环法

图 2　不同压力循环方法典型曲线

材料均为 800 MPa 级高强钢，结构尺寸有差异，水压试验最大水压力相同。辽宁清原钢岔管采用逐级循环法并进行两次；浙江宁海钢岔管第一次试验采用分档循环法，第二次试验采用逐级循环法。比较可见，试验前二者的平均残余应力相当，两种循环方法试验后残余应力有所消除，但逐级循环法的残余应力平均消除率要高于分档循环法。

表 5 为采用压痕法分别对重庆蟠龙钢岔管和江苏宜兴钢岔管开展残余应力测试的结果。重庆蟠龙钢岔管为 800 MPa 级高强钢，江苏宜兴钢岔管为 500 MPa 级高强钢，二者体形尺寸相当，最大试验

水压力相同，重庆蟠龙采用逐级循环法并重复进行两次，江苏宜兴采用分档循环法只进行一次。比较可见，重庆蟠龙钢岔管试验前后的残余应力平均消除率也高于江苏宜兴钢岔管，消应效果更显著。

表 4　钢岔管 X 射线法残余应力测试成果对比

统计参数	辽宁清原钢岔管				浙江宁海钢岔管			
	平行水流方向		垂直水流方向		平行水流方向		垂直水流方向	
最大值/MPa	422.9	270.1	521.6	331.5	367.0	251.9	252.9	262.3
最小值/MPa	8.5	1.9	5.9	33.7	2.0	32.8	8.7	9.6
平均值/MPa	164.5	106.3	225.9	163.1	168.7	145.5	123.6	93.8
幅度差/MPa	414.4	268.2	515.7	297.8	365.0	219.1	244.2	252.7
峰值消除率/%	49.6		47.2		—		—	
平均消除率/%	35.4		27.8		13.7		24.1	

表 5　钢岔管压痕法残余应力测试成果对比

统计参数	重庆蟠龙钢岔管				江苏宜兴钢岔管			
	平行水流方向		垂直水流方向		平行水流方向		垂直水流方向	
最大值/MPa	657.0	472.0	654.0	461.0	570.0	450.0	779.0	450.0
最小值/MPa	463.0	214.0	486.0	162.0	146.0	77.0	132.0	0.0
平均值/MPa	596.8	379.2	573.8	359.8	366.5	289.5	303.0	191.5
幅度差/MPa	194.0	258.0	168.0	299.0	424.0	373.0	647.0	450.0
峰值消除率/%	35.6		37.3		17.5		30.7	
平均消除率/%	36.5		37.3		21.0		36.8	

综上比较分析，笔者建议水压试验的压力循环采用逐级循环法，并至少进行两个完整的压力循环。

4　压力分级

相关规范要求水压试验应分级缓慢加卸压，但对如何分级没有强制条文规定，因此已开展的钢岔管水压试验压力分级方式各不相同。国内部分抽水蓄能电站钢岔管水压试验案例压力分级方式见表 6。从表 6 中可知，各工程钢岔管水压试验压力分级方法不一致，加压阶段的级数在 3~16 级不等，若按最大压力与级数的比值情况来统计分析，级差在 0.41~2.17 MPa 范围，平均级差为 1 MPa 左右；大多数工程水压试验加压阶段采用分段分级，低压段级差大，高压段级差小；对于卸压阶段的分级，表 6 中有一半的案例卸压级数与加压阶段相同，其余案例的卸压级数明显小于加压级数，有的在卸压初段级差与加压级差一致，在卸压末段级差增大，也有不分级而连续卸压的。

表 6　国内部分抽水蓄能电站钢岔管水压试验压力分级与级差统计

序号	案例名称	最高水压/MPa	加压		卸压	
			级数	级差	级数	级差
1	浙江仙居[7]	6.80	4	级差分别为 2 MPa、1.6 MPa、1.2 MPa	4	级差分别为 2 MPa、1.6 MPa、1.2 MPa
2	江苏溧阳[10]	3.90	4	1 MPa	4	1 MPa

续表 6

序号	案例名称	最高水压/MPa	加压		卸压	
			级数	级差	级数	级差
3	吉林敦化[9]	10.00	10	1 MPa	5	1 MPa
4	江西洪屏[11]	6.09	4	4 MPa 前 2 MPa，4~5.8 MPa 段 1.8 MPa，5.8~6.1 MPa 段 0.3 MPa	4	4 MPa 前 2 MPa，4~5.8 MPa 段 1.8 MPa，5.8~6.1 MPa 段 0.3 MPa
5	河南天池[12]	7.14	10	分段：5 MPa 前 1 MPa，5 MPa 后 0.5 MPa	0	连续卸压
6	安徽金寨[13]	4.86	10	0.5 MPa	10	0.5 MPa
7	安徽绩溪[14]	6.50	3	小循环级差 2 MPa，大循环级差由 4 MPa 逐级递减	3	小循环级差 2 MPa，大循环级差由 4 MPa 逐级递减
8	河北丰宁[15]	6.90	8	5 MPa 前 1 MPa，5 MPa 后减小为 0.5~0.8 MPa	4	5 MPa 前 1 MPa，5 MPa 后减小为 0.5~0.8 MPa
9	内蒙古呼和浩特[16]	9.06	13	5 MPa 前 1 MPa，5 MPa 后 0.5 MPa	13	5 MPa 前 1 MPa，5 MPa 后 0.5 MPa
10	江苏宜兴[17]	5.42	11	0.1~1 MPa	4	1.5~2 MPa
11	辽宁清原[18]	6.50	16	5 MPa 前 0.5 MPa，5 MPa 后 0.1~0.3 MPa	16	5 MPa 前 0.5 MPa，5 MPa 后 0.1~0.3 MPa
12	重庆蟠龙[19]	5.40	6	5 MPa 前 1 MPa，50 MPa 后 0.4 MPa	6	5 MPa 前 1 MPa，50 MPa 后 0.4 MPa
13	浙江宁海[21]	6.00	13	4 MPa 前 1 MPa；4.5~5 MPa 段 0.5 MPa；5~6 MPa 段 0.2 MPa	4	1.5~2 MPa

为了说明压力分级对应力的影响，以浙江宁海 1# 钢岔管月牙肋与相贯线交会的顶点两次主试验结果为例来说明，如图 3 所示。该钢岔管设计要求最大水压力为 6.23 MPa，抗力限值为 450 MPa，第一次试验在 4.5 MPa 前按级差 0.5 MPa 逐级加压，这时的等效应力已超过抗力限值的 80%，为此级差降低为 0.1~0.2 MPa，5.2 MPa 后等效应力超过抗力限值，由于水压力没有达到设计要求，于是继续加压，因声发射信号迅速增加而终止加压，共计分了 20 级，累计历时 18.6 h。在停止了 20 h 后进行第二次试验，3 MPa 前按级差 1 MPa 逐级加压，5 MPa 时等效应力已超过抗力限值的 90%，级差调整为 0.2 MPa，最后 1 级级差调整为 0.1 MPa，水压力最大为 6.0 MPa，因声发射信号迅速增加而终止加压，共计分了 13 级，累计历时 17.4 h。

比较曲线可知，两条曲线分别在 0~0.5 MPa 和 3.5~4.5 MPa 段重合，二者的级差相等，对应的等效应力相同，其他压力段二者的等效应力不一致。在等效应力不一致的压力段，第一次压力循环级差比第二次小，级数增加使试验时间加长，第一次压力循环的等效应力明显大于第二次，尤其是 4.5 MPa 后，级数越多，相同水压力下等效应力越大，说明分级数量对钢岔管的应力是有影响的。因此，水压试验的分级与级差应根据实际情况合理选择。

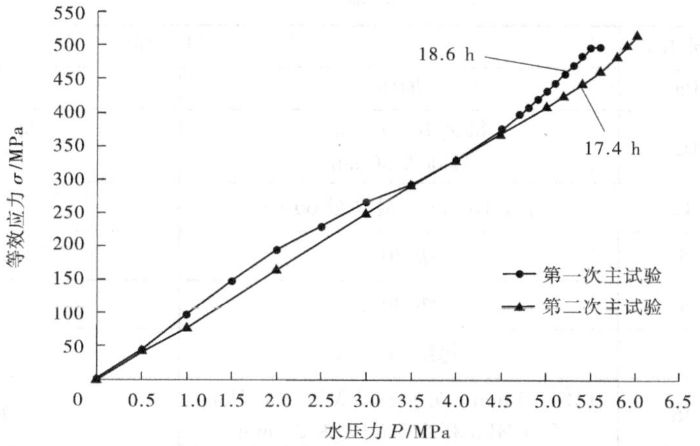

图 3　等效应力与水压力关系曲线

为规范压力分级与级差，笔者建议：压力循环的压力级差宜取最高试验压力的 10%左右，低压阶段级差可适当增大，高压阶段级差可适当降低，加压阶段分级宜为 8～12 级，卸压阶段分级宜与加压阶段一致，若需增大级差，级数也不宜少于 5 级。

5　稳压时间

稳压的目的是确保在各级压力下钢岔管的结构应力趋于稳定，并保证监测数据的获取与分析。相关设计规范要求加卸压过程中每级试验水压稳压不小于 30 min，制造安装规范要求在工作压力和最大试验压力下稳压 30 min 以上，但对其余压力段是否稳压未明确要求。表 7 为国内部分抽水蓄能电站钢岔管水压试验案例中采用的稳压时间，所列案例中，加压阶段各级稳压时间在 5～30 min 不等，特征压力（设计压力、工作压力及最大压力）下稳压时间有的案例为 30 min，有的为 60 min。卸压阶段各级稳压时间在 0～40 min 不等。

表 7　国内部分抽水蓄能电站钢岔管主试验稳压时间统计

序号	案例名称	最高水压/MPa	稳压时间	
			加压	卸压
1	浙江仙居[7]	6.8	每级 10 min，分别在 2 MPa、4 MPa 时为 30 min；5.6 MPa 时为 60 min	—
2	浙江长龙山[8]	10	4 MPa 前每级 30 min，4 MPa 后每级 60 min	每级 30 min
3	吉林敦化[9]	10	每级 20 min，分别在 5 MPa 和 10 MPa 时为 30 min	10 min
4	江苏溧阳[10]	3.9	每级 10 min	每级 10 min
5	江西洪屏[11]	6.09	每级 10 min，最高级 30 min	每级 10 min
6	河南天池[12]	7.14	每级 5 min	0 min
7	安徽金寨[13]	4.86	每级 10 min	每级 10 min
8	安徽绩溪[14]	6.5	每级 10 min，分别在 6 MPa 和 6.5 MPa 为 60 min	每级 10 min
9	河北丰宁[15]	6.9	5 MPa 前 30 min，5 MPa 后 30～60 min	5～7 MPa 为 30 min，0～5 MPa 为 40 min

续表 7

序号	案例名称	最高水压/MPa	稳压时间	
			加压	卸压
10	内蒙古呼和浩特[16]	9.06	每级 10~15 min，最高级 30 min	每级 10~15 min，最高级 30 min
11	江苏宜兴[17]	5.42	每级 10 min，最高级 60 min	每级 15 min
12	辽宁清原[18]	6.5	每级 30 min	每级 30 min
13	重庆蟠龙[19]	5.4	每级 30 min	每级 30 min
14	陕西镇安[20]	8.7	每级 30 min	每级 30 min
15	浙江宁海[21]	6.36	每级 10 min，分别在 2 MPa、4 MPa、5.5 MPa 和 6.5 MPa 为 30 min	每级 10 min

为了说明稳压时间对结构应变的影响，笔者在某抽水蓄能电站钢岔管水压试验中进行了分析研究。图 4 为钢岔管顶部某测点在加卸压阶段稳压时的应变-时间曲线，图中，1#为环向应变，2#为与环向呈 45°方向应变，3#为管轴向应变。由图 4（a）可见，该测点由 5.5 MPa 加压至 6.0 MPa 后稳压 60 min，应变在稳压 30 min 趋于稳定，由 5.0 MPa 卸压至 4.0 MPa 时稳压 30 min，应变在稳压 20 min 趋于稳定。因此，仅从测点应变而言，笔者建议：加压阶段各级稳压时间宜不小于 30 min，卸压阶段各级稳压时间宜不小于 10 min，对于特征压力下的稳压时间是否延长，可根据设计技术要求或工程实际情况确定。

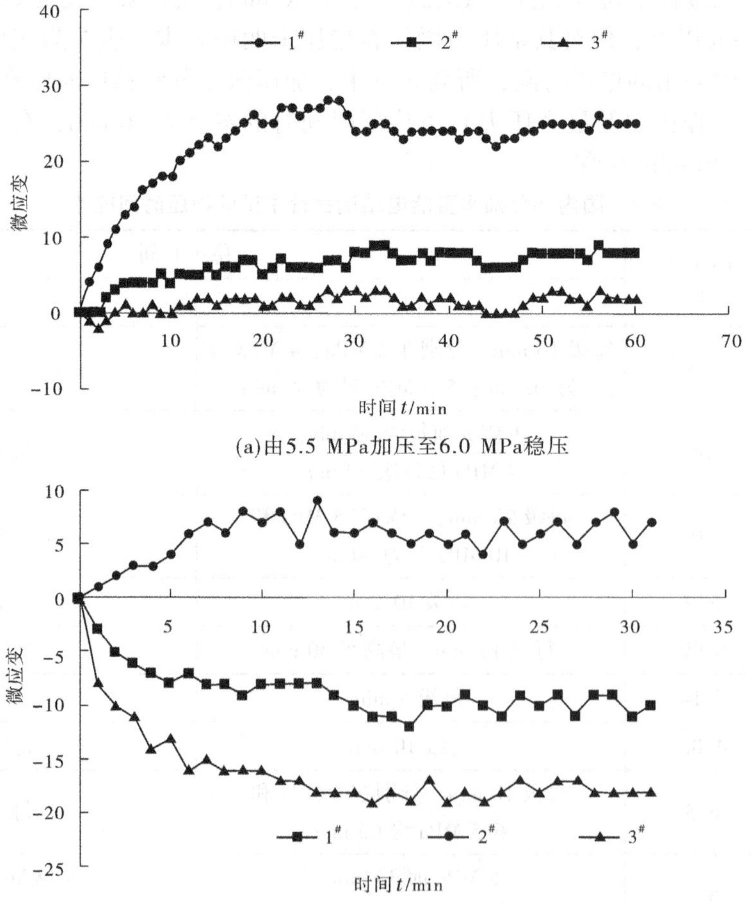

(a)由5.5 MPa加压至6.0 MPa稳压

(b)由5.00 MPa卸压至4.0 MPa稳压

图 4　钢岔管稳压期间测点应变-时间典型曲线

6 结语

加卸压过程是钢岔管水压试验的重要环节，加卸压速率、循环方法、压力分级及稳定时间是加卸压过程的重要控制参数，结合钢岔管水压试验相关规范的要求及对一些工程案例的统计分析，提出了水压试验加卸压参数的具体控制方法，供同行参考。

（1）比较分析了两种不同的加压速率对应力的影响，表明加压速率过小会引起钢岔管监测应力值偏大，加压速率过大对实测应力的影响程度有待深入研究。根据规范要求和案例分析，加压速率宜在0.05~0.02 MPa/min范围，卸压速率宜在0.05~0.1 MPa/min范围。为了控制加压速率，提出了加压设备额定输出流量的估算公式，当加压设备的实际速率大于0.05 MPa/min时，应在加压和卸压管路上设置限流阀等来控制与调整加卸压速率。

（2）压力循环方法大致有三类，对比分析了类似钢岔管采用不同的压力循环下残余应力消应效果，结果表明，采用逐级循环法并进行两次完整的压力循环，消应效果相对较好。

（3）压力分级级数过多会导致试验时间延长、监测的应力值偏大，级数过低则不能对关键压力点的数据进行及时诊断，可能危及钢岔管的安全。因此，建议加压分级级数宜在8~12级，卸压分级级数应不少于5级。低压阶段级差可适当增大，高压阶段级差可适当降低。

（4）每级压力稳压时间对钢岔管应变有一定影响，加压阶段各级稳压时间宜不小于30 min，卸压阶段各级稳压时间宜不小于10 min，对于特征压力下的稳压时间是否延长，可根据设计技术要求或工程实际情况确定。

水压试验加卸压参数的合理控制是试验的关键，本文针对抽水蓄能电站钢岔管设计、制造、安装及验收相关规范，结合工程实例分析了目前水压试验加卸压过程中存在的问题与不足，提出了试验加卸压参数选用的建议，可供同行参考。随着抽水蓄能电站压力钢管向高强度、大直径、高水头的方向发展，钢岔管水压试验相关参数仍需进一步优化与验证。

参考文献

[1] 长江水利委员会长江勘测规划设计研究院．水利水电工程压力钢管设计规范：SL/T 281—2020 [S]．北京：中国水利水电出版社，2020.

[2] 水电水利规划设计总院．水电站压力钢管设计规范：NB/T 35056—2015 [S]．北京：中国电力出版社，2016.

[3] 水电水利规划设计总院．水电站地下埋藏式月牙肋钢岔管设计规范：NB/T 35110—2018 [S]．北京：中国水利水电出版社，2018.

[4] 水利部水工金属结构质量检验测试中心．水利工程压力钢管制造安装及验收规范：SL 432—2008 [S]．北京：中国水利水电出版社，2008.

[5] 中国电力企业联合会．水利水电工程压力钢管制造安装及验收规范：DL/T 5017—2007 [S]．北京：中国电力出版社，2007.

[6] 中国电力企业联合会．水电水利工程压力钢管制作安装及验收规范：GB 50766—2012 [S]．北京：中国计划出版社，2012.

[7] 何少云，付强．浙江仙居抽水蓄能电站780 MPa级钢岔管制造质量控制 [J]．水电与抽水蓄能，2015，4（4）：5-8（86）.

[8] 关磊，岳高峰，吴鹏．长龙山抽水蓄能电站钢岔管应力监测研究 [J]．水电建设与管理，2021（12）：26-30.

[9] 孙丽娟．吉林敦化抽水蓄能电站引水钢岔管水压试验方案 [R]．中国水利水电第十四工程局有限公司，2018.

[10] 倪海梅，章存建，高从闯，等．溧阳抽水蓄能电站引水钢岔管水压试验分析与研究 [C] //抽水蓄能电站工程建设文集，2015，抽水蓄能电站机组装备试验与制造：323-326.

[11] 姚敏杰，高雅芬．洪屏抽水蓄能电站内加强月牙肋钢岔管原型水压试验研究 [J]．水力发电，2016，42（6）：92-94.

[12] 水利部水工金属结构质量检验测试中心．河南天池抽水蓄能电站钢岔管水压试验检测技术报告 [R]．水利部水

工金属结构质量检验测试中心，2020.
[13] 朱晨，袁翔．安徽金寨抽水蓄能电站钢岔管水压试验结构应力测试分析与评价［J］．焊接技术，2022，51（11）：43-48.
[14] 赵瑞存．绩溪抽水蓄能电站内加强月牙肋钢岔管原型水压试验［J］．云南水力发电，2021，37（11）：38-42.
[15] 刘蕊，余健．丰宁抽水蓄能电站埋藏式钢岔管水压试验技术研究［J］．水电与新能源，2020（34）：28-33.
[16] 余健，刘蕊．呼和浩特抽水蓄能电站高强钢岔管残余应力测试与研究［J］．水电与抽水蓄能，2017，12（2）：108-111.
[17] 马耀芳，雷清华，曹麦，等．宜兴抽水蓄能电站引水钢岔管水压试验测试［C］// 第六届全国水电站压力管道学术论文集，中国贵阳，2006：215-223.
[18] 李维树，姜胜先，谭新，等．辽宁清原抽水蓄能电站钢岔管水压试验专项测试报告［R］．武汉：长江水利委员会长江科学院，2021.
[19] 郑州国电机械设计研究所有限公司．重庆蟠龙抽水蓄能电站 1#（2#）钢岔管水压试验检测报告［R］．郑州：郑州国电机械设计研究所有限公司，2022.
[20] 郑州国电机械设计研究所有限公司．陕西镇安抽水蓄能电站 1#、2#钢岔管水压试验报告［R］．郑州：郑州国电机械设计研究所有限公司，2022.
[21] 姜胜先，谭新，李维树，等．浙江宁海抽水蓄能电站钢岔管水压试验专项测试成果报告［R］．武汉：长江水利委员会长江科学院，2023.
[22] 靳红泽，曹佳丽，杜雅楠，等．钢岔管水压试验消除焊接残余应力效果评价方法探讨［J］．水电与抽水蓄能，2021，7（4）：71-74.

新型全自动岩石物理性质试验系统的研制

郭　冲[1,2]　赵顺利[1,2]　杜卫长[1,2]　邓伟杰[1,2]

（1. 江河安澜工程咨询有限公司，河南郑州　450003；
2. 黄河勘测规划设计研究院有限公司，河南郑州　450003）

摘　要：为解决当前岩石物理性质试验尺寸测量受人员和仪器影响较大、地质描述难以标准化、参数计算效率低等困难，基于激光测距原理，搭建线结构光扫描平台，构建试件点云数据，高效获取试件有效尺寸参数。同时，通过集成称重系统、视觉系统和测试软件，构建新型全自动岩石物理性质试验系统，实现岩石物理性质试验的自动化检测。系统工程应用结果表明，与传统检测方法相比，该系统具有检测周期短、地质描述便捷、对人员要求低等优势，可有效降低人员和仪器影响，并显著提升检测效率，助力试验检测的自动化、信息化建设。

关键词：岩石物理性质试验；线激光扫描；点云

1　引言

目前水利水电工程勘察设计中，岩石物理力学参数对工程的勘察、设计及施工起到至关重要的作用[1]。其中，岩石物理性质试验作为获取物理性质参数的重要手段[2]，其检测技术难度不高，但其检测参数较多，当前的传统检测方法自动化程度较低，存在诸多弊端，如试件的尺寸测量主要利用游标卡尺等基础测量工具，检测效率较低，且对于非规则试件和软岩试件难以实现高精度的测量计算。试件的形貌描述目前主要依靠试验人员的经验进行判断，人为因素影响较大，难以实现标准化、精细化的判别描述。此外，数据处理环节依靠人工进行计算分析，处理效率低、周期长。在行业大力推进试验检测自动化、信息化建设的背景下，急需一种高效、安全、可靠的新型岩石物理性质自动化试验技术和方法，消除传统检测方法的弊端，提升试验检测效率，为工程勘察和质量检测提供优质服务。

激光扫描技术是20世纪90年代中期开始出现的一项技术，是继GPS空间定位系统之后又一项测绘技术新突破。它通过高速激光扫描测量的方法，大面积、高分辨率地快速获取被测对象表面的三维坐标数据，可以快速、大量地采集空间点位信息，为快速建立物体的三维影像模型提供了一种全新的技术手段。为更好地应用激光扫描技术，国内外众多研究人员对激光扫描技术进行了多方面的探索和深入研究，目前已在文物保护、建筑测量、地形测绘、变形监测、结构设计等领域有了很多的探索和应用。在物体模型扫描与重建方面，迟克浩等[3]基于点云的位置数据和摄像头的图像信息可以快速重构出目标物的三维模型，实现了利用低成本设备进行高质量扫描工作；夏才初[4]等采用立体视觉法、结构光法和双目成像原理，对被测岩石的表面进行面测量；官东林等[5]提出了一种基于线激光扫描及逆向建模的钻孔建模方法，重建的模型能够满足激光岩石钻进钻孔的测量要求。

在试验检测方面，目前未见国内外有将激光扫描技术应用于岩石试件尺寸测量的相关研究。为解决当前岩石物理性质试验方法的弊端，基于激光测距原理，搭建线结构光扫描平台，同时集成称重系统、视觉系统和测试软件，构建新型全自动岩石物理性质试验系统，用于岩石物理性质试验参数的高效测算，助力试验检测的自动化、信息化建设。

基金项目：江河安澜工程咨询有限公司自主研究开发项目（JH-ky04-2022）。

作者简介：郭冲（1992—），男，工程师，主要从事岩土工程与材料科学试验检测工作。

2 系统原理及实现

2.1 系统工作原理

2.1.1 三角测距原理

试件尺寸测量系统的主要原理为三角测距原理[6]，原理图如图 1 所示。

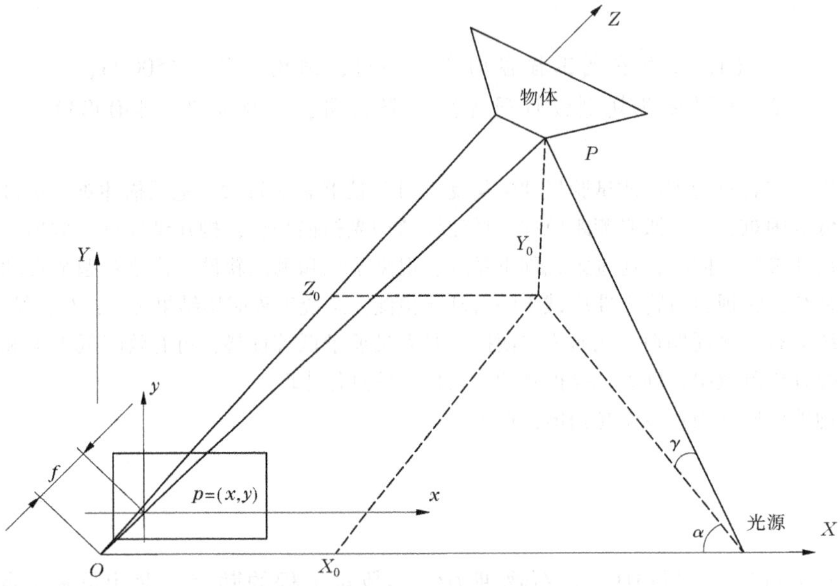

图 1 三角测距原理示意图

根据小孔成像模型和三角测距原理可知：

$$\frac{X}{x}=\frac{Y}{y}=\frac{Z}{f} \tag{1}$$

$$\tan\alpha=\frac{Z}{b-X} \tag{2}$$

式中：X，Y，Z 为物体上一点的三维坐标；x，y 为该点的像点坐标；f 为相机的焦距；b 为相机中心和激光器之间的基线距离；α 为激光器和相机之间的夹角。

由式（1）、式（2）可得

$$X=\frac{\tan\alpha\cdot b\cdot x}{f+x\cdot\tan\alpha} \tag{3}$$

$$Y=\frac{\tan\alpha\cdot b\cdot y}{f+x\cdot\tan\alpha} \tag{4}$$

$$Z=\frac{\tan\alpha\cdot b\cdot y}{f+x\cdot\tan\alpha} \tag{5}$$

通过激光器和特定角度的相机组成的系统结构，向物体表面投射一字线激光。激光在物体表面形成反射光，这些反射光被相机传感器接收。由于物体表面的深度变化，激光在图像上会产生畸变和不连续，这些畸变的程度和深度成正比。通过分析这些畸变的光条图像信息，可以获取物体表面的三维信息。

2.1.2 转台标定与扫描重建

通过将被测试件放置在转台上连续旋转的同时进行扫描就可以得到整个试件表面的点云数据，此时需要知道转台的旋转轴在线结构光设备坐标系中的位置和方向参数，可通过在转台上放置扫描一个已知半径的标准圆柱体计算得到。

如果标准圆柱体的半径为 R，转台旋转轴的位置为（0，A_y，A_z），方向为（N_x^A，N_y^A，N_z^A），标准圆柱体的中心轴线参数为（0，C_y，C_z，N_x^C，N_y^C，N_z^C），圆柱面上的扫描点云数据为 X_i，$i=1$，2，…，M，则可构建式（6）优化问题求解转轴参数：

$$\underset{\substack{A_y,A_z,N_x^A,N_y^A,N_z^A,\\C_y,C_z,N_x^C,N_y^C,N_z^C}}{\operatorname{argmin}} \sum_i [r_i(X_i; A_y, A_z, N_x^A, N_y^A, N_z^A, C_y, C_z, N_x^C, N_y^C, N_z^C) - R]^2 \tag{6}$$

式中：$r_i(X_i; A_y, A_z, N_x^A, N_y^A, N_z^A, C_y, C_z, N_x^C, N_y^C, N_z^C)$ 为数据点 X_i 绕转台旋转轴旋转后到圆柱体轴线的距离。

通过标定解算出转台的旋转轴后，可通过轴–角旋转公式重建物体的表面点云数据：

$$X_i^r = X_i\cos\theta + (N^A \cdot X_i)\sin\theta + N^A(N^A \cdot X_i)(1-\cos\theta) \tag{7}$$

式中：θ 为扫描点所在扫描线对应的旋转角度，(°)。

转台标定后通过扫描重建获得的试件点云示例如图 2 所示。

图 2　扫描重建获得的试件点云示例

2.2　系统实现

为实现试件尺寸测量、描述等目的，构建的尺寸测量系统示意图如图 3 所示，其中上端面和测面传感器分别用于获取试件顶面及侧面点云数据，旋转平台带动试样旋转获得完整的侧面点云数据和图像，线阵相机用于拍摄完整的试件侧面图像以便于进行标注。尺寸测量系统主要由电源部件、控制系统、运动系统及视觉系统组成。其中，电源部件包括断路器、按钮开关、继电器及开关电源，控制系统包括 PLC 及其相关组件，运动系统包括伺服电机和伺服电机控制器，视觉系统包括相机、镜头和光源。

为同时获取岩石试件含水率、密度等基本物理性质参数，在系统上部外置称重系统，用于自动采集不同含水状态下试件的质量，并通过软件出具物理性质参数报告。经过整体组装调试和软件适配，最终完成的全自动岩石物理性质试验系统如图 4 所示。

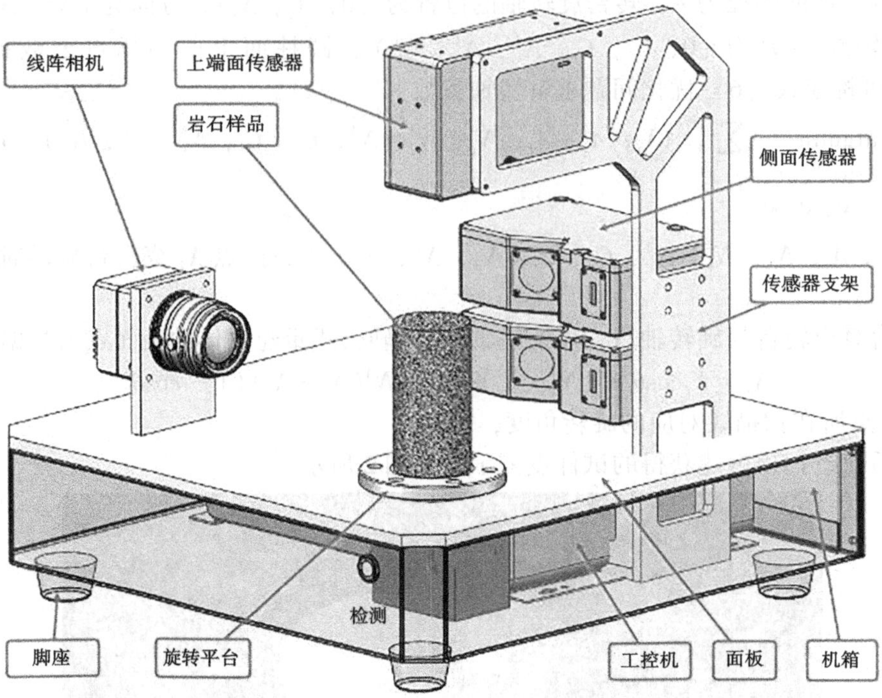

图 3　尺寸测量系统内部结构示意图

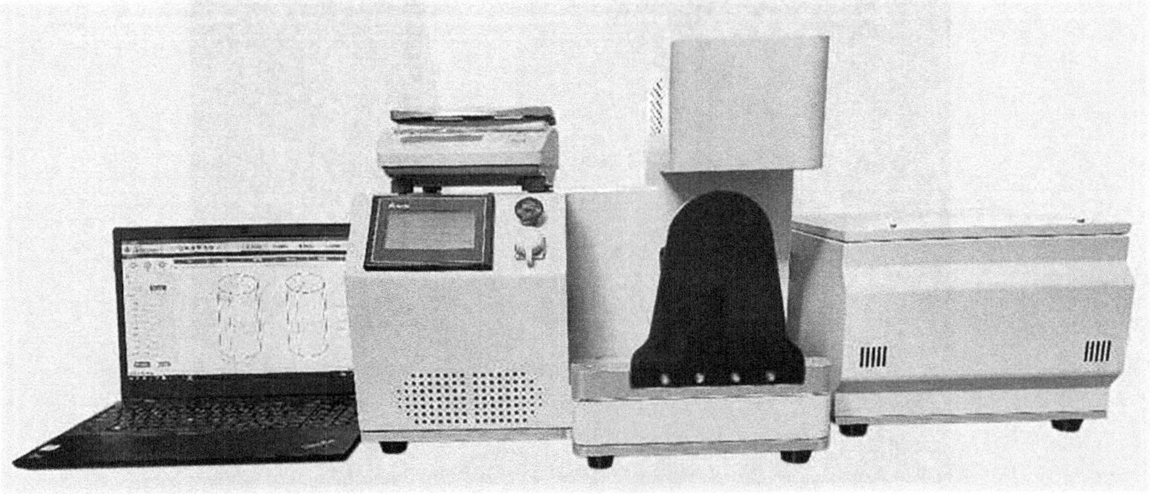

图 4　全自动岩石物理性质试验系统

3　系统测试及工程应用

3.1　系统性能测试

系统性能测试前，通过定制的标准圆柱试样和砝码对系统进行标定，三种标准圆柱试样的直径范围为 45~70 mm，高度范围为 75~110 mm，以适应不同尺寸试样的检测需求。系统标定后，采用定制的标准圆柱试样和砝码对系统进行性能测试，系统尺寸测量和称量测试结果见表 1、表 2，测试结果表明，系统长度测量的示值相对误差范围为-0.01%~0.01%，重复性误差在 0.02%以内，称量测试的示值相对误差和重复性误差均为 0。另外，系统的长度测量和称量结果均满足相关行业岩石试验规程[7] 中“长度测量准确至 0.01 mm”和“称量准确至 0.01 g”的最低指标要求。

表 1　系统尺寸测量结果

测试项目		标准值/mm	测量平均值/mm	示值相对误差/%	重复性误差/%
标准试样 1	直径	45.000	45.00	−0.01	0.02
	高度	75.000	75.00	0.00	0.01
标准试样 2	直径	50.000	50.00	0.01	0.02
	高度	100.000	100.00	0.00	0.01
标准试样 3	直径	70.000	70.00	0.00	0.01
	高度	110.000	110.00	0.00	0.01

表 2　系统称量测试结果

试样编号	标准值/g	测量平均值/g	示值相对误差/%	重复性误差/%
标准砝码 1	500.000	500.01	0.00	0.00
标准砝码 2	1 500.000	1 500.00	0.00	0.00
标准砝码 3	2 500.000	2 500.00	0.00	0.00

3.2　系统工程应用

3.2.1　试验方案

选取黄河某水利枢纽工程和青海省某引调水工程的典型试样（见图 5）进行试验，其中黄河某水利枢纽工程试样完整性较好，青海省某引调水工程试样完整性稍差，但其试样尺寸偏差、端面不平行度和垂直度仍满足试验规范相关要求。试验仪器分别采用试验规范中推荐的游标卡尺和新型全自动岩石物理性质试验系统，分别进行仪器和人员比对，以验证本系统的稳定性。

图 5　部分典型试样

具体试验方案为：两个工程试验样品制备完成后，随机各抽取一组样品为试验样品，首先对试验样品进行直径和高度测量，用以计算样品的表面积、体积等基本参数；然后依次称量该样品天然、烘干、饱和状态下的质量，分别计算天然密度、烘干密度和饱和密度等基本物理性质参数。通过进行仪器和人员比对，以验证本系统的稳定性和优越性。

3.2.2 试验结果及对比分析

两名检测人员甲、乙分别采用游标卡尺、天平和新型全自动岩石物理性质试验系统对黄河某水利枢纽工程和青海省某引调水工程等两个工程试样的直径、高度及各个含水状态下的质量进行检测，结果见表3。

表3 试样物理性质试验检测结果

工程名称	试验人员	试验仪器	样品编号	直径平均值/mm	高度平均值/mm	天然密度/(g/cm³)	烘干密度/(g/cm³)	饱和密度/(g/cm³)
黄河某水利枢纽工程	检测员甲	自动化系统	ZK1-1	50.01	100.50	2.65	2.64	2.66
			ZK1-2	50.00	100.45	2.65	2.64	2.66
			ZK1-3	50.01	100.64	2.65	2.64	2.66
		传统仪器	ZK1-1	50.02	100.51	2.64	2.64	2.65
			ZK1-2	50.00	100.46	2.65	2.64	2.66
			ZK1-3	50.02	100.63	2.65	2.64	2.66
	检测员乙	自动化系统	ZK1-1	50.01	100.50	2.65	2.64	2.66
			ZK1-2	50.00	100.45	2.65	2.64	2.66
			ZK1-3	50.01	100.64	2.65	2.64	2.66
		传统仪器	ZK1-1	50.01	100.51	2.65	2.64	2.66
			ZK1-2	50.00	100.45	2.65	2.64	2.66
			ZK1-3	50.01	100.65	2.64	2.64	2.65
青海某引调水工程	检测员甲	自动化系统	ZK1-1	50.12	100.58	2.58	2.56	2.59
			ZK1-2	50.11	100.64	2.58	2.56	2.59
			ZK1-3	50.12	100.87	2.57	2.56	2.59
		传统仪器	ZK1-1	50.13	100.68	2.57	2.55	2.57
			ZK1-2	20.11	100.59	2.58	2.56	2.59
			ZK1-3	50.13	100.98	2.57	2.56	2.58
	检测员乙	自动化系统	ZK1-1	50.12	100.61	2.57	2.56	2.58
			ZK1-2	50.12	100.65	2.58	2.56	2.59
			ZK1-3	50.12	100.86	2.58	2.56	2.59
		传统仪器	ZK1-1	50.13	100.57	2.58	2.57	2.59
			ZK1-2	20.13	100.63	2.58	2.56	2.59
			ZK1-3	50.12	100.65	2.59	2.56	2.60

由表3试样物理性质试验检测结果可知：

（1）检测人员甲、乙利用游标卡尺、天平和新型全自动岩石物理性质试验系统测得的黄河某水利枢纽工程试样的直径、高度、块体密度等基本物理性质参数检测结果的极值范围大致相同，平均值也基本一致，均在规范要求的误差范围内，说明系统对完整性较好的试样适用性较好。

（2）检测人员甲、乙利用新型全自动岩石物理性质试验系统测得的青海省某引调水工程试样的直径、高度、块体密度等基本物理性质参数检测结果较为一致，平行度较好；而利用游标卡尺、天平检测结果的平行度相对较差，但整体上仍较为接近。说明完整性稍差试样的检测在一定程度上受检测人员和仪器的影响，而新型全自动岩石物理性质试验系统可有效解决该问题。

（3）传统检测方法至少需要两名经验丰富的检测人员进行检测，试验周期较长，且所有参数均需手动计算，试验周期占据岩石试验全周期一半以上。而新型全自动岩石物理性质试验系统仅需一名检测人员进行操作，单个试样尺寸检测周期可压缩至 15 s 以内，且所有参数均通过系统进行自动计算，并出具相应原始记录和报告，优势较为明显。

4 结论

基于激光测距原理构建的新型全自动岩石物理性质试验系统，可用于岩石物理性质试验的自动化检测。

（1）基于激光测距原理，同时集成称重系统、视觉系统和测试软件的新型全自动岩石物理性质试验系统可解决传统物理性质试验方法的弊端，实现岩石试件尺寸的快速测量、地质描述的标准化、物理性质参数的一体化计算和试验报告的快速出具。

（2）系统性能测试及工程应用结果表明，与传统检测方法相比，该系统具有检测周期短、地质描述便捷、对人员要求低等优势，可有效降低人员和仪器影响，并显著提升检测效率，可用于岩石物理性质试验研究。

（3）当前系统的工程应用数据有限，系统稳定性有待进一步验证。此外，当前地质描述虽较为直观、便捷，但仍以人工标注为主，后续可结合人工智能技术，实现岩性、缺陷的特征识别，提升地质描述的自动化、标准化水平。

参考文献

[1] 蔡美峰．岩石力学与工程［M］．2 版．北京：科学出版社，2013.

[2] 郭冲，杜卫长，邓伟杰，等．马来西亚巴蕾水电站坝址区风化倾斜层状岩体变形特性研究［J］．河南科技，2023，42（11）：53-57.

[3] 迟克浩，陈梦雯，吴彦达，等．基于双三角测距原理的双线激光三维扫描系统的研制［J］．物理与工程，2019，29（6）：71-76.

[4] 夏才初，王伟，丁增志．TJXW-3D 型便携式岩石三维表面形貌仪的研制［J］．岩石力学与工程学报，2008，（7）：1505-1512.

[5] 官东林，文国军，王玉丹，等．基于线激光扫描的岩石激光钻孔的三维重建和可视化［J］．地质科技通报，2021，40（3）：173-183.

[6] 张正琦．基于激光三角测距原理的位移传感器优化研究［D］．上海：上海交通大学，2017.

[7] 中华人民共和国水利部．水利水电工程岩石试验规程：SL/T 264—2020［S］．北京：中国水利水电出版社，2020.

聚丙烯土工织物的蠕变试验与研究

郑依铭　戚晶磊　方远远

（上海勘测设计研究院有限公司，上海　200434）

摘　要：随着土工织物在水利、交通、铁路等领域的广泛应用，其长期蠕变性能备受关注。本文针对聚丙烯机织土工织物的蠕变行为进行探讨，通过分级等温蠕变试验和常规蠕变试验构建了蠕变曲线，从而评估其蠕变寿命。试验结果表明：常规工况下土工织物的蠕变失效时间发生在 $10^8 \sim 10^9$ s，且随着载荷水平的增加，蠕变形变显著提高。

关键词：土工织物；蠕变；寿命；温度

1　引言

土工织物被广泛应用于工程建设领域中，发挥着加筋、排水、反滤、防护等多重作用。蠕变是土工织物长期使用性能的反映，对工程结构的安全性和稳定性至关重要。土工织物的蠕变行为多表现为在土壤约束或加筋结构中受拉应力的作用下，应变随时间延长而增加。在土工织物蠕变性能的研究中，多探究其在短时间内的蠕变响应。例如，王协群等[1] 研究了有纺和无纺土工织物在土壤侧限条件下 400 h 的蠕变行为，验证了土工织物随着侧限压力的增加蠕变显著减小。杨旭东[2] 研究了聚丙烯土工织物在不同载荷水平和紫外辐射下 32 h 的蠕变行为，结果表明材料受负荷水平越高，紫外辐射对材料强力的影响作用更明显，使用寿命显著缩短。Dias 等[3] 研究了不同单位面积质量的土工织物 72 h 的蠕变行为，并建立了蠕变形变-对数时间模型。李丹等[4] 研究了土工织物在顶压受力状态下 2 400 h 的蠕变性能，证明顶压蠕变折减系数普遍高于拉伸蠕变折减系数，为 65. 340%～148. 496%。

实际工程应用中土工织物的运行时间可达数年，蠕变行为的长期规律更值得关注。图 1 的曲线描述了土工织物全生命周期的蠕变行为[5]。曲线中表示试样受载后的应变，t 为受载的时间，图上任一点斜率为该时刻的蠕变速率。根据蠕变速率的大小，可将典型的蠕变过程分为三个阶段：Ⅰ阶段为减速蠕变阶段，初始时的蠕变速率很高，随时间推移而逐渐降低；Ⅱ阶段为等速蠕变阶段，该阶段的蠕变速率几乎不变，是蠕变速率最小的阶段；Ⅲ阶段为加速蠕变阶段，蠕变速率随时间推移而快速增加，直至材料断裂损坏。土工织物作为柔性材料，同时具备黏性和弹性的特征，蠕变行为具有强烈的时间依赖性，需要进行数年的常规蠕变试验。这导致试验成本过高，且与紧凑的产品开发周期不符。

图 1 还展示出蠕变随载荷和温度的增加而增加的特性，这为短时间内研究土工织物的蠕变带来了可能。换言之，基于时温等效原理可以把短时间内的高温蠕变试验数据推广到预测土工织物长时间的蠕变响应。本研究旨在通过分级等温（SIM）的方式获得土工织物同种载荷下一系列的蠕变曲线，并通过平移形成主曲线，以评估其蠕变性能。

基金项目：上海勘测设计研究院有限公司科研项目资助［合同编号：2021JC（8）-005］。

作者简介：郑依铭（1998—），男，工程师，主要从事土工合成材料检验检测与研究工作。

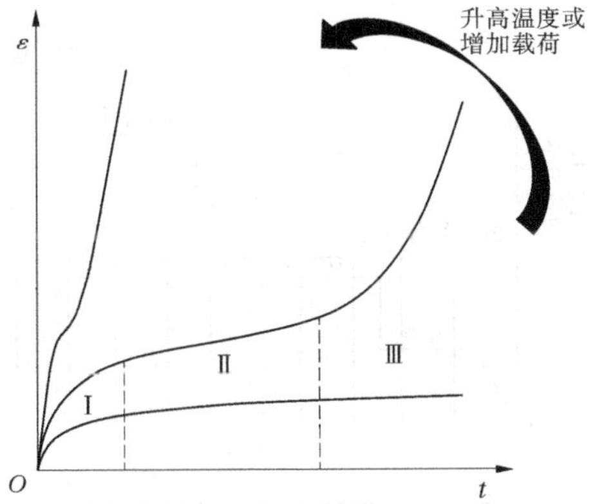

图 1　典型的蠕变曲线

2　试验部分

2.1　材料与仪器

试验采用聚丙烯长丝机织土工织物，其基本性能参数如表 1 所示。试验前将试样置于 20 ℃、65%湿度下调温调湿，并在整个试验过程中保持该温湿度条件。拉伸蠕变试验取材料的纵向，试样宽度为 50 mm（去除边纱），长度为 200 mm。

表 1　土工织物性能参数

试验项目	拉伸强度（纵向）/（kN/m）	伸长率（纵向）/%	梯形撕裂强力（纵向）/N	CBR 顶破强力/kN	等效孔径/mm	垂直渗透系数/（cm/s）
性能	69	34	967	7.9	0.066	6.32×10^{-3}

试验仪器为高温电子万能试验机，配备有织物拉伸用波纹夹具和高温箱。

2.2　快速拉伸试验

温度水平是蠕变试验的重要参数，不同温度会导致材料蠕变曲线和失效机制变化。分别选取以下几个温度：20 ℃（室温）、30 ℃、40 ℃、50 ℃、60 ℃，在电子高温万能试验机上进行快速加载拉伸试验，夹具间距 100 mm，拉伸速度 100 mm/min。试验结束后绘制应力-应变曲线，量化土工织物力学性能对温度的敏感性。

2.3　分级等温蠕变试验

采用高温电子万能试验机，在 20~60 ℃范围内，以 10 ℃为温度梯度，对同一试样进行分级等温蠕变测试，如图 2 所示。测试应力设为 20%最大拉伸强度，以模拟实际工况，且能避免时移因子的非线性变化[6]。通过测量各温度水平下 1 h 的蠕变应变量，构建一系列蠕变曲线。随后，利用 WLF 方程和玻尔兹曼叠加原理，将蠕变-时间数据进行缩放和平移，形成室温条件下的完整蠕变曲线。

2.4　常温蠕变试验

应力水平对土工织物蠕变性能的影响较大，分别在 20%、40%、60%三种载荷水平下进行 12 h 的常温蠕变试验。

3　结果与分析

在不同温度下的快速拉伸试验结果如图 3 所示，拉伸曲线均表现出明显的黏弹性特征。初始阶段主要为弹性变形，随着伸长率的增加由弹性变形逐渐转变为塑性变形。此外，随着温度升高，土工织物的拉伸强度有所下降、伸长率增加。这是因为升温为分子运动提供能量，克服分子链段运动的位

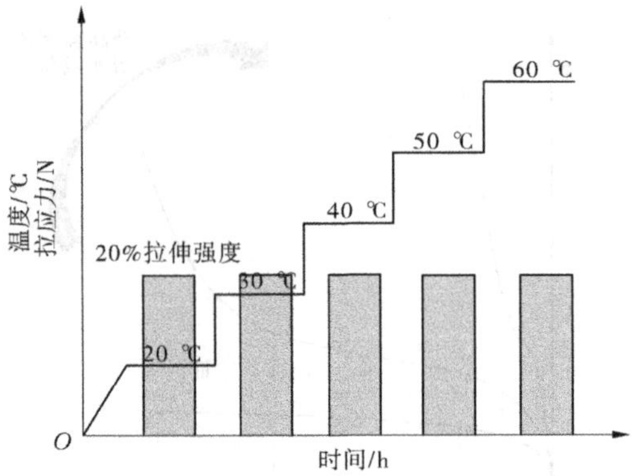

图 2　分级等温蠕变试验示意图

垒，使材料更容易发生形变。综上所述，土工织物在 20~60 ℃的试验环境中具有类似的拉伸力学性能，且适合作为分级等温蠕变测试的试验温度。

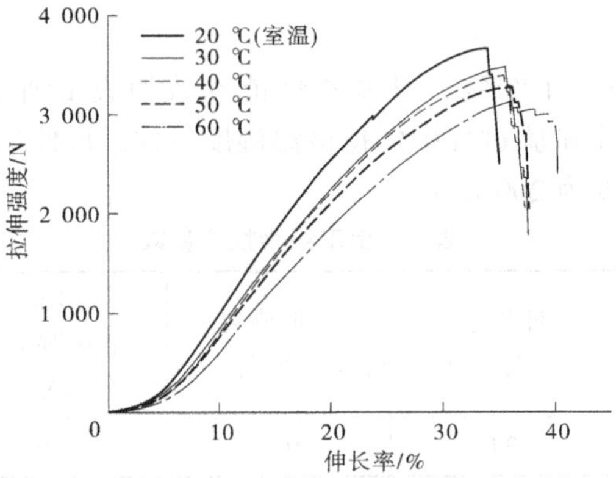

图 3　5 种温度下的拉伸曲线

先绘制 5 个温度水平下蠕变应变量-对数时间的关系曲线；然后，选择 20 ℃作为绘制主曲线的参考温度，高于参考温度的蠕变曲线沿着对数时间坐标轴水平移动与修正，使前一曲线结束时斜率与后一曲线开始时斜率相匹配，彼此叠合形成蠕变主曲线，用于描述参考温度下的长期蠕变行为[7-8]。曲线叠加时引入一个时移因子 a_T，用于关联不同温度下的应变。a_T 是黏弹变形过程中任意温度下进行时间与参考温度下进行时间的比值，如下式：

$$\varepsilon_0(T_0,\ t) = \varepsilon(T,\ \frac{t}{a_T}) \tag{1}$$

式中：ε_0 为参考温度下的应变；T_0 为参考温度；t 为时间；T 为高温应变；a_T 为时移因子。

a_T 与温度的关系可以用经验公式 WLF 方程式描述[9] 为：

$$\lg a_T = \frac{-C_1(T - T_0)}{(C_2 + T - T_0)} \tag{2}$$

式中：C_1，C_2 为经验常数，取决于参考温度。

为了判断材料发生蠕变失效的时间，Zornberg[10] 用完整蠕变曲线中线性部分的斜率表征材料的应变速率，该斜率被定义为蠕变指数 T_α。当蠕变指数发生突变时，可以认为材料蠕变失效。蠕变失效不等价于蠕变断裂，而是早于蠕变断裂发生，该标准比判断蠕变断裂的方式更客观。定义如下式：

$$\varepsilon_{CR} = T_\alpha \log(\frac{t}{t_0}) \tag{3}$$

式中：ε_{CR} 为蠕变应变；T_α 为蠕变指数；t 为斜坡加载任意时间；t_0 为斜坡加载结束的时间。

图 4 为同一土工织物在不同温度水平下的蠕变曲线，表现出先减速蠕变后等速蠕变的特征。

图 5 为不同温度水平下土工织物蠕变曲线叠加的主蠕变曲线，蠕变曲线中存在一些波动，这可能是由于每根纱线的结构和力学行为具有差异性，叠加导致不均匀的蠕变行为被放大。形变整体上与对数时间呈正比关系，即蠕变速率逐渐降低。土工织物在时间为 $10^{8.3}$ s 时蠕变指数 T_α 迅速增加，表现出类似蠕变失效的特征。基于此，推测土工织物的蠕变失效时间发生在 $10^8 \sim 10^9$ s，预测土工织物在低应力水平下的蠕变寿命为几十年。

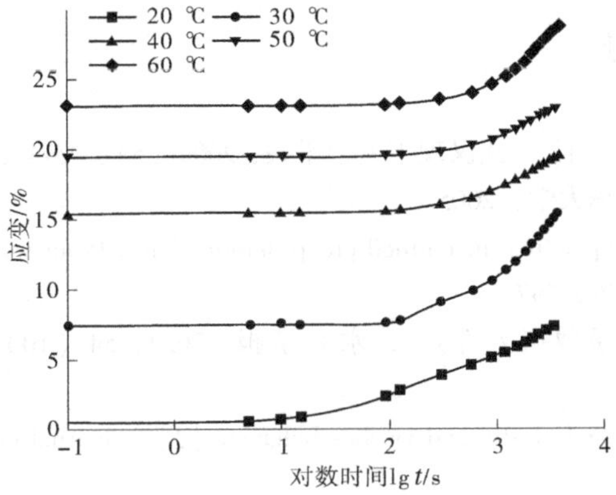

图 4　土工织物对数时间-蠕变曲线

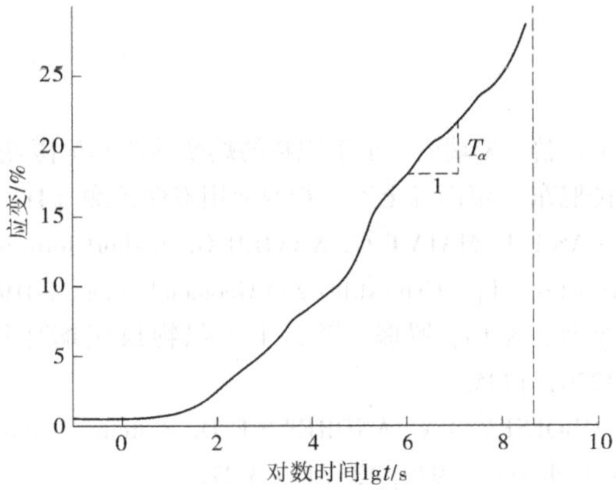

图 5　主蠕变曲线

叠合光滑主曲线时，各蠕变曲线的水平位移量用时移因子 a_T 表征。图 6 为时移动因子 a_T 与温度的散点图以及 WLF 方程的拟合曲线。从图 6 中看出时移因子随着温度水平的提高而增大，且 $\log\alpha_T$ 为负值，这表明随着温度的升高，土工织物中聚丙烯分子运动的松弛时间缩短。利用最小二乘法对 WLF 方程及 α_T 与温度的散点图进行拟合，R^2 为 0.99，证明 WLF 模型与试验值的拟合程度较好。拟合得到 WLF 方程的 C_1、C_2 分别为 16 和 183。

在不同应力水平下土工织物的蠕变行为如图 7 所示。从图 7 中可以看出，在有限的时间内，土工织物的蠕变随着载荷水平的提高显著增加，因此载荷水平对土工织物蠕变寿命的影响较大。此外，可以观察到有限时间内土工织物的蠕变距离断裂伸长率差距较远，可以常规工况下推测蠕变不是材料失效的主要因素。土工织物的原料和结构是影响蠕变的主要因素，要降低其蠕变行为，可以通过提高原料结晶度和加强结构密度实现。结合杨旭东等的研究，蠕变叠加自然气候的影响，材料的失效时间会显著缩短，因此自然气候中的阳光、氧气和湿度可能是影响土工织物长期使用寿命最为关键的因素。

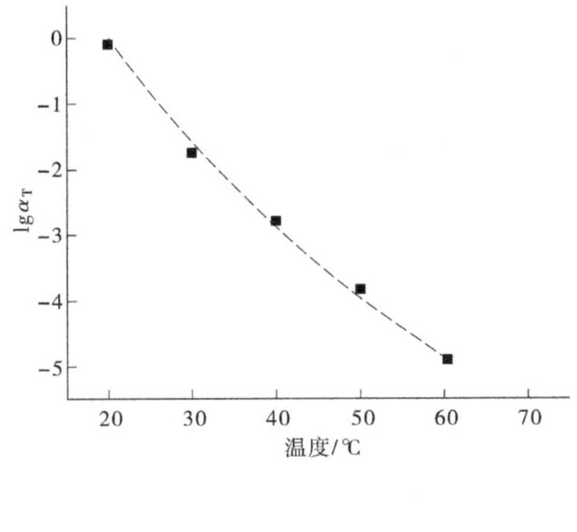

图 6　时移因子与温度的散点图及 WLF 方程的拟合曲线

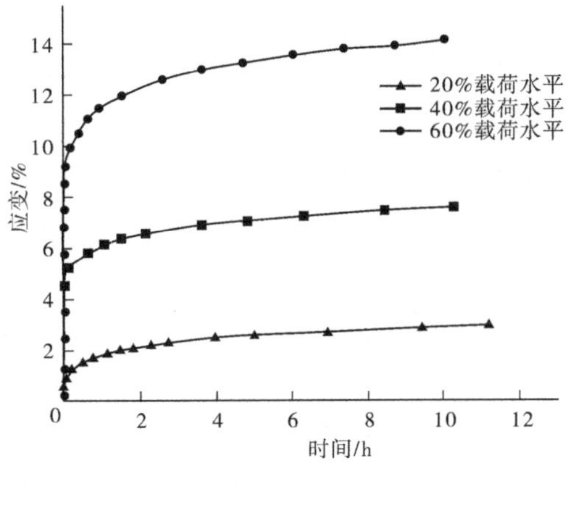

图 7　不同载荷水平下的短期蠕变行为

4 结语

分级等温蠕变试验能将土工织物短期高温的蠕变行为外推到常温下的长期蠕变行为，从而评估材料的长期使用性能。试验结果表明，聚丙烯长丝土工织物在低应力水平下的蠕变寿命为几十年，且随着载荷水平的增加蠕变显著提高。推测常规工况下蠕变不是材料失效的主要因素，其对土工织物的影响弱于气候的影响。

参考文献

[1] 王协群，朱瑞赓．土工织物的蠕变性能和侧限蠕变试验研究［J］．武汉理工大学学报，2004（5）：45-47，51.
[2] 杨旭东．聚丙烯土工织物的使用寿命预测［D］．上海：东华大学，2005.
[3] DIAS F J, MAIA P C, XAVIER G. A short-term model for extrapolating unconfined creep deformation data for woven geotextiles［J］. Geotextiles and Geomembranes, 2019, 47（6）: 792-797.
[4] 李丹，易杨，罗琛，等．土工织物顶压蠕变特性与折减系数研究［J］．水利学报，2023，54（10）：1210-1220，1235.
[5] TOBOLSKY A V, ANDREWS R D. Systems manifesting superposed elastic and viscous behavior［J］. Journal of Chemical Physics, 1945, 13（1）: 3-27.
[6] 裴景克，李文泽，龚鹏剑，等．温度-应力耦合条件下聚四氟乙烯的压缩蠕变行为与寿命预测［J］．高分子材料科学与工程，2020，36（8）：122-129.
[7] ALWIS K, BURGOYNE C. Accelerated creep testing for aramid fibres using the stepped isothermal method［J］. Journal of Materials Science, 2008, 43（14）: 4789-4800.
[8] ACHEREINER F, ENGELSING K, BASTIAN M, et al. Accelerated creep testing of polymers using the stepped isothermal method［J］. Polymer Testing, 2013, 32（3）: 447-454.
[9] WILLIAMS M L, LANDEL R F, FERRY J D. The temperature dependence of relaxation mechanisms in amorphous polymers and other glass-forming liquids［J］. Journal of the American Chemical Society, 1955, 77（14）: 3701-3707.
[10] ZORNBERG J G, BYLER B R. Creep of Geotextiles Using Time-Temperature Superposition Methods［J］. Journal of Geotechnical and Geoenvironmental Engineering, 2004, 130（11）: 1158-1168.

高性能土工合成材料拉伸蠕变性能测试设备的研制及系统设计

戚晶磊　张鹏程

（上海勘测设计研究院有限公司，上海　200434）

摘　要：本文围绕土工合成材料拉伸蠕变性能测试设备的研制及系统设计展开。鉴于土工合成材料蠕变性能对工程结构稳定的关键作用，以及国内在该领域测试与国外的差距，研制此设备具有重要意义。文章阐述了拉伸蠕变测试的技术理论，包括常规试验、时温叠加法和分级等温法，并介绍了相关测试标准。详细说明了设备的总体设计，涵盖机械结构、加载系统、环境箱、测控系统等各分项系统的架构。该设备的成功研制将为土工合成材料的性能评估提供可靠依据，助力工程设计与产品应用。

关键词：土工合成材料；拉伸蠕变性能；测试设备；技术理论；相关标准；系统设计

1　引言

1.1　研究背景

工程结构中，由于受到结构物沉降变形的影响，置于土体中的土工合成材料长期处于拉伸状态。作为一种高分子材料，土工合成材料的应变会随着时间增加而增长，即发生蠕变。当土工合成材料蠕变变形过大时，会使加筋结构内部的应力重新分布，可能造成结构物变形过大而破坏。设计中材料允许荷载主要与蠕变折减、老化折减、施工损伤折减相关联。因此，将土工合成材料蠕变变形控制在设计使用年限允许范围内，对结构稳定至关重要，是工程能否长期安全运行的关键。蠕变性能也是检验加筋类土工合成材料产品质量最有效的指标。

1.2　研究目的

目前我国已经成为全球最大的土工合成材料应用国及生产国。随着国内工程应用的不断扩展，高性能加筋类土工合成材料制造技术也取得了突破，业内存在对材料蠕变性能进行测试研究的迫切需要，但由于实施复杂、周期长（英国的BS标准要求≥10 000 h，我国的国标、国际标准化协会ISO、美国ASTM均要求≥1 000 h[1]）、环境要求严格等因素，使得国内检测机构对于土工合成材料蠕变性能的标准化测试仍处于空白状态，相关设备及试验研究成果较少，与欧美等发达国家存在较大差距。因此，研制一种高精度、多功能的土工合成材料拉伸蠕变性能测试设备具有重要的现实意义。

2　理论基础

2.1　土工合成材料拉伸蠕变测试的技术理论

在理论层面上，现有的拉伸蠕变测试方法包括以下几类：

（1）常规条件下土工合成材料拉伸蠕变变形试验，该方法的基本原理是将材料在恒定静荷载下

基金项目：上海勘测设计研究院有限公司科研项目资助［合同编号：2021JC(8)-005］。

作者简介：戚晶磊（1983—），男，工学学士、管理学学士，工程师，主要从事土工合成材料检测及测试技术研究工作。

进行长周期拉伸，一般至少 1 000 h，连续记录或按规定的时间间隔记录试样的伸长[2]。

（2）时温叠加法（Time Temperature Superposition，TTS 法），该方法的基本原理如下：在恒定荷载以及不同温度的条件下进行短期蠕变试验，并作出弹性模量与时间对数的关系图。将试验的最低温度选取为参考温度，把非参考温度下的蠕变曲线进行水平移动，直至其与相邻曲线能够光滑连接，这样便得到了蠕变主曲线。而移动的水平距离作为转换因子，通过这种方式可以预测聚合物在长期使用过程中的蠕变性能。该方法能够大幅缩短试验时间、提高试验效率，可为聚合物材料的设计、生产与使用提供重要参考依据[3]。

（3）分级等温法（Step Isothermal Method，SIM 法），该方法是时温叠加法的一种特例。其原理为：给一个试样连续加载且进行分布升温，在升温后放缩时间比例，按照放缩比例后的时间绘制弹性模量和时间对数关系图，接着垂直移动各段曲线以消除热膨胀导致的蠕变影响，再通过水平移动得到主曲线。与时温叠加法加速土工合成材料拉伸蠕变试验的区别在于：温度是连续上升的；有热膨胀造成的蠕变影响；为消除热膨胀影响垂直移动了各分段曲线。优点是试验仅针对一种试样进行，所以该方法克服了时温叠加法中因不同试样间存在差异而导致转换因子和主曲线不确定的缺点[2]。

2.2 土工合成材料拉伸蠕变的相关标准

目前国内外拉伸蠕变试验的标准主要有以下几种：①《土工布及其有关产品 拉伸蠕变和拉伸蠕变断裂性能的测定》（GB/T 17637—1998）；②《土工布及相关产品 拉伸蠕变和蠕变断裂的测定》（ISO 13431：2024）；③《使用分级等温法对基于时间-温度叠加的土工合成材料的加速拉伸蠕变和蠕变断裂的标准试验方法》[ASTM D6992—16（2023）]；④《土工合成材料无约束拉伸蠕变和蠕变断裂性能的评估用标准试验方法》（ASTM D5262—21）；⑤《土工合成材料 塑料土工格栅》（GB/T 17689—2008）；⑥《塑料土工格栅蠕变试验和评价方法》（QB/T 2854—2007）。

GB、ISO、ASTM 等标准的共同之处在于都是在无约束（无侧限）条件下进行的；施加的荷载精度均要求为±1%。GB、ISO、ASTM 等标准的蠕变计算方法类似，以 ASTM D5262 为例。

蠕变曲线：标准曲线是应变与时间对数的曲线图（见图 1），其中应变按式（1）计算：

$$\varepsilon = (\Delta L \times 100)/L_g \tag{1}$$

式中：ε 为蠕变应变，%；ΔL 为施加预负荷后直至相应力值时的伸长量，mm；L_g 为初始计量长度与预负荷伸长量之和，mm。

然后将数据记录在以应变为纵坐标、时间对数为横坐标的坐标图上。

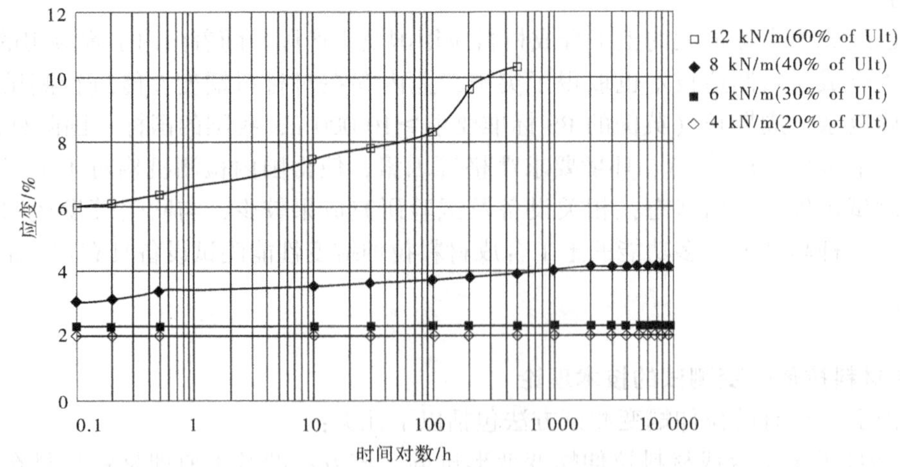

图 1 应变与时间对数示例图

蠕变破坏曲线：标准曲线是蠕变破坏荷载与时间对数的曲线图（见图 2），对于土工格栅，单位宽度上的强度按式（2）计算：

$$\alpha = (F/N_R) \times N_T \tag{2}$$

式中：α 为单位宽度上的强度，kN/m；N_T 为样品 1 m 宽度内的拉伸肋数；N_R 为试样的拉伸肋数；F 为施加的力值，kN。

然后将单位宽度上的强度数据记录在以蠕变破坏荷载为纵坐标、时间对数为横坐标的坐标图上。

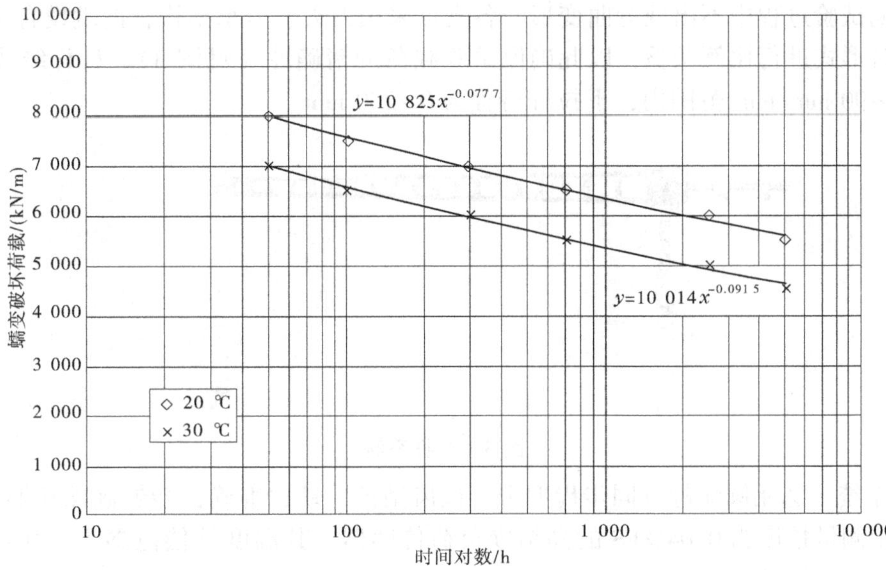

图 2　蠕变（应力）破坏与时间对数示例图

3　设备的总体设计

3.1　功能总述

土工合成材料拉伸蠕变性能测试设备采用一级杠杆加载方式，将砝码的重力放大后作用于试样以进行试验。每台主机配备 3 个工位，且由 4 台主机组成。工位独立加载，工位之间的试验互不干扰。该设备搭配环境箱，可实现高温环境下的拉伸蠕变试验。试验机硬件主要包括主机框架、力值加载系统、变形测量系统、环境箱、测控系统以及安全保护装置等功能部件。

3.2　设备各分项系统的架构

3.2.1　机械结构设计

（1）主机框架。整机采用四立柱结构，关键受力部件采用优质碳钢整体加工制造，以此保证机架的整体刚度。经过软件仿真模拟力学分析，在最大载荷（300 000 N）下应力为 242 MPa，变形为 0. 251 mm，顶板和底板选用 45# 钢，其屈服强度为 375 MPa，在最大载荷下应力和变形均在合理范围内。

（2）土工织物专用拉伸夹具。该夹具适用于土工织物的拉伸试验，最大夹持力为 20 kN，采用 45# 钢加工制造而成。其夹持面宽度 210 mm，最大开口尺寸为 7 mm，满足 GB/T 15788—2017 规定的要求。夹钳采用高强合金钢材制造，钳口采用波浪形设计，可有效防止试样滑移，通过压紧螺钉实现试样夹持。

（3）高强度土工织物缠绕夹具。该夹具适用于高强度土工织物的拉伸试验，其结构为缠绕式，能够满足最大 100 kN 的拉伸试验需求，采用 45# 钢加工制造。夹具缠绕面宽度 80 mm，采用多重缠绕方式夹持试样，确保在试验过程中试样不会发生滑移。

（4）土工格栅拉伸夹具。该夹具适用于土工格栅等材料的拉伸试验，最大夹持力为 20 kN，采用 45# 钢加工制造而成。其夹持面宽度 210 mm，最大开口尺寸为 50 mm，满足 GB/T 17689—2008 规定的单肋法试样夹持要求。夹钳采用高强合金钢材制造，钳口采用平面设计，通过压紧螺钉实现试样夹持。

3.2.2 加载系统设计

（1）杠杆系统。杠杆系统作为主机的核心部分，在设计中引入了自动调平系统，通过精密伺服电机确保杠杆系统始终处于水平状态，进而保证试样荷载处于垂直状态。杠杆由优质碳钢加工而成，能够确保在长期试验过程中不出现弯曲变形。各支点采用刀刃、刀承结构，前端设有调平衡装置，尾部采用调节螺钉形式进行比例调整，以此确保试验载荷的精确性（见图3）。杠杆级数为1级，下拉杆速度在0.01~90 mm/min 范围内，下拉杆行程为0~200 mm。

图3 杠杆系统

（2）传动系统。选用圆弧静音同步齿型带，该齿型带传动比准确，能够确保长期运行的稳定性。负荷传感器选用测量精度为0.04%FS的高精度负荷传感器，其温度补偿范围为-10~45 ℃，可在一定温度范围内保证测量的准确性。

（3）缓冲系统。加载卸荷装置采用了油压缓冲器，相较于传统的油缸式缓冲装置，具有缓冲平稳、免维护、无泄漏等优点。

（4）加载控制器。通过模块化设计，各工位可独立控制，互不干扰。

3.2.3 高低温环境箱设计

高低温环境试验箱可配置至少4种环境温度同时进行时温叠加蠕变（TTS法）试验，并可满足进行阶段变温条件下的分级等温蠕变（SIM法）试验；高低温环境试验箱可通过移动支架与多种试验机组合使用，配合试验机用于土工合成材料在高低温环境下的力学性能测试，也可单独测试和确定材料在温度环境变化后的参数及性能，其结构分为以下几部分：

（1）箱体结构系统。箱体经由数控机床加工成型，环境箱腔体尺寸为高×宽×深=1 650 mm×1 110 mm×520 mm，能够满足绝大多数土工合成材料试件的尺寸要求。其内胆采用不锈钢（SUS304）镜面板，外胆为不锈钢板。箱体保温材料选用聚氨酯发泡材料，放置厚度≥80 mm。此外，箱体配备三层真空镀膜视窗和节能荧光灯，无须雨刷除雾即可拥有良好的观测效果。

（2）加热系统。采用镍铬电加热方式，并以可控硅作为加热执行器。其温度控制范围为20~80 ℃，温控分辨率≤±0.1 ℃，温度波动≤±1 ℃。同时，还配备了单独的超温保护系统，以确保试验过程的安全性和稳定性。

（3）风道循环系统。为保证较高的均匀度指标，试验箱设有内部循环送风系统。在试验箱内部的风道夹层分布加热器、风叶等装置，通过风机让箱内空气循环。当风机高速旋转时，把工作室中的空气从下部吸入风道内，经过加热、制冷后从风道上方吹出，与试样进行热交换后的空气会再次被吸入风道内，如此反复循环，就能达到温度设定要求。风道循环系统采用的是耐温低噪声长轴电机以及多叶式离心风轮加强制风道，以此确保温度的均匀性。

（4）温度测控系统。温度控制系统采用PT100型温度传感器，可与上位机通信，由上位机完成相应的动作控制。

（5）安全保护系统。配备了环境箱超温保护、加热器短路保护、风机过载保护、漏电保护与接地装置。

（6）环境箱内变形测量装置。研发的变形测量装置适用于测试土工织物、土工格栅等试样的变形量，装置满足 GB/T 15788—2017 等标准要求。变形测量装置设计在环境箱内部，直接安装在试样上，夹持臂可伸缩，满足宽型试样的中心夹持，夹持头采用刀刃式夹片和弹簧预紧，保证拉伸过程中刀片不滑移（见图 4）。

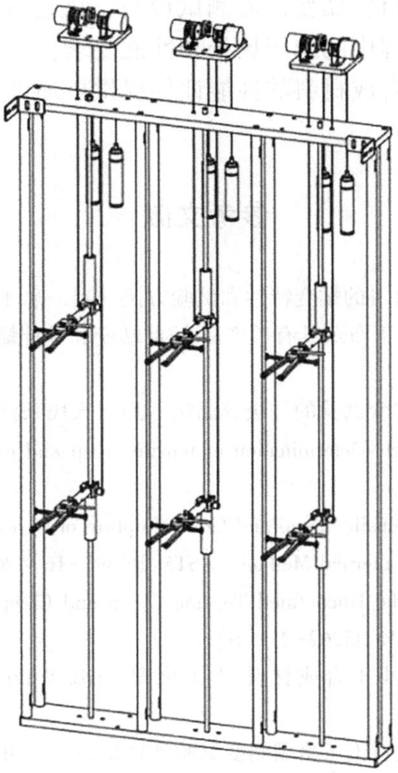

图 4　环境箱内变形测量装置

3.2.4　测控系统设计

（1）测控软件。该软件运行于 Windows 平台，具备以下功能：采用中断技术，拥有断点恢复、曲线自动刷新和故障自诊断功能；图形处理方面，可实现曲线无极放大、遍历、坐标移动、相关曲线叠加以及打印功能；能够记录不少于 50 000 h 的试验数据，在试验过程中可任意浏览每台设备的数据和曲线，且能实现数据记录频率自动衰减；具有数据存取功能，试验数据以文本形式存储，试验报告可由 Excel 等处理软件打开生成并打印。

（2）远程监控。远程监控系统具备以下三种工作方式：一为查询式，即向系统发送短信查询某台设备的状态，系统会以短信形式进行回复；二为系统主动发送式，当系统内某台设备的状态发生变化时，会向指定手机发送短信；三为定时发送式，系统会定时将某台（或多台）设备的状态向指定手机发送短信。

3.2.5　安全防护设计

设备配备急停开关，以确保在紧急情况下能够迅速停止设备运行。同时，软件具备变形超量程报警、拉杆行程限位报警等多种故障报警功能。报警方式包括控制台报警和远程短信报警，可及时提醒操作人员注意设备的异常情况，保障设备的安全运行和试验的顺利进行。

3.2.6　网络通信设计

该设备采用工业以太网自组网通信方式，具有通信效率高、易组网、抗干扰能力强以及通信距离远等优势。可以利用网络浏览器查看内部设备的运行情况，Mod-bus 注册了 502 端口，能够将实时数据嵌入到网页中，从而将 Web 浏览器作为设备的操作终端。

4 结语

用于发挥加筋作用的土工合成材料应具有良好的抗蠕变性能，以确保在长期荷载作用下结构的稳定性。因此，蠕变性能试验对于衡量加筋类土工合成材料工程使用安全性、经济性具有重要作用。本研究成功研制了一种新型土工合成材料蠕变性能测试设备，该设备在设计理念上以工程需求为导向，充分考虑了土工合成材料在实际工程中的应用场景和性能要求，注重设备的高精度、多功能、可靠性和易用性。本设备的研发可为土工合成材料的性能评估提供更加可靠的依据，并为工程设计与产品应用提供技术支持。

参考文献

[1] 王钊，李丽华，王协群．土工合成材料的蠕变特性和试验方法［J］．岩土力学，2004，25（5）：723-727.

[2] 全国塑料制品标准化技术委员会．土工布及其有关产品 拉伸蠕变和拉伸蠕变断裂性能的测定：GB/T 17637—1998［S］．北京：中国标准出版社，1999.

[3] 李丽华，王钊．加速土工合成材料蠕变试验的分级等温法［J］．人民长江，2003，34（11）：52-54.

[4] Geotextiles and geotextile-related products-Determination of tensile creep and creep rupture behaviour：ISO 13431：2024［S］.

[5] Standard Test Method for Accelerated Tensile Creep and Creep-Rupture of Geosynthetic Materials Based on Time-Temperature Superposition Using the Stepped Isothermal Method：ASTM D6692-16（2023）［S］.

[6] Standard Test Method for Determining the Unconfined Tension Creep and Creep Rupture Behavior of Planar Geosynthetics Used for Reinforcement Purposes：ASTM D5262-21［S］.

[7] 全国塑料制品标准化技术委员会．土工合成材料 土工格栅：GB/T 17689—2008［S］．北京：中国标准出版社，2008.

[8] 全国塑料制品标准化技术委员会．塑料土工格栅蠕变试验和评价方法：QB/T 2854—2007［S］．北京：中国轻工业出版社，2007.

工程质量检测中仪器设备检定校准和计量确认的重要性

黎杰海　孙文娟　刘广华

（珠江水利委员会珠江水利科学研究院，广东广州　510610）

摘　要：仪器设备是否经过检定/校准和计量确认，直接决定仪器设备能否投入检验检测活动，只有经过检定或者校准和计量确认的仪器设备才能保证检验检测的准确性、可靠性。本文阐述了检定/校准和计量确认的重要性，其中计量确认更为重要，并就常见的计量确认问题进行了分析，总结了检验检测机构应该如何进行有效的计量确认。

关键词：检定；校准；计量确认；不确定度；示值误差；最大允许误差

1　引言

《中华人民共和国计量法》和《中华人民共和国产品质量法》规定，为社会提供公正数据的产品质量检验机构，必须经省级以上人民政府计量行政部门对其计量检定、测试的能力和可靠性考核合格。产品质量检验机构必须具备相应的检测条件和能力，经省级以上人民政府市场监督管理部门或者其授权的部门考核合格后，方可承担产品质量检验工作。另《检验检测机构资质认定能力评价 检验检测机构通用要求》（RB/T 214—2017）中规定：检验检测机构在设备定期检定或校准后应进行确认，确认其满足检验检测要求后方可使用[1]。如果设备仪器未经过检定/校准或者检定/校准结果的确认出现异常或是失误，轻者出现检测数据的偏离，重者可能出现检测结果、检测结论的错误，最终使工程质量得不到保证，使人民的生命安全遭受威胁，后果不堪设想。因此，仪器设备的检定/校准和计量确认在工程质量检测中尤为重要。

2　仪器设备的检定校准为工程质量检测奠定基础

为保证工程质量试验检测结果的准确性，所有仪器设备均需要进行计量溯源，而常见的溯源方式有检定、校准和验证三类，对于检验检测机构，检定和校准是最为常见的方式。只有通过检定或校准的仪器设备才能为工程试验检测提供准确的数据，保证工程的整体质量。仪器的检定或校准应该根据相关法律法规来进行，其中《中华人民共和国计量法》规定：县级以上人民政府计量行政部门对社会公用计量标准器具部门和企业、事业单位使用的最高计量标准器具，以及用于贸易结算、安全防护、医疗卫生、环境监测方面的列入强制检定目录的工作计量器具，实行强制检定。未按照规定申请检定或者检定不合格的，不得使用。而非强制检定仪器设备则可以按照相关规范标准进行检定或者校准。只有经过检定或者校准的仪器设备才能投入到正常的检测试验当中，否则会导致检测结果的量值无法溯源，从而影响检测结果的可靠性。

在工程建设领域，各种各样的仪器设备被广泛应用于工程质量检测、测量、测试和监测等方面。这些仪器设备在工程建设中扮演着至关重要的角色，但是仪器设备的精度和准确性直接影响到工程质

作者简介：黎杰海（1991—），男，工程师，主要从事水工新材料及新技术研究和水利工程质量检测工作。

量检测的结果和工程的质量安全，因此进行仪器设备的检定/校准至关重要。

检定/校准有助于确保检验检测的准确性。仪器设备在长时间使用后，可能因受环境、物理磨损等因素影响而逐渐失去准确性。通过定期进行检定/校准，可以验证仪器的测量结果是否与标准值相符，从而保证测量结果的可靠性，提高仪器设备的测量精度和准确性。例如，在工程结构安全性测量中，使用的倾斜仪需要进行检定校准，以保证其测量结果的误差控制在合理范围内。这样可以避免因工程质量检测出错和不准确而导致的工程质量问题。

仪器设备的精度和准确性直接影响到工程质量检测的结果。如水质检测中使用的水质分析仪，如果精度不准确，可能会导致水质检测结果不准确，影响对水质安全的评估。因此，检定校准可以保证仪器设备的精度和准确性，从而提高检测结果的准确性和可靠性，保障工程质量和使用安全。

此外，定期对仪器设备进行检定/校准可以保证仪器设备的精度和准确性一直得到维护和改善，保证其长期稳定的工作性能。同时，检定/校准还能够为仪器设备的使用和维护提供有价值的数据，避免在使用过程中因为使用条件改变、设备损坏等导致误差产生，为设备的正常使用提供保障，降低维修和纠正成本，保障工程项目的利益。

在检验检测机构中，常常会遇到一些设备在恶劣环境中使用，而且使用频率很高，但又不确定仪器设备给出的读数结果是否可靠，则需进行期间核查。例如混凝土回弹仪，在每次使用前都需进行率定，用回弹仪打在钢砧上，读数 80±2 则为合格的回弹仪，方可进行检测工作。期间核查可以为检测结果提供更为准确的数据，可以直观地监测设备是否稳定。

3 仪器设备检定/校准证书的确认，确保检测设备有效使用

仪器设备检定/校准结果的确认在《检验检测机构资质认定能力评价 检验检测机构通用要求》（RB/T 214—2017）和《检测和校准实验室能力认可准则》（CNAS-CL01：2018）中都有明确要求，且是强制性要求，说明仪器设备检定/校准结果确认的重要性。

3.1 仪器设备检定/校准证书内容确认

收到检定/校准证书后，实验室应进行计量确认，确认的内容包括对计量单位的资质确认、仪器设备的基本信息是否正确、所用测量标准是否满足量传关系、所依据的技术文件是否正确、校准结果是否完整等。

3.2 仪器设备检定/校准结果计量确认

检定/校准结果与所开展项目方法要求及使用要求的符合性判定，如测量范围、分辨力、最大允许误差等。计量确认是将检定校准证书的修正值或修正因子导入设备或在日常使用中加以修正，提高准确性，具体可以根据实际情况采取曲线拟合方法、插入法等。对于校准证书、测试报告上测量结果离散性较大的，不属于系统误差的设备，则需维修或报废。

由检定/校准结果判定仪器设备是否符合使用要求是不完善的，还必须考虑测量结果中不确定度的存在。尤其所测结果位于规范标准的临界值时，判断合格与否必须考虑不确定度的情况。因为合格值与不合格值的大小与估计的测量结果的扩展不确定度有关。只有这样判断，才是科学准确的。

在计量确认中，不确定度的重要性不可忽视。它是测量结果的一个关键参数，用于反映测量值与被测量真实值（约定真值）之间的差异程度。在工程质量检测中，准确的测量结果对于确保产品或工程的合格性至关重要。通过对测量过程中的不确定度进行评估和控制，可以获得更可靠、可信的测量数据。确定测量结果的不确定度涉及多种因素，如仪器设备的精度、环境条件、操作人员的技能等。在计量确认中，准确评估这些因素对测量结果的影响，有助于建立信心水平，确定测量结果的可靠范围。这在决策制定、产品设计、工程管理等方面都具有重要意义，能够减少误判和决策错误，提高工程质量和效率。

3.3 仪器设备检定/校准符合性评定和计量确认应用实例分析

仪器设备最大允许误差（MPEV）符合性评定：若评定值误差的不确定度与被评定仪器设备的最大

允许误差的绝对值（MPEV）之比小于或等于 1∶3，则不必考虑示值误差评定的测量不确定度的影响。当被评定测量仪器的示值误差在其最大允许误差限内时，判为合格；当被评定测量仪器的示值误差超出其最大允许误差时，判为不合格。若示值误差的测量不确定度不符合要求，则按以下判据进行评定：当被评定仪器设备的示值误差的绝对值小于或等于其最大允许误差的绝对值（MPEV）与示值误差的扩展不确定度之差时，判为合格；当评定仪器设备的示值误差的绝对值大于或等于其最大允许误差的绝对值（MPEV）与示值误差的扩展不确定度之和时，判为不合格；当被评定仪器设备的示值误差既不符合合格判据，又不符合不合格判据时，处于待定区，这时不能下合格或不合格的结论，即为待定区。当仪器设备示值误差的评定处在不能做出符合性判定时，可采用准确度更高的测量标准、改善环境条件、增加测量次数和改变测量方法等措施，降低测量不确定度评定的不确定度，使其满足与最大允许误差绝对值（MPEV）之比小于或等于 1∶3 的要求，然后对仪器设备的示值误差重新进行评定[2]。

（1）某型号为 SH-445 邵氏 D 型硬度计 2020 年的校准结果见表 1。

表 1　2020 年邵氏 D 型硬度计校准结果

出厂编号：17110301　　试验力最大允许误差±0. 445N		
校准点（HD）	标称力值/N	实测最大偏差/N
20	8. 900	+1. 23
40	17. 800	+1. 24
60	26. 700	+1. 38
80	35. 600	+1. 69
90	40. 050	+1. 74
试验力：U=0. 15N（k=2）		

依据《测量仪器特性评定》（JJF 1094—2002）规定，由于 $\frac{1}{3}$ MPEV = 0. 445/3 = 0. 148 3（N），U=0. 15 N，不符合 $U<\frac{1}{3}$ MPEV 的要求，需要考虑不确定度对测量结果的影响，进一步分析示值误差 $|\Delta|$ 与 MPEV−U 和 MPEV+U 的大小。

取试验力中示值误差最小值的绝对值 $|\Delta|$ = 1. 23 N，校准点最大允许误差的绝对值 MPEV = 0. 445 N，测量不确定度 U=0. 15 N，比较结果：1. 23 N>（0. 445+0. 15）N，即 $|\Delta|$ >（MPEV+U），故判定为不符合要求。

结论：校准结果不满足 $U<\frac{1}{3}$ MPEV 的要求，且邵氏 D 型硬度计试验力的示值误差绝对值大于其最大允许误差与测量不确定之和，即 $|\Delta|$ >（MPEV+U），校准结果确认不符合要求。

（2）某型号为 SH-445 邵氏 D 型硬度计 2021 年的校准结果见表 2。

表 2　2021 年邵氏 D 型硬度计校准结果

出厂编号：17110301　　试验力最大允许误差±0. 445N		
校准点（HD）	标称力值/N	实测最大偏差/N
20	8. 900	+0. 261
40	17. 800	+0. 305
60	26. 700	+0. 265
80	35. 600	+0. 284
90	40. 050	+0. 284
试验力：U=0. 15 N（k=2）		

根据《测量仪器特性评定》（JJF 1094—2002）规定，由于 $\frac{1}{3}$ MPEV = 0. 445/3 = 0. 148 3（N），

$U=0.15$ N，不符合$U<\frac{1}{3}$MPEV 的要求，需要考虑不确定度对测量结果的影响，进一步分析示值误差 $|\Delta|$ 与 MPEV$-U$ 和 MPEV$+U$ 的大小。

取试验力中示值误差最大值的绝对值 $|\Delta|=0.305$ N，校准点最大允许误差的绝对值 MPEV＝0.445 N，测量不确定度 $U=0.15$ N，比较结果：（0.445－0.15）N<0.305 N<（0.445+0.15）N，即（MPEV$-U$）< $|\Delta|$ <（MPEV$+U$），故判定为处于待定区。

结论：当判定结果处于待定区时，可要求计量检定机构采用准确度更高的测量标准、改善环境条件、增加测量次数和改变测量方法等措施提高检定精度，降低不确定度，以满足 $U<\frac{1}{3}$ MPEV 的要求。

4 结论

（1）综上所述，仪器设备的检定校准在工程质量检测中具有重要作用。它确保了检测结果的准确性、可靠性和可信度，降低了风险和成本，保障了工程项目的顺利进行和成功实施。因此，在工程领域中，对仪器设备的检定校准应被视为一项关键任务。

（2）通过分析检定/校准结果，可以得出不同的结论，由此可见，进行有效的计量确认是一个重要的工作。在实际检测活动中，还应该根据仪器设备的使用要求合理安排检定/校准点，最后拿到检定/校准证书还应根据仪器设备所对应的规范标准进行有效的确认，不能只为应付而走个形式，只有通过有效的计量确认，了解和控制测量过程中的不确定度，才能确保工程质量检测结果准确可信，进而保证工程可以持续稳定地进行。

参考文献

[1] 中国国家认证认可监督管理委员会．检验检测机构资质认定能力评价 检验检测机构通用要求：RB/T 214—2017［S］．北京：中国标准出版社，2017.

[2] 全国法制计量技术委员会．测量仪器特性评定：JJF 1094—2002［S］．北京：中国计量出版社，2004.

拉脱法附着力测试仪校准的技术要点

吴　娟[1,2]　何松锋[1,2]　王卫光[1,2]　李海峰[1,2]

（1. 珠江水利委员会珠江水利科学研究院，广东广州　510610；
2. 水利部粤港澳大湾区水安全保障重点实验室，广东广州　510610）

摘　要：拉脱式附着力测试仪在水利工程防护涂层施工中的质量控制有着广泛的应用前景，如何保证该仪器的正常状态，实施正确的校准是关键。本文结合编制的《水利工程试验检测仪器设备 拉脱法附着力测试仪校准》（T/GDAM 001—2022），主要介绍拉脱法附着力测试仪的工作原理、计量特性及校准的技术要点，以便于检测人员更好的理解和使用该仪器。

关键词：附着力测试；拉脱法；校准

1　引言

拉脱式附着力试验在大型引调水工程的输水管材选型[1]、防护防腐材料材料及施工工艺选择[2-4]、防护施工质量控制等结构防护工作中有着广泛的应用[5]。附着力试验是评估涂料、涂层等防护材料施工质量的重要指标之一[9-11]，也是防护材料施工质量监控的技术手段。目前，针对拉脱式附着力测试仪的校准与质量评价，尚无适用于水利行业的拉脱式附着力测试仪的校准规程。

作者基于在广东省大型引调水工程涂料防护工程质量控制工作中的经验，组织编写了《水利工程试验检测仪器设备 拉脱法附着力测试仪校准》（T/GDAM 001—2022），制定了正确的校准项目和校准方法，使拉脱式附着力测试仪校准工作有据可依，保证了该仪器的量值准确可靠。本文主要介绍拉脱法附着力测试仪的工作原理、仪器计量特性、仪器校准技术要点等方面，以便于检测人员更好地了解和使用该仪器。

2　仪器计量特性

2.1　仪器工作原理

拉脱法附着力测试仪的工作原理是将锭子用胶黏剂直接黏结到涂层表面，待胶黏剂固化后，通过测试仪加载负荷使锭子从涂层拉脱，从而测量得到涂层拉脱强度[13]。试验设备有手动拉脱法附着力测试仪和全自动拉脱法附着力测试仪两种。典型的拉脱法附着力测试仪如图 1 所示[14]。国内外现行有效的拉脱法检测附着力试验规范主要有《色漆和清漆拉开法附着力试验》（GB/T 5210—2006）、《用便携式附着力试验仪测定涂层拉开强度的试验方法》（ASTM D4541—2009）等，上述规范中均对拉脱法检测附着力试验设备提出了相关计量指标，其中规定的计量特性主要有精度（示值误差）、尺寸（直径）、加载速率。

2.2　拉脱强度示值误差及示值重复性

综合分析国内外拉脱法附着力测试规程，加载控制机制涵盖了如下 3 种：

（1）以拉脱强度为控制指标的，如：《色漆和清漆拉开法附着力试验》（GB/T 5210—2006）中，要求“不超过 1 MPa/s 的速度稳步增加，使破坏过程在 90 s 内完成”；《水运工程结构防腐蚀施工规

作者简介：吴娟（1979—），女，高级工程师，珠江水利科学研究院中心试验室副主任，主要从事试验室技术与质量管理工作。

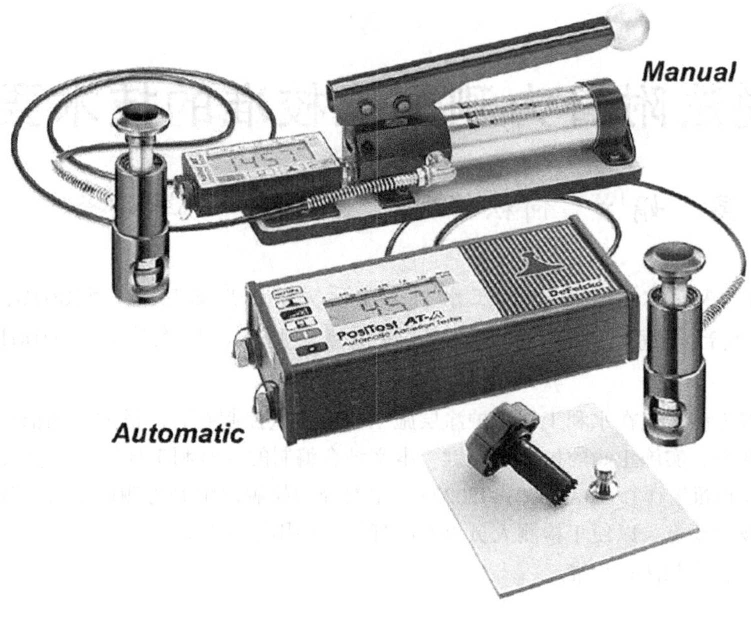

图 1　拉脱法附着力测试仪

范》（JTS/T 209—2020）中，要求"量程为 0~20 MPa，精度为 0.2 MPa"；《聚合物改性水泥砂浆试验规程》（DL/T 5126—2021）中，要求"拉拔仪精度优于±1%，以（0.05±0.01）MPa/s 的速率加载"；《防护涂料体系对钢结构的防腐蚀保护涂层附着力/内聚力（破坏强度）的评定和验收准则 第 1 部分：拉开法试验》（GB/T 31586.1—2015/ISO 16276-1：2007）中，要求"以不超过 1 MPa/s 的速度稳步增加"；《无溶剂环氧液体涂料的防腐蚀涂装》（GB/T 31361—2015）中，要求"不超过 1 MPa/s 的恒载荷加载方式拉伸"；《油漆和清漆-附着力拉拔试验》（ISO 4624：2016）中，要求"加载速率小于 1 MPa/s"；《用便携式附着力测试仪测定混凝土涂层拉脱强度的标准》（ASTM D7234—12），加载速率≤0.2 MPa/s；《用便携式附着力测试仪测定涂层拉脱强度的标准试验方法》（ASTM D4541—2009）中，要求"载荷速度低于 1 MPa/s"。

（2）以力值为控制指标的，如：《喷涂聚脲防水工程技术规程》（JGJ/T 200—2010）中，要求"拉拔仪最小分辨力单位为 0.001 kN"；《工程结构加固材料安全性鉴定技术规范》（GB 50728—2011）中，要求"力值的示值误差不得大于 1%"。

（3）综合以拉脱强度和力值为控制指标的，如：《环氧树脂砂浆技术规程》（DL/T 5193—2021）中，要求"附着力测试仪精度在±2%内，以 0.10 kN/s+0.02 kN/s（相当于 0.05 MPa/s）的速率持续加力"。

综上所述，便携式拉脱式附着力测试仪通过测试力值和拉开截面面积进行换算获得附着力（拉开黏结强度），拉脱式附着力试验本质上还是拉力试验[15]。通过对美国 Defelsko、中国标格达等多家厂商的调研，可以判断大多数仪器中力传感器的准确度等级为 1.0 级，参考涂层室内附着力（黏结强度）试验方法《建筑防水涂料试验方法》（GB/T 16777—2008）中要求力值"示值精度不低于 1%"，结合《拉力、压力和万能试验机检定规程》（JJG 139—2014）及《电子式万能试验机》（JJG 475—2008）的技术要求，按"1 级精度"试验机技术要求进行控制，因此建议拉脱强度示值最大允许误差为±1%FS，拉脱强度示值重复性应不大于 1%FS。

2.3　锭子直径误差

锭子的尺寸范围一般有 10 mm、14 mm、20 mm、50 mm 等 4 个类别[16-21]，也有少量直径范围略大，如《用便携式附着力测试仪测定混凝土涂层拉脱强度的标准》（ASTM D7234-12）中锭头直径通常为 50 mm，但一般在 20~70 mm 范围内。关于锭子直径的允许误差，部分规范中进行了约定，如《环氧树脂砂浆技术规程》（DL/T 5193—2021）中，要求"试柱直径可为（50±0.5）mm"，计算其允许误差为±1%；《聚合物改性水泥砂浆试验规程》（DL/T 5126—2021）中，要求“拉拔头直径（50±0.3）mm”，计算其允许误差为±0.6%。

设锭子直径为 d，真实附着力为 P，锭子截面面积为 $0.25\pi d^2$。当实测直径每较理论直径大 0.05%，直径偏差导致附着力偏差情况计算见表 1。由表 1 可知，当直径偏差为±0.2%时，附着力偏差率为±0.4%；当直径偏差为±0.25%时，附着力偏差率为±0.5%。前文“2.2 节”中已明确按“1 级精度”试验机技术要求进行拉脱强度示值控制，为保证直径偏差较小的影响附着力试验，建议取锭子直径的最大允许误差为±0.2%。

表 1　直径偏差—附着力偏差计算

理论直径	真实附着力（拉脱强度）	实测直径	直径偏差率/%	计算截面面积	实测力值	计算附着力/显示附着力	附着力偏差率/%
d	P	$0.997\,5d$	−0.25	$0.9975^2\times(1/4)\ \pi d^2$	$0.9975^2\times(1/4)\ \pi d^2P$	0.9975^2P	−0.5
d	P	$0.998\,0d$	−0.20	$0.998\,0^2\times(1/4)\ \pi d^2$	$0.998\,0^2\times(1/4)\ \pi d^2P$	$0.998\,0^2P$	−0.4
d	P	$0.998\,5d$	−0.15	$0.998\,5^2\times(1/4)\ \pi d^2$	$0.998\,5^2\times(1/4)\ \pi d^2P$	$0.998\,5^2P$	−0.3
d	P	$0.999\,0d$	−0.10	$0.999\,0^2\times(1/4)\ \pi d^2$	$0.999\,0^2\times(1/4)\ \pi d^2P$	$0.999\,0^2P$	−0.2
d	P	$0.999\,5d$	−0.05	$0.999\,5^2\times(1/4)\ \pi d^2$	$0.999\,5^2\times(1/4)\ \pi d^2P$	$0.999\,5^2P$	−0.1
d	P	$1.000\,0d$	0	$(1/4)\ \pi d^2$	$(1/4)\ \pi d^2P$	P	0
d	P	$1.000\,5d$	+0.05	$1.000\,5^2\times(1/4)\ \pi d^2$	$1.000\,5^2\times(1/4)\ \pi d^2P$	$1.000\,5^2P$	0.1
d	P	$1.001\,0d$	+0.10	$1.001\,0^2\times(1/4)\ \pi d^2$	$1.001\,0^2\times(1/4)\ \pi d^2P$	$1.001\,0^2P$	0.2
d	P	$1.001\,5d$	+0.15	$1.001\,5^2\times(1/4)\ \pi d^2$	$1.001\,5^2\times(1/4)\ \pi d^2P$	$1.001\,5^2P$	0.3
d	P	$1.002\,0d$	+0.20	$1.002\,0^2\times(1/4)\ \pi d^2$	$1.002\,0^2\times(1/4)\ \pi d^2P$	$1.002\,0^2P$	0.4
d	P	$1.002\,5d$	+0.25	$1.002\,5^2\times(1/4)\ \pi d^2$	$1.002\,5^2\times(1/4)\ \pi d^2P$	$1.002\,5^2P$	0.5

2.4　加载速率

关于加载速率，各试验规范要求不一，有以下几种描述：①“载荷速度低于 1 MPa/s”[14,16,18,22-24]；②“以（0.05±0.01）MPa/s 的速率加载”[20]；③“加载速率≤0.2 MPa/s”[25]；④以 0.10 kN/s+0.02 kN/s 的速率持续加载（相当于 0.05 MPa/s）[19]。美国 Defelsko、中国标格达等设备厂家均生产有手动和自动两款附着力测试仪，手动设备可对速率进行监控、调整拉拔速率，自动拉拔仪通过调整液压加载速率来控制拉拔速率。考虑到手动和自动加载的设备的控制及调整加载的实际情况，建议具有自动加载负荷功能的拉脱法附着力测试仪，其加载速率不大于 1 MPa/s。

3　仪器校准技术要点

3.1　环境条件

环境条件主要是规定了校准工作的温度和湿度，拉脱式附着力测试仪可现场校准，也可带回实验室校准，场地条件比较多样，计量特性参数受普通温湿度的影响偏差较小。

借鉴了类似工程检测设备的检校环境条件：回弹仪的检定环境为“室温控制在（20±5）℃”[26]，液压千斤顶的检定环境为“温度（5~35）℃，相对湿度不大于 85%”[27]，锚固试验机的检定环境为“室温 10~35 ℃，相对湿度不大于 80%”[28]，岩土工程用检测监测仪器的检验测试环境为“温度：15~35 ℃，相对湿度：不大于 85%”[29]；力传感器的校准环境为“温度（20±5）℃，相对湿度不大于 80%”[30]；电子天平的检定环境为“正常室温，Ⅱ级、Ⅲ级天平的检定湿度不大于 85%”[31]；通用卡尺的检定环境为“温度（20±5）℃，相对湿度不大于 80%”[32]。综合考虑到计量准确性、设备使用地域环境的相似性，建议拉脱式附着力测试仪的校准环境为“温度为（20±5）℃，相对湿度为

≤85%”。

3.2 主要校准设备

因拉脱式附着力测试仪本质上也是拉力试验机的一种，其检定用标准器具要求参考了《拉力、压力和万能试验机检定规程》（JJG 139—2014）及《电子式万能试验机》（JJG 475—2008）的相关要求，力标准器是检定试验力准确度的标准器具，要满足《标准测力仪》（JG144—2007）检定规程的要求“标准器的允许误差应不大于被检试验机允许误差的 1/3”。结合前文 2.2 中要求，拉脱强度示值最大允许误差为±1%FS，拉脱强度示值重复性应不大于 1%FS，因此标准测力计的准确度等级选为 0.3 级。

锭子的直径有 10 mm、14 mm、20 mm、50 mm 等 4 种规格，部分规范提出锭子直径为 20~70 mm 范围。因此，校准设备选用 0~150 mm 卡尺，分度值为 0.01 mm；根据《通用卡尺》（JJG 30—2012）表 6 示值最大允许误差表，对于测量范围上线 200 mm 的卡尺，分度值为 0.01 mm 时，要求卡尺示值最大允许误差为±0.03 mm。

3.3 示值校准点的选择

拉脱法附着力测试仪示值校准点的选取，参考了电子万能试验机的检定点按满量程的 20%~100%范围内近似等间隔分布选择 5 个检定点[33]，建议一般选择测量上限的 20%、40%、60%、80%、100%等 5 个校准点。

3.4 示值相对误差和示值重复性相对误差

关于示值相对误差和示值重复性相对误差，参考了电子万能试验机的检定要求，计算每个检定点 3 次测量的算术平均值，因此校准工作中以拉脱法附着力测试仪示值为准读取标准测力仪数据，并计算示值相对误差和示值重复性相对误差[34]。

需配套辅助工装或反力支架，并可至少承受 10 kN 试验力不产生形变。示值校准时，需将标准测力仪与拉脱法附着力测试仪同轴连接，并需预加载负荷至拉脱法附着力测试仪满量程，卸载至零位，重复操作 3 次。

3.5 锭子直径测试

模具的直径测量，一般有二点法和三点法。根据《试模校准规范》（JJF 1307—2011），对于模具的直径测量，可在圆周上均匀分布的三个位置测量。为便于开展工作，建议选用二点法，使用卡尺沿锭子直径所在平面相互垂直的两个方向分别测量其外径，取两次测量结果的算术平均值作为锭子直径的实际值。

3.6 加载速率测试

加载速率测试主要针对有自动恒加载的设备，采用的是秒表测量法。将标准测力仪与拉脱法附着力测试仪同轴连接，预加载负荷至拉脱法附着力测试仪满量程，卸载至零位，重复操作 3 次。在第三次预加载操作时同时进行加载速率校准，启动加载负荷时按下秒表计时开始，负荷至额定满量程的同时按下秒表停止计时，以速率计算值与附着力测试仪速率示值进行直接比较。

3.7 不确定度计算

拉脱强度示值测试结果的测量不确定度评估，要考虑到不确定度分量的合理选择，主要考虑附着力测试仪分辨力、示值控制、锭子直径、标准测力仪测量重复性、标准测力仪示值分辨力、标准测力仪最大允许误差等引入的不确定度。另外，在不确定度计算过程中，为避免重复计算，拉脱法附着力测试仪的示值分辨力与示值控制不准确引入的不确定度分量取较大者。

4 结语

水利工程中混凝土结构、钢结构等进行防护涂层施工的需求日益增多，对于门类繁多的防护涂料施工，附着力测试是重要的质量检测手段。水利工程中开展拉脱法附着力测试引用的规程类别较多，但方法原理基本一致，适用设备性能要求基本相近。经过分析，拉脱法附着力测试仪的主要计量特性有拉脱强度示值误差及示值重复性、锭子直径误差、加载速率等。仪器设备校准过程中，需考虑校准环境条件，选择合适的校准设备，还需对示值校准点的选择进行规范性要求，在对示值相对误差和示值重复性误差、锭子直径、加载速率进行校准过程中，需注意选择合适的方法。不确定度计算中，需选择合理的不确定度分量，设定合适的假设条件，在测量不确定度评估时，应注意假设条件及修约的适用性。

参考文献

[1] 施炳利．大型引调水工程输水管道管材及管径的选择［J］．河北水利，2018（3）：28-30.
[2] 赵晓芳．对提升 PCCP 输水工程安全性的思考［J］．中国水利，2021（8）：42-45.
[3] 余茂林．混凝土表面防护涂层材料的研究进展［J］．混凝土与水泥制品，2021（10）：29-34.
[4] 王媛怡．水工混凝土大坝表面防护涂层材料研究进展［J］．材料导报，2016（9）：81-86.
[5] 廖有为．喷涂聚脲防水涂层体系的确定及其在南水北调工程中的应用［J］．中国建筑防水，2009（11）：9-12.
[6] 夏宏伟．聚脲在水工混凝土表面修补施工中的应用［J］．黑龙江水利科技，2018（4）：198-200.
[7] 谢远伟．纯聚脲在引水渠抗裂防渗方面的研究与应用［J］．上海涂料，2013（5）：1-4.
[8] 孙德文．堆石坝混凝土面板裂缝防护技术研究［J］．水力发电，2017（11）：15-18.
[9] 肖承京．西藏地区水工混凝土表面防护应用技术研究［J］．中国建筑防水，2016（10）：21-25.
[10] 旺加．CW 耐候环氧砂浆在拉洛水利枢纽工程中的应用［J］．中国建筑防水，2012（5）：46-49.
[11] 韩炜．新型水免疫聚脲混凝土表面防护材料研究［J］．长江科学院院报，2021（11）：135-141.
[12] 朱海良．混凝土的腐蚀机理及其防护涂层的研究进展［J］．材料保护，2024（5）：97-104.
[13] 江水旺．涂层附着力测试方法分析比较［J］．上海涂料，2015（7）：38-42.
[14] 用便携式附着力测试仪测定涂层拉脱强度的标准试验方法：ASTM D4541—2009［S］.
[15] 郑辉．拉拔类检测仪器及检测方法研究［J］．计量与测试技术，2020（4）：56-57.
[16] 油漆和清漆-附着力拉拔试验：ISO 4624：2016［S］.
[17] 水运工程结构防腐蚀施工规范：JTS/T 209—2020［S］.
[18] 防护涂料体系对钢结构的防腐蚀保护涂层附着力/内聚力（破坏强度）的评定和验收准则 第 1 部分：拉开法试验 GB/T 31586. 1—2015/ISO 16276-1：2007［S］.
[19] 环氧树脂砂浆技术规程：DL/T 5193—2021［S］.
[20] 聚合物改性水泥砂浆试验规程：DL/T 5126—2021［S］.
[21] 喷涂聚脲防水工程技术规程：JGJ/T 200—2010［S］.
[22] 无溶剂环氧液体涂料的防腐蚀涂装：GB/T 31361—2015［S］.
[23] 色漆和清漆 拉开法附着力试验：GB/T 5210—2006［S］.
[24] 无溶剂环氧液体涂料的防腐蚀涂装：GB/T 31361—2015［S］.
[25] 用便携式附着力测试仪测定混凝土涂层拉脱强度的标准：ASTM D7234—12［S］.
[26] 回弹仪检定规程：JJG 817—2011［S］.
[27] 液压千斤顶：JJG 621—2012［S］.
[28] 锚固试验机技术规范：JB/T 12722—2016［S］.
[29] 岩土工程仪器设备的检验测试通用技术规范：GB/T 34807—2017［S］.
[30] 力传感器的检验：GB/T 33010—2016［S］.
[31] 电子天平检定规程：JJG 1036—2022［S］.
[32] 通用卡尺：JJG 30—2012［S］.
[33] 电子式万能试验机：JJG 475—2008［S］.
[34] 拉力、压力和万能试验机检定规程：JJG 139—2014［S］.

超 200 m 深厚覆盖层旁压测试技术与原位密度取值试验方法研究

王汉武　陈　航　王天成　张华伟　肖风钰

（长江水利委员会长江科学院 水利部岩土力学与工程重点实验室，湖北武汉　430010）

摘　要：西南地区水利水电工程建设中往往面临深厚覆盖层的问题，但覆盖层深度超过 200 m 时，现有的测试手段难以获取覆盖层的原位物理力学参数。针对这一难题，对现有旁压测试方法进行了改进，在获取原位测试结果的基础上，开展室内旁压物理模型试验，利用“旁压模量当量密度法”推测了砂卵石的原位密度，并对关键影响因素进行了研究。试验结果表明，改进后的旁压试验获得了较理想的原位测试结果，级配和密度是影响深厚砂卵石覆盖层物理力学特性的主要因素，埋深对其影响不大。研究成果可为类似工程提供参考，也能推动旁压试验测试技术的发展。

关键词：深厚覆盖层；旁压试验；原位密度

1　引言

在我国西南地区的水电水利工程建设过程中，普遍存在深厚覆盖层现象。据资料记载，西南地区主要河流河床的覆盖层一般 40~70 m，最厚可达 500 m[1]，因覆盖层太深，想挖除建坝几乎是不可能的，因此利用覆盖层建坝的技术一直是水电水利界研究的重点技术问题。目前，深厚覆盖层上建坝不可避免涉及覆盖层勘探及试验、坝基渗漏及控制措施、坝基稳定及砂土液化等问题[2-3]，而深厚覆盖层的物理力学参数取值是所有问题的基础。

覆盖层的深度、级配、密度、承载力、变形模量、抗剪强度及渗透特性等是大坝设计重点关注的物理力学参数，众多学者[4-6] 通过室内试验与原位试验获取这些参数，主要的方法集中于颗粒分析、密度试验、压缩试验、渗透变形试验、直剪试验、三轴剪切试验、载荷试验、原位剪切试验、动力触探试验等。

然而，当覆盖层深度超过一定范围后，常规勘探方法已无法准确获取其物理力学参数，究其原因主要是钻孔取样无法提供室内土工试验所需的原状样，且部分原位测试受到试验深度的制约无法在超深地层进行测试。一些学者创新性地采用多种手段，如杨玉生[7] 基于室内外联合确定方法研究了深厚覆盖层岩土体静动力学参数。程展林等[8-9] 提出了利用旁压或动探试验间接推求天然砂砾石覆盖层密度的新方法，获得了覆盖层天然密度。但测试深度均较浅，在超 200 m 深厚覆盖层中鲜有原位试验数据。

西南地区某拟建大型水电工程坝基覆盖层最大深度超过 500 m，砂卵石地层厚度超过 330 m。本文通过对现有原位旁压测试方法进行改进，在超 200 m 深厚砂卵石覆盖层中进行了原位旁压试验，并开展室内旁压物理模型试验研究原位密度指标，探讨了超深地层中的旁压测试技术和关键参数对砂卵石地层的原位物理力学性质的影响规律。研究成果可为类似工程提供参考，也能推动旁压试验测试技术的发展。

基金项目：库岸涉水土石混合体边坡地震响应及土水动力相互作用研究（CKSF20241006/YT）。

作者简介：王汉武（1992—），男，高级工程师，主要从事岩土工程原位测试技术研究工作。

2 原位旁压试验

2.1 试验方法改进

砂砾石深厚覆盖层具有其特殊性：结构性弱，很难取得原状样；颗粒分选性差，级配良好，大小不同的砾石相互交替，形成水平排列的透镜体或不规则的夹层。由于以上原因，在超 200 m 的深厚砾石层覆盖层进行旁压试验具有以下技术难点：

（1）当试验深度超过 200 m，钻孔垂直度难以保障，每 1°的钻孔偏差造成的钻孔底部偏移为 3.48 m，易造成成孔偏大、探头不能顺利就位等影响。

（2）砂砾石地层成孔困难且极易塌孔，导致探头不能达到预定测试深度。

（3）由于试验深度较大，从成孔到探头就位，时间间隔往往超过 1 h，导致孔壁软化、坍塌、缩颈等难以估算的影响。

（4）由于砂砾石颗粒大小不均，在钻进过程中磨圆程度不好，粗颗粒容易形成尖角，试验过程中探头橡胶膜套极易破损，导致试验失败。

（5）由于试验深度极大，仪器管路极长，气体压力在长距离管路内存在体积压缩的现象，产生压力滞后效应，旁压探头处的压力不能被压力表及时反映，造成试验误差。

（6）旁压试验前，需要对旁压仪进行压差调节，使得旁压三腔探头的气、水压力差保持在相对平衡状态［气压-水压=（深度-10）/100 MPa］。试验深度超过 200 m 时，压差应调节到 1.9 MPa 以上，常规旁压仪的压差控制器难以满足要求；且深厚覆盖层原状力学性质高，试验压力极大，大压力作用下压差控制器易产生压差不稳定的问题，对试验数据的准确性产生影响。

（7）当试验深度超过 200 m 时，钻孔泥浆浓度的问题不容忽视，与静水压力相比，超 200 m 泥浆压力对试验压力的影响可达 0.5 MPa。

针对超 200 m 深厚砂砾石覆盖层旁压试验的技术难点，结合已有的深厚地层中旁压测试经验[10-11]，试验方法选用预钻式旁压试验，采用法国 APAGEO 公司 G-AM 型旁压仪，BX 型（ϕ 58 mm）探头，并对试验方法做出如下改进：

（1）严格控制试验成孔垂直度，配置钻孔垂直度检测仪，实时校正钻孔垂直度。

（2）全程跟进套管，采用浓泥浆+植物胶进行护壁，用ϕ 74 mm 岩芯管进行测试段钻孔，高挡慢进、旋转上拔岩芯管的方式成孔，保证测试孔壁完整，无过大扰动。

（3）采用大功率卷扬机提升钻杆，并增加钻杆长度，尽量缩短旁压试验段成孔到旁压探头就位的时间差。

（4）在旁压试验前预先置入ϕ 74 的开缝钢管，ϕ 58 的旁压探头置于其中。由于开缝钢管膨胀变形属于弹性变形，在试验前可以进行率定，同时开缝钢管对探头的膜套起到了很好的保护作用，如图 1 所述。

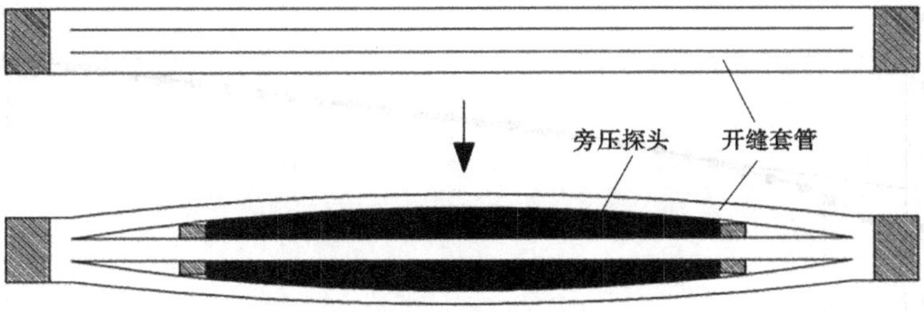

图 1　开缝套管示意图

（5）随着试验深度增大，仪器气、水管路随之变长，压力滞后效应越来越明显，应适当延长试验分级加载时间，即将试验分级加载时间由 1 min 改为 3 min 甚至更长，以减小滞后效应带来的影响。

（6）G-AM 型旁压仪为机械阀门式压差控制器，在试验压力逐渐增大后，压差控制器内的弹簧在高压作用下产生变形，导致压差会逐渐减小。采用改装后的电动压差调节器能够保证在试验过程中压差的相对平衡。

（7）试验时配置泥浆浓度检测仪，对钻孔所用泥浆浓度进行测定，修正试验压力。修正公式如下：

$$P = P_m + P_w - P_i \tag{1}$$

$$P_w = (H_1 + H_2)\rho_w g - H_2\rho_n g \tag{2}$$

式中：P 为校正后的压力；P_m 为记录仪或压力表读数；P_w 为静水压力；P_i 为弹性膜约束力；H_1 为旁压仪水腔中点到钻孔内水位深度；H_2 为钻孔内水位到测试点深度；ρ_w 为水的密度；ρ_n 为泥浆密度，取 1.15~1.20 g/cm^3；g 为重力加速度，取 9.8 N/kg。

2.2 试验结果分析

本次试验地层以灰色砂卵砾石层为主，母岩性杂，含花岗岩、片麻岩、石英；沿深度方向上级配不一，且包线范围较大，将钻孔芯样进行颗粒分析试验，形成级配统计包线，如图 2 所示。

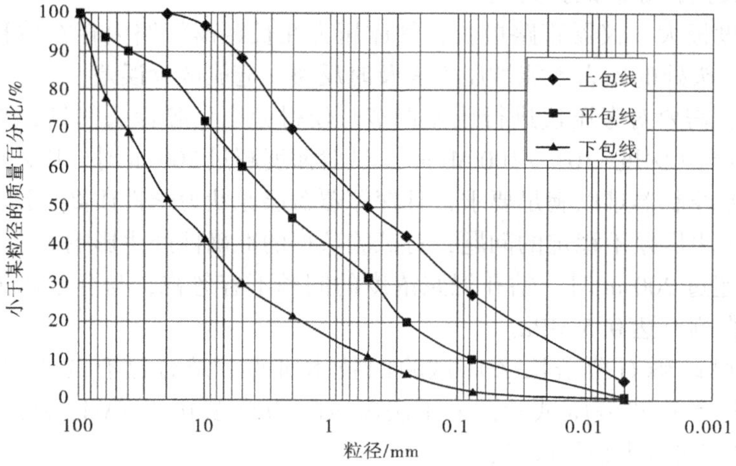

图 2 级配曲线范围

试验深度集中在 224.6~272.0 m，分两孔完成，经与钻孔芯样对比，排除异常测点后，完成有效测点共计 32 点，典型的旁压试验曲线如图 3 所示。

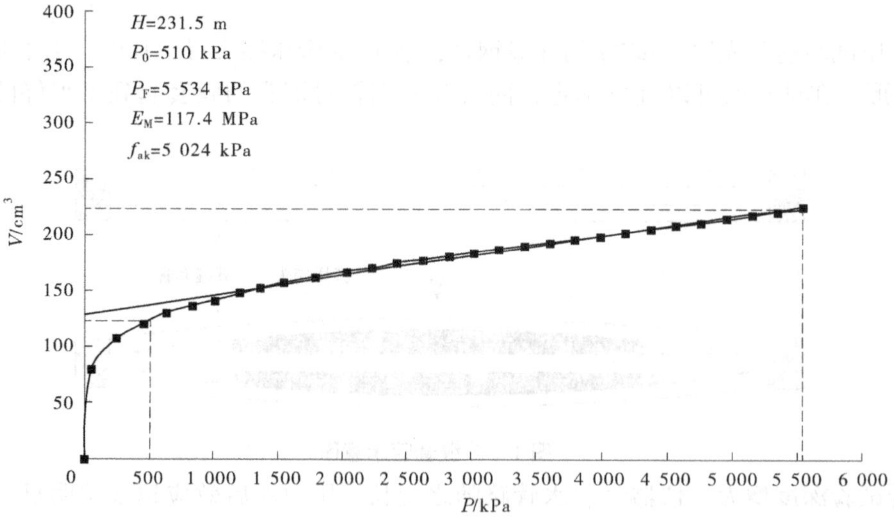

图 3 典型旁压 P-V 曲线

在深度231.5 m处的旁压试验 $P-V$ 曲线包含了恢复区和类弹性区两个典型阶段，虽然最大加载压力达到5.5 MPa，但砂卵石仍未屈服，并未表现出第二个典型阶段（塑性发展区）。其余31个测点均表现出此规律，证明在超200 m级深厚覆盖层的原位力学性质非常高。实际上，在超200 m的深度处进行旁压试验，需按照深度设置气、水压力差，因此旁压仪内部的气压力比水压力大1.9 MPa以上，例如在231.5 m处进行的试验，气体最大压力为7.82 MPa，G-AM型旁压仪的压力加载阀已达到极限，这也是最大压力受限的主要原因。为进一步获取深厚覆盖层的原状力学特性，后续研究应更偏向于高压旁压设备的研制方面。

为了获取旁压模量沿深度方向上的变化规律，将旁压模量 E_M 沿深度方向进行统计，如图4所示。

32个测点的旁压模量 E_M 范围在55.7~129.7 MPa，均值为95.9 MPa，标准值为89.5 MPa，沿深度方向较为离散，这是因为在河床深厚覆盖层形成过程中，受地质构造、崩滑流堆积以及气候等因素影响，造成不同埋深处的级配差异有关，图2所示钻孔芯样的级配包线范围较大，也证明了这点。此外，随着试验深度的增大，旁压模量 E_M 并未表现出随深度逐渐增大的规律，这是由于超200 m级深厚覆盖层在极大的上覆压力作用下，砂卵石地层已经达到极密的状态，随着上覆压力的继续增大，密度无法继续增大，对砂卵石的物理力学性质影响也就并不明显。

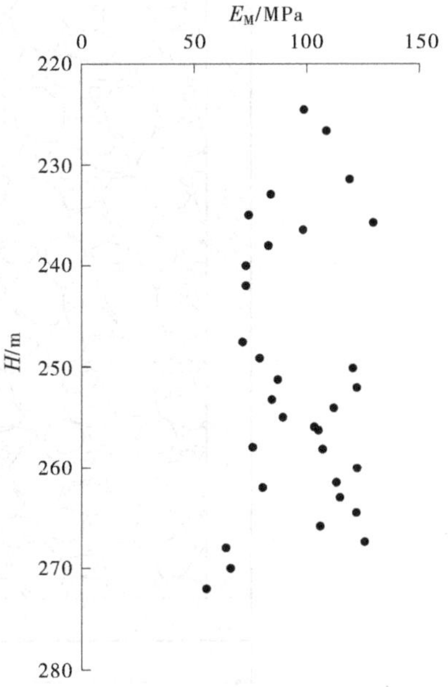

图4　旁压模量深度分布

3　物理模型试验

为了获取超200 m深厚覆盖层的原位密度指标，长江科学院针对超深厚覆盖层原位密度难以确定的问题，基于当量密度法的原创思想，提出了一种利用旁压试验间接确定深厚覆盖层现场密度的试验方法（简称旁压模量当量密度法），为准确测定深厚覆盖层力学特性性质提供了先进手段。基本思路是：在现场钻孔测定覆盖层地基的旁压模量；采用覆盖层原级配料，在室内进行不同密度覆盖层的旁压模型试验，室内模型可模拟现场测点的应力状态，并测定其旁压模量，建立覆盖层的旁压模量与密度的相关关系，从而根据现场试验的旁压模量大小推测深厚覆盖层的现场密度，该密度也是室内力学性试验的控制密度，在此基础上开展室内力学特性试验，获取准确的覆盖层土体物理力学参数。

3.1　物理模型试验系统

采用钢制矩形模型箱，尺寸为0.86 m×0.84 m×1.05 m，壁厚0.6 m；模型加载系统为4个600 t级千斤顶用于施加上覆压力；配置4个位移传感器用于测量上覆压力加载后模型试样的密度变化；试样装填前将 ϕ 74的开缝钢管+外套管预埋其中，试验开始前将外套管拔出，用以模拟现场钻孔；模型箱底部设置排水孔，用以模型试样充水饱和。模型箱示意图如图5所示。

3.2　旁压物理模型试验方案

进行4组旁压模型，级配考虑上包线、平均线、下包线，上覆压力为埋深250 m时对应的有效自重应力（2 600 kPa），其中平均线增加1组，上覆压力为埋深约270 m（2 900 kPa）对应上覆压力，每组进行4个密度，按照相对密度70%、80%、90%及100%控制，共16组室内旁压模型试验，如表1所示。

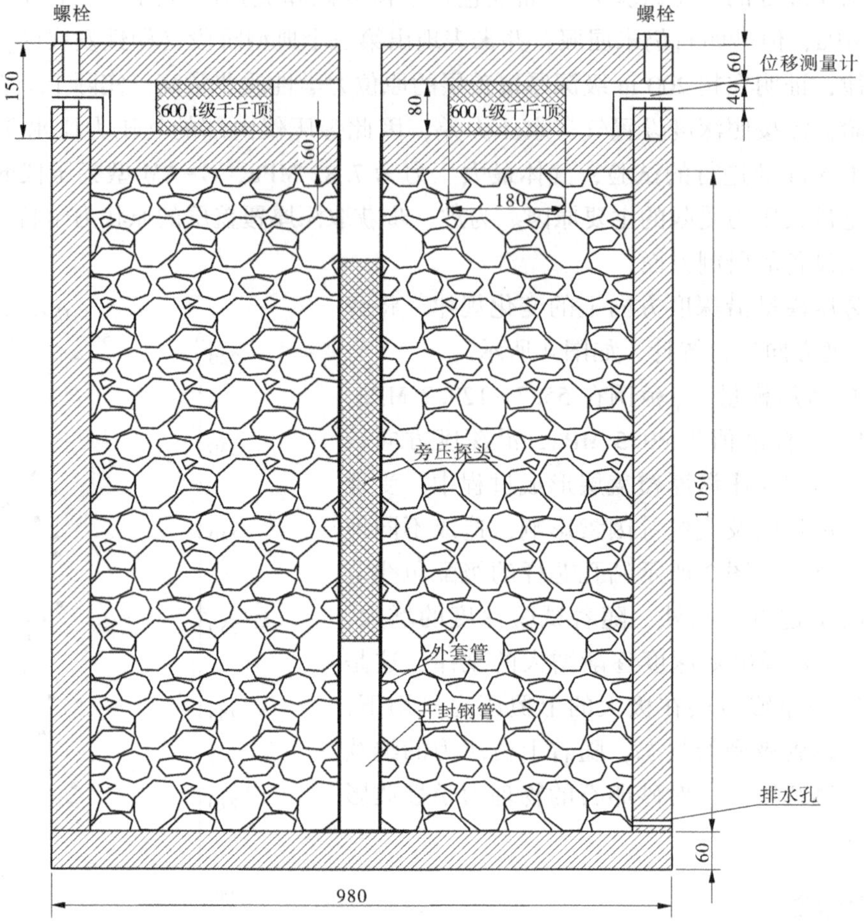

图 5　模型箱示意图　（单位：mm）

表 1　室内旁压物理模型试验组合统计

级配类型	最小干密度 ρ_{min}/(g/cm^3)	最大干密度 ρ_{max}/(g/cm^3)	模型初始密度 ρ_0/(g/cm^3)	相对密度 D_r/%	上覆压力/kPa
上包线	1.66	2.01	1.89	70	2 600
			1.93	80	
			1.97	90	
			2.01	100	
平均线	1.85	2.18	2.07	70	2 600
			2.10	80	
			2.14	90	
			2.18	100	
	1.85	2.18	2.07	70	2 900
			2.10	80	
			2.14	90	
			2.18	100	

续表 1

级配类型	最小干密度 ρ_{min}/(g/cm³)	最大干密度 ρ_{max}/(g/cm³)	模型初始密度 ρ_0/(g/cm³)	相对密度 D_r/%	上覆压力/kPa
下包线	1.91	2.37	2.21	70	2 600
			2.26	80	
			2.31	90	
			2.37	100	

因室内力学性能试验设备试验尺寸限制，需对超径部分进行级配缩尺，依据《土工试验方法标准》（GB/T 50123—2019）[12]，采用颗粒土缩尺试验方法：采用等量替代法进行级配缩尺，保持5 mm 含量不变，用5~60 mm 粒组等量替代>60 mm 粒组。

3.3 旁压物理模型试验结果

按上述思路进行旁压物理模型试验，典型的室内物理旁压模型试验 P–V 曲线如图 6 所示。

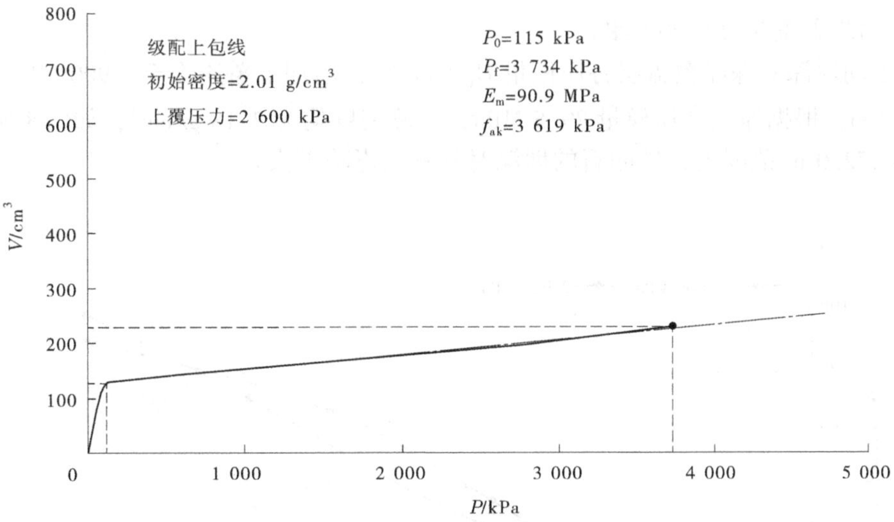

图 6 典型室内旁压物理模型试验（上包线，2.01 g/cm³，2 600 kPa）

与图 2 相比，可知两条曲线类似，均未达到塑性发展区，即测试土体未屈服；但物理模型试验 P–V 曲线在恢复区结束后立刻进入了类弹性区，呈“折线”形态，表明模型试样并未表现出孔壁软化的迹象，模型测试结果可靠。

3.4 密度推算成果

3.4.1 上覆压力 2 600 kPa

采用统计法得出的旁压模量标准值 89.5 MPa 作为原位旁压模量基准值来推测：级配上包线推测密度为 2.01 g/cm³，平均线推测密度为 2.18 g/cm³，下包线推测密度为 2.34 g/cm³，如图 7 所示。

可知三种级配的模型旁压模量 E_M 随着模型试样密度的增大而增大，在接近达到试样最大干密度时，模型旁压模量与原位旁压模量相当，因此可推断在深度超过 200 m 时，砂卵石覆盖层已达到极密的状态，压缩性极低。此外，在同样的初始相对密度情况下，旁压模量 E_M 随着粗粒含量的增大而增大，表明在深厚砂卵石覆盖层中，其物理力学性质与其级配特性也是密切相关的。再者，受室内试验条件限制，模型试验在最大制样密度的情况下，模型旁压模量的最大值为 99.8 MPa，低于原位旁压模量最大值 129.7 MPa，可能与深厚覆盖层的沉积历史、原位结构性等因素有关，也可能是模型与原位差异有关，有待进一步研究。

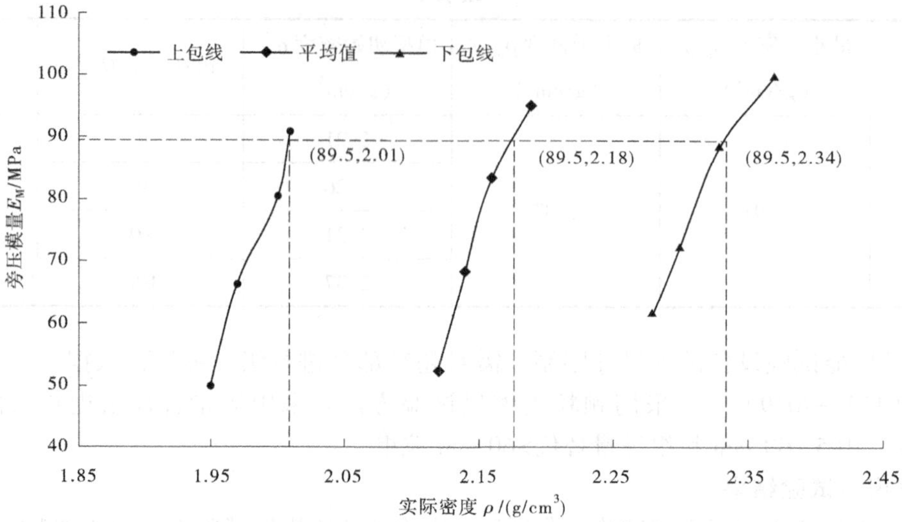

图 7　密度推算图（上覆压力 2 600 kPa）

3.4.2　级配平均线上覆压力 2 900 kPa

为了探明不同埋深对深厚覆盖层旁压模量 E_M 的影响，增加上覆压力至 2 900 kPa，对应埋深为最大试验深度 272 m，根据原位旁压模量 89.5 MPa，推测密度均为 2.18 g/cm³，如图 8 所示，证明在试验深度 224.6~272.0 m 范围内，砂卵石的埋深对其密度影响不大。

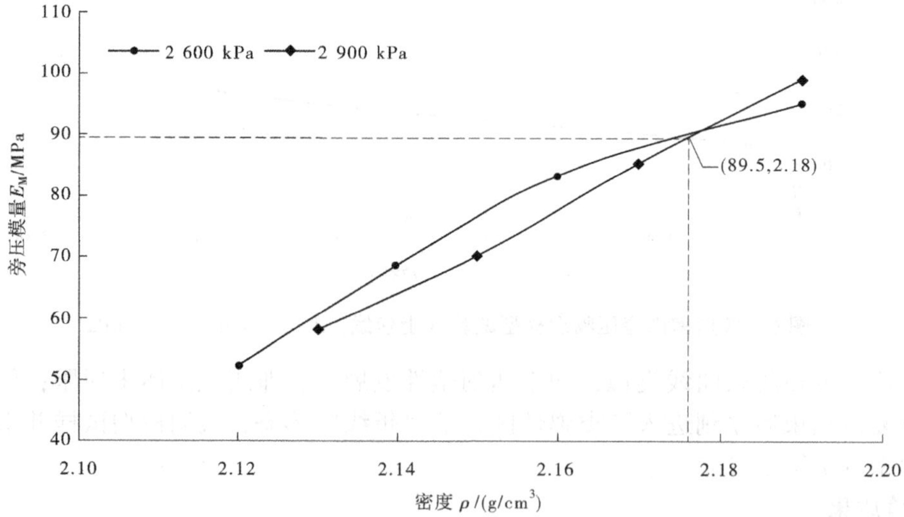

图 8　级配平均线密度推算

综上所述，深厚覆盖层在埋深超 200 m 后，原位密度极大，近似等于最大干密度；随着埋深的进一步增大，其物理力学特性变化并不明显。

4　结论与展望

本文通过对原位旁压测试方法进行改进，实现了旁压试验在超 200 m 深厚砂卵石覆盖层中的首次应用。通过室内旁压物理模型试验，推测超 200 m 深厚覆盖层的原位密度，得到以下三点结论与展望：

（1）在超 200 m 深厚覆盖层中，旁压试验是可行的原位测试技术手段之一，但受仪器设备限制，试验未达到塑性发展阶段，为进一步获取深厚覆盖层的原位物理力学特性，后续研究应偏向于高压旁压设备的研制。

（2）砂卵石在超200 m埋深条件下，已达到极密的状态，级配及密度是影响砂卵石物理力学特性的主要原因，上覆压力的影响并不明显。

（3）根据长江科学院提出的“旁压模量当量密度法”，推测砂卵石地层的原位密度为2.18 g/cm^3，与最大干密度相当。

参考文献

[1] 王运生，黄润秋，段海澎，等．中国西部末次冰期一次强烈的侵蚀事件［J］．成都理工大学学报（自然科学版），2006（1）：73-76.

[2] 张飞，文志颖，朱晓忠，等．在深厚覆盖层上修建土石围堰的主要技术问题研究［J］．水力发电，2018，44（11）：44-47，59.

[3] 党林才，方光达．深厚覆盖层上建坝的主要技术问题［J］．水力发电，2011，37（2）：24-28，45.

[4] 李树武，鲁博，张林．某水电站坝址区河床覆盖层物理力学特性及其参数取值分析［J］．水力发电，2021，47（11）：35-40，56.

[5] 胡金山，曲海珠，甘霖．大埋深粗粒土勘察及物理力学特性试验研究［J］．人民长江，2016，47（9）：41-47.

[6] 陈军．新疆某水利枢纽工程砂卵砾石坝基勘察分析［J］．人民长江，2015，46（1）：36-39，57.

[7] 杨玉生，刘小生，赵剑明，等．覆盖层土体和筑坝堆石料力学参数室内外联合确定方法［J］．中国水利水电科学研究院学报，2020，18（5）：377-387.

[8] 程展林，潘家军，左永振，等．坝基覆盖层工程特性试验新方法研究与应用［J］．岩土工程学报，2016，38（S2）：18-23.

[9] 李向阳，左永振，周跃峰，等．坝基深厚覆盖层粗粒土原位密度与力学特性研究［J］．人民长江，2021，52（7）：180-184，191.

[10] 王汉武，王天成，胡胜刚，等．超百米深厚细砂覆盖层注浆效果旁压试验研究［J］．水利水电快报，2024，45（9）：79-84.

[11] 程永辉，胡胜刚，王汉武，等．深埋砂层旁压特征参数的深度效应研究［J］．岩土力学，2020，41（6）：1881-1886，1898.

[12] 土工试验方法标准：GB/T 50123—2019［S］.

高密度电法与瞬变电磁法联合探测土石坝渗漏研究

潘明鸿[1]　李海峰[2]　边红娟[2]　吴　娟[2]

（1. 广西大藤峡水利枢纽开发有限责任公司，广西南宁　530000，
2. 珠江水利委员会珠江水利科学研究院，广东广州　510610）

摘　要： 为进一步研究土石坝渗漏探测技术，对高密度电法和瞬变电磁法两种物探技术的原理和仪器设备进行了介绍。结合工程实例，阐述了高密度电法和瞬变电磁法的实际应用，对两种方法的异同进行了分析，提出在不同的工程地质条件下应根据其地质特点采用多种合适的方法验证，以更好地解决工程问题。

关键词： 高密度电法；瞬变电磁法；土石坝渗漏；联合探测

1　引言

水库大坝在国民经济建设中发挥了巨大作用，但大量水库受建设时期社会经济和技术水平的限制，以及地质灾害、环境因素和后期运管维护情况的综合影响，存在损坏病险，其中土石坝的渗漏问题最为明显[1]。而土石坝因填筑材料就地取材、施工工艺控制不严等导致填筑不均，从而导致存在裂缝、洞穴、松散体等渗漏病害[2-3]，当汛期水位涨高，则病害处容易发生管涌、坍陷、滑坡和崩岸等险情[4]。土石坝渗漏的探测常用的方法有自然电场法、磁电阻率法、充电法、高密度电法、瞬变电磁法、面波法等[5]。当土石坝的隐患处发生渗漏时，会导致渗漏通道处土石含水率偏高，导致其电阻率与未受损坏处的坝体电阻率产生较大差异，高密度电法对于岩土体的低阻异常较为敏感，可用于渗漏、坍塌探测[6-8]。瞬变电磁法对于冲水孔洞、渗流通道和浸润线等低阻体的分辨率很强，但对于高阻体的分辨力较弱，经三维反演和工程实测均验证可用于土石坝渗漏探测[9-10]。高密度电法可出色地反映浅层低阻异常[11]，而瞬变电磁法则对低阻异常体能更为精确地探测且能够探测较深的目标体，两种方法联合探测可以有效地互补勘探深度、精度及异常反馈等方面的优势，提高土石坝渗漏体的探测效果。本文通过高密度电法和瞬变电磁法联合探测，对某土石坝进行物探测试，并与设计施工文件进行比对，验证联合物探法检测的可靠性。

2　高密度电法

在土石结构体中只要有渗流，就会产生地下介质导电性能的变化，土料的性质、含水率明显影响填土的电阻率。渗漏电位的强度很大程度上取决于渗漏结构体的规模、埋深和渗漏速率的大小。

高密度电法通过供电电极 AB，向地下施加脉冲电流 I，通过密集的采样棒进行测试，获取地下介质不同的电位差 ΔV 及系列变化规律，计算视电阻率 ρ，进而识别出地下的各种介质分布情况，诊断地质体特征、划分地质异常[11-12]。视电阻率 ρ 按式（1）计算：

$$\rho = K \cdot \Delta V / I \tag{1}$$

式中：ρ 为视电阻率，$\Omega \cdot m$；ΔV 为观测的电位差，V；I 为供电电流，A；K 为装置系数，m。

高密度电法原理如图 1 所示。

作者简介： 潘明鸿（1967—），男，高级工程师，主要从事水利水电工程、市政工程、港口航道工程建设与施工技术管理工作。

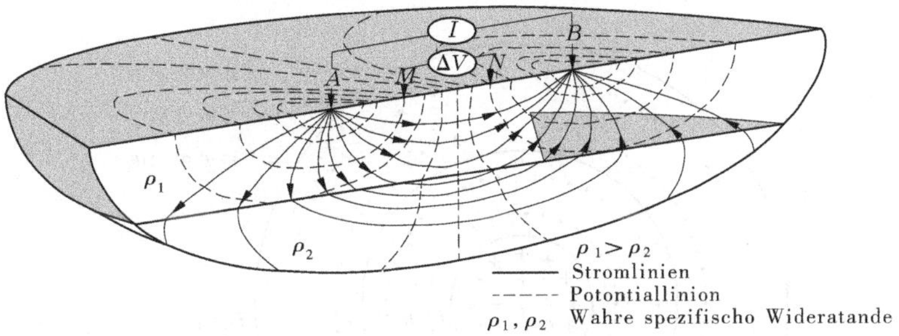

图 1　高密度电法原理示意图

高密度电法在地表同时布设数十至数百个电极，通过程序控制多道电极开关，自动转换测量电极，一次性布设，自动化数据采集，具有直观、高效、高分辨率、高精度等特点。高密度电法探测常用的装置是对称四极，该装置同时具有更高的横向分辨率和纵向分辨率，其数据采集过程如图 2 所示。

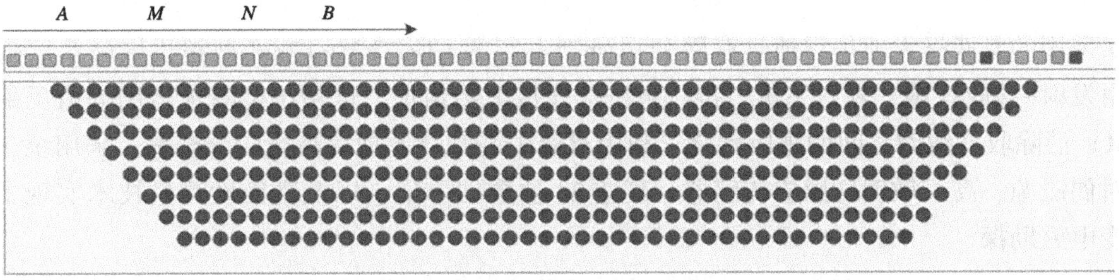

图 2　对称四极装置数据采集示意图

本次高密度电法探测，采用中地装（重庆）地质仪器有限公司生产的 DUK-4 全波形高密度电法仪，该系统以 DZD-8 多功能全波形直流电法仪为测控主机，配备 MIS-10 级联式电极转换器及级联式高密度线缆，系统集电流电位全波形记录、32 位 A/D、大功率控制、嵌入式实时操作系统、现场可编程阵列逻辑等当今最新电子技术研制的新一代多功能直流电法仪，主要技术指标及功能领先于当前国内外同类仪器，在各种野外复杂环境下能获得更高质量的原始数据。

3　瞬变电磁法

瞬变电磁法（Transient Electromagnetic Methods），发射部分是使用一个发射线圈（通常是水平线圈或垂直线圈）向地下发送瞬变电流。这些电流可以是方波、梯形波或其他形式的瞬变电流，瞬变电流会在地下产生一个随时间变化的磁场。接收部分是在发射电流关断后，地下介质中的感应电流会继续存在一段时间，产生一个衰减的二次磁场，接收线圈（通常与发射线圈分开一定距离）测量这个二次磁场的变化。由于良导电地质体内感应电流的热损耗，二次磁场大致按指数规律随时间衰减，形成瞬变磁场[13]，二次磁场主要来源于良导电地质体的感应电流，因此它包含着与地质体有关的地质信息，二次磁场通过接收回线观测，通过对数据进行归纳和处理，从而对地下异常电性指数进行诠释分析[14]。

传统的瞬变电磁法因为受关断时间的影响，在浅层勘察中会存在一个探测“盲区”，限制了其在浅层勘察中的应用。共面等值反磁法通过一个补偿线圈，供以反向电流，从而消除一次场的干扰，实现无盲区探测。等值反磁通瞬变电磁法能够缓解传统瞬变电磁法存在浅层探测盲区的缺陷，装置又通过采用双线圈源，对地中心耦合场能量更为集中，可以有效消除盲区，实现超浅层探测[13,15]。原理如图 3 所示。

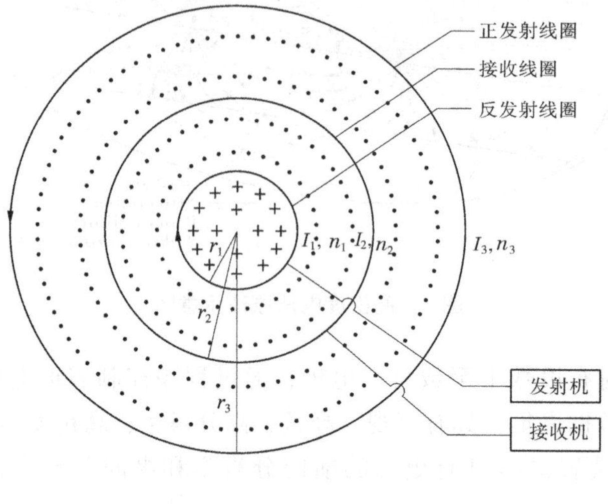

图 3　共面等值反磁通原理

本次采用的是武汉大地华睿地学有限公司研制生产的 CUGTEM-19rad 型超浅层高精度瞬变电磁系统，由发射-接收线圈、发射主机、接收主机、连接电缆组成。该系统创新地运用等值反磁通技术（OCTEM）消除收发线圈之间的感应耦合，利用对偶中心耦合原理提高横向分辨率，采用统一标准的微线圈对偶磁源、高灵敏度磁感应传感器、高速 24 位数据采集卡以及高密度测量技术实现了浅层高精度瞬变电磁勘探。

4　现场探测

4.1　工程概况

某副坝为黏土心墙石渣坝，坝体典型断面见图 4。黏土心墙石渣坝段布置在桩号 0+114.90 m~0+696.90 m，长度 582.00 m，坝顶高程 65.00 m，防浪墙顶高程 65.40 m，坝顶宽 8 m，最大坝高 39.80 m。上游坝坡为 1∶2.8，下游坝坡为 1∶2.5，上游坝坡设 0.35 m 厚的干砌石护坡，护坡下设 0.25 m 厚的碎石垫层，护坡在上游坝脚设厚度 1 m 和宽度 2 m 的干砌石齿脚，下游坝坡设 0.3 m 厚的干砌石护坡。黏土心墙防渗体顶宽 3 m，黏土心墙上、下游坡比均为 1∶0.2。副坝坝体填筑料主要分区：黏土心墙防渗体上游面填筑料依次为中粗砂、级配碎石、中粗砂、石渣或其他可用料；防渗心墙下游面填筑料依次为中粗砂、级配碎石、中粗砂、石渣或其他可用料。副坝在桩号 0+480 左右（距坝顶约 15 m）背水坡护坡有观察到集中渗透水流，在迎水面水位上涨后，渗透水流会加大。

4.2　测线布置

本次对副坝的背水面的坝肩、坝坡分别布设高密度电法测线，对迎水面、背水面的坝肩分别布设瞬变电磁法测线，共布设 4 条测线，均采用 GPS 进行定位。测线布置见表 1 及图 5、图 6。

高密度电法采用施伦贝谢尔排列方式进行探测，电极间距 3.0 m；数据采集 20 层，间隔系数取 4，共完成 2 条测线，测线总长度 1 134 m。

瞬变电磁法的参数设置要兼顾测试深度和测试对象地质特性，选择合适的频率和叠加次数，一般勘探越深，发送频率越低，反之越高；叠加次数越多，信噪比越高，探测越精确[16]。采用中心回线采集装置，选取 6.25 Hz 天线主频，发射电流为 100 A，采集时窗为 70 ms，测点间距为 2.0 m，叠加次数为 30 次，共完成 2 条测线，测线总长度 1 128 m。

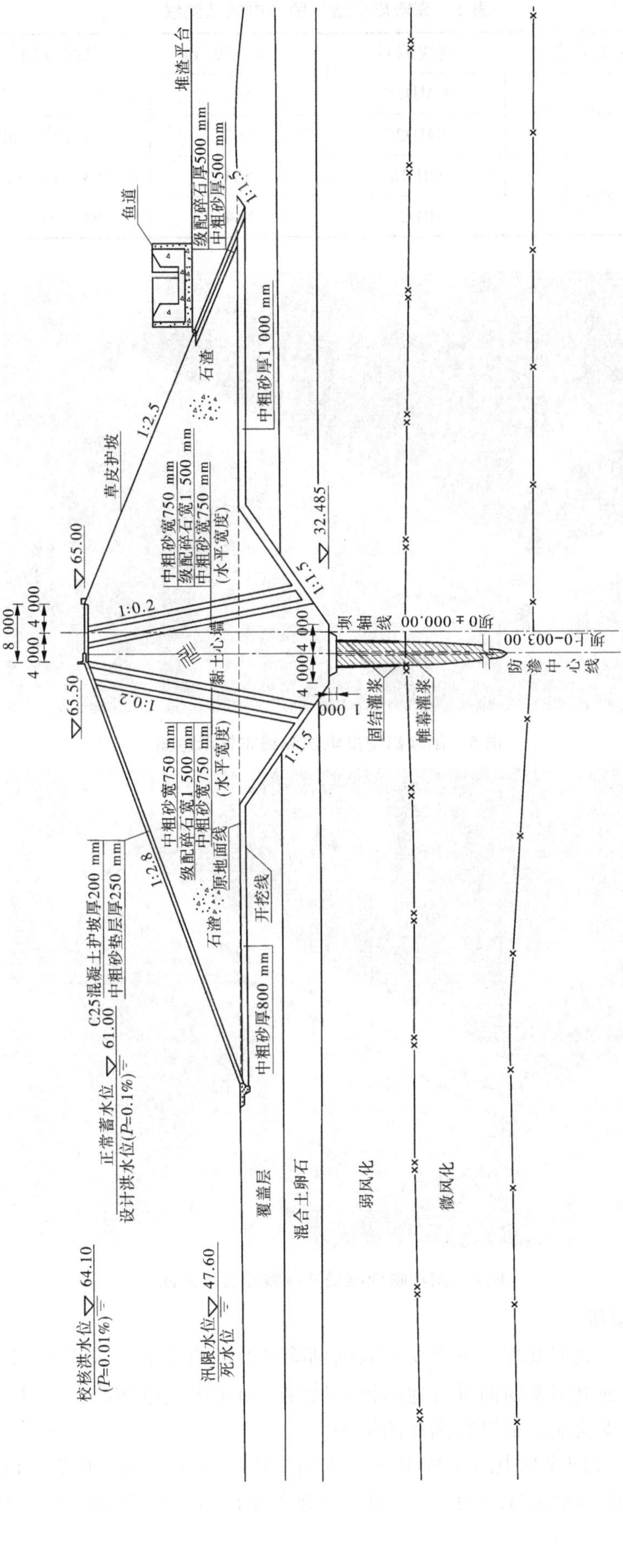

图4 坝体典型断面（单位：高程，m；尺寸：mm）

表 1　高密度电法、瞬变电磁法测线

探测部位	探测方法	测线编号	测线长度/m	测线方向	测线所在位置
副坝	高密度电法	GMD1#	567	0~567（南→北）	背水面坝肩
		GMD2#	567	0~567（南→北）	背水面坝坡中部
	瞬变电磁法	SBD1#	564	0~564（南→北）	迎水面坝肩
		SBD2#	564	0~564（南→北）	背水面坝肩

图 5　副坝高密度电法测线布置示意图

图 6　副坝瞬变电磁法测线布置示意图

4.3　测试结果及数据解析

本文进行高密度电法数据处理，对突变点数据剔除以及圆滑之后，采用 Res2DINV 软件反演，基于最小二乘法来对二维视电阻率断面进行地形校正处理。对于瞬变电磁法，在进行噪声剔除和曲线圆滑之后，对数据进行数据反演，最终得到探测结果。

图 7 为 GMD1#测线反演模型电阻率成果图。从图 7 中可看出，剖面位置 348~384 m 深度 5.0~22.0 m 深蓝-蓝色区域电阻率≤21.5 Ω · m，且向下延伸未闭合，推测是富水体或其他含水率较高的

回填材料引起的低阻异常；剖面位置 348~384 m 近地表青色-绿色-浅绿闭合区域电阻率在 21.5~60 Ω·m，呈规律分布，推测对应含水率较高的填土料。剖面位置 0~30 m 处橙色-红色-紫色区域为高阻区，电阻率在 320~1 000 Ω·m，推测对应地下人工硬化结构或者岩体。剖面位置 276~296 m、深度 4.0~14.0 m 为一闭合低阻异常，电阻率≤21.5 Ω·m，推测可能存在富水体。

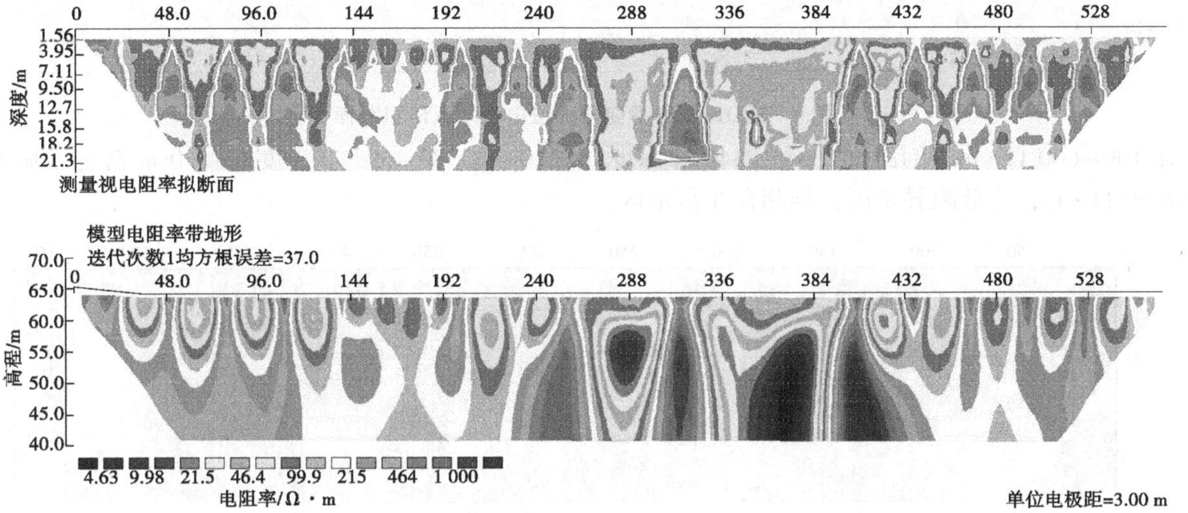

图 7　GMD1#测线高密度电法视电阻率拟断面图及带地形反演电阻率断面

图 8 为 GMD2#测线反演模型电阻率成果图。从图 8 中可看出，剖面位置 336~500 m 深度 17.0~22.0 m 深蓝-蓝色区域电阻率≤21.5 Ω·m，为低阻异常区，推测为富水填筑材料引起；近地表青色-绿色-浅绿闭合区域电阻率在 52~160 Ω·m，大面积分布，推测对应含水率不高的石渣材料；红色-紫色区域为高阻区，电阻率在 300~1 000 Ω·m，地势相对较高，推测对应含水率较低的石渣材料或其他填筑材料。

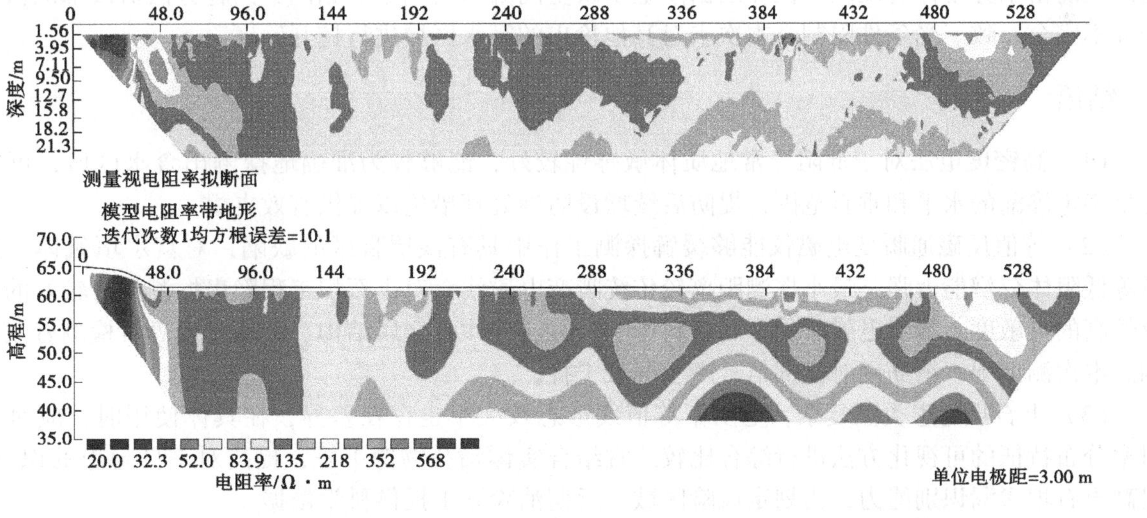

图 8　GMD2#测线高密度电法视电阻率拟断面图及带地形反演电阻率断面

图 9 为 SBD1#反演模型电阻率成果图。SBD1#测线位于迎水面坝坡肩部，由图 9 中可以看出，由于地表材料为厚度 200 mm 的钢筋混凝土护坡，护坡下方为厚度 250 mm 的中粗砂垫层，护坡混凝土的钢筋网对浅部信号产生屏蔽干扰；从浅到深（6~25 m）电阻率在 60~260 Ω·m 呈逐层递增，推测为填筑材料逐层密实度增大，且含水率逐层递减。

图 10 为 SBD2#反演模型电阻率成果图。SBD2#测线位于背水面坝坡肩部，地表材料为草皮护坡，护坡下方填筑材料为石渣，由图 10 中可以看出，该测线部位电阻率总体呈中-高不均匀展布，电阻

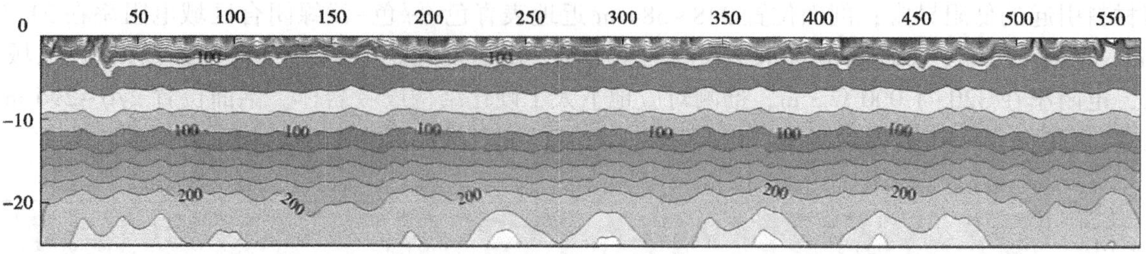

图 9　SBD1#测线瞬变电磁法电阻率反演拟断面

率在 100~600 Ω·m，剖面位置 331~340 m 深度 0~3.0 m、380~393 m 深度 0~5.0 m 蓝色区域电阻率≤50 Ω·m，为低阻异常区，推测存在富水区。

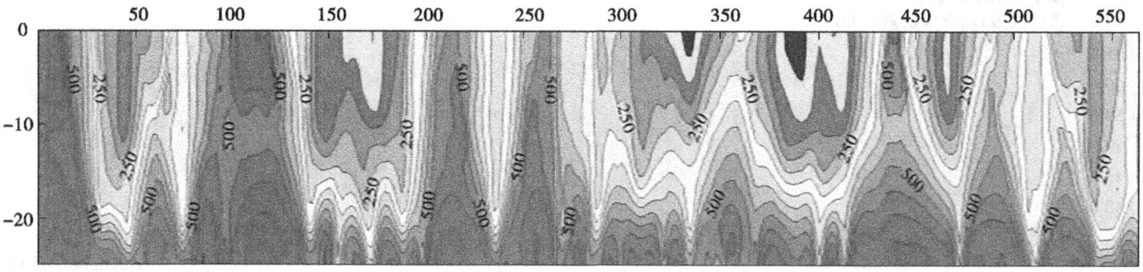

图 10　SBD2#测线瞬变电磁法电阻率反演拟断面

高密度电法两条测线成果表明，高密度电法集合了电测深法和剖面法的优点，可以更为直观地反映地下一定深度的电阻异常分布，有效地反映了副坝在桩号 0+480 左右（距坝顶约 15 m）背水坡护坡处的渗漏；本次测试瞬变电磁法未能反映此处缺陷，可能受周边钢筋混凝土结构的影响。现场对坝肩背水坡 340 m、380 m 位置进行开挖验证，发现上述位置浅部填料非低含水的石渣料，而是土砂混合料，受测试日期前连续下雨影响，土料受降雨入渗，含水率较高。高密度电法和瞬变电磁法均对上述两处的富水异常体有反映，但在断面图上反映空间分布范围不尽相同，两种方法对浅部的富水异常表征不完全一致。受条件限制，本次未对其他检出的富水区域进行挖开验证。

5　结语

（1）高密度电法对于低阻异常地质体敏感性较好，能够较为准确地探测出含水区域，可大致半定量确定渗漏的水平和垂直范围，堤防后续增设防渗处理措施以提供有效支撑。

（2）等值反磁通瞬变电磁仪能够缓解探测工作中具有浅层盲区的缺陷，对富水填筑体、渗流通道等低阻体分辨能力强，最小探测距离较传统瞬变电磁浅，对土石坝工程隐患探测具有较好的适用性及较高的灵敏度。瞬变电磁法受金属材料影响较大，应注意金属结构、金属管道等对检测有效性的影响。本次测试中，钢筋网对浅部信号产生屏蔽干扰。

（3）土石坝隐患类型复杂，电阻率等值线形态及大小也存在差异，在具体使用时，应对不同电阻率分布特征的可视化方法进行综合比较。宜结合实体钻孔物探手段，提高对不良隐患的识别能力，提高土石坝渗漏识别能力，为划定风险区域、后期消险施工提供科学依据。

参考文献

[1] 苏怀智．土石堤坝渗漏病险探测模式和方法研究进展［J］．水利水电科技进展，2022（1）：1-9.
[2] 房纯纲．堤坝隐患及渗漏无损检测技术与仪器［M］．北京：中国水利水电出版社，2010.
[3] 唐群新．堤防渗漏成因及控制措施分析［J］．中国水运，2008（2）：107-108.
[4] 何熠．水库大坝渗漏探测及定向处理技术及应用探究［J］．水利科学与寒区工程，2021（6）：151-153.

[5] 水利水电工程勘探规程 第1部分：物探：SL/T 291. 1—2021 [S].
[6] 余金煌. 基于高密度电法的花凉亭水库防渗墙质量测试与分析 [J]. 治淮，2016（3）：17-19.
[7] 林太强. 高密度电法在清平水库引水隧洞塌方中的探测 [J]. 广西水利水电，2016（2）：37-39.
[8] 余军军. 高密度电法在水库渗漏隐患探测中的应用 [J]. 中国水能及电气化，2017（12）：17-20.
[9] 周黎明. 堤防隐患瞬变电磁三维正演模拟及分析 [J]. 长江科学院院报，2029（10）：140-156.
[10] 王佟童. 等值反磁通瞬变电磁法在长江堤防渗漏隐患探测中的应用 [J]. 江苏水利，2024（2）：58-62.
[11] 孔繁良. 高密度电法在新疆某水库大坝病险隐患探测中的应用 [J]. 工程地球物理学报，2022（1）：16-20.
[12] 陈秋. 水库渗漏检测中高密度电法探测技术 [J]. 河南水利与南水北调，2022（1）：53-55.
[13] 王霁霞. 瞬变电磁与高密度电法在岩溶区探测中的应用 [J]. 西部探矿工程，2022（10）：159-161.
[14] 孟小杰. 高密度电法和瞬变电磁法在转龙湾煤矿富水区探测中的应用 [J]. 工程地球物理学报，2022（4）：433-442.
[15] 赵杨杉. 高密度电法与等值反磁通瞬变电磁法在法泗岩溶塌陷精细探测中的联合应用 [J]. 工程地球物理学报，2022（3）：348-355.
[16] 黄姣姣. 瞬变电磁精准探查技术参数优选方法与应用 [J]. 能源与节能，2024（8）：71-74.

速凝剂和絮凝剂对水泥基浆液性能的影响

张　杨　邓兆勋　酒亚宾

（中国水利水电第十一工程局有限公司，河南郑州　450007）

摘　要： 为适应特定工程施工对水泥基浆液的需求，本文在传统水泥基浆液的基础上辅以一定比例的速凝剂和絮凝剂，单因素分析法分析外加剂掺量对浆液表观黏度、初凝时间、泌水率和结实率的影响，并利用曲面响应法获取外加剂的最佳掺量。分析表明：两种外加剂的掺入均能提高水泥基浆液的表观黏度，速凝剂掺量的增加会降低浆液泌水率、提高试样结实率，絮凝剂掺量的增加提高了浆液黏度，改善了水泥基浆液颗粒的赋存环境。在此基础上，开展宏观力学试验和微观电镜扫描，试验结果表明：外加剂促进了针棒状 AFt 的生成，提高了固结体试样的整体性和稳定性。

关键词： 速凝剂；絮凝剂；响应面法；微观结构

步入“十四五”以后，随着“双碳”目标的全面实施，明确了安全、高效、绿色、协调、共享五大发展方向[1]。水泥基材料作为一种安全、高效、无毒、无污染的无机材料，被广泛应用于水利工程、隧道工程、房屋建筑工程和矿业工程的施工当中，随着复合外加剂的发展，水泥基材料日益满足更加复杂化的特定工程应用需求，同时水泥基材料为工程施工提供更多选择。现如今，喷射混凝土和注浆封堵浆液都离不开水泥基浆液的配置，并且经过半个多世纪的发展，目前已形成一套独具中国特色的注浆加固技术[2-4]。

水泥基浆液的性能受水泥材料特性指标、外加剂配合比的优化以及养护条件和时间的影响，目前项目施工质量和材料质量控制愈发规范，水泥基浆液带来良好的经济效益和社会效益，促使众多学者开展水泥基材料外加剂配比优化的研究。柴明明等[5] 开展了粉煤灰和聚丙烯纤维对喷射混凝土性能的影响研究，通过对材料抗压、抗折强度分析和现场回弹量范围测定，确定两种外加剂的适宜掺量范围。苏美娟等[6] 根据经常出现水泥与速凝剂的相容性问题，测试了不同水泥-速凝剂系统的宏观性能和早期水化放热情况，得出水泥成分对水泥基浆液初凝和早强的效果排序。苏美娟等[7] 通过对比碱性和无碱液体速凝剂对水泥基浆液的促凝和早强作用，分析两种速凝剂对 C_3S、C_3A 矿物的水化及 AFt 的生成数量影响，进一步揭示了速凝剂对水泥基浆液的水化硬化机理。孙国文等[8] 通过掺入絮凝剂使得浆液中成团粒子的团聚增加，浆液黏度也增加，使浆液不易发生分散与离析。

虽然水泥基浆液拥有较高结石体强度、较高稳定性、施工工艺简单和无污染等优点，但因其本身早期强度建立受水化反应速率的影响较大，以往的研究着重考虑通过引用外加剂加快水泥基浆液水化反应速率，而忽视外加剂的促凝和早强作用对浆液流动性与和易性的影响。本研究通过试验速凝剂和絮凝剂对水泥基浆液性能的影响，探究两种外加剂对水泥基浆液表观黏度、初凝时间、泌水率和结实率的影响，分析试样破坏类型并开展电镜扫描试验，为水泥基浆液改性研究提供新思路。

1　试验方案与试验设备

1.1　两种外加剂在清水中的表观黏度

在实验室配制不同掺量的速凝剂和絮凝剂清液，并采用 NDJ-8S 型旋转黏度计测定其表观黏度，表观黏度值与掺量的关系见图 1。分析可知，清液表观黏度随速凝剂掺量增加无明显变化，随絮凝剂

作者简介： 张杨（1996—），男，试验员，主要从事新型建筑材料开发工作。

掺量增加而升高，由于浆液达到饱和时，多余絮凝剂无法被水稀释或分散，导致块状沉积物的产生从而影响表观黏度测定精度。因此，在实际应用中，要根据外加剂对表观黏度值的影响规律，选定适宜外加剂的百分比掺量。

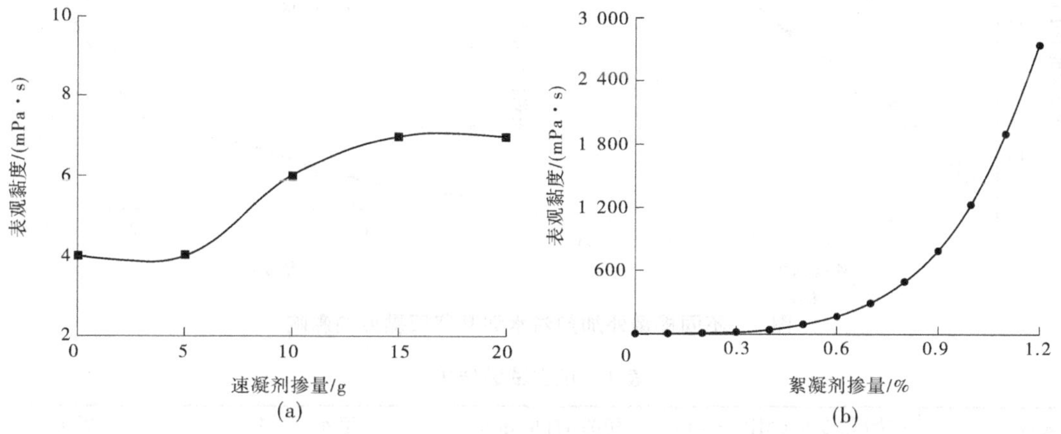

图 1　清液表观黏度分别随速凝剂与絮凝剂掺量变化曲线

1.2　试验方案及测定

由于絮凝剂对浆液表观黏度提高较为明显，因此设置水灰比为 4.0 时，探究两种外加剂对水泥基浆液表观黏度、初凝时间、泌水率和结实率的影响。在设计试验过程中，保持基本配比 A：A-A：B：B-B：C=1：0.2：0.3：0.07：0.03 不变，其中 A 料为 P · O42.5 水泥，A-A 料为激发剂，B 料为缓凝剂，B-B 料为促凝剂，C 料为早强剂。速凝剂掺量分别为 5 g、10 g、15 g 和 20 g，絮凝剂掺量分别为 0.4%、0.8%、1.2%和 1.6%，每种配比掺量为一组进行一次制样，每组制样 3 个，对比两种外加剂对水泥基浆液性能的影响，同时优选最佳掺量配比，开展力学试验，同时采用电镜扫描（SEM）分析材料微观形貌。

2　试验结果与分析

2.1　两种外加剂对浆液表观黏度的影响

由图 2 可知，在配比设置范围内，随着两种外加剂掺量的提高，浆液初始表观黏度不断增加。由图 2（a）可知，速凝剂掺量与浆液表观黏度增长具有较好的线性相关，函数关系式为 $y = 2.28x + 9.4$，相关系数为 0.965，速凝剂掺量由 0 g 增加到 5 g 时，表观黏度增长率达到 2.83 倍，此时表观黏度增长率达到配比设置范围内的最大值，浆液表观黏度值由 6 mPa · s 增加到 23 mPa · s，此时最大黏度值为 51 mPa · s。

由图 2（b）可知，絮凝剂掺量与浆液表观黏度增长具有较好的指数相关，函数关系式为 $y = 7.418\,1e^{1.726\,3x}$，相关系数为 0.983 2，絮凝剂掺量由 0 增加到 1.6%时，增长 1.74 倍，最大黏度值为 129 mPa · s。分析可知，在所选掺量范围内，添加絮凝剂的浆液表观黏度值在掺量为 1.2%时出现明显拐点，而后表观黏度值随掺量迅速增加，因此絮凝剂对于水泥基浆液表观黏度的改善更为高效。

2.2　两种外加剂对浆液相关性能的影响

2.2.1　外加剂相关性能效应曲线分析

试验结果如表 1 所示，以浆液初始黏度、初凝时间、泌水率和结实率作为考察指标，通过正交试验助手按照 $L_{25}(5^6)$ 设计不同配比条件下的试验组合，选择速凝剂和絮凝剂作为正交试验的主要考察因素并划分 5 个水平进行相互搭配试验。由于水灰比对水泥基浆液的性能影响较大，为凸显两种外加剂对水泥基浆液性能的影响，因此选择 W/C=4.0 时作为水泥基浆液试验基准水灰比。

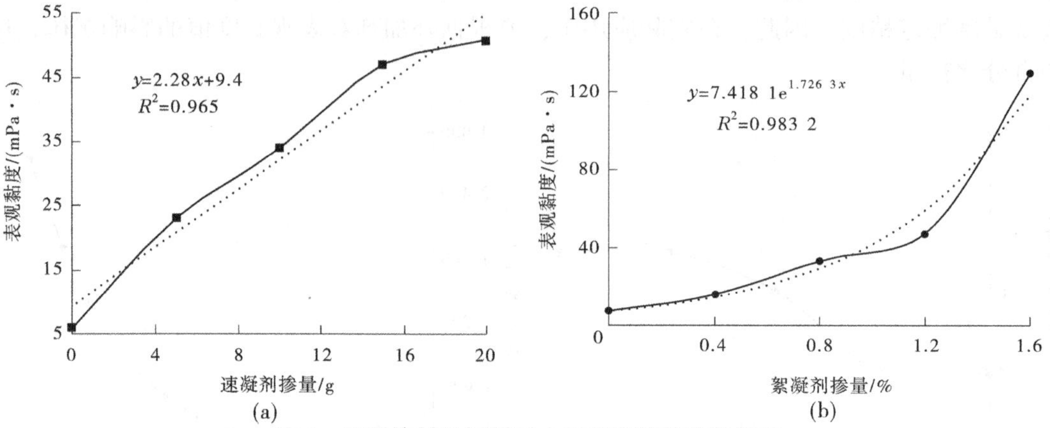

图 2　不同掺量外加剂对水泥基浆液黏度的影响

表 1　正交试验结果

编号	初始黏度/（MPa·s）	初凝时间/min	泌水率/%	结实率/%
1	7	196	33.5	67.7
2	15	190	26.1	75.1
3	20	17	4.8	96.4
4	28	17	0	97.2
5	32	15	0	97.2
6	32	247	24.1	77.1
7	40	17	7.4	93.8
8	7	13	3.4	97.8
9	18	467	23.7	77.5
10	24	591	15.4	85.8
11	16	229	14.6	86.6
12	23	245	26.2	75
13	31	113	16.7	84.5
14	43	37	4.3	96.9
15	14	25	0	97.2
16	48	184	27.4	73.8
17	13	30	3.1	98.1
18	23	16	4.3	96.9
19	31	17	0	97.2
20	36	533	18.2	83
21	35	167	17.2	84
22	39	24	7.3	93.9
23	45	366	16	85.2
24	13	537	12.2	89
25	27	611	6.8	94.4

如图 3 所示，两种外加剂对水泥基浆液相关性能效应曲线分析，速凝剂含量的提高能够使水泥基浆液初凝时间相对减少，水泥细颗粒能够充分水化，并进一步影响试样结实率和强度；絮凝剂的掺入使浆液初凝时间增加，由于絮凝剂的加入使净浆颗粒间的黏结能力增强，导致净浆在重力作用下自由流动的能力减弱，随着絮凝剂掺量的增加，浆液初凝时间开始减少。由图 3（a）可知，速凝剂含量

与水泥基浆液相关性程度依次为：初凝时间>泌水率>结实率>表观黏度；由图 3（b）可知，絮凝剂含量与水泥基浆液相关性程度依次为：初凝时间>表观黏度>泌水率>结实率。

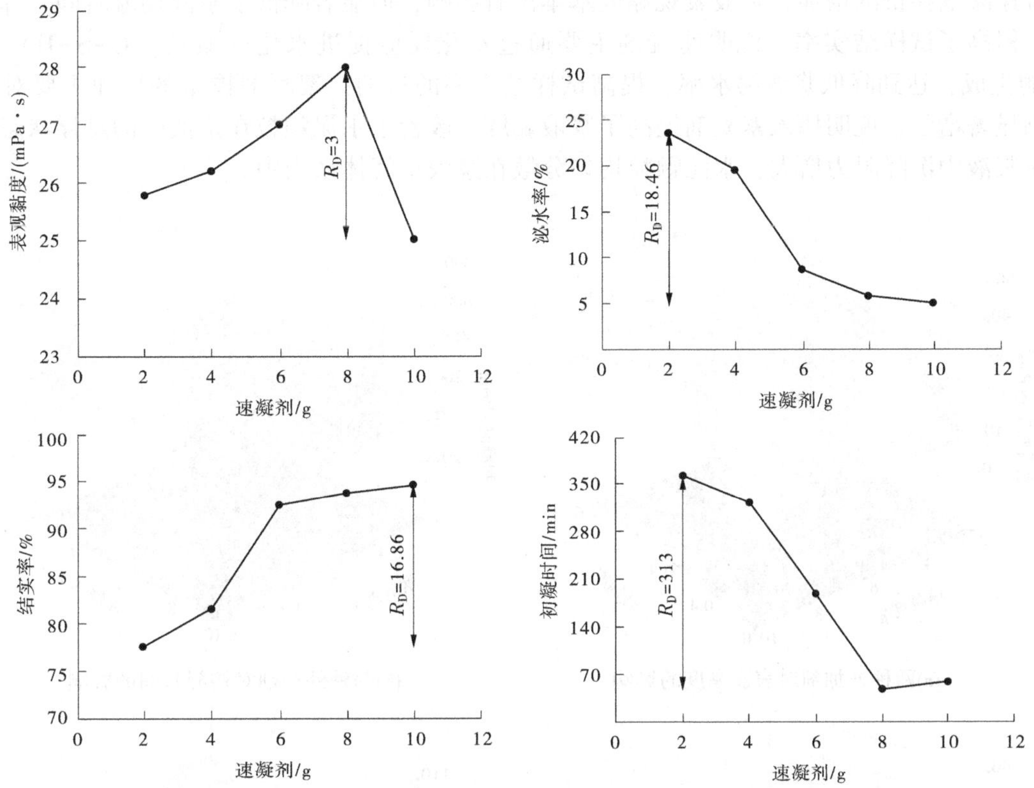

(a)速凝剂含量与水泥基浆液相关性能效应曲线

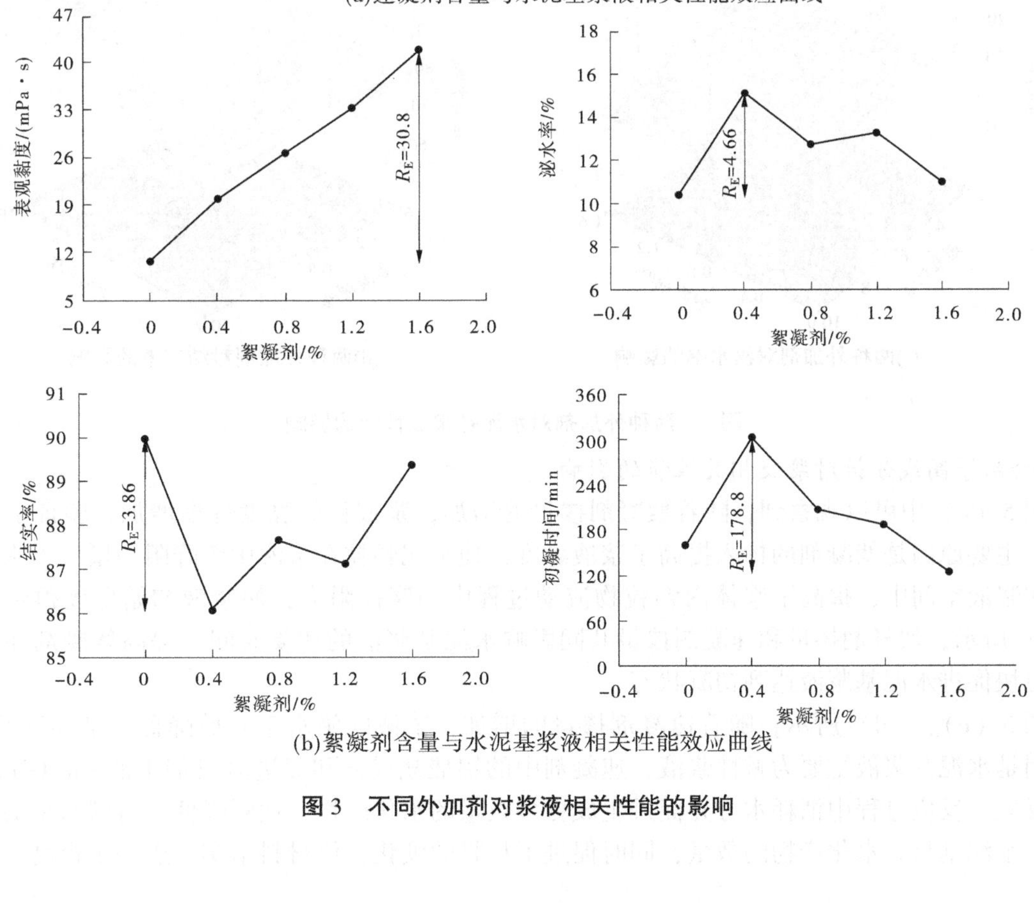

(b)絮凝剂含量与水泥基浆液相关性能效应曲线

图 3　不同外加剂对浆液相关性能的影响

2.2.2 响应面法分析对浆液相关性能的影响

在响应面法中，速凝剂和絮凝剂掺量之间的相互作用以及浆液初始黏度的 3D 响应面图如图 4 所示，随着速凝剂掺量的增加，浆液表观黏度基本没有影响，但显著降低了浆液初凝时间、降低了浆液泌水率、提高了试样结实率。说明速凝剂主要通过水化反应促进水化硅酸钙（C-S-H）和钙矾石（AFt）的生成，达到降低浆液泌水率、提高试样结实率的目的；絮凝剂掺量的增加主要对浆液表观黏度影响显著增强，说明掺入絮凝剂提高了浆液黏度，改善了水泥颗粒在浆液中的悬浮状态，促使水泥颗粒在浆液中沉降阻力增大，水泥颗粒均匀分散在浆液空间体系当中。

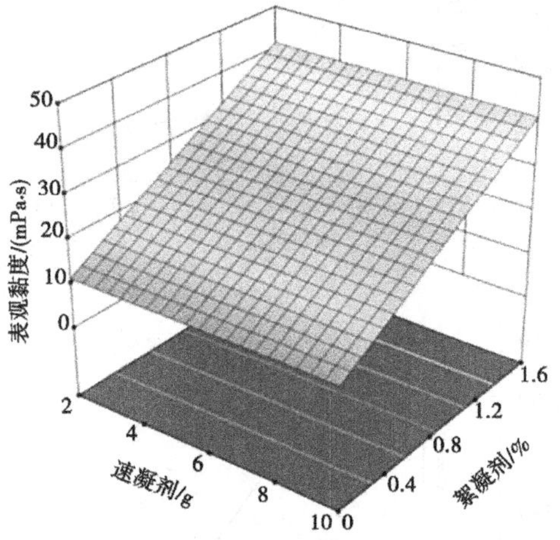

(a)两种外加剂对表观黏度的影响

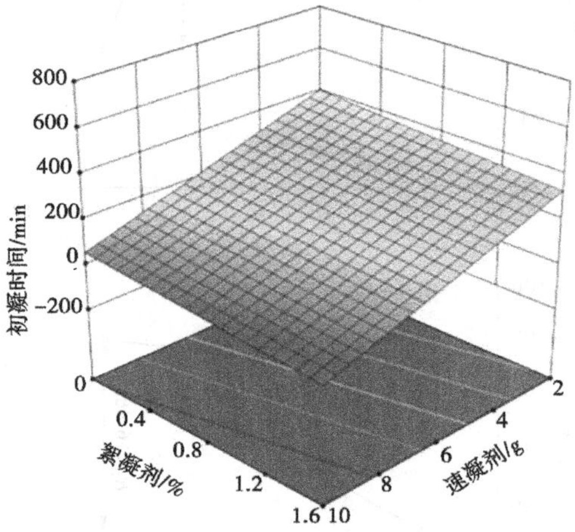

(b)两种外加剂对初凝时间的影响

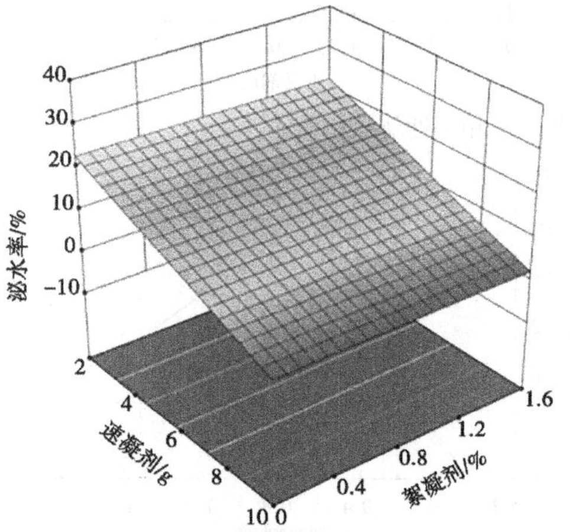

(c)两种外加剂对泌水率的影响

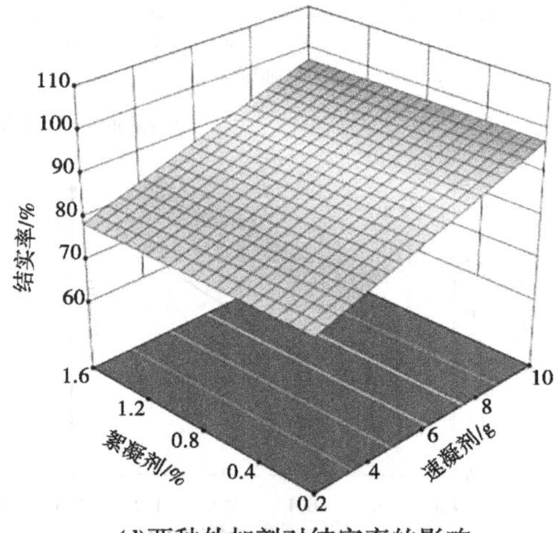

(d)两种外加剂对结实率的影响

图 4 两种外加剂对水泥基浆液性能的影响

2.2.3 绘制等高线分析对浆液相关性能的影响

从图 5（a）中可以观察到，随着絮凝剂掺量的增加，浆液初始黏度逐渐增加，验证了黏度试验的结果，主要原因是絮凝剂的掺入提高了浆液黏度，使水泥颗粒在浆液中沉降阻力增大，水泥颗粒均匀分散在浆液空间中，提高了浆体内颗粒物流动过程中的摩擦阻力，使浆液初始黏度得到提高；如图 5（b）所示，絮凝剂掺量和速凝剂掺量共同影响水泥基浆液的初凝时间，提高絮凝剂和速凝剂掺量能够更快促进水泥基浆液达到初凝状态。

如图 5（c）、（d）所示，随着速凝剂掺量的增加，浆液的泌水率开始降低，结实率开始提高。主要原因是水泥基浆液主要为碱性浆液，速凝剂中的铝酸盐成分和促进激发剂中的 $Ca(OH)_2$ 和水泥的水化反应，反应过程中消耗水分并促进生成更多数量的水化产物，达到降低材料泌水率的目的，有效保证了水泥基材料水化产物的数量，同时促进了材料的硬化，使材料结实率进一步提高。

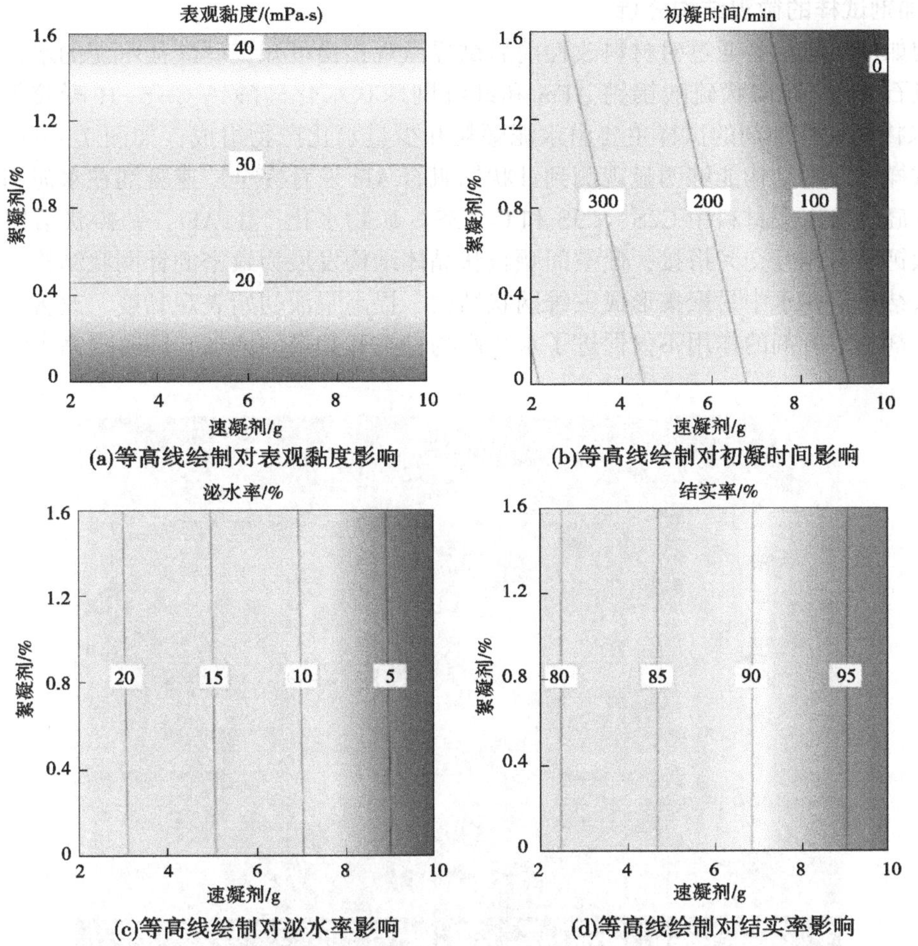

图 5　等高线绘制对水泥基浆液性能影响

2.3　试样抗压试验

两种外加剂对水泥基浆液的性能产生影响，根据效应曲线分析和响应面法分析，选定在水灰比 4.0 条件下，速凝剂掺量为 5 g，絮凝剂掺量为 1.2%。如表 2 所示为两种外加剂最佳掺量试样与未掺外加剂对照组的相关性能数据统计，由表 2 可知，在 28 d 养护期龄的条件下，掺两种外加剂的试样强度要略高于未掺外加剂的试样，试样破坏形态如图 6 所示，两种试样的破坏类型都为斜截面受剪切破坏，掺外加剂试样的截面破坏区域要小于未掺外加剂试样，这主要是由于速凝剂的掺入加快了水化产物反应速率，促进了水化产物的生长；絮凝剂的掺入改善了水泥基浆液的表观黏度，提高了水泥颗粒在浆液中的悬浮性，保证了水泥颗粒和水化产物生长分布的均匀性，提高了试样的整体性，因此在抗压强度和破坏形态上存在差异。

图 6　试样破坏形态分析

表 2　试样强度分析

编号	养护天数/d	水灰比/（w/c）	速凝剂/g	絮凝剂/%	抗压强度/MPa
3.0-1	28	4.0	0	0	1.02
3.0-2	28	4.0	5	1.2	1.47

2.4 两种外加剂试样的微观结构分析

微观结构如图 7 所示，通过对材料改性前后试样微观扫描可知，硅酸盐水泥的水化产物主要为针状或棒状钙矾石 AFt、花瓣状硫酸铝钙 AFm 和纤维网球状水化硅酸钙 C-S-H 凝胶等成分。如图 7（a）所示，未掺两种外加剂的试样主要由水泥颗粒和少量水化产物组成，如图 7（b）所示，掺两种外加剂后的试样，微观结构能够明显观测到针状钙矾石 AFt 发育完全。速凝剂在水泥基浆液中微观作用机制是促进硅酸盐水泥材料中 C2S、C3S 和 C4A3S’矿物水化产生 AFt，针棒状结构充斥在水泥颗粒之间，针状钙矾石相互交叉搭接，使空间颗粒状晶体结构发展为致密的针网状结构，由于絮凝剂具有较长的链状结构，在水中易聚集形成三维网状结构，提高浆液初始表观黏度、改善浆液颗粒赋存环境，说明速凝剂和絮凝剂的作用不仅促进了水化产物种类和数量的增加，同时提高了水泥基试样的整体性和稳定性。

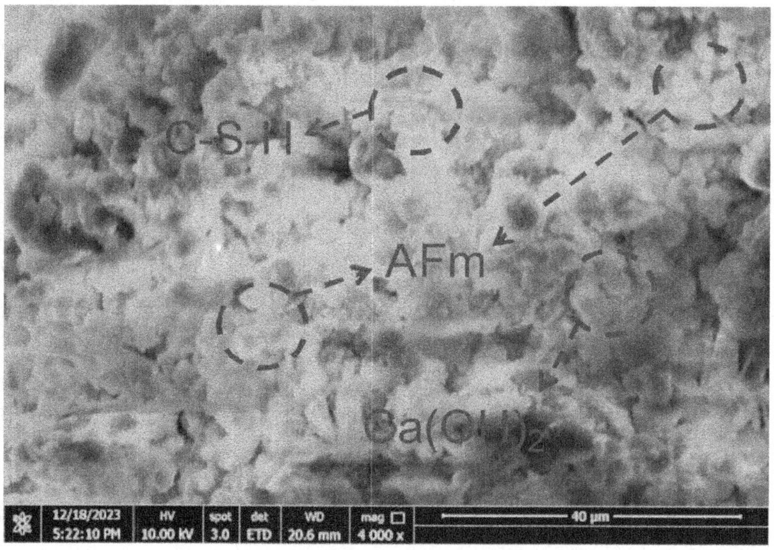

(a)3.0-1试样

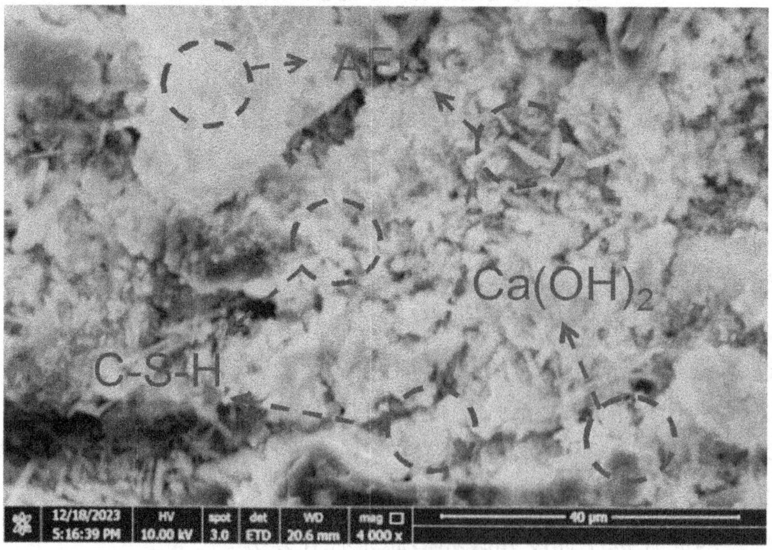

(b)3.0-2试样

图 7　材料 SEM 照片

3　结论

（1）通过单因素分析可知，速凝剂和絮凝剂的掺入均提高了浆液的表观黏度。速凝剂掺量由 0 g 增加到 5 g 时，浆液表观黏度值由 6 mPa · s 增加到 23 mPa · s，增长了 2.83 倍；絮凝剂掺量由 0 增加到 1.6%时，浆液表观黏度值由 7 mPa · s 增大到 129 mPa · s，增加了 1.74 倍。

（2）利用曲面响应法分析外加剂不同掺量相互作用对浆液性能的影响，在此基础上绘制 3D 响应面图，结果表明：速凝剂掺量的增加会降低浆液泌水率、提高试样结实率；絮凝剂掺量的增加提高了浆液黏度，改善了水泥基浆液颗粒的赋存环境。

（3）微观电镜扫描结果表明，外加剂的掺入促进了水泥水化产物 AFt 的生成，针棒状 AFt 填充在水泥颗粒之间，致使试样内部结构排列更加致密，进而增加了试样宏观力学强度，提高了水泥剂试样的整体性和稳定性，使其具备了抵抗外部变形的能力。

参考文献

[1] 汤家轩，刘具，梁跃强，等．“十四五”时期我国煤炭工业发展思考［J］．中国煤炭，2021，47（10）：6-10.

[2] 徐良骥，张坤，刘潇鹏，等．离层注浆开采关键层变形特征及地表沉陷控制效应［J］．煤炭学报，2023，48（2）：931-942.

[3] 郑刚，潘军，程雪松，等．基坑开挖引起隧道水平变形的被动与注浆主动控制研究［J］．岩土工程学报，2019，41（7）：1181-1190.

[4] 高启程．注浆技术在建筑土木工程中的应用和施工工艺研究［J］．工程技术研究，2019，4（13）：43-44.

[5] 柴明明，李世佳，杨飞雄，等．粉煤灰和聚丙烯纤维对喷射混凝土性能影响研究［J］．公路交通科技，2022（S2）：119-124.

[6] 苏美娟，王子明，李松涛，等．水泥与速凝剂的相容性及评价方法［J］．硅酸盐学报，2023，51（5）：1283-1292.

[7] 苏美娟，王子明，赵攀，等．碱性和无碱液体速凝剂促凝早强作用机理对比研究［J］．硅酸盐通报，2022，41（12）：9.

[8] 孙国文，王朋硕，张营，等．水下不分散混凝土性能的研究进展［J］．材料导报，2021，35（3）：3092-3103.

大坝位移类监测传感器自动率定检测系统的设计与研发

毛索颖[1,2,3]　彭思唯[1,2,3]　张继楷[1,2,3]

（1. 长江科学院工程安全与灾害防治研究所，湖北武汉　430010；
2. 水利部水工程安全与病害防治工程技术研究中心，湖北武汉　430010；
3. 国家大坝安全工程技术研究中心，湖北武汉　430010）

摘　要：针对传统位移类大坝安全监测传感器的率定检测过程烦琐、耗时长、效率低的问题，本文介绍了一款大坝位移类监测传感器自动率定检测系统；系统由位移传动滑台、位移率定控制箱和数据采集设备等3部分硬件装置和基于web的率定检测平台软件构成，可实现对位移量监测传感器的自动率定、参数计算和报告出具的全过程，简化工作流程，同时提升检测效率。实践证实，该系统相比传统人工检测模式节省超过90%的率定检测时长，大大提升了工作效率，具有一定的实践价值和应用前景。

关键词：位移传感器；率定；自动化；安全监测；计量；web；检测

1　引言

位移类监测传感器广泛应用于大坝安全变形监测中，根据监测对象和物理量的不同，有多点位移计、测缝计（裂缝计）、位错计等多种型式类别。根据传感原理的不同，有振弦式、差阻式、电位器式、电容式等。位移类监测传感器外观基本结构由杆式壳体及置于壳体内的可伸缩的弹性测杆组成，安装时，将被测对象分别与杆式壳体、可伸缩端测杆固定，当被测结构间发生位移变化时，引起伸缩测杆在杆式壳体内发生相应伸缩变化，其伸缩的位移量与输出信号间具有数学转换关系（一般是线性关系），根据此原理换算出位移类监测传感器的位移监测值。

为了保证位移类监测传感器在工程应用中能够反映真实、可靠的位移变化，其出厂前应由厂家对其进行率定（或称为标定），提供信号测值与位移量的关系式及相应系数；同时相关技术标准规定[1-2]，在埋设安装前6个月内还应送往计量单位再次率定检测，以便复核其性能及系数。因此，监测传感器的率定检测是保障监测设施有效性和监测结果可靠性的重要一环[3]。

现阶段，位移监测传感器的率定检测工作大多采用由数显标尺作为计量标准器具的手轮式位移滑台给予位移量变化，同时由人工读数仪表测读位移传感器测值，通过记录、拟合测值关系和计算相应参数，实现检测过程。这种非自动化的检测设备和工作流程不仅费时费力、效率低下，而且不利于生产厂家或计量部门对于计量溯源、检测管理的需求。

鉴于此，文章拟设计一种大坝位移类监测传感器自动率定检测系统，解决当前各类位移量监测传感器在率定检测过程中复杂烦琐、耗时长、效率低的问题。

2　系统原理及构成

大坝位移类监测传感器自动率定检测系统的核心设计思路是模拟位移类监测传感器的工作运行特

基金项目：国家自然科学基金青年基金资助项目（52209153）。

作者简介：毛索颖（1989—），女，硕士，高级工程师，主要从事大坝安全监测感知与采集技术研发工作。

点，依据相关检验检测规范，给予其量程范围内的精确的多组位移量输入，并采集其对应位移状态下的传感信号量输出，根据其多组输入量与输出量结果，通过最小二乘线性或二次项拟合方法[4]，建立数学公式，从而得到被检仪器的量程、分辨率、非线性度、滞后、不重复性等性能检测参数结果。

因此，本文设计的系统由检测装置和基于web的检测软件平台构成，图1为系统拓扑结构图。系统由web端平台软件、web服务器、中央控制单元、控制按钮单元、数码显示单元（显示屏）、光栅测量模块、数据采集模块、水平位移传动滑台、霍尔接近开关、夹具组等组成。具体工作流程为：web服务器接收PC端上位机web端平台软件的控制指令并转发给中央控制单元，中央控制单元控制步进电机传动滑台使通过夹具固定在其上方的待测传感器产生相对位移，光栅测量模块实时地测量该位移量，将位移结果反馈给中央控制单元并显示在数码显示屏上，中央控制单元根据内置算法控制步进电机的启停，控制按钮和霍尔接近开关分别手动控制滑台的启停时长和自动根据限位情况触发滑台紧急停止，与此同时，中央控制单元将数据采集模块采集到的实时数据转发给web服务器，进而实时地展示在PC端上位机的应用平台界面，从而完成位移类传感器的自动化率定检测及采集数据的实时展示、云端存储、检测参数的自动计算与检测报告的输出。

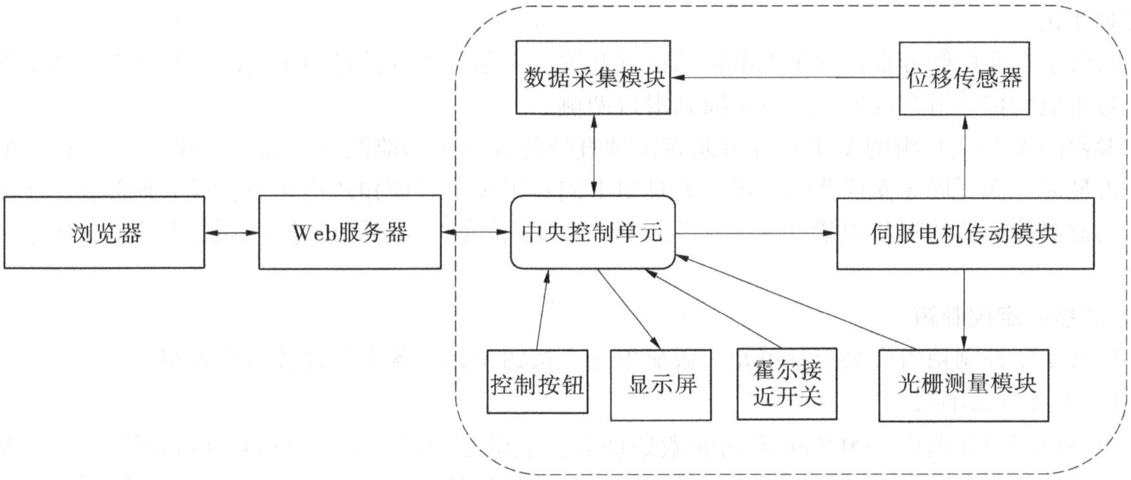

图1 大坝位移类监测传感器自动率定检测系统拓扑结构

3 系统硬件设计

位移类监测传感器自动率定检测系统的硬件装置由三部分组成，分别为位移传动滑台、位移率定控制箱、监测传感器数据采集装置（图1中的数据采集模块）。其中，滑台中的测尺和数据采集装置为计量标准器具，均便于拆卸和替换，以便国家计量机构进行年度检定或校准，以保证量值溯源和传递过程的有效性。

3.1 位移传动滑台

位移传动滑台的核心部件为用步进电机控制的位移滑台和用光栅尺反馈位移的测尺，辅助结构为用来固定传感器、滑台、光栅尺而设计的检测台底板、V形夹具组（包含底座、横纹夹具和可调扣快速夹）等。图2为位移传动滑台外观结构示意图。

滑台为步进电机控制的精密单轴双向滑台，具有良好的定位精度（0.05 mm）和重复定位精度（0.02 mm），回程间隙小，滑台运行有效长度为480 mm，可兼容多种量程位移类监测传感器的率定。当需要在轴向方向产生位移时，中央控制单元向步进电机发送相应的指令，电机会迅速响应并启动，带动位移滑台的滑块夹具上固定的位移监测传感器的可伸缩测杆的伸缩，实现位移量的控制输入。

由于步进电机的定位精度0.05 mm无法达到检测所需的0.01 mm的要求，滑台还设置了0.005 mm精度的光栅尺。光栅尺的测头固定在一侧的滑块上，可随滑块一同运行，指示监测传感器位移量

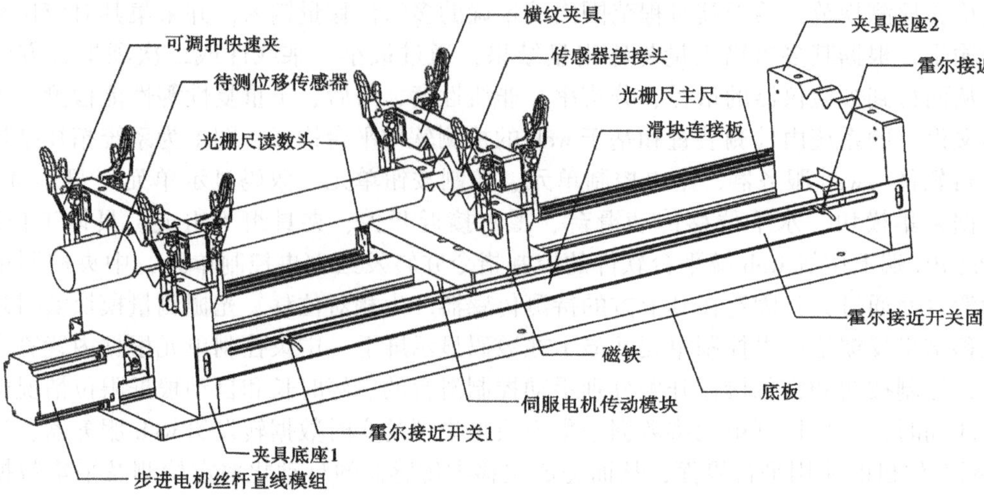

图 2　位移传动滑台外观结构示意图

的实时变化。

滑台于左右两侧分别设置了 1 组霍尔接近开关，霍尔接近开关是为了实时监测滑台是否到达限位处，防止电动传动滑台因失控运行碰撞到滑台两侧。

滑台的 V 形夹具组的 V 形设计可兼容多种直径的杆式位移监测传感器，一组夹具上有 3 个 V 形槽，可最多一次开展 3 支仪器的率定。夹具组上固定了 8 个可调扣式快速夹，极大地简化了上下各类位移类监测传感器的安装固紧过程。这些设计均实现了快捷且稳固的连接，提升了用户体验与工作效率。

3.2　位移率定控制箱

位移率定控制箱由中央控制单元、数显单元、按钮单元及各类外设接口装置组成。

3.2.1　中央控制单元

中央控制单元选用 STM32F4 系列的微处理器，该微处理器是基于 ARM® Cortex™-M4 为内核 32 位处理器，具有高性能和强大的计算能力，确保整个系统的稳定性和可靠性。中央控制单元类似于系统的“大脑”，通过其 I/O 口、外设接口与多个外设硬件设备或器件进行通信，实现各项控制指令和各类信息数据的传输。

3.2.2　数显与按钮单元

数显与按钮单元构成一组简易的人机交互单元，数显单元由一组 8 位 LED 数码管组成，实时显示光栅尺的测值数据；设置 4 个常开按钮，分别控制步进电机的手动正转、手动反转、急停和复位。

3.2.3　通信接口

中央控制单元控制交互的外设主要有步进电机、光栅尺、采集装置，分别通过 RS232 串口、RS485 串口、以太网方式与之通信。

3.3　监测传感器数据采集设备

监测传感器数据采集设备即为对被检监测传感器进行实时测读和数据传输的设备，可直接应用大坝安全监测项目中的自动化采集设备（也被称为 MCU）。本系统中选用的是长江科学院自研、长江科创生产的 CK-MCU 自动化数据采集单元（见图 3），该设备可一次支持 16 个通道的监测传感器数据采集，每个通道均支持振弦、差阻、标准电流、标准电压和 Modbus 数字量信号的复用接入，拥有原生的以太网通信接口便于基于 web 平台的联网通信[5]，满足本文检测系统的各项设计需求。

4　系统平台软件设计

位移类监测传感器率定应用软件基于 web 操作平台技术开发，可以通过 PC 端浏览器或其他终端

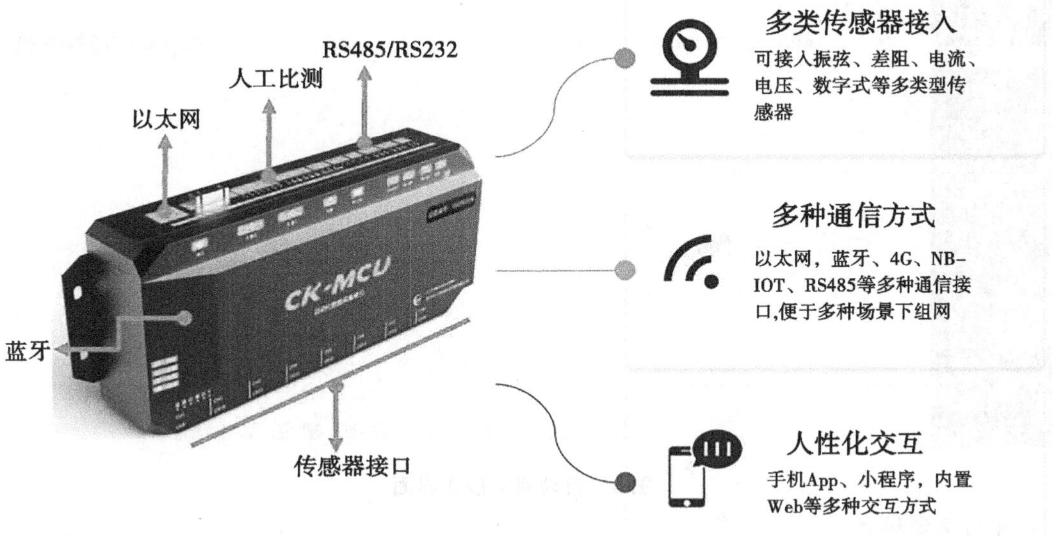

图 3　CK-MCU 自动化数据采集单元

设备通过网址进行访问和操作，具有访问便捷、实时性好、跨平台兼容性好、界面友好、二次开发维护方便的优点[6]。

4.1　基本信息录入

检测人员在系统界面可自动获取或手动录入计量标准器具的型号、编号、检测日期、温湿度等溯源性信息，手动录入被检仪器样品的类型、量程、编号、厂家等基本信息（见图 4）。

图 4　基本信息录入界面

4.2　仪器率定模式

录入检测基本信息后，即可开展率定。检测过程设计了自动率定模式和半自动率定模式。

4.2.1　自动率定模式

自动率定模式中，被检仪器由系统对其进行自动预荷载和率定，完成率定数据输入后，系统将自动根据标准规范中规定的计算方法对各项参数进行计算，并即时显示检测结果（见图 5）。

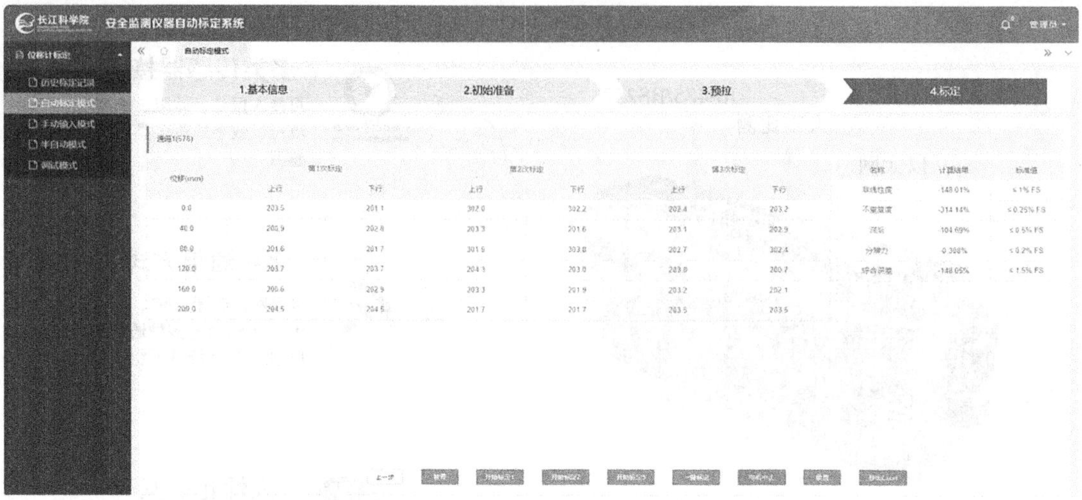

图 5　自动率定模式界面

4.2.2　半自动率定模式

半自动率定模式中，检测人员可对检测装置的滑台按照分档数的要求，分步输入所需的位移变化，通过读数仪等非自动化设备测量被检仪器测值，并人工录入系统。完成检测数据输入后，系统将自动根据标准规范中规定的计算方法对各项参数进行计算，并即时显示检测结果。

这种半自动化率定模式设计是为了应对采集设备（MCU）与被测仪器测量不匹配的情况。

4.3　调试模式

检测人员也可以自行设置滑块的运行方向和运行距离，以便重复读取检测位移仪器在特定点的测值（见图 6）。

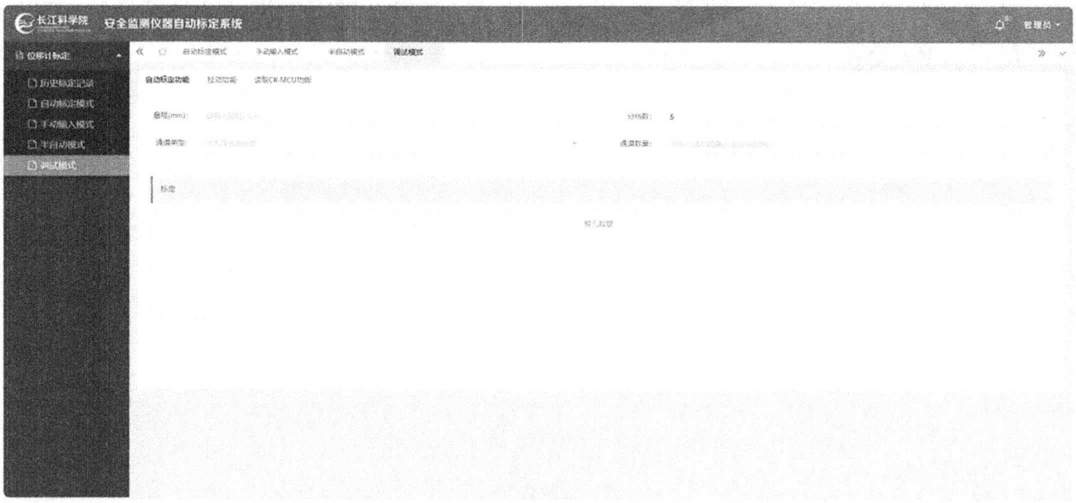

图 6　调试模式界面

4.4　历史检测记录查询

系统自动记录每次率定检测过程的数据（见图 7），并支持在该界面中将检测原始数据文本和检测报告导出保存。导出的检测原始记录为 PDF 格式，防止原始记录的篡改，导出的检测报告为 Excel 格式，方便检测人员对报告内容进行编辑。

4.5　信息管理界面

信息管理界面提供“委托单位”“被测仪器名称及型号”等多种预设信息的编辑功能（见图 8），以“下拉框”或“字段联想”的方式在基本信息录入界面的框格中选择或自动录入，提高检测人员在基本信息录入环节效率。

图 7　历史检测记录查询界面

图 8　信息管理界面

5　应用

按照本文前述硬件设计和软件设计过程，已在实验室成功搭建了大坝位移类监测传感器自动率定检测系统（见图 9）。

目前该系统运行稳定，可兼容市面上多种类型的位移类监测传感器。以 BGK4450HP-200 mm 多点位移计的力学性能率定检测为例，经过实测计算，该系统一次可同时开展 3 支多点位移计的自动率定检测，从信息录入到完成检测报告的自动导出，全程耗时仅 3 min。而传统的手摇检测台的仪器检测工作，不包括报告整编过程，仅 3 支仪器的检测过程就需要 30 min。因此该系统的工作效率提升超过 90%，大大提高了检测效率。

6　结语

本文设计的大坝位移类监测传感器自动率定检测系统，能够解决目前工程中多点位移计、测缝计、位错计等仪器在率定过程中复杂烦琐、耗时长、效率低的缺点，实现位移类监测传感器率定检测的智能化、轻便化、高效化、易溯源的全过程，进一步保障水利水电工程安全监测工作的可靠性。

该系统也可为测斜仪、渗压计、应变计等其他类型仪器的自动率定检测系统的研发设计提供参考和借鉴。

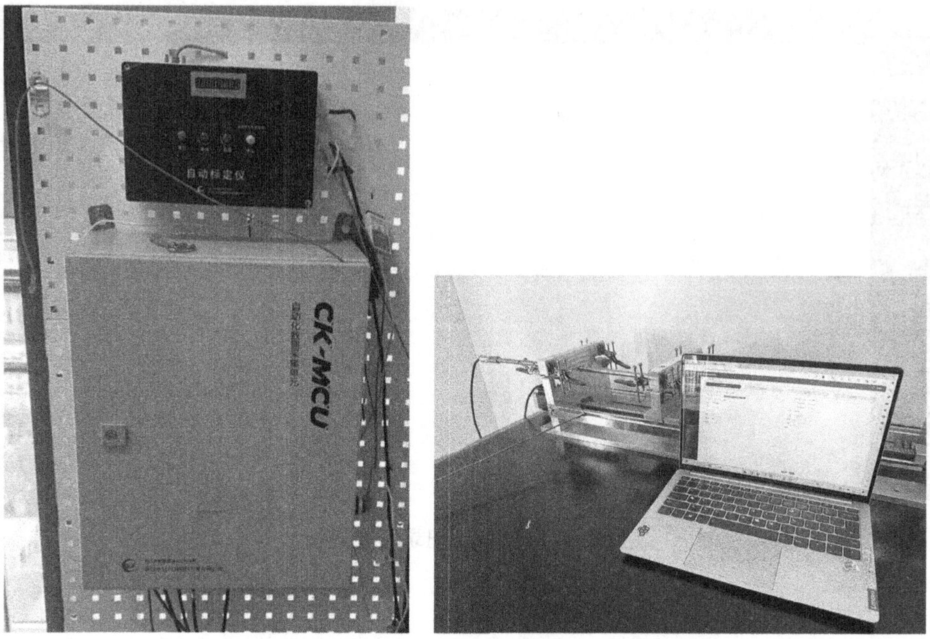

图 9　搭建的大坝位移类监测传感器自动率定检测系统

参考文献

[1] 大坝安全监测仪器检验规程：DL/T 2699—2023［S］.

[2] 大坝安全监测仪器检验测试规程：SL 530—2012［S］.

[3] 徐国龙，张玉成，陈欣刚．大坝安全监测仪器校验标准研究［J］．中国标准化，2015（11）：109-114.

[4] 谭恺炎，胡迪忠．刍议大坝安全监测仪器检验［J］．大坝与安全，2018（1）：23-26，37.

[5] 黄跃文，牛广利，李端有，等．大坝安全监测智能感知与智慧管理技术研究及应用［J］．长江科学院院报，2021，38（10）：180-185，198.

[6] 牛广利，李天旸，何亮，等．大坝安全监测云服务系统的研发与应用［J］．中国水利，2018（20）：42-45.

新形势下水利水电现场试验室管理要点

孟 昕

（中水东北勘测设计研究有限责任公司，吉林长春 130061）

摘 要： 新时代背景下，水利水电项目向着更大规模、更高技术水平的方向发展，为适应这一变化，并提高检测效率及检测水平，以做好水利水电项目现场质量控制，需加强现场试验室建设及管理。本文简要分析了现场试验室的工作重难点、新形势下对水利水电现场检测工作的要求，并提出现场试验室在新形势下的运行管理要点，为国内水利水电项目试验室建设管理提供借鉴。

关键词： 水利水电；试验室；检验检测；现场管理

1 引言

近年来，随着国家绿色低碳发展等重大战略的提出，国内大力开展抽水蓄能电站等水利水电大型项目及水利基础设施建设，使得现场水利水电检测项目逐年增多，对现场试验室的标准化水平、管理水平、技术水平、检测效率及准确性等提出了更高要求。一方面，随着近年来国家科技水平的提高，以智能化、信息化等为要点的各项技术应用于国家建设的各个领域[1-2]，但目前在水利领域尚未广泛应用，仅在部分实时水文水资源数据获取[3] 及水利施工管理[4] 过程中有所应用。另一方面，由于现场试验室管理不到位、检测技术落后、检测人员投入不足等，检测质量和及时性难以满足施工要求，部分试验室提出报告滞后，有的甚至出具虚假报告，导致工程质量失控，甚至引发重大事故。针对以上情况，为提升水利工程现场试验室检测能力及管理水平，本文对当前水利工程现场试验室工作中存在的主要问题即重难点进行了阐述分析，根据新形势下对水利检测工作的要求提出了试验室的质量管理要点。

2 现场试验室工作重难点

2.1 试验室环境控制难度大

由于试验室用房多与业主营地同时建设，因此前期多需试验检测单位自己建造临时试验室，为方便取样检测等工作，试验室多建在施工现场附近，由于水利水电项目多地处偏远地区，不具备现成的房屋，且物资及运送条件有限，因此所建临时试验室房屋多难以满足试验室的标准要求，如房屋密闭性差、上下水设施不完善等，这将难以满足检测对试验环境的基本要求，将对试验结果的准确性、及时性造成一定影响。

2.2 取样及时性代表性差

由于水利水电项目现场工作面众多，同一时间往往多个施工面同时施工，由于现场人员有限，或与监理、施工单位等沟通不畅等，造成取样不及时或取样由施工单位代取、取样无监理见证等，导致取样代表性差，有时甚至会导致漏取、错取现象的发生。

2.3 检测人员水平参差不齐

现场项目由于检测工作量大，有时需要在项目当地雇用一些人员参与检测工作，人员学历、技

作者简介： 孟昕（1989—），女，工程师，技术人员，研究方向为水工建筑材料，目前主要从事水工混凝土及材料研究工作。

能、素质等参差不齐，有的人员起初不具备相关的检测技能及素质要求，如直接参与试验工作，将造成检测操作不规范，可能导致试验结果不准确甚至出现安全问题，因此需要对人员进行上岗前检测技能培训、业务培训、安全培训等，并经考核合格后方可参加到检测工作中。

2.4 检测资料不规范或不及时

由于现场检测参数多，工作量大，检测资料类别及数量多，如对于资料管理不严格规范，或人员短缺时，常会造成试验资料如检测台账、仪器设备使用记录、试验报告等滞后或格式不规范，甚至出现错误，这将导致试验室内部管理混乱，试验结果滞后或出现偏差，试验检测数据无法正确指导现场施工，进而无法对现场施工质量进行准确、及时的控制。

2.5 检测量大、人员配备不足

对于大型水利水电项目，除第三方试验室抽检外，还包括施工单位自检，这一部分的工作量相当大，需要大量的试验检测人员，且对人员的检测能力、身体素质等各项综合要求较高，有时众多施工地点同时施工时，现场试验室配备的人员数量无法满足各个施工面的取样、测试工作，且有的检测项目如试坑法检测大坝填筑质量，耗时耗力，从检测人员抵达现场到测试完毕，至少需要几个小时的时间。因此，为满足现场检测要求，需要投入大量人力物力，提高了检测成本，也影响了检测效率。

3 新形势下对水利现场检测工作的要求

新时期新形势下，对水利水电现场试验检测工作提出了更高的要求，为提高检测水平，同时提高检测效率，要求试验室向着体系标准化、管理高效正规化等方向发展，进一步加强人员、设备、环境等管理，同时提升检测水平及仪器先进性；提升资料、数据管理水平和其对现场质量管控的指导作用。

4 试验室管理要点

基于以上试验室管理重难点及新形势下对水利水电现场检测工作的要求，提出以下几项试验室管理要点，以加强试验室管理，确保现场试验室工作有序高效进行。

4.1 建立试验室标准化体系

试验室管理体系作为指导一切工作的根本，对于试验室的管理及正规运行起到纲领性作用，为建立标准化体系及标准化试验室，需重点关注以下几个方面：

（1）现场试验室应在后方母体单位授权的参数范围内开展现场检测工作，并严格执行质量管理体系，保证其有效运行。

（2）试验室应按标准要求建立，做好试验室前期规划，包括项目考察、选址、规划布局[5]等，做到依据不同参数及检测要求合理划分试验区域，按照参数所需环境要求配备温湿度控制设备，并考虑不同仪器之间可能产生的相互干扰，将其分开布置，对于使用顺序具有一定连续性且互相不发生干扰的设备就近布置，以达到试验室及仪器管理标准化，且满足试验检测工作要求。

（3）试验检测仪器设备应满足检验检测参数要求，并且具有一定的先进性，同时应委托具有资质的计量检定机构或校准机构对仪器设备进行检定，检定合格并取得检定或校准证书，做好仪器设备确认后方可使用。要建立仪器设备档案并随时更新，设备应有受控标识。如仪器设备为内部校准，应保证内部校准过程中使用的工作计量器具可溯源到国家基准；对于使用频次较高的设备要进行期间核查。

（4）试验室应做到组织机构合理、人员岗位齐全，满足合同要求及工程检测实际需要，所有人员均应经母体机构授权，并由监理单位审批后方可上岗。人员分工职责明确，尤其对于项目负责人、技术负责人、设备管理员等关键岗位，应明确各自需履行的职责，在权限范围内按要求开展各自工作，保证试验室日常工作有序进行。

4.2 加强人员、样品等管理

（1）应依据质量管理体系文件及工程实际要求，建立试验室管理规章制度，并做好宣贯工作，试验室主要管理人员应加强管理及制度的执行，对于不严格执行规章制度的人员进行一定的惩罚，做到每个人都能严格遵守试验室管理规章。

（2）样品管理规范化，做到样品按照要求保存、及时流转并有流转记录，建立样品台账，样品标识清晰。样品检测完成后，对于需要留样的样品要做好留样，以备在后续检测结果存在争议时进行复测。

4.3 加强取样及检测规范性

（1）取样、委托流程规范化，取样应按照取样流程，对于需要监理见证的，严格执行见证流程，并做好影像记录。抽样要严格按照相关规程规范要求抽取有代表性的样品，并保证所取样品的数量满足试验要求。

（2）加强检测过程管控。试验检测过程应严格按照相关规程规范执行，项目部应加强人员培训及监督，对检测工作中不符合试验规程的要求要及时指出纠正，以保证检测过程规范化。现场试验室应对所检样品结果的真实性负责。

4.4 数据管理信息化

（1）开发及建立基于信息化管理的现场试验检测管理系统等实用软件，对试验检测相关的各类台账、数据报告、原始记录、数据统计分析、合同等进行信息化管理，使得检测相关资料记录、审核、存档等更加便捷，数据管理更加系统，提高报告等资料出具效率和规范程度，通过统计分析与检测相关的各项数据并进行反馈，借助网络化、信息化功能使得参建各方均可及时地了解现场质量情况，对工程质量有一个精准的把控。目前，通过信息化平台和智能化管理系统，可以实现对水利工程的全面监管和管理，包括设备维护、运行记录、数据分析等方面[6]。

（2）设备、样品等采用二维码信息化管理，做到一台设备一个二维码，一个样品一个特定二维码，提高设备管理效率，保证工作透明度，有利于杜绝伪造数据现象的发生，保证检测的公正性。

4.5 提升方法和技术先进性

根据现场实际检测参数及检测技术要求优化现有检测仪器及检测方法，包括以下几点：

（1）选择更高精度的检测仪器，或对现有仪器设备进行改造，有效提高检测数据的精准度。

（2）探究可提高检测效率的方法和先进检测仪器在工程项目中应用的可能性，如采用无损检测等设备进行大坝填筑质量无损检测以提升检测效率，或对已有检测方法进行优化、研究新的检测方法等。

（3）改造现有仪器设备，提高仪器设备采集记录数据自动化，以减少人员浪费，优化人员配置，避免数据造假，提高检测效率及数据真实性、准确性。

（4）提升检测智能化水平，如研发或引进先进系统或智能化设备，采用图像采集系统、人工智能系统、远程传输系统等实现人工智能自动检测及远程数据采集、处理、传输等过程，实现检测工作的智能化、高效化。

5 结论

新形势下，随着我国水利水电项目建设的增多及对于水利水电检测的日益重视，试验室应从建立试验室标准化体系，加强人员、样品等管理，加强取样及检测规范化、数据管理信息化，提升检测方法和技术先进性等几个方面提高现场试验室的管理及技术水平，为我国水利水电工程质量管理向标准化、规范化、信息化、智能化发展提供有力支撑。

参考文献

[1] 何国俊．智能化技术在新能源汽车故障诊断中的应用［J］．时代汽车，2024（19）：174-176.

[2] 詹晓蕊. 数学模型在工业企业电力系统智能化发展中的应用［J］. 现代工业经济和信息化，2024，14（9）：152-154.
[3] 程诚，董晨龙，李宏，等. 智慧视频识别在水利信息化中的应用［J］. 四川水利，2019，40（3）：124-128.
[4] 樊尊荣，霍利兵，李坤. 水利施工中的智能化技术应用研究［J］. 水上安全，2024（6）：73-75.
[5] 邢志水，王鹏程，金琼. 水利工程现场试验室标准化建设与管理［C］//中国水利学会. 2022 中国水利学术大会论文集（第七分册）. 郑州：黄河水利出版社，2022：58-62.
[6] 黄银香. 水利工程中的智能化技术应用与管理［J］. 城市建设理论研究，2024（25）：57-59.

电波流速仪校准方法研究及不确定度评定分析

高　伟[1]　窦英伟[1]　刘　源[2]　姜松燕[1]　张　洋[1]

（1. 山东省水文计量检定中心，山东潍坊　261199；
2. 中国计量科学研究院，北京　100013）

摘　要：电波流速仪是水文测验工作中广泛使用的流速测量仪器。本文提出了一种电波流速仪流速的校准方法，明确了校准条件、校准项目和校准程序，规定了示值误差和重复性的计算方法，分析了校准结果引入的不确定度来源，在低速和高速情况下分别进行了不确定度计算，为电波流速仪的计量管理提供了技术支撑。

关键词：计量学；电波；流速仪；不确定度；校准

1　引言

电波流速仪是一种利用波束频率变化来测量水体表面流速的非接触测流仪器，流速仪上的波束发射装置以与水体表面形成一定夹角发射微波能量束，能量束到达水体表面并发生反射，流速仪的接收装置收到反射的能量信号，采集并处理信号的频率变化量，依据频率变化与流速的关系，得出被测水体的水面流速。

电波流速仪最早是作为一种进口仪器引入我国水文行业，在水文测验中工作中应用最多的品牌主要是德卡托和斯德克，这两款产品都是将波束发射装置、数据处理软件以及显示设备等部分集成为一体，俗称“雷达枪”，小巧轻便，常用于野外巡测或发生洪水、决口、溃坝、泥石流等特殊水情时的应急测流，尤其是对于含沙量大、水流急、水中存在大量漂浮物等复杂水情具有特殊的优越性[1]。

近年来也有多款国产电波流速仪投入市场，随着水文现代化的深入推进，各种类型的电波流速仪在水文测验中应用日益广泛。结合我国流量测验实际，国内生产厂家提出了一种多波束发射装置的设计方案。根据已知的断面测量数据和流量测验准确度要求，在断面上布设多条垂线，在相应位置上方分别安装波束发射装置来测量此处的表面流速，利用表面流速和垂线流速的关系，结合断面数据，推算流量，实现了流量的全天候在线监测，提高了流量测验的工作效率，节省了大量的人力物力。目前，关于电波流速仪校准的计量技术规范尚未发布实施，本文提出了一种电波流速仪流速示值误差的校准方法，分析了校准结果引入的不确定度来源，希望能够对电波流速仪的法制计量产生一定作用。

2　电波流速仪校准

2.1　校准条件

2.1.1　环境条件

（1）温度：(20±15)℃。

（2）相对湿度：应不大于 95%。

（3）校准过程中流速仪不应受到强磁场和强电场的干扰。

作者简介：高伟（1974—），男，硕士，高级工程师，国家一级注册计量师，研究方向为水量计量。

通信作者：窦英伟（1987—），男，学士，高级工程师，国家一级注册计量师，研究方向为水量计量。

2.1.2 标准器及其他设备

（1）流速校准装置。拖车可设置运行速度，速度范围 0.1~5.0 m/s，车速不确定度 0.3%（$k=2$）。

（2）数字倾角仪。测量范围 0°~90°，准确度不大于±0.1°。

（3）其他要求。应配备温湿度计测量环境温湿度，并应有有效的检定/校准证书。

2.2 校准项目和校准方法

2.2.1 校准项目

校准项目见表 1。

表 1 校准项目

序号	校准项目
1	外观及标识
2	流速示值误差
3	流速重复性误差

2.2.2 校准方法

2.2.2.1 外观及标识

采用目测和手检的方法。

2.2.2.2 流速示值误差

校准前准备工作如下：

（1）对被校对象进行必要的检查，确保能正常工作。

（2）校准开始前允许对仪器进行调整，校准过程中不允许再作任何调整。

2.2.3 示值误差校准

2.2.3.1 流速点选择

（1）校准的流速范围宜根据客户需求确定，最小校准速度 v_{min} 应不小于仪器宣称的测量下限；当装置最大校准流速不能达到客户要求的上限时，v_{max} 可取装置的最大流速。

（2）校准的流速点一般应包含下列流速点：v_{min}、v_{max}、0.5 m/s。流速校准点总数不少于 5 个，0.5 m/s 以下至少应包含 1 个，0.5 m/s 以上应不少于 3 个。

（3）校准过程中，每个流速点的标准流速测量结果与设定流速的偏差应不超过 5% 或不超过±0.01 m/s。

（4）每个流速点的校准次数应不少于 3 次。

2.2.3.2 校准数据记录

（1）每个流速点的校准过程中，通常经历加速、稳定速度和减速 3 个阶段，单次校准应记录稳定速度运行范围内的平均值。

（2）当记录被校仪器实时输出结果时，每个测量过程中记录的瞬时示值应不少于 10 个，当被校仪器测量间隔较长时，可通过增加测次以满足上述要求；当记录被校仪器输出的平均值时，每个测量过程记录的时间应不短于 10 s。

2.2.3.3 校准程序

（1）将被校仪器需固定安装在拖车上，调整俯仰角以保证电波流速仪的信号能够满足测量需求，并确保在校准过程中仰俯角不发生改变。

（2）依次按照校准流速点开展实验，每次达到稳定速度时启动流速仪记录，并同步记录车速。

（3）以稳定段内车速平均值作为本次测试的标准值，以稳定段内被校流速仪读数的平均值作为本次测试的仪器示值，标准值与被校流速仪示值的记录是同步进行的。

2.2.3.4 示值误差计算

（1）流速仪单次校准的相对示值误差。

流量计单次校准的示值为

$$e_{ij} = v_{ij} - (v_s)_{ij} \tag{1}$$

式中：e_{ij} 为第 i 校准速度点第 j 次校准时被校流速仪的示值误差，mm/s；v_{ij} 为第 i 校准速度点第 j 次校准时被校流速仪显示的结果，可为一次校准过程中连续读取瞬时值的平均值，或仪器内部统计一段时间的平均值，mm/s；$(v_s)_{ij}$ 为第 i 校准速度点第 j 次校准时车速测量装置记录的速度标准值，mm/s。

流速仪单次校准的相对示值误差为

$$E_{ij} = \frac{v_{ij} - (v_s)_{ij}}{(v_s)_{ij}} \times 100\% \tag{2}$$

式中：E_{ij} 为第 i 校准速度点第 j 次校准时被校流速仪的相对示值误差（%）。

（2）流速仪各校准点示值误差：

各校准点示值误差为

$$e_i = \frac{1}{n}\sum_{i=1}^{n} e_{ij} \tag{3}$$

式中：e_i 为流速仪第 i 校准速度点的示值误差，mm/s；n 为第 i 点校准的重复次数。

$$E_i = \frac{1}{n}\sum_{i=1}^{n} E_{ij} \tag{4}$$

式中：E_i 为流速仪第 i 校准速度点的相对示值误差（%）。

2.2.3.5　重复性计算

各流速校准点的重复性误差按下列公式计算：

$$(s)_i = \left[\frac{1}{n-1}\sum_{i=1}^{n}(e_{ij} - e_i)^2\right]^{1/2} \tag{5}$$

式中：$(s)_i$ 为流速仪各校准点的重复性误差，mm/s。

重复性的相对值表示为

$$(s)_i = \left[\frac{1}{n-1}\sum_{i=1}^{n}(E_{ij} - E_i)^2\right]^{1/2} \tag{6}$$

式中：$(s)_i$ 为流速仪各校准点的重复性误差（%）。

流速仪低速重复性误差为

$$s = [s_i]_{max} \tag{7}$$

流速仪高速重复性误差为

$$S = [S_i]_{max} \tag{8}$$

3　校准结果及不确定度计算

3.1　校准方法概述

拖车车速不确定度为0.3%（k=2），以车速作为标准值，以被校仪器5次示值的算术平均值作为测量值，计算两者之间的误差。流速校准记录见表2。

3.2　测量模型

流速示值误差计算见式（1），流速相对示值误差计算见式（2）。

3.3　不确定度来源和不确定度分量评定

3.3.1　拖车车速误差引入的标准不确定度

拖车车速的扩展不确定度为0.3%（k=2），则其标准不确定度为0.15%，低速取分界速度处作为保守估计，为500 mm/s×0.15%=0.75 mm/s。

3.3.2　被校仪器多次测量引入的标准不确定度

由于电波流速仪是根据高速和低速分别评价的，其校准结果的不确定度来源不仅含有流速点多次测量的重复性，还包含了用于分区多个流速点校准结果的线性度。

表 2　流速校准记录

标准流速/（mm/s）		示值/（mm/s）	单次校准示值误差		流速点示值误差		重复性误差	线性度不确定度	重复性不确定度
流速点	单次校准		误差值/（mm/s）	相对误差/%	误差值/（mm/s）	相对误差/%			
100. 10	100. 10	80	-20. 1	-20. 1	-15. 9	-15. 9	5. 9 mm/s	17. 2 mm/s	24. 5 mm/s
	100. 10	91	-9. 1	-9. 1					
	100. 10	82	-18. 4	-18. 4					
300. 20	300. 20	280	-19. 9	-6. 6	-29. 9	-9. 9	9. 9 mm/s		
	300. 20	270	-30. 0	-10. 0					
	300. 19	261	-39. 7	-13. 2					
500. 35	500. 36	492	-8. 0	-1. 6	-0. 4	-0. 1	24. 5 mm/s		
	500. 34	480	-20. 3	-4. 1					
	500. 34	527	27. 0	5. 4					
700. 49	700. 50	685	-15. 5	-2. 2	-18. 7	-2. 7	1. 4%	1. 5%	2. 1%
	700. 50	671	-30. 0	-4. 3					
	700. 49	690	-10. 5	-1. 5					
1 000. 64	1 000. 64	982	-18. 6	-1. 9	-2. 9	-0. 3	2. 1%		
	1 000. 65	1 021	20. 7	2. 1					
	1 000. 64	990	-10. 6	-1. 1					
1 500. 97	1 500. 97	1 510	9. 0	0. 6	13. 4	0. 9	0. 9%		
	1 500. 97	1 503	2. 0	0. 1					
	1 500. 97	1 530	29. 0	1. 9					
2 001. 44	2 001. 44	2 046	44. 6	2. 2	0. 9	0. 0	1. 9%		
	2 001. 44	1 971	-30. 4	-1. 5					
	2 001. 45	1 990	-11. 4	-0. 6					

3.3.2.1　重复性引入的不确定度

低速重复性引入的标准不确定度为

$$u_r = [s_i]_{max} \tag{9}$$

高速重复性引入的相对标准不确定度为

$$u_r = [S_i]_{max} \tag{10}$$

3.3.2.2　线性度引入的不确定度

根据平均分布假设，低速校准结果线性度引入的相对标准不确定度为

$$u_l = \frac{|e_i|_{max}}{\sqrt{3}} \tag{11}$$

根据平均分布假设，高速校准结果线性度引入的相对标准不确定度为

$$u_l = \frac{|E_i|_{max}}{\sqrt{3}} \tag{12}$$

3.3.3　角度偏差引入的不确定度

被测水体与水平面存在的夹角，导致电波流速仪测量的俯仰角与电波和水体表面之间的夹角存在

一定偏差，假设这种由角度偏差引入的不确定度符合平均分布。角度偏差在低速引入的标准不确定度按下列公式计算：

$$u_\theta(v) = |c_\theta| u(\theta) = |-v_b \tan\theta| \frac{\Delta\theta}{\sqrt{3}\theta} \tag{13}$$

角度偏差在高速引入的相对标准不确定度按下列公式计算：

$$u_\theta(v) = |c_\theta| u(\theta) = |-\tan(\theta)| \frac{\Delta\theta}{\sqrt{3}\theta} \tag{14}$$

式中：θ 为流速仪测量的俯仰角，(°)；$\Delta\theta$ 为流速仪测量的俯仰角与电波和水体表面之间的夹角的偏差，(°)；v_b 为高低速的分界流速，500 mm/s。

电波流速仪以45°夹持，角度偏差为0.2°时，角度偏差在低速引入的标准不确定度为0.91 mm/s，在高速引入的相对标准不确定度为0.18%。

3.3.4 被校仪器分辨力引入的标准不确定度

流速仪的分辨力依据显示精度的半宽，根据平均分布假设，则分辨力引入的相对标准不确定度为

$$u_p(v) = \frac{p}{2\sqrt{3}} \tag{15}$$

式中：u_p（v）为流速仪分辨力引入的不确定度，mm/s；p 为流速仪的分辨力，mm/s。

流速仪的分辨力引入的相对标准不确定度为

$$u_p(v) = \frac{p}{2\sqrt{3}v_b} \tag{16}$$

式中：u_p（v）为低速和高速范围流速仪分辨力引入的相对不确定度（%）；p 为流速仪的分辨力，mm/s。

电波流速仪分辨力在低速引入的标准不确定度为2.9 mm/s，在高速引入的相对标准不确定度为0.41%。

3.3.5 检定或校准结果的测量不确定度

流速校准结果不确定度包括拖车车速、校准结果的重复性、角度偏差和被校流速仪的分辨力，可按下列公式计算：

$$u = \sqrt{u_v^2 + u_r^2 + u_\theta^2 + u_p^2} \tag{17}$$

则当被校流速仪测量的俯仰角与电波和水体表面之间的夹角的偏差为0.2°，被校流速仪分辨力为10 mm/s，被校电波流速仪的校准结果如表3所示。

表3 校准结果记录

标准流速/(mm/s)	示值误差/(mm/s)	相对误差/%	合成标准不确定度	扩展不确定度（k=2）
100.10	−15.9	−15.9	6.7 mm/s	13 mm/s
300.20	−29.9	−9.9	10 mm/s	21 mm/s
500.35	−0.4	−0.1	25 mm/s	49 mm/s
700.49	−18.7	−2.7	1.5%	3.0%
1 000.64	−2.9	−0.3	2.1%	4.3%
1 500.97	13.4	0.9	1.0%	2.1%
2 001.44	0.9	0.0	2.0%	4.0%

流速校准结果不确定度的分区表示方法包括拖车车速、校准结果的重复性、校准结果的线性度、

角度偏差和被校流速仪的分辨力，低速和高速范围内流速仪校准结果的标准不确定度分别采用绝对值和相对值表示，可按下列公式计算：

$$u = \sqrt{u_v^2 + u_r^2 + u_l^2 + u_\theta^2 + u_p^2} \tag{18}$$

则当被校流速仪测量的仰俯角与电波和水体表面之间的夹角的偏差为 0.2°，被校流速仪分辨力为 10 mm/s，被校电波流速仪在低速和高速的不确定度如表 4 所示。

表 4　不确定度记录

序号	不确定度来源	低速/(mm/s)	高速/%
1	标准流速	0.75	0.15
2	重复性	25	2.1
3	线性度	17	1.5
4	角度偏差	0.91	0.18
5	分辨力	2.9	0.41
合成标准不确定度		25	2.6
扩展不确定度（k=2）		49	5.3

4　结语

电波流速仪作为一种非接触式测流仪器，相较于传统的测流方式，虽然优势明显，但是也存在流速准确度易受雨雪、雷电或周边电磁干扰等诸多因素影响。对于流量测验，在安装前应首先通过校准确保流速测量的准确度，然后再与同一断面的其他流量测验方式进行较长时间的比对和率定，才能确保流量测验的准确度。总体来讲，电波流速仪的应用提升了水文工作现代化水平，其校准方法的研究对于水文测报能力和质量提升也具有积极意义。

参考文献

[1] 高伟，窦英伟，姜松燕．电波流速仪实验比测与使用方法研究［J］．山东水利，2018（11）：8-10.
[2] 中国水利学会．电波（雷达）流速仪：T/CHES 31—2019［S］．北京：中国水利水电出版社，2019.

水下不分散混凝土抗分散剂研究与应用

周官封　酒亚宾　谭佳琪

（中国水利水电第十一工程局有限公司，河南郑州　450001）

摘　要：本文以水下不分散混凝土用抗分散剂为研究对象，通过原料选择、砂浆试验、品质检验确定抗分散剂配方，通过效果验证、现场施工确定抗分散剂使用效果和推广价值。结果表明：研发的抗分散剂具有“减水剂+絮凝剂”复合使用的效果，使用其拌和的混凝土符合掺抗分散剂混凝土的性能要求，可有效提高水陆强度比，减少混凝土对水体环境的影响，满足施工技术要求。

关键词：水下混凝土；抗分散剂；品质检验；推广应用

1　前言

水下混凝土广泛应用于大坝、海洋工程、桥梁基础、码头等水下结构施工，其主要特点是具有抵抗水流冲刷能力并能够在水中硬化，保持良好的强度和耐久性。通过添加抗分散剂等外加剂，可有效防止水下混凝土遇水即散，导致混凝土强度下降、结构不均匀等，保证施工质量与结构安全。水下混凝土抗分散剂是改善水下混凝土施工性能的重要外加剂，抗分散剂的研发旨在减少混凝土在水中的分散性，提高其稳定性和耐久性。近年来，复合型抗分散剂的研究取得一定进展[1]，这类产品将有机和无机材料结合，发挥两者的协同效应，全面提高水下混凝土的相关性能。

2　技术要求

抗分散剂的主要技术要求包括：①抗分散性。应有效减少混凝土在水下的分散，增强抗水流冲刷能力。②流动性。需确保水下混凝土具有足够的流动性和可泵性，便于施工操作。③早期强度。应促进混凝土的早期强度增长，使其在水下环境尽快硬化，抵抗外界干扰。④耐久性。应增强水下混凝土抗腐蚀、抗渗透性能，延长结构使用寿命。⑤环境友好性。应为环保型材料，减少对水体和生态环境的污染。⑥适应性。能在不同的水质、温度及复杂的施工环境下保持稳定的性能，保证施工顺利进行。本文研发的抗分散剂以行业规范[2] 为依据，确定评判抗分散剂的技术指标。

3　原材料

3.1　抗分散剂原料选择

针对水下混凝土的施工环境和施工过程中需要解决的问题，选择合适的原料进行抗分散剂的配制。例如：水下不分散混凝土早期强度不高，而硫酸钠和硅灰具有提高混凝土早期强度的效果，因此可使用二者作为抗分散剂的辅助剂。经过选择，初步确定抗分散剂的原料为减水剂（粉状）、硅粉、羟丙基甲基纤维素（HPMC）、消泡剂等，主要原料如图 1 所示。

3.2　其他材料

用于试验的其他材料主要包括水泥、骨料、减水剂和水。水泥选用 P·O 42.5 水泥，密度为 3.06 g/cm^3，初凝时间为 137 min，终凝时间为 210 min，标准稠度用水量为 27.0%，3 d 抗压强度为 23.5 MPa，3 d 抗折强度为 4.9 MPa，28 d 抗压强度为 46.5 MPa，28 d 抗折强度为 7.6 MPa。细骨料

作者简介：周官封（1991—），男，工程师，主要从事试验检测与材料研发工作。

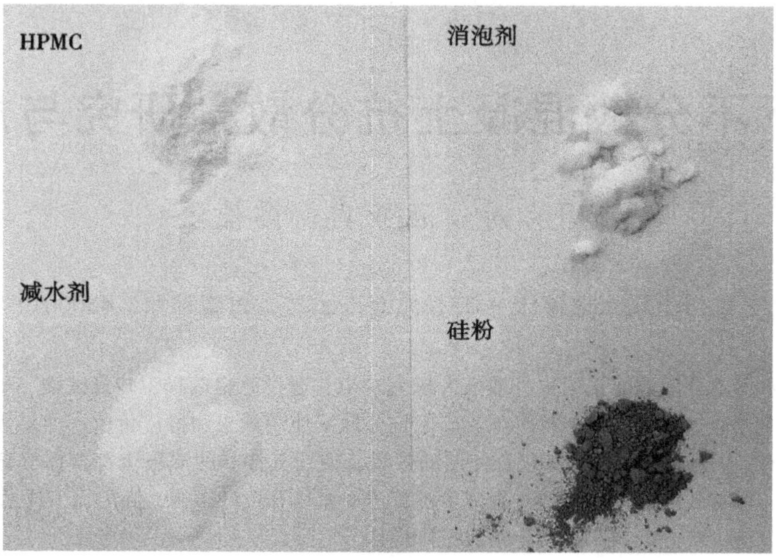

图 1 原料性状

选用天然砂，细度模数为 2.83，表观密度为 2.61 g/cm^3，饱和面干吸水率为 1.2%，有机质含量浅于标准色。粗骨料选用 5~20 mm 的人工碎石，表观密度为 2.7 g/cm^3，吸水率 0.88%，压碎指标 8.3%，针片状颗粒含量为 2.9%，超径 2.1%，逊径 7.6%，无泥块含量。减水剂选用雅砻江某水电站水下混凝土施工用聚羧酸高性能减水剂，减水率为 27%，含气量为 3.1%，初凝时间差为-40 min，终凝的凝结时间差为-50 min，坍落度 1 h 经时变化量为 50 mm，无泌水，硬化后 1 d 抗压强度比为 181%，28 d 抗压强度比为 148%。水选用郑州地区自来水（可饮用水）。

4 试验

将选用的原料通过不同比例组合配制成抗分散剂，首先使用砂浆试验初步观察抗分散剂的使用效果，对效果较好的原料组合配制混凝土进行品质检验，最终选择符合掺抗分散剂混凝土性能要求的组合为抗分散剂产品配方。

4.1 砂浆试验

由于水下混凝土要求流动性好，在进行砂浆试验时，确定砂浆稠度为 80~100 mm。选用不掺抗分散剂的砂浆配合比为基准配合比，掺抗分散剂的砂浆配合比为试验配合比，试验配合比与基准配合比保持胶砂比相同，使用 6 种不同抗分散剂配方，在相同的抗分散剂掺量下，通过调整用水量，使试验配合比与基准配合比稠度相差在±5 mm 范围内。取 1 kg 使用不同抗分散剂的砂浆拌合物，将其置于水面高度 20 cm 处，自由落入盛有 5 kg 的水桶中，观察砂浆入水效果。砂浆试验配合比及检测结果如表 1 所示。

表 1 砂浆试验配合比及检测结果

编号	水/kg	水泥/kg	天然砂/kg	抗分散剂编号	稠度/mm	入水效果
S-0	280	350	1 470	—	92	分散、浑浊
S-1	300			1	94	砂浆黏稠，入水不分散，微浑浊
S-2	288			2	90	
S-3	282			3	91	
S-4	248			4	97	
S-5	223			5	89	
S-6	210			6	90	

根据结果可以看出，掺加抗分散剂的砂浆入水效果均优于不掺抗分散剂的砂浆入水效果；在稠度

控制范围内，使用4号、5号、6号抗分散剂的砂浆用水量明显低于1号、2号、3号抗分散剂的砂浆用水量，证明所选择的原料具有较高的减水率，有利于将水胶比控制在合理范围内，且在提高黏聚性的同时，能够有效保证流动性。砂浆入水效果如图2所示。

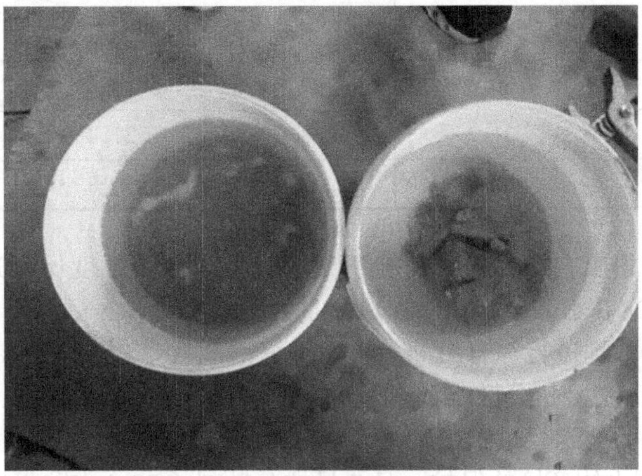

图2　砂浆入水效果

（左：无抗分散剂，右：有抗分散剂）

4.2　品质检验

根据砂浆试验结果，综合分析6种抗分散剂的入水效果，选定可作为配制抗分散剂的原料，使用这些原料，配制三种抗分散剂。分别使用不同黏度羟丙基甲基纤维素以改变混凝土黏聚性，通过调整抗分散剂中减水剂、消泡剂用量以调整混凝土流变性。配制不分散混凝土对抗分散剂进行品质检验，以检验配制的抗分散剂性能是否符合规范要求。混凝土试验采用固定水泥用量和水胶比的方式，通过调整抗分散剂掺量控制混凝土扩散度在（500±50）mm范围内，混凝土配合比参数如表2所示。

表2　混凝土配合比参数

编号	扩散度/mm	含气量/%	水胶比	砂率/%	抗分散剂编号	配合比材料用量/（kg/m³）			
						水	水泥	砂	碎石
H-1	500±50	<4.5	0.49	38	7	200	410	673	1 097
H-2					8				
H-3					9				

按照上述配合比进行试验，确定符合扩散度、含气量的抗分散剂掺量，并对混凝土拌合物性能进行检测，目测所得混凝土拌合物和易性良好、无泌水。试验使用的抗分散剂掺量及拌合物性能试验结果如表3所示。

表3　抗分散剂掺量及拌合物性能试验结果

编号	抗分散剂掺量/%	扩散度/mm	含气量/%	坍落度经时变化量/mm		悬浊物含量/（mg/L）	pH	凝结时间/h	
				30 min	120 min			初凝	终凝
H-1	3.7	540	3.4	5	40	132	9	6.2	16.4
H-2	3.7	500	4.0	10	50	86	9	5.7	15.7
H-3	4.3	460	4.5	20	80	74	8	4.8	13.5

由拌合物性能检测结果得出，配制的抗分散剂符合《水工混凝土外加剂技术规程》（DL/T 5100—2014）中普通型抗分散剂的性能要求。采用150 mm的立方体试模分别在空气中和水中成型抗

压强度试件。水下不分散混凝土抗压强度检测结果如表 4 所示。

表 4 水下不分散混凝土抗压强度检测结果

编号	水下抗压强度/MPa		空气中抗压强度/MPa		水陆强度比/%	
	7 d	28 d	7 d	28 d	7 d	28 d
H-1	24.1	30.0	30.7	39.3	79	76
H-2	24.4	31.2	28.6	37.4	85	83
H-3	23.5	29.7	28.7	36.8	82	81

由抗压强度检测结果得出，掺抗分散剂的不分散混凝土水陆强度比可达到 80%，远高于规范中（7 d 水陆强度比>60%，28 d 水陆强度比>70%）的技术要求。

对所配制的三种抗分散剂进行综合分析，9 号抗分散剂掺量较 7 号、8 号高 0.6%，扩散度又较小，仅在设计范围的下限；7 号抗分散剂和 8 号抗分散剂在掺量一致的情况下，拌合物性能和抗压强度符合水工混凝土外加剂的技术要求，但使用 7 号抗分散剂的不分散混凝土悬浊物含量较 8 号高 46 mg/L，不利于对结构周围水体环境的保护，且 7 号抗分散剂的 28 d 水陆强度比 8 号低 7%，不利于水下混凝土强度和节约胶凝材料。因此，确定 8 号抗分散剂为最终的产品方案，该产品原料均为粉剂，在生产时将各种原料按照一定的质量比复配均匀，然后密封包装即可。

5 推广应用

5.1 效果验证

8 号抗分散剂作为产品方案，在使用时，为保证与混凝土原材料的适应性，可对抗分散剂中的原料比例进行适当调整。选用雅砻江某水电站河床护岸修复工程用 C30 水下混凝土作为应用对象，对比现场使用絮凝剂的使用效果，观察研发的产品与市场在售产品的使用差异。经过试拌，选用的 C30 水下混凝土配合比参数如表 5 所示。

表 5 C30 水下混凝土配合比参数

编号	坍落度/mm	水胶比	砂率/%	原材料用量/(kg/m^3)							
				水	水泥	磷渣粉	砂	碎石	絮凝剂	减水剂	抗分散剂
D-1	200±20	0.43	41	198	401	60	714	1 028	10.1	8.3	—
D-2									—	—	17.1

由表 5 可知，该项目使用复掺絮凝剂、减水剂来达到水下不分散混凝土的效果，絮凝剂掺量为 2.2%，减水剂掺量为 1.8%，合计掺量 4.0%；自主研发的抗分散剂使用掺量为 3.7%，并在生产过程中减少了一项投料工序。按照配合比进行水下混凝土拌和，得到混凝土拌合物性能和硬化混凝土性能检测结果如表 6 所示。

表 6 C30 水下混凝土性能检测结果

编号	坍落度/mm	水下抗压强度/MPa		空气中抗压强度/MPa		水陆强度比/%		抗渗 28 d
		7 d	28 d	7 d	28 d	7 d	28 d	
D-1	193	22.3	30.8	27.8	37.6	80	82	W8 合格
D-2	218	24.6	33.9	29.5	40.6	83	84	W8 合格

由试验结果得知，自主研发的抗分散剂掺入混凝土中，较“减水剂+絮凝剂”复掺使用，其坍落度增加 25 mm，28 d 水下抗压强度提高 3.1 MPa，水陆强度比提高 2 个百分点，有利于节约水下混凝

土胶凝材料用量；该产品同时具备絮凝和减水效果，可配制出和易性良好、无泌水等综合性能优异的水下混凝土，并减少生产投料工序，提高工作效率。

5.2 现场施工

坦桑尼亚某水电站在下游围堰心墙和水下施工环境的部位，使用水下混凝土进行施工，该项目水下混凝土总方量约5 000 m^3。由于施工过程中定期对水质进行监控，在进行水下混凝土施工时，需使用抗分散剂。本项目使用抗分散剂约50 t，在疫情影响下，国内采购抗分散剂价格昂贵，而当地无性能优良的相关产品。在此情况下，自主研发的抗分散剂成为项目施工的首选产品。通过在当地采购原料，自主配制而成的抗分散剂解决了水下混凝土施工的难题，为项目创造了显著的经济效益。通过检测，水下混凝土施工未对周围水体环境造成不利影响，水陆强度比符合技术要求，良好的施工效果得到了业主认可。

6 结语

本文通过一系列的试验研究，得到了一种基于聚羧酸减水剂、羟丙基甲基纤维素、硅灰、消泡剂等原料的水下混凝土抗分散剂。该产品符合规范中对不分散混凝土用抗分散剂的品质要求，可有效改善水下混凝土施工时对周围水体环境的影响，显著提高水陆强度比，目前该产品已获得国家发明专利[3]。对该产品采用效果验证的方式证明其可达到“减水剂+絮凝剂”复合使用的效果，并通过现场施工的方式，证明该产品易于现场配制，实际施工效果佳，具备推广价值。同时，该产品的成功研发为国内外水下混凝土施工选用抗分散剂时提供了便利，目前该产品正在积极推广使用中。

参考文献

[1] 郭自利，周鼎，裴正南．水下浇筑混凝土用抗分散剂试验研究［J］．混凝土，2017（4）：122-125.

[2] 国家能源局．水工混凝土外加剂技术规程：DL/T 5100—2014［S］．北京：中国电力出版社，2014.

[3] 周官封，罗伟，邓兆勋，等．一种水下混凝土抗分散剂及其制备方法：ZL 2020 1 1527169.4［P］．2022-09-06［2024-10-03］.

溢流坝模型试验量测技术研究

刘春晶[1,2] 张 宇[1,2] 谷蕾蕾[1,2] 张凌峰[1,2]
刘 飞[1,2] 江肖鹏[1,2] 白肖玉[1,2]

（1. 中国水利水电科学研究院 流域水循环模拟与调控国家重点实验室，北京 100048；
2. 中国水利水电科学研究院 水利部泥沙科学与北方河流治理重点实验室，北京 100048）

摘 要：对试验参数的可靠、准确测量是顺利开展溢流坝模型试验研究的基础。传统测量方式费时费力，复现性差，人为误差大。本文在某溢流坝模型试验中开发并应用了基于视频的水位观测技术、测压管液观测技术、溢流坝水面线观测技术、挑流范围观测技术、表面流场量测技术及基于高速摄影的坝面流速测量技术，并介绍了坝面数字加工技术、三维激光扫描技术等，实现了溢流坝模型试验的坝前水位、溢流坝坝面水面线、坝面压力、挑流范围、下游河道表面流场、溢流坝坝面流速、下游冲刷坑等关键参数的高效测量，为顺利开展试验提供了技术保障。

关键词：溢流坝；模型试验；量测；图像处理；流速

1 引言

溢洪道是洪水通过上游大坝高处向下游输运的重要通道，溢流坝和溢洪道功能的正常发挥是大坝安全运行的重要保障[1]。在已有大坝安全事件中，有相当一部分是由溢流坝设计过流能力不足而导致的[2]，过流能力成为溢流坝设计的关键。溢流堰面形式决定了溢流坝水力学特性和过流能力[3]，可通过改变溢流堰形态而达到提高泄流能力的目的[4-5]，如近年来出现的琴键堰型等[6-8]。美国陆军工程兵团水道实验站（Waterways Experiment Station）针对不同类型的溢流堰进行了大量的物理模型试验，提出了具有较高泄流效率的堰顶形状，在国内称为WES实用堰，已发展为20世纪中期广泛应用的标准溢流堰设计[9]。溢流坝堰型是通过试验研究发展起来的，不同的水流条件、流速、溢洪道尺寸等因素对设计有重要影响，通常只能通过物理模型才可以精确地模拟和验证设计的可行性。美国陆军工程兵团发布的设计手册建议开展模型试验进行溢流坝设计[9]；我国水利行业标准《溢洪道设计规范》（SL 253—2018）规定，“对于大型或水力学条件复杂的中型溢洪道……水力参数应经水工模型试验确定”[10]。根据美国Iowa大学记载，Erickson早在1922年就开展了实用堰溢流坝泄流量与坝前水位之间关系的研究，随后Nagler在1930年相继开展了Keokuk坝的泄流系数研究[11]。我国清华大学于1957年开展了新安江水库溢流坝模型试验，中国水利水电科学研究院于1966年开展了窄巷口水电站拱坝溢流水工模型试验[12]。水槽试验可以得到溢流坝堰面本身的过流能力、消能特性等水力学特征，是研究溢流坝堰面过流特性的重要技术手段，大量研究成果是在水槽完成的[13-14]。通常水槽试验无法考虑上游行进流速对堰面过流的影响，事实上在实际溢流坝运行中，尤其是在设计洪水和校核洪水条件下，上游来流流量相当大，在库区形成一定的行进流速，实际水库地形可能会对水流运动造成较大影响，仅开展水槽试验不能完全复演实际情况，尤其是多孔入流条件下，进入各孔内的水流还可能存在一定差异，实际大坝溢流坝总体过流情况和水槽试验不同，需要通过整体水工模型试验才能准确开展溢流坝过流特性研究[15-16]。

基金项目：国家自然科学基金资助项目（12072373，51679260）；中国水科院院专项（SE0145B022021）。
作者简介：刘春晶（1974—），男，正高级工程师，主要从事水力学及河流动力学研究工作。

模型加工和量测技术是试验研究的关键，早期 Erickson 的试验正是受限于量水堰量程而限制了试验坝前水位[11]。近年来，大量学者开展了相关研究，溢流坝试验技术得到一定发展。Sohrabzadeh 等[17] 采用 3D 打印技术制作钢琴键型溢流坝，在水槽中测量了不同类型钢琴键型溢流坝的过流能力，仅开展了坝前水位和流量测量。3D 打印技术的问题在于表面光滑度没有亚克力板好，表面阻力可能存在一定差异。Chanson 等[18] 利用不同相机拍摄了溢洪道原型水流，指出了已有原型测量技术的局限性，认为测量技术是对溢洪道水流运动与消能观测深入认识的瓶颈，呼吁开展进一步研究。Luo 等[19] 在水槽中开展了闸门控制和全开条件下的试验，在水槽侧面绘制参考线，观测水面线形态，并对比了三种不同紊流封闭模式，表明不同紊流模式结果存在一定差异。Mikalsen 等[20] 在水槽中开展了实用堰下游台阶状水流的运动特性，认为 PIV 技术可以成功应用于气水流的流动测量。Peltier 等采用气泡图像测速技术测量了两个不同比尺的 WES 溢流坝流速分布，压力采用压力传感器测量，发现两者流速分布相似度较高，而压力则可能存在一定的比尺效应。

然而，与河工模型试验技术发展相比[21]，溢流坝模型试验技术进展较为缓慢，大量学者仍在沿用传统常规测量方式。杜金威等[26] 开展了阳升观水库台阶式溢洪道水工模型试验研究，溢洪道采用有机玻璃制作，水位测针控制上游水位，流量计观测流量。Souli 等[22] 在其台阶状堰流消能试验中采用皮托管开展流速测量，电磁流量计测量流量。Salmasi 等[23] 采用木头制作实体堰，并油漆表面。水位采用传统水尺测量，流量采用量水堰测量。Persi 等[24] 开展了溢流坝前有漂木堆积对过流的影响，水位和流量观测采用传统方式进行。Jahad 等[14] 在水槽中开展了台阶状溢流坝的消能特性，仅开展了上游水位和流量观测。胡甫圣等[25] 开展了白杨河水库溢洪道模型试验，流量采用量水堰测量，流速采用毕托管，压强采用测压管测量。

近年来，随着计算机技术和视频图像处理技术的发展，为模型试验提供了新的技术手段。相关视频技术已经被广泛应用于测量中，比如视频测水位，利用视频观测水尺水位，可以人工观测，也可以实现自动识别。对于模型试验而言，视频技术的优势在于还可以将试验全过程保存下来，供后期分析研究使用。本文尝试将这些新技术应用到模型试验中，可供未来试验提供参考。本文不涉及试验研究得到的成果和结论，主要介绍了本次模型试验所采用的测量方法，包括坝前水位、堰面水面线、堰面压力、堰面流速、水舌高度和长度、下游冲坑等几个方面，并介绍了基于数字雕刻机的溢流坝堰面加工技术。

2 模型简介

模型试验在中国水利水电科学研究院大兴实验基地开展。本溢流坝模型按重力相似设计，采用正态模型，即平面比尺和垂向比尺相等，满足几何相似、动力相似、运动相似、阻力相似，下游河道床沙起动流速相似设计，主要开展的研究内容包括不同设计水位下溢流坝的泄流能力、堰面压力、堰面沿程水面线、堰面流速、挑流长度和影响范围等。采用与基岩破坏相似的放大卵石模拟下游基岩，研究基岩的冲刷深度。

3 试验技术

3.1 视频观测系统

在模型周边架设了 8 台视频摄像机，观测和记录模型试验全过程。视频的作用在于记录试验过程中的全部状态，为后续数据分析提供直观参考资料，图 1 为溢流坝下游河段观测视频截图，水库、溢流坝及堰面流速高速相机、三维激光扫描仪、标靶球等，详见图 1 标示。

3.2 溢流坝面数控机床制作技术

溢流坝坝面曲线是溢流坝设计中的关键参数，合理的曲线一方面具有一定的过流能力，又不至于由于水面下降和水流流速加大而产生负压在坝体表面形成空蚀空化现象。溢流坝坝面曲线的制作精度对于溢流坝试验至关重要。传统方式是采用人工制作模具的方法[27]，根据设计曲线在木材上绘制边

图 1　溢流坝模型下游

缘线，然后经过削切打磨，形成光滑曲面，将亚克力板加热，贴合在模具使其与模具表面一致，从而形成设计溢流坝堰面。通常堰面模具为人工制作，存在一定人为误差，且需要不断打磨，需要花费一定时间，只有经验丰富的工匠才能胜任这项工作。本文采用三维数控机床制作溢流坝堰面，首先将溢流坝设计曲线数据导入机床控制系统，机床就可以快速将所要的三维曲面切割出来，并能保证制作精度。采用多块板叠加的方式形成完整的坝面曲面模具，如图 2 所示。制作坝面曲线模具时，考虑扣除坝面亚克力板的厚度。采用同样方法制作与底部与坝面曲线一致的压板，可将加热好的亚克力板准确地压在坝面曲面模板和顶部压板之间，进一步确保堰面曲线的制作精度，如图 2 所示，经校核，本文所用方法可以保证溢流坝面制作精度，同时具有速度快、精度高的特点。

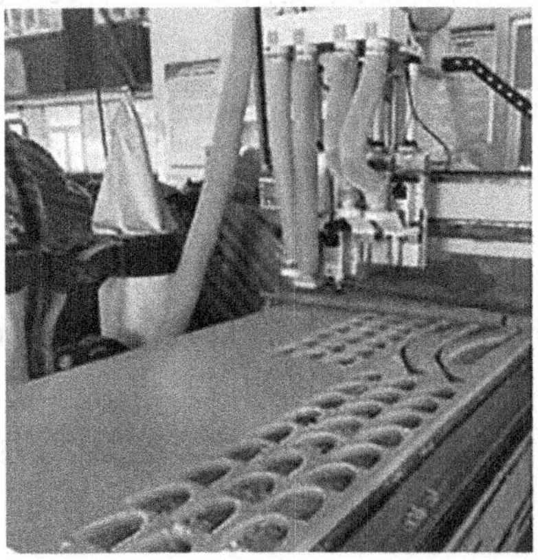

图 2　数控机床及溢流坝面制作

3.3　坝前水位观测

坝前水位通常采用测针方式，或者采用水位传感器的方式。测针只能得到某一个时刻某点的位置，读数靠人工，存在人为误差。水位传感器解决了测针的问题，但水位传感器的数据只有水位数据，并不直观，出了问题还不一定能及时发现。

本文坝前水位采用摄像头拍摄参考钢尺的方式开展。在水库坝前三个位置放置钢尺，利用摄像头拍摄钢尺所在位置，从而全程记录了钢尺和水位的变化过程，如图 3 所示。视频观测的好处在于可以实时看到图像，水位变化情况一目了然，当出现水泵不稳等突发情况时可以直观看到坝前水位的变化。利用图像识别技术得到水位数据，从视觉转化为数据，具有较好的应用前景。

图 3　坝前水尺及水位观测记录图像

3.4　溢流坝水面线观测

传统测量方法一是可以通过读取堰面水位，绘制堰面曲线。二是可以在堰面中间放置一个钢尺，钢尺读数面与水流方向平行，对水流的阻力和作用较小，可以直接读取水面高度。与坝前水位人工读取相类似，常规方法只能得到单次的数据，只是某一时刻或经过某一段时间稳定调整后的某一个状态下的数据，并不全面。实际水面存在一定的波动，人工读取时通常取波动上下范围的中间位置，实际得到的结果与读数人有关，经验丰富的试验人员才能得到合理准确的数值。

溢流坝堰面水位线反映了溢流坝的过流基本特性，是溢流坝设计的重要技术参数。溢流坝试验中，堰面水流在运动过程中存在一定的波动，直接读取存在困难。本文在溢流坝侧面架设一台摄像头，实时拍摄堰面过流过程，利用拍摄得到的视频，采用图像处理方法得到溢流坝堰面水面线，拍摄图像如图 4 所示。

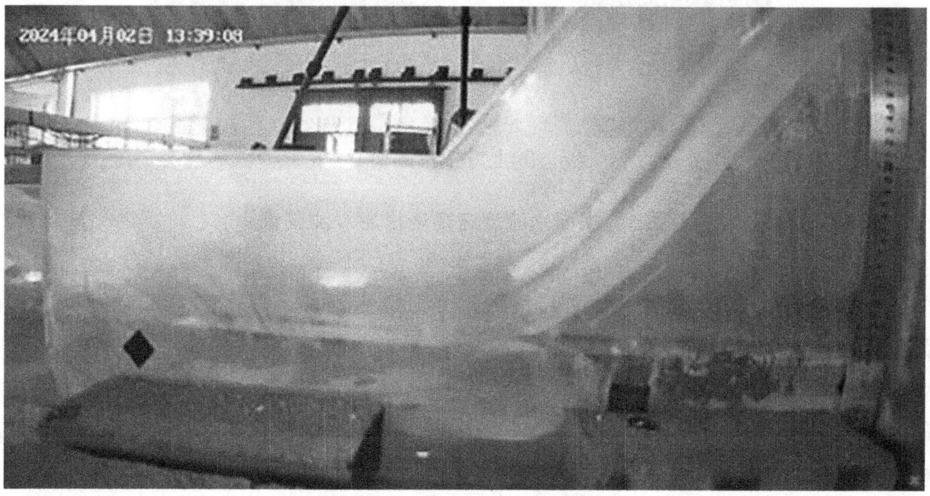

图 4　坝面水面线观测图像

首先对图像进行校正，根据已知数据，建立像素点和实际坐标的对应关系，从而确定像素点所在位置和实际空间位置之间的关系。采用边缘识别技术识别水面线变化，利用校正后的关系得到水面线空间位置。提取不少于 5 min 的数值，识别每个点的波动情况，取波动平均值作为该处的水面线。

3.5　堰面流速测量

溢流坝堰面流场在实验室中为薄层高速流，示踪粒子法是常用方法之一。也有采用螺旋桨流速仪的，旋桨流速仪需要一定的水深，所选用的传感器不能太大，传感器上下也需要一定的水面，这样才能保证测量精度。

本文采用高速摄影技术，分别在堰面正上方、正前方设置了测量点位置，拍摄粒子的运动轨迹和运动过程，从而得到高精度堰面流速。

堰面流速变化反映了水流从水库进入溢流坝后的加速过程。首先模型制作过程中在有机玻璃板背面提前设置了参考线，参考线方向与水流运动方向垂直，采用等间距方式布置，5 cm 间隔。在溢流坝顶部架设一个高速相机，用于拍摄堰面流速变化，在溢流坝上游水库放置粒子，拍摄粒子的运动轨迹，利用参考线判断粒子所处位置，根据一定时间内粒子的运动距离得到粒子的运动速度。溢流坝模型试验中的堰面流速较大，常规摄像头 25~50 帧率不能满足要求，本文采用 240 帧每秒的高速相机拍摄，成功得到了堰面流速（见图 5）。

(a)前方拍摄画面

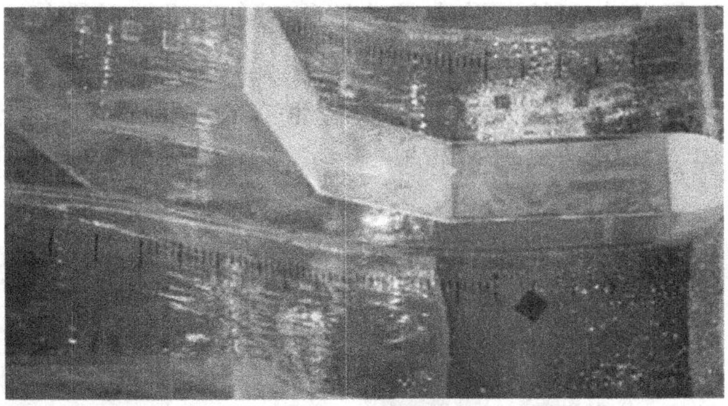

(b)上方拍摄画面

图 5　坝面水流流速高速摄影观测图像

3.6　堰面压力测压管视频观测

测压管具有原理简单、方便制作、直观且精度高等技术特点，是常用的技术手段，目前仍广泛应用在各种试验中。在高速水流流过溢流坝时，当水流流速较高时容易出现空化现象，尤其是当堰面出现负压时，对混凝土堰面损害较大。采用测压管方式测量堰面压力分布。共设置 10 个位置，在堰面上钻小孔，将小孔引到测压排上，测压排布置了 10 个不同的测压管。在每两个测压管后面放置一个钢尺，可以方便地读取测压管水位高度。在测压排正前方架设摄像头，拍摄了测压排的水位高度，拍摄结果如图 6 所示，测压管位于钢尺边缘附近，从图中可以看到测压管水位所处位置。

测量不同水面线所在位置对应的成像像素，建立图像像素与测压管高度之间的定量关系，利用边缘识别方法得到水面线，计算识别水面线所在的像素，然后通过像素和水位的关系反推得到水面线。

3.7　挑流流态及挑距观测

挑流流态和挑距的观测是对溢流坝设计和运行性能评估的关键环节。挑流流态是指水流从溢流坝或溢洪道顶部流出后，在空气中形成的自由抛物线运动以及在下游区产生的流动状态。通过模型试验，观测水流从坝顶跃出后的轨迹，确定其流态是急流、射流，还是掠流。通过这些观测，可以了解水流在空气中的运动路径，确保水流能顺利跨越下游区域并降低对河床或坝脚的冲刷作用。由于挑流进入水体时携带高动能，可能在下游形成强烈的水流冲击和涡流现象。通过模型试验，可以了解挑流入水后的冲刷范围和流体紊动特性，从而评估下游河床或消能设施的受冲刷风险。

挑距是指水流从溢流坝或溢洪道挑流点跃出后，落入下游水面或河床的水平距离。挑距直接影响水流对下游河道的冲击力和消能设计。模型试验中的挑距观测旨在测量挑流落点的准确位置，并优化设计参数。

分别在溢流坝的侧面和正上方设置了摄像头，从两个角度拍摄挑流流态、挑距变化情况，如图 7、图 8 所示。

3.8 表面流场测量

表面流场测量采用侧面布置的一个摄像头开展，拍摄范围长约 5 m，宽约 3 m。原始拍摄的图像如图 9 所示。在计算流场时，首先对图像进行校正，采用仿射校正方式，已知坐标点的坐标与像素点相对应，将斜向角度拍摄的图像校正为正向图像，各帧均进行校正，形成正向拍摄图像，校正后的正射影像如图 10 所示，可以看到，在图 9 中的棋盘格经校正后显示为矩形。

采用表面粒子示踪方式，示踪粒子采用泡沫纸，泡沫纸具有密度小、质量小、跟随性好的特点。流场计算步骤如下：首先采用背景消除法得到运动的粒子，然后通过粒子跟踪技术得到单个粒子的运动轨迹，最后通过粒子在各帧的空间位置并结

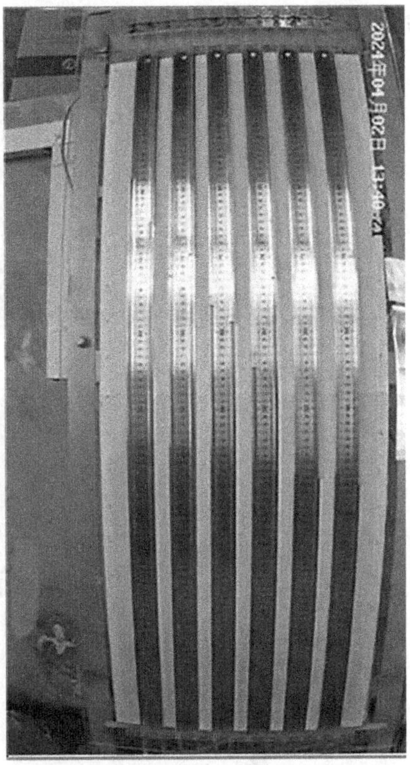

图 6　测压管水位观测视频图像

图 7　流态和挑距侧面观测记录图像

图 8　流态和挑距顶部观测记录图像

合拍摄帧率得到粒子流速，表面流场计算结果如图 11 所示。

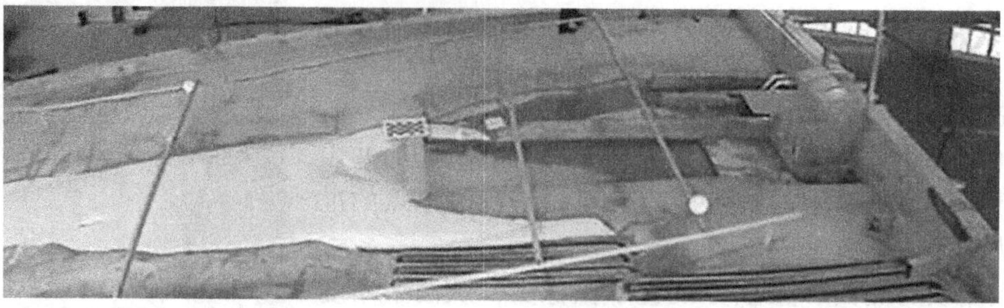

图 9　表面流场测量侧面拍摄图像

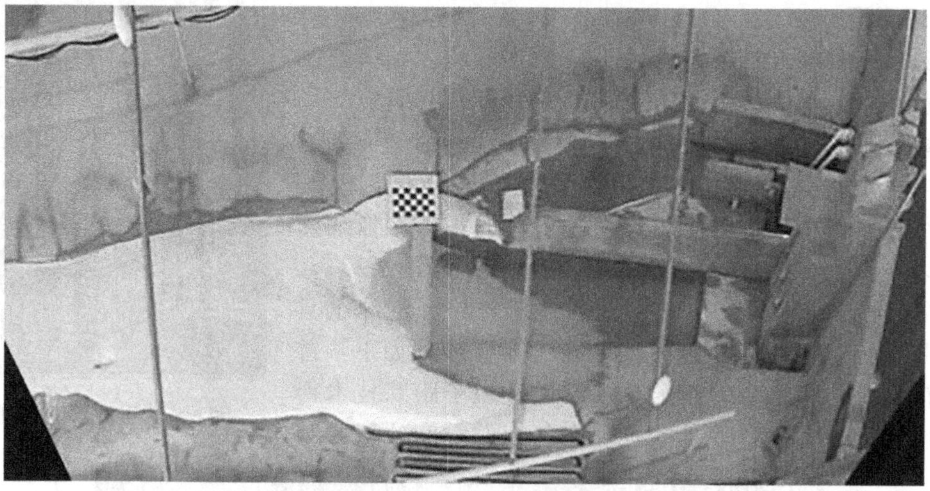

图 10　表面流场校正后的图像

图 11　表面流场测量结果

3.9　挑流冲坑及下游河床冲淤变形测量

溢流坝下游冲坑和下游河床冲淤变化情况采用三维激光扫描仪测量。激光扫描仪是目前精度最高的测量设备之一，可以得到空间点云。设置了 2 个测站，共 6 个参考球体，利用参考球体将两站数据拼合，形成完整的冲刷坑三维地形，如图 12 所示。

4　结论与展望

本文在溢流坝模型试验中尝试应用了多种先进的测量和加工技术，对溢流坝的泄流能力、堰面压力、水面线形态、流速分布、挑流流态及冲坑特性等进行了详细的观测。通过引入视频观测系统、高

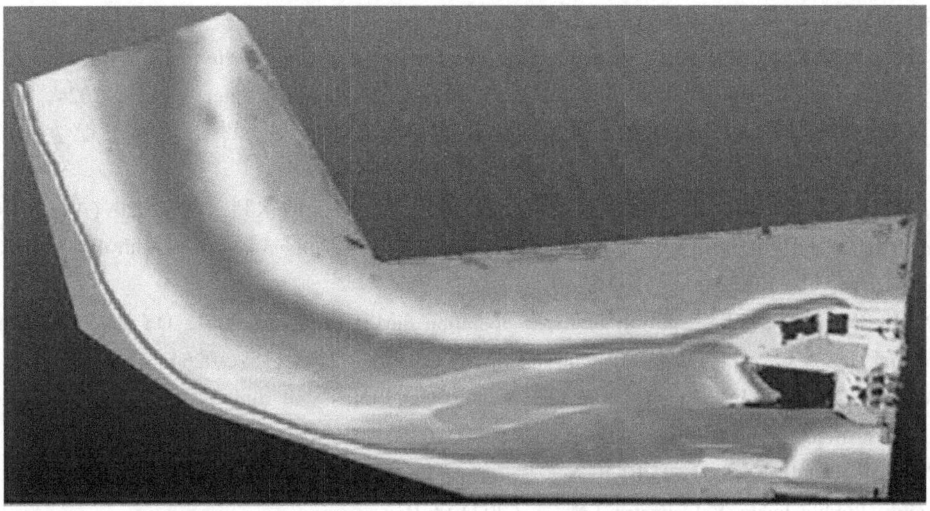

图 12 溢流坝挑流冲坑及下游河床演变激光扫描三维点云

速摄影、三维数控机床以及图像处理技术，实现了模型试验全过程的存档保存，关键参数自动测量和数据提取，提高了试验效率，降低了人为误差，存档的视频可以随时调取研究，对于开展后续研究具有重要意义。这些视频测量技术不仅提高了试验的测量精度，还有效解决了传统测量方法在实时性和数据全面性上的局限性。试验结果表明，基于数字雕刻机制作的溢流坝堰面模型精度高，视频技术能够精确捕捉和分析水流动态，为溢流坝设计提供了更具科学依据的数据支持。

随着数字化测量和自动化技术的不断发展，未来的溢流坝模型试验将更加依赖于精密设备和智能化系统。自动图像识别和数据处理技术的发展有望进一步提高试验效率和数据的准确性。同时，三维激光扫描仪等高精度设备的广泛应用，将使得对下游冲刷现象的观测更加精确。未来，结合虚拟现实（VR）和增强现实（AR）技术，水工模型试验可能会实现更加直观的流态展示和设计验证。

参考文献

[1] VAHEDIFARD F, AGHAKOUCHAK A, RAGNO E, et al. Lessons from the Oroville dam [J]. Science, 2017.

[2] HO D K H, RIDDETTE K M. Application of computational fluid dynamics to evaluate hydraulic performance of spillways in australia [J]. Australian Journal of Civil Engineering, 2010, 6 (1): 81-104.

[3] 蔡报智. 多孔曲线形实用堰的试验研究 [J]. 水利学报, 1994 (8): 78-83.

[4] 耿运生，孙双科. 一种新型的迷宫堰布置形式-P. K 堰 [J]. 南水北调与水利科技, 2006 (4): 57-59.

[5] 李子祥，李艳富，韩昌海，等. 琴键堰增设护墙对泄流能力影响的模型试验研究 [J]. 水利水电科技进展, 2023, 43 (3): 62-67, 116.

[6] 郭新蕾，杨开林，夏庆福，等. 琴键堰泄流能力特性分析 [J]. 水利学报, 2014, 45 (7): 867-874, 882.

[7] ERPICUM S, TULLIS B P, LODOMEZ M, et al. Scale effects in physical piano key weirs models [J]. Journal of Hydraulic Research, 2016, 54 (6): 692-698.

[8] SANGSEFIDI Y, TAVAKOL-DAVANI H, GHODSIAN M, et al. Hydrodynamics and Free-Flow Characteristics of Piano Key Weirs with Different Plan Shapes [J]. Water, 2021, 13 (15): 2108.

[9] ENGINEERS U S A C. Hydraulic Design of Spillways [M]. Headquarters, Department of the Army, Office of the Chief of Engineers, 1965.

[10] 水利部. 溢洪道设计规范: SL 253—2018 [S]. 北京: 中国水利水电出版社, 2018.

[11] MAVIS F T. Two decades of hydraulics at the University of Iowa: abstracts of theses, publications, and research reports, 1919—1938 [M]. State University of Iowa; Iowa City, Iowa, USA, 1939.

[12] 陈椿庭. 新中国 35 年来水工试验研究工作回顾 [J]. 水利学报, 1985 (5): 18-22, 87.

[13] 朱超，王嘉仪，潘丽. 挟沙水流对 WES 实用堰型泄流能力影响试验初探 [C] //中国水利学会 2020 学术年会论

文集（第四分册）. 北京：中国水利水电出版社，2020：6.
[14] JAHAD U A, CHABUK A, AL-AMERI R, et al. Flow characteristics and energy dissipation over stepped spillway with various step geometries：case study (steps with curve end sill) [J] . Applied Water Science, 2024, 14 (3)：60.
[15] 王中浩，马飞，林智晟. 某水电站琴键堰体型优化试验研究 [J] . 水资源与水工程学报，2024，35（1）：109-116.
[16] 周旭锐. 新疆某水利枢纽渠首工程整体水工模型试验研究 [J] . 广西水利水电，2020（4）：5-10.
[17] SOHRABZADEH A H, GHODSIAN M. Experimental study of flow over piano key weirs with different plan shapes [J] . ISH Journal of Hydraulic Engineering, 2024, 30 (2)：185-195.
[18] CHANSON H, SHI R. Modelling spillway and weir operation during major overflows. On optical measurements in prototypes：pros and cons [J] . Flow Measurement and Instrumentation, 2024, 98：102643.
[19] LUO C, MOHAMMADIAN A, Nistor I, et al. Experimental and numerical study of the gated and ungated ogee spillway [J] . Flow Measurement and Instrumentation, 2024, 97：102561.
[20] MIKALSEN L M, THORSEN K H, TÜRKBEN A B, et al. Investigation of Improved Energy Dissipation in Stepped Spillways Applyinga Bubble Image Velocimetry [M] . (2024-06-03) .
[21] 刘春晶，曹文洪，刘飞，等. 河工模型试验量测新技术的开发及应用 [J] . 水利水电技术，2019，50（8）：122-127.
[22] SOULI H, AHATTAB J, BENSALLAM S. Influence of a Modified Weir Profile on Velocity Field and Dissipation Rate in Stepped Spillways：A Comparative Study Using Physical Models and Computational Fluid Dynamics [J] . Journal of Applied Fluid Mechanics, 2024, 17 (9)：1874-1884.
[23] SALMASI F, RAZI S, ABRAHAM J. Hydraulics of flow in gabion stepped spillways, an experimental study [J] . Journal of Hydraulic Structures, 2023, 9 (2)：75-100.
[24] PERSI E, PIBIA E, PETACCIA G, et al. Measurement and analysis of the drag coefficient of wood accumulations at an ogee crested spillway [J] . Journal of Hydrology, 2024, 631：130798.
[25] 胡甫圣，李琳. 白杨河水库溢洪道急流收缩段优化模型试验研究 [J] . 水道港口，2018，39（1）：55-59，66.
[26] 杜金威，王均星，张文传，等. 阳升观水库台阶式溢洪道水工模型试验研究 [J] . 中国农村水利水电，2018（4）：83-86.
[27] 肖东. 桥田水库溢洪道水力特性研究 [D] . 长沙：长沙理工大学，2022.

水利工程质量检测信息系统建设思考

张晓波[1]　李　琳[2]　霍炜洁[2]

（1. 长江水利委员会长江科学院，湖北武汉　430010；
2. 中国水利水电科学研究院，北京　100038）

摘　要： 本文从国家及行业主管部门对检验检测信息化发展的要求出发，分析了当前水利行业检验检测存在的问题，阐述了水利工程质量检测信息系统建设的必要性，并从系统建设目标、建设需求、建设管理模块等方面提出了几点认识与思考，以期为同行提供借鉴参考，共同推动水利工程质量检测的高质量发展。

关键词： 水利工程；质量检测信息系统；建设目标；建设需求；管理模块

1　引言

水利工程质量检测是控制和评判工程质量的重要手段，目前主要还是依靠人工手段进行管理，信息化程度不高。为推动检验检测信息化发展，相关政府部门提出了指导性意见。2021 年，《市场监管总局关于进一步深化改革 促进检验检测行业做优做强的指导意见》指出，推动检验检测与互联网、人工智能、大数据、区块链和量子传感技术融合发展，引导行业数字化转型升级，不断提升检验检测服务的智能化水平。2023 年，《深入贯彻落实〈质量强国建设纲要〉提升水利工程建设质量的实施意见》指出，积极采用先进检测技术，提升智能检测和数据自动采集能力。水利工程质量检测系统的建设是实现检验检测信息化的有效途径，它的应用有助于提升检验检测机构管理水平，减少人为因素导致的失误，提高工作效率。

2　系统建设必要性

目前，水利工程质量检测中主要存在以下几个问题。

2.1　检测业务信息化、自动化程度低

目前，水利工程质量检测机构设立的工地试验室检测工作中，室内检测工作开展的主要流程是：取样人员需要人工填写取样单、样品标识牌；返回试验室后，资料员需要根据取样单将样品信息手动录入计算机的取样台账中，随后样品管理员把样品派发给被授权相应检测项目、检测参数的检测人员进行试验，如果一些样品需要进行留样，还要事先根据标准要求留取一定数量的样品封存至规定的时间；检测人员根据试验方法标准对样品进行检测，并填写仪器设备运行记录表和检测原始记录表；审核人员审核无误后由检测人员出具试验检测报告，最后由审核人员和批准人员签字，由资料员盖章，再录入成果台账，整个试验完毕。

从上述过程中可以发现，资料员录入、检测人员出具报告需要重复填入取样单中的一些信息，很有可能会出现填写不一致的情况；检测人员手工处理试验结果时，可能会造成数据计算错误、原始数据溯源困难等问题；检测各环节信息传递时，主要通过电话或当面通知，也势必会造成时间增加，检测周期延长的情况。以上信息重新录入、数据手工计算、业务流转耗时等问题，在面临时间紧、任务重的情况下，检测工作质量就会大打折扣。此外，大部分检测项目所使用的仪器设备无法进行自动化

作者简介： 张晓波（1991—），男，工程师，主要从事水利工程质量检测工作。

采集，仍然依靠人工方式采集，也是制约效率提升的一个因素。

2.2 质量管理精细化程度低

质量管理是试验室工作的主要组成部分，目前管理精细化程度比较低，主要体现在体系文件、人员、仪器设备、标准物质、规范标准等方面。如仪器设备的检定证书、标准物质都有明确的有效期，规范标准也会不定期地更新，依靠传统的人工管理方式，很容易超出有效期而导致不符合项发生。再如检测项目、参数涉及的授权检测人员、仪器设备和规范标准之间有相关性，当检测的项目、参数频率比较低时，往往需要花费一定的时间来确认需要的授权检测人员、仪器设备和规范标准，效率低下且易出现差错。

2.3 母体机构对工地试验室管理成效低

根据水利工程的特点以及建设单位要求，需要在工程现场设立工地试验室，仅针对该工程开展试验检测工作。工地试验室一般远离母体机构，需要建立专门的组织机构，被授权能够开展的检测项目和参数，配置相应的仪器设备和检测人员，以便试验检测工作能够及时开展。母体机构则需要对工地试验室进行监督检查，但是受限于检测信息化程度低的问题，母体机构无法做到实时监督检查，只能够定期以比较低的频率到工地试验室所在地点进行检查。不仅效率低，而且在较短的时间内无法做到全面检查，存在监管盲区。

根据以上分析，有必要建设质量检测信息系统，实现检测过程的信息化管理，使试验室管理人员、检测人员摆脱信息的反复录入、数据的手工计算和低效的流程跟踪工作，将精力投入到更有价值的工作中，母体机构也可实现对工地试验室的实时监管。

3 系统建设目标

3.1 为工程质量评价提供可靠数据

通过质量检测信息系统实现对检测全过程的实时监控，保留溯源信息，规范检测人员的检测行为，确保试验过程和试验环境满足规范标准要求，为工程质量的评价提供可靠数据。

3.2 提高检测工作效率

通过质量检测信息系统实现对检测所需的人员、设备、材料等资源进行科学合理的配置和调度，确保资源的高效利用，减少资源浪费，减轻人员的工作强度，提高检测工作效率。

3.3 实现检测数据集中统一管理

试验室各类信息呈现大幅增长趋势，采用质量检测信息系统能实现试验室数据集中统一管理，将试验室大量数据信息进行整理汇总，并根据不同需要可分类统计分析，同时保证数据存储长期安全可靠。

3.4 降低试验室运行管理成本

通过业务流程的自动高效分配、数据自动采集与计算、报告自动生成、在线校核签发等途径，可逐步减少试验室人员投入，降低试验室运行管理成本。

4 质量检测信息系统建设需求

水利工程具有检测项目参数繁多、涉及的专业齐全、检测全流程复杂、数据处理方法多样等特点，质量检测信息系统需要满足水利工程的个性化需求。

4.1 满足多专业多参数检测需求

根据2018年《关于发布水利工程质量检测单位资质等级标准的公告》（水利部公告〔2018〕第3号），水利工程质量检测单位甲级资质等级标准中，有岩土工程、混凝土工程、金属结构、机械电气、量测五大类共220多个主要检测项目及参数，除此之外，还有更多未列入该五大类的检测项目及参数，繁多的检测项目及参数需求为质量检测信息系统建设提出了挑战。

4.2 满足多样品检测需求

工程质量检测委托时，绝大部分均可只委托单独一种样品，但也存在不可分开委托的情况，如混凝土配合比设计或复核时，涉及水泥、掺合料、粗细骨料、外加剂、拌和水等原材料检测、混凝土拌合物性能检测以及硬化混凝土性能检测，此时，样品编号、内部流转方式、报告模板等与单一样品检测不同，需要考虑多样品检测需求。

4.3 满足检测流程多变需求

根据检测能力，检测流程有两种方式：一是水利工程质量检测机构不具备某些检测能力，比如塑料管材及管件等建筑工程中常用原材料涉及的检测参数，在此种情况下，需要委托具有检测能力的检验检测机构；二是工地试验室未被母体机构授权的检测能力，比如骨料的硫化物及硫酸盐含量参数[1]，由于浓盐酸等试剂属于危险化学品，工地试验室化学室建立成本大、管理难度大、安全风险高，通常不建设，需要母体检测机构检测，而骨料的其他参数在工地试验室进行检测。在系统建设时，需要考虑部分参数或全部参数委外时的检测流程。

在检测能力具备的条件下，根据检测地点，检测流程会有三种方式：一是全部在试验室内进行检测的项目，只需要取样返回后进行样品流转；二是全部在施工现场检测的项目，如锚杆拉拔试验、锚杆无损试验，检测的锚杆在现场，在系统建设时只需要考虑现场检测过程记录、试验记录填写、报告出具等问题，不需考虑样品流转；三是部分在施工现场检测、部分在试验室内检测的项目，如基坑混凝土灌注桩钻芯法试验[2]，同时包含检测桩身完整性的现场试验和检测芯样抗压强度的室内试验两部分内容，系统建设时需考虑芯样在室内试验时的流转问题。

4.4 满足数据自动采集需求

目前，试验检测参数中可实现数据自动采集的主要为力学性能参数，力学试验机可自动采集、记录检测项目、检测时间、峰值荷载、加荷速度、荷载-时间关系曲线图、荷载-位移关系曲线图等检测过程信息，系统建设时需考虑配备相应的硬件设施获取这些信息，为下一步实现原始记录和检测报告的电子化奠定基础。

5 系统建设管理模块

水利工程质量检测信息系统涉及面广、功能复杂，笔者认为系统设计建设主要包括以下三类模块。

5.1 基础资源管理模块

试验室基础资源主要包括质量管理体系中涉及的人（人员）、机（设备）、料（样品）、法（方法）、环（环境）等五要素。其中，人员管理主要包括资格、能力、培训、监督等管理，设备管理主要包括配置、维护、溯源及标准物质等管理，样品管理主要包括接收、标识、留样、存储等管理，方法管理主要包括验证、确认、查新、作业指导书等管理，环境管理主要包括温度、湿度等管理。

5.2 试验检测管理模块

试验检测是试验室开展的主要工作，根据检测流程，它的管理主要包括委托登记、查询，检测数据获取、确认，报告编制、校核、签发、归档、查询，不合格报告查询，检测数据统计、分析，报表生成等管理。

5.3 质量活动管理模块

质量活动管理主要对基础资源、试验检测以外的活动进行管理，主要包括合同审查、供应商评价、供应品采购、质量控制、内部审核、管理评审等管理。

6 结语

随着水利工程检验检测由粗放型管理模式向精细化型管理模式转变，质量检测信息系统的建设利用已成为实现该转变的重要途径，本文从信息系统建设的目标、需求及管理模块等方面，提出了一些可供参考的思路，实现资源优化配置，工作效率提升，促进行业规范化、标准化发展，并希望通过全体检测工作者的共同努力和集体智慧，推动水利工程质量检测的高质量发展。

参考文献

[1] 中华人民共和国水利部．水工混凝土试验规程：SL/T 352—2020［S］．北京：中国水利水电出版社，2020.

[2] 中华人民共和国住房和城乡建设部．建筑基桩检测技术规范：JGJ 106—2014［S］．北京：中国建筑工业出版社，2014.

粒径对自由膨胀率测定的试验研究

李　乐　胡　波　王　帅

（长江科学院水利部岩土力学与工程重点实验室，湖北武汉　430010）

摘　要：为探究粒径对膨胀土的自由膨胀率测定的影响，通过增加筛网的目数，利用现有的顶针式振筛机和负压筛析仪对强膨胀土进行粒径分级，分成过 0.5 mm 筛、0.5~0.25 mm、0.25~0.075 mm、0.075~0.061 mm、0.061~0.045 mm、0.045~0.03 mm、<0.03 mm 的试样来进行自由膨胀率试验。试验结果表明：自由膨胀率随着粒径的减小而减小。土团直径越小，表示土壤颗粒分散程度越高，试样中小颗粒的比例增大，导致同体积的干土在水中进一步分散的能力减弱，从而使其自由膨胀率较低。质量是自由膨胀率随着粒径降低而降低的直接原因，粒径的变化是其根本原因。

关键词：颗粒粒径；自由膨胀率；强膨胀土

1　引言

膨胀土是一种特殊的黏性土，其黏粒成分主要由亲水性矿物（如蒙脱石、高岭石等）构成，具有显著的吸水膨胀和失水收缩两种变形特性。这种反复的胀缩变形性质，对路基、轻型建筑、机场、岸坡及堤坝等都有严重的破坏作用[1]。膨胀土在自然条件下多呈硬塑或坚硬状态，颜色为黄、红、灰白色，裂隙发育，常见光滑面和擦痕[2]。

膨胀土最重要的一个性质就是膨胀性。膨胀土的膨胀性与多种因素有关，其中包括粒径大小。粒径是影响膨胀土自由膨胀率的重要因素之一，粒径的不同会影响土粒的比表面积和边缘效应，从而影响其在水中的膨胀行为[3]。较小的粒径意味着更大的比表面积，这可能导致更强烈的膨胀反应，因为其有更多的表面区域可以与水分子相互作用。此外，粒径还影响土样在水中的分散程度，较小粒径的土样在水中更容易分散，导致膨胀率增加，而较大粒径的土样则相反。

自由膨胀率是衡量黏性土在水中膨胀特性的一个重要参数，它对膨胀土的分类、特性评估以及在水利、铁路、公路和建筑等领域的应用具有重要的指导意义。张伟利等[4]研究了粒度区间为 0.5~0.25 mm、0.25~0.1 mm、<0.1 mm 对改性土样自由膨胀率的影响，得出在粒径组成、环境温度和冷却与否 3 种因素中，粒径组成对自由膨胀率测试结果的影响最大，通过控制供测土样粒度组成的方法可以有效提高不同土样自由膨胀率试验结果的可比性，同时可以减小试验误差。王亮亮等[5]通过改变试验的初始温度，得出土样初始温度的变化对粒径小于 0.075 mm 膨胀土的自由膨胀率具有较明显的影响。向天兵等[6]通过将土样粒径进行分级，分成过 0.5 mm 筛、0.5~0.25 mm、0.25~0.075 mm、<0.075 mm 四组，研究发现，当粒径区间控制在 0.5~0.25 mm 范围内时，自由膨胀率试验结果的可靠性和可比性更强。

在工程应用中，了解粒径如何影响自由膨胀率对于设计和施工具有重要意义。目前对于自由膨胀率试验的研究较为成熟，但是测定 0.075 mm 以下土样粒径对自由膨胀率测定的试验研究仍需要进一步的探究。本文通过对土样粒径 0.5~0.075 mm 的分级外，进一步针对粒径在 0.075 mm 以下的土样粒径的分级，分别分成 0.075~0.061 mm、0.061~0.045 mm、0.045~0.03 mm、<0.03 mm，进一步

作者简介：李乐（2001—），男，硕士研究生，研究方向为特殊土土力学。

通信作者：胡波（1980—），男，正高级工程师。

研究了土样粒径对自由膨胀率测定的影响。

2 试验材料与试验方法

2.1 试验材料制备

本试验所用强膨胀土来自河北邯郸，其物理学性质指标及化学成分分别如表 1、表 2 所示。

表 1 强膨胀土物理性质指标

天然含水率 w_0/ %	干密度 ρ_d/ ($g \cdot cm^{-3}$)	孔隙比 e	饱和度 s_r/%	液限 W_L/%	塑限 W_p/%	塑性指数 I_p
33.5	1.39	0.998	92.8	81.2	32.9	48.2

表 2 强膨胀土化学成分 %

土样	Si	Al	Fe	Mg	Ca	Cl
强膨胀土	36.02	11.73	6.11	1.51	1.161	0.052

在对膨胀土的化学成分进行分析后，得出硅元素的含量最为丰富，紧随其后的是铝元素，这与亲水矿物的典型化学特征相吻合。此外，膨胀土中还检测到了少量的铁(Fe)和镁(Mg)元素，而钙(Ca)和氯(Cl)元素的含量则相对较低。值得注意的是，膨胀土中 Al_2O_3 含量高达 26.96%，这进一步证实了膨胀土中亲水矿物的含量越高，其膨胀性也越显著的特性。

2.2 试验方法

先将烘干的土样进行打碎，按照试验规范，取代表性土样进行碾碎，过 0.5 mm 筛。通过传统的顶针振筛机器进行筛分，分成 0.5~0.25 mm、0.25~0.075 mm、<0.075 mm 的土试样。再通过负压筛分仪器筛分成 0.075~0.061 mm、0.061 mm~0.045 mm、0.045~0.03 mm、<0.03 mm，对不同区间的试验土样筛分两遍过后质量不发生变化，以及配置过 0.5 mm 筛的强膨胀土试样。由文献［7］可知，人为因素对试验制样的影响比较大，为了减小试验的人为因素影响，这里把过 0.5 mm 筛的土试样质量配比设置成 0.5~0.25 mm 占 50%，0.25~0.075 mm 占 30%，0.075 mm 以下占 20%，制备土样如图 1 所示。

图 1 制备土样

3 试验结果及分析

3.1 试验结果整理

按照《土工试验方法标准》(GB/T 50123—2019)[8] 进行自由膨胀率试验，如图 2 所示。按式 (1) 计算自由膨胀率：

$$\delta_{ef} = \frac{V_{we} - V_0}{V_0} \times 100 \tag{1}$$

式中：δ_{ef} 为自由膨胀率 (%)；V_{we} 为土样在水中膨胀稳定后的体积，mL；V_0 为土样初始体积，即量土杯的体积，本试验中采用 $V_0 = 10$ mL。

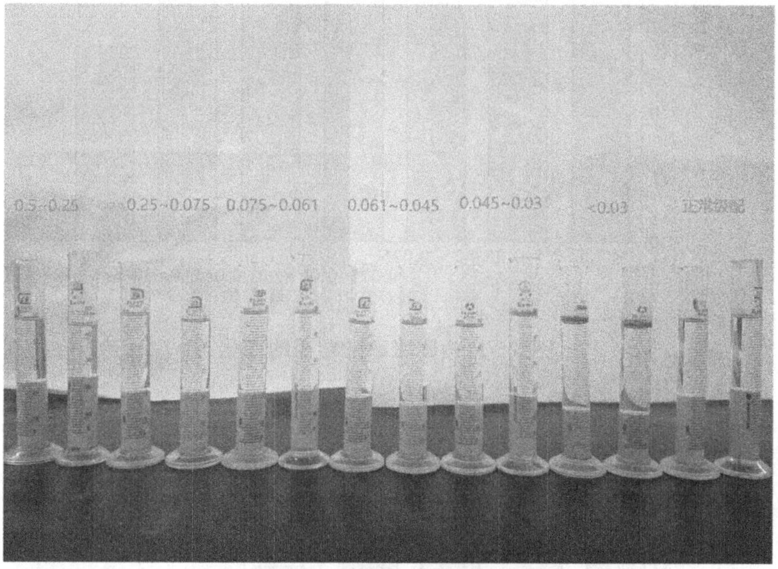

图 2 自由膨胀率试验结果

计算结果如表 3 所示，其中 m_1、m_2 为平行试验的质量，V_{we1}、V_{we2} 为其平行试验的最终膨胀体积。

表 3 自由膨胀率试验结果整理

粒径	<0.5 mm	0.5~0.25 mm	0.25~0.075 mm	0.075~0.061 mm	0.061~0.045 mm	0.045~0.03 mm	<0.03 mm
m_1/g	10.63	10.09	9.25	8.59	7.96	7.61	5.86
m_2/g	10.54	10.02	9.24	8.67	7.92	7.57	5.85
V_{we1}/mL	23.30	25.30	22.60	21.30	20.10	19.50	17.80
V_{we2}/mL	23.50	25.00	22.00	21.00	20.00	19.20	17.20

3.2 粒径对自由膨胀率的影响

根据试验结果绘制出土样的自由膨胀率及质量随粒径的变化特征，如图 3 所示。从图 3 中可以看出，过 0.5 mm 筛试样的自由膨胀率小于粒径区间在 0.5~0.25 mm 膨胀土的自由膨胀率。从 0.5~0.25 mm 粒径区间起，土的自由膨胀率随着粒径区间的降低在不断地减小，但并不能确定是受粒径区间的影响，因为由图 4 可以看出其质量也是在不断减小的，质量的减小也是其自由膨胀率减小的一个重要因素。当把过 0.5 mm 筛试样的质量和 0.5~0.25 mm 粒径区间质量进行对比时，可以发现过 0.5 mm 筛试样的质量大于 0.5~0.25 mm 的质量，但是自由膨胀率却小于 0.5~0.25 mm 的自由膨胀率。过 0.5 mm 筛试样与 0.5~0.25 mm 试样的最大区别在于过 0.5 mm 筛试样比 0.5~0.25 mm 试样质量组成上多了50%的小于0.25 mm粒径的土样。说明粒径越小，其自由膨胀率就越小。郭爱国等[7] 研究指出，土团直径越小，分散程度越高。分散程度较高的土团在试样中所占比例越大，同体积的干土在水中进一步分散的程度就越小，其自由膨胀率就相对较小。

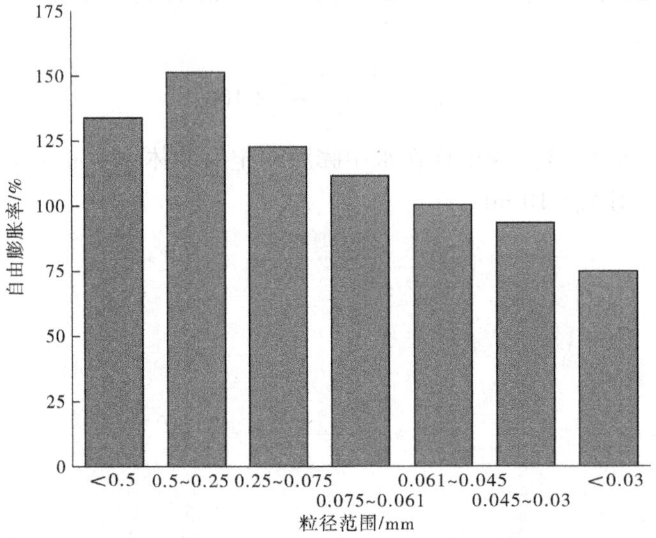

图3 自由膨胀率随粒径的变化

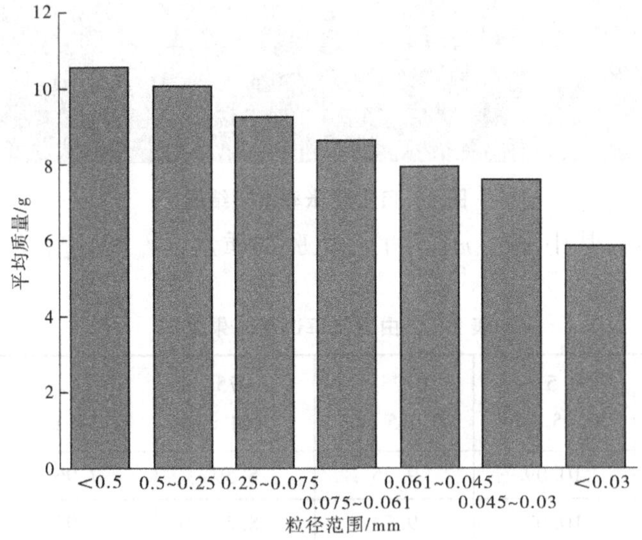

图4 质量随粒径的变化

3.3 土颗粒质量对自由膨胀率的影响

由图4可以看出，过0.5 mm筛试样的质量最大，因为其级配比试验当中其他粒径区间组的好。随着粒径的减小，质量在不断下降，说明级配在不断变差。质量的降低与自由膨胀率降低是有直接关系的，但是质量的降低是由级配的变化导致的，在总体积不变的情况下，粒径的不断减小是导致级配变差的主要因素。综合以上分析可以得出，质量是自由膨胀率变化的直接原因，粒径的变化是根本原因。

3.4 粒径对自由膨胀率试验合理性的判断

根据GB/T 50123—2019[8] 规定可知，当自由膨胀率$\delta_{ef}\geqslant60\%$时，平行试验测量的自由膨胀体积最大的允许差值为±8%，质量不超过0.1 g。由表3可知，其质量是满足试验误差要求的。其自由膨胀体积误差根据表3整理如表4所示，由表4可知，其差值在试验允许范围内，表明本试验具有合理性。

表 4　自由膨胀体积试验差值

粒径/mm	<0.5	0.5~0.25	0.25~0.075	0.075~0.061	0.061~0.045	0.045~0.03	<0.03
差值/%	±2	±3	±6	±3	±1	±3	±6

4　结论

土样自由膨胀率的大小本质上应取决于土的种类。土的种类不同，其自由膨胀率存在差异是正常的，但对同一土样来说，若试验方法较完善，试验结果不会由于人为因素影响而发生较大变化，其测定值应是较稳定的。本试验选择河北邯郸强膨胀土，通过对土试样进行不同粒径的分级，共分成 7 组来进行自由膨胀率试验，最终得到以下几点结论：

（1）粒径的大小对自由膨胀率有很大的影响。随着粒径的减小，其自由膨胀率也在不断减小。这是因为随着粒径的减小，体积不变，为 10 mL，所量取的质量在不断减小，参与膨胀的实际土减少。

（2）过 0.5 mm 筛试样的土质量大于 0.5~0.25 mm 土质量，但是自由膨胀率却低于 0.5~0.25 mm 的强膨胀土。这是因为土团直径越小，分散程度越高。分散程度较高的土团在试样中所占比例越大，同体积的干土在水中进一步分散的程度就越小，其自由膨胀率就相对较小。

（3）虽然自由膨胀率能够表征土颗粒的膨胀潜势，是膨胀土判定十分重要的指标；但同时也应该注意到，膨胀土的胀缩性能还与土的含水率关系密切。工程中，在经自由膨胀率判定膨胀潜势后，应根据实际情况，灵活运用。

参考文献

[1] 贾文聪，李永红，党进谦，等．膨胀土强度特性的试验研究［J］．西北农林科技大学学报（自然科学版），2015，43（5）：217-221，228.

[2] 刘浩林，李丹，胡波，等．基于 MICP 技术改良的膨胀土膨胀特性试验研究［J］．长江科学院院报，2022，39（6）：150-156.

[3] 俞海洲，王保田，赵辰洋．颗粒成分对黏性土收缩性能的影响［J］．科学技术与工程，2013，13（9）：2591-2593.

[4] 张伟利，李永红，党进谦，等．提高膨胀土自由膨胀率试验精度的研究［J］．西北农林科技大学学报（自然科学版），2015，43（9）：203-209.

[5] 王亮亮，王照腾，丁志平，等．膨胀土自由膨胀率精度影响因素的试验研究（英文）［J］．Journal of Central South University，2022，29（5）：1653-1662.

[6] 向天兵，程芸，杨纬卿，等．自由膨胀率试验结果影响分析及胀缩机理探讨［J］．土工基础，2021，35（6）：792-797.

[7] 郭爱国，孔令伟，陈建斌．自由膨胀率试验的影响因素［J］．岩土力学，2006（11）：1949-1953.

[8] 中华人民共和国水利部．土工试验方法标准：GB/T 50123—2019［S］．北京：中国计划出版社，2019.

超声横波成像技术在水工混凝土质量缺陷检测中的应用研究

任蒙蒙[1,2]　王卫光[1,2]　卢宗业[1,2]

（1. 珠江水利委员会珠江水利科学研究院，广东广州　510610；
2. 水利部粤港澳大湾区水安全保障重点实验室，广东广州　510610）

摘　要：混凝土缺陷在水利工程中普遍存在，由于工程结构复杂，难以精准确定其位置。超声横波成像技术在水利工程混凝土缺陷检测中的应用越来越广。本文通过模型试验验证了超声横波成像技术在混凝土缺陷测试中的准确性和适用性。以某水利工程为例，利用超声横波成像技术对其坝段洞室混凝土结构缺陷进行测试，采用不同的扫描模式对测试结果进行分析，确定了混凝土结构的不密实缺陷区域，为超声横波成像技术在水利工程中的应用提供基础数据和技术支撑。

关键词：混凝土结构缺陷；超声横波成像；无损检测；水利工程

1　引言

近年来，水利工程建设飞速发展，引调水工程、水利枢纽工程等工程数量快速增加，混凝土质量是确保水利工程安全稳定运行的关键因素。然而，在水利工程建设期和运维期间，混凝土结构可能出现空洞、蜂窝、疏松等内部缺陷[1]，从而降低工程的耐久性和服役寿命。因此，建设期和运维期对混凝土缺陷进行检测和排查有利于提高水利工程的安全性与稳定性。

混凝土结构缺陷检测方法主要分为两种：破坏性检测和无损检测。由于破坏性检测对工程结构有一定的影响，因此在工程中无法大面积使用。随着科技的不断发展，越来越多的无损检测方法应用于混凝土缺陷检测，主要包含超声法、射线法、激光法、雷达法、微波法等[2-4]。其中，超声检测具备体积小、操作简单、检测速度快、处理数据简单等优点，已广泛应用于混凝土缺陷检测。基于超声横波在不同介质中的传播特点及合成孔径聚焦技术，超声横波成像技术对混凝土内部缺陷的检测效果更加准确，分辨率更高[5]。因此，超声横波成像技术可应用于水工混凝土缺陷检测领域。本文以某水利工程为例，采用超声横波成像技术对混凝土内部缺陷进行检测，结合模型试验与实体检测数据，采用不同的扫描模式对测试结果进行综合分析，准确判断混凝土内部缺陷位置及尺寸，为超声横波成像技术在水利工程混凝土质量无损检测中的广泛应用提供技术支撑。

2　超声横向成像技术基本原理

超声横波成像技术是近年来发展的混凝土质量检测新方法。根据声波的传播方向与介质点振动方向的关系，声波可分为纵波（P 波）、横波（S 波）和表面波（R 波）。传统超声反射法是采用纵波进行缺陷检测，而超声横波成像技术是基于横波进行检测的。横波（S 波）仅能在固体介质中传播，在混凝土与空气或液体界面处能够全部反射，且反射系数和波幅明显大于纵波，其还利用合成孔径聚

基金项目：广州市科技计划项目“复杂环境多因素作用下隧洞混凝土钢衬外防腐环氧砂浆涂层的防护机理研究”（任务书编号：2023A04J1023）。

作者简介：任蒙蒙（1992—），男，博士，工程师，现从事水利工程质量检测、材料研发与应用研究工作。

焦技术进行成像，从而提高对混凝土内部缺陷检测的敏感性、准确性[6-7]。因此，超声横波成像技术在混凝土内部缺陷检测中的应用前景广阔。

2.1 基本原理

超声横波成像技术与超声纵波反射法在本质上相差不大，即利用超声波在不同介质（固-液、固-气等）中传播速度和波阻抗的差异，结合超声波速的传播速度可判断介质的缺陷部位和类型，如图1所示。

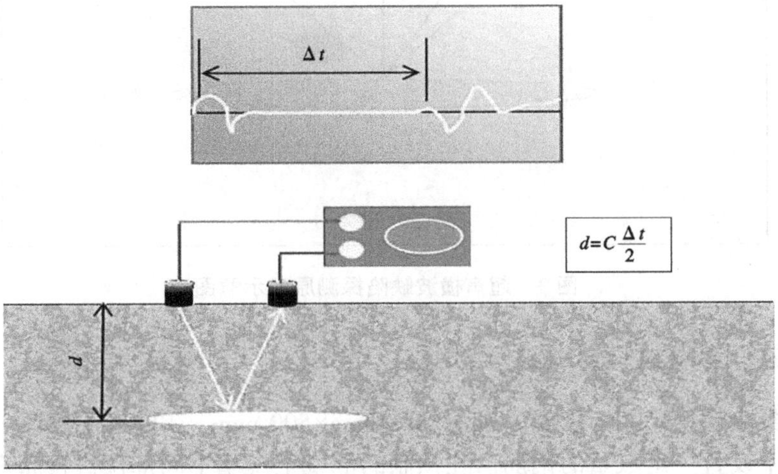

图1 超声反射法检测原理示意图

传统超声反射法大多采用“单点激发，单点接收”的方式，但是由于超声波在传播过程中易受其他介质干扰且方向性差，从而造成传统超声反射法的分辨率较低。超声横波成像技术采用合成孔径聚焦技术（Synthetic Aperture Focusing Technique，SAFT），利用“多点发射，多点接收”的方式，通过多个小孔径传感器共同作用于被测物体，从而提高检测结果的分辨率[8]。SAFT的超声波发射、接收示意图见图2。

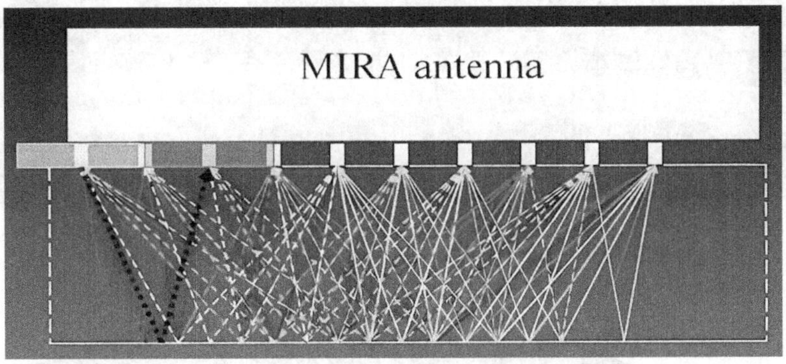

图2 SAFT的超声波发射、接收示意图

2.2 数据采集与处理

SAFT采用“多点发射，多点接收”的方式对被测物体进行探测，通过延长不同传感器采集的信号，叠加凸显异常反射，结合超声横波在被测物体内部传播路径和时间可计算出缺陷的类型和方位[9-10]。超声横波缺陷探测原理示意图如图3所示。以图3为例，缺陷与不同传感器中心的距离存在以下关系：

$$d_n = \sqrt{l_n^2 + h^2} \qquad n = 1,\ 2,\ 3,\ \cdots \tag{1}$$

假设横波在混凝土中的传播速度为v，则传播距离和时间之间的关系为：

$$t_n = \frac{2d_n}{v} = \frac{2\sqrt{l_n^2 + h^2}}{v} \qquad n = 1,\ 2,\ 3 \tag{2}$$

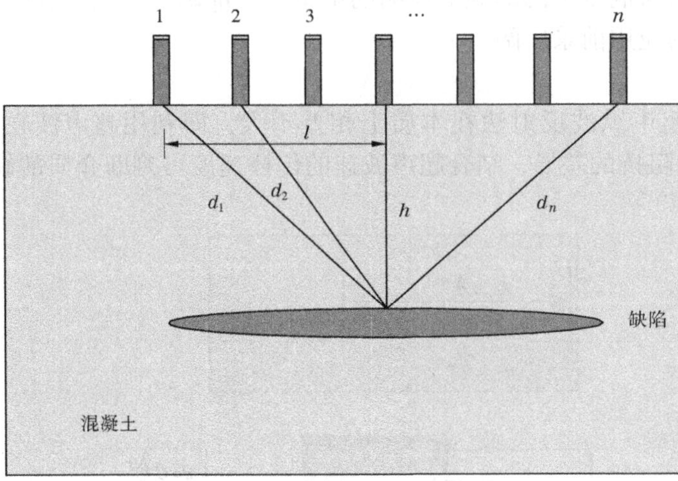

图 3　超声横波缺陷探测原理示意图

3　脱空及钢筋位置模型试验与验证

实验室预制混凝土模型尺寸为 1 850 mm×1 000 mm×500 mm，在模型中预埋一块泡沫板作为脱空缺陷，同时在模型中设置一定数量的钢筋。在预制的混凝土模型不同部位进行超声横波成像测试，测试结果如图 4 所示。检测结构中缺陷判别方法是测试图形中深蓝色为无异常区域，以黄色表示轻微异常或不同介质、红色表示强烈异常（如脱空缺陷、钢筋或面板自由界面等）。从图 4 中可以清晰看出，混凝土模型在深度 100 mm 处的钢筋及在 300 mm 处的预制脱空，与模型中设置的参数一致，具有较好的测试效果。

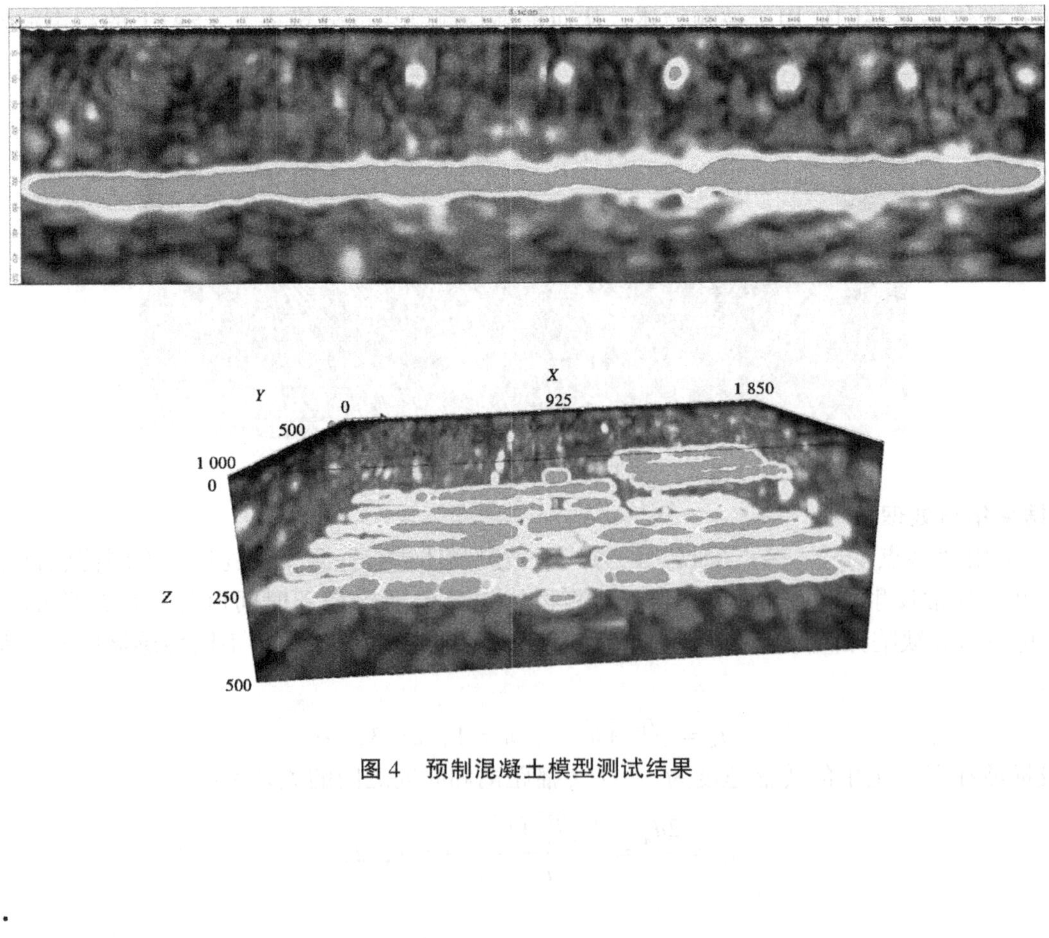

图 4　预制混凝土模型测试结果

4　工程应用实例

4.1　检测方案

本试验测试对象为某水利工程主坝右岸厂坝工程 1#~5#机组坝段洞室混凝土结构，现场共布置了 20 个测区，编号 1#~20#，测区面积合计 48.55 m^2。每个测区的测网测线方向平行于洞轴方向，测线间距 10 cm，测点间距 15 cm。测区分布及测网布置如图 5 所示。

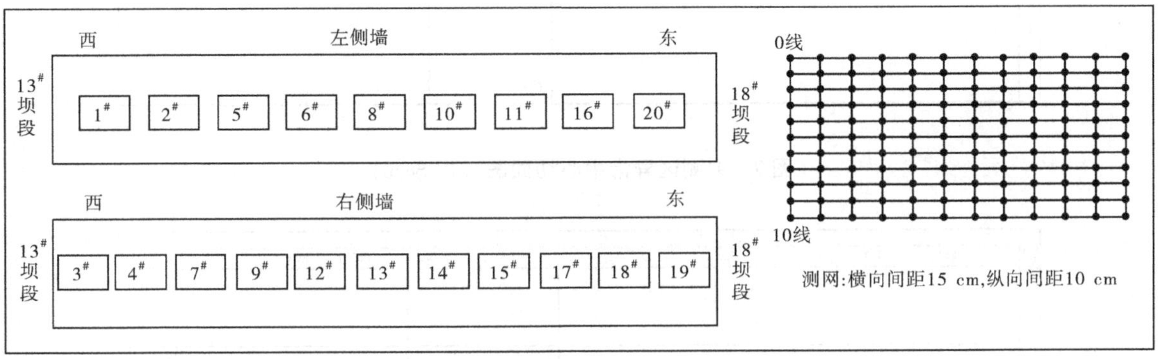

图 5　现场测线布置示意图

4.2　试验结果与分析

针对水利工程的洞室混凝土结构不同位置进行超声横波测试，本文选取了具有代表性的测试结果（1#、9#、15#、20#），如图 6 所示。从图中可以看出，1#、15#、20#测区混凝土结构内部未发现明显不密实、脱空、空洞等缺陷异常。而 9#测区混凝土结构内部发现异常信号。

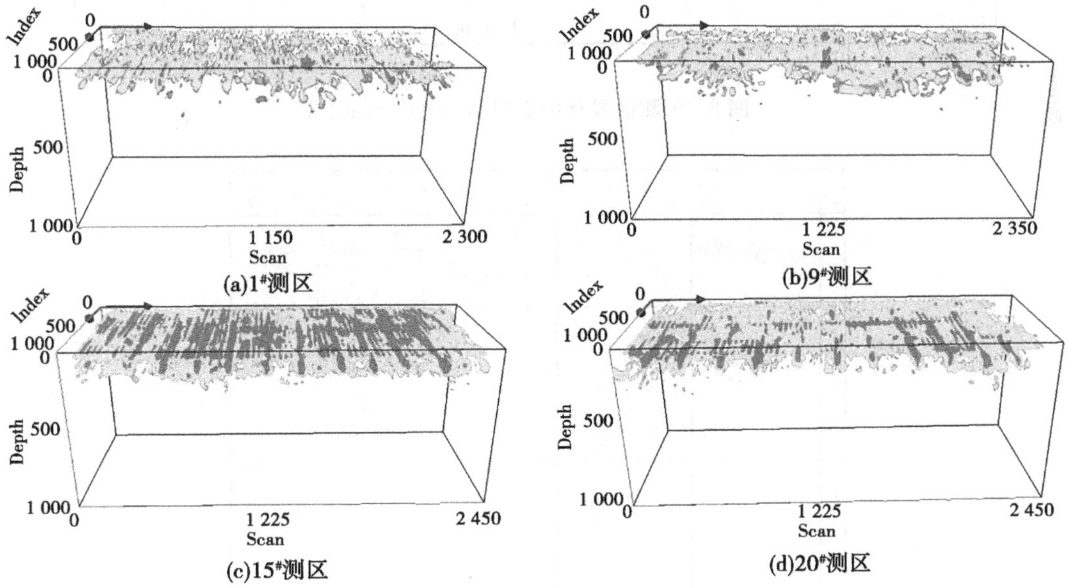

图 6　1#测区超声横波测试 3D 数据图

采用不同扫描模式（中心 B-scan、C-scan、D-scan 和 3D 切片模式）对 9#测区混凝土结构异常测试结果进行分析，具体结果如图 7~图 10 所示。通过对不同扫描模式的数据进行分析可得出，9#测区混凝土结构存在不密实缺陷，具体位置为（以左上角为坐标原点）横向 1.28~1.60 m、纵向 0.20~0.40 m、深度 0.12~0.40 m 范围存在不密实缺陷异常，异常体积约 0.017 92 m^3。

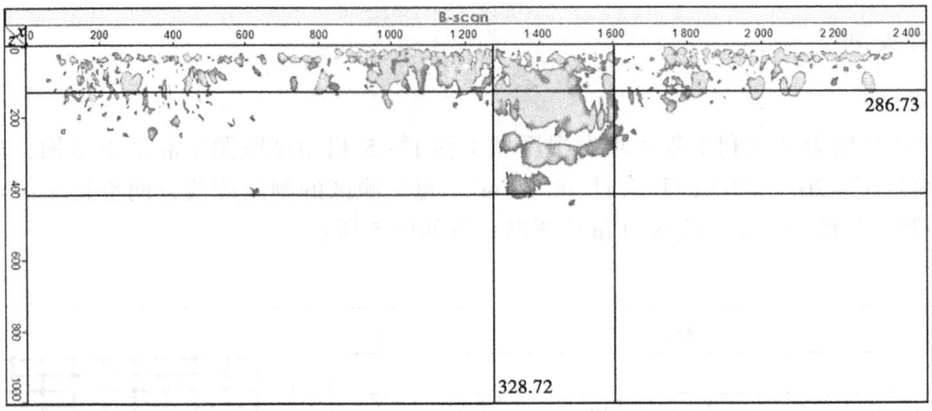

图 7　9#测区异常中心切面图（B-Scan）

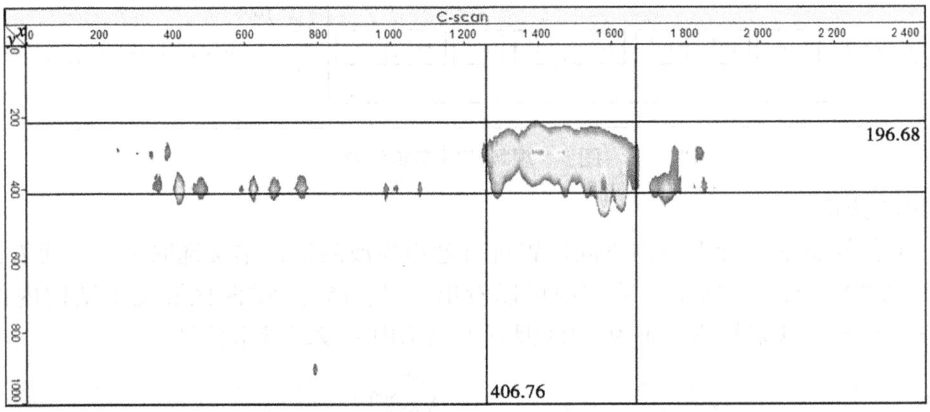

图 8　9#测区异常中心切面图（C-Scan）

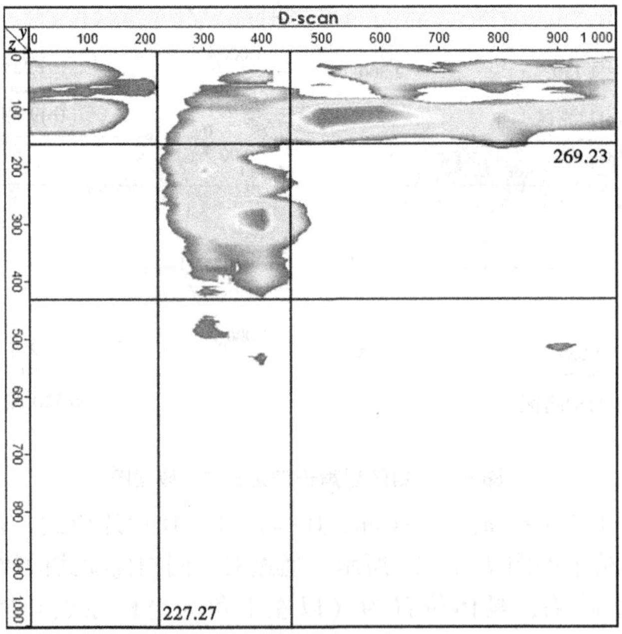

图 9　9#测区异常中心切面图（D-Scan）

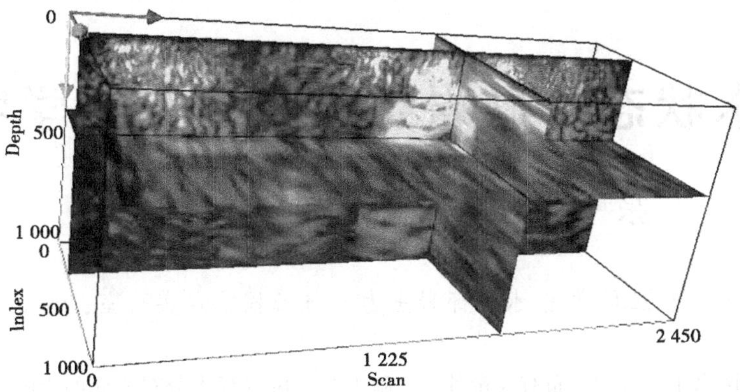

图 10　9#测区异常区域 3D 切片图

5　结论

（1）通过对实验室预制混凝土模型进行测试，超声横波成像技术能够准确探测到脱空及钢筋的位置，与模型中设置的参数一致，测试效果好且分辨率高。

（2）通过对不同扫描模式的数据进行分析可得出，9#测区混凝土结构存在不密实缺陷，具体位置为（以左上角为坐标原点）横向 1.28～1.60 m、纵向 0.20～0.40 m、深度 0.12～0.40 m 范围存在不密实缺陷异常，异常体积约 0.017 92 m^3。

（3）在水利工程服役过程中，由于工程结构复杂，仅采用超声横波成像技术单一无损测试方法无法准确判断混凝土缺陷位置及大小，需要结合其他检测手段进行综合分析判断，从而全面掌握水工混凝土结构缺陷，及时采取应对措施，确保水利工程的耐久性及安全性。

参考文献

[1] 陈劲，陈晓东，赵辉，等．基于红外热成像法和超声波法的钢管混凝土无损检测技术的试验研究与应用［J］．建筑结构学报，2021，42（S2）：444-453.

[2] DUXBURY D，RUSSELL J，LOWE M. The effect of variation in phased array element performance for nondestructive evaluation（NDE）［J］. Ultrasonics，2013，53（6）：1065-1078.

[3] LI X，FAN L，HUANG H，et al. Application of ground penetrating radar in leakage deteetion of conerete face rockfill dam［J］. IOP Conferenee Series：Earth and Environmental Seience，2018，189（1）：22-44.

[4] SJÖDAHL P，DAHLIN T，JOHANSSON S. Using the resistivity method for leakage detection in a blind test at the Rssvatn embankment dam test faeility in Norway［J］. Bulletin of Engineering Geology & the Environment，2010，69（4）：643-658.

[5] KRAUSE M，CHINTA P K，MAYER K，et al. NDT of structural timber members by means of 3D ultrasonic imaging techniques and modelling［J］. Springer Netherlands，2013，6：31-36.

[6] 张建清，蔡加兴，庞晓星．超声横波成像法在混凝土质量检测中的应用［J］．大坝与安全，2016（3）：10-15.

[7] 王继成，许锡宾，赵明阶．水工砼结构损伤诊断技术研究综述［J］．重庆交通学院学报，2004（4）：19-23，29.

[8] 栗宝鹃，张涛，张美多，等．超声横波反射三维成像技术及在水工混凝土缺陷诊断中的应用［J］．工程地球物理学报，2022，19（5）：595-602.

[9] 朱燕梅，范泯进，沙椿．混凝土缺陷超声横波三维成像法探测精度影响因素的研究［J］．工程地球物理学报，2016，13（6）：739-745.

[10] SKJELVAREID M H，BIRKELUND Y，LARSEN Y. Synthetic aperture focusing of outwardly directed cylindrical ultrasound scans［J］. IEEE transactions on ultrasonics，ferroelectrics，and frequency control，2012，59（11）：2460-2469.

不同含水状态下砂岩纵波波速与力学特性研究

张　昊　周黎明　罗　荣　张利洁

（长江水利委员会长江科学院 水利部岩土力学与工程重点实验室，湖北武汉　430010）

摘　要：西南某引调水工程隧洞分布有大量砂岩，施工时不可忽视水分对岩体的影响。本文以岩石纵波波速与力学测试为主要手段，设置烘干、天然、饱和三种不同的含水状态，开展对水工隧洞砂岩试样的声波测试与单轴抗压强度试验，揭示不同含水状态下岩样的波速与力学特性。结果表明：随着岩样内部含水程度的增大，岩样纵波波速呈上升趋势，而单轴抗压强度与弹性模量呈下降趋势，岩石应力-应变曲线弹性阶段缩短，破坏时的脆性特性减弱、裂隙分布变多。波速与力学参数具有一定的关联性，波速与强度、弹性模量总体呈负相关关系。

关键词：砂岩；声波测试；纵波波速；抗压强度

1　引言

超声检测技术在在岩土工程中应用广泛。岩石的纵波波速测试作为有效的工程检测手段，对获取岩石结构信息具有十分重要的作用。一般认为，岩石的纵波波速与岩石的物理性质及力学特性有着一定的相关性[1]。岩石的岩性成分、饱水程度以及致密程度均是影响岩石波速水平大小的重要因素[2]。在引调水工程中，隧洞岩体常常受到水的影响，水环境的变化也导致了很多工程灾害的发生[3-5]。在分布有大量砂岩的引调水水工隧洞工程中，不可忽视水分对砂岩岩体的影响。多项研究表明，含水率的增大降低了砂岩的抗压强度[6]、弹性模量以及脆性系数[7]。因此，为保障工程建设的安全进行，必须重视水分带来的不利影响。对于不同含水状态的岩石，其纵波波速与力学参数均随着含水状态的改变而发生变化[8]。

本文以引调水隧洞砂岩为研究对象，对岩样进行不同含水状态下的纵波波速及力学测试，旨在运用检测手段来考察含水状态对砂岩的影响，为引调水隧洞的建设提供依据。

2　试验方案

2.1　试样选取

本文选用我国西南地区某引调水工程隧洞砂岩为试验岩样，试验主要依据为《水利水电工程岩石试验规程》（SL/T 264—2020）。砂岩岩样加工为直径 50 mm、高度 100 mm 的圆柱体试样。岩样完整，质地均匀，无缺损与不良裂隙。加工完毕的砂岩试样如图 1 所示。

2.2　试验方法

试验首先记录岩样尺寸，并对天然状态下的试样进行纵波波速测试。将天然状态下的岩样分为三组，分别进行烘干、天然、饱和三种不同含水状态的处理。其中，将需要烘干处理的岩样放入烘箱中以 105~110 ℃烘干 24 h，并在密闭干燥环境中冷却至室温；对需要饱和处理的岩样使用真空抽气法进行饱和处理，抽气后的岩样在大气压下的含水容器中静置 4 h 后得到饱和岩样。对烘干和饱和处理

基金项目：中央级公益性科研院所基本科研业务费（CKSF2023316/YT）。

作者简介：张昊（2000—），男，岩土工程硕士研究生，主要研究方向为岩石力学理论与试验。

通信作者：周黎明（1977—），男，正高级工程师，主要从事工程地球物理探测方面的研究与应用工作。

图 1　砂岩试样

后的岩样进行纵波波速测试。本试验纵波波速测试使用 ZBL-U520 型非金属超声检测仪。测试时，岩石表面与金属探头之间涂抹凡士林为耦合剂，将探头对准岩样两端中心进行测试。

对于不同含水状态的砂岩试样，本试验同时设计了单轴抗压试验来测试其力学特性。试验采用位移控制加载，位移速率为 0.005 mm/s，持续加载至岩石破坏，获取其应力-应变曲线。单轴压缩试验仪器为岩石力学测试系统 RMT-301。该系统具有操作简便、性能稳定等优势，且测试精度符合本次试验要求。

3　含水状态对波速的影响分析

对处理前后的岩样进行声波测试，可以得到不同含水状态下岩样纵波波速值（见表 1）。根据天然状态下的纵波波速 v_p 与经过含水状态处理后纵波波速 v'_p，计算得到纵波波速之比 v'_p/v_p。可以看出：不同含水状态下，岩样的纵波波速大小有所不同。天然状态下的岩样纵波波速在 4 736～5 380 km/h 范围之内，平均值为 4 986 km/h，而烘干状态与饱和状态下的纵波波速分别为 4 741 km/h 与 5 276 km/h。对于烘干状态岩样，其纵波波速之比均小于 1，均值为 0.94；饱水处理后的纵波波速均大于或等于 1，均值为 1.07（其中，试样 S-5 饱和处理后未产生纵波波速变化）。因此，对于砂岩岩样，随着岩样内部含水程度的增大，其纵波波速也逐渐增大。

表 1　不同含水状态下砂岩波速、强度与弹模测试结果

编号	含水状态	v_p /（km/h）	v'_p /（km/h）	v'_p/v_p	σ/MPa	E/GPa
D-1	烘干	4 881	4 745	0.97	201	46.6
D-2		5 380	4 770	0.89	188	43.4
D-3		5 143	4 851	0.94	191	51.1
D-4		4 801	4 574	0.95	179	47.6
D-5		5 048	4 766	0.94	189	50.6
N-1	天然	4 952	—	—	177	44.2
N-2		4 927	—	—	167	40.3
N-3		4 851	—	—	171	48.8
N-4		5 305	—	—	183	49.4
N-5		4 869	—	—	167	44.2
S-1	饱和	4 736	5 213	1.10	146	39.8
S-2		4 989	5 218	1.05	148	40.6
S-3		5 132	5 460	1.06	133	38.9
S-4		4 904	5 622	1.15	138	41.7
S-5		4 867	4 867	1.00	145	42.9

对于天然的岩石试样而言，由于其处于自然界中天然的地质环境中，内部微裂隙与孔隙中存在着一定的水分。经过烘干处理后，这部分天然存在的水分在高温环境下逸散，内部水分被排空；而饱和处理使岩样内部未被水分填满的部分浸泡入水环境中，并在外部作用下使水分将岩石内部孔隙全部被水分填充至饱和。纵波在水分中的传播速度远大于在空气中的传播速度。因此，当岩石内部含水状态发生改变时，岩石传递声波能量的能力也随之改变，纵波波速大小也相应地产生变化。随着含水程度的增大，岩石的纵波波速也随之增大。

4 含水状态对力学特性的影响分析

4.1 力学参数变化分析

通过单轴压缩试验，可以得到不同含水状态下岩样应力-应变曲线及力学参数。由表 1 可知，烘干、天然、饱和三种不同含水状态下岩样的平均抗压强度分别为 189 MPa、173 MPa、142 MPa，平均弹性模量分别为 47. 9 GPa、45. 38 GPa、40. 78 GPa。可见，随着含水状态的改变，砂岩岩样的力学参数有所变化，即随着含水程度的增大，岩样的单轴抗压强度与弹性模量随之变小。

4.2 应力-应变曲线分析

图 2 为三种状态下岩样应力-应变曲线。由图 2 可以看出：①三种不同的含水状态下，岩石的压密阶段曲线变化相似，但随着含水程度的增大，压密阶段曲线的下凹程度逐渐减小。由于水分比空气更难以被压缩，从曲线下凹程度也可以看出岩石内部水分对微小孔隙的填充作用的增大。②三种含水状态下，岩样的弹性变形阶段曲线均占据了应力-应变曲线的较大部分，说明本试验所选用的砂岩弹性性能较强。③岩样破坏前的屈服阶段随着含水程度的增大而越发明显，水分能够增大岩样的屈服效应。④岩样发生破坏时，应力跌落现象明显，岩石的脆性特征较为显著。相比而言，饱和状态下岩石破坏时的应力跌落幅度相对缓和，岩样饱和后，水分削弱了破坏时的脆性特征。

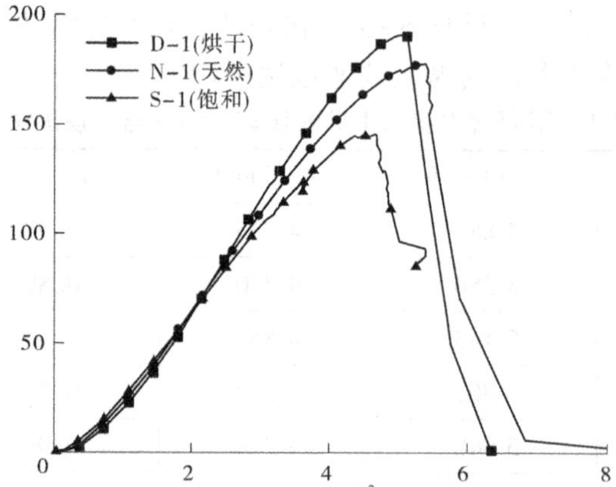

图 2　不同含水状态下应力-应变曲线

4.3 破坏形态分析

在单轴压缩试验中，当岩样所受轴向应力抵达应力峰值后发生破坏。图 3 为不同含水状态下的岩样破坏形态。可以看出：①当岩样处于烘干状态时，破坏后形成贯穿岩石上下两端的大裂隙面，裂隙面较为平整，岩石被破坏为较大且完整的块体，主要破坏模式为劈裂破坏。同时，由于裂隙面上剧烈的破坏作用，裂隙面由于摩擦而形成大量微小的砂岩粉末，破坏现象较为猛烈。②天然状态下的岩样被破坏为块体状与碎片状，但块体大小相对较小。此时岩样表明产生不规则的斜向裂隙面，剪切破坏现象有所表现。③当饱和岩样被破坏时，岩石表面有大量碎片脱落，未形成贯穿岩石的大裂隙面，主要破坏体现在岩石表面局部的缺损。

岩石的抗压能力主要由岩石的矿物骨架承担。当岩石内部含有水分时，岩石的矿物骨架受压后不仅受到外部荷载的轴向应力，也受到来自内部的孔隙水压力。因此，在一定的抗压强度下，同时受外压力与内部水压力的含水试样更易达到破坏。同时，岩石的某些矿物成分容易被水分侵蚀，从而削弱了岩石的矿物骨架。在水分的压力作用与侵蚀效应的双重作用下，岩样的强度降低，受压时岩石更易达到破坏强度。因此，饱和状态下的岩石，表面脱落现象较为严重，岩石碎屑较多。

(a)D-2　(b)D-3　(c)N-2　(d)N-5　(e)S-2　(f)S-5

图 3　不同含水状态下岩样破坏形态

5　波速与力学特性的相关性

在不同的含水状态下，砂岩岩样的纵波波速与力学参数均呈现出了一定的变化规律。图 4、图 5 为不同含水状态下，岩样纵波波速与单轴抗压强度、弹性模量的分布情况。从分布图中可以看出：①总体上，岩石试样的抗压强度、弹性模量均与纵波波速呈现负相关关系。纵波波速越大，岩样抗压强度与弹性模量越小。②随着含水程度的增大，试验数据分布的横向范围逐渐扩大，即烘干后岩样纵波波速分布离散性缩小，饱和后离散性增大。同时，烘干状态的试验数据的总体离散性最小，可认为烘干处理后岩石试样的测试行为表现更加均匀。③不同含水状态下，岩石抗压强度的分布状态均比弹性模量的分布更加密集，说明岩石内部水分变化对强度的影响作用更为显著。

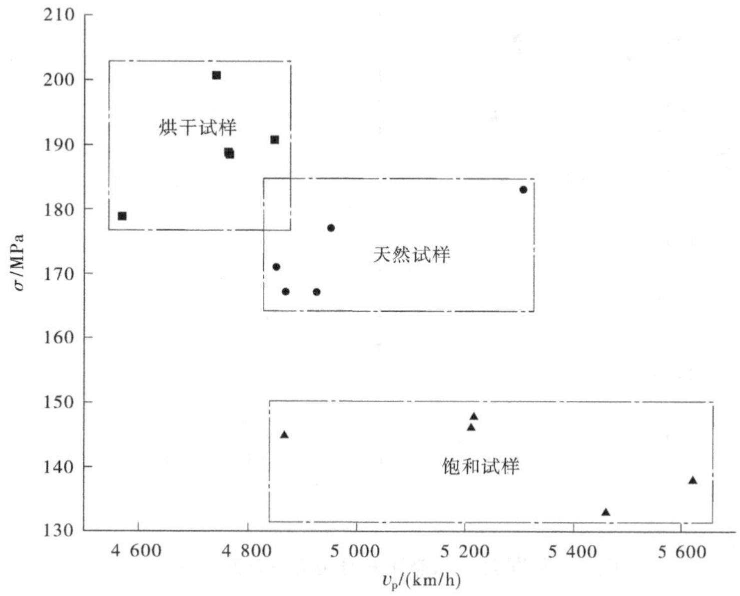

图 4　不同含水状态下抗压强度-波速分布

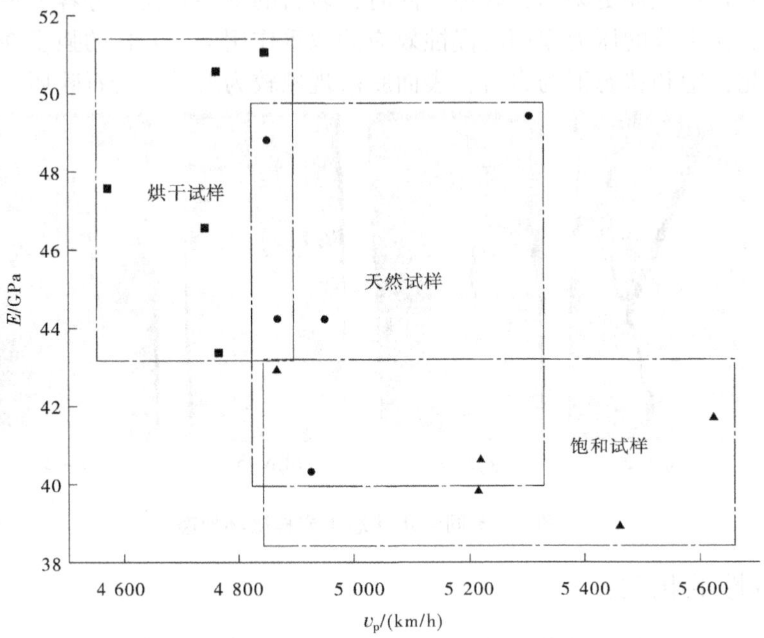

图 5　不同含水状态下弹性模量-波速分布

图 6、图 7 为不同含水状态下波速之比与抗压强度、弹性模量的分布情况。烘干与饱和两种状态下，抗压强度与波速之比的分布均比弹性模量与波速之比的分布更为密集，进一步说明岩石纵波波速与岩石强度水平的关联较为紧密。

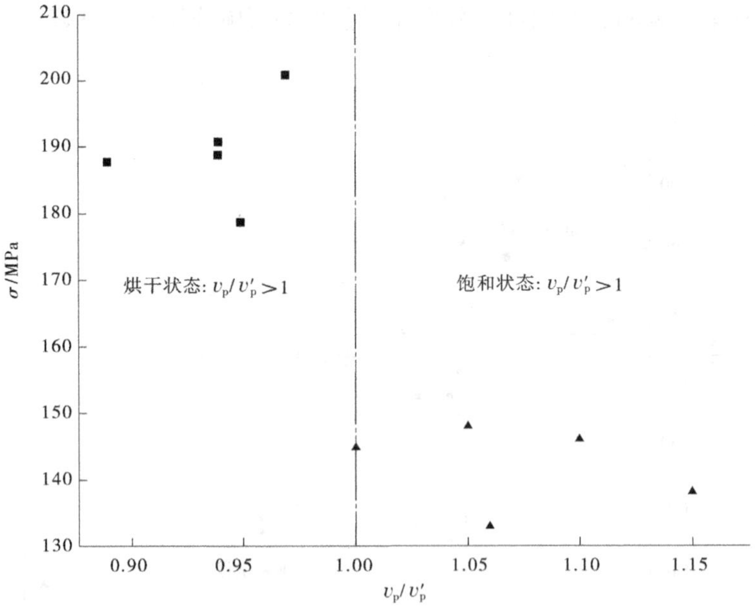

图 6　不同含水状态下抗压强度-波速之比分布

6　结论与展望

6.1　试验结论

(1) 砂岩试样的纵波波速与其含水状态密切相关，烘干状态下波速最高，天然状态下次之，饱和状态下波速最小，纵波波速随着含水程度的增大而增加。烘干及饱和岩样的波速与天然状态下的波

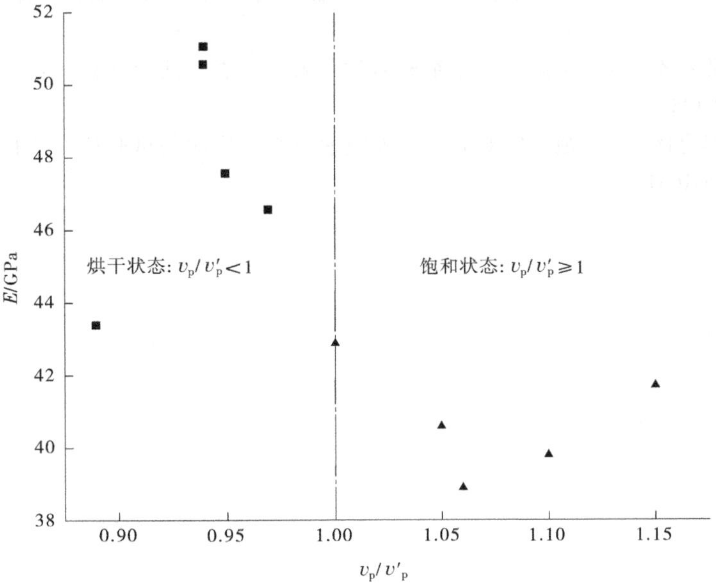

图 7 不同含水状态下弹性模量-波速之比分布

速之比分别为 0.94 和 1.07。传播声波能力更强的水分占据了岩样内部空隙，因而波速增加。

（2）随着岩样含水程度的增大，岩样的单轴抗压强度与弹性模量均呈减小趋势，应力-应变曲线中压密阶段曲线下凹程度减弱、屈服效应增强、应力跌落现象减弱。烘干岩样在破坏时以劈裂破坏为主，呈现出大裂隙面特征，而饱和试样未有贯穿岩石的大裂隙面，表面岩石碎片较多。

（3）岩石纵波波速与岩石力学参数有一定的关联性。总体上，纵波波速越大的岩样，其单轴抗压强度与弹性模量越大。饱和后岩样的波速分布比烘干状态下的波速分布更加离散，说明水对岩样的饱和作用效果差异性大。相比弹性模量，岩样的抗压强度与纵波波速的关联程度更加紧密。

6.2 展望

本试验通过对不同含水状态下砂岩岩样的试验，取得了一定的研究成果。但由于试验的设计及分析工作具有一定的局限性，为了深入探究含水状态对岩样特性的影响，可着手于以下方面：

（1）由于岩石个体之间具有较大的离散性，试验可进一步引用数值分析方法，对声波与力学试验的测试结果进行离散性分析，并探究其关联性。

（2）为深入探究含水状态对岩样的影响，可控制岩样的含水量，并进行含水率测试，研究构件含水率与声波、力学试验参数的内在关联。

（3）试验可对不同含水状态下的岩石进行微观考察与分析，探究砂岩的水-岩作用机制，深入阐释声波与力学特性的变化机制。

参考文献

[1] 赵明阶，吴德伦．工程岩体的超声波分类及强度预测［J］．岩石力学与工程学报，2000（1）：89-92.

[2] 周治国，朱合华，陈伟．饱水岩样声波传播规律的试验研究［J］．岩石力学与工程学报，2006（5）：911-917.

[3] 张为社．岩溶地区深长隧洞突水机理研究［D］．武汉：中国地质大学，2022.

[4] 董家兴，杨吉，周伦顺，等．砂化白云岩隧洞围岩致灾构造分类、孕灾及破坏模式研究［J］．岩石力学与工程学报，2024，43（5）：1064-1079.

[5] 周宗青，李利平，石少帅，等．隧道突涌水机制与渗透破坏灾变过程模拟研究［J］．岩土力学，2020，41（11）：3621-3631.

[6] 张村，高敬宜，吴润泽，等．含水饱和度影响下砂岩单轴压缩破碎特征及其弱化机理［J］．中国矿业大学学报，2024（6）．

[7] 史文豹，许庆钊，常聚才，等．不同含水率细砂岩软化效应及裂纹演化规律［J］．中国安全生产科学技术，2024，20（3）：118-125.

[8] 邓华锋，原先凡，李建林，等．饱水度对砂岩纵波波速及强度影响的试验研究［J］．岩石力学与工程学报，2013，32（8）：1625-1631.

水利工程液压启闭机活塞杆镀铬层失效分析及质量控制

刘剑宏　张恩明

（珠江水利委员会珠江水利科学研究院，广东广州　510610）

摘　要： 液压启闭机在水利工程中应用广泛，但其活塞杆镀铬层在潮湿环境下有脱落失效风险。本文通过对某水利工程闸门启闭机活塞杆镀铬层失效案例进行分析，探讨了镀铬层失效原因。同时详细阐述了镀覆前的质量控制要求、镀铬工艺参数控制措施、镀覆后的质量控制要求，以及质量检测要点，如外观、厚度、硬度、粗糙度、附着力和孔隙率等参数的检测方法和标准。结果表明，严格遵循相关规范要求进行镀覆前、后质量控制以及镀铬工艺参数控制措施和质量检测，可减缓活塞杆的锈蚀失效，保障液压启闭机的正常运行。

关键词： 液压启闭机；活塞杆；镀铬；失效分析；质量控制；质量检测

1　引言

液压启闭机由于承载力大，能够远距离传输动力，缓冲性能好，传动平稳，调速和转换方便，在水利工程中得到广泛的应用。活塞杆是启闭机的主要构件，起到把液体压力能转变成机械能的作用。镀铬工艺是活塞杆良好的表面处理工艺，具有良好的耐磨性、较高的耐腐蚀性和较高的硬度。若镀铬层本身存在质量问题，而且在潮湿环境下长时间运行，可能导致镀铬层脱落、失效，严重影响设备安全运行。

某水利工程闸门启闭机设备，经过10余年的运行后，闸门液压启闭机的活塞杆出现了大面积的镀铬层脱落（见图1）和起皮，部分起皮但未脱落的镀铬层附着在活塞杆上，在活塞杆移动启闭闸门时，起皮的镀层与液压缸的密封橡胶之间发生反复刮擦，引起密封橡胶破损，导致液压缸内的液压油密封不严而泄漏，并导致液压缸压力下降，达不到额定的启闭力，影响水闸安全运行。

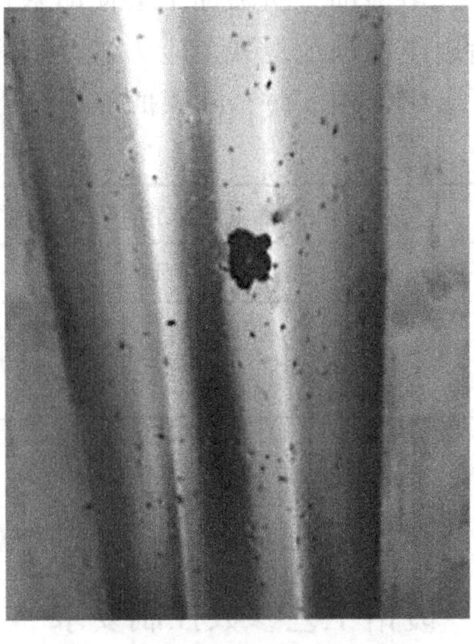
图1　活塞杆镀铬层腐蚀脱落

本文重点通过对启闭机活塞杆镀铬层失效进行原因分析，对镀铬的镀覆前的质量控制、镀铬工艺参数控制、镀覆后的质量控制以及质量检测要点进行探讨。

2　失效原因分析

镀铬活塞杆锈蚀的主要原因是镀铬层的失效[1]。在活塞杆镀铬制造阶段，未严格按镀覆前的质量控制要求、镀铬工艺参数控制措施、镀覆后的质量控制要求进行镀铬，以及在成品后未能对镀铬层的质量进行严格的检测，导致镀铬层质量不合格，其中镀铬层的硬度、粗糙度、附着力、孔隙率不合格最容易导致镀铬层在使用过程中失效。而且在液压启闭机投入使用后，在潮湿环境长时间运

作者简介： 刘剑宏（1989—），男，主要从事水利工程金结、机电专业检测工作。

行，水分、盐分等成分会通过镀铬层孔隙渗入到金属基体表面，使铬、铁电偶形成一个微电池，铬、铁电偶中铁实际电位比铬低，形成电化学腐蚀，发生电化学腐蚀时必先腐蚀镀铬层下的基体金属，轻微时可在表面观察到锈迹，严重的则会出现锈坑，甚至会沿基体金属的侧向扩展，造成表面缺陷处的镀铬层脱落。随着时间的延续，泛点不断扩大，最后遍及整个工件表面。

3　镀覆前的质量控制要求

《金属零（部）件镀覆前质量控制技术要求》（GB/T 12611—2008）对镀铬前的外观、外型尺寸、除油除锈、热处理、表面粗糙度提出了要求[2]。

3.1　外观要求

待镀覆的活塞杆应无机械变形和机械损伤，主要表面上应无氧化皮、斑点、凹坑、凸瘤、毛刺、划伤等缺陷。主要表面上的微量氧化皮、斑点、凸瘤、毛刺、划伤等缺陷应选用机械磨光进行消除。

3.2　外形尺寸要求

活塞杆外径公差是影响其表面锈蚀的重要因素，如果活塞杆外径超差，则活塞杆与密封环间隙过小，运行时液压防护油无法从液压缸带出，造成活塞杆表面没有防护油膜从而引发锈蚀。所以，镀覆前必须留有镀覆层厚度的工艺尺寸，并应按照工艺文件规定的尺寸进行检验和验收。

3.3　除油除锈要求

应清除油封。清除油封后，零（部）件表面应无油污、油、金属屑及机械加工画线的涂色等残留物。

活塞杆表面存在一定量的杂质及疏松，这些缺陷用锻件标准衡量可能不超标，但对电镀工艺却是严重的问题（尤其是这些缺陷不是单个的而是集中在一处）。电镀液中含有酸，电镀时，这些酸浸入到杂质及疏松部位，电镀时虽然覆盖上了，但却是搭接过去的，中间是串通的；在浸入的酸中作用，很快就从里向外腐蚀并成块剥落。缺陷的表面在电镀过程中使氢析集，形成氧气气泡，造成镀层结合不牢。

3.4　消除应力的热处理要求

电镀前，机械加工会使活塞杆产生加工应力，有应力存在就可能随时释放出来，影响镀铬质量，所以电镀前应对残余应力进行消除。规范规定，凡经机械加工的活塞杆，当其材料抗拉强度最大值大于 1 050 MPa 时，除表面淬火件外，应按表 1 规定的条件进行消除残余应力的热处理。

表 1　不同抗拉强度热处理条件

材料抗拉强度最大值/MPa	热处理温度/ ℃	热处理时间/h
>1 050~1 450	190~210	1
>1 450~1 800	190~210	18
>1 800	190~210	24

3.5　表面粗糙度的要求

为保证镀层质量，活塞杆镀覆前的表面粗糙值 Ra 不大于 0.8 μm，圆角不小于 0.5 mm。

4　镀铬工艺参数控制要求

镀铬工艺影响防腐质量的因素很多，例如铬的浓度、导电性、镀液温度、电流密度、电流效率、硫酸浓度、三价铬、镀液中的杂质等。它们彼此之间互相联系，根据规范要求以及大量试验数据提出以下几点能有效改善镀铬质量的措施，从而提高镀铬活塞杆的耐腐蚀性。

（1）在镀铬时降低电流密度以及改善脉冲整流器，可以使镀层结晶细小化。

（2）增加镀槽搅拌以预防针孔隙的发生。

（3）在合理的方位内，底镀层应尽量镀厚一点。

（4）采用镀乳白铬/硬铬双层铬。

（5）使用有机薄膜封孔剂。

（6）选用合理的绿色环保镀铬添加剂，并配合使用说明调整工艺参数。

5 镀覆后的质量控制要求

由于电镀时必然会析出镀液中的氢，析出的氢也有一部分会进入母材中，如果未及时将进入到母材中的氢驱除掉，就会在以后的加工、安装或使用中产生氢脆裂纹，这些裂纹将破坏镀层的结合力造成镀层剥落。所以，活塞杆应按《金属覆盖层 工程用铬电镀层》（GB/T 11379—2008）的规定进行镀后消氢处理[3]。

6 质量检测要点

活塞杆镀铬层质量检测的参数有外观质量、镀层厚度、表面硬度、粗糙度、附着力以及孔隙率[4]。最近也有使用着色渗透检测法对镀铬层进行外部质量检测。其中，表面硬度、附着力检测会对镀层完整性有影响，破坏镀层，所以应制作相应的试样，试样基体材质应与活塞杆基体材质一致，采用相同的热处理工艺，镀覆工艺一致，且应在活塞杆镀铬时同时制作。试样规格可选用ϕ 100 mm×100 mm 或与活塞杆直径相近的尺寸。

6.1 外观检测

应在天然散射光线或无反射光的白色透射光线下以目视方法进行。光照度应不低于 300 lx（相当于零件在 40 W 日光灯下 500 mm 处的光照度）。必要时，允许用 3~5 倍放大镜检查。铬电镀层表面应有光亮或有光泽，不应有麻点、起泡、脱落等缺陷。

6.2 厚度检测

活塞杆一般都采用先镀乳白铬，再镀硬铬。铬层达到 30 μm 才能有防腐蚀的能力，单层铬镀层通常不具有良好的耐蚀性能，只有相当厚度时才行。厚度达不到设计要求或者局部厚度较薄时，经过长时间运行，容易磨损失去保护作用，造成在活塞杆局部点状锈蚀，在潮湿环境下由于电偶腐蚀作用形成较深的腐蚀孔或坑。镀铬层的厚度也不是越厚越好，有试验证明当活塞杆镀铬层厚度在 130 μm 以上时剥落趋向增大。因此，《水利水电工程启闭机制造安装验收规范》（SL/T 38—2021）[5] 对活塞杆镀铬厚度提出要求，活寒杆表面采取镀铬防锈，乳白铬单边厚度 40~60 μm，硬铬单边厚度 40~60 μm，成品单边总厚度应为 80~120 μm。

镀层厚度的测量方法主要有显微镜测量法、量具测量法、阳级溶解库仑法，以及磁性法。由于启闭机活塞杆镀层厚度在 80~120 μm，选用磁性法，最为常用、便捷。

测量厚度时，至少测量 3 点不同位置，任一点的测量值都应在规定厚度范围之内，取其平均值作为厚度值。检验部位原则上应选择在零件或试样的外露表面的相对中间部位以及零件的工作配合表面或有特殊要求的部位。

6.3 硬度检测

按《金属材料 维氏硬度试验 第 1 部分：试验方法》（GB/T 4340.1—2009）中的方法测试镀铬层硬度[6]，维氏硬度（Vickers Hardness）是一种压痕硬度测试方法，通过测量标准压头在试验力作用下压入试样表面后形成的压痕对角线长度来计算材料的硬度值。规范要求硬铬硬度不应低于 750 HV。

6.4 粗糙度检测

表面粗糙度与机械零件的配合性质、耐磨性有密切关系，对启闭机的使用寿命和可靠性有重要影响。活塞杆导向段外圆表面粗糙度应符合密封件和导向件的要求，无明确要求时宜选择 Ra 0.2~0.4 μm。粗糙度检测应选择触针法对活塞杆导向段进行检测，应在表面粗糙度可能出现最大值和最小值的区域进行测量，每个区域至少测量 3 次。

6.5 附着力检测

附着力检测测量方法有弯曲法、加热法、磨削法。磨削法操作方便。磨削法是将试样夹在台钳上，用一种粗的研磨锉进行锉削，沿基体到镀层的方向，与镀层表面约成45°的夹角，观察镀层与基体是否出现分离。镀层与基体金属结合牢固，不起皮、脱落或起泡，方为合格。

6.6 孔隙率检测

启闭机活塞杆通常为钢铁为基体的镀铬材料，可用铁试剂试验检测其镀铬层空隙率。其基本原理是在金属覆盖层的孔隙或不连续处底部，由于腐蚀电池的作用而形成的基体金属离子向经过处理的紧贴于覆盖层表面的试纸迁移。当此试纸浸入铁氰化物指示剂溶液时，此试纸上的基体金属离子即形成蓝色斑痕。

检测时，根据《金属覆盖层 孔隙率试验 铁试剂试验》（GB/T 17721—1999）[7] 要求制作氯化钠试剂、铁氰化物试剂以及试纸，将浸润过氯化钠试剂的试纸贴在清洁的被测覆盖层表面上，试纸与整个试验面应完全接触，不应留有气泡，以使氯化钠溶液与暴露的基体金属发生反应。试纸与试验面应保持接触 10 min。试验中如果试纸变干，应适当滴加氯化钠溶液润湿，但不能移动试纸。从试验面上揭下试纸并立即浸入铁氰化钾溶液中，使试纸上对应覆盖层孔隙或不连续处显现蓝色斑痕。观察表面蓝色斑点的数量，应满足在每平方厘米不得多于 2 点，即镀铬层的孔隙率不应大于 2 点/100 mm^2。

6.7 着色渗透检测

着色渗透检测是一种基于液体在固体表面的毛细作用原理，用于检测非多孔性固体材料表面开口缺陷的一种无损检测方法，该方法已在核电工程的镀铬部件外部质量检测中得到应用[8-9]。镀铬层着色渗透检测，应先根据实际工件情况进行工艺试验，确定镀铬层着色渗透检测工艺参数，再进行着色渗透检测，观察及记录显示缺陷痕迹，评定缺陷显示形式和性质。通过着色渗透检测，可以发现镀铬层裂纹、点状等表面开口缺陷。该方法可以在镀铬阶段对活塞杆进行外部质量检测，也可以对在役阶段的活塞杆进行检测。

7 总结

针对活塞杆镀铬层锈蚀失效的原因，为减缓镀铬活塞杆的锈蚀，应该从提高镀铬层制造质量、加强质量检测以及改善活塞杆使用环境三大方面入手。

根据镀前工艺对镀铬活塞杆耐腐蚀性的影响，镀前工艺的重要性不能忽视。镀前应严格按照《金属零（部）件镀覆前质量控制技术要求》（GB/T 12611—2008）来检查基材表面加工是否符合规范要求。对不符合规范要求的零件，必须回厂重新加工至满足规范要求。同时要求基材进行镀前消除内应力及镀后消氢处理。

加强镀铬层质量检测，对活塞杆镀铬层的外观、厚度、硬度、粗糙度、附着力、孔隙率进行检测，减少不良率，不合格产品禁止进行下一步工序。

改善液压启闭机使用条件，注意使用频率，定期维护保养。液压启闭机的活塞杆在闸门关闭时一般是伸出缸体的，此时活塞杆直接暴露于空气中，容易造成锈蚀。活塞杆在启闭机启闭闸门动作时，少许液压油会在活塞杆上形成油膜，也能起到防止活塞杆锈蚀的作用。

结果表明，严格遵循相关规范要求进行镀覆前后质量控制、镀铬工艺参数控制和质量检测，可减缓活塞杆的锈蚀失效，保障液压启闭机的正常运行。

参考文献

[1] 任中伟，路芳亭．液压启闭机活塞杆镀铬层非正常失效分析［J］．中国三峡建设，2004（5）：35-36.

[2] 全国金属与非金属覆盖层标准化委员会．金属零（部）件镀覆前质量控制技术要求：GB/T 12611—2008［S］．北京：中国标准出版社，2009.

[3] 全国金属与非金属覆盖层标准化委员会．金属覆盖层 工程用铬电镀层：GB/T 11379—2008［S］．北京：中国标准出版社，2008.
[4] 中华人民共和国航空航天工业部．硬铬、乳白铬镀层质量检验：HB 5041—1992［S］．
[5] 中华人民共和国水利部．水利水电工程启闭机制造安装验收规范：SL/T 381—2021［S］．北京：中国水利水电出版社，2021.
[6] 全国钢标准化技术委员会．金属材料 维氏硬度试验 第 1 部分：试验方法：GB/T 4340. 1—2009［S］．北京：中国标准出版社，2010.
[7] 全国金属与非金属覆盖层标准化委员会．金属覆盖层 孔隙率试验铁 试剂试验：GB/T 17721—1999［S］．北京：中国标准出版社，2004.
[8] 胡海涛，李辉．核电站控制棒驱动机构钩爪部件镀铬层着色渗透检测的评定［J］．无损检测，2021，43（7）：60-63.
[9] 冯英，孙莉薇．CRDM 镀铬件的着色渗透检测［J］．无损检测，2020，42（8）：43-46.

一种具有智能避障预警功能的水文缆道测流系统研发应用

毛新伟[1]　徐卫东[1]　苏　韬[1,2]　王智涌[1,2]

（1. 太湖流域管理局水文局（信息中心），上海　200434；
2. 河海大学，江苏南京　210098）

摘　要： 智能化的水文缆道开发应用是水文现代化发展的趋势。为解决远程操控缆道因视线障碍等客观原因可能发生铅鱼碰撞或者缆道循环索拉断的危险事故问题，创新设计了一种具有智能避障预警功能的水文缆道测流系统，在传统自动测流水文缆道系统基础上增加了连续雷达波、智能视频摄像机及智能算法模块，实现了智能避障预警功能，使可远程操控的全自动水文缆道测流系统能够应用于不同河道状况或复杂情境下的水文测站测流工作，并在街口水文站得到了应用，证实了其实用性，具有较好的推广应用前景。

关键词： 水文缆道；智能避障；智能算法；预警系统

水文缆道是一种常用的渡河水文测验方式，据统计，我国目前有50%左右的水文测站建有水文缆道，是水文测站普遍采用的标准化测流技术[1-2]。自20世纪50年代开始，我国水文缆道经历了手动操作水文缆道、电动水文缆道、自动化水文缆道、全自动水文缆道的发展阶段[3]。随着网络信息技术的发展，更为智能化的水文缆道研制开发成为趋势，实现了人工现场或远程一次性启动缆道测流装置后，可自动测量水位、测验断面垂线水深、预制的测点流速，计算断面面积及流量，生成流量报表等[4-6]。

近年来，智能化全自动缆道系统在水文部门已经开始研制应用，盛钟铭[7] 介绍了一种水文缆道远程在线控制系统技术，能够实现同时对多处水文情况的实时远程监测；李连云等[8] 开发设计了一种以“互联网+”为依托的全自动智能水文缆道测流系统，实现了在无人值守状态下，自动完成天然河道流量测验的测、整、报全过程。方德胜等[9] 开发利用自编软件对自动化操控缆道全过程进行智能控制，实现了智能化的数据采集、处理、存储和成果输出。美国也已使用可远程遥控操作的水文缆道进行河道流量测验[10]。

智能化缆道技术和网络信息技术的应用，可实现水文测站的无人值守和异地远程操控测流，大大降低了人工成本，提高了水文测验的效率。但河道不仅是承载水资源的载体，同时也是交通水道和泄洪通道，洪水期河道中也往往有水草、废旧家具等大型漂浮物，通航河道中也常有船只来往。由于远程操控受视频观察角度和距离判断不准的影响，以及现场操控受雨雪雾不良天气、夜间人工观察视线不佳影响，容易发生船只、漂浮物未被发现或者人工漏判错判等情况，会出现铅鱼碰撞或者缆道循环索拉断的危险事故，无法保障缆道的安全运行。为此，急需开发一套更加智能化的全自动水文缆道测流系统，实现智能避障预警功能，确保水文缆道的安全运行，使可远程操控的全自动水文缆道测流系统能够应用于不同河道状况或复杂情景下的水文测站测流工作。

发明专利号： CN117275200B。

作者简介： 毛新伟（1973—），男，硕士，教授级高级工程师，主要从事水文水资源分析和研究工作。

1 思路与方法

1.1 技术路线

智能避障预警水文缆道测流系统研发的目的在于解决现有水文缆道测流系统在远程操控水文缆道进行测流作业时，在雨、雪、雾及夜间测流观察视线不佳情况下，能提前感知河道通航船只或大型漂浮物是否影响缆道设备的正常运行并发出预警信息，避免发生缆道循环索拉断、铅鱼碰撞漂浮物和船只，发生缆道损毁和船上人员伤亡的危险事故。

智能避障预警水文缆道测流系统在自动化水文缆道测流系统外设计增加雷达子系统、视频监控子系统、避障预警系统等。雷达子系统主要负责对监测区域进行监测；视频监控子系统主要负责实现实时监控以及目标的定位视频追踪功能，实现雷达与视频的联动；避障预警系统根据监测区域移动物体的位置、速度，水文测流铅鱼位置及运行速度等因素构建避障预警模型，避障预警系统实时跟踪监测区域移动物体视频预览。以上几个子系统通过智能算法协同实现智能避障预警功能。

1.2 工作流程

智能避障预警水文缆道测流系统由连续波雷达扫描水文测站上下游水面采集预警数据，发现移动目标后由监控摄像机跟踪定位，通过智能算法分析是否影响水文缆道运行，并发送预警信息，及时采取避险措施，工作流程如下：

（1）连续波雷达扫描区域的预警数据采集。连续波雷达持续对水文测验断面上下游监测区域进行实时扫描，扫描到移动物体即将目标信息传输给预警算法服务系统。

（2）监测目标的跟踪与预览。系统通过目标定位算法、统一坐标定位算法将采集的监测区域移动物体数据进行分析处理，并生成视频控制命令，然后发送给智能视频摄像机。摄像机根据接收到的命令自动调整监控角度，实现监测区域内移动目标的精准定位，并实时监控移动目标。

（3）智能避障预警分析。根据监控移动物体位置、速度，结合缆道铅鱼运行速度、铅鱼位置、水流流速等信息进行分析计算，分析移动物体到达缆道所在河道横断面时是否与缆道铅鱼运动到的位置时间一致，辅助做出决策是否影响缆道水文测流。

（4）缆道测流避障预警。通过系统中算法分析，如移动物体对缆道测验产生影响，会产生碰撞可能性，系统立即发送预警信息（包括语音预警及灯光闪烁预警），提醒远程测流工作人员移动物体目前距测流断面的距离、将到达的时间和位置，以及时采取紧急避险措施，终止水文缆道测流作业。工作流程见图 1。

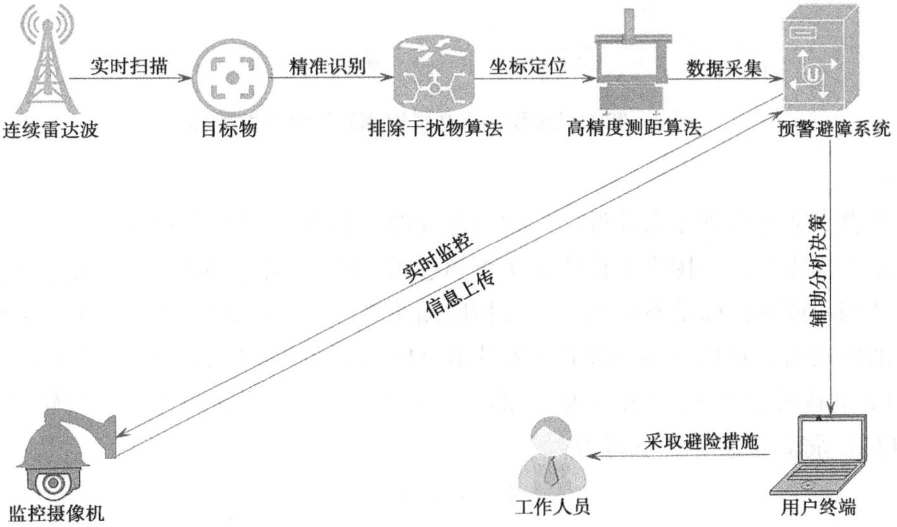

图 1 智能避障预警水文缆道测流系统工作流程

2 设计实现

2.1 功能模块设计

智能避障预警水文缆道测流系统主要配置的功能模块设计包括调频连续波雷达模块、智能视频摄像机模块、避障预警控制模块、水文缆道控制软件系统等。调频连续波雷达分别对称安装于测流断面上下游两侧；高性能摄像机（包括用于雷达融合联动的摄像机）分别对称安装于测流断面上下游两侧，并配置缆道跟踪摄像探头，直观获取缆车和铅鱼在断面内的空间位置；避障预警装置包括扩音喇叭、声光预警器等，喇叭分别安装于测流断面上下游两侧，声光预警器安装于测流装置铅鱼之上；测流装置模块包括测流铅鱼、三角行车，由电机驱动测流装置沿缆道主索滑动到指定位置；避障预警控制模块包括预警算法服务器、测流控制服务器、预警算法、测流控制软件，智能视频摄像机和毫米波雷达通过通信单元连接预警算法服务器，测流装置通过通信单元连接测流控制服务器，测流控制服务器与预警算法服务器通知 ActiveMQ 机制实现数据实时通信。

为了更加直观实时查看测验监测区域范围内的情况，智能避障预警水文缆道测流系统主界面设计实时视频影像 1 个界面、4 个界面、8 个界面与缆道操作系统界面同步显示（见图 2），可以实时显示所有摄像机的实时视频信息，并具有视频画面的放大、缩小、切换、控制等功能，便于实时核实水面障碍物的状况。

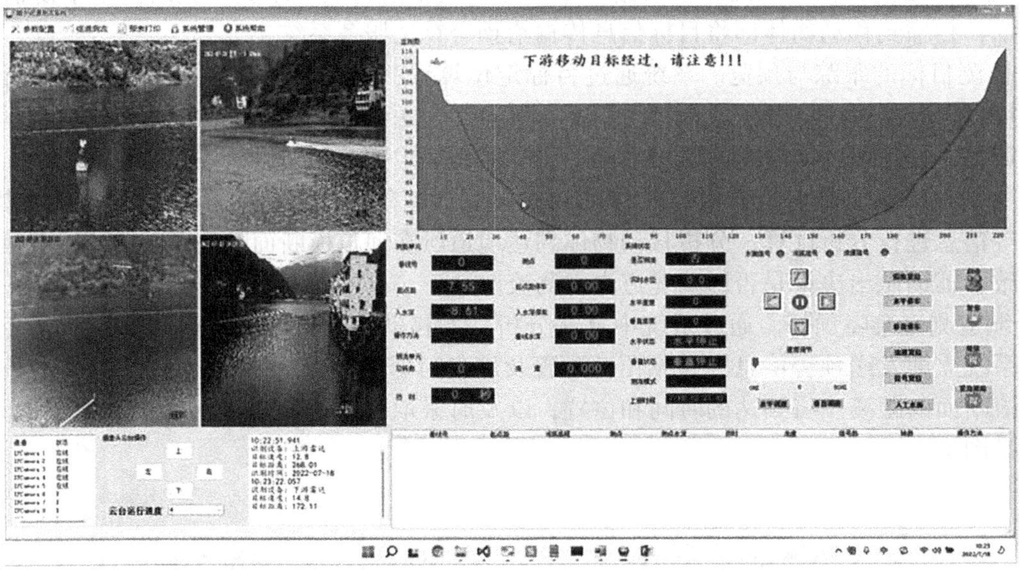

图 2 智能避障预警水文缆道测流系统操控界面

2.2 设计方法

智能避障预警水文缆道测流系统设计的调频连续波雷达中的雷达数字信号处理器设计内置高精度测距算法和排除干扰物算法。排除干扰物算法可通过雷达波对不同材料反射率的差异、水面的波动以及波动的周期性判断被测目标是不是水面。高精度测距算法可在雷达波探测到测流断面上下游监测区域的移动物体的距离后，使用 zoom-FFT 首先获取 ADC 采集雷达天线输出累积的 N 个信号，将大小为 N 的一维 FFT 重新表示为 N_1 个大小为 N_2 的一维 FFT，然后乘以旋转因子进行转置得到 N_2 个大小为 N_1 的一维 FFT，将索引 k 和 n 重写为：

$$K = N_2 k_1 + k_2 \tag{1}$$

$$N = N_1 n_2 + n_1 \tag{2}$$

式（1）和式（2）中索引 k_a 和 n_a 取值范围为［0，…，N_{a-1}］（a 为 N_1 或 N_2 数组的序号），即

将输入（n）和输出（k）重新索引为 $N_1 * N_2$ 二维数组，将这个新索引代入 n 和 k 的 FFT 公式，$N_1 n_2 N_2 k_1$ 交叉项消失，其余项为：

$$X_{n_2 k_1 + k_2} = \sum_{n_1}^{N_1 - 1} \left[\sum_{n_2}^{N_2 - 1} \left(x_{n_1 n_2 + n_1 \mathrm{e}^{-\frac{2\pi i}{N_2} n_2 k_2}} \right) \right] \mathrm{e}^{-\frac{2\pi i}{N_2} n_1 (n_2 k_1 + k_2)} \tag{3}$$

根据索引找到精细旋转因子数组和粗略旋转因子数组中相对应的旋转因子，通过与运算和移位运算，将输入信号和旋转因子相乘得到新的峰值区域的 FFT，在这组 FFT 中找到峰值对应的索引值反推频率，根据式（4）计算距离：

$$d = \frac{c \cdot f_d \cdot T_c}{2B} \tag{4}$$

采用式（5）对测量距离进行校正：

$$y = kx + c \tag{5}$$

式中：d 为物体之间距离；y 为校正后的距离值；x 为校正前的距离值；k 为校正系数；c、B 均为常数。将线性关系式置入调频连续波雷达设备。

根据探测到的河面移动物体位置、速度，结合缆道铅鱼运行速度、铅鱼位置、水流流速等信息进行分析处理，预测河面移动物体通过水文测验断面时是否会与正在运动中测流的缆道铅鱼发生碰撞。

$$T_s = \frac{d\sin\theta}{v_1} \tag{6}$$

$$T_q = \frac{d\cos\theta - d_y}{v_2} + \frac{\Delta h}{v_3} \tag{7}$$

式中：d 为河面移动物体到雷达的直线距离；θ 为河面移动物体与雷达的夹角；v_1 为物体的移动速度；v_2 为铅鱼水平运行速度；d_y 为铅鱼水平方向已经行走的距离；v_3 为铅鱼垂直运行速度；Δh 为铅鱼到水面的高度；T_s 为河面移动物体到达测验断面的时间；T_q 为铅鱼到达测验断面的时间。

若 T_s 与 T_q 值越接近，说明铅鱼与河面移动物体到达同一位置的时间越接近，两者发生碰撞的概率越大；反之，则概率越小。在 T_s 与 T_q 值接近时，设计的自动报警功能将会自动发出报警信息。

为解决智能避障预警水文缆道测流系统客户端与雷达、摄像头及服务器之间的实时通信和视频浏览等问题，设计以 ActiveMQ 和 RTSP 技术为基础的消息和实时视频流传输机制，完成视频的远程浏览与查看、客户端与服务器间的消息通信。

为保证水文测验监测区域安全，另设计自动报警功能。当感知测验上下游监测区域内的移动目标进入警戒区时，系统便立即启动语音和灯光报警功能告知远程操作水文缆道的测验人员对其进行观察，同时调用智能视频摄像机对上下游监测区域内移动目标进行定位追踪，在系统软件界面实时显示捕获到的实时视频信息。同时，通过雷达测距数据计算，分析移动物体对缆道测流产生的影响，如可能产生碰撞，系统将自动发送预警信息（包括语音播放及灯光闪烁预警），向远程操控的工作人员提醒移动物体目前距测流断面的距离、将到达的时间和位置（见图 3），以及时采取紧急避险措施，或终止水文缆道测流作业。

2.3 应用

本系统研发成功后，在太湖流域管理局水文局（信息中心）直管的国家基本水文站街口水文站安装应用，系统各个模块安装位置如图 4、图 5 所示。街口水文站位于新安江水库上游的河道入库口，为Ⅴ级通航河道，船只往来频繁，遇暴雨河道中常有垃圾、水草等大型漂浮物，仅依靠视频监控不能保证远程操控水文缆道测流的安全运行。本系统安装应用 2 年多的实践证明，本系统能够在远程操控水文缆道进行测流时，对影响测流过程的过往船只、大型漂浮垃圾等障碍物后发出预警信号，提醒工作人员采取避险措施，操作简单，性能稳定可靠。

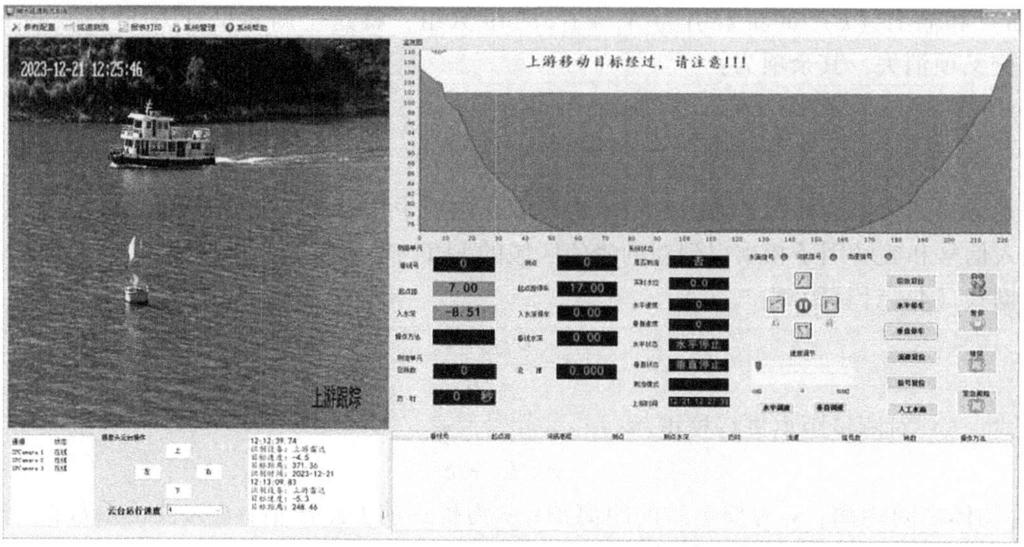

图 3　智能避障预警水文缆道测流系统发出预警提示截图

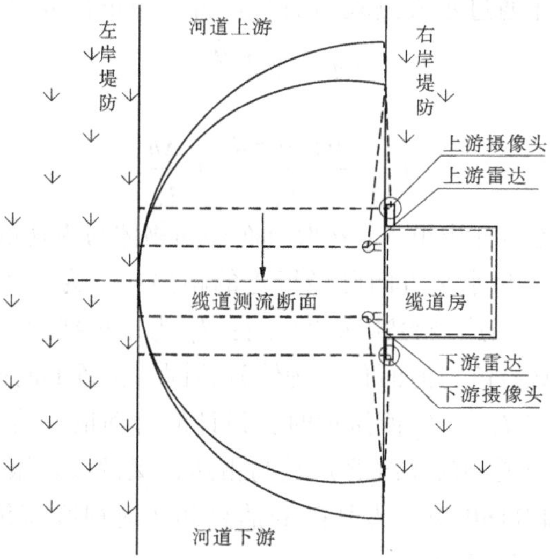

图 4　街口水文站智能避障预警水文缆道测流系统横断面设计示意图

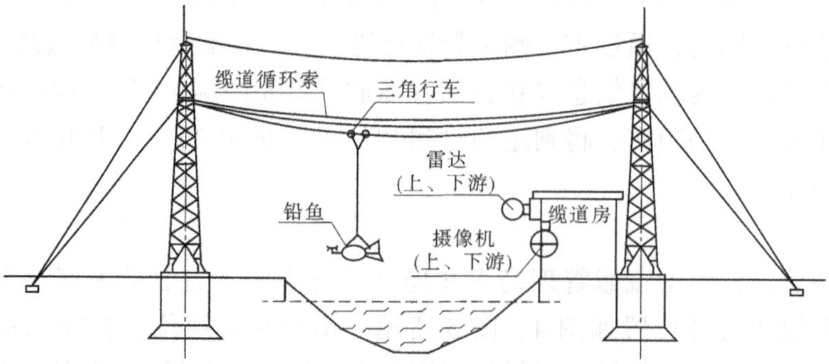

图 5　街口水文站智能避障预警水文缆道测流系统设计功能模块空间设置示意图

3 讨论

本系统应用了以下关键技术：

（1）多品类智能设备的协同应用。本设计将连续波雷达、智能视频摄像机、水文自动缆道系统、避障预警装置模块、测流装置模块、水文缆道远程控制软件系统等不同设备融合应用，通过开发智能算法，实现了在远程操控水文缆道进行水文测验时，能感知水面障碍物是否影响缆道的正常运行，并发出预警，提醒远程操控缆道测流的工作人员采取避险措施，实现智能避障预警功能，确保水文缆道的安全运行，避免发生障碍物与缆道铅鱼发生碰撞的事故。

（2）采用智能算法实现不同子系统的设计功能。雷达子系统主要负责对监测区域进行实时监控，对检测到的移动运动目标信息发送传输给预警算法服务系统；发现移动目标后通过目标定位算法、统一坐标定位算法将采集的监测区域移动物体数据进行分析处理，并生成视频控制命令，然后发送给智能视频摄像机；视频监控系统根据接收到的命令自动调整摄像机监测角度，实现监测区域内移动目标的精准定位，实时监控移动目标；避障预警系统根据监测移动物体位置、速度，结合缆道铅鱼运行速度、铅鱼位置、水流流速等信息进行分析处理，辅助做出决策移动物体是否影响缆道水文测流，如计算结果认为会有碰撞可能性，即发送预警信息（包括语音预警及灯光闪烁预警），并及时启动紧急避险流程。

（3）雷达数字信号处理器内置排除干扰物算法和高精度测距算法，能够有效提高预警精度。排除干扰物算法通过雷达波对不同材料反射率的差异、水面的波动以及波动的周期性智能分析水面波动和障碍物的差异，准确识别障碍物。高精度测距算法使用 zoom-FFT，对发现障碍物目标的位置、运行速度、水流流速、运动轨迹进行分析，计算到达测流断面的时间及位置，从而为避障预警系统发出紧急避险预警提供信息。

本文设计的具有智能避障预警功能的远程操控水文缆道测流系统可解决远程操控水文缆道存在的安全隐患。但考虑河流水文测流现场各种复杂的情况，设计的系统仅是在遇到可能发生缆道碰撞事故的障碍物时发出预警提醒，信号发出后，仍然需要人工采取避障措施，以确保运行的安全。随着人工智能技术的发展，一键式实现全过程水文测流及紧急避障功能的水文缆道将得到开发应用，更加智能化的水文测流缆道将逐步取代传统水文测流缆道，不断提升智能化水文缆道的通用性、实用性和可靠性，进一步提升水文现代化水平。

4 结语

随着水文现代化的发展，水文测流新技术得到了广泛应用，侧扫雷达、GNSS 等流量测验新技术设备的应用必将大大提高水文监测的时效性、减少人员投入[11-13]，但水文缆道作为传统的渡河流量测验方式仍广泛应用于水文工作中，需要不断完善功能，解决实际应用中存在的问题。本文主要针对自动化水文缆道在远程操控过程中无法解决因视线障碍等客观原因可能发生铅鱼碰撞或者缆道循环索拉断等危险事故的问题，在可远控操控的自动化水文缆道基础上，设计提出了增加连续雷达波、智能视频摄像机等功能模块，并运用智能算法，预先感知监测区域内移动目标的定位及移动状况，配以智能避障预警功能，降低了远程操控水文缆道铅鱼与河面障碍物发生碰撞事故的概率，使无人值守水文站远程操控水文缆道进行水文测流工作实现了安全运行，提升了智能化水平，具有较好的推广应用前景。

参考文献

[1] 哈伊拉提·哈什肯别克．水文自动缆道测流与手摇式水文缆道测流误差分析［J］．能源与节能，2017（7）：111-114.

[2] 王俊，王建群，余达征，等．现代水文监测技术［M］．北京：中国水利水电出版社，2016.
[3] 俞锡根，胡琳，张正康，等．水文缆道创新设计及应用［J］．南水北调与水利科技，2014，12（6）：70-73.
[4] 胡艳娇，黄琦，田长涛．水文缆道测流系统应用分析［J］．科技创新与应用，2019（22）：165-168.
[5] 楚恩国．三河闸水文缆道全自动测流系统及其应用［J］．水利水电技术，2008，39（1）：32-35.
[6] 吴锦生，王剑平．智能铅鱼水文信息测量系统的研制［J］．长江科学院院报，2017，34（5）：146-150.
[7] 盛钟铭．水文缆道远程在线控制系统的设计及应用［J］．水利水电快报，2020，41（7）：70-72.
[8] 李连云，岳利军，张东安，等．智能水文缆道研制与创新发展［J］．水文，2020，40（12）：51-54.
[9] 方德胜，陈新化，冯正涛．智能水文缆道测控系统的设计与应用［J］．水文，2011，31（1）：203-206.
[10] 王俊，陈松生，赵昕，等．中美水文测验比较研究［M］．北京：科学出版社，2017.
[11] 马富明．水文流量监测新技术设备运用现状及改进方法［J］．水文，2020，40（2）：66-71.
[12] 孙振勇，金奇，戴剑．适用于水文应急监测的 GNSS 测流系统研究［J］．水文，2023，43（1）：68-71.
[13] 梅军亚，陈静，香天元．侧扫雷达测流系统在水文信息监测中的比测研究及误差分析［J］．水文，2020，40（5）：54-60.

小浪底冲水平压管道改造焊接工艺实验研究

陈　玉[1]　杨战伟[1]　王占华[2]　韦仕龙[1]

（1. 黄河水利水电开发集团有限公司，河南济源　459017；
2. 水利部水工金属结构质量检验测试中心，河南郑州　450004）

摘　要：小浪底充水平压管道材料拟采用不锈钢代替碳钢，为了考察改造方案选材的科学性、合理性和安全性及经济性，对不锈钢材质开展材料实验研究。本文介绍了 16Mn 碳钢、304 不锈钢、316L 不锈钢和 2205 双相不锈钢焊接接头焊接实验方案和实验结果。实验结果表明：①实验方案确定的 16Mn 碳钢、304 不锈钢、316L 不锈钢、2205 双相不锈钢四种材料的手工焊及气保焊焊接接头均符合《承压设备产品焊接试件的力学性能检验》（NB/T 47016—2011）要求；②三种不锈钢采用气保焊时焊接接头抗拉强度低于手工焊；③四种材料采用气保焊工艺形成的金相组织晶粒更均匀。

关键词：冲水平压管道；焊接工艺；腐蚀机制

1　概述

充水平压管道的稳定运行关系着机组及厂房设备的安全平稳运行。小浪底充水平压管道至今已应用 20 年之久，考虑到充水平压管道系统运行安全，拟对小浪底充水平压管道系统进行技术改造。根据设计单位出具的技术改造方案，充水平压管道材料拟采用不锈钢代替碳钢。为了考察改造方案选材的科学性、合理性、安全性和经济性，对不锈钢材质和碳钢材质开展材料实验研究，研究焊接工艺对不同材质不锈钢力学性能、宏观金相显微组织、微观金相显微组织及耐蚀性的影响，寻找合适的耐蚀不锈钢及其焊接工艺，为充水平压管道技术改造提供有力的技术支撑，保障小浪底水库充水平压管道改造实施效果。本文介绍了 16Mn 碳钢、304 不锈钢、316L 不锈钢和 2205 双相不锈钢焊接接头焊接实验方案和实验结果。

2　实验方案

2.1　焊接材料实验方案

选用不锈钢焊接材料时，焊条除要满足焊接工艺性能和焊接接头力学性能外，还需具有较强的耐蚀性。不锈钢焊接材料包括碱性焊条和酸性焊条，相比于酸性焊条，碱性焊条成型后的材料力学性能较好，但在已有文献中尚未查到酸性焊条和碱性焊条焊接后焊接接头的耐蚀性优劣。为了考察二者对焊接接头耐蚀性的影响，对 304 不锈钢、316L 不锈钢、2205 双相不锈钢和 16Mn 碳钢分别选择了典型的酸性焊条和碱性焊条以及焊丝进行对比实验，并对后续腐蚀实验进行比较研究。实验方案如表 1 所示。

作者简介：陈玉（1986—），女，高级工程师，主要从事经济技术管理工作。

表 1　不同材料类型的焊材选择方案

材料类型	焊条	气保焊焊丝
304 不锈钢	E308-16（A102）酸性焊条	ER308L 焊丝
	E308-15（A107）碱性焊条	
316L 不锈钢	E316L-16（A202）酸性焊条	ER316L 焊丝
	E316L-15（A207）碱性焊条	
2205 不锈钢	E2209-16 酸性焊条	ER2209
	E2209-15 碱性焊条	
16Mn 碳钢	E5015	ER50-6

2.2　焊接方法及焊接工艺参数实验方案

常用的焊接方法包括手工电弧焊（手工焊）、气体保护焊（气保焊）和氩弧焊。氩弧焊具有焊接效率低、对焊接环境要求较高的缺点。因此，目前工程上以手工电弧焊和气体保护焊为主。16Mn 碳钢、304 不锈钢、316L 不锈钢和 2205 双相不锈钢采用手工电弧焊及气体保护焊两种焊接方法的实验方案如表 2 所示。

表 2　不同材料焊接方法和焊接工艺参数实验方案

材料	焊接方法	焊层	直径/mm	电流/A	电压/V	焊接速度/(mm/min)
16Mn 碳钢	手工焊	打底层	3.2	100~120	12~22	50~80
		填充层	4.0	120~150	20~25	80~100
			4.0	120~150	20~25	80~100
	气保焊	打底层	1.2	100~120	12~25	50~70
		填充层	1.2	100~120	12~25	50~70
			1.2	100~120	12~25	50~70
304 不锈钢	手工焊（酸性焊条）	打底层	3.2	110~120	12~22	50~80
		填充层	3.2	120~150	22~25	70~100
			3.2	120~150	22~25	70~100
	手工焊（碱性焊条）	打底层	1.2	100~120	12~25	50~70
		填充层	1.2	100~120	12~25	50~70
			1.2	100~120	12~25	50~70
316L 不锈钢	手工焊（酸性焊条）	打底层	3.2	110~120	12~22	50~80
		填充层	3.2	120~150	22~25	70~100
			3.2	120~150	22~25	70~100
	手工焊（碱性焊条）	打底层	1.2	100~120	12~25	50~70
		填充层	1.2	100~120	12~25	50~70
			1.2	100~120	12~25	50~70

续表 2

材料	焊接方法	焊层	直径/mm	电流/A	电压/V	焊接速度/(mm/min)
2205 双相不锈钢	手工焊（酸性焊条）	打底层	3.2	100~110	12~18	50~70
		填充层	3.2	110~120	20~25	80~100
			3.2	110~120	20~25	80~100
	手工焊（碱性焊条）	打底层	1.2	100~120	12~20	50~60
		填充层	1.2	100~120	15~20	80~90
			1.2	100~120	15~20	80~90

2.3 2205 双相不锈钢热模拟实验

双相不锈钢的显著特点是其双相组织决定了其性能，因此对于双相不锈钢焊接而言，双相不锈钢相比例的变化对其组织和性能的影响尤为重要。在焊接过程中，组织会发生快速加热和冷却的变化，在快速加热过程中，奥氏体溶解到铁素体中；在快速冷却过程中，铁素体中析出奥氏体。在焊接热作用下，焊缝周围的固态母材的组织和性能也会产生变化，因此焊接热影响区各部分经历的热循环下的热处理过程会引起不均匀的组织变化，对整个焊接接头产生不良效果。双相不锈钢焊接时，关键在于焊缝双相组织比例的控制以及焊接热影响区的组织转变，过多的铁素体析出会降低材料的韧性和耐腐蚀性能。因此，需要通过焊接热输入来控制两相比例的变化，以及焊接温度转变过程中析出的金属间化合物对其性能产生的影响。根据 2205 双相不锈钢的特点，本次焊接热模拟实验方案如表 3 所示。

表 3　2205 双相不锈钢焊接热模拟实验方案

预热温度/℃	加热速度/(℃/s)	峰值温度/℃	峰值停留时间/s	$\Delta t_{8/5}$/s	对应线能量/(kJ/cm)	冷却结束温度/℃
20	200	1 350	1	7	7.18	150
				20	11.28	
				50	17.84	
				100	25.22	
				300	43.69	
				600	61.78	

3　实验结果

3.1　2205 双相不锈钢焊接热模拟实验结果

热模拟输入为 11.28 kJ/cm 时，焊接接头焊缝及热影响区与母材的两相平衡比例和相组织较为接近，此组织状态下焊接接头具有良好的耐蚀性和韧性，选择该热输入条件下的工艺参数用于后续的双相不锈钢焊接。

3.2　焊接接头性能实验结果

表 4 列出了不同焊接方法下不锈钢及碳钢焊接接头拉伸试验、弯曲试验、冲击试验试验结果。

表 4　焊接接头力学性能

试样种类	焊接方法	检测项目	单位	标准值	检测值
16Mn碳钢	手工焊	弯曲试验	—	试样弯曲外表面无可见裂纹	弯曲面未发现裂纹及其他缺欠
		冲击吸收能量（20 ℃）	J	≥20 J×75%	78.4、92.0、93.6
	气保焊	弯曲试验	—	试样弯曲外表面无可见裂纹	弯曲面未发现裂纹及其他缺欠
		冲击吸收能量（20 ℃）	J	≥20 J×75%	80.3、75.0、72.0
304不锈钢	手工焊（酸性焊条A102）	抗拉强度 R_m	MPa	≥520	648
		屈服强度 R_{eH}	MPa	≥220	376
		断后伸长率 A	%	—	29.6
		弯曲试验	—	试样弯曲外表面无可见裂纹	弯曲面未发现裂纹及其他缺欠
		冲击吸收能量（20 ℃）	J	≥31 J×75%	44.8、44.6、39.6
	手工焊（碱性焊条A107）	抗拉强度 R_m	MPa	≥520	670
		屈服强度 R_{eH}	MPa	≥220	368
		断后伸长率 A	%	—	32.5
		弯曲试验	—	试样弯曲外表面无可见裂纹	弯曲面未发现裂纹及其他缺欠
		冲击吸收能量		≥31 J×75%	34.2、37.0、38.3
	气保焊	抗拉强度 R_m	MPa	≥520	570
		屈服强度 R_{eH}	MPa	≥220	355
		断后伸长率 A	%	—	32
		弯曲试验	—	试样弯曲外表面无可见裂纹	弯曲面未发现裂纹及其他缺欠
		冲击吸收能量	J	≥31 J×75%	51.0、48.6、53.3
316L不锈钢	手工焊（酸性焊条A202）	抗拉强度 R_m	MPa	≥490	601
		屈服强度 R_{eH}	MPa	≥210	377
		断后伸长率 A	%	—	14.8
		弯曲试验	—	试样弯曲外表面无可见裂纹	弯曲面未发现裂纹及其他缺欠
		冲击吸收能量	J	≥31 J×75%	41.0、43.2、42.5
	手工焊（碱性焊条A207）	抗拉强度 R_m	MPa	≥490	794
		屈服强度 R_{eH}	MPa	≥210	682
		断后伸长率 A	%	—	28.0
		弯曲试验	—	试样弯曲外表面无可见裂纹	弯曲面未发现裂纹及其他缺欠
		冲击吸收能量	J	≥31 J×75%	47.5、41.0、39.6
	气保焊	抗拉强度 R_m	MPa	≥490	584
		屈服强度 R_{eH}	MPa	≥210	550
		断后伸长率 A	%	—	30
		弯曲试验	—	试样弯曲外表面无可见裂纹	弯曲面未发现裂纹及其他缺欠
		冲击吸收能量	J	≥31 J×75%	41.0、41.2、43.2

续表 4

试样种类	焊接方法	检测项目	单位	标准值	检测值
2205双相不锈钢	手工焊（酸性焊条15）	抗拉强度 R_m	MPa	≥620	794
		屈服强度 R_{eH}	MPa	≥450	676
		断后伸长率 A	%	—	26.3
		弯曲试验	—	试样弯曲外表面无可见裂纹	弯曲面未发现裂纹及其他缺欠
		冲击吸收能量	J	≥31 J×75%	29.0、29.5、28.7
	手工焊（碱性焊条16）	抗拉强度 R_m	MPa	≥620	794
		屈服强度 R_{eH}	MPa	≥450	674
		断后伸长率 A	%	—	27.5
		弯曲试验	—	试样弯曲外表面无可见裂纹	弯曲面未发现裂纹及其他缺欠
		冲击吸收能量	J	≥31 J×75%	31.1、32.7、28.0
	气保焊	抗拉强度 R_m	MPa	≥620	762
		屈服强度 R_{eH}	MPa	≥450	659
		断后伸长率 A	%	—	19.5
		弯曲试验	—	试样弯曲外表面无可见裂纹	弯曲面未发现裂纹及其他缺欠
		冲击吸收能量	J	≥31 J×75%	60.1、60.0、61.2

由表4可知，按实验方案确定的16Mn碳钢手工焊及气保焊、304不锈钢手工焊及气保焊、316不锈钢手工焊及气保焊、2205双相不锈钢手工焊及气保焊焊接接头均符合《承压设备产品焊接试件的力学性能检验》（NB/T 47016—2011）[3] 的要求。

3.3 不同焊接方法的焊材接头金相组织

图1、图2分别为16Mn碳钢手工焊和气保焊焊接接头金相组织。可以看出，手工焊晶粒组织较大，焊缝和热影响区组织均为等轴晶和柱状晶；气保焊焊缝晶粒组织较为细小，焊缝和热影响区组织为细层片状组织。这主要是手工焊热输入较大，气保焊热输入较低的原因。

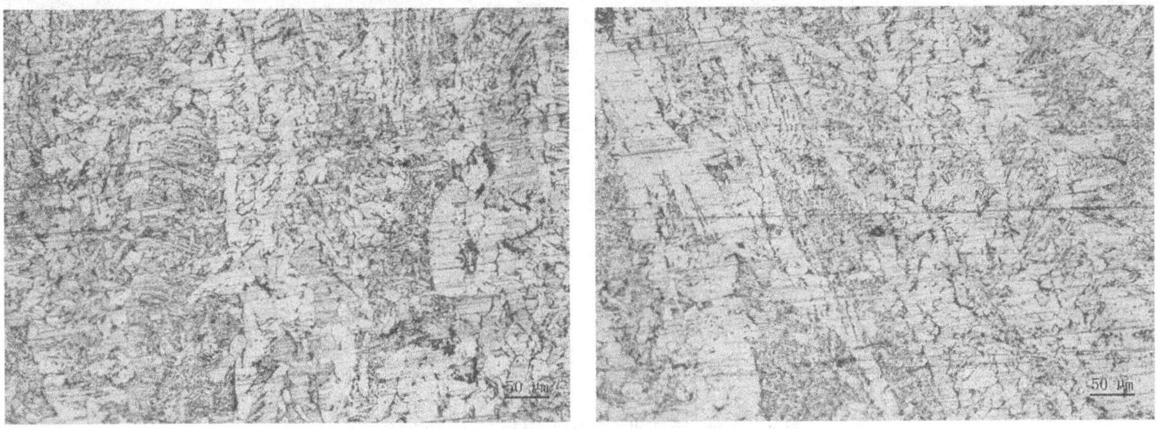

（a）焊缝　　（b）热影响区

图1　16Mn-手工焊-E5015焊接接头金相组织

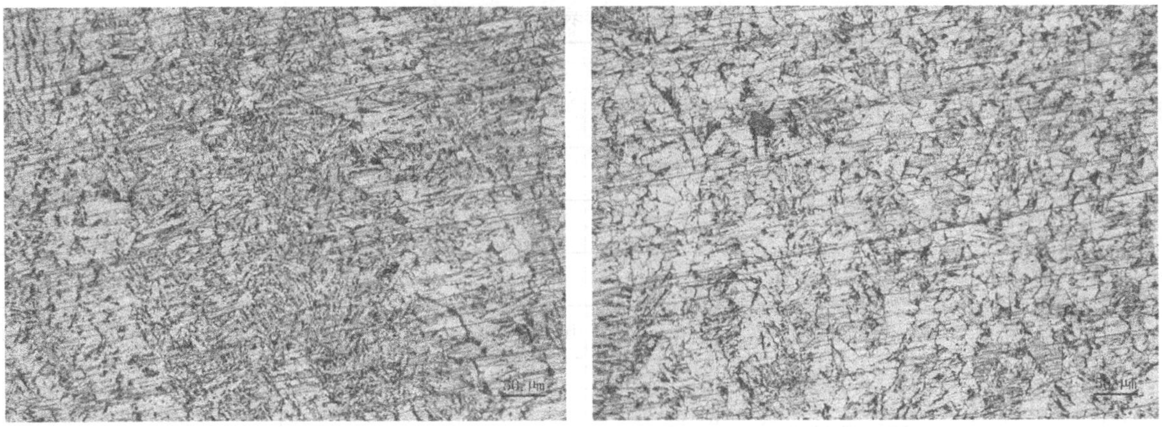

（a）焊缝　　　　　　（b）热影响区

图 2　16Mn-气保焊-ER50-6 焊接接头金相组织

图 3、图 4、图 5 分别为 304 不锈钢手工焊（酸性焊条）、手工焊（碱性焊条）和气保焊焊接接头的金相组织照片。可以看出，三种焊接方法获得的焊缝金相组织均为铁素体+奥氏体。相比于焊条电弧焊，气保焊获得的焊缝组织更为良好，晶粒均匀细小，排列有序，方向性较强。

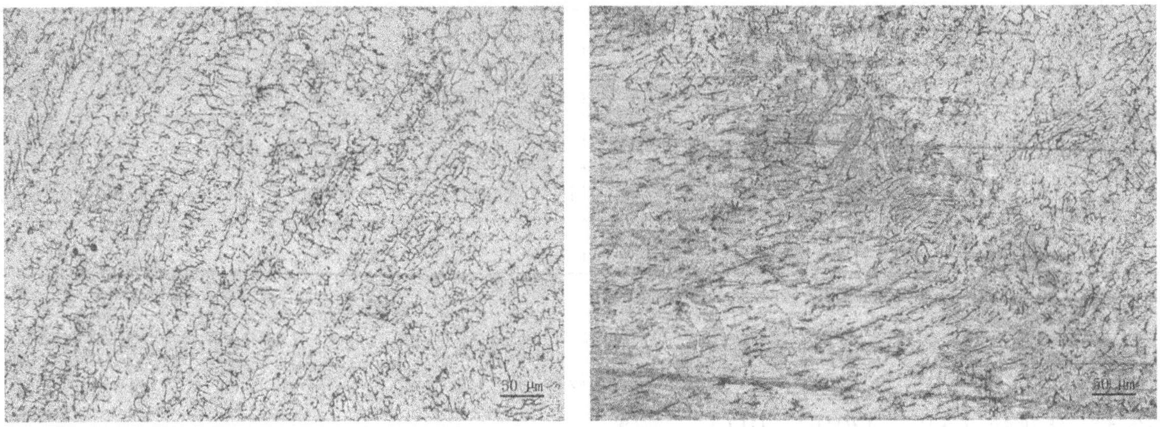

（a）焊缝　　　　　　（b）热影响区

图 3　304-手工焊-A102 焊接接头金相组织

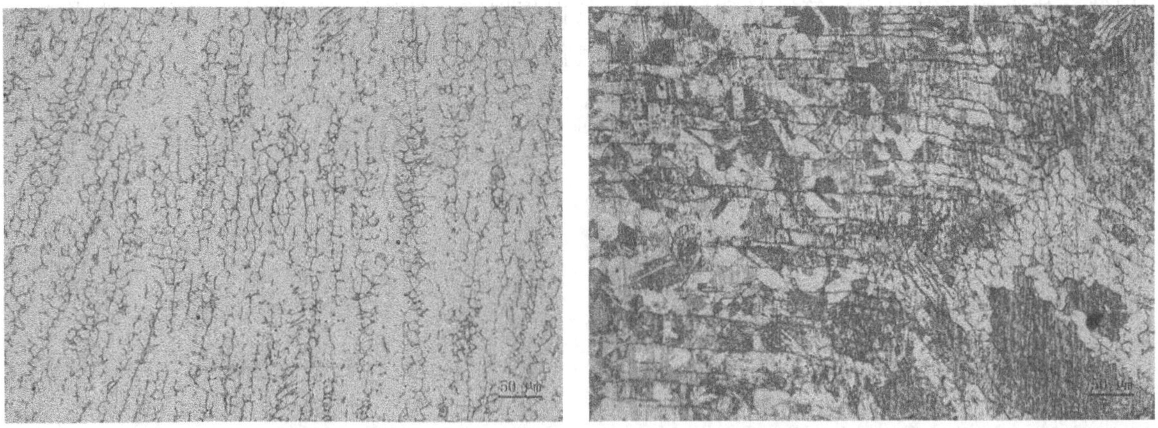

（a）焊缝　　　　　　（b）热影响区

图 4　304-手工焊-A107 焊接接头金相组织

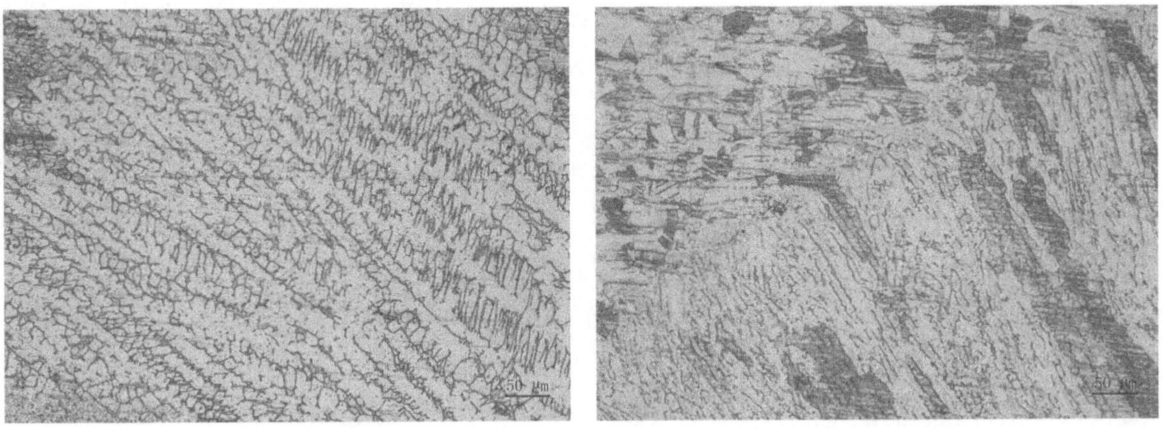

（a）焊缝　　　　（b）热影响区

图 5　304-气保焊焊接接头金相组织

图 6、图 7、图 8 分别为 316L 手工焊（酸性焊条）、手工焊（碱性焊条）和气保焊焊接接头金相组织照片。可以看出，与焊条电弧焊相比，气保焊方法获得的焊缝晶粒均匀性最佳，焊缝晶粒差异较小，且不具有明显的方向性。

（a）焊缝　　　　（b）热影响区

图 6　316L-手工焊-A202 焊接接头金相组织

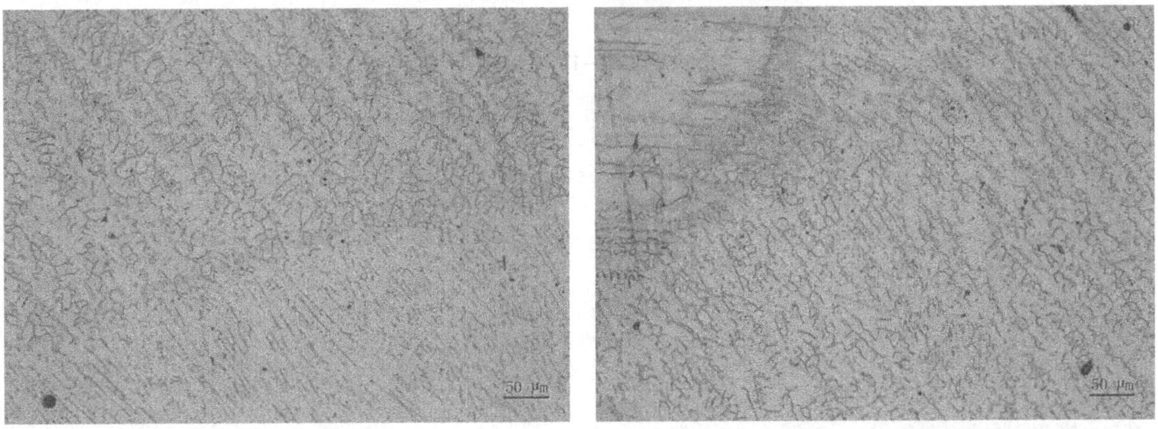

（a）焊缝　　　　（b）热影响区

图 7　316L-手工焊-A207 焊接接头金相组织

图 9、图 10、图 11 分别为 2205 双相不锈钢手工焊（酸性焊条）、手工焊（碱性焊条）和气保焊焊接接头金相组织。可以看出，焊条电弧焊和气保焊形成的焊缝位置的组织中奥氏体形貌存在显著差异，酸性焊条和碱性焊条焊缝组织差别不大，均为细小等轴奥氏体以及部分层片奥氏体，靠近热影响

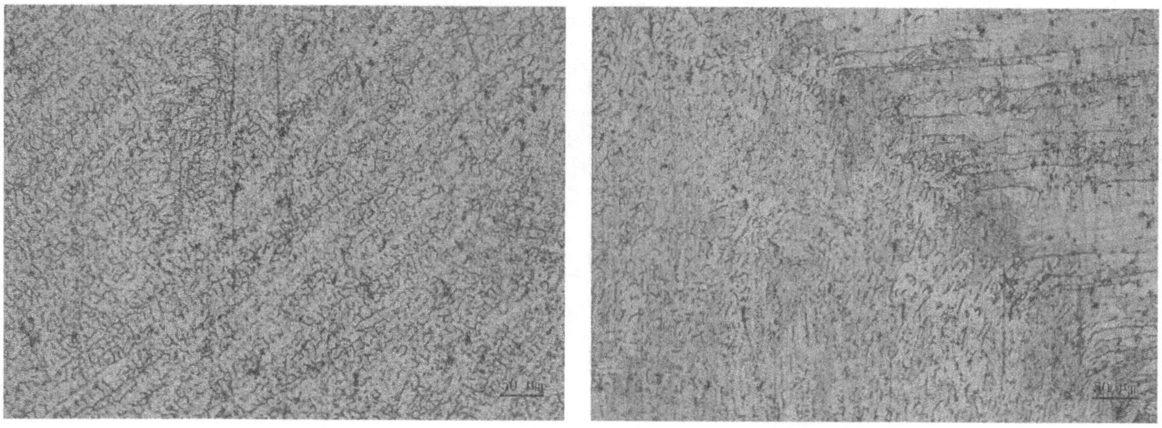

（a）焊缝　　　　（b）热影响区

图 8　316L-气保焊焊接接头金相组织

区较远的不完全重结晶区中带状奥氏体边缘起伏随热输入的增大逐渐增强，层片装奥氏体宽度逐渐增大。气保焊中焊缝组织为块状奥氏体，奥氏体组织比较粗大，随着块状奥氏体数量增大，铁素体晶内析出的奥氏体减少。2205 双相不锈钢焊接区的组织差异表明，不同焊接方法下获得的性能有较大差异，因此对焊接方法的选择以及对于焊接接头耐蚀性进一步的研究是获得优异焊接接头耐蚀性的重要因素。

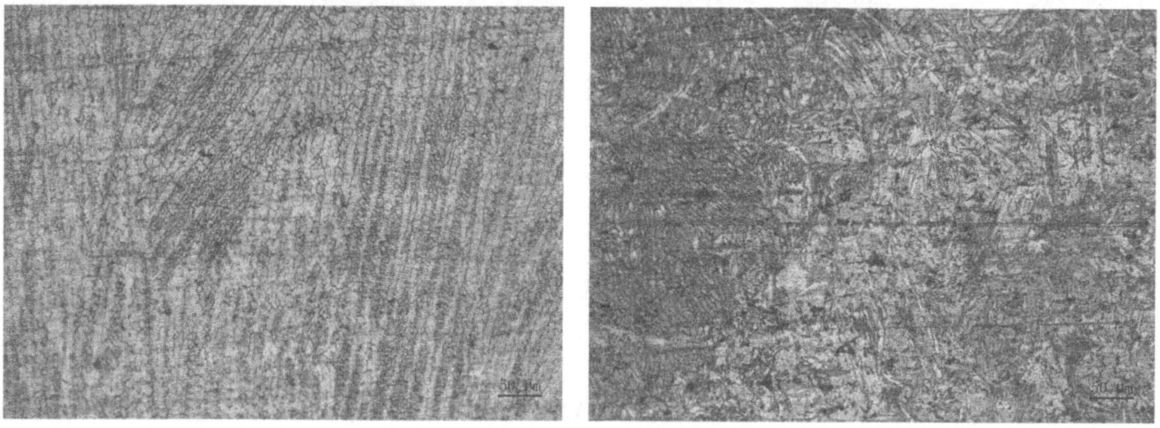

（a）焊缝　　　　（b）热影响区

图 9　2205-手工焊-15 焊接接头金相组织

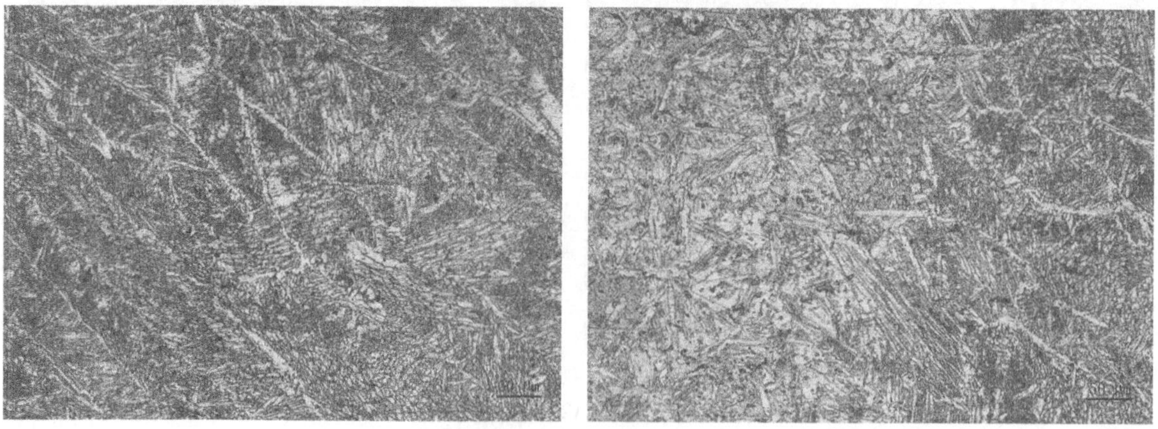

（a）焊缝　　　　（b）热影响区

图 10　2205-手工焊-16 焊接接头金相组织

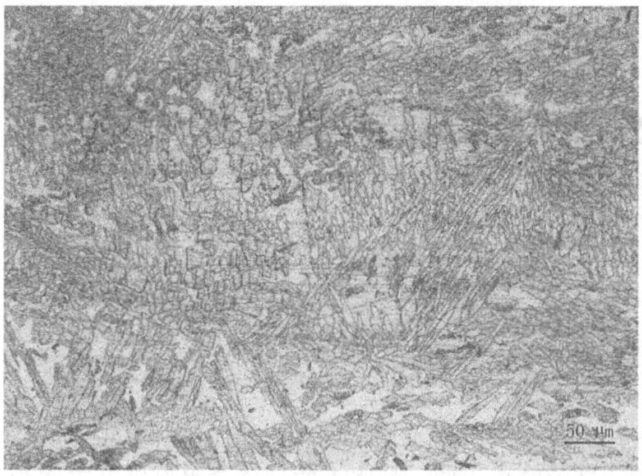

（a）焊缝

（b）热影响区

图 11　2205-气保焊焊接接头金相组织

4　实验结论

（1）焊接力学性能试验表明，实验方案确定的 16Mn 碳钢手工焊及气保焊、304 不锈钢手工焊及气保焊、316L 不锈钢手工焊及气保焊、2205 双相不锈钢手工焊及气保焊焊接接头均符合《承压设备产品焊接试件的力学性能检验》（NB/T 47016—2011）要求，可用于后续的焊接接头耐蚀性研究。

（2）304 不锈钢手工焊及气保焊获得的焊接接头与原始组织力学性能抗拉强度略有下降，气保焊焊接接头抗拉强度低于手工焊焊接头抗拉强度。

（3）316L 不锈钢手工焊及气保焊获得的焊接接头与原始组织力学性能抗拉强度相差不大，气保焊焊接接头强度低于手工焊焊接接头抗拉强度。

（4）2205 双相不锈钢手工焊获得的焊接接头与原始组织力学性能抗拉强度均无明显下降。气保焊接焊接头抗拉强度略低于母材抗拉强度。

（5）实验方案中 16Mn 碳钢、304 不锈钢、316L 不锈钢和 2205 双相不锈钢采用手工焊及气保焊形成的焊接接头金相显微组织中，焊缝及热影响区金相组织存在一定差异。

参考文献

[1] 尹显清，贾海波，王处军．黄登水电站工程金属结构设计与布置［J］．水力发电，2019，45（6）：96-99.

[2] 赵青，邓从响，许亮华．小浪底电站 1#孔板洞高水位过流振动观测分析［J］．人民黄河，2013，35（8）：93-95.

[3] 国家能源局．承压设备产品焊接试件的力学性能检验：NB/T 47016—2023［S］．北京：北京科学技术出版社，2023.

压实度对膨胀土物理力学特性影响的试验研究

孙 慧 邱金伟 胡 波 刘 军

（长江科学院水利部岩土力学与工程重点实验室，湖北武汉 430010）

摘 要：为了确定膨胀土作为填筑材料的压实度控制范围，在室内针对不同压实度的膨胀土开挖料，进行了击实强度、抗压强度、胀缩以及渗透等试验。试验结果表明：膨胀土的最优含水率轻型击实为24.5%，重型击实为17.3%；无侧限抗压强度和初始切线模量均随压实度的增大而增大；膨胀力也随着试样压实度的增大而增大，收缩特性却减小，渗透系数变化范围较大，减小了几个数量级。研究结果可为膨胀土填料的工程应用提供参考。

关键词：膨胀土；压实度；膨胀率；抗压强度；渗透系数

1 引言

膨胀土是对工程建筑物具有特殊危害作用的一类特殊土，我国是世界上膨胀土分布面积大，成因类型复杂的国家之一[1]。目前，对于膨胀土用作填料的填筑控制方面，国内公路和水利部门以及膨胀土国标中均没有统一的标准。王众等[2] 研究了石灰对膨胀土的砂化效果、粉土石灰联合改良膨胀土的击实方法适用性以及灰剂量衰减规律，认为现场试验段碾压前土样的击实曲线更贴近湿法和修正湿法所制备土样，推荐采用实操便捷性更高的修正湿法。张海珍[3] 阐述了膨胀土的分类和石灰改良膨胀土的基本原理，探讨了膨胀土路基填筑施工技术，并提出了施工质量控制措施。王艳林[4] 研究了不同石灰掺量和压实遍数对路基膨胀土填筑施工的影响，依托实际工程，在试验路段进行了路基填筑施工，并对工程质量进行了检测分析。李丁可[5] 认为膨胀土掺入3.5%、5.0%的石灰改良后，土体力学强度及水稳定性明显提高，颗粒组成及胀缩特性大幅降低，可达到合格填料要求。陈红等[6] 针对南水北调中线一期工程总干渠沿线涉及膨胀土问题的渠段较长，涉及范围广、条件复杂，任何局部的边坡失稳、衬砌结构的破坏都将可能影响渠道正常输水的问题，研究了渠道膨胀土填筑金包银施工保护处理方法以及质量控制标准。

综上所述，由于膨胀土特殊的工程特性，其膨胀性和强度均随密度增大而增大，随含水率增大而减小，通过大量工程稳定性调查表明，填筑膨胀土的稳定性远比其他类土的稳定性要差，因此其填筑控制标准既要考虑到填筑后膨胀变形和膨胀力的因素，又要考虑到强度和压缩变形的问题，应选择一个合理的压实度控制范围，使其强度和模量满足填筑部位需要，膨胀特性又处于工程可控的范围。为此，在室内针对不同压实度的膨胀土开挖料，进行了击实强度、抗压强度、胀缩、渗透等试验，以分析在不同密度条件下土体的工程特性，为膨胀土填料的压实度双限控制提供依据。

2 试验方法和内容

2.1 试验材料

为获取膨胀土的基本物理力学参数指标，根据《公路土工试验规程》（JTG 3430—2020）[7] 和

基金项目：国家自然科学基金项目（52208329）；安徽省引江济淮集团有限公司科技项目资助项目（YJJH-ZT-ZX-20230118528，YJJH-ZT-ZX 20191031216）；中央级公益性科研所基本科研业务费（CKSF2023327/YT）。

作者简介：孙慧（1980—），女，高级工程师，博士，主要从事环境岩土工程研究工作。

《土工试验方法标准》（GB/T 50123—2019）[8]，开展了一系列土工试验，包括筛分和液塑限等试验，结果如表1所示。

表1 膨胀土物理力学参数

含水率/%	比重	干密度/(g/cm^3)	孔隙比	粒径/mm			液限	塑限	塑限指数	自由膨胀率/%
				粉粒	黏粒	胶粒				
19.8	2.72	1.69	0.613	53.6	46.4	36.4	54.2	24.1	30.1	67

2.2 试验方法

现场取的膨胀土经风干晾晒后，碾磨过5 mm筛，加入适量水，拌和均匀后放置24 h，依据《土工试验方法标准》（GB/T 50123—2019）[8] 制备重塑试样，开展室内击实试验、无侧限抗压强度试验、渗透和膨胀性等试验。

3 试验结果分析

3.1 击实试验成果

现场填筑土料需要了解其最优含水率和最大干密度，用来确定合理的填筑标准，因此对膨胀土试样进行了轻型和重型击实试验，轻型击实单位体积击实功为592.2 kJ/m^3，重型击实单位体积击实功为2 684.9 kJ/m^3。击实试验成果如表2所示。从表2中可以看出，轻型击实得出的最优含水率比重型击实高，约为重型击实的1.42倍；轻型击实的最大干密度比重型击实的小，是重型击实干密度的88.27%。

表2 膨胀土击实试验成果

土料	粒径/mm	轻型击实		重型击实	
		最优含水率/%	最大干密度/(g/cm^3)	最优含水率/%	最大干密度/(g/cm^3)
膨胀土	<5	24.5	1.58	17.3	1.79

3.2 无侧限抗压强度试验成果

针对土样进行了无侧限抗压强度试验，试样含水率为11.3%，采取重型击实，压实度分别为86%、88%、89%和91%，无侧限抗压强度试验应力-应变关系曲线如图1所示，无侧限抗压强度峰

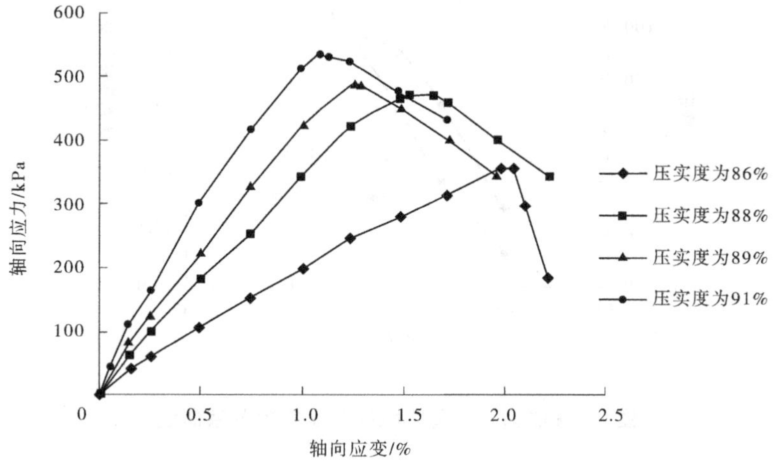

图1 无侧限抗压强度应力-应变关系曲线

值、初始切线模量与压实度关系曲线如图 2 所示。从图 2 中可以看出，无侧限抗压强度、初始切线模量均随压实度的增大而增大，在压实度小于 88%时，其增幅较大，超过这个界限值时，其强度增幅减小，表明压实度超过 88%后，提高压实度程度对提高试样强度的效率减小。

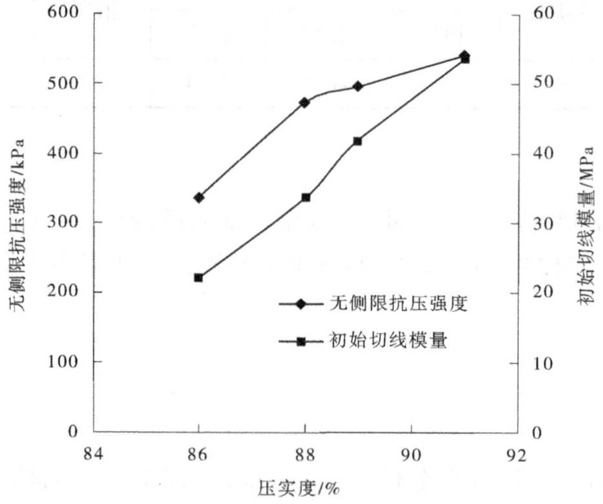

图 2　无侧限抗压强度峰值、初始切线模量与压实度关系曲线

3.3　胀缩特性

针对土样进行了膨胀力和无荷膨胀率试验，试样制备控制条件为：含水率为 13.2%，采取重型击实标准，压实度分别为 85%、88%、90%、93%和 96%。膨胀力、无荷膨胀率与压实度关系曲线如图 3 所示。从图 3 中可以看出，随着击实样的压实度增大，土样的膨胀力、无荷膨胀率均增大，压实度超过 93%时，膨胀力随压实度的增幅加大，表明压实度超过 93%这个界值后，提高压实程度会大大增强击实样的膨胀潜势，这不利于工程安全。

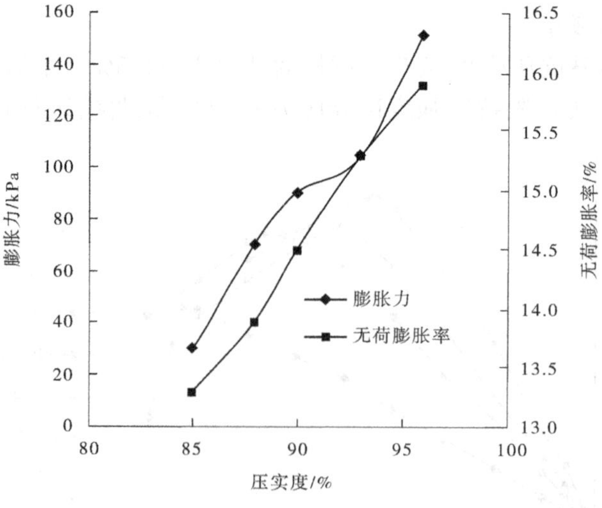

图 3　膨胀力、无荷膨胀率与压实度关系曲线

采用重型击实标准，对含水率为 11.3%的击实样开展了大尺寸收缩试验，压实度分别为 84%、86%、88%和 91%，线缩率与压实度的关系曲线如图 4 所示。从图 4 中可以看出，随着击实样压实度的增大，线缩率减小，压实度超过88%时，提高压实程度对抑制收缩方面效果减弱。

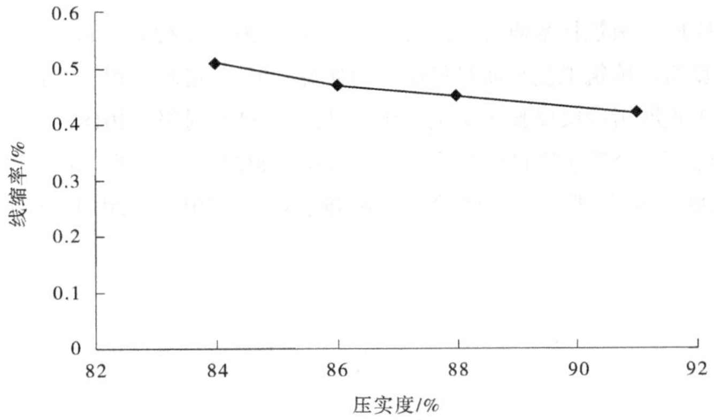

图4 线缩率与压实度关系曲线

3.4 渗透特性

对土样进行了饱和渗透试验，采用重型击实标准，压实度分别为84%、86%、88%和90%，渗透系数与压实度关系曲线如图5所示。从图5中可以看出，压实度越大，渗透系数越小，压实度超过88%后，渗透系数随压实度的降幅变缓。

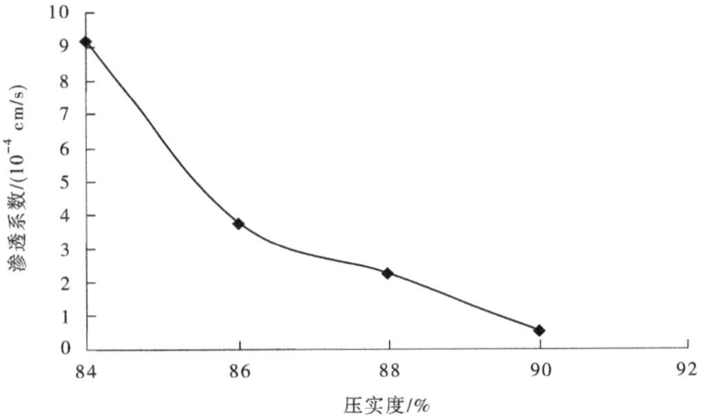

图5 渗透系数与压实度关系曲线

4 结论

（1）膨胀土开挖回填料的膨胀性能及强度与压实度大小关系密切。压实度越大，无侧限抗压强度越高，但膨胀潜势也大；而压实度越小，但强度也越低。因此，膨胀土开挖回填料的压实度既要达到最低要求，又不能过高。

（2）建议膨胀土开挖回填料的压实度采用双限范围进行控制，对于膨胀土采用重型击实标准，压实度控制为88%~93%，具体参数可按照实际工程情况进一步复核和优化。

参考文献

[1] 廖世文．膨胀土与铁路工程［M］．北京：中国铁道出版社，1984.

[2] 王众，樊晓军，潘旋，等．粉土石灰联合改良膨胀土路基填筑质量控制［J］．公路，2023，68（6）：171-176.
[3] 张海珍．公路工程膨胀土路基填筑施工技术［J］．交通世界，2023（11）：95-97.
[4] 王艳林．高速公路路基膨胀土填筑技术研究［J］．交通世界，2022（Z2）：111-112.
[5] 李丁可．膨胀土石灰改良路基填筑工艺与质量控制试验研究［J］．路基工程，2018（3）：130-135.
[6] 陈红，刘平．南水北调工程淅川段渠堤膨胀土填筑施工［J］．科技通报，2018，34（4）：235-239.
[7] 中华人民共和国交通运输部．公路土工试验规程：JTG 3430—2020［S］．北京：人民交通出版社，2020.
[8] 中华人民共和国住房和城乡建设部．土工试验方法标准：GB/T 50123—2019［S］．北京：中国计划出版社，2019.

天然砾石土戗堤填料工程特性试验研究

王　增

（陕西秦海检测科技有限公司，陕西咸阳　712000）

摘　要： 通过对天然料场砾石土的试验，研究砾石土工程变化特性。试验选用具有代表性的砾石含量与对应的最大干密度绘制曲线图，结合设计压实度要求，进一步整理出三因素关系图进行施工质量控制。结果表明：天然砾石土场随着开挖深度的增加，含水率呈现由高到低，最终趋于稳定的规律；最大干密度随砾石含量的增大呈抛物线发展的过程；选取典型数据所获得的砾石含量、干密度与压实度三因素关系曲线图作为控制曲线，可为现场施工提供科学、准确、适用、快速、高效的试验检测。研究结果为戗堤工程天然砾石土填筑施工质量控制提供经验，其他工程也可借鉴。

关键词： 戗堤工程填筑；击实试验；天然砾石土；三因素关系曲线图

1　前言

砾石土在自然界中储量丰富、分布广泛。工程实践表明，砾石土与常规料相比，具有天然含水率接近最优含水率、级配良好、压实性好、力学性能高、渗透及稳定性好等有利条件，目前在水利工程中已被广泛应用[1]。砾石土的各项性能指标目前在国内也有大量的研究，例如郑星等[2] 针对砾石土料 P_5 含量对其工程特性的影响进行了试验研究，发现随着 P_5 含量增加，土料的压缩模量、抗剪强度参数、变形参数、渗透系数逐渐增加，渗透特征坡降逐渐降低，土料渗透变形破坏模式发生改变。常利营等[3] 对粗粒含量对砾石土渗透和变形参数进行了研究，发现砾石土渗透特性与粗粒含量 P_5 有一定相关性，$P_5>30\%$时，随着粗粒含量的增加，砾石土渗透系数随之增大，渗透破坏坡降有减小趋势，粗粒含量在30%~50%范围时砾石土的允许渗透坡降一般均大于3.5。保华富等[4] 对砾石土的击实特性及最大干密度进行了试验研究，认为砾石土的击实最大干密度与土料母岩性质、风化程度、P_5 含量、击实功能等因素关系密切，增大试验仪器尺寸可提高砾石土的最大干密度，在试验条件允许时宜尽可能选用较大尺寸击实仪。目前一些国内学者对糯扎渡水电站项目大规模采用人工掺砾技术研究[5-8]，取得了丰硕的成果。然而对于天然砾石土，因天然砾石含量分布具有随机性，对天然砾石土系统的研究并不多，为施工质量控制带来了挑战。新疆某大型输水渠道戗堤填筑设计采用天然砾石土料，设计规范对用于防渗透体的砾石土要求，粒径大于5 mm的含量不宜大于50%，最大粒径不宜超过150 mm[9]。为满足高强度大填方量砾石土填筑质量控制要求，本文通过试验分析天然颗粒级配、砾石含量变化对最大干密度的影响，研究天然砾石土的含水率随深度分布规律及颗粒级配与最大干密度和最优含水率的变化特性，确定满足质量要求的砾石含量、干密度与压实度施工质量控制三因素关系图，为渠道戗堤工程采用天然砾石土填筑施工提供一定的工程经验。

本工程为山坡段渠道的引水工程，设计渠道戗堤土方回填量87万 m^3，规划了三个天然砂砾石土料场，为侏罗系中下统和中上统（J1-2、J2-3）地层，岩性主要为砾岩夹砂岩，局部夹薄层泥岩（厚20 cm左右），含少量煤层。根据料场探坑揭露情况：全风化层厚10~15 m，强风化层厚约5 m，弱风化层厚15~20 m，料场取砾岩夹砂岩的全风化层和强风化层，总厚度15~20 m。表层为厚0~0.3 m

作者简介： 王增（1991—），男，工程师，试验室副主任，主要从事水利水电工程试验检测研究工作。

含植物根系的土层，0.3~2.0 m 范围为含砂粉土覆盖层，为无用层。覆盖层以下多为含细粒土砾，为砾岩夹砂岩全风化和强风化层。砾石土料整体分布均匀，分布较连续，性质基本相同，储量丰富。

2 试验方法

2.1 天然含水率试验

对天然砾石土料场依据规范按照不同深度土样进行含水率试验，绘制砾石土样含水率随土样深度的变化曲线，分析土样天然含水率的分布情况。含水率试验按照《土工试验方法标准》(GB/T 50123—2019)[10] 中的相关规程，采用 101-3 型电热鼓风干燥箱进行试验。取代表性试样整体放入烘箱在 105~110 ℃下烘至恒量，计算含水率。

2.2 颗粒组成分析试验

颗粒组成分析试验按照《土工试验方法标准》(GB/T 50123—2019) 中的相关规程，采用筛析法对粒径介于 0.075~80 mm 的颗粒土样进行颗分试验，绘制土样颗粒级配曲线，分析土样级配特征。由于试验用料较多，粒径分布范围大，首先对大于 5 mm 颗粒采用人工筛分，然后再对每个试样采用 ZBSX-92A 型震击式标准振筛机进行筛分。

2.3 击实试验

试验采用 BKJ-Ⅲ型多功能电动击实仪，可自动计数、自动控制、循环击实。按照《土工试验方法标准》(GB/T 50123—2019) 中的重型击实法进行击实试验，采用 5 mm 以上的砾石含量作为土料控制粒径，选择 21 个不同砾石含量，绘制最大干密度与砾石含量关系曲线。采用砾石土最大干密度拟合法[11] 进行现场砾石土填筑压实度控制。

3 结果与分析

3.1 天然含水率

砾石土的天然含水率是测定砾石土料场不同深度下含水率的变化情况。土料场选取 6 个典型探坑，绘制的天然含水率随探坑深度分布曲线见图 1。

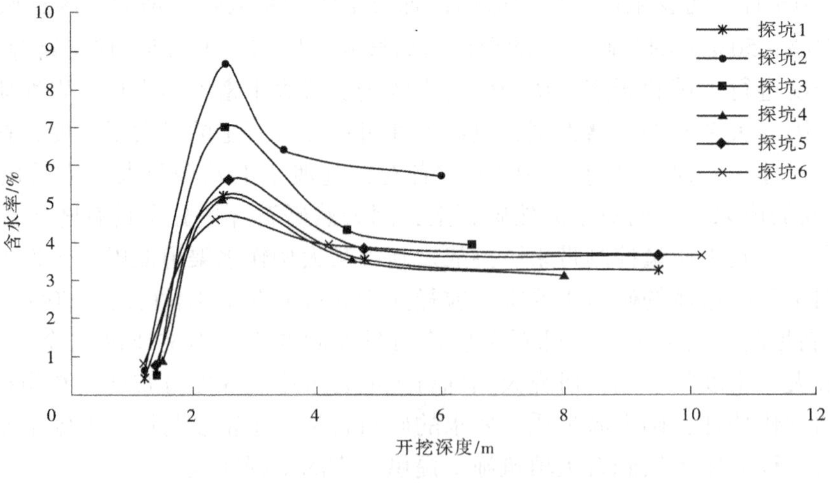

图 1 天然含水率随探坑深度分布曲线

从图 1 的试验结果可以看出，试验测得的砾石土料天然含水率随探坑深度的变化幅度比较大；距料场地表深度在 0~3 m 范围内，含水率随着开挖深度的增加而增大；距料场地表深度在 3~4 m 范围内，含水率随着开挖深度的增加而略有减小；4 m 以下深度，含水率随深度增加基本变化不大，且趋向稳定。砾石土料场天然含水率在深度 0~2 m 范围内，砾石土料较干燥，含水率变化幅度不大，含水率为 0.5%~1.1%；深度在 2~4 m 内，作为主要储水层，随着料场地势的变化含水率变化幅度比较大，含水率为4.6%~8.6%；深度在4 m以下，土料含水率再次趋于平稳，变化范围为3.1%~5.7%。鉴于砾石土料场天然含水率随深度变化规律，在填筑施工中建议采用立采装料运至施工现场使其含水率混合均匀。

3.2 颗粒组成分析

颗粒组成分析试验是测定砾石土样中不同粒径颗粒质量占总干土质量的质量分数，用百分数表示。砾石土料场共取样21组土样进行颗粒级配分析试验，根据料场现场取样颗粒分析试验结果，绘制出砾石土料场原状土样颗粒级配曲线（见图2）。

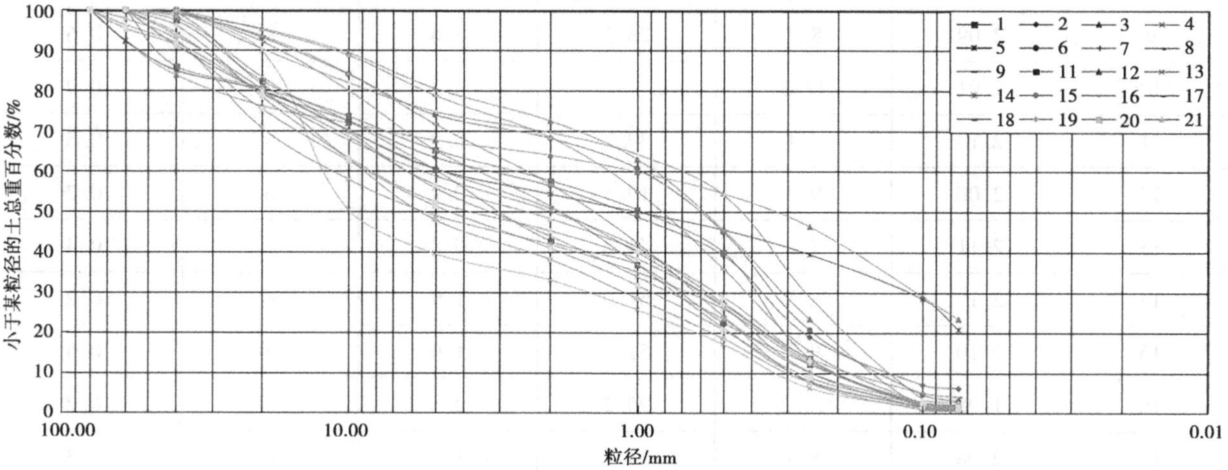

图2 砾石土料场原状土样颗粒级配曲线

由图2的筛分结果可以看出，天然砾石土料场的砾石土料级配连续，砾石土的最大粒径80 mm。计算得到砾石土料的不均匀系数为2~57，曲率系数为0.1~0.9，根据规范[12]可知，砾石土料场大部分级配连续但级配不够良好。天然砾石土中，>5 mm颗粒含量（P_5含量）范围值为4.6%~60.5%，平均值为36.7%；<0.075 mm颗粒含量范围值为0.6%~23.3%，平均值为3.8%。该砾石土料场除>5 mm砾石含量为4.6%的颗粒级配曲线在0.1~0.5 mm段出现陡降段外，其余级配曲线相似，变化范围不大，无明显的水平或者竖直段，土料粗细颗粒整体分布均匀。但各组级配曲线并不是绝对一致的，存在一定的差异性。

3.3 击实试验

根据《土工试验方法标准》（GB/T 50123—2019）中的规定，将砾石土样分三层重型击实，确定相同击实功下不同级配曲线对应的最优含水率和最大干密度。相关砾石土击实试验成果见表1、图3~图8。

表1 砾石土击实试验成果

试验编号	最大干密度/(g/cm³)	最优含水率/%	P_5 含量/%	<0.075 mm 含量/%	不均匀系数 C_u	曲率系数 C_c
1	2.17	6.4	34.7	2.1	14	0.3
2	2.21	6.0	36.6	6.5	16	0.4
3	2.11	5.9	32.3	24.3		
4	2.12	7.0	60.5	1.4	57	0.9
5	2.10	6.6	39.5	22.6		

续表 1

试验编号	最大干密度/(g/cm^3)	最优含水率/%	P_5 含量/%	<0.075 mm 含量/%	不均匀系数 C_u	曲率系数 C_c
6	2.15	7.8	26.0	4.3	7	0.8
7	2.08	9.5	39.4	2.2	11	0.2
8	2.12	8.6	41.2	4.1	31	0.3
9	2.09	8.8	28.3	0.6	8	0.6
10	1.91	12.3	4.6	0.8	2	0.9
11	2.13	7.4	39.7	0.9	24	0.5
12	2.00	9.7	19.5	0.9	6	0.7
13	2.11	7.8	44.2	0.8	25	0.4
14	2.12	8.5	51.0	1.9	57	0.2
15	2.10	9.7	52.1	1.0	30	0.5
16	1.98	10.2	25.2	2.8	40	0.2
17	2.08	8.9	34.7	1.3	31	0.3
18	2.09	8.3	21.2	2.0	31	0.2
19	2.08	8.0	47.6	1.2	50	0.1
20	2.09	7.4	48.6	1.7	12	0.5
21	2.10	8.1	43.4	1.5	7	0.7

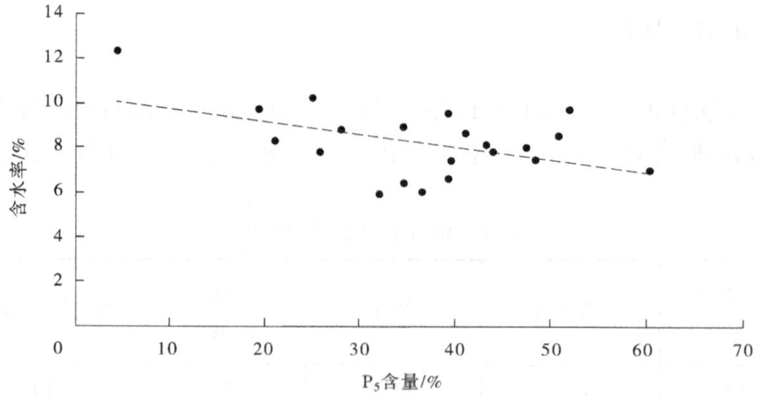

图 3 不同 P_5 含量下砾石土对应的最优含水率

从表 1、图 3~图 8 中可以看出：

（1）从表 1、图 3 可以看出，天然砾石土含水率分布在 6.0%~8.5%时，砾石土对应的 P_5 含量集中在 36.6%~51.0%，最大干密度随着 P_5 含量的增加呈缓慢上升趋势，含水量对干密度的影响不大。从图 5 可以看出，砾石土料场含水在 6.0%~8.5%范围内时的最大干密度呈发展趋势，最优 P_5 含量为 34.7%。总体变化范围不大，说明这类砾石土最大干密度对含水量不是很敏感。天然含水率略低

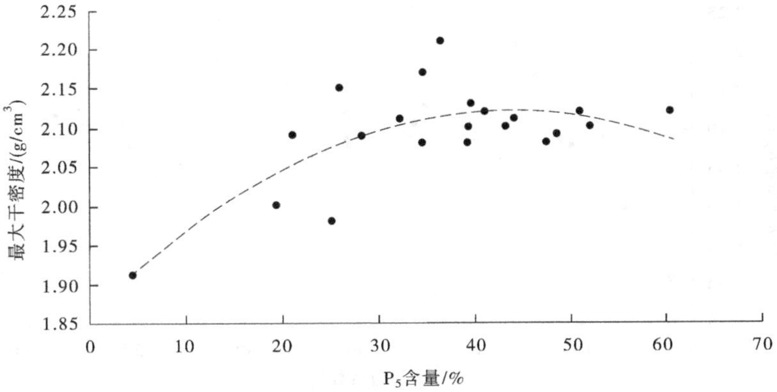

图4　不同 P_5 含量下砾石土对应的最大干密度

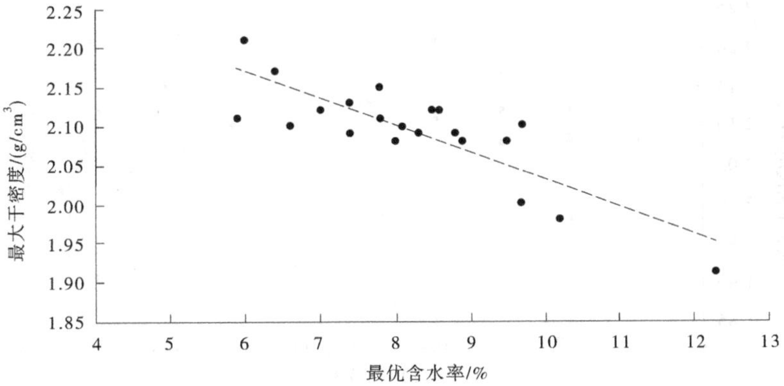

图5　砾石土料场最优含水率对应的最大干密度

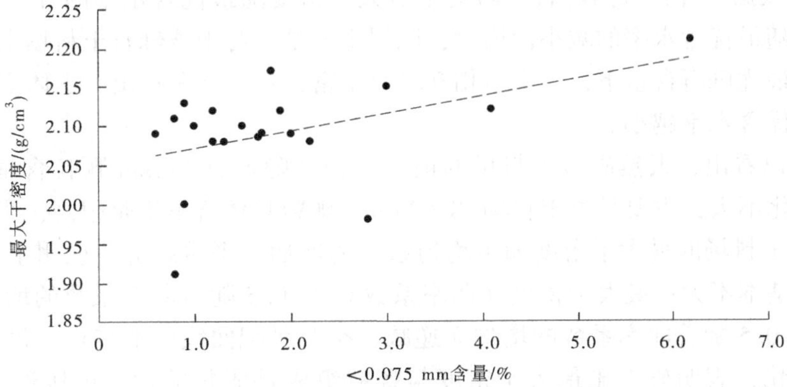

图6　<0.075 mm 不同含量下砾石土对应的最大干密度

于最优含水率 6.4%，施工时宜按检测成果考虑运至工作面适量补水。

（2）从图 4 可以看出，不同 P_5 含量下砾石土对应的最大干密度的发展趋势呈抛物线，但发展趋势也同样较平缓；最优砾石含量在 28.3%～60.5%，当砾石土的砾石含量高于或低于这个范围时，最大干密度呈下降趋势，这是由于天然砾石土砾石含量在 28.3%～60.5%时，砾石在土体中未形成骨架，呈悬浮状态，类似黏性土体，最大干密度随砾石颗粒的增加而增大[13]；当砾石含量小于 28.3%或大于 60.5%时，由于粗颗粒形成骨架，细料填充不密实，空隙率增加导致最大干密度随砾石含量

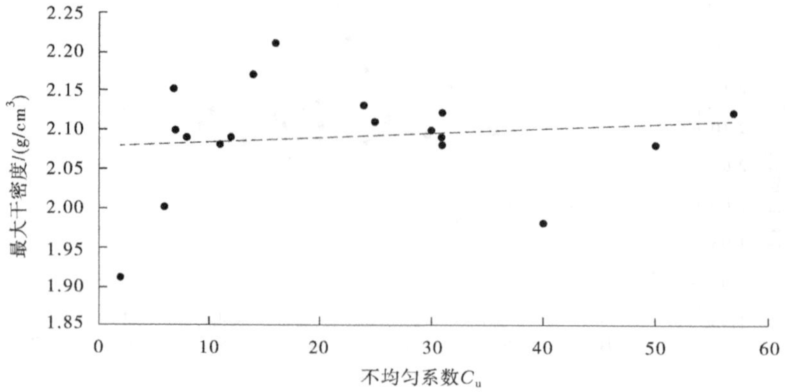

图 7　不同不均匀系数砾石土对应的最优含水率

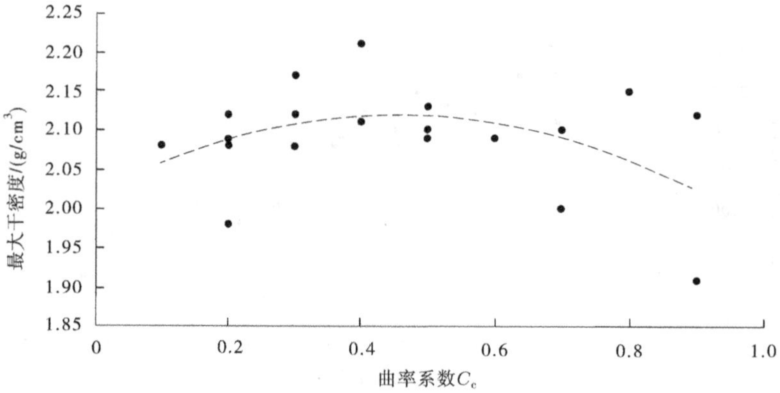

图 8　不同曲率系数砾石土对应的最优含水率

增加而减小。

（3）根据试验数据统计，天然砾石土料场中最大干密度随最优含水率的分布呈现出较好的线性关系。最大干密度随最优含水率的减小而增大，原因主要是，对于该砾石土料场来说，充当骨架的砾石和填充的细料在最优砾石含量下，击实后相互填充挤密，水分挤压排出，土体变得密实，因此最大密度越大对应的最优含水率越小。

（4）由图 6 可以看出，天然砾石土料场的最大干密度随<0.075 mm 颗粒含量的增加虽有增长，但曲线平缓增长变化不大，主要是由于料场<0.075 mm 颗粒总体含量不是很高，影响有限。

（5）天然砾石土料场的最大干密度随不均匀系数的增加呈平缓趋势，说明不均匀系数变化对于最大干密度的影响基本不大；最大干密度在曲率系数 0.3~0.5 随着曲率系数的增大达到最大值，在曲率系数超出 0.3~0.5 随着曲率系数的增加而递减，符合级配曲线一般特征。最大干密度不随不均匀系数的变化而变化，表明砾石土最大干密度与颗粒组成是弱相关性，更接近于有黏土粗粒土的特征。

3.4　施工期击实三因素关系图式控制

施工过程中为方便压实度检测，建立了天然砾石土不同砾石含量、干密度与对应的压实度三因素关系式，通过关系式图表快速查找实测砾石含量所对应干密度的压实度。根据表 1 中击实试验成果，选取有代表性砾石含量及其对应的最大干密度与最优含水率（见表 2），整理出施工控制试验成果两因素关系式曲线（见图 9），为进一步便于现场质量控制，根据图 9 绘制了砾石含量、干密度和压实度三因素关系曲线（见图 10）。

表 2 施工控制击实试验成果

砾石含量/%	4.6	19.5	28.3	34.7	39.7	51.0	60.5
最大干密度/(g/cm^3)	1.93	2.00	2.09	2.17	2.13	2.12	2.12
最优含水率/%	12.1	9.7	8.8	6.4	7.4	8.5	7.0

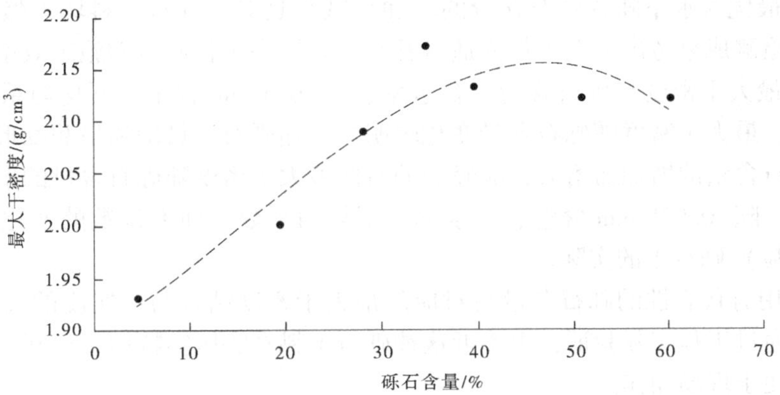

图 9 砾石含量与最大干密度两因素关系曲线

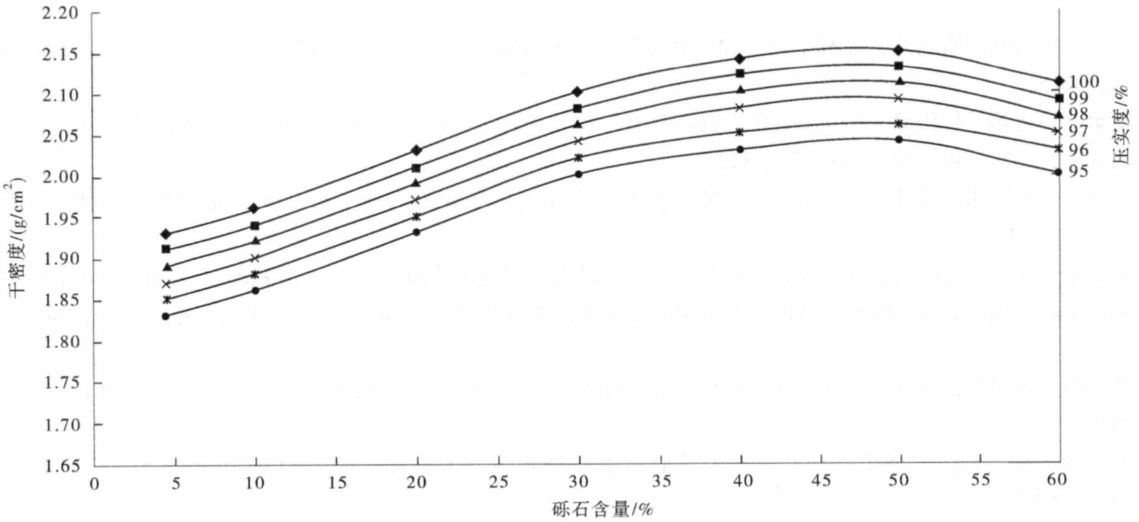

图 10 室内砾石含量、干密度与压实度三因素关系曲线

观察图 9 与图 4 对比发现，施工中推选的代表性击实控制曲线与整个料场不同砾石含量对应的最大干密度趋势曲线基本一致，都呈缓坡驼峰形变化，峰点最大干密度比施工控制曲线增大了 0.05 g/cm^3，峰值点对应的砾石含量增加了 5%左右。通过施工过程中的压实度检测统计，最终推荐的代表性击实控制曲线，更接近料场真实情况，更有利于施工控制。

根据图 9 砾石土与最大干密度两因素关系曲线图，结合设计要求的戗堤填筑质量压实度要求，参考三因素曲线在砂砾石中的应用[14]，绘制了砾石含量、干密度与压实度三因素关系曲线（见图 10）。针对天然砾石土料场砾石含量不稳定的因素，通过现场试验计算出干密度，对照不同砾石含量，查出现场实际的压实度。通过该试验方法提高了试验效率，节省了施工工期，节约了工程造价，确保了戗堤碾压质量，在本项目施工中得到了较好的应用。

4 结论

（1）砾石土料场的天然含水率随着深度的增加呈现出含水率先增加，后略有降低，最后趋于稳定的分布规律，更切合这种略有黏性（粗粒）砾石土的特性。在开采过程中宜采用立采使其含水率混合均匀。

（2）砾石土料场土料粗细颗粒整体分布均匀，级配组成连续，级配曲线相似，变化范围不大，有利于工程质量控制。

（3）砾石土的最优含水率随着砾石含量的增加呈减小趋势，砾石土料场天然含水率接近最优含水率，施工时宜按检测成果考虑运至工作面适量补水，以提高工程质量和施工效率。

（4）砾石土的最大干密度与砾石含量、含水率、<0.075 mm 含量、不均匀系数、曲率系数等因素有一定的相关性。最大干密度随砾石含量变化较明显，随砾石含量增加呈驼峰形变化，驼峰线的左侧最大干密度随砾石含量的增加而增大，驼峰线的右侧最大干密度随砾石含量的增加而减小，符合一般规律；最大干密度随<0.075 mm 含量、含水率、不均匀系数和曲率系数的变化趋势不太明显，更契合略有黏性（粗粒）砾石土的实际。

（5）本工程选用有代表性的砾石含量与对应的最大干密度结合与压实度的关系组成施工质量控制三因素曲线图，通过工程实际验证，更接近这种砾石土料真实压实特性，有利于施工质量控制，提高了检测准确性，便于现场操作。

参考文献

[1] 中华人民共和国水利部．水利水电工程天然建筑材料勘察规程：SL 251—2015［S］．北京：中国水利水电出版社，2015.

[2] 郑星，杨文超，魏伟琼，等．某特高土石坝防渗砾石土料 P5 含量对其工程特性的影响试验研究［J］．长江科学院院报，2023，40（10）：103-107，122.

[3] 常利营，叶发明，陈群，等．粗粒含量对砾石土渗透和变形参数的影响［J］．水电能源科学，2021，39（7）：147-149，134.

[4] 保华富，庞桂，杨彦斌，等．砾石土的击实特性及最大干密度试验研究［J］．工程勘察，2016，44（9）：22-29.

[5] 戴益华，李锡林．糯扎渡水电站掺砾土击实特性及填筑质量检测方法研究［J］．水力发电，2012，38（9）：40-43.

[6] 杨晓鹏，韩建东，钟贤五．糯扎渡水电站心墙土料掺砾工艺及质量控制技术［J］．西北水电，2012（S2）：101-103.

[7] 王艳芳，王奇峰，王泽生．糯扎渡水电站心墙堆石坝坝料技术指标及试验检测方法［J］．西北水电，2012（S2）：52-57.

[8] 王泽生，李小明，王奇峰．糯扎渡水电站掺砾土料压实质量控制标准和控制方法研究与应用［J］．西北水电，2012（S2）：96-100.

[9] 中华人民共和国水利部．小型水利水电工程碾压式土石坝设计规范：SL 189—2013［S］．北京：中国水利水电出版社，2014.

[10] 中华人民共和国住房和城乡建设部．土工试验方法标准：GB/T 50123—2019［S］．北京：中国计划出版社，2019.

[11] 国家能源局．碾压式土石坝施工规范：DL/T 5129—2013［S］．北京：中国电力出版社，2014.

[12] 中华人民共和国建设部．土的工程分类标准：GB/T 50145—2007［S］．北京：中国计划出版社，2008.

[13] 赵伟，余桢，蒋琼．风化石击实标准及压实度检测方法［J］．交通标准化，2006（8）：203-206.

[14] 王星照，王艺蒙．砂砾石料填筑施工压实质量检测［J］．中国水能及电气化，2015（4）：18-21.

南水北调中线干渠河北段溶解性有机物的光谱特征分析

韩晓东　袁思光　刘溪南

（中国南水北调集团中线有限公司河北分公司，河北石家庄　050035）

摘　要：南水北调中线工程河北段作为入京入津最后一段明渠，是保证高质量长江水入京入津的最后屏障，南水北调中线工程保持高质量的安全供水对京津冀的发展具有深远意义。目前，南水北调中线河北段呈现出不同程度的有机物升高现象。溶解性有机物（DOM）不仅影响水质，而且作为水体微生物重要的碳源，对水体生态系统意义重大。本文基于 DOM 升高的现实问题，通过三维荧光技术结合荧光区域积分，对干渠水体中 DOM 的组成信息进行分析，研究有机物的来源和腐殖化程度，旨在为深入认识中线干渠水体 DOM 升高以及环境影响研究提供思路。

关键词：溶解性有机物；三维荧光；荧光区域积分

1　引言

南水北调中线工程河北段长期监测数据显示，高锰酸盐指数结果存在一定的波动，会对总干渠整体达 I 类水体水质的目标造成影响。现场巡查显示，退水闸前、分水口前等缓流回水区存在的泥沙淤积现象和个别渠段的藻类异常增殖问题，都是水体有机物增高的潜在来源。有机物与水质演变存在密切联系，有机物的增高和不稳定是影响南水北调中线干渠河北段水质安全的潜在风险。但目前，对于河北段干渠水体有机物种类、来源以及与水质作用关系还不清晰。

微生物代谢过程与 DOM 关系密切，微生物不仅可以将 DOM 作为碳源来获取能量，同时微生物代谢过程也会产生 DOM，微生物群落的演变同样影响和驱动着水体水质的变化。DOM 在水体微生物代谢过程中发挥着重要作用，与众多水质演变息息相关，系统研究其组成有助于深入研究微生物调控碳循环过程和机制，为环境管理者提供必要的支持。

2　工作原理

溶解性有机物（Dissolved Organic Matter，DOM）是一类包括亲水性有机酸、类蛋白、类氨基酸以及类腐殖酸的混合体有机物的总称。水体中 DOM 是由不同粒径、不同来源、不同结构、不同性质的各种复杂有机物质组成的。DOM 不仅作为碳循环的重要载体，是地球化学循环的重要组成部分，而且还能与许多金属和有机污染物相结合，发生复杂的化学反应，同时也可作为有机碳源，参与异养微生物的代谢过程，进而影响微生物群落结构的生态演变。

三维荧光技术能同时获得激发和发射波长信息，可有效地揭示水体中溶解性有机物（DOM）的组成信息。三维荧光光谱（EEMs）结合荧光区域积分技术（FRI）是近年来用于研究 DOM 的一种新型光谱指纹分析技术，能够对 DOM 的荧光组分进行分类，从而实现对三维荧光光谱的解析，并可客观地识别出样品中各个荧光组分的浓度和特征。荧光区域积分（FRI）是荧光光谱解析的常用方法，

作者简介：韩晓东（1983—），女，高级工程师，主要从事水环境监测与评价工作。

通信作者：袁思光（1984—），女，高级工程师，主要从事水质监测与水资源保护工作。

一般将 DOM 划分为 5 类荧光组分，即类酪氨酸（P1）、类色氨酸（P2）、类富里酸（P3）、溶解性微生物代谢产物（P4）和类腐殖酸（P5），分别对应 5 个荧光区域（Ⅰ~Ⅴ）：区域Ⅰ，E_x/E_m = <250/<330 nm；区域Ⅱ，E_x/E_m = <250/<330~380 nm；区域Ⅲ，E_x/E_m = <250/>380 nm；区域Ⅳ，E_x/E_m = >400/<380 nm；区域Ⅴ，E_x/E_m = >250/>380 nm，进一步计算可得到荧光指数（FI）、自生源指数（BIX）、腐殖化指数（HIX）及新鲜度指标（β：α）等荧光特征参数。

3 试验内容

2022 年 7—8 月，在南水北调中线工程河北辖区内选取 10 个水质监测断面进行采样和监测，断面设置考虑为省界、市界、水质变化敏感区段。

水样经过 0.45 μm 滤膜过滤，然后采用三维荧光光谱仪扫描分析，激发光源为 150 W 的氙弧灯，光电倍增管电压调至 700 mV，激发波长（E_x）范围调至 220~450 nm，发射波长（E_m）范围调至 220~550 nm，步长为 5 nm，积分时间为 3 s，扫描速度为 1 200 nm/min。

研究 4 个分子量区间的 DOM 在不同光源辐照下的光解行为，分别为<0.45 μm、<100 kDa、<30 kDa、<3 kDa DOM。基于荧光区域积分法，将各个采样点的三维荧光光谱划分为 5 个区域，每个区域分别对应不同物质，具体包括类酪氨酸（P1）、类色氨酸（P2）、类富里酸（P3）、溶解性微生物代谢产物（P4）和类腐殖酸（P5）。与此同时，通过三维荧光光谱计算得到荧光指数（FI）、腐殖化指数（HIX）、自生源指数（BIX）以及新鲜度指数（β：α）来研究有机物的来源和腐殖化程度。

荧光指数（FI）可作为 DOM 来源的指示指标，FI<1.4 时，DOM 主要为陆生植物及土壤有机质等外源物质输入；FI>1.9 时，DOM 主要为微生物活动等内源过程产生。腐殖化指数（HIX）可以衡量 DOM 的腐殖化程度，HIX 越大，说明分子组成越复杂，腐殖质的含量越高；HIX<4 时，说明 DOM 腐殖化程度较弱，以自生源为主。自生源指数（BIX）主要反映 DOM 的生物可利用性，BIX 越高，说明 DOM 的降解程度越高，内源碳产物越容易生成；BIX 在 0.7~0.8 时，具有中度新近自生源特征；BIX 在 0.8~1.0 时，具有较强的自生源特征；BIX>1.0 时，为生物活动产生。新鲜度指数（β：α）反映了新产生的 DOM 在整体 DOM 中所占的比例，是评估水体生物活性的重要依据。

4 结果与分析

4.1 7 月 DOM 组成分析

7 月南水北调中线工程河北段监测断面水体中 DOM 组成如图 1 所示，<0.45 μm、<100 kDa DOM 占比从高到低的排序为类色氨酸（P2）>类酪氨酸（P1）>溶解性微生物代谢产物（P4）>类腐殖酸（P5）>类富里酸（P3），<30 kDa 和<3 kDa DOM 占比从高到低的排序为类色氨酸（P2）>类酪氨酸（P1）>溶解性微生物代谢产物（P4）>类富里酸（P3）>类腐殖酸（P5）。<0.45 μm DOM 占比最高的为类色氨酸（P2）（33.72%±3.16%），占比最低的为类富里酸（P3）（10.5%±1.68%）；<100 kDa DOM 占比最高的为类色氨酸（P2）（34.58%±7.05%），占比最低的为类富里酸（P3）（7.96%±1.59%）；<30 kDa DOM 占比最高的为类色氨酸（P2）（42.71%±1.42%），占比最低的为类腐殖酸（P5）（4.43%±0.50%）；<3 kDa DOM 占比最高的为类色氨酸（P2）（39.07%±2.81%），占比最低的为类腐殖酸（P5）（6.50%±1.58%）。<0.45 μm DOM 中的类芳香蛋白物质低于<100 kDa 、<30 kDa 和<3 kDa DOM，其中<30 kDa DOM 的类芳香蛋白物质最高，占比为 78.16%。

4.2 7 月荧光光谱特征参数分析

7 月南水北调中线工程河北段监测断面水体的荧光光谱特征参数如图 2 所示，<0.45 μm、<100 kDa、<30 kDa 和<3 kDa DOM 的 FI 指数值大于 1.9，表明 7 月水体中 DOM 以自生源为主。所有采样点的 BIX 值大于 1.0，且 HIX 值小于 4，表明本月水体中 DOM 有较强的自生源，腐殖化程度较弱。

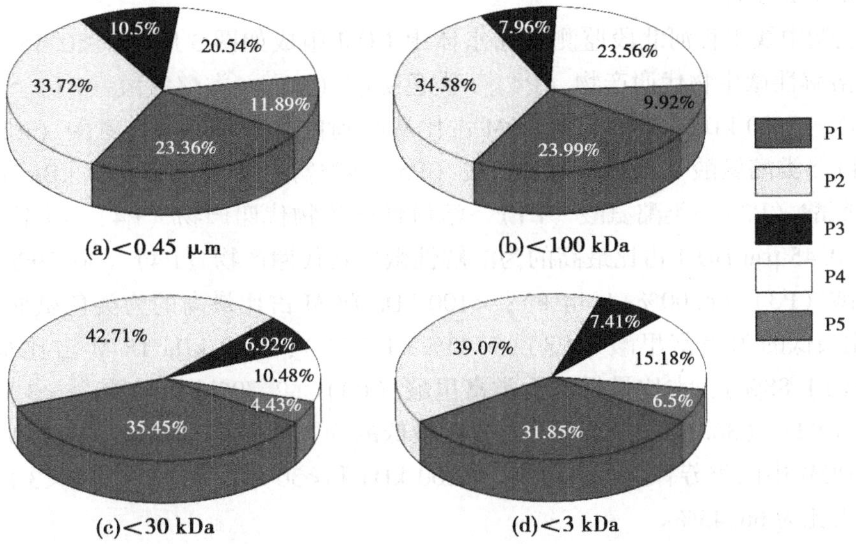

图 1　7 月水体中<0.45 μm、<100 kDa、<30 kDa 和<3 kDa DOM 组成占比

<100 kDa、<30 kDa 和<3 kDa DOM 的 β：α 高于<0.45 μm DOM。综上所述，南水北调中线工程河北段 7 月水体的 DOM 的构成以类芳香蛋白物质为主，自生源 DOM 主要为溶解性微生物代谢产物，且整体的腐殖化程度较低，生物可利用性较高。

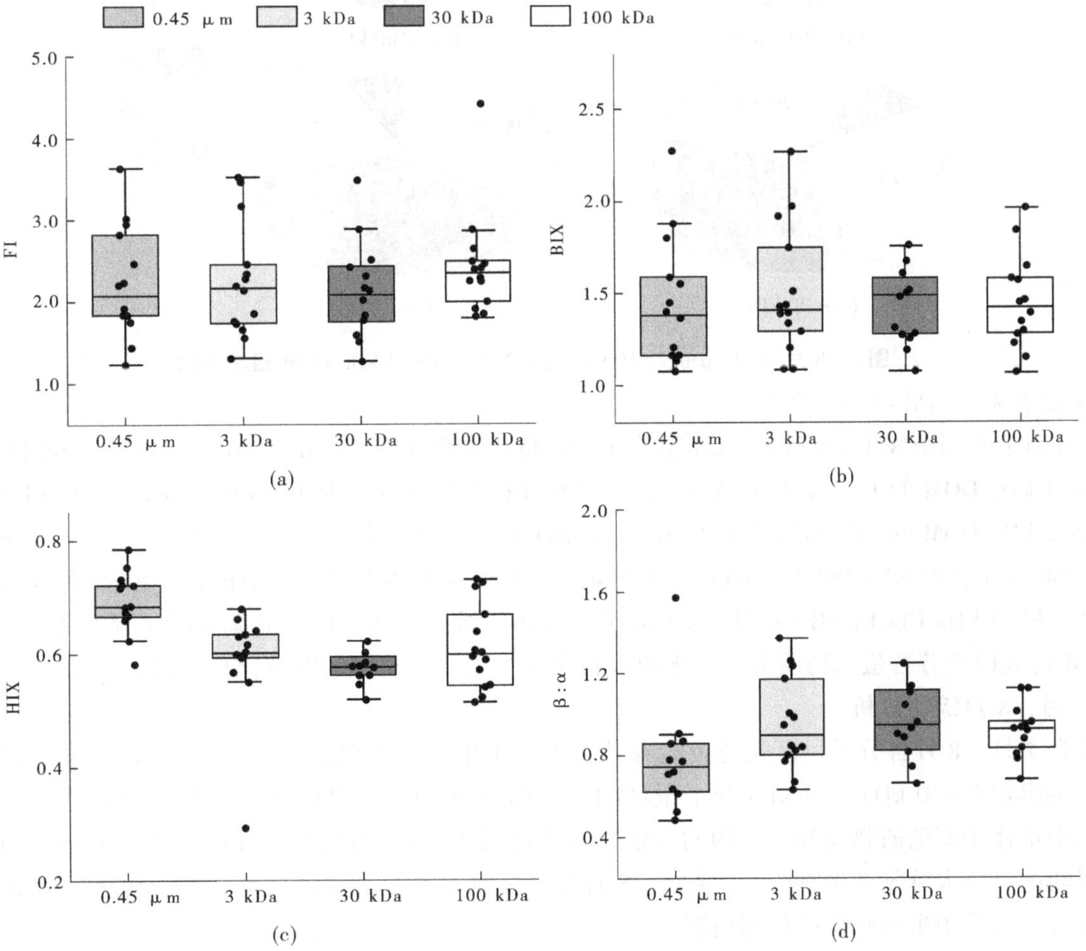

图 2　7 月水体 DOM 的荧光光谱特征参数

4.3 8 月 DOM 组成分析

8 月南水北调中线工程河北段监测断面水体中 DOM 组成如图 3 所示，<0.45 μm DOM 占比从高到低的排序为溶解性微生物代谢产物（P4）>类色氨酸（P2）>类酪氨酸（P1）>类腐殖酸（P5）>类富里酸（P3），<100 kDa 和<30 kDa DOM 占比从高到低的排序为类色氨酸（P2）>溶解性微生物代谢产物（P4）>类酪氨酸（P1）>类腐殖酸（P5）>类富里酸（P3），<3 kDa DOM 占比从高到低的排序为类色氨酸（P2）>类酪氨酸（P1）>溶解性微生物代谢产物（P4）>类富里酸（P3）>类腐殖酸（P5）。<0.45 μm DOM 占比最高的为溶解性微生物代谢产物（P4）（30.39%±5.16%），占比最低的为类富里酸（P3）（6.00%±1.14%）；<100 kDa DOM 占比最高的为类色氨酸（P2）（30.95%±2.51%），占比最低的为类富里酸（P3）(7.23%±1.77%)；<30 kDa DOM 占比最高的为类色氨酸（P2）(29.93%±1.88%)，占比最低的为类富里酸（P3）（7.70%±1.44%）；<3 kDa DOM 占比最高的为类色氨酸（P2）（36.14%±2.86%），占比最低的为类腐殖酸（P5）（4.74%±1.25%）。<0.45 μm 和<3 kDa DOM 中的类芳香蛋白物质高于<100 kDa 和<30 kDa DOM，其中<3 kDa DOM 类芳香蛋白物质最高，占比为 66.45%。

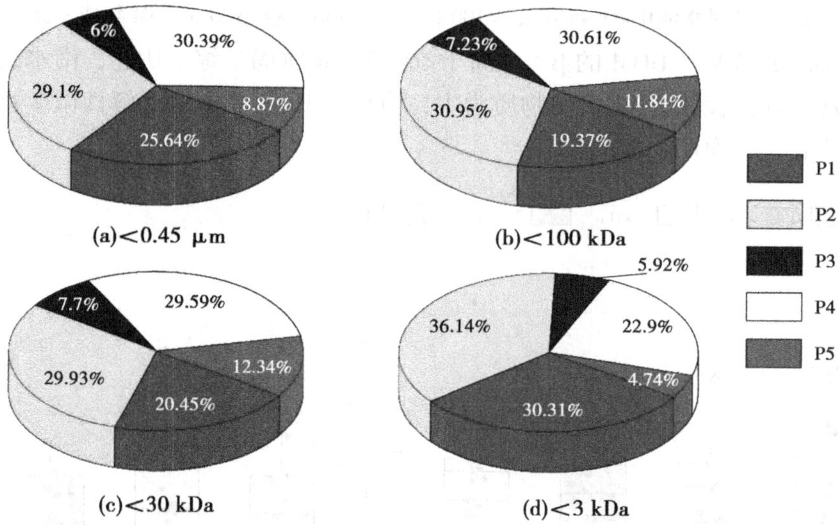

图 3 8 月<0.45 μm、<100 kDa、<30 kDa 和<3 kDa DOM 组成占比

4.4 8 月荧光光谱特征参数分析

8 月南水北调中线工程河北段水体中荧光光谱特征参数如图 4 所示，<0.45 μm、<100 kDa、<30 kDa 和<3 kDa DOM 的 FI 指数值均大于 1.9，表明 DOM 以自生源为主；<0.45 μm、<100 kDa、<30 kDa 和<3 kDa DOM 的 BIX 值均大于 1.0，表示 DOM 为生物活动产生；所有采样点<0.45 μm、<100 kDa、<30 kDa 和<3 kDa DOM 的 HIX 值小于 4，表明本月水体中 DOM 腐殖化程度较弱。<100 kDa、<30 kDa 和<3 kDa DOM 的 β：α 高于<0.45 μm DOM。综上所述，南水北调中线工程河北段 8 月水体的 DOM 构成以类芳香蛋白物质为主，来源以自生源为主，且整体的腐殖化程度较低。

4.5 7 月、8 月综合分析

综合 7 月、8 月各分子量区间的荧光参数，由表 1 中数据可以看出，7 月、8 月的类蛋白质物质最高值都出现在<30 kDa、<3 kDa 分子量区间，DOM 的来源主要是腐殖质降解产物和低分子的有机物，源于水体中腐殖质物质和微生物的降解。溶解性微生物代谢产物（P4）最高值出现在<100 kDa 分子区间内，以大分子微生物为主。7 月、8 月为夏末秋初季节，水体中微生物、藻类等生物相对活跃，反映了水体中生物状态的代谢情况。

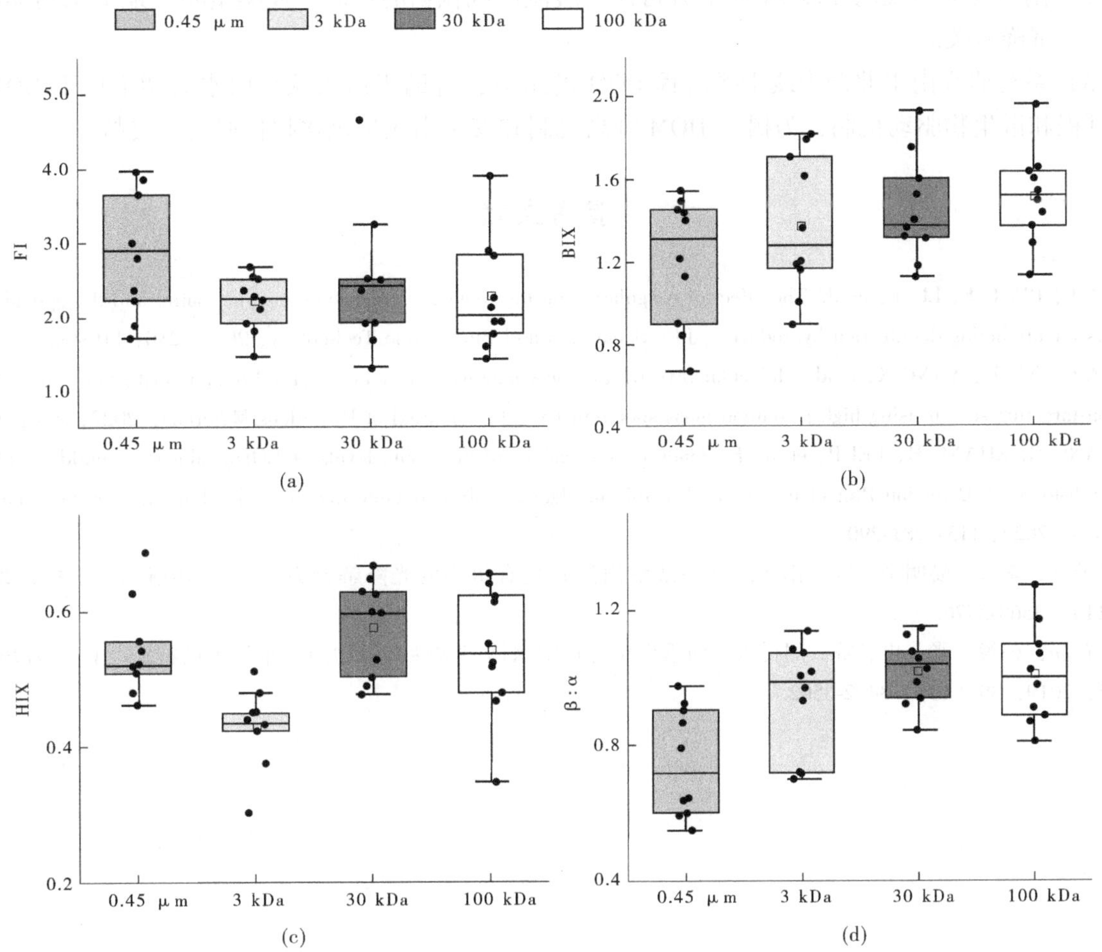

图4　8月水体DOM的荧光光谱特征参数

表1　7月、8月各分子量区间的荧光参数占比

月份	7月	8月	7月	8月	7月	8月	7月	8月	7月	8月
荧光区域 分子量	P1/%	P1/%	P2/%	P2/%	P3/%	P3/%	P4/%	P4/%	P5/%	P5/%
<0.45 μm	23.36	25.64	33.72	29.1	10.49	6	20.54	30.39	11.89	8.87
<100 kDa	23.99	19.37	34.58	30.95	7.95	7.23	23.56	30.61	9.92	11.84
<30 kDa	35.45	20.45	42.71	29.93	6.93	7.69	10.48	29.59	4.43	12.34
<3 kDa	31.85	30.31	39.07	36.14	7.4	5.91	15.18	22.9	6.5	4.74
最高	<30 kDa	<3 kDa	<30 kDa	<3 kDa	<0.45 μm	<30 kDa	<100 kDa	<100 kDa	<0.45 μm	<30 kDa

5　结论

（1）通过上述监测数据分析，南水北调中线工程河北段水体的溶解性有机物构成以易降解类物质为主，在将来的水质保护上应注意此类物质的控制，以免产生泡沫和微生物的繁殖，影响水体水质。

（2）南水北调中线河北段 DOM 上升可能与缓流区沉积物的释放、藻类增殖、地下水污染物入侵以及大气沉降有关。

（3）系统研究南水北调中线干线沿程 DOM 的组成，有助于深入认识南水北调生境下 DOM 组分演变过程和微生物驱动机制，为揭示 DOM 升高机制和安全高质量供水提供必要的支持。

参考文献

［1］MA L, PENG F, LU Y, et al. The effect of coagulation on the removal of algogenic organic matter and the optical parameters for predicting disinfection byproducts［J］. Separation and Purification Technology, 2022, 280: 119906.

［2］MA G, XU H, YANG X, et al. Molecular investigation on changing behaviors of natural organic matter by coagulation with non-targeting screen using high-resolution mass spectrometry［J］. Journal of Hazardous Materials, 2022, 424: 127408.

［3］WANG C, ZHANG H, LEI P, et al. Evidence on the causes of the rising levels of COD_{Mn} along the middle route of the South-to-North Diversion Project in China: The role of algal dissolved organic matter［J］. Journal of Environmental Sciences, 2022, 113: 281-290.

［4］魏子卓，李娜，晏明全，等. 南水北调中线清河溶解性有机物的光降解行为［J］. 环境工程学报，2023，17（11）：3568-3576.

［5］周石磊，孙悦，张艺冉，等. 周村水库四季变化过程中水体溶解性有机物的分布与光谱特征［J］. 环境科学学报，2019，39（10）：3492-3502.

小浪底冲水平压管道盐雾腐蚀试验检测研究

陈　玉[1]　杨战伟[1]　王占华[2]　吴　祥[1]　谢　慰[1]

（1. 黄河水利水电开发集团有限公司，河南济源　459017；
2. 水利部水工金属结构质量检验测试中心，河南郑州　450004）

摘　要：小浪底充水平压管道材料拟采用不锈钢代替碳钢，为了考察改造方案选材的科学性、合理性和安全性及经济性，对不锈钢材质开展材料试验研究。本文介绍16Mn、304不锈钢、316L不锈钢和2205双相不锈钢焊接接头中性盐雾试验结果。试验结果表明：16Mn及其焊接试样的腐蚀速率随时间逐渐增加，16Mn焊接试样的腐蚀速率高于16Mn钢母材；304不锈钢、316L不锈钢、2205双相不锈钢盐雾试验1 000 h后均未发生明显点蚀现象。

关键词：冲水平压管道；盐雾腐蚀试验

1　概述

小浪底充水平压管道至今已应用20年之久，考虑到充水平压管道系统运行安全，拟对小浪底充水平压管道系统进行技术改造。根据设计单位出具的技术改造方案，充水平压管道材料拟采用不锈钢代替碳钢。为了考察改造方案选材的科学性、合理性和安全性及经济性，拟对不锈钢材质和碳钢材质开展材料试验研究，研究焊接工艺对不同材质不锈钢力学性能、宏观金相显微组织、微观金相显微组织及耐蚀性的影响，寻找合适的耐蚀不锈钢及其焊接工艺，为充水平压管技术改造提供有力的技术支撑，保障小浪底水库充水平压管道改造实施效果。本文介绍了16Mn、304不锈钢、316L不锈钢和2205双相不锈钢焊接接头中性盐雾试验结果。

2　材料焊缝接头及试验条件

本部分试验材料为不同材料和焊接工艺经过核验与筛选之后焊接接头试样，如表1所示。材料盐雾试验按照《人造气氛腐蚀试验 盐雾试验》（GB/T 10125—2021）规定的中性盐雾试验方法进行，试验时长为1 000 h。

表1　腐蚀试验用焊接接头试样

母材	焊接工艺
16Mn	16Mn-焊接
304	304-A107、304-A102、304-气保
316L	316L-A207、316L-A202、316L-气保
2205	2205-手工焊-15、2205-手工焊-16、2205-气保

作者简介：陈玉（1970—），女，高级工程师，主要从事经济技术管理工作。

3 试验结果

3.1 16Mn 及其焊接试样试验结果

3.1.1 16Mn 及其焊接试样在盐雾环境中的腐蚀速率

图 1 为 16Mn 及其焊接试样在盐雾环境中的腐蚀速率，随着时间的增加，材料的腐蚀速率逐渐增加，焊接试样的腐蚀速率明显高于母材。

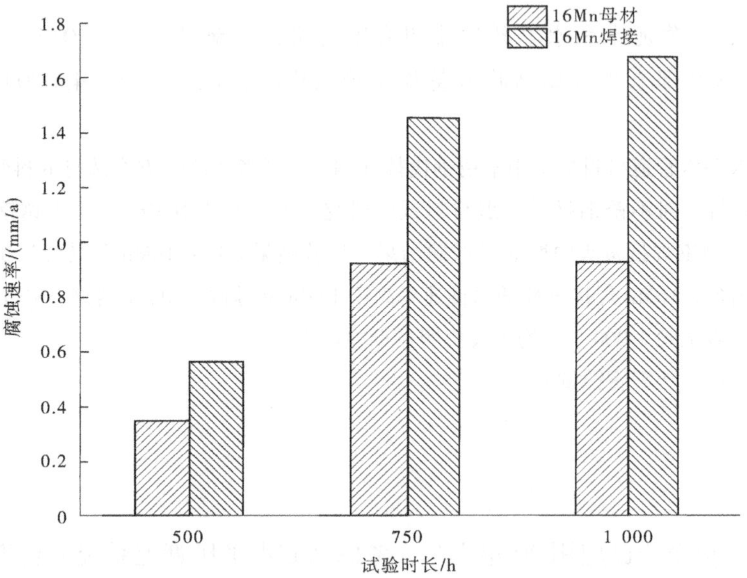

图 1　16Mn 及其焊接试样盐雾试验中的腐蚀速率

3.1.2 16Mn 及其焊接试样的腐蚀形貌

图 2 为 16Mn 钢母材及其焊接试样 1 000 h 后母材及焊接试样的表面宏观形貌，可以看出，试样表面逐渐全部被黑色的腐蚀产物覆盖。

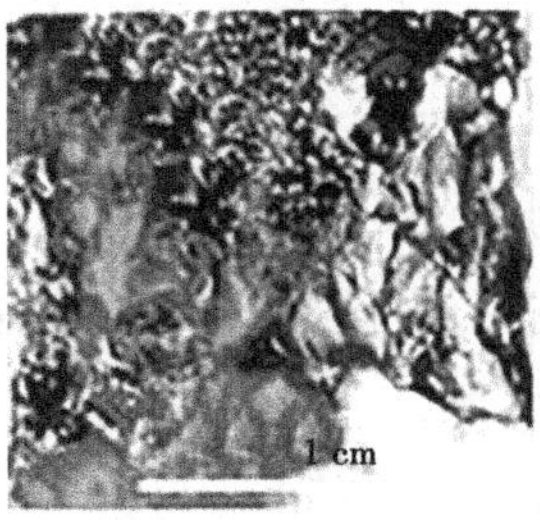

（a）焊缝

（b）母材

图 2　16Mn 及其焊接试样 1 000 h 后的腐蚀形貌

图 3 为 16Mn 钢母材及焊缝试样在盐雾试验 1 000 h 后微观腐蚀形貌。从图 3 中可以看出，母材与焊缝试样均发生了严重腐蚀，试样表面粗糙，均观察到点蚀坑，其中焊缝试样的蚀坑直径与蚀坑深度均大于母材试样。

16Mn 钢盐雾试验后表面产生大量的腐蚀产物，其腐蚀形态为均匀腐蚀，说明其耐氯离子腐蚀性能较差。

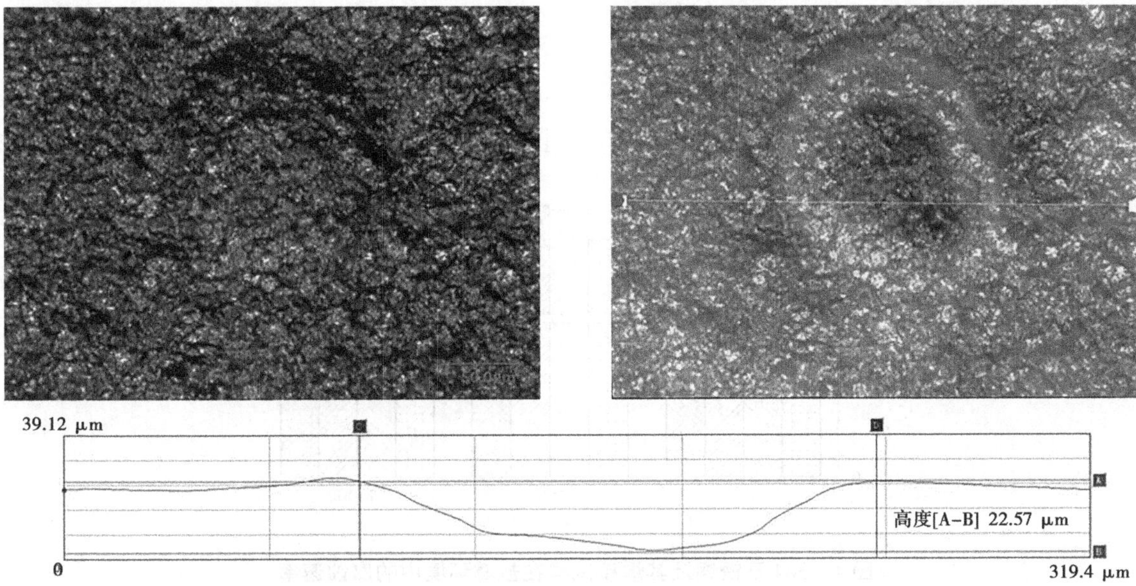

(a)母材

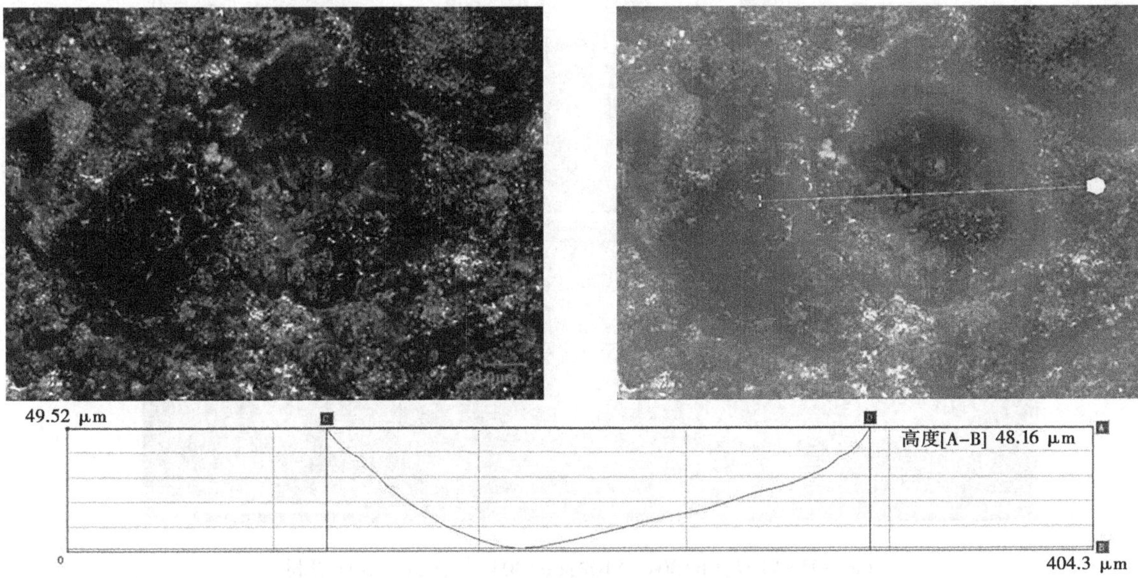

(b)焊缝

图 3 16Mn 母材及焊缝试样盐雾试验后除锈后的腐蚀形貌

3.2 304 不锈钢及其焊接试样实验结果

3.2.1 304 不锈钢及其焊接试样的腐蚀速率

图 4 为 304 不锈钢及其焊接试样在盐雾中的腐蚀失重情况。结果表明，焊接试样的腐蚀速率普遍高于母材。几种试样中，304-A102 耐氯离子腐蚀性最好。

3.2.2 304 不锈钢及其焊接试样腐蚀形貌

图 5 为 304 不锈钢及其焊接试样盐雾试验 1 000 h 后的表面宏观腐蚀形貌。从图 5 中可以发现，试样表面已出现黑色的腐蚀产物。

图 6 为 304 不锈钢及其焊缝试样在盐雾环境中暴露 1 000 h 后微观腐蚀形貌。从图 6 中可以看出，在盐雾环境暴露后的试样表面平整，仍能观察到明显的打磨痕迹，没有明显的点蚀坑。

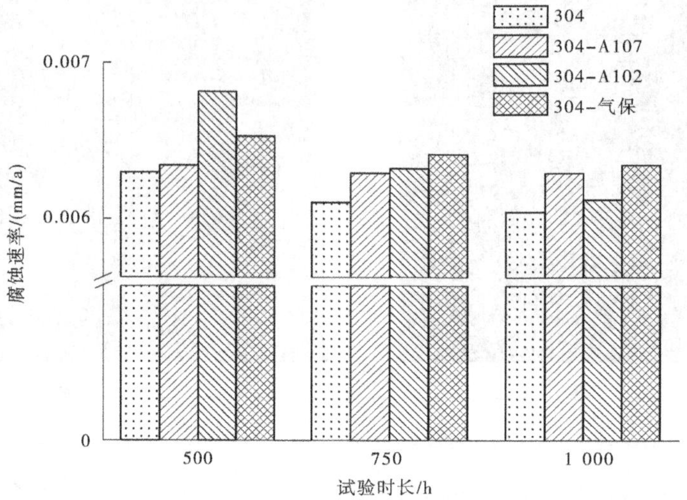

图 4　304 不锈钢及其焊接试样在盐雾环境中的腐蚀速率

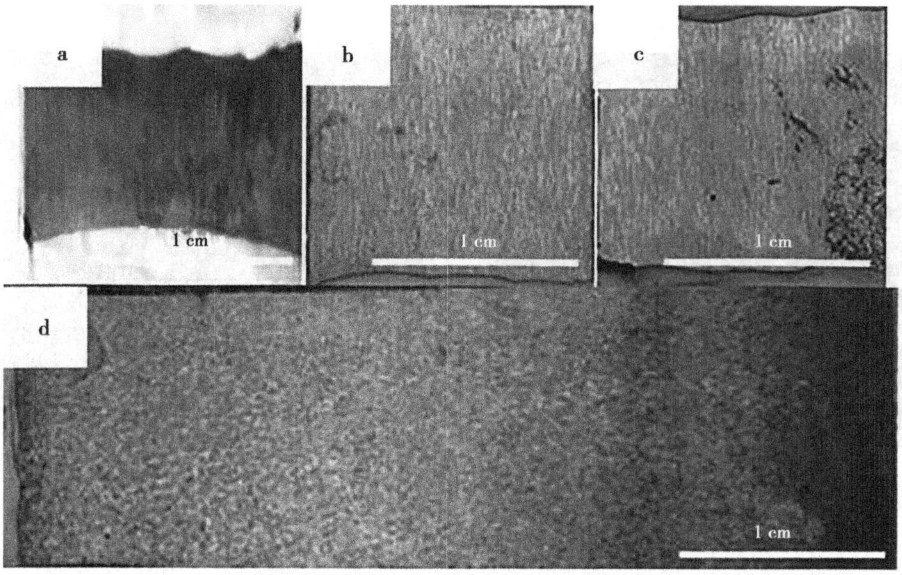

(a)304-A107;(b)304-A102;(c)304-气保;(d)304 母材

图 5　304 不锈钢及其焊接试样盐雾试验 1 000 h 后表面宏观腐蚀形貌

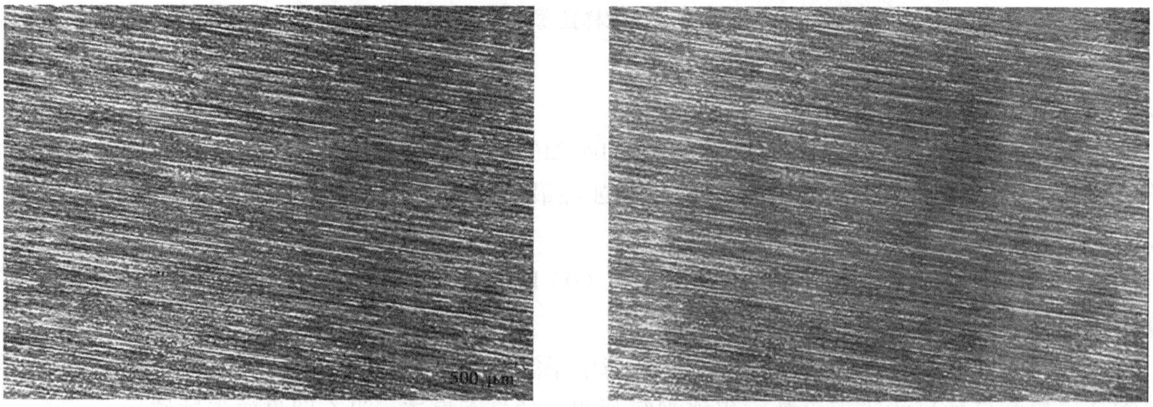

(a)母材

图 6　304 不锈钢及其焊接试样盐雾试验后的微观腐蚀形貌

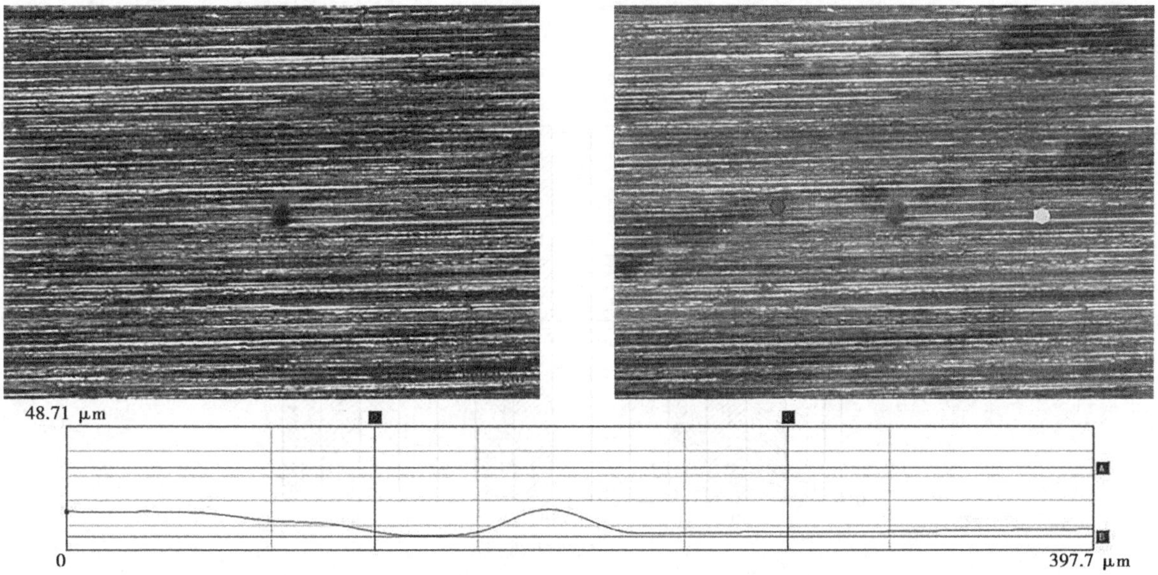

(b) 304-A102

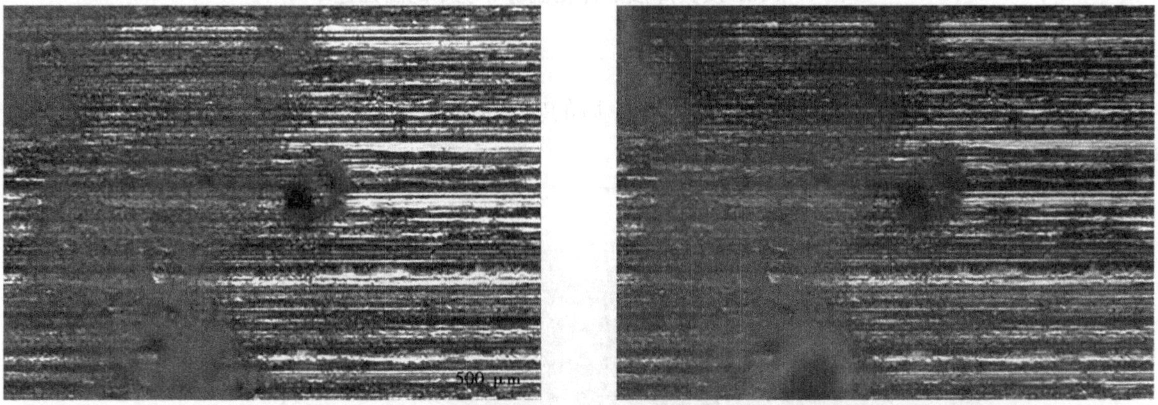

(c) 304-A107

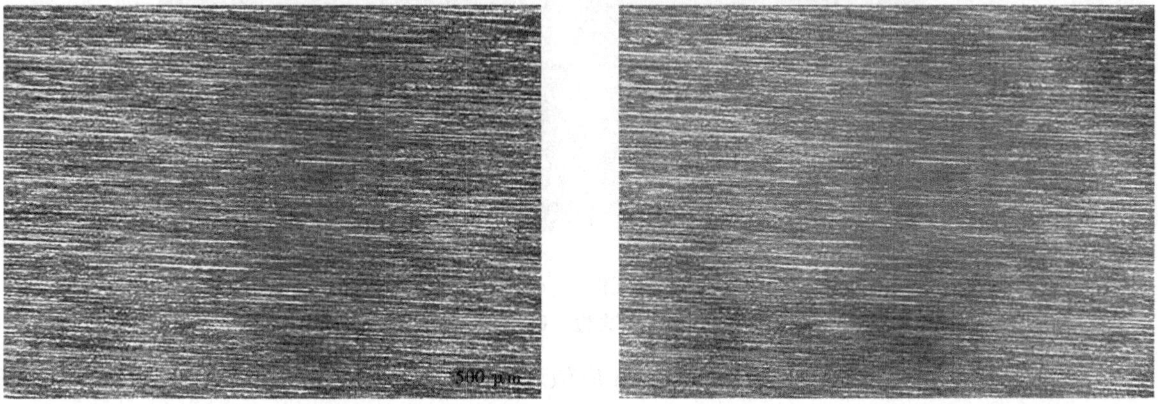

(d) 304-气保

续图 6

3.3 316L 及其焊接试样试验结果

3.3.1 316L 及其焊接试样的腐蚀速率

图 7 为 316L 及其焊接试样在盐雾中的腐蚀失重情况。结果表明，在不同的试验时间条件下，316L 母材及其焊接试样的腐蚀行为均十分轻微。几种焊接试样中，316L-气保腐蚀速率最低，耐氯离子性能最好。

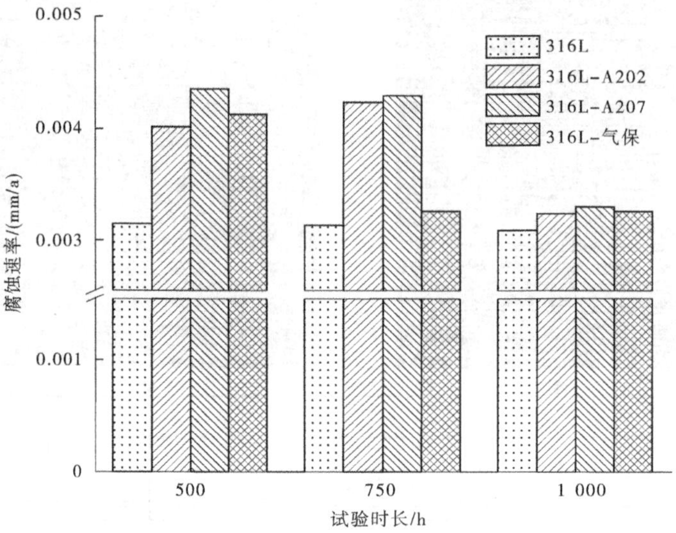

图 7　316L 及其焊接试样在盐雾环境中的腐蚀速率

3.3.2　316L 及其焊接试样的腐蚀形貌

图 8 为 316L 及其焊接试样盐雾试验 1 000 h 后的宏观腐蚀形貌。可以看出，样品表面几乎没有发生腐蚀行为。

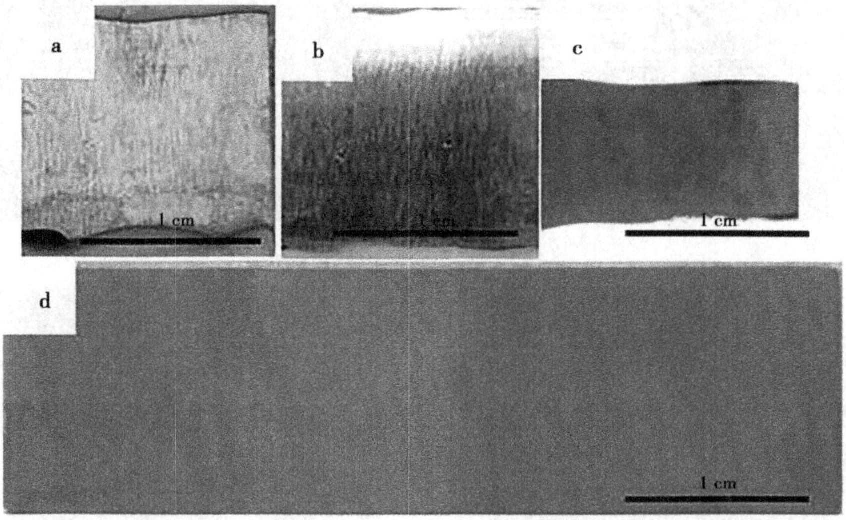

(a) 316L-A207；(b) 316L-气保；(c) 316L-A202；(d) 316L 母材

图 8　316L 及焊接试样盐雾试验 1 000 h 后的表面宏观腐蚀形貌

图 9 为 316L 及其焊缝试样盐雾试验 1 000 h 后微观腐蚀形貌。从图 9 中可以看出，试样表面比较平整，仍能观察到明显的打磨痕迹，仅有 316L-A207 焊缝试样出现了点蚀坑，但蚀坑直径大，蚀坑深度为 1.6 μm，因此更趋向于均匀腐蚀，点蚀不明显。

3.4　2205 及其焊接试样的实验结果

3.4.1　2205 及其焊接试样的腐蚀速率

图 10 为 2205 及其焊接试样在盐雾中的腐蚀失重情况。结果表明，2205 母材腐蚀速率与焊接试样的腐蚀速率基本相同，几种焊接试样中，2205-气保焊的腐蚀速率最大，而 2205-16 焊接试样耐氯离子性能最好。

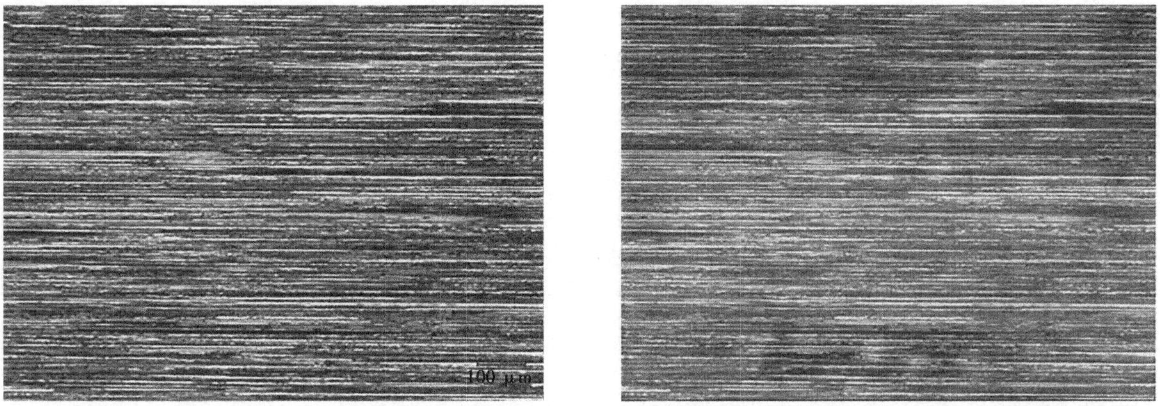

(a) 母材

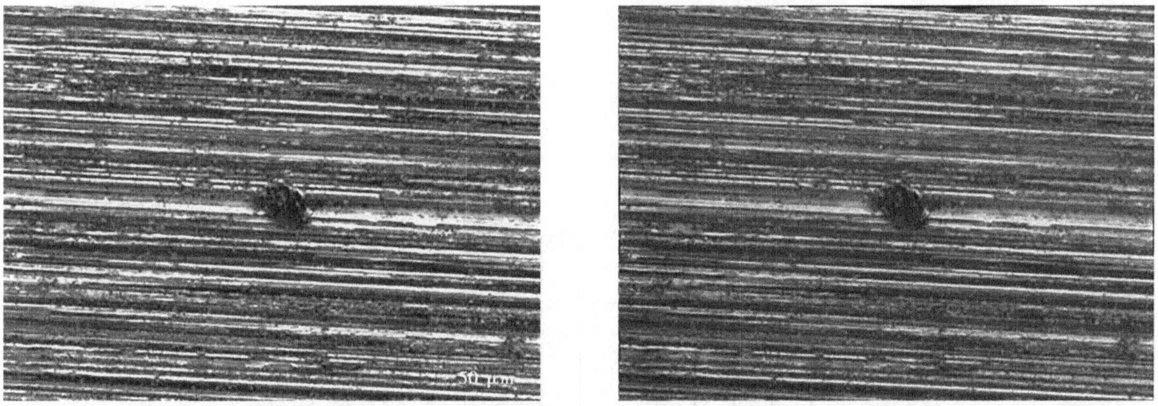

(b) 316L-A202

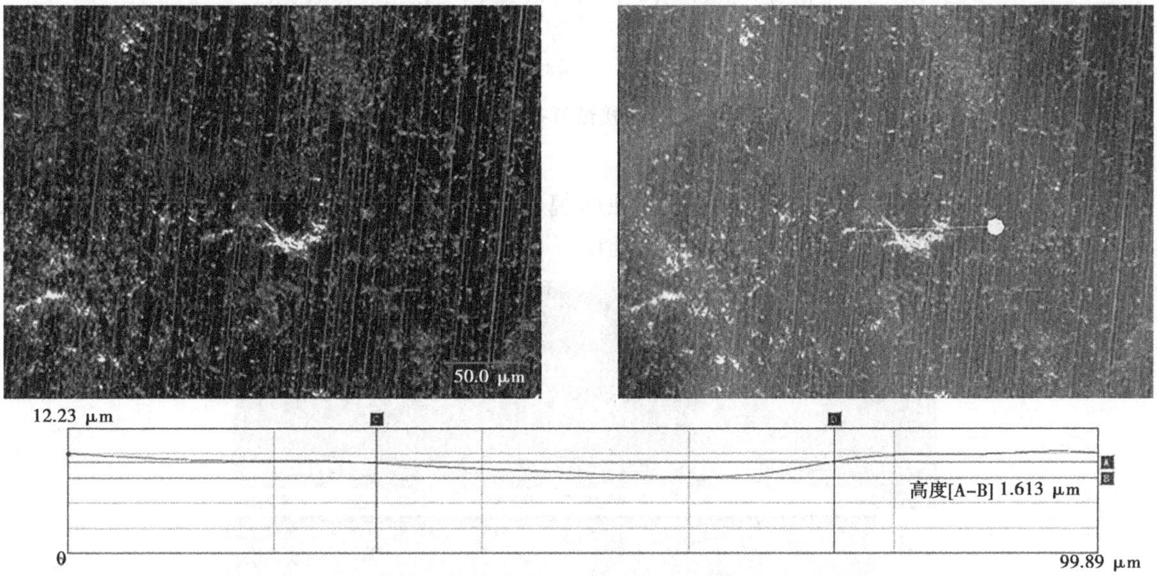

(c) 316L-A207

图 9　316L 母材焊缝试样盐雾试验的微观腐蚀形貌

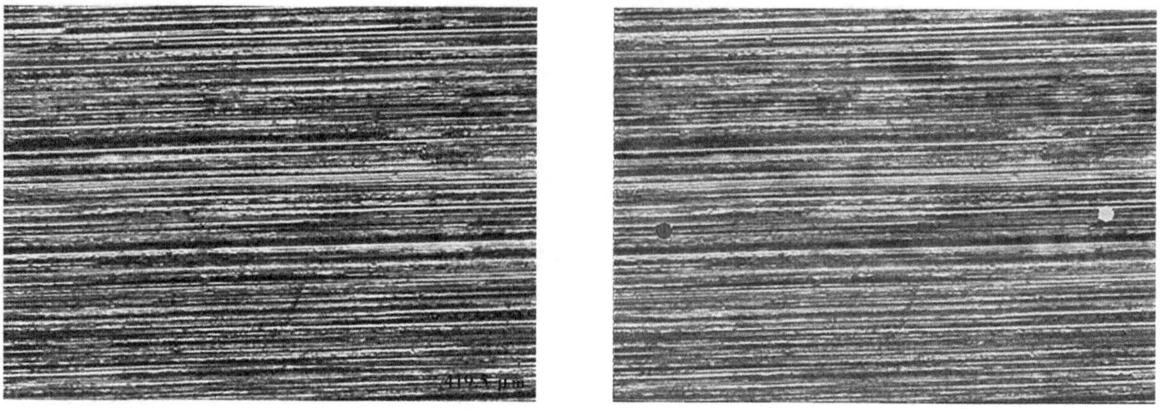

（d）316L-气保

续图 9

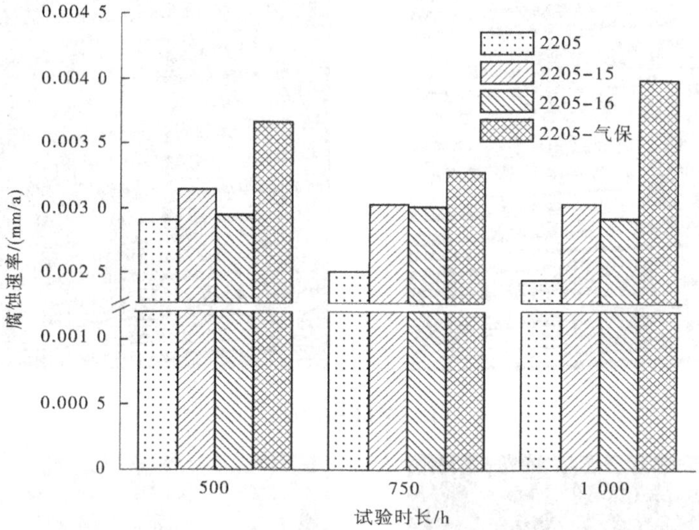

图 10　2205 及其焊接试样在盐雾中的腐蚀速率

3.4.2　2205 及其焊接试样的腐蚀形貌

图 11 为 2205 母材及其焊接试样的宏观腐蚀形貌。从图 11 中可以看出，试样表面比较平整，仍能观察到明显的打磨痕迹，没有形成明显的点蚀坑。

（a）2205-16；（b）2205-气保；（c）2205-15；（d）母材

图 11　2205 及焊接试样盐雾试验 1 000 h 后的宏观腐蚀形貌

图 12 为 2205 母材及其焊缝试样盐雾试验 1 000 h 后的微观腐蚀形貌。从图 12 中可以看出，几种试样表面均比较平整，能观察到明显的打磨痕迹，无明显的点蚀坑。

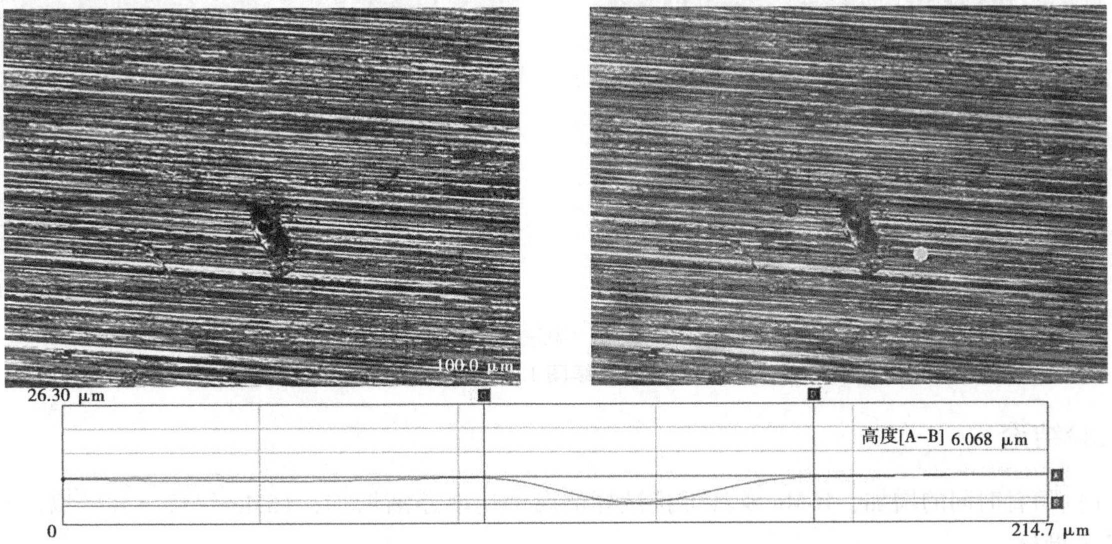

（a）母材

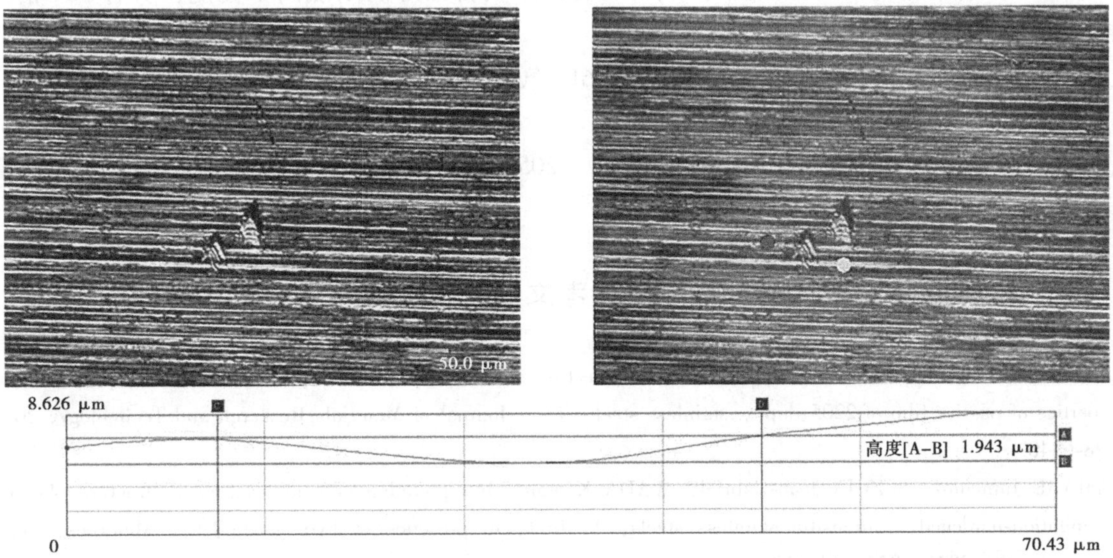

（b）2205-15

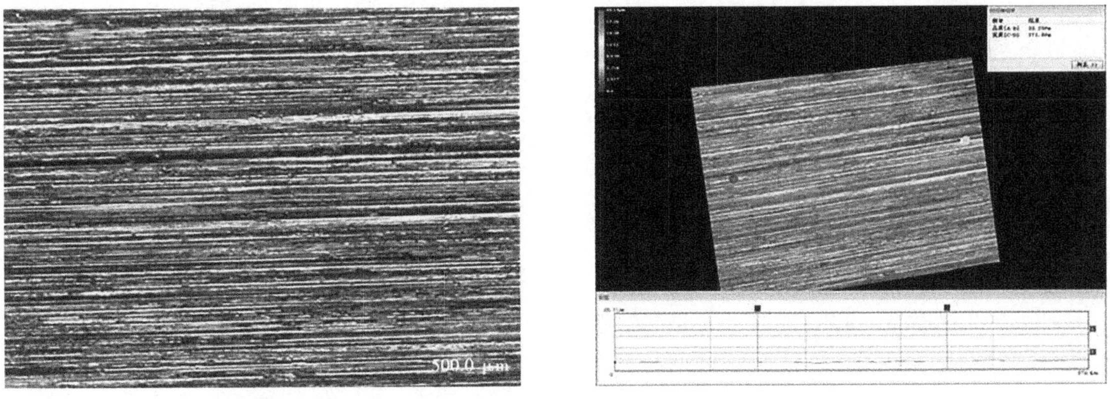

（c）2205-16

图 12　2205 母材及焊缝试样的微观腐蚀形貌

（d）2205-气保

续图 12

4 试验结论

（1）随着时间的增加，16Mn 及其焊接试样的腐蚀速率逐渐增加，16Mn 焊接试样的腐蚀速率高于 16Mn 母材。

（2）304 不锈钢母材及其焊接试样中，304-A102 具备最好的耐氯离子性能，所有 304 钢母材及其焊接试样未发现明显点蚀坑。

（3）316L 不锈钢母材及其焊接试样中，316L-气保焊腐蚀速率最低，耐氯离子性能最好，所有 316L 母材及其焊接试样未发现明显点蚀坑。

（4）2205 双相不锈钢母材及其焊接试样中，2205-16 焊接试样耐氯离子性能最好。所有 2205 双相不锈钢母材及其焊接试样未发现明显点蚀坑。

参考文献

[1] YANG Guangming, DU Yafei, CHEN Siyao, et al. Effect of secondary passivation on corrosion behavior and semiconducting properties of passive film of 2205 duplex stainless steel [J]. Journal of Materials Research and Technology, 2021, 15: 6828-6840.

[2] YAMABE Junichiro, SEZGIN Jean-Gabriel, WADA Kentaro. Interpretation of complex, tensile-fracture phenomena in precipitation-hardened, martensitic stainless steels, 17-4PH, in presence of hydrogen [J]. Materials Science and Engineering A, 2021, 823: 141717.

[3] 吕国诚，许淳淳，程海东．304 不锈钢应力腐蚀的临界氯离子浓度［J］．化工进展，2008，27（8）：1284-1287.

提高陕北地区黏土心墙填筑土料含水率施工工艺研究

马小宝

（陕西秦海检测科技有限公司，陕西咸阳 712000）

摘 要：本工艺研究从实际出发，结合陕北地区气候及地形条件，从注水方式和地形选择两个方面，对提高陕北地区某水利工程料场土料含水率工艺进行研究，提出适用于提高该工程填筑土料含水率工艺。试验结果表明，不同地形选取的注水方式对提高含水率的工艺影响较大，试验选取了沟灌法和畦灌法两种注水方式进行工艺研究，按照此两种注水方式施工，均能达到土料含水率在最优含水率-2%~3%范围内的要求，结合不同地形选取相适应的注水方式，有效提高土料含水率的均匀性，降低施工难度，保证施工进度，某种程度上提高了工程经济效益。

关键词：注水方式；含水率

1 引言

陕北地区某水利工程大坝防渗体采用黏土心墙，材料为黏土，其理化性能，尤其含水率对填筑及压实工艺的影响极为关键。黏土来源于初勘选取的土料场，工程地质勘察报告等资料表明，土料场地层为第四系上更新统黄土层，岩性主要为粉质黏土、粉土、局部夹粉砂，土质为非分散性土。料场复勘试验结果表明，土料的黏粒含量和天然含水率分布范围较大；土料场不同深度含水分布情况，共检测193组，天然含水率检测结果最小值3.3%，最大值16.8%，平均含水率11.7%；标准击实试验结果最优含水率最小值13.6%，最大值17.2%，平均值14.9%，天然含水率平均值小于标准击实的最优含水率平均值，故需采取经济合理的措施，使土料含水率符合设计及规范要求。根据料场复勘报告，土料场平均开采深度12 m，对试验区进行大量的土料物理性能检测，结果显示，剥离层以下0~4 m，天然含水率7.3%~13.2%，黏粒含量18.92%~22.25%；4~8 m，天然含水率12.8%~16.5%，黏粒含量23.74%~29.71%；8~12 m，天然含水率15.8%~17.5%，黏粒含量22.90%~26.65%。根据以上结果，主要对剥离层以下0~8 m土料进行泡土试验研究，以此指导本工程防渗体施工。本文从注水方式和地形选择两个方面，对提高陕北地区某水利工程土料场土料含水率的工艺进行研究，提出适用于提高该工程填筑土料含水率施工工艺，保证施工质量，降低施工难度，确保施工进度。

2 注水试验及设计

为选取最合理、最经济的注水方式，本试验预选了两种灌水方法和不同地形相结合的方式。为了方便就近观察和试验，选取了4个相邻的试验区分别进行了注水试验；对试验区分别编码为Ⅰ、Ⅱ、Ⅲ、Ⅳ。Ⅰ地形坡度0°~15°，筑畦灌水；Ⅱ地形坡度15°~60°，沟灌灌水；Ⅲ地形坡度0°~15°，沟灌灌水；Ⅳ地形坡度15°~45°，筑畦灌水。

2.1 试验准备阶段

在料场复勘TKZ10探坑附近选取4个试验区，挖掘机清表，根据现场地形开挖4处试验区，筑

作者简介：马小宝（1990—），男，工程师，工地试验室副主任，主要从事工程质量检验检测研究工作。

畦灌水区拟定开挖尺寸为 4 m×4 m，试验区四周设置 1 m 高畦；沟灌法注水区拟定尺寸为长 6 m、宽 1.5 m、深 1 m 的沟槽，间距 1 m；试验区底部局部平整度要求均为 1 cm，整体平整度要求均为 5 cm，试验区间距选定 3 m。

2.2 试验阶段

2.2.1 试验区取样点布置方法

筑畦灌水区取样点，间距 1 m 网格，均匀布置 9 个点；沟灌灌水区取样点，延中心方向 1.2 m 布置 1 个取样点，每个灌沟布置 4 个点；均采用洛阳铲人工取样，每米深度测含水率，深度 8 m；取样结束后对人工探坑回填夯实。

2.2.2 物理性能试验

对试验区土料进行天然干密度、含水率、液塑限、塑性指数、渗透系数、颗粒分析、击实等物理性能试验，试验结果如下：天然干密度 1.40～1.76 g/cm^3，平均自然干密度 1.59 g/cm^3；含水率 7.3%～16.5%，平均值 11.9%；液限 29.8%～38.4%，塑限 16.6%～18.2%，塑性指数 12.3～16.6。颗粒组成：黏粒（<0.005 mm）18.92%～29.71%，平均值 24.32%；粉粒（0.005～0.075 mm）68.42%～76.85%，砂粒（0.075～2 mm）1.87%～4.23%。击实试验：最大干密度 1.77～1.80 g/cm^3，最优含水率 16.2%～17.0%，平均值 16.6%；渗透系数为 8.969×10^{-7}～2.866×10^{-6} cm/s，平均值 1.881×10^{-6} cm/s。

从试验结果可看出：除天然含水率外，其他指标均符合设计及规范要求，天然含水率平均值（11.9%）低于最优含水率平均值（16.6%），在施工填筑前须进行配水泡土制备。由于土料含水率在空间（勘探深度和面积）上分布较广泛，差异较大，增加了施工变异概率，导致土料在填筑时含水率较难保证。因此，为了保证现场填筑时土料含水率符合最优含水率-3%～2%规范要求内，还要考虑运输及施工损失，因此泡土试验要达到的含水率按高于最优含水率平均值 1%～3%控制。

2.2.3 计划灌水量的确定及注水设计

灌水量设计是以饱和含水率减去天然含水率为基础，按饱和含水率减去天然含水率乘以 80%进行计算。考虑到实际开采中大型机械一次开挖深度约为 4 m，以及 4～8 m 范围内天然含水率极为接近规范所要求的最优含水率-2%～3%，所以计算深度按 4 m 计算。注水设计采用水罐车注水，并且采用人工控制，相同流速同时向 4 个试验区注水，注水时需要对坑槽顶部覆盖，以免造成注水量的损失。

2.2.4 待渗期的确定和检查孔设计

所谓待渗期，就是从水全部进入试坑开始，下渗后使土料含水率达到最优或可开采上坝的含水率的时间。根据《水利水电工程天然建筑材料勘察规程》（SL 251—2015），一般土料的“天然含水率与最优含水率或塑限接近者为优”，《碾压式土石坝施工规范》（DL/T 5129—2013）中，对填筑土料含水率的要求为：黏性土料坝面含水率控制在最优含水率的-2%～3%；结合以往经验，预计施工时开采运输及施工碾压过程中含水率的损失在 2%～3%，因此本次试验设计按开挖深度（4 m）内平均含水率降至 19.6%时，即认为待渗期结束。

含水率检查孔是用洛阳铲造孔，孔与孔之间距离设计为 1.0 m，棋盘状布置，每平均 1 m 深度取样一组，取样至 8 m 深度；每次取样结束用孔内取的土进行原土封孔；含水率测定按《土工试验方法标准》（GB/T 50123—2019）的规定进行，采用烘干法检测。

2.2.5 试验结束的标准

同样考虑开采运输过程中 2%～3%的水分损失，本次确定试验结束的标准是：灌水后，开挖深度（4 m）内平均含水率降至 16.6%时，即可结束试验。

2.2.6 试验结果和评价

各试验区结果如表 1～表 8 所示。

表 1　Ⅰ区垂直下渗含水率检测结果统计

深度/m	灌水后第 3 天	灌水后第 7 天	灌水后第 11 天	灌水后第 15 天	灌水后第 19 天	灌水后第 23 天
	含水率%					
1	26.1	23.9	20.4	19.0	18.1	17.2
2	24.2	23.1	20.5	19.0	17.7	16.8
3	21.8	20.4	20.1	18.8	18.1	16.9
4	18.3	19.3	19.1	19.1	18.0	16.6
5	14.7	15.3	15.4	16.2	15.9	16.1
6	14.7	14.9	15.1	15.1	15.6	15.9
7	14.3	14.1	14.8	15.2	15.5	15.9
8	16.1	15.9	16.2	15.8	16.4	16.1

表 2　Ⅰ区侧向渗透含水率检测结果统计

深度/m	灌水后第 7 天		灌水后第 11 天	
	边线外 0.5 m	边线外 1 m	边线外 0.5 m	边线外 1 m
	含水率/%			
1	19.0	10.9	18.1	10.3
2	17.6	11.3	16.8	12.1
3	12.3	8.7	12.9	8.9
4	10.9	8.2	10.5	8.6

表 3　Ⅱ区垂直下渗含水率检测结果统计

深度/m	灌水后第 3 天	灌水后第 7 天	灌水后第 11 天	灌水后第 14 天	灌水后第 17 天	灌水后第 21 天
	含水率/%					
1	25.5	23.6	19.6	19.3	17.7	16.9
2	23.7	21.9	19.8	19.9	17.8	17.2
3	20.6	21.3	20.0	19.3	18.6	16.5
4	17.0	19.2	19.8	19.9	18.7	16.2
5	15.3	15.0	15.3	16.2	16.3	16.6
6	16.2	16.1	16.3	16.1	16.3	16.1
7	15.5	15.4	15.5	15.6	16.2	16.1
8	15.5	15.6	15.5	15.9	16.2	16.4

表 4　Ⅱ区侧向渗透含水率检测结果统计

深度/m	灌水后第 7 天		灌水后第 11 天	
	沟槽边线外 0.5 m	沟槽边线外 1 m	沟槽边线外 0.5 m	沟槽边线外 1 m
	含水率/%			
1	19.0	10.6	18.1	10.3
2	17.1	12.2	17.2	11.9
3	12.2	10.1	12.2	10.2
4	10.3	9.9	11.2	10.2

表 5　Ⅲ区垂直下渗含水率检测结果统计

深度/m	灌水后第 3 天	灌水后第 7 天	灌水后第 11 天	灌水后第 15 天	灌水后第 19 天	灌水后第 23 天
	含水率/%					
1	25.7	23.6	20.5	18.5	17.3	16.7
2	24.2	22.9	20.0	19.1	17.6	16.7
3	22.3	22.4	19.9	18.6	17.4	16.7
4	17.8	20.2	20.3	19.2	17.7	16.9
5	13.9	14.3	15.4	16.1	16.4	16.7
6	14.8	15.4	15.6	15.6	15.8	16.1
7	14.4	14.6	15.3	15.7	15.7	16.3
8	15.7	16.2	16.3	16.4	16.4	16.4

表 6　Ⅲ区侧向渗透含水率检测结果统计

深度/m	灌水后第 7 天		灌水后第 11 天	
	沟槽边线外 0.5 m	沟槽边线外 1 m	沟槽边线外 0.5 m	沟槽边线外 1 m
	含水率/%			
1	19.2	12.1	18.1	12.0
2	17.4	11.9	17.2	11.6
3	12.8	10.1	12.2	10.2
4	10.7	9.9	11.2	10.2

表7 Ⅳ区垂直下渗含水率检测结果统计

深度/m	灌水后第3天	灌水后第7天	灌水后第11天	灌水后第14天	灌水后第17天	灌水后第21天
	含水率/%					
1	25.8	23.6	20.3	18.9	17.8	16.8
2	23.4	21.9	19.7	19.1	17.5	16.8
3	20.5	20.9	20.3	19.0	18.4	17.2
4	17.5	19.6	19.8	19.9	18.9	16.8
5	14.1	14.5	15.4	16.2	16.2	16.2
6	15.4	15.4	16.2	16.1	16.1	16.4
7	15.1	15.3	15.5	15.6	16.0	16.4
8	15.7	16.1	16.1	15.9	16.1	16.3

表8 Ⅳ区侧向渗透含水率检测结果统计

深度/m	灌水后第7天		灌水后第11天	
	边线外0.5 m	边线外1 m	边线外0.5 m	边线外1 m
	含水率/%			
1	18.9	12.3	18.1	12.0
2	17.3	11.5	16.8	11.3
3	12.6	9.7	12.9	10.0
4	10.1	10.2	10.5	10.4

从上述试验结果可以看出，4个试验区垂直渗透区内，随着时间的推移、深度的增加，土料含水率也随着增加，到一定深度、一定时间后，土料渗透会趋于平稳，直至试验结束；土层中水分垂直渗透远远大于侧向渗透，侧向渗透对试验结果影响很小，侧向渗透影响范围仅仅只有距离畦边缘0.5 m，且影响深度只有2 m左右。

Ⅰ区、Ⅲ区注水后第11天，畦子4 m深度范围内平均含水率分别为20.0%、20.1%，接近本次试验设计的开采时含水率上限19.6%，即土料进入开采期；注水后第23天，畦子4 m深度范围内平均含水率分别为16.9%、16.7%，接近本次试验设计结束时含水率16.6%，试验结束。注水后第3天至第15天，注水试验对畦子4~8 m深度范围内含水率影响较小，注水后第15天至第23天，4~8 m深度范围内平均含水率有了一定程度的增加，而且始终保持在16.0%附近。综上所述，Ⅰ区、Ⅲ区土料0~4 m范围内待渗期为11 d，从待渗期结束开始进入开采期，开采期为第11天到第23天，为期13 d，4~8 m范围内可从第15天开始开采，直至第23天结束，为期9 d。

Ⅱ区、Ⅳ区注水后第11天，沟槽4 m深度范围内平均含水率分别为19.8%、20.0%，接近本次试验设计的开采时含水率上限19.6%，即土料进入开采期。注水后第21天，沟槽4 m深度范围内平均含水率分别为16.6%、16.9%，接近或达到本次试验设计结束时含水率16.6%，试验结束；注水后第3天至第14天，注水试验对沟槽4~8 m深度范围内含水率影响较小，注水后第14天至第21天，4~8 m深度范围内平均含水率有了一定程度的增加，而且始终保持在16.0%附近。综上所述，Ⅱ区、Ⅳ区土料0~4 m范围内待渗期为11 d，从待渗期结束开始进入开采期，开采期为第11天到第21天，为期 11 d，4~8m 范围内可从第 14 天开始开采，直至第 21 天结束，为期 8 d。

3 结论

（1）从上述试验结果综合考虑，当泡土区地形坡度为 0°~15°时，筑畦开挖施工快速，可一次性持续注水，注水量可有效控制，开挖难度相对较低，泡土可覆盖全泡土区，土料渗透最为均匀，最能保证土料的均匀性。因此，此地形条件下宜采用筑畦灌水方案，此方案最为经济合理。

（2）从上述试验结果综合考虑，当泡土区地形坡度为 15°~60°时，筑畦开挖施工困难，选用沟槽可一次性同时给每个沟槽持续注水，泡土面积可根据地形条件灵活掌握，每个沟槽注水量单独计算，注水量可有效控制，沟槽宽度、长度等都可根据地形条件灵活掌握，降低开挖施工难度，有效提高施工进度，泡土可根据施工进度及施工时段合理安排。因此，此地形条件下，沟槽灌水最为经济合理。

（3）试验表明，土料的垂直渗透远远大于侧向渗透，侧向渗透对试验结果影响很小，侧向渗透影响范围仅仅只有距离边缘 0.5 m，且影响深度只有 2 m 左右。因此，筑畦或者开挖沟槽时，筑畦或沟槽间距不应大于 1 m，能保证泡土区内土料整体均匀性。

（4）本试验研究选取的土料平均黏粒含量约为 22%，根据以往工程经验，黏粒含量会影响土料含水率变化。因此，如泡土区出现黏粒含量低于 22%，应根据实际情况，实时跟踪泡土区含水率的变化，适当减少开采时间，以免出现含水率损失过大，造成土料达不到上坝要求的含水率，需要采取一定措施使土料达到施工要求，从而影响施工进度。如泡土区出现黏粒含量高于 22%，应根据实际情况及施工进度，实时跟踪泡土区含水率的变化，适当延长开采时间，以免出现含水率过大，造成土料达不到上坝要求的含水率，影响施工进度。

（5）本试验区研究了 0~8 m 深度的泡土试验，因 4~8 m 天然含水率平均值为 14.9%，极为接近规范要求的土料含水率在最优含水率-2%~3%的下限，为了提高经济效益及施工进度，可按持续开采 8 m 考量进行泡土，如出现泡土区 4~8 m 天然含水率平均值低于规范要求的含水率下限值但不超过 2%的情况，泡土的注水量可相应增加，并且相应延长开采时间，以达到可持续开采 8 m。

（6）为了保证土料的均匀性，在气候条件可能影响施工进度的情况下，建议采用堆土牛的方式及时对完成泡土的土料进行堆存，减少施工难度，影响施工进度。

（7）考虑到气候条件对土料含水率变化影响较大，为了控制气候变异性对施工进度的影响，造成施工困难，陕北地区因春夏两季天气较为干燥，气温高，土料含水率损失较快，建议土料提前泡土制备堆存，但堆存时间不应超过 1 周，1 周之内必须上坝使用；秋季因为大风天气较多，并且已进入陕北地区汛期，气候变异性较大，建议土料随泡随用，堆存时间不应超过 1 周；冬季气温极低，含水率不易损失，上坝含水率宜控制在要求含水率下限，泡土时因相应增加土料待渗期，或土料可提前制备堆存，但时间不宜过长，最长不宜超过 1 个月，并且随时观测制备好的土料，保证含水率符合上坝要求。

参考文献

[1] 国家能源局. 碾压式土石坝施工规范：DL/T 5129—2013 [S]. 北京：中国电力出版社，2014.
[2] 国家能源局. 土石筑坝材料碾压试验规程：NB/T 35016—2013 [S]. 北京：中国水利水电出版社，2013.
[3] 中华人民共和国住房和城乡建设部. 土工试验方法标准：GB /T 50123—2019 [S]. 北京：中国计划出版社，2019.

基于探地雷达方法的水坝混凝土面板缺陷检测应用

田树斌[1,2]　宁合好[3]　陈栩侨[3]

（1. 中水珠江规划勘测设计有限公司，广东广州　510610；
2. 水利部珠江水利委员会基本建设工程质量检测中心，广东广州　510610；
3. 广东珠基工程技术有限公司，广东广州　510610）

摘　要：水坝长期受到水力、地震等因素的影响，其结构可能存在安全隐患，如裂缝、渗漏、坝体沉降、滑坡等，这会影响到坝体的安全性和稳定性。混凝土堆石坝坝体填筑是面板坝的主要分项工程，堆石坝体是构成面板坝的主体。混凝土面板可能会在施工浇筑时存在不满足设计要求或者在水坝投入使用后因各种应力问题而导致质量缺陷的情况。传统的水坝检测方法需要进行破坏性探测，检测效率不高。本文基于探地雷达方法对水坝进行检测，与传统方法进行对比分析，探地雷达方法具有更高的检测速度和更低的破坏性，为水坝混凝土面板的质量评价和修复提供可靠的科学依据。

关键词：探地雷达；水坝检测；混凝土面板；缺陷检测；数据处理与解释

1　引言

近年来，我国水利工程快速发展，水坝是拦截江河渠道水流以抬高水位或调节流量的挡水建筑物，水主要作用是灌溉、发电、供水、航运等，在预防自然灾害方面有着至关重要的作用。水坝混凝土面板在投入使用时会受到较大的静水压力，因此在水坝投入使用前必须对其进行严格的质量检测以进行质量评估。常见的水坝混凝土面板质量问题有裂缝、内部质量均匀性差、混凝土内部缺陷、混凝土碳化深度不达标、渗流、混凝土不耐性等。混凝土面板承受较大的渗透比降，因而对面板的抗渗性、抗裂性及耐久性有着较高的要求。探地雷达作为一种有源电磁波设备，通过发射宽频域窄脉冲进行探测，当电磁波遇到波阻抗界面时，发生反射并被接收，通过分析反射波的信号实现研究地下目标体的目的，有效探测混凝土介质。

2　探地雷达技术概况

2.1　探地雷达基本原理

探地雷达（Ground Penetrating Radar，GPR）方法是用于确定地下介质分布的广谱（1 MHz～1G MHz）电磁波技术。利用一个天线发射高频率短脉冲宽频带电磁波，另一个天线接收来自地下介质界面的反射波，实现对地下介质或目标体的探测。

探地雷达技术主要是利用不同介质对电磁波的不同反射特性，来对介质内部的构造和缺陷进行探测的自然地球或人造构物。探地雷达在工作时，主要是由发射装置发射高频电磁脉冲波，当电磁波在传播过程中遇到不同介质（岩石、土体、混凝土、空洞等）之间的电性差异界面时，就有部分电磁波反射回来到接收器，被接收装置也就是接线接收，并由主机记录保存数据，得到从发射天线经地下

作者简介：田树赋（1973—），男，高级工程师，研究方向为工程质量检测、工程安全监测、工程地质勘察。

界面反射回到接收天线的双程走时，之后，再对波的情况进行分析[1]。当然，分析过程是由探地雷达所携带的装置自行完成的。电磁波的波形、振幅、强度和时间的变化产生不同的反射信号，依据此可以推断地下介质的空间结构、形态和埋藏深度，因此是水利工程中检测病害的有效手段。其工作原理如图 1 所示。

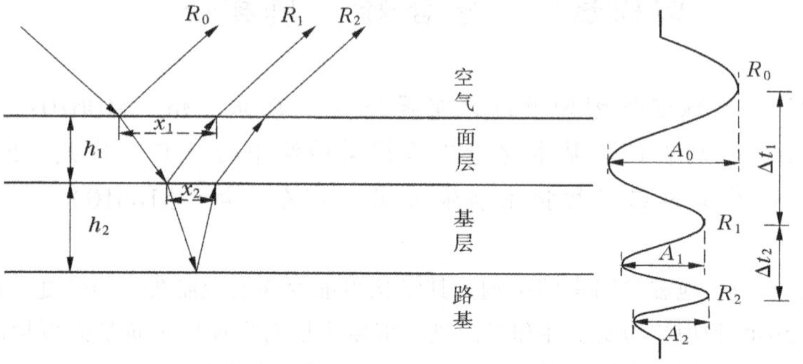

图 1　电磁波在混凝土面板介质传播示意图

2.2　电磁波基本原理

GPR 技术的理论基础是电磁波基础理论，在该理论中，麦克斯韦方程组（Maxwell′s equations）解释了电磁波在各类介质中的传播规律。在麦克斯韦方程组中，磁场、电场二者的转换关系可描述如下：

$$\nabla \times E = -\frac{\partial B}{\partial t} \tag{1}$$

$$\nabla \times H = J + \frac{\partial D}{\partial t} \tag{2}$$

$$\nabla \cdot B = 0 \tag{3}$$

$$\nabla \cdot D = \rho \tag{4}$$

式中：E 为电场强度矢量，V/m；ρ 为电荷密度，C/m^3；B 为示磁感应强度，T；J 为电流密度，A/m^2；D 为电位移矢量，C/m^2；t 为时间，s；H 为磁场强度，A/m。

麦克斯韦方程组是一组描述电场、磁场与电荷密度、电流密度之间关系的偏微分方程，式（1）~式（4）分别为法拉第电磁感应定律的微分形式、安培电流环路定律、磁通连续性定律、电场高斯定律，麦克斯韦方程组结合物质的物理属性参数描述可实现对所有经典电磁问题（如电磁感应、电波辐射、电阻问题、电路理论等）的理论分析[2]。

3　Reflexw 数据处理软件

Reflexw 数据处理软件是一款地球物理数据处理软件，主要用于处理和解释各种类型的地球物理数据，如地震勘探、电磁勘探、重力勘探、磁法勘探等。其在进行探地雷达数据处理时，表现出很强的专业性。不同的几何组合（表面波、反射和折射，单孔、跨孔和断层扫描，以及孔地测量的组合），探地雷达数据处理与解释，模块式组合，包括二维数据分析及解释、三维数据分析及解释、三维立体显示、正演、层析成像、CMP 数据处理、孔中数据处理及解释等模块[3]。

4　设备参数的确定及天线频率的选择

工程实际中，不同工程的混凝土面板设计厚度有所不同，根据其设计要求来确定。水坝混凝土面板因其在使用中受到来自于水的压力，故设计值相对较高，多数水坝混凝土面板设计厚度在 30 cm 以上。天线的频率，高频天线的穿透能力较弱但精准度较高。根据一般情况下水坝面板设计要求，多数采用0.5~2.0 GH高频和宽带频率范围电磁波天线进行探测，采用高频天线可获得误差较小的雷达反射波图像。水平检测道间距：每条测线设每0.01 m为采样一个点。检测距离由探地雷达主机自动获取锁定。为了提高数据精准度，每个测段长度控制在20 m。垂直采样率：每次扫描的样点数为1 024个。

在使用探地雷达工程检测中，需要确定探地雷达在该介质中的传播速度。为了获取实际的探地雷达水坝面板的传播速度，在工区许可的情况下，采用钻孔取芯的方法获取多组面板上的混凝土试件，现场测得混凝土试件厚度以及雷达波双程走的时间 T。该方法获取的是平均速度，水坝混凝土面板上各部位间的物理参数难以做到百分百相同，因此介电常数也会有所差异，在进行反演时会存在模型与实际数据的一些偏差，但较为接近实际情况。电磁波在该介质中的传播速度 $V=2H/T$。探测深度与适合使用的天线频率如表1所示。

表1　中心频率与探测深度对照

天线频率	探测深度
2.5 GHz	30~60 cm
1.0 GHz	60 cm~1.0 m
900 MHz	75 cm~1.5 m
500 MHz	1.5~3 m
250 MHz	3~6 m
100 MHz	10~20 m

探地雷达在实际工作中应满足以下规定：①探测的目标体和周边介质应存在明显的差异，功率反射系数应大于0.01，电磁波的反射信号较为明显。②探测的目标体应该有一定规模，尺寸应满足分辨率的要求，在垂直方向上，厚度应该大于电磁波在周围介质中有效波长的1/4；在水平方向上，长度应该大于电磁波在周围介质中第一菲涅尔带直径的1/4。③在探测区域内不要有大量的金属构件，否则应通过方法消除其对电磁波的干扰。④探测的表面应该平整，没有可以阻碍天线进行探测的障碍物。⑤对孔内进行探测时，不应有金属套管。探地雷达配有不同频率的天线，对于不同探测功能使用的天线也不尽相同。探地雷达的分辨率，即分辨最小异常体的能力，也与使用的天线频率有关。探地雷达的分辨率分为垂向分辨率和横向分辨率，一般是在探测过程中能分辨最薄地层的能力称为垂向分辨率，通常取波长的1/4；在水平方向上能探测到最小异常物的大小称为横向分辨率，一般取第一菲涅尔带半径[4]。一般在路面病害检测过程中，选用200 MHz~1.5 GHz频率的天线；隧洞衬砌质量检测选用400 MHz~1.2 GHz的高频天线；混凝土内部钢筋检测选用900 MHz~1.5 GHz频率的天线；对于堤防、地下管线探测一般选用100 MHz~400 MHz频率的天线。本文探究的是探地雷达在水坝混凝土面板的应用，采用的是900 MHz的中心频率。

5　介电常数

表2是水利工程中一些常见物质的介电常数。从表2中可以看到，水的相对介电常数远高于其他物质，而各物质的干湿状态也直接影响了其相对介电常数的大小，因此对水利工程进行探地雷达检测需要考虑天气的影响。

表 2　常见物质的介电常数

物质名称	相对介电常数	物质名称	相对介电常数
空气	1	水	81
干混凝土	4~10	湿混凝土	10~20
干沥青	2~4	花岗岩	5~7
石灰岩	7~9	页岩	5~15

干混凝土电介质常数的值一般在 4~10。本次验证的对象是水坝混凝土面板，根据电磁波在介质中的传播速度公式 $v=C/\sqrt{\epsilon}$，在干混凝土中的传播速度区间可能为 0.90~1.49 m/ns。

6　工程应用实际

某水库位于广东省境内，是一座以防洪调节和蓄水为主的中型水库，坝体类型为混凝土堆石坝，水库由 3 个部分组成：大坝、溢洪道及放水涵。现场混凝土面板情况如图 2 所示。在正式投入使用后一定时间，开闸放水后发现水坝混凝土面板表面出现一些裂纹，为保证水坝工程质量以及维持长期使用，需要对水坝混凝土面板各项参数进行评定，因此对其进行质量检测获取实际数据，为分析病害所在位置及原因提供依据，病害可能类型有裂缝、空洞、脱空、渗漏等，为后续对防渗性和安全性进行评估提供科学依据。

图 2　现场混凝土面板结构

此次检测使用的仪器是加拿大的 1 GHz Pulse EKKO 型探地雷达系统，测线采用等分原则，共 4 条测线，采样点为 0.1 m，道间距为 0.1 m，中心频率为 900 MHz，Reflexw 为数据分析软件。电磁波在该水库混凝土面板上的实际传播速度采用钻孔标定方法测得，多次测速取平均值，最终得到电磁波在该介质的传播速度为 $v=0.12$ m/ns。为保证后续水坝面板的抗渗性，抽取厚度未达混凝土面板设计值厚度的 2/3。现场钻芯取得混凝土试件如图 3 所示。

在检测过程中，探地雷达发射的电磁波会受到不可抗力的因素干扰，例如现场手机信号干扰、大型机械靠近等，还有来自宇宙微量的背景辐射。一些对解释有所影响的高频和低频信号也会对数据产生负向影响，为此需要对采集到的数据进行处理。为了消除干扰，进行的软件处理为能量衰减、滑动平均、反褶积、带通滤波、锐化、重采样等。使用 Reflexw 处理过程如图 4 所示。

在数据处理过程中，依据实际情况及每条测线的特点，为突出不同病害的成像效果，所使用的处理步骤和参数有所差异，处理结果如图 5~图 8 所示。

图 3　现场取得的混凝土试件

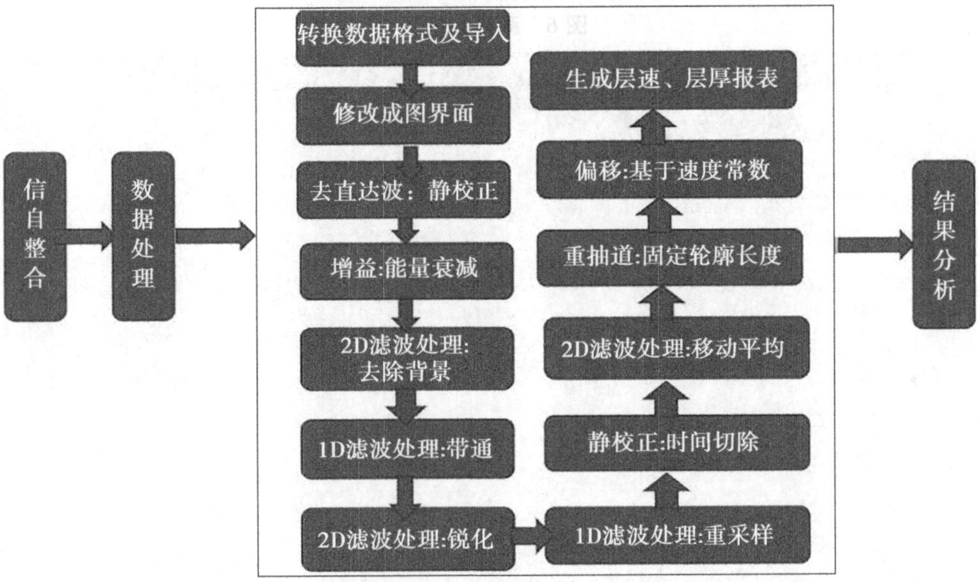

图 4　浅层数据处理步骤

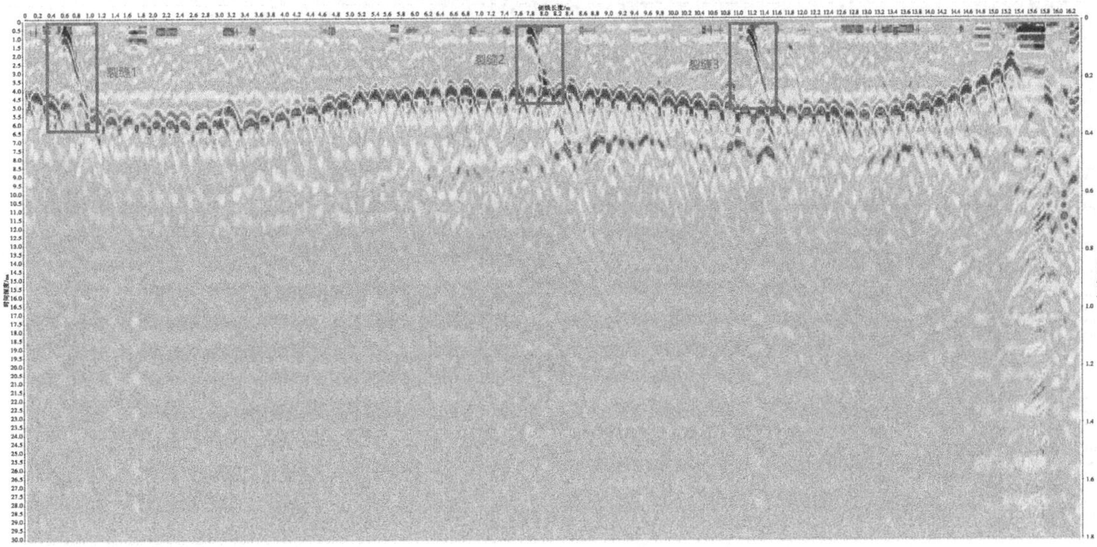

图 5　测线一成果

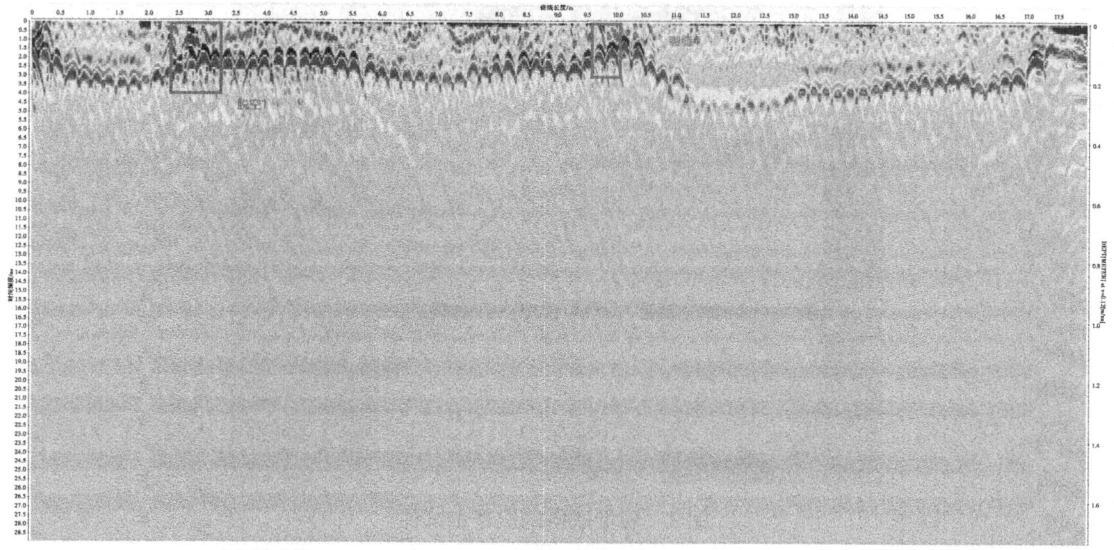

图 6　测线二成果

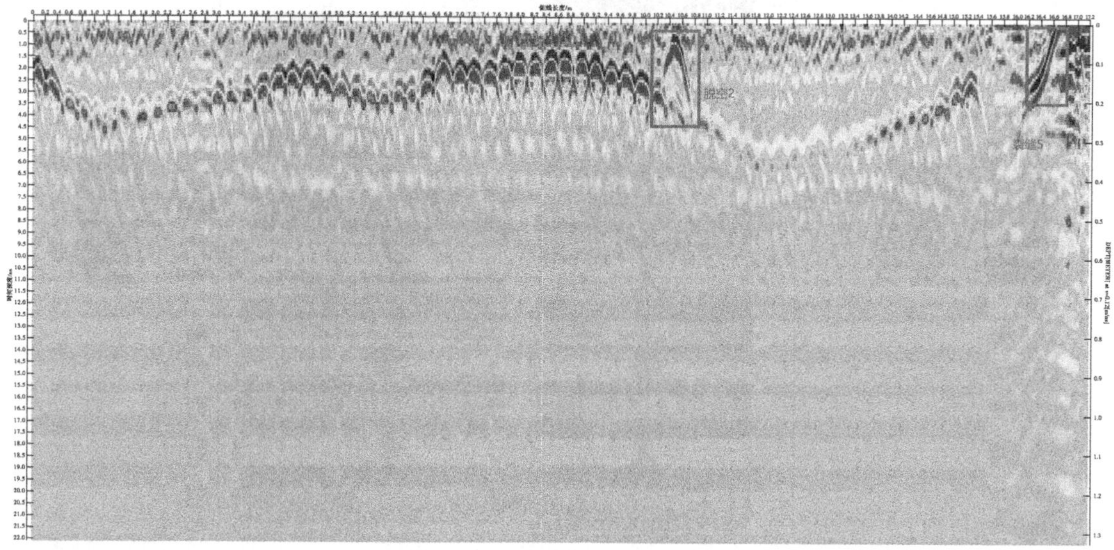

图 7　测线三成果

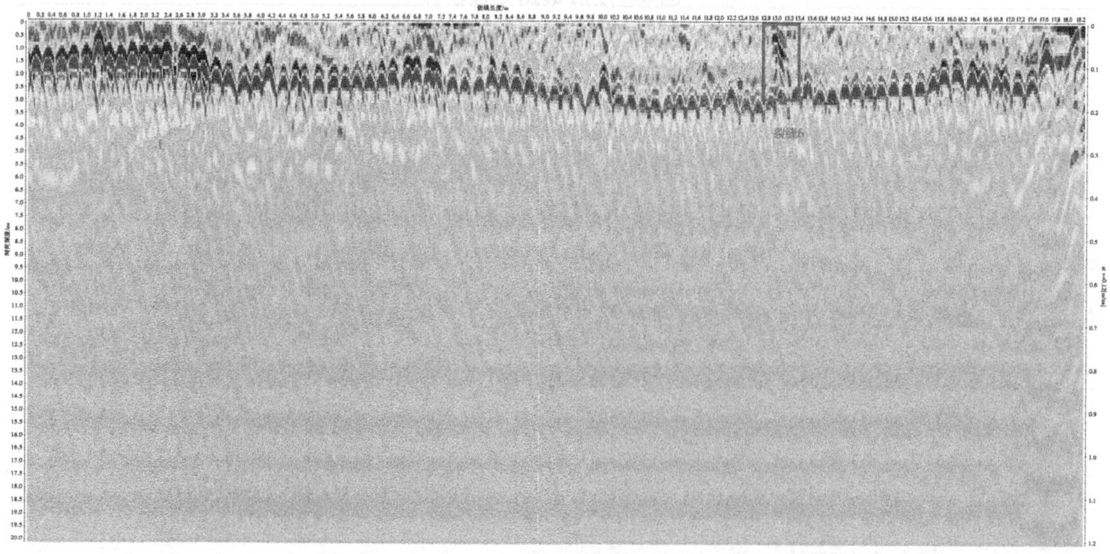

图 8　测线四成果

数据结果分析：4 条测线浅层深度都出现了类斜线反射信号，结合现场钻孔验证，确定为裂缝或脱空。测线一中有 3 条明显的斜直线反射信号特征，地表位置分别大概位于测线长度的 0. 6 m、7. 8 m 和 11. 1 m，初步推断为裂缝，结合钻孔验证确定为裂缝。信号特征从时间深度 0 ns 大概持续到时间深度分别约为 4. 5 ns、3. 5 ns 和 4. 0 ns，以 0. 12 m/ns 作为电磁波在该面板介质中的传播速度。测线二中测线长度约 2. 7 m 处，出现连续不规则强反射信号。测线长度约 9. 5 m 处，检测现场面板表面出现裂纹，经探地雷达分析裂纹向下形成了小裂缝，在图像中反射信号中等。测线三中，测线长度约 10. 5 m 处出现强反射信号，根据现场钻孔验证确定为脱空。测线三末端出现连续呈近斜长线的强反射信号，推测为裂缝。测线四中，测线长度约 13. 0 m 处出现强反射，现场钻孔确定为裂缝。此外，通过图像能看到横向连续性的强反射信号，结合施工资料可以确定是水坝混凝土面板中的钢筋结构。现场水坝混凝土面板钻孔取芯验证柱状图如图 9 所示。

桩号(孔号)	3#	钻芯长度	0.43 m	设计混凝土厚度	0.80 m	开孔时间 2024-03-10 终孔时间 2024-03-10		
层序号	层底标高/m	层底深度/m	分层厚度/m	混凝土芯柱状图 比例尺1∶400	混凝土试件描述		深度/m	备注
1	−15.50	0.43	0.43	■	0~0.43 m混凝土试件呈灰白色，总体密实坚硬，局部有缺陷，从混凝土试件外表蔓延到内部		0.10~0.34	
■ 代表混凝土试件缺陷位置								

图 9　现场钻孔抽芯验证柱状图

单示道振幅：为反映电磁波在介质中传播时信号的强度和质量，生成单示道振幅图像。通过图 10 单示道振幅看出，此次采集数据质量好，反射信号强，能量强度高。

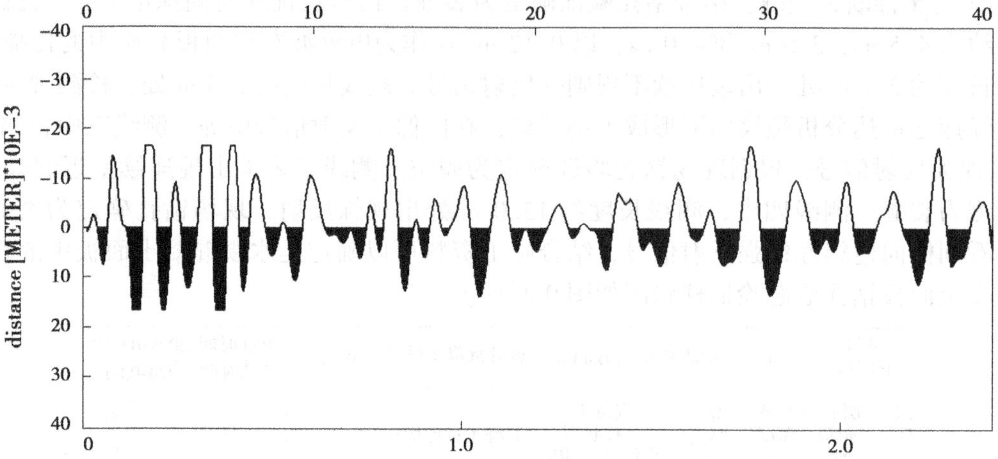

图 10 单示道振幅

7 结语

本文探讨了探地雷达在水利工程中对混凝土面板缺陷检测应用，并介绍了数据处理软件 Refelxw，说明了数据处理的步骤。通常难以通过视觉观察判断地下介质存在的病害，在发现水坝混凝土面板出现裂纹时，可以结合探地雷达技术分析，再通过试验数据分析与现场钻孔抽芯，验证探地雷达可以高效地探测到水坝混凝土面板的裂缝、脱空等缺陷大致的横向分布位置。本文以广东省境内的某一水库为例，通过检测发现存在的一些包括裂缝在内的病害，为详细评估和后续修复水坝混凝土面板提供了依据。此外，笔者在数据分析的过程中发现探地雷达存在一些技术缺陷，在精准度和图像判断上存在一些偏差，现场考察描述可以部分弥补这一点。笔者分析认为，在数据处理时采用的参数是某一固定值，但在自然世界中几乎没有各向同性的介质，即一个介质绝对均匀，各个方向上的物理性质是一样的。实际与理想状态存在一定的差距，但现阶段，探地雷达技术无疑是具有高效性和准确性的物探工程检测手段。

参考文献

[1] 赵昆山．基于地质雷达探测的潮白河堤防隐患分析［J］．中国水运，2023，23（3）：75-77.
[2] 刘泽昱．基于探地雷达的沥青路面裂纹检测应用研究［D］．重庆：重庆大学，2020.
[3] 周土瑶．现代公路工程试验检测方法的原理及应用［J］．中国高新技术企业，2009（16）：159-160.
[4] 熊鹏．探地雷达及其在水利工程质量检测中的应用［J］．四川水泥，2023（2）：156-159.

实验室信息管理系统在水利工程检验检测机构中的应用

郭宁泊　高雨昕　张怀仁

（水利部水工金属结构质量检验测试中心，河南郑州　450044）

摘　要：实验室信息管理系统通过建立以实验室为中心的分布式管理体系，集人员管理、过程控制、资源管理、数据管理于一体，对实验室施行全方位的质量控制，确保实验结果的准确和可靠。本文从当前实验室质量管理面临的挑战与困境入手，综述国内实验室信息管理系统的现状，并以水利部水工金属结构质量检验测试中心实验室信息管理系统的开发创新设计为例，以期为水利工程检验检测机构实验室信息管理系统建设提供参考。

关键词：实验室信息管理系统；质量控制；过程控制；资源管理；水利工程

1　引言

近年来，检验检测行业先后被国家列为高技术服务业、生产性服务业、科技型服务业，我国连续出台多项检验检测行业政策，大力推动检验检测产业发展。得益于市场需求及各级政府对检验检测行业的重视，截至 2022 年底，我国共有各类检验检测机构 52 770 家，检验检测机构在政府和市场的驱动下，在管理能力、技术水平、集约化发展等方面取得一定成效[1-2]。

水利部于 2009 年 1 月 1 日开始施行的《水利工程质量检测管理规定》（水利部令第 36 号）要求水利工程质量检测单位应当按照规定取得资质，并在资质等级许可的范围内承担质量检测业务。水利检验检测行业正处于蓬勃发展期，但与国际先进检验检测机构相比，水利行业检验检测机构仍然存在以下问题：①实验室管理规范性亟待加强；②行业竞争力不强，“小散弱”机构占主体；③事业单位性质机构占比较大，市场竞争不充分；④核心竞争力不足，“同质化”竞争严重。加强实验室管理机制是今后实验室建设的重点[3-4]。国内实验室信息管理系统普遍存在数据覆盖不全面、质量管理缺项多的问题[5]。检验检测实验室信息管理系统依然有许多需求未能实现，面对待定需求时仍依赖人工，增加了实验人员的负担[6]。

为有效解决实验室管理的规范性问题，破除传统水利工程检验检测机构管理效率低下、信息孤岛、资源浪费等难题，实现水利工程检验检测机构高质量的发展，实验室信息系统的建设与推广应用尤为重要[7]。质检中心建设的实验室信息系统旨在通过引入先进的信息技术和智能化设备，采用规范的流程和操作，构建一个高效、精准、协同的实验室管理体系，确保检验检测结果的准确和可靠，提高检验检测机构的运行效率，实现实验室管理智能化、高效化和人性化。

2　质检中心实验室信息管理系统的核心功能

质检中心实验室信息管理系统采用 X5 框架，以传统实验室管理为基础，同时满足移动实验室的需求，设计开发的核心管理模块包括以下几个：

作者简介：郭宁泊（1992—），男，工程师，主要从事金属结构检验检测与仪器管理方向工作。

（1）数据管理：具备高效的数据管理功能，以应对实验过程中产生的大量数据。这不仅包括检测记录、资源信息和检测结果，还涵盖数据的导入导出、备份和恢复功能。通过这些功能，确保试验数据的安全性和完整性。

（2）设备管理：建设设备管理台账，包括仪器设备名称、规格型号、原值、溯源方式、检定周期及最近一次检定校准日期等基本消息。设备管理模块还支持设备的借出及归还，以保证特殊情况下仪器设备的使用效率。

（3）人员管理：人员管理模块包括实验室人员的基本信息、岗位职责、授权及监督监控情况等，并根据技术人员职称、奖惩材料、资格证书等形成技术人员档案。

（4）流程控制：实验室的各项工作流程满足规范化和标准化要求，确保实验结果的准确性和可重复性。系统提供流程查询管理模块，支持实验流程中的查询监控，确保检验检测工作全阶段的规范性。通过对流程的控制，实验室能够提高实验的效率和质量，为科研工作提供有力支持。

（5）安全管理：实验室信息管理系统实现了危险化学品使用与登记管理、废弃物处理管理、生物安全识别管理等，保障实验室人员、设备和环境的安全。

（6）报告管理：根据检测数据实现检验检测报告的快速出具并进行基本的数据分析，为实验室管理者提供数据分析和决策支持。

3 质检中心实验室信息管理系统的创新设计与应用

质检中心实验室信息管理系统在运行过程中，不断升级迭代，完善工作流程，新增功能模块，有效提升了质检中心质量管理能力。

3.1 系统配置升级

通过升级服务器配件进行性能的全面升级，集成 BWC 管理模块，兼容 IPMI2.0、SNMPv3、SNMP Trap v1、CIM 以及 WS-MAN；支持 SOL、KVM overIP、Web UI、CLI、IPMI 工具以及虚拟媒体；支持黑匣子功能。

3.2 仪器管理转借模块的创新应用

传统的仪器管理方式往往存在诸多不便，如设备闲置、设备高频使用等问题。为了克服这些弊端，质检中心实验室信息管理系统开发了仪器管理转借模块，旨在通过信息化手段优化实验室资源的配置。

该模块的核心功能包括仪器设备状态查询、转借申请、转借仪器核查确认以及使用情况统计分析。通过这些功能，实验室管理人员可以轻松掌握每台设备的使用状态，从而合理安排设备的使用计划。仪器管理转借模块的创新应用，不仅提高了实验室设备的利用率，还为检验检测人员提供了更加便捷高效的服务。

3.3 报告时效管理

为保障客户权益，提高检验检测人员工作效率，质检中心实验室信息管理系统开发了报告时效管理模块。一方面，根据业务的紧急程度和重要性设定报告的编写、审核、批准时间，同时，明确各级管理人员的审批权限和责任，避免报告在审核过程中出现延误。另一方面，利用短信、微信等即时通信手段对相关流程进行提醒，确保报告出具的时效性。

3.4 文件管理的创新应用

检验检测机构的质量手册、程序文件、各仪器的作业指导书及操作规程等各类文件是实验室质量体系有效运行的基础，为保证管理体系文件获取的便捷性和一致性，质检中心实验室信息管理系统建立了文件管理模块，方便相关使用者的检索与使用。

3.5 耗材管理的创新应用

为提高耗材管理效率，开发耗材管理模块，实现对实验室耗材进行分类管理，包括易耗品、危险品、可回收利用耗材等不同类别，使用条形码对耗材进行标识，减少人为错误，提高耗材管理的透明度和便捷性。

3.6　**实验室安全的创新应用**

在现代科研环境中，实验室安全始终是至关重要的议题。随着科技的不断进步，安全措施也在不断地创新和升级。例如，通过引入物联网技术，实验室内的各种仪器设备可以实现智能化监控，实时检测有害气体泄漏、温度异常等潜在危险，并自动采取措施进行预警和处理。质检中心为加强实验室信息管理系统的信息安全，提高了网络安全等级并加强了系统数据的防范与警报，除网络防火墙外，安装部署了上网行为安全管理系统、日志收集与分析系统、终端安全管理系统，为质检中心信息管理系统量身定制了 WAF 并装载了堡垒机，符合网络安全二级等保要求并取得二级等保证明。同时，将所有实验室安装门禁，仅对实验室管理员和相关使用人员授权，采用面部、指纹识别，并将全天 24 h 的进出统计与实验室信息管理系统相联。为了进一步提升实验室的安全性，质检中心还引入了视频监控系统，对实验室区域进行实时监控。视频资料保存期限符合相关法规要求，确保在发生任何异常情况时，能够迅速回溯并分析原因。此外，中心还定期对所有安全设备进行维护和升级，确保其始终处于最佳工作状态。通过这些综合措施，质检中心不仅提升了实验室的物理安全和网络安全，还增强了人员的安全意识和应急处理能力，为保障实验室安全运行提供了坚实的保障。

质检中心实验室信息管理系统网络拓扑图见图 1。

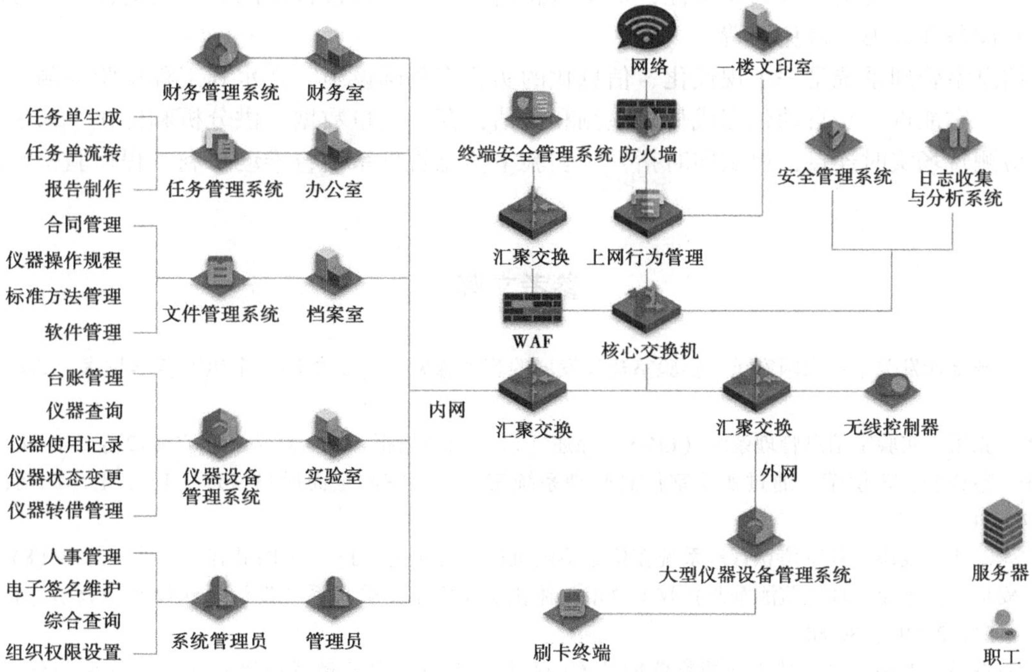

图 1　质检中心实验室信息管理系统网络拓扑图

4　质检中心实验室信息管理系统成效

在过去的几年中，质检中心实验室信息管理系统的实施和优化取得了显著的成果。通过引入先进的信息技术，实验室的运作效率得到了大幅提升，数据管理的准确性和可靠性也得到了显著增强。实验室信息管理系统的引入大大优化了实验室内部的工作流程。

（1）实验室信息管理系统的实施使得仪器管理更加规范化和自动化。从仪器的借出、使用、转借到归还及停用的处理和报废，每一个环节都通过系统进行严格控制，确保了仪器使用的完整性和可追溯性。此外，系统内置的质量控制程序能够自动检测数据异常，及时提醒工作人员进行核查，从而避免了潜在的错误和遗漏。

（2）实验室信息管理系统的使用大大提高了数据处理的效率。过去需要人工进行的大量数据录入、整理和分析工作，现在都可以通过系统自动完成。这不仅减少了人力资源的消耗，还降低了人为错误的可能性。数据分析结果的生成速度也得到了显著提升，为实验室的决策提供了更加及时和准确的依据。

（3）实验室信息管理系统的引入促进了质检中心管理体系、管理方式和工作流程的合理优化。同时通过对检测业务流程中的各个环节进行质量控制，提升了质检中心的质量管理能力。

（4）实验室信息管理系统的持续优化和升级为实验室的长远发展奠定了坚实的基础。随着技术的不断进步，系统也在不断地进行功能扩展和性能提升，以适应不断变化的市场需求和标准。通过定期的系统评估和员工反馈，质检中心能够及时发现并解决存在的问题，确保实验室信息系统的持续改进和优化。

综上所述，质检中心实验室信息系统管理的成效是显而易见的。通过实验室信息管理系统的实施和优化，实验室不仅提高了工作效率和检验检测的数据质量，还显著增强了信息的追溯性和安全性。

5 实验室信息管理系统在水利工程检验检测机构中的价值与前景

实验室信息管理系统的价值是提升工程检验检测机构效率，减少错误，通过信息化处理数据，确保数据准确一致。系统增强数据安全性，加密敏感信息，防止未授权访问。它还优化了资源配置，合理安排仪器设备和人力，避免浪费。

实验信息室管理系统是一个现代化、信息化的实验室基础设施，在水利工程检验检测机构中具有广阔的前景。它能进一步自动化完成材料检测和评估，存储大量数据以供分析和优化。未来，系统有望与检验检测现场实时连接，提供即时指导。实验室信息管理系统将推动水利工程检验检测行业的创新和变革。

参考文献

［1］科技部财政部印发关于加强国家重点实验室建设发展的若干意见［J］．中国安全生产科学技术，2018，14（7）：106.

［2］白志青，张银．实验室信息管理系统（LIMS）综述［J］．科技情报开发与经济，2007（12）：240-242.

［3］周建华，蔡亦泠，朱敏莹．通过实验室信息管理系统实现实验室的全面质量管理［J］．上海医药，2018，39（7）：62-64.

［4］胡玲，张一帆．浅谈实验室信息管理系统在检验检测机构中的应用［J］．中国品牌与防伪，2024（8）：110-112.

［5］张月，安贝贝，王超．环境监测垂改新政下全市一体化实验室信息管理系统设计及建设经验分享［J］．实验室检测，2024，2（9）：86-88.

［6］丁锰，赵东越，严展，等．基于智能物联网技术的高校实验室信息管理系统研究［J］．实验与分析，2024，2（2）：79-82.

［7］孟雳．浅谈实验室信息管理系统在检验机构实验室质量管理中的作用［J］．中国纤检，2018（9）：87-89.

泵站输水系统运行效率监测与健康评估

耿红磊[1]　许荣军[2]　封小勇[3]

（1. 水利部水工金属结构质量检验测试中心，河南郑州　450044；
2. 蓝深集团股份有限公司，江苏南京　211500；
3. 重庆市水利局，重庆　401147）

摘　要： 本文分析了泵站输水系统运行效率的影响因素，设计了一种泵站输水系统效率在线监测方法，介绍了效率监测系统的关键技术与组成部分，通过布设传感器实现了对泵站输水系统流量、压力、扬程、振动等特征数据的实时采集，建立了泵站输水系统运行效率在线监测平台，实现了泵站输水系统运行状态的实时监测，并通过多维度手段对泵站健康度进行评估。通过对实际案例监测数据进行分析与应用探讨，对泵站输水系统运行健康评估方法的发展趋势进行了展望。

关键词： 输水泵站；运行效率；在线监测；健康评估

1　引言

随着我国经济由高速发展阶段进入高质量发展阶段，转变发展方式已刻不容缓。“十四五”规划和2035远景目标纲要中明确指出要坚持新发展理念，生产生活方式向绿色转型，应合理配置能源资源，大幅提高利用效率。泵站输水系统是一种由泵站、管道、阀门等组成，用于将液体输送至特定位置，以满足生产、生活或其他需求的设施，在水资源调配、城市供水、农业灌溉等领域发挥着重要作用。泵站输水系统连续运行时间长，耗电量大，运行效率和健康状况直接关系到工程的效益和安全。对泵站输水系统运行效率进行实时监测并进行健康分析，发现系统运行效率下降时及时进行维护和更换，可以降低其运行过程中的能耗，同时也作为数据底板，汇入数字孪生工程和数字孪生流域的上层应用[4]。

2　总体方案

泵站输水系统运行效率在线监测由感知层、传输层、数据层、功能层和展示层组成。感知层主要通过布置各类传感器获取每台泵站的运行状态参数，包括泵站进出口水位高程、水泵流量、泵站出口压力、电机组电流、电机组电压、噪声及振动等。传输层将感知层获取的泵站运行状态参数通过网关、有线/无线网络等多种数据传输方式传输至数据层。数据层对传输进的泵站运行状态参数数据进行清洗、分析和存储，使用订阅/发布模式将数据往上分发到展示层。展示层最终将以可视化界面、大屏等应用形式展现给用户。泵站输水系统运行效率在线监测结构如图1所示。

3　关键技术研究

3.1　在线状态监测

系统可以对泵站输水系统的三相电流、电压、转速、流量、压力、流速、液位高度、振动情况、

基金项目： 水利部综合事业局技术创新项目——泵站输水系统运行效率监测与健康分析（编号：综技术〔2022〕119号-13）。

作者简介： 耿红磊（1985—），男，高级工程师，创新业务处副处长，主要从事水工金属结构检测、监测与创新工作。

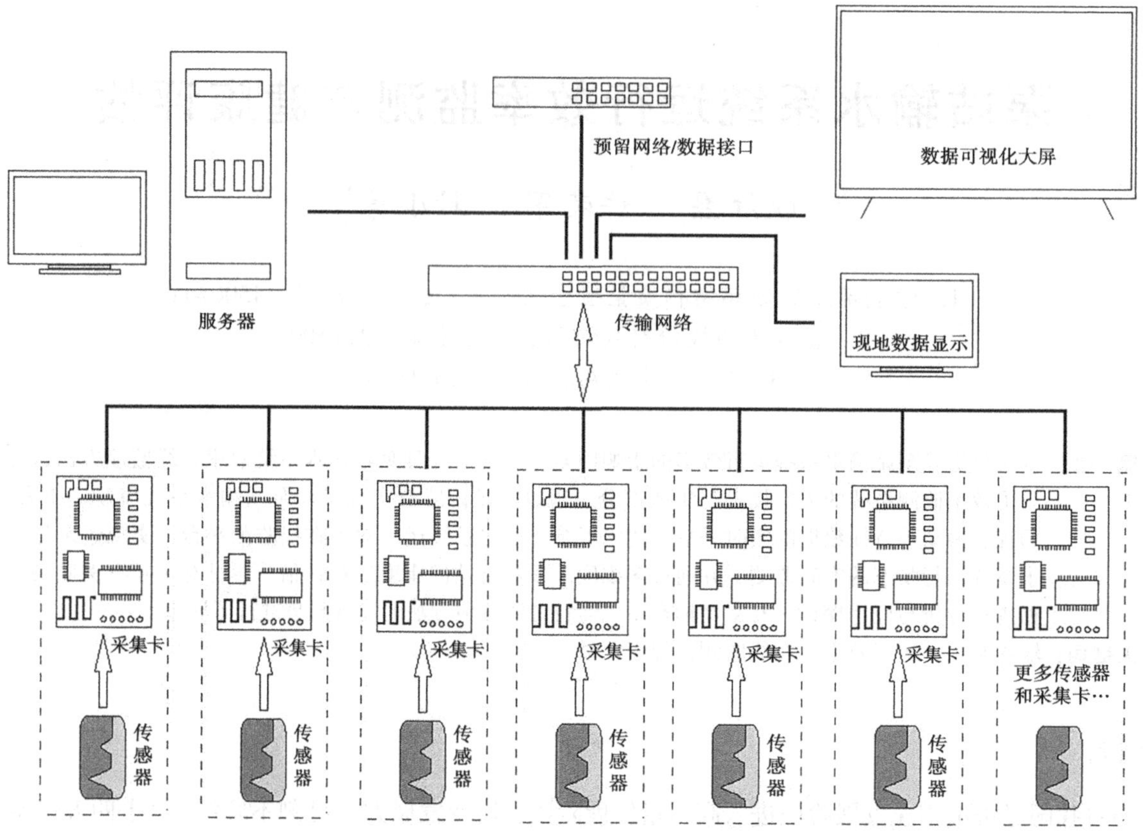

图 1　泵站输水系统运行效率在线监测结构

泵组效率等设备状态及参数信息进行实时在线监测[2]，并能对泵站运行状态参数数据进行清洗、分析。

3.1.1　效率关键参数监测

（1）流量监测：采用流量计等设备测量泵站的进、出水流量，获取实际输水能力。流量监测还可以辅助判断泵站是否存在堵塞、泄漏等问题。机组容量增大、参数提高，直接测量给水流量在技术上有很大的困难，也存在相当大的误差[3]。

（2）扬程监测：通过压力传感器等测量泵站前后的压力差，计算扬程。扬程是泵站的重要性能指标之一，监测扬程可以评估泵站的输水能力和效率。

（3）功率监测：监测泵站电机的输入功率和输出功率，评估能源利用情况。功率监测可以辅助判断电机的运行异常，以及泵站系统中的能量损失情况。

3.1.2　设备状态监测

（1）振动监测：安装振动传感器，监测泵、电机等设备的振动情况。振动监测可以辅助发现设备的故障隐患，提高设备运行的可靠性。

（2）温度监测：通过红外温度计和内置温度监测泵站轴承等关键部件的温度。温度监测可以及时发现设备的过热情况，避免设备因过热而损坏。

（3）噪声监测：通过声级计检测设备运行时的设备表面平均声压级[5]。噪声监测可以帮助发现设备的异常运行情况，如机械故障、气蚀等。

3.2　效率可视化

系统界面是系统数据展示的平台与窗口，支持数据展示，借助图形化手段清晰有效地展示数据内在特征及相互关系，使决策者能够直观地看出事物的内在规律和趋势变化。数据展示借助图形化手段，清晰有效地展示数据内在特征及相互关系，使决策者能够直观地看出事物的内在规律和趋势变化。效率可视化根据监测泵站的不同，定制出相应的数据可视化界面。同时，在线监测系统具有回放功能，可对所有监测历史数据进行回放，并可提供监测对象出现异常前后 60 min 的采样数据，以满足系统状态分析的需要。

3.3 健康评估

系统在对泵站输水系统运行数据进行实时采集的同时，可对设备的健康度进行综合评判。当突发故障发生时，系统能自动判断其可能的故障源，并将故障诊断信息实时发送至控制端，包括基础类故障、转子类故障、轴承故障以及流体相关故障等[1]。故障诊断信息能清楚地标明当前故障的类型、描述、故障点位置，以及处理当前故障的步骤和操作方法（图文+视频）。

3.4 数据报表

系统能自动生成设备运行情况的专业数据报表，报表有设备运行记录、告警记录、设备现状分析等详细信息，可为设备运行及维保决策提供参考。系统具有 PDF 导出打印功能。

3.5 报警模块

依据监测设备的不同，定制相应的报警参数，当运行时的设备参数达到或接近报警值时，该模块可以及时做出报警通知，系统可显示分级报警界面，报警逻辑和报警定值应能通过软件组态设置，也可通过邮件或手机短信（需购买运营商服务）的形式发送给决策者。同时，该模块还具有自学习功能，当设备运行一段时间后，该模块可以对设备的历史参数信息进行自我学习，逐渐获得其更高维度的内在特征。当某个时点上设备的运行特征在自身历史上从未出现时，系统将给予一定的预警消息。

4 试验及分析

本文以某工程排涝泵站为试验对象，机组的主要参数如表 1 所示。

表 1 试验对象设计参数

项目	水泵型号	设计流量/(m^3/s)	设计扬程/m	电机型号	配电功率/kW	水泵转速/(r/min)
参数	700HLB1.05-20 混流泵	1.05	20	YLKK500-8 高压异步电动机	315	730

4.1 监测参数确定

泵站输水系统的运行效率是水泵、传动、电机、管路等的总效率，由于监测设备和水泵结构形式的限制，水泵、传动、电机效率不能独立分测，所以把三者的总效率称为机组效率。机组效率按式（1）计算[7]：

$$\eta = \frac{\rho g Q H}{P} \tag{1}$$

式中：η 为机组效率；ρ 为介质密度，t/m^3；g 为重力加速度，取 9.8 m/s^2；Q 为流量，m^3/s；H 为水泵扬程，m；P 为电机输入功率，kW。

水泵扬程按式（2）计算：

$$H = \Delta Z + \frac{p_2 - p_1}{\rho g} + \frac{p v_2^2 - p v_1^2}{2g} \tag{2}$$

式中：H 为水泵扬程，m；ΔZ 为泵出口压力传感器安装高程与进水池水位高差，m；p_1 为大气压强，MPa；p_2 为泵出口测试断面的绝对压力，MPa；v_1 为泵站进水池平均流速，m/s；v_2 为泵站出口测试断面的平均流速，m/s；ρ 为介质密度，t/m^3；g 为重力加速度，取 9.8 m/s^2。

电动机输入功率按式（3）计算：

$$P = UI \tag{3}$$

由式（1）、式（2）、式（3）可以看出，要实现对机组效率的监测，需要对泵站输水系统的流量、水泵出水口测试断面的压力、水泵进出水池液位高程、水泵进出口流速、电机输入电压与电流等参数进行实时采集，为更加全面地掌握泵组的工作状况，对泵组工作过程中的振动、电机及轴承发热情况等进行监测。

4.2 传感器选择与安装

本文以某工程排涝泵站为研究对象，将电压、电流传感器设置在输水系统控制柜内，与电动机的三相进行连接，分别检测电动机各相电压电流进而实现对输入功率的间接检测。电动机绕组设置过热传感器，检测电机工作状况，电机出厂时自带绕组过热传感器。进水池与出水池分别设置投入式液位传感器，该传感器防水等级可实现 IP68，支持四线制 RS-485 数字量输出，液位传感器外部设置防波管，避免水体冲刷传感器影响检测精度，液位传感器设置方式如图 2 所示。水泵进出口压力检测采用潜水型压力变送器，不锈钢材质，防水等级 IP68，进水口压力变送器设置在距离泵进口法兰 2 倍管道直径的上游处，出水口压力变送器设置在距离泵出口法兰 2 倍管道直径的下游。泵站流量测量常用方法有流速仪法、超声波法、食盐浓度法、压差法等，也可采用电磁流量计、涡轮流量计、均速管流量计等测量方法进行测量。本文采用电磁流量计对泵组流量进行监测，电极材质采用含钼不锈钢，衬里材质采用氯丁橡胶，可应对工业水、生活水、污水及具有弱腐蚀性的介质的应用环境需求，电磁流量计设置在泵组出口水平管道较低处。水泵蜗壳上预留螺纹孔放置转速传感器。泵组振动采用三轴加速度传感器进行监测，设置于泵体端部。电动机振动传感器放置于电机座。传感器具体布置位置如图 3、图 4 所示。

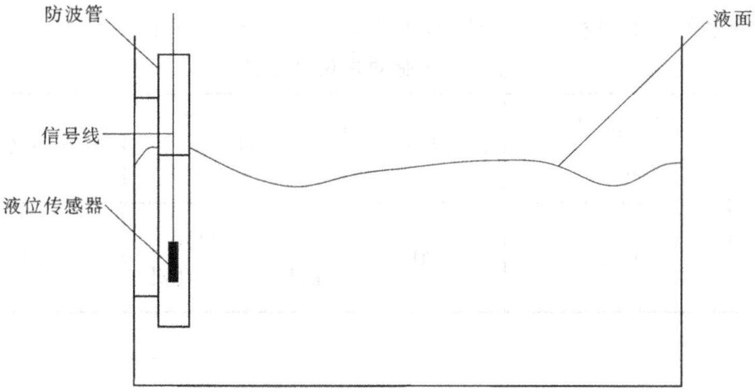

图 2 传感器布置位置

4.3 数据采集

布置在泵组上的传感器实时采集泵组运行过程中的各状态参量，通过 RS-485 与网络传输相结合的方式进行数据传输。所有传感器均挂载在总线上，数据采集仪通过 RS-485 总线获取传感器所采集的状态参数，经网络交换机传输至服务器。

4.4 平台功能实现

泵站输水系统效率在线监测平台具备对所有被监测机组在不同时刻、不同状态下的运行效率和其他监测参量进行快速与准确的分析处理，并以结构图、曲线图、棒图等多种形式表达出来，如图 5 所示。同时，该监测平台具备历史数据回放功能，可根据需要选择所查部件在某段时间的运行数据。此外，系统在对泵组运行状态进行实时采集的同时，会与正常状态下的数据进行对比，当故障发生时，运行效率或其他状态参量数据偏离正常值后，系统能够发出安全警报，并基于专家知识库自动判断可能的故障源，将故障信息类型、故障点位等信息发送至控制端，并给予维护人员解决故障的步骤和操作方法。再者，系统能够自动生成泵组在运行过程中的专业数据报表，包括运行记录、报警记录等，支持 PDF 打印功能。

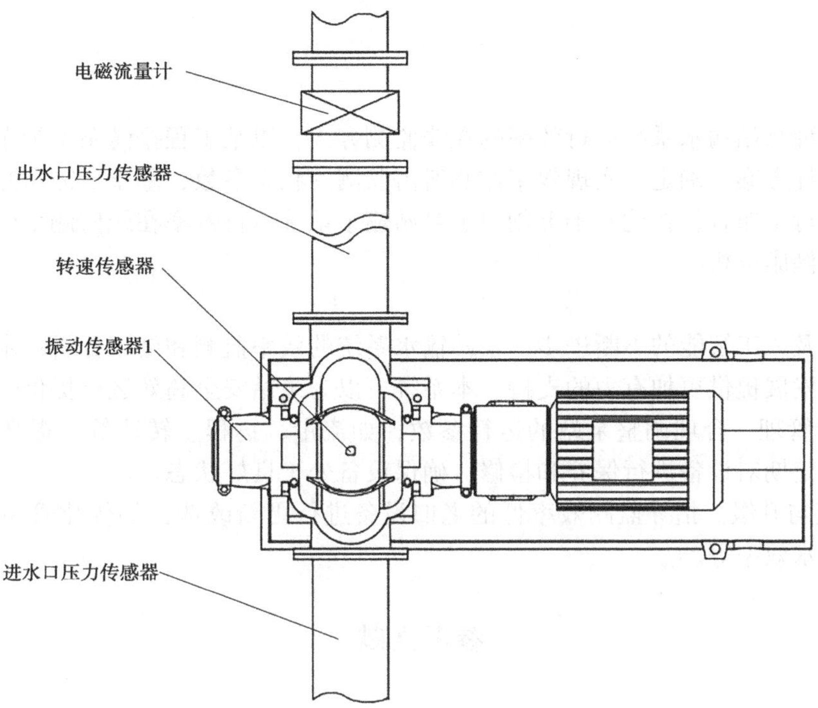

图 3　传感器布置位置

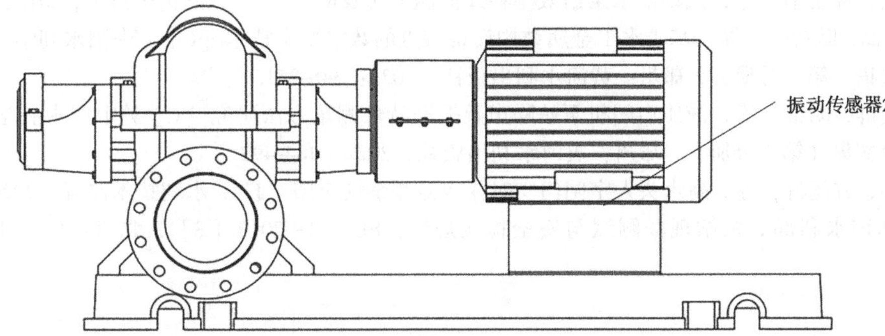

图 4　传感器布置位置

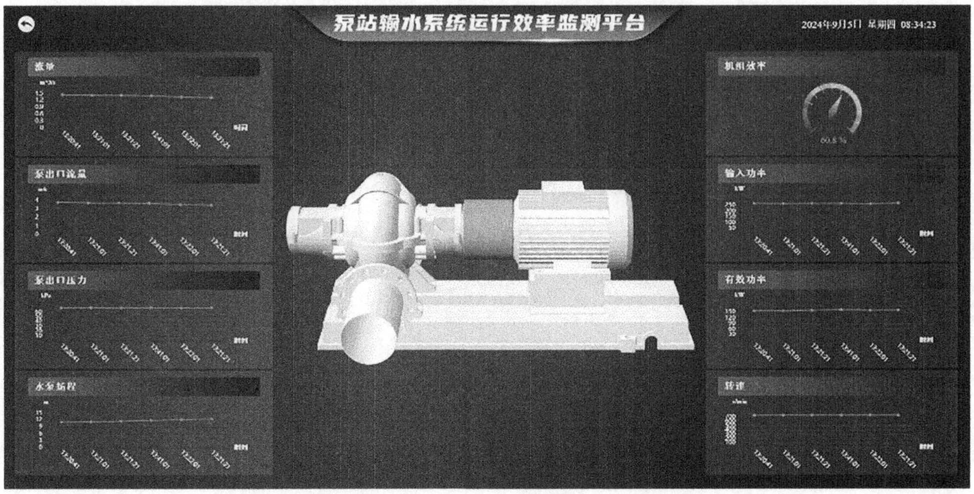

图 5　泵站输水系统运行效率在线监测平台界面

5 结论与展望

5.1 结论

本文提出了一种泵站输水系统运行效率的在线监测方式，以某工程排涝泵站为布设对象，给出了在线监测的总体设计方案，确定了实现效率监测所需监测的状态参数，基于所需监测状态参数选择了相应的传感器并进行了布置，在此基础上创建了泵站输水系统运行效率在线监测平台，实现了泵站输水系统运行状态的健康分析。

5.2 展望

随着监测手段及人工智能的不断进步，泵站输水系统的效率监测和健康分析技术将不断完善，为水利工程的可持续发展提供更加有力的支持。本系统可以为泵站安全高效运行提供一些思路。

（1）优化运行管理。合理调整泵站的运行参数，如流量、扬程、转速等，提高运行效率。制定科学的维护计划，定期对设备进行保养和检修，确保设备处于良好状态。

（2）技术改造与升级。指导监测效率低的老旧设备进行更新改造，如优化管道系统设计，减少管道阻力，提高输水效率等。

参考文献

[1] 李高波，李滨．潜水泵在线健康监测诊断系统的工程应用［J］．自动化应用，2023，64（15）：170-172.

[2] 曾荣俊，向凯，瞿佳，等．水电厂水泵运行状态监测技术与应用［J］．云南水力发电，2023，39（9）：272-274.

[3] 李勇，李仁杰，曹丽华，等．汽动给水泵组效率在线监测方法及应用［J］．汽轮机技术，2013，55（6）：4.

[4] 方超群，耿红磊，毋新房，等．基于水工金属结构设备特点的数字孪生技术［C］//中国水利学会．2023 中国水利学术大会论文集（第一分册）．郑州：黄河水利出版社，2023：348-351.

[5] 耿红磊，方超群，胡锟，等．液压启闭机泵站噪声及振动特性测量方法研究［C］//中国水利学会．2022 中国水利学术大会论文集（第六分册）．郑州：黄河水利出版社，2022：484-492.

[6] 张宇，王志鹏，方超群，等．高水头人字闸门实时在线监测系统应用［J］．水利技术监督，2024（8）：17-20.

[7] 中华人民共和国水利部．泵站现场测试与安全检测规程：SL 548—2012［S］．北京：中国水利水电出版社，2012.

浅谈计量技术规范编制的要点——以《水利工程试验检测仪器设备 拉脱法附着力测试仪校准》(T/GDAM001—2022) 为例

孙文娟　梁贤浩　郭威威　万　发

(珠江水利委员会珠江水利科学研究院，广东广州　510610)

摘　要：计量技术规范对于确保测量活动的准确性和一致性至关重要。本文以《水利工程试验检测仪器设备 拉脱法附着力测试仪校准》(T/GDAM 001—2022) 标准为例，系统探讨计量技术规范编制的基本原则、步骤和关键要素。本文通过对该标准的案例分析，进一步阐释了如何将这些原则和步骤应用于实际规范编制中，并提出了实施过程中的相关建议。本文强调了计量技术规范编制的重要性，指出遵循科学方法和标准化流程的必要性。研究成果期望为相关领域的规范编制提供参考，促进计量技术的发展和应用。

关键词：计量技术规范；编制方法；拉脱法附着力测试仪；校准；水利工程

1　引言

在工程领域，计量技术规范是确保测量精确性和一致性的关键。它们为测量活动提供了标准化的方法，对提升工程质量和安全性至关重要。然而，规范编制过程中存在的问题，如内容不完善和方法不统一，可能影响测量结果的准确性。

由广东计量协会发布的《水利工程试验检测仪器设备 拉脱法附着力测试仪校准》(T/GDAM 001—2022) 标准，针对水利工程检测中拉脱法附着力测试仪的校准，提供了一套规范流程。该标准的制定，填补了拉脱法附着力测试仪在水利工程领域的标准空白，为设备的校准提供了统一的技术要求和方法，有助于提高涂层质量检测的准确性，提升水利工程检测行业的技术水平和服务质量。

本文以 T/GDAM 001—2022 标准为例，探讨计量技术规范编制的有效方法，分析其内容和结构，评估其在实际应用中的表现，并提出优化建议。通过本研究，期望为计量技术规范的编制提供理论支持和实践指导，促进计量活动的标准化和规范化发展。

2　计量技术规范编制的基本原则

计量技术规范的编制是确保测量活动准确性和有效性的关键步骤。以下是编制过程中应遵循的基本原则，旨在确保规范的质量和实用性。

(1) 科学性原则。科学性原则要求规范必须建立在坚实的科学基础与试验数据之上。这意味着规范中的每项要求和标准都应来源于经过验证的科学原理和试验数据，确保规范内容的准确性、可靠性和有效性。规范编制者应参考最新的科研成果和行业最佳实践，确保规范内容的先进性和准确性。在 T/GDAM 001—2022 标准中，拉脱法附着力测试仪的技术要求和校准方法均严格遵循科学性原则。这些要求和方法不仅基于经过严格验证的科学测量原理，还经过了广泛的实验验证，以确保其准确性

作者简介：孙文娟 (1989—)，女，工程师，从事水利工程检测及研究工作。

和可靠性。通过这种方式，该标准确保了拉脱法附着力测试仪的测量结果能够真实反映材料的附着性能，为相关行业提供了一个科学、标准化的测试方法[1]。

（2）系统性原则。系统性原则强调规范应全面覆盖测量活动的各个方面，形成一个有机统一的体系。这不仅包括测量方法和设备要求，还应包括术语定义、环境条件、数据处理等，考虑不同环节之间的相互影响和关联性。规范的系统性有助于确保测量过程的连贯性和一致性，与相关标准和法规相协调，形成一个有机统一的整体，避免因遗漏关键环节而导致的误差[2]。此外，系统性原则还要求规范能够适应计量领域的发展变化，及时更新和完善，以满足不断变化的技术需求和应用场景。

（3）可操作性原则。可操作性原则要求规范中的每项技术要求、操作步骤和检验方法应具体明确，易于计量技术人员理解和执行。规范中的指导和要求应以清晰、简洁的语言表述，避免使用模糊不清或技术性过强的术语。此外，规范应提供详细的操作步骤和示例，帮助计量技术人员准确无误地实施测量活动[3]，确保他们都能够按照规范进行准确无误的操作。

（4）适应性原则。适应性原则指出规范应具备一定的广泛适用性，以适应不同行业、不同条件和不同发展阶段的计量需求。规范还应考虑技术进步和市场变化，便于定期审查和更新，以保持其时效性和先进性。此外，适应性原则强调规范应促进技术创新和产业发展，同时兼顾经济效益和社会效益，确保规范在实施过程中能够有效支持相关领域的持续进步和国际竞争力[4]。

计量技术规范编制的科学性原则、系统性原则、可操作性原则和适应性原则是确保规范有效性和实用性的基础。这些原则共同保障了计量技术规范的质量和有效实施，支持了科学研究、法制计量管理、工业生产等领域的测量活动。

3 计量技术规范编制的步骤

计量技术规范的编制是一个结构化的过程，涉及多个阶段，每个阶段都对最终规范的质量有着重要影响。

（1）需求分析。需求分析是规范编制的起点。在这一阶段，编制者需要明确规范的目的、预期解决的问题以及规范的适用范围。这包括对现有测量实践的评估，确定需要规范的领域，以及潜在用户的需求。需求分析的结果将指导后续的资料收集和草案编写[5]。

（2）资料收集。在资料收集阶段，编制者应广泛收集相关的技术资料，现有的标准、法规、科研成果，以及行业最佳实践。这一阶段的目的是建立一个全面的知识基础，为规范的科学性和先进性提供支持[6]。

（3）草案编写。根据需求分析和资料收集的结果，编制者开始编写规范草案。草案应包括术语定义、技术要求、测量方法、设备标准、校准程序等。在草案编写过程中，应确保内容的逻辑性和连贯性，并考虑到不同用户的理解能力[7]。

（4）专家评审。专家评审是确保规范质量的关键环节。在这一阶段，草案将提交给领域内的专家进行审查。专家将从技术准确性、实用性、可操作性等多个角度对草案提出意见和建议。评审过程可能需要多轮，以确保规范内容的完善[8]。

（5）试验验证。试验验证阶段是对规范草案进行实际测试，以验证其可行性和准确性。这可能包括实验室测试、现场试验或模拟试验。试验结果将用于评估规范的有效性，并为进一步的修订提供依据[9]。

（6）正式发布。经过专家评审和试验验证后，规范草案将进行最后的修订，并正式发布。发布过程中，应考虑到规范的宣传和推广，确保目标用户能够获取和理解规范内容。此外，还应建立规范的更新和维护机制，以适应技术发展和用户需求的变化[10]。

通过遵循这些步骤，计量技术规范的编制将更加规范化、系统化，从而提高规范的质量和实用性。

4 计量技术规范编制的关键要素

在计量技术规范编制过程中，关键要素的准确定义和详细描述对于规范的有效实施至关重要。以下是对这些要素的深入分析，结合了上传文件《水利工程试验检测仪器设备拉脱法附着力测试仪校准》的内容。

（1）术语和定义。规范中的术语和定义是理解和应用规范的基础。例如，在T/GDA M001—2022标准中，“拉脱强度（pull off strength）”被定义为“拉开涂层的压强，单位为MPa”。这种明确的定义有助于消除歧义，确保所有使用者对规范内容有统一的理解。

（2）技术要求。技术要求是规范中对设备性能的具体规定。在拉脱法附着力测试仪的校准中，技术要求包括测试仪的显示分辨力不低于0.01 MPa，以及拉脱强度示值误差的最大允许误差为±1%FS等。这些要求确保了测试仪的准确性和可靠性，为涂层质量的准确评估提供了保障。

（3）校准条件。校准条件是确保校准结果准确性的关键因素。T/GDAM 001—2022标准规定了校准时的环境条件，如环境温度为（20±5）℃，相对湿度≤85%。此外，还规定了校准设备的技术要求，例如标准测力仪的准确度等级为0.3级，用于拉脱强度示值误差和示值重复性的测量。

（4）校准方法。校准方法详细描述了校准过程的步骤和方法。例如，T/GDAM 001—2022标准中的校准方法包括外观检查、拉脱强度示值误差及示值重复性的测量、测试子直径的测量和加载速率的测量。这些步骤确保了校准过程的标准化和规范化，提高了校准结果的一致性。

（5）结果报告。结果报告是校准过程的最终产出，它规定了校准结果的报告格式和内容。一个良好的结果报告应包括校准条件、校准方法、测量结果和不确定性评估等。这不仅有助于记录校准过程，也为后续的审核和复核提供了依据。

通过对这些关键要素的深入分析和明确描述，计量技术规范能够为测量活动提供清晰的指导，确保测量结果的准确性和一致性。

5 T/GDAM 001—2022标准案例分析

5.1 标准概述

T/GDAM 001—2022标准由广东计量协会于2022年12月29日发布，并于次日实施，标准的主要技术内容包括规定拉脱法附着力测试仪的计量性能要求及校准方法，并明确其适用范围，标准封面示例见图1。这一标准的制定背景基于对水利工程质量检测的需求，特别是在涂层质量检测方面。涂层的附着力直接关系到水利工程中钢结构涂层的耐久性和防护性能，因此确保测试仪的准确性和可靠性对于工程质量至关重要。该标准的目的是给拉脱法附着力测试仪提供一套统一的校准方法，以保证仪器测试结果的准确性和可比性。

5.2 规范内容分析

T/GDAM 001—2022标准详细描述了拉脱法附着力测试仪的计量性能要求和校准方法，确保测试仪的准确性和一致性。该标准对测试仪的通用技术要求进行了规定，如铭牌和标识、测试子、胶黏剂以及显示分辨力。此外，该标准还规定了计量性能要求，包括拉脱强度示值误差、示值重复性、测试子直径误差和加载速率。在校准条件方面，标准详细描述了环境条件和所需校准设备的技术要求。校准方法部分则提供了外观检查、拉脱强度示值误差及示值重复性的测量、测试子直径和加载速率的测量方法。准确的附着力测试对于评估水利工程涂层材料的耐久性和可靠性至关重要，这些内容对于保证水利工程质量具有重要意义。

5.3 规范实施建议

为了有效实施T/GDAM 001—2022标准，以下是一些建议和注意事项：

（1）标准实施培训：对所有计量技术人员都进行标准内容的培训，理解标准的要求和校准过程，确保人员能够理解并遵循标准规定的操作程序。

ICS 07.060
CCS N 93

团 体 标 准

T/GDAM 001—2022

水利工程试验检测仪器设备
拉脱法附着力测试仪校准

Testing instruments and equipments of hydraulic engineering
Calibration of Pull-off testers for adhnesion

2022-12-29 发布 2022-12-30 实施

广东计量协会 发布

图 1 《水利工程试验检测仪器设备 拉脱法附着力测试仪校准》（T/GDAM 001—2022）封面示例

（2）设备校准维护：定期按照标准要求对拉脱法附着力测试仪进行校准维护，以确保其性能满足标准要求。校准过程应由具备资质的计量技术人员执行，并记录校准结果。

（3）环境控制：在校准过程中严格控制环境条件，如温度和湿度，以减少外部因素对校准结果的影响。

（4）记录和文档：详细记录校准过程和结果，包括所有测量数据和使用的设备信息。

（5）质量控制：通过重复性测试和与其他校准结果的比较，监控校准过程以确保数据的准确性和可靠性。

（6）更新与修订：随着技术的发展和行业需求的变化，定期审查和更新标准内容，以保持其时效性和适用性。

通过遵循这些建议，可以确保 T/GDAM 001—2022 标准的实施能够提高拉脱法附着力测试仪的校准质量，从而提升水利工程检验检测的整体水平。

6 结论

本文以《水利工程试验检测仪器设备 拉脱法附着力测试仪校准》（T/GDAM 001—2022）为例，深入探讨了计量技术规范编制的关键要点。通过对标准的基本原则进行分析，本文阐述了科学性、系统性、可操作性和适应性原则在规范编制中的重要性；列举了规范编制过程中的关键步骤，突出了这些步骤在确保规范科学性、合理性和实用性方面的作用；讨论了规范编制过程中的关键要素，为制定高质量的计量技术规范提供了清晰的路径。最后，针对该标准的结构与内容进行了分析与建议，分析的结果不仅为水利工程检测仪器的校准提供了标准化指导，也为其他领域的计量规范编制提供了方法及参考。

本文的研究成果有助于提升计量活动的标准化水平，推动计量技术规范编制的进一步发展，为实现精确和高效的计量实践奠定基础。随着计量技术规范的不断完善和实施，以后将为水利工程检测乃至更广泛的领域带来更好的质量保证和技术支持。

参考文献

[1] 广东计量协会．水利工程试验检测仪器设备 拉脱法附着力测试仪校准：T/GDAM 001—2022［S］．2022.

[2] JCGM 200：2012. International Vocabulary of Metrology—Basic and General Concepts and Associated Terms（VIM）. Joint Committee for Guides in Metrology，2012.

[3] ISO/IEC 17000：2017. Conformity assessment—Vocabulary and general principles. International Organization for Standardization，Geneva，2017.

[4] ANSI/NCSL Z540-1-2007. American National Standard for Calibration—General Requirements for Laboratory Apparatus. National Conference of Standards Laboratories Institute，2007.

[5] ANSI/ISO/ASQ Q10015：2006. Guidelines for quality assurance in calibration. American National Standards Institute，2006.

[6] ANSI/NCSL Z540. 3-2006. Guidelines for the evaluation of calibration services. National Conference of Standards Laboratories Institute，2006.

[7] ISO/IEC 17025：2017. General requirements for the competence of testing and calibration laboratories. International Organization for Standardization，Geneva，2017.

[8] ISO/IEC 27000：2016. Information technology—Security techniques—Information security management systems — Overview and vocabulary. International Organization for Standardization，Geneva，2016.

[9] ANSI/NCSL Z540. 1-2007. American National Standard for Calibration—General Requirements for Laboratory Apparatus. National Conference of Standards Laboratories Institute，2007.

[10] ANSI/ISO/IEC 17011：2017. Conformity assessment—General requirements for accreditation bodies accrediting conformity assessment bodies. American National Standards Institute，2017.

地表水资源质量动态评价技术框架初探

司 源[1,2] 董 飞[1,2] 杜 霞[1,2] 阎柳青[1,2] 王威浩[1,2]

（1. 中国水利水电科学研究院 水生态环境研究所，北京 100038；
2. 水利部京津冀水安全保障重点实验室，北京 100038）

摘 要：水资源精细化、动态化管理实践需求对地表水资源质量评价的时效性和精细化程度提出了更高要求，信息技术发展、数据获取途径丰富为开展地表水资源质量动态评价提供了支撑条件。本研究提出了地表水资源质量动态评价的概念，制定了地表水资源质量动态评价流程，建立了地表水资源质量动态评价技术框架，并就水资源质量动态评价指标优化技术、基于多源数据融合的水资源质量动态评价技术、基于遥感光学参量的湖库营养状态动态评价技术、基于数据驱动的水资源质量动态预测预警技术四项关键技术进行了论述，旨在为编制全国尺度及流域（区域）尺度地表水资源质量动态月报提供参考。

关键词：地表水资源质量；动态评价；预测预警；多源数据

1 引言

水资源质量评价是指以水质监测资料为基础，根据水体用途和分类分级标准，采用数理统计方法或其他手段，定性或定量地描述水体物理、化学及生物学特征和性质的优劣程度[1-2]。水资源数量、质量均为水资源的重要属性，在水资源调查评价中缺一不可，水资源质量评价是合理开发利用和保护水资源的基础工作[3]。

传统的地表水资源质量评价工作一般是在年时间尺度上进行的，主要目的是为水资源规划与调度配置提供依据。当前，我国水利部门也有开展常规地表水资源质量月度评价，部分流域（区域）编制了重要水体的水资源质量月报或通报等，主要依据《地表水环境质量标准》（GB 3838—2002）[4]规定的基本水质项目与标准限值，以及《地表水资源质量评价技术规程》（SL 395—2007）[5]规定的技术方法，采用单因子评价法遵循“一票否决”原则进行“全指标”监测评价。水质监测资料主要来源于人工采样和实验室分析，成本高而效率较低，在开展地表水资源质量月度评价工作中存在滞后现象[6]。月度评价的站点相对年度评价较少，时空代表性较弱。此外，常规地表水资源质量月度评价仍属于回顾性的静态评价，缺乏趋势分析和预测预警功能的考虑。

科学解析水资源质量时空分布规律、动态预测水资源质量变化趋势对于合理开发利用水资源和配置区域生活、生产、生态用水具有重要意义[7]。传统的地表水资源质量评价方法和成果形式在时效性和精细化程度上存在一定短板，越来越难以支撑水资源管理的需求[8-10]。与此同时，信息技术的发

基金项目：国家重点研发计划项目（2021YFC3200903）；国家自然科学基金长江水科学研究联合基金项目（U2040211）中国水科院基本科研业务费项目（WE0145B032021）。

作者简介：司源（1990—），女，高级工程师，研究方向为水资源与水环境管理与规划。

通信作者：董飞（1983—），男，正高级工程师，研究方向为地表水环境过程机理与数值模拟。

展、数据获取渠道的丰富均为开展地表水资源质量动态评价提供了重要支撑。为充分利用新时期数据获取条件，迫切需要研究建立突破时空尺度局限性的地表水资源质量动态评价技术体系。

2　地表水资源质量动态评价概念与特点

本研究所提出的“地表水资源质量动态评价”，是指在流域（区域）水质评价指标优化的基础上，以多源融合的监测数据作为评价数据来源，参考国家和有关用水部门制定的用水水质标准，进行的当月地表水资源质量状况分析评价和下月地表水资源质量状况预测预警。

动态评价是相对于传统年度静态评价而言的。年度静态评价是年末对过去一年水质状况的回顾总结，月度动态评价则是在一年过程中对前后状况同时进行评价。因此，地表水资源质量动态评价的特点主要包括两个方面：一是评价时间步长为月，为了满足精细化管理要求，还可细化至旬、周、日；二是体现动态变化规律，不仅局限于当前阶段的客观评价，还应包括对未来趋势的分析研判。

与常规地表水资源质量月度评价相比，地表水资源质量动态评价的优点在于：

（1）考虑流域（区域）人为和自然影响，减少水质评价项目，突出重点，针对性增强。

（2）融合多源数据，覆盖范围更广，代表性更好，准确度更高。

（3）评价内容和结果更全面，风险预测预警能力更强，时效性提高。

3　地表水资源质量动态评价流程

地表水资源质量动态评价流程如图 1 所示，主要包括水资源质量月度动态评价和水资源质量月度动态预测预警。

水资源质量月度动态评价步骤如下：①确定评价对象。根据水体类型及其功能确定评价对象，主要包括河流水质、湖泊水质及营养状态、水库水质及营养状态、省界断面水质、饮用水水源地水质等。②确定评价结果表征形式。单一水体或断面的评价结果以水质级别（Ⅰ类至劣Ⅴ类 6 级）和营养状态级别（贫营养至重度富营养 5 级）形式表征，流域（区域）的评价结果分别以河流湖库评价河长、面积、蓄水量水质类别比例和水质站个数水质类别比例两种统计指标来表征。③构建评价指标体系。在流域（区域）水质特征分区划分的基础上，获取分区、分类、分期优化的水质评价指标。④构建水质监测数据集。获取多来源、多类型、多尺度水质监测数据，经处理形成多源融合的水质监测数据集。⑤开展动态评价。在优化的水质评价指标和多源融合的水质监测数据集基础上，进行分区分类水体水质动态评价，分析流域（区域）年际、年内水质动态变化规律。

水资源质量月度动态预测预警步骤如下：①确定预测预警对象。动态预测预警对象与动态评价对象一致。②确定预测预警结果表征形式。针对同一对象，动态预测预警结果表征形式与动态评价结果表征形式一致。此外，针对单一断面或水体增加预警等级（蓝、黄、橙、红 4 级）。③构建预测模型。根据水质动态变化规律识别分区分类水体水质驱动因子，选取适用模型，建立基于数据驱动的水质预测模型，并进行模型率定验证。④构建预警体系。根据水体功能和历史统计特征，计算各预警等级对应的各项水质预测指标阈值，根据水质预测模型输出结果确定相应预警等级。⑤开展水质动态预测预警。根据动态获取的水质监测数据和驱动因子数据，评估模型预测精度，滚动修正水质预测预警结果。

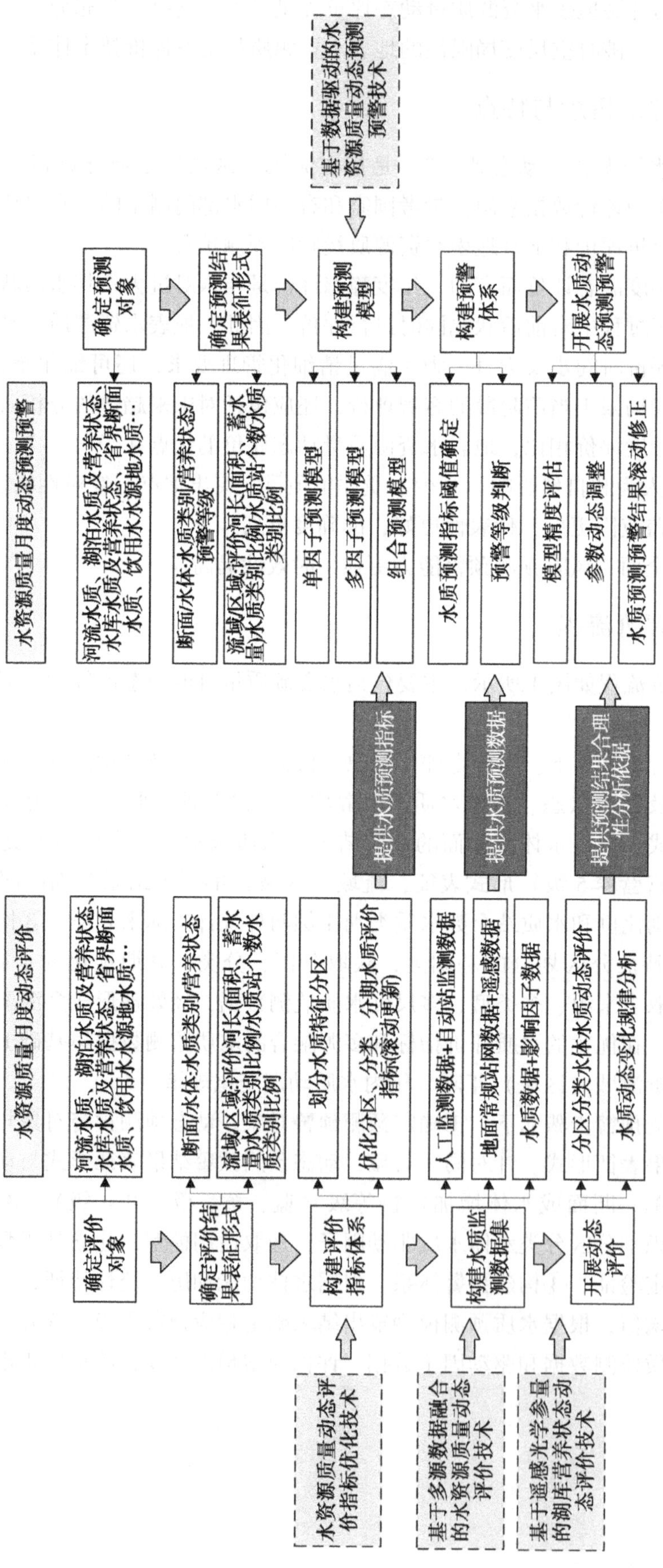

图 1　地表水资源质量动态评价流程

4 地表水资源质量动态评价技术框架

地表水资源质量动态评价流程中涉及的关键技术如下。

4.1 水资源质量动态评价指标优化技术

水资源质量动态评价指标优化是提高动态评价效率的重要前提。全指标监测评价中人工采样和实验室分析耗时耗力，经验表明，铁、锰、铜、汞、镉等金属离子的浓度与其矿产资源分布等区域环境特征密切相关，如在一段时间内某区域金属离子的连续监测评价结果均为不超标，则改为间歇性低频监测与评价即可，既可节约经济成本，又不失水质评价准确性。此外，由于工业产业、农业种植和养殖业等布局的地域性差异，不同地区排放的污染物种类及点、面源污染类型差异显著。因地制宜、因时而异地选取水质评价指标不仅可以有针对性地体现流域（区域）的水质特征，并且可以满足月尺度动态评价时效性和经济性的需求。

综合考虑流域（区域）内自然环境和人为活动对水质的影响，筛选影响因子构建用于水质特征分区划分的指标集，以保持水文特征完整性的单元（如水资源三级区）作为基本单元，根据各基本单元水质影响因子的相似性和相异性，采用多指标加权聚类分析等方法划分流域（区域）内水质特征分区。结合历史水质特征分析与人为活动污染潜在风险分析，分区（不同水质特征分区）、分类（不同水体类型）、分期（不同水期）筛选特征水质指标和风险水质指标，构建水资源质量动态评价指标优化体系。

4.2 基于多源数据融合的水资源质量动态评价技术

基于多源数据融合的水资源质量动态评价是提升动态评价质量的有力支撑。与年尺度的水资源质量评价相比，开展水资源质量月度动态评价主要存在数据数量不足、质量不高、时效性不佳等问题。当前，水利部门水质监测以固定的人工站为主，固定的自动站为辅，非固定的移动站用于应急。人工站虽数量多，但受制于经济成本和交通可达性等因素，具有监测频次较少、时效性不强等局限性；自动站虽实时性较强，但站点数量较少，且具有监测指标有限、易受设备仪器误差和来水影响、稳定性较差等局限性，两者均难以直接满足大尺度水资源质量动态评价的数据需求。此外，卫星遥感、无人机、无人船等新兴监测技术正在从研究阶段迈向实际应用。尽管水质监测技术的发展为水质评价提供了海量的基础数据来源，但现有的水质评价数据来源仍然单一，水质监测数据利用率严重不足。

多源数据融合方法可有效扩大感知范围，增加数据时空分辨率，提高数据质量和可信度[11]。为处理不同来源数据监测频次、时空尺度、数据格式不统一的问题，首先进行数据缺失值处理、异常值检测、重复值去除等数据清洗和数据格式转换。在此基础上，重点针对人工与自动水质监测数据融合、地面与遥感水质监测数据融合、水质监测数据与影响因子数据融合三类典型关系，基于加权平均法、卡尔曼滤波、D-S 证据理论、粗糙集理论、人工神经网络等多源数据融合方法构建数据集，为水资源质量动态评价提供数据支撑。

4.3 基于遥感光学参量的湖库营养状态动态评价技术

基于遥感光学参量的湖库营养状态动态评价是完善动态评价内容的有效手段。对于湖库营养状态这一评价对象而言，可获取的叶绿素 a、透明度等人工监测项目数据较少，制约了湖库营养状态动态评价的开展。遥感技术以其覆盖面广、时效性强、信息量大以及不受地理环境影响等优势，正逐步成为大范围、实时性水质监测的主要技术手段[12]。遥感监测主要基于遥感波段数据和地面实测数据之间的相关性，建立水质参数的定量反演模型。然而，这类水质参数反演模型往往只适用于采样湖库或者特定的少数湖库，欠缺推广到无资料湖库的能力。

以水色指数（Forel-Ule Index，FUI）为代表的基于水体光学参量的遥感反演技术克服了传统水质参数反演模型的时空局限性，对于区域乃至全球范围内长时间尺度水质反演具有较大潜力和优势。探索能够表征水体营养状态共性的遥感光学参量，建立起基于遥感光学参量定量化评价水体营养状态的模型，有助于突破大尺度湖库月度营养状态动态评价技术需求[13]。

4.4 基于数据驱动的水资源质量动态预测预警技术

基于数据驱动的水资源质量动态预测预警是实现动态评价目标的关键所在。水质模型是描述污染物在水体中随时间和空间迁移转化规律及影响因素相互关系的数学方程，是水资源质量预测的重要工具[14]。水质模型根据建模原理可分为机理模型和数据驱动模型两类。机理模型是在对水体中各组分的物理、化学、生物过程机理理解的基础上基于质量守恒、能量守恒等定律建立的模型；数据驱动模型则是基于经验、数理统计或机器学习等方法所建立起的系统输入、输出变量之间的映射关系。与机理模型相比，数据驱动模型在建模成本、计算效率等方面具有一定优势，可充分利用大数据，弥补了机理模型在数据处理方面的局限性，适用于空间尺度较大的水资源质量预测。

根据水资源质量季节性变化规律选取合适的模型，对于季节性变化特征显著的，采用自回归等描述时间序列特征的单因子算法构建水质预测模型；对于季节性变化特征不显著的，进一步识别水质驱动因子，基于多元线性回归、径向基函数神经网络、广义回归神经网络、支持向量机回归等多因子算法构建预测模型。采用模型参数动态调整等方法，实现水质动态预测预警结果滚动修正。

综上所述，地表水资源质量动态评价技术框架如图2所示。

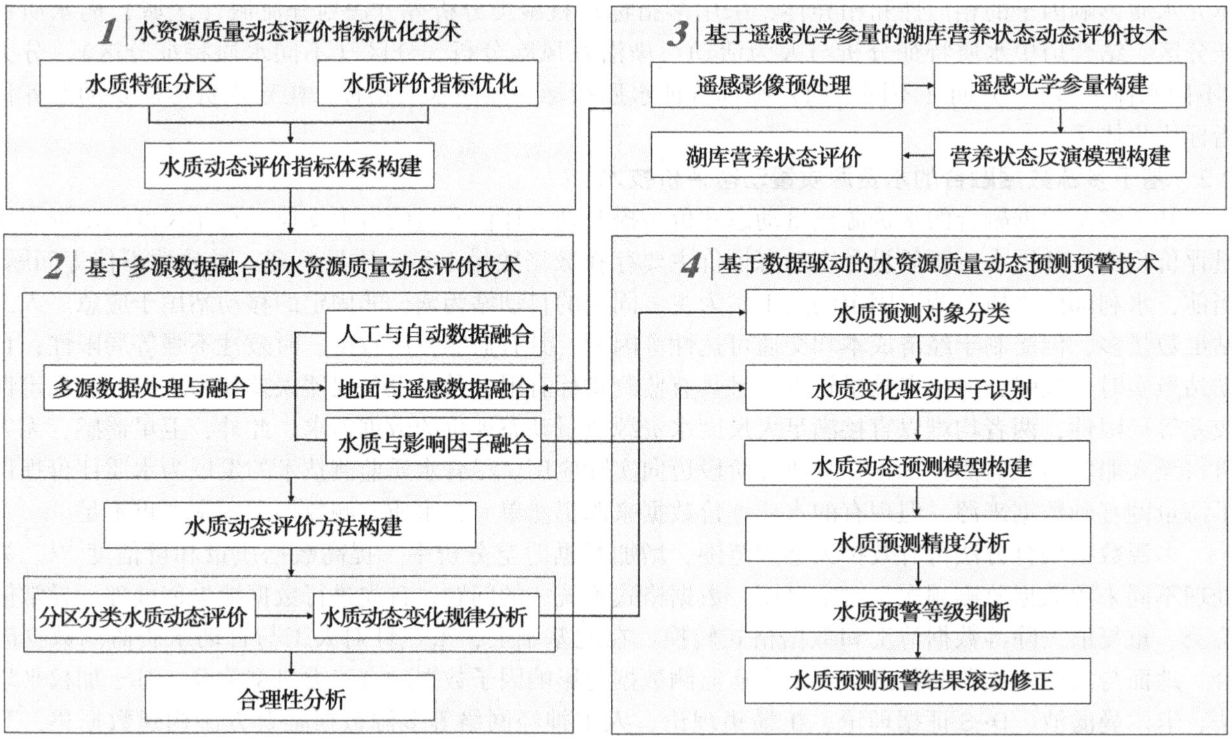

图2 地表水资源质量动态评价技术框架

5 应用举例

以黄河流域地表水资源质量动态评价为例，验证本研究所提出的技术方法可行性。以下为水资源质量动态评价指标优化技术应用。

采用多指标加权聚类分析法划分黄河流域水质特征分区，如图3所示，分为4个水质特征分区。根据2010—2019年《黄河水资源公报》水质调查评价数据，统计黄河流域各监测断面各水质项目超标次数占比，选取各水质特征分区中累积超标占比贡献率达到90%以上的水质项目作为分区特征水质指标。黄河流域水质特征分区水质评价指标优化结果见表1。

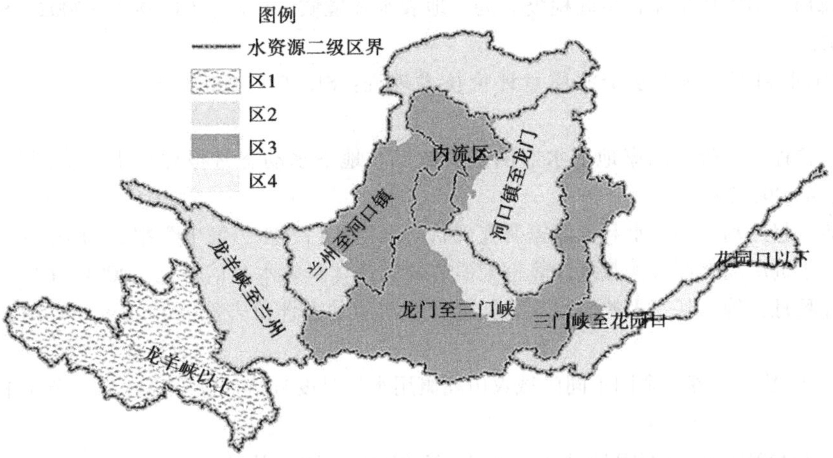

图3　黄河流域水质特征分区

表1　黄河流域水质特征分区水质评价指标优化结果

分区	特征水质指标					
	指标1	指标2	指标3	指标4	指标5	指标6
区1	五日生化需氧量	—	—	—	—	—
区2	氨氮	总磷	化学需氧量	五日生化需氧量	氟化物	高锰酸盐指数
区3	氨氮	氟化物	化学需氧量	总磷	汞	五日生化需氧量
区4	五日生化需氧量	化学需氧量	总磷	铁	锰	氨氮

基于收集到的2020年黄河流域296个河流断面水质监测数据，分别选取丰水期（6月）、枯水期（12月）对比全指标水质评价与优化指标水质评价结果。2020年6月，全指标评价Ⅰ～Ⅲ类断面个数占比为83.5%，劣Ⅴ类断面个数占比为9.2%；优化指标评价Ⅰ～Ⅲ类断面个数占比为82.8%，劣Ⅴ类断面个数占比为8.1%。2020年12月，全指标评价Ⅰ～Ⅲ类断面个数占比为83.9%，劣Ⅴ类断面个数占比为7.3%；优化指标评价Ⅰ～Ⅲ类断面个数占比为85.4%，劣Ⅴ类断面个数占比为6.5%。各水质类别评价结果误差均在2%以内，表明所构建的水资源质量动态评价指标体系能够较好地反映流域水质状况。

6　结语

面向水资源精细化、动态化管理实践需求，本研究提出了地表水资源质量动态评价的概念和特点，制定了地表水资源质量动态评价流程，建立了地表水资源质量动态评价技术框架，并就其中涉及的各项关键技术思路与方法进行了论述。本研究旨在提高地表水资源质量动态评价的科学性和时效性，为编制全国尺度及流域（区域）尺度地表水资源质量动态月报提供参考。

参考文献

[1] 富天乙，邹志红，王晓静．基于多元统计和水质标识指数的辽阳太子河水质评价研究［J］．环境科学学报，2014，34（2）：473-480.

[2] 黄志洪，武鹏林．基于BP神经网络模型的水质评价方法探讨［J］．太原理工大学学报，2005（2）：174-176，189.

[3] 叶健，叶寿征，董秀颖，等．关于水资源量与质相结合评价若干问题的探讨［J］．水文，2003（1）：45-49.

[4] 国家环境保护总局，国家质量监督检验检疫总局．地表水环境质量标准：GB 3838—2002［S］．北京：中国环境出版集团，2002.
[5] 中华人民共和国水利部．地表水资源质量评价技术规程：SL 395—2007［S］．北京：中国水利水电出版社，2007.
[6] 杨桂莲，宋凡，鲁程鹏，等．国家地下水监测工程数据在地下水动态月报评价中的应用效果浅析［J］．水文，2019，39（5）：45-49，24.
[7] 蒋云钟，冶运涛，赵红莉，等．水利大数据研究现状与展望［J］．水力发电学报，2020，39（10）：1-32.
[8] 张潮，詹全忠．水资源动态评价大数据计算框架研究与实践［J］．水利信息化，2021（6）：29-33.
[9] 司源，董飞，廉秋月，等．基于多源监测与数据融合的水质动态评价方法［J］．人民黄河，2021，43（2）：88-94.
[10] 沈莹莹，崔静，陈梦婷，等．全国不同区域农田灌溉用水量月度分析计算方法［J］．节水灌溉，2022（6）：96-99，106.
[11] KHALEGHI B，KHAMIS A，KARRAY F O，et al. Multisensor Data Fusion：a Review of the State-of-the-Art［J］. Information Fusion，2013，14：28-44.
[12] 周岩，董金玮．陆表水体遥感监测研究进展［J］．地球信息科学学报，2019，21（11）：1768-1778.
[13] LIU Y，WU H，WANG S，et al. Evaluation of trophic state for inland waters through combining Forel-Ule Index and inherent optical properties［J］. Science of the Total Environment，2022，820：153316.
[14] 李一平，施媛媛，姜龙，等．地表水环境数学模型研究进展［J］．水资源保护，2019，35（4）：1-8.

城市环境下瞬变电磁法溶洞探测应用研究

付启承[1,2,3]　余信江[1,2,3]　段文雄[1,2,3]　李凌志[1,2,3]

（1. 长江科学院 工程安全与灾害防治研究所，湖北武汉　430010；
2. 水利部水工程安全与病害防治工程技术研究中心，湖北武汉　430010；
3. 国家大坝安全工程技术研究中心，湖北武汉　430010）

摘　要：潜在城市地下空间病害体给城市建筑带来较大的安全隐患，在灰岩发育地区，地下溶洞是导致路面塌陷的主要原因之一，施工建设前有必要对溶洞进行探测并进行相应的处理。本次勘探目标为填充型溶洞，工区位于市中心，地表存在建筑垃圾，地形狭窄，不适合布置长测线进行勘探，经过综合考虑，采用瞬变电磁法进行溶洞探测，经数据处理后得到视电阻率断面图，划出多处低阻填充性溶洞，经过钻探验证，取得了较好的效果，验证了瞬变电磁法在城市物探中的有效性。

关键词：溶洞探测；瞬变电磁法；城市物探

1　引言

随着城市规模的快速扩张，建筑物的密集分布可能导致地基承载力上升从而使地基不稳，造成路面塌陷等问题，给人民的生命财产安全带来一定的威胁。在灰岩分布地区，溶洞发育广泛，是地下空间病害的重点探查部分。溶洞可能在隧道施工期间引起地表塌陷、充填物涌出、洞内坍塌等问题，造成重大财产损失和人员伤亡[1]。在建筑施工过程中，溶洞导致覆盖岩溶临空面的产生，此时建筑的基端部可能存在于陡峭的岩壁上，在桩基载荷的情况下，溶洞将发生较大的位移从而使桩基失稳，发生建筑物坍塌事故[2]。因此，在溶洞广泛分布区域进行工程建设，有必要对溶洞位置进行勘查，进而根据具体情况对目标溶洞进行灌注、强夯等处理，保证桩基的稳定性。

目前较成熟的溶洞勘探方法有高密度电阻率法、探地雷达法、地震勘探法等。于清水等[3] 利用15 MHz的雷达天线对广西柳州地区进行了探地雷达勘探，发现顶端埋深约5 m的溶洞。蔡晶晶等[4]使用高密度电法中的温纳装置揭示出南京地铁3号线隧道的4处小型充填溶洞，表现为低阻特征。陆金波[5] 使用高密度地震技术探测出埋深25～30 m的灰岩溶洞，溶洞在地震剖面上表现出同向轴杂乱、不连续的特征，分辨率高，效果良好。瞬变电磁法对低阻体敏感，收发装置无须与地面耦合，多应用于富水体超前地质预报中[6]，在充水溶洞勘探中亦有较好的效果[7]。本次物探工区为市中心，勘探地区狭小，地面有较多建筑废料，高密度电法电极无法耦合且无法进行长测线勘探；建筑废料可能对探地雷达勘探造成多次波干扰，且探地雷达的勘探深度较小，深部分辨率不足；地震检波器在混凝土地面难以做到耦合，且震源会对城市环境造成影响。综合考虑，选择中心回线瞬变电磁法进行溶洞勘探工作。

2　工区地质情况简介

安徽省铜陵市是平原（丘陵）地区和皖南山区的交接部位，有大量的灰岩分布，且雨量充沛，大多数建筑物下有溶洞，溶洞类型多为充水型溶洞，在此地进行建筑工程有必要对溶洞进行勘探和处

作者简介：付启承（2000—），男，助理工程师，硕士研究生，从事水利水电工程物探检测理论研究及工程应用工作。

理。本次瞬变电磁法勘探的工区位于铜陵市中心地带，为老旧建筑物拆除后的废墟。如图 1 所示，勘探区域由于停车场的分割，相对狭窄，且地表存在较多建筑垃圾，周边设有电线，并被两城市道路环绕，车流较多，城市干扰严重。

图 1　工区现场

如图 2 所示，该地区主要岩层为第四系土层，浅层以黏土为主，深层以灰岩为主，地下 30 m 左右存在填充型溶洞。

3　勘探方法介绍

3.1　瞬变电磁法简介

瞬变电磁法（TEM）是一种时间域的电磁探测方法。如图 3 所示，介质在一次电流脉冲场激励下会产生涡流，在脉冲间断期间涡流不会立即消失，而是在其周围空间形成随时间衰减的二次磁场，且不断扩散。二次磁场随时间衰减的规律主要取决于异常体的导电性、体积规模和埋深，以及发射电流的形态和频率。目前，该方法已成为浅地表工程地球物理调查的重要方法之一，被广泛应用于工程、水文地质调查，环境调查等诸多领域。

3.2　参数选择与测线布置

本次使用的瞬变电磁回线排列方式为如图 4 所示的重叠回线方式，采集系统为 WTEM-3Q 瞬变电磁系统，该系统使用内置电池放电，装置轻便，利于移动跑点，采集效率高。

在勘探前，于工区一处无电磁场干扰处测试频率，输出电压等参数，最终确定回线边长为 5 m，频率为 16 Hz，观测时间为 $10 \sim 10^4$ μs，探测电流维持在 9 A 左右，根据瞬变电磁法中心回线探测极限深度计算公式[8]：

$$H = 0.55\left(\frac{L^2 I \rho_1}{\eta}\right)^{1/5} \tag{1}$$

地层编号	地层名称	年代成因	高程/m	深度/m	厚度/m	柱状图图例 1:250	地层描述
1	杂填土	Q_4^{ml}	28.70	1.30	1.30		红褐色，稍湿，主要由黏性土及砂组成，夹建筑土砖及混凝土
2	粉质黏土	Q_4^{al+pl}	18.00	12.00	10.70		棕红色，稍湿，硬塑，干强度中等，中等韧性，摇震反应无。成分以黏粉粒为主,刀切面较光滑，局部含有高岭土团块及铁锰质结核，含有少量砾石，含量<5%,深度越深含量及砾径越大
3	碎石土	Q_4^{al+pl}	0	30.0	18.0		黄褐色，稍湿，密实，碎石成分主要为灰岩，呈次棱角状-次圆状，碎石块径2~6 cm含量约占15%，大于6 cm约占50%，最大8 cm，余为黏性土及砂充填,14.00~15.00 m局部夹有粉质黏土，整体岩芯采取率较低，深度越深碎石块径及含量越大
4	灰岩	T_{1n}	-0.90	30.9	0.90		灰色，弱风化，隐晶质结构，中厚层状构造，成分以方解石为主，节理裂隙发育，岩芯呈块状，块径1~5 cm，岩质较硬，锤击声脆，反弹，岩芯表面可见溶蚀现象
5	溶洞		-5.80	35.80	4.90		溶洞，全充填，充填物为粉质黏土，钻进过程有漏水现象
4	灰岩	T_{1n}	-14.60	44.60	8.80		灰色，弱风化，隐晶质结构，中厚层状构造，成分以方解石为主，节理裂隙发育，岩芯呈柱状及块状，节长10~30 cm，块径2~7 cm，岩质较硬，锤击声脆，反弹，岩芯表面可见溶蚀现象，RQD=39%

图 2　钻孔资料

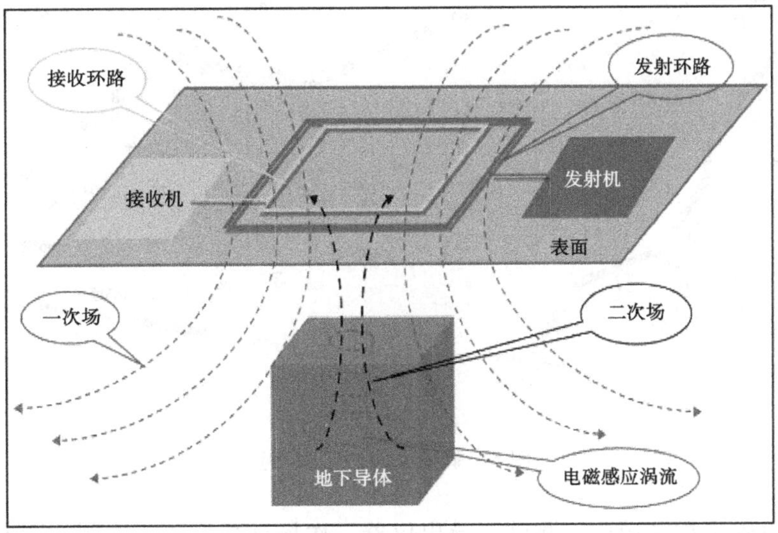

图 3　瞬变电磁法原理

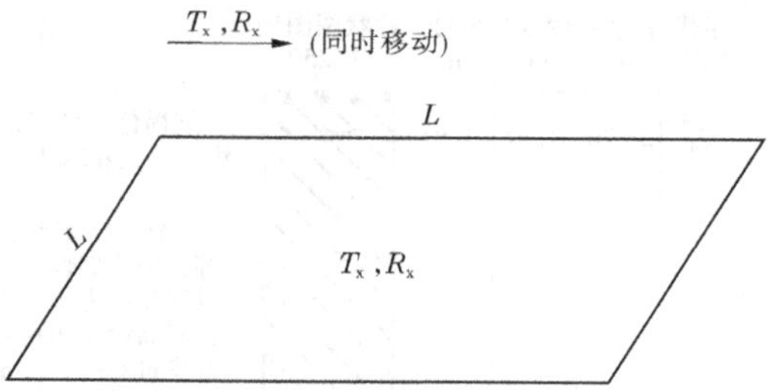

图 4　重叠回线示意图

式中：I 为发送电流；L 为发送回线边长；ρ_1 为上覆电阻率；η 为最小可分辨电平，一般为 0.2～0.5 nV/m^2。

计算出极限深度大致为 60 m，符合勘探条件。

在瞬变电磁法勘探中，需考虑勘探“盲区”，“盲区”深度有以下估算公式：

$$h = \sqrt{\rho t_{min}} \tag{2}$$

其中：h 为“盲区”深度，m；ρ 为地层电阻率，Ω·m；t_{min} 为关断时间，μs。

在本次勘探中，关断时间为 0.6 μs，假定第四系土层平均电阻率为 100 Ω·m，可以算得盲区深度约为 8 m，大于 8 m 深度的视电阻率数据相对可靠。

现场共布设测线 12 条，一共 193 个测点，根据现场情况，测线布置情况如图 5 所示。

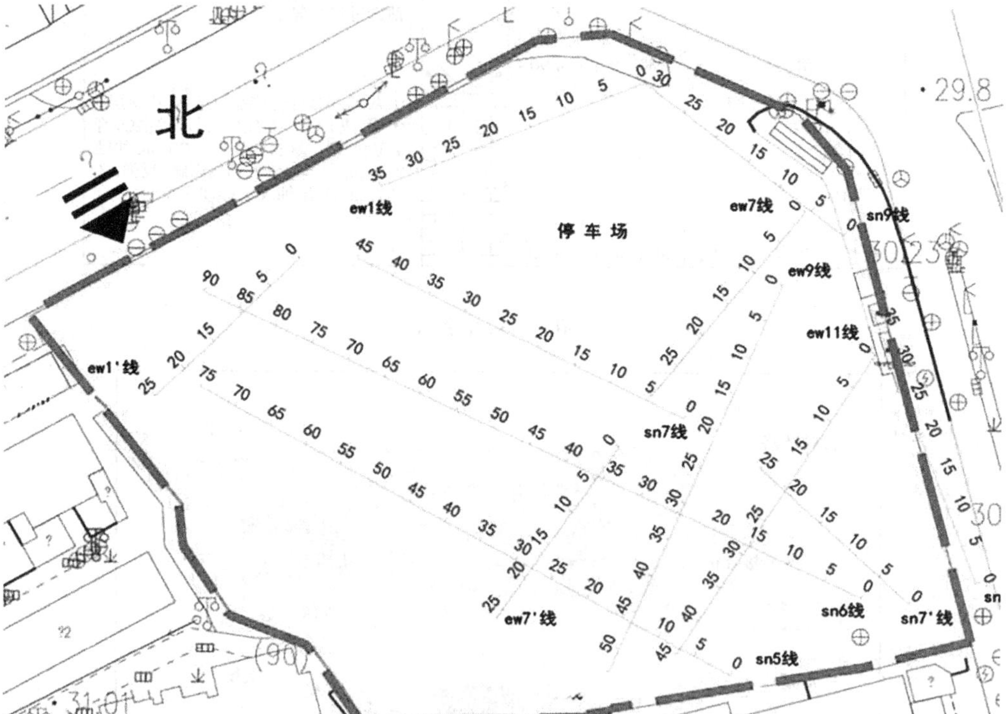

图 5　瞬变电磁法测线布置

勘探前，在无电磁干扰区域进行测试，导出仪器二次场衰减数据，绘制如图 6 所示的正常衰减曲线和典型异常曲线。

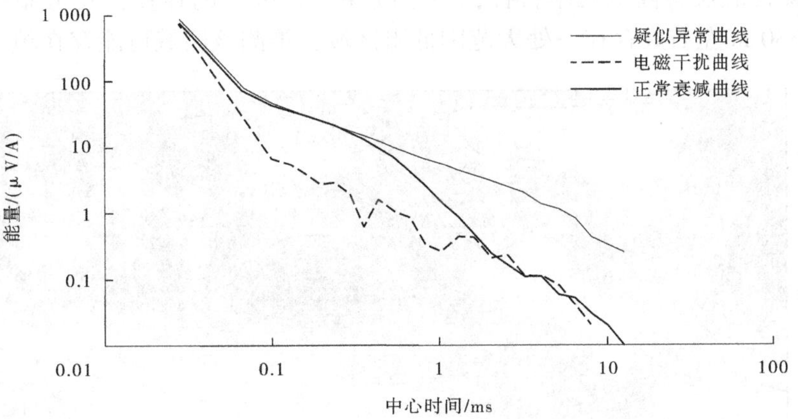

图 6　不同情况下的二次场能量衰减图

正常平滑衰减曲线和电磁干扰下的衰减曲线形态波折，疑似低阻异常的衰减曲线尾端相比于正常衰减曲线有一定的抬升，衰减速度变缓，下方可能存在良导体。曲线形态有助于物探工作者及时调整测量参数，注意附近干扰源，提高勘探准确度。在数据采集过程中，仪器输出如图 7 所示的二次场衰减曲线。

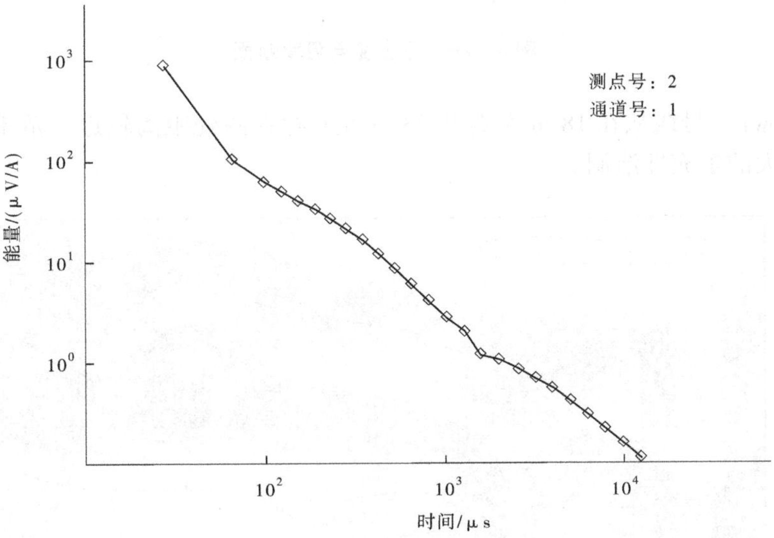

图 7　仪器面板曲线形态

4　数据处理与解释

4.1　数据处理流程

数据采集完成后，对其进行整理和预处理，检查数据质量，计算视电阻率视深度数据并导出，利用 surfer 软件画出各测线的视电阻率等值线断面图。

4.2　视电阻率断面分析

根据后期钻孔验证位置，本文以 ew1 号线、ew1’号线、ew9 号线、sn6 号线、sn7’号线为例，分析其视电阻率剖面特征。

由图 8 可知，测区表层为高电阻率特征，由于勘探“盲区”的存在，其可靠性有限。在 ew1 号线 20 m、视深度在 30 m 左右处存在一处大范围低阻区域，推测该区域可能存在填充型溶洞。

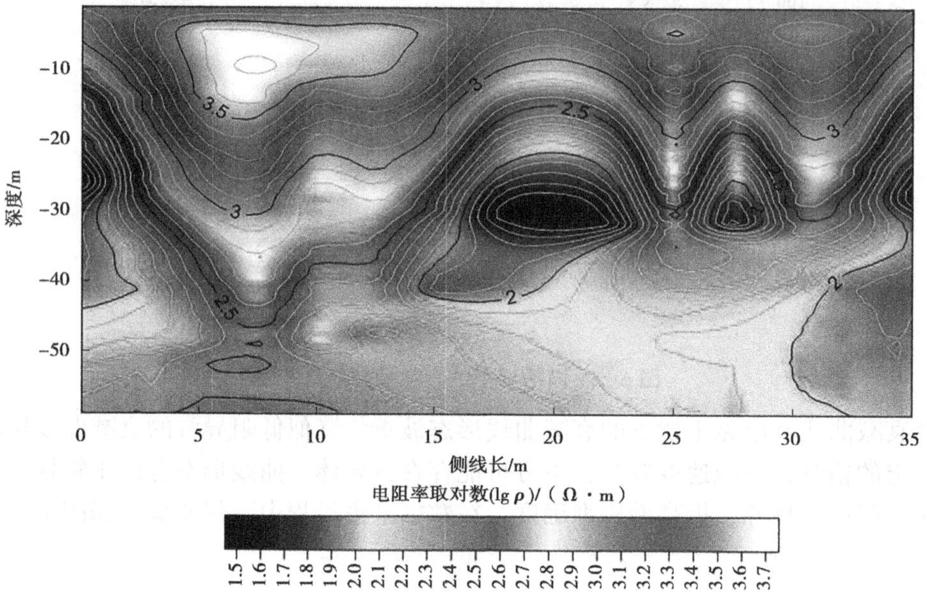

图 8　ew1 号线视电阻率断面

由图 9 可知，ew1’号线从在 18 m 左右和 23 m 左右存在两处距离较近、范围较小的低电阻率区域，推测为一处较大的填充性溶洞。

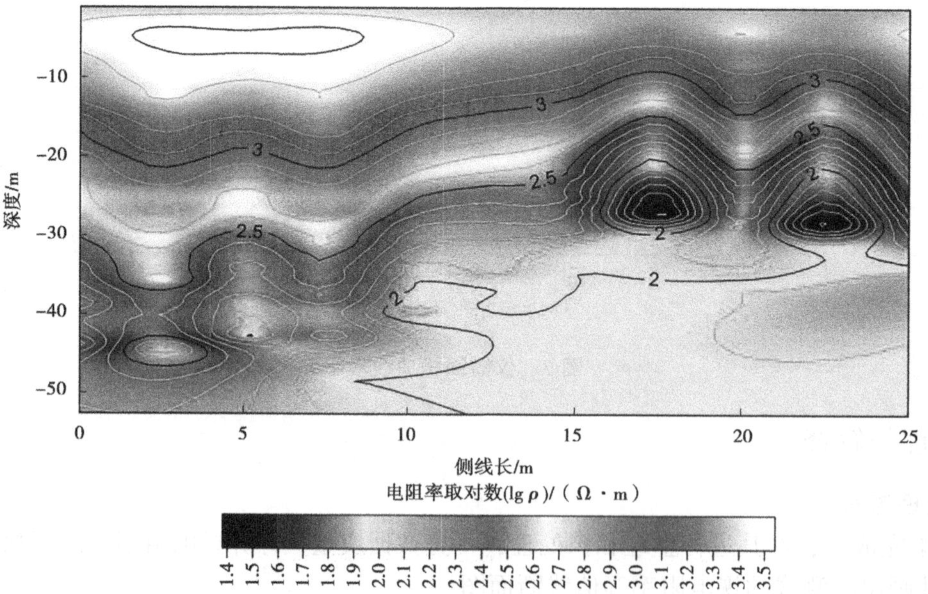

图 9　ew1’号线视电阻率断面

由图 10 可知，ew9 线 20 m 处存在低电阻率区域，可能为溶洞异常。对于测线首尾两端的低电阻率异常，经现场踏勘，在测线两端发现金属井盖，可能造成视电阻率的抬升，推测该区域为虚假异常。

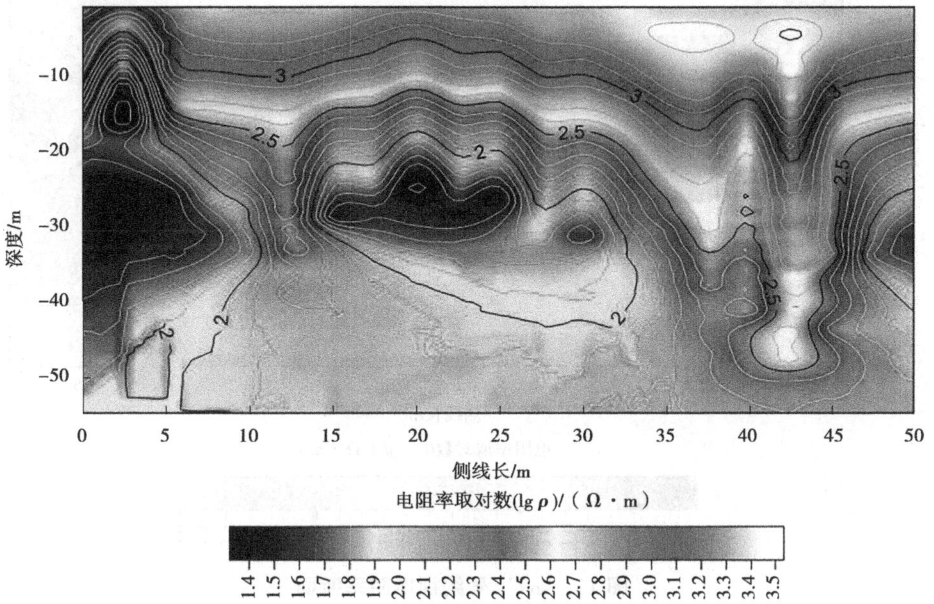

图 10　ew9 号线视电阻率断面

由图 11 可知，在 sn6 号线 60 m 处存在大范围低电阻率区域，可能为溶洞。

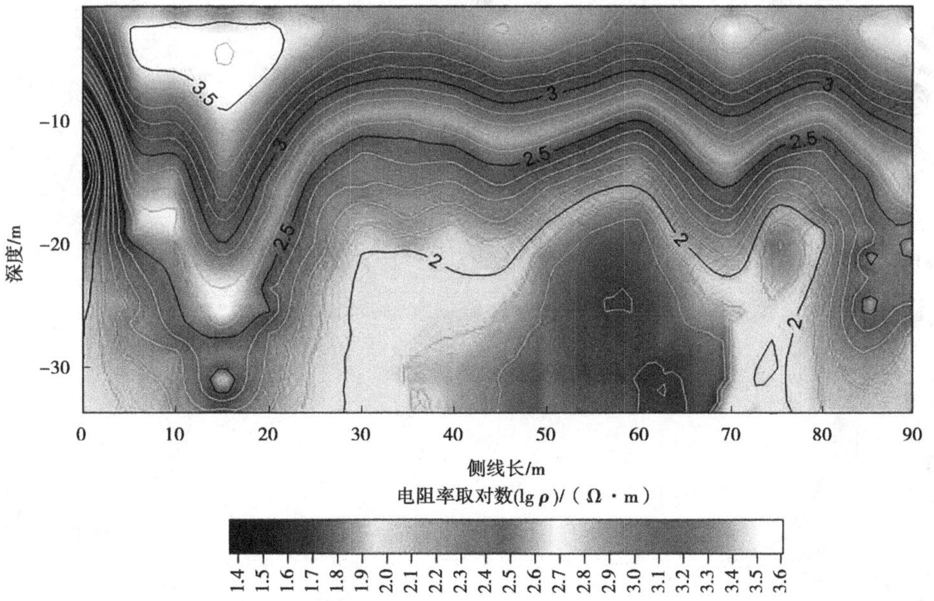

图 11　sn6 号线视电阻率断面

由视电阻率剖面图可知，sn7’号线首端存在不明显的低电阻率区域，推测为溶洞异常，其中心位置位于测线首端延长线上。sn7’号线末端有一处低电阻率区域，深度在 18 m 左右，推测为溶洞异常，与 ew9 号线的 20 m 处的低电阻率区域相对应。

4.3　结果验证

如图 13 所示，经过甲方选点，最终在以下位置进行了钻孔验证。

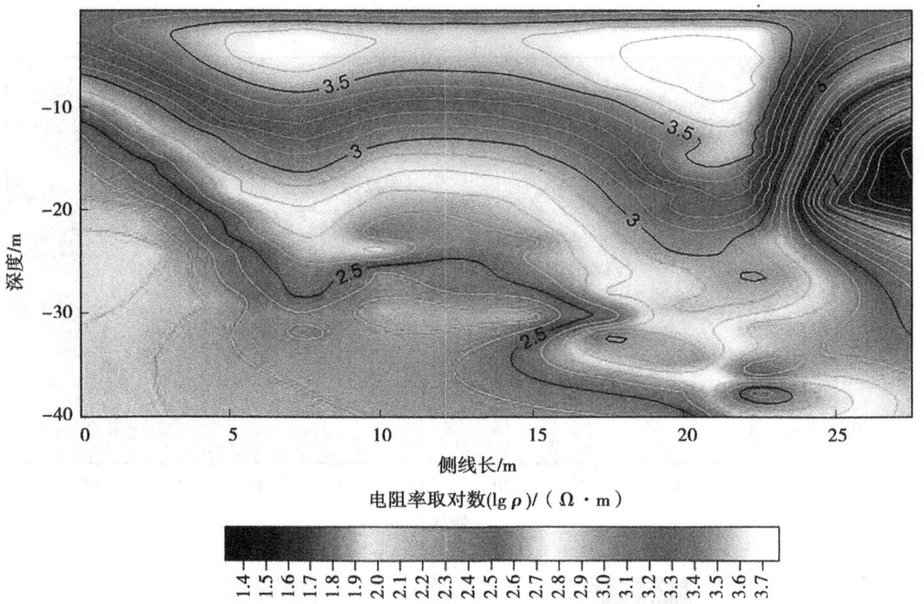

图 12　sn7’ 号线视电阻率断面

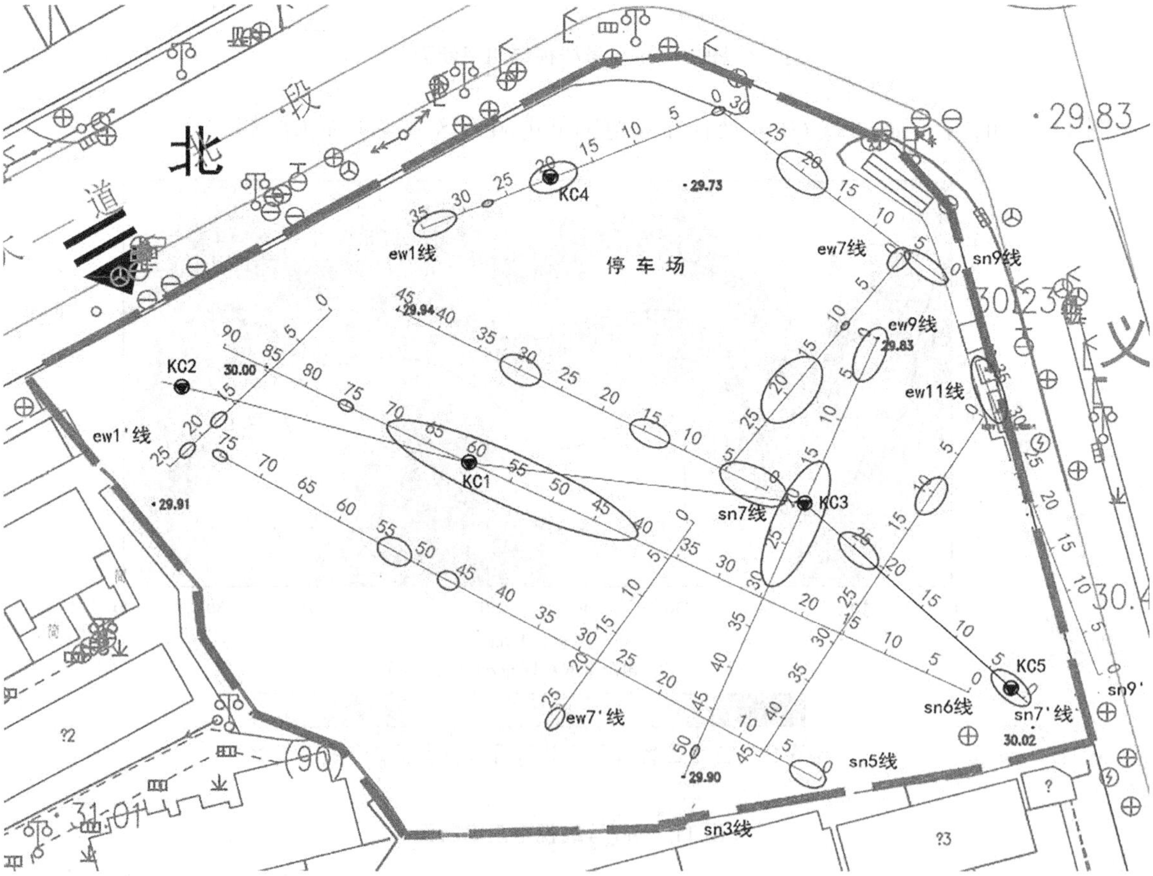

图 13　异常范围以及钻孔位置示意

如图 13 所示，圈标示部分为低阻异常范围，KC1~KC5 为钻孔，其中 KC1、KC2、KC4 的溶洞深度与上一节分析的结果相吻合，均为 30 m 左右，KC5 在深度 30 m 左右发现了低阻溶洞异常，而视电阻率低阻区域在深度 20 m 处，比钻孔验证深度浅，经现场查验，在 sn7’ 号线首端延伸 1 m 处发现金属井盖，导致二次场衰减速度降低。在 KC3 处没有发现溶洞异常，经过现场查验，在 sn7、sn7’、 ew9 号线的交界处存在监控装置，呈现出来的低阻区域可能是监控装置底部的金属地基或视频线导致的假异常。

5 结论

（1）物探方法具有多解性，地表或者浅部的金属材料会对瞬变电磁法探测产生一定的影响，如产生虚假异常以及使得异常深度整体变小，在实际勘探中应在现场标记出这些影响因素，以便于后期的处理和解释。

（2）瞬变电磁法在非接触式城市工程勘探中的效果显著，能够在复杂的工区条件下，无损探测到几十甚至上百米的电阻率异常，具有良好的应用前景。

（3）在瞬变电磁法工程作业时，找到一处稳定无干扰的位置，观察二次场衰减信号，调节各项参数，得到较好的二次场衰减曲线，并与后续勘查曲线进行对比，及时排查地表影响因素，有助于提升勘探的效率和质量。

参考文献

[1] 万飞，王波，付重滔，等．垂直循环带溶洞对隧道施工危害性评价体系研究［J］．公路工程，2022，47（1）：48-54.

[2] 薛立建．公路桥梁桩基工程溶洞处理研究［D］．天津：河北工业大学，2014.

[3] 于清水，徐聪，齐迪，等．高密度电法与探地雷达在地下溶洞探测中的联合应用：以广西柳州地区为例［J］．世界地质，2017，36（3）：964-969.

[4] 蔡晶晶，阎长虹，王宁，等．高密度电法在地铁岩溶勘察中的应用［J］．工程地质学报，2011，19（6）：935-940.

[5] 陆金波．基于高密度地震技术的武汉某区溶洞探测研究［J］．城市地质，2021，16（4）：474-478.

[6] 程久龙，李飞，彭苏萍，等．矿井巷道地球物理方法超前探测研究进展与展望［J］．煤炭学报，2014，39（8）：1742-1750.

[7] 王银，席振铢，蒋欢，等．等值反磁通瞬变电磁法在探测岩溶病害中的应用［J］．物探与化探，2017，41（2）：360-363.

[8] 牛之琏．时间域电磁法原理［M］．长沙：中南大学出版社，2007.

骨料界面特性研究及其在工程混凝土质量控制中的应用

董　芸[1,2]　周世华[1,2]　夏求林[1,2]　李沐洋[1]

（1. 长江水利委员会长江科学院，湖北武汉　430010；
2. 国家大坝安全工程技术研究中心，湖北武汉　430010）

摘　要：界面过渡区的性质对混凝土的力学性能和耐久性能有重要的影响，以往研究一般把研究重点放在水泥、硅粉、粉煤灰等胶凝材料对界面形成发展的影响方面，较少关注骨料特性对界面结构以及性能的影响。本文重点介绍了界面区水化产物微观形貌和组成、孔结构特征、弹性模量、显微硬度等骨料界面特性的研究方法，结合具体工程，分析了锈染骨料对界面特性进而对混凝土宏观性能的影响，为工程混凝土的质量控制提供理论依据和技术支撑。

关键词：骨料；界面特性；微结构；显微硬度；孔结构

1　前言

早在20世纪80年代，国际著名的水泥混凝土专家P. K. Mehta和S. Mindess就指出混凝土界面是混凝土中的薄弱面，会降低混凝土的强度，削弱耐久性[1-2]。国际土木工程协会RILEM曾成立了TC 159-ETC等3个技术委员会[3-4]，旨在揭示界面对水泥基材料工程特性的实际影响。

混凝土界面过渡区（Interfacial Transition Zone，ITZ）的性质除了受水泥用量、掺合料品种和掺量、水胶比、养护条件等因素的影响外，与骨料的特性密切相关。骨料占混凝土体积比为2/3甚至更高，骨料的表面特征、构造、矿物组成和尺寸是影响ITZ结构形成和随后混凝土损伤过程的重要参数。骨料-水泥基质的界面性能取决于3种不同的机制作用[[5-8]，分别是水泥水化产物与骨料表面粗糙度的机械咬合作用、水化产物在骨料表面的晶体取向性，以及水化水泥浆体和骨料之间因化学反应而产生的物理-化学黏结。

相对于其他工程混凝土，大坝等大体积水工混凝土骨料粒径大，最大骨料粒径达150 mm（普通混凝土为40 mm），骨料用量比例高，占混凝土材料总质量的90%左右（普通混凝土为75%~80%）；水资源配置长距离引调水工程，采用品种多样的人工或天然骨料，骨料品质差异大。因此，不同的骨料特性对水工混凝土性能的影响尤其显著和重要，密切关系到工程质量和耐久性，甚至起到决定性的作用。正如Mehta教授[9]所言："如果不像对待水泥那样来重视骨料，显然是不恰当的。"

众多工程实践表明，骨料的性质是影响水利水电工程质量和耐久性的关键因素之一，密切关系到工程的安全与服役寿命。因此，掌握骨料界面特性的研究方法，研究骨料特性对水工混凝土特性的影响机制，剖析骨料界面作用于混凝土宏观性能的内在机制，有利于为水工混凝土的质量控制和改进措施提供理论依据及技术支撑。

作者简介：董芸（1975—），女，正高级工程师，主要从事水工高性能混凝土材料设计与性能研究工作。

2 骨料界面特性研究方法

2.1 界面区水化产物微观形貌和组成分析

扫描电镜（SEM）和配套的 X 射线能谱仪（EDS）是研究骨料与水泥浆体界面过渡区的水化产物结构与微观形貌，并进行微区元素定性和定量分析的重要手段。通过 SEM 可以观测到不同类型 C-S-H 凝胶、钙矾石晶体和 $Ca(OH)_2$ 晶体的形成和分布，通过 EDS 可以分析元素聚集度和 Ca/Si 比沿过渡区的分布差异规律。通过对不同骨料界面过渡区微结构特征及其与内部浆体结构差异的研究，可以分析微观结构与材料宏观性能之间的关系。

根据工程实际，固定净浆配比和浆骨体积比，加入不同粒径骨料，成型试块，标准养护至观测龄期，选取中心部位试样用无水乙醇终止水化，在 60 ℃下干燥至恒重后，选取含有骨料-水泥浆体界面过渡区的新鲜且较平整断面，进行微观形貌观测，可以 10 μm 为间隔选取距骨料表面不同位置的界面区，进行元素聚集度和 Ca/Si 比分析。

2.2 界面区孔结构特征分析

各种尺寸的孔是硬化水泥浆体中的非固相微结构元，孔隙率、孔径分布、孔的形态等都是硬化水泥浆体的重要结构特征。对于不同骨料与水泥浆体的界面孔结构的研究将有助于深入理解骨料对于水泥硬化浆体微观结构特征的影响。

通常采用压汞测孔方法（MIP）进行孔结构特征测试，根据压入混凝土中水银的数量与所加压力之间的函数关系，计算孔的直径和不同大小孔的体积，确定材料的孔径分布、孔隙率、比表面积等各项参数。

将骨料原岩切割成平板，放置在模具中，固定水泥净浆配比，浇注成型水泥浆体，养护到观测龄期，剥离骨料，选取骨料-浆体界面中心部位试样，用无水乙醇终止水化，在 60 ℃下干燥至恒重，切割成相同尺寸的样品，用环氧树脂涂覆样品除了界面的其余 5 个平面，进行压汞测试，汞在压力作用下从样品界面侧压入样品。

2.3 界面区力学性能分析

2.3.1 显微硬度分析

维氏硬度测定材料在变形过程中所表现出来的抗力，一般运用维氏硬度来表征混凝土的显微硬度。维氏硬度用金刚石正四棱锥作为压头（见图 1）。选择一定的荷载，把压头压入试件表面并保持一定时间，然后卸去荷载，在试样表面压出一个正四棱锥压痕，测量压痕的两条对角线的长度取其平均值并计算出压痕面积 F，如式（1）所示：

$$F = \frac{d^2}{2\sin 68^\circ} \tag{1}$$

算出荷载与压痕面积的比值，这个比值就是维氏硬度，即显微硬度如式（2）所示：

$$HV = \frac{P}{F} = \frac{P \cdot 2\sin 68^\circ}{d^2} = \frac{1.854\,4P}{d^2} \tag{2}$$

式中：P 为荷载；d 为压痕直径；F 为压痕面积。

按照 2.1 制备含有骨料-水泥浆体界面过渡区样品，以 10 μm 为间隔选取距骨料表面不同位置的界面区，进行显微硬度测量，每次测量 5~10 个点，然后计算平均值。

2.3.2 纳米压痕分析

纳米压痕法是测定骨料、ITZ、浆体的显微弹性模量和显微硬度等力学性能的一种有效方法。纳米压痕试验的加载-卸载循环过程的载荷-位移（P-h）曲线和材料表面受压前后压痕示意图见图 2。

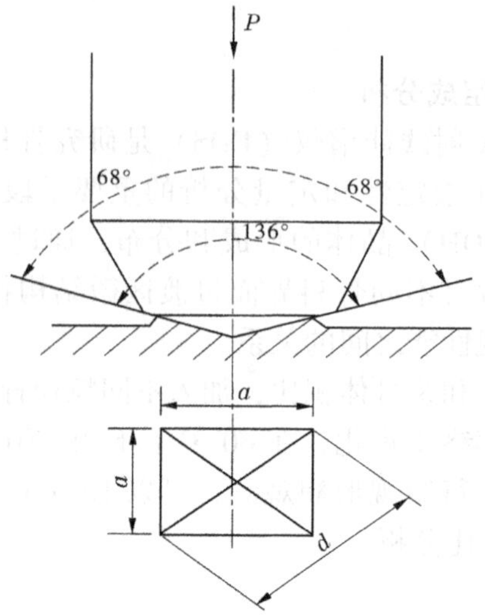

图 1　硬度仪的金刚石棱锥压头

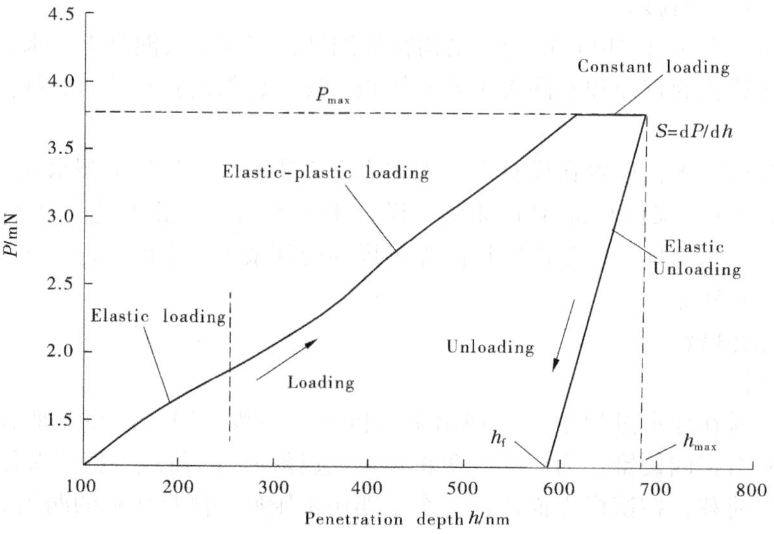

(a) $P-h$ 曲线

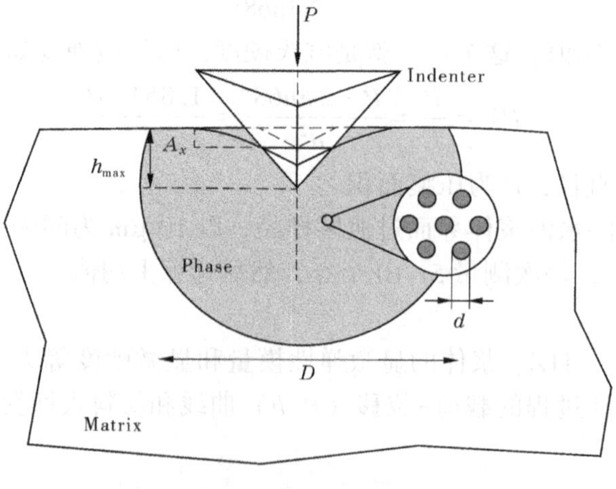

(b) 材料表面受压前后压痕示意图

图 2　$P-h$ 曲线和纳米压痕试验压头原理图

根据奥利弗-法尔原理，可以得到各试验点的压痕模量 M 和硬度 H，如式（3）、式（4）所示：

$$M = \frac{1}{2}\left(\frac{d_p}{d_h}\frac{\sqrt{\pi}}{A}\right)_{(h=h_{max})} \tag{3}$$

$$H = \left(\frac{p}{A}\right)_{(h-h_{max})} \tag{4}$$

式中：M 为弹性模量；d_p 为弹性接触韧度；d_h 为与压头几何形状相关的常数；A 为压痕接触面积；h_{max} 为最大位移；H 为硬度；P 为载荷。

3 锈染骨料对混凝土界面过渡区性能的影响研究

3.1 锈染骨料对混凝土性能的影响

某水利工程在施工过程中发现，相同条件下，混凝土裂缝突然有较大幅度增加，在对原材料的质量排查中发现，近期应用的骨料中含有较多锈染骨料，按《水工混凝土施工规范》（SL 677—2014）对锈染骨料进行的质量检测表明，其压碎指标、坚固性、表观密度、硫化物及硫酸盐含量等物理化学性能均与无锈染骨料相近。

对锈染骨料与未锈染骨料混凝土的力学耐久性能进行了对比试验，见表 1，试验结果表明，锈染骨料明显降低了混凝土的抗拉强度、极限拉伸值和抗冻性能，对混凝土抗压强度影响不大，且随着龄期增长，抗拉强度和极限拉伸值降低率增加。

表 1 锈染骨料对混凝土力学和耐久性能影响

编号	骨料	水胶比	抗压强度/MPa		劈拉强度/MPa		轴拉强度/MPa		极限拉伸值/（$\times10^{-6}$）		抗冻
			7 d	28 d	7 d	28 d	7 d	28 d	7 d	28 d	
D0	无锈染	0.41	31.2	46.2	2.00	2.54	2.55	2.86	104	126	F250
D1	锈染	0.41	30.7	45.8	1.85	2.23	2.41	2.69	95	110	F200

3.2 锈染骨料对界面过渡区特性的影响

3.2.1 SEM-EDS 分析结果

为分析锈染骨料对混凝土性能的影响机制，对锈染骨料界面特性进行了研究。采用 SEM-EDS 对锈染骨料和未锈染骨料与水泥浆体的界面过渡区进行了分析，见图 3 与图 4，图 4 中 X 轴为图 3 中红色箭头指定的路径距离，Y 轴为 Ca、Si 元素质量比。

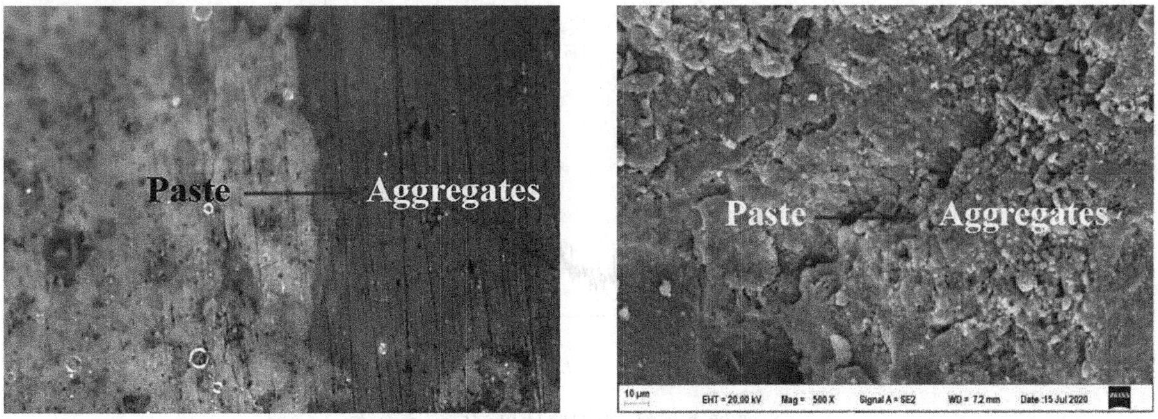

（a）无锈染骨料-水泥浆体界面

图 3 骨料-水泥浆体界面过渡区 SEM 图片

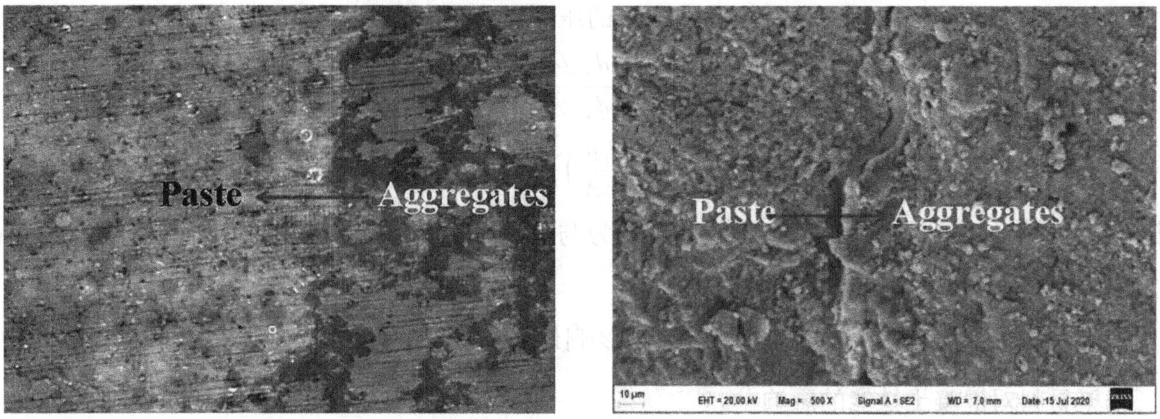

（b）锈染骨料-水泥浆体界面

续图 3

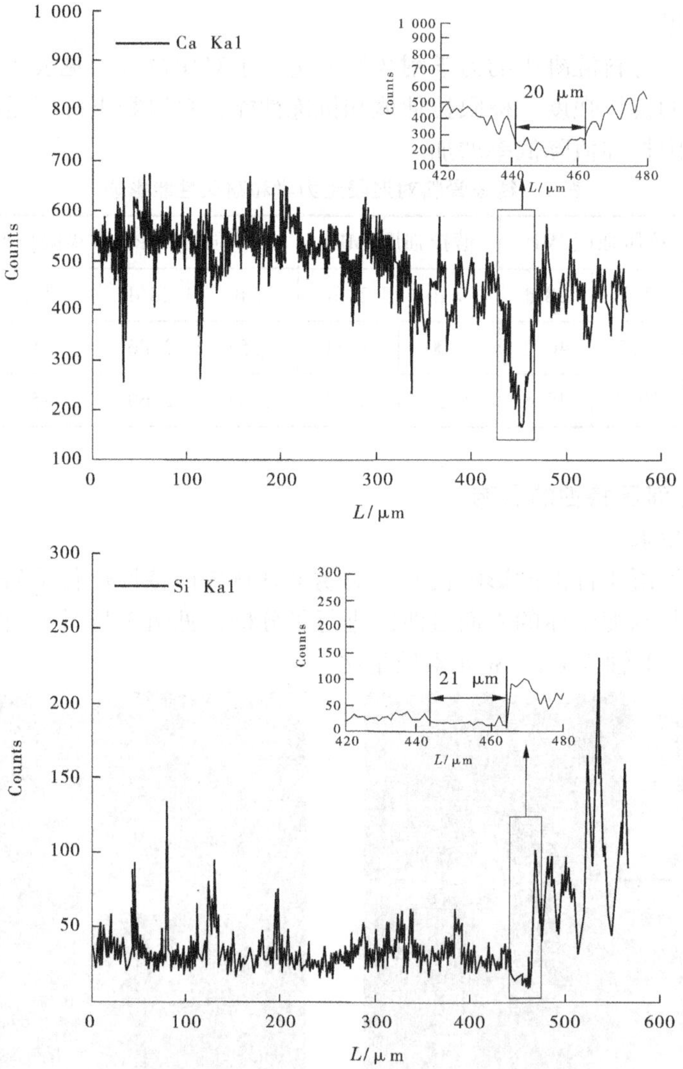

（a）无锈染骨料-水泥浆体界面区元素分布

图 4　骨料-水泥浆体界面过渡区 EDS 分析

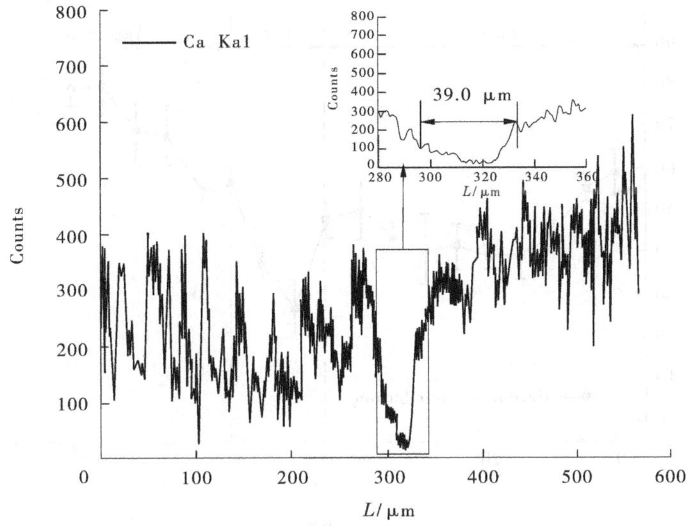

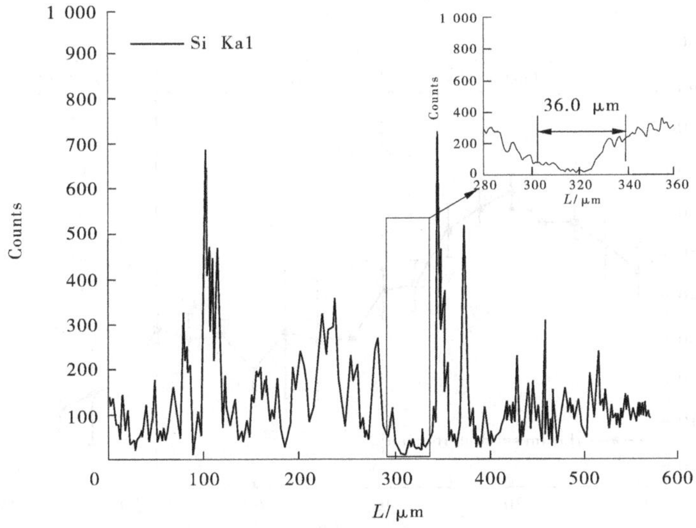

（b）锈染骨料-水泥浆体界面区元素分布

续图 4

从 SEM 图像可以明显看到骨料和水泥浆体界面，界面过渡区存在微裂缝，含锈染骨料的试样裂纹宽度略大。根据 Ca、Si 元素在界面过渡区域的线性分布变化，可以清楚地得到不同骨料-浆体界面过渡区域宽度，可以看到无锈染骨料-浆体界面过渡区宽度明显小于锈染骨料；无锈染骨料-浆体和锈染骨料-浆体的界面过渡区宽度分别为 20~22 μm 和 36~40 μm，后者比前者宽 16.0~18.0 μm。

3.2.2 纳米压痕分析结果

采用纳米压痕法测试不同骨料-水泥浆体试样的压痕模量和硬度，沿骨料-浆体方向压痕模量和硬度分布见图 5、图 6，纳米压痕试验统计数据见表 2。可以看到，无锈染骨料样品具有较高的压痕模量和硬度，以及较低的界面过渡区域厚度。其中，无锈染骨料样品在界面过渡区域上观察到的压痕模量（37.44 GPa）和硬度（2.07 GPa）分别比锈染骨料样品高 6.31 GPa 和 0.11 GPa。此外，锈染骨料的界面过渡区域约比无锈染骨料的界面过渡区域宽 20 μm。

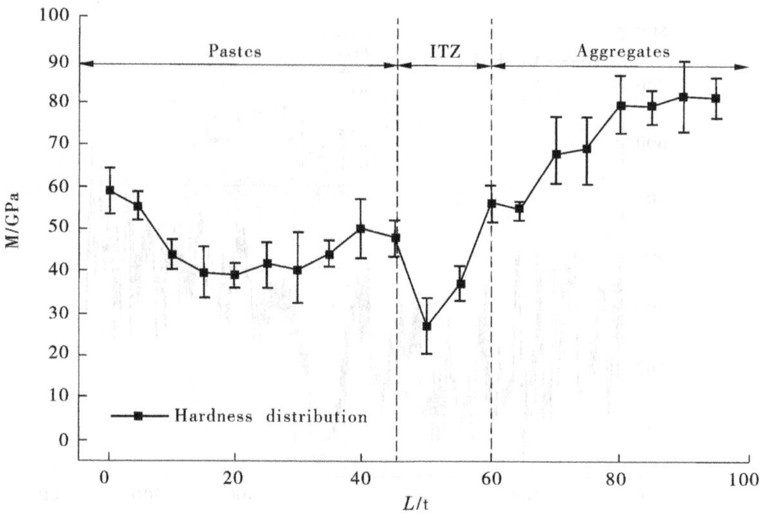

（a）无锈染骨料

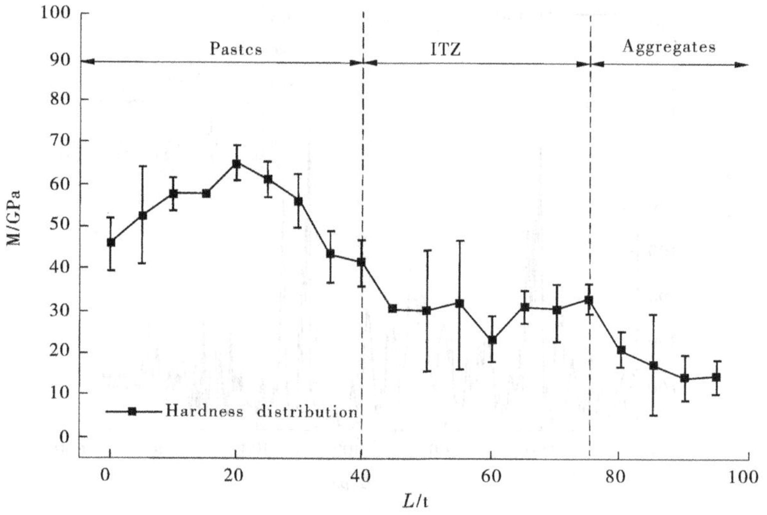

（b）锈染骨料

图 5　压痕模量分布

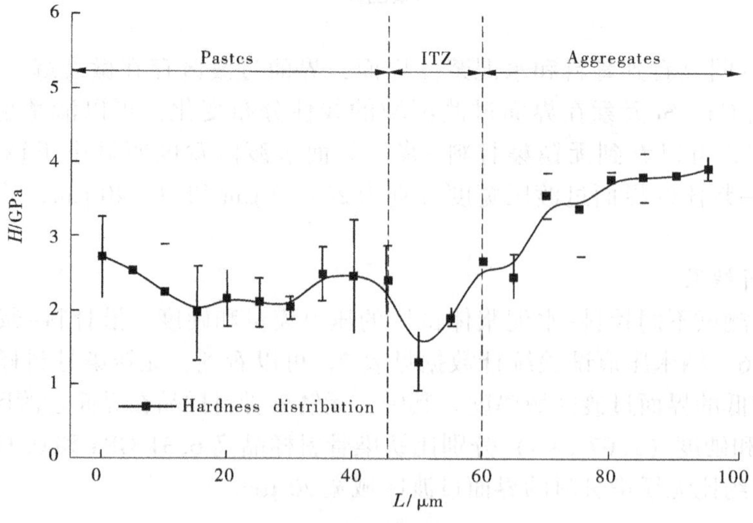

（a）无锈染骨料

图 6　硬度分布

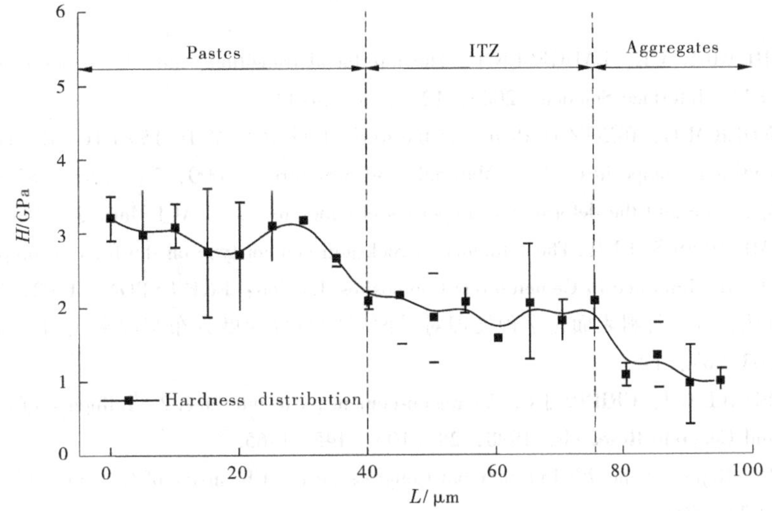

（b）锈染骨料

续图 6

表 2　纳米压痕试验统计数据

骨料类型	水泥浆体		界面过渡区域			骨料	
	压痕模量/GPa	硬度/GPa	压痕模量/GPa	硬度/GPa	厚度/μm	压痕模量/GPa	硬度/GPa
无锈染骨料	45.88	2.30	37.44	2.07	15	71.22	3.52
锈染骨料	54.87	2.96	31.13	1.96	35	16.55	1.09

3.3　试验结果分析

由锈染骨料-水泥浆体与无锈染骨料-浆体界面特性的对比分析可以看到，锈染骨料增加了骨料-水泥浆体的界面过渡区域宽度，增加比率 100%～120%，同时降低了界面过渡区域的弹性模量和硬度，降低比率分别为 17%和 5%。锈染骨料的表面矿物组成和特征是影响骨料-浆体界面结构和性能的主要因素，而界面黏结性能和致密程度是混凝土力学性能和耐久性的决定因素。因此，锈染骨料的使用直接影响混凝土细观损伤过程，降低混凝土的抗拉强度和耐久性能，并最终影响了工程混凝土的抗裂能力。

4　结论

（1）采用 SEM-EDS、MIP、纳米压痕等现代测试方法可以观测骨料-水泥浆体界面过渡区的水化产物结构与微观形貌，并对骨料-浆体界面过渡区的宽度和弹性模量、显微硬度等力学性能进行定性和定量分析，为骨料特性研究提供手段，更为重要的是可以为水工混凝土宏观性能的机制分析和质量控制提供理论依据。

（2）锈染骨料将增加骨料-水泥浆体的界面过渡区域宽度，降低界面过渡区域的弹性模量和硬度，进而降低骨料-浆体界面黏结性能，并最终降低混凝土的抗拉强度和抗裂耐久性能，工程应严格控制锈染骨料的使用。

参考文献

[1] MEHTA P K. Concrete Structure, properties and materials [M]. Prentice-Hall. 1st edition. 1986.

[2] STRUBLE L, SKALNY J, MINDESS S. A review of the cement-aggregate bond [J] . Cement and Concrete Research, 10 (2): 277-286.

[3] SCRIVENER K L, CRUMBIE A K, LAUGESEN P. The interfacial transition zone (ITZ) between the cement paste and aggregate in concrete [J] . Interface Science, 2004, 12 (3): 411-421.

[4] BENTUR A, ALEXANDER M G, BENTZ D. Review of the work of the RILEM TC 159-ETC: Engineering of the interfacial transition zone in cementitious composites [J] . Materials and Structures, 2000, 33 (226): 82-87.

[5] ALEXANDER M G. Aggregate and the deformation properties of concrete [J] . ACJ Mater J, 1996, 93 (6): 569-577.

[6] ALEXANDER M G, MINDESS S Q U L. The influence of rock and cement type on the fracture properties of the interfacial zone [C] //MASO J C ed. Interface in Cementitious Composites. London: E&FN SPON, 1992, 129-137.

[7] 杨久俊，董延玲，海然，等. 骨料表面化学预处理对界面区的组分梯度分布和混凝土力学性能的影响 [J] . 混凝土与水泥制品，2003 (6): 1-5.

[8] TASONG W A, LYNSDALE C J, CRIPPS J C. Aggregate-cement paste interface. 2: Influence of aggregate physical properties [J] . Cement and Concrete Research, 1998, 28 (10): 1453-1465.

[9] MEHTA P K, ROY M. Report of the 9th International Congress on the Chemistry of Cement [J]. Cement and Concrete Research, 1993, 23 (2): 504-505.

人工砂中游离云母特性及其对混凝土性能的影响研究

张建峰[1]　王瑞一嘉[1]　赵　恒[2]　刘东升[2]

(1. 长江水利委员会长江科学院 水利部水工程安全与病害防治工程技术研究中心，湖北武汉　430010；
2. 华电金沙江上游水电开发有限公司叶巴滩分公司)

摘　要： 针对西南地区部分水电工程人工砂中游离云母含量偏高的问题，本文以高云母含量人工砂为研究对象，结合云母本身特性及其分布特征，通过不同云母粒径对混凝土性能的影响研究，建议了云母控制指标。结果显示，云母中 Fe_2O_3 的含量达 22.98%，具有一定的磁性。人工砂中游离云母集中在 2.5~0.315 mm 粒径范围内，与岩相鉴定结果一致；粒度<0.16 mm 云母对混凝土 7 d 抗压强度影响较小，随着水化龄期增加，混凝土抗压强度随云母含量增加而降低，云母含量不宜超过 3%。相比水化龄期、云母含量，云母粒度对水化贡献率的变化更为明显。

关键词： TV4；人工砂；云母；粒度；抗压强度；水化贡献率

目前，我国大中型水电工程主要集中在西南地区，当地由于缺乏充足的天然砂资源，很多工程都采用机械破碎岩石的方式轧制人工砂。云母是常见的造岩矿物之一，层状结构，解理完全，在花岗岩、片麻岩中分布最广泛，天然云母常见于岩浆岩、变质岩以及沉积岩中。常见的云母族矿物有白云母、绢云母、金云母、黑云母等[1-3]，云母的层面特别发育，不易研磨成球粒状粉末，通常呈假六方或菱形的板状、片状、柱状晶形，云母的特性是耐高温、有光泽、绝缘，具有良好的隔热性、弹性和韧性，物理化学性能稳定，剥落后成透明的薄片状[4-6]，因此在混凝土骨料料源中经常碰到云母含量较高的母岩，其轧制的人工砂石中云母含量较高。如三峡工程用作混凝土粗骨料料源的基坑开挖料闪云斜长花岗岩，云母含量 10%~15%，其轧制的人工砂中游离云母含量为 7.0%~8.6%[7]。苗尾水电站丹坞堑料场为片麻岩骨料，石粉中测得云母含量高于 40%[8]。

叶巴滩水电站大坝工程 3#砂石系统的俄德西沟料场开采料源料场基岩岩性为华力西期花岗闪长岩、花岗岩，前期可研阶段测得的云母含量为 8%~15%。岩石破碎成品砂料中的云母含量为 3.36%，略高于质量标准 2%，当砂中云母含量超过一定限度时，混凝土拌合物和易性、混凝土强度、耐久性等均有显著降低。随着高云母含量石屑砂掺量的增加，混凝土的抗压强度、劈拉强度、轴拉强度、极限拉伸值等物理力学性能会有显著下降，抗渗性能、抗冻性能存在不同程度的降低。云母在混凝土振动成型过程中挡住了气泡排出的路径，使大量气泡在水平状态的薄云母片下面汇集成危害性较大的大气泡。特别是在冰冻状态时，气泡中水结冰膨胀，导致混凝土冻融循环耐久性急剧下降[9]。

目前，国内外研究主要侧重于人工砂中游离云母含量对砂浆和混凝土性能的影响研究，结合云母本身特性进行研究相对比较少。由于各工程的云母本身特性区别较大，因此需结合工程实际进行研究。本文主要研究了叶巴滩人工砂中游离云母的物理化学特性、粒度分布、含量及其对混凝土性能影响的大小，并分析其中的影响机制，为工程下一步的云母剔除工艺选择和混凝土配制提供支撑。

作者简介： 张建峰（1985—），男，高级工程师，长期从事水工混凝土耐久性研究工作。

1 试验方法及原材料

1.1 原材料

（1）水泥。试验采用嘉华特种水泥股份有限公司生产的 P·MH42.5 水泥，水泥的物理力学性能试验结果如表 1 所示。试验结果表明，嘉华中热水泥各项性能均满足《中热硅酸盐水泥、低热硅酸盐水泥》（GB/T 200—2017）对中热水泥的技术要求。

表 1 水泥的物理力学性能

水泥品种	比表面积/(m^2/kg)	密度/(kg/m^3)	安定性	凝结时间/min		抗折强度/MPa			抗压强度/MPa		
				初凝	终凝	3 d	7 d	28 d	3 d	7 d	28 d
嘉华中热 42.5	292	3 120	合格	203	278	5.1	6.7	8.8	25.1	35.2	48.8
GB/T 200—2017	≥250	—	合格	≥60	≤720	≥3.0	≥4.5	≥6.5	≥12.0	≥22.0	≥42.5

（2）粉煤灰。试验采用四川珙县电厂生产的 F 类Ⅰ级粉煤灰，粉煤灰的物理力学性能试验结果如表 2 所示。试验结果表明，粉煤灰各项性能均满足《用于水泥和混凝土中的粉煤灰》（GB/T 1596—2017）对 F 类Ⅰ级粉煤灰的技术要求。

表 2 粉煤灰的物理力学性能

粉煤灰品种	细度/%	f-CaO/%	SO_3/%	需水量比/%	表观密度/(kg/m^3)	胶砂强度比/%	
						7 d	28 d
珙县Ⅰ级粉煤灰	3.0	0.66	2.44	93	2 380	65	76
DL/T 5055—2007 F 类Ⅰ级粉煤灰	≤12.0	≤1.0	≤3.0	≤95	—	—	≥70

（3）骨料。对取自叶巴滩水电站俄德西沟料场的人工砂和人工碎石进行品质检验；人工砂和人工碎石各项受检品质指标均满足《水工混凝土砂石骨料试验规程》（DL/T 5151—2014）的技术要求。

1.2 试验方法

云母的检测方法参照《水工混凝土砂石骨料试验规程》（DL/T 5151—2014）中 3.15 云母含量试验，砂浆强度试验参照《水泥胶砂强度检验方法》（GB/T 17671—2021），混凝土性能试验参照《水工混凝土试验规程》（DL/T 5150—2017）等进行。

物质结构的分析尽管可以采用中子衍射、电子衍射、红外光谱、穆斯堡尔谱等方法，但是 X 射线衍射是最有效的、应用最广泛的手段。采用 XRD（X 射线衍射）半定量分析云母化学成分与含量，采用 SEM 扫描电镜分析云母微观形貌。

2 试验结果与分析

2.1 游离云母物理化学性质

将叶巴滩俄得西沟料场人工砂中挑选出的云母研磨制成粉末，采用 X 射线荧光光谱仪检测其化学成分，采用 XRD 测不同粒度范围下人工砂的矿物组成，检测结果如表 3、表 4 所示。

表 3 云母的化学组成 %

样品	SiO_2	Al_2O_3	Fe_2O_3	CaO	Na_2O	K_2O	MgO	TiO_2	烧失量
云母	37.23	15.14	22.98	2.36	0.51	7.71	7.17	3.25	1.96

表 4 云母的矿物组成 %

样品	铁云母 $KFe_3AlSi_3O_{10}$（OH，F）$_2$	石英 SiO_2	堇青石 （Mg，Fe）$_2Al_3$［$AlSi_5O_{18}$］	钠长石 Na（$AlSi_3O_8$）
云母	37.23	38	22.98	2.36

云母的化学组成主要包括 SiO_2、Al_2O_3、Fe_2O_3，三者含量之和达到75%以上，并含有一定的碱性氧化物 K_2O 和 MgO。云母中 Fe_2O_3 的含量达 22.98%，这是云母具有一定磁性的原因。根据 XRD 测得的不同粒度范围下的人工砂及其原料结果可知，该人工砂包含的主要矿物有阳起石、钠长石、堇青石、二氧化硅以及铁云母。其中，铁云母为黑云母的一种，由氢、氧、铝、铁、钾、硅等化学元素组成，其化学式为 $KFe_3AlSi_3O_{10}$（OH，F）$_2$ 属于硅酸盐矿物，颜色呈黑色，形状呈板状、薄片状，具有玻璃光泽。在 20 倍放大镜下可观察到云母颜色呈黑色，大量贴附于其他矿物表面，或共融于其他矿物内部，少量剥离分散夹杂于其他矿物间，形状呈板状、片状，解理面较平顺且光滑，强光下具有明显反光特性。

2.2 游离云母粒径分布特征

利用母岩轧制人工砂的过程中，不同矿物破碎形态有所差异，为了明确云母在人工砂中的粒度分布特征，将人工砂筛分成不同粒级，并分别测试云母含量，试验结果见表 4、图 1。结果表明，人工砂粒径为 1.25~0.63 mm 颗粒中云母含量显著高于其他粒径颗粒中的云母含量。这与云母特性有关，云母呈片状结构，轧制过程中，云母发生解理、破碎，成为细小颗粒，然而破碎后的细小片状颗粒由于其片状形态且具有一定韧性，难以进一步粉碎，因而集中在 2.5~0.315 mm 粒径范围内。这与岩相鉴定结果中云母的片径大小在 0.25~1.20 mm 一致。

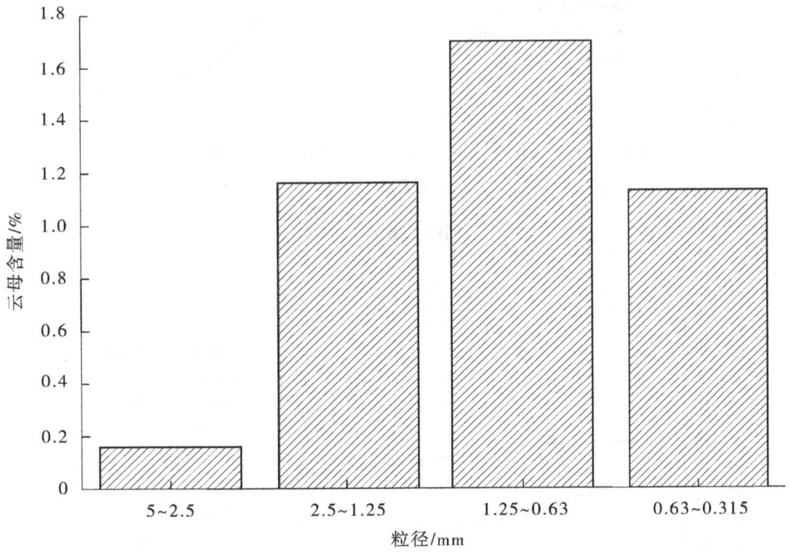

图 1 云母的粒度分布

2.3 云母粒度对混凝土强度影响

为验证云母粒度对于混凝土抗压强度的影响，以 0.35 水胶比为例，分别加入 0.3~5 mm、0.16~0.3 mm、<0.16 mm 三种不同粒度云母，云母含量 1.5%~4.0%，龄期 7 d、28 d、90 d，每个龄期下设置云母含量为 0 的对照组。图 2 表示了由三种粒度云母配制的混凝土在不同含量、不同龄期下的抗压强度。

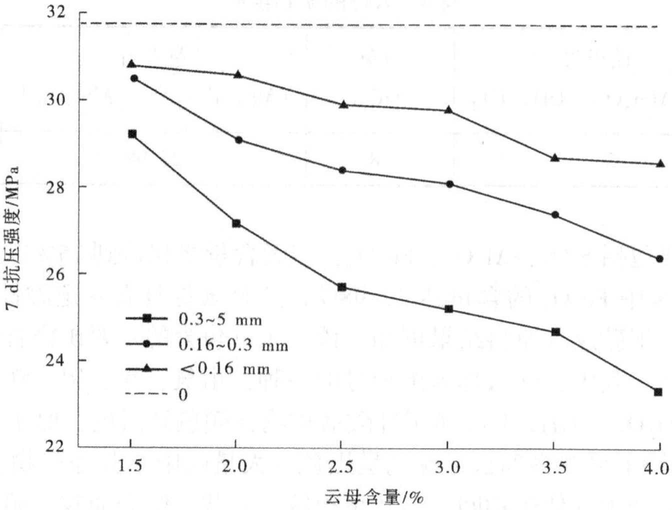

（a） 7 d

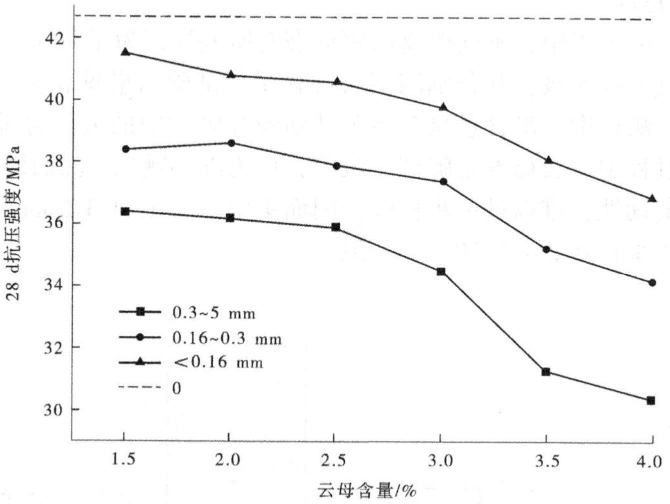

（b） 28 d

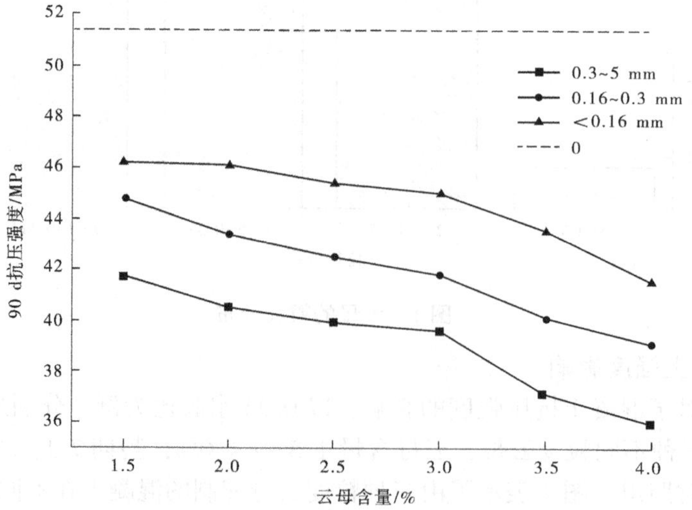

（c） 90 d

图 2　不同粒度云母对混凝土抗压强度影响

试验数据在图 2 上表明，云母含量每增加 0.5%，混凝土抗压强度降低 1 MPa 左右，试验组抗压强度普遍低于对照组；云母含量 2.0%以内，粒度<0.16 mm 云母对混凝土 7 d 抗压强度影响较小，相比对照组提高 0.8 MPa、0.2 MPa；7 d 龄期，不同云母粒度对混凝土抗压强度无显著影响，水化龄期增加，混凝土抗压强度随云母含量增加而降低趋势显著，水化后期混凝土抗压强度相比对照组最多降低 4 MPa。

各龄期下，云母含量从 2.5%增加到 3.0%时，部分试验组混凝土抗压强度出现反增。云母化学稳定性好，水化过程产生的热量远不足打破云母晶体结构的氢键，排除云母发生化学反应，原因可能是在成型过程中云母含量 2.5%的混凝土流动度较小，成型时的密实度没有云母含量 3%的混凝土好。水增多造成的强度下降由混凝土成型时的密实度增加弥补[10-11]。云母层状结构导致混凝土拌合物的流动性降低，水泥硬化后在其内部易生成薄弱带，影响混凝土后期抗压强度。

2.4　云母粒度对混凝土强度影响分析

云母的粒度对其在砂浆体系中的水泥活性效应的发挥有重大影响，云母的粒度普遍比水泥颗粒要小，云母可以优化体系的颗粒级配，改善体系的粒径分布，根据 Andresen 紧密堆积理论，合理的粒径分布有利于体系自身密实度，从而增加试件的强度，这是云母在体系中物理作用的发挥。按照纳米材料的观点，颗粒粒度降低，比表面积增加，庞大的比表面积使处于表面的原子数越来越多，键态严重失配，表面能迅速增加，使这些表面原子具有高活性，出现许多活性中心，极不稳定，从而变得很容易和其他原子结合。

图 3 表示了云母粒度与水化活性贡献率之间的规律关系，从中可以看出：①在云母含量相同时，比表面积较大的云母，对于水泥水化贡献率的影响较小，7 d 龄期时的影响最小，说明云母粒度在增加混凝土密实度方面起到一定作用。②相比水化龄期、云母含量，云母粒度对水化贡献率的变化最敏感。③云母含量>3%时，0.3~5 mm 粒度云母的水化贡献率显著降低，可能此粒度下云母形貌、结构较为完整，容易在硬化浆体内部产生细微缝隙和弱应力区。

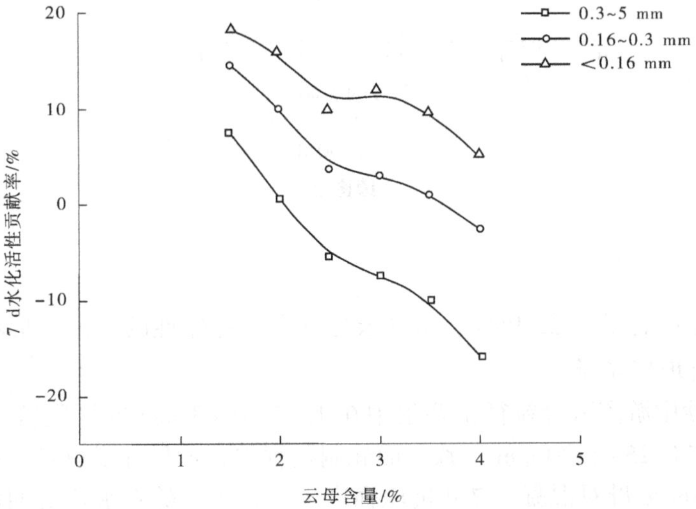

(a) 7 d

图 3　不同粒度云母对水化贡献率的影响规律

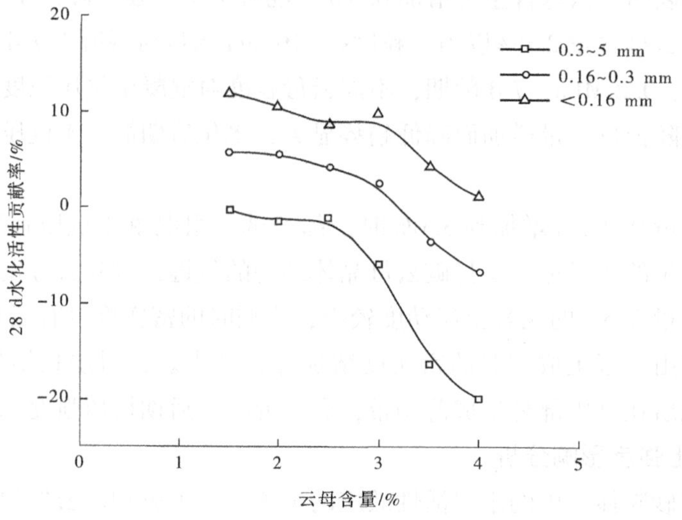

（b） 28 d

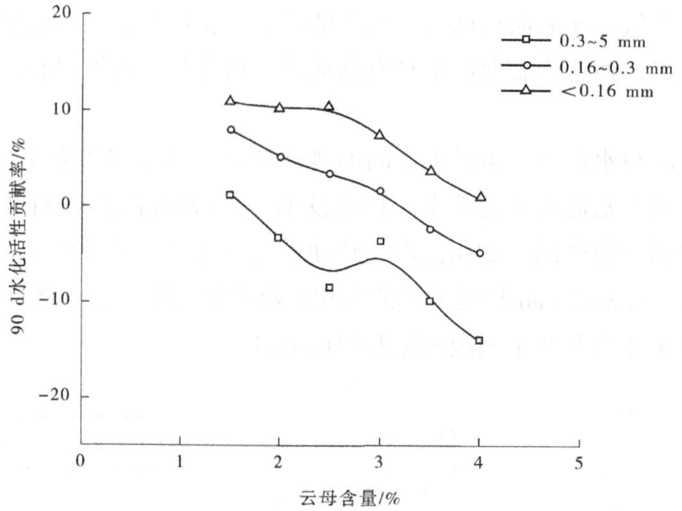

（c） 90 d

续图 3

5 结论

（1）云母中 Fe_2O_3 的含量达 22.98%，这是云母具有一定磁性的原因。形状呈板状、片状，解理面较平顺且光滑。具有玻璃光泽。

（2）叶巴滩人工砂中游离云母粒径主要集中在 1.25～0.63 mm 的区间范围内，这与岩相鉴定结果中云母的片径大小在 0.25～1.20 mm 一致，面轧制过程中，云母并没有被近一步粉碎。

（3）粒度<0.16 mm 云母对混凝土 7 d 抗压强度影响较小，随着水化龄期增加，混凝土抗压强度随云母含量增加而降低。云母含量不宜超过 3%。

（4）比表面积较大的云母，对水泥水化贡献率的影响较小，相比水化龄期、云母含量，云母粒度对水化贡献率的变化更为敏感。

参考文献

[1] 李胜荣．云母的命名（摘译）[J]．矿物学报，2001，21（2）：119-127.
[2] 宋功保，彭同江，刘福生，等．我国主要白云母的矿物学特征研究［J］．矿物学报，2005，25（2）：123-130.
[3] 徐钿，王冠鑫．云母族矿物八面体化学成分与层面射线衍射特征［J］．分析测试学报，2003，22（3）：54-56.
[4] 冯本智，兰心俨，周裕文．非金属矿产地质学［M］．北京：地质出版社，2007.
[5] 余力，戴惠新．云母的加工与应用［J］．矿冶，2011，20（4）：73-76.
[6] 袁楚雄，田中凯，刘奇．云母及其深加工［J］．国外金属矿选矿，1996：42-45.
[7] 吴超寰．三峡工程基坑花岗岩制砂对混凝土性能影响的研究［J］．人民长江，1986（4）：13-17.
[8] 张俊德，李生亮．杨房沟水电站上铺子沟砂石系统废水处理工艺［J］．人民长江，2016，47（20）：43-44，81.
[9] 邢界泉．人工砂石粉中游离云母对砂浆和混凝土性能影响研究［D］．浙江：浙江大学，2015.
[10] 刘焕强，杨雪青，陈渊召．混凝土细骨料中云母含量快速检测方法［J］．新型建筑材料，2021，48（4）：18-21.
[11] 崔东乐．云母的解理断裂及其在珠光颜料中的应用［D］．合肥：合肥工业大学，2010.
[12] 陆厚根．粉体技术导论［M］．上海：同济大学出版社，1998.
[13] 张立德，牟季美．纳米材料和纳米机构［M］．北京：科学出版社，2001.

雨水利用

雨水利用技术在简坑河生态保护中的设计应用

陈飞野　马玉涛

（黄河勘测规划设计研究院有限公司，河南郑州　450003）

摘　要：雨水是一种丰富的淡水资源，很多城市都没有合理利用，造成了水资源浪费。随着城市的快速发展，不透水面面积增长，雨水径流量大大增加，需加快雨水利用工程的建设来缓解雨水排放系统的压力，同时实现雨水资源的合理利用。

关键词：雨水利用；低影响开发；海绵城市

1　工程概况

简坑河位于深圳市龙岗区，是沙湾河的一级支流，横跨南湾街道和平湖街道。简坑河发源于画鹏窝海拔 166 m 的山岭，由南向北流经新兴砖厂，后沿盐排高速公路一路向北，在盐排高速与深惠公路交会处转而向西南方向，继而沿深惠公路顺流而下，在吉夏社区穿过沙平南路桥后注入沙湾河。沿河有雨水口，雨水直接排入河道，水质较差，被列为黑臭水体，亟须通过雨水利用技术保护简坑河生态环境。

简坑河两岸城市绿地对自身及周边区域雨水具有较强的渗、滞、蓄、净能力，是海绵城市建设中重要的载体，应在保障其为居民提供游憩场地和美化城市等功能的基础上，统筹考虑绿地系统自身及周边雨水径流的整体控制，因地制宜地规划雨水径流路径，合理选择雨水利用设施，实现生态保护功能。

2　设计思路

通过雨水利用工程建设，最大限度地减少城市开发建设对生态环境的影响，从源头控制径流，削峰错峰，缓解暴雨时简坑河水防洪压力，降低内涝风险，合理设置雨水利用设施，控制流域内面源污染及点源污染，改善流域内生态环境。

雨水利用设施包括下沉式绿地（含雨水花园、生物滞留带等雨水调蓄净化设施）、植被缓冲带、生态树池、生态植草沟、透水路面。在有条件的地方截流初期雨水。

通过采取渗、滞、蓄、净、用、排系列措施，使简坑河用地红线范围内的年径流总量控制率不低于 70%，并且最大限度地利用雨水。

3　设计目标

3.1　年径流总量控制目标

依据《龙岗区海绵城市专项规划》确定控制性指标：年径流总量控制率达 70%；引导性指标：绿线范围内的公共停车场、人行道、自行车道和休闲广场的透水铺装率不低于 50%，下沉式绿地率不低于 50%，根据地块条件合理设置雨水湿地、雨水塘等设施调蓄雨水，净化雨水。

3.2　径流污染控制目标

一般可采用 SS 作为径流污染物控制指标，雨水利用系统的年 SS 总量去除率一般可达 40%~60%。

作者简介：陈飞野（1985—），男，高级工程师，主要从事水利工程设计工作。

年 SS 总量去除率可按下式计算：

年 SS 总量去除率=年径流总量控制率×SS 的平均去除率

SS 平均去除率见图 1。

注：此图摘自《海绵城市建设技术指南——低影响开发雨水系统构建(试行)》。

图 1　SS 平均去除率

4　雨水利用设施设计

雨水利用设施按绿色、灰色设施分为两类，其中绿色设施有雨水花园、生物滞留带、干塘、生态植草沟、雨水湿地，灰色设施有渗透导流渠、雨水调蓄池、雨水溢流口等。

雨水利用设施往往具有多种功能，其中典型的绿色雨水利用设施多功能调蓄水体具有水质净化、水资源综合利用、暴雨调蓄利用等多种功能，还兼顾居民休憩、活动等绿地功能。宜采用生物滞留区（下凹式绿地）、植草沟、渗透路面、渗透池（雨水花园）、人工湿地等。

根据不同的区域分别设计透水景观或道路铺装、雨水收集利用系统、生态滞留区、植草沟、湿塘、跌水、壅水等类型。

4.1　透水景观、道路铺装

道路人行道应采用透水铺装，非机动车道和机动车道采用透水沥青路面或透水水泥混凝土路面。还可以将项目区道路、停车场铺装材料改为透水混凝土，加大雨水渗透量，减少地表径流，渗透的雨水储蓄在地下储蓄池内经净化排入河道或者补给地下水，减少了直接性雨水对路面的冲刷，然后快速径流排水对水源的污染。

4.2　生态滞留区

浅水洼地或景观区利用工程土壤和植被来存储和治理径流，治理区域包括草地过滤、砂层和水洼面积、有机层或覆盖层、种植土壤和植被。生态滞留区形式根据场地位置不同较为多样，如生态滞留带、雨水花园等，如图 2~图 4 所示。

4.3　植草沟

植草沟具有输水和一定的截污净化功能，可以代替路边的排水沟或者雨水管渠系统。植草沟可设置在雨水花园、下凹式绿地前作为预处理。在堤顶路人行道旁有条件的地方设置植草沟（如图 5、图 6 所示），在景观节点内设置植草沟将山坡上的雨水导入渗透塘。

4.4　渗透塘

利用天然或人工修筑的池塘或洼地进行雨水渗透，补给地下水，湿塘能有效地削减径流峰值、调蓄雨水、控制径流污染。可种植耐湿植物，护坡周边种植低矮灌木，形成低矮绿篱，消除安全隐患。同时整个雨水塘系统形成微循环，防止水体腐坏。

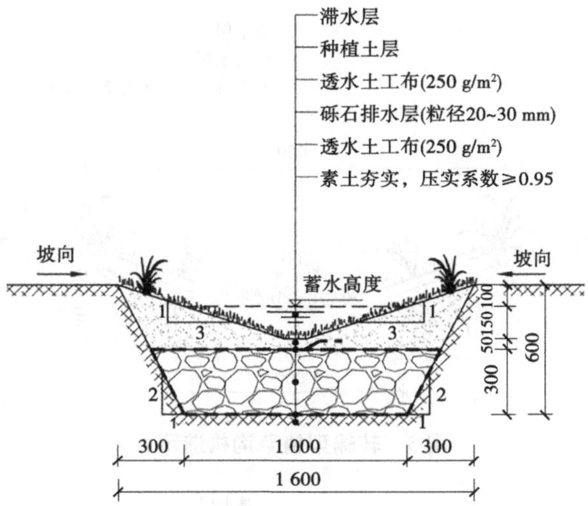

图 2　生态滞留带典型构造示意

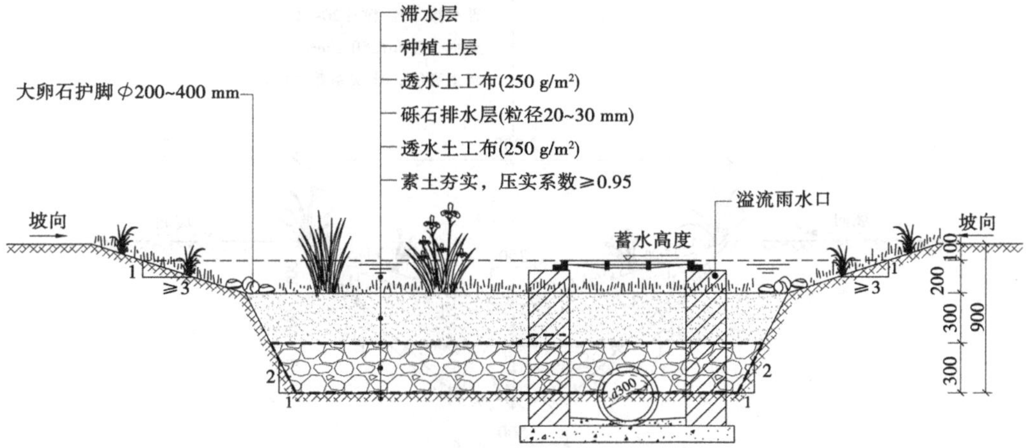

图 3　滞留型雨水花园构造示意

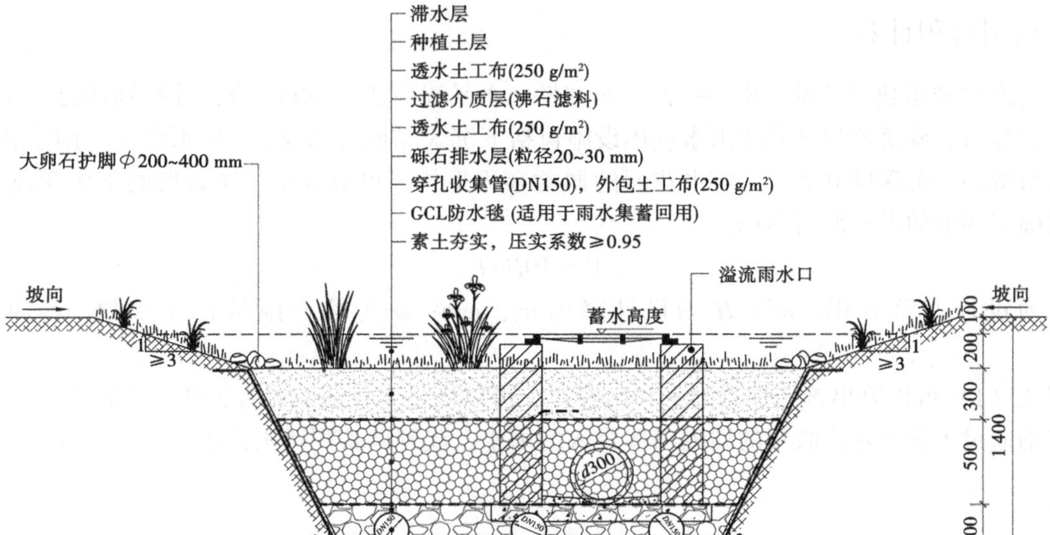

图 4　净化型雨水花园构造示意

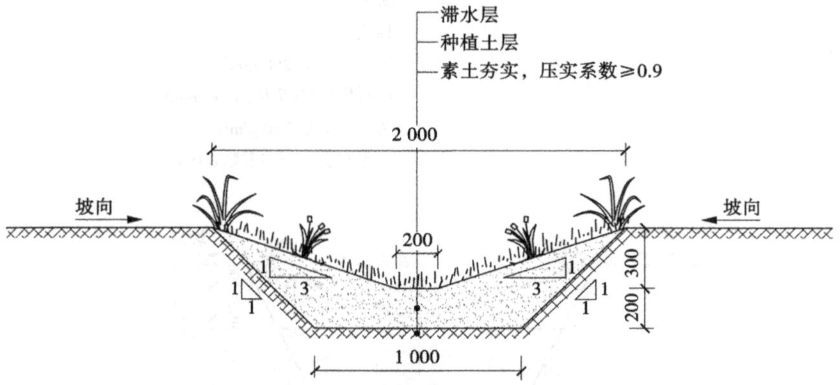

图 5　转输型植草沟构造示意

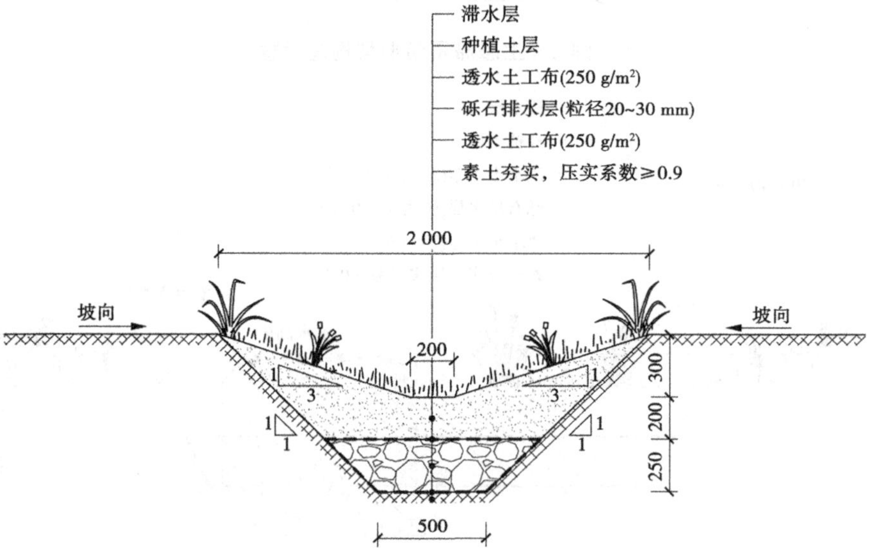

图 6　干式植草沟构造示意

5　雨水利用容积计算

结合《海绵城市建设技术指南——低影响开发雨水系统构建（试行）》，计算场地总雨水利用容积，该工程参与总调蓄容积计算的雨水利用设施包括下沉式绿地（狭义）、雨水湿地、雨水花园。初拟生物滞留带的下沉深度 0. 3 m，雨水花园的调蓄容积平均深度 0. 3 m，渗透塘的下沉深度 0. 6 m。参照下式确定场地的设计调蓄容积。

$$V = 10H\varphi F \tag{1}$$

式中：V 为设计调蓄容积，m^3；H 为设计降雨量，mm；φ 为综合雨量径流系数；F 为汇水面积，hm^2。

根据式（1）可以算出该工程总雨水利用容积，可以满足年径流总量控制率为 70%的目标，此外还可以接纳通过生态排水沟收集的周围山体排入的雨水，起到调蓄周边山体雨水径流的作用。

6　结语

在简坑河生态保护设计中融入雨水利用的理念，改变依赖大规模水利工程设施和管网建设的传统套路，采用渗、蓄、滞、净、排等多种技术，对雨水实现“收放自如”，通过源头削减、过程控制、末端处理等雨水综合管理方法，实现对雨水的自然积存、自然渗透、自然净化。

首先，景观水体营造水系弯曲、蜿蜒、流畅的自然线势，从而延展岸线长度，增加雨水调蓄的空间和滞留的时间，并且提供更多的植物生长空间。对湿地四周，则充分利用自然地形的起伏实现洼地和平地的结合，种植大量植被营造生态自然的“排水系统”，从而使景观绿化在河道建设中恢复自然水文循环、改善生态环境。

其次，通过因地制宜地布置植草沟、雨水花园、下沉式绿地等绿色设施，来取代传统的管渠、泵站等灰色设施，从而使得湿地在应对自然灾害等方面像海绵一样具有良好的“弹性”。

最后，对雨水资源化运用，通过将路面径流雨水有组织地汇流、传输，将其引入绿地内，或通过城市雨水管渠引入沉淀池、前置塘等海绵城市建设技术设施内，以达到最大可能地满足项目区绿化浇洒，甚至在城市缺水时能够实现自我“解渴”。

抽水蓄能电站小流域洪水计算方法探讨

李立平　邵　骏　王　琨

（长江水利委员会水文局，湖北武汉　430010）

摘　要： 以石台抽水蓄能电站设计洪水分析为例，在充分利用邻近雨量站和水文站的实测暴雨洪水和历史洪水调查资料基础上，分别采用安徽省中小流域设计洪水计算办法、华东特小流域推理公式法和水文比拟法计算上下水库坝址的设计洪水，综合比选后推荐特小流域推理公式法计算结果作为石台抽水蓄能电站设计洪水成果。利用安徽省内自然地理特性相近、暴雨及下垫面条件相似的邻近流域测站、水库的设计成果以及石台县山洪调查结果进行合理性分析，结果表明：研究成果符合地区洪水分布规律，合理可靠，可为小流域设计洪水分析提供参考。

关键词： 抽水蓄能电站；小流域；设计暴雨；设计洪水

1　引言

设计洪水是水电水利工程规划设计的重要依据[1-2]。通常采用流量资料或者暴雨资料来推求设计洪水[3]。抽水蓄能电站的上水库通常建设在山顶的小流域上，坝址控制流域面积较小。当前我国小流域一般无实测水文资料或者实测资料系列较短难以满足规范的要求。抽水蓄能电站的上下水库除集水面积较小外，在产流和汇流方面与常规水电有所不同。因此，抽水蓄能电站小流域设计洪水分析需要采用多种方法计算并结合流域实际情况综合选用[4-6]。

本文以安徽省石台抽水蓄能电站为例，鉴于设计洪水对抽水蓄能电站设计的重要性，在使用安徽省暴雨参数等值线图、山丘区产汇流分析成果和山丘区中小面积设计洪水计算办法计算上下水库坝址设计洪水的基础上，利用邻近丁香和南源雨量站长系列短历时暴雨资料和高坦水文站长系列实测洪水资料，并充分考虑秋浦河高坦河段调查历史洪水信息，同时采用华东特小流域推理公式法[7-9]和水文比拟法[10-13]计算上下水库坝址的设计洪水，经综合比选后合理选用，研究可以为石台抽水蓄能电站设计提供基础支撑，同时为小流域设计洪水的分析计算提供重要参考。

2　流域概况

石台抽水蓄能电站上水库位于安徽省石台县丁香镇林茶村雾基坡，黄湓河二级支流林茶溪上游，坝址以上集水面积 2.30 km^2，河长 2.10 km，比降 159‰；下水库位于石台县仙寓镇彭溪村，秋浦河二级支流彭溪中游北侧一支沟与彭溪的汇口以上 0.7 km 处，坝址以上集水面积 4.54 km^2，河长 2.62 km，比降 198‰。坝址以上工程所在流域水系及水文站网示意见图 1。研究区域的水文站和雨量站基本情况见表 1，采用的系列为建站至 2023 年。

秋浦河流域年内出现暴雨的时间一般在 4—7 月，尤其集中在 6—7 月，降水量占全年的 29.7%。6 月中旬至 7 月上、中旬为梅雨期，太平洋副热带高压北移，冷暖两股气团在长江下游交绥，形成长期的阴雨季节，梅雨量大于 300 mm 的年份占 48%。

基金项目： 水利部重大科技项目（SKS-2022038）；国家重点研发计划项目（2021YFC3200304）；长江科学院开放研究基金资助项目（编号：CKWV2021866/KY）。

作者简介： 李立平（1988— ），男，高级工程师，主要从事水文水资源分析研究工作。

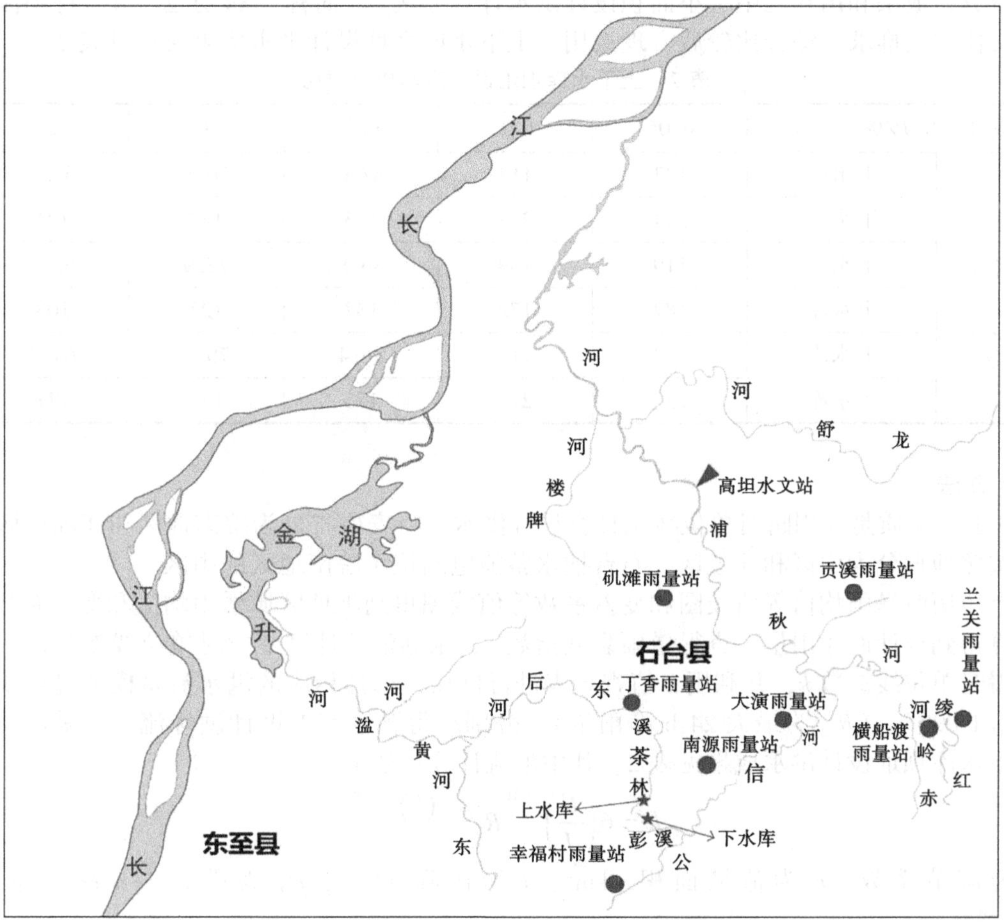

图 1　坝址以上工程所在流域水系及水文站网示意

表 1　研究区域的水文站和雨量站基本情况

站别	站名	设站时间	观测要素
水文站	高坦	1951 年	流量、雨量、水位、泥沙
雨量站	南源	1954 年	雨量
雨量站	丁香	1967 年	雨量
雨量站	幸福村	1967 年	雨量
雨量站	大演	1979 年	雨量
雨量站	兰关	1967 年	雨量
雨量站	贡溪	1978 年	雨量
雨量站	矶滩	1969 年	雨量
雨量站	横船渡	1955 年	雨量

秋浦河流域的洪水基本上都由暴雨产生，主要集中在汛期，流域内支流众多，山溪纵坡陡峻。洪水与降雨过程密切相关，具有历时短、汇流快、洪峰尖高的特点，从暴雨到洪水发生只有几个小时，一次洪水过程多为 1~2 d。从历年洪水情况分析，成灾洪水主要有以下两种：一种是降雨面积广，强度大，历时长，长江干支流洪水相互遭遇，形成洪峰很高、洪量很大的特大洪水；另一种是暴雨地区特别集中，强度特大，暴雨区内河流同时发生洪水，形成洪峰特别高、洪量也较大的洪水。

3　研究方法

由于坝址河段没有实测流量资料，因此本次设计洪水分别采用《安徽省暴雨参数等值线图、山丘区产汇流分析成果和山丘区中、小面积设计洪水计算办法》（简称“84 办法”）、特小流域推理公式法和水文比拟法推求，综合比较后合理选用。上下水库坝址设计洪水成果对比见表 2。

表 2　上下水库坝址设计洪水成果对比

设计频率 P/%		0.05	0.1	0.5	1	2	备注
“84 办法”/(m^3/s)	上水库	123	113	87.6	76.8	65.7	
	下水库	244	223	173	142	121	
水文比拟法/(m^3/s)	上水库	119	109	86.8	77.9	68.3	
	下水库	187	172	137	123	108	
推理公式法/(m^3/s)	上水库	124	112	86.4	75.3	64.3	推荐采用
	下水库	250	227	175	153	131	

3.1　“84 办法”

“84 办法”本质是采用瞬时单位线法计算设计洪水，将安徽省分为皖南地区和江淮地区，其中皖南地区又按照地形分为山区和丘陵区。石台抽水蓄能电站位于皖南地区的山区。

通过查短历时暴雨均值等值线图和变差系数等值线图得到坝址区域暴雨均值和变差系数，再通过扣损后计算得到设计面净雨量。查得暴雨衰减指数 n，根据汇流计算中瞬时单位线参数地区经验公式计算得到瞬时单位线参数 k，并利用 k 值查算表进行校核，选择相应的洪水流量模拟过程线，逐项乘以“$F \times R_{24}/1\,000$”，（R_{24} 为最大 24 h 净雨量），分别求得各频率下设计洪峰流量，采用“84 办法”计算的上下水库坝址设计洪水成果见表 2。其中汇流计算式如下：

$$k = 6\left(\frac{F}{J}\right)^{0.16} R_3^{-0.55\left(\frac{F}{J}\right)^{-0.05}} \tag{1}$$

式中：k 为调节系数；F 为流域面积，km^2；J 为比降（‰）；R_3 为最大 3 h 净雨量，mm；当 $-0.55\left(\frac{F}{J}\right)^{-0.05}$ 的计算值大于 0.65 时取 0.65。

3.2　特小流域推理公式法

本工程坝址以上集水面积很小，考虑采用特小流域推理公式法推求设计洪峰流量。

推理公式法的基本关系式如下：

$$Q_{m,p} = 0.278\psi \frac{S_p}{\tau^n}F \tag{2}$$

$$\tau = 0.278 \frac{L}{mJ^{1/3}Q_{m,p}^{1/4}} \tag{3}$$

$$t_c = \left[\frac{(1-n)s_p}{\mu}\right]^{\frac{1}{n}} \tag{4}$$

式中：$Q_{m,p}$ 为设计频率 P 下的洪峰流量，m^3/s；t_c 为产流历时，h；τ 为汇流历时，h；S_p 为雨力，mm；μ 为产流参数，mm/h；m 为汇流参数；ψ 为洪峰径流系数。

m 的取值参照《华东地区特小流域洪水参数研究》中选用华东地区山东、安徽、浙江、江西、福建、江苏 6 省 95 个小河站 845 场次雨洪资料后的分析成果。根据流域特征，计算 $\theta = L/J^{\frac{1}{3}}$（$L$ 为河长，km），研究区域内植被良好，因此选用华东地区特小流域洪水汇流参数 m 分类综合表Ⅱ类（多种植被组合的混合类）Ⅱ-1，$m = 0.305\theta^{0.118}$。μ 值参照《黄山水文手册》中推荐的 1.0 mm/h。选用上述公式联合推算上下水库坝址处不同频率下的设计洪峰流量。

3.3　水文比拟法

石台抽水蓄能电站上下水库坝址设计洪水可采用水文比拟法，按面积比移用高坦水文站设计洪水，计算公式如下：

$$Q_2 = Q_1\left(\frac{A_2}{A_1}\right)^{\alpha} \tag{5}$$

式中：Q_2 为上下水库坝址设计洪峰流量，m^3/s；Q_1 为高坦水文站设计洪峰流量，m^3/s；A_2 为上下水库坝址集水面积，km^2；A_1 为高坦水文站集水面积，km^2；α 为面积比指数。

4 设计洪水

4.1 设计暴雨

上下水库坝址附近有丁香和南源 2 个雨量站，丁香雨量站具有 1967—2023 年最大 24 h 暴雨量和 1977—2023 年最大 1 h 暴雨量；南源站具有 1956—2023 年最大 24 h 暴雨量和 1973—2023 年最大 1 h 暴雨量。利用丁香和南源雨量站的短历时实测暴雨系列，通过频率分析（见图 2）得到的坝址区设计暴雨成果见表 3。

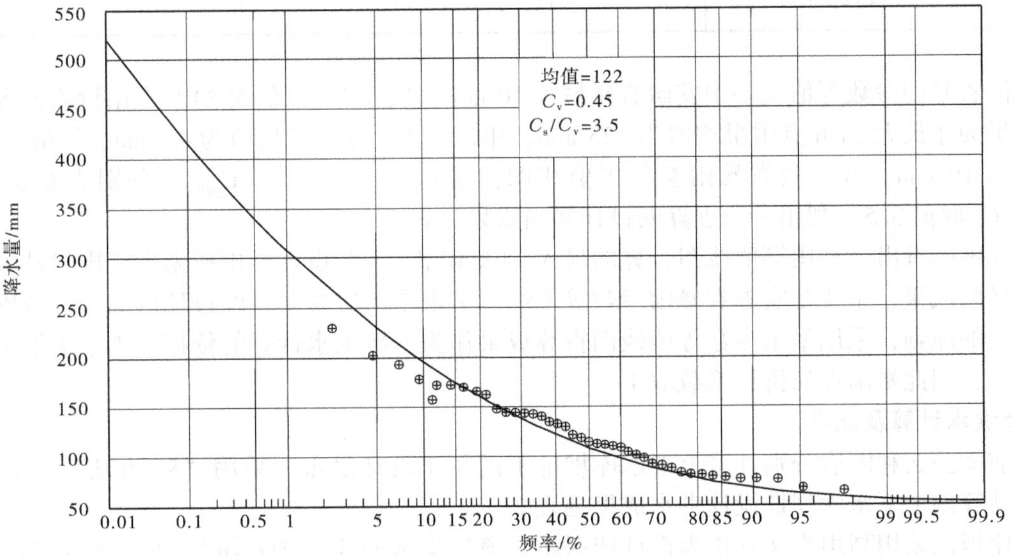

(a)丁香雨量站

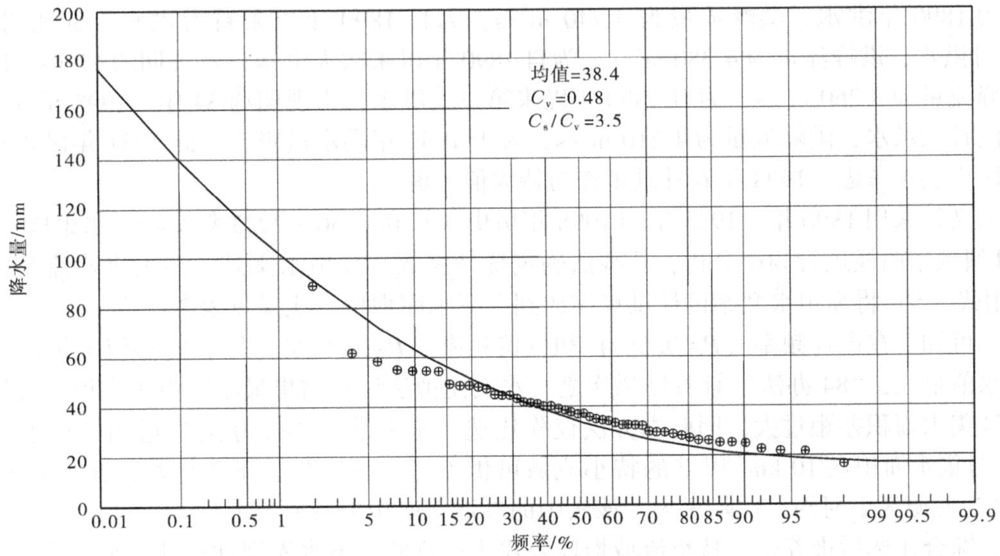

(b)南源雨量站

图 2 年最大 24 h 暴雨频率曲线

表 3 设计暴雨成果对比

历时	项目	均值	C_v	C_s/C_v	设计暴雨/mm	
					1%	2%
最大 1 h	丁香雨量站实测	40.5	0.43	3.5	98.5	88.3
	南源雨量站实测	38.4	0.48	3.5	102	90
	暴雨参数等值线图（推荐采用）	42.0	0.51	3.5	117	103
最大 24 h	丁香雨量站实测	122	0.45	3.5	307	274
	南源雨量站实测	128	0.48	3.5	339	301
	暴雨参数等值线图（推荐采用）	125	0.53	3.5	359	315

从安徽省暴雨参数等值线图中安徽省年最大 10 min、最大 1 h、最大 24 h 点雨量均值等值线图中查得的结果为年最大 24 h 点雨量均值为 125 mm、年最大 1 h 点雨量均值为 42 mm、年最大 10 min 点雨量均值为 19 mm，查安徽省暴雨参数等值线图，得到 $C_{v24\ h}$、$C_{v1\ h}$、$C_{v10\ min}$ 分别为 0.53、0.51 和 0.35，C_s/C_v 取值 3.5。利用手册查算的设计暴雨成果见表 3。

从表 3 可以看出，利用等值线图查算的最大 24 h 和最大 1 h 设计暴雨成果大于雨量站实测资料计算的设计暴雨成果，主要是安徽省暴雨参数等值线图考虑了历史暴雨且经过地区综合，考虑设计洪水计算偏安全的原则，采用暴雨参数等值线图查算成果作为本次洪水计算的依据。由于上下水库坝址集水面积很小，因此暴雨点面折算系数取 1。

4.2 设计洪水计算及比选

利用前文公式和图表分别计算上下水库坝址不同频率设计洪水，采用“84 办法”和特小流域推理公式法计算的上下水库坝址设计洪水成果见表 2。

水文比拟法采用高坦水文站作为设计依据站，该站集水面积 1 077 km²，通过水文比拟法计算坝址洪水。根据《中国历史大洪水调查资料汇编》，安徽省水利厅在秋浦河高坦河段调查到 3 场历史洪水，分别为 1890 年洪水，洪峰流量为 4 740 m³/s，为自 1890 年以来首大洪水，重现期约 134 年；1948 年 6 月洪水，洪峰流量为 4 380 m³/s，为自 1890 年以来次大洪水，重现期约 67 年；1931 年 7 月洪水，洪峰流量为 3 260 m³/s，为自 1890 年以来第三大洪水，重现期约 34 年。1998 年 6 月高坦水文站发生实测首大洪水，洪峰流量为 4 210 m³/s，大于 1931 年洪水量级，因此 1931 年洪水在频率计算时不作为历史洪水考虑，1998 年 6 月洪水作为特大值考虑。

高坦水文站采用 1890 年、1948 年和 1998 年历史洪水和 1956—2023 年实测洪水组成不连序系列，采用 P-Ⅲ型频率曲线进行频率分析，适线法确定统计参数。高坦水文站年最大洪峰流量频率曲线见图 3。采用式（5）将高坦水文站设计洪峰缩放到上下水库坝址，成果见表 2。

由表 3 可知，在设计频率（$P=0.5\%$）和校核频率（$P=0.05\%$）下，特小流域推理公式法计算的设计洪水值最大，“84 办法”计算结果次之，水文比拟法计算结果最小。由于高坦水文站控制流域面积和坝址集水面积差距过大，因此本方法仅作比选，不采纳。“84 办法”适用的集水面积在 10~300 km²，对集水面积在 10 km² 以下的特小流域可供参考。该工程上下水库坝址集水面积仅为 2~5 km²，且多为河源区小河沟，比降很大，该法中的参数在取用上有所偏差。

因此，综合比选后推荐采用特小流域推理公式法计算的上下水库坝址设计洪水成果作为工程的洪水设计依据。

4.3 成果合理性分析

将本次特小流域推理公式法设计洪峰流量计算结果与安徽省内自然地理特性相近、暴雨及下垫面

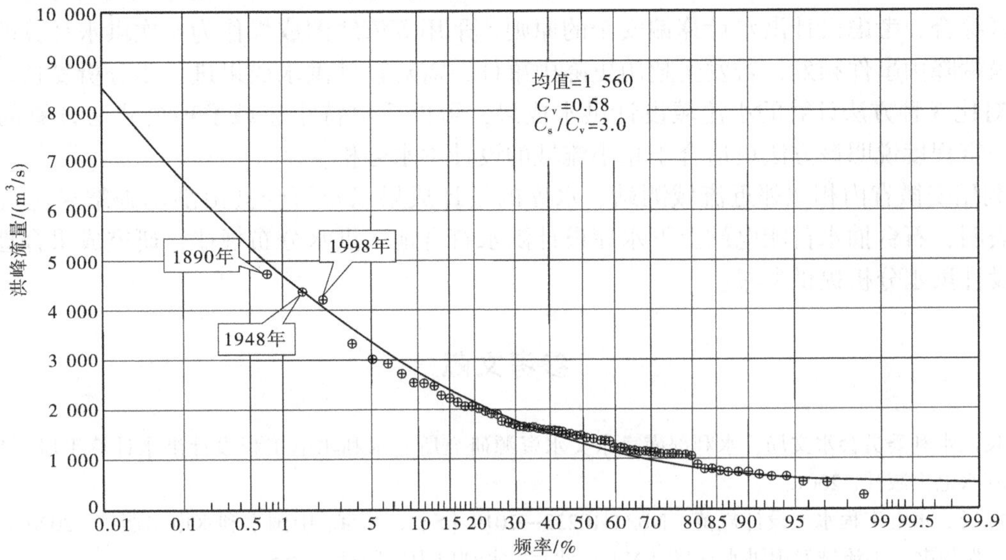

图3 高坦水文站年最大洪峰流量频率曲线

条件相似的邻近流域测站、水库的设计成果以及石台县山洪调查结果进行对比，分析洪水计算结果的合理性。选取百年一遇的设计洪水成果，点汇省内邻近年最大洪峰流量与集水面积关系（见图4）。对比可以看出，该工程上下水库坝址洪峰流量在绘制的地区综合线上，与邻近水文站、水库工程及山洪调查成果协调一致。

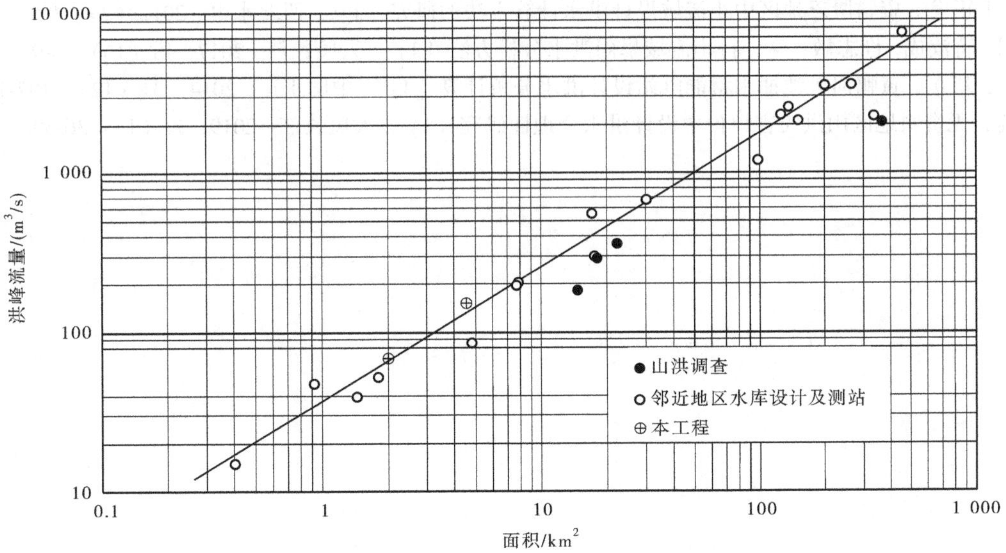

图4 地区洪峰流量与集水面积关系($P=1\%$)

根据以上分析，本次计算的设计洪水成果基本合理、安全。

5 结论

结合石台抽水蓄能电站所在区域的暴雨洪水特性，分别采用暴雨和流量途径，利用安徽省暴雨洪水计算手册、特小流域推理公式法和水文比拟法计算了上下水库坝址的设计洪水，将成果与周边邻近流域测站、水库的设计成果以及石台县山洪调查结果进行对比，主要结论如下：

（1）分别采用安徽省暴雨参数等值线图及坝址附近的丁香雨量站和南源雨量站实测暴雨资料分

析了研究区的设计暴雨，暴雨参数等值线图查算成果最大，主要是暴雨参数等值线图考虑了历史暴雨且经过地区综合，考虑设计洪水计算偏安全的原则，采用等值线图成果作为本次洪水计算的依据。考虑近年来极端降雨事件频发，若发生超历史降雨事件，需对设计洪水成果进一步分析复核。

（2）对比3种方法计算的小流域设计洪水成果，可以看出特小流域推理公式法计算的设计洪水值最大，一定程度说明该方法更适合于超小流域的设计洪水分析。

（3）利用安徽省内相似邻近流域测站、水库的设计成果以及石台县山洪调查结果进行合理性分析。结果表明，石台抽水蓄能电站上下水库设计洪水符合地区洪水分布规律，研究成果合理可靠，可为小流域设计洪水分析提供参考。

参考文献

[1] 水利部长江水利委员会水文局，水利部南京水文水资源研究所．水利水电工程设计洪水计算手册［M］．北京：中国水利水电出版社，2001.

[2] 国家能源局．水电工程水文设计规范：NB/T 10233—2019［S］．北京：中国水利水电出版社，2020.

[3] 陈家琦，张恭肃．小流域暴雨洪水计算［M］．北京：水利电力出版社，1985.

[4] 舒晓娟．广州抽水蓄能电站设计洪水研究［D］．武汉：武汉大学，2004.

[5] 李晓伟，谢伟．抽水蓄能电站水文设计分析与计算［J］．水力发电，2015，41（12）：25-28.

[6] 董秀颖，刘金清，叶莉莉．特小流域洪水计算概论［J］．水文，2007，27（5）：46-48.

[7] 石炜，徐永波，陈娟．华东地区小流域设计洪水计算方法探讨［J］．水利规划与设计，2015（12）：29-31.

[8] 徐德龙，肖华．小流域设计洪水推理公式计算方法探讨［J］．人民长江，2000，31（7）：13-14.

[9] 黄启有，谷洪钦，华家鹏，等．应用推理公式推求不同形状小流域设计流量［J］．水电能源科学，2010，28（1）：22-24.

[10] 戴荣，王正发．资料匮乏地区中小流域设计洪水计算方法的研究［J］．西北水电，2012（2）：1-5.

[11] 李科国，蒋汝成，许志敏，等．特小流域暴雨洪水分析方法［J］．人民长江，2017，48（16）：6-9.

[12] 万贵生，刘立．黄鸭河天池抽水蓄能电站设计洪水分析计算［J］．中国水运，2014，31（12）：197-198.

[13] 施修端．无资料地区山洪灾害评价中设计洪水合理性研究［J］．人民长江，2019，50（1）：36-39.

洞庭湖四水合成汛期洪水分期研究

李妍清　汪青静　李　静　张冬冬　戴明龙

（长江水利委员会水文局，湖北武汉　430010）

摘　要：根据洞庭湖湘江、资水、沅江、澧水四水合成后的长系列流量数据，分析洞庭湖四水汛期洪水的峰、量以及发生时间等特征。年最大流量散点呈现“单峰”的分布特征，峰值主要出现在5—7月，之后洪水发生次数和量级明显减少。选取天气成因以及多种数理统计分析方法，分析了洞庭湖四水合成流量的汛期分期特征。结果表明：多种方法分期结果相差不大。综合分析，将洞庭湖四水合成来水的汛期分为3期，4月1—30日为前汛期；5月1日至7月31日为主汛期；8月1日至9月30日为后汛期。

关键词：洞庭湖；四水合成；洪水分期；天气成因；数理统计

1　研究背景

洞庭湖位于荆江河段南岸、湖南省北部，为我国第二大淡水湖。洞庭湖水系主要由湘江、资水、沅江、澧水四大水系（通称湘资沅澧四水）和长江松滋口、太平口、藕池口、调弦口四口分流水系组成，还有汨罗江、新墙河等支流入汇，在城陵矶附近汇入长江[1]。

根据《三峡（正常运行期）—葛洲坝水利枢纽梯级调度规程（2019年修订版）》，一般情况下三峡水库运用水位155 m以下56.5亿m^3防洪库容兼顾对城陵矶进行防洪补偿调度[2]。城陵矶地区洪水承接长江干流、清江和洞庭湖水系的来水，导致洪水的发生时间、来源和组成异常复杂[3-4]。根据城陵矶地区洪水的来源和组成，可分为上游型洪水、中游型洪水和全流域型洪水三大类，其中中游型洪水主要来自洞庭湖水系[5]。洞庭湖水系汛期（5—7月）早于长江干流，洞庭湖四水合成的流量过程与雨带的移动一致，7月中旬以后快速消退，8月以后很少出现大洪水且莲花塘的水位也会在30 m以下[6-8]。基于洪水发生规律和实时预报，当研判不发生中游型洪水时，通过以三峡水库为核心的水库群联合运用，科学地逐步释放三峡水库的防洪补偿库容是合理可行的[9]。

本研究旨在认识洞庭湖流域暴雨洪水季节特性的基础上，分析洞庭湖四水合成来水的洪水分期规律，为科学地逐步释放三峡水库对城陵矶的防洪补偿库容、三峡水库汛期运行水位动态控制提供科学依据，从而减轻水库蓄水期对湖区水文情势的影响，实现洪水资源化利用，提高水资源的利用效率，充分发挥上游水库的综合效益。

2　洞庭湖流域暴雨洪水特性

洞庭湖流域4—6月降水量占年总降水量的50%以上，多为大雨和暴雨，若遇各水洪峰遭遇，易成洪、涝、渍灾。洞庭湖水系各区域来水暴雨特性存在差异。暴雨时空分布不尽相同。

湘江流域地处亚热带湿润地区，主要受季风影响。冬季多为西伯利亚干冷气团控制，气候较干燥寒冷；夏季为低纬海洋暖湿气团所盘踞，温高湿重；春夏之交处在冷暖气流交替的过渡地带，锋面和气旋活动频繁，造成阴湿多雨的梅雨天气。

项目基金：“十四五”重点研发项目（2022YFC3202801）；水利青年科技英才资助项目（JHYC202210）。

作者简介：李妍清（1989—），女，高级工程师，主要从事水文及水资源方面的研究工作。

资水流域形成暴雨的天气系统，在地面主要有冷锋、静止锋、气旋波，在高空主要有切变低涡、低槽及台风，其中台风低压是造成本流域特大暴雨的主要天气系统。4—6 月，暴雨中心一般多向南或东南移动；7—8 月，暴雨中心稳定，主要发生在柘溪至桃江之间。

沅水流域暴雨主要发生在 3—10 月，以 5—7 月出现次数最多，大面积长历时的暴雨都发生在 6—7 月。各地暴雨发生季节，有先东南（5—7 月）后西北（6—8 月）的趋势。暴雨的地区分布，以中下游居多，强度也较大，而且常与澧水、清江流域形成同一雨带。暴雨走向，一般自北向南或自西北向东南。

澧水流域位于亚热带季风湿润气候区，既受西风带天气系统的影响，也受副热带高压的影响，为南北冷暖交绥要道。流域暴雨分布和中心有两种基本类型：一是暴雨中心呈东西向的椭圆形，横贯澧水干流及支流溇水、渫水中上游地区，暴雨区广、强度较大、历时较长，易形成澧水流域性的大洪水；二是暴雨中心位于干流上、中游地区，而溇水、渫水降水和洪水不大。

洞庭湖水系洪水均由暴雨形成。洪水发生时间与暴雨基本相应。根据四水、三口及洞庭湖出口主要控制站 1955—2020 年实测资料统计，各流域洪峰出现时间见表 1。

表 1　洞庭湖入、出湖洪峰出现时间统计

控制站	3 月	4 月	5 月	6 月	7 月	8 月	9 月	10 月	11 月	总年数
湘潭	2	6	18	20	11	6	1	1	1	66
桃江	3	4	13	19	19	4	2	1	1	66
桃源	0	3	11	23	21	4	2	1	1	66
石门	1	1	7	27	19	4	6	1	0	66
三口	0	0	1	3	38	16	7	1	0	66
城陵矶（七里山）	0	1	5	15	39	3	2	0	1	66

从四水洪水发生时间来看，资水比湘江晚、沅江比资水晚，澧水与沅江时间基本一致。湘江年最大洪峰出现最早为 3 月，最晚为 11 月，出现较多为 5 月、6 月；资水年最大洪峰出现最早为 3 月，最晚为 11 月，出现最多为 6 月、7 月，5 月出现次数较湘江少；沅江年最大洪峰出现最早为 4 月，最晚为 11 月，出现最多为 6 月、7 月；澧水年最大洪峰出现最早为 3 月，最晚为 10 月，出现较多为 6 月、7 月。

三口分流洪水特性与长江上游来水一致，洪峰主要出现在 5—10 月，最多为 7 月，其次为 8 月；洞庭湖出口城陵矶（七里山）站年最大洪峰出现时间为 4—11 月，最多出现在 7 月，其次为 6 月，其洪水特性反映了四水和长江的综合特性。四水和三口洪水在时间上存在一定的差异，但洪水遭遇机会多，特别是三口洪水持续时间长，与四水洪水遭遇后会导致洞庭湖区防洪形势紧张。

汛期洞庭湖四水合成流量占洞庭湖水系总入流流量（洞庭湖四水+区间）的 85%~90%，因此本文重点分析洞庭湖水系总入流中有水文站控制的四水合成流量的分期规律。

3　洞庭湖四水合成洪水分期

洞庭湖区洪水主要来自洞庭湖四水和荆江三口分流洪水。洞庭湖四水合成流量由洞庭湖水系的湘江湘潭、资水桃江、沅江桃源、澧水石门（三江口）等控制站组成，计算时考虑传播时间叠加，并对有关有影响的大型水库进行了还原[10]。洞庭湖四水合成流量过程按式（1）推求：

$$Q_{洞庭湖流域总入流(t)} = Q_{湘潭(t-1)} + Q_{桃江(t-1)} + Q_{桃源(t-2)} + Q_{石门(t-2)} \tag{1}$$

式中：Q 为流量，m^3/s；t 为时间，d。

采用洞庭湖四水湘江控制站湘潭站、资水控制站桃江站、沅江控制站桃源站、澧水控制站石门站 1951—2020 年的日平均流量系列，考虑梯级水库运行影响，还原天然流量过程，分析洞庭湖流域四水合成汛期5—10月洪水的洪峰、特征洪量及其发生时间。

3.1 天气成因分析

根据洞庭湖四水汛期多年平均旬降水量，洞庭四水汛期4—9月降水量占全年降水量的65%，各旬降水总量基本呈现由少至多，再由多至少的季节变化规律，见图1。5月、6月降水量最多，占汛期降水总量的44.0%，7月上旬降水量开始下降，至7月下旬又开始增大，8月中旬后降水量持续减小。

从天气成因分析上看，可将4月划分为前汛期，5—7月作为主汛期，8—9月为后汛期。

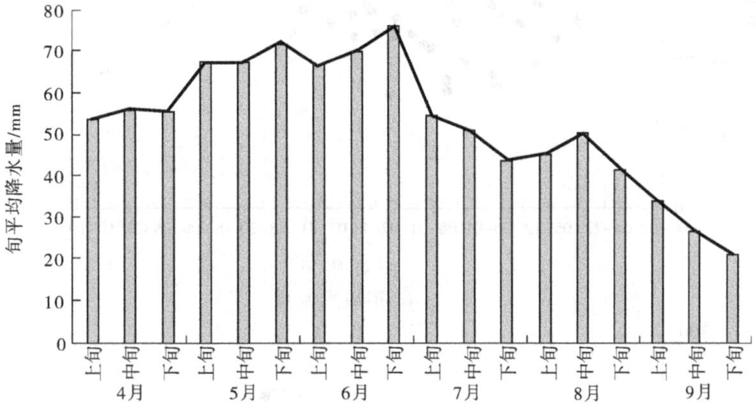

图1 洞庭四水汛期旬降水量变化

3.2 数理统计分析

3.2.1 年最大洪水统计分析法

四水合成年最大日均流量出现在4月中旬至11月上旬，最早出现在4月12日（1961年），最晚出现在11月8日（2008年）。四水合成年最大日均流量主要集中在6月和7月，66年中分别出现21次和22次，占年总数的30.8%和32.3%，从洞庭四水逐月最大日均流量散点图［见图2（a）］可以看出，4—8月为四水合成年最大洪峰出现集中时段，8月下旬后洪峰量级有所减小。

从洪水分布外包线的特征来看，年最大日均流量散点呈现“单峰”的分布特征，峰值主要出现在5—7月，之后洪水发生次数和量级明显减少，7月下旬至8月上旬为一不明显的洪水发生弱空档期，8月中旬以后没有发生过超过40 000 m^3/s量级的洪水，9月之后仅发生3次年最大洪水，且量级较低。洞庭四水8月之后发生大洪水的可能性很小，8月以后，洪水量级亦减小明显。

四水合成年最大7 d、15 d洪量散点分布如图2（b）、（c）所示。与不同年最大洪峰散点图类似，5—7月为年最大7 d、15 d洪量出现的集中时段，7月下旬之后洪量量级迅速衰减。

根据年最大日均流量以及洪量外包线的变化特征，对汛期进行时段划分，结果如下：4月上旬至下旬为前汛期，5月上旬至7月下旬为主汛期，8月上旬至9月下旬为后汛期。

3.2.2 矢量统计法

根据矢量统计法计算原理[11]，主汛期的起止日$D_{起}$、$D_{止}$按式（2）计算：

$$\left.\begin{aligned} D_{起} &= \frac{\bar{\alpha} - s}{2\pi}T \\ D_{止} &= \frac{\bar{\alpha} + s}{2\pi}T \end{aligned}\right\} \tag{2}$$

式中：$\bar{\alpha}$为发生洪水的集中期；s为标准差。

四水合成年最大洪峰流量矢量统计法成果如图3（a）所示。可以看出，5月25日为主汛期开始时间，7月22日为主汛期结束时间；4月1日至5月24日可定为前汛期，7月23日至9月30日为后汛期。

四水合成年最大7 d洪量矢量统计法成果如图3（b）所示。可以看出，5月19日为主汛期开始时间，7月11日为主汛期结束时间；4月1日至5月18日可定为前汛期，7月12日至9月30日为后汛期。

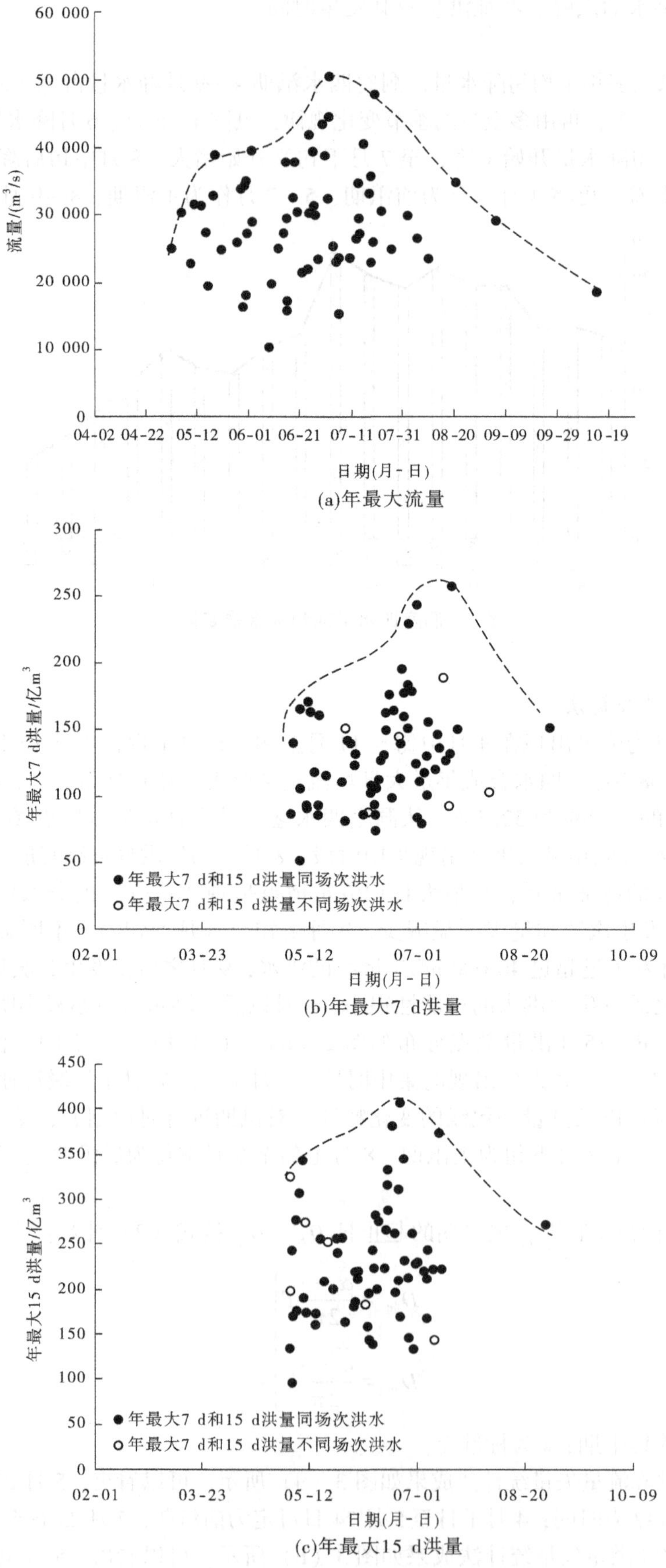

图 2　四水合成年最大洪水散点图

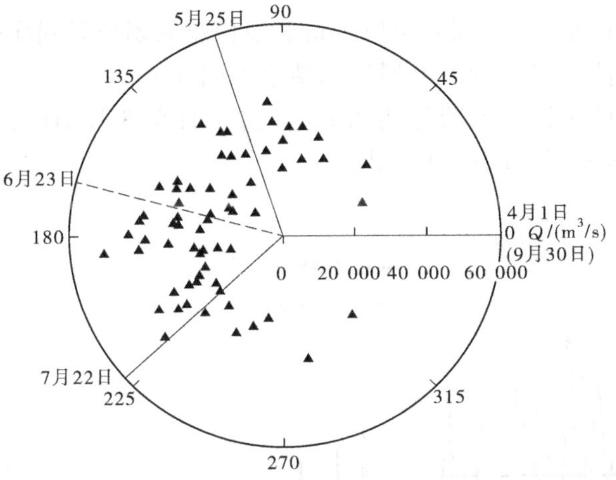

(a)年最大洪峰流量

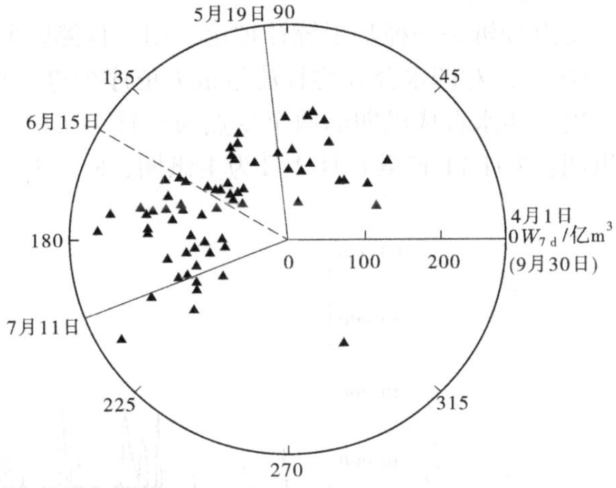

(b)年最大7 d洪量

图3 四水合成年最大洪峰流量矢量统计法成果

3.2.3 模糊理论分析

根据模糊分析法计算原理[12-13]，给定判断四水合成汛期与非汛期的标准值 Q_F（取汛期多年平均流量为7 570 m³/s），按式（3）计算：

$$\mu_A(t)=\begin{cases}\exp\left[-\left(\dfrac{a_1-t}{b_1}\right)^2\right] & t<a_1,\ b_1<0\\ 1 & a_1\leqslant t\leqslant a_2\\ \exp\left[-\left(\dfrac{t-a_2}{b_2}\right)^2\right] & t>a_2,\ b_2>0\end{cases}\tag{3}$$

得到模糊隶属函数曲线，见图4。四水合成各日属于汛期的隶属度呈现单峰状。采用理论隶属函数曲线对经验隶属函数曲线进行拟合。取隶属度0.98为判定主汛期的指标，隶属度0.98对应的起止日期分别为4月28日和6月30日，将以上两个时间点分别作为主汛期与前汛期、主汛期与后汛期的分界点。

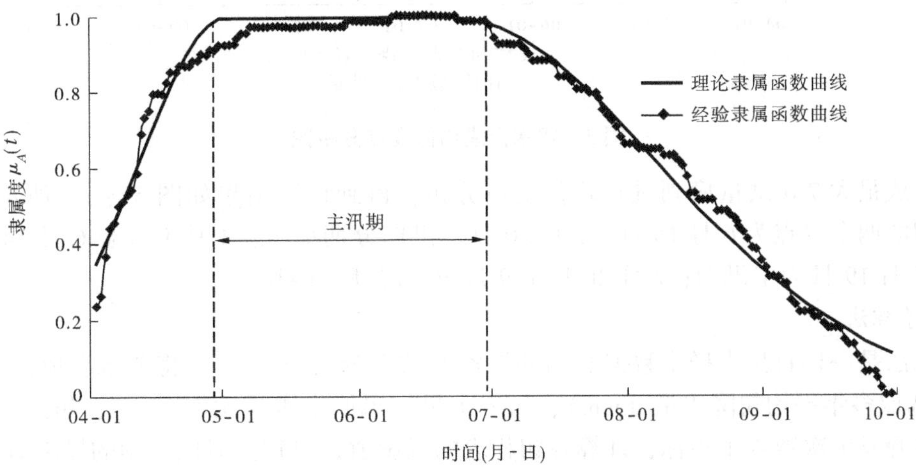

图4 四水合成汛期分期模糊隶属函数曲线

3.2.4 变点分析

变点分析是一种基于统计理论，用于检测时间序列突变，同时可以进行假设检验的划分时间序列的方法[14]，对四水合成逐日流量最大值序列进行均值变点分析，得到计算结果如图 5（a）所示。可以得出：四水合成汛期的两个变点为 5 月 11 日、8 月 3 日。汛期分期如下：4 月 1 日至 5 月 10 日为前汛期；5 月 11 日至 8 月 2 日为主汛期；8 月 3 日至 9 月 30 日为后汛期。

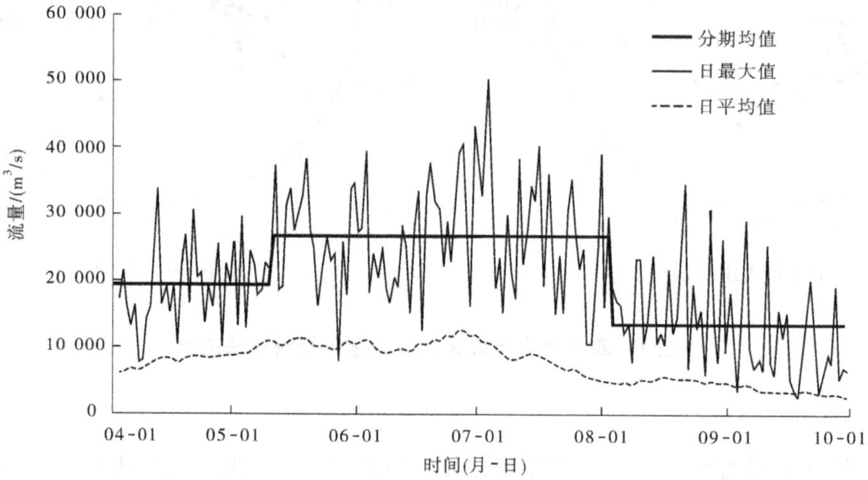

(a)年最大洪峰流量

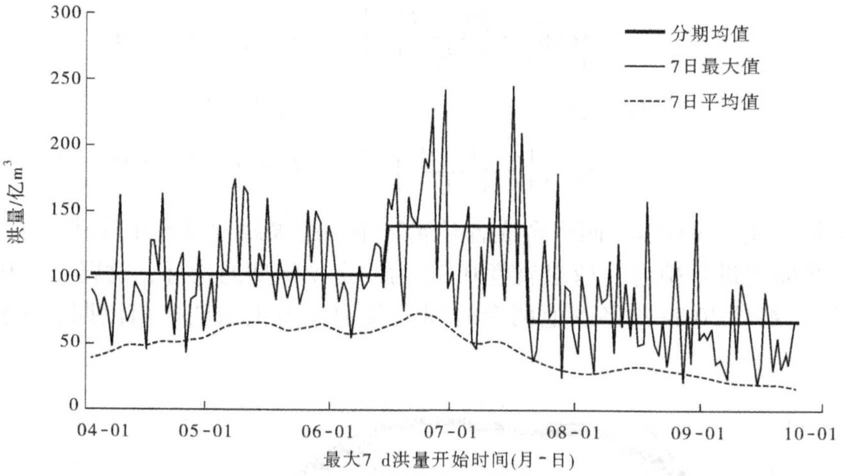

(b)年最大7 d洪量

图 5 四水合成均值变点分析图

对四水合成最大 7 d 洪量序列进行均值变点分析，得到计算结果如图 5（b）所示。可以看出：四水合成汛期的两个变点为 6 月 15 日、7 月 20 日。汛期分期如下：4 月 1 日至 6 月 14 日为前汛期；6 月 15 日至 7 月 19 日为主汛期；7 月 20 日至 9 月 30 日为后汛期。

3.2.5 投影寻踪法

投影寻踪法是一种直接由样本数据驱动的探索性数据分析方法[15]，将四水合成汛期按旬划分为 18 个时段，选取多年平均旬降水量（mm）、旬来水量占汛期来水量比例（%）、旬内洪水发生次数、旬内年最大洪峰发生次数 4 个指标，计算各旬相应的投影值，以旬为时段绘制的投影值一维散点图如图 6 所示。根据投影值变化情况，6 月下旬有个较为明显的峰值，7 月中旬以后，投影值明显下降。根据投影寻踪法结果分析，4 月上旬至下旬为前汛期，5 月上旬至 7 月中旬为主汛期，而 7 月下旬至 9 月下旬为后汛期。

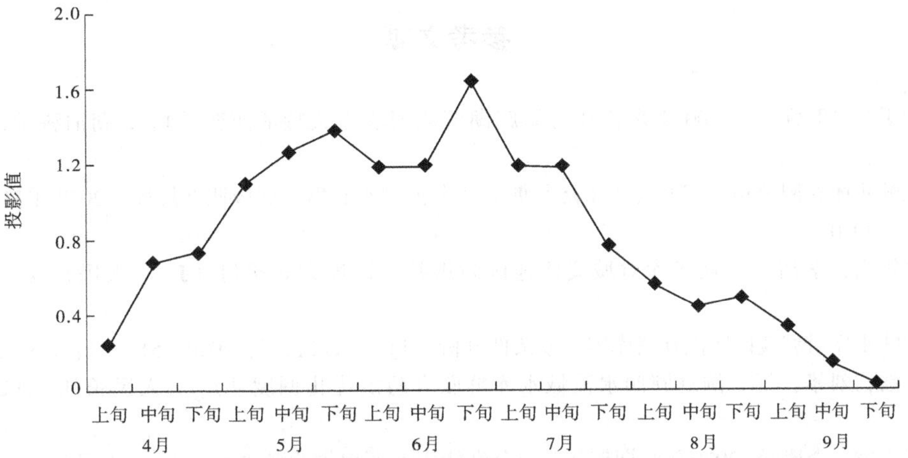

图 6　四水合成汛期分期投影值散点图

3.3　洞庭湖四水合成洪水分期确定

采用多种分期方法进行计算，结果见表 2。以年最大值统计分析成果为主，其他方法作为参考与验证，经综合分析，四水合成的汛期分为 3 期：4 月 1 日至 4 月 30 日为前汛期；5 月 1 日至 7 月 31 日为主汛期；8 月 1 日至 9 月 30 日为后汛期。

表 2　四水合成汛期分期计算结果比较

分期方法			前汛期	主汛期	后汛期
天气成因分析			4 月	5—7 月	8—9 月
数理统计分析	年最大值统计分析	洪峰流量	4 月上旬至下旬	5 月上旬至 7 月下旬	8 月上旬至 9 月下旬
		7 d 洪量	4 月上旬至下旬	5 月上旬至 7 月下旬	8 月上旬至 9 月下旬
	矢量分析	洪峰流量	4 月 1 日至 5 月 24 日	5 月 25 日至 7 月 22 日	7 月 23 日至 9 月 30 日
		7 d 洪量	4 月 1 日至 5 月 18 日	5 月 19 日至 7 月 11 日	7 月 12 日至 9 月 30 日
	模糊分析		4 月 1—27 日	4 月 28 日至 6 月 30 日	7 月 1 日至 9 月 30 日
	变点分析	洪峰流量	4 月 1 日至 5 月 10 日	5 月 11 日至 8 月 2 日	8 月 3 日至 9 月 30 日
		7 d 洪量	4 月 1 日至 6 月 14 日	6 月 15 日至 7 月 19 日	7 月 20 日至 9 月 30 日
	投影寻踪法		4 月上旬至下旬	5 月上旬至 7 月中旬	7 月下旬至 9 月下旬
推荐成果			4 月上旬至下旬	5 月上旬至 7 月下旬	8 月上旬至 9 月下旬

4　结论

本文结合洞庭湖流域暴雨洪水特性，以洞庭四水合成的年最大日均流量以及年最大 7 d 洪量为分析对象，采用天气成因分析法、年最大值统计分析法、模糊分析法、矢量分析法以及投影寻踪法等，对洞庭四水合成汛期洪水进行分期。多种方法分期结果相差不大，以年最大值统计分析成果为主，其他方法作为参考与验证，经综合分析，四水合成的汛期分为 3 期：4 月 1 日至 4 月 30 日为前汛期；5 月 1 日至 7 月 31 日为主汛期；8 月 1 日至 9 月 30 日为后汛期。结合本分期研究成果，在满足防洪需求的前提下，考虑长江上游梯级水库群联合运用，可进一步开展三峡水库汛期运行水位动态控制研究。

参考文献

[1] 肖潇，毛北平，吴时强. 近 100 年来长江与洞庭湖汇流河段水文特征演变［J］. 湖泊科学，2021，33（1）：266-276.

[2] 中国长江三峡集团有限公司. 三峡（正常运行期）—葛洲坝水利枢纽梯级调度规程（2019 年修订版）［R］. 北京：水利部，2020.

[3] 冯宝飞，许银山，李洁. 三峡水库对城陵矶地区防洪补偿调度方式探讨［J］. 人民长江，2021，52（12）：27-33.

[4] 陈桂亚. 三峡水库对城陵矶防洪补偿库容释放条件分析［J］. 人民长江，2020，51（3）：1-5，30.

[5] 苑如玮，王浩，刘攀，等. 洞庭湖四水流域水库群联合防洪优化调度［J］. 人民长江，2024，55（4）：58-63，80.

[6] 朱勇辉，郭小虎，李凌云. 2020 年汛期荆江三口分洪能力及洞庭湖出流变化［J］. 人民长江，2020，51（12）：210-215.

[7] 刘培亮，毛德华，周慧，等. 1990—2013 年湖南四水入洞庭湖汛期径流量的变化规律［J］. 水资源保护，2015，31（4）：52-61.

[8] 黎玮. 洞庭湖区降雨特性分析［J］. 湖南水利水电，2015（2）：45-47.

[9] 邹强，胡挺，饶光辉，等. 三峡水库对城陵矶防洪补偿控制水位研究Ⅱ：风险分析与运用方案［J］. 人民长江，2024，55（2）：1-8，34.

[10] 陈柯兵，肖华，何奇锴，等. 1959～2020 年洞庭湖四水洪水情势变异特性及归因分析［J］. 水利水电快报，2022，43（12）：16-20.

[11] 张冬冬，王立海，李妍清，等. 多方法集成的三峡水库洪水分期研究［J］. 人民长江，2022，53（1）：18-24.

[12] 秦智伟，戴明龙，陈炼钢，等. 三峡水库汛期分期洪水特征及成因研究［J］. 人民长江，2018，49（22）：1-6.

[13] 陈守煜. 从研究汛期描述论水文系统模糊集分析的方法论［J］. 水科学进展，1995，6（2）：133-138.

[14] 刘章君，张静文，温天福，等. 赣江峡江水库洪水分期研究［J］. 中国农村水利水电，2023（5）：124-128.

[15] 陈曜，王顺久. 基于投影寻踪的汛期分期探讨［J］. 水文，2009，29（3）：16-18.

基于预报预蓄的金沙江下游梯级水库群汛期运行水位动态控制方式初步研究

李肖男[1,2]　傅巧萍[1]　何小聪[1]　荆　柱[1,2]　宋志豪[1]

（1. 长江勘测规划设计研究有限责任公司，湖北武汉　430010；
2. 长江水利委员会水旱灾害防御创新团队，湖北武汉　430010）

摘　要： 随着金沙江下游梯级水库全部投产运行，开展金下梯级水库汛期运行水位控制是提高梯级水库洪水资源利用水平的有效途径。本文结合梯级水库防洪库容的预留安排，重点从金下梯级水库配合三峡水库对长江中下游城陵矶地区防洪的角度出发，对7月金下梯级水库防洪库容的上浮运用时机和量级进行了初步探讨，提出了以莲花塘站水位为主要控制指标，结合短中期气象水文预报的梯级水库汛期运行水位动态控制运用条件，分析了存在的主要防洪风险并提出了应对措施，成果对指导金下梯级水库调度运行实践、提升水库群综合效益具有重要的现实意义和应用价值。

关键词： 金沙江下游梯级水库；洪水资源利用；汛期运行水位动态控制；预报预蓄

1　引言

长江流域是我国水资源配置的战略水源地，流域水资源总量丰沛，但时空分布不均[1]，水资源综合利用存在局部地区供用水矛盾较为突出的问题，工程性、资源性和水质性缺水并存[2]。随着两河口、乌东德、白鹤滩等调节能力强的水库建成投运，除金沙江中游龙头水库外，长江上游控制性水库开发建设已进入尾声，水库群汛期精细化利用洪水资源的需求愈发强烈，汛末竞争性蓄水矛盾愈发凸显[3-4]。作为长江流域洪水防御的工作纲领，国务院2015年批复《长江防御洪水方案》明确了长江干支流控制性水库可采取汛期适度蓄水、汛末提前蓄水、流域调水补水等措施，合理利用洪水资源。《长江防御洪水方案》反映了长江流域防洪的指导思想，突出了统筹防洪减灾和兴利的洪水资源化理念。

金沙江下游梯级水库（简称金下梯级水库）属于长江流域控制水工程，我国“西电东送”战略骨干电源。随着金下梯级水库的全部投产运行，面对流域水库水资源利用与管理的多样化、多层次需求，在保证枢纽工程和流域防洪安全的前提下，从洪水资源利用的理念出发，开展金下梯级水库汛期运行水位控制运用对提高梯级水库洪水资源利用效益、协调汛期防洪与汛末蓄水矛盾、助力碳达峰与碳中和目标实现、提升工程调度灵活性作用显著，对指导水库实时调度、提升工程综合效益、支撑长江经济带高质量发展具有重要的现实意义[5]。

对于金下梯级水库汛期运行水位动态控制方式的研究，目前主要采用基于预报预泄或分期汛限水位的思路开展[6-10]。随着乌东德、白鹤滩水库的投入运行，相较溪洛渡水库、向家坝水库新增约100亿m^3的防洪库容，不仅增加了汛期防洪安全的保障程度，也增加了汛末蓄水的难度。鉴于金下梯级水库155亿m^3的巨大防洪库容，单纯通过“预报预泄”方式可抬升的汛期运行水位幅度有限，且预泄的水量最终将进入三峡水库，进而影响三峡水库和长江中下游的整体防洪。同时，就控制流域面

基金项目： 国家重点研发计划项目（2022YFC3002705）；中国长江三峡集团有限公司科研项目（0704234）。

作者简介： 李肖男（1989—），男，高级工程师，主要从事水利规划与水库调度工作。

积、洪水地区组成、上下游水库衔接等方面而言，金下梯级水库整体“打捆”运用具有得天独厚的条件[11]，通过梯级水库整体运用，可提升联合调度的灵活性和综合效益。

为提升金下梯级水库汛期洪水资源利用水平，本文按照“分期预留、逐步蓄水”的原则，考虑梯级水库整体运用，基于“预报预蓄”思路开展了金下梯级水库汛期运行水位动态控制方式研究，结合梯级水库防洪库容的预留安排和流域防洪形势，重点从金下梯级水库配合三峡水库对长江中下游城陵矶地区防洪的角度出发，以不发生全流域型大洪水的研判为出发点，对7月金下梯级水库的防洪库容的释放运用时机和量级进行了探讨，提出了以莲花塘站水位为主要控制指标，结合短中期气象水文预报的金下梯级水库汛期运行水位动态控制运用条件，在保证防洪安全的前提下增加梯级水库联合调度运行的灵活性，实现水库调度精细化，对指导金下梯级水库调度运行实践、提升水库群综合效益具有重要的现实意义和应用价值。

2 研究对象

金沙江下游乌东德、白鹤滩、溪洛渡和向家坝梯级水库是长江流域治理开发与保护的骨干工程，工程开发任务是以发电为主，兼顾防洪、航运和促进地方经济社会发展。金下梯级水库总调节库容208.21亿m^3，最大预留防洪库容154.93亿m^3，装机容量46 460 MW，保证出力16 140 MW，多年平均发电量约1 867.3亿kW·h，不仅是“西电东送”的骨干电源，也是长江上游“一个核心、一组骨干和五大群组”防洪体系的骨干工程，在防洪、发电、生态、航运、枯期补水等方面发挥了巨大的综合效益。表1为金下梯级水库基本情况，图1为金下梯级水库分布概化图。

表1 金下梯级水库基本情况

水库名称	控制流域面积/万km^2	正常蓄水位/m	死水位/m	汛限水位/m	调节库容/亿m^3	防洪库容/亿m^3	装机容量/MW	额定流量/(m^3/s)
乌东德	40.61	975	945	952	30.20	24.4	10 200	8 080
白鹤滩	43.03	825	765	785	104.36	75.0	16 000	8 600
溪洛渡	45.44	600	540	560	64.62	46.5	13 860	7 500
向家坝	45.88	380	370	370	9.03	9.03	6 400	6 000

3 研究思路

《长江流域综合规划（2012—2030年）》[12]对长江上游干支流水库采取分期分类预留防洪库容，并结合洪水遭遇情况逐步蓄水方式运用。汛期7—8月，在满足防洪安全的前提下，上游干支流水库可有计划地逐步分期蓄水，以避免在汛期同时弃水、汛末同步蓄水导致无水可蓄的被动局面，既使长江中下游成灾洪水多发期长江上游有较大防洪库容用于拦洪，又可实现防洪与水资源综合利用较好地结合。本文遵循“分期预留、逐步蓄水”的原则，在保证流域防洪安全和对未来雨水情形势充分把握的前提下，尽可能结合对中小量级洪水的拦蓄或衔接标准洪水防洪调度的退水阶段，通过提前预存部分水量的方式开展动态控制运用，既发挥梯级水库的防洪减压作用，又兼顾提升汛期洪水资源利用效率和后期蓄水保供效益。

为此，辨识流域不同阶段、不同雨水情条件下的防洪调度需求是确保流域防洪安全的前提下分阶段释放金下梯级水库防洪库容的关键。根据流域综合规划整体安排，长江上游干支流建库除承担所在河流（河段）的防洪任务外，还应配合三峡水库对长江中下游发挥防洪作用。除三峡水库外，7月长江上游干支流水库共预留最大防洪库容340亿~360亿m^3，其中金沙江下游乌东德水库、白鹤滩水库、

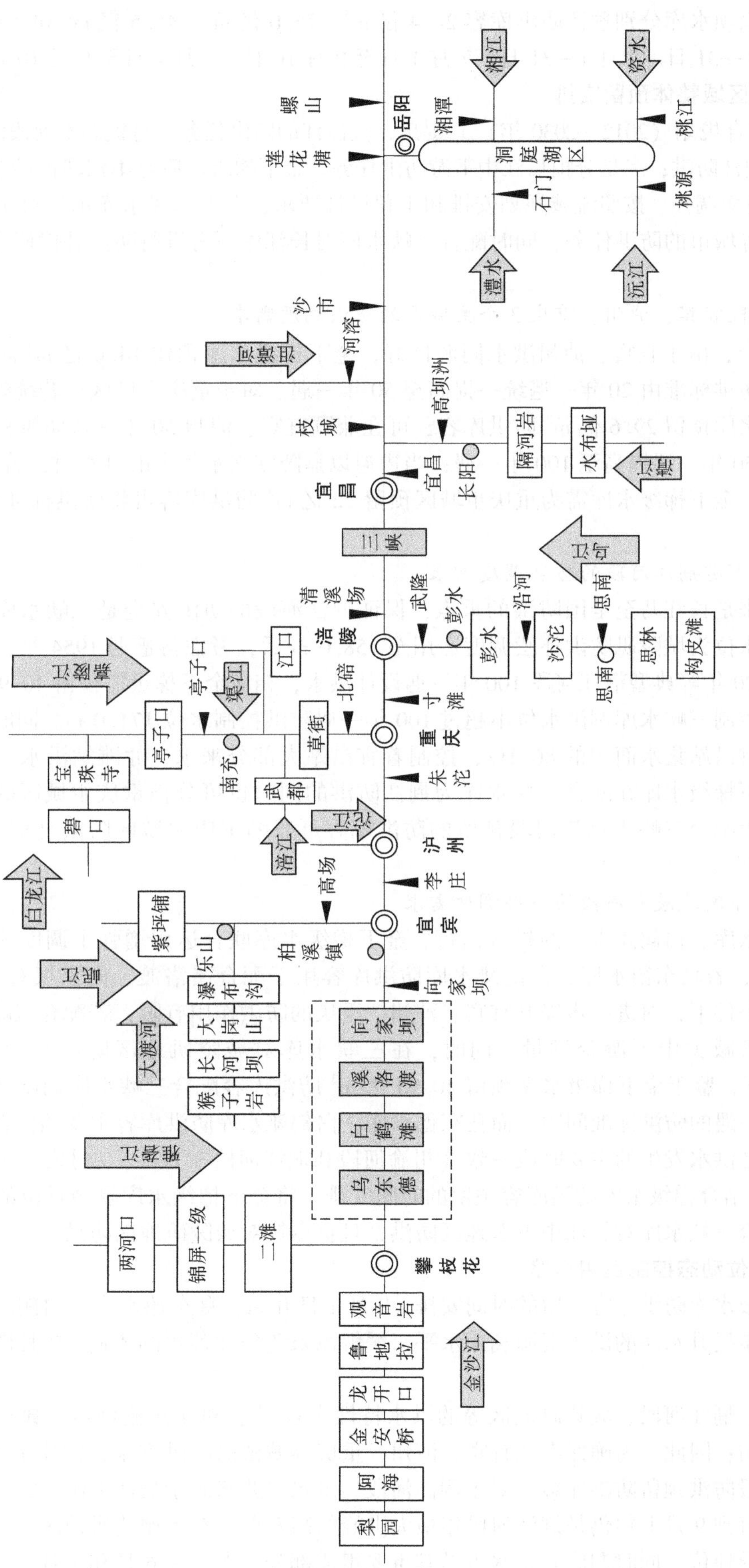

图1　金下梯级水库分布概化图

溪洛渡水库和向家坝水库分别预留防洪库容 24.4 亿 m^3、75.0 亿 m^3、46.5 亿 m^3 和 9.03 亿 m^3，预留时间分别为 7 月 1—31 日、7 月 1—31 日、7 月 1 日至 9 月 10 日、7 月 1 日至 9 月 10 日。

3.1 防洪库容分区域整体预留安排

《长江流域综合规划（2012—2030 年）》提出，金沙江的防洪任务一是提高本河段沿岸城镇的防洪标准；二是配合川江防洪；三是分担长江中下游防洪任务。金下梯级水库是本河段的控制性工程，可对金沙江来水进行有效调控。按照流域规划安排和工程设计要求，金下梯级水库承担对川渝河段沿岸宜宾、泸州、重庆等城市的防洪任务，同时配合三峡水库对长江中下游进行防洪补偿调度，减少中下游洪水损失。

3.1.1 对川渝河段宜宾、泸州、重庆 3 个主城区的防洪调度需求

研究表明[13-15]，由于宜宾、泸州洪水同源性好，金下梯级水库预留 14.6 亿 m^3 防洪库容可将宜宾、泸州主城区防洪标准由 20 年一遇统一提高至 50 年一遇。对于重庆主城区，若统筹川渝河段整体防洪，金下梯级水库预留 29.6 亿 m^3 防洪库容，可在兼顾宜宾、泸州 50 年一遇防洪标准的同时，将重庆防洪标准由 50 年一遇提高至 100 年一遇；当遭遇以嘉陵江来水为主的洪水时，若不考虑与宜宾、泸州防洪的统筹，金下梯级水库需为重庆主城区预留 22 亿 m^3 防洪库容可将防洪标准由 50 年一遇提高至 100 年一遇。

3.1.2 对长江中下游荆江河段的防洪调度需求

荆江河段历来是长江乃至全国防洪的重点，保证荆江河段的防洪安全是三峡水库的首要防洪任务。在三峡水库水位为城陵矶防洪补偿调度运用至 158.0 m 后，考虑再遭遇 1954 年、1981 年、1982 年、1998 年、2020 年等典型荆江河段 100 年一遇设计洪水，相应金下梯级需预留 40.93 亿 m^3 防洪库容配合运用，可控制三峡水库调洪水位不超过 100 年一遇防洪控制水位 171.0 m。同时，鉴于重庆寸滩站集水面积占宜昌站集水面积的 86.1%，控制着宜昌站大部分来水，寸滩站洪水与荆江河段洪水同源性较好，金下梯级水库在配合三峡水库为荆江防洪的同时也可分担重庆主城区的防洪压力。因此，金下梯级水库配合三峡为荆江河段预留的防洪库容可兼顾重庆主城区防洪（但无法兼顾宜宾、泸州河段防洪）[13,16]。

3.1.3 对长江中下游城陵矶河段的防洪调度需求

随着乌东德水库、白鹤滩水库的投入运行，金下梯级水库联合运用增强了调度的灵活性和复杂性。分析表明[15]，若乌东德水库、白鹤滩水库防洪库容用于配合溪洛渡、向家坝对川渝河段防洪，在现状防洪标准条件下，对进一步提升宜宾、泸州、重庆的防洪作用有限；若配合三峡水库对长江中下游防洪，可显著减少中下游分洪量。同时，在三峡水库对城陵矶地区防洪补偿调度控制水位 158.0 m 的条件下，鉴于金下梯级水库预留 40.93 亿 m^3 防洪库容配合三峡水库调度已能解决中下游荆江河段 100 年一遇的防洪标准问题。而乌东德水库、白鹤滩水库防洪库容主要预留在 7 月，与长江中下游城陵矶地区洪水发生的主要时段一致（川渝河段和荆江河段在 8 月、9 月发生大洪水的概率仍然较高）。因此，结合梯级水库防洪库容预留的时间安排，将金下梯级水库剩余预留的 99.4 亿 m^3 防洪库容定位于配合三峡水库对长江中下游地区防洪，且重点针对城陵矶地区防洪。

3.2 汛期运行水位动态控制运用思路

根据金下梯级水库防洪库容预留的时间安排，8 月 1 日开始，乌东德水库、白鹤滩水库可开始逐步蓄水。若进一步提升水库的洪水资源利用水平、缓解汛末竞争性蓄水的矛盾，7 月即可考虑提前预存部分水量。

从川渝河段、荆江河段、城陵矶地区等的洪水特性来看[17]：对于川渝河段，典型洪水通常发生在 8 月至 9 月上旬；因此，为确保沿江宜宾、泸州、重庆等城镇的防洪安全，需要金下梯级水库在 8 月继续为川渝河段防洪预留防洪库容。对于荆江河段，洪水主要来源于长江上游，宜昌站历年洪峰流量分布表明，一直到 9 月上旬仍是荆江河段年最大洪峰的高发期。对于城陵矶地区，其洪水通常以宜昌以上来水占主导地位，同时洞庭湖来水也是其重要组成部分，尤其在 6 月和 7 月，洞庭湖来水与长

江上游来水遭遇是形成长江全流域型大洪水或上中游型洪水的重要因素之一。受来水规律的影响，作为长江干流水位的“晴雨表”，城陵矶莲花塘站水位是研判全流域型大洪水或上中游型洪水的关键控制参数，是三峡水库开展汛期运行水位动态控制和防洪调度的重要参照[18-19]。同样，也可作为金下梯级水库汛期运行水位动态控制的重要参照。

图 2 为莲花塘站多年平均日水位过程，莲花塘站水位集中上涨在 6 月下旬、7 月上旬和 7 月中旬前半段，通常在 7 月中旬后半段至下旬前半段间达到峰值，进入 7 月下旬，洞庭湖区汛期逐渐结束，四水来水逐渐减小，加之水库蓄水的影响，莲花塘站水位退势明显。

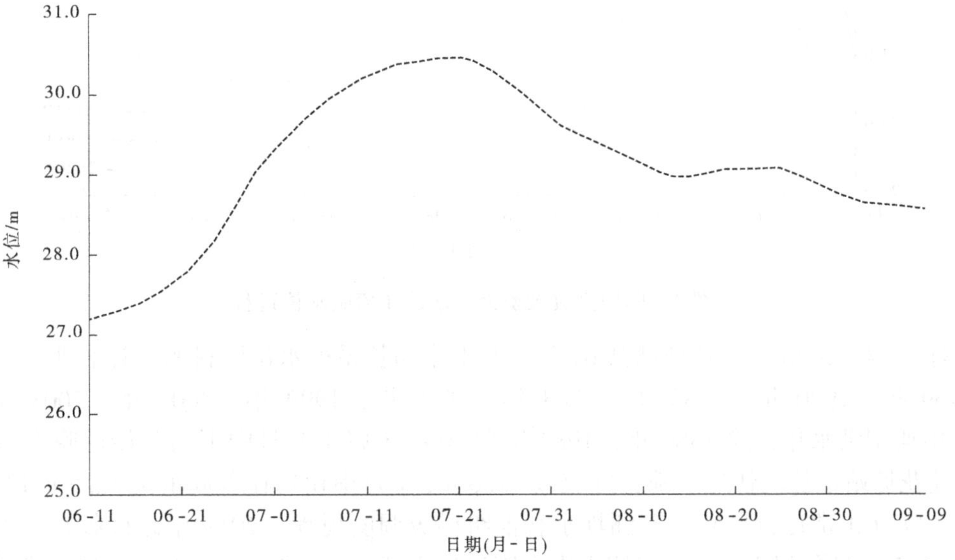

图 2　莲花塘站多年平均日水位过程

本文以莲花塘水位为主要判别指标，辅以短中期气象水文预报，在确保防洪安全的前提下适时优化梯级水库汛期运行水位方式。具体而言，在金下梯级水库不需要为川渝河段和配合三峡水库为长江中下游防洪调度时，考虑金下梯级水库通过“预报预蓄”的方式开展汛期运行水位动态控制，逐步释放金下梯级配合三峡水库对长江中下游城陵矶地区防洪的库容。

4　梯级水库汛期运行水位方式

4.1　预报预蓄时机

从金下梯级水库配合三峡水库对城陵矶地区防洪的库容使用量级来看，为城陵矶地区留足 99.4 亿 m^3 防洪库容主要用于配合三峡水库防御 1954 年、1998 年、2020 年等全流域型大洪水。遭遇其他类型洪水时受金沙江来水量级、洪水地区组成、中下游成灾历时等方面的影响，通常为城陵矶地区防洪不需要 99.4 亿 m^3 防洪库容，即在实时调度中，根据雨水情特点，在有充分把握长江中下游不发生全流域型大洪水时，金下梯级配合三峡水库为城陵矶地区防洪预留的库容可逐步释放运用[18]。

一般年份长江流域上下游、干支流洪峰相互错开，中下游干流可顺序承泄干支流洪水，不致造成大洪水。但遇气候反常，上游洪水提前，或中下游洪水延后，长江上游洪水与中下游洪水遭遇，形成全流域型大洪水。为此，首先选择新中国成立以来长江流域发生的 1954 年、1998 年和 2020 年等 3 场全流域型大洪水。通过对 3 场全流域型大洪水的分析可知：长江流域发生全流域型大洪水时，通常起始时间早、持续历时长，中下游高水位从 6 月中下旬一直延续到 9 月中上旬。图 3 为典型全流域型大洪水莲花塘站水位过程，1954 年莲花塘站水位在 6 月 30 日超警戒水位 32.5 m，此后一直延续至 9 月 1 日；1998 年莲花塘站水位在 6 月 28 日超 32.5 m，一直延续至 9 月中旬；2020 年莲花塘站水位在 6 月下旬由 28.5 m 快速上涨，7 月 5 日超 32.5 m，一直延续至 8 月 31 日。

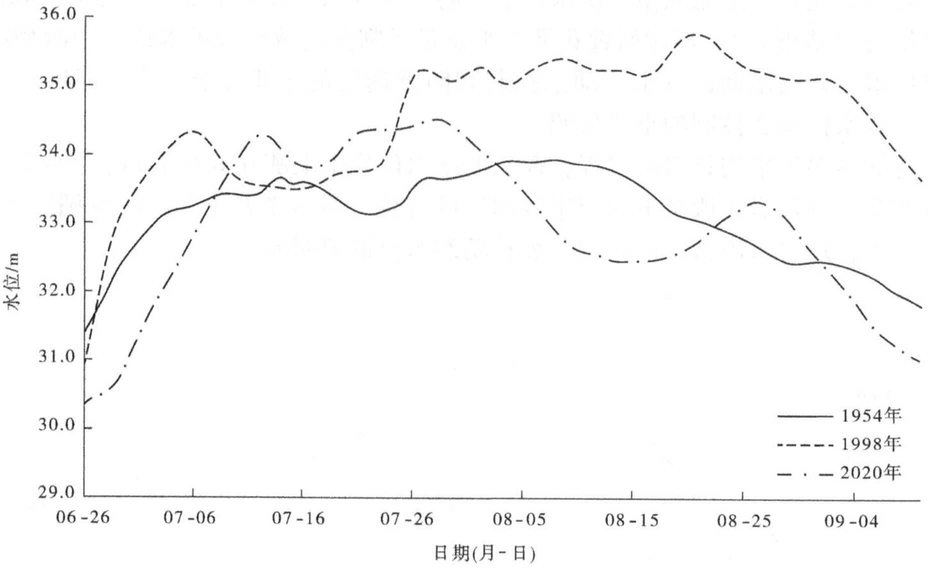

图 3　典型全流域型大洪水莲花塘站水位过程

进一步对 1954—2020 年莲花塘站共 67 年 7 月上中旬长系列水位资料的统计表明，对于 1935 年、1968 年、1969 年、1980 年、1983 年、1988 年、1996 年、1999 年、2002 年、2003 年、2016 年、2017 年等螺山典型洪水年，除 1980 年、1988 年和 2002 年属于 8 月中下旬开始的晚发洪水，其余典型 7 月上旬莲花塘站水位均快速上涨，并突破 32.0 m；7 月中旬均在警戒水位 32.5 m 以上。

根据《三峡（正常运行期）—葛洲坝水利枢纽梯级调度规程（2019 年修订版）》[20]，在莲花塘站水位达到 32.5 m 且预报未来 5 d 三峡水库入库流量不超过 55 000 m^3/s 时，三峡水库结合雨水情预报通过中小洪水减压调度尽量控制其不超警戒水位。鉴于警戒水位是我国防汛规定的各江河堤防需处于防守戒备状态的水位，加之新中国成立以来城陵矶地区尤其是洞庭湖区的水情和灾情资料表明，莲花塘站水位达 32.0 m 以上时，湖区一般都有洪涝灾害发生。为尽量不增加长江中下游防洪压力，本文初步将莲花塘站水位不超 32.0 m 作为金下游梯级水库汛期运行水位上浮运用的控制条件之一。

由螺山站和莲花塘站水位的相关关系可知，当莲花塘站水位在 32.0 m 时，螺山站水位通常在 31.0 m 左右，此时螺山站流量为 47 000~48 000 m^3/s。对莲花塘站汛期水位达 32.0 m 以上的 33 个年份统计发现，除 1982 年（上游型）、1989 年（上游型）和 1997 年外，其余 30 个年份同时段的四水合成流量峰值均在 20 000 m^3/s 以上，且多数年份在 25 000 m^3/s 以上。可见，洞庭湖流域洪水致使四水合成流量持续上涨是莲花塘站水位超 32.0 m 的主要因素之一。

从形成全流域型大洪水的暴雨时空分布特点来看，全流域型大洪水与长江中下游梅雨情况密切相关[21]。随着流域气象水文预报水平的提升，根据 7 月上旬的雨水情和短中期预报可较为有把握地判断长江流域是否可能发生全流域型大洪水，以为金下游梯级水库汛期运行水位上浮运用提供参考。

综合历次全流域型大洪水中莲花塘站水位特点和洞庭湖水系洪水发生的特征，本文初步提出：7 月上旬期间，当莲花塘站实时及预报水位低于 32.0 m 且短中期预报洞庭湖水系无中等强度以上降雨过程，基本判定不会发生全流域型大洪水，金下梯级水库配合三峡水库为城陵矶地区防洪库容可开始考虑逐步释放运用。

4.2　预报预蓄量级

由于城陵矶地区防洪调度需求主要受全流域型大洪水控制，7 月上旬是长江全流域型大洪水形成的主要起涨和形成时段，若此时中下游没有防洪需求且短中期预报洞庭湖水系无中等强度以上降雨过程，基本判定不会发生全流域型大洪水。此阶段，推荐梯级水库防洪库容释放量级与乌东德、白鹤滩、溪洛渡、向家坝各水库单库调度规程中提出汛期运行水位上浮幅度保持一致，即乌东德、白鹤滩、溪洛渡、向家坝水库运行控制水位一般情况下可分别按照不高于954.5 m、787.5 m、562.0 m、372.5 m控制，相应上浮库容分别为2.33亿m^3、3.97亿m^3、2.06亿m^3、2.19亿m^3，梯级水库合计上浮库容10.55亿m^3。

进入7月中旬后，城陵矶地区的防洪调度需求主要受1968年、1969年、1996年和1999年等典型年控制；8月之后主要受1980年、1988年和2002年等典型年控制。采用大湖演进计算模型，考虑中下游河道湖泊的自然调蓄作用，计算了不同典型年中下游型洪水的天然超额洪量（不考虑水库调蓄）。计算结果表明：1968年、1969年、1980年、1988年、1996年、1999年和2002年典型洪水天然城陵矶超额洪量分别为36亿m^3、0、0、0、56亿m^3、40亿m^3和8亿m^3。根据不同典型年城陵矶河段的超额洪量情况，考虑一定的预报误差，以确保城陵矶地区不分洪为目标，表2计算了金下梯级水库配合三峡水库对城陵矶地区拦蓄需求。

表2　三峡水库不同调洪水位金下梯级水库为城陵矶防洪应预留库容统计　　单位：亿m^3

典型年洪水	起调水位/m									
	145	148	150	151	152	153	154	155	156	157
1968	0	0	0	1.5	9.1	17	25.2	33.4	41.6	50
1996	0	14	27	34	41.6	49.5	57.7	65.9	74.1	82.5
1999	0	0	1	8	15.6	23.5	31.7	39.9	48.1	56.5
2002	0	0	0	0	0	0	0	0	0	4.5

注：考虑一定预报误差，超额洪量按照偏大30%考虑；同时安全起见，金下梯级库容相对三峡水库库容的等效系数按照0.8计算。

根据表2对1968年、1969年、1996年、2002年等区域性洪水的调洪分析结果可知，如三峡水库按150 m起调，需金下梯级为配合三峡对城陵矶补偿调度预留不少于27亿m^3防洪库容，即最大可释放运用约73亿m^3防洪库容；如三峡水库按153 m起调，需金下梯级为配合三峡对城陵矶补偿调度预留不少于50亿m^3防洪库容，即最大可释放运用约50亿m^3防洪库容；如三峡水库按155 m起调，需金下梯级为配合三峡对城陵矶补偿调度预留不少于66亿m^3防洪库容，即最大可释放运用约34亿m^3防洪库容；如三峡水库按157 m起调，需金下梯级为配合三峡对城陵矶补偿调度预留不少于83亿m^3防洪库容，即最大可释放运用约17亿m^3防洪库容。

进入7月下旬后，随着洞庭湖水系来水的逐步转退，若长江上游洪水与洞庭湖来水不发生遭遇，即不发生上中游型洪水，莲花塘站水位将快速下降，金下梯级水库配合三峡水库为城陵矶地区防洪库容可进一步释放，梯级水库可根据防洪与兴利需求进一步抬升库水位。鉴于7月下旬城陵矶地区水情形势逐步趋于明朗，金下梯级水库防洪库容释放的量级可进一步增加，特别是当莲花塘站7月下旬水位低于30.5 m时，由于同时段四水合成流量峰值多在15 000 m^3/s以下，城陵矶地区基本没有防洪压力，且城陵矶水位30.5~32.5 m的湖容约45亿m^3（见图4），对洞庭湖四水水系和洞庭湖区间的来水有很大的调节作用。

当7月下旬莲花塘站水位低于30.5 m时，选择1980年、1988年和2002年等螺山历史典型洪水为防洪需求的样本，此时依靠三峡水库调度可充分保障城陵矶地区的防洪安全。考虑一定安全裕度，金下梯级配合三峡水库为长江中下游城陵矶地区预留的防洪库容需求可按照不少于10亿m^3控制，即最大可释放运用约90亿m^3防洪库容。

5　风险及对策分析

（1）考虑不同工情，分阶段控制防洪库容释放运用速度。

本文采用预报预蓄策略探讨并初步提出了金下梯级水库汛期运行水位动态控制运用方式，对于金下梯级水库防洪库容分阶段上浮运用的风险，主要在7月。鉴于本文提出7月金下梯级水库逐旬上浮

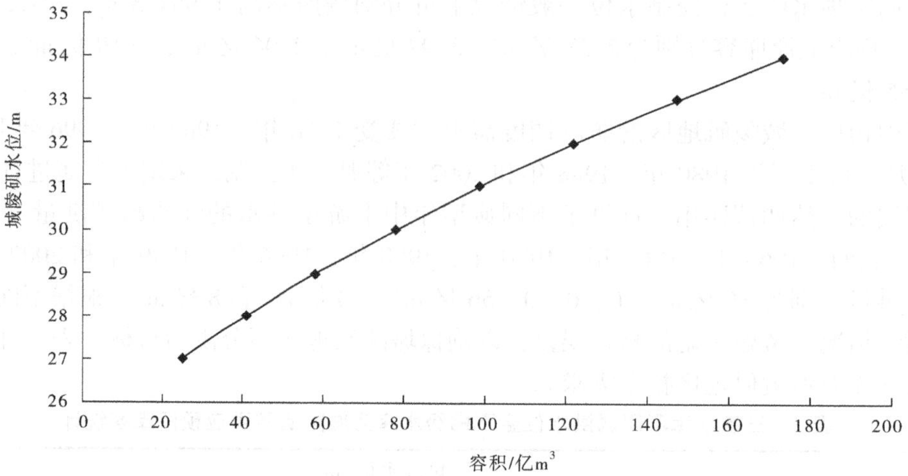

图4　基于城陵矶七里山站水位的洞庭湖湖容曲线（2003年）

运用防洪库容，就旬内不同阶段而言，应在旬初段适当控制防洪库容上浮运用进程，特别是7月上旬；在旬中后段结合短中期气象水文预报，一般对本旬的雨水工情有充分的把握，可在规定的上浮范围内适当加快进程，以尽量减少预报不确定和水情变化带来的不利影响。此外，由于金下梯级水库实施汛期运行水位动态控制与三峡水库运行工况密切相关，当三峡水库水位运用至150 m以上后，要加密预报频次，尽量做到滚动预报，以期提高预报精度，及时修正预报误差对三峡与金下梯级水库汛期运行水位浮动和防洪调度带来的影响。

（2）开展气象预测预报研究，延长有效预见期。

先进的气象水文预报技术是梯级水库优化调度利用洪水资源的基础，预报精度与预见期直接影响调度成果[22]。通常长江上游、中游汛期发生大洪水的前期往往呈现某一方面或多个异常的气候特征[23]，而且影响长江中上游汛期旱涝的物理因素在前期冬春季甚至上一年秋季就有明显的征兆，也即自上一年秋季开始海洋、大气环流、天文因子、高原积雪状况等均会出现异常信号，分析掌握这些预测信息并跟踪前期出现的这些异常信号，有助于提前准确预测汛期发生大洪水的可能性，为金下梯级水库调度及时提供决策依据。

本文较多提及的"及时研判是否发生全流域型大洪水"的条件，也需借助于中长期气象预报。一般情况下，6月中旬至7月上旬长江流域进入梅雨期[21]，在此期间两湖水系、长江中游干流、长江下游均可能出现较大暴雨洪水，长江中下游干流、两湖水位进入汛期第一波快速上涨期。如果梅雨期降雨集中、范围广，在此阶段即可能形成长江全流域型大洪水。当前，随着科技的进步和水文气象预报精度的提高，目前气象部门可以较为准确地预测判断梅雨结束时间，若能判断上游来水与中下游的暴雨洪水不会发生遭遇，则金下梯级水库可考虑逐步抬高水库运行水位并提前预存部分水量。

为此，在当前预报水平的基础上，应进一步加强中长期气象预报产品的研究与应用，要继续利用历史典型洪水样本强化长江流域洪水类型分类和评判，结合中长期预报信息，总结调度运行实践，构建历史洪水调度案例库。

6　结论

金沙江下游乌东德、白鹤滩、溪洛渡和向家坝梯级水库是长江流域治理开发与保护的骨干工程。随着金下梯级水库全部投产运行，为适应梯级水库联合调度格局的变化，充分发挥梯级水库的综合效益，优化梯级水库联合调度方式，有效指导金下梯级水库联合调度运行，开展金下梯级水库汛期运行水位动态控制十分必要。本文重点从金下梯级水库配合三峡水库对长江中下游城陵矶地区防洪的角度出发，对7月金下梯级水库的防洪库容的释放运用时机进行了初步探讨，提出了以莲花塘站水位为主要控制指标、结合短中期气象水文预报的金下梯级水库汛期运行水位动态控制运用条件。主要研究结论如下：

（1）提出了基于预报预蓄思路、金下梯级水库汛期运行水位动态控制的条件。按照“分期预留、逐步蓄水”的原则，在金下梯级水库在留足为本流域防洪和确保荆江地区100年一遇防洪安全所需的库容前提下，当金下梯级水库不需要为川渝河段和配合三峡水库为长江中下游防洪调度时，若莲花塘站水位不高于32.0 m且短中期预报洞庭湖水系无中等强度以上降雨过程，基本判定不会发生全流域型大洪水，金下梯级水库防洪库容可开始考虑逐步上浮运用。

（2）提出了7月不同阶段金下梯级水库整体上浮空间。推荐7月上旬梯级水库整体上浮10.55亿m^3防洪库容。7月中旬之后金下梯级水库预蓄库容随着三峡水库所处水位变化而动态变化；如三峡水库按150 m起调，金下梯级最大可上浮运用约73亿m^3防洪库容；如三峡水库按153 m起调，金下梯级最大可上浮运用约50亿m^3防洪库容；如三峡水库按155 m起调，金下梯级最大可上浮运用约34亿m^3防洪库容；如三峡水库按157 m起调，金下梯级最大可上浮运用约17亿m^3防洪库容。7月下旬当莲花塘站水位低于30.5 m时，梯级水库最大可释放运用约90亿m^3防洪库容。

（3）为防范化解金下梯级水库汛期运行水位动态控制运用方式的防洪风险，应考虑不同工情，分阶段控制防洪库容上浮运用速度；开展气象预测预报研究，延长有效预见期；设定汛期水位上浮运用启用条件，达到风险可控。

参考文献

[1] 马建华．长江流域水资源面临的形势与可持续利用对策［J］．人民长江，2010，41（12）：1-6，19.

[2] 王翠平，胡维忠，宁磊，等．长江流域洪水资源利用与策略研究［J］．人民长江，2011，42（18）：85-87，110.

[3] 陈炯宏，陈桂亚，宁磊，等．长江上游水库群联合蓄水调度初步研究与思考［J］．人民长江，2018，49（15）：1-6.

[4] 龚文婷，胡挺，邢龙，等．金沙江下游四库蓄水调度影响与对策分析［J］．水电能源科学，2022，40（4）：83-86.

[5] 陈桂亚，陈潇，蔡淑兵，等．新阶段提升长江流域水能资源利用效能研究［J］．人民长江，2023，54（10）：1-6.

[6] 王学敏，陈芳，张睿．溪洛渡、向家坝水库汛期运行水位上浮空间研究［J］．人民长江，2018，49（13）：52-58.

[7] 熊丰，郭生练，陈柯兵，等．金沙江下游梯级水库运行期设计洪水及汛控水位［J］．水科学进展，2019，30（3）：401-410.

[8] 余玉聪，李雯晴，刘招，等．金沙江下游梯级水库汛期分期及汛限水位合理性研究［J］．长江科学院院报，2020，37（9）：39-44.

[9] 朱迪，周研来，陈华，等．考虑分级防洪目标的梯级水库汛控水位调度模型及应用［J］．水利学报，2023，54（4）：414-425.

[10] 周研来，郭生练，王俊，等．金沙江下游梯级水库汛期运行水位协同浮动调度研究［J］．水利学报，2023，54（6）：633-643.

[11] 荆柱，李肖男，何小聪，等．金沙江下游梯级水库群协同防洪调度策略研究［J］．人民长江，2023，54（9）：33-40，75.

[12] 水利部长江水利委员会．长江流域综合规划（2012—2030年）［R］．武汉：水利部长江水利委员会，2012.

[13] 李安强，张建云，仲志余，等．长江流域上游控制性水库群联合防洪调度研究［J］．水利学报，2013，44（1）：59-66.

[14] 张睿，李安强，丁毅．金沙江梯级与三峡水库联合防洪调度研究［J］．人民长江，2018，49（13）：22-26.

[15] 长江勘测规划设计研究有限责任公司．金沙江下游四座梯级防洪库容联合运用研究及对三峡调度的协同作用研究报告［R］．武汉：长江勘测规划设计研究有限责任公司，2023.

[16] 邹强，胡挺，肖扬帆，等．三峡水库对城陵矶防洪补偿控制水位研究Ⅰ：需求分析与优化条件［J］．人民长

江，2024，55（1）：21-27.
［17］长江勘测规划设计研究有限责任公司．金沙江下游四座梯级水库汛期运行水位动态控制运用研究报告［R］．武汉：长江勘测规划设计研究有限责任公司，2023.
［18］陈桂亚．三峡水库对城陵矶防洪补偿库容释放条件分析［J］．人民长江，2020，51（3）：1-5，30.
［19］李肖男，傅巧萍，张松，等．三峡水库汛期运行水位运用方式研究［J］．人民长江，2022，53（2）：21-26，40.
［20］中国长江三峡集团有限公司．三峡（正常运行期）—葛洲坝水利枢纽梯级调度规程（2019 年修订版）［R］．北京：中国长江三峡集团有限公司，2020.
［21］李娜，郭生练，王俊，等．长江中下游梅雨与三峡水库入库洪水遭遇规律分析［J］．人民长江，2022，53（3）：44-49.
［22］郭生练，刘攀，王俊，等．再论水库汛期水位动态控制的必要性和可行性［J］．水利学报，2023，54（1）：1-12.
［23］周新春，许银山，杨雁飞，等．长江流域性洪水辨识与特征对比分析［J］．人民长江，2020，51（12）：111-115.

我国南北典型城市雨水资源利用影响因子识别

徐佳怡　戴江玉

（南京水利科学研究院，江苏南京　210029）

摘　要：面对水资源日益紧张的现状，城市雨水资源利用是解决城市水资源短缺的重要手段之一。我国南北城市地形气候差距较大，不同地域在雨水资源利用方面存在不同的影响因子。本文通过选取南北典型城市北京和深圳为研究对象，基于多元线性回归法进行城市雨水资源利用量归因分析，在地域尺度上研究城市雨水资源利用量的影响因子，并筛选出雨水资源利用主要影响因素。结果表明：北京和深圳市雨水利用量均为上升趋势；南北典型城市雨水资源利用量都受地下水供水量等因素的影响，而北京境外调入水供水量也是一个很重要的影响因素。

关键词：雨水利用；影响因子；趋势；驱动力；多元线性回归

1　引言

我国有400多个城市由于人口聚集、人均水资源量短缺以及水质污染等因素，不同程度地面临着可用水资源短缺的严峻挑战。雨水资源作为一种重要的资源形式，其开发利用是缓解这一严峻形势的有效手段。自2014年住房和城乡建设部颁布《建设海绵城市建设指南》以来，我国逐步将雨水资源利用纳入城市规划中[1]。随着雨污分流、人工湿地和绿色屋顶等雨水集蓄工程的实施，雨水资源的利用量显著提升，对缓解城市水资源紧张局势发挥了积极作用[2]。

随着城市对雨水资源利用重视度的不断提升，以及清洁能源的持续发展，如何实现雨水资源的高效利用已成为当前研究的热点。范远航等[3] 系统性地梳理了城市雨水资源的利用措施和其长期运行的潜在风险，包括透水铺装、雨水花园和绿色屋顶等城市雨水资源利用措施，以及长期运行情况下可能出现的雨水径流入渗、雨水资源利用及设施功能衰减等方面的风险。黄涛等[4] 基于SWMM模型，研究了不同重现期下低影响开发（LID）雨水系统对雨水径流量的影响，结果表明汇流路径对雨水径流外排总量和峰值流量影响较大。高玉琴等[5] 基于云模型构建低影响开发措施综合效益评价体系，并将评价体系应用于4个LID措施设计方案，从理论研究和工程实践方面加强了LID措施的应用。

目前的研究主要针对城市雨水资源利用的模式、模型和效益评估，对于雨水资源利用影响因素的研究相对较少，因此研究在不同地域因地制宜地发展雨水资源利用是缓解水资源短缺长期面临的难题。

雨水资源利用量这项指标是对城市雨水资源利用情况的最直接反映。一般对影响因素的定量研究主要包括相关性分析法和统计模型法[6]。相关性分析法是基于相关系数判断因素之间的相关强度，该方法计算较为简单，但只能识别单因素的独立作用[7]。统计模型法是建立雨水资源利用量与多个约束因素之间的回归关系，通过统计显著性筛选约束因素，回归系数判断约束强度，常用的统计模型方法有多元线性回归法、随机森林法和神经网络法[8]。

本文采用SPSS软件统计模型中的相关性分析和线性回归统计模型分析雨水资源利用量的影响因素及其贡献，基于北京和北京的多年降水观测数据和雨水资源利用量，评估了深圳和北京雨水利用在

作者简介：徐佳怡（1998—），女，研究生，主要从事平原水网研究工作。
通讯作者：戴江玉（1985—），男，正高级工程师，主要从事河湖健康研究工作。

时间上和空间上的变化趋势；基于雨水资源利用量的制约因素，定量解析了不同因素对雨水资源利用量的影响，从而识别雨水资源利用量的主要影响因素。雨水资源利用量变化对不同地域发展雨水资源利用具有重要意义，本文可为不同地域发展雨水资源利用的方式方法提供案例参考和方案借鉴。

2 区域概况与研究方法

2.1 区域概况

根据不同地理尺度上的水文特征，我国可划分为 5 个水资源带：缺水带、少水带、过渡带、多水带和丰水带。本文研究的城市包括北京和深圳，其中北京被归类为典型的少水带城市，而深圳则代表典型的丰水带城市。

北京市为少水带资源型缺水城市，总面积约 16 410 km^2。北京地处暖温带半湿润半干旱季风气候区，年降水量分配重度不均，夏季高温多雨，冬季寒冷干燥。北京境内有五大水系，分别是拒马河、永定河、北运河、潮白河和蓟运河。2020 年，北京市年降水量 560 mm，水资源总量 25.76 亿 m^3，而常住人口数量 2 189 万人，人均水资源量仅有 118 m^3，约为全国人均的 1/4。水资源紧缺是北京的基本市情，随着人口的增长和城市化进程的加快，水资源的压力不断加大。

深圳市为丰水带功能性缺水城市，总面积约 1 997 km^2。深圳地处南亚热带季风气候区，年降水分配严重不均，夏季高温多雨，其余季节气候温和。深圳境内有深圳河、茅洲河、龙岗河、观澜河和坪山河五大水系。2020 年，深圳市年降水量 1 497 mm，水资源总量 22.09 亿 m^3，常住人口数量 1 756.01 万人，人均水资源量仅有 119 m^3。尽管深圳作为丰水带城市，降水量相对较高，但随着城市的发展、人口的增加和对生态环境保护的需求增加，深圳也逐渐面临水资源短缺的问题。

2.2 数据来源与研究方法

雨水资源利用量的数据包括北京市 2010—2020 年逐年雨水利用量，来源于北京市 2010—2020 年水务统计年鉴；深圳市 2007—2020 年逐年雨水利用量，来源于深圳市水资源公报。其余各影响因素的数据分别来源于北京市水务统计年鉴、北京市水资源公报、北京市统计年鉴、深圳市水资源公报和深圳市统计年鉴。

根据北京市水务局相关工作人员的咨询，北京市雨水利用量在 2014—2015 年出现突降的原因是数据统计口径出现改变，2010—2014 年统计的雨水资源利用量包括北京市城区和农村，而在 2015 年后统计的只有北京市城区雨水利用量，本文将北京市雨水资源利用量分为 2010—2014 年和 2015—2020 年两个阶段分别进行研究。

根据数据内容，归纳北京和深圳的城市雨水资源利用量基本统计特征，如表 1 所示。

表 1　城市雨水资源利用量基本统计特征

城市	雨水资源利用量/(万 m^3/a)				样本量
	平均值	标准差	最小值	最大值	
北京	4 965.55	92.49	4 798.24	5 057.32	6
深圳	1 170.8	633.7	80	1 889.84	14

根据研究内容，将影响雨水资源利用的因素分为 3 类：自然禀赋、社会需求和供水结构，包含的具体影响因素及编号如表 2 所示。其中，x_1 为降水量、x_2 为水资源总量、x_3 为人均水资源量、x_4 为常住人口数量、x_5 为 GDP 总值、x_6 为地表水供水量、x_7 为境外调入水供水量、x_8 为地下水供水量、x_9 为再生水供水量、y 为雨水资源利用量。两城市特异性指标：北京市 x_{10} 为雨水设施综合利用能力，深圳市 x_{11} 为淡化海水供水量。

本文将对各种影响因素进行相关性分析，结果合理将会进行线性回归分析找出因素占比。但是因为雨水资源利用受人为因素影响比较大，相关性分析结果将只会作为参照结果，具体影响因素还需要进一步进行逻辑上的分析。

表 2　影响因素分类

因素分类	包含因素
自然禀赋	降水量 x_1（mm）、水资源总量 x_2（万 m^3）、人均水资源量 x_3（m^3）
社会需求	常住人口数量 x_4（万人）、GDP 总值 x_5（亿元）
供水结构	地表水供水量 x_6（万 m^3）、境外调入水供水量 x_7（万 m^3）、地下水供水量 x_8（万 m^3）、再生水供水量 x_9（万 m^3）

3　结果与讨论

3.1　雨水资源利用量趋势分析

基于北京和深圳的雨水资源利用量及总供水量的数据，得到北京、深圳的雨水资源利用量及占比变化如图 1 所示。线性趋势检验结果表明，北京 2010—2014 年雨水资源利用量及占总供水量比例均呈线性上升趋势，2015—2020 年雨水资源利用量呈线性上升趋势，雨水资源利用量占总供水量比例呈线性下降趋势；2007—2020 年深圳的雨水资源利用量及占总供水量比例均呈线性上升趋势。

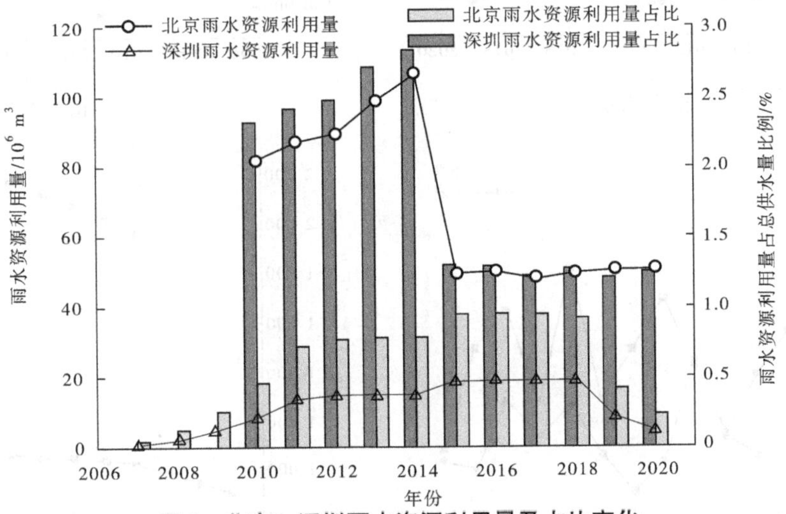

图 1　北京、深圳雨水资源利用量及占比变化

分别对北京市和深圳市进行 Mann-Kendall 趋势检验，Mann-Kendall 趋势检验是提取序列变化趋势较为有效的工具，被广泛应用于气候参数和水文序列变化趋势的分析。北京和深圳的 Mann-Kendall 趋势检验结果如表 3 所示。

表 3　Mann-Kendall 趋势检验结果

指标	北京（2010—2014 年）		北京（2015—2020 年）		深圳（2007—2020 年）	
	Z	P	Z	P	Z	P
雨水资源利用量	2.20	0.027	1.50	0.13	2.86	0.004 3
利用量占比	2.20	0.027	-1.50	0.13	2.19	0.029

根据 Mann-Kendall 趋势检验结果统计值，北京雨水资源利用量和雨水资源利用量占总供水量比例在 2010—2014 年呈显著上升趋势（$P<0.05$），2015—2020 年呈上升趋势，但不显著（$P>0.1$），雨水资源利用量占比呈下降趋势，同样也不显著（$P>0.1$）；深圳雨水利用量和雨水利用量占总供水量比例在 2007—2020 年呈上升趋势，存在显著上升趋势（$P<0.05$）。

从雨水资源利用量和占比两个指标来看，北京和深圳的 Mann-Kendall 趋势检验结果与线性趋势检验的结果均一致。然而，值得注意的是，虽然北京和深圳的雨水资源利用量均呈现上升趋势，但北京雨水资源利用量在 2015—2020 年的结果并不显著，说明北京两阶段的主要影响因素可能存在差异，和深圳市也有一定差异。

3.2 影响因子及其变化特征

本文使用 11 项数值指标表征城市雨水资源利用量的影响因素，两城市雨水资源利用量影响因子变化趋势如图 2 所示。

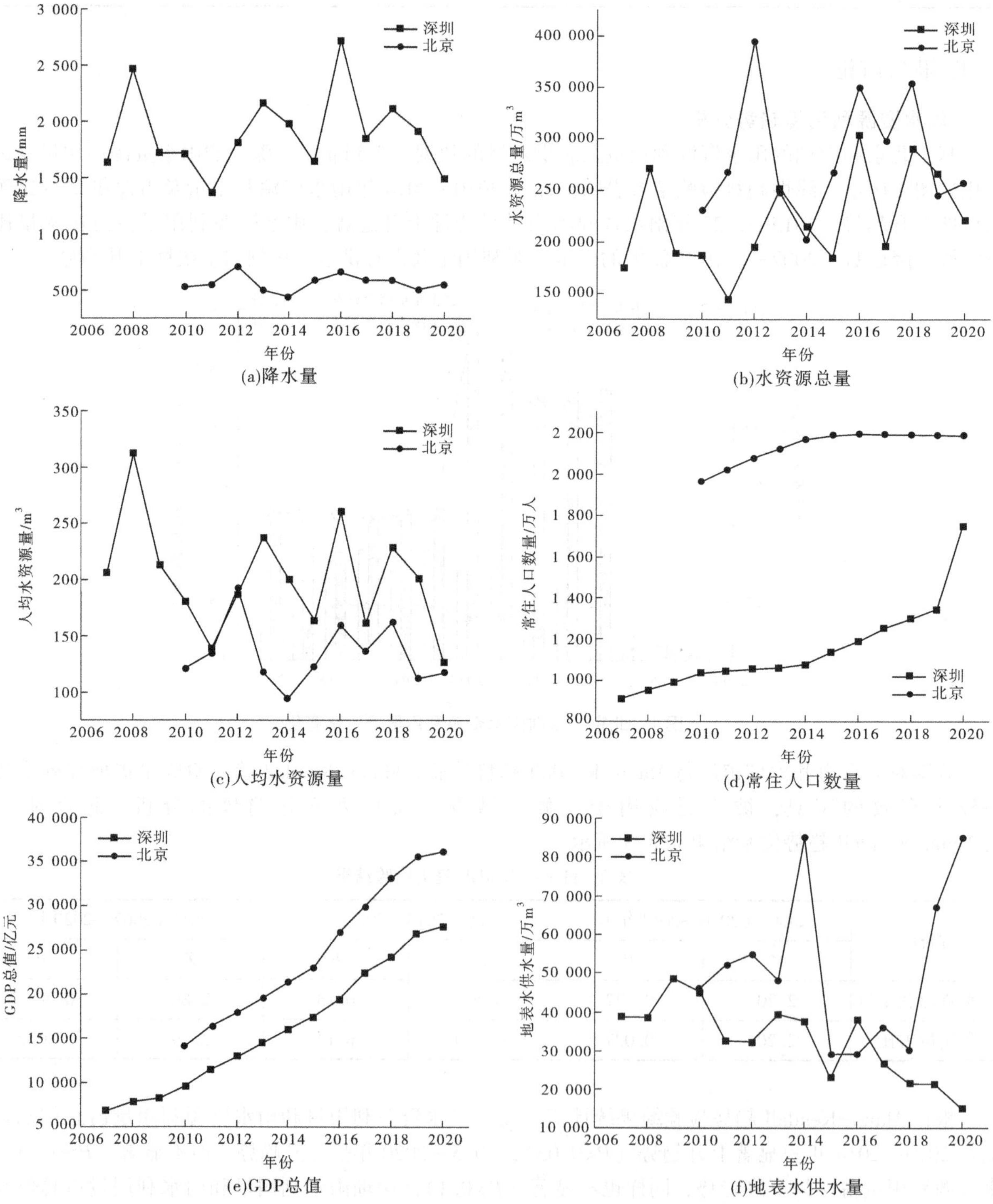

图 2 雨水资源利用量影响因子变化趋势

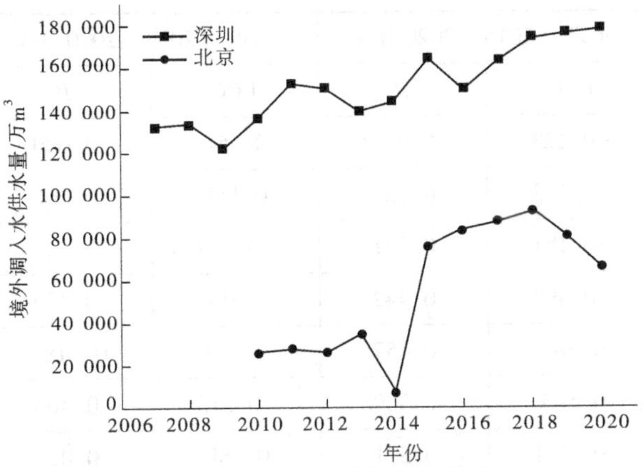

(g)境外调入水供水量

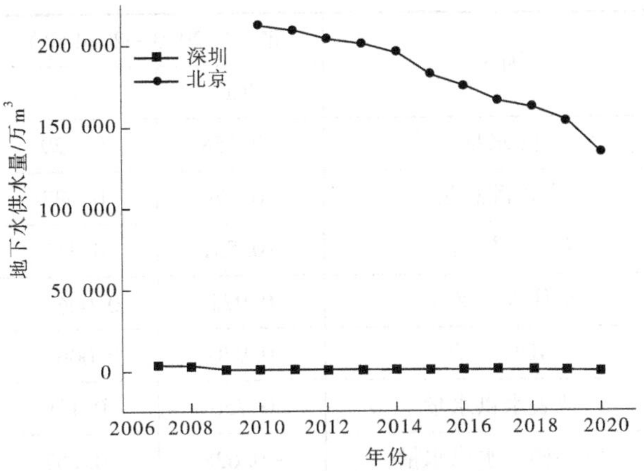

(h)地下水供水量

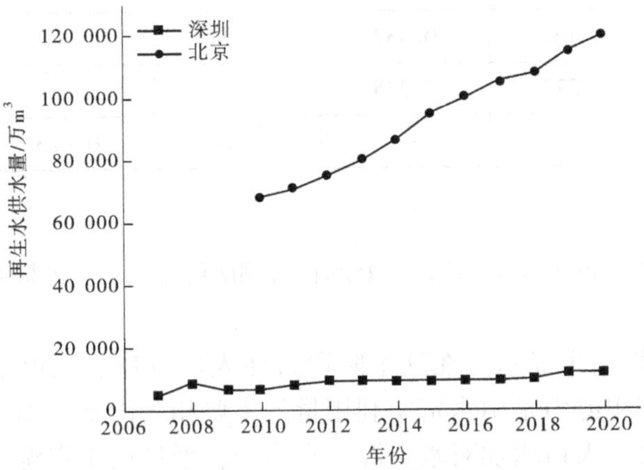

(i)再生水供水量

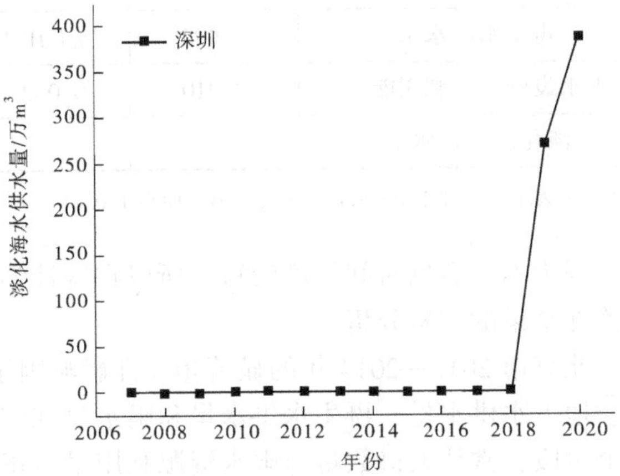

(j)淡化海水供水量

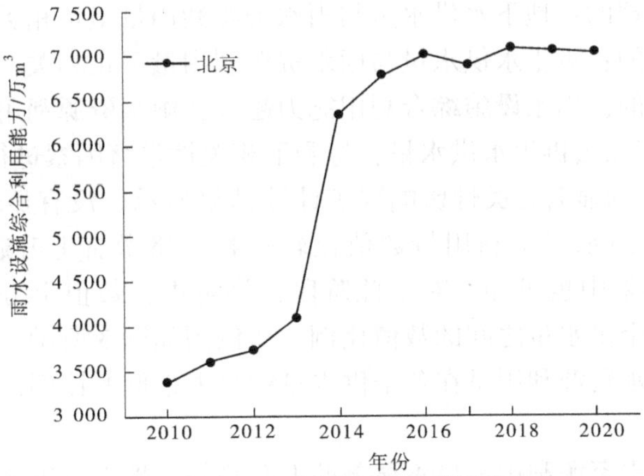

(k)雨水设施综合利用能力

续图 2

3.3 影响因子相关性分析

本文先对数据进行相关性分析，确定因变量和自变量的相关性。考虑各因素之间数值大小差距较大，对数据进行对数化处理，使数据大小差距减小，以提高相关性分析模型准确度。根据结果选取显著性 $P<0.05$ 的显著相关的变量，判断结果是否在逻辑上可靠，进一步判断是否可以进行线性回归模型建立和分析。各影响因子相关性分析结果如表 4 所示，表中 PCC 值表示皮尔逊相关性，P 值表示因素影响显著性。

表 4　显著相关性影响因子

因子	北京（2010—2014 年）		北京（2015—2020 年）		深圳（2007—2020 年）	
	PCC	*P*	PCC	*P*	PCC	*P*
降水量	-0.558	0.329	-0.223	0.671	0.154	0.600
水资源总量	-0.376	0.533	-0.183	0.729	0.151	0.606
人均水资源量	-0.531	0.357	-0.181	0.731	-0.187	0.521
常住人口数量	0.972	0.006**	-0.392	0.442	0.317	0.270
GDP 总值	0.970	0.006**	0.381	0.457	0.619	0.018*
地表水供水量	0.756	0.139	0.503	0.309	-0.213	0.464
境外调入水供水量	-0.628	0.257	-0.511	0.301	0.468	0.092
地下水供水量	-0.978	0.004**	-0.482	0.333	-0.642	0.013*
再生水供水量	0.992	0.001**	0.461	0.357	0.551	0.041*
雨水设施综合利用能力	0.910	0.032*	0.573	0.235	—	—
淡化海水供水量	—	—	—	—	-0.144	0.623

注：* 表示显著性小于 0.05，** 表示显著性小于 0.01。

因为本文数据时间尺度较短，所以在统计学结果上可能会存在结果上的误差和巧合性，下文是对相关性结果的逻辑分析。

北京市 2010—2014 年的显著相关性影响因子计算结果显示，在这个阶段常住人口数量、GDP 总值、地下水供水量、再生水供水量和雨水设施综合利用能力是雨水资源利用量的主要相关因素。而在这个阶段，常住人口数量与雨水资源利用量呈正相关，人口增加对水资源需求增加，增加雨水资源利用量是合理的；GDP 总值与雨水资源利用量呈正相关，经济增长对雨水利用基础设施投入更多，雨水资源利用量增加，是合理的；地下水供水量与雨水资源利用量呈负相关，地下水供水量越少，雨水资源利用量越多，是合理的；再生水供水量与雨水资源利用量呈正相关，而再生水与雨水算是竞争供水，出现正相关是不合理的；雨水设施综合利用能力越大，雨水资源利用量增加，是合理的。综上所述，北京市 2010—2014 年除去再生水供水量，将剩下相关性显著因素进行线性回归分析。

北京市 2015—2020 年的显著相关性影响因子计算结果显示，没有显著相关性因素，得出此结论是因为在这个阶段北京市雨水资源利用量数值比较平稳，略微有上升趋势，趋势不显著，在前面 Mann-Kendall 趋势检验结果中也可知。对于此阶段，将再进行数值上分析，以确定主要影响因素，比较雨水资源利用量与各个供水量之间的数值比例，比例图如图 3 所示。

由图 3 可以看出，雨水资源利用量在各个供水量中只占很低的比例，说明雨水资源利用还没有发展到很成熟的阶段。

北京市在这个阶段雨水资源利用量呈不显著的上升趋势，地下水供水量每年都在逐步下降，境外调水量呈先上升后下降的趋势，导致雨水资源利用量占比先下降后上升；再生水供水量一直在上升，导致雨水资源利用量占比一直在下降。综上所述，北京市 2015—2020 年雨水资源利用量主要影响因素可以定为境外调入水供水量和地下水供水量。

深圳市 2007—2020 年的雨水资源利用量与各供水量之间的数值比例结果显示，GDP 总值、地下水供水量、再生水供水量是雨水资源利用量的主要相关因素。GDP 总值与雨水资源利用量呈正相关，经济增长对雨水利用基础设施投入更多，雨水资源利用量增加，是合理的；地下水供水量与雨水资源利用量呈负相关，表示地下水供水量越少，雨水资源利用量越多，是合理的；再生水供水量与雨水资源利用量呈正相关，而再生水与雨水算是竞争供水，出现正相关是不合理的。综上所述，深圳市

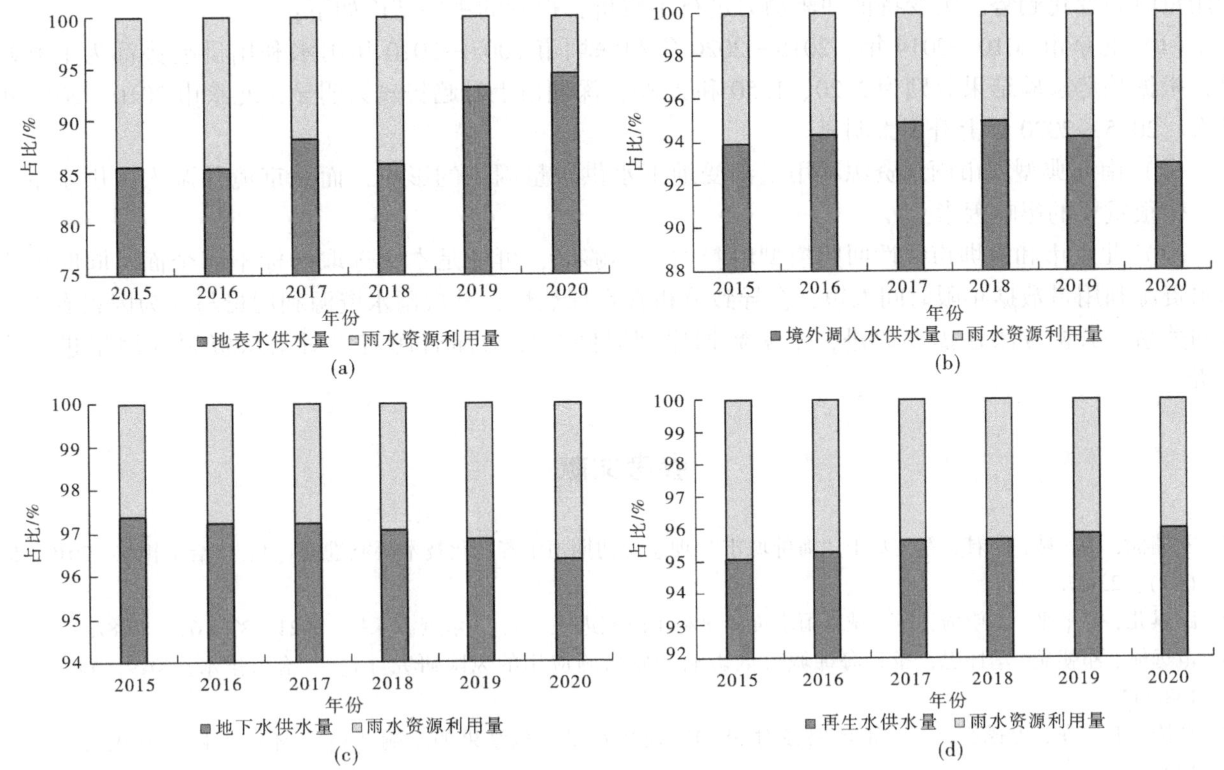

图 3 北京市 2015—2020 年雨水资源利用量占比

2007—2020 年除去再生水供水量，将剩下相关性显著因素进行线性回归分析。

3.4 影响因子线性回归分析

本文采用 SPSS 软件中的多元线性回归法进行分析。步进分为顺向选择和反向剔除，顺向选择是按照自变量和因变量数据的关系密切程度由高到低进入回归分析的方法，反向剔除则是指先将所有自变量选入回归分析中，然后剔除与因变量关系小的自变量。

以雨水资源利用量为因变量，以显著相关性影响因子为自变量，分别构建 2010—2014 年北京市和 2007—2020 年深圳市雨水资源利用量的多元线性回归模型。基于逐步回归法，得到北京和深圳的雨水资源利用量的回归方程。

根据表 5 中结果，北京市 2010—2014 年雨水资源利用量的主要影响因素是地下水供水量，回归模型的解释力度为 0.942，且呈负向驱动；深圳市 2007—2020 年雨水资源利用量的主要影响因素是地下水供水量，回归模型的解释力度为 0.363，且呈负向驱动，深圳模型的解释力度还不够，表明深圳雨水资源利用量的制约因素比北京更为复杂。

表 5 雨水资源利用量多元线性回归模型参数（采用 lg 函数标准化）

城市	调整 R^2	预测变量	系数
北京市 2010—2014 年	0.942	常数项	21.554
		地下水供水量	−3.312
深圳市 2007—2020 年	0.363	常数项	5.16
		地下水供水量	−0.76

4 结论与展望

基于北京市和深圳市多年雨水资源利用量及相关因素的统计数据，对北京和深圳两城市雨水资源利用量时间变化趋势、突变特征和驱动力进行了解析，得到的主要结论如下：

（1）北京市 2010—2014 年、2015—2020 年和深圳市 2007—2020 年雨水利用量趋势都为上升趋势，根据趋势检验结果分别为 2.20、1.50 和 2.86，深圳市上升趋势较为明显，北京市 2010—2014 年其次、2015—2020 年上升不太明显。

（2）南北典型城市雨水资源利用量都受地下水供水量因素的影响，而北京境外调入水供水量也是一个很重要的影响因素。

（3）北京市和深圳市线性回归模型解释力度不够好，可能是本文选取指标不够全面，同时因为雨水资源利用量数据年限时间太短，会导致分析存在偶然性，其次雨水资源利用量与人为因素有着很大的关系，分析方法还需要改进，未来数据序列时间长度增加后还需要对雨水资源利用量进一步分析。

参考文献

[1] 刘楠楠，褚一威，陶君，等．基于“海绵城市”理念的初期雨水资源化技术研究进展［J］．给水排水，2019，55（S1）：23-27.

[2] 路琪儿，罗平平，虞望琦，等．城市雨水资源化利用研究进展［J］．水资源保护，2021，37（6）：80-87.

[3] 范远航，邓朝显，李怀恩，等．海绵城市低影响开发措施应用的风险研究［J］．给水排水，2019，55（S1）：138-142.

[4] 黄涛，王建龙，史德雯，等．汇流路径对 SWMM 模型水量模拟结果的影响［J］．环境工程，2020，38（4）：170-175.

[5] 高玉琴，陈佳慧，王冬冬，等．海绵城市低影响开发措施综合效益评价体系及应用［J］．水资源保护，2021，37（3）：13-19.

[6] 高伟，程国微，严长安，等．1988—2018 年滇池氮磷比的时空演变特征与原因解析［J］．湖泊科学，2021，33（1）：64-73.

[7] 高伟，陈岩，徐敏，等．抚仙湖水质变化（1980—2011 年）趋势与驱动力分析［J］．湖泊科学，2013，25（5）：635-642.

[8] 武晟，解建仓，汪志荣，等．典型下垫面径流系数预测的神经网络方法研究［J］．环境科学与技术，2007（5）：1-2.

小浪底水库洪水排沙模拟研究

于永军[1]　于简妮[2]　王　帅[3]

（1. 黄河水利水电开发集团有限公司，河南郑州　450003；
2. 天津外国语大学，天津　300011；
3. 中国化学工程第四建设有限公司，湖南岳阳　414022）

摘　要：水库建成后，库区水流变缓，挟沙能力下降，泥沙淤积，库容减少，对水库发挥经济效益和社会效益产生不利影响。为优化水库调度方式，利用洪水冲沙出库，提升洪水资源化利用成效，最大限度地保持小浪底水库有效库容，以水流、泥沙和河床为研究对象建立数学模型开展洪水冲沙出库模拟研究。通过小浪底水库2018年和2019年实测数据验证，模型计算结果能较好地反映汛期水库洪水排沙过程。研究成果可为小浪底水库利用洪水冲沙出库、减少水库淤积提供技术支撑。

关键词：小浪底；水库；洪水；排沙；模拟

1　引言

小浪底水库位于黄河干流中游最后一段峡谷出口处，平面形态狭长弯曲，库尾与三门峡水库尾水相连，总库容126.5亿 m^3，其中长期有效库容51亿 m^3，拦沙库容75.5亿 m^3。水库控制黄河流域面积的92.3%、黄河径流量的91.2%和近100%的泥沙，正常高水位275 m，正常死水位230 m。1994年9月水库主体工程开工，1997年10月截流，1999年10月下闸蓄水，2001年底主体工程全面完工。水库以防洪、防凌、减淤为主，兼顾供水、灌溉和发电，处于现状黄河水沙调控体系的核心位置[1]。

了解泥沙淤积规律，防止水库被泥沙过度淤积，最大限度地保持水库有效库容，使水库更好地发挥经济效益和社会效益，是水库运行管理的一项重要工作，为此相关人员在水库泥沙淤积分析模拟方面开展了大量研究。李文杰等[2]基于实测资料，用输沙率法和断面法对三峡水库2003—2013年泥沙淤积特点进行了分析，并推断峡谷河段将成为局部侵蚀基准面，整个库区将趋于无统一平衡比降。张俊华等[3]通过准二维数学模型对小浪底水库拟定调度方式和设计水沙条件下运用初期1~5年的淤积过程模拟发现，水库以异重流排沙为主，平均排沙比18%。王婷等[4]对小浪底水库2000—2016年泥沙淤积情况分析发现，80%的泥沙淤积在库区干流，淤积物中的细沙、中沙和粗沙分别占总量的39.7%、28.9%、31.4%，不会造成下游河道大量淤积的细沙淤积在水库中，减少了拦沙库容，降低了水库的拦沙效益，缩短了水库的拦沙寿命。李涛等[5]采用实体模型对小浪底水库开展溯源冲刷试验发现，支流蓄水量进入干流越多，引起支流口以下干流河段冲刷量越大。黄河泥沙公报显示，至2023年10月底，小浪底水库累积淤积泥沙34.4亿 t[6]，已进入拦沙后期运用阶段。在有利的水沙条件下利用洪水冲沙出库，恢复部分前期淤积的库容，延长水库拦沙年限，迫切而且必要。本文旨在采用数学模型模拟利用洪水冲沙出库，以期减缓小浪底水库淤积，最大程度地保持有效库容，为小浪底水库充分发挥水沙调控作用提供技术支持。

2　数学模型及其控制方程

基于质量、动量守恒定律和水动力学、泥沙运动力学、河床演变基本规律，以水流、泥沙和河床

作者简介：于永军（1970—），男，高级工程师，主要从事大型水利枢纽运行管理工作。

为研究对象建立数学模型[7-9]。

2.1 非均匀水流方程

连续方程：

$$\frac{\partial A}{\partial t}+\frac{\partial Q}{\partial x}-q_x=0 \tag{1}$$

动量方程：

$$\frac{\partial H}{\partial x}+\frac{1}{2g}\frac{\partial}{\partial x}\left(\frac{Q}{A}\right)^2+\frac{1}{g}\frac{Q}{A^2}q_x+\frac{n^2Q^2}{A^2R^{\frac{4}{3}}}=0 \tag{2}$$

利用有限差分方法将微分方程式（1）和式（2）离散为差分方程（3）、式（4），计算各断面的水力因子：

$$Q_{j+1}=Q_j+\Delta x_j q_x \tag{3}$$

$$H_j=H_{j+1}+\frac{n^2\Delta x_j}{2}\left[\frac{Q_j^2}{A_j^2\left(\dfrac{A_j}{B_j+\dfrac{A_j}{B_j}}\right)^{4/3}}+\frac{Q_{j+1}^2}{A_{j+1}^2\left(\dfrac{A_{j+1}}{B_{j+1}+\dfrac{A_{j+1}}{B_{j+1}}}\right)^{4/3}}\right]+$$

$$\frac{q_x\Delta x_j}{2g}\left(\frac{Q_j}{A_j^2}+\frac{Q_{j+1}}{A_{j+1}^2}\right)+\frac{1}{2g}\left(\frac{Q_j^2}{A_j^2}+\frac{Q_{j+1}^2}{A_{j+1}^2}\right) \tag{4}$$

式中：A 为过水面积，m^2；Q 为流量，m^3/s；Δx 为沿水流方向的断面间距，m；q_x 为沿程支流单位长度侧向汇入水量，m^3/s；H 为水位，m；g 为重力加速度，m/s^2；n 为曼宁糙率；R 为水力半径，m；j、$j+1$ 为相邻进出口断面编号；B 为水面宽度，m。

2.2 明流输沙及冲淤方程

小浪底水库出现洪水过程时，可通过降低库水位使库区形成明流输沙流态进行排沙运用。此时水库中运动的泥沙为非均匀沙，运动过程中由于悬沙与床沙不断交换，其级配不断变化，从而影响泥沙沿程冲淤分布和冲淤总量。模型以韩其为院士非均匀沙运动计算公式对泥沙运动特点进行模拟计算。

含沙量方程：

$$S_j=S_j^*+(S_{j-1}-S_{j-1}^*)\sum_{l=1}^{L}P_{l,j-1}e^{-\frac{\alpha\omega_l\Delta x}{q}}+S_{j-1}^*\sum_{l=1}^{L}P_{l,j-1}\frac{q}{\alpha\omega_l\Delta x}\left(1-e^{-\frac{\alpha\omega_l\Delta x}{q}}\right)-$$

$$S_j^*\sum_{l=1}^{L}P_{l,j}\frac{q}{\alpha\omega_l\Delta x}\left(1-e^{-\frac{\alpha\omega_l\Delta x}{q}}\right) \tag{5}$$

悬移质级配方程：

$$P_{l,j}=P_{l,j-1}(1-\lambda_j)\left(\frac{\omega_l}{\omega_{r,j}}\right)^{\theta}-1 \quad \text{（淤积工况）} \tag{6}$$

$$P_{l,j}=\frac{1}{1-\lambda_j}\left(P_{l,j-1}-\frac{\lambda_j}{\lambda_j^*}R_{l,j}\lambda_j^{*\frac{\omega_l}{\omega_{r,j}}}\right) \quad \text{（冲刷工况）} \tag{7}$$

$$\lambda_j=\frac{S_{j-1}Q_{j-1}-S_jQ_j}{S_{j-1}Q_{j-1}}$$

$$\lambda_j^*=\frac{\Delta h_j'}{\Delta h_0+\Delta h_j'}$$

淤积物级配方程：

$$R_l=\frac{Q_{j-1}P_{l,j-1}S_{j-1}-Q_jP_{l,j}S_j}{Q_{j-1}S_{j-1}-Q_jS_j} \tag{8}$$

床沙级配方程：

$$R_{l,j}=\frac{(Q_{j-1}P_{l,j-1}S_{j-1}-Q_jP_{l,j}S_j)\Delta t+0.5\Delta h_j'\rho'\Delta hx_{j-1}(B_j+B_{j-1})R_{l,j}^0}{(Q_{j-1}S_{j-1}-Q_jS_j)\Delta t+0.5\Delta h_j'\rho'\Delta x_{j-1}(B_j+B_{j-1})} \tag{9}$$

河床冲淤面积方程：

$$\Delta a_j=\frac{Q_{j-1}S_{j-1}-Q_jS_j}{\rho'\Delta x_j}\Delta t \tag{10}$$

式中：S 为悬移质含沙量，kg/m^3；S^* 为水流挟沙力，kg/m^3；P_l 为悬移质级配；L 为混合沙按粒径分组数；α 为恢复饱和系数，淤积时取 0.25，冲刷时取 1.0；ω_l 为第 l 组粒径泥沙沉速，m/s；q 为单宽流量，m^3/s；θ 为悬沙沿河宽分布不均匀系数，河道型水库及天然河道取 0.75；$\omega_{r,j}$ 为 j 断面第 l 组粒径泥沙沉速，由 $\sum_{l=1}^{L}P_{l,j}=1$ 计算确定；R_l 为床沙级配；λ 为淤积百分数；λ^* 为冲刷百分数；$\Delta h_j'$为虚冲厚度，m；Δh_0 为扰动厚度，m；V_l 为第 l 组粒径淤积物重量，kg；t 为计算冲淤变化时间步长，s；ρ'为床沙干容重，kg/m^3；$R_{l,j}^0$ 为上时段末床沙级配；Δa 为河床冲淤面积，m^2；Δt 为冲淤时间，s。

从上述方程可知，当地含沙量是由当地挟沙能力和级配以及上游来流含沙量、挟沙能力和级配共同决定的。

2.3 异重流输沙方程

异重流排沙是小浪底水库排沙的重要方式之一。挟带大量泥沙的洪水进入水库后，由于其密度远大于水库中的清水，在一定条件下该高含沙水流潜入库底形成异重流。当洪水以持续较大的洪量进入小浪底水库时，异重流就会运动到进水塔前，通过泄洪排沙孔洞排出库外。

异重流运动方程：

$$\frac{\mathrm{d}h}{\mathrm{d}x}=\frac{J-\frac{f}{8}Fr^2}{1-Fr^2} \tag{11}$$

潜入条件判别方程：

$$h>\max(h_0,\ h_n) \tag{12}$$

$$h_0=\left(\frac{Q^2}{0.6\eta_g gB^2}\right)^{\frac{1}{3}}$$

$$h_n=\left(\frac{fQ^2}{8J_0\eta_g gB^2}\right)^{\frac{1}{3}}$$

式中：h 为水深，m；J_0 为河底比降；f 为阻力系数，取 0.025~0.03；Fr 为弗劳德数；h_0 为潜入点水深，m；h_n 为异重流均匀流水深，m；η_g 为重力修正系数。

异重流输沙是处于淤积状态的不平衡输沙，潜入库底后其断面均按非均匀异重流运动方程计算，该方程形式与一般明流一致。

2.4 水流挟沙能力方程

水库泥沙悬移运动由水流紊动支持，属两相非均质流。高含沙水流中既有细颗粒泥沙又有粗颗粒泥沙，采用中值粒径一个参数难以准确地反映泥沙的实际特性，模型引入上限粒径和体积比浓度两个参数描述泥沙的非均匀特性。

$$\frac{U}{\omega_{90}}\sqrt{\frac{f}{8}}=m\left[S_V\frac{\gamma_s-\gamma_m}{\gamma_m}\left(\frac{R}{d_{90}}\right)^{\frac{1}{8}}\right]^n \tag{13}$$

式中：U 为断面平均流速，m/s；ω_{90} 为悬沙上限粒径沉速，cm/s；m 为调整系数，取 41.5；S_V 为体积比浓度；γ_s 为泥沙容重，kg/m^3；γ_m 为浑水容重，kg/m^3；d_{90} 为悬沙上限粒径，mm；n 为指数，取 0.75。

3 模型验证

以小浪底水库2018年和2019年汛前断面为初始断面，表层淤积物级配为边界条件，用汛期入库水沙过程和实际水库调度方式计算汛期（7—10月）洪水排沙过程，对模型进行验证。2018年汛期入库沙量4.841亿t，出库沙量4.636亿t，计算值比实测值少出库0.076亿t，实测排沙比95.8%，计算排沙比94.2%。7月和8月入库沙量分别为1.724亿t和1.867亿t，占汛期入库泥沙总量的74.2%，所以重点对7月和8月的实测与模拟计算结果进行对比。7月实测出库沙量4.125亿t，实测排沙比239.3%，计算出库沙量3.912亿t，计算排沙比226.9%，计算值较实测值少出库泥沙0.213亿t，误差-5.2%。8月实测出库沙量0.483亿t，实测排沙比25.9%，计算出库沙量0.526亿t，计算排沙比28.2%，计算值较实测值多出库泥沙0.043亿t，误差8.9%。2018年实测与模拟计算出库沙量对比见图1。2019年汛期入库沙量2.737亿t，出库沙量5.448亿t，实测排沙比199.1%，计算排沙比195.4%，计算值比实测值少出库0.1亿t。7月入库沙量1.375亿t，占汛期入库泥沙总量的50.2%，所以重点对7月的实测与模拟计算结果进行对比。7月实测出库沙量4.844亿t，实测排沙比352.3%，计算出库沙量4.578亿t，计算排沙比332.9%，计算值较实测值少出库泥沙0.266亿t，误差-5.5%。2019年实测与模拟计算出库沙量对比见图2。

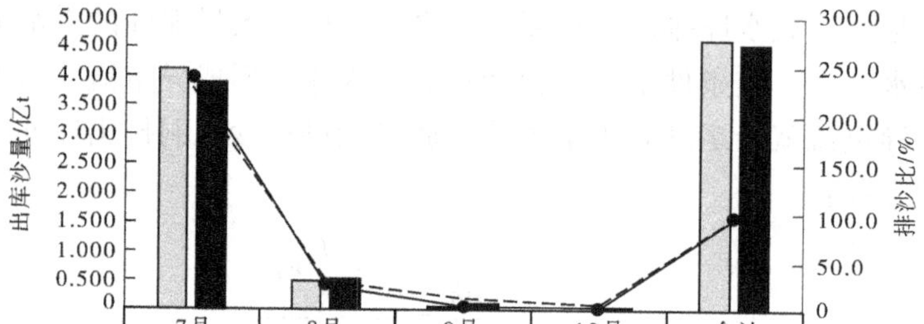

	7月	8月	9月	10月	合计
实测出库沙量/亿t	4.125	0.483	0.024	0.004	4.636
计算出库沙量/亿t	3.912	0.526	0.103	0.019	4.560
实测排沙比/%	239.3	25.9	2.8	1.0	95.8
计算排沙比/%	226.9	28.2	12.0	4.9	94.2

图1　2018年实测与模拟计算出库沙量对比

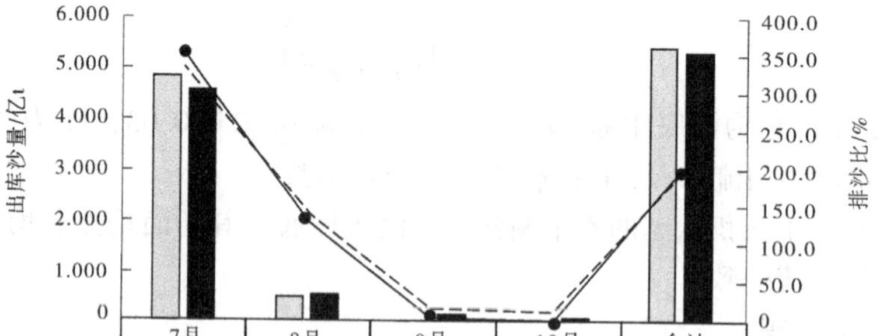

	7月	8月	9月	10月	合计
实测出库沙量/亿t	4.844	0.535	0.069	0	5.448
计算出库沙量/亿t	4.578	0.586	0.175	0.009	5.348
实测排沙比/%	352.3	134.1	7.7	0	199.1
计算排沙比/%	332.9	146.9	19.4	14.3	195.4

图2　2019年实测与模拟计算出库沙量对比

从模拟结果看，水库以高含沙（大于20 kg/m^3）水流排沙时计算模拟结果与实测结果吻合较好，以低含沙水流排沙时，计算模拟结果系统性偏大，且含沙量越低，模拟值偏离越显著。其原因可能为悬移质测验仪在测量含沙量较低水样时测量精度偏低致实测值偏小所致，这可能也是输沙率法测淤往往低于地形法的原因。在整个汛期内，模型计算结果能较好地反映小浪底水库汛期洪水排沙过程，研究成果可为小浪底水库利用洪水冲沙出库、减少水库淤积提供技术支撑。

4 结语

防止水库被泥沙过度淤积，最大限度地保持水库有效库容，使水库更好地发挥经济效益和社会效益，是水库运行管理的一项重要工作。本文基于质量、动量守恒定律和水动力学、泥沙运动力学、河床演变基本规律，以水流、泥沙和河床为研究对象建立了利用洪水冲沙出库数学模型。以小浪底水库2018年和2019年汛前断面为初始断面，表层淤积物级配为边界条件，用汛期入库水沙过程和实际水库调度方式计算汛期洪水排沙过程验证模型，计算结果能较好地反映小浪底水库汛期洪水排沙过程。研究成果可为小浪底水库利用洪水冲沙出库、减少水库淤积提供技术支撑。

参考文献

[1] 张金良，鲁俊，韦诗涛，等．小浪底水库调水调沙后续动力不足原因和对策［J］．人民黄河，2021，43（1）：5-9.

[2] 李文杰，杨胜发，付旭辉，等．三峡水库运行初期的泥沙淤积特点［J］．水科学进展，2015，26（5）：676-685.

[3] 张俊华，王艳平，张红武．黄河小浪底水库运用初期库区淤积过程数值模拟研究［J］．水利学报，2002（7）：110-115.

[4] 王婷，王远见，曲少军，等．小浪底水库运用以来库区泥沙淤积分析［J］．人民黄河，2018，40（12）：1-3，20.

[5] 李涛，张俊华，夏军强，等．小浪底水库溯源冲刷效率评估试验［J］．水科学进展，2016，27（5）：716-725.

[6] 水利部黄河水利委员会．黄河泥沙公报［R］．郑州：水利部黄河水利委员会，2023.

[7] 韩其为. 水库淤积［M］. 北京：科学出版社，2003.

[8] 刘树君，付健，陈翠霞．水库异重流和浑水水库排沙数值模拟技术研究［J］．人民黄河，2012，34（12）：30-31.

[9] 费祥俊，吴保生，傅旭东．两相非均质流输沙平衡关系及挟沙力研究［J］．水利学报，2015，46（7）：757-764.

2024中国水利学术大会论文集

第七分册

中国水利学会 编

黄河水利出版社

内 容 提 要

本书是以“发展水利新质生产力，助力高水平科技自立自强”为主题的2024中国水利学术大会论文合辑，积极围绕当年水利工作热点、难点、焦点和水利科技前沿问题，重点聚焦水资源短缺、水生态损害、水环境污染和洪涝灾害频繁等新老水问题，主要分为水生态、智慧水利等板块，对促进我国水问题解决、推动水利科技创新、展示水利科技工作者才华和成果有重要意义。本书旨在助力我国水问题解决、推动水利科技创新，可供广大水利科技工作者和大专院校师生交流学习和参考。

图书在版编目（CIP）数据

2024中国水利学术大会论文集 ：全七册 / 中国水利学会编．-- 郑州 ：黄河水利出版社，2024．12．

ISBN 978-7-5509-4078-9

Ⅰ．TV-53

中国国家版本馆CIP数据核字第2024KN8997号

策划编辑：杨雯惠　电话：0371-66020903　E-mail：yangwenhui923@163.com

出版发行　黄河水利出版社

地址：河南省郑州市顺河路49号　邮政编码：450003

网址：www.yrcp.com　E-mail：hhslcbs@126.com

发行部电话：0371-66020550

承印单位　河南新华印刷集团有限公司

开　　本　889 mm×1 194 mm　1/16

印　　张　275（总）

字　　数　8 712千字（总）

版次印次　2024年12月第1版　　2024年12月第1次印刷

定　　价　1 260.00元（全七册）

《2024 中国水利学术大会论文集》

编　委　会

主　任：段　虹

副主任：(以姓氏笔画为序)

丁留谦　王　孟　王　煜　牛志奇　白　涛　刘九夫
刘忠恒　刘雪梅　江恩慧　许继军　孙和强　李　江
李国玉　李瑞清　李锦秀　李德旺　杨　芳　张　阳
张文洁　张淑华　陈　文　周蓓蓓　郑小康　赵　勇
姚仕明　夏　军　钱　峰　凌红波　高俊峰　彭少明
彭文启　蒋云钟　韩宇平　韩瑞光　鲁胜力　谭徐明
潘保柱　戴长雷　鞠连义

委　员：(以姓氏笔画为序)

马志鹏　王　英　王　琼　朱　滨　刘　扬　刘　彧
刘　晓　刘建峰　刘姗姗　齐　莹　关　炜　李　琳
李云鹏　李军华　李聂贵　杨姗姗　何　凡　佟可欣
辛小康　宋锦焘　张　艳　张　翔　张广朋　张伟兵
张晓勤　张爱静　林　莉　季昭沁　周　普　郑小康
赵广举　赵进勇　倪城玲　徐　红　康爱卿　董　飞
曾　焱　熊卫红　颜文珠　霍炜洁

前言

PREFACE

学术交流是学会立会之本。作为我国历史上第一个全国性水利学术团体，90多年来，中国水利学会始终秉持“联络水利工程同志、研究水利学术、促进水利建设”的初心，团结广大水利科技工作者砥砺奋进、勇攀高峰，为我国治水事业发展提供了重要科技支撑。自2000年创立年会制度以来，中国水利学会20余年如一日，始终认真贯彻党中央、国务院方针政策，落实水利部和中国科协决策部署，紧密围绕水利中心工作，针对当年水利工作热点、难点、焦点和水利科技前沿问题、工程技术难题，邀请院士、专家、代表和科技工作者展开深层次的交流研讨。学术年会已成为促进我国水问题发现解决、推动水利科技创新、展示水利科技工作者才华成果的良好交流平台，为服务水利科技工作者、服务学会会员、推动水利学科建设与发展作出了积极贡献。为强化学术年会的学术引领力，自2022年起，中国水利学会学术年会更名为中国水利学术大会。

2024中国水利学术大会以习近平新时代中国特色社会主义思想为指导，认真贯彻落实党的二十大精神，紧紧围绕“节水优先、空间均衡、系统治理、两手发力”治水思路，以“发展水利新质生产力，助力高水平科技自立自强”为主题，聚焦发展水利新质生产力，从水旱灾害防御、河湖生态保护和治理、数字孪生水利建设、水资源集约节约利用等多领域，设置一个主会场和智慧水利·数字孪生、水利大模型、水生态等19个专题会议。

大会论文征集通知发出后，受到广大会员和水利科技工作者的广泛关注，我们收到来自有关政府部门、科研院所、大专院校和设计、施工、管理等单位科技工作者的论文共880余篇。为保证本次大会入选论文的质量，大会积极组织相关领域的专家对稿件进行了评审，共评选出653篇主题相符、水平较高的

论文入选论文集。按照大会各专题会议，本论文集共分7册予以出版。

本论文集的汇总工作由中国水利学会秘书处牵头、各专题会议协助完成。论文集的编辑出版也得到了黄河水利出版社的大力支持和帮助，参与评审、编辑的专家和工作人员付出了艰辛的劳动，在此一并表示感谢。同时，对所有应征投稿的论文作者表示诚挚的谢意。

由于编辑出版论文集的工作量大、时间紧，且编者水平有限，错漏在所难免。不足之处，欢迎广大作者和读者批评指正。

中国水利学会

2024年12月12日

目录

CONTENTS

标 准 化

生态流量及其适应性管理

水利财务管理

水利史与水利遗产

标 准 化

团标《组合式金属防洪挡板技术规范》在新型组合式防洪挡板研究试验中的应用

李　勤[1]　程　萌[1]　关　磊[1]　张黎渊[2]

（1. 水利部产品质量标准研究所，浙江杭州　310012；
2. 浙江省水利河口研究院，浙江杭州　310000）

摘　要：组合式防洪挡水板是新型减轻堤防洪水灾害的设备设施。本文介绍了采用团体标准《组合式金属防洪挡板技术规范》（T/CHES 25—2019）对某种组合式防洪挡板进行检测和安全评估，设计出合理可行的组合式防洪挡板检测评估方案，得到了严谨、科学的评估结果。《组合式金属防洪挡板技术规范》（T/CHES 25—2019）的发布明确了组合式防洪挡板的技术要求，为提升产品质量明确了方向。

关键词：团体标准；组合式防洪挡板；检测评估

根据《2022 年全国水利发展统计公报》[1]，截至 2022 年底，全国已建成 5 级及以上江河堤防 33.2 万 km，累计达标堤防 25.2 万 km，堤防达标率为 76.1%，其中 1 级、2 级达标堤防长度为 3.8 万 km，达标率为 85.8%。在高堤防达标率的情况下，2022 年全国洪涝灾害直接经济损失仍高达 1 288.99 亿元，占当年 GPD 的 0.11%。江西、福建、广东、广西、辽宁、湖南等省（区）受灾较重。人员死亡失踪、农作物受灾绝收、城乡临时饮用水困难等情况还比较严重。因此，为减轻堤防洪水灾害，研究使用有效的防洪措施及设备设施非常有必要；为保障防洪措施的规范推广，相关的标准规范制度体系的建立也是必要保障。

1　《组合式金属防洪挡板技术规范》（T/CHES 25—2019）团体标准的发布

传统的防洪墙如沙袋、绿堤防洪墙、空箱式防洪墙、浆砌石防洪墙和各式的传统防洪子堤等都存在一定缺陷[2]，发展新型防洪墙，尤其是组合式金属防洪挡板，正逐渐成为目前防洪的重要方式方法。防洪挡水板具有快速有效地阻挡洪水、拆装使用简便灵活性、规格可调性、材质牢固性等特点，因此近些年来被国内外水利防洪工程广泛关注。

国内外工程应用研究人员均开展了组合式金属防洪挡板类型和各项参数对比研究工作，以寻找更适用的挡板类型。尽管组合式金属防洪挡板存在大量优势，但要在防洪工程中大规模使用则仍缺乏规范、设计和审批依据，导致生产防洪挡板的厂家良莠不齐、安装使用缺乏规范要求等问题。

鉴于实际工程需求，中国水利学会在 2019 年 3 月发布了团体标准《组合式金属防洪挡板技术规范》（T/CHES 25—2019），适用于混凝土堤防的加高及城市、工矿区、重要建筑物等区域的防洪墙工程建设用的组合式金属防洪挡板，规定了组合式金属防洪挡板的设计制造、安装、拆卸、运输、存放及养护等技术要求。

2　某组合式防洪挡板简介

该产品名称为组合式防洪挡板，主要由铝制挡板、承载立柱、下部预埋件及连接零部件组成，整

作者简介：李勤（1978—），女，高级工程师，检测机构质量负责人，主要从事检测机构质量体系管理、水工金属结构检测评估和检测方法研究工作。

体示意图见图 1。其安装于堤坝项部，与堤坝共同构成完整、连续的防渗体系，可用于汛期防洪防汛；具有可拆卸、安装快速便捷、承载能力强等优点，特别适用于汛期快速防洪抢险。

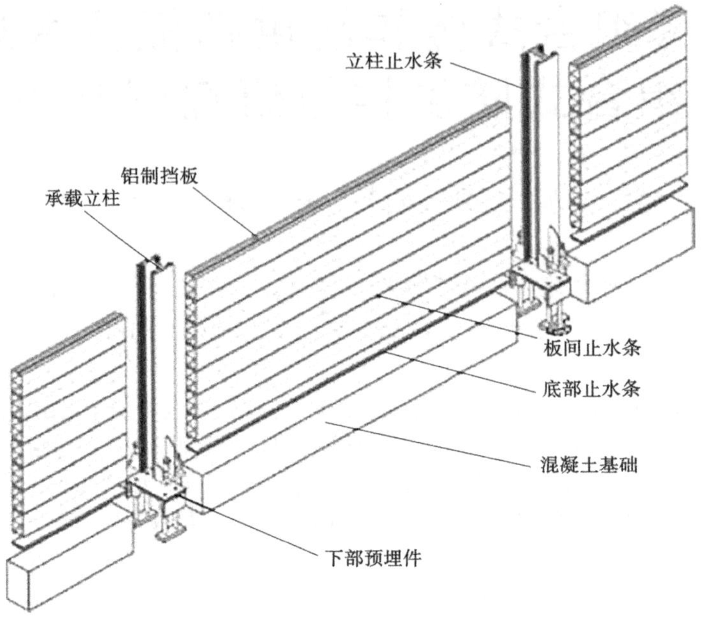

图 1　组合式防洪挡板示意图

3　试验方案设计[3]

本次组合式防洪挡板试验主要目的是对产品性能进行综合性能评估，主要对产品材料理化检验、结构尺寸和渗水要求等方面进行试验，试验方案参照技术要求设计。

3.1　材料检测方案

组合式防洪挡板材料选择时综合考虑了强度、密度、抗腐蚀能力、环保和经济成本等因素，其防洪挡板、立柱均为铝合金材质，并且立柱选择变形铝合金中的热处理型铝合金，检测方法采用《变形铝、镁及其合金加工制品拉伸试验用试样及方法》（GB/T 16865—2023）和 GB/T 20975 系列规范；底止水和立柱止水材料为硫化橡胶条，检测方法采用《硫化橡胶或热塑性橡胶 压入硬度试验方法 第 1 部分：邵氏硬度计法（邵尔硬度）》（GB/T 531.1—2008/ISO 7619-1：2004）和《硫化橡胶或热塑性橡胶 拉伸应力应变性能的测定》（GB/T 528—2009/ISO 37：2005）；预埋件材料为不锈钢，检测方法采用《不锈钢 多元素含量的测定 火花放电原子发射光谱法（常规法）》（GB/T 11170—2008）。

防洪挡板和立柱的主要物理性能与力学性能设计要求见表 1。

表 1　防洪挡板和立柱的主要物理性能与力学性能设计要求

性能	指标	
	防洪挡板	立柱
抗拉强度 R_m/MPa	>245	>290
规定非比例延伸强度 $R_{p0.2}$/MPa	>200	>250
断后伸长率 $A_{50\ mm}$/%	>6	>6

橡胶止水条的主要物理性能与力学性能设计要求见表 2。

表 2 橡胶止水条的主要物理性能与力学性能设计要求

性能	指标
邵氏硬度/HA	70±5
拉伸强度/MPa	>6
延展度/%	>250

3.2 结构尺寸

结构尺寸按照图纸设计要求进行尺寸测量。

3.3 渗水检测方案

试验内容包括组合式挡板的渗水系数、渗水部位等。

渗水系数的测定通过计量一定时间内产品的渗水量确定。渗水量的测定则通过以下步骤实现：①向试验水池内注入固定体积的自来水；②在水池不同部位安放水位尺；③根据试验初始时刻和终止时刻水位尺读数之差和水池底面积，即可得到渗水量。

渗水系数的计算如下：

$$q = \frac{Q}{t \times L \times h} \tag{1}$$

式中：Q 为时间 t 内的渗水量，m^3；L 为挡板长度，m；h 为挡板高度，m；q 为渗水系数，m/s。

4 试验结果评估

4.1 材料检测

根据检测方案，对上述组合式防洪挡板进行各部件的材料检测，构件化学成分测试结果如表 3 和表 4 所示，挡板和立柱物理性能与力学性能测试结果如表 5 所示，橡胶止水条的主要物理性能与力学性能测试结果如表 6 所示。

表 3 挡板和立柱化学成分测试结果 %

化学成分	防洪挡板			立柱		
	检测值	设计要求	结果	检测值	设计要求	结果
Si	0. 32	0. 20～0. 60	符合要求	0. 82	0. 7～1. 3	符合要求
Fe	0. 19	≤0. 35	符合要求	0. 21	≤0. 5	符合要求
Cu	0. 002 9	≤0. 1	符合要求	0. 072	≤0. 1	符合要求
Mn	0. 062	≤0. 1	符合要求	0. 56	0. 4～1. 0	符合要求
Mg	0. 72	0. 45～0. 90	符合要求	0. 88	0. 6～1. 2	符合要求
Cr	0. 004 3	≤0. 1	符合要求	0. 003 5	≤0. 25	符合要求
Zn	0. 022	≤0. 1	符合要求	0. 005 4	≤0. 2	符合要求
Ti	0. 018	≤0. 1	符合要求	0. 019	≤0. 1	符合要求

表 4 埋件化学成分测试结果 %

化学成分	防洪挡板		
	检测值	设计要求	结果
C	0. 030	≤0. 07	符合要求
Si	0. 38	≤1. 00	符合要求

续表 4

化学成分	防洪挡板		
	检测值	设计要求	结果
Mn	1.35	≤2.00	符合要求
P	0.036	≤0.045	符合要求
S	0.005	≤0.030	符合要求
Cr	18.54	17.00~19.50	符合要求
Ni	8.08	8.00~10.50	符合要求

表 5　挡板和立柱物理性能与力学性能测试结果

性能	防洪挡板			立柱		
	检测值	设计要求	结果	检测值	设计要求	结果
抗拉强度 R_m/MPa	262	>245	符合要求	302	>290	符合要求
规定非比例延伸强度 $R_{p0.2}$/MPa	224	>200	符合要求	280	>250	符合要求
断后伸长率 A_{50mm}/%	13	>6	符合要求	18	>6	符合要求

表 6　橡胶止水条的主要物理性能与力学性能测试结果

性能	检测值	标准要求	结果
邵氏 A 硬度	74.58	70±5	符合要求
拉伸强度 R_m/MPa	8.55	>6	符合要求
延展度/%	326	>250	符合要求

4.2　结构尺寸

结构尺寸符合图纸设计要求。

4.3　渗漏检测

渗水试验进行了 4 h，期间每隔 1 h 测读水位尺读数，直至试验结束。渗水系数（单位时间单位面积渗水量）根据式（1）计算，结果见表 7。为方便与已有试验对比，根据本次试验挡板尺寸，计算了单位时间单位长度防洪挡板的渗水量，同样列于表 7。

表 7　组合式防洪挡板渗水系数计算结果

时间	水位尺读数/cm	水面下降高度/cm	渗水体积/($\times10^3$ m^3)	渗水系数/[cm^3/($s\cdot cm^2$)]	单位长度渗水量/[L/(s·m)]	备注
0	100.5	—	—	—	—	水池净水面积为 6.6 m^3，L=14.2 m，h=1.0 m
1 h 后	97.1	3.4	224.4	4.4	0.004 4	
2 h 后	93.3	3.8	250.8	4.2	0.004 2	
3 h 后	91.1	2.2	145.2	3.4	0.003 4	
4 h 后	88.6	2.5	165.0	3.2	0.003 2	
总计	—	11.9	785.4	3.8	0.003 8	

本次试验不仅计算了某一时间段内组合式防洪挡板的渗水系数，还考察了渗水系数随时间的变化情况，见图 2。由图 2 可见，随着渗水时间的增加，渗水系数没有增大的趋势，反而有一定程度的降低。这是因为随着水位下降，水压降低，从而渗水量也相应减少。4 h 内渗水系数平均值为 3.8 cm^3/($s \cdot cm^2$)，转化为单位时间单位长度的渗水量为 0.003 8 L/(s·m)，远低于设计标准 0.05 L/(s·m)。这说明组合式防洪挡板的抗渗能力稳定、可靠。

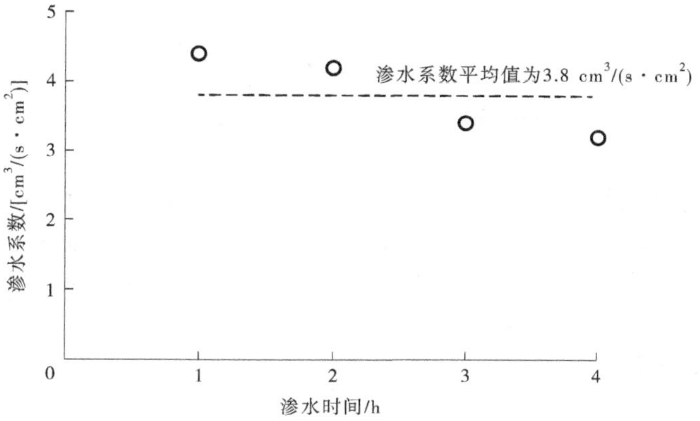

图 2　渗水系数随时间变化

5　结论

（1）按《组合式金属防洪挡板技术规范》（T/CHES 25—2019）技术要求，对组合式防洪挡板进行了材料、尺寸和渗水试验，检测结果均符合要求。

（2）组合式防洪挡板的重要参数——渗水试验的渗水系数为 0.003 8 L/(s·m)，远低于产品设计标准要求 0.05 L/(s·m)，组合式防洪挡板的抗渗能力稳定、可靠。

（3）《组合式金属防洪挡板技术规范》（T/CHES 25—2019）明确了组合式防洪挡板的技术要求，为提升产品质量明确了方向。

参考文献

[1] 中华人民共和国水利部. 2022 年全国水利发展统计公报［R］. 北京：中华人民共和国水利部，2023.
[2] 秦英泉，邓飞，吕中荣，等. 组合式金属防洪挡板研究进展［J］. 水科学与工程技术，2023（4）：48-53.
[3] 中国水利学会. 组合式金属防洪挡板技术规范：T/CHES 25—2019［S］. 北京：中国水利水电出版社，2019.

大中型水利工程建设征地技术流程的框图化

俞志强[1]　吴正松[2]

（1. 淮河水利委员会治淮工程建设管理局，安徽蚌埠　233001；
2. 沂沭泗水利管理局水利工程建设管理中心（防汛机动抢险队），江苏徐州　221018）

摘　要：为高质量开展水利工程建设征地工作，提升征地工作的协调性、透明性和高效性，减少甚至杜绝水利工程建设征地对工程实施的影响，本文结合治淮重大水利工程建设项目征地工作实践，从研究背景、征地总流程、各阶段流程、结论与展望等方面，开展了建设征地技术流程标准研究并取得了“征地技术流程框图”成果，在治淮重大水利工程建设项目中得到了良好的应用与验证，具有在其他水利工程项目中广泛推广应用的价值。

关键词：征地；标准；框图化；新质生产力；高质量

1　研究背景

征地是大中型水利工程建设至关重要的一项技术工作，具有五大特点：一是涉及的领域非常宽泛，包括水利、自然资源（土地、林业）、矿产、地震、交通、电力、文物、社会稳定等；二是需要对接的部门十分庞大，比如部委、省、流域机构，市、县、乡镇、村等行政机关及其业务主管部门；三是关联的法律法规、政策文件种类和数量多，如《中华人民共和国土地管理法》、《中华人民共和国土地管理法实施条例》、《大中型水利水电工程建设征地补偿和移民安置条例》（简称《移民安置条例》）、《水利工程设计概（估）算编制规定：建设征地移民补偿》、《建设用地审查报批管理办法》等；四是影响范围深远，比如失去部分或全部耕地和房屋的移民今后生活如何保障、永久基本农田补划和占补平衡如何解决等；五是阶段多、流程复杂，建设征地从规划开始到征地手续批复，既有总流程，也有各阶段流程，还有各专项的具体流程，如何实现流程清晰、任务明确、关联业务和技术成果无缝对接等，这是研究的重点。截至目前还没有国家或行业层面的水利工程建设征地技术流程标准，建设征地工作的开展普遍存在工作不协调、进度参差不齐等现象，具体表现为征地手续办理慢、土地供应不及时，导致迟迟不能开工或中途停工或无法按时完工，致使工程不能如期发挥防洪、排涝等社会效益。因此，通过开展大中型水利工程建设征地技术流程标准研究，取得“征地技术流程框图”成果（见图1），通过科学实用的“框图化”管理，使得不同阶段、不同领域、参与不同专业技术研究的单位，能够按照“框图”所示的征地技术线路，适时参与其中并按节点控制要求提交成果，确保关键线路、重要环节始终处于可视与可控状态，排除征地可能给工程实施带来的一切不利影响。

2　建设征地总流程

大中型水利工程建设征地技术流程大致可分为三个阶段：一是前期工作阶段（工程规划、项目建议书、可研及初设报告批复）；二是建设用地报批阶段（初设报告批复后以及主体工程开工前）；三是土地确权报批阶段（建设用地批复后）。建设征地总流程为：前期工作阶段→建设用地报批阶段→土地登记办理阶段。

作者简介：俞志强（1966—），男，高级工程师，主要从事水利工程建设管理工作。
通信作者：吴正松（1967—），男，教授级高级工程师，主要从事水利工程建设管理和防汛抢险技术研究工作。

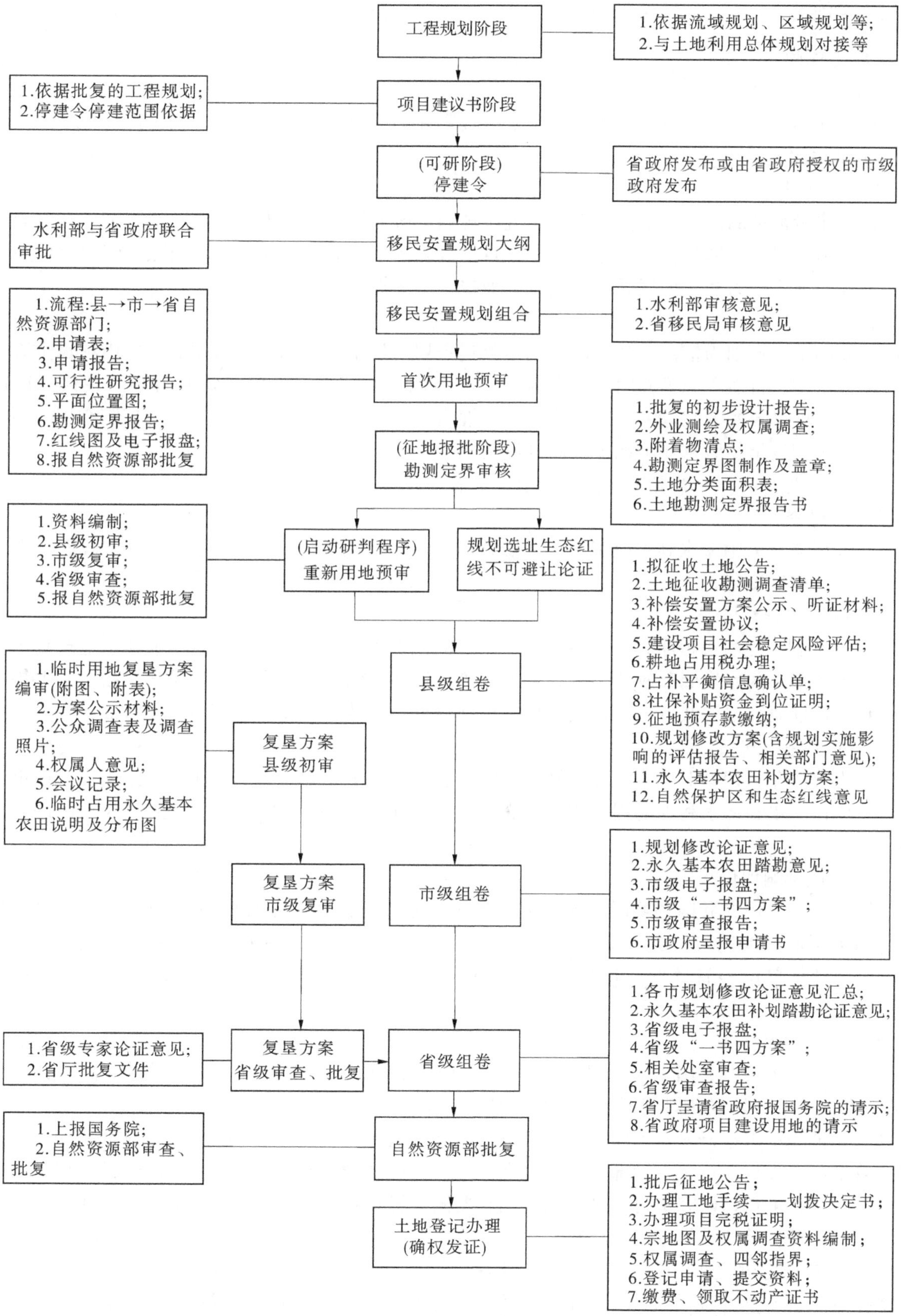

图1　大中型水利工程建设征地技术流程框图

3 各阶段流程

3.1 前期工作阶段

3.1.1 前期工作阶段流程

工程规划→项目建议书→可行性研究批复前置要件→可行性研究批复后、初步设计批复前。

3.1.2 前期工作阶段任务简介

3.1.2.1 工程规划

规划是建设征地的源头性工作，需要与流域规划、区域规划以及土地利用总体规划等有关规划相衔接。一般由项目主管部门牵头，地方水利、自然资源等部门应参与配合。项目法人组建后应当尽快熟悉相关规划内容，为初设批复后尽快完成征地报批手续提供有利条件。

3.1.2.2 项目建议书

以批复的工程规划为依据，其征地范围是停建令划定禁止建设范围的依据。一般由项目主管部门牵头，地方水利、自然资源等部门应参与配合。项目法人组建后应及时准确掌握项目建议书征地范围，并提前开展必要的征地范围研究，确保可行性研究和初步设计征地范围尽可能控制在用地预审范围之内，避免初设批复后重新用地预审而延误工期。

3.1.2.3 可行性研究批复前置要件（由项目主管部门或项目法人牵头）[1]

（1）停建令。

依据水利部《大中型水利水电工程移民安置前期工作管理暂行办法》，停建令由省政府审批或其授权的市政府审批发布。

（2）可行性研究报告。

依据《水利工程建设程序管理暂行规定》，报审流程为：流域机构→水利部水利水电规划设计总院审查→水利部→国家发展和改革委员会托评估单位评估→国家发展和改革委员会审批。主要报送材料包括：可行性研究报告及审查、移民规划、选址意见、用地预审、节能等审批手续。

（3）水土保持方案。

依据为《中华人民共和国水土保持法》《开发建设项目水土保持设施验收管理办法》。报审流程为：流域机构→水利部水利水电规划设计总院→水利部审批。主要报送材料包括：水土保持方案报告书。

（4）环境影响评价报告。

依据《中华人民共和国环境影响评价法》和《国务院办公厅关于加强和规范新开工项目管理的通知》（国办发〔2007〕64号）。报审流程为：流域机构→水利部水利水电规划设计总院→水利部→环保部委托评估单位→省环保厅审批。主要报送材料包括：环境影响评价报告书、水土保持方案批文。

（5）用地预审。

依据《中华人民共和国土地管理法》、《建设项目用地预审管理办法》（国土资源部令第42号）、《国务院办公厅关于加强和规范新开工项目管理的通知》（国办发〔2007〕64号）、《关于进一步规范建设项目用地预审申报材料有关要求的通知》（国土资规函〔2011〕12号）等。报审流程：县自然资源主管部门→市自然资源主管部门→省自然资源厅→自然资源部审批。主要报送材料包括：申请表、申请报告、可行性研究报告、平面位置图、勘测定界报告、红线图及电子报盘。若不符合土地利用规划，还需遵从其有关规定提交材料。

（6）社会稳定风险评估。

依据《重大水利建设项目社会稳定风险评估暂行办法》。主要报送材料包括：社会稳定风险评估报告（分县）、分县出具关于评估报告的确认意见，项目主管部门或项目法人逐级上报至水利部，水利部在报送可研审查意见时一并上报国家发展和改革委员会。

（7）移民安置规划大纲。

依据《大中型水利水电工程建设征地补偿和移民安置条例》《大中型水利水电工程移民安置前期工作管理暂行办法》。报审流程：流域机构→水利部水利水电规划设计总院→水利部、省人民政府联合审批。主要报送材料包括移民安置规划大纲（附停建令）。

（8）移民安置规划报告。

依据《大中型水利水电工程建设征地补偿和移民安置条例》《大中型水利水电工程移民安置前期工作管理暂行办法》。报审流程：流域机构初审→省移民局审批。主要报送材料包括移民安置规划报告和移民安置规划大纲批文。

（9）地震安全性评价。

依据《中华人民共和国防震减灾法》、省级防震减灾条例、省级地震安全性评价管理办法。审批部门为各县地震局。主要报送材料包括地震许可。

（10）选址意见书。

依据《中华人民共和国城乡规划法》、《建设项目选址规划管理办法》、《国务院办公厅关于加强和规范新开工项目管理的通知》（国办发〔2007〕64号）。报审流程：县级规划局初审→省住房和城乡建设厅审批。主要报送材料包括申请表、可行性研究报告、批复的相关规划（流域防洪规划、流域综合规划）、有关部门意见。若不符合有关规定，需编制专题论证报告。

（11）节能审查。

依据《中华人民共和国节约能源法》《固定资产投资项目节能评估和审查暂行办法》。报审流程：流域机构初审→国家发展和改革委员会审批。主要报送材料包括固定资产投资项目节能登记表或固定资产投资项目节能评估报告表（根据能源消耗指标情况，选择编写需报审材料）。

（12）水工程建设规划同意书。

依据《水工程建设规划同意书制度管理办法（试行）》《流域机构水工程建设规划同意书制度管理办法实施细则》。初审和审批部门均为流域机构。主要报送材料包括水工程建设规划同意书申请。

3.1.2.4 可研批复后、初设批复前（由项目法人牵头）

（1）地质灾害评估。

依据《建设项目用地预审管理办法》，由省自然资源厅审批。主要报送材料包括地质灾害危险性评估报告（预审完成后，申请用地审批前）。

（2）压矿证明。

依据《建设项目用地预审管理办法》，由县自然资源局审批。主要报送材料包括相关批文、工程位置图、占压地红线图（用地预审完成后，申请用地审批前）。

（3）文物证明。

依据《中华人民共和国文物保护法》《中华人民共和国文物保护法实施条例》，由县文物保护部门审批。主要报送材料包括相关批文、工程位置图、占压地红线图（预审完成后，征地报批前）。

（4）林地申请许可。

依据《中华人民共和国森林法》、《中华人民共和国森林法实施条例》、省林地保护利用规划。报审流程：县林业主管部门→市林业主管部门→省林业主管部门→国家林业局审批。主要报送材料包括使用林地可行性报告、使用林地申请表、缴纳森林植被恢复费（用地预审完成后，征地报批前）。

3.2 建设用地报批阶段

3.2.1 建设用地报批阶段流程

重新用地预审预判→规划选址论证→生态红线不可避让性论证→勘测定界→土地征收组卷报批→土地登记办理。

3.2.2 建设用地报批阶段任务

该阶段工作由项目法人组织开展、地方政府及其相关部门密切配合[2-3]。

3.2.2.1 重新用地预审

流程：重新用地预审预判（主要是涉及用地规模复核和永久基本农田占用情况复核，如果超过规定即需要开展重新用地预审）→资料收集整理与数据分析（收集项目所需基础资料，与土地利用现状、规划、包括永久基本农田在内的耕地、建设用地等进行对比分析，形成工作底图）→项目土地利用总体规划修改方案暨永久基本农田补划方案编制、与该项目申报有关的相关图件制作（随组卷材料一并上报）→编制“多审合一”的申请表和申请报告→协调县级人民政府出具此项目纳入国土空间规划的承诺及县自然资源部门出具违法用地说明等要件材料→县级初审（县级行政审批部门出具审查意见）→市级初审（补划永久基本农田地块现场踏勘、出具市级审查报告，其他报上级审查所需的说明材料）→省级审查（省厅组织用地预审和规划选址论证会，对各市上报材料进行审查，出具省级审查意见）→县级、市级、省级、部级逐级审查过程中涉及的材料补正→自然资源部批复各级部门、单位协调工作。

3.2.2.2 规划选址论证

根据省级《关于加强建设项目选址规划管理的通知》《关于建设项目用地预审和规划选址实行“多审合一”的通知》，城乡规划没有涵盖的建设项目（如跨区域的重大基础设施建设项目以及因公共利益确需进行建设的项目等），应当编制建设项目选址论证报告。规划选址论证报告主要包括文字和图纸。

报告内容主要包括项目概述、选址论证依据原则和重点、项目选址方案确定、项目选址规划符合性分析、项目选址的合理性分析、项目选址结论与建议。

图纸主要包括区位图、选址方案比选图、选址方案规划图、道路交通分析图、总体规划符合性分析图、与潍坊市总体规划符合性分析图、与县总体规划符合性分析图、与乡镇总体规划符合性分析图（若干图）、断面分析图等。

3.2.2.3 生态红线不可避让性论证

按照省级《环境保护厅关于建设项目涉及生态保护红线有关事项的通知》《生态保护红线划定指南》《生态保护红线规划》及《关于生态保护红线无法避让性论证报告编制有关要求的通知》等文件要求，需对项目整体线路占用生态保护红线部分编制《占用生态保护红线无法避让性论证报告》。生态红线不可避让性论证报告主要包括文本和图纸。

报告内容主要包括项目概述、项目基本情况、项目穿越生态保护红线概况与合规性、项目穿越生态保护红线的无法避让性、建设项目对生态保护红线的影响及采取的生态保护措施、结论与建议。

图纸主要包括项目区位示意图、项目穿越生态保护红线位置图、项目相关设计图、项目涉及生态保护红线区域主要保护对象分布图、项目涉及生态保护红线区域生态现状图、项目涉及生态保护红线区域现状地类图。

3.2.2.4 勘测定界

测绘、权属调查、土地利用现状调查、界址点和地类调查、权属线测绘及权属确认。

采用 2000 国家大地坐标系进行测量和制作测量成果；绘制勘测定界图，编制勘测定界报告。

测绘形成电子数据库，建设用地报件文字材料扫描、导入建设用地电子报盘，形成完整的报盘材料。

3.2.2.5 土地征收组卷报批

（1）协助完成规划调整、永久基本农田补划、占补平衡、违法用地材料、征地预存款及社保费用缴纳、发布拟征地公告、征地补偿安置方案、公告、听证、安置补偿协议签订、“一书四方案”、县级审查报告等县级组卷材料，完成县级组卷工作。

（2）协调市级自然资源部门审查、出具审查报告、“一书四方案”及市政府用地申请，并提请市级政府出具向省政府用地请示。

（3）协调省自然资源厅审查、制作市级电子报盘、出具审查报告、“一书四方案”，并提请省政府出具向国务院的用地请示。

（4）自然资源部审查通过后出具审查报告，报国务院批准后出具用地批复。

（5）解决在组卷上报过程中的各项具体事务性、技术性、协调性工作。

3.2.2.6　土地复垦方案编制

（1）编制土地复垦方案报告书，包括前言、编制总则、项目概况、土地复垦方向可行性分析、土地复垦质量要求与复垦措施、土地复垦工程设计及工程量测算、土地复垦投资估算、土地复垦服务年限及复垦工作计划安排、土地复垦效益分析、保障措施。

（2）现场调查、协调各村召开听证会，取得涉及村庄同意复垦证明材料及公示。

（3）协调各市、县自然资源部门，对方案进行评审，出具初审意见。

（4）通过省级自然资源厅专家评审论证，并取得省厅批复。

3.3　土地登记办理阶段

3.3.1　土地登记办理阶段流程

准备工作→权籍调查→不动产测量→成果审查与入库→成果处理→领取不动产权利证书。

3.3.2　土地登记办理阶段任务简介

（1）收集、整理和分析所调查的不动产登记、抵押、查封、权属来源、交易、控制点坐标、界址点坐标等相关资料，制订调查方案，发放指界通知书，计算测量放样数据等工作。

（2）核实和调查不动产权属和界址状况、绘制不动产单元草图、填写不动产权籍调查表等。

（3）控制测量、界址测量、宗地图的测绘、面积计算、不动产测量报告的撰写等。

（4）文字、表格、图件成果审查与入库。

（5）对成果进行整理和归档。

（6）依据不动产证书领取流程，领取办结不动产权利证书。

4　结论与展望

水利工程建设“征地技术流程框图”是以新质生产力为引领，为推动水利工程建设征地工作高质量开展而取得的一项水利工程建设征地技术流程实行“框图化”管理的技术成果。该成果研究始于治淮重大水利工程建设项目并在项目实施过程中得到了良好的应用与验证。为此，期盼该成果能够在其他工程项目得到进一步推广应用和完善，为将来可能要出台的行业或国家层面的新标准提供参考，让“征地慢、供地晚”彻底成为过去，确保今后所有大中型水利工程建设项目都能如期开工和完成，及早投入使用，以发挥其防洪、排涝等巨大社会效益，让流域人民早日享受到水利工程建设带来的获得感、幸福感和安全感！

参考文献

［1］阴奔，卜明玉，付晓耕．新“土地管理法”实施后水利水电工程征地流程［J］．水利水电工程设计，2023，42（2）：54-57.

［2］张亮，时帅，陈晓峰，等．水利工程征地拆迁与移民安置实施流程分析［J］．治淮，2020（3）：56-57.

［3］吴正松，王颖，孙建东．水利工程移民征迁工作困境及破解研究［C］//中国水利学会．2023 中国水利学术大会论文集：第二分册．郑州：黄河水利出版社，2023：277-280.

ISO 45001 标准在水利科研院所安全生产管理中的应用与实践

卞戈亚　宋小艳

（中国水利水电科学研究院，北京　100038）

摘　要： ISO 45001 作为职业健康安全管理体系的国际标准，其科学性、系统性和有效性日益受到各行各业的重视，并广泛应用于各类组织的安全生产管理中。当前中国水利行业正处于高质量发展、高水平安全历史阶段，水利科研院所承担着支撑水利新质生产力的重要使命，统筹发展与安全成为重要课题。将 ISO 45001 应用于水利科研院所，是保障科研人员和重要仪器设备安全的有力举措。本文探讨了 ISO 45001 在水利科研院所安全生产管理中的应用与实践，利用 PDCA 循环理论，对管理体系各个阶段的理解转化和执行过程进行详细探讨，总结出常见问题，并提出相关措施建议。

关键词： ISO 45001；水利科研院所；安全生产；管理

1　引言

ISO 45001 是由国际标准化组织（ISO）制定的职业健康安全管理体系标准。该标准基于计划-执行-检查-行动（PDCA）循环模式，为组织提供了通用的系统化的风险管理和控制框架，帮助组织持续预防和控制安全事故、职业危害，创造更安全健康的工作环境。水利科研院所作为水利科学研究、技术开发、成果转化及推广应用、人才培养的重要平台，其安全生产不仅关乎科研人员的生命安全，还涉及重要高精尖仪器设备安全和重点科研项目安全。因此，做好水利科研院所的安全生产工作，对于保障水利科研院所的高质量发展至关重要。

2　ISO 45001 标准在水利科研院所的应用

2.1　水利科研院所安全管理特点

（1）水利科研院所具有特殊科研试验仪器设备，如为进行水资源、水灾害、水生态环境、水工程等科研实验、试验、检测及观测所需的仪器设备种类繁多，其操作使用、作业环境、维保要求等与常规仪器设备安全管理不同，其中一些高精尖仪器设备，属于专有或特有且造价高，一旦损坏，则财产损失严重。

（2）水利科研院所具有国家或行业重点实验室，承担着国家或行业重点研发项目，汇集行业精英和特殊人才，一旦发生人员或仪器设备等安全事故，对项目完成和取得预期科研成果影响重大。

（3）水利科研院所具有大型物理模型、振动、离心等试验，涉及土建施工、仪器设备模具安装及拆除等特殊作业和起重、焊接、临时用电、高处作业等特种作业。此外，有些水环境化学分析试验涉及危险化学品及压力容器等危险作业活动，有些试验基地涉及变配电、交通、消防、宿舍、餐饮等多类型安全风险，有些野外科考活动还涉及现场气象水文、地形地貌、有害动物植物及传染病毒等自然环境安全风险。

2.2　建章立制

按照 ISO 45001《职业健康安全管理体系要求及使用指南》（GB/T 45001—2020/ISO 45001：

作者简介： 卞戈亚（1979—），女，高级工程师，主要从事科研安全生产工作。

2018)[1] 标准要求，水利科研院所应结合自身组织管理、科研实验、外业调查、后勤保障等业务工作实际和安全管理特点，综合运用PDCA过程方法和风险思维，建立各层级安全目标、全员安全责任制、危险源辨识和风险评价、法律法规识别、运行控制、应急准备和响应、隐患排查治理与监督检查、内审与管理评审等系统化管理制度，并加以贯彻实施和持续改进，确保管理体系的有效运行。

2.3 基础设施和人员保障

水利科研院所应按标准要求从多个方面为体系运行提供支持和保障：①资源方面，需提供如符合安全标准的实验室、试验基地、办公区域和野外作业场所，配置专门的安全监测预警系统，及时发现潜在的职业健康安全风险；还应根据不同的工作性质和风险防控要求，配备安全防护装备。②能力方面，定期对安全生产管理人员和工作人员进行教育培训，确保新进员工岗前安全教育覆盖率达到100%；对于危险化学品使用和特种作业操作等特殊岗位，要求员工经过培训考核，持证上岗。③意识方面，要在院所内培养"安全第一、预防为主、综合治理"的安全文化，严格遵守并执行安全生产规章制度和仪器设备安全操作规程。

2.4 危险源辨识与风险评价

危险源辨识与风险评价是职业健康安全管理体系的核心要素，水利科研院所应制定危险源辨识和风险评价程序，明确辨识范围、内容、方法，规定风险评价方法及风险管控的内容和原则。危险源辨识范围需考虑工作场所的各个方面，包括科研生产作业类型和后勤保障服务活动、场所内人员的日常活动、设备设施安全重点的使用等。辨识方法可采用直接判定法、工作任务分析、安全检查表、因果分析等方法。风险评估可采用直接判定法、作业条件危险性分析（LEC）、风险矩阵（LS）等方法。

危险源辨识和风险评价通常由安全生产管理人员、科研生产一线人员、安全技术人员、外部专家、工会代表等不同角色的人员共同参与，以全面、科学地识别出危险源并进行风险评价，制订有效的安全风险分级管控措施，并按水利部安全风险管控"六项机制"要求对低风险进行提级管控。

示例：开展某试验大厅物理模型试验的危险源辨识，并利用风险矩阵（LS）法（$R=L\times S$，其中R为风险值，L为事故发生可能性，S为事故后果严重性）进行风险评估，见表1。

表1 物理模型试验危险源辨识评价

序号	危险源名称	危险源辨识		风险评价			风险等级	控制措施
		事故诱因	可能导致的后果	L	S	R		
1	物理模型制作、安装及拆除	违规作业、违章指挥、监督检查不足	物体打击、机械伤害、高处坠落、触电、起重伤害、坍塌、中毒和窒息等	2	3	6	一般风险	1. 进行作业前安全技术交底；2. 作业人员做好个体防护；3. 现场作业负责人及时进行现场安全巡查；4. 制订现场隐患排查方案并进行隐患排查治理
2	消防	消防设施、报警装置配备不足或失效	火灾	1	3	3	低风险	1. 定期检查和维护；2. 及时更新或升级设施；3. 制订消防应急预案

续表 1

序号	危险源名称	危险源辨识		风险评价			风险等级	控制措施
		事故诱因	可能导致的后果	*L*	*S*	*R*		
3	供电、用电	机械、电气设备接地失效，检修不及时	触电、火灾	1	3	3	低风险	1. 定期测试设备的接地电阻； 2. 及时更换或升级设备； 3. 检修人员须持证上岗
4	起重吊装作业	指挥失误、机械失灵、吊具磨损严重	起重伤害	1	4	4	一般风险	1. 制定起重吊装作业规程，并严格执行； 2. 对起重吊装机械和吊具进行安全检查，确保处于完好状态

2.5 政策法律法规识别

进行全面的政策法律法规识别，有助于组织建立一个合法、有效且能够持续改进的职业健康安全管理体系。水利科研院所应从科研生产业务特点出发，识别适用的国家和地方法律法规、行业相关规定和要求，并检查本单位现有的规章制度是否合规、制度之间是否冲突，形成在用法律法规目录清单，并在体系运行过程中严格遵循。

2.6 目标制定与分解

确立安全目标是为安全管理提供明确方向和预期成果，有助于集中资源和优化措施。水利科研院所应根据安全生产的相关要求，结合业务实际及危险源辨识和风险评估的情况，制定具体、可衡量的安全目标。各部门或单位应进一步将总目标细化为更具体的子目标，并确保子目标与总目标保持一致性和协调性。随着时代的不断发展，还应及时调整安全目标，保证其与最新需求相适应。

2.7 运行过程控制

运行过程控制是 ISO 45001 管理体系中的核心环节，旨在通过编制运行控制程序，并依据危险源辨识和风险评估结果，制定和实施相应的风险分级管控措施，确保安全运行[2]。水利科研院所需定期进行风险评估，更新危险源清单。针对特定科研实验作业活动和仪器设备及作业现场的危险源和风险，还应制定详细操作规程。水利科研院所的安全生产管理通常涵盖科研生产、消防安全、后勤服务、交通安全等多个领域，涉及实验室、办公场所、集体宿舍、电机房等多个区域，需特别关注重点领域和重点区域风险管控措施的有效落实。

2.8 应急准备和响应

应急准备和响应是安全生产风险管理的重要防线，水利科研院所应建立全面的应急准备和响应控制程序，包括制订综合应急预案，对科研实验中使用的特种设备、重大危险源、重大风险、重大隐患和消防等制订专项应急预案以及现场处置方案[3]。建立应急救援组织，配备应急物资和装备，定期开展应急演练。如实记录事故处理过程和结果，深入分析事故原因，采取有针对性的措施防止类似事故再次发生。此外，还应根据实际情况和演练经验，持续修订和完善应急预案，不断提升应急响应效率和效果。

2.9 监督检查和持续改进

监督检查是保障管理体系有效运行、促进体系持续改进的有效手段。院所应建立监督检查/隐患排查程序，包括制订监督检查计划/隐患排查方案，明确检查的频率、范围和方法，以及所使用的设备、工具和技术。要求准确记录检查结果，建立隐患排查整改台账。此外，应定期进行合规性评价，确保各项活动符合相关法律、法规、标准要求。程序还包括建立内部和外部评审机制，监督和评估管理体系的执行情况。内部评审由水利科研院所自行组织，通常每年至少进行一次。根据监督检查和管理评审的结果，持续改进管理体系，不断提升安全绩效。

3 常见问题及分析

3.1 规章制度方面

制度体系建设不健全，如特殊试验仪器设备和试验作业的操作规程和关键作业文件不完善，未能涵盖所有重要操作和流程。应急预案体系不完整，缺乏有效的专项应急预案和现场应急预案。法律法规的合规性管理不到位，水利科研项目涉及地域广泛，难以及时更新并遵循所有相关规定。制度可操作性不强，内容与实际业务流程存在脱节，制度间缺乏有效衔接。

3.2 设备管理方面

部分仪器设备老化，不满足现行安全标准，存在安全隐患。设备维护和检修不及时，易引发故障或事故。特殊试验仪器设备的重大风险识别和控制不足，影响潜在风险的有效预防和管控。特别对于试验中使用的压力气罐、起重机械等特种设备的管理，危险化学品的存储和使用，高处作业的安全要求，以及消防设施的配备等方面，未严格按照相关规定执行。

3.3 风险管理方面

危险源辨识不全面，未能充分识别所特有的潜在物理、心理和其他危险源。管理体系与科研活动整合不紧密，如在项目策划中未能识别涉及的危险源和风险因素，合同文本中也缺少职业健康安全要求。在使用新设备、新材料、新技术时，危险源辨识不及时，变更管理不足。此外，员工安全意识薄弱，特别是新员工或岗位变更员工的安全教育培训不充分。

3.4 环境管理方面

与科研活动相关的环境风险识别和评估不充分，如模型试验拆除后建筑垃圾的清运及试验中产生的污水排放等未妥善处置。环境控制措施不到位，如通风、温度、噪声等物理环境控制不力。个体防护设备提供不足或使用不当，危害源隔离不充分。工作场所设计不合理，如将员工宿舍、厨房等生活设施设置在试验大厅内。野外作业环境风险评估不足，缺乏针对现场作业的应急预案[4]。

4 改进措施和建议

4.1 管理机制和运行模式

健全安全管理制度体系，根据本单位的安全管理特点，确保操作规程和作业文件覆盖所有重要操作和流程，避免遗漏关键环节。建立完整的应急预案体系，针对不同场景和实际需求，制订专项和现场应急预案，并定期组织演练。加强法律法规合规性管理，确保及时获取并遵循最新的法律法规要求，尤其是跨地域或跨行业的科研项目。提升制度文件的可操作性，明确各级人员的职责，避免制度与执行“两张皮”。

4.2 设备管理和隐患排查

加强科研试验仪器设备全生命周期管理，建立健全设备检维修制度，确保设备始终符合现行安全标准。持续开展风险识别与控制工作，特别是对高精尖重要仪器设备的潜在安全风险进行系统评估，并进行风险提级管控。针对特种设备、危险化学品、危险作业及消防设施等重点领域，强化隐患排查。综合运用“人防、技防、工程防、管理防”等多种手段，增强日常监管的全面性和有效性。

4.3 风险辨识和风险管控

加强管理体系与科研活动的紧密衔接，如在科研项目策划阶段，明确危险源、风险因素及职业健康与安全要求；在项目合同文本中加入安全条款，明确相关方安全职责。完善变更管理机制，针对新设备、新材料和新技术的应用，确保新增风险能够及时评估与管控。严格落实风险分级控制措施，规范安全交底流程，特别是加强对新员工和岗位变更员工的安全生产教育与培训。

4.4 环境管控和防护措施

加强各类活动和场所的环境风险评估，针对野外危险作业、高动能机械操作、化学试验废弃物处理、有限空间等风险环境，制定并实施有效的管理和处置措施。对可能影响公众和环境的风险应进行公开透明的沟通。完善环境控制措施，确保通风、温度、噪声等物理环境符合相关标准。强化危害源隔离措施，增强个体防护设备的供应和使用。优化工作场所设计，避免生活设施与工作区域混合使用。

5 结语

ISO 45001 标准提供了一整套通用的职业健康安全管理的框架和方法，通过结合水利科研院所安全管理特点进行系统化风险管理、强化法规遵循、促进全员参与、推动持续改进，促使水利科研院所有效预防和降低科研实验作业活动、特殊仪器设备设施及作业场所中的安全风险，提升科研人员的安全意识和应急处理能力，保障科研活动的顺利进行，以高水平安全保障高质量发展。

参考文献

[1] 国家市场监督管理总局，国家标准化管理委员会．职业健康安全管理体系要求及使用指南：GB/T 45001—2020/ISO 45001：2018［S］．北京：中国标准出版社，2020.

[2] 王红生．安全生产标准化管理与 ISO 45001/14001 管理体系协同运行探讨［J］．劳动保护，2023（12）：65-67，5.

[3] 邹云，王小琰．职业健康安全管理体系在航天企业的应用及对策［J］．现代职业安全，2022（8）：90-92.

[4] 张锬．基于职业健康安全管理体系的双重预防机制探索实践［J］．现代职业安全，2022（12）：92-95.

基于水利工程标准化管理的岩土工程仪器质量监督问题分析与对策研究

陈文靖[1,3]　严　琳[2]　陈　敏[2]

（1. 南京水利科学研究院，江苏南京　210029；
2. 水利部水文仪器及岩土工程仪器质量监督检验测试中心，江苏南京　210012；
3. 南京水科院瑞迪科技集团有限公司，江苏南京　210029）

摘　要：安全监测是水利工程标准化管理评价标准中的重要考核与评价指标。岩土工程仪器大量应用于各类水利工程安全监测中，质量状况与监测数据直接关系到工程安全。本文研究分析水利工程标准化管理内涵和指标要求、岩土工程仪器质量监督发展过程，以及问题和原因，提出符合水利工程标准化管理评价办法及评价标准的相关对策与建议，可为进一步提升水利工程标准化管理水平和运行管理能力提供参考依据。

关键词：水利工程；标准化管理；岩土工程仪器；质量监督

1　引言

水利工程作为国民经济重要的基础设施，质量安全事关国家战略全局与人民福祉。2022 年以来，水利部制定出台了《关于推进水利工程标准化管理的指导意见》和《水利工程标准化管理评价办法》及评价标准等系列文件，对推动我国新阶段水利高质量发展，保障水利工程质量安全具有非常重要的意义。我国目前已建成的各类水库、堤防、水闸等水利工程，在防洪减灾、供水灌溉和生态保护等方面发挥了巨大的效益，但在运行管理方面还存在一些亟待解决的问题，工程安全隐患依然严重[1]。据水利部《2022 年全国水利发展统计公报》数据，全国已建成各类水库 95 296 座，5 级及以上堤防 33.2 万 km，流量为 5 m^3/s 及以上的水闸 96 348 座[2]，形成了我国水利工程体系主体。在水库、堤防和水闸等工程标准化管理评价标准中，均将安全监测评价内容作为一项重要评价指标进行考核。工程安全与否，要以科学数据说话。岩土工程仪器大量应用于各类水利工程安全监测及自动化系统中，监测数据涉及水利工程的变形、渗流、压力、温度和应力应变等，加之岩土工程的复杂性和诸多不确定性，因此岩土工程仪器质量状况与监测数据是否及时、准确、可靠，不仅是水利工程标准化管理准确评价的重要科学依据，也直接关系到水利工程质量安全。

2　水利工程标准化管理内涵和指标要求

标准化是国家治理体系和治理能力现代化中的基础制度和重要方法。水利工程标准化管理是指以全面提升水安全保障能力为目标，水利工程管理责任主体在管理责任、制度建设、安全运行、维修养护、环境保护、教育培训、监督检查、考核评价等各个环节及关键节点，按照规定的管理标准，实行规范的痕迹化管理，达到标准化管理规定的等级标准，实现水利工程安全运行、效益充分发挥的良性运行目的。

水利工程标准化管理的目标就是要全面推进工程管理标准化体系建设，强化工程安全管理，消除

作者简介：陈文靖（1996—），女，工程师，主要从事水利水电工程勘测设计与标准化研究工作。

重大安全隐患，落实管理责任，完善管理制度，提升管理能力，建立健全运行管理长效机制。其内涵是水利工程要落实管理主体责任，从工程状况、安全管理、运行管护、管理保障和信息系统等 5 方面，明确标准化管理要求，确定标准化管理的具体工作内容，从而实现水利工程全过程标准化管理。

（1）工程状况标准化要求水利工程现状达到设计标准，无安全隐患。主要建筑物和配套设施运行性态正常，运行参数满足现行规范要求，金属结构与机电设备运行正常、安全可靠，监测监控设施设置合理、完好有效，满足掌握工程安全状况需要，工程外观完好，管理范围环境整洁，标识标牌规范醒目。

（2）安全管理标准化要求水利工程按规定注册登记，信息完整准确、更新及时。按规定开展安全鉴定，及时落实处理措施，工程管理与保护范围划定并公告，重要边界界桩齐全明显，无违章建筑和危害工程安全活动。安全管理责任制落实，岗位职责分工明确，防汛组织体系健全，应急预案完善可行，防汛物料管理规范，工程安全度汛措施落实。

（3）运行管护标准化要求水利工程巡视检查、监测监控、操作运用、维修养护和生物防治等管护工作制度齐全、行为规范、记录完整，关键制度、操作规程上墙明示。要及时排查、治理工程隐患，实行台账闭环管理，调度运用规程和方案（计划）按程序报批并严格遵照实施。

（4）管理保障标准化要求水利工程管理体制顺畅，工程产权明晰，管理主体责任落实，人员经费、维修养护经费落实到位，使用管理规范，岗位设置合理，人员职责明确且具备履职能力，规章制度满足管理需要并不断完善，内容完整、要求明确、执行严格，办公场所设施设备完善，档案资料管理有序，精神文明和水文化建设同步推进。

（5）信息系统标准化建设要求建立水利工程管理信息化平台，工程基础信息、监测监控信息、管理信息等数据完整、更新及时，与各级平台实现信息融合共享、互联互通。整合接入雨水情、安全监测监控等工程信息，实现在线监管和自动化控制，应用智能巡查设备，提升险情自动识别、评估、预警能力，网络安全与数据保护制度健全，防护措施完善。

3 岩土工程仪器质量监督发展过程

3.1 工业产品生产许可证管理阶段

工业产品生产许可证制度是为了保证直接关系公共安全、人体健康和生命财产安全的重要工业产品的质量安全，贯彻国家产业政策，促进我国市场经济健康、协调发展，建立的一种行政许可证制度[3]。长期以来，国家对岩土工程仪器产品质量非常重视，2017 年 6 月以前，国家质量监督主管部门依据《中华人民共和国工业产品生产许可证管理条例》（国务院令第 440 号），以及《中华人民共和国工业产品生产许可证管理条例实施办法》，将岩土工程仪器列入直接关系公共安全、生命财产安全的重要工业产品目录中，实行工业产品生产许可证管理，任何单位和个人未取得生产许可证，不得生产、销售或在经营活动中使用。国家对实行生产许可证制度管理的工业产品，统一产品目录、统一审查要求、统一证书标志、统一监督管理。为保证产品质量持续稳定，要求生产企业必须建立标准化管理体系，要有规范的技术文件和生产装配工艺文件，配备与所生产产品相适应的、满足国家标准或行业标准要求的专业人员、生产条件和检验手段。

3.2 重点工业产品质量安全监督阶段

（1）2017 年 6 月 24 日，为推进简政放权、放管结合、优化服务等政府职能转变，国务院印发《国务院关于调整工业产品生产许可证管理目录和试行简化审批程序的决定》（国发〔2017〕34 号），取消了岩土工程仪器等 19 类工业产品生产许可证管理，同时要求对取消生产许可证管理的工业产品，必须坚持放管结合、并重，加强质量安全事中事后监管，采取“双随机、一公开”方式，开展质量监督抽查，确保工业产品质量安全责任落实到位。国家市场监督管理总局依据《中华人民共和国产品质量法》，以及岩土工程仪器产品质量国家监督抽查实施方案和实施细则，分别于 2017 年、2018 年连续两年开展了岩土工程仪器产品质量国家监督抽查，并将抽查结果向社会公布。水利部水文仪器及岩土工程仪器质量监督检验测试中心参与了产品质量国家监督抽查实施方案与实施细则制定、产品抽样与检验等工作。

(2) 为持续加强工业产品质量安全监督，提高质量安全治理水平，国家市场监督管理总局自2019年开始，每年均将岩土工程仪器列入《全国重点工业产品质量安全监管目录》中。2023年1月20日，国家市场监督管理总局发布了《市场监管总局关于印发〈全国重点工业产品质量安全监管目录（2023年版）〉的通知》（国市监质监发〔2023〕5号），要求对岩土工程仪器等重点工业产品，依据标准强化质量监督，科学采取监督抽查和风险监测，提高监管的精准性和有效性。

3.3 主要质量问题与原因分析

国家市场监督管理总局连续两年开展了生产领域岩土工程仪器产品质量国家监督抽查，重点对产品的工作环境、基本功能、性能参数、稳定性、绝缘性能、抗电强度、防水密封性、机械环境适应性、测量误差、准确度等15个关键项目进行了检验。2017年抽查了8个省（直辖市、自治区）26家企业的29批次产品，不合格产品检出率为13.8%[4]。2018年抽查了9个省（直辖市、自治区）26家企业生产的34批次产品，不合格检出率为2.9%[5]。检测发现，主要质量问题集中在产品的准确度、灵敏度、稳定性、绝缘性、防水密封性等技术性能指标不符合相关标准、规范要求。水利工程运行环境复杂，所发现的质量问题很可能对水利工程建设与运行造成安全风险。分析问题的原因，主要是企业对相关标准、规范理解不够，或执行不严格，产品设计不合理。部分企业为组装型企业，采购零部件组装，甚至贴牌生产，不能有效控制产品制造工艺、元器件材料质量。部分企业为降低成本而减少生产装配工艺工序，对检验环节不重视，缺乏有效检验技术、方法和检验手段，检验设施不全，质量检验不严格或根本不进行实质性的质量检验，导致出现质量问题。

4 对策与建议

加快推进水利工程标准化管理，有效改变水利工程粗放管理模式，2024年是完成“十四五”水利工程标准化管理目标任务的关键之年。岩土工程仪器作为国家重点工业产品，在水利工程中应用非常广泛，自2019年起一直被国家市场监管部门列入质量安全监管目录中，但近几年来水利行业内尚未开展过全行业的质量监督检查，目前岩土工程仪器标准执行情况和产品整体质量状况如何不得而知。

(1) 水利工程安全运行是涉及国家长治久安的大事，水利工程管理需要加强制度建设、强化制度落实，这是国家治理体系和治理能力现代化在水利工程管理领域的基本要求[6]。水利部先后印发了《水利部直属单位水利工程运行管理监督检查办法》《关于推进水利工程标准化管理的指导意见》《水利工程标准化管理评价办法》《关于深入推进水利工程标准化管理工作的通知》等一系列文件，把安全责任贯穿到水利工程运行管理全过程的各环节，明确了水利工程标准化管理的基本要求和评价标准，建立了标准化管理常态化评价机制。随着岩土工程仪器产品生产许可证取消，改为重点工业产品质量安全监管目录管理，水利行业应在法律规定的职责范围内，建立水利工程建设与运行领域的岩土工程仪器质量监督检查机制，依据水利工程标准化管理评价办法及评价标准要求，常态化开展岩土工程仪器质量监督检查工作。

(2) 标准是实施质量监督检查的技术依据，水利工程标准化是提升水利工程运行管理能力和水平的重要保证。在贯彻落实水利部关于推进水利工程标准化管理的指导意见过程中，对照水利工程标准化管理评价办法，进一步完善水利工程标准化管理评价标准及相关实施细则，科学制定岩土工程仪器质量监督检查方案、实施细则和评价标准等规范性文件，规范统一检查方式、依据标准、检验项目、检验方法、判定规则等，从严监管产品质量，阻止问题产品进入水利工程中。

(3) 水利高质量发展需要高质效的监督保障，水利行业在对岩土工程仪器产品质量监督管理上，继续做好标准化建设，创新监督方式，不断强化水利工程标准化管理评价办法及评价标准的执行与监管力度，建立岩土工程仪器质量监督长效机制，采取“双随机、一公开”方式，积极引入第三方机构与评价机制，以检促评，科学评价岩土工程仪器质量状况并及时通报，确保岩土工程仪器质量始终处于受控状态。

5 结语

标准化工作是实现高质量发展的重要助力，加快推进水利工程管理标准化进而推动水利现代化是一项重要而紧迫的任务。党的二十大报告指出，高质量发展是全面建设社会主义现代化国家的首要任务。水利工程标准化管理是落实新阶段水利高质量发展目标任务，保障水利工程安全运行和效益充分发挥的重要举措，全面推进水利工程标准化管理，是推动新阶段水利高质量发展，着力提升水利工程运行管理能力和水平，保障水利工程安全运行和效益充分发挥的必然要求，也是国家治理体系和治理能力现代化在水利工程管理领域的基本要求。

水利工程安全对于保障人民群众生命财产安全和经济社会高质量发展至关重要。岩土工程仪器在各类水利工程安全监测及自动化系统中大量使用，质量问题涉及水利工程标准化管理中的工程状况、安全管理、运行管护、管理保障和信息化建设等诸多方面。质量合格的岩土工程仪器是确保水利工程安全的重要保证，加强岩土工程仪器质量监督检查，进一步发挥标准化工作的先导性地位，不断强化标准实施应用，才能持续为提升水利工程标准化管理水平和运行管理能力提供有力的质量安全保障。

参考文献

[1] 水利部运行管理司负责同志解读《关于推进水利工程标准化管理的指导意见》[J]. 水利建设与管理，2022，42（4）：3-6.

[2] 中华人民共和国水利部. 2022 年全国水利发展统计公报 [R]. 北京：中国水利水电出版社，2023.

[3] 国家质量监督检验检疫总局产品质量监督司. 工业产品生产许可证教程 [M]. 北京：中国质检出版社，中国标准出版社，2012.

[4] 国家市场监督管理总局. 2017 年第 5 批：岩土工程仪器产品质量国家监督抽查结果 [OL].（2018. 1. 15）. https：//www. samr. gov. cn/zljds/zlgg/bsgg/201801/t20180115_297940. html.

[5] 国家市场监督管理总局. 市场监管总局关于 2018 年儿童家具等 15 种产品质量国家监督抽查情况的通报 [OL].（2019. 2. 17）. https：//gkml. samr. gov. cn/nsjg/bgt/201902/t20190217_288874. html.

[6] 李发鹏，韩丽，杨彦明，等，推进水利工程管理现代化的思考 [J]. 水利发展研究，2022，22（11）：57-61.

浅谈《水利工程施工质量检验与评定规范》的编写

龚　懿[1]　陈立冬[2]　袁承斌[1]　周济人[1]

（1. 扬州大学水利科学与工程学院，江苏扬州　225009；
2. 江苏省水利勘测设计研究院有限公司，江苏扬州　225009）

摘　要：随着科技的进步与社会的发展，越来越多的新技术、新材料、新工艺、新设备应用于水利工程建设，相应的质量检验评定标准和质量检测手段也需要不断发展和完善，这就要求我们与时俱进，不断完善质量检验与评定规范，强化检验与评定组织，严格质量评定程序，使施工质量检验与评定工作标准化、规范化，以适应社会的需要，有效保证水利工程建设质量和促进水利工程建设水平的提高。为此，本文对《水利工程施工质量检验与评定规范》的必要性与主要特色进行了归纳总结，以进一步提高对规范的认识，促进水利新质生产力的发展。

关键词：水利工程；质量检验与评定；规范；必要性

水利工程建设具有投资大、涉及面广、影响因素多、工程量大、难度复杂、质量易波动、隐蔽性与虚假性、终检具有局限性等特点，致使工程质量和安全事故时有发生，甚至发生重特大质量事故，造成重大人员伤亡和财产损失，须进一步加大对水利工程施工质量的监控力度。

扬州大学水利科学与工程学院全程参与了《水利工程施工质量检验与评定规范》（DB32/T 2334.1、DB32/T 2334.2、DB32/T 2334.3、DB32/T 2334.4）的编制[1-4]。目前，该套规范已全面应用于江苏水利工程的质量检验与评定，其颁布与实施促进了江苏水利工程质量检验与评定的规范化、标准化、科学化，提升了工程质量的检验与管理水平，显著提高了江苏省水利工程的施工质量。

1　编写规范的必要性

1.1　适应水利现代化的需要

2011 年，《中共江苏省委江苏省人民政府关于加快水利改革发展推进水利现代化建设的意见》（苏发〔2011〕1 号）指出，要加强水利建设，强化水利管理，深化水利改革，不断提高水利的防洪保安、水资源保障、水环境保护和服务民生能力，率先走出一条具有江苏特色的水利现代化道路。作为公益性、基础性和战略性的水利工程在水利现代化建设中占有极其重要的地位，必须高标准地进行水利工程建设，作为检验与评定水利工程的质量标准或规范应与时俱进，适应水利现代化的需要。

当时江苏省水利工程施工质量检验评定使用的是 2002 年省水利厅发布施行的《江苏省水利工程施工质量检验评定标准》，该标准对江苏水利工程施工质量检验评定的基本要求、检测内容与标准进行了规定，对指导工程项目划分和规范工程质量检验与评定工作发挥了重要作用，推动了水利工程质量检验与评定工作的标准化、规范化，有力促进了江苏省水利工程质量管理水平的提高。

但随着新工艺、新技术、新材料、新设备的不断推广应用，新规范、新标准的不断更新颁布，《江苏省水利工程施工质量检验评定标准》（2002 版）已不能很好地适应江苏省水利现代化建设的需要，在执行中也暴露出细节不完善、内容不全面等缺点，因此必须重新编写江苏省水利工程施工质量检验评定标准，并改名为《水利工程施工质量检验与评定规范》，以适应水利现代化的建设需要。

1.2　突出江苏水利工程建设特色的需要

水利部相继发布了《水利水电工程单元工程施工质量验收评定标准》（SL 631、SL 632、SL 633、

作者简介：龚懿（1983—），男，教授，副院长，主要从事水利优化规划、管理教学及科研工作。

SL 634、SL 635、SL 636、SL 637）等质量检验评定标准[5-11]。由水利部统一制定质量评定标准和办法来评定建设工程质量，以控制水利工程质量和管理施工企业，做到统一检验项目、检验工具、检验方法和评定办法，对促进工程建设质量的提高起到了积极的作用。但由于江苏省水利工程多是软土地基，大中型建筑物以水闸、船闸、泵站为主，与其他省的岩石基础、建筑物为水电站与大坝等有较大区别，不可能完全照搬水利部水利工程质量验收标准。本次规范编制正是为了突出江苏水利工程建设的特色，以国家和水利部的质量管理法律、法规、规程、规范、标准为依据，借鉴水利部及其他部门的相关质量检验评定与验收标准，按照标准编制标准化工作的要求，对 2002 版质量检验评定标准进行了修改、补充和完善，体现了江苏水利工程建设施工质量管理水平，促进了水利工程质量管理水平的提升。

1.3 体现标准化编制规范的需要

随着时间的推移和社会的发展，对规范的编写要求也越来越高。本次规范编写组织了江苏省内长期从事水利工程施工、监理、检测、管理等方面的专家具体负责标准的编写工作，并在编写过程中邀请众多专家对标准进行多轮审查，充分听取专家意见，严格按照《标准化工作导则 第 1 部分：标准的结构和编写》（GB/T 1.1—2009）编制[12]，格式结构完整、分类合理、方便适用。规范修编内容以《水利水电工程单元工程施工质量验收评定标准》[5-11]、《水利水电工程施工质量检验与评定规程》（SL 176—2007）[13]、《水利水电建设工程验收规程》（SL 223—2008）[14] 等标准为依据[15]，对江苏水利工程质量检验评定程序和要求进行重新规定，科学、合理地划分工程项目，补充与完善 2002 版水利工程施工质量检验评定标准的内容，对近年来成熟应用的新工艺和新技术进行补充。标准修编文字力争精当准确，清楚明了，便于理解和使用，并由江苏人民出版社出版，适应了标准化编制规范的需要。

1.4 强化质量管理的需要

为了强化水利工程的质量管理，以高标准的质量检验与评定促进江苏水利工程质量的提高，在本规范编写时特别注意：一是规范了评定程序、组织与管理；二是科学、合理地划分工程项目；三是补充与完善江苏省水利工程施工质量检验评定标准内容；四是将多工序单元工程划分为若干工序，先进行工序质量检验与评定，再汇总评定单元，强调了工序评定，强化了过程的质量控制；五是强调了对工程中使用原材料、中间产品与设备的检验与评定；六是将过去的质量检验项目由检查项目与检测项目改为主控项目与一般项目，突出了检验与评定重点；七是重新编制单元工程或工序质量评定标准，并对旧标准中发现的检测频率不合理现象进行修改；八是科学选取质量评定要素，合理制定检验频次；九是规范水利工程质量检验与评定资料格式，明确各方的工作职责。

1.5 完善质量检验与评定规范内容的需要

完善的质量检验与评定标准内容是全面进行水利工程质量评定的基础，本次规范总体结构由 4 部分组成：《第 1 部分：基本规定》《第 2 部分：建筑工程》《第 3 部分：金属结构与水力机械》《第 4 部分：电气设备与自动化》。

《第 1 部分：基本规定》主要内容包括本规范的适用范围、规范性引用文件、术语和定义、水利工程项目划分、施工质量检验、施工质量评定、单位工程外观质量检验与评定、工程质量检验与评定的基本资料等[1]。

《第 2 部分：建筑工程》主要内容包括适用范围，规范性引用文件，术语和定义，单元工程评定条件、程序与标准，土方工程、基础工程、砌石工程、混凝土工程、其他工程及临时工程的单元划分与质量检验评定标准，并对近年来在江苏水利工程中成熟应用的新材料、新技术和新工艺进行了补充，将原标准中适用性不强和应用不广泛的内容进行了调整[2]。

《第 3 部分：金属结构与水力机械》规定了金属结构制造工程、金属结构安装工程、水力机械主机组安装工程、水力机械辅助设备系统与起重设备安装工程的单元工程施工质量检验与评定标准[3]。

《第 4 部分：电气设备与自动化》规定了 110 kV 及以下电气设备安装、自动化工程施工质量检验与评定标准，该部分全为本次规范新增加的内容[4]。

本次规范的编写内容基本覆盖了当时江苏水利工程建设中常见的施工技术和工艺，体现了江苏水利建设的特色，同时也保证了同水利部标准的连贯性和一致性，标准的内容更全面、适用性更强。

2 规范的主要特色

2.1 规范了评定程序、组织与管理

《水利工程施工质量检验与评定规范》（DB32/T 2334.1—2013）[1] 详细规定了水利工程项目划分的原则、方法与程序，施工质量检验的职责与内容，质量缺陷备案与质量事故检查，施工质量评定的依据、次序、等级、标准、组织与管理，工程质量检验与评定的基本资料等；原则性地列出了分部工程的项目划分、建筑物工程外观质量的评定标准、普通混凝土和砂浆强度的评定；具体给出了地基验槽签证、水利工程施工质量缺陷备案、重要隐蔽单元工程（关键部位单元工程）质量等级签证、水利工程项目施工质量评定、建筑物工程外观质量评定等表式；对水利工程质量检验与评定人员，计量器具、试验仪器仪表及设备，检验项目与数量等提出了明确要求，从而保证了江苏水利工程的质量检验与评定有原则可循、有组织可建、有标准可依、有格式可靠，确保了水利工程质量检验与评定的规范化、标准化、系统化、组织化，为全面提高水利工程的质量提供了原则、程序、方法与组织管理保障。

2.2 提供了合理规范的质量检验标准

施工质量检验和评定工作在整个施工过程中尤为重要，对工程的质量起决定性作用，是一项严肃、认真、重要的工作。本规范结合江苏省水利工程多是软土地基，大中型建筑物多为水闸、船闸、泵站等实际情况，在《江苏省水利工程施工质量检验评定标准》（2002 版）基础上编制了一套《水利工程施工质量检验与评定规范》，进一步完善了江苏水利工程的质量检验与评定内容、标准，为水利工程质量的检验与评定提供了可靠的依据，为正确评定工程质量奠定了坚实的基础。

2.3 强化了施工过程的质量控制

工程的建设过程，就是质量的形成过程，质量蕴藏于工程的建设之中。质量的检验与评定就应从每一个过程、每一道工序、每一个影响质量因素开始，而不应只检验与评定其结果。本规范正是强化了施工过程的质量检验与评定，坚持以“预防为主”原则，实现了质量的过程控制，将建筑工程、金属结构与水力机械、电气设备与自动化各划分为若干施工单元，对较为复杂的施工单元又分成几个工序，把以前的单元评定变为工序、单元评定，突出了工序质量的重要性，执行每道工序及时检验与评定，上一道工序不合格不得进入下一道工序的施工，对不合格工序要坚决返工处理，从而预防产生质量隐患。同时加强对工程施工中所采用的材料、成品、半成品、构配件（包括混凝土混合料配合比设计）的检验和管理，最终实现对工程质量的控制。

2.4 突出了施工质量检验重点

本次规范的质量检验评定项目和标准根据水利部相关标准进行了相应的调整，由原来的检查项目与检测项目调整为主控项目与一般项目，质量检验方法和频次进行重新修订。主控项目一般是对单元工程功能起决定作用或对安全、卫生、环境保护有重大影响的检验项目，在工程质量检验与评定中重点应加以关注。在单元工程、工序评定标准中也对主控项目与一般项目有不同的要求，如工序施工质量无论是合格等级标准还是优良等级标准，主控检测项目逐项检测点合格率 100%；单元工程中除河道疏浚主控项目检测点合格率达到 90%（95%）以上外，其余主控检测项目逐项检测点合格率要达到 100%。这就强化了主控项目的重要性，突出了施工质量检验的重点。

2.5 完善了质量检验与评定内容

《水利工程施工质量检验与评定规范》（DB32/T 2334.2、DB32/T 2334.3、DB32/T 2334.4）[2-4] 规定了建筑工程、金属结构与水力机械、电气设备与自动化的单元工程施工质量检验与评定标准。

其中《第 2 部分：建筑工程》（DB32/T 2334.2）中基础工程增加了地基换填、水泥搅拌桩防渗

墙、振动沉模防渗墙、岩石地基灌浆等工程质量评定标准；砌石工程增加抛石与沉排工程质量评定标准；混凝土工程增加了预应力混凝土工程和模袋混凝土工程质量评定标准；增加了安全监测设施、观测孔（井）、水土保持、防汛道路、顶管工程等其他工程质量评定标准；增加了围堰工程、钢板桩、基坑降排水、基坑边坡防护、场内道路、混凝土拌和楼等临时工程质量评定标准。《第 3 部分：金属结构与水力机械》增加了清污机的制作与安装、带式输送机安装、三角闸门埋件与门体安装、铸铁闸门安装、灯泡贯流式机组安装等内容，并删除了一些过时的、不常用的安装内容。《第 4 部分：电气设备与自动化》规定了 110 kV 及以下电气设备安装、自动化工程施工质量检验与评定标准，全为新增加的内容。

与 2002 版标准相比，本次规范修编内容基本覆盖了江苏省水利工程建设目前常见的施工技术和工艺，工程评定标准与体系同水利部也相一致，保证了同水利部标准的连贯性和一致性，标准的内容更全面、更完善，适用性更强，进一步便于江苏水利工程建设质量管理人员的使用，有利于全面进行江苏水利工程质量检验与评定。

3 结语

工程质量是国家经济、技术水平的体现，是一个民族科学文化素质的重要标志。质量是水利工程的生命，质量不达标，一切等于零。在水利工程施工中，推动新质生产力发展，必须树立“质量是水利工程生命”的理念，贯彻“质量兴业”和“千年大计，质量第一”的方针，加强组织管理，建立统一和完善的质量标准，加强质量检验与评定，确保水利工程质量。

参考文献

[1] 江苏省质量技术监督局．水利工程施工质量检验与评定规范　第 1 部分：基本规定：DB32/T 2334. 1—2013［S］．江苏人民出版社，2013.

[2] 江苏省质量技术监督局．水利工程施工质量检验与评定规范　第 2 部分：建筑工程：DB32/T 2334. 2—2013［S］．南京：江苏人民出版社，2013.

[3] 江苏省质量技术监督局．水利工程施工质量检验与评定规范　第 3 部分：金属结构与水利机械：DB32/T 2334. 3—2013［S］．南京：江苏人民出版社，2013.

[4] 江苏省质量技术监督局．水利工程施工质量检验与评定规范　第 4 部分：电气设备与自动化：DB32/T 2334. 4—2013［S］．南京：江苏人民出版社，2013.

[5] 中华人民共和国水利部．水利水电工程单元工程施工质量验收评定标准——土石方工程：SL 631—2012［S］．北京：中国水利水电出版社，2012.

[6] 中华人民共和国水利部．水利水电工程单元工程施工质量验收评定标准——混凝土工程：SL 632—2012［S］．北京：中国水利水电出版社，2012.

[7] 中华人民共和国水利部．水利水电工程单元工程施工质量验收评定标准——地基处理与基础工程：SL 633—2012［S］．北京：中国水利水电出版社，2012.

[8] 中华人民共和国水利部．水利水电工程单元工程施工质量验收评定标准——堤防工程：SL 634—2012［S］．北京：中国水利水电出版社，2012.

[9] 中华人民共和国水利部．水利水电工程单元工程施工质量验收评定标准——水工金属结构安装工程：SL 635—2012［S］．北京：中国水利水电出版社，2012.

[10] 中华人民共和国水利部．水利水电工程单元工程施工质量验收评定标准——水轮发电机组安装工程：SL 636—2012［S］．北京：中国水利水电出版社，2012.

[11] 中华人民共和国水利部．水利水电工程单元工程施工质量验收评定标准——水力机械辅助设备系统安装工程：SL 637—2012［S］．北京：中国水利水电出版社，2012.

[12] 中华人民共和国国家质量监督检验检疫总局，中国国家标准化管理委员会．标准化工作导则　第 1 部分：标准的结构和编写：GB/T 1. 1—2009［S］．北京：中国标准出版社，2009.

[13] 中华人民共和国水利部．水利水电工程施工质量检验与评定规程（附条文说明）：SL 176—2007［S］．北京：中国水利水电出版社，2007.
[14] 中华人民共和国水利部．水利水电建设工程验收规程：SL 223—2008［S］．北京：中国水利水电出版社，2008.
[15] 中华人民共和国水利部．水利水电工程施工组织设计规范：SL 303—2017［S］．北京：水利电力出版社，2017.

数字孪生水利发展现状研究及标准化思考

钱　伟[1]　江世海[1]　曹宏生[1,2]　孙良辰[3]

（1. 南京水科院瑞迪科技集团有限公司，江苏南京　210029；
2. 南京水利科学研究院，江苏南京　210024；
3. 中国能源建设集团江苏省电力设计院有限公司，江苏南京　210036）

摘　要： 数字孪生水利作为智慧水利的重要组成部分，近年来在国家政策的推动下取得了显著的发展，但其推广与应用仍面临诸多挑战，如数据获取成本高、模型精度受限、标准规范缺失等。本文探究数字孪生技术在智能水利设施管理、水文预测和水灾风险管理、水资源管理与优化、智慧农业与灌溉方面的发展现状，分析数字孪生标准化面临的问题，提出水利行业数字孪生可持续发展的四条实施路径。

关键词： 智慧水利；数字孪生；标准化

1　引言

习近平总书记对提升流域设施数字化、网络化、智能化水平提出了明确要求，《数字中国建设整体布局规划》中明确提出“构建以数字孪生流域为核心的智慧水利体系”。数字孪生水利面向新阶段水利高质量发展需求，为水利决策管理提供前瞻性、科学性、精准性、安全性支持，实现水利业务与现代信息技术融合发展。

数字孪生水利建设是新时代水利事业发展的必然趋势。目前，我国数字孪生水利建设取得积极进展，数字孪生流域、数字孪生水网、数字孪生工程建设全面推进，已经在水资源调配与管理、水旱灾害防御、河湖管理等方面取得成效。通过大数据、人工智能等先进信息技术与水利业务的深度融合，数字孪生水利建设将形成推动新阶段水利高质量发展的新质生产力，有力支撑水利治理改革。随着数字孪生技术的广泛应用，水利行业也迎来了数字化时代，数字化和标准化是现代社会不可或缺的因素，它们相互促进。标准化为企业提供了一套规范化的工作模式和准则，实现了产品和服务的互通性，而数字化则通过技术的发展和应用，实现了信息的流动和数据的处理。在此背景下，标准化将成为推动数字孪生水利持续发展和安全实施的关键因素。

2　数字孪生水利发展现状

数字孪生是指通过数字化技术模拟、构建实体世界的数字化孪生体，实现对实体系统的数字化复制、监测、控制和优化。相对于工业、制造业、计算机、航空航天等领域，水利行业对于数字孪生的研究起步较晚，相关理论和应用研究较少，但也在不断发展。水利部部长李国英提出，要坚持数字化、网络化、智能化主攻方向，推进智慧水利建设，建立水利工程行业的数字孪生。在水利领域，数字孪生技术的应用在智能水利设施管理、水文预测和水灾风险管理、水资源管理与优化、智慧农业与灌溉等方面发挥了重要作用。

2.1　智能水利设施管理

智能水利设施管理是利用先进的数字技术和智能算法对水利设施进行实时监测、数据分析和智能

作者简介： 钱伟（1988—），男，高级工程师，主要从事数字孪生技术研究、水工结构设计等方面工作。

控制的过程。智能水利设施管理系统可以实时监测水利设施的运行状态、水位、流量等数据，并通过传感器和监测设备采集大量数据。通过对采集的数据进行分析和处理，智能系统可以预测水利设施的运行状况、水文情况，提前发现潜在问题并采取相应措施。基于数据分析的结果，智能系统可以实现对水利设施的智能控制，自动调节水利设施的运行参数，优化设施的运行效率。智能水利设施管理系统还可以实现远程监控和管理，水利工作者可以通过互联网远程监测设施运行情况，及时做出决策；可以通过数据分析和机器学习算法实现故障诊断，提前发现设施问题并进行维护，减少设施故障对水利系统的影响；通过优化设施运行参数，实现节能减排，同时促进水资源的可持续利用和管理。例如，刘德芳等[1] 以都江堰灌区信息化建设为例，开展了以数字孪生技术为基础的工程监测体系的探索；李珊珊[2] 研究了智能监测技术在水利工程中的应用，智能控制技术在资源管理和灾害预防中的作用，推动了水利工程中智能监测与控制技术的发展。智能水利设施管理通过数字化技术的应用，可以提高水利设施的运行效率、安全性和可靠性，为水利工作者提供更多的数据支持和决策参考，推动水利行业向智能化、数字化发展。

2.2 水文预测和水灾风险管理

通过建立整合气象数据、地形地貌、土地利用等信息的流域数字模型，可以实现对水文过程的实时监控和模拟，包括降水、径流、蒸发等，提高水文预测的准确性。数字孪生技术可以模拟不同的洪水情景，评估潜在的风险，并制定相应的应对措施；在洪水预报和预警方面，数字孪生技术可以提供更早的预警时间，提高预警的精准度和覆盖范围。此外，通过模拟水库群的联合调度，可以优化防洪调度方案，实现更有效的洪水风险管理。例如，黄艳等[3] 探索了数字孪生长江的架构管理模式，建立数字底座、算力模型、多专业耦合模型，实现智能化调度；沈鹏飞等[4] 以分水江流域数字孪生系统建设为例，开展了“2+N”智能业务建设的流域防洪和水资源监管的场景建设初步探索，初步解决了分水江流域当前流域防洪和水资源管理的 2 个突出问题。水文预测和水灾风险管理是保障水利安全和可持续发展的重要手段，结合先进的技术和智能化管理方法，可以更好地应对水文变化和水灾风险，实现水资源的有效管理和保护。

2.3 水资源管理与优化

水资源管理是水行政主管部门运用行政、法律、经济、技术和教育等手段，组织各种社会力量开发水利和防治水害，协调社会经济发展与水资源开发利用之间的关系，处理各地区、各部门之间的用水矛盾，监督、限制不合理的开发和危害水源的行为。在“双碳”战略下，水资源配置研究探索了面向低碳目标的理论与技术，设定了区域碳源–碳汇平衡和供水全链条碳排最低的优化目标，将碳减排作为用水综合效益的重要组成部分。智能计算技术、大数据分析技术、模拟优化仿真技术等被广泛用于水资源的调度、分配和管理中，提升水资源配置的精细过程处理分析能力，实现从水量配置到实时水量调配的转型，建立融合预报、预警、预演和预案的辅助决策支撑体系，提高水资源的利用效率和管理水平。例如，余启成等[5] 设计了数字孪生九龙江北溪流域水资源调配“四预”系统，实现了水资源调配业务在不同场景下的信息化业务应用，助力水资源智能化调配与管理；孙长安[6] 建成了赋能 N 项智能应用的数字孪生平台，实现了防洪调度、工程安全、库区管理、发电运行等核心重点业务的“四预”（预报、预警、预演、预案）能力赋能，引领数字孪生水利工程技术发展。通过数字孪生技术的应用，水资源管理者可以更全面、准确地了解水资源系统运行情况，做出更科学的决策，从而提高水资源利用效率，促进水资源的可持续管理与优化，实现水资源的可持续利用和经济社会的高质量发展。

2.4 智慧农业与灌溉

智慧农业是指利用现代信息技术和智能装备，对农业生产进行数字化设计、智能化控制、精准化管理，以实现农业生产的可持续发展。它涵盖了农业生产的全过程，包括种植、养殖、加工、销售等各个环节，旨在提高农业生产效率、保障农产品质量安全、促进农业资源节约和环境保护。智慧灌溉系统是智慧农业的重要组成部分，它通过集成各种传感器、控制器和无线通信技术，实时监测农田环境参数（如土壤湿度、气温、光照等），并根据作物生长需求和灌溉策略，智能化地控制水源供应和灌溉量。系统通过安装在农田中的传感器，实时监测土壤湿度、气温、光照等环境参数，实现实时监测；根据作物生长需求和土壤湿度等条件，自动调整灌溉时间和水量，实现精准灌溉，避免水资源浪费；农户可以通过手机、电脑等终端设备，随时查看农田环境信息和灌溉设备的运行状态，进行远程监控和管理；系统能够根据历史数据和实时环境信息，通过数据分析和算法模型，自动调整灌溉方案，优化农田管理策略。例如，郑敬莎[7] 设计并实现了基于数字孪生的温室监控系统，为实现智能温室的“连接-感知-决策-控制”一体化提供了新的技术手段；徐长青[8] 开展基于物联网的精准化智慧农业大棚系统设计研究，实现了大棚的精准化管理，提高了农作物种植质量及生产效率。随着物联网、大数据、人工智能等技术的不断发展，智慧农业灌溉系统将更加智能化、精准化和高效化，为农业生产的可持续发展提供了有力支撑。

3 数字孪生标准化发展思考

当前，数字孪生技术已在不同领域得到广泛应用，如智能制造、智慧城市、医疗健康等，显示出巨大的发展潜力和应用价值。随着技术的不断发展和应用的不断深入，数字孪生标准化的重要性愈发凸显。《数字孪生应用白皮书》中提到，数字孪生标准化工作需求的提出旨在加快推动数字孪生技术的发展应用。国际标准化组织（ISO）、国际电工委员会（IEC）、国际电信联盟（ITU）等国际组织已经开始关注数字孪生标准化工作，并制定了多项相关标准。例如，ISO/TC 184/SC 4 和 IEC/TC65 等。目前，中国在数字孪生领域的标准化工作也取得了一定的进展，国家标准《信息技术 数字孪生 第 1 部分：通用要求》（GB/T 43441. 1—2023）已经正式发布，并于 2024 年 6 月 1 日正式实施。这一标准规范了数字孪生的参考架构、基本要求、功能要求以及安全要求，适用于指导数字孪生领域供应商、用户进行有关系统或产品的研发、应用与服务。此外，还有《城市数字孪生标准化白皮书（2022 版）》的发布，系统研究了城市数字孪生的内涵、典型特征、相关方等，并构建了城市数字孪生技术参考架构，梳理了关键技术和典型应用场景，总结了发展现状、趋势、面临的问题与挑战以及国际国内标准化现状。

水利行业在前期发展过程中积累了大量的技术标准，对于规范和指导水利工程建设、运行、管理具有重要意义。目前，水利技术标准主要起到信息督导的作用，随着工程数字化发展，传统的标准管理和使用模式已经无法满足当前数字孪生水利需求，水利行业应制定统一的数字孪生标准体系，提高不同系统间的互操作性，促进数据共享和交换[9]。数字孪生标准化主要包括术语和定义标准化、模型构件标准化、数据采集和处理标准化、仿真分析标准化及接口和互操作性标准化五方面。针对水利行业特色，通过明确数字孪生相关的术语和定义，准确识别专业术语、缩写词等内容，实现水利数据的共享、互操作和易用；在模型构件标准化方面，制定统一的数字孪生模型构建标准和规范，明确模型的精度、复杂度、可扩展性等特性，解决不同水利模型之间参数、输入和输出的一致性和互操作性不足的问题；在数据采集和处理标准化方面，规定数据采集和处理的方法和流程，确保数据的准确性和一致性，为数字孪生的仿真和分析提供可靠的数据支持；在仿真分析标准化方面，制定统一的仿真分析标准和规范，包括仿真方法、分析指标、结果展示等方面的要求，以提高仿真分析的准确性和可信度；在接口和互操作性标准化方面，制定统一的接口标准和互操作性规范，确保不同数字孪生系统之间能够实现数据交换和互操作，提高系统的集成度和可用性。数字孪生标准化可以帮助建立通用水利数字孪生平台，实现不同企业和组织在数字孪生的构建和应用过程中的互操作性和兼容性，降低技术门槛和成本，提高数字孪生水利的应用效果和效益。

4 结论与展望

数字孪生在水利领域的发展为水利工程管理和运营带来了新的机遇和挑战，推动着水利行业向智能化、信息化发展，提升了水资源管理的效率和水平。2023 年，水利部数字孪生平台基本建成，七大江河数字孪生流域建设相继实施，数字孪生水利框架体系基本形成，94 项数字孪生流域建设先行先试任务进入收尾阶段，数字孪生水利建设稳健起步并取得阶段性成效。但数字孪生水利技术仍处于发展初期，技术成熟度不足，缺少统一标准。未来，一是应加强国际合作，借鉴国际先进经验和技术成果，推动国内数字孪生标准化工作与国际接轨；二是在充分考虑国内实际需求的基础上，制定统一的数字孪生标准体系，包括术语、元数据、数据格式、建模方法等方面的标准，实现数字孪生水利标准数字化；三是加大对数字孪生技术的研发投入，推动技术创新和发展，提高技术的成熟度和可靠性；四是加强数字孪生领域的人才培养工作，培养具备跨学科知识和实践经验的专业人才，为数字孪生标准化工作提供有力支持。

参考文献

[1] 刘德芳，张伟，石晓智，等．关于建立以数字孪生技术为基础的工程监测体系的探索：以都江堰灌区水利工程建设质量监测管控为例［J］．四川水利，2024，45（4）：115-119.

[2] 李珊珊．水利工程中的智能监测与控制技术研究［J］．法规与标准，2024（15）：37-39.

[3] 黄艳，喻杉，罗斌，等．面向流域水工程防灾联合智能调度的数字孪生长江探索［J］．水利学报，2022，53（3）：253-269.

[4] 沈鹏飞，江岚，童览，等．数字孪生在水利应用中的探索：以数字孪生分水江为例［J］．浙江水利科技，2024，253（3）：1-7.

[5] 余启成，林霄涵，黄勤锬，等．数字孪生九龙江北溪流域水资源调配“四预”研究与应用［J］．水利信息化，2024（4）：18-26.

[6] 孙长安．面向“四预”赋能和多目标管控的数字孪生小浪底建设实践研究［J/OL］．水利发展研究，2024-07-15.

[7] 郑敬莎．基于数字孪生的温室监控系统设计［D］．天津：天津科技大学，2023.

[8] 徐长青．基于物联网的精准化智慧农业大棚系统设计研究［J］．世界热带农业信息，2024（7）：91-92.

[9] 宋小艳，刘姗姗，刘彧，等．标准数字化发展沿革研究及对水利标准数字化思考［C］//中国水利学会．2023 中国水利学术大会论文集（第七分册）．郑州：黄河水利出版社，2023：48-51.

新形势下中央防汛物资储备规模探讨

卢亚召　张　权　唐梅英　王建利

（黄河勘测规划设计研究院有限公司，河南郑州　450000）

摘　要：我国是世界上洪水灾害最频繁、最严重、防御难度最大的国家之一。国家安全、经济社会高质量发展对中央防汛物资储备的要求越来越高。通过分析防汛物资储备面临的形势、防洪工程保护重要性及中央防汛物资作用，确定中央防汛物资保障对象，根据防汛物资储备相关定额规程及历史洪水发生情况，探讨中央防汛物资储备规模测算，并进行合理性分析。结果表明，以长江、淮河两个流域1级和2级堤防工程、大型水库大坝及涵闸（泵站）、Ⅰ级蓄滞洪区所需的防汛物料的20%作为中央防汛物资的储备规模，符合国家相关规程规范和目前防洪工程防汛抢险要求。

关键词：洪水灾害；中央防汛物资；储备对象；储备规模

我国自然地理条件差异大，降水时空分布极不均匀，是世界上洪水灾害最频繁、最严重、防御难度最大的国家之一。据统计，2009—2018 年十年间洪涝灾害直接经济损失占全国 GDP 的 0.18%～0.91%，平均占比 0.24%[1-2]。近年来，全球气候变暖加剧了气候系统的不稳定性，造成极端天气事件频发、强度增强，我国洪涝灾害的突发性、反常性日益凸显，流域性大洪水、局地突发强降雨等极端天气事件明显增多。1998 年，长江、嫩江、松花江、珠江并发特大洪灾；2021 年，郑州“7·20”特大暴雨最大 1 h 降水量 201.9 mm，刷新了中国大陆地区最大 1 h 降水量记录（1975 年 8 月 5 日，河南林庄最大 1 h 降水量 198.5 mm）。中央防汛物资用于支持遭受严重洪涝灾害地区开展防汛抢险、救援受洪灾威胁群众应急需要的各类物资，目前其具体保障对象还未明确，储备规模测算还未统一认识，在全球气候不确定性显著增加的情况下，在我国进入全面建设社会主义现代化国家的背景下，探讨中央防汛物资储备规模，科学储备中央防汛物资，支撑经济社会高质量发展具有重要意义。

1　防汛物资储备面临的形势

洪水灾害是我国最主要的自然灾害之一。目前，我国已初步建立了中央、省、市、县 4 级防汛物资储备体系，在抗御“98”大洪水、2020 年中国南方洪水等历次灾害事件中发挥了重要作用。但与经济社会发展要求和各方面需求相比还存在一定差距。

一是强降雨事件及洪涝灾害频发对防汛物资储备提出更高要求。近年来，受全球气候变化影响，强降雨事件及洪涝灾害频发。2017 年 7 月 26 日，无定河流域发生特大暴雨，单站最大日降水量 256.8 mm[3]；2020 年入汛以来，全国降水较常年偏多 14%，共出现 36 次强降水过程，长江发生流域性大洪水，淮河、松花江发生流域性较大洪水；2021 年 7 月 20 日，郑州发生特大暴雨，区内河流水位迅速上涨，出现贾鲁河溃堤、郭家嘴水库漫坝等险情。近十年来，平均每年有 370 条河流发生超警戒水位洪水，76 条河流发生超保证水位，25 条河流发生超历史实测记录洪水[4]，洪涝灾害频发，造成堤防、水库大坝、水闸泵站等损坏，洪水发生漫溢，严重威胁人民生命财产安全。防汛物资主要用于防汛抢险、减灾救灾，是保障防洪安全的基本条件，面对洪涝灾害频发的形势，必须做好防汛物资储备工作，减小洪涝灾害损失。

二是国家安全对防汛物资保障提出更高要求。“十三五”以来，习近平总书记站在总体国家安全

作者简介：卢亚召（1991—），女，工程师，主要从事水利综合规划方面的研究工作。

观的高度，把加强应急能力建设，防范化解重大安全风险，切实保障人民群众生命财产安全摆到重要位置。新型冠状病毒疫情初期暴露出了重点卫生防疫物资储备严重不足的问题，为了避免在防汛物资储备方面出现类似问题，迫切要求系统梳理国家防汛物资储备体系中的短板，科学合理确定防汛物资储备规模，确保关键时刻拿得出。

三是经济社会的高质量发展亟须提升防汛物资储备能力。当前，我国经济社会进入高质量发展阶段，随着工业化城镇化、快速推进，人口越来越密集，社会经济财富越来越集中，洪涝灾害造成的生命财产损失和社会影响会越来越大。做好防汛防灾减灾，减轻洪涝灾害损失，是推动经济社会高质量发展的有力保障。目前，我国防汛物资规模达不到“定额储备”的目标，经济社会高质量发展亟须科学合理确定防汛物资储备规模，提升防汛抗旱物资储备能力。

2 中央防汛物资储备对象分析

中央防汛物资立足防大汛、抢大险的需要，主要用于大江大河有重要防护对象的防洪工程抢险。

1 级堤防工程防洪标准为防御大于 100 年一遇洪水，保护对象为特别重要城市、重要城市，特大型工矿企业；2 级堤防工程防洪标准为防御 50~100 年一遇洪水，保护对象为比较重要城市、Ⅰ级乡村防洪区及大型工矿企业[5-6]。大型水库大坝、涵闸（泵站）工程等别为Ⅰ、Ⅱ等，一般建于大江大河，其安全性对下游人民生命财产和国民经济威胁较大。蓄滞洪区是流域防洪体系的重要组成部分，适时分蓄超标准洪水，削减洪峰，是最大程度减轻洪水灾害损失的重要措施，蓄洪量不小于 10 亿 m^3，或者运用概率（围堤防洪标准）小于或等于 5 年一遇的蓄滞洪区为Ⅰ级蓄滞洪区。1 级、2 级堤防工程有重要防洪保护对象，大型水库大坝、涵闸（泵站）失事影响大，Ⅰ级蓄滞洪区蓄洪量比较大或者运用概率比较高，较大程度减小洪水损害损失，因此 1 级和 2 级堤防工程、大型水库大坝及涵闸（泵站）、Ⅰ级蓄滞洪区为重要的防洪工程，作为中央防汛物资保障对象。

3 中央防汛物资储备规模测算

中央防汛物资主要用于保障重要防洪工程安全，根据“定额储备、保障应急”的要求，其储备规模应以现状防洪工程为基础，按照《防汛物资储备定额编制规程》（SL 298—2004）有关规定，结合储备目标及对象，综合分析，合理确定。

3.1 防洪工程现状

经统计，全国有 1 级和 2 级河堤、湖堤、蓄滞洪区堤、库区防护堤 3.54 万 km，1 级和 2 级海堤 2 664 km，大型水库大坝 756 座，大型涵闸（泵站）1 159 座，Ⅰ级蓄滞洪区 31 个[7]。全国重要现状防洪工程统计见表 1。

表 1 全国重要现状防洪工程统计

项目		全国合计	松花江	辽河	海河	黄河	淮河	长江	东南诸河	珠江	西南诸河	西北诸河
河堤、湖堤、蓄滞洪区堤、库区防护堤/万 km	合计	3.54	0.24	0.29	0.63	0.44	0.65	0.95	0.04	0.26	0.02	0.02
	1 级	0.98	0.04	0.07	0.11	0.28	0.20	0.22	0.01	0.05	0.00	0.00
	2 级	2.56	0.20	0.22	0.52	0.16	0.45	0.73	0.03	0.22	0.01	0.02
海堤/km	合计	2 664	0	57	116	0	324	1 392	541	234		
	1 级	1 029		25	116		18	537	222	111		
	2 级	1 635		32			306	855	319	123		

续表 1

项目		全国合计	松花江	辽河	海河	黄河	淮河	长江	东南诸河	珠江	西南诸河	西北诸河
水库大坝/座	合计	756	50	48	36	47	58	283	48	119	29	38
	大（1）型	127	8	8	9	12	6	48	7	21	5	3
	大（2）型	629	42	40	27	35	52	235	41	98	24	35
涵闸（泵站）/座	合计	1 159	26	40	65	70	220	375	78	256	1	28
	大（1）型	156	1	7	8	10	20	67	21	22		
	大（2）型	1 003	25	33	57	60	200	308	57	234	1	28
蓄滞洪区/个	Ⅰ级	31	2		6	2	4	17				

3.2 防汛物资储备规模测算

按照堤防、水库大坝、涵闸（泵站）、蓄滞洪区等几类工程，采用定额法测算中央防汛物资储备规模，物资种类包括袋类、土工布、砂石料、块石、铅丝、桩木、钢管、钢材等抢险物料，救生衣、救生舟、中小型船只等救生器材，发电机组、便携式工作灯、投光灯、打桩机、电缆等抢险机具。

防汛物资储备规模测算见式（1）：

$$S = \sum_{i=1}^{4} \mu_i \times M_i \tag{1}$$

式中：S 为防汛物资储备规模；$i=1$、2、3、4 分别代表堤防、水库大坝、涵闸（泵站）、蓄滞洪区；μ_i 为第 i 种防洪工程现状综合调整系数；M_i 为第 i 种防洪工程防汛物资储备单项品种基数。

省级防汛物资主要用于本省流域性堤防及穿堤建筑物、大型涵闸泵站、水库等防洪工程的防汛抢险，其保障对象与中央防汛物资差别不大，均为重要防洪工程。现状情况下，中央防汛物资储备量占中央和省级防汛物资储备总量的 20%。采用现状中央防汛物资储备占比，作为定额法测算中央防汛物资储备占比，即中央防汛物资定额储备量占比为 20%。

采用定额法测算全国主要江河中央防汛物资定额储备规模（见表 2），长江流域中央防汛物资定额储备规模最大；黄河流域、淮河流域、海河流域中央防汛物资定额储备规模较大，且三个流域差别不大；西南诸河中央防汛物资定额储备规模最小。

表 2 全国主要江河中央防汛物资定额储备规模测算

流域委		松花江	辽河	海河	黄河	淮河	长江	东南诸河	珠江	西南诸河	西北诸河	全国合计
抢险物料	袋类/万条	89.41	109.66	199.51	168.70	240.88	467.35	57.77	153.54	16.84	23.30	1 526.96
	土工布/万 m^2	15.34	17.18	24.91	23.07	31.53	84.43	12.45	30.93	5.41	7.07	252.32
	砂石料/万 m^3	11.68	14.31	26.25	23.47	30.49	54.33	4.94	17.83	2.07	2.76	188.13
	块石/万 m^3	10.83	13.37	25.31	20.19	28.74	55.64	6.95	16.25	1.81	2.29	181.38
	铅丝/万 kg	4.28	5.23	7.90	6.82	12.71	33.35	6.82	12.49	1.37	2.16	93.13
	桩木/m^3	314	409	764	603	1 209	2 275	384	997	41	115	7 111
	钢管（材）/万 kg	5.42	7.12	14.18	11.20	21.88	35.00	4.68	16.90	0.31	1.66	118.35
救生器材	救生衣/万件	1.20	1.47	5.04	4.74	4.37	17.61	0.58	1.85	0.18	0.26	37.30
	抢险救生舟/艘	74	80	1 278	1 345	742	6 271	27	76	16	21	9 930
	中小型船只/艘	3	3	77	79	44	370		1			577

续表 2

流域委		松花江	辽河	海河	黄河	淮河	长江	东南诸河	珠江	西南诸河	西北诸河	全国合计
小型抢险机具	发电机组/万 kW	0.06	0.06	0.07	0.08	0.15	0.41	0.07	0.21	0.03	0.04	1.18
	便携式工作灯/万只	0.26	0.32	0.61	0.46	0.70	1.23	0.11	0.44	0.04	0.06	4.23
	投光灯/只	90	116	180	175	438	855	163	494	19	66	2 596
	打桩机/台	6	8	17	12	17	25	1	7	0	1	94
	电缆/万 m	1.96	2.35	3.92	3.20	5.71	12.58	2.05	5.12	0.49	0.83	38.21

据不完全统计，20 世纪以来，我国七大江河流域同时发生两个或者两个以上流域性大洪水有四次，分别为 1931 年江淮特大洪水，1949 年珠江、黄河、长江并发洪水，1954 年江淮洪水和 1998 年长江、松花江、珠江并发洪水，其中长江、淮河同时发生流域性大洪水的有两次。根据中央防汛物资定额储备规模测算成果，长江流域和淮河流域防汛物资储备需求量较大。因此，以长江、淮河两个流域 1 级和 2 级堤防工程、大型水库大坝及涵闸（泵站）、Ⅰ级蓄滞洪区所需的防汛物料的 20%，作为中央防汛物资的储备规模，各物资储备规模见表 3。

表 3　中央防汛物资储备规模

种类	储备规模	
抢险物料	袋类/万条	708.23
	土工布/万 m^2	115.96
	砂石料/万 m^3	84.82
	块石/万 m^3	84.38
	铅丝/万 kg	46.06
	桩木/m^3	3 484
	钢管（材）/万 kg	56.88
救生器材	救生衣/万件	21.98
	抢险救生舟/艘	7 013
	中小型船只/艘	414
小型抢险机具	发电机组/万 kW	0.56
	便携式工作灯/万只	1.93
	投光灯/只	1 293
	打桩机/台	42
	电缆/万 m	18.29

3.3　合理性分析

1998 年，我国气候异常，长江、松花江、珠江、闽江等主要江河发生了大洪水，全国共有 29 个省（自治区、直辖市）遭受了不同程度的洪涝灾害，国家防汛抗旱总指挥部及时向各地紧急调拨大量抢险物资，包括编织袋 1 亿多条、编织布 1 400 万 m^2、无纺布 286 万 m^2、橡皮船 2 415 只、冲锋舟 760 艘、操舟机 162 台、救生衣 59.92 万件、救生圈 7.74 万只、帐篷 4 650 顶、照明灯 3 082 台、铅丝 455 t、砂石料 6.79 万 m^3、防汛车 136 台、抢险机械 46 台[8]。同时，水利工程发挥了巨大的减灾作用，最大限度地减少了灾害造成的损失。1998 年，长江洪水同 1931 年、1954 年长江洪水均为全流域型大洪水，但 1998 年洪水淹没范围和因灾死亡人数远小于 1931 年和 1954 年，1998 年长江中下游死亡人数约为 1954 年长江中下游死亡人数的 1/20，受灾人口数量和淹没耕地面积也远低于 1954 年。从 1998 年防汛物资调用情况分析，各级防汛物资储备的数量和品种还不能适应抗大洪抢大险的要求，尤其是救生衣、冲锋舟等救生器材的储备明显不足，堵口物料缺乏[8]。

测算的中央防汛物资储备规模与 1998 年抗洪抢险调运的防汛物资相比，编织袋、编织布、无纺布、救生衣等规模较小；抢险救生舟、中小型船只等救生器材以及抢险机具规模较大；砂石料、铅丝等堵口材料规模较大。1998 年以来，国家开展了大规模的大江大河及中小河流治理；2008 年国务院批准了《全国病险水库除险加固专项规划》，全国开展了大中型和重点小型病险水库除险加固；2013 年，国家发展和改革委员会、水利部印发了《全国大中型病险水闸除险加固总体方案》，对全国大中型病险水闸进行了除险加固；2017 年，国家发展和改革委员会、水利部印发了《关于印发全国海堤建设方案的通知》（发改农经〔2017〕1426 号），开展海堤建设。1998 年以来，国家持续投入，对全国堤防、水库、水闸等工程进行了加固处理或者新建，工程安全状况有很大改善，决口或者破坏的概率越来越小，编织袋、编织布、无纺布等抢险物料以及救生衣需求将降低。但是由于工程决口会带来较大洪水灾害，必须投入大量的堵口材料、抢险机械，第一时间完成堵口，降低洪灾损失。另外，中央防汛物资储备规模测算依据国家相关规程规范，测算规模合理。

4 结语

（1）中央防汛物资属防汛减灾非工程措施，是我国防汛减灾体系中的重要一环，在防汛抢险工作中发挥了重要作用，要坚持“定额储备、保障应急”。

（2）经过分析，中央防汛物资储备对象为 1 级和 2 级堤防工程、大型水库大坝及涵闸（泵站）、Ⅰ级蓄滞洪区等重要防洪工程抢险所需的防汛物料。

（3）以长江、淮河同时发生流域性大洪水，中央防汛物资储备对象防汛物料定额需求的 20%作为中央防汛物资储备规模。

（4）中央防汛物资储备规模测算符合国家相关规程规范，可满足目前防洪工程防汛抢险要求，测算规模合理。

参考文献

[1] 中华人民共和国水利部．中国水旱灾害公报［M］．北京：中国水利水电出版社，2018.
[2] 国家统计局．中国统计年鉴［M］．北京：中国统计出版社，2019.
[3] 王道席，侯素珍，杨吉山，等．无定河“7·26”暴雨洪水泥沙来源分析［J］．人民黄河，2017，39（12）：20-23.
[4] 中华人民共和国水利部．中国水旱灾害公报［M］．北京：中国水利水电出版社，2009-2018.
[5] 中华人民共和国住房和城乡建设部，中华人民共和国国家质量监督检验检疫总局．防洪标准：GB 50201—2014［S］．北京：中国计划出版社，2014.
[6] 中华人民共和国住房和城乡建设部，中华人民共和国国家质量监督检验检疫总局．堤防工程设计规范：GB 50286—2013［S］．北京：中国计划出版社，2013.
[7] 庞进武，李原园，黄火键，等．水利工程基本情况普查报告［M］．北京：中国水利水电出版社，2017.
[8] 汪恕诚．国家防汛抗旱总指挥部 1998 年防汛抗洪工作总结［J］．防汛与抗旱，1999（2）：13-21.

ISO 20000-1 标准在水利科研单位的应用实践

宋小艳　卞戈亚　刘　彧　刘姗姗　齐　莹

（中国水利水电科学研究院，北京　100038）

摘　要： 随着水利行业对数字孪生需求日益增加，水利科研单位开展信息技术服务项目越来越多，呈现出研究内容广泛、技术复杂、数据量大等特点，对信息技术服务管理提出了更高的要求。ISO 20000-1 标准作为国际公认的信息技术服务管理体系标准，为水利科研单位提供了建立、实施、运行、监控、评审、保持和改进体系的指南。本文系统梳理了水利科研单位通过采用 ISO 20000-1 标准构建信息技术服务管理体系的 5 个实施步骤，研究了整合管理体系文件的方法，分析了 12 个信息技术服务特有程序的输入和输出，总结了应用标准的成效。

关键词： 信息技术服务；水利科研；标准；数字孪生；管理体系

1　引言

随着信息技术的快速发展，水利行业对数字孪生需求日益增加，水利科研单位开展数字孪生流域、数字孪生水网、数字孪生工程建设等信息技术服务项目越来越多，呈现出研究内容广泛、技术复杂、数据量大等特点，对信息技术服务管理提出了更高的要求。然而，传统的科研项目管理方式往往难以适应复杂多变的信息系统开发和软硬件运维需求[1]，导致服务效率低下、故障频发等问题。ISO 20000-1 标准作为国际公认的信息技术服务管理体系标准，为水利科研单位提供了一种系统化的项目管理方法，有助于提升信息技术服务质量和效率。例如中国长江三峡集团有限公司、国家电力投资集团有限公司、国家电网有限公司、中国南方电网、中国华电集团有限公司、中国大唐集团有限公司、中国华能集团有限公司等单位的招标均将信息技术服务管理体系认证作为加分项，依据 ISO 20000-1 标准构建信息技术服务管理体系，有助于水利科研单位大力推进数字孪生水利建设，增强市场竞争力。

2　ISO 20000-1 标准概述

现行 ISO 20000-1 标准为《信息技术 服务管理 第 1 部分 服务管理体系要求》（ISO/IEC 20000-1：2018），是由国际标准化组织（ISO）和国际电工委员会（IEC）共同制定的一项国际标准，其前身是英国的 ITIL（信息技术基础设施库）框架。该标准自 2005 年发布以来，经过多次修订和完善，已成为全球信息技术服务管理领域的重要标准，被誉为信息技术服务的“管理圣经”，已成为金融机构、电信、高科技产业等管理运营风险不可或缺的重要管理机制。

作为第一部针对信息技术服务管理领域的国际标准，ISO 20000-1 标准主要规定了信息技术服务管理体系的要求，为水利科研单位提供了建立、实施、运行、监控、评审、保持和改进体系的指南[2]，包括运行规划和控制（服务计划、服务目录管理、资产管理、配置管理、服务交付），关系与协议（业务关系管理、服务水平管理、供应商管理），供应与需求（服务预算和核算、需求管理、能力管理），服务设计、构建和转换（变更管理、服务设计与转换、发布与部署管理），解决和实现（事件管理、服务请求管理、问题管理）以及服务保障（服务可用性管理、服务连续性管理和信息安

作者简介： 宋小艳（1989—），女，副高级工程师，主要从事标准化、资质认定、质量管理工作。

全管理）等内容。

通过遵循 ISO 20000-1 标准，能够指导水利科研单位有效和高效地提供信息技术服务，提升服务质量和客户满意度。建立信息技术服务管理体系后，能明晰信息技术管理成本，完善现有信息技术服务结构和资源配置，使各项信息技术资源的运用符合业务发展，提高信息技术服务的可用性、可靠性和安全性。

3 体系构建

申请 ISO 20000-1 信息技术服务管理体系认证需要具备一定的条件，主要包括以下几个方面：

（1）具备独立的法人资格或经独立的法人授权的组织提出认证申请，并提交相关资料。

（2）按照标准的要求建立文件化的管理体系，开展的工作包括标准宣贯、体系文件修订与宣贯。

（3）体系内审员需经过培训，并通过考核。

（4）体系文件发布实施 3 个月以上，并在第三方审核前至少进行一次内部审核和管理评审。

（5）认证机构进行体系文件的文审、资格审查等，决定是否具备现场外审和正式审核条件。

（6）第三方现场审核，决定是否发放相应体系认证证书。

构建信息技术服务管理体系是一个系统性工程，水利数字孪生科研项目的不确定性和创新性也给信息技术服务管理带来了挑战。因此，在水利科研单位中推行 ISO 20000-1 标准，需要充分考虑这些特点和挑战，制定有针对性的实施流程。信息技术服务管理体系构建流程如图 1 所示。

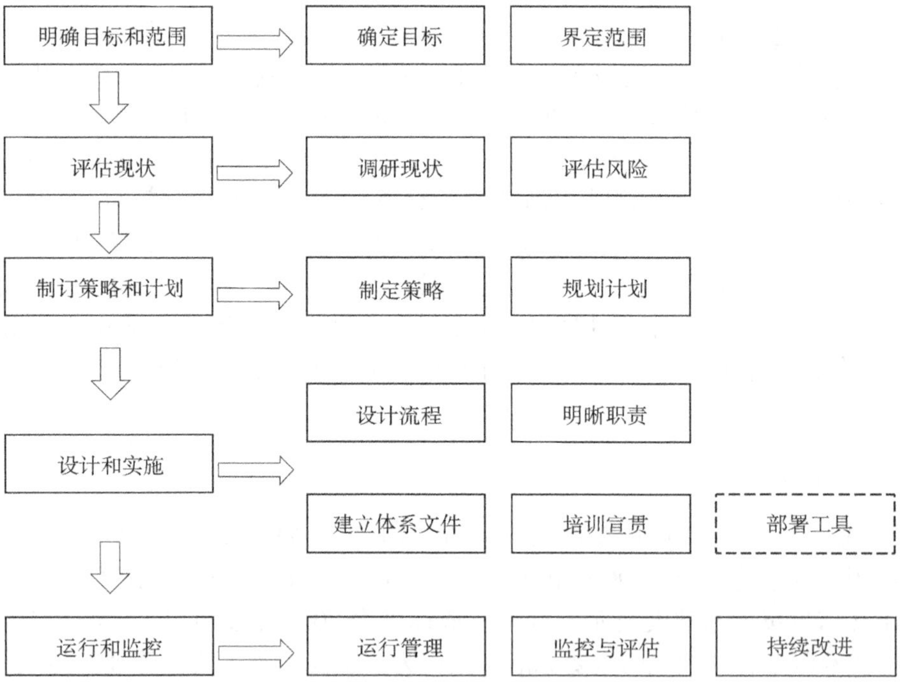

图 1 信息技术服务管理体系构建流程

一是明确目标和范围。确定建立信息技术服务的目标，如提高服务质量、增强客户满意度、降低运营成本、确保合规性等；界定范围，明确信息技术服务覆盖的服务范围、业务流程、组织单元以及地域范围等。二是评估现状。对现有信息技术服务流程、资源、能力等进行全面调研，识别存在的问题和改进点；评估潜在的风险，包括技术风险、安全风险、合规风险等，为后续制定策略提供依据。三是制订策略和计划。基于目标和现状评估结果，制定信息技术服务建设的总体策略和路线图；制订详细的实施计划，包括时间表、责任人、资源需求等。四是设计和实施。根据 ISO 20000-1 标准，设计符合需求的服务管理流程，如事件管理、问题管理、变更管理等；明晰各流程中的角色和职责，确保流程的有效执行；建立完整的文件体系，包括手册、政策、规定、程序、记录等，以支持信息技术服务的运行和持续改进；对相关人员进行培训宣贯，确保其理解并遵循新的规定和程序；选择并部署必要的技术工具，如服务台软件、监控工具等，以支持信息技术服务的高效运行。五是运行和监控。按照设计好的程序运行信息技术服务，确保服务的持续提供和改进；建立监控机制，定期进行内部审核、管理评审和外部认证审核，定期评估信息技术服务的运行情况，包括服务水平、客户满意度、成本效益等方面；基于监控和评估结果，识别改进机会并采取相应措施，持续优化信息技术服务。

4 体系文件整合

水利科研单位在引入 ISO 20000-1 信息技术服务管理体系之前，往往已经建立了多种管理体系，如质量管理体系（ISO 9001）、信息安全管理体系（ISO 27001）等。《信息技术 服务管理 第 1 部分 服务管理体系要求》（ISO/IEC 20000-1：2018）采用了适用于所有管理体系标准的高阶结构，也引入了管理体系的通用要求，包括组织环境、领导作用、应对风险和机遇的措施策划、目标及其实现的策划、支持（包括资源、能力、意识、沟通、文件化信息等）、绩效评价和改进。在实施 ISO 20000-1 标准时，应注重与现有管理体系的整合和协同，避免文件冲突、重复劳动和资源浪费。通过整合不同管理体系的优势，实现整体管理效能的最大化，在建立时可以与质量管理体系、信息安全管理体系等进行融合，将管理手册和程序文件等文件进行整合，整合管理体系后的部分文件清单见表 1。

表 1 整合管理体系后的部分文件清单

管理手册	整合质量管理体系	整合信息安全管理体系	信息技术服务管理体系
	程序文件		
增加： 1. 信息技术服务范围； 2. 信息技术服务方针； 3. 信息技术服务目标	1. 《风险和机遇控制程序》； 2. 《人力资源控制程序》； 3. 《文件控制程序》； 4. 《记录控制程序》； 5. 《知识管理程序》； 6. 《外部供方控制程序》； 7. 《内部审核程序》； 8. 《管理评审程序》； 9. 《顾客满意控制程序》； 10. 《改进控制程序》	11. 《信息安全风险评估控制程序》； 12. 《信息安全管理策略》	13. 《新的或变更的服务设计管理程序》； 14. 《配置管理程序》； 15. 《服务级别管理程序》； 16. 《服务预算和核算管理程序》； 17. 《能力管理程序》； 18. 《变更管理程序》； 19. 《发布管理程序》； 20. 《事件管理程序》； 21. 《问题管理程序》； 22. 《服务连续性及可用性管理程序》； 23. 《业务关系管理程序》； 24. 《服务报告管理程序》

信息技术服务管理体系特有的程序主要有 12 个。信息技术服务管理体系采用过程方法建立程序，输入内容是支撑过程的文档或记录，是执行程序的前提条件。输出内容是程序过程的结果，是经过总结、分析、讨论、评价得出的结论或意见。一个过程的输入通常是其他过程的输出，信息技术服务管理体系程序的输入和输出见表 2。

表 2　信息技术服务管理体系程序的输入和输出

程序名称	目的	输入	输出
《新的或变更的服务设计管理程序》	确保新的服务和变更的服务以合适的成本和服务质量被交付和管理	服务需求说明书、服务规范（客服工作手册）、其他服务管理流程	服务计划，服务报告，服务项目资料（设计说明书、编码规范、源代码、测试方案、测试用例、测试结果、缺陷清单、测试报告、试运行报告、验收报告、运维服务方案、服务工单、服务报告等），服务监视、测量和评审记录
《配置管理程序》	统一管理服务所有组成部分，确保所有配置项得到维护和确认	服务合同、服务需求说明、变更管理、变更记录表	配置管理计划、配置清单、配置验证记录
《服务级别管理程序》	整合提供服务所需的各种要素，清晰地描述服务项目中各种要素	服务协议、会议纪要、管理评审结果、内外部供应商服务报告	服务规范（客服工作手册）、服务级别协议、服务目录、服务改进管理、服务需求说明书
《服务预算和核算管理程序》	制订预算并核算 IT 服务提供成本	年度和季度预算、成本要素及预算、服务收入、服务支出	服务预算表、收支结算表、服务核算表
《能力管理程序》	确保服务运维资源在任何时候都有足够的能力以满足与客户约定的、客户当前和未来的业务需求	服务级别需求、配置管理	能力计划、变更管理、能力测试报告、能力报告管理
《变更管理程序》	保证变更在受控方式下正确评估，批准和实施。减少和杜绝非授权变更，降低变更风险和对业务的影响	由事件/问题流程转入变更请求、更改配置/能力/信息安全和发布应用而发起的变更、购销合同/服务级别协议、规避发现的潜在威胁而发起变更	变更请求、变更记录表、变更方案、变更测试报告、变更报告、知识库（帮助文档等形式）
《发布管理程序》	确保系统发布和部署受控，并满足顾客期望	变更方案、系统发布计划	发布方案、测试验收报告、上线计划
《事件管理程序》	尽快解决日常工作环境中出现的事件，保持 IT 服务的稳定性	电话、邮件、聊天工具等提出的事件	事件工单、知识库（帮助文档等形式）、服务报告

续表 2

程序名称	目的	输入	输出
《问题管理程序》	消除或减少事件发生的数量和严重程度，防止相同事件再次发生，提高服务的可用性	趋势分析、事件管理、发现的弱点	问题记录表、问题报告、知识库（帮助文档等形式）
《服务连续性及可用性管理程序》	确保实现向客户承诺的服务持续性和可用性，在承诺的可用性级别和发生灾难之后尽快恢复服务	服务级别需求、配置管理	风险评估报告、可持续性计划、持续性测试报告、变更管理、可用性计划、服务报告管理
《业务关系管理程序》	深层挖掘客户需求，保持并提升与客户之间的关系	业务战略、顾客满意度调查、投诉、服务需求	满意度调查报告、业务关系分析报告、需求处理结果、服务报告、改进建议、变更请求
《服务报告管理程序》	确保已经取得的服务级别协议能够得以评价，以及在必要时进行持续改进	服务级别协议、其他服务需求	服务报告

5 构建成效

随着信息技术的高速发展和数字孪生水利的建设需要，越来越多的企业开始扩宽传统水利项目信息技术的服务领域，技术壁垒有进一步下降的趋势。传统服务业，如麦当劳、星巴克、海底捞等看似没有技术含量的企业却仍然有着旺盛的生命力，究其原因就是服务。这些企业正在推动传统服务业向现代化服务业转型。水利科研单位的信息技术服务本质就是技术的服务，不仅需要保证技术的质量，还需要保证服务的质量。ISO 20000-1 信息技术服务管理体系相对于质量管理体系，不仅要专注于信息技术专业领域，更要专注于服务质量。

构建 ISO 20000-1 信息技术服务管理体系是水利科研单位向现代化科研企业迈进的重要支撑。通过体系的实施，一是规范信息系统开发和运维过程，实现服务输入和输出的标准化，确保了质量稳定的信息技术服务；二是量化信息技术服务过程，通过拆解服务的所有流程，获得了可度量的工作指标，从“做大做强”向“做精做细”转变，便于在控制成本的基础上获得客户满意；三是提升核心竞争力，通过规范化的程序流程和持续改进机制，完善了信息技术服务结构和资源配置，更好地解决信息技术事件和问题，提升了工作效率和服务水平。

参考文献

[1] 康羿，亓伟，朱丹．信息技术服务管理体系建设实践［J］．石油规划设计，2015，26（3）：44-47.

[2] Information technology — Service management Part 1：Service management system requirements：ISO/IEC 20000-1：2018［S］．2018.

我国再生水灌溉标准现状与分析

廖沛涵　卢　路　贾海燕　刘　红

（长江水资源保护科学研究所，湖北武汉　430051）

摘　要：再生水是公认的“第二水源”，推广利用再生水成为缺水地区缓解水资源缺乏的重要手段。当前再生水已被广泛用于工业生产、农业灌溉、景观环境和生态补水等方面，但再生水中可能存在的重金属离子、有机污染物和病原微生物等污染物质限制了再生水的利用领域，尤其是农业领域的利用。因此，明晰再生水农业灌溉利用标准对推广再生水利用十分重要。本文通过分析我国农业用水标准，并比较不同农田灌溉用水标准和水质需求参数差异，分析了再生水灌溉的优点和局限性，最后针对标准存在的不足提出改进的建议。

关键词：再生水；农业灌溉；再生水水质标准；技术标准

1　引言

推广使用再生水有助于缓解水资源短缺问题。再生水已在许多国家广泛应用，尤其是农业领域，全球每年约 3 300 亿 m^3 的再生水可用于灌溉 4 000 万 hm^2 的农业用地（废水使用量约 8 000 m^3/hm^2），占总灌溉面积的15%[1]，其中发达国家如以色列再生水90%用于农业灌溉。研究发现，再生水中含有多种微量有毒物质（如有机污染物、重金属离子等）和病原微生物[2]，这些污染物会随着灌溉进入土壤、植被和地下水，并不断积累，可能会危害土壤-植物生态系统，对地下水造成一定污染，进而威胁人类健康[3]。因此，需要完善的标准指南来约束和指导再生水灌溉。本文对我国再生水灌溉标准及再生水灌溉利用现状、适用范围、指标项目和指标限制等方面进行分析，针对分析结果提出相关建议，以期为相关标准的修订和制定提供参考。

2　国内外再生水灌溉利用现状

截至2022年底，我国非常规水源利用量175. 8 亿 m^3，其中再生水利用量150. 9 亿 m^3。全国水利工程供水能力达 8 998. 4 亿 m^3，其中非常规水资源利用工程供水量 188. 2 亿 m^3，占全国水利工程供水的2. 09%，且再生水占的比重最大，大量稳定的城镇再生水将是我国农业用水的重要补充水源[4]。

2004 年，美国环境保护署发布了《污水再生利用指南》（2012 年修订），各州也发布了相关的再生水利用规范标准，如加利福尼亚州发布了《加州水回收标准》。据统计，加利福尼亚州的再生水利用率达到 70%，主要用于农业与绿地灌溉[5]。目前，美国每天约有 253. 6 万 m^3 的再生水用于农业灌溉，典型代表如亚利桑那州；2020 年德克萨斯州、佛罗里达州等地区再生水回用率达到 90%[6]。

目前，以色列再生水利用率超过 90%。2010 年，以色列颁布了《公共卫生条例：污水处理质量标准和规则》，该条例取代了 1992 年《公共卫生条例》中关于废水处理的规定。以色列超过 85%的废水被回用于农业（直接回用），满足了农业领域大部分的灌溉需求，超过 1 600 km^2 的农田（约占耕地面积的 45%）使用水轮发电机灌溉。2022 年，以色列产生的未处理废水总量约为 6. 205 亿 m^3，

基金项目：湖北省面上基金（2022CFB374）。
作者简介：廖沛涵（1998—），男，工程师，主要从事水资源与水环境保护工作。
通信作者：卢路（1986—），男，高级工程师，主要从事水资源保护、水环境模拟和水资源集约利用工作。

其中约95.4%（5.92亿 m^3）在污水处理厂得到处理，用于灌溉的再生水目前占农业灌溉总用水量的45%~50%[7]。

3 国内外再生水灌溉标准现状与比较

3.1 国内外标准现状

当前，利用再生水灌溉较好的国家有新加坡、日本、以色列[6]。其中，新加坡再生水灌溉标准体系较为完善，规定再生水水质采用第三方专业机构检测，检测项目700多项，过去两年超过2万次的对比测验表明，再生水的水质比PUB自来水水质更优（PUB是满足世界卫生组织标准的饮用水，无须再过滤即可直接饮用）；日本《污水处理水的再利用水质标准》规定农业灌溉监测项目200多项；以色列再生水约42%回用于农业灌溉，再生水灌溉监测指标超过200项。以上国家在再生水灌溉方面都形成了一套成熟的标准化设计体系，并随着技术的发展和工程的广泛实践，不断完善标准体系。我国相继颁布了一系列城市污水再生利用的标准，如《再生水水质标准》（SL 368—2006）、《城市污水再生利用 农田灌溉用水水质》（GB 20922—2007）、《农田灌溉水质标准》（GB 5084—2021），不仅规定了再生水水质的基本检测项目和选择控制项目，还对再生水水质监测的方法和频率，以及标准的实施和管理做出了要求，但规定检测项目较少，操作指南不翔实。

3.2 国内外标准比较

再生水水质标准与作物类型紧密相关，不同的作物对水质要求和再生水处理深度要求不同[5]。在标准制定上，欧盟、美国和澳大利亚等组织和国家将食用作物分为粮食作物、加工食用作物和未加工/加工食用商业粮食作物。中国将作物分为纤维作物、旱地作物和油料作物、水田作物、露地蔬菜[8]。中国旱田和稻田的划分以及法国和葡萄牙等国家的作物划分，考虑了更多因素，例如纺织和食用目的、旱田和水稻作物生长环境的差异等[9]。

在国外，日本等将再生水标准分为标准组和指南，前者用于要求严格遵守基本水质参数限值的实施，后者用于指导重金属等其他水质参数控制的实施。中国再生水农业和绿化回用标准将参数分为两大类：基本控制项目和选择性控制项目。根据相关研究分析[10-11]，美国和欧盟的主要基本指标有5个：pH、BOD、TSS/SS、余氯及微生物。美国和欧盟在pH规定上标准大致相同，在6.0~9.5[12]，中国的pH限值为5.5~8.5；BOD指标美国要求小于等于10 mg/L，欧盟则要求10~20 mg/L，中国要求40~100 mg/L；美国要求粪大肠杆菌不得检出，中国农业灌溉用水的微生物指标要求宽松，粪大肠杆菌数要求小于20 000个/L；再生水金属元素浓度中国的限值则较为严格，大部分与美国持平，部分指标甚至更严格。

4 国内再生水灌溉技术标准比较

本文选取涉及农用地灌溉标准的基本控制项目进行比较，如表1和表2所示，其比较分析如下。

4.1 适用范围

《再生水水质标准》（SL 368—2006）再生水回用于农业用水控制项目15项，排放标准需要与再生水水质指标相匹配，且遵循“分质使用”原则。《农田灌溉水质标准》（GB 5084—2021）针对水作、旱作和蔬菜作物规定了16项基本控制项目和20项选择性控制项目，相比修订前增加了总镍、氯苯等9项选择性控制项目限值，适用于以地表水、地下水作为农田灌溉水源的水质监督管理。《城市污水再生利用 农田灌溉用水水质》（GB 20922—2007）规定的基本控制项目19项，选择性控制项目9项，适用于以城市污水处理厂出水为水源的农田灌溉用水。《农田灌溉水质标准》（GB 5084—2021）的适用范围修订后进一步扩大，尤其是在废水资源化利用方面，为城镇污水和农村生活污水在农业上的再利用提供了基础保障。《城市污水再生利用 农田灌溉用水水质》（GB 20922—2007）适用于以城市污水处理厂出水为水源的农田灌溉用水，针对进入城镇收集系统的污水和居民生活污水，经过污水处理并达到该标准后，才可以作为农田灌溉用水。

表 1　农产品用水水质基本控制项目限值

基本控制项目	《绿色食品 产地环境质量》（NY/T 391—2013）	《食用农产品产地环境质量评价标准》（HJ/T 332—2006）		
		旱作	水作	蔬菜
pH	5.5~8.5	5.5~8.5		
化学需氧量/(mg/L)	60			
石油类/(mg/L)	1			
汞/(mg/L)	0.001	0.001		
镉/(mg/L)	0.005	0.01	0.005	0.005
铬/(mg/L)	0.1	0.1		
砷/(mg/L)	0.05	0.1	0.05	0.05
铅/(mg/L)	0.1	0.2	0.1	0.1
粪大肠菌群数/(个/L)	10 000			
氟化物/(mg/L)	2			
说明	仅适用于灌溉蔬菜、瓜类和草本水果的地表水	对实行菜粮套种种植方式的农地，执行蔬菜的标准值		

表 2　农业灌溉用水水质基本控制项目限值

基本控制项目	《农田灌溉水质标准》（GB 5084—2021）			《城市污水再生利用 农田灌溉用水水质》（GB 20922—2007）			
	A	B	C	A	B	C	D
pH	5.5~8.5			5.5~8.5			
五日生化需氧量/(mg/L)	100	60	40[a]，15[b]	100	80	60	40
阴离子表面活性剂/(mg/L)	8	5	5	8		5	
溶解性总固体/(mg/L)				非盐碱土地区 1 000，盐碱土地区 2 000		1 000	
溶解氧/(mg/L) ≥				0.5			
化学需氧量/(mg/L)	200	150	100[a]，60[b]	200	180	150	100
悬浮物/(mg/L)	100	80	60[a]，15[b]	100	90	80	60
石油类/(mg/L)				10		5	1
汞/(mg/L)	0.001			0.001			
镉/(mg/L)	0.01			0.01			
铬/(mg/L)	0.1			0.1			
砷/(mg/L)	0.1	0.05	0.05	0.1		0.05	
铅/(mg/L)	0.2			0.2			
氯化物/(mg/L)	350			350			
硫化物/(mg/L)	1			1			

续表 2

基本控制项目	《农田灌溉水质标准》（GB 5084—2021）			《城市污水再生利用 农田灌溉用水水质》（GB 20922—2007）			
	A	B	C	A	B	C	D
余氯/(mg/L)				1.5		1	
挥发酚/(mg/L)				1			
粪大肠菌群数/(个/L)	40 000	40 000	20 000[a]，10 000[b]	40 000		20 000	
蛔虫卵数/(个/L)	20		20[a]，10[b]	2			
水温/℃	35						
氟化物/(mg/L)							
全盐量/(mg/L)	非盐碱土地区 1 000，盐碱土地区 2 000						
说明	A 为旱地作物；B 为水田作物；C 为蔬菜；[a] 为加工、烹调及去皮蔬菜；[b] 为生食类蔬菜、瓜类和草本水果			A 为纤维作物；B 为旱地谷物、油料作物；C 为水田、谷物；D 为露地蔬菜			

《绿色食品 产地环境质量》（NY/T 391—2013）规定了绿色食品的产地生态环境基本要求，农田灌溉水指用于农田灌溉的地表水、地下水，以及水培蔬菜、水生植物生产用水和食用菌生产用水等。《食用农产品产地环境质量评价标准》（HJ/T 322—2006）规定了食用农产品产地土壤环境质量、灌溉水质量和环境空气质量的各个项目及其浓度（含量）限值和监测、评价方法，适用于食用农产品产地，不适用于温室蔬菜生产用地。

4.2 指标项目

《再生水水质标准》（SL 368—2006）农业灌溉控制指标包括色度、浊度、pH、总硬度等共 15 个指标项目。《农田灌溉水质标准》（GB 5084—2021）基本控制项目与前者相比，增加了水温、阴离子表面活性剂、氯化物、硫化物、全盐量、蛔虫卵数，减少了色度、浊度、总硬度、溶解性总固体、氰化物。《城市污水再生利用 农田灌溉用水水质》（GB 20922—2007）基本控制项目最多，与前两者相比增加了溶解氧、余氯、石油类、挥发酚。其他两个农产品灌溉水的控制项目相对较少。再生水利用标准项目除主要控制指标外，缺少对可能产生的人体健康风险和生态环境风险进行研究和评估，如 $PPCP_S$（药物及个人护理品）、抗生素等[13]。

4.3 指标限值

对《再生水水质标准》（SL 368—2006）、《农田灌溉水质标准》（GB 5084—2021）、《城市污水再生利用 农田灌溉用水水质》（GB 20922—2007）共有项目进行比较，三项标准基本控制项目有所不同。后两项标准相比于《再生水水质标准》（SL 368—2006），悬浮物由 30 mg/L 提升至 60 mg/L；五日生化需氧量由 35 mg/L 提升至 40 mg/L；化学需氧量由 90 mg/L 提升至 100 mg/L；砷限值在灌溉蔬菜、水田作物时都为 0.05 mg/L，灌溉旱地作物时提升至 0.1 mg/L；铅限值由 90 mg/L 提升至 100 mg/L。后两项标准针对地表水、地下水、污水处理厂出水用于灌溉，将灌溉作物进行了细分，蔬菜的指标限值最严格，且各项指标限值有所提升。《城市污水再生利用 农田灌溉用水水质》（GB 20922—2007）增加了纤维作物分类，指生产植物纤维的作物；《再生水水质标准》（SL 368—2006）则对各项农业控制指标更为严格。《城市污水再生利用 农田灌溉用水水质》（GB 20922—2007）中纤维作物、旱地谷物和水田谷物的灌溉用水水质以我国《城镇污水处理厂污染物排放标准》（GB 81918—2002）中的三级标准和《农田灌溉水质标准》（GB 5084—2021）为依据，灌溉熟食和去皮蔬菜以《城镇污水处理厂污染物排放标准》（GB 81918—2002）中二级标准等为依据。《城市污水再生利用 农田灌溉用水水质》（GB 20922—2007）更具有可操作性。相比于《农田灌溉水质标准》（GB 5084—2021），《城市污水再生利用 农田灌溉用水水质》（GB 20922—2007）标准规定中指出，纤维作物和旱地谷物要求城市污水达到一级强化处理，水田谷物、露地蔬菜的灌溉要求达到二级处理，这有利于城镇污水再生利用与农田灌溉的推广和应用。

《绿色食品 产地环境质量》（NY/T 391—2013）控制项目中化学需氧量限值为 60 mg/L、镉限值为 0. 005 mg/L、铅限值为 0. 1 mg/L、粪大肠杆菌数限值为 10 000 个/L；《食用农产品产地环境质量评价标准》（HJ/T 332—2006）控制项目中铅限值为 0. 1 mg/L；其余项目包括汞、铬、砷的限值与其他标准一致。这两项标准基本控制项目相比于前三项标准较少，但限值更严格。

5 结论与展望

当前不同国家再生水灌溉标准参数差异较大，但基本上各国在制定再生水灌溉水质标准时都考虑了当地特征。对发达国家来说，由于技术先进和发展较早，再生水灌溉标准制定更加详细，检测项目更多，这对于其他发展中国家来说较为困难。

当前我国再生水用于农业领域的标准、技术规程和指南适用范围存在一定差异，标准体系缺乏指导不同作物类型、食用方式和加工方式再生水利用的细分标准，特别是微生物学项目较少，建议监测项目增加如毒理参数和生物参数等影响人类健康的关键项目，同时建议限制项目根据实际需要制定和调整，将再生水水质分为不同级别，不同级别用途再生水匹配相应的处理技术与灌溉水量，以便每类再生水满足不同场景和灌溉作物用水需求。

参考文献

[1] Christou A，Beretsou V G，Iakovides I C， et al. Sustainable wastewater reuse for agriculture [J]. Nature Reviews Earth & Environment，2024，5（7）：504-521.

[2] Mateosagasta J，Raschidsally L，Thebo A. Global wastewater and sludge production，treatment and use [J]. Springer Netherlands，2015：15-38.

[3] 马艳玲，白雪，胡梦婷，等. 绿地再生水灌溉健康风险评价研究进展 [J]. 灌溉排水学报，2015，34（增刊 1）：178-182.

[4] 张海涛，王保良，仇亚琴，等. 我国非常规水源利用结构及空间分布研究 [J]. 中国水利，2023（7）：19-23.

[5] Panpan Z，Meng M，Yaqi H，et al. Comparison of international standards for irrigation with reclaimed water [J]. Agricultural Water Management，2022，274（15）：1-15.

[6] 林慧，刘达，黄本胜，等. 国外再生水资源在农业灌溉中的应用及启示 [J]. 广东水利水电，2024（3）：100-104.

[7] Tal A. Rethinking the sustainability of Israel′s irrigation practices in the Drylands [J]. Water Research，2016，90（1）：387-394.

[8] 李瑞楠，田军仓. 再生水灌溉农作物研究进展 [J]. 宁夏工程技术，2022，21（4）：311-316.

[9] 杨雅银. 再生水灌溉绿地的环境影响研究 [D]. 徐州：中国矿业大学，2016.

[10] 雷艳娇，葛强，李靖，等. 区域再生水灌溉研究现状及发展趋势 [J]. 人民黄河，2015，37（1）：140-145.

[11] 赵全勇，李冬杰，孙红星，等. 再生水灌溉对土壤质量影响研究综述 [J]. 节水灌溉，2017（1）：53-58.

[12] 李一，刘宏权，陈任强，等. 再生水灌溉对作物和土壤的影响 [J]. 灌溉排水学报，2022，41（增刊 1）：26-33，43.

[13] 崔丙健，高峰，胡超，等. 非常规水资源农业利用现状及研究进展 [J]. 灌溉排水学报，2019，38（7）：60-68.

2024年淮河流域蓄滞洪区运用预案编制存在问题及对策建议

查　亮　邬旭东

（淮河水利委员会水利水电工程技术研究中心，安徽蚌埠　233001）

摘　要：蓄滞洪区运用预案对做好蓄滞洪区运用有重要的指导性作用。为保障流域蓄滞洪区能够迅速及时有效地运用，全面规范编制蓄滞洪区运用预案至关重要。本文以2024年淮河流域蓄滞洪区运用预案编制情况为例，发现运用预案存在编制审批、需转移人口、防洪工程及安全工程、运用调度、报告体例等问题，提出加强需转移人口数据审核、加强防洪工程和安全工程建设、加强学习教育培训、强化审核复核等建议对策，为全国蓄滞洪区运用预案编制提供实践借鉴。

关键词：淮河流域；蓄滞洪区；运用预案

1　引言

在淮河流域历次防洪规划中，蓄滞洪区的行蓄洪能力均作为防洪设计标准内的一部分[1-4]。在历次防御大洪水、特大洪水过程中，蓄滞洪区作为蓄滞洪水的场所，是防洪减灾的重要手段，在防御标准内洪水和超标准洪水中具有不可替代的作用。如1991年、2003年、2007年和2020年洪水，分别启用了17处、9处、9处和8处蓄滞洪区，蓄滞洪区及时运用对降低洪峰水位、缩短高水位持续时间、保证淮北大堤等重要堤防的防洪安全发挥了重要作用。

淮河流域蓄滞洪区共有24处，其中淮河干流行洪区10处（姜唐湖、寿西湖、董峰湖、上六坊堤、下六坊堤、汤渔湖、荆山湖、花园湖、潘村洼、鲍集圩），蓄洪区6处（蒙洼、城西湖、城东湖、瓦埠湖、南润段、邱家湖），滞洪区1处（洪泽湖周边）；淮北支流滞洪区5处（杨庄、老王坡、蛟停湖、泥河洼、老汪湖）；沂沭泗水系滞洪区2处（南四湖湖东、黄墩湖），淮河流域蓄滞洪区基本情况见表1。24处蓄滞洪区中有21处在国家蓄滞洪区名录内（21处含鲍集圩，其余3处为上六坊堤、下六坊堤、潘村洼）。

表1　淮河流域蓄滞洪区基本情况

蓄滞洪区类型	蓄滞洪区名录	说明
行洪区	姜唐湖、寿西湖、董峰湖、上六坊堤、下六坊堤、汤渔湖、荆山湖、花园湖、潘村洼、鲍集圩	上六坊堤、下六坊堤行洪区在本轮淮河流域防洪规划修编中维持现状；淮河干流浮山以下段行洪区调整和建设工程实施后潘村洼行洪区调整为防洪保护区，鲍集圩行洪区调整为洪泽湖周边滞洪区的一部分
蓄洪区	蒙洼、城西湖、城东湖、瓦埠湖、南润段、邱家湖	

作者简介：查亮（1985—），男，高级工程师，主要从事规划与防洪减灾工作。

续表 1

蓄滞洪区类型	蓄滞洪区名录	说明
滞洪区	洪泽湖周边、杨庄、老王坡、蛟停湖、泥河洼、老汪湖、南四湖湖东、黄墩湖	大逍遥滞洪区尚未按照规划建设实施

规范编制蓄滞洪区运用预案是坚持人民至上、生命至上，树牢底线思维、极限思维，主动适应极端水旱灾害频发新形势，确保关键时刻蓄滞洪区能够及时安全有效运用，坚决守住水旱灾害防御底线的内在要求。本文研究分析 2024 年淮河流域 24 处蓄滞洪区运用预案编制情况，梳理存在的问题，提出建议对策，为全国蓄滞洪区运用预案编制提供实践借鉴。

2 编制要求

2010 年，水利部发布《蓄滞洪区运用预案编制导则》（SL 488—2010）（简称《导则》），对蓄滞洪区运用预案编制、审批和发布的机构及职责，蓄滞洪区运用预案报批、备案和发布的程序，蓄滞洪区运用预案编制的主要内容和技术要求等作出明确规定。2024 年 3 月，《关于做好 2024 年蓄滞洪区运用准备工作的通知》（办防〔2024〕92 号）文件要求提升预案的合规性、协调性，特别是加强跨地域蓄滞洪区运用预案的衔接。要细化落实组织与保障、预报与预警、工程调度与运用等各项具体措施，切实增强预案的针对性、时效性和可操作性。对于围堤（隔堤）不封闭、无进（退）洪设施的蓄滞洪区，要落实临时围堤挡水、爆破扒口分洪、巡查防守等相关措施。2024 年 5 月，全国蓄滞洪区建设管理工作会议要求更新运用预案，重点审核调度权限、启用条件合规性，以及口门运用等措施合理性。2024 年 7 月，水利部印发《加快构建水旱灾害防御工作体系的实施意见》，对蓄滞洪区财产登记、运用准备、调度运用、人员转移、运用补偿等作出进一步规定。

3 存在问题

3.1 编制审批问题

按照《导则》规定，蓄滞洪区运用预案宜由蓄滞洪区所在地县级人民政府防汛指挥机构负责编制，应由所在地县级人民政府审批；按照水利部 2024 年 7 月印发的《加快构建水旱灾害防御工作体系的实施意见》，规定蓄滞洪区所在地县级水行政主管部门负责组织制修订蓄滞洪区运用预案，经属地县级人民政府批复（审核）后逐级上报省级水行政主管部门和流域管理机构。从实际执行情况看，蓄滞洪区运用预案编制单位涉及水行政主管部门、防汛指挥机构及其办公室、勘察设计室、第三方咨询服务单位等；蓄滞洪区运用预案均未见县级人民政府审批（批复或审核）文件，不符合《导则》及《加快构建水旱灾害防御工作体系的实施意见》的有关要求。

3.2 需转移人口问题

部分蓄滞洪区运用预案中关于蓄滞洪区运用时需要转移的不安全人口数量与国家蓄滞洪区“三逐一、一完善”成果不一致，且相差较大，见表 2。运用预案中蓄滞洪区运用时需转移的不安全人口数据的准确性关系到人民群众生命安全、蓄滞洪区运用准备和转移安置工作。

表 2 淮河流域蓄滞洪区需转移人口复核 单位：人

序号	蓄滞洪区名录	运用预案需转移人口	“三逐一、一完善”成果需转移人口
1	老王坡	51 405	29 200
2	杨庄	43 262	15 879
3	泥河洼	55 177	22 631

续表 2

序号	蓄滞洪区名录	运用预案需转移人口	“三逐一、一完善”成果需转移人口
4	姜唐湖	6 399	0
5	城西湖	102 047	54 700
6	寿西湖	16 251	0
7	瓦埠湖	73 064	0
8	董峰湖	426	0
9	下六坊堤	1 570	0
10	花园湖	1 172	0
11	潘村洼	22 258	34 480
12	洪泽湖周边	519 536	757 974

3.3 防洪工程和安全工程问题

部分蓄滞洪区防洪工程如进洪闸、退洪闸年久失修已被鉴定为病险水闸，未及时进行除险加固，运用预案中未见保闸安全应急措施。例如老王坡蓄滞洪区丁桥南泄洪闸、丁桥北泄洪闸于 2009 年被鉴定为四类病险水闸，未见保闸安全应急措施；蛟停湖蓄滞洪区提出进洪闸年久失修，启闭设备老化，闸门损毁严重，已被鉴定为病险水闸，未见保闸安全应急措施。部分蓄滞洪区堤防未完全封闭，运用预案制订的临时封闭方案缺乏针对性和可操作性。例如微山县南四湖湖东滞洪区，现状解放沟堤防与国道 104 路交叉处存在 90 m 缺口，造成新薛河—郗山段滞洪区围堤未形成完整封闭，影响正常运用，所制订的《微山县湖东滞洪区堤防缺口封堵方案》填筑土堤的物料储备不明确，施工方案可操作性不强。部分蓄滞洪区安全工程存在避洪设施少，撤退工具不足，通信、报警设施不完善等问题。例如老王坡蓄滞洪区仍有 30 个自然村和区内农场等 24 717 人没有避洪设施；蛟停湖蓄滞洪区无专用救生台、避水楼台，没有专用通信和预警、报警设施等。

3.4 运用调度问题

部分蓄滞洪区运用预案调度权限描述错误，具体如淮安市洪泽湖周边滞洪区运用预案提到“洪泽湖周边滞洪区的运用由淮河防汛抗旱总指挥部商江苏省人民政府决定，报国家防汛抗旱总指挥部备案，江苏省防汛抗旱指挥部负责组织实施”，与《淮河洪水调度方案》中“洪泽湖周边圩区的运用由淮河防汛抗旱总指挥部商有关省提出意见，报国家防汛抗旱总指挥部决定”描述冲突。部分蓄滞洪区运用预案进、退洪工程运用顺序描述前后不一致，如宿城区洪泽湖周边滞洪区进洪时是先利用口门进洪还是涵闸进洪，运用预案中不同章节描述不一致。潘集区汤渔湖行洪区采用扒口分洪，但未明确扒口门方案和责任主体。

3.5 报告体例问题

怀远县汤渔湖、荆山湖行洪区运用预案部分章节缺失，洪泽湖周边、黄墩湖滞洪区未按照《导则》要求的章节体系编制运用预案报告，泥河洼等蓄滞洪区运用预案未按照《导则》要求提供蓄滞洪区转移安置图、洪水风险示意图等附表、附图。

4 对策建议

4.1 加强需转移人口数据审核

蓄滞洪区所在地县级人民政府应每年年初定期开展蓄滞洪区需转移人口数据调查工作，有关调查人员应对数据的真实性负责。省级水行政主管部门建议加强蓄滞洪区需转移人口数据审核工作，对数据异常的进行及时指导复核，确保蓄滞洪区需转移人口数据具有时效性和准确性。

4.2 加强防洪工程、安全工程建设

进洪闸、退洪闸被鉴定为病险水闸，应按照《水闸运行管理办法》第四十七条规定，制定保闸安全应急措施，并尽早开展除险加固或拆除重建。蓄滞洪区堤防、保庄圩存在缺口，未完全封闭，运用预案制订的临时封闭方案缺乏针对性和可操作性，应尽早封闭缺口，并在封闭缺口前落实临时封闭方案，明确责任主体。临时封闭方案应经主管部门组织专家审查，加强临时封闭方案的针对性和可操作性。部分蓄滞洪区安全工程存在避洪设施少，撤退工具不足，通信、报警设施不完善等问题，建议尽快立项开展蓄滞洪区安全建设工程；工程完工前，应落实应对方案，明确责任主体。

4.3 加强学习教育培训

对于运用预案调度权限描述错误，进、退洪工程运用顺序描述前后不一致，采用扒口分洪但未明确扒口门方案和责任主体，运用预案章节缺失，未按照《导则》要求的章节体系编制运用预案报告，缺少有关附表、附图等问题，建议淮河流域各省水行政主管部门定期对蓄滞洪区所在地县级水行政主管部门具体负责人加强教育培训；鼓励社会化购买服务，协助水行政主管部门提升蓄滞洪区运用预案的编制质量；同时省级水行政主管部门应加强审核把关。

4.4 强化审核复核

水利部淮河水利委员会和各省水行政主管部门应加强审核复核把关，重点审核复核蓄滞洪区运用预案组织编制、批复（审核）等是否符合《加快构建水旱灾害防御工作体系的实施意见》中有关规定，应审核复核蓄滞洪区运用预案是否细化落实组织与保障、预报与预警、工程调度与运用等各项具体措施，是否明确责任主体，是否具有针对性、时效性和可操作性，防汛责任人修订是否及时，调度权限是否符合淮河洪水调度方案、沂沭泗河洪水调度方案、宿州市奎濉河洪水调度方案、河南省防洪预案等有关规定。

5 结语

本文对 2024 年淮河流域蓄滞洪区运用预案编制情况进行研究分析，梳理了运用预案编制存在的问题，并提出了加强需转移人口数据审核、加强防洪工程和安全工程建设、加强学习教育培训、强化审核复核等对策建议。

参考文献

[1] 陈娥，潘钰．浅析淮河流域行蓄洪区的双重功能［J］．治淮，2007（12）：20-21.

[2] 何夕龙，陈婷，季益柱．淮河中游行蓄洪区的设置与调整［J］．水利规划与设计，2015（6）：8-11.

[3] 何华松．淮河流域防洪规划［C］//中国水力发电工程学会水文泥沙专业委员会第六届学术讨论会论文集．2005：1-8.

[4] 张学军，薛亚锋，季益柱．关于新一轮淮河流域防洪规划修编有关问题的思考［J］．中国水利，2024（12）：41-44.

完善长江流域水生态标准体系推动水利新质生产力发展

赵　媛[1]　王春芳[1]　汪红军[1]　郑　迪[2]　周连凤[1]

（1. 水利部中国科学院水工程生态研究所，湖北武汉　430079；
2. 水利部长江水利委员会国际合作与科技局，湖北武汉　315825）

摘　要：本文基于调查问卷、实地调研等形式对水利行业水生态监测与河湖健康评价相关标准在长江流域的适用性、协调性和应用效果进行了全面评估。研究结合长江流域水生态监测与河湖健康评价现状，提出了完善相关标准的具体建议，包括修订现有标准、制定补充新标准、加强标准推广应用等。这些建议对于推动水利标准与新质生产力协同发展，提升长江流域水生态保护水平具有重要意义。

关键词：长江流域；长江保护法；水生态监测；河湖健康评价

1　引言

长江是中国第一大河，流域面积约占我国国土面积的 18.8%，是中华民族的代表性符号和中华文明的标志性象征。长江流域生态系统复杂，生物多样性丰富，在维护国家生态安全中具有重要地位。然而，近年来随着经济社会的快速发展，长江流域面临着水资源短缺、水环境污染、水生态退化等严峻挑战。2021 年 3 月 1 日实施的《中华人民共和国长江保护法》明确要求，建立健全长江流域水环境质量和污染物排放、生态环境修复、水资源节约集约利用、生态流量、生物多样性保护、水产养殖、防灾减灾等标准体系。

水利标准是水利工作的技术基础，在推动水利高质量发展中发挥着重要的基础性和引领性作用。党的十八大以来，党中央、国务院高度重视标准化工作，将标准化纳入国家基础性制度范畴，积极实施标准化战略。2021 年，党中央、国务院印发《国家标准化发展纲要》，要求加快构建推动高质量发展的标准体系。水利部高度重视水利标准化在推动新阶段水利高质量发展、保障国家水安全中的重要作用。李国英部长强调，标准规范的制定要与新发展阶段、生态文明思想、人与自然和谐共生的要求紧密结合起来，为今后一个时期水利标准化工作指明了方向。

在此背景下，本文开展了对水利行业水生态监测与河湖健康评价相关标准在长江流域应用情况的全面评估，分析了现有标准存在的问题，提出了完善长江流域水生态标准体系的建议，旨在为推动水利标准与新质生产力协同发展，提升长江流域水生态保护水平提供参考。

2　长江流域水生态标准实施情况评估

2.1　评估对象与方法

本次评估选取了 4 项水利行业水生态领域相关标准规范，包括 3 项水利标准和 1 项技术规范，见

基金项目：水利部水利政策研究和制度建设项目（102126222600100009021）。

作者简介：赵媛（1991—），女，助理研究员，主要从事水环境监测及微生物生态学研究工作。

通信作者：周连凤（1979—），女，高级工程师，主要从事水环境监测及水生态系统健康评价研究工作。

表 1。

表 1　长江流域有关涉水标准实施评估对象

序号	类别	标准/技术规范
1	水生态监测	《水环境监测规范》（SL 219—2013）[1]
2		《内陆水域浮游植物监测技术规程》（SL 733—2016）[2]
3	河湖水生态健康评价	《河湖健康评估技术导则》（SL/T 793—2020）[3]
4		《河湖健康评价指南（试行）》（技术规范）

评估采用资料收集、实地调研、问卷调查、专家咨询等多种方式，调查了解上述标准规范在长江流域实际工作中的实施成效。评估内容主要包括标准的适用性、协调性、应用情况、存在的不足以及标准制修订需求等方面。其中，问卷调查对象为长江流域 16 个有关省（自治区、直辖市）水利（水务）厅（局）及水利部长江委员会委属单位，水生态监测类标准回收有效问卷 201 份，河湖水生态健康评价类标准回收有效问卷 112 份。实地调研对象选取长江上、中、下游水利厅（局）各一处。

2.2　水生态监测标准评估结果

2.2.1　《水环境监测规范》（SL 219—2013）

适用性：90%的受访者认为该标准满足或基本满足水生态监测工作需求，100%的受访者认为标准中水生态监测相关内容完全符合或基本符合长江流域河湖特点。

协调性：该标准与长江十年禁渔计划实施后的法律法规要求存在不适用之处，如标准中采用捕捞方式的鱼类资源调查方法目前已不能满足使用。

应用情况：85%的受访者认为该标准实施效果较好或以上。该标准在长江流域得到广泛应用，如长江流域水生态监测中心应用该标准开展金沙江梯级等大型水利水电工程的生态环境影响论证，长江流域各省份水利机构据此开展了重点湖库、河流水生态监测断面布设及监测工作。

存在的不足：缺乏河湖形态方面的监测；长江流域内水利行业相关机构水生态监测能力参差不齐，标准应用存在一定难度；监测完成后对数据的应用不足，缺乏发布机制。

2.2.2　《内陆水域浮游植物监测技术规程》（SL 733—2016）

适用性：100%的受访者认为该标准满足或基本满足水生态监测工作需求，100%的受访者认为标准中水生态监测相关内容完全符合或基本符合长江流域河湖特点。

协调性：该标准与农业农村部相关标准在密度计数要求方面存在不一致。

应用情况：93%的受访者认为该标准实施效果较好或以上。该标准不仅在流域层面被各省市水利机构广泛运用于淡水浮游植物监测，也被科研院所采用进行水生态调查。

存在的不足：相关技术规定不够详尽，如“生物量的分析”部分方法、公式不够详细；对特殊应用场景考虑不够全面，如在深水激流环境中采样困难。

2.3　河湖健康评价标准评估结果

2.3.1　《河湖健康评估技术导则》（SL/T 793—2020）

适用性：96%的受访者认为该标准满足或基本满足河湖健康评估工作需求，100%的受访者认为标准中相关内容完全符合或基本符合长江流域河湖特点。

协调性：该标准在地方河湖健康评价相关标准、河湖健康评估报告中被广泛引用。

应用情况：93%的受访者认为该标准实施效果较好或较好以上。该标准在长江流域得到广泛应用，如用于淮河流域河湖健康评估、湖北天河河湖健康评估、临沧市临翔区河湖库渠健康评价项目等。

存在的不足：部分指标数据难以收集、参考标准缺失或不适用于当地条件；对长江流域区域差异的体现不足；与《河湖健康评价指南（试行）》指标与计算方法存在一定重合，但应用场景未有明确区分；缺乏评价结果认定和整改的统一标准。

2.3.2　《河湖健康评价指南（试行）》

适用性：94%的受访者认为该规范满足或基本满足河湖健康评估工作需求，96%的受访者认为规范中相关内容完全符合或基本符合长江流域河湖特点。

协调性：该规范被多个地方性技术规范广泛引用。

应用情况：82%的受访者认为该规范实施效果较好或以上。该规范在长江流域得到广泛应用，如用于重庆市大溪河健康评价、云南省九大高原湖泊健康评价等。

存在的不足：部分指标数据难以收集、参考标准缺失或不适用于当地条件；个别技术细节表述有待进一步细化。

3　现有水生态标准存在的主要问题

3.1　标准体系不完善

目前，水利行业长江流域水生态保护与修复标准体系尚未形成，现有水生态监测标准仅有2项，难以满足水生态保护工作需求。水生态监测标准主要以水体服务功能和理化指标为主，水生态监测相关内容较为简略，技术规定有待细化。针对水生生物类群，仅有浮游植物指标有行业标准可依据，其他水生生物监测指标尚没有明确的标准。

3.2　标准内容滞后于新需求

随着现阶段水生态监测需求的不断增加，传统水生态监测标准已无法完全满足工作需要。例如，面对水华暴发等突发性水生态事件，目前没有快速灵敏的应急监测方法与藻毒素含量监测方法。长江十年禁捕后，《水环境监测规范》（SL 219—2013）中采用捕捞方式的鱼类资源调查方法已不能满足使用，调查范围和调查时长也有诸多限制，长年监测数据延续性较差。

此外，现有标准缺乏自动化、智能化监测手段及相关标准方法，难以降低监测工作中人员经验与技术水平对监测结果可靠性的影响。

3.3　标准实施应用不足

调研发现，在绝大多数省市存在水生态监测人员配备不足、监测经验缺乏与技术指导不到位的情况。流域内水利行业相关机构水生态监测能力参差不齐，普遍缺乏人才储备、仪器设备及配套经费，技术培训与标准宣贯不足，影响水生态监测标准深入推广。

此外，监测数据应用不足，缺乏发布机制。河湖水生态健康评价方面，缺乏评价结果认定和整改的统一标准，影响评价结果的应用效果。

3.4　标准区域适用性不强

现有水生态标准对长江流域地域性差异体现不足，如长江上游山区河流、季节性河流较多；下游平原河网及河口区域具有不同的特点，重点监测指标、监测方法均有所差异。河湖水生态健康评价标准中，部分指标不适用于特定区域，如河湖岸线植被覆盖率等评价指标不符合高原气候环境。

4　完善长江流域水生态标准体系的建议

4.1　构建水生态保护与修复标准体系框架

为强化流域治理管理、维护长江生态系统健康，建议围绕规划、调查、评价及设计施工4个方面，构建长江流域水生态保护与修复标准体系，包括国家、行业、地方及团体现有技术标准及技术规范等。

4.2　修订完善现有标准

4.2.1　水生态监测标准

《水环境监测规范》（SL 219—2013）：完善部分技术规定，如明确水生生物指标监测方法，增加遥感监测、藻毒素监测等技术规定。根据长江保护法的要求，更新流域鱼类资源调查方式。增加环境

DNA、LIMS 系统应用等新技术、新方法。

《内陆水域浮游植物监测技术规程》（SL 733—2016）：进一步完善“生物量的分析”部分的方法、公式；修改采样垂线的布设方法；增加咸水河流和湖泊或其他特殊采样环境，样品采集及保存方法。

4.2.2 河湖水生态健康评价标准

《河湖健康评估技术导则》（SL/T 793—2020）：针对不同区域、不同类型的河、湖、库建立指标库并规定适用范围，充分体现长江流域地域性差异。

《河湖健康评价指南（试行）》：优化生态流量满足程度的计算方法；完善鱼类保有指数、水鸟状况等指标的赋分条件；增加水库的指标体系。

4.3 制定新的水生态监测与评价标准

结合水利行业职能职责及长江流域水生态监测特点与需求，建议制定如下标准。

4.3.1 水生态监测标准

《长江流域湖库水生态监测技术规程》，对水生态监测断面与调查单元布设、采样方法、生物类群指标体系等内容做出规定。

《长江流域水生态监测数据统计规范》，规范长江流域水生态监测数据的统计分析方法，提高监测数据的可比性和可用性。

《过鱼设施效果监测规范》，规定过鱼设施监测断面布设、监测指标、监测方法等内容，为评估过鱼设施效果提供技术支撑。

《促进鱼类自然繁殖的水库生态调度效果监测技术规程》，规定水库生态调度效果监测的指标体系、监测方法、评估方法等内容。

4.3.2 河湖水生态健康评价标准

《河湖岸带保护与修复效果评价规范》，规定河湖岸带保护与修复效果评价的指标体系、评价方法等内容。

《河湖水系连通性生态调查与评价指南》，规定河湖水系连通性生态调查的方法、评价指标体系等内容。

《水库增殖放流实施效果评估技术规程》，规定水库增殖放流效果评估的指标体系、评估方法等内容。

4.4 加强标准推广应用

（1）加大标准培训宣贯力度：加强对基层一线监测人员依照标准开展监测点布设、采样、分析、评价等工作的具体指导。

（2）加强政策与标准衔接：根据水利部《“十四五”时期复苏河湖生态环境实施方案》《母亲河复苏行动方案（2022—2025 年）》对强化水生态监测与评价的任务部署，加强相关政策要求与行业水生态标准的衔接。

（3）推进监测数据应用：推进监测数据应用、评价结果认定和整改，使标准成为技术方案制订、考核评估的重要参考，充分发挥标准在河湖生态环境复苏中的基础性和引领性作用。

（4）探索监测数据发布机制：结合水利部职能，建立恰当的长江流域监测数据发布机制，发布相应技术文件，提高监测数据的社会价值。

5 结论与展望

本文基于对长江流域水生态监测与河湖健康评价相关标准实施情况的全面评估，分析了现有标准体系存在的不足，提出了完善长江流域水生态标准体系的建议。研究发现，为适应新阶段水利高质量发展需求，需着力构建长江流域水生态保护与修复标准体系。建议从修订完善现有标准、制定新标准、加强标准推广应用等方面入手，推动水利标准与新质生产力协同发展。

未来，随着水生态监测技术的不断进步和河湖健康评价理论的深化，长江流域水生态标准体系还需要持续完善和更新。建议进一步加强水生态监测新技术、新方法的研究与应用，探索基于大数据、人工智能等技术的水生态健康评价方法，不断提升长江流域水生态保护与修复的科学性和有效性。同时，还需要加强水利行业与生态环境、农业农村等部门的协作，推动跨部门水生态标准的协调统一，为长江大保护提供更加有力的技术支撑。

参考文献

[1] 中华人民共和国水利部．水环境监测规范：SL 219—2013［S］．北京：中国水利水电出版社，2014.

[2] 中华人民共和国水利部．内陆水域浮游植物监测技术规程：SL 733—2016［S］．北京：中国水利水电出版社，2016.

[3] 中华人民共和国水利部．河湖健康评估技术导则：SL/T 793—2020［S］．北京：中国水利水电出版社，2020.

基于数字孪生大藤峡的质量标准化管理与探索

方　朋　孙文娟

（珠江水利委员会珠江水利科学研究院，广东广州　510611）

摘　要：大藤峡工程通过引入数字孪生技术进行工程标准化管理，构建了完善的工程数字孪生体系，并实现了从设计到运维的全链条数字化管理。该技术不仅能够即时监测工程状态，还能精准预测潜在风险，为施工决策提供科学依据，确保了工程质量的稳定与可追溯。数字孪生技术在大藤峡工程中的成功应用，为其他大型水利工程质量标准化管理提供了新的思路与实践案例。

关键词：数字孪生；质量标准化；监测分析；管理创新；大藤峡工程

1　引言

大藤峡水利枢纽工程坐落于珠江流域的核心区域，该工程集防洪、灌溉、发电、航运功能于一体，肩负着促进区域发展与维护生态平衡的双重责任[1]。随着工程管理需求的日益复杂化，传统管理方法逐渐暴露出其局限性，特别是在工程质量的标准化管理方面，迫切需要引入创新技术。在这样的背景下，数字孪生技术的引入为大藤峡水利枢纽工程的质量标准化管理带来了新的研究视角和实践方法[2]。

数字孪生技术作为近年来出现的一种高精度、高效率的创新技术，其核心理念在于搭建物理实体与虚拟模型之间的实时互动与同步更新机制，进而实现对工程全过程的精确管理与智能化决策[3]。这一技术已经在多个领域取得了显著成果，如制造业、航空航天、智慧城市等，其应用前景广阔且充满潜力[4-6]。在制造业中，数字孪生技术被广泛应用于产品设计与优化、生产流程模拟与监控等方面，有效提升了生产效率和产品质量[7]。在航空航天领域，数字孪生技术则用于飞行器的性能预测与维护管理，降低了运营成本并提高了安全性[8]。这些成功案例为数字孪生技术在水利工程领域的应用提供了宝贵的经验和借鉴。

目前，国内相关研究也充分证明了数字孪生技术在水利工程建设管理中的先进性和有效性。如周逸琛等[9] 探讨了数字孪生技术在水利工程中的应用前景，指出该技术能够实现对工程状态的实时监测与预测，提高管理效率和决策水平。苟文萱[10] 则结合具体案例，分析了数字孪生技术在水利工程建设与管理中的实施路径和关键技术。刘宏路[11] 基于数字孪生技术对水库及灌区信息化建设发展进行了深入的分析。这些研究为数字孪生技术在大藤峡工程中的应用提供了坚实的理论基础和实践指导。

2　数字孪生技术在大藤峡工程中的应用

2.1　数字孪生技术概述

数字孪生技术作为现代信息化管理与工程实践的尖端成果，其理论基础与应用范围在近年来获得了广泛的研究与深入的探索。其原理是通过构建实体对象的高精度虚拟模型，以实现对物理实体的动态模拟、实时监控及前瞻性预测[12]。该技术的核心在于创建一个与物理实体实时同步、动态交互的虚拟副本，通过收集和分析实体在实际环境中的数据，虚拟模型能够反馈并指导实体的行为优化和决

作者简介：方朋（1994—），男，工程师，主要从事水利工程质量检测及标准化管理的研究工作。

策制定。在水利工程建设项目中，该技术的运用为工程管理带来了革命性的可视化、智能化及精细化手段，显著提升了工程建设管理与运行阶段的质量控制水平。

2.2 大藤峡工程数字孪生数据收集

数字孪生技术的核心基础在于实时、准确地收集物理实体的数据。在大藤峡工程中，这一过程主要依赖于 IoT（物联网）技术。通过部署传感器网络，工程管理人员能够实时捕捉到工程运行过程中的各种关键数据，如水位、流量、结构应力、温度、湿度等。这些数据通过无线网络传输到数字孪生平台，为虚拟模型的实时更新和动态模拟提供了坚实的数据基础。

同时，BIM（建筑信息模型）和 GIS（地理信息系统）技术也在数据收集过程中发挥了重要作用。BIM 技术提供了工程设计和施工阶段的详细三维模型，这些模型包含了建筑物的几何信息、材料信息、施工信息等，为数字孪生模型提供了高精度的静态数据。而 GIS 技术则为工程提供了地理环境数据，包括地形、地貌、地质等信息，使得数字孪生模型能够更准确地反映工程的实际情况[13]。

2.3 大藤峡工程数字孪生模型构建

在收集到足够的数据后，研究人员开始构建大藤峡工程的数字孪生模型。构建过程主要包括数据整合与预处理→初始模型创建→模型校验与优化→智能化分析与应用等步骤。

（1）数据整合与预处理。首先，将收集到的数据进行整合和预处理，包括数据清洗、格式转换、去噪等，以确保数据的准确性和一致性。

（2）初始模型创建。利用 BIM、GIS 和 IoT 技术提供的数据，创建大藤峡工程的数字孪生初始模型。这个模型不仅包括了工程的物理结构，如大坝、水电站、航道等，还整合了工程的运行数据和环境数据，形成了一个全息、动态的虚拟副本。

（3）模型校验与优化。初始模型完成创建后，需要对模型进行进一步校验和优化。通过与实际运行数据进行对比，验证初始模型的准确性和可靠性[14]。如果初始模型存在误差或不足，需要及时进行调整和优化升级，以确保其能够真实反映工程的实际情况。

（4）智能化分析与应用。最后，将数字孪生模型与智能化分析算法相结合，实现对大藤峡工程状态的实时监控、预测和决策支持。通过深度学习和数据挖掘等技术，模型能够自动发现数据中的规律和异常，为工程管理人员提供及时的预警和建议。

广西大藤峡水利枢纽开发有限责任公司与各参建单位紧密协作，实时提供工程一线数据供研究人员不断重复上述步骤驯化模型，构建了一个全息、动态、智能的数字孪生模型。该模型不仅囊括了大藤峡工程坝区与库区的详细数字映射，还整合了工区各专业的细分数据，进而构建了一张全面覆盖大藤峡工程全貌的数据基础。利用这一数据基础，大藤峡工程的实时物理状态和环境变化得以精确反映。同时，通过智能化分析，能够预测潜在的风险与机遇，为工程决策提供了充分的理论依据。

3 基于数字孪生的质量标准化管理

3.1 质量标准化管理架构设计

在构建以数字孪生技术为基础的质量标准化管理体系的过程中，首要任务是设计一个科学全面的管理架构，以确保工程质量管理的系统化和有效性。该管理架构不仅能够覆盖从设计、施工到运营维护的各个阶段，还能够实时监控和优化工程项目的质量表现[15]。结合数字孪生技术，基于此标准化管理架构创建一个能够实时反映实际工程动态的虚拟模型，从而实现对工程质量的精准控制和有效改进。数字孪生大藤峡标准化管理架构设计如图 1 所示。

3.1.1 构建多维度质量标准体系

大藤峡工程的质量标准化管理架构设计，首要步骤是构建多维度的质量标准体系。该体系不仅需涵盖工程设计、施工、运维等各阶段的具体质量指标，还应与数字孪生模型的实时数据反馈机制相结合，以确保质量标准的实时监控与动态调整。例如，在工程设计阶段，质量标准应包括结构安全、材料性能、环境适应性等多个维度；而在施工阶段，则应重点关注施工工艺、设备性能、安全规范等指

图 1　数字孪生大藤峡标准化管理架构设计

标。通过数字孪生模型，可以实时监测这些指标的执行情况，及时发现偏差并进行纠正，以确保工程质量始终符合既定标准。

3.1.2　*数字孪生驱动的动态质量监测与分析*

数字孪生技术的应用，使得动态质量监测与分析成为现实。在大藤峡工程中，通过实时采集工程运行数据，数字孪生模型能够智能地分析工程状态，自动识别潜在的质量问题和风险点。这一过程基于大数据分析、机器学习等技术，能够实现对工程质量问题的早期预警，为及时采取措施提供了科学依据。例如，通过对结构健康监测数据的分析，可以预测坝体的潜在应力变化，及时调整施工方案或加固措施，确保工程结构的安全性和耐久性。

3.1.3　*质量标准化管理流程的优化*

在构建质量标准化管理体系的过程中，流程的优化与智能化发挥着至关重要的作用。大藤峡工程项目借助数字孪生技术，成功实现了质量监控流程的自动化与智能化。具体而言，工程通过建立自动化的质量监测系统，并利用数字孪生模型进行数据分析，能够自动识别施工过程中的质量偏差，并自动启动质量控制流程，同时向相关责任主体发出整改通知。这种智能化的管理流程不仅提升了质量管理的效率，并且确保了工程质量控制的及时性。

3.1.4　*标准化管理体系的持续改进*

数字孪生技术支撑下的质量标准化管理，不仅重视当前的质量控制流程，而且更加注重管理体系的持续优化。利用大藤峡工程数字孪生模型所收集的丰富数据，可以深入开展数据分析和挖掘工作，从而识别出质量管理中的不足之处，并以此为管理体系的优化提供有力的数据支撑。

3.2　数字孪生在质量控制中的应用案例

3.2.1　*施工阶段的质量控制*

在施工阶段，数字孪生技术通过构建工程的高精度三维模型能够实时监测施工进度与质量，通过与设计模型的对比分析，及时发现施工偏差，确保施工质量符合既定标准。在大藤峡工程的混凝土浇筑过程中，通过数字孪生模型的实时监控，可以精确掌握混凝土的浇筑位置、厚度和温度变化，一旦发现与设计标准不符，立即调整施工方案，避免了潜在的质量问题。数字孪生大藤峡三维模型监测效果见图 2。

3.2.2　*设备运维的质量保障*

在设备运维阶段，应用数字孪生技术提升了设备的运行效率与安全性。通过虚拟仿真技术，数字孪生模型能够模拟设备在各种工况下的运行状态，提前预判设备故障，实现设备的预防性维护。在大

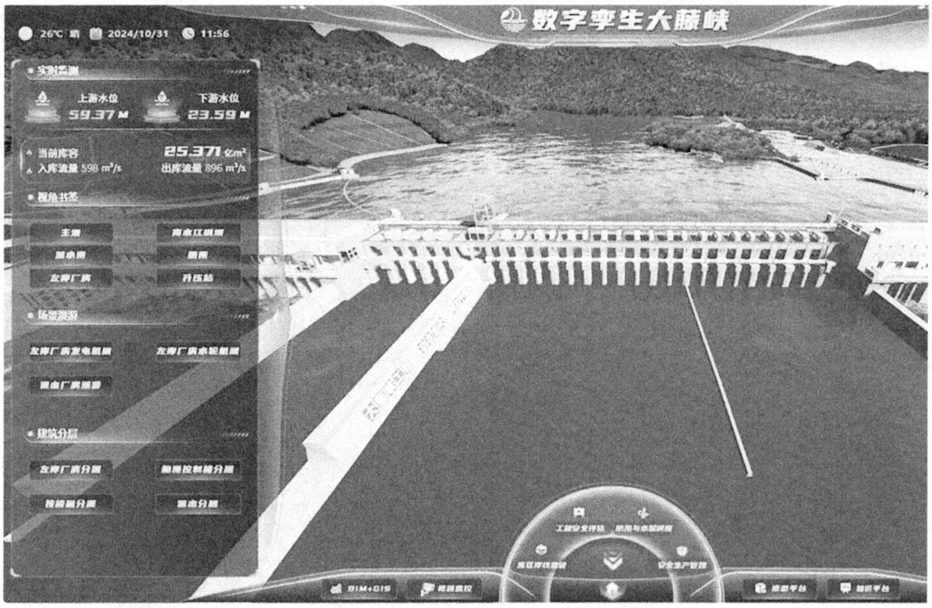

图 2　数字孪生大藤峡三维模型监测效果

藤峡工程中，利用数字孪生模型，运维人员能够远程监控设备的运行数据，通过数据分析识别设备的潜在问题，及时进行维修保养，有效地避免了因设备故障引起的工程延误与安全风险。数字孪生大藤峡监测仪器数量统计见图 3。

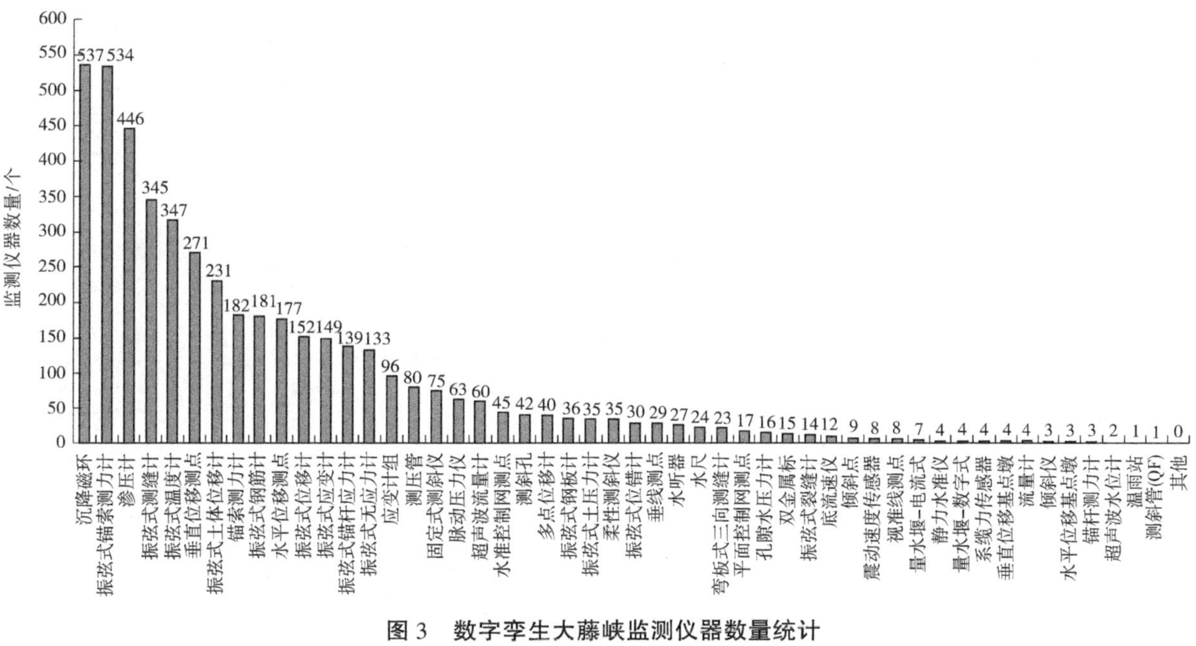

图 3　数字孪生大藤峡监测仪器数量统计

3.2.3　材料性能的实时监测

对于工程中使用的各类施工材料，数字孪生技术提供了实时监测与评估的手段。在大藤峡工程中，数字孪生模型能够实时收集材料的物理与化学性能数据，通过对比分析，确保各材料质量满足规范及设计要求。对于现场浇筑成型的混凝土，数字孪生模型能够实时监测其温度、应变、位移、渗流等关键指标，一旦发现某部位参数值异常，立即对异常部位采取相应措施，确保工程结构的安全与稳定。数字孪生大藤峡渗流监测实时数据见图 4。

3.2.4　安全隐患的智能预警

数字孪生技术在大藤峡工程中的应用，同样体现在智能预警机制对安全隐患的监控上。该技术通

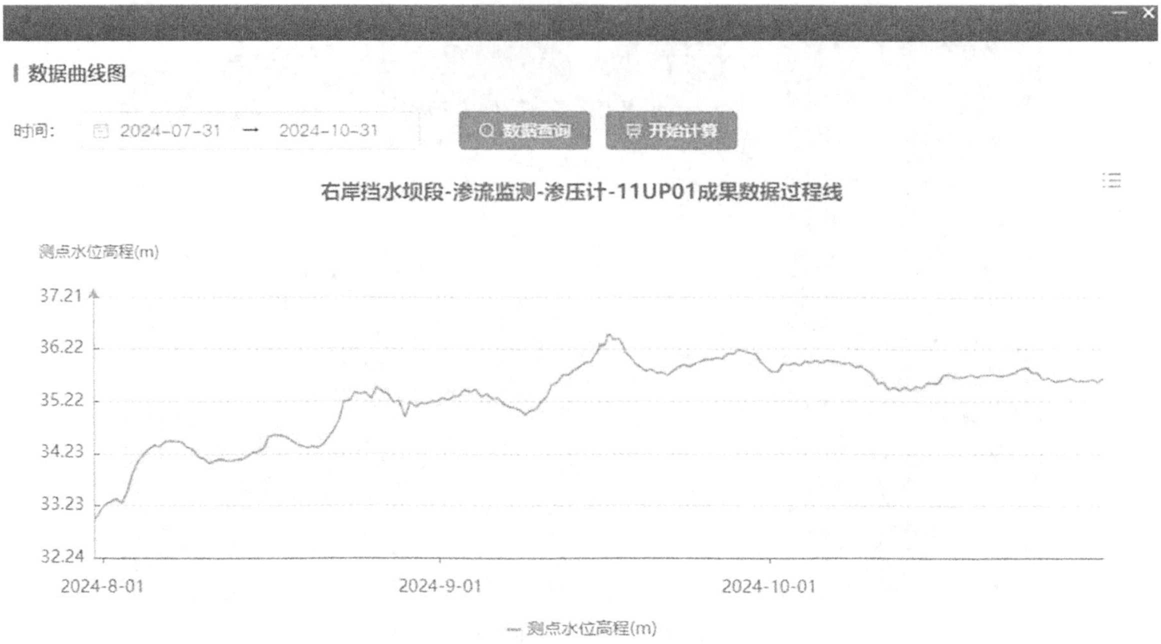

图 4　数字孪生大藤峡渗流监测实时数据

过实时监测工程环境与结构状态，使得数字孪生模型能够自动识别潜在的安全风险，包括地质变化、水位波动等，从而实现提前预警，为采取预防措施提供宝贵的时间窗口。数字孪生大藤峡上下游水位实时监测见图 5。

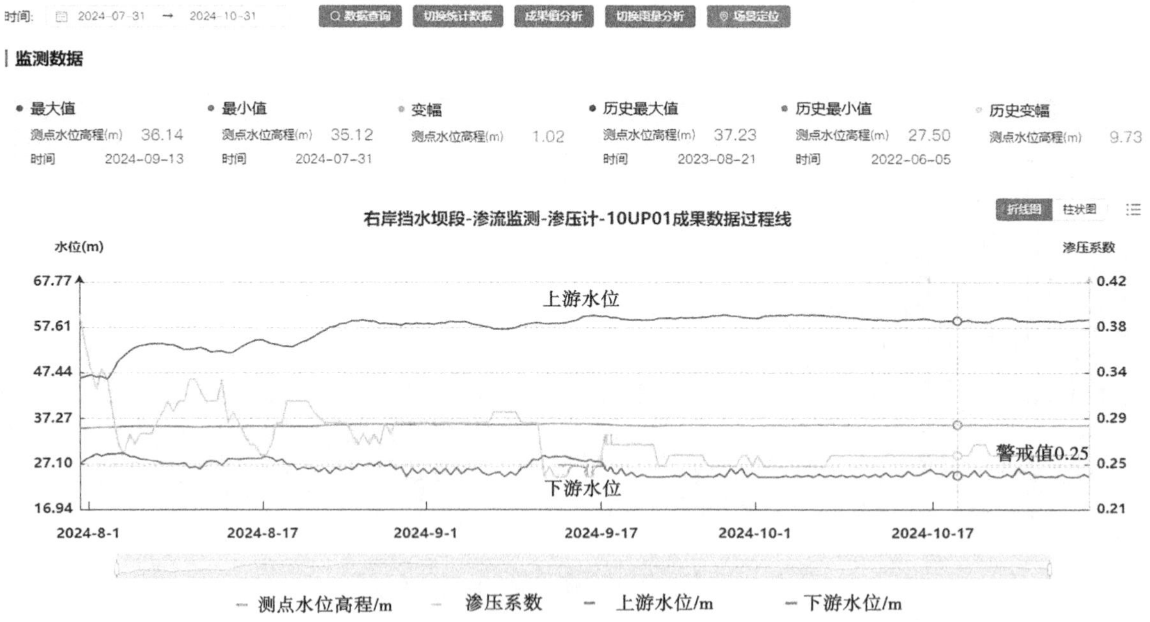

图 5　数字孪生大藤峡上下游水位实时监测

3.2.5　*质量数据的智能分析*

数字孪生技术能够实现对质量数据的智能分析，为工程质量持续改进提供科学依据。在大藤峡工程中，数字孪生模型不仅能够收集大量质量控制数据，还能够借助深度学习等人工智能技术，自动识别数据中的模式与趋势，为质量管理体系的优化提供数据支撑。通过对历史质量数据的智能分析，可以发现施工过程中的常见问题，从而有针对性地改进施工工艺，提高工程质量的标准化水平。数字孪生大藤峡泄水闸渗流监测历史同期数据对比分析见图 6。

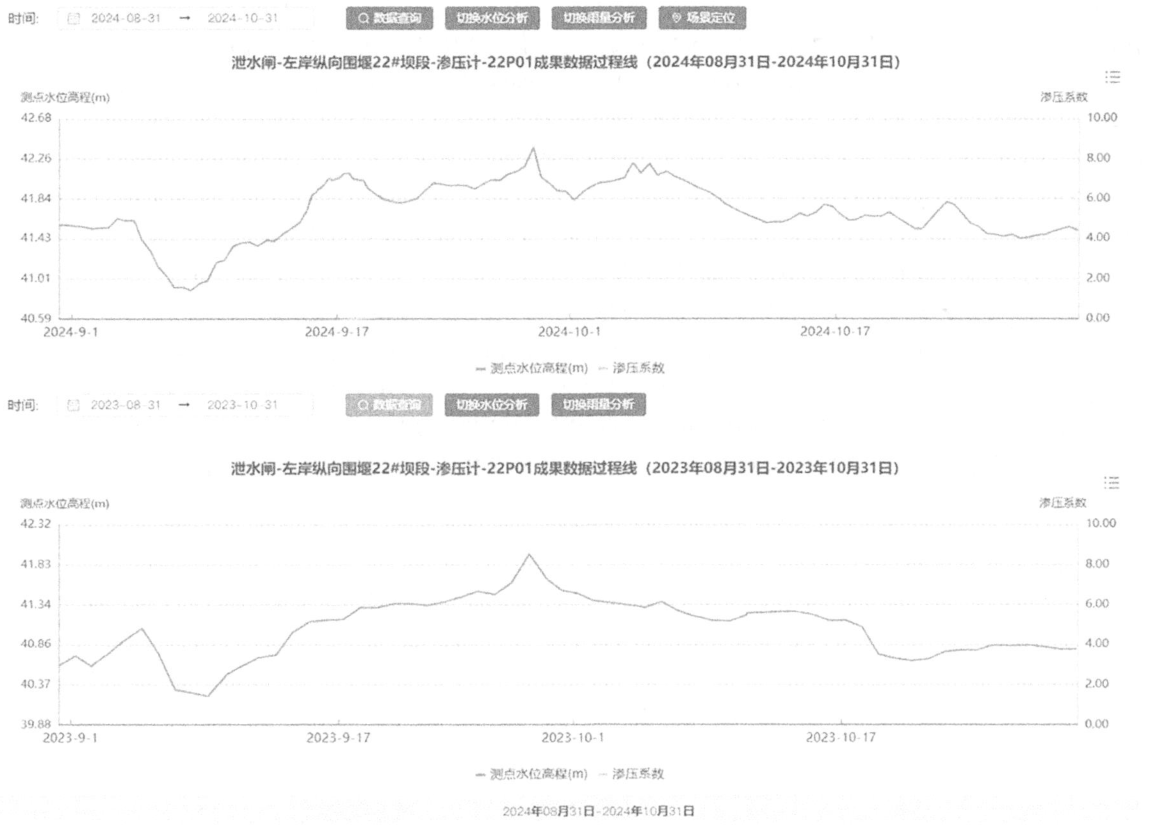

图 6　数字孪生大藤峡泄水闸渗流监测历史同期数据对比分析

4　结语

（1）数字孪生技术的应用范围不仅包括实时监测和风险预测，它在施工指导的精确化及质量保障的可控化方面也展现出显著优势。该技术为大藤峡工程项目管理提供了坚实的数据支撑和决策参考，促进了工程项目管理向智能化和精细化方向发展。

（2）从质量标准化管理的角度审视，数字孪生技术的引入，不仅提升了传统水利工程项目质量管理的效率，而且构筑了多维度的质量标准体系，实现了质量控制的实时监测与智能化分析，推动了标准化管理体系的持续优化。

（3）随着数字孪生技术的持续成熟与普及，其在水利工程建设中的应用将更为广泛和深入。从大藤峡工程的成功实践可以预见，数字孪生技术有望成为水利行业质量标准化管理的核心驱动力，推动行业向更高水平的质量控制与智慧化管理迈进。

参考文献

[1] 王宝恩．推动大藤峡工程高质量发展为强化流域治理管理提供有力支撑［J］．中国水利，2023（21）：1-4.

[2] 郝芝建，梁宏意，陈卓．基于数字孪生大藤峡的安全生产管理系统建设与应用［J］．人民珠江，2023，44（增刊 2）：125-130.

[3] 邬俊杰，程鸿帅，茹兴康，等．基于事件驱动的数字孪生调水工程“四预”业务应用［J］．水利信息化，2024（4）：1-6，12.

[4] 李豪，李海珍，王春东．基于 PDPS 汽车制造数字孪生技术应用的研究［J］．机械工程师，2024（10）：117-121.

[5] 孙云鹤，王煜，赵亮，等．基于数字孪生的卫星网络移动边缘计算研究综述［J］．计算机科学，2024（10）：

1-12.
[6] 任勇，白天成．数字孪生城市建设与公共决策风险治理［J］．理论与改革，2024（10）：1-14.
[7] 王勇．工业 4.0 背景下数字技术在工业电气自动化系统中的应用［J］．现代工业经济和信息化，2024，14（9）：77-80.
[8] 代定强，周轩，董雷霆，等．数字工程与数字孪生在航空疲劳与结构完整性领域的研究进展与展望［J］．航空学报，2024（10）：1-22.
[9] 周逸琛，曾焱，花基尧．数字孪生水利建设实践与思考［J］．水利信息化，2024（5）：40-44.
[10] 苟文萱．数字孪生技术在智慧水利中的应用探讨［J］．智能建筑与智慧城市，2024（10）：23-25.
[11] 刘宏路．基于数字孪生技术的水库及灌区信息化建设分析［J］．水上安全，2024（19）：47-49.
[12] 彭海波，王留杰，刘洁，等．数字孪生北江流域建设实践与成效［J］．水利信息化，2024（4）：33-37.
[13] 温鹏，刘斌，李镇江，等．数字孪生大藤峡探索与实践［J］．中国水利，2023（21）：80-84.
[14] 覃家皓，吴佩纯，朱晓斌，等．数字孪生在水资源配置工程中的应用［J］．北京水务，2024（10）：1-5.
[15] 关昭霞．数字孪生防洪管理平台的设计与应用［J］．水利技术监督，2024（8）：1-4.

双碳背景下我国政策及相关标准分析

刘姗姗　温　洁　秦天玲

（中国水利水电科学研究院，北京　100038）

摘　要：在双碳背景下，本文通过梳理国家和部委层面的相关政策，分析了国家标准、行业标准、地方标准和团体标准的发布状况，为后期相关标准的编制提供了借鉴和支撑。

关键词：双碳；政策；标准

1　引言

气候变化背景下，维持生物圈完整性对生物多样性、人类和社会健康至关重要，也是气候适应性发展的先决条件[1]。生态系统支撑着粮食和水安全及人类健康、福祉和生计，一个或多个生态系统的退化大大减少了其他生态系统提供的服务[2]。因此，世界各国以全球协约的方式减排 CO_2 等温室气体，截至 2020 年底，共有 44 个国家和经济体正式宣布了碳中和目标。中国作为 2020 年唯一实现经济正增长的主要经济体，是受气候变化不利影响的最大发展中国家。2020 年 9 月 22 日，中国国家主席习近平在第七十五届联合国大会一般性辩论上宣布，中国将提高国家自主贡献力度，采取更加有力的政策和措施，二氧化碳排放力争于 2030 年前达到峰值，努力争取 2060 年前实现碳中和。此后，在一系列的国际会议和国内工作会议中，党中央国务院进一步强调了我国碳中和、碳达峰的决定、目标及行动方案。

不同于碳排放已达到峰值的西方发达国家，我国要实现碳达峰、碳中和的目标不仅需要能源结构发生深刻变革，也需要产业结构实现低碳转型。2030 年前碳达峰行动方案提出构建新发展格局，坚持系统观念，处理好发展和减排、整体和局部、短期和中长期的关系，统筹稳增长和调结构，把碳达峰、碳中和纳入经济社会发展全局。这意味着为实现碳达峰、碳中和，就必须对经济、政策、技术等多方面进行系统性变革。《2030 年前碳达峰行动方案》中提出“实施生态保护修复重大工程；加强退化土地修复治理，开展荒漠化、石漠化、水土流失综合治理”。

2　政策文件及规划

2.1　国家层面

2021 年 3 月，《国务院关于加快建立健全绿色低碳循环发展经济体系的指导意见》（国发〔2021〕4 号）发布，该意见强调了构建绿色低碳循环发展的经济体系，推动经济社会发展全面绿色转型。2021 年 9 月，《中共中央 国务院关于完整准确全面贯彻新发展理念做好碳达峰碳中和工作的意见》发布，明确了碳达峰碳中和的总体要求、主要目标和政策方向。2021 年 10 月，《2030 年前碳达峰行动方案》发布，该方案提出了具体的时间表、路线图和重点任务，明确了各行业和领域的实施方案。

基金项目：国家自然科学基金青年项目（52109043）。

作者简介：刘姗姗（1987—），女，高级工程师，主要从事水生态及标准化方面的工作。

通信作者：秦天玲（1986—），女，正高级工程师，主要从事气候变化和水资源配置方面的工作。

2.2 部委层面

2022 年 8 月，工业和信息化部等七部门印发《关于印发信息通信行业绿色低碳发展行动计划（2022—2025 年）的通知》（工信部联通信〔2022〕103 号）。2022 年 4 月，国家发展和改革委员会、国家统计局和生态环境部印发《关于加快建立统一规范的碳排放统计核算体系实施方案》的通知（发改环资〔2022〕622 号）。2022 年 10 月，国家市场监督管理总局、国家发展和改革委员会、工业和信息化部、自然资源部、生态环境部、住房和城乡建设部、交通运输部、中国气象局和国家林草局联合发布《关于印发建立健全碳达峰碳中和标准计量体系实施方案的通知》（国市监计量发〔2022〕92 号）。2023 年 4 月，国家标准化管理委员会、国家发展和改革委员会、工业和信息化部、自然资源部、生态环境部等 11 个部门联合印发《碳达峰碳中和标准体系建设指南》。2024 年 2 月，工业和信息化部发布了《工业和信息化部办公厅关于印发工业领域碳达峰碳中和标准体系建设指南的通知》（工信厅科〔2024〕7 号）。2024 年 8 月，国家发展和改革委员会、国家市场监督管理总局和生态环境部印发《关于进一步强化碳达峰碳中和标准计量体系建设行动方案（2024—2025 年）的通知》（发改环资〔2024〕1046 号）。

3 标准

以“碳达峰”“碳中和”“碳排放”“碳汇”“零碳”“碳减排”为搜索关键词，搜索我国现行有效的国家标准、行业标准、地方标准和团体标准。

3.1 国家标准

截至 2024 年 9 月 30 日，我国现行有效双碳相关国家标准有 11 项，其中碳排放主题相关国家标准 9 项，碳汇主题相关国家标准 2 项（见表 1）。碳排放主题国家标准为各行业碳排放核算与报告要求，根据查询，《碳排放核算与报告要求》为系列标准，目前在编的还包括日用陶瓷企业、公共建筑运营单位、生活污水处理企业和土地利用、土地利用变化及林业。发布最早的国家标准是 2021 年 12 月 31 日的《林业碳汇项目审定和核证指南》（GB/T 41198—2021），此后，双碳相关国家标准陆续发布。

表 1　国家标准

关键词	序号	标准号	标准名称	发布日期（年-月-日）	实施日期（年-月-日）
碳排放	1	GB/T 32151.16—2023	碳排放核算与报告要求 第 16 部分：石油天然气生产企业	2023-12-28	2024-07-01
	2	GB/T 32151.15—2023	碳排放核算与报告要求 第 15 部分：石油化工企业	2023-12-28	2024-07-01
	3	GB/T 32151.17—2023	碳排放核算与报告要求 第 17 部分：氟化工企业	2023-12-28	2024-07-01
	4	GB/T 32151.14—2023	碳排放核算与报告要求 第 14 部分：其他有色金属冶炼和压延加工企业	2023-12-28	2024-07-01
	5	GB/T 32151.13—2023	碳排放核算与报告要求 第 13 部分：独立焦化企业	2023-12-28	2024-07-01
	6	GB/T 32151.7—2023	碳排放核算与报告要求 第 7 部分：平板玻璃生产企业	2023-12-28	2024-07-01

续表 1

关键词	序号	标准号	标准名称	发布日期（年-月-日）	实施日期（年-月-日）
碳排放	7	GB/T 32151.8—2023	碳排放核算与报告要求 第 8 部分：水泥生产企业	2023-12-28	2024-07-01
	8	GB/T 32151.9—2023	碳排放核算与报告要求 第 9 部分：陶瓷生产企业	2023-12-28	2024-07-01
	9	GB/T 32151.10—2023	碳排放核算与报告要求 第 10 部分：化工生产企业	2023-12-28	2024-07-01
碳汇	1	GB/T 43647—2024	中国森林认证 森林碳汇	2024-03-15	2024-03-15
	2	GB/T 41198—2021	林业碳汇项目审定和核证指南	2021-12-31	2021-12-31
碳中和	无				
碳达峰	无				
零碳	无				
碳减排	无				

3.2　行业标准

截至 2024 年 9 月 30 日，我国现行有效双碳相关行业标准 18 项，其中碳中和主题相关行业标准 1 项，碳排放主题相关行业标准 8 项，碳汇主题相关行业标准 7 项，碳减排主题相关行业标准 2 项。18 项行业标准中，林业标准最多，有 8 项；其次为有色金属和交通，均为 2 项（见表 2）。发布最早的国家标准是 2012 年 11 月 7 日的《电解铝生产二氧化碳排放量测算方法》（YS/T 800—2012），属于有色金属行业。

表 2　行业标准

关键词	序号	标准号	标准名称	行业领域	批准日期（年-月-日）	实施日期（年-月-日）
碳中和	1	LY/T 3116—2019	中国森林认证 碳中和产品	林业	2019-10-23	2020-04-01
碳排放	1	MH/T 6130—2024	飞机二氧化碳排放评定方法	民用航空	2024-03-12	2024-03-12
	2	JT/T 1249—2019	营运客车能效和二氧化碳排放强度等级及评定方法	交通	2019-03-15	2019-07-01
	3	JT/T 1248—2019	营运货车能效和二氧化碳排放强度等级及评定方法	交通	2019-03-15	2019-07-01
	4	SY/T 7297—2016	石油天然气开采企业二氧化碳排放计算方法	石油天然气	2016-12-05	2017-05-01
	5	DL/T 1328—2014	燃煤电厂二氧化碳排放统计指标体系	电力	2014-03-18	2014-08-01
	6	YS/T 801—2012	电解铝生产全氟化碳排放量测定方法	有色金属	2012-11-07	2013-03-01
	7	SB/T 11042—2013	饭店业碳排放管理规范	国内贸易	2014-04-06	2014-12-01
	8	YS/T 800—2012	电解铝生产二氧化碳排放量测算方法	有色金属	2012-11-07	2013-03-01

续表 2

关键词	序号	标准号	标准名称	行业领域	批准日期（年-月-日）	实施日期（年-月-日）
碳汇	1	LY/T 3317—2022	竹林低碳经营与碳汇计量监测技术规范	林业	2022-11-30	2023-04-01
	2	LY/T 3253—2021	林业碳汇计量监测术语	林业	2021-06-30	2022-01-01
	3	LY/T 2743—2016	碳汇造林项目设计文件编制指南	林业	2016-10-19	2017-01-01
	4	LY/T 2744—2016	碳汇造林项目监测报告编制指南	林业	2016-10-19	2017-01-01
	5	LY/T 2409—2015	林业碳汇项目审定和核证指南	林业	2015-01-27	2015-05-01
	6	LY/T 2252—2014	碳汇造林技术规程	林业	2014-08-21	2014-12-01
	7	LY/T 2253—2014	造林项目碳汇计量监测指南	林业	2014-08-21	2014-12-01
碳减排	1	YB/T 6117—2023	基于项目的二氧化碳减排量评估技术规范 高炉大比例球团冶炼	黑色冶金	2023-12-20	2024-07-01
	2	NY/T 4300—2023	气候智慧型农业 作物生产固碳减排监测与核算规范	农业	2023-02-17	2023-06-01
碳达峰	无					
零碳	无					

3.3 地方标准

截至 2024 年 9 月 30 日，我国现行有效双碳相关地方标准 135 项。其中，碳排放主题相关地方标准最多，为 60 项；其次为碳汇主题相关团体标准，为 32 项（见表 3）。北京市双碳相关地方标准最多，为 17 项；其次为广东省和黑龙江省，分别为 12 项和 11 项（见表 4），北京市和广东省属于科技集中的省市，黑龙江省属于重工业集中的省市。

表 3　按关键词地方标准数量统计

序号	关键词	地方标准数量
1	碳达峰	3
2	碳中和	16
3	碳排放	60
4	碳汇	32
5	零碳	10
6	碳减排	14
合计		135

表 4　按省（市、区）地方标准数量统计

序号	省（市、区）	地方标准数量	序号	省（市、区）	地方标准数量	序号	省（市、区）	地方标准数量
1	北京市	17	13	雄安新区	4	25	河南省	1
2	广东省	12	14	浙江省	4	26	湖北省	1
3	黑龙江省	11	15	湖南省	3	27	丽水市	1
4	包头市	8	16	宁夏回族自治区	3	28	六安市	1
5	衢州市	8	17	泰州市	3	29	陕西省	1
6	山东省	7	18	福建省	2	30	绍兴市	1
7	内蒙古自治区	6	19	杭州市	2	31	威海市	1
8	山西省	6	20	江苏省	2	32	潍坊市	1
9	上海市	6	21	江西省	2	33	盐城市	1
10	湖州市	5	22	青海省	2	34	重庆市	1
11	河北省	4	23	西安市	2	35	舟山市	1
12	深圳市	4	24	成都市	1			

3.4　团体团标

截至 2024 年 9 月 30 日，我国现行有效双碳相关团体标准 423 项。其中，碳排放主题相关团体标准最多，为 145 项；其次为碳中和和零碳主题相关团体标准，分别为 99 项和 95 项（见表 5）。

表 5　团体标准数量统计

序号	关键词	团体标准数量
1	碳达峰	16
2	碳中和	99
3	碳排放	145
4	碳汇	22
5	零碳	95
6	碳减排	46
合计		423

4　水利行业标准建议

目前，水利行业尚没有双碳相关标准发布，根据 2024 年版水利技术标准体系表[3]，《水土保持碳汇技术规范》在编制中。作为能源密集型行业，编制碳减排标准，可推动行业绿色低碳发展、促进水资源集约节约利用。水利方面，可从考虑碳减排的水资源科学配置、水利工程的节能运行和风光电新型清洁能源替换火电等方面均需尽快提出相关标准。碳减排的水资源科学配置方面，重点考虑蓄引调和提水工程等水资源配置工程对碳平衡的影响研究方法、双碳背景下水资源优化配置模型方法和生态修复等用水户活动对碳平衡的影响研究方法。水利工程的节能运行方面，重点结合其他行业，从设计、施工、建设和运行等多方面编制水利工程碳减排标准。风光电新型清洁能源替换火电方面，重点考虑风电、光电等新型清洁能源提水蓄能相关技术标准。

5 结论

在双碳背景下，本文通过分析国内政策及碳排放相关标准，分析了国家层面和部委层面的相关政策，国家标准、行业标准、地方标准和团体标准的发布里程，为后期相关标准的编制提供借鉴和支撑。水利方面，考虑碳减排的水资源科学配置，水利工程的节能运行和风光电新型清洁能源替换火电等方面均需尽快提出相关标准，支撑“碳达峰”和“碳中和”工作。

参考文献

[1] 郑永飞，郭正堂，焦念志，等．地球系统科学研究态势［J］．中国科学：地球科学，2024，54（10）：3065-3090.
[2] CHEN W X，GU T C，XIANG J W，et al. Ecological restoration zoning of territorial space in China：An ecosystem health perspective［J］. Journal of Environmental Management，2024，364：1-14.
[3] 中华人民共和国水利部．水利技术标准体系表［Z］. 2024-06-21.

浅析深化水利标准化改革存在问题及建议

刘　彧　刘姗姗　于爱华　齐　莹　宋小艳

（中国水利水电科学研究院，北京　100038）

摘　要：党的二十届三中全会为全面深化改革作出了系统部署，体现了党中央的坚定决心和战略思考。本文深入探讨了全面深化改革，特别是水利标准化领域改革的重要性与现状，并结合党的二十届三中全会报告提出水利标准化改革存在的问题，并针对性地提出相关建议，探讨新阶段水利高质量发展的标准化思考。

关键词：全面；改革；水利标准；建议

1　引言

党的二十届三中全会重点研究进一步全面深化改革、推进中国式现代化问题，为全面深化改革作出系统部署，习近平总书记亲自谋划、亲自部署、亲自推动全面深化改革，提出一系列具有原创性、时代性、指导性的新思想、新观点、新论断。这些重要论述立意高远、内涵丰富，对于深刻理解全面深化改革的历史必然性，把握坚定不移全面深化改革的重大意义，自觉把改革摆在更加突出的位置，紧紧围绕推进中国式现代化进一步全面深化改革指明了方向，提供了遵循[1]。同样，随着全面深化改革的进行，我国水利标准化工作也取得了显著的成效，水利标准体系日臻完善，水利标准化人才队伍建设不断加强，水利标准宣贯培训力度逐步加大，同时伴随着改革过程，也需要不断解决改革发展过程中遇到的问题，以进一步提升水利标准化工作的质量和效果。

2　深刻理解全面深化改革的重要意义

全面深化改革的部署充分体现了以习近平同志为核心的党中央团结带领全党全军全国各族人民，以伟大的历史主动、巨大的政治勇气、强烈的责任担当，冲破思想观念束缚，突破利益藩篱，敢于突进深水区，敢于啃硬骨头，敢于涉险滩，全面深入推进改革发展的坚定决心[2]。

2.1　加强对全面深化改革的指导思想认识

党的二十届三中全会对标准化作出的改革部署，充分体现了我们党站在新的历史起点上对构建高水平社会主义市场经济体制的战略思考和科学谋划。李国英部长在2024年全国水利工作会议上的讲话指出：以科技创新推动水利高质量发展。加快完善符合高质量发展要求的水利技术标准体系，推动优势领域国际标准制定。水利标准化工作者们也将紧紧围绕处理好效率和公平、活力和秩序、发展和安全等重大关系，进一步全面深化水利标准化领域改革，助力水利高质量发展。

2.2　把全面深化改革的各项任务落到实处

全面深化改革要把牢的价值取向是以人民为中心，水利标准化工作同样也立足民生问题。如2024年，水利部修订发布了《水利技术标准体系表》，立足全面提升国家水安全保障能力，围绕完善水旱灾害防御体系、实施国家水网重大工程、复苏河湖生态环境、推进数字孪生水利建设、建立健全节水制度政策、强化体制机制法治管理等推动水利高质量发展的实施路径，着眼提升水旱灾害防御能

作者简介：刘彧（1987—），女，高级工程师，主要从事水利标准化研究工作。

通信作者：刘姗姗（1987—），女，高级工程师，主要从事水资源、水利标准化研究工作。

力、水资源集约节约利用能力、水资源优化配置能力、江河湖泊生态保护治理能力，明确了水利技术标准制修订工作的发展规划，布局科学、层次分明、结构清晰、可操作性强，为加快发展水利新质生产力、扎实推进水利高质量发展提供有力支撑。

3 改革首先要敢于直面存在的问题

习近平总书记指出：改革是由问题倒逼而产生，又是在不断解决问题中得以深化。面向水利新质生产力发展，支撑数字孪生、国家水网重大工程、雨水情监测预报、“三道防线”以及确保水利工程高水平安全等重点工作，标准化工作还存在一些支撑不到位的问题。如山水林田湖草沙多生态系统标准尚未形成体系，数字孪生和信息化等重要标准尚有缺失；科技项目与标准化工作联动机制尚不健全、标准与科技及专利尚未融合；水利标准信息共享平台尚未实施；标准绩效评价理论及方法尚未普及[3]；标准化基础研究、标准政策和发展战略等研究尚未深入；我国承担国际标准化组织涉水标准化技术委员会秘书处尚少，如目前 ISO 现有涉水 TC 共 19 处，我国仅承担 2 处（见表 1）；优势技术标准尚未转化为国际标准，国际话语权尚待形成等。

表 1 ISO 涉水 TC 分布简况

序号	TC 编号	中英文名称	秘书处
1	ISO/TC 23	农林拖拉机和机械（Tractors and machinery for agriculture and forestry）	法国标准化协会（AFNOR）
2	ISO/TC 30	封闭管道流体流动量测（Measurement of fluid flow in closed conduits）	英国标准协会（BSI）
3	ISO/TC 71	混凝土，钢筋混凝土和预应力混凝土（Concrete，reinforced concrete and pre-stressed concrete）	日本工业标准委员会（JISC）
4	ISO/TC 74	水泥和石灰（Cement and lime）	欧盟标准化协会（NBN）
5	ISO/TC 113	水文（Hydrometry）	印度标准协会（ISI）
6	ISO/TC 115	泵（Pumps）	法国标准化协会（AFNOR）
7	ISO/TC 135	无损检测（Non-destructive testing）	日本工业标准委员会（JISC）
8	ISO/TC 138	输送流体用塑料管，管配件和阀门（Plastics pipes，fittings and valves for the transport of fluids）	日本工业标准委员会（JISC）
9	ISO/TC 147	水质（Water quality）	德国标准化学会（DIN）
10	ISO/TC 153	阀门（Valve）	法国标准化协会（AFNOR）

续表 1

序号	TC 编号	中英文名称	秘书处
11	ISO/TC 164	金属的机械试验（Mechanical testing of metals）	日本工业标准委员会（JISC）
12	ISO/TC 182	岩土工程（Geotechnics）	英国标准协会（BSI）
13	ISO/TC 190	土壤质量（Soil quality）	德国标准化学会（DIN）
14	ISO/TC 221	土工合成材料（Geosynthetics）	英国标准协会（BSI）
15	ISO/TC 224	饮用水、废水及雨水系统和服务（Drinking water, wastewater and storm water systems and services）	法国标准化协会（AFNOR）
16	ISO/TC 275	污泥回收处理循环处置（Sludge recovery, recycling, treatment and disposal）	法国标准化协会（AFNOR）
17	ISO/TC 282	水的再利用（Water reuse）	中华人民共和国国家标准化管理委员会（SAC）
18	ISO/TC 316	节水产品—分级（Water efficient products-Rating）	澳大利亚标准协会（SA）
19	ISO/TC 339	小型水力发电厂（Small hydropower plants）	中华人民共和国国家标准化管理委员会（SAC）

4 结论及建议

（1）加大顶层设计和标准的统筹规划。

加强跨部门的协同，在制定和修订水利技术标准时，加强与环保、农业、交通等相关部门的沟通与合作，确保标准的协调性和互补性；建立跨部门标准制定和修订的协调机制，定期召开联席会议，共同解决标准制定中的难点和热点问题。

标准层次上，下位标准一定是上位标准的延伸和细化，但不得违反上位标准的规定；对于施工类标准，从满足需求出发，做好标准的集成，以各类工程手册的方式，由协会或学会承担并发布，与标准配套使用；做好“存量”标准的合并优化同时，做好标准的“减量”工作，将一些具有市场性质的行业标准转化为团体标准，做好转化和承接，避免标准出现空位和断档。

（2）进一步加强标准信息化基础设施和条件建设

水利标准化工作是一项长期工作，也是一个系统工程，不仅需要众多人员参与，更需要大量的基础数据作为支撑。大数据时代的核心是数据的分析和利用，分析利用的关键是模型建立和数据挖掘。标准电子信息公开，方便标准使用、查询，提高标准使用效率。标准信息化管理有利于标准管理全过程、全生命周期的材料留存，为水利标准化工作提供根本保障；同时建立国内外涉水标准数据库，通过“互联网+”的深度同融合，通过大数据平台开展国内外标准及标准指标和参数对比分析，一是同国际标准接轨，二是提高我国行业标准水平，使水利标准实现信息化和智能化。

参考文献

[1] 习近平．在党的二十届三中全会第二次全体会议上的讲话［J］．求知，2024（10）：4-7.
[2] 陈理．深刻理解进一步全面深化改革的重大意义［J］．中国纪检监察，2024（14）：10-13.
[3] 于爱华，齐莹，等．水利标准实施效果评估报告［R］．2020.

面向新质生产力的水利标准化改革思考

刘 彧 宋小艳 于爱华 齐 莹 刘姗姗

（中国水利水电科学研究院，北京 100038）

摘 要：党的二十届三中全会提出进一步全面深化改革、推进中国式现代化的决定，对当前和今后一个时期的全面深化改革作出系统部署。基于对新阶段水利高质量发展的认知，提出了面向新质生产力的水利标准化改革思考。改革需坚持目标导向和系统观念，协同配合激发活力，还需聚焦治理水平和整体效能的提升。

关键词：新质生产力；改革；水利标准；思考

1 引言

2024年7月18日，中国共产党第二十届中央委员会第三次全体会议通过《中国共产党第二十届中央委员会第三次全体会议公报》，全会审议通过《中共中央关于进一步全面深化改革、推进中国式现代化的决定》（简称《决定》），对当前和今后一个时期的全面深化改革作出系统部署。《决定》提出，要深化科技体制改革，推动科技创新力量，深化科技成果转化机制改革。基于此，提出面向新质生产力的水利标准化改革思考。

2 改革要坚持目标导向、系统观念

习近平总书记强调，规划科学是最大的效益，要提高规划质量，坚持和完善有效的实施机制。标准化顶层设计至关重要，给出标准化发展的风向标和牵引力。按照推动水利高质量发展的目标和实施路径，水利技术标准体系作为水利标准发展的中长期发展规划，发挥着水利技术标准对发展水利新质生产力的导向性、引领性、推动性、基础性作用，创新驱动满足新质生产力发展的新型标准体系，政府主导保基本、地方协同形互补、市场引领促发展，形成全方位多元化标准化创新新局面[1]。健全支撑水利高质量发展的标准、计量、检验检测以及认证认可质量基础设施保障体系（基础性），坚持质量基础设施一体化发展目标，完善水资源循环利用、水旱灾害预报预警预演预案、水利工程在线实时监测等重要基础技术标准，将水利标准贯穿水利工程建设及质量管理全过程；完善节水标准体系（导向性），加快高耗水工业用水定额、非常规水源利用标准的迭代更新；健全山水林田湖草沙生态系统治理与修复标准体系以及支撑绿色低碳循环发展技术标准体系，补充水生态流量、水土保持、碳达峰、碳中和等关键技术领域攻关性创新标准；围绕国家水网、数字孪生水利，健全信息化数字标准体系，加快智能大坝、激光雷达、遥感、北斗、无人机、无人船等新技术应用标准编制，引领提升产业技术新发展；探索构建地方、流域、区域等特色水利标准体系（引领性），支撑长江经济带、黄河流域、粤港澳大湾区、京津冀协同一体化等国家重大战略的地方、流域、区域水利建设。

3 改革要协同配合激发活力

《决定》强调以国家标准提升引领传统产业优化升级，实际上为标准和科技创新及产业创新的融

作者简介：刘彧（1987—），女，高级工程师，主要从事水利标准化研究工作。

通信作者：宋小艳（1989—），女，高级工程师，主要从事管理体系、水利标准化研究工作。

合提供了明确的政策导向和实践路径。通过制定与实施涉及新技术、新工艺、新材料的国家标准，可以促进科技创新成果在产业领域的广泛应用，推动产业创新不断向前发展，为科技创新和产业创新搭建融合的桥梁。

科技成果的价值在于运用，标准的活力在于规范秩序、发展生产力，标准是科技成果扩散的有效载体，标准制定过程中涉及的技术要求和指标，往往直接关系到科技成果能否成功转化为生产力。通过标准引领科技成果转化成生产力是当前标准化改革的重中之重。水利高质量发展和实现水安全保障对水利标准化工作提出了新要求，跟踪新技术、新材料、新工艺、新方法的发展动态，健全水利重大科技项目与标准化工作的协同联动机制，破立并举，先立后破，推动科研项目与标准研制同步部署、同步进行、同步完成。标准与优秀专利技术融合，将专利标准化，发挥标准对产业引导、规范以及市场认可的特性，将市场准入和专利权的许可有机地联系在一起，加速专利技术进入市场并被接受，加速新技术的推广和获利，促进产业整体技术进步[2]。

4 改革聚焦治理水平和整体效能的提升

深化标准化改革工作已经推进多年，实施标准化战略，处理好政府和市场、治理和效能、活力和秩序、发展和安全等重大关系，深入研究确保新质生产力发展和标准体系质效向好的标准化支撑机构建设模式，指导优化标准化治理结构，增强标准化治理效能，是当前标准化改革工作的重要任务。

鼓励、引领市场性标准发挥作用，并规范、引导其与水利技术标准体系相协调，建立市场性标准体系，加强对市场性标准的指导和支持，推动市场性标准体系的建立和完善；提高市场性标准的权威性和认可度，通过政府采信、社会宣传等方式，提高市场性标准的知名度和影响力，鼓励企业采用市场性标准，提升产品质量和服务水平，增强市场竞争力；市场性标准的监督和管理，建立市场性标准的监督机制，对市场性标准的制定、实施和效果进行评估和反馈，对不符合市场需求和技术发展趋势的市场性标准进行修订或废止。加速产品和服务标准升级以及检验检测资质认证认可，完善产业链配套标准，研制规范水利专用计量器具管理的计量技术规范、标准物质等，规范水利产品市场，引领水利产业结构调整和全方位发展；协商解决跨地区跨领域的重大标准化问题，出台指导扶持、对接地方和流域相关标准化政策，形成标准多元化协同发展新局面；开展强制性标准监督检查，探究标准评价量化方法，评估水利标准的技术先进性和适宜性，形成技术、产业和市场多维验证模式，不断增强标准实施效果和效益，不断提高标准公共服务和社会治理水平；开展国内外标准体系比对研究，加大国内外标准协调性，积极推动中国水利标准在国际工程中的应用，提升我国的国际话语权。

参考文献

[1] 左其亭，秦西，马军霞．对水利新质生产力的理解及发展思考［J］．中国水利，2024（6）：21-25.
[2] 马福生，王伟．水利标准化工作服务高质量发展的思考［J］．中国水利，2023（12）：70-72.

节水标准体系现状分析与优化研究

李岱远[1]　黄凯伦[2]　王高旭[1,3]　施　睿[1]　许　怡[1]　全李宇[3]

（1. 水利部交通运输部国家能源局南京水利科学研究院，江苏南京　210029；
2. 皖江工学院，安徽马鞍山　238101；
3. 长江绿色保护与发展研究院，江苏南京　210024）

摘　要：构建节水标准体系是落实“节水优先”和水资源刚性约束制度的重要技术保障。本文分析了我国节水标准发展历程和现状情况，总结存在的主要问题，并提出节水标准体系优化建议，以期为充分发挥标准对水资源集约节约利用的导向性、引领性、推动性和基础性作用提供有力支撑。

关键词：节水标准；现状；优化建议

标准是经济活动和社会发展的技术支撑，是国家基础性制度的重要方面。标准化在推进国家治理体系和治理能力现代化中发挥着基础性、引领性作用。节水标准是贯彻落实“节水优先”的重要举措，是实行水资源刚性约束制度的基础保障，是实施国家节水行动的重要技术支撑[1]。《节约用水条例》第二十一条明确规定“国家建立健全节水标准体系。国务院有关部门依法组织制定并适时修订有关节水的国家标准、行业标准。国家鼓励有关社会团体、企业依法制定严于国家标准、行业标准的节水团体标准、企业标准”。《“十四五”节水型社会建设规划》提出“健全节水标准体系，制修订重要节水标准，及时更新水效标准、用水定额，做好标准宣贯和实施工作。积极参与和引领节水国际标准制修订，加强节水标准国际合作交流”。目前，我国在节水标准体系建设方面已取得了显著的发展[2-4]。本文系统分析了我国节水标准发展历程和现状情况，总结存在的主要问题，并提出节水标准体系优化建议，为充分发挥标准对水资源集约节约利用的导向性、引领性、推动性和基础性作用提供有力支撑。

1　节水标准发展历程

节水标准主要包括节约用水方面的基础、管理、方法，以及以节水为目的的技术和产品等。我国节水标准发展可以划分为 3 个阶段：

（1）探索发展阶段（20 世纪 80 年代初至 90 年代末）。在 20 世纪 80 年代初，我国水资源问题开始显现，尤其是北方地区水资源严重短缺。我国开始探索制定节水标准，重点关注农业灌溉领域。这一阶段的标准处于起步阶段，主要是为了解决基础的节水需求。

（2）快速发展阶段（21 世纪初至 2010 年）。2000 年，在国民经济和社会发展第十个五年计划建议中，首次提出“建设节水型社会”。为全面推进节水型社会建设，工业、农业、生活等领域的各类节水标准逐步出台[5-8]。比如《节水型产品技术条件与管理通则》（GB/T 18870—2002）等。

（3）全面发展阶段（2010 年至今）。前两个阶段节水标准化更多地体现在标准数量快速增长，现阶段节水标准化的发展更多地体现了两个并重，即“数量与质量并重”“编制与实施并重”。2019 年国家节水行动实施以来，水利部牵头编制节水标准定额体系，包括取用水定额 105 项和节水技术规

基金项目：国家重点研发计划项目（2022YFC3204601）；国家自然科学基金项目（42075191，52009080）。
作者简介：李岱远（1994—），男，高级工程师，主要从事节约用水管理研究工作。
通信作者：王高旭（1979—），男，正高级工程师，主要从事大数据与智慧水利研究工作。

范、节水载体评价、产品水效等 42 项，推动制定不同区域不同行业地方节水标准与定额，对支撑取水许可、计划用水管理、水效标识制度、水效领跑者行动等节水工作发挥了巨大作用[9]。

2 节水标准体系现状与存在问题

2.1 现状分析

目前，我国节水标准体系涵盖工业、农业、城镇生活、非常规水利用等多领域节水管理，重点包括基础共性标准、取（用）水定额标准、产品水效标准、节水设计与运行标准、节水评价标准、非常规水利用标准、计量与检测标准等方面。基于全国标准信息公共服务平台对国家节水标准进行统计调查后发现，坐便器、水嘴、淋浴器、净水机和洗碗机等用水产品水效强制性标准 10 项；电力、钢铁、有色、石油、化工、煤炭、纺织、食品等重点工业取用水定额标准 64 项，服务业用水定额 1 项，均为推荐性标准；海水、矿井水、雨水、再生水等非常规水源利用标准 49 项，节水型工业园区、企业、社区等载体评价标准 25 项，节水灌溉技术、装备和材料标准 20 余项，用水术语、水平衡测算、用水计量统计、水足迹等用水节水基础管理标准 30 多项。

2.2 存在问题

2.2.1 标准体系覆盖面有待扩大

尽管中国在节水标准体系建设上取得了较大进展，但部分领域仍存在标准缺失或不完善的问题。例如，一些新兴行业（如高科技制造业）的节水标准覆盖率不高。同时，现有标准在水资源禀赋和经济社会发展条件等特征不同的地区适用性差别较大，未能充分考虑地区特征带来的用水水平差异。

2.2.2 节水设计类标准亟须加强

目前，我国节水相关标准主要集中在取用水定额标准和节水型城市、企业、学校等载体评价标准，如何开展电厂、石化等高耗水行业以及宾馆、医院等高耗水公共机构的节水设计还未有相关标准依据，水行政主管部门在取水许可审查时也无法准确判断建设项目是否达到该行业的节水要求，对节水设施“三同时”等建设项目节水前置管理支撑较弱。落实“节水优先”必须抓好节水设计，构建分行业分用水类型的节水设计标准体系，全面贯彻新建、扩建、改建建设项目节水设施“三同时”，强化节水管理前置审批的门槛作用。

2.2.3 节水标准的刚性约束力标准执行力度有待加强

目前，取用水定额均为推荐性标准，国家强制性节水标准占比不足 10%，相较于节能减排方面已颁布的强制性标准占比超过 50%，显然节水标准对行业用水的刚性约束力不够。同时，节水标准的执行不够严格，部分企业和用水单位对节水技改积极性不高，尤其体现在中小企业和经济发展水平较低的地区，往往由于缺乏监管和经济激励，节水措施未得到有效落实。

2.2.4 技术创新和标准更新的滞后

随着节水产业快速发展，节水技术不断更新迭代，部分节水标准已经滞后于实际应用需求。例如，智能化用水管理系统、物联网技术等在节水中的应用未能及时纳入现行标准。同时，部分标准更新频次较低，在现行节水技术标准中，标准标龄超过 5 年的仍较多，其中有些标准是 21 世纪初期发布的，标龄太长，与世界主要发达国家标准 3~5 年的平均标龄相比，形成巨大反差，导致一些先进技术难以快速推广应用。比如《雨水集蓄利用工程技术规范》（GB/T 50596—2010）、《灌溉用水定额编制导则》（GB/T 29404—2012）、《取水定额 第 15 部分：白酒制造》（GB/T 18916. 15—2014）等。

3 节水标准体系优化基本思路

3.1 科学性与合理性

标准体系的构建应基于科学的用水规律和合理的节水目标，确保标准能够反映出不同场景下的实际用水需求。节水标准的制定应考虑技术的可行性和成本效益，避免出现不切实际的过高标准或不足以推动节水效果的宽松标准。

3.2 适应性与灵活性

不同地区的水资源条件和经济发展水平存在差异，标准体系的构建需要具备适应性。节水标准应因地制宜，根据区域水资源状况、气候条件、用水结构等因素灵活调整。此外，随着节水技术的进步和用水需求的变化，标准体系也应具备动态调整的机制，以适应新技术和新形势。

3.3 先进性与推广性

节水技术标准体系应以技术先进性为基础，推动高效节水技术和设备的应用。然而，先进技术必须具备良好的推广性和可操作性，以保证其在实际应用中的可行性。因此，标准的制定应兼顾技术创新与市场接受度，使其在技术经济条件允许的范围内实现最大效益。

4 节水标准优化建议

4.1 推进节水设计标准体系

节水设计不仅是技术创新的问题，更是管理水资源、提升用水效率的关键手段。无论是在农业、工业还是城市基础设施中，通过合理的节水设计可以减少浪费，优化水资源配置。要以标准化为先导，推动标准化与节水科技创新、节水产业发展、节水型社会建设、节水监督管理的深度融合。围绕研发设计、产品生产、装备制造、工程建设、智慧节水等方面加快节水标准制修订，研究制定工业园区、公共机构、居民建筑等节水设计标准，扩大节水标准体系覆盖面，为“节水优先”提供有力技术支撑。

4.2 健全取用水定额体系

取用水定额是衡量节约用水的标尺，取用水定额体系可以为节水基础管理、区域与行业节水评价等工作提供重要依据。加强用水计量和统计监管，建立不同行业用水效率数据库，为定额编制提供坚实基础；严格编制全过程管理，科学规范编制取用水定额；扩大取用水定额的覆盖范围，依据《国民经济行业分类》（GB/T 4754—2017）和相关管理要求分类分级制定用水定额，覆盖主要农作物、工业产品和服务行业；建立用水定额动态更新机制，完善终端用水产品水效等级标准；鼓励地方、团体及企业编制取用水定额，弥补国家定额体系的空缺，同时制定更加严格的取用水定额标准。

4.3 完善节水认证标准体系

积极推动将节水认证纳入统一绿色产品认证标识体系，创新节水认证标准体系，推进节水认证规范化。需要从以下几个方面重点突破：①规范节水认证标志、术语和原则等内容；②规范节水认证、检测单位的资质能力和业务范围要求；③明确不同类型节水认证实施过程与技术要求；④明确节水产品技术和性能要求指标，持续扩大水效标识覆盖面和品牌力，深入实施水效领跑者引领行动。

4.4 建立节水标准评估机制

加强节水标准实施跟踪调研，及时获取用水户的反馈意见；充分利用水平衡测试、用水审计等工作，跟踪评估用水户实际水效；同时，结合节水技术发展趋势和水资源管理工作要求，定期组织开展节水标准评估工作，及时修订或废止不适用的节水标准。

4.5 推动节水标准国际化

加强与国际标准化组织（ISO）等机构协作，积极参与国际节水标准的制定；利用学术会议、国际论坛等国内外交流机会，分享我国先进的节水标准以及标准制定方法经验，通过技术转让、培训以及合作研究等形式，帮助有需求国家建立适应性的节水标准体系；支持企业参与国际节水项目，有效展示我国节水标准体系的优势与效益，为其他国家提供借鉴，推动中国节水标准“走出去”。

5 结语

围绕“节水优先、空间均衡、系统治理、两手发力”的治水思路，为全面贯彻落实水资源刚性约束制度，需要加强节水标准化谋划和顶层设计，从推进节水设计标准体系、健全取用水定额体系、完善节水认证标准体系、建立节水标准评估机制以及推动节水标准国际化等方面持续发力，构建适应新时代节水管理要求的标准体系，助力水利高质量发展。

参考文献

[1] 刘劲松，王高旭，夏超凡，等. 新时期节水产业高质量发展认识与思考［J］. 中国水利，2024（12）：69-72.
[2] 胡梦婷，白雪，蔡榕. 我国节水标准化现状、问题和建议［J］. 标准科学，2020（1）：6-9.
[3] 朱双四. 节水产品用水效率标准研究［J］. 世界标准化与质量管理，2007（8）：48-50.
[4] 罗丁，张雅君，杨海燕，等. 浅析我国城市综合节水技术标准体系［J］. 给水排水，2008，44（增刊1）：66-68.
[5] 杨丽君，伍珂，曹佳彦，等. 公共机构节水标准体系构建探析［J］. 广东水利水电，2021（9）：95-98.
[6] 张辰，章林伟，许嘉炯，等. 节水优先的城市居民生活用水量标准研究［J］. 给水排水，2023，59（11）：1-4，8.
[7] 李贵宝，罗林，杨延龙. 我国工业用水节水标准现状及对策建议［J］. 水资源开发与管理，2017（2）：51-56.
[8] 贺城，廖娜. 我国节水灌溉标准体系概述［J］. 农业工程，2014，4（3）：68-72.
[9] 张璐，陈秀峰，薛智静. 节水标准化体系中的节水技术研究［J］. 质量与市场，2024（2）：6-8.

水利科研和设计单位 ISO 管理体系认证情况研究

宋小艳　刘姗姗　齐　莹　刘　彧

（中国水利水电科学研究院，北京　100038）

摘　要：目前，在水利招投标市场中，ISO 9001 质量管理体系、ISO 14001 环境管理体系、ISO 45001 职业健康安全管理体系、ISO 27001 信息安全管理体系和 ISO 20000-1 信息技术服务管理体系认证是最常见的加分项。本文对水利科研和设计单位的管理体系认证情况进行调研，查询了部分招投标平台对管理体系认证的要求，抽样调查了 30 家水利相关科研和设计单位的认证情况，针对水利认证出现的乱象提出 4 条建议。

关键词：水利科研和设计单位；管理体系；认证

1　引言

认证是保证产品、服务、管理体系符合技术法规和标准要求的合格评定活动，分为产品、服务和管理体系认证[1]。国家高度重视认证工作，2002 年 2 月，国务院办公厅发布《国务院办公厅关于加强认证认可工作的通知》（国办发〔2002〕11 号），鼓励并积极推进企事业单位开展自愿性认证；2003 年 9 月，国务院第 390 号令发布《中华人民共和国认证认可条例》，从法律法规层面对认证工作进行了界定和规范。水利部也高度重视水利认证工作。2003 年 7 月，水利部发布《关于加强水利认证认可工作的若干意见》（水国科〔2003〕282 号），强调管理体系认证是水利质量技术监督保障体系的重要组成部分。目前，在水利招标投标市场中，ISO 9001 质量管理体系、ISO 14001 环境管理体系、ISO 45001 职业健康安全管理体系、ISO 27001 信息安全管理体系和 ISO 20000-1 信息技术服务管理体系认证是最常见的加分项。

2　管理体系概述

ISO 9001 质量管理体系、ISO 14001 环境管理体系、ISO 45001 职业健康安全管理体系、ISO 27001 信息安全管理体系和 ISO 20000-1 信息技术服务管理体系分别关注产品和服务质量、环境保护、职工健康安全、信息资源保护和软件开发及运维等。采用 ISO 9001 质量管理体系标准有助于稳定产品和服务质量，减少客户投诉，提高信誉，利于拓展市场。采用 ISO 14001 环境管理体系标准，有助于打造节水节能绿色低碳企业，将环境理念根植于日常工作，落实国家碳达峰、碳中和目标；采用 ISO 45001 职业健康安全管理标准，有助于提升职工职业健康水平，系统化管理安全生产工作，为安全生产事故防范增加一道屏障；采用 ISO 27001 信息安全管理体系标准，确保信息的保密性、完整性和有用性，有助于保密工作和各项工作的顺利开展；采用 ISO 20000-1 信息技术服务管理体系标准，有助于大力推进数字孪生水利建设，支撑保障“四预”工作。相关管理体系标准的预期结果对比见表 1。

作者简介：宋小艳（1989—），女，副高级工程师，主要从事标准化、资质认定、质量管理工作。

表 1　相关管理体系标准的预期结果对比

认证标准	对单位的积极影响[2-6]
《质量管理体系 要求》（GB/T 19001—2016/ISO 9001：2015）	1. 稳定提供满足顾客要求以及适用的法律法规要求的产品和服务的能力； 2. 促成增强顾客满意的机会； 3. 应对与质量目标相关的风险和机遇； 4. 证实符合规定的质量管理体系要求的能力
《环境管理体系 要求及使用指南》（GB/T 24001—2016/ISO 14001：2015）	1. 改进环境行为，规避法律和环境风险； 2. 提供污染预防、持续发展的科学管理机制； 3. 促进节能降耗、降低成本； 4. 提高守法意识，促进环境法律法规执行； 5. 提高管理水平和全体员工的环境意识
《职业健康安全管理体系 要求及使用指南》（GB/T 45001—2020/ISO 45001：2018）	1. 推动职业健康安全法规和制度的贯彻执行； 2. 使职业健康安全管理转为主动自愿性行为； 3. 改善作业条件，提高劳动者身心健康和安全卫生技能，减少成本投入和提高工作效率； 4. 改进人力资源的质量； 5. 在社会树立良好的品质、信誉和形象
《信息技术 安全技术 信息安全管理体系 要求》（GB/T 22080—2016/ISO/IEC 27001：2013）	1. 证明内部控制具备独立保障，并满足信息管理和业务连续性要求； 2. 独立证明已遵守各项适用的法律法规； 3. 通过满足合同要求以提供竞争优势，并向客户展示其云计算信息安全已受到保护； 4. 在使信息安全流程、程序和文件材料正式化的同时，能够独立证明云服务相关信息安全风险已得到妥善识别、评估和管理； 5. 证明高级管理层对其信息安全的承诺； 6. 定期评估流程，有助于监控绩效并最终得到改善
《信息技术 服务管理 第 1 部分：规范》（GB/T 24405. 1—2009/ISO/IEC 20000-1：2005）	1. 达到相关利益方满意的信息技术服务管理目标； 2. 提高信息技术服务的可用性、可靠性和安全性，为业务用户提供高质量的服务； 3. 提高信息技术投资的报酬率，提升综合竞争力； 4. 建立信息技术部门持续改善和内控机制； 5. 明晰信息技术管理成本，完善信息技术服务结构和资源配置，使各项信息技术资源的运用符合实际

3　调研情况

3.1　招标平台情况

选取 11 家水利行业的大型招标平台进行认证要求的摸底，使调研更具有典型性。在招标平台，ISO 9001 质量管理体系、ISO 14001 环境管理体系和 ISO 45001 职业健康安全管理体系（简称“管理三体系”）一般赋予 3~5 分，ISO 27001 信息安全管理体系和 ISO 20000-1 信息技术服务管理体系（简称“信息双体系”）一般赋予 2~4 分。11 家招标平台均将“管理三体系”证书作为加分项（见表 2）。将“信息双体系”证书作为加分项的 9 家招标平台情况见表 3。

表 2 “管理三体系”作为加分项的招标平台情况

序号	招标平台名称	招标项目类型
1	中国采购与招标网	核电项目
2	国家电网公司电子商务平台	安全鉴定、软件开发、技术服务、系统集成、工程承包、技术服务、技术咨询、数据上传、水情测报
3	国网新源招标平台	有限元计算项目
4	中国南方电网电子商务平台	安全鉴定、水情测报
5	中国华电集团电子商务平台	安全鉴定、水情测报、软件开发、技术服务、系统集成、工程承包
6	中国华能集团公司电子商务平台	安全鉴定、水情测报、软件开发、技术服务、系统集成、工程承包
7	中国大唐集团电子商务平台	安全鉴定、软件开发、技术服务、系统集成、工程承包
8	中国三峡集团电子采购平台	软件开发、技术服务、系统集成、工程承包
9	中国葛洲坝集团采购平台	软件开发、技术服务、系统集成、工程承包
10	中国电力设备信息网	软件开发、技术服务、系统集成、工程承包
11	中国核工业集团有限公司电子采购平台	水情测报、核电项目

表 3 “信息双体系”作为加分项的招标平台情况

序号	招标平台名称	招标项目类型
1	中国南方电网电子商务平台	安全鉴定
2	中国华电集团电子商务平台	安全鉴定
3	中国三峡集团电子采购平台	软件开发、技术服务、系统集成、工程承包
4	中国电力设备信息网	软件开发、技术服务、系统集成、工程承包
5	国家电网公司电子商务平台	安全鉴定、软件开发、技术服务、系统集成、工程承包
6	中国华电集团公司电子商务平台	软件开发、技术服务、系统集成、工程承包
7	中国大唐集团电子商务平台	安全鉴定、软件开发、技术服务、系统集成、工程承包

续表 3

序号	招标平台名称	招标项目类型
8	中国华能集团公司电子商务平台	安全鉴定、软件开发、技术服务、系统集成、工程承包
9	中国葛洲坝集团采购平台	软件开发、技术服务、系统集成、工程承包

3.2 科研和设计单位认证情况

调研选择大型、知名且业务范围辐射多个省市和地区的水利及水利相关科研单位和设计单位。截至 2023 年 9 月，共调研科研单位和设计单位 30 家，其中水利行业 14 家单位（科研单位 4 家、设计单位 10 家），水电行业 8 家单位（科研单位 1 家、设计单位 7 家），其他与水利相关 8 家科研单位。水利行业 14 家单位中，南京水利科学研究院（简称南科院）、黄河水利科学研究院（简称黄科院）、珠江水利科学研究院（简称珠科院）、中水东北勘测设计研究有限责任公司（简称中水东北）、中水珠江规划勘测设计有限公司（简称中水珠江）、上海勘测设计研究院有限公司（简称上海市院）、长江设计集团有限公司（简称长江设计集团）、黄河勘测规划设计研究院有限公司（简称黄勘院）、中水北方勘测设计研究有限责任公司（简称中水北方）、江苏省工程勘测研究院有限责任公司（简称江苏省院）、河南省水利勘测有限公司（简称河南省院）、北京市水利规划设计研究院（简称北京市院）、南京市水利规划设计院股份有限公司（简称南京市院）等 13 家单位均通过“管理三体系”认证，长江科学院（简称长科院）通过质量管理体系认证。黄勘院、中水北方、北京市院、南京市院等 4 家单位通过“信息双体系”认证，珠科院、江苏省院、河南省院等 3 家单位通过“信息双体系”中的信息安全管理体系认证。水电行业 8 家单位中，中国电力科学研究院有限公司（简称中国电科院）、中国电建新能源集团有限公司（简称电建新能源）、中国电建集团北京勘测设计研究院有限公司（简称北京院）、中国电建集团华东勘测设计研究院有限公司（简称华东院）、中国电建集团西北勘测设计研究院有限公司（简称西北院）、中国电建集团成都勘测设计研究院有限公司（简称成都院）、中国电建集团昆明勘测设计研究院有限公司（简称昆明院）、中国电建集团中南勘测设计研究院有限公司（简称中南院）等均通过“管理三体系”认证。华东院、中南院、成都院等 3 家单位通过“信息双体系”认证，中国电科院通过“信息双体系”中的信息安全管理体系认证。相关 8 家科研院所中，中国信息通信研究院（简称中国信通院）、国家自然灾害防治研究院（简称国家灾研院）、中国环境科学研究院（简称中国环科院）、交通运输部天津水运工程科学研究院（简称天科院）、中国地震局地质研究所（简称中国地震局地质所）等 5 家单位通过“管理三体系”认证。中国地质科学院矿产资源研究所（简称中国地科院资源所）通过“管理三体系”中的职业健康安全管理体系。中国测绘科学研究院（简称中国测科院）、中国气象科学研究院（简称中国气科院）通过质量管理体系认证。这 8 家科研院所中，中国信通院通过“信息双体系”认证，其余 12 家单位未开展“信息双体系”认证。水利相关科研和设计单位管理体系认证情况见表 4。

表 4　水利相关科研和设计管理体系认证情况

认证情况	单位简称
“管理三体系”+“信息双体系”	黄勘院、中水北方、北京市院、南京市院、华东院、中南院、成都院、中国信通院
“管理三体系”+信息安全	珠科院、江苏省院、河南省院、中国电科院

续表 4

认证情况	单位简称
“管理三体系”	南科院、黄科院、中水东北、中水珠江、上海市院、长江设计集团、电建新能源、北京院、西北院、昆明院、国家灾研所、中国环科院、天科院、中国地震局地质所
质量+职业健康安全	中国地科院资源所
质量	中国测科院、中国气科院、长科院

4　建议

鉴于管理体系认证成为投标加分项已常态化，行业内已完成或正在进行管理体系认证的相关单位占比相对较大，招标平台对持有管理体系证书也有相应的要求，从长远发展看，开展管理认证工作是很有必要的。尤其是“管理三体系”认证已经普遍存在于各科研和设计单位。分析开展“信息双体系”认证较少的主要原因，一是“信息双体系”认证重要性还没有得到行业充分认识；二是行业特点决定每个科研和设计单位关注点不一样。随着水利数字孪生的开展，认证“信息双体系”的企业将越来越多。

ISO 管理体系作为国际通行的管理方式，具有系统性和全局性的特点，普适各种类型的组织，对赋能提升组织的管理水平具有重要意义。目前行业开展管理体系认证中确实存在“为了投标而认证”和“花钱买证”的乱象，这些行为不仅损害了认证的公正性和权威性，也扰乱了市场秩序，同时也未发挥管理体系标准的积极作用。为此，提出建议如下：

一是加强法律法规建设和监管力度。参照《认证证书和认证标志管理办法》等现有规定，进一步细化水利行业认证机构、咨询机构等企业认证违规行为的界定和处罚标准；加强对认证机构和咨询机构的日常监管，定期开展专项检查，严厉打击虚假认证、非法认证等行为。

二是提高认证机构和咨询机构的自律性。规范认证流程，认证机构应严格按照国际标准和相关法律法规要求，开展认证审核工作，确保认证过程的公正性、客观性和准确性。

三是提升企业认证意识和管理水平。企业应树立正确的认证观念，将认证视为提升自身管理水平、提高产品和服务质量的重要手段，而非单纯为了投标而获取资质；加强内部管理，建立健全内部管理制度，明确各部门和岗位的职责权限，确保管理体系的有效实施。

四是加强社会监督和舆论引导。提高公众认知，通过媒体宣传、教育培训等方式，提高公众对认证工作的认识和了解，增强社会监督意识；曝光典型案例，对于查处的虚假认证、非法认证等典型案例，及时向社会公布，形成警示效应，震慑潜在违法者。

参考文献

[1] 吴晶，陈云华．产品认证中的几个问题［J］．信息技术与标准化，2004（11）：14.

[2] 中华人民共和国国家质量监督检验检疫总局，中国国家标准化管理委员会．质量管理体系 要求：GB/T 19001—2016/ISO 9001：2015［S］．北京：中国标准出版社，2016.

[3] 中华人民共和国国家质量监督检验检疫总局，中国国家标准化管理委员会．环境管理体系 要求及使用指南：GB/T 24001—2016/ISO 14001：2015［S］．北京：中国标准出版社，2016.

[4] 国家市场监督管理总局，国家标准化管理委员会．职业健康安全管理体系 要求及使用指南：GB/T 45001—2020/ISO 45001：2018［S］．北京：中国标准出版社，2020.

[5] 中华人民共和国国家质量监督检验检疫总局，中国国家标准化管理委员会．信息技术 安全技术 信息安全管理体系 要求：GB/T 22080—2016/ISO/IEC 27001：2013［S］．北京：中国标准出版社，2016.

[6] Information technology—Service management—Part 1：Service management system requirements：ISO/IEC 20000-1：2018［S］．2018.

《水利水电工程工地试验室建设管理指南》解读

何松锋[1,2]　李海峰[1,2]　王　勇[1,2]　刘　利[1,2]

（1. 珠江水利委员会珠江水利科学研究院，广东广州　510610；
2. 水利部粤港澳大湾区水安全保障重点实验室，广东广州　510610）

摘　要：广东省水利水电行业协会团体标准《水利水电工程工地试验室建设管理指南》已编制发布，本文介绍了该标准的编制背景和主要技术框架及内容。标准给出了工地试验室的定义，首次提出了工地试验室的设置条件，对工地试验室的硬件建设规划、体系建设规划、试验室的硬件建设、试验室的体系建设、试验室的硬件管理、试验室的体系管理、试验室的运行管理等方面进行了细致的要求和规定，使得工地试验室的授“权责”—行“权责”—撤“权责”形成完备的管理闭环，对于工地试验室的管理和工程质量检测的标准化有积极的意义和示范指导作用。

关键词：水利工程；水电工程；工地试验室；授权管理；信息化

1　概况背景

试验检测作为控制工程质量的重要技术保证和检验工程质量的必要手段，在控制和提高工程质量方面发挥着非常积极且重要的作用[1-4]。水利工程工地试验室是工程质量数据来源的载体，是提供工程建设质量基础资料的重要场所，参建单位应在工程现场设立工地试验室，承担工程施工过程中的施工质量控制、施工自检、监理平行检测、项目法人检测等常规试验检测任务[4-7]。

水利行业在工地试验室建设管理方面的标准化建设发展较为曲折，目前水利行业尚无全国统一的工地试验室建设行业标准、指南和办法可供参考，各地区的工地试验室建设管理指标要求不统一、系统架构零散，地方特色重[8-10]，无法对全国水利工程工地试验室建设进行指导，部分省份或部分工程做了有益的探索[11-12]。云南省于 2018 年 5 月出台了《云南省水利水电工程工地试验室标准化管理标准》（DBJ53/T-91-2018），对母体试验室管理、建设单位试验管理、监理单位试验管理、施工单位试验管理、试验检测程序管理、试验检测记录及报告标准化等方面进行了规定[13]。福建省于 2022 年 12 月发布了《水利工程质量检测工地试验室设置导则》（DB35/T 2097—2022），规定了大中型水利工程建设工地试验室的基本要求、建设条件、质量保证体系、启用程序及验收考核要求等[14]。工地试验室随工程建设而生、伴工程完工而撤，具有服务唯一性、临时性等特色，其设置条件、建设模式等均因工程特点而异，对检测机构质量管理标准化的方式不可直接套用于工地试验室，也因此造成水利水电工程工地试验室的标准化迟迟未能推进，使得水利水电工程工地试验室的标准化成为水利质量检测标准化的薄弱环节。

2021 年广东省人民政府发布《中共广东省委 广东省人民政府关于推进水利高质量发展的意见》，谋划了总投资超过 8 000 亿元的重大水利项目，尤其谋划了珠江三角洲水资源配置工程、环北部湾广东水资源配置工程、韩江榕江练江水系连通后续优化工程、珠中江供水一体化工程等水资源配置骨干工程。根据水利行业及广东省水利工程质量检测相关要求，大体量的工程建设尤其引调水工程的建设涉及较大数量的工地试验室建设及运维，如珠三角水资源配置工程涉及 11 个施工自检试验室，2 个平行检测试验室，1 个对比检测试验室；环北部湾广东水资源配置工程涉及 18 个施工自检试验室，4

作者简介：何松锋（1983—），男，工程师，主要从事工程质量检测管理工作。

个平行检测试验室，4 个对比检测试验室，3 个 PCCP 管试验室。针对广东省现行的水利工程建设管理现状，出台适用于广东省水利工程建设特色的工地试验室建设及管理指引十分有必要。

广东省水利水电行业协会团体标准《水利水电工程工地试验室建设管理指南》（T/GDWHA 0018—2024）（简称《指南》），现已发布实施，其主要内容介绍如下。

2 《指南》的主要技术内容

《指南》共分 7 章和 7 个附录，主要技术内容包含范围、规范性引用文件、术语和定义、基本规定、建设规划、工地试验室建设、工地试验室管理等。

2.1 工地试验室定义

对工地试验室给出了明确定义，表述为“为满足水利水电工程项目建设过程质量控制要求，由施工单位、监理单位或项目法人等单位委托具有相应资质要求的检验检测机构在工程现场设立的临时性检测工地试验室”。定义体现了工地试验室的作用，明确了工地试验室和检验检测机构之间的关系，表述了对检验检测机构的资质要求，凸显了工地试验室的临时性、服务唯一性等特点。

2.2 工地试验室设置条件

针对工地试验室，水利行业目前尚无全行业统一的规范性文件，但多个省级行业主管部门针对水利行业工地试验室的管理，组织编制了省级的规范性文件。如福建、云南、京津冀地区、内蒙古等均出台了工地试验室标准化建设地方标准或地方性水利工程质量检测规范，从工地试验室的定义、管理责任、业务范围、授权管理、人机料法环测管理等方面，对工地试验室的标准化建设和管理提出了适用于地方的要求，但是对于何种工程需要建设工地试验室，或工地试验室的设置并没有明确界定。《指南》提出通过对“工程类型（等别）、工地试验室年均检测合同额、母体试验室与工程项目距离”等指标的赋分加权，来计算工程设置条件分值，从而确定工程是否需要设置工地试验室。相关的指标构成、权重分配，以及分值确定，都是经过编制组反复核算并通过对广东省内在建或已完工水利工程质量检测开展情况验证。本方法在同类技术规范中为首次提出。

2.3 资质要求及服务限制

对于母体检测机构的资质要求，针对水利行业，《指南》的要求延续了“中华人民共和国水利部令第 36 号”的规定，按甲级、乙级要求进行管理。对于服务限制分为三个方面：一是要保证检验检测的公正独立性，要求“同一标段的施工单位不宜与监理单位和项目法人共用同一工地试验室，也不宜委托同一家质量检测单位”；二是要求体现工地试验室的临时性、服务唯一性，要求“工地试验室仅承担本工程的检测业务，不应对外承揽业务”；三是要求保证检验检测“法无授权不可为”，要求检验检测机构根据其资质认定证书范围进行检测能力授权，工地试验室在授权范围内开展质量检测工作。

2.4 授权管理

工地试验室的授权管理是《指南》的重要编制内容，授权是工地试验室能在工程现场开展检测工作的基础规则。同时需要注意的是，授权不仅仅是授“权”，同时还是授“责”。工地试验室既是检验检测机构检测能力的延伸，同时也是检验检测机构检测管理责任的延伸。以往部分单位或地方实施工地试验室授权时，往往理解偏差，只授“权”，不授“责”，造成了工地试验室的管理失控。

关于授“权”，《指南》中明确要求母体机构应在其资质认定证书范围内对工地试验室进行授权，并出具加盖行政专用章的授权书，此处是权责统一的责任要求。对授权内容也进行了规定，要求授权包括工地试验室检测项目及参数、工地试验室负责人、授权期限等。

关于授“责”，《指南》对于授权管理程序也进行了详细的要求，从能力授权的支撑层面，要求参照检验检测机构资质认定审核要求，进行工地试验室检测参数及标准规范配置（包含检测参数配置、标准规范配置），要求进行管理体系文件配置（包含质量手册、程序文件、作业指导书、质量和技术记录表格、授权书、人员一览表、授权签字人汇总表、设备信息表、设备配置表、方法一览表等），提供了工地试验室常用管理制度清单，规范了工地试验室自评估—授权—验收等程序。

2.5 建设规划

2.5.1 机构及功能室设置

《指南》中明确要求了工地试验室的设立程序，要求由母体机构发文设立，并明确工地试验室组织机构和关键岗位人员，从组织和人员方面进行了规范性指导。

针对功能室的设置，《指南》按枢纽工程、堤防工程、引调水工程分类进行了功能室的推荐设置，对于枢纽工程细分了黏土心墙土石坝、沥青心墙土石坝、面板堆石坝、混凝土心墙坝、碾压混凝土坝、常态混凝土坝进行功能室的分类设置推荐。

对于功能室的面积和环境要求，按办公室、档案室、样品室等进行了分类表述，从满足功能要求的最低角度出发，给出了功能室最小推荐面积，并对功能室的温湿度控制、影响隔离、给排水等作出了分类说明。

2.5.2 检测参数

《指南》强调母体机构应综合考虑检测项目和参数的检测工程量、检测难易程度，以及安全环保等因素，对工地试验室进行检测项目和参数授权。《指南》附录中对检测参数和检测规范的配置提出了具体要求。基本要求本着权责统一的原则，从工作实际出发，有序有规则地开展检测参数的授权规划。

2.5.3 仪器设备

《指南》从仪器配置的基本要求、仪器设备在试验间的布局等方面进行了较为详细的说明。要求所配置仪器设备的型号、数量、功能、准确度和技术指标等需满足检测参数、工作强度要求。要求仪器设备摆放应遵循布局合理、操作方便、易于维修保养的原则；仪器设备应保证一定的操作空间和距离，同步作业不形成互相干扰；按照试验检测工作流程，同一检测项目或参数所使用的仪器设备应就近摆放在同一或相邻功能室，方便操作和管理；同时对重型、易产生振动、有散热要求的仪器设备进行了规范性摆放要求，对于容易受环境影响或者干扰的设备也提出了针对性要求。

2.5.4 人员配备

《指南》对于工地试验室的人员组成做了分析，主要包含项目负责人、技术负责人、质量负责人、授权签字人、检测人员、设备管理员、样品管理员、档案管理员、安全员等。工地试验室关键岗位人员应具有水利水电工程相关专业中级及以上专业技术职称或同等能力，检测人员应具有水利工程质量检测员职业资格证书或者具备水利水电工程相关专业中级及以上专业技术职称，并明确了工地试验室人员应与母体机构建立劳动或劳务关系，杜绝试验室挂靠行为。

2.5.5 文件配置

《指南》对于工地试验室的文件配置做出了详细说明，要求工地试验室应配备母体机构现行有效的营业执照或事业单位法人证书、检测单位资质等级证书、资质认定证书及附表复印件，并要求加盖母体机构公章；要求配备授权书、质量手册、程序文件、作业指导书、质量和技术记录表格等管理体系文件；要求配备齐全的试验室管理制度；要求配备检测合同、设计文件、标准规范等技术文件；要求配备检测方案、检测计划、安全生产文件、应急预案等生产性技术文件，并要求所有的文件均建立受控文件清单。

2.6 工地试验室建设

2.6.1 选址

《指南》要求工地试验室选址应考虑工程规模、现场条件、检测项目、设备设施和人员配置等因素，选择交通便利、地质稳定、环境适宜，且具有通水、通电及通信条件的场地，要与高压线路、通信线路、地下管线、易燃易爆品生产及储存区域保持一定的安全距离，并满足防洪、排涝、防雷等要求，宜避开噪声、振动、电磁干扰、尘烟、粉尘、废物污染等不利环境位置。

2.6.2 房屋建设

《指南》要求工地试验室房屋应坚固、安全、适用、美观，其面积、层高、采光、通风及保温等应满足检测工作、办公要求。工地试验室用房应考虑台风、暴风雨等极端气候影响，保证其使用周期内安全可靠。还对房屋主体结构、地基及场地建设、工作区及功能室布局、功能室层高及给排水等方面进行了规定。另外，还对需预设混凝土基座的仪器设备如水泥胶砂流动度测定仪、水泥胶砂振实台、震击式标准振筛机、电动相对密度仪、电动重型击实仪、万能压力试验机等的基座要求进行了梳理。

2.6.3 功能室环境

《指南》提出了办公室、档案室、样品室、砂石骨料室、胶凝材料室、混凝土拌和室、混凝土标准养护室、力学室、土工室、土工合成材料室、天平室、化学分析室等功能室的温湿度控制要求。

《指南》还要求工地试验室应保证通风、采光，对试验过程中使用或产生有毒有害物质的功能室配置合理有效的通风设施；对布置精密电子天平的功能室应采取有效隔离、防潮措施，避免噪声、振动、粉尘等不利环境对测试结果造成影响；当仪器设备安装对基础有隔振要求时，应设独立混凝土基座，仪器设备应与基座采用螺栓固定，并在地面与基座间铺设厚度不小于 5 mm 的橡胶垫。

2.6.4 安全环保

《指南》对工地试验室的供配电设计、电气设备和临时用电设施的安装提出要符合相关规范的要求，要求工地试验室主要仪器设备应按照“一机一闸一漏一开关”建设。还对化学样品的管理、有害废液及废固物收集处理、放射性设备的管理、试验室消防安全及功能室灭火器的配置等提出具体的配置指引。

2.6.5 标识标牌

工地试验室应悬挂标识标牌，主要包括工地试验室名称牌匾、功能室门牌，母体机构质量方针和工地试验室组织机构图、岗位职责、管理制度及主要仪器设备操作规程等图框。《指南》提供了相关制作尺寸、内容、文字颜色及悬挂摆放位置参考。

工地试验室应制作专用牌匾并悬挂于醒目位置，牌匾内容与工地试验室印章内容一致。工地试验室牌匾名称根据不同的委托单位和检测类型可设置为：“母体机构名称+建设项目合同名称+工地试验室”。工地试验室名称牌匾平面尺寸建议为：宽×高＝80 cm×60 cm 或宽×高＝30 cm×180 cm。悬挂时，横牌匾底边距离地面建议高度 160 cm，竖牌匾底边距离地面建议高度 30 cm。对存在安全风险和环境保护管理要求的对象，宜设置醒目的安全、环保警示标识，如防止物体伤害、小心烫伤、小心漏电、有毒危险、小心电离辐射等。对限制人员进入的工作区域应在其明显位置设置限入提醒标识，如混凝土标准养护室、化学分析室、涂料室等。

2.7 工地试验室管理

2.7.1 体系管理

工地试验室应按照现行检验检测机构资质认定评审要求和母体机构管理体系要求，对人员、场所环境、设备设施等进行规范管理。工地试验室应依据母体机构的管理体系文件，结合工程实际，编制简洁、适用、操作性强的工地试验室管理体系文件和管理制度。

2.7.2 人员管理

《指南》要求施行档案管理并挂牌上岗，完善考勤、请假、销假制度。工地试验室应保持人员稳定，关键岗位人员变更时，立以书面形式报相关管理单位审查同意后进行更换。

2.7.3 仪器设备、标准物质管理

工地试验室应建立仪器设备管理制度，安排专人负责管理，并建立仪器设备台账和仪器设备档案，对大型、精密、复杂、昂贵的仪器设备，应进行授权管理。工地试验室应编制仪器设备检定/校准计划，对试验检测结果、抽样结果的准确性或有效性有影响或计量溯源性有要求的设备，定期进行检定/校准和期间核查，并根据检测方法的要求进行符合性确认。

《指南》同时对租赁设备进行了要求，工地试验室通过母体机构租用仪器设备开展检测工作的，应满足下列要求：租赁合同中应明确租用设备的独立支配使用权，租用期限不少于1年；租用仪器设备的管理应纳入母体机构及工地试验室的管理体系，租用的仪器设备由工地试验室的人员操作、维护、检定或校准，并对使用环境和储存条件进行控制；同一设备不允许在同一时期被不同母体机构共同租赁和检定校准。

工地试验室应采用三色标签对仪器设备进行状态标识管理，应建立仪器设备运行使用登记管理制度。同时应建立仪器设备和设施的维护保养制度，从设备运输、存储、使用和维护等方面进行管理，应对人员进行资格确认和能力考核后授权操作设备，检测人员应了解设备操作原理，严格按照操作规程规范操作。仪器设备在使用过程中，检测人员应注意人身和设备安全，使用完毕后应切断电源、清扫现场，保持仪器设备的清洁；设备管理员应按照仪器设备和设施维护保养计划定期对仪器设备进行维护保养，并对维护和保养进行记录，确保仪器设备使用和维护满足试验检测工作要求。

工地试验室应开展设备期间核查和标准物质管理。工地试验室使用频率高的设备，如水泥砂浆搅拌机、水泥净浆搅拌机、回弹仪等；使用过程中容易受损的设备，如雷氏夹、压实度试验用天平、环刀、千斤顶等需定期开展期间核查。

2.7.4 样品管理

工地试验室应建立样品管理制度，对样品的取样、运输、标识、流转、制样、留样与销样处理等进行控制和管理，应管理样品的取样单、技术资料、样品信息、唯一性标识、状态标识、存放等事项，并对工地试验室样品留样期限提出要求：如委托单位有明确留样期限，执行委托单位的要求；水泥、粉煤灰、粒化高炉矿渣粉和沥青等原材料的留样期限不少于90 d，外加剂留样不少于6个月；有争议样品的留样期限不短于工地试验室检测报告中的报告申诉期；检测不合格的样品，包含可用于复检的已检毕剩余样品（与原样品状态及性质一致，如水泥、粉煤灰、骨料、外加剂、沥青等）、已检毕的样品残样（样品状态及性质已发生变化，如钢材拉伸、弯曲试样、钢筋焊接接头、钢筋套筒连接件等）应长期保留，直到不合格的处理意见闭合。

2.7.5 标准、规范管理

工地试验室应建立标准、规范管理制度，工地试验室应根据母体机构授权的项目和参数配备标准和规范，并对标准、规范文件进行受控动态管理，建立标准、规范一览表。工地试验室应按照相关标准、规范要求，在工地试验室授权范围内选择合适的方法开展检测工作，如无明确规定，宜按水利行业标准、国家标准、其他行业标准的优先顺序选用技术标准。工地试验室同时提出了作业指导书管理。

2.7.6 检测管理

工地试验室应建立检测工作流程和质量管理制度，编制检测方案，进行安全交底，检测人员依据标准规范、检测方案、作业指导书实施检测，同步做好原始记录，应对室内检测环境条件、仪器设备状态等进行核查，并按要求填写环境记录和仪器设备使用记录，应确保报告编写规范。工地试验室应建立试验检测报告台账，应对报告修改进行管理，需对不合格检测进行管理。

2.7.7 检测信息化

《指南》结合珠江三角洲水资源配置工程、环北部湾广东水资源配置工程、韩江榕江练江水系连通后续优化工程检测信息化的管理要求，提出工地试验室应根据工程管理需要、母体机构管理要求建设工地试验室检测信息化管理平台，平台应具备可扩展性、可兼容性，确保数据存储与传输安全、可靠，防止篡改或丢失；宜应用互联网、移动互联网、智能物联网、智能图像识别技术，建设覆盖人、机、料、法、环、测等方面的标准化智慧工地试验室；工地试验室检测信息化管理平台宜包含授权项目参数管理、人员管理、设备管理、标准方法管理、样品管理、原始记录、重点试验数据采集、报告、检测数据库及远程视频监控等；记录、报告信息化管理宜提供统一规范的记录、报告文件标准格式，能自动按照现行标准、规程对原始数据进行计算、绘图、数字修约，提示平行超差，给出正确的试验检测结果判定和规范的检测结论；重点试验数据采集宜对万能材料试验机、恒应力压力机、标养室等设备安装数据自动采集系统，实现对混凝土（抗压强度、抗折强度）、砂浆（抗压强度）、钢筋及连接件（屈服强度、抗拉强度）、水泥（抗压强度、抗折强度）、标养室温湿度等数据的自动采集及上传，确保数据的原始性和真实可靠性，不满足要求时应及时报警；工地试验室如使用电子签名，应建立电子签名管理制度。

2.7.8 安全管理

《指南》要求工地试验室应编制安全预防措施或应急预案，建立安全生产风险辨识、研判、预警、防范、处置责任机制，定期进行应急演练；工地试验室应建立安全生产与环保管理制度，对废水、废气、废渣及固体废弃物进行有效管理；在使用危险化学品及电热鼓风干燥箱、沸煮箱、高温炉、沥青混合料拌和机等高温设备时，应做好个人防护；开展现场检测时，应对高边坡、临高、临水、有限空间检测、桩基、地基静载试验等检测工作开展专项安全管理。

2.7.9 外委管理

《指南》要求工地试验室应建立外委检测管理制度；应书面报委托单位审批同意后方可进行外委；工地试验室外委检测时，应优先选择与工程等别相应资质的水利工程质量检测机构，且宜遵循水利行业优先、距离就近原则；工地试验室应建立外委检测台账，对外委检测报告进行管理；如工地试验室出具的检测报告中引用外委检测结果，工地试验室应在检测报告中注明外委报告的报告编号、检测项目、批准日期以及承担外委项目检测机构的相关信息；同一工程的同一批样品，施工自检、监理平行检测和项目法人委托的检测不宜外委同一家检测机构。

2.7.10 档案管理

《指南》要求工地试验室建立试验检测档案资料管理制度，并符合《建设项目档案管理规范》（DA/T 28—2018）的相关要求；应对仪器设备、检测记录、检测报告、技术成果报告、学习培训等建立技术档案；档案室要做好清洁、防潮、防火、防盗等相关安全工作。

2.7.11 评审验收及撤销

《指南》对工地试验室的评审验收提出细致的工作程序。工地试验室具备运行条件后应开展试运行，内容覆盖主要检测项目/参数、主要设备、人员和环境控制等，必要时，出具模拟报告。根据试运行情况，对工地试验室进行验收前自评估，自评估符合要求后，向母体机构提出授权申请。母体机构应根据工地试验室自评估表，组织母体机构技术负责人、质量负责人等管理人员对工地试验室进行自评估复审和现场能力确认，复审确认合格后，下发工地试验室授权书。工地试验室取得授权书后，向委托单位提出书面验收申请。工地试验室验收通过后方可启用。《指南》给出了自评估、授权书、验收申请的内容及格式标准版。

《指南》对工地试验室撤销也做出了规定，从授“权则”到撤“权则”，从申请“验收启用”到申请“撤销”，形成完善的管理闭环。《指南》明确，合同工程完工后，工地试验室可向委托单位提出工地试验室撤销申请，获得批准后方可撤销。工地试验室撤销时，将工地试验室印章移交母体机构。母体机构发布工地试验室授权书、相关印章等作废文件；工地试验室撤销时，应将仪器设备及其档案、质量记录、技术记录、技术标准规范和其他受控文件按母体机构要求进行移交。

3 结论

（1）《指南》给出了工地试验室定义，体现了工地试验室的作用，明确了工地试验室和检验检测机构之间的关系，表述了对检验检测机构的资质要求，凸显了工地试验室的临时性、服务唯一性等特点。

（2）《指南》提出通过对“工程类型（等别）、工地试验室年均检测合同额、母体试验室与工程项目距离”等指标的赋分加权，来计算工程设置条件分值，从而确定工程是否需要设置工地试验室，更具科学性。

（3）《指南》针对水利工程，资质要求延续“中华人民共和国水利部令第 36 号”的规定，还从检测工作独立性、工地试验室的临时性和服务唯一性、检验检测工作的授权特点对工地试验室的服务限制提出了 3 条要求。

（4）《指南》明确工地试验室的授权管理是重要编制内容，授权是工地试验室能在工程现场开展检测工作的基础规则。同时需要注意的是，授权不仅仅是授“权”，同时还是授“责”。工地试验室既是检验检测机构检测能力的延伸，同时也是检验检测机构检测管理责任的延伸。

（5）《指南》对工地试验室的硬件建设规划、体系建设规划、试验室的硬件建设、试验室的体系建设、试验室的硬件管理、试验室的体系管理、试验室的运行管理等方面进行了细致的要求和规定，对工地试验室的授“权责”—行“权责”—撤“权责”形成完备的管理闭环，可以有效地防止管理失控，保证质量检测工作质量。

（6）《指南》从广东省水利水电工程的高质量建设要求出发，结合珠江三角洲水资源配置工程、环北部湾广东水资源配置工程、韩江榕江练江水系连通后续优化工程等工程工地试验室管理的经验，重点从工地试验室的定义、工地试验室的设置条件、资质要求及服务限制、授权管理、建设规划、工地试验室建设、工地试验室管理等方面进行详细规定，符合工程建设标准体系改革理念，从框架体系和内容体现了多年广东省在水利水电工地试验室管理上的相关研究成果的积累，为促进工程质量检测工作的标准化和可持续高质量发展提供了有力支撑。

参考文献

[1] 张志沛，刘旭，徐汉民，等．煤矿采空区注浆工程质量检测的试验研究［J］．岩土工程学报，2005（5）：604-606.
[2] 李晋平，邵丕彦，谷牧．地质雷达在铁路隧道工程质量检测中的应用［J］．中国铁道科学，2006（2）：56-59.
[3] 郑世强．浅议公路工程试验检测工作对工程质量的影响［J］．黑龙江交通科技，2011，34（10）：370.
[4] 饶关洪，刘昌明．加强工程试验检测在公路工程质量管理中的作用［J］．建筑技术，2010，41（10）：949-950.
[5] 蔡奇，张振洲，潘义为．水利工程质量检测制度研究［J］．水利技术监督，2020（6）：7-10.
[6] 边红娟，李海峰，王勇，等．独立第三方质量检测在广东省中小河流治理工程中的探讨［J］．水利技术监督，2018（3）：3-5，43.
[7] 李海峰，王勇，边红娟，等．第三方检测在水利工程中的应用及思考［J］．四川水泥，2017（12）：274.
[8] 朱波，杨晓红，鄢凯军．水利工程质量第三方检测探讨［J］．中国水能及电气化，2017（11）：55-58.
[9] 阮建清，李成金．云南省水利工程质量检测工作探讨［J］．东北水利水电，2014，32（6）：64-68.
[10] 吴亚斌．天津市水利工程质量检测管理现状分析及对策研究［J］．海河水利，2021（3）：65-67，97.
[11] 张小川，杨友伟，邹静．加强水利工程质量检测工作的实践与建议：以涪陵区为例［J］．水利技术监督，2021（2）：5-7.
[12] 张文清．安徽省水利工程质量检测工作存在问题及对策［J］．中国水利，2016（12）：33-34.
[13] 赵礼，张晔，谢慧，等．水利工程质量检测信息化平台实践：以浙江省为例［J］．中国水利，2020（8）：53-55.
[14] 云南省住房和城乡建设厅．云南省水利水电工程工地试验室标准化管理标准：DBJ53/T-91-2018［S］.
[15] 福建省市场监督管理局．水利工程质量检测工地试验室设置导则：DB35/T 2097—2022［S］.

我国地下水领域技术标准梳理与思考

戴云峰[1,2]　张　路[1,2]　林　锦[1,3]　韩江波[1,2]　柳　鹏[1,3]　李　雪[1,2]

（1. 南京水利科学研究院水灾害防御全国重点实验室，江苏南京　210029；
2. 南京水利科学研究院水文水资源研究所，江苏南京　210029；
3. 南京水利科学研究院计量与标准中心，江苏南京　210029）

摘　要：地下水在支撑经济社会快速发展的同时，面临局部超采和污染两大问题，党中央、国务院高度重视地下水管理和保护。为进一步完善地下水保护、利用、治理标准体系，本文收集了水利、自然资源、生态环境、能源电力、采矿、冶金、农业、住建行业制定的93项地下水领域国家和行业标准、38项省级行政区地方标准以及61项团体标准，分析梳理了现行标准在地下水调查、监测、规划、监管、保护、污染防治等方面的规范目标，提出了地下水领域技术标准制定的建议。

关键词：地下水；水文地质；标准；监督管理；污染防治

1　引言

地下水约占地球上液态淡水总量的99%[1]，不仅是保障供水安全、支撑社会经济发展的重要资源，也是维持生态环境安全的基本要素。地下水在保障我国城乡居民生活和生产供水、农业灌溉等方面，尤其在北方地区以及其他干旱半干旱地区，发挥了重要作用。地下水在支撑经济社会快速发展的同时，面临局部超采和污染两大问题，且地下水超采引发了地面沉降、地裂缝、河湖萎缩、植被退化和海（咸）水入侵等一系列次生灾害。根据第2次全国地下水超采评价成果，全国有21个省（区、市）存在地下水超采问题，超采总面积约28.7万km^2，年均超采量近158亿m^3，主要集中在北方地区。党中央、国务院高度重视地下水管理和保护，习近平总书记多次作出重要指示，要求开展地下水超采漏斗区综合治理，遏制全国地下水污染加剧状况。近年来，全国地下水开采量持续下降，地下水水质总体保持稳定。2023年，全国供水总量为5 906.5亿m^3，地下水开采量为819.5亿m^3，占供水总量的13.9%[2]；全国监测的1 888个国家地下水环境质量考核点位中，Ⅰ～Ⅳ类水质点位占77.8%，Ⅴ类水质点占22.2%[3]。

地下水赋存的隐蔽性导致管理与保护工作的复杂性，水利、自然资源、生态环境等多个部门制定了一系列技术标准，以规范指导地下水开发利用与管理保护工作。李贵宝等[4-5]梳理了地下水领域的技术标准，涉及水利、矿产、煤炭、建设、环保、农业等多个行业的19项国家标准、30项行业标准、11项地方标准。王建文和熊敬[6]提出我国地下水超采治理制度构建中需要制定划分地下水禁限采区的标准。魏钰洁等[7]收集了1966—2011年地下水方面93个标准，从支撑地下水开发、利用、保护、治理等方面进行总结，提出了构建严格地下水管理保护技术标准体系建议。殷秀兰和李文鹏[8]分析指出我国地下水监测技术标准体系需要进一步完善，尤其在地下水动态评价预警和监测信息共享等方面。吴浓娣等[9]提出地下水水位划定标准和地下水超采治理评估标准缺失，建议加快完善我国地下水超采管理标准体系。

基金项目：国家重点研发计划资助（2023YFC3209700）；国家自然科学基金资助（51709186）。
作者简介：戴云峰（1988—），男，高级工程师，主要从事地下水管理与保护工作。
通信作者：林锦（1981—），男，正高级工程师，主要从事水文水资源计量与标准化工作。

贯彻实施《国家标准化发展纲要》行动计划（2024—2025 年）明确要求，进一步完善地下水保护、利用、治理标准体系。为支撑地下水领域技术标准的制修订工作，本文梳理了水利、自然资源、生态环境、能源电力、采矿、冶金、农业、住建行业制定的地下水领域国家标准和行业标准，以及各省级行政区地方标准、团体标准，分析了现行标准对加强地下水调查、监测、规划、监管、保护、污染防治等方面的支撑作用，提出了地下水领域技术标准制定的建议。

2 国家及行业标准

《地下水管理条例》规定国务院水行政主管部门负责全国地下水统一监督管理，国务院生态环境主管部门负责全国地下水污染防治监督管理，国务院自然资源等主管部门按照职责分工做好地下水调查、监测等相关工作。本文通过全国标准信息公共服务平台、水利部现行有效标准查询系统和地质调查标准化信息服务系统等平台检索了水利（SL）、自然资源（DZ、HY）、生态环境（HJ）、能源电力（NB、SY、DL）、采矿（MT、KA、YS、EJ）、冶金（YB）、农业（NY）、住建（CJJ）行业制定的地下水领域现行国家标准和行业标准 93 项。

2.1 水利行业

1998 年水利部统一管理水资源以来，持续加强地下水管理与保护，尤其是在地下水超采综合治理方面取得明显成效。水利部门主管制定了涉及地下水资源调查评价、监测、超采区评价和地质勘察等方面行业技术标准，现行的行业标准包括《水质采样技术规程》（SL 187—1996）、《水资源评价导则》（SL/T 238—1999）、《水利水电工程钻孔压水试验规程》（SL 31—2003）、《水利水电工程钻孔抽水试验规程》（SL 320—2005）、《水利水电工程水文地质勘察规范》（SL 373—2007），部分行业标准升级为国家标准《地下水超采区评价导则》（GB/T 34968—2017）。

2008 年 3 月，机构改革后水利部加强水资源管理的职能，地下水监测管理职责得到明确[10]，包括：指导地下水开发利用和城市规划区地下水资源管理保护工作，对地下水的水量、水质实施监测，具体由水利部水资源司和水利部水文司负责。水利部门制定了涉及地下水资源勘察、水环境监测等行业标准《地下水资源勘察规范》（SL 454—2010）、《水环境监测规范》（SL 219—2013），参与修订了《地下水质量标准》（GB/T 14848—2017），在《水文基本术语和符号标准》（GB/T 50095—2014）中编写了地下水相关术语。

2018 年 3 月，机构改革后水利部职责调整为：指导地下水开发利用和地下水资源管理保护，组织指导地下水超采区综合治理，对地下水实施监测，具体由水资源司和水利部水文司负责。随着国家地下水监测工程（一期）建设运行，水利部门牵头制修订了地下水监测、开发利用方面的国家标准《地下水监测工程技术标准》（GB/T 51040—2023）、《村镇供水工程技术规范》（GB/T 43824—2024）。章树安等[11] 对新修订后的国家标准《地下水监测工程技术标准》（GB/T 51040—2023）进行解读，探讨分析了多个关键技术问题。《地下水管理条例》出台后，水利部水资源司结合地下水管理要求，提出完善地下水管理标准体系，具体包括制修订地下水超采评价、取水设施登记造册和信息管理、河湖地下水回补、地下水管控指标确定、地下水禁限采区划定、机井封填、水源热泵建设项目水资源论证等技术标准和规程[12-15]。目前，水利部修订印发了《水利标准化工作管理办法》，明确指出水利技术标准具备导向性、引领性、推动性、基础性，应优化标准发布程序，增加标准有效供给。

2.2 自然资源行业

原地质矿产部门在 20 世纪 90 年代制定了大量水文水井钻探、水文地质试验、数据文件格式、地下水水质检验、物探等方面的行业标准，现行的行业标准包括《水文水井钻探用钻柱特种接头》（DZ 0008—1991）、《水文水井钻机技术条件》（DZ/T 0047—1993）、《水文水井钻机试验方法》（DZ/T 0048—1993）、《水文水井钻探硬质合金钻头》（DZ/T 0055—1993）、《水文水井钻探三牙轮钻头》（DZ/T 0056—1993）、《水文水井钻探钻粒钻头》（DZ/T 0057—1993）、《水文水井钻探用套管、岩芯管、取粉管螺纹》（DZ/T 0106—1994）、《水文水井钻探用钻杆》（DZ/T 0107—1994）、《水文水井钻探用钻杆接头》（DZ/T 0108—1994）、《水文水井钻探用钻铤》（DZ/T 0109—1994）、《水文水井地质钻探规程》（DZ/T 0148—2014）、《钻孔压水试验规程》（DZ/T 0132—1994）、《水文地质钻孔数据文件格式》（DZ/T 0124—1994）、《地下水资源数据文件格式》（DZ/T 0128—1994）、《测井仪通用技术条件 总则》（DZ/T 0196. 1—1997）。《地下水质分析方法》（DZ/T 0064.（1～91）—2021）包含91个部分，确保从地下水样品采集、保存到物理指标、化学指标、同位素指标的检验规范化、标准化。同期，在水文地质勘察和地下水资源管理方面制定了国家标准《区域水文地质工程地质环境地质综合勘查规范（比例尺1：50 000）》（GB/T 14158—1993）、《综合水文地质图图例及色标》（GB/T 14538—1993）、《地下水资源管理模型工作要求》（GB/T 14497—1993）。

2008年3月，机构改革后原国土资源部地下水相关的职责包括：依法管理水文地质、工程地质、环境地质勘查和评价工作，监测、监督防止地下水过量开采和污染，具体由地质环境司负责。随着国家地下水监测工程（一期）建设运行，原国土资源部门加强了地下水污染监测、调查评价力度，制定了行业标准《地下水监测井建设规范》（DZ/T 0270—2014）、《区域地下水位监测网设计规范》（DZ/T 0271—2014）、《区域地下水污染调查评价规范》（DZ/T 0288—2015）、《地下水水质标准》（DZ/T 0290—2015）、《区域地下水质监测网设计规范》（DZ/T 0308—2017）；制定了国家标准《地质矿产术语分类代码 第20部分：水文地质学》（GB/T 9649. 20—2009），与水利部联合修订了国家标准《地下水质量标准》（GB/T 14848—2017），目前该国标正在进一步修订中。

2018年3月，为统一行使全民所有自然资源资产所有者职责，实现山水林田湖草整体保护，国家组建自然资源部，整合了水利部水资源调查和确权登记管理职责。自然资源部“三定”中地下水相关职责包括：实施自然资源基础调查、专项调查和监测，监督管理地下水过量开采及引发的地面沉降等地质问题，具体由自然资源调查监测司、地质勘查管理司负责。另外，海洋预警监测司负责海洋生态预警监测、灾害预防。为进一步加强地下水监测运维、地下水资源调查和海水入侵监测评价，自然资源部制修订了行业标准《地下水监测网运行维护规范》（DZ/T 0307—2023）、《浅层地下水集束式监测井建设规程》（DZ/T 0436—2023）、《地下水统测技术要求》（DZ/T 0470—2024）、《地下水资源调查评价规范》（DZ/T 0469—2024）以及《海水入侵监测与评价技术规程》（HY/T 0314—2021），制修订了国家标准《地热资源地质勘查规范》（GB/T 11615—2010）、《地下水资源储量分类分级》（GB/T 15218—2021）、《矿区地下水含水层破坏危害程度评价规范》（GB/T 42362—2023）以及《水文地质术语》（GB/T 14157—2023）。

2.3　生态环境行业

2004年，原环境保护总局归口，中国人民解放军防化指挥工程学院编制了国家标准《销毁日本遗弃在华化学武器 地下水中污染物浓度标准（试行）》（GB 19614—2004）。

2008年3月，原环境保护部地下水方面的职责为：制定地下水污染防治规划并监督实施，监督管理饮用水水源地环境保护工作，具体由污染防治司负责。原环保部门围绕环评和污染物监测职责，制定了行业标准《环境影响评价技术导则 地下水环境》（HJ 610—2016）以及国家标准《地下水检测移动实验室通用技术规范》（GB/T 35401—2017）。

2018年3月，为加强环境污染治理，保障国家生态安全，国家组建生态环境部，整合了原国土资源部监督防治地下水污染职责，同时也整合了与地下水相关的水利部流域水环境保护职责、原农业部监督指导农业面源污染治理职责。由生态环境部土壤生态环境司具体负责全国土壤、地下水等污染防治和生态保护的监督管理，监督指导农业面源污染治理工作。为进一步加强污染场地监测与修复标准、生态损害及风险评价等技术标准的制定，生态环境部门近年来制定了行业标准《污染地块地下水修复和风险管控技术导则》（HJ 25. 6—2019）、《地块土壤和地下水中挥发性有机物采样技术导则》（HJ 1019—2019）、《地下水环境监测技术规范》（HJ 164—2020）、《工业企业土壤和地下水自行监测技术指南（试行）》（HJ 1209—2021）以及国家标准《生态环境损害鉴定评估技术指南 环境要素 第1部分：土壤和地下水》（GB/T 39792. 1—2020）。

2.4 能源电力行业

能源、石油和电力行业地下水领域技术标准主要涉及水电工程、地下水封洞库、电力工程、核电厂等重点工程的水文地质勘察设计和水质监测等方面。能源类的行业标准主要有《核电厂水文地质调查与评价技术规范》（NB/T 20306—2014）、《水电工程钻孔抽水试验规程》（NB/T 35103—2017）、《水电工程钻孔注水试验规程》（NB/T 35104—2017）、《水电工程钻孔压水试验规程》（NB/T 35113—2018）和《页岩气开发工程地下水环境监测技术规范》（NB/T 10848—2021）；石油类的技术标准主要有行业标准《岩土工程勘察制图标准》（SY/T 0051—2003）、《地下水封洞库岩土工程勘察规范》（SY/T 0610—2023）、《地下水封洞库工程物探规程》（SY/T 7486—2020）、《地下水封洞库水幕给水技术规范》（SY/T 7608—2020）以及国家标准《地下水封石洞油库设计标准》（GB/T 50455—2020）。电力类技术标准主要有行业标准《电力工程勘测制图标准 第 4 部分：水文地质》（DL/T 5156.4—2015）和《电力工程水文地质勘测技术规程》（DL/T 5034—2023）。

2.5 采矿行业

采掘过程中地下水突涌水灾害一直是采矿行业面临的重大挑战，20 世纪 90 年代采矿行业就制定了大量地下水和水文地质行业标准，近年来煤矿类国家标准的制定得到进一步加强。煤矿类地下水行业标准主要包括《废弃矿井地下水污染监测布网技术规范》（MT/T 1022—2006）、《立井井筒地面预注浆效果压水试验检验方法》（MT/T 1057—2008）、《煤矿床水文地质、工程地质及环境地质勘查评价标准》（MT/T 1091—2008）、《煤矿床水文地质勘查工程质量标准》（MT/T 1163—2011），国家标准主要包括《煤矿采区或工作面水文地质条件分类》（GB/T 22205—2008）、《煤矿矿井水分类》（GB/T 19223—2015）、《煤矿专门水文地质勘查规范》（GB/T 40130—2021）。围绕矿区水文地质勘查和地下水监管的行业标准主要包括《煤层底板采动破裂深度压水试验测试方法》（KA/T 4—2023）、《煤矿地下水连通示踪试验方法》（KA/T 9—2023）、《煤矿（区）地下水管理模型技术要求》（KA/T 10—2023）、《矿区地下水动态长期观测技术规范》（KA/T 8—2023），国家标准包括《矿区水文地质工程地质勘查规范》（GB/T 12719—2021）。有色金属类制定有行业标准《黄金矿地下水水量管理模型技术要求》（YS/T 3010—2012）。核工业类地下水技术标准围绕铀矿勘查，主要包括行业标准《铀矿山水文地质分类规定》（EJ/T 1002—1996）、《地浸砂岩型铀矿水文地质勘查规范》（EJ/T 1194—2005）、《地浸砂岩型铀矿地质图件编制规定 第 4 部分：水文地质图、水文地质剖面图》（EJ/T 20003.4—2011）、《硬岩型铀矿地质图件编制规定 第 5 部分：水文地质图、钻孔抽水试验综合成果图》（EJ/T 20138.5—2018）和《硬岩型铀矿水文地质勘查规范》（EJ/T 299—2018）。

2.6 冶金行业

冶金行业重点关注冶金企业地下水污染监管，制定的地下水方面技术标准主要包括《冶金企业污染场地地下水抽提技术规范》（YB/T 4960—2021）和《钢铁行业地下水监测技术规范》（YB/T 4961—2021）。

2.7 农业行业

农业行业重点关注农药使用风险，制定的地下水方面技术标准主要包括《农药登记 环境风险评估指南 第 6 部分：地下水》（NY/T 2882.6—2016）和《农药登记环境风险评估标准场景 第 3 部分：旱作地下水标准场景》（NY/T 4196.3—2022）。

2.8 住建行业

住建行业重点关注城区水文地质勘察、地下水监测以及人工地下水回补，制定的地下水方面技术标准主要包括行业标准《供水水文地质钻探与管井施工操作规程》（CJJ/T 13—2013）、《城市地下水动态观测规程》（CJJ 76—2012）以及国家标准《供水水文地质勘察标准》（GB/T 50027—2024）、《城市污水再生利用 地下水回灌水质》（GB/T 19772—2005）。

3 地方标准和团体标准

本文通过全国标准信息公共服务平台和全国团体标准平台，检索梳理了省级行政区制定的地下水领域地方标准（DB）38 项，检索梳理了国家级和省级学会、协会、产业联盟等制定的地下水领域团体标准 61 项。

3.1 地方标准

地下水管理与保护的责任主体是各级地方人民政府。《中华人民共和国水法》中明确要求“在地下水超采地区，县级以上地方人民政府应当采取措施，严格控制开采地下水。在地下水严重超采地区，经省、自治区、直辖市人民政府批准，可以划定地下水禁止开采或者限制开采区”。《中共中央国务院关于加快水利改革发展的决定》和《国务院关于实行最严格水资源管理制度的意见》提出“严格地下水管理和保护，加强地下水动态监测”。《地下水管理条例》中明确要求“县级以上地方人民政府对本行政区域内的地下水管理负责，应当将地下水管理纳入本级国民经济和社会发展规划，并采取控制开采量、防治污染等措施，维持地下水合理水位，保护地下水水质”。

随着国家地下水管理与保护法律法规、政策文件和标准规范的制定发布，各省级行政区结合自身地下水管理与保护面临问题、管理需求等制定了一系列地下水技术标准。本文收集了 17 个省级行政区制定的地方标准 38 项，各省级地方标准制定数量统计见图 1，地市或县级行政区地方标准暂未统计。总体来说，北方缺水地区侧重控制地下水开采量、维持地下水合理水位，南方丰水地区侧重地下水污染防治、保护地下水水质。

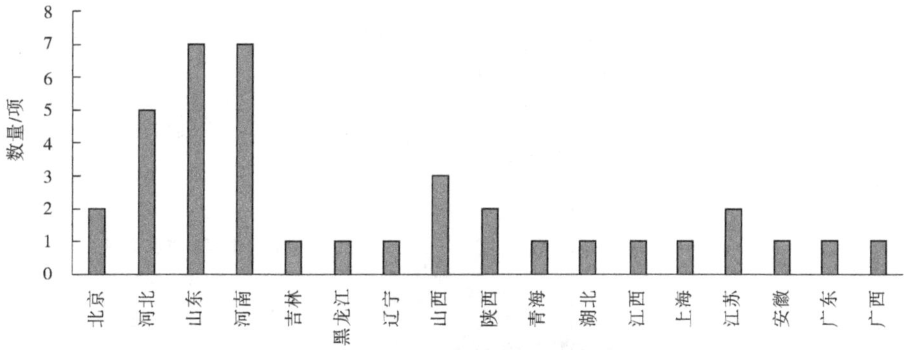

图 1 省级地方标准制定数量统计

华北地区：北京市制定的地下水技术标准侧重城市建设工程地下水监督管理和地下水数据库建设；河北省制定的地下水技术标准侧重水文水井分层抽水、地下水源热泵管理、农业灌溉地下水开采量“以电折水”、地下水水位降落漏斗划分和地下水超采治理评估与复核等方面，涉及地下水监测与开发利用等相关的具体业务工作；山东省制定的地下水技术标准侧重水文地质调查、工程建设地下水监管和地下水超采综合治理等方面；河南省制定的地下水技术标准侧重地下水自动监测站的建设运维、污染场地的地下水监测修复、生态环境工程水文地质勘察等地下水环境监测等业务工作。

东北地区：吉林省制定了地下水资料整编方面的技术标准；黑龙江省制定了地下水环境监测服务方面的技术标准；辽宁省制定了岩土工程勘察中压水试验技术标准。

西北地区：山西省制定了地下水资料整编、地下水监测系统运维、公路隧道水文地质勘察等方面的技术标准；陕西省制定了煤矿地下水监测和地下水污染监测评价方面的技术标准。

中西部地区：青海省制定了地下水管控方面的技术标准；湖北省制定了土壤及地下水监测方面的技术标准；江西省制定了地下水环境监测方面的技术标准。

东南部地区：上海市制定了土壤和地下水中有机污染物检测方面的技术标准；江苏省制定了地下水保护利用规划和地下水污染修复、风险管控等方面的技术标准；安徽省制定了地下水监测井建设方面的技术标准；广东省制定了有色金属行业水文地质勘察方面的技术标准；广西壮族自治区制定了固废填埋场水文地质勘查方面的技术标准。

3.2 团体标准

随着《地下水管理条例》的出台实施以及《地下水保护利用管理办法》制定发布，水利、环境、石化、公路、电力、质检、咨询等学会和协会、各地方学会和协会，以及地下水治理修复相关产业联盟相继制定了地下水领域团体标准。

近年来，地下水领域公布的团体标准激增，据不完全统计，2018—2024 年地下水域团体标准数量统计见图 2，梳理的 61 项团体标准中，近 2 年发布的达 39 项。国家级水利、环境、石化、公路、电力、质检、咨询等学会和协会等机构发布团体标准 15 项，省级各类学会和协会发布团体标准 34 项，市级各类学会和协会发布团体标准 4 项，地下水治理修复相关产业联盟发布团体标准 8 项。

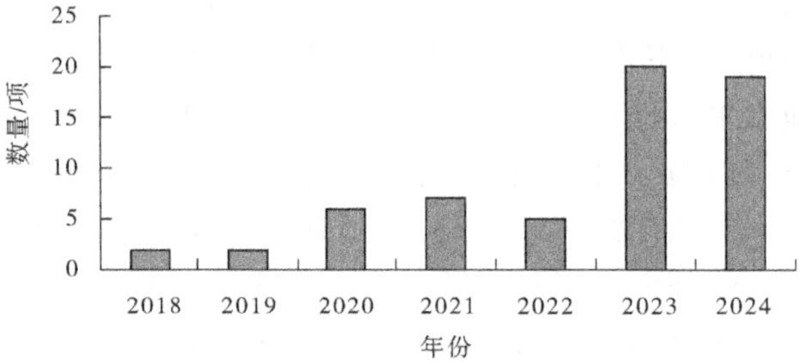

图 2　2018—2024 年地下水领域团体标准数量统计

梳理的 61 项地下水领域团体标准中，大部分标准的制定目标集中在地下水监测调查评价和污染修复防治，团体标准制定目标分类见图 3。地下水监测调查评价占比 34%，其中大部分标准为地下水水质监测和污染调查；地下水污染修复防治占比 34%；其他团体标准制定目标主要分布在水文地质勘察、开发利用监管、超采综合治理和水质检验检测等方面。

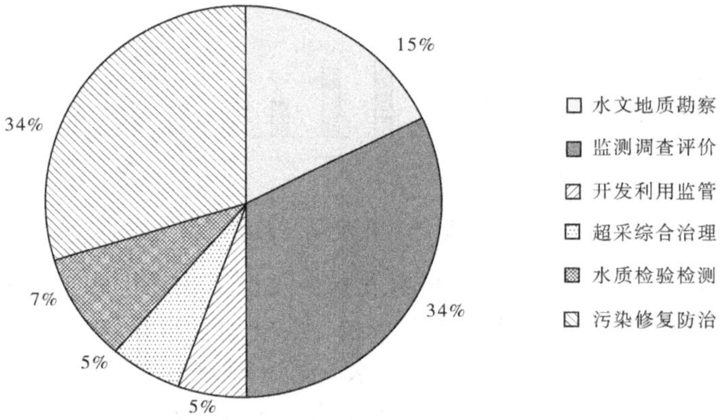

图 3　团体标准制定目标分类

4　结论与思考

4.1　结论

本文检索了地下水领域现行国家和行业技术标准 93 项、地方标准 38 项以及团体标准 61 项，结合近 30 年地下水管理与保护职责、行业需求等梳理了地下水领域技术标准制定情况，主要结论如下：

（1）地下水管理与保护不仅涉及水利、生态环境和自然资源行业，还包括能源电力、采矿、冶金、农业、住建等，其中自然资源、水利、采矿行业归口或主导的地下水领域国家标准较多。制定的地下水领域技术标准除国家标准外，还涉及 14 个类型的行业标准。自然资源、采矿、能源电力归口或主导的地下水领域技术标准较多，住建、农业、冶金归口或主导的地下水领域技术标准较少。

（2）地下水管理与保护的责任主体是各级地方人民政府，随着国家地下水管理与保护法律法规、政策文件和标准规范的制定发布，省级行政区结合自身地下水管理与保护面临问题、管理需求等制定了一系列地下水技术标准，总体来说北方缺水地区侧重控制地下水开采量、维持地下水合理水位，南方丰水地区侧重地下水污染防治、保护地下水水质。

（3）地下水领域团体标准中，大部分标准制定目标集中在地下水监测调查评价和污染修复防治，地下水监测调查评价占比34%，其中大部分团体标准为水质监测和污染调查；地下水污染修复防治占比34%；其他标准的目的分布在水文地质勘察、开发利用监管、超采综合治理和水质检验检测等方面。

4.2　**思考**

（1）地下水保护、利用、治理标准体系需进一步完善，尤其是优化标准发布程序方面。加快制定行业管理需求急迫的《地下水禁限采区划定导则》《地下水管控指标确定技术导则》《海（咸）水入侵调查评价与防治技术导则》《利用河湖回补地下水技术规程》《深层地下水回补技术导则》《地下水保护与利用规划编制规程》《地下水动态分析评价技术规范》等国家和行业技术标准，加快修订《地下水超采区评价导则》（GB/T 34968—2017）、《地下水质量标准》（GB/T 34968—2017）国家标准。推动制定地下水领域环境保护方向的国家标准，增加标准有效供给，充分发挥地下水领域技术标准的基础性和指导性。

（2）统一不同行业相同地下水领域技术标准，如针对压水试验水利行业发布了《水利水电工程钻孔压水试验规程》（SL 31—2003）、自然资源行业发布了《钻孔压水试验规程》（DZ/T 0132—1994）、能源电力行业发布了《水电工程钻孔压水试验规程》（NB/T 35113—2018）、采矿行业发布了《煤层底板采动破裂深度压水试验测试方法》（KA/T 4—2023）和《立井井筒地面预注浆效果压水试验检验方法》（MT/T 1057—2008），各技术标准具备共性指标也有其特殊性，建议推动制定相应国家标准。

（3）国际标准化组织（ISO）发布了多个地下水领域技术标准（ISO 14686、ISO 21413、ISO 5667、ISO/TR21414、ISO/TR13973），涵盖了水文地质勘察、地下水污染调查、人工回补等方面。我国牵头制定的地下水领域国际标准很少，建议依托ISO等国际标准化组织的国内技术对口单位、国家和行业标准归口单位，鼓励我国地下水领域企事业单位和专家牵头或参与国际标准制修订，推动我国地下水领域技术标准走向国际。

参考文献

[1] UNESCO. Groundwater, making the invisible visible [R]. 2022.

[2] 中华人民共和国水利部. 中国水资源公报2023 [M]. 北京：中国水利水电出版社，2024.

[3] 中华人民共和国生态环境部. 中国生态环境状况公报2023 [R]. 2024.

[4] 李贵宝，陈桂珅，刘明宇. 地下水资源管理的技术标准（一）[J]. 南水北调与水利科技，2008，6（2）：112.

[5] 李贵宝，陈桂珅，刘明宇. 地下水资源管理的技术标准（二）[J]. 南水北调与水利科技，2008，6（3）：114.

[6] 王建文，熊敬. 我国地下水管理主要制度的构建 [J]. 河海大学学报（哲学社会科学版），2012，14（2）：62-67.

[7] 魏钰洁，窦明，左其亭. 严格地下水管理保护的技术标准体系构建 [C] //中国水利学会. 中国水利学会水资源专业委员会2012年年会暨学术研讨会论文集. 郑州：黄河水利出版社，2012：196-204.

[8] 殷秀兰，李文鹏. 地下水监测技术标准体系建设 [J]. 中国科技成果，2018，19（18）：7-11.

[9] 吴浓娣，刘定湘，刘卓，等. 严格标准规范加强地下水超采管理 [J]. 水利发展研究，2019，19（9）：6-9.

[10] 机构改革与队伍建设 [J]. 中国水利，2008（24）：27.

[11] 章树安，卢洪健，孙龙. 对国标《地下水监测工程技术标准》认识与研究 [J]. 水文，2023，43（1）：1-5，23.

[12] 杨得瑞，杜内照，黄利群，等. 加强地下水管理促进高质量发展 [J]. 中国水利，2021（7）：1-4.

[13] 张鸿星，万毅，穆恩林，等．加强我国地下水取水工程登记造册和规范化管理［J］．中国水利，2021（7）：17-19.
[14] 杜丙照．贯彻《地下水管理条例》依法强化地下水监督管理［J］．中国水利，2022（6）：5-6，18.
[15] 于琪洋．加快推动建立落实水资源刚性约束制度为推进中国式现代化提供有力水资源保障［J］．中国水利，2023（24）：9-10.

中美标准溢洪道设计标准对比与研究

吕彦伟[1]　尹利强[2]

（1. 中水北方勘测设计研究有限责任公司，天津　300222；
2. 国家管网集团工程技术创新有限公司，天津　300457）

摘　要：目前，国际工程主流技术标准依然是欧美标准。对于国际工程标准化方面，一方面要大力推广和使用中国标准，另一方面也要对欧美标准体系深入研究并寻找可借鉴之处。针对溢洪道工程设计，本文从一般差异、适用范围等方面对比分析了中美标准的差异，并选取较重要的水力设计中的泄流能力计算进行了详细对比分析，给出了可借鉴之处，旨在促进中国规范的推广。

关键词：中美标准；溢洪道；设计标准；对比研究

1　引言

中国大力实施“走出去”战略和“一带一路”战略，国际业务快速发展，但目前国际工程主流技术标准依然是欧美标准，中国标准起步晚，和国际标准体系接轨不够，国外认同感较低。随着中国企业更多参与国际工程业务，越来越多的工程开始使用中国标准进行设计。所以对于国际工程标准化，我们一方面要大力推广和使用中国标准，另一方面也要对欧美标准体系深入研究并寻找可借鉴之处。

针对溢洪道工程设计，中国标准主要有《溢洪道设计规范》（SL 253—2018）（简称 SL 253）和《溢洪道设计规范》（NB/T 10867—2021）（简称 NB/T 10867），美国标准主要有美国陆军工程兵团标准和美国垦务局标准。

考虑到中美标准关于溢洪道的组成和布置基本相同，主要差异为水力设计、结构设计、地基及边坡处理设计以及安全监测设计。本文从一般差异、适用范围等方面对比分析了中美标准的差异，并选取较重要的水力设计中的泄流能力计算进行详细对比分析。结构设计、地基及边坡处理设计以及安全监测设计等方面的差异有待进一步研究。

2　一般差异

中国标准主要由政府部门主导，且每个行业有自己的行业标准体系。针对溢洪道工程，SL 253 属于水利行业标准，由中华人民共和国水利部批准；NB/T 10867 属于电力行业标准，由国家能源局批准。中国标准均具有强制性和针对性，直接给出具体要求，没有具体公式推导过程，虽然规范附有条文说明，但条文说明不做引申。

美国标准则主要由民间团体、企业主导。针对溢洪道工程，主要分为美国陆军工程兵团标准和美国垦务局标准，内容主要为工程设计相关的经验和共识，一般不具有强制性，且给出了理论依据、公式推导过程以及计算实例等，内容更加详细，便于理解。

3　适用范围

中国水利行业标准 SL 253 适用于大、中型工程中岩基上的 1 级、2 级、3 级溢洪道设计，对 4

作者简介：吕彦伟（1992—），男，工程师，主要从事水工结构设计工作。

级、5 级溢洪道设计参照适用[1]。中国电力行业标准 NB/T 10867 适用范围同水利行业标准，区别是电力行业标准针对 4 级、5 级溢洪道设计降低部分设计要求，扩大了规范适用范围。

美国陆军工程兵团标准体系主要负责防洪工程，美国垦务局标准体系主要以灌溉、供水为主的水利工程，两种标准体系均没有对溢洪道进行分级。其中，美国陆军工程兵团标准体系更完整，与中国标准匹配度较高；美国垦务局标准体系则主要适用于 15 m 以下的低坝。

4 泄流能力计算

4.1 泄流能力计算公式

（1）中国水利行业标准 SL 253 中开敞式 WES 型实用堰泄流能力计算[1]：

$$Q = cm\varepsilon\sigma_s B(2g)^{1/2}H_0^{3/2} \tag{1}$$

$$\varepsilon = 1 - 0.2[\zeta_k + (n-1)\zeta_0]\frac{H_0}{nb} \tag{2}$$

式中：Q 为流量，m^3/s；c 为上游堰坡影响修正系数，当上游堰面为铅直时，取为 1；B 为溢流堰总净宽，m；H_0 为堰上总水头，m；m 为流量系数；ε 为闸墩侧收缩系数；σ_s 为淹没系数，不淹没时取为 1；n 为闸孔数 2；b 为单孔宽度，m；ζ_0 为中墩形状系数；ζ_k 为边墩形状系数。

（2）中国电力行业标准 NB/T 10867 中开敞式实用堰泄流能力计算与中国水利行业标准 SL 253 相同，唯一不同的是闸墩侧收缩系数，前者的侧收缩系数没有给出具体公式，而是根据闸墩墩头形状及位置、闸墩厚度、闸孔数目、堰上水头及相对堰高等因素选定，可取 0.90~0.95[2]。

（3）美国陆军工程兵团《溢洪道水力设计》（EM 1110-2-1603）[3] 和美国垦务局《小坝设计》[4] 中泄水建筑物泄水能力计算：

$$Q = CL_eH_e^{3/2} \tag{3}$$

$$K = 1 - 2(nK_p + K_a)\frac{H_e}{L} \tag{4}$$

式中：Q 为流量，ft^3/s；C 为流量系数；L_e 为溢流堰前缘有效宽度，ft；H_e 为堰上总水头，ft；n 为闸墩数；K_p 为闸中墩收缩系数；K_a 为闸边墩侧收缩系数；L 为溢流堰净宽，ft。

4.2 泄流能力计算对比分析

4.2.1 高低堰

流量系数与上游堰高 P、定型设计水头 H_d 有关，定型设计水头与堰高有关。中国标准规定上游堰高 $P \geqslant 1.33H_d$ 时为高堰，$P<1.33H_d$ 时为低堰。美国标准则是上游堰高 $P \geqslant H_d$ 时为高堰，$P<H_d$ 时为低堰。

4.2.2 流量系数

溢洪道泄流能力计算公式中，最重要的参数就是流量系数。中国标准中流量系数与 P/H_d 和 H_0/H_d 有关，范围在 0.425~0.513，堰高和堰上水头越大，流量系数越大。美国标准除将闸墩侧收缩系数考虑在溢流堰前缘有效宽度中外，将中国标准其他系数 $cm\sigma_s(2g)^{1/2}$ 合并成了一个流量系数 C，同时考虑了上游堰坡度、堰顶水头、淹没情况等因素的影响。

美国标准给出了上游堰面垂直时的流量系数，见图 1。当 P_1/H_0 较大时，流量系数接近于 4.0。对于中国标准，上游堰面垂直时，上游堰坡影响修正系数取 1，淹没系数取 1，流量系数假定取 0.5，同时将中国规范中的单位统一为英制单位，则相对于美国标准的流量系数：

$$cm\sigma_s(2g)^{1/2} = 1 \times 0.5 \times 1 \times (2 \times 9.8)^{1/2} \times (3.28)^{1/2} = 4.01$$

可见，中美标准泄流能力计算时的流量系数一致。

4.3 泄流能力计算实例

以国外某水电站工程为例，开敞式溢洪道布置在左岸坝肩。溢流堰控制段共 4 孔，单孔净宽

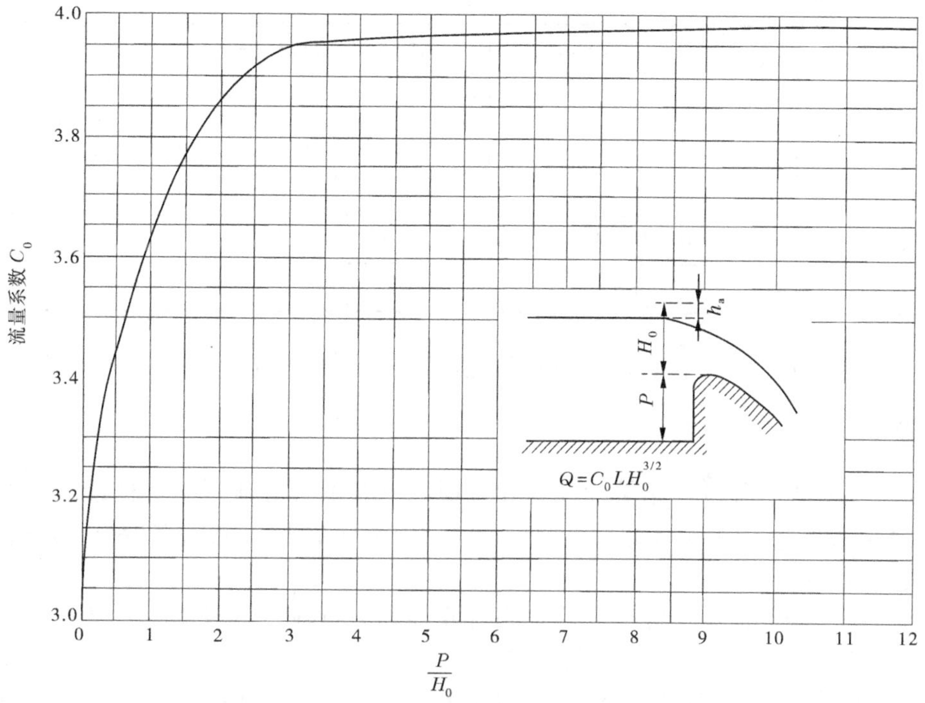

图 1 美国标准上游堰面垂直时的流量系数

20.0 m，采用 WES 实用堰型，堰高 50 m，堰上最高水头 6 m，边墩形状为流线形，中墩形状为半圆形，则中美标准开敞式溢洪道泄流能力计算结果见表 1。

表 1 中美标准开敞式溢洪道泄流能力计算结果

规范	中国水利行业标准	中国电力行业标准	美国标准
（1）基本参数			
溢洪道单孔宽度 b/m	20.0	20.0	20.0
孔数 n	4	4	4
泄水总宽度 B/m，$B=b\times n$	80.0	80.0	80.0
堰上总水头 H_0/m	6.0	6.0	6.0
上游堰高 P/m	50.0	50.0	50.0
定型设计水头 H_d/m	5.10	5.10	5.040
（2）泄流能力计算			
上游堰高与定型水头比（$x=P/H_d$）	9.8	9.8	9.9
堰上水头与定型水头比（$y=H_0/H_d$）	1.2	1.2	1.2
边墩形状系数	0.400	—	0.040
中墩形状系数	0.450	—	0.030
上游堰坡影响修正系数	1.0	1.0	—
侧收缩系数	0.974	0.950	0.976

续表 1

规范	中国水利行业标准	中国电力行业标准	美国标准
流量系数	0.510	0.510	3.98×0.552=2.197 [量纲转换，英尺（ft）转换为米（m），转换系数为0.552]
淹没系数	1.0（不淹没）	1.0（不淹没）	—
泄流流量 $Q/(m^3/s)$	2 585	2 522	2 521

通过表 1 可得出，中美标准开敞式溢洪道泄流能力计算结果相近，误差在3%左右。

5 结语与建议

（1）美国标准主要为工程设计相关的经验和共识，一般不具有强制性，且给出了理论依据、公式推导过程及计算实例等，内容更加详细，便于理解。中国规范则具有强制性和针对性，虽然附有条文说明，但条文说明不作引申。

（2）中国标准中，溢洪道设计规范分为水利行业和电力行业，各成体系，又互相借鉴，在国际工程中应用时多有不便，不利于中国规范的推广。

（3）美国标准没有对溢洪道进行分级，适用范围也没有限制。而中国标准对溢洪道进行了详细分级，更具有针对性和实用性。

（4）对于开敞式溢洪道泄流能力，中美标准计算公式原理一致，计算结果相近。但中国标准考虑了更多的影响因素，更具有针对性和实用性。

（5）中美标准关于结构设计、地基及边坡处理设计以及安全监测设计等方面的差异有待进一步研究。

参考文献

[1] 中华人民共和国水利部．溢洪道设计规范：SL 253—2018［S］．北京：中国水利水电出版社，2018.

[2] 国家能源局．溢洪道设计规范：NB/T 10867—2021［S］．北京：中国水利水电出版社，2018.

[3] U.S. Army Corps of Engineers. HYDRAULIC DESIGN OF SPILLWAYS：EM 1110-2-1603［S］．1990.

[4] UNITED STATES DEPARTMENT OF THE INTERIOR. DESIGN OF SMALL DAMS. 1978.

小水电站生态流量自动调控系统标准化建设的思考与建议

顾晓伟　章　蕾　刘京京　马光飞

（水利部产品质量标准研究所，浙江杭州　310012）

摘　要：近年来，水利部高度重视小水电绿色发展，积极推动小水电站生态流量建设工作，持续强化监管，不断升级优化流量泄放设施，由于小水电站地理位置偏僻等原因，生态流量泄放时，存在人工操作执行难度大、泄放流量不精准、时间控制难等问题，与实际要求存在差异，影响了河流生态环境保护和复苏。本文以生态流量泄放中存在的问题和需求为导向，按照标准化建设要求，探索构建一套小水电站生态流量自动调控系统，明确系统功能以及主要结构的标准化要求，为生态流量自动调控系统标准化建设提供借鉴。

关键词：小水电站；生态流量；自动调控；系统；标准化

1　背景

2018年12月，水利部、国家发展和改革委员会、生态环境部、国家能源局联合发布《关于开展长江经济带小水电清理整改工作的意见》（水电〔2018〕312号），明确提出小水电生态流量泄放是开展长江经济带小水电生态环境突出问题清理整改的重点工作[1]。为确保生态流量下泄具有科学性和可操作性，水利部提出推动小水电站开展生态调度运行的明确要求[2]，目前各地已按要求开展了小水电站生态调度运行方案的编制工作，为生态流量的科学泄放和有效监管提供可靠依据。但方案在实际执行过程中，主要采用人工操作的方式实施，存在参数条件多、执行操作复杂等问题，需投入大量人力和物力，且容易出现执行不准确或不及时的情况，造成一定经济损失和生态影响，因此生态调度运行方案的实际落实情况与目标存在一定差异。同时，在生态流量泄放监管方面，特殊情况报备频繁、手续繁复和无法核实报备真实性问题是一直以来的监管痛点，生态流量泄放监管低效情况较为普遍。

为解决生态流量泄放过程中存在的一系列问题，按照“需求牵引、应用至上、数字赋能、提升能力”的要求，提升小水电站数字化、网络化、智能化水平，探索通过标准化手段，研究建立一套小水电站生态流量自动调控系统，用来协助电站运行管理人员日常运行管理以及监管人员管理，为提高小水电站生态流量调控效率、保障工程安全提供技术指导和支撑。现行生态流量有关标准包括《水利水电工程生态流量计算与泄放设计规范》（SL/T 820—2023）、《水库生态流量泄放规程》（SL/T 819—2023）等，但这些标准主要偏重生态流量的计算以及泄放要求，对信息化自动调控系统涉及较少。因此，为填补现有生态流量标准化建设方面的空白，满足行业发展需求，开展小水电站生态流量自动调控系统标准化建设是十分必要和迫切的。

2　调控系统标准化建设要求

通过实地调查，建议符合以下一种或多种情况的小水电站开展自动调控系统建设：一是生态流量

作者简介：顾晓伟（1989— ），男，高级工程师，主要从事水利标准化、新技术等方面的工作。

泄放点距离较远或生态流量泄放设施人工启闭操作不方便的；二是库内水位变化较大，需要频繁调整生态流量泄放设施开度的；三是可通过发电泄放生态流量的坝式水电站，或拥有多个生态流量泄放设施的；四是县域内电站数量多，监管难度大，报备手续烦琐的。针对部分基础条件较好、操作便捷的水电站，可根据实际需要开展建设。

为满足小水电站生态流量泄放要求，调控系统应根据小水电站的开发方式、配套蓄水工程的调节性能、综合利用功能，统筹兼顾流域防洪总体需求、满足坝体安全、水生态、水环境、经济效益等要求，调控系统标准化建设应实现以下功能：

（1）严格执行调度方案。

调控系统建设后，可根据生态调度运行方案要求进行智能决策，通过监测生态放水最低水位线、发电限制水位线以及生态流量核定值等指标，实现生态流量泄放设施自动启闭；在水电站发电运行方面，系统通过获取发电机组的启停状态信号，结合水位信息和生态流量监测数据等，经过智能分析判断，能给机组发出下一步可以发电或禁止发电的告警信号，确保生态调度运行方案的精准决策与高效执行。切实做到防洪优先，在保障大坝安全，水库供水、灌溉等综合利用功能的前提下，有效保障下游生态用水需求，持续发挥生态效益。

（2）生态流量精准泄放。

通过智能分析生态流量实时监测数据和核定值等要求，及时调整生态流量泄流阀开度，对下泄流量的大小进行实时监测和调整，确保生态流量达标泄放的同时尽可能节省发电水量。此外，对于可通过发电泄放生态流量的坝式水电站，在保证生态流量泄放总量符合要求的情况下，实现多个生态流量泄放设施自动切换，尽可能保证发电效益。

（3）切实确保高效监管。

结合生态调度运行方案要求，经智能诊断后对符合生态调度运行的生态流量不达标情况，自动生成报备文件；对不符合生态调度运行的情况进行自动报警，有效减少生态流量泄放监管报备工作。由于通过获取水库水位、发电情况信息等现场数据作为依据，大大提高了监管的真实性，进一步推动了水利“强监管”的发展目标[3]。

3 调控系统标准化建设内容

3.1 系统结构组成

经过大量的实地调研和某个水电站的生态流量自动调控系统建设的试点经验可得，标准化建设中，可将生态流量自动调控系统站网分为三个部分，分别为中心站、采集终端和控制终端。其中，中心站是整个控制系统的大脑，主要负责实时数据收集和处理，形成各类指令并及时下发，根据需要对系统的各个远程终端进行调控。为保障中心站的安全正常运行，一般设置在水电站控制室中。

系统选点布置时，要充分利用已有的相关监测站网条件，优先考虑与相关监测设施共享设备装置、数据与站房，比如已有的水位计、流量计等；采集终端与控制终端应选在能够监测控制生态流量泄放设施的位置，需要电力供应稳定、网络通信可靠、交通条件便利、避雷接地良好，且站址周围应无强振源、强噪声源和强电磁场干扰。采集终端与控制终端的布设要能反映电站下泄全部生态流量及过程，包括所有需要的参数，比如水库水位、下泄流量、阀门开度等，同时要保证在运行过程中，不受其他外界因素干扰，避免产生数据不准确、不精确等问题。

3.2 中心站标准化建设

中心站应主要由硬件设备和软件系统两部分内容组成。其中，硬件设备主要包括通信设备、工作主机与服务器、数据存储设备、网络及安全设备、电源、运行环境设备和其他配套设备等；软件系统包括系统软件和应用软件，其中系统软件主要包括操作系统和数据库管理系统等软件，应用软件主要包括数据接收处理以及其他应用支撑软件。

中心站的主要功能包括实现通信控制，数据接收、发送，数据处理，信息查询、自动告警、安全管理、用户权限管理等，能够实时展示水电站相关信息，包括时间、水位、生态流量等实时数据。管理人员可选择时间范围进行查看。同时可实时展示生态流量泄放监控视频，提供监测的直观性。

3.3　采集终端标准化建设

采集终端应根据系统运行需要，采集一系列相应的原始数据，如水位、流量等，并根据设定采集数据发送或上报频率，实现数据的及时上传。采集终端主要包括传感器、通信等主要设备及防雷、供电电源等辅助设备，其中传感器应包括但不限于水位计、流量计。此外，采集终端应具备能获取基准时钟实现自动校时功能。

3.4　控制终端标准化建设

控制终端应根据业务需求接收及处理水文要素等数据，控制生态流量的开启和大小，按照设定数据发送或上报频率要求，及时反馈数据。主要包括控制柜、控制阀、通信等主要设备及防雷、供电电源等辅助设备，其中控制柜宜采用 PLC 进行控制，包括开关、保险、交换机等，配备可视化触摸屏，显示阀门开关状态等信息，同时可以进行现地和远程切换，防止在网络故障时无法远程操作；此外，控制终端应具备获取基准时钟实现自动校时功能。

3.5　通信组网标准化建设

通信组网应能保证系统安全、可靠、准确、及时传输检测数据，各个模块之间的信息传输。各个设备之间的通信网络要保证安全，采用专用网络，不应连接外网。通信组网可根据距离以及实际环境条件决定采用有线或无线，针对小水电站的地理特征，部分位置偏远，可采用无线网桥等方式进行联网。

4　结语

通过小水电站生态流量自动调控系统标准化建设，将进一步统一建设要求，提高自动控制系统建设的规范性和科学性，推动小水电站生态流量泄放调度调控工作更好更快发展。该系统的建设，有利于监管部门实时了解各个水电站状态，更便利、更准确地进行远程监督指导，大幅度降低水电站运行管理人员的工作量和操作复杂性，减少错误并大大提高效率，在保证小水电站配套蓄水设施社会效益的基础上，实现生态效益和经济效益双赢，符合当下小水电绿色发展、国家对智慧水利以及发展新质生产力的要求，因此建议加快该生态流量自动控制系统的团体标准或行业标准编制工作，为我国小水电站生态流量调控系统建设提供切实可行的依据。

参考文献

[1] 章蕾，谢佳琳，陈攀辉．某省小水电生态流量泄放评估分析与探讨［J］．长江技术经济，2024，8（4）：44-50.

[2] 张学进．推进我国绿色小水电发展的实践与思考［J］．中国水利，2018（18）：18-20.

[3] 水利部办公厅关于做好小水电站生态流量泄放评估工作的通知［J］．中华人民共和国水利部公报，2022（2）：52-53.

工程建设类水利行业标准编写常见问题解析

周静雯　王兴国　张淑华　李建国　武秀侠　赵　晖

（中国水利学会，北京　100053）

摘　要： 通过对当前工程建设类水利行业标准编写实践的深入分析，本文总结了标准编写过程中体例格式方面常见的问题，如执行要求不到位、条文表述不规范、规定超出范围等，这些问题不仅影响了标准的权威性和实用性，也阻碍了水利行业的健康发展。针对以上问题，本文提出了具体的改进建议，旨在为标准编写提供有益的参考和借鉴，从而提高工程建设类水利行业标准的编写质量。

关键词： 水利高质量发展；工程建设；水利行业标准；标准化

1　现状

标准是经济活动和社会发展的技术支撑，是国家基础性制度的重要方面。标准化在推进国家治理体系和治理能力现代化中发挥着基础性、引领性作用。党的二十届三中全会明确提出："以国家标准提升引领传统产业优化升级，支持企业用数智技术、绿色技术改造提升传统产业，强化环保、安全等制度约束，健全相关规则和政策，加快形成同新质生产力更相适应的生产关系，促进各类先进生产要素向发展新质生产力集聚，大幅提升全要素生产率。"2024 年 2 月 20 日，水利部部长李国英在"研究面向发展新质生产力的水利技术标准体系建设"专题办公会议上指出，要深刻认识水利技术标准对加快发展水利新质生产力、扎实推进水利高质量发展的导向性、引领性、推动性、基础性作用，坚持统筹高质量发展和高水平安全，统筹水利勘测、规划、设计、建设、运行全生命周期，统筹物理工程与数字孪生，具备预报预警预演预案功能的基本原则，加快建设有利于发展水利新质生产力、扎实推进水利高质量发展的水利技术标准体系。水利标准化在推动高质量发展、保障我国水安全方面面临新形势、新任务、新要求，需要不断与时俱进，更好地发挥引领推动作用。2024 年 5 月 24 日，水利部修订发布《水利技术标准编写规程》（SL/T 1—2024）[1]（简称 SL/T 1），对于规范水利技术标准编制、提高标准成果质量起着重要作用。

目前，水利行业标准在体例格式编写上，主要执行两类要求：涉及水利工程前期勘测设计、施工建设、运行维护等工程建设类标准按照 SL/T 1 编制；产品、试验检测、信息化等非工程建设类标准主要按照《标准化工作导则 第 1 部分：标准化文件的结构和起草规则》（GB/T 1. 1—2020）[2]（简称 GB/T 1. 1）编制，术语、符号、计量检定等专用标准按照相应的国家标准起草规则进行编写。结合笔者参与标准化相关工作发现，SL/T 1 为新修订发布的版本，因此目前在执行新的要求上还存在一定程度不到位的情况，本文重点针对执行该体例格式的工程建设类水利行业标准进行分析，同时与执行 GB/T 1. 1 的非工程建设类标准之间进行比对，总结目前常见的主要问题，提出有关建议，供编制人员参考使用，术语、符号、计量检定等专用标准不作为本文分析的案例。

2　常见问题及解析

经研究分析，目前工程建设类水利行业标准在体例格式方面，主要存在执行要求不到位、条文表述不规范、规定超出范围等问题。

作者简介： 周静雯（1990—），女，中级工程师，主要从事标准化、环境科学方面的研究工作。

2.1 执行要求不到位

（1）体例格式混用。为规范水利行业标准，SL/T 1 明确所有水利行业标准的公告、前言、历次版本编写者信息按照统一要求编写，即非工程建设类水利行业标准如果依据 GB/T 1.1 的起草规则进行编写，公告、前言、历次版本编写者信息应该按照 SL/T 1 的要求执行，其余部分按照 GB/T 1.1 有关要求执行。但是，部分标准存在两种格式的混用，或在前言声明按照以上两种规则起草，在前言中出现“根据水利技术标准制修订计划安排，按照《标准化工作导则 第 1 部分：标准化文件的结构和起草规则》（GB/T 1.1—2020）、《水利技术标准编写规程》（SL/T 1—2024）的要求……”的表述。如条文说明是工程建设类标准所特有的部分，主要用于解释说明条文制定的目的、主要依据、执行程度、预期效果和执行条文的注意事项，非工程建设类标准不应编制条文说明。又如附录在以上两种体例格式的执行上有明显区别，SL/T 1 规定附录与正文具有同等效力，GB/T 1.1 规定附录分为资料性附录和规范性附录，规范性附录给出正文的补充或附加条款，资料性附录给出有助于理解或使用文件的附加信息，附录性质需要在目录中明确标识。

（2）适用范围不明确。SL/T 1 对适用范围进行了明确规定，要求适用或不适用的范围均应进行明确表述，不应包含规定、要求以及“参照执行”的范围。该条的修订主要是针对目前部分已颁布的标准适用范围中常常包含参照执行的范围，常见表述方式为“……等可参照执行”“……等在执行过程中可适当简化”。经咨询有关单位和专家，该种写法在标准实施过程中，“参照执行”的规定往往被使用者忽略，“参照执行”的内容并不能有效规范其约束的相关内容，对要求“参照执行”的标准化对象并无有效的约束作用，特别是涉及工程验收、评定时，缺少相关依据明确参照执行到什么程度，具体可简化哪些要求，给标准执行者带来哪些操作层面的问题。因此，按照新的要求，标准适用范围应该明确列出，如果有不适用的范围，也需要明确。如某信息化标准过程稿适用范围一条的表述为“1.0.2　本标准适用于非涉密水利信息化建设项目。水利水电工程建设项目中包含信息化建设内容的宜参照本标准执行。涉密水利信息化建设项目应依据有关法律法规执行”，应修改为“1.0.2　本标准适用于非涉密水利信息化建设项目”。

（3）条文说明不规范。根据 SL/T 1 有关规定，条文说明不具备与标准正文同等的效力。条文说明应解释说明条文制定的目的、主要依据、执行程度、预期效果和执行条文的注意事项，不应对条文内容做补充性规定或延伸规定。标准修订时，应对修改的条文进行对比说明，包括标准名称变更、标准制修订变化等重大事项，条文修改的必要性及修改的依据。未修改的条文宜保留原条文说明，也可依据需要重新进行说明。但在实际操作中，编写者容易将条文说明与附录的作用混淆，认为条文说明陈述的内容也应该一并执行，出现“应”“宜”“可”相关的标准语言表述，或者存在修订的条款未按要求在条文说明中解释说明，容易导致标准使用者不能及时掌握新旧版本之间的差别，出现执行不到位或者使用困惑等问题。例如，某标准过程稿的条文说明为：“4.0.7　井灌区应安装计量设施测量毛灌溉水量，无计量设施时可采用以电（油）折水法换算毛灌溉水量。采用以电（油）折水法换算水量时应根据机井特征选取典型井进行水电（油）折算系数测定，满足折算精度要求”。出现“应”的表述，规定性质的条文应放在正文，或者调整条文说明的表述方式。

2.2 条文表述不规范

（1）模糊词使用过多。标准无论执行哪种体例格式进行编写，标准语言都应准确、简明、易懂，不应采用“原则上”“一般”“大约”“尽量”“尽可能”“力求”“左右”“较多”“较大”“较长”“大量”“适量”“充分”“基本达到”等模糊词语。当标准在规范性文件、合同等文件中声明执行或者采用时，即便是推荐性标准，也应该按照强制性标准的执行力度采用。因此，标准应尽可能多地给出定量要求，限制使用者根据已有经验或者考虑实际成本等因素，综合权衡后根据实际情况自行确定执行程度，造成执行标准不统一，甚至带来影响工程或产品质量等严重问题。

（2）前后表述不一致。工程类标准一般涵盖范围广、章节多，主要起草人一般按照自身擅长的研究领域，分工负责不同章节的编写，在此类标准中，容易出现前后要求程度不一致、术语表述不一致等问题。按要求，在同一标准中，同一术语应表示同一概念，同一概念应采用同一术语表述；相同或者类似要求应尽可能在同一个章节内进行规定，确有必要重复出现时，应注意采用同一程度的标准用词，但是个别标准存在不一致的问题，例如在正文中，某项要求按照“应”的程度表述，但条文说明进行解释说明时，按照“宜”“可”的程度进行解释，但因为条文说明不具备正文同等效力，因此给标准使用者带来执行不明确的问题。

（3）不符合“向上从严”原则。根据 SL/T 1 有关规定，标准条、款、项之间的标准用词应符合向上从严的原则，该原则常见于存在款、项的条文中。如标准引导语提出“＊＊产品设计应符合以下要求”，列出的款中可分别按照“产品颜色应按照……”“产品形状宜按照……”“产品材料可……”的程度要求，但若引导语为“××产品设计宜符合以下要求”时，列出的款只能出现“宜”“可”的表述，不应出现“应”的表述。该要求主要结合现有标准语言表述习惯，对此进行了特别规定，使用者在编写时注意按照此要求执行即可。

2.3 规定超出范围

（1）行政规定篇幅多。针对该要求，2 项标准均进行了规定。GB/T 1.1 规定“文件中不应规定诸如行政管理措施、法律责任、罚则等法律法规要求”，SL/T 1 规定“标准中不应出现要求符合法律法规和政策性文件的条款，不应规定政府行为或行政措施”。一般来说，法律法规和规章制度是法律上的概念，标准文件是管理上的概念。法律法规是法律，规章制度是政策文件，法律法规制定有明确的法律程序，具有时效性、稳定性、程序性，不能随便修改变更，规章制度主要是行政机关为了加强管理而制定的政策性文件，严肃性弱于法律法规。而标准文件主要是为了规范某行业内或某种工作而制定的统一标准，以便促进该行业的工作。法律法规约束力高于规章制度，规章制度约束力高于标准文件。因此，不应在标准中规定执行法律法规或者规章制度的要求。而当标准被法律法规和规章制度引用时，才具有法律效力，必须严格执行。如某预案编制相关标准过程稿中出现“应急组织体系”一章，做出了诸如“应急指挥长宜为水闸安全管理政府责任人”“水闸管理单位或上级有关主管部门应按职责成立水闸突发事件应急抢险队伍”等行政规定，超出标准范围，此类条款应删除。

（2）超出水利部职能范围。《中华人民共和国标准化法》明确规定“对满足基础通用、与强制性国家标准配套、对各有关行业起引领作用等需要的技术要求，可以制定推荐性国家标准”“对没有推荐性国家标准、需要在全国某个行业范围内统一的技术要求，可以制定行业标准”。当标准的适用范围超出水利部职能范围，如水利水电工程相关标准，可能与生态环境部、交通运输部、国家能源局等存在职能交叉，此类标准应该共同申请编制国家标准，确保满足水利、环保、交通、水电等行业的共性要求，发挥标准对不同相关行业的基础性和引领性作用。如目前水利部组织编制的国家标准《水利水电工程金属结构及启闭设备通用规范》涉及水利、水电行业金属结构的很多通用技术要求，因此该标准由水利部和国家能源局共同编制，确保体现国家标准的通用性，满足不同行业的共性要求。

（3）存在影响社会公平条款。SL/T 1 规定“标准中不应出现合同、协议等商务文件要求”。合同等商务文件是民事主体之间设立、变更、终止民事法律关系的协议，但在现行水利技术标准编制中，存在技术条款中包含合同要求的现象。另外，《中华人民共和国标准化法》规定“制定标准应当有利于科学合理利用资源，推广科学技术成果，增强产品的安全性、通用性、可替换性，提高经济效益、社会效益、生态效益，做到技术上先进、经济上合理”，部分标准中列出有关生产企业名称，属于实施妨碍商品、服务自由流通等排除、限制市场竞争的行为，是违反法律有关要求的。

3 提高标准编写质量的几点建议

3.1 加强《水利技术标准编写规程》（SL/T 1—2024）宣贯解读

新版 SL/T 1 扩大了标准的适用范围；增加了标准特征名的使用规定、专利识别的规定、引用标准数量的上限规定；细化了标准编号、术语、标准用词、图、表、公式、数字用法、注、标点符号等具体要求；修改了条文说明的编写要求；增加了局部修订的编制要求。在原有基础上对相关要求进一步细化完善，对于规范标准编制起重要指导作用。标准主管机构、主持机构应结合业务工作，充分运用媒体宣传、培训研讨等多种形式，特别是利用好网站、公众号等新媒体工具，加强对 SL/T 1 的宣贯解读，每年通过举办培训班、工作讨论会等形式，特别是在编制单位开展编制前，对编制组和管理人员进行详细解读和培训，介绍编制水利国家标准、水利行业标准应执行的体例格式要求、注意事项，列举常见问题，可以请相关专家或具有编制经验的编制单位代表进行授课研讨，通过现场讨论、问题答疑等形式解决标准编制过程中遇到的问题，有助于编制组和管理人员更好地掌握编制体例格式要求，提高编制质量。

3.2 压实编制单位和主要起草人编写职责

按照《水利标准化工作管理办法》（水国科〔2024〕241 号）有关要求，在标准审查阶段，由主管机构组织体例格式审查、英文翻译审查，再由主持机构组织主编单位对体例格式和英文翻译审查意见进行汇总处理，形成报批稿及其制定说明、意见汇总处理表等报批材料，报送主管机构。进入报批阶段后，后续还需通过水利标准化工作专家委员会报批稿审查和部长专题办公会审议。在报批阶段，标准修改过程中，不再单独对标准体例格式进行审查，因此需要编制单位和主要起草人加强对标准体例格式的重视和自查，确保严格按照相关要求执行。同时，主持机构也应重视标准格式体例复读，确保标准文字、格式更加规范、严谨，如在大纲、征求意见、送审和报批阶段，专门对标准体例格式执行情况进行自查或请专家进行复核，对照常见问题进行复核，确保执行到位等。

3.3 注重体例格式审查专业人才培养

标准体例格式审查是标准编制过程不可或缺的一个环节，加强标准体例格式审查人才培养，对于提升相关领域人员的专业素养，确保各类标准的规范性、准确性和一致性至关重要。相关管理部门应建立体例格式审查专家库，同时根据专家履职表现和实际工作需要动态管理、及时完善。建议加强对青年人才的培养，通过构建多元化的交流平台，如举办研讨会、讲座等活动，邀请行业专家、学者进行专题讲座，提高相关单位对标准体例格式重要性的认识，促进相关人才间的交流与互动，方便随时交流学习心得、分享经验、解决问题。同时，建立一定的激励机制，对在标准体例格式审查领域取得突出成绩的人才给予表彰和奖励，如在标准申报奖项时给予一定的评分加成、安排标准年度制修订项目时优先考虑、推荐作为标准主要起草人等，激发工作热情和积极性。

4 结语

本文通过对标准编写格式常见错误的分析探讨，揭示了体例格式在标准编写中的关键地位。标准体例格式的准确性和规范性不仅关系到标准的权威性和可理解性，更直接影响到标准的实施效果和行业发展的有序性。标准体例格式的错误不仅影响了标准的整体美观和可读性，更可能导致信息的误解和混淆，进而影响标准的执行效果。针对常见错误，本文提出了相应的改进建议，旨在帮助标准编写者提高格式意识，确保标准的编写符合规范，从而提高标准的权威性和实用性。总之，标准编写格式的规范性是确保标准质量的重要基础，各方应高度重视，加强培训与交流，不断提升标准编写者的专业素养和格式意识。

参考文献

[1] 中华人民共和国水利部．水利技术标准编写规程：SL/T 1—2024［S］．北京：中国水利水电出版社，2024.

[2] 国家市场监督管理总局，国家标准化管理委员会．标准化工作导则 第 1 部分：标准化文件的结构和起草规则：GB/T 1.1—2020［S］．北京：中国标准出版社，2020.

水利数字孪生建设中的标准化探索

刘　伟　徐永兵　余洋洋　朱昌涛　周吉益

（山东省水利勘测设计院，山东济南　250013）

摘　要： 中国现代水利工程的快速发展使数字孪生技术成为关键，水利数字孪生的建设需要标准化的支撑，以确保系统在全国范围内的高效运行和跨区域协调。本文探讨了水利工程中数字孪生技术的标准化需求，重点分析了数据、模型算法、调度方案、预警发布，以及设备与信息安全等方面的标准化探索。通过推动智慧水利标准化建设，能够实现全国范围内水资源的智能化管理、高效调度和快速应急响应，全面提升水利行业的综合管理水平，助力国家水网建设，守护好水利安全的"蓝色生命线"。

关键词： 数字孪生；国家水网；标准化；智慧水利

1　引言

当前世界正在经历百年未有之大变局，新一轮科技革命和产业变革不断深入发展，标准作为世界的"通用语言"，正日益成为推动技术创新和产业发展的关键力量。随着数字化、智能化的发展，数字孪生技术应运而生，为水利工程的建设和管理提供了新的思路和方法。通过虚拟与现实的互动[1]，数字孪生技术实现了水利设施、流域的数字化建模与管理，为水资源调度、灾害预警、风险管理提供了全方位支持。

我国在推动水利标准化工作上已取得显著进展，党中央、国务院发布的《国家标准化发展纲要》明确提出要推动标准化工作向数字化、网络化、智能化转型。在水利行业，标准化不仅是技术创新的基础，更是确保水利设施在全国范围内实现统一管理、高效调度和数据互通的重要保障。在这种背景下，水利数字孪生建设中的标准化探索，不仅关乎水利行业的技术升级，更涉及如何通过标准化路径提升水资源管理的智能化水平。

2　数字孪生技术在水利工程中的标准化需求分析

在智慧水利框架[2] 的实施过程中，信息化基础设施、数据底板、知识平台、模型平台和业务应用等方面的标准化还不够完善。目前，数字孪生流域、数字孪生水网、数字孪生水利工程以及数字孪生灌区等试点项目由不同单位承建，而这些单位所使用的软硬件产品和开发系统之间可能存在兼容性差、互操作性弱的问题，导致各类信息基础设施组件、数据底板组件、模型组件和知识组件难以实现有效集成，系统间无法互通，难以充分发挥整体效能。因此，标准化需求在以下几个层面显得尤为重要：数据标准化、模型与算法标准化、调度系统与应急预案标准化，以及安全与网络标准化。这些标准化要素共同决定着国家水网能否实现高效且可持续的运转。

水利工程的数据标准化是构建统一调度体系的基本[3]。水利设施（如水库、河流、调水工程等）通过多种设备进行实时监测，其正常运行依靠不同区域水文、气象还有设备监测数据的统一采集与传输。当下各地水利工程采用的监测设备与系统，在数据接口、格式以及采集标准方面存在差别，致使信息的互联互通遭遇阻碍。为此统一数据采集和传输标准是必要的，通过统一的标准协议和接口，能

作者简介： 刘伟（1997—），女，硕士研究生，主要从事水库现代化运行管理工作。

够确保各区域的水利数据实现无缝对接，从而提升数据共享与互通的效率。这不仅能减少重复建设带来的浪费，还能最大化资源的优化配置，为跨区域的水资源调度和应急管理奠定坚实基础。

模型与算法的标准化对于提升水利管理的决策一致性也至关重要。现有的水文模型和调度算法[4] 因地区差异而有所不同，导致在相同水文条件下，不同区域的调度结果和应急响应方案可能会有所不同。这种不一致性不仅可能削弱整体调度效率，还可能在灾害应急中造成响应延迟和失误。通过标准化的水文模型和算法，可以确保各地在面对相同的水文条件时做出一致的调度决策，提升调度和应急响应的精准度与科学性。这样的标准化措施不仅能优化水资源的利用，还能在面对洪涝、干旱等自然灾害时实现更协调、更快速的应急反应，降低灾害带来的损失。

调度系统与应急预案的标准化能确保在突发事件中快速、高效应对。数字孪生技术为调度系统和应急管理提供了实时监控与预测能力，但其作用的发挥依赖于标准化的调度和应急流程。在现有体系中，由于不同区域的水利设施在调度流程和应急机制上存在差异，这往往导致在应对诸如洪水、干旱等突发事件时，出现协调不畅、响应迟缓的问题。通过制定统一的调度系统和应急预案标准，可以确保不同区域在面对突发事件时能够根据一致的预案协同作战，减少因应对措施不统一导致的延误或失误。此外，标准化的应急预案可以在事前通过模拟和演练进行优化，确保在真实灾害发生时达到更好的执行效果。坚持以习近平总书记“节水优先、空间均衡、系统治理、两手发力”治水思路为引领，深入贯彻关于治水的重要论述精神，加快发展水利新质生产力、扎实推进水利高质量发展，以调水工程标准化管理助力推进国家水网建设[5]。

在当前数字孪生平台应用的背景下，确保数据传输的安全性和调度指令的可行性变得尤为关键。水利设施和系统中的数据传输和调度指令需要保障其安全性和可靠性，尤其是涉及国家安全的重大水利设施。

3 数字孪生技术与“四预”系统在水利工程中的标准化应用

数字孪生技术在水利工程中不仅是一种基础技术，还为核心的“四预”功能提供了技术支撑。“四预”功能依赖于数字孪生的精准建模与实时数据分析能力，使得水利管理能够在防汛、调度等方面实现高效应对。

3.1 数字孪生技术在水利工程中的作用

数字孪生技术可集成水利信息化里的实时监控数据、地理空间信息、物理模型以及历史数据，能在虚拟空间里精准呈现现实中的水利设施以及其运行状况。它在给管理者呈现直观且全面的水情、雨情、工情的同时，还能对未来的变化趋向进行预测，能让管理者在虚拟平台模拟实际场景里的多样变化、水位波动、洪水侵袭等，进而提前施行对应的防范举措。

以峡山水库项目为例引入了数字孪生技术。平台通过融合 GIS（地理信息系统）和 BIM（建筑信息模型）技术，实现了对水库进行全方位、实时的管理。该平台不仅能够实时获取水文、气象、设备运行等多元化数据，还能将这些数据输入模型进行深度分析和预测。这有助于管理人员提前洞察未来可能的水文趋势，为科学调度与管理提供坚实的决策依据。

3.2 “四预”功能在数字孪生技术中的集成与标准化应用

各类水库和调水工程的数字孪生平台结合了水利专业模型和三维可视化展示，使管理者能够快速掌握当前状况并提前应对未来可能发生的灾害。为了使“四预”功能在全国范围内更好地发挥作用，相关标准化的建设至关重要。

3.2.1 预报精准化

数字孪生平台通过接入气象卫星、测雨雷达和水文站网的数据，结合先进的水利专业模型和人工智能算法，提升了洪水预报的精准度。系统通过构建“天基”“空基”和地面监测组成的三道防线[6]，接入省水文局和气象局的降雨数值预报，能够实现 24～72 h 的洪水预报，极大地提高了对洪水的预见期。数字孪生平台通过整合实时雨水情监测数据可以动态分析来水情况，并根据模型进行入库洪水过程、洪峰流量等关键参数的精准预估。这种高度精准化的预报体系为水库调度提供了重要依据。系统集成的“天基”“空基”监测数据标准统一后，可以确保不同数据源的无缝融合，为全国的洪水预报提供一致、精确的数据基础。这一标准化的预测模型不仅能提升预报的精度，还能避免因地区之间数据不一致而导致的预测偏差。

3.2.2 预警提前化

数字孪生平台实时分析水库水位、流量、压力、温度等关键指标，并根据预设的阈值自动触发预警系统，通过预报的高精度支持，预警功能能够提前发现潜在风险。以峡山水库为例，该系统已经建立了雨水情和工情的预警指标体系，能够根据降雨强度、水位变化等信息实施分级预警，并自动向管理者和公众推送预警信息。预警信息不仅涵盖洪水可能性，还会根据监测数据实时更新。这种动态调整的预警体系确保了管理人员能够及时获取信息并采取行动，提前应对洪水和水库设施异常情况。

3.2.3 预演场景化

预演功能通过数字孪生技术进行多场景的动态模拟，帮助管理人员提前验证应急预案的可行性。基于水库的实时运行数据和先进的洪水预报模型，峡山水库所采用的平台能够支持针对不同洪水情景的调度预演。这包括模拟不同水库泄洪方案的实施效果，评估其对人口分布、建筑物安全以及淹没范围等方面的影响。这一功能能够为防汛指挥提供直观的数据支撑，确保管理者在洪水来临前选定最佳调度方案。预演还能够动态推演溃坝情景，帮助管理者预估最严重情况下的影响范围，制定更为有效的应急预案。

3.2.4 预案科学化

通过前期的预报、预警、预演，系统可以针对不同灾害场景生成和优化应急预案。在峡山水库中，预案管理系统已实现电子化处理，所有应急调度方案都能够实时生成并动态优化。例如，系统可以在洪水来临前自动调整水库的泄洪闸门操作，确保下游水量处于可控范围内。预案系统还集成了防汛物资和人员调度信息，确保在突发情况下，管理人员能够迅速采取行动，执行最优的应急方案。

利用数字孪生技术集成多维数据，推动数据标准化、信息统一，构建覆盖全国的数字孪生水利平台。这一平台通过标准化的“四预”功能，实现从监测、预警到调度与应急的全链条管控，确保水库和调水工程的高效安全运行。

4 推进水利数字孪生建设标准化的战略路径

有效推动水利数字孪生技术的广泛应用，制定并实施科学、系统的标准化策略。以下是推动水利数字孪生标准化进程的几条策略路径。

4.1 国家层面

国家层面的政策支持和法律制度保障是推动标准化进程的基础。制定并发布统一的水利数字孪生技术标准框架，明确各项技术和管理流程的标准化要求。推动地方水利部门配合国家政策，在数据共享、系统集成和调度管理等方面进行标准化操作。此外，建立激励机制，鼓励企业、研究机构和地方政府共同参与标准化建设，加快标准的推广和实施。

4.2 技术层面

在技术层面具体策略包括：

（1）数据标准化的实施。逐步统一各地水文、气象等数据的采集、存储和传输格式，确保跨区域的无缝对接。通过建立全国统一的数据传输协议和接口，实现水利设施的互联互通。

（2）模型与算法的标准化。根据各地水文条件，制定通用的水文模型和调度算法，确保各地在应对同一气候或水文条件时决策一致，减少调度差异引发的风险。

（3）设备和基础设施的标准化。水利工程里的各种设施，如监测设备、调度设备、通信设备等方面是整个系统能正常运转的保障[7]。水利设施的监测、通信与调度设备需要实现统一的技术标准，确保其在不同地区的兼容性和互操作性，降低维护成本，提高运营效率。

技术标准化的实施还需有与之配套的管理机制与协同体系。建立统一的管理流程标准化体系，确保地方水利部门与国家层面的协同一致。通过统一的管理标准，地方政府可以在紧急情况下迅速响应，并在跨区域水资源调度和灾害应对中实现高效协作。同时，加强跨区域的信息共享和应急联动机制，确保水利调度和应急预案的执行更加协调和高效。推动管理流程、组织架构、培训体系等方面的标准化，以确保技术与管理的同步发展。

4.3 人才方面

标准化不仅涉及技术与管理，还需要大量的专业人才支持。加强水利数字孪生标准化相关人才的培养，制订人才培养计划，推动技术培训和标准化知识普及。建立知识共享平台，通过行业研讨会、技术交流会等形式，推动水利领域的标准化技术经验分享，形成良好的行业生态。

4.4 网络安全和数据保护方面

在推进标准化的进程中，必须强化网络安全和数据保护的标准建设。通过制定严格的数据安全标准，确保在数据传输、存储和处理过程中不会出现信息泄露或被攻击的风险。构建可靠的数据加密和传输安全机制，保证数字孪生技术平台的安全性和稳定性。

5 结语

通过标准化路径的不断深化，水利数字孪生技术能够充分发挥其优势，实现从数据监测到智能调度、从防灾预警到应急管理的全面提升。如水利部在《水利技术标准体系表》修订中所强调的，水利技术标准对加快发展水利新质生产力、扎实推进水利高质量发展具有导向性、引领性、推动性、基础性作用。水利标准引领水利新质生产力发展，是实现水资源管理智能化和国家水网智慧化发展的关键。通过构建和完善水利技术标准体系，可以全面提升国家水安全保障能力，为水利改革发展提供重要支撑。

参考文献

[1] 方奕舟．基于数字孪生的SW水库数字化平台建设研究［J］．中国水运（下半月），2024，24（10）：33-35.

[2] 中华人民共和国水利部．数字孪生流域建设技术大纲（试行）：水信息〔2022〕147号［Z］．北京：中华人民共和国水利部，2022.

[3] 蔡阳．数字孪生水网建设应着力解决的几个关键问题［J］．中国水利，2024（17）：36-41.

[4] 冶运涛，蒋云钟，曹引，等．以数字孪生水利为核心的智慧水利标准体系研究［J］．华北水利水电大学学报（自然科学版），2023，44（4）：1-16.

[5] 程晓冰．以调水工程标准化管理助力推进国家水网建设［N］．中国水利报，2024-07-06.

[6] 郑浩伟．“三道防线”——科学防汛的新时代选择［N］．中国水利报，2024-06-05（001）.

[7] 钱峰，王琳，赵占锋，等．对“水利测雨雷达”的新质生产力研究［J］．中国水利，2024（18）：1-7.

关于水利标准化工作现状梳理和思考

王兴国　周静雯　张淑华　李建国　武秀侠　赵　晖

（中国水利学会，北京　100053）

摘　要： 加快发展水利新质生产力、推动水利高质量发展需要水利标准化工作提供基础支撑。本文梳理了当前标准化工作的新形势、新要求，总结了水利标准化工作在制度建设、标准体系建设、标准实施监督、标准国际化四个方面取得的显著成果，探讨了扎实推进水利标准化工作的措施建议，为水利标准化相关工作提供参考。

关键词： 水利标准；制度；标准体系

1　标准化发展形势

标准是经济活动和社会发展的技术支撑，是国家基础性制度的重要方面。习近平总书记高度重视标准化工作，指出要“以高标准助力高技术创新，促进高水平开放，引领高质量发展”。2021—2022年，党中央、国务院先后印发《国家标准化发展纲要》《质量强国建设纲要》，描绘了新时代标准化发展和质量建设的宏伟蓝图，明确了标准化在国家治理体系和治理能力现代化中的基础性、引领性作用。随着时代发展和社会需要，对标准化工作提出了更高要求，党的二十大报告中指出“稳步扩大规则、规制、管理、标准等制度型开放”。《中共中央关于进一步全面深化改革 推进中国式现代化的决定》中指出要“健全国家标准体系”“以国家标准提升引领传统产业优化升级”，强调“构建新型基础设施规划和标准体系，健全新型基础设施融合利用机制，推进传统基础设施数字化改造”。

水利部长期将标准化工作摆在突出位置。李国英部长多次就水利标准化工作作出指示，明确指出“进一步规范和加强水利标准化工作，是贯彻落实党中央、国务院《国家标准化发展纲要》的重要举措，是加强法治政府建设，履行水利部门法定职责的必然要求，对推动新阶段水利高质量发展具有基础性、引领性作用”，要“以高水平的标准化推动新阶段水利高质量发展”[1]；在2023年全国水利工作会议上，李国英部长指出要“健全完善水利标准体系”“加快水利标准‘走出去’，提升我国水利标准国际影响力”。在2024年全国水利工作会议上，李国英部长进一步强调“聚焦水文、水资源、水工程等重点领域，加快完善符合高质量发展要求的水利技术标准体系，推动优势领域国际标准制定”。2024年2月，在“研究面向发展新质生产力的水利技术标准体系建设”专题会议上，李国英部长指出“要深刻认识水利技术标准对加快发展水利新质生产力、扎实推进水利高质量发展的导向性、引领性、推动性、基础性作用，坚持统筹高质量发展和高水平安全，统筹水利勘测、规划、设计、建设、运行全生命周期，统筹物理工程与数字孪生，具备预报预警预演预案功能的基本原则，加快建设有利于发展水利新质生产力、扎实推进水利高质量发展的水利技术标准体系”。

2　水利标准化发展现状与挑战

近年来，在水利部党组的坚强领导下，水利标准化工作在制度建设、标准体系建设、标准实施监督等方面取得显著成效，有力支撑水利高质量发展，但是在满足新形势新要求方面亦面临着一些挑战。

作者简介： 王兴国（1991—），男，工程师，主要从事水利标准化方面的工作。

2.1 标准制度建设不断加强

为贯彻落实国家标准化发展新形势新要求，进一步优化水利技术标准制定发布程序，切实增加标准有效供给，2024 年，水利部修订印发《水利标准化工作管理办法》（水国科〔2024〕241 号）。新办法的修订发布：一是加强标准制定源头管理，明确标准制定应充分吸收借鉴行业内外标准成果，积极采用符合我国国情的国际标准相关内容；二是优化精简标准制定程序，明确标准制定包括制定、全面修订和局部修订三种类型，尤其对局部修订程序进行简化，并细化具体要求；三是提高标准制定效率，压缩标准制定周期，原则上强制性标准制定不超过 24 个月，推荐性标准制定不超过 18 个月，全面修订不超过 12 个月，局部修订不超过 8 个月；四是精简标准审查流程，明确将送审稿复审和报批稿审查合并，精简审查环节，加快标准进度管理；五是明确需提请部务会审议的标准界定条件，要求涉及人民生命财产安全、国家安全、生态环境安全、工程安全等贯彻党中央、国务院重大决策，服务国家重大发展战略及水利部党组重要工作部署的标准应提请部务会审议。

2.2 标准体系不断完善

《水利技术标准体系表》（简称《体系表》）是水利行业标准化工作中长期发展规划的主要依据，适用于水利技术标准的编制与管理。水利部于 1988 年、1994 年、2001 年、2008 年、2014 年和 2021 年先后发布实施了六版《体系表》，满足了一段时期以来水利中心工作的实际需要，对水利事业发展发挥了重要支撑保障作用。2024 年国务院政府工作报告中明确提出要“加强标准引领和质量支撑”“实施标准提升行动，加快构建适应高质量发展要求的标准体系”等。为满足加快发展水利新质生产力、推动水利高质量发展对标准的需要，水利部坚持“三统筹、一具备”基本原则，于 2024 年 6 月 12 日修订印发 2024 年版《体系表》。2024 年版《体系表》共收录水利技术标准 644 项，其中包括国家标准 151 项、行业标准 493 项。由“专业门类”和“功能序列”组成的二维框架结构。包含水文、水资源、水生态水环境、水利水电工程、水旱灾害防御、蓄滞洪区、节约用水、河湖管理、水土保持、灌溉排水、农村供水、水利工程移民、数字孪生水利、流域治理管理、综合等 15 个专业门类，以及通用、勘测、规划、设计、施工与安装、监理、验收、运行维护、质量与评价、安全与监督、监测预报、材料与仪器设备、试验与检验检测等 13 个功能序列。

2.3 标准实施监督力度不断加大

通过标准实施效果评估和实施信息反馈机制，了解标准在实施过程中的效益和作用，以及存在的问题，结合复审结论，为标准制修订提供重要依据。组织开展标准专项评估，分批次选取服务于水利重点发展领域和新阶段国家重大战略要求密切相关的标准作为评估对象，摸清标准实施情况，总结评估经验和方法。建立在编标准月度进展统计制度，向标准主持机构定期反馈标准编制进度情况，提高标准编制时效。持续加强标准化农业示范区建设，2 项国家农业标准化示范区项目获批立项，将在提升灌区现代灌排技术标准化和水土保持标准化水平方面有效推进农业农村高质量发展。积极组织开展标准相关奖项推荐申报工作，自 2020 年至今，共 10 项水利标准荣获奖励，其中中国标准创新贡献奖 2 项，标准科技创新奖 8 项。为进一步提高水利技术标准编写质量、促进水利标准化工作全面提质增效，2024 年 5 月 24 日，水利部修订发布《水利技术标准编写规程》（SL/T 1—2024）[2]，完善了适用范围，对标准特征名、引用标准、条文说明、局部修订等进行细化规定，更好地指导水利技术标准编制工作。

2.4 标准国际化水平显著提升

水利部主导的“中国水利部、国家标准化管理委员会与联合国工业发展组织签署基于小水电国际标准协同推进乡村可持续发展的合作谅解备忘录”纳入第三届“一带一路”国际合作高峰论坛成果清单。成功获批立项主导编制小水电、地下水领域 2 项 ISO 国际标准，创新构建中国水利标准外文版体系，收录急需翻译标准 168 项，完成制定 2024—2026 年水利技术标准翻译立项三年计划清单，累计翻译出版 62 项中国水利标准英文版。

3　水利标准化工作面临的挑战

一是标准管理要求掌握不够全面，部分标准化从业人员不能及时掌握制度、办法等文件的最新情况，存在以老要求推进新工作的情况，不利于标准化工作的开展。标准编制进度把控不严，部分编写单位未严格按照标准制修订计划开展编制工作，致使标准发布不能按期完成。

二是部分标准引领性不够高，与相关政策、标准未达到协调一致，重要领域标准缺失或技术内容更新不及时，不能满足水利高质量发展需要，如数字孪生水利、水利工程深埋隧洞勘察等领域。

三是科技成果转化为标准的机制不够完善，标准改革力度需进一步加强，强制性标准管理需进一步强化，标准创新性需进一步激发，亟须提升标准提升引领传统产业优化升级的能力。

四是标准化国际交流与合作水平有待提升，标准国际化合作领域还需深度拓展。

4　扎实推进水利标准化工作的建议

4.1　宣传贯彻《水利标准化工作管理办法》

《水利标准化工作管理办法》是水利标准化工作的重要依据，对规范和加强水利技术标准立项、制定、实施与监督等具有重要作用。采用培训班、座谈会、新闻宣传等多种方式宣贯解读新版《水利标准化工作管理办法》的新要求；以流程图的形式展现标准编制过程，便于标准化从业人员理解编制要求。

4.2　稳步推进 2024 年版《体系表》实施

2024 年版《体系表》是水利标准化工作支持保障加快发展水利新质生产力、推动水利高质量发展的重要体现，指导着水利技术标准的编制与管理。标准制修订项目立项应从体系表内标准进行选取，特别是重要领域急需编制的标准要优先安排。制修订过程中要严格按照《体系表》内要求开展编制工作，尤其是存在合并任务的标准制修订项目。按照动态管理的原则，适时补充纳入新增标准。

4.3　提高标准编制协调管理

充分发挥标准化统筹管理作用，做好标准相关方之间充分沟通、协商一致。相关标准之间加强协调，避免交叉重复。择优选择标准主编单位、参编单位、起草人员，加强标准编制进度管理，加大标准技术审查力度，强化主持机构技术把关作用，提高标准质量。

4.4　加大科技成果转化为标准的力度，提升标准创新性和引领性

研究将科技成果转化为标准等方面的措施与工作规则，结合水利高质量发展要求，鼓励将成熟、先进的科研成果转化为技术标准，并通过信息化手段，开展标准意见征集工作，鼓励更多水利工作者提供成熟、先进的技术成果。对于引领行业发展的新技术新产品等，鼓励以团体标准等市场主导的标准形式先行先试，待条件成熟后行业采信使用，充分发挥标准提升引领传统产业优化升级的作用。

4.5　加强标准对外开放

深化标准化国际交流，开展标准化双多边合作，推动重点领域国际标准制定。持续开展国内外重要涉水标准对比分析研究，为提升我国涉水领域标准与国际标准的一致性程度提供技术支撑。围绕水利技术标准外文版体系，加快水利标准外文版翻译出版工作，持续推进中国水利标准“走出去”。

5　结语

高水平水利标准化工作助力推动水利事业高质量发展。水利标准化工作要立足保障国家水安全，提升水旱灾害防御能力、水资源集约节约利用能力、水资源优化配置能力、江河湖泊生态保护治理能力对标准的需求，切实增加标准有效供给，充分发挥水利技术标准的导向性、引领性、推动性、基础性作用，为加快发展水利新质生产力、推动水利高质量发展提供支撑。

参考文献

[1] 水利部建立面向发展新质生产力的水利技术标准体系 [J]. 中国标准化，2024（13）：35.
[2] 水利部国际合作与科技司. 水利技术标准编写规程：SL/T 1—2024 [S]. 北京：水利水电出版社，2024.

生态流量及其适应性管理

基于场景缩减的河流生态流量过程分析研究

朱 迪 郭 卫 卜 慧 李立平

（长江水利委员会水文局，湖北武汉 430010）

摘 要：本文基于历史天然径流过程的特征指标，采用同步回代缩减技术对历史天然径流过程进行场景缩减，提取表征天然水文情势的河流生态流量过程，以金沙江中游控制性水文站攀枝花站1953—2015年逐旬流量为计算案例，研究结果表明：①本文推求的8种缩减径流场景，不同径流场景过程各异；②根据缩减径流场景计算的攀枝花站生态流量过程，综合了缩减径流场景的变化特征，反映了历史天然径流的水文情势特点，一定程度上可满足鱼类繁殖期所需的流量涨幅需求。研究成果可为金沙江中游梯级水库的生态调度研究提供技术支撑。

关键词：生态流量；场景缩减；金沙江中游

1 引言

坚持生态优先、绿色发展，维护河湖健康生命，实现河湖功能永续利用是水利部2024年重点工作之一[1]。合理确定河流生态流量，是持续复苏河湖生态环境的重要举措之一，也是当前水利科学的研究热点之一[2]。截至目前，河流生态流量计算方法共计200多种，可划分为水文学法、水力学法、生境模拟法和整体分析法等4类[3]。不同计算方法具有一定的生态基础，各有优缺点，尚未形成统一的标准和理论体系，河流生态流量计算仍在不断发展中。

上述4类河流生态流量计算方法，以$7Q_{10}$法[4]、流量历时曲线法[5]、逐月频率法[6]、年内展布法[7] 和Tennant法[8] 等为代表的水文学法，由于计算仅依靠水文径流数据，资料获取难度较低，且具备一定的通用性，应用最为广泛[9]。赵新磊等[10] 采用Tennant法和Q_p法综合确定龙羊峡和刘家峡梯级水库生态流量，并评估计算其生态流量保障度。赵渔亨等[11] 采用Tennant法、IHA-RVA法、Texas法和逐月频率法计算并评估了赣江干流生态流量。随着对河流生态流量研究的进一步加深，部分学者认为天然水文情势下河流生态系统的完整性最好，对于受水库调蓄影响的河流，仿天然流量过程可改善河流生态健康[12]。如何结合流量变化过程，从历史天然流量中提取表征天然水文情势的生态流量过程值得进一步研究。

本文采用场景缩减技术，以历史天然径流过程特征指标作为场景缩减依据，提取表征天然水文情势的河流生态流量过程，以金沙江中游攀枝花水文站1953—2015年逐旬径流为例进行计算分析。研究成果可丰富河流生态流量计算方法，并为河流生态流量调控提供重要参考依据。

2 研究区域概况

金沙江发源于青海省境内唐古拉山中段格拉丹东与尕恰迪如岗山之间，流经青海、西藏、四川、云南、贵州5省（区），是长江上游河段的重要组成部分。流域位于东经90°23′~104°37′，北纬24°28′~35°46′。金沙江流域面积约50万km^2，其中，直门达至石鼓为金沙江上游河段，石鼓至攀枝

基金项目：湖北省自然科学基金计划项目（2024AFB057）；长江水利委员会水文局科技创新基金项目（SWJ-24CJX03）。

作者简介：朱迪（1995—），男，工程师，主要从事水库调度研究工作。

花为金沙江中游河段，攀枝花至宜宾为金沙江下游河段。本文研究区域为金沙江中游河段，流域概化图如图 1 所示。

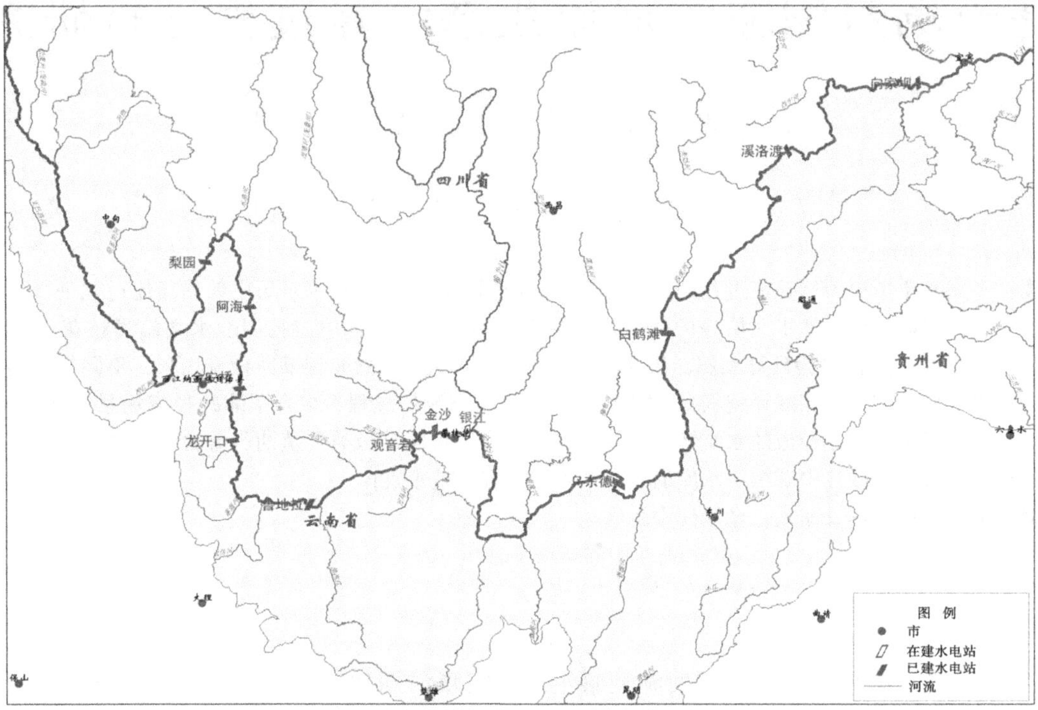

图 1　金沙江中游概化图

金沙江中游河段长约 563.6 km，控制性水文站攀枝花站多年平均径流量为 572 亿 m^3，汛期 6—10 月径流量占全年径流总量的 75%。本文选择攀枝花水文站 1953—2015 年实测逐旬流量资料，并结合金沙江中游梯级水电站运行数据进行了还原计算，得到攀枝花水文站历史天然逐旬径流系列。

3　计算方法

3.1　径流特征指标

本文统计历史天然流量的年径流量、极值流量、标准差、波动情势、月径流量等特征指标，形成特征矩阵，具体如下：

$$\boldsymbol{M}=\begin{bmatrix} \overline{Q}_1 & \cdots & \overline{Q}_y & \cdots & \overline{Q}_Y \\ Q_1^{\min} & \cdots & Q_y^{\min} & \cdots & Q_Y^{\min} \\ Q_1^{\max} & \cdots & Q_y^{\max} & \cdots & Q_Y^{\max} \\ Q_1^{\mathrm{std}} & \cdots & Q_y^{\mathrm{std}} & \cdots & Q_Y^{\mathrm{std}} \\ Q_1^{\mathrm{QC}} & \cdots & Q_y^{\mathrm{QC}} & \cdots & Q_Y^{\mathrm{QC}} \\ Q_1^{\mathrm{Jan}} & \cdots & Q_y^{\mathrm{Jan}} & \cdots & Q_Y^{\mathrm{Jan}} \\ \vdots & & & & \vdots \\ Q_1^{\mathrm{Dec}} & \cdots & Q_y^{\mathrm{Dec}} & \cdots & Q_Y^{\mathrm{Dec}} \end{bmatrix} \tag{1}$$

式中：$\overline{Q}_y$ 为第 y 年径流量；$Q_y^{\min}$ 和 $Q_y^{\max}$ 分别为第 y 年旬最小流量和最大流量；Q_y^{std} 为第 y 年径流标准差；Q_y^{Jan}，…，Q_y^{Dec} 为第 y 年 1—12 月径流量；Q_y^{QC} 为第 y 年波动情势值[13]，按下式计算：

$$\begin{cases} Q_y^{QC} = \alpha_y \beta_y \\ \alpha_y = \sum_{t=1}^{T} |Q_y(t) - \overline{Q}_y| \\ \beta_y = \sum_{t=1}^{T} \theta_y(t) \end{cases} \tag{2}$$

式中：α_y 和 β_y 分别为第 y 年径流量维和形维值；$Q_y(t)$ 为第 y 年第 t 时段流量；T 为总时段数；$\theta_y(t)$ 为相邻两个时段流量形成的转角。

3.2 基于场景缩减的生态流量计算方法

本文采用同步回代缩减（Simultaneous Backward Reduction，SBR）技术[14]，对式（1）构成的特征矩阵进行场景缩减，从而提取表征天然水文情势的生态流量过程，具体如下：

（1）指标归一化。对式（1）中的矩阵 $\boldsymbol{M}$ 每一行指标进行归一化处理，避免数据量级差异的影响，具体如下：

$$x'_{i,j} = \frac{x_{i,j} - x_i^{\max}}{x_i^{\max} - x_i^{\min}} \tag{3}$$

式中：$x'_{i,j}$ 为归一化后的指标；$x_i^{\max}$ 和 $x_i^{\min}$ 分别为样本中第 i 指标的最大值和最小值。

（2）设置场景缩减个数 k，令 $k = 2$。

（3）场景缩减计算。采用 SBR 技术（具体可参考文献［14］）对归一化后的特征矩阵进行场景缩减，得到缩减场景对应的流量过程 $X = [Q_1, Q_2, \cdots, Q_s, \cdots, Q_S]$，$Q_s = [Q_s(1), \cdots, Q_s(T)]$，以及对应的概率 $P = [p_1, p_2, \cdots, p_s, \cdots, p_S]$。

（4）计算生态流量过程。基于减场景对应的流量过程和概率，计算生态流量过程，具体如下：

$$Q^{eco}(t) = \sum_{s=1}^{S} Q_s(t) \times p_s \tag{4}$$

式中：$Q_s(t)$ 为第 s 缩减场景第 t 时段流量；p_s 为第 s 缩减场景概率。

（5）生态流量对比分析。通过计算生态流量过程的年流量、标准差和 C_v 等指标，并与历史天然径流过程的相应指标进行对比，分析场景缩减数目是否合理；若与历史天然过程差异较小，则输出生态流量过程，否则进入步骤（6）。

（6）令 $k = k + 1$，重复步骤（3）～（5）。

3.3 基于 Tennant 法的生态流量评估

本文采用 Tennant 法评判标准对所计算的生态流量过程进行评估，对于金沙江中游河段，鱼类产卵繁殖主要时期集中于 5—7 月[15]。因此，Tennant 法一般用水期为 8 月至次年 4 月，鱼类产卵繁殖期为 5—7 月。Tennant 法对生态流量标准的划分如表 1 所示。

表 1　Tennant 法对生态流量标准的划分

生态流量级别对生态有利程度	推荐径流量标准（多年平均流量百分比）/%	
	一般用水期（8 月至次年 4 月）	鱼类产卵繁殖期（5—7 月）
最大	200	200
最佳范围	60～100	60～100
极好	40	60
非常好	30	50

续表 1

生态流量级别对生态有利程度	推荐径流量标准（多年平均流量百分比）/%	
	一般用水期（8 月至次年 4 月）	鱼类产卵繁殖期（5—7 月）
好	20	40
中	10	30
差	10	10
极差	< 10	< 10

4 计算结果分析

4.1 场景缩减数分析

本文设置场景缩减数 $k = 2 \sim 10$，在不同场景缩减数下，计算推求的攀枝花站生态流量过程的流量平均值、标准差和 C_v 值与天然径流多年平均流量、标准差和 C_v 值的差异，如图 2 所示。

由图 2 可知，总体而言，随着场景缩减数的增加，推求的生态流量过程的流量平均值、标准差和 C_v 值与天然径流的偏差越小。当场景缩减数从 2 增加至 5 时，平均流量偏差、标准差偏差和 C_v 偏差减少显著；当场景缩减数进一步增加至 6 时，平均流量偏差有所增加；当场景缩减数从 6 增加至 8 时，平均流量偏差和标准差偏差均有所减小；当场景缩减数从 8 增加至 10 时，平均流量偏差和标准差偏差变化不同，而 C_v 偏差呈现先增后减的趋势。

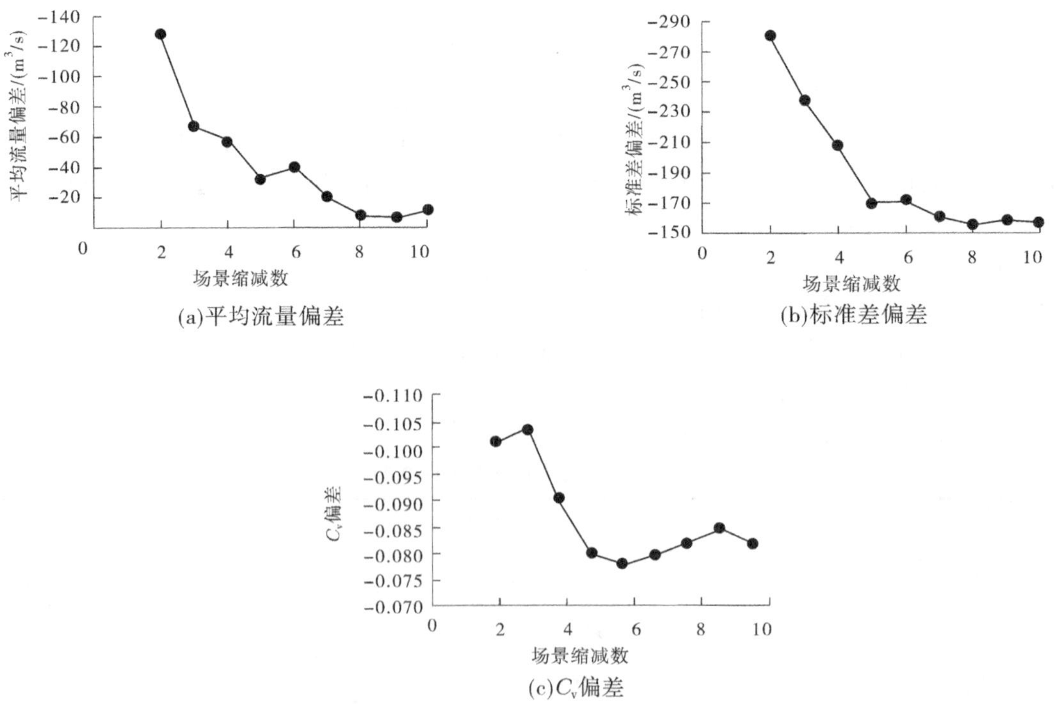

图 2 不同场景缩减数下推求的生态流量过程与天然径流的对比差异

综上所述，本文场景缩减数设置为 8，据此推求的攀枝花站生态流量过程与天然径流在平均流量偏差、标准差偏差和 C_v 偏差等指标方面更为接近。

4.2 生态流量过程分析

根据设置的场景缩减数，本文采用 SBR 技术对式（1）的特征矩阵进行场景缩减，得到相应的缩减径流场景及其频率，并与攀枝花站历史天然径流过程进行对比，如图 3 所示。

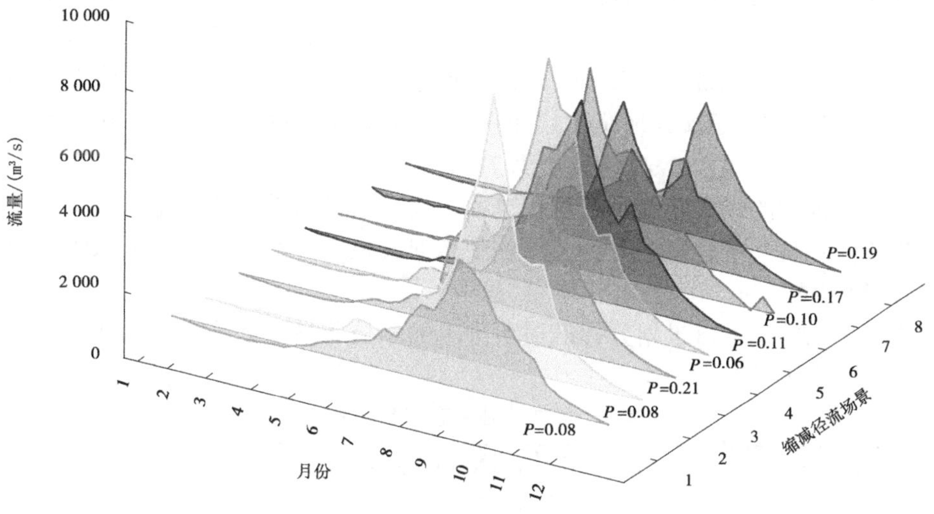

(a)缩减径流场景

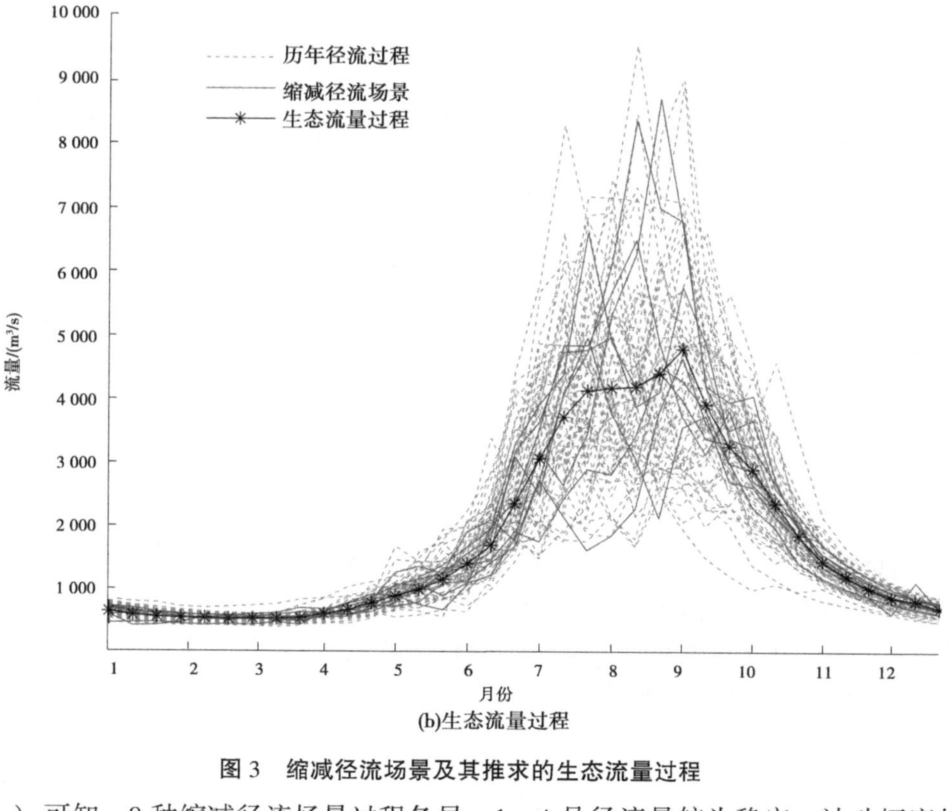

(b)生态流量过程

图 3　缩减径流场景及其推求的生态流量过程

由图 3（a）可知，8 种缩减径流场景过程各异，1—4 月径流量较为稳定，波动幅度较小，均值约为 604 m^3/s；5—9 月，缩减径流场景的流量变化幅度较大，为 788 ~ 7 177 m^3/s，均值约为 3 054 m^3/s；10—12 月，缩减径流场景的流量相较 5—9 月明显减小，流量变化幅度为 713~ 2 919 m^3/s，均值约为 1 507 m^3/s。从缩减径流场景的频率上看，径流场景 1、场景 2 和场景 4 的频率较小，分别为 0. 08、0. 08 和 0. 06，径流场景 3 和径流场景 8 的频率较大，分别为 0. 21 和 0. 19。其中，径流场景 1 的最大旬流量最小，为 4 515 m^3/s；径流场景 2 的最大旬流量最大，为 8 727 m^3/s；径流场景 3 的流量均值最大，为 2 256 m^3/s；径流场景 8 的流量均值最小，为 1 406 m^3/s。

由图 3（b）可知，推求后的攀枝花站生态流量过程体现了缩减径流场景和历史天然径流过程的变化特征。1—4 月的生态流量变幅为 546 ~ 699 m^3/s，均值为 600 m^3/s，变幅较为稳定。5—8 月，生态流量逐步从 1 023 m^3/s 增加至 4 259 m^3/s，且 6 月下旬至 7 月中旬的流量从 2 358 m^3/s 持续上涨至 3 715 m^3/s，每旬上涨速率超过 650 m^3/s，体现了鱼类产卵繁殖对流量涨幅的需求[15]。9 月上旬至 12 月下旬，生态流量逐步从 4 788 m^3/s 减小至 718 m^3/s。

总体而言，本文推求的攀枝花站生态流量过程，具有明显的季节性变化特征，与攀枝花站历史天然径流过程较为相似，且一定程度上符合金沙江中游河段鱼类产卵所需的流量涨幅刺激。

4.3 生态流量过程评估分析

本文采用表 1 所示的生态流量划分标准对所推求的攀枝花站生态流量过程进行评估，结果如表 2 所示。

表 2 攀枝花站生态流量评估结果

月份	生态流量/（m^3/s）	多年平均流量比例/%	评估结果
1	606	33.6	非常好—好
2	546	30.3	非常好—好
3	548	30.4	非常好—好
4	699	38.8	非常好—好
5	1 023	56.7	非常好—好
6	1 824	101.1	最佳范围
7	3 635	201.5	最大
8	4 259	236.1	最大
9	3 988	221.0	最大
10	2 376	131.7	最佳范围—最大
11	1 232	68.3	最佳范围
12	811	44.9	非常好—好

由表 2 可知，1—4 月为一般用水期，相应时期的生态流量与多年平均流量的比例为 30.3% ~ 38.8%，评估结果为非常好—好。5—7 月为鱼类产卵繁殖期，相应时期的生态流量与多年平均流量的比例为 56.7% ~ 201.5%，评估结果为非常好—最大。8—12 月为一般用水期，相应时期的生态流量与多年平均流量的比例为 44.9% ~ 236.1%，评估结果为非常好—最大。总体而言，本文推求的攀枝花站生态流量过程评估结果在非常好以上。

5 结论

基于历史天然径流的年径流量、极值流量、标准差、波动情势、月径流量等特征指标，本文采用 SBR 技术对历史天然径流进行场景缩减，提取生态流量过程，并与历史天然流量和基于 Tennant 法的生态流量划分标准进行对比，以金沙江中游控制性水文站攀枝花站 1953—2015 年逐旬流量为计算案例，得出主要结论如下：

（1）采用 SBR 技术得到的缩减径流场景过程各异，1—4 月径流过程较为平稳，与天然径流过程相似；5—9 月径流变幅较大，基本涵盖了攀枝花站不同典型来水特点。

（2）本文推求的攀枝花站生态流量过程具有明显的季节性变化特点，体现了历史天然径流的水文情势特征，一定程度上可满足金沙江中游河段鱼类产卵繁殖的流量涨幅需求，且根据基于 Tennant 法的生态流量划分标准，可评估为非常好以上。

本文推求了金沙江中游河段断面攀枝花站的生态流量过程，一定程度丰富了河流生态流量计算方法，可为金沙江中游梯级水库开展生态调度提供技术支撑。

参考文献

[1] 李国英．为以中国式现代化全面推进强国建设、民族复兴伟业提供有力的水安全保障：在 2024 年全国水利工作会议上的讲话［J］．中国水利，2024（2）：1-9.

[2] 张卫国，杨淇翔，张修宇．基于改进年内展布法的河道基本生态需水过程分析研究［J/OL］．水电能源科学，2024（7）：16-19，136.

[3] 费启航，彭涛，由星莹，等．基于四大家鱼栖息地模拟的汉江下游生态流量研究［J］．人民长江，2023，54（10）：35-43.

[4] Nnaji G A，Huang W，Gitau M W，et al. Frequency analysis of minimum ecological flow and gage height in Suwannee river，Florida［J］．Journal of Coastal Research，2014（68）：152-159.

[5] Tharme R E. A global perspective on environmental flow assessment：emerging trends in the development and application of environmental flow methodologies for rivers［J］．River Research and Applications，2003，19（5-6）：397-441.

[6] 李捷，夏自强，马广慧，等．河流生态径流计算的逐月频率计算法［J］．生态学报，2007，（7）：2916-2921.

[7] 潘扎荣，阮晓红，徐静．河道基本生态需水的年内展布计算法［J］．水利学报，2013，44（1）：119-126.

[8] Tennant D L. Instream flow regimens for fish，wildlife，recreation and related environmental resources［J］．Fisheries，1976，1（4）：6-10.

[9] 崔福宁，朱迪，卜慧，等．梯级水库中长期仿天然水文情势的生态流量多目标调度［J］．水生态学杂志,2024,45（1）:1-9.

[10] 赵新磊，李姝蕾，尚文绣．龙羊峡和刘家峡梯级水库生态流量核定与保障［J］．南水北调与水利科技（中英文），2024，22（3）：473-481.

[11] 赵渔亨，晁立强，王远坤，等．基于水文学法的生态流量适宜性评价研究［J］．人民长江，2024，55（2）：101-108，124.

[12] Poff N L，Allan J D，Bain M B. The natural flow regime：A paradigm for river conservation and restoration［J］. BioScience，1997，47（11）：769-784.

[13] 王现勋，梅亚东，肖伟华，等．基于量维和形维的风水联合出力波动量化评估［J］．华中科技大学学报（自然科学版），2016，44（5）：103-107，132.

[14] 李伟楠，王现勋，梅亚东，等．基于趋势场景缩减的水风光协同运行随机模型［J］．华中科技大学学报（自然科学版），2019，47（8）：120-127.

[15] 徐薇，丁胜祥，陈音超，等．金沙江中游梨园水电站生态调度试验及效果分析［J］．人民长江，2023，54（9）：82-90.

淮河流域生态流量保障管理成效评估研究

樊孔明[1]　曹炎煦[2]　郑紫薇[3]

（1. 淮河水利委员会水文局（信息中心），安徽蚌埠　233001；
2. 水利部淮河水利委员会，安徽蚌埠　233001；
3. 安徽淮河水资源科技有限公司，安徽蚌埠　233001）

摘　要： 保障生态流量事关河湖健康及其生态服务功能的发挥，流域河湖生态流量保障工作迈入全面监管时期，需及时、科学地对生态流量保障管理成效进行评估。生态流量管理涉及水文监测、预警响应、工程调度和取用水管控等多方面，其成效评估是一项系统工程。本文在对近年生态流量管理工作经验总结的基础上，构建评估指标体系，并对流域各省管理成效进行定量定性评估，从而有针对性地提出改进工作的对策和建议。

关键词： 生态流量；淮河流域；指标体系

1　背景

河湖生态流量是指为了维系河流、湖泊等水生态系统的结构和功能，需要保留在河湖内符合水质要求的流量（水量、水位）及其过程。保障河湖生态流量，事关江河湖泊健康，事关生态文明建设，事关高质量发展。为大力推进生态文明建设，切实依法加强河湖生态流量管理，水利部于2020年制定并印发了《水利部关于做好河湖生态流量确定和保障工作的指导意见》（水资管函〔2020〕67号），对河湖生态流量确定和保障工作作出部署，提出明确要求，明确了主要目标，要求“建立河湖生态流量评估机制”。按照水利部统一部署，淮河水利委员会组织开展了淮河流域生态流量保障工作，取得显著成效，目前淮河流域研究确定了淮河干流、沙颍河、南四湖等17条重点河湖生态流量目标并由水利部印发实施，研究制定了该17条重点河湖生态流量保障实施方案并相继印发，流域河湖生态流量保障工作迈入全面监管时期。生态流量保障管理工作成效如何，存在何种问题，需要及时总结评估，而生态流量保障工作涉及水文监测、预警响应、工程调度和取用水管控等多方面，其成效评估是一项系统工程。只有系统全面地对各省生态流量管理各环节工作进行评估，才能有效地发现其日常工作开展中存在的问题，从而有针对性地提出改进工作的对策和建议。

本文在近年生态流量管理工作经验总结的基础上，结合淮河流域实际情况，提出了淮河流域生态流量保障管理成效评估指标体系，制订了评估方案，并以2022年流域生态流量管理工作情况为基础，对管理成效进行了评估，针对评估结论提出工作建议。

2　指标体系构建及评估方案制订

2.1　指标选取

围绕管理的实际需要，在参考有关文献和专家咨询的基础上确定指标体系，指标体系由目标层 O、准则层 P 和指标层 Q 构成。

（1）目标层 O：为评价体系的总目标，仅有一个元素，用 U 表示。

（2）准则层 P：从不同的评价角度出发，由4个指标构成，生态流量监测、生态流量预警、生态

作者简介： 樊孔明（1987—），男，高级工程师，主要从事水文水资源分析评价工作。

流量调度和生态流量目标满足状况，用 U_i 表示，$i=1\sim4$。

（3）指标层 Q：为准则层 U_i 对应的风险因子，用 U_{ij} 表示，$i=1\sim4$，$j=1\sim m$，m 的数量和具体指标由进一步调查和通过专家咨询分析确定。

生态流量监测：监测是生态流量管理的基础，断面监测数据能否及时上报、信息是否准确、监测要素是否齐全并满足要求，直接影响着日常预警响应、工程调度和取用水管控等工作的开展，因此考虑到断面监测方面涉及的因素，设定 7 项二级指标，分别为重点河湖生态流量监测方案等相关文件制定状况、监测频次满足状况、监测要素满足状况、监测自动化状况、监测精度满足状况、信息传输与报送状况、预警平台建设状况。

生态流量预警及响应：预警是生态流量管理的有效手段，通过日常预警，能够提醒督促各省在工程调度和取用水管控方面提前采取有效的措施，以保证年终考核时断面生态流量达标。考虑到生态流量预警方面涉及的因素，设定 3 个二级指标，分别为河湖生态流量预警方案等相关文件制定状况、预警信息发布状况、对淮河水利委员会发布的预警及响应状况。

生态流量调度：工程调度是保障生态流量的重要措施，生态流量调度效果的好坏关乎生态流量是否能够及时解除预警，重点关注生态流量调度文件是否制定，上游工程是否及时启用、水量是否及时足量下泄，是否加强对控制断面生态流量保障具有直接影响的大中型取水口取水进行管控，因此设立 3 项二级指标，分别为生态流量调度相关文件制定状况、重点河湖控制断面上游工程调度状况、对控制断面生态流量保障具有直接影响的大中型取水口取水管控状况。

生态流量目标满足状况：目标满足状况是直接体现生态流量管理成效好坏的量化指标，水利部最严格水源管理制度考核目前也是主要依据此指标来定考核结论，因此设立 1 项二级指标，为生态流量目标满足状况。

具体指标体系构成见表 1。

表 1　指标体系构成

<table>
<tr><th>目标层 O</th><th>准则层 P</th><th>指标层 Q</th></tr>
<tr><td rowspan="14">淮河流域重点河湖生态流量预警响应与管理成效评估指标（U）</td><td rowspan="7">生态流量监测状况指标（U_1）</td><td>重点河湖生态流量监测方案等相关文件制定状况（U_{11}）</td></tr>
<tr><td>监测频次满足状况（U_{12}）</td></tr>
<tr><td>监测要素满足状况（U_{13}）</td></tr>
<tr><td>监测自动化状况（U_{14}）</td></tr>
<tr><td>监测精度满足状况（U_{15}）</td></tr>
<tr><td>信息传输与报送状况（U_{16}）</td></tr>
<tr><td>预警平台建设状况（U_{17}）</td></tr>
<tr><td rowspan="3">生态流量预警及响应状况指标（U_2）</td><td>河湖生态流量预警方案等相关文件制定状况（U_{21}）</td></tr>
<tr><td>预警信息发布状况（U_{22}）</td></tr>
<tr><td>对淮委发布的预警及响应状况（U_{23}）</td></tr>
<tr><td rowspan="3">生态流量调度状况指标（U_3）</td><td>生态流量调度相关文件制定状况（U_{31}）</td></tr>
<tr><td>重点河湖控制断面上游工程调度状况（U_{32}）</td></tr>
<tr><td>对控制断面生态流量保障具有直接影响的大中型取水口取水管控状况（U_{33}）</td></tr>
<tr><td>生态流量目标满足状况指标（U_4）</td><td>生态流量目标满足状况（U_{41}）</td></tr>
</table>

2.2 指标权重和分值确定

2.2.1 AHP 确定权重集方法介绍

AHP（层次分析法）是一种科学、有效的权重确定方法，针对多目标、多准则的复杂问题，在深入分析的基础上，将各影响因素划分为有条理、多层次的评价系统。根据专家的经验判断各影响因素之间的相对重要程度，并给出每个影响因素的权重，其主要步骤如下。

（1）根据标度理论，构建各影响因素集中元素两两之间的判断矩阵：

$$A=(a_{ij})_{m\times n} \tag{1}$$

式中：a_{ij} 为影响因素 U_i 相对于影响因素 U_j 的重要程度。

一般情况下，标度 a_{ij} 的取值为 1~9，且 $a_{ij}=1/a_{ji}$。标度值的意义见表 2。

表 2　层次分析法因素判断标度值

标度	意义	标度	意义
1	表示因素 U_i 与 U_j 同样重要	7	表示因素 U_i 比 U_j 强烈重要
3	表示因素 U_i 比 U_j 稍微重要	9	表示因素 U_i 与 U_j 极端重要
5	表示因素 U_i 与 U_j 明显重要	2、4、6、8	表示上述相邻判断的中间值

（2）计算判断矩阵的最大特征值 $\lambda_{\max}$。先计算判断矩阵 $\boldsymbol{A}$ 中的每一行元素的乘积 $M_i=\prod_{j=1}^{n}a_{ij}$；再求 M_i 的 n 次方根 $W_i=\sqrt[n]{M_i}$；得到向量 $\overline{\boldsymbol{W}}=[\overline{W_1},\ \overline{W_2},\ \cdots,\ \overline{W_n}]$，归一化处理后，获得判断矩阵 $\boldsymbol{A}$ 的特征向量 $\overline{\boldsymbol{\omega}}=[\overline{\omega_1},\ \overline{\omega_2},\ \cdots,\ \overline{\omega_n}]$。其中 $\overline{\omega_i}$ 为影响因素的 U_i 权重，$\overline{\boldsymbol{\omega}}$ 为影响因素集 U 的权重集。最后求得最大特征值为

$$\lambda_{\max}=\sum_{i=1}^{n}\frac{(A\overline{\omega})_i}{n\overline{\omega_i}} \tag{2}$$

（3）检验判断矩阵的一致性。一致性比值为

$$\mathrm{CR}=\frac{\mathrm{CI}}{\mathrm{RI}} \tag{3}$$

式中：CI 为一致性指标，$\mathrm{CI}=\frac{\lambda_{\max}-n}{n-1}$；RI 为平均随机一致性指标。对于 1~9 阶判断矩阵 RI 的取值见表 3。

表 3　平均随机一致性指标 RI

n	RI	n	RI	n	RI
1	0	4	0.9	7	1.32
2	0	5	1.12	8	1.41
3	0.58	6	1.24	9	1.45

一般认为 CR≤0.1 时，判断矩阵的一致性是可以接受的，即权重集 $\overline{\boldsymbol{\omega}}$ 有效。

2.2.2 权重确定

先确定准则层生态流量监测状况指标（U_1）、生态流量预警及响应状况指标（U_2）、生态流量调

度状况指标（U_3）、生态流量目标满足状况指标（U_4）4 项指标的权重，其判断矩阵为 $\boldsymbol{A}$。生态流量监测状况指标（U_1）判断矩阵为 $\boldsymbol{A}_1$，生态流量预警及响应状况指标（U_2）判断矩阵为 $\boldsymbol{A}_2$，生态流量调度状况指标（U_3）判断矩阵为 $\boldsymbol{A}_3$，生态流量目标满足状况指标（U_4）判断矩阵为 $\boldsymbol{A}_4$。

生态流量管理涉及水文监测、预警响应、工程调度和取用水管控等多方面，其成效评估是一项系统性、综合性工程，在日常管理工作中，生态流量监测、预警及响应、调度状况同等重要，标度互为 1；在本次评估体系构建中，将生态流量目标满足状况作为最终结果，与其他 3 项指标相比略显重要，其余 3 项指标的标度定为 2，最终判断矩阵 $\boldsymbol{A}$ 构建见表 4～表 8。

表 4　判断矩阵 $\boldsymbol{A}$

$\boldsymbol{A}$	U_1	U_2	U_3	U_4
U_1	1	1	1	1/2
U_2	1	1	1	1/2
U_3	1	1	1	1/2
U_4	2	2	2	1

表 5　判断矩阵 $\boldsymbol{A}_1$

$\boldsymbol{A}_1$	U_{11}	U_{12}	U_{13}	U_{14}	U_{15}	U_{16}	U_{17}
U_{11}	1	1	1	1	1	1	1
U_{12}	1	1	1	1	1	1	1
U_{13}	1	1	1	1	1	1	1
U_{14}	1	1	1	1	1	1	1
U_{15}	1	1	1	1	1	1	1
U_{16}	1	1	1	1	1	1	1
U_{17}	1	1	1	1	1	1	1

表 6　判断矩阵 $\boldsymbol{A}_2$

$\boldsymbol{A}_2$	U_{21}	U_{22}	U_{23}
U_{21}	1	1/3	1/3
U_{22}	3	1	1
U_{23}	3	1	1

表 7　判断矩阵 $\boldsymbol{A}_3$

$\boldsymbol{A}_3$	U_{31}	U_{32}	U_{33}
U_{31}	1	1/3	1/3
U_{32}	3	1	1
U_{33}	3	1	1

表 8　判断矩阵 $\boldsymbol{A}_4$

$\boldsymbol{A}_4$	U_{41}
U_{41}	1

经计算，CR 值均为 0，均小于 0.1，通过一致性检验。准则层和指标层权重见表 9。

表 9　评估指标权重

准则层		指标层		权重
指标	权重	指标	权重	
生态流量监测状况指标（U_1）	0.2	重点河湖生态流量监测方案等相关文件制定状况（U_{11}）	0.143	0.028 6
		监测频次满足状况（U_{12}）	0.143	0.028 6
		监测要素满足状况（U_{13}）	0.143	0.028 6
		监测自动化状况（U_{14}）	0.143	0.028 6
		监测精度满足状况（U_{15}）	0.143	0.028 6
		信息传输与报送状况（U_{16}）	0.143	0.028 6
		预警平台建设状况（U_{17}）	0.143	0.028 6
生态流量预警及响应状况指标（U_2）	0.2	河湖生态流量预警方案等相关文件制定状况（U_{21}）	0.14	0.028 0
		预警信息发布状况（U_{22}）	0.43	0.086 0
		对淮委发布的预警及响应状况（U_{23}）	0.43	0.086 0
生态流量调度状况指标（U_3）	0.2	生态流量调度相关文件制定状况（U_{31}）	0.14	0.028 0
		重点河湖控制断面上游工程调度状况（U_{32}）	0.43	0.086 0
		对控制断面生态流量保障具有直接影响的大中型取水口取水管控状况（U_{33}）	0.43	0.086 0
生态流量目标满足状况指标（U_4）	0.4	生态流量目标满足状况（U_{41}）	1	0.400 0

2.2.3　指标分值确定

本次评估采用 100 分制，相应的指标分值为 100 与相应权重的乘积，具体见表 10。

表 10　评估指标分值

序号	评估内容	评估指标	分值
1	生态流量监测状况（20）	1.1　重点河湖生态流量监测方案等相关文件制定状况	2.86
		1.2　监测频次满足状况	2.86
		1.3　监测要素满足状况	2.86
		1.4　监测自动化状况	2.86
		1.5　监测精度满足状况	2.86
		1.6　信息传输与报送状况	2.86
		1.7　预警平台建设状况	2.86
2	生态流量预警及响应状况（20）	2.1　河湖生态流量预警方案等相关文件制定状况	2.8
		2.2　预警信息发布状况	8.6
		2.3　对淮委发布的预警及响应状况	8.6

续表 10

序号	评估内容	评估指标	分值
3	生态流量调度状况（20）	3.1　生态流量调度相关文件制定状况	2.8
		3.2　重点河湖控制断面上游工程调度状况	8.6
		3.3　对控制断面生态流量保障具有直接影响的大中型取水口取水管控状况	8.6
4	生态流量目标满足状况（40）	4.1　生态流量目标满足状况	40

2.3　评估方案制订

本节主要是在前文构建的指标体系基础上，针对16项二级指标逐一提出具体的评估方案，对评估内容进行详细阐述，确定计分方法以及特殊问题的处理策略，并制订评估等级的划分方案。赋分方法是先对各个控制断面按照此标准逐一赋分，以省（区）所辖控制断面分数的平均值作为该省（区）管理成效的最终得分。评估体系指标见表11。

表11　评估体系指标

序号	评估内容	评估指标	分值	赋分标准
1	生态流量监测状况（20）	1.1　重点河湖生态流量监测方案等相关文件制定状况	2.86	满足条件计2.86分，缺少材料不得分
		1.2　监测频次满足状况	2.86	满足要求计2.86分，不满足不得分
		1.3　监测要素满足状况	2.86	满足要求计2.86分，不满足不得分
		1.4　监测自动化状况	2.86	实现在线监测计2.86分，否则不得分
		1.5　监测精度满足状况	2.86	满足精度要求计2.86分，不满足不得分
		1.6　信息传输与报送状况	2.86	自动报送完整监测信息计2.86分，仅通过人工手段报送数据（如Excel）计1.43分；未按要求及时上报监测信息或上报信息有误的，出现一次扣0.5分，扣完为止
		1.7　预警平台建设状况	2.86	建立监测预警平台且信息全面完善的，计2.86分，未建立则不得分
2	生态流量预警及响应状况（20）	2.1　河湖生态流量预警方案等相关文件制定状况	2.8	满足条件计2.8分，缺少材料不得分
		2.2　预警信息发布状况	8.6	对淮河流域及省内重点河湖各个控制断面自主开展了预警信息发布工作的，本项计满分；出现断面流量（水量/水位）小于该断面生态流量保障目标预警值省（区）却未发布预警的，本项计零分
		2.3　对淮委发布的预警及响应状况	8.6	根据各省对淮委发布预警信息的响应次数比例，乘以该单项满分值进行赋分

续表 11

序号	评估内容	评估指标	分值	赋分标准
3	生态流量调度状况（20）	3.1　生态流量调度相关文件制定状况	2.8	满足条件计 2.8 分，缺少材料不得分
		3.2　重点河湖控制断面上游工程调度状况	8.6	根据各省针对淮委发布的预警信息组织开展调度的次数比例，乘以该单项满分值进行赋分
		3.3　对控制断面生态流量保障具有直接影响的大中型取水口取水管控状况	8.6	根据各省针对淮委发布的预警信息组织开展取水管控的次数比例，乘以该单项满分值进行赋分
4	生态流量目标满足状况（40）	4.1　生态流量目标满足状况	40	以控制断面生态流量目标得到满足的比例乘以该单项满分值进行赋分，再按照各省所负责保障的所有控制断面分数的平均值作为该省在本项的得分

3　评估结论

根据流域各省生态流量监测状况、生态流量预警及响应状况、生态流量调度状况和生态流量目标满足状况 4 个一级指标评估情况，最终河南省生态流量预警响应及管理成效赋分 86.06 分，评估等级为良好；湖北省赋分 82.73 分，评估等级为良好；安徽省赋分 87.75 分，评估等级为良好；江苏省赋分 95.95 分，评估等级为优秀；山东省赋分 95.99 分，评估等级为优秀。

淮河流域各省 2022 年生态流量预警响应及管理成效评估见表 12。

表 12　淮河流域各省 2022 年生态流量预警响应及管理成效评估

省份	监测状况（20 分）	预警及响应状况（20 分）	调度状况（20 分）	目标满足状况（40 分）	合计（100 分）	评估等级
河南省	16.05	17.28	18.47	34.26	86.06	良好
湖北省	10.01	20	18.28	34.44	82.73	良好
安徽省	18.10	18.13	17.54	33.98	87.75	良好
江苏省	19.43	16.56	20	39.96	95.95	优秀
山东省	18.86	17.13	20	40	95.99	优秀

根据表 12，分析各省主要扣分点和原因。

3.1　河南省

（1）监测状况扣 3.95 分，主要因为罗山断面和平桥断面监测能力不足。

（2）预警及响应状况扣 2.72 分，主要是对淮委发布的周口断面 10 月预警及班台断面 3 月预警未响应。

（3）调度状况扣 1.53 分，主要是因为包浍河耿庄闸断面发布预警信息后、包浍河黄口集闸断面 9 月预警发布后，未及时采取工程调度等措施。

（4）目标满足状况扣 5.74 分，主要是付桥闸生态流量目标满足程度不达标、耿庄闸生态流量目标满足程度不高。

3.2　湖北省

（1）监测状况扣 9.99 分，主要因为魏家冲断面监测能力不足。

（2）预警及响应状况未扣分。

（3）调度状况扣 1.72 分，主要是因为 1 月浉河南界漫水坝断面生态水量不达标，省（区）未及时采取工程调度等措施。

（4）目标满足状况扣 5.56 分，主要是因为南界漫水坝断面生态流量目标满足程度不高。

3.3 安徽省

（1）监测状况扣 1.90 分，主要因为枯河闸断面监测能力不足。

（2）预警及响应状况扣 1.87 分，主要是对淮委发布的蒋坝断面 6 月预警、池河明光断面 1 月、3 月、9 月预警及耿庄闸断面 5 月预警未响应。

（3）调度状况扣 2.46 分，主要是因为淮河干流蚌埠（吴家渡）、包浍河耿庄闸断面发布预警信息后，流量仍长时间不满足生态流量要求，并且未收集到断面上游重要取水口取水管控证明文件。

（4）目标满足状况扣 6.02 分，主要是蚌埠（吴家渡）生态流量目标满足程度偏低。

3.4 江苏省

预警及响应状况扣 3.44 分，主要是对淮委发布的蒋坝断面 6 月预警、10 月港上断面预警未响应。

3.5 山东省

（1）监测状况扣 1.14 分，主要因为大官庄断面未实现监测自动化，信息报送不满足要求。

（2）预警及响应状况扣 2.87 分，主要是对淮委发布的 10 月港上断面预警未响应。

4 建议

4.1 进一步提高对生态流量保障工作意义的认识

目前流域各省（区）对生态流量保障的必要性和重要意义认识不足，仍然普遍存在因生态流量考核压力而被动推动生态流量保障工作的问题。此外，尽管生态流量保障实施方案中提出要通过工程调度和取用水管控两种手段来保障生态流量，但在实际发生预警时，很少有省（区）采取限制工业农业等生产用水的措施，用水优先次序依旧是习惯把生态用水置于生产用水之后。各级水行政主管部门要进一步提高政治站位，要把生态流量保障作为践行习近平生态文明思想和二十大关于江河湖库生态保护治理论述的重要体现，充分认识到生态流量保障工作的必要性和重要意义，积极主动地推进生态流量保障工作，满足人民群众对美好生态环境的需求[1]。

4.2 进一步强化水文对生态流量保障工作的支撑作用

水文是水利行业的基础，在防洪除涝方面一直发挥着重要作用，而在新形势下，生态流量保障作为水资源管理和保护的重要内容，其预警和考核评估等环节均需要水文基础信息的支撑，这对水文提出了更高要求。传统的水文关注中高水监测，资料的整编报送基本以月为尺度，而生态流量保障工作需要关注低枯水监测，且对信息的报送要求更高，根据已印发的生态水量保障实施方案，部分站点要求每月 21 日报送当月 1—20 日累计水量，这就与传统的水文整编技术规范要求不同，需要及时利用实测流量资料统计出逐日平均流量，再以逐日流量资料核算水量。此外，水行政主管部门对水文领域往往不熟悉，水文部门对生态流量管控的要求也不甚了解，缺乏有效沟通，导致水文信息报送达不到要求。因此，建议水行政主管部门应加强与水文部门沟通，充分认识到水文的支撑作用，水文部门也应主动担当，进一步提高监测能力和水平，协同推进生态流量保障工作[2]。

4.3 进一步加强生态流量保障工作监管力度

目前，淮委 17 条重点河湖生态流量保障实施方案均已印发，对各省（区）水文信息报送、预警响应、工程调度以及取用水管控等方面均提出了明确要求，但在实际工作过程中，部分省（区）并未能够按照实施方案要求执行。例如，部分站点不能做到每月 21 日报送当月 1—20 日累计下泄水量，鲜少有省份在预警期间将水情情势以及重要水利工程的调度指令、启闭情况、蓄水位和下泄水量等信息报送淮委，而淮委往往由于缺乏工程调度、取用水实时信息而无法有效地判定生态流量不达标原因。建议淮委按照生态流量保障实施方案等有关规定和要求，进一步对省（区）生态流量保障工作加强监管和督促[3]。

参考文献

[1] 杨谦．推进生态流量管理全覆盖 维护长江健康水生态［J］．中国水利，2020（15）：40-43.
[2] 付小峰，庞兴红，韦翠珍．淮河流域重要河湖生态流量保障现状与对策研究［J］．中国水利，2022（7）：67-70.
[3] 水利部淮河水利委员会．数字孪生淮河总体规划（征求意见稿）.

陆浑水库和故县水库生态流量核定研究

李姝蕾　贺逸清　苏　琼

（黄河勘测规划设计研究院有限公司，河南郑州　450003）

摘　要：水利水电工程对调节河川径流、合理配置水资源、维系河湖健康生命等方面具有不可替代的作用。水利部高度重视水库生态流量泄放工作。本文综述了近年来水利工程生态流量核定方法及其应用，以伊洛河陆浑水库和故县水库生态流量核定为例，展示了已建并联水库的生态流量核定方法。结果显示陆浑水库生态流量为 2.2 m^3/s，故县水库生态流量为 2.5 m^3/s，长期保证率均不低于 90%。陆浑水库和故县水库对生态流量均有较好的保障能力，与伊洛河干流已批复生态流量的控制断面具有良好的协调性。

关键词：已建水利水电工程；生态流量核定；伊洛河；故县水库；陆浑水库

1　研究背景

水利水电工程在调节河川径流、合理配置水资源、维系河湖健康生命、复苏河湖生态环境、支撑经济社会高质量发展方面具有不可替代的作用。我国高度重视水库生态流量泄放工作。2022 年水利部启动了《已建水利水电工程生态流量核定与保障先行先试工作方案》，旨在合理核定已建工程生态流量目标、强化生态流量监管体制。伊洛河属于水利部和河南省水利厅已批复的生态流量保障目标的跨省重点河湖。伊洛河干流已建故县、陆浑 2 座大型水库，径流调蓄能力较强，其生态流量泄放对复苏伊洛河生态环境作用显著，但是由于陆浑水库和故县水库建设时间早，设计建设期间并未考虑生态流量问题，因此陆浑水库和故县水库生态流量核定与保障研究对保障伊洛河生态流量、复苏伊洛河生态环境、促进人水和谐共生具有重要意义。

水利水电工程生态流量泄放在实际调度工作中具有大量应用实例[1-4]。生态流量核定方法的研究是水资源管理中的重要课题，旨在保障河流生态系统的健康和稳定。综合评估法为结合多种方法对生态流量进行综合评估[5-6]；基于“三生”用水平衡的可达性评估方法为通过对区域用水户和水利工程的调蓄作用进行概化，判断研究区域内水资源量和水利工程调蓄能力能否满足当前核定的生态流量目标的方法[7]；面积比拟法为在缺乏实测水文资料的情况下，通过比较不同流域的径流系数来推算目标断面的径流量[8]。生态流量核定方法众多，各有优缺点。实际应用中，应根据具体流域的水资源条件、生态环境需求和管理目标，选择合适的方法或综合多种方法进行生态流量的核定和保障[9-13]。

本文面向先行先试工作要求，以纳入工程名录的伊洛河陆浑水库和故县水库为研究对象，建立了已建并联水库生态流量核定方法，提出了生态流量推荐值，分析了 2 座水库生态流量保障面临的问题与解决思路。

2　研究方法

2.1　生态流量核定步骤

首先，分析已有生态流量目标计算过程存在的问题，开展生态流量目标复核计算；其次，针对已批复目标和复核计算成果，开展生态流量目标保障程度分析、生态流量下泄对水库原有任务和功能的

作者简介：李姝蕾（1993—），女，工程师，主要从事水文水资源研究工作。

影响分析，初步拟定合理生态流量范围；再次，开展伊洛河流域水量平衡分析，分析生态流量目标与河流主要控制断面生态流量目标的协调性，进一步缩小生态流量合理范围。最后，结合上述分析成果，按照统筹协调、综合平衡原则，综合核定工程生态基流目标。参考水利部颁布的重点河湖生态流量保障目标，生态流量保证率应不小于90%。该保证率要求最初指的是在来水频率90%的枯水年可完全保障生态基流，即长系列不小于90%的年份生态基流达标，但在实践运用中转变为考核期内生态基流达标天数占比不小于90%。本文采用实践中的保证率考核方法。

2.2 生态流量计算方法

采用Tennant法和 Q_P 法计算生态流量合理范围，数据采用故县水库工程断面1980—2016年系列多年平均天然径流量7.74亿 m^3 和陆浑水库工程断面1980—2016年系列多年平均天然径流量5.42亿 m^3。Tennant法采用历史天然流量资料，确定年内不同时段生态流量采用天然径流量的不同百分比。选择Tennant法“一般”至“优秀”等级作为生态流量取值范围，即水量较枯时段生态流量取值范围宜控制在多年平均天然流量的10%~40%，水量较丰时段生态流量取值范围宜控制在多年平均天然流量的30%~60%。Q_P 法对天然月径流系列中每年的最枯月进行排频，选择特定频率下的径流量作为生态流量。本文将90%的频率作为生态流量下限值。

2.3 生态流量控制条件

水利部和河南省水利厅已在伊洛河流域干流河段4个断面设置了生态流量控制指标，见表1。

表1 伊洛河生态流量控制条件

断面	流量控制指标/（m^3/s）	依据
陆浑水库	2.2	《河南省水利厅关于印发〈第三批重点河湖生态流量保障目标〉的函》（豫水资函〔2022〕31号）
故县水库	2.1	
龙门镇	3.0	
长水	2.0	
白马寺	4.1	
河口街	2.1（月均最小生态流量）	《水利部关于印发〈伊洛河流域水量分配方案〉的通知》（水资管函〔2019〕139号）
黑石关	8.0	《水利部关于印发〈第二批重点河湖生态流量保障目标〉的函》（水资管〔2020〕285号）

2.3.1 故县水库已有调度任务

故县水库以防洪为主，兼有灌溉、发电、供水等综合利用；设计发展农田灌溉102万亩（1亩=1/15 hm^2），设计向洛阳市和宜阳县城市工业供水引水流量5 m^3/s。电站装机容量为60 MW（3×20 MW），单机设计流量36 m^3/s，多年平均发电量1.45亿~1.76亿kW·h。水库正常运用方式分前汛期（7—8月）和后汛期（9—10月），前汛期防洪限制水位527.3 m时，后汛期防洪限制水位534.3 m，8月下旬库水位由527.3 m向534.3 m过渡；城市工业生活供水保证率为95%，农业灌溉供水保证率为75%。

2.3.2 陆浑水库已有调度任务

陆浑水库以防洪为主，兼顾灌溉、发电、供水等综合利用；设计灌溉面积180万亩，其中利用当地地表水资源灌溉的设计灌溉面积45.76万亩，利用陆浑水库供水的设计灌溉面积134.24万亩。向洛阳市城市供水5 000万 m^3，为汝州华星水务供水2 808万 m^3，为伊川第二、三发电厂供水2 248万 m^3（用再生水替换部分地表水，现状批复水量1 764万 m^3）。电站装机容量为12.2 MW。陆浑水库的前汛期（7月1日至8月31日）汛限水位317.0 m，后汛期（9月1日至10月31日）汛限水位317.5 m，城市工业生活供水保证率为95%，农业灌溉供水保证率为50%。

2.4 水库调度模型

建立单个水库调度模型模拟陆浑水库和故县水库设置生态流量的调度情况，计算时间尺度为旬，模型主要遵守以下约束条件：

水库水位约束：

$$Z_{\min} \leqslant Z_t \leqslant Z_{t\max} \tag{1}$$

水库下泄能力约束：

$$0 \leqslant R_t \leqslant R_{t\max} \tag{2}$$

断面流量控制指标约束：

$$Q_{t\min} \leqslant Q_t \tag{3}$$

式中：t 为计算时段编号；$Z_{\min}$ 为水库的死水位，m；Z_t 为 t 时段水库的蓄水位，m；$Z_{t\max}$ 为 t 时段水库的最高容许水位，汛期 $Z_{t\max}$ 为汛限水位，其他时段 $Z_{t\max}$ 为正常蓄水位，m；R_t 为 t 时段水库的下泄流量，m^3/s；$R_{t\max}$ 为 t 时段水库的最大下泄能力，m^3/s；$Q_{t\min}$ 为 t 时段的流量控制指标，m^3/s；Q_t 为 t 时段的流量，m^3/s。

结合陆浑水库出库径流过程，陆浑水库—龙门镇断面区间入流、耗水，进行径流调节计算，分析龙门镇断面流量过程。结合故县水库出库径流过程，故县水库—白马寺断面区间入流、耗水，进行径流调节计算，分析白马寺断面流量过程。陆浑和故县2座水库为并联水库，结合伊洛河各河段天然径流、地表耗水量情况，开展长序列水量平衡计算，分析故县水库、陆浑水库生态流量目标与主要控制断面生态流量目标的协调性。伊洛河主要控制断面节水关系见图1。

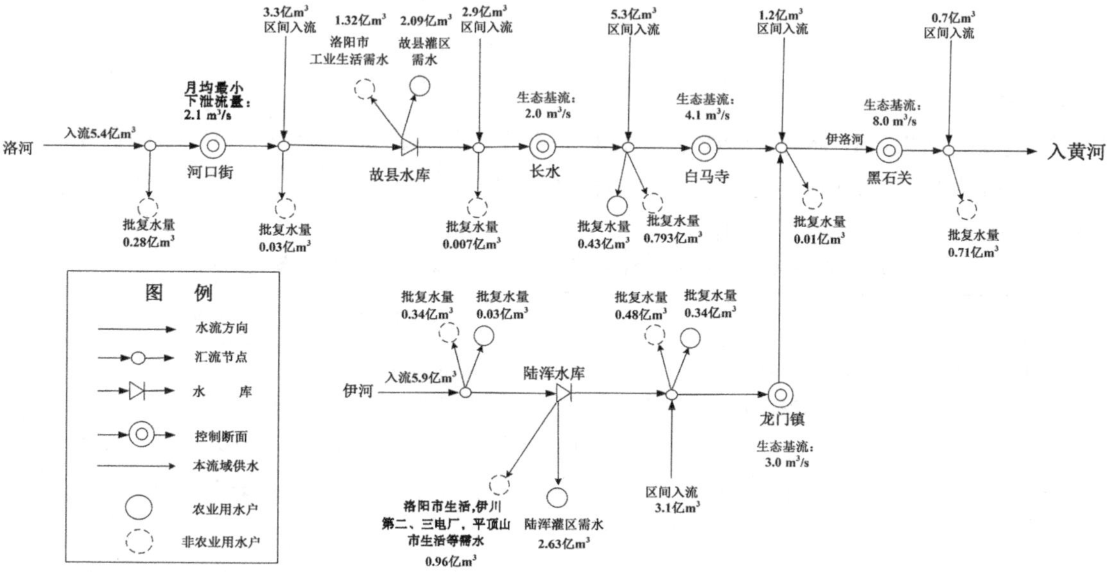

图1 伊洛河主要控制断面节水关系

3 研究区域与数据

以伊洛河为研究区域（见图2），伊洛河全河与各断面1956—2016水文年天然径流量数据采用第三次水资源调查评价成果。水文数据来自水文局整编的实测日径流系列。全河可供耗水量来自水利部批复的《黄河流域综合规划（2012—2030年）》，河道外地表水耗水量来自各年的《黄河水资源公报》。

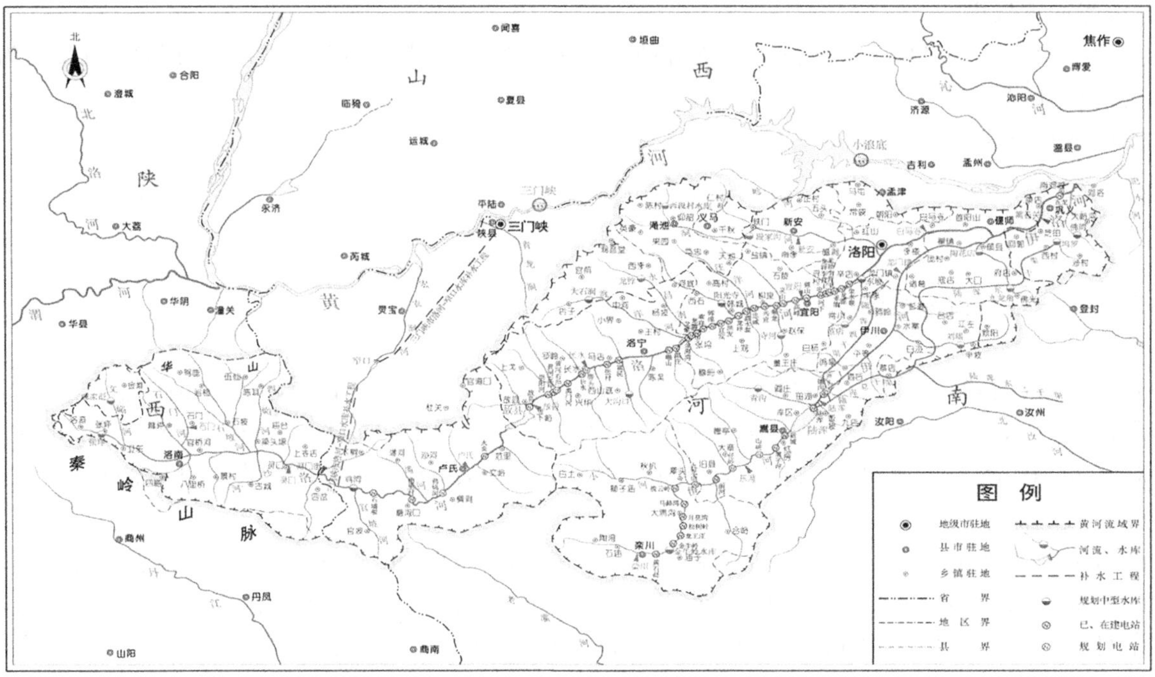

图 2　研究区域

4　结果

4.1　陆浑水库

根据模型计算结果统计分析下泄生态流量对原有供水任务的影响，见表 2。可以看出，当陆浑水库生态流量目标为 0.8~2.6 m^3/s 时，生活工业、农业供水保证率可达到 95%、50%的要求，生态流量下泄对水库原有任务和功能无影响。

表 2　陆浑水库不同生态流量目标保证率及对其他供水对象的影响

项目	已批复生态流量目标	生态流量目标复核计算成果						
		Tennant 法					Q_P 法	
		占比 10%	占比 15%	占比 20%	占比 25%	占比 30%	$P=90\%$	$P=95\%$
生态流量目标/（m^3/s）	2.2	1.7	2.6	3.4	4.3	5.2	1.2	0.8
生态流量保证率/%	100	100	99	98	97	95	100	100
生活工业供水保证率/%	96	98	95	92	88	82	98	98
农业供水保证率/%	57	61	54	48	39	34	67	70

4.2　故县水库

根据模型计算结果统计，分析下泄生态流量对原有供水任务的影响见表 3，可以看出，当故县水库生态流量目标为 2.1~5.0 m^3/s 时，生活工业、农业供水保证率可达到 95%、75%的要求，生态流量下泄对水库原有任务和功能无影响。

表3　故县水库下泄生态流量对原有供水任务的影响

项目	已批复生态流量目标	生态流量目标复核计算成果						
		Tennant 法					Q_P 法	
		占比 10%	占比 15%	占比 20%	占比 25%	占比 30%	$P=90\%$	$P=95\%$
生态流量目标/（m^3/s）	2.1	2.5	3.7	5.0	6.2	7.4	3.5	2.6
生态流量保证率/%	100	100	99	99	98	96	99	100
生活工业供水保证率/%	99	99	98	96	93	90	98	99
农业供水保证率/%	92	92	92	82	74	67	92	92

4.3　协调性分析

故县水库生态流量目标范围为2.1~5.0 m^3/s，当故县水库生态流量目标值为2.1 m^3/s时，故县水库多年平均出库水量为4.6亿m^3，故县水库—白马寺断面区间入流约为8.3亿m^3，区间已批复取水量约为1.23亿m^3，其中生活工业取水量为0.43亿m^3、农业取水量为0.80亿m^3，经水量平衡计算，白马寺断面最小月均流量为3.8 m^3/s，90%保证率月均流量为9.7 m^3/s。因此，可满足白马寺4.1 m^3/s的生态基流目标。当故县水库生态流量目标为2.1~5.0 m^3/s时，与水库影响河段范围内主要控制断面生态流量目标相协调。

陆浑水库生态流量目标范围为0.8~2.6 m^3/s，当陆浑水库生态流量目标值为1.7 m^3/s时，陆浑水库多年平均出库水量为2.1亿m^3，陆浑水库—龙门镇断面区间入流约为3.1亿m^3，区间已批复取水量约为0.82亿m^3，其中生活工业取水量0.48亿m^3、农业取水量0.34亿m^3，经水量平衡计算，龙门镇断面3.0 m^3/s的生态基流目标多年平均保证率为93%，90%保证率月均流量为3.30 m^3/s，可满足龙门镇3.0 m^3/s的生态流量目标。当陆浑水库生态流量目标为1.7~2.6 m^3/s时，与龙门镇断面生态流量目标相协调（见表4）。

表4　伊洛河流域各河段天然径流量及取水、耗水量分析

故县水库生态流量目标/（m^3/s）		陆浑水库生态流量目标/（m^3/s）		黑石关断面生态流量目标（8.0 m^3/s）保障情况	
				保证率/%	90%保证率月均流量/（m^3/s）
已批复成果	2.1	已批复成果	2.2	96	11.1
		Tennant 法（10%）	1.7	95	10.6
		Tennant 法（15%）	2.6	96	11.5
Tennant 法（10%）	2.5	已批复成果	2.2	96	11.6
		Tennant 法（10%）	1.7	96	11.0
		Tennant 法（15%）	2.6	97	11.9

当故县水库、陆浑水库生态流量目标均取最小值时，即故县水库生态基流目标为2.1 m^3/s、陆浑水库生态基流目标为1.7 m^3/s时，黑石关断面8.0 m^3/s的生态基流目标多年平均保证率为95%，90%保证率月均流量为10.6 m^3/s，与黑石关断面8.0 m^3/s的生态基流目标相协调。因此，任意组合均与黑石关断面生态基流目标相协调。

4.4 故县水库、陆浑水库生态流量目标核定

根据《河湖生态环境需水计算规范》(SL/T 712—2021),伊洛河属于北方地区较大江河,地表水资源开发利用程度较高(30.2%),基本生态流量目标为天然径流量的10%~15%。

综合考虑生态流量目标历史保障程度、对水库原有任务和功能的影响以及与主要控制断面生态流量目标的协调性,核定故县水库生态基流目标为2.5 m^3/s,占坝址处多年平均天然径流量的10%,高于河南省批复生态流量目标(2.1 m^3/s);核定陆浑水库生态基流目标为2.2 m^3/s,占坝址处多年平均天然径流量的13%,即按原批复执行。

5 结论

核定故县水库生态基流目标为2.5 m^3/s、陆浑水库生态基流目标为2.2 m^3/s,日保证率不低于90%。陆浑水库和故县水库对生态流量均有较好的保障能力,与伊洛河干流已批复生态流量的控制断面具有良好的协调性。

参考文献

[1] 赵新磊,李姝蕾,尚文绣. 龙羊峡和刘家峡梯级水库生态流量核定与保障[J]. 南水北调与水利科技(中英文),2024,22(3):473-481.

[2] 高春娥. 白云电站生态流量泄放措施设计探讨[J]. 湖南水利水电,2024(3):15-17,41.

[3] 陈在妮,刘宏高,黄克威,等. 大渡河干流已建水电站生态基流目标值复核分析[J]. 水生态学杂志,2024,45(1):50-57.

[4] 周丽. 关于提高龙台河流域生态流量保障的分析与对策[J]. 四川水利,2024,45(1):121-124,132.

[5] 张启凡,胡铁松,戴凌全,等. 考虑生态流量的梯级水库主从博弈优化调度研究[J]. 水资源保护,2024,40(5):69-77,121.

[6] 毕仁芬. 基于改进 Tennant 法的打鱼凼水利工程生态流量计算与评价[J]. 水利科技与经济,2024,30(3):64-69.

[7] 王思雅,诸葛亦斯,杜强,等. 基于三生用水平衡的已建工程生态流量目标可达性评估方法探究[C]// 2024(第十二届)中国水利信息化技术论坛. 南京,2024:8.

[8] 熊斌梅,李亚俊,刘时城,等. 水库生态流量核定及保障措施研究[J]. 水利水电快报,2024,45(4):111-116.

[9] 邢子强,吕彩霞. 保障河湖生态流量 维护河湖生命健康[J]. 中国水利,2023(23):4-5.

[10] 王瑞玲,黄锦辉,葛雷,等. 基于黄河鲤栖息地水文-生态响应关系的黄河下游生态流量研究[J]. 水利学报,2020,51(9):1175-1187.

[11] 王建华,胡鹏,刘庆涛,等. 我国重点河湖生态流量达标现状及管控建议[J]. 中国水利,2022(1):14-18.

[12] 陈志刚,程琳,陈宇顺. 水库生态调度现状与展望[J]. 人民长江,2020,51(1):94-103,123.

[13] 赵蓉,史晓新,朱党生,等. 水利水电工程生态流量理论与计算方法研究进展[J]. 水利规划与设计,2024(10):1-6.

多水源配置格局下生态流量保障研究
——以高峰滩引水工程为例

王旭伟[1,2]　王春玲[1,2]

（1. 中水珠江规划勘测设计有限公司，广东广州　510611；
2. 水利部珠江水利委员会水生态工程中心，广东广州　510611）

摘　要：本文以高峰滩引水工程为例，采用 $P=90\%$ 最枯月流量法和多年平均流量百分比法两种计算结果的较大值作为下游河道的生态基流，分析多水源配置格局下黄田水库不同调度情境各控制断面生态流量保障程度。引水工程采用逐月径流系列调算时，考虑与逐日径流调算可供水量折算系数，计算了丰、平、枯典型年该系数。径流计算时先用调节性能差的高峰滩引水工程供水，再用调节能力较好的黄田水库担负补偿调节任务，以最大程度地提高水源工程的供水效益，确保水资源的优化配置和水生态系统的健康。

关键词：水资源配置；生态流量；高峰滩引水工程；可供水量折算系数

1　引言

水资源的高强度开发使经济社会用水与生态用水不可避免地产生矛盾，尤其在枯水期、农灌高峰期等特殊时段，河道生态用水被挤占，从而导致河道减水甚至断流、生物多样性受损、水生态系统退化[1]。多水源配置格局下生态流量保障研究，旨在探讨如何在保障人类社会用水需求的同时，确保河流、湖泊和其他水体生态系统的健康和完整性。本文以高峰滩引水工程为例，通过综合分析和研究，提出一套科学的多水源配置策略，以实现水资源的合理分配和生态流量的有效保障。

2　工程概况

高峰滩引水工程位于广东省平远县，承担县城生活、工业供水任务和高峰滩灌区 2.6 万亩农田的灌溉任务。平远县城乡供水提质工程实施前，高峰滩引水工程水源包括黄田水库来水、河头河来水以及中行河来水。根据水质监测成果，黄田水库全年绝大部分时段水质为Ⅱ类，水质良好。但中行河受上游流域内开采稀土的影响，水质较差，中行河在中行河和河头河汇合处上游 300 m 处的水质满足Ⅳ类标准，主要超标指标为总氮。中行河水直接汇入高峰滩引水陂，威胁到平远县城水厂的原水水质，影响平远县城居民饮水安全。故实施平远县城乡供水提质工程，于中行河下游设拦水陂，通过排水隧洞将中行河水引至高峰滩下游，减少中行河污染源的影响，高峰滩引水工程现状水源为黄田水库来水、河头河来水。

黄田水库位于柚树河上游的河头镇黄田村，是以防洪为主，兼有灌溉、发电、供水的综合利用的中型水库工程，水库总库容 5 012 万 m^3，兴利库容 4 174 万 m^3，正常蓄水位 256.0 m，死水位 227.0 m，设计洪水位 257.15 m，坝址以上集水面积 140 km^2，主河道长 27.5 km，河道平均坡降 5.8‰。高峰滩引水陂位于柚树河中上游河头镇双溪村境内，陂址以上集水面积 196.3 km^2（扣除中行河），引水流量 10 m^3/s，除灌溉任务外，引水渠同时供给平远县城生活生产用水。

作者简介：王旭伟（1995—），男，工程师，主要从事水文水利计算工作。

高峰滩引水工程系统概化节点见图 1。

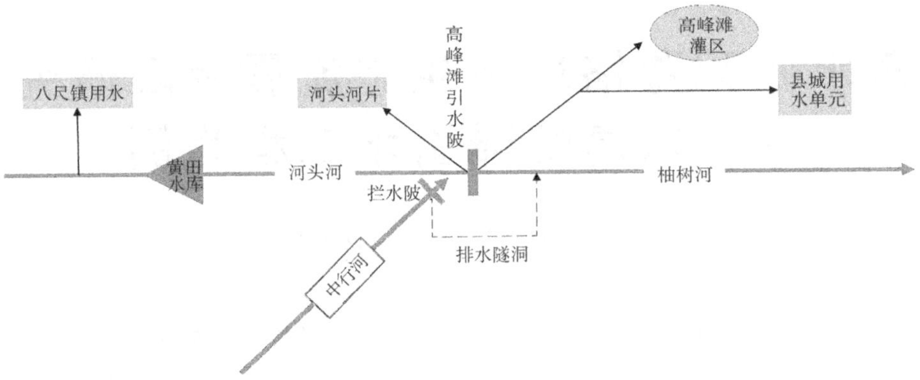

图 1　高峰滩引水工程系统概化节点

3　引水工程径流长系列调节计算折算系数

高峰滩供水工程为蓄水工程与引水工程联合供水，进行长系列调算涉及多水源配置。黄田水库为中型工程，根据《水资源规划规范》（GB/T 51051—2014），宜采用长系列法调算。工程供水次序为先用高峰滩引水陂区间来水，不足部分由黄田水库补偿调节。因此，若要对黄田水库进行长系列调算，高峰滩引水工程需满足长系列调算要求。对于黄田水库，本文采用长系列 48 年（1974—2021 年）逐月来水系列，进行调节计算。

计算高峰滩引水工程可供水量时，首先扣除生态基流，然后比较扣除生态基流的河道来水、需水以及工程供水能力，三者之间取最小值，将其作为引水工程可供水量。引水工程通常调蓄能力较小，月内来水不均匀，直接通过长系列逐月来水资料计算可供水量，计算结果往往偏大。若资料有限，无长系列逐日径流资料，可通过丰、平、枯典型年逐日径流计算其可供水量为 a，采用典型年逐月径流资料计算得可供水量 b，a/b 即为折算系数。长系列逐月径流资料调算的可供水量乘以折算系数后，认为精度近似于逐日调算成果。根据计算，高峰滩引水工程丰、平、枯典型年折算系数分别为 0.44、0.49、0.59。

4　生态流量与供需平衡计算

4.1　生态基流

根据《河湖生态环境需水计算规范》（SL/T 712—2021），本文生态环境用水量计算，考虑以水库库区天然径流量为基础，采用 $P=90\%$ 最枯月流量法和多年平均流量百分比法确定下游河道的生态基流[2-3]。

$P=90\%$ 最枯月流量法：根据水库历年最小月天然径流量组成系列，进行频率分析，确定 $P=90\%$ 频率下黄田水库流量为 0.22 m^3/s。

多年平均流量百分比法：黄田水库下游河道生态基流汛期、枯期取多年平均径流量的 30%、10%，流量分别为 1.17 m^3/s、0.39 m^3/s。

采用两种方法计算结果中的较大值，即多年平均流量百分比法的计算结果作为生态基流，黄田水库下游河道的生态基流汛期、枯期分别为 1.17 m^3/s、0.39 m^3/s。

黄田水库—高峰滩引水陂区间（扣中行河）生态基流采用多年平均流量百分比法计算，汛期、枯期按黄田水库—高峰滩引水陂区间（扣中行河）多年平均径流量的 30%、10%，生态基流为 0.48 m^3/s、0.16 m^3/s。

4.2　需水预测

采用定额法进行需水预测，根据社会经济发展预测成果以及各水平年各项需水定额预测各计算单元总需水量。本文需水定额预测充分参考《梅州市水资源公报（2011—2021 年）》《梅州市水资源综合规划（2010—2030 年）》《梅州市韩江流域水资源分配方案》《广东省一年三熟灌溉定额》和《广东省用水定额》（DB44/T 1461—2021）等相关成果。各计算单元需水预测成果见表 1。

表 1　各计算单元需水预测成果　　单位：万 m^3

年份	分区	生活	工业	农业			河道外生态	河道外总需水		
				$P=10\%$	$P=50\%$	$P=90\%$		$P=10\%$	$P=50\%$	$P=90\%$
2021	县城片	1 327	446	0	0	0	29	1 802	1 802	1 802
	高峰滩灌块	0	0	2 116	2 471	3 140	0	2 116	2 471	3 140
	河头河片	40	5	170	191	238	0	216	236	284
2035	县城片	2 085	1 604	83	93	116	57	3 746	3 746	3 746
	高峰滩灌块	0	0	2 094	2 439	3 099	0	2 094	2 439	3 099
	河头河片	60	10	166	185	230	2	237	256	301
2050	县城片	3 315	1 746	0	0	0	99	5 159	5 159	5 159
	高峰滩灌块	0	0	2 094	2 439	3 099	0	2 094	2 439	3 099
	河头河片	84	20	167	185	228	3	273	291	334

对于长系列灌溉需水过程，根据当年来水频率，当来水频率小于 10%时，采用丰水年（10%）的灌溉需水成果；当来水频率大于 10%且小于 50%时，采用平水年（50%）的灌溉需水成果；当来水频率大于 50%时，采用枯水年（90%）的灌溉需水成果。

4.3　黄田水库坝址以上耗水

黄田水库坝址以上主要的行政区包括八尺镇，因此黄田水库径流调算时需扣除此部分耗水。根据八尺镇、河头镇国民经济发展指标和用水指标，采用定额法预测不同水平年的需水，在此基础上计算耗水量，各用水部门耗水率采用《梅州市水资源综合规划（2010—2030 年）》的成果。经计算，2021 年、2035 年、2050 年八尺镇 $P=90\%$ 来水下耗水总量分别为 553.4 万 m^3、517.9 万 m^3、509.6 万 m^3。成果见表 2。

表 2　黄田水库上游镇区耗水量成果　　单位：万 m^3

水平年	生活耗水量						工业耗水量			农业灌溉耗水量			用水量合计	耗水量合计（$P=90\%$）
	城镇生活			农村生活										
	用水量	耗水率/%	耗水量	用水量	耗水率/%	耗水量	用水量	耗水率/%	耗水量	用水量（$P=90\%$）	耗水率/%	耗水量		
2021	33.3	22	7.3	23.4	70	16.4	15.1	17.6	2.7	1 231.4	42.8	527.0	1 303.2	553.4
2035	66.8	22	14.7	14.8	70	10.4	28.6	17.6	5.0	1 139.7	42.8	487.8	1 249.9	517.9
2050	98.1	22	21.6	13.7	70	9.6	58.2	17.6	10.2	1 094.0	42.8	468.2	1 264.0	509.6

4.4　供需调算

4.4.1　调算原则

（1）优先满足河道生态基流要求，其次为生活用水、工业用水、农业用水。黄田水库和高峰滩引水陂汛期、枯期分别按照多年平均径流量的 30%、10%下泄，优先满足河道内生态基流。供水工程不能满足供水要求时，生态下泄水量首先按来水量下泄，其次按灌溉允许破坏深度（按 50%考虑）限制灌溉用水，最后按供水允许破坏深度（30%）限制城乡供水[4-5]。

（2）黄田水库汛期 4—7 月按照 255 m 运行，其他月份水位蓄至 256 m，256 m 对应兴利库容为 4 174 万 m^3，255 m 对应库容为 3 977 万 m^3。调节计算时考虑水库供水过程中的蒸发、渗漏损失。根据当地经验和水库的实际，蒸发、渗漏损失按月平均库容的 1.5%计算。

（3）合理确定供水次序。多个水源工程之间，先用无调节性能和调节性能差的供水，再用调节能力较好的供水担负补偿调节任务；先用近水后用远水；力求做到统筹兼顾、取长补短，充分发挥各类水利工程的优势，从而使水资源得到合理、高效地利用[6]。

（4）对于高峰滩引水陂生态流量下泄考虑两种情景。情景 1：上游来水小于生态流量时，按照来水量下泄，不考虑上游黄田水库生态补偿调度；情景 2：上游来水小于生态流量时，不足部分由上游黄田水库补给[7-8]。

4.4.2 计算成果

以规划水平年 2035 年为例，由表 3 可见，90%来水频率下，黄田水库因调蓄能力较强，能满足生态流量下放要求。高峰滩引水陂仅依靠区间径流，无法满足下游河道生态流量需求，10 月与 12 月生态流量缺口皆为 101 万 m^3，在 1—3 月城乡生活生产及农业灌溉出现不同程度缺水。

表 3　2035 年 90%来水频率下高峰滩引水工程长系列调算成果　　单位：万 m^3

月份	黄田水库净来水	月初库容	库损	月末库容	水库生态流量		区间径流	区间生态流量		区间可供水量	城乡生活生产及农业灌溉		黄田水库弃水
					供水	缺水		供水	缺水		供水	缺水	
4	931	2 628	40	2 737	101	0	410	43	0	217	897	0	0
5	2 066	2 737	50	3 977	104	0	832	44	0	191	324	0	538
6	1 860	3 977	60	3 977	101	0	758	43	0	275	465	0	1 509
7	110	3 977	53	3 127	104	0	75	44	0	18	820	0	0
8	863	3 127	48	3 260	104	0	375	44	0	195	773	0	0
9	475	3 260	45	2 777	101	0	228	43	0	109	921	0	0
10	11	2 777	33	1 673	313	0	32	32	101	0	768	0	0
11	410	1 673	23	1 429	303	0	168	128	0	24	352	0	0
12	43	1 429	15	598	313	0	31	31	101	0	546	0	0
1	294	598	4	0	313	0	134	132	0	1	575	1	0
2	402	0	0	0	283	0	163	119	0	26	145	148	0
3	584	0	0	0	313	0	241	132	0	64	335	77	0

4.4.3 生态流量满足程度

情景 1 与情景 2 各用水部门长系列调算用水保证率成果见表 4、表 5。情景 1 下，高峰滩引水陂生态流量保证率为 81.94%，若黄田水库参与补偿调度，则高峰滩引水陂生态流量保证率基准年达 100.00%，规划水平年达 99.80%。黄田水库在满足坝址生态流量泄放的基础上，基准年、2035 年、2050 年向高峰滩引水陂多年平均补充调度生态水量分别为 140.6 万 m^3、140.2 万 m^3、139.0 万 m^3，提高了下游引水陂控制断面生态流量保证率。

表 4　情景 1 各用水部门长系列调算用水保证率成果　%

年份	生态流量		生活用水	工业用水	农业用水
	黄田水库坝址	高峰滩引水陂			
2021	99.60	81.94	99.40	99.40	95.24
2035	98.21	81.94	97.82	97.02	80.95
2050	98.02	81.94	96.83	95.04	69.05

表 5　情景 2 各用水部门长系列调算用水保证率成果　%

年份	生态流量		生活用水	工业用水	农业用水
	黄田水库坝址	高峰滩引水陂			
2021	99.40	100.00	99.21	99.21	95.24
2035	98.02	99.80	97.42	96.63	80.95
2050	98.02	99.80	96.03	94.44	69.05

5　结论

（1）本文生态环境用水量计算以天然径流量为基础，采用 $P=90\%$ 最枯月流量法和多年平均流量百分比法两种计算结果的较大值作为下游河道的生态基流。高峰滩引水陂上游来水小于生态流量时，不足部分由上游黄田水库补给，可提高高峰滩引水陂断面生态流量保证率，有效维护河流水生态系统结构和功能。

（2）研究区水源为黄田水库和高峰滩引水工程，且线性串联，高峰滩引水工程位于黄田水库下游。水资源配置先用调节性能差的高峰滩引水工程供水，再用调节能力较好的黄田水库担负补偿调节任务，做到统筹兼顾、取长补短，充分发挥了水利工程的优势，从而使水资源得到合理、高效利用。

（3）引水工程与蓄水工程联合供水长系列调算时，引水工程不可直接采用逐月径流系列进行调算，需考虑与逐日径流调算成果间的折算系数，高峰滩引水工程丰、平、枯典型年该系数分别为 0.44、0.49、0.59。本文提出的研究思路和相关系数取值可为其他多水源配置格局下生态流量保障研究提供参考。

参考文献

[1] 王建平，李发鹏，孙嘉．关于河湖生态流量保障的认识与思考［J］．水利经济，2019，37（4）：9-12，75.

[2] 肖卫，周刚炎．三种生态流量计算方法适应性分析及选择［J］．水利水电快报，2020，41（12）：59-62.

[3] 葛金金，彭文启，张汶海，等．确定河道内适宜生态流量的几种水文学方法：以沙颍河周口段为例［J］．南水北调与水利科技，2019，17（2）：75-80.

[4] 陈香朋．淠史杭灌区多水源工程联合调度方案优选［J］．江淮水利科技，2017（3）：15-17.

[5] 齐学斌，黄仲冬，乔冬梅，等．灌区水资源合理配置研究进展［J］．水科学进展，2015，26（2）：287-295.

[6] 顾文权，邵东国，黄显峰，等．水资源优化配置多目标风险分析方法研究［J］．水利学报，2008（3）：339-345.

[7] 甘泓，李令跃，尹明万．水资源合理配置浅析［J］．中国水利，2000（4）：20-23，4.

[8] 黄强，王增发，畅建霞，等．城市供水水源联合优化调度研究［J］．水利学报，1999（5）：58-63.

生态流量目标协调性分析方法研究
——以沁河为例

赵亚威[1,2]　李　慧[1]　蒋桂芹[1,2]

（1. 黄河勘测规划设计研究院有限公司，河南郑州　450003；
2. 水利部黄河流域水治理与水安全重点实验室（筹），河南郑州　450003）

摘　要：针对一些河流上下游、干支流控制断面生态流量目标可能存在的不协调问题，从流域层面出发，统筹考虑河道内生态环境和河道外经济社会水资源供需配置，构建了流域生态流量协同调控模型，采用网络流算法对模型进行求解。沁河流域实例计算结果表明：现状沁河流域张峰水库坝下、润城、五龙口、武陟断面批复的 1 m^3/s、1.5 m^3/s、5 m^3/s、3.3 m^3/s 生态流量目标之间是协调的，各控制断面生态流量目标与沁河流域河道外用水需求也是协调的，为沁河流域生态流量管理及其他相似流域生态流量目标协调性分析提供了一定参考。

关键词：生态流量；沁河流域；生态流量协同调控模型；网络流算法；水资源供需配置

1　引言

生态文明建设是中国特色社会主义伟大事业的重要内容，党中央、国务院高度重视，将其提高到“五位一体”的高度。党的二十届三中全会把完善生态文明基本制度、健全生态环境治理体系、健全绿色低碳发展机制提到了新的高度，进一步强调要落实生态保护红线管理制度，加快完善落实绿水青山就是金山银山的体制机制。李国英部长在 2024 年全国水利工作会议上讲话强调，要强化河湖生态流量管理，持续复苏河湖生态环境。

江河生态流量（水量）（简称生态流量）通常是指维系河流某一特定生态系统基本生态功能所应保持的流量[1]。随着人类文明的发展，河道外经济社会用水量呈现逐年增长的趋势，不同程度挤占了河道内的生态用水，导致河流生态环境逐步恶化。因此，如何科学合理地确定生态流量一直是河流水环境水生态研究的热点方向。目前，已有许多生态流量计算方法研究成果，《河湖生态环境需水计算规范》（SL/T 712—2021）对当前应用较多的生态流量计算方法进行归纳收录，主要包括水文学法[2]、水力学法[3]、栖息地模拟法[4]、整体分析法[5]。虽然已有研究成果和相关规范提供了非常详细的河流生态流量计算方法，但是多数方法仅以计算断面或上下游附近区域为计算范围，未统筹考虑全流域河道内外水资源的供需配置，所得计算结果可能存在一定局限性，导致生态流量目标之间以及生态流量目标与河道外经济社会用水缺乏协调性，实际应用受限。

本文基于现有生态流量计算方法的缺陷，提出了一种生态流量目标协调性分析方法，构建了以流域为单元的生态流量协同调控模型，能够分析上下游、干支流控制断面生态流量目标之间的协调性以及生态流量目标与河道外经济社会用水的协调性，并以黄河支流沁河为例验证了模型的合理性和有效性。

基金项目：国家重点研发计划项目（2022YFC3202300）；黄河勘测规划设计研究院有限公司自立科研项目（2023KY008）。

作者简介：赵亚威（1992—），男，工程师，主要从事水资源系统规划与管理工作。

2 沁河已批复生态流量目标

沁河是黄河三门峡至花园口区间的两大支流之一，发源于山西省长治市，自北向南流经山西省长治市、临汾市、晋城市，河南省济源市、焦作市等5地市的17县（市、区），于焦作市武陟县方陵村汇入黄河。沁河流域面积13 532 km^2，干流全长485 km。张峰水库、五龙口水文站为沁河干流上中下游分界点。

沁河流域水资源供需矛盾突出，河道外用水挤占了河道内生态用水，导致部分河段一度发生断流。为扭转沁河生态环境持续恶化的不利局面，山西、河南两省水行政主管部门会同国家生态环境相关部门，印发了一系列保障沁河生态流量的文件，不断完善沁河生态流量管理制度。其中，《国家环境保护总局关于山西省张峰水库工程环境影响报告书审查意见的复函》（环审〔2003〕291号）提出：在水库运行方案中，从保护沁河河流生态和水环境出发，坝址下泄月平均流量应不小于1 m^3/s，润城断面下泄月平均流量不小于1.5 m^3/s，并加强监测，确保坝下河道不断流。《关于沁河河口村水库工程环境影响报告书的批复》（环审〔2010〕76号）提出：建立河口电站和河口村水库的联合调度运行机制，确保两电站通过联合调度后，保证初期蓄水及运行期坝下五龙口断面最小流量不小于5 m^3/s、武陟断面最小流量不小于3.3 m^3/s，以保证下游河道水环境、河道景观用水和生态用水量要求。

综上所述，沁河干流目前批复的主要生态流量控制断面自上而下有张峰水库坝下、润城、五龙口、武陟4个主要断面，生态流量目标分别为1 m^3/s、1.5 m^3/s、5 m^3/s、3.3 m^3/s。由于上述断面生态流量目标由不同行政文件批复核定，且不同行政文件批复时间以及依据的基础资料、分析范围、影响范围、技术标准等均有所不同，无法确定各生态流量目标之间以及所有生态流量目标与河道外用水之间是否是协调，当沁河发生小流量甚至断流危机时，无法及时判断到底是哪个断面生态流量出了问题，也就无法快速做出精准决策，给沁河生态调度与管理带来了较大阻力。因此，分析生态流量目标的协调性是非常有必要的。

3 生态流量协同调控模型

3.1 目标函数

沁河流域水资源供需矛盾突出，且年内、年际径流丰枯变化大，因此沁河干支流水库、断面生态流量目标必须考虑天然来水的不均匀性及经济社会用水需求，构建全流域生态流量协同调控模型，优化确定河道内生态流量目标。因此，以河道外经济社会供水量最大为目标函数。

$$\max \sum_{i=1}^{I} \sum_{t=1}^{T} S_{i,t} \tag{1}$$

式中：i、I分别为节点序号、总数；t、T分别为时段序号和总数；$S_{i,t}$为i节点t时段供水量，亿m^3。

3.2 约束条件

（1）节点水量平衡约束

$$V_{i,t-1} + E_{\text{in},i,t} = V_{i,t} + E_{\text{out},i,t} + E_{\text{lost},i,t} + S_{i,t} \tag{2}$$

式中：$V_{i,t-1}$、$V_{i,t}$分别为i节点t时段初、末蓄水量，亿m^3；$E_{\text{in},i,t}$、$E_{\text{out},i,t}$、$E_{\text{lost},i,t}$分别为i节点t时段的输入水量、输出水量、蒸发渗漏损失水量，亿m^3。

（2）水库水位约束

$$Z_{\min,j,t} \leq Z_{j,t} \leq Z_{\max,j,t} \tag{3}$$

式中：$Z_{j,t}$、$Z_{\min,j,t}$、$Z_{\max,j,t}$分别为j水库t时段的运行水位、最低水位、最高水位，m。

通常，水库允许的最低水位为死水位，允许的最高水位汛期为汛限水位、非汛期为正常蓄水位。

（3）节点供水量上限约束

$$S_{i,t} \leq R_{i,t} \tag{4}$$

式中：$R_{i,t}$ 为 i 节点 t 时段的需水量，亿 m^3。

（4）节点生态流量保证率约束

$$\frac{\sum_{t=1}^{T} U_{st,i,t}}{T+1} \geq P_{st,i} \tag{5}$$

$$U_{st,i,t} = \begin{cases} 0 & Q_{i,t} < Q_{st,i,t} \\ 1 & Q_{i,t} \geq Q_{st,i,t} \end{cases} \tag{6}$$

式中：$P_{st,i}$ 为 i 节点生态流量保证率（%），通常取值大于 90%；$U_{st,i,t}$ 为 i 节点 t 时段下泄流量是否满足生态流量的判断变量，为 0~1 变量，0 表示不满足，1 表示满足；$Q_{i,t}$、$Q_{st,i,t}$ 为 i 节点 t 时段下泄流量、生态流量，m^3/s。

（5）节点生态流量最大破坏深度约束

$$Q_{i,t} \geq (1 - D_{st,i,t}) Q_{st,i,t} \tag{7}$$

式中：$D_{st,i,t}$ 为 i 节点 t 时段允许的最大破坏深度（%），取值在 0~100%。

3.3 模型求解

生态流量协同调控模型为非线性模型，可采用网络流算法对模型进行求解。黄河水资源经济模型是基于网络流算法的优化求解模型，于 20 世纪 90 年代由黄河水利委员会牵头研发[6]。该模型使用 Fortran 语言编写，拥有完善的输入输出接口和强大的通用性，目前已在《黄河流域综合规划（2012—2030 年）》《湟水流域综合规划》《沁河流域综合规划》《沁河水量分配方案》《大通河水量分配方案》等流域层面相关规划和顶层设计中广泛应用，取得了良好的成效，检验了模型的合理性和有效性。因此，采用黄河水资源经济模型对生态流量协同调控模型进行求解。

4 实例分析

以沁河流域 2030 规划水平年为例进行生态流量目标协调性分析。根据沁河流域水资源系统供、用、耗、排关系以及工程条件，构建沁河流域水资源系统网络节点图（见图 1），将全流域划分为 29 个计算节点，包括 8 个水库节点（部分支流调节能力较小的水库概化为一个水库）、15 个用户节点，6 个控制断面节点。控制断面中包括了本次重点分析生态流量目标协调性的张峰水库坝下、润城、五龙口、武陟 4 个控制断面。

考虑的边界条件为：①骨干水库考虑永和、和川、张峰、河口村、青天河 5 座水库，其他支流调节能力较小的水库作概化处理。供水优先序为：优先保障城镇生活、农村人畜、工业用水，其次满足河道内生态环境用水，农业灌溉及河道外生态最后满足。②水源优先序为：充分利用地下水和非常规水，不足之处用地表水补充。③供水保证率为：农业灌溉供水保证率为 50%，工业及生活供水保证率为 95%，河道内生态流量保证率为 90%。④2030 年沁河流域河道外经济社会用水需求为 13.06 亿 m^3，其中流域内用水需求 10.07 亿 m^3，流域外用水需求 2.99 亿 m^3。⑤天然径流采用全国第三次水资源调查评价成果，即 1956—2016 年共 61 年长系列，武陟断面多年平均天然径流量为 12.4 亿 m^3。⑥张峰水库坝下断面、润城断面、五龙口断面、武陟断面生态流量目标分别为 1 m^3/s、1.5 m^3/s、5 m^3/s、3.3 m^3/s。

（1）各控制断面生态流量目标协调性分析。

模型计算得到各断面长系列下泄流量计算结果见表 1。可知，通过沁河流域张峰水库、河口村水库等主要水库调节，张峰水库坝下、润城、五龙口、武陟断面生态流量保证率分别为 99.3%、99.3%、99.9%、100.0%，可以满足张峰水库坝下生态流量 1 m^3/s、润城断面生态流量 1.5 m^3/s、五龙口断面生态流量 5 m^3/s、武陟断面生态流量 3.3 m^3/s 的要求，各控制断面生态流量目标是协调的。

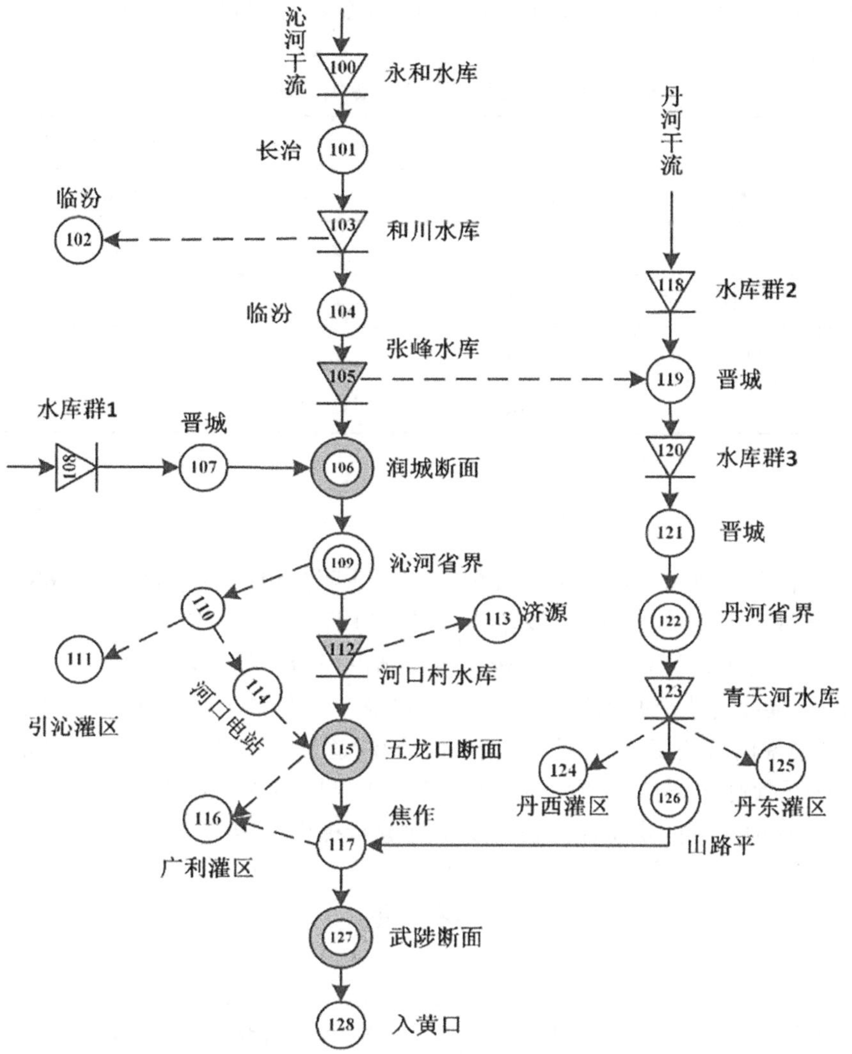

图 1　沁河流域水资源系统网络节点图

表 1　沁河流域各控制断面长系列下泄流量计算结果

项目	张峰坝下	润城	五龙口	武陟
最大流量/（m^3/s）	112.80	113.12	180.01	379.32
最小流量/（m^3/s）	0	0	4.20	3.60
平均流量/（m^3/s）	5.23	9.52	12.15	18.76
生态流量保证率/%	99.3	99.3	99.9	100.0
生态流量不满足月份数量	5	5	1	0

（2）生态流量目标与河道外用水协调性分析。

模型计算得到山西、河南两省及沁河流域水资源供需平衡成果，见表 2。结果表明，按照张峰水库坝下、润城、五龙口、武陟断面生态流量 1 m^3/s、1.5 m^3/s、5 m^3/s、3.3 m^3/s 目标控制，2030 年沁河流域总供水量为 12.99 亿 m^3，缺水量为 0.07 亿 m^3，缺水率为 0.54%，其中山西省缺水量为 0.05 亿 m^3，缺水率为 0.78%；河南省缺水量为 0.02 亿 m^3，缺水率为 0.30%，基本满足河道外经济社会用水需求，生态流量目标与河道外用水是协调的。

实际调度过程中应充分发挥沁河流域上下游、干支流水库群的联合调节作用，共同满足沁河流域河道外内用水需求。

表 2　2030 年沁河流域水资源供需平衡成果

省	分区	需水量/亿 m^3	供水量/亿 m^3	缺水量/亿 m^3	缺水率/%
山西	流域内	5.78	5.73	0.05	0.87
	流域外	0.59	0.59	0	0
河南	流域内	4.29	4.29	0	0
	流域外	2.40	2.38	0.02	0.83
沁河流域		13.06	12.99	0.07	0.54

5　结语

河流生态流量目标关系到流域经济社会发展和生态文明建设，有必要对其协调性进行充分论证。统筹考虑河道外经济社会用水需求和河道外内生态环境用水需求，构建了流域生态流量协同调控模型，以沁河流域为例进行生态流量协调性分析，主要结论与展望如下：

（1）现状沁河干流批复核定的张峰水库坝下、润城、五龙口、武陟 4 个控制断面之间生态流量目标是协调的；4 个控制断面生态流量目标与沁河流域河道外经济社会用水需求也是协调的。

（2）生态流量协同调控模型的应用不限于沁河流域，其具备一定普适性，可为我国北方水资源供需矛盾较为突出的其他流域的生态流量目标协调性分析提供一定参考。

参考文献

[1] 钟华平，刘恒，耿雷华，等．河道内生态需水估算方法及其评述［J］．水科学进展，2006，17（3）：430-434.
[2] 金纯，姜翠玲，吴为．基于水力水文学法的大渡河上游生态流量确定［J］．水利水电科技进展，2021，41（2）：8-14.
[3] 郭新春，罗麟，姜跃良，等．计算山区小型河流最小生态需水的水力学法［J］．水力发电学报，2009，28（4）：159-165.
[4] 费启航，彭涛，由星莹，等．基于四大家鱼栖息地模拟的汉江下游生态流量研究［J］．人民长江，2023，54（10）：35-43.
[5] 冯颖璇，李怀恩，成波，等．基于改进 IFIM 法的生态流量应用方法进展［J］．人民珠江，2022，43（5）：21-29.
[6] 王宝成，张会言．黄河流域水资源经济模型研究项目专题简介［J］．人民黄河，1994（11）：13-15.

基于物联网的小水电站生态流量监测与预警系统研究

王贤平　王旭伟

（中水珠江规划勘测设计有限公司，广东广州　510611）

摘　要：小水电站生态流量监测与预警系统的研究，随着物联网技术的发展，显得尤为重要。对基于物联网的生态流量监控技术进行了综述，对其应用于小型水力发电厂进行了探讨，通过分析已有的技术和实测数据，设计构建了一个完整的数据收集、传输、处理过程和预警过程系统方案。该系统通过对水电站的生态流量进行实时监测，对可能产生的生态环境影响进行数据变化趋势分析，并对小水电站的可持续发展进行及时预警。这项研究在技术手段和理论上给予了小水电站生态保护的新支持。

关键词：物联网；小水电站；生态流量；监测；预警系统

1　引言

环境监测领域，特别是水资源管理领域，物联网技术的应用日益广泛。小水电站的生态流量可以通过物联网技术实现实时监控，发现问题及时采取应对措施。本文对生态流量监控领域物联网技术的应用现状进行了综述，对相关技术发展趋势进行了分析，并对基于物联网的监控预警系统的设计与实现进行了结合专利数据的探讨。

2　物联网技术概述

2.1　物联网基本概念

物联网的核心是物与物、物与人、人与人之间的智能化互联互通。它涉及的关键技术包括传感器技术、无线通信技术、数据处理技术、云计算和大数据等。物联网的架构通常分为 3 个层次：感知层、网络层和应用层。

感知层：由负责收集温度、湿度、位置等物体状态信息的各种传感器和控制器组成。

网络层：感知层收集的数据通过无线或有线网络传输到数据处理中心，包括蜂窝网络、Wi-Fi、蓝牙、ZigBee 等通信技术。

应用层：为用户提供智能决策支持和服务，对收集到的数据进行分析和处理。

智能家居、智能交通、智能医疗和智能农业等物联网技术的发展，不仅推动了信息技术的革新，也带来了各行各业的革命性变革。

2.2　物联网技术在环境监测中的应用

通过实时监测环境参数，为环境保护和资源管理提供有效的技术支撑，物联网技术在环境监测领域的应用日益广泛。环境监测中物联网技术的几大应用如图 1 所示。

空气质量监测：利用物联网技术，可部署大量的 PM2.5、PM10、二氧化硫、二氧化氮等空气质量监测站点，对空气中的污染物浓度进行实时监测，为政府和公众提供空气质量的准确信息。

水质监测：通过在江、河、湖、泊、水库等水体中部署传感器，及时发现水质问题，保护水资

作者简介：王贤平（1966—），男，高级工程师，主要从事水利、环境规划工作。

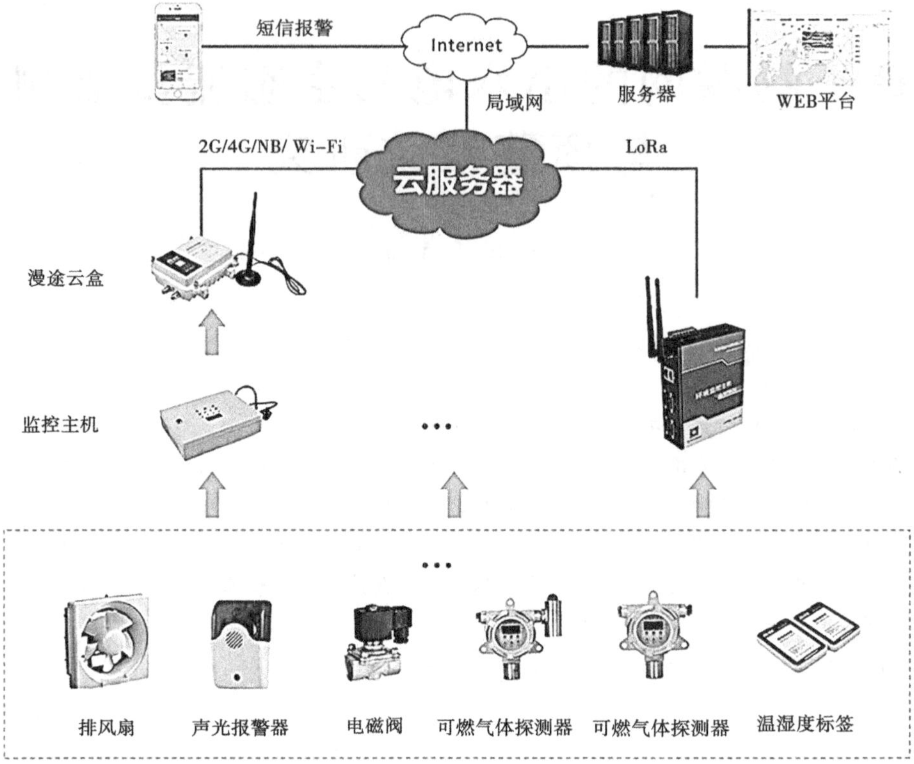

图 1　物联网技术的应用

源，对 pH、溶解氧、化学需氧量等水质参数进行实时监测。

土壤监测：利用物联网技术，对土壤的各种参数进行科学监控和分析，为农业生产提供有力的数据支持和科学的决策依据，从而提高作物产量和品质。

噪声监测：在城市环境方面，物联网技术能够用来监测噪声污染状况并对之进行量化考核分析，为城市规划和噪声治理工作提供基础数据支撑。

生态系统监测：利用物联网技术，对森林、湿地等一些生态系统的健康状况进行监测和评估，能够为生态保护提供数据支撑。

在环境监测方面应用物联网技术，既能提高监测的实时性和精确度，又能在大数据分析的基础上为环境管理与决策提供科学依据；另外，还能结合智能预警体系进行环境风险早期预警与快速响应，使环境污染和生态破坏得到有效遏制，是当前环境管理工作的一项重要内容；随着物联网技术的不断发展和应用，相信会对环境管理工作起到更大的促进作用。是当前环境管理工作的一项重要内容[1]。

3　生态流量监测技术

3.1　生态流量的定义与重要性

生态流量定义了维持河流生态平衡所需的最低流量，是保证河流生态系统健康和生物多样性的关键因素。这一概念汇集了旨在保护河流生态系统的同时满足人类用水需求的水文学、生态学和环境管理等学科的研究成果。生态流量的保护至关重要，这不仅保证了河流生物种群的生存和繁衍，保持了物种的丰富性和遗传多样性，而且对鱼类洄游等自然活动和营养循环等生态过程的维护起到了基础性作用。另外，适量的生态流量，对水体自净、防涝、保洁、安全都有一定的帮助。避免不适当侵蚀或淤积河床，保持河道的自然形态和稳定，对保护河道形态也有重要作用。维护河流生态系统的健康、功能和可持续性，生态流量的合理管理和保护是必不可少的，其作用也是无可替代的。

3.2 传统监测方法的局限性

传统的生态流量监测方式主要依靠直接但有一些明显局限性的人工到实地测量观测。一是因为要经常派人去现场，不仅时间、人力成本大，效率也低。二是数据采集周期长，无法实时反映生态流量现状的监测结果，难以快速反应。由于操作者的技能和现场环境条件等因素，很容易影响人工测量的准确度，从而可能使数据的准确度有所降低。最后，监测点的设置往往由于成本和资源的限制而不够宽泛，监测结果的代表性受到限制，很难对河流的生态状况进行全面的监测数据反映。因此，在效率、实时性、精确性以及覆盖范围等方面，传统生态流量监测方式都存在不足，这促使我们在监测技术上寻求更高效、更精准的方式。

3.3 物联网技术在生态流量监测中的优势

IoT 技术为生态流量监控领域带来革命性的解决方案，其优势在于可以通过传感器网络的部署，实现实时监控河流流量，对任何异常情况都能做到及时发现并做出反应。这种减少人工干预的自动化数据收集方式，在提高数据收集效率的同时，也提高了准确度。此外，IoT 技术允许数据通过网络向服务器远程传输，使管理人员无论身处何地，都可以通过 Internet 对数据进行实时访问和监控。采集到的大量数据还能揭示生态流量变化趋势和方式，运用大数据分析技术进行深入分析，为决策提供更为科学的依据。IoT 系统还可以实现智能预警功能，结合数据分析结果，及时提供决策支持，以保护和管理生态。从长远来看，对生态流量持续监测和管理具有重要经济和环境意义的物联网技术的应用，有助于降低监控成本，提高资源利用效率[2]。

4 监测与预警系统设计

4.1 系统架构设计

系统架构设计是监测与预警系统的蓝图，它决定了系统的结构和组件如何协同工作。系统架构如表 1 所示。

表 1 系统架构

层次	功能描述	技术/方法举例
感知层	实时收集水电站的生态流量数据及其他环境参数	流量传感器、水质传感器、水位传感器等
通信层	将感知层收集的数据传输到数据处理中心	Wi-Fi、4G/5G、LoRa 等无线通信技术
数据处理层	数据存储、管理和分析	云服务器或本地数据库存储、数据处理算法分析
应用层	提供操作界面，展示分析结果，提供预警信息	决策支持系统交互接口
用户界面	提供直观的视图和控制面板，使用户能够访问和操作监测数据	图形用户界面（GUI）、控制面板等

4.2 传感器网络部署

有效地部署传感器网络，对保证监控数据的精确性和代表性至关重要。首先，要对选择的传感器类型按照具体的监控需求进行筛选，如流量传感器有压力传感器、水质传感器、水位传感器等，能够对河流的关键生态参数进行全方位的捕捉；其次，在传感器的部署策略上进行精心地规划，传感器要安置在河流中的关键位置，如河岸河床汇流点等，使所收集到的数据能够对河流的生态状况有充分的反映；最后，设计传感器网络的布局也很关键，要保证能够对传感器之间进行有效的通信并保证数据的同步性，从而形成协调一致的监控网络。因此，传感器的有效部署意义重大，这样的部署可以有效提高监测数据的质量，为生态流量的分析和管理打下扎实的数据基础。

4.3 数据采集与传输

数据的收集和传输，对监测系统来说，是一个实时的依据。传感器对生态流量等关键环境参数进行不间断的实时监控和记录，保证了对河流现状的及时捕捉。随后，这些原始数据经过加密和安全协议，被转换成适合传输的格式，以确保在传输过程中数据的安全、完整，并安全地传输这些原始数据。

系统智能化与决策支撑的核心环节是数据处理与分析。资料到达资料处理中心后，首先进行资料清洗，将杂讯及异常数值去除，以保证资料质量。然后对数据进行深度分析，识别生态流量的模式和趋势，比如应用统计分析和机器学习。为了进一步查询和报告的生成，分析结果被保存在数据库中[3]。

预警机制是对潜在环境风险作出及时反应的监测预警系统不可或缺的关键环节。开发预警算法，识别数据中的异常模式，并在流量达到或超过这些阈值时触发预警，通过对生态流量的标准和历史数据设定预警阈值。此外，还设计了一种通知系统，可以将预警信息迅速传达给相关人员，通过手机短信、电子邮件或应用程序推送等方式实现。为有效应对预警，减少对生态系统的负面影响，确保河流生态系统的健康稳定，还制订了包括调整水电站运行策略在内的应对预案。

5 系统综合评估与持续改进

5.1 性能与质量综合评估

系统的性能评估既要涵盖数据采集的准确性、传输的可靠性、处理的时效性、预警的及时性等，也要包括系统的整体稳定性、用户交互的便捷性等方面的内容，系统的性能评估不仅要涵盖数据采集的准确性、定期的绩效评估可以帮助确保系统符合设计要求，并对潜在的问题进行及时的识别和解决。还需要通过建立严格的校验流程、异常值检测机制和数据一致性保障措施来实现，数据质量控制是确保监测数据准确可靠的核心环节。

5.2 用户体验与技术迭代

另一个衡量系统是否成功的重要指标是用户体验。建立一体化的用户反馈机制，既要收集水电站运营商、环境管理者、终端用户的反馈意见，也要包括系统运行的直观性、预警系统的易用性、用户培训与保障服务的充分性等方面的信息。随着物联网技术的不断进步，系统要有整合新兴技术和创新方法的灵活的技术迭代和升级路径，使系统的性能和用户的满意度不断提高[4]。

5.3 经济与环境可持续性分析

包括传感器的部署、数据通信、处理平台的维护以及预警系统的管理等方面，系统的经济性评估要对建设和运营成本进行深入分析。对系统实施所带来的环境效益进行评估，确保系统的经济可行性和环境友好性，如减少生态破坏、保护生物多样性、促进可持续发展等。环境评价将进一步确保制度的设计和运行不会对生态系统产生消极影响，而是对保护和改善生态环境起到积极的推动作用[5]。

6 结论

本文提出了以物联网技术为基础的小水电站生态流量监测与预警系统的创新方案，使该系统能够实现数据的实时采集与安全传输高效处理和智能分析，从而显著提高监测的精确度和响应速度。通过性能评估用户体验，优化经济环境可持续性分析，确保系统的长期稳定运行与持续改进，从而对小水电站生态保护与可持续发展起到了促进作用，同时对环境监测领域提出了宝贵的技术参考和实践案例，具有十分积极的意义。

参考文献

[1] 林增健. 双馈异步小水电机组的功率控制策略研究［D］. 广州：华南理工大学，2021.

[2] 叶文力，张仁贡．乐清市水利电力总站小水电大运维管理平台［J］．水电站机电技术，2018，41（6）：58-62，103.
[3] 孙小江，李键，朱勇，等．物联网技术在小水电站在线监测及故障诊断的应用［J］．电工技术，2017（10）：61-62，88.
[4] 李叶兵．小型水电站运行管理问题及应用传统策略和物联网技术对策研究［J］．甘肃科技，2017，33（1）：40-41，9.
[5] 牛誉蓉，童威．基于物联网的建筑电气设备安全智能监测系统设计［J］．产品可靠性报告，2024（7）：72-73.

抽水蓄能电站小流域径流设计分析

李立平　徐长江　郭　卫

（长江水利委员会水文局，湖北武汉　430010）

摘　要： 设计径流是抽水蓄能电站工程设计的重要依据。石台抽水蓄能电站上、下水库所在河流上无实测水文资料，结合石台抽水蓄能电站上、下水库所在区域的气候特征、下垫面条件，选取秋浦河上的高坦水文站作为径流计算依据站。分别采用面积比法、面积比加降雨修正法和等值线图法计算上、下水库坝址的设计径流，综合比选后推荐面积比加降雨修正法计算结果作为石台抽水蓄能电站设计径流成果，同时开展径流成果的合理性分析。结果表明：石台抽水蓄能电站上、下水库设计径流符合地区径流分布规律，研究成果合理可靠，可为小流域设计径流分析提供参考。

关键词： 抽水蓄能电站；小流域；径流；降水；水文比拟法

1　引言

设计径流是水电水利工程规划设计的重要依据[1-3]。对抽水蓄能电站而言，开展设计径流分析时为水库初期蓄水和运行期补水提供设计依据[4-5]。通常抽水蓄能电站的上水库坝址控制流域面积较小，降水对小流域的径流影响较大。当前我国小流域一般无实测水文资料或者实测资料系列较短难以满足规范的要求。抽水蓄能电站的上、下水库除集水面积较小外，在产流和汇流方面和常规水电站有所不同。因此，抽水蓄能电站小流域设计径流分析需要采用多种方法计算并结合流域实际情况综合选用[6-8]。

本文以安徽省石台抽水蓄能电站为例，鉴于设计径流对抽水蓄能电站设计的重要性，在合理选择设计依据站的基础上，分别采用面积比法[9]、面积比加降雨修正法[10] 和等值线图法[11] 计算上下水库坝址的设计径流，经综合比选后合理选用，研究可以为石台抽水蓄能电站设计提供基础支撑，同时为小流域设计径流的分析计算提供重要参考。

2　概况

2.1　流域概况

石台抽水蓄能电站上水库位于安徽省石台县丁香镇林茶村雾基坡，黄湓河二级支流林茶溪上游，坝址以上集水面积 2.30 km^2，河长 2.10 km，比降 159‰；下水库位于石台县仙寓镇彭溪村，秋浦河二级支流彭溪中游北侧一支沟与彭溪的汇口以上 0.7 km 处，坝址以上集水面积为 4.54 km^2，河长 2.62 km，比降 198‰。坝址以上工程所在流域水系及水文站网示意见图 1。

根据石台县气象站 1967—2023 年气象要素统计，多年平均降水量 1 624.9 mm，降水主要集中在 3—8 月，占年降水量的 74.1%；多年平均气温 16.5 ℃，极端最高气温 38.6 ℃，极端最低气温 -3.6 ℃；多年平均风速 1.0 m/s；多年平均蒸发量 1 274.6 mm（ϕ 20 cm 小型蒸发器）。工程上、下水库所在的黄湓河和秋浦河流域内降水年际变化幅度较大，不同季节的降水量变化幅度也很大，具有

基金项目： 长江科学院开放研究基金资助项目（编号：CKWV2021866/KY）；水利部重大科技项目（SKS-2022038）；国家重点研发计划项目（2021YFC3200304）。

作者简介： 李立平（1988— ），男，高级工程师，主要从事水文水资源分析研究工作。

易涝易旱的特点，每年6月上旬进入梅雨季节。流域径流主要来自降水，径流特性与降水特性相应，年内分配不均，年际变化较大。

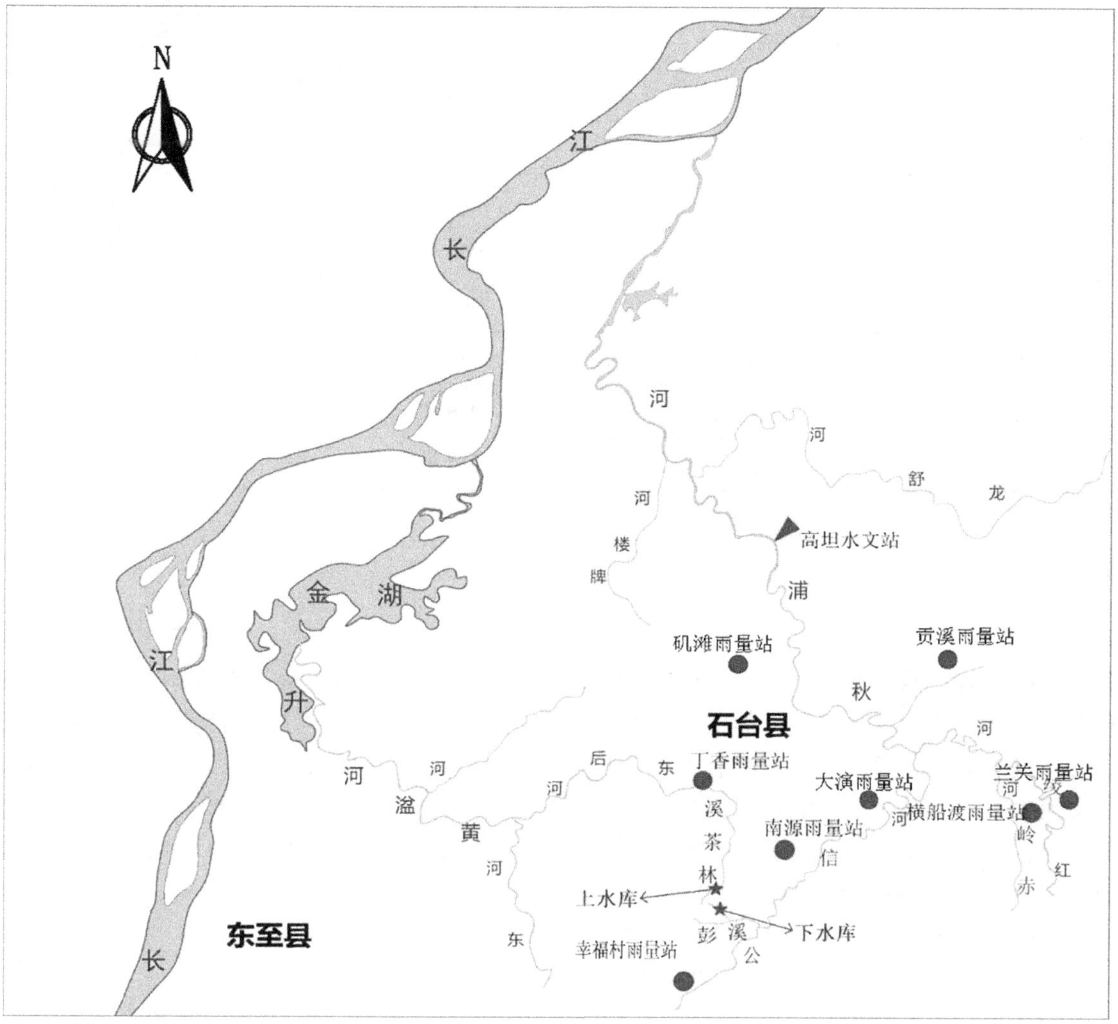

图1　坝址以上工程所在流域水系及水文站网示意

2.2　水文基本资料

秋浦河流域水文记录始于1951年，有1个水文站、10个雨量站、2个气象站。黄溢河流域有1个水文站、9个雨量站。工程上水库位于黄溢河支流，下水库位于秋浦河支流，两个流域相邻，高坦水文站和雁塔水文站分别是秋浦河和黄溢河上唯一的水文站。本工程上水库位于黄溢河支流，下水库位于秋浦河支流，两个流域相邻。

高坦水文站位于安徽省贵池县高坦公社罗田村，地理坐标为东经117°26′，北纬30°22′，控制流域面积为1 077 km^2。1951年7月由长江水利委员会下游工程局设立，观测降雨、径流、水位、泥沙、蒸发等项目至今。雁塔水文站资料系列较短，中间缺测年份较多，2011年之后改为水位站，因此雁塔水文站仅起参证作用。径流计算依据的雨量站为工程周边的南源、丁香、幸福村，以及大演、兰关、贡溪、矶滩等站。径流和降水系列为建站至2023年。研究采用的水文站和雨量站基本情况见表1。

表 1　研究采用的水文站和雨量站基本情况

站别	站名	设站时间	观测要素
水文站	高坦	1951 年	流量、雨量、水位、泥沙
雨量站	南源	1954 年	雨量
雨量站	丁香	1967 年	雨量
雨量站	幸福村	1967 年	雨量
雨量站	大演	1979 年	雨量
雨量站	兰关	1967 年	雨量
雨量站	贡溪	1978 年	雨量
雨量站	矶滩	1969 年	雨量
雨量站	横船渡	1955 年	雨量

3　依据站径流

3.1　径流还原

安徽省石台抽水蓄能电站上、下水库所在河段无水文站。秋浦河干流设有高坦水文站，秋浦河与黄湓河流域气候特征、下垫面条件类似。结合水文资料的完整情况，本次径流计算选取秋浦河上的高坦水文站为依据站。高坦水文站上游有无调节性能的小水电，不影响月径流，秋浦河流域内影响水文资料一致性的因素主要为工农业及生活耗水。流域处于大气环流冷暖交汇地带，春夏多雨，秋冬易干旱，四季分明，冬冷夏热，春秋温和。流域耕地面积为 6.24 万亩，人口有 10.8 万（其中城镇人口 3.14 万，农村人口 7.66 万），农业种植以水稻为主。

径流还原计算采用分项调查法，水量平衡计算公式如下：

$$W = W_1 + W_2 + W_3 + W_4 \tag{1}$$

式中：W 为还原后的天然径流量，万 m^3；W_1 为实测径流量，万 m^3；W_2 为工业净耗水量，万 m^3；W_3 为农业灌溉净耗水量，万 m^3；W_4 为生活净耗水量，万 m^3。

工业净耗水量采用第三次全国水资源调查评价成果。农业灌溉净耗水量的计算采用《水文调查规范》（SL 196—2015）中模拟计算方法还原计算。生活净耗水量通过对生活用水的调查确定，城镇生活 120 L/（人·d），农村生活 70 L/（人·d），耗水率采用 20%。还原结果：工业、生活耗水量占天然量的百分比不到 1%，农业灌溉耗水量约占天然量的 1%。将还原后的高坦水文站 1956—2023 年径流系列和高坦水文站以上流域面降水量系列绘制降水和径流双累积曲线图，如图 2 所示。从图 2 中可以看出，高坦水文站降水和径流系列未发生明显偏离，表明还原后的高坦水文站径流系列具有较好的一致性。

3.2　代表性分析

高坦水文站为国家基本站，水文资料具有较好的可靠性，还原后的系列具有一致性。高坦站多年平均天然年径流量累积平均值曲线见图 3，当系列大于 40 年后，累积平均值相对长系列平均值的相对误差绝对值在 2.5%以内，径流系列的多年平均值趋于稳定。

高坦水文站多年平均年径流量差积曲线见图 4，差积曲线表现为一种多峰式的过程，其年径流量包含了 36 个枯水年、7 个平水年和 25 个丰水年，枯水年略多于丰水年，年际间的丰、枯变化较频繁，丰、平、枯水循环期较完整，每个丰、平、枯循环期 3~12 年。其中，连续丰水年不多，有 3 次明显的连续枯水年，分别为 1960—1968 年、2003—2009 年、2011—2014 年。因此，高坦水文站径流

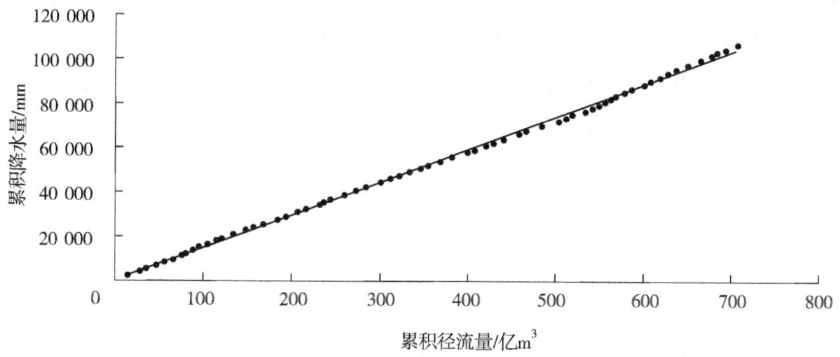

图 2　高坦水文站降水和径流双累积曲线

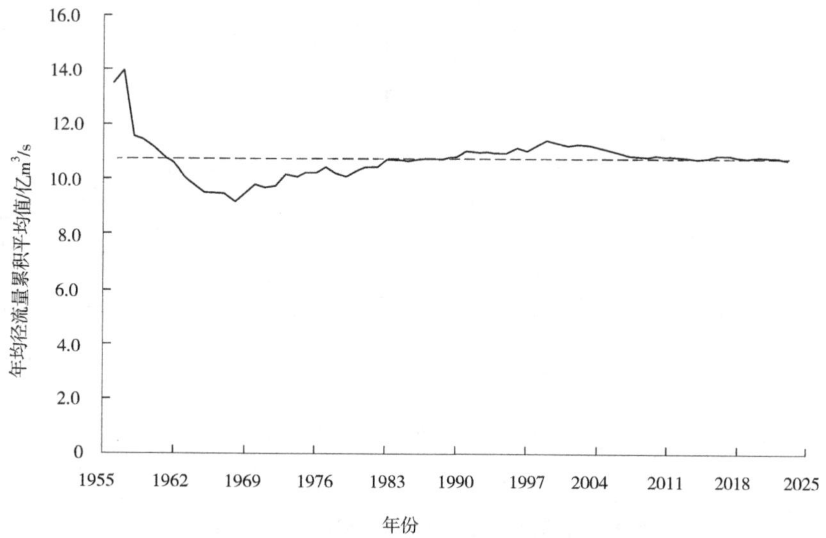

图 3　高坦水文站多年平均天然径流量累积平均值曲线

系列具有较好的代表性。

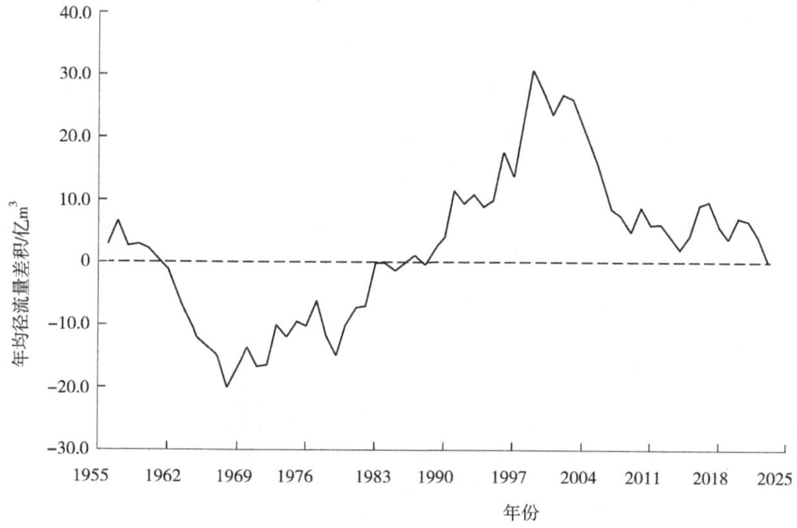

图 4　高坦水文站多年平均年径流量差积曲线

3.3 依据站设计径流分析

依据高坦站 1956—2023 年共计 68 年的天然年径流系列，进行频率分析计算，经验频率采用数学期望公式 $P_m = m/(n+1)$，P-Ⅲ型频率曲线，适线法确定统计参数，高坦水文站年均流量频率曲线见图 5，高坦水文站径流量年内分配见表 2。

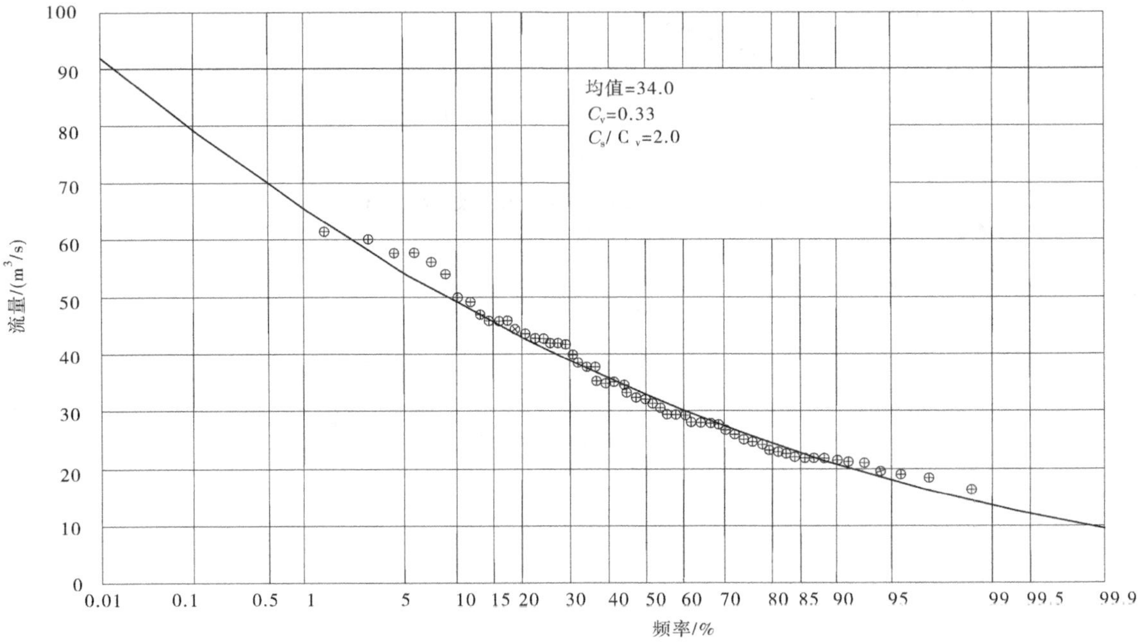

图 5 高坦水文站年均流量频率曲线

表 2 高坦水文站多年平均径流量年内分配

月份	1	2	3	4	5	6	7	8	9	10	11	12	年
平均流量/(m^3/s)	10.4	23.3	42.4	46.8	46.5	80.9	68.0	37.5	19.9	11.9	11.9	8.94	34.0
径流量/亿 m^3	0.28	0.57	1.14	1.21	1.25	2.10	1.82	1.00	0.51	0.32	0.31	0.24	10.75
比例/%	2.59	5.32	10.57	11.29	11.59	19.51	16.95	9.35	4.79	2.95	2.87	2.23	100

4 坝址径流

4.1 降水插值延长

由于各雨量站系列不同，高坦和横船渡雨量站的降雨系列相对完整，有 1956—2023 年逐月连续降雨。对流域内各雨量站与高坦、横船渡站实测逐月降水量系列建立相关关系，插补月降雨量，将各雨量站的降雨系列统一至 1956—2023 年。1 月各站和高坦、横船渡雨量站的月降水相关关系见图 6。各站相关关系良好，相关系数达 0.9 以上，可以用于各站月降水的插补延长。

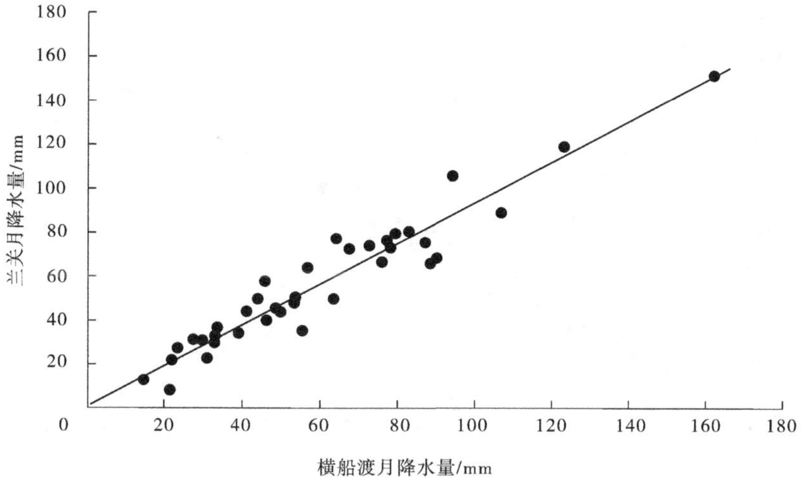

(a)兰关

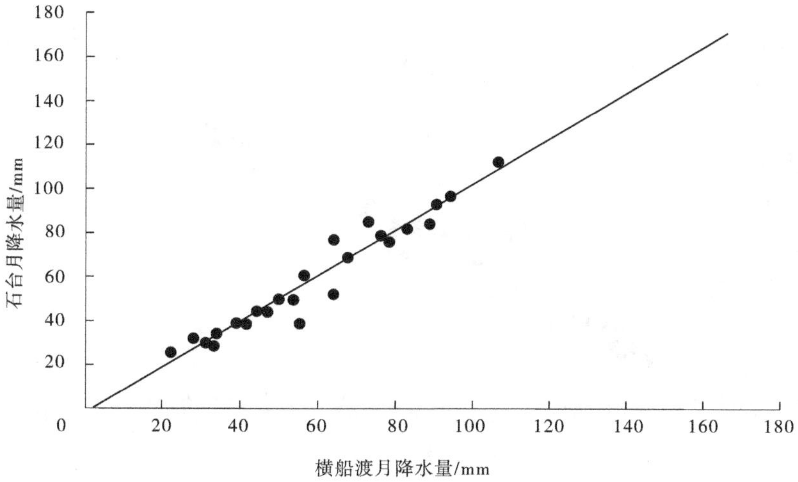

(b)石台

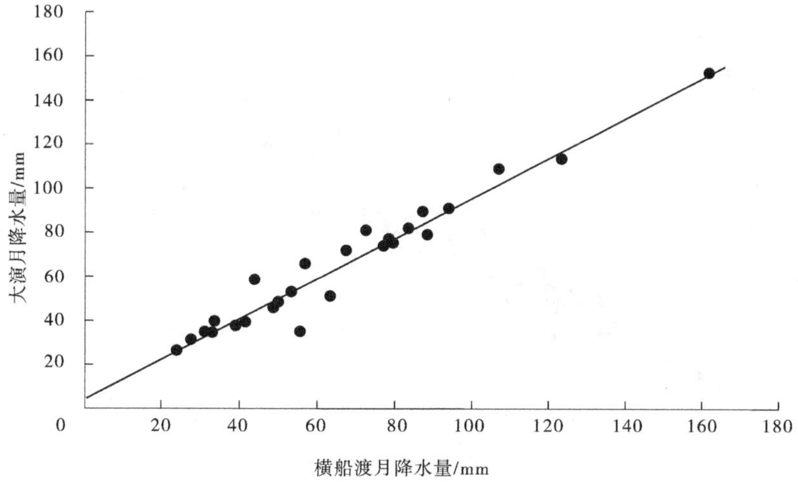

(c)大演

图 6　1 月雨量站降水相关关系图

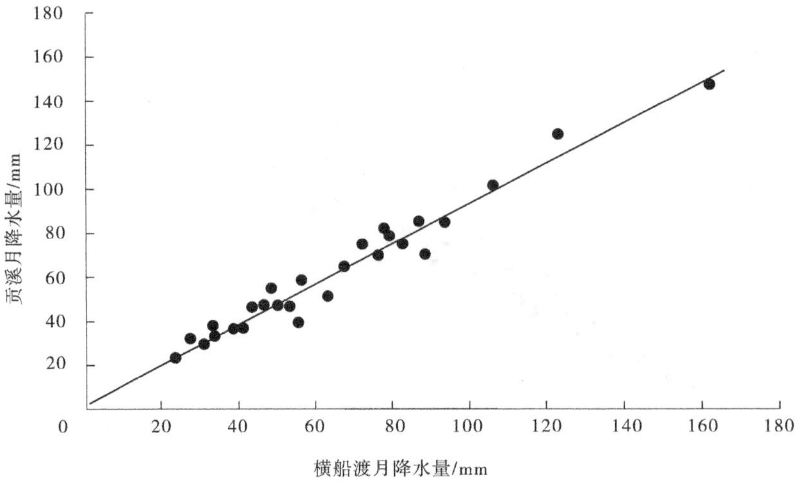

(d)贡溪

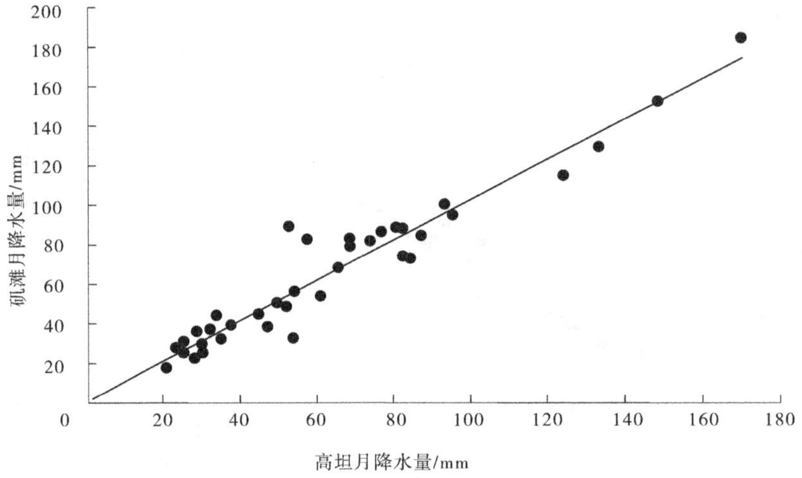

(e)砚滩

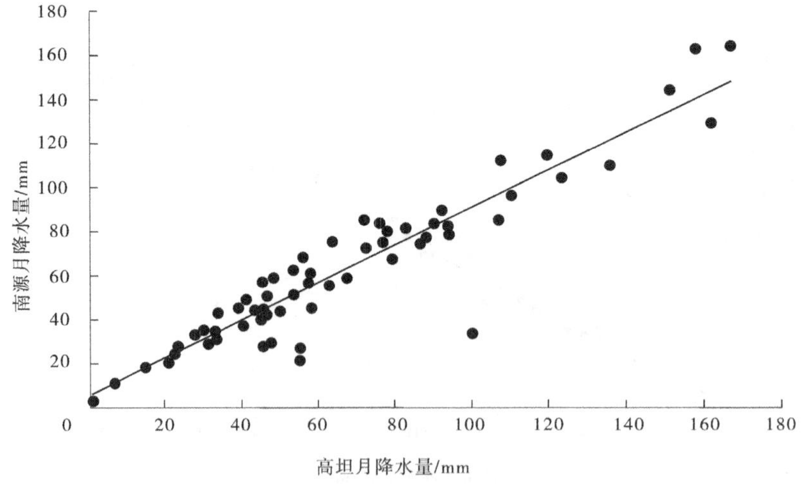

(f)南源

续图 6

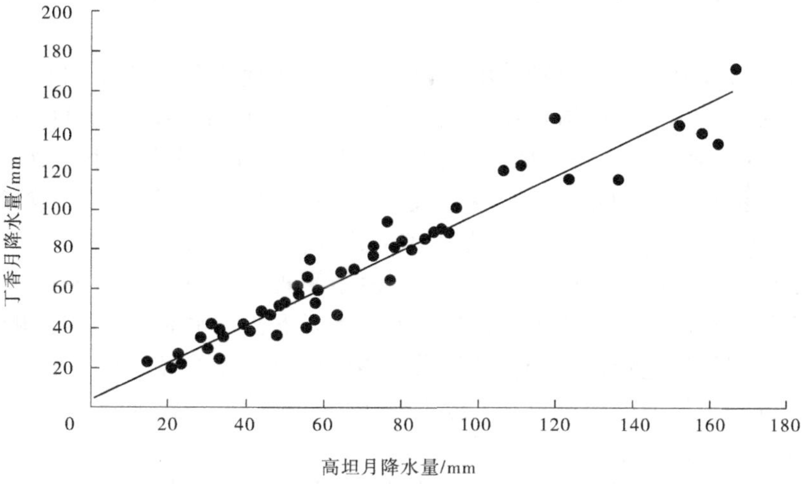

(g)丁香

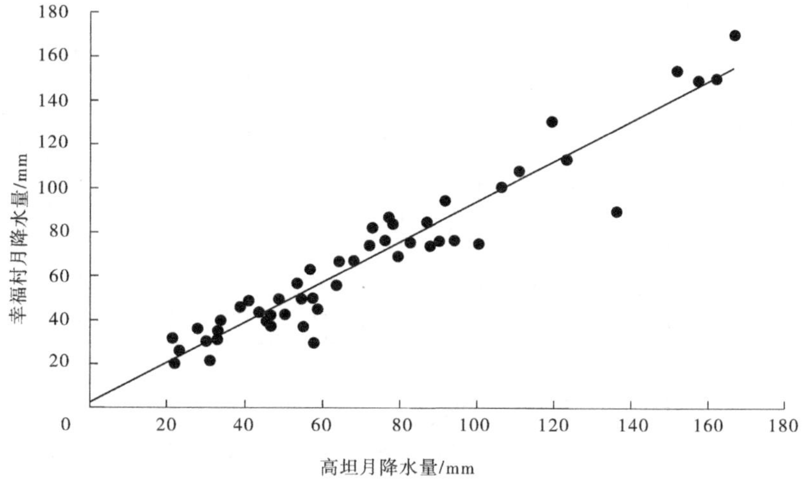

(h)幸福村

续图 6

4.2 坝址径流分析

分别采用面积比法、面积比加降雨修正法和等值线图法推求上、下水库坝址径流。

(1) 面积比法

$$Q_{设} = \frac{F_{设}}{F_{依}} Q_{依} \tag{2}$$

式中：$Q_{设}$为设计流域平均流量，m^3/s；$Q_{依}$为依据站平均流量，m^3/s；$F_{设}$为设计流域集水面积，km^2；$F_{依}$为依据站集水面积，km^2。

(2) 面积比加降雨修正法。

考虑到上、下水库坝址集水面积较小，同时采用面积比加降雨修正法分析研究区域径流。上、下水库坝址区域面雨量采用幸福村、南源和丁香等站雨量加权平均得到；高坦以上流域面雨量采用高坦、幸福村、南源、石台和横船渡等站雨量加权平均得到。计算公式如下：

$$Q_{设} = \frac{F_{设}}{F_{依}} \cdot \frac{P_{设}}{P_{依}} Q_{依} \tag{3}$$

式中：$P_{设}$为设计流域降水量，mm；$P_{依}$为依据站以上流域降水量，mm。

(3) 等值线图法。

查《安徽省天然径流深等值线图》和《安徽省多年平均径流系数等值线图》，计算上、下水库坝址多年平均径流量。

根据高坦站设计径流计算成果，分别采用面积比法、面积比加降雨修正法和等值线图法计算上、下水库坝址的设计径流。采用面积比法计算的上、下水库多年平均径流深为 998. 1 mm，多年平均流量分别为 0. 073 m^3/s、0. 144 m^3/s；采用面积比加降雨修正法计算的上、下水库多年平均径流深为 1 016. 5 mm，多年平均流量分别为 0. 075 m^3/s、0. 147 m^3/s；采用等值线图法查算的上、下水库多年平均径流深为 1 030 mm，多年平均流量分别为 0. 075 m^3/s、0. 148 m^3/s。

可以看出，3 种方法计算的径流成果基本一致。由于高坦水文站控制流域面积为 1 077 km^2，本工程上水库和下水库坝址控制流域面积很小，均在 5 km^2 以下，降水对径流的影响较大，因此采用水文比拟法对上、下水库坝址处进行径流分析计算时，需要雨量修正。径流深等值线图主要是成果面上的协调，未能反映局部特小流域的径流特性，综合分析后，推荐面积比加降雨修正法计算的上、下水库径流成果作为工程径流设计依据。

采用面积比加降雨修正法计算的上水库坝址处各频率设计年径流量成果见图 7，多年平均年径流年内分配见表 3。

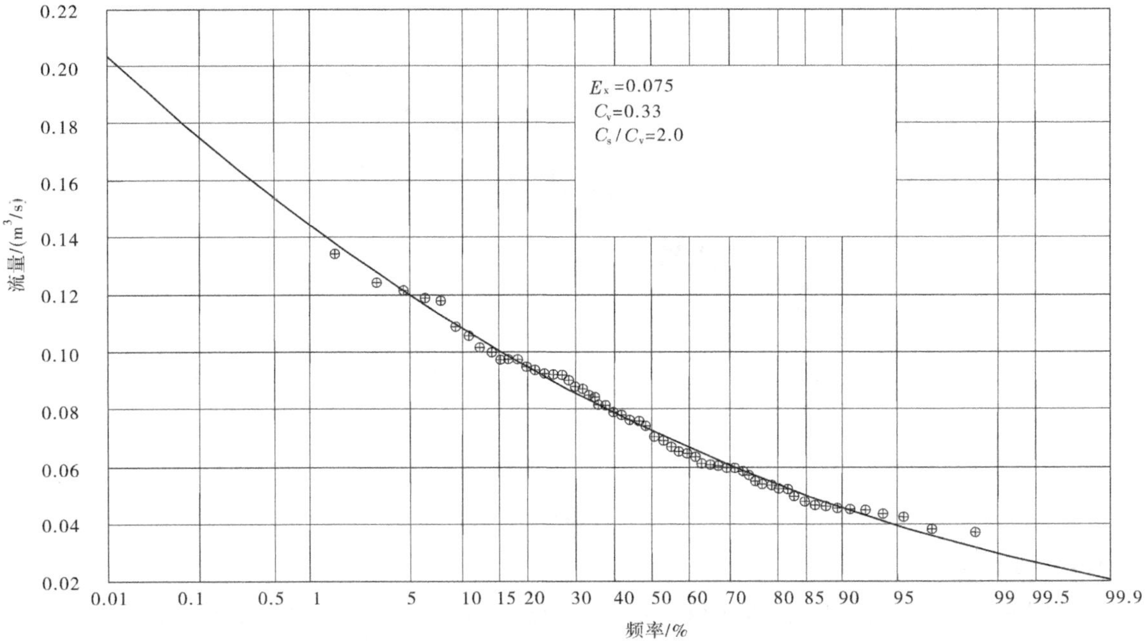

图 7 上水库坝址年流量频率曲线

表 3 上、下水库坝址多年平均年径流量年内分配

项目	1 月	2 月	3 月	4 月	5 月	6 月	7 月	8 月	9 月	10 月	11 月	12 月	年
上水库/万 m^3	5. 78	12. 56	24. 30	26. 69	27. 02	44. 82	40. 77	21. 52	11. 63	6. 81	6. 76	5. 12	233. 8
下水库/万 m^3	11. 41	24. 80	47. 97	52. 68	53. 33	88. 48	80. 48	42. 48	22. 95	13. 45	13. 34	10. 10	461. 5

4. 3 成果合理性分析

径流计算采用面积比加降雨修正法，周边 3 个雨量站的加权平均计算的坝址以上流域多年平均降水量为 1 667. 3 mm，而秋浦河高坦水文站以上流域多年平均降水量为 1 631. 5 mm，石台县多年平均降水量为 1 624. 9 mm。查安徽省 1956—2016 年多年平均降水量等值线图复核，秋浦河、黄湓河流域的降水量都在 1 600~1 700 mm。

本次计算的坝址处多年平均径流深为 1 016. 5 mm，而高坦水文站多年平均径流深为 998. 1 mm。根据第三次全国水资源调查评价成果中安徽省 1956—2016 年多年平均径流深等值线图复核，秋浦河流域、黄湓河流域的径流深在 800~1 050 mm，本次计算成果与之基本一致。

拟建电站坝址位于流域内的上游支沟，均位于山区，植被茂密，降水、径流深均为流域和区域内的高值区，与以上的对比分析结果相符，综合分析后认为径流成果是合理的。

5 结论

结合石台抽水蓄能电站上、下水库所在区域的自然地理、气候特征、下垫面条件以及资料完整性，径流计算选取秋浦河上的高坦水文站为依据站。分别采用面积比法、面积比加降雨修正法和等值线图法计算上、下水库坝址的设计径流，并开展径流成果的合理性分析。主要结论如下：

（1）3 种计算方法计算的上、下水库坝址径流基本一致，考虑到降水对超小流域径流的重要影响，推荐采用面积比加降雨修正法计算的径流成果作为设计依据。

（2）通过对比研究区域和第三次全国水资源调查评价成果中安徽省降水和径流深成果，表明石台抽水蓄能电站上、下水库降水和设计径流符合地区降水和径流分布规律，研究成果合理可靠，可为小流域设计径流分析提供参考。

参考文献

[1] 国家能源局. 水电工程水文设计规范：NB/T 10233—2019 [S]. 北京：中国水利水电出版社，2020.

[2] 国家能源局. 抽水蓄能电站设计规范：NB/T 10072—2018 [S]. 北京：中国水利水电出版社，2019.

[3] 国家能源局. 水电工程小流域水文计算规范：NB/T 35095—2017 [S]. 北京：中国水利水电出版社，2017.

[4] 水利部长江水利委员会水文局，水利部南京水文水资源研究所. 水利水电工程设计洪水计算手册 [M]. 北京：中国水利水电出版社，2001.

[5] 陈家琦，张恭肃. 小流域暴雨洪水计算 [M]. 北京：水利电力出版社，1985.

[6] 李晓伟，谢伟. 抽水蓄能电站水文设计分析与计算 [J]. 水力发电，2015，41（12）：25-28.

[7] 中华人民共和国水利部. 水电水利工程水文计算规范：SL/T 278—2020 [S]. 北京：中国水利水电出版社，2020.

[8] 康志翔，林阗. 抽水蓄能电站上水库水源研究 [J]. 福建水力发电，2023（2）：5-6.

[9] 陈立武. 某抽水蓄能电站径流推求 [J]. 红水河，2022，41（6）：12-16.

[10] 张一鸣，邓欢欢. 福建云霄抽水蓄能电站径流分析与计算浅析 [J]. 广东水利水电，2019（4）：44-48.

[11] 陈偲. 吉林敦化抽水蓄能电站水资源论证 [D]. 长春：吉林大学，2012.

黄河上游梯级水库运行以来水文情势变化及生态流量分析

司　源　刘晓波　董　飞

（中国水利水电科学研究院流域水循环模拟与调控国家重点实验室，北京　100038）

摘　要： 流域梯级水库建设运行及河道内外取用水等人类活动引起河流水文情势变化，进而对河流水生态系统造成影响。本文以黄河干流上游为研究区域，量化分析了梯级水库运行不同阶段对河流水文情势造成的影响，梳理了河段生态保护对象及生态需水目标，以自然水文情势为参照系统，确定了黄河干流上游河段控制断面生态流量过程基线，为以生态流量保障为导向改善现行梯级水库调度运行方式提供参考。

关键词： 黄河干流上游；生态保护目标；水文情势；生态流量

1　引言

流域梯级水库建设运行及河道内外取用水等人类活动引起河流水文情势变化，进而对河流水生态系统造成深远影响[1-2]。河流生态流量是维系江河湖泊生态系统的基本要素，是控制水资源开发强度的重要指标和统筹“三生”用水的重要基础。2020 年，水利部印发《关于做好河湖生态流量确定和保障工作的指导意见》，明确提出要因地制宜、科学合理地确定河湖生态流量目标，强化流域水资源统一调度管理。自然水流状态（nature flow regime，NFR）理论[3] 是生态流量管理的重要基础支撑，该理论认为未被大规模干扰的自然水流对于河流生态系统整体性和支持土著物种多样性具有关键意义。自然水流状态的 5 个水文要素（包括流量大小、频率、发生时机、持续时间、变化率等）通常被认为是维持与保护水生生态系统生物多样性与生态功能的核心，因此可以将自然水文情势定义为生态流量的参照系统[4-5]。

黄河流域是我国重要的生态安全屏障，也是人口活动和经济发展的重要区域，在国家发展大局和社会主义现代化建设全局中具有举足轻重的战略地位。然而，水资源总量不足是当前黄河流域经济社会可持续发展的最大制约因素，社会经济用水和河道生态环境用水矛盾突出，对黄河流域水生态系统造成严重影响[6]。推动黄河流域生态保护和高质量发展，具有深远的历史意义和重大战略意义。《黄河流域生态保护和高质量发展规划纲要》提出，要科学配置全流域水资源，建立健全干流和主要支流生态流量监测预警机制，明确管控要求。本文以黄河干流上游为研究对象，分析了梯级水库运行对河流水文情势造成的影响，梳理了河段生态保护对象及生态需水目标，确定了黄河干流上游河段控制断面生态流量过程基线，为以生态流量保障为导向改善现行梯级水库调度运行方式提供参考。

2　研究区域概况

黄河是中国第二长河，发源于青藏高原巴颜喀拉山北麓，流经青海、四川、甘肃、宁夏、内蒙

基金项目： 国家重点研发计划项目（2024YFC3212600）；中国水科院基本科研业务费项目（WE110145B0072021）。

作者简介： 司源（1990—），女，高级工程师，主要从事水资源、水环境管理与规划工作。

通信作者： 刘晓波（1978—），男，正高级工程师，主要从事水环境数值模拟与调控工作。

古、山西、陕西、河南、山东9省（区），于山东省垦利区注入渤海。黄河干流全长约5 464 km，流域面积约79.5万km^2（包括内流区4.2万km^2），流域范围介于东经95°53′~119°05′、北纬32°10′~41°50′。黄河干流分为上、中、下游三部分，其中，黄河源头至内蒙古托克托县河口镇为黄河上游，上游河段全长3 471.6 km，流域面积42.82万km^2，汇入的较大支流有43条，如大夏河、洮河、湟水、祖厉河、清水河等。黄河流域属东亚季风气候，黄河上游冬干春旱，夏秋多雨，降水年内分布不均，降水集中在6—9月，根据1981—2010年气象数据统计，黄河上游兰州以上降水量多年均值为461.8 mm，兰州至河口镇区间多年均值为257.4 mm。黄河上游年平均气温在-3~10 ℃，总体分布特征为东高西低、南高北低。

黄河干流上游已建成的水利枢纽中具有主要调节作用的水库是龙羊峡和刘家峡。龙羊峡水库于1986年下闸蓄水，为多年调节水库，调节库容193.5亿m^3。刘家峡水库于1967年下闸蓄水，为不完全年调节水库，调节库容35亿m^3。两库调节库容之和约占黄河上游梯级水库总调节库容的97%，占黄河上游天然来水的69%左右。两库存在紧密的电力、水力联系，通过联合调度可以进行电能补偿调节以充分发挥水电的容量效益为西北电网调峰调频，同时可以进行库容补偿调节将丰水年和汛期的水量拦蓄起来补给枯水年和非汛期之用，以实现蓄丰补枯。

3　研究方法

在诸多描述水文情势要素的指标体系中，水文改变度指标（indicators of hydrologic alteration，IHA）最为普遍接受[7]，其将水文要素划分为5组33个水文指标。在这一体系下，Richter等[8]提出了变动范围法（range of variability approach，RVA）来描述水文指标的变化程度，被广泛应用于人类活动干扰对河流水文情势变化的影响评估[9-11]。根据历史长序列（>20年）逐日流量数据，统计近天然时段内各IHA指标25%分位数和75%分位数，其范围代表自然水文情势下各指标可接受区间。

根据评价时段内各IHA指标落在可接受区间的年数占预期年数的比例来评价水文情势变化程度，公式如下：

$$D_m = \left| \frac{N_{o,m} - N_{e,m}}{N_{e,m}} \right| \times 100\% \qquad (1)$$

式中：D_m为第m个IHA指标水文改变度；$N_{o,m}$为评价时段内第m个IHA指标落在可接受区间的年数；$N_{e,m}$为评价时段内第m个IHA指标落在可接受区间的预期年数。

当$D_m \leq 33\%$时，表示与近天然时段相比，评价时段内第m个IHA指标无改变或发生低度改变；当$33\% < D_m \leq 67\%$时，表示第m个IHA指标发生中度改变；当$D_m > 67\%$时，表示第m个IHA指标发生高度改变。

基于IHA-RVA法，Shiau和Wu[12]提出了河流整体水文改变度表征形式，公式如下：

$$D_0 = \frac{1}{M}\left(\sum_{m=1}^{M} D_m^2 \right)^{1/2} \qquad (2)$$

式中：D_0为整体水文改变度；M为IHA指标总个数。

4　结果与分析

4.1　黄河干流上游控制断面水文改变度

基于收集到的黄河干流上游代表水文站1935—2012年（缺1957—1968年）长序列流量数据资料，根据龙羊峡、刘家峡2座主要调节水库下闸蓄水时间，将研究时段划分为3个阶段：无水库调节（1935—1956年）、刘家峡水库单独运用（1969—1986年）和龙羊峡、刘家峡两库联合运用（1987—2012年）。以无水库调节阶段作为基准期（近天然时段），将刘家峡水库单独运用（简称刘库单独运用）以及龙羊峡、刘家峡两库联合运用（简称龙刘两库联合运用）分别作为受人类活动干扰的2个阶段，采用IHA-RVA法计算不同阶段梯级水库运行对黄河干流上游河段控制断面兰州（位于刘家峡水库下游）水文情势的影响。

兰州断面 33 个 IHA 指标水文改变度如图 1 所示。1969—1986 年系列较近天然状态总体水文改变度为 52.7%，1987—2012 年系列较近天然状态总体水文改变度为 69.0%，说明龙羊峡、刘家峡两库联合运用阶段较刘家峡水库单独运用阶段对下游河段水文情势的改变程度更大。从分项 IHA 指标来看，1969—1986 年系列 33 个 IHA 指标中，高度改变的 14 个，中度改变的 7 个，低度改变及无改变的 11 个，其中，高度改变的指标主要是 1 月、3 月、8 月、9 月、10 月、12 月平均流量，最小 30 d、90 d 平均流量和基流指数，低流量脉冲发生次数和平均持续时间，以及连续日流量平均上升/下降速率和日流量变化翻转次数。1987—2012 年系列 33 个 IHA 指标中，高度改变的 19 个，中度改变的 9 个，低度改变及无改变的 5 个，其中，高度改变的指标主要是 1 月、2 月、5 月、6 月、7 月、8 月、9 月、10 月、12 月平均流量，最小 90 d 平均流量，年最大 1 d、3 d、7 d、30 d、90 d 平均流量和基流指数，高/低流量脉冲平均持续时间，以及日流量变化翻转次数。

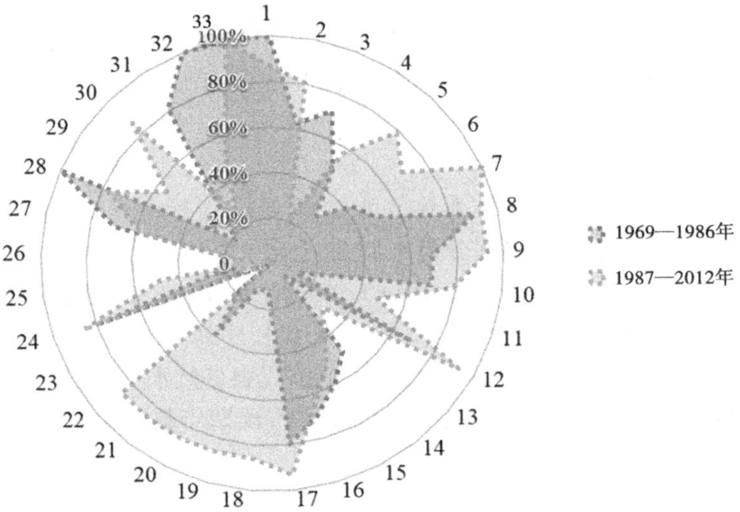

图 1　33 个 IHA 指标水文改变度

改变程度较大的 IHA 指标 3 个阶段对比情况如图 2 所示。

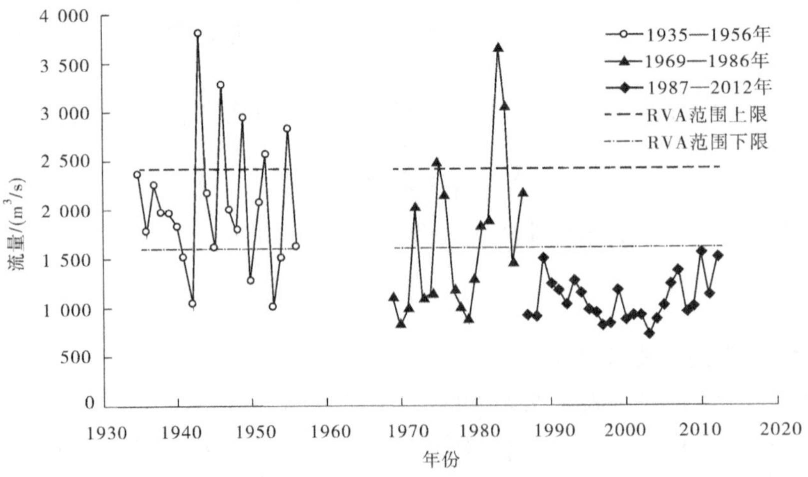

图 2　3 个阶段 IHA 指标对比

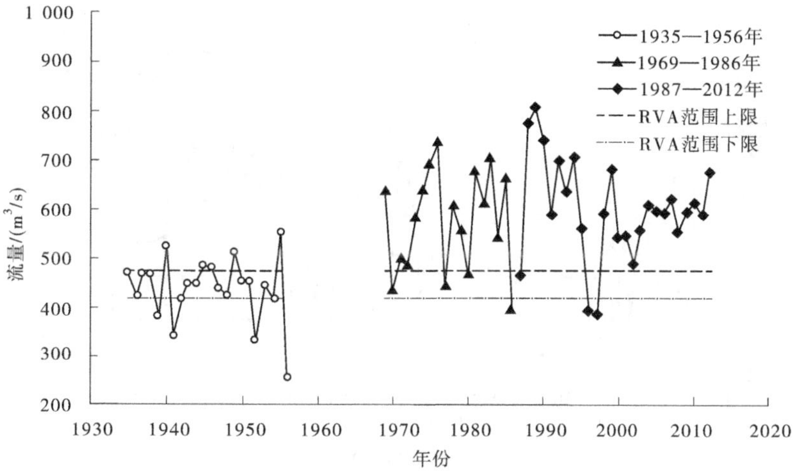

(b)12月平均流量

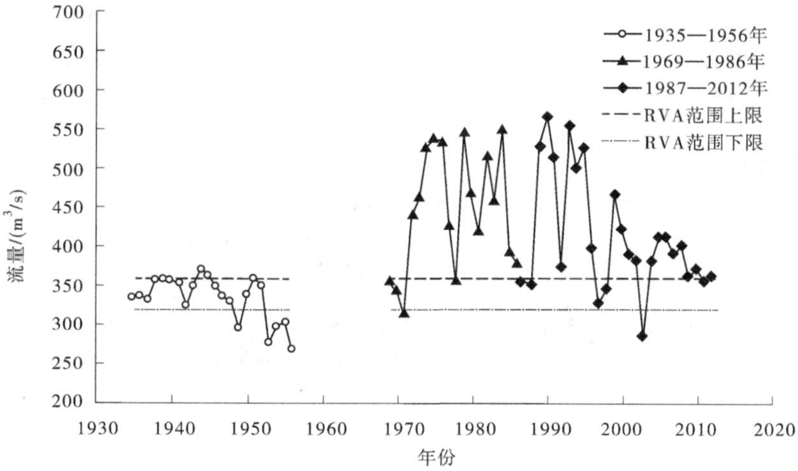

(c)最小30 d平均流量

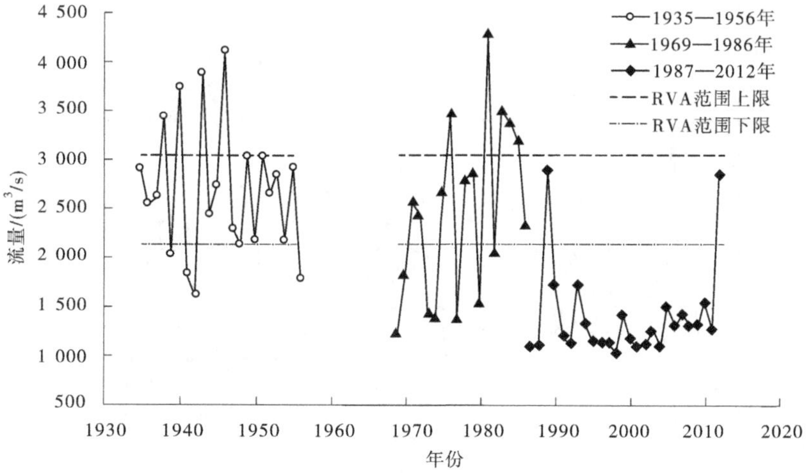

(d)最大30 d平均流量

续图 2

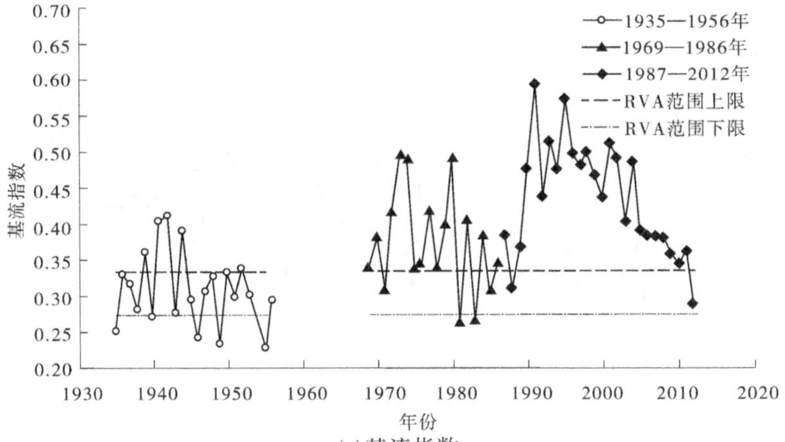

(e)基流指数

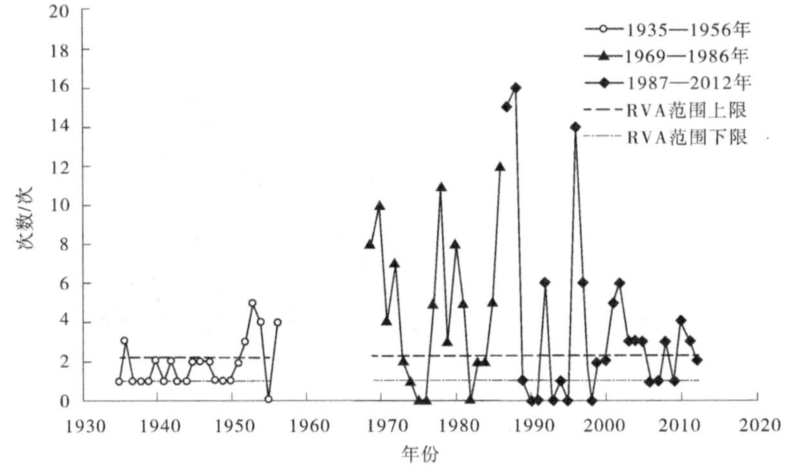

(f)低流量脉冲发生次数

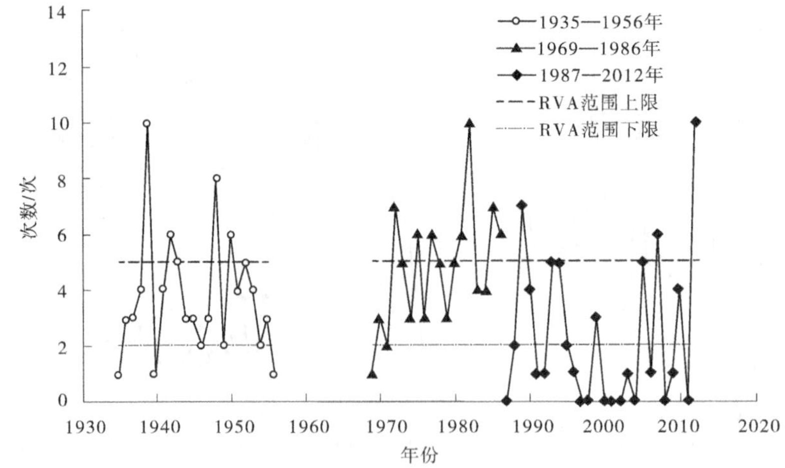

(g)高流量脉冲发生次数

续图 2

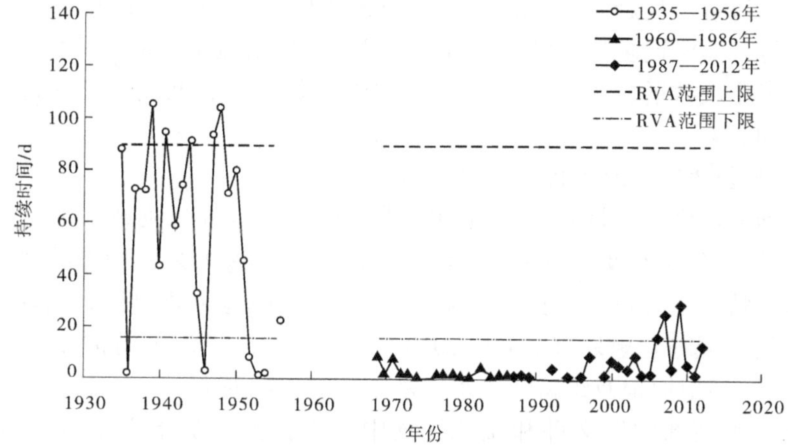

(h)低流量脉冲持续时间

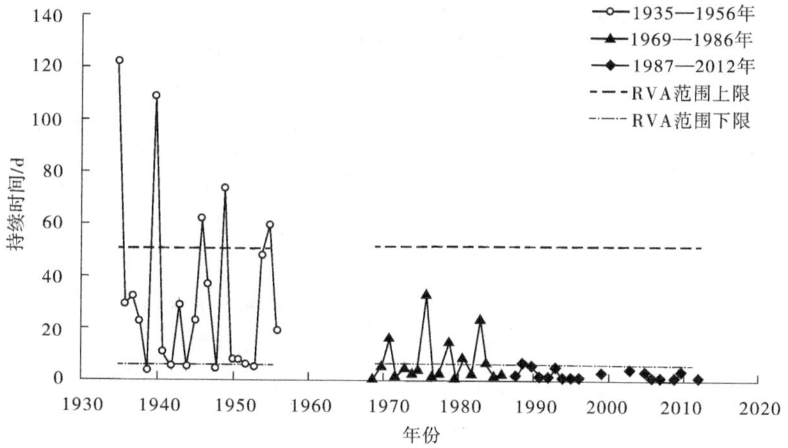

(i)高流量脉冲持续时间

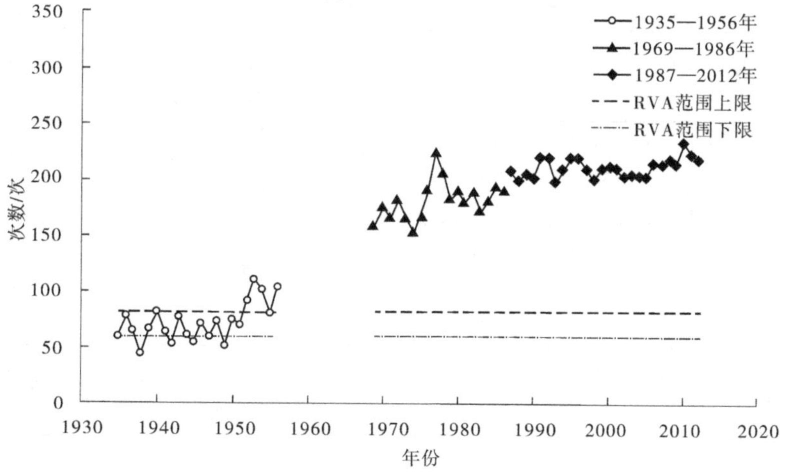

(j)日流量变化翻转次数

续图 2

总体来看，与近天然状态相比，刘家峡水库单独运用和龙刘两库联合运用 2 个阶段梯级水库下游河段水文情势均表现出流量过程趋于平坦的特点，且两库联合运用后上述特点更为显著。具体表现为：汛期月均流量降低，非汛期多数月份月均流量升高，高极值流量降低，低极值流量升高，基流指数增大，低流量脉冲发生次数增加，高流量脉冲发生次数减少，高/低流量脉冲持续时间均缩短，日流量变化翻转次数增加。

4.2 河段生态保护对象及生态需水目标

湿地和鱼类栖息地的规模和质量是黄河健康的重要标志，是黄河流域水生态保护的重点关注对象[13]。黄河干流上游分布有国家级水产种质资源保护区及自然保护区，特殊的地理环境、气候特点形成了适应高原生境的特有土著鱼类（如兰州鲇），重要保护湿地主要包括青铜峡库区湿地、乌梁素海湿地等。根据《黄河流域综合规划（2012—2030 年）》，黄河干流上游河段主要生态保护目标为水生生物（鱼类为主）、河道湿地及维持河道水体基本功能，同时兼顾一定的输沙、自净水量和中下游用水需求。经梳理，水利部印发文件和流域规划中关于黄河干流上游刘家峡以下河段主要断面（兰州、下河沿、石嘴山）生态环境用水及断面下泄水量（流量）控制指标要求见表 1。

表 1　黄河干流上游河段重要断面生态需水/流量控制指标

断面	生态流量类型		功能	来源
	生态基流/最小下泄水量（流量）	敏感期生态流量		
兰州	350 m^3/s	—	满足河流生态基流和下游河道外基本生活生产用水需求的流量	水利部文件（水资管函〔2020〕43 号）
兰州	304.9 亿 m^3/年	—	断面下泄水量控制指标	黄河流域综合规划（2012—2030 年）
下河沿	340 m^3/s	脉冲流量 600 m^3/s（5—6 月）；一定量级洪水过程（7—10 月）	—	黄河流域水资源保护规划（2010—2030 年）
下河沿	299.6 亿 m^3/年	—	断面下泄水量控制指标	黄河流域综合规划（2012—2030 年）
石嘴山	330 m^3/s	适宜流量 330 m^3/s（4 月）、350 m^3/s（5—6 月）；淹及岸边水草小洪水或小脉冲洪水（5—6 月）；一定量级洪水过程（7—10 月）	保护鱼类繁殖期、生长期需水及沿黄洪漫湿地水分需求	黄河流域综合规划（2012—2030 年）
石嘴山	260.9 亿 m^3/年	—	断面下泄水量控制指标	黄河流域综合规划（2012—2030 年）

综上所述，黄河干流上游河段生态需水目标为保障断面全年生态基流/最小下泄水量（流量）底限要求，同时在敏感期 5—6 月塑造小洪水或脉冲洪水过程，在 7—10 月塑造一定量级的洪水过程。

4.3 控制断面生态流量过程基线

基于 IHA-RVA 法计算结果，以月尺度 IHA 指标（1—12 月逐月平均流量）可接受区间作为参照系，建立兰州断面适宜生态流量阈值范围，同时根据流域综合规划等要求，建立兰州断面最小生态流量底限约束，形成包括适宜生态流量和最小生态流量在内的黄河干流上游河段控制断面生态流量过程基线，如图3所示。

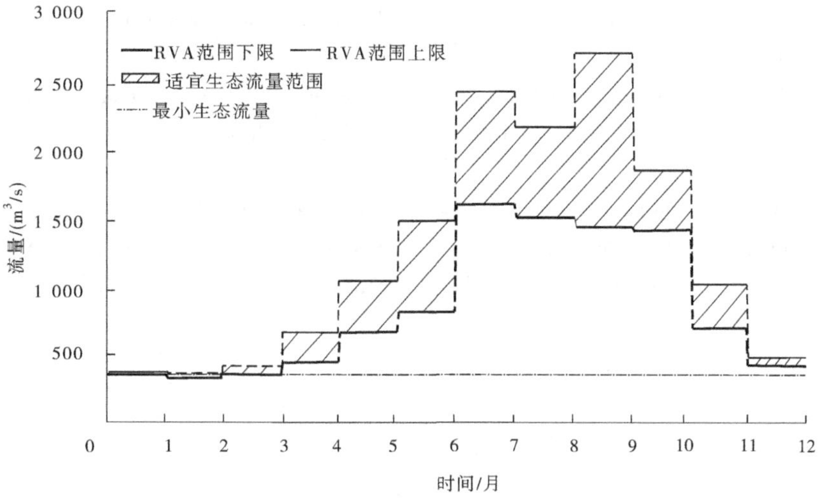

图3 黄河干流上游河段控制断面生态流量过程基线

5 结论

基于黄河干流上游长序列水文监测资料，根据主要调节水库运行时间将研究时段划分为3个阶段，采用IHA-RVA法量化评估了各阶段较近天然时段的水文改变程度，进一步根据河段生态保护对象及生态需水目标，确定了控制断面生态流量过程基线。主要结论如下：

（1）刘家峡水库单独运用阶段较近天然状态总体水文改变度为52.7%，龙羊峡、刘家峡两库联合运用阶段较近天然状态总体水文改变度为69.0%。与近天然状态相比，梯级水库运行后下游河段水文情势主要表现为流量过程趋于平坦、高流量脉冲事件减少的特点。

（2）根据黄河干流上游河段生态保护对象。分析可知，黄河干流上游河段生态需水目标为保障断面全年生态基流/最小下泄水量（流量）底限要求，并在敏感期（5—6月）塑造小洪水或脉冲洪水过程，在洪水期（7—10月）塑造一定量级的洪水过程。

（3）以表征自然水文情势月均流量特点的IHA指标RVA阈值范围为参照系，结合流域综合规划等要求，计算得到包括适宜生态流量和最小生态流量在内的黄河干流上游控制断面生态流量过程基线，为梯级水库调度运行提供目标或约束条件。

参考文献

[1] 彭少明，尚文绣，王煜，等. 黄河上游梯级水库运行的生态影响研究［J］. 水利学报，2018，49（10）：1187-1198.

[2] 夏军，林忠辉，占车生，等. 长江流域水生态调度与长江模拟器研发［J］. 中国科学院院刊，2023，38（12）：1767-1780.

[3] Poff N L，Allan J D，Bain M B. The nature flow regime：a paradigm for river conservation and restoration［J］. BioScience，1997，47：769-784.

[4] 董哲仁，张晶，赵进勇. 生态流量的科学内涵［J］. 中国水利，2020（15）：15-19.

[5] 彭文启. 生态流量五个关键问题辨析［J］. 中国水利，2020（15）：20-25.

[6] 张楚汉，王光谦. 关于黄河流域生态保护和高质量发展的思考［J］. 人民黄河，2024，46（9）：1-7.

[7] Richter B D，Baumgartner J V，Powell J，et al. A method for assessing hydrologic alteration within ecosystems［J］. Con-

servation biology, 1996, 10 (4): 1163-1174.

[8] Richter B, Baumgartner J, Wigington R, et al. How much water does a river need? [J]. Freshwater Biology, 1997, 37 (1): 231-249.

[9] Yang Z F, Yan Y, Qiang L. Assessment of the flow regime alterations in the Lower Yellow River, China [J]. Ecological Informatics, 2012, 10 (7): 56-64.

[10] Magilligan F J, Nislow K H. Changes in hydrologic regime by dams [J]. Geomorphology, 2005, 71 (1): 61-78.

[11] 郭文献，李越，王鸿翔，等. 基于IHA-RVA法三峡水库下游河流生态水文情势评价 [J]. 长江流域资源与环境，2018，27 (9)：2014-2021.

[12] Shiau J T , Wu F C. Pareto-optimal solutions for environmental flow schemes incorporating the intra-annual and interannual variability of the natural flow regime [J]. Water Resources Research, 2007, 43, W06433.

[13] 王瑞玲，连煜，王新功，等. 黄河流域水生态保护与修复总体框架研究 [J]. 人民黄河，2013，35 (10)：107-110，114.

基于水文学水力学方法的九龙河生态流量研究

王　敏[1,2]　郜学军[1,2]　陈　希[1,2]

（1. 黄河勘测规划设计研究院有限公司，河南郑州　450003；
2. 水利部黄河流域水治理与水安全重点实验室，河南郑州　450003）

摘　要：生态流量是维系河流生态功能、控制水资源开发强度的重要指标，对维持河流生态健康具有重要意义。本文利用九龙河1956—2018年逐月流量数据，采用水文学法中的Tennant法、最小月平均径流法、频率曲线法、Q_p法、Texas法，水力学法中的湿周法等6种方法计算九龙河生态流量。结果显示，将Tennant法、频率曲线法、湿周法三种方法计算值的外包线结果作为生态流量比较符合九龙河状况。确定九龙河生态流量逐月取值范围为0.23~0.68 m^3/s。研究成果可为九龙河流域生态保护和水资源优化配置提供技术支撑。

关键词：生态流量；水文学方法；湿周法；保证率；九龙河

生态流量是维系河湖基本生态功能和敏感生态保护目标状态稳定，需要保留在河湖内的流量（水量、水位）及其过程[1]。河流生态流量的确定，有助于保护水生生境，维持物种多样性[2]。随着经济社会的发展，人们对水资源的需求量不断增加，从而导致生活用水和工业用水等不断挤占河流生态用水[3]，出现河道流量大幅减少甚至断流的现象。因此，合理确定生态流量，对维持河流生态系统健康与经济社会协调发展意义重大。

国内外计算生态流量的方法有200多种[4]，尚未形成统一的生态流量计算方法。生态流量计算方法主要分为4类[5]：基于多年流量数据的水文学法（Tennant法[6]、Texas法等）、基于河流地形和水力参数的水力学法（湿周法[7]、R2-CROSS法等）、基于河流水生生物生境需求和河道水力参数的栖息地模拟法（IFIM法[8]等）以及基于大量河道地形生物数据以及水文数据的综合法（BBM法[9]等）。生物模拟法及综合法均需要大量基础数据支撑，操作难度比较大。因此，国内较常用的为水文学法、水力学法。田景环等[10]利用改进的Tennant法计算黄河下游生态需水量。郭新春等[11]结合河道形态、径流特征等利用Tennant法和R2-CROSS法确定了岷江支流生态流量。郭文献等[12]采用改进的河道湿周法计算了长江中下游各河段最小生态流量，并利用Tennant法对计算结果进行分析。张叶等[13]探讨了湿周法在山区中小河流的适用性，确定了济南山区中小河流生态流量。林诗隽等[14]采用Q_{90}法、年内展布法、Texas法、逐月频率法等多种水文学方法计算漓江的生态流量，并从需水程度、水文节律和满足程度3个方面分析了各种计算方法的适用性。姚云泽等[15]采用Q_p法、Tennant法、频率曲线法、近10年最小月法等多种水文学计算方法确定了溧河典型断面生态流量。由于不同河流的水文地形数据各不相同，因此应根据河流所处的区域、开发利用情况、地形及水文特征，依据生态需水相关导则或指南，合理确定河流的生态流量。

《水利部关于印发〈全国重点河湖生态流量确定工作方案〉的通知》确定了全国范围内重点河湖的生态流量，第三批重点河湖生态流量保障目标明确了保障淮河一级支流竹竿河生态流量的主要控制断面魏家冲、竹竿铺、罗山。九龙河是竹竿河一级支流淮河二级支流，流域内人多水少，水土资源分配不平衡，开发程度较高。保障九龙河适宜的生态流量，对改善和修复河流生态系统功能，维持竹竿河生态流量控制目标，推进幸福河湖建设具有重要意义。根据九龙河水资源时空分布不均匀的特点，

作者简介：王敏（1983—），女，高级工程师，主要从事环境保护和数值模拟工作。

本文选取水文学法中的 Tennant 法、最小月平均径流法、频率曲线法、Q_p 法、Texas 法，水力学法中的湿周法等 6 种方法计算九龙河生态流量，最终确定其生态流量取值。

1 研究区概况

九龙河属淮河二级支流，全长 45 km，流域面积 298 km²，发源于信阳市罗山县西南大别山的王坟顶，河流东北流向，经铁卜、彭新、潘新、周党，在周党龙镇流入竹竿河，竹竿河再向北汇入淮河干流（见图 1）。流域地处我国南北气候过渡带，属暖温带半湿润季风气候区，具有降水充沛、雨热同季、气温适中、四季分明的特点。降水年内变化大，且主要集中在夏季，降雨强度大，且多为暴雨。九龙河 6—9 月为汛期，7—8 月为主汛期，汛期降水量占全年的 60%以上。年内径流量变化与降雨类似，汛期径流量较大。

九龙河水电开发较早，利用程度较高，流域内小（1）型水库 2 座，小（2）型水库 31 座，总库容 995 万 m³，兴利库容 595 万 m³。水库功能多以防洪、灌溉为主，引水量较大。九龙河拦河闸坝的建设截断上游来水，致使研究区域内河流水量不足，甚至出现断流现象，因此生态环境问题比较突出。为改善九龙河流域生态环境，应科学制定其生态流量，满足河流的基本生态用水需求。本文根据收集资料和现场查勘确定九龙河计算断面为黑河湾断面，采用水文学和水力学方法对九龙河生态流量进行研究，对河流的生态保护和修复意义重大。

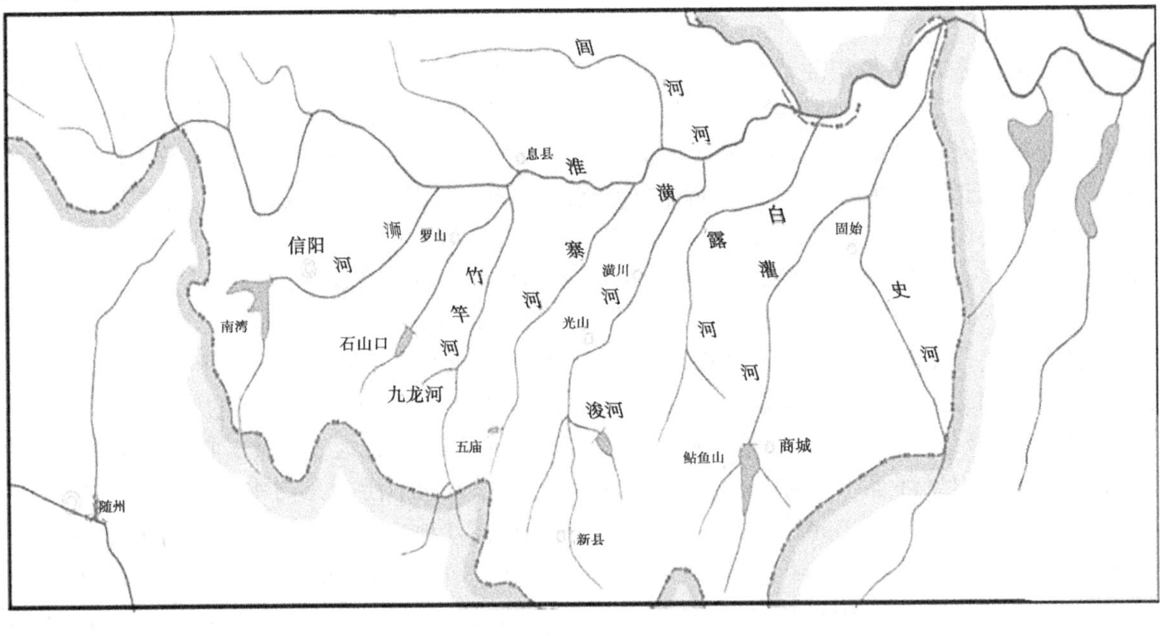

图 1　九龙河位置示意

2 数据来源与研究方法

2.1 数据来源

本文采用的降水、径流数据均来源于河南省水利勘测设计研究有限公司。九龙河未设置水文站，竹竿河上竹竿铺水文站与九龙河同属一个流域，其地形特征、气候条件、土壤、植被等情况相似，因此九龙河径流系列以竹竿铺水文站径流系列为参证。利用竹竿铺水文站 1956—2018 年水文数据，按面积比和多年平均年径流深比推求该研究区域的径流系列，进行分析后得到九龙河系列年的年均径流量、月均径流量等。

九龙河径流量年内变化（见图 2）和年际变化（见图 3）明显，水量在汛期和非汛期变化明显，分配极不均匀，来水主要集中在 7 月、8 月。

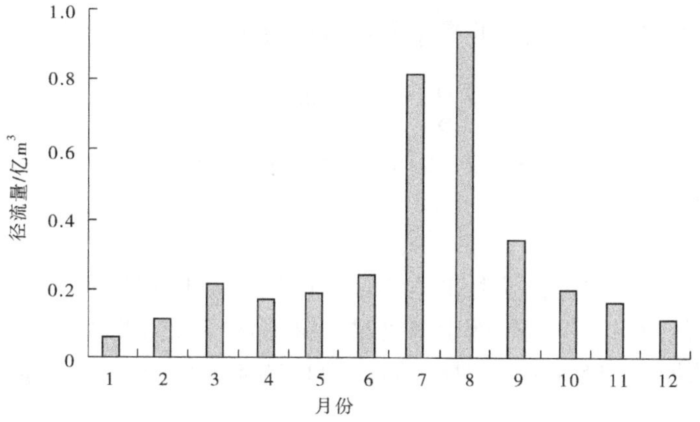

图 2　九龙河径流量年内变化

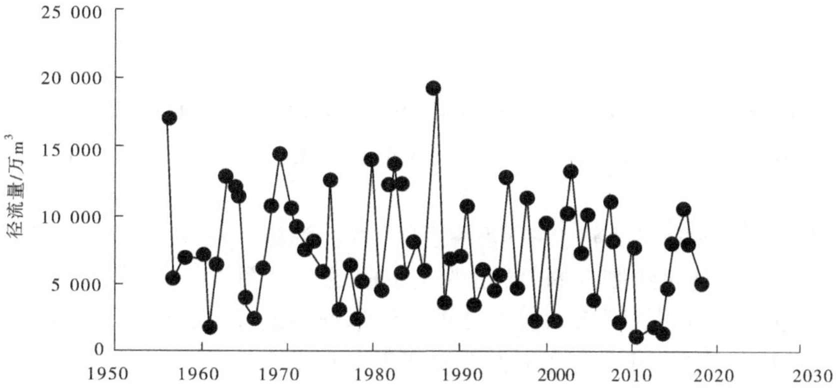

图 3　九龙河径流量年际变化

2.2　研究方法

2.2.1　Tennant 法

Tennant 法是水文学法中使用最为广泛的方法之一，由 Tennant 于 1976 年提出。以多年平均流量为基础，计算河道内不同时段的生态流量。Tennant 法将全年分为汛期和非汛期，根据不同时期河道内的生态环境状况与多年平均流量百分数的对应关系计算其生态流量，见表 1。汛期、非汛期月份可根据计算河流特征进行确定。根据九龙河特点，其汛期为 6—9 月，非汛期为 10 月至次年 5 月。

表 1　Tennant 法河流生态状况与流量对应关系

流量状况描述	推荐的基流（平均流量的分数）10 月至次年 5 月/%	推荐的基流（平均流量的分数）6—9 月/%
泛滥或最大		200（48~72 h）
最佳范围	60~100	60~100
很好	40	60
好	30	50
良好	20	40
一般或较差	10	30
差或最小	10	10
极差	0~10	0~10

2.2.2 最小月平均径流法

计算方法以最小月平均实测径流量的多年平均值作为河流基本生态径流，换算为流量公式为

$$Q_b = \frac{1}{n}\sum_{i=0}^{n} \min Q_{ij}$$

式中：Q_b 为河流最小生态流量，m^3/s；Q_{ij} 为第 i 年 j 月的月平均流量，m^3/s；n 为统计年数，本文计算系列为1956—2018年。

2.2.3 频率曲线法

频率曲线法利用长系列水文资料的月平均流量，构建各月平均流量水文频率曲线。将一定频率的月平均流量作为对应月份的河流控制断面生态流量。该方法一般需要30年以上的水文系列数据。根据相关规定[16]，本文选择用95%频率相对应的月平均流量作为最小生态流量。

2.2.4 Q_p 法

对长系列（系列年≥30年）最枯月均流量进行排频，选取指定频率下最枯月平均流量作为适宜生态流量。根据《河湖生态环境需水计算规范》（SL/T 712—2021）的相关规定，本文选取90%频率。

2.2.5 Texas 法

Texas 法[17]，取保证率为50%天然月平均流量的特定比例作为生态基流取值。Texas 法的优点在于考虑了流量的季节变化。吴喜军等[18] 认为中国北方河流取20%较为合适。

2.2.6 湿周法

湿周法是水力学中最常用的方法，一般适用于宽浅型河流。湿周法采用湿周作为栖息地的质量指标计算河道内最小流量，通过绘制湿周-流量的关系曲线（见图4），根据湿周-流量关系图中的转折点确定河道生态流量。湿周法的断面一般选在单一河道断面的浅滩，浅滩是最临界的栖息地，对于流量的变化反应最为敏感。主要用于计算鱼类繁殖期生态水量。

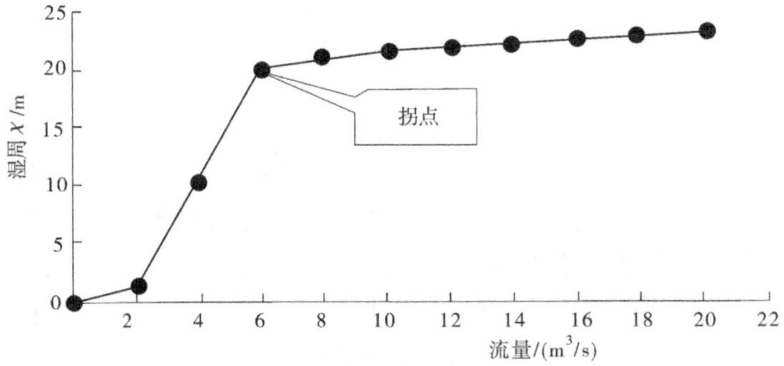

图4 湿周-流量关系示意

3 结果与讨论

3.1 结果分析

根据九龙河黑水湾断面1956—2018年天然径流量资料，利用水文学、水力学等多种方法计算出的生态流量，计算结果见表2和图5。

3.1.1 Tennant 法

Tennant 法认为年平均流量的10%是河流流量的下限。考虑到九龙河流域水资源短缺、用水紧张，选取河道生态状态为“一般”所对应的流量作为计算断面适宜生态流量，即年内非汛期（10月至次年5月）占多年天然平均流量的10%，汛期（6—9月）占多年平均流量的30%。推荐黑河湾断面适宜生态流量最小值为0.23 m^3/s，最大值为0.68 m^3/s。

表 2　多种方法计算的九龙河生态流量结果　　单位：m^3/s

月份	1	2	3	4	5	6	7	8	9	10	11	12
Tennant 法	0.23	0.23	0.23	0.23	0.23	0.68	0.68	0.68	0.68	0.23	0.23	0.23
最小月平均径流法	0.064	0.064	0.064	0.064	0.064	0.064	0.064	0.064	0.064	0.064	0.064	0.064
频率曲线法	0.21	0.01	0.35	0.27	0.18	0.08	0.37	0.13	0.17	0.24	0.25	0.20
Q_p 法	0.016	0.016	0.016	0.016	0.016	0.016	0.016	0.016	0.016	0.016	0.016	0.016
Texas 法	0.154	0.007	0.226	0.174	0.411	0.513	1.630	0.336	0.238	0.138	0.173	0.116
湿周法				0.5	0.5	0.5						
多年平均流量	0.66	0.07	1.78	2.30	3.10	3.44	6.88	3.60	1.97	1.48	1.23	0.71

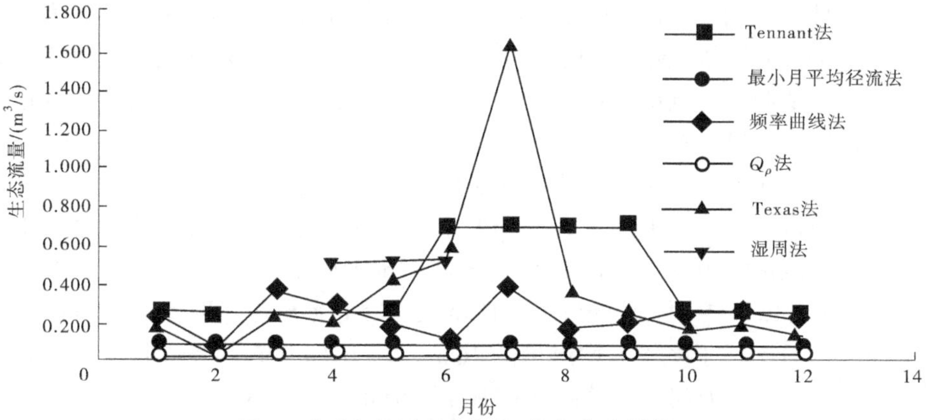

图 5　九龙河黑水湾断面逐月生态流量关系

3.1.2　最小月平均径流法

采用 1956—2018 年黑河湾断面的月均流量数据进行最小生态流量计算，得到最小生态流量为 0.064 m^3/s。

3.1.3　频率曲线法

该方法以黑水湾断面的月平均天然流量系列资料为基础，进行频率计算，将 95%频率相对应的月平均流量作为最小生态流量（见表 2）。

3.1.4　Q_p 法

该方法以黑水湾断面的每年的最枯月进行排频，将 90%频率下的流量作为最小生态流量。90%保证率为 2012 年度，月均流量为 0.016 m^3/s，占多年平均流量的 0.69%。

3.1.5　Texas 法

该方法取 50%频率下的天然月均流量的 20%作为生态流量，黑水湾断面流量最大值为 2.91 m^3/s，最小值为 0.01 m^3/s（见表 2）。

3.1.6　湿周法

根据黑水湾断面地形数据绘制干流断面，在此断面处建立湿周-流量关系曲线，见图 6。

湿周法计算的生态需水流量为 0.5 m^3/s，流速为 0.17 m/s，水深为 0.2 m。根据调查，九龙河主要鱼类为鲤科，且鱼类体型较小，并观察到在水深 0.2 m 左右的深度鱼类有较长时间的停留。认为在鱼类繁殖期（九龙河鱼类繁殖期为 4—6 月）维持 0.5 m^3/s 的生态流量是合理的。

从全年来看，不同计算方法的结果差异较大，Q_p 法计算结果最小，其年平均流量为 0.016 m^3/s，最大的为 Texas 法，其年平均流量为 0.34 m^3/s，相差 21.25 倍。

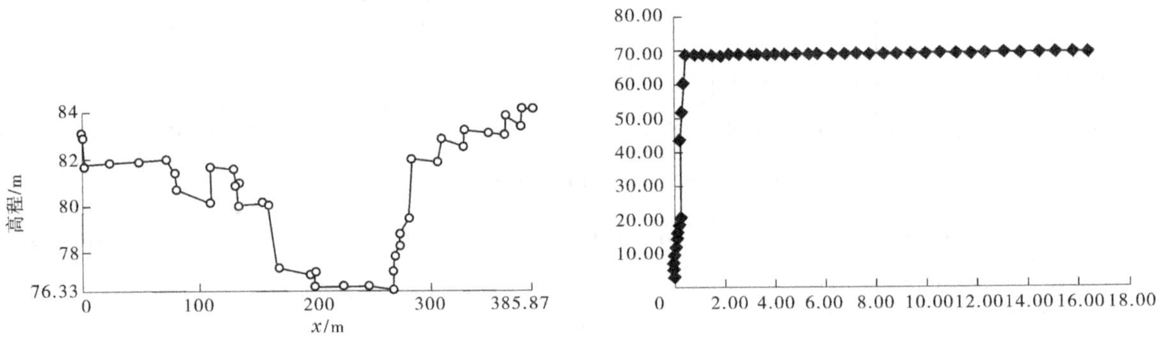

(a)典型断面 F　(单位：m)　　(b)Q-P关系曲线

图6　九龙河典型断面及 Q-P 关系曲线

按照月份分析，1月、2月、10—12月流量相对较少，6种方法计算的生态流量差距有限。3—9月流量相对较大，6种方法计算出的生态流量差距明显。主要原因是不同计算方法侧重面不同，Tennant法、Q_p法、最小月平均径流法、频率曲线法主要侧重研究枯水年份和枯水月份的生态流量。湿周法主要考虑鱼类繁殖期生态流量，Texas法考虑平水期和丰水期的生态流量。因此，在流量相对充足的月份各方法计算的结果有较大差异。

为合理利用水资源，在保障河流生态功能的前提下不影响九龙河流域的生产、生活用水，需综合考虑确定九龙河生态流量。九龙河1月、2月、12月属于枯水期，为保障河流的基本生态功能，生态流量不应小于多年平均流量的10%，同时为避免流域用水紧张的情况，生态流量的取值不宜超过多年平均流量的20%。3月以及7—11月的流量有所增大，因此生态流量取值应有所提高，但不应高于多年平均流量的30%，且不低于多年平均流量的10%。4—6月为鱼类繁殖期，生态流量可充分考虑鱼类繁殖的需求。最终确定九龙河黑水湾断面逐月生态流量，见表3。

表3　九龙河黑水湾断面逐月生态流量

月份	1	2	3	4	5	6	7	8	9	10	11	12
生态流量/(m^3/s)	0.23	0.23	0.35	0.5	0.5	0.68	0.68	0.68	0.68	0.24	0.25	0.23
占多年平均流量的百分比/%	10	10	16	22	22	30	30	30	30	11	11	10

3.2　生态流量保证率分析

九龙河黑水湾断面12个月的生态流量保证率见表4。对九龙河黑水湾断面拟定的生态流量保证率进行检验，2月生态流量保证率最低，仅为3.17%，主要原因是2月径流量极值较小，且常出现断流现象。生态流量保证率受典型断面径流量和取值的影响。一般情况下，断面径流量越大，生态流量保证率越高；生态流量取值越高，保证率越低。对九龙河来说，个别月份存在断流或者径流量较小的情况下，如果生态流量取值适宜，不宜为了提高生态流量保证率而降低生态流量取值。针对九龙河2月生态流量保障率较低的情况，应通过采取水利工程调度、生态流量泄放监控体系建设等措施保障生态流量泄放。

表4　黑水湾断面逐月生态流量保证率

月份	1	2	3	4	5	6	7	8	9	10	11	12
保证率/%	93.65	3.17	95.24	85.71	87.30	71.43	85.71	76.19	69.84	95.24	93.65	90.48

3.3 九龙河生态流量计算方法的确定

水文学方法受水文序列影响较大，水力学方法受极端降水年份影响较小[19]。不同的生态流量计算方法侧重点不一样，不同区域的河流生态流量的适用方法也各不相同。单一方法计算生态流量具有一定的局限性，应综合考虑各河流的实际情况，采用多种不同计算方法，综合确定适合本流域的生态流量。

Q_p 法、最小月平均径流法、频率曲线法未考虑河流的水文规律，且计算值较小，无法满足水生生物敏感期的需水要求，但在河流水资源量较小时，可优先使用。Texas 法在鱼类产卵期和枯水期生态流量满足程度均较低，不适宜计算九龙河生态流量。Tennant 法考虑了汛期和非汛期的用水需求，湿周法主要用以确定鱼类产卵期的生态流量。对于水资源开发强度较大的九龙河来说，综合考虑水资源利用效率的最大化和河流生态保护的需求，采用 Tennant 法、频率曲线法、湿周法三种方法计算值的外包线结果作为九龙河生态流量较为合适。

4 结论

本文利用多种方法计算了九龙河黑水湾断面的生态流量。得到以下结论：

（1）综合考虑九龙河用水需求及生态保护要求，认为 Tennant 法、频率曲线法、湿周法三种方法综合确定的九龙河生态流量最为合理。

（2）以三种方法确定的九龙河黑水湾断面的逐月生态流量范围为 0.23~0.68 m^3/s，鱼类产卵期流量为 0.5 m^3/s。九龙河 2 月径流量偏小，生态流量保证率较低，应加强水利工程调度等措施保障生态流量下泄。

（3）九龙河流域开发利用强度较大，利用多种计算方法综合确定的生态流量更合理，具有一定的可推广性，研究结果可为后续的水库调度提供支撑。

参考文献

[1] 中华人民共和国水利部．水利水电工程生态流量计算与泄放设计规范：SL/T 820—2023［S］．北京：中国水利水电出版社，2023.

[2] 吕巍，王浩，殷峻暹，等．贵州境内乌江水电梯级开发联合生态调度［J］．水科学进展，2016，27（6）：918-927.

[3] 易雨君，徐嘉欣，宋劼，等．黄河河口区生态需水量及流量过程核算［J］．水资源保护，2022，38（1）：133-140.

[4] Tharme R E. A global perspective on environmental flow assessment: emerging trends in the development and application of environmental flow methodologies for rivers［J］. River Research and Applications, 2003（19）：397-441.

[5] 潘扎荣，阮晓红，徐静，等．河道生态需水量研究进展［J］．水资源与水工程学报，2011，22（4）：89-94.

[6] Tennant D L. Instream flow regimens for fish, wildlife, recreation and related environmental resources［J］. Fisheries, 1976, 1（4）：6-10.

[7] Gippel G J, Stewardson M J. Use of wetted perimeter in defining minimum environmental flaws［J］. Regulated Rivers: Research and Management, 1998, 14（1）：53-67.

[8] Bovee K D, Lamb B L, Bartholow J M, et al. Stream habitat analysis using the instream flow incremental methodology［R］. U.S. Geological Survey, Biological Resources Division Information and Technology Report USGS/BRD, 1998.

[9] King J, Louw D. Instream flow assessments for regulated rivers in South Africa using the building block methodology［J］. Aquatic Ecosystem Health & Management, 1998, 1（2）：109-124.

[10] 田景环，王轶，茹松楠，等．基于河流功能的 Tennant 法改进及其应用［J］．人民黄河，2011，33（11）：100-102.

[11] 郭新春，罗麟，姜跃良，等．西南山区小型河流生态需水量研究［J］．人民长江，2008，39（18）：14-16.

[12] 郭文献，夏自强．长江中下游河道生态流量研究［J］．人民长江，2007（S1）：619-623.

[13] 张叶，魏俊，黄森军，等．基于湿周法的济南山区中小河流生态流量研究［J］．人民黄河，2022，44（1）：89-93.
[14] 林诗隽，张红艳，莫建英，等．基于水文学法的漓江生态流量研究［J］．人民长江，2023，54（9）：76-81.
[15] 姚云泽，姜翠玲，万福涛，等．基于多种水文学方法的滦河典型断面生态基流研究［J］．南水北调与水利科技，2021，19（5）：941-949.
[16] 中华人民共和国水利部．河湖生态环境需水计算规范：SL/T 712—2021［S］．北京：中国水利水电出版社，2021.
[17] Matthews R C，BAO Y X. The Texas method of preliminary instream flow determination［J］. Rivers，1991，2（4）：295.
[18] 吴喜军，李怀恩，董颖，等．基于基流比例法的渭河生态基流计算研究［J］．农业工程学报，2011，27（10）：154-159.
[19] 薛笑薇，苗蔚，欧延静，等．基于水文水力学水生态结合法的大渡河生态流量研究［J］．生态学报，2024，44（15）：1-12.

考虑供水-生态目标的马岭水库优化调度研究

苟少杰　李兴拼　陈可飞　李　娟

（珠江水利委员会珠江水利科学研究院，广东广州　510611）

摘　要：为合理开发与优化配置水资源，强化河湖生态环境保护，积极应对气候变化对河川径流产生的不确定性影响。以马别河流域为例，探讨了马岭水库入库径流序列的径流特征；建立了水库优化调度模型，开展了不同调度情景下供水、生态目标的保证率研究。结果表明：①入库径流序列呈减少趋势，并于2001年发生突变；②情景1~情景3生态保证率分别为81.88%、79.60%、76.87%，各年生态保证率变化区间分别为25%~100%、17%~100%、25%~100%；③3种情景的供水保证率均为100%，即按照以上3种情景进行调度，均能满足供水需求。研究成果可为马岭水库的调度管理提供技术支撑。

关键词：趋势分析；径流变异；生态流量；生态调度

1　引言

随着人类社会对水的需求不断增加，水资源的供需矛盾日益突出，水资源已成为制约国民经济发展的重要因素[1]。为充分利用水资源，解决水资源时空分布不均等问题，许多地区投资建设了水利设施与引调水工程，但水利工程在解决水资源短缺的同时，对原本天然河流的生态环境造成了一定的影响[2-5]。为减少或减缓水利工程运行与管理给河流生态环境带来的影响，需对水利工程进行科学调度，并制订合理的调度方案，以此保障供水安全与河道生态流量的基本要求。

关于水利工程调度方面的研究，大多从调度模型、优化算法等方面开展。2010年，康玲等[6]建立了丹江口水库生态调度模型，并用逐步优化算法（POA）求解模型，最终得出生态调度方案，为河道生态环境的保护提供了依据；2015年，明波等[7]针对梯级水库群的优化调度问题，提出了改进的布谷鸟算法，并验证了改进算法在优化调度中的可靠性与高效性；2017年，王学斌等[8]建立了兼顾生态和兴利的水库调度模型，采用ICGC-NSGA-Ⅱ算法求解模型，制订了黄河下游多目标调度方案；同年，L E Adams等[9]开发了“Environmental hedging”方法，使水库在满足防洪、蓄水、生态等多目标的条件下更好地运行。2018年，魏健等[10]考虑工程调水、发电和生态需水等要求，建立了三河口水库多目标优化调度模型，揭示了发电-供水的转化规律；同年，任康[11]采用ICS算法求解水库优化调度模型并通过对嘉陵江略阳取水口的生态效益分析，推荐了略阳取水口的最佳调水量；2019年，刘夏等[12]建立并求解了水库综合发电风险模型，揭示了水库综合发电风险在不同年径流量及年内分配下的变化规律。2020年，Getachew Tegegne等[13]通过遗传算法计算入流不确定性的多水库调度模型，通过对模型求解，发现该算法使水库性能提升了14%左右。2021年，白涛等[14]以西江流域五座水库为研究对象，开展了水库压咸风险调度及其时空传递规律研究，为西江流域压咸风险的调控和粤港澳大湾区的供水安全提供了重要的应用价值。2022年，白涛等[15]建立并求解了塔里木河流域“三源一干”的水库群联合调配的模拟与优化模型，挖掘了塔里木河流域的节水潜力与河道外生态供水潜力，为塔里木河流域水资源科学调控提供了理论与技术支撑。

本文根据马岭水库工程的调度目标与任务，结合马岭水库对马别河流域水量调度、水量分配及生

作者简介：苟少杰（1998—），男，硕士，主要从事水资源系统工程方面的研究工作。

态流量保障等影响的实际意义，开展了不同情景下马岭水库供水-生态目标的保证率研究，为马岭水库合理运行与调度管理提供技术支撑与借鉴参考。

2 研究区域与数据收集

2.1 研究区域

马别河（又称马岭河）是珠江流域西江水系上源南盘江下游段的大支流之一，位于东经104°40′~105°05′，北纬24°55′~25°36′。地处贵州省西南部，主河道全长142 km，全流域面积2 842 km^2，涉及六盘水市盘州市和黔西南州普安县、兴仁市、兴义市、安龙县、晴隆县，流域多年平均地表水资源量24.13亿m^3，水资源可利用量7.09亿m^3，水资源可利用率29.4%。

马岭水文站位于贵州省兴义市马岭镇（见图1），始建于1958年12月，属珠江流域西江水系，控制集水面积2 277 km^2，是马别河流域水量调度重要的控制断面与生态流量保障断面。

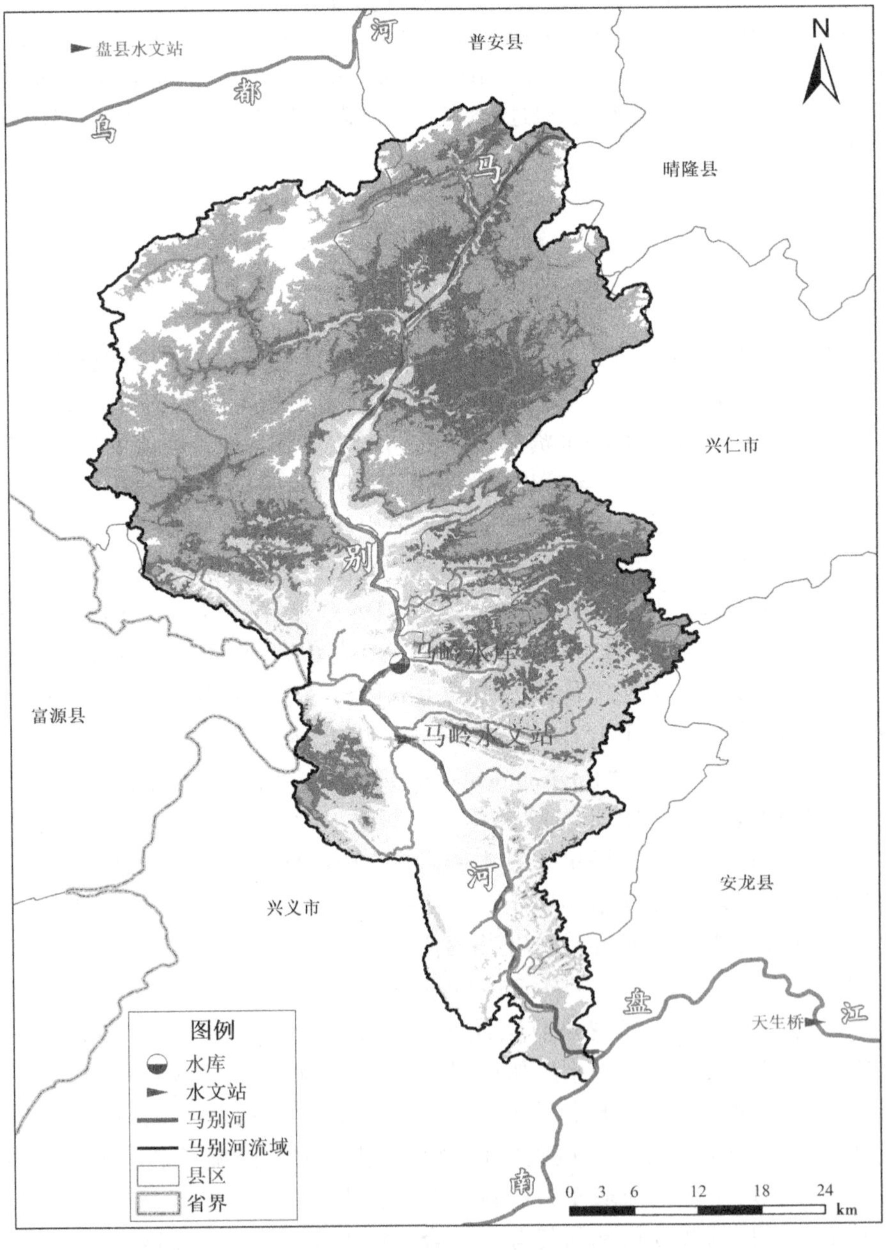

图1 马别河流域示意

马岭水库为马别河流域控制性水利工程之一，工程规模为大Ⅱ型，位于贵州省黔西南州兴义市境内，在马岭水文站的上游，对马岭水文站断面的径流过程起着调节与控制作用。马岭水库是兴义市骨干水源工程，该工程任务是以城乡供水为主，结合灌溉，兼顾发电等综合利用。马岭水库流域控制面积1 914 km^2，多年（1964—2022 年）平均径流量为12.58 亿 m^3。

2.2 数据收集

本文收集的马岭水库长序列（1964—2022 年）入库径流资料、工程相关参数资料分别见图 2、表 1。

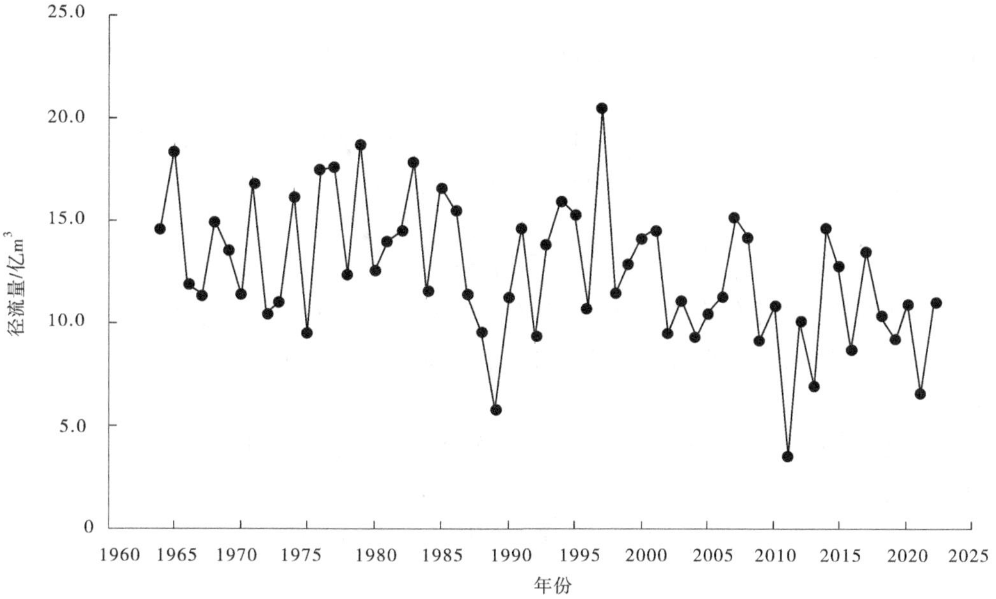

图 2 马岭水库入库径流过程

表 1 马岭水库设计参数

水库	总库容/亿 m^3	调节库容/亿 m^3	死库容/亿 m^3	正常蓄水位/m	死水位/m	多年平均供水量/万 m^3
马岭水库	1.289	1.072	0.128	1 030	985	21 156

根据表 1，结合马岭水库工程特性，本文考虑的马岭水库调度目标与任务包括：

（1）供水目标（包含城市、农村供水与灌溉用水）。规划水平年 2030 年多年平均供水量为 21 156 万 m^3，包括城区供水 20 498 万 m^3、农村供水 163 万 m^3、灌溉用水 495 万 m^3。

（2）生态目标。①全年下泄最小生态流量 4.26 m^3/s；②产卵期用水：在 5 月或 6 月，安排连续 10 d 按入库水量下泄；③漂流流量：5—10 月每日 8—16 时，当来水量小于 15 m^3/s 时，按来水量下放，当来水量大于 15 m^3/s 时，按不小于 15 m^3/s 下放。

3 模型构建与求解

根据马岭水库供水、生态等调度目标与调度任务，以 1964 年 5 月至 2022 年 4 月共 58 年为调度期，以月为计算时段，考虑水量平衡、水位、库容等约束条件，建立马岭水库优化调度模型。

3.1 目标函数

3.1.1 生态目标

生态流量保证率最大：若河道的生态流量小于生态目标中的月最小生态流量约束条件，记为 0；

否则为 1，其具体数学表达式如下：

$$P_e(t)=\begin{cases}0 & Q_e(t) < Q_{\text{stys}}(t)\\ 1 & Q_e(t) \geqslant Q_{\text{stys}}(t)\end{cases} \tag{1}$$

$$\max P_{\text{eco}}=\frac{1}{n}\sum_{t=1}^{n}P_e(t) \tag{2}$$

式中：P_{eco} 为调度期的平均生态流量保证率；$P_e(t)$ 为第 t 时段生态流量保证率；$Q_e(t)$、$Q_{\text{stys}}(t)$ 分别为第 t 时段河道生态流量与该时段的月最小生态流量约束条件，m^3/s。

3.1.2 供水目标

供水保证率最大：若实际供水流量小于月最低供水流量约束条件，记为 0；否则为 1，其具体数学表达式如下：

$$P_g(t)=\begin{cases}0 & Q_g(t) < Q_{\text{gsys}}(t)\\ 1 & Q_g(t) \geqslant Q_{\text{gsys}}(t)\end{cases} \tag{3}$$

$$\max P_g=\frac{1}{n}\sum_{t=1}^{n}P_g(t) \tag{4}$$

式中：P_g 为调度期的平均供水保证率；$P_g(t)$ 为第 t 时段生态流量保证率；$Q_g(t)$、$Q_{\text{gsys}}(t)$ 分别为第 t 时段实际供水流量与该时段的月最低供水流量，m^3/s；其余参数意义同前。

3.2 约束条件

约束条件主要包括水量平衡约束、水库水位（库容）约束、电站出力约束等。

水量平衡约束：

$$V(t+1)=V(t)+[Q(t)-I(t)]\times\Delta t \tag{5}$$

水位约束：

$$Z_{\min}(t)\leqslant Z(t)\leqslant Z_{\max}(t) \tag{6}$$

输水流量约束：

$$Q_{\min}(t)\leqslant Q(t)\leqslant Q_{\max}(t) \tag{7}$$

非负约束：

$$Q_t、V_t、Z_t\geqslant 0 \tag{8}$$

式中：$V(t+1)$、$V(t)$ 分别为第 $t+1$、t 时段末水库水位，亿 m^3；$Q(t)$、$I(t)$ 分别为第 t 时段内水库入库、出库流量，m^3/s；$Z(t)$、$Z_{\min}(t)$、$Z_{\max}(t)$ 分别为第 t 时段水库水位、水库水位下限和水库水位上限，m；$Q_{\min}(t)$、$Q_{\max}(t)$ 分别为第 t 时段水库输水流量下限和水库输水流量上限，m^3/s。

3.3 情景设置

根据马岭水库供水目标与下游生态流量需求，设置马岭水库供水过程与 3 种不同的生态需水过程，分别见表 2、表 3。根据《贵州省马岭水利枢纽调度规程》，在保证水库大坝安全的前提下，供水目标为首要目标，因此本文将供水目标转换为约束条件，探讨优先满足供水目标情景下，下游河道生态流量的满足情况。马岭水库调度情景设置如表 4 所示。

表 2 马岭水库供水过程

月份	5	6	7	8	9	10	11	12	1	2	3	4
流量过程/（m^3/s）	6.58	6.80	6.58	6.58	6.80	6.58	6.80	6.58	6.58	7.29	6.58	6.80

表 3　生态需水过程

<table>
<tr><th>月份</th><th>生态需水过程 1</th><th>生态需水过程 2</th><th>生态需水过程 3</th></tr>
<tr><td>5</td><td>产卵期用水，按水库入库流量下泄</td><td>按漂流流量 15 m^3/s 下泄</td><td rowspan="2">产卵期用水，按水库入库流量下泄</td></tr>
<tr><td>6</td><td rowspan="5">按漂流流量 15 m^3/s 下泄</td><td>产卵期用水，按水库入库流量下泄</td></tr>
<tr><td>7</td><td rowspan="4">按漂流流量 15 m^3/s 下泄</td><td rowspan="4">按漂流流量 15 m^3/s 下泄</td></tr>
<tr><td>8</td></tr>
<tr><td>9</td></tr>
<tr><td>10</td></tr>
<tr><td>11 月至翌年 4 月</td><td>按最小生态流量 4.26 m^3/s 下泄</td><td>按最小生态流量 4.26 m^3/s 下泄</td><td>按最小生态流量 4.26 m^3/s 下泄</td></tr>
</table>

表 4　马岭水库调度情景设置

情景	调度目标	目标函数	生态需水过程	求解方法
1	供水优先，生态流量保证率最大	式（2）	生态需水过程 1	GA
2	供水优先，生态流量保证率最大	式（2）	生态需水过程 2	GA
3	供水优先，生态流量保证率最大	式（2）	生态需水过程 3	GA

4　结果分析与讨论

4.1　径流分析

4.1.1　径流趋势分析

由 Mann-Kendall 趋势检验法，计算马岭水库入库径流序列（1964—2022 年）的统计量 Z 为 −3.47（显著性水平 0.05），表明自 20 世纪 70 年代以来，马岭水库的入库径流量呈减少趋势。由年际变化过程可知，该系列最大径流量为 1997 年的 20.48 亿 m^3，最小径流量为 2011 年的 3.54 亿 m^3，径流极值比为 5.78，表明年际径流分布较不均匀；由年内分配情况可知，马岭水库径流汛枯期界线分明，径流量主要集中在 6—10 月，占总径流量的 82.29%，7 月径流量最大，占总径流量的 23.97%，年内分配极不均匀（见图 3）。

4.1.2　径流突变分析

为避免单一方法的不足，并增加变异点识别的可信度，采用累积距平法、Mann-Kendall 突变检验法、有序聚类法、Lee-Heghinian 法对马岭水库入库径流序列进行变异点识别。

由累积距平法可知，以 1986 年与 2001 年为界，马岭水库入库径流量在 1964—1986 年间总体呈增加趋势，在 1987—1992 年间总体呈减小趋势；在 1992—2001 年间总体呈增加趋势，且于 2001 年

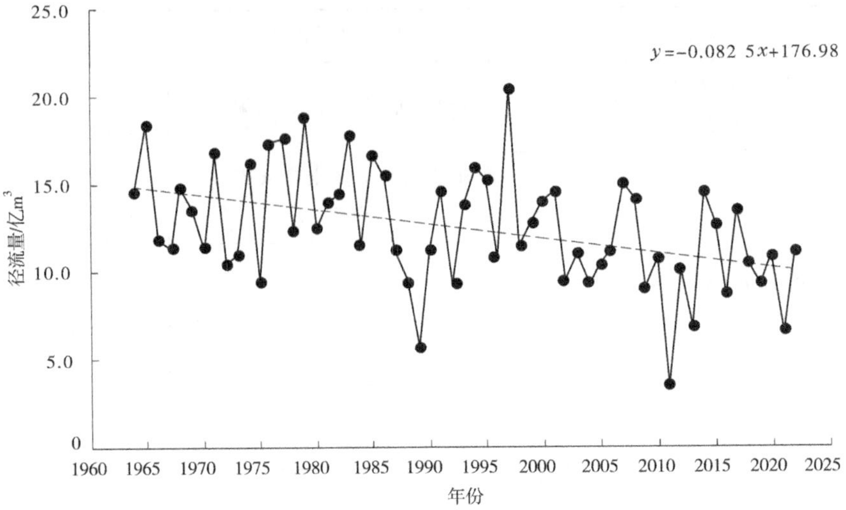

(a)年际变化过程

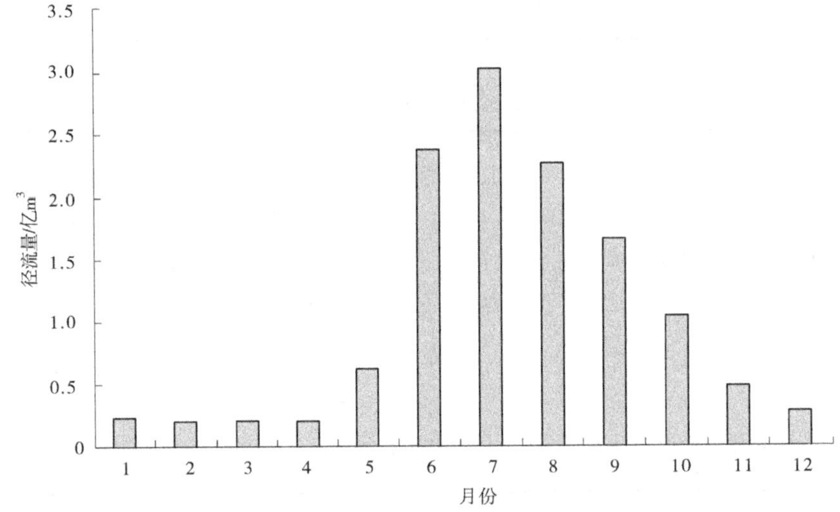

(b)年内分配情况

图 3　马岭水库入库径流序列变化过程

达到最大值后开始减小。由 Mann-Kendall 突变检验可知，在显著性水平 $\alpha=0.05$ 水平下，马岭水库入库径流序列的 UF、UB 曲线在 2001 年出现交点；由有序聚类法可知，马岭水库入库径流序列在 2001 年出现最小值；由 Lee-Heghinian 法可知，马岭水库入库径流序列在 2001 年出现最大值。根据以上结果，马岭水库入库径流序列变异点为 2001 年，表明自 2001 年开始，水库入库水量发生显著变化，见图 4。

4.1.3　周期分析

运用小波分析法计算马岭水库年径流序列的周期，如图 5 所示。由图 5 可知，马岭水库入库径流序列的周期为 32 年。

4.2　优化调度结果分析

图 6~图 8 为 3 种不同生态需水过程下马岭水库的调度结果，表 5 为 3 种调度情景的指标对比。

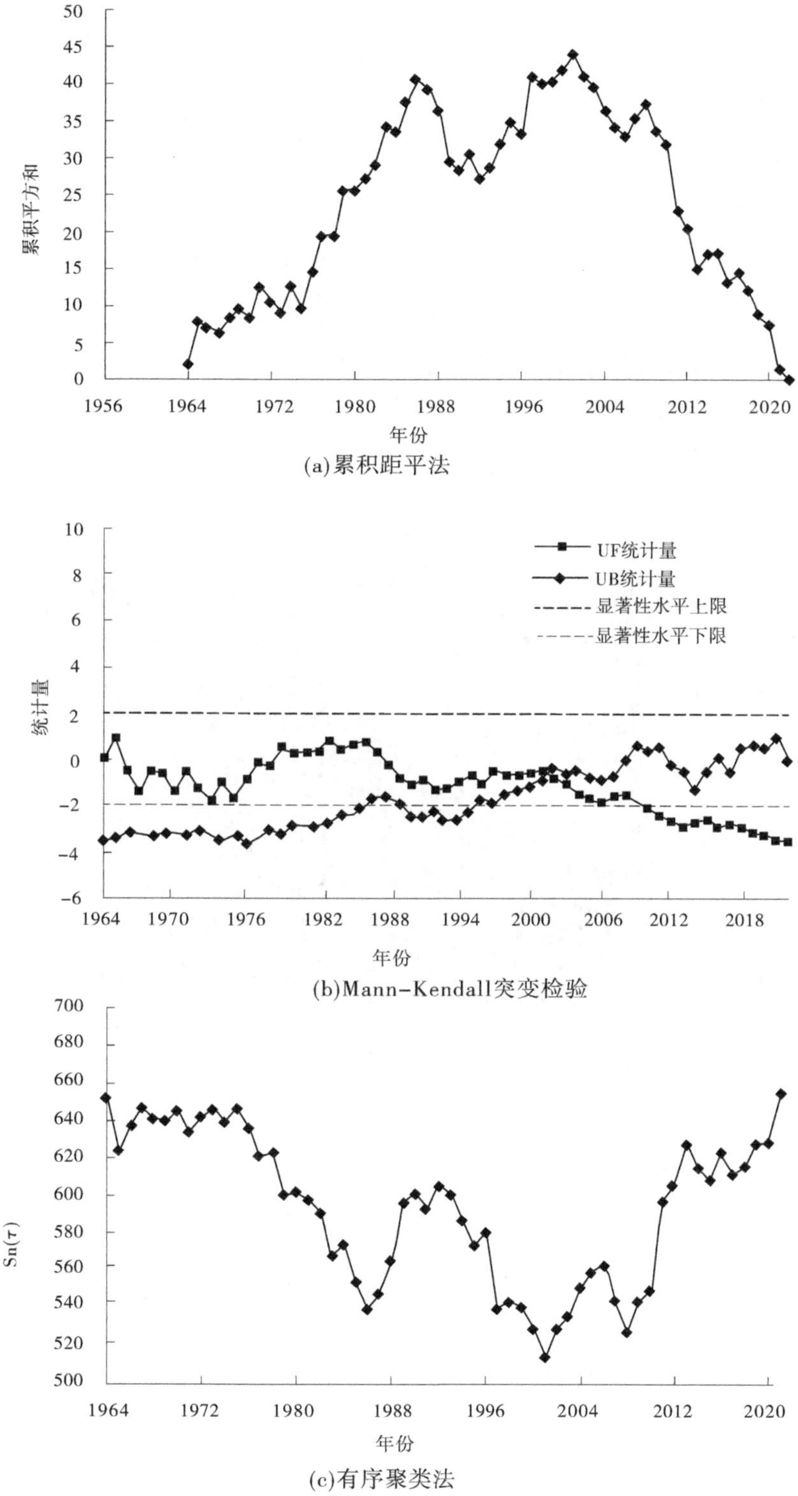

(a)累积距平法

(b)Mann-Kendall突变检验

(c)有序聚类法

图4　马岭水库入库径流序列突变分析

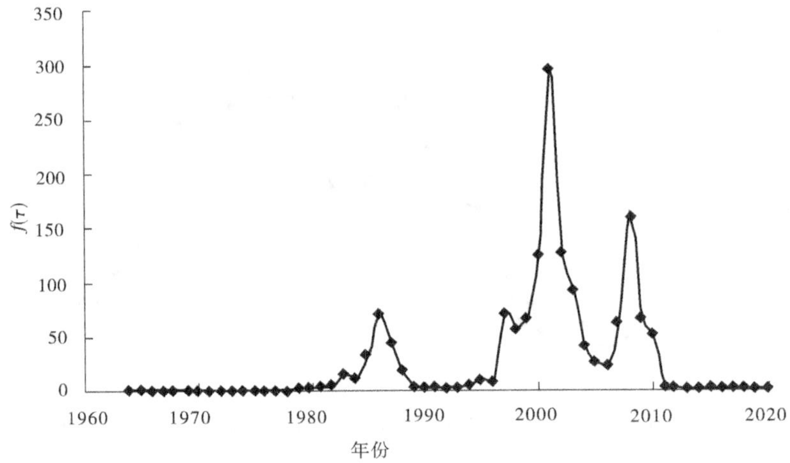

(d)Lee-Heghinian法

续图 4

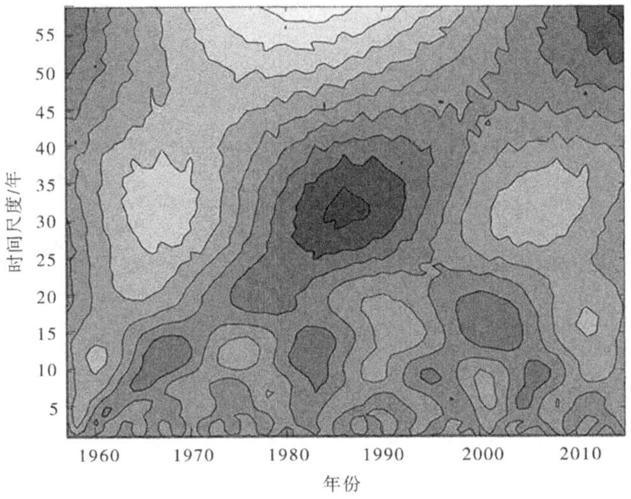

(a)小波系数等值线

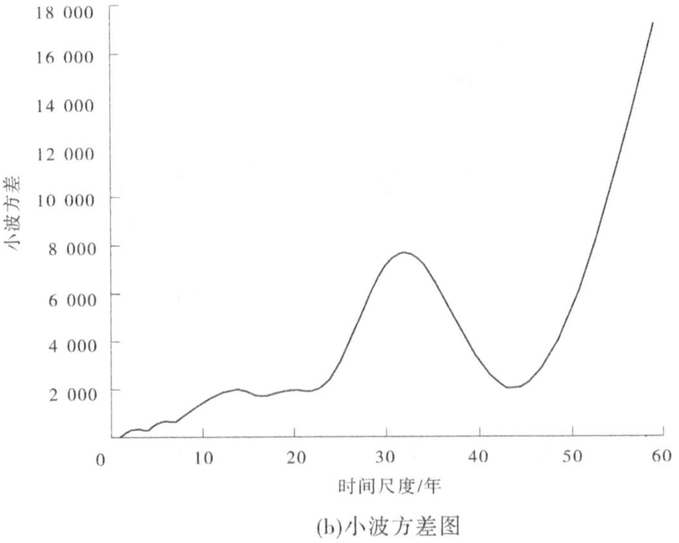

(b)小波方差图

图 5　马岭水库入库径流序列周期分析

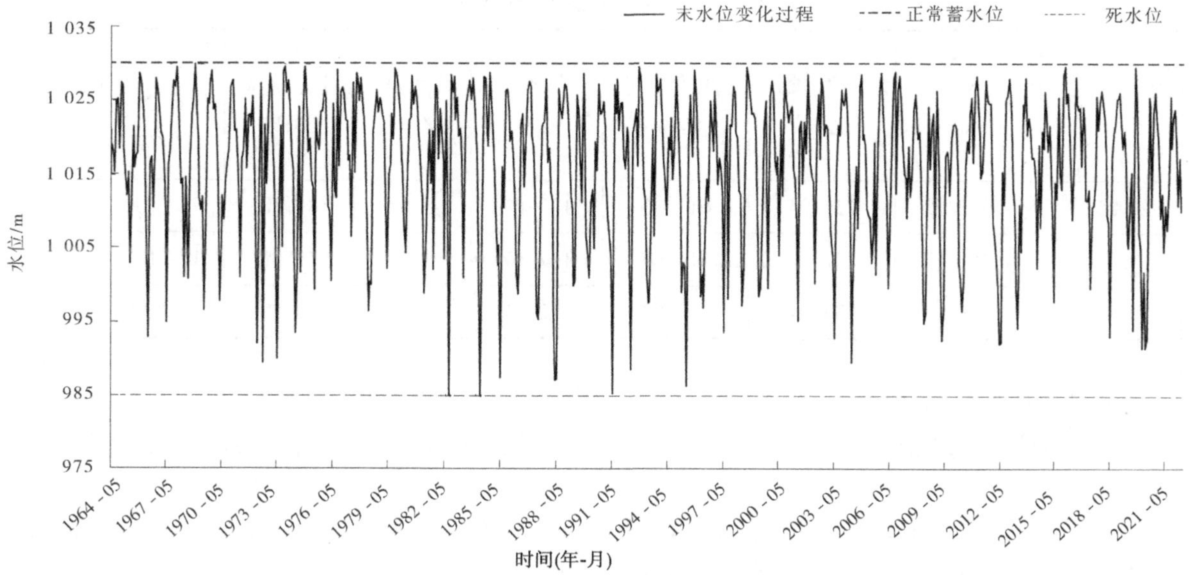

图 6　情景 1 马岭水库末水位变化过程

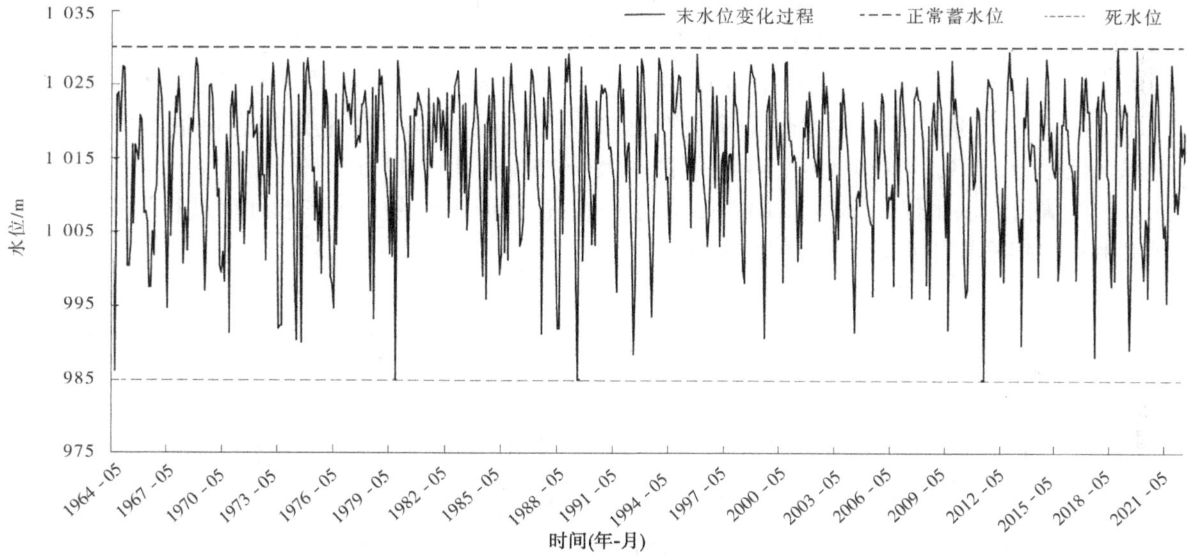

图 7　情景 2 马岭水库末水位变化过程

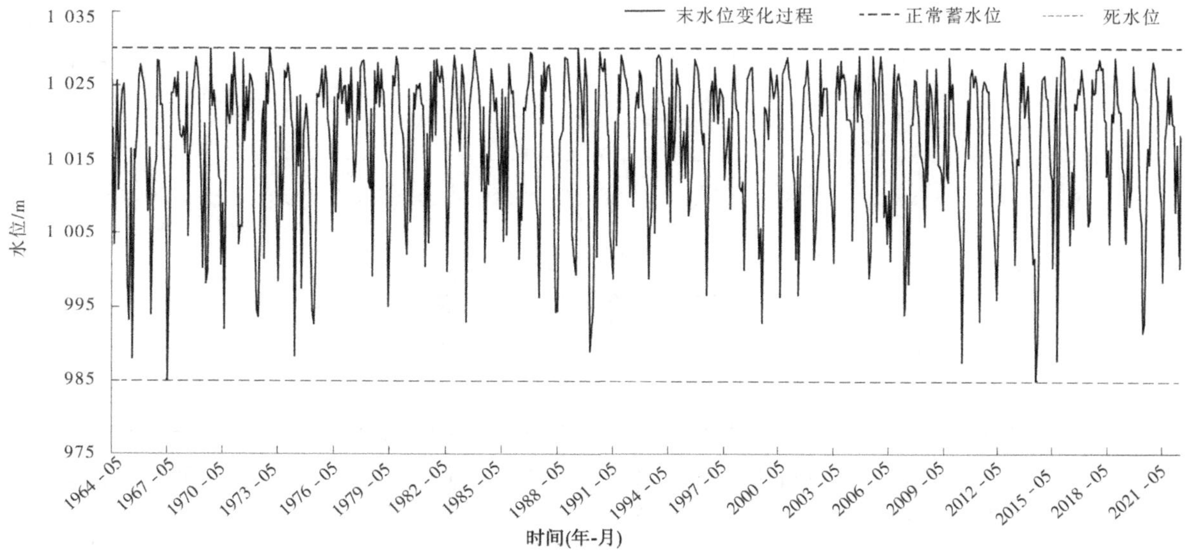

图 8　情景 3 马岭水库末水位变化过程

表 5　3 种调度情景的指标对比

情景	起调水位/m	末水位/m	总入库水量/亿 m^3	总出库水量/亿 m^3	总供水量/亿 m^3	蓄水量/亿 m^3	生态保证率/%	各年生态保证率区间/%	供水保证率/%
1	985	1 012.12	734.94	611.80	122.67	0.47	81.18	[25～100]	100
2	985	1 016.77	734.94	611.67	122.67	0.60	79.60	[17～100]	100
3	985	1 002.03	734.94	612.03	122.67	0.24	76.87	[25～100]	100

由 3 种情景的结果对比分析可知：

（1）通过对调度过程中各水量的计算，情景 1～情景 3 均满足水量平衡原理，验证了模型的合理性。

（2）情景 1～情景 3 生态保证率分别为 81.88%、79.60%、76.87%，依次降低，即当河道生态需水量变大时，为满足供水需求，生态保证率将降低。

（3）情景 1 各年生态保证率变化区间为 25%～100%，年最低生态保证率发生在 2012 年，生态保证率为 100%的共计 5 年，生态保证率大于 75%的共计 50 年；情景 2 各年生态保证率变化区间为 17%～100%，年最低生态保证率发生在 2012 年，生态保证率为 100%的共计 8 年，生态保证率大于 75%的共计 47 年；情景 3 各年生态保证率变化区间为 25%～100%，年最低生态保证率发生在 2012 年，生态保证率为 100%的共计 3 年，生态保证率大于 75%的共计 44 年。

（4）3 种情景的供水保证率均为 100%，即水库按照 3 种不同的生态需水过程进行调度，均能满足规划水平年多年平均供水量需求（见图 9）。

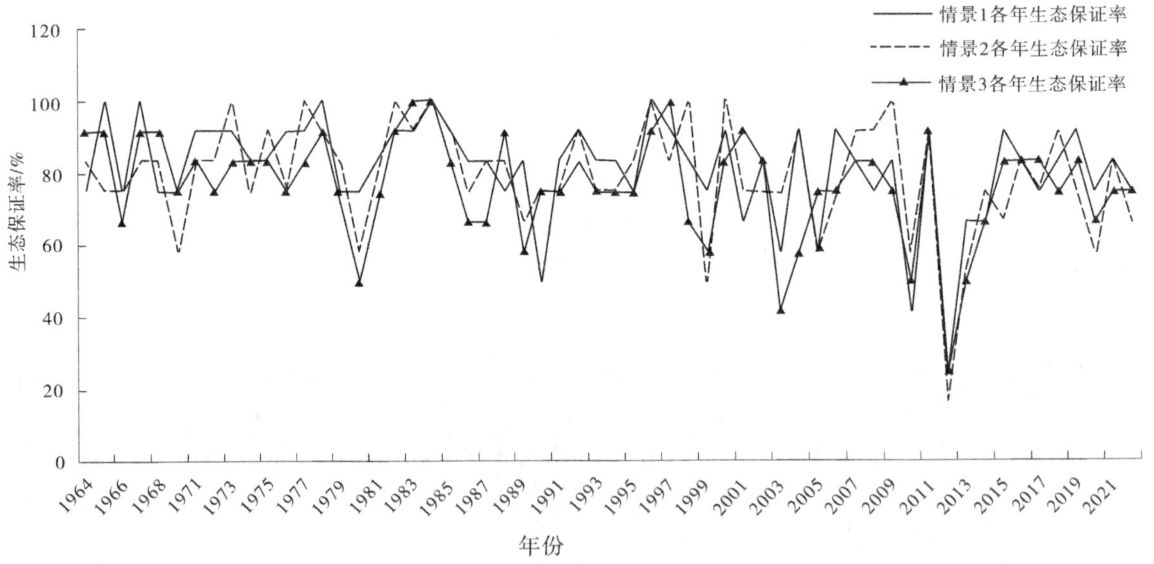

图 9　情景 1～3 各年生态保证率变化过程

5　结论

本文以马别河流域马岭水库为研究对象，采用多种方法探讨了马岭水库入库径流序列的趋势性、突变性、周期性等特征；在此基础上，建立了马岭水库优化调度模型，开展了不同情景下马岭水库供水、生态目标的保证率研究，获得了以下结论：

（1）近60年马岭水库入库径流序列呈减少趋势，序列周期为32 a；径流于2001年发生突变，且年内、年际分配不均匀。

（2）情景1~情景3生态保证率依次降低，即当河道生态需水量变大时，为满足供水目标，生态保证率降低。

（3）情景1~情景3生态保证率分别为81.88%、79.60%、76.87%；各年生态保证率变化区间分别为25%~100%、17%~100%、25%~100%。

（4）3种情景的供水保证率均为100%，即水库按照3种不同的生态需水过程进行调度，均能满足规划水平年多年平均供水量需求。

（5）本文所得到的相关成果可为马别河流域水量调度、水量分配及生态流量保障研究等提供技术支撑，也可为马岭水库合理运行与调度管理提供思路方案与借鉴参考。

参考文献

[1] 王双银，宋孝玉．水资源评价［M］．2版．郑州：黄河水利出版社，2014.

[2] Al-FARAJ F A M, SCHOLZ M. Assessment of temporal hydrologic anomalies coupled with drought impact for a transboundary river flow regime: The Diyala watershed case study［J］. Journal of Hydrology, 2014, 517: 64-73.

[3] 张金艳．大通河流域河流水文健康评价及生态流量研究［D］．西安：西北大学，2021.

[4] 李昌文．基于改进Tennant法和敏感生态需求的河流生态需水关键技术研究［D］．武汉：华中科技大学，2015.

[5] 陈伟东．锦江水库对下游径流年内分配影响分析［J］．三峡大学学报（自然科学版），2016，38（2）：11-15.

[6] 康玲，黄云燕，杨正祥，等．水库生态调度模型及其应用［J］．水利学报，2010，41（2）：134-141.

[7] 明波，黄强，王义民，等．基于改进布谷鸟算法的梯级水库优化调度研究［J］．水利学报，2015，46（3）：341-349.

[8] 王学斌，畅建霞，孟雪姣，等．基于改进NSGA-Ⅱ的黄河下游水库多目标调度研究［J］．水利学报，2017，48（2）：135-145，156.

[9] L E Adams, J R Lund, P B Moyle, et al. Environmental hedging: A theory and method for reconciling reservoir operations for downstream ecology and water supply［J］. Water Resources Research, 2017, 53（9）: 7816-7831.

[10] 魏健，白涛，武连洲，等．三河口水库多目标调度规律研究［J］．水资源研究，2018，7（2）：154-163.

[11] 任康．面向生态的跨流域水资源优化调度及效益均衡研究［D］．西安：西安理工大学，2018.

[12] 刘夏，白涛，武蕴晨，等．考虑径流不确定性的龙滩水库综合发电风险研究［J］．西北农林科技大学学报（自然科学版），2020，48（3）：144-154.

[13] Getachew Tegegne, Young-Oh Kimb. Representing Inflow Uncertainty for the Development of Monthly Reservoir Operations using Genetic Algorithms［J］. Journal of Hydrology, 2020, 124876: 1-37.

[14] 白涛，李磊，黄强，等．西江流域压咸风险调度及其时空传递规律研究［J］．水力发电学报，2021，40（10）：71-80.

[15] 白涛，刘东，李江，等．基于节水优先和工程布局调整的塔河流域节水潜力研究［J］．水科学进展，2022，33（4）：614-626.

湖北姚家平水利枢纽工程生态流量研究

杨梦斐[1]　周建兰[2]　吴　璠[3]　蔡金洲[1]

（1. 长江水资源保护科学研究所，湖北武汉　430051；
2. 湖北省水利水电规划勘测设计院有限公司，湖北武汉　430070；
3. 恩施土家族苗族自治州生态环境局恩施市分局，湖北恩施　445000）

摘　要：以清江上游河段控制性工程湖北姚家平水利枢纽工程为例，采用 Tennant 法、Q_{90} 法、湿周法、R2-Cross 法、生态水力学法等多种方法研究确定其生态流量。结果表明，水深是姚家平工程河段约束最小流量值的敏感参数，通过取多种计算结果的外包值，推荐生态流量按 11 月至翌年 3 月不小于 8.48 m^3/s、4—10 月不低于 15.57 m^3/s 下泄。

关键词：清江；生态流量；姚家平；恩施

河湖生态流量是维系流域生态系统功能、控制水资源开发利用强度、优化水利工程调度运行方式的重要基础。科学确定并保障合理的河湖生态流量是践行生态文明理念、共抓长江大保护的重要内容。《中华人民共和国长江保护法》《湖北省清江流域水生态环境保护条例》均对水利水电工程下泄生态流量提出明确要求。湖北姚家平水利枢纽工程是清江上游河段控制性工程，合理确定其生态流量，保障生态流量下泄，对于清江上游水生态环境保护具有重要意义。

1　区域概况

清江是长江在湖北省境内的第二大一级支流，发源于湖北省利川市西部齐岳山，于宜都市注入长江，河口位于长江干流宜昌以下 40 km，荆江河段枝城以上 20 km。清江干流全长 423 km，流域面积 1.67 万 km^2，多年平均径流量 141 亿 m^3，其中恩施土家族苗族自治州境内干流长度约 275 km，流域面积约 1.17 万 km^2。

清江流域规划及开发工作起步较早，从 20 世纪 50 年代起，《清江流域规划要点报告》（1958 年）、《清江流域规划报告》（1964 年）、《清江流域规划补充报告》（1986 年）、《清江上游干流补充规划报告》（1993 年）、《清江流域规划报告》（1993 年修订）、《长江流域综合规划（2012—2030 年）》等确定了清江流域综合利用开发的主要任务是发电、防洪和航运等[1-3]。经过几十年的开发建设，清江中下游已经建成了水布垭、隔河岩及高坝洲等大型水利枢纽，上游河段已建成三渡峡、雪照河、大河片、天楼地枕、龙王塘、大龙潭、红庙（已于 2018 年退出运行）等小水电站。

湖北姚家平水利枢纽工程地处清江干流上游河段，是《长江流域综合规划（2012—2030 年）》和《长江流域防洪规划》确定的清江流域防洪控制性枢纽工程。工程坝址位于恩施市屯堡乡，其工程任务为防洪和发电，主要的防洪保护对象为恩施市城区，保护面积 308 km^2，保护人口约 60 万人，水库总库容 3.219 亿 m^3，工程装机容量 184 MW（含生态机组）。

姚家平工程所在的清江上游是鄂西南生物多样性及森林生态保护的重要组成区、自然文化资源和地质遗迹的重要保护地、武陵山区重要的人口和经济密集区。姚家平水利枢纽工程是解决恩施城区防洪问题的关键性工程，工程的蓄水运行将在一定程度上改变坝下河段的水文情势，为维护下游河段生

基金项目：国家自然科学基金青年科学基金资助项目（42307458）。

作者简介：杨梦斐（1986—），女，高级工程师，主要从事水资源保护及环境影响评价工作。

态系统稳定，应下泄一定的生态流量，并将其纳入工程调度中统筹考虑。

2 研究河段及研究方法

2.1 研究河段

清江上游段河长约153 km，目前已建成7座梯级，从上游至下游依次为三渡峡、雪照河、大河片、天楼地枕、龙王塘、大龙潭、红庙，其中红庙水电站已经退出运行。姚家平水利枢纽坝址位于天楼地枕坝址上游约2.5 km，库区回水长度约15.7 km，坝下已建工程天楼地枕和龙王塘均不具备调节能力，大龙潭水库具有季调节能力，库区回水至龙王塘坝下。结合区域水生态环境现状及已建工程情况，确定姚家平水利枢纽工程生态流量研究河段为姚家平坝址至龙王塘坝址间约12.6 km河段。

2.2 生态用水需求分析

2.2.1 水生生态需求

清江上游河段共调查采集到鱼类31种，包括青石爬鮡等1种国家二级重点保护野生动物。姚家平河段无长距离洄游性鱼类分布。为确保河道内的鱼类迁徙和生存，保持水生生态系统稳定，需要考虑提供一定的水量。根据现场调查结果，清江上游水域内仍分布有齐口裂腹鱼、青石爬鮡、短体副鳅等珍稀保护鱼类。其中，齐口裂腹鱼个体较大，对水深、流速的需求相对较高；青石爬鮡为国家二级保护动物，且在区域有一定资源分布。生态流量的下泄应满足坝下游河段维持敏感保护对象的生态需水，因此评价区以齐口裂腹鱼为代表的裂腹鱼类和以青石爬鮡为代表的鮡类为主要保护对象，开展生态流量计算。

2.2.2 水环境需求

工程所在区域河道现状水质总体良好。根据现状调查，评价范围内河段两岸基本无工业污染源分布，沿河村庄较为分散，日常生活污水排放量较小。评价河段水环境需水主要考虑维持河道自净功能的水量。

因此，研究河段生态环境需水量主要考虑维持水生生态系统稳定、保障敏感保护对象生境需求所需要的生态流量和维持河道水质的最小稀释净化水量。

2.3 生态流量计算方法

生态流量计算较成熟的方法有水文学法、水力学法、生境模拟法及综合法等[4]。考虑清江干流姚家平河段的河流水文情势特点、生态环境保护目标及敏感保护对象生境需求，采用水文学法（Tennant法、Q_{90}法）水力学法（湿周法、R2-Cross法）、生态水力学法进行计算。

2.3.1 Tennant法

根据《长江经济带生态环境保护规划》和《长江保护修复攻坚战行动计划》的要求，长江干支流主要控制断面生态基流量占多年平均流量的15%左右。《湖北省清江流域水生态环境保护条例》规定，清江流域内的水电站应当配套建设生态流量泄放设施，合理安排闸坝下泄水量，保证最小下泄生态流量不低于本河段多年平均径流量的10%。综合考虑姚家平坝下河段水资源和生态环境状况，坝址断面生态流量按照非汛期、汛期分别取多年平均流量的15%和30%。姚家平水利枢纽坝址断面多年平均流量为51.9 m^3/s，结合Tennant法标准，坝址下游河道生态流量非汛期（11月至翌年3月）为7.79 m^3/s、汛期（4—10月）为15.57 m^3/s。

2.3.2 Q_{90}法

90%保证率最枯月平均流量作为姚家平坝下维持河道水环境所需的最小流量。基于姚家平坝址断面1958—2018年逐月径流系列，求得断面维持河道水环境所需的最小流量为5.28 m^3/s。

2.3.3 湿周法

湿周法是将湿周作为栖息地的质量指标，绘制典型断面湿周-流量关系曲线，以曲线转折点对应的流量为河道推荐流量值。选取研究河段6个典型断面作为湿周法计算的控制断面，采用对数函数作为湿周-流量关系曲线的拟合函数（见图1）。根据各断面的湿周-流量关系曲线，采用曲线斜率为1

的方法拟定各断面的拐点，由拐点处流量估算最小生态流量，取各特征断面计算流量的最大值作为研究河段的生态流量。经湿周法计算的生态流量为 8.48 m^3/s。

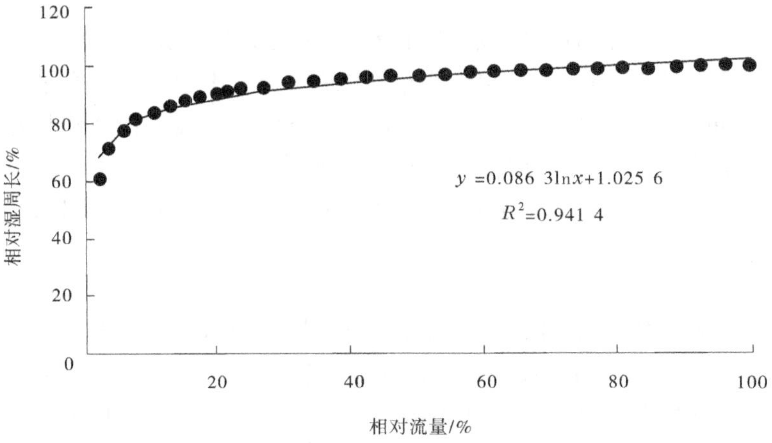

(a)D004

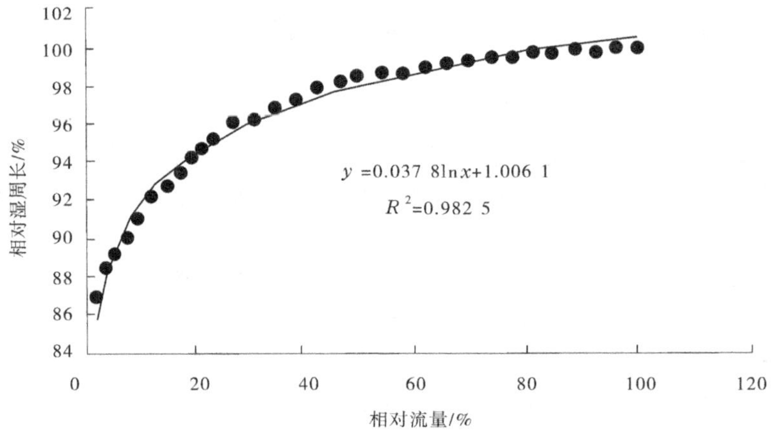

(b)D007

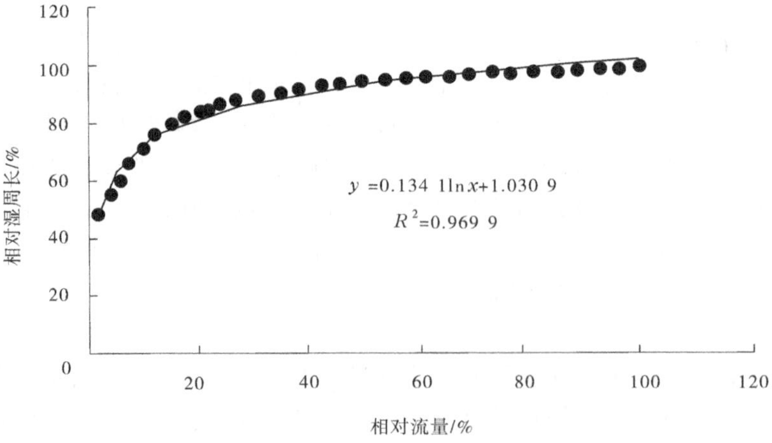

(c)D018

图 1　研究河段特征断面的湿周-流量关系曲线

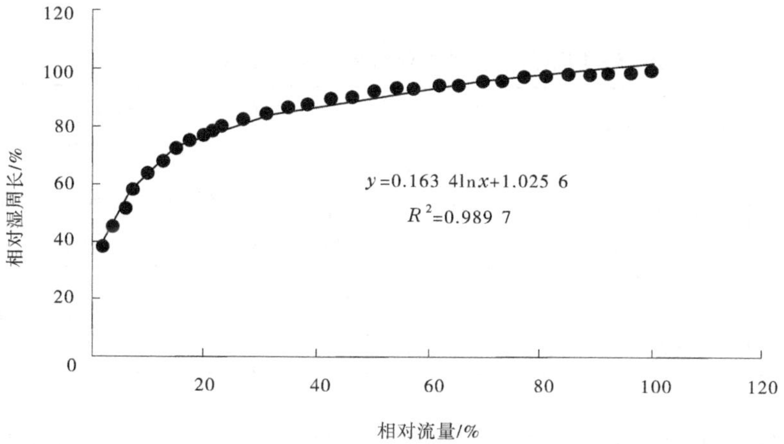

(d)D027

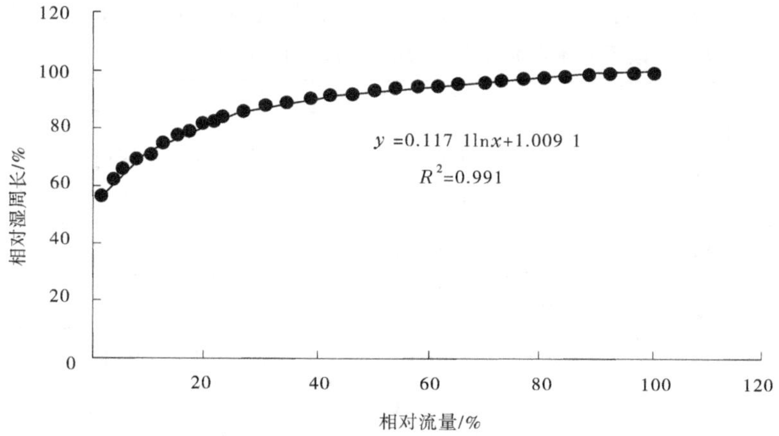

(e)D045

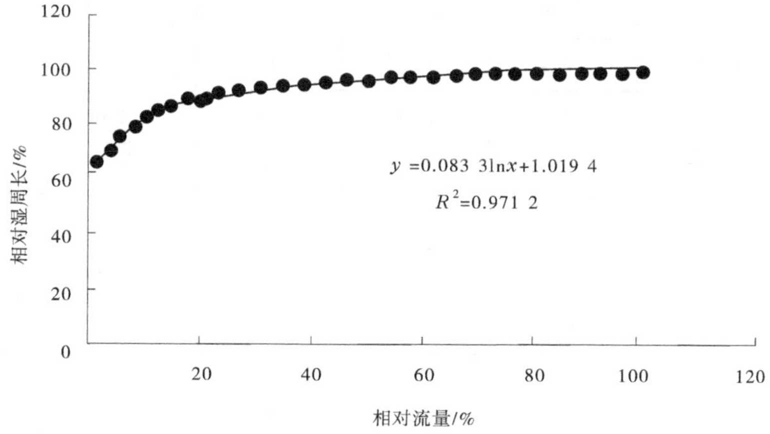

(f)D046

续图 1

2.3.4 R2-Cross 法

R2-Cross 法以河流宽度、平均水深、平均流速及湿周率等与生物需求有关的水力参数为指标来评估河流栖息地的保护水平，适用于浅滩式的河流栖息地类型[5]。针对不同河流和水生生物保护对象，应根据研究水域的水生生物特点对水力参数标准值进行修正。清江上游大多为峡谷河段，结合研究河段生境特点，针对鱼类繁殖的敏感时期用水需求，对 R2-Cross 法的水力参数标准进行修订，见表 1。

表 1　姚家平坝下河段鱼类生存的水力参数标准

河宽/m	一般用水期（11 月至翌年 3 月）			鱼类繁殖盛期（4—6 月）及丰水期（4—10 月）		
	平均水深/m	平均湿周率/%	平均流速/(m/s)	平均水深/m	平均湿周率/%	平均流速/(m/s)
≤18. 3	0. 12~0. 18	50	0. 3	0. 3	60	0. 5
>18. 3	0. 18~0. 30	60	0. 3	0. 3	70	0. 5

R2-Cross 法选取的控制断面与湿周法一致，根据河道水力学模型计算成果，结合表 1 中的水力标准，确定不同时段满足鱼类生存的水力参数标准所需的流量。根据 R2-Cross 法计算，一般用水期 11 月至翌年 3 月生态流量为 6. 49 m^3/s，鱼类繁殖期和丰水期生态流量为 14. 27 m^3/s（见表 2）。

表 2　研究河段不同水期满足各水力参数标准所需流量结果

断面	水期	流量大小/(m^3/s)	对应参数				外包值/(m^3/s)
			河宽/m	平均水深/m	湿周率/%	流速/(m/s)	
D004	11 月至翌年 3 月	5. 19	15. 3	0. 23	84	0. 86	6. 49
D007		5. 19	19. 0	0. 20	91	1. 83	
D018		5. 19	9. 8	0. 18	72	0. 96	
D027		6. 49	12. 5	0. 18	69	0. 91	
D045		5. 19	21. 1	0. 20	71	0. 34	
D046		6. 49	26. 6	0. 20	86	0. 84	
D004	4—10 月	14. 27	17. 4	0. 39	93	1. 26	14. 27
D007		12. 98	24. 1	0. 41	96	2. 60	
D018		14. 27	10. 4	0. 31	88	1. 20	
D027		14. 27	12. 8	0. 30	83	1. 10	
D045		14. 27	21. 8	0. 31	86	0. 54	
D046		14. 27	30. 5	0. 31	92	1. 10	

2. 3. 5　生态水力学法

生态水力学法以鱼类对河流水深、流速等水力生境参数及急流、缓流、浅滩、深潭等水力形态指标的要求评估河流生境状况。生态水力学法主要适用于大中型河流内的水生生物所需的生态流量计算，对于中型河流，标准可适当调整[6]。姚家平坝址处多年平均流量为 51. 9 m^3/s，为中型河流，结合研究河段的实际情况以及鱼类资源调查结果，重点关注的齐口裂腹鱼和青石爬鮡，现场调查到的平均体长分别为 15. 9 cm 和 12. 4 cm，鱼类体长按照最大水深为鱼类体长 2~3 倍的要求，最大水深至少为 25~32 cm。对于一般用水期（11 月至翌年 3 月）最大水深不小于 0. 25 m，对于鱼类特别保护期（4—7 月）和丰水期（4—10 月）最大水深不小于 0. 32 m。修订后的水力生境参数见表 3。

表 3　研究河段的水力生境参数标准

项目	生态水力学法推荐水力参数		
生态参数指标	最低标准参数值		累计河段长度的百分比
	一般用水期（11 月至翌年 3 月）	鱼类繁殖盛期（4—6 月）及丰水期（4—10 月）	
1. 最大水深	≥0. 25 m	≥0. 32 m	95%
2. 平均水深	≥0. 2 m	≥0. 25 m	95%
3. 平均流速	≥0. 3 m/s	≥0. 5 m/s	95%
4. 水面宽度	≥10 m	≥12 m	95%
5. 湿周率	≥50%	≥60%	95%
6. 水面面积	≥70%	≥70%	—

以坝址多年平均流量的 10% 为计算工况的最小流量，初步拟定多年平均流量的 10%、12. 5%、15%、17. 5%、20%、25%、30%共 7 个模拟工况，对各工况下河段内的水力生境参数进行试算，进而确定不同时段的生态流量。

经多次试算，同时满足上述一般用水期要求的最小流量为 7. 79 m^3/s，占坝址处多年平均流量比例为 15%。同时满足上述鱼类繁殖盛期及丰水期（4—10 月）要求的最小流量为 15. 57 m^3/s，占坝址处多年平均流量比例为 30%。

3　结果与分析

根据 Tennant 法、Q_{90} 法、湿周法、R2-Cross 法以及生态水力学法计算结果，将各方法计算结果取外包值，推荐姚家平水利枢纽坝下游生态流量在 11 月至翌年 3 月不应低于 8. 48 m^3/s（占坝址处多年平均流量的 16. 3%），在 4—10 月不应低于 15. 57 m^3/s（占坝址处多年平均流量的 30. 0%）（见表 4）。

表 4　姚家平水利枢纽工程生态流量综合计算结果　　单位：m^3/s

计算方法	一般用水期（11 月至翌年 3 月）	鱼类繁殖期及丰水期（4—10 月）
Tennant 法	7. 79	15. 57
Q_{90}	5. 28	
湿周法	8. 48	
R2-Cross 法	6. 49	14. 07
生态水力学法	7. 79	15. 57
生态流量推荐值	8. 48	15. 57

从 R2-Cross 法和生态水力学法计算结果来看，对于研究河段而言，水深是约束最小流量值的敏感参数，其余参数均相对较容易达到标准要求。本次计算根据河段特点，对部分参数进行了合理调整，例如调整一般用水期最大水深标准为“最大水深≥0. 25 m 的累计河段长度比例为 95%”，达到该标准要求的最小流量为 7. 79 m^3/s，而此流量状态下，其余参数均大于标准要求的限值。结合研究河段特点，评价标准的调整成为约束最小流量值的敏感参数是合理的。

4 结语

根据清江上游河段水文情势及生态环境特点、敏感保护对象的生活习性及生境需求，结合姚家平水利枢纽工程实际情况，采用 Tennant 法、Q_{90} 法、湿周法、R2-Cross 法、生态水力学法等多种方法计算，推荐生态流量按 11 月至翌年 3 月不小于 8.48 m^3/s（占坝址处多年平均流量的 16.3%）、4—10 月不低于 15.57 m^3/s（占坝址处多年平均流量的 30.0%）控制。运行期应将生态流量泄放纳入常规调度规程；在鱼类繁殖盛期，应加强生态调度，尽量避免坝下水位频繁波，并加强鱼类早期资源和水文、水环境要素监测，评估生态调度实施效果，优化生态调度方案。

参考文献

[1] 汪定国，张国祥．清江流域梯级开发方案综合评估研究［J］．科技进步与对策，2001（6）：107-110.

[2] 傅巧萍．清江流域规划实施的社会经济效益分析［J］．水利水电快报，2003（10）：7-9.

[3] 水利部长江水利委员会．长江流域综合规划（2012—2030 年）［R］．武汉：长江水利委员会，2012.

[4] 葛金金，张汶海，彭文启，等．我国生态流量保障关键问题与挑战［C］//中国水利学会，黄河水利委员会．中国水利学会 2020 学术年会论文集第一分册．郑州：黄河水利出版社，2020.

[5] 张新华，李红霞，肖玉成，等．河流最小生态基础流量计算方法研究［J］．中国水利水电科学研究院学报，2011，9（1）：66-73.

[6] 国家环境保护总局环境工程评估中心．水电水利建设项目河道生态用水、低温水和过鱼设施环境影响评价技术指南（试行）［S］．2006.

面向鱼类产卵场生态流量保障的流域水量调度研究

李　丽[1,2,3]　王建国[1,2]　陈文龙[1]　黄伟杰[1,2,3]　唐红亮[1,4]　汪义杰[1,3,4]

（1. 珠江水利委员会珠江水利科学研究院，广东广州　510611；
2. 水利部珠江河口治理与保护重点实验室，广东广州　510611；
3. 广东省河湖生命健康工程技术研究中心，广东广州　510611；
4. 水利部粤港澳大湾区水安全保障重点实验室，广东广州　510611）

摘　要： 本文从鱼类产卵场的生境调查及其生态水文特性分析等方面出发，总结了目前面向鱼类产卵场生态流量保障的流域水量调度研究进展。以四大家鱼及西江最大鱼类产卵场为典型，探讨了东塔产卵场的生境特征及鱼类繁殖期的生态流量过程要求，为指导流域水量调度提供基础支撑。

关键词： 鱼类产卵场；生态调度；西江流域

1　引言

历史上西江流域有 70 多处经济鱼类的产卵场及越冬场，渔业资源丰富。西江下游的鱼苗捕捞可以追溯到唐宋时期，至民国时期西江鱼苗生产达到巅峰，在全国产额中居前列。多数洄游性、河口性鱼类也是经济鱼类，在一些季节形成渔汛，如“梅童渔汛”“鲥鱼汛”“花鰶渔汛”等，对珠江渔业经济发展很有意义。但人类活动不可避免地对生态系统造成破坏，如水利水电工程，在流域防洪、供水、发电、灌溉、航运等方面发挥了关键作用，但也改变了上下游的连通性、流域的水文情势等。从 1975 年大化水电站开工，到 2023 年大藤峡水利枢纽竣工，西江经历了近 50 年的水能资源开发，干流 10 座水利枢纽已全部建成。西江流域形成了缓流库区-流水性河段相间的格局，鱼类传统产卵江段的自然水文节律被破坏，导致鱼类生境萎缩，西江干流的鱼类集中产卵场已由历史上的 29 个缩减为 17 个[1]。当前西江渔业资源衰退已成不争的事实，直接影响到渔民的经济效益。

为满足不同季节、上下游不同区域的用水需求，需要从流域层面进行水量调度。如防洪方面，对于 100 年一遇洪水，通过龙滩水库拦蓄 70 亿 m^3 洪量、大藤峡水库拦蓄 15 亿 m^3 洪量，联合运用可将防洪控制断面梧州站的洪峰流量削减为 50 年一遇，保障了大湾区防洪安全。又如供水方面，为了减缓枯水期干旱引起的咸潮上溯影响，珠江水利委员会自 2005 年起连续 19 年组织实施珠江枯水期水量调度，累计向澳门、珠海等地供水约 20 亿 m^3，保障了大湾区供水安全。但目前针对鱼类的流域生态调度还处于初步阶段。西江干流 2016—2019 年连续 4 年开展了鱼类繁殖期生态调度试验，通过试验研究了东塔产卵场四大家鱼卵苗量与水温、洪水过程、流速等因子的相关关系[2]。

除采取工程措施及管理措施避免或减缓不利影响外，开展水库生态调度，已经成为大型河流生态恢复的一项重要举措。本文从鱼类产卵场的生境调查及其生态水文特性研究等方面出发，总结目前面向鱼类产卵场生态流量保障的流域水量调度研究进展，为指导流域生态调度提供基础支撑。

基金项目： 国家重点研发计划（2022YFC3202200）；科技基础资源调查专项（2019FY101900）；长江科学院开放研究基金资助项目（CKWV20221037/KY）；水利部重大科技项目（SKS-2022064）。

作者简介： 李丽（1987—），女，高级工程师，主要从事水环境治理与水生态修复研究工作。

通信作者： 陈文龙（1977—），男，正高级工程师，主要从事流域水安全保障战略研究工作。

2 鱼类产卵场生境调查

鱼类产卵场要素包括物理要素和环境要素两大类，物理要素指河床地形、地貌、河床结构或植被等，环境要素指径流量、水位、水温等水文要素。产卵场调查就是对所有的物理和环境要素进行调查，可以通过“空、天、地”3个不同的视角，其中，“空”是太空视角，指卫星遥感影像；“天”是天空视角，指无人机遥感影像；“地”是地面视角，指传统的实地监测。

2.1 “空”，大尺度监测

利用高分辨率多源卫星遥感影像，对产卵场及其所在区域同一位置不同时段数据进行对比分析，一是研究产卵场的范围以及时空变化情况，包括长序列的历史变迁、年内丰枯季节变化，分析产卵场所在水域的形态变化、底质变化等；二是分析产卵场所在江段周边的土地利用、区域建设开发等情况，预测自然变化或人类活动是否对产卵场造成影响。

比如，丁放[3]利用Landsat8卫星图像提取了产卵季节大湖池的湖底数字高程模型以及水生植物的分布，根据鲤鱼、鲫鱼的对产卵环境条件（水深及植被）的选择性，通过草洲（洲滩、江心滩）的分布面积和淹没程度，判断潜在的适宜产卵生境范围。科技基础资源调查专项“西江流域资源环境与生物多样性综合科学考察”项目（简称西江科考项目）对东塔产卵场所在河段的卫星遥感影像进行了解译（见图1），土地利用类型主要以耕地和林地为主，近年来土地利用以及植被变化不显著，只在丰枯水情期略有差异；但耕地以及建筑用地占比较大，可能存在潜在生态胁迫。

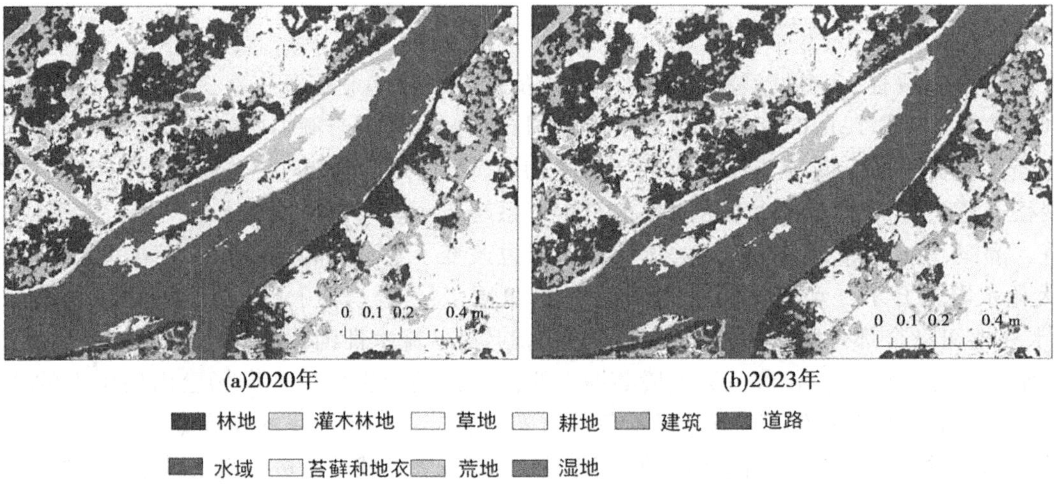

图1 东塔产卵场土地利用类型

2.2 “天”，中尺度监测

利用无人机遥感技术机动性强、成本低、效率高等特点，对产卵场的生境构造及河滩地植被群落进行三维多角度监测，弥补卫星遥感影像在空间分辨率和时间分辨率上的缺陷。比如，刘丽诗等[2]结合无人机航拍以及卫星遥感解译，发现东塔产卵场河心洲、河岸浅滩多布，河道左右两侧地势比较平缓，植被群落主要以灌木为主，岸带植被的外延梯度变化多样且构成相对稳定；河道的中间出露水面上面的滩地上，主要以灌草为主。李鹏程等[4]更是将无人机航拍影像与深度学习模型结合，借助高分辨率的无人机航拍影像能清晰地反映浅水区的底质状况、河道的宽度和弯曲度等局部形态特征的优势，识别了青海湖约79%的裸鲤产卵场。

2.3 “地”，小尺度监测

指传统实地监测，获取产卵场所在江段的水下地形，获取水体的水力学特征、水质、水生生物数据，以及底质的颗粒粒径级配、有机质和着生生物数据等信息。河流的水动力特征与水下地形、地貌存在密切关系，而河流地形地貌在河流水量和水质不变的基础上，又与生物群落的多样性存在正相关性，可影响其功能和结构，这些都决定了鱼类的产卵条件。如武智等[5]以河流地形特征作为变量对东塔产卵场鱼类的栖息地适宜性进行了评估，筛选出了水深、坡度、坡向等因子，明确该江段鱼类的适宜水深范围为5~8 m，适宜坡度范围为1.0°~1.5°，适宜坡向范围为90°~180°。

3 鱼类产卵场生态水文特性分析

大部分鱼类繁殖需要水流刺激排卵或排精，某些受精卵还需要满足漂流（漂浮）发育的水动力条件。鱼类产卵场和非产卵场江段的水动力特征可能完全不同，尤其产卵场水域的急流、缓流、紊流、涡流等多样性高，流场流态多样，能够形成大量的泡漩水，有利于鱼卵充分吸水、膨胀。因此，需要进一步分析产卵场的生态指标（如水生生物多样性、物种数量等）、环境指标（水质情况、底质情况等）、水文要素指标（包括流速、流量等要素及其峰值出现的时间、频率、历时等）之间的响应关系，全面阐释产卵场适宜鱼类繁殖的生态水文过程。

3.1 鱼类繁殖的水文水动力需求

鱼类产卵绝大多数是在涨水期间进行的，洪水脉冲是其繁殖必备的自然信号，江水上涨一段时间后才开始产卵；且鱼卵在漂流过程中发育孵化，因此需要先确定鱼类繁殖期所需要的涨水和退水流量过程。目前主要采用水力学方法，建立满足鱼类产卵刺激的流速、水深等水力学因子与流量的函数关系。如帅方敏等[6]采用交互小波光谱分析方法分析了东塔产卵场径流量与鳙仔鱼多度的关系，发现径流量的改变与鳙仔鱼的多度显著正相关，径流量大于5×10^3 m^3/s，且持续2 d以上，是珠江水系鳙大量繁殖的基础，对受梯级水坝控制的鳙产卵场的繁殖生态水文保障具有指导意义。

3.2 鱼类产卵场三维流场模拟

河流形状、块石、沉水植物等形成的流速梯度、漩涡等复杂流态是鱼类最终在产卵场能否成功产卵的重要生境要素，因此需要进一步确定产卵场的三维流场特征。目前主要基于实地监测获得的水下地形、底质粒径和水生生物等资料，采用商业软件建立产卵场三维水动力数学模型，模拟上游不同来水流量情景下，产卵场不同断面的水深、流速、二次流、涡度等水动力特征。如蓝霄峰等[7]对典型洪水流量下的东塔产卵场水流进行了三维模拟，发现以四大家鱼为主的东塔产卵场较为理想的产卵或聚集地点流速范围为1.0~1.4 m/s，弗劳德数为0.16~0.18。

3.3 基于生境模拟法确定产卵场适宜生态流量

生境模拟法就是在水力学法的基础上，综合考虑目标生物对生境的适宜性，最终确定适宜生态流量的一种方法。首先，结合鱼类繁殖的水文水动力需求，评估产卵场所在河段某一断面的生境适宜性，如水深、流速、底质、温度等参数对鱼类的适宜性；其次，结合鱼类产卵场三维流场模拟，量化上游来水流量变化下，产卵场所在河段的不同断面的水深、流速、温度等参数的变化情况；最后，将所有评估为适宜的断面（可利用面积）进行加权，即得到栖息地加权可利用面积随流量的变化曲线，由此识别出产卵场适宜生态流量。西江科考项目运用HEC-RAS模型耦合PHABSIM模型，采用生境模拟法最终确定东塔产卵场下游大湟江口断面的最适宜四大家鱼繁殖期（5—7月）的生态流量范围为9×10^3~11×10^3 m^3/s。

4 生态敏感期流域水量调度过程

（1）确定调度目标。四大家鱼属典型的产漂流性卵鱼类，在每年5—7月进行产卵，是对水文情势刺激最敏感、要求最苛刻的种类。四大家鱼广泛分布于我国各大水系，由于生长迅速、抗病力强等共同特点，是我国淡水养殖和捕捞的主要对象，20世纪60年代其产量占我国淡水鱼产量的75%。但目前西江的四大家鱼主要分布于桂平至肇庆江段，以及上游南盘江万峰湖库区江段[8]。西江四大家鱼的资源量减少已经成为不争的事实，亟需围绕四大家鱼开展生物资源保护与修复。

（2）确定调度区域。西江肇庆段四大家鱼鱼苗的资源量仅占监测鱼苗的4.51%[9]。四大家鱼产卵规模的缩小，鱼苗资源量的下降，将直接影响四大家鱼的补充群体，因此保护四大家鱼资源首先考虑的是保护其天然产卵场。西江干流东塔鱼类产卵场位于大藤峡坝下 10 km 的黔江、郁江交汇处，主要产卵鱼类有四大家鱼和鲤、鲮、赤眼鳟、卷口鱼、鳊、斑鳠、鳡和盔鲶等，是珠江流域最大鱼类产卵场，也是珠江流域鱼类生物多样性最为丰富的江段，有重要的经济价值及水生生物资源保护价值[10]。西江科考项目调查发现，东塔产卵场在鱼类繁殖期的逐日流量均值波动较大，并有减少的趋势（见图 2）。

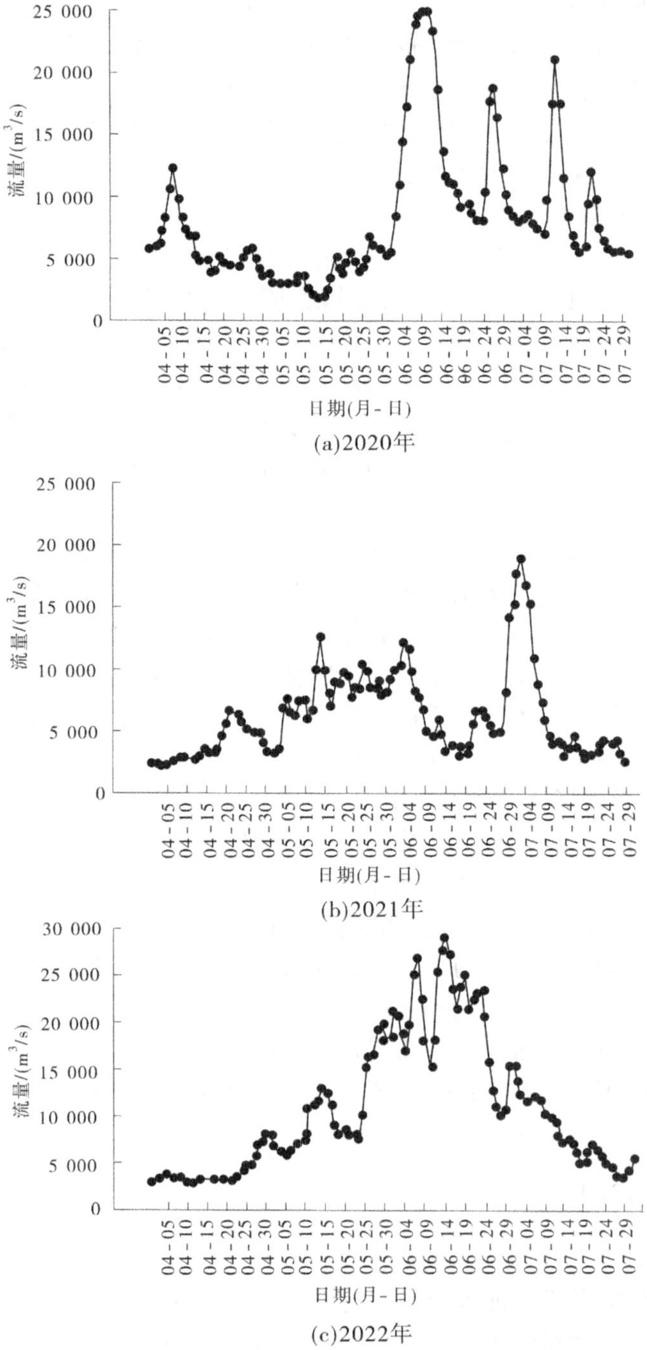

图 2　东塔产卵场鱼类繁殖期逐日流量变化

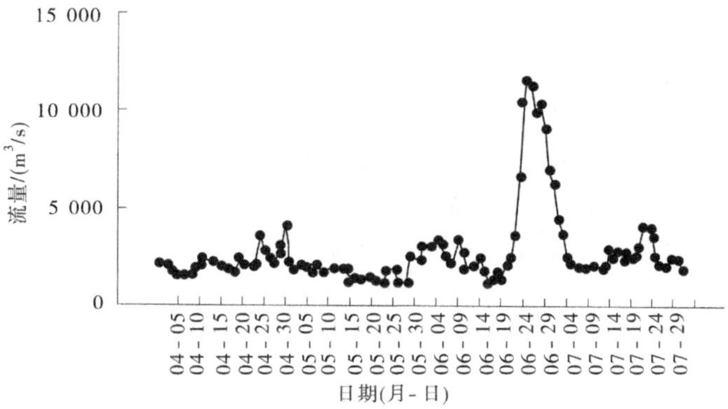

(d)2023年

续图 2

（3）确定调度规则。充分利用西江天然降雨形成的洪水过程，在确保流域防洪安全的前提下，考虑同时满足四大家鱼及其产卵场在繁殖期对河道水体流速、流量等水文水动力的需求，确定调度规则。西江干流鱼类繁殖期水量调度代表鱼类为四大家鱼，目标生境主要为东塔产卵场，以距离该产卵场最近的水文站大湟江口为主要控制断面。西江干流四大家鱼繁殖期水库生态调度的最早时机宜在5月上旬及以后，当大湟江口流量达到3 500 m^3/s 以上，且预报上游有适宜的涨水过程时，开展大藤峡水利枢纽工程鱼类繁殖期生态调度；调度时应控制大湟江口流量涨水天数至少为4 d，涨水阶段流量的日均涨率达到1 000 m^3/s 以上，退水阶段退水天数不小于3 d（对应大湟江口流量不小于3 500 m^3/s）[2, 11]。

5 结论与展望

20世纪70年代，国外相继开展促进鱼类繁殖的水库生态调度研究和实践；我国于21世纪初开始，最具代表性和备受关注的是长江三峡水库于2011年至今每年组织开展的促进产漂流性卵鱼类自然繁殖的生态调度试验。长江三峡水库进行的人造洪峰生态调度试验中，家鱼卵苗发生量有的占该年总家鱼产卵量的91%，有的占32%，有的甚至未出现对应卵苗高峰，可见生态调度的效果有好有坏，存在不确定性[12]。关于人工调度下的“不同鱼类产卵、水文情势、河道多维水动力”三者之间的驱动和响应等仍需进一步深入研究，实现对水库的最小干预和对天然来水的最大利用。

参考文献

[1] 姜海萍，朱远生，刘斌，等. 浅谈西江干流开展生态调度的必要性［J］. 人民珠江，2016，37（6）：28-31.

[2] 刘丽诗，王丽，葛晓霞，等. 大藤峡运行后东塔产卵场鱼类繁殖期水量调度控制指标研究［J］. 人民珠江，2022，43（10）：113-119.

[3] 丁放. 利用遥感技术测定鄱阳湖大湖池草上产卵鱼类产卵场的研究［D］. 上海：上海海洋大学，2017.

[4] 李鹏程，荣义峰，杜浩，等. 基于深度学习的青海湖裸鲤产卵场遥感识别方法［J］. 中国水产科学，2022，29（3）：398-407.

[5] 武智，李跃飞，朱书礼，等. 基于渔业声学调查的珠江东塔产卵场鱼类栖息地适宜性研究［J］. 南方水产科学，2023，19（3）：11-18.

[6] 帅方敏，李新辉，李跃飞，等. 珠江东塔产卵场鳙繁殖的生态水文需求［J］. 生态学报，2016，36（19）：6071-6078.

[7] 蓝霄峰，贾婷，方神光，等. 东塔产卵场鱼类密度与水流特性相关性分析［C］//中国水利学会. 中国水利学会2019学术年会论文集第一分册. 郑州：黄河水利出版社，2019.

[8] 帅方敏，李新辉，黄艳飞，等. 珠江水系四大家鱼资源现状及空间分布特征研究［J］. 水生生物学报，2017，41（6）：1336-1344.

[9] Shuai F M, Li X H, Li Y F, et al. Temporal patterns of larval fish occurrence in a large subtropical river [J]. PLoS One, 2016, 11 (1): e0146441.

[10] 黎小正，吴祥庆，秦振发，等．模糊综合评价广西桂平东塔鱼类产卵场水质状况 [J]．广西科学院学报，2010，26 (3): 363-366.

[11] 万东辉，杨芳，解河海，等．西江干流四大家鱼繁殖期水库生态调度时机分析 [C] //中国水利学会．中国水利学会 2018 学术年会论文集第二分册．郑州：黄河水利出版社，2018.

[12] 林俊强，李游坤，刘毅，等．刺激鱼类自然繁殖的生态调度和适应性管理研究进展 [J]．水利学报，2022，53 (4): 483-495.

新一代流量实时在线监测技术
——集成式时差法超声波流速仪

冷吉强[1]　刘学工[2]　王记军[1]　王中元[1]　韩晓光[1]　路　平[1]

（1. 青岛清万水技术有限公司，山东青岛　266100；
2. 青岛市声学测流技术研究专家工作站，山东青岛　266000）

摘　要： 本文在讨论声学时差法测流原理的基础上，针对国内近几十年来在推广应用中存在的主要问题，着重介绍了新一代声学时差法测流技术在测流声道长度、声波上下行时间、“时差”精度、声速温度补偿等方面的技术创新，并介绍了我国第一台集成式时差法超声波流速仪的技术特点和应用案例。

关键词： 声学时差法；流量计；超声波流速仪

1　引言

超声波是一种频率高于 20 kHz、波长短于 2 cm 的机械波，具有良好的方向性和反射性，易于获得各向异性的声能，衍射能力差，易散射。在国外，超声波的测流研究可以追溯到 20 世纪 30 年代初，法国人 O. Rutten 利用超声波进行流速量测的专利[1]，开创了超声波测流的先河。20 世纪初，流体力学科学家 Prandtl 研制了总静压管，实现了对流场单点平均流速的测量[2]。我国在 20 世纪 50 年代末开启对超声测流的研究，1965 年前后，上海工业自动化仪表研究所对大口径的超声测流设备展开研究[3]。从 1973 年开始，在槩梨水文站展开了对超声波时差法测速设备的相关实验[4]，直到 1981 年完成了该流速测量仪的研制，并在国内首次成功地完成了对天然河道的流速测量工作[5]。20 世纪末引进了瑞士 Rittmeyer AG 集团以及美国、德国等国时差法超声波测流技术后，时差法测流技术在管道测流中很快得到了应用，在人工明渠也开始了推广应用，例如南水北调中线工程和东线工程均采用时差法测流技术实现流量在线监测。姚永熙等[6] 在研究了声学时差法流量计的实际应用情况后，与 H-ADCP 进行了精度比较，得出时差法的测速准确性高于 H-多普勒法的结论。后来，时差法超声波测流技术逐渐在流量在线监测中推广应用[7]。尽管如此，时差法超声波测流技术在河道流量监测方面测流声道长度较短，严重约束了在水文测验方面的应用；“时差”识别计算误差较大，温度漂移、漂浮物、沉浮物等因素导致测验精度不稳定，亟待业界研究人员获得技术突破，让时差法在河道流量测验中得到推广应用。

本文在讨论声学时差法测流原理的基础上，针对国内近几十年来在推广应用中存在的主要问题，着重介绍了新一代声学时差法测流技术在测流声道长度、声波上下行时间、“时差”精度、声速温度补偿等方面的技术创新，并介绍了我国第一台集成式时差法超声波流速仪的技术特点和应用案例。

2　声学时差法流量在线监测

2.1　时差法测速基本原理

超声波在静水中传播时，传播速度是一定值，尽管传播速度随水温、盐度、含沙量的变化而发生

作者简介： 冷吉强（1970—），男，教授级高级工程师，主要从事河道流量监测研发、制造管理等工作。
通信作者： 刘学工（1960—），男，教授级高级工程师，主要从事河道水流监测、水利信息化设计开发工作。

一定变化，但是，在特定的河段中，当水流状况一定时，其传播速度是一定的。声波顺水流传播时，实际传播速度为声速加上水流速度；在逆水传播时，实际传播速度为声速减去水流速度。在河流上、下游两固定点之间，声波顺水和逆水传播有一时间差，测出时间差就能测得水流速度，这种量测水流速度的方法称为“时差法”，单声道时差法流速量测原理如图 1 所示。

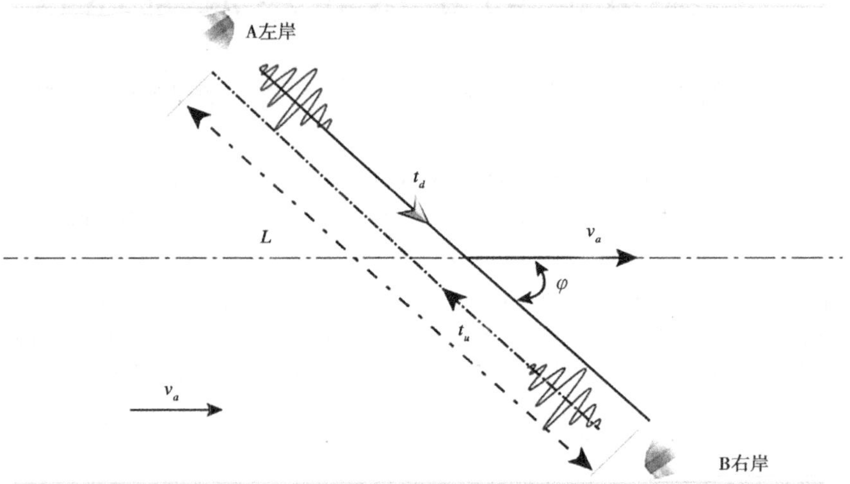

图 1　单声道时差法流速量测原理示意

两岸换能器之间距离声道长度为 L、声道角为 φ，声速为 c，水流中超声波传播速度与轴向流速在声道方向的投影分量 $v_a\cos\varphi$ 叠加，超声波从下游到上游换能器的传播时间 t_u 与从上游到下游换能器的传播时间 t_d 产生“时间差”。

$$\begin{cases} t_u = L/(c - v_a\cos\varphi) \\ t_d = L/(c + v_a\cos\varphi) \end{cases} \tag{1}$$

式中：L 为声道长度，m；φ 为声道角，(°)；c 为超声波沿声道的传播速度，m/s；v_a 为河道断面声道高程上水流方向的平均流速，m/s；t_d 为超声波从上游换能器传输到下游的传播时间，s；t_u 为超声波从下游到上游的传播时间，s。

由式（1）可以得到水流方向上声道平均流速 v_a 和声速 c：

$$\begin{cases} v_a = \dfrac{L}{2\cos\varphi} \cdot \dfrac{t_d - t_u}{t_d t_u} \\ c = \dfrac{L}{2} \cdot \dfrac{t_d + t_u}{t_d t_u} \end{cases} \tag{2}$$

式（2）中声道长度 L 和声道角 φ 是现场几何要素，取决于设备现场安装精度，t_u 和 t_d 是时差法测流设备监测结果，取决于厂商设备对声波传播的识别能力，也是设备测流精度的关键所在。

2.2　时差法河道断面流量计算

声学时差法河道断面流量计算的实质是布设在不同高程声道线平均流速对水流断面的积分，概化的河道断面声道布设如图 2 所示。

如图 2 所示，超声波声道将过水断面分割成多个水体部分，每部分水体的过水面积与相应的平均流速的乘积为该部分水体流量，多个部分水体流量累加积分得到河道断面总过水断面的流量。对于梯形河道断面，每部分水体上、下声道为边界，声道线流速的算术平均值作为该部分水体的平均流速，采用平均截面法进行流量积分，河道过流断面的流量公式如下：

$$Q = q_s + \sum_{i=1}^{N-1} Q_i + q_T \tag{3}$$

其中：

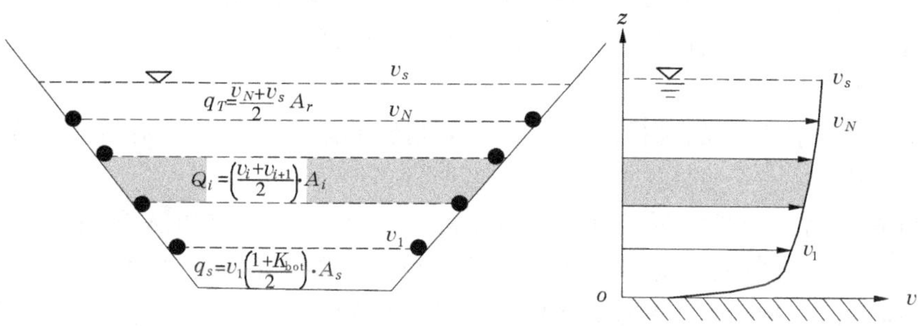

图2　声学时差法河道断面流量计算原理示意

$$Q_i = \left(\frac{v_i + v_{i+1}}{2}\right) A_i \tag{4}$$

$$q_s = \frac{1 + K_{bot}}{2} v_1 A_s \tag{5}$$

$$q_T = \frac{v_N + v_s}{2} A_r \tag{6}$$

式中：K_{bot} 为河底系数，与河道断面低层形态有关，无量纲，多为0.9左右；v_s 为水面流速，m/s，可由垂向流速分布对数公式计算获得。

2.3　影响测流的因素

时差法超声波流量计依据其基本流速计算原理和流量积分公式，影响流速量测准确性的三大要素如下：

（1）时间测量精度。式（2）中，t_u 和 t_d 直接参与声道流速计算，其量测精度影响声道流速计算的准确性，取决于厂商测流设备性能，尤其 t_u 和 t_d 时差很小，要保证相对误差较小，要求其绝对误差在ns级，t_u 和 t_d 的绝对误差级别可以放宽至μs级。

（2）几何参数。式（2）中，声道长度 L、声道角 φ 直接参与声道流速的计算，要求测量误差在mm级和0.1°级。河道断面的几何参数也会影响流量积分中面积分量的计算，进而影响流量积分计算。

（3）流速代表性。其一，声道线流速代表性，描述的是声道轴向流速和待测声道层实际轴向流速的差异，源自于换能器凸出效应和横向流动的干扰；其二，面流速代表性，主要是声道高度上有限个声道流速采样积分所求得的平均流速与实际的面平均流速的差异。

2.4　新一代测流技术创新

2.4.1　早期技术的局限性

早期的声学时差法测流设备，成功应用于管道测流，从设备研发技术到技术标准都比较健全，后来在人工渠道测流方面也有了成功的应用，比较典型的是南水北调中线工程和东线工程，然而，由于当时技术发展的局限性，在天然河道和较为断面复杂的明渠的应用存在四大问题：

（1）测流声道长度较短。早期国外引进的声学超声测流设备的声道量程长度在100 m左右，严重约束了时差法测流设备在水文测验方面的应用。

（2）时差识别误差较大。由于早期设备在声波传输识别技术的局限性，在天然河道复杂的流态和水流中 t_u 和 t_d 的识别以及两者之间差值的误差较大，严重影响了在天然河道中的应用精度。

（3）水中声速随水温变化而漂移。管道水流在封闭的空间中，测流条件较好把控，而天然河道是开发空间，声速随水温变化而漂移影响了测流精度。

（4）河道水流中的漂浮物和沉浮物导致误判。天然河道水流中的漂浮物和沉浮物千变万化，难以用单一的方法处理，河道中的航船的影响更是难以逾越的鸿沟。

2.4.2　新一代技术的突破

从早期的用于管道测流的产品到推广应用到河道测流的设备，新一代流量实时在线监测技术创新主要包括以下几个方面：

（1）多重硬件技术将声道长度延长到了 2 000 m。采用双 ARM+FPGA 硬件技术，保证信号数据互相关算法高效运算；采用高抗干扰、高载噪比的差分方式输入信号，100 dB 的自动增益控制；20 MSPS 高速采样，14 bit 高精准度的波形采样信号；新一代测流设备在长江水面测流宽达 1 470 m。

（2）多脉冲信号处理技术提高了波形识别能力。设备向每个声道发送多重脉冲，按顺序存储每个处理的信号，从复杂环境中识别未受到干扰的信号曲线，确定为理想的接收信号，用于波形识别处理，避免了单单依据触发器门限误判了漏判波形，成数倍增强了信号识别能力，为准确地计算时间和时差奠定了基础。

（3）基于双 ARM+FPGA 硬件技术提升了“时差”计算精度。利用 FPGA 硬件激发超声信号，使“时差”的绝对误差突破了 ns 级，时间计算和时差计算精度大为提升。

（4）AI 算法技术有效规避了漂浮物、沉浮物甚至航船的影响。工程化的软件过滤算法、CFD-PNN 模型智能补偿算法、波形识别算法捕捉波形、抛物线拟合峰值、多重滤波防止数据突变等 AI 软件算法，为测流设备安装了智慧的大脑。

（5）水温自校准技术确保声速稳定可靠。基于水中超声波传播声速与水温的对应关系，以水温反推技术补偿量值的准确性，提升了装置量值测量的稳定性和可靠性；依据几何参数和超声在水中的正、逆向传播时间计算超声声速，通过多元回归模型推算水温，实测水温与推算水温的对比，修正相关几何参数值自校正流量测量值。

（6）新一代测流技术成功实现了低流速小流量在线测验。双 ARM+FPGA 硬件技术、多脉冲信号处理技术、AI 算法技术等方面的综合提升，使新一代时差法测流技术能够成功监测到 0.005 m/s 的流速，低流速小流量的生态流量监测具有了可靠的高性能监测设备。

基于上述技术创新成果的新一代流量实时在线监测设备已经成功应用到天然河道 30 余个水文站的流量在线测验中。

3　集成式时差法超声波流速仪

3.1　早期时差法流速仪构成分析

对于明渠测流来讲，目前应用的时差法流速仪多为分散式的测流系统，没有完整的仪器仪表意义上的整体设备，实质上是由分散在水中、岸边、办公室的多模块组成的声学时差法流量监测系统，其基本架构如图 3 所示。

早期时差法流速仪系统最大的问题是岸边的主机超声波发生模块生成的超声波信号在送到水下换能器的过程中，容易被干扰的电缆附加噪声信号，降低了由电信号转换为机械信号的质量，从而给计算时间和时间差时带来误差；水下的换能器接收到对面传输过来的机械信号转换成的电信号，还是通过电缆上传到岸边主机中波形识别、时间计算模块进行分析处理，在上传过程中电缆受到干扰，再一次附加了噪声信号，降低了由机械信号转换为电信号的质量，从而，再次对计算时间和时间差产生了误差影响。

3.2　集成式时差法超声波流速仪总体设计与构成

3.2.1　总体设计思路

将 MCU、超声波电路、时间计算电路、流速计算电路与换能器高度集成在一起，置于水下，在青岛诞生了我国第一台集成式时差法超声波流速仪 QWSonic4317，这是一台仪器仪表意义上的测流设备，通过电缆输入的是电源和卫星授时，输出的是设备所在高程声道的线平均流速。所有的超声波产

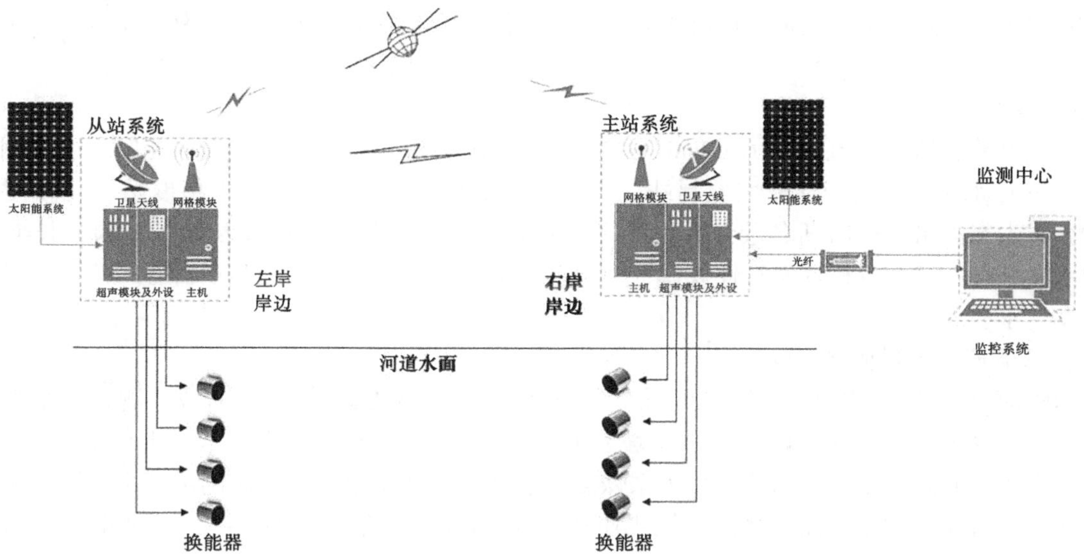

图 3　分散式声学时差法河道断面流量监测系统构成示意

生、超声波传输转换、声波识别处理、时间和时差计算、声道线平均流速计算都在水下集成电路中实现，减少了多种干扰的概率，提升了设备精度。

3.2.2　总体构成与工作流程

集成式时差法超声波流速仪总体构成电路原理如图 4 所示。

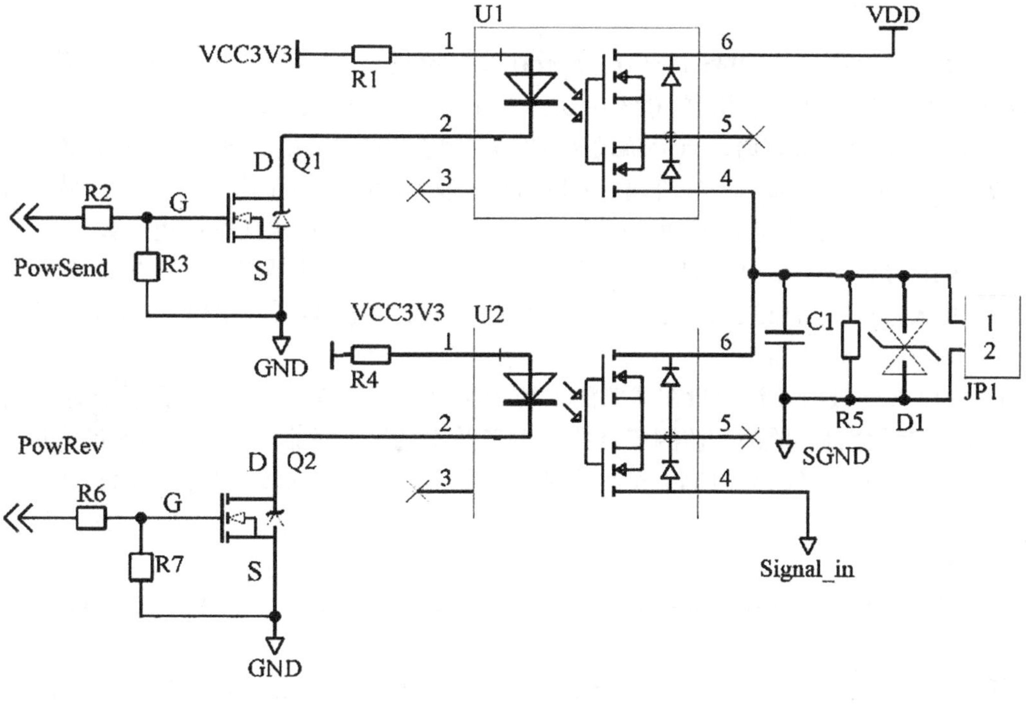

图 4　集成式时差法超声波流速仪总体构成电路原理图

工作流程：两台流速仪主机和从机分别于河岸两侧水下安装，当系统启动工作后，主机侧为发送侧激励状态，此时主机侧 PowSend 为高电平、PowRev 为低电平，Q1 导通、Q2 断开，VDD 通过 U1 与探头部 6 相连，探头部 6 与 Signal_in 断开；从机侧为接收侧接收状态，从机侧 PowSend 为低电平、PowRev 为高电平，Q1 断开、Q2 导通，此时从机 VDD 与探头部 6 断开，探头部 6 通过 U2 与

Signal_in 相连；当完成主机激励、从机接收后，从机侧变为激励侧，主机侧变为接收侧，完成一次工作流程。

3.3 应用案例

集成式时差法超声波流速仪 QWSonic4317 已经成功应用于广东省湛江市缸瓦窑（三）水文站。缸瓦窑（三）水文站为九州江流域控制站，是国家重要水文站，属国家一类精度站。九洲江被纳入广东省全国生态流量重点河湖名录，缸瓦窑（三）作为生态流量重要监控断面，为国家长期收集九洲江的水文基础信息、分析水文特性规律、河道演变规律等而设，主要测验项目有水位、流量、降水量、蒸发、水质等。

（1）低流速小流量监测需求。

测站距河口 20 km，集水面积 3 086 km^2，断面附近有长约 1 km 的顺直河段。测站洪水来源主要为暴雨，由于受下游闸坝（高墩水闸和茅坡水闸）开关调控，水位变化频繁，水位流量关系复杂。洪水期，由于下游闸坝全开，水位流量关系恢复天然状态。非洪水期，下游闸坝蓄水，测流断面位于蓄水库区内，流速非常小，流态复杂，低流速达 0.01 m/s，小流量为 8 m^3/s，解决小流量测验存在的问题。

（2）测流装置布置。

QWSonic4317 无线在线监测设备可分为主站设备与从站设备，主要由超声波主机、超声波模块、超声波 IO 模块、超声波换能器、宽带无线通信站、投入式水位计、供电系统（市电与太阳能供电）、防雷接地隔离系统及其他辅助安装设施等组成。同时，部署青岛清万水技术有限公司自主开发的远程诊断可视化系统。

（3）测验比测。

青岛清万水技术有限公司 QWSonic4317 流量在线监测设备与 SonTek 公司 M9 走航式 ADCP 实测的断面流量进行同步监测比对。比测 2023 年 6—12 月，共计 30 次，参考走航式 ADCP 测流时间范围确定 QWSonic4317 对应流量数据，与走航式 ADCP 同步比测的流量主要集中在 35.0~3 850 m^3/s，水位变幅 2.87~8.06 m，最小断面平均流速 0.036 m/s，最大断面平均流速 1.61 m/s，最小时差法流量为 36.7 m^3/s，最大时差法流量为 3 830 m^3/s，涵盖了缸瓦窑（三）水文站历史最大洪水。2023 年 10 月 19—24 日第 16 号台风“三巴”以热带风暴级别在湛江市遂溪县沿海登陆，湛江地区普降暴雨到大暴雨，局部特大暴雨，历史最大洪水出现在 10 月 20 日，相应的洪峰水位 8.05 m，最大洪峰流量 3 740 m^3/s，水位变幅 5.72 m。

QWSonic4317 超声波时差法流量在线监测系统为缸瓦窑（三）水文站提供了稳定的实时监测应用，实现了流量在线全自动监测，监测流量覆盖生态低流量与洪峰流量，宽范围流量测量均达到了规范要求的精度，真正实现了天然河道生态小流量测得稳、测得准，洪峰流量测得出、测得可靠。

4 结语

新一代流量实时在线监测技术为在河道流量在线测验的推广奠定了基础，未来用好时差法测流设备还需注意以下三点：

（1）低层声道尽可能接近河底，尽可能地减小底部监测盲区，以保障断面流量数据的监测精度。如果测流断面部署在宽浅河道，宜采用分体式固定方式安装最低声道。

（2）河道流量测验，应能够控制测流断面形态变化，一般河道断面测流声道布设不应少于 4 层，以能够控制低水监测、中常水监测、高洪水监测为宜。

（3）天然河道安装时差法超声波流速仪，需要注重设备安装的土石方基础工程建设，设备安装基础牢固，避免洪水期测流设备被洪水冲走。

参考文献

[1] Alhroob M, Battistin M, Berry S, et al. Custom Real-Time Ultrasonic Instrumentation for Simultaneous Mixture and Flow Analysis of Binary Gases in the CERN ATLAS Experiment [J]. Nuclear Instruments and Methods in Physics Research, Section A. Accelerators, Spectrometers, Detectors and Associated Equipment, Vienna, Austria, 2017, 1 (845): 273-277.

[2] Bachle M, Schwar D A, Leon F P. Analytic wavelet packets for robust ultrasonic flow measurement [J]. TM-Technisches Messen, 2020, 87 (1): 45-54.

[3] 周子清, 陆品桢. 超声波流量计国内外发展概况 [J]. 自动化仪表, 1982, 1 (3): 1-3, 24, 60.

[4] 沈寿珊. 超声波时差法测流速技术在枭梨水文站的应用 [J]. 水利水电技术, 1982, 1 (4): 1-5.

[5] 杨正凡. 枭梨水文站超声波时差法测速技术鉴定会在长沙召开 [J]. 水利水电技术, 1981, 1 (6): 39.

[6] 姚永熙, 陆燕. 声学时差法流量计在明渠流量测验中的应用 [J]. 水利水文自动化, 2006, 3 (1): 1-5.

[7] 曹春燕, 任凤仪. 流量在线监测实用性分析及实现技术研究 [J]. 人民黄河, 2020, 48 (12) S2: 11-13.

乌江梯级水库发电-生态均衡优化调度研究

邹　强　傅巧萍　柳林云

（长江勘测规划设计研究有限责任公司，湖北武汉　430010）

摘　要： 本文针对水库群优化调度中发电与生态目标的矛盾问题，以乌江流域梯级水库为研究对象，首先，采用频率分析法计算了梯级水库生态流量区间范围；其次，在水库群发电量最大目标中嵌入了径流生态离差系数，构建了发电-生态均衡优化调度模型；再次，提出了基于反向学习的离散微分动态规划方法，对模型进行高效求解；最后，分析了平水年梯级水库发电-生态均衡优化调度效果。研究成果表明：在保证水资源效益发挥的前提下，发电-生态均衡改善了生态调度效果，满足了适宜生态用水需水，可为乌江流域生态友好型水库群联合调度方案提供科学依据。

关键词： 乌江流域；梯级水库；发电-生态效益；均衡优化调度；反向学习

1　研究背景

近年来，伴随着我国水利事业的飞速迅猛发展，各大流域大规模梯级水库群不断建成投运，发挥了巨大的防洪、发电、航运、供水等综合效益，但也改变了原始的天然径流水文情势，对河流生态系统结构产生了影响，比如河道萎缩、泥沙淤积、生物多样性减少等[1-2]。为减缓水库运行对河道生态环境的负面影响，应协调好水资源开发与社会经济发展、河流生态环境保护，迫切需要优化水库群调度方式，获取较为合适的径流过程以促进生态系统稳定及保持物种多样性，维系好水库群联合调度兴利与生态的关系，使得总体效益最佳[3]。

乌江是长江上游南岸最大的一条支流，流域天然落差大，水量充沛，水力资源丰富，是西部大开发“西电东送”的主要电源点之一。乌江流域规划 11 级梯级水电站开发，其中乌江上游依次为洪家渡、东风、索风营、乌江渡，4 座梯级电站主要特征参数见表 1。

表 1　乌江梯级电站主要特征参数

电站名称	正常蓄水位/m	死水位/m	调节库容/亿 m^3	保证出力/MW	装机容量/MW	调节性能
洪家渡	1 140	1 076	33.61	159.1	600	多年
东　风	970	936	4.91	236	695	多年
索风营	837	822	0.674	166.9	600	日
乌江渡	760	720	13.6	332	1 250	年

为充分发挥乌江梯级水库库容补偿能力，挖掘和提升兴利效益，开展了大量研究。为寻求适合乌江梯级水库最大发电效益的联合调度方式，罗斌等[4]提出以梯级蓄能调度图为指导，辅以水库蓄供水控制线为约束的联合调度方式，并给出了绘制梯级蓄能调度图的步骤；为求解乌江梯级水库中长期

基金项目： 国家重点研发计划资助项目（2021YFC3200302）；中国长江三峡集团有限公司科研项目（0799297）；长江勘测规划设计研究有限责任公司自主创新项目（CX2019Z44）。

作者简介： 邹强（1987—），男，正高级工程师，主要从事水库群联合调度研究工作。

优化调度问题，廖胜利等[5]充分利用粒子群算法搜索速度快、易于并行等的特点，引入多种群并行计算思想保证种群的多样性，提出了多核并行粒子群算法，以提高计算效率和最优解的质量；冯仲恺等[6]结合正交试验设计和离散微分动态规划方法，提出了正交离散微分动态规划，大幅缩短了乌江梯级水库优化调度模型求解的计算耗时；牛文静等[7]构建了以总发电量最大和最小出力最大为目标的梯级水电站群多目标优化调度模型，提出了多目标量子粒子群算法进行求解；张剑亭等[8]引入了基于信息熵的增益分配法，对乌江流域七座梯级水库联合优化调度的增益分配问题进行求解，计算效率高，可以得到合理、稳定的兴利效益分配结果；吴海燕等[9]以乌江流域洪家渡、东风、索风营、乌江渡4库梯级为对象，构建了以剩余负荷标准差最小为目标的梯级水库中长期调峰调度模型，提出了精英协同搜索算法，使得优化结果在电网负荷峰值、谷值、峰谷值上均有了明显提升。

在乌江流域生态调度方面，夏豪等[10]计算了维持乌江干流各代表性河段基本健康所需的生态需水量，认为目前的调度措施是建立在发电效益最大化基础上的，未能从干流生态环境系统的特殊要求进行调度，给干流生态环境造成了一定影响。进而，分析了实施乌江干流梯级电站联合生态调度的可行性，并针对乌江干流现有主要生态环境问题及生态环境的特点，提出了乌江干流梯级电站联合生态调度的具体研究思路[11]。吕巍等[12]分析计算了乌江主要生态控制断面洪家渡、乌江渡和思林的最小、适宜及理想生态流量过程，构建了乌江干流梯级水电站多目标联合优化调度模型，采用智能优化算法对其进行求解。徐薇等[13]对乌江下游干流漂流性鱼卵进行阶段性调查，分析了银盘电站蓄水前后产漂流性卵鱼类的自然繁殖变化。总体来看，当前针对乌江梯级生态调度的研究不多，亟待开展必要的研究和探索。特别地，随着《中华人民共和国长江保护法》的颁布实施，在长江流域生态环境问题日益受到重视的大背景下，开展乌江梯级发电与生态均衡优化调度研究非常重要。

本文为有效均衡梯级水库兴利与生态效益，针对乌江梯级水库中长期优化调度问题，通过频率法确定了生态流量范围，作为水库群优化调度的流量约束条件，引入径流生态离差系数，构建了乌江梯级水库发电-生态均衡优化调度模型，提出基于反向学习离散微分动态规划方法的模型优化求解方法，给出乌江梯级水库发电-生态均衡优化调度思路，可望为乌江梯级联合调度运行提供科学依据与决策支持。

2 乌江梯级水库生态流量计算

生态流量具有阈值性。一般来说，最小生态流量是满足河流生态系统稳定和健康条件所允许的最小流量过程；最大生态流量是河流满足河流生态系统稳定和健康条件所允许的最大流量过程；而适宜生态流量是满足生态系统的稳定及保持物种多样性最为适合的径流过程。也就是说，最小生态流量过程和最大生态流量过程对于生态系统来说是不利的水文条件，对于河流生态系统及具体的物种和种群结构来说，保持河流生态系统健康和生物物种种群结构稳定的径流过程是适宜的[14]。

目前，关于生态流量计算方法归纳起来有水文学法、水力学法、栖息地模拟法、整体分析法等[15]。由于我国大部分河流缺乏生态资料，难以使用栖息地模拟法和整体分析法；水力学方法需要实地资料，耗时耗力；而水文学方法仅需历史径流资料，适用于现阶段我国中小型河流生态径流研究，其中逐月频率法能够较好地反映出河流径流年内的丰枯变化，在中小河流生态流量计算中较为常用。逐月频率法根据历史月径流资料，将一年划分为不同时期，并选取不同的保证率，分别计算各时期的流量，得到适宜生态径流过程。

本文研究中，首先对乌江梯级水库来水进行还原分析，对天然状态下的乌江梯级各水库入库平均径流逐月进行水文频率分析，并根据变化范围法 RVA 框架的建议，取70%逐月频率对应流量过程作为生态适宜流量下限，取30%逐月频率对应流量过程作为生态适宜流量上限，同时取90%和10%两个极端逐月频率对应流量过程分别作为最小生态流量约束和最大生态流量约束[16]，各水库生态流量过程如图1所示。

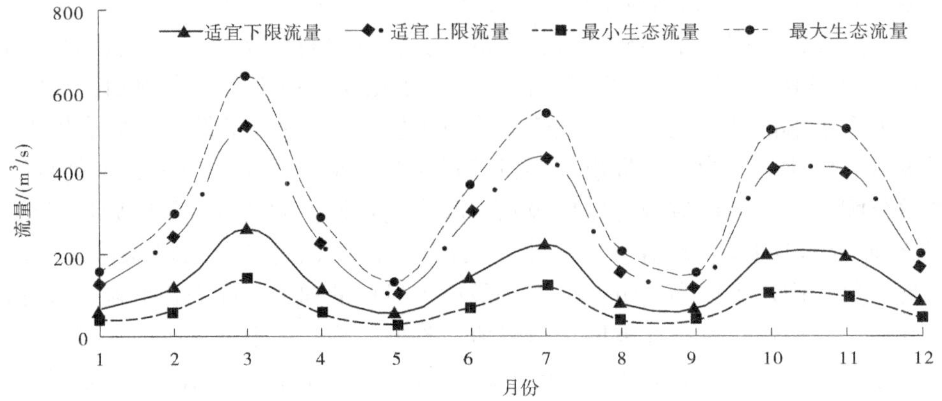

(a)洪家渡水库

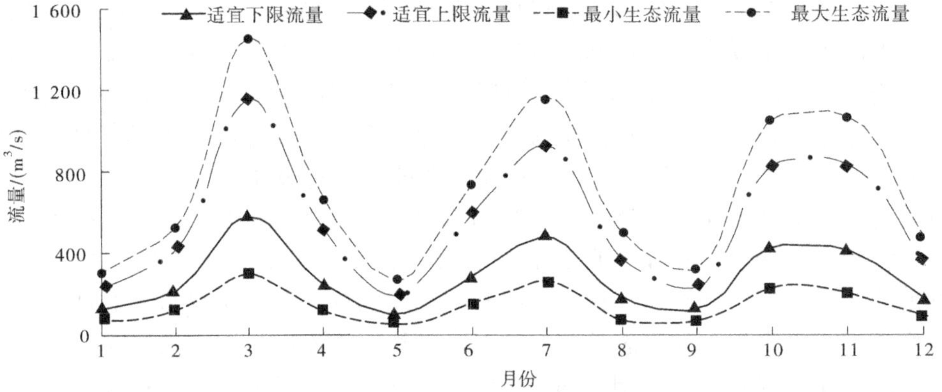

(b)东风水库

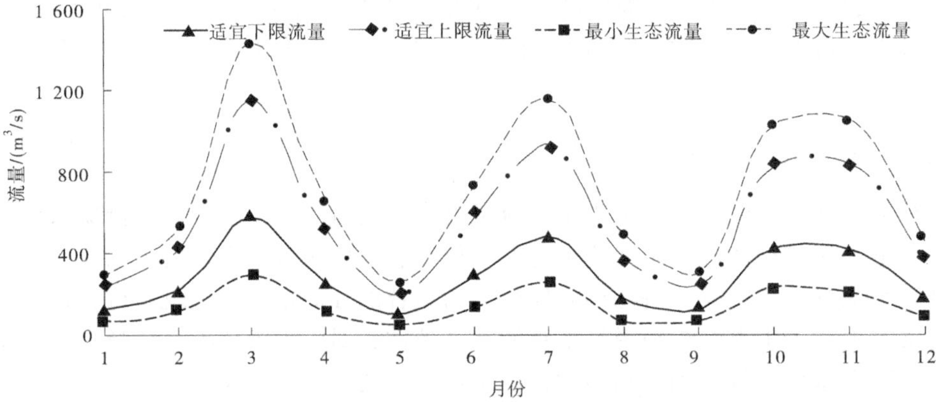

(c)索风营水库

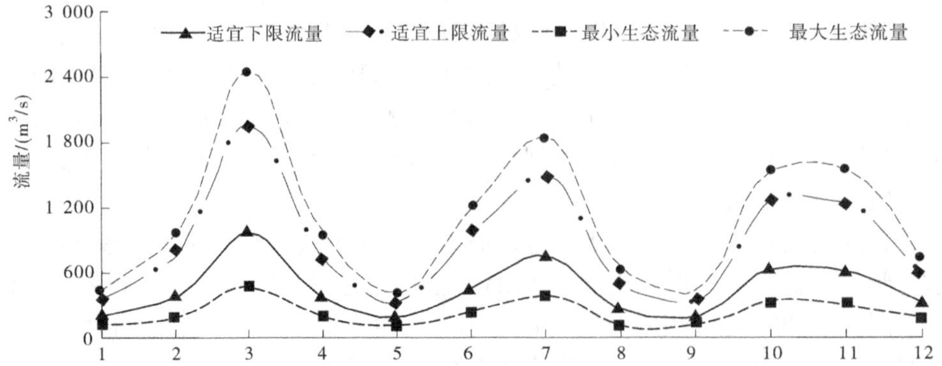

(d)乌江渡水库

图 1　各水库生态流量过程

3　乌江梯级水库发电-生态均衡优化调度模型

本文针对乌江梯级水库中长期优化调度问题，引入径流生态离差系数，并将径流生态离差系数与发电调度目标函数进行嵌套耦合，构建乌江梯级水库发电-生态均衡调度模型，并基于反向学习离散微分动态规划方法进行求解。

3.1　发电调度目标

通常来说，梯级水库群总发电量或总发电效益是衡量其联合运行经济效益的关键。本次以梯级水库总发电量最大为发电调度优化目标，建立相应的梯级水库优化调度模型，其目标函数为[5-6,16]：

$$F = \max \sum_{i=1}^{N} \sum_{j=1}^{T} A_i Q_{i,j} H_{i,j} \Delta t \tag{1}$$

式中：F 为调度期内梯级电站总发电量；N 为水库数目；i 为水库序号；T 为总调度时段；j 为时段序号；A_i 为水库 i 的出力系数；$Q_{i,j}$ 为水库 i 在时段 j 的发电流量，m^3/s；$H_{i,j}$ 为水库 i 在时段 j 净发电水头，m；Δt 为时段时长，h。

约束条件包括水量平衡约束、水位约束、机组出力约束、水轮机过流能力约束等，具体表达式如下：

（1）水量平衡约束：

$$V_{i,j} = V_{i,j-1} + (I_{i,j-1} - O_{i,j-1})\Delta t, \quad \forall j \in T \tag{2}$$

（2）水力联系约束：

$$I_{i,j} = O_{i-1,j} + R_{i,j}, \quad \forall j \in T \tag{3}$$

（3）水位约束：

$$Z_{i,j}^{\min} \leqslant Z_{i,j} \leqslant Z_{i,j}^{\max}, \quad \forall j \in T \tag{4}$$

（4）出库流量约束：

$$O_{i,j}^{\min} \leqslant O_{i,j} \leqslant O_{i,j}^{\max}, \quad O_{i,j} = Q_{i,j} + S_{i,j}, \quad \forall j \in T \tag{5}$$

（5）过流能力约束：

$$O_{i,j} \leqslant O_{i,\max}(Z_{i,j}), \quad \forall j \in T \tag{6}$$

（6）出力约束：

$$P_{i,j}^{\min} \leqslant A_i \cdot Q_{i,j} \cdot H_{i,j} \leqslant P_{i,j}^{\max}, \quad \forall j \in T \tag{7}$$

式中：$V_{i,j}$ 为水库 i 在 j 时段末的库容值，m^3；$I_{i,j}$ 为水库 i 在 j 时段的入库流量，m^3/s；$O_{i,j}$ 为水库 i 在 j 时段的出库流量，m^3/s；$O_{i,j}^{\min}$ 和 $O_{i,j}^{\max}$ 分别为水库 i 在 j 时段的最小出库流量和最大出库流量，m^3/s；$S_{i,j}$ 为水库 i 在 j 时段的弃水流量，m^3/s；$R_{i,j}$ 为水库 i 在 j 时段的区间流量，m^3/s；$Z_{i,j}$ 为水库 i 在 j 时段的坝前水位值，m；$Z_{i,j}^{\min}$ 和 $Z_{i,j}^{\max}$ 分别为水库 i 在 j 时段的库水位最低值和库水位最高值，m；$O_{i,\max}(Z_{i,j})$ 为水库 i 在 j 时段相应于水位 $Z_{i,j}$ 的最大过流能力，m^3/s；$P_{i,j}^{\min}$ 和 $P_{i,j}^{\max}$ 分别为水库 i 在 j 时段的最小出力和最大出力，kW。

3.2　径流生态离差系数

为综合考虑生态径流的流量大小约束，将最小、最大生态流量作为强约束，适宜上限、下限流量作为弱约束，以使乌江梯级调度过程中下泄流量在满足最小、最大生态流量的强约束条件下，尽可能落在生态适宜上限流量与生态适宜下限流量之间，由此引入径流生态离差系数如下[16]：

$$\lambda_i = 1 - \left[\overline{\omega}_1 \frac{1}{T} \sum_{j=1}^{T} \frac{\Delta O_{i,j}^{\mathrm{ecoLow}}}{\max\limits_{1 \leqslant j \leqslant T}(\Delta O_{i,j}^{\mathrm{ecoLow}})} + \overline{\omega}_2 \frac{1}{T} \sum_{j=1}^{T} \frac{\Delta O_{i,j}^{\mathrm{ecoHigh}}}{\max\limits_{1 \leqslant j \leqslant T}(\Delta O_{i,j}^{\mathrm{ecoHigh}})} \right] \tag{8}$$

式中：λ_i 为第 i 个水库的径流生态离差系数；$\overline{\omega}_1$ 为生态缺水量权重系数；$\overline{\omega}_2$ 为生态溢水量权重系数，本文认为生态缺水与生态溢水同等重要，取 $\overline{\omega}_1 = \overline{\omega}_2 = 0.5$；$\Delta O_{i,j}^{\mathrm{ecoLow}}$ 为第 i 个水库第 j 时段水库下泄流量与生态适宜下限流量 $O_{i,j}^{\mathrm{ecoLow}}$ 的差值；$\Delta O_{i,j}^{\mathrm{ecoHigh}}$ 为第 i 个水库第 j 时段下泄流量与生态适宜上限流量 $O_{i,j}^{\mathrm{ecoHigh}}$ 的差值，具体计算公式定义如下：

$$\Delta O_{i,j}^{\text{ecoLow}} = \begin{cases} O_{i,j}^{\text{ecoLow}} - O_{i,j} & \text{if } O_{i,j} < O_{i,j}^{\text{ecoLow}} \\ 0 & \text{其他} \end{cases}$$
$$\Delta O_{i,j}^{\text{ecoHigh}} = \begin{cases} O_{i,j} - O_{i,j}^{\text{ecoHigh}}, & \text{if } O_{i,j} > O_{i,j}^{\text{ecoHigh}} \\ 0, & \text{其他} \end{cases} \tag{9}$$

3.3 发电-生态均衡调度目标

将径流生态离差系数加入以年发电量最大的目标函数中，从而建立乌江梯级水库发电-生态均衡优化调度目标函数，具体如下：

$$\text{new}F = \max \sum_{i=1}^{N} (\lambda_i \cdot \sum_{j=1}^{T} A_i \cdot Q_{i,j} \cdot H_{i,j} \cdot \Delta t) \tag{10}$$

式中：$\text{new}F$ 为调度期内乌江梯级发电-生态均衡调度目标函数。

3.4 基于反向学习的离散微分动态规划方法

反向学习（opposition-based learning，OBL）是近年来计算智能领域提出的一种新技术，其核心思路是同时评估当前状态及其反向状态，择优使用，从而加速搜索进程。本次基于反向学习的原理，将 OBL 耦合到离散微分动态规划方法（DDDP）的求解过程中，提出了一种基于反向学习的离散微分动态规划方法（OBL-DDDP），通过反向学习寻找优化轨迹，避免各水库各时段离散状态之间的全面组合，有效降低计算复杂度。限于篇幅，本次不详细进行介绍，详见文献［17］。OBL-DDDP 的计算步骤包括：

（1）计算得到各水库的初始调度状态过程和离散步长。

（2）对于计算的各个时段，逐时段在初始状态组合的上、下两侧，随机生成上侧、下侧的离散状态数目并加以组合形成廊道，以廊道上、下边界为基础，计算初始状态的反向状态组合进行迭代寻优，以获得改进的调度过程。

（3）重复上述过程直至所有时段计算完毕。

（4）收缩离散步长，反复迭代直至收敛，逼近全局最优解，输出最优调度过程。

3.5 发电-生态均衡调度效果评价分析

本文结合乌江梯级水库实际调度运行情况，构建了发电-生态均衡优化调度的评价指标体系，并给出了相应的定量计算方法。具体分为两部分：一是，从梯级水库发电兴利的角度，主要考虑前述提出的乌江梯级水库总发电量这一评价指标；二是，从流域生态保护的角度，主要考虑梯级径流生态离差系数、梯级生态缺水量、梯级生态缺水量百分比、梯级生态溢水量、梯级生态溢水量百分比等 5 个生态调度评价指标。同时，各评价指标的定量计算公式分别如下[16]：

（1）梯级径流生态离差系数 λ：

$$\lambda = \frac{1}{N} \sum_{i=1}^{N} \lambda_i \tag{11}$$

式中：λ_i 为水库径流离差系数，本次认为各电站的重要性相同。

（2）梯级生态缺水量 V_{ecoLACK} 及百分比 η_{ecoLACK}：

$$V_{\text{ecoLACK}} = \sum_{i=1}^{N} \sum_{j=1}^{T} \Delta O_{i,j}^{\text{ecoLow}} \Delta t \tag{12}$$

$$\eta_{\text{ecoLACK}} = \frac{1}{N} \sum_{i=1}^{N} \frac{\sum_{j=1}^{T} \Delta O_{i,j}^{\text{ecoLow}} \Delta t}{\sum_{j=1}^{T} O_{i,j}^{\text{ecoLow}} \Delta t} \tag{13}$$

（3）梯级生态溢水量 V_{ecoOVER} 及百分比 η_{ecoOVER}：

$$V_{\text{ecoOVER}} = \sum_{i=1}^{N} \sum_{j=1}^{T} \Delta O_{i,j}^{\text{ecoHigh}} \Delta t \tag{14}$$

$$\eta_{\text{ecoOVER}} = \frac{1}{N}\sum_{i=1}^{N}\frac{\sum_{j=1}^{T}\Delta O_{i,j}^{\text{ecoHigh}}\cdot\Delta t}{\sum_{j=1}^{T}O_{i,j}^{\text{ecoHigh}}\cdot\Delta t} \tag{15}$$

4 乌江梯级发电-生态均衡优化调度实例研究

对1956—2012年乌江梯级水库入库径流序列进行 P-Ⅲ适线排频，选取50%来水作为平水年典型年，分别以上述乌江梯级水库总发电量最大为目标和考虑发电-生态均衡调度目标的优化调度模型，即分别采用最大发电量、发电-生态均衡为优化目标函数，采用OBL-DDDP进行梯级水库优化调度计算，平水年时两种调度策略的优化调度结果如表2所示；图2~图7为发电-生态均衡优化调度的各项评价指标对比图。

表2 不同方案下乌江梯级水库均衡调度评价结果

来水条件	评价指标	总发电量/（亿kW·h）	径流生态离差系数	生态缺水		生态溢水	
				水量/亿 m^3	比例/%	水量/亿 m^3	比例/%
平水年	① 均衡调度	93.40	0.88	65.43	10.97	22.59	8.71
	② 发电调度	103.53	0.81	80.52	15.08	31.75	10.16
	差值（①-②）	-10.13	0.07	-15.09	-4.11	-9.16	-1.45

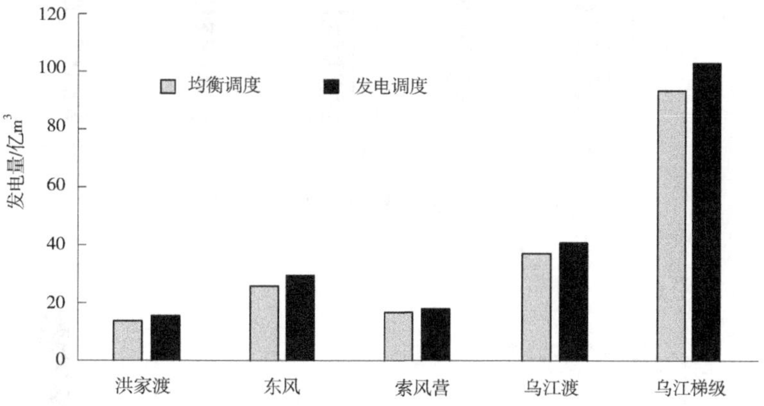

图2 发电量对比结果

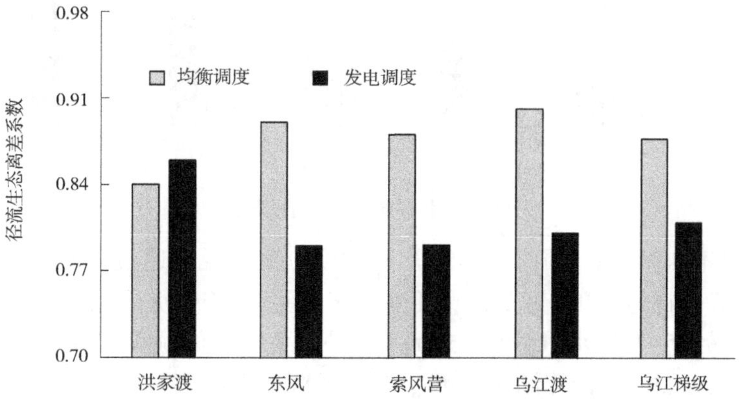

图3 径流生态离差系数对比结果

从表2和图2~图7的两种方案调度对比结果分析可知，均衡调度方案相比于发电调度方案，梯

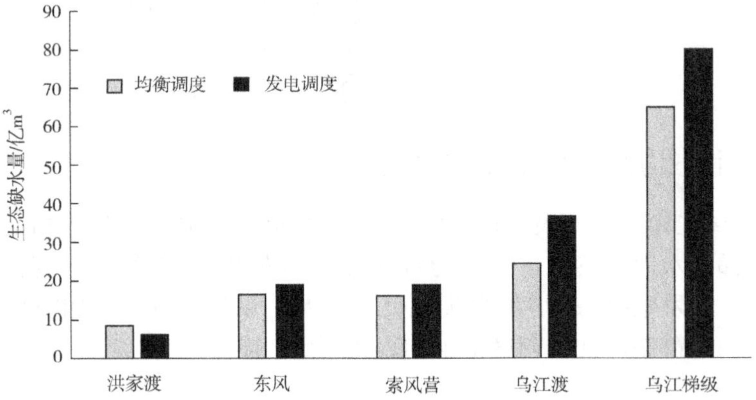

图 4　生态缺水量对比结果

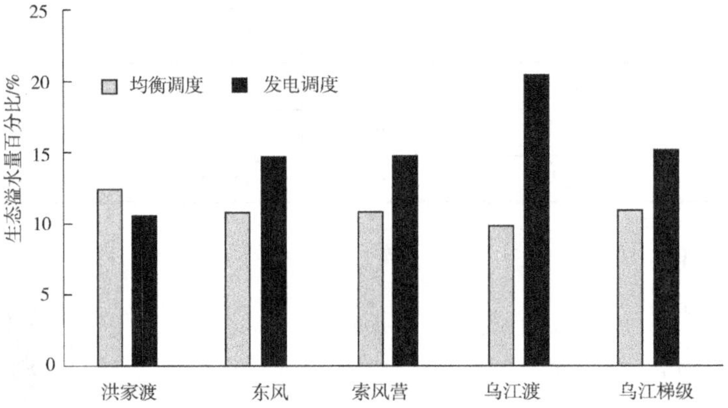

图 5　生态溢水量百分比对比结果

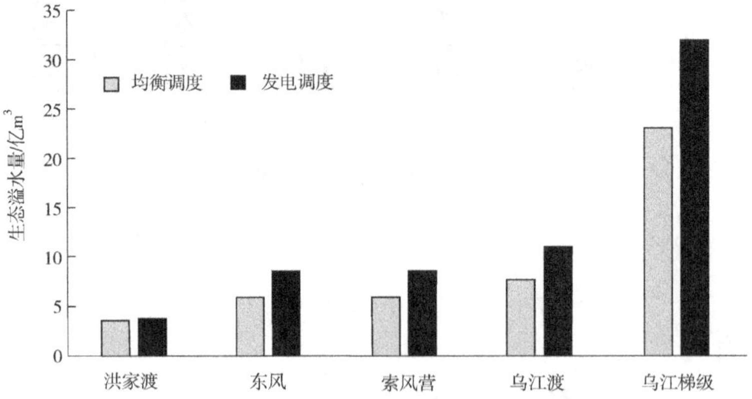

图 6　生态溢水量对比结果

级发电总量减少 10.13 亿 kW·h。但是，对于均衡调度方案来说，通过调整乌江梯级水库各库出库流量，有效改善了水利工程胁迫下的乌江流域河道生态流量环境，使得径流生态离差系数提高 0.07，提高比例为 8.64%；梯级生态缺水量减少 15.09 亿 m^3，缺水比例减少了 4.11%；梯级生态溢水量减少 9.16 亿 m^3，减少了 1.45%。计算结果表明，乌江梯级生态缺水量较多，高于梯级生态溢水量，可见乌江上游生态缺水问题较为突出。

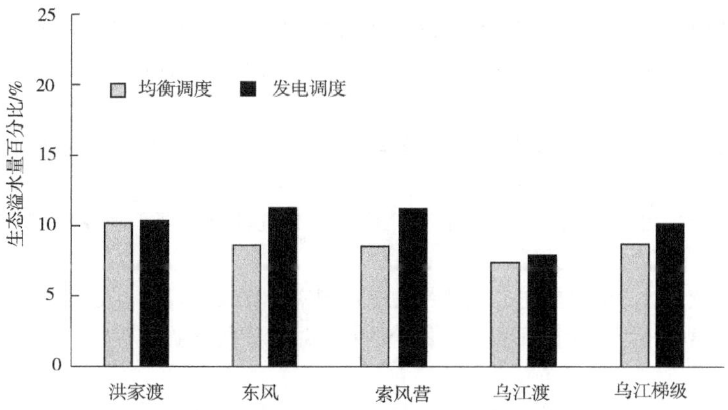

图 7　生态溢水量百分比对比结果

5　结语

为有效均衡水库群联合优化调度中发电与生态目标，以乌江流域为例，获取了梯级水库生态流量区间范围，构建了考虑径流生态离差系数的乌江梯级水库发电–生态均衡优化调度模型，并基于反向学习离散微分动态规划方法进行求解，评价了平水年时乌江梯级水库均衡调度多项评价指标，取得的主要结论如下：

（1）相比梯级水库总发电量最大的发电调度方案，提出的乌江梯级水库均衡调度方案能够改善生态效益，协调好流域水电开发与生态环境保护间的冲突，使得各水库出库流量尽量分布在适宜流量上下限范围内，以满足生态适宜流量要求。

（2）均衡调度方案可有效减少乌江梯级水库调度过程中产生的生态缺水与生态溢水，提高了乌江梯级径流生态离差系数，进而改善了水利工程胁迫下河道生态流量环境，可为乌江流域生态友好型水库群联合调度运行方式提供科学依据和决策支持。

下一步，将进一步深化梯级水库调度运行中兴利效益和所在河流的生态保护需求，深入剖析不同来水条件下、不同调度时期的生态流量推求方法，并建立梯级水库发电–生态多目标优化调度模型[18]，获取更多非劣解进行多属性分析评价，以探明发电目标与生态目标之间的竞争协调关系。

参考文献

[1] 李栋楠，赵建世．梯级水库调度的发电-生态效益均衡分析［J］．水力发电学报，2016，35（2）：37-44.
[2] 林梦然，贾一飞，董增川．考虑发电–生态效益均衡的嘉陵江水库群优化调度［J］．人民长江，2021，52（9）：223-229，235.
[3] 仲志余，邹强，王学敏，等．长江上游梯级水库群多目标联合调度技术研究［J］．人民长江，2022，53（2）：12-20.
[4] 罗斌，钱凯霞，李安强．乌江梯级水库联合优化调度方案研究［J］．人民长江，2010，41（22）：8-11.
[5] 廖胜利，唐诗，武新宇，等．库群长期优化调度的多核并行粒子群算法［J］．水力发电学报，2013，32（2）：78-83.
[6] 冯仲恺，廖胜利，牛文静，等．梯级水电站群中长期优化调度的正交离散微分动态规划方法［J］．中国电机工程学报，2015，35（18）：4635-4644.
[7] 牛文静，冯仲恺，程春田．梯级水电站群优化调度多目标量子粒子群算法［J］．水力发电学报，2017，36（5）：47-57.
[8] 张剑亭，郭生练，陈柯兵，等．基于信息熵的梯级水库联合优化调度增益分配法［J］．水力发电学报，2020，39（2）：94-102.

[9] 吴海燕，刘懿，徐华，等．乌江流域梯级水库群调峰优化调度研究［J］．水电能源科学，2022，40（9）：90-94.
[10] 夏豪，金泽华，邹建国，等．乌江干流梯级电站生态调度现状分析［J］．四川环境，2010，29（5）：14-18.
[11] 夏豪，陈国柱，欧祖宏．贵州乌江干流梯级电站联合生态调度可行性研究［J］．贵州水力发电，2011，25（1）：13-16.
[12] 吕巍，王浩，殷峻暹，等．贵州境内乌江水电梯级开发联合生态调度［J］．水科学进展，2016，27（6）：918-927.
[13] 徐薇，杨志，万力，等．银盘电站蓄水前后乌江下游产漂流性卵鱼类自然繁殖变化［J］．水生态学杂志，2019，40（6）：8-15.
[14] 李捷，夏自强，马广慧，等．河流生态径流计算的逐月频率计算法［J］．生态学报，2007（7）：2916-2921.
[15] 方国华，丁紫玉，黄显峰，等．考虑河流生态保护的水电站水库优化调度研究［J］．水力发电学报，2018，37（7）：1-9.
[16] 林伟，李英海，郭家力，等．清江梯级发电与生态均衡优化调度研究［J］．水生态学杂志，2020，41（3）：9-16.
[17] 邹强，饶光辉，何小聪，等. 梯级水电站群优化调度逐阶段反向学习降维优化方法［P］. 202110054612. 9. 2022-06-06.
[18] 王学敏，周建中，欧阳硕，等. 三峡梯级生态友好型多目标发电优化调度模型及其求解算法［J］．水利学报，2013，44（2）：154-163.

大渡河上游生态流量及在线测流系统

李 俊 王渺林

（长江水利委员会水文局长江上游水文水资源勘测局，重庆 400021）

摘 要：选取大渡河上游作为研究对象，利用大金水文站资料，采用水文学法的 Tennant 法、保证率 Q_P 法以及生态水力学法综合确定研究河段最小生态流量。考虑到上游金川电站运行后对大金水文站监测影响，提出了大金水文站流量在线监测系统。研究成果可为维持大渡河上游河流形态和基本生态功能提供技术支撑。

关键词：生态流量；流量在线监测；大渡河上游；大金水文站

1 目的和意义

河湖生态流量是指为了维系河流、湖泊等水生态系统的结构和功能，需要保留在河湖内符合水质要求的流量（水量、水位）及其过程。保障河湖生态流量，事关江河湖泊健康，事关生态文明建设，事关高质量发展[1]。随着环境保护理念的不断深化，以及国家对生态环境保护力度的加大，生态流量研究在国内逐渐兴起。郭文献等[2] 采用改进的河道湿周法计算了长江中下游各河段的最小生态流量；刘昌明[3] 等提出考虑坡降、糙率、水力半径及水生生物生存流速等信息估算生态需水量的方法。李阳等[4] 通过 Tennant 法、Texas 法、频率曲线法等 6 种水文学方法计算逐月生态流量。总的来看，河流生态流量的研究已形成了一些相对成熟的计算方法，大体可分为 4 种[5-6]：水文学方法、水力学方法、生境模拟法和整体分析法。为了保障生态流量，水利部及各级水行政主管部门采取了一系列措施，包括建立监测平台进行实时监测和预警，制订保障实施方案，明确生态流量的监测、调度、信息报送和日常监督等。为有效解决生态流量下泄过程中存在的问题，保障河流水资源开发与生态环境保护的协调发展，应利用现代信息技术手段，如在线监测、视频监控等，对生态流量下泄进行全天候、全过程的监管[7-8]。

大渡河是岷江水系最大的支流，发源于青海省果洛山东南麓，于乐山市汇入岷江，全长 1 062 km，流域面积 77 400 km^2（不含青衣河）。泸定以上为上游，泸定至铜街子河段为中游，铜街子以下为下游。大金水文站处于大渡河上游，位于大渡河金川水电站坝址以下约 9 km，集水面积 40 484 km^2。大渡河拥有多种国家级和四川省重点保护、珍稀濒危及长江上游特有鱼类，同时流域内水电开发力度大，大坝建设会影响生态流量下泄。因此，开展满足大渡河流域生态流量研究，对大渡河流域的水生态保护具有重要意义。金纯等[9] 使用 4 种不同的水文水力学方法对大渡河上游支流足木足河进行生态需水研究，通过文献调研和计算得到大渡河特有物种川陕哲罗鲑的繁殖期适宜流量，与生态流量计算结果比较，得到了可以满足流域鱼类生境需求的生态流量；薛笑薇等[10] 提出了水文-水力学-水生态的结合法，结合法计算的生态流量与多年实测流量对比，确定需要进行生态补水的月份，并对大渡河生态流量进行满足程度分析。吉小盼等[11] 使用湿周法，对岷江流域和大渡河流域进行生态需水研究，计算了岷江及大渡河流域上、中、下游共计 8 个水文站点的生态流量。目前对于大渡河生态流量计算研究仍不足，无法满足大渡河指示物种产卵期的生境要求。

作者简介：李俊（1983—），男，高级工程师，主要从事水文水资源分析和技术管理工作。
通信作者：王渺林（1975—），男，正高级工程师，主要从事水文水资源分析工作。

本文以大渡河上游为研究对象，利用大金水文站资料，通过多种方法确定大渡河上游生态流量，并提出了生态流量在线监测方案，以期为大渡河上游流域生态环境保护和生态系统修复提供支撑。

2 生态流量确定

分别采用水文学法的 Tennant 法、保证率 Q_P 法以及生态水力学法 3 种不同方法进行计算，综合确定研究河段最小生态流量。

2.1 Tennant 法

据大金水文站实测径流资料统计，多年平均流量 518 m^3/s，年径流量 163.4 亿 m^3。考虑到大渡河上游水域包括川陕哲罗鲑在内的 12 种鱼类的繁殖季节始于 3 月，止于 8 月[12]，因此对 Tennant 法的计算时段进行调整，将一般用水期修正为 9 月至次年 2 月，取多年平均流量的 10%（51.8 m^3/s）作为河道内的最小生态流量；鱼类产卵育幼期修正为 3—8 月，取多年平均流量的 30%（155 m^3/s）作为河道内的最小生态流量。

2.2 保证率 Q_P 法

Q_P 法对天然月径流系列中每年的最枯月进行排频，选择特定频率下的径流量作为生态流量。本文将 95%的频率作为生态流量下限值，取为 108 m^3/s。

2.3 生态水力学指标达标分析

研究河段为大渡河干流上游鱼类栖息地的主要保护范围，河段分布有四川省保护鱼类重口裂腹鱼和青石爬鮡，长江上游特有鱼类齐口裂腹鱼、重口裂腹鱼、大渡软刺裸裂尻、青石爬鮡、黄石爬鮡等。根据《大渡河金川水电站环境影响报告书》的计算成果，流量为 103 m^3/s 状态下，研究河段（金川电站坝址—大金水文站—金川县城 13 km 河段）的水深、流速、水面宽指标均达到生态水力学标准要求。

2.4 综合确定

根据上述分析，3—8 月 Tennant 法、Q_P 法都能够保证大金站鱼类繁殖产卵所需的最低流量要求。因此，综合考虑生态保护、径流变化特征、鱼类产卵需求等，本文推荐在 3—8 月采用 Tennant 法计算结果（155 m^3/s）作为最小生态流量；9 月至次年 2 月选择 103 m^3/s 作为最小生态流量。

3 生态流量在线监测方案

大金水文站是大渡河上游的控制站，目前大金水文站全年采用流速仪测流，高水时采用电波流速仪。流量监测目前以水文缆道为主，监测仪器主要依靠转子式流速仪和电波流速仪，监测方式为人工。

大金水文站上游为金川电站。金川电站预计于 2025 年 4 月 30 日全面蓄水；2025 年 6 月 30 日首台机组投产发电。考虑到上游金川电站运行后承担系统日调峰产生的非恒定流，将使坝下游大金站段流量、水位在日内呈现较大幅度的波动影响等问题。目前大金水文站采用的水文缆道流速仪法，单次流量测验历时较长，自动程度不高、时效差。为了解决受工程影响的流量测验问题，调整适应工程影响条件下的测验方法，保证测验资料成果的质量，建议将大金水文站常规水文缆道流速仪法调整为双轨雷达波缆道在线测流系统。常规水文缆道流速仪法可作为率定或自动测流设备故障时的备用方法。

3.1 双轨雷达波缆道在线测流系统

3.1.1 系统简介

系统由雷达波表面流速仪、水位计、雷达运行车、全自动测流控制（含数据采集/遥测）、太阳能供电系统、自动充电控制装置、雷达波立杆及其他配件辅材等组成。

3.1.2 系统工作原理

自驱动双轨式雷达测流系统包括河道两侧立柱，两立柱之间拉接有两根绳缆，绳缆上安装有测流车，河道一侧设有站房遥测中心。测流车包括外壳，外壳底面安装有雷达波测流仪，外壳两侧安装有主动、从动滑轮和防护环，绳缆贯穿防护环，外壳内安装有控制器、步进电机、行走驱动机构、近距离无线通信装置、控制器与雷达波测流仪、步进电机、近距离无线通信装置，步进电机通过行走驱动机构控制主动滑轮的转动。站房遥测中心包括太阳能充电板，太阳能充电板通过蓄电池与遥测终端控制箱相连，遥测终端控制箱与测流车之间进行无线通信，采集数据通过无线/有限传输至相关数据平台。

3.1.3 主要功能

定时数据采集、本地存储及上报平台；可手动或自动定时采集水位、流速计算流量；可支持 300 m 以内宽河道测量；测量精度高、速度快，受环境影响小；采用小型化、轻量化设计，整体安装简单；创新的自动充电系统，保证设备长期稳定正常运行；内置市场常见的各种环保仪器仪表和在线监测仪的通信协议，用户通过简单配置即可正常使用；远程管理功能：支持远程参数配置、远程程序升级。中心管理软件，方便设备管理。

3.2 低水小流量的适用性分析

雷达波表面流速仪测量范围：0.15~15 m/s，从长江上游山区河流站点采用雷达波测流系统（多为移动式）所测流量系列资料看，低水误差相对较大，中高水误差相对较小。这与雷达波测流自身特点有关，对于低速水流，一般低于 0.3 m/s，风的影响很大，测量结果很可能无法反映实际速度。雷达波流速传感器标称最低流速 0.15 m/s，但作为雷达波测流应用，建议适应最低流速要大于 0.5 m/s，低流速时风速影响明显。

根据《大渡河金川水电站环境影响报告书》的计算成果，流量为 103 m^3/s 状态下，大金水文站断面河段的平均流速均大于 0.5 m/s。大金站实测最小流量 72.2 m^3/s（2003 年 1 月 17 日），对应的最小断面平均流速为 0.68 m/s，满足大于 0.5 m/s 的要求。因此，本文提出的雷达波缆道在线测流系统能适用于生态流量在线测验。

4 结论

本文以大渡河上游为研究对象，利用控制站大金水文站资料，采用水文学 Tennant 法、保证率 Q_P 法以及生态水力学法综合确定研究河段最小生态流量，最终推荐在 3—8 月采用 Tennant 法计算结果（155 m^3/s）作为最小生态流量，9 月至次年 2 月最小生态流量为 51.8 m^3/s。考虑到上游金川电站运行后对大金水文站监测的影响，提出雷达波在线测流系统，能有效实现生态流量在线监测。

参考文献

[1] 中华人民共和国水利部．水利部关于做好河湖生态流量确定和保障工作的指导意见：水资管〔2020〕67 号 [A/OL].（2020-04-24）.

[2] 郭文献，夏自强．长江中下游河道生态流量研究 [J]．水利学报，2007（S1）：619-623.

[3] 刘昌明，门宝辉，宋进喜．河道内生态需水量估算的生态水力半径法 [J]．自然科学进展，2007，17（1）：42-48.

[4] 李阳，邹进，张雷，等．基于水文学法的小流域生态流量研究 [J]．水电能源科学，2023，41（8）：52-55.

[5] 张丽，李丽娟，梁丽乔，等．流域生态需水的理论及计算研究进展 [J]．农业工程学报，2008，24（7）：307-312.

[6] Hughes D A，Hannart P. A desktop model used to provide an initial estimate of the ecological instream flow requirements of Rivers in South Africa [J]. Journal of Hydrology，2003，270（3）：167-181.

[7] 李远军．乌江梯级水电站生态流量在线监测及实时预警功能的开发和应用 [J]．红水河，2021，40（5）：99-102.

[8] 邱兴春，郭艳娜．贵州水利工程运行期生态流量下泄过程中存在问题及对策探讨 [J]．水利与建筑工程学报，2022，20（3）：231-236.

[9] 金纯，姜翠玲，吴为．基于水力水文学法的大渡河上游生态流量确定［J］．水利水电科技进展，2021，41（2）：8-14.

[10] 薛笑薇，苗蔚，欧延静，等．基于水文水力学水生态结合法的大渡河生态流量研究［J］．生态学报，2024，44（15）：6487-6498.

[11] 吉小盼，蒋红．基于湿周法的西南山区河流生态需水量计算与验证［J］．水生态学杂志，2018，39（4）：1-7.

[12] 张湘隆，高峰，赵伟．大渡河泸定水电站鱼类增殖放流站设计构想［J］．水生态学杂志，2010，3（1）：116-120.

缆道式多探头雷达波测流系统应用分析——以临沧太平关站为例

丁馨曾[1,2,3]　韩宝豆[1,2,3]　蒋飞卿[1,2,3]　王　超[4]

（1. 水利部南京水利水文自动化研究所，江苏南京　210012；
2. 江苏南水科技有限公司，江苏南京　210012；
3. 水利部水文水资源监控工程技术研究中心，江苏南京　210012；
4. 云南省水文水资源局临沧分局，云南临沧　677000）

摘　要：针对山区河道流量测验方式多数还停留在转子流速仪、走航 ADCP 等人工测流方式，难以适应当前“测得到、测得准、报得出、报得及时”的新要求。临沧市水文水资源局在太平关（二）水文站安装缆道式三探头雷达波测流系统，用于流量实时在线监测。通过介绍雷达波测流原理，确定比测分析技术路线，对比分析实测资料，研究该系统在太平关（二）水文站的适用性。分析结果表明：缆道式多探头雷达波测流系统各指标符合《河流流量测验规范》（GB 50179—2015）的要求，满足二类精度站指标要求，可以为该水文站监测实现现代化提供有效技术支撑。

关键词：多探头雷达波；流量；比测率定；太平关（二）水文站

1　水文站概况

太平关（二）水文站设立于 1958 年 1 月 1 日，位于云南省临沧市云县晓街乡快乐村，地处东经 100°17′34. 4″，北纬 24°29′43. 8″，测站编码 90208400，1960 年 1 月下迁 400 m，为太平关站，1965 年 1 月上迁 1 000 m，为太平关（二）站，属国家重要基本水文站、二类精度站、省级水质监测站，是澜沧江一级支流罗闸河（顺甸河）下游的重要控制站，站址以上控制流域面积 2 910 km^2，河长 168. 2 km，距河口 27. 8 km，河道坡度 4. 7‰。太平关（二）水文站测验河段顺直，长度约为 300 m，上、下游 150 m 各有弯道控制，河床由砂砾石组成，冲淤频繁，该站断面形状为 U 形。左岸为沙壤土，右岸为人工支砌挡墙，较为稳固。断面下游矿厂沿左岸筑堤，造成断面骤然收缩形成卡口，6 月下旬开始，基本水尺断面收缩为 45 m 左右，低水受上下游采沙影响较大，全年水位流量关系变化频繁，形成 3 条带状。上游 3. 5 km 有茂兰河汇入。上游 12 km 处有晓街河加入，对该站本年水位流量关系影响不大；河床随时序变化为涨冲落淤。主泓低水期在起点距 38. 5 m 附近，中、高水期在起点距 41. 0 m 附近。流速变化汛期主要受洪水涨落影响，枯季主要受采沙活动影响，随时序变化规律不明显。

2　缆道式雷达波测流系统介绍

雷达流速传感器采用多普勒效应原理测量流体表面流速。当雷达发射的电磁波与接收体（探头和反射体）之间有相对运动时，回波的频率将有所变化，此种频率的变化称为频移，即多普勒效应。

基金项目：国家重点研发计划资助（2022YFB3206900）；国家重点研发计划项目（2023YFC3006700）；国家自然科学基金重大研究计划（92047203）。

作者简介：丁馨曾（1989—），男，工程师，主要从事水利自动化研究工作。

如图 1 所示，当雷达流速传感器与水体以相对速度 v 发生相对运动时，雷达流速传感器所收到的电磁波频率与雷达自身所发出的电磁波频率有所不同，此频率差称为多普勒频移。通过计算多普勒频移与 v 的关系，得到流体表面流速[1-5]。

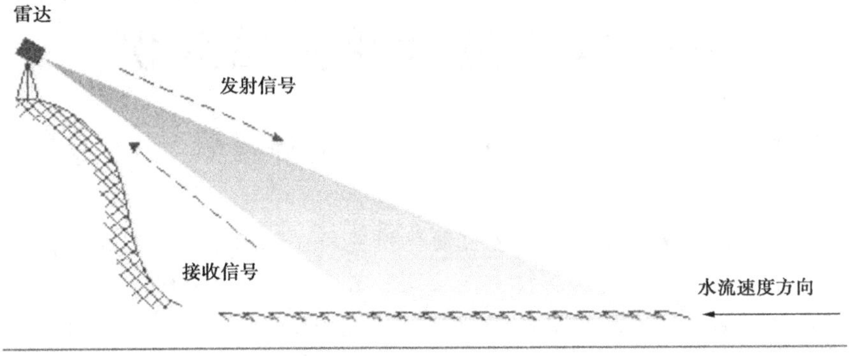

图 1　雷达阵列流速传感器测量示意

3　比测技术路线

3.1　流量计算模型

采用指标流速法，流量计算模型如下式：

$$v_m = f(v_I) \tag{1}$$

$$Q_{虚} = v_m A \tag{2}$$

式中：v_m 为断面平均流速，m/s；v_I 为指标流速，m/s，由各个雷达波探头流速采用一定方法计算得出；f 为断面平均流速和指标流速之间的函数关系；$Q_{虚}$ 为流量，m^3/s；A 为过水断面面积，m^2。

3.2　率定分析技术路线

根据式（1），率定分析的主要目标是确定 $Q_{推}$ 的计算方法及推求出 $Q_{虚}$ 和 $Q_{推}$ 之间的函数关系 f。

$Q_{推}$ 的确定需要对各雷达波探头的流速进行分析，最后确定的 $Q_{推}$ 必须具有较好的代表性，能够和 $Q_{虚}$ 建立最好的函数关系。

3.3　精度检验方法

参照《水文资料整编规范》（SL/T 247—2020），对率定分析出的关系曲线，实测点不少于 10 个的均应计算实测点对关系线的标准差、随机不确定度和系统误差，并进行关系曲线检验，包括符号检验、适线检验和偏离检验。

3.3.1　标准差、随机不确定度和系统误差

（1）实测点标准差可按下式计算：

$$S_e = \left[\frac{1}{n-2}\sum\left(\frac{Q_i - Q_{ci}}{Q_{ci}}\right)^2\right]^{\frac{1}{2}} \tag{3}$$

式中：S_e 为实测点标准差（%）；Q_i 为第 i 个实测点的流量（作为单值化处理的单一线中第 i 次校正流量或校正流量因素，无量纲），m^3/s；Q_{ci} 为第 i 实测点的流量 Q_i 相应的曲线上的流量（或作为单值化处理的单一线中第 i 次校正流量或校正流量因素相应的曲线上的校正流量或校正流量因素，无量纲），m^3/s；n 为实测点总数。

（2）随机不确定度可按下式计算：

$$X'_Q = 2S_e \tag{4}$$

式中：X'_Q 为置信水平为 95%的随机不确定度。

（3）实测点与关系线无明显系统偏离时，系统误差可采用实测点（或校正点）对关系线相对误差的平均值。

3.3.2　关系曲线检验

（1）进行符号检验时，应分别统计测点偏离曲线的正、负号个数（偏离值为零者，作为正、负号测点各半分配），按式（5）计算统计量 u 值并将其与用给定的显著性水平 α 查表 1 对应的 $u_{1-\alpha/2}$ 值比较。当计算的 $u<u_{1-\alpha/2}$ 时则认为合理，即接受假设；否则应拒绝原假设。

$$u=\frac{|k-np|-0.5*}{\sqrt{npq}}=\frac{|k-0.5n|-0.5}{0.5\sqrt{n}} \tag{5}$$

式中：u 为统计量；n 为测点总数；k 为正号或负号个数；p、q 为正、负号概率，各为 0.5；$*$ 为连续改正数（离散型转换为连续型）。

（2）进行适线检验时应按测点水位由低至高排列顺序，从第二点开始统计偏离正、负符号变换，变换符号记 1，否则记 0。统计记“1”的次数，按式（6）计算 u 值并与给定的显著性水平 α 查表 1 对应的 $u_{1-\alpha}$ 比较，当 $u<u_{1-\alpha}$ 时则认为合理，即接受检验；否则应拒绝原假设。

$$u=\frac{(n-1)p-k-0.5}{\sqrt{(n-1)pq}}=\frac{0.5(n-1)-k-0.5}{0.5\sqrt{n-1}} \tag{6}$$

式中：u 为统计量；n 为测点总数；k 为变换符号次数，$k<0.5(n-1)$ 时作检验，否则不作此检验；p、q 为变换、不变换符号的概率，各为 0.5。

（3）进行偏离数值检验时应按式（7）、式（8）分别计算 t 值、$S_{\bar{p}}$ 值，并将 t 值与用给定显著性水平 α 查表 2 对应的 $t_{1-\alpha/2}$ 值比较，当 $|t|<t_{1-\alpha/2}$ 时则认为合理，即接受检验；否则应拒绝原假设。

$$t=\frac{\bar{p}}{S_{\bar{p}}} \tag{7}$$

$$S_{\bar{p}}=\frac{s}{\sqrt{n}}=\sqrt{\sum(p_i-\bar{p})^2/[n(n-1)]} \tag{8}$$

式中：t 为统计量；$\bar{p}$ 为平均相对偏离值；$S_{\bar{p}}$ 为 $\bar{p}$ 的标准差；s 为 p 的标准差；n 为测点总数；p_i 为测点与关系曲线的相对偏离值。

当上述 3 种检验结果均接受原假设时，应认为定线正确；若 3 种检验（或其中一、二种检验）结果拒绝原假设，应分析原因，对原定线适当修改，重作检验。

（4）当上述 3 种检验结果均接受原假设时，认为定线正确；若 3 种检验（或其中一、二种检验）结果拒绝原假设，应分析原因，对原定线适当修改，重作检验。

（5）显著性水平 α 值的选用与临界值的确定要求：

①符号检验，α 值采用 0.25，临界值按表 1 确定。

②适线检验，α 值采用 0.05~0.10，临界值按表 1 确定。

③偏离数值检验，α 值采用 0.10~0.20，临界值按表 2 确定。

表 1　临界值 $u_{1-\alpha/2}$ 与 $u_{1-\alpha}$

显著性水平 α	0.05	0.10	0.25
置信水平 $1-\alpha$	0.95	0.90	0.75
$u_{1-\alpha/2}$	1.96	1.64	1.15
$u_{1-\alpha}$	1.64	1.28	—

表 2　临界值 $t_{1-\alpha/2}$

α	k							
	6	8	10	15	20	30	60	∞
0.05	2.45	2.31	2.23	2.13	2.09	2.04	2.00	1.96
0.10	1.94	1.86	1.81	1.75	1.73	1.70	1.67	1.65
0.20	1.44	1.40	1.37	1.34	1.33	1.31	1.30	1.28
0.30	1.13	1.11	1.09	1.07	1.06	1.06	1.05	1.04

注：表中 k 为自由度，对于偏离数值检验，取 $k=n-1$（n 为测点总数）；对于 t（学生氏）取 $k=n_1+n_2-2$（n_1、n_2 分别为第一、第二组测点总数）。

4 实测资料收集

人工流量测验方面，转子流速仪流量成果由太平关（二）水文站提供，以实测流量成果表形式呈现，包括测流起止时间、相应水位、流量、过水面积等数据。每次测流的同时还会测水深，用于计算水道断面面积[6]。

自动化在线流量测验方面，太平关（二）水文站雷达波在线测流系统数据，包括 3 个雷达探头的每 5 min 流速数据。去除异常数据并作时段平均后，得到缆道流速仪测流对应的数据。

2023 年 4 月 26 日至 2024 年 6 月 24 日比测期间，转子流速仪与三探头雷达波自动测流系统进行了同步流量比测，得到 33 次有效同步流量测验成果。

根据每个测次人工施测流量起止时间从数据库中读取相应时间三探头雷达波自动测流系统的流速数据平均值，得数据表格见表 3。

5 比测率定分析

5.1 稳定性分析

对雷达波测流系统 3 个探头的单元流速进行算术平均，作为雷达波测流系统的指标流速；将雷达波测流系统的指标流速乘以相应的实测断面面积，得到雷达波测流系统流量。图 2 为雷达波流量数据与转子流速仪流量过程线对比。

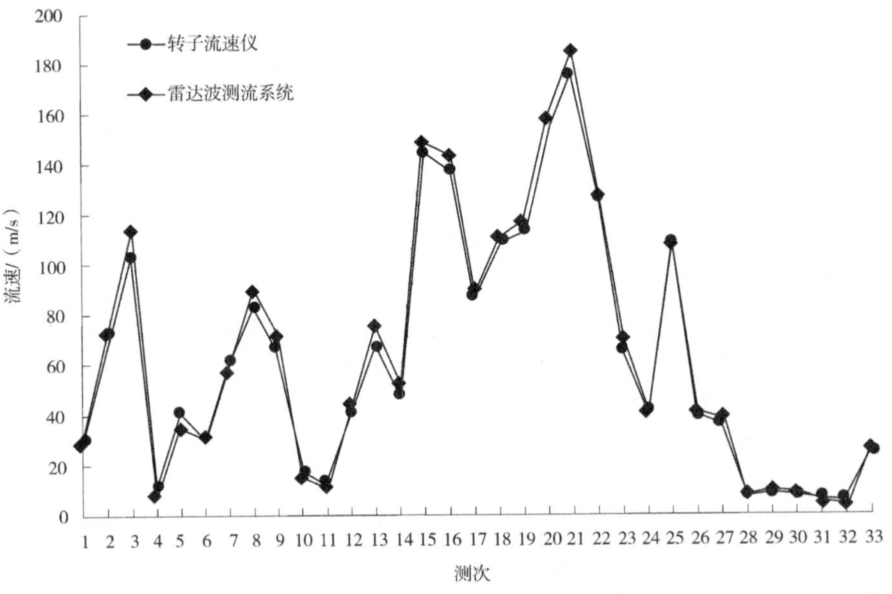

图 2 雷达波流量数据与转子流速仪流量过程线对比

由图 2 可知，总体上雷达波测流系统虚流量和缆道流速仪断面流量的趋势变化基本一致。

5.2 相关关系率定

对雷达波测流系统流量和转子流速仪流量建立相关关系，如图 3 所示。

由图 3 可知，两者之间相关性显著，相关系数 $R^2=0.996\ 9$。相关关系模型为一次方程：$Q_{推}=0.956Q_{虚}+0.902$，其中，$Q_{推}$ 为雷达波测流系统断面流量推算值，$Q_{虚}$ 为雷达波测流系统流量。

5.3 检验分析

采用一次方程 $Q_{推}=0.956Q_{虚}+0.902$ 计算各测次雷达波测流系统推算断面流量，与转子流速仪实测的断面流量进行精度检验分析，精度检验结果如表 4 所示。

表 3　太平关水文(二)站实测流量及相应雷达点流速数据

测次	平均时间（年-月-日 T 时:分）	人工实测水位/m	人工实测流量/(m^3/s)	人工实测面积/m^2	人工实测平均流速/(m/s)	雷达波水位/m	雷达波流速 1/(m/s)	雷达波流速 2/(m/s)	雷达波流速 3/(m/s)
1	2023-04-26T16:26	1012. 53	29. 4	27. 6	1. 07	1012. 60	0. 538	1. 039	1. 038
2	2023-06-08T10:22	1013. 35	71. 4	53. 4	1. 34	1013. 41	0. 776	1. 361	1. 356
3	2023-06-015T10:12	1013. 65	102	75. 4	1. 35	1013. 70	0. 925	1. 777	1. 779
4	2023-06-017T09:53	1011. 90	10. 1	10. 6	0. 95	1011. 98	0. 512	0. 925	0. 925
5	2023-06-23T16:30	1012. 78	40. 1	34. 6	1. 16	1012. 88	0. 629	1. 219	1. 219
6	2023-07-02T09:43	1012. 61	30. 5	27. 1	1. 13	1012. 71	0. 578	1. 154	1. 154
7	2023-07-06T09:18	1013. 24	60. 1	45. 5	1. 32	1013. 30	0. 777	1. 480	1. 479
8	2023-07-14T09:52	1013. 44	82. 5	56	1. 47	1013. 55	0. 845	1. 588	1. 590
9	2023-07-14T18:10	1013. 22	66. 5	48. 8	1. 36	1013. 32	0. 775	1. 463	1. 462
10	2023-07-21T12:07	1012. 19	17. 1	17. 9	0. 96	1012. 23	0. 518	0. 987	0. 987
11	2023-07-25T10:02	1011. 95	11. 1	13. 6	0. 82	1012. 02	0. 497	0. 956	0. 956
12	2023-08-03T16:45	1012. 87	40. 3	34. 2	1. 18	1012. 81	1. 175	1. 317	1. 317
13	2023-08-08T16:19	1013. 27	67. 4	50. 3	1. 34	1013. 21	1. 322	1. 572	1. 572
14	2023-08-16T17:36	1012. 93	47. 3	38. 9	1. 22	1012. 89	1. 214	1. 379	1. 379
15	2023-08-19T17:41	1014. 10	144	80. 4	1. 79	1013. 97	1. 654	1. 951	1. 951
16	2023-08-19T18:20	1014. 03	137	77. 7	1. 76	1013. 92	1. 609	1. 952	1. 952
17	2023-08-20T09:49	1013. 51	87. 4	58. 8	1. 49	1013. 43	1. 322	1. 614	1. 614

续表 3

测次	平均时间（年-月-日 T 时:分）	人工实测水位/m	人工实测流量/（m^3/s）	人工实测面积/m^2	人工实测平均流速/（m/s）	雷达波水位/m	雷达波流速 1/（m/s）	雷达波流速 2/（m/s）	雷达波流速 3/（m/s）
18	2023-08-28T16:44	1013.73	109	69.3	1.57	1013.65	1.434	1.668	1.667
19	2023-08-29T15:18	1013.82	113	71.2	1.59	1013.73	1.433	1.726	1.728
20	2023-08-30T12:56	1 014.16	154	87	1.77	1 014.03	1.650	1.887	1.890
21	2023-09-03T09:47	1 014.32	175	97.3	1.80	1 014.25	1.727	1.981	1.982
22	2023-09-05T10:20	1 013.92	126	79.5	1.58	1 013.90	1.465	1.651	1.652
23	2023-09-16T17:51	1 013.24	65.1	59.4	1.10	1 013.21	1.116	1.224	1.224
24	2023-09-30T09:26	1 012.86	40.3	37.2	1.08	1 012.82	1.029	1.128	1.128
25	2023-10-08T09:24	1 013.80	108	70.9	1.52	1 013.75	1.355	1.592	1.592
26	2023-10-22T16:37	1 012.87	40	36.8	1.09	1 012.83	1.056	1.153	1.153
27	2023-10-31T16:03	1 012.81	36.7	35.9	1.02	1 012.77	1.010	1.094	1.094
28	2024-03-25T12:46	1 011.79	7.58	11.4	0.66	1 011.82	0.817	0.677	0.679
29	2024-03-31T13:09	1 011.88	9.05	13.4	0.68	1 011.92	0.901	0.742	0.739
30	2024-04-11T11:13	1 011.82	8.49	12	0.71	1 011.85	0.844	0.679	0.678
31	2024-04-25T15:14	1 011.69	5.65	10.4	0.54	1 011.75	0.983	0.002	0.002
32	2024-05-14T13:52	1 011.62	5.1	8.17	0.62	1 011.62	0.901	0.002	0.002
33	2024-06-24T15:21	1 012.45	25.4	29.5	0.86	1 012.45	1.066	0.888	0.888

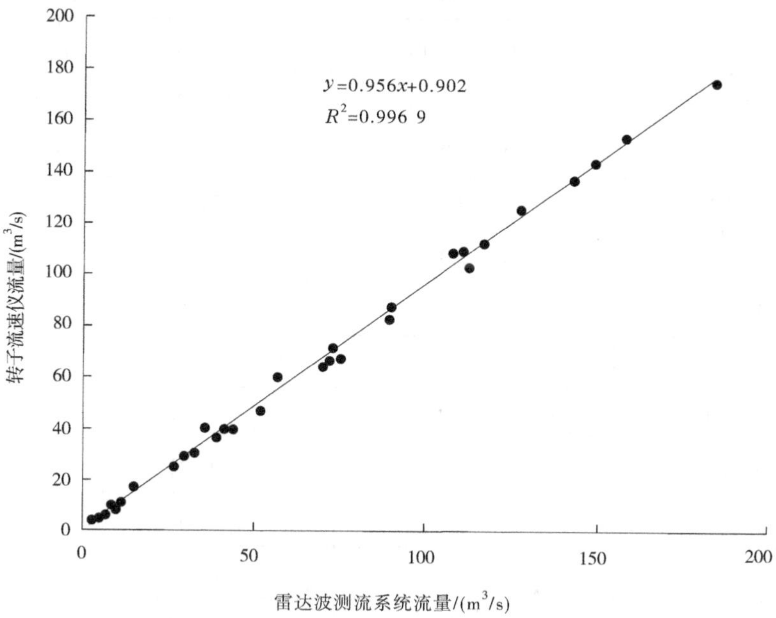

图 3　雷达波流量数据与转子流速仪数据的率定关系模型

表 4　推算流量和实测流量关系曲线检验

测次	相应水位/m	实测流量/（m^3/s）	线上流量/（m^3/s）	偏差 P/%
1	1 012.53	29.40	28.19	4.10
2	1 013.35	71.40	70.23	1.64
3	1 013.65	102.00	108.79	-6.66
4	1 011.9	10.10	8.90	11.84
5	1 012.78	40.10	34.69	13.50
6	1 012.61	30.50	30.68	-0.59
7	1 013.24	60.10	55.11	8.31
8	1 013.44	82.50	86.10	-4.37
9	1 013.22	66.50	69.29	-4.20
10	1 012.19	17.10	15.05	12.00
11	1 011.95	11.10	11.29	-1.74
12	1 012.87	40.30	42.36	-5.10
13	1 013.27	67.40	72.49	-7.54
14	1 012.93	47.30	49.98	-5.66
15	1 014.10	144.00	143.33	0.46
16	1 014.03	137.00	137.65	-0.48
17	1 013.51	87.40	85.95	1.66
18	1 013.73	109.00	106.41	2.37

续表 4

测次	相应水位/m	实测流量/（m^3/s）	线上流量/（m^3/s）	偏差 P/%
19	1 013.82	113.00	111.58	1.26
20	1 014.16	154.00	151.37	1.71
21	1 014.32	175.00	177.19	-1.25
22	1 013.92	126.00	122.07	3.12
23	1 013.24	65.10	68.12	-4.63
24	1 012.86	40.30	39.96	0.83
25	1 013.80	108.00	103.67	4.01
26	1 012.87	40.00	40.22	-0.54
27	1 012.81	36.70	37.57	-2.37
28	1 011.79	7.58	8.34	-9.96
29	1 011.88	9.05	10.34	-14.28
30	1 011.82	8.49	9.29	-9.41
31	1 011.69	5.65	5.83	-3.16
32	1 011.62	5.10	4.45	12.70
33	1 012.45	25.40	25.97	-2.26
样本容量：N=33	正号个数：15		符号交换次数：17	
符号检验：u=0.348 2	允许：1.15（显著性水平 α=0.25）		合格	
适线检验：u	允许：1.64（显著性水平 α=0.05）		不需检验 K=17>0.5(n-1)	
偏离数值检验：$|t|$=0.245 5	允许：1.70（显著性水平 α=0.10）		合格	
标准差：S_e（%）=6.950 3	随机不确定度（%）：13.900 6		系统误差（%）：0.292 1	

5.4 精度评价

太平关（二）水文站为流量二类精度站，根据《水文资料整编规范》（SL 247—2020）3.3.2-1[7]，二类精度的水文站采用单一曲线法定线时定线精度指标为：系统误差±1%，不确定度 10%；由于雷达波测流系统测量表面流速方法类似水面浮标法测流，根据《水文资料整编规范》（SL 247—2020）3.3.2-2 的规定采用水面浮标法测流定线随机不确定度可增大 2%~4%；最后确定太平关（二）水文站测流定线随机不确定度为 12%~14%。

由表 4 可知，采用一元二次方程计算出的雷达波测流系统断面流量，与转子流速仪实测算出的断面流量进行关系曲线检验，结果显示：符号检验、偏离数值检验均合格，适线检验不需检验，系统误差为 0.292 1%<1%，随机不确定度为 13.900 6%<14%，定线满足二类精度站指标要求。

6 结论及建议

6.1 结论

对太平关（二）水文站的固定式三探头雷达波测流系统进行比测分析，对雷达波测流系统 3 个探头的单元流速进行算术平均，作为雷达波测流系统的指标流速；将雷达波测流系统的指标流速乘以相应的实测断面面积，得到雷达波测流系统流量。对雷达波测流系统流量和转子流速仪流量建立相关关系，相关关系模型为一次方程 $Q_{推}=0.956Q_{虚}+0.902$，相关系数 $R^2=0.996\,9$。符号检验、偏离数值检验均合格，适线检验不需检验，系统误差为 0.292 1%<1%，随机不确定度为 13.900 6%<14%，定线满足二类精度站指标要求。

6.2 建议

（1）根据测验精度与要求，比测测次应控制高、中、低各级水位，率定出不同水位级流速系数并加以验证，建议太平关（二）水文站雷达波测流系统继续开展资料收集与比测率定工作，为侧扫雷达在云南的推广应用提供可靠的技术支撑。

（2）在异常流速数据过滤算法方面进行进一步研究，有效过滤无效流速数据，提高流量计算的鲁棒性。

参考文献

[1] 郁婷，杨溯，邹巍，等．RQ30D 多传感器在线测流系统在高原地区的应用［J］．江苏水利，2020（6）：32-35.

[2] 杨建东，方金鑫，姜敏．雷达波实时在线测流系统在丽江市的应用［J］．水利信息化，2017（2）：50-53.

[3] 李世勤，骆曼娜，王江燕，等．一种突发山洪非接触式实时流量监测技术［J］．江西水利科技，2015，41（2）：132-137.

[4] 刘运珊，简正美．固定式雷达波在线流量监测系统在水文中的应用［J］．水资源开发与管理，2020（12）：71-75.

[5] 孙亚文．非接触式雷达测速系统在线流量比测率定分析［J］．云南水力发电，2023，39（10）：301-305.

[6] 解传奇，张艺，苟武．非接触式雷达波测流与传统测流比较分析［J］．水利水电快报，2019，40（9）：26-28.

[7] 中华人民共和国水利部．水文资料整编规范：SL 247—2020［S］．北京：中国水利水电出版社，2012.

西江流域河流生态流量计算及保障程度分析

贾文豪[1,2]　王　森[1,2]　梁松林[3]　刘　夏[2]

（1. 水利部珠江河口治理与保护重点实验室，广东广州　510611；
2. 珠江水利委员会珠江水利科学研究院，广东广州　510611；
3. 河海大学水文水资源学院，江苏南京　210098）

摘　要： 生态流量是流域生态环境保护的重要抓手，是保障社会经济可持续发展的重要参考依据。本文基于西江干支流6个控制站点近68年逐日流量数据，采用多种水文学方法计算最小生态流量与适宜生态流量，并统计分析干扰前后不同站点生态流量保障程度的变化。结果表明：不同水文学法计算所得生态流量差异明显；干扰后的生态流量保障程度在大部分站点上得到了显著提升，其中以天生桥站的提升最为明显；整体来看，随着珠江流域水利工程体系的日益完善、“四预”水平的显著提升以及流域统一调度的统筹推进，生态流量的保障呈现出整体向好的趋势。

关键词： 西江流域；最小生态流量；适宜生态流量；保障程度

河流不仅为人类社会经济发展提供关键水资源，还在维持生态系统的物质循环、能量流动以及保护生物多样性等方面发挥着重要作用。随着气候变化影响的加剧及水资源开发利用规模的扩大，河流的天然水文情势发生改变，影响河流生态系统功能的发挥。科学量化河流生态流量对实现社会经济与生态环境的协调发展、推动水资源合理开发利用具有重要意义[1]。

研究中常用的河流生态保护的目标包括：满足下游栖息地中特定物种生存所需的最小流量需求、最小化流量改变的程度以保持物种种群结构和河流生态系统的稳定性等[2]。与之相应，学者们提出了最小生态流量与适宜生态流量[3]，前者可视为生态流量的下边界，用于表征维持河流基本生态功能的最低水量，后者则通过模拟天然的水文情势，对应于确保河流的长久健康与多样性的水量。全球有200多种生态流量计算方法，大致可分为水文学法、水力学法、栖息地模拟法和整体法4类[4]。其中，水文学法主要采用长系列流量资料进行估算，操作简单，应用广泛。为避免阈值设置主观性、方法适用性等问题，学者们通常采用多种水文学法综合对比确定生态流量[5]，常用方法包括Tennant法、$7Q_{10}$法、RVA法等。

西江为珠江主干流，水产资源丰富，是我国鱼类多样性最丰富的地区之一，分布有多个国家级水产种质资源保护区。学者们针对西江梧州[6]、大湟江口[7]等控制断面的生态流量进行了分析，但目前研究多聚焦在干流某一具体站点或特定河段，缺少流域上下游、干支流生态流量的系统评估。此外，目前随着龙滩、大藤峡等重大水网工程建设以及流域统一调度的持续推进，河流水文情势发生显著变化，目前尚不明晰流域生态流量的总体保障程度的变化。为此，本文以西江天生桥、天峨、迁江、柳州、贵港、梧州6个控制站点近68年逐日流量数据，采用Mann-Kendall、滑动t检验法识别突变点，并在此基础上运用Tennant、RVA等多种水文学法计算最小生态流量，运用逐月频率法[8]计算适宜生态流量，并统计分析突变前后系列生态流量保障程度的变化，以期为西江流域水资源综合

基金项目： 广东省省级科技计划项目（2018B030320002）；国家重点研发计划项目（2021YFC3001000）；水利技术示范项目（SF-202305）；国家留学基金资助项目。

作者简介： 贾文豪（1994—），男，博士，研究方向为气候变化、水库调度等。

通信作者： 王森（1986—），男，高级工程师，主要从事水文水资源、水利工程、水利规划与设计等工作。

利用和生态保护提供参考依据。

1 研究区概况及数据资料

1.1 研究区概况

西江为珠江流域的主流，全长 2 075 km，自西向东流经云南、贵州、广西和广东 4 省（区）。西江流域集水面积 35.31 万 km^2，水量充沛但年内分布极为不均，丰水期（4—9 月）径流量占年径流总量的近 80%，地势呈西北高、东南低，水力资源丰富，水运交通发达。近年来，随着天生桥一级、龙滩、百色、大藤峡等骨干水库工程的建成，以及“四预”能力建设与统一调度的推进，流域水资源开发利用水平进一步提升。此外，为维系河流生态功能，流域组织实施了多次西江干流鱼类生态敏感期水量调度，取得良好效果。

1.2 数据资料

数据包括西江干流天生桥站、天峨站、迁江站、梧州站，支流柳江的柳州站和支流郁江的贵港站 1956—2023 年逐日径流资料。数据来源于相关水文年鉴及实测统计，数据质量可靠。

2 研究方法

2.1 突变点识别

采用 Mann-Kendall 和滑动 t 平均法进行突变检验，方法见参考文献［9］。

2.2 生态流量计算

Tennant 法、NGPRP 法、Texas 法、$7Q_{10}$ 法与 RVA 法见参考文献［8］。其中 Tennant 法在计算最小生态流量时汛期流量占比为 10%，枯水期流量占比为 30%；逐月频率法将一年的每个月的保证率都取为 50%。

3 结果与分析

3.1 径流突变点识别

Mann-Kendall 法与滑动 t 检验法检测结果显示天峨、梧州等径流量序列的突变均发生在 2002 年附近。龙滩水库（188 亿 m^3）、百色水库（56.6 亿 m^3）均于 2001 年开工建设，与流域径流突变的时间点一致。因此，以 2002 年为分界点，将序列划分为干扰前（1956—2002 年）与干扰后（2003—2023 年）两部分，并采用干扰前的系列计算生态流量。

3.2 生态流量计算

最小生态流量与适宜生态流量的计算结果如图 1 所示。对比不同计算方法可知，由于珠江流域径流年际分配极为不均，不同方法的计算结果差异显著，其中 Tennant 法所得结果在汛期较其他方法明显偏低，Texas 法在 10 月、11 月计算结果在所有方法中最低，参考已有针对梧州站的研究成果[9]，两者均会严重低估最小生态流量。RVA 法与最小月均流量法所得结果相似，而 $7Q_{10}$ 法计算得到的最小生态流量明显高于其他方法，NGPRP 法的结果则介于 $7Q_{10}$ 法与最小月均流量法之间。从适宜生态流量计算结果来看，逐月频率法计算结果与多年平均径流贴合。

对比不同站点计算结果可知，干流 4 个站点自上而下生态流量逐渐增加，表明该流域具有明显的季节性和空间累积效应。天生桥站流量较小且稳定，而天峨、迁江、梧州等站点流量逐步增加，支流汇入使流量大幅增加且波动剧烈。适宜生态流量与最小生态流量的差异从上游至下游逐渐增大。支流柳江、郁江生态流量峰值出现的时间与干流生态流量峰值出现时间有所偏差。

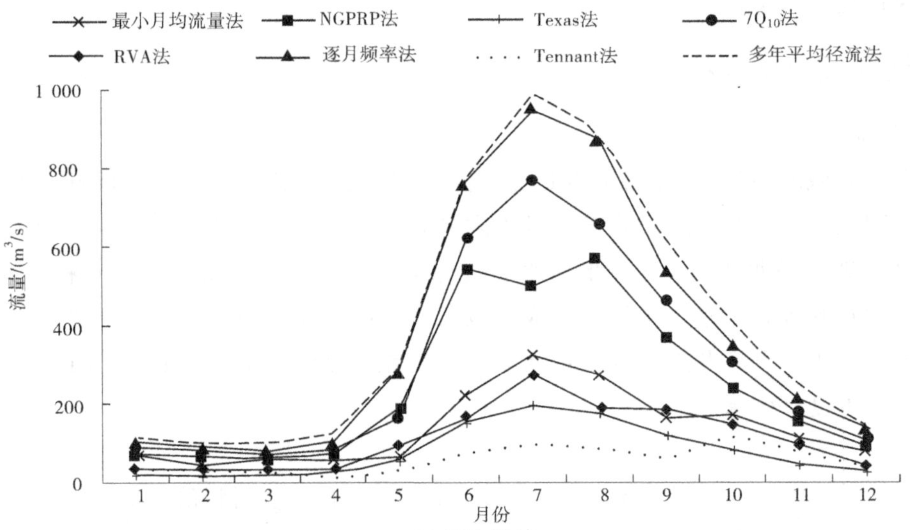

(a)天生桥站

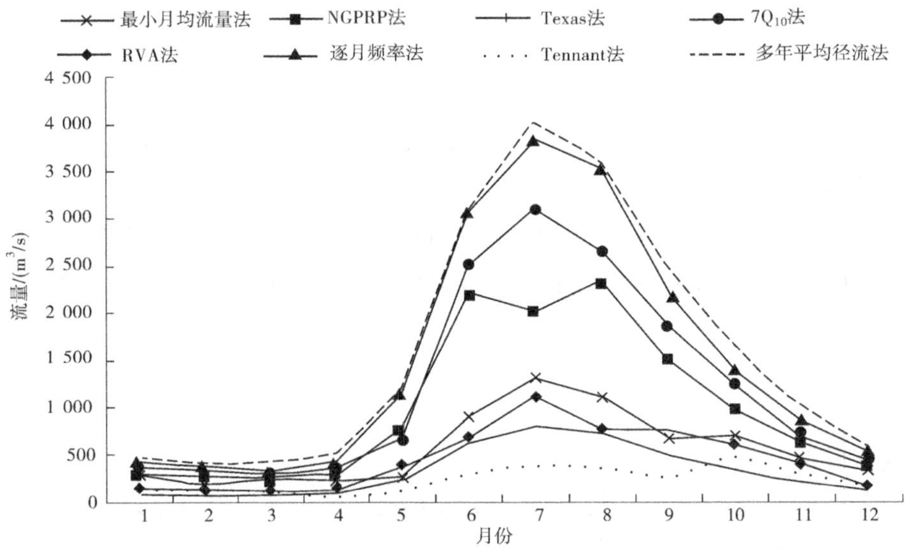

(b)天峨站

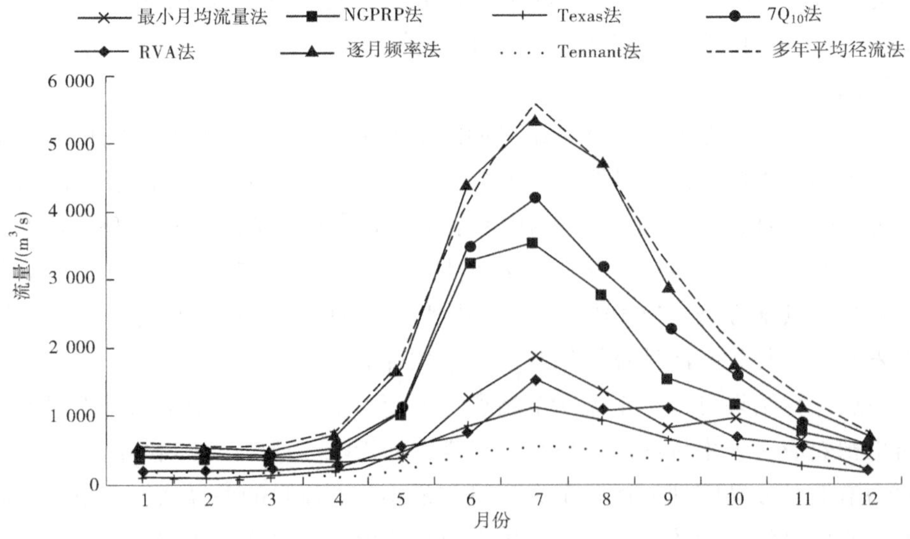

(c)迁江站

图 1　西江流域控制断面生态流量计算结果

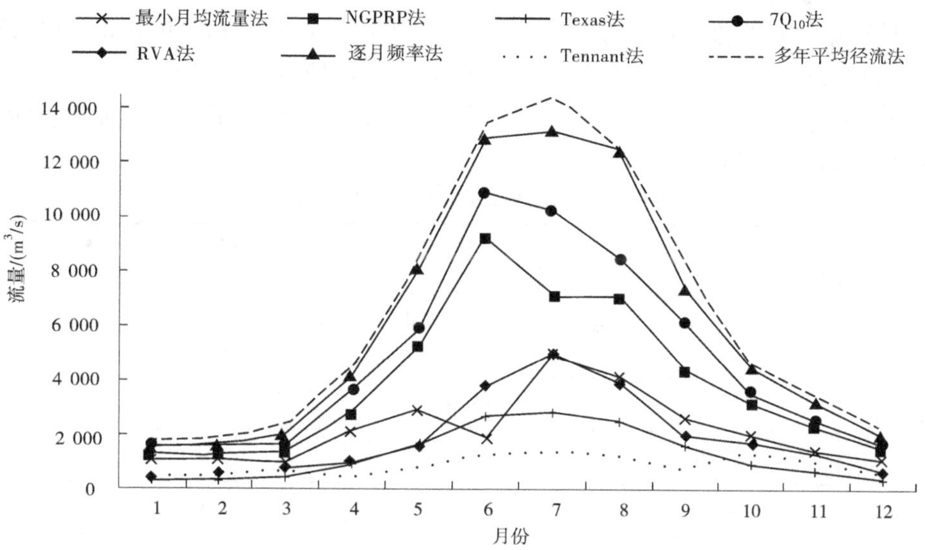

(d)梧州站

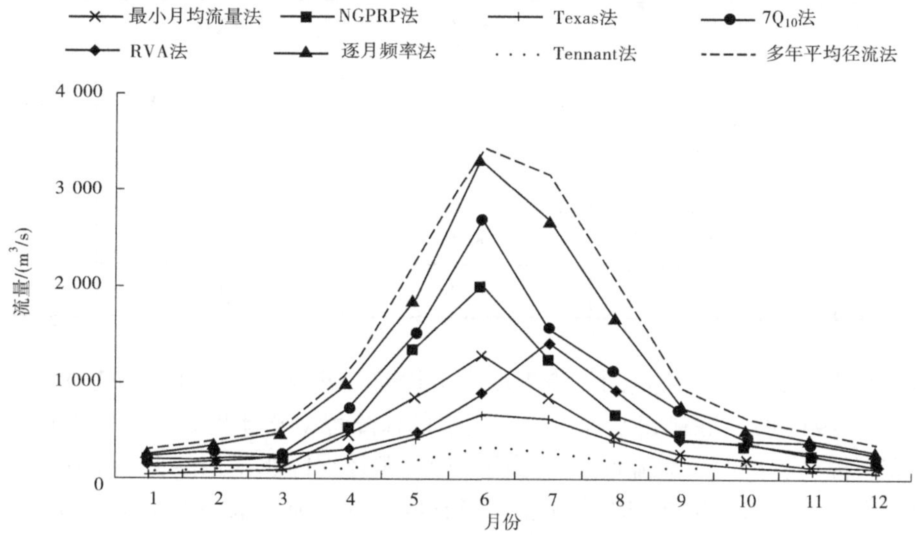

(e)柳州站

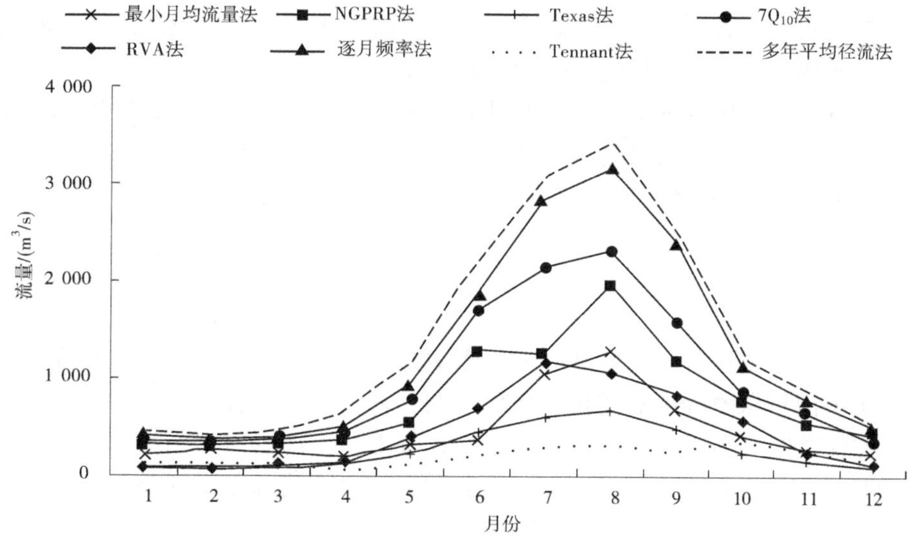

(f)贵港站

续图 1

3.3 生态流量保障程度分析

以 RVA 法计算结果作为推荐的最小生态流量，并参照国家发展和改革委员会与水利部联合批复的《西江流域水量分配方案》中各断面确定的最小下泄流量控制指标进行修正，即当计算得到的生态流量小于控制指标时，以控制指标为准。以逐月频率法计算结果为适宜生态流量，统计干扰前后生态流量保障程度的变化，结果如表 1 所示。

表 1　生态流量保障程度干扰前后对比

生态流量	站点	干扰前/%	干扰后/%	差值/%
最小生态流量保障程度	天生桥	80.7	94.0	13.3
	天峨	80.8	88.1	7.3
	迁江	85.9	92.1	6.2
	梧州	83.2	90.9	7.7
	柳州	91.3	85.3	-6
	贵港	84.6	85.7	1.1
适宜生态流量保障程度	天生桥	50.0	67.5	17.5
	天峨	47.8	52.8	5
	迁江	49.1	50.4	1.3
	梧州	44.6	44.8	0.2
	柳州	50.0	46.0	-4
	贵港	49.8	50.0	0.2

表 1 的结果表明，最小生态流量的保障程度在干扰前各站点的保障水平介于 80.7%~91.3%，干扰后则介于 85.3%~94.0%，除柳州站外，生态流量的保障程度整体提升明显。而适宜生态流量的保障程度虽然也有所提升，但由于对流量要求更高，因此整体保障水平依然低于最小生态流量。从不同站点来看，西江干流上以天生桥站的生态流量保障程度最为明显，最小生态流量与适宜生态流量保障程度的提升幅度分别高达 13.3%与 17.5%，天峨站次之，提升幅度均在 5%以上，而迁江站与梧州站的最小生态流量提升较为显著，而适宜生态流量保障程度变化不大；支流郁江的贵港站生态流量保障程度变化不显著，而柳州站生态流量的保障程度有所降低。

整体来看，随着珠江流域水利工程体系的日益完善、“四预”水平的显著提升以及流域统一调度的统筹推进，生态流量的保障呈现出整体向好的趋势。这一系列措施有效促进了流域水资源的合理配置，显著提升了生态流量的保障水平，特别是在控制站点的最小生态流量保障方面，取得了明显成效。

4 结论

在已有针对某一断面或河段研究的基础上，本文开展了西江上下游、干支流的生态流量计算，并对比了不同时期生态流量保障程度的变化。结果表明，西江流域径流在 2002 年发生突变；不同水文学法计算所得生态流量差异显著，且 Tennant 法与 Texas 法计算结果偏低，严重低估了西江流域的生态流量需求；2002 年以来，除柳州站外，西江各控制站点的生态流量的保障程度整体提升明显。

参考文献

[1] 武连洲，白涛，黄强．基于RVA阈值区间集成的河道内生态需水计算与应用［J］．水资源保护，2022，38（6）：168-174.

[2] Liu Y，Zhao J，Zheng H. Piecewise-linear hedging rules for reservoir operation with economic and ecologic objectives［J］. Water，2018，10（7）：865.

[3] 黄宇云，杨卓媛，余飞，等．三峡工程运行后荆江河段适宜生态流量研究［J/OL］．湖泊科学，1-12［2024-10-18］.

[4] 陈雪，徐富刚，李琴，等．基于水情变化的河流生态流量阈值及多时间尺度保障率计算［J］．水资源保护，2024，40（4）：128-136，156.

[5] 葛金金，彭文启，张汶海，等．确定河道内适宜生态流量的几种水文学方法：以沙颍河周口段为例［J］．南水北调与水利科技，2019，17（2）：75-80.

[6] 马兴华，解河海，查大伟．西江梧州断面生态流量研究［J］．人民珠江，2013，34（S1）：47-49.

[7] 苏恒，徐宗学，李鹏，等．基于多种水文学法的生态基流计算：以西江大湟江口河段为例［J］．北京师范大学学报（自然科学版），2022，58（2）：269-276.

[8] 李捷，夏自强，马广慧，等．河流生态径流计算的逐月频率计算法［J］．生态学报，2007（7）：2916-2921.

[9] 鲍振鑫，张建云，王国庆，等．不同水文序列突变检测方法在漳河观台站径流分析中的对比研究［J］．中国农村水利水电，2020（5）：47-52.

青弋江及水阳江流域重要控制断面生态流量目标确定与保障研究

王　栋[1]　黄华平[2]　邓鹏鑫[1]　李　威[1]

（1. 长江水利委员会水文局，湖北武汉　430010；
2. 中水珠江规划勘测设计有限公司，广东广州　510610）

摘　要： 河湖生态流量保障是加强流域水资源开发利用管控、维系河湖健康的基本要求。采用 Tennant 法、Q_P 法、近 10 年最枯月平均流量（水位）法，结合已有批复成果，复核确定青弋江及水阳江流域重要控制断面生态流量（水位）目标，并利用 2011—2020 年实测日、月均流量（水位）资料，分析各控制断面日、月生态流量（水位）满足程度。在此基础上，从生态流量调度、生态流量监测、生态流量预警和生态流量监管方面提出了青弋江及水阳江流域生态流量保障措施，为流域生态流量管理和最严格水资源管理考核制度落实提供依据。

关键词： 青弋江及水阳江；生态流量；满足程度；生态流量保障

河湖生态流量是指为了维系河流、湖泊、沼泽等水生态系统的结构和功能，需要保留的在河流、湖泊、沼泽内符合水质要求的流量（水量、水位、水深）及其过程[1]。近年来，社会经济飞速发展带来了生产生活用水量不断升高，进而挤占河湖生态用水，用水矛盾突出，出现河道断流、湖泊萎缩、生物多样性受损及生态功能减弱等严峻问题[2]。因此，合理确定河湖生态流量目标，保障河湖生态流量是在满足生产生活需水的同时保障河湖生态用水需求、维系河湖健康的重要举措，与我国水安全保障及生态文明建设息息相关。

目前，河湖生态流量保障研究是学者研究的热点问题。李斐等[3] 以汉江干流为研究对象，研究汉江干流生态流量保障措施。徐长江等[4] 以汉江中下游为例，在确定基本生态流量的基础上，研究生态流量目标分期控制方法，提出断面生态流量的月度管控阈值及监管建议。郭文献等[5] 以乌江为研究对象，确定流域汛期和非汛期的最小生态流量和适宜生态流量，并评估了生态流量保障度。黄梦楠[6] 结合水阳江主要断面结合生态流量目标，提出了工程和非工程保障措施。郑舒雯[7] 制定了广西西江干流生态流量目标，并提出生态流量保障方案。钱龙娇[8] 确定了塘西河生态流量保障目标，并提出塘西河生态流量保障管理措施。卜旭旭[9] 确定了洮河碌曲断面生态流量，并提出洮河上游生态流量保障措施。

青弋江、水阳江是长江下游的重要支流，随着流域内水利工程的建设运行和社会经济的快速发展，流域水资源开发利用对生态流量保障的影响日益凸显。本文以青弋江及水阳江重要典型控制断面为研究对象，梳理各控制断面生态流量（水位）已有批复成果，采用 Tennant 法、Q_P 法、近 10 年最枯月平均流量（水位）法复核确定生态流量（水位）目标成果，并进行满足程度分析，在此基础上，提出青弋江及水阳江流域生态流量保障管理措施，为流域生态流量管理及落实最严格水资源管理制度提供支撑。

基金项目： 国家重点研发计划项目（2023YFC3206001）。

作者简介： 王栋（1986—），男，高级工程师，主要从事水文水资源方面研究工作。

1 资料与方法

1.1 研究区概况

青弋江、水阳江分别发源于黄山山脉和天目山山脉的北麓，于当涂、芜湖汇入长江。流域西北部滨临长江，东北部以茅山山脉与太湖流域为界；北与秦淮河接壤；东南、南、西南三面以黄山、天目山及九华山为分水岭，分别与新安江、秋浦河等为邻。青弋江及水阳江流域面积 1.77 万 km^2，其中青弋江流域面积 7 197 km^2，干流长 233 km；水阳江流域面积 10 385 km^2，干流长 273 km。青弋江、水阳江自进入中下游以后，比降平缓，水系发育，河道交织。

青弋江及水阳江流域属中亚热带湿润季风气候区，气候温和，雨量丰沛，季风明显。流域多年平均气温 15.8 ℃，多年平均降水量 1 300~1 600 mm，降水年际年内分配不均，3—8 月降水量占全年的 70%以上。径流主要以降水补给为主，径流的时空变化规律与降水基本一致，多年平均径流深 720 mm 左右，从上游至中下游呈递减趋势。

1.2 数据来源

根据青弋江及水阳江流域生态流量保障需求，从流域水文站网、河流水系及水利工程分布，结合现有生态流量考核断面，选取青弋江陈村，水阳江港口湾、宣城、新河庄共 4 个典型控制断面为研究对象。本文收集了各断面附近水文站 2011—2020 年逐日平均流量系列、新河庄站 1964—2020 年逐日平均水位系列，数据来源于长江流域水文年鉴；收集了各站天然逐月径流系列，数据来源于安徽省第三次全国水资源调查评价成果，时间序列为 1956—2016 年，其中新河庄站天然逐月径流系列由实测流量资料考虑上游水库的调蓄影响进行还原计算，时间序列为 1971—2016 年。研究区水文站网与控制断面分布情况见图 1。

1.3 研究方法

确定河湖生态流量目标是河湖生态流量管理的前提。河湖生态流量计算方法主要包括水文学法、水力学法、整体法以及栖息地模拟法，其中水文学法是通过河湖流量（水位）等水文资料确定河湖生态流量目标，在生态流量计算中应用较为广泛。水文学法中常用的有 Tennant 法、频率曲线法、Q_P 法、近 10 年最枯月平均流量（水位）法等[10-12]。考虑到各水文站径流系列较长，且在复核确定生态流量目标时应至少采用两种方法分析比较计算结果。本次选用 Tennant 法、Q_P 法、近 10 年最枯月平均流量（水位）法计算各控制断面的生态流量（水位），结合生态流量（水位）已有批复成果，复核确定各控制断面生态流量（水位）目标。

Tennant 法，即蒙大拿法，是依据观测资料建立的流量和河流生态状况之间的经验关系，采用历史天然流量资料，确定年内不同时段的生态流量的方法。该方法为经验公式，使用简单、方便，通过将多年平均天然流量的百分比作为断面生态流量，本次取多年平均天然流量的 10%作为控制断面生态流量。

Q_P 法，即不同频率最枯月平均值法，采用逐年最枯天然月平均流量（水位）进行经验排频，选择不同频率下的最枯天然月平均流量（水位）作为控制断面生态流量（水位），其中流量（水位）资料系列至少在 30 年以上。频率 P 由流域内水资源开发利用程度、规模、来水情况等确定，一般取 90%或 95%，本次取 90%。

近 10 年最枯月平均流量（水位）法，采用近 10 年最枯月平均流量（水位），即 10 年中的最小值，作为控制断面生态流量（水位）。

生态流量（水位）的满足程度分析是为了评价生态流量（水位）的保证率及目标的可达性。本次根据各站 2011—2020 年实测逐日（月）平均流量（水位）系列，按日（月）统计评价期内日（月）平均流量大于生态流量目标值的日（月）数与评价期总日（月）数的比值，即为各控制断面生态流量（水位）日（月）满足程度。比值越大，表明评价期内河湖生态流量（水位）越能得到保障。计算公式如下：

$$p = \frac{m}{N} \times 100\% \tag{1}$$

式中：p 为断面生态流量（水位）日（月）满足程度；N 为评价期内总日（月）数；m 为评价期内断面日（月）平均流量（水位）大于生态流量（水位）目标值的日（月）数。

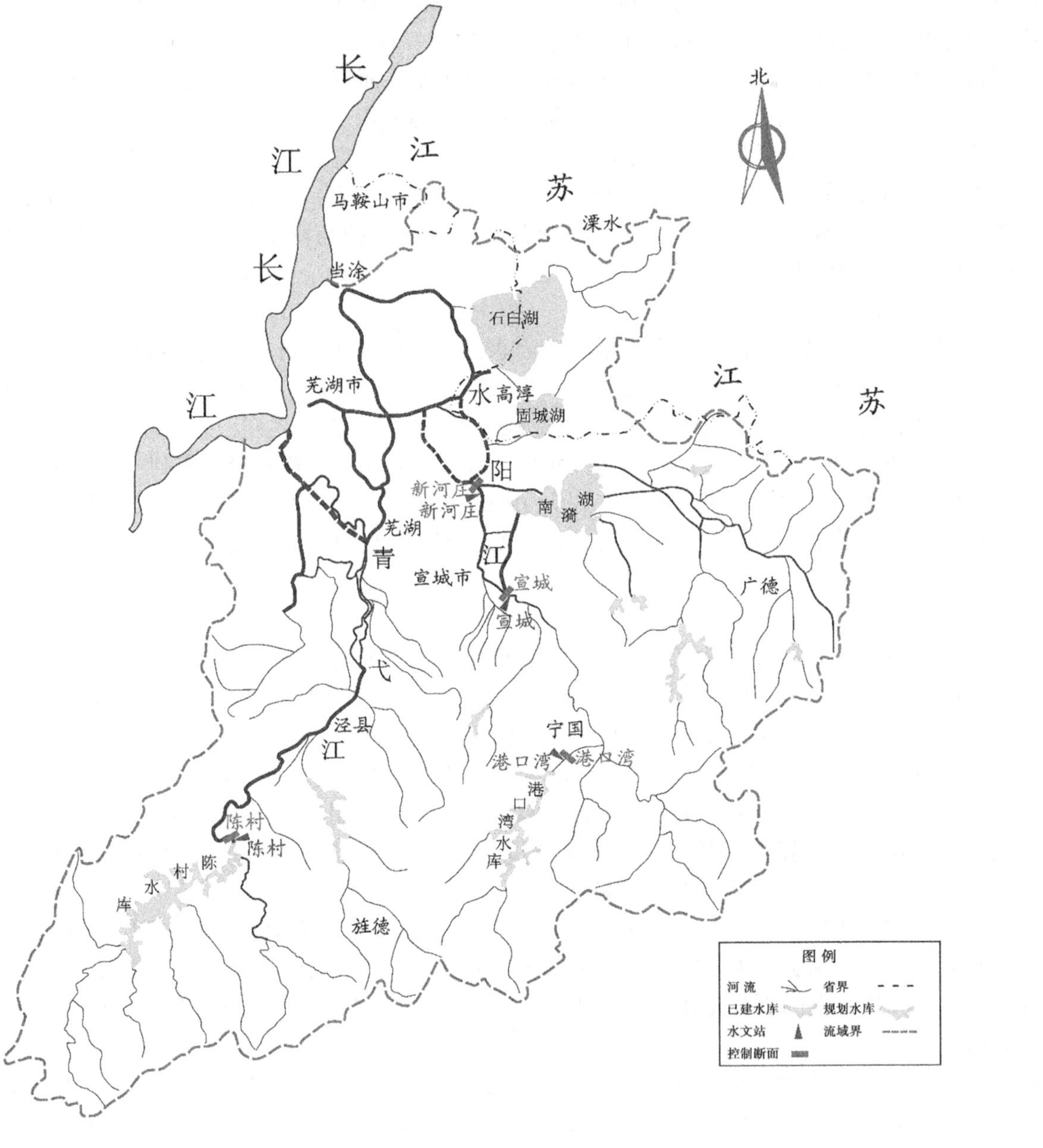

图 1 研究区水文站网与控制断面分布情况

2 生态流量目标及满足程度分析

2.1 生态流量目标确定

根据青弋江及水阳江流域水文气象特性，结合各断面长系列水文资料，采用上述 Tennant 法、Q_P 法，计算青弋江陈村断面，水阳江港口湾、宣城、新河庄 4 个断面生态流量；考虑到新河庄断面会受到长江干流顶托影响，河流流向复杂，本次采用 Q_P 法、近 10 年最枯月平均水位法，计算水阳江新河庄断面生态水位；将本次计算结果与已批复的河湖生态流量（水位）保障目标成果相协调，复核确定青弋江及水阳江流域重要控制断面生态流量（水位）目标，成果见表 1。对于新河庄断面，采用生态流量或生态水位进行考核，两者之一达标即满足河湖生态流量保障要求。

由表 1 可知，经复核计算，确定青弋江陈村断面，水阳江港口湾、宣城、新河庄 4 个断面生态流量分别为 9.09 m^3/s、3.00 m^3/s、8.03 m^3/s、16.4 m^3/s，占多年平均流量的 9.40%~10.4%，其中以水阳江新河庄断面生态流量占多年平均流量比例最高，为 10.4%；水阳江港口湾断面生态流量占多年平均流量比例最低，为 9.40%。复核计算后确定水阳江新河庄断面生态水位为 5.48 m。

表 1　控制断面生态流量（水位）目标

河流	控制断面	水文站	多年平均流量/（m^3/s）	Tennant 法/m	Q_P 法/m	近 10 年最枯月法/m	已有批复成果/m	生态流量目标/m	备注
青弋江	陈村	陈村水库	94.0	9.40	5.94	—	9.09	9.09	生态流量
水阳江	港口湾	港口湾	31.9	3.19	0.948	—	3.00	3.00	生态流量
水阳江	宣城	宣城	81.2	8.12	2.86	—	8.03	8.03	生态流量
水阳江	新河庄	新河庄	158	15.8	16.4	—	16.4	16.4	生态流量
水阳江	新河庄	新河庄	—	—	5.48	4.50	5.48	5.48	生态水位

2.2　满足程度分析

为更好地反映流域水资源开发利用现状，选择近 10 年（2011—2020 年）各站实测日（月）平均流量（水位）资料，评价青弋江陈村断面，水阳江港口湾、宣城、新河庄 4 个断面生态流量（水位）目标的日、月满足程度。结合青弋江及水阳江流域水资源条件、工程调控能力、生态保护重要性等因素，确定青弋江、水阳江典型控制断面生态流量（水位）目标的设计保证率不低于 90%。经计算，各控制断面生态流量（水位）目标近期日、月满足程度，结果见表 2。

表 2　控制断面生态流量（水位）目标满足程度

河流	控制断面	水文站	生态流量目标/（m^3/s）	生态水位目标/m	日满足程度/%	月满足程度/%	系列
青弋江	陈村	陈村水库	9.09	—	92.0	99.2	2011—2020 年
水阳江	港口湾	港口湾	3.00	—	65.0	91.7	2011—2020 年
水阳江	宣城	宣城	8.03	—	94.6	97.5	2011—2020 年
水阳江	新河庄	新河庄	16.4	—	94.6	99.2	2011—2020 年
水阳江	新河庄	新河庄	—	5.48	91.4	94.4	2011—2020 年

经分析可知，除了港口湾断面生态流量日均满足程度低于 90%，为 65.0%，其余控制断面生态流量（水位）的日、月满足程度均在 90%以上，满足考核要求，可作为生态流量管控的依据。港口湾断面生态流量日均满足程度较低，主要原因是，2018 年以前，港口湾断面上游港口湾水库并未严格按照《长江水利委员会关于西津河港口湾水电站延续取水的批复》（长许可〔2014〕329 号）要求的最小下泄流量 6.25 m^3/s 进行下泄。考虑港口湾调节库容 3.97 亿 m^3，具备多年调节能力，需加强港口湾水库下泄流量监管，按照批复的流量要求下泄水量，可保障港口湾断面生态流量满足目标要求。

3 生态流量保障措施

青弋江及水阳江流域生态流量保障是通过统筹流域内生态与生产、生活用水矛盾，协调好上下游、干支流主要控制断面生态用水需求，保障流域河湖生态流量（水位）目标。本次从生态流量调度、生态流量监测、生态流量预警和生态流量监管等方面提出保障措施，形成河湖生态流量（水位）保障体系，保障青弋江及水阳江流域主要控制断面生态流量（水位）目标，为生态流量管理考核和最严格水资源管理制度落实提供依据。

3.1 加强水利工程生态调度

统筹流域内生活、生产和生态用水需求，兼顾流域内上下游、左右岸和有关地区的利益，结合流域水资源开发利用状况，建立以水库、闸坝和取水口等水利工程为主的生态流量调度方案，明确调度目标、调度原则及相关调度管理要求；严格按照取水许可和取用水计划，加强控制断面上游河道外取用水管控，若遇枯水期及出现特枯年份等情况，应对河道外生产用水进行限制，以保障控制断面生态流量（水位）目标。

结合控制断面分布和流域内水库调节性能，青弋江采用陈村水库为保障水库，水阳江采用港口湾水库为保障水库，结合双桥河闸、马山埠闸联合调度运行，保障流域主要控制断面生态流量（水位）目标。陈村、港口湾水库应将生态调度纳入日常运行调度规程，建立常规生态调度机制；按照年度水量调度计划，合理安排工程的水量调度运行，落实工程要求的最小下泄流量，以保障控制断面生态流量（水位）。当遇特枯水年、连续枯水年，加大上游水库下泄流量，临时限制流域内用水等应急措施，优先满足城乡居民生活用水，统筹协调生活、生产、生态用水，控制断面流量尽快恢复至生态基流以上。

3.2 完善生态流量监测体系

青弋江及水阳江流域各控制断面依托断面附近水文站进行水位、流量监测，按照实时监测预警和月度、年度逐日平均流量报送的要求，接入长江流域生态流量监管平台，实施生态流量监测和管理，实现控制断面生态流量共享和监管。加强流域枯水期生态流量监测监控与报送频次，提升数据的采集、无线传输技术能力。建立生态流量预警机制，开展预警评估与监督管理，并对生态流量保障实施情况和各相关信息进行定期或不定期通报，以促进相关数据和信息的共享。通过监控体系的建设与完善，强化生态流量保障监督管理。

3.3 建立生态流量预警机制

根据青弋江、水阳江选择的控制断面，考虑上游水库分布情况和调度方式、调控能力、监测能力、应急响应能力等，结合防汛抗旱预案等已有预警方案，合理设置生态流量预警等级为二级，分别为蓝色预警、红色预警。

生态流量蓝色预警、红色预警阈值分别按生态流量目标 120%~100%和 100%取值，生态水位蓝色预警阈值取生态水位上浮近 10 年枯期（11 月至翌年 2 月）日均水位变幅，红色预警阈值取生态水位目标，青弋江及水阳江流域主要控制断面生态流量（水位）预警阈值成果见表 3。

表 3　主要控制断面生态流量（水位）预警阈值成果

河流	控制断面	水文站	生态流量目标/(m^3/s)	生态水位目标/m	蓝色预警/m	红色预警/m
青弋江	陈村	陈村水库	9.09	—	9.09~10.9	<9.09
水阳江	港口湾	港口湾	3.00	—	3.00~3.60	<3.00
水阳江	宣城	宣城	8.03	—	8.03~9.64	<8.03
水阳江	新河庄	新河庄	16.4	—	16.4~19.7	<16.4
水阳江	新河庄	新河庄	—	5.48	5.48~5.61	<5.48

根据站点实测流量资料，结合预警阈值，按蓝色预警、红色预警逐级发布预警信息。蓝色预警时，加强上游水利工程下泄流量管控，密切关注断面流量监测信息，确保不出现红色预警情况；红色预警时，加大上游水利工程下泄，启动生态应急调度，管控上游工农业生产用水取水及外流域调水，确保红色预警尽快解除。

3.4　强化生态流量监督考核

定期或不定期组织开展青弋江及水阳江流域内生态流量监督检查，主要包括陈村、港口湾水库下泄流量情况、日常监督管理情况、监测监控预警情况以及控制断面生态流量（水位）目标的满足情况等，并提出整改要求、督促整改。建立公众监督平台，接受社会群众的问题反映和监督举报。

为加强生态流量管控，开展各控制断面生态流量（水位）保障情况考核评估，对生态流量保障工作进行考核评价，考核结果纳入最严格水资源管理制度考核。

4　结语

河湖生态流量（水位）目标确定与保障研究是河湖生态流量管理和践行最严格水资源管理考核制度的科学依据。本文基于青弋江及水阳江流域各控制断面生态流量（水位）已有批复成果，采用 Tennant 法、Q_P 法、近 10 年最枯月平均流量（水位）法复核确定生态流量（水位）目标成果，并进行满足程度分析，在此基础上，提出生态流量保障管理措施。

经复核计算，确定青弋江陈村断面，水阳江港口湾、宣城、新河庄 4 个断面生态流量分别为 9.09 m^3/s、3.00 m^3/s、8.03 m^3/s、16.4 m^3/s，占多年平均流量的 9.40%~10.4%，确定水阳江新河庄断面生态水位为 5.48 m。

除港口湾断面生态流量日均满足程度低于 90%外，其余控制断面生态流量（水位）的日、月满足程度均在 90%以上，可作为生态流量管控的依据。港口湾断面生态流量日均满足程度较低的主要原因是，2018 年以前港口湾断面上游港口湾水库并未严格按照最小下泄流量 6.25 m^3/s 进行下泄。

从生态流量调度、生态流量监测、生态流量预警和生态流量监管等方面提出保障措施，保障青弋江及水阳江流域主要控制断面生态流量（水位）目标。

参考文献

[1] 钟华平，刘恒，耿雷华，等．河道内生态需水估算方法及其评述［J］．水科学进展，2006，17（3）：430-434.

[2] 邓志民，李斐，邓瑞，等．长江流域生态流量满足程度及其保障措施研究［J］．人民长江，2021，52（7）：71-75.
[3] 李斐，邓志民，邓瑞，等．汉江干流生态流量保障措施研究［J］．人民长江，2021，52（2）：50-53.
[4] 徐长江，邴建平，邓鹏鑫．汉江中下游重要支流目标生态流量分期控制研究［J］．人民长江，2024，55（5）：84-89.
[5] 郭文献，王高振，朱志鹏，等．乌江生态流量及其保障研究［J］．华北水利水电大学学报（自然科学版），2024，45（5）：31-37.
[6] 黄梦楠．水阳江流域生态流量目标分析及保障措施研究［J］．治淮，2023（3）：35-36.
[7] 郑舒雯．广西西江干流生态流量目标及保障方案［J］．广西水利水电，2021（3）：73-75，80.
[8] 钱龙娇．塘西河流域生态流量目标确定以及管理保障措施分析［J］．治淮，2024（2）：14-15，18.
[9] 卜旭旭．洮河碌曲断面生态流量计算与保障措施研究［J］．地下水，2024，46（4）：220-221，297.
[10] 邴建平，邓鹏鑫，吴智，等．赣江流域生态流量与地表水资源可利用量研究［J］．人民长江，2023，54（2）：127-131，170.
[11] 张欧阳，熊明．基于实测流量成果的生态流量计算方法［J］．人民长江，2017，48（S2）：61-64.
[12] 郑志宏，张泽中，黄强，等．生态需水量计算 Tennant 法的改进及应用［J］．四川大学学报（工程科学版），2010，42（2）：34-39，27.

基于基流比例法与年内展布相结合的镇龙水文站生态流量计算

程建中

（广西珠委南宁勘测设计院有限公司，广西南宁　530007）

摘　要：为探究完善生态流量计算方法，选择镇龙水文站1980—2018年实测资料系列，提出基于基流比例法与年内展布法相结合的生态流量计算方法，并将生态流量成果与Tennant法、基流比例法以及年内展布法推求生态流量成果对比。结果表明：基于基流比例法与年内展布法相结合推算得到的镇龙水文站生态流量成果能够较好地兼顾年际以及年内来水差异条件下的生态流量，且生态流量保障程度也优于Tennant法，更好地与正在开展的生态流量考核目标不低于90%要求衔接，成果可为合理确定广西河流生态流量提供参考。

关键词：生态流量；基流比例法；年内展布法；满足程度

1　概况

生态流量是一个涉及水资源管理、生态保护和环境科学的重要概念。《水利部关于做好河湖生态流量确定和保障工作的指导意见》（水资管〔2020〕67号）中提出生态流量是指为了维系河流、湖泊等水生态系统的结构和功能，需要保留在河湖内符合水质要求的流量（水量、水位）及其过程。随着人类对水循环和生态系统认识的深入而逐渐形成，特别是在人类活动对水生态系统产生影响的背景下，生态流量问题变得尤为重要。生态流量的计算有多种方法，包括水文学方法、水力学方法等，这些方法的选择取决于河流基础数据的积累情况、资金和技术的可得性，以及生态保护目标等因素。例如，栾清华等[1] 开展了基于基流比例法的洋河干流生态流量估算；吴喜军等[2] 运用基流比例法探索了渭河生态流量；田肖冉等[3] 对年内展布法进行改进，并以松花江支流西北河为例开展生态流量分析计算。梳理以前研究成果，年内展布法能够反映河道内生态流量年内过程，但不能响应丰、平、枯水年等不同年型来水差异，而基流比例法基于不同年型年来水量分析得到丰、平、枯等年型生态流量年均值，对年内过程差异研究较少。本文选择镇龙水文站1980—2018年实测资料系列，提出一种基于基流比例法与年内展布法相结合的生态流量计算方法，成果可为合理确定广西河流生态流量确定提供参考。

2　数据来源和研究方法

2.1　数据来源

镇龙水文站控制断面集水面积108 km^2，设立于1980年，位于广西南宁横州市镇龙乡大田村的镇龙江左岸，是广西小河控制站，属省级一般水文站。镇龙水文站上游无水库等水利工程，流域地处偏僻山区，开发利用程度较低，实测径流接近天然值。本文收集了镇龙水文站1980—2018年实测径流及降水量数据，数据均来源于广西水文中心，数据均严格整编，可靠性高。

基金项目：广西科技重大专项（AA23062032）；广西交通运输行业重点科技项目（GXGH2024103004）。

作者简介：程建中（1982—），男，高级工程师，主要从事水文水资源等工作。

2.2 研究方法

为使生态基流更好地体现中国北方河流生物需水的年际和年内变化，基流比例法将长期径流系列资料划分为丰、平、枯及特枯年等不同年型，通过不同年型与其他各年型平均径流量之间的比值，推求基流比例之间的关系，由此计算出其他各年型的基流比例及生态基流值[2]；年内展布法[4-6] 是一种计算河流生态流量的方法，考虑了河流年内径流量的分布特征，以确保河流生态系统的健康和稳定。通过分析河流的天然径流量资料，计算各月的生态流量，从而满足河流在不同季节的生态需水要求。

本文提出一种基于基流比例法与年内展布法相结合的生态流量计算方法，具体思路如下：

（1）基于基流比例法推算得到丰、平、枯以及偏枯 4 个年型的年均生态流量。

（2）基于年内展布法推算得到逐月生态流量过程，在此基础上进一步分析各月流量占年流量的比例。

（3）以年内展布法推算得到生态流量逐月比例与基流比例法推算得到的不同年型生态流量相乘，得到不同年型来水条件下的逐月生态流量过程。

3 生态流量计算成果分析

将不同方法计算的逐月生态流量过程整合成一张表进行对比（见表 1），可以看出，基流比例法能够较好地反映生态流量随径流年际的变化，但对年内丰、枯变化体现不足，Tennant 法以及年内展布法能对年内丰、枯变化有所反映，但无法反映径流年际变化导致的生态流量差异，而基流比例法与年内展布法结合法既能较好地反映生态流量随径流年际变化，也能对年内丰、枯变化有所反映；其次，不同方法分析得到生态流量成果差异较大，从全年看，不同方法生态流量分析结果呈现基流比例法与年内展布法结合法=基流比例法>年内展布法>Tennant 法；最后，从年内丰、枯期生态流量均值结果看，丰水期不同方法生态流量分析结果呈现基流比例法与年内展布法结合法>年内展布法>基流比例法>Tennant 法，枯水期不同方法生态流量分析结果呈现基流比例法>Tennant 法>基流比例法与年内展布法结合法>年内展布法。

表 1 镇龙水文站不同方法生态流量计算成果 单位：m^3/s

方法		1月	2月	3月	4月	5月	6月	7月	8月	9月	10月	11月	12月
Tennant 法		0.24	0.24	0.24	0.24	0.49	0.49	0.49	0.49	0.49	0.49	0.24	0.24
基流比例法	丰水年	0.70	0.70	0.70	0.70	0.70	0.70	0.70	0.70	0.70	0.70	0.70	0.70
	平水年	0.57	0.57	0.57	0.57	0.57	0.57	0.57	0.57	0.57	0.57	0.57	0.57
	枯水年	0.52	0.52	0.52	0.52	0.52	0.52	0.52	0.52	0.52	0.52	0.52	0.52
	偏枯水年	0.44	0.44	0.44	0.44	0.44	0.44	0.44	0.44	0.44	0.44	0.44	0.44
年内展布法		0.11	0.11	0.15	0.22	0.54	0.93	1.12	0.87	0.60	0.27	0.16	0.11
基流比例法与年内展布法结合法	丰水年	0.17	0.18	0.24	0.35	0.87	1.51	1.81	1.41	0.97	0.44	0.26	0.18
	平水年	0.14	0.15	0.19	0.29	0.71	1.22	1.47	1.15	0.79	0.36	0.21	0.14
	枯水年	0.13	0.14	0.18	0.27	0.65	1.13	1.36	1.06	0.73	0.33	0.19	0.13
	偏枯水年	0.11	0.12	0.15	0.22	0.55	0.95	1.14	0.89	0.61	0.28	0.16	0.11

4 生态流量满足程度分析

生态流量满足程度为各月份分析得到的生态流量得到的满足次数占总月数的比值，用不同方法计算得到的镇龙水文站生态流量满足程度见表 2。Tennant 法分析成果各月满足程度为 79.5%～100%，丰、枯水期满足程度都达到较高水平；基流比例法分析各月满足程度在 33.3%～100%，丰水期满足程度较高，但枯水期满足程度偏低，尤其是枯水年最枯月破坏程度较高，年内展布法各月满足程度都在 94.9%～100%；基流比例法与年内展布法结合法各月满足程度在 92.3%～100%。

表 2　镇龙水文站不同方法生态流量满足程度

方法	1月	2月	3月	4月	5月	6月	7月	8月	9月	10月	11月	12月
Tennant 法/%	92.3	79.5	89.7	94.9	100	100	100	100	100	84.6	97.4	94.9
基流比例法/%	33.3	35.9	56.4	76.9	100	100	100	100	100	84.6	66.7	38.5
年内展布法/%	100	100	94.9	94.9	100	100	97.4	97.4	97.4	94.9	100	100
基流比例法与年内展布法结合法/%	100	97.4	92.3	94.9	100	100	92.3	97.4	94.9	92.3	97.4	100

对比不同方法生态流量满足程度，得出如下结论：总体而言，不同方法分析得到的丰水期生态流量满足程度都要高于枯水期生态流量满足程度，这主要是由于南方山区河流丰、枯变化差异大，丰水期来水占全年的来水超过 83.7%，不同方法对年内丰、枯水期来水反映程度差异造成的；其次，与一般推荐的 Tennant 法对比，由于照顾到不同年型枯水期来水特点，适当降低枯水年、枯水时段生态流量，可以明显提高生态流量满足程度，达到目前正在开展的生态流量考核目标不低于 90%的要求。

5　结论及建议

依据镇龙水文站 1980—2018 年径流资料，开展基于基流比例法与年内展布法结合法生态流量分析，成果与 Tennant 法、基流比例法以及年内展布法等成果对比，主要结论如下：

（1）基流比例法与年内展布法结合法既能较好地反映生态流量随径流年际变化，也能对年内丰、枯变化有所反映；从全年看，不同方法生态流量分析结果呈现基流比例法与年内展布法结合法＝基流比例法>年内展布法>Tennant 法；从年内丰、枯期生态流量均值结果看，丰水期不同方法生态流量分析结果呈现基流比例法与年内展布法结合法>年内展布法>基流比例法>Tennant 法，枯水期不同方法生态流量分析结果呈现基流比例法>Tennant 法>基流比例法与年内展布法结合法>年内展布法。

（2）基流比例法与年内展布法结合法计算得到的生态流量保障程度能够更好地与正在开展的生态流量考核目标不低于 90%要求衔接；不同方法分析得到的丰水期生态流量满足程度都要高于枯水期生态流量满足程度，这主要是南方山区河流丰、枯变化差异大，丰水期来水量占全年比例来水量超过 83.7%，不同方法对年内丰、枯水期来水反映程度差异造成的。

（3）镇龙河作为南方典型山区河流，基流比例法与年内展布法结合法可以在获得较高满足程度的前提下，更好地体现生态流量与丰水期来水量之间的响应关系，取得更满意的结果。

参考文献

［1］栾清华，刘存，张俊，等．基于基流比例法的洋河干流生态基流估算［J］．水利水电技术，2018，49（6）：101-108.

［2］吴喜军，李怀恩，董颖，等．基于基流比例法的渭河生态基流计算［J］．农业工程学报，2011，27（10）：154-159.

［3］田肖冉，姜宁，施巧，等．基于改进年内展布法的河流生态流量研究［J］．节水灌溉，2022（10）：31-36.

［4］朱晔，方红远，王铖洁，等．改进的年内展布法在河流生态需水计算中的应用［J］．中国农村水利水电，2021（10）：105-109.

［5］李正勤，柯浩成，田晋华，等．基于不同水文学的河流生态基流研究［J］．水土保持研究，2023，30（4）：177-183.

［6］陈楷，王立权，刘岩，等．基于多种水文学法的密江生态流量研究［J］．水利科学与寒区工程，2022，5（6）：79-84.

长江中游中小流域生态流量保障规划探究——以荆州市沧水流域为例

向宣好　邹开鹏　陈　琨　周　元

（湖北省荆州市水文水资源勘测局，湖北荆州　434000）

摘　要： 生态流量是生态用水的红线，保障生态流量就是守住河湖生态安全的底线。2021 年 3 月施行的《中华人民共和国长江保护法》，将长江干流、重要支流和重要湖泊生态用水保障要求，提高到前所未有的高度，要求建立生态流量标准体系、加强河湖生态流量管控，保证河湖基本生态用水需求、保障枯水期和鱼类产卵期生态流量等。本文以沧水流域为例，开展生态流量保障规划。通过合理确定生态流量（水量）保障目标，摸清生态流量保障情况，制定主要控制断面调度、监测、预警方案，解决目前流域生态流量监管方面存在的突出问题。

关键词： 生态流量；流量保障；流量调度；监测及预警

1　流域水资源利用现状

1.1　水资源概况

沧水流域属于亚热带过渡性季风气候区，多年平均降水量 1 200 mm。根据全国第三次水资源调查评价成果，沧水流域 1956—2016 年多年平均地表水资源量为 14.97 亿 m^3，地下水资源量 2.95 亿 m^3。根据沧水流域沙溪坪、桂花树、汪家汊等 3 个水质站近年监测评价结果，3 站均达到Ⅱ类水质标准。

1.2　水资源开发利用现状

沧水流域已建大型水库 1 座，总库容 5.12 亿 m^3，控制流域面积 1 142 km^2；中型水库 2 座，总控制流域面积 34 km^2，总库容 2 611 万 m^3；小型水库 32 座，总控制流域面积 71.6 km^2，总库容 2 287 万 m^3。流域已建梯级水电站 6 座，总装机容量 3.28 万 kW · h。沿河建有集中式饮用水源地 5 处，规划建成松滋市最大的湖库型饮用水源地，可解决松滋城区及输水管网范围内沿线 8 个乡镇的供水。沿线建有大型灌区 1 座，设计灌溉面积 52 万亩；中型灌区共 7 座，设计灌溉面积总计 44.59 万亩。

1.3　用水总量统计

荆州市沧水流域多年平均总用水量为 2.473 亿 m^3，其中按新口径生产用水量 2.29 亿 m^3，生活用水量 0.18 亿 m^3，生态用水量 0.003 亿 m^3，用水量主要为生产生活用水。

2　存在的问题

2.1　部分断面生态流量（水量）管理要求难以满足

沧水流域干支流的蓄水、引水工程修建年代较早，当时对水生态环境保护尚未重视，较少考虑工程流域生态系统功能的变化、流域生态系统结构和功能的退化以及相应的恢复措施。例如，在三峡工程运行后荆江河段适宜生态流量研究中，黄宇云等[1] 通过数据得出三峡工程运行后，荆江河段流量过程整体改变度大于 0.5，可见水利工程对河道流量的影响之大，在一些蓄水、引水工程建设中未预

作者简介： 向宣好（1987 —），男，工程师，主要从事水文水资源调查与评价、建设项目水资源论证等工作。

留生态用水量，未设置河道生态泄流设施，造成部分河段形成减水段或脱水段，对河流生态造成一定影响。在对生态环境复苏的生态流量优化计算研究中，韩会玲等[2] 通过麦穗鱼的生活史揭示了生态流量对生态环境的重要意义。

2.2 生态流量（水量）监督管理基础工作比较薄弱

一是现有法律法规中仅仅是对生态流量管理规定了宏观要求，操作性较差。二是滁水流域水工程较多，但尚未全面开展生态流量现状调查摸底，生态流量管理台账更是缺失，管理基础薄弱。

2.3 生态流量（水量）监控监测亟待加强，预警机制亟需建立

滁水流域目前生态流量监管技术不完善，没有统一的生态流量监管平台和完整的生态流量监控体系，无法全面动态监控流域内控制断面（特别是工程控制断面）生态流量的保障情况。生态流量监控主要在非汛期，而现有水文站网建设主要针对防汛，枯水期生态流量监控数据的采集、无线传输技术还有待提升。流域水资源监测信息报送频次不满足管理要求，监测信息报送频次与能力有待进一步提高。基于生态流量的预警机制尚未建立。

2.4 生态流量考核问责和监管执法力度需要加强

近年来，虽然生态流量泄放监管相关工作被纳入了湖北省对各县（市、区）党政领导班子绩效考核，但其作为河湖长制考核的子项，约束作用比较有限，对于生态流量泄放不达标的县（市、区）仅处于通报阶段，考核问责和监管执法力度需要进一步加强。

3 生态流量保障规划

3.1 生态流量的确定

3.1.1 划定控制断面

控制断面包括考核断面和管理断面两类。考核断面是水利部门考核管理的控制断面，作为今后生态流量（水量）保障工作考核的重点；管理断面是与考核断面生态流量保障具有重要、直接关系的控制断面。

滁水为跨省河流，本次主要针对滁水干流进行下泄水量分析。为便于对各地区的用水情况进行监督和检验，按照水系重要节点控制断面、省界控制断面和重要水利工程控制断面等，选择沙溪坪、滁水、法华寺等 3 个断面作为滁水流域主要控制断面。

3.1.2 生态流量的确定

目前，关于南方水网典型河流生态需水的计算方法一般采用 Q_P 法、Tennant 法等，姚仕明等[3] 对相关计算方法进行了对比分析；在鄱阳湖平原适宜生态需水量计算上，鄢笑宇等[4] 对典型河流赣江下游河道分别采用了 Tennant 法和生态流量阈值法计算外洲断面生态流量；在洞庭湖河网，杨恒等[5] 采用水文学等相关研究方法对洞庭湖生态需水量进行了计算分析；对乌江水文情势变化特征的分析中，郭文献等[6] 检验了最小生态流量和适宜生态流量计算方法。通过相关研究，本文控制断面生态流量的计算采用 Q_P 法、Tennant 法可行。

根据生态流量目标确定原则，考核断面沙溪坪断面采用最枯月平均流量 90%保证率、多年平均流量的 10%两种方法计算各控制断面生态基流，沙溪坪断面采用沙溪坪水文站 1956—2020 年天然径流数据。结合水量分配方案、环评批复等已有成果，综合考虑目标可达性，确定了沙溪坪断面生态基流目标为 2.97 m^3/s；滁水、法华寺断面所在的水文站建站较晚，水文资料系列短，采用水文比拟法计算滁水断面生态基流控制目标为 3.65 m^3/s，法华寺断面生态流量目标为 6.07 m^3/s。

滁水流域主要控制断面多年平均地表径流量见表 1。

表 1　沮水流域主要控制断面多年平均地表径流量　　单位：亿 m^3

频率	控制断面	1月	2月	3月	4月	5月	6月	7月	8月	9月	10月	11月	12月	全年
多年平均	沙溪坪	0.18	0.32	0.58	0.89	1.23	1.41	1.82	1.16	0.69	0.48	0.42	0.21	9.39
	沮水	0.22	0.37	0.68	1.05	1.45	1.66	2.14	1.37	0.81	0.56	0.50	0.24	11.0
	法华寺	0.38	0.65	1.18	1.82	2.52	2.87	3.71	2.37	1.41	0.97	0.86	0.42	19.2

3.1.3　生态流量合理性分析

与已有生态流量成果的协调性：本方案沙溪坪断面采用 Tennant 法确定生态流量，即多年平均流量的 10%，确定生态基流为 2.97 m^3/s，与《湖北省沮水流域水量分配方案》中确定的成果一致。

与最小下泄流量的协调性：根据《荆州市沮水流域水量分配方案》，本方案确定的沙溪坪、沮水、法华寺断面生态基流不大于水量分配方案中明确的最小下泄流量，与水量分配方案中批复的最小下泄流量成果是相协调的。根据《关于确定荆州市农村水电站生态流量的通知》（荆水利函〔2018〕153 号）中沮水流域纱帽尖水电站等生态下泄流量成果，本方案确定的沙溪坪、沮水、法华寺断面生态基流与各电站生态下泄流量基本对应，从下游往下游逐渐增加。

可达性分析：本方案确定的沙溪坪断面生态流量保障目标满足程度较高，流量满足程度均在 90%以上，可以保障断面生态流量满足目标要求。

综上所述，本文确定的沮水流域控制断面生态流量保障目标是合理的。

3.2　生态流量调度保障措施

在符合流域水资源总体配置、流域水量分配方案及保证工程安全运行的基础上，通过控制断面上游控制性水工程调度和河道外经济社会用水管控，保障主要控制断面生态流量目标要求，维护河流健康和良好生态环境。在水网格局下流域生态流量保障调度研究方面，蒋云钟等[7] 以永定河流域为例论证了生态流量调度对复苏河湖生态环境的重要意义。

3.2.1　调度保障措施

根据沮水流域年度水量调度管理要求，将法华寺断面的生态流量保障纳入沮水流域水量调度管理。统筹生活、工业、农业以及生态环境等用水需求，兼顾流域内上下游、左右岸和有关地区的利益，优先满足城乡居民生活用水，保障基本生态用水，发挥水资源多种功能。

3.2.2　常规调度

沮水断面上游有控制性水利工程——沮水水库，其上游控制性水利工程主要按照取水许可批复、环评批复或水库水资源调度方案确定的最小下泄流量下泄水量，同时通过加强断面上游河道沿线取用水工程取水管理来保障断面的生态流量目标。

沮水水库实行 24 h 不间断泄放生态流量，以满足水生态环境需要。生态泄放结合发电进行。电站机组作为生态机组下泄生态流量；电站机组停止运行且进水闸开启时，采用水轮机导叶开度 15%～25%空转，对下游泄放生态流量；电站机组停止运行且进水闸关闭时，开启孙家溪溢洪道 1 孔闸门作为生态放水口下泄生态流量，根据上游水位，开启高度 3.2～11.3 cm。

3.2.3　应急调度

当遇特枯水年、连续枯水年，预计断面流量会降至生态基流以下时，结合水文预报做好应急预案，严格控制断面以上河道外经济社会用水，采取加大上游水库（群）、电站下泄流量、实施上下游水库群联合调度、临时限制流域内用水等应急措施，优先满足城乡居民生活用水，统筹协调生活、生产、生态用水，控制断面流量尽快恢复至生态基流以上。

3.3 生态流量监测及预警

3.3.1 生态流量监测

断面生态流量监测优先依托现有水文监测断面。按照实时监测预警和月度、年度逐日平均流量报送的要求，实施生态流量监测和管理。生态流量监测内容主要包括水位、流量。水位或流量采用在线监测的断面，其实时监测信息按汛期24段制、枯期4段制报送；未实现在线监测的断面，每日应报送不少于一次的水位或流量信息。各监测站点至数据中心的通信方式为北斗卫星、GSM、GPRS、VSAT、PSTN等。

3.3.2 生态流量预警

根据澭水流域选取的控制断面，考虑上游水库分布情况和调度方式、调控能力、监测能力、应急响应能力等，结合防汛抗旱预案等已有预警方案，合理设置生态流量预警等级为两级，分别为蓝色预警、红色预警。

蓝色预警代表断面流量满足生态流量保障目标要求，但断面流量减少，接近保障目标，需加强上游水利工程管控，密切关注断面监测信息；红色预警代表断面流量不能满足目标要求，需要采用调度措施或其他管控措施来确保达标。

预警阈值按照保障目标120%~100%和100%设置，对应预警等级分别为蓝色预警和红色预警。

3.3.3 预警响应

蓝色预警响应措施：松滋市、公安县水利和湖泊局密切关注法华寺断面流量监测信息。

红色预警响应措施：松滋市人民政府管控沙溪坪断面以上辖区内河道外取用水，上游水电站加大下泄，启动生态应急调度，确保红色预警尽快解除，断面流量尽快回升至生态流量基准值以上。

4 结语

长江中游中小流域水资源开发利用程度普遍较高，各类水电、灌溉、供水等水利工程对河流的生态环境造成的破坏性影响已逐步显现。要改变这种局面，需要各机构积极开展一系列的研究，为水资源开发利用与生态环境保护提供决策依据。在系列措施中，保障河道生态流量为重中之重。而生态流量的保障程度、水利工程的调度是制约河湖生态环境复苏的关键。本文以荆州市澭水流域为例，对其生态流量的确定、生态流量保障措施、生态流量的监测与预警等方面进行了规划，希望以此为长江中游中小流域生态治理提供参考。

参考文献

[1] 黄宇云，杨卓媛，余飞，等．三峡工程运行后荆江河段适宜生态流量研究［J/OL］．湖泊科学，2024（6）：1900-1910.

[2] 韩会玲，张剑，朱晓娟，等．面向生态环境复苏的生态流量优化计算研究［J］．环境科学与技术，2024，47（S1）：235-247.

[3] 姚仕明，江宇琪，丁兵，等．南方平原河网河流生态需水研究进展［J］．长江科学院院报，2024，41（9）：192-199.

[4] 鄢笑宇，吴向东，何力，等．赣江下游河道适宜生态需水量计算［J］．江西水利科技，2023，49（6）：427-431.

[5] 杨恒，董世杰，吴江，等．洞庭湖生态水位与生态需水量研究［J］．人民长江，2024，55（5）：90-98.

[6] 郭文献，王高振，朱志鹏，等．乌江生态流量及其保障研究［J］．华北水利水电大学学报（自然科学版），2024，45（5）：31-37.

[7] 蒋云钟，蔡思宇，王超．水网格局下流域生态流量保障调度研究：以永定河流域为例［J］．中国水利，2024（18）：61-67.

水利财务管理

加强水利行业财会监督、纪检监督、巡视巡察监督贯通协调研究

尉建波

（太湖流域管理局水利发展研究中心，上海　200434）

摘　要：二十届中央纪委三次全会提出以“自我监督”为重要内容的自我革命是我们党跳出治乱兴衰历史周期率的第二个答案。财会监督、纪检监督、巡视巡察监督（简称三类监督）都是党和国家“自我监督”体系的重要组成部分，均以党内监督为主导，具有较强的政治属性，在贯通协调上有着天然制度优势。加强水利行业三类监督贯通协调有利于释放监督“溢出效应”和“叠加效应”，发挥监督合力，提升监督质效，真正形成党中央决策部署到哪里、国家利益延伸到哪里、公权力行使到哪里，我们的监督工作就跟进到哪里的大监督格局。

关键词：水利行业；财会监督；纪检监督；巡视巡察监督；贯通协调

二十届中央纪委三次全会提出习近平总书记关于党的自我革命的重要思想，把“以自我监督和人民监督相结合为强大动力”作为实践要求，强调推进党的自我革命是跳出治乱兴衰历史周期率的第二个答案。财会监督、纪检监督、巡视巡察监督，都是党和国家监督体系的重要内容，对党的自我革命发挥着重要作用。加强三类监督之间的贯通协调有利于提升党和国家监督整体效能，是贯彻落实习近平总书记关于党的自我革命的重要思想的有力举措。本文旨在分析研究三类监督贯通协调的必要性，梳理对比各地开展三类监督贯通协调的实践探索，并尝试提出水利行业高效开展三类监督贯通协调的对策建议，以期进一步释放监督“溢出效应”和“叠加效应”，发挥监督合力，提升监督质效，为新阶段水利高质量发展提供坚实保障。

1　对三类监督贯通协调新要求新任务的认识

1.1　加强三类监督贯通协调是落实党中央决策部署的政治要求

党和国家历来重视监督体系中贯通协调体制机制建设。从党的层面看，党的重要会议上多次强调贯通协调各类监督，并把以“自我监督”为重要内容的“坚持自我革命”作为百年奋斗的历史经验和跳出历史周期率的答案。党的二十大报告强调：“健全党统一领导、全面覆盖、权威高效的监督体系，完善权力监督制约机制，以党内监督为主导，促进各类监督贯通协调。”[1] 党的二十届三中全会提出要完善党和国家监督体系，把重大改革落实情况纳入监督检查和巡视巡察内容。二十届中央纪委三次全会提出，完善以党内监督为主导、各类监督贯通协调机制。此外，还专门印发了《中国共产党党内监督条例》，为各类监督贯通协调提供制度保障。从国家层面看，《中华人民共和国国民经济和社会发展第十四个五年规划和2035年远景目标纲要》提出，推进各类监督贯通协调，形成常态长效的监督合力，使监督体系更好融入国家治理体系。把贯通协调各类监督放在国家治理体系和治理能力现代化的战略高度去考虑，充分体现其重要地位和作用[2]。三类监督是党和国家监督体系的重要组成部分。财会监督是以财政部门为主导，依法依规对财政、财务、会计活动开展的监督。纪检监督是党的纪律检查机关为加强党的纪律建设、推进全面从严治党开展的专责监督。巡视巡察监督是上级

作者简介：尉建波（1988—），男，高级经济师，主要从事财务管理、纪检等工作。

党组织对下级党组织履行党的领导职能责任的政治监督。财会监督侧重于经济监督，纪检监督和巡视巡察监督侧重于政治监督。三类监督互为补充、相互衔接，三者贯通协调有利于整合“单兵作战”碎片化的监督，凝聚各自优势，提升监督整体效能，真正形成党中央决策部署到哪里、国家利益延伸到哪里、公权力行使到哪里，我们的监督工作就跟进到哪里的大监督格局。

1.2 加强三类监督贯通协调是落实相关法规的必然要求

近年来，中央印发的一系列文件为三类监督贯通协调提供了依据和工作思路。例如，2023 年 2 月，中共中央办公厅、国务院办公厅印发《关于进一步加强财会监督工作的意见》，明确提出推动财会监督与其他各类监督贯通协调，特别强调要加强与巡视巡察机构协作、与纪检监察机构贯通协调[3]。2023 年 12 月新修订的《中国共产党纪律处分条例》，新增对破坏社会主义市场经济和违反国家财经纪律等违纪行为处分规定，如在公共资金收支、税务管理、国有资产管理、政府采购管理、金融管理、财务会计管理等财经活动中有违法行为的，要视情节给予相应党纪处分。这在党规党纪层面为财会监督发现问题责任追究提供了违纪处理依据。2024 年 2 月党中央印发新修订的《中国共产党巡视工作条例》，要求巡视机构注重监督的贯通，特别强调要推动巡视监督与其他监督贯通协调。此外，关于巡视巡察内容，主要围绕“四个落实”开展监督检查，其中包括财会监督发现问题整改情况等内容。这两项内容都是本次修订巡视工作条例新增的内容，突出了政治监督和经济监督的融合，强调巡视巡察监督与财会监督贯通协调。

1.3 加强三类监督贯通协调是解决纪法衔接的实践要求

党的二十届三中全会提出，健全党内法规同国家法律法规衔接协调机制。实践中，开展三类监督依据各自的上位法进行。财会监督依据国家法律和部门规章，主要包括《中华人民共和国预算法》《中华人民共和国会计法》《财会监督工作条例》《财政违法行为处罚处分条例》等。纪检监督依据党内法规，主要包括党章以及党内监督条例、纪律处分条例、监督执纪工作规则等。巡视巡察监督依据党内法规，主要包括党章以及党内监督条例、巡视工作条例等。如何做好党规党纪与国家法律法规的衔接是三类监督贯通协调必须回答的问题。特别是新修订的纪律处分条例规定的六大纪律与财经活动息息相关。纪律处分条例规定的政治纪律负面清单，如不执行党中央决策部署，不落实党中央大政方针，搞部门或者地方保护主义，设置区域市场壁垒，阻碍建设全国统一的大市场、畅通国内大循环等行为是财会监督中财政监督重点关注的内容；组织纪律负面清单，如违反民主集中制原则，未履行“三重一大”民主决策程序等是财会监督内控制度重点关注的内容；廉洁纪律负面清单，如违规为特定关系人谋利、实施可能影响公正执行公务行为、违规从事营利活动、假公济私、挥霍公款等是财会监督中财务监督重点关注的内容；工作纪律负面清单，如统计造假、违规干预和插手市场经济活动等是财会监督中财政监督和会计监督重点关注的内容。加强三类监督贯通协调有利于在实践操作层面推进纪法衔接，严肃财经纪律，维护财经秩序。此外，近年来出现了新型腐败和隐性腐败，出现了政治问题和经济问题交织、把商品交换原则带到党内、政商“旋转门”等新问题，产生了恶劣影响。三类监督贯通协调有利于防止各种利益集团向政治领域渗透，有利于防止以权力为依托的资本逐利，有利于防止政商勾连等行为。

2 开展三类监督贯通协调的实践探索

实践中，各地积极开展三类监督贯通协调探索，形成了各具特色的模式。本文以贵州、重庆、浙江杭州为例，梳理三地开展三类监督贯通协调的主要做法。

2.1 贵州模式

贵州针对三类监督贯通协调主要是从顶层设计、联合监督、闭环管理等三个方面开展工作，把制度优势转化为治理效能，努力形成监督“帕累托最优”[4]。

（1）注重顶层设计。贵州在三类监督贯通协调体制机制等顶层设计层面进行了大量实践，如优化省级层面反腐败协调、经济责任审计、巡视巡察综合监督等责任部门的沟通联系，定期召开会议，畅通信息，分析研判，发现问题，推动解决。

（2）开展联合监督。贵州的纪检部门、财会部门、巡视巡察机构针对平时发现的问题，通过联合监督检查、联合办案等方式进行监督，有利于提高监督效率，有效防范政治和经济交织等重大问题。

（3）程序闭环管理。形成“发现问题—及时移送—集中管理—分类处置—结果反馈”的线索处理程序。财会部门和巡视巡察机构发现问题后及时向纪检部门移交，纪检部门集中管理问题线索并定期调度，按照监督执纪工作规则规定的程序对线索进行分类处置，并及时反馈处理结果。

2.2 重庆模式

重庆针对三类监督贯通协调主要是从工作整体谋划、监督力量整合、信息技术赋能等三个方面开展，实现“纪巡财”监督贯通，释放监督整体合力[5]。

（1）加强工作整体谋划。重庆的纪检部门、财会部门、巡视巡察机构在年初制定重点工作计划时，就注重加强沟通协调，围绕贯彻落实党中央重大决策部署，共同分析研判并确定工作重点，统一谋划、统一部署、统一实施。

（2）加强监督力量整合。建立包括财会、党建、纪检等领域的监督人才库。开展重大案件时，从人才库中抽取专业干部，发挥各自的专业优势和特长，探索将“首先从政治上看”和“从经济问题着手”紧密结合起来，集中攻关案件难点堵点。

（3）强化信息技术赋能。重庆的纪检部门、财会部门、巡视巡察机构有各自的信息获取平台和渠道，三者充分利用网络技术，强化资源共享，定期互通信息，进行数据整合，加强分析研判，并以此确定重点监督对象，有利于精准发现问题线索。

2.3 浙江杭州模式

浙江杭州针对三类监督贯通协调主要是三类监督的职能部门围绕督前沟通协商、督中同步推进、督后成果运用等三方面开展工作，突出三类监督联动，提升监督质效[6]。

（1）加强督前沟通协商。浙江杭州的财会部门在年初接到纪检部门、巡视巡察机构监督计划后，会根据自身掌握的信息，提出财会领域需要重点关注的领域和事项，避免下级部门单位重复接受检查，反复应对迎检。

（2）加强督中同步推进。在开展监督过程中，纪检部门、财会部门、巡视巡察机构坚持“同部署、同检查、同研判、同报告、同整改”一体推进，发挥各自专业优势，降低沟通成本，形成监督最大边际效益。

（3）加强督后成果运用。三类监督主体分别把监督发现的问题纳入各自监督清单，共同推进被监督单位整改落实，并将发现的问题和整改落实情况通报给组织人事部门，作为工作考核的重要依据，强化了责任追究。

3 水利行业高效开展三类监督贯通协调对策建议

水利行业高度重视三类监督贯通协调。2023年水利部印发《水利部进一步加强财会监督工作的实施方案》，提出推动水利财会监督与纪检监督、巡视巡察监督的贯通协调。重点要加强财会部门与纪检部门的贯通协调，完善财会监督与纪检监督在贯彻落实中央八项规定及其实施细则精神、纠治“四风”、整治群众身边腐败和不正之风等方面贯通协调机制，突出监督成果共享；加强财会部门与巡视巡察机构沟通协作，强化重点监督协同、重大事项会商、线索移交移送机制。此外，还专门印发《水利部财会监督工作协调机制方案》，提出建立职能部门间横向协同的共享机制，旨在强化经济监督与政治监督同向发力，专业监督与专责监督协同推进；健全纵向贯通的分级负责制，旨在强化上下联动，加强上级对下级的监督指导。水利行业制定的一系列三类监督贯通协调措施为形成监督合力、提升监督效能发挥了重要作用。近年来，水利行业面临的新形势、新任务对三类监督贯通协调提出了新的更高要求。2022年、2023年水利建设投资额连续两年超过万亿元规模，为应对经济下行、扩大内需、畅通国内大循环、补齐水利工程短板发挥了重要支撑作用。与此同时，当前水利基础设施建设和招投标、水利资金使用、水利建设市场资质管理等重点领域的廉政风险防控仍有较多薄弱环节。高效开展三类监督贯通协调对统筹政治监督和经济监督，整合专责监督和专业监督，发挥监督合力，提升监督效能，对确保每一项水利工程都是民心工程、优质工程、廉洁工程有着重要意义。

3.1 坚持党的领导，提高贯通协调站位

坚持党的领导是水利行业开展三类监督贯通协调的重大原则，为开展监督指明方向。推进三类监督贯通协调，必须把党的领导贯穿工作全过程、各环节，牢牢把握政治属性，做到党中央决策部署到哪里，监督贯通协调工作就跟进到哪里。要紧紧围绕习近平总书记“节水优先、空间均衡、系统治理、两手发力”治水思路和关于治水的重要论述，聚焦长江经济带发展、长三角一体化发展、黄河流域生态保护和高质量发展等国家重大战略实施，紧盯以下四个方面：紧盯水安全保障，重点关注水灾害、水资源、水生态、水环境等领域的多发易发问题，影响新阶段水利高质量发展六条路径落地的制约因素；紧盯财经制度执行，突出对预算编制、预算执行、资金管理、政府采购等方面违反财经纪律行为的监督；紧盯水利廉政风险薄弱环节，重点关注水利资金管理和行政审批等重点领域、关键环节的廉政风险防控措施是否到位；紧盯中央八项规定精神执行情况和巡视巡察、财务检查、专项审计、“小金库”检查等各类监督检查发现问题及整改落实情况。

3.2 健全体制机制，规范贯通协调程序

健全体制机制是水利行业开展三类监督贯通协调的重要内容，构建起监督体系的“四梁八柱”。建立党委（党组）领导、部门协同、多方参与的三类监督贯通协调格局。强化顶层设计，制订贯通协调实施方案，明确重点内容、方式方法、保障措施。健全内部横向协作机制，单位内设财务部门、纪检部门以及巡视巡察机构之间要建立包括信息沟通、协作配合、线索移送、成果共享、结果反馈等方面的协作机制，加强信息交流，统筹人员力量，聚焦重点事项，联合开展监督，以发现问题为根本目的，以推动解决问题为最终目标。发挥流域纪检监察沟通协调机制平台作用，目前长江流域建立了长江经济带水利纪检监察沟通协调机制，黄河流域建立了沿黄水利纪检监察协调机制，海河流域正在探索建立京津冀水利纪检监察协同监督机制，其他流域机构也注重加强与地方纪检部门的沟通联动，为推进三类监督贯通协调搭建了平台。要发挥好流域纪检沟通协调机制在跨区域水利工程建设、水利资金使用等方面的联合监督作用，当前正在开展的增发国债水利建设项目、国家水土保持监测站点优化布局工程等涉水工程，点多面广，资金量大，监管难度大，由于使用国债的水利工程有限期完成开工率、资金执行率等硬性指标约束，部分地方为实现目标，甚至出现统计数据造假情况，迫切需要加强流域和地方联动监督。

3.3 压实各方责任，提升贯通协调质效

压实各方责任是水利行业开展三类监督贯通协调的重要保障，为开展监督打通“最后一公里”。水利财会部门、纪检部门、巡视巡察机构作为履行三类监督的主责部门，要依规依纪依法开展监督工作，切实增强贯通协调的政治自觉、思想自觉、行动自觉。财会部门和巡视巡察机构发现涉嫌违纪违法线索，属于纪检部门受理范围的，应及时向纪检部门移送。纪检部门在监督检查中发现的水利资金管理、资产管理、政府采购等方面的财经问题，在向被监督单位提出纪检建议时，同时将相关问题抄送给财会部门。要注重监督成果运用，做好“后半篇文章”，不能一督了之，主责部门对监督过程中发现的一般性问题，要提出具体整改意见建议，及时反馈给被监督部门，并定期跟踪问题整改落实情况；对于监督过程中发现的涉嫌违纪违法问题，纪检部门要按程序追究相关责任人员和单位的党纪责任。要统筹谋划专业化监督队伍建设，注重复合型人才培养，建立专门人才库，将懂水利、懂财务、懂纪检、懂巡视巡察工作的干部纳入人才库中，有针对性地开展党规党纪、财会知识等专业培训，相互交流工作经验，提高履职本领，努力锻造政治素质高、业务能力强、工作作风好、自我要求严的专业化监督团队。

参考文献

[1] 习近平．高举中国特色社会主义伟大旗帜 为全面建设社会主义现代化国家而团结奋斗：在中国共产党第二十次全国代表大会的报告［J］．求是，2022（21）．

[2] 中华人民共和国国民经济和社会发展第十四个五年规划和2035年远景目标纲要［M］．北京：人民出版社，2021.

[3] 中共中央办公厅，国务院办公厅．关于进一步加强财会监督工作的意见［EB/OL］．(2023-02-28)．

[4] 贵州省纪委监委机关课题组．“四类监督”贯通协同的路径机制研究［J］．当代贵州，2023（6）：68-70.

[5] 钟丹，杨阳．推动深化“纪巡财”监督贯通协同的实践思考：以重庆市为例［J］．财政监督，2023（16）：5-8.

[6] 杭州市财政局．巡财联动“五同步”财会监督提质效［J］．财政监督，2024（7）：5-8.

以内部控制为抓手全面提升基层事业单位预算管理

林佑美

（水利部水利水电规划设计总院，北京 100120）

摘 要：基层事业单位预算管理在确保公共资源合理配置和提高公共服务效率方面发挥着关键作用，本文探讨了如何通过强化内部控制来提升基层事业单位的预算管理水平，具体分析了内部控制与预算管理之间的联系，并指出了实践中基层事业单位在预算编制、执行和考评环节存在的主要问题，进而提出了通过健全预算管理体系控制、加强预算编制控制、执行控制以及考评控制等对策来改善现状。

关键词：基层事业单位；内部控制；预算管理

1 引言

随着社会经济的发展与国家治理体系的现代化进程，基层事业单位作为公共服务提供的重要载体，在促进社会公平正义、增进民生福祉等方面发挥着不可替代的作用。然而，在实际运行中，由于内外部环境的变化及自身管理水平的局限性，这些单位在预算管理方面面临着诸多挑战。有效的预算管理是提高资金使用效率、优化资源配置、促进廉政建设的关键，而内部控制则是实现这一目标的重要手段之一[1]。

内部控制不仅是财务活动的基础保障，更是单位内部各项业务活动得以顺利进行的前提条件。它有助于防止舞弊行为的发生，提高资金使用的透明度与合规性，并最终促进机构整体运营效率的提升。鉴于此，本文旨在探讨如何通过强化内部控制来提升基层事业单位的预算管理水平，提出具体的改进措施，并为相关决策者提供参考依据。

2 内部控制与预算管理的联系

内部控制与预算管理共同构成了事业单位财务管理的坚实基础，相互支持、相互促进，确保单位资源的合理配置和使用，提升整体运营效率和管理水平[2]，因此内部控制与预算管理之间存在着紧密的联系，这种联系主要体现在以下方面。

2.1 信息保障

内部控制体系确保了财务信息的准确性和可靠性，这对于预算管理至关重要。预算管理需要基于真实、完整的信息来制订和调整预算计划。内部控制中的记录保存、文档审核等措施能够提供准确的数据支撑，帮助管理层作出更为科学的预算决策。

2.2 风险防范

内部控制通过识别和评估潜在风险，并采取预防措施来降低风险发生的可能性。预算管理同样需要考虑各种内外部风险因素，如政策变动、市场需求变化等。内部控制的有效执行能够帮助预算管理更好地应对不确定性，确保预算目标的实现。

2.3 过程监督

内部控制包括对财务活动的持续监督，确保所有操作符合既定的规则和程序。预算管理同样需要

作者简介：林佑美（1996—），女，会计师，研究方向为事业单位预算管理、内部控制。

对预算执行情况进行跟踪和监控，以确保预算计划得到有效实施。内部控制中的监督和检查机制可以及时发现预算执行中的偏差，并促使相关部门采取纠正措施。

2.4 合规性保证

内部控制确保所有财务活动符合法律法规和单位内部制度的要求，这对于预算管理尤为重要。预算管理不仅要满足单位内部的需求，还需要遵守外部的法律规章。内部控制通过建立和完善规章制度，使预算管理能够在合法合规的前提下进行。

3 基层事业单位预算管理存在的主要问题

3.1 预算编制的主要问题

预算编制是预算管理工作的源头，其编制质量对于整体工作至关重要。基层事业单位预算编制环节存在的问题主要体现在：一是预算编制依据不充分，部分基层事业单位没有及时跟进国家相关法律法规或重大决策部署变动，预算与组织的年度目标和任务脱离，不符合单位收支实际情况，导致预算数与执行数差异较大；二是预算编制流程不规范，基层事业单位在编制预算环节由于全员参与意识不足，认为预算编制仅是财务部门的工作，有关部门在提出预算需求阶段积极性不足，容易有遗漏事项，或因前期缺乏调研和论证，预算测算不够准确，导致预算可行性差；三是预算编制方法落后，基层事业单位编制预算的方法以增量预算为主，根据前期的预算数或者执行数，再在此基础上加以调整来编制次年预算，该方法容易随着单位外部环境、内部环境的变化而失去科学性和合理性。

3.2 预算执行的主要问题

预算执行是预算管理工作的核心环节，它直接关系到预算目标能否顺利实现。基层事业单位预算执行环节存在的问题主要体现在：一是预算刚性约束不强，预算执行环节未能严格按照申报的预算来安排各项收支，资金收支随意性较大。二是预算调整随意性大，虽然大多数基层事业单位在内控制度中明确了预算调整程序，但往往未从制度层面对预算调整审批各环节的权责加以明确，导致合理性、必要性不足的调整事由得以通过审批，影响预算执行的规范性。三是缺乏有效的预算监控手段，基层事业单位实施预算监控的手段大多为事后人工审核，无法进行实时监控，导致项目执行中出现的滞后和偏差不能被及时发现和纠正，不利于预算项目管理，还易引发财务风险。四是没有开展预算分析工作，缺乏有效沟通。上级单位对基层事业单位财政拨款预算一般有支付进度达标要求，但在预算执行环节由于没有建立预算执行分析机制和沟通机制，相关责任没有落实，财务人员不掌握项目开展情况，业务人员不掌握预算执行进度，导致预算执行缓慢而没有及时采取应对措施，降低了资金使用效率和效益。五是缺乏预算预警，无法及时发现预算执行中资金安全方面的问题，导致监督滞后。

3.3 预算考评的主要问题

预算考评是预算管理工作的保障环节，它可以为基层事业单位提供必要的反馈机制，有助于增强单位的责任制和绩效管理，促进更加科学合理的财务决策。基层事业单位预算考评环节存在的问题主要体现在：一是预算考评机制不健全，基层事业单位预算考核制度规定的考核内容一般较为片面，不能在预算管理全过程中充分利用预算考评促使预算管理工作的改进；二是预算考评激励机制不到位，基层事业单位制定的预算管理工作相关的奖惩措施，往往力度都比较轻微，难以在实质上激励各部门提升预算管理工作；三是预算绩效评价结果反馈不到位，部分基层事业单位没有将预算绩效评价结果反馈到有关人员和部门，导致预算绩效评价资源被浪费。

4 以内部控制为抓手全面提升基层事业单位预算管理的对策

4.1 健全预算管理体系控制

健全的内部控制体系是提升单位预算管理水平的基础，基层事业单位应结合自身实际建立权责清晰、约束有力的预算业务控制体系。一是建立健全预算管理制度，基层事业单位应当梳理并优化预算管理工作流程，根据自身实际需要制定本单位的预算管理制度，明确预算管理各环节的主体、范围、程序、权责等，强化预算刚性约束。加强预算执行监控制度的建立，重视预算管理考核制度的完善，通过健全的规章制度规范预算管理全过程，确保资金使用安全有效。二是健全预算管理协调机制，由于预算管理涉及面较广，从预算编制开始的整个生命周期是一个动态平衡的过程，在这个过程中涉及部门和单位整体，不同部门之间、财务部门内部不同岗位之间需要不断沟通协调才能确保预算管理全过程的健康运行[3]。三是加强预算管理信息化建设，基层事业单位应遵循内部控制规范体系要求，运用技术手段加强对预算相关信息系统的控制[4]，促进预算管理工作集约化、自动化、智能化。

4.2 加强预算编制控制

基层事业单位应当依据相关法律法规，持续强化对预算编制的控制，明确制定预算编制的依据、程序和方法，确保预算编制工作的合理性、规范性、科学性、及时性、完整性、细致性和准确性。通过这一系列措施，单位可以提高预算编制的质量，从而更好地支持其运营和发展目标。一是明确预算编制依据，基层事业单位应根据相关法律法规，上级单位的工作部署，本单位的职责、任务和规划以及本单位实际情况编制收支预算，夯实预算编制基础；二是规范预算编制程序和要求，基层事业单位可以根据上级单位下达的预算编制要求，制定本单位的预算时间安排和要求，对编制预算的有关人员进行培训，准备预算文本等预算编制相关材料的模板，将编制预算的责任落实到有关部门，部署预算编制相关工作；三是优化预算编制的方法，预算编制应依据本单位的职责、目标等战略规划来确定本单位的运营目标，以目标为导向布置本单位预算编制工作，结合零基预算分编制方法，做实做细预算编制工作。

4.3 加强预算执行控制

基层事业单位应严格按照预算开展各项经济活动，合理安排各项资金，通过事前审批，事中监控、预警和调整审批，事后分析等措施，提高预算执行的有效性。一是严格财务开支审批，基层事业单位应通过制度，按照资金用途、资金性质和金额大小等明确财务开支的审批权限，同时应明确责任人对支出是否符合预算安排进行审核，确保执行和预算的偏离在合理范围内；二是完善预算调整程序和制度，按照支出经济分类，预算调整分为跨“类”“款”“项”，其中：跨“类”调整事项应向财政部报批，跨“款”调整事项应向财政部报备，因此应当按照支出经济分类制定不同的预算调整审批程序，通过制度明确预算调整的审批权责，确保预算调整的合理性和必要性；三是建立预算执行监控机制，基层预算单位应对预算执行全过程实施有效的监控，并通过信息化等手段使有关业务部门及时掌握预算执行的实际情况，保证预算执行的透明度，同时及时发现并纠正执行中的问题；四是建立预算执行分析机制，基层事业单位应及时掌握预算执行动态，定期召开预算执行分析会议，深入分析预算执行中存在的问题和原因，提出相应改进措施；五是建立动态预警机制，基层事业单位应确定合理的预警范围和标准，并通过在财务信息系统中预设预警指标，自动、实时地预警单位预算执行中存在的风险和问题，防患于未然。

4.4 加强预算考评控制

预算考评工作应贯穿基层事业单位预算管理的全过程，确保预算管理过程中各部门按照有关制度、要求和时间安排完成工作，旨在提高预算管理效率和效果。一是建立健全预算考评机制，基层事业单位应建立预算管理考核制度，通过设定有效的考核指标，对预算编制，预算执行、预算绩效等工作进行全过程的动态考核，科学公正地评价各部门实施预算管理工作的效率和效果；二是注重考评结果的应用，通过制定相应的奖惩措施，提高各部门参与预算管理工作的积极性和主动性，制定奖惩措施应注重公平公正、透明沟通、人性化管理、持续跟踪等；三是加强评价结果反馈，基层事业单位要及时地把预算绩效评价结果向有关部门反馈，使其了解预算绩效管理工作中的不足，及时改进问题，促进预算绩效管理工作提质增效[5]。

5 结语

综上所述，随着时代的不断发展与进步，基层事业单位全面提升预算管理势在必行，对单位的持续高效发展具有重要意义[6]。就目前基层事业单位预算管理工作中存在的预算编制不科学、预算执行不规范、预算考评不落实等问题，基层事业单位应当强化内部控制，通过健全预算管理体系控制，加强预算编制、执行和考评控制等措施，以此全面提升基层事业单位预算管理，进一步推动单位的规范化运作，为其在新时代背景下更好地履行职能和服务社会提供坚实的财务保障。

参考文献

[1] 杨立艳，王永成．基于全面预算管理强化行政事业单位内部控制［J］．地方财政研究，2018（6）：87-92.

[2] 李琨．内部控制视角下对行政事业单位预算绩效管理的思考［J］．中国注册会计师，2014（2）：99-101.

[3] 张庆龙．行政事业单位内部控制建设原理与操作实务［M］．北京：电子工业出版社，2017.

[4] 张萌．基于内控视角的医院预算管理优化策略探究［J］．财会学习，2024（24）：61-63.

[5] 财政部预算司．2024 年中央部门预算编制指南［M］．北京：中国财政经济出版社，2023.

[6] 吴丹．基层事业单位全面预算管理问题及对策分析［J］．财会学习，2023（23）：73-75.

基层事业单位财务规范化管理实践与探索

徐新玲

（黄河水利委员会三门峡库区水文水资源局，河南三门峡　472000）

摘　要：党的二十届三中全会通过的《中共中央关于进一步全面深化改革、推进中国式现代化的决定》中提出要深化财税体制改革，并就健全预算制度等作出了重要部署，提出了明确要求。新形势下，要加快补齐内控制度短板，强化预算刚性约束，提升财务管理水平，更好地保障单位有效运转和高效履职。本文旨在通过对基层事业单位财务管理现状进行分析，探讨加强单位内控制度的途径和方法，旨在为基层事业单位财务管理科学化、规范化、标准化提供参考，推动提升基层事业单位财务管理水平。

关键词：财务规范化管理；基层事业单位；实践与探索

1　财务规范化管理概述

事业单位是经济社会发展中提供公益服务的主要载体，是我国社会主义现代化建设的重要力量，目前我国有 111 万个事业单位，事业编制人数达 3 153 万，覆盖经济社会生活各领域，与民生紧密相关。基层事业单位财务管理工作的规范化、科学化水平直接影响着基层经济社会的稳定和发展。因此，探索和实践基层事业单位财务规范化管理是提升财务管理效能、保障资金安全的迫切需要，也是深化事业单位改革、提高公共服务水平的必然选择[1]。

财务规范化管理旨在通过建立和执行系列标准化的财务流程、制度和政策，确保组织的财务管理活动符合国家法律法规、行业标准以及单位内部管理要求，包括会计核算和财务报告的准确性，强调风险控制、资金运营效率、财务透明度以及合规性。事业单位对财务进行规范化管理，能够有效提升财务信息质量，优化资源配置，降低运营风险，进而实现可持续发展。我国财务规范化管理理论的构建深受国家法律法规和政策影响，从《中华人民共和国会计法》到《行政事业单位内部控制规范（试行）》和《财政部关于全面推进行政事业单位内部控制建设的指导意见》，逐步形成了以法律法规为基础、以单位内部控制为核心、以风险管理为导向的财务规范化管理理论体系[2]。近年来，随着大数据、云计算等信息技术的发展，我国财务规范化管理理论更加注重信息化建设，推动财务管理向数字化、智能化转型。

2　基层事业单位财务管理现状分析

2.1　预算编制缺乏科学性，预算执行存在差异

预算编制的科学性是财务管理的基础，然而基层事业单位的预算管理往往基于历史数据和经验判断，而缺少深入的需求分析和科学预测，这种做法导致资源分配难以精准对接实际需求，资金可能被分配至非关键领域，而真正需要资金支持的项目却捉襟见肘。在执行层面，预算执行差异较大，缺乏行之有效的监控与评估体系，因而预算执行与预算编制的差异影响了资金的合理利用，并可能造成项目延期，在一定程度上制约了事业单位的运行效率。

作者简介：徐新玲（1973—），女，高级经济师，主要从事财务管理工作。

2.2 资金分配不平衡，使用效率低下

资金的合理分配与高效使用是事业单位健康发展的关键，但基层单位在资金使用上普遍面临分配不平衡问题。一方面，部分项目资金充裕；另一方面，一些重要项目却因资金短缺而难以推进。加之资金使用过程中缺乏精细化管理，如对资金流向的实时监控和成本控制机制导致资金浪费和使用效率低下，影响了事业单位的服务质量[3]。

2.3 财务信息化水平不高，难以实现高效管理

信息化建设是提升财务管理水平的重要手段，但基层事业单位在这一领域普遍滞后。财务信息系统落后，数据处理能力不足，导致财务数据的收集、分析和利用效率低下。其缺乏信息化手段使得财务管理难以实现自动化和智能化，增加了工作量，增加了出错率，同时也限制了财务管理的精细化和透明化。在大数据和云计算普及的现代社会，信息化水平不高已成为制约基层事业单位财务管理效能提升的关键瓶颈。

3 基层事业单位财务管理规范化、标准化体系构建

3.1 规范化管理体系构建原则

3.1.1 遵循法规

基层事业单位内部控制管理体系需与国家法律、地方法规和行业规定保持高度一致，既要遵循《中华人民共和国会计法》《中华人民共和国预算法》《中华人民共和国政府采购法》等法律法规，也要遵守《中华人民共和国水法》《中华人民共和国防洪法》《中华人民共和国黄河保护法》等与水利相关的法律法规，以及水利行业相关规定、规范，如《水利水电工程管理条例》《水利工程质量管理规定》等。法规遵循是体系构建的基础，其要求事业单位的财务活动必须在法律框架内进行，避免违法违规行为，保证资金使用合法合规。

3.1.2 适用业务

基层事业单位的财务规范体系应紧密贴合单位业务特点，考虑事业单位公益性质和公共服务职能，确保财务管理流程与业务流程相匹配，进而提高财务工作效率。例如，行政事业单位应注重“三公经费”和行政事业类项目的管理。业务适用性原则要求体系设计灵活，能够适应事业单位发展的需要。

3.1.3 优化流程

基层事业单位财务规范化管理可通过梳理和优化财务流程，减少不必要的环节，降低管理成本。流程优化包括财务审批、报销、预算编制等内部流程的简化，还应考虑与外部单位（如税务、审计部门）的接口优化，以确保信息传递的顺畅与准确。且流程优化应注重风险控制，确保在提升效率的同时不降低财务安全性和合规性[4]。

3.1.4 技术支持

基层事业单位需利用如云计算、大数据、人工智能等现代信息技术，提升财务管理的智能化和自动化水平。技术支持要求财务管理体系能够与财务软件、ERP 系统等信息技术手段对接，实现数据的实时采集、分析和报告，同时注重数据安全，建立健全数据保护机制，以防止财务数据泄露和篡改。

3.2 标准化体系框架

在构建基层事业单位财务管理规范化、标准化体系的过程中，需着眼于以下四大核心模块，确保财务管理的高效、透明与合规。

3.2.1 财务程序标准化

基层事业单位应详细编制财务规定与程序手册，覆盖资金管理、费用报销、合同审批、采购流程、资产购置与处置等所有财务活动，确保每项操作有章可循、有据可依；并组织进行定期的财务培训，采用案例分析、实操演练、在线课程等多种方式确保所有财务人员理解财务制度的内涵，能熟练

掌握操作流程。同时，建立财务内控制度评估小组，定期对制度执行效果进行评估，通过问卷调查、内部审计、意见反馈等方式收集制度执行中的问题与建议。根据如财经政策法规更新、业务发展需求等内外部环境变化，及时调整相关财务规定，保持其有效性和适应性。

3.2.2 预算管理标准化

基层事业单位规范化管理需结合单位战略目标与财务资源，合理制定预算编制指南，应明确预算编制原则、方法和流程，并引入零基预算、滚动预算等先进预算编制技术，以确保预算编制的科学性与灵活性。同时，建立预算执行监控系统，定期进行财务分析与报告（如月度、季度财务报告），及时发现预算执行中的偏差，并实施预算执行预警机制对预算超支或结余较大的项目进行重点监控。根据需要制定预算调整流程，明确预算调整的权限、条件、程序以确保预算调整的透明性与合规性，以及实施预算调整审批机制，其所有预算调整需经过业务部门、财务部门及决策层的共同审议和上级审批，避免随意调整导致的财务风险。

3.2.3 绩效评价标准化

基层事业单位需构建统一的绩效评价报告编制流程，以确保报告的准确无偏差，提升财务透明度，使财务信息在第一时间传递至相关业务部门，同时实行绩效评价报告审核制度，由财务部门、业务部门共同参与，确保报告质量。

3.2.4 资产管理标准化

基层事业单位财务规范化管理需提前制定完善的资产管理制度，涵盖资产采购、保管、处置的全生命周期管理等，明确各个环节的责任人与操作标准，并同时实施资产采购审批流程以确保资产购置符合实际需求。规范资产登记与定期盘点制度，利用现代信息技术建立资产信息数据库，保障资产信息的实时更新，定期开展资产盘点，以保证账实相符。资产管理部门需会同业务技术部门建立资产使用与维护责任制，明确资产使用者与维护者的具体职责，定期对资产使用与维护情况进行检查，确保国有资产保值增值。

3.3 标准化实施策略

3.3.1 制度建设与培训

在预算一体化系统下，财政部门对事业单位各项财务收支的监管更加严格，推动基层事业单位更要规范财务管理，加强会计核算。应构建完善的财务管理制度，包括明确财务岗位职责、规范财务流程、确立财务审批权限等。一是明确财务人员的岗位职责，确保每一项财务工作都有专人负责，如出纳负责日常收支、银行对账，会计负责账务处理、财务报表编制，财务主管负责财务审核和财务分析。二是制定费用报销、借款、资金支付、采购等流程，保证每项财务工作有明确的流程和标准[5]。三是制定财务审批权限，明确财务支出审批权限。四是定期对财务人员进行制度培训，如每季度进行一次财务制度培训，以保障财务人员熟悉财务各项流程和财务审批权限。

近年来，水利部各级财务主管部门不断加大对基层单位的财务培训力度，基层财务管理逐年规范化，尤其是财政部自 2017 年制定《行政事业单位内部控制报告管理制度（试行）》以来，作为基层事业单位，我们首先对现有的财务制度进行了全面梳理，查漏补缺，制定了完善的财务管理内控制度，包括预算管理、资金收支管理、合同管理、政府采购管理、财务报销流程等，同时明确了财务人员的岗位职责，建立了财务审批权限体系。经过几年的规范化管理，单位的财务状况明显改善，账目清晰，预算执行差异率大幅降低，财务报告的准确性和及时性也得到了提高，单位的预算透明度和财务公信力得到了显著提升，连续五年在水利部整体支出绩效评价工作中以优秀成绩得到了上级部门认可。

3.3.2 信息化平台建设

基层事业单位规范化管理可通过采用先进的云技术建立统一的财务管理平台，实现数据的实时同步和共享，同时提供多维度的数据分析和报表生成，为决策者提供有力的数据支持。且在信息化平台上集成 OCR（光学字符识别）、AI（人工智能）等技术，实现票据自动识别、账目智能分类等功能，减少人工错误。鉴于财务数据的敏感性，基层单位必须建立完善的安全防护体系，包括数据加密、权限管理、定期备份等，以确保财务信息安全，防止数据泄露和篡改。为确保信息化平台的有效运行，单位应定期对财务人员进行培训，提升财务人员的操作技能和数据处理能力，与开发部门建立技术支持团队，提供运维保障，及时解决技术问题。根据使用反馈和业务发展需求，持续优化信息化平台，引入新的技术和功能，确保平台的先进性和适应性，为基层事业单位的财务规范化管理提供更新和支持。

在财务规范化的基础上，学习借鉴先进单位经验，进一步探索财务管理方式的创新，引入智能化财务管理系统，建立财务风险预警机制，运用数据分析实时监控财务风险，避免潜在的财务危机。

3.3.3 实现财务数据分析

在构建基层事业单位财务规范化管理标准化体系中，应建立全面的财务内控制度和风险评估机制，定期对单位财务状况进行风险评估，识别潜在的财务风险，如资金流动风险、投资风险、信用风险等，从而制定相应的风险防控措施。

4 结语

随着大数据、云计算等技术的不断成熟，财务工作将更加依赖于智能工具，基层事业单位可通过建立规范化的财务管理体系，实现财务流程的标准化与透明化，通过信息技术提高财务数据的准确性，实现财务分析的实时化和精准化。基层事业单位要持续关注财务信息化技术，引入智能化财务管理信息系统以提高资金使用效率和财务管理水平，采用高效、智能的财务管理模式，进一步规范和提升基层事业单位财务管理，促进事业单位健康发展。

参考文献

[1] 苏文明．对规范事业单位财务会计工作的探讨［J］．纳税，2020，14（22）：109-110.
[2] 吴良娥．基层事业单位财务风险防范及控制策略探究［J］．金融客，2023（9）：96-98.
[3] 周新云．行政事业单位资产规范化管理实践与探索：以山东省新泰市为例［J］．经济研究导刊，2020（29）：102-104.
[4] 李明洋．行政事业单位进行财务精细化管理的实践与探索［J］．现代营销（信息版），2019（8）：42.
[5] 吕万美．行政事业单位预算管理一体化系统的实践与探索：以重庆市为例［J］．行政事业资产与财务，2023（1）：40-42.

浅析事业单位财务内部控制管理存在的问题和解决措施

牛盼盼[1]　韩淑惠[2]

（1. 淄博黄河河务局高青黄河河务局，山东淄博　256300；
2. 淄博黄河河务局防汛物资储备中心，山东淄博　255000）

摘　要：近年来，随着政府财政支出的不断扩大和财政政策的不断完善，政府财政各项工作越趋完善；社会公众对政府财政问题的关注度明显提高，也对事业单位财务内部控制管理工作提出了更高的要求，建立一套更加完善且有效的财务内部控制体系成为现阶段摆在各单位面前的一项重要而紧迫的任务。本文从总体上对事业单位财务内部控制管理进行了基础性研究，分析了事业单位加强财务内部控制的重要性及应当坚持的原则，并通过阐述事业单位财务内部控制管理现状及所面临的困难，为如何提高和健全事业单位财务内部控制管理提供了具体的指导意见和措施。

关键词：内部控制；原则；必要性；问题；措施

1　事业单位财务内部控制的概念

所谓内部控制，是指单位为完成其工作目标，保障资源的安全完整，确保会计信息数据的真实准确，保证项目计划的贯彻执行，提高经营活动的经济性、效能性和目标性而在单位内部采取的自我调控、约束、设计、考核与管理的各种方式、手段与措施的总称。通过制定制度、建立体系、采取手段和执行程序，实现对单位经济活动风险问题的预警和控制，有效防范和化解风险，加强廉政防控，提高单位内部管理水平。早期的内部控制主要在钱物分管、规范程序、加强内部审核等方面加以管理。随着我国市场经济进程的不断加快，经济活动日趋复杂化，事业单位的经济政治体制也在不断地改革与深化，如何最大化地发挥其服务性、公益性职能更需要健全完善的财务内控体系予以保障。

2　事业单位财务内部控制的目标和原则

2.1　财务内部控制的目标

财务内部控制的主要目标是保证单位内部财务管理活动规范有效和达到对资本的使用效率最优化。根据事业单位的特点，财务内部控制的具体目标：一是保证财务制度和管理方法的合法合规；二是保证资金资产的安全；三是保证会计信息和有关信息的真实完整；四是保证计划目标的实现和资本的效率最优化。

2.2　财务内部控制的原则

（1）合法性原则。

必须以国家法律法规为准绳，在国家的规章制度范围内和监管部门的监管要求下，构建符合本单位实际的财务内控体系。

（2）全面性原则。

作者简介：牛盼盼（1984—），男，高级经济师，科员，主要从事财经管理工作。

财务内部控制在内容上要涵盖单位所有的经济活动，在层次上要包含涉及单位财经运行的全体人员，在过程上要贯穿决策、执行、监督全过程，防止内部控制出现空白与缺陷。

（3）有效性原则。

能够为控制目标的实现提供合理保障。单位全体人员要自觉维护内部控制的高效实施，对内控体系建立和实施过程中出现的问题要能够进行有效纠正和解决。

（4）制衡性原则。

财务内部控制在全面落实财务审签、检查负责、问题整改的财务管理三项工作机制基础上，还要在职责权限、工作流程、内部稽核等方面建立互相制约、相互监督的制衡机制，以实现各个岗位之间互相控制、彼此监管。

3　加强事业单位财务内部控制的必要性

3.1　全面从严治党、依规治党的必然要求

新时期，党中央大力推进反腐倡廉工作[2]，出台中央八项规定，促进党政机关厉行勤俭节约、过紧日子，推进全面从严治党向纵深发展；但我们也应该清醒地认识到，受内外部环境影响和利益的驱使，贪污腐败和违反中央八项规定精神案件还时有发生，其主要原因虽然是个人的道德品质问题，但也不能忽视单位内控管理方面的问题。因此，建立健全内控制度，提高会计信息透明度，强化财会监督成为当今预防和遏制腐败的重要举措。

3.2　贯彻实施国家各项财经法规的重要保证

国家制定的一系列财经法规是国家意志的原则体现，是规范各单位财经行为的重要准则，也是指导各单位财务管理工作的“方向标”和“指南针”。建立健全内部控制制度，加强财务内部控制，就可以把国家的财经法规在单位内部具体化，针对每个单位的具体情况，解决其千差万别、各式各样的具体财务问题，促使国家各项财务规定落到实处。这是贯彻和实施国家法律法规的重要基础和保证，也是单位理财意志的具体表现。

3.3　规范会计工作和强化会计监督的必要手段

会计工作涉及单位发展的各方面，是单位管理活动的敏感环节，必须严格规范。建立健全内部控制制度，堵住财务管理中的漏洞和隐患，能够有效防止各种贪污、损失、浪费现象以及减少和避免会计违法违纪案件等情况的发生，进一步提高会计信息整体质量[3]。同时，构建各财务会计岗位内部制约机制，明确会计人员的职责权限、工作规程和纪律要求，能够保证会计工作的真实严格和单位发展各个环节的规范性和效率性。

3.4　加强单位内部管理的内在需求

新时期，单位分工越来越细化、内部结构越来越复杂，通过财务工作对业务和管理活动各个环节进行集中管理也显得越来越重要。深化财务内部控制与单位内在管理相互融合、互相促进，对业务管理全过程进行系统的反映和监督，更有利于改善单位内部管理，提高经济效益。

4　事业单位财务内部控制存在的问题

4.1　不了解财务内部控制的真正内涵

科学的财务内部控制不仅能够预防和降低单位财务管理的风险，而且还能够提升管理水平和经济社会效益。现实中，一些单位管理者在思想上仍然缺乏对财务内部控制的足够重视，普遍缺少对财务专业知识的掌握，不重视财务内部控制对会计核算和财务管理的影响，单纯地认为上级的各项财务规定和财政部门的预算统筹机制就是财务内部控制，导致单位财务内部控制方面的制度或规定长期缺失或缺位，从而造成会计信息失真、一人兼任多个财务岗位的现象出现。

4.2　会计制度可执行性不强，影响了会计制度的严肃性

会计的基本功能是核算与控制，通过相应的会计制度予以实现。在实际工作中，有的单位尽管已

建立了相关的内部会计制度，但是没有相应的实施办法和具体措施，执行力弱的会计制度总是容易诱发各种经济犯罪，如公款炒股、购买股票，利用租赁、拍卖资产之机损公肥私，在采购、销售环节中饱私囊等。这些经济犯罪原因可能多种多样，但单位内部会计制度及其执行肯定是不健全、不完善的，管理和监督也是不到位的。

4.3 缺少对支出的控制意识

强化事业单位成本费用支出控制管理，是顺应国家关于建立经济型、节约型政府的现实需要。但实际情况是，有的单位从领导者到一般工作人员都缺乏预算成本控制意识，各项经费的开支范围和标准未进行明确细化，造成财务控制流于形式，截留、挪用、挤占专项资金，随意变更项目内容或预算，无预算支出经费等现象普遍存在，违反了国家现行财经法规。

4.4 财务内部控制体系不健全

财务内部控制的核心环节是内部控制体系和内部控制方法，它直接决定着内部控制目标能否实现。然而，有的单位在构建财务内控体系时，仅针对某一项财务活动制定单一的管理制度，没有形成一套全面、科学、系统的财务内控体系，各财务岗位职责、权限管理、工作程序上还比较模糊、不够清晰，财务内部控制作用还不够明显。再就是没有建立相应的内部稽核制度，对于日常财务工作中出现的疏忽、错误未能及时发现、纠正或制止，从而导致会计信息的质量降低，可靠性和相关性大打折扣。

4.5 监督检查力度有待加强

目前，有的单位由于受人员编制数量、知识结构以及机构设置等因素影响，存在一人兼任多岗、一岗多责，财务部门与其他部门合署办公、财务部门负责人同时兼任其他部门负责人的不合理、不合规情形，未按照不相容职务相分离、不相容岗位相分离的原则合理设置岗位和安排职务，执行、监督、稽核由一人来完成，从而使监督效果不明显，流于形式。再就是基层事业单位没有审计职能，很少建立专门的审计部门，即使设立内部审计部门，但受人员、素质、能力等多重因素影响，开展审计监督业务往往需要抽调财务人员来完成，财务人员则扮演了“运动员”和“裁判员”的双重角色[4]，其审计监督的独立性得不到有效保证，监督作用也无法有效发挥。

4.6 财务人员素质有待提高

现阶段，在基层事业单位中，存在非财会专业人员从事财务工作的情况，虽然通过自身后期的学习和锻炼，在实际工作中，能够解决若干财务工作中遇到的问题，但面对复杂、多变、灵活的财务业务时则呈现出难以应对、捉襟见肘的状态，以致日常财务工作审核监督流程过于简单，财务监督管理作用不能高效地发挥，造成监管乏力。再就是有的基层事业单位，财务人员由于刚参加工作不久，虽有一定的书本知识，但磨炼不足，缺乏实践经验，在复杂问题面前，缺乏独立处理问题能力，财务人员整体素质有待提高。

5 关于解决事业单位财务内部控制管理问题的意见措施

5.1 提升财务内部控制意识

当前我国经济受外部环境变化带来的不利影响增多，国内有效需求不足，经济运行出现分化，重点领域风险隐患仍然较多，财政收支矛盾更加严峻，财经形势发生了重大而深刻的变化，具体表现为形势越来越紧，要求越来越高，监管越来越严，问责越来越重，财务管理工作的重要地位日益凸显。因此，转变传统思维和提高思想认识势在必行，尤其是单位负责人在单位业务和管理活动中起到了领导地位，理应对财务内控管理予以足够重视。各级管理人员和工作人员通过学习财政法规及财务内控知识技能，转变思想观念，克服惯性思维，增强单位全员的法治观念，树立预算意识、规矩意识、红线意识，认真遵守财经纪律，实现压力逐级传导，形成全员参与、全员支持的良好氛围，逐步实现财务管理规范化、科学化。

5.2 建立完备的会计工作组织体系

会计工作质量的高与低、好与坏直接关系到单位运转的各方面。各单位在会计工作中，要严格遵守国家财经法规，建立涉及岗位职责、岗位要求、会计人员岗位轮换等方面的内部控制措施，明确各人负责财务管理工作的权限、各个涉及财务的部门领导和工作人员的职务权限，并确定全员性、全程性的财务内部控制。同时，要加强财会队伍建设，通过业务指导、网络培训、调研学习、论文交流等方式，上下联动，互学互鉴，不断提高财会人员规范管理、监督服务的能力水平。

5.3 完善内部牵制制度

目前，各单位在内部牵制制度的建设方面还存在着诸多需要解决的问题，如何建立一个机构分开、不相容岗位相分离、权责明确且相互制衡的内部牵制机制，是一个十分关键的问题。首先，要健全对会计事务的基本牵制制度，以强化对货币资金、存货收付的全面监督管理，实行货币资金收支与会计记账岗位相分离；其次，采用会计委派制度，遏制部分单位管理人员阻碍会计人员依法行使职权的情况出现，要定期轮换，以确保会计信息的连贯性、真实性、完整性；再次，健全约束机制，明确各岗位职责，建立合理正常的申报、反映、审计监督程序，完善会计人员考核，减少差错发生。

5.4 抓好内控制度强化执行

各单位要抓实抓严内控制度的贯彻落实和执行，持续增强制度的硬约束力，强化制度的执行力。要把住事前审查、事中审签、事后审验各道关口，组织开展好内部实时在线监控、例行及专项财务检查，充分利用好上级巡视（察）、审计发现问题落实整改，加压驱动促进内控制度的规范有效执行。重点做好预算管理、收支管理、资产管理、企业监督管理、政府采购管理、合同管理、资金账户及公务卡管理等几大方面的内控制度建立与执行工作，聚焦短板、拾遗补缺，优化内控制度的有效性和颗粒度，推动财务管理提档升级。

6 结语

新形势下，构建财务内部控制体系是规范财务管理的客观需要，更是严格制度执行的主要抓手和规范财务行为的重要保障。建立健全财务内控体系，是保证会计信息的真实完整、国家资产资金的安全高效使用和单位经济活动的协调有效运转的必要条件。

参考文献

[1] 曾德权，苏杭，甘园梅．行政事业单位财务内部控制制度初探［J］．财讯，2020（29）：157.
[2] 杨美华．行政事业单位财务支出报销的违规问题及完善措施［J］．现代经济信息，2020（17）：122-123.
[3] 张静哲，任巧楠．如何做好行政事业单位财务内控管理［J］．财讯，2021（5）：113.
[4] 王燕．行政事业单位财务内部控制制度存在的问题及对策分析［J］．行政事业资产与财务，2021（22）：54-55.

以全国学会为例浅谈民间非营利组织财会监督的现状和对策建议

苏　康　悦琳琳

（中国水利学会，北京　100053）

摘　要： 近年来，我国民间非营利组织取得了长足的发展。作为弥补政府和市场不足、满足社会需求的第三部门，民间非营利组织在政府和企业之外发挥着不可替代的协调、辅助和补充功能。全国学会作为民间非营利组织的重要组成部分，基本处在半官半民、自立自力状态，由于登记和监管相互分离，与登记管理部门、业务主管单位、挂靠单位的责权利尚未得到应有的规范。本文以全国学会为例，分析其财务建设现状问题，浅析加强民间非营利组织财会监督的建议。

关键词： 非营利组织；全国学会；财务建设；财会监督

党的十八大以来，以习近平同志为核心的党中央对坚持和完善党和国家监督体系作出重大制度安排，将财会监督作为党和国家监督体系的重要组成部分，为推进新时代财会监督工作高质量发展指明了方向、提供了根本遵循。2020 年 1 月，习近平总书记在第十九届中央纪委四次全会上发表重要讲话指出，要以党内监督为主导，推动人大监督、民主监督、行政监督、司法监督、审计监督、财会监督、统计监督、群众监督、舆论监督有机贯通、相互协调。2022 年 4 月 19 日，在中央全面深化改革委员会第二十五次会议上，习近平总书记再次强调，要严肃财经纪律，维护财经秩序，健全财会监督机制。2023 年 2 月，中共中央办公厅、国务院办公厅印发了《关于进一步加强财会监督工作的意见》（简称《意见》），是进一步做好财会监督工作的纲领性文件和行动指南。新型冠状病毒感染时期，以慈善会、基金会等为代表的民间非营利组织发挥了重要作用，同时其财务管理情况也是社会公众普遍关注的问题。本文以全国学会为例，分析其财务建设现状问题，浅析加强民间非营利组织财会监督的建议。

1　民间非营利组织财务建设概述

民间非营利组织（简称民非组织）包括依照国家法律、行政法规登记的社会团体、基金会、民办非企业单位和寺院、宫观、清真寺、教堂等。区别于政府部门的运作按照以权力分配为核心的民主体制，企业部门的运作按照以利润分配为核心的市场体制，而非营利部门的运作则按照以互利为核心的自治体制。民非组织一般具有以下特征：不以营利为目的；资源提供者向该组织投入资源但不取得经济回报，也不享有该组织的所有权。

国外的民非组织，从 17 世纪初萌芽发展至今，已趋于成熟和稳定，其内部财务管理也已趋于规范。近年来，我国民非组织取得了长足的发展，作为弥补政府和市场不足、满足社会需求的第三部门，民非组织在政府和企业之外发挥着不可替代的协调、辅助和补充功能。

2　以全国学会为例介绍财务建设现状

全国学会是按照自然科学、技术科学、工程技术及相关科学的学科组建或以促进科学技术发展和

作者简介： 苏康（1988—），女，会计师，主要从事预算、决算、会计核算等财务管理工作，以及人事管理、综合管理工作。

普及为宗旨的学术性、科普性社会团体。作为民非组织的重要组成形式，全国学会已成为推动科技发展的重要力量，截至2018年6月，中国科协主管的全国学会共有210个，覆盖理科、工科、农科、医科、交叉学科五大类学科领域。以下以中国科协主管的全国学会为重点，从监管体系建设、财务管理指引和规范、财务人才队伍建设等方面介绍民非组织财务建设现状。

2.1 监管体系不完善

全国学会的登记机关是民政部，主管部门是中国科学技术协会（简称中国科协），挂靠单位主要有政府部门、企事业单位、科研机构。根据中国科协的统计研究，全国学会基本处在半官半民、自立自力状态，由于登记和监管相互分离，与登记管理部门、业务主管单位、挂靠单位的责权利尚未得到应有的规范。一些全国学会与挂靠单位管理关系模糊不清，管理界限与模式有待规范。按照《中国科学技术协会全国学会组织通则（试行）》要求，全国学会的监督机构是监事会，监事会工作规则尚有待完善，积极性不足，难以有效实施监督。

2.2 财务管理工作缺乏足够的指引和规范

2005年以前，民非组织大多执行事业单位会计制度，2005年1月1日，《民间非营利组织会计制度》正式实施，填补了民非组织会计规范的空白，较大地规范了会计核算，对提高会计信息质量和透明度、促进民非组织的健康发展、促进政府部门对民非组织的有效监督都起到了积极作用。但相较于企业会计规范的快速发展，我国民非组织会计规范的研究则起步较晚，学术界长期以来对民非组织会计理论研究的重视不够，在一定程度上导致我国民非组织会计理论研究相对滞后，尚未形成系统的体系，难以满足民非组织改革与发展的需要。具体表现在以下两方面：

一是理论和实务研究滞后。以我国知名的会计学刊物《会计研究》为例，2005年以来，针对民间非营利组织会计研究的相关论文少之又少。虽然近年来一些学者针对实施《民间非营利组织会计制度》后的民间非营利组织会计现状进行了研究，分析了现有会计制度存在的不足和可以改进的空间，但探讨多集中在民间非营利组织会计制度相关问题、民间非营利组织会计准则的构建、中西方民间非营利组织会计的比较等方面[1]，缺乏实务应用研究和成果反馈，以及会计规范体系系统性的研究。

二是缺乏与现代预算改革的协调统一。全国学会不同于协会、商会等民非组织，全国学会主要挂靠在政府部门或事业单位，按照事业单位管理，部分经费来源于财政拨款，纳入全面预算管理体系。预算管理要求，对于单位纳入预算会计管理的现金收支业务，在采用财务会计核算的同时还要进行预算会计核算。这就要求在同一会计核算体系中须同时进行以权责发生制为基础的财务会计核算和以收付实现制为基础的预算会计核算，而《民间非营利组织会计制度》仅以权责发生制为基础核算。权责发生制与收付实现制的核算基础存在差异，收入与预算收入、费用与预算支出的范围及确认时点不同，对于纳入全面预算管理的全国学会，权责发生制的核算基础显然不能满足预算管理工作需求，更适合执行政府会计准则制度。民非制度的适用性有待提高。

2.3 财务队伍建设不够有力

一方面，全国学会的业务活动模式传统单一，资金运营规模较小，但资金种类多样，主要包括政府补助、社会捐赠、会费收入、提供咨询服务收入、政府购买服务等，资金日常管理复杂，需要财务人员具备相应的专业水平和能力。但全国学会大多没有建立独立财务部门，财务岗位由综合管理岗位兼任。财务从业人员专业程度不够、职责分工不清、培养机制缺乏等队伍建设不够完善的问题普遍存在。另一方面，预算、决算、核算、项目管理、税务管理等工作繁杂；内外部审计等各项检查强度日益增大，分支机构日益壮大，强监管状态下财务力量与工作强度明显不匹配等问题凸显。

3 加强民间非营利组织财会监督的对策

3.1 完善监管体系

进一步完善民非组织财会监督的工作协调机制，明确登记管理、业务主管、挂靠单位以及监事会等内外部监管的职责，加强财会监督与其他各项监督的有机贯通。

3.2 加强制度建设

《民间非营利组织会计制度》从 2005 年实施之后便没有更新，近 20 年来，民非组织蓬勃发展，该制度已难以支持民非组织业务活动发展，也无法满足逐渐多元化的财务应用需求。因此，应根据民非组织涉及领域，充分调研，开展专家论证，广泛征求具有代表性的不同行业领域的民非组织意见，尽快出台操作性强的制度解释，提高会计信息质量。

3.3 加强队伍建设

一是优化财务岗位配置。按照基础核算、中层管理、战略引领的功能定位，建立财会人员梯队。夯实核算人员专业基础知识，选拔专业水平过硬的业务骨干担任中层管理财务人员，聘用具备战略分析能力的高水平人才担任总会计师。二是多渠道加强人才培养。结合岗位需求和业务发展需要，通过继续教育、学历深造、学术论坛、专题沙龙，以及依托领军人才项目等内外部培训渠道，有针对性地进行人才培训。注重加强财务人员职业操守、专业知识、最新政策法规的培训，提升服务理念和意识[2]。三是落实定期轮岗制度。注重培养财务人员在不同业务领域的学习发展，调动积极性和创造性，激发工作热情，挖掘个人潜能。

参考文献

[1] 刘梦甜．我国民间非营利组织会计规范问题研究［D］．上海：上海大学，2013.
[2] 许敏．公立医院高质量发展下财务队伍建设现状与优化措施［J］．中医药管理杂志，2024，32（13）：237.

浅析财会监督视角下行政事业单位内部控制体系建设

段雪纯

（水利部水利水电规划设计总院，北京　100120）

摘　要：2023 年 2 月，中共中央办公厅、国务院办公厅印发了《关于进一步加强财会监督工作的意见》（简称《意见》）。该《意见》的发布，对于财会监督工作来说有着里程碑的意义，为推动建立“五元一体”财会监督体系和构建“纵横贯通”的财会监督工作机制提供了行动指引，也为新时代做好财会监督工作提供了纲领和指南。内部控制作为财会监督的抓手，为财会监督的实现提供了有力的保障，奠定了坚实的基础。二者相互促进，互为补充，共同构建了新时代单位内部风险防控机制。本文主要研究基于财会监督背景下，行政事业单位内部如何构建内部控制体系，以保障财会监督和内部控制的统一协调，并以期为新形势下全面提升财务管理水平提供新的思路。

关键词：财会监督；内部控制

1　财会监督的主要内容

作为党的监督系统的关键元素之一，财会监督被视为严格执行财经规定并维持经济环境稳定的主要手段。它能够透过对财会状况的观察揭示出潜在的问题，进一步提升政治意识。同时，它是构建现代化财政体制不可或缺的一部分，涉及财务与会计活动的各个层面，财务监督及预算管理监督是其中关键的部分，旨在贯穿于整个财务管理的流程中以实现常规性的监督方式。此外，财会监督对于加强预算编制、规范公共部门的预算收入支出活动、增强资源效益、推动开放透明的预算制定以及创建先进的财政机制等领域具有显著的影响力。

财会监督涉及对财政税收法律与政策的实施和监督。合理的财经税务体系为改善资源分配、保持市场的统一性和推动社会的公正提供了制度支持；而在政策实践方面，基础设施建设、财务管理规则、政府开支预算管理规定、公共事业机构通用的财务管理办法以及企业的财务规范等，都可保证各类财政税收措施得以顺利贯彻实行。预算管理监督旨在推动建立一套规范高效、约束有力、讲求绩效、持续安全的预算体系。此外，还有中央国库业务、政府采购制度执行、社会保险基金监管、文化企业国有资产监管，以及对财务报告的监督，以保证财务报告信息的真实性、完整性、可靠性和可比性。

从财会监督另一层面看，会计监督包含监督和规范会计行为，确保会计工作的合法性和规范性；监督检查会计信息质量，包括对原始凭证、会计账簿、财务报告等的审核和监督；对注册会计师和资产评估行业执业质量的监督，维护行业秩序和公信力。

在单位层面，通过强化对本单位的经济活动、财务管理、财务行为以及会计资料的日常监控和检查，能够及时发现并识别潜在的经济风险，以便建立起一个长期有效的管理机制，从而进一步提升单位的管理水平，确保单位健康发展。在国家层面，财会监督配合国家监督和社会监督，形成监督合力，共同维护财经秩序[1]。

作者简介：段雪纯（1991—），女，会计师、经济师，主要从事国有资产管理、审计及内部控制相关工作。

财会监督工作通过对监督事项的梳理、监督目标的明确、监督内容的规范、监督责任的划分等一系列工作方法，最终整理出单位内部财会监督事项清单，确保财会监督“工作有抓手、管理有成效”。

2 财会监督的原则

财会监督的原则是指导财会监督工作顺利开展的重要准则，其主要包括以下几点。

2.1 坚持党的领导，发挥政治优势

核心含义：将党的领导贯彻到财会监督的全程各个环节，保证党中央和国务院的重要决策部署能够有效执行。这是财会监督工作的政治支持，展现了财会监督工作的政治特性。

实施方式：通过加强党的领导，确保财会监督工作的方向正确、目标清晰、措施有力，推动财会监督工作与国家重大决策部署同频共振。

2.2 坚持依法监督，强化法治思维

核心含义：根据全面法治国家的标准，完善财经领域的法律法规和政策体系，依照法律和规定进行监管。这是财会监督工作的法治基础，确保财会监督活动的合法性。

执行策略：强化财经领域的法律知识和宣传，提升财务审计人员的法治意识；优化财经领域的法规体系，为财务审计工作提供坚实的法律保障；严格遵循法律进行财务审计工作，确保有法可依、执行必须严格、违反法律必将追究。

2.3 坚持问题导向，分类精准施策

关键含义：针对重要领域频繁、高频发生且容易引发的问题和显著矛盾，采取分类别、分阶段的精确策略，以提升监督效率。这是财会监督工作的实践方向，保证了财会监督工作的针对性和有效性。

实施方式：通过深入调查研究，准确把握财会监督工作中的重点难点问题；针对不同领域、不同性质的问题，制定差异化的监督策略和措施；加强监督成果的转化运用，推动问题整改落实，提升财会监督工作的实效性。

2.4 坚持协同联动，加强贯通协调

核心价值：完善财会监督体系和运作方式，推动构建全面、多层次、立体化的财会监督工作架构。这是财会监督工作的组织保障，确保财会监督工作的系统性和协调性。

执行策略：增强财政机构和其他监管者的协作互动，构建强大的监控力量；促进中央政府与地方政府间的合作关系，实现财务审计及其他各种类型的监察之间的有效连接及整合；创建完善的信息交流平台、线索传递渠道、联手执法流程等系统，以提高财务审查活动的总体效率。

2.5 其他重要原则

原则上，财会监督的范围广泛且内容繁杂，政策性强。财会监督机构必须深度参与实际情况的研究和调查，获取第一手信息，以事实为基础进行监管和评估。

监督与服务相结合的原则：财会监督和财会服务是相辅相成的两个方面。在开展财会监督工作的同时，也要注重提供财会服务，帮助被监督单位解决问题、改进管理。

原则上，我们应该将专业监督与公众监督相融合：一方面要充分利用专业监督机构的影响力；另一方面也需要激励和支持公众监督，从而营造出全社会共同关注、共享财务监管的积极环境。

全面性原则：财会监督应覆盖经济活动的全过程和各个方面，确保不留死角和盲区，实现全面监督。

重要性原则：在全面监督的基础上，应突出重点领域和关键环节，对影响重大、风险较高的经济活动进行重点监督。

时效性原则：财会监督应及时进行，确保在经济活动发生后的一定时间内完成监督工作，以便及时发现问题、纠正错误。

总的来说，财会监督的准则着重于坚守党的领导地位、法律监管、问题导向，以及协作配合，同时也强调了公正客观、全方位、关键性和实时性，并且将监管与服务融为一体等多个要素。这些内容和原则共同构成了财会监督工作的基本框架和指导思想[2]。

3 财会监督背景下行政事业单位内部构建内部控制体系路径

内部控制体系建设是在经济、政治、文化等各个领域实施有效管控的关键工具，也是确保公权力运行的主要途径和根基。随着财会监督的力度不断增强，内部控制的重要性日益凸显。内部控制作为单位内部管理体系的重要组成部分，对维护单位财务健康、提升单位经营效率具有不可替代的作用。如何在财会监督背景下构建内控体系是现阶段行政事业单位探索的重点，完善的内控体系的构建对促进单位内部管理的良性循环起着举足轻重的作用。

3.1 建立严格的财务监督体系

3.1.1 监督财务活动

财会监督通过对企业日常财务活动的全程跟踪和审查，确保每一笔经济业务的真实性、合法性和合规性。这包括对企业收入、支出、资产、负债等财务数据的记录和核算，以及对原始凭证、记账凭证、账簿和报表等会计资料的审核，从而确保财务信息的真实性和准确性。

3.1.2 防范财务舞弊

财会监督通过建立健全的内部控制体系，加强对财务舞弊行为的防范和打击力度。通过设立独立的内部审计机构或岗位，对企业财务活动进行定期或不定期的审计和检查，及时发现并纠正财务舞弊行为，维护企业财务信息的公信力。

3.2 完善与优化内部控制制度

3.2.1 发现制度缺陷

财会监督在执行过程中，能够发现内部控制制度的缺陷和不足。通过对财务活动的深入分析和评估，财会监督人员能够识别出内部控制体系中存在的漏洞和风险点，为企业管理层提供改进建议。

3.2.2 推动制度优化

企业管理层根据财会监督的反馈意见，及时对内部控制制度进行调整和优化。通过完善内部控制流程、明确职责分工、加强内部沟通与协作等方式，不断提升内部控制的有效性和针对性，确保企业内部控制体系能够持续适应企业发展的需要。

3.3 强化风险管理能力

3.3.1 监测风险点

财会监督通过对企业财务状况和风险点的持续监测与分析，能够及时发现潜在的风险和问题。通过对财务数据的深入挖掘和对比分析，财会监督人员能够识别出企业面临的市场风险、信用风险、操作风险等各类风险，为企业管理层提供决策支持。

3.3.2 加强风险控制

针对识别出的风险点，企业管理层可以采取相应的风险控制措施。通过加强内部控制建设、完善风险管理机制、提高员工风险意识等方式，有效降低企业面临的风险水平，保障企业的稳健运营和发展。

3.4 提升经营效率与效果

3.4.1 规范财务管理流程

财会监督通过规范企业的财务管理流程，确保各项财务活动有序进行。通过建立健全的预算管理制度、成本控制制度、资金管理制度等，财会监督能够加强对企业资源的管理和配置，提高资源利用效率，降低运营成本。

3.4.2 加强绩效评价

财会监督通过对企业财务绩效的定期评价和考核，能够及时发现企业在经营过程中存在的问题和不足。通过建立健全的绩效评价体系和激励机制，鼓励员工积极参与企业经营管理活动，提升企业的整体经营效率和效果。

综上所述，财会监督在内部控制中发挥着至关重要的作用。内部控制通过建立健全的管理制度，确保单位的资金等的安全与完整，防止资产流失，提高财务信息质量，确保财务信息的真实、准确和完整，有利于为内外部利益相关者提供可靠的决策依据；同时，内部控制工作能够促进单位的经营效率，通过优化业务流程、明确职责分工、加强内部沟通与协作等方式，提升单位的运营效率和管理效果，减少不必要的成本浪费[3]。

4 财会监督在内部控制中的具体作用机制

4.1 事前监督

预防功能：通过建立和完善预算管理体系，并以绩效目标为导向的预算分配方式，明确单位预算管理的结构、目标、任务、原则、手段和职责等，避免可能发生的违法行为和不适当行为，防止腐败的产生。

4.2 事中监督

纠偏功能：通过对财务活动的实时监控和动态调整，保障财务流程和结果在法律规定的范围内进行，及时识别并修正偏差，确保财务活动的合规性和有效性。

4.3 事后监督

校正和制约功能：在财务活动或行为完成之后，对其进行审查、研究、核实和鉴定，对违规行为进行处理和惩罚，总结经验教训，改进内部控制体系。

由此可知，财务会计监督在内部控制中扮演着非常重要的角色，通过保证财务信息的真实可靠性、促进内部控制体系的完善、提高财务活动的效率和效益等方式，保障单位经营管理活动的合规、有效和可持续性。

5 行政事业单位内部控制体系建设所面临的难题

5.1 制度建设不完善

内部控制制度的制定首先要明确单位内部控制的目标，根据单位的战略规划和风险管理需求，确定内部控制的具体目标和范围。而行政事业单位因其特殊性，需要结合其体制特有的决策机制，这就要求行政事业单位内部控制体系在其建设过程中要结合其背景的独有性。目前，仍有一些行政事业单位的内部控制制度存在不完善之处。

5.2 信息化建设有待提高

随着信息化的快速发展，行政事业单位内部控制体系建设需要嵌入单位信息化建设。成熟的内部控制体系建设可在单位信息化系统中明确各部门及负责人的权限及职责，促使单位建立起权责分明、责任清晰的内部控制体系。

5.3 人员配备妥善性有待考量

行政事业单位由于其体制机制限制，多数单位无法设立独立的内部控制部门，大多依托于财务部门代为实施。而单位财务部门往往缺乏专职内控人员，导致内部控制体系建设的专业性大打折扣。另外财务部门为内部控制的牵头部门，其体系的建设工作需要其他部门配合共同完成。在实际操作中，不同部门间存在职权交叉、责任不明确的情况，导致责任的推诿和监督的缺失，进而影响内部控制的有效性[4]。

6 结语

财会监督大背景下，行政事业单位建立规范、高效的内部控制体系迫在眉睫。而财会监督通过预算决算监督、增强会计系统的“内生机能”以及监督和评价绩效流程等手段，全面提升财政治理效率，从而提升单位内部治理效能和财政治理水平。因此，行政事业单位应发挥好财会监督和内部控制的协同作用，提高内部控制体系的有效性和科学性，从而促进单位的高质量发展。

参考文献

[1] 刘萍．财会监督视角下的中小学内部控制体系建设［J］．财讯，2024（14）：43-44.
[2] 夏晓琳．企业财会监督体系建设及优化措施［J］．今日财富，2024（20）：137-138.
[3] 胡兆辉．国有企业内部财会监督与内部控制协同效应探析［J］．西部财会，2024（8）：30-31.
[4] 徐富红．财会监督视角下行政事业单位内部控制体系建设分析［J］．经营智慧，2024（6）：196-197.

提高事业单位整体支出绩效管理工作水平的路径

陆　亮

（水利部水资源管理中心，北京　100038）

摘　要： 事业单位已经成为我国经济社会发展中公益服务的主要供给者。目前，事业单位提供公益服务的总量在不断扩大，在社会主义建设中发挥的作用越来越重要。单位整体支出绩效管理是事业单位管理工作的一个重要组成部分，是衡量事业单位资金使用和公共服务水平高低的一个重要标尺。本文将围绕事业单位如何有效提高单位整体支出绩效水平展开讨论，针对工作中存在的问题有针对性地提出树立绩效管理理念、构建完善的绩效评价体系、科学设定绩效目标、注重专业人才培养、跟踪督导目标落实等举措，旨在为提高事业单位整体支出绩效管理工作水平提供参考。

关键词： 事业单位；单位整体支出绩效

单位整体支出绩效是根据部门预算设定的单位整体工作目标，运用科学的绩效评价指标、评价标准和评价方法，对预算部门整体支出的绩效目标完成情况、履职情况、预算管理水平进行客观、公正的评价。其评价范围广泛，包括人员支出、公用经费支出、项目支出等，旨在全面评估单位资金使用效果和工作目标实现情况。事业单位加强整体支出绩效管理有助于提升资金使用成效，优化单位公益服务效能。2022 年，预算管理一体化系统的全面使用，真正意义上实现了预算与绩效管理的有机结合。相关工作的开展有助于保证资源的优化配置，并提升资源利用效率，能够对以往传统的分配格局产生积极影响。通过推进预算支出绩效管理，为我国经济社会的可持续发展提供坚强保障。

1　单位整体支出绩效评价的起源

单位整体支出绩效评价的提出源于 2018 年 9 月 1 日发布实施的《中共中央 国务院关于全面实施预算绩效管理的意见》，该意见明确要求“实施部门和单位预算绩效管理”“逐步开展部门整体绩效评价”。党的二十大报告也从战略和全局的高度提出“健全现代预算制度”，推进部门和单位整体支出绩效评价成为其中一项具体要求。

2　单位整体支出绩效评价的意义

一是提升单位履职成效，促进事业发展。单位整体支出绩效通过对单位在管理、决策和执行过程中的实际支出进行综合评价分析，评估支出花费的切实性、经济性、效益性和广泛性等因素，反映出单位支出管理的优劣状况和业务水平，通过整体支出绩效评价推动治理体系和治理能力现代化，通过资金投入产出比查找事业发展的难点，使资金分配更为科学、合理，更好地提升单位履职成效，促进事业发展。

二是科学研判形势，推动管理提质增效。随着当前经济下行压力的加大和减税降费等政策的有效实施，财政收入增长趋缓。需要各级事业单位进一步强化预算绩效管理链条，持续“过紧日子”，不断推动业财融合，构筑“安全防线”，实现“花钱必问效，无效必问责”，推动整体支出绩效管理提质增效[1]。

作者简介： 陆亮（1981—），男，高级经济师，五级职员，主要从事的研究工作为单位绩效管理、预算管理、资产管理、财务管理、内部控制等。

3 单位整体支出绩效评价存在的问题

3.1 预算绩效管理意识有待加强

目前，事业单位部分预算管理人员缺少对预算管理与绩效管理的整体认识。在日常工作中，由于缺少整体全面认识，预算管理人员不能对相关问题进行跟踪，难以提出相应的解决途径。

具体来看，主要有以下几个方面：一是事业单位作为绩效管理的责任主体，部分领导干部和具体工作人员未充分认识到绩效管理的重要性，绩效管理理念不强，依然存在重支出、轻绩效的现象。二是财务部门和业务部门交流不充分。业务部门认为资金由财务部门管，绩效评价也应由财务部门负责，存在推诿扯皮的现象。三是部分事业单位的预算绩效管理仍然停留在经费申请、资金拨付层面，缺少单位整体上的统筹安排和工作协调，业务部门没有有效参与到绩效管理当中，导致绩效管理、资金管理、业务管理未充分融合，影响单位整体支出绩效管理质量。

3.2 绩效评价体系有待完善

目前，事业单位在预算绩效评价方面还有很大的提升空间。一是绩效评价注重短期性，轻视长期性、持续性。往往注重费用支出的完成度，对于有结转资金的项目，仅仅对当年预算资金的执行率和执行成效评价，未持续跟踪项目后续资金使用绩效。二是个别绩效指标设置不合理，指标内容与实际不相符，部分指标设置还不够细化、量化，在评价时佐证材料证明有效性不够充分，导致对绩效进行精准评价有一定困难。各单位普遍做法是将之前年度的绩效目标复制粘贴，未根据工作实际深入思考，科学制定绩效目标。三是单位绩效指标的设定与全年工作计划的结合不强，年度工作计划与整体支出绩效脱节。

3.3 绩效评价专业力量投入有待提高

目前，部分事业单位受人员编制限制，存在预算绩效评价专业人员缺失、人才培养投入不足的情况。往往将绩效管理工作分配给财务部门，但财务人员受专业知识限制，对项目执行缺乏管理实践和专业经验，无法客观、科学、全面地编制项目支出绩效，在一定程度上影响了单位整体支出绩效评价工作的开展。

3.4 绩效评价结果利用有待加强

目前，部分事业单位存在重评价结果、轻应用的现象，往往只关注绩效评价的得分结果，对于评价过程中发现的问题没有认真地反思和及时进行整改，没有有效实行全过程绩效管理来促进单位各项业务有效开展。

4 针对单位整体指出绩效评价工作的优化建议

4.1 强化政治引领，认真落实党中央决策部署

坚持党对绩效管理工作的领导，进一步认识党的二十大提出的全面深化改革的重要性和必要性，认真落实“完善国有资本经营预算和绩效评价制度，加强公共服务绩效管理，强化事前功能评估”的决策部署。

4.2 树立绩效管理理念，提高管理层重视程度

思想意识对于管理行为有重要的指导作用，各级事业单位应深化全员对预算绩效管理工作的认识，坚持将绩效管理理念和绩效管理方法贯穿于预算编制、执行、监督全过程，切实提高单位整体的资金使用效益和公益服务水平。一是事业单位管理层要增强对绩效管理的关注，增强绩效评价结果应用意识，促进单位全员树立讲绩效、重绩效、用绩效的理念。二是单位工作人员要及时转变观念，要牢固树立“花钱必问效，无效必问责”的绩效管理理念，把每一分资金都用到刀刃上。三是要树立单位一盘棋思想，加强业务交流和沟通协调，形成工作合力，将设定绩效目标与实际业务相结合，使绩效指标值能贴合实际。

4.3 构建完善的绩效指标体系

单位整体支出绩效管理是单位全员参与、业务范围全面覆盖、管理流程全程跟踪的综合管理系统。要围绕单位年度重点工作任务和重要项目执行和完成情况，围绕保障单位履职运转情况设定单位整体支出绩效目标，要结合全口径预算（全部支出）科学制定单位整体支出绩效评价体系和评分标准。

单位整体支出绩效评价要围绕“决策、过程、产出、效益”四个维度展开，绩效目标设定要科学和全面，可以从目标设定与资源配置、管理效率、履职效能、社会效应、可持续发展能力、服务对象满意度等方面设定一级指标。根据一级指标细化若干二级和三级指标，每个指标均需细化评价要点并提出指标值，能够科学合理地对整体支出进行绩效评价。

4.4 加强整体支出绩效过程监管

一是单位整体支出绩效要与内控管理紧密结合起来，内控管理部门事前要针对绩效评价中可能出现的风险点进行排查，一旦发现问题要第一时间提出并采取措施积极整改。事中对于绩效评价过程要保证公开透明，充分发挥单位内控管理部门在绩效评价中的监督作用。二是要积极推动绩效管理与预算管理的结合，提高预算分配与单位职能、年度重点工作任务的一致度，绩效与资金规模要匹配，资金发生变化时，绩效指标应相应做出调整。

4.5 注重专业人员培养

事业单位要加强绩效管理和绩效评价人员的培养。一是要加强宣传培训力度，促使全员充分认识绩效管理的重要性，从思想、业务知识、实操等多方面增强工作人员对单位整体支出绩效管理的执行力。二是及时学习传达最新规定和要求，在深化内化转化上下功夫，积极开展相关研讨，打好扎实的理论基础[2]。三是积极加强人才队伍建设，要立足长远发展，统筹推进干部队伍专业化建设，绩效管理工作对工作人员专业能力和综合素质有更高的要求，要强化经济、管理、法律、业务等多领域知识的掌握，确保与绩效管理的需求相适应。

4.6 加强整体支出绩效评价结果的应用

单位整体支出绩效评价结果的应用是整体支出绩效管理工作的落脚点和核心。各单位应从自评入手，及时关注项目进展情况，包括资金拨付进度、偏差原因分析、目标完成的可能性等自评指标。在日常管理中要加强资金动态监控，必要时要及时进行资金控制调整，加强绩效指标设定的准确性、科学性论证，突出问题导向，注重绩效评价结果的分析、汇总，不断总结经验，以此为制定政策、完善内部控制、优化支出的参考依据。各单位要将整体支出绩效自评工作任务细分到各个部门的工作中，保证全员围绕整体绩效目标开展相关工作，形成工作合力，以实现各个细化目标的准确落实。

5 结语

科学开展单位整体支出绩效评价工作是提升事业单位资源配置效率和使用效率、增强部门履职能力、提高社会服务水平的有效途径，各单位要结合自身实际积极推动绩效管理各项措施落实落地，当发现问题时要进行深入探究，保证绩效管理取得实际成效，最大化实现事业单位社会服务效能[3]。

参考文献

[1] 彭艳杰．行政事业单位预算绩效管理的难点与完善策略［J］．财会学习，2022（17）：63-64.
[2] 喻以财．行政事业单位预算绩效评价问题研究［J］．商讯，2021（28）：181-183.
[3] 徐亚利．浅谈行政事业单位预算绩效评价［J］．财经界，2021（36）：53-54.

牢固树立习惯“过紧日子”思想
全面加强“三公”经费管理

兰　瑞　盛丽艳

（滨州黄河河务局滨城黄河河务局，山东滨州　256600）

摘　要：中央八项规定实施细则出台以来，全党全社会迎来一场激浊扬清的风气巨变，“三公”经费支出作为行政运行的主要成本支出，加强“三公”经费管理对防范腐败、控制铺张浪费等行为发生起到至关重要的作用。近期，财政部印发通知，对中央部门和地方财政落实党政机关习惯“过紧日子”提出明确要求，通知强调要严格加强“三公”经费管理。本文详细阐述了加强“三公”经费管理的必要性，就目前“三公”经费管理存在的问题进行分析，基于“过紧日子”要求背景下，结合事业单位实际情况，提出加强“三公”经费管理的措施。

关键词：“过紧日子”；“三公”经费；全面加强

“三公”经费支出包括因公出国（境）费、公务用车购置及运行维护费、公务招待费。因公出国（境）费主要包括工作人员因公出国（境）所发生的交通费、住宿费、伙食费、公杂费等；公务用车购置及运行维护费主要包括单位购置车辆发生的支出（包括购车价款、购置税等）和单位保留车辆运行维护费用（包括燃料费、维修费、过桥过路费、保险费等）；公务招待费主要包括因公接待发生的费用。这三部分支出与单位行政运行息息相关。

1　强化“三公”经费管理的必要性

财政部、水利部高度重视“三公”经费管理工作。2022 年 8 月，水利部印发《水利部财务司关于进一步加强“三公”经费支出管理的通知》，进一步加强对“三公”经费的使用管理；2022 年 9 月，财政部印发《财政部关于加强“三公”经费管理 严控一般性支出的通知》，重点就“三公”经费的预算编制、预算执行、执行监控、公开力度、体系建设、绩效管理等方面进行强调；2022 年 10 月，水利部转发此文件并就“三公”经费管理提出明确要求。这一系列规范性文件的出台凸显强化“三公”经费管理的必要性。

1.1　是落实“过紧日子”要求的重要举措

近年来，“过紧日子”要求不断强化，从党政机关要“过紧日子”到“过紧日子”常态化再到要习惯“过紧日子”，表明党中央对始终坚持“过紧日子”要求的决心[1]。加强“三公”经费管理是落实“过紧日子”要求的重要举措。《财政部关于贯彻落实过“紧日子”要求 进一步加强和规范中央部门预算管理的通知》出台后，不断压缩日常公用经费规模，“三公经费”支出逐年降低，把节省下的钱用在刀刃上、刚需上，落实“过紧日子”要求成效显著。

1.2　是正风肃纪、预防腐败的重要抓手

“三公”经费作为转变干部作风和强化党员干部廉洁从政的重点内容，是正风肃纪、预防腐败的重要抓手。自中央八项规定实施以来，腐败问题得到有效遏制，政府部门、单位通过多种措施为“三公”经费“减肥瘦身”，为领导干部筑牢廉洁的“防护堤”[2]，从源头上治理腐败，有效遏制了

作者简介：兰瑞（1987—），女，高级经济师，主要从事财务管理、资金监管等方面工作。

违法乱纪问题的发生。

2 “三公”经费管理现状分析

2.1 预算编制不够准确、合理

一是“三公”预算编制不够准确。部分单位存在“三公”经费编制不够准确，不考虑“三公”支出的实际需求，根据以前年度“三公”经费规模粗略地编制当年预算，没有结合当年实际情况，对项目内容的诸多细节考虑不充分，或以“办公费”“维修（护）费”名义变相追加三公经费预算等问题。

二是“三公”预算编制不够合理。主要表现在，单位部门之间在编制“三公”预算时，没有统一的口径和标准，容易导致部门之间经费不均。此外，部分单位存在财务部门代编预算的情况，不能将“三公”经费支出准确区分是基本支出还是项目支出，在执行中，出现基本支出挤占项目支出、项目支出挤占基本支出的情况。

2.2 预算执行不够规范、严谨

主要表现在，科目使用不规范，通过其他科目隐匿“三公”经费支出。准确核算“三公”经费支出是管控“三公”经费的关键，部分单位为了压缩“三公”经费的实际规模，通过其他科目隐匿“三公”经费支出，导致不能真实反映“三公”经费支出情况，从而规避审计、财务监督、预算执行监控等监督检查。另外，相关部门对“三公”经费审核把关不严，存在无计划、无预算开支出国费，公务接待超标准、超范围，公务用车配置超标准、未在定点维修等问题。

2.3 “三公”经费公开不够透明、真实

自 2011 年起，中央部门每年向社会公开本部门的“三公”经费支出情况，详细说明各项经费的支出情况、变动情况、变动原因等。从近些年各部门单位公开的数据来看，“三公”经费支出呈下降趋势，但从审计、监督检查发现的问题中，“三公”经费超预算、隐匿支出的问题时有发生，这在一定程度上反映出公开的“三公”经费数据不够透明和真实。

3 持续强化“三公”经费管理

3.1 树立“过紧日子”思想，牢固“三公”经费管理思想基础

“过紧日子”思想是严控“三公”经费管理的思想基础，也是平衡各项支出、压缩不必要支出的根本遵循。单位领导应带头落实“过紧日子”要求，做到精打细算，加强对“三公”事项的事前审批，对确需发生的招待费、公务用车运行维护费、因公出国费等准予支出，切实把财政资金用在刀刃上，用出实效。树立全员“过紧日子”思想，让“过紧日子”成为常态化，打好“铁算盘”，当好“铁公鸡”[3]，不断增强习惯“过紧日子”的意识。

3.2 加强“三公”全流程管理，确保“三公”经费只减不增

3.2.1 提升预算编制的科学性和准确性

严控“三公”经费支出必须要从源头上管控，科学、准确的预算编制是全面加强“三公”经费管理的基础。编制过程中，要加强“三公”经费必要性和合理性的分析研判，编制确需发生的因公出国（境）费，取消无实质性内容的出国（境）事项；根据本单位公车数量和以前年度公务用车运行维护支出情况，结合当年工作实际，合理预计公务用车相关费用；减少公务接待数量，降低接待标准，从严从紧安排“三公”经费，进一步提升预算编制的科学性。

另外，部门之间要统一编制口径和支出标准，财务部门可对编制模板和支出标准进行统一规范，压实各部门预算编制主体责任，严格区分基本支出和项目支出，因项目发生的“三公”经费支出列入项目支出，属于日常公用经费范畴的“三公”支出列入基本支出，准确编制“三公”预算。

3.2.2 提升预算执行的严谨性和规范性

一是强化预算执行约束。按照“先有预算、后有支出”原则，加强“三公”经费预算执行管理，

严格按照批复的部门预算执行，对“三公”经费实施严格的限额管理。因公出国（境）费要按照财政预算管理要求，使用财政拨款安排因公出国（境）费；降低公务用车购置标准，从而减少公车运行相关费用；严格按照中央八项规定和《党政机关国内公务接待管理规定》，在符合相关规定的前提下，压缩不必要的公务接待，降低接待标准。

二是加大审核力度。加大对“三公”经费支出的审核力度，实行多部门联合审核，业务部门加大对本部门“三公”事项的必要性审核，财务部门对“三公”经费的合规性进行审核。因公出国（境）重点审核是否制订了出国审批计划；是否按规定列入预算；是否以培训、会议等名义开展非公务旅游；是否有实质性内容的出国等。公务接待重点审核是否履行审批程序；是否有接待公函；接待范围、标准、培训人数等是否符合有关规定等。公务用车重点审核公车的品牌、价格、车型、排气量等信息是否符合标准；加油卡是否实行“一车一卡”管理和定点加油制度；维修基础资料与报销原始凭证是否一致等。

三是规范开支“三公”经费支出。首先要准确核算支出，真实准确地记录会计凭证是全面加强“三公”经费管理的基础，也是“过紧日子”要求得以实施的前提条件。按照最新的《政府收支分类科目》，准确使用功能分类、经济分类和政府经济分类科目，开支公务用车费用时，主要区分其他交通费用、公务用车运行维护费和维修（护）费科目；开支公务接待费用时，要注意区分公务接待费、福利费、其他商品和服务支出科目，不得混用科目以达到隐匿“三公”经费支出的目的。

3.2.3 提升“三公”经费公开透明性和真实性

坚持“以公开为常态、不公开为例外”“应公开尽公开”原则，抓管控的同时也要抓公开，积极推动“三公”经费公开，加强“三公”经费监督。目前，“三公”经费公开的数据和内容主要来源于本单位的预决算，在各地政府门户网站设立预决算公开专栏，公开力度需持续加大。一是进一步扩大“三公”经费公开范围，覆盖全部省、市、县各级部门，“三公”经费公开率逐步达到100%；二是进一步细化公开内容，通过近些年“三公”经费公开情况，设置统一的文本模板，详细说明“三公”经费各项支出情况，与去年数据对比，深入分析变动原因，持续提升“三公”经费公开的透明性和真实性，强化社会和群众监督。

3.3 优化工作机制，不断健全“三公”经费管理长效机制

3.3.1 建立“三公”经费执行监控机制

《中央部门预算执行监管实施办法（试行）》（简称《执行监管办法》）出台后，财政部对预算资金的监控力度不断加大，预算单位应充分利用预算管理一体化系统，加强日常监督管理工作。一是按照《执行监管办法》有关要求，落实单位主体责任，对触发一体化系统预警的疑点，逐条核实反馈，重点对“三公”经费疑点进行分析，分析研判触发预警的原因，建立整改反馈机制。二是预算单位可通过一体化系统相关模块，获取支付流水资金信息，建立本单位及其下属单位的执行监控机制，根据支出流水信息，设置“三公”经费监控规则，随时关注“三公”经费支出情况，确有超预算、跨科目支出时，督促相关部门及时整改，逐步建立“三公”经费长效机制。

3.3.2 建立“三公”经费通报机制

建立“三公”经费通报机制是约束和规范“三公”经费支出有力的抓手，按照季度或年度，定期对“三公”经费执行情况及违规事项进行通报，就超预算、超标准、超范围支出等问题与有关单位进行约谈调度，分析违规问题发生的原因，找准风险点，切实履行整改责任，并引以为戒，完善相关内控制度。

3.3.3 建立“过紧日子”评估机制

严格按照《财政部贯彻落实过“紧日子”要求 进一步加强和规范中央部门预算管理的通知》要求，坚持客观性、可比性和约束性原则，量化评价单位在厉行节约、反对浪费方面的落实情况，将“三公”经费作为“过紧日子”评估的一项重要内容和指标，通过设置可量化、可衡量的评价指标，利用专项检查、线上监控等多种方式，客观评价“过紧日子”要求落实情况，评价结果与下一年预

算挂钩，强化预算源头约束，逐步建立“过紧日子”评估机制，对铺张浪费、违反中央八项规定精神等行为，加大监督力度，充分发挥警示、震慑作用。

参考文献

[1] 赵林. 党政机关过紧日子要成为习惯和常态 [J]. 党课参考，2024（4）：60-62.
[2] 袁文良. 党政机关要养成“过紧日子”的习惯 [J]. 党政干部论坛，2024（2）：1.
[3] 陈怡玲. 新形势下落实政府过紧日子的对策建议 [J]. 预算管理，2024（8）：31-34.

水利领域基础设施不动产投资信托基金（REITs）市场发展探析

郑　良

（国际小水电中心，浙江杭州　310002）

摘　要：在加快构建现代化基础设施体系中，水利作为国家基础设施的重要领域，不仅需要政府投入，还需积极发挥市场作用，而水利领域基础设施不动产投资信托基金（REITs）能够提供重要金融支持。基于此，本文系统梳理了REITs的特点及发行情况，分析了我国基础设施REITs试点有关政策及其要点，归纳了水利基础设施REITs开发难点，并以小水电行业为例，对小水电开发REITs的市场可行性进行探析，最后提出相关工作建议。

关键词：水利；基础设施；不动产投资信托基金；REITs

不动产投资信托基金（简称REITs）起源于1960年的美国，为普通民众提供了通过买卖流动证券投资大规模、多样性房地产项目的新方式，改变了只有大型金融机构才能参与房地产投资的情况。20世纪90年代，REITs在美国获得广泛认可并在国际上推广，新加坡、日本和欧洲等国家或地区先后建立了自己的REITs模式。我国REITs市场起步于2004年，REITs政策（见附件1）落脚于基础设施领域，经过多年有益探索创造性地采用“公募基金+资产支持证券（ABS）”的结构。

1　REITs的特点及发行情况

REITs作为一种兼有债权、股权性质的融资方式，有如下特点：一是收益主要依靠现金流和资产增值，而非固定利息回报；二是设有强制分红比例，收益分配比例不低于合并后基金年度可供分配金额的90%；三是底层资产主要为成熟优质、运营稳定的基础设施，收入大幅度增长的可能性较小，同时因为现金流预期相对明确，单位价值波动也有限；四是没有主体信用担保，其价值完全按依赖于项目运营，受基金管理人及资产运营管理机构能力的影响，存在下跌风险[1]。

截至目前，我国REITs已有45只，规模达1 394亿元人民币，涵盖收费公路、产业园区、仓储物流、清洁能源发电、保障性租赁住房等多种资产类型，但规模只占全球的1%，未来仍有较大发展空间。

2　我国基础设施REITs试点有关政策

我国基础设施REITs试点有关政策主要由国家发展和改革委员会、财政部等部门制定出台，明确了各监管机构、参与机构职责以及项目条件、开发程序、资金使用等方面要求[2]。

2.1　监管机构

REITs试点项目的监管机构主要是国家和地方发展和改革委员会、中国证监会、证券交易所、证券业协会、基金业协会、中国结算等[3]。它们在试点申报、审核、发行、存续期管理、信息披露等环节各司其职，具体职责见表1。

作者简介：郑良（1988—），男，高级工程师，副处长，主要从事水利水电工程管理、小水电绿色发展工作。

表 1 REITs 监管机构职责

序号	监管机构	职责
1	地方发展和改革委员会	1. 负责试点项目的遴选、入库、申报工作； 2. 对本地区符合相关条件、拟推荐开展试点的项目，地方发展和改革委员会向国家发展和改革委员会上报项目申报请示文件和项目申报材料，或为有关中央企业出具意见； 3. 与相关部门进行协调，帮助解决项目推进过程中的问题
2	国家发展和改革委员会	1. 建立全国基础设施 REITs 试点项目库； 2. 根据项目申报材料对项目进行综合评估，将符合条件的项目推荐至中国证监会
3	中国证监会	1. 制定公募 REITs 相关规则，对基金管理人等参与主体履职要求、产品注册、份额发售、投资运作、信息披露等进行规范； 2. 指导各派出机构、沪深证券交易所、证券业协会与基金业协会制定完善试点项目遴选相关配套措施，加强基础设施 REITs 的业务过程监管； 3. 对基础设施基金进行审核、注册
4	证券交易所	1. 比照公开发行证券要求建立基础设施资产支持证券挂牌及基金上市审查制度； 2. 负责基础设施基金份额的发售、上市、交易、收购、信息披露、退市等工作； 3. 审核资产支持证券挂牌申请和基础设施基金上市申请，并出具无异议函
5	基金业协会	1. 对基础设施基金人员管理、项目尽职调查、基金相关的信息披露等行为进行自律管理； 2. 负责专项计划设立后的备案工作
6	证券业协会	1. 按照自律规则对网下投资者进行注册； 2. 对网下投资者的行为、各参与机构的核查进行自律管理
7	中国结算	负责基础设施基金的登记结算相关业务，包括账户管理、基金份额认购、交易、要约收购及交易、权益分派等

2.2 主要参与机构

REITs 试点项目涉及 6 个参与方[4]，分别是：

（1）发起人（原始权益人）：REITs 所持基础设施的原所有人。

（2）基金管理人：负责管理基础设施 REITs，直接或委托外部管理机构对基础设施进行运营维护。

（3）资产支持证券管理人：负责管理资产支持专项计划。

（4）托管人：为公募基金、资产支持专项计划提供资金保管服务的银行。

（5）外部管理机构：受基金管理人委托，负责基础设施日常运营维护、档案归集管理等工作。

（6）中介机构：包括法律顾问、财务顾问、评估机构、税务咨询顾问、审计机构等专业机构。

2.3 项目主要条件

区域与行业范围：区域范围不设限，但政策强调了重点支持的领域，如长江经济带发展、黄河流域生态保护和高质量发展等国家重大战略区域[5]。试点项目行业方面，支持包括水力发电等清洁能源项目在内的能源基础设施，探索在具有供水、发电等功能的水利设施等其他领域开展试点。

（1）项目权属：基础设施项目权属清晰、资产范围明确，发起人依法合规直接或间接拥有项目所有权、特许经营权或经营收益权，且具有可转让性，已履行内部决策程序，并协商一致同意转让。

（2）运营情况：项目运营时间原则上不低于3年，现金流投资回报良好，近3年内总体保持盈利或经营性净现金流为正，收益持续稳定且来源合理分散。

（3）资产规模：项目当期目标不动产评估净值原则上不低于10亿元（保障性租赁住房项目除外，不低于8亿元），发起人具有较强的扩募能力。

2.4 开发程序

（1）项目申报：各地发展和改革部门选择优质项目，纳入REITs试点项目库。发起人向省级发展和改革委员会报送申报材料（中央企业可直接报送国家发展和改革委员会），省级发展和改革委员会初步审核后报送国家发展和改革委员会。国家发展和改革委员会根据项目申报材料，自项目正式受理之日3个月内，完成咨询评估、向中国证监会推荐项目等相关工作。

（2）项目注册：被推荐的REITs试点项目需向交易所申请基金上市与资产支持证券挂牌条件确认，经交易所审核通过并出具无异议函后，由基金管理人向证监会申请注册，基金募集申请经注册后，方可发售基金份额。

（3）基金募集：根据上交所、深交所有关规定，REITs份额的发售，分为战略配售、网下询价并定价、网下配售、公众投资者认购等活动。认购价格通过交易所网下发行电子平台向网下投资者以询价的方式确定，基金管理人或其聘请的财务顾问受委托办理推介、询价、定价、配售等相关活动。

（4）上市交易：REITs应封闭式运作，采用竞价、大宗、询价等方式进行交易。根据上交所、深交所有关规定，交易所对REITs交易实行价格涨跌幅限制：上市首日涨跌幅限制比例为30%，非上市首日涨跌幅限制比例为10%。

2.5 资金使用

国家鼓励将回收资金用于基础设施补短板项目建设。回收资金应明确具体用途，包括具体项目、使用方式和预计使用规模等。在符合国家政策及企业主营业务要求的条件下，回收资金可跨区域、跨行业使用[6]。

90%（含）以上的净回收资金应当用于在建项目或前期工作成熟的新项目，其中用于盘活存量资产项目的不超过30%，用于已上市基础设施项目的小股东退出或补充发起人流动资金的不超过10%。完成之日起2年内，净回收资金使用率原则上应不低于75%，3年内应全部使用完毕。

3 水利领域基础设施REITs探析

3.1 开发优势

开展水利领域基础设施REITs试点项目，是贯彻落实党中央、国务院关于“防风险、去杠杆、稳投资、补短板”战略部署的重要举措，符合当前国家政策导向，同样符合水利基础设施特点和投融资改革方向，对于推进新阶段水利高质量发展具有重要意义。国家发展和改革委员会明确了基础设施REITs试点的主要行业，涉及水利领域基础设施主要包括能源基础设施的水力发电项目（含抽水蓄能项目）、市政基础设施的城镇供水项目、其他基础设施领域中具有供水、发电等功能的水利设施[7]。此外，开展证券化方式融资需要优质的底层资产，存量水利基础设施中，具有长期稳定收益来源的供水和发电项目属于优质的底层资产[8]。

3.2 政策支持

党的十八大以来，水利工程投融资坚持两手发力，加大公共财政水利投入力度，加强对水利建设的金融支持，鼓励和引导社会资本参与水利建设，水利部和地方政府陆续出台了一系列水利投融资政策，具体见表2。

表 2　2021 年以来水利投融资政策统计

序号	时间（年-月）	名称	文号
部委层面			
1	2022-03	水利部关于进一步用好地方政府专项债券扩大水利有效投资的通知	水规计〔2022〕128 号
2	2022-05	水利部 国家开发银行关于加大开发性金融支持力度提升水安全保障能力的指导意见	水财务〔2022〕228 号
3	2022-05	水利部关于推进水利基础设施投资信托基金（REITs）试点工作的指导意见	水规计〔2022〕230 号
4	2022-05	水利部关于推进水利基础设施政府和社会资本合作（PPP）模式发展的指导意见	水规计〔2022〕239 号
5	2022-06	水利部 中国农业发展银行关于政策性金融支持水利基础设施建设的指导意见	水财务〔2022〕248 号
6	2022-07	水利部 中国农业银行关于金融支持水利基础设施建设的指导意见	水财务〔2022〕313 号
7	2023-04	水利部办公厅关于加快推进水利项目参与基础设施领域不动产投资信托基金（REITs）试点的通知	水规计函〔2023〕249 号
地方层面			
8	2021-05	河南省人民政府办公厅关于深化水利工程投融资体制改革的若干意见	豫政办〔2021〕25 号
9	2021-08	浙江省水利厅关于深化水利投融资改革推进新阶段水利高质量发展的若干意见	—
10	2022-06	重庆市人民政府办公厅关于印发重庆市深化水利投融资改革创新十条政策措施的通知	渝府办发〔2022〕64 号
11	2022-07	贵州省水利厅关于引入社会资本投资水利领域的指导意见	—
12	2022-08	山西省发展和改革委员会、省财政厅、省水利厅、省地方金融监管局关于深化水利投融资体制改革实施意见	晋发改农经发〔2022〕321 号

3.3　主要难点

2021 年以来，水利部向全国征集了 29 个水利领域基础设施 REITs 试点意向项目。其中，2024 年 9 月 14 日，中国证监会准予银华绍兴原水水利封闭式基础设施证券投资基金注册，这是全国水利基础设施 REITs 第一单。其他大多数项目受到资产规模小、竣工手续不完备、资产权属不明晰、存在划拨用地、预期净现金流分派率低等因素所限，难以满足发行条件。对照国家发展和改革委员会对基础设施 REITs 试点项目的具体条件和要求，在水利领域推进还存在一些难点问题，具体包括：

（1）项目权属或资产范围不明确。部分水利工程产权登记工作尚未完成，存在权属或资产范围不明确的问题，部分完成登记的工程，其登记的权利内容也不全面。就供水和发电项目而言，存在未办理土地征收和补偿手续、工程前后出现两个不同投资主体等典型问题。

（2）项目不够成熟稳定。我国水利工程供水、发电价格水平总体偏低，公益性支出缺乏补偿渠道，很多水利项目投资回报率偏低，有的还需要额外的政府补贴。

（3）项目资产规模不够。各地申报的项目，大多数规模达不到净资产 10 亿元的要求。由于项目原始权益人现有存量项目的局限性，内部项目整合申报的难度较大。

（4）水管单位积极性不高。企业性质的水管单位或水投公司对扩大投资规模的需求不强，参与 REITs 试点的动力不足、积极性不高。也有不少水管单位性质为事业单位，不符合发起人权属要求。

（5）对传统融资模式有依赖。当前经营性水利基础设施的融资方向主要包括政府专项债务资金、农发行（国开行）基础设施基金、项目收益债券或收益权质押、基础设施证券化和特许经营类的社会股权融资等。

3.4 可行性分析：以小水电为例

我国现有小水电站 4.1 万座，装机 8 000 多万 kW，部分水库电站兼具供水、灌溉等功能，是能够实现长期稳定收益的优质资产，且水电兼具产权类和经营权类属性，如能通过 REITs 方式盘活存量资产，可为小水电绿色改造和现代化提升工程提供资金。对照 REITs 试点项目条件和要求，小水电站虽然权属清晰、有比较稳定的长期收益，但普遍规模小且业主分散，这是开发 REITs 面临的最大问题。

据了解，小水电领域有通过抵押贷款、融资租赁方式完成融资的做法。例 1：浙江金华婺城区小水电资产完成国有收购后，利用小水电固定资产向浦发银行和建设银行抵押贷款共 2.9 亿元，其中浦发银行固定资产贷款 2.15 亿元，期限 20 年，利率 4.2%；建设银行固定资产贷款 7 495 万元，期限 20 年，利率 4.2%~4.45%，分成 5 笔（5 个电站）发放。例 2：国家开发银行国银金融租赁股份有限公司 2021 年开始探索以融资租赁方式开展小水电融资业务，2022 年完成首单融资。其优势在于采用收益法评估最高可以按照资产评估值（含未来收益）100%发放融资额度，期限为 18 年，兼具项目条件宽松、申报程序简单、资金使用灵活等优势，但综合利率约 5.8%（估计数，待进一步核），高于抵押贷款。

4 对策建议

鉴于 REITs 对水利领域还是新生事物，可进一步跟踪研究，探索融资新渠道、新模式，相关建议如下：

（1）加快推进专项立法。顶层设计的基础制度亟待完善，建议加快不动产投资信托基金（REITs）专项立法，以解决当前企业兼并重组面临三方面的问题和挑战，并进一步优化政策环境，促进企业兼并重组。

（2）摸清底数优化资产。可依托相关专业机构，选择特定区域，梳理水利领域潜在项目，根据工程项目具体条件，择优选择不动产，通过确权、分割、重组和整合等方式，提升原始权益人的资产规模，保障水利领域 REITs 项目的质量[9]。

（3）建立健全保护机制。为实现投资者有效收益，避免底层资产因 REITs 发行而被永久性处置，确保水利基础设施保稳保供，可针对所有权、控制权、投资者等建立相关保护机制，以实现对 REITs 基金的份额控制，最大化保障投资者可供分配现金流的稳定。

（4）改造提升项目收益。加快推进实施水利领域基础设施改造，如小水电绿色改造和现代化提升工程，通过设施设备更新改造，提高水能资源利用率，通过智能化改造和集控中心运维，实现集约化管理提升小水电规模化效益。

参考文献

[1] 林华 . 中国资产证券化操作手册［M］. 2 版 . 北京：中信出版社，2016 .

[2] 孙丽梅 . 基础设施公募 REITs 底层资产选择影响因素研究［D］. 北京：北京建筑大学，2022.

[3] 孙桂平 . 2022 年我国 REITs 市场回顾与展望［R］. 上海：上海证券基金评价研究中心，2023.

[4] 刘柏荣，许苇，路竞祎 . 中国基础设施公募 REITs 试点的规则解读与法律指南［R］. 北京：中伦律师事务所，2023.

[5] 黄伟平，吴鹏 . 他山之石：来自海外 REITs 市场的经验［R］. 上海：兴业证券，2023.

[6] 王茜萌 . 我国住房租赁 REITs 市场发展探析［J］. 新金融，2018（3）：28-32.

[7] 孟明毅 . 不动产信托投资基金的美国经验借鉴［J］. 经济与管理评论，2020（1）：124-136.

[8] 孙汉康 . 国外 REITs 发展的经验及对我国 REITs 转型的启示［J］. 经济问题，2019（10）：56-63.

[9] 严婷婷，庞靖鹏，罗琳，等 . 加快推进水利领域不动产投资信托基金（REITs）试点对策及建议［J］. 中国水利，2022（6）：60-62.

财政绩效拨款的影响因素及对策研究
——以重庆 A 高等职业院校为例

向鸿林　潘远科

（重庆水利电力职业技术学院，重庆　402160）

摘　要： 高校财政拨款制度改革后，财政拨款水平的高低与年度绩效考核息息相关[1]。本文以近 5 年重庆市教育委员会公布的公办高职院校绩效评价得分为依据，以重庆 A 高等职业院校为例，分析近 5 年绩效考核情况，厘清绩效考核内容，分析绩效考核影响因素，提出绩效考核改进措施。

关键词： 财政拨款制度改革；绩效考核内容；绩效考核影响因素；绩效考核改进措施

1　引言

2019 年 9 月，重庆市教育委员会、重庆市财政局联合出台了《关于印发重庆市属公办高等职业院校绩效拨款资金管理办法的通知》（渝教发〔2019〕17 号）。重庆市财政对公办高等职业院校生均拨款资金总量的拨款模式为生均综合定额+专项经费+绩效拨款资金。绩效拨款资金取决于年度绩效考核。

随着高校扩招、“双高”项目建设，高校支出需求扩张与财政资金有限的收支需求矛盾日益突出，加上贯彻落实财政习惯过“紧日子”的要求，如何优化收支结构、完善内部治理成了高校目前亟待解决的问题[2]。

财政绩效拨款是高校重要资金来源，对高校高质量发展至关重要，对高校而言，研究财政绩效拨款影响因素和改进措施具有重要意义。基于此，本文以近 5 年重庆市教育委员会公布的公办高职院校绩效评价得分为依据，以重庆 A 高等职业院校为例，分析近 5 年绩效考核情况，厘清绩效考核内容，分析绩效考核影响因素，提出绩效考核改进措施。

2　绩效考核内容

绩效考核是根据指标体系对重庆市 23 所高职院校进行考核，指标体系共设 6 个一级指标、总分值 1 000 分。各一级指标及对应分值为办学条件（150 分）、办学质量（150 分）、招生就业（100 分）、科研与社会服务（100 分）、学校管理（300 分）、争先创优（200 分，加分项）。6 个一级指标下设了 22 个二级指标。

3　历年绩效考核结果分析

3.1　整体绩效考核情况

从近 5 年各高校总分分布情况（见表 1）来看，总分 1 000 分，历年最高分是 891 分。从 A 高校历年总得分情况来看，A 高校历年最高分是 611 分，与重庆市历年最高分相差 280 分，表明上升空间很大。从 A 高校历年总得分和排名情况（见图 1、图 2）来看，A 高校历年总分呈上升趋势，而排名

作者简介： 向鸿林（1991—），女，会计师，研究方向为会计理论与方法。

呈下降趋势，表明在此期间，该校总分增长情况相较于其他高校较慢。

表1 近5年23所高校总分分布情况

2018年总分分布	高校数量	2019年总分分布	高校数量	2020年总分分布	高校数量	2021年总分分布	高校数量	2022年总分分布	高校数量
800~840	2	800~891	3	800~838	2	800~848	2	800~866	5
700~799	2	700~799	4	700~799	2	700~799	2	700~799	3
600~699	3	600~699	4	600~699	2	600~699	2	600~699	5
500~599	7	500~599	6	500~599	7	500~599	7	500~599	3
400~499	7	400~499	4	400~499	6	400~499	6	400~499	5
300~399	1	300~399	1	300~399	3	300~399	3	300~399	2
300以下	0	300以下	0	300以下	0	300以下	1	300以下	0

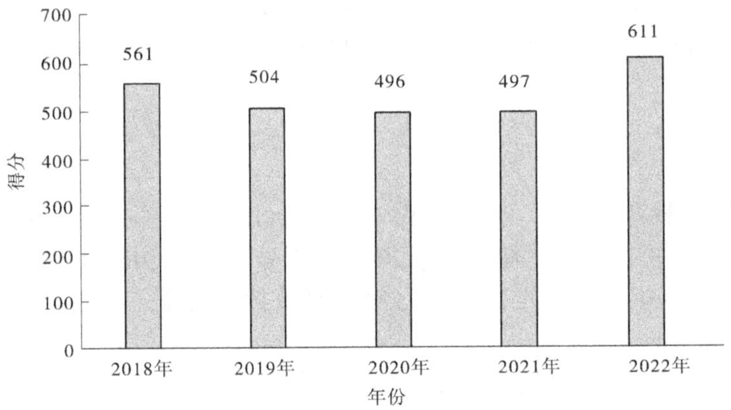

图1 A高校历年总得分情况

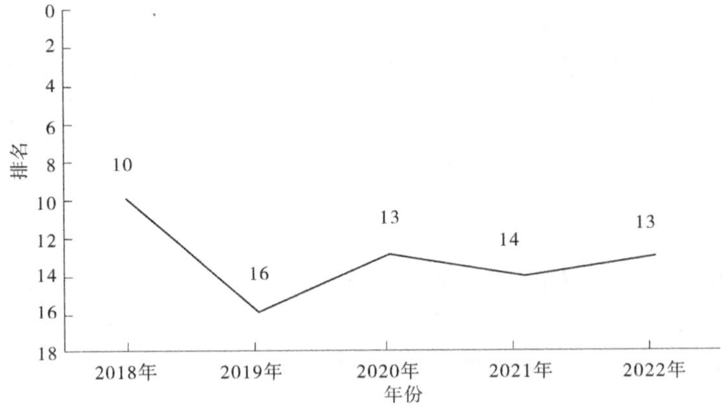

图2 A高校历年总分排名情况

3.2 具体指标分析

3.2.1 办学条件

办学条件指标总分150分，下设5个二级指标。每个二级指标分三个等级：A、B、C级。A表示达到或者超过合格条件，对应二级指标得满分；B表示高于限制招生条件但低于合格条件值，得对应二级指标分值的50%；C表示低于《教育部关于印发〈普通高等学校基本办学条件指标（试行）〉的通知》，对应二级指标得0分。

3.2.1.1 生师比

该指标总分值是40分。从A高校历年得分情况来看，生师比得分都是20分，表示高于限制招生条件但低于合格条件值（见图3）。从排名情况来看，A高校生师比得分未变，而排名由2018年的第12名上升至2022年的第6名，表明部分高校生师比得分在下降（见图4）。生师比是高校扩招后普遍存在的问题，建议学院在考虑用人成本的同时，尽量满足政策要求。

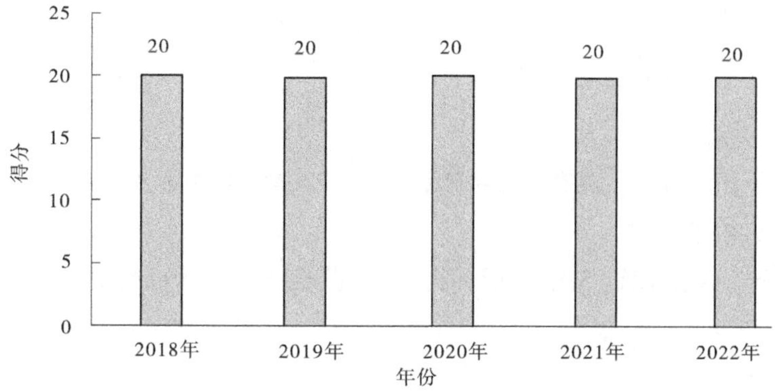

图3 生师比得分

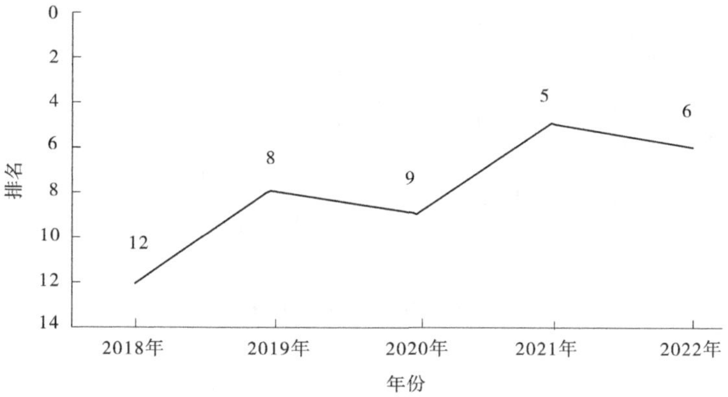

图4 生师比排名

3.2.1.2 具有研究生学历教师占专任教师比例

该指标总分值是30分。A高校近5年该指标得分均是满分，表示已经达到或者超过合格条件（见图5、图6）。

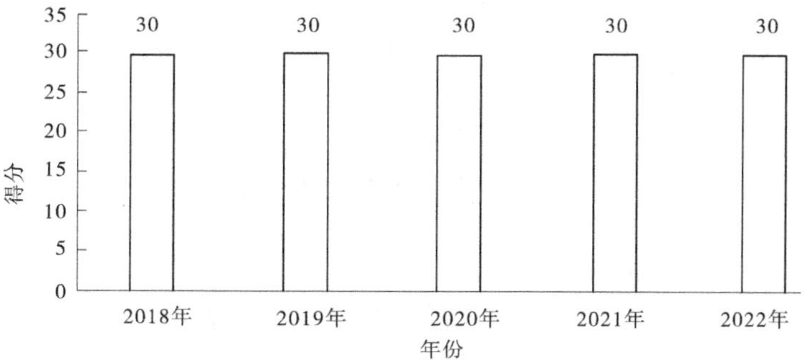

图5 具有研究生学历教师占专任教师比例得分

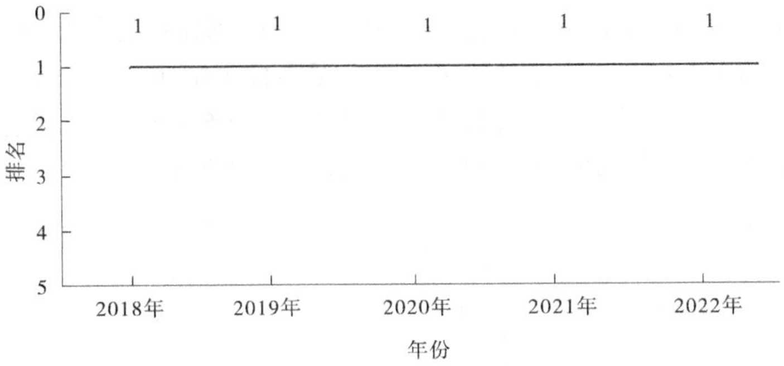

图 6　具有研究生学历教师占专任教师比例排名

3.2.1.3　生均教学行政用房

该指标总分值 20 分。A 高校近 5 年该指标得分均是满分，表示已经达到或者超过合格条件（见图 7、图 8）。

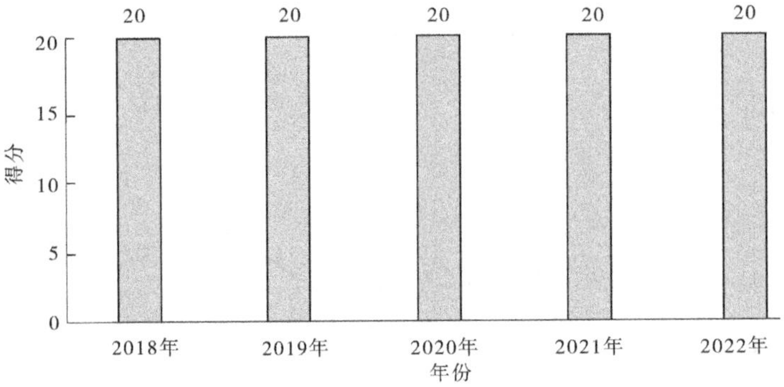

图 7　生均教学行政用房得分

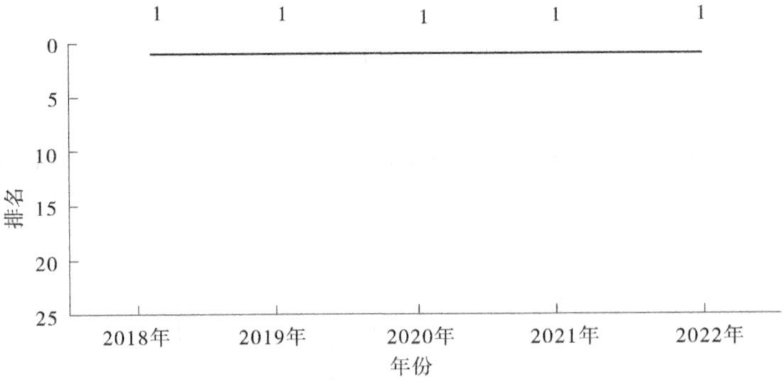

图 8　生均教学行政用房排名

3.2.1.4　生均教学科研仪器设备值

该指标总分值 40 分。A 高校近 5 年该指标得分均是满分，表示已经达到或者超过合格条件（见图 9、图 10）。

3.2.1.5　生均图书

该指标总分值 20 分。A 高校近 5 年该指标得分均是满分，表示已经达到或者超过合格条件（见图 11、图 12）。

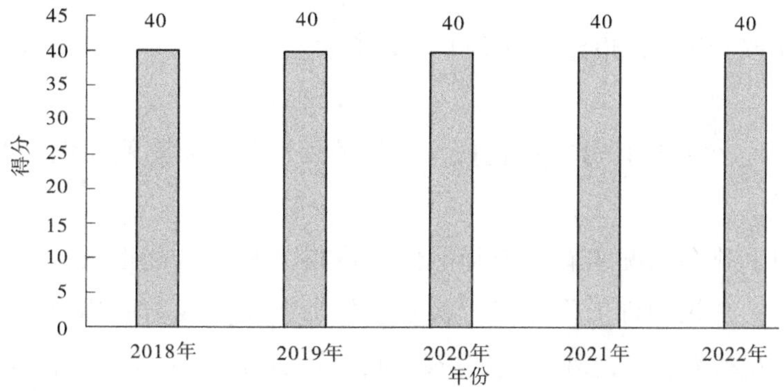

图 9　生均教学科研仪器设备值得分

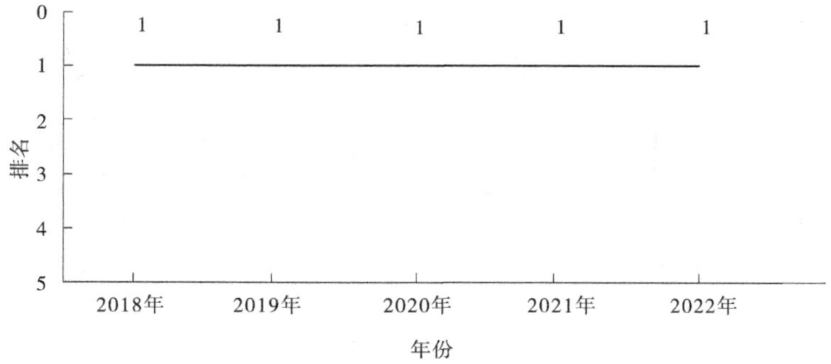

图 10　生均教学科研仪器设备值排名

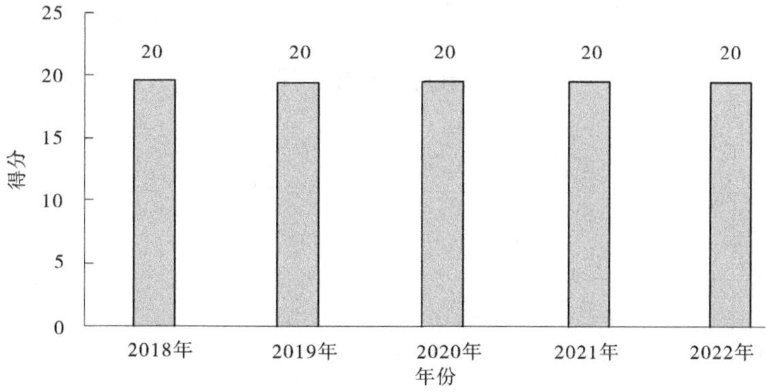

图 11　生均图书得分

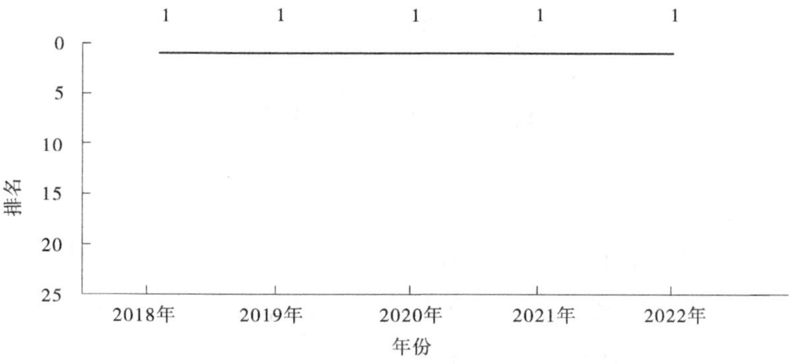

图 12　生均图书排名

3.2.2 办学质量

办学质量指标总分是 150 分，指标下设 3 个二级指标。

3.2.2.1 教师队伍建设

该指标总分值 60 分，该指标评分标准包括专业教师到行业企业实践比例、“双师型”教师比例、人事管理工作年度考评。

从 A 高校指标得分和排名情况来看，教师队伍建设得分和排名都很低，表明教师队伍建设有待提升（见图 13、图 14）。建议制订工作方案，将专业教师企业实践与职称评审相挂钩，鼓励专业教师到企业兼职、任职、互聘交流。此外，教师招聘时，可以招聘一定数量具有企业工作经验的专业教师，提高“双师型”教师比例。

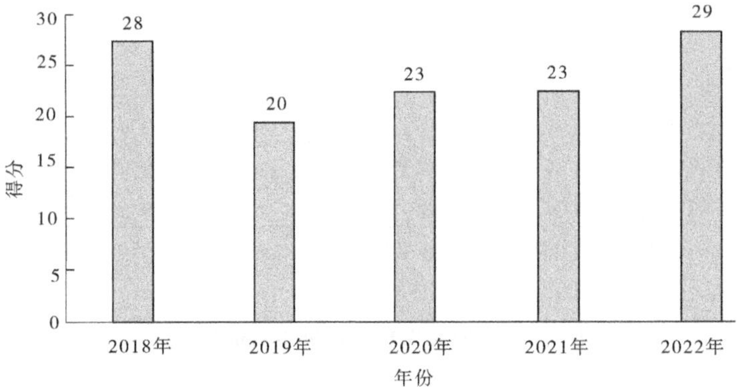

图 13 教师队伍建设得分

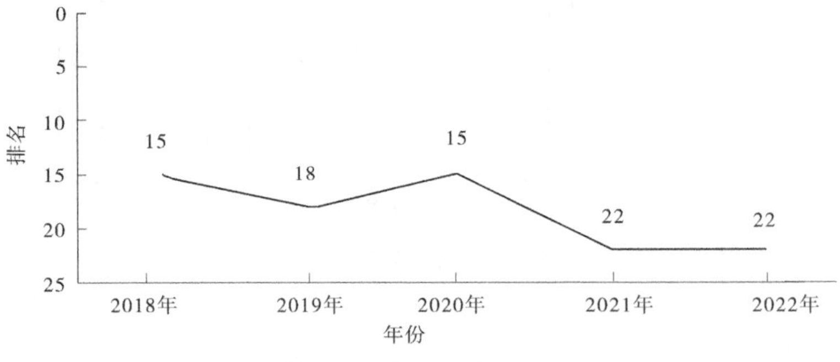

图 14 教师队伍建设排名

3.2.2.2 专业建设

该指标总分值 60 分。该指标评分标准包括专业对接产业率、专业集中度、专业大类平均人数。

从 A 高校指标得分和排名情况来看，专业建设得分和排名都很低，表明该校需要对专业建设进行调整（见图 15、图 16）。建议认真研究该指标，优化专业结构。

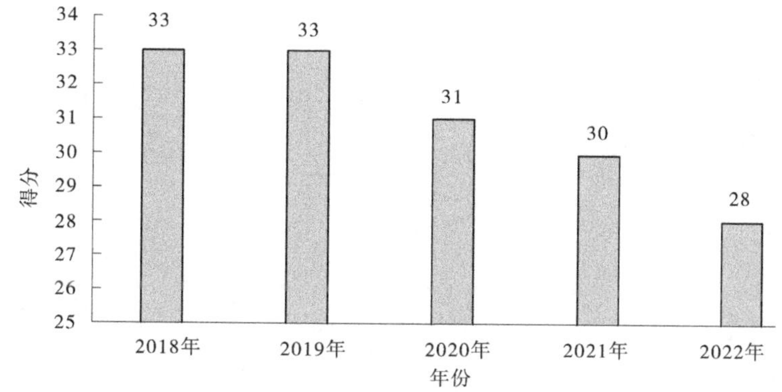

图 15　专业建设得分

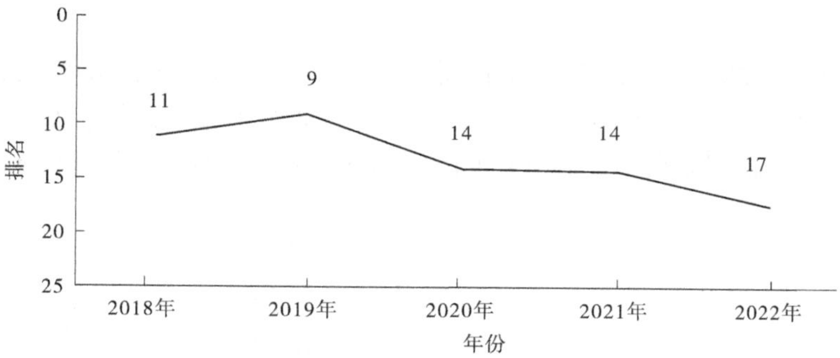

图 16　专业建设排名

3.2.2.3　学生满意度

因对高校学生满意度测评工作未开展，此项二级指标不纳入市属公办高职院校绩效评价。

3.2.3　招生就业

招生就业指标总分是 100 分，下设 4 个二级指标。各二级指标分五个等级，分别表示该项指标排名为全市高职院校该指标的前 20%、21%~40%、41%~60%、61%~80%、81%~100%，得分分别为各指标总分值的 100%、80%、60%、30%、10%。

3.2.3.1　招生计划使用率

该指标分值为 40 分。2019—2022 年该指标得分整体呈上升趋势，但每年得分都较低，均处于第三个等级及以下，表明该校近年实际报到学生人数相对于下达招生计划数较低（见图 17）。从排名情况来看，排名中等，说明这是高职院校普遍存在的问题（见图 18）。建议加强招生宣传管理，加强中高职衔接。

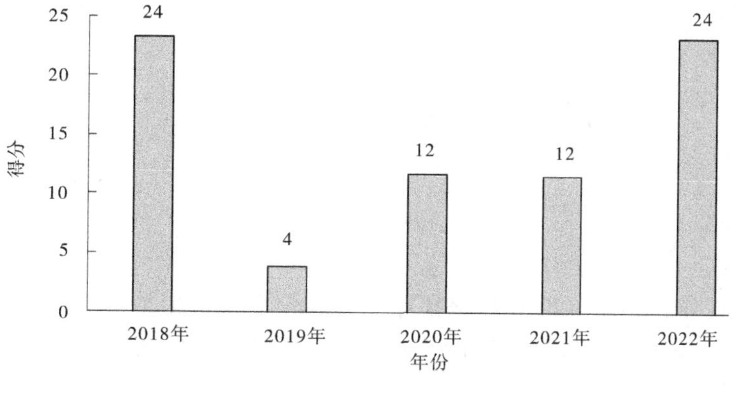

图 17　招生计划使用率得分

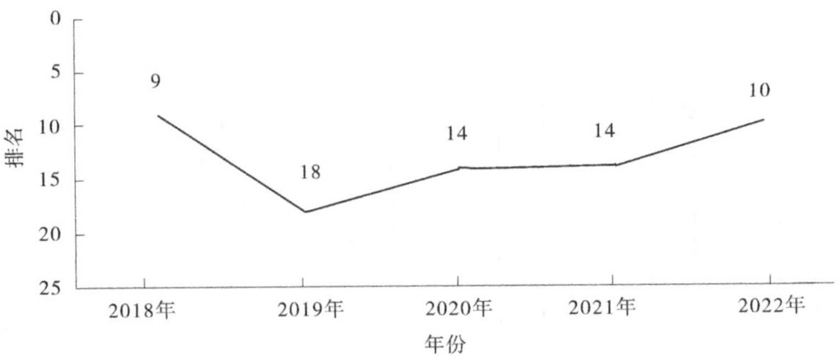

图 18　招生计划使用率排名

3.2.3.2　新生报到率

该指标分值为 20 分。2019—2022 年该指标得分逐年上升，但每年得分都较低，均处于第三个等级及以下，表明该校近年实际报到学生人数相对于实际录取学生数较低（见图 19）。从排名情况来看，排名中等，说明这是高职院校普遍存在的问题（见图 20）。建议跟踪分析新生实际报到情况。

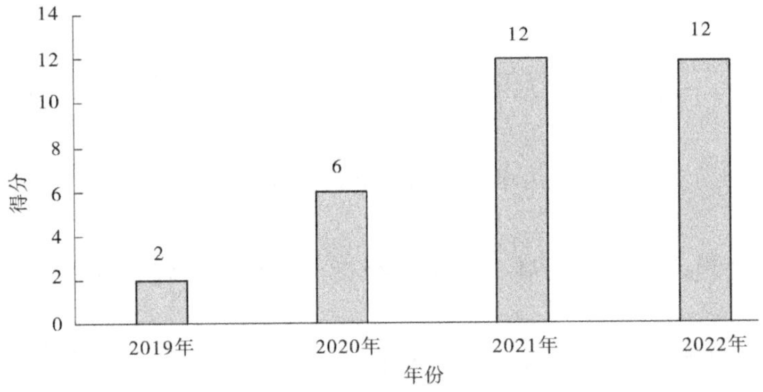

图 19　新生报到率得分

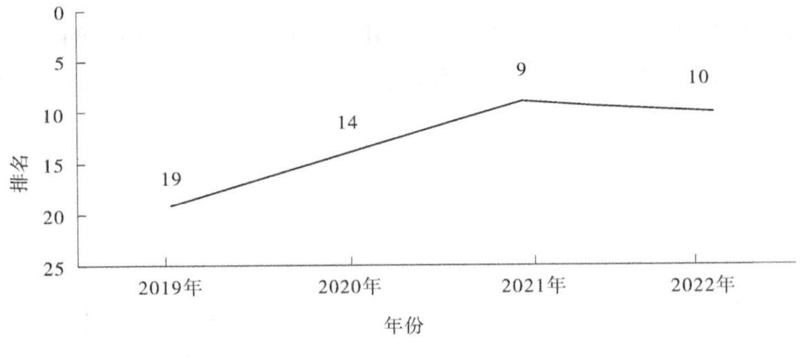

图 20　新生报到率排名

3.2.3.3　就业创业

该指标总分值为 40 分。2018—2020 年该指标得分逐年上升，2020 年、2021 年得分为满分，2022 年该指标得分下降明显，说明 2022 年度学生就业创业情况较差（见图 21、图 22）。建议分析 2022 年指标下降原因。

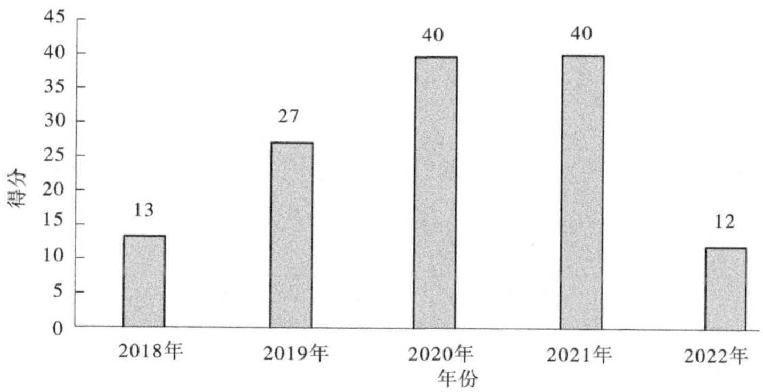

图 21　就业创业得分

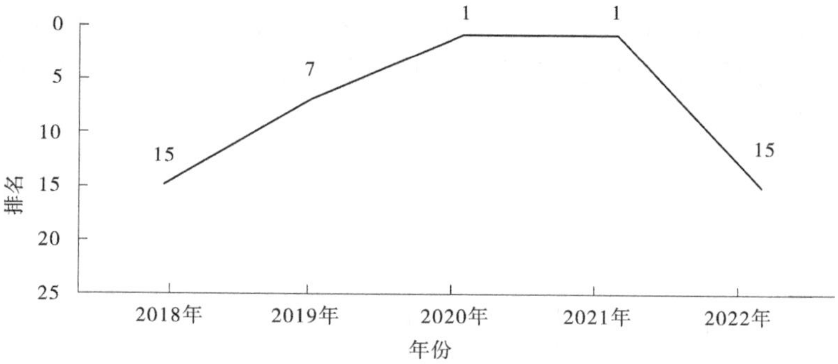

图 22　就业创业排名

3.2.4　科研与社会服务

科研与社会服务指标总分是 100 分，下设 3 个二级指标。各二级指标分五个等级，分别表示该项指标排名为全市高职院校该指标的前 20%、21%～40%、41%～60%、61%～80%、81%～100%，得分分别为各指标总分值的 100%、80%、60%、30%、10%。

3.2.4.1　对外培训收入

该指标总分值为 30 分。2018—2022 年该指标得分和排名均较低，得分处于第三个等级及以下，2022 年该指标下降明显（见图 23、图 24）。该指标是相对值指标，学院对外培训服务收入占总收入比例相对于其他高职院校而言很低。学院需要加强社会服务管理，吸取先进经验，提高对外培训收入，提高资源使用效益。

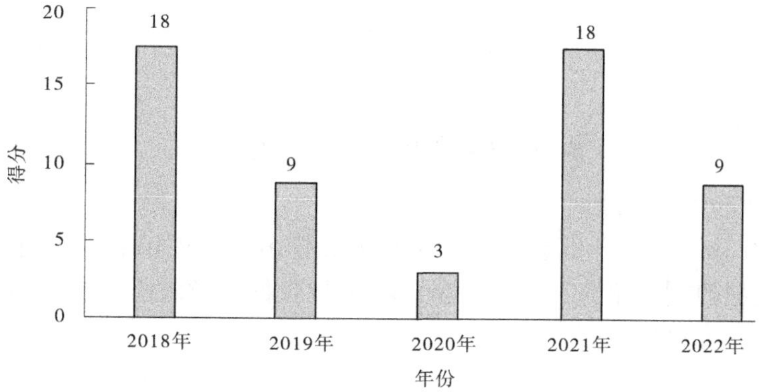

图 23　对外培训收入得分

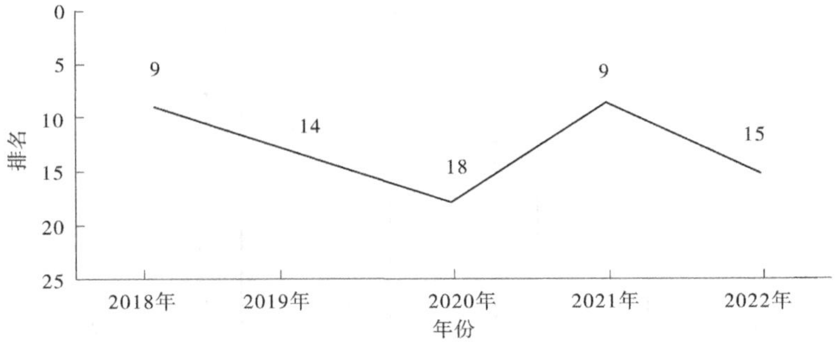

图 24　对外培训收入排名

3.2.4.2　科技服务与 R&D 支出

该指标总分值为 40 分。科技服务收入和 R&D 支出各占 20 分。2021—2022 年该指标得分和排名都下降十分明显，说明近两年科研收入、科研支出比例都较低，学院需要加大科研投入，提高科研管理水平（见图 25、图 26）。

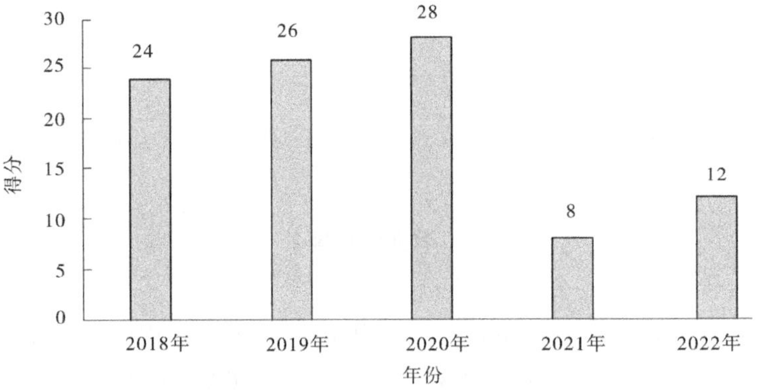

图 25　科技服务与 R&D 支出得分

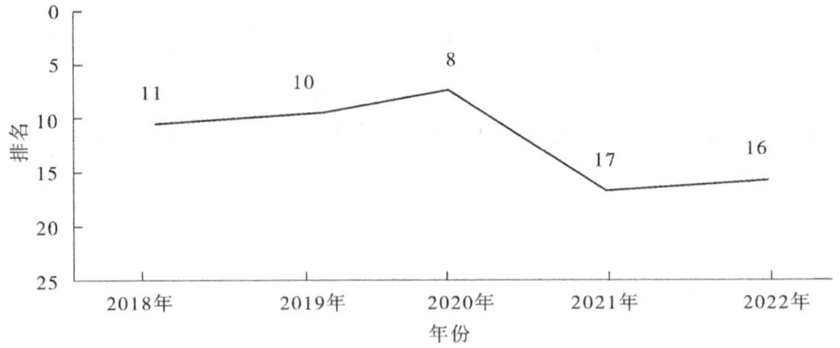

图 26　科技服务与 R&D 支出排名

3.2.4.3　科研课题论文和专利数量

该指标总分值为 30 分。2019 年开始，该指标得分和排名都在逐年下降（见图 27、图 28）。相对于其他高校而言，学院科研课题论文和专利数量产出数量较低，学院需要制定相关的激励政策，鼓励教职工积极参与科研，提高科研水平。

3.2.5　学校管理

3.2.5.1　领导班子思想政治建设

领导班子思想政治建设目前暂未确定考核结果，根据最终考核结果确定该指标得分。

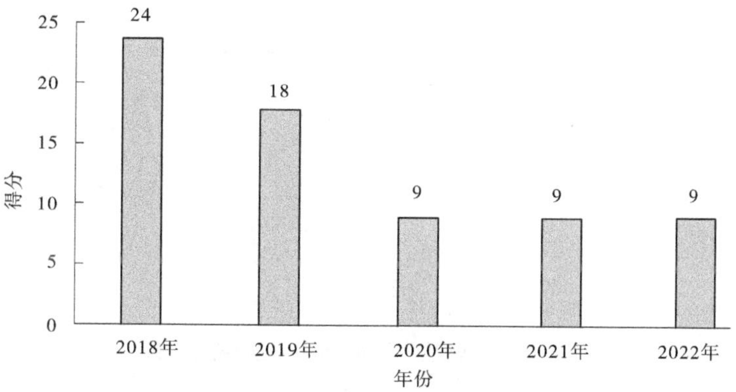

图 27　科研课题论文和专利数量得分

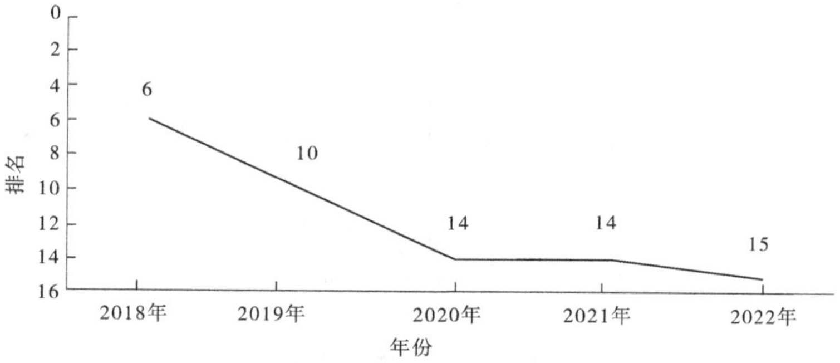

图 28　科研课题论文和专利数量排名

3.2.5.2　党建思政意识形态和安全稳定

该指标总分值是 100 分。从得分和排名来看，近年来该指标都是满分，表明该校非常重视党建、意识形态、安全稳定工作，不存在相关责任落实不到位和违法违规的现象（见图 29、图 30）。

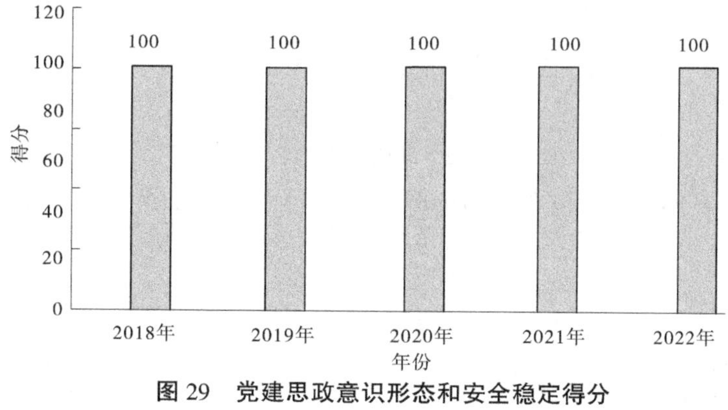

图 29　党建思政意识形态和安全稳定得分

3.2.5.3　学生管理

该指标总分值为 40 分，该指标以各高职学校参加市教委组织的学生管理年度考评结果为准。从得分的排名情况来看，2020 年该指标位列全市 21%~40%，排名第 7，但 2021—2022 年学生管理考评下降明显，学生管理部门要引起重视，及时分析下降原因，加强学生管理（见图 31、图 32）。

3.2.5.4　预决算管理综合评价

该指标总分值为 60 分，该指标包括预算管理综合评价和内部控制评价。2018—2022 年指标得分整体呈上升趋势，指标排名由 2018 年的第 18 名上升至 2022 年的第 10 名（见图 33、图 34）。原因可

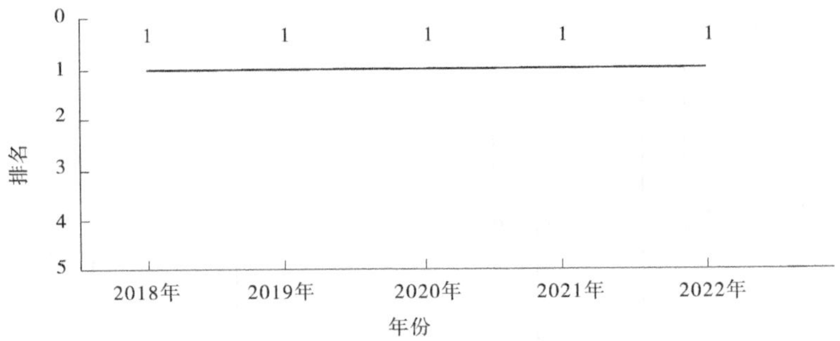

图 30　党建思政意识形态和安全稳定排名

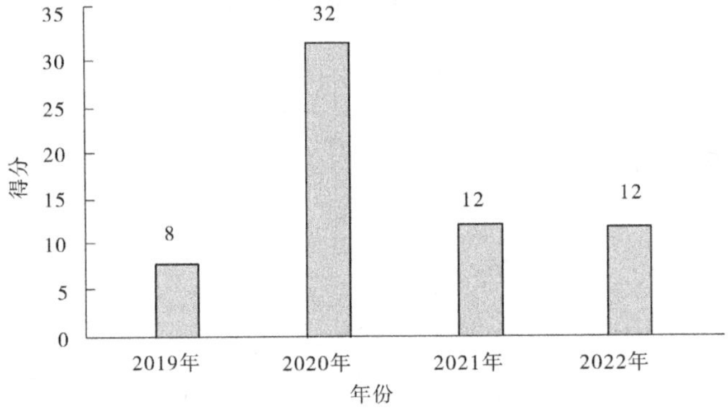

图 31　学生管理得分

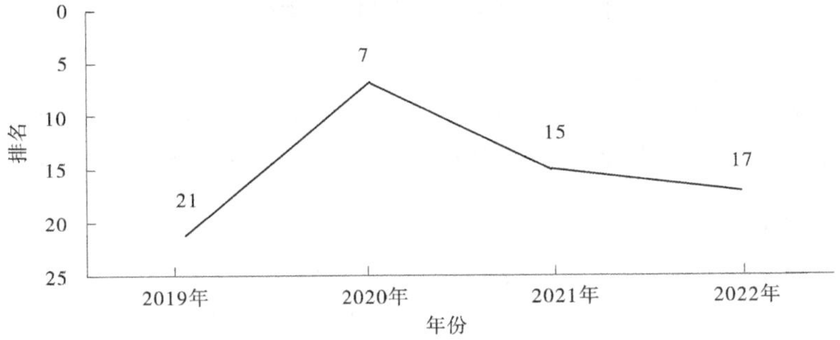

图 32　学生管理排名

能是 2021 年重庆市预算一体化系统改革，市财政对预决算管理更加严格，学院整体预决算、内部控制管理能力得到提升。

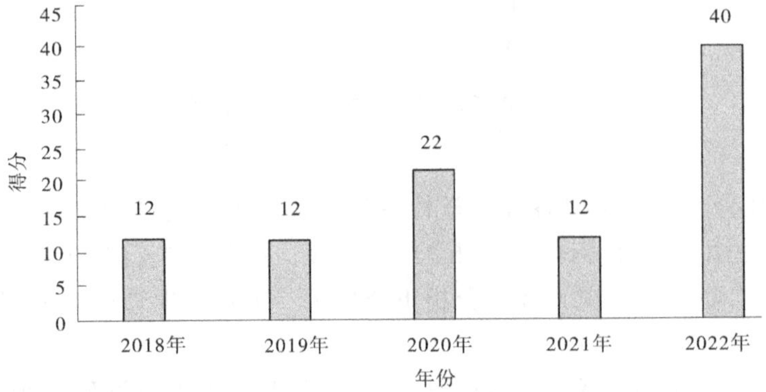

图 33　预决算管理综合评价得分

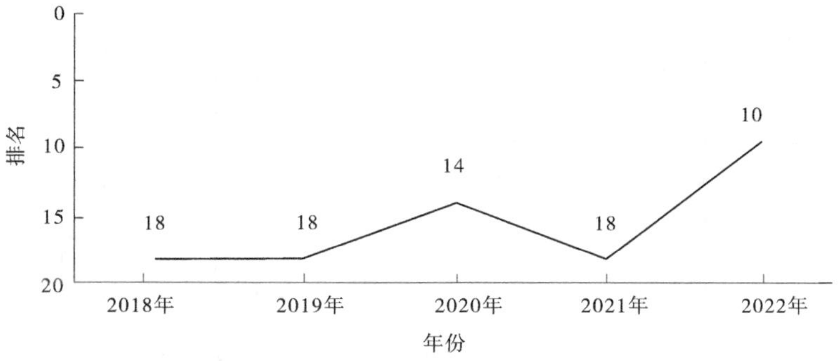

图 34　预决算管理综合评价排名

3.2.5.5　财务风险控制

该指标总分值是 20 分。该指标根据资产负债率高低进行评分，资产负债率=负债/资产。2018 年该指标分值为满分，2019 年、2020 年该指标得分降低，2021 年、2022 年该指标得分开始回升（见图 35、图 36）。原因是 2019 年学院增加了银行贷款，负债增加，2021 年开始，随着贷款本金的偿还和资产的增加，该指标得分后期开始逐年上升。

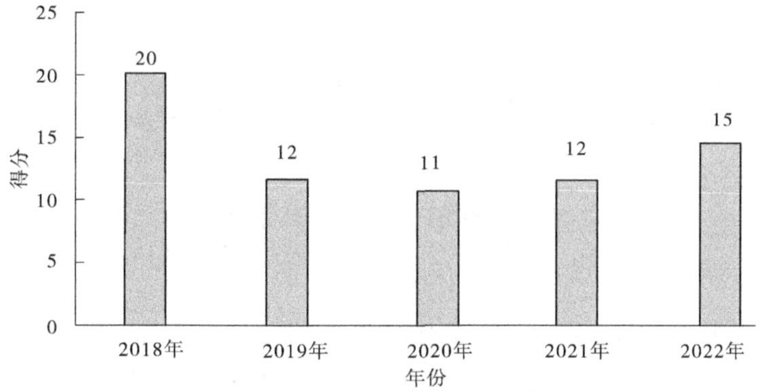

图 35　财务风险控制得分

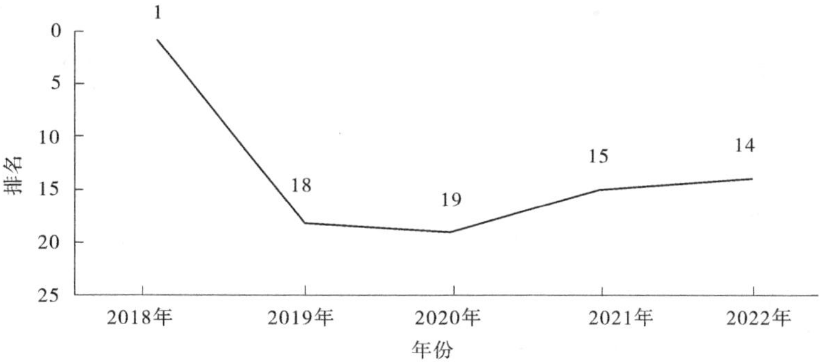

图 36　财务风险控制排名

3.2.5.6　教育国际交流合作

该指标总分值是 30 分。以学校参加重庆市教委组织的教育国际交流合作年度考评位列为准。从得分和排名情况来看，2019 年和 2020 年，该指标考核情况都降低，2021 年该指标得分开始回升，部分原因可能是 2019 年、2020 年受到疫情封闭影响减少了出国交流业务（见图 37、图 38）。

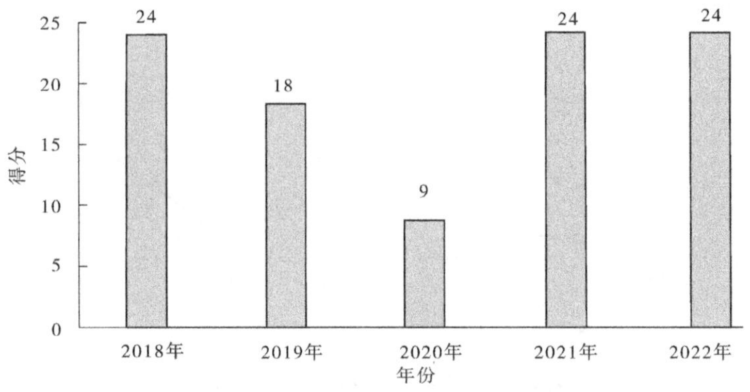

图 37　教育国际交流合作得分

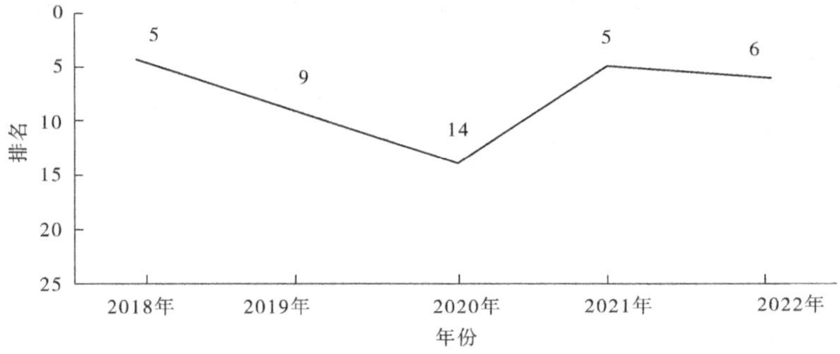

图 38　教育国际交流合作排名

3.2.6　争先创优

获得国家、市级重大奖项和荣誉。该指标总分值是 200 分。2018—2022 年每年得分逐年上升，其中 2022 年增长 100 分，但排名只上升一名，表明 A 高校的争先创优增长速度相对于其他高校较慢，原因可能是 2022 年是重庆市级“双高”项目建设的攻坚时期，各个高校都在不断提档升级，争先创优均增长较快（见图 39、图 40）。

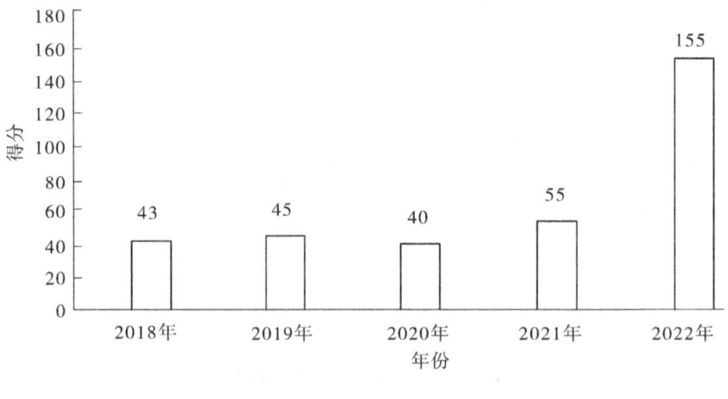

图 39　获得国家、市级重大奖项和荣誉得分

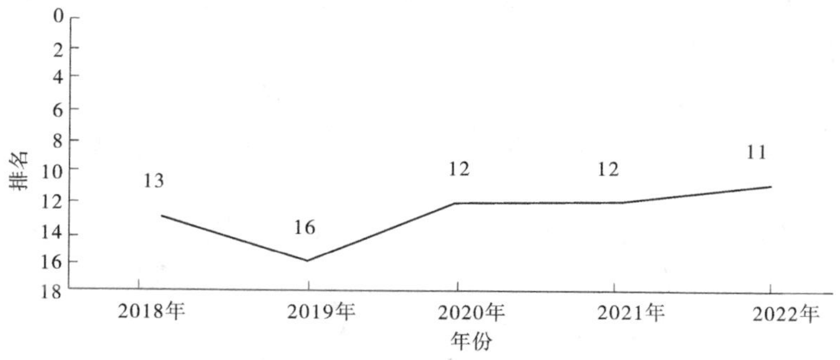

图 40　获得国家、市级重大奖项和荣誉排名

4　问题分析

4.1　优势指标情况

2018—2022 年有 5 项二级指标历年得分均为满分。如：办学条件除生师比外，其余二级指标（具有研究生学历教师占专任教师的比例、生均教学行政用房、生均教学科研仪器设备值、生均图书）得分均为满分，说明学院整体办学条件较好，都达到或者超过合格条件；学校管理中的党建思政意识形态和安全稳定历年得分均为满分，说明学院意识形态和安全稳定工作做得较好。

4.2　劣势指标情况

学院教师队伍建设、专业建设、招生计划使用率、新生报到率、就业创业、对外培训收入、科技服务与 R&D 支出、科研课题论文和专利数量、学生管理等二级指标得分较低、排名均较靠后，涉及办学质量、招生就业、科研与社会服务、学校管理、争先创优这五个方面。

从历年得分情况来看，招生就业中的毕业生就业率、学校管理中的学生管理指标历年取得过高分成绩，说明可以在短时间内通过努力得到加强，其余二级指标需要长期谋划得以提升。

5　影响因素

5.1　内部环境

内部环境是实施管理活动的基础，主导着员工的理念和行为。绩效评价指标涉及学院管理活动的方方面面。组织结构的设计、“三重一大”决策制度、管理层的重视程度、人员的社会经验和基本素质、审计监督等都对绩效考核产生重要影响[3]。

5.2　内部控制

绩效评价的问题一方面体现出学院内部控制建设薄弱的问题，有效的内部控制可以降低目标实现的风险，促进目标的实现。内部控制建设是各高校年度重点工作之一，涉及高校活动的各个层面，要高度重视，要常抓常管。

5.3　人力资源

生均拨款绩效评价跟各行政部门、二级学院息息相关，离不开各岗位员工的参与。学院对关键岗位的设置、人员的分工、岗位轮换的要求、员工的薪酬晋升和奖惩培养、员工的工作经验和知识架构等都影响着各个指标的建设，进而影响绩效考核效果[4]。

5.4　竞争对手

根据绩效拨款评价指标体系评分标准，办学质量、招生就业、科研与社会服务、学校管理等都是相对指标，根据指标年度考评结果在全市院校中的排名计分，因此其他院校得分情况也会影响绩效考核得分。

6　结论

（1）成立专班。学院应高度重视，成立迎考领导小组，下设考核领导小组办公室和监督组。主要负责迎接考核的方案制订、计划协调，考核任务分解、汇报材料准备、自查报告汇总，对任务落实的过程和成效进行监督，分期进行通报。

（2）纳入绩效。为提高认识、速抓成效，学院应出台绩效评价考核实施办法，各专项指标均出台具体落实方案，将市教委绩效考核通报结果纳入学院当年部门年终绩效考核范围，考核结果与年终绩效分配挂钩，形成激励机制。

（3）夯实基础。将绩效评价与日常工作相结合：将绩效评价内容纳入日常打基础、固根本任务，常抓不懈，如专业建设、人才队伍建设要纳入日常工作常抓常议；将绩效评价与重点工作相结合：将绩效评价任务纳入学校重点工作任务和相关部门年度重点工作任务中，如学院年度重点工作中要明确上述绩效评价的短板项目，纳入固本强基重点任务；将绩效评价与国家双高建设任务相结合：将绩效评价各指标纳入各双高子项目建设任务中。

（4）完善内部控制。内部控制建设中，定期邀请专家进行专题培训，培养管理层和员工的内控素养。充分识别各绩效评价指标目标实现中存在的关键风险点，评估存在的风险，建立完善内部控制措施，降低风险，提高绩效考核。

（5）提高人员素质水平。在全面实施预算绩效管理、预算管理一体化、业财融合、政府采购、信息化建设、税收政策等新政策的要求下，高校工作任务、工作方式、工作要求等都发生了日新月异的变化。工作人员要加强政策学习，强化业务培训，提升业务技能，不断提高工作水平。

（6）加强交流学习。各行政部门、二级学院应开拓视野，丰富交流形式。例如，订立年度学习计划，邀请校外专家开展培训指导，改善工作方法，提高工作效率；定期前往校外开展调研交流，学习行业先进管理经验，掌握行业动态。

参考文献

[1] 邓岳南．基于财政绩效拨款的高校财务管理创新研究［J］．投资与合作，2021，1（4）：113-114.

[2] 李永宁．高校绩效拨款框架体系的构建及其实现途径［J］．教育发展研究，2016，36（21）：49-55.

[3] 胡德仁，刘亮，朱云飞．高等院校资源配置的绩效评价：以 29 所河北省省属高校为例［J］．河北地质大学学报，2019，42（4）：111-116.

[4] 宁小花．美国田纳西州高校治理：从“预算奖励”到“绩效拨款”［J］．清华大学教育研究，2023，44（6）：44-53.

水利事业单位财会监督与审计监督贯通协同机制研究

马丽娟

（黄河水利委员会新闻宣传出版中心，河南郑州　450000）

摘　要：随着我国水利事业的快速发展，水利事业单位财会监督与审计监督越来越受到重视。本文针对水利事业单位财会监督与审计监督贯通协同机制进行研究，首先分析了水利事业单位财会监督和审计监督的内在联系，然后对两类监督的协同现状和困境进行了梳理分析，最后从坚持党的集中统一领导、战略协同、管理协同、操作协同和保障措施等方面构建了水利事业单位财会监督和审计监督贯通协同机制的技术路径，旨在提高水利事业单位协同监督效能，推动水利事业高质量发展。

关键词：财会监督；审计监督；贯通协同机制；技术路径

1　引言

水利是国民经济和社会发展的基础设施，为适应经济社会的快速发展，水利基础设施建设投入不断加大，水利事业单位在国民经济和社会发展中的地位日益凸显。作为水利行业管理的重要组成部分，水利事业单位财会监督与审计监督对于保障水利资金安全、提高资金使用效益具有重要意义。然而，在实际工作中，水利事业单位的财会监督与审计监督往往存在一定的脱节现象，导致监督效果不尽如人意[1]。2023 年 2 月，中共中央办公厅、国务院办公厅印发《关于进一步加强财会监督工作的意见》，明确提出健全财会监督体系[1]，促进财会监督与其他各类监督贯通协调，推动健全党统一领导、全面覆盖、权威高效的监督体系。2023 年 5 月，二十届中央审计委员会第一次会议提出，要做好审计监督与其他监督的贯通协同、形成监督合力。这些新要求和政策背景为水利事业单位财会监督与审计监督贯通协同机制提供了重要的指导思想和实践方向。本文对水利事业单位财会监督与审计监督协同机制展开深入研究，旨在为水利事业单位提供一种有效的财会与审计协同监督模式，为我国水利事业高质量发展提供有力保障。

2　水利事业单位财会监督和审计监督内在联系分析

2.1　监督目标的一致性

水利事业单位财会监督与审计监督的目标具有一致性，都是为了保障水利事业单位的财务安全，维护经济秩序和公共利益。财会监督主要关注单位财务管理、会计行为、内部控制的合规性和效益性，而审计监督则侧重于对单位经济活动的真实、合法和效益进行独立、客观的评价[2]。虽然两者的监督重点和手段有所不同，但都是为了确保水利事业单位的财务活动符合国家法律法规和单位规章制度，促进水利事业单位平稳健康运行发展。

2.2　监督内容的交叉性

水利事业单位财会监督与审计监督的内容具有交叉性。财会监督的内容主要包括预算管理、国有

作者简介：马丽娟（1969—），女，高级会计师，主要从事财务主管工作。

资产管理、政府采购行为、内部控制、财会资料和会计信息质量等方面，监督内容侧重财务管理和财会行为全流程。审计监督的内容则包括被审计单位贯彻落实国家重大经济社会政策措施情况、预算执行情况、决算情况、财务收支、基建项目资金使用、国有资源和国有资产管理等方面，监督内容更广泛、更全面，既可以对被审计单位依法应当接受审计的事项进行全面审计，也可以对其中的特定事项进行专项审计。在实际工作中，财会监督与审计监督在内容上存在一定的交叉，如预算管理、资产管理、内部控制、绩效评价等方面。

2.3 监督职能的重合性

水利事业单位财会监督与审计监督的职能具有重合性。财会监督的职能主要包括规范财务规章制度、组织实施财务活动、分析评价财务状况、提供财务决策建议等。审计监督的职能则包括对单位经济活动的真实、合法和效益进行独立、客观的评价，提出改进意见和建议[3]。在实际工作中，财会监督与审计监督的职能在一定程度上存在重合，如分析评价财务状况、对财会行为查错纠弊、提供财务决策建议等，这种重合性使得财会监督与审计监督在实施过程中能够实现资源共享、优势互补、贯通协同。

3 水利事业单位财会监督与审计监督贯通协同现状和困境

3.1 现状

水利事业单位财务部门通常以财务检查、专项检查的形式开展财会监督，审计部门以预算执行审计、经济责任审计、企业审计、跟踪审计等方式开展审计监督。从监督方式上来说，财会监督的方式方法相对单一，从事监督工作的财务人员力量明显不足，更多依赖于委托会计师事务所等社会中介机构，但财务部门在日常监督和事前事中监督方面有一定优势；审计监督专业性较强，更加独立、客观，审计方式方法较多，在监督流程、检查深度、结果运用等方面更加系统成熟，但是在日常监督方面尚有欠缺，更多的是事后监督。从监督频次上来说，财会监督每年要实现全覆盖或抽查部分单位的重点项目开展专项检查；审计监督每三年实现一次全覆盖，覆盖委属事业单位、企业单位、基层水管单位以及应当接受审计的党政主要领导干部。从贯通协同方面来说，财会监督和审计监督在实际工作中协同联动不够，资源共享和结果运用不够及时。在工作计划安排上虽有沟通，但由于职能定位和工作理念上的差异，财务检查和审计监督不能互相替代，工作计划对象也有重复的情况，财务部门和审计部门问题通报、整改制度也未实现联通。

近年来，水利事业单位不断探索推进财会监督与审计监督贯通协同，紧紧围绕新阶段水利高质量发展“六条实施路径”，统筹水利事业发展和资金安全，系统谋划水利财会监督和审计监督，强化各类监督贯通融合、形成合力。2023 年 6 月，水利部印发《水利部进一步加强财会监督工作的实施方案》（简称《实施方案》），要求到 2025 年基本建立水利财务监督与其他各类监督贯通协同的工作机制。《实施方案》印发后，水利事业单位强化了财会监督与内部审计协同配合，统筹监督内容和范围，建立监督结果运用、监督信息交流等机制。近期水利部财务部门与审计部门加强协同配合，共同组织开展的“小金库”专项检查是一次积极的深度，推动了财务部门与审计部门协同发挥监督效力。

3.2 困境

水利事业单位财会监督和审计监督要实现贯通协同，目前面临一系列困境与挑战。第一，全局性的监督新格局尚未形成，导致财会监督和审计监督协同渠道不通畅，监督工作缺乏系统性和连贯性。水利事业单位目前正在积极建立贯通协同的监督机制，但仍然处于起步阶段，财务部门和审计部门之间的沟通协作还不够紧密，体制机制和规章制度有待完善。第二，监督主体之间缺少协同的信息共享平台，部门之间的沟通协作不够紧密、监督互动不够充分、监督信息共享不足。在实际操作中，财会监督和审计监督往往各自为政，缺乏有效的沟通和协调机构[4]，导致监督盲区和重复检查。有的单位财务部门和审计部门归属不同的分管领导，需要监督协作配合时，需各自分管领导、单位负责人审批，两个部门在开展日常监督工作时缺乏沟通和协调。第三，财会监督和审计监督工作标准存在差异，在实际工作中，财会监督关注财务管理、会计行为、内部控制的合规性，审计监督则关注经济活动的真实性、合法性和效益性，前者侧重“专业监督”，后者侧重“独立评价”，两者掌握的监督标准有所不同，有时甚至针对同一个问题给出的结论也各不相同。第四，缺少专业型和复合型监督人才，在开展监督检查工作时，财务人员容易拘泥于财务流程细节的查错纠弊，缺少审计“分析”和“评价”思维，而审计人员缺少财务管理和会计核算岗位的磨炼，对于最新财务政策和会计业务流程不熟悉，有时提出的问题不符合单位实际、提出的意见建议不够“接地气”。此外，部分财务和审计人员缺乏专业的“防汛”“水调”“建管”等水利业务知识，在“数字孪生”“智慧水利”等新兴领域普遍处于空白状态，导致在开展上述新兴领域的监督活动时力不从心。第五，创新科技应用不足，缺少先进的数据分析工具，目前水利事业单位在财会监督和审计监督中的数字化投入较少，且财会监督的水利财务系统与审计监督的信息化系统相互独立，两者在协作使用数据和信息过程中无法深度融合。

4 水利事业单位财会监督和审计监督贯通协同技术路径

基于前文对财会监督和审计监督的内在联系、贯通协同现状和困境的深入分析，水利事业单位应当围绕水利高质量发展“六条实施路径”和全面提升国家水安全保障能力这一总体目标，积极构建水利事业监督新格局，探索财会监督和审计监督贯通协同的技术路径。首先，要坚持党的集中统一领导，坚持“节水优先、空间均衡、系统治理、两手发力”的治水思路，将各类监督贯通协同纳入水利事业发展的总体布局[5]；其次，从战略协同、管理协同和操作协同三个层面打造财会监督和审计监督贯通协同的着力点；最后，从完善法规制度体系、优化人才队伍建设和提升信息化共享水平方面为财会监督和审计监督贯通协同护航，见图1。

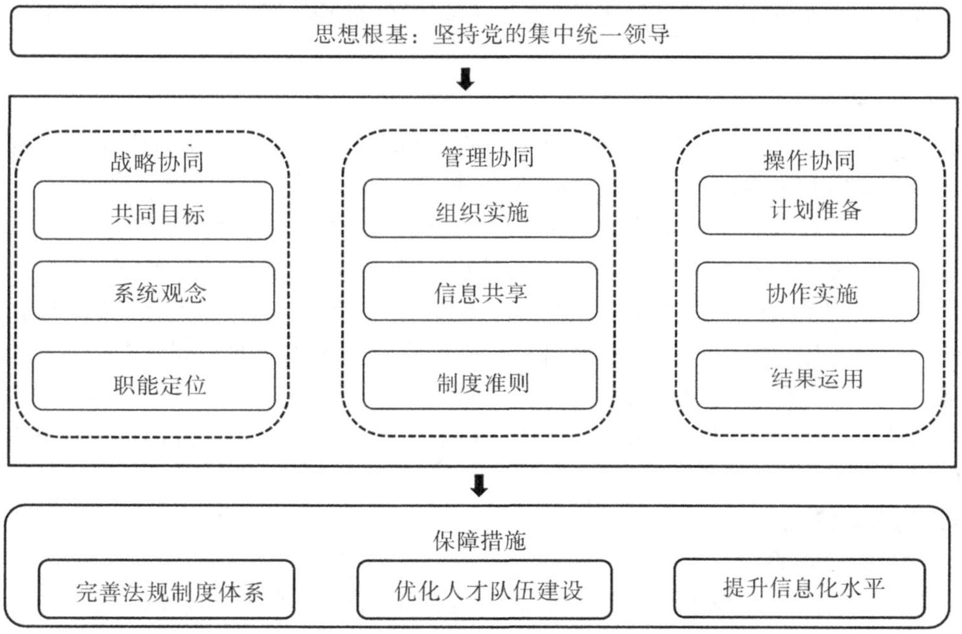

图1　财会监督和审计监督贯通协同的技术路径

4.1　坚持党的集中统一领导

坚持党的集中统一领导是党和国家监督体系有效运行的基础，也是推动国家治理体系和治理能力现代化的重要保障。构建水利事业单位财会监督与审计监督贯通协同机制，必须以党的集中统一领导为核心，形成具有高度集中统一、全面覆盖、权威高效的监督体系。水利事业单位必须树立全局观念，将财会监督与审计监督工作纳入党和国家事业发展的整体布局中。财务部门应准确把握党和国家关于水利工作的方针政策，严格执行预算管理，确保资金安全和使用效率；审计部门则要紧紧围绕党和国家的中心工作，通过开展审计监督揭示问题、防范风险，为政策制定和执行提供依据。

4.2 积极构建协同监督机制

4.2.1 战略协同

财会监督和审计监督要以推进水利高质量发展为共同目标，将贯彻落实习近平总书记治水重要论述和党中央、国务院重大决策部署作为水利监督工作的首要任务。聚焦提升水旱灾害防御能力、水资源优化配置能力、水资源集约节约利用能力、大江大河大湖生态保护治理能力，落实完善流域防洪工程体系、加快构建国家水网、复苏河湖生态环境、推进数字孪生系统建设、建立健全节水制度政策、强化水利体制机制法治管理等目标路径，针对上述水利行业重点领域，水利事业单位财务和审计部门要制定监督清单，协同开展重点监督检查。水利事业单位要建立系统观念，整体谋划财会监督和审计监督近期、中期、远期任务，实现监督和管理有机统一，争取认识一致、步调一致、行动一致，协同监督效能增加。财会监督和审计监督在职能上存在重合和交叉，水利事业单位应做好顶层设计，明确各自的职责内容、监督重点和任务分工，避免重复性工作。

4.2.2 管理协同

对于水利事业单位来说，组织实施财会监督和审计监督协同工作非常重要。首先，应当设置权威性的组织机构统筹管理，或者明确牵头部门定期开展协同联系工作；其次，财务部门和审计部门的分管领导要积极参与组织管理，及时沟通年度协同监督工作任务；再次，水利事业单位可以尝试建立互联互通的沟通平台，将协同监督工作规范化、程序化、日常化，例如构建协同监督联席会议制度等。财务部门和审计部门还应该在协同监督中加强信息共享，逐步实现水利财务系统和内部审计信息系统的有效对接，加强监督成果共享、问题清单互通和整改落实互联，统筹调配财务人员和审计人员，建立协同监督“专家库”。此外，水利事业单位还应该完善协同监督法规制度建设，将本单位协同监督的要求落实到具体规章制度中，特别要注重责任追究制度的建立和完善，以此督促责任主体履职尽责。

4.2.3 操作协同

水利事业单位在建立完善战略协同和管理协同的基础之上，要聚焦具体的监督项目进行操作层面的协同配合。财务部门和审计部门在开展协同监督时，牵头部门负责制订项目计划、明确实施方案、开展任务分工、集中调配人员、汇总监督成果等。2024 年协同开展的“小金库”专项检查，由财务部门牵头制定《小金库专项检查工作方案》，规定检查程序、抽查单位和主要内容，对联合检查组进行任务分工，集中调配系统内专业人员，最后统一汇总“小金库”专项检查报告，检查行动分工明确、迅速高效、震慑作用显著，无疑是财会监督和审计监督一次成功的协同配合案例。在开展监督项目中，财务部门和审计部门要定期召集专门会议，深入探讨监督检查效果、问题线索流转、重大案件处理等关键协同议题，强化协同监督结果的应用，将监督中发现的问题、提出的建议转化为改进工作和提升效能的具体措施。

4.3 协同监督的保障措施

（1）完善法规制度体系。

目前，财会监督与审计监督协同工作的法规制度体系尚不完善，需要水利事业单位根据自身实际，积极构建系统完备、层次分明、权威高效的监督制度体系。对财会监督和审计监督的具体职责定位进行细化，明确各自的定义、适用范围、内容界定、实施方法、操作流程以及具体执行标准，确保监督活动的协同性和效率性。完善重点监督协同、重大事项会商、线索移交移送制度，不断夯实水利事业单位监督协同制度基石。

（2）优化人才队伍建设。

水利事业单位要建立财会监督和审计监督人才信息库，不断加强人才培训教育，提升专业能力和综合素质，选派财务部门和审计部门业务骨干参加纪检监察、巡视巡察，促进业务交流和工作协同，开展财务人员和审计人员轮岗锻炼，定期组织“防汛”“水调”“建管”“数字孪生”“智慧水利”等水利业务知识培训，完善监督人才激励约束机制，进一步打造协同监督“铁军”，确保监督履职尽责。

（3）提升信息化水平。

水利事业单位要充分运用大数据、云平台、人工智能等数字信息技术，利用中央预算管理一体化系统、水利财务管理信息系统和内部审计信息系统等工具，进一步提高水利资金使用疑点动态监控精准度和及时性，不断完善财会监督和审计监督数据库，构建水利财务领域重大风险识别预警机制，提升水利财会监督和审计监督协同工作的数字化、网络化和智能化水平。

参考文献

[1] 程嘉琦．协同发挥财会监督与审计监督合力的思考［J］．财讯，2024（2）：25-27.

[2] 曾晓璇，丁友刚，顾力为．数字治理背景下的高校财会、审计、巡视协同监督路径研究［J］．财会月刊，2024，45（4）：76-79.

[3] 张乃涵，曾曦雯．企业内部审计监督与财务监督协同机制建设路径探究［J］．财经界，2024（4）：168-170.

[4] 王晨，李怡楠，付皓琳．加强高校财会监督与审计监督、纪检监察监督协同机制研究：以A高校为例［J］．办公室业务，2024（7）：36-38.

[5] 冯颖，陈宇航．做好审计监督、统计监督、财会监督的贯通协同［J］．审计观察，2024（1）：74-80.

关于强化黄河水利国有资产监督管理的创新思考

刘 雯

（山东黄河河务局山东黄河信息中心，山东济南 250000）

摘 要： 国有资产是国民经济的命脉，在国民经济中起重要的基础性作用[1]。黄河安澜离不开黄河水利国有资产良好管理的强有力的支撑，而现阶段黄河水利国有资产管理中仍存在一系列问题，对行业的发展形成了一定的阻碍，只有对水利行业进行创新监督管理，才能为黄河水利国有资产的发展注入新的力量，才能为进一步增强国民经济实力贡献黄河力量。

关键词： 黄河水利单位；人员管理；国有资产

1 引言

黄河水利国有资产监督管理的创新发展，核心要义是进行人和资产资源的创新合理监管，以人为先，并重监管体系建设，做到把人才资源合理分配，人岗相适，减少国有资产管理人才的流失，同时持续加强资产的监管体系建设，减少资产闲置和资源浪费，为黄河国有资产监管事业的发展夯实基础、把好关口。黄河水利国有资产的监督管理进行变革、创新有着现实的重要性和迫切性，笔者将以黄河水利国有资产管理现状为切入点并结合工作实践，浅要探讨如何加强黄河水利行业国有资产管理，以新观念适应新要求，实现黄河水利国有资产的资产盘活、配置合理、高效利用，产生更高的社会效益和经济效益。

2 黄河水利国有资产的现状及问题

我国作为一个水利大国，拥有大量的水利资源和大型水利设施，水利国有资产管理工作面临新形势，迎来新挑战。黄河水利委员会作为我国水利系统最大的垂直管理事业单位，拥有经济体量巨大、省市跨域广袤、社会效益突出、种类异常繁杂的水利国有资产体系，黄河水利国有资产管理情况对于全国水利国有资产管理有着鲜明的代表性和独特性。在习近平总书记高瞻远瞩提出黄河重大国家战略后，笔者也在工作实践中发现黄河水利国有资产管理存在的一些客观问题。

2.1 资产管理人员岗位分工不明确，人才梯队建设不完善

水利行业的发展离不开人才，黄河系统国有资产管理高质量发展更离不开高素质人才队伍的有力支撑。然而，在日常工作中，单位部门较多、人员复杂、人员素质参差不齐、专职人员少、部分部门人员学历偏低等情况，使得人员管理工作难以推进。如何合理利用、安排和着眼长远培养资产管理人才成为现阶段黄河水利资产管理发展面临的紧迫问题。

（1）资产管理岗位人员一岗多职，聚焦主业深度不足。

在黄河水利系统内部尤其是县局等基层单位，资产管理岗位日常涉及的工作职能权力交叉分配不明确，一岗多职的现象大量存在，基层财务管理团队普遍存在重核算、预算，轻资产管理的情况，国有资产管理岗位人员在承担本身职能的同时还兼顾着与主责主业关系较小的必要性工作，这些工作内容琐碎却占用了资产管理人员相当大的精力和时间，如某基层黄河河务局国有资产管理人员同时兼顾

作者简介： 刘雯（1988—），女，经济师，山东黄河信息中心人事劳动科副科长，研究方向为事业单位人力资源管理、资产管理等。

着档案整理、仓库管理、政府采购、移民资金管理等其他工作。该职工工作能力较为突出，但在承担琐碎工作上分散了大量精力，无法在国有资产管理领域深耕细作。

（2）国有资产管理人员能力水平不一，人才梯队建设滞后。

水利国有资产管理岗位素有延续性强、专业壁垒较高的门槛，国资管理人员队伍建设的不完备，极大地限制了黄河水利国有资产管理水平的改善提升。以黄河系统某市一级河务局为例，该局市县两级财务从业人员约90余人，其中财会专业人员不足五成，国有资产管理岗位上财会专业人员更是少之又少，纳入省级河务局国有资产评审专家库仅一人。现有国有资产管理人员非财会专业人员较多，从业人员专业知识深度和广度明显存在着不足，资产账漏记、误记的情况比较普遍；同时，黄河系统国有资产管理人员队伍存在着年龄结构不合理的情况，人才库队伍断档问题相对突出，财务轮岗制度流于形式，青年国资管理人员培养不足，难以形成老中青结合、延续性业务合理衔接的良性发展局面，部分下属单位甚至出现一人请假、工作停摆的极端情况，黄河水利国有资产管理岗位亟须培养高素质水利人才，以适应新时代的水利发展的要求。

2.2 资产监督管理体系不完善

黄河水利国有资产监管力度亟须强化，内部控制制度体系建设尚有欠缺，主要表现在大型水利基础设施建设管理及入账核算等方面。

（1）黄河水利国有资产管理制度仍需健全。

当前，黄河水利系统尤其是基层单位国有资产管理仍停留在各自为战的阶段，缺乏上下联通、自成体系、具有统一指导方向的水利国有资产监督管理制度体系，往往上级各自发文，业务口和财务口对国有资产购置、管理、处置要求不一，基层单位在接收、上报有关情况和具体实施过程中无法准确把握上级政策要求，形成政策落实堵点。部分基层单位存在水利国有资产管理制度无细则、缺乏具体管理措施的情况，制度文件全而不实，可实施性较差。

（2）资产管理模式粗放。

黄河水利系统国有资产管理存在管理模式粗放的情况，尤其是在资源性国有资产和中央水利基建交付的中大型公共基础设施的管理方面。如在供水资源的总量调度和准确计量中，财务部门国有资产管理人员难以参与其中，难以准确把握水资源供给规模，应收尽收工作难以保证；在中大型水利公共基础设施的改建和交付工作中，改建资产不划入在建工程科目重新核定资产价值，而是简单粗暴地直接将基建交付资产以现值入账，造成同一资产新旧价值重叠，账面资产以亿元级别陡增，形成历史遗留问题。另外，在资产交付接收过程中，部分单位依然存在着交付表交付，实际交付资产数量、种类与交付表不符，基层水管单位接收后账实不符的遗留问题难以解决。

（3）缺乏独立监督。

首先，黄河水利国有资产的资金来源主要是政府财政部门拨款，资金主要部分用于河流、湖泊的治理、维护和建设，其他部分用于国家重点工程的水利工程建设和维护以及其他水利事业的投资、协调和管理，对于以上资金的监管和使用主要还是由国有资产管理部门自行监督或者由审计部门进行审计监督，现有相关法律法规尚未明确提出设立独立的专职监管部门的职责规划，监督工作多头管理，监督效果不佳。其次，资产清查管理制度不健全，对于资产的清查掌握缺失，导致后期资产评估等工作无法顺利展开，使得潜在风险无法有效规避。部分单位企事业资产混用，对资产的所有权归属不清晰，极小部分工作人员视小额国有资产为私有，资产在人员调动、退休等过程中不知所终，业务部门登记的资产持有人和实际持有人不符的情况普遍存在，资产丢失后无法精准追偿，导致国有资产的大量流失。

3 完善黄河水利国有资产管理的几点建议

进一步强化提升黄河水利国有资产管理水平，需要综合考量思想意识、人才队伍、制度机制等众多方面，多维发力，形成合力，将国有资产管理强化和完善落于细、落于实。

3.1 转变思想观念，提高政治站位

黄河水利国有资产的良好管理，是落实黄河重大国家战略的重要基础条件，是党和国家水利事业的重要物质基础。各单位应在加强干部职工教育上下功夫，在提高对国有资产监督工作重要性的认识上做文章[2]。尤其要着重提升单位一把手对强化国有资产管理的理解和认可，营造良好的舆论氛围，使强化国有资产管理深入人心，使单位干部职工对国有资产管理形成直观的认识，对资产监督形成科学客观的正确认识。

3.2 强化资产管理人才队伍建设

提升黄河水利国有资产管理的水平和效能，离不开高素质人才队伍的建设，持续提高国有资产管理岗位人员的履职能力，一方面可以通过公开招聘，吸纳学历层次高、工作技能强、工作责任心强的人员加入黄河财务人员队伍。另一方面，也可通过内部人员遴选，将基层优秀骨干选拔到更高层次岗位，强化业务面的对下指导，同时起到激励基层国有资产管理人员奋进争优的动力，实现人尽其才、才尽其用，引导国资管理人才的合理流动。

3.3 强化学习培训，实现人才队伍可持续发展

建立完善岗位培训学习体系，提高在岗人员的相关工作能力和工作效率，组织行业内部专业学习，例如与相关高校的资产管理专业合作，开设国有资产管理人员培训班，将高校先进理论、理念引入黄河水利国有资产管理实践中。同时，要着眼国有资产队伍可持续发展，合理布局相关岗位人员年龄、学历结构层次，切实将轮岗学习制度落到实处，产生实效，化解国有资产管理人员队伍青黄不接的困境。

3.4 加强内部控制制度建设，使国有资产管理监督工作规范化、科学化

首先，要建立健全不相容岗位分离制度，各司其职、各负其责。不相容岗位的分离可以减少舞弊现象的发生，可以降低成本费用、提高资金资产的使用效率。让国有资产管理更深地参与经济活动中，进行全程跟踪。变事后控制为事前、事中控制和事后监督共同发力。

其次，要规范授权审批制度，在涉及中大型水利公共基础设施改建和调拨、接收方面适当放权于基层单位，让基层水管单位能更翔实地获得有关国有资产的配置情况，减少历史遗留问题的产生。各单位应根据资产管理实际情况制定具体办法，如对金额较大的采购、工程项目形成或接收的资产，明确授权审批的授权批准方式、权限、程序、责任和相关控制措施，规定经办人办理具体业务的职责范围和工作要求，审批人在授权范围内审批，不得越权审批。

最后，要尽快建立健全一套高效实用的国有资产使用管理的监督程序，建立明确的国有资产管理内部控制评价标准，明确责任分工和追偿机制，让国有资产监督机制切实落地起效。

3.5 完备资产清查机制，定期开展清查

首先，资产清查是资产管理的重要环节，具有维护水利行业财产安全、提高财务透明度和合规性、加强资源利用和成本控制等重要意义[3]。黄河系统内国有资产数量多，数目巨大，如不定时进行清查管理易造成国有资产的闲置浪费甚至丢失。通过建立国有资产清查制度，提高对国有资产的清查管理能够帮助黄河水利单位建立准确、真实的账目，提供真实有效的财务信息，能够加强黄河系统各单位对国有资产的跟踪和监督管理，从而实现工作成本和资源的节约。

其次，建立资产清查制度要确定好清查工作的内容和方向。对黄河水利国有资产进行清查首先要确定清查的对象和范围，清查固定资产时不能只清查眼前的资产，还有一些由于设备更新换代或者行业内部结构调整而造成的闲置资产。其次在每次清查前要提前制订清查方案，安排好清查工作的内容和时间，组织成立专门的清查小组进行清查，采用实地清查方式，在清查过程中要做到对资产的纸质记录和电子记录。最后将清查表整理完整后，交给相关人员进行签字盖章，以方便后续的责任纠究。要建立定期清查期。定期清查期的建立，一方面能提高清查工作的准确性，同时能够大量减少清查过程中出现的失误；另一方面也能提高相关工作人员的责任心和工作效率。这两者相结合能够有效提高行业内部对固定资产的掌握和监督，减少资源浪费的同时也提高了相关人员的工作能力。

再次，要强化清查监督小组作用。通过成立清查监督小组，确保清查工作公正公平地进行。清查工作应以清查小组为主，监督小组主要负责监督复核清查成果，检查和核实财务报表，确保财务报表的真实性、完整性、准确性，并查证与财务报表相应的凭证以及财务记录的一致性。同时，监督小组要根据相关的财务数据信息分析其中存在的不合理现象和违规行为，对其中的潜在风险要做到及时上报，向相关部门反映并提供财务建议，帮助相关部门制订财务解决策略和解决方案。

最后，建立资产监督管理制度，有利于增加对国有资产的掌控和了解力，促进黄河系统国有资产财务管理体系的进步，在帮助黄河系统有关监管部门审视自身的同时能够有力推动水利行业内部的发展，为国有资产的监督管理提供新思路。

4 结语

现阶段的黄河水利国有资产监督管理体系尚有进一步发展的空间，在为行业内部注入新鲜人才资源的同时也要提升内部人员的工作水平，做到双管齐下，并建立完善的资产监督管理制度，做到对固定资产掌握的同时，提高财务管理体系，完善行业单位的财务管理。从部门入手再发展到全系统，最终实现上下联动的良性发展趋势，使得黄河系统财务管理体系焕发新生，最后做好对资金资产的审批和后续评估，提高资金的利用效率。通过加强黄河水利行业国有资产的创新管理，实现黄河水利国有资产的资产盘活、配置合理、高效利用，最终产生更高的社会效益和经济效益。

参考文献

[1] 张延民．论加强财政监督下盘活存量国有资产的路径［J］．中国乡镇企业会计，2024（1）：142-144.
[2] 苏艳娥．事业单位国有资产监督管理的具体途径及措施探讨［J］．中国乡镇企业会计，2024（2）：121-123.
[3] 田建芳．财务监管下高校科研经费管理制度革新［J］．财会通讯（中），2014（9）：55-57.

加强财会监督背景下政府财务报告分析利用
——基于政府财务报告审计视角

郭　丹　王　宁

（中国水利水电科学研究院，北京　100038）

摘　要： 将政府财务报告（简称政府财报）作为财会监督的重要手段或工具，聚焦近年来审计署对政府财报的审计重点，本文在总结当前政府财报分析现状的基础上，结合水利行政事业单位特点，拓展挖掘政府财报分析评估方法与深度，并对如何加强其分析成果利用提出思考建议，丰富政府财报分析对财会监督的重要作用，以期为新阶段水利行业高质量发展提供有力的财务保障。

关键词： 财会监督；政府财务报告；分析利用

政府财报是政府部门（单位）资产负债“家底”以及运行成果的反映，是具有一定公开性且易获取的重要综合财会资料。政府财报信息的分析和分析结果应用，不仅可以为部门（单位）内部管理提供保障，也为外部监督提供信息，理应将政府财报分析评估作为加强财会监督工作的重要抓手之一。加强政府财报分析利用，有利于预算部门和单位内部，以及相关部门在对预算部门（单位）的财务管理、制度政策执行情况、会计行为和会计信息质量进行监督时，及时发现问题，防范财务风险，避免国有资产流失。

随着《政府财务报告审计办法（试行）》的印发，近年来审计署同步加强政府财报审计监督，在各政府部门（单位）中广泛开展政府财报审计试点工作，重点对政府会计准则制度、报告编制以及报告被使用情况、信息和资金流、资产负债管理、收入成本控制、内部控制健全性等方面进行综合监督。在上述背景之下，本文从审计视角出发，坚持立足现状、守正创新，探讨水利部门（单位）政府财报分析方法及财务指标运用，为促进水利政府财报分析质量提升、更好发挥政府财报分析对财会监督的作用提供参考借鉴。

1　现阶段政府财报分析存在的问题

1.1　思想认识不到位，重视程度不够高

不同于部门预算和决算报告的政治地位，当前政府财报不予批复、不要求公开，加上实施时间较短，基础薄弱，编制分析经验不足，客观上导致单位主要领导和财务人员未认识到其重要性，对政府财报不够重视、不够了解，单纯地满足于完成编制工作，存在一定程度的“应付”性质，对编报分析质量情况关注较少。

1.2　分析体系不健全，报告使用率偏低

第一，目前缺乏完善可靠的分析体系，报告质量无法保证。不同行业、同行业不同单位类型均使用统一通用指标，难以分析其财务状况、运行情况。例如，按照政府会计制度相关规定，大部分水利基础设施暂未计提折旧，公共基础设施成新率指标的决策有用性大打折扣。再者，水利行政事业单位类型较多，承担不同的职责任务，服务不同的对象，资源配置具有差异化，如何因地制宜地选择合适

作者简介： 郭丹（1987—），女，研究方向为科学事业单位财务管理。

的分析指标是决定政府财报分析质量的关键性问题。

第二，指标设定缺乏标准值。指标分析缺乏行业对照值，政府单位相关分析指标与企业财务指标之间存在差异，无法直接借鉴企业标准，目前暂无各类型行业行政事业单位相关分析指标的合理区间范围，导致财务人员分析时大多靠自行判断，理解方向不同，政府财报分析质量存疑，实用性不强，难以发现问题找出自身不足来提高管理水平。

第三，分析深度不够且缺乏针对性。政府财报系统自动生成财务指标后，部分单位未结合自身实际业务情况展开具体分析，相关定性分析不够深入，会计信息披露还不够充分，仅对数字进行流水账式描述，也未深入挖掘数字组合结构和变动原因，最终导致政府财报使用效率不高[1]。

1.3 财务人员不专业，履职水平有差距

政府财报的编制和分析质量完全取决于财务人员的专业能力，会计履职能力不足导致政府财报难以得到准确有效的分析。会计人员素质参差不齐，加之培训计划缺失，在传统的收付实现制的预算管理思维下，部分基层单位会计并不具备财务分析的能力，缺乏权责发生制会计专业知识，对新的政府会计制度的理解和执行不到位，难以适应政府财报编报要求。尤其是在使用财务分析指标时，并不清楚指标所代表的含义，盲目进行评价和判断，因而造成政府财报分析利用价值不高而不被重视的局面。

2 加强政府财报分析的重点和方法

政府财报分析过程中可以借鉴企业财报分析的先进经验，但与企业经营目标不同，政府部门（单位）不以营利为目的，因此分析方法使用和侧重点不同，需结合政府行业特点选择合适的分析指标，避免千篇一律的分析方法。限于篇幅，为提供分析思路，仅以水利政府财报部分重点项目和指标为例展开探讨，包括但不限于以下几个方面。

2.1 报表重点项目及相关指标分析

2.1.1 货币资金

据统计，水利部资产负债表流动资产中货币资金占比高达72%，且大约有1/4的单位货币资金占总资产比例高于25%。一方面表明部门（单位）流动资产可变性强、短期偿债能力较好；另一方面表明可能存在大量自有沉淀资金，可见事业单位在盘活货币资金、提高资金使用效率方面存在较大的改进空间。

在探寻货币资金占比较大的原因时，相对缺乏对如何盘活存量资金等情况的分析研究，应进一步综合考虑当前“过紧日子”国家政策要求，分解部门（单位）货币资金具体构成情况，根据自身实际对沉淀资金进行定性分析，精确分辨可清理盘活款项、不可调配专项款项、可用于偿还债务额度、单位可统筹资金等，进而分类制定盘活路径，同时可拟订部门（单位）实有账户资金定期清理工作方案进行专项监督。继而，对资金存量过多且无合理分析原因的部门（单位），相关部门也可考虑缩减次年预算拨款，以提升预算执行效率和资金使用效果。

2.1.2 预付账款

政府会计制度下年末尚未报销结算的暂付款项需要补记“事业支出”，避免了财务会计与预算会计统计口径不一致，保证了在部门决算上按照实际反映预算执行情况。因此，在分析预付账款规模和内容时，首先重点关注是否存在为了提高预算执行率和考核指标，违反合同约定故意提前或未按规定比例向外单位预付款项的情况。再者，注重分析水利基建项目预付工程款长期挂账且余额未发生变化的情形，可能存在未按合同要求在工程进度款中进行抵扣的情况，从而导致在建工程成本账面价值不准确，甚至造成重复拨付工程进度款的后果。

2.1.3 在建工程

作为关系到国计民生的重要行业，近年来水利建设投资规模整体呈快速增长态势，水利工程具有投资规模大且多为政府资金、建设周期长、管理环节多等特点，也对水利工程建设资金监管提出了更

高的标准和要求。分析时重点查看在建工程近几年期初期末余额无变动的项目，除全面梳理是否存在多年前已完成竣工验收并投入使用未按规定及时转资外，还要警惕那些预计投入较大但迟迟不见动工或者完工进度非常缓慢的项目。

进而，一方面督促项目承担单位进一步挖掘疏通基建项目长期未能开工（完工）或者未能办理竣工决算手续的堵点难点问题，以及工程形成资产长期未达到交付使用条件不能暂估转资的原因，完善工程进度管理，从严进行绩效考核，在加快推进重大水利基础设施建设的同时，避免大量的账外资产游离于有效监管范围之外。另一方面考虑到在建工程不需要计提折旧，而固定资产需要。如果单位未树立正确成本观念，延迟将在建工程转资，相应推迟或隐藏计提折旧，减少了当期费用，虚增了当期盈余，会导致运行成本信息失真。

2.1.4 固定资产（折旧）、固定资产成新率

一是水利固定资产种类众多，尤其是执行新政府会计制度以来，计提折旧一直是个难点问题，部分单位在实务中计提方法较为随意、粗放，各单位对会计制度理解也不同，使用科目不一致。资产折旧政策和折旧年限的选择会直接影响资产价值，同时也会直接影响当期管理成本控制分析。以首要审查部门（单位）是否符合会计准则要求科目、年限、时间节点进行账务处理，以确保提供真实可靠的资产、费用信息为起点，结合累计折旧科目，筛选资产折旧金额高但在实际工作中利用率低甚至闲置的资产，准确定位低效、无效资产，科学筹划政府采购，提高资产利用率。

二是政府财报本身设置了“固定资产成新率”指标用于分析部门（单位）固定资产使用效率以及持续服务能力。但要辩证地看待该指标对于水利事业单位的意义，从水利单位该指标比率普遍低于50%来看，表明部分资产老化，以此推断后续发展能力不强是欠妥的。可辅以引用“固定资产更新率”和“固定资产退废率”指标，综合分析水利事业单位固定资产状况，深入剖析固定资产老化背后的真正原因，并提出对现行固定资产管理政策的建议。诸如单位积极响应国家政策号召，积极推进仪器设备共享，加大废旧资产内部调剂与再利用；设备查重或是相关专款支持力度不够大等原因无法更新，又无法发挥正常效用，只能等到年限做报废处理，资产报废速度跟不上更新的速度，导致老旧设备存量基数较大；资产清查不到位，部分资产没有纳入固定资产，导致固定资产总额变低。

2.1.5 长期股权投资

政府会计制度引入权益法，更加真实地反映政府单位投资企业状况。鉴于事业单位职能定位主要是从事非营利性业务，对外投资特别是长期股权投资的管理经验相对较少，实务中部分单位未根据对投资企业的实际控制度采用恰当的核算方法。从审计署公布的《中央部门单位预算执行等情况审计结果》公告中，也可看到较多单位存在长投核算不准确、长投底数不清等问题。

以《水利部所属企业管理情况专题审计报告》指出问题为导向，研判政府财报中当年追加（减少）投资不为0时，对照报表附注是否披露相关重要信息，是否严格履行事前申请审批程序，发生权益法与成本法转换的事项时是否及时进行了转换；当年投资收益为0或负数时，探究未能实现国有资产保值增值的原因，是否存在未及时清理已吊销、已注销、僵尸企业等。在此分析结果的基础上，一方面促进部门（单位）加强对投资企业监管，依法合规维护国有资本权益；另一方面提升对外投资核算水平，从而为对外投资决策提供可靠数据支撑。

2.1.6 资产负债率、重点负债项目

政府财报采纳了企业资产负债率指标，用来分析行政事业单位偿债能力和财务风险，一般情况下，该指标数值越小，表明单位财务状况较好，债务风险较小。但是部分事业单位该指标较高（50%以上）并非代表财务状况不佳，比如水利科研院所资产负债率通常处于40%~70%范围，但是其负债主要构成为科研院所合同预收账款，属于非偿还性负债，并非是对银行等金融机构的欠款，财务风险并不高，扣除预收账款后资产负债率则降为10%左右。预收账款多反而表明科研院所发挥科研优势不断提高创收能力，财务状况向好发展，但同时也表明项目执行度不高，存在延迟确认收入的风险。

此时，需要引入因素分析法或结构分析法进一步拆解负债内部结构，尤其是重要负债占比情况。

具体而言，将总资产负债率按照各类负债影响因素拆分考量，即（总负债/总资产）%比率=（其他应付款/总资产）%+（长期借款/总资产）%+（应付职工薪酬/总资产）%+（预收账款/总资产）%+…，必要时将重点负债项目再层层分解到底级，并判断其各属于结算性负债、内部往来形成的负债还是自发性负债等。进一步辨别影响资产负债率高或低的主要因素，推动建立健全单位资产负债约束机制，强化往来监督管理，多维度提出控制资产负债率的有效措施。

2.1.7 收入费用比率

政府财报设置该指标反映单位总收入中用于支付总费用的比例情况，数值在1左右表明单位预算合理，运行能力较强。在整体层次测算的基础上，进一步着重细分工资福利费用和商品服务费用分别占收入比率、人员支出和公用支出分别占总费用比重、业务活动费用占总费用比重等指标，衡量单位经费用于保障单位基本运转的人员开支和业务部门开展项目执行的程度，以及部门（单位）履职能力和运行能力，有针对性地分析部门（单位）经营效率和费用控制情况。

然而，该指标对于行政事业单位来说存在局限性，应以辩证思维从多个维度综合解读指标所反映的现象。其一，需区别分析财政拨款和其他资金的收入费用率标准。以财政预算拨款为主体的单位，执行率越高越好，而对于其他资金更偏重于考量在完成目标的前提下成本费用的控制能力，费用率越低越好。以水利部门某单位为例，其财政拨款收入费用率为96.17%，其他资金收入费用率为58.59%，两者相差甚远。其二，当期费用中不仅使用本年收入经费，还包括使用上年结转资金，尤其是对于科研单位，上年非财结转资金占比较大，影响该指标指向的准确性。其三，费用率低并不一定正向表明费用控制在一定时期内得到了改善，也可能是由于当期长投权益法确认投资收益增加，导致计算公式中非实质性收入基数增加；而费用率高也不完全代表经营效益较差，随着单位业务增长，总费用通常会增加，可能导致费用率上升，为此应与业务增长一起考虑，更好地理解费用的变化。

2.2 时间序列的变动趋势分析

既要分析上下年短期变动趋势，尤其是对变动幅度较大的报表项目和指标，要还原到部门（单位）实际业务场景以及相关的期初会计调整（会计政策变更、重大前期差错的合理性和金额的准确性）进行驱动因素定量分析，其间注意识别纠正不恰当的人为会计差错行为。也要将运用多年度历史信息（3年、5年、10年）长期变动趋势作为政府财报新的分析增长点，纵观数据在时间上的变化及相对差异，展示部门（单位）经济发展历史变化，帮助预测中长期财务状况和运行情况变动趋势，如对于财政资金的依赖度、收入稳定性和增长速度、净资产增长率等，从以关注报告的历史信息为主，到逐步探索开展前瞻性分析，找到影响管理的关键指标，揭示部门（单位）需要进一步关注的系统性问题，更好地发挥“防未病”作用，有效保障部门（单位）的可持续发展。

2.3 联合数据对比分析

突破传统合规性、合法性监督视角，财会监督的目的不同，所采用的方法和手段不同，对政府财报分析的关注点也不同。将政府财报信息与政策落实、项目进展等其他信息进行综合对比分析，更好地反映决策科学性、资金使用效率等指标的变化；将政府财报信息与部门决算、资产报告、预算绩效等数据进行关联性核查分析，更好地跟踪了解财政资金从拨付到使用的情况；将政府财报数据与年末人员数量、年龄分布等信息整合分析，反映更多人均指标，如人均资产债务规模、人均收入、人均费用等，用于分析激励政策和单位资源应向各年龄段职工的倾斜度、优化资源配置、精准监管费用支出等。

3 关于加强政府财报分析利用的思考

3.1 明确政治站位，提高对政府财报分析的重视度

政府财报如今已进入正式编制的过程，特别是为了进一步提高编制质量，2023年政府财报软件系统对报告数据的合理性、合规性、变动原因分析等审核公式数量大幅增加，报表体系更加完整严谨。政府财报的编报质量和分析深度直接影响着国家政策的有效落实，是防范经济运行中发生系统性

风险的重要保障。部门（单位）主要负责人是提升政府会计信息质量、财会监督的关键，调动全员积极性，进一步提高政治站位，充分认识政府财报的重大意义，不仅要高度重视编报组织管理、会计核算情况、成本会计推行进程、经济活动内控管理等影响政府财报质量的因素，还需针对各项影响因素制定关键性措施，进一步提升政府财报数据质量，加快对政府财报分析的利用率。

3.2 完善分析评估指标，夯实报告分析质量基础

通过提高对政府财报分析的重视度，督促主管部门加快构建完善符合行业特点的规范性、系统性指标分析体系、标准、合理区间范围，满足部门所属单位政府财报之间可比性要求，有利于发现基层单位在财务管理和财务状况上存在的共性问题，为改进和加强财务监管提供对策有效建议。此外，政府财报编报依然存在的难点问题亟待解决，包括加快报表对账抵消处理统一、加快如水利政府储备物资会计核算处理方法统一等，直接影响了政府财报的准确性、完整性，最终影响政府财报的分析结果与质量。

3.3 强化分析成果应用，提升财会监督效能

数据统计分析只是手段，指导实践才是落脚点。正推，通过深度分析政府财报信息，对发现的问题和异常财务指标加强归因分析，追溯根源全面剖析问题产生的背景、原因，找出症结及监督管理漏洞，总结分析短板弱项，准确研判形势和任务，为领导决策、审查监督、健全制度体系、完善管理、强化监督提供有效参考。倒推，在推进政府财报分析成果利用试点工作过程中，发现政府财报分析在财会监督中应用所存在的问题，进一步细化完善规范政府财报分析体系。

3.4 推进人才+信息化建设，强化专业力量保障

以专业人才队伍为支撑，以信息化赋能精准监管，强化政府财报分析专业力量。一方面向内挖潜培育业务骨干，建立“政府财报专家库”，在政府财报审核分析实践工作中历练“精兵”，积极推动开展政府财报分析案例研究，充实财会监督有生力量。另一方面，通过讲座、交流学习、培训等多种途径提升现有财务人员的专业技能，以开展政府财报分析工作为基础，进一步夯实会计监督基础，持续深化财务监督先行先试，促进提升部门（单位）会计信息质量。

与此同时，在考虑投入成本的经济性和系统管控的灵活性上，推动信息技术充分发挥作用，加强会计核算信息的记录、审核、传输、汇总等基础性工作，鼓励部门（单位）在现有核算体系基础上根据需求开发特色会计处理功能、数据分析模块，同时推动建立业财融合信息系统共享平台，实现业财数据实时互相关联、互相支撑、互相融合，提升信息分析的准确性、可靠性，尽量消除人为因素导致的数据、分析结果不准确影响。

参考文献

[1] 邹芳仪. 政府部门财务报告分析指标体系的构建与应用：以×县 A 单位为例 [D]. 南京：南京工业大学，2022.

水利基础设施建管模式与筹融资方式的探讨

贾麟涛　陈宇婷　吕促信

（黄河勘测规划设计研究院有限公司，河南郑州　450003）

摘　要：水利基础设施作为国家发展的命脉，承载着保障农业灌溉、城市供水、防洪排涝等重要使命。当前，水利筹融资面临着多重挑战。一方面，随着国家对水利基础设施投入的不断增加，政府财政压力逐渐增大，传统的政府主导筹融资模式已难以满足大规模建设的资金需求。另一方面，水利基础设施项目具有投资大、周期长、回报慢等特点，使得社会资本参与的积极性不高，融资渠道相对单一。在这样的背景下，创新建管模式与筹融资方式显得尤为重要。

关键词：水利工程；监管模式；筹融资

1　水利筹融资现状分析

1.1　水利筹融资的历史演变

改革开放以来，水利筹融资的历史演变，可以大致分为四个阶段。第一阶段是1978年至1991年。1978年12月的十一届三中全会开始，改革开放的春风从各方面吹起。我国逐步实行中央、地方两级财政体制。对于水利行业而言，过去以中央为主的水利投资体制逐渐改变，过去由中央承担的大部分水利建设项目逐渐划归地方承担。这其中包含有农田水利建设、大部分防汛岁修费、水利基本建设项目等。包含了中央、地方、集体、个人多个层次的水利投融体制开始逐步形成，并互相呼应。过去由国家包干的水利投资来源慢慢增加到多种多样，例如，除拨款外，还有社会集资、银行贷款、专项资金、以工代赈、利用外资等各种渠道。第二阶段是1992年至1998年。随着改革开放的深入，过去筹集水利建设资金的方式基本是以各级政府为主，在实行项目法人责任制和资本金制度以后，逐步形成了以项目法人为主筹集水利建设资金的模式。其好处是这种模式可以充分调动和发挥所有参与投资水利建设主体的积极性。但与此同时，对于公益性极强的水利建设项目，则相当难筹措到建设资金。1990年至2000年期间，水利基本建设被进一步确定为国民经济的基础设施和基础产业。国家为了鼓励多方参与水利建设的投资，国务院于1997年颁布了《水利产业政策》（国发〔1997〕35号）。同年，还出台了《水利建设基金筹集和使用管理暂行办法》（国发〔1997〕7号）。第三阶段是1998年至2011年。水利投资结构得到优化，投资规模显著增长，政府开始注重引导社会资本进入水利建设领域。2000年，国务院出台了《关于加强公益性水利工程建设管理的若干意见》（国发〔2000〕20号）。文件对水利工程建设项目法人责任制进行了明确规定，并要求加强水利工程项目的前期工作，对水利工程项目实行严格管理。同时，要求对水利工程建设项目必须制订周密的计划，实行对建设资金的严格管理。2004年，国务院又出台了《关于投资体制改革的决定》（国发〔2004〕20号），进一步规范了政府投资水利行业的行为。第四阶段是从2012年至今。深化水利筹融资改革，逐步建立多元化、多渠道筹融资机制，政府、社会资本、金融机构等共同参与水利建设。目前，我国主要采用了以政府筹融资为主导、多种筹融资主体共同参与的筹融资模式。

作者简介：贾麟涛（1987—），男，会计师，主要从事财务工作。

1.2 当前水利筹融资的主要方式

当前，水利筹融资的方式已经形成了多元化的格局。政府财政拨款仍是水利工程建设的重要资金来源，同时政府也积极引入社会资本和金融机构参与水利建设。具体来说，主要有以下几种方式：

（1）政府财政拨款。政府通过年度预算、专项资金等方式，对水利建设项目进行直接投资。这种方式的优点是资金来源稳定，但缺点是财政压力较大，难以满足大规模水利建设的资金需求。

（2）社会资本参与。政府通过 PPP（政府和社会资本合作）模式、BOT（建设-经营-转让）模式等方式，引导社会资本进入水利建设领域。社会资本的参与可以有效缓解政府财政压力，提高水利建设的效率和质量。

（3）金融机构贷款。金融机构通过向水利建设项目提供贷款支持，参与水利筹融资。这种方式的优点是资金来源广泛，但缺点是贷款成本较高，需要政府提供一定的担保和优惠政策。

1.3 存在的问题及原因分析

尽管当前水利筹融资已经形成了多元化的格局，但仍存在一些问题，主要表现在以下几个方面：

（1）政府与市场事权界定不清。政府对营利性领域的企业仍实行亏损补贴或价格补贴政策，导致政府与市场之间的事权界定存在模糊不清的问题。这不仅影响了水利筹融资机制的健康发展，也增加了政府的财政负担。

（2）地方配套资金不到位。现行水利投资政策规定，中央财政投资的项目需要地方财政配套一定比例的资金。然而由于地方财政紧张等因素，地方配套资金很难足额到位，导致水利建设项目难以落实。

（3）融资渠道单一。尽管当前水利筹融资已经形成了多元化的格局，但融资渠道仍然相对单一。政府财政拨款仍占较大比重，社会资本和金融机构的参与程度有待提高。这主要是因为水利建设项目的投资大、周期长、回报慢等特点，使得社会资本和金融机构的参与意愿不高。

综上所述，当前水利筹融资已经形成了多元化的格局，但仍存在一些问题。为了推动水利建设的持续健康发展，需要进一步完善水利筹融资机制，明确政府与市场的事权划分，加大社会资本和金融机构的参与力度，拓宽融资渠道，提高水利建设效率和质量。

2 创新建管模式的理论与实践

2.1 创新建管模式的理论基础

为了深入推进水利改革，全面推行现代工程管理，提高水利建设管理水平，国务院办公厅于2017年印发了《关于促进建筑业持续健康发展的意见》（国办发〔2017〕19号），水利部于2019年发布了《2019年水利工程建设管理工作要点》，进一步规范了水利工程建设管理行为，并要求持续创新项目管理模式。在当前“补短板、强监管”的水利发展改革总基调下，传统建设管理模式已不能适应发展需求[1]。因此，各地都在积极探索新的水利工程建设管理模式，以加强对工程建设质量、安全、工期、投资等的管控。创新建管模式的理论基础主要来源于项目管理理论、系统工程理论以及可持续发展理论。项目管理理论强调通过科学的规划、组织、指挥、协调、控制和监督，实现项目目标的最优化。系统工程理论则注重从整体出发，对系统的结构、功能、环境等进行综合分析和优化。可持续发展理论则要求在建设管理过程中，既要满足当代人的需求，又不对后代人满足其需求的能力构成危害。

2.2 国际上成功的建管模式案例

在国际上，有许多成功的建管模式案例值得我们借鉴。例如，新加坡的公共-私营部门合作（PPP）模式[2]，通过政府与私营部门之间的合作，共同承担水利项目的建设和管理。这种模式可以有效减轻政府财政压力，同时引入私营部门的资金、技术和管理经验，提高项目建设的效率和质量。此外，荷兰的水资源综合管理（IWRM）模式也值得我们学习。该模式注重从水资源系统的整体出发，对水资源进行统筹规划和管理，以实现水资源的可持续利用[3]。

2.3 我国水利项目建管模式的创新探索

在我国，水利项目建管模式的创新探索已经取得了初步成效。一方面，政府加大了对水利项目的投入力度，同时积极引入社会资本参与水利建设。例如，通过 PPP 模式、BOT 模式等方式，吸引社会资本进入水利建设领域。另一方面，政府也加强了对水利项目的管理和监管力度，推行了一系列创新管理措施。例如，建立水利项目法人责任制、推行水利工程建设质量终身责任制等制度，确保水利项目的建设质量和安全。

在创新建管模式的实践过程中，我们还需要关注以下几个方面：一是加强项目前期论证和规划工作，确保项目的可行性和科学性；二是注重项目建设的标准化和规范化管理，提高项目建设的效率和质量；三是加强项目建设的监督和检查力度，确保项目建设顺利进行；四是注重项目后期的运营和维护工作，确保项目的长期稳定运行。

2.4 新模式下项目管理、运营与维护的创新策略

在新模式下，项目管理、运营与维护的创新策略主要包括以下几个方面：

（1）项目管理创新。采用先进的项目管理理念和方法，如敏捷项目管理、精益项目管理等，提高项目管理的灵活性和效率。同时，加强项目团队的建设和管理，提高项目团队的协作能力和创新能力。

（2）运营创新。通过引入市场化机制，推动水利项目的运营创新。例如，建立合理的收费机制，确保水利项目的运营收益；同时，加强水利项目的运营管理，提高运营效率和服务质量。

（3）维护创新。采用先进的维护技术和设备，提高水利项目的维护水平。同时，加强维护人员的培训和管理，提高维护人员的技能水平和服务意识。此外，还可以建立水利项目的维护数据库，对水利项目的运行情况进行实时监测和分析，及时发现和解决潜在问题。

3 以水利工程筹融资为例

随着水利基础设施建设的不断推进，资金需求量日益增大，传统的筹融资方式已难以满足日益增长的资金需求。因此，筹融资方式的创新显得尤为重要。本文将从多元化筹融资方式的必要性、政府债券与特别国债等财政性资金的作用、社会资本参与水利筹融资的激励机制以及创新型金融工具在水利筹融资中的应用等方面，对筹融资方式的创新进行研究。

3.1 多元化筹融资方式的必要性

水利基础设施建设具有投资大、周期长、回报慢等特点，传统的筹融资方式如政府财政拨款、银行贷款等已难以满足资金需求。因此，多元化筹融资方式的必要性日益凸显。多元化筹融资方式不仅可以拓宽资金来源，降低筹资成本，还可以分散风险，提高资金使用效率。具体而言，通过引入社会资本、发行债券、利用金融工具等多种方式筹集资金，可以形成多元化的筹融资体系，为水利基础设施建设提供充足的资金支持。

3.2 政府债券与特别国债等财政性资金的作用

政府债券与特别国债等财政性资金在水利筹融资中发挥着重要作用。首先，政府债券与特别国债具有较高的信用等级和较低的融资成本，可以为水利基础设施建设提供稳定的资金来源。其次，政府债券与特别国债的发行可以引导社会资本进入水利领域，促进水利筹融资市场的健康发展。此外，政府还可以通过调整债券发行规模和利率等手段，对水利筹融资市场进行调控，实现水利建设的可持续发展。

然而，财政性资金也存在一定的局限性。一方面，政府财政资金的规模有限，难以满足所有水利项目的资金需求；另一方面，财政性资金的投入往往受到政策、法规等因素的制约，存在一定的不确定性。因此，在利用财政性资金的同时，还需要积极引入社会资本和创新型金融工具等多元化筹融资方式。

3.3 社会资本参与水利筹融资的激励机制

社会资本是水利筹融资中的重要力量。为了吸引社会资本参与水利筹融资，需要建立有效的激励机制。具体而言，可以从以下几个方面入手：

（1）优化投资环境。政府应加大对水利基础设施建设的投入力度，提高水利项目的投资回报率，为社会资本提供良好的投资环境。

（2）给予政策扶持。政府可以通过税收优惠、财政补贴等方式，对社会资本参与水利筹融资给予政策扶持，降低社会资本的投资风险。

（3）建立合作机制。政府可以与社会资本建立合作机制，共同出资建设水利项目，实现资源共享、风险共担。

（4）加强监管与评估：政府应加强对社会资本参与水利筹融资的监管与评估，确保社会资本的合法性和合规性，防止社会资本过度追求利润而忽视水利项目的社会效益。

3.4 创新型金融工具在水利筹融资中的应用

创新型金融工具如 REITs（房地产投资信托基金）、WOD（水务发展债券）等在水利筹融资中具有广阔的应用前景。这些金融工具具有拓宽资金来源、降低融资成本、分散风险、提高资金使用效率等优势。

为了充分发挥创新型金融工具在水利筹融资中的作用，需要政府、金融机构和社会资本等多方共同努力。政府应加大对创新型金融工具的支持力度，鼓励金融机构和社会资本积极参与水利筹融资市场；金融机构应加强对创新型金融工具的研发和推广，提高金融产品的创新能力和市场竞争力；社会资本应积极参与水利筹融资市场，发挥其在资金、技术和管理等方面的优势。

筹融资方式的创新是水利基础设施建设的重要保障。通过多元化筹融资方式、政府债券与特别国债等财政性资金的作用、社会资本参与水利筹融资的激励机制以及创新型金融工具在水利筹融资中的应用等多种方式，可以形成多元化的筹融资体系，为水利基础设施建设提供充足的资金支持。同时，还需要政府、金融机构和社会资本等多方共同努力，加强合作与协调，推动水利筹融资市场的健康发展。

4 国家和地方政策背景下的水利筹融资创新实践

随着国家对水利基础设施建设的重视程度不断提升，相关政策和措施也在不断出台和完善。在国家和地方政策的引导下，水利筹融资领域正经历着前所未有的变革和创新。近年来，国家和地方政府针对水利筹融资领域出台了一系列政策措施，旨在推动水利基础设施建设的高质量发展。

其中，最具代表性的政策包括：加大财政投入力度，国家和地方政府通过增加水利建设专项资金、发行水利建设债券等方式，为水利基础设施建设提供稳定的资金来源。推广多元化筹融资方式，政策鼓励采用政府和社会资本合作（PPP）、产业投资基金、REITs 等多元化筹融资方式，吸引更多社会资本参与水利建设。创新建管模式，政策鼓励采用建设-运营-移交（BOT）、设计-建设-融资-运营-移交（DBFOT）等创新建管模式，提高水利项目的建设效率和管理水平。例如，为破解当前南水北调东中线配套工程建设资金“瓶颈”问题，张元教等研究建立了政府出资、银行贷款、市场融资三位一体的多渠道、多元化投融资体系，保障配套工程与主体工程同步建成。

国家和地方政策的出台，对水利筹融资领域的创新建管模式与筹融资方式产生了深远的影响。具体表现在以下几个方面：

（1）推动建管模式创新。政策鼓励采用 BOT、DBFOT 等创新建管模式，使得水利项目的建设、运营和管理更加市场化、专业化。这些模式不仅能够提高水利项目的建设效率，还能够确保项目在运营过程中的稳定性和可持续性。

（2）拓宽筹融资渠道。政策推广多元化筹融资方式，使得水利项目的资金来源更加多元化、灵活化。通过引入社会资本、发行债券等方式，可以降低水利项目的融资成本，提高资金的使用效率。

（3）激发市场活力。政策的出台激发了市场活力，使得更多企业和资本愿意参与到水利筹融资领域中来。这有助于推动水利基础设施建设的高质量发展，提升水利项目的整体效益。

5　针对水利筹融资领域的创新实践提出的对策建议

5.1　加强政策引导和支持

为了推动水利筹融资领域的创新实践，政府应进一步加强政策引导和支持。通过制定更具针对性的政策，明确水利筹融资的目标和方向，引导社会资本积极参与水利建设，形成多元化的筹融资格局。

5.2　完善法律法规体系

完善法律法规体系是保障水利筹融资健康发展的重要保障。政府应加快制定和完善相关法律法规，明确水利筹融资的法律法规边界，保护投资者的合法权益，降低投资风险，为水利筹融资提供良好的法治环境。

5.3　建立健全风险防控机制

水利筹融资领域存在一定的风险，建立健全风险防控机制至关重要。政府应加强对水利项目的风险评估和监管，完善风险预警和应对机制，提高水利项目的风险管理水平。同时，引导投资者树立风险意识，合理规避风险。

5.4　提升项目管理和运营效率

提升项目管理和运营效率是水利筹融资创新实践的关键。政府应加强对水利项目的管理和监管，推动项目管理和运营的专业化、市场化。通过引入先进的管理理念和技术手段，提高水利项目的建设质量和运营效率。

5.5　吸引更多社会资本参与

吸引更多社会资本参与是水利筹融资创新实践的重要途径。政府应优化投资环境，降低投资门槛，提供税收、土地等优惠政策，吸引更多社会资本参与水利建设。同时，加强与社会资本的沟通和合作，共同推动水利筹融资领域的创新实践。

6　结论与展望

6.1　主要结论

经过对水利筹融资领域的深入研究与分析，本文得出以下主要结论：

（1）政策引导与支持对于水利筹融资改革至关重要。通过加强政策制定和宣传，能够有效地引导社会资本参与水利建设，推动水利筹融资的多元化发展。

（2）完善法律法规体系是保障水利筹融资健康发展的基础。健全的法律法规能够为水利筹融资提供明确的法律依据和保障，降低投资风险，保护投资者权益。建立健全风险防控机制是水利筹融资改革的必要条件。通过加强风险评估和监管，完善风险预警和应对机制，能够有效地控制水利项目的风险，确保水利筹融资的稳定性和可持续性。

（3）提升项目管理和运营效率是水利筹融资改革的关键。通过引入先进的管理理念和技术手段，提高水利项目的建设质量和运营效率，能够增强水利项目的竞争力和吸引力，吸引更多社会资本参与。

6.2　对未来水利筹融资改革的展望

展望未来，水利筹融资改革将面临更多机遇和挑战。以下是对未来水利筹融资改革的展望：

（1）多元化筹融资格局将进一步完善。随着政策的进一步引导和市场的逐步成熟，水利筹融资将形成更加多元化的筹融资格局，包括政府投资、社会资本投资、国际合作等多种方式。

（2）科技创新将推动水利筹融资领域的进步。随着科技的不断发展，新技术、新材料、新工艺将不断应用于水利建设领域，推动水利筹融资领域的创新和发展。

（3）国际化合作将成为重要趋势。在全球化的背景下，国际合作将成为水利筹融资领域的重要趋势。通过加强与国际先进技术的交流和学习，能够引进更多的先进经验和技术，推动水利筹融资领域的国际化发展。

参考文献

[1] 付战武，高尚，杨殿相．水利工程建设项目代建制模式分析［J］．河南水利与南水北调，2007（9）：70-71.
[2] 牟建霖．“一带一路”背景下东盟五国 PPP 法律制度比较及启示［D］．南宁：广西大学，2024.
[3] 包晓斌．荷兰水资源管理途径与启示［J］．河南水利与南水北调，2011（5）：32-34.

基于业财融合的科研事业单位预算管理水平探究

高 旭 严年君

（水利部交通运输部国家能源局南京水利科学研究院，江苏南京 210000）

摘 要：随着我国新阶段水利事业的高质量发展和预算管理体制的不断改革和完善，预算管理逐渐从粗放式走向精细化。业财融合作为有效提升单位财务管理水平和运行效率的重要方法，值得深入探究。本文从业财融合的视角，首先对业财融合对科研事业单位预算管理的重大意义和必要性进行了阐述，通过探究目前科研事业单位在预算管理方面的现状和存在的问题，积极探索业财融合理念下预算管理的优化策略。

关键词：业财融合；科研事业单位；预算管理

1 基于业财融合的科研事业单位预算管理水平探究的意义

在新阶段高质量发展的要求下，业财融合成为促进单位稳定发展的重要工作。财务工作不能脱离业务，业务要守住财务红线，在合法合规的基础上有序开展工作。而预算作为各项财务工作的铺路石，起着统领和指引的作用，在预算环节的业财融合可以为后续业务的有序开展指明方向，防范风险，为单位实现高质量发展的目标奠定基础。

1.1 实现单位整体发展目标

基于业财融合管理的需要，科研事业单位的预算管理工作应与单位的发展情况相结合，预算编制工作要包含单位来年的重点工作任务和重大安排，保证收支预计全面、准确，推动单位整体发展目标的实现。通过将单位整体发展目标细化成具体的预算指标，有利于各部门落实主体责任，强化全员参与意识，提高全程监管的认识。业财融合通过提高单位信息数据的可信度和可用性，在前期预算制定、中期预算编制以及后期预算执行方面，提供了更为科学透明的决策依据，保证单位满足更具体、更精细的整体战略目标要求，有力推动了单位的可持续发展[1]。

1.2 提升预算管理水平

基于业财融合的预算管理有利于提升科研事业单位预算管理水平。将预算工作的端口前移，可以加强业务工作与预算工作的衔接，打破部门间信息壁垒，实现信息共享。一方面，预算工作的业财融合可以促进各部门工作畅通高效，提高预算工作协同效率，提升业务协同水平；另一方面，预算工作的业财融合可以提高预算编制的准确性和全面性，推动预算执行进度和增强预算绩效考核的科学性和合规性，促进预算全生命周期管理，真正体现出全面预算管理的意义。

1.3 优化国有资源配置

科研事业单位是国家发展科技创新的重要承担者，要利用好国有资源，使每一分钱花在刀刃上。在科研事业单位预算管理工作中引入业财融合，通过将业务部门的项目链与财务部门的资金链紧密融合，有助于财务人员对各项资源进行高效整合，加强对资金的合理分配，提高收支管控，达到资源使用的最优化。一方面，根据业务需求编制预算，提高业务资源和资金的匹配度，确保资源分配的科学

作者简介：高旭（1991—），女，会计师，主要从事财务管理工作。

性。另一方面，业务工作受到预算管控，良好的协调合作机制有助于财务人员和业务人员及时了解和切实掌握项目风险，能够有效避免资产流失等问题出现。

1.4　增强财务风险防范

业财融合视角下的财务预算管理工作通过部门间的高效协作，加强信息互通，帮助财务部门掌握项目动态，提前规划财务预警信息，在关键节点起到提醒和监督业务的作用，有利于防范财务风险并有助于业务人员及时采取措施积极应对，从而保障项目有序开展。通过对各部门和项目的预算执行情况进行实时跟踪和评估，能快速解决超出预算、浪费资源等现象，进一步降低财务风险[2]。

2　基于业财融合的科研事业单位预算管理水平现状

2.1　财务人员和业务人员的业财融合意识淡薄

在传统的预算管理中，预算和业务工作是相分离的，无论是财务人员还是业务人员，很难跨越行业认知差异，实现业务目标和财务目标的统一。根据历史财务数据对收支进行估计，大多数财务人员对单位发展的整体发展方向和重点任务不了解，对业务不熟悉，在预算编制环节缺少与业务人员的沟通，在项目审核环节更偏重于经费测算的审核，缺乏对项目工作任务与预算匹配性的关注，在绩效管理环节忽略绩效指标选择的全面性和科学性等都体现出财务人员对业务的关注不够。业务人员偏重于对业绩的追求，更关注于项目任务的完成，忽略预算和绩效，缺乏对预算管理工作重要性的认识和关注，这种不全面的认知导致业财融合工作推动困难。

2.2　财务人员综合能力不足，导致业财融合缓慢

目前，大多数单位的财务人才队伍较为单一，综合素质参差不齐。由于单位财务人员多关注于财务学习，缺乏对业务知识的掌握，因此在预算管理环节，存在预算编制审核和项目内容脱节的情况，导致项目执行中会发现预算科目设置不合理，预算金额与项目内容不匹配，项目绩效目标不全面、绩效指标过于保守等情况。财务人员综合能力不足，无法对项目完整周期进行有效指导和监管，从而导致业财融合进程缓慢，无法达到预期的效果。

2.3　业财融合缺乏导致预算与执行脱节

预算执行的好坏与预算编制的质量密不可分。由于预算编制与业务的脱节，预算编制缺乏严谨性，导致执行偏离预算，影响项目执行。一是预算中调整事项变多，预算调整次数增加，影响预算的严谨性；二是预算执行率低，年初预算与业务的脱离导致项目执行缓慢，无法达到项目序时进度，影响财政资金利用率和单位资源的有效配置，也可能导致年初预算执行慢、年底突击花钱，带来审计风险。

2.4　业财融合缺乏导致绩效管理不到位

绩效考核很难独立于业务存在，从绩效指标的选择、绩效目标的设定，到绩效执行中执行偏差的校正，以及最终的绩效评价结果的质量，都是财务与业务工作结合的结果。业务人员的绩效理念薄弱，绩效管理工作浮于表面，流于形式，无法达到绩效管理的真正目的。只有将业务与绩效管理融会贯通，选择与业务相匹配的绩效目标和指标，才能保证绩效目标的顺利完成。

2.5　信息化建设无法满足业财融合下预算管理的需求

如今是大数据时代，财务和业务管理都依托在信息化的基础上，两者无法高效整合和信息共通，严重制约着业财融合的发展。对于预算管理而言，财政部预算一体化系统有效实现了预算管理的全流程管控，在一个集成平台将单位基础数据、预算编制数据、资产数据、政府采购数据和预算执行数据相互关联、相互制约。但是，单位系统的数据仍较难实现与预算一体化数据的对接，很多业务数据都是在单位自身系统的业务模块，无安全可靠的数据接口，导致数据无法互联互通，财务数据和业务数据的分析和利用无法在同一平台完成，从而不能发挥财务数据对业务活动的指导作用，更无法对大数据背后的价值进行深度挖掘，严重制约业财融合的发展。同时，系统无法互通也增加了财务人员的工作量，需要不同系统确认、比对。

3 基于业财融合的科研事业单位预算管理水平优化路径

3.1 提高单位各部门对业财融合下预算管理工作重要性的认识

一是提高单位领导层对预算工作的重视。预算编制的准确性、预算执行的合规性是科研事业单位财务工作的重要组成部分，对单位的稳定发展至关重要。因此，只有提高领导层对预算工作的重视才能更高效地推动预算管理工作。

二是加大各部门的配合力度。业财融合需要单位做到信息共享和资源协调，预算管理部门要加大与各部门之间的沟通协调，避免信息不对称。在预算编制环节，各部门要尽可能准确地提供预算申报数据，保证数据的真实性与科学性。只有各部门实现资源共享，才能为预算编制打下坚实的基础。在预算执行环节，各部门要严格按照预算来执行，建立预算意识，增强与财务人员的双向沟通，真正实现业财融合的价值。

三是加强对科研人员的政策宣贯。预算工作专业性较强，许多科研人员由于缺乏对预算工作的了解，导致项目文本编制质量不高、项目资金科目分配不合理、绩效指标与项目内容不匹配等一系列问题。财务部门要加强对科研人员预算编制的培训工作，规范文本格式，加强项目支出标准和绩效管理的政策宣贯等。同时，针对预算执行过程中遇到的难点和堵点，加强与科研人员沟通，及时采取措施保障项目执行。

3.2 打造业财融合的高素质财务“生力军”

通过业财融合推动预算管理的发展，必须培养复合型高素质财务人才，全面提高财务人员的综合素养，打造一支高素质的财务“生力军”。预算管理的质量与财务人员的专业水平和综合素质息息相关，只有充分掌握单位中心任务和重点工作，了解业务知识，财务人员才能把握项目的实际需求，了解项目绩效目标和指标是否合理，提高预算管理水平。加强财务人员的培训与能力建设是实现财务管理现代化、高效化的基石[3]。要加大对财务人员的培训，培训内容除财务知识外，还要拓展到政治素养的提升、单位业务体系的掌握等，培训要实现财务与业务的深度融合，才能保障单位财务目标和业务目标的协调与实现。

3.3 加强内部控制，完善体制机制建设

一是建立全面的内部控制框架、优化内部控制流程。根据预算单位管理需要，制定单位预算编制、预算执行、政府采购和资产管理等管理办法，明确业务流程和执行环节中可能存在的风险点，减少风险和违规行为的发生。二是加强预算监管机制。预算管理要做到包括预算编制、执行、调整及监控和绩效管理等环节的全流程管控。为了确保预算各环节的顺利实施并保障执行效果，事业单位必须重视预算监管工作，严格控制预算执行过程，加强全程与业务人员的沟通，及时对不合规行为进行纠偏，实现业务与财务的相互交融。三是完善绩效考核和激励机制。站在业财融合的视角，事业单位需要完善绩效考核和激励机制。将绩效考核结果和预算挂钩，通过设置绩效支出等方法对预算执行好的项目进行激励等方式，加强业务人员对预算管理工作的重视。通过预算绩效评价反馈，健全激励约束机制，能激发工作人员的责任意识和作业热情，一定程度上提高全面预算管理水平，及时优化管理流程[4]。

3.4 促进协调联动，推动信息化发展

对于单位内部而言，需要信息部门、业务部门和财务部门协调联动，将原有各部门分散的数据进行整合，业务部门和财务部门可以相互调动所需数据，确保从不同部门和系统中收集的数据能够共享，增强数据的准确性和时效性。此外，要加强单位项目库的建设，嵌入财务部门和业务部门的审核节点，保障所有项目从立项到执行的全过程都有业务部门和财务部门参与。

对于单位与外部的系统对接而言，要加快数据接口的研究，推动单位数据和财政部预算管理一体化数据的对接，在信息安全的前提下保障数出同源，从而进一步推动业财融合下的预算管理工作。

4 结语

近年来，为了顺应时代的发展，适应财会监督的要求，实现高质量发展的目标，预算体制不断改革与发展。在预算管理中贯彻业财融合理念，突出业务与财务工作的贯通交融至关重要。但在实际工作中，观念意识、信息技术、沟通交流等方面的问题在一定程度上阻碍了业财融合在预算管理中的发展。鉴于此，本文从业财融合视角出发，提出了一系列优化和改进策略，一定程度上为科研事业单位预算管理提供了借鉴，推动了新阶段水利财务事业的高质量发展。

参考文献

[1] 朱青文．业财融合嵌入预算编制推动财务转型［J］．管理会计，2024（1）：33-35.
[2] 洪孔荣．医院在绩效考核中运用预算目标的实践和效果［J］．财会学习，2019（32）：75-77.
[3] 彭丽娜．浅谈中央预算管理一体化建设下的行政事业单位政府采购［J］．中国总会计师，2024（1）：105-107.
[4] 蔡冠莹．浅析基于业财融合视角的行政事业单位全面预算管理对策［J］．活力，2023（3）：90-92.

预算一体化形式下的水利财会监督问题及解决方法

易文辉

（长江水利委员会机关服务中心计财处，湖北武汉　430010）

摘　要：本文探讨了预算一体化形式下水利财会监督的必要性，分析其在提高水利财政资金使用效率、构建全面监督体系、推动水利财政预算管理改革、增强预算透明度和公信力方面的关键作用。同时，本文指出当前水利财会监督存在的主要难点问题，包括单位负责人内部控制职责不明确、内控制度修订不及时、风险评估机制不健全、合同管理与财务监督执行不力等，并提出明确单位负责人职责、建立动态内控制度更新机制、加强风险评估、完善合同管理体系等具体解决方法。通过这些措施，可以有效提升水利财会监督质量和效率，确保水利财政资金安全和高效使用。

关键词：预算一体化；水利财会监督；内部控制

随着财政预算管理改革的不断深入，预算一体化作为一种新型的财政管理方式，对提高财政资金使用效率、增强预算透明度和公信力具有重要意义。水利财会监督作为财会监督的一个特殊群体，具有点多、面广、周期长且公益性强的特点，在实际操作中，预算一体化下的水利财会监督会面临着多方面的挑战。本文旨在分析预算一体化形式下水利财会监督的必要性，探讨存在的难点问题，并提出相应的解决策略。

1　预算一体化形式下进行水利财会监督的必要性

1.1　提高水利财政资金使用效率和规范性

水利财会监督在预算一体化系统中发挥着至关重要的作用，它确保了水利财政资金的合理分配和有效使用。通过监督，可以防止水利资金的浪费和滥用，提高水利资金的使用效率，确保每一笔财政支出都符合法律法规和政策要求。此外，水利财会监督还有助于提升水利行业会计信息的质量，为水利部和相关部门提供准确的财务数据，支持科学的决策制定。在预算执行过程中，监督可以及时发现问题并采取措施进行整改，从而维护财经纪律和市场经济秩序，推动积极的财政政策加力提效。

1.2　构建全面立体的水利监督体系

预算一体化下的水利财会监督，通过与其他监督机制如党内监督、审计监督等的协同联动，形成了一个全方位、多层次、立体化的监督体系。这种协同联动不仅提升了水利监督的广度和深度，也增强了监督的实效性[1]。水利监督体系的完善有助于及时发现和解决财政财务管理中存在的问题，强化了对公权力运行的制约和监督，构建了长效机制。此外，水利监督体系的建立还促进了水利监督信息的共享和水利监督成果的运用，形成了水利监督合力，提升了水利监督效能。

1.3　推动水利财政预算管理改革

水利财会监督是推动财政预算管理改革和新阶段水利高质量发展新任务、新要求及财务工作面临的新形式、新任务的重要手段。在预算一体化的背景下，水利财会监督有助于加快构建现代水利预算制度，实现水利预算编制、执行、监督的有机统一，推动水利财政资源配置的有效性和财税政策的落实。通过水利财会监督，可以促进水利部门和水利预算单位加强内部管理，提高水利资金预算执行的

作者简介：易文辉（1968—），女，正高级会计师，计财处副处长，主要从事预算、资产及企业管理等工作。

规范性和透明度[2]。同时，水利财会监督还有助于提升水利监督队伍的专业素质，强化法治思维，确保监督工作的规范化和法治化，为推动新阶段水利高质量发展新任务、新要求及财务工作面临的新形势、新任务提供坚实的财政保障。

1.4 增强水利资金预算执行的透明度和公信力

在预算一体化形式下进行水利财会监督，对于增强水利预算执行的透明度和公信力至关重要。水利财会监督通过确保水利预算资金的透明使用，可以提高公众对水利公益财政活动的信任度。这种监督机制要求水利部门和水利基层单位对预算的编制、执行和结果进行公开，使公众能够了解和监督水利财政资金的流向和使用效果，从而增加水利工作的透明度。透明度的提升有助于构建公众、媒体和其他利益相关者对水利财政行为的监督机制，减少财政资金的滥用和浪费，防止腐败行为的发生。同时，透明的预算执行信息能够为立法机关、审计机构等提供监督依据，增强监督的有效性[3]。此外，水利财会监督还有助于建立公众对水利财政管理能力的信心。通过定期的财务报告和审计结果的公开，可以展示政府对水利财政资金管理的严谨态度和高效能力，增强公众对政府经济管理能力的认可。这种认可是政府公信力的重要体现，有助于提升水利行业的整体形象和执行力。

2 预算一体化形式下的水利财会监督存在的难点问题

2.1 单位负责人内部控制职责不明确

单位负责人在内部控制体系中扮演着核心角色，其职责的不明确会对整个内控系统的建立和执行产生负面影响。根据《行政事业单位内部控制规范（试行）》，单位负责人应对内部控制的建立健全和有效实施负责。若职责界定不清晰，将导致内部控制流程缺乏权威性和执行力，影响风险评估和管理，进而影响单位的决策质量。此外，不明确的职责分配还可能导致监督和评价机制无法有效运作，降低内部控制制度的透明度和公信力。因此，单位需明确单位负责人在内控中的职责，加强其对内部控制制度的领导和监督，确保内控制度得到有效执行。

2.2 内控制度修订与更新滞后

随着经济环境的快速变化和相关法规的更新，单位内部控制制度的及时修订和更新显得尤为重要。过时的财务管理办法可能导致单位无法适应新的政策要求，影响单位的合规性和财务数据的准确性。制度的滞后还可能导致单位错失改进内部控制的机会，增加财务风险。因此，单位应建立制度定期评估和修订机制[4]，确保内部控制制度与时俱进，满足当前的财务管理需求和政策导向。

2.3 风险评估机制不健全

风险评估是内部控制的重要组成部分，有助于单位识别和应对潜在风险。水利行业因人员编制受限，部分单位未成立风险评估工作小组或缺乏有效的风险评估机制，会导致单位对内部和外部风险的识别、评估和应对不够及时和准确。这不仅增加了单位运营的风险，还可能导致单位在面临重大决策时缺乏必要的风险考量。单位应成立专门的风险评估小组，明确小组成员职责，制定风险评估流程和标准，提高单位对风险的识别和管理能力。

2.4 合同管理与财务监督执行不力

合同管理是确保单位经济活动合法合规的关键环节，而财务监督则是保障财务活动透明度和公信力的重要手段。水利合同因点多、面广、周期较长、执行不力等特点，会导致合同订立、履行和验收过程中的风险增加。同样，未有效督促下级基本预算单位编写和执行财务监督方案，会影响整个组织财务监督体系的完整性和有效性。单位需明确合同管理的授权审批标准和权限，细化合同履行和验收条款，同时加强对下级基本预算单位的财务监督指导，确保合同和财务监督工作的规范性。

3 预算一体化形式下的水利财会监督问题的解决方法

3.1 明确单位负责人内部控制职责

为了解决单位负责人内部控制职责不明确的问题，首先需要从制度层面进行规范。根据《行政事业单位内部控制规范（试行）》，单位应制定或修订水利行业内部控制制度，明确规定单位负责人在内部控制中的职责和权限。这些职责应包括但不限于内部控制体系的建立、维护、监督和持续改进。其次，单位负责人应积极参与内部控制的日常管理和决策过程，确保内部控制活动与单位的总体战略和目标一致[5]。此外，单位负责人需要确保内部控制的监督机制有效，包括内部审计和财务监督等，以及建立透明的信息报告和沟通渠道。单位还应定期对内部控制体系进行审查和评估，以识别潜在的缺陷和风险，并采取相应的改进措施。通过定期培训和能力建设活动，提高单位负责人及其他员工对内部控制重要性的认识和理解。最后，单位应强化问责机制，确保单位负责人对内部控制的失败承担相应责任。通过明确的激励和制裁措施，促进单位负责人履行其内部控制职责，从而提高内部控制的有效性。

3.2 建立动态内控制度更新机制

解决内控制度修订与更新滞后的关键在于建立一个动态的制度更新机制。单位应设立专门的团队或指定专人负责监控经济环境变化、法规更新以及单位业务发展情况，及时识别对内部控制制度可能产生影响的因素。单位应定期进行内部控制制度的全面审查，评估现有制度的适用性和有效性。审查过程中应广泛征求员工、管理层以及外部专家的意见，确保修订后的制度能够反映最新的管理实践和合规要求[6]。此外，单位应加强与财政、审计和监察等部门的沟通，了解监管要求的变化，及时将相关要求纳入内部控制制度中。通过建立快速响应机制，确保一旦有新的法规或政策出台，内部控制制度能够迅速进行相应的调整。单位还需加强内部宣传和培训，提高全体员工对制度修订重要性的认识，确保制度更新后能够被有效执行。通过定期的培训和沟通会议，让员工了解制度的最新变化，提高制度的执行力。最后，单位应将制度修订和更新工作纳入单位负责人的绩效考核体系中，通过明确的激励和约束机制，确保制度修订工作的及时性和质量。

3.3 建立健全的风险评估机制

建立健全的风险评估机制是提升内部控制有效性的关键。单位首先需要明确风险评估的职责主体，成立风险评估工作小组，由单位负责人领导，成员包括财务、审计、业务等部门的代表。该小组负责制订风险评估计划，包括风险识别、风险分析、风险评价和风险应对策略的制定。单位应采用定量和定性相结合的方法，对潜在风险进行系统评估，并根据风险的严重程度和发生概率进行分类[7]。单位应建立风险数据库，记录和分析历史风险事件，为未来的风险评估提供参考。其次，单位应加强与外部专业机构的合作，利用其专业知识和经验，提高风险评估的准确性和专业性。最后，单位应将风险评估结果应用于决策过程，确保决策考虑了潜在风险的影响。单位还应建立风险预警系统，对可能的风险因素进行实时监控，及时发现风险迹象，并采取预防措施。单位应定期对风险评估机制的有效性进行审查和评估，确保其能够适应单位业务和外部环境的变化。通过持续改进，单位能够更好地管理和应对风险，保障单位的稳定运行。

3.4 加强合同管理和财务监督的执行力

加强合同管理和财务监督的执行力是确保单位经济活动合法合规的重要措施。单位根据水利行业合同特点，首先应明确合同管理的职责分工，制定详细的合同管理办法，涵盖合同的授权审批标准、权限、履行和验收等各个环节。单位应建立合同管理的流程图和操作手册，为相关人员提供明确的操作指导。其次，单位应利用信息化手段，建立合同管理数据库，实现合同的电子化管理，提高合同管理的效率和透明度。对于财务监督，单位应制订财务监督工作方案，明确监督的内容、方法、频率和责任人。单位应加强内部审计职能，定期对财务活动进行审计，确保财务数据的准确性和完整性。再次，单位应建立财务信息公开制度，提高财务透明度，接受内部和外部的监督。单位还应加强合同管理人员和财务人员的培训，提高他们的专业能力和职业道德水平。通过定期的培训和考核，确保相关人员能够熟练掌握合同管理和财务监督的知识技能。最后，单位应建立合同管理和财务监督的激励和约束机制，将执行情况纳入绩效考核体系中，确保相关人员有充分的动机和压力执行合同管理和财务监督工作。通过这些措施，单位能够提高合同管理和财务监督的有效性，降低财务风险。

4 结语

预算一体化形式下的水利财会监督对于提升水利行业财政资金使用效率、构建全面监督体系、推动财政预算管理改革和增强预算透明度具有重要作用。面对监督过程中的难点问题，通过明确职责、更新机制、加强风险评估和管理执行等措施，可以有效提高监督的质量和效率，为财政预算管理改革和国家治理现代化提供坚实的财政保障。

参考文献

[1] 张乐．财会监督在国家治理体系中的定位及思考［J］．人民论坛·学术前沿，2021（9）：128-131.
[2] 董木欣．财会监督机制创新与框架分析：基于智能会计视角［J］．财政科学，2022（7）：90-96.
[3] 李建发，袁璐，李文文，等．政府财会监督与企业税收规避：来自财政部会计信息质量随机检查的证据［J］．管理世界，2023，39（8）：154-171，172，195.
[4] 马海涛，肖鹏．借力预算管理一体化提升财政管理水平［J］．行政管理改革，2022（8）：30-37.
[5] 唐大鹏，付迪．财政部门内部控制和预算单位内部控制一体化构建［J］．财务与会计，2016（8）：53-55.
[6] 马蔡琛，赵笛．预算和绩效管理一体化的实践探索与改革方向［J］．经济与管理研究，2022，43（3）：89-98.
[7] 张敏翔，周志强．数字财政背景下预算管理一体化改革路径［J］．财会通讯，2023（24）：161-165.

上市国企财会监督的重点领域及应对方法
——基于2020—2024年6月的样本分析

张　琪

（珠江水利委员会珠江水利综合技术中心，广东广州　510611）

摘　要：上市国企健全财会监督体系是其提供真实准确完整会计信息、强化内部控制的内在要求，更是党和政府提高上市公司质量和深化国企改革的重要保障。但部分上市国企不重视财会监督体系的建设，出现财会违规情形。近年来，随着中国证监会监督趋严，涉及上市国企的财会领域违规案例呈现增长的趋势。本文基于2020—2024年6月被证监会立案调查且行政处罚的22个涉及财会方面违规的上市国企案例，归纳上市国企财会违规的重点领域，分析财会违规的特征，并为做好上市国企财会监督、降低财会违规风险提出针对性的应对方法。

关键词：上市国企；财会监督；财会违规

1　引言

2023年2月，中共中央办公厅、国务院办公厅印发《关于进一步加强财会监督工作的意见》（简称《意见》），指出财会监督是依法依规对国家机关、企事业单位、其他组织和个人的财政、财务、会计活动实施的监督。坚持问题导向，分类精准施策[1]。

经检索2020—2024年6月被中国证监会立案调查且行政处罚的上市国企案例，剔除非财会领域违规案例和违规行为发生时为非国企的案例后，本文共梳理出22个涉及财会领域违规的上市国企案例[2]。本文以前述22个财会领域违规案例为基础，通过对相关案例的归类分析，按照财会违规的性质维度，将财会违规划分为会计造假和滥用会计准则两大类别，如图1所示。

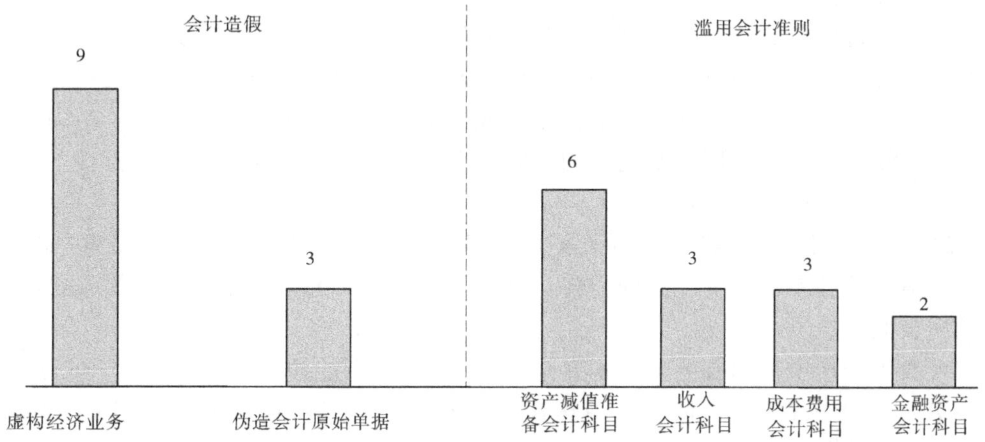

图1　2020—2024年6月上市国企财会违规类型情况

作者简介：张琪（1993—），女，会计师，主要从事财会监督、税务筹划等方面的研究。

注：本文选取了22家涉及财会领域违规的上市国企，其中一家上市国企存在3种细分类别违规类型，2家公司存在两种细分类别违规类型，因此图表中的细分类别违规类型共计26个。

从侧面讲，上市国企财会违规的高发领域反映出上市国企急需加强的财会监督方面，即为财会监督的重要领域。本文通过对不同类型财会违规案例的剖析，识别上市国企财会监督的重点领域，并针对不同的财会监督重点领域提出相关应对方法。

2 会计造假

2.1 虚构经济业务

在上市国企会计造假违规中，虚构经济业务类造假占比最高。上市国企虚构经济业务类违规的主要手段：组织实施或参与虚假自循环业务、虚假贸易业务，即在知悉相关业务无商业实质且自身未提供有价值的产品或服务时组织或参与该业务，在会计处理中按照总额法确认收入、成本，并虚增利润。上市国企虚构经济业务类违规的显著特征：在主营业务之外，通过虚构贸易业务或参与虚假贸易业务虚增收入、利润；与贸易业务相关的合同及发票等单据流、资金流具有完整性，但与货物流转相关的内外部原始单据较大可能性存在漏洞；相关贸易业务不具有商业实质，但在会计处理中按照总额法进行处理；相关贸易业务的毛利率变动存在异常，或毛利率异常高且不具有合理性。采用上述手段的案例情况如下：

江苏舜天在隋田力主导的专网通信业务中垫资（少部分业务作为通道），不承担产品风险，根据垫资规模和期限获取利润（或通道费）；实质是合同、资金、票据流转构成闭环的虚假自循环业务，无商业实质。江苏舜天通过参与通信器材内贸虚假自循环业务，2009—2021年年度报告共计虚增营业收入10 333 448 392.98元，虚增营业成本9 398 996 635.72元，虚增利润总额934 451 757.26元。

2019年，桂东电力以旗下由同一经营团队控制的广西永盛石油化工有限公司、广西桂盛能源有限公司、濮阳恒润筑邦石油化工有限公司3家子公司互相作为销售端和采购端，分别与中油海能（大连）石油化工有限公司等4家公司开展闭环贸易。上述贸易货物未发生真实流转，相关资金形成闭环，不具有商业实质，所形成的业务收入和成本不真实，导致桂东电力2019年年度报告虚增营业收入3 542 363 462.84元、虚增营业成本3 552 059 114.29元，分别占当期披露营业收入、营业成本的13.39%、14.07%。

2.2 伪造会计原始单据

在上市国企会计造假违规中，伪造会计原始单据类造假占比较高。上市国企伪造会计原始单据类违规的主要手段：通过虚构业务合同、制作虚假产值确认单、伪造工程形象进度确认表及发货单等方式虚增业务实施进度或者调节项目收入和利润，从而调节营业收入、营业成本以及利润等。上市国企伪造会计原始单据类违规的显著特征：集中在年末或第四季度突击确认大额收入，不同季度的收入构成与历史相比差异较大；项目自接单至完成的时间周期与历史数据相比缩短较多，且不具有商业合理性。采用上述手段的案例情况如下：

2016—2021年，上实发展控股子公司上实龙创时任董事长曹文龙，组织、授意、默许相关人员通过虚构合同、虚增业务实施进度、实施空转自循环贸易以及参与军民融合贸易等方式虚增上实龙创的年收入、利润金额。

天沃科技控股子公司中机国能电力工程有限公司在37个新能源电力工程承包项目的收入确认上存在不实，涉嫌通过制作虚假的产值确认单虚构或调整项目完工进度，调节项目收入和利润，导致2017—2021年披露的定期报告存在虚假记载。

针对虚构经济业务和伪造会计原始单据类的会计造假，由于相关会计造假通常涉及上市国企较高层级的管理人员，内部财会监督往往难以发挥有效作用，故建议进一步加强对上市国企的外部财会监督。在外部财会监督方面，建议：①充分发挥会计师事务所的审计监督功能，国资机构和主管单位应要求上市国企配合好会计师事务所的审计程序，不得阻碍审计程序的实施；会计师事务所发现会计造假线索的，应当积极与国资机构和主管单位沟通；对会计师事务所审计失败的情况，相关部门应加大处罚力度，倒逼会计师事务所在审计工作中尽职尽责。②完善对上市国企财会违规线索的举报渠道，鼓励和支持上市国企的员工、上下游、主管单位积极参与监督之中，构建匿名举报渠道以及保护好举报人的隐私、权利。③对发现的上市国企会计造假行为加大处罚力度，对会计造假行为做到“零容忍”，以达到震慑上市国企会计造假的目的。

3 滥用会计准则

3.1 资产减值准备会计科目

在上市国企滥用会计准则违规中，少记资产减值准备类违规占比最高。上市国企少记资产减值准备类违规的主要手段：①对客户应收账款账龄认定不准确，少计提坏账准备；②未充分考虑存货未来售价变化、可比售价选取等，高估存货可变现净值、少计提存货跌价准备；③对商誉减值测试涉及的关键指标设定不合理等，少计提商誉减值准备。上市国企少记资产减值准备类违规的显著特征：应收账款、存货等流动资产金额较大，且减值准备占相关流动资产的比例与同行业相比较小；私自改变应收账款、存货等的减值准备计提方法，以少记减值准备；商誉金额较大，与商誉相关的资产组业绩一般，但商誉减值准备金额较小。采用上述手段的案例情况如下：

保利联合因应收账款账龄划分及计算错误，导致公司少计提坏账准备。其中，2021 年少计提坏账准备 235 768 852. 67 元，虚增净利润 200 267 416. 27 元，占当期披露金额的 124. 47%，导致 2021 年盈亏发生变化。

格力地产在 2018—2021 年存货减值测试中，存在对子公司上海海控保联置业有限公司“海德壹号”、上海海控太联置业有限公司“公园海德”两个地产项目可售面积、可比售价选取错误，对重庆两江新区格力地产有限公司“重庆两江”地产项目 P19 地块可比售价选取错误、未对可比售价进行修正等问题，高估存货可变现净值、少计提存货跌价准备。格力地产在 2018—2021 年累计少提存货减值导致多计净利润 626 386 989. 85 元。

2015 年 12 月，上海凤凰实施重大资产重组，通过发行股份的方式收购江苏华久辐条制造有限公司 100%股权，形成相关商誉资产。上海凤凰在 2018 年度对该商誉进行减值测试时，未按照《企业会计准则第 8 号——资产减值》（财会〔2006〕3 号）第二十二条、第二十五条的有关规定正确进行商誉减值测试，导致 2018 年商誉减值测试准备少计提 897. 79 万元，存在会计差错。该事项导致公司 2018 年合并财务报表虚增利润总额 897. 79 万元。

3.2 收入会计科目

在上市国企滥用会计准则违规中，与收入确认、计量相关的违规占比较高。上市国企与收入相关的违规主要手段：①改变收入确认时间，例如提前确认收入；②将应当按照净额法确认的收入，按照总额法确认收入，从而虚增了收入规模。上市国企与收入相关违规的显著特征：集中在年末或第四季度突击确认大额收入，不同季度的收入构成与历史相比差异较大；某业务毛利率较低、具有贸易属性，但按照总额法确认收入。采用上述手段的案例情况如下：

永安林业通过采取提前确认收入、延迟结转成本等方式，提前确认营业收入 27 783 954 元，提前确认营业成本 20 976 048. 96 元，导致永安林业 2016 年年度报告的财务数据存在虚增营业收入 27 783 954 元，虚增营业成本 15 842 388. 69 元，虚增净利润 7 880 072. 7 元，占当年净利润 129 117 934. 27 元的比例达 6. 10%。

2020 年至 2022 年，新野纺织在不符合收入确认条件时提前对部分销售业务确认收入，在符合收入确认条件时再次确认收入，导致公司虚增营业收入，并虚增或虚减利润总额。新野纺织与子公司之间以购销棉花、棉纱业务所开具的发票作为确认收入依据，与实际情况不符，母子公司之间合并抵销不准确，导致公司虚增营业收入。

2023 年 4 月 21 日，冠农股份发布《关于前期会计差错更正的公告》，对 2021 年度、2022 年半年度不符合总额法确认收入业务的对应营业收入、营业成本进行追溯调减。冠农股份《2021 年年度报告》存在虚假记载,虚增营业收入 353 036 054.93 元,营业成本 353 036 054.93 元。冠农股份《2022 年半年度报告》存在虚假记载,虚增营业收入 1 728 543 232.51 元,虚增营业成本 1 728 543 232.51 元。

3.3 成本费用会计科目

在上市国企滥用会计准则违规中,与成本费用确认、计量相关的违规占比较高。上市国企与成本费用相关的违规主要手段:①跨期调节营业成本,从而虚增或虚减营业成本和利润;②少记成本费用,从而虚增利润规模。上市国企与成本费用相关违规的显著特征:毛利率、净利率、期间费用率等指标与历史或同行业公司相比,存在较大差异。采用上述手段的案例情况如下:

特发信息 2015 年收购特发东智。特发东智为完成业绩承诺,2015—2019 年通过跨期调节营业成本、虚构业务等方式,虚增收入、虚增或虚减营业成本和利润。又如,2020 年,华英农业通过少记管理费用、财务费用及营业外支出等方式,虚增利润总额 16 775.30 万元,导致华英农业 2020 年年度报告存在虚假记载。又如,2016—2022 年,新野纺织通过拆分生产成本计入研发费用等方式虚增研发费用。2016—2021 年,新野纺织通过调整原材料入账数量、金额或凭证,虚增产成品数量等方式虚减营业成本。

3.4 金融资产会计科目

在上市国企滥用会计准则违规中,部分上市国企在金融资产的确认、计量中存在违规行为。上市国企与金融资产相关的违规主要手段:①将公允价值变动应当计入当期损益的金融资产,错误分类为公允价值变动计入其他综合收益的金融资产(例如空港股份);②提前确认投资收益(例如香溢融通)。上市国企与金融资产相关违规的显著特征:存在大额金融资产,且金融资产公允价值变动较大;计入当期损益的金融资产公允价值变动损益金额较大。

针对滥用会计准则行为的财会违规行为,建议进一步加强对上市国企的内外部财会监督。在外部财会监督方面,相关建议与针对会计造假的外部监督建议较一致。在内部财会监督方面,建议:①加强内部审计部门、监事会以及独立董事对重要会计处理的监督,建立起定期与不定期的内部检查制度;②由内部审计部门或财务部门牵头,针对财会重点领域开展财务专项检查;③加强对内部审计、财务部门的人才力量配备,增加相关人员的财务、审计专业能力。

4 结语

在国家大力推进财务监督建设的背景下,上市国企严格执行企业会计准则,杜绝会计造假,并对外提供真实、准确的财务数据是最基本的要求。本文通过案例归纳分析,对了解上市国企财会监督重点领域及应对方法具有较大的实务借鉴意义。

参考文献

[1] 吴清亮. 国有企业财会内部监督体系构建的思路与方法[J]. 中国注册会计师,2024(4):100-103.

[2] 叶钦华,黄世忠,叶凡,等. 资金舞弊的新手法和新应对:基于 2018~2023 年 6 月的样本分析[J]. 财会月刊,2023(19):12-17.

价值链视角下新时代水利系统财会监督体系构建的思考

王　成

（广东省水利水电科学研究院，广东广州　510635）

摘　要： 财会监管在推动国家治理体系和治理效能现代化中扮演着关键角色，在确立新时期水利行业财会监督的独特定位后，研究构建顺应新时代水利系统财会监督体系模型，进而对财会监督在该系统中的价值生成、优化以及维护机制进行深入剖析与探讨，促进形成财会“大监督”的合力。

关键词： 财会监督；价值链；监督体系

1　引言

2020 年 1 月 13 日，习近平总书记在十九届中央纪委四次全会上发表重要讲话指出，要以党内监督为主导，推动人大监督、民主监督、行政监督、司法监督、审计监督、财会监督、统计监督、群众监督、舆论监督有机贯通、相互协调。这个讲话首次从完善国家治理结构的视角出发，强调了加强财会监督的重要性，并将其视为完善党和国家监督体系的关键组成部分。更进一步，它将财会监督提升到了一个新的政治层面，具有里程碑式的意义[1]。当前，财会监督已经成为习近平新时代中国特色社会主义思想的一部分，财会监督也不再是传统的财务会计监督，而是有了新的内涵，是实现全面建成小康社会和全面依法治国战略目标的保障手段，同时也是推进国家治理体系和治理能力现代化的重要方式，更是全面建设社会主义现代化国家新征程的重要支撑[2]。为了全面执行中共中央办公厅、国务院办公厅以及财政部发布的《关于进一步加强财会监督工作的意见》和《水利部关于进一步加强财会监督工作的实施方案》，需要在明确水利系统财会监督的定位基础上，进一步探索和构建一个系统化的水利财会监督体系。

2　新时代水利系统财会监督的定位

在党和国家的监督架构中，财会监督起到了关键的作用，它对于完善权力的制约机制以及建立一个统一的、不敢、不能、不想腐败的体制机制具有至关重要的影响。同理，财会监管是财政管理的核心需求，也是构建现代财政体系的关键环节[3]。新时代水利系统财会监督的定位体现在以下两个方面：

（1）负责财政的监管功能。在 2014 年 8 月发布的新《预算法》框架下，财政监督职能以预算管理和监督为核心，加速整合到财政管理的主要业务中，逐渐构建了一个涵盖财政运营前、中、后各个阶段的全面、多角度、全方位的监管体系，并从单纯的合规性向兼顾合规性和有效性的方向转变。将财会监督与绩效评价相融合，可以在某种程度上解决财会监督评估结果在效益和宏观方面的不足，同时也能补充绩效评估在全局性和整体性上的短板，从而进一步优化资金的绩效管理和提高资金的使用效率。

作者简介： 王成（1985—），男，高级会计师，财务部部长，研究方向为政府会计制度、绩效管理、内部审计。

（2）负责会计的监管功能。会计信息涵盖了政府的公共服务部门、市场参与者以及各种社会组织的财务数据，它是国家治理过程中不可缺少的关键信息来源。高效率的会计监管不仅有助于提升会计信息的质量，还能减少会计信息的外部性，促进各方利益关系的和谐，从而提高国家治理的整体能力和水平。

3 价值链视角下新时代水利系统财会监督体系框架

1985 年，美国哈佛大学商学院的教授迈克尔·波特（Michael E. Porter）在他的著作《竞争优势》中首次提出了价值链这一概念。价值链的理念强调，企业的成长不仅仅是为了增加其价值，更是为了创造更多的价值。在价值链体系中，不同的业务部门需要有明确的分工和合作，而企业内部的各种活动也需要经过精心的组合和协调，这样才能为企业带来更高的价值。财政部门管理工作本质上也是通过各种管理行为的开展，实现管理环节上各项工作的价值增值。基于此，一方面，借鉴价值链理论的管理思想，以内部价值链为基础，构建价值增值导向下多层次、多维度、全方位的财会监督格局；另一方面，充分运用大数据及互联网等现代技术手段，通过信息共享打通信息壁垒，实现实时的信息传递和信息反馈，逐步实现数据采集、分析、预警信息化，避免重复监督造成的资源浪费以及监督缺位[4]。

基于价值链的思想，遵循价值形成→价值提升→价值维持的路径进行新时代财会监督体系框架的设计：一是以价值形成为核心的内容、工作方式及制度设计，即价值形成机制；二是以价值提升为目标的监督效果评价机制和惩罚及激励机制的构建，即价值提升机制；三是以价值维持为目标的保障机制设计，即价值维持机制。其中，对于财会监督的价值形成而言，即为财会监督工作开展的基础，这其中包括财务监督的内容体系、工作方式等，这些为水利系统财会监督工作的深入开展提供有效支撑；财会监督价值的提升机制，即在现有工作开展的前提下，如何能够提升财会监督工作的效率和效果，这其中包括监督效果评价机制、奖惩机制建立等，通过提升相关人员及单位的工作积极性，不断促进财会监督工作开展的成效；财会监督价值的维持机制，即如何能够保障水利系统财会监督效果的长效性，这就包括相关组织体系的建立及完善、沟通协调机制的建立、信息化及大数据手段的应用等。后文将分别针对水利系统财会监督价值的形成机制、提升机制及维持机制进行深入探讨。

4 新时代水利系统财会监督价值的形成

4.1 新时代水利系统财会监督的内容体系

在构建新时代水利系统的财会监督体系框架时，有必要建立大量的基础组成部分。首先，需要在财会监督体系框架的内容体系上达成共识，这包括监督主体、监督客体、监督目标、监督规范、监督保障、监督方法和监督内容等七个关键要素，它们之间相互联系、相互影响和相互制约，共同形成一个完整的内容体系[5]。

（1）监督主体。政府监督是由政府的主管部门以及其他相关的行政机构负责组织和执行的监管活动，并对社会进行再次的监督。水利系统的监督和管理职责是由业务管理部门和专门的监督机构共同执行的，他们根据各自的管理职责进行监督工作。

（2）监督客体。在《中华人民共和国会计法》和《企业财务通则》中，监督的目标被统一称为“单位”，而在水利系统中，财会监督主要关注“单位”的经济活动、财务收支、会计行为以及内部控制制度等方面。

（3）监督目标。财会监督的核心目标在于展现财会监督的真正价值。当财会监督被纳入党和国家的监管体系后，其功能和价值将在传统的资源配置优化、经济秩序维护和资本市场监督的基础上得到进一步加强。这将体现在更好地服务和管理社会公共利益，以及更合理地分配和运用公共权力来规范财务收支和会计行为。

（4）监督规范。我国目前的法律和法规明确了财政监督、财务监督以及会计监督在法律上的地位和它们的监督活动。这些建立的法律和法规为财会监管活动提供了合法的支撑，为财务和会计的监督工作打下了坚实的基础。

（5）监督保障。包括人力资源、物力资源、时空资源等，回答“利用什么来监督”的问题。

（6）监督方法。可以采取监控、督促、调查、核查、审查、检查、评价等监督手段，在事前预防、事中控制和事后检查与纠偏的全过程中采取现场检查与非现场检查、日常监督与专项监督相结合的监督方式。

（7）监督内容。新时代财会监督划分为政策监督、预算管理监督、会计监督、内控监督、内部监督、绩效监督和社会监督等七大板块内容来理解。

4.2 新时代水利系统财会监督的工作方式

水利系统加强财会监督，必须勇于监督和善于监督，要坚持创新思维，在监督理念、监督思路和监督手段上突破思维定势。财会监督，采取日常监督和专项监督相结合的方式。其中，日常监督应当按照财政管理业务流程结合政策监督、预算管理监督、会计监督、内控监督、内部监督、绩效监督、社会监督七大业务板块的管理工作，采取监控、调查、审查、督促、评价等办法，对财政监督事项进行事前审核、动态监控、跟踪问效，对财政运行中发生的偏差、错误进行预警提示，依法纠正；专项监督是专门针对在财政管理和运营过程中出现的重大问题，或者是通过接收公众举报、接收相关部门转交等方式发现的重大问题，进行专项监督。

5 新时代水利系统财会监督价值的提升

5.1 监督绩效评价机制的构建

财会监督作为党和国家的监管体系中的核心部分，它直接影响到国家治理结构和治理能力的现代化步伐，同时也与依法治国的实施效果息息相关。基于此，作为财会监督的主要领导和执行部门，水利部门应当建立起针对所属单位的绩效评价机制，每年定期开展绩效评价工作。通过建立起有效的绩效评价指标体系及评价方法，掌握所属单位财会监督工作开展的效果，通过分析了解绩效评价的结果，及时发现所存在的问题和不足，并通过奖惩机制的建立和实施，敦促和激励相关主体更好地履行财会监督职责。

5.2 惩罚及激励机制的构建

目前，水利系统已经建立了一个针对严重财务和会计违法和失信行为的企业黑名单制度。被列入这一黑名单的企业将禁止参与水利系统的政府采购活动，也无法享受政府的补贴和税务优惠。

（1）财政奖励和补贴禁止授予在财务和会计领域有重大违法和失信行为的企业。

财务和会计违法行为严重破坏了社会主义市场经济的正常秩序，对社会造成了巨大的危害。那些犯下严重财务违法行为的企业，不应获得由纳税人资金支付的财政激励或补助。对于因严重的财务和会计违法行为而骗取的财政奖励或补助，应当予以追回，并且在因严重会计违法行为受到行政处罚后的数年内，禁止申请财政奖励或补助。

（2）政府采购不能向存在重大财务和会计违规和失信行为的企业开放。

为确保水利行业相关企业严格遵循财经法律和纪律，建议将严重的财务和会计违法和失信行为纳入政府采购的禁止名单中。目前，水利部已经建立了一套针对严重财会违法失信案件的信息公开制度，明确了这类案件的标准和信息发布流程，并鼓励禁止严重财会违法失信案件的当事人参与水利系统的政府采购活动。

6 新时代水利系统财会监督价值的维持

6.1 财会监督组织体系及机构的建立

水利部门在执行财务和会计监督职责时，应特别关注三个核心关系：首先是水利系统内的主导部门与合作部门之间的协同工作。应该强化财务和会计监督的高级设计，在水利系统内部构建一个跨部门的协调机制，科学地划分专职监督机构和各业务管理机构在财务和会计监督方面的职权和责任，以实现财会监督的制度化和规范化。其次，财政、财务和会计监督之间的联系，同样涉及宏观、中观和微观三个层面的互动。在进行财政监管时，应该整合财会监管内容，以增强财政监管的效果；在进行财会监管时，应当重视财政监督的策略和政策，确保财经法律和主要的财税政策在基层得到有效的执行，利用“双向延伸”策略来增强监督的效果。再次，涉及事前、事中以及事后的监管关系。从过去主要侧重于事后监督的模式，转向事前、事中、事后的全程监督，确保财会监督贯穿于财会活动的每一个环节，并随着财会管理制度改革的深入推进，提升监督管理的系统性、完整性和先进性；在此基础上，还需要建立责任追究机制，强化成果的应用，逐渐构建一个财会监督与决策、执行之间相互配合、相互制衡和相互推动的工作模式。除了这些，水利部门也有权根据实际需求，雇用相关的专业机构或人员来协助监督工作的进行。

6.2 沟通协调机制的建立

在实际操作中，水利部门的财会监督工作要想实现有效的协同效应，不仅需要部门内部和外部的紧密合作和支持，同时也需要相互制衡。尤其在财会监督的职责界定、监督计划的制订、检查对象的确定以及政策法规标准的确定等方面，需要加强部门间和部门内部的沟通和协调，以尽快实现与其他监督力量的有机连接和相互协调，从而有效地降低监督成本，形成工作的合力。

6.3 信息化及大数据手段的应用

在数字化的时代背景下，财会监管效果在很大程度上依赖于信息技术的广泛应用。尽管当前的财会监督信息化建设已经取得了某些进展，但与现代社会的需求相比仍存在明显的差异，财会监管应该与时俱进，持续深化这方面的工作。另外，财会监督的目标已经或正处于数字化转型的过程中，如果水利系统的财会监督不能加速数字化建设的进程，那么其思维方式、模式、方法和工具都将变得过时，从而大大降低监督的效果。因此，需要加强财会监督的数字化建设，并推动财会监督向数字化方向发展。

6.3.1 信息化建设

在财会监督沟通协调机制构建的基础上，以大数据和云计算为技术基础，明确信息化建设规划，积极推进软硬件设施投入，加快完善财会监督跨部门信息共享平台尤为重要。特别需要构建一个针对关键领域和重大事件的信息联动平台，以实现重要信息和监管状况的即时共享，积极而有效地协调重大意见分歧，强化跨部门的团结合作，消除沟通障碍，并在联动监督过程中实现信息、人员和监管结果的全面共享。

6.3.2 数字化建设

基于对财会监督的基本概念和种类的整理，以及对数字化财会监督的深入思考，研究为水利系统的数字财务会计监督体系提出了初步的构想，并将其划分为四个层次：技术层、数据层、监管层和行为层，如图1所示。

虽然相关的法律和法规已经明确了行业主管部门在财会监督方面的职责和权限，但由于监督工作的分散性和缺乏必要的数据与技术支持，全面而主动地进行财会监督仍然是一项具有挑战性的任务。例如，在会计账簿、会计核算和会计资料的监管方面，如果缺乏大数据的支持和协助，执法机构通常很难深入到每一个单位内部进行有效的监督和检查。建立数字财务监管体系的目的在于将数字科技与财务监管紧密融合，将其整合到监管工作的观念、思考方式、技术手段、方法论和具体内容之中。

7 结语

水利系统施行财政“大监督”机制的基础较好，其理念深入人心，工作机制运行顺畅，工作流程基本固化，现已成为履行监督职责的基石。在此基础上，要进一步抓好工作统筹，持续深化财政“大监督”机制内涵，不断拓展外延，构建财会“大监督”的工作格局。一是牢固树立“监督也是管理，寓监督于管理之中”的理念，将新定位下的财会监督融于财政管理、贯穿于财政管理全过程，

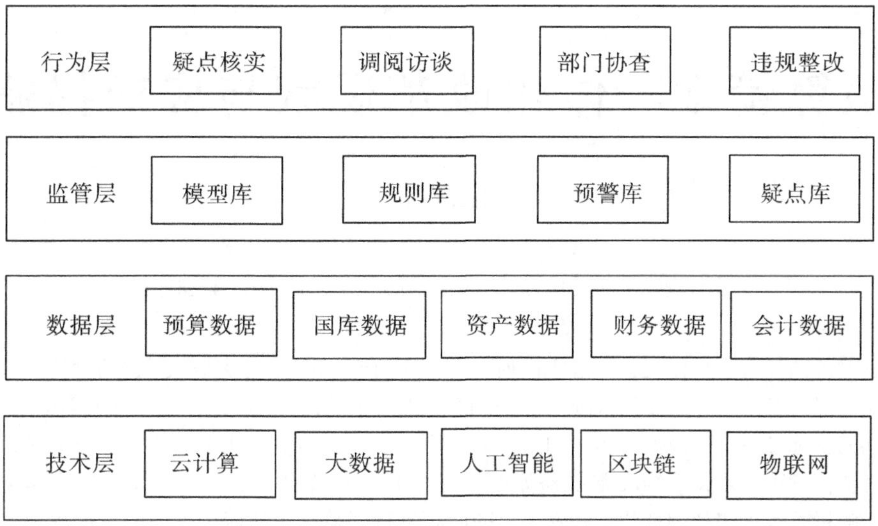

图 1　数字财会监督体系框架体系示意图

在财政部门内部进一步融合财政监督、会计监督、绩效监督等业务，整合财政监督、绩效评价、预算审核、会计管理等方面的资源，提升财会“大监督”的效能；二是构建财政牵头、多方参与、齐抓共管、合作共享的财会“大监督”工作机制。财政部门应积极发挥财会监督主力军的作用，牵头抓好财政监督与人大监督、纪检监督、巡视巡查监督、审计监督等监督主体的有效衔接，通过建立联席会议、临时磋商等方式，共商监督事项、共用监督资源、共通监督信息、共享监督成果，形成财会“大监督”的合力。

参考文献

[1] 李建发，袁璐，李文文，等．政府财会监督与企业税收规避：来自财政部会计信息质量随机检查的证据［J］．管理世界，2023，39（8）：154-171，172，195.

[2] 董木欣．财会监督机制创新与框架分析：基于智能会计视角［J］．财政科学，2022（7）：90-96.

[3] 董木欣，续慧泓，杨周南．智能财会监督体系构建：基于智能化环境论视角［J］．会计与经济研究，2022，36（3）：3-14.

[4] 徐玉德．准确把握财会监督职能定位 助力国家治理效能提升［J］．财政科学，2021（7）：5-12.

[5] 张乐．财会监督在国家治理体系中的定位及思考［J］．人民论坛·学术前沿，2021（9）：128-131.

财务预算管理一体化改革现状与应对措施分析

程思媛

（长江水利委员会长江科学院，湖北武汉　430012）

摘　要：推进财务预算管理一体化，是落实政府“过紧日子”要求，也是深化预算制度改革的基础支撑，是完善财政基础工作的必然选择。财务预算管理一体化建设是以全面实施预算绩效管理为目标，建立完善标准科学、规范透明、约束有力的预算制度，用信息化手段推进预算管理现代化。本文结合预算管理一体化系统在基层预算单位运行的实际情况，论述了预算管理一体化建设的关键点，解析了改革实施的现状，并就突出的问题进行了总结，从四个不同的维度提出了应对改进措施建议，为基层单位预算管理一体化建设提供相应借鉴。

关键词：财务预算管理；一体化平台；信息化；应对措施

1　引言

我国在面临国际冲突加剧、经济全球化格局大环境下，叠加新型冠状病毒感染影响，政府财政收入的增长速度逐渐减缓，各项必要支出加大，中央和地方财政都面临双重压力。2019 年，习近平总书记在参加十三届全国人大二次会议内蒙古代表团审议时[1]明确了党和国家提倡“过紧日子”，是为了老百姓“过好日子”。2020 年政府工作报告提出，各级政府必须真正“过紧日子”；时任财政部部长刘昆指出财政部门要把预算管理作为“过紧日子”的重要抓手。2023 年，现任财政部部长蓝佛安再次强调“过紧日子”不是捂紧钱包不花钱，而是该花的花，该省的省，做到大钱大方，小钱小气，集中财力办大事。

为落实政府“过紧日子”要求，财政部提出实施预算管理一体化改革，2022 年发布《关于推广实施中央预算管理一体化建设的通知》（财办〔2022〕19 号），全面推广实施预算一体化系统，目标是进一步推动预算制度改革，加快建立完善现代预算制度，推动国家治理体系和治理能力现代化建设[2]，以积极应对今后一段时期复杂的经济社会形势。在实施层面，这意味着对财政资金预算管理进行实时监控[3]。因此，通过分析预算管理一体化在基层预算单位的应用现状，分析单位预算管理及财务管理工作中存在的痛点及难点问题，有助于提升财政资金管控效力。

2　预算管理一体化的改革现状与问题解析

预算管理一体化作为财务管理工作的具体深化方式，是完善和创新预算管理的具体方式和管理技术。首先，在探索解决预算编制瓶颈问题的过程中，借助大数据、云计算等信息化手段，将预算编制相关制度、规范与预算编制工作有机结合，构建良好的预算管理环境，以实现“制度+技术”的有效衔接，规范各部门预算编制行为；其次，运用系统思维，统筹协调各种资源要素，将有限的公共资源与绩效目标效益最大化结合起来，提升制度执行力，形成完整的绩效考核机制，让财政资金的使用更加规范化、标准化和流程化[4]，大幅度提升预算单位财务管理的工作效率。预算管理一体化改革已取得了初步成效，然而部门预算单位在执行过程中仍遇到了一些实际问题有待进一步深入探讨解决。

作者简介：程思媛（1988—），女，经济师，主要从事财务管理工作。

2.1 部分预算单位对一体化预算管理意识较为薄弱

在科研经费管理实际工作中，部分单位管理人员的预算管理意识不强，对一体化预算管理的认识不够充分，缺乏预算管理观念，绩效意识不强。业务部门认为该项工作归属财务部门工作范畴，与其他业务部门关系不大，各个部门间配合不足，未能形成全方位、上下联动的预算管理一体化体系；预算单位对管理提升方面投入资源有限，使预算管控流于形式；重视程度不够极易导致前期编制项目预算测算不细致，经费执行过程中出现支出结构不合理[5]，经费决算与经费预算严重偏离等系列问题。

2.2 科研项目预算编制体系科学性、有效性不足

预算管理一体化改革后，预算单位面临更全面深入的财政监管要求，必须严格按照预定的预算类目限额进行编制，而预算编制的工作通常采用逐级编制、从下到上的方法，由承担项目的业务人员参考过往的工作经验进行填报。从项目全面性角度出发，编制预算时不能仅仅考虑当前的需求和项目的短期收益，而是要以发展的眼光来填报预算目标，考虑科研工作本身存在一定的不确定性，结合单位情况以及行业的发展趋势，综合考虑社会效益和经济效益。然而由于业务工作和财务工作缺乏有效互动[6]，极易导致设置的绩效目标与科研工作实际脱节，这也会影响实际的预算管理效果。因此，要求财务人员在审核预算时，需要具备一定的业务领域之外的专业知识，根据项目类型及具体情况动态调整，允许适当灵活变化，进一步完善绩效评价体系。

2.3 系统功能不完善，运维能力有待提高

财政部组织地方从2020年开始以省级财政为主体，加快建设和推广实施预算管理一体化系统。预算管理一体化系统于2021年试点运行，各项功能得到了有效验证[7]，试点部门和单位反映良好，已经具备推广实施条件。但在全面推广实施后，还是遇到了一些没有完全衔接到位的问题。例如：在预算编制中人员类费用出现部分预算科目无法自动生成；会计核算时凭证无法合并生成；涉及多套账务的单位无法快速切换账套；政府采购模块有时无法与政府采购交易管理系统信息同步[8]。

在2022年全面推广使用预算管理一体化系统之前，主要采用网络线上培训或者发放使用系统操作手册自学的方式开展培训教学，实际培训效果有限；新系统上线应经历试运行并不断调试优化的过程，而在过渡时间有限的情况下全面铺开使用新系统，存在问题咨询量剧增、业务流程拥堵和技术跟进相对滞后的矛盾性问题，也在一定程度上影响新系统的应用效果，应通过提高实时运维保障水平予以解决。

2.4 单位办公系统与预算管理一体化系统尚未完成对接

目前，绝大多数预算单位均已采用内部办公系统完成合同审批、项目经费审查与使用等流程管理工作，但是这些与预算管理直接相关的流程和数据信息尚未与预算管理一体化系统实现实时数据互通和无缝衔接。因此，应考虑预算管理一体化系统与OA办公系统相关联，通过加强数据共享，推动协调合作，有助于确保预算管理工作更加精准、高效且有条不紊地进行。

3 转型路径中的应对措施建议

3.1 强化组织领导，充分认识实施预算管理一体化的重要意义

各级预算单位应提高政治站位，高度重视这项改革工作，落实好预算管理主体责任，扎实做好一体化建设实施工作，主动提前谋划，以此为契机提高单位预算管理规范化、科学化、标准化水平，增强预算透明度，组织协调财务、业务、人事、信息技术等部门，明确责任分工，加强统筹部署，形成工作合力。充分研判实施工作中的难点问题，有效推动进一步深化预算管理制度改革和全面实施预算绩效管理各项任务及时落地见效，为新阶段经济高质量发展提供财务支撑。

3.2 加强上下联动，完善内控建设

各级预算单位要按照预算管理一体化建设的总体要求，切实转变预算管理理念，健全完善预算管理和财务管理制度，强化预算绩效管理，不断提升预算和财务管理水平。同时要优化内部业务流程，明确岗位职责，严格预算管理全流程、各环节管理，并对本单位数据的真实性、准确性、完整性负

责。在具体实施层面，可考虑增加预算管理一体化系统使用权限，根据业务人员的职责范围开通相应的系统权限，直接参与到预算管理全流程工作中，一方面加强业务人员对预算管理工作的认识，另一方面也有助于提高预算管理水平和效率。

3.3 集中部署统一控制，加强各部门各环节协同管理

建议预算单位将内部办公系统中的财务管理和业务管理模块与预算管理一体化系统进行整合，确保两个系统之间实现数据共享和采集功能。在整合过程中，需要充分考虑两个系统之间的支持和控制关系，确保数据的准确性和一致性。此外，制定统一编码规则和标准以确保系统之间的无缝衔接和财务数据的有效流转。通过搭建统一标准、集中治理、全面覆盖的预算信息仓，构建大数据分析模型，对项目管理、预算资金、重点项目经费、往来账款、采购招标、合同管控、资产管理等重点管控环节科学设置预警监控指标，有效发挥财务分析工作对预算管理以及业务管理决策的支持作用。

3.4 充分利用信息技术，推动预算管理发挥效能

在实际的管理活动中，应通过充分利用信息技术优势，加强内部网络和硬件运维保障，各预算单位财务部门要积极与本单位信息部门沟通，及时跟进本单位网络与业务节点的联网工作，保证其顺畅。结合科研事业单位的具体情况，深入研究一体化业务和系统操作，充分开展测试验证，及时反馈功能完善建议，为一体化建设推广实施奠定坚实基础。

在推行预算管理一体化时，需要注意的是：在确保系统规范性和统一性的基础上，开展合理且适度的个性化功能开发，尽可能量体裁衣，以满足部门科研单位特有的经济事项需求，提升科研预算单位使用预算管理一体化系统的操作舒适度。例如：选择自主开发或购买相应的预算信息模块，以适应其内部不同部门的设置情况，完善预算在线填报、预算在线调整、预算实时查询以及预算监控等功能。在预算管理一体化平台上，业务人员能在各个阶段及时查看调整科研项目的申请动态，也能实时掌握项目的动态情况[9]。在落实预算管理信息高效上传下达的同时，实现预算管理全流程的无缝衔接。

4 结语

推动预算管理一体化不仅是建立现代预算制度、推进国家治理现代化的必然需求，也是应对未来经济社会形势挑战、贯彻“过紧日子”政策的重要保障。各级预算单位应深刻认识到预算管理一体化对加强财务监督、提高财政资金利用绩效等方面的重要意义，并将思想认识和行动一致地对接到党中央、国务院的决策部署上，主动谋划，精心组织，扎实做好一体化建设实施工作。

参考文献

[1] 袁华．消费铺底 从百姓好日子到资本市场好日子［N］．证券日报，2019-03-09.
[2] 许宏才．加快推进预算管理一体化建设以信息化驱动预算管理现代化［J］．中国财政，2020（19）：11-13.
[3] 刘晴晴．关于事业单位全面预算管理的几点思考［J］．现代营销（上旬刊），2022（4）：10-14.
[4] 林晟．预算管理一体化系统实施对公办中职学校财务管理的影响［J］．财富生活，2022（10）：20-24.
[5] 罗燕梅，张元平．预算管理一体化下事业单位的预算执行实践探索［J］．纳税，2024（1）：25-28.
[6] 乌吉斯古楞．科研院所财务预算管理一体化平台构建研究［J］．产业与科技论坛，2024（5）：14-18.
[7] 张利娟．预算管理一体化改革视角下预算调剂研究［J］．交通财会，2024（10）：5-10.
[8] 吕万美．行政事业单位预算管理一体化系统的实践与探索：以重庆市为例［J］．行政事业资产与财务，2023（1）：40-42.
[9] 张焕利．事业单位实施预算管理一体化的探讨：以某科研事业单位为例［J］．财经界，2023（10）：58-60.

强化事业单位预算执行监督的思考

熊　霄

（长江水利委员会水文局，湖北武汉　430010）

摘　要： 随着全面深化改革向纵深推进，财会监督工作面临新的要求和挑战。预算执行监督作为财会监督的重要方式，是保障事业单位资金安全、提高资金使用效益的关键举措。本文结合事业单位预算执行监督管理的现状，分析预算执行监督过程中存在的问题及原因，提出了加强事业单位预算执行监督工作的对策建议，期望为事业单位提升自我监督能力提供参考。

关键词： 事业单位；预算执行；监督

1　背景

预算执行活动是预算管理过程中的重要环节，加强预算执行监督、规范预算执行，能够有效提高预算资金使用的安全性、规范性和有效性。2023 年，中共中央办公厅、国务院办公厅印发了《关于进一步加强财会监督工作的意见》，提出要健全财会监督体系，完善工作机制，提升财会监督效能[1]。预算执行监督作为加强财会监督的重要方式，也面临着更高的要求和更新的挑战。笔者结合事业单位实际工作情况，发现现阶段事业单位预算执行监督中存在的不足，分析原因并提出优化建议。

2　事业单位预算执行监督的有效做法

2.1　落实财政资金支付责任制，推进预算执行进度

为推进项目资金支付，保证项目有序执行，避免年终突击花钱，事业单位实行财政资金支付责任制，将财政资金的支付使用明确到项目主管部门和责任人。建立财政资金预算执行及考核情况通报工作制度，按期通报单位整体、所属各单位、各项目的预算执行进度，并据此对所属各单位、各项目主管部门进行考核，以激励所属各单位、各部门抓紧推进项目实施，保障财政资金预算执行序时、合规。

2.2　强化绩效运行监控，保障绩效目标如期实现

事业单位全面推进预算绩效管理。在项目预算编制环节，设置细化、量化的项目绩效目标，突出项目核心产出和实施效益。在预算年度中期，全覆盖开展绩效监控工作，对项目绩效目标执行情况和预算执行进度进行统计分析。对部分重点项目加密监控频次，形成常态化绩效监控。通过对项目绩效目标运行情况进行跟踪管理，及时调整纠偏，促进项目绩效目标如期保质实现，确保财政资金安全高效运行。

2.3　强化动态监控疑点问题整改，规范资金支付行为

事业单位的资金支付行为接受动态监控主管部门财政部和上级部门的监督。财政部、上级部门动态监控预算单位财政资金支付清算信息，对发现的疑似违规问题形成预警信息。预算管理一体化系统上线动态监控功能后，线上监控更直接，预警信息下达更加及时。事业单位落实动态监控工作要求，

作者简介： 熊霄（1991— ），女，中级会计师，主要从事预算管理工作。

对财政部、上级部门下发的动态监控疑点信息及时进行核实、反馈，确有问题的立即整改。事业单位督促指导所属单位加强预算执行管理，整理所属单位疑点问题，分析原因，并举一反三，督促所属单位对同类问题开展自查自纠，不断规范资金支付行为。

2.4 加强预算执行审计整改，完善内控制度建设

事业单位接受上级部门对本单位预算执行情况的审计，针对审计发现的问题，逐一落实审计整改。坚持问题导向，剖析问题产生的深层次原因，对审计报告进行全面分析并开展自查自纠。以审计整改为契机，通过完善内控制度建设，优化财务管理流程，强化制度执行，切实加强财务风险控制。

3 事业单位预算执行监督存在的问题及原因分析

3.1 存在的问题

（1）执行进度监督较强，执行质量监督较弱。

事业单位采取了行之有效的通报、考核等多种方式，保障了预算执行有序推进。对执行质量的监督，主要靠财务部门在支付环节的审核把关。但财务报销审核是对已经发生的经济事项进行审核，部分不合规支出事项到财务报销环节时，已经很难进行规范，单纯采用审核拦截形式易导致业务部门与财务部门之间的矛盾，且不利于推进实际业务开展。财务报销审核虽有经办部门审核、分管领导审核等多个级次，但前述岗位主要对业务真实性进行审核，合规性审核还是主要依靠财务审核人员的判断，受财务部门人数局限，审核人员承担较大工作量，无法避免少部分疏漏。

（2）被动接受外部监督较多，主动开展内部监督较少。

事业单位的预算执行情况主要接受财政部、上级部门的动态监控和执行检查。虽然在问题发现后，积极落实问题整改，并开展自查自纠，但由事业单位主动发起的内部监督检查较少。外部监督检查频次有限，事业单位在沟通问题、反馈结果等方面付出较多时间精力，执行监督效率仍有提升空间。

（3）事后监督较多，事前、事中监督较少。

全面的预算执行情况检查通常于预算年度结束后开展，为事后监督。事后监督主要规范后续的执行行为，监督效果有一定的滞后性。个别重点项目开展常态化绩效监控，但覆盖面较窄，且主要靠人工手段监控，开展频次仍然有限。动态监控主要针对部分重点支出内容，预警规则有限。

（4）执行监督结果运用不充分。

事业单位预算执行中发现的问题尚未与财政预算安排挂钩。预算执行中发现的问题通常由财务部门牵头反馈、整改，监督结果对实际执行部门的考核评价影响较小。由于考核制度的缺失，监督结果未得到充分重视，无法有效避免类似问题再次发生。

3.2 原因分析

（1）单位内控制度不完善，规范预算执行的意识不强。

由于执行进度更为量化易于考核，事业单位对于执行进度有较为完善的预算执行考核办法，单位各部门、所属各单位推进支付进度的意识非常强烈。在执行规范性方面，事业单位制定有财务管理相关办法，但缺乏相关的考核办法作为引领，难以发挥有效的约束作用。实际执行部门以业务为出发点，对财务执行规范性的意识较为欠缺。特别是在预算执行考核的关键时间节点，为达到支付进度，更易忽视资金支付的合规性。

（2）单位缺乏专门的预算执行监督队伍。

事业单位主动开展本单位预算执行监督工作，首先需要有专门的人员力量支撑。目前，事业单位预算监督工作职责主要由财务部门承担，但是随着财务管理要求的日趋严格，财务监督职能逐渐加强，财务人员数量并没有增加，财务人员没有足够的时间和精力进行充分的监督工作。

预算执行中的审核支付，本就由财务人员完成，需有独立的团队进行监督，才能及时发现新的问题。

（3）单位缺乏与预算执行监督相配套的信息化建设。

预算执行信息量庞大，财政部应用预算管理一体化系统，开发动态监控模块，实时监控预算管理一体化系统中的国库集中支付信息，通过设置预警规则，由系统自动筛选出疑点信息，采用系统自动预警和人工预警相结合的模式，实现动态监控。预算管理一体化系统中的动态监控，因其信息量庞大，对每个预算单位而言，仍是抽取信息的状态。事业单位想要实现对本单位执行情况进行全面的过程监督，需要加强本单位信息化建设，应用信息化手段实现数据的获取、整合和处理。

4 事业单位预算执行监督优化建议

4.1 切实履行主体责任，完善单位顶层设计

事业单位应提高政治站位，切实履行预算执行的主体责任和内部监督的主体责任。结合自身实际修订内部的财务管理相关制度，将预算执行监督的内容通过制度的方式明确，形成约束有力的内部监督机制和内部控制体系。明确预算执行过程中各部门、所属各单位的权责，增加责任追究的刚性约束。修改完善财政资金预算执行及考核情况通报工作制度，扩大定期通报的内容范围，将动态监控、绩效监控等情况均纳入月度通报及考核。

4.2 加强事前审查，推进监督关口前移

事业单位应进一步加强预算编制的审核，对项目支出绩效、政府采购等事项进行重点审核，以促进预算执行监督的顺利实施。预算执行时，对合同款等大额款项，会议费、培训费等重点事项，严格履行审批流程，落实先审批、后执行。

4.3 推进信息化建设，助力“双重监控”

预算管理一体化系统上线后，功能逐步完善，现阶段预算单位的国库支付、动态监控、绩效管理、政府采购管理等预算执行相关工作，均通过预算管理一体化系统进行，但各项功能还在完善过程中。绩效监控模块中，仅有中期绩效监控，建议进一步开放更高频次的常态化绩效监控模块，并完善绩效指标逐级汇总的功能。动态监控模块中，仅能由财政部设置预警规则、调取相关信息，预算单位只进行反馈操作。预算管理一体化系统应不断强化互联互通的功能，事业单位应探索将单位报销系统与一体化系统连接的方式，实现获取预算管理一体化系统中的相关数据，提升自我监督管理能力。

4.4 强化结果运用，完善激励机制

一方面，事业单位应将预算执行动态监控发现的问题进行整改，并运用到下一年度的预算编制审核中。另一方面，事业单位应将预算执行监督的结果运用到单位内部的绩效考评中。在厘清权责的基础上，将项目动态监控、绩效评价结果纳入对项目主管部门、所属单位的评价体系中，在业绩考评中给予正向或负向的激励。以预算执行监督为抓手，切实提升各业务部门、所属各单位规范预算执行的意识。

4.5 充分发挥单位内部审计的作用

审计监督是较高层次的预算执行监督形式，具有较高的权威性和震慑力。事业单位应充分发挥内部审计的监督职能，调动内部审计人员对各阶段的预算管理情况进行审查与监督，将内部审计引入预算编制审查、预算执行监控、预算绩效监控等各个环节。

4.6 加强财务队伍建设，提升监督能力

（1）强化财务人员职业道德建设。

在履行监督职能的过程中，财务人员诚实、正直的职业道德发挥着十分重要的作用。在对财务人员的后续教育中，应将学习《会计人员职业道德规范》放到重要位置，引导财务人员形成正确的价值追求和行为规范。

（2）提升财务人员专业素质，形成预算执行监督团队。

事业单位具有相当一部分实践经验丰富的财务人员，近年也吸纳了一部分具有较强理论水平的年轻力量。事业单位应重点加强对基层财务人员的专业培训，准确解读政策要点难点，夯实会计基础。

同时通过开展培训、业务交流等方式，促进高素质财务人员的优势融合。事业单位可以从所属单位中选取财务人员，组建监督团队，在所属单位间交叉开展监督检查，实现单位自我监督的同时，加强财务人员实践交流，进一步提升财务人员的监督能力。

5 结语

预算执行监督是保障事业单位资金安全、提高资金使用效益的关键举措。在新的发展阶段，预算执行监督管理面临更高的标准和要求，也有更多更好的技术手段推动全面监督和动态监督的实现。事业单位应采取有效措施，强化制度执行，加强人才建设，提升信息化水平，进一步提升单位自我监督的能力，保障单位资金的高效运行，推动事业单位实现高质量发展。

参考文献

[1] 中共中央办公厅、国务院办公厅．关于进一步加强财会监督工作的意见［EB/OL］．2023-02-15.

论经济新常态下水利企业财务监督管理措施

唐　稳

（菏泽黄河河务局牡丹黄河河务局，山东菏泽　274000）

摘　要：当前，我国经济已从过去的高速增长阶段转向了以结构优化和创新驱动为特征的新发展阶段，经营主体面临着深刻变革的需求。在这样的背景下，作为造福社会的水利企业也在持续壮大，财务管理体系短板日益显现，构成了瓶颈。在步入新经济常态的今天，寻找实施水利企业财务监督管理的革新策略显得尤为关键。在经济新常态背景下需加强水利企业财务监督管理力度，从而进一步提高企业经济效益。基于此，本文首先对新经济常态进行简单概述，分析水利企业财务监督管理中存在的问题，重点探究经济新常态下水利企业财务监督管理措施，以供参考。

关键词：经济新常态；水利企业；财务监督管理；措施

在全球化背景下，中国日益提升的国际影响力促使经济稳健步入新发展阶段，多数企业正在积极应对这一变革，通过管理创新实现了初步的成功转型。作为国民经济和社会进步的基石，水利工程在维持水资源合理利用、维护生态安全以及推动地区经济增长方面发挥着无可替代的关键作用。尤其在水利经济的脉络中，财务管理扮演着决定性的角色，其不仅关乎项目资金的安全保障，还涉及资金使用的规范化、效益的提升，以及资源分配的优化。强化水利企业的财务管理，构建完善的财务管理体系，提升财务管理效率，对于水利经济的可持续健康发展至关重要。

1　新经济常态概述

新经济常态这一概念指的是一个与过往经济模式显著不同的架构。其核心的“新”字揭示了一种全新的经济动态，区别于既往的经济运行方式。在我国，新经济常态实质上是经济结构的一种均衡和转型，支撑着我国经济步入一种可持续且稳健的增长路径，实现了深刻的结构性转变。

当前，我国正全面融入新的经济转型阶段，国家需从宏观层面深度理解这一新阶段的特点，认识到追求的不再是单纯的经济增长总量，而是强调经济的稳健与可持续性。新经济常态的核心特征体现在稳定的增长态势与规模扩张的均衡中，其核心诉求在于经济增速与结构应保持稳定且适度。因此，步入新经济常态，企业的管理策略将面临深刻的革新[1]。

2　水利企业财务监督管理中存在的问题

2.1　财务管理思想理念传统守旧

在水利企业的运营框架中，财务管理扮演着不可或缺的角色，然而，过去的财务管理模式相对单一且局限，主要局限于遵循法定程序进行会计操作，处理经济关系，确保企业的收支平衡。然而，随着市场经济环境的变迁，部分企业和管理者未能及时更新财务管理观念，依然沿袭过时的理解，导致财务管理效能未能充分发挥。其传统保守的思维体现在几个关键领域。首先，财务管理的重要性被低估。一些企业将财务部门视为辅助部门，忽视了其在战略决策中的核心作用，未能认识到财务活动对于企业盈利和价值创造的潜在影响。其次，对财务管理职能的认知存在模糊，财务部门往往处于被动

作者简介：唐稳（1985—），女，经济师，科员，研究方向为财务管理。

地位，缺乏主动参与企业战略规划和决策的能力，未能成为推动企业发展的重要驱动力。最后，企业对新兴财务管理技术和方法持冷漠态度，未能积极接纳并应用这些创新工具，从而限制了财务管理的效率和创新性。

2.2 财务管理手段落后

在水利工程设施的构建与运营领域，财务管理的陈旧模式是一个常见的痛点。目前，我国在这一领域的财务管理依然主要依赖于传统的人力操作，缺乏更高效且先进的财务管理系统。这种现状导致财务管理效能受限，质量难以保证，对水利项目的正常运作构成了一定的挑战。传统的财务管理模式过分依赖人力和物力投入，烦琐的手动记录、统计和分析过程耗费了大量的时间和精力，这样的方法效率低且易出错，往往滋生数据失真和遗漏的问题，对财务管理的精准性构成了一定的威胁。相比之下，现代化的财务信息系统犹如一道光，能大幅提升财务管理的效率和准确性，能自动化处理海量数据，实现实时更新和深度分析，极大地优化了财务流程。但在部分水利工程的实践中，现代化财务管理系统的应用并未得到充分推广，这无疑限制了财务管理效能的充分发挥。因此，亟须引入并优化这些先进技术，以驱动水利项目的财务监督管理迈向更高水平[2]。

2.3 财务管理人员专业综合素质水平较低

在新的历史阶段，人才作为推动社会进步的关键要素，水利工程企业的财务管理领域面临着显著的人力资源挑战。许多企业在财务运作上仍坚守传统框架，会计工作主要聚焦于账目记录和报表编制，在这种模式下，财务数据的潜力未能充分挖掘，会计的功能并未得到最大化发挥。随着水利行业的数据爆炸性增长，财务责任与任务的复杂性日益凸显，现有财务管理人员的知识和技能结构已不能适应时代步伐。同时，管理层对财务管理的重视程度不足，这在一定程度上阻碍了财务人员形成正确的财务认知，从而制约企业整体财务管理效能的提升。需要注意的是，部分企业的财务管理者并非专业出身，而是源于其他部门的调动，他们依赖个人经验进行日常管理，缺乏坚实的财务理论基础。这样的情况，加上可能存在的道德风险，往往导致水利财务管理实践的执行不力，进而拉低整个行业的财务管理水平[3]。

3 经济新常态下水利企业财务监督管理措施

3.1 切实转变企业财务管理理念

理念革新是行动变革的核心引擎，这是基础原则。在探索企业的财务管理创新时，首要任务是彻底重塑财务管理的理念，将之融入企业的整体发展战略，以适应经济新阶段中不断演变的市场环境和企业竞争策略。因此，在经济新常态下，水利企业领导者应当摒弃财务仅仅是辅助部门的传统观念，而财务人员也需要从后勤角色的束缚中解脱出来，树立起以战略为导向的财务管理理念，强调其在决策过程中的关键作用，从财务视角深度探究如何通过财务手段推动企业运营效率的提升。同时，管理层应积极接纳并消化国际国内的先进管理理念，特别是前沿的财务管理理念，顺应时代的步伐，结合企业的独特发展阶段，运用新颖的财务思维方式和视角，为企业的运营管理提供富有价值的参考依据，以此驱动企业的持续进步。

3.2 采用现代化财务管理手段

在经济新常态环境下，为了提升水利工程企业的财务监督管理效能，关键在于引进和应用前沿的管理策略和技术。首先，引入先进的财务信息技术，比如数字化会计平台，以实施动态资金流量监控，并借助其强大的数据分析能力，精细化成本管理和预算规划。同时，云计算技术的运用能显著增强数据存储和处理的灵活性与安全性。其次，构建一个一体化的资源调度系统至关重要，这将打破部门间的壁垒，确保所有决策都基于全面且精确的数据支持，这种集成系统有助于提升决策的科学性和效率[4]。通过现代化工具，财务管理能够实现对资金流的精确预测、风险的深度评估，以及投资项目效益的深入剖析。此外，实施在线审计和实时财务报告系统，强化财务信息的公开透明度，增强内部监督机制，迅速识别并纠正潜在的财务隐患。这些现代化手段的应用，使水利工程企业能够灵活应对市场变动，推动财务管理迈向自动化和智能化。总的来说，这些举措不仅有利于提高财务管理效率，还能促进企业的长期稳健发展，使之在激烈的市场竞争中保持优势。

3.3 建立健全企业财务管理体制

构建制度化体系对于确保企业财务管理的高品质至关重要。一旦确立了健全的财务管理制度并获得企业全体员工的认同，这些规定就构成了持久实施的基石和指导原则。故此，要达成财务管理的标准化和规范化目标，关键在于创立一套全面而科学的财务管理体系。在经济新常态环境下，为了实现水利工程企业的财务管理现代化，首要之务在于革新制度设计和流程优化策略。首先，应构建一套创新且细致完善的财务管理体系，明确规定各个环节，如资金流转、成本核算、资产估值及财务报告的标准化操作流程，确保所有操作严格遵循国家法律和行业规范。其次，强化组织结构，配置高效的专业财务团队，明确每个成员的角色和权限，并实施持续的职业发展计划，以提升团队的专业素质和执行效率。再次，强化内部监控机制，通过定期的财务审计，及时发现并纠正潜在问题，强化风险管理能力。最后，鼓励与外部审计和咨询机构的协作，引入独立的专业见解，提升财务管理的公正性和透明度。这样的系统化改革，将有力支撑水利工程企业在决策制定、风险防范以及整体竞争力提升方面实现稳健前行。

3.4 加强财务部门与其他部门的协作

水利工程的实施是一个涉及多部门的复杂体系，包括工程设计、物资采购等环节，这些部门间的协同合作对于提升财务管理成效至关重要。财务部门在其中扮演着核心角色，需与各相关部门建立紧密的沟通机制，实时掌握工程的最新动态，如施工进度、物料购置以及合同履行情况，以确保财务信息的精确性和时效性。同时，其他部门也需要理解和遵循财务管理的规定和流程，以支持财务部门的运作。为了强化这种协同效应，企业可以构建一个跨部门的合作团队，由财务、工程管理部门和采购等关键部门组成。这个团队不仅负责项目的财务管理，更致力于资源的整合和工作的协调，以此提升财务管理的整体效能。这种多部门协同模式有利于推动企业的高效运营，为长期的稳定发展奠定坚实基础[5]。

3.5 创新人力资源的管理模式

企业在战略层面上的成功运营在很大程度上依赖于人力资源的优化配置，因为员工是推动企业前行的关键力量。事实上，企业的命运往往与其人力资源的素养息息相关。因此，水利企业若要实施深刻的管理革新，首要的突破口必然是人力资源管理的创新策略。这种创新不仅有助于提升企业的吸引力，吸引更多具备独特价值的专业人士加入，而且专业人才的加入将直接转化为企业的竞争优势和经济收益。

（1）在提升人力资源管理策略上，企业可优先考虑内部人才的开发利用。通过构建内部流动机制，不但可以拓宽员工的职业成长路径，还能强化企业与员工间的纽带，增强双方的互信共识。

（2）在推动人力资源管理的创新转型过程中，关键在于巧妙地融入数字化策略。企业应充分利用数字网络作为桥梁，将内部职位空缺或所需的专业人才需求精准投放至虚拟空间，以此提升招聘流程的效率，拓宽吸引顶尖人才的网络边界。同时，构建公正的激励与约束机制至关重要，明确的奖惩制度不仅能够确保员工行为规范，更能激发他们的工作热情，驱动整体绩效的提升[6]。

3.6 强化企业内部财务控制

优化水利工程企业的财务管理核心在于强化其内部管控，为此，企业应采取一系列创新且实用的策略来强化内部控制效能。首先，要构建稳固且高效的内部财务管理体系，涵盖精细的财务运作准则，明确划分各个阶段的决策权限和责任主体，并严格推行权力分散与制衡原则，以确保所有操作的严谨性和合规性。其次，企业还应实施定期深入的内部审计程序，对财务运作进行全方位审视和评估，以便及时发现潜在问题并迅速采取纠正措施，以此维护财务管理的稳健性。再次，强化财务团队的专业素养和实践技能，提升他们对财务风险的敏感洞察力，确保财务人员在日常操作中严格遵循财务管控原则。另外，引入前沿的财务监控技术，例如采用智能化的财务报表自动生成系统，能显著降低由于人为疏忽或不当行为引发的风险隐患。最后，构建明确的奖惩体系，对严守财务规则的个人和部门给予正面激励，对违规行为则毫不姑息地进行纠正。这些举措的实施，将大大提高企业内部财务管控的效能，从而促进水利企业健康长远发展。

4 结语

综上所述，在经济结构深度转型的新时期，中国经济发展模式正朝着集约化、创新性和高效益的路径演变。步入新的发展阶段，企业的财务管理任务愈发繁重，承载着前所未有的压力。水利企业的健康发展，可以有效地防止水资源的浪费，确保水资源的合理利用。而财务管理又是企业发展的关键，特别是在水利企业，更是如此，其重要性日益凸显，对推动我国水利事业的现代化进程具有深远的影响。因此，在经济新常态背景下，水利企业在推进各类工程建设项目时，务必强化财务团队的专业能力建设，优化资金分配策略，以确保资金使用的精确性和效率，从而全方位保障项目的顺利进行。

参考文献

[1] 黄松群．新常态下企业财务管理创新动因、初始条件与策略研究［J］．商场现代化，2022，5（24）：183-185.

[2] 金雯．新常态下企业财务管理创新的条件与策略研究［J］．财会学习，2021，3（22）：19-21.

[3] 李盛林．基于新常态经济环境的企业财务会计创新研究［J］．全国流通经济，2021，12（20）：166-168.

[4] 孙玉梅．财务管理在水利经济发展中的重要性［J］．中文科技期刊数据库（全文版）经济管理，2021，4（1）：2.

[5] 张春梅．基于内部控制的水利财务高质量发展研究［J］．中文科技期刊数据库（全文版）经济管理，2022，21（10）：3.

[6] 杨小妹．水利工程建设财务管理中内部会计的控制分析［J］．中文科技期刊数据库（全文版）经济管理，2022，5（1）：3.

金税四期背景下事业单位税务风险研究

刘　筱

（长江水利委员会水文局，湖北武汉　430010）

摘　要：金税四期的推行显著提升了税务监管效率，对事业单位的税务管理产生了深远影响。本文在阐述金税四期核心特点的基础上，深入分析了其对事业单位税务管理产生的具体影响，并探讨了事业单位当前面临的主要税务风险。针对这些风险，本文提出了有效的应对措施，旨在为事业单位的稳健发展提供坚实保障。

关键词：金税四期；事业单位；税务风险

为深入贯彻落实中共中央办公厅、国务院办公厅《关于进一步深化税收改革的意见》（简称《意见》）精神，国家税务总局要求各地税务部门以税收风险为导向，精准实施税务监管。而金税四期的实施正是这一要求的具体体现，它促使事业单位加强税务管理，充分利用税收优惠政策，有效规避税务风险，确保经营活动的合规性。

1　金税四期的特点

金税四期，本质上是一个深度融合了大数据、云计算等先进技术的税务监管系统，它凭借智慧监管大幅提升了管理效率，显著降低了征税成本。作为税收信息化建设的重要里程碑，金税四期展现出了众多显著的特点。这些特点不仅体现了税收管理的现代化和智能化趋势，更彰显了国家对税收征管工作的高度重视和巨大投入。

第一，金税四期最大的特点在于其技术先进性。它充分运用了大数据、云计算、人工智能、区块链等新一代信息技术，实现了税务系统的全面数字化升级。这些技术的引入，极大地提升了税务数据收集、整理、分析和利用的效率与精准度。借助大数据分析，金税四期能够实时监控纳税人的涉税行为，精准识别异常和违规行为，从而及时进行风险预警和响应。

第二，金税四期的业务覆盖面非常广泛。它不仅涵盖了传统的税务业务领域，还进一步延伸至非税业务，如社保、公积金等。这种全面的业务覆盖，使得金税四期能够更准确地掌握纳税人的经营情况与财务状况，为税收征管提供更为详尽、精准的数据支撑。同时，金税四期还实现了全国范围内跨区域、跨部门、跨行业的税收数据共享和交换，打破了信息孤岛的限制，提升了数据利用的效率。

第三，金税四期注重信息共享和协作。它与金融机构、市场监管部门、海关、公安部门、人民法院以及支付平台等建立了多元化的信息共享机制。这种信息共享模式不仅提高了税务部门获取信息的效率和准确性，还强化了各部门之间的协同配合，共同维护了税收秩序。通过信息共享，税务部门能够对纳税人的经营情况进行精准画像，及时识别相应的税收风险。

第四，金税四期注重提升纳税人的守法意识和办税便利性。通过税务数据智能归集和智敏监控，金税四期实现了纳税人税收风险的自我监测、自我识别、自我应对和自我防范。这不仅增强了纳税人的税法遵从度，也降低了其面临的税收风险。同时，金税四期还推出了多项便民服务措施，如电子税务局、移动办税等，为纳税人提供了更加便捷、高效的办税体验。

作者简介：刘筱（1990—），女，高级会计师，副科，主要从事事业单位财务管理、预算管理等工作。

第五，金税四期还展现了其强大的决策支持能力。通过大数据分析和挖掘，金税四期为政策制定者提供了有关税收收入、税收结构、纳税人行为等方面的深入洞察，为科学决策提供了有力的数据支撑。

2 金税四期对事业单位的影响

金税四期作为我国税收信息化建设的关键组成部分，其全面推行对事业单位的财务管理产生了深远的影响。

2.1 助力事业单位适应税务政策变化

金税四期的实施有效地推动了税收政策的贯彻执行。近年来，国家的税收政策不断调整和优化，金税四期能够及时反映这些变化，为事业单位提供最新的税务信息和服务，推动事业单位依法依规开展税务筹划，降低税务风险。《意见》指出，2023 年基本建成“无风险不打扰、有违法要追究、全过程强智控”的税务执法新体系，税务机关主要依据金税系统进行风险识别，减少了进户执法次数。采用“信用+风险”的税务监管新模式，正面激励事业单位规范纳税行为，恪守诚信纳税原则。

2.2 促进事业单位财务管理水平的提升

金税四期的实施，要求事业单位加强财务管理和会计核算工作，确保财务报表的准确性和合规性。这促使事业单位优化财务管理流程，提升财务管理水平，以保证财务数据的真实性和完整性。同时，金税四期还为事业单位提供了更为便捷的财务管理工具，例如电子发票、在线申报等，进一步提升了财务管理的水平。

2.3 增强了事业单位税务申报的准确性和效率

金税四期通过自动化的数据采集和分析，显著提高了税务申报的准确性和效率。在金税四期的助力下，事业单位能够更好地完成税款申报工作，降低因申报错误导致的税务风险。此外，金税四期还提供了丰富的功能模块，如营改增税种申报、企业收入免税申报等，使事业单位的税务申报工作更加便捷和高效。

3 金税四期给事业单位带来的税务风险

金税四期作为国家税务总局发行的电子税务局系统的第 4 版，在税收管理、数据共享、决策支持等方面实现了全面的数字化升级，为税收征管带来了革命性的变化。然而对于事业单位而言，这场变革同样伴随着一定的风险和挑战。事业单位必须审慎应对，以确保在新的税务环境下稳健发展。

3.1 发票管理风险

金税四期以发票为载体，发票全票面上传，发票内容明细到商品名称、数量和单价等信息。同时，以数字化为手段，借助大数据和人工智能技术，系统对事业单位的税务数据进行实时监控和分析，深入揭示业务交易本质，精准定位税务风险点，强化税收异常监控。这一变革对事业单位发票管理工作提出了更为严格的要求。目前，事业单位发票管理存在诸多短板：一是将应为普通发票的内容开具为专用发票，例如事业单位财政经费和科研项目经费等免税收入，对应的支出事项不能进行进项抵扣。再比如用于集体福利和餐饮服务等事项开具的发票不能用于抵扣，上述事项经办人员有时会误开具专用发票。二是将可以开具专用发票抵税的业务开具了普通发票，导致事业单位未能充分利用进项税抵扣政策，从而增加了税负。三是对未开票收入申报不及时，遗漏个税返还手续费、利息收入、房租收入等。四是将个人消费误开为单位发票。目前，管理部门已经通过税务系统的敏感数据分析，筛选出异常数据并下发到各单位进行核查。例如，在凌晨时间段和节假日期间开具的餐饮发票、明细内容为烟酒的发票信息等。

3.2 税收政策把握风险

近年来，税收政策不断调整和更新，包括税率调整和税收优惠政策变动等。事业单位若未能及时了解和准确把握相关政策，可能因税务处理不当产生税务风险。风险主要体现在以下两个方面：一是违反了税法相关规定。未按税法规定对纳税事项进行调整，导致税前扣除不当。例如计算业务招待费扣除限额时，应以事业收入为计税基数，而非包含财政经费的全口径收入。再如事业单位发放咨询费时，若以发放明细表作为依据而未要求对方开具发票，相关金额将无法在税前作为成本扣除。事业单位缴纳的税收滞纳金、罚款、企业所得税，以及上缴上级单位的管理费，均不能作为成本进行税前扣除。二是未能充分使用税收优惠政策。如2023年允许生产性服务业纳税人按照当期可抵扣进项税额加计5%抵减应纳税额。新型冠状病毒感染期间对服务业、小微企业和个体工商户减免租金的出租人，可按现行规定减免当年房产税、城镇土地使用税等，事业单位可能存在未将税务政策“用足”的情况，从而增加了不必要的税收负担。

3.3 数据关联异常风险

金税四期采用数据算法透视纳税行为。税务系统中，财务报表、增值税申报表、企业所得税、个人所得税申报表，以及社保数据、房产数据之间均存在关联关系，任何数据的错误填列都可能触发税务风险警示。一是收入类。企业所得税申报收入小于增值税销售额，可能存在少记、漏记收入、延迟确认收入的情况。二是费用类。企业所得税申报的费用与增值税收到的发票总数差异较大。一方面是由于部分成本未开具发票，如劳务费、差旅费、补助等。另一方面是收到的是财务票据或者定额发票等。三是企业所得税申报的工资总额和个人所得税申报总额存在较大差异。可能存在多申报税前扣除的工资，少缴纳企业所得税，或者少申报个税收入，少缴纳个税的情况。四是企业所得税申报的工资总额和残保金申报的工资总额存在差异。可能存在将劳务人员和退休返聘人员计入从业人数和工资薪金总额的情况。五是印花税计税金额合计值与企业增值税进销项发票金额合计数存在较大差异。由于订立合同的双方均需缴纳印花税，如果只对销售业务交税，可能存在少报、漏报印花税的情况。

4 金税四期背景下事业单位加强税务风险管理的建议

4.1 引入科学管理系统，规范发票管控

在金税四期的新要求下，事业单位必须更加严谨地管理发票。在平稳推进纸质发票向数电发票转换的基础上，我们需要从发票的开具、保存、分析等多个维度出发，实现发票管理的全面规范化。首先是定期对财务人员和业务人员进行发票操作的专业培训，让他们明确普通发票与专用发票适用的业务范围和标准，确保发票的合规性。例如，业务人员在报销财政经费和科研项目支出，以及集体福利和餐饮服务等非主营业务相关支出时，应严格使用普通发票，而开展经营活动发生的、与主业相关的支出则开具专用发票。其次，必须明确禁止以单位名义为个人日常消费开具发票。出纳人员需每月统计租金收入，并统一开具发票。培训可结合实际案例，以提升员工对合规开票重要性的认识，避免因误开或错开发票而带来的监管风险。最后，财务人员需加强对发票的审核力度，确保其准确性和合规性。建议引入发票管理系统，实现发票的自动查重、验证、分析和保存。一旦发现异常发票，应及时核查和处理，以预防税务风险的发生。

4.2 提高税务风险意识，加强税收政策研究

在金税四期的大背景下，由于监管效率的大幅提升，事业单位若对税务政策把握不准或未能及时识别涉税风险，将面临严厉的处罚。因此，提升全体员工的税务风险防范意识至关重要。第一，业务人员需要充分理解在业务开展过程中可能遇到的税务风险，而财务人员也要摒弃凭经验报税的传统做法，紧密关注新时期的税务管理要求，优化管理意识。第二，事业单位应定期开展税务风险评估，结合自身的规模、业务类型等，分析不同税种可能存在的税务风险、控制措施以及管理难题，制定风险备忘录，并定期召开专题会议研究优化方案。第三，也可以聘请税务师事务所等专业机构，为经营活动中的涉税事项提供更专业的咨询服务。第四，加强税收政策研究。财务部门定期组织税收政策的学习，深入了解税收优惠政策的具体内容、适用范围及时间，整理出适用的优惠政策清单，关注相关政策变化，以确保充分享受政策优惠。第五，定期对税收优惠政策的执行情况进行评估，以规避潜在的税务风险。

4.3 提升数据的合规性，加强与税务部门沟通

财务数据的真实性和可靠性是税务申报的基础，因此单位必须严格按照政府会计制度进行会计核算，并在纳税申报前对财务报表数据进行核对和审核，以确保申报数据的准确性。目前，事业单位普遍采用的是预算管理一体化系统，该系统集成了资产管理、财务核算、资金支付等多个模块。在申报纳税过程中，对于系统提示的异常数据，财务人员可以通过一体化系统及时进行核查和处理，从而降低因数据错误而引发的税务风险。同时，加强与税务部门的沟通合作也至关重要。由于事业单位和税务部门对政策的解读可能存在差异，遇到政策把握不准的情况时，财务人员应及时与税务专管员沟通，明确政策执行的要点，规范信息报送。此外，事业单位应积极参与税务部门组织的政策宣传活动，也可以邀请税务专管员到单位做税务专题培训，维系与税务部门的良好关系，提升事业单位风险应对能力。

5 结语

综上所述，金税四期的实施对事业单位财务管理的影响是多方面的，既带来了机遇也带来了挑战。金税四期不仅提升了事业单位的纳税申报效率，推动了财务管理水平的提升，同时也增加了事业单位发票管理、税收政策把握及涉税数据关联异常等方面的风险。事业单位需要积极应对这些变化，从规范发票管理、提高全员风险意识、加强税收政策研究、提升数据合规性等多个方面进行改进。同时，随着金税四期系统的不断完善和升级，事业单位也应持续关注新的税务政策和风险点，以便及时调整和优化应对措施，确保税务风险管理的及时性和有效性。

参考文献

[1] 董祎．金税四期下企业税务风险探究［J］．行政事业资产与财务，2023（2）：35-37.

[2] 罗春花．“金税四期”背景下生产制造企业税务筹划探讨［J］．财会学习，2023（1）：8-10.

[3] 蒋林．金税四期企业税务风险分析及防范措施探讨［J］．财会学习，2022（34）：137-139.

[4] 曾子懿．“金税四期”下中小企业税务风险分析及应对政策［J］．财会学习，2022（21）：129-131.

科研财务助理管理现状分析及对策研究

英　杰　李峻珏

（中国水利水电科学研究院，北京　100038）

摘　要：科研财务助理制度自提出建立以来，经过近几年的发展，在科研院所中扮演着关键角色，为切实减轻科研人员负担、提高科研团队的工作效率发挥了重要作用。本文从科研财务助理制度提出的背景入手，分析了科研财务助理制度建立的重要意义，总结了科研财务助理的主要职责及目前常见的四种聘用模式，指出了当前科研财务助理制度存在的问题，并就如何加强科研财务助理管理提出了意见建议。

关键词：“放管服”；科研财务助理；业财融合

1　科研财务助理制度的背景及意义

1.1　制度提出的背景

从2016年中共中央办公厅、国务院办公厅印发《关于进一步完善中央财政科研项目资金管理等政策的若干意见》提出“项目承担单位要建立健全科研财务助理制度……”到2018年国务院《关于优化科研管理提升科研绩效若干措施的通知》中提到“加快建立健全学术助理和财务助理制度，允许通过购买财会等专业服务，把科研人员从报表、报销等具体事务中解脱出来。”再到2021年国务院办公厅印发《关于改革完善中央财政科研经费管理的若干意见》指出“全面落实科研财务助理制度。项目承担单位要确保每个项目配有相对固定的科研财务助理，为科研人员在预算编制、经费报销等方面提供专业化服务。”科研财务助理制度实现了从“建立健全”向“全面落实”的转变[1]。

1.2　制度建立的意义

科研财务助理制度，是减轻科研人员事务性负担的重要法宝。科研财务助理制度切实将科研人员从繁杂的日常性事务中解脱出来，为科研人员潜心研究营造了良好氛围，真正做到了为科研人员松绑减负，让科研人员心无旁骛、潜心钻研，激发了创新创造活力。

科研财务助理制度，是提升科研经费管理水平的关键一招。不同科研项目经费管理各有差异，预算编制、经费执行要求也不尽相同，并且随着预算绩效改革的深入推进，对科研项目预算编制及绩效考核提出了更高要求。科研财务助理既熟悉项目的基本情况，又掌握基本的财经政策与制度要求，有利于科研经费合理合法序时支出，在一定程度上提升了科研经费的管理水平[2]。

科研财务助理制度，是新时期业财融合的生动体现。业财融合要求财务部门在发挥传统职能的基础上，深入了解科研业务活动，在科研管理的各个环节提供财务支持。科研财务助理作为财务管理与科研工作有效衔接的桥梁纽带，不仅全方位参与科研项目管理，而且全流程负责项目经费执行，实现了科研业务与财务管理的紧密结合，顺应了业财融合的新要求，为实现科技创新发展提供强有力的支撑。

作者简介：英杰（1988—），女，经济师，科长，主要从事财务管理、政府采购、内部控制等工作。

2 科研财务助理的主要职责

科研财务助理在科研团队中兼具科研管理与财务管理的双重职能，既要协调科研项目负责人加强团队经费管理，又要做好科研辅助服务工作，其职责主要包括预算编制及调剂、票据审核及报销、资产管理及报废、合同签订及管理、财务决算及结题等五个方面的内容。

2.1 预算编制及调剂

科研财务助理首先需要根据科研人员申报的项目类型，了解并熟悉该类项目预算编制的具体要求，在与科研人员充分沟通的前提下，合理编制项目预算；在项目执行中，严格按预算科目执行，如遇特殊情况，需要调整预算科目及金额的，应及时履行调剂手续后实施；在预算绩效管理方面，配合科研人员开展项目绩效目标及指标申报、执行监控、绩效评价等相关具体工作，并及时做好已发现问题的整改工作。

2.2 票据审核及报销

科研经费的使用是科研项目执行的一项重要内容。科研活动中涉及的经费科目多，不同的费用有不同的开支标准及要求，且在国家统一制定的制度下，各单位还结合自己的实际出台了具体的实施细则，这就要求科研财务助理熟悉各项经费制度，严格审核和把关，对于不符合财务规定的票据、经济业务事项一律不得报销，确保科研经费支出合法合规。

2.3 资产管理及报废

资产管理涉及资产采购、使用、保管、处置等全过程。科研财务助理应根据年度采购计划，依据相关管理办法开展采购活动，并做好对采购设备的开箱验收工作。在资产使用过程中，督促科研人员妥善保管仪器设备并按时完成盘点登记工作。如设备需要变更保管人或达到法定报废年限，应及时做好变更及处置报废工作，确保国有资产不发生流失。

2.4 合同签订及管理

科研合同是保障科研项目和经济利益的重要凭据。在签订合同前，科研财务助理应充分调研对方单位的主体资格、信用状况、履约能力等基础信息；做好合同谈判及签订工作；督促合同的具体实施，及时履约，同时做好合同文本的收集、归档等相关工作。

2.5 财务决算及结题

财务决算是科研项目验收阶段的核心工作，既关系到本项目的顺利结题，也关系到新项目的申报。科研项目结束后，科研财务助理应积极协助科研人员根据实际支出情况编制项目经费决算，编写项目成果报告，准备结题验收相关材料，配合做好结题验收相关工作。

3 科研财务助理的主要模式

目前，科研财务助理聘用主要有四种模式：一是学生财务助理；二是劳务派遣人员聘用；三是单位财务部门人员兼任；四是购买财会专业服务。

3.1 学生财务助理

学生财务助理模式，一般由科研团队中在读的研究生、博士生承担科研财务助理这一角色。此种模式的优势在于，学生参与导师的科研项目，只需按标准支付学生劳务费或在必要时发放临时劳务费，在一定程度上节约了劳务成本；学生全过程参与项目研究，对项目情况及进展比较熟悉和了解，有利于科研辅助活动的开展和实施。但也存在一定的弊端，一方面，1 个学生跟随项目的周期大概 2~3 年，学业结束能继续留在科研团队的学生少之又少，人员流动性相对较大；另一方面，跟随科研人员做项目研究的学生大都是专业技术出身，对国家财经制度和单位的管理细则要求并不太熟悉，通常只能做些简单的跑腿工作，在减轻科研人员事务性负担上作用发挥有限。

3.2 劳务派遣人员聘用

通过劳务派遣形式聘用人员来担任科研财务助理一职是目前多数科研院所的普遍做法。在聘用形式上，一种是由科研团队直接发布招聘公告，一种是由单位财务部门发布招聘公告，两种形式的人员聘用均由单位统一与劳务派遣公司签订合同。在人员管理上，通过两种形式聘用的科研财务助理均归科研团队管理，人员费用由科研团队承担。此种模式的优点在于科研财务助理为专职人员，能够切实承担相应职责，让科研人员彻底从繁杂的日常事务性工作中解脱出来，潜心学术研究；但因科研财务助理并不归属财务部门管理，在票据的审核把关及经费开支方面，有时难以权衡和把握好科研项目和财务的关系，难以客观公正处理问题。

3.3 单位财务部门人员兼任

由单位财务人员兼任科研财务助理，可以给科研人员提供最专业的财务指导，辅助科研人员做好预算编制、报销结算等各方面财务工作，且不需要额外支付人员费用；但其弊端在于财务人员只能做财务相关的工作，对于其项目研究内容并不了解，虽说兼任，更多的是给予政策指导和经费把关，难以有效减轻科研人员事务性负担。

3.4 购买财会专业服务

2018 年 7 月，国务院常务会议已明确允许科研人员购买财会等专业服务。通过以科研财务助理第三方服务的形式介入，可以独立、客观、公正地开展科研辅助活动，弱化单位内部运行带来的影响；但其弊端在于受到第三方服务机构自身专业、现有工作背景等因素的影响，在处理科研活动实施和科研经费管理关系之间可能会发生执行偏差[1]。

4 科研财务助理管理存在的问题

4.1 科研财务助理制度建设不够完善

尽管多项文件都提出要进一步健全科研财务助理制度，并全面落实科研财务助理制度，但目前并没有专门一项政策制度对科研财务助理从聘用到管理到队伍建设及人才培养提出明确的要求。而从目前各单位的执行情况来看，也普遍存在思想认识不够到位的现象，缺乏对科研财务助理的精准认识和理解，虽然有设立“科研财务助理”岗位这个意识，但并没有准确定位科研财务助理的角色，只是简单地将原有的业务秘书冠以“科研财务助理”之名，并未体现科研财务助理的专业性。

4.2 科研财务助理作用发挥不充分

科研财务助理作为协助管理科研项目经费的人员，不仅仅是“财务报账员”，更要熟悉科研项目管理内容，掌握科研规律，对科研项目进行从项目立项到经费执行到财务决算及项目结题验收全流程管理[3]。但在职能履行方面，鉴于很多科研财务助理对科研经费管理的新政策、新要求、新形势理解把握仍不够透彻、准确，存在专业素养与岗位需求不太匹配的现象，导致在真正联通财务与科研人员、发挥“上传下达”桥梁纽带作用上还有差距。

4.3 缺少考核及晋升机制

科研财务助理本应是具备一定科研能力和财务知识的复合型人才，依靠其较强的专业能力切实解决科研项目管理及经费使用中的问题，将科研人员从这些与科研无关的事务性工作中解放出来。但现实情况是，大多数单位的科研财务助理仅仅只是外聘人员，不管是在薪资待遇，还是在岗位晋升，甚至职称评聘上都无法跟单位员工享受同等待遇，这在一定程度上影响了科研财务助理的工作积极性。

5 改进建议

5.1 提高思想认识，加强制度建设

将科研财务助理制度落到实处，首先要提高思想认识，充分认识科研财务助理对加强创新服务、规范资金使用管理、保障科研项目顺利实施的重要意义；其次要加强制度建设，通过专门设置科研财务助理制度或完善单位现有科研项目管理办法，在管理办法中明确和细化科研财务助理岗位的职责、管理及考核办法等，加强对科研财务助理的监督和管理，让科研财务助理更好履职尽责，不断提升专业能力和服务水平，有力支撑科研高质量发展[4]。

5.2 加强培训指导，提升专业素质

科研团队、单位财务以及科研管理部门要协同配合。一方面，单位财务及科研管理部门要加强对科研财务助理在贯彻落实国家科技、财政政策和部门相关规章制度的指导和培训，定期组织开展政策制度专题学习，通过业务交流、以干带学等形式，不断提高科研财务助理专业水平和综合素质，更好适应新形势下科研管理及财务管理的新要求；另一方面，科研团队要加强对科研财务助理的实践锻炼和培养，使其熟悉并掌握相关科研业务情况，保障科研工作合理、合规开展，科研经费高效、规范、安全使用，促进科技创新与财务管理的有机结合。

5.3 建立评价机制，稳定人员队伍

为稳定科研财务助理人员队伍，确保科研财务管理工作的专业性和连续性，一方面要建立符合科研财务助理特点的考核评价和晋升机制，定期对科研财务助理进行考核，并将考核结果作为晋升和奖惩的重要依据，激励科研财务助理专心工作；另一方面，畅通科研财务助理职称评聘通道，允许科研财务助理参与相关系列职称评聘，并建立与薪酬待遇的挂钩机制，调动科研财务助理工作的积极性，保障其职业发展和前景，稳定科研财务助理人才队伍[5]。

科技兴则民族兴，科技强则国家强。科技强国路上，要尽快建立完善科研财务助理制度，提升科研财务助理的专业化水平，稳定科研财务助理人员队伍，充分发挥科研财务助理职能，为科研人员松绑减负，让科研人员心无旁骛、潜心钻研，充分激发科研人员的创新创造活力，朝着建成科技强国的宏伟目标奋勇前进。

参考文献

[1] 赵健，罗文奇，崔静怡. 高校全面落实科研财务助理制度的探索［J］. 会计之友，2023（22）：127-131.

[2] 张灿芝，何静琴，尹萌，等. 科研事业单位财务助理岗位管理问题及对策探讨［J］. 行政事业资产与财务，2022（24）：70-72.

[3] 吴岩. 新形势下科研财务助理第三方服务模式初探［J］. 行政事业资产与财务，2023（11）：89-91.

[4] 杨婷婷. 科研院所科研财务助理制度探索：以 A 科研院为例［J］. 市场瞭望，2024（5）：151-153.

[5] 许茜. 科研事业单位全面推行科研财务助理制度思考［J］. 行政事业资产与财务，2020（2）：84-85.

数字化背景下的企业财务风险管理研究

叶贤玉

（南京水科院瑞迪科技集团有限公司，江苏南京　210029）

摘　要： 随着科学技术的迅猛发展，人们对数据的价值认知日益深刻。在“大数据”时代，企业的财务管理迎来了前所未有的机遇与挑战。信息化、智能化的浪潮不可阻挡，已成为企业财务管理演进的必然趋势，极大地提升了财务工作的便捷性与效率。企业必须主动拥抱变革，不断提升自身的技术实力与应对能力，以期在瞬息万变的金融管理环境中稳健前行。本文深入探讨了在大数据背景下，企业数字化转型过程中有效控制财务风险的方法，旨在为企业顺利实现数字化转型提供参考与指导。

关键词： 数字化背景；财务风险；风险管理

1　引言

随着大数据、人工智能等数字化技术的迅猛发展，以及与经济运行模式的深度融合，这些技术已经成为推动我国经济发展的“新引擎”。在数字经济时代，数字化转型已成为企业发展的必然趋势[1]。埃森哲发布的《2022 中国企业数字化转型指数》显示，2022 年，中国企业中有 17%在数字化转型方面取得了显著成效。本文通过对数字化转型过程中可能出现的金融风险进行深入分析，并提出了一系列防范措施，以期为企业数字化转型提供参考和指导。

2　数字化背景下的企业财务风险管理理论基础

2.1　基本概念

2.1.1　数字化转型

在科技飞速发展的今天，企业的数字化转型已经成为大势所趋。数字化转型并不仅仅是将传统经营方式转变为数字化经营，而是通过运用数字技术，使企业在不断变化的市场环境中，持续提升自身的竞争力，从而更好地满足客户需求。数字化转型的核心是在数字技术基础上，对企业的业务模式、组织流程和企业结构进行数字化、智能化和高效化的变革，以实现企业发展目标。相较于传统行业模式，数字化转型更注重技术创新与应用，将数字技术融入企业各个业务领域，实现商业模式的数字化转变。

2.1.2　财务风险

财务风险是指企业在经营管理过程中，可能出现对收益产生不利影响的不稳定因素，包括企业财务状况的不利改变，导致实际收益无法达到预期收益等。从狭义上看，财务风险主要表现为借款企业因营运成本过高，无法按期还款。企业财务风险的成因可以分为内因和外因两个方面。在我国上市公司的财务风险成因分析中，主要有以下几个方面：首先，公司财务管理所面临的宏观环境较为复杂，包括经济环境、法律环境、市场环境、社会文化环境和资源环境等多个方面。其次，财务管理者在面对财务风险时，缺乏对其客观化的认识，以及财务决策的科学性不足，是导致企业财务风险的内在

作者简介： 叶贤玉（1980—），女，高级会计师，财务经理，主要从事企业财务管理工作。

成因。

2.2 理论基础

2.2.1 风险管理理论

风险管理是人类社会发展到一定阶段的必然产物，是一种对风险进行有效管理和控制的方法。风险管理的目标是使企业或组织能够更好地应对和控制风险，从而提升企业或组织的整体实力，实现更大的经济效益[2]。21 世纪初，我国金融业开始重视风险管理，财务风险和财务控制问题逐渐成为研究课题。1998 年，维斯凯博将风险管理定义为，每个经济单元都通过识别、估计、评估和处理一系列过程，以最低成本保障自身安全。风险管理是一种复杂的管理方式，可分为事前管理、事中管理和事后管理。目标有两种：一是防止损失发生前的风险管理；二是在损失发生后进行风险防范，以尽快减少损失并恢复企业元气。两种方案的总体目标都是在最低成本下获得最大安全性。

2.2.2 财务共享理论

财务共享理念的诞生可追溯至 20 世纪 80 年代，当时，福特、杜邦、通用电气等企业率先实施了财务共享服务策略，并取得了显著成效，这一模式迅速被全球众多企业效仿。财务共享服务的定义是，将企业集团内各成员单位的分散财务业务进行整合，设立一个财务共享服务中心。该中心利用网络技术，为分布在不同国家和地区的集团成员单位提供标准化、流程化、高效率且成本低廉的共享服务。简言之，财务共享的理念旨在打破企业地域界限，实现跨部门、跨地域的数据互联互通，实时共享企业数据，便于及时追溯和监控，降低信息获取成本，显著提升财务管理效率。

3 数字化背景下的企业财务风险管理现状分析

3.1 财务风险意识不足

当前，众多企业仍依赖传统的财务数据处理方式，对财务人员的依赖性较强，使得公司的风险控制过度依赖于财务人员提供的前期数据，从而引发了一些潜在风险。大多数企业将重心置于核心技术、生产和销售上，因此处于核心的研发部门，对人员的素质要求较高。相较之下，对于其他部门，尤其是后勤人员，要求则不那么严格。然而，风险意识不应局限于特定员工或管理者。在企业实际运营中，尽管管理者已制订了一套风险预防计划，但往往未能得到有效执行，主要源于员工缺乏系统的学习，对风险管理意识不足，难以在实践中灵活运用相关知识，最终导致公司蒙受重大损失。因此，提升全员的风险管理意识和能力，是企业稳健发展的关键。

3.2 财务风险的预警指标设置不完善

在运用大数据进行财务风险管理的过程中，最关键的环节是对风险控制数据的深度挖掘与精准分析，涵盖了数据的采集、筛选、存储、加工、输出及分析等多个步骤。然而，目前企业的数据收集仍局限于财务层面，对于非财务变量的作用尚未深入探究，也未将其纳入风险控制数据体系，构建起全面的预警指标。非财务变量，如政治环境、市场动态、企业信誉及上下游企业的风险反应，能够深刻反映企业的社会属性，为公司的“财务风险自画像”增添更多真实色彩，从而帮助企业制订出更为有效和切实可行的风险应对策略。然而，大多数企业在这一领域缺乏前瞻性，依然停留在仅使用财务数据分析单一风险的阶段，未能意识到在网络经济快速变化的背景下，市场环境的瞬息万变可能使得公司的风险对策迅速过时，成为“明日黄花”[3]。因此，企业亟须拓宽视野，将非财务变量纳入考量，以构建更为全面和动态的风险管理体系。

3.3 数据质量参差不齐，不能有效用于管理

一般而言，企业获取共享数据主要通过公共的第三方数据平台，或依赖人工进行数据的更新与实时上报。目前，大型企业，尤其是集团公司，已普遍采用第一种方式实现数据的自动化抓取。然而，由于集团公司通常规模大，分支机构多，因此在构建和维护信息系统时，各部门仍需自行负责子系统的建设与维护。在这一过程中，由于缺乏前期统一的制度或规则，各分支机构间的信息化水平参差不齐，未能完全将信息系统与大数据风控平台对接，或者即便实现了数据对接，也可能因数据理解或抓

取口径的不一致，数据质量良莠不齐，成为风险管理数据库中的“噪声”，进而影响风险分析的准确性。而那些主要采用第二种方式的企业，在人为因素的制约下，仍依赖手工方式收集和上报风险数据，不可避免地导致了大量的数据滞后问题，进而对风险分析的结果产生了负面影响。

3.4　存货管理风险的识别与应对不足

库存管理风险主要包括企业对库存管理意识不强、管理机制不健全、库存周转缓慢和库存损失过大等方面的问题。常见的库存管理风险包括库存管理风险和库存决策风险。在库存管理风险中，主要风险源于入库、出库和入库记录不真实以及库存分配不当等问题。而库存决策风险则主要包括两个方面：一方面是公司可能会高估自己的库存需求，从而导致大量的存货；另一方面是企业对未来的预估不够准确，无法及时补充存货，从而导致存货短缺。数字化企业由于自身发展水平的限制，其库存管理仍停留在粗放式的经营模式，导致库存管理风险的产生。在信息化背景下，许多企业在借鉴国外库存管理体系的基础上，引入了大数据平台[4]。然而，在购买平台后，部分公司仅进行了部分财务工作，而库存管理仍依赖人工手工或表格进行，无法实现数字化管理。

4　数字化背景下的企业财务风险管理优化策略

4.1　强化企业财务风险数字化管理意识

在数字化背景下，提升财务风险意识是企业有效防范和管理财务风险的关键措施。财务风险意识的提升不仅关系到企业领导层的认知水平，还需要全员参与，构建全面、深入的风险防范文化。为提高员工的财务风险意识，企业可以定期举办内部培训和专业讲座等形式，向员工普及财务风险相关知识。同时，由于企业在经营活动中涉及的信息可能存在不一致性，因此在每个阶段都有可能面临财务风险。在这种情况下，企业应建立完善的信息分享系统，确保各部门能够及时地分享相关信息，以便更好地向员工传达财务风险的影响因素和实质，从而提高员工对财务风险的认识程度。通过这一过程，可以实现部门之间的整体协同，有效预防财务风险的发生[5]。

4.2　提高财务风险数字化协同管控效率

在数字化经济的浪潮中，市场环境的变幻莫测与数据信息的纷繁复杂，对企业提出了更高的要求。企业不仅要深入审视自身的财务数据，更需全面考量公司内外部因素的动态变化。为此，构建一个“平台化”的财务风险预警系统，成为防范和控制金融风险的关键。首先，打造一个完善的财务风险预警系统，需构筑一个“预警算法模型—预警规则库—预警信号评级—风险预警报告”的四位一体风险评估模型，以在风险初现端倪之际迅速启动，精准定位公司潜在风险，为决策者提供明晰的指引，助力公司制定明智的投资决策。其次，通过主动发现模型框架和权限体系，对行业风险分析模型、预警模型等进行深度挖掘，对可疑风险机构和客户进行精准分类预警，构建起一套严密的金融风险防控体系。在此基础上，结合公司大数据预警技术，对投资和融资行为进行精确预测，确保决策的合理性与可靠性。通过建立数字化的风险预警体系（见图1），对核心数据进行深度挖掘，识别高风险资产，并采取质押等措施，将风险转嫁给银行或其他信托机构，实现风险的分散与转移。

4.3　推动数据管理，提高数据质量

为了提升数据质量，需要推动数据的管理，并从两个方面进行改进。首先，我们需要强化组织结构的重构和协作，以确保数据的有效集成。其次，必须在技术层面上对分散的数据和信息进行汇总和筛选，持续推进数据治理标准的改革。具体来说，需要提出使用一个统一的标准来获得一个统一的数据源，保证数据和信息系统的相互兼容，达到数据共享的目标。此外，在从数据获取到利用的整个过程中，企业必须在数据采集、处理、淘汰、传输和安全等方面进行规范，可以通过制定一个统一的标准系统来实现，以减少资料的处理过程及处理时间，降低处理费用。

4.4　搭建存货数字化管理平台

在数字时代，库存管理平台是降低库存、减少资金占用、防止库存积压、确保账实相符的重要手段，也是实施精益生产的关键环节。在技术方面，企业根据当前市场状况和产业痛点，运用自身的数

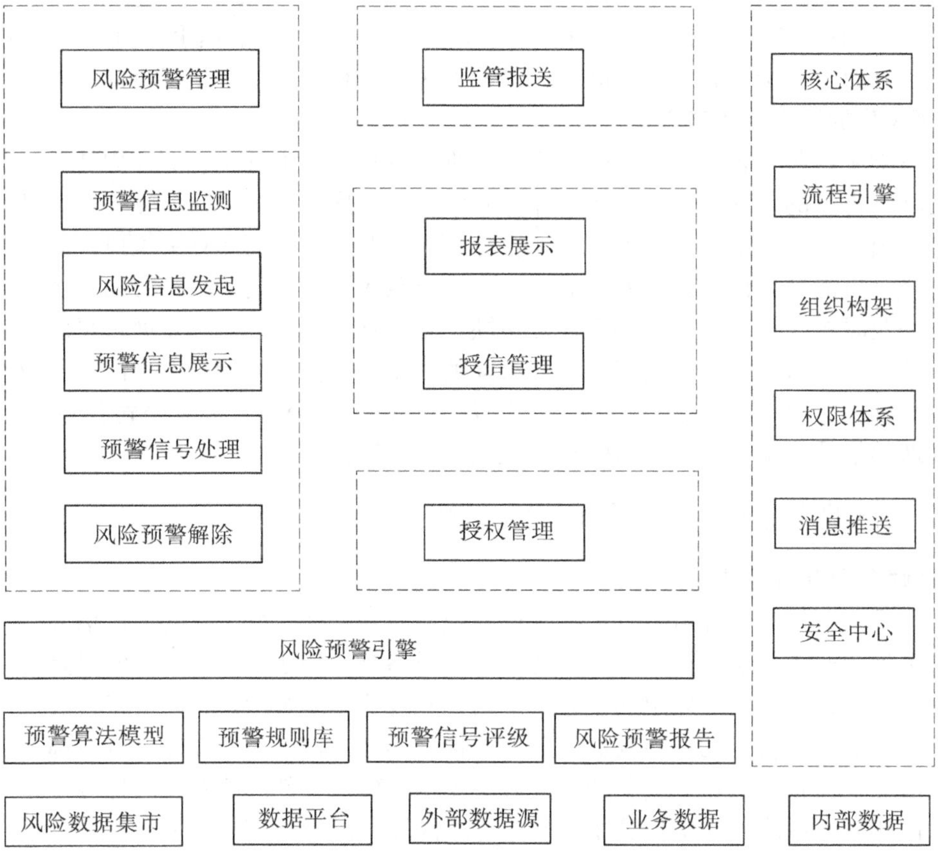

图 1　财务风险数字化预警体系

字化仓储和运输资源，对其进行全程货物控制，为上下游供应商提供闭环的物流服务和融资支持，从而有效识别和管理库存管理风险。在平台层面，企业不断创新业务管理工作中有益的前沿技术和装备，运用信息科技、物联网科技、数字技术等先进技术构建智慧仓储系统平台，并结合多年的业务管理经验，整合市场上成熟的新技术设备，逐步建立起一个与客户业务实际需求相适应的智能仓储系统平台。通过建立智能仓储系统，可以有效地解决供应链各环节货物控制流程的不透明度，减少信息不对称，降低库存管理风险，从而提高企业的运营效率和竞争力。存货数字化管理平台见图 2。

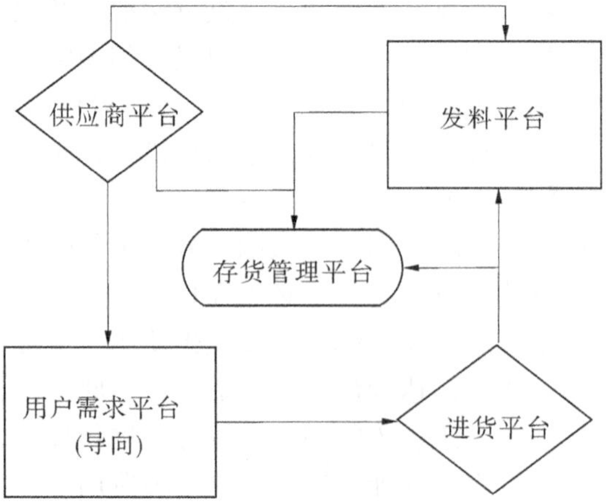

图 2　存货数字化管理平台

5 案例研究

5.1 A公司基本情况分析

5.1.1 A公司现状概述

A公司是一家专注于研发、生产和销售各类电子产品的企业。拥有一支专业的研发团队，致力于为客户提供高品质的产品和服务。近年来，A公司在国内市场上取得了显著的成绩，产品销量逐年攀升，市场占有率不断提高。此外，A公司还积极开拓国际市场，产品远销欧美、亚洲等多个国家和地区，赢得了广泛的好评和信赖。

5.1.2 公司已实施数字化运营情况

5.1.2.1 数字化转型程度与管理费用情况

数字化转型为公司创造了显著的盈利，实现了成本控制的质变。公司首先制定预算，接着进行预算和估算，然后由财务部门发布实施方案，并每月进行检查和对比。业财融合的实施情况与数字化转型水平密切相关，因此，本文以数字化转型程度指数和企业管理费用率为例，来探讨业财融合对企业管理成本的影响。以A公司2019—2023年的数据（见表1、图3）为基础，对其进行了分析。

表1 A公司数字化转型程度与管理费用

年份	2019	2020	2021	2022	2023
数字化转型程度/次	40	44	68	109	129
管理费用率/%	6.11	3.86	3.42	3.21	3.01

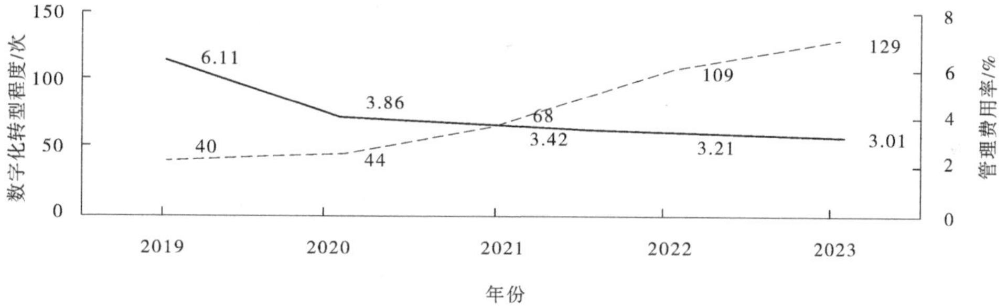

图3 2019—2023年数字化转型程度与管理费用情况

根据上述数据，可以观察到数字化转型和管理成本之间的关系呈现出反比的趋势。当企业深入实施数字化转型时，其业财融合水平也将不断提高，从而使得管理费用率逐渐降低。因此，可以得出一个结论：推动财务数字化转型有助于公司提前进行预算管理和成本控制，细化工作流程，减少经营风险，从而降低管理费用率，实现降低成本和提高效率的目标。

5.1.2.2 数字化转型对提升管理效率的影响

从图4中可以观察到，A公司的库存周转率总体上保持稳定，仅在2020年出现了轻微的下降，之后在2021年和2022年则出现了显著的增长。尽管库存周转率在2020年略有下滑，但实际上，截至2020年末，A公司的存货余额已降至26.47亿元，较2019年减少了0.62亿元。得益于发挥自身优势和积极推动企业转型，A公司已实现了既定的发展目标，并取得了持续的成长与发展。

5.1.2.3 数字化转型对盈利能力的影响

2019年，市场整体表现低迷，导致整体毛利率不尽如人意。然而，这一年里，随着业财融合模式的推广与实施，业务信息与财务信息实现了共享，公司的利润率得到了显著提升。这一积极成果主要归功于公司财务制度的持续优化，以及对成本、流程、绩效和预算等方面进行的全面改进。进入

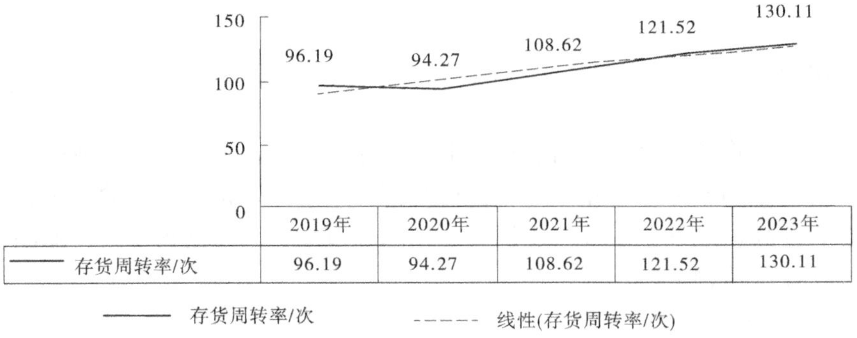

图 4　A 公司 2019—2023 年库存周转率

2020 年，尽管受到疫情的影响，但得益于这些数字化转型的举措，公司业绩仍然达到了新的高峰。A 公司 2019—2023 年盈利能力指标见表 2、图 5。

表 2　A 公司 2019—2023 年盈利能力指标

年份	2019 年	2020 年	2021 年	2022 年	2023 年
毛利率/%	27.02	28.88	23.71	22.47	22.01
净资产收益率/%	23.45	22.42	24.51	25.86	25.62
基本每股收益/%	2.67	2.79	3.46	3.89	4.08

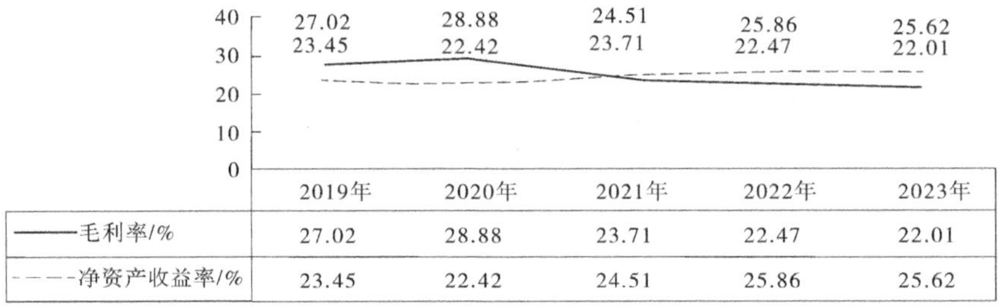

图 5　A 公司 2019—2023 年盈利能力指标

5.2　公司财务风险管理存在的问题

5.2.1　从营运能力角度看

A 公司营运能力指标统计见表 3。

表 3　A 公司营运能力指标统计

年份	2020 年	2021 年	2022 年
总资产周转率	0.69	0.70	0.52
应收账款周转率	1.51	1.47	1.02
流动资产周转率	0.73	0.74	0.56

在 2020—2022 年的三年时间里，A 公司的流动资产周转率从 0.73 降至 0.56，整体比例均低于 1，表明该公司的资产周转速度较低，资产的使用效率和经营质量都不尽如人意。然而，值得注意的是，A 公司的应收账款周转率却从 1.51 降至 1.02。这一数据显示，A 公司的应收账款变现能力较弱，

资金回收周期较长，可能存在资金占用风险。

5.2.2　从盈利能力角度看

在2021年及2022年，公司盈利能力持续上升，主要归功于业财融合模式的实施，使得企业的业务信息与财务信息能够相互联通，以及金融共享平台运行顺畅，从而提高了公司的利润。从长远的角度来看，只有找到高水平的支持，才能实现高质量的持续发展，否则将无法为市场所接受。

5.3　**建议**

5.3.1　准确把握企业动态，做好财务战略管理

加强信息收集和分析。通过建立健全的信息收集和分析体系，实时关注市场变化、政策法规调整等相关信息，为企业决策提供有力支持；优化财务管理流程。结合数字化手段，简化财务流程，提高财务效率，降低人为错误和操作风险；加强内部审计。建立健全内部审计机制，定期对财务报表进行审计，确保财务数据的准确性和真实性。

5.3.2　加强业财融合，提升数字化水平

建立统一的数据平台。通过搭建统一的数据平台，实现企业内部各部门之间的数据共享，提高数据质量和准确性；推动业务流程优化。结合数字化手段，优化企业业务流程，提高业务处理效率，降低运营成本；加强财务与业务的协同。通过建立财务与业务的紧密联系，实现双方信息的及时传递，为企业决策提供有力支持。

5.3.3　科学安排资金，保障风险可控

建立健全风险管理制度。明确风险管理的职责和权限，建立风险识别、评估、监控和应对机制，确保风险得到有效控制；加强现金流管理。通过优化资金结构、加强预算控制等方式，提高现金流的管理水平，降低现金流风险；合理安排投资计划。结合企业发展战略，科学安排投资计划，避免盲目投资导致的财务风险。

6　结论与展望

总之，在数字化背景下，企业财务风险管理面临着许多挑战和机遇。企业需要不断创新和完善财务风险管理体系，以应对各种潜在的风险。同时，企业还需要加强与各方的合作，共同应对数字化时代的财务风险。只有这样，企业才能在激烈的市场竞争中立于不败之地。

参考文献

[1] 李艳娇．财务数字化转型对风险管理的改进［J］．财会学习，2024（1）：8-10.
[2] 吴心怡．数字化转型下的企业财务风险管理创新策略研究［J］．支点，2023（2）：123-125.
[3] 袁瑾．大数据背景下集团企业财务风险问题研究［J］．市场周刊·理论版，2021（12）：2.
[4] 徐彬．大数据背景下建筑企业财务管理发展策略［J］．知识经济，2024（3）：55-57.
[5] 莫丽莎．大数据背景下企业数字化转型对财务风险控制的影响研究［J］．财经界，2023（31）：129-131.

科学事业单位预算绩效管理的思路与措施研究

时林溪[1,2]　张佩霖[1,2]

（1. 水利部南京水利水文自动化研究所，江苏南京　210012；
2. 江苏南水科技有限公司，江苏南京　210012）

摘　要：党的十九大报告提出“全面实施绩效管理”的要求以来，科学事业单位迫切需要与时俱进，优化预算绩效管理方式。本文根据科学事业单位预算绩效管理的特点和目前面临的问题进行分析，阐释预算绩效管理对科学事业单位的重要意义，从完善预算绩效管理制度、优化预算绩效编制流程、进行科研项目全生命周期绩效管理、贯彻财会监督、深化结果应用等方面出发，提出了改善措施，以期为当前科学事业单位的预算绩效管理工作提供一些帮助。

关键词：预算绩效管理；绩效评价；科学事业单位；科研项目

1　引言

党的十九大报告提出“建立全面规范透明、标准科学、约束有力的预算制度，全面实施绩效管理”的要求以来，科学事业单位一直在深化预算绩效管理改革，完善绩效评价方式。《科学事业单位财务制度》于2022年7月修订完成并由财政部和科技部联合发布，对预算编制、预算执行、绩效评价等做出明确规定，进一步规范和细化预算绩效管理。随着新制度的执行，以往的预算模式和管理手段已渐渐不再适用于现今的科学事业单位。目前，科学事业单位迫切需要与时俱进，优化预算绩效管理方式，将预算绩效管理贯通预算编制、预算执行、预算监督等多个方面，保证单位的财务收支平衡，保障单位绩效目标按时保质完成。但是从目前部分科学事业单位实际财务预算绩效管理工作来看，仍然存在一些可能影响管理效果的问题，需要开拓思路，提出改善对策，研究路径与措施，提升科学事业单位预算绩效管理效率。

2　预算绩效管理对科学事业单位的重要意义

2.1　完善预算管理方式，提高科研项目科学性

科研项目管理突出体现了科学事业单位的科技领域职能，是其区别于其他事业单位的最大特点。科研项目根据预算管理要求实行一二级分级预算管理，要求更为严格，有从预算申报批复到执行调整最后绩效考评的完整流程，其科研性质也意味着项目同时具有项目负责人责任制的管理特征，项目负责人对预算的认识和对政策的理解最终会反馈到项目执行效果本身。预算绩效是项目负责人编制项目预算的具体抓手，在预算编制时考虑预算绩效指标的可操作性，在项目执行时作为执行进度和项目效果的参照，在项目完成时通过绩效评价进行项目反馈。预算绩效管理是单位提高科研项目经费支出科学性和规范性的重要保障，通过具体的预算绩效指标进一步细化科研项目预算，具象化科研项目的任务与预期，完善科研项目预算管理方式，为科学事业单位的可持续发展保驾护航。

2.2　优化整合资源配置，保障单位收支平衡

科学事业单位长期以来都处于固有管理体系和发展改革的矛盾之中，改革进程较为缓慢，而实施行之有效的预算绩效管理，可以整合单位各项资源，优化资源配置，保障单位良性发展。同时，预算

作者简介：时林溪（1990—），女，会计师，主要从事财务管理工作。

绩效管理是一个持续改进的过程，预算编制时明确和分解单位各项绩效目标，通过预算执行及时监控各项预算目标和绩效指标的完成情况，迅速反馈调整单位收支，调整解决偏差问题，保障单位收支平衡，最后基于预算绩效考评评价反馈单位预算管理整体情况，发掘预算管理过程中被忽视的问题，科学事业单位可以进一步累积经验教训、提升管理能力。

2.3 有效制约成本支出，提升经济社会效益

落实中央“过紧日子”的要求，科学事业单位必须有效平衡事业发展需求与“过紧日子”之间的关系，加大对单位经费的预算管控，优化支出结构，做到严格控制一般性支出和非刚性支出，甚至压减直接关系到事业发展的公用支出。预算绩效评价标准在关注财务成本的同时，也重视实际绩效与预算目标之间的差距，以确保预算的经济性、有效性和绩效的最大化[1]。所以，预算绩效管理正是“过紧日子”的重要抓手，通过科学制定预算绩效目标，具象化预算的实现效果，做到有保有压的同时又突出重点，有效制约实施过程中的成本支出，确保资金支出始终合理合规，是当下提升科学事业单位经济效益和社会效益的重要手段。

2.4 促进财务制度完善，推进财务数字化转型

预算绩效管理制度也是单位财务制度的重要一环。建立健全预算绩效管理制度，规范预算绩效目标和指标的制订，明确责任分工和任务要求，跟踪和监督绩效管理情况，同时也会促进科学事业单位财务制度的完善。财政部在《预算管理一体化规范》中明确了单位推进预算管理工作的多种渠道，更加提倡系统化思维和信息化手段。科学事业单位正可以依托预算管理一体化系统，将单位预算绩效管理工作嵌入系统，形成制度和技术有机结合的管理机制，不但用人工管理，更用系统管控和分析，强化制度执行力，使预算绩效管理更科学、监控更到位，进一步整合预算管理全流程，提高预算管理规范化水平，推进财务数字化转型。

3 当前科学事业单位预算绩效管理存在的主要问题

3.1 缺乏预算绩效管理系统性认知

预算绩效管理更加注重预算的全面性，要求单位充分重视、上下联动、全员参与。预算绩效编制、实现与分析考核等各个环节均需要数据真实准确，才能使预算绩效管理真正发挥作用。可是现阶段，部分科学事业单位领导及财务人员缺乏对单位长期发展战略的认识，仍然沿用历年数据来作为编制预算的基础，科研项目人员则认为预算只服务于顺利申请到财政资金，具体工作应由财会部门负责，最终编制的预算绩效合理性和代表性欠佳。究其原因，主要是单位人员接受先进思想理念较慢，不够重视预算绩效管理。

3.2 预算编制方式单一，绩效设置不合理

目前预算编制方面的共性问题主要是编制要求的时限过早且时间不充足，科学事业单位的预算编制手段较为单一，预算绩效设置不合理，使最基本但也是最重要的可行性难以达标。编制预算绩效指标大多参考往年绩效指标再简单增减，未通过业务预测和信息系统来处理汇总，这种简单的编制方式导致预算绩效编制阶段欠缺科学性，在随后的执行过程中形成偏差，预算绩效管理工作自然效率也随之降低。有些科学事业单位则过度强调实现预算内容，对偏差往往采取粗暴的一刀切管控，没有足够的弹性调整空间，导致后续工作无法顺利开展，最终无法实现单位既定绩效目标的情况。

3.3 科研项目预算绩效管理效果不佳

科技领域持续“放管服”，为广大科研人员更好开展科技创新活动提供了制度保障。“放管服”指的是简政放权，放管结合，优化服务。大力推进“放管服”，应将单位科研经费管理重心由过去的“核算型”转向“决策型”[2]。“放管服”加大了放权力度，科研项目的预算编制和执行均实现简化，但传统科研项目往往重投入、轻考核、轻产出，科技人员缺乏全面预算绩效管理意识，如何在顺利实现这种转变的前提下，强化对科研项目的绩效管理显得尤为重要。目前大多科研项目没有通过具体绩效指标衡量预算执行效果，导致经费仍然存在被浪费、被挤占、被挪用等问题，使得科研经费利用效

率低下。

3.4 缺乏专业预算绩效管理人员和信息化系统支持

目前，大多数科学事业单位还没有专职预算绩效管理的部门，常见的模式是财务部门负责牵头，相关部门抽调人员配合完成预算绩效管理的相关工作。预算管理工作相关人员大多缺乏预算绩效编制经验，对财务管理、绩效评价与分析认识不足，对传统的数字预算比较熟悉，对全面预算和绩效管理缺乏深入了解。另外，预算绩效管理是全流程管理，需要方便查询与反馈，但单位预算系统受体制和经费等不利因素影响，大多还未进行相应升级，财务与业务系统分散开发，信息化程度普遍不高，信息共享程度低，无法有效通过信息化系统支持，单位预算绩效管理的质量和效率得不到有效保证。

4 加强科学事业单位预算绩效管理的措施

4.1 完善预算绩效管理制度，提高预算绩效管理效率

科学事业单位需要切实有效提升预算绩效管理能力，必须优化和完善预算绩效管理制度，对流程和标准全面梳理。另外需要建立完备的绩效评价管理机制来反馈预算绩效管理工作效果。而完善预算绩效管理制度也是一个动态调整过程，必须结合所在科学事业单位的实际情况，提高会计信息质量、业务部门协作能力，才能进一步提升单位整体预算绩效管理水平。预算绩效管理制度执行工作是一项需要全员参与的工作，所以不但要协调单位各个部门，也要动员全体员工，可以采取积极的推广手段，如将预算绩效管理情况作为员工的绩效考核的一部分，根据执行效果赏罚分明，使全员重视预算绩效管理，以此促进各部门预算绩效管理执行力。

4.2 优化预算绩效编制流程，提升绩效指标规范性

科学事业单位需要构建出更完善、科学系统的预算模型。而零基预算强调资金支出从零开始，摒除对往年预算的考量，强调以现阶段年度计划的实际情况为导向，结合具体项目的轻重缓急排序进行预算编制，以便将单位的资金真正用到急需、必要项目中，从而确保资金使用效益的提升[3]。由此看来，以零基预算法为基础的综合编制方法才更适用于如今科学事业单位，制定预算绩效指标时不只要参考往年数据，而要根据单位实际以及科研项目情况来切实制定，提升绩效指标填报的规范性和合理性。这也要求单位加强业财融合的程度，以业务来指导财务工作的开展方向，业务部门提供业务数据信息、项目方向与目标，财务部门加以分析，适时调整预算绩效管理重点，再反过来让预算绩效管理对业财融合的形式加以指导，促进两者有机结合，填报全面准确的预算绩效指标，提升预算绩效执行的可操作性。

4.3 加强科研项目科学性，全生命周期绩效管理

科学事业单位涉及大量科研项目管理，如何管好各级科研项目和用好财政资金，以全过程预算绩效管理为抓手，结合项目实际，遵从全方位、全过程、全覆盖的预算绩效管理体系建设要求，有的放矢建章立制显得尤为重要。为响应科研“放管服”相关政策，单位应制定科研项目的相关政策，加强从预算绩效申报到反馈评价的全流程内部控制，并及时宣讲，让科研人员对绩效管理心中有数，同时财务部门应对科研经费使用的问题及时解决，保障科研人员心无旁骛潜心研究。以制度为依据，从项目的调研立项开始，突出重点绩效指标，融入科研业务的全流程，聚焦实际执行再到最后绩效评估。加强项目资金使用的科学合理性需要单位内部协同合作，建立统一的项目预算绩效管理流程和标准，开展全面预算绩效管理工作，事后分析影响科研经费利用的因素，做到对科研项目预算绩效管理的动态修正和提升优化。

4.4 加大预算绩效管理监督力度，全方位全过程财会监督

2023 年 2 月，中共中央办公厅、国务院办公厅印发的《关于进一步加强财会监督工作的意见》指出：“财会监督是依法依规对国家机关、企事业单位、其他组织和个人的财政、财务、会计活动实施的监督。”预算管理监督是财会监督重要的组成部分，并且贯穿在财政部门、主管部门、预算单位的各项预算管理业务工作中[4]。科学事业单位财会监督应坚持监督全方位、全过程，其中预算绩效

管理是重要一环，建立完整的预算绩效管理制度和内部控制规范，并落实其职能，完善监督系统，对单位的预算绩效制定、执行、评价等方面全面监控，更保障单位预算绩效管理的规范透明、综合统筹、科学高效。

4.5 提高绩效结果有效性，深化结果反馈与应用

预算绩效结果应用能否真正发挥效用与其结果的质量密切相关，只有获取科学、有效的评价结果，才能在一定程度上提升其应用价值。对于预算绩效结果自我评价而言，只有在内容真实、数据准确、资料完整、内容可靠的基础上，才能有效保证自评结果的真实性客观性，真实反映出现有的绩效目标管理水平，暴露出工作中的问题及个人差距[5]。只有提高绩效结果的客观有效性，才能最终达到加强结果应用约束力的效果。科学事业单位应深化结果反馈与应用，分析预算绩效结果评价，找出单位低效甚至无效的预算支出，及时问责，而对单位绩效评价结果较好的项目，可以适当给予资金上的优先安排，充分发挥激励与约束作用。

4.6 加大预算绩效管理信息化投入，重视团队建设与人才培养

数字化时代的最明显特征之一是信息技术的广泛普及，科学事业单位也应与时俱进，尽快建立和完善财务信息系统，开发专门的预算绩效管理模块，以此确保单位预算绩效管理制度的准确落实和预算绩效工作的顺利执行。另外，依托预算管理一体化系统，科学事业单位应尽量将内部系统与外部系统有机连通，确保单位预算绩效管理流程的通畅和反馈的准确与及时。而不管是财务信息系统操作还是推动业财深度融合，提高预算绩效管理效率，预算绩效管理都需要依赖专业人员力量，科学事业单位应建立多元化培训机制，加大政策制度的解读与推广，提升单位整体绩效管理能力，建立复合型财务队伍，使人才发挥作用，才能进而保障科学事业单位预算管理成效。

5 结语

为了达到科学事业单位多元化以及预算绩效管理精细化发展的目标，不再适宜的传统财务管理模式应尽快推陈出新，科学事业单位需要在预算绩效管理工作中下功夫，重视预算绩效管理，采取先进的理念和方法，科学编制预算绩效，做好预算绩效执行与反馈，坚持全方位监督，为科学事业单位的持续发展创造积极的条件和坚实的基础。全面深化预算绩效管理改革，针对现有薄弱环节精准施策，以确保其持续发展，切实提升科学事业单位预算绩效管理的整体水平。

参考文献

[1] 吴莹．基于政府会计制度下的事业单位预算绩效管理思考［J］．大陆桥视野，2024（5）：112-114.
[2] 赵冬琦．“放管服”下科研经费预算管理及风险防控：基于科研事业单位［J］．新会计，2023（7）：60-62.
[3] 杨露云．新经济环境下的行政事业单位零基预算改革研究［J］．财会学习，2022（20）：62-64.
[4] 宋旭．健全现代预算制度强化预算监督作用［J］．西部财会，2023（5）：62-63.
[5] 张玉凤．行政事业单位预算绩效目标管理问题及对策分析［J］．中国乡镇企业会计，2024（5）：129-131.

关于事业单位房屋资产出租管理的探索

陈　进

（长江水利委员会机关服务中心，湖北武汉　430010）

摘　要： 房屋资产出租管理是盘活事业单位房屋资产、实现国有资产保值增值的有效途径，是贯彻落实“过紧日子”要求、加强财政资源统筹的重要举措，是加强事业单位资产监管的必然要求。而房屋租赁市场有其自身的运作规律。在遵循合法、合规原则的基础上，如何提高房屋租赁资源配置效率、提升房屋资产出租管理效能，是事业单位房屋资产出租管理面临的难点。结合上述难点，本文从事业单位加强房屋资产出租管理的必要性、房屋资产出租面临的关键风险点及应对措施做了相关阐述。

关键词： 事业单位；房屋资产；出租管理；风险；应对措施

1　加强事业单位房屋资产出租管理的必要性

1.1　盘活事业单位资产的要求

因事业单位的职能发生变化、机构改革或历史原因等形成了闲置的房屋资产。事业单位应当根据依法履行的职能和事业发展的需要来配置、使用资产，其中房屋资产因其单位价值量较大、价值总量占比较高，成为财政部门关注的重点资产，同时闲置房屋资产也被纳入事业单位盘活资产的重点范畴。为落实政府“过紧日子”的要求，满足事业职能和发展的需要，事业单位首先应通过调剂方式来盘活闲置房屋资产。对于难以调剂的闲置房屋资产，出租是盘活该类房屋资产的有效途径。

1.2　增加事业单位资产收益的要求

事业单位利用国有资产出租取得的收入应当纳入单位预算，统一核算，统一管理。若闲置房屋资产维护成本相对固定，事业单位可以通过出租闲置房屋资产取得的收入来弥补其维护成本，增加国有资产的收益。

1.3　加强事业单位资产监管的要求

事业单位国有资产应当遵循安全规范、节约高效、公开透明、权责一致的原则，实现实物管理与价值管理相统一，资产管理与预算管理、财务管理相结合。房屋出租管理是事业单位国有资产管理的重要组成部分，涉及事业单位出租房屋资产的产权是否明晰、是否有房屋资产价值凭证、是否进行了可行性论证、是否履行审议程序、是否报主管部门审批、招租流程是否规范、租赁合同审核是否到位、租金收取是否按时足额、财务核算是否规范等事项，全过程体现了对事业单位国有资产监督管理的要求。

2　事业单位房屋资产出租面临的风险

2.1　房屋资产基础管理工作风险

一是房屋资产产权管理。事业单位出租的房屋土地资产未办理权属登记，如房屋土地资产实际权属发生变化未及时办理变更登记，权属不清、证载信息与实际情况不符，这些问题会影响房屋租赁合

作者简介： 陈进（1978—），女，高级会计师，科长，主要从事房改资金、房屋资产管理的研究。

同的效力，一旦被认定为无效合同，承租方有权拒绝支付租金。二是房屋资产价值管理。通过出租应入账但未入账的房屋资产，事业单位因此取得的租赁收入，将会有被设定为“小金库”的风险。三是房屋资产实物管理。事业单位出租的房屋具有房龄较长、基础及配套设施薄弱、坐落地分散等特点，这将导致房屋维修成本增加。

2.2 房屋租赁项目可行性风险

事业单位待出租房屋资产的物理状况能否达到有关法律、法规政策管理（如是否符合安全、防灾等工程建设强制标准）的要求，同时能否满足房屋租赁市场的有效需求。为了满足政策管理要求及市场需求，所支付的房屋出租成本能否通过租赁收益予以弥补，同时获得相对稳定的投资回报。

2.3 房屋租赁审批流程时间控制风险

事业单位房屋资产租赁需要履行严格的出租管理审批程序，经审批同意后，该房屋资产能否进入房屋租赁合同的签订阶段还要受房屋租赁市场供需变化的影响。如果审批流程的时间未控制恰当，将导致房屋出租可行性分析的预判与当前房屋租赁市场供需情况不相匹配，待出租房屋仍有空置的风险。

2.4 房屋租赁合同订立风险

事业单位房屋租赁合同的订立涉及如下要素：房屋租赁当事人的姓名（名称）和住所；房屋的物理状况（包含房屋坐落地、建筑面积、结构、附属设施等）；租赁价格和押金数额、支付方式及期限；租赁期限；租赁用途和房屋使用要求；房屋和室内设施的安全性能；房屋维修责任；物业服务、水、电、燃气等相关费用的缴纳；争议解决办法和违约责任等。其中，事业单位房屋资产的租赁价格、租赁期限直接决定其租赁收益。两者不仅受市场因素的影响，而且受事业单位国有资产使用管理制度的制约。按照《中央级事业单位国有资产使用管理暂行办法》的管理要求，中央级事业单位国有资产出租，原则上应采取公开招租的形式确定出租的价格，必要时可采取评审或者资产评估的办法确定出租的价格；中央级事业单位利用国有资产出租、出借的，期限一般不得超过五年。通常情况下，事业单位参照这一规定，制定相应的房屋资产出租管理办法。这一规定一方面有利于强化事业单位对房屋资产出租的监督管理，另一方面在一定程度上弱化了事业单位在房屋租赁市场的竞争力。例如，承租方拟对承租的事业单位房屋进行改造、装修用于生产经营，其改造、装修费用的投资回收期超过了五年，且出租该房屋的事业单位不承诺认购、退回或折价收购承租方改造、装修费用，在此情况下，承租方就可能放弃承租该房屋的计划。

2.5 房屋租金收取风险

事业单位内部控制制度设计的缺陷或者制度执行力度不够会导致房屋资产租金未按时足额收取。当承租方未按合同的约定按时足额支付租金时，如果事业单位未做好房屋资产租赁合同登记与租赁收入统计工作，承租方的欠租信息很可能面临被遗漏的风险；当承租方持续拖欠房租时，如果事业单位未采取有效的催缴措施，国有资产收益将面临流失的风险；当承租方采用非转账方式支付租金时，如果在房屋资产出租管理制度中事业单位未规定租金收取方式，将容易产生隐瞒、截留租金等行为。

3 应对事业单位房屋资产出租管理风险的措施

3.1 明晰房屋资产产权

事业单位对房屋资产应当依法及时办理权属登记。对有账簿记录但权证手续不全的房屋资产，可以向其主管部门提出确认资产权属申请，及时办理权属登记。如果事业单位与其他单位和个人之间发生房屋资产产权纠纷，应当依照有关法律法规规定采取协商等方式处理。在房屋资产权属管理过程中，可能会涉及事业单位若干个管理部门。例如，事业单位办理房屋权属证明，需提供房屋资产的价值凭证、主管部门对此项房屋资产权属的划转文件、原权属单位的房屋权属证明等资料，会涉及事业单位资产、财务、房管基建等若干个部门。因此，组织协调尤为关键，事业单位各部门需提高思想认识、明确责任、切实履责、共同参与、有效配合，形成内部工作合力。

3.2 加强房屋资产入账管理

事业单位应定期开展房屋资产清查盘点工作，对其占有、使用（包括正在进行建设、大中修或尚未进行竣工决算）的办公用房、技术业务房等进行全面盘点，摸清房屋资产数量、具体状况和资产财务账的登记情况。经盘点，如果发现有未入账的房屋资产，需在固定资产所属类别——“房屋及构筑物”中，区分业务及管理用房、简易房、房屋附属设施、构筑物，及时做好账外房屋资产入账工作。房屋资产入账工作的第一步是确认房屋资产的取得方式，例如外购、自行建造、无偿调入、置换。然后，根据《政府会计准则第 3 号——固定资产》的规定，结合不同的取得方式，确定其入账价值，因客观原因、历史原因无法查找到任何相关资料的房屋资产，可按照评估价值或重置成本入账。

3.3 运用集中管理模式管理出租房屋

对于事业单位难以调剂的闲置房屋资产，可由房屋资产归属的事业单位提出申请，按规定的权限履行审批手续后，由财政部门会同机关事务管理部门对其进行资源整合，整体对外出租，分类实施管理，以降低房屋出租成本，提高事业单位在房屋租赁市场的抗风险能力。

事业单位以市场化方式出租房屋资产，承租方有可能是非国有单位。按照《事业单位国有资产管理暂行办法》的要求，事业单位将整体或者部分资产租赁给非国有单位，应当对相关国有资产进行评估。若将事业单位待出租需评估的房屋资产集中起来进行评估，其单位面积的评估成本远低于零星评估房屋资产的成本。此外，维修成本是事业单位房屋资产出租的另一项重要的付现成本。按照《中华人民共和国民法典》关于租赁合同中出租人维修义务的规定，出租人应当履行租赁物的维修义务，但是当事人另有约定的除外。按照此条款，事业单位作为房屋资产的出租人，通常负有出租房屋资产的维修义务。结合事业单位出租房屋资产“老、旧、散”的实体特征，集约化维修可以降低房屋单位面积的维修成本。

3.4 加强房屋出租的内部控制管理

事业单位应建立完善的房屋资产出租管理制度，明确房屋资产出租归口管理机构和人员，建立房屋资产出租方案制订、决策审批、招租实施、日常管理、绩效考评等工作机制。

在方案制订环节，事业单位需从房屋租赁市场需求层面、宏观经济政策层面、投资回报层面多维度进行可行性论证，对房屋租赁风险实施有效管理和预测；在决策审批环节，在规范审批程序的基础上，加快办理房屋资产出租事项，在遵循《中华人民共和国民法典》关于租赁期限最高限制（租赁期限不得超过二十年）的前提下，对于出租期限在五年以上的房屋租赁事项，事业单位应制定相应的管理办法，报财政部门备案；在招租实施环节，结合出租房屋地理位置、使用现状、内部结构、周边环境、出租用途及所在地段房屋租赁市场行情等因素，通过市场调查、询价或者聘请评估机构评估等方式确定租金底价，在底价确定的基础上，遵循公开、公正、公平和竞争择优的原则，结合出租房屋过程中会产生的预计付现成本，确定采用何种招租方式；在日常管理环节，建立房屋资产维修、保养制度，加强对出租房屋的安全管理和监督，以合同约定等方式明确界定房屋租赁各方安全管理责任，定期对房屋租赁场地进行实地查看，设置房屋租赁合同与租赁收入台账，建立房屋租赁收入预警和租金催缴机制，采用预收租金模式，以转账方式收取租金，对于租赁期限在两年以上的房屋租赁合同需根据所在区域市场环境变化，充分考虑租金调整情况；在绩效考评环节，通过设置绩效评价指标，例如房屋出租率、租金收缴率、租金收入与成本费用的比率等，对国有资产运营效益进行评估，评估结果可作为事业单位绩效考核的重要依据。

3.5 加强房屋出租的信息技术支撑

充分运用现代信息技术手段，从横向与纵向两个层面实现事业单位房屋资产出租业务信息共享，以减少或消除人为操纵因素，保护信息安全，提升事业单位房屋资产出租业务的管理效率。

在横向信息化层面，将事业单位房屋出租活动及内部控制流程嵌入其信息系统中，通过对房屋资产业务数据进行标准化处理，将房屋出租的每一环节流程形成的会计信息按照政府会计的要求进行程序化处理，在提高房屋出租业务信息的准确性和及时性的基础上，突破房屋资产管理系统信息孤岛的限制，使得事业单位房屋出租相关部门得以共享房屋出租信息。在纵向信息化层面，将事业单位房屋出租信息纳入主管部门的资产管理信息系统，基于物联网技术开展房屋出租管理动态监测，在此基础上做好房屋出租的统计和信息报告工作。

4 结语

通过上述关于事业单位房屋资产出租管理的探讨，希望能为事业单位盘活房屋资产、实现国有资产保值增值提供相关的理论参考。

参考文献

[1] 侯晓金．内审视角下事业单位房屋场地出租风险防控［J］．审计观察，2022（2）：78-81.

[2] 于文瑶．中央级事业单位国有房屋资产租赁经营风险探析［J］．商业经济，2021（10）：83-85.

[3] 温朝霞，张达，崔津生，等．天津市市级行政事业单位国有资产出租出借问题研究［J］．天津经济，2019（3）：38-41.

[4] 徐启薇．高校房屋资产管理的优化研究［J］．高校后勤研究，2023（9）：23-26.

绩效视角下水利系统加强中央级科学事业单位改善科研条件专项资金管理的思考

刘 鹏 姜 水

（水利部综合事业局，北京 100053）

摘　要：科技支撑是实现水利高质量发展的重要驱动因素。自党中央、国务院全面实施预算绩效管理、深化预算管理制度改革以来，财政部持续深入推进预算管理一体化和项目管理全生命周期，给水利系统中央级科学事业单位专项资金管理带来深刻变革。基于绩效视角，对水利系统中央级科学事业单位改善科研条件专项资金管理现状和存在的问题进行剖析，研究探讨建立全覆盖、全生命周期、激励约束并重的专项资金绩效管理机制，对提高科研资金使用效益、提高科研人员科技创新的积极性，以及为水利高质量发展提供科技支撑具有重要意义。

关键词：绩效管理；水利系统；中央级科学事业单位；改善科研条件专项资金

中央级科学事业单位改善科研条件专项资金（简称专项资金）是国家财政为改善中央级科学事业单位科研条件、推进科技创新能力建设设立的专项资金，支持的范围主要是科研用房及科研辅助设施、基础设施的维修改造、科学仪器设备、文献资料（含电子图书等）购置、科研仪器设备功能扩展、技术升级等。2021 年，财政部印发了《中央级科学事业单位改善科研条件专项资金管理办法》（简称《管理办法》），明确提出“突出绩效，激励约束。强化绩效意识，建立健全全过程预算绩效管理机制，严格绩效评价和结果应用，切实提高资金使用效益”。

深入贯彻习近平总书记治水思路，就要实现水利高质量发展，科技支撑是其中重要的驱动因素。自党中央、国务院全面实施预算绩效管理、深化预算管理制度改革以来，财政部持续深入推进预算管理一体化建设工作，项目实现全生命周期管理，给水利系统中央级科学事业单位（简称水利科研单位）专项资金管理带来深刻的变革。本文以绩效视角研究如何科学有效分配、合理使用专项资金，切实发挥资金效益，对科技支撑水利高质量发展具有重要意义。

1　水利科研单位专项资金管理现状

《管理办法》印发以来，2021—2024 年，中央财政累计投入水利科研单位专项资金 3.37 亿元，其中 2024 年资金规模接近 1 亿元。从专项资金管理情况来看，主要涉及水利科研单位、上级主管部门、财政部门三个角色。

水利科研单位负责编制项目申报文本、提供项目申报支撑文件，负责项目具体实施和开展、科研仪器设备入库验收、维修改造工程验收、资产管理等工作。上级主管部门按照《管理办法》，组织水利科研单位申报改善科研条件专项项目，组织专家评审论证、事前绩效评估、审核排序和查重评议，组织开展预算执行和绩效监控督导、绩效自评和项目验收、中期绩效评价等工作。财政部门负责项目统一评审、预算批复、资金安排及绩效管理等相关工作。

专项资金实施以来，对水利科研单位改善基础科研条件、激发科研能力、形成科技创新成果起到了重要的支撑作用。但是，专项资金的管理重点仍然聚焦在项目申报、资金分配、执行进度等方面，

作者简介：刘鹏（1981—），男，高级经济师，主要从事预算管理、绩效管理等研究工作。

绩效管理工作仍待从“有名”向“有实”转变，从预算编制、项目执行到项目验收和绩效评价环节，需要进一步贯彻绩效理念，最大限度发挥专项资金在水利高质量发展中的作用。

1.1 绩效评价机制有待健全，指标体系及评价方法有待丰富完善

（1）《管理办法》要求专项资金全面实施预算绩效管理，科学设定项目绩效指标。虽然水利部制定了专项资金的共性绩效指标供水利科研单位使用，但专项资金支持范围广，大部分仪器设备、科研设施、科技文献涉及某一科研领域，专业化程度高，现有的共性指标体系难以全面涵盖水利科研单位改善科研条件专项业务。部分单位在设置个性指标过程中，绩效指标设置不够全面准确，年度任务目标与项目申报文本不匹配，缺少可量化、易考核的指标，个别绩效指标设置流于形式，造成评价结论与实际情况存在偏差，难以对评价结果进行对比分析和应用。

（2）专项资金目前以单位自评方式为主，评价方法主要采用成本效益分析法，将投入与产出、效益进行关联性分析，评价方法较为单一且评价以财务评价为主导，缺少第三方评价机构评价和专家评议，造成评价结果难以在行业间、单位间、地区间对比。

（3）专项资金绩效管理目前仅限于事前绩效评估、绩效运行监控及绩效自评等工作，但是仅限于开展具体的评价工作，专项资金在指标体系、管理制度、评价结果应用方面未形成健全机制，造成执行效果打折扣，财政资金效益有待进一步发挥，也影响了科研人员的创新积极性。

1.2 缺乏专项资金整体规划，事前绩效评估有待加强

（1）水利科研单位在项目申报和预算编制环节，超前意识不足，对专项资金的建设目标和资金投入方向缺乏整体规划，单位长远发展与当前急需的项目没有区分；在编制专项资金规划时，与国家经济社会发展规划、行业规划、单位整体战略规划匹配度不高，缺乏行业前瞻性；涉及规划、建筑安装、环保、消防、进口设备论证的，事前准备不足；规模较小的水利科研单位分头申报，专项资金难以发挥规模效益；对资产存量没有摸清家底，对单位有什么、缺什么心中没数；单位内部财务部门和业务部门沟通协作有待加强，业务和财务缺乏融合。造成的结果是专项资金规划没有方向和重点，项目整合度不够，性能相近的设备重复购置，资金审减率居高不下。

（2）《财政部办公厅关于做好2024年中央部门预算编制中预算绩效管理有关工作的通知》要求，规范有序开展事前绩效评估工作。需同时进行预算评审的项目，可以与事前绩效评估工作统筹开展。由于专项资金报送时间紧、前期论证不足，部分单位的项目申报文本及佐证材料质量有待进一步提高。通过预算评审和事前绩效评估发现，个别单位编制项目申报文本时，立项依据不充分，实施意义不明确，导致项目评审不通过；预算编制过于粗略，工程造价、设备报价不实等原因导致评审过程中大幅核减专项资金；编制的文本可执行性不强，实施过程中不得不改变批复方案，造成执行困难；绩效指标值设置脱离实际，如某单位在科研仪器设备购置类的项目，设置“设备正常运转时间≥300天”，扣除预算批复时间和设备采购时间，仪器设备当年正常运转时间无法达到预设的指标值，造成评价过程中扣分。预算评审和事前绩效评估工作有待进一步加强。

1.3 绩效运行监控工作质效有待提升，问题整改不到位

（1）《中央部门预算绩效运行监控管理暂行办法》规定，按照“谁支出，谁负责”的原则，预算执行单位（包括部门本级及所属单位）负责开展预算绩效日常监控。开展工作过程中，部分单位存在对绩效运行监控工作认识不到位、重视程度不足、绩效运行监控工作有名无实的问题，具体表现是：绩效运行监控主要以水利科研单位业务部门报送的监控表和监控报告为主要依据，相应的佐证材料不足，项目工程量、设备到位情况没有进行现场核查，项目实际开展情况可能与绩效运行监控情况不完全一致，年中绩效产出情况与全年预计绩效产出情况对比，难以做到序时均衡，指标产出值存在较大波动，难以起到监控效果。

（2）在绩效运行监控中发现，部分单位存在预算执行进度缓慢、未完全按照批复的预算开展专项资金执行工作、实际产出值与预期绩效目标不符等问题。问题存在的原因主要是：预算批复下达晚、项目启动慢；项目实施过程中不按照序时进度和工作计划推进，拖延时间；项目执行过程中涉及

多个部门，缺乏统一协调和分工；预算执行序时进度压力大，大部分项目实施要经过招投标、工程施工、政府采购、验收、结算、审计等多个环节，有些进口设备采购还涉及国外厂商备货时间，为完成预算执行进度，个别单位就忽视了防范资金风险和合同规范管理的要求。绩效运行监控工作的作用体现在对成果的应用，要及时采取措施对执行过程中发现的问题深入分析原因，予以纠偏，做到“治已病、防未病”。绩效监控反馈机制及对问题的跟踪、回头看的整改机制尚未形成，造成绩效运行监控问题整改不到位，工作成效不明显。

1.4 绩效评价结果应用有待深化

（1）《管理办法》要求将绩效评价结果作为完善政策、改进管理、预算安排的重要依据。在实际工作中，专项资金绩效运行监控和年度绩效自评均为水利科研单位自行开展，监控和评价的结果基本都是 90 分以上，考核等级优秀，究其动因主要是部分单位对主动发现问题存在顾虑，担心发现问题扣分过多会影响下一年度的预算安排；部门评价每 5 年开展一次，评价周期长，即使发现问题也存在滞后效应。绩效评价的结果无法及时、客观发现问题，造成评价结果难以应用、评价结果应用不足，未形成结果应用机制。

（2）专项资金中形成的专用设备有一部分为大型仪器设备，按照财政部、科技部的要求，科研仪器设备应该在行业内、地区范围内进行共享，提高资产使用效益。通过绩效评价发现，有些单位的科研仪器设备常年陈列在实验室，并未真正开放共享，财政资金投入形成的资产使用效益不高；专项资金的资产绩效评价机制尚未形成。

2 加强水利科研单位专项资金绩效管理的建议

为提高专项资金项目的申报质量、规范预算执行、确保专项资金为水利高质量发展切实发挥作用，加强专项资金绩效管理，提高专项资金和科研仪器设备的使用效益，形成“花钱必问效、无效必问责”的激励约束机制，是今后专项资金管理的重点，是贯彻《国务院关于进一步深化预算管理制度改革的意见》中“推动预算绩效管理提质增效”和《关于进一步加强财会监督的意见》中“加强预算管理监督”“推进全面实施预算绩效管理”的内在要求。

2.1 持续拓展绩效评价指标体系及评价方法，建立绩效激励约束机制

（1）不断丰富完善专项资金绩效评价指标体系。水利科研单位应在上级主管部门制定的共性指标体系基础上，结合本单位专项资金确定的具体任务、批复的资金、预期目标，科学合理完善本单位个性化绩效指标，个性指标的制定应坚持目标导向原则、全面性原则、动态管理原则、可比性原则和动态调整原则。在评价方法上，应综合运用成本效益分析法、比较法、因素分析法、最低成本法、公众评判法、标杆管理法等。在评价工作方式上，可以结合单位自身实际，引入第三方评价机构和开展专家咨询，力求通过方法灵活多样，确保评价结论客观公正。

（2）建立健全专项资金绩效评价机制。水利科研单位应将绩效管理嵌入专项资金管理的各个环节，按照全方位、全过程、全覆盖的工作思路，建立健全专项事前绩效评估机制、绩效运行监控问题反馈及整改机制、绩效评价结果应用机制，提高专项资金立项论证的科学性、执行过程中的有效性、评价结果的可应用性。

2.2 强化专项资金中长期规划，探索事前绩效评估与预算评审相融合

（1）做好专项资金中长期规划。近年来，财政收支形势不容乐观，要确保专项资金保持一定规模，做好中长期业务规划是关键。中长期规划是水利科研单位改善科研基础条件、提高科研能力的根本性、指导性文件，直接影响每年专项资金申报的质量和资金量。专项资金中长期规划的制定，要充分结合国家和行业、本单位自身的各项规划和发展战略，要具有一定的行业前瞻性，要具备本行业本领域的专业性、权威性；要做到统一规划、统一组织管理、统筹各项资源，行业内的水利科研单位要避免重复申报，要积极探索专项资金联合申报机制，形成规模效应，将有限的财政资金用到“刀刃”上；从单位内部来说，财务部门、业务部门要密切配合，分别从各自不同的专业领域对中长期规划提

出意见建议，确保中长期规划制定出来就能管一段时期的事情。

（2）加强事前绩效评估。事前绩效评估和预算评审工作主要由上级主管部门组织开展，但是专项资金是否立项、项目是否审减，与水利科研单位项目申报文本编制的质量、提交的佐证材料息息相关，加强事前绩效评估工作的关键和基础在于水利科研单位专项资金申报的质量。在当前财政资金有限的前提下，财政部门、上级主管部门审核的要求趋严趋紧，这就要求水利科研单位编制专项资金预算要实、要细，为配合上级主管部门和财政部门做好预算评审和事前绩效评估工作，重点要回答清楚三个问题：一是对照《管理办法》要求，回答为什么要申请专项资金，专项资金的实施能达到怎样的效益，对提升科研创新能力能起到什么关键作用，申请专项资金必须有相关的证明材料，做到用事实和数据说话；二是对于科研用房及科研辅助设施、基础设施的维修改造类专项资金，要回答工程量、工程定额是多少，要结合水利科研单位所在地的市场价格水平，合理预测，做实经费预算；三是对拟购置的科研仪器设备要周密调研，多方询价，明确技术要求，确保拟购置的科研仪器设备为国内外较先进、能满足单位实际需求，且性价比达到最优，对于拟购置的科研仪器设备要在产出指标部分设置关键绩效指标，涉及的相关参数要有支撑材料。

2.3 做实绩效运行监控工作，强化问题反馈和落实

（1）提高绩效运行监控工作质量，确保工作取得实效。按照“谁支出、谁负责”的原则，绩效运行监控的责任主体是水利科研单位，具体落实在承担专项资金执行任务的业务部门。首先是要压实责任，责任要落实到具体的部门和具体责任人，对于监控运行中发现的问题，要及时落实到整改责任部门和责任人，并限定整改期限，明确整改标准；其次是绩效监控要贯穿专项资金的全过程，而不是在绩效监控工作布置下来后，仅报送绩效监控表及监控报告，要将监控过程中发现的问题在萌芽阶段尽早解决；最后是绩效监控工作要落到实处，在业务部门报送资料的基础上，增加实地考察，复核工作量和工程量，查验合同、施工监理记录表等关键环节过程性文件，做到绩效监控表反映真实情况。

（2）形成问题反馈机制。绩效运行监控的作用是发现问题，目的是解决问题，要对专项资金执行情况及时纠偏。在专项资金执行环节，要形成问题反馈机制，发现的问题要及时反馈业务部门，要压实反馈责任，要及时组织对反馈后的问题进行回头看，确保专项资金达到预期目标。

2.4 加强绩效评价结果应用，形成科研资产绩效评价机制

（1）加强绩效评价结果应用。专项资金绩效评价不能仅用于反馈业务部门、财政部门和上级主管部门的工作结果，应将评价结果作为完善政策、改进项目管理、预算安排的重要依据；水利科研单位要将专项资金评价结果纳入水利科研单位的各项评比考核中，作为科研人员评优、表彰或绩效工资分配考虑的因素之一，体现绩效结果对科研人员的激励和约束。对于专项资金管理规范、绩效评价考核等级优秀且在单位科研创新中发挥重要作用的项目，单位可以酌情给予奖励、表彰，提高参与专项资金项目人员的积极性；对于专项资金绩效得分不佳、审计发现问题的项目，水利科研单位应考虑和其所在部门预算挂钩、取消年终评优或调整绩效等措施，做到奖惩分明；专项资金绩效指标中涉及长期效应或持续发挥作用的，水利科研单位应将每5年开展的专项资金整体实施效果的评价结果作为项目成员职务职称晋升的评审条件之一，激发大家树立管好、用好专项资金的绩效意识。

（2）规范资产管理，建立科研资产绩效评价机制。一是要在日常项目管理和会计核算过程中，严格按照相关规定确认资产入账价值和入账标准，规范管理固定资产；二是要加大科研仪器设备的共享和开放程度，最大限度实现科研资产价值，切实提高财政资金在科研中的投入产出比；三是要研究建立科研资产绩效评价机制，通过绩效评价提高资产效益和资金配置效率。

3 结语与展望

综上所述，水利高质量发展离不开科技支撑，科研基础环境的改善和科研能力的提升离不开专项资金的保障。加强专项资金的绩效管理，提高财政资金的使用效益，建立全覆盖、全生命周期、激励约束并重的专项资金绩效管理机制，可以有效提高水利科研单位的科研能力，提高科研资金使用效

益，提高科研人员科技创新的积极性，为水利高质量发展提供强有力的科技支撑。

参考文献

[1] 财政部. 财政部关于印发《中央级科学事业单位改善科研条件专项资金管理办法》的通知［J］. 中华人民共和国财政部文告，2021（9）：18-20.

[2] 王成乾，边晶梅. 预算绩效运行监控的问题与对策［J］. 经济研究导刊，2024（5）：90-92.

基层河务局代建项目中固定资产管理的问题及建议

周焕瑞

（济南黄河河务局济阳黄河河务局，山东济南　251400）

摘　要：重大国家战略赋予济南黄河流域中心城市的新定位，跨黄桥隧的建设让济南拥河入怀，让黄河两岸的距离不再遥远。在此大背景下，跨黄建设工程不断增加，这种情况下就出现了代建项目。代建项目能够更好地解决工程委托单位与代建单位和施工方存在矛盾的问题，促使众多主体关系更加和谐，施工有序开展，保证黄河河道行洪安全，同时项目最终建设质量得到有效保障，固定资产管理在其中扮演着至关重要的角色。然而，目前代建项目中的固定资产管理面临着诸多挑战。本文旨在分析这些问题，并提出相应的解决建议。

关键词：代建项目；固定资产；政府采购

在代建项目中，代建单位会根据合同总金额比例计提施工管理费用，而此管理费用既可以用作劳务费用也可以用于采购设备及办公用品，采购设备就涉及固定资产管理的问题。在代建项目中，建设单位往往会因追求工程建设而忽略掉固定资产的使用管理情况，造成资金使用不合理，增加项目审计风险。固定资产是非常重要的资产，是建设项目成本的重要组成部分，直接影响代建项目的效益。在项目管理中，固定资产管理是一个非常重要的环节，资产管理水平的高低直接影响代建项目管理水平。固定资产管理涉及范围较广，包含资产购置、使用、处置等各个环节，同时与其他业务环节紧密相连[1]。固定资产的使用、处置都将在很大程度上影响和制约项目效益目标的实现。因此，资产管理工作应贯穿于项目建设全过程。

1　代建项目固定资产管理的背景和意义

随着近年来水利工程不断地发展，加上我国的投入，水利基础设施已经变得更加完善，相继地增加水利代建项目的固定资产数量，在新的会计准则下，水利事业单位要想更好地发展，有必要采取有效的措施，有效地实施固定资产管理工作，除要求固定资产除对原值记录外，还应做好折旧使用报废等记录。就当前代建项目固定资产管理实施的情况来看，在有些方面仍存在不足，代建项目中固定资产的采购和管理水平较低，代建单位往往只注重工程建设进度和质量的管理，而忽略掉固定资产的管理，这在今后工作中应进行重点完善，进而提高固定资产使用效率。

2　当前代建项目固定资产管理存在的问题

2.1　固定资产管理意识不强

就当前水利事业单位代建项目中固定资产管理工作的情况来看，对固定资产的管理重视程度远远不够，不少单位存在“重建设、轻管理”的现象[2]，即代建单位往往会由于上级单位目标考核等情况的监督条件，仅加强对工程建设和资金支付的监督管理，而忽略掉其中分支的固定资产管理，对于在工程建设过程中采购的固定资产，代建单位往往先列入支出，借记“在建工程-待摊投资”科目，贷记“预付账款-预付工程款”等科目。项目完工交付使用资产时，按照代建单位转来在建工程成本中尚未确认入账的金额，借记“在建工程”科目下的“建筑安装工程投资”等明细科目，贷记“预

作者简介：周焕瑞（1992—），女，会计师，研究方向为财务会计。

付账款-预付工程款”等科目；同时，按照在建工程成本，借记“固定资产”“公共基础设施”等科目，贷记“在建工程”科目。项目建设周期较长，易造成项目完工时忽略掉“在建工程”转“固定资产”的情况[3]，一般都是由于工程竣工验收结束后才发现工程过程中新增的固定资产，有的资金体量较小的项目甚至竣工验收后都发现不了有新增的固定资产，究其原因就是在工程项目建设初期未对固定资产进行统筹管理，导致工程过程中新增、减少固定资产都不被发现，造成国有资产流失。

2.2 管理制度不健全

代建项目固定资产尚未制定专门的管理办法，导致无法清晰地界定固定资产的管理部门及其职责。在日常管理中，尽管参照施工单位的固定资产管理制度进行操作，但由于缺乏健全的制度框架，具体部门的管理职责和人员责任难以明确。这进一步导致无法实施有效的监督和考核措施，无法追究相关责任人的失误或不当行为。因此，代建项目的固定资产管理无法像水利事业单位那样规范和完善。此外，代建项目的现有制度中也未涵盖固定资产管理的相关内容，这使得对代建项目中的固定资产进行管理时缺乏必要的文件依据，形成了一个管理体系的空白区域。

2.3 基础工作有待规范

在当前水利事业单位代建项目固定资产的管理中，虽然实施固定资产基础工作，但还不够规范，主要体现在以下几个方面：即使加强固定资产管理，但在具体实施过程中，没有参照事业单位固定资产管理办法，无采购计划和采购预算，盲目地购置固定资产；由于代建项目没有严格的预算体系的建设，在具体购置的过程中，有资金便采购，采购后未及时计入固定资产账；在工程施工阶段，对固定资产未及时结转，工程验收后又未及时入账，存在难以按照预期可使用状态进行入账等情况。

2.4 采购、报废流程责任不明

因为尚未实施适当的管理措施和确定明确的责任人，固定资产的管理陷入了混乱状态。目前的情况是，资产源源不断地进入，却鲜有流出，导致使用者在不受约束的情况下持续采购和调用资产。一些已经丧失全部价值的固定资产被闲置一旁，没有得到合理的处理，而一些仍具有使用价值的资产，由于缺乏专业管理人员进行维护和保养，也逐渐闲置，进而失去了它们应有的使用价值，这对各项工作的正常进行构成了障碍。更糟糕的是，由于缺乏专门的资产管理人员，固定资产在购置阶段就没有准确登记，到了报废阶段，也没有根据它们实际的使用年限进行妥善处理。报废处理后的净收益也往往下落不明，使得采购和报废的过程变得模糊不清，最终造成了国有资产的严重流失。

2.5 账实管理存在差异

在水利项目建设的过程中，经常涉及购置符合水利事业单位固定资产标准和管理规定的资产，同时也会从上级单位接收到调拨的仪器、设备[4]。这些设备中，有一部分虽然已经达到了预定可使用状态，但由于种种原因尚未完成竣工验收。在日常的资产管理中，这些设备往往存在没有被及时登记入账或建立相应台账的情况。由于缺乏详细的记录和完备的手续，如调拨单、采购发票等文件往往晚于实物资产到达，这导致了固定资产的“账实”不符，即资产的实际数量与账面记录不一致。这种状况不仅影响了固定资产的有效管理和使用，还可能给项目的顺利进行带来不必要的困扰和风险。又因竣工验收合格后才可以将资产移交，竣工验收时间相对滞后，固定资产不能及时移交水利事业单位进行核算和管理，从而影响资产的入账价值，进而使计提折旧的时间和原值造成差异，尤其是项目工程期间较长的，往往导致资产未入账多年不计提折旧，工程竣工后才将资产入账，随着时间的推移造成固定资产产生合理损耗，其公允价值和原始价值相差较大，不能准确反映其真实价值。财务账与固定资产账信息失真，造成代建项目固定资产“账实”不符。

3 代建项目固定资产管理工作改进对策

3.1 把握好结转时间是基础

关于代建项目中固定资产的结转时间，资产管理人员应与代建项目单位充分及时沟通，如达到预定可使用状态并具有相关验收报告或者直接采购的固定资产，便可着手开展结转固定资产的工作，如被动地等待项目完工，整个过程持续时间久，周期太长，造成固定资产部分资料丢失，影响固定资产入账完整性和准确性。为解决这一问题，代建单位与施工单位应加强沟通，对达到预定可使用状态的资产和直接调拨、购入的资产于每年末统一结转入账，以减少周期长造成的资料缺失遗忘等情况。

3.2 完善制度是关键

高效管理依靠制度建设，建立长效的管理机制是水利事业单位代建项目固定资产管理的关键，建立健全的代建项目固定资产管理办法，明确具体管理部门职责及人员的责任。代建项目具有投资大、建设周期长的特点，导致固定资产的结转工作也是一项工作量巨大、时间跨度大的艰巨任务。单位应建立一套能贯穿固定资产全生命周期的管理制度，从采购到登记再到结转全流程管理，建立一体化管理制度，从代建项目立项初期就对资产采购类别、内容等提前规划，在后续项目实施过程中对合同签订、项目施工、结算、财务决算等全流程全过程监控，完善资产监督和考核机制，科学、规范地管理，发挥代建项目中固定资产的效益。

3.3 建立智能固定资产管理模块方式

随着预算一体化系统的推广使用，现阶段水利事业单位的财务管理工作已经上升到一个新的水平，而代建项目在系统中仅以总收支来体现，无法详细地体现到具体某一笔明细，而建立一套专门用于管理代建项目的办公自动化系统，既能提高办公效率，又能对监控代建项目资金的使用提供数据支撑。办公自动化系统能及时快速地获取代建项目各事项的开展情况，促进各部门之间工作的协调，在其中设立独立的固定资产模块，其中应包含固定资产的计划采购、验收、领用、修理、处置等内容，从固定资产的全流程管理，提高固定资产的管理信息化，使信息得到共享，提高财务部门信息获取时效，提高固定资产各个环节的管理[5]。

3.4 成立专项工作组是保障

代建项目的工作人员大多聚焦于工程进度，而对固定资产的管理和报废工作则缺乏专业的人才。因此，建议成立一个专项工作小组，专门负责处理固定资产相关事务。这个小组的成员应具备丰富的经验和专业能力，能够处理如审批制度、资产审计等复杂的专业问题。为了确保工作的连续性和信息传递的准确性，最好是由同一批人自始至终地负责同一个项目的管理，以避免因频繁更换人员而导致信息遗漏。同时，上级单位应定期对工作小组的工作进行监督和评估，以确保其工作效率和成果符合预期，并推动工作小组不断提高工作效率。通过这样的安排，可以确保代建项目中的固定资产得到有效管理，避免出现无人管理或管理不善的情况，并为最终的代建项目审计提供有力的数据支持。

3.5 及时办理项目竣工财务决算是根本

代建项目建设中采购和调拨的固定资产不能及时转为固定资产的一个重要原因就是项目未能及时办理项目竣工财务决算，从而不能通过项目部中固定资产准确地衡量建设项目实际发生额度成本，影响固定资产计量的准确性。因此，要把项目从采购到计入固定资产账每一个工作流程职责落实到具体部门，建立完备的资产管理内控制度，明确资产各个管理部门和责任人的要求，对时间久、未完成竣工财务决算的代建项目，积极与施工部门沟通，完成资产价值的计量确定，编制项目年度决算报表，以尽量准的入账价值确定固定资产，待后期代建项目竣工验收完成后再根据财务决算报告中固定资产价值进行增减调整，确保资产管理数据和财务数据衔接一致。

4 结论与展望

代建项目的出现，通过优化工程委托单位、代建单位及施工方之间的关系，确保了施工的顺利进行和最终项目质量的保障。在这一过程中，固定资产管理如同坚实的基石，为项目的平稳推进提供了有力支撑。

我们坚信，通过增强人员培训、完善管理制度和设立专项工作小组等举措，代建项目中的固定资产管理将能够实现质的飞跃。这不仅有助于提升项目的整体效益，更能为济南黄河流域中心城市的持续发展注入强大的动力。未来，我们期待在这一领域看到更多的创新实践和理论突破，共同书写黄河流域发展的新篇章。

参考文献

[1] 董林萍．通信企业固定资产管理中存在的问题及对策分析［J］. 财富生活，2021（14）：87-88.
[2] 刘慧．企业固定资产管理存在的问题及对策分析［J］. 经济师，2021（7）：293，295.
[3] 财政部. 政府会计准则制度解释第 2 号（财会〔2019〕24 号）. 2019.
[4] 缪冬．事业单位固定资产报废处理问题思考［J］．行政事业资产与财务，2018（14）：7-8.
[5] 宋玉彬．浅析江苏水文事业单位在建工程固定资产管理［J］．会计之友，2011（8）：33-34.

事业单位房产购置税收筹划实务探讨
——以某水利技术服务单位为例

陈　红

（太湖流域管理局水利发展研究中心，上海　200438）

摘　要：事业单位在房产购置过程中面临着与企业较为不同的税收政策和减免税规定，各项税种的申报和减免涉及众多法律法规，对事业单位的财务管理和税务筹划提出了新的要求。深入探讨事业单位房产购置税收筹划实务，对优化税收结构、提高税收合规性具有重要意义。本文旨在分析各项税收政策在事业单位房产购置中的具体应用，包括增值税及其附加税、房产税、城镇土地使用税、契税、企业所得税、印花税的政策规定和具体应用，探讨有效的税收筹划方案，为事业单位在税收筹划方面提供实际参考和指导。

关键词：事业单位；房产购置；税收筹划；减免税

税收筹划是在法律允许的范围内，或者至少在法律不禁止的范围内，纳税人通过对生产经营活动的一些调整和安排，最大限度地减轻自身税收负担的行为。税务筹划是纳税人的一项基本权利，基本方式是研究国家出台的各项税收优惠政策，并根据实际加以运用。

多数税务筹划是针对某一特定税种的具体申报、税目、税率和优惠政策进行介绍，但在单位经营过程中，针对某项具体业务会涉及多个税种。此时，如果想要了解不同税种的申报情况和减免税规定，只能逐个税种去研究、查找资料。本文根据实际房产购置工作中的税务实务，针对房产购置这一具体业务涉及的税收筹划问题进行探讨，具有更强的适用性。

1　事业单位房产购置税收筹划的背景和意义

根据《党政机关办公用房管理办法》第二十一条第二款的规定，公益二类事业单位已经占用的机关办公用房，应当按照规定予以腾退；确有困难的，经机关事务管理部门批准，可以继续有偿使用，租金收益按照非税收收入有关规定管理。事业单位已经新建、购置办公用房或者租用其他房屋办公的，应当在6个月内将原有办公用房腾退移交机关事务管理部门。因此，对于无自有产权办公用房的公益二类事业单位而言，就需要新建、购置或租用办公用房，本文主要探讨事业单位购置办公用房涉及的税收筹划问题。

深入探讨事业单位房产购置税收筹划实务的意义在于帮助事业单位更好地理解和应对复杂的税收政策，规避税收风险，合理规划财务结构，提高经济效益。通过对增值税及附加税、房产税、城镇土地使用税、契税、企业所得税、印花税的申报和减免进行深入分析，可以为事业单位提供有效的税收筹划方案，降低税负压力，提升资金利用效率。研究事业单位房产购置税收筹划实务，有助于促进税收政策的实际落地和执行。

作者简介：陈红（1990—），女，注册会计师，研究方向为事业单位预算管理、内部控制、涉税实务。

2 事业单位房产购置分税种的具体应用

2.1 增值税及附加税

2.1.1 增值税及附加税相关政策规定

我国将纳税人分为一般纳税人和小规模纳税人。一般纳税人实行凭增值税专用发票抵扣税款的制度，一般纳税人适用的增值税税率为13%、9%或6%，小规模纳税人适用的征收率为3%，自2020年1月1日起降低为1%。一般纳税人的进项税额可以抵扣，而小规模纳税人的进项税额不可以抵扣。

《财政部税务总局 海关总署关于深化增值税改革有关政策的公告》（2019年第39号）规定，自2019年4月1日至2021年12月31日，允许生产性服务业纳税人按照当期可抵扣进项税额加计10%，抵减应纳税额。2022年延续执行该政策，2023年生产性服务业纳税人按5%抵减应纳税额，自2024年1月1日起，除先进制造业、工业母机、集成电路三个行业外，加计抵减政策执行到期，纳税人不再计提加计抵减额，结余的加计抵减额停止抵减。生产性服务业纳税人，是指提供邮政服务、电信服务、现代服务、生活服务取得的销售额占全部销售额的比重超过50%的纳税人。

自2019年4月1日起，试行增值税期末留抵税额退税制度，科学研究和技术服务业自2022年4月1日起执行。

附加税费指的是城市维护建设税、教育费附加和地方教育附加，是按照增值税和消费税应纳税额的一定比例征收的税。城市维护建设税税率为7%（市区）、5%（县城或镇）或1%（其他），教育费附加税率为3%，地方教育附加税率为2%。

2.1.2 增值税在事业单位房产购置税收申报中的具体应用

年应纳增值税销售额500万元以上应当认定为增值税一般纳税人，低于500万元销售额为小规模纳税人。符合增值税加计抵减政策规定的单位，需要通过电子税务局提交《适用加计抵减政策的声明》。加计抵减声明提交成功后，系统将自动计算当期进项税额加计抵减额，显示在“增值税纳税申报表附列资料（四）（税额抵减情况表）”中。

举例：（1）某水利事业单位属于技术服务型单位，年应纳增值税销售额500万元以上，会计核算制度健全，符合一般纳税人条件，属于增值税一般纳税人。该单位购置办公用房6 000万元，对方单位为建筑行业，提供的增值税专用发票税率为9%，因此该事业单位可抵扣增值税进项税额为6 000/（1+9%）×9%=495.41（万元）。

（2）该水利事业单位主要提供技术服务，属于生产性服务业中的现代服务，其现代服务销售额占全部销售额比重超过50%，并提交了《适用加计抵减政策的声明》。若房产购置发生在2019—2022年，则可以享受增值税进项税额加计抵减额=495.41×10%=49.54（万元）；若房产购置发生在2023年，可以享受增值税进项税额加计抵减额=495.41×5%=24.77（万元）；若房产购置发生在2024年，则不享受增值税进项税额加计抵减。

（3）若该事业单位当期无销项税额，增值税期末留抵495.41万元，可申请全额退还。

（4）若该事业单位当期销项税额小于进项税额，则应纳增值税为0元，相应的附加税也为0元。

2.2 房产税、城镇土地使用税、契税

2.2.1 房产税、城镇土地使用税、契税相关政策规定

《中华人民共和国房产税暂行条例》第三条规定“房产税依照房产原值一次减除10%至30%后的余值计算缴纳。具体减除幅度，由省、自治区、直辖市人民政府规定。没有房产原值作为依据的，由房产所在地税务机关参考同类房产核定”；第四条规定“房产税的税率，依照房产余值计算缴纳的，税率为1.2%”；第五条第二款规定“由国家财政部门拨付事业经费的单位自用的房产，免纳房产税”。

《中华人民共和国城镇土地使用税暂行条例》第三条规定“土地使用税以纳税人实际占用的土地面积为计税依据，依照规定税额计算征收”；第四条第一款规定“土地使用税每平方米年税额，大城

市 1.5 元至 30 元”；第六条第二款规定“由国家财政部门拨付事业经费的单位自用的土地，免缴城镇土地使用税”。

《中华人民共和国契税法》第三条和第七条规定“契税的具体适用税率，由省、自治区、直辖市人民政府在前款规定的税率幅度内提出，报同级人民代表大会常务委员会决定，并报全国人民代表大会常务委员会和国务院备案”；第六条第一款规定“国家机关、事业单位、社会团体、军事单位承受土地、房屋权属用于办公、教学、医疗、科研、军事设施，免征契税”。

2.2.2 房产税、城镇土地使用税、契税在事业单位房产购置税收申报中的具体应用

事业单位申请免征房产税、城镇土地使用税至少需要提交以下资料，申请免征契税至少需要提交前三项：事业单位法人证书（“经费来源”应包括“财政补助收入”）；房地产买卖合同；不动产权证书；房产、土地属于本单位自用的说明。

举例：（1）某技术服务型事业单位购置办公用房 6 000 万元，房产原值为不含增值税金额 6 000/（1+9%）= 5 504.59（万元），当地确定可以一次性扣除 30%的余值，按照 1.2%的税率，每年应缴纳房产税 5 504.59×（1−30%）×1.2% = 46.24（万元）。根据上述关于财政拨款事业单位自用房产免征房产税的规定，该事业单位可申请免征房产税 46.24 万元/年。

（2）该单位购置办公用房面积 2 000 平方米，当地确定土地使用税每平方米 3 元，则每年应缴纳城镇土地使用税 2 000×3/10 000 = 0.6（万元）。根据上述关于财政拨款事业单位自用土地免征城镇土地使用税的规定，该事业单位可申请免征城镇土地使用税 0.6 万元/年。

（3）该单位购置办公用房原值 5 504.59 万元，当地确定契税税率为 3%，则该单位应缴纳契税 5 504.59×3% = 165.14（万元）。根据上述关于财政拨款事业单位用于办公的房产免征契税的规定，该事业单位可申请免征契税 165.14 万元。

2.3 企业所得税

2.3.1 企业所得税相关政策规定

一般企业应按 25%的税率缴纳企业所得税，《财政部税务总局关于进一步支持小微企业和个体工商户发展有关税费政策的公告》（2023 年第 12 号）明确，对小型微利企业减按 25%计算应纳税所得额，按 20%的税率缴纳企业所得税政策，延续执行至 2027 年 12 月 31 日。

2.3.2 企业所得税在事业单位房产购置税收申报中的具体应用

在实际操作中，事业单位可以根据企业所得税法规规定的相关政策，结合自身的经营情况和房产购置需求，灵活运用各项优惠政策。事业单位可以充分利用企业所得税法规中规定的税前扣除项目，如研发费用、技术改造费用等，通过合理申报这些费用，降低应纳税所得额，减少税负。事业单位可以积极利用企业所得税法规中规定的税收优惠政策，如对高新技术企业、小微企业等给予税收优惠政策，享受相应的税收减免或减税政策，降低税负压力。事业单位还可以通过合理规划资产折旧、损失结转等税务筹划手段，最大限度地减少应纳税额，提高经济效益。

举例：某事业单位购置房产原值 5 504.59 万元，按中央预算一体化系统中关于房屋折旧的规定，以 50 年为折旧年限，则该事业单位在计算企业所得税时可以税前扣除 5 504.59/50 = 110.09（万元/年），减少应纳企业所得税。若该事业单位符合税务一般企业的分类标准，按照 25%的企业所得税税率，每年可减少所得税 110.09×25% = 27.52（万元）；若该事业单位符合小型微利企业的标准，每年可减少所得税 110.09×25%×20% = 5.50（万元）。

2.4 印花税

根据《中华人民共和国印花税法》（2022 年 7 月 1 日起施行）税目税率表，产权转移书据，税率为价款的万分之五。

举例：某技术服务型事业单位购置办公用房 6 000 万元，应缴纳印花税 6 000×0.05% = 3（万元）。对该事业单位而言，印花税无相关减免税规定，应在房产过户时全额缴纳。

3 合规申报在事业单位房产购置税收筹划中的重要性

合规申报在事业单位房产购置税收筹划中具有至关重要的作用。合规申报是事业单位遵纪守法、规范经营的基本要求。事业单位作为纳税主体，应当按照法律规定如实申报纳税，遵守税法法规，确保税收合规。合规申报可以降低税收风险，如果事业单位在税收申报过程中存在违规行为或漏报情况，将面临税务部门的处罚和调查，可能导致罚款或引发经营风险。合规申报可以有效降低税收风险，保障事业单位的经营稳定。合规申报有利于提升单位形象和信誉，展现单位的诚信和责任意识，有利于树立良好的社会形象。最重要的是，合规申报可以为事业单位房产购置税收筹划提供可靠的数据支持。通过合规申报，事业单位可以清晰了解自身的税收状况，为房产购置筹划提供准确的税收成本数据，有利于制定合理的税收规划和优化方案，降低税收成本，提高经济效益。事业单位应当高度重视合规申报工作，加强内部管理，确保税收合规，实现经营稳健和可持续发展。

事业单位还应加强内部管理，建立健全的财务会计制度，做好相关凭证和资料的保存和备案工作，以便在税务部门的审查和核实中能够提供充分的证据和支持。通过合理运用税收优惠政策，事业单位可以有效降低税收成本，提升经济效益，实现税收优化和可持续发展。

4 结论

通过对事业单位房产购置税收筹划实务的探讨，我们可以得出一些结论。事业单位在房产购置过程中需要综合考虑各种税收政策，合理规划税收筹划，以降低税负并提高资金利用效率。房产税、城镇土地使用税、契税可申请免征，增值税、企业所得税可在购置房产时产生一定的抵税效益，印花税需要进行申报和缴纳，但缴纳税额较少。各项税种的申报期和申报方式有所不同，需要事业单位认真对待，遵循相关规定进行申报和缴纳，以确保税收合规。在房产购置事项发生前，事业单位应当熟悉相关政策，积极与当地税务局沟通，合理运用优惠政策，提升单位经济效益。

参考文献

[1] 翟继光，王珺．税务筹划实务与案例：一本书看透企业税务筹划［M］．上海：立信会计出版社，2023.
[2] 李朝．事业单位财政资金进项税抵扣问题探讨［J］．中国管理信息化，2023，26（5）：158-160.
[3] 何晶晶．事业单位税务风险及管理防范对策研究［J］．纳税，2021，15（11）：16-17.

行政事业单位国有资产盘活路径的探索

娄　杨

（黄河水利委员会黄河水利科学研究院，河南郑州　450003）

摘　要：盘活行政事业单位国有资产是实现国有资产管理提质增效的重要举措。本文从行政事业单位国有资产盘活制度指引、实践困境、探索实践三个层面进行分析，提出各单位部门要结合自身实际，通过理顺管理体制、强化国有资产日常管理、完善盘活监督奖惩机制、推进大型设备共享共用、加快资产管理信息化建设等措施，以存量调控增量，提升资产使用效益，对推进行政事业单位资产盘活工作有一定借鉴作用。

关键词：行政事业单位国有资产；资产盘活；公物仓

近年来，行政事业单位国有资产规模不断壮大，管理水平不断提高，但还存在部分资产统筹不够、使用效益不高等现象。国家高度重视事业单位资产管理，近两年相继出台一系列关于加强行政事业单位固定资产管理、盘活行政事业单位国有资产的制度办法，要求行政事业单位切实履行固定资产监管责任。特别是在当前宏观经济下行压力不断增大的背景下，政府“过紧日子”已经成为常态，在国有资产管理中需要更强的统筹能力，也更迫切地需要盘活各种存量资源，提高资源使用效率。

1　行政事业单位国有资产盘活制度指引

行政事业单位国有资产是履行公共服务职能的重要保证，通过盘活存量资产，不仅能提高存量资产的使用效益，减轻财政支出压力，还能以存量调控增量，使更多有使用价值的资产充分发挥作用，成为社会公共服务和推动经济增长的重要物质基础与保障。行政事业性国有资产盘活，是以存量调控增量，根据“统筹资源、全面覆盖、因地制宜、激励约束”原则，将行政事业单位低效运转、闲置的房屋土地、仪器设备、软件等资产纳入盘活范围，建立健全资产盘活工作机制，通过自用、共享、调剂、出租、处置等多种方式，有针对性地盘活资产。

盘活各类存量资源，不断完善的顶层设计和规范性指导至关重要。2013 年，中共中央、国务院印发《党政机关厉行节约反对浪费条例》，明确提出“通过调剂方式盘活存量资产”。

财政部 2015 年印发的《财政部关于进一步规范和加强行政事业单位国有资产管理的指导意见》（财资〔2015〕90 号）、2018 年印发的《财政部关于进一步加强和改进行政事业单位国有资产管理工作的通知》（财资〔2018〕108 号）以及 2021 年我国行政事业性国有资产管理的第一部行政法规《行政事业性国有资产管理条例》（国务院令第 738 号）等文件均对“盘活共享资产”作出明确安排，强调各部门及所属单位“应当优先通过调剂方式配置资产”“有条件的部门和地区可以探索建立公物仓”。

根据《行政事业性国有资产管理条例》（国务院令第 738 号）、《国务院关于进一步深化预算管理制度改革的意见 》（国发〔2021〕5 号）等法规制度，2022 年财政部印发《关于盘活行政事业单位国有资产的指导意见》（财资〔2022〕124 号）进一步提出要“加快推进行政事业单位各类国有资产盘活利用，建立健全资产盘活工作机制，实施公物仓管理、探索资产集中运营管理”。同年，国管局印发《关于提高中央行政事业单位国有资产管理效能坚持勤俭办一切事业的实施意见》，提出资产盘

作者简介：娄杨（1993—），女，经济师，副科长，主要从事资产管理工作。

活利用情况将作为中央行政事业单位资产管理绩效评价的重要内容。

2023 年,《十四届全国人大常委会关于国有资产管理情况监督工作的五年规划(2023—2027)》将行政事业性存量资产盘活利用特别是共享共用、向社会开放等情况作为持续强化人大监督的重点。

2 行政事业单位国有资产盘活的研究现状和实践困境

改革开放以来,我国行政事业单位国有资产的规模不断增大,在不断探索资产盘活工作的过程中形成了一系列经验并取得了一定成效,但是仍然有许多实际问题需要解决,具体表现在资产盘活体制机制、公物仓管理、信息化系统建设等方面仍有待进一步完善。

2.1 行政事业单位国有资产盘活的研究现状

在资产盘活方面的研究,主要集中于以下几个方面:

一是资产处置。行政事业单位的办公用房、仪器设备等资产难以调剂利用的,按规定的程序审批后,可以通过无偿划转、对外捐赠、转让、置换、报废等方式进行处置。资产处置是资产盘活的重要方式之一,是对资产进行的价值变现和价值提升的活动。

二是公物仓管理。公物仓发展经历了三个阶段的迭代升级。第一阶段为实物仓模式。1996 年深圳设立了全国第一家公物仓,借助实体公物仓库存储和管理各类资产;2005 年无锡市率先出台公物仓管理办法,公物仓运行迈入制度化阶段。第二阶段为“实物仓+虚拟仓”,即借助“互联网+”实现了线上和线下的有机融合。第三阶段是在“实体仓”和“虚拟仓”基础上进行结构性创新。如杭州市探索建设“实物储备+生产能力储备”与“政府自有+社会保有”相结合的全新储备模式,扩大服务平台影响,推进社会应用,是创新国有资产管理的全新举措[1]。

三是资产共享共用机制。符合开放共享条件的大型科研仪器和国家重大科研基础设施应按照规定在科研设施与仪器国家网络管理平台向社会开放共享。从共享、监督、保障机制三个方面形成行政事业单位资产共享共用的实施路径[2]。

2.2 行政事业单位国有资产盘活的实践困境

2.2.1 资产盘活体制障碍

现有行政事业性国有资产管理盘活在制度层面仅有宏观指导,具体操作层面的流程、标准不统一,缺乏配套的实施细则和操作指南,导致资产管理人员在工作中主观性较强,资产盘活的效果和目标无法实现最大化[3]。

2.2.2 盘活意愿障碍

一是资产盘活对应的是“过紧日子”要求,纳入盘活范围的资产通常使用年限较高、使用效率较低,盘活单位需对其进行维修保养等,会产生一定的成本;一些资产需求单位对资产盘活持观望态度,在“喜新厌旧”心理下依然倾向于重新配置而非接收调拨资产,各方面盘活意愿普遍较低。二是部分单位在以调拨、划转、处置、出租等主要盘活方式开展盘活工作时,由于审批权限小、中间环节多、审批周期长,影响了盘活的积极性和动力。三是与资产盘活工作开展相对应的考核、追责、激励机制尚未完善,缺乏盘活的动力和压力[4]。

2.2.3 公物仓管理障碍

公物仓对应实物形态的资产集中管理,当前部分单位对公物仓制度仍缺乏了解,主管部门对公物仓制度的宣贯和指导还不到位。公物仓的建设和良性运行需要建立制度和机制来规范、约束、引导和激励。在公物仓建设和实施中,需要明确管理部门和人员、管理职责、入仓标准、工作流程等,以避免权责不清、衔接不畅、推诿扯皮现象发生。在公物仓方面,仍处在中央部署要求、主管部门推动、业务部门探索、单位提高认识与等待观望的阶段[5]。

2.2.4 信息化障碍

2019 年起,财政部大力推进预算管理一体化系统建设,不断夯实财政信息化的“基石”,目前已经初步实现了从预算到配置各模块的数据整合和关联,但仍存在一些问题。一是当前预算管理一体化系统资产管理模块虽然设置了“调剂平台”功能，但功能尚未启用，发布的资产信息显示不完整，系统之间缺乏联通，无法实现资产信息的共享和流动。二是各单位资产管理系统彼此独立，无法与预算管理一体化系统实现对接，导致缺乏统一的管理平台，难以做到跨部门、跨地区、跨层级的资产调配，共享共用的覆盖面有限，影响盘活工作的顺利开展。

3 行政事业单位国有资产盘活路径的探索

在高质量发展阶段，为深入贯彻落实“过紧日子”要求，行政事业单位不仅要重视资金使用，更需要健全的管理体制、先进的管理理念、技术方法和人才队伍保障，对可盘活资产进行分析和利用，为新增资产配置计划的制定提供依据，减少重复购置，从源头上节约资金，实现国有资产良性运转与持续增值。

3.1 理顺管理体制，健全资产盘活机制

一是主管部门强化对资产盘活实际工作的研判分析，在深入研究相关法律法规和文件政策的基础上，结合实际自上而下出台国有资产盘活实施方案或细则，进一步明确资产的评估、处置和调剂等重点环节，完善跨层级、跨区域、跨单位调剂等重点流程，让资产盘活有据可依、操作顺畅、公开透明；二是建立统一的资产盘活标准，盘活标准根据资产原值、使用年限、净值等量化确定，特别是“低效”“闲置”资产的界定标准，明确纳入盘活范围的对象和盘活的目标；三是建立完善国有资产盘活内部控制制度，制定相关的风险防控手册等规范性文件，厘清盘活过程中可能出现的风险点，增强盘活资产工作过程中风险的识别、预防和控制能力。

3.2 强化国有资产日常管理，摸清资产“家底”

一是扭转“重购置、轻管理”思想，加强对资产管理人员的培训指导，将资产的管理向管、用、养、修等环节倾斜。二是强化产权意识，集中统一做好产权登记工作，着眼产权溯源，明确权属状况，切实解决历史遗留问题，并做好工作台账，严格工作交接，确保产权工作的连贯性。三是完善清查盘点机制，充分利用物联网技术，及时、有序、全面开展资产清查盘点，准确核算和动态反映资产配置、存量等情况，严防“走过场”，对资产的数量、使用状况等进行全面排查整理，及时更新资产卡片信息，做到底数清、情况明。四是在全面清查盘点的基础上对资产实施动态管理，精准划分在用资产、闲置资产、低效资产和潜力资产，分类确定纳入盘活范围的资产，可以在单位内部盘活的资产加速盘活利用。五是履行国有资产使用管理主体责任，提升资产管理人员素质及专业化水平，明确工作岗位职责，夯实资产盘活基础。

3.3 提高国有资产盘活的积极性，完善盘活监督奖惩机制

一是进一步加强对国有资产盘活工作的宣贯力度，特别是资产盘活工作的必要性和紧迫性，提高广大干部职工的思想认识；二是通过权限适当下放等方式简化资产调拨、出租等审批流程，缩短审批周期，提高各单位资产盘活的积极性；三是在资产盘活工作中建立公正、合理的评价、监督和奖惩机制，充分发挥财会监督职能，构建财会监督与审计、纪检等联动协作机制和信息共享体系，凝聚监督合力，实现监督和管理有机统一。开展单位资产风险排查，制定风险排查整治检查要点及工作清单，对资产配置不科学、资产管理不规范、管理机制不健全、资产处置不及时等突出问题，强化通报问责和处理处罚，逐步建立资产盘活情况与新增资产配置预算挂钩机制，充分结合存量资产使用状况审核新增资产，优化资产配置，从源头节约资金。对闲置浪费严重的单位，视情况停止批复新增资产配置预算，确保盘活工作取得实效，加快构建国有资产盘活新发展格局。

3.4 建设大型仪器设备开放共享平台，推进资产共享共用

在大型仪器设备方面，应建立完善大型仪器设备开放共享平台，并制定大型仪器设备开放共享平台管理办法，将符合条件的大型仪器设备全部纳入平台管理，明确责任单位、共享方式、共享激励措施等。多举措提高大型仪器设备使用效益，在满足单位自身工作需要的同时，应充分发挥大型仪器设备在人才培养、科学研究和社会公共服务中的作用，实现配置优化和资源共享。

3.5 加快资产盘活信息化系统建设，提升信息化水平

深入推进资产管理信息化建设，整合资产管理信息系统，以财政部预算一体化系统作为统一的资产管理平台，优化管理模块，提升资产管理水平。一是在预算管理一体化基础上，实现各单位资产管理系统的互联互通，打通资产信息共享渠道，全面、准确、动态地反映资产信息，做到资产管理“一盘棋”。二是加强资产全生命周期管理，实现对资产配置、使用、调剂、处置等各环节的动态监管，合理分析和预测资产的使用效能，强化数据分析利用和风险预警功能。三是整合“公物仓”管理平台，加强顶层设计，进一步规范入仓、调剂、查询、发布、评价等模块，完善需求审核和绩效考评功能，实现盘活资产信息的统一汇总、统一审核、统一发布、统一评价，实现中央与地方、地方与地方之间的跨部门、跨地区、跨层级的资产共享共用。

4 结语

行政事业单位国有资产盘活是一个系统性工程，资产盘活需要行政事业单位转变固有观念，在体制机制和技术方面不断改进完善，创新资产管理模式，提高资产管理水平。本文提出了一些措施和路径，为行政事业单位盘活国有资产、提升资产使用效益提供借鉴。行政事业单位国有资产盘活工作需要更深入的研究和实践探索，通过各级行政事业单位共同努力和合作，提升资产盘活利用效率，为保障行政事业单位履职和事业发展、促进经济社会发展提供更加坚实的物质基础。

参考文献

[1] 李森，谭静，王丛虎，等．行政事业性国有资产监管：如何持续提质增效？（上）［J］．财政监督，2023（4）：31-39.

[2] 侯艳艳，盛国家，徐红．公物仓建设的探索与思考［J］．行政事业资产与财务，2024（1）：13-16.

[3] 陈渉．关于事业单位国有资产盘活的现状及路径思考［J］．行政事业资产与财务，2023（19）：10-12.

[4] 葛晨．物联网视角下盘活事业单位国有资产的模式探析［J］．财经界，2023（12）：33-35.

[5] 郑辰，张峰．行政单位国有资产盘活存在问题及改进建议［J］．新理财（政府理财），2024（增刊）：88-91.

基于总体战略导向的勘察设计类企业财务转型研究

吴子婧　关梦蝶

（黄河勘测规划设计研究院有限公司，河南郑州　450000）

摘　要：基于总体战略导向的财务转型能够使勘察设计类企业更好地适应市场需求。市场竞争环境的日趋激烈，要求企业具备较强的市场敏感性和快速反应能力，及时推行财务转型，这样使得企业能够更好地了解市场需求与变化，通过财务分析和预测，判断市场需求的变化趋势，实施有效的管理决策，调整项目研发、营销策略，从而实现资源的优化和配置，提高企业的核心竞争力，更好地满足市场需求。

关键词：战略导向；勘察设计；财务转型

以总体战略导向进行企业财务转型能够帮助勘察设计类企业提升财务管理水平，在传统的财务体系中，勘察设计类企业主要关注财务的核算工作，财务工作主要集中在财务的会计核算功能，对财务管理的重要性和功能性认识相对较低。然而，随着市场经济的发展，企业面临着更多的市场机遇和风险，良好的财务管理能够帮助企业提前预警和应对风险，提高企业的经营效益和盈利能力。通过财务转型，勘察设计类企业能够建立更加完善的财务管理体系，完善包括预算管理、成本管理、风险管理、财务分析等全面的财务管理方式，提高企业的内部管理水平，实现企业精细化、高效化的管理目标。

1　勘察设计类企业财务转型的意义

1.1　财务转型能够提升勘察设计企业的盈利能力

近年来，勘察设计行业面临诸多挑战和机遇，企业的盈利能力受到很大考验。传统勘察设计企业需要进行财务转型，以适应经济发展和市场需求的变化。传统勘察设计企业往往过于依赖工程项目承接来实现收入增长，而忽视成本费用管控等内部措施的管理效应，财务转型意味着企业需要更加注重提高企业内部管理质效，提升企业运营效率，加强成本费用管控，降低生产经营成本，提高盈利能力。

1.2　财务转型有助于增强勘察设计企业的风险管理能力

随着市场竞争的加剧和经济环境的不稳定性，企业面临更多的风险和挑战。传统勘察设计企业在面对风险时，缺乏有效的风险管理措施，抵御风险的能力较弱。通过财务转型，企业可以建立完善的风险管理体系，优化财务结构，制订资金计划，提高资金回报率，实时跟踪分析资金状况，制订相应的应对措施，降低企业的风险敞口。

1.3　财务转型有助于增强勘察设计企业的可持续发展能力

财务转型对于企业的可持续发展具有重要的意义，在经济发展的过程中，企业需要在不断变化的市场环境中保持可持续的发展能力。及时的财务转型，让企业在发展技术能力的同时重视财务管理在

作者简介：吴子婧（1990—），女，资金结算中心副主任，主要从事财务管理、财务信息化建设、预算管理工作。

企业运营中的重要作用，通过改进财务管理、优化资源配置和推动信息化建设等措施，更加合理地利用有限资源，提高企业的资金使用效率和流动性，更好地把握市场机遇，加强企业内部管理，提升企业的内在竞争力，提高生产效益和经济效益，保持企业的长期发展。

2 勘察设计类企业财务转型中存在的问题

2.1 财务管理体系薄弱

勘察设计类企业作为水利、建筑等行业的重要组成部分，在国民经济发展中扮演着重要角色。然而随着市场环境的变化和竞争加剧，这些企业的财务管理体系也面临着一些问题，其中之一就是财务管理体系薄弱。勘察设计类企业往往注重技术创新和设计能力，却忽视了财务管理的重要性。在企业发展初期，公司通常关注项目的顺利进行和技术的持续提升，而忽略了财务管理体系的建立，缺乏有效的财务管理体系和工具，没有完善的会计制度和报表分析体系，企业无法及时掌握财务状况、预测发展趋势和制定合理的财务策略，这导致了财务管理水平的薄弱，无法满足企业日益增长的经营和资金需求。同时，缺乏有效的成本控制、财务预算和风险管理机制，使得企业在经营过程中难以应对市场变化和风险挑战。

勘察设计类企业普遍存在财务人员专业素质、业务能力不足的问题。由于行业特殊性，很多事业单位改制转企的企业对财务管理要求不高，导致企业招聘的财务人员水平参差不齐，部分财务人员缺乏专业知识和经验，无法全面、准确地进行财务管理和分析，从而影响企业决策和经济效益。

2.2 资金管理和成本控制不到位

勘察设计类企业在进行财务转型的过程中，常常会出现资金管理和成本控制不到位的问题，这些问题会给企业的经营和发展带来一定的影响与风险。资金管理不到位是勘察设计类企业财务转型中的一个重要问题。由于勘察设计项目通常需要大量的资金投入，企业在项目启动之初就要面临巨额的资金压力，而资金管理不到位可能导致资金的使用不得当，资金利用率较低，造成资源浪费，影响项目的顺利开展。

成本控制不到位也是勘察设计类企业财务转型中常见的问题之一。勘察设计项目具有较长的周期和复杂性，涉及各个环节和部门的合作与协调。如果企业在成本控制方面没有采取有效措施，就容易导致项目成本的不断增加，从而影响企业的盈利能力。

3 基于总体战略导向的勘察设计类企业财务转型的具体策略

3.1 优化财务策划和预算管理

随着经济形势的变化和市场竞争的加剧，勘察设计类企业在保持竞争优势和可持续发展方面面临着诸多挑战，在这一背景下，财务转型成为企业重要的战略选择之一。为了实现财务转型的目标，勘察设计类企业需要建立完善的财务策划体系。在制定财务策略时，企业应根据自身的市场定位和发展战略，进行梳理分析，明确目标和方向，通过对市场需求和行业情况的分析，结合企业主业实际生产经营情况，确定项目的管理策略和成本收益预测，以确保财务目标的实现。此外，企业可以建立绩效评估机制，对各生产单位、项目进行绩效考核，激励职工积极参与绩效目标的实现，提高企业整体绩效。

优化预算管理是财务转型的重要环节。预算是企业财务管理的重要工具，通过合理的预算制定和执行，可以帮助企业提高资源配置的效率和财务决策的准确性。在预算编制过程中，企业应充分考虑市场环境的变化和业务发展的需求，灵活调整预算指标和分配比例，加强预算执行的监控和评估。同时，企业可以采用信息化的财务软件和技术手段，提高预算管理的科学性和精细化程度。

勘察设计类企业在财务转型中还应注重风险管理。由于市场竞争的不确定性和风险因素的存在，企业在财务决策和投资计划上必须审慎对待，防范可能的风险和损失。企业可以建立风险管理制度和内部控制机制，规范财务决策流程，并加强对关键风险因素和市场动态的监测和分析，及时采取措施进行应对[1]。

3.2 加强资金管理和成本控制

为更好地推进企业长远发展，在资金管理和成本控制方面，也需要采取适宜的措施加以改进。首先，在企业资金管理方面，应建立完善的资金管理体系，并在管理体系中对资金的流入和流出情况进行全面监管，制定科学的财务预算管理制度，谨慎安排财务资金应用计划，对资金的流转情况进行定期核查，提升资金使用的安全性、规范性和高效性，对企业资金短缺情况进行预警，在企业内部资金出现资金短缺时，及时启动融资工作的开展，确保企业内部业务工作能够有序顺利地执行和开展。

其次，企业成本控制方面，也是勘察设计企业应该重点关注的管理难题。企业生产离不开大量的生产成本投入，如何把控成本风险，对于企业的利益维护和长远建设发挥着重要作用。在企业成本管控中，首先要做的就是对成本预算的内容进行合理规划，这样做的目的是让成本的支出有章可循。其次，对企业成本结构进行进一步优化，对成本支出按照固定成本、可控成本、可节约成本等进行分类分析和管控，提升成本费用节约效应，进而全面提升企业的综合竞争能力。

再次，企业在开展固定资产、低值易耗品等采购事项时，应组织统一的集中采购，全面审核全过程采购流程，节约资金，降低采购成本。

总之，合理的成本控制，可以显著提升企业自身的竞争能力，帮助企业正视自身的经营风险。

3.3 强化财务数据分析和决策支持

基于总体战略导向的勘察设计类企业财务转型，强化财务数据分析和决策支持，需要制定一系列具体策略。企业应该建立健全的财务数据分析体系，其中包括收集、整理和分析企业财务数据的基本流程和方法，企业可以通过使用信息化的财务软件系统来实现数据的自动收集和整理，从而提高工作效率和准确性。

同时，企业需要建立专业的财务分析团队，针对相关业务和财务数据进行深入分析，挖掘潜在的业务机会和财务风险。企业应该注重培养内部员工的财务分析和决策支持能力，通过举办培训课程、组织内部部门间交流和分享等方式，培养财务人员对财务数据分析的方法和技巧，提高财务分析和决策支持的能力，不仅可以提高员工的综合素质，也可以增强企业的整体竞争力[2]。

企业还应该加强对财务数据的及时监控和报告，及时准确地了解企业的财务状况对于制定有效的决策非常重要。因此，企业应该建立起一套有效的报告机制，确保财务数据能够及时到达决策层，为高层管理人员提供可靠的决策依据。

3.4 推进数字化财务转型

企业进行财务转型，建立数字化核心系统是必要的举措之一。勘察设计类企业的财务管理涉及大量的数据处理和信息沟通，建立数字化核心系统可以有效地管理企业的财务数据，提高数据处理效率和准确性。通过选用信息化的财务共享软件，实现账务自动化、报表集成化、合规风险控制等功能，将大大提升企业财务管理的水平。

数字化财务转型中对财务流程的优化是重要的一个环节，财务流程也是企业财务管理的关键环节。勘察设计类企业应结合自身业务特点和发展需求，对财务流程进行深度优化，通过流程再造，简化财务流程，减少冗杂重复的审批流程，提高审批和执行效率。同时，通过规范的财务流程实施内部控制管理，规范业务和审批流程，建立适当的审计机制，提高财务操作的可靠性和透明度[3]。

总的来说，勘察设计类企业必须重视财务转型，重新调整战略导向，以适应新的市场环境，这不仅有助于企业更好地适应市场需求、提升竞争力，还能提高财务管理水平、减少经营风险，为企业的可持续发展提供保障。因此，勘察设计类企业应该将财务转型纳入重要议程，并制订相应的实施计划，以推动企业的可持续发展。

参考文献

[1] 马秀娟．勘察设计企业财务内控管理体系构建问题研究［J］．老字号品牌营销，2023（14）：120-122.
[2] 黄昊．勘察设计企业财务风险的内部控制分析［J］．中国集体经济，2023（5）：153-156.
[3] 孙国岩，刘书成．基于总体战略导向的勘察设计类企业财务转型研究［J］．财会通讯，2022（22）：137-141.

数智化财务共享平台的研究与运用

李欣忆[1]　宋艳利[2]

（1. 三门峡黄河明珠（集团）有限公司，河南三门峡　472000；
2. 河南黄河明珠实业投资股份有限公司，河南三门峡　472000）

摘　要：财务共享中心在企业发展中扮演着越来越关键的角色。财务共享中心通过集中化管理和标准化流程，有效提升了企业财务运营的效率。财务共享中心不仅节约了管理成本，还提高了运营效率，同时促进了业务和决策支持的优化。随着信息技术的迅速发展和普及，现代企业已经开始追求智能化转型，运用大数据、人工智能、云计算等新技术，将数据转化为对企业更有价值的信息，从而提升企业的管理水平和信息的利用效率。本文以三门峡黄河明珠（集团）有限公司财务共享中心为例，探讨财务共享中心如何推动企业智能财务建设，为其他企业的财务智能化转型提供借鉴。

关键词：共享平台；数智化；企业财务

云计算、大数据、人工智能、物联网等新兴技术的出现，为企业提供了更多的数字化工具和平台。现代财务管理体系的构建也越来越完善，产品市场和资本市场更加紧密融合。财务管理作为企业管理的重要环节，是企业实现持续发展的重要基础和保障。近年来，各大型企业都高度关注财务管理工作，不断改进管理方式、持续改革，并积极运用各种信息技术工具赋能企业高质量发展。这也使得企业需要在会计核算、资金支付、风险管控、人力资源管理等方面稳步提升，为企业持续健康发展提供强有力支持。然而，我国大多数企业还是存在一些传统的财务管理问题，如财务管理体系建设不到位、财务职能不够明确、人员技术问题导致的效率低下等。在各种因素的推动下，部分企业选择顺应时代的需求和发展，扭转自身现状，追求财务智能化转型，建立财务共享中心。

1　基本介绍

1.1　公司基本情况

明珠集团为水利部所属国有独资企业，隶属于黄河水利委员会（简称黄委），主要负责三门峡、故县两座水利枢纽的管理和运行维护。集团下设1个事业单位，3个直属单位，二级、三级下属子公司和项目部47个。经过多年发展，建立了以水力发电、水电施工咨询、金属冶炼、房地产开发、投资贸易和物业宾馆等六大经营板块为基础，以城市供水等新产业为发展方向的“6+N”产业体系，经济业务覆盖全国20多个省份和地区。近年来，明珠集团聚焦“创新驱动、转型发展”，深入构筑战略新优势，逐步建立全局贯通的数字化能力，促进集团化管理能级持续提升。

1.2　财务共享中心

信息技术的高速发展使得越来越多的企业选择创建财务共享中心。明珠集团为推动集团更好地发展，开始建设财务共享中心，如图1所示。最终于2020年9月建立财务共享中心。该平台以财务资源共享为基础，搭建统一、高效、集约的共享服务平台，实现流程集成、信息集成，通过对信息数据的处理与分析，促进业务、财务、税务、资金、人力资源等一体化融合。自财务共享中心成立以来，

作者简介：李欣忆（1990—），女，中级会计师，总账科员，主要从事财务共享数智化建设工作。
通信作者：宋艳利（1987—），女，高级会计师，财务经理，主要从事财务共享数智化建设工作。

该平台先后荣获黄委科技进步奖、青年文明号、三新成果等多个奖项。

图 1　财务共享中心建设之路

2　财务共享中心建立动因分析

2.1　政策和技术的推动

近年来，以人工智能为代表的大数据、云计算、物联网等新技术层出不穷，财务智能化转型成为推进数字企业建设、实现企业治理制度化、规范化、科学化的重要一环。因此，在智能转型升级的背景下，企业实现财务智能转型势在必行。

由于智能财务的发展趋势日益旺盛，各企业迎来新发展、新机遇，纷纷向财务智能化转变。国家积极制定相关的政策，引导企业向财务数字化、智能化发展。党的十九大和二十大都对进一步推进国有企业高质量发展作出了重要部署；与此同时，智能财务建设和行业数字化建设息息相关，财政部在《会计改革与发展“十四五”规划纲要》中提出切实加快会计审计数字化转型步伐，积极推动会计工作和会计管理工作数字化转型；中央在《国民经济和社会发展第十四个五年规划和 2035 年远景规划》中对数字经济重点产业提出目标要求，实施“上云用数赋智”行动，推动数据赋能全产业链协同转型[1]。

明珠集团作为一个大型综合性企业，对于财务管理的能力要求更高。为实现智能财务转型，建立财务共享中心既可以满足企业内部管理的需要，缓解资源压力，还能响应国家号召，在激烈竞争的市场中取得竞争优势。

2.2　行业不断增长的需求

随着科技的不断发展和应用，财务智能化的行业需求正在成为当今商业环境中的一个重要趋势。企业对于财务管理的要求也在不断提高，传统的财务管理方式已经无法满足企业日益增长的需求。因此，各行各业对企业财务智能化的需求更加地迫切。财务智能化需求主要包括自动化财务系统、数据分析和预测、智能报表生成、财务风险管理等方面。首先，通过引入智能化技术，企业能够优化财务管理流程，可以提高工作效率、降低成本，并减少人为错误的发生。其次，利用先进的数据分析和算法模型，可以预测未来的财务趋势和风险，更好地为企业的决策提供支持。最后，通过财务风险管理，可以及时识别和评估财务风险，并采取相应的措施进行防范和管理。

行业财务智能化需求的不断增长，对于企业的发展和竞争力提升具有重要意义。这也将推动企业在财务管理方面的技术创新和能力提升。顺应这一趋势发展，企业才能在竞争激烈的商业环境中取得持续性发展和成功[2]。

2.3　寻求财务创新性发展

（1）简化财务流程，提高工作效率。

明珠集团作为一个经济体量大、经营范围广、业务类型多、资金需求大的国有企业，对于财务管理的要求更高。传统的财务管理模式已经无法跟上集团的经营发展步伐。财务人员忙于处理日常核算和基础财务分析工作，没有足够的时间和精力对财务数据进行深入的分析。在信息技术高速发展的时代，企业应充分利用技术发展所带来的优势，提高财务管理工作的效率[3]。借 2020 年明珠集团机构改革的“东风”，开启财务共享之路，实现智能财务升级，建立集团财务共享平台，可以将财务人员从烦琐劳累的传统财务工作中解脱出来，聚焦在高附加值的工作上，为集团战略的实施和经营决策提供更相关、更精确的支持依据。

（2）实现业财融合，获得协同效应。

明珠集团业务范围广，业务和财务需要深入融合。构建智能财务共享平台，可以实现财务与业务的不断交互，改变传统的交易方式、简化财务流程，实现各项业务场景与财务的有机融合。财务与业务的融合，还能促进集团内部信息互通和资源共享，进而降低因信息差造成的交易成本，更好地发挥企业的价值和创造力，实现管理、经营和财务多方面的协同效应，获得共同发展。

3 财务共享模式分析

明珠集团共享业务以财务共享为核心。其数智化财务体系总体构架（见图2）以大数据技术为基础，构建集团内部企业的财务通道。在财务共享平台中实现资金管理、风险管理、预算管理、会计核算，实现财务与业务互通。

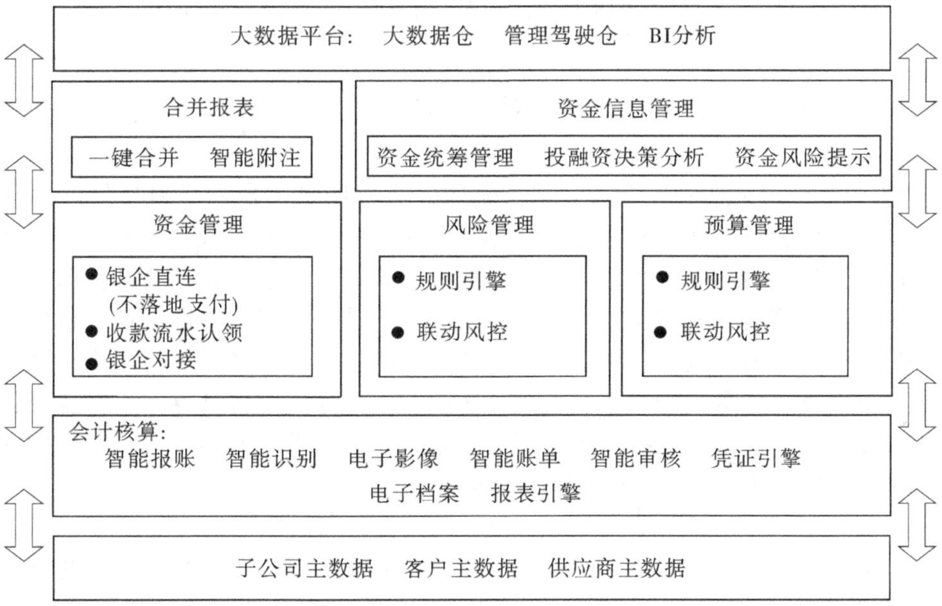

图2 数智化财务体系总体构架

3.1 会计标准化体系

会计标准化体系（见图3）建设以“集”“精”“简”“控”为总体原则，即集中化规划、精细化梳理、简约化整合、动态化管控。集中化规划指由明珠集团根据标准化建设内容进行集中统一的方案设计、规划、实施等，保障会计标准化体系的稳步推进；精细化梳理指对各业务流程进行全场景和多维度的分析，使得标准化规则的制定尽可能地完整全面、科学合理；简约化整合指对标准化流程、规则的制定要便于业务人员、财务人员操作处理，清晰易用；动态化管控标准的适应性，随着外部环境的变化而调整，贯穿于集团会计标准化的建设始终。在四个维度的共同驱动下，各模块标准化工作得以高效推进。

3.1.1 报账系统

智能财务共享中心的建立，使得智能报账系统得以运用。各企业统一通过共享中心服务平台进行报账，提高了报账的效率，同时让报销凭证的填写、各部门领导审批审核的流程，跨越了时间和空间，使得报账流程更加规范化。这不仅链接了前端的业务，在中端报账的过程中如果有不符合标准的地方，还能及时退回单据，减少了过去面对面交流所产生的时间成本。

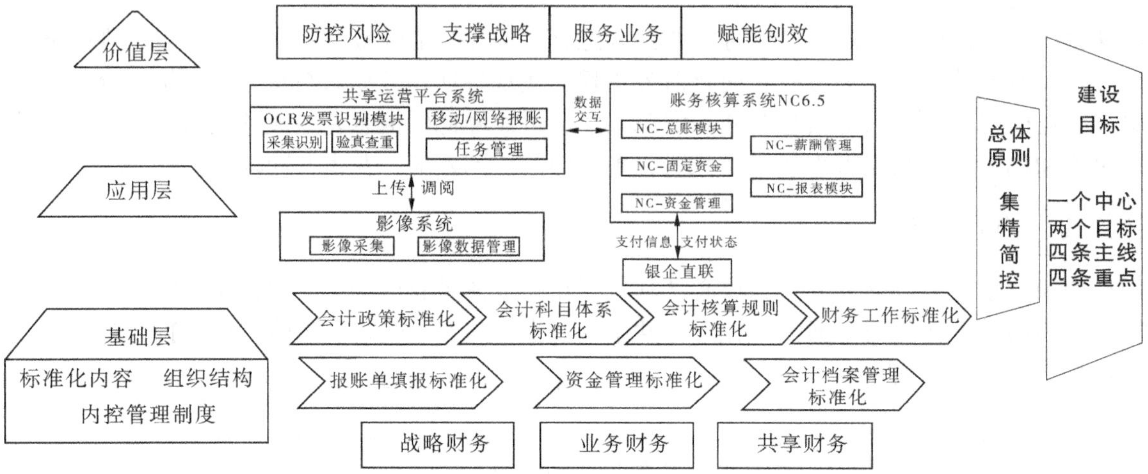

图 3 会计标准化体系

3.1.2 会计核算

明珠集团遵循“统一、规范、实效”原则，梳理各业务场景下预算科目、附件、审核要点、凭证生成规则，制定全集团统一的业务核算标准化方案，实现一套标准、统一核算、数据共享。一套标准是指制定统一的核算标准应用于整个集团内部。统一核算是通过梳理各个会计科目，实现智能化管理，将会计科目层级进行规范，实现会计科目统一，明确不同业务场景下各会计科目核算的要求，将各业务场景统一按情况进行分门别类，然后将会计科目与相应的业务场景进行对应；同时，规范报账的附件以及表单，以此支撑业务规则与系统规则。数据共享是通过财务共享中心对各项数据的整合共享。共享平台可以使集团直观审核、查询到各级子公司的财务数据。同时，根据系统内提供的数据，建立“一键式”报表生成，保证报表的完整性和准确性。

3.1.3 资金支付

明珠集团以财务共享为平台，着力推进银企直联结算模式。首先，通过银企直联完成集团公司主账户与成员单位银行账户间的双层账户关联，实现与国有大型商业银行（工商银行、建设银行）直联行的互联互通。然后，通过建立与银行网银系统实时、安全的链接通道，提升银企直联覆盖率，企业可实时掌握所属企业银行账户的账户余额、交易信息与资金流向，并实时、定时归集相关账户资金。最后，将 AWS 报账系统与银企直联系统集成，通过资金支付不落地、银行流水自动传、收入认领并入账等实现业务与结算有效关联，并贯穿业务资金流水各个环节，实现全过程管控。

3.2 管理风控一体化

智能风控系统是一种基于人工智能技术的风险管理系统。通过智能风控系统，可以实时关注行业内的动态，然后通过对大量的数据进行分析和处理，识别出企业运营过程中可能存在的风险，并及时进行预警和控制[4]。明珠集团财务共享中心通过引入智能风险引擎，能够全面覆盖合同管理、资金付款、供应商管理等事前、事中和事后的风险管理，从而提高企业的财务风险管理能力。在事前阶段，能够对潜在的风险进行评估和预测，帮助集团在决策和规划时考虑到风险因素；在事中阶段，能够实时监测和识别风险，帮助集团快速响应和处理风险事件；在事后阶段，能够对风险事件进行分析和总结，并将结果导入财务共享系统内，帮助集团改进和完善风险管理体系。财务共享中心和智能风险服务的结合可以为企业提供全面的财务风险管理解决方案，提高企业的竞争力和可持续发展能力。

3.3 科技与业务融合

3.3.1 预算控制系统

预算控制是预算管理中极其重要的一环，明珠集团财务共享中心根据国家财经制度要求、集团战略发展趋势、企业风险管控需要，依托AWS财务共享平台，开发设计的企业预算执行控制与分析管理系统实现了前置预警、双重控制、分析决策等，解决了企业在传统预算控制中遇到的难题和困扰，保障了企业预算的有效执行及资金的高效运用，并为企业决策层提供了实时数据分析依据，服务决策支撑。

3.3.2 OCR技术引用

光学字符识别（OCR）技术则是一种将印刷或手写文字转化为可编辑和可搜索的电子文本的技术。明珠集团选择了“属地拍照+扫描”相结合的OCR采集方式收集原始单据。财务共享中心与OCR技术的结合，能够快速准确地将纸质财务文件转化为电子文本，大大提高了数据处理的效率。这意味着财务共享中心可以更快地完成发票的采集、核算、报表编制和分析等工作，为集团决策提供及时的数据支持[5]。另外，明珠集团在财务共享平台建设中引入OCR技术，可以避免传统的手工录入数据容易出现拼写错误、漏字漏项等问题，系统内会自动进行检查和辨别等操作，提高数据的准确性。

3.3.3 档案电子化管理

明珠集团在财务共享中心运用了档案电子化。将各种档案电子化管理，实现多种方式录入和查询，同时将核算系统生成的凭证与影像系统的影像附件进行匹配。电子化储存不仅能够提高档案管理的效率和便捷性，还能增强档案的安全性和可靠性，促进信息共享和协同工作，同时也有利于环境保护和资源节约。

4 启示

数智化财务共享平台建设是企业财务管理信息化、智能化的必由之路，是实现企业财务管理体制改革新形势的必然趋势，通过强化企业信息化建设，提高企业财务管理能力，充分实现业财融合，可全面推动企业高质量发展。

4.1 提高企业财务管理能力

通过建立财务共享中心，可以实现集团集中管理、执行财务相关的任务和职能，提高财务工作效率[6]。此前，企业的财务工作通常由各个部门独立完成，存在着重复劳动和资源浪费的问题。而财务共享中心的建立可以将这些任务和职能集中起来，通过标准化和流程优化，推动各级公司快速提高管理能力。这不仅提高了管理的效率，还可以提高财务工作的执行效率，为企业创造更多的价值。

4.2 实现业务与财务融合

明珠集团紧扣高质量发展主线，把握能源行业发展趋势，以管理革新积极应对外部不利环境。财务共享中心的建立和运营为企业的业务转型扩张提供了重要支撑。作为以发电为核心业务的大型国有企业集团，集团的业务涉及多个领域和项目，需要在不同业务领域之间进行资源调配和资源整合，这就需要高效的财务管理来支持业务发展。财务共享中心可以提供统一的财务流程和标准化的财务操作，整合和优化财务资源，帮助企业实现资金的统一管理和资源的有效配置，提供专业的财务服务和支持，促进不同业务领域之间的协同发展[7]。

4.3 强化企业信息化建设

财务共享中心是企业财务智能化升级的重要组成部分，对企业信息化建设起着关键作用。信息化建设能够帮助财务共享中心实现财务数据的集中管理和实时监控，提高财务管理效率和精度。同时，信息化建设的推进，还可以提高信息资源利用效率、降低信息化成本，为企业提供更多的财务数据和分析，给予中高层管理人员更加高效和专业的财务支持。因此，企业需要充分认识信息化建设的重要性，加强对信息技术的应用和创新，推动财务管理的现代化和智能化发展，赋能企业高质量发展。

5 结语

概言之，通过上文的详细分析和阐述，我们可以知道，财务共享中心的建立是一项重要的财务战略决策，企业智能化转型升级已经成为不可逆的一种趋势。财务共享中心的建立不仅可以提高企业的财务管理能力，通过集中管理和标准化流程，减少重复工作和错误率、提高财务处理速度、降低企业整体财务成本，还能实现业务与财务的有机融合，使得前端业务与财务融会贯通，同时确保信息资源的有效利用。智能化系统通过自动化和数据分析技术，提供实时、准确的财务数据和报告，帮助企业管理者作出更明智的判断。希望通过对财务共享中心的研究，可以为我国其他企业智能化财务转型提供借鉴。

参考文献

[1] 田高良，张晓涛．论数字经济时代智能财务赋能价值创造［J］．财会月刊，2022（18）：23-24.
[2] 陈旭，郑佳雪．智能财务视角下集团型企业财务转型策略研究［J］．商业会计，2021（3）：9-11.
[3] 顾晅．财务共享中心赋能企业发展的实践探讨［J］．商业会计，2023（22）：82-86.
[4] 李争浩．大型能源企业集团财务数字化实践探索：基于申能（集团）有限公司的案例分析［J］．新会计，2021（3）：43-44.
[5] 严思思．集团企业财务共享中心数智化转型路径探索［J］．投资与创业，2023（22）：31-39.
[6] 孙榴萍．集团公司财务共享中心建设探究：以 Y 集团公司为例［J］．投资与创业，2023（21）：60-62.
[7] 赵刚太．国有集团型企业智能化财务共享中心建设研究［J］．财会学习，2023（34）：10-12.

关于行政事业单位“过紧日子”的几点思考

盛丽艳

（滨州黄河河务局滨城黄河河务局，山东滨州　256600）

摘　要：近几年，随着经济社会的快速发展，财政压力日益加大。习近平总书记反复强调要发扬艰苦奋斗、勤俭节约的思想。在财政资金逐年压减，各级行政事业单位经费支出压力变大的形势下，各行政事业单位要切实提高站位、统一思想，将落实“过紧日子”要求当作一项重要工作来抓，加强组织领导，抓好责任落实，努力将“过紧日子”要求转化成自身需求，实现“被动减”向“主动紧”的工作方式转变。笔者立足行政事业单位“过紧日子”现状，从“过紧日子”的重要性、当前存在的问题以及如何贯彻落实“过紧日子”谈了几点思考。

关键词：行政事业单位；过紧日子；常态化；思考

2024 年两会《政府工作报告》中明确指出，“各级政府要习惯过紧日子，真正精打细算，切实把财政资金用在刀刃上、用出实效来”。强调“习惯”二字，表明“过紧日子”已非一般要求、一时之举，而是一项需要破立并举才能长期坚持下去的原则。不折不扣落实“过紧日子”思想，厉行节约，是财政工作的一项重要内容，也是基层行政事业单位的新常态。

1　提高站位，加强对“过紧日子”重要性的认识

1.1　“过紧日子”是适应新时代经济发展新常态的重要举措

随着全球化和信息化的加速推进，经济社会发展面临新形势、新任务。在这种背景下，探索“过紧日子”常态化机制，注重资金使用的效率和效益是适应经济发展新常态的必然要求。建立“过紧日子”常态化机制是指在财政资源紧张或有限的条件下，通过一系列的制度设计、管理手段和政策调整，确保政府机构、企事业单位以及广大民众在日常运营和生活中能够持续稳定地应对经济压力，实现资源的高效利用和可持续发展。

1.2　“过紧日子”是提高财政资金使用效率的必然要求

在全球经济环境日趋复杂、财政压力不断增大的背景下，提高财政资金使用效率成为政府和社会各界的共同关注点。“过紧日子”常态化机制是应对当前各项挑战的重要手段，提高财政资金使用效率要求在有限的财政资金下实现更大的经济社会效益。从国家层面，党中央反复强调要长期做好“过紧日子”的思想准备，通过压减非重点、非刚性支出，从严控制一般性支出，不断优化支出结构，规范资金管理、强化绩效导向，才能促进积极财政政策提升效能。从行政事业单位层面来看，如果不能认真贯彻落实“过紧日子”战略部署，不仅不能满足单位高质量履责要求，甚至影响国家重大政策的贯彻落实。

1.3　“过紧日子”是推动生产关系尽快适应新质生产力的重要工作举措

2023 年 9 月，习近平总书记在新时代推动东北全面振兴座谈会上强调要“加快形成新质生产力，增强发展新动能”，这是首次提出“新质生产力”概念，是对马克思主义生产力理论的创造性突破和发展。2024 年《政府工作报告》明确提出：“大力推进现代化产业体系建设，加快发展新质生产

作者简介：盛丽艳（1992—），女，中级经济师，主要从事财务管理工作。

力。”在加快形成和发展新质生产力的过程中，解决好党政机关怎样花钱过日子，尤其是落实习惯“过紧日子”的要求，不仅是为新质生产力形成与发展提供更多财政政策和财政资金支持的客观需要，也是处理好政府与市场、公平与效率、增长与分配、需要与供给、眼前与长远等关系的重要手段。

1.4 “过紧日子”是促进社会可持续发展的长远规划

“过紧日子”常态化机制不仅是应对短期财政压力的策略，更是促进社会可持续发展的长远规划。在全球资源日益紧张、环境压力增大的背景下，实现可持续发展已成为全球共识[1]。其一，通过倡导“过紧日子”，鼓励人们减少不必要的消费和浪费，降低资源消耗和环境污染，保护自然资源和生态环境，为未来可持续发展奠定基础。“过紧日子”常态化机制倡导人们养成节约、环保、低碳的生活方式，培养全社会可持续发展意识，形成全民参与、共建共享的可持续发展格局。其二，党政机关把“过紧日子”作为习惯、变成常态，能把更多的真金白银用在刀刃上、紧要处，集中更多的财政财力资源用于推动高质量发展，向科技攻关、生态环保、乡村振兴等聚焦发力，同时加快弥补教育、养老、医疗卫生、鼓励生育等民生短板，切实增进民生福祉，从而使人民群众的获得感成色更足、幸福感更可持续、安全感更有保障。

2 对标“过紧日子”要求，当前存在的差距

2.1 “过紧日子”思想在全员范围内需进一步强化

当前各级领导开会都会强调“过紧日子”要求，基层单位“财务管理宣传月”也通过多种形式宣传“过紧日子”思想，“过紧日子”在总体上已经成为具有压倒性优势的“主旋律”“正能量”和“好声音”，但仍有个别同志依然没从思想上引起重视，对从严从紧管钱、缩手缩脚花钱的“苦日子”“难日子”很不适应，对如何厉行节约、开展节约型机关思考得、做得不够；还有个别同志认为自己只是一名普通职工，“过紧日子”是领导和财务部门该考虑的事情，与自己关系不大[2]。殊不知，“过紧日子”不仅是领导和财务部门的事情，也是单位每个部门、每个人都必须参与、面对的常态化形式，只有每个人都从思想深处绷紧“过紧日子”这根弦，“过紧日子”才能真正落到实处，发挥实效。

2.2 预算编制及硬性要求与执行之间仍存在差距

首先，从基层事业单位的预算编制来看，其科学性、准确性、完整性、规范性等有待增强，多编多算、粗编粗算等惯性思维仍然存在[3]。根据形势、政策等具体情况变化及不可抗力因素而启动的预算调整尤其是预算追加，在客观上形成了搭车上路、冲击预算执行稳定性和约束力的空间。其次，基层行政事业单位预算执行过程中往往出现执行不到位等问题。由于前期准备不足、监管不严等种种原因，在项目执行上会出现执行效率低的现象，事前提出资金需求计划，事后开展项目绩效考核评价，把“紧日子”过好，不能仅靠财务部门的力量，更需要业务科室的全力支持与及时沟通。但目前来看，行政事业单位预算执行方面的压力大多还是在财务部门，预算执行仍存在透明度和刚性约束不强的情况，一些单位在项目执行上存在因资金规模压减，对资金全局性把控不足，执行中未及时跟踪监控执行情况，年初经费使用过于谨慎，年尾“突击花钱”的现象。

2.3 预算绩效管理工作仍需完善

行政事业单位普遍树立了“花钱必有效、无效必问责”的预算绩效管理理念，但在具体实施中绩效管理往往未能精准体现“过紧日子”评估效果。基层行政事业单位普遍存在指标设置不够科学合理，指标设置和任务目标关联度不够高，绩效监控不够客观，未能真正通过绩效评价彻底砍掉无效低质支出等问题，对日子过得紧不紧、紧的习惯是否已经立起来，还缺乏可量化、可检视、可评定的考核指标体系，其激励或惩戒作用也没有真正与单位、与个人全面挂起钩来。

3 “过紧日子”常态化下的几点思考和建议

3.1 深化认识，牢固树立长期“过紧日子”思想

首先是要不折不扣认真学习党中央、国务院关于“过紧日子”的各项工作要求，认真贯彻落实习近平总书记“艰苦奋斗、勤俭节约”一系列重要论述精神，不论是领导班子还是普通干部职工都要充分认识到“过紧日子”的必要性，认识到厉行节约、反对浪费的紧迫性，牢固树立“过紧日子”常态化思想，并将勤俭办事转化为各方面工作的行动自觉，建设节约型机关。以滨城黄河河务局为例，出台厉行节约坚持“过紧日子”实施意见，并在机关及基层段所进行宣贯；通过开展专题研究、中心组扩大学习、主题党日学习等方式，传达学习、深刻领悟过紧日子的重要内涵，调动全员积极性，让每个人真正从思想上重视、从细节上落实，始终绷紧“过紧日子”这根弦，形成“过紧日子”的风气。

3.2 加强预算管理，严把审核监督

“过紧日子”要从预算工作的源头加强管控，持之以恒落实落细“过紧日子”的各项要求，从严从紧编制预算，压减一般性支出、削减无效和低效支出，大力倡导勤俭节约，严格落实中央八项规定，控制单位运行成本，2024年滨城黄河河务局“三公”经费较去年压减5%。具体来说，就是合理安排预算支出结构和支出内容，持续从严管理“三公”经费，严格执行差旅、资产配置、政府采购等制度规定，严控日常运转经费，节省出资金用于重点防汛、工程及新增必要支出。改进文风会风，严格落实会议计划管理；严禁公款吃喝和违规宴请；加强公务接待管理，无公函不接待，因公需要接待，原则上安排单位食堂就餐；加强办公费管理，不得购置高档办公用品，推行无纸化、电子化办公，节约印刷费；提高环保节能意识，在采购过程中采购节能、绿色、环保产品等。

此外，要层层传导压力，不要把预算编制执行监督等工作看成是财务一个部门的事情，要注重全部门参与、全员参与。建立健全预算管理沟通协调机制，定期与各部门召开预算管理会议，共同商讨预算安排和执行中的问题；明确预算管理的目标和要求，争取各部门对预算管理工作的理解和支持，形成预算管理合力；通过加强部门间的信息共享和协同配合，确保预算资源的合理配置和有效使用。

3.3 全面盘查摸清家底，加强资产管理

固定资产种类丰富，资产规模占比高，各行政事业单位要全方位、全覆盖、定期进行资产清查盘点工作，进一步摸清存量资产，盘点过程中不仅要摸清资产的使用状态、价值、使用或存放地点、使用责任人，还要注意其是否达到报废时限等，全面掌握固定资产的真实状况，确保账账相符、账实相符，避免出现盲目购买、重复购置等现象。此外，还要切实做好固定资产产权管理问题，及时办理土地、房屋、车辆等权属证书，资产变动时应及时办理权证变更登记，涉及产权纠纷或不清晰的固定资产，应按照产权管理规定，厘清产权关系。

3.4 厉行节俭，推动节约型机关建设常态化

厉行节俭、反对铺张浪费是习近平总书记一以贯之的明确要求，持续推进节约型机关建设已然成为一项常态化工作。一是要完善制度体系，制定制度措施，对节能、节水、生活垃圾分类管理等建章立制，形成有据可依的节能制度体系。二是推行绿色办公。不断加强办公设备与公共区域节电管控力度，合理设置空调温度，非工作时间不开空调等；办公室一般采用自然光，下班及时关闭打印机、电脑等设备电源；公共区域设置声控感应灯；倡导绿色出行，优先采购新能源汽车；节约用水，定期检查管道设备；全面推进电子化办公，充分利用内网进行公文流转等。三是加强对节约能源资源的宣传力度，开展宣教活动，积极开展中国水周、绿色出行等主题宣传，教育引导干部职工养成简约适度、绿色低碳的生活和工作方式，形成崇尚绿色生活的良好氛围。

3.5 建立预算绩效理念，树立绩效意识

预算绩效管理对于优化资源配置、提高绩效评价精准度具有重要作用，绩效目标是预算绩效管理实现的前提，绩效目标设置是否合理决定了项目执行监控、评价是否有效。树立绩效先行理念，加强

资金动态监控，科学设置绩效目标，充分认识当前财政收支突出矛盾、“过紧日子”常态化形势下预算绩效管理的重要性。按照《中央部门预算绩效目标管理办法》的相关要求，不断科学合理完善所有项目支出的绩效目标，认真扎实开展绩效自评，加强绩效结果应用。推动预算和绩效管理一体化，逐步探索建立绩效与预算挂钩机制，压实主体责任，加强预算绩效管理宣贯，将预算绩效管理情况纳入财务年度客观考核指标，对预算绩效管理进行培训；健全预算绩效制度体系，制定预算绩效管理办法等制度，通过制度规范加强预算绩效管理工作；择优选择第三方机构对所有项目开展预算评审和事前绩效评估，通过监督检查与绩效评价结果应用，切实发挥绩效目标的导向作用[4]。

4 结语

综上所述，在“过紧日子”常态化的背景下，各行政事业单位要牢固树立勤俭节约的理念，科学合理进行预算编制，规范高效推动预算执行，健全绩效管理机制，认真落实预算一体化要求，促进单位持续健康发展。

参考文献

[1] 张衡．政府过“紧日子”让百姓过“好日子”[N]．中国财经报，2022-01-06（1）．
[2] 战薇．海事系统单位如何应对“过紧日子”常态化要求的思考［J］．交通财会，2023（2）：24-28.
[3] 王水英．基层财政部门过紧日子常态化机制探索［J］．财政监督，2024（11）：19-23.
[4] 陈以勇．落实财政部门习惯过紧日子机制的研究与思考［J］．财政监督，2024（11）：13-18.

新形势下水利基本建设项目财会监督的难点与重点探析

靳学军　黄羽茜

（河南黄河河务局工程建设中心，河南郑州　450003）

摘　要： 水利基本建设项目作为国家发展的关键领域之一，财会监督在保障建设项目的合规性、高效性及可持续发展方面发挥至关重要的作用。新形势下，水利基本建设项目财会监督也面临着一系列的难点和挑战。本文旨在探析新形势下水利基本建设项目财会监督的难点与重点，揭示其在水利高质量发展中的作用，为水利基本建设项目的可持续发展提供有益的思考和建议，有效推动财会监督的优化与创新，以实现水利事业的高质量发展。

关键词： 水利基本建设项目；财会监督；难点与重点

水利基本建设项目作为国家经济建设和人民生活改善的重要领域，在工程建设管理、水资源管理、防洪抗旱、供水排水、水电能源等方面，扮演着关键角色。水利基本建设项目因投资规模大、建设周期长等特殊性和建设项目点多、线长、面广等复杂性，增加了建设资金的财务风险和管理难度，水利基本建设项目会计监督也面临着新的机遇和挑战。为提升水利基本建设项目建设管理水平，确保建设资金的合理合规使用，有效的财会监督显得尤为重要。

1　财会监督体系健全与机制完善

1.1　财会监督体系实施的背景

2023 年 2 月 15 日，中共中央办公厅、国务院办公厅印发了《关于进一步加强财会监督工作的意见》，财会监督是依法依规对国家机关、企事业单位、其他组织和个人的财政、财务、会计活动实施的监督。近年来，财会监督作为党和国家监督体系的重要组成部分，在推进全面从严治党、维护中央政令畅通、规范财经秩序、促进经济社会健康发展等方面发挥了重要作用，同时也存在监督体系尚待完善、工作机制有待理顺、法治建设亟待健全、监督能力有待提升、一些领域财经纪律亟须整治等问题[1]。

1.2　加强科技与财务融合，构建健全的财会监督体系

健全的财会监督体系是实现基本建设项目财务合规性和高质量发展的基础。这一体系应当涵盖财务数据采集、处理、分析、报告等环节，并通过科技手段实现信息化和数字化管理。建立科学合理的数据流程、监督机制和应急预警系统，有助于基本建设项目实施过程中识别潜在风险和问题，保障建设项目的顺利推进。

1.3　制订监督实施方案，建立完善的财会监督工作机制

完善的财会监督工作机制是高效开展财会监督的关键。项目法人应根据单位职责和工作内容制订财会监督实施方案，明确业务部门财会监督的责任分工，明确监督人员的职责和权限，确保财会监督工作有序推进。建立规范的信息报告和沟通机制，确保监督结果及时反馈相关部门和决策者，以便采

作者简介： 靳学军（1970—），女，正高级会计师，副科长，主要从事基本建设项目会计核算及财务管理工作。

取适时应对措施。完善的财会监督机制有助于提升监督工作的针对性、效率性和权威性。

1.4 针对基本建设项目特点，优化财会监督的工作流程策略

水利基本建设项目具有投资大、周期长、风险多样性等特点，因此财会监督策略需有针对性地进行优化。应强化预算编制、预算执行、资金管理和资产管理，按照基本建设项目工作流程，对建设项目招标投标、合同签订、价款结算、完工结算、竣工决算审查与审计、项目竣工验收及审核审批等环节逐项细化监督内容和措施，确保财政资金使用合规，避免资产闲置浪费。加强工程款支付和工程进度的监督，避免资金流失和延误项目进度。

2 加强基本建设重点领域财会监督的必要性

2.1 加强基本建设重点领域财会监督的意义

在水利高质量发展的背景下，基本建设项目是财会监督的重点，应针对水利行业特点，对基本建设重点领域实施财会监督，有针对性地制定策略，优化资源配置，确保建设资金合规使用和项目的高效运行，促进水利项目的科学规划和合理推进，实现水利事业的可持续发展。

2.2 财会监督在水利基本建设项目中发挥的角色与作用

财会监督在水利基本建设项目中扮演着关键角色。它不仅能够保障建设项目财务合规，还可以提升项目效率和效益。通过对基本建设项目预算编制、招标投标（政府采购）、预算执行、资金管理、合同管理、资产管理等环节监管，及时识别出潜在问题和财务风险，有助于项目决策者采取针对性措施，保障基本建设项目顺利实施。财会监督还可以提供项目的数据支持，为项目管理和决策提供可靠依据。

3 财会监督在新阶段水利高质量发展中的支撑作用

3.1 财会监督对提升项目执行效率的促进作用

内部监督和外部监督定期的财务检查和审计能够让项目管理者了解建设项目的财务状况，有助于发现潜在的财务问题和风险，及时采取调整措施。比如发现项目的资金使用存在异常或不合规行为，监督部门可以迅速介入核查，防止问题进一步扩大，保障基本建设项目的正常实施。

财会监督能够保证基本建设项目运营更加透明。招标投标（政府采购）是基本建设项目公平公正的重要保障，也有助于防止腐败和不当行为的发生。建设单位预算和决算信息公开是财会监督（社会监督）的重要组成形式，水利基本建设项目的资金流向和使用情况向社会公开，有利于项目主管单位、项目法人和参建单位把控项目的进展和效果，提高项目的执行力和公信力。

财会监督可以减少不必要的资源浪费，提高项目的执行效率。通过对水利基本建设项目资金分配和使用进行监督，可以防止建设资金的滥用、浪费或挪用，确保每一笔资金得到有效利用。有助于优化资源配置，确保项目在有限的资源下更加高效实施。

3.2 财会监督对资源优化配置的引导作用

实施财会监督有效地对项目资金流向和使用情况进行全面监控，可以保证建设资金分配和使用符合项目需要。如果发现建设项目某一标段资金支付过多或过少，通过财会监督及时发出警示，可以促使项目管理者及时调整；再者通过对财务信息的披露和分析，为项目管理者提供资源配置的参考依据，财务分析报告让管理者掌握项目的资金流向，从而更好地评估资源分配是否合理，推动资源的优化配置。实施财会监督可以强化项目绩效评估，激励项目管理者实现资源的最优化配置。在水利基本建设项目中，绩效评估不仅关注项目的经济效益，还应考虑社会效益、生态效益等。财会监督可以将项目绩效评估结果纳入监督考核范围，从而激励项目管理者在资源配置上实现最大化的综合效益。

3.3 财会监督对风险防控和可持续发展的保障作用

风险防控是水利基本建设项目的重要任务之一。通过财会监督可以监管项目资金使用情况，发现潜在的财务风险，及时采取防范措施。财会监督还可以为项目的可持续发展提供保障。通过对建设项

目的财务数据分析，可以预测项目未来面临的问题和挑战，为建设项目的长期发展提供战略指导。

4 新形势下水利基本建设项目财会监督难点与挑战

4.1 财会监督信息化建设有待提升

随着信息技术的飞速发展，财会监督信息化已成为必然趋势，但在实际推进中存在一些难点。如财务信息系统的建设需要投入大量的资金和人力，同时也需要解决数据安全等问题。确保信息系统的稳定性和可靠性，保护财务信息的安全性，都是亟待解决的问题。2017 年，水利部针对水利行业特点研发的水利财务管理信息化系统，经过多年运行系统各模块运行较为稳定。目前，财政部为实现规范化管理，逐步推广应用的预算管理一体化系统，将不同行业、不同部门的管理系统予以整合。现行的预算管理一体化系统涵盖了预算管理、预算执行、政府采购、会计核算、资产管理、财务报告等内容，财务信息实现了统一化和标准化管理。如何将现有水利财务系统与预算一体化系统数据信息进行同步对接，是财会监督信息化建设的重点[2]。

4.2 财会监督人才队伍建设的挑战

实施财会监督需要专业的人才队伍进行有效管理。然而，在基本建设领域培养和引进同时具备财务、法律、审计等知识的人才并非易事，人才队伍的不足会影响财会监督的质量和效果，特别是水利基本建设复合型人才更加稀缺，工程建设管理人员需要知晓财务知识，财务管理人员需要熟悉工程建设业务，实际工作中，既懂财务管理又熟悉工程建设管理的财务人员少之又少。相关部门单位要高度重视复合型人才的培养，一是财务管理人员到工程管理岗位历练，工程管理人员负责财务管理业务；二是财务到审计管理岗位锻炼，项目法人鼓励财务人员参加水利部项目稽查、专项审计和验收等，支持财务人员入选水利部水利工程稽查专家库和资金管理专家库，不断开阔视野；三是主管部门基建财务人员到基层项目法人单位锻炼，了解基本建设项目实施情况，项目法人单位财务人员到上级单位交流，提高站位和认知，或者去基本建设项目管理成熟的流域机构挂职锻炼等，全方位、多岗位、多层次培养水利基本建设管理人才。因此，水利事业单位在人才培养、引进和管理等方面要做出更有针对性的努力，适应水利基本建设项目高质量发展要求[3]。

4.3 项目法人对财会监督的重要性认识不足

水利基本建设项目实施过程中，财务人员重点关注会计核算、财务报告及报账等工作，对财会监督的重要性认识较弱。项目法人虽重视项目工程建设管理和项目成本核算，但忽视会计监督和审核角色，增加了建设项目的资金风险。另外，财会监督缺乏独立性，监督机构难以有效履行其监督职责，增加了财务审计风险。因此，财会监督需要在合规性的基础上保持独立性，以确保会计监督的公正性和客观性[4]。

5 新形势下水利基本建设项目财会监督重点探析与应对策略

5.1 基本建设项目财会监督的重点领域分析

（1）财会监督信息化建设的重点是建立大数据财会监管平台。这一平台可以整合各类财会数据，包括项目预算编制、预算执行、政府采购、动态监控、资产管理、会计核算、财务报告等，形成全面完整的信息数据库。大数据平台实现对财务数据的快速分析和挖掘，及时发现潜在问题和风险，通过数据可视化的方式呈现监管结果，使监管工作更加直观和高效。建设智能识别管理异常信息系统是财会监督的重要领域。这一系统可以利用人工智能技术，对财务数据进行实时监测和分析。一旦发现异常，系统可以自动预警并启动相应的处理程序，有助于实现异常信息的及时处理和闭环管理，减少财会监管漏洞。标准集成与在线管控是基本建设项目财会监督的另一个关键领域。通过制定统一的财会标准和规范，可以提高项目各个环节的一致性和可比性。在线管控则是指利用信息技术，实现对项目的实时管控和监督，包括对项目进度、预算执行、资金流向等在线监测和控制，确保项目按照预定的计划和程序实施。

（2）财会监督贯穿建设项目实施的不同阶段。包括事前监督、事中监督和事后监督[5]。事前监督即在项目立项的可行性研究和初步设计阶段，项目法人财务人员要提前介入，论证项目的可行性和分析项目成本效益。事中监管是指在项目实施过程中，介入项目招投标和合同签订环节，从经济业务事项的源头上监管，对项目预算编制、预算执行等环节进行监督，规避合同执行过程中的异常问题，有效防范财务风险。事后监管是在项目完工后，聘请第三方进行项目完工（竣工）结算审查，及时纠正工程结算偏差，为编制项目竣工财务决算奠定基础。另外，项目验收主持单位开展项目竣工决算审查和审计、竣工验收、竣工决算批复等，也是对建设项目资产交付和项目工完账结的有效监管。上述监管方式都需要信息化技术的支持，以提高财会监管效能。

5.2 提高财会监督重要性的认识水平

针对水利基本建设项目的特点和财会监督的重要性，需要对监督人员进行培训，提高其财会监督意识和专业技能。培训内容包括预算编制与执行、招标投标（政府采购）、财务审计、风险评估、内部控制、绩效评价等方面。

项目法人应建立独立的财会监督机构或部门，赋予其职责和权限，独立开展财务审计和会计监督。项目法人应建立健全内部控制机制，包括财务管理制度、审批流程、预算管理等，以减少财务风险。

5.3 提高财会监督效能的创新举措

（1）推动建设人才库，锻造财会监督主力军。为加强财会监督重点领域和难点问题，攻关储备高素质综合性专业人才，建设财会人才库势在必行，选拔经济、金融、审计、财务会计、法律、信息技术等领域内实践经验丰富、工作业绩突出的人才充实到人才库。另外，加强人才库成员深度融合，开展“前辈带后辈”“名师带徒弟”等培养模式，充分发挥引领示范、经验传承、共同发展作用。输送人才库成员参与审计、检查、巡察等部门联合检查，发挥横向协同作用，在工作实践中既有效破解监督工作任务重、监督队伍力量不强的矛盾，又有效锻炼人才库成员财会监督专业能力。

（2）提高财会监督效能，完善财会监督信息化建设。一是要不断改进财会监督方法和手段，以适应新形势下财会监督需求。二是要推动财会监督体系信息化建设，引入先进的信息技术和数据分析工具，提高会计监督的科学性和智能化水平。建立和完善财会监督信息系统，实现监督信息的快速收集、分析和共享，提高监督的时效性和准确性。三是通过信息化手段，加强对财政资金流向的实时监控，防范财务风险。

（3）适应预算一体化要求，发挥财会综合监督作用。一是加快建立现代财政制度，通过科学的财政管理和监督机制，实现对资金使用的全过程、全要素监督。预算管理一体化整合了预算编制、预算执行、决算和报告、政府采购、资产管理等预算管理环节，作为项目法人要适应预算一体化管理的新要求，针对基本建设项目特点相应做出调整，由粗放型管理转为精细化标准化管理，比如项目法人将上级下达的投资计划细化分解至施工标段，对项目标段资金支付进行有效管控。二是优化水利财务管理信息系统功能，有效实现与预算管理一体化系统数据库的同步对接，充分发挥现有财务系统的作用，避免资源闲置浪费，双系统同步运行将形成强大合力。三是提高财会监督的透明度，预决算逐步向社会公开监督，让公众更好参与财会监督。

6 结论

财会监督是保证水利基本建设项目资金安全、确保项目资金合理合规使用的有效手段。近年来，国家逐步加大对水利基本建设项目投资力度，新阶段水利基本建设项目的财会监督也面临着新机遇和新挑战。如何在保障项目资金安全的前提下，提高建设项目的综合效益，将成为新时期水利基本建设项目财会监督工作的重要任务。因此，深入研究新形势下水利基本建设项目财会监督的难点和重点，探索有效的应对策略和创新举措，有效推动水利事业的高质量发展。

参考文献

[1] 李建发，袁璐，李文文，等．政府财会监督与企业税收规避：来自财政部会计信息质量随机检查的证据［J］．管理世界，2023，39（8）：154-171，172，195.
[2] 蒋静．积极践行财会监督 持续推进业财融合［J］．财会学习，2023（23）：28-30.
[3] 张小妮．事业单位贯彻落实新时代财会监督工作路径［J］．西部财会，2023（8）：35-38.
[4] 于晓慧．关于县级财会人员如何做好水利基建专款核算监督工作的探讨［J］．会计之友（中旬刊），2006（4）：51.
[5] 韩静，王利刚．加强水利企业财会监督的思考［J］．海河水利，2022（5）：123-126.

新疆水利枢纽工程中的募投建管一体化模式研究

童学卫[1]　李聪聪[2]

（1. 水利部河湖保护中心，北京　100038；
2. 水利部发展研究中心，北京　100038）

摘　要： 本文聚焦于水利投融资改革中“两手发力”的实践与成果，以新疆大石峡和玉龙喀什水利枢纽工程为例，分析其“特许经营+DBFOT（设计-建设-融资-运营-移交）”募投建管一体化的特点和适用性，并总结实践经验，以期为该投融资模式在水利枢纽领域的推广应用提供有益借鉴。

关键词： 水利枢纽；投融资；募投建管一体化

1　研究背景

党的十八大以来，在习近平总书记“十六字”治水思路和关于治水重要论述精神指导下，水利基础设施建设取得显著进展和成效。水利建设投融资工作的积极推进离不开政府作用和市场机制“两只手”的协同发力。党的二十届三中全会明确提出，健全现代化基础设施建设体制机制，拓宽多元化投融资渠道，健全重大水利工程建设、运行、管理机制。水利枢纽工程是基础设施建设的关键领域，建设投资需求庞大。除增加政府投入外，还需通过改革措施来解决资金问题，充分发挥市场机制的作用，更多地利用金融信贷资金并吸引社会资本参与水利建设，以多渠道筹集资金，满足大规模水利建设的资金需求[1]。

近年来，国家陆续出台系列政策，积极推进包括水利基础设施建设在内的投融资工作。特别是2023年以来，出台了一系列投融资政策。2023年11月，《国务院办公厅转发国家发展改革委、财政部〈关于规范实施政府和社会资本合作新机制的指导意见〉的通知》（国办函〔2023〕115号），提出规范实施政府和社会资本合作新机制，充分发挥市场机制作用，拓宽民间投资空间，坚决遏制新增地方政府隐性债务，提高基础设施和公用事业项目建设运营水平，确保规范发展、阳光运行。2024年3月，国家发展改革委等6部门修订发布《基础设施和公用事业特许经营管理办法》（第17号令），旨在鼓励和引导社会资本参与基础设施和公用事业建设运营，提高公共服务质量和效率，保护特许经营者合法权益，激发民间投资活力。2024年1月，水利部李国英部长在全国水利工作会议上也提出，创新拓展水利投融资机制，推广设计-建设-融资-运营-移交（DBFOT）等模式，鼓励和吸引更多社会资本通过募投建管一体化方式，参与水利基础设施建设，构建多元化、多层次、多渠道的水利投融资体系。

新疆大石峡和玉龙喀什水利枢纽工程的建设恰逢国家在创新重点领域投融资机制方面的历史机遇，并积极推动特许经营模式的发展[2]。因此，采用特许经营模式进行建设和运营，既是响应国家投融资机制创新的重大举措，也是促进地方重点项目实施的重要方式之一。本研究基于大石峡和玉龙喀什水利枢纽工程特许经营项目运作方式的深入调研和讨论，分析其“特许经营+DBFOT（设计-建设-融资-运营-移交）”募投建管一体化模式的特点和适用范围，并总结实践经验，为当前在水利枢

基金项目： 国家自然科学基金（42307558）。

作者简介： 童学卫（1980—），男，副主任，主要从事水利政策研究。

纽领域推广应用募投建管一体化模式提供借鉴。

2 典型工程投融资案例

2.1 新疆大石峡水利枢纽

2.1.1 工程概况

新疆大石峡水利枢纽是国家172项节水供水重大水利工程和国家层面联系的第一批12个PPP试点重大水利项目之一。工程建设任务是在保证塔里木河干流生态供水总量目标的前提下，以灌溉为主，结合防洪、兼顾发电等综合利用。2017年12月开工，施工总工期102个月。

2.1.2 合作框架

塔里木河流域管理局作为项目实施机构，负责推进项目前期工作。2019年，实施机构组建新疆大石峡水利枢纽建设管理有限公司为政府方出资代表，与社会资本方中国能建联合体共同出资成立新疆葛洲坝大石峡水利枢纽开发有限公司作为项目公司，负责工程设计、投融资、建设和运营。政府方持股49%，不为项目公司提供工程建设融资担保，不参与盈利分红，并通过日常工地检查和季度绩效考核，对有关问题进行督促整改，发挥监督职能。项目公司与实施机构签订特许经营协议，特许经营期40年（不含建设期8.5年）。项目竣工验收前，项目公司股权结构不得变更；竣工验收后5年内，项目公司股权可在股东间转让；竣工验收5年后，征得政府方同意，项目公司股权可对外转让。特许经营期满，项目公司将本项目设施及相关权利无偿、完好移交给政府方或指定的接收机构，退出项目。

2.1.3 投融资结构

工程总投资89.97亿元，其中：资本金50.61亿元，由中央补助30.37亿元、自治区补助0.95亿元、社会资本方出资19.29亿元构成；剩余的39.36亿元，由项目公司通过质押本项目预期收益权，通过银行贷款、项目收益债券等形式融资。

2.1.4 回报机制

项目公司通过发电收入、可行性缺口补助和设计施工利润获得投资收益，不收取农业灌溉水费。可行性缺口补助包括上网电量风险补贴和上网电价风险补贴，当政府方承担的年最低需求上网电量，小于项目年理论上网电量且小于实际上网电量时，政府方给予上网电量风险补贴；当上网电价低于0.2元每千瓦时，政府方给予上网电价风险补贴。

2.2 新疆玉龙喀什水利枢纽

2.2.1 工程概况

新疆玉龙喀什水利枢纽是国家172项节水供水重大水利工程项目之一。工程建设任务是在保证塔里木河下泄生态水量日标的前提下，通过与乌鲁瓦提水利枢纽联合调度，以调控生态输水、灌溉补水为主，结合防洪，兼顾发电等综合利用。2019年5月开工，施工总工期96个月。

2.2.2 合作框架

和田水利局和新疆生产建设兵团第十四师水利局作为项目联合实施机构，负责推进项目前期工作。2019年，实施机构授权新疆兵团水利水电工程集团有限公司为政府方出资代表，与社会资本方中国能建联合体共同出资成立新疆葛洲坝玉龙喀什水利枢纽开发有限公司作为项目公司，负责工程设计、投融资、建设和运营。政府方引入专业机构对项目监理单位、审计单位等进行全过程跟踪，并对项目建设工作进行监督管理。项目公司与实施机构签订特许经营协议，特许经营期40年（不含建设期8年）。项目建设期不允许股权变更，运营期经实施机构事先书面同意，社会资本方股权结构可以变更。特许经营期满后，项目公司将项目设施及相关权利无偿、完好移交给政府方或指定的接收机构，退出项目。

2.2.3 投融资结构

工程总投资78.79亿元，其中：资本金68.30亿元，由中央补助52.38亿元、社会资本方出资

15.92 亿元构成；剩余的 10.49 亿元，以预期收益权质押，通过银行贷款融资。

2.2.4 回报机制

项目公司通过发电、灌溉收入和设计施工利润获得投资收益。发电方面，特许经营协议明确实施机构有义务协助项目公司签署购电协议及获批预期上网电价，协调电网公司配套建设电力送出工程，保障及时并网送出；灌溉方面，政府方明确灌溉供水的水价及最低需求水量，若实际用水量低于最低需求水量，则通过延长经营期等方式给予相应补偿。

3 投融资模式分析

新疆大石峡和玉龙喀什水利枢纽采用的投资、建设、运营一体化方式，可以概括为“特许经营+DBFOT”模式，即由政府部门通过特许经营，授权政府出资方与社会资本方共同成立的项目公司，负责项目的设计、建设、投融资、运营和维护，特许经营期限内回收投资并获取合理利润，特许经营期满后移交政府方或指定的接收机构。其中，DBFOT 属于 BOT（建设-运营-移交）的延伸扩展，是集工程设计、工程建设、项目融资、长期运营、无偿移交于一体的全过程长链条投融资实施方式[3-4]。

3.1 “特许经营+DBFOT”模式特点

3.1.1 国资央企参与

国资央企资本实力雄厚、技术优势明显、管理经验丰富、具备相应资质，单独或者联合其他企业组建联合体作为社会资本方，能够有效降低项目实施风险，减轻政府财政负担，也符合重大水利工程投资规模大、建设周期长、运营收益低的特点。同时，国资央企通过参与重大水利工程建设，既获得企业长期稳定的投资收益，也履行了国有企业应尽的社会责任。

3.1.2 特长周期运营

与重大水利项目投资规模大、回报周期长的特点相匹配，设置长达 40 年以上的特许经营期，可以确保项目能够持续稳定运行，在减轻政府债务压力、提高投资收益率的同时，有利于地方政府和国资央企建立持续稳定的合作关系，开展深度合作。

3.1.3 全链条管理

扩展和延长传统水利项目建设的业务链条，向前端扩展到设计开发和投融资环节，向后端延长到运营维护环节，实现项目全生命周期管理，能够最大程度地整合相关资源，提高资金使用效率；能够优化设计，合理安排建设任务，有效降低成本；能够减少项目招标投标环节，提高工作效率，加快建设进度。

3.1.4 综合收益保障

与传统模式相比，社会资本方可在获得供水发电收入、政府可行性缺口补助等回报的同时，通过承担项目设计施工任务，获得投资、设计、建设等多重收益，弥补运营收益的缺口，提高项目整体收益水平。另外，政府方可出资但不参与盈利分红或少量分红，进一步保障社会资本方收益，满足国资委考核指标的需要。

3.1.5 强化政府监管

针对项目特点，在引入社会资本的同时，通过制定完善建设运营监管制度、引入专业监督机构等措施，加大项目监管力度，严格落实水利部门行业监管职责，提高政府监管效能，推动有效市场和有为政府更好结合，确保工程质量和效益发挥。

3.2 “特许经营+DBFOT”模式适用性分析

3.2.1 项目适用性要求

从项目本身来说，要具有一定收益，但项目运营全周期收益率偏低；要具有一定规模，社会资本可以获取较大的施工利润；要具有较长的特许经营期限，社会资本可在运营期内获得持续收益，提升项目的整体收益水平。

3.2.2 政府方合作策略

从政府方来说，水利项目收益率普遍较低，政府方在与社会资本方合作过程中，要进行适度让利，提高社会资本方收益率。如大石峡项目中政府方持有项目公司49%的股份，但不参与分红，保障了社会资本方的合理收益。

3.2.3 社会资本方能力要求

从社会资本方来说，水利项目设计施工管理的专业性强，且关系民生福祉。因此，社会资本方不但要在水利设计、建设、运营等方面具有较强实力和相应的资质，而且要具备较强的抗风险能力和社会责任感。

4 经验总结

水利基础设施建设投资需求大，在充分发挥政府投资作用的同时，需要更好地利用市场机制，多渠道筹措建设资金，加快推进项目实施。新疆大石峡和玉龙喀什水利枢纽采用的投资、建设、运营一体化方式，具有较强的现实意义，在推进类似水利项目建设中值得学习借鉴。

4.1 合理选定特许经营单位

特许经营模式是基础设施与公共服务供给机制的一项重要创新。政府通过竞争性方式，依法授权中华人民共和国境内外的法人或其他组织，并通过协议明确双方的权责和风险分担，规定其在一定期限和范围内进行基础设施投资、建设与运营，以获取收益并提供公共服务。因此，应严格按照法律法规，确保公开、公平、公正地选定社会资本方作为特许经营单位，确保项目的顺利实施。

4.2 推动“特许经营+DBFOT”模式应用落地

梳理具有融资能力和融资需求的重大水利项目，邀请部分省级水利部门和水投公司、国资央企，组织召开对接座谈会，介绍新疆大石峡和玉龙喀什水利枢纽经验做法，推动“特许经营+DBFOT”模式应用落地，放大典型示范效应。通过竞争性方式优选社会资本方以特许经营模式实施，有助于发挥其技术优势，借鉴先进的运营管理经验，提升工程的建设与管理水平，推动技术进步和服务理念的完善。

4.3 积极争取政策支持

持续深化水价改革，推动落实《水利工程供水价格管理办法》《水利工程供水定价成本监审办法》，按照“准许成本加合理收益”，建立健全激励约束并重、与水利投融资体制机制改革相适应的价格形成机制，提升水利项目盈利能力，为吸引更多社会资本参与创造条件。关注政府和社会资本合作模式政策，结合水利项目特点开展专题研究，进一步探索新形势下适合重大水利工程特点的融资路径。

4.4 转变政府职能，强化有效监管

大石峡和玉龙喀什水利枢纽工程将建设、运营与维护统一打包，引入社会资本参与全生命周期的项目管理，有助于提升建设与运营的效率和质量。这不仅能够降低政府部门在工程管理中的风险，还使相关职能部门能够从烦琐的事务中解脱，集中有限的资源加强项目的监督，确保项目公司运营管理达到规范标准，维护社会公共利益，有效避免了国家投资项目管理中“既当裁判员，又做运动员”的情况。

5 结语

本文基于新疆大石峡和玉龙喀什水利枢纽工程案例，提出采用的“特许经营+DBFOT”募投建管一体化模式，将融资与项目管理结合起来开展重大水利枢纽工程建设，有效解决了社会资本方的短期效益问题。与传统的政府投资、建设、运营模式相比，采用特许经营模式能够保证在资金不足、筹措困难的情况下解决项目推进难题，并且不会形成政府隐形债务。能够实现社会资本方长期稳定收益与短期经营效益的有机统一，有利于更大程度地调动社会资本特别是非公有制资本参与的积极性，达到

提高财政资金使用效率、实现国有资本放大功能的目的。同时，项目参建各方更加关注长期运营绩效，杜绝短期投机行为，有利于保证项目建设质量。

参考文献

[1] 崔晨甲，王小娜．水利投融资改革践行“两手发力”实践与成效［J］．水利发展研究，2024，24（3）：85-90.
[2] 郝永志．特许经营项目 BOT 模式在玉龙喀什水利枢纽工程的应用与建议［J］．中国水利，2023（6）：41-43.
[3] 魏德．港口建设项目 DBFOT 融资结构研究［D］．沈阳：沈阳建筑大学，2020.
[4] 吴兆丹，刘烨宁，张闻笛，等．社会资本参与大型水利工程资产运营机制设计案例分析及经验总结［J］．中国水利，2021（8）：55-57，61.

水利工程建设项目工程保险发展现状及思考

郭俊辰

（水利部海河水利委员会海河下游管理局，天津　300450）

摘　要：自改革开放以来，国内工程保险迅速发展，随着工程建设领域的风险管理意识有所提升，工程保险逐渐成为工程建设的重要组成部分，在国家重点工程项目中发挥着显著作用。在水利行业，工程保险为我国一系列重大水利工程项目的建设提供了重要保障，但也面临诸多挑战。通过总结海河防潮闸除险加固工程建设过程中工程保险的相关经验，结合水利工程建设领域的工程保险发展现状，针对工程保险在水利工程建设项目中的问题，从工程保险人才培养、保险费率评估方法、保险险种及结构等方面提出了发展建议和措施。

关键词：水利工程；工程保险；保险合同；保险费率；保险险种

1　工程保险发展概述

1.1　工程保险的历史发展

工程保险起源于20世纪初。1929年，英国在伦敦建造拉姆贝斯桥梁时开具了世界上第一张工程保险保单，标志着工程保险的诞生。1934年，德国推出了专门为工程建设项目定制的保险方案。1950年，国际咨询工程师联合会制定了标准的《土木建筑合同条款》，为工程保险的发展奠定了基础。这些举措共同推动了工程保险在全球范围内的发展和应用，特别是在大型工程项目中。

中国的工程保险发展始于20世纪70年代末80年代初。随着改革开放的深入推进，工程保险逐步引入中国，并在一系列重大工程项目中得到应用。中国工程保险的发展经历了从无到有、从点到面的过程，逐步形成了较为完整的工程保险体系。尤其是在引入国际咨询工程师联合会（FIDIC）标准后，中国工程保险制度得到进一步完善，为国内重大工程项目提供了重要的风险保障。

1.2　工程保险的类型及内容

（1）工程一切险。包括建筑工程一切险和安装工程一切险，承保在工程建设过程中可能出现的自然灾害、意外事故导致的物质损失，以及被保险人依法应对第三者的人身伤亡和财产损失承担的经济赔偿责任。建筑工程一切险主要针对土木工程项目，安装工程一切险主要针对设备、装置安装工程。

（2）工程责任险。承保被保险人对第三方依法应负的赔偿责任，包括由于工程施工导致的第三方人身伤亡或财产损失的赔偿责任。工程责任保险的引入和推广，有助于增强工程建设过程中各方的责任意识，促进工程质量和安全管理。

（3）工程质量潜在缺陷保险。承保工程质量潜在缺陷导致的损失，主要包括由于施工质量问题导致的建筑物损坏或功能失效。狭义上的工程质量潜在缺陷保险（IDI）在法国最早实行，并被逐步引入中国，成为保障工程质量的重要手段。但目前，安责险和IDI保险等暂时缺乏国家层面的指导性实施细则[1]。

（4）工程保证险。承保因被保险人未履行合同义务导致的经济损失。保证保险是财产保险的一种，提供了一种形式的履约担保，确保工程项目顺利进行，减少因合同违约导致的风险。

作者简介：郭俊辰（1990—），男，硕士研究生，工程师，主要从事水利工程建设及管理工作。

1.3 水利行业工程保险发展概述

水利工程项目具有规模大、周期长、投资高、技术复杂等特点，施工过程中面临的风险更大。例如，防洪、灌溉、给排水等项目均涉及复杂的施工工艺和高风险的工作环境[2]。由于水利工程项目经常涉水，施工工艺较为复杂，建设风险高，因而国内很多保险公司主观上不愿为水利工程建设项目提供保险服务。

水利工程保险始于 20 世纪 90 年代，由于起步较晚，目前尚处于发展初期。自 1989 年成立水利工程建设质量与安全生产监督总站以来，我国水利在建工程保险工作得到了长足发展，尤其是进入 21 世纪以来，水利工程保险工作取得了较大进展。2006 年，国务院颁布的《建设项目使用保险资金安全管理暂行办法》实施后，水利工程保险制度开始在全国范围内逐步建立和完善。2009 年开始实施的《水利工程质量与安全生产管理条例》进一步明确了水利在建工程保险制度的建设目标和要求。2023 年，水利部发布《关于推进水利工程建设安全生产责任保险工作的指导意见》，旨在利用社会资源和经济手段发挥保险的保障作用。近年来，国家和地方政府相继出台了一系列政策，推动保险在更深层次和更广泛领域参与水利建设管理[3]。水利工程保险制度的使用能够更为高效地转移项目的经济风险，减小水利工程项目所面临的经济损失[4]。

2 水利工程建设项目工程保险存在的问题

2.1 水利工程保险行业人才匮乏

水利工程保险行业需要既懂水利工程专业知识，又具备保险理论和实务操作能力的复合型人才。然而，目前我国水利工程保险从业人员的专业化程度较低，尤其是复合型人才十分短缺。这导致在实际操作中，保险公司无法提供专业化、高质量的风险评估和保险服务。例如，海河防潮闸除险加固工程在招标过程中，由于缺乏工程保险专业评审专家，招标工作受到影响。

2.2 保险咨询服务专业化水平低

工程保险在国内发展时间较短，保险公司的咨询服务水平相对较低。很多保险公司在提供工程保险服务时，主要集中在保单销售和费用谈判上，而对工程项目的风险评估、险种配置和理赔方案等专业服务则相对薄弱。在实际操作中，保险公司往往缺乏对工程项目的深入了解和专业风险管理能力，这影响了保险服务的质量和效果。例如，在海河防潮闸除险加固工程项目中，保险公司对项目实际情况了解不足，对风险管控的理解不够深入，导致在保期间的风险管理服务不到位。

2.3 工程保险费率设置不合理

工程保险费率的设置直接关系到保险公司的运营和投保人的保费支出。然而，当前国内水利工程保险费率的设置缺乏科学的评估体系，主要表现为风险识别不准确和风险分析不完善。

2.3.1 风险识别不准确

保险公司在承保水利工程项目时，往往依赖于宏观的气候条件、水文地质情况和地区环境等信息，而对项目实际情况如参建人员专业素养、施工组织情况、施工工艺方法等了解不足。这导致保险公司对风险因素的识别不准确，评估结果偏差较大。

2.3.2 风险分析不完善

目前，国内保险公司普遍使用的最大可能损失法（PML），在水利工程项目的应用中存在一定局限性。这种方法在风险评估过程中缺乏准确性和全面性，导致费率设定不合理，影响了保险的有效性。

首先，PML 法假设风险事件的损失是独立的，并且能够确定一个单一的最大可能损失值。然而，在实际的水利工程中，风险事件往往是相互依赖的，具有复杂的相关性。例如，洪水风险（R_f）、地质风险（R_g）和施工风险（R_c）等因素之间可能存在显著的相互作用。

PML 法通常通过公式（1）来计算最大可能损失：

$$\mathrm{PML} = \max(L_f,\ L_g,\ L_c) \tag{1}$$

式中：L_f、L_g 和 L_c 分别表示洪水、地质和施工风险的潜在最大损失值。

这种计算方法存在以下问题：

（1）忽略了风险的相关性。PML 法仅考虑单一风险事件的最大损失，而忽略了多个风险事件之间的相关性。实际情况中，多个风险事件可能同时发生或相互影响，导致总损失远超单一事件的损失。例如，如果洪水和地质风险高度相关，忽略其相关性可能导致低估总损失。

（2）缺乏全面的风险覆盖。PML 法倾向于强调极端事件的单一最大损失，而没有全面考虑各种风险情景下的总损失分布。这种方法不能充分反映风险的全面性和复杂性。

为了更好地理解 PML 法的局限性，推荐考虑采用 Copula 模型来分析风险因素之间的相依关系。假设其总损失 L 为多个风险损失的函数：

$$L = f(R_f, R_g, R_c) \tag{2}$$

Copula 函数 C 用于描述风险因素的联合分布：

$$F_L(x) = C[F_{R_f}(x), F_{R_g}(x), F_{R_c}(x)] \tag{3}$$

式中：$F_L(x)$ 是总损失 L 的累积分布函数；$F_R(x)$ 是洪水、地质、施工等风险的边缘分布函数。

Copula 函数的形式可以表示为：

$$C(u_1, u_2, u_3) = \Phi_\Sigma[\Phi^{-1}(u_1), \Phi^{-1}(u_2), \Phi^{-1}(u_3)] \tag{4}$$

式中：Φ_Σ 是协方差矩阵为 Σ 的三元正态分布函数；Φ^{-1} 是标准正态分布的逆函数；u_1，u_2，u_3 分别是洪水风险（R_f）、地质风险（R_g）和施工风险（R_c）的边缘分布函数的累积概率值。

通过以上分析可以看到，PML 法的局限性在于未能充分考虑风险因素的相关性和全面性。在实际应用中，需要更为复杂的风险评估模型，比如上面提到的 Copula 模型，以全面反映水利工程中的多重风险因素及其相互关系，从而提高风险评估的准确性和合理性。

2.4 保险服务合同条款适用性差

现行的保险合同条款在实际应用中存在适用性差的问题，主要表现在以下三个方面：

（1）责任范围不明确。保险合同条款中对损失范围和免赔范围的规定不够明确，导致在发生事故后容易产生争议。

（2）条款过于原则。现行的保险合同条款往往规定过于原则，缺乏可操作性。在实际操作中，合同条款的执行难度较大，影响了保险服务的有效性。

（3）缺乏灵活性和弹性。保险合同条款在设计上缺乏针对性和灵活性，未能充分考虑水利工程项目的特殊需求，导致保险保障效果不理想。

2.5 保险公司风险承载能力有限

2.5.1 风险承载能力有限的表现

保险公司在水利工程保险中的风险承载能力有限，主要表现在以下三个方面：

（1）承保能力不足。水利工程项目规模大、周期长、风险高，要求保险公司具备较强的资金实力和技术支持。然而，很多保险公司自身资金实力有限，难以独立承保大规模的水利工程项目。

（2）再保险需求高。由于水利工程项目风险较大，保险公司往往需要通过再保险来分散和转移风险。然而，找到合适的再保险公司并制订合理的再保险方案并不容易，增加了保险公司的运营难度。

（3）保单责任界定困难。水利工程项目复杂多变，保险公司在实际操作中，常常面临保单责任界定困难的问题。例如，建设单位在投保工程保险时，往往需要提供大量的证明材料，保险公司在获取这些材料以及进行保险责任调查和定损时可能会遇到诸多障碍。

2.5.2 风险承载能力有限的原因

（1）资金实力不足。水利工程项目通常涉及巨额投资，保险公司需要具备雄厚的资金实力以应对潜在的巨额赔付。然而，目前许多保险公司在资本积累和融资能力方面相对薄弱，无法有效支撑大规模水利工程项目的保险需求。

（2）技术和经验不足。水利工程具有复杂性和专业性，对保险公司的技术和经验要求较高。许多保险公司在水利工程领域的技术储备和经验积累不足，导致在风险评估和管理上存在短板，无法提供高质量的风险保障服务。

（3）风险集中度高。水利工程项目的风险往往集中且高度相关，如自然灾害、技术故障和施工事故等。这种高集中度的风险增加了保险公司的赔付压力，使得保险公司在承保时更加谨慎，进一步限制了其风险承受能力。

（4）再保险市场限制。虽然再保险是分散风险的重要手段，但再保险市场对水利工程项目的接受程度和条件限制较多。再保险公司对风险的评估标准严格，且费用较高，增加了保险公司在寻求再保险时的难度。

2.5.3 风险承载能力有限的影响

（1）承保范围受限。由于风险承载能力有限，保险公司在承保水利工程项目时往往会设置较多的限制条件，甚至拒绝承保某些高风险项目。这导致许多水利工程项目无法获得充分的保险保障，增加了项目风险暴露的可能性。

（2）保费水平较高。为应对高风险，保险公司可能会提高保费水平，以弥补潜在的赔付成本。然而，高昂的保费增加了水利工程项目的保险成本，可能导致投保人对保险的接受度降低，影响保险的普及和应用。

（3）影响工程融资。保险作为工程项目风险管理的重要手段，保险保障不足可能影响工程项目的融资能力。金融机构在评估项目风险时，如果发现保险保障不足，可能会提高贷款条件或拒绝提供融资，影响项目的顺利实施。

（4）赔付能力受限。在实际操作中，如果发生重大风险事件，保险公司的赔付能力可能受到限制，无法及时、足额赔付。这不仅影响保险公司的信誉，也对投保人的利益造成损害，可能导致工程项目进度受阻甚至停工。

2.6 保险公司风险管控能力薄弱

2.6.1 风险管控能力薄弱的表现

在水利工程建设项目的保险期间，保险公司作为风险管控的主要参与方，存在以下几个方面的不足：

（1）风险监控不足。保险公司在保单生效期间，通常缺乏对工程项目的实时监控和风险评估。很多保险公司仅在出险后介入，而未能在施工过程中提供有效的风险监控和预警服务。

（2）现场检查和指导缺乏。保险公司往往缺少定期的现场检查和技术指导，未能充分了解施工进展和现场情况。这导致在施工过程中可能出现的风险未能及时发现和处理。

（3）数据分析和反馈机制不完善。保险公司在风险管控过程中缺乏系统的数据分析和反馈机制，未能充分利用施工过程中的数据进行风险评估和管理。数据的积累和分析不足，使得保险公司难以提供有针对性的风险防控建议。

（4）风险管理服务缺失。很多保险公司在承保后，未能为投保人提供系统的风险管理服务，如风险评估、风险规避措施建议等。这使得投保人在面对潜在风险时缺乏专业的指导和支持。

2.6.2 风险管控能力薄弱的原因

保险公司在保险期内的风险管控能力薄弱的原因主要包括：

（1）专业技术人员不足。保险公司缺乏具有工程技术背景的专业人员，难以对复杂的水利工程项目进行有效的风险评估和管理。专业技术人员不足，使得保险公司在工程项目的风险管理上存在明显短板。

（2）技术手段和设备不足。很多保险公司在风险监控方面的技术手段和设备较为落后，无法实现对工程项目的实时监控和管理。缺乏先进的监控设备和技术手段，限制了保险公司对工程项目的全面掌控。比如，近年来，浙江省搭建了水利设施保险风控信息平台，有效推动了保险公司参与水利设施数字化建设，可提供数字化增值服务[5]。

（3）风险管理体系不完善。保险公司内部的风险管理体系不够完善，缺乏系统的风险管理流程和标准。没有建立起完善的风险管理体系，使得保险公司在面对工程项目的复杂风险时，难以提供系统的管理服务。

（4）成本控制压力。保险公司出于成本控制的考虑，往往在风险管控服务上投入不足。这导致在保险期内的风险管理服务不到位，无法满足工程项目的实际需求。

2.6.3 风险管控能力薄弱的影响

保险公司在保险期内风险管控能力薄弱，对水利工程建设项目带来了多方面的负面影响：

（1）风险暴露增加。由于缺乏有效的风险监控和管理，施工过程中潜在的风险无法及时发现和处理，导致风险暴露增加。一旦发生事故，可能造成重大经济损失和工程进度延误。

（2）投保人信任度下降。保险公司在保险期内风险管理服务不到位，影响了投保人对保险公司的信任度。投保人可能认为保险公司无法提供有效的风险保障，进而影响保险业务的发展。

（3）保险赔付压力增大。缺乏有效的风险管控措施，可能导致保险事故频发，增加保险公司的赔付压力。频繁的保险赔付不仅增加了保险公司的运营成本，也可能影响公司的财务稳定性。

2.7 投保人风险意识薄弱

2.7.1 风险意识薄弱的表现

在水利工程建设项目中，投保人风险意识薄弱主要表现在以下几个方面：

（1）风险认知不足。许多投保人对水利工程建设过程中可能面临的各种风险缺乏全面的认知。他们往往低估了自然灾害、意外事故和技术风险的可能性与影响。

（2）保险认知不足。投保人普遍缺乏对工程保险种类、保障范围和作用的了解，认为保险只是额外的成本负担，而非重要的风险管理工具。这种误解导致投保率低，保险覆盖面不广，无法充分利用保险机制来转移和分担风险。

（3）投保意愿低。由于缺乏风险管理意识，许多工程项目在预算中未充分考虑保险费用，导致投保意愿低。即使在政策要求下进行投保，投保人也往往选择最低保障范围的保险方案，无法有效覆盖项目的实际风险。

2.7.2 风险意识薄弱的原因

（1）教育和培训不足。国内对工程保险的宣传教育和专业培训相对滞后。施工企业和项目管理人员在接受工程管理培训时，较少涉及保险相关知识，导致他们对保险的重要性认识不足。

（2）保险公司宣传不足。保险公司在推广工程保险产品时，往往侧重于销售层面，而忽视了对客户的风险管理教育。缺乏系统的风险管理咨询服务，无法帮助投保人理解和重视工程保险。

（3）过于关注短期利益。许多工程项目管理者更加关注短期经济效益，认为保险费用是一种不必要的支出，而忽视了长远的风险管理和保障。研究表明，这往往是由于管理者的过往经验成为最终决策的决定性因素[6]。

（4）政策引导不足。尽管国家和地方政府出台了一系列鼓励和强制工程保险的政策，但在实际执行过程中，政策的宣传和落实力度不够，未能引导投保人增强风险管理意识。

2.7.3 风险意识薄弱的影响

（1）增加风险暴露。缺乏足够的保险保障，使得工程项目在面对意外事故和自然灾害时，风险暴露增加。一旦发生风险事件，可能造成重大经济损失，甚至影响项目的顺利进行和竣工。

（2）影响项目融资。金融机构在对工程项目进行融资评估时，会考虑项目的风险管理措施。缺乏保险保障的项目，往往难以获得银行和投资机构的青睐，影响项目的融资渠道和资金来源。

（3）降低工程质量和安全。工程保险不仅是经济保障工具，也是质量和安全管理的重要手段。投保人风险意识薄弱，导致工程保险覆盖不足，无法充分利用保险公司提供的风险管理和技术支持，可能影响工程质量和安全。

3 水利工程建设项目工程保险发展的建议

3.1 构建工程保险人才培养体系

（1）建立专业培训机构。政府和行业协会应联合建立专业的工程保险培训机构，提供系统的工程保险知识培训。开设专门的课程，涵盖工程技术、金融保险、法律法规等方面的内容，提高从业人员的综合素质。

（2）加强校企合作。高校与保险公司、施工企业应加强合作，开设工程保险相关专业和课程，培养既懂工程技术又懂保险业务的复合型人才。通过实习和项目合作，提升学生的实践能力和专业素养。

（3）开展继续教育。为在职从业人员提供继续教育和培训机会，定期举办研讨会、讲座和培训班，更新专业知识和技能。鼓励从业人员参加国内外专业认证考试，提高专业水平和职业素质。

（4）建立人才激励机制。制定合理的人才激励机制，吸引和留住优秀的工程保险专业人才。通过提供有竞争力的薪酬待遇和职业发展机会，激励人才在工程保险领域深耕细作。

3.2 完善工程保险费率评估方法

（1）引入先进的风险评估模型。借鉴国际先进的风险评估模型，如优化的最大可能损失法（PML）、蒙特卡罗模拟、贝叶斯网络、风险层次分析模型等，通过大数据分析、人工智能学习等方式，结合国内水利工程的实际情况，制定科学的费率评估方法。

例如，采用蒙特卡罗模拟方法来评估水利工程的风险和确定保险费率。蒙特卡罗模拟是一种基于随机抽样和统计分析的风险评估方法，能够处理复杂的不确定性和多变因素。具体步骤如下：

首先，定义风险变量。设定水利工程建设过程中可能出现的风险变量，如洪水风险（R_f）、地质风险（R_g）、施工风险（R_c）等。假设这些风险变量的概率分布已知，可以表示为

$$R_f \sim N(\mu_f, \sigma_f^2) \tag{5}$$

$$R_g \sim N(\mu_g, \sigma_g^2) \tag{6}$$

$$R_c \sim N(\mu_c, \sigma_c^2) \tag{7}$$

式中：μ 表示均值；σ 表示标准差。

其次，进行大量随机抽样。使用蒙特卡罗模拟生成大量随机样本，每个样本代表一个可能的风险情景。例如，进行 N 次模拟，得到一组风险情景：

$$\{(R_f^1, R_g^1, R_c^1), (R_f^2, R_g^2, R_c^2), \cdots, (R_f^N, R_g^N, R_c^N)\} \tag{8}$$

然后，计算每个风险情景下的总损失。假设其总损失 L 是各风险变量的线性组合，可以表示为

$$L = \alpha_f R_f + \alpha_g R_g + \alpha_c R_c \tag{9}$$

式中：α_f、α_g、α_c 为风险权重系数，反映各风险对总损失的影响程度。

最后，统计模拟结果，确定保险费率。根据所有模拟结果计算总损失的期望值 $E[L]$ 和置信区间。设定适当的利润率（π）和管理费用率（γ），保险费率 P 可以表示为

$$P = (1 + \pi + \gamma) \cdot E[L] \tag{10}$$

通过上述方法，可以在较为充分考虑风险不确定性和多变性的基础上，科学地评估水利工程的保险费率，确保费率设置的合理性和科学性。

（2）引入风险价值模型（VaR）。VaR 是一种用于量化风险的统计技术，可以在一定置信水平下估计最大可能损失。VaR 模型在金融风险管理中广泛应用，同样适用于工程保险费率评估。具体步骤如下：

首先，确定置信水平 α。在工程保险中，常用的置信水平为 95%或 99%，表示在给定置信水平下，最大可能损失不会超过 VaR 值。设定置信水平为 α 时，VaR 表示在该置信水平下的最大可能损失。

其次，构建风险变量的分布函数。假设总损失 L 的概率分布函数为 $F_L(x)$，则 VaR 可以通过求

解以下方程获得：

$$\mathrm{VaR}_{\alpha} = \inf\{x \in R: F_L(x) \geqslant \alpha\} \tag{11}$$

式中：VaR_{α} 表示置信水平为 α 时的风险价值。

最后，应用 VaR 值确保保险费率。设定适当的利润率 π 和管理费用率 γ，保险费率 P 可以表示为：

$$P = (1 + \pi + \gamma) \cdot \mathrm{VaR}_{\alpha} \tag{12}$$

通过 VaR 模型，可以有效量化水利工程项目的风险，并在高置信水平下确保保险公司的风险承载能力和财务稳定性。

（3）建立完善的数据库。建立覆盖全国的水利工程项目风险数据库，收集和积累各类工程项目的风险数据和案例。通过大数据分析，提高风险评估的准确性和科学性。

（4）采用现代技术手段。利用物联网、人工智能和机器学习等现代技术手段，对水利工程项目的风险进行动态监测和评估。通过实时数据采集和分析，及时调整保险费率，提高费率设置的合理性和科学性。

（5）加强行业合作。保险公司应加强与施工企业、科研机构和政府部门的合作，建立风险评估的多方合作机制。通过信息共享和技术交流，提升整体风险评估水平。甚至，业主与保险机构可以根据自身偏好、项目及施工企业特点等设置相应的激励机制，使得施工企业加强风险管理投入并抑制其机会主义行为，实现多方共赢[7]。

3.3 完善工程保险险种种类及内容

（1）开发多样化保险产品。根据水利工程项目的特点和需求，开发更加灵活和多样化的保险产品。如针对不同工程阶段的保险产品、针对特定风险的专项保险等，以满足不同类型和规模的水利工程项目的需求。

（2）引入创新保险险种。借鉴国际先进经验，引入如基于指数的保险（IBI）、参数化保险等创新险种，提高保险产品的适用性和灵活性。通过创新险种设计，提供更加精准的风险保障。比如，在美国，广泛应用指数保险来共同分担风险，以补偿水务公司因恶劣天气导致的财务损失[8]。

（3）提供增值服务。保险公司应提供全方位的增值服务，如风险评估、风险管理咨询、工程监理等，帮助投保人提高风险管理水平。通过提供增值服务，增强保险产品的吸引力和附加值。就海河防潮闸除险加固工程来说，保险公司完全可以充分参与到落实水利部党组关于构建水利安全生产风险管控“六项机制”的决策部署工作中来，探索适合海委实际的安全管理模式，充分发挥技术顾问的作用[9]。

（4）优化保险合同条款。在设计保险合同条款时，充分考虑水利工程项目的实际情况，确保条款的合理性和可操作性。通过制定清晰明确的责任范围和理赔标准，提高保险合同的适用性和执行效果。在预算允许的情况下，应根据工程类型、建设内容、技术复杂程度、是否涉及深基坑开挖或高空作业或水下作业等施工工艺、是否对人员保障范围和时间进行延伸等内容，设置相应的特别约定或附加条款[10]。

3.4 增强工程参建各方风险意识

（1）开展风险管理培训。定期组织施工企业和项目管理人员参加风险管理培训，增强他们的风险意识和管理能力。通过案例分析和实战演练，增强培训效果和实际应用能力。

（2）加强宣传教育。通过行业协会、媒体和政府部门等渠道，加强对工程保险重要性的宣传教育。通过专题讲座、研讨会和宣传资料，提升各方对工程保险的认知和重视。

（3）建立风险管理体系。施工企业应建立完善的风险管理体系，将风险管理纳入工程项目的全过程管理。通过制定风险管理制度和标准，明确各方责任，提高风险管理的系统性和规范性。

（4）鼓励经验分享。鼓励施工企业和项目管理人员分享风险管理的成功经验和教训，通过交流和互动，提升整体风险管理水平。通过建立经验交流平台，促进各方共同进步和提高。

4 结论

工程保险在水利工程建设中发挥着重要保障作用，但存在诸多问题。为提升其应用水平，需要完善人才培养体系；改进费率评估方法，引入先进风险评估模型，确保费率科学合理；优化保险产品，提供增值服务，确保条款合理；增强风险意识，开展风险管理培训，分享成功经验。国家和政府应加强政策支持和监管，推动保险公司提升服务水平。水利建设单位和项目管理单位需将保险作为项目风险管理的重要组成部分，共同促进水利工程建设的规范化和科学化，实现可持续发展和最大化社会经济效益。

参考文献

[1] 刘丹璇．我国工程保险发展现状与问题探析［J］．建设监理，2024（3）：13-15.

[2] 王诗兰．浅谈水利工程建设风险与保险对策［J］．水利建设与管理，2022，42（6）：81-84.

[3] 韩丽，邓捷铭．海河“23·7”流域性特大洪水下水利工程保险制度建设的思考［J］．中国水利，2024（1）：23-27.

[4] 刘禄．水利工程经济效益风险探究［J］．中国集体经济，2023（29）：73-76.

[5] 俞浓波，王浩军，柯宇超．水利工程保险制度创新实践与启示［J］．水利建设与管理，2023，43（3）：62-66.

[6] Liu J，Lin S，Feng Y. Understanding why Chinese contractors are not willing to purchase construction insurance［J］. Construction and Architectural Management，2018，25（2）：257-272.

[7] 朱建波，时茜茜，张劲文，等．考虑保险机构参与的重大工程风险管理激励模型［J］．中国管理科学，2022，30（6）：1-10.

[8] Baum R. Risk Pooling to Mitigate Hydrology-Related Financial Losses for Water Utilities［D］. The University of North Carolina at Chapel Hill，2019.

[9] 徐好峰．落实安全责任健全管理体系推动海委“六项机制”落地见效［J］．海河水利，2024（增刊）：1-4.

[10] 赵倩，郝红红．总承包单位购买工程保险要点探析［J］．招标采购管理，2023（9）：60-61.

我国用水权交易发展现状及经验启示

侯　洁[1]　门一凡[2]

（1. 水利部预算执行中心，北京　100053；
2. 中国水权交易所，北京　100053）

摘　要：当前我国正处于经济快速发展阶段，工业生产、农田灌溉和生活用水的需求量也随之大幅增加，水资源短缺、水资源利用不合理等问题突出。推行和实施水权交易是解决水资源矛盾的有效手段。随着我国水权交易市场建设有序推进、水权交易形式更加多样、水权交易政策体系逐步完善，水权交易蓬勃发展、上升势头明显，本文从我国用水权交易现状出发，分析了制约我国用水权交易发展的问题，同时对如何激发市场活力提出了意见建议。

关键词：用水权交易；现状；监管；建议

1　我国用水权交易现状

1.1　用水权制度建设现状

2016 年，水利部印发《水权交易管理暂行办法》，对水权交易的范围和类型、主体和期限、价格形成机制以及平台运作规则等作出了具体规定。2022 年，水利部、国家发展改革委、财政部联合印发了《关于推进用水权改革的指导意见》，在用水权初始分配和明晰、不同形式的用水权交易、计量和监管等方面作出了细化规定。2024 年，水利部印发了《用水权交易管理规则（试行）》《用水权交易技术导则（试行）》和《用水权交易数据规则（试行）》，明确了用水权交易的总体原则、交易类型、重点环节、监管要求等，从可操作、易执行等方面对用水权交易全流程进行细化，从技术层面提供了操作指引，统一了用水权交易数据规范。山东、贵州、甘肃、宁夏、青海等地结合当地实际印发实施用水权交易管理规则或实施细则[1]。用水权交易制度体系已初步形成。

1.2　用水权交易平台建设现状

2016 年，经国务院同意，水利部和北京市政府联合发起设立了国家级水权交易平台——中国水权交易所，2023 年，组织建成全国水权交易系统，在 7 个流域管理机构、31 个省（区、市）和新疆兵团、5 个计划单列市全部完成系统部署。在地方层面，19 个省（区）有不同性质、不同形式用水权交易机构 141 家，其中省级机构 18 家、市级 10 家、县级及以下 113 家，目前 110 家地方交易机构尚未开展用水权交易。

1.3　用水权初始分配现状

区域水权分配方面，地表水目前通过江河流域水量分配，将水量分配方案批复的可用水量，作为区域在该江河流域的用水权利边界，目前已基本完成全国跨省重要江河流域水量分配；地下水以县为单元确定地下水取水量、水位管控指标，将确定下来的地下水可用水量，作为区域的地下水用水权利边界，我国大部分省份已完成地下水管控指标成果技术审查。用水户水权分配方面，各流域管理机构和地方各级水行政主管部门通过建设项目水资源论证审查和取水许可审批，对依法纳入取水许可管理的单位和个人，在核定许可水量的前提下，通过发放取水许可证以明晰取用水户的取水权。目前已基

作者简介：侯洁（1988—），女，高级会计师，主要从事水利财务管理、水利经济研究工作。

本完成全国跨省重要江河流域水量分配任务。灌区内灌溉用水户用水权分配方面，地方人民政府或者其授权的水行政主管部门根据需要通过发放用水权属凭证，或由灌区管理单位下达用水指标等方式，明晰用水权。公共供水管网用户的用水权分配方面，目前没有国家层面统一的分配方式，由各省份根据自身情况探索明晰。

1.4 多种形式用水权交易现状及典型案例分析

1.4.1 多种形式用水权交易概况

自 2016 年国家水权交易平台建立至今，通过平台交易累计突破 1.4 万单，交易水量超过 45 亿 m^3。2023 年，全国 29 个省份共开展用水权交易 6 524 单，交易水量 18.91 亿 m^3，同比分别增长 24.9%和 106.9%。其中，区域水权交易 95 单，交易水量 11.33 亿 m^3；取水权交易 1 243 单，交易水量 6.46 亿 m^3；灌溉用水户水权交易 5 186 单，交易水量 1.12 亿 m^3。山东、山西、湖北、甘肃 4 个省份交易单数占总交易单数的 85%，内蒙古、甘肃、山东、河南等 4 个省（区）交易水量占总交易水量的 73%。通过国家水权交易平台成交的有 5 762 单，交易水量 5.39 亿 m^3，交易范围覆盖 26 个省级行政区。

区域水权交易取得新进展，黄河流域首例跨省区交易——四川阿坝州与宁夏宁东化工管委会通过国家水权交易平台达成交易，交易水量 1 500 万 m^3，浙江淳安与建德签订 5 000 万 m^3 水权交易协议，成为太湖流域片首个区域水权交易和水生态产品价值实现案例；取水权交易实现扩面增量，一些地区结合取用水监管、水资源超载地区暂停新增取水许可、地下水超采治理等工作，引导取用水户通过用水权市场化交易解决新增用水需求。灌溉用水户水权交易规模稳步提升；非常规水资源交易探索推进，山西省晋中市开展了全国首例再生水使用权有偿出让，运用市场化手段解决了煤化项目用水缺口，探索再生水从“无偿取得、有偿使用”向“有偿取得、有偿使用”的转变。

1.4.2 典型案例分析——四川与宁夏黄河流域跨省区域水权交易

2023 年 11 月 23 日，宁夏回族自治区宁东能源化工基地管理委员会通过中国水权交易所，以每立方米 1.2 元的交易价格购得四川省阿坝藏族羌族自治州（简称阿坝州）1 500 万 m^3 黄河用水权，交易期限为 2024—2026 年，标志着黄河流域首单跨省（区）用水权交易顺利达成。

根据 1987 年国务院批复的黄河流域水量分配方案，阿坝州分得可用水量 4 200 万 m^3/年。近年来，阿坝州大力推行节水控水，加快节水型社会建设，对于用水量约 60%的农牧民，当地开展以草定畜、草畜平衡。特别是 2020 年以来，阿坝州沿黄四县载畜量持续下降，阿坝州黄河流域多年平均用水总量基本控制在 3 300 万 m^3 左右，每年约有 800 万 m^3 结余。

水资源短缺是宁夏最大区情。宁夏经济社会发展主要依赖国家限量分配的每年 40 亿 m^3 过境黄河水。进入新发展阶段，用水矛盾更加突出，特别是 2023 年黄河转入枯水年，并可能出现连续枯水年或特枯水年，预测 2035 年缺水总量达 14.2 亿 m^3。宁东基地是宁夏经济发展的“主战场”“主引擎”，随着产业不断发展壮大，宁东基地的刚性用水需求也不断增大，但宁夏已没有富余用水指标供其使用，且自治区内用水权交易潜力也基本挖掘殆尽，亟须在更大范围通过市场机制为其取得用水指标。最终，宁夏从黄河上游阿坝州找到了有结余的水源。预计在 2025 年前，阿坝州黄河流域没有较大新增用水，能确保本次水量交易额度。

本次交易开创了黄河流域跨省域用水权交易的先河，是深入贯彻落实党中央、国务院关于深化用水权改革的重要举措，为全国开展跨省域用水权交易、破解区域发展指标性缺水困局提供了有益的经验借鉴，具有重大的战略意义和积极的示范带动作用。四川、宁夏根据自身需求尝试和探索实践跨省域用水权交易，突破了地理空间限制，打破了省区“惜售”壁垒，扩大了用水权交易市场的参与主体和交易范围，在一定程度上缓解了跨省域区域水资源空间不均衡问题，展示出来的水资源配置手段、治水工具和政策充分体现了“有为政府”和“有效市场”的协同作用，为其他省份解决水资源短缺问题提供了新思路。此外，四川、宁夏跨省域用水权交易拓展了优化流域水资源配置的实现路径，也为沿黄各省在“八七”分水方案的基础上通过市场机制进一步优化水资源配置提供了可行路径[2]。

2　制约用水权交易发展的问题

近年我国用水权交易蓬勃发展，但在探索和发展过程中也暴露出不少问题，主要在法律法规保障体系、水资源管理、初始水权分配、取用水计量等方面还存在一定难点和问题。

水权交易法律法规体系还需进一步完善。党的二十届三中全会提出，要坚持全面依法治国，在法治轨道上深化改革、推进中国式现代化，做到改革和法治相统一，重大改革于法有据，及时把改革成果上升为法律制度。目前，我国用水权交易市场建设仍处于起步阶段，缺乏完备、系统的规章制度和监管制度，用水权交易缺少足够的法律法规保障，尚未正式立法，用水权是否可以有偿出让等仍不明确，用水权属凭证的合法形式、用水权的权益边界等仍不清晰，用水权交易缺乏明确的法律地位和法律保障。在交易过程中，双方权利义务等问题存在法律空白，不利于水权交易的推广和发展。

水资源监管需进一步加强。一些地方水行政主管部门无法通过自建系统掌握各地用水权交易及相关权属变更等情况，导致部分地区用水权交易游离于水资源监督管理之外，用水权交易与水资源管理脱节。另外，在初始水权分配问题上涉及的“省—市—县”三级行政区用水总量管控指标体系及跨区域、省市流域水权初始水权归属及分配等仍有细化空间[3]。

取用水计量等仍需加强。进入水权交易市场的水权必须是可计量、可监测的，这是开展用水权交易和强化交易监管的基本技术保障。水权的分配、实施和转让需要依托一整套计量设施、监测设施和实时调度系统。目前，部分工业取水和农业取水还未进行监测计量，取用水监测计量体系有待进一步完善，取用水量监测数据质量有待提高，对用水权交易和监管产生了一定制约。部分规模以上的取用水户未做到在线计量，取水监测数据质量还不够高，取用水信息获取能力和监管的精细化水平需进一步提升，这些问题对用水权分配和交易也形成了一定制约。

3　激发用水权交易市场活力的建议

3.1　完善用水权交易法规政策

推动健全相关法律规定，结合《中华人民共和国水法》《取水许可和水资源费征收管理条例》等与用水权交易密切相关的法律法规修订工作，在法律上明确水权的基本权利和义务等内容，明确水权的种类和内容，规定水权确权的主体、对象、规则、方式、流程等，按照水权确权的有关政策要求，完善取水许可制度，明确取水权的具体权利和义务，重点规范区域取用水总量和权益、取水用户的取水权、农村集体水权、使用公共供水的用水权等四类水权的确权，为用水权改革提供法律依据和基础保障[4]。同时，各地也应因地制宜加快建立健全用水权改革制度体系，加强与用水权改革最新政策的衔接。

3.2　优化初始水权分配

坚持“四水四定”原则，明晰区域水权初始分配，即以区域水资源总量为刚性约束，综合考虑经济社会发展和产业布局，统筹考虑现状用水与发展用水，对不同地区、不同行业、不同主体的用水需求进行合理配置，以此作为水权水市场建设的基本依据和前提[5]。在此基础上，倒逼已超过或达到用水总量控制指标的地区通过水权交易满足新增用水需求，而不是通过政府无偿配置方式获得水资源。此外，要优化配置不同水源和行业用水，在水权初始分配中，以区域水资源承载力为刚性约束，将区域用水总量控制指标按照地表水、地下水、外调水等不同水源类型逐一分解。在此基础上，结合经济社会发展以及各产业规划布局情况，将不同水源的水量指标依次分配给各用水行业，形成水源配置与行业用水配置相协调的区域水资源配置格局。

3.3　严格取用水监管

研究制订关于可用水量确定、水资源严重短缺和超载地区名录管理、规划水资源论证、水资源考核等方面的配套政策措施。强化违规取用水问题发现查处和整改，积极推进取水口规范化标准化管理，充分利用信息化手段排查和整改取用水户违规取水问题，规范取用水及管理秩序[6]。严格水资源论证和取水许可管理，推动水资源超载问题治理，对黄河流域水资源承载状况进行评估，根据《中华人民共和国黄河保护法》划定超载地区、临界超载地区和不超载地区，对超载地区暂停新增取水许可；在其他流域开展水资源承载状况评价，划定超载地区，实行暂停新增取水许可并督促超载治理。推进取用水领域信用体系建设，探索将取用水领域信用评价结果和取用水严重失信主体名单信息纳入《全国公共信用信息基础目录》《全国失信惩戒措施基础清单》，强化取用水信用监管。

3.4 推进用水权市场化交易

加快培育用水权交易市场，紧密结合国家水网建设、水资源超载治理、农业水价综合改革、现代灌区建设等工作，因地制宜推进区域水权交易、取水权交易、灌溉用水户水权交易，推进国家水网重大引调水工程用水权交易。积极创新用水权交易方式，鼓励地方创新水权交易机制，推进水权收储转让和非常规水资源交易，拓展水权交易金融工具，探索以用水权金融活跃用水权交易市场，例如：随着再生水的交易量上升，污水排放权、地下回灌水用水权有偿出让等可作为新的交易品种推出，有金融创新优势的城市地区，可结合自身特点，未来积极探索搭建投融资平台、收储交易平台等[3]。此外，随着水权交易衍生的金融产品和融资工具逐步丰富，还应建立健全水权融资相关法规制度，使水权融资有法可依、有据可循。

3.5 加快取用水监测计量统计和信息化建设

加快取水监测计量体系建设，尽快实现非农业取水口和大中型灌区渠首取水口计量全覆盖。加快用水统计调查基本单位名录库建设，加强用水统计报表填报审核、用水总量核算和数据质量抽查检查，建立健全用水统计数据分析机制。完善全国取用水管理平台功能，加强取水许可电子证照、取水监测计量等数据分析应用，定期排查违规取用水疑似问题线索。加快推进水资源管理与调配业务应用，加强取用水管理信息系统整合，推进用水权分配指标、取用水量等数据共享应用，支撑水资源监管。加强探索遥感技术手段在用水调查统计、取用水监管、水资源保护等工作中的应用。

参考文献

[1] 陈朝阳．我国水权交易平台应用状况及水权交易发展探索［J］．产业创新研究，2024（7）：56-58.

[2] 王彦兵，田贵良，暴路敏，等．黄河流域首单跨省域水权交易案例的战略意义与改革启示［J］．水利发展研究，2024，24（6）：31-37.

[3] 贾彦．我国用水权交易的地方实践和改革路径探索［J］．产权导刊，2024（6）：20-26.

[4] 刘世庆，郭时君，林睿，等．中国水权制度特点及水权改革探索［J］．工程研究：跨学科视野中的工程，2016，8（1）：12-22.

[5] 肖楠．湖南省水权交易机制的不足与完善［J］．邵阳学院学报（社会科学版），2023，22（1）：44-49.

[6] 崔月明．我国水权交易监管机制现实困境的疏解路径［J］．黑龙江生态工程职业学院学报，2024，37（3）：57-62.

水力发电项目公募 REITs 案例研究
——项目国有股东视角

韩运运

（汉江水利水电（集团）有限责任公司，湖北武汉 430048）

摘　要：基础设施公募 REITs 可以有效盘活存量资产、优化资产配置，提高国有资本的流动性和收益。本文以 A 公司为例，以 A 公司国有股东（原始权益人）的视角，对 A 公司所属的水电站项目资产开展基础设施公募 REITs 相关案例进行分析。研究发现，实施水利基础设施公募 REITs 可以提高国有资本配置和运行效率，吸引社会资本助力水利基础设施投资建设，具有较好的经济效益和社会效益。同时，现阶段水利基础设施公募 REITs 发行方案，也存在如资产估值偏低、资产处置风险、缴税方式变化等问题，造成地方政府和原始权益人动力不足。

关键词：水力发电；基础设施；公募 REITs

1　研究背景

2020 年 4 月 30 日，中国证监会与国家发展改革委共同发布了《关于推进基础设施领域不动产投资信托基金（REITs）试点相关工作的通知》（证监发〔2020〕40 号），境内基础设施领域公募 REITs 试点正式启动。2021 年 6 月 29 日，国家发展改革委发布《国家发展改革委关于进一步做好基础设施领域不动产投资信托基金（REITs）试点工作的通知》（发改投资〔2021〕958 号），明确长江经济发展带及水电行业为政策重点支持的地区和行业。

2022 年 5 月底，水利部出台《关于推进水利基础设施投资信托基金（REITs）试点工作的指导意见》，积极推进探索水利基础设施投资信托基金（REITs），建构以 REITs 为载体的水利基础设施存量资产与新增投资的良性循环机制。

2023 年 3 月 24 日，国家发展改革委发布《关于规范高效做好基础设施领域不动产投资信托基金（REITs）项目申报推荐工作的通知》（发改投资〔2023〕236 号），促进项目申报的质量和效率，确保 REITs 市场平稳健康发展和常态化发行工作。2023 年 3 月 30 日，水利部通过《关于加快推进水利项目参与基础设施领域不动产投资信托基金（REITs）试点的通知》（办规计函〔2023〕249 号），鼓励利用 REITs 试点机会，拓宽水利项目投融资机制，满足水利建设的资金需求。

2024 年 10 月 21 日，银华绍兴原水水利 REITs 正式发售，成为我国首单水利基础设施公募 REITs。

2　公开募集基础设施证券投资基金介绍

2.1　基本内涵

REITs（Real Estate Investment Trusts）全称房地产投资信托基金，最早出现在 1960 年的美国市场[1]，初衷是为了促进房地产行业的资产流动性，后逐渐演变成成熟的金融产品。国内的公募 REITs 主要集中在基础设施领域，并非传统意义上的房地产信托基金。公开募集基础设施证券投资基金

作者简介：韩运运（1991—），女，会计师，主要从事企业财务管理工作。

（简称基础设施公募 REITs）是指将基础设施资产或权益通过资产证券化方式，转化为在交易所公开上市交易的标准化金融产品。

2.2 基础设施公募 REITs 的发行条件

（1）基础资产范围和权属明确。

（2）土地、项目立项、投资、建设、竣工等方面满足合规性要求。

（3）现金流与资产规模方面：运营时间一般不少于 3 年，不依存于补贴收入，产权类项目预计未来 3 年净现金流分派率不小于 3.8%；特许经营权类项目在基金存续期的内部收益率（IRR）不小于 5%；首次发行资产项目评估净值不低于 10 亿元，且可储备发行的 REITs 项目不低于首次发行资产规模的 2 倍，每年分红不少于净利润的 90%。

2.3 发行基础设施公募 REITs 的意义

（1）降低项目融资成本，降低资产负债率[2]，降低增值税税负。公募 REITs 发行通过资产证券化达到“资产 IPO”的目的。相对于项目债务融资，资产支持证券（asset-backed securitization，ABS）从银行等机构间接融资，个人、保险公司、养老金、FOF（基金中的基金）等社会投资者皆可购买公募 REITs，有利于进一步降低融资成本。此外，通过公募 REITs 证券化后，入池资产的存量负债由公募 REITs 清偿，负债大幅度降低；外部投资者资金计入“少数股东权益”，可有效降低负债率。

（2）放大国有资本投资功能。通过在发行方案中设定约束条件，公募 REITs 原始权益人在保留至少 33.4%的股权基础上，仍可保留对项目的控制力。通过出让不超过 66.6%的项目股权，提前收回前期投资，收回资金可用于其他项目投资，放大资本的投资能力。

（3）优化资产结构，提高资产流动性和收益率[3]。发行公募 REITs，将原本账面的固定资产等转化为现金和金融资产，流动性得以改善。在基金管理人的委托下，项目公司可作为第三方管理机构，继续运营基础设施项目。同时，项目公司原股东作为原始权益人，持有对应的基金份额，获得定期分红及二级市场流动性溢价，平滑经营带来的利益波动。还可根据对基础资产未来现金流的判断及二级市场涨跌表现，灵活调整所持基金份额比例，寻求投资收益最大化。

3 项目基本概况及融资方式分析

3.1 项目公司基本情况

A 公司股东均为国有企业，A 公司是 B、C 两个水电站项目的业主单位，实收资本 15 亿元。B、C 两个水电站项目合计投资约 55 亿元，均已建成投产发电，并完成项目竣工验收。截至 2023 年末，A 公司资产总额约 44 亿元，资产负债率 73%，其中长期借款余额 32.42 亿元，融资成本高。B、C 两个水电站项目账面资产净值 43 亿元。A 公司的项目融资资金来源主要为银行借款，资金来源单一，利息负担较重，面临到期还本付息压力。银行贷款大部分为股东担保和收费权质押方式，股东方担保压力较大。

3.2 实施路径

3.2.1 交易结构概述

基金管理人代表公募 REITs 向证监会提请注册 B、C 两个水电站项目基础设施基金，向网下投资者询价，社会投资者以询价确定的认购价格参与 B、C 两个水电站项目基础设施基金份额认购。

计划管理人设立发行基础设施资产支持证券（ABS），通过与 A 公司股东签订《股权转让合同》，ABS 成为 A 公司股东，享有标的资产收益。

基金管理人将认购资金投资于计划管理人设立发行的 ABS 全部份额，成为资产支持证券持有人，通过 ABS 间接获得 B、C 两个水电站项目全部所有权和经营权。

3.2.2 资产重组

ABS 成为 A 公司股东后，向 A 公司提供借款，提前偿还其全部债务。通过设置合理的债务结构，A 公司在 REITs 项目生命周期内，A 公司营业收入在支付经营成本支出后，全部用于归还股东借款本息，净现金流基本维持平衡。

3.2.3　具体实施方案

（1）资产评估。按照收益法对 B、C 两个水电站项目资产进行评估，评估增值 1 亿元，评估值为 44 亿元。A 公司的资产评估值为 45 亿元。

（2）募集资金规模。按照 A 公司资产评估值的 10%溢价发行公募 REITs，募集资金规模为 49.5 亿元。其中 A 公司股东作为原始权益人购买 33.4%的基金份额 16.53 亿元（49.5×33.4%）。社会投资者持有 66.6%的基金份额 32.97 亿元（49.5×66.6%）。

（3）项目股权净市值。募集资金用于偿还 32.42 亿元债务后，对应的 A 公司股权净市值为 17.08 亿元，即 ABS 向 A 公司股东（原始权益人）支付股权转让对价 17.08 亿元。

（4）A 公司股东（原始权益人）通过"让渡"66.6%股权，取得股权转让的净收益为 5 500 万元。

3.3　发行影响分析

3.3.1　股权债权结构标红

现有模式下，A 公司股东拥有 100%股权，银行拥有对 A 公司的债权。

REITs 模式下，公募基金通过 ABS 专项计划拥有对 A 公司 33.4%的控制权。同时，ABS 专项计划通过向 A 公司借款，置换银行贷款，拥有对 A 公司的全部债权。

3.3.2　收益分配规则变化

整个 REITs 生命周期内，A 公司产生的营业收入合计 153.55 亿元，减去营业成本（扣除折旧摊销、财务费用、管理费用），剩余可分配的"蛋糕"为 126.3 亿元。两种模式下，可分配的"蛋糕"一样大。

传统模式下，A 公司通过经营现金流向银行支付贷款本金和利息，实现盈利时向政府缴纳所得税，拥有可分配利润时向股东分红。

REITs 模式下，通过构建合理的债权债务结构，A 公司与 ABS 专项计划签订债权债务协议，约定高于市场平均水平的利率，使得在整个项目生命周期中，A 公司每年的净现金流只够支付 ABS 借款本息，净现金流基本维持平衡，A 公司无需缴纳所得税。ABS 专项计划通过债权投资向基金上缴收益，基金取得的收益向权益人进行分配。按照相关政策规定，ABS 专项计划的债权投资收益只用缴纳 3%的增值税，基金取得的收益、权益人取得的基金分红均不用缴纳所得税。

3.3.3　收益分配对象变化

传统模式下，分"蛋糕"的参与者为银行、政府、A 公司及股东。

REITs 模式下，分"蛋糕"的参与者为基金及 ABS 专项计划管理人、A 公司股东、外部投资者。

3.3.4　模拟测算收益分配情况

经测算，现有模式下 A 公司股东每年可分配的收益为 4 676 万元；而 REITs 模式下，A 公司股东（原始权益人自持 33.40%）可分配收益为 9 376 万元，远高于现有模式下运营所获得的收益。主要原因是，通过实施 REITs 模式，A 公司折旧摊销及经营现金流全部用于归还 ABS 借款本金和利息，A 公司股东（原始权益人）每年分红的基数为 A 公司的现金流，且 A 公司不再缴纳所得税，造成分红的基数更大。具体测算见表 1。

4　存在的主要问题和应对措施

4.1　资产估值偏低，原始权益人发行意愿不足

水电站项目评估一般采用收益法，按照 6%的折现率估算两个水电站项目评估增值约 1 亿元，A 公司的股权评估值为 45 亿元，低于两个项目实际总投资 55 亿元。项目评估值偏低，造成 A 公司股东（原始权益人）转让 66.6%项目股权收入仅为 5 500 万元。如果按照现有股权转让模式，A 公司净资产评估值约为 16.64 亿元（与 REITs 模式下股权净市值 17.08 万元基本相当），对应的 66.6%股权价

值约 11 亿元。因此，实施 REITs 模式后，A 公司股东以较低的股权转让价值，换来长期较高的分红收益。但由于项目评估值偏低，股权转让价值仅有 5 500 万元，原始权益人发行意愿不足。

表 1　现有模式和 REITs 模式下 A 公司经营收益模拟测算　　单位：万元

项目		现有模式		REITs 模式	
		第 1 年	第 2 年	第 1 年	第 2 年
一、经营活动	营业收入	38 269	38 269	38 269	38 269
	减：营业成本	5 293	5 293	5 293	5 293
	其他费用	1 241	1 241	1 241	1 241
	折旧摊销费用	10 397	10 397	—	—
	财务费用	15 103	15 103	—	—
	利润总额	6 235	6 235	31 735	31 735
	企业所得税	1 559	1 559	—	—
	净利润	4 676	4 676	31 735	31 735
二、经营性净现流		15 073	15 073	31 735	31 735
三、偿还有息负债本金		11 250	11 300	—	—
四、营运资金增加（减少）		—	—	427	427
五、资本性支出		750	750	750	750
六、净现金流		3 073	3 023	30 558	30 558
七、基金 &ABS 运行费用		—	—	2 486	2 486
八、可分配金额		4 676	4 676	28 072	28 072
九、收益分红		4 676	4 676	9 376	9 376

注：以上 REITs 模式下的折旧摊销、财务费用为零，为考虑了 A 公司向 ABS 还本付息、ABS 将债权收益向基金分红后的合并结果，实际上 A 公司一样按照《会计准则》计提折旧摊销和支付财务费用。

应对措施：考虑到水电站的重资产项目属性，项目折旧摊销较大，投产初期一定期间会面临亏损，待清偿完银行贷款，折旧摊销完，项目拥有良好的现金流和收益水平。建议采取资产重置法对水电站资产进行评估，提高评估值，股权净市值至少应覆盖原始权益人的前期投资成本，增强项目原股东（原始权益人）实施 REITs 的意愿。

4.2　地方税收大幅减少，发行压力较大

B、C 两个水电站项目为当地重大投资项目，A 公司是当地纳税大户。在 REITs 模式下，A 公司没有所得税可缴纳，而基金分红收益所缴纳的增值税非常低，即便能够缴纳到当地，当地政府的税收大幅减少，对 REITs 的实施造成很大压力[4]。

应对措施：项目股东（原始权益人）在实施 REITs 前，与当地政府协商约定，将取得的股权转让收益及后续运营期分红收益，再次投入到当地其他项目建设运营，通过其他项目投资产生的税收收入缓解本项目对当地税收的影响。也可考虑引入当地政府平台公司作为本项目的战略投资人，享有项目运营期分红收益。

4.3　到期资产回购和定价方式存在不确定性

基金到期时，A 公司账面净值基本上为固定资产残值约 3 亿元，但 A 公司已还清所有负债，两个水电站项目经营收益稳定，A 公司的净现金流和收益情况非常好，是非常优良的资产。届时，A 公司股东（原始权益人）需回购社会资本所持有的 66.6% 基金份额。参照目前已发行的基础设施公募 REITs 案例看，A 公司股东（原始权益人）在同等条件下拥有优先认购权。若届时有其他投资者进场

竞争 66.6%基金份额，则需对该资产进行估值，预计评估值将远高于固定资产残值 5 亿元，A 公司股东（原始权益人）收回两个项目 66.6%股权可能付出很高的代价。因此，基金到期后资产回购和定价方式存在不确定性，造成原始权益人回购的风险较大。

应对措施：需在 REITs 发行方案中约定，A 公司股东（原始权益人）到期回购其他投资者所持 66.6%份额，可按 A 公司账面净资产进行回购，可以不用进场交易，减少资产回购的风险。考虑到 A 公司股东（原始权益人）为国有企业的因素，需相关政府主管部门在国有资产交易的政策层面有所突破。

参考文献

[1] 王雨轩．三峡水利公司基础设施公募 REITs 产品设计［D］．上海：华东师范大学，2022.

[2] 马毅鹏，李淼，乔根平．推进水利领域不动产投资信托基金（REITs）的若干问题阐释［J］．中国水利，2023（2）：11-14.

[3] 薛伟佳．资产证券化在盘活国有企业存量［J］．财务管理，2024（10）：84-87.

[4] 陈新忠，杨君伟，王铁铮．REITs 模式在水利工程建设筹融资中的应用［J］．水利财务与经济，2021（4）：13-16.

水利单位公务用车管理存在的问题及对策

王佩佩

（黄河水利委员会晋陕蒙接壤地区水土保持监督局，陕西榆林　719000）

摘　要：水利单位承担着水资源管理、防洪抗旱、水土保持等职责，公务用车在保障水利工作顺利开展中起着重要作用。本文介绍了水利单位公务用车管理特点、现状以及加强公务用车管理的意义，指出了水利单位在公务用车管理中存在的问题，并通过问题成因分析，提出了加强水利单位公务用车管理的对策，以期提高水利单位公务用车管理效率、推进新阶段水利高质量发展。

关键词：水利单位；公务用车管理；水利高质量发展

1　水利单位公务用车管理情况

1.1　水利单位公务用车管理特点

水利单位公务用车主要用于执行水利相关任务，包括水文监测、应急抢险等，车辆使用环境多为河畔、大堤等偏远地区，自然环境较为严苛，路面情况较差，对公务用车的使用有着严格的要求。一是水利工作受到气候的影响较大，如汛期、旱季等，这要求公务用车管理要适应季节性的工作变化，并能够快速响应洪水、暴雨等自然灾害。二是水利工作涉及多个领域的合作，公务用车管理需要协调各方需求，确保车辆在多任务间有效分配。三是公务用车作为执行任务的重要工具，其维护保养和驾驶安全同样重要，需要定期检查和维护，以保障人员和财产安全。鉴于水利工作的特殊性，公务用车管理还需考虑到应对突发情况的准备，如储备必要的应急物资，确保车辆随时处于待命状态。

1.2　水利单位公务用车管理现状

随着公务用车改革的不断推进，中央及有关部门先后出台了《党政机关公务用车管理办法》《中央和国家机关所属事业单位公务用车管理办法》《财政部关于进一步规范和加强中央党政机关所属事业单位公务用车管理的通知》等，水利单位也在逐步完善公务用车管理体系，涵盖公务用车配备、使用、处置、监督等多个环节，设立了专门的公务用车管理部门或岗位，负责公务用车日常运营、维护保养及调度安排。此外，响应国家绿色发展号召，水利单位在车辆配置中不断提高新能源车辆的配置比例，但在公务用车管理中仍然存在"公车私用"、公务用车管理不规范、部分公务用车使用效率不高、公务用车管理信息化水平较低等问题[1]。

1.3　加强公务用车管理的意义

加强公务用车管理对促进水利事业健康发展具有重要意义。一是能够确保合理配置和高效使用公务用车，减少不必要的开支，避免车辆闲置和浪费。二是有助于防范和遏制"车轮上的腐败"，通过明确使用规则、实施严格审批程序、公开透明用车记录，可以有效防止"公车私用"、超标准配置等问题。三是能够确保水利工程项目调研、防汛抗旱应急响应等任务得以顺利开展。

2　水利单位公务用车管理存在的问题

2.1　存在"公车私用"现象

在公务用车管理中，"公车私用"现象时有发生，缺乏有效的监管机制，导致公务用车成为"特

作者简介：王佩佩（1994—），女，会计师，主要从事水利国有资产管理工作。

权”象征。主要表现为：公务用车在周末或法定节假日有行驶记录，而这些时间通常与紧急公务无关；部分公务用车会经常出现在学校、购物中心和休闲娱乐场所；有的车辆在晚上 8 时至次日早上 7 时间频繁出行，且目的地多为住宅区或其他非公务场所。

2.2 公务用车管理不规范

公务用车管理不规范主要表现在：部分单位车辆配备标准与实际需求不匹配，存在超标准配置车辆问题；部分单位车辆缺乏有效的预防性维护计划，往往采取事后维修，在维修供应商选择上也存在透明度不高、竞争不充分问题，导致维修费用偏高，再加上报销程序不严格，存在监管漏洞；部分单位忽视车辆的日常维护和定期检查，不仅缩短了车辆的使用寿命，也增加了安全隐患。

2.3 部分公务用车使用效率不高

部分公务用车使用效率不高主要体现在：没有公务需求时公务用车长时间停放，未能得到充分利用；公务用车的行驶路线往往缺乏科学规划，存在绕路、重复行驶等问题，增加燃油消耗的同时也降低了出行效率。水利单位部分车辆年出车次数小于 50 次或年行驶里程小于 1 000 千米，公务用车使用效率有待提高。

2.4 公务用车管理信息化水平较低

当前，现代信息技术在水利单位公务用车管理中的应用程度有限，大部分水利单位车辆调度仍依赖传统方式，未能充分利用现代信息技术手段，缺乏对车辆数据实时监控能力，车辆位置、状态等信息等更新不及时，车辆调度信息化管理程度不高，难以实现车辆高效调配。

3 问题成因分析

3.1 制度建设不健全

部分水利单位仍缺乏明确、细化的公务用车管理制度，在公务用车管理中存在车辆使用规定不明确、审批流程烦琐或缺失、车辆维修保养记录不全、管理随意性大、透明度和规范性不高等问题，公务用车管理制度需进一步健全。

3.2 监管机制缺失

水利单位在公务用车管理中内外部监督力量不足，部分单位内部缺乏有效的绩效考核机制，外部公众参与度较低，难以形成有效的制约。对于违规使用公务用车的行为，处罚力度不够，缺乏足够的威慑力。对于公务用车管理中存在的问题，缺乏有效的反馈和整改机制。

3.3 节约意识淡薄

部分水利单位责任感不强，存在“公家的就是大家的”错误观念，部分人员将公务用车视为身份象征，导致公务用车成为特权现象。缺乏节约和效率至上的意识，存在公务用车资源浪费现象。

3.4 技术应用落后

在公务用车管理中，大部分水利单位未能充分利用 GPS 定位、大数据分析等技术手段提升管理效能，信息化、智能化技术应用不足，难以实现精细化管理；对数据分析能力弱，难以通过大数据分析优化公务用车调度和使用效率。

4 加强水利单位公务用车管理的对策建议

4.1 完善规章制度

水利单位要进一步建立完善公务用车管理制度，严格按照核定的公务用车编制和相应标准配备公务用车，严格按照核定用途使用公务用车，明确车辆申请、使用、审批等流程，制定详细的车辆使用手册，确保执行有章可循，增强管理规范性。严禁“公车私用”，严格公务用车使用时间、事由、地点、里程、油耗、费用等信息登记和公示制度，严格单位或者其他指定地点停放制度，严格保险、维修、加油政府集中采购和定点保险、定点维修、定点加油制度，严格公务用车油耗、运行费用单车核算制度。同时，根据工作需要，鼓励创新管理模式和技术的应用。

4.2 强化监督考核

引入审计和社会监督，强化监督考核。加强公务用车经费预算管理，实行严格的审计监督，通过集中联合审计等方式不定期对公务用车使用和管理情况进行监督、检查，不断提升公务用车运行和管理的规范化、科学化、精细化水平。定期公开车辆使用情况，公开透明选择维修供应商，减少不必要的购置和维护成本，推行公务用车标识化，设立举报热线和匿名举报箱，接受公众监督。实施绩效考核，将车辆使用效率纳入绩效考核体系，定期评估车辆使用情况，淘汰老旧车辆，加强对公务用车使用的日常监督和违规行为的严肃查处。

4.3 严格公务用车配置

贯彻落实《关于提高中央行政事业单位国有资产管理效能坚持勤俭办一切事业的实施意见》要求，水利单位要把“坚持勤俭办一切事业”内化于心、外化于行，注重通用资产配置计划管理，加强公务用车配置源头管理，严格公务用车购置审核，对新增车辆配置需求，严格按规定标准配置公务用车。由于新能源汽车在使用上有着低碳节能、绿色环保、运行维护费用低等诸多优点，是未来公务用车更新配置的选择方向，水利单位要结合实际，积极推动新能源汽车在机要通信、通勤等相对固定路线车辆中的使用比例。要推进公务用车调剂使用，建立跨部门、跨区域的车辆共享平台，加强水利单位间车辆的调剂使用，提高车辆使用效率。

4.4 推进信息化管理

在水利单位中，要推进运用 GPS 轨迹监测系统，实时监控车辆位置、行驶轨迹和使用状态，同时基于大数据分析车辆使用频率和使用状况，动态调整车辆配置；要引入电子化审批系统，简化审批流程，提高管理效率和透明度；要通过公务用车管理系统，实现车辆定位、调度、维修保养等全程信息化管理，进一步提升公务用车精细化管理水平。

5 典型事例

5.1 建立公务用车使用行为规范

坚决贯彻落实中央八项规定，厉行节约、反对浪费，严控公务用车使用范围和成本。近年来某水利单位按照集中统一、从严规范的原则，不断规范完善公务用车使用行为，建立公务用车使用行为规范。公务用车申请、审批等流程全部网上流转并归档，确保公务车辆使用信息公开透明，强化公务用车管理全方位监督。驾驶员凭派车单出车，明确行驶路线，严禁公务用车私用，严禁超范围用车，保证公务用车活动严格遵照规范和程序申请和使用。单位综合管理部门调配公务用车，填写公务用车行驶日志记录，统计车辆运行情况。

5.2 加强公务用车运行维护费用管理

为严控公务用车运行维护费用，某水利单位根据“二下”预算及实际业务情况，测算本年支出指标，对相关经费开支情况进行跟踪监测。严格执行公务用车定点维修、加油、保险政府集中采购制度，对车辆定点消费全过程、全周期、一体化管理，确保消费全程留痕。持续推行“一车一卡”加油、高速 ETC 自动扣费，全流程无现金结算，日常动态监控对比单车运行费用情况，强化运行成本管理。

5.3 完善公务用车管理监督机制

某水利单位不断织密公务用车管理监督网，补齐公务用车管理监督管理体制机制短板，完善运行管理、经费核算与监督检查三方面的协调制约。纪委、监察等部门通过台账检查、实地核查等方式，对公务用车集中封存、定点停放及日常管理情况进行监督检查。特别是在国家法定节假日开展重点检查，并提前以短信、蓝信等多种形式提醒领导干部切勿公车私用，杜绝违规违纪行为的发生。

6 结语

公务用车管理改革是一项长期而复杂的工作，加强水利单位公务用车管理对促进水利事业健康发展具有重要意义。本文针对水利单位公务用车管理存在的问题，提出完善规章制度、强化监督考核、严格公务用车配置、推进信息化管理等措施，以期提升水利单位公务用车管理的效率和透明度，促进水利单位整体工作效率的提高，进而推动实现水利高质量发展。未来，随着技术的进步和社会的发展，水利单位还需不断创新公务用车管理思路和方法，不断提升公务用车在新阶段水利高质量发展中支撑保障作用。

参考文献

[1] 沈炫利. 我国公务用车管理存在的问题与对策研究 [D]. 湘潭：湘潭大学，2013.

新形势下提升会计创新行为路径研究

王爱华[1]　王晓红[2]

（1. 山东黄河河务局会计核算中心，山东济南　250000；
2. 菏泽黄河河务局鄄城黄河河务局，山东菏泽　274000）

摘　要： 为提升财务人员的专业能力，强化财会队伍建设，探究会计创新行为路径，本文采用问卷调查法，以行政机关、企事业单位的会计人员为研究对象，以组织氛围、自我效能感及成就动机、创新行为四个问卷为主要测量工具，收集了583份有效问卷数据。数据分析结果表明：①组织氛围与会计创新行为存在显著正相关；②自我效能感在组织氛围和创新倾向性之间起部分中介作用；③成就动机在组织氛围和自我效能感之间起负向调节作用，具体为成就动机增强，会使组织氛围与自我效能感之间的正向关联减弱。

关键词： 组织氛围；会计创新行为；自我效能感；成就动机

1　引言

创新是永续发展的必要条件，抓住了创新，就抓住了经济社会发展的关键。经济越发展，会计越重要。在市场经济体制下，伴随着经济与科学技术的发展，会计工作在企业经济发展中发挥着不可替代的作用，企业创新的基础源于员工的创新[1]，这决定了会计人员作为员工中的特殊群体，不仅仅是经济运行体系的重要组成部分之一，更是创新工作的核心和代表。财务工作虽具有日常性、严谨性、烦琐性，但绝不意味着只能故步自封、墨守成规，同样需要在不断总结工作经验的基础上守正创新。如何激发会计人员的创新思维、增强会计人员的创新动力、激励会计人员的创新行为，有效地完成单位会计核算、监督工作，不断促进经济发展，成为目前一个极具研究价值的重要课题。

同时，企业的创新发展必须有一个利于创新的组织氛围，管理者可以通过日常的工作事务、作业规程和奖励制度等来构建。因此，建立优良的组织氛围，探索新的管理实践越来越为企业管理者所关注，也成为学者们研究的重点。

梳理国内外学者对员工创新行为影响因素的研究，发现有的研究从领导风格角度进行解释，从企业家管理行为引领方面进行探讨，有的则聚焦在个人因素、环境因素两个方面。鲜有文献分析组织氛围、自我效能感、成就动机、会计创新行为四者之间的关系。因此，本文选择组织氛围作为自变量，引入自我效能感、成就动机这两个变量，探究组织氛围、自我效能感、成就动机、会计创新行为之间的相关关系，为企业更好地激发会计人员的创新行为、提升其创新能力提供新思路，丰富会计领域的理论研究，同时也为企业管理者的组织行为提供些许参考和借鉴。

2　会计创新行为的概念

会计创新从个体角度讲，是会计人员以会计规范为引导，不断更新观念，学习并探索新的技术方法，并将会计方法运用于实践的过程。会计创新从组织角度讲，是组织在会计环境变化的前提下，在遵循会计规范的基础上，对原有的理论、制度和方法进行调整、添加和拓展，形成适应新形势的、与

作者简介： 王爱华（1979—），女，高级经济师，主要从事经济与财务管理研究工作。

时俱进的会计理论、制度和方法体系。会计创新行为指的是会计的具体会计行为及结果。

会计历史就是会计创新的发展史，从“结绳记事”到新《企业会计准则》的实施，会计科学不断取得新成果，如会计角色的变迁、会计观念的更新等方面[2]。会计创新意识和创新能力是提升单位财务工作实效的重要源泉，因此会计工作人员要拥有创新精神，革故鼎新，与时俱进，在工作中善于用新的方法解决问题、开展工作。会计创新的主体是会计人员及其审计、管理等相关人员。

研究者们对会计创新的内容持有不同的观点，常天丽[3]认为会计创新就是对会计目标、会计模式、会计核算及会计报告的创新；梁德华[4]认为会计创新不仅指制度的创新，还包括技术创新、思想创新、研究的创新、手段的创新；李绍波[5]认为会计创新是会计目标、财务报告、会计基础、会计人员知识结构等的创新；胡言言[6]认为会计创新是会计规范和会计技术方法的创新；张施佳[7]认为会计创新具有动态性、风险性、创新性的特点。本研究认同孙健敏等[8]的观点，认为会计创新行为是会计人员在工作中产生新构想并努力执行创新构想的种种行为表现。具体来说是，会计在处理业务事项时创新优化会计核算流程和提高财务报告的决策有用性方面的创新。

3 研究设计

3.1 研究框架

以组织氛围为出发点，建立组织氛围和创新行为的关系研究框架，见图1。

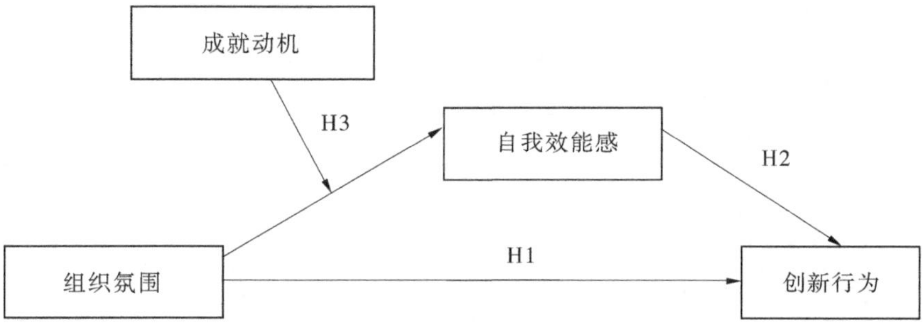

图1 研究假设理论模型

组织氛围能够直接影响会计的创新行为，良好的组织氛围有利于建立和谐的会计环境，能激励员工产生创新想法，充分发挥自身的创造性和能动性，从而实施创新行为。优良的组织氛围通常注重集体利益和团结协作[9]，如果组织成员重视彼此间的信息沟通与合作，则其工作思路会更活跃，从而产生更多新的想法，能够提升个体的自我效能感。就会计领域，表彰和奖励那些遵纪守法、职业素养高的会计人员，并制定相对应的晋升标准，增强会计工作人员的责任感、胜任感和成就感，就能够进一步优化会计行为、激励会计行为。目前，国有企、事业单位进行绩效薪酬改革已成趋势，个体的自信心、成就感、自我效能感等因素将影响个体对绩效薪酬的偏好[10]。奖酬能够增加员工工作时的愉悦感，提升工作效率[11]。另外，当会计人员的工作目标与个人的价值追求相契合时，会计人员的自我效能感会提高，能够激发会计人员创新活力，以积极的工作创新行为来回馈组织。

成就动机在组织氛围和自我效能感之间有调节作用。研究发现，如果组织成员被成就动机驱动，会计成就动机的发展将在很大程度上决定他们能否积极地面对工作中的挑战和困难，能否树立正向思维，增强信心，以积极的心态投入工作中。

在此基础上提出以下假设：①组织氛围与创新行为存在显著正相关。②自我效能感在组织氛围和创新行为之间起部分中介作用。③成就动机在组织氛围和自我效能感之间起正向调节作用。

3.2 研究对象

本研究采用方便取样方法获取研究数据，以国内行政机关、企事业单位等会计人员作为调查研究对象。通过线上调查和线下调查相结合的方法收集问卷数据，线上调查是在腾讯问卷上发放问卷，问卷采用匿名回答；线下调查通过打印纸质问卷，随机发放数据。此次调查共收回问卷 717 份，经过剔除漏填、少选、不符合逻辑、作答时间过短等无效回答问卷，最终获取有效问卷 583 份，其中纸质问卷回收 86 份，腾讯问卷在线作答问卷回收 497 份，问卷有效率为 81.3%。如表 1 所示。

表 1　有效样本的构成情况（$N=583$）

变量	分组	频率	百分比/%	累计百分比/%
性别	男	192	32.90	32.90
	女	391	67.10	100.00
年龄	30 岁及以下	195	33.40	33.40
	31~40 岁	264	45.30	78.70
	41 岁及以上	124	21.30	100.00
职务	一般员工	399	68.40	68.40
	基层管理人员	122	20.90	89.40
	中层及以上管理人员	62	10.60	100.00
工作年限	5 年及以下	182	31.20	31.20
	6~10 年	127	21.80	53.00
	11~20 年	195	33. 50	86.40
	21 年及以上	79	13.60	100.00
单位性质	行政机关	16	2.70	2.70
	事业单位	122	20.90	23.70
	国有或集体企业	421	72.20	95.90
	民营、私企及其他	24	4.10	100.00

3.3 研究方法

选取国内外的有关组织氛围、创新行为、自我效能感、成就动机的成熟量表，结合本研究的实际情况，对量表进行语义和条目的修改，最终形成本研究的量表。

3.3.1 组织氛围

本研究的测量方法是个体属性感知法，其相关维度的测量采用了 Litwin 和 Stringer[12] 的经典量表，并在 Malik、Butt 和 Choi[13]，Bock 等[14]，谢荷锋[15]、刘云和石金涛[16] 等量表的基础上形成最终量表。量表包含 19 个题目，采用 Likert1~5 点评分，从 1 分到 5 分，“1” 表示完全不符合；“2” 表示不符合；“3” 表示不确定；“4” 表示符合；“5” 表示完全符合。分值越高代表个体的组织氛围感知程度越高。问卷由 5 个维度组成，即创新氛围、领导支持、团队协作、自主性、奖酬。这五个维度构成的组织氛围量表结构完整，针对性强，符合本研究的视角。包括“单位经常向员工宣传创新的重要性”“单位为我们培训学习提供资助或支持”等题目。本研究组织氛围量表的 Cronbach’s α 系数为 0.96，这说明本量表具有良好的信度和内部一致性。

3.3.2 创新行为

对创新行为的测量采用 Scott 和 Bruce[17] 编制，由杨付和张丽华[18] 翻译的六个题目的量表。量表包括构思、创新信念、制订计划等内容，具体为“我是一个善于创新的人”“我在工作中接纳并积极探索新的技术方法，不断更新知识结构”等题目。量表包含 6 个题目，采用 Likert1~5 点评分，从 1 分到 5 分，“1” 表示完全不符合；“2” 表示不符合；“3” 表示不确定；“4” 表示符合；“5” 表示完全符合。分值越高代表个体的创新倾向程度越高。本研究创新行为量表的 Cronbach’s α 系数为

0.95，这说明本量表具有良好的信度和内部一致性，达到统计学使用标准。

3.3.3 自我效能感

国外应用较为广泛的自我效能感量表是由 Schwarzer（1997）编制的一般自我效能感量表。中文版由国内学者王才康等（2001）翻译修订。本研究的量表是在 Tierney 和 Farmer（2002）开发的量表的基础上，结合王才康等[19] 开发的自我效能感调查问卷编制而成，量表共 10 题。包含“如果我努力去做的话，我总会解决问题的”“我可以克服许多挑战”等题目。量表包含 10 个题目，采用 Likert 1~5 点评分，从 1 分到 5 分，“1”表示完全不符合；“2”表示不符合；“3”表示不确定；“4”表示符合；“5”表示完全符合。分值越高代表个体的自我效能感程度越高。本研究自我效能感量表的 Cronbach’s α 系数为 0.96，这说明本量表具有良好的信度和内部一致性，达到统计学使用标准。

3.3.4 成就动机

对成就动机的测量采用叶仁敏修订的挪威心理学家 Gjesme 和 Nygard（1970）编制的成就动机量表[20]。结合本研究对具体条目进行了语义的修改。该量表共有 14 题，分为两部分，一是希望取得成功的动机，二是回避失败的动机，每部分 7 题。成就动机总分由希望取得成功的动机得分减去回避失败的动机得分构成。本研究中成就动机的量表最终得分在［-4，4］，因此，在对数据进行统计分析时，对成就动机的结果进行了重新编码，重新编码的结果为：-4，-3→1；-2，-1→2；0→3；1，2→4；3，4→5。本量表采用 Likert1~5 点评分，从 1 分到 5 分，“1”表示完全不符合；“2”表示不符合；“3”表示不确定；“4”表示符合；“5”表示完全符合。总分值越高代表个体的成就动机越强；反之，成就动机总得分越低，成就动机越弱。本研究中该量表的 Cronbach’s α 系数为 0.94，说明本量表具有良好的信度和内部一致性，达到统计学使用标准。

4 研究结果

研究发现，组织氛围不仅可以直接显著影响会计创新行为，而且可以通过影响自我效能感间接影响创新行为。个体的自我效能感越强，对自我的价值越能充分肯定，在工作中更愿意进行新的尝试，乐于开展创新活动。这与前人的研究结果基本一致[21]。

本研究还发现，成就动机在组织氛围和自我效能感之间起负向调节作用。即成就动机越强，组织氛围对自我效能感的正向影响越弱；反之，则越强。这一结果与 Elliot 等[22] 的研究结果相似，较高的避免失败的动机会使个体失去良好的机会，阻碍其任务目标的完成，进而影响其自我实现的方式。

之所以出现以上结果，可能有以下三个方面的原因：首先，组织氛围提供的信息可能影响员工的成就动机水平。财务工作的特性决定了组织对会计人员失误的包容度较低，会计面临“承担被惩罚和风险去试错”和“不求无功，只求无过”的选择困难[23]。同时，若组织氛围过于竞争激烈，会计人员避免失败的动机倾向就会占主导，可能会因为无法承担失败和压力，影响其认知和决策能力，工作中比较保守，保持原样，甚至产生打消取得成就的念头。这与韦耀阳的研究结果一致。工作中由于害怕失败，出现退缩状态，负向期望的成就动机进一步转化为焦虑和压力，从而导致自我效能感降低。

其次，本研究中研究对象大多来自国有或集体企业，企业在追求利润最大化的过程中，会计人员也希望能够实现个人利益最大化和风险最小化。在此情况下，加之管理者的其他方面施压，会计人员很难做到会计独立性，容易违背职业判断，粉饰财务报表。在此情况下，会计人员成就动机越高，组织氛围对自我效能感的预测作用越弱；反之，则越强。

最后，财务工作比较难做出亮眼的成果，尤其是基层会计人员创新积极性不高，创新成果较少，受这种刻板印象的影响难以产生较高的自我效能感。另外，会计工作尤其是国有或集体企业的会计工作任务重、压力大，会计人员工作中易产生消极情绪，焦虑感和倦怠感随之增强。这一结果与范兴华[24] 的研究结果相同。如果会计人员避免失败的动机越高，组织氛围对其产生的消极影响就会越明显，也就是说组织氛围对会计自我效能感的正向影响关系越弱。

5 结论与建议

5.1 结论

本研究经过文献综述和数据分析，进一步阐释了组织氛围和会计创新行为的关系，以及自我效能感和成就动机在其中的作用机制。由此得出以下结论：

（1）组织氛围与会计创新行为呈现显著的正相关关系，这与以往学者提出的组织氛围能够促进创新的结论一致。

（2）组织氛围不仅能正向预测其自我效能感，还能通过自我效能感对会计创新行为产生间接影响，本研究验证了自我效能感的中介效应，即自我效能感在组织氛围促进会计创新行为的过程中发挥部分中介作用。组织氛围能够为会计提供创新的空间，提升会计自我效能感，有助于创新行为的产生。

（3）成就动机在组织氛围和自我效能感之间起负向调节作用，即随着成就动机的增强，组织氛围对自我效能感的正向预测作用逐渐减弱。

5.2 建议

（1）管理者应充分认识到组织氛围的重要性。首先，要提供宽松、和谐的工作氛围，尤其是要重视创新氛围、自主性、奖酬等的建设。积极发挥中层及以上管理人员的影响能力，调动会计创新的积极性；多措并举，不断增强会计人员的创新意识、自主性意识；同时建立健全单位的绩效薪酬体系。由此，提出以下建议：一是在组织创新氛围方面，单位要积极建立容错、试错的创新氛围[25]，积极为员工营造宽松、自主、干劲足的工作氛围。二是在给员工安排工作任务时，适当给予员工自行安排工作的空间，积极鼓励员工创新。三是管理者要注重自身人力资源管理方面的培训学习，要适时适度合理放权。

（2）管理者还应提升会计的自我效能感。根据人口统计学差异性研究结果发现，组织氛围通过自我效能感影响会计创新行为。中层及以上管理人员有更大的创新意愿。因此，在财务管理实践中，管理者应给予财务工作者信任与支持，人力资源管理层面，单位应当通过科学合理的调配确保员工与其岗位高度匹配，再加以适度的绩效薪酬，以此提高会计人员的自我效能感。

（3）积极“归因反馈”，养成积极归因的习惯，提高会计的成就动机。积极的归因方式（如努力归因、分化归因、可控归因）能影响会计的自我效能感，从而影响其成就动机水平[26]。财务工作绝不是按部就班，按图索骥，需要不断提高工作效率，也需要在会计规范下进行技术、方法的创新。在实际工作中，应该重视认同和整合在内的自主动机[27]。另外，在用人过程中，对于自我效能感低的会计，应引导他们树立创新工作的信心，不断增强会计人员的工作归属感和成就感[28]。

（4）管理者应努力提升会计人员的综合能力。加强会计人员管理、统计分析、判断分析、计算机编程等相关能力，提升会计人员创新的底气和实力。能力是会计行为成就动机目标顺利实现的保障，能力强的会计更能实现其行为动机。需要是引起动机的重要条件，动机是个体行为活动的源泉和具体表现，会计的职业性质和职业特点决定了会计除人类共性的需求外，还有职业技术需求、职业道德需求、职业环境需求、职业报酬等需求。了解其需求才能够更好地理解其行为动机，才能激发其创新行为。

参考文献

[1] 方宁．组织创新氛围与创新行为的关系研究［D］．济南：齐鲁工业大学，2020.

[2] 吴龙华．试论会计行为优化与会计创新［J］．财会研究，2012（6）：138-140.

[3] 常天丽．基于知识经济时代会计创新的探讨［J］．中国市场，2015（1）：112-113.

[4] 梁德华．会计规范与会计创新研究［J］．中国乡镇企业会计，2015（9）：126-127.

[5] 李绍波．浅析知识经济时代会计创新问题［J］．低碳世界，2017（32）：262-263.
[6] 胡言言．浅谈会计规范与会计创新［J］．财会学习，2017（17）：105-107.
[7] 张施佳．关于会计规范与会计创新的探讨［J］．当代会计，2020（24）：12-14.
[8] 孙健敏，陈乐妮，尹奎，等．挑战性压力源与员工创新行为：领导-成员交换与辱虐管理的作用［J］．心理学报，2018，50（4）：436-449.
[9] 郑贵华，罗清．环境不确定性、组织文化与会计行为优化探究［J］．企业技术开发，2019，38（7）：104-110.
[10] 贺伟，龙立荣．薪酬体系框架与考核方式对个人绩效薪酬选择的影响［J］．心理学报，2011：1198-1199.
[11] 刘宁，张正堂，赵燕梅．组织创新奖酬对研发人员创新行为影响机制的实证研究［J］．科研管理，2019，40（1）：151-158.
[12] Litwin G G, Stringer R A. Motivation and Organizational Climate［M］. Boston: Harvard University Press, 1968.
[13] Malik M A R, Butt A N, Choi J N. Rewards and employee creative performance: Moderating effects of creative self-efficacy, reward importance, and locus of control［J］. Journal of Organizational Behavior, 2015, 36（1）: 59-74.
[14] Bock G W, Zmud R W, Kim Y G, et al. Behavioral intention formation in knowledge sharing: Examining the roles of extrinsic motivators, social-psychological forces, and organizational climate［J］. MIS Quarterly, 2005, 29（1）: 87-111.
[15] 谢荷锋．组织氛围对企业员工间非正式知识分享行为的激励研究［J］．研究与发展管理，2007（2）：92-99.
[16] 刘云，石金涛．基于 KEYS 的组织创新气氛量表开发［J］．工业工程与管理，2009，4（4）：105-112.
[17] Scott S G, Bruce R A. Determinants of Innovative Behavior: A Path Model of Individual in the Workplace［J］. Academy of Management Journal, 1994, 37（3）: 580-607.
[18] 杨付，张丽华．团队成员认知风格对创新行为的影响：团队心理安全感和工作单位结构的调节作用［J］．南开管理评论，2012（5）：13-25.
[19] 王才康，胡中锋，刘勇．一般自我效能感量表的信度和效度研究［J］．应用心理学，2001，7（1）：37-40.
[20] 叶仁敏，Kunt A. Hagtvet. 成就动机的测量与分析［J］．心理发展与教育，1992（2）：14-16.
[21] 顾远东，彭纪生．组织创新氛围对员工创新行为的影响：创新自我效能感的中介作用［J］．南开管理评论，2010（13）：30-41.
[22] Elliot A J, Gable S L, Mapes R R. Approach and avcidance motivation in the social domain［J］. Personlity and Social Psychology Bulletin, 2006, 32: 378-391.
[23] 黄秋风，唐宁玉，葛明磊．组织容错感对员工工作绩效的作用机制及作用情境研究［J］．中国人力资源开发，2016（1）：60-66.
[24] 范兴华．大学生成就动机与情绪和行为问题的关系［J］．中国临床心理学杂志，2006，14（1）：75-76.
[25] 邵俊杰，欧阳晨慧．组织容错氛围对建言的影响研究：基于心理安全感和成就动机的双中介效应［J］．经营与管理，2024（9）：1-12.
[26] 刘九庆，吴一平．成就动机理论指导下研究生学术道德养成策略［J］．辽宁工业大学学报（社会科学版），2023，25（2）：92-95.
[27] 阮爱君．激励体系对员工创新行为影响的实证研究［J］．科学管理研究，2011（2）：151-156.
[28] 顾建平，王相云．绩效薪酬、创新自我效能感与创新行为关系研究：基于江苏高新技术企业研发人员的实证分析［J］．科技管理研究，2014，37（5）：168-173.

基于提升财务管理价值的国企财务共享中心构建

颜慕琪

［汉江水利水电（集团）有限责任公司，湖北武汉 430040］

摘 要： 在数字化转型的背景下，国企有必要积极引入数字化技术，推动企业高质量发展。财务共享中心是在数字化技术的支持下形成的财务管理工具。通过构建财务共享中心，可以加快国企数字化转型与发展速度，提高财务管理的智能化水平，提升财务管理效率与质量。本文对财务共享中心进行了介绍，对基于提升财务管理价值的国企财务共享中心构建的作用进行了分析与研究并提出了构建建议，旨在为国企财务管理工作的优化及运营管理发展提供科学指导，以打开国企发展新局面。

关键词： 财务共享中心；财务管理；国企；构建

随着国企改革的不断深入和市场竞争的日益激烈，财务管理在国企运营管理中发挥着愈加重要的作用。在信息化、数字化的时代背景下，传统的财务管理模式已经难以适应现代企业发展需求。对于国企来讲，其需要认识到传统财务管理模式的弊端，积极创新财务管理模式，加快财务管理数字化转型速度，提高财务管理数字化发展水平。财务共享中心作为一种新型的财务管理模式，以其高效、集中、标准化的特点，逐渐成为企业提升财务管理价值的重要途径。基于此，国企需要开展财务共享中心构建工作，以深化财务管理改革、提高财务管理质量、助力企业高质量发展。

1 财务共享中心介绍

财务共享中心通过将分散于各地的财务业务集中到一个中心进行统一处理，实现财务流程的标准化和高效化。集中化、标准化、高效化、协同化则是财务共享中心的特点。一是集中化。财务共享中心将企业的财务业务集中到一个中心进行处理，实现了财务信息的集中化。这样可以避免因为分散处理而导致的信息不一致、重复劳动等问题，提高了财务信息的准确性和可靠性。二是标准化。财务共享中心的建立依托于统一的财务制度和标准化流程，实现对财务工作进行规范化管理，保证财务信息的可比性和一致性，为企业的决策提供有力的支持。三是高效化。财务共享中心是依托先进的信息技术、计算机技术等形成的财务管理模式。在大数据、云计算、AI 等技术的支持下，企业可以高效处理海量财务信息，降低企业运营成本。四是协同化。财务共享中心能够整合企业的财务资源，促进财务部门和业务部门之间的协同配合，提高协同管理水平，强化财务管理效果。对于国企来讲，其需要在数字化时代深入研究财务共享中心，科学构建财务共享中心，为财务管理工作的顺利推进打下坚实基础，切实推动财务管理现代化发展[1]。

2 基于提升财务管理价值的国企财务共享中心构建的作用

2.1 提高财务管理水平

财务共享服务作为企业提高财务管理效率和质量的重要手段，其在降本增效、强化管控、防范风险以及推进财务转型等方面的管理效益和优势得到了实践的检验。财务共享中心通过集中化处理财务

作者简介： 颜慕琪（1988—），女，中级会计师，副科长，研究方向为电价、水价管理，预算管理。

信息，实现了财务数据的快速传递和高效利用，为企业财务管理提供了强有力的支撑。而国企通过构建财务共享中心，将财务共享中心应用在财务管理中无疑可以极大提高财务管理水平[2]。例如，在财务共享中心的作用下，国企可以自动化汇总、处理各种财务信息，实现跨地域、跨部门数据整合，形成多维度的财务分析报告，从而更好地支持财务管理决策。

2.2 增强风险防控能力

为促进企业稳定发展、提高企业的竞争力，国企需要增强风险防控能力。通过构建财务共享中心，可以获得更全面的财务信息，通过对生产经营各环节财务数据统一管理与分析，实现集中管理和标准化流程，建立完善的内部控制体系，强化对财务风险的监控和预警，可以显著提高风险防控能力，减少潜在的财务风险。财务共享服务使企业及时了解自身经营发展状况，掌握外部经营环境变化情况，发现运营中出现的问题，进而采取科学的应对措施，防范经营风险。因此，国企更加需要主动开展财务共享中心构建工作。

2.3 降低企业管理成本

与传统的财务管理模式相比，企业可以通过构建共享财务中心有效降低管理成本。例如，通过财务共享中心提供的集中化的管理和专业化的服务，对各分公司的核算业务进行集中处理，不仅可以提高财务管理效率，而且可以降低沟通成本与人工成本。另外，还能够借助规范化的财务管理流程与先进的信息技术，强化费用管控，减少合规风险，增强企业的盈利能力。因此，国企可以将构建共享财务中心作为降本增效的方法、手段。

2.4 激发国企发展活力

在全面深化改革的背景下，国企需要注重提高自身综合实力，保证其在市场上占据有利地位。在构建财务共享中心后，国企可以依托财务共享中心中的财务信息，掌握资源配置情况，结合经营发展战略，以财务思维赋能业务需求，合理配置资源，提高资源利用率，实现成本的节约和资源的优化，避免出现资源浪费问题。随着资源的高效利用，国企的经营运转水平将会得到提高，从而更好地开展各项业务活动与各项管理工作，保证自身经济效益，为自身发展注入生机与活力[3]。所以，国企应当重视财务共享中心构建工作，以促进自我发展。

3 基于提升财务管理价值的国企财务共享中心构建建议

3.1 建立风险监控机制和激励机制

构建财务共享中心需要完善的财务管理制度作为保障。因此，国企需要积极建设完善的财务管理制度体系。一是建立财务风险监控机制。为了有效降低财务风险，需要在构建财务共享中心的过程中建立财务风险监控机制。通过明确财务风险监控人员的权利与责任，督促他们开展财务风险监控工作，及时发现财务风险，进而合理控制财务风险。同时，引进先进的监控技术，引导财务风险监控人员利用该技术，对财务信息、财务管理工作等进行监控，以提高监控效率与质量，加强财务风险控制。二是建立财务管理激励机制。激励财务管理人员参与财务共享中心构建工作[4]。为提高财务管理激励机制建设水平，需要明确财务管理激励标准与奖励事项。例如，将财务人员参与财务共享中心构建工作的积极性、数字化财务管理任务的完成情况等作为能否得到奖励的考察依据。如果财务人员态度积极，并且能够很好地完成工作，则可以进行奖励。为强化财务管理激励机制构建效果、激发财务人员参与财务共享中心构建以及财务管理工作的热情、提高财务管理水平，国企需要注重结合先进的财务管理理念、激励理论等，持续优化财务管理激励机制。

3.2 重塑部门与调整组织架构

构建财务共享中心作为企业财务数字化转型的重要抓手，越来越受到企业重视，国企开展了一系列财务共享中心构建工作。值得注意的是，财务共享中心会对国企财务部门与组织机构产生冲击。为促进国企财务管理数字化、智能化发展，国企有必要重新塑造财务部门，并科学调整组织结构。从重塑财务部门的角度分析，财务共享中心的建立需要财务部门从传统的事务性工作中解放出来，更多地转向战略性和决策支持性的工作。为更好地使财务部门为国企提供有价值的财务分析和建议，需要合理划分财务部门中财务人员的管理责任。从调整组织架构的角度分析，国企财务共享中心的构建需要打破原有的部门壁垒，建立更加扁平化、灵活性的组织架构。为提高组织架构建设水平，使组织架构充分适应现代化财务管理工作，国企有必要设立专门的财务共享中心部门，将原本分散在各个部门的财务职能集中起来，实现财务流程的标准化和统一化[5]。同时，还需要建立清晰的职责划分和沟通机制，确保各部门之间的协同作战，提高整体运营效率。

3.3 积极搭建财务共享平台

搭建财务共享平台是国企构建财务共享中心的核心工作。为提高财务管理价值、推进国企财务共享中心的建立，国企需要积极搭建财务共享平台。具体来讲，需要做好以下工作：其一，引进先进技术。财务共享平台的建设离不开先进技术的支持，这是因为技术是推动平台高效、稳定运行的关键。例如，在先进技术的支持下，可以对财务数据进行自动化处理与实时分析，确保数据的准确性和及时性，提高决策效率，增强风险管理能力。为此，国企需要积极引进先进技术，为财务共享平台的建设提供技术支持。例如，可以引进计算机技术、信息技术、云计算、大数据等多种技术，便于保证技术人员借助这些技术搭建性能强大的财务共享平台。其二，规范财务管理流程。为更好地借助财务共享平台开展财务管理工作，国企需要在平台上设定标准化的财务管理流程，包括账务处理、报表生成、财务分析等各个环节。通过标准化处理，可以消除各分支机构之间的操作差异，提高工作效率，降低操作风险，提升财务管理质量。其三，注重信息安全和隐私保护。在搭建平台的过程中，国企应采取先进的信息安全技术和措施，确保财务数据的安全性和保密性。可以引进加密技术对财务数据进行加密处理，避免出现财务数据泄露的问题。同时，还可以加强防火墙和入侵检测系统建设，监控网络访问行为，阻止未经授权的网络访问。此外，可以利用云计算和虚拟化技术，对财务数据进行集中存储和管理，提高数据的安全性和可管理性。另外，还可以对员工进行安全教育，增强他们的安全管理意识与能力，保证他们积极参与财务信息安全管理工作。在进行信息安全和隐私保护的过程中，还需要建立健全的信息管理制度和操作规程，增强平台运行的规范性和稳定性。

3.4 加强财务管理队伍建设

财务管理人员是财务管理工作的领导者与执行者，他们的专业能力在很大程度上影响财务管理效果。为保证财务管理人员更好地参与财务管理工作、发挥财务共享中心在提高国企财务管理价值、推动国企发展中的作用，国企需要加强财务管理队伍建设，为基于财务共享中心的财务管理工作提供人力资源支持[6]。具体来讲，为强化财务共享中心构建效果，有条不紊地推进财务管理工作，国企需要加强人才培养工作。可以围绕着财务共享中心、数字化财务管理等，加强培训教育理论内容构建，将计算机技术、信息技术、大数据技术、云计算等融入培训教育内容中，提高财务人员数字化财务管理能力。同时，还需要通过开展定期的团队建设活动的方式，引导财务人员加强团队内部的沟通和协调，增强团队成员之间的信任和凝聚力，提高团队协作的效率和效果。另外，随着市场环境的变化和企业经营模式的转型，财务共享中心需要不断适应新的需求和挑战。对于国企而言，需要在加强财务管理队伍建设的过程中鼓励财务人员积极思考、勇于创新，提出新的管理理念和解决方案，推动财务共享中心的持续改进和发展。

4 结语

综上所述，通过构建基于提升财务管理价值的国企财务共享中心，国企可以实现对财务资源的优化配置和高效利用，提高财务管理效率和准确性，降低运营成本，增强运营风险防范能力与核心竞争力。同时，在构建财务共享中心后，还可以推动国企财务管理的数字化转型和智能化升级，为国企的发展注入新的动力。基于此，国企有必要积极加强财务共享中心构建，提高财务共享中心建设水平，支持财务管理工作，提升财务管理质量，优化自身发展。由于基于提升财务管理价值的财务共享中心构建是一项系统、复杂的工作，国企需要提高站位，深化认识，完善相关工作机制，以科学指导财务共享中心构建工作，不断提升财务管理价值，促进财务管理数字化转型，推动财务管理与企业管理现代化发展。

参考文献

[1] 徐海玲．财务共享中心在国企财务管理中的运用［J］．乡镇企业导报，2024（8）：165-167.
[2] 周蓉．构建财务共享中心提升港口企业财务管理质量研究［J］．现代商业研究，2024（6）：59-61.
[3] 章秀琴．扎实推进财务共享中心建设，提升国企财务管理水平［J］．商讯，2023（15）：81-84.
[4] 曹婧．财务共享中心在国企财务管理中的运用［J］．中小企业管理与科技，2022（11）：163-165.
[5] 王佳丽．国企市场化改制下财务共享中心的建设与运营创新分析［J］．中国总会计师，2022（5）：150-152.
[6] 孟金伟．构建财务共享中心提升财务管理水平的途径探索［J］．当代会计，2021（14）：94-95.

水利工程运行维护人工成本管控研究

芮京兰

（中国南水北调集团中线有限公司，北京　100036）

摘　要： 水利工程持续稳定运行是建设的目的，建设仅是起点，管理维护好水利工程，促进使用好，真正发挥效益才是目的，因此水利工程运行维护管理是建设的延伸。特别是大型水利工程，国家投入巨额资金建设完成只是第一步，如何运行维护好水利工程，促进工程持续发挥良好的政治、经济和社会效益更加重要。本文对水利工程运行维护管理的人工成本控制进行了研究，旨在通过研究运行维护人工成本管控，提高水利工程运行维护效率和效益，确保工程安全运行。

关键词： 大型水利工程；运行维护；人工成本

水利工程运行维护管理需要不同类别的人员从不同专业角度进行维护。对于大型水利工程来说，随着近年科技水平的不断提高，自动化运行维护水平的提升为进一步优化人工成本管控提供了新的手段和方法。为加强水利工程运行维护成本管控研究，特别选择相关专业运行维护人工成本管控进行研究。

1　水利工程运行维护人工成本管控研究的意义

新时代人才是第一生产力，与水利工程高标准运行维护管理相适应的各类专业人员的配备将极大提高水利工程运行维护管理水平，促进水利工程发挥重大的政治、经济和社会效益。同时，随着人工智能的兴起、新技术的不断发展、水利工程智能化运行维护水平的提升，需要摸清人工成本的现状，研究新形势下人工成本管控方法，优化现有的人员结构，推动智能化换人，提升标准化运行维护水平，促进运行维护管理单位提质降本增效[1]。

2　水利工程运行维护人工成本研究方法

按照 5W 分析法，要摸清现有人工成本管控现状，可以采用人工成本写实的工作方法，弄清楚运行维护需要干什么（What），为什么要干（Why），谁在干（Who），什么时间干（When），在哪儿干（Where），以及干得怎么样，如何优化[2]。水利工程运行维护人工成本写实的工作方法就是通过对以上 5 个方面全面了解分析，掌握专业运维人工成本现状。人工成本写实，重点是写实，同时还要根据实际进行分析，一般可以通过设置工作专班，采取跟班跟岗运行维护方式，选择样本（水利工程运维试点或驻点）和各种统计分析方法对现状进行研究分析与测定。

2.1　统计分组法

统计分组法是指人工成本写实过程中，将人工成本统计任务，按照一定标志划分为若干组的方法，本次研究中本方法主要用于水利工程机械设备及设施日常巡查与维护工时统计。

日常巡查与维护工作是水利工程设备设施类运行维护的核心业务之一，占据现场运行维护较多时间，且最能直接、有效反映维护工作量及时长，可以作为设备设施类运行维护人工成本写实的重中之重。为了能够全面准确地统计该类工时，可以选择试点样本（如现场试点或驻点），且样本的相关工

作者简介： 芮京兰（1978—），女，高级会计师，财务处处长，主要从事水费、水价、水权成本管控、财务管理的相关研究工作。

作要具有代表性，首先需要对试点样本全部维护对象进行梳理，并依托现场考察方式，以运行维护设备台数为统计单元，将每个样本站点所含建筑物及建筑中各专业设备、设备数量进行细致补充，初步形成设备数量清单，并基于不同设备的工作任务和维护频次的差异，形成日常巡查与维护工作设备清单。依据现实工作流程和现场工时统计专班人员工作数据，结合维护人员工作经验，对每一项工作任务的每一个维护频次的维护时间及所需人员数量进行补充完善，初步形成以设备台数为单位的日常巡查与维护工作工时统计表。

此方法以设备台数为单位进行分组统计，适用于工程设备数量不大的水利工程，对于长距离大型水利工程，可能因设备数量较大，对工时影响较敏感，统计、计算工作量较烦琐，影响统计精确性。如为长距离大型水利工程，可修正上述统计方法存在的潜在漏洞，调整日常巡查与维护的颗粒度，基础统计单元从设备台数调整为站点（典型站点和非典型站点），即根据站点设备类型、设备数量、维护内容和维护频次的不同，梳理形成各专业典型站点，如某大型水利工程可以根据设备维护的专业划分为金结机电专业典型站点 7 类、高压输配电 6 类、信息自动化 16 类、闸控 12 类，作为工时统计工作的基础。根据典型站点模板，对已统计数据展开分类梳理工作，明确仍需统计数据所属站点及工作内容，并据此制订工时统计计划，根据完成进度及时调整工时统计人员的跟班计划，保障工时统计工作顺利完成。

2.2 科学推演法

科学推演法主要用于成本写实期间无法进行直接测算的工作任务的工时统计，是在现有统计数据的基础上，根据样本资料归纳出的规律性，基于科学的推演逻辑，对类似事务进行推断和预测。

一方面，由于部分维护频次为一年一次和半年一次的维护工作并未在样本统计期间开展，无法进行相应站点的工时测算统计。鉴于此，可根据以往维护经验，结合当前维护模式和现有统计数据对该类站点维护工时进行推演，完成各专业典型站点日常巡查与维护工时统计表。

另一方面，由于水利工程各专业设备的多样性和复杂性，典型站点模板无法涵盖全部金结机电设备。写实工作专班可以基于典型站点工时推演非典型站点工时的工作思路，明确推演对象，了解推演依据，确定计算系数，编制专业非典型站点工时推演表，计算已完成测算的各典型站点平均工时，确定推演基数，最终推演完成包含控制闸、事故闸、检修闸等非典型站点的维护工时，最终实现日常巡查与维护工作工时统计的全面覆盖。

2.3 大量观察法

大量观察法主要适用于水利工程设备设施消缺和问题处理工时的统计，此种方法是从总体出发，对其全部单位或足够多数单位进行数量观察的统计方法。

相较日常巡查与维护工作，设备设施消缺和问题处理工作具有任务突发性强、发生周期不确定性大、维护时间差异性大等特点，难以运用同样的方法进行统计。针对其特殊性，需避免因样本数量不够带来的不利影响，可以延长样本测算时间，或者取以前某一期间的相关工作记录作为消缺及故障处理平均年度工时的依据，以此计算平均月度工时，增强数据的准确性和可靠性。在完成数据的收集和统计工作后，进一步对汇总数据进行核查、分类，在确保数据填报正确、不缺项的前提下，从驻点和专业两个维度全面对数据展开分析，使成果不仅可用于各驻点间消缺及故障处理总工时的对比，也可体现各驻点各专业所用工时的差异化情况。

2.4 解剖麻雀法

解剖麻雀法是指将每一个工程维护驻点作为一个统计对象，对所有工作进行解剖量化，将统计对象根据不同性质或特点拆分为最小单元，并对最小单元事务进行统计，汇总形成统计对象的总体数据，此方法主要用于综合事务工作工时统计。

综合事务工作主要可以理解为内业工作，涉及采购、财务、党建、工会、迎接检查、对外沟通协调等方面，对现场维护工作起到强有力的支撑和不可或缺的纽带作用，具有点多面广、灵活性强等特点。基于其工作开展的复杂性特点，一方面可以采用“双管齐下”的工作方式，如开发相关的填报小程序，开展工作的同时在程序中填报相关工作，另一方面可以通过调研形式将各类综合工作进行分类分项，组织各项工作的负责人进行工时填报，全面分析并修改完善后，形成样本单位综合事务工作月度工时。

2.5 相关分析法

相关分析法主要用于测定开展运行维护的车程工时，根据车辆使用与维护工作的相关性和相关程度，且排除统计结果的随机因素影响，得出最终统计结果。

此方法适用于长距离水利工程运行维护成本研究，为到达维护点，车程是支撑维护人员完成日常巡查与维护工作、消缺和问题处理工作以及综合事务工作必不可少的重要环节，是所有工作的重要组成部分。对于按照驻点长距离机动维护来说，首先按照相关性确定运行维护车程，然后使用“运行维护行驶里程/速度=运行维护用车工时”的计算方法来测算运行维护工时。一方面，可通过跟车实测驻点到维护重点闸站及闸站之间速度的方式，测算出维护车辆平均速度数据，并以用车单上的里程数据作为主要依据，对各样本驻点行驶里程进行详细统计；另一方面，还应充分考虑防汛应急演练、安防提升项目等特殊事项导致用车增加等因素，合理确定运行维护车程工时。

2.6 数理统计法

数理统计法是以概率论为基础，收集资料，进行整理、分组，计算各种特征指标，以描述资料分布的集中趋势、离中趋势和次数分布的偏斜度等，并在此基础上，根据样本资料归纳出的规律性，对总体进行推断和预测。此方法主要用于整体工时的预测和分析。

以样本统计数据为依托，根据水利工程相关样本数量，如驻点、典型、非典型站点数量，结合已计算出的各样本日常维护平均工时，以及设备设施消缺及问题处理、综合事务及车程工时，初步测算出水利工程整体工时，然后分别计算工时比率，根据单位人工成本，测算整体人工成本和单位维护人工成本工时。

3 水利工程专业运行维护人工需求测算模型

通过水利工程运行维护人工成本写实方法，摸清水利工程运行维护人工成本现状后，水利工程运行维护管理单位可根据现状，采用统计模型法对人工成本进行测算优化。统计模型法是指根据一定的经济理论和假设条件（运行维护现场维护工时需求），用数学方程式搭建模型对复杂的现象总体在空间、时间上客观存在的数量关系进行近似的描述，对事务的发展变化进行数量上的评价和预测（预测水利工程运行维护用工需求）。

根据成本写实测定的各驻点工时测算基于设备设施台套数完成各驻点月度日常运维工时，分别计算出各专业月度运维工时，对现场各专业每月日常运维工日进行统计，得出各专业理论配置运维人员数量区间范围。即以样本驻点为单位，以运维专业、设备台套数为基础，以运维工时为基准，建立运维人数计算模型。模型建立后，根据不同驻点的实际情况，在运维规程、专班实测、现场运维人员调研基础上，调整设备台套数、单位运维时间，保证模型变量准确。根据各个驻点不同专业所需工时，计算出各运维处各专业在运维月度维护总工时占比。按照各专业工时比例系数，计算出运维处在各专业应配置的自有人员和外委人员人数。根据专业平均比例系数来进行人员调配，如配置自有人员或采购外委人员等。

3.1 模型建立

结合成本写实测算工时及统计设备设施台套数完成各试点月度运维总工时测算，分别求出在相关专业三个专业月度运维总工时，以某大型水利工程机电、供配电、自动化专业为例，各专业运维人员配置人数按式（1）计算：

$$H_{\mathrm{sum}} = \sum_{0}^{n_1} M_i H_i + \sum_{0}^{n_2} E_j H_j + \sum_{0}^{n_3} D_k H_k \tag{1}$$

式中：n_1、n_2、n_3 为对应的专业设备种类；M_i、E_j、D_k 分别为机电、供配电、自动化专业设备数量；H_i、H_j、H_k 为对应设备维护实测工时数；H_{sum} 为当月日常运维总工时。

以试点不同专业每月运维天数分别为 Y_m、Y_e、Y_d，日常运维一天中现场运维工作时间为H_m、H_e、H_d，以小时计算（不含路途时间），运维人数按式（2）计算，得到各专业运维人员数据分配表。

$$\begin{cases} N_m = \dfrac{\sum_0^{n_1} M_i H_i}{Y_m H_m} \\ N_e = \dfrac{\sum_0^{n_2} E_j H_j}{Y_e H_e} \\ N_d = \dfrac{\sum_0^{n_3} D_k H_k}{Y_d H_d} \end{cases} \tag{2}$$

每月运维总人数实际按式（3）计算：

$$N_{sum} = N_m + N_e + N_d \tag{3}$$

式中：N_m、N_e、N_d 分别为机电、电力、自动化所需运维人数；N_{sum} 为信息机电运维所需总人数。

3.2 模型校正与运维人员预测分析

通过对维护项目、维护频次、设备设施台套数量进行校正后，需要与各个运维处确认不同专业每月运维天数、日常运维中一天现场运维工作时间，进而推算出在实际运维状态下各专业实际需求运维人数，并与实际人数核对误差，若误差较大，核对设备运维工时是否贴合实际、是否准确，可参考运维规程、专班实测、现场运维人员调研，调整运维时间，保证基础数据准确可靠，进而保证人员实际计算误差率低。

模型建立后，通过设置试点每月运维天数、日常运维每日现场时间推算出现场实际需求人员数量范围。例如，各专业运维作业现场运维最少人数按式（4）计算：

$$\begin{cases} N_m(\text{Min}) = \dfrac{\sum_0^{n_1} M_i H_i}{\max(Y_m H_m)} \\ N_e(\text{Min}) = \dfrac{\sum_0^{n_2} E_j H_j}{\max(Y_e H_e)} \\ N_d(\text{Min}) = \dfrac{\sum_0^{n_3} D_k H_k}{\max(Y_d H_d)} \end{cases} \tag{4}$$

此人数为在确保现场作业当月能够完成的前提下，各专业运维人数的极限值。若人数少于此，则当月工作无法完成。

3.3 基于工时数据模型的人员动态分配机制

根据实际人数摸底和要求，需要保证各个试点各专业方面的自有人员、外委人员数量比率均衡，实现各个试点在一条起跑线上。以试点为单位划分机电、电力、自动化维护台套数，算出各个运维处在不同专业所需的工时。按式（5）计算运维处在专业方面占总工时比例，即可得到目前各运维处所对专业在运维月度维护总工时占比。

$$
\begin{cases}
P_{MZi} = \dfrac{\sum_{0}^{i} M_i H_i}{\sum_{0}^{n_1} M_i H_i} \\
P_{MYi} = \dfrac{\sum_{0}^{i} M_i H_i}{\sum_{0}^{n_1} M_i H_i}
\end{cases}
$$

$$
\begin{cases}
P_{EZi} = \dfrac{\sum_{0}^{i} E_j H_j}{\sum_{0}^{n_2} E_j H_j} \\
P_{EYi} = \dfrac{\sum_{0}^{i} E_i H_i}{\sum_{0}^{n_2} E_j H_j}
\end{cases}
\tag{5}
$$

$$
\begin{cases}
P_{DZi} = \dfrac{\sum_{0}^{i} D_k H_k}{\sum_{0}^{n_3} D_k H_k} \\
P_{DYi} = \dfrac{\sum_{0}^{i} D_i H_i}{\sum_{0}^{n_3} D_k H_k}
\end{cases}
$$

各专业比例系数与各专业自有人员和外委人员人数相乘，最终得到各运维处在各个专业应分得的自有人员和外委人员人数。基于此测算模型，可以保证人员分配机制科学客观，确保各试点各专业运维人数在合理范围内，为人员动态均衡调整提供数据合理性支撑，提高人员分配效能，建立各试点各专业人工成本管控标准。

4 水利工程人工成本管控建议

4.1 专业融合运行维护

运行维护人员配置过程加强成本管控，在模型测定各试点各专业最低人工成本的基础上，通过建立试点融合班组等方式完成专业大融合，提高人员现场工作饱和度，使运维队伍具备多专业巡检、消缺能力。专业融合难点是专业人员数量不足和人员业务水平无法短时提高，为了更好地推进专业融合，可以对运行维护工作项目和内容进行梳理，将维护工作划分为三类：一是不经培训或简单培训，非专业人员可以开展的维护工作；二是阶段性培训或传帮带，非专业人员可以较快开展的维护工作；三是不适合非专业人员开展的维护工作，或者需要长期培训、实践锻炼才能开展的维护工作。

融合方案设置可以对不同类别的工作采取不同的融合方式。在先保证具备基本的运维能力后，再通过综合运维班组负责区域内各专业维护，以设备维护量、工时进行划分。最终融合的导向是综合班组业务人员具备各专业多项业务能力，实现一专多能，人员增能后产生更多生产力进而实现降本增效。

4.2 探索薪酬体系改革

完善薪酬体系，根据成本写实情况及分析后的统计模型，确定“三定”方案，以写实工作量为基础，优化配置人员，改革分配制度，探索建立班组或试点工作及薪酬包干工作机制。在全体人员中设置A、B、C、D岗，以能力和贡献为导向定岗定薪，拉开薪酬水平和层次，根据量化工作及维护业务精度和难度及维护创造价值实施量化考核，科学评判各岗位人员的实际工作绩效，实现岗位能上能下、多劳多得、薪酬能增能减，提高人员的工作效率。

4.3 研发数字员工

加大科研力度，提升水利工程运行维护信息化管理水平，提高企业自主研发、远程维护和自动巡检能力，研发数字化员工，推进机械化换人和自动化减人，提高水利工程数智化运行维护水平，促进提质降本增效。

参考文献

[1] 杨思. 基于湖南省5地污水处理企业调研的人工成本分析研究［J］. 企业改革与管理，2023（8）：65-67.
[2] 王凤娇. 李静远. W1H分析法在应用统计学课程教学中的应用研究［J］. 科教文汇，2024（23）：57-62.

水利部门预算绩效管理实践研究

毕诗浩　倪城玲

（水利部预算执行中心，北京　100038）

摘　要： 党的十九大报告要求建立全面规范透明、标准科学、约束有力的预算制度，全面实施绩效管理。水利部自2002年开始试点预算绩效管理工作，多年来对绩效管理体制机制不断地理顺与完善，根据财政部要求积极开展全过程绩效管理。基于此背景，本文对全过程预算绩效开展分析与探究，开拓预算绩效管理实践的新思路，真正将预算绩效管理工作做实、做细、做深，促进资金效益充分发挥。

关键字： 预算绩效管理；全过程绩效管理；水利预算绩效

预算绩效管理作为政府绩效管理的重要组成部分，党中央、国务院高度重视绩效管理，党的十九大、二十大报告为加强预算绩效管理指明了方向，财政部相继出台多部政策文件推进绩效管理工作，完善绩效管理制度体系。水利部党组以习近平总书记关于治水重要论述精神为指引，十分重视水利预算绩效管理工作，强调强化水利预算绩效管理链条、构筑安全防线，切实将绩效管理与业务管理充分融合，实现“花钱必问效、无效必问责”。

1　预算绩效管理工作新形势新要求

党的二十大明确提出“健全现代预算制度”，要求预算绩效管理工作更加注重结果导向、成本效益和责任约束，更加突出资源配置效率和使用效益，更加关注预算管理水平和政策实施效果，持续完善全方位、全过程、全覆盖的预算绩效管理体系。

1.1　预算绩效管理范围不断拓展

二十大以来，绩效管理的对象逐步从以政策和项目预算为主，向部门和单位预算、政府预算拓展，从以中央财政转移支付为主向地方财政综合运行拓展，从单一预算绩效管理层级向多层级拓展，逐步实现更高层面统筹和优化资源配置。

1.2　预算绩效管理链条不断完善

为从源头上防控财政资源配置的低效无效，事前、事中、事后绩效管理闭环系统逐渐形成。重大政策和项目的事前绩效评估机制逐步建立，预算评审、项目审批等更加突出绩效导向。投资主管部门要加强基建投资绩效评估，并且以评估结果作为申请预算的前置条件。

1.3　多层次绩效评价体系不断完善

绩效自评、预算部门重点评价和财政评价等绩效评价方式更加立体，重大政策、项目评价和部门整体绩效评价重点更加丰富，内部评价和外部评价等评价角度更加丰富，能够全方位、多维度反映财政资金使用绩效和政策实施效果，落实部门和资金使用单位的预算绩效管理主体责任。

2　水利预算绩效管理的主要内容

水利预算绩效管理工作经过多年探索实践，树立了“花钱必问效、无效必问责”的预算绩效管

作者简介： 毕诗浩（1986—），女，经济师，长期从事预算管理、绩效管理、内控管理理论与实践研究。

倪城玲（1982—），女，经济师，长期从事预算管理、绩效管理理论与实践研究。

理理念，构建了“财务搭台、业务唱戏，上下联动、统筹推进，各司其职、齐抓共管”的工作机制，以预算项目库管理和绩效目标指标库强化业务支撑和目标导向，以预算执行监控和绩效目标运行监控强化过程管理，以项目验收和绩效评价强化考核约束，预算执行管理与预算绩效管理“同步申报、同步下达、同步执行、同步监控、同步考核”五同步管理方式不断推进，覆盖事前、事中、事后全过程的绩效管理链条基本建立，实现了预算绩效的全生命周期管理。

2.1 结合项目储备开展绩效事前管理

2.1.1 结合预算评审，开展事前绩效评估

预算项目储备期间，针对重大项目，从“立项必要性、投入经济性、绩效目标合理性、实施方案可行性”等方面评估绩效情况，关口前移、源头管控，从立项阶段介入绩效管理，推动提高财政资源配置效率和使用效益，使预算安排和政策更好地贯彻落实党中央、国务院重大方针政策和决策部署。

2.1.2 嵌入预算审查，开展绩效目标管理

水利部每年度动态调整更新一级、二级项目共性绩效指标体系，并在项目审查、“一上”“二上”过程中，参考绩效共性指标体系对申报的绩效目标进行多轮审核，保障项目主要工作内容、绩效目标、绩效指标的相互衔接，逻辑统一。同时，实现预算与绩效目标同步申报、同步汇总、同步下达、同步分解，保障绩效目标管理与预算管理紧密联系、同步推进。

2.2 结合预算监控实施绩效运行监控

为确保预算绩效目标指标按期实现，克服“问题不被发现、发现的时候问题已为既成事实，或者发现之后导致整改难度增加”等弊端，在预算实施过程中，对绩效目标指标完成情况进行定期监控，动态了解绩效序时完成情况，及时调整预算执行过程中的偏差，避免出现资金闲置沉淀和损失浪费，对存在的问题早发现、早解决，从“被动应对”转向“主动防控”。

2.2.1 实施单位自查，夯实绩效管理主体责任

项目执行单位作为绩效管理的第一责任人，需掌握绩效完成进度，因此在适当节点，项目单位自身主导，对照绩效目标表，结合执行进度和工作计划开展自查，对绩效完成情况进行摸底，有助于项目单位深度掌握绩效完成情况。单位自查过程中，可以提早发现完成情况滞后的指标，分析原因并采取措施以保证年度绩效指标的序时完成。

2.2.2 开展多维复核，提升中期监控质量

为确保绩效监控结果的真实性、准确性，在各单位完成自查之后，水利部采取电话沟通、重点项目抽查复核等方式，对项目单位监控情况进行复核，对复核中发现的问题及存在疑问的数据，进行核实、质询、确认，分析偏差原因，提出相关对策；对预计无法完成的指标，提出改进措施。

2.2.3 监控结果应用，反馈落实整改措施

监控完成后要强化结果应用，切实将发现的问题转化为保障绩效按期完成的措施。上级主管部门及时将监控结果向各单位反馈，各单位根据反馈意见，对绩效目标偏差，及时采取有力措施，完善相关制度，限期纠正，确保年度绩效目标如期实现，实现绩效中期监控的作用。

2.3 多种层面推动绩效评价提质增效

绩效评价需“自评”“他评”多种层面评价相结合，既能全面反映绩效实现情况，又能深入发掘绩效管理问题。水利部在绩效管理实践工作中，采取“全面自评”和重点项目“部门评价”相结合的方式，既实现项目绩效自评全覆盖，又实现重点项目深度绩效评价。

2.3.1 全面实施部门预算项目绩效自评，全面反映绩效情况

自评工作重点对绩效目标指标实现程度进行评价，包括年初批复值的完成情况、项目的经济效益、社会效益、生态效益等实现程度及趋势、相关满意度指标的实现程度。为确保自评结果准确、分值合理、结果客观，各单位上报自评情况后，需对自评结果开展复核，保障绩效自评质量。

2.3.2 广泛实施重点项目及单位整体支出绩效部门评价，深入剖析预算绩效

水利部门预算绩效评价实施包括年度、中期及项目实施期结束后评价三种类型，同时以5年为周期，实现部门评价重点项目全覆盖。因此，水利部每年选取体现水利行业特点和核心工作的若干重点项目和单位，涵盖年度、中期及项目实施期结束等阶段，对绩效实现情况进行系统评价，深入挖掘预算项目或单位整体支出目标指标实现的相关绩效，查找存在问题，为奖优罚劣提供参考。

2.4 多种方式推进评价结果有效运用

2.4.1 评价结果反馈：及时分解意见，注重问题整改

绩效评价工作完成后，水利部及时将绩效评价结果反馈相关直属单位，要求各单位对存在的问题进行限时整改。各相关单位收到评价结果反馈后，积极通过内网公开、内部公示、文件传达等方式将评价结果向有关部门、各级单位、项目负责人和内部员工等公开，并组织开展相关问题整改工作。

2.4.2 评价结果运用：明确责任主体，提升绩效管理效能

针对绩效评价和绩效运行情况中期监控过程中发现的各类问题，水利部自上而下，督促各单位认真查找问题原因，将整改责任落实到具体单位、部门或项目负责人，加强督促指导，不断提高预算管理、绩效管理水平，夯实制度建设及队伍建设，保障资金资源配置效率效益。

2.4.3 总结经验：优化流程，加强绩效管理顶层设计

通过绩效管理实践，不断加强理论研究和制度建设，积极总结水利部绩效管理经验，将好经验、好做法上升至制度层面，推动水利预算绩效管理标准化、规范化、科学化。

3 水利预算绩效管理的主要成效

全面实施预算绩效管理以来，水利部围绕建立“全方位、全过程、全覆盖”预算绩效管理体系的改革目标，以推动财政政策提质增效为核心，不断完善制度办法，扩展评价范围，提升评价质量，硬化结果应用，推进预算绩效评价工作上台阶、见实效，新时期预算绩效管理格局逐步构建。

3.1 财政资金使用效益提质增效

绩效管理的约束力、形象力不断提升，预算刚性约束得到强化。预算绩效管理把财政预算作为硬约束，强化预算刚性约束。紧紧围绕“积极的财政政策要大力提质增效”、政府“过紧日子”、财政部“10%容忍度”等目标任务，聚焦水利高质量发展目标和六条实施路径，强化问题导向、目标导向、效用导向，推动项目绩效目标精准对标水利部党组决策部署和相关规划及政策要求，保障资金配置与政策目标高度一致。

3.2 预算与绩效管理一体化稳步推进

经过多年实践探索，水利部将绩效管理融入预算项目全生命周期管理，在实施“项目储备机制”“预算执行考核机制”“预算执行动态监控机制”三项机制基础上，深入开展“全过程预算绩效管理”，以项目库管理和绩效目标指标管理强化业务支撑和目标导向，以预算执行监控和绩效监控强化过程管理，以项目验收和绩效评价强化考核约束，探索推进绩效目标指标随预算同步申报、同步审核、同步下达，预算执行与绩效目标运行同步监控、同步管理，项目管理与绩效管理同步考核、同步应用，有效发挥工作合力。

3.3 关口前移深化预算绩效全过程管理

全过程绩效管理涉及事前、事中、事后管理，更加注重过程管理，事前绩效评估充分分析项目立项必要性、投入经济性、绩效目标合理性、实施方案可行性等，夯实项目立项基础；绩效目标管理明确项目发展方向、量化主要工作内容，提供项目执行方向及目的；绩效运行情况中期监控，及时发现执行偏差并纠偏，保障年度绩效目标指标按期实现。将项目执行过程提前规划、提前监控、提前检查，关口前移，降低年终项目执行压力。

4 目前绩效管理存在的问题

近年来，水利部门预算绩效管理工作取得较好成效，但与党中央、国务院和财政部关于绩效管理

工作的高要求还有一定差距。

4.1 绩效管理标准化程度不高

目前项目绩效目标指标的标准化建设、绩效评价体系的标准化建设仍有差距，导致项目绩效实现程度横向比较、纵向比较较为困难，难以客观、公正、科学体现不同项目之间、统一项目不同实施年度之间的绩效完成情况，一定程度上影响了资金使用效益评价。

4.2 评价结果应用有待提升

目前，预算绩效评价结果应用的理念得以确立，应用制度的顶层设计不断完善，同时绩效评价结果与预算安排挂钩、绩效评价结果与评先评优挂钩得以应用，但绩效评价结果与预算安排及评先评优挂钩的体制机制仍不健全，“罚劣”得以应用、“奖优”尚未推开，同时预算核减的奖优罚劣标准有待完善。

4.3 绩效管理信息化程度不高

水利行业预算绩效管理“点多、线长、面广、量大”，绩效管理工作中自下而上汇总的工作量较大，现阶段绩效运行监控工作仍采取人工填报节点数据、汇总、打捆的方式开展，基础工作量较大。同时，由于预算管理系统信息化运用程度偏低，缺少监控数据留存、对比环节，无法开展历史数据比较，一定程度上影响了监控结果应用。

5 意见建议

为贯彻落实党中央、国务院关于全面实施预算绩效管理的战略部署，执行财政部绩效管理的新规定、新要求，结合水利行业实际，针对绩效管理中发现的问题，坚持问题导向、目标导向、效益导向，进一步创新探索绩效管理模式，主要采取以下措施强化绩效管理能力建设。

5.1 加强绩效管理标准化建设

研究制定预算绩效评价规程等标准化工作流程，规范绩效管理主要工作内容、工作方法、工作标准、责任主体、时间节点及相应成果材料，降低绩效管理工作难度，提升绩效管理工作能力，令绩效评价结果横向可比、纵向可考，切实夯实绩效管理的科学性、准确性、公正性，以进一步提升绩效管理工作质量，推动水利部门预算绩效管理工作创新发展。

5.2 注重绩效评价结果导向

稳步推进绩效评价结果在单位内部、一定范围内的公开，推动绩效评价结果与改进管理、完善政策、调整预算安排有机衔接，为水利部部门预算绩效管理工作考核提供基础数据，稳妥有序推进绩效评价结果的应用与公开。

5.3 提升绩效管理信息技术能力

利用预算绩效一体化管理方式，强化信息技术运用，将预算管理与绩效管理紧密融合，将绩效管理与预算编制、预算执行紧密融合，把绩效管理各环节深度植入预算一体化系统中，构建事前、事中、事后绩效管理闭环。强化数据录入、数据汇总、数据校核、异常数据自动筛查提醒等相关功能，借助信息化手段更好地提升绩效管理的效率和质量。开发历史数据存储、比较功能，进一步提升绩效数据应用、预警功能。

参考文献

[1] 钱水祥，毕诗浩，王健宇．全面实施水利预算绩效管理实践思考［J］．中国水利，2018（14）：59-62.

[2] 钱水祥，王健宇，毕诗浩，等．水利预算绩效管理实践探索与改革路径研究［M］．北京：经济管理出版社，2021.

[3] 钱水祥，王健宇，毕诗浩，等．水利预算项目支出绩效评价规程研究［M］．北京：经济管理出版社，2023.

以成本实验室建设推动南水北调中线工程成本管控改革实践

芮京兰

（中国南水北调集团中线有限公司，北京　100036）

摘　要： 南水北调中线工程通水10年来，发挥了良好的政治、经济和社会效益。进入新时代，水利工程运行维护技术不断发展，为全面贯彻落实新发展理念、助力南水北调事业高质量发展、不断提升公司成本管控水平，中国南水北调集团中线有限公司（简称中线公司）开展了成本管控实验室建设，以“小切口”改革促提质增效。本文对成本实验室建设实践进行了总结，以期探索建立精益科学的中线特色成本管控体系，逐步总结可复制、可推广的供水运营企业成本管控经验。

关键词： 南水北调；成本实验；成本管控

1　南水北调中线成本管控现状

1.1　基本情况

南水北调中线工程全长1 432千米，2014年正式通水，输水干渠地跨河南、河北两省和北京、天津两个直辖市，中线公司为做好工程的供水及运行维护管理，在沿线设立44个管理处，负责管辖范围内供水及工程运行管理工作。在保障南水北调中线工程安全、供水安全、水质安全（简称“三个安全”）的前提下，中线公司建立了以全面预算管理体系为抓手的成本管控体系，统筹人、财、物等资源，提高核心竞争力，保障供水业务开展，促进多供水、供好水。

1.2　成本构成分析

从中线公司整体看，经营成本主要包括原水费、固定资产折旧费、税金及附加、贷款利息、燃料动力费、管理支出、维修养护支出等。其中，原水费、固定资产折旧费、税金及附加、燃料动力费、贷款利息均为供水业务刚性成本项目，占比约65%，这部分成本可调控空间有限；管理支出、维修养护支出为弹性成本项目，占比约35%，可通过合理的成本管控措施，寻求进一步降低空间。

投资项目投资成本主要包括项目前期费用、项目实施直接费用、间接费用等，可通过强化立项必要性、方案可行性及合理性、费用经济性审核，控制投资成本。

从现地管理处层面看，成本项目主要包括管理支出、维修养护支出和燃料动力费三项。其中，维修养护支出根据运行维护特征又分为日常项目、专项项目、防汛应急等项目支出；燃料动力费主要是电力燃料等各项支出，支出很小且受国家调控价格影响，但可通过科技创新或采购方式创新等探索降低成本的途径；由现地管理处实施的投资项目，也可以通过现地管理处积极参与项目前期立项和方案审查、过程方案优化和过程管控等措施降低投资成本。

2　成本实验室建设思路

根据南水北调中线工程通水运行以来的成本管控现状，成本实验室建设之初，中线公司就确定了

作者简介： 芮京兰（1978—），女，高级会计师，财务处处长，主要从事水费、水价、水权成本管控、财务管理的相关研究工作。

“去虚胖、强筋骨、增活力”的工作理念和“1+3+3+3+N”的工作思路。锚定“1个目标”，即在保障“三个安全”的前提下，强化成本管控，促进提质降本增效，推动公司高质量发展；立足“3项重点”，即管理支出、维修养护支出和投资支出三项重点成本管控内容；优化“3项机制”，即通过优化管理机制、激励机制和监督机制，激发内生动力；围绕“3项措施”、拓展“N种方法”，即鼓励试点管理处围绕资源整合、流程优化和方式创新3项措施，积极实践，创新多种多样的成本管控方式方法，实现高质量成本管控目标。通过“1+3+3+3+N”靶向发力、系统施策、有效激励，充分激发全线各级单位及广大职工的内生动力，保障目标实现。

3　成本管控的重点内容

南水北调中线工程自通水以来，随着受水区用水需求逐年增加，南水北调中线工程的供水性质已由原来的辅助水源变成了主力水源，中线公司坚持“双精维护”理念，通过全面预算管理配置资源加强成本管控，供水综合效益愈加明显。中线工程通水近10年，运行维护技能和水平不断提升，科技不断进步，迫切需要实施更加精益的成本管控，促进公司角色从管理工程和管理调水向经营工程和经营调水转变。

中线公司选取渠首分公司方城管理处、河南分公司禹州管理处、河北分公司磁县管理处等8个管理处作为成本管理实验室第一批试点管理处先行先试，围绕管理支出、维修养护支出、投资项目3项重点内容施策发力，根据项目特点以多维视角深研项目必要性、人工配备、运转效率、材料消耗、造价定价、设备使用周期及运行管理标准规范等状况，实验各种可能的方式方法，实现控制成本、提质增效。

4　以成本实验室建设促进机制优化

为确保成本实验室各项举措的科学性、合理性，突出“实验室”作用，围绕优化成本管控机制、激励机制、监督机制促进资源整合、流程优化和方式创新，上下各层级积极实践、协同发力，健全全员、全要素、全价值链、全生命周期成本费用管控机制[1]。

4.1　优化管理机制

（1）目标成本总额控制。公司本部、分子公司给予试点管理处政策支持、技术支撑、资源保障。通过充分授权，日常管理决策，以试点管理处为主、分子公司参与为辅，实行目标成本按照预算实施总额控制。

（2）全员全过程成本管控。试点管理处实施目标分解、责任分解，落实全员成本管控责任制，做好项目全过程成本管控。建立全过程成本动因分析机制，发现问题、分析问题、提出措施、形成体系。加强成本源头控制，坚持无预算不支出、非必要不开支，做实做细项目现场勘察、方案设计等前期工作，强化采购管理、合同签订和现场安全、质量、计量、验收、价格管理等过程管理，鼓励创新管控方式方法[2]。

（3）成本管控会商研判机制。成本实验是全新理念、管控手段、管控方法的组合，部分涉及现有管理的改革，但是试点层面作为最基层组织，对管理规范的把握理解可能会存在偏差，为确保实验有序进行，一些涉及管理体系优化的重要变革在计划实施阶段应在中线公司各专业管理部门和分公司指导下进行充分的分析、会商、研判，确保实验方案合法合规并达成预期效果。

（4）政策优化指导机制。成本实验作为中线公司新的成本管控体系的探索，要坚持问题导向、结果导向，在保证“三个安全”的前提下一定程度打破如最佳维护状态、维护频次等现有维护标准，由中线公司各部门相关人员组成实验专班，对实验中的问题给予政策指导，各业务部门与分公司及试点管理处形成管理合力，推动成本管控效果实现。

4.2 优化激励机制

考核评价要体现成本管控结果导向，重点根据在确保“三个安全”完成各项任务情况下对成本节约及优化情况进行激励。激励形式包含物质、精神等层面；激励层级包括中线公司专业部门、分子公司和相关试点管理处。形成多形式、多层级的多维度激励机制。奖励机制由公司组织人事部门牵头制订，以确保奖励资金来源和机制科学合理。

（1）物质激励。在高质量完成各项工作任务的前提下，实施不同时间阶段、不同管理层面的多维度考核激励，激发不同层面成本管控积极性、创造性。对于分公司，以下达的成本预算指标为基准，并综合考量分公司在预算执行、项目立项审查、前期工作开展、方案优化、对试点管理处支持力度和监管力度等方面情况，较项目年度预算有节约的，按一定比例给与奖励；对于试点管理处，依据确定的任务清单对照目标成本，按照成本节约情况给予一定比例奖励。

（2）精神鼓励。对于在成本实验中积极探索，提出新思路、新方法、新创造并落地见效的员工，不但给予物质奖励，还可给予职称评审优先、职务晋升优先等精神鼓励，以企业效益和成本节约为导向，激发全员成本节约意识和主动作为意识。

（3）容错机制。成本实验作为一项创新性的工作，虽然依靠科学的指导与风险监督管控机制可以有效把控风险，但是也有可能在实施过程中产生难以预料的风险，为了有利于工作的开展，中线公司建立了科学的容错机制。在成本实验创新中遵循“三个区分开来”，把因缺乏经验先行先试出现的失误与明知故犯行为区分开来，把尚无明确规定时的探索性试验与明令禁止后的有规不依行为区分开来，把为推动改革的无意过失与为谋取私利的故意行为区分开来。通过科学的容错机制营造干事创业的环境，增强成本管控创新的动力。

4.3 强化监督机制

发挥各级专业管理部门专业监管职能，强化现场监督队伍全面监督职责，各层级协同配合形成合力，做好检查指导，确保实验取得良好效果。对项目实施过程、执行结果和实施效果进行检查指导，形成专业和现场、过程和综合相结合的立体监督检查指导工作体系。通过强化监督检查指导机制，确保在充分授权的前提下，试点管理处各项管理依法合规，确保能干事、干成事、不出事。

（1）过程检查指导。过程检查指导由公司专业管理部门、质量安全部（监督部）、审计部等部门组织开展，督促按照实验目标任务清单按时保质完成、管理过程合法规范。

专业管理部门根据实验方案对本专业项目进行抽查，主要包括：检查项目批复方案的执行情况；实施工程量和申报工程量的差异情况；本专业预算项目编报规则、标准化工程量清单、维修养护标准等的有效性；抽查维修养护队伍进场后人员、设备配备及机构设置是否符合投标文件承诺；对维修养护项目质量、安全、进度及文明施工情况进行抽查，对有度汛要求及明确时间节点的项目进行重点检查。

质量安全部（监督部）对维修养护项目进行随机检查，主要包括：维护单位质量管理体系建立及运转情况；维护作业的施工工艺选用、原材料质量、过程质量及成品质量控制情况；维护项目节点目标制定、保证措施落实及目标完成情况；维护作业过程中安全技术交底及安全教育培训情况；作业人员行为安全管理及现场安全防护措施落实情况等。

审计部通过跟踪审计和专项审计，重点审计预算项目实施的必要性、合理性及资金使用的合法性、合规性等。

（2）综合检查指导。综合检查由质量安全部（监督部）牵头、各专业管理部门抽调专业人员参与，必要时聘请相关专家组成，制订综合检查方案，对试点管理处项目管理情况进行综合检查，通过检查发现问题，指导达成项目实施效果。综合检查主要包括项目管理程序合规性、工程量和价格水平合理性、过程监管及工程质量、项目实施效果等方面内容。

5 成本实验室工作成效

5.1 优化供水结构提升经营效益

持续挖潜输水调度能力，科学实施冰期动态调度，紧抓汛前及汛期供水窗口期，适时组织开展大流量输水，确保输水调度安全，深入优化供水结构，增加向北京、天津等远端城市供水保障率，尽最大可能实现多供水、供好水，截至2023年，供水总量已突破590亿立方米，提高了供水业务收入，提高了供水效益。

5.2 降本增效理念深入人心

成本实验室活动开展以来，“提质增效”和“勤俭办企”的理念在中线公司各层级逐渐落地生根。中线公司上下统一思想，牢固树立“决策失误是最大的浪费”理念，坚持“一切成本费用皆可控”，要求各分公司和管理处聚焦主业主责，明确“三不投”原则，即凡是与保障南水北调“三个安全”无关的不投入，凡是与推动后续工程规划建设无关的不投入，凡是与增加企业效益无关的不投入。公司上下积极为成本实验室出点子、想法子、找路子，员工主动节约成本的意识日益增强，降本增效的内生动力愈发强烈。

5.3 运行维护成本管控效果明显

成本实验室开展的两年时间里，各分子公司及试点管理处根据业务实际探索优化管理措施并进行初步论证、上报和具体实施，全线成本管控经验不断积累、经济效益明显。2023年，中线公司印发第一批成本管控推广措施23个，年度实现经济效益显著。2024年上半年，成本实验工作机制不断完善，预计成效显著。

（1）以“定额”为准绳，建立成本管控量化标准。

按照“量化管理、精准定价”的管理思路，2023年初步搭建完成具有中线特色的输水调度各专业运行维护定额体系，建立成本管控量化标准。2024年重点结合各单位执行情况不断完善土建、绿化、信息机电等各个专业的定额标准管理，更好地支撑整个中线维修养护工作，实现维修养护预算编制有依据、执行有标准、考核有准绳。

（2）以“定库”为源头，建立维修养护项目库清单。

根据中线工程特性，系统谋划，整体把控，开展“一处一库”建设，按影响工程“三个安全”、设计不足、形象提升等将项目进行分类，列入“一处一库”，根据公司财务能力和资源配置情况分轻重缓急安排，不该干的坚决不干、该干的多快好省干，入库项目提前开展项目前期工作，分年度计划、日常专项互补、动态调整，从项目源头加强维修养护成本管控。

（3）以“定效”为根本，建立双管双控双清单。

发挥全面预算对资源配置的引领作用，完善全员、全链条、全过程、全要素的多层级预算管理体系，围绕中线运行维护管理特色，实施“双管双控双清单”的全面预算管理模式，实质是既要管总，又要管细，还要管过程。既要管住预算大盘子，也要管好项目预算；既要管控结果，也要管控过程，预算总额管控有项目清单，项目管控有工程量清单。中线公司对5个分公司、44个现地管理处上报的超过700项预算项目进行梳理，按管理处编制形成《“一处一册”预算手册》，通过“一处一册”实现管控要求，以更加精益的全面预算管理体系提升成本管控水平。

（4）以“定事”为导向，引导多专业管理高效。

深入开展成本实验，以“小切口”改革方式，深度挖掘全面系统降本增效空间。一是以业务优化为主线，进一步优化本部、分子公司、管理处职能定位，优化条块管理，改革运维组织方式，强化业务集合属地化管理，减少条线管理层级；二是以人员融合为手段，推进专业融合，开展调度、安保、值守等专业改革，推进安保、工巡、值守等人员属地管理、一体管理，推进“机械化换人、自动化减人、智能化无人”，促进降本增效；三是优化采购管理体系，加大集约采购力度，2023年度公司集中采购率较2022年度大幅提升，土建及绿化日常维护项目、安全监测外观测量项目等重点项目采购结余率显著提升，充分发挥了规模采购效应。

5.4 成本管控活力持续激发

推动绩效激励机制改革，持续深化“三项制度改革”，发挥考核指挥棒作用，将降本增效结果纳入考核体系。将成本实验室成果纳入各层级经营业绩考核加分项，对各分子公司通过成本管控措施提高效益的，每项加 0.5 分；形成可复制可推广的成本管控经验的，每项加 1 分；节约成本超过营业总成本 1%的加 1 分；分子公司根据中线公司考核指标对各现地管理处等三级单位分别设置考核指标，并将经营业绩考核情况与职工奖励绩效挂钩，鼓励各单位在成本管控方面“各显神通”，推动降本增效效益惠及每名员工，激发成本管控的活力。

5.5 与大监督体系形成合力

中线公司建立了大监督体系，专业监督部门和各专业部门协同发力，切实发挥大监督体系全过程监督效能，保障依法合规，保障预算资金物尽其用，发挥最大效应。一是强化风控内控体系建设，健全三体系一体化风险防控机制，编制重点领域风险防控清单，初步实现“强内控、防风险、促合规”目标；二是完善项目从采购到验收的全流程成本管控的监督，促进每一环节实现提质增效。每一项经济业务前置监督，从项目立项、预算编制开始，现地管理处每一分钱的申请都要有充足理由，防止虚报瞒报；预算执行过程监督，要强化预算的刚性约束，严格按照下达的预算项目和工作任务实施，既要防止“躺平不作为”，随意取消项目，也要杜绝“乱作为”，随意挪用调节预算；强化合同验收机制，建立归口管理、分级负责的管理制度体系，发挥合同验收的事后监督作用。

5.6 推进流程标准技术节约

一是推进工程巡查改革，修订工程巡查管理办法，根据运行多年来的工程情况，优化巡查标准，在确保“三个安全”的前提下降低成本。二是降低绿化维护成本，制定绿化项目工程量清单，印发绿化工程维修养护分级管理通知，推动实施绿化分级分类养护标准。三是推进信息机电维护降本增效，选择郑州、新乡、安阳、邢台、石家庄运维处为试点，全面梳理各专业现场维护典型操作清单，编制完成 oracle 数据库备份、交换机路由器业务板卡更换、通信传输专业 2M 误码仪与以太网测试仪使用等 7 项工法手册，推进运维班组标准化建设。

5.7 促进资源整合资产有效盘活

一是梳理全线闲置废旧物资，理顺资产实物处置流程，依法合规开展安全专项拆除隔离网公开处置工作，按专业“一类一案”统筹闲置废旧物资处置。二是促进修废利旧，依托土建日常维护项目，将废旧路缘石材料用于左排倒虹吸、跨渠桥梁等部位的巡视台阶新建。三是盘活闲置土地资源，提升土地使用效率。如管理处修整改良下游侧防护区土地、利用辖区不动产土地证办理成果等，开展绿化树种，节约苗木购置成本，种植小麦、花生等具备经济效益的农作物，兼顾保持水土和创造经济效益。

6 成本实验室实践的意义

成本实验室作为以“小切口”形式推进成本管控改革的一种形式和手段，是建设新时代成本管控体系的有益探索，成本实验室建设实践丰富了水利工程运行维护成本管控的方式和手段，特别是对探索长距离调水运营维护成本管控体系建设具有重要的参考意义，有助于促进国家水网建设运营成本管控，促进水利工程效益发挥，值得继续实践、推广。

参考文献

[1] 郑志军．软开项目成本管理创新实践：以 A 企业为例［J］．财会学习，2024（4）：149-151.
[2] 鞠天志．矿山设备运行成本分析与控制实验研究［J］．价值工程，2024，43（5）：19-21.

财会监督在水利科研诚信治理中的应用研究

郝斯佳　陆　崴

（中国水利水电科学研究院，北京　100038）

摘　要：党的十八大以来，党中央把科技创新摆在国家发展全局的核心位置。本文以水利科研诚信治理的概念为切入点，分析财会监督与科研诚信治理的逻辑关系，从促进科研活动全流程诚信管理、完善科研诚信治理内控机制、提高科研诚信支撑效能等方面提出财会监督参与科研诚信治理的路径措施，为推进水利科技高质量发展和高水平安全保驾护航。

关键词：财会监督；科研诚信治理；科研单位

党的十八大以来，党中央把科技创新摆在国家发展全局的核心位置，全面谋划科技创新工作，加快推进科技自立自强。2018 年 7 月，国务院印发《关于优化科研管理提升科研绩效若干措施的通知》强调，“建立完善以信任为前提的科研管理机制，减轻科研人员负担，充分释放创新活力”，管理体制在“松绑”，但是坚守科研诚信的底线始终未变，加强科研诚信治理是保证科技创新事业发展的现实问题。

水利科研单位作为科技创新政策的执行主体，承担着第一责任人的职责，财会监督作为科研单位内部治理的重要机制安排，在完善内部控制、防范化解重大风险、为决策提供信息支撑等方面发挥重要作用。本文以水利科研诚信的概念为切入点，分析财会监督与科研诚信治理的逻辑关系，探讨财会监督参与水利科研诚信治理的实施路径，并提出具体的应用措施，为统筹推进新阶段水利科技高质量发展和高水平安全保驾护航。

1　水利科研诚信治理的概念

《东方治理学》一书中提及“治理”符合水之性，通过顺着事物天然具备的文理而整治，顺应其本身的能量趋势进行正向性的疏导，从而引导事物顺应先天客观规律而归正。全球治理委员会于 1995 年对治理做出界定：治理是或公或私的个人和机构经营管理相同事务的诸多方式的总和，是使相互冲突或不同的利益得以调和并且采取联合行动的持续过程。我国学者俞可平认为治理的目的是在各种不同制度关系中运用权力去引导、控制、规范公民的各种活动，以最大限度地增进公共利益。因此，“治理”不是依靠绝对的权威和制裁来实现目的，而是利用组织结构、规则秩序等手段促使利益各方相互作用、相互影响。

2018 年 5 月，中共中央办公厅、国务院办公厅印发了《关于进一步加强科研诚信建设的若干意见》（简称《科研诚信意见》）强调，“弘扬科研精神、恪守诚信规范成为科技界的共同理念和自觉行动”，与治理目标一脉相承，最终要实现全员为同一目标的自发行为。基于此，笔者认为水利科研单位的科研诚信治理，如同治水，要顺应客观事实进行正向疏导，在尊重科研规律的基础上，通过引导、控制、规范科研人员和科研单位行为并形成自主意识，促进各方利益均衡，营造风清气正、干事创业的创新环境。

2　财会监督与科研诚信治理的逻辑关系

科研诚信是科技创新的基石，《科研诚信意见》提出，“坚持预防与惩治并举，坚持自律与监督

作者简介：郝斯佳（1985—），女，高级会计师，研究方向为会计实务、内部审计。

并重，坚持无禁区、全覆盖、零容忍，严肃查处违背科研诚信要求的行为。”监督体系是治理体系不可或缺的组成部分，财会监督是对经济行为和活动实施的监督管理，通过财会监督带动科研诚信治理。

2.1 财会监督是防范科研失信行为的机制保障

近年来，科技改革力度持续加大，更加突出人的价值，肯定人的智力成本投入，赋予科研单位和科研人员更大的人财物自主支配权，而科研失信行为的屡屡发生既是科研人员自身道德意识的问题，也是科研管理机制仍存在堵点漏点的问题。科研活动的发生离不开科研经费的支持，财会监督是依循资金的活动流向，运用票据审核、数据核算、分录填制、支付控制、账表编制、指标分析等财务技术手段，对相关经济活动进行全过程、全方位的监督管理，在规范经济行为、防范廉政风险、保障资金安全等方面发挥“守门员”作用，是及早发现和纠治科研失信行为的管理机制保障。

2.2 财会监督是构建科研诚信治理机制的内在需求

基于委托代理理论，国家是科研项目和科研经费的委托人，项目负责人是项目执行人和经费使用代理人，委托代理关系衍生出逆向选择和道德风险[1]，因此建立个人利益与社会利益的连接点，实现各方利益兼容，是构建科研诚信治理机制的基础。财会监督要求将财务资源的汲取、配置、使用与科研业务紧密融合，不仅要保障资金资产使用的合法合规，更要通过预算编制、资金统筹、绩效考评等方式，发挥财会监督在资源配置、利益制衡方面的激励约束机制作用，以财务带动业务，激发活力，压实责任，实现防范风险与提高效益的平衡。

2.3 财会监督是营造科技创新环境的有效工具

科研诚信治理就是要营造符合科研规律的良好创新环境，充分尊重科学研究灵感瞬间性、方式多样性、路径不确定性的特点，真正为科研服务。对于财会监督发现的问题，要客观审慎地运用“三个区分开来”和“两个不能”进行研究判定，深入分析问题产生的根源和症结，发挥容错纠错机制作用，做到定性科学、责任清楚，鼓励和保护科研人员的创新热情，同时对故意为之的舞弊失信行为实行零容忍制，加大追责问责力度，形成警示震慑，推动营造诚实守信、勇于探索的良好氛围。

3 财会监督参与水利科研诚信治理的路径措施

2023 年 2 月，中共中央办公厅、国务院办公厅印发了《关于进一步加强财会监督工作的意见》，强调各单位要加强对本单位经济业务、财务管理、会计行为的日常监督。科研单位要落实内部财会监督主体责任，围绕水利科研中心任务，以财会监督对象为实施路径，以《水利部进一步加强财会监督工作的实施方案》为遵循，通过具体对策措施，提升财会监督功效，推进科研诚信治理。

3.1 加强对经济业务监督，促进科研活动全流程诚信管理

《科研诚信意见》提出，将科研诚信建设要求落实到科研活动全过程。对科研项目实施过程中发生的各项经济活动的监督是财会监督重要职责之一，深化水利财务“三项机制”，加强财务专业对科研诚信治理的支持力度，通过对预算编制、预算执行、绩效评价等全链条上发生的经济业务进行监督，促进财业融合、实现齐抓共管。

（1）源头防治，加强预算编制把关。预算是科研单位财会监督的起点，通过预算把所有的业务衔接起来，依照政策规定、围绕任务目标、基于经济合理的原则编制预算，做好事前监督。预算编制包括科研单位整体机构运行和单个科研项目，应充分保证水利科研中心任务和重大决策部署的贯彻落实，统筹安排、重点突出，避免科研经费“平均化”分配弊端，加大对基础性、前沿性、创新性研究的支持力度，以财力为杠杆，引导财务资源合理配置。加强项目储备、“一上”“二上”预算编制的审核把关，组织各科研领域专家、科研管理部门、财务部门、人事部门等从科研任务、经费需求、人员安排等方面，对预算编制的真实合规、科学合理等进行严格评审，避免申报虚假项目、高套定额标准、多头或重复列报、预算规模与项目内容不匹配等科研失信行为。

（2）过程管理，加强预算执行动态监控。各执行主体根据批复的预算开展各项经济活动，财会

监督运用预算执行监控机制，及时发现问题、纠治偏差。一是规范会计核算，根据经费类型及时准确地确认各项经济业务，对科研项目执行“单独核算、专款专用”要求，加强票据审核，定期对合同款认领情况进行稽核，严格公务卡结算方式，通过预算控制、费用审批、报销审核等对支出进行把关和监督，帮助科研人员规范使用资金，及时发现并制止涉嫌虚假报销、超标准超范围支出、列支与项目无关费用、随意调账变动支出等违规行为。二是规范预算调剂，科研活动不能“按图施工”，具有结果和过程的不确定性，财会监督应尊重科研规律，对科研经费支出的监督应以预算为基础，在不突破预算使用红线的前提下，给予科研人员更大的经费使用自主权，结合科研活动的实际需求，在科研项目执行过程中动态监控，按照预算调剂权限，合理进行预算调整。

（3）事后问效，加强综合绩效评价。科研项目完成后进入综合绩效考评阶段，从科研单位财会监督的角度，应重点关注两个方面的问题。一是预算执行率与任务完成度的匹配情况，虽然在国家科技计划项目资金管理的相关文件中已取消或降低对预算执行率的硬性要求，但从项目完成度与资金使用情况的一般规律而言，应关注异常不匹配情形存在的风险隐患，如任务完成度高而预算执行率低，是否存在资金使用不规范、非本项目成果冲抵、绩效考核指标过低等问题；如任务完成度低而预算执行率高，是否存在列支非本项目费用、“突击”花钱、预算编制不合理等问题。二是发挥结果导向作用，科研经费使用的目的是保障科研任务顺利开展、促成研究的问题得以解决，同时提升科研人员的创新热情和研究能力，因此对研究结果应进行全面、客观的评价，衡量科研经费的使用是否促进了科研发展，将绩效评价结果作为项目调整、后续支持、推优评先等方面的重要依据，引导资源向优秀人才和团队倾斜，合理安排结余资金和预算资金，消除资金管理与使用碎片化问题，形成整体闭环的绩效管理机制，切实提高科研经费使用效益。

3.2 加强对财务管理监督，完善科研诚信治理机制

《科研诚信意见》强调将科研诚信工作纳入常态化管理。加强对财务管理的监督，实现权责明晰、放管结合、约束有力，通过减轻科研人员事务性负担、完善内部控制建设、规范成本效益核算等措施，把管理机制贯穿于水利科研诚信治理，确保科研自主权接得住、管得好。

（1）加大政策落实力度，切实为科研人员减负松绑。水利科研单位应持续深化“放管服”政策，提高财务管理服务意识，充分信任科研人员，让科研人员从财务琐事中解脱出来。一是区分科研经费和行政经费管理差异，行政经费使用从严，科研经费使用相对放宽，在费用标准、审批程序、报销附件等有所不同，比如探索科研经费差旅业务包干制，减少零星繁杂的报销事务，真正让科研经费服务于科研人员。二是简化经费管理流程[2]，加大科研部门负责人及项目负责人在预算调剂、经费审批、结余资金支配等方面的权限，去掉形式重于实质的表单或说明，抓大放小、务实管用。三是加大落实财务助理制度，让专业的人做专业的事，加强对财务助理的培训和指导，为科研人员在预算编制、政府采购、费用报销、财务验收等方面提供精细化专业服务，减少或避免出现科研人员因不熟悉经费使用规定而发生的不合规问题。

（2）完善经费内部控制，提升风险防范预警机制。健全的内部控制体系可以有效降低项目执行和经费使用过程中的违规风险[3]，科研经费管理是在以预算为主线、以资金为核心的基础上设置的控制活动，应重点关注采购、合同及资产等关键环节的风险防控。一是采购控制。按照采购金额和品目实施各类采购业务，严格执行政府采购制度，规范供应商比选、竞价、磋商、公开招标等采购程序，防止重复采购、虚假采购、化整为零规避采购程序等违规行为。二是合同控制。加强对合同订立的管理，盯紧关键条款内容，重大合同应经集体决策，会同法律顾问和技术专家参与审核；对合同履行情况实施有效监控，实现合同管理与预算管理、收支管理相结合；建立合同补充、变更、解除、纠纷处理等管理机制，及时采取措施应对突发状况；加强合同成果验收，完善项目档案管理。三是资产控制。科研单位有大量科研仪器设备及无形资产，规范资产购置、登记、使用、专人保管等程序；定期进行资产清查，保证账实相符；核查固定资产使用和闲置情况，推进科研仪器的资源共享，提高科研资产使用效益。

（3）注重财务成本核算，推动完善激励约束机制。科研经费不仅要合理合规使用，还要实现高效节约，2022 年财政部出台了《事业单位成本核算具体指引——科学事业单位》，为科研单位规范核算成本、科学计量收益提供遵循。科研单位财务部门应明确成本的影响因素，合理分配单位运行成本、业务活动成本、后勤保障成本等，特别是对水电暖、固定资产折旧、无形资产摊销等公共成本的归集分摊，确保会计信息能够反映单位经济活动的整体情况，以及科研项目活动的具体过程。通过对成本的精细化管理，有针对性地开展成本控制活动，减少不必要的资源耗费，引导资金配置到成本效益较好的领域，推动激励约束机制的有效形成。

3.3 加强对会计行为监督，提高科研诚信支撑效能

加强对会计行为的监督，旨在提高会计信息质量，加大财会监督成果运用，为科研诚信治理提供有力的财务信息支撑，通过提升信息化建设、加强财会人才队伍建设、强化各类监督贯通协同等方式，发挥财会监督保障作用。

（1）提升信息系统支撑作用。《科研诚信意见》指出要建立完善覆盖全面、共享联动、动态管理的科研诚信信息系统，科研诚信治理离不开大数据和信息技术的支撑，科研治理数字化是完善科技创新治理体系的重要方式，也是提升财会监督效能的迫切要求。科研单位应打造高度集成科研信息、业务信息、财务信息、人员信息的业财融合系统。该系统应以业务流为线索，提取从科研项目立项到资金支付的各个环节关键信息，提升科研活动管理与服务效能。在确保安全的前提下，促进开放共享、自由流动，加速实现互联互通和融合应用。加强大数据分析挖掘和决策支持功能，汇聚各种大数据和信息资源，集成各种分析方法和工具，为科研单位提供坚实的决策支撑。

（2）培养复合型财会人才队伍。对科研活动事项的财会监督，不仅需要具备财务会计专业知识，还需要熟练掌握科研经费管理、项目管理等相关政策，对财会人员提出了更高的要求。一是加强财会人员自我约束，注重职业道德，引导水利财会人员形成正确的价值追求和行为规范，以财务诚信建设助力科研诚信治理。二是提高个人综合素质，优化内部监督人员知识结构。面对数字化挑战，引进专业的信息技术和数据分析人员，加强学习信息理论、计量经济学、统计学等新技能，提高财会监督质量。三是组建内部监督专家团队，由于内部监督业务日趋复杂，应建立监督协同专家团队。增加科研业务专业、信息技术、法律等方面的人才储备，发挥每个人的专业与能力优势。四是完善内部监督人员培养机制。通过开展继续教育、跨部门人员交流轮岗、创新财会监督课题研究等方式，提升内部监督人力资源管理水平。

（3）推进各类监督贯通协同。充分发挥各类监督形式的专业优势，探索监督机制对接、数据共享、结果互认等贯通路径，形成监督合力，加大对发现问题的全面整改力度，提升科研诚信治理效能。一是加强与纪检部门协作，完善在贯彻落实中央八项规定及其实施细则精神、纠治“四风”等方面的协调机制，实现监督成果共享。二是加强与巡视巡察的贯通，强化重点监督协同、重大事项会商、线索移交机制等，通报水利科研单位内部财会监督检查情况。三是加强与内外部审计的配合，构建审计监督结果运用、信息交流机制，把督促审计整改作为日常监督的重要抓手；建立财会监督与内部审计协调机制，统筹监督内容和范围，加强功能互补，促进效能叠加。四是加强与其他职能监督部门的沟通，在经费使用、项目管理、合同审批、基建管理、人事管理等日常监督中抓早抓小，完善在重大问题处理、监督结果运用、问题移交移送等方面的工作流程，推动形成长效机制，提升监督效能。

参考文献

[1] 张耀方．新时代国家科研经费管理政策改革回顾与展望［J］．会计之友，2023（9）：114-119.
[2] 吴涛．科研院所经费管理“放管服”改革研究［J］．财会通讯，2022（20）：119-122.
[3] 王阿乐，田巧娴，任明，等．财会监督在高校科研项目经费管理中的应用探索［J］．财务与会计，2023（16）：33-35.

加强水利企业监管
为水利高质量发展提供有力保障

刘　敏

（中国水利水电出版传媒集团有限公司，北京　100089）

摘　要：党的二十届三中全会对深化国资国企改革、完善管理监督体制机制进一步作出重大部署，我们要深刻认识深化国企改革的战略意义。当前，水利企业改革工作取得了显著成效，但仍存在个别事业单位对所办企业监管不到位等问题，我们严格落实国有资产管理主体责任，持续加强对水利国有资产监督管理工作，不断提高国有资产运行质量，切实提升监管水平，为水利高质量发展提供有力保障。

关键词：水利企业监管现状；加强水利企业监管；水利高质量发展

1　背景概述

国有企业属于全民所有，是推进国家现代化、保障人民共同利益的重要力量，是我们党和国家事业发展的重要物质基础和政治基础。党的二十大报告指出，深化国资国企改革，要加快国有经济布局优化和结构调整，推动国有资本和国有企业做强做优做大，提升企业核心竞争力。党的二十届三中全会对深化国资国企改革、完善管理监督体制机制进一步作出重大部署，我们要深入学习领会习近平总书记关于全面深化改革的重要论述，深刻认识深化国企改革的战略意义，牢牢把握改革的正确方向，更好地履行水利企业监管职责，以更高站位、更大力度把国企改革向纵深推进，为国企高质量发展提供有力保障。

水利部党组高度重视新形势下水利企业改革发展，要严格落实国有资产管理主体责任，持续加强对水利国有资产监督管理工作，不断提高国有资产运行质量，切实提升监管水平。当前，水利企业改革工作取得了显著成效，但仍存在个别事业单位对所办企业监管不到位、企业清理整合工作进展缓慢、部分企业发展活力不足、盈利能力较低、市场竞争力不强等问题和风险。

2　加强水利企业监管的意义

2.1　是新时代深化水利企业改革发展的需要

当前，中国特色社会主义进入新时代，水利事业发展也进入了新时代。党的二十届三中全会提出："深化国资国企改革，完善管理监督体制机制，增强各有关管理部门战略协同，推进国有经济布局优化和结构调整，推动国有资本和国有企业做强做优做大，增强核心功能，提升核心竞争力"。作为推动水利企业改革发展的主体单位，我们要准确把握当前水利企业改革发展所处的历史方位，以党的二十届三中全会为指引，以六条实施路径为着力点，真抓实干，持续加强对水利国有资产监督管理，提高国有资产运行质量，落实国有资产管理的主体责任，不断巩固和提升监管成效。因此，加强水利企业监管，进一步完善监管体制、创新监管方式、丰富监管手段，是新时代水利企业改革发展的

作者简介：刘敏（1989—），女，中级会计师，主要从事财务管理工作。

客观要求。

2.2 是推动水利企业健康持续发展的需要

水利企业多数是在国家历次经济体制改革、促进水利事业发展和布局下形成和发展起来的，具有其特殊性和鲜明的时代特征。多年来，水利企业在承担公共事务、弥补事业经费不足、分流改革人员、维持基层单位队伍稳定、谋划水利战略布局和推动新阶段水利高质量发展中，发挥着重要作用，同时承担着防汛、抗旱、勘测、设计等公益性和社会性任务。但由于个别事业单位对所办企业监管机制不顺畅、监管不到位，部分企业管理不规范，产业结构不合理，个别企业甚至出现国有资产流失等风险。为保证水利企业健康持续发展，必须不断强化对企业的监督管理，建立健全监管机制，提升监管水平，提高监管效果。

2.3 是促进国企高质量发展的需要

水利企业是国有企业的重要组成部分，涉及国民经济多个行业，水利部企业户数和资产总额在中央部委所属企业中规模较大。水利企业是水利部国有资产监督管理的重点，也是财政部国企管理的重要组成部分。水利部高度重视新形势下水利企业改革发展工作，持续加强对水利国有资产监督管理，先后印发《水利部关于加强事业单位投资企业监督管理的意见》《水利部办公厅关于进一步加强事业单位对所投资企业监督管理的通知》《水利部财务司关于进一步落实事业单位投资企业管理责任的通知》，对加强事业单位投资企业监督管理提出了具体明确要求，在规范水利企业管理、有效防范风险、实现国有资产保值增值等方面发挥了重要作用，为促进国企高质量发展提供了有力保障。

3 当前水利企业监管现状

3.1 监管机制不顺畅

当前，针对水利企业监管工作，虽然大多数事业单位基本都成立了监管机构，但事业单位对投资企业的监管仍存在行政化管理模式，导致国有资产出资人监管权责边界不清晰。同时，由于监管机构专职人员人手不够等原因，监管机构对所投资企业的监管手段和方式比较单一，缺乏监管的科学性和有效性，只能够起到上传下达的作用。监管机构往往只能成为一个临时的重大事项议事机构，企业监管仍然主要靠事业单位有关职能部门，监管机构并未真正履行监管职能，不仅出现多头管理和推诿扯皮的现象，个别事业单位对下属企业的监管还出现监管不到位现象，重大事项未按国有资产管理相关规定履行相关程序，甚至造成国有资产损失。

3.2 企业管理不规范

水利企业管理链条较长，部分水利企业监管级次达到了五级，客观上增加了出资人对所属企业的监管难度。当前，多数水利企业虽已初步建立现代企业制度，但从实践情况来看，部分企业现代企业制度仍不完善，尚未形成有效的法人治理结构，未能建立健全权责对等、运转协调、有效制衡的决策执行监督机制。现代化企业制度管理模式建设成效较弱，权责不清、约束不够、缺乏制衡等问题较为突出，一些董事会形同虚设，未能发挥应有作用，企业的重大事项等决策仍然要通过行政管理方式决定，具体管理上出现政企不分、越位管理的现象，企业规范管理面临较大风险。

3.3 业务结构不合理

水利企业经营范围涉及国民经济行业门类较为广泛，但部分企业主营范围与水利主业发展关系不相关或关联度不高，部分企业业务结构不合理，高能耗、低附加值，资产效率低下，发展空间严重不足。同时，水利企业规模总体偏小，盈利能力不强，发展活力不足，市场竞争力较弱，市场化经营程度不高，部分企业由于市场因素变化、经营管理不善等原因，连续多年出现亏损，生产经营主要靠母公司“输血”，且负债金额巨大，已形成债务性系统风险。同时，部分企业清理整合工作进展较慢，清理整合工作不到位，企业市场化规范运行难以实现，严重影响了水利企业改革的整体进程，也降低了水利企业资产运行质量和市场竞争力。

4 加强水利企业监管的意见建议

4.1 坚持党对国有企业的领导

《中国共产党国有企业基层组织工作条例（试行）》指出，国有企业是中国特色社会主义的重要物质基础和政治基础，是党执政兴国的重要支柱和依靠力量。坚持党的领导，加强党的建设是国有企业的“根”和“魂”，是我国国有企业的光荣传统和独特优势。因此，坚持党对国有企业的领导是重大政治原则，并一以贯之。做好水利企业监管，必须坚持和加强党的全面领导，坚持党要管党、全面从严治党，突出政治功能，提升组织力，强化使命意识和责任担当，推动国有企业深化改革，完善中国特色现代企业制度，增强国有经济竞争力、创新力、控制力、影响力、抗风险能力，为做强做优做大国有资本提供坚强政治和组织保证。

4.2 强化监管和激发活力相结合

《中共中央 国务院关于深化国有企业改革的指导意见》指出，要坚持增强活力和强化监管相结合的原则。增强活力是搞好国有企业的本质要求，加强监管是搞好国有企业的重要保障，要切实做到两者的有机统一。因此，加强水利企业监管，要以“强监管”为抓手，坚持问题导向，优化监管方式、丰富监管措施，强化出资人监督，加快国有企业行为规范法律法规制度建设，健全国有资本审计监督体系和制度，整合出资人监管、审计委员会监督和审计、纪检监察、巡视等监督力量，形成监督工作闭环。同时，要充分激发水利企业发展活力，继续推进简政放权，依法落实企业法人的财产权和经营自主权，进一步激发企业活力、创造力和市场竞争力，进一步完善国有企业的监管制度，切实防止国有资产流失，确保国有资产保值增值。

4.3 加强和完善公司治理结构建设

2017 年，国务院印发《国务院办公厅关于进一步完善国有企业法人治理结构的指导意见》，对国有企业完善法人治理结构提出了总体要求和具体意见。水利企业公司治理要从水利企业实际情况出发，以建立健全产权清晰、权责明确、政企分开、管理科学的现代企业制度为方向，积极适应国有企业改革的新形势新要求，坚持党的领导，加强党的建设，完善体制机制，依法规范权责，进一步健全各司其职、各负其责、协调运转、有效制衡的国有企业法人治理结构。

4.4 加大企业清理整合力度

通过清理整合低效、无效资产，减少管理层次，调整企业内部组织结构，是中央企业提高资产质量和整体竞争力的迫切任务，是建立健全国有资产监督管理体系、确保出资人职责层层到位的重要措施。水利企业清理整合虽取得一定成效，但有部分企业管理级次过多，投资偏离主业，决策效率低下，严重影响了企业竞争力，甚至造成国有资产流失。水利企业要在国企改革三年行动“两非”企业清理的基础上，以国企改革深化提升行动为契机，以党的二十届三中全会所提出的“要进一步明晰不同类型国有企业功能定位，完善主责主业管理，明确国有资本重点投资领域和方向”为指引，坚持“聚焦主业，瘦身健体”的原则，进一步加大企业清理退出，加强主责主业管理，减少企业管理层次，优化企业组织结构，提高决策效率，降低管理成本，集中优势资源和优良资产，做强做大主业，提高企业经济效益和核心竞争力。

5 结语

当前，中国特色社会主义进入新时代，水利事业发展也进入了新时代，各级水利部门要准确把握当前水利改革发展所处的历史方位，清醒认识治水主要矛盾的深刻变化，按照推动新阶段水利高质量发展工作部署要求，锚定六条实施路径，主动谋划、积极作为，以高度的政治责任感和历史使命感，切实履行对深化水利企业改革的领导责任，为水利高质量发展提供有力保障。

南水北调中线一期工程用水权交易价格研究

臧晓珏　王俪瑾

（水利部综合事业局，北京　100032）

摘　要： 用水权分配及交易制度是政府和国家治水新思路的充分体现，价格机制是用水权交易制度建设的关键内容。南水北调中线一期工程作为国家重要工程，对其水权交易进行创新完善，能够充分体现治水新思路下用水权交易价格的政策功能。本文基于党中央、国务院以及国家部委层面用水权改革相关政策，系统总结南水北调中线一期工程用水权交易价格的经验，全面梳理水权交易存在的问题，通过深入剖析河南省平顶山市与新密市的区域水权交易案例，详细解析水权交易价格影响因素与定价机制，系统总结出当前水权交易价格存在的问题并提出对策建议。

关键词： 用水权；南水北调中线一期工程；水权交易价格；定价机制

水资源的高效利用和有效节约直接关系着国家经济发展和生态文明建设，具有重要的战略意义。用水权交易价格机制是践行治水新思路的重要途径，是运用市场机制优化配置和高效利用水资源的有效办法，是利用市场之手引导水资源向利用效率和效益更高的行业流动的重要举措。在市场机制中，价格是资源配置的“牛鼻子”，合理的交易价格可以促进水资源在不同地区、不同用途之间合理流动和配置。通过水权交易，还能够激励用水户提高用水效率、减少浪费，提高水资源利用效率，平衡不同地区之间的水资源供需矛盾，并且为生态补水提供经济激励，进而实现社会、经济和生态和谐发展。

1　南水北调中线一期工程开展用水权交易的意义

南水北调中线工程从汉江中上游的丹江口水库引水，输水干渠地跨河南、河北、北京、天津 4 个省、直辖市，为沿线十几座大中城市提供生产生活和工农业用水，对缓解我国黄淮海平原的水资源短缺问题、优化我国水资源配置具有重要的战略意义。考虑到受水区的发展水平，应当对水权转让方给予一定的经济补偿，以保证调出区的工农业发展、航运及环境用水，因此对南水北调中线一期工程开展用水权交易价格研究具有重要意义。

在水市场中，水权交易价格的理论研究和实践探索都已取得明显进展，然而，目前社会各界对于水权交易价格的内涵要义、形成机制、影响因素及构成部分等核心问题仍未达成普遍共识，亟待研究澄清。立足新阶段水利高质量发展，研究破解这些问题不仅具有重要的理论价值，而且具有现实长远意义。从国家水权交易平台开展的交易来看，交易价格差异大、区域性明显，水资源的稀缺性、资产性未得到充分体现，价格杠杆撬动用水户主动节水、提高用水效率的效果有待加强。面对新形势、新挑战，为推进用水权市场快速健康发展、充分发掘水资源价值，开展水权交易价格关键因素研究工作十分必要。

2　有关水权交易价格的政策梳理

2.1　党中央国务院以及国家部委层面用水权改革相关政策

党的十八大以来，党中央、国务院出台的有关用水权改革文件从建立资源有偿使用制度到加快自

作者简介： 臧晓珏（1982—），女，高级会计师，主要从事水权、审计、财务管理工作。

然资源产品价格改革，再到明确提出，要研究水权交易价格形成机制，对完善水权制度、培育和规范交易市场、推进市场化交易的任务目标均作出明确工作要求。水利部与相关部委全面落实党中央、国务院关于用水改革的工作部署，陆续出台一系列文件，对水权交易价格的制定提出明确要求，并对完善用水权交易制度、探索与推进各种类型的水权交易、培育和发展统一的水权市场进行任务安排。党中央、国务院以及国家部委层面用水权改革相关政策内容见表1、表2。

2.2 南水北调中线一期工程水权交易价格相关政策

2015年7月，河南省水利厅印发《关于南水北调水量交易价格的指导意见》（豫水政资〔2015〕31号）明确指出，南水北调中线工程水量交易价格是转让南水北调中线工程水量指标使用权的价格，水量交易的价格建议以省发展改革委《关于我省南水北调工程供水价格的通知》（豫发改价格〔2015〕438号）明确的综合水价（基本水价和计量水价）为参考。也可根据交易双方协商意见，在综合水价基础上适当增加一定交易收益费用作为转让方补偿。其中，关于增加的交易收益，在水权试点期间，建议暂以水源地同类水源的水价或受让方所在地同类水源水价为参考（0.13元/立方米）。2022年12月，河南省水利厅、省发展改革委、省财政厅印发《河南省水权交易管理办法（试行）》的通知，提出水权交易价格应综合考虑水资源稀缺程度、成本费用、合理收益等因素协商或竞价确定。

表1 党中央、国务院层面用水权改革相关政策

序号	文件名称	出台时间（年-月）	相关内容
1	党的十八大报告	2012-11	深化资源性产品价格和税费改革，建立反映市场供求和资源稀缺程度、体现生态价值和代际补偿的资源有偿使用制度和生态补偿制度
2	《中共中央关于全面深化改革若干重大问题的决定》	2013-11	加快自然资源及其产品价格改革，全面反映市场供求、资源稀缺程度、生态环境损害成本和修复效益
3	《中共中央 国务院关于加快推进生态文明建设的意见》	2015-04	深化自然资源及其产品价格改革，凡是能由市场形成价格的都交给市场，政府定价要体现基本需求与非基本需求以及资源利用效率高低的差异，体现生态环境损害成本和修复效益
4	《生态文明体制改革总体方案》	2015-09	研究制定水权交易管理办法，明确可交易水权的范围和类型、交易主体和期限、交易价格形成机制、交易平台运作规则等
5	《国务院办公厅关于健全生态保护补偿机制的意见》	2016-05	建立生态产品市场交易与生态保护补偿协同推进生态环境保护的新机制。健全生态保护市场体系，完善生态产品价格形成机制，使保护者通过生态产品的交易获得收益，发挥市场机制促进生态保护的积极作用
6	《国务院关于全民所有自然资源资产有偿使用制度改革的指导意见》	2016-12	完善水资源有偿使用制度，鼓励通过依法规范设立的水权交易平台开展水权交易
7	《中共中央 国务院关于新时代推动中部地区高质量发展的意见》	2021-04	健全有利于节约用水的价格机制
8	《关于深化生态保护补偿制度改革的意见》	2021-09	完善反映市场供求和资源稀缺程度、体现生态价值和代际补偿的自然资源资产有偿使用制度，对履行自然资源资产保护义务的权利主体给予合理补偿
9	《国务院办公厅关于印发要素市场化配置综合改革试点总体方案的通知》	2021-12	试点地区进一步健全用水权等交易机制，探索促进绿色要素交易与能源环境目标指标衔接，探索加强要素价格管理和监督的有效方式

表 2　国家部委层面用水权改革相关政策

序号	文件名称	出台时间（年-月）	相关内容
1	《水利部关于内蒙古宁夏黄河干流水权转换试点工作的指导意见》	2004-05	水权转换总费用包括水权转换成本和合理收益
2	《黄河水权转换管理实施办法（试行）》	2004-06	水权转换总费用应包括节水工程建设费用、节水工程和量水设施的运行维护费用、必要的经济利益补偿和生态补偿等
3	《关于水权转让的若干意见》	2005-01	水权转让费最低限额不低于对占用的等量水源和相关工程设施进行等效替代的费用
4	《关于水权制度建设框架》	2005-01	要求建立水权转让的利益补偿机制，并对水权转让第三方利益的补偿提出了要求
5	《水利部关于开展水权试点工作的通知》	2014-07	将宁夏、江西、湖北、内蒙古、河南、甘肃和广东等七个地区列入水权试点
6	《水权交易管理暂行办法》	2016-04	对区域水权交易与取水权交易的价格提出了建议
7	《关于水资源有偿使用制度改革的意见》	2018-02	明确水资源有偿使用制度改革的总体要求，鼓励工业企业通过投资农业节水获得水权
8	《关于建立健全节水制度政策的指导意见》	2021-12	探索实行用水权有偿取得，完善交易制度和价格形成机制
9	《水利部 国家发展改革委 财政部 关于推进用水权改革的指导意见》	2022-08	明确各类用水权交易价格的确定原则
10	《关于推广合同节水管理的若干措施》	2023-07	通过用水权转让、收储等方式进行交易，收益归用水单位所有，或由用水单位和节水服务企业按合同约定分享

3　水权交易价格概述与特征

3.1　水权交易价格、水资源费（税）、水价之间的关系

水资源税，是指国家对使用水资源征收的税种。《地下水管理条例》（中华人民共和国国务院令第748号）第二十四条规定：国务院根据国民经济和社会发展需要，对取用地下水的单位和个人试点征收水资源税。

水价，也称供水价格，是指供水经营者通过一定的工程设施，按政府规定或供、用水双方商定的标准，销售给用户使用的单位商品水的价格。

水权交易价格不同于已存在的水资源税和水价，水权交易价格是从国家对水资源的所有权中分离出来的水资源使用权的价值体现，既具有稀缺性，也具有一定垄断性，是交易主体在遵循市场经济规律的条件下，结合水资源供需情况制定的进行水权交易的价格或费用。

3.2　水权交易价格的主要特征

（1）水权交易价格是水资源使用权的价值体现，具有产权收益性。

水资源使用权属于用益物权，《中华人民共和国物权法》明确规定国家所有或者国家所有由集体使用以及法律规定属于集体所有的自然资源，单位、个人依法可以占有、使用和收益。水权交易价格与一般商品价格的本质不同在于，水权交易价格是一种产权收益价格。因此，决定水权价格的主要依据不仅仅是水资源的稀缺性价值和为取得水资源所投入的工程成本，而且包括该部分水的使用权为购入者带来的预期收益或使卖出者遭受的损失，即至少包括稀缺性、资源产权与合理收益这三个部分。

（2）水权交易价格是政府对水权交易“准市场”进行调控的重要手段。

在社会主义市场经济体系下构建水权制度时，必须妥善协调政府监管与市场机制之间的互动。在宏观层面，政府的宏观调控功能需要得到充分施展；而在微观层面，市场机制的引入则至关重要。在政府的价格调控框架内，水权交易价格最终由各方利益主体通过协商达成一致，从而使转让方的期望与受让方的支付意愿达成平衡[1]。

（3）水权交易价格是实现水资源高效配置的重要驱动因素之一。

根据经济规律，由于所有者对其所占有的资源享有排他性的所有权和独占性的使用权，因而可以促进资源最优分配。因此，对于资源产权的潜在获取者来说，要想取得产权必须支付相应的价格，这一价格代表了其获取资源的成本。在资源稀缺的竞争性条件下，只有高效率和高需求的用户才会愿意并付出较高的代价去获取资源，促使其流向高效率的用户，从而实现资源的最佳配置与最优利用。在市场机制配置水资源的过程中，通过水权交易可实现水资源由低效向高效部门转移，充分发挥水权交易价格的经济杠杆作用[2]。

4　区域水权交易价格影响因素与定价机制分析

水权交易主要分为区域水权交易、取水权交易和灌溉用水户水权交易，而南水北调中线一期工程主要为区域水权交易，因此本文将重点对区域水权交易价格的影响因素和定价机制加以分析。

4.1　区域水权交易价格的影响因素分析

（1）工程因素。如何实现水量交割是区域水权交易的主要问题，为使区域水权交易成为可能，需要建设和维持一定的硬件设施，如具备基本的蓄水、调水、提水设施和输水、配水、供水网络，工程条件是保障水权可获取、可交易的重要基础。

（2）经济因素。一方面是指社会经济整体状况。当经济情况较好时，人们对社会发展预期较高，各种新开发项目、新建工程、新办企业等较多，用水需求增加，导致交易价格呈上涨趋势。另一方面指水权受让方的经济承受能力和对利益相关方的影响[3]。

（3）第三方因素。第三方因素指的是区域水权交易对所涉及范围内的环境、其他主体等方面的影响。区域水权交易的交易水量大、交易期限长、影响范围广，长期看有可能改变转让方的生态环境，以及对交易双方以外的地区用水产生影响。

4.2　区域水权交易定价机制分析

4.2.1　水权交易定价机制的基本原则

首先，水权交易价格应反映作为载体的水资源价值和水权内在价值；其次，水权交易价格的确定必须充分考虑用水部门的支付能力；再次，合理的水权交易价格不仅要覆盖节水工程等基础设施的成本，还应考虑合理利润，以激励更多资金投入到对水资源的开发利用中；最后，水权交易价格必须能够保证对水资源的可持续开发利用。

4.2.2　区域水权交易价格构成

水权交易市场作为一种准市场，其交易价格的确定应以政府设定的合理基准价格为起点，并经双方协商最终确定。成本因素是影响用水权交易价格的决定性因素，由于不同种类的水权交易涉及的成本各异，因此，在确定水权交易价格构成时，应当从不同类型的水权交易出发，根据每种用水权交易的成本和特点确定不同类型交易价格构成。涉及输调水工程的区域水权交易价格应包括输调水工程成本、生态补偿成本、经济补偿成本、机会成本以及水资源资产价值等。不涉及输调水工程的，扣除输调水工程成本，考虑经济补偿成本、生态补偿与水资源资产价值等即可[4]。

4.2.2.1　输调水工程成本

水权交易的输水工程费用主要包括：①输水工程建设费用；②输水工程的运行维护费用，是指上述新增工程的维修及日常维护费用；③输水工程的更新改造费用，是指输水工程的使用期限短于水权交易期限时所必须增加的费用，该费用是达到输水工程寿命时的支出，需要对其折现。

4.2.2.2 经济补偿成本

随着转让方将其水权转出，该区域内的部分水资源使用者可能会丧失再次使用该资源的机会，继而会对水权转让地区造成经济发展上的影响，需要对其进行一定的经济补偿。主要体现在转让方原有水权用途的收益，这一部分的收益可以测算后折现到当前的交易价格之中。经济补偿成本多数是交易双方协商讨论的重点，达成一致的关键点是经济补偿能否弥补转让方损失的用水收益以及受让方的用水收益能否覆盖经济补偿。一般来说，利用水资源所带来的经济利润越高，其受让方愿意承担的经济补偿成本也越多。

4.2.2.3 生态补偿成本

生态补偿成本是指因水权交易对水权转让地环境等造成损失而应给予的补偿，生态补偿应包括污染环境的补偿和生态功能的补偿。若是由农业节水节约出来的用水指标交易至区域外，则生态补偿系数主要与灌区节水改造后地下水水位下降幅度有关。若是还涉及转让方为了交易履约还需保障符合要求的水质，进而开展生态治理修复等，则需要在转让方区域内不同水质水源地分布和不同水质水资源资产实物量的条件下，计算不同水质标准下单方水的治理成本以及工程建设成本[5]。

4.2.2.4 水资源资产价值

区域水资源资产的价格需能体现稀缺性价值、有用性价值与所有权人权益价值（产权价值）。稀缺性价值是指区域内水资源丰沛程度，测算一般采取当地水资源相关指标与全国同指标的比值；有用性价值是指水资源资产的使用价值，可以测算水资源资产对区域内产业产值的贡献程度；所有权人权益价值（产权价值）与所在地区经济社会发展条件紧密联系，应根据该地区水资源状况、经济社会发展水平，考虑区域自然因素、经济因素、社会因素与工程成本因素综合测算水资源资产的所有权人权益具体价值。

5 南水北调中线一期工程水权交易分析——以河南省平顶山市与新密市区域用水权交易为例

5.1 交易背景

新密市地处南水北调中线原规划受水区外，水资源十分紧缺，其人均水资源水平只有全国平均水平的1/12，没有外来过境水源且地下水已过度开采，属于严重缺水型县（市），在实施最严格的水资源管理条件下，无法通过政府干预和补偿性调整来满足新增用水需求。

然而，作为南水北调受水区之一的平顶山市，初始规划的年均南水北调用水指标为2.5亿立方米，并且四库联动调配工程使水资源保障能力大幅提高，在一定时期内有部分南水北调富余用水指标。

为解决水资源供需不平衡，在政府的引导和协调下，两市产生了交易意向。

5.2 交易过程

2015年11月26日，两市政府签订《河南省平顶山市新密市水量交易意向书》，平顶山市每年转让不超过2 200万立方米的南水北调中线计划用水量给新密市，整个交易期限共计20年，并且每三年签订一次具体协议。

2016年6月28日，两市的水务局采用协议转让的方式，在水交所正式签署水权交易协议书。首期交易期限自2016年7月1日起至2018年10月31日止，分3次转让，交易水量共计2 400万立方米，交易价格为0.87元/立方米，交易价款为2 088万元。

5.3 交易价格分析

本次区域水权交易的价格依据河南省水利厅印发的《关于南水北调水量交易价格的指导意见》（豫水政资〔2015〕31号）确定，0.87元/立方米的交易价格中，0.74元/立方米为南水北调水量的综合水价，其中0.36元/立方米和0.38元/立方米分别是河南省受水区对应区段口门价格的基本水价和计量水价，由买方新密市承担，分别向平顶山市南水北调工程运行保障中心和新密市南水北调管理机构支付，0.13元/立方米作为交易收益，参考的是南水北调水源工程综合水价，由新密市向平顶山市支付。

5.4 经验启示

河南省平顶山市与新密市跨流域水权交易为解决南水北调受水区用水需求问题提供了全新路径，带动了后续南阳与新郑等一系列南水北调受水区区域水权交易。然而，本次交易价格参考的政策依据对于收益的考虑并不完善，仅仅参考了南阳的南水北调供水价格，反映的还是成本，没有从水资源价值、用水收益等多个方面进行综合考虑，从而混淆了水价与用水权交易价格。此外，关于参考的河南段南水北调综合水价目前仍为运行还贷水价，其定价的基础仍是从工程建设的融资成本出发，不是丹江口水资源本身价值的体现，协议未设置交易价格定期浮动的机制，未来仍有改进空间。

6 主要结论与存在问题

6.1 制度文件对用水权交易价格的表述有待规范统一

水权交易价格要体现水资源使用的内在价值，水资源费（税）及水费不宜计入水权交易价格。在探索中，国家与一些地方对水权交易价格的规定存在表述不一、缺乏统一规范的问题，少数文件混淆了用水权交易价格和水价的概念，还有部分文件对于合理收益、生态补偿等部分如何界定、计算并未作出具体要求。

6.2 水权交易市场机制作用未充分发挥

现阶段我国水市场仍然处于初步阶段，多数交易仍以行政部门作为组织者，由政府一手包办，因此公开挂牌等市场机制并未充分体现，缺少交易双方协商价格的过程，造成市场交易价格与水资源的真实价值有较大差距。

6.3 第三方影响考虑得不够充分

交易价格的核算以成本法为主要计算方法，功能成本为水权交易价格构成主体，可能存在对地方水权水市场考虑不充分的问题，水权交易价格的形成机制必须经过充分考量才能保障水权交易的公平开展。

7 对策建议

7.1 健全水权交易价格相关技术标准体系

基于《水权交易管理暂行办法》《关于推进用水权改革的指导意见》，进一步明确用水权交易价格构成、测算方法等相关技术规则，促进用水权交易价格技术方法和标准体系的完善。

7.2 提高水资源平台化配置质效

水权交易平台可以让交易双方充分掌握水权交易信息、市场行情等信息，通过组织潜在的交易方参与竞价，可以达到水权资产保值增值的效果。可在符合金融监管要求的前提下，充实多种竞价方式，最大限度地通过竞争机制发挥水权交易平台的“价值发现”功能，促使水权流向效益更大的生产部门，从而实现水资源的优化配置。

7.3 规范用水权交易价格监管

充分发挥政府监管作用，通过政府宏观调控、有效治理，强化用水权交易价格监管。结合各地水资源稀缺程度等因素建立价格动态调整机制，可灵活进行市场调控，同时加强对价格机制的约束，切实保证价格机制行之有效。

参考文献

[1] 邵莉莉. 论用水权市场交易的规范建构：基于流域生态系统存在价值的视角［J］. 法学，2022（10）：160-176.
[2] 刘钢，高磊. 水权交易实践与研究［M］. 北京：中国水利水电出版社，2020.

[3] 杨云，童览，王玉明．杭州市东苕溪流域初始水权定价探索［J］．浙江水利水电学院学报，2020，32（5）：40-45.
[4] 黄寰．区域生态补偿论［M］．北京：中国人民大学出版社，2012.
[5] 陈艳萍，罗冬梅，程亚雄．考虑生态补偿的完全成本法区域水权交易基础价格研究［J］．水利经济，2021，39（5）：72-78，82.

“以数治税”背景下国有建筑企业内部控制标准化、规范化建设浅析

李皓玥

（长江勘测规划设计研究有限责任公司，湖北武汉　430010）

摘　要：随着数字化、智能化建设的进一步发展，以及国家税收政策的进一步完善，我国的税收监管体系基本完成了从“以票治税”向“以数治税”的改革。在国有企业市场化改革的大背景下，存在工程数量大、项目所在地分散、决算进度慢等问题的国有建筑企业如何在税收监管愈发严格且高效的“以数治税”时代提升自身竞争优势，需建立标准化、规范化的内部控制体系。基于此，本文对“以数治税”背景下国有建筑企业将面临的风险和挑战进行分析和探讨，对国有建筑企业内部控制体系建设提出建议，以期为相关人员提供参考。

关键词：以数治税；国有企业；建筑企业；内部控制

1　引言

2021年3月，中共中央办公厅、国务院办公厅印发了《关于进一步深化税收征管改革的意见》，提出推进我国税务领域“放管服”改革，到2023年实现“以票治税”到“以数治税”税务监管的转变，到2025年基本完成智慧税务的建成。“以数治税”是一种借助大数据和人工智能技术，通过对多领域涉税数据的挖掘、整合、共享和分析，进一步更加科学、更加精准地强化税务监管的税务改革。

在我国市场化经济体制进一步发展的当下，国有企业面对的市场化竞争愈发激烈。在发展质量重于发展形势、市场竞争激烈、国家监管强化的背景下，国有企业在避免发展运营中的税务风险和财务风险的情况下提升自身市场竞争能力，需要从税务风险角度进一步规范并完善企业内部控制制度。对于具有项目数量庞大、位置分散、人员冗杂、供应商成分复杂等特点的国有建筑企业，建立标准化、规范化的内部控制制度以在企业运营过程中最大可能地规避税务风险，是保障国有建筑企业合规运营并提升经济效益的重要路径。

2　“以数治税”背景下国有建筑企业面临的风险

在“以数治税”背景下，税务机关充分运用云计算、人工智能、大数据等现代信息技术，以“四梁八柱”为智慧税务的基本框架，通过国家税务总局、公安部、最高人民法院、最高人民检察院、中国人民银行、海关总署、市场监管总局、国家外汇管理局八个部门数据共享和连职管控的方式，用数据和算法透视纳税人的纳税行为，给纳税人进行“行为画像”。在税务稽查智能化、纳税行为透明化的当下，国有建筑企业主要面临以下风险。

2.1　发票管理风险

在“以数管税”背景下，税务机关通过在全国推进全面数字化的电子发票的使用，强化了征管系统对于发票数据的抓取能力。同时，通过实现多部门信息共享，税务机关可更加全面地掌握企业开

作者简介：李皓玥（1996—），女，主要从事税务等方面工作。

具和取得的发票，并以此追踪企业的全流程业务链。全面数字化的电子发票，是指通过电子方式交付的具有更强的安全性和便捷性的全面数字化的发票。企业开具和取得的所有发票的票面信息，如购买方信息、销售方信息、项目名称、数量、金额、税额等，将以数字化的形式被大数据提取并进行多维度的比对，一旦发现异常，将发出预警信号，并根据稽查结果联合其他的税务机关对上下游企业进行协查，极大程度上提升了税务稽查的效率和处理的精准。

国有建筑企业大多具有项目数量巨大、项目所在地极其分散、项目人员冗杂、上下游企业性质复杂、购进地方材料发票难取得等特点。国有建筑企业取得发票主要由公司项目人员负责，且每年发票数量极为庞大，公司项目人员往往对财务和税务知识的掌握相对较少，对税法的了解相对薄弱，财务人员虽可以验证取得发票的真伪，但对取得发票的经营业务的真实性难以把控。且由于项目所在地分散和上下游企业性质复杂，上游企业的不规范经营也给国有建筑企业带来了巨大风险。近年来，随着“数电票”的全面推行以及“金税四期”工程的稳步建设，国家税务机关对国有建筑企业取得发票是否存在“虚开”问题的税务稽查和税务协查频次极高，国有建筑企业取得“虚开”发票的问题层出不穷、面临较大的税务风险。

2.2 税务管理风险

在国有企业市场化改革的大背景下和当前的经济形势下，国有建筑企业大多更加注重市场化经营的开展和企业经济效益的提升，对企业财务风险管理和税务风险管理的重视程度较低。在大多国有建筑企业，财务风险管理和税务风险管理大多依靠于财务人员的把关，且企业其他部门对财务风险和税务风险管控的配合度低，税务风险管理制度缺失。在税务机关大刀阔斧进行税务改革且税务稽查工作取得显著进展的当下，部分国有建筑企业对税务机关和税务稽查的认知仍停留在依赖于人工方式、处罚力度轻且自由裁量空间大的过去，仍旧认为只要和税务机关维持好关系便能避免税务风险，对建设与税务改革相匹配的企业税务内部控制制度不甚在意。

与此同时，面对“以数治税”时代的到来，部分国有建筑企业内部财务人员对新制度、新形势的了解甚少。当下，税务机关加强了对企业经营业务真实性与合法性的核查，对企业财务人员在审查所取得发票方面的要求有极大提高。然而，由于国有建筑企业的特定性质，企业财务人员大多未曾在企业项目的实地工作过，且不了解项目的业务流程，对取得业务发票的真实性较难审查。同时，由于年龄结构、业务分工等原因，部分国有建筑企业主要负责财务风险和税务风险把控的财务人员对税务制度变革和税务监察的了解较少，对企业面临的潜在税务风险难以了解和防范。

2.3 业务管理风险

近年来，许多国有建筑企业对“业财融合”的重视程度有所提升。“业财融合”是指企业通过加强业务部门与财务部门之间的沟通与合作，促进业务人员与财务人员对彼此工作内容更加了解，从而使企业的财务管理制度、管理策略等能够更加贴合企业业务发展和管理需求。然而，部分国有建筑企业的“业财融合”进展较慢，业务人员与财务人员的交流不顺畅、沟通不充分。比如，业务人员在开展业务过程中可能面临一些为保障业务顺利进行却无法正常取得发票的支出，为报销这些非正常支出，业务人员可能会存在“虚开发票”等行为，而财务人员对业务人员的行为并不知情。在“以数管税”的时代，税务机关通过核查企业上下游客户的经营情况、纳税行为和银行流水等来验证经营业务的真实情况，而业务人员与财务人员的信息脱节将使企业面临较大税务风险。

3 “以数治税”背景下国有建筑企业内部控制制度建设现状分析

3.1 国有建筑企业内部控制制度体系结构不合理

首先，在制度设计上，部分国有建筑企业未能充分结合“以数治税”的新要求，未对内部控制进行及时更新和完善。传统的内部控制制度往往过于关注日常运营流程，而忽视了税务管理方面的风险控制。这导致企业在面对复杂的税务问题时，缺乏有效的应对措施，容易出现税务违规或遗漏。

其次，在体系构建上，一些企业的内部控制制度未能形成有效的闭环管理。税务风险识别、评估、应对和监控等环节之间缺乏紧密的联系和协作，导致风险信息无法及时传递和处理。这不仅影响了内部控制的效率，也增加了企业面临税务风险的可能性。

3.2 国有建筑企业内部控制制度管理执行不到位

当前，许多国有建筑企业在财务内控制度建设方面仍存在一些问题。尽管多数企业已经建立了相关的财务内控制度，但在具体实施和执行上仍存在一定的缺陷。许多企业的内控制度建设仍停留在规章制度建设阶段，缺乏具体的实施细节和后续改进措施。这导致企业财务内控制度建设趋于表面形式化，未能真正发挥其应有的作用。

同时，一些国有建筑企业在内控制度建设上缺乏系统性和前瞻性，导致制度与实际业务脱节，难以有效指导和规范企业的运营活动。在执行层面，部分企业对内控制度的重视程度不够，缺乏严格的执行机制和监督机制，使得制度成为一纸空文，无法发挥其应有的作用。

3.3 国有建筑企业税务风险识别与评定机制不健全

在“以数治税”的大背景下，国有建筑企业面临着日益严峻的税务风险挑战。然而，当前许多企业内部税务风险识别与评定机制并不健全，这在一定程度上增加了企业税务违规的风险，甚至可能对企业的稳健经营和持续发展造成严重影响。

首先，从风险识别方面来看，国有建筑企业往往缺乏一套系统、全面的税务风险识别体系。在日常经营活动中，企业可能未能充分关注税务法规的变化和更新，导致对税务风险的识别不够准确和及时。此外，企业内部各部门之间在税务风险管理方面的沟通和协作不够顺畅，也影响了税务风险的及时发现和有效应对。

其次，在风险评定方面，国有建筑企业往往缺乏科学、合理的税务风险评定标准和方法。企业可能未能根据自身经营特点和税务风险特点制定有针对性的风险评定模型，导致对税务风险的评估不够准确和客观。同时，企业在税务风险评定过程中可能过于依赖主观判断和经验，缺乏数据支持和量化分析，使得评定结果的可信度受到质疑。

4 “以数治税”背景下，国有建筑企业内部控制建设的路径探索

4.1 强化国有建筑企业内部税务体系标准化、规范化建设，布局事前防控

完善国有建筑企业内部控制体系建设，需要根据“以数治税”背景下国家的相应法规和税务局监管变化对企业的内部控制制度进行完善，加强企业内部控制规划标准化、规范化建设。

首先，为确保企业税务活动的合规性并降低税收风险的发生概率，企业应保持与税务部门的紧密协作关系，及时了解并掌握最新的税收政策与法规，确保企业的财务行为和报税行为符合相关规定。同时，企业要根据最新的税收政策与法规构建健全的税务合规机制，例如完善税务风险管理的组织结构和流程，明确并合理分配税务合规责任等，建立健全内部控制体系。

其次，为推动企业内部的税务控制体系发展，使其不落后于依托于大数据、云计算的税务稽查手段，国有建筑企业应创新内部税务风险管理方法与工具，借助第三方软件等技术手段，加强对于发票的管控和相关数据信息真实性、完整性的管理，并优化财务人员和业务人员工作的标准化、规范化。同时，国有建筑企业可根据自身行业特点，通过数据整合、数据挖掘和数据分析等技术手段，设置企业自身税务风险指标，对企业可能存在的税务风险进行规避，并且通过大数据技术的运用，国有建筑企业可以对自身易引发税务风险的环节进行重点监管，及时发现，提前控制。

最后，推动企业内部税务体系规范化、标准化建设，需要加强企业内部税务风险管理队伍建设。第一，应加强对企业财税人员的职业道德培训，税务风险会给企业带来巨大危害，财务人员在进行会计核算时，必须严格遵守会计制度，禁止任何形式的收入减少、虚列支出等行为，确保纳税申报信息的准确性，杜绝一切不合规的纳税行为。第二，要加强对财务人员的税务风险培训。鉴于建筑业税收政策及行业政策的不断变化，财务人员需要系统学习并不断提升自己的税务政策分析能力，确保精准执行相关政策，并充分利用税收优惠政策，为公司合法节税。同时，企业应定期开展面向全员的税收

政策宣贯与学习，提升所有职工的税务风险意识及识别税务风险的能力。

4.2 强化国有建筑企业财务体系、风险体系的标准化、规范化建设，做好事中管控

由于我国大多国有建筑企业对提升市场竞争力较为重视，部分国有建筑企业存在重经营大于重管理的情况。因此，为适应“以数治税”时代的监管需求，仅有对企业内部税务体系的规范是不够的，还需要配合相应的财务体系、风险体系建设。

首先，国有建筑企业要加强财务的日常管控。建立完善的内控管理架构，对日常业务流程和环节，如账目核查、财务资产项目设置，以及重要业务领域和环节，如客户信用评估、财务预算管理、大规模资金调动、重要领导职能变更等，都要深入识别财务风险因素，进行科学全面分析，并切实执行财务内部控制计划。

其次，国有建筑企业要构建有效的风险控制系统。以风险管理为导向，针对风险控制点，建立风险识别评估、监控预警、应对处置及监督评价等机制。定期利用数字化手段对各类经营业务活动进行风险评估，强化内审职能，并做好跟踪审计，构建系统全面的监管机制，以防范重大风险事件的发生。

最后，国有建筑企业要建立健全监督体系。为解决形式化、割裂化和机械化的问题，应坚持全业务范围评价、全面抽样评价及现场样本检查的原则，探索点对点的业务帮扶架构，并通过部门间协同、信息共享及风险和问题情况通报机制，进行内控审计与自评。建立“全天候”管理模式和“全人员”参与结构，在“全民动员”的基础上，对企业税务风险进行常规、持续的监督检查，并快速响应风险，确保企业财务稳健发展。

4.3 强化国有建筑企业信息追溯和总结机制的标准化、规范化建设，夯实事后管理

由于国有建筑企业具有项目复杂、人员冗杂、地点分散等特点，尽管国有建筑企业加强了企业内部的税务、财务、风险体系的建设，仍会有个人存在侥幸心理，进行虚开发票、票实不符等一系列违反税务法规的行为，使企业面临较大风险。因此，国有建筑企业在强化内控制度的基础上，还需要建立标准化、规范化的事后信息追溯和总结评价机制。

首先，国有建筑企业应建立经济活动及财务管理信息追溯制度，例如完善业务经济活动与财务管理的档案管理方法，构建由业务部门、财务部门及审计部门三方共同参与的闭环监督管理机制等。国有建筑企业应建立标准化的企业经济活动与财务管理报告体系，明确内部监督的程序和要求，确立信息追溯的具体方法、范围和频率，以推动企业经济业务和财务管理活动的组织推进和综合协调。同时，国有建筑企业应积极推动数字化转型，强化问责、牵制及筛选反馈机制，对整个业务及财务过程进行深度分析、挖掘和记录，确保企业经济业务和财务管理活动信息的可查询、可追溯、可比较，从而及时发现潜在机遇与挑战。

其次，国有建筑企业应建立财务内控总结与评价机制。企业可以通过建立监督检查和自我评价制度，采用随机抽查、巡视巡察、日常监督和专项检查等方式，对财务内控行为和资料进行定期回顾与审查。同时，国有建筑企业可通过总结与评价，全面系统地排查企业财务内控工作的重大缺陷、重大风险、管理漏洞和薄弱环节，并梳理出内控工作的不足。

最后，国有建筑企业应建立责任落实和整改机制。对于企业内部风险评估和税务机关稽查发现的使企业面临风险的行为，应督促相关责任部门明确存在的问题及其整改要求，制定具体的整改措施和时间表，确保财务管理和审计监督在内部控制后续审查和整改落实中发挥关键作用，压实相关部门的主体责任。

5 结语

在“以数治税”的新形势下，部分国有建筑企业的税收风险管理意识、税收风险人员配置和内部控制体系仍存在较多问题，企业的内部管控无法跟上国家税收监管的进步速度。为实现高效经营和持续发展，国有建筑企业需通过强化内控体系的标准化、规范化建设，完善自身的事前防控、事中管

控和事后管理机制，提升企业的税务风险管理效率。

参考文献

[1] 薛育红．企业财务加强内部控制建设研究［J］．纳税，2020，14（32）：99-100.
[2] 邓宇．财税改革背景下企业税务风险管理研究［J］．中国产经，2022（24）：61-63.
[3] 李晓锋．增强税收风险防范意识强化建筑施工企业税务管理［J］．上海商业，2022（8）：138-140.
[4] 王红艳，唐敏．金税四期下企业税务风险管理探析［J］．经济师，2022（6）：111-112.
[5] 江昱霖．企业财务内控管理制度建设中存在的问题及建议微探［J］．财经界，2023（26）：108-110.
[6] 李敏．“互联网+”背景下企业财务内控体系的构建研究［J］．中国市场，2023（11）：104-107.

部门所属企业国有资本产权登记工作困境及对策建议

康彤彤

（中国水利水电科学研究院，北京　100038）

摘　要：部门所属企业产权登记是动态掌握企业国有产权占有、变更和注销的最新情况，进一步完善监管制度、压实监管责任的有力手段。《中央党政机关和事业单位所属企业国有资本产权登记管理暂行办法》（财资〔2023〕90号）明确了企业产权登记分级管理工作机制，各中央部门逐渐重视并规范企业产权登记工作。本文结合企业产权登记的历史沿革，剖析其重要性，对其存在的问题进行了分析并对工作困境提出了对策建议。

关键词：部门所属企业；产权登记；管理流程；对策建议

1　企业国有资本产权登记的概念及历史沿革

1.1　概念

中央党政机关和事业单位所属企业（统称部门所属企业）国有资产产权登记，是指财政部、中央部门根据管理职责对占有国有资本企业的产权及其分布状况、变动情况进行登记管理，并依法确认产权归属关系的行为。其范围包括：中央部门所属境内外各级企业，即中央部门及其所属各级行政事业单位（含垂直管理机构和派出机构）按照国家有关规定，直接投资兴办或管理的一级全资、控股和参股企业（统称一级企业），以及一级全资、控股企业投资兴办的各级企业（统称二级及以下企业）。

1.2　历史沿革

1990年，国务院颁布《关于加强国有资产管理工作的通知》（国发〔1990〕38号），首次提出国有资产产权登记概念，对继续开办的国有公司所占有的国有资产必须进行产权登记，建立健全管理制度。1992年，国家国有资产管理局会同财政部、国家工商行政管理局正式印发了《国有资产产权登记管理试行办法》。国家国有资产管理局制定了《企业国有资产产权登记管理试行办法》及《实施细则》。1996年，国务院发布《企业国有资产产权登记管理办法》（国务院令第192号），推动产权登记更加规范化、系统化，明确了企业国有资产产权登记的范围、登记内容及主体责任等。2000年，财政部对《企业国有资产产权登记管理办法实施细则》（财管字〔2000〕116号）进行修订。2012年，财政部印发《事业单位及事业单位所办企业国有资产产权登记管理办法》（财教〔2012〕242号），规范了事业单位及其所办企业产权登记相关事项要求。

2023年6月，为适应商事制度改革、促进科技成果转化等新形势发展需求，压实各方责任，推进企业产权登记信息化管理，财政部印发《中央党政机关和事业单位所属企业国有资本产权登记管理暂行办法》（财资〔2023〕90号，简称《暂行办法》），加强中央党政机关和事业单位所属企业国有资本产权登记管理，全面、及时、准确反映国有资本占有与变动情况。

作者简介：康彤彤（1990—），女，中级会计师，主要从事企业监管工作。

2　企业国有资本产权登记的重要意义

2.1　摸清国有资产状况

企业是最具活力的市场主体，企业国有资产管理和行政事业国有资产管理的性质特点有较大区别。以管资本为主加强企业国有资产监管，必须首先摸清企业所占有使用的国有资本及其权益的情况。截至2021年底，全国国有企业国有资本权益94.7万亿元，其中，中央企业21.8万亿元，地方国有企业72.9万亿元[1]。通过产权登记，全面了解所属各级企业的管理级次、资本金额、持股比例、所处行业、布局状况等信息，动态掌握企业国有产权占有、变更和注销的最新情况，做到心中有数，从而进一步完善监管制度、压实监管责任，有效促进经营性国有资产保值增值和国家公共事业发展。

2.2　提升国有资产管理效能

企业产权登记从办理类型上看，可分为占有产权登记、变动产权登记、注销产权登记三种登记情形，这三种登记情形记录了企业从诞生到消亡的全过程。从产权登记可能涉及的经济行为上看，包括行为决策、审计评估、后期操作实施等多个环节。产权登记的资料准备及审核过程，是对经济事项事前、事中和事后各环节的全面梳理，有利于稳步提升国有资产管理效能。

2.3　助力企业监管

通过产权登记，明确记录本部门所属企业的基本信息、资产总额、国有资本金额及权属等情况，权责明晰、有据可查，是做好国有企业日常管理、产权交易、无偿划转等各类事项的基础依据，也是落实党中央、国务院决策部署，深化国资国企改革、完善国有资产管理体制、防范虚假经营主体扰乱市场秩序的重要手段。

例如，2023年6月，中广通科技（酒泉）有限公司以国家电力投资集团有限公司6级子企业的名义在某平台公布350亿元规模的招标项目，引起市场关注。但随后国家电力投资集团有限公司发表声明否认该公司为其所属公司[2]。由于此类行为往往设置多层股权构架，公众查询平台难以识别，因此产权登记对防范类似事件发生起到了关键作用。

3　部门所属企业国有资本产权登记工作困境

3.1　工商登记与产权登记相分离

《暂行办法》规定，企业应当在完成工商登记注册，首次收到国有资本金30个工作日内申请办理占有产权登记；变动登记中，变动事项涉及工商登记的，应当自工商变更登记完成后30个工作日内申请办理变动登记；企业发生产权注销情形的，应当自工商登记注销，依法撤销或变更后，收回或核销全部国有资本金之日起30个工作日内，申请办理注销产权登记。由此可见，企业产权登记并非企业取得营业执照与开展经营的必要前置程序，工商登记与产权登记缺乏政策与程序上的联动性。此外，在企业股权转让、企业改制、增资等企业资本变更环节，工商管理部门均不需要将企业产权登记证作为必备资料之一，工商登记与产权登记存在程序上的脱节，这导致很多企业通常是在办理工商登记后再进行产权变更登记，直接导致产权登记信息滞后，与工商登记记载不一致，难以发挥产权登记对国有资产监督管理的重要作用[3]。

3.2　企业对产权登记工作缺乏重视

当前阶段，财政部和各中央部门非常重视国有资产产权登记工作，但企业产权登记工作推进进度依然十分缓慢，主要与各单位对此项工作缺乏重视有关。一方面，产权登记工作是一项基础性、日常性的工作，其经济价值难以直观地展现出来，极易被企业及其出资单位忽视。另一方面，企业在项目投标、资质评定等方面往往不需要产权登记证作为申请资料，因此忽视产权登记信息的更新甚至在企业成立后迟迟未办理企业产权登记证的现象频繁发生，大大限制了其职能发挥。

3.3　经济行为决策不到位，要件资料缺失

目前，企业产权登记要件资料缺失主要集中于两个方面。一是缺少批复或实际情况与批复不符。

有的企业存在批复要件缺失，或审批决策程序不到位的情况；有的企业虽有批复却未按批复执行，例如设立企业的注册资本或实收资本与批复金额不符、企业改制未按批复调整账务等情况；有的企业经济行为发生在前，上级单位批复日期在后，等等。这些都不符合国有资产管理要求。有些问题可以整改后办理登记，有些是无法整改的。二是未按规定履行评估备案程序。国有资产评估是规范国有资本运营行为、维护国有资产合法权益的重要工作，也是管理部门审核产权登记资料的一项重要要件。一些企业、单位对制度没有学懂吃透，出现未评估备案就已经发生经济行为的现象，导致企业无法进行产权登记，更有可能引发国有资产流失风险。

3.4 产权登记工作人员缺乏，材料提供与审核时效性差

由于企业和事业单位对企业产权登记工作重视程度不足，往往伴随相关工作人员缺乏现象。产权登记并不直接产生经营效益，其作用主要体现在宏观监管方面，对单户企业的效用并不明显。因此，在整体资源有限的前提下，大部分企业对产权登记岗位的配备并不到位，个别企业甚至没有配置产权登记岗位。同时，在目前从事产权登记业务的人员中，大多是财务、投资、市场甚至办公室相关人员兼任，既缺乏专业知识，工作时间也没有保障，个别人员甚至缺乏责任心，因此只能应付一些简单的工作，对产权登记向更深层次、更高水平发展带来不利影响，持续发展后劲薄弱。

根据产权登记管理制度要求，企业办理产权登记，需根据产权管理办法准备相应材料，并按照产权层级，由出资人、事业单位逐级审批，由中央部门审核无误后报财政部审定。实际工作中，因有些中央部门、事业单位管理级次长，例如存在五级预算单位兴办的企业，或者企业级次较长，存在六级甚至更长级次企业的情况，按管理要求逐级履行审核审批程序时间较长，工作量大，导致需要对一些情况进行说明或提交补充材料时，不能及时掌握情况、推进工作。

4 部门所属企业国有资本产权登记工作对策建议

4.1 推进信息互联互通，同步企业产权登记信息

在“放管服”背景下，减少对市场主体过多的行政审批等行为，降低市场主体市场运行的行政成本，以“简”当头为企业“松绑”成为大势所趋。随着“放管服”背景下商事改革的不断推进，从“三证合一”到“多证合一”，从“群众跑腿”到“信息跑路”，“一照一码”走天下正逐步实现。对于部门所属企业产权登记信息建立与变更工作，可推进工商与国有资产监督管理信息的互联互通，在工商登记信息中增加国有企业标识，在企业办理有关工商登记信息变更时，同步将国有企业产权登记所需要件上传审核，不仅能够加强工商管理信息与企业产权登记信息的一致性，也能减少企业产权登记工作量。

4.2 强化企业产权登记地位

及时办理企业产权登记是部门所属企业重要的基础管理工作之一，但由于近年来国有资产监督管理部门对该项工作的督导力度较弱，大多数企业对产权登记工作重视程度不够，陷入了“有需要时再办理”的被动状态。国有资产监督管理部门与部门所属企业应当进一步提高思想认识，强化企业产权登记地位。一是提高政治站位。产权登记是加强国有企业监管、推动国企改革发展的重要抓手，各中央企业要深入学习贯彻习近平总书记关于国有企业改革发展的重要论述，从坚决贯彻落实党中央决策部署的高度，提高对产权登记的重视程度。二是加强监管。通过信息化手段，以国家企业信用信息公示系统为依托，将产权登记信息嵌入，使其成为工商管理信息的一部分。三是丰富宣传途径。通过官方网站、内部系统、自媒体、微信公众号等多种途径，积极宣传产权登记的政策规定，形成人人知晓、人人重视的良好氛围。

4.3 积极妥善解决历史遗留问题

针对企业产权登记要件资料缺失问题，各中央部门及兴办企业的事业单位应积极探索解决途径，积极解决历史问题。针对企业改制、股权转让等经济行为发生时未进行清产核资、资产评估等无法弥补的问题，中央部门应尽快探索追认措施，在确保国有资本安全的前提下，探索“一揽子”认定措

施。针对较早时间发生的企业增资等未进行集体决策等问题，可研究有关要件豁免措施，在发放企业产权登记时，对缺失的要件进行备注说明。通过分级分类积极制订措施，进一步解决好历史遗留问题，为企业产权登记顺利开展打通障碍。

4.4 加强相关人才队伍建设

第一，设立专职专员。为了确保国有资产产权登记得以有效的开展，企事业单位除提高思想认识外，还要配备专门的人员，专职负责产权登记工作，确保工作质效。第二，加强人员培训。配备相应的人员后，还要对工作人员开展培训，例如岗前培训、岗中进修等，进一步提高他们的业务水平和工作技能。第三，对于企业级次长、户数多的集团企业，应建立沟通联动机制，通过组建产权登记工作管理群，纳入全集团范围内的产权登记管理人员，随时随地协助解决各级单位登记障碍，将被动管理转变为主动管理，提高产权登记管理效率。

5 结语

随着《中央党政机关和事业单位所属企业国有资本产权登记管理暂行办法》（财资〔2023〕90号）的印发，国有企业产权登记工作的顶层设计日渐清晰。当前，由于各类历史遗留问题，国有企业产权登记管理存在与工商登记相脱节，企业管理上重视程度不够、缺乏完整有效的产权登记管理流程等问题，应从加强国企产权登记信息共享、提升企业产权登记管理意识、加强企业产权登记管理人才建设以及建立完善有效的企业产权登记管理流程等方面强化产权登记管理工作，提升国有产权流转效率。

参考文献

[1] 国务院关于2022年度国有资产管理情况的综合报告［R］.
[2] 包月玲. 试论新形势下中央企业产权登记管理［J］. 中国总会计师，2023（11）：64-67.
[3] 张鑫. 国有企业产权登记管理研究［J］. 冶金财会，2023（9）：48-51.
[4] 陈丹云. 关于国有企业产权登记管理工作的思考［J］. 财会学习，2023（7）：258-259.

全面推进预算管理一体化建设 推动水利国库工作提质升级

董逸群

（水利部预算执行中心，北京　100038）

摘　要：水利部财务管理“三项机制”实施以来，有效提升了水利国库工作管理水平。近年来，预算管理一体化改革的推进、进一步加强财会监督的要求以及中央部门预算执行监管实施办法的施行，对水利国库工作提出了新要求和新挑战，也推动水利国库工作提质升级。本文基于水利国库工作面临的形势政策变化，对水利国库集中支付、预算执行管理和资金动态监控工作的变化和成果进行分析总结，提出下一步水利国库工作发展的建议。

关键词：水利国库工作；预算管理一体化；财会监督；预算执行

1　水利国库工作取得的成效

水利部自 2001 年作为首批财政国库管理制度改革六家试点单位之一，二十多年来，预算执行管理各项制度不断完善，预算执行进度逐步提升，资金安全意识不断提高，水利国库工作取得了较好的成绩。一方面，水利部预算执行考核机制通过以旬保月、以月保季、以季保年的思路，对部直属预算单位的预算执行进度按旬进行统计计分，按照月度、季度、年度进行考核，将考核结果与预算安排挂钩、评先评优挂钩，各单位预算执行理念逐步实现了从“要我执行”向“我要执行”的转变，水利部预算执行进度在中央农口部门持续名列前茅[1]。另一方面，通过建立预算执行动态监控机制，对纳入预算管理的各级预算单位、每一笔国库资金的支付内容、资金走向和支付用途实现实时在线监控，达到了“全覆盖、全过程、全天候”的要求，2020 年起监控范围逐步扩大到实有资金，并不断扩围实有资金监控账户[2]。预算执行动态监控充分发挥了预防、警示和查错纠偏的作用，各单位确保资金安全、强化财务监管的意识得到了增强。

2　水利国库工作面临的新形势新要求

2.1　深化预算管理改革，全面推进中央预算管理一体化建设

预算管理一体化是深化预算管理制度改革的必然要求。2021 年，国务院印发《关于进一步深化预算管理制度改革的意见》，明确提出地方预算管理一体化于 2022 年底全面运行，中央部门同步推进[3]。中央预算管理一体化系统（简称一体化系统）应用之前，单位使用多个财务管理信息系统，存在数据统计口径不一致、勾稽关系不平、预算刚性约束不严等问题。一体化系统将部门所有资源和数据进行整合，通过把各项预算管理、国库制度、财务规则嵌入信息系统，对预算执行流程进行重构与再造，预算编制和预算执行相衔接，提高了部门预算管理水平。水利部自 2023 年正式使用一体化系统办理国库集中支付相关业务，新政策、新系统、新方式给国库工作带来一定程度的挑战。

2.2　进一步加强财会监督工作，健全财会监督体制机制

2023 年 2 月 9 日，中共中央办公厅、国务院办公厅印发《关于进一步加强财会监督工作的意

作者简介：董逸群（1994—），女，中级会计职称，主要从事国库支付管理相关工作。

见》，把财会监督提升到党和国家监督体系的重要组成部分的高度，强调新时代的财会监督是财政监督、财务监督、会计监督三者的有机融合和凝练升华，提出要健全部门依责监督、各单位加强内部监督的监督体系，完善财会监督横向协同、纵向联动、贯通协调的工作机制[4]。2023 年 6 月，水利部印发《水利部进一步加强财会监督工作的实施方案》，全面落实习近平总书记关于财会监督和治水重要论述精神，健全水利财会监督体系，完善水利财会监督工作机制，提升水利财会监督效能，进一步保障水利资金资产安全。

2.3 修订水利财务管理“三项机制”，提升水利财务管理水平

水利部自 2012 年制定水利财务管理“三项机制”暂行办法，2017 年第一次修订完善形成《水利部预算项目储备管理办法》、《水利部预算执行考核办法》（简称《考核办法》）和《水利部预算执行动态监控办法》（简称《监控办法》），办法实施十余年以来，以项目储备机制提前谋划资金投入方向，以预算执行考核机制提升资金使用效益，以全覆盖式动态监控保障资金安全，有效提升了水利财务管理水平。在加强财会监督工作的新要求下，水利部结合新阶段水利高质量发展要求，推动水利财务管理“三项机制”提质升级，新办法于 2024 年 2 月正式印发并施行，进一步贯彻落实各项新政策新要求，强调资金安全与预算执行进度并重，推动预算执行考核科学化，健全水利资金监督机制。

2.4 出台资金监管新政策，强化财经纪律刚性约束

为推进现代财税体制改革和现代预算制度建设，加强预算执行日常监管，强化财经纪律约束，提高财政资金管理使用的安全性、规范性和有效性，财政部印发了《中央部门预算执行监管实施办法（试行）》，自 2024 年 4 月 1 日起施行。预算执行监管依托一体化系统监控模块，借助信息系统和数据优势，开展预算执行常态化监督，对各级预算单位的资金使用情况进行动态监控，以达到实时预警、及时反馈、纠错纠偏的效果。根据新办法要求，水利部对本部门预算执行负有主体责任，对所属预算单位预算执行负有监管责任，各预算单位对本单位预算执行负主体责任。一体化系统监控预警和反馈机制，持续推动各级预算单位落实主体责任和监管责任，防范资金使用风险，强化财经纪律刚性约束。

3 一体化改革下的水利国库工作提质升级

3.1 优化国库支付流程，提高资金支付效率

（1）强化预算硬约束。

预算管理一体化系统的建设在一个系统内部实现了预算编制和预算执行两大模块数据的贯通，做到了资金支付由预算指标直接控制，进一步强化了预算硬约束，在源头上杜绝了无预算或超预算支出现象的发生。同时，优化后的国库支付流程取消了以往代理银行对授权支付额度的控制，充分发挥用款计划控制现金流的作用，更加强化了预算指标的控制，实现了预算指标和用款计划对资金支付的双控。

（2）优化资金支付流程。

一体化改革后，国库支付方式不再区分授权支付和直接支付，统一为国库集中支付，系统内建立资金支付集中校验机制，支付申请符合系统校验规则即可支付，实现了资金支付全流程电子化管理。对于无法通过系统自动校验的支付，将进入部门和财政部的集中支付线上人工审核环节，一定程度上实现了资金支付的事前监控。资金支付流程的优化，减少了线下人工审核，进一步提高了资金支付效率。

3.2 完善预算执行考核机制，资金安全与预算执行并重

（1）贯彻落实新要求。

《考核办法》进一步落实财会监督及一体化改革的相关工作要求。一是增设加强财会监督管理的考核项。增加了水利部加强财会监督管理的重点内容，包含各二级单位加强水利财会监督工作领导、健全水利财会监督体系和财会人员队伍建设三个方面。二是修改完善一体化改革影响执行管理的考核

项。根据国库支付业务的变动，删除直接支付考核内容，新增对国库集中支付申请人工审核的考核，加强事前监控，保障资金安全。

（2）强调资金安全保障。

进一步把资金安全放在首位，增强部直属单位的资金安全意识。一是调增资金资产安全考核分值，突出强调资金安全与预算执行并重。考虑到各单位预算执行管理体制建设已基本成熟，调减该部分分值，相应调增资金资产安全部分的考核分值。同时，根据各类监督检查单位、部门查出问题的严重程度，加大扣分力度。二是实行资金资产安全重大问题一票否决制度。进一步强调资金安全的极端重要性，对于情节严重、影响恶劣的问题，增加年度考核一票否决制度。

（3）推动考核更加科学化。

进一步提升考核的准确性、科学性和公平性，更加结合水利预算执行工作实际。一是明确追加预算下达当月不纳入考核。考虑到追加预算下达在当月的执行难度，对追加预算的考核给予一定缓冲。二是调整季度考核的权重。根据水利项目执行特点和预算执行工作实际，降低第一季度权重 5%，增加第四季度权重 5%。三是提高考核修正系数限高。部分单位管理层级多、预算规模大、管理难度大，为保证修正系数使用的公平性，将修正系数的最高限由 1.05 提高至 1.1。四是调整申请特殊原因不予扣分的标准。区分不可抗力和其他特殊因素不予扣分的事项内容，分类处置，增加申请扣除的次数限制和最高分限制。

3.3 升级资金动态监控，强化财会监督管理

（1）加强贯通协同。

《监控办法》贯彻落实财会监督要统筹协同、分级负责、上下联动的要求，推动财会监督与其他各类监督的贯通协调。一是加强预算执行动态监控与财务检查、内部审计统筹。各类检查形成监督合力，进一步提升动态监控效能，同时统筹监督检查的内容和范围，避免重复多次检查，切实减轻基层单位的负担，构建高效衔接、运转有序的监督工作机制。二是加强与纪检监察机关的贯通协调。对动态监控中发现的重大违纪违法案件线索，加强与纪检监察部门信息共享。

（2）丰富监控内容。

坚持线上线下联动，事前事中事后结合的原则，进一步丰富监控形式和内容。一是线上反馈与现场核查相结合。对于日常监控中发现的重大问题，通过调取资料、问询或采取“四不两直”的方式，核实了解监控疑点情况。二是做好重大水利基本建设项目备案和现场核查工作。落实关于保障党中央、国务院决策部署，加大对重点领域、重大项目的资金使用管理等要求，对重大水利基本建设项目采取资料审查、资金支付监控、现场核查等方式，进行重点监管。

（3）立体化监控格局。

结合水利国库工作实际，进一步细化工作流程，压实基层单位预算执行的主体责任，确保资金风险意识和安全责任层层传导到位。一是进一步规范化监控与反馈流程。对水利部、财政部动态监控发现疑点的核实反馈流程予以明确，强化压实各级主管单位的监管责任。二是一体化系统预算执行监控模块上线。一体化系统对资金支付信息建立预警机制和追溯机制，通过系统预警和人工预警相结合，加强事中事后动态监控，更加强调落实各预算单位的主体责任和监管责任，及时核实反馈和整改。

4 下一步水利国库工作开展的建议

4.1 持续提高政治站位，强化责任担当意识

习近平总书记强调，审计监督、财会监督、统计监督都是党和国家监督体系的重要组成部分，检查的虽然是经济问题、经济责任，但反映的都是政治问题、政治责任。要提高政治站位，通过管好“钱袋子”“账本子”，推动规范用权，及时校准纠偏，严肃财经纪律。各单位要时刻保持清醒的头脑，要从讲政治的高度，充分认识到做好财务管理工作的重要性，严格落实水利财务管理“三项机制”，切实抓好水利财务工作。持续加强对财务人员的党纪教育和廉政教育，强化责任担当意识，做

到严守廉洁纪律，筑牢拒腐防变的思想防线，做一名忠诚、干净、担当的水利财务人。

4.2 进一步加强财会监督，强化资金安全意识

预算管理一体化实现了国库集中支付全流程的电子化管理，会计核算的纳入也是未来趋势，财会业务将更加透明化、可溯化。随着信息技术手段的提升，数据共享功能的发展，财会监督与审计监督、纪检监察等其他各类监督有机贯通、互相协调，必然形成全方位、多层次、立体化的财会监督工作格局，这对水利国库工作提出更高的要求。财务人员应提高对预算编制准确性和预算执行合规性的认识，强化资金安全意识和风险防范意识，加强事前审核，事后总结反思，建立健全单位内部财会监督体系，及时堵塞资金安全漏洞。

4.3 加强财会队伍建设，强化学习探索意识

水利国库工作的发展，除制度约束和系统建设外，还需要持续加强财会队伍建设。财务人员的素质提升和能力培养，是加强财会监督的重要保障措施之一。财务人员必须强化学习意识，主动了解财会工作新形势、新政策和新要求，及时更新政策和知识储备；必须强化探索意识，快速适应一体化改革带来的工作变化，熟练掌握系统操作，调整财务管理的思维方式。同时，对不同岗位的财务人员做好针对性培训，使培训真正发挥实效，打造一支水利财务的生力军，做好资金保障的后勤队和资金资产安全的警卫员。

参考文献

[1] 向梁欢．努力推进水利国库集中支付改革［J］．中国财政，2021（10）：28-30.
[2] 唐世青，向梁欢．新发展阶段加强预算执行动态监控工作的思考［J］．预算管理与会计，2023（4）：35-37.
[3] 王小龙．稳步推进中央预算管理一体化建设［J］．中国财政，2022（15）：30-32.
[4] 财政部国库司．坚持守正创新 走好财政国库管理制度改革新征程［J］．中国财政，2024（8）：49-52.

基于价值链分析的水利科技企业无形资产管理建议

张文峰　曲　洋

（中国水利水电科学研究院，北京　100048）

摘　要： 新时代水利事业的高质量发展需要新质生产力发挥强有力的驱动作用，新质生产力本质上是先进生产力，水利科技企业的创新创造而衍生出来的专利权、专有技术、系统软件等无形资产无疑是新质生产力的重要载体，这类无形资产在价值链锻造过程中发挥了重要作用。本文针对水利科技企业无形资产管理现状，综合分析了其中存在的问题，运用价值链理论提出无形资产管理的意见和建议，旨在为科技企业无形资产的管理提供参考。

关键词： 价值链；水利；科技；无形资产

2024 年政府工作报告提出要大力推进现代化产业体系建设，加快发展新质生产力。发展新质生产力是推动高质量发展的内在要求和重要着力点。新质生产力是创新起主导作用，摆脱了经济增长靠传统要素驱动和投资拉动的模式，更符合当前可持续发展的要求。新质生产力作为先进生产力将会在价值链传递过程中发挥主导作用，具体到水利科技企业，其自身的无形资产是产品发明、技术创新、信息化智能化系统等创新创造智慧成果的重要载体。在这样的背景下，提升水利科技企业无形资产的管理水平将具有重要意义。价值链分析是财务管理的一种常用方法，通过价值活动分析聚焦核心价值增值过程，经过不断优化改进，产生可持续竞争优势。本文基于价值链分析，结合水利科技企业无形资产管理现状，提出无形资产管理建议，助力水利科技企业实现高质量发展。

1　价值链分析

1.1　价值链理论

价值链指企业创造价值的过程，可以分解为一系列不相同但又相互联系的经济活动，即作业链，从经济活动增值角度衡量其总和，构建了企业价值链。

价值链分析主要是分析从初始投入起直至最终产品或服务交付的相关活动，识别每一项价值活动的成本动因，找到增加价值或降低成本的机会。

1.2　水利科技企业的无形资产

无形资产是指企业拥有或者控制的没有实物形态的可辨认非货币性资产，具有能为企业带来经济利益、非货币性、可辨认性、无实物形态等特点。水利科技企业的无形资产主要是以知识形态存在的不具有实物形态的经济资源，具体包括技术诀窍、专利、计算程序软件等。无形资产看不见、摸不着，潜在地存在于企业中，具有强大的增值功能。

1.3　无形资产管理与价值链分析

随着产业发展改造升级，无形资产在企业价值增值来源中的地位凸显，是现代企业生存发展的必备资源，这就对无形资产的管理提出了更高的要求。价值链分析聚焦企业各产业链，分析价值变动，将两者结合有助于发现价值增长点，发现无形资产带来的价值增长，进而明确无形资产管理方向和管理举措，实现企业的高质量发展。

作者简介： 张文峰（1980—），女，正高级会计师，主任，研究方向为财务资产管理。

2 现阶段水利科技企业无形资产管理中存在的问题

2.1 管理层对无形资产的认识不足

随着巡察问责机制的推进，确保国有资产保值增值已经深入人心，水利科技企业也逐步加强完善了对资产的管理，但仅囿于对固定资产的管理，将资产管理等同于对固定资产的管理，无形资产的状况优劣以及是否安全完整与各类监督评价没有直接关系，短期内也不会影响企业的生产运营，加之看不见、摸不着，往往被管理层忽视。

2.2 无形资产的会计核算不到位

无形资产的会计核算包括无形资产的确认和计量，对于水利科技企业，无形资产绝大部分是科研生产中产生的发明专利和实用新型成果等，按照企业会计制度如何准确区分研究阶段与开发阶段是个难题，无形资产的形成需要长年累月的研究积累，待无形资产显现且意图明确时，相关开支往往只有专利申请、注册费等，此时确认初始成本与实际价值相去甚远，因价值量小，有的企业干脆不予以确认；无形资产的计量也存在难题，按照企业会计准则要求无法区分研究阶段、开发阶段的支出要费用化，后续摊销年限的确定对企业的管理则又提出了更高的要求，一般企业只是逐年均摊，会计信息失真比较严重。

2.3 针对无形资产的管理系统缺失

水利科技企业的无形资产管理大多由财务部门来完成，财务部门的管理没有延伸到技术开发、战略合作、市场需求等领域，从而出现历经数年研制出的专利成果未入账，科研人员潜心多年研究的技术诀窍路人皆知，曾经走在世界前列的数据模型已然失传，技术成果对外投资、转让估值困难重重……缺少会计记录、会计记录不准确不完整、会计记录与实物管理相脱离等形成的账外资产、估值失真等很容易造成资产流失，给企业带来不可估量的价值损失。

3 水利科技企业无形资产管理优化建议

3.1 水利科技企业需提升无形资产管理认识

水利科技企业管理层需要更新观念，认识到新兴产业和高新技术企业报表中的无形资产占有重要地位，大于甚至几倍于企业的固定资产，无形资产在企业价值链形成过程中发挥越来越重要的作用。水利行业关系到国计民生，水利科技企业的竞争归根到底是技术的竞争，对于大多数正在努力确立竞争优势的企业而言，加强无形资产管理无疑是不二之选。

3.2 无形资产的管理要有系统性

企业是研发、设计、生产、销售和售后服务等一系列价值活动的集合，这一系列活动构筑成企业价值链，企业可以围绕价值链形成，建立自身的无形资产管理系统，可分为立项研究、研发跟踪、反馈评价等环节，将无形资产管理与业务运行相融合，具体可从以下几方面入手：

（1）将无形资产管理列入财务管理的范畴，由财务部门协同相关部门进行系统化、一体化管理。一是要将无形资产相关信息定期或不定期地报送企业经营管理层，连贯、及时、高质量的信息才能使企业经营者对自身积累的知识技能的广度和深度全面了解，对已经持有的专利、技术如数家珍，才能更好地加强内部协调、外部协作，发挥竞争优势；二是要设置机构、配备人员，无形资产管理相关的职能、职责到位才能与会计核算、记录进行有效的衔接，从而保障管理工作的有效实施；三是要制定科学可行的无形资产管理制度，科学健全的制度才能使无形资产管理有章可循。

（2）提升无形资产会计核算的质量和水平。在无形资产管理相关机构、人员配备到位的基础上，财务部门可以更准确地区分研究支出与开发支出，相关支出可以设置台账，用于详细记录相关开支项目及其他相关信息，有助于总结分析无形资产的价值构成，同时也有助于成本分析，为对外提供产品、服务报价提供数据支撑。

（3）在提高核算质量的同时要对无形资产进行评价分析。财务部门联合相关业务部门可以对企业收入合同进行归因分析，一方面可以聚焦持续产生经济效益的无形资产，通过加大投入、研发升级改造等持续巩固竞争优势；另一方面可以聚焦低效运作或闲置的无形资产，实行开放式经营，通过转让、租赁等，充分实现其价值，以此置换企业更急需的经济资源。财务部门针对无形资产做评价分析也有助于确定无形资产的摊销年限。

3.3 无形资产管理要与企业经营业绩考核相挂钩

现阶段对于科技企业资产的保值增值的评价，主要体现在所掌握的技术是否持续改进升级、发明创新创造是否在行业稳居前列、新技术新理念是否在相关产品和应用中得到体现等，这些评价不能单凭几张专利证书或是主观测评，而应实际落地到针对无形资产管理的评价，看企业是否形成了一套完整有效的无形资产管理体系，相关信息记录是否准确、完整，是否实施动态管理等。将无形资产的管理评价纳入企业业绩考核体系中，才能引起经营者对无形资产管理的重视，将无形资产管理作为一项长期工作来抓，避免无形资产管理不善带来的损失。

4 以 A 企业为例简要阐述无形资产管理如何与价值链运行相融合

A 企业的业务领域主要涵盖水利坝体产品的生产、防水工程施工、水利设计技术咨询服务等业务领域，企业无形资产主要体现为坝体产品的相关发明专利、实用新型专利、防水堵漏技术、设计规划模型、检测评价系统软件等。

由于 A 企业业务涵盖产品生产制造、技术服务、水利施工等不同领域，企业的价值链可以粗线条地反映如图 1 所示。

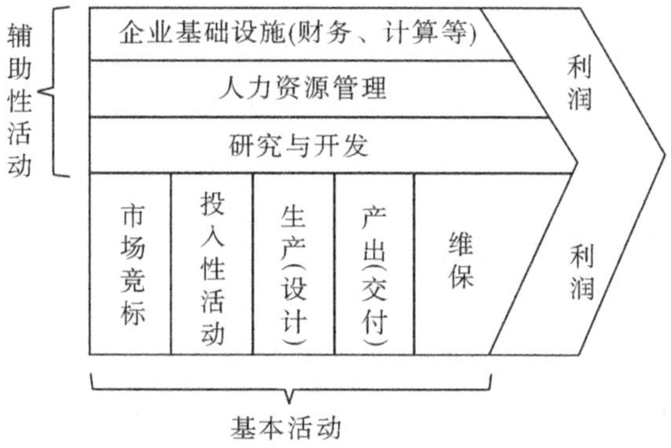

图 1 A 企业的价值链

A 企业的价值链可以简要概括为“市场竞标→投入→生产（设计）→产出（交付）→维保”，在价值链的运行中可以通过各类生产指标、财务指标的变动将无形资产管理穿插在价值链的运行中。

（1）竞标阶段。竞标阶段也就是水利科技企业开展市场营销、招揽业务的关键阶段，现阶段在水利行业市场竞争中投标入围的关键点是资质，还有行业内的过往业绩，支撑资质和业绩的归根到底还是企业的核心技术。这一阶段无形资产的管理可以考虑围绕企业涉及的业务领域，收集竞争对手的相关技术信息，通过各类技术指标、生产指标、财务指标等的比对，总结企业竞争的优势或劣势，朝着强化长板、补足短板的方向理出研发方向，为无形资产管理的研发立项提供管理支撑。

（2）投入阶段。投入阶段主要是产品类物料的投入和技术服务类人工的投入，这一阶段也是决定产品服务成本的关键阶段，成本的高低是决定能否中标的关键一环，在这一阶段，无形资产的管理可以考虑收集新产品、新技术的研发需求，诸如如何通过设计优化降低成本，如何开发模型、利用数字孪生技术减少人工投入等，从降低成本的角度开展无形资产的研发立项。

（3）生产阶段。作为价值链形成的关键阶段，生产阶段主要是开展产品加工、勘察设计等工作，产品或技术服务的质量和可靠性是关键点。在这一阶段，无形资产的管理可以考虑融入无形资产的反馈评价，设计相关评价指标，对于生产设计过程中反复应用的专利技术、软件系统等无形资产要予以确认反馈并做出评价，这样一方面可以聚焦核心的无形资产，为无形资产后续的摊销、减值测试提供依据；另一方面可以通过应用评价明确无形资产更新换代的方向。通过适时的应用评估为企业经营者决策提供有效的信息，对于应用频繁的技术专利，可以加大研发力度，保持竞争优势，而对于低效的无形资产，可以考虑出让或加速折旧。

（4）产出阶段。产出阶段是产品送装、工程交付、技术交底的阶段。在这一阶段业主会对产出进行全面验收，是否实现设计意图和功能、项目的完成质量等是各方关注的重点。这一阶段无形资产管理可以考虑在对整个项目进行项目实施后评价的过程中对专有技术、发明专利等无形资产所产生的效益进行总结，基于总结可以对相关无形资产的研发团队给予一定的奖励，通过生产阶段的反馈评价和产出阶段的效益总结也可以直观地锁定为企业价值链增值贡献突出的无形资产，该部分无形资产属于企业的核心技术，会计记录及核算方面可以设置专门的台账，予以持续记录相关研发改造支出。

（5）维保阶段。维保阶段主要是提供售后的质保或技术支持。一般来说，在前期各个阶段有序顺利开展的情况下，这一阶段成本支出较小，这一阶段的价值增值主要体现在承诺的维保期限的长短和提供服务的及时快捷程度上。无形资产管理在这一阶段主要通过售后收集客户使用意见和建议来对现有产品和技术进行持续改进，相关支出可根据实际情况判断是否增加无形资产价值。

5 结语

现代产业体系的构建要求水利科技企业发展必须依托先进的科学技术，作为现代企业的经营管理者需要高度重视和加强作为技术载体的无形资产的管理。本文分析了现阶段水利科技企业无形资产管理中存在的问题，并结合价值链理论和实例提出优化无形资产管理的路径，以巩固和提升企业的竞争优势。

参考文献

［1］孟新宇．加强科研单位无形资产管理的思考［J］．中国农业会计，2020（9）：2-3.

［2］于品显．后 BEPS 时代无形资产转让定价的新规则［J］．上海对外经贸大学学报，2023（5）：60-75.

［3］苑泽明，冯铮铮，李雪莹．中国上市公司无形资产指数研究多角度透视及发展展望［J］．商业会计，2023（14）：4-11.

［4］张佩娟，李蕊，金飞飞．浅谈军工科研事业单位自主研发无形资产的会计核算与管理［J］．财务与会计，2021（4）：78-79.

水利史与水利遗产

中国水利史课程教育教学改革研究与实践

陈　丹[1,2]　陈　菁[1]　代小平[1]　李金刚[1]

（1. 河海大学农业科学与工程学院，江苏南京　210098；
2. 河海大学教务处，江苏南京　210098）

摘　要：如何让工科学生对文史类知识产生兴趣，迅速掌握水利史的主要知识点，并培养他们运用历史性思维来解决现代水利问题的能力，进而实现水利史知识的活化应用，是水利史教育教学所致力达成的关键目标。论文聚焦于水利史主要教学问题的解决策略，总结了两方面的创新性成果及其推广成效。主要包括：建立“四题八讲”课程内容体系，精炼水利史核心知识，指引中国水利史课程教学方向；构建包括三大阵地、两种融合模式、一个机制的“3-2-1”综合施策模式，以此激发工科学生的学习兴趣与行动力，破解工科学生对文史类知识的轻视与理解障碍。本文可为水利史相关课程的改革提供参考，也可为水利史及水文化的教育宣传开辟新的视角与路径。

关键词：水利史；教育教学；课程改革；实践

1　引言

水利史教育教学不仅是高质量水利人才培养的重要环节，也是国家水情教育与水文化宣传教育不可或缺的组成部分[1]。已有不少水利史相关的著作从不同角度展现了水利工程的历史发展、文化价值及其在社会发展中的作用，同时也强调了水利史教育教学对传承人类文明、促进可持续发展和增强水资源管理意识的重要性[2-5]。河海大学的中国水利史课程是农业水利工程专业本科生的一门重要专业课程，对于水利类学生是一门应修应会的专业课程，对农业工程及其他专业也是拓展知识面、加强素质教育的重要课程[6-7]。水利史课程的内容具有学科交叉特征，涉及水利、农业、历史等学科，对以促进新工科、新农科、新文科融合发展为目的的课程改革研究与实践具有一定的代表性和示范推广性[8-10]。

河海大学的中国水利史课程具有比较扎实的课程建设基础。课程负责人陈菁教授早在1985年师从我国水利史学科的奠基人姚汉源先生学习水利史，其硕士、博士论文均以灌溉史为题，现担任中国水利学会水利史与水利遗产专业委员会副会长。河海大学的水利史课程是陈菁教授从日本回国工作后开设的，至今已有近20多年历史。所在的农业水利工程专业一直将水利史课程作为学生专业素养培养的重要组成，多年来持续开展水利史的课程教学和改革实践[8]。从2015年开始，还邀请了部分水利史专家以专题讲座的形式授课，为课堂教学增添了活力。该课程于2008年随堂录制17集，在超星网站上线，多年来一直很受欢迎；又于2015年建设成为国家精品视频公开课“水利史六讲”，在多个网站发布或转载，深受好评。2020年，中国水利史课程入选了首批国家级一流本科课程，可认为是对课程建设所取得成绩的认可。本文是对中国水利史课程教育教学改革理论与实践的总结，包括三个方面的教学问题及其相应的解决方法，所取得的两项创新性成果及其推广应用效果，可为进一步深

基金项目：江苏省高等教育教改研究课题（2023JSJG376）；中国高等教育学会高等教育科学研究规划课题（24NL0304）。

作者简介：陈丹（1979—），男，教授，副处长，主要从事农村水利与水土保持等方面的教学和科研工作。

化中国水利史课程改革以及相关课程建设与改革提供参考，也可为水利史和水文化教育宣传方面提供借鉴参考。

2 主要教学问题及其解决方法

2.1 主要教学问题

（1）中国水利史所涉及的内容多、体量大、头绪多，要让工科学生仅通过八次课就快速形成对中国古代水利的重要史实、重要事件及其发展规律的基本认识和总体把握，是一件非常棘手的难题，这就需要在课程内容方面“精挑细选”。

（2）工科大学生大多缺少历史人文意识和素养，如何在这种“重理轻文”的环境下，采用科学适宜的引导式教学方法，让学生充分认识到学水利史的重要性并转化为实际行动，实现从被动接受到主动学习的转变，这是需要解决的关键性的学习兴趣问题。

（3）水利遗产的保护和利用具有一定的矛盾性，如何把这个问题讲得透彻，让学生理解这种矛盾的对立统一，形成让水利遗产在保护利用中“活起来”的思维，建立优秀水利遗产活化利用和传承创新的方法论，这是在实践层面迫切需要解决的“落地性”教育问题。

2.2 教学问题的解决方法

针对上述三个方面的主要问题，分别研究提出了相应的方法，并开展了改革与实践。

（1）“四题八讲”——提取水利史基本知识的精华内容。

结合数十年的水利史教学科研经历及多届学生反馈信息，从内容浩瀚丰富的水利史资料文献中，精挑细选了四大专题内容，即“水利兴则天下定——水·工程·文明”“九曲黄河万里沙——河患及其治理史”“沃野千里水有源——灌溉工程史”“至今千里赖通波——水运工程史”，每个主题设两讲，形成了“四题八讲”的中国水利史课程精华教学内容（1个学分），并结合世界灌溉工程遗产动态评选、国家水利遗产评选、最新水利史相关考古成果等动态更新完善对应教学内容。此外，还结合第一批历史治水名人评选，设置了“民族英雄林则徐不仅虎门销烟，还是一个治水专家”“大文豪苏轼入选第一批历史治水名人，网友们不淡定了”等探讨性案例，增强了课程的趣味性、探究性。

（2）“综合施策”——触发工科学生的学史好奇心和行动引擎。

坚守课堂教学主阵地、主渠道、主战场作用，建立了融合视频、动画、网络的多媒体课件，强化与学生互动、启发学生思维，采取以水利史故事案例为主的课堂 Seminar、专题研讨课程、特邀专家进讲堂等多种形式，建立“水利史·水文化传承周”学术报告会品牌，千方百计地吸引学生主动了解水利史。充分发挥优秀专业师资的作用，如第一主讲老师担任中国水利学会水利史与水利遗产专业委员会副会长、国际灌溉排水委员会水利史专业委员会委员，曾获宝钢奖、徐芝纶优秀教师奖，讲课生动有趣，有亲和力。充分发挥在线网络学习平台的优势，在收集整理、更新完善现有的课程视频、教学视频等基础上建立国家精品视频公开课“水利史六讲”，并在超星慕课平台搭建在线开放课程、在相关网站建立线上视频专题、在校内建设混合场景模式的灌溉遗产数字博物馆、在校外建立洪泽古灌区、里运河-高邮灌区、太湖溇港世界灌溉工程遗产基地等，完善线上与线下教学资源，拓展学习资源平台和形式，扩大课外学习与宣传教育渠道。

（3）“古今融合”——宣贯水利史知识活化途径。

为了避免让学生形成学水利史就是听听故事、古老的东西都过时了等认识，非常重视引导学生能用历史思维去分析问题、解决问题，尤其是当代现实问题。通过设置“发挥世界灌溉工程遗产品牌效应助推乡村振兴”“古灌溉工程启示灌区现代化建设”“水利遗产因活起来而火起来”“大禹治水是真的?《Science》发文为大禹传说提供证据”“探寻5 000年前的良渚水利遗迹”等现实性热点讨论话题，让学生深刻理解水利史的古今融合，以及水利史知识活化途径。结合教研组参与的水利史水文化科研课题，及时提炼总结教学素材，实现教研相长，涉及国家水利遗产和世界灌溉工程遗产申报技术服务、水利遗产与灌溉工程遗产的调查与价值研究、灌溉工程遗产的水科学内涵研究、水利展馆或灌区展示文本研究、秦淮河水文化价值评估与研究等。

3 主要成果及其推广应用效果

3.1 主要成果

（1）建立“四题八讲”课程内容体系，提取水利史基本知识的精华，指引中国水利史课程教学方向。

针对中国水利史内容丰富、知识体量大等特点，以及国内院校大多设置的水利史课程在 1 个学分左右的实际，结合数十年水利史教学科研经历及多届学生反馈的信息，通过精挑细选及理论与实践双向反馈，建立了“四题八讲”课程内容体系及动态完善机制。这种课程体系实现了工科学生仅通过八次课就快速形成对中国古代水利的重要史实、重要事件及其发展规律的基本认识和总体把握，在国内院校开设的水利史课程中形成了标杆，指引水利史课程教学方向。

（2）构建“3-2-1”综合施策方法体系，触发工科学生学史好奇心和行动引擎，破解工科学生轻视和难懂文史类知识的困局。

针对大部分工科学生“重理轻文”、难理解文史类知识等问题，构建了包括三大阵地、两种融合模式、一个机制的“3-2-1”水利史教育教学综合施策方法体系。“3”代表三大阵地，分别是课堂阵地、基地阵地、网络阵地，即通过坚守课堂教学主阵地和主战场作用，创新以水利史故事案例为主的课堂 Seminar 等多种形式，打造世界灌溉工程遗产校外基地，在国家精品视频公开课“水利史六讲”基础上搭建在线开放课程、在相关网站建立线上视频专题等，有效地发挥各种阵地堡垒作用。“2”代表两种融合模式，是指线下与线上教学相融合模式、教学与科研相融合模式，集线下精华内容教学、线上扩展性知识学习于一体，结合科研实践完善教学内容，实现水利史知识活化，充分发挥各自的优势。“1”代表一个机制，即优秀师资引领机制，秉承“教育高质量发展的关键在课堂，核心是教师”的理念，充分发挥优秀专业师资的作用，打造充满个人魅力的课堂教学。

3.2 推广应用效果

（1）中国水利史课程早在 2008 年就随堂录制 17 集课程视频，并在超星视频上线，于 2015 年建设成为国家精品视频公开课“水利史六讲”，在多个网站发布或转载，而后又在超星慕课平台搭建在线开放课程，在相关网站建立线上世界灌溉工程遗产视频专题，深受广大学生、水利系统从业人员和网友等的好评，为我国水利史知识科普提供了宣传渠道。

（2）中国水利史课程围绕“四题八讲”课程内容体系，编写《中国水利史教程》教材，列入全国水利类规划教材，可作为相关院校的水利史课程指定教材、水利系统员工培训学习的参考书，从而起到良好的推广应用效果。

（3）中国水利史课程学生参与积极性高，课堂效果好，在长期教学实践中取得了显著成效，成为工科学校开展文史类课程改革的典范。课程负责人长期活跃在水利史研究与教学第一线，将水利史科研成果与教学有机结合，讲课生动有条理，课堂气氛活跃，内容丰富，知识量大，并富有激情和感染力，在国内水利界具有非常大的影响。依托该课程的讲授，第一主讲老师获宝钢教育基金会优秀教师奖、徐芝纶教师奖、河海大学优秀主讲教师等多项教学荣誉称号；第二主讲老师获得了第五届全国水利类专业青年教师讲课竞赛的特等奖。中国水利史学界知名专家对该课程及其网络视频给予了高度评价，部分在网上浏览过课程视频的网友也在留言中给予了积极的评价和认可。

（4）中国水利史课程入选首批国家级一流本科课程，课程建设效果得到充分的认可，课程质量高、共享范围广、应用效果好、示范性强。

4 结语

中国水利史课程是中国水利高等教育中至关重要的组成部分。如何激发工科学生对文史类知识的兴趣，使他们迅速掌握核心基础知识，并培养他们运用历史性思维解决现代水利问题的能力，最终实现水利史知识的灵活应用，是水利史教育教学所追求的核心目标。本文聚焦于水利史教学中的三大关键问题，提出了针对性的解决策略，并总结了两项创新成果及其推广效果。具体而言，建立了包括“水利兴则天下定——水·工程·文明”“九曲黄河万里沙 ——河患及其治理史”“沃野千里水有源——灌溉工程史”“至今千里赖通波——水运工程史”的“四题八讲”课程内容体系，精炼水利史核心知识，指引中国水利史课程教学方向；构建了包括三大阵地、两种融合模式、一个机制的“3-2-1”综合施策模式，激发工科学生的学习兴趣与行动力，破解了工科学生对文史类知识的轻视与理解障碍。本文旨在为水利史相关课程的建设与改革提供参考，同时，对水利史及水文化的教育教学宣传也具有一定的借鉴意义。

参考文献

[1] 陈丹，陈菁，代小平，等. 新农科建设背景下中国水利史课程改革研究与实践［J］. 河海大学学报（哲学社会科学版），2022，24（增 1）：44-49.

[2] 姚汉源. 中国水利史纲要［M］. 北京：水利电力出版社，1987.

[3] 周魁一. 水利的历史阅读［M］. 北京：中国水利水电出版社，2008.

[4] 谭徐明，王英华，李云鹏，等. 中国大运河遗产构成及价值评估［M］. 北京：中国水利水电出版社，2012.

[5] 李云鹏. 水利遗产科学保护亟须系统基础研究支撑［J］. 自然与文化遗产研究，2023，8（3）：1-2.

[6] 陈丹，陈菁，王薇薇. 面向工程教育认证和课程思政的中国水利史课程教学设计探讨［J］. 创新教育研究，2020，8（3）：361-366.

[7] 陈丹，罗朝晖，陈菁，等. 新农科背景下课程建设与改革重点方向探讨［J］. 创新教育研究，2022，10（5）：1116-1124.

[8] 陈菁. 专业课课堂教学的要素［J］. 河海大学学报（哲学社会科学版），2010（增 1）：45-46.

[9] 王琳琳，陈丹，李雪纯，等. 我国入选世界灌溉工程遗产现状分析及保护策略探讨［J］. 中国农村水利水电，2021（1）：119-124，131.

[10] 陈丹，王琳琳，袁秀伟，等. 大学生对世界灌溉工程遗产认知的调查分析［J］. 社会科学前沿，2022，11（4）：1223-1229.

水文化遗产价值评价的应用研究——以绍兴为例

陈方舟[1,2]　王　申[3]

[1. 浙江省文化和旅游发展研究院，浙江杭州　311231；
2. 浙江旅游职业学院，浙江杭州　311231；
3. 浙江省水利河口研究院（浙江省海洋规划设计研究院），浙江杭州　310020]

摘　要：水利遗产是中华传统文化的重要组成部分。对水利遗产的价值评价分析，有助于了解遗产价值分布特征，进而在把握核心价值的基础上，找准遗产保护的提升点与可利用方向，从而促进遗产的科学保护与有效利用。本文运用《水文化遗产价值评价指南》（GB/T 42934—2023）对绍兴的 175 项重要水文化遗产开展了价值评价，同时为定量评价的可操作性、对评价标准做了细节化的微调，评价结果对不同类型的水利遗产价值的指向性有利于相关部门实施分级保护与分类利用。

关键词：水文化遗产；价值评价；应用

浙江省水利厅已于 2021—2022 年期间完成了全省水文化遗产调查工作，继而面对的是如何运用调查成果做好遗产保护利用的“后半篇文章”。2023 年，《水文化遗产价值评价指南》（GB/T 42934—2023，简称《指南》）[1] 出台，为水利遗产价值评价提供了参考标准。本文运用该标准，择选出绍兴地区的 175 项重要水利遗产并对其开展评价，在评价过程中对不适用地方特殊性的模型参数进行了微调，并在评价成果的基础上整理出了分类保护和利用清单，为地方有选择、有重点、有先后地开展遗产保护提供了指向性参考。

1　绍兴水利遗产赋存现状

根据 2021 年全省水利遗产调查显示，绍兴市共有水利遗产 591 项，其中水利工程类遗产 276 项、相关物质水文化遗产 162 项，相关非物质文化遗产 153 项[2]。这些遗产分布于“山—原—海”各类地形，所建年代最早可追溯到春秋，体现了漫长岁月中绍兴先民为抵抗自然灾害、不断探索改造自然的实践痕迹，更有一部分遗产仍在发挥水利效益。这些赋存类型丰富、历史时空跨度大、衍生形式多样的遗产，构成了独一无二的绍兴水文化遗产体系。

2　遗产价值评价标准与应用

对水文化遗产的价值评价学界和地方都有不同的方法与标准。2023 年发布的《水文化遗产价值评价指南》（GB/T 42934—2023）是首个通过国家级平台发布的水文化遗产价值评价标准。课题组以此为参考，以绍兴水文化遗产为对象，对该标准开展了应用实证研究。

2.1　评价对象的选择

根据《指南》指标数据采集要求，课题组对评价对象进行了筛选整理，其中有 4 类遗产不符合参评标准：一是水利文献、工程档案、涉水文学作品等可移动文物，如《三江闸务全书》《重修三江

基金项目：本项目受浙江省水利河口研究院（浙江省海洋规划设计研究院）院长基金项目（规划 A22007）资助。

作者简介：陈方舟（1987—），女，高级工程师，主要从事水利史与水利遗产保护利用方面的工作。

闸碑记》等水利文献。这些遗产与地方治水工程的关联性较强，属治水工程衍生文化，不应视作单体样本参评。二是与水事活动相关的戏曲、音乐等非物质文化遗产，应用非物质文化遗产评价标准来考量。三是已在博物馆内展陈，或划入风景名胜管理、保护范围内的单体遗产，如绍兴沈园宋井、大禹陵碑等，其综合价值与景区、场馆捆绑，无须单独评价。四是一些与治水无关的古桥、古渡、古庙等，不能算作水文化遗产类型。

综上考虑，课题组从 591 项遗产中筛选出了 173 项保存情况较好、历史信息较为完整的水文化遗产作为本次评价对象。其中，水利工程类遗产 146 项、涉水相关物质类遗产 29 项。

2.2 评价标准修订

《指南》对水文化遗产价值评价涉及历史、科技、文化、社会 4 个维度，其中历史价值和科技价值的一级指标分别赋值 300，文化价值和社会价值的一级指标分别赋值 200。二级指标每项赋分又有所不同。由于《指南》中二级指标赋分阈值跨度过大，在征求专家意见后，课题组对二级指标赋分标准进行了细化，使评分标准更具可操作性。

价值计算上，本次采用了《指南》中的遗产价值模型，即水文化遗产总价值等于各二级指标的价值量化值与其对应二级指标分值的乘积之和。按式（1）计算：

$$S = \sum_{i=1}^{n} W_i \tag{1}$$

式中：S 为评价总分，$0 \leqslant S \leqslant 1\,000$；$n$ 为所有评价指标的个数；W_i 为第 i 个指标的评价分值。

当个别评价指标对水利遗产评价不适用时，则扣除不适用评价指标的额定分之后计算实际总分。按式（2）计算：

$$S' = \frac{S}{1\,000 - Q} \times 1\,000 \tag{2}$$

式中：S'为实际总分；S 为评价得分；1 000 为评价总分；Q 为不适用评价指标的额定分值。

总价值赋分超过 800 分的，遗产价值等级为 AAA 级序列；总价值赋分在 600~800 的，遗产价值等级为 AA 级序列；总价值赋分低于 600 分的，遗产价值等级为 A 级序列。多名评价人员单独打分后，由一方对多个评价结果进行汇总处理，并经多轮意见咨询后形成一致的评价结果。

2.3 遗产评价结果

本课题运用专家打分法，对 6 名专家的打分进行统计，最终得出的 175 项遗产中，等级达到 AAA 级的有 13 项，其中水利工程类占 11 项，涉水相关物质遗产占 2 项；AA 级有 106 项，其中水利工程类占 83 项，涉水相关物质遗产占 23 项；A 级有 56 项，其中水利工程类占 52 项，涉水相关物质遗产占 4 项。价值等级分布呈中间多、两头少的“枣核形”。

课题组分类、分项进一步考察了不同等级遗产特征，发现遗产价值等级较高的多为历史悠久、保存情况较好、所在地风光秀丽、功能复合型的水利工程，诸如鉴湖、白马湖、环城河等；或是具有爱国主义教育意义、可展示利用空间较为开阔的红色水利工程，如石壁、征天、青山、五泄、陈蔡等大中型水电站；或是功能突出、影响范围广的线性工程，诸如萧绍海塘、浙东海塘、百沥海塘这类线性遗产。位列 AA 等级序列末端部分和 A 等级序列的遗产样本均不属于文物保护单位，而这些遗产之所以价值得分降低，也与遗产保存完整度有关。

从 4 个维度来看，遗产的历史价值和科技价值对遗产核心价值有着决定性影响。历史价值较高的多为年代较近、保存较好的遗产。所以，相比遗产年代久远度，更重要的是遗产的真实性、完整性。在科技价值方面，AA 级序列的遗产有 20.5%左右在技术科学性、先进性，以及技术独特性、代表性上表现较好。而 A 级序列的遗产科技赋分均低于 80%的权重。在文化价值方面，文化影响力是文化价值的决定性因素，通常是带有“文化头衔”（如全国文物保护单位、国家水利风景区、国家湿地公园等）的遗产得分高。这些遗产有着国内外较高的知名度，容易培育辨识度高、影响力大、衍生形态多样的水文化品牌或文化 IP。在社会价值方面，社会效益价值占主导地位，情感关联度、保护利用潜力和研究教育意义与社会效益的赋分结果呈正比关系。

3　水利遗产保护利用问题分析

从遗产价值评价结果与指标阈值分布情况看，绍兴市水利遗产保护与利用问题主要存在以下 6 个方面。

3.1　野生遗产多，遗产面貌差

经评价分析发现，并非所有的遗产都有明确的监管单位、养护单位或养护措施，部分遗产处于“野生”状态。175 项参评对象中，遗产主体完整性赋分低于 80%的有 63 项，周边环境较差的有 61 项。

3.2　遗产本体真实性待考

经实地复核发现，一部分遗产与浙江省水文化遗产信息平台登记的信息出入较大，尤其在遗产年代真实性和保存完整性上有待进一步考量。

3.3　保护支撑体系不完善

经实地调研发现，遗产保护与管理支撑体系不完善，“多头管理、条块分割”的现象普遍，且缺乏遗产保护专业技术人才。一方面，由于水行政主管部门没有专门设置水利遗产管理机构，因此没有专员或专职机构来落实遗产保护与利用工作，同时也未形成有效的跨部门协同机制；另一方面，由于水利遗产不同于一般死文物，在实施遗产保护性修复时，既需遵照文物修复标准，又需考虑到水利工程的安全性和功能效益，这就要求从事水利遗产保护工作的人才团队同时具备水利工程专业技能人才和文物修复技能人才。

3.4　展示空间混乱、局限

目前绍兴市的大多数水文化物质类遗产只是通过标识标牌来展示遗产价值，且一部分遗产因管理权不明，标识标牌混乱不堪。如三江闸东侧各级部门设立的遗产标识标牌“琳琅满目”：文旅部门宣传牌 1 块、文物管理责任牌 1 块、文物保护宣传牌 1 块、省级文物标志碑 2 座。这些标识牌无一阐释过三江闸的工程体系、发展历史、社会影响和遗产目前的管理情况，展示教育功能性不强。

3.5　融合路径单一

绍兴地区的水文化遗产价值转化路径多以水旅融合方式呈现。依靠旅游产业带动遗产价值转化，其优点是有充足的资金、专业的管理人员、宣传规划和资源价值转化渠道，容易吸引到更多的社会资金，带动周边产业发展；缺点是由于文旅项目在运营、展示过程中容易忽略对水利遗产的价值展示，如诸暨市的大型文旅项目“西施浣纱”在展示、运营过程中，并没有涉及浦阳江旅游线路中的水文化资源的。

3.6　活化利用技术薄弱

由于遗产价值基础研究工作不足，从而影响到对水利遗产真实价值的客观判断和保护分类与展示。而过少的文化衍生形态，会影响到游客的黏度与忠诚度。

4　遗产保护利用对策[3]

根据遗产保护利用问题，本文提出了 6 项保护与利用对策。

4.1　建立分类保护清单，落实“一类一策”保护措施

绍兴市水利遗产价值高低有别，保护现状良莠不齐，管理主体分属不一，有必要根据遗产价值表现，尤其是水利工程遗产的科技价值、保护现状的整体性表现以及保护制度的完善性，对遗产保护需求进行分类，根据不同需求，制订“一类一策”保护措施（见表 1）。

表 1　绍兴市水利遗产保护分类清单

保护分类	保护目标	保护措施	地区	保护对象
类型一：主体结构完整性好；价值等级高；有文保点身份	完善跨部门沟通机制，提升水利部门参与文物保护的主动性，为利用提供基础支撑	（1）纳入重点水利遗产保护名录；（2）加强文物环境与安全监测；（3）完善与文物部门的沟通机制，及时提出环境整改与文物修缮需求；（4）加强遗产价值体系研究	越城区	独猕湖避塘、三江闸、楝树闸
			柯桥区	扁拖闸、鉴湖官塘
			上虞区	大运河（上虞段）、上浦闸、舜井、赵婆井
			诸暨市	无
			嵊州市	崇仁古塘、古井群
			新昌县	孝行碶、南洲宋井
类型二：主体结构完整性好；价值等级高；无文保点身份	明确保护责任主体，加强保护管理，打好利用基础	（1）明确责任主体，厘清权责；（2）纳入重点水利遗产保护名录；（3）争取文保点身份；（4）建立遗产动态监测制度；（5）尽快修复受损遗产；（6）整顿周边环境，适当恢复历史环境风貌；（7）加强遗产价值体系研究	越城区	马山闸、长诏水电站
			柯桥区	平水江水库、湖塘古堤、黄山畈水库
			上虞区	白马湖、皂李湖、小越闸、胡公闸、娄家闸
			诸暨市	东白渠道、安华水库、白塔湖水利工程、石壁水库、高湖分洪工程、青山水库、大陈江堤、百丈埂、泉仓井、征天水库、五四闸、五泄江堤、浮塘大塘、五都堤、双眼井、新亭闸、石碶堰
			嵊州市	南山水库、嵊州水文站、华堂九曲水圳、仙岩镇强口井、广利塘、黄泽剑井、解放闸
			新昌县	棣山水电站、长诏水库、门溪电站、红领巾水库、东门水电站、宅前塘、大宅里塘、巧英水库、茶亭古井、钟井
类型三：主体结构保存情况一般或较差；独特性、代表性较强	开展抢救性整理与保护工作	（1）明确责任主体，厘清权责；（2）争取文保点身份；（3）根据遗产受损程度尽快实施抢救性保护；（4）遗产信息数字化	越城区	鉴湖、迎恩门、环城河、玉山斗门遗址
			柯桥区	萧绍海塘
			上虞区	百沥海塘、浙东海塘、清水闸及管理设施、新龙畈治涝工程、石山庙机埠
			诸暨市	应店街镇梯级明堰暗渠系统、中水门
			嵊州市	无
			新昌县	无

续表 1

<table>
<tr><th>保护分类</th><th>保护目标</th><th>保护措施</th><th>地区</th><th>保护对象</th></tr>
<tr><td rowspan="6">类型四：主体结构完整性一般或差；无文保点身份；独特性、代表性一般</td><td rowspan="6">做好遗产信息登记，做好基础保护工作</td><td rowspan="6">（1）明确责任主体，厘清权责；
（2）做好遗产信息登记；
（3）开展定时监测；
（4）遗产信息数字化</td><td>越城区</td><td>无</td></tr>
<tr><td>柯桥区</td><td>芝塘湖与郑家闸遗址、刷沙闸、破冈湖</td></tr>
<tr><td>上虞区</td><td>通明堰遗址群、万金堤、童山湖水库、磨剑井、猫山闸、沥海三汇保江塘、蒋山埂、笕桥闸、箭桥水闸</td></tr>
<tr><td>诸暨市</td><td>开化江堤、南山堰、鹅毛江闸、苍湖霪、朱公湖斗门闸、石蟹堰、下湖霪、洄村堰、黄沙堰、青龙堰、讨饭堰、择树堰、石子横埂、兆湖横埂、千秋桥堰、上二新井</td></tr>
<tr><td>嵊州市</td><td>东湖塘、东干堤、黄金堤、东江溪下碶、马溪桥头碶</td></tr>
<tr><td>新昌县</td><td>后溪堤、东茗村古塘群、红卫圳、夹路官塘、上礼泉井</td></tr>
</table>

注：1. 文保点：根据《浙江省文物保护管理条例》第十七条规定，尚未核定公布为文物保护单位的不可移动文物，由所在地县（市、区）人民政府文物行政部门予以登记，并作为文物保护点予以公布。已公布的遗产点管理权属仍归原管理部门所有，在遗产地开展涉及遗产管理范围内部的项目建设时，须经遗产主管部门审批，如管理权归水行政主管部门，即由水行政主管部门审批。

2. 遗产管理权属问题：目前绍兴市水利遗产部分归属权、管理权不清晰，导致遗产安全动态监测、维护不到位，周边环境整治工作不到位、标识标牌不规范等问题。因此，需要明确管理主体和职责，使保护措施有效落地。

4.2 加强遗产基础研究与顶层设计研究

根据水利遗产调查和价值评价结果，对遗产价值进行进一步挖掘，定期更新遗产保护与利用信息。以“让遗产活起来”为思想指导[4]，编制全域水利遗产宣传、展示方案，明确地方水利遗产宣传总体目标、步骤、路径和方式。

4.3 完善遗产保护支撑体系

明确遗产保护责任主体和管理主体，管理部门需设置专职人员开展遗产动态监测，逐步实现水利遗产保护动态监测管理常态化、专业化。同时，构建跨部门协同沟通长效机制，及时处理遗产保护中遇到的各种问题。

4.4 构建展示弘扬平台

利用相关流量平台开设绍兴水利遗产官方账号，定期更新、宣传地方水利遗产知识、保护动态和遗产活化利用与合作等相关活动。

4.5 抓住遗产价值特点，全方位探索融合利用路径

抓住绍兴“江南水城、通江达海、运河明珠、禹舜之绪”的水文化底色，利用好浙东运河、曹娥江、浦阳江三条遗产文化带开发特色水利遗产品牌，通过整合遗产周边自然生态资源、人文资源和产业资源，深化水利遗产与文旅、农旅等相关产业的融合度，打造“鉴水运河”“三江问潮”等文化IP，形成更加完整的产业链，推动水利遗产活化利用迈向创造性转型。

4.6 利用数字化技术让遗产“重生”

借助三维激光扫描、三维倾斜摄影、贴近模型摄影等技术，对重要水文化遗产建立数字模型，利用数字化技术让遗产获得重生，为水利遗产专题博物馆线上云展馆的建设提供技术支撑。

参考文献

[1] 全国资产管理标准化技术委员会（SAC/TC 583）. 水文化遗产价值评价指南：GB/T 42934—2023 [S]. 北京：中国标准出版社，2023.

[2] 绍兴市水利局. 绍兴市水利遗产调查成果 [R]. 2021.

[3] 浙江省水利河口研究院（浙江省海洋规划设计研究院）. 绍兴市水利遗产保护利用方案 [R]. 2023.

[4] 翟佳琪. “让更多文物和文化遗产活起来”：学习习近平关于文物和文化遗产工作的重要论述 [J]. 党的文献，2023（3）：35-42.

黄河廉洁文化内涵价值及传承、弘扬路径研究

陈树峰　陈海潮　王嘉仪　李庆国

（黄河水利委员会黄河水利科学研究院，河南郑州　450003）

摘　要：黄河被誉为中华民族的摇篮，其孕育的黄河文化是中华文明不可或缺的重要组成部分。本文以传承、弘扬“黄河廉洁文化”为主题，通过系统回顾数千年来的治黄实践，深度挖掘历代治河能臣廉吏们在黄河治理保护过程中展现的清廉风范、道德追求和家国情怀，阐述其中蕴含的廉洁精髓、丰富内涵及时代价值，基于此构思黄河廉洁文化科普长廊的设计布局，探索新时代背景下，传承、弘扬黄河廉洁文化的实践路径，推动实现黄河廉洁文化的创造性转化。

关键词：黄河廉洁文化；内涵特征；时代价值；弘扬路径

党的二十大报告明确提出“加强新时代廉洁文化建设，教育引导广大党员、干部增强不想腐的自觉”。黄河文化作为中华文明源远流长的璀璨篇章，是实现中华民族伟大复兴、坚定现代中国发展道路最为深厚、最为核心、最为可靠的文化根基和历史依据[1]，对新时代廉洁文化的构建与发展具有不可估量的重要意义。

1　黄河廉洁文化的内涵特征

黄河是中华民族的母亲河，亦是一条桀骜难驯的忧患河。数千年来，黄河屡次以汹涌洪水等自然灾害考验了中华儿女的信心、勇气和智慧，但也正是这些挑战，激发了中华民族不屈不挠的奋斗精神。在漫长的治黄历程中，涌现出众多彪炳史册的能臣廉吏，传承了一系列影响深远的廉政理念与制度，留下了一批批历经沧桑但至今仍熠熠生辉的文物古迹，共同塑造出独具特色、内涵丰富的黄河廉洁文化。黄河廉洁文化不仅是中华民族勤劳智慧、勇于担当精神的集中体现，也是推动社会进步、促进廉洁自律的重要精神力量。主要体现在：

（1）承载着民为邦本、安澜兴邦的理想信念。黄河，被称为“四渎之宗”，其治理状况直接影响到国家的稳定与兴衰[2]。因此，历朝历代有作为的统治者都将治理黄河视为巩固政权、稳定社稷的先置要事，从秦始皇修筑郑国渠以资国用，最终成就统一六国的霸业，到康熙皇帝将平定三藩、治理河务及漕运并列为三大要务悬之宫中柱上，最终开创康乾盛世，无不见证了治河对国家长治久安的重要性[3-4]。治河先贤们在防汛抗旱、灌溉漕运等治黄实践中，始终秉持着“安民为先，重民为本”的民本思想。

（2）体现着躬身力行、自强不息的实践精神。“治水之法，既不可执一，泥于掌故，亦不可妄意轻信人言”，凡治水有成效者，皆亲力亲为，遍历山川，详察水文地貌，方能因地制宜，制定出科学合理的治理策略[5]。从古时大禹徒步涉水，历经九年治服水患，到西汉王景通过实地考察与科学规划，赢得了“王景治河千年无患”的美誉；从汉武帝在“瓠子堵口”事件中的亲临指挥，到康熙帝亲自研习水利典籍并身体力行地进行实地测量，历代治河者的亲身实践无不体现了事必躬亲、勤政担

基金项目：黄河水利科学研究院科技发展基金项目“黄河文化品牌塑造及科普产品开发研究”（项目编号：黄科发202113）。

作者简介：陈树峰（1973—），正高级经济师，黄河水利科学研究院纪委书记，主要从事党风廉政建设、黄河文化研究、经济管理工作。

当的精神。

(3) 弘扬着敬德保民、以德治水的价值理念。历史上，黄河有“三年两决口，百年一改道”的说法。自周定王五年（前602年）到1938年花园口人为决口的2 540年中，黄河有记载的决口泛滥年份达543年，决堤次数达1 590余次[6]，频繁的洪灾摧毁了无数村庄，夺去了无数人的生命。因此，治水的重要性使得历史上任何一位为政一方的官员，都必须在治水上有所作为，从“位已高而意益下，官益大而心益小，禄已厚而慎不取”的孙叔敖，到即便被发配边疆仍不忘为民兴修水利的林则徐，他们的事迹传承并弘扬了执政为民、崇德治水的理念[7]。

(4) 展现着修己慎独、克己奉公的行为准则。黄河以善淤、善决、善徙著称，这也迫使历代统治者每年都要投入巨资用于招募河工、筹备石料等抢险物资。每当险情发生时，万千石料被投入滚滚洪流，这些无疑是白花花的银子顺河而下[3]。治河官员们不仅肩负着捍卫民众生命财产安全的千钧重担，更手握巨额河工经费的调度大权。他们之中，不乏如明代的于谦留有“两袖清风”的佳话，他铸造镇河铁犀，誓除水患；亦有清代的张伯行，撰写《治河十议》流传千古，被誉为“天下清官之首”。他们重视名节、廉洁自持、鞠躬尽瘁的精神，正是其立身行事的根本所在。

(5) 蕴含着敬畏自然、和谐共生的辩证思维。中华民族历来追求人与自然和谐共生，认为人中有天、天中有人，主张敬畏自然、顺应自然，这一智慧在治水实践中得到了充分体现。从春秋时期管仲提出的“迂其道而远之，以势行之”，到秦代李冰的“乘势利导，因时制宜”，从汉代贾让提倡的“不与水争地”，到明代潘季驯实施的“束水攻沙”“开导上源，疏浚下流”[8-9]，这些治水策略均体现了顺势而为、乘势利导的和谐共生理念，彰显了人与自然协调相处之道。

(6) 彰显着政令严明、依法治水的法治理念。历朝历代治水活动，堪称举国之人力、财力、物力倾力而为，在这个过程中，治水管理机构与法律法规体系的构建，经历了从无到有、逐渐精细化的发展过程[10]。唐代《水部式》的颁布，标志着我国历史上首部系统完备的水利法典的诞生；宋代《农田水利约束》与金代《河防令》相继出台，进一步完善了农田水利与防洪的法制体系。随着京杭大运河的繁荣，元、明、清三代也都制定了关于运河管理的法规，例如明代的《漕河禁例》《漕河夫数》《漕河水程》等，对水利建设管理、水权分配，以及水利项目的劳动投入等方面均有明确的规定。民国时期，《水利法》及其实施细则的颁布，使水法规建设迈入新阶段。新中国成立后，国家陆续颁布了《中华人民共和国水土保持法》《中华人民共和国防洪法》《中华人民共和国河道管理条例》等一系列水法律法规[11-12]。特别是自2023年4月1日起施行的《中华人民共和国黄河保护法》，标志着治黄法治体系的成熟和完善，是法治治水理念的生动体现。

由此，治河先贤们留下的治河实践及其展现的崇高精神，不仅是中华文明中璀璨的篇章，更是激励当代水利工作者砥砺前行的宝贵精神财富。

2 传承、弘扬黄河廉洁文化的时代价值

文化而润其内，养德以固其本。习近平总书记强调，“党员干部特别是领导干部务必把加强道德修养作为十分重要的人生必修课，自觉从中华优秀传统文化中汲取营养”。

弘扬和发展黄河廉洁文化，可为全面建成社会主义现代化强国提供理想信念支撑。这一文化深植“民为邦本、安澜兴邦”的治国理政智慧与“修己慎独、克己奉公”的道德追求，不仅体现了个人品德修养与社会担当的和谐统一，更激励着社会各界人士以更加自律、勤勉的姿态投身于国家建设之中，通过弘扬这一文化，可以引导全社会形成积极向上的价值导向，为社会主义现代化建设奠定坚实的信念基石。同时，作为一股强大的文化驱动力，黄河廉洁文化蕴含着“躬身力行、自强不息”的实干精神与“敬德保民、政令严明”等价值取向，不仅能够激励广大党员干部勇于担当、积极作为，还广泛激发全社会的爱国情怀与民族自豪感，为全面建成社会主义现代化强国提供强大的价值牵引与道德支撑，对构建社会主义道德体系、提升法治社会道德水平具有重要意义[13-14]。

尤为重要的是，黄河廉洁文化为黄河流域生态文明建设提供了历史镜鉴。作为中华民族的母亲

河，黄河的生态环境状况直接关系到国家的可持续发展和人民福祉。治黄实践中蕴含的敬畏自然、和谐共生、依法治水等理念，不仅是古代对人与河流和谐共生理念的深刻洞察，也是指导当代平衡流域经济社会发展与生态保护的重要指南[15]。这一思想体系为黄河流域生态文明建设指明了具体的行动方向，也为我国推动绿色发展、建设美丽中国提供了重要遵循。

总之，黄河不仅仅是一条地理意义上的河流，更是承载着中华民族精神与文化传承的象征。黄河文化中蕴含的廉洁基因，如同一股不竭的精神源泉，为中华民族伟大复兴的壮丽征程注入了强大的精神动力与丰富的文化养分。

3 黄河廉洁文化传承、弘扬的实践探索

为充分弘扬黄河廉洁文化，加强科研院所廉洁文化阵地建设，依托现代治水领域的国家级科研平台——“模型黄河”，精心打造集宣传教育、科学研究于一体的黄河廉洁文化科普长廊。

3.1 主题定位与设计构思

该长廊位于郑州市国基路33号黄河水利科学研究院模型黄河基地内，场地呈不规则三角形，占地面积约600 m^2（见图1）。该长廊整体设计紧扣“黄河廉洁文化”这一核心主题，巧妙借势地形，将黄河标志性的“几”字弯柔美曲线融入路径规划之中（见图2），不仅是对黄河壮丽自然景观的致敬，更是长廊本身贴合弘扬黄河文化与廉洁精神的生动载体。

图1 场地原状

图2 长廊设计总体布局

长廊的设计注重细节处理与氛围营造，通过光影的巧妙交错、色彩的和谐搭配、材质的精选运用，以及传统廉洁象征——梅、兰、竹、菊的植物元素的引入，共同营造治黄历史的厚重，传递出黄

河廉洁文化的精髓传递，激发参观者对廉洁文化的认同与向往，让黄河廉洁文化不仅仅是一种理念，更是一种可以触摸、可以感知、可以传承的精神力量。

3.2 板块划分

长廊的入口造型采用以黄河块石填充的钢丝笼组合而成，寓意着将权力装进笼子里，彰显了对廉洁自律的坚定承诺。步入长廊，内部空间划分为治河廉洁人物展、知止行动漫画展以及廉洁文化成果展，三者环环相扣，层层深入，既是对黄河治水历史中廉洁精神的深度挖掘，也是对当代廉洁文化成果的生动展示，完美融合了历史的厚重与时代的鲜活。图3是长廊三大展示板块详细布局。图4是长廊入口造型。

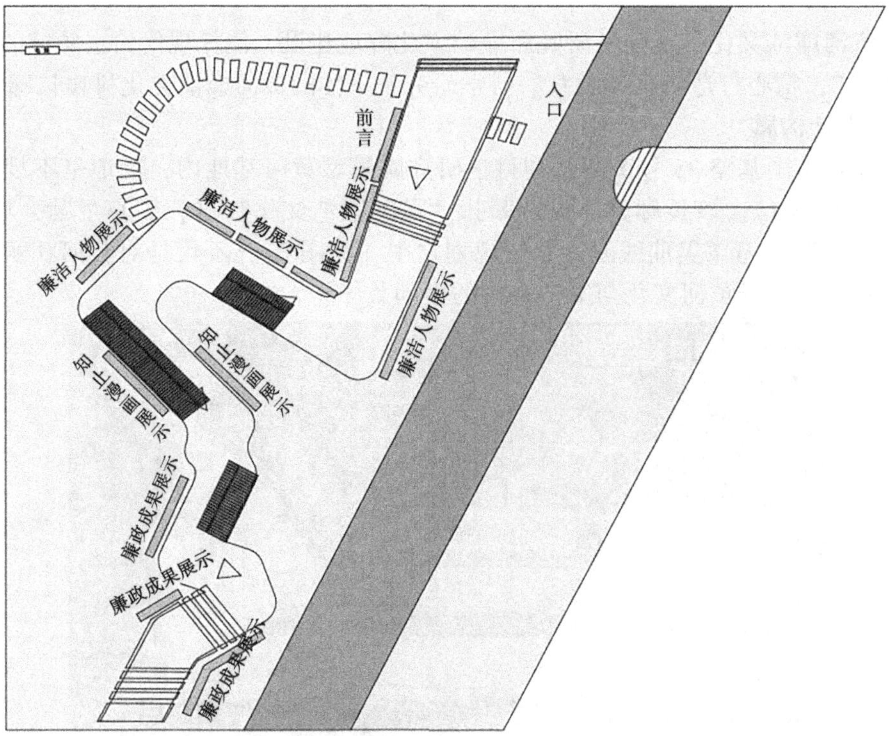

图3 长廊三大展示板块详细布局

图4 长廊入口造型

治河廉洁人物展（见图5）：以历史朝代更迭为轴线，精心选取了21位治河能臣廉吏，采用生动翔实的历史资料和图文并茂的展示方式，全面呈现历代治河先贤与人民治黄先驱的光辉事迹、廉洁思想及高尚风范，串联起一幅幅生动的治黄廉政历史画卷，让参观者仿佛穿越时空，与先贤对话。

图5 治河廉洁人物展

知止行动漫画展（见图6）：以“知勤俭节约要求 止违规吃喝行为”为主题，采用轻松幽默又不失深刻的漫画形式，解析廉政建设中需警惕的“三大问题”、牢记的“八项注意”，寓教于乐，倡导勤俭节约、杜绝违规吃喝、反对铺张浪费的社会风尚，让廉洁理念深入人心，成为每个人的自觉行动。

图6 知止行动漫画展

廉洁文化成果展（见图7）：汇聚黄河廉洁文化领域最新研究成果，紧密围绕八大廉洁基因这一核心，立体而深刻地展现了黄河水利科学研究院的单位风采、崇高的科研使命、严谨的治学态度以及特色鲜明院所廉洁文化建设。通过生动展现一系列科研先锋的典型事迹，深刻解读廉洁理念如何在科技治黄的伟大实践中落地生根，激发水利科研同仁内心深处的共鸣与敬仰，推动黄河廉洁文化内化为单位持续健康发展的强大精神动力和不竭源泉。

图 7　廉洁文化成果展

长廊内部融合了传统与现代的元素，展示了黄河廉洁文化的悠久历史与深厚底蕴，如历代治河廉吏的英勇事迹、清廉思想的传承与发展，又巧妙融入了现代科技治黄的最新成果与前沿理念，展现了科技与文化交相辉映的壮丽图景。这种“汲古润今”的设计思路，不仅让参观者能够穿越时空，感受黄河文化的博大精深，更能直观体验到科技进步为黄河治理带来的新变化、新气象。图 8 是长廊修建前后的对比效果。

图 8　长廊修建前后的对比效果

总之，这条长廊不仅是一条展示黄河廉洁文化的长廊，更是一座连接过去与未来、传统与现代的桥梁，它以独特的设计理念和鲜明的展示效果，成为传承与弘扬黄河廉洁文化的重要载体和亮丽名片。

4　结论

正如习近平总书记所强调“如果先进的廉政文化不去占领文化阵地、营造社会氛围，腐败文化就会乘虚而入、污染社会、搞坏党风政风”。回顾治黄历史，几千年的治水实践孕育了深厚的黄河廉洁文化，这一文化瑰宝深度融合了坚定的理想信念、科学的实践路径、高尚的价值理念、务实的致世风格、辩证的思维方式以及严格的法治精神，是推动我国全面建成社会主义现代化强国不可或缺的文化根基和精神力量。黄河廉洁文化科普长廊的建设，正是对这一宝贵文化遗产传承与弘扬的有效路径。

本文通过深入剖析黄河廉洁文化的内涵特征及其时代意义，探索其与科研文化有机融合的可行路径，旨在为黄河廉洁文化建设注入新的活力。展望未来，我们致力于不断深化理论研究，创新文化传播手段，加强实践应用的效果，并逐步完善相关的制度保障机制，力求从多个层面、以多种形式推进黄河廉洁文化的繁荣和发展。

参考文献

[1] 师永伟．从黄河文化看中华文明突出的包容性［J］．黄河・黄土・黄种人，2024（11）：33-35.
[2] 韩乾．黄河文化是中华文明的根源文化［J］．山西社会主义学院学报，2023（4）：56-61.
[3] 侯全亮．中华民族的黄河治理史［J］．炎黄春秋，2022（3）：59-64.
[4] 李宜馨．黄河文化与黄河文明体系构建浅议［J］．中州学刊，2022（12）：146-149.
[5] 田宝祥．黄河文化的多元特质与一体意识［J］．深圳大学学报（人文社会科学版），2023，40（4）：153-160.
[6] 段金锁．黄河廉洁文化档案资源开发现状调查分析［J］．调查报告，2023（6）：123-125.
[7] 张耀影．黄河文化价值实现与传播路径研究：基于铸牢中华民族共同体意识的视角［J］．行政管理改革，2023（4）：60-66.
[8] 田世民，赵何晶，夏厚杨．黄河文化保护传承弘扬的形势分析及对策建议［J］．中国水利，2024（1）：59-63.
[9] 岳德军．保护传承弘扬黄河治理文化的若干思考［J］．中国水利，2023（5）：27-30.
[10]《完善水治理体制研究课》课题组．我国水治理及水治理体制的历史演变及经验水利发展研究［J］．水利发展研究，2015，15（8）：5-8.
[11] 孙照红，杨茛．加强新时代廉洁文化建设的系统进路［J］．中国延安干部学院学报，2024，17（2）：121-129，136.
[12] 王乃岳．深入挖掘黄河文化的时代价值［J］．中国水利，2020（5）：50-53.
[13] 张敏燕．发挥高校阵地优势 加强新时代廉洁文化建设［J］．前进，2023（7）：57-60.
[14] 牛建强．抓住保护、传承和弘扬黄河文化新的历史机遇［J］．人民黄河，2019，41（10）：156.
[15] 李海生，张惠远，张强，等．以生态文明引领黄河文明复兴［J］．环境保护，2021，49（增1）：54-57.

灌区现代化建设与水文化建设融合发展研究思考

丁志宏　梁学玉　张文娜

（中水北方勘测设计研究有限责任公司规划发展研究院，天津　300222）

摘　要： 结合贯彻党中央提出的“增强文化自信”“建设社会主义文化强国”等决策部署，适应新时期水利高质量发展对水文化建设所提要求，为了使灌区工程在既定的水资源调控供给功能基础上更好地承担水文化方面有关功能，简述了我国灌区高质量发展必要性和水文化建设重要性，总结了开展灌区现代化建设与水文化建设融合发展研究的工作目的，分析了开展实施二者融合发展研究的工作思路，阐述了开展相关融合研究的工作任务及其研究内容，以期为有关方面开展灌区以及其他类型水利工程建设与水文化建设融合发展工作提供技术参考。

关键词： 灌区；现代化建设；水文化；相互关系；融合发展；对策措施

民为国基，谷为民命。粮食安全是国家安全的重要基础，关系中华民族的永续发展和前途命运，是“国之大者”，党的二十大报告提出要全方位夯实粮食安全根基。我国是一个农业大国，人口多、耕地少、水资源短缺，降水时空分布不均，水土资源地域不匹配，特殊的自然地理条件和经济社会结构决定了我国农业生产必须高度依赖灌溉[1]。粮食生产根本在耕地，命脉在水利。灌区是保障国家粮食安全的重要基础，大中型灌区是保障国家粮食生产的主战场，推进现代化灌区建设是实现灌区高质量发展的必由之路[2-4]。为此，需要统筹灌区存量和增量，一方面是要在水土平衡关系尚有环境容量的地区，规划建设一批大中型灌区，扩大耕地灌溉面积；另一方面是要提升灌区质量，加快推进现有大中型灌区改造，推动优先将大中型灌区建成高标准农田。因此，推进现代化灌区建设是现在和未来一段时期我国水利改革发展事业的一个重要方向。

《易经》有云：刚柔交错，天文也；文明为止，人文也。观乎天文，以察时变；观乎人文，以化成天下。文化是党的十八大制定的新时代统筹推进经济、政治、文化、社会、生态文明“五位一体”总体布局中的重要内容，与政治、经济同为人类社会生活的三大基本领域，它是人类认识世界和改造世界的思维方式、价值观念、法律制度、科学技术，是可传承和传播的感性认知和经验升华，是人作为一切社会关系总和的本质体现，是以文化人、人文化成的意识形态和行为规范，是一个民族和国家借以自立于世的根与魂。

党中央、国务院高度重视文化建设工作，党的十八大以来，党中央在领导党和人民推进治国理政的实践中，把文化建设摆在全局工作的重要位置，党的十九届五中全会进一步强调要在2035年建成文化强国。2019年9月，习近平总书记在黄河流域生态保护和高质量发展座谈会上指出“黄河文化是中华文明的重要组成部分，是中华民族的根和魂”，要“保护、传承、弘扬黄河文化”。2020年11月，习近平总书记在全面推动长江经济带发展座谈会上强调，要“统筹考虑水环境、水生态、水资源、水安全、水文化和岸线等多方面的有机联系”，并指出“要把长江文化保护好、传承好、弘扬

基金项目： 国家重点研发计划项目资助（2021YFC3200203）。

作者简介： 丁志宏（1979—），男，正高级工程师，主要从事水利规划设计与咨询工作。

好”。2021年10月，水利部印发《水利部关于加快推进水文化建设的指导意见》，提出了未来一段时期加强水文化建设的总体要求、主要任务、保障措施，为加快推进水文化建设、助力推动新阶段水利高质量发展提供了工作指导。2023年5月，水利部召开水文化工作推进会，深入学习贯彻习近平总书记关于水文化的系列重要论述精神，总结近年来水文化建设经验，部署下一阶段水文化工作，加快推进水利系统水文化建设。2023年6月，习近平总书记在北京出席文化传承发展座谈会并发表重要讲话，强调在新的起点上继续推动文化繁荣、建设文化强国、建设中华民族现代文明，是我们在新时代新的文化使命。要坚定文化自信、担当使命、奋发有为，共同努力创造属于我们这个时代的新文化，建设中华民族现代文明。

综上所述，从历史发展的脉络来看，灌溉工程是中华文明发展的重要物质基础、技术驱动、精神符号、文化元素之一，灌溉与文明相依相伴、相促互馈，灌区是保障国家粮食安全和民族自立的重要基础设施，水文化是中华优秀传统文化和社会主义文化的重要组成部分[5-7]，也是水利事业高质量发展不可或缺的重要内容[8-9]。在建设生态文明与文化强国的时代背景下，在推进水利高质量发展的新征程上，如何更好地实现灌区现代化建设与水文化建设的融合发展，实现二者之间的良性循环、互促共赢、相得益彰，在发挥灌区既定基本功能的同时，也满足人民群众对其景观性、生态性、观瞻性、协调性、文化性等方面的新要求[10-11]，是一项值得深入探究的工作。

1 研究目的

本文研究的目的是贯彻习近平总书记关于水文化的系列重要讲话和指示批示，落实水利部党组关于加快推进水文化建设的部署安排，适应新阶段水利高质量发展对灌区以及水文化建设提出的更高要求，分析灌区与水文化互促共生的演进关系，总结提炼不同灌区的水文化建设实践经验，研究提出在现代化灌区建设过程中将水文化与水安全、水资源、水生态、水环境统筹考虑、一体推进的对策措施，形成具有一定指导性的研究成果，为有关方面的灌区规划技术人员提供工作参考，推动灌区工程的规划设计工作与区域文化和水文化实现深度融合，助力水文化建设。

2 研究思路

针对本文研究所具有的概念性、逻辑性、层次性、交叉性、辩证性、框架性、指导性等特点，采用从要义上剖析、逻辑上辩证、因素上细化、措施上区别的研究途径，遵循剖析两个关系、贯穿六个环节、体现三个层次、涵盖四个范畴、涉及三个方面、实化五个任务、促进两个融合的“2-6-3-4-3-5-2”的总体思路，将实证分析与理论研究相结合、定性分析与定量分析相结合，通过资料收集、实地调查、座谈交流、文献研究、数据分析、环境识别、归纳总结等技术手段开展研究，以理论分析+对策措施+典型案例的“三位一体”方式呈现研究成果。本文研究的总体思路如图1所示。

3 任务内容

结合研究目的与总体思路，本文研究的具体任务包括以下3项。

3.1 灌区两大关系的要义内涵研究

灌区的建设和管理是人类对自然资源的改造和利用的表现。一方面，人类通过修建灌渠、水库等灌溉设施，调节水资源的分配和利用，以及对土壤条件进行改善，创造了适合农业生产的环境。在这个过程中，人类需要与自然环境相协调，合理利用自然资源，保护生态环境。另一方面，灌区的建设和管理涉及多个农户、农业组织和政府部门之间的合作与协调。合理的人与人的关系是灌区可持续发展的基础，需要建立公平、透明和有效的管理机制，促进信息共享和决策制定的参与。具体地，灌区人与自然的关系可划分为人水关系、人土关系和水土关系，人与人的关系涵盖了人的协调配合以及人

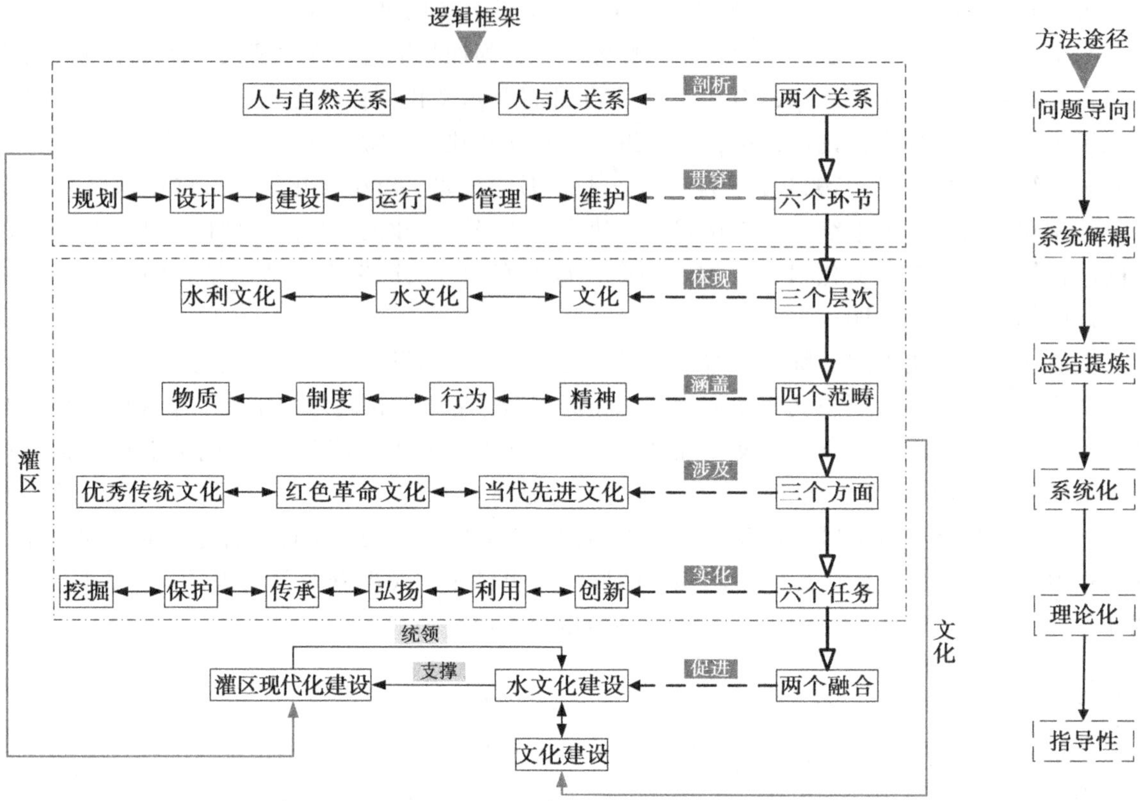

图 1　本文研究的总体思路

的崇水观念。

阐述对习近平总书记关于人与自然和谐共生重要讲话的理解和认识；针对灌区是人工-自然复合生态系统的构成特点，研究灌区所体现人与自然、人与人这两大关系的核心要义与内涵特点，剖析两大关系所涵盖和反映的人水关系、人土关系、水土关系、人人关系、崇水现象的历史演进过程及其与自然环境和经济社会环境之间的关系，厘清四大关系之间的脉络体系，分析人与自然关系、人与人关系在水文化形成和发展过程中的作用与效应。

3.2　灌区水文化的要义内涵研究

中华民族在认识、利用、改造自然的过程中，在与水相伴、相争、相和的实践中，形成了本土水文化，它深深地植根于中华文明的沃土之中，是中华民族文化和民族精神不可或缺的重要组成部分。保护、传承、弘扬水文化能够提醒我们水是生命之源，珍惜水资源，确保水资源的可持续利用；能够让我们了解水利工程和水利文化的发展历史，体会古人的智慧、传统文化的魅力以及中华民族艰苦奋斗的优秀品质；通过了解水和自然生态的相互关系，有助于提高我们的环境意识和生态保护意识；水文化的交流和分享也有助于促进不同地区和民族之间的沟通和理解。

阐述对习近平总书记关于水文化的重要讲话、指示批示的理解和认识；研究灌区水文化在物质、制度、行为、精神四个范畴的核心要义与内涵特点，分析四个范畴之间的相互联系，梳理四个范畴之间的逻辑关系，按照自然地理、社会经济等影响因素，选取不同区域、不同类型的典型灌区，研究不同类型水文化的特点；剖析灌区水文化与优秀传统文化、红色革命文化、当代先进文化之间的互促共生关系，分析其产生与演进的过程，分析不同类型灌区水文化与地区特色文化（如民族的、区域的、增值的）的相互关系。

3.3　灌区现代化建设与水文化建设融合对策措施研究

中国灌溉工程的建设发展伴随和支撑中华文明的历史发展。灌区是保障国家粮食安全的重要基础设施，水文化是社会主义文化的重要组成部分，在建设生态文明与文化强国的时代背景下，在推进水利高质量发展的新征程上，实现灌区现代化建设与水文化建设的融合发展，实现二者之间的良性循环、互促共赢，在发挥灌区基本功能的同时也满足人民群众对其景观性、生态性、文化性等方面的新要求，是新时期灌区建设的目标。

分析现代化灌区建设对水文化建设提出的要求和目标；区分已建、在建、新建灌区工程，结合提供服务、彰显文化、提升素质、发展产业等各方面的多功能性需求，结合全国“十四五”大型灌区续建配套与现代化改造项目实施情况，选取典型灌区作为代表，古今结合、新老结合，采用理论分析+对策措施+典型案例的论述方式，研究提出在灌区工程的决策、规划、设计、施工、管理等具体环节中充分挖掘灌区所在区域的文化特色、统筹考虑水文化元素、提升水利工程文化品位的对策与措施，使规划设计成果符合灌区功能、体现地域特色、促进工程增值，体现水文化建设所要求的各项任务理念，助力水文化发展；以发展涉水文化产业为目的，参考已有的水生态价值实现机制与路径，研究提出水文化价值实施的机制与路径；梳理现有的水文化建设支撑政策，提出进一步促进灌区现代化建设与水文化建设相互融合的政策供给建议；所得研究成果经系统化、理论化之后，供灌区规划设计人员参考。

4　结语

灌溉文化是人与自然在一定的历史条件、社会条件下共同创造的，是与灌溉工程有关的物质财富、精神财富的方式方法和成果体现。它外化于形，是工程实体、器物仪式、发展成果、精神风貌；它固化于制，是关于灌溉的各项规章制度的根本原则和从事农业灌溉生产管理活动的行为圭臬；它实化于行，是处理灌区内外部关系，整合灌区内外部资源的策略、行动；它内化于心，是关于水资源、土地资源、人类自身、农业生产、生态环境、社会发展之间复合关系的认识共识、发展共识、信仰共识、价值共识；是内涵丰富、外延多样的综合体系。

大力开展包括灌区续建配套与现代化改造等措施在内的灌区现代化建设是发展水利新质生产力的重要实践活动之一，是建设美丽中国、提高水资源利用效率、保护生态环境、提高农业生产效率、保障国家粮食安全的重要举措。水文化建设是社会主义文化建设的重要一环，可以保护和传承水利文化遗产、促进生态文明建设、提升文旅产业发展、增强文化认同感和凝聚力、丰富人民的物质和精神生活。

具体地，在二者融合建设的实践过程中，需要在注重文化传承、突出地方特色、富有民族色彩、关注生态保护、加强社会合作、便于公众观瞻、相容周边环境、实现产业协同等方面开展因地制宜的规划与设计，以确保灌区水文化建设顺利实施和效益充分发挥，以有助于提升农业现代化水平、促进农业发展和经济增长、保护生态环境、提升社会文明程度，推动实现水资源的可持续利用和文化的繁荣可持续发展之间协同共进。

参考文献

[1] 丁志宏，回晓莹，李尧．全国“十四五”节水灌溉高质量发展研究［J］．东北水利水电，2020，38（12）：52-55.

[2] 闫晋阳．以设施完善为重点推进灌区现代化改造［J］．中国水利，2021（11）：67-68.

[3] 高占义，王云辉．大型灌区现代化改造的策略与技术选择［J］．中国水利，2021（17）：8-11.

[4] 李仰斌．大中型灌区现代化改造技术路线与关键技术［J］．中国水利，2021（17）：12-14.

[5] 林晨，刘向阳．河道设计中的水文化及其表现形式［J］．水利发展研究，2018，18（12）：78-82.

[6] 张佳丽，梁延丽．以治水实践为核心推进新阶段水文化高质量发展［J］．水利发展研究，2021，21（5）：26-28.
[7] 尚晓三．安徽省水文化传承与发展的思考［J］．水利发展研究，2023，23（8）：75-78.
[8] 颜建成，武齐鲁，常晓钰．山东省水文化与水工程融合案例分析［J］．山东水利，2024（9）：46-48.
[9] 梅皓然，刘语欢，过晓婕．基于水文化传承的文创产品融合开发策略研究［J］．水文化，2023（10）：53-55.
[10] 李云鹏，郭姝姝．"文化灌区"建设的现代化意义及实施路径探讨［J］．中国水利，2021（17）：30-32.
[11] 葛晖，张鑫，冯涛，等．水工程与水文化融合发展探析：以南水北调亦庄调节池枢纽工程为例［J］．水文化，2023（6）：60-61.

流动的遗产：海上丝绸之路起点城市的水文化与城市发展

顾程伟　邵天一

（水利部发展研究中心，北京　100038）

摘　要：本文探讨了海上丝绸之路起点城市广州、泉州、宁波的水文化特色及其对当代城市发展的启示。文章分析了3座城市得天独厚的水系条件、多元交融的文化萃集和和谐共生的生态意识，并探讨了水文化在城市规划、生态文明建设和国际交流合作中的重要价值。研究发现，广州、泉州、宁波丰富的水文化传统不仅承载着历史的记忆，更为当代城市发展提供了宝贵的启示，对传承和弘扬中国水文化、推动城市可持续发展、促进海上丝绸之路沿线国家地区的文化交流与合作具有积极作用。

关键词：海上丝绸之路；水文化

1　引言

海上丝绸之路是中国乃至世界历史上最为悠久的海上贸易路线之一，它不仅见证了中国与世界各地的贸易往来，更是文化交流与融合的重要纽带。海上丝绸之路主要分为东海航线和南海航线两条线路。东海航线，亦称为“东方海上丝路”，主要连接中国与日本列岛和朝鲜半岛，这条航线主要由宁波（古称明州）进出港，是连接中国与东亚国家的重要航道；南海航线，又称为“南海丝绸之路”，其起点主要是广州和泉州，这条航线从中国出发，经过中南半岛和南海诸国，穿过印度洋，进入红海，抵达东非和欧洲[1]，途经100多个国家和地区。自商周时期萌芽，经过春秋战国时期的发展、秦汉时期的形成、唐宋时期的兴盛，直至明清时期的转变，海上丝绸之路一直是连接东西方文明的桥梁。特别是两条航线的起点城市：宁波、泉州和广州，它们不仅是贸易的枢纽，更是文化交流的前沿阵地。这些城市因其独特的地理位置和历史背景，形成了各自独特的水文化，这些水文化不仅反映了城市的经济发展状况，也体现了文化交流的深远影响。

2　海上丝绸之路起点城市的重要地位

广州作为海上丝绸之路的摇篮，是世界海上交通史中唯一屹立两千多年长盛的大港。明清时期，广州已是中国最大的对外贸易港口，丝绸、瓷器等商品从这里远销世界各地。目前保存在广州市内各地的海上丝绸之路遗址共有6处，包括南海神庙、怀圣寺、光孝寺、清真先贤古墓等。其中，包含伊斯兰教传入中国最早的清真寺、古代四大佛教翻译基地之一等重要遗址，展现了开放包容的岭南精神，为海上丝绸之路注入了活力。

泉州作为海上丝绸之路的枢纽，早在唐代，泉州就已成为中国对外贸易的重要港口，宋元时期一度被誉为“东方第一大港”，以其发达的造船业和丰富的物产，成为海上丝绸之路上的重要枢纽。目前保存的灵山圣墓、开元寺、洛阳桥等海外交通贸易遗存，还拥有海上丝绸之路国际艺术节永久举

作者简介：顾程伟（1998—），女，助理工程师，主要从事水利政策研究方向工作。

办权。

宁波作为海上丝绸之路的东方起碇港，有着深厚的对外开放先行优势。宁波地处浙江东部沿海，本就是鱼米之乡，到了唐代又成为建造唐舶之所、日本遣唐使主要登岸港，宁波的天一阁是中国现存最早的私家藏书楼。当地的海洋文化和商贸文化交融，形成了独特的城市特色，这些文化遗产也证明了宁波与海上丝绸之路的密切联系。

3 海上丝绸之路起点城市的水文化特色

3.1 广州水文化特色

地理河流：广州位于珠江三角洲的北缘，是珠江流域的重要出海口，拥有丰富的水资源和发达的水运条件；珠江穿城而过，其支流众多，航运网络发达，可以连接中国内陆和沿海地区，为海上贸易提供了广阔的市场和腹地。

相关习俗：广州的水文化习俗丰富多彩，龙舟竞渡是广州水文化的重要组成部分。每逢端午节，珠江上的龙舟比赛是当地一大盛事；广州地区生活在水上的渔民，根据自己独特的生产生活方式和水上文化，发展出了“疍家文化”，祭拜水神、龙舟下水仪式等，都是广州水文化的重要组成部分。

历史人物：明代的海瑞，曾任广州知府，对广州的水利建设有着重要贡献。海瑞不仅关注水利工程的建设，还重视水利管理，他的治水思想和实践对后世产生了深远影响。

水利遗产：南越国木构水闸遗址、东濠涌、增埗水厂旧址、西山堤围。

3.2 泉州水文化特色

地理河流：泉州地处闽南丘陵山地，东临台湾海峡，南濒南海，地处中国东南沿海的交通要冲，是连接中国内陆和东南亚、南亚、非洲、欧洲的重要枢纽；境内溪流纵横，泉眼众多，晋江、洛阳江等主要河流贯穿全境；泉州湾、深沪湾等海湾水深港阔，适合船舶停靠，也为泉州的渔业和海运业发展提供了便利条件。

相关习俗：泉州人民对水的敬畏和利用，体现在各种习俗中。泉州人民崇拜水神，如妈祖、四海龙王等，祈求风调雨顺、水患平息；还会在水边举行各种祭祀活动，祈求平安和丰收。

历史人物：北宋时期，蔡襄担任泉州知府，主持修建了洛阳桥和龟湖塘，造福一方百姓；南宋时期，真德秀主持修建了七首塘，解决了泉州南郊地区的灌溉问题；南宋时期，王十朋动用库银公款修建水利设施，被参罢官，但百姓感念其功德，为其建庙祭祀。

水利遗产：泉州拥有众多古代水利工程，如金鸡桥，是泉州最早的桥梁之一；八卦沟，是泉州老城区排水系统，是古代城市水利工程的典范；尚书塘、七首塘、龟湖塘等泉州古代农田灌溉的主要设施；留公陂、大边陂、六里陂等蓄引工程，为泉州农业发展提供了水源保障。

3.3 宁波水文化特色

地理河流：宁波是一座依水而建、与水结缘的江南水乡城市，境内具备了江、河、湖、海、溪、潭、瀑、泉、湿地等各种水形态，姚江、奉化江、甬江在市中心交汇，形成了密集的水网，为海上贸易发展提供了优良的交通条件。

相关习俗：水乡婚礼，宁波水乡婚礼习俗独特，新娘乘船出嫁，寓意着新人生活幸福美满，且宁波拥有悠久的渔业历史，形成了丰富的渔业文化，如渔民节、鱼市等。

历史人物：王安石曾在宁波任鄞县县令，期间主持修建了东钱湖水利设施，为宁波水利发展作出了重要贡献；黄宗羲是明清时期著名的思想家、史学家，也是宁波人，对宁波水利发展有着深刻的思考和见解。

水利遗产：宁波是中国舟船文化重要的发祥地，其从河姆渡口—小溪口—三江口—海港口的演进史，对应着从独木舟—木帆船—铁壳船—万吨巨轮的演变史[2]。目前，已发现了唐、宋、明、清共5艘古船，包括龙舟、货船、战船 3 种，数量多、种类丰，在全国罕见，还有保存至今的“四明船场”。

4 海上丝绸之路起点城市水文化的共同特征

4.1 得天独厚的水系条件

广州、泉州和宁波，这3座位于中国东南沿海的城市，多年来都依水而生、因水而兴，凭借其得天独厚的水系条件，成为海上丝绸之路上的重要枢纽。广州的珠江，泉州的晋江与洛阳江，宁波的姚江、奉化江与甬江，这些河流不仅滋养了城市，更是商贸与文化交流的生命线。三地丰富的水资源促进了农业的繁荣、支撑了城市的经济发展，并且孕育了丰富灿烂的水文化习俗，如广州的龙舟竞渡、泉州的妈祖信仰、宁波的水乡婚礼，水已然成为文化传承的重要载体。

4.2 多元交融的文化萃集

海上丝绸之路作为一条穿越地球广袤海域的古老航道，让各航线上不同文明间的知识和智慧得以互通有无，地域和民族不再是限制，广州、泉州、宁波3个城市现存的许多海上丝绸之路文化遗迹便是人类利用自然改造自然、求同存异共融发展的见证。广州最古老的庙会黄埔“波罗诞”流传着一句俗语——“第一游波罗，第二娶老婆”，足见当地人对“波罗诞”的重视程度。其中的祭海仪式是整个庙会最重要的环节，在古时人们会在庙前举行大型祭海，朝拜南海神，祈求新的一年出海“风调雨顺，海不扬波”，随着一年年希望的沉淀，“波罗诞”逐渐成为广州乃至珠江三角洲地区最古老、最盛大的民间庙会。泉州的蟳埔习俗是泉州千年海上丝绸之路文化的见证，在泉州丰泽区东海街道蟳埔社区居住的多是古阿拉伯人的后裔，蟳埔女却与闽南人一样盘头插花，戴丁香耳坠，多衣着大裾衫、宽脚裤，盛大节日还会集体踩街游行表达对大海的敬仰，祈求妈祖庇护来年“讨海”平安顺利[3]。宁波留存了大量海上丝绸之路遗址遗迹，是名副其实的海上丝绸之路上的“活化石”。经调查，宁波现存与海上丝绸之路相关的文化遗产67处[4]，除物质遗存外，还形成了包括民俗传说、传统戏剧曲艺、手工技艺等在内的一系列地域特色鲜明、区域影响力显著的海上丝绸之路非物质文化遗产。在海上丝绸之路沿线国家和地区，也保存着很多“宁波印记”。可以看出，水元素为这3个起点城市的文化融合注入了深厚的资源基础。

4.3 和谐共生的生态意识

广州、泉州、宁波三地人民世代与水相依为命，深知水资源的重要性，已形成了与水和谐相处的智慧。他们崇拜水神（妈祖、四海龙王、东海龙王等），祈求风调雨顺、水患平息，敬畏水、尊重生态；他们在保护、节约水资源的基础上进行水利工程建设，如广州的南越国木构水闸、泉州的洛阳桥、宁波的它山堰等，不仅解决了当地的水利问题，也改善了人们的生活环境。现代社会，3座城市依旧积极开展水环境治理，如广州的珠江整治、泉州的洛阳江治理、宁波的东钱湖保护等。

5 海上丝绸之路起点城市水文化对当代城市发展的启示

广州、泉州、宁波丰富的水文化传统不仅承载着历史的记忆，更为当代城市发展提供了宝贵的启示。这些城市在长期与水共生的过程中，形成了独特的水文化，这些文化传统在城市规划、生态文明建设，文化交流等方面发挥着重要作用。

5.1 水文化在城市规划中的作用

水文化对城市规划的影响深远。在古代，城市的选址往往与水源地紧密相关，水系的布局对城市的形态和功能产生了决定性的影响。如今，这一传统依然在现代城市规划中发挥着重要作用。例如，广州在城市规划中充分考虑了珠江及其支流的利用与保护，通过建设亲水平台、湿地公园等设施，增强了城市与水的互动，提升了城市居民的生活质量；泉州则通过保护和恢复传统水系，如八卦沟等，不仅保留了城市的历史风貌，也为市民提供了休闲游憩的场所；宁波则利用其独特的江南水乡特色，将水资源融入城市景观设计，打造了具有地域特色的水城形象。

5.2 水文化与生态文明建设

水文化在生态文明建设中的角色不容忽视。水是生态系统中最为关键的元素之一，水文化的内涵强调了人与自然和谐共生的理念。在当代城市发展中，这一理念被赋予了新的意义。广州、泉州、宁波等城市在生态文明建设中，都将水资源的保护和合理利用作为重要内容。通过实施严格的水资源管理制度，推广节水技术，提高水资源利用效率，这些城市在保护水资源的同时，也为城市的可持续发展提供了有力支撑。

5.3 水文化在文化交流中的作用

水文化作为海上丝绸之路的灵魂，不仅在广州、泉州和宁波三地发展出深厚的文化底蕴，现在更成为促进文化交流、加深不同地区文化理解的重要桥梁。广州通过海上丝绸之路文化节等活动展现其水文化魅力，推动广府水文化的创新；泉州举办了福建省海洋文化论坛，发布海洋文化发展报告，强化海上丝绸之路文化遗产保护；宁波则通过水文化论坛和塘河文化陈列馆的开放，展示了其丰富的水文和人文历史[5]。这些活动和措施不仅有效地活化了海上丝绸之路文化遗产，还在全球范围内推动了水文化的传承与交流，提升跨文化对话的深度与广度。

6 建议与展望

6.1 加强水文化遗产保护

不断挖掘和丰富城市水文化遗产的内涵和价值，建立健全水文化遗产保护法律法规，明确保护范围、保护责任和奖惩机制。要加大财政投入，设立专项基金，用于水文化遗产的修缮、维护和展示。同时，鼓励社会力量参与水文化遗产保护，形成政府、企业、社会组织和个人共同参与的保护格局。此外，要加强水文化遗产的数字化保护，运用现代科技手段进行记录、修复和展示，提升保护效率和水平。

6.2 弘扬继承水文化精神

水文化精神是水文化的核心价值，要将水文化教育纳入教育体系，从小培养学生的水文化素养，增强群众对水资源的节约意识。充分利用各种媒体平台，传播水文化知识和故事，提升公众对水文化的认知度和参与度。加强水文化交流与合作，学习借鉴其他国家和地区的先进经验，推动水文化创新发展。同时，注重水文化精神的现代转化，将其融入社会治理和生态文明建设，为构建人水和谐的社会贡献力量。

6.3 讲好国际水故事

讲好中国水故事，传播中国水文化，需要加强国际交流与合作。积极参与国际水文化交流活动，展示中国水文化的独特魅力。加强与“一带一路”共建国家和地区的合作，共同开展水文化研究和保护项目。推动水文化产品的国际化发展，打造具有国际影响力的水文化品牌。积极倡导构建人类水命运共同体，推动全球水治理体系改革和完善，共同应对水安全挑战。

参考文献

[1] 陈玲，陈立．“和合”理念下东亚海洋命运共同体的构建［J］．中国文化与管理，2021（2）：59-67，175-176.

[2] 徐爱军．宁波水文化遗产的保护和利用［J］．宁波通讯，2014（17）：56-57.

[3] 泉州丨“海丝文化”已经深深嵌入这个 1 750 年历史古城的脊髓［EB/OL］．（2017-03-27）［2024-09-19］．https：//www.sohu.com/a/130558460_501362.

[4] 中国宁波网．海丝传承 期待宁波再次成为“始发港”［EB/OL］．（2022-07-13）［2024-09-19］．http：//swj.ningbo.gov.cn/art/2022/7/13/art_1229051994_58928744.html.

[5] 黄银凤，杨晓维．千年港城：“江河湖海”的对话如何深入？［N］．宁波日报，2023-12-08（003）.

关于城市水文化遗产的价值思考
——以广州六脉渠为例

关菲凡[1,3]　张振华[1,2]

（1. 华南理工大学，广东广州　510641；
2. 广东省文物考古研究院，广东广州　510080；
3. 广东水利电力职业技术学院，广东广州　510635）

摘　要： 水文化遗产的定义和价值辨析是一个不断深化的学术问题，指引着此类文化遗产的类型认知和名录认定。学术界和地方都在尝试丰富水文化遗产的价值维度，从工程思维走向工程和人文相并重，并越发注重地方性特色和城市发展贡献的探讨等方面。本文在梳理水文化遗产概念演变的基础上，通过对广州六脉渠的历史演变、文献记载和考古发现，深入探讨城市水文化遗产的三个维度，工程方面的科技价值、人文方面的文化价值和地域性的城市环境价值，揭示了六脉渠在广州古城水系中的核心地位，为进一步拓展水文化遗产的价值思考提供案例和经验支撑。

关键词： 水文化遗产；六脉渠；广州古城水系；城市水利工程

1　引言

近年来，水文化遗产研究进一步拓展其研究范畴，引起了不同学科的广泛关注，逐渐成为水利史和水文化传承的重要载体之一，成为学术界的研究热点。如何通过不同维度和地域类型更好地认识城市中的水文化遗产及其价值是当前学术界关注的一个话题，对城市水文化遗产的保护利用研究具有现实意义。广州古城枕山面海，在满足水利工程建设需求和挑战的过程中形成了丰富的营建智慧和诸多历史文献记录及遗迹，其中六脉渠成为城市治水的关键措施和重要的排水系统，这为六脉渠作为水利遗产的价值研究提供了可能。

自宋代以来，广州古城内的排水系统被称为“六脉渠”，是历代城市管理者所关注的古城建设的实施重点和重要议题。六脉渠大致由古城之内六条主要排水干渠组成，这些渠道分布在各主要街巷，形成一个以城濠为最终出口的排水网络，构成了广州城市水利的一大特色。著名水利史学家郑连第先生在《古代城市水利》[1] 一书中就关注到了六脉渠和广州城市水利的特点。他指出，作为海上门户的广州城之所以能长期繁荣，水利条件是首要因素。与北方城市不同，广州因雨量充沛、地下水位较高，加上海潮影响，城市供水并非主要问题。相反，排水才是最为关键的挑战。六脉渠形成的排水网路是广州城市水利的一个突出特点。

本文试图以广州六脉渠为案例，通过文献整理、比较分析等方法，系统梳理六脉渠的历史演变，厘清内涵和特征，分析六脉渠在城市发展中的作用和价值。

作者简介： 关菲凡（1982—），女，讲师，研究方向为城市水利工程、城市历史水系、城市史。
通信作者： 张振华（1981—），男，研究馆员，研究方向为建筑历史与理论、文化遗产保护及其规划、工业遗产、海上丝绸之路遗产。

2 水利遗产和水文化遗产的价值探讨

水利遗产的概念演变是影响水文化遗产价值判断的重要因素。从水利遗产到水文化遗产，遗产价值的维度越来越丰富。同时，各地以水务遗产的方式探讨相关的遗产价值，使得此话题更富有在地性和针对性。

2.1 水利遗产的相关概念辨析

“水利遗产”关注大尺度的区域水资源自然循环过程以及各种工程技术问题。在国家层面，水利部曾提出“国家水利遗产”和“水文化遗产”的概念。2011 年之前，学术界更多使用“水利遗产”这一术语，侧重于“水利工程”的物质遗产，其本质是指具有“水利工程”意义的物质遗存。“水利工程”的英文表述“hydraulic engineering”更直观地体现了其工程属性。部分学者倾向于将“水利遗产”与“工业遗产”“农业遗产”概念等同，认为应充分借鉴这些不同领域已经成熟的方法开展名录和价值认定。2012 年，谭徐明提出的“水文化遗产”概念，为该领域的研究奠定了理论基础。他指出，水文化遗产是历史时期人类对水的利用、认知所留下的文化遗存，其存在形式包括工程、文物、知识技术体系、水的宗教信仰以及相关文化活动等[2]。孔繁恩和刘海龙从世界遗产角度分析了“水文化遗产”的类型特征[3]。学术界对水文化遗产的研究不断深化，为水利遗产提供了更为丰富的价值认知维度，将价值认定中单纯的工程技术偏向更为丰富的人文色彩。

2.2 彰显地域特色的“水务遗产”价值思考

近年来，学术界和地方城市水务部门针对城市层面提出“水务遗产”概念。“水务遗产”是一种针对城市尺度的水文化遗产类型，更强调城市或片区范围内的水资源社会循环和统一管理，包括城市储水、净水、供水、排水、污水处理过程。张杨和何依借鉴国际实践，梳理了“城乡水务遗产”概念[4]。这一概念与传统的“水利遗产”有所区别，涵盖了城市建设环境中与水资源管理相关的历史遗留。为突出水务遗产的工程技术特征，部分研究者将其归类为“水务工业遗产”[5]，并将其时间范围限定在工业化之后。这种定义主要聚焦于城市供水、排水方面的工程遗存，为城市水文化遗产提供了独特视角。此视角为城市水务管理部分提供了一个较为贴近管理职能的价值认定思考，同时，从学理上将其作为水文化遗产的一个子类。

部分城市的水务局已开展针对本土水文化遗产的申报认定工作，并将遗产认定限定在“水务遗产”之中，如香港的“水务法定古迹”和广州的“水务遗产”名录。2009 年，香港将 41 项引水蓄水设施及建筑物列为“水务法定古迹”，并开发了大潭水务文物径。其中，1904 年落成的前深水埗主教山配水库是最具代表性的战前水务建筑，体现了地方对工程技术与美学设计融合的认可。自 2022 年起，广州开展水务遗产名录认定，并发布了《广州市水务遗产认定申报工作指引》。广州的水务遗产内涵更为丰富，其概念更接近国家层面的“水文化遗产”认定标准，不仅把“南越国水闸”“东濠涌（属六脉渠系统）”这类水利工程列入，更把非工程类的乡村聚落“南湾水乡”、非物质文化遗产“南沙妈祖信仰”等列入遗产名录，体现对水文化遗产认定保护的地方性探索。

3 广州古城六脉渠的历史演变与遗迹

3.1 六脉渠是动态变迁的多功能城市水网系统

广州背山面海的选址，自南越国建都以来，广州城市中心的位置基本保持稳定。受地形环境约束，历代城墙大致以同心圆的方式向外扩展，随着历代城墙范围的不断扩展，六脉渠的位置和支流数量不断变迁。虽然渠道的具体走向、数量和形态随着城市发展不断演变，但基本格局保持相对稳定，各朝代仍沿用“六脉渠”这一称谓来记录古城的排水系统。

六脉渠是功能复合的水利工程系统，充分体现了先民对自然环境的巧妙利用和改造。古人巧妙利用并改造了天然的河沟和湖泊低地，营建了这一独特的水利系统。它与城濠和海（江）共同构成了三级排水网络。这一系统不仅是排水渠道，更是一个融合了交通、排水等多重功能的综合性城市水利工程。

3.2 广州水系与六脉渠的研究现状

六脉渠作为广州古代水利工程的代表受到不同学科的广泛关注。

在水利史研究领域，郑连第先生于1985年出版的《古代城市水利》一书中，特别在“海上门户广州”一章中，深入探讨了六脉渠对广州城市发展的重要影响，为水利史学者理解古代水利系统与城市发展的关系提供了重要参考。

在历史地理学领域，曾昭璇教授从地理学的角度考证了明清六脉渠的具体走向，其研究具有重要意义。他在1991年出版的《广州历史地理》[6] 一书中，对广州市区的水系变迁进行了系统梳理，并对六脉渠的位置和历史演变提供了详细考证，为理解广州古代水系格局提供了重要的学术支撑。

建筑史学界长期关注城市水利建设与城市发展史之间的密切联系。这一研究趋势在广州古城的考察中得到了充分体现。龙庆忠教授于1983年发表的《古番禺城的发展史》[7] 一文，按朝代系统梳理了古番禺城（今广州）的城市建设、建筑与水利工程的演变历程。该文不仅回顾了古代方志中关于六脉渠的各种观点，还创新性地提出了“依地形之高下而论”的六脉渠位置考证方法，为后续研究开辟了新的思路。吴庆洲教授的研究进一步拓展了对六脉渠功能的认识，在其1990年发表的《广州古代的城市水利》[8] 一文中全面总结了六脉渠的八大效益：供水、军事防御、避风和航运、防火、排水排洪、抵御洪潮、园林绿化以及水产养殖。这一多功能的分析视角，不仅揭示了六脉渠在古代广州城市生活中的重要地位，也为现代城市水系规划提供了宝贵的历史借鉴。此外，其他学者也从不同角度推进了广州水系研究。刘卫对广州水系的发展进行了较为全面的总结[9]。邢启艳等分析了广州宋代海港商贸城市发展和古城水系的相互空间影响[10]。张振华则从治水、理景与赋文的角度，讨论了广州古城与西关地区水文化景观的塑造与重塑，并对水文化景观的遗产保护进行了展望[11]。

这些现有研究共同构建了一个多维度的广州水系研究体系，从历史、功能、经济、文化等多个角度深化了本文研究对广州水文化遗产的认识。

3.3 文化价值：六脉渠是岭南城市水利的文献宝库和文化概念

六脉渠作为广州古城重要的水利设施，在岭南历代文献中有丰富的记载。“六脉渠”的最早文字记录见于元大德八年（1304年）陈大震编撰的《南海志》[12]：“古有六渠通濠，濠通于海……六脉通而城中无水患。”这一记载表明六脉渠最早可追溯至宋代。而“六脉通而城中无水患”这一千古流传的说法，使得历代百姓和官员都高度重视对六脉渠的维护。

在明代，谭清海撰写了专门论述六脉渠的《六脉说明》，进一步丰富了相关文献。此外，明清时期的多部地方志，如《广东通志》《广州府志》《南海县志》《番禺县志》，以及其他地方文献，如《南海百咏续编》《羊城古钞》和《广州城坊志》，均对六脉渠有所记载，反映了其在当时社会中的重要地位。

清代后期，六脉渠的重要性得到进一步彰显。同治九年（1870年），布政使王凯泰主持修缮六脉渠；二十四年后的光绪二十年（1894年），觉罗成允主持修缮工作。两次修缮后，均在藩署墙壁上勒石立碑，强调疏浚水渠对广州城市发展的重要性，以昭示后人。光绪十四年（1888年），知县陈坤在亲修六脉渠后撰写《六脉渠图说》[13]。这本著作以其对六脉渠位置的精确记录和详尽考证而著称，堪称历史上罕见的城市水利工程专著，为后世研究六脉渠作为广州古代水利系统提供了宝贵的文献资料。书中所附的《六脉渠图》不仅是一张古代城市排水系统图，更展现了这位主管六脉渠疏浚工程官员心中理想的水城景观（见图1）。

3.4 科学价值：六脉渠是研究城市水利工程技术和多元功能的重要案例

六脉渠的早期遗址已有多处重要考古发现，为理解这一古代水利系统提供了宝贵的实物证据。1997年，考古人员在广州市地铁1号线中山五路一带发掘出一段长9 m的宋代六脉渠（明清时期的左一脉），这一发现与学者们通过历史文献推测宋代已有六脉渠的结论相互印证。此外，城内还有多处六脉渠及相关遗址被发掘出土：1994年德政中路的南汉时期砖砌水关遗址、1996年在中山五路发

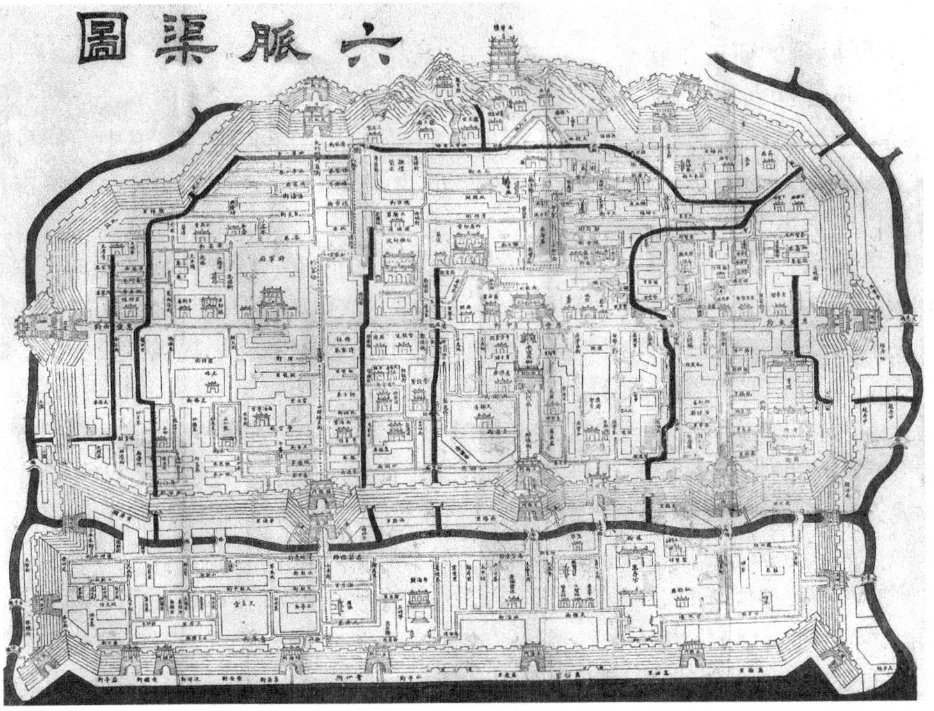

图 1 《六脉渠图》清代陈坤绘制

掘出明代六脉渠、2002 年在大塘街发掘出宋代河堤遗址（原清水濠，后为明清六脉渠左二脉）[14]。

宋代六脉渠的考古发现揭示了其精湛的工程技术。渠道尺寸为：渠面宽 4.03 m，渠底宽 3.60 m，高 5.14 m。两侧用红砂岩和灰白砂岩石条砌筑，石条尺寸达 160 cm 长、30 cm 宽、28 cm 厚。砌筑方式为从渠底到渠面一层横一层竖相间往上构筑，东边 21 层，西边 22 层。渠底结构独特，最底层石条伸入渠底 30 cm，上面每隔约 1.5 m 横放一根木枋，与两侧长约 9 m 的木枋相连支撑墙基。该渠道经历了两次砌筑：第一次渠道较宽，全用灰白砂石条砌筑，渠壁两边用木桩加固；第二次在原渠内加砌，外壁直接叠压在原渠壁上，以碎石、石块夯实作渠底。渠道内的文化层堆积显示，这条水渠自宋至清四代持续使用，体现了其长久的实用价值（见图 2）。

图 2 六脉渠遗址（引自《广州文物志》）

这些考古发现不仅展示了宋六脉渠的精巧构造，也与南越国木构水闸一同体现了岭南滨海先民们在低洼地势环境中控制水流的高超技术，是我国古代城市水利工程史中的珍贵案例。其工程价值包括：①渠道形制，两处遗址均为矩形石砌明渠，明代渠道比宋代渠道更浅；②渠道规模，从发掘的渠道宽度推测，这些渠道应能容纳小型船只通行；③持续使用，宋代渠道内的文化层堆积表明，该渠道自宋至清四代一直被持续使用；④形态演变，到清代中晚期，由于城市人口密度增加以及百姓擅自在渠上跨渠建房等原因，部分渠道逐渐从明渠改为暗渠，其航运功能也随之逐渐消失。

3.5 城市环境价值："六脉皆通海，青山半入城"体现了"城水共生"的营建智慧

六脉渠系统的源头可追溯至宋代城市格局。左一脉与右一脉起源于宋子城与西城间的文溪和西湖；左二脉正渠分为南北两部分，南流源自宋子城与东城间的文溪（原"东澳"），东流则源自宋子城和东城北面的城濠及洼地；右二脉正渠的南流部分与右三脉部分源自南濠（古"西澳"），其西流部分即俗称的"大北一脉"，源自宋西城北面的城濠。这些渠道在明清两代均被整合入六脉渠系统，形成了完整的水网结构[15]。

明清时期，六脉渠与城市的行政区划、文教机构及商业中心共同构筑了广州独特的水城生态系统。六脉渠的布局巧妙适应了城市"北高南低"的地形特征，主要呈垂直式排布。据统计，渠道总长约 10 820 m，配套的濠涌长度达 17 069 m，形成了一个庞大而复杂的水系网络[16]。

《白云越秀二山合志》称"广之城，无之而非水也"。这句古语生动描绘了广州城与水的密不可分关系。广州古城的"六脉渠"系统堪称中国古代城市治水、营城技术的杰出代表，凝聚了历代积累的工程智慧。它不仅体现了岭南先辈顺应自然、因势利导的治水理念，更是支撑广州城市发展的重要基础设施。而"六脉皆通海，青山半入城"这一诗句形象地勾勒出广州独特的"城水共生"空间格局，这不仅生动描绘了城市的自然景观，更揭示了六脉渠与海洋的紧密联系，凸显了广州作为水城的独特魅力。

通过对比各朝代的排水渠道，六脉渠的历史演变逐渐清晰。从宋代至清代，渠道经历了多次分支、合并和调整。尽管不同文献对广州城内排水系统的描述有差异，但其核心布局大致相同。值得注意的是，至少有三条宋代西城的渠道在后续朝代中得以保留，而古文溪的两条南流支流和城北的东西向渠道构成了明清时期六脉渠的主要骨架。造成这些差异的主要原因是广州城的自然地理特征对排水渠道布局产生了决定性影响。首先，广州城"北高南低"的地形特征主导了城内排水方向。宋代的六脉渠系统设计巧妙地顺应了这一自然地势，实现了自北向南的直接排水。到了明代扩城时期，原宋代北城墙外的濠池和洼地被纳入城内，形成了东西流向的新渠道。这些新渠道通过东西水关排放，即俗称的"大北一脉"和"小北一脉"，它们的发展与宋代北城墙外的濠池有着直接的渊源。

六脉渠的设计和演变充分体现了"因势利导、顺应形胜"的古代水利智慧。其发展过程不仅反映了古城微地形的改造和变迁，更展示了先民对城市水文环境的深刻理解。六脉渠系统的每次更新，无论是在渠道走向、规模，还是建造技术方面，都凝聚了古人为确保城市生存和发展而进行的不懈探索和实践。这种持续的技术创新，直接关系到古城的兴衰存亡，展现了古代水利工程与城市发展的密切关系。

4 结论和展望

水文化遗产是人类在认识水、开发水、利用水、治理水、保护水、鉴赏水过程中所遗留下的文化遗存或文化表现形式。对中华水文化、水文化遗产的定义和分类应根据实际情况，充分考虑各地水文化形成发展的历史。不同地域中的水利工程对区域环境、社会发展和地域文化都产生在地化的重要影响，价值判断可从更为在地化的角度展开思考。本文在前人研究的基础上，从文化、科技和城市环境等维度对六脉渠的文化遗产价值进行分析。本文认为，广州六脉渠作为珍贵的水文化遗产，其价值远远超越了单纯的水利工程遗产的范畴。作为一个动态变迁的多功能水网系统，广州六脉渠不仅是城市水利工程的杰出代表和重要见证，更是岭南地区"城水共生"营城智慧和水文化的体现。

本文倡议，未来对六脉渠的研究可进一步细化，包括对其布局和功能的深入考证，对其遗址开展更为系统性的发掘工作。此外，六脉渠与其他城市水系的比较研究有待深化，以更全面地评估其在中国古代城市水利史上的地位。

参考文献

[1] 郑连第．古代城市水利［M］．北京：水利电力出版社，1985：109.
[2] 谭徐明．水文化遗产的定义、特点、类型与价值阐释［J］．中国水利，2012（21）：1-4.
[3] 孔繁恩，刘海龙．“水文化遗产”的价值特点与认知发展［J］．风景园林，2022，29（2）：59-64.
[4] 张杨，何依．城乡水务遗产的概念界定与特征辨识［J］．城市规划，2023，47（5）：56-64.
[5] 张杨，何依．跨越边界：水务工业遗产保护的国际经验与武汉实践［J］．国际城市规划，2023，38（4）：65-74.
[6] 曾昭璇．广州历史地理［M］．广州：广东人民出版社，1991.
[7] 龙庆忠．古番禺城发展史［M］．龙庆忠．龙庆忠文集．北京：中国建筑工业出版社，2010：139-171.
[8] 吴庆洲．广州古代的城市水利［J］．人民珠江，1990（6）：36-37，35.
[9] 刘卫．广州古城水系与城市发展关系研究［D］．广州：华南理工大学，2015.
[10] 邢启艳，陆琦，陈亚利．宋代海港商贸型城市功能分区演化及影响因素：以广州为例［J］．南方建筑，2020（3）：120-126.
[11] 张振华．治水・理景・赋文 广州西关水文化景观的塑造与重塑［J］．时代建筑，2024（1）：42-49.
[12] 广州市地方志编纂委员会办公室．大德南海志残本［M］．广州：广东人民出版社，1991.
[13]（清）陈坤．六脉渠图说（外一种）［M］．广州：广东人民出版社，2012.
[14] 广州市文化局，广州市地方志办公室，广州市文物考古研究所．广州文物志［M］．广州：广州出版社，2000：25-27.
[15] 关菲凡．广州城六脉渠研究［D］．广州：华南理工大学，2010.
[16] 广州市地方志编纂委员会．广州市志：卷三［M］．广州：广州出版社，1995：204.

深入阐释黄河文化的包容性

都潇潇　关景匀

（黄河水利委员会新闻宣传出版中心，河南郑州　450002）

摘　要：黄河流域是中华民族早期最主要的活动地域，也是中国早期文化形态的主要诞生地之一。黄河文化既是黄河流域自然、历史和人文的发展与创新，蕴含无穷的民族文化力量，也是中华民族历经磨难而顽强不屈的强大精神力量的历史积淀与思想升华，更是重建民族的文化认同、延续传承的“基因密码”，是中华民族在世界文化中卓然屹立的发展之基。本文从黄河文化的一元多样、多样一体，黄河文化的“和”与“同”，黄河文化的强大生命力和辐射力等方面，深入阐释黄河文化的包容性。

关键词：黄河文化；包容性

黄河流域是中华民族先民早期最主要的活动地域，也是中国早期文化形态的主要诞生地之一，在漫长的历史进程中，黄河流域人民不仅创造了辉煌的物质财富和精神文明，也以黄河文化为内核构筑起中华文明的文化体系。

1　黄河文化的一元多样、多样一体

中国地域广大、环境多样，彼此间不断交流融合，距今6 000年左右正式形成“一体”格局，称之为“早期中国文化圈”，后世则发展为“文化上的中国”。中国人民大学历史学院考古文博系教授韩建业表示，“文化上的中国”是“政治上的中国”分裂时向往统一、统一时维护统一的重要基础。中华文明不同于西亚、希腊那样的“城邦文明”，不同于文化高度同质化的埃及文明，她因“一元”宇宙观而本质上趋向于“一体”“一统”，又因“多支”“多样”而包含多种发展变化的可能性，既长期延续主流传统又开放包容，是一种超稳定的巨文化结构。

从中华文明发展基本格局的历史脉络来看，“一元”宇宙观和“多支一体”格局，是中华文明长存于世的根本之道，也是中华文明伟大复兴的根基所在。中华文明探源工程成果表明，华夏文明的起源有黄河、长江和西辽河流域三大地区，黄河流域是最早的起源地，也在后来的“群星闪耀”文明盛况中居于核心，辐射四方[1]。

黄河贯通我国东中西部地区，其流域大多地势平坦、气候温暖，为早期人民生活、放牧耕种提供了便利条件。从100多万年前的旧石器时代开始，黄河流域就已经有人类居住。进入新石器时代，早期有河南新郑的裴李岗文化、河北安磁的磁山文化，中期有河南渑池的仰韶文化，晚期有山东济南的龙山文化、甘肃临洮的马家窑文化、甘肃广河县齐家坪的齐家文化和山东泰安的大汶口文化等。集中在黄河流域的众多史前文化共同反映出沿黄地区农耕文明的发达，原始农业的稳固发展也奠定了夏商周最早进入文明社会的重要基础。

在我国百万年的人类史、1万年的文化史、5 000多年的文明史中，黄河流域有3 000多年居于政治、经济、文化发展的中心地位，从旧石器时代起就已经点燃文化火种，形成了远超其他地区的原始文明。从新石器时代到夏商周、魏晋南北朝、隋唐宋盛世，在社会变革与文化碰撞中，黄河文化始终

作者简介：都潇潇（1983—），女，黄河水利委员会新闻宣传出版中心《黄河 黄土 黄种人》编辑部主任，主任编辑，主要研究方向为黄河文化、水文化。

一脉相承。在一次次与各族文化的大碰撞、大交流、大融合中，黄河文化始终绵延不绝，不断吸收、借鉴其他文化的积极成分，兼容并蓄，博采众长，持续向更高层次发展，推动了中华民族文化异彩纷呈、多元一体的文化发展格局，成为中华文明的核心标识。

公元前 21 世纪，夏王朝建立在黄河下游今豫西嵩山地区，以炎黄二帝为代表的华夏族群与周边民族杂居融合，突破了原始社会氏族部落的血缘关系，发展出古代民族的雏形。同时，王权政治的出现推动了社会政治、经济、文化各方面的进步，黄河流域开始成为各大中央王朝与南下游牧政权的核心统治区和基本经济区，成为中国古代先进生产力的代表和社会文明化进程的核心区域。

秦汉至宋代，生发于黄河流域的黄河文化不仅达到了中国历史时期的顶峰，在世界范围内也居于领先地位，并逐渐发展成为中国封建时代文化的代表。这一时期的黄河文化形态多姿多彩，文化内容丰富厚重，并蕴涵着巨大的创造力。

首先，以黄河流域为核心地区建立起数个强大的专制主义中央集权的统一王朝，取得了诸如文景之治、贞观之治、开元盛世等众多为人称道的封建盛世，推行了均田制、租庸调制、三省六部制、科举制等制度创新体系，封建国家的治理能力较前代有较大提高，并达到了前所未有的高度。

其次，由于勇于吸收异质文化，黄河文化不断更新创造并被赋予生命的活力。在势如潮涌、形同波澜的历史长河中，黄河文化经历了魏晋永嘉的丧乱、两宋与辽金元的纷争对峙、蒙元南下改朝换代的血腥杀戮，经历了一次次严峻的考验，黄河文化的覆盖面不仅北播西移，还南传东扩，其影响力遍及整个东亚大陆。在这一过程中，黄河文化不仅保有一以贯之的文化统绪，而且从西域文化、印度文化、中亚西亚文化、海洋文化摄取营养和新文化的因子，增强了活力。黄河文化的自信在于她能兼容并摄取外来文化营养，并创造性地吸纳为自己前进的力量。

最后，中华民族共同体意识不断壮大并巩固。从中华民族的发展历程来看，黄河流域及其文化在中华民族形成和发展中始终发挥着核心和凝聚作用。中华民族所生存的地域环境，虽然呈现多种不同的地区经济特征，但各个布局互相补充、互相依赖。一方面，高度发达的黄河流域经济、文化，向周边地区扩散、辐射，推动边疆同步又不平衡的发展；另一方面，多元区域的不平衡发展，又反复汇聚于黄河流域及其文化之中，激励黄河流域及其文化的发展。这种相互推动，加速了中华民族共同体意识和中国整体经济文化的形成。从中国历史发展过程来看，统一与民族融合是中国历史发展的总趋势，中华各民族之间的融合一次比一次扩大与巩固，以黄河文化为核心的中华民族共同意识体不断壮大并日益巩固。

文化上兼收并蓄、经济上相互依存、情感上相互亲近、血缘上互相融合，铸造、维系并巩固着中华民族“一元多样（或多支）一体”的基本格局。

2 黄河文化的“和”与“同”

从文化特质来看，黄河文化是以“和”为核心、“同”为精神的思想体系。作为一个复合体的文化体系，黄河文化的“和”与“同”主要体现为一种极强的包容性、辐射性。

春秋战国时期，以黄河文化为内核，北方的游牧文化，南方的吴越文化、荆楚文化汇集其中。秦汉王朝大一统时代，黄河流域经历了秦文化、三晋文化、中原文化、齐鲁文化等多元并立和多元一体的文化融合发展，形成了黄河文化完整的体系。魏晋南北朝时期融合了匈奴、鲜卑等少数民族文化和江南的优秀文化。唐代，对印度文化、中亚文化、西亚文化、南亚文化都兼容并蓄。在历经千年的王朝发展过程中，黄河文化作为一种主体文化不断吸收游牧文化，并向江淮流域和珠江流域进行文化输出，融合其他地域文化，成就了中华文化的融合发展，形成了以黄河文化为中心，多元一体的中华文化体系。近代中国尽管呈现巨大变化，但悠悠岁月铸就的传统作为一种动力定型和深层底蕴，仍旧或显或隐地施展影响。

黄河文化引领着华夏文明的融合发展。黄河文化是一种文化综合体，覆盖面广、辐射区域大，南至现今的淮河干流，北到现今的海河，这一大片区域都曾属于黄河流域。从流域的顺延性上看，黄河文化还包括由多民族交融催生的河湟文化，重礼法的关中文化，外儒墨、内道法的河洛文化以及崇尚“仁德”“王道仁政”的齐鲁文化。不同的自然环境和人文环境，必然使黄河文化成为一种内容极其丰富、同中有异的文化系统。

各区域文化在相互影响和渗透中形成更为丰富的“大黄河”文化体系。黄河流域和长江流域相邻接近，都催生了独具特色、影响深远的文化。属于黄河文化的仰韶文化和龙山文化向周围地区扩散，往南延伸，中原腹地的丝绸工艺、庙底沟文化彩陶制作传到长江流域，一直抵达江南地区。同时，在东北辽宁、吉林、黑龙江三省发现的新石器时代遗存风格受到黄河流域的强烈影响，距今5 300年前后中原地区、长江下游和西辽河流域大约同时出现了龙的形象。这些都表明黄河文化在华夏文明多元一体发展格局中，始终为“体”，一直引领着华夏文明的辉煌发展。

居中的地理优势为黄河文化的南北互动创造条件。在受到南北文化冲击时，黄河文化表现出强大的文化同化能力与包容更新能力。历史反复表明，落后文明能够依靠强大的军事优势实现武力征服，但在文化上往往被更加先进者同化，曾多次发生过中原王朝被武力强悍的周边游牧人击败的事例，但黄河文化的先进性并未出现危机，文明先进的黄河文化一再使野蛮的征服者被征服——凡是进入农耕文化圈的游牧人，经过一代或数代无不汉化。例如，北魏从山西大同迁都洛阳，实行衣食住行到思想礼仪的全面汉化。天德五年（1153 年）金国都城南迁至中原汉人居住的地区，在进一步加强对中原地区的控制的同时，中原地区的文化、生产力水平促进金国的长足发展。

在碰撞与交流中，黄河文化与域外、国外诸多文化共同构建起更大范围的中华文明。唐代后期，长江文明逐渐崛起，面对长江流域强大的经济优势，黄河文化通过文化交流演变更新，滋养中华文明根系，并持续对江淮流域进行文化输出，扩大其文化影响力。南亚的佛教文化经“丝绸之路”对两汉以来的黄河文化产生了深刻影响，但又被黄河文化底蕴吸纳消化，在魏晋隋唐日渐中国化，中国佛教宗派将佛学与易学、思孟学交融互摄，随后在两宋时期创建了新儒学——宋明理学。

3 黄河文化的强大生命力和辐射力

黄河文化是从农业宗法社会的土壤中生长出来的伦理型文化。农业宗法社会提供一种坚韧的传统力量，伦理型范式造成顽强的习惯定势，令中华文化的认同力和适应力双强。其他文明古国，如古埃及、古巴比伦、古希腊、玛雅等文明盛极一时，戛然中断，出现过大幅度的断层，乃至完全覆亡。而中华文明于起伏跌宕中传承不辍，在数千年发展中，各代均有斐然成就。以文学论，诗经、楚辞、先秦散文、汉赋、魏晋诗文、唐诗、宋词、元曲、明清小说，奇峰迭现；以学术论，先秦子学、两汉经学、魏晋玄学、隋唐佛学、宋明理学、清代朴学、近代新学，此起彼伏，蔚为壮观。在一国范围内，文明诸门类的发展保有如此完整的阶段性递变序列，是世界文明史上仅见之列。

黄河文化是中华文明未曾断流的主要载体和表征。中华文明与古巴比伦文明、古埃及文明和古印度文明并称世界四大古文明。四大古文明在起源条件上具有相似性，皆处于自然条件优越的河流周边。黄河文化是中华文明中的主体文化，在中华文明长期发展繁荣中占据主导地位，支撑和印证着华夏文明的源远流长、生生不息，已经绵延不断持续 5 000 多年，是世界上唯一没有断流的中华文明，而且在相当长的时间里居于世界领先地位，一个重要原因是，中华民族高度重视历史著作的撰写与史学的经世致用功能，形成了世界上绝无仅有的“文化长城”。

两河流域与古埃及人民发明了文字，积累了丰富的文献，编纂了法典，但是没有产生史学。在古代，只有古希腊和中国创造了与历史有密切关系的史学。古希腊的史学主要涉及其当代战争史，没有产生数代历史学家连续依时叙事的作品。在古代中国，史学乃国之要事。从《竹书纪年》《史记》到《资治通鉴》，贾谊、司马迁、班固、司马光等一大批历史学家的文化担当，汇集了黄河文史之大成，连续不断的史学巨著是中华文明灿烂成就的体现。

黄河文化虽然广为吸收周边文化成果，但主要是黄河文化影响于周边。汉学、儒学、礼法、农业及手工业技艺，是中国输往周边的文化品种。长期以来，在东亚形成一个以中国为中心的汉字文化圈，它包括东亚大陆及朝鲜半岛、日本列岛、越南等地区。构成这个历史性文化圈的要素有汉字、儒学、律令制度、中国化佛教等，这几大要素都是中国传统文明的结晶。黄河文化辐射、传播、主导了东亚各地的物质文明和精神生活。以汉字为例，被借用、改造成书写各种非汉语的“汉字型文字”，如朝鲜的“谚文”、日本的“假名”、越南的“字喃”，它们在字形和组字原则上都表现出与汉字的渊源关系。又如，儒家思想中的仁学观念、忠孝情感、和合意识、礼法规范、官吏制度等，无不深深地影响着东亚人的价值观念与行为方式。

黄河流域的文字发展书写传承着中华文明，汉字体系的最早形式甲骨文最初发现于裴李岗文化贾湖遗址，并在殷墟时期延续发展成为成熟文字，记录着当时商代的阶级结构、社会形态和生产力水平。黄河流域的龟甲刻符奠定了后世汉字“六书”造字的基础，此处出土的金文、陶文、帛书、简书等也是传承中华文明的重要载体。世界其他较早产生的文化多数因为气候变化、灾害发生、河流断绝、族群更迭等而绝迹、失落或中断，只有黄河文化绵延赓续、历久弥新，为中华民族实现伟大复兴的中国梦提供源源不断的精神动力。

黄河文化在发展过程中，以黄河流域为中心向周边地区不断拓展，通过人口迁徙、贸易和文化交流等融会贯通南北文化，犹如无穷延展的根茎，虽有各自的方向，却又彼此交缠，互为支撑，共同为中华文明这棵“巨树”提供养分。

哲学家冯友兰在西南联合大学纪念碑碑文里曾写道：“盖并世列强，虽新而不古；希腊罗马，有古而无今。惟我国家，亘古亘今，亦新亦旧，斯所谓‘周虽旧邦，其命维新’者也。”

中央社会主义学院中华文化教研部中国传统文化教研室主任李勇刚认为：所谓“亘古亘今，亦新亦旧”，就是说中华文明有变有常，新旧相续，既不是停滞，也不是断裂，而是在变动不居中延续自身文明的主体性。“这个转变本身，也反映了各地早期文化之间交往交流交融的加深，展现了中华文明的包容吸纳能力”。

“地势坤，君子以厚德载物”，可谓对黄河文明海纳百川、包容万物的胸怀气度的最好诠释。一个文明体能不能通过不断吸纳异质文明的新鲜血液来滋养自我，决定了这个文明体是不是能够不断壮大，行之久远。历史证明，黄河文明历经各种挫折和磨难，但文明不堕、其命维新，它具有的开放性和包容性，是一个很重要的原因。在求同存异中实现“和而不同”，在不同文明的相互碰撞交流中实现自我成长，推陈出新。“以我为主，兼容并包，和而不同，推陈出新”的成长模式造就了黄河文化的辉煌灿烂，成为中华民族生生不息、永续发展的根和魂。

“大哉乾元，万物资始”。黄河文化既是黄河流域自然、历史和人文的发展与创新，蕴含无穷的民族文化力量，也是中华民族历经磨难而顽强不屈的强大精神力量的历史积淀与思想升华，更是重建民族的文化认同、延续传承的“基因密码”，是中华民族在世界文化中卓然屹立的发展之基。

参考文献

[1] 全国政协文化史和学习委员会．黄河画传［M］．南京：江苏人民出版社，江苏凤凰美术出版社，2023.

水利风景区的水文化建设与传承探讨
——以江西水利风景区为例

何玉平[1,2]

（1. 南昌工程学院理学院，江西南昌　330099；
2. 南昌工程学院水文化研究中心，江西南昌　330099）

摘　要：文化是一个国家、一个民族的灵魂，有文化自信的民族，才能立得住、站得稳、行得远。水文化在我国文化中扮演着不可或缺的角色，是我国的生命之源与文化之魂。本文基于2024年2月1日实施的《水利风景区评价规范》（SL/T 300—2023），总结了江西水利风景区水文化建设与传承的现状与问题，分析了水文化建设不足的原因，尝试提出水利风景区水文化建设的建议。

关键词：水利风景区；水文化；传承；弘扬

1　引言

党的十八大以来，习近平总书记坚持把文化建设摆在治国理政的突出位置，在习近平文化思想指引下，中华优秀传统文化的生命力被时代精神激活，中华优秀传统文化在传承发展中历久弥新，生机勃勃。水文化是中华文化的重要组成部分，也是水利事业不可或缺的重要内容[1]，水文化建设已成为适应新时代文化强国的必经之路[1-2]，为此2021年10月水利部专门印发了《水利部关于加快推进水文化建设的指导意见》。水利风景区是自然与文化的交会点，承载着丰富的历史价值和文化遗迹[3]，是水文化传承和弘扬的极佳载体和场所，而且水利风景区分布于全国各地，类型丰富，具有广泛的群众基础，2024年2月1日起实施的《水利风景区评价规范》（SL/T 300—2023）（简称《规范》）将《水利风景区评价标准》（SL 300—2013）（简称《标准》）中的开发利用条件修订为服务能力评价，《规范》更加注重水文化科普的建设、挖掘和保护，新的评价体系将极大地促进水利风景区的水文化建设与传承。本文在充分调研江西省级以上水利风景区水文化建设的基础上，总结了水利风景区水文化建设与传承的现状、存在的问题，分析了水利风景区建设不足的原因，并尝试提出水利风景区水文化建设的建议，以期为水利风景区的认定和复核提供水文化建设方面的参考，为水文化弘扬与传承出一份力。

2　水利风景区水文化建设现状

江西自然环境优越，水资源丰富，水系发达。目前，江西拥有50家国家水利风景区，在全国排名第3，省级水利风景区80家，所有地市均有分布，风景区覆盖了水库型、水土保持型、自然河湖型、城市河湖型、水土保持型等5种类型。现有的水利风景区资源多样、水质优良、交通便利、管理有序、标识清晰，由于受水利风景区评审标准的变化，以及所属地方重视程度和经济发展水平等方面影响，水利风景区水文化建设差别较大，主要状况如下：

（1）网站建设水文化专栏。赣抚平原灌区、峡江水利枢纽、潦河灌区等国家水利风景区区域内

基金项目：江西省高校人文社会科学重点研究基地项目（JD22101）。

作者简介：何玉平（1981—），男，副教授，主要从事水文化和水科普方面的教育与研究。

水利工程浩大且受益面广，是重要的民生工程，成立了水利工程管理局，管理局网站建设有水文化专栏，专栏有水利工程、数字孪生水利、节约用水知识、水利精神等内容，线上水文化建设传播面广，有利于水文化的弘扬与传承。

（2）景区建设水文化馆。泰和槎滩陂、高安上游湖、潦河灌区、新余八马等国家水利风景区建设有水文化展示馆，向人们展示水利遗迹、治水人物等景区水文化特色，尤其是潦河灌区水文化展示馆，内容丰富，图文并茂，动静结合，启迪性强，富有感染力。

（3）水利工程博物馆。赣州三江、崇义上堡梯田等水利风景区建设有水利遗产博物馆。通过参观博物馆，人们可以拓展视野、提升素质、增加精神财富，如崇义上堡梯田世界灌溉工程遗产博物馆让人们深刻理解梯田的灌溉原理和价值，赣州三江水利风景区的福寿沟博物馆能让人们理解古代水利的智慧，梯田和水窗等水利遗迹让人置身于水利工程之中，弘扬了科学技术在水利工程中的应用价值。

（4）景区水文化长廊。江西水保生态科技园、信丰五渡港、南昌幸福水库等水利风景区的水文化长廊内容丰富。江西水保生态科技园水利风景区水文化长廊有水资源、水系、水法、水利名人等内容，信丰五渡港水利风景区水文化建设包含水利科技、移民文化、水利经济等水文化内容，使人们在游览景区时能获得精神上的体验。

（5）开展水文化活动。2021 年获批的南昌瑶湾水利风景区是全国首个校园水利风景区，景区充分发挥水利特色院校优势，除建设有水文化长廊、水文化馆和水利枢纽模型外，景区还将 3 月设定为“水文化活动月”，积极开展水文化活动，如水火箭设计竞赛、景区讲解大赛、水科普讲座等，形成了以“水文化”为核心的党建“问渠”校园文化育人品牌。

3　水文化建设存在的不足及原因分析

3.1　水文化建设存在的不足

水文化历史悠久、源远流长、博大精深，是优秀传统文化的重要组成部分，通过水文化建设，人们可以了解水利遗迹与工程，传承水利精神，助力乡村振兴、起到促进水文化发展等作用[4]，江西水利风景区的水文化建设类型多样、内容丰富、受益面广，通过调研发现也存在一定的不足，主要体现在以下方面：

（1）水文化场所覆盖面和开放力度有待提高。根据《规范》，水文化科普场所是赋分指标之一，在调研过程中，发现有的水利风景区并未建设水文化长廊和水文化馆，甚至有的没有水利风景区标识标牌，周围群众也不知道所在地是水利风景区；水文化馆需要尽可能多的民众进入才能更好地发挥其价值，有的水利风景区虽建设有水文化馆，但开放力度不够，要么是开放时间短，要么需要请示管理部门才能进入参观，不利于水文化传承。

（2）水文化设施修缮不够及时。水文化传承和弘扬不仅需要建设，更需要维护，水文化设施经过较长时间风吹日晒，难免会损坏或脱落。调研发现，有的水文化设施修缮不及时，主要体现在：水利风景区标牌脱落、文化展示板模糊不清、水文化馆互动设备损坏等。

（3）水文化建设展陈方式相对单一。调研发现，目前水文化建设的展陈方式主要是宣传展板，方式较为单一，现代媒体技术诸如二维码、点播、人机互动等形式相对偏少，这与当今现代传媒技术发展不相适应，而且展板形式也不容易调动未成年人的积极性，不利于水文化传承与弘扬。

3.2　水文化建设不足原因分析

水文化建设是个系统工程，涉及思想认识、经费保障、管理制度等因素，通过调研走访水利风景区及风景区所属单位（或部门），水文化建设不足原因可能有如下几点：

（1）缺乏水文化建设法律条例。

虽然 2021 年水利部印发了《水利部关于加快推进水文化建设的指导意见》，2022 年水利部印发了《水利风景区管理办法》，但是水利风景区水文化建设缺乏相应的法律条例，主要还是以《标准》

为依据。然而在《标准》中，文化科普作为三级指标仅有3分，这可能是水文化建设不足的重要因素之一。2024年2月1日正式实施的《规范》，文化科普提升为二级指标，加上三级指标的文化传播能力，水文化分值达到了22分，对水利风景区的文化资源、场所有了具体要求。相信在《规范》的指引下，水利风景区的水文化建设将得到快速发展。

（2）水文化建设经费不够充足。

长期以来，水利是民生得到保障的重要因素之一，水利系统经费紧张且使用范围广泛，主要用于包括灌溉、排涝、防洪和供水等直接影响人民群众生产生活的项目，而水利风景区是公益事业，水文化缺乏专项建设经费，目前又尚未形成科学合理的融资渠道，缺乏社会企业和爱心人士融入的大环境，难于吸纳民间资本参与，因此水利风景区水文化项目的建设与发展瓶颈主要来自缺乏资金投入。

（3）水文化传承重要性认识不足。

水利风景区是集中展示当地水文化、历史文化、红色文化、党建文化的重要载体，是水文化宣传与传承的重要阵地[4]，有的水利风景区所属部门对水文化建设与传承重要性认识不足，把水利风景区建设重点放在水利工程、交通条件、水量水质等硬件上，忽视了水文化建设与传承的重要性。随着《规范》的正式实施，水利风景区水文化建设必将得到进一步重视。

4　水利风景区水文化建设与传承建议

为贯彻落实水利部印发的《水利风景区管理办法》、《水利部关于加快推进水文化建设的指导意见》和《水利部 共青团中央 中国科协关于加强水利科普工作的指导意见》（水国科〔2021〕128号）等文件精神，更好地传承水文化，提高全民文化自信程度，进一步加强水利风景区水文化建设与传承，建议如下：

（1）落实水文化建设有关文件精神。

落实水文化建设有关文件精神，严格执行《规范》要求，编制水利风景区复核、抽查、专项检查具体方案，实行水利风景区撤销机制，对水利风景区水文化建设，应有具体的建设要求和开放管理制度，尽可能地提高人民群众在风景区的获得感和体验感。

（2）保障水文化建设的专项经费。

为保障水文化建设顺利实施，除建议水利、文旅等部门将水利风景区水文化建设专项经费纳入部门预算外，不妨考虑充分调动社会力量，建立水文化传承经费融入机制，吸引社会资本加入，与地方共建水文化实践基地或文体项目，最大程度地发挥水利风景区的水文化传承功能。

（3）加大营造水文化氛围的力度。

党的十八大以来，习近平总书记曾在多个场合提到文化自信，传递出他的文化理念和文化观。随着物质生活水平的提高，人们对文化方面的需求日益增长，建议水利部门及相关水文化人士加大营造水文化氛围的力度，一方面督促水利风景区水文化设施的建设，另一方面引导民众了解水文化，传承水文化。

（4）建立水文化传承人才库。

2024年实施的《规范》计分细则中文化科普指标有文化挖掘、场所实施和活动展示等内容，这不仅要求有经费保障，更需要有水文化专业人才加以指导，因此建议水利风景区管理部门建立水文化弘扬与传承人才库，可以单位内部培养，也可以跟水利专业院校合作，尤其是水文化科普的活动开展由专业人士指导效果会更为理想。

5　结语

水利风景区建设依托水利工程、水域及岸线，是集中展示当地水文化的重要载体，是水文化弘扬和传承的重要阵地，相信在《水利风景区评价规范》（SL/T 300—2023）指引和有关部门的共同努力下，水文化建设必将更上一个台阶，届时水文化将会得到进一步传承和弘扬。

参考文献

[1] 沈卫玲，陈军华，叶舟，等. 水文化建设工作的几点思考：以台州椒江区为例 [J]. 水文化，2024 (5)：61-63.
[2] 杨高升，梁伟婷，王韵雨，等. 水文化建设效益影响因素组态与路径研究：基于 15 个案例的 fsQCA 分析 [J]. 水利经济，2023，41 (5)：64-70，99.
[3] 张少伟，王锴. 水文化传承与水利风景区可持续发展之间的多维分析 [C] //中国水利学会. 2023 中国水利学术大会论文集：第六分册. 郑州：黄河水利出版社，2023：526-529.
[4] 温乐平. 水文化概论 [M]. 北京：中国水利水电出版社，2022.

私立河海工程专门学校
——张謇水利教育遗志的传承与困境

胡以高

（河海大学档案馆，江苏南京　210098）

摘　要：近代水利科学技术的发展及应用，对水利人才需求日盛，1945 年在张謇的家乡南通，存在大量水利工程待建，建设水利工程首要是培养水利人才，南通地区的有识之士，继承了张謇水利教育遗志，在南通地区创办了私立河海工程专门学校。本文通过对第二历史档案馆档案的分析，陈述沦陷区学校创办者的努力，创办私立河海工程专门学校过程的艰辛。梳理学校的设校旨趣、学校简章、招生简章，考证学校教学理念的先进、办学的规范。受限于历史条件，学校于一年后停办，是我国水利高等教育一憾事。

关键词：张謇；河海工程专门学校；私立河海工程专门学校；顾世楫

张謇在 1915 年创办的“全国水利局河海工程专门学校”（下文称河海工专）在 1927 年并入中央大学而改组为工学院，直至 1952 年，南京大学水利系、交通大学水利系等合并成立“华东水利学院”。1985 年恢复传统校名“河海大学”。河海工专并入中央大学之后，1944 年在张謇的家乡南通，还存在过一所水利高等学校——私立河海工程专门学校（下文称私立河海工专）。其办学地南通为日本沦陷区，又因存在时间仅一年多，没有留存办学过程的档案资料，因而没有多少人知晓这段办学历史，在相关水利教育史中也未见记载。有关私立河海工专，学界尚无专文论述。

1　私立河海工专存在的证明

1.1　票据上的证据

笔者在南通一位民间收藏家处见到几张开具给私立河海工专的票据，票据有南通唐家闸义盛祥瓷器、大生第一纺织公司（简称大生纺织公司）一厂修理科、南通丹凤阁贤记纸号、联益书社、南通新生书店等开具的通校支出开办费（见图 1），还有南通隆春永号、南通丹凤阁贤记纸号、大生福、同裕字号开具的经常费。时间都是民国 33 年（1944 年），部分票据上有顾世楫的签名，种类有图书、纸张、维修、测量仪器、文具、瓷器等，是当时开办一所学校所必需的物资。以上票据是私立河海工专存在的证明之一。

1.2　第二历史档案馆的档案

笔者在第二历史档案馆查阅中央大学全宗档案，偶然发现顾世楫呈送到国民政府教育部高等教育司的函，此卷档案为第二历史档案馆第五全宗第 2327 卷。时间为民国 33 年（1944 年）8 月 24 日，题名为：“函交前私立河海工程专门学校未被认为具有专科学校程度启请未被照准由”，其上有国民政府教育部高等教育司的签收印，其中正文使用私立河海工专信笺书写，正文及附件共计 71 页。此

基金项目：“系统视角下张謇水利教育思想研究”河海大学中央高校基本科研业务费项目（B210207011）；“张謇全人水利教育思想研究”河海大学张謇水利思想研究课题（B220170414）。

作者简介：胡以高（1982—），男，馆员，主要研究方向为校史研究。

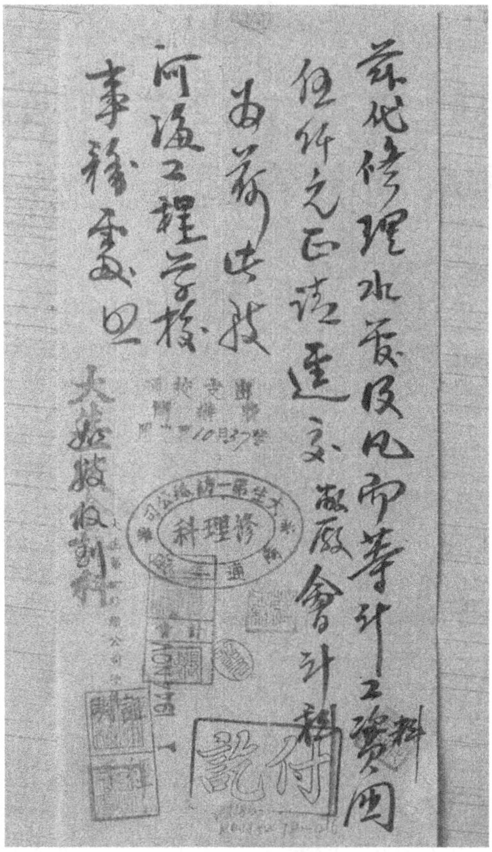

图 1　大生纺织公司开具给私立河海工专的票据

卷档案分为三个部分：第一部分为提交此函的缘由；第二部分为私立河海工专章程及招生简章等；第三部分为私立河海工专筹备及创立的经过。

1.3　考证档案形成的原因

1945 年抗战胜利后，国民政府实行大后方教育复员计划。对于收复区学生，国民政府却认为他们受到不同程度奴化，以肃清“敌伪残余”的理由重建收复区教育权威，对学生进行甄别，由于采取的措施不当，遭到收复区学生强烈抵制。私立河海工专的学生同样遭受到了国民政府的歧视。南通光复后，根据国民政府教育部的统一要求，私立河海工专学生统一转入了国民政府创办的临时大学继续就读。因私立河海工专在创办之时，未在当时日伪政府备案，致使学生不能在临时大学顺利毕业，顾世楫受当时学生所托，以前私立河海工专秘书的名义向国民政府教育部做出证明。

顾世楫（1897—1980），字济之，江苏吴县人，1917 年毕业于张謇先生所创办的河海工专，是河海工专首届毕业生，毕业后曾留校任秘书，后在全国水利局任职。对河海工专以及水利教育有着很深的情感。他曾参与创办了私立河海工专。档案中明确记载：“私立河海工程专门学校于民国 33 年（1944 年）由大生纺织公司拨款创办，名义校长由大生公司常务董事担任，实由顾世楫负责规划督导。”[1] 图 2 为顾世辑从河海工专毕业时像。

顾世楫在文中写道：“学校历时一载至胜利（抗日战争胜利）来临即告停办，本校虽设于沦陷区南通县，但并未向伪政府备案，也未曾受敌人奴化教育之支配，一切课程俱与大学工科相符，录取学生非常严格，故尽属优秀分子……检附本校招生章程、学生名单等件，另撰本校创办之经过一文呈送检。督核并盼，另行番查，逾格准予按照其他各校学生同录分发，避免失学进修。”[1] 顾世楫强调学校虽然创办在沦陷区，但学校未向日伪政府备案注册，学生也没有受日本侵略者的奴化教育。学校开设的课程与大学工科相符。对录取学生要求非常严格，都是优秀人才，希望国民政府核查后，将私立河海工专学生准予按照其他各校学生同录分发。

图 2　顾世楫从河海工专毕业时像

2　私立河海工专筹备及创立

档案中记录了私立河海工专筹备及创立的经过，为顾世楫毛笔手写。其中记述创校缘由、筹备校董会、招生情形、觅定校舍、采办图书仪器、延聘教职员等过程。以下内容整理自顾世楫的报告。

2.1　创校缘由

顾世楫记述创办私立河海工专，原因有二：其一，南通地区诸多水利工程待建，急需水利专业人才，培养水利人才的最终目的也是开展水利工程建设。“方今国内水利事业之尚待举办者……，近者就啬公故乡之通海两邑而言，则有开发通海河及附属之涵闸工程，江岸保坍工程，沿海垦牧工程，及兴其有联系性之新运河工程，更推而广之，则有苏北之导淮治运等工程。”[1] 张謇创办河海工专主要是为了治理淮河，私立河海工专的创办近是为了兴建南通海门地区的水利工程，远则是为了导淮和治理运河，为国家储备水利人才。其二，继承张謇先生水利教育的遗志。前河海工专成立 14 年后，并入中央大学而改组为工学院，于是停办。南通大生纺织公司是由张謇先生创建，大生纺织公司出资开办私立河海工专，建于南通则为继承张謇先生水利教育的遗志。“爰由大生纺织公司就办理通海河水利经费下发专款……设立一性质相同之专门学校于南通，借以纪念先贤，继承遗志。”[2]

2.2　校董事会及校长聘任

私立河海工专是由大生纺织公司单独拨款创办的私立性质学校，私立学校应由校董事会来筹措经费以及督导校务。因时间仓促，学校计划将于 1944 年暑假内招生，暂时没有成立董事会。大生纺织公司聘任顾世楫为通海河筹备处副主任，由他负责筹设私立河海工专。8 月下旬学校正式成立，由顾世楫担任学校秘书，代负规划实施之责。

2.3　招生情况

筹备私立河海工专最紧迫的是招收新生，顾世楫记述大生纺织公司拨发招生经费十七万元，聘请陈濡为驻南通协助筹备员，陈用鹏及蒋式毅为驻沪协助筹备员，上海招生地点为重庆路南通学院，南通招生地点为南通县署后街省立中学。在南通和上海两地分别招生两次。新生入学考试之命题及阅卷由顾世楫亲自主持。因学校的创办未能引起社会人士的注意，上海及南通报考的学生总人数仅一百六十余人，录取名额达到六十二人，然而实际到校就读者不足四十人。

2.4 觅定校舍

南通本来是教育发达地区，但是因处在沦陷区，学校大都停办，如师范学校、农科医科学校或已残破，或被占用，不易取得。几经波折，私立河海工专校址定在唐家闸的复新面厂办公室，大生纺织公司将校舍修葺一新后，于 1944 年 10 月 1 日在唐家闸顺利开学。

2.5 采办图书、仪器

从收藏家票据所列支出项可以看出，设备费是创办学校的重要支出项目，档案中记载共计一千零七十万元，也是最大项支出。原本大生纺织公司给与了充足的经费，购置物资不成问题。然而就书籍而言，因战争导致书价奇贵，书籍甚缺。学校与书商多次磋商，共购得十八种共约八百册。设备仪器采购更加困难，因战争影响，测量仪器已不能成批购买，理化仪器最为烦琐，化学实验大宗药品也难以采购。创办者艰难筹备齐开学所需图书及设备仪器。更为难得的是，顾世楫等学校创办者将教科书等所必需的书籍、仪器借给学生使用，大大减轻了学生的负担。

2.6 延聘教职员

顾世楫在筹备开办学校期间已拟好人事布置，因战争原因，加之他同时担任同济大学教授等职务，没能常驻南通。本来聘任教务长萧锦培常驻南通主持校务，后未果。实际由顾世楫负责校务规划，具体事务则由教务员陈用鹏办理。

顾世楫记述学校开办以来，颇多困难，经济动荡，物资匮乏。“就设备而言，仍力求完善，较之今日一般大学土木工科已有过之而无不及。”[1] 然而最为困难的是招生和延聘师资，对于招生，顾世楫认为学校筹设伊始尚未能引起社会人士的注意，所以投考人数不多。关于师资，顾世楫认为：“专门学校，非有学识经验具长之教授不易收良好成绩。延聘优良教师则必须提高待遇，使其能安心任事。”[1] 令人欣慰的是：“学校开学后，学生对于学业颇能努力迈进，不懈不倦，且未发生重大犯规行动，深堪为校董诸公告，亦可告慰创办人期望之殷也。”[1]

3 私立河海工专学校办学章程

3.1 私立河海工专设校旨趣

顾世楫毕业并曾就教于全国水利局河海工程专门学校，他对母校赞誉有加：“南通张啬公于民国四年，在全国水利局总裁任内，创办河海工程专门学校，共造就专门人才四百余人，蜚声于吾国工程界，且对于国内诸重大水利工程，尤多贡献。”[1] 河海工专办学历时十四年，已偿张謇创校的宏愿。私立河海工专创校目的与河海工专是一致的，校名也使用原名。“校名袭用昔日河海工程专门学校之原名，取其不忘先贤之本意。”[1]

“本校以养成勤学，耐劳，简朴，忠诚，诸美德为依据，并以革除今日都市之奢靡之学风为目的。”[1]私立河海工专注重思想道德、身体意志等素质的培养。这与河海工程专门学校“注重学生道德思想，以养成高尚之人格；注重学生身体健康，以养成勤勉耐劳之习惯；教授河海工程必需之学理技术，注重自学辅导、实地练习，以养成切实应用之知识”[2] 一脉相承。

3.2 私立河海工专学校简章

私立河海工专学校简章发布时间为民国 33 年（1944 年）7 月，分为宗旨、校址、分科、程度、毕业、招生、学制、训导、纳费、休学及退学十个方面。所设置分科与河海工专一致，也分为特科和正科。特科学生招收曾在大学工科修毕第一年课程的学生，正科招收曾在普通高中毕业的学生。招生规模为正科一班、特科一班，每班四十人。学校简章后附正科三年课程表（见图 3），课程表也与河海工专一致，除水利专业课程，还有体育、国文、英文、日文等课程。课表中共计 168 个学分，且规定两次暑假均须在工程上实习，可见学校注重学生实地练习、道德修养、身体健康等综合素质培养，促进学生的全面发展。

私立河海工程专门学校正科课程表（民国34年7月修正）														
第一学年上学期	课程名称	国文	英文	日文	微积分	物理	物理实验	化学	化学实验	工程画	公民	体育	共计	
	每周授课时数	5	5	2	5	4	3	3	3	6	2	2	40	
	学分	3	4	2	4	4	1	3	1	3	2	1	28	
第一学年下学期	课程名称	国文	英文	日文	微积分	物理	物理实验	应用力学	平面测量学	平面测量学实习	最小二乘方	原型几何	体育	共计
	每周授课时数	5	5	2	5	4	3	3	3	3	3	2	2	40
	学分	3	4	2	4	4	1	3	3	1	2	2	1	30
第二学年上学期	课程名称	国文	英语	应用力学	平面测量学	平面测量学实习	工程材料	气象学	水利学	材料力学	材料实验	体育	共计	
	每周授课时数	5	5	3	5	3	3	2	4	5	3	2	40	
	学分	3	4	3	3	1	3	2	4	5	1	1	30	
第二学年下学期	课程名称	大地及水文测量学	测量实习	结构原理	水文学	工程地质学	机电工程学大意	道路工程学	土工学	圬工学	水利实验	体育	共计	
	每周授课时数	5	6	4	3	3	2	3	2	3	3	2	36	
	学分	4	2	4	3	3	2	3	2	3	1	1	28	
第三学年上学期	课程名称	河工学	钢筋混凝土工程学	基础工程学	土木学及设计	房屋及桥梁设计	给水工程学	水利史地	工程管理	图算法	体育	共计		
	每周授课时数	3	4	3	5	6	3	3	3	2	2	34		
	学分	3	4	3	3	3	3	3	3	2	1	28		
第三学年下学期	课程名称	渠工学	钢筋混凝土设计	闸坝工程设计	沟渠工程学	水利电工程学	灌溉及排水工程	港埠工程学	工程契约及规范	工程经济	体育	论文	共计	
	每周授课时数	3	6	6	3	3	4	3	2	2	2	0	34	
	学分	3	3	3	3	3	4	3	2	2	1	3	30	

图3　私立河海工程专门学校（乙）正科课程表

私立河海工专在筹办之初就制定了设校校旨，具有现代的大学办学理念。有着完备的大学章程，制定了学校简章等大学制度，对学校的办学理念、宗旨、专业设置、教学层次、教学管理、招生工作等核心事项进行了规定，具备现代的大学制度。

4　私立河海工专的停办

私立河海工专开办后，学生勤勉有余，然而课程根基稍差，于是校方在1945年的暑假期间加办补习班，专门就国文、英文、数学、力学等重要课程进行补课。当抗战胜利的喜讯传来时，暑期补习班仍照常上课。这时新学年的招生工作也同步在进行中，原定9月开学，但因时局动荡未能如期开课。9月下旬，国民政府教育部就“如何肃清收复区光复区内敌伪奴化教育流毒及如何逐渐恢复正常教育”等问题给出处理意见：专科以上私立性质学校经教育部认可的，接收后如仍须继续设置的应一律报告核准。因私立河海工专尚未备案注册，只能暂行停办，学生转入国民政府创办的临时大学继续就读。

5　私立河海工科大学再办之缘起

许肇南（河海工专首任校长）的外甥仲先生在 2019 年将一批老河海实物捐赠给河海大学，其中就有《私立河海工科大学缘起》函件（见图 4）。许肇南作为河海工专的首任校长，在文中提出了“创办私立河海工科大学于南通，为国家育才之辅助”的建议。

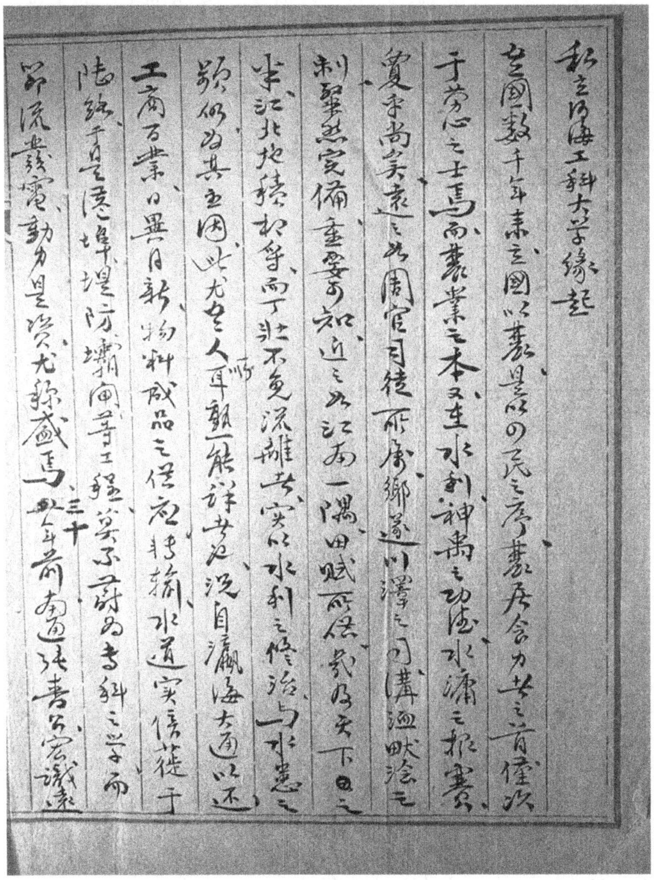
私立河海工科大学缘起

图 4　私立河海工科大学缘起

“三十年前，南通张啬公……附设水工一系，踽踽简陋，不足以应人材之需要也。”“今者抗战胜利，吾国骤挤强大之林……则水利工程人材之需要。”[3] 据文中所记时间“三十年前”“抗战胜利”，以及河海工程专门学校创办于 1915 年，考证函件形成时间应为 1945 年到 1946 年，也就是在原私立河海工专停办之后。

“南通为啬公桑梓地，处江淮海之交，无都市之烦嚣，有交通之便利……盱衡财势，念基本建设之方殷，瞻望前途，怵作育人材之宜继，用是不揣棉薄，创办私立河海工科大学于南通，为国家育材辅助。”[3] 私立河海工专的创办者顾世楫毕业后曾留校任秘书，许肇南时任河海工专校长，函件中提及“基本建设之方殷”，非常可能指的是 1944 年顾世楫创办的私立河海工专。

许肇南强调了南通作为张謇（河海工专创办人）的故乡，其饱受水患之苦，知道水利建设的重要性，当地人也经常传颂张謇国家建设和培养人才的宏伟愿景，以及他在河海工专对学生的教育恩泽。考虑到资金及已有基础设施，许肇南想在南通创办私立河海工科大学，为国家培养人才。此文呈报国民政府教育部，后因内战又起，此函件并未发出，私立河海工科大学并未再次创办。

6 结论

南通大生纺织公司秉承张謇先生水利教育遗志，近则为了开发南通地区水利工程，远则为了治理淮河，并为国家储备水利工程人才，聘任顾世楫开办私立河海工专。学校创办时虽处于沦陷时期，但其办学理念先进，实验仪器设备力求完善，课程设置一切如河海工专的旧规，如能继续开办，前途不可限量，必能推进我国水利高等教育的发展；抗战胜利后，急需水利专业人才建设国家，私立河海工专培养的水利工程专业人才，可为地区乃至全国水利工程建设提供专门人才。私立河海工专的创办弘扬了张謇的水利教育遗志，传承了他的水利教育思想和精神，一定程度上促进水利教育事业的发展。然而私立河海工专生逢乱世，受限于历史环境未能继续开办下去，是我国近代水利教育一大憾事。

参考文献

[1] 第二历史档案馆．第二历史档案馆第五全宗第 2327 卷［A］．

[2]《张謇全集》编纂委员会. 张謇全集：全八册［M］．上海：上海辞书出版社，2012：336.

[3] 许肇南．私立河海工科大学缘起［Z］．

再论钱塘江古海塘·涌潮景观申遗

李海静

（浙江水利水电学院南浔研究院人文与外国语学院，浙江杭州　310022）

摘　要： 钱塘江古海塘·涌潮景观申遗已被提上议事日程。为更好地开展钱塘江古海塘·涌潮景观申遗工作，本文以海塘、涌潮为中心探讨应开展的相关研究工作，为申遗工作的开展指出研究内容和研究方向。

关键词： 钱塘江古海塘；涌潮景观；世界文化遗产；世界自然遗产

钱塘江地处中国东南沿海，因其壮美的钱江潮闻名于中外，成为内河赏潮的独特自然景观。自然涌潮不仅仅是奇观，于当地百姓而言更是灾难。历史上，钱江潮所引发的潮灾、江道变迁所引发的坍江时时威胁着两岸安全，明清及民国时期有史料记载136个年份发生过大潮灾[1-2]。为防御潮患灾害，保护江南平原赋税重地，自古先民便通过修建海塘的方式来防御潮灾，由此形成了“捍海长城”保护两岸安澜。自然景观涌潮与防潮工程海塘的有机结合，是自然景观与人力互动的历史明证，也是中国传统人水和谐治水理念的真实体现。

目前，各界已充分认识到钱塘江古海塘·涌潮景观的世界文化遗产价值，已有学者从遗产价值、申遗路径等[3-6]内容展开讨论，但就除申遗路径外的遗产清单、遗产内容、遗产价值尚缺乏系统梳理和深入研究探讨，为钱塘江古海塘·涌潮能够成功申请列入世界文化遗产名录亟须开展深入的学术研究工作，为申遗提供史料和理论支撑。

申报世界文化遗产最为关键的评价标准就是申遗对象所具备的“突出普遍价值”“真实性”“完整性”，以及与其他文化遗产所开展的“对比研究”以凸显遗产点在世界范围内的代表性意义。本文尝试系统梳理钱塘江古海塘·涌潮景观所蕴含的文化遗产项目点，对标世界文化遗产的评估标准，围绕海塘、涌潮及其相关文化遗产项目展开研究探讨，为下一步申遗工作的开展指明研究方向。

1　以海塘为中心的文化遗产项目

1.1　海塘工程实体

根据世界文化遗产评价标准，钱塘江古海塘完全符合以下特征：钱塘江古海塘是一种建筑、建筑群、技术整体或景观的杰出范例，展现历史上一个（或几个）重要发展阶段，钱塘江南北两岸现存一线仍在使用的古海塘涉及清代、民国、新中国三个历史时期，反映和代表了不同时期海塘修筑技术的演变发展；海塘工程是传统人类聚居、土地使用或海洋开发的杰出范例，代表一种（或几种）文化或者人类与环境的相互作用，特别是由于不可扭转的变化影响而脆弱易损；海塘工程是代表了人类创造精神的杰作[7]。

钱塘江南北两岸海塘全长592 km[8]，保护着两岸安澜，更为重要的是，钱塘江海塘塘形多样，

项目资助： 2024年度浙江水利科技计划项目（项目编号：RC2432）：基于1886年杭州湾地形图的解译、演变分析及机理研究；浙江水利水电学院南浔学者奖励资助（资助编号：RC2024010939）。

作者简介： 李海静（1979—），女，教授，主要研究方向为水利史、水文化、科技史、工程史。

反映了不同历史时期海塘修建技艺，是记录海塘建造技术演变发展的活化石。目前，钱塘江南北两岸现存明清鱼鳞古海塘28 km，民国时期修筑的洋灰塘5 km，陈文港段修建于20世纪四五十年代的斜坡塘，现代的直立式海塘；钱塘江南岸明清丁由石塘2 km，以及现代斜坡式、直立式组合海塘。

从海塘的修筑建造技术来看，钱塘江海塘历经土塘、土石混合塘、木柜石塘、斜坡塘、直立式海塘等多种塘形，特别是紧急抢险工程的柴塘沿用历时最长，直到民国和新中国初期的抢险工程都一直沿用，且考古发掘遗址中发现了保存完整的大规模柴制海塘。钱塘江海塘工程是一个工程体系，不仅有海塘，还有保护海塘的工程坦水、盘头，塘后的护塘河、过渡区、二线塘构成了一个完整的工程体系。坦水、盘头为保护海塘，塘后的过渡区、二线塘为防一线海塘破损所造成的咸水入侵，护塘河则为运石修建海塘而人工开凿。作为海塘工程体系，每一个技术细节都值得深入探讨，针对保留至今最为坚固的鱼鳞大石塘，其石料来源、修筑技术的演变、条石间的黏合剂、蝴蝶铁的嵌入方式等都值得深入研究和探讨。

从海塘的历史功能来看，历史上的钱塘江北岸海塘与上海相连，南岸海塘直至宁波。沿江海塘不仅担负着防咸御潮的海上防线功能，在明代、清代及近现代时期，还是抗倭、抗法、抗日的前线。自古至今，钱塘江海塘岸线的变迁反映了不同历史时期人水互动的历史过程，更是沿线城市扩张发展的历史明证。至今，我们都无法确切描绘出清代及其之前的钱塘江河口岸线变迁图，这一研究工作亟待开展。钱塘江河口的岸线变迁与杭州城市发展密切相关，钱塘江孕育和造就了西湖，也孕育和造就了人间天堂杭州。分布于钱塘江沿线的河姆渡文化、跨湖桥文化、良渚文化，其孕育形成与钱塘江历史发育密切相关，也是其从海洋向内陆河流转变的一个历史过程，反映了大历史时期的人水互动关系。

从二线海塘及其周边环境来看，现钱塘江河口南北两岸，特别是海宁段和萧山段还保留着大量退居二线失去作用的二线海塘，二线海塘往往成为道路，沿途保留着历史古树和桑基鱼塘的历史面貌。这些地区未来申遗后将被纳入遗产区保护范围内，可将当地发展与遗产保护规划相结合，做好文旅融合下的地方特色旅游业开发。

从古海塘遗址的保护与利用视角来看，2021年运河二通道（临平运河）开挖建设过程中，在临平牛角村发掘出大规模柴塘、鱼鳞石塘及沉船遗址。这些遗址的发掘为海塘及古代抗潮抢险工程研究的开展提供了新的实证，弥补了以往史料记载的不足，也为海塘岸线变迁研究提供了新的实证。临平对考古遗址采取整体搬迁、异地保护的方式，修建以海塘为主体的文化公园，为市民提供休闲场所的同时讲述海塘文化。

1.2 海塘相关古籍文献的整理与研究

有关钱塘江海塘工程的记载史料丰富，尤其是自南宋定都杭州之后，治潮患保平安更是政府的首要政务。随着宋韵文化研究在杭州的兴起，借此契机应关注宋代有关海塘修筑工程的史料收集整理，弥补已有资料的不足。目前，最为丰富的海塘史料主要集中在清代和近现代，“台北故宫博物院”和中国第一历史档案馆先后影印出版了《宫中档光绪朝奏折》《宫中档乾隆朝奏折》和《光绪朝朱批奏折》等档案文献，包含了部分钱塘江海塘修筑档案，但并不完整。另外，钱塘江流域管理中心（原钱塘江海塘工程局）收藏有大批清代官档，尚未开展相关整理、研究和出版工作。对这些历史文献资料的收集整理研究不仅可以为申遗提供史料支撑，也可为学界提供新的研究材料，有助于更为详细系统地了解海塘修筑工程的全貌，更是赓续经典、嘉惠学林的善举。

2 以涌潮为中心的文化遗产项目

2.1 钱塘江沙水变迁图

钱塘江沙水变迁图是清代浙江地方官定期向清廷奏报的以钱塘江河口段水文观测记录为主要内容的绘图文献。这批文献始于清乾隆时期，迄于清末，系统反映了钱塘江河口潮势大小、沙涂冲淤、江道地形变化及塘工损修情形，内容连续性、准确性、完整性好，具有珍贵的历史与科学研究价值。但钱塘江沙水变迁图主要分散在“台北故宫博物院”、北京故宫博物院、中国科学院图书馆、南京博物馆等机构，很难形成完整的研究序列，且沙水变迁图研究需要沙水奏折一一对应，可更为清晰地了解钱塘江江道变化、海塘修筑工程等历史细节，此项工作难度极大，但却具有极高的史学价值和现实意义。建议借助申遗之势，组织专门力量对沙水变迁图和沙水奏折展开全面的收集整理工作，为后续研究工作的开展奠定史料基础。

2.2 潮景观与浙江精神

钱塘江大潮时绝妙的自然现象，在天体运动、自然地形地势的作用下，形成了独特的内河涌潮景观，其高潮差和壮美景色为世界所独有。涌潮景观的形成又是传统人类聚居、土地使用或海洋开发的杰出典范，代表一种（或几种）文化或者人类与环境的相互作用，特别是由于不可扭转的变化影响而脆弱易损。

杭州城市的形成与发展正是人海互动的过程，捍海塘的修筑、人类围垦的开展，使滩涂成为城市，西湖也由钱塘江的泻湖经历代治理转变成为城市内湖，由此也造就了“人间天堂”，留下了无数诗词歌赋和历史故事。人类御潮、抗潮、戏潮过程中所形成的“勇立潮头”精神也成为现代浙江精神的代名词，鼓励和引领着这一区域的人民坚持不懈、开拓创新。钱江潮所代表的精神内涵在不同历史时期又有着不同的历史寓意，1916 年孙中山先生偕夫人及众多国民政府要员来到海宁赏钱江潮并挥毫写下的“猛进如潮”，代表了一位革命者努力改变国家命运的志向和决心。无数名人、政客、科学家等来此赏潮，记录着一个个历史瞬间，也为钱江潮注入了文化内涵。不同人、不同视角解读出海潮不同的文化内涵，孙中山、毛泽东等的到来，寄托着家国天下的博大胸怀；白居易、徐志摩等文人墨客的到来，则展现着钱江潮的雄浑与壮美，抒发着作者内心的感悟；Gorge Darwin、Joseph Needham（李约瑟）的到来则关注了涌潮的自然科学机制和中外对涌潮认识的科学研究。钱江潮已远远超出景观的范畴，成为一种精神和文化的引领与体悟。

3 相关类文化遗产项目

3.1 相关物质类文化遗产

钱塘江沿线还分布着除海塘工程外的多处历史文化遗址，而这些都与涌潮有着密切的关系，是千百年来人水互动的实证。钱塘江沿岸分布着镇潮塔、镇水铁牛等镇潮实物，也分布着为纪念抗潮而作出卓越贡献的各类寺庙，如北岸的海神庙、南岸的张夏庙等。这些有形的物质形态遗产与无形的精神寄托相互印证，见证了千百年来人类与自然斗争、争取生存空间的不屈历程。

钱塘江上的第一座桥梁——钱江一桥，因钱江潮而异常难建。以茅以升为代表的中国工程技术专家攻克万难，最终建成这座桥梁。钱江一桥与六和塔遥相呼应，加之九溪涌潮和海塘成为古今中国科技发展的杰作，讲述着从古至今的中国工匠和科技精神。

另外，杭州湾入海口处的湿地公园是东亚—澳大利亚候鸟迁徙的中段，是重要的鸟类栖息地，现已成为杭州湾国家湿地公园。它是生物多样性原地保护最重要的自然栖息地，不管从科学角度，还是从保护角度上，都具有突出的普遍价值的濒危物种栖息地[7]。

3.2 相关非物质类文化遗产

地方文化信仰研究。钱塘江沿线因涌潮而孕育了两岸独特的地方文化特质，涉及信仰、习俗等诸多方面，沿线百姓所敬奉之神均来自真实的筑塘抗潮的历史人物。钱塘江潮神信仰分布于钱塘江南北两岸，涉及地域范围广，但具体人物有限，应组织力量对其展开系统梳理和研究工作。

“跳塘精神”及“守土有责”精神。建成于清代的塔山坝及坝上的七座衣冠冢及其所代表的“跳塘精神”，蕴含了筑塘官员所应承担的职责。此外，钱塘江海塘修筑都会留下负责人的名字，这并非为了名垂史册，而是为了追责，“谁督建谁负责”，今天我们仍可以见到民国时期所建的洋灰塘上赫然写着时任局长的名字。

潮神祭祀仪式。自清康熙年间，每年的八月十八都有祭祀潮神的活动，这是帝王为寻求上天护佑而开展的祭祀仪式。大家都知道有这样的仪式，但仪式的内容、规程、帝王祭文内容尚未开展相关研究。相关研究工作的开展，可以为地方文化研究提供新的材料和视角。

4 对比分析中的钱塘江古海塘·涌潮景观

钱塘江涌潮是绝妙的自然现象或具有罕见自然美的地区。从世界范围来看，只要是内河与外海相连的河口地区都有自然涌潮现象，因潮汐大小的不同，潮汐河口也分为强潮河口和弱潮河口。目前，世界上三大强潮河口分别为钱塘江、南美亚马孙、南亚恒河，而最具观赏性、潮姿最为多样的当属钱塘江大潮。钱塘江大潮不仅仅是自然景观，更具有深厚的人文历史底蕴，与海塘工程相结合，成为最为独特的人与自然互动的历史明证。同时，因工程的开展，造就了钱江潮多样的潮姿，在这里可以欣赏到一线潮、回头潮、十字交叉潮、鱼鳞潮等，大自然的鬼斧神工与防潮工程互动，造就了独特的自然-人文景观。

与现有其他世界文化遗产相较，钱塘江古海塘·涌潮景观作为文化与自然双重遗产，具有区别于其他文化、自然遗产项目的独特性，可以丰富现有世界自然文化遗产项目的品类。目前，世界文化遗产中与水利相关的遗产项目有运河类遗产多处，如里多运河、米迪运河、京杭大运河、丽多运河；有人力与自然互动过程中形成的独特文化景观，如巴拿马加勒比海岸的防御工事、荷兰小孩堤防-埃尔斯豪特风车群、罗尔克斯中央运河上的四座升降机及其周边设施、中国的青山城与都江堰、舒希达历史水利系统、波斯坎儿井、奥格斯堡水利管理系统、腾布里克神父水渠；有以自然风光见长的自然遗产，如莱茵河中上游河谷、萨卢姆河三角洲等。

当前，钱塘江古海塘·涌潮景观申遗主要关注海宁段，因为此处古海塘保存最为完整、潮景最为壮观。事实上，若能扩大范围至钱塘江流域，其遗产点和自然景观不仅扩大，而且更为壮美。钱塘江下游河口段的古海塘和涌潮景观，黄公望的《富春山居图》翔实记录了中游富春江山水的美丽，上游千岛湖更是以景色秀美而成为旅游度假的胜地。

5 结语

钱塘江古海塘·涌潮景观不仅满足世界文化遗产所提出的“突出普遍价值”“真实性”“完整性”的评价标准，更是符合世界文化遗产遴选标准C（Ⅰ）（Ⅲ）（Ⅳ）（Ⅴ）（Ⅵ）和世界自然遗产遴选标准的N（Ⅱ）（Ⅴ）（Ⅵ）（Ⅶ）（Ⅹ）。与现有世界文化、自然遗产相较，钱塘江古海塘·涌潮景观具有与其他遗产点不同的遗产属性，极具代表性。目前，钱塘江古海塘·涌潮景观已引起浙江省政府的高度关注，由海宁地区具体负责申遗工作。

除申遗文本的撰写外，笔者认为更为关键的是利用申遗契机能够更好地协调流域的综合开发利用，开发利用好钱塘江流域自然、人文景观，制订长远规划方案。同时，组织专门队伍，深入开展研究工作，特别是古海塘建造技艺研究、钱塘江治河史料的收集整理出版、沿线物质类与非物质类民俗文化研究及钱塘江防治史研究。研究工作的开展及历史文献资料的收集、整理及研究将为申遗提供史料支撑和佐证材料，同时也会形成具有影响力的学术研究成果。申遗是目标，而目的是更好地保护钱塘江古海塘·涌潮，让这里的河流持续造福两岸人民。

参考文献

[1] 陈桥驿．浙江灾异简志［M］．杭州：浙江人民出版社，1991：1-178.
[2] 陶存焕．钱塘江河口潮灾史料辨误［M］．杭州：浙江古籍出版社，2013：86.
[3] 李海静，王淼．钱塘江海塘及涌潮景观申遗研究［J］．中国水利，2015（4）：61-64.
[4] 李云鹏，扎西端智，陈方舟．钱塘江涌潮与古海塘遗产价值分析及申遗建议［J］．浙江水利水电学报，2017，29（6）：1-6.

[5] 杭州市政协文史委员会．钱塘江海塘、钱江潮联合申遗的条件和对策［R］．2015.
[6] 杨峰，范海霞．深入推进钱塘江古海塘保护利用［J］．杭州，2021（7）：38-39.
[7] 联合国教科文组织世界遗产中心，国际古迹遗址理事会，国际文物保护与修复研究中心，等. 国际文化遗产保护文件选编［M］．北京：文物出版社，2007.
[8] 韩曾萃，戴泽蘅，李光柄，等．钱塘江河口的治理开发［M］．北京：中国水利水电出版社，2003.

沂沭河水文化保护与传承研究

李　蔚　周淑锦

（临沂市水文中心，山东临沂　276000）

摘　要：水文化是中华文化的重要组成部分，是推进新时代水利事业高质量发展的重要内容。要深刻领会习近平总书记水文化重要论述的精神实质，挖掘水文化蕴含的时代价值，推进水文化建设不断取得新进展新成效。本文以沂沭河流域为例，对如何保护和传承水文化提出了几点思考，加强水利遗产和历史数据的保护，创新形式加强水文化传播与弘扬，加快水文化教育载体建设，提升水利工程文化内涵，开展水文化学术研究与交流，推进水文化保护和传承。

关键词：沂沭河；水文化；保护；传承

1　引言

水文化既是中华文化的重要组成部分，也是水利事业高质量发展不可或缺的重要内容。党的十九届五中全会提出“2035 年建成文化强国”的目标。为贯彻落实习近平总书记关于水文化建设的重要论述，水利部先后出台《“十四五”水文化建设规划》《水利部关于加快推进水文化建设的指导意见》，要“将水文化与水安全、水资源、水生态、水环境统筹考虑”，“积极推进水文化建设，为推动新阶段水利高质量发展凝聚精神力量”。厘清水文化内涵、构成、文化属性等水文化基础理论，从规划、设计、施工、管理等环节提升水工程文化内涵及品位；抓住发掘、鉴赏、开发、保护、利用和传播等各环节，水文化弘扬和发展已经成为适应新时代文化强国建设的必由之路。

沂沭河水文化底蕴深厚、资源丰富，近年来，山东省坚持把水文化建设作为治水兴水重要内容，不断深入打造“水韵山东”“水美山东”“水兴山东”等独具齐鲁特色的水文化品牌，全面推动水文化传承弘扬与现代水网建设融合共促、创新发展，取得明显成效[1]。临沂市委、市政府高度重视水文化传承和保护，先后出台了地方性法规、《关于加快推进临沂市水文化建设的指导意见》和推进水文化建设系列政策文件，提升沂蒙特色水文化知名度和美誉度，深入打造独具沂蒙特色的“水文化”品牌，助力临沂高质量发展。在坚持贯彻习近平生态文明思想、做精做大水文化的大背景下，如何保护和传承水文化成了亟待解决的研究课题。

2　水文化概况

沂沭河是沂河和沭河水系的合称。沂沭河是纵贯沂蒙山区的两条大型山洪河道，自北向南，经鲁南流向苏北，并通过分沂入沭使两河相连。山东境内控制流域面积 17 253 km^2，包括临沂、日照、淄博 3 市 14 个县（区）。以临沂地区为核心的沂沭河流域是我国原始农业的发源地之一，也是人类历史上第一次绿色革命的摇篮之一。沂河主源发源于沂源、蒙阴、新泰交界处的老松山北麓。流经沂水、沂南、兰山、河东、罗庄、兰陵、郯城等县（区），南流入江苏省境内后注入黄海，全长 570 km，境内流长 287. 5 km，最大流量 15 400 m^3/s（1957 年）。较大支流有东汶河、蒙河、柳青河、祊河、涑河、李公河、白马河等，流域面积 10 772 km^2。沭河发源于沂山南麓，流经沂水、莒县、河

作者简介：李蔚（1986—），女，高级工程师，主要从事水文测验、水文水资源方向的工作。

东、临沭、郯城等县（区），至江苏省境内流入黄海，境内流长 273 km，最大流量 7 290 m^3/s（1974年）。较大支流有浔河、高榆河、汤河、分沂入沭水道、夏庄河、朱范河等，流域面积 5 747 km^2。沂沭河流域水文化可以从物质形态、非物质形态和精神形态等三个层面来展开。

2.1 物质形态水文化

沂沭河沿线保留着众多的水利工程遗迹、古籍文献等珍贵的水文化遗产，形成了独特的水文化底蕴。新中国成立后，沂蒙山区整山治水、改造山河，建成了“导沭整沂”“千库万塘”等一大批水利工程，形成了较为完善的水利工程和管理体系，保障了经济社会的稳步发展。沂河、沭河纵贯全境，临沂市滨河、营南县天马岛、沂南县竹泉村、临沂市刘家道口、莒南县鸡龙河、沂水县沂河、临沂市沂沭河、沂水县雪山彩虹谷、郯城沭河水利风景区、沂南县双泉河水利风景区被列为国家水利风景区；临沂城区已建成 7 座橡胶坝、8 道节制闸，形成水面 48 km^2，一次性蓄水 1.62 亿 m^3，形成了“六河贯通、八水绕城”的水城景观。2021 年 10 月，“山东百年百项重要考古发现”遴选推介对选定的 100 个项目进行了公示，将 2020 年 7 月发现的沂水跋山遗址和沂源猿人遗址放在了首位。跋山遗址测年是距今 6 万~10 万年，属于旧石器时代中期，时代要早于旧石器时代晚期（距今 5 万年），正好纠正了国际上“现代人 6 万年前才从非洲扩散到欧亚大陆”的观点，称之为“改写东亚现代人类起源史的重要发现”。

临沂市大、中、小型水库总库容 34.63 亿 m^3，兴利库容 19.76 亿 m^3。岸堤水库为山东省第二大水库，跋山水库为山东省第三大水库。临沂市规模以上水闸 847 座。设计蓄水量在 10 万 m^3 及以上的拦河闸坝 132 座。沂沭河干流拦河闸（橡胶坝）共 30 座，一次性蓄水量 5.5 亿 m^3，其中沂河 19 座，一次性蓄水量共 3.6 亿 m^3；沭河 11 座，一次性蓄水量共 1.9 亿 m^3。水利部淮河水利委员会直管的 3 座控制枢纽分别是刘家道口枢纽、大官庄枢纽以及江风口分洪闸。新建双堠水库、黄山水利综合枢纽、银麦水库、板崮前水库等大中型水库，实施惠民庄水库、沙沟水库、会宝岭水库等大中型水库增容。

20 世纪 70 年代，在临沂市发现了大量的古代竹简文物，通过考古学家的缜密分析和判断，将这些竹简文物认定为《孙子兵法》。《孙子兵法》是秦代的孙武所著。临沂市竹简文物的出土验证了古代军事家孙武事件以及马陵山战役的真实性，这项发现在我国近代考古史上是十分重要的，被列为新中国考古史上三十大发现之一，是临沂地区重要的文化标志。

2.2 非物质形态水文化

沂沭河沿线拥有着与水乡生活相关的传统技艺、表演艺术和民俗风情等。国家级非物质文化遗产有龙灯扛阁、鲁南五大调、木旋玩具、柳琴戏、临沭柳编、高桥手绣（鲁绣）等（见表 1），省级非物质文化遗产有龙灯扛阁、草柳编技艺、彩印花布、鲁南五大调、木旋玩具、东海孝妇传说、姐儿妞、木版年画等。临沂代表性非遗项目还包括临沂糁制作技艺、临沭柳编、卧冰求鲤传说、鲁南渔鼓、郯城木版年画等。这些非物质文化遗产不仅是当地人民的智慧结晶，也是中华文化的重要组成部分。

表 1　国家级非物质形态水文化项目

项目名称	类别	项目级别
龙灯扛阁	传统舞蹈	国家级
鲁南五大调	传统音乐	国家级
木旋玩具	传统美术	国家级
柳琴戏	传统戏剧	国家级
临沭柳编	传统美术	国家级
高桥手绣（鲁绣）	传统美术	国家级

2.3 精神形态水文化

几千年来，沂沭河流域不断衍生出神话传说、治水故事、诗词歌赋和音乐戏曲等，极具研究价值。鲧禹治水、“琅琊八景”、王祥卧冰求鲤传说等水文化典故积淀了浓厚的历史文化。在民族精神的鼓舞下，沂蒙地区发生过许多可歌可泣的故事，例如：用自己的乳汁喂养危重伤员的明德英；为前线战士做军鞋、补军装、送军粮的沂蒙六姐妹；不惧敌人的炮火，与侵略者展开殊死搏斗，保卫家园的渊子崖村村民；还有婉转悠扬、传唱全中国的经典民歌《沂蒙山小调》，“最后一块布，做军装；最后一口饭，做军粮；最后一个儿子，送战场”，这些感人至深的故事生动地反映出沂蒙地区的红色文化和革命精神。2013 年 11 月，习近平总书记在山东考察时指出，沂蒙精神与延安精神、井冈山精神、西柏坡精神一样，是党和国家的宝贵精神财富，要不断结合新的时代条件发扬光大。习近平总书记强调，军民水乳交融、生死与共铸就的沂蒙精神，对我们今天具有十分重要的启示作用。

3 保护与传承水文化遗产存在的问题

3.1 保护意识不到位，法治机制不健全

随着经济社会发展，人们的生活节奏加快，对传统文化的关注度逐渐降低，尤其是对水文化的理解和认识难以更加深入。人们缺乏对水文化全面深入的了解，尤其是具有重要历史和文化价值的水文化遗址和遗产，面临损坏破损的情况，未能及时采取必要措施。已出台的相关法律法规还未完全覆盖，对水文化方面的保护规范不够完善，保护范围、主体责任、保护措施等没有明确规定，保护机制不够健全，导致保护工作无法可依、无章可循。

3.2 传承体系构建不完善

相关管理部门保存的历史资料有限，中途缺失，许多未能得到充分的挖掘和整理，无法达到构建完整沂沭河传承资料的要求；目前许多遗产逐渐被商业街取代，现代化、商业化氛围浓厚，掩盖了原本的模样；缺少有效的宣传和教育手段，真正参与的群众少，尤其是年轻群体，缺乏社会基础和支持。水文化与水利工程设施的结合并不紧密。水利工程的建设和提档升级都是以经济效益为主要目标，而忽视了水文化的价值[2]。例如，一些地方在建设水利工程时，没有充分考虑到当地的水文化，导致水利工程与当地水文化脱节，不能很好地发挥其应有的作用。

4 水文化保护和传承的实践途径及对策

（1）加强水利遗产和历史数据的保护。加强对水利工程、遗址的科学保护和研究，对调查中发现濒临损毁的重要水利遗产，充分运用现代科学技术加以修缮、再现和展示[3]；启动水文化遗产保护标识工作，有序推进已调查认定的水文化遗产标识设立工作；对列入相关名录的水文化遗产，做好跟踪指导和后续利用，充分发挥水文化遗产的社会文化功能与示范作用。创新水文化遗产资源管理模式，推动资料、档案的保护、开放和共享，重点加强水文化历史数据留存资料的挖掘和保护，依托水情信息系统超融合平台，着力推进水文化历史数据数字化建设。统筹谋划利用好水文化历史数据文化资源的精神价值、人文价值和科研价值，进一步激活历史数据的生命力。

（2）创新形式加强水文化传播与弘扬。通过多渠道、多种类、多形式的持续宣传活动，打造“水美沂蒙”品牌[4]。推进水文化与地域文化融合，推动文学、书画、影视和音乐等水主题文艺创作，繁荣和发展水文化。加强水文化阵地建设，充分利用报纸杂志、广播影视、网络、图书音像以及广告等大众传媒的力量，充分发挥水利工程、水利设施以及各种以水为主题的博（展）览会的作用，充分发挥涉水博物馆、纪念馆、爱国主义教育基地的作用，充分发挥水文化研究会、各类研究咨询机构的作用，鼓励创作更多高品位、高质量、丰富多彩的优秀水文化作品；让先进的水文化进社区、进企业、进课堂、进农村，逐步深入每个人的心灵。充分利用中国水利报、中国水利杂志、水利部网站、中国水利网站等各级各类水利行业媒体，突出创意，形成热点，帮助人们提高对水的战略地位的认识，促进全社会水意识的强化。策划水文化旅游专线，做好“水网+文旅”文章，推动沂沭河流域

风景区集群发展，培育壮大涉水文旅市场，打造具有沂蒙水文化特色的旅游新形式[5]。

（3）加快水文化教育载体建设。依托节水科普馆、临沂市滨河景区、滨河景区城市湿地公园、沭河湿地公园等水文化教育基地，积极创造多样化应用场景，推动水文化可见、可感、可传承。积极开展水情教育、水文化教育结合，发挥在水循环、水资源、水环境和水生态等领域的科普功能，推行"水文化+科普教育"基地建设，增进全社会对水文化的认知。在沂河、沭河等重点流域，规划建设流域水文化展览馆，建成并提升一批水文科普、节水宣传、水情教育等基地。加强与高校及科研机构的合作，培育一批大学生教学实践基地，加大水文化人才培养，建设一批高质量的水文化研学实践教育课程、线路和基地。

（4）提升水利工程文化内涵。对已建工程，充分挖掘水利工程文化功能，从保护、传承、弘扬角度将水利工程与其蕴含的水文化元素有机融合，提升水利工程文化品位。对新建、在建工程，在工程规划、设计、建设中融入水文化元素，依据工程特点配建水文化、水利科普展示场所，面向社会公众开放[6]。

（5）开展水文化学术研究与交流。不定期开展水文化座谈会，全面提升全市水文化建设水平。邀请文旅部门、高校及科研院所、水利文化等专家代表，开展学术交流与研究，提炼沂蒙水文化特质。

参考文献

[1] 窦红彦．水文化在语文教学中的传承与发展：评《水文化与水历史探索》[J]．灌溉排水学报，2022，41（11）：157-158.

[2] 沈高洁．中国传统水文化及其当代传承与发展研究[J]．延边教育学院学报，2022，36（2）：116-118.

[3] 刘克金．水文化遗产的当代价值和保护措施探讨[J]．治淮，2022（5）：60-61.

[4] 钱默．利用新媒体加强黄河水文化的数字化传播：评《黄河三角洲水文化研究》[J]．灌溉排水学报，2022，41（2）：159.

[5] 段见提，张守师．莒南县金龙河省级美丽幸福示范河湖建设浅析[J]．山东水利，2023（1）：42-43.

[6] 林嘉木，陈斌，余巧妮，等．重视美丽乡村建设中的水景观与水文化[J]．农经，2022（8）：92-94.

丰济渠历史考略

曹　冲　李雪林　刘　畅

（内蒙古河套灌区黄河水利文化博物馆，内蒙古巴彦淖尔　015000）

摘　要：中国作为一个农业大国，离不开众多高效灌溉区的支撑，河套灌区作为其中重要一环，丰富的水资源和广阔的灌溉面积为国家粮食安全作出了巨大贡献。而在这一庞大灌溉体系中，丰济渠作为核心干渠之一，承担着重要的灌溉与农业生产功能，是河套灌区农业文明与历史文化的重要传承载体。因此，本文旨在通过系统梳理丰济渠的兴起、发展、兴盛等变迁中，揭示其在古代水利史中的重要地位与影响，说明丰济渠在现代农业与水利体系中的作用，以期为相关领域的研究与实践提供参考。

关键词：丰济渠；河套灌区；灌溉

丰济渠，原名中和渠，又称天吉太渠，是河套灌区十三条主要干渠之一，渠道最早开挖于清代末年，此后逐渐发展，在不同历史时期皆发挥着重要作用。而作为河套灌区地商参与开挖的干渠之一，其发展历程与河套灌区的发展历程极具相似性，从某种程度上讲，丰济渠的发展历程就是河套灌区发展历程的真实写照。因此，对丰济渠的历史沿革进行考述极有必要。

1　清中后期“丰济渠”的起源与形成

清末，中国正处在内忧外患的困境当中。一方面，国内封建统治腐朽不堪，社会矛盾尖锐；另一方面，随着西方列强的入侵，中国逐渐沦为半殖民地半封建社会，地商经济开始产生，为获得高额利润，地商开始组织垦荒和开发水利。

至清道光年间，土地兼并现象愈加频发，很多自耕农破产，社会动荡，民不聊生，道光皇帝被迫“开禁”，吸引了大量“雁行人”走西口来到河套地区，为全面开发河套地区、垦荒挖渠提供了大量的劳动力。加之河套地区“河幅宽七百余丈，通舟揖，流势缓慢”[1]，适合引黄河水开渠进行灌溉。道光三十年（1850年）黄河北河受乌兰布和沙漠侵蚀，北河淤积断流，南河成为主流，河套自然条件发生变化，为开挖人工渠提供了便利❶。地商们利用河套天然的自然条件变化，开始组织大量民工，因势利导——“就河引灌”，开挖人工渠。在“丰济渠”开挖之前，就已先后开挖了永济、刚济、通济等渠，为“丰济渠”的开挖提供了有力的经验支撑。

清同治初年，甘肃人贺守明用36万两白银在祥泰魁开设“协成”字号，经营蒙古生意，由赵三

作者简介：曹冲（1976—），女，高级工程师，内蒙古河套灌区黄河水利文化博物馆馆长，主要从事水利文化研究工作。

❶“北河”有广义和狭义之分：广义上的北河指黄河自宁夏北流过磴口折而东流，西东流向一段对南北流向一段而言，彼为“西河”，此为“北河”。狭义上的北河指清以前黄河自今内蒙古磴口县以下，分为南北二支，北支约当今乌加河，时为黄河正流，对南支而言，此为“北河”，彼为“南河”。本文采用的是狭义北河之说。谭其骧：《北河》《长水集》，人民出版社，2011，第350页。

鉴为经理。赵三鉴见刚目河漫溢之水，浸润低洼之处甚多，土壤肥沃，非常适合种植，于是将刚目河坐坝截断，待水干地出，耕种附近地亩，耕种十余年，获得厚利。迨到同治末年，因刚目河淤涸，该号附近地亩因无水浇灌，逐渐荒废，“协成”字号随之倒闭。至清光绪初年，达拉特旗上层王公二官府维君居住在刚目河南，见刚目河淤塞，该地荒废，甚觉可惜，又见种地可收厚利，于是出资银2 000多两，从旧刚目河北向，开挖了一条十二三里长的小渠，此小渠名为协成渠，灌溉协成商号已垦的荒地，并开设“天吉泰”商号兼作买卖，不数年刚目河河口及中部淤塞，土地荒废，商号亦随之倒闭，且因不懂水利，协成小渠亦荒废。沿至光绪十六年（1890年），维君知无利可图，不能继续经营，因此请人从中说和，将渠地全部卖给王同春[2]，成为王同春开挖“丰济渠”的基础条件。

又据史料载，清光绪年间，旱灾频发，“清德宗光绪三年（1877年），口外各厅（28）大饥。萨、托、和、清四厅尤甚。上年秋稼未登，春夏又复元旱，秋苗未能播种，各厅开仓放赈，饥民日多，仓谷不敷，饿莩遍野，蒙旗亦大饥。”[3] 至光绪十八年（1892年），“归化道属七厅及蒙旗大饥，去岁灾歉，入春至夏无雨，不能下种，秋收无望，情形与光绪三、四年略同。”[3] 连年的旱灾，导致全境赤地千里，粮价飙升，口外粮价小麦价由七八百增至一千八百文，而粗粮增至4倍，百姓无力购买，求食不得，只能四处逃散，流离失所，饿死者众多。

为保证基本生产生活，满足农业灌溉需求，王同春于同年集资2万余两，重新从黄河北岸之黄芥濠开口，经杭锦旗马场地、天吉太响北截断刚目河，送入维君当初所开小渠，计新工长32里、宽4丈、深6尺。以后继续将协成小渠劈宽挖深，向西北开挖退水渠，经同元成东送入刚目河天然濠内，又费银3 200两。但因退水不畅，光绪二十三年（1897年）又向北开挖退水渠，经银定兔渠送入乌加河内，共长28里、宽3丈、深4尺。至此在协成渠基础上开挖的工程全部完成，谓之“中和渠”，此时并未有“丰济渠”一说。此渠全长90余里，费时8年，支出工程费银7万余两[2]。

清光绪二十七年（1901年），义和团运动失败，八国联军攻入北京，开始侵略中国，在列强的军事压力下，清政府被迫接受议和并签订辛丑条约，进行庚子赔款。面对巨大的赔款数额，此时的清政府早已腐败无能，无力支付，为筹备赔款，清政府将河套土地收归官有后，开始在河套地区进行垦荒来解决经济困难。至光绪三十一年（1905年），为统一灌区管理、整顿垦务秩序并促进农业发展，贻谷下令将全部渠道收归官有，由垦务局责令各地商将渠道“报效”归官。

据包头垦务局为遵批堪明地商王同春报效渠地分别批示载：“又于早年在该旗地内开挖中和渠一道，由西南黄河挖至东北杭锦达拉特两旗交界，共长四千一百三十七丈、口宽二丈六尺、深六七八尺不等，此渠每年付给杭锦旗租银五十两，又由杭达交界接至天生濠挖渠一道，共长二千五百三十丈，此渠系职与韩钺、王在林三家合开，言明以十股分算，职应分五股、韩钺分二股、王在林分三股，所有以上两次办到之达拉特旗地一段并房屋车马等项暨开挖之中和渠一道及应分支渠五股一千二百六十五丈，情愿一并报效。”[4] 将中和渠收归官有，并由西盟垦务总局出示后套地户“刚目河一带渠地已经各商报效归公，嗣后如欲租种地亩，应赴局中挂号认租……如敢故违，除将地亩另行招租外，再将该地户严行惩处。”[4] 收归官办后，为统筹后套渠地，由垦务局出钱，开挖了什八圪图支渠，长32里，兼作灌溉和退水之用。又由神圪旦接挖七盖毛河入天生濠，续挖至苏俊兔、东罗圈，泄入五加河，此时将“中和渠”改名为“丰济渠”。不久，垦务局又相继开挖了塔儿湖，铁毛什拉、安师爷和补隆淖等支渠，共支出工程费23万两[5]。但管理不善，彼时据当事者报告，“政府可灌田一万顷，又以五加河尾闾湮塞，水无归宿之处，往往淹没田禾，”[6] 渠道堵塞，入不敷出。

晚清河套八大干渠示意图见图1。

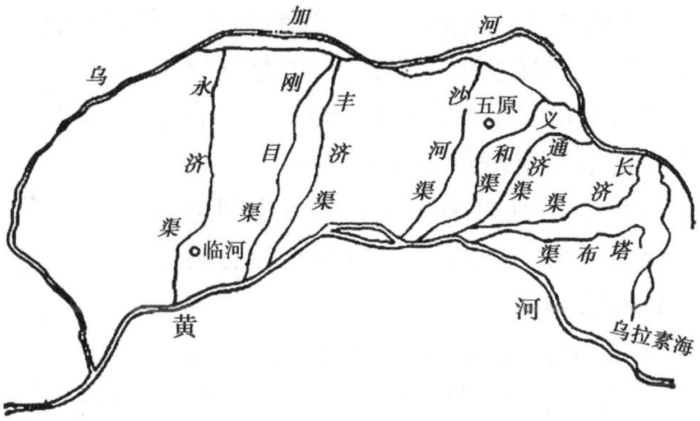

图 1　晚清河套八大干渠示意图（丰济渠为八大干渠之一）

2　民国时期丰济渠的探索与发展

民国时期，垦务局因管理各干渠不当，不仅无利可图，连各该局开支都不能维持，据《调查归绥垦务报告书》载：“当时的各项收支项目，自开办至宣统三年止，通盘计算已收之数为 110 万两，而同期支出之数为 133 万两，不敷银 22. 8 万两。”[7] 因此，将丰济渠随其他各干渠办法，由光绪末年的官办改为招商承包，官方将丰济渠包租于五大股承包，组成“兴盛成”，田全贵二股、张林泉二股和王在林一股。接着又开挖了刀劳召、葫素图等各支渠，洗挖了什八讫图支渠。丰济渠及其支渠草图见图 2。以后中经灌田公社承包管理四年，但因“该社经理俱系军阀爪牙，非为差弁即系护兵”[2]，普通常识不足，更难以管理水利。故本渠以西决口数百丈，五分子滩以下及基本干渠淤积，水旱频发。

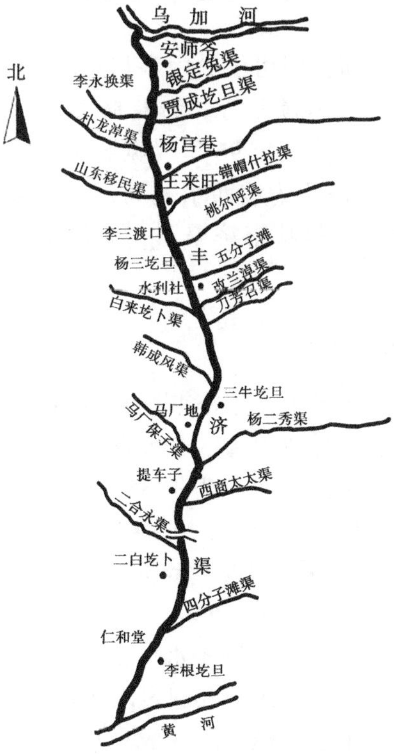

图 2　丰济渠及其支渠草图

（原载《禹贡》六卷五期，1936 年）

到 1922 年，为解决“灌田水利社”贪利忘公、舞弊丛生、管理不善，百姓怨言的情况，绥远都统马福祥请王同春出面共商计策，并接受王同春废官办为民营的建议，于 1923 年将丰济渠从灌田水利社收回，交由王同春等地商组织的“汇源公司”经营。王同春费银 1 万对丰济渠进行重新整治和浚修。但因时局变化，汇源公司承包丰济渠被中止。

1925 年，撤销垦务局下的西盟水利总局，成立包西水利总局，实行第二次官办，但因管理不善，渠道连年淤废，灌溉缩减，成效不大。1928 年，包西水利总局撤销，丰济渠作为河套水利的一部分，又划归了新设立的绥远垦务总局管理。

至 1929 年，在包头召开包西水利会议，将河套水利业务由绥远垦务总局划出归建设厅直接领导，渠利科改设为包西各渠水利管理局进行管理，改变第二次官办，将官办改为官督民修，渠道由灌区内群众自行管理，官厅进行监督[5]。建设厅接管后，通过贷款整修，丰济渠才逐步成为有名的十大干渠之一（见图 3）。

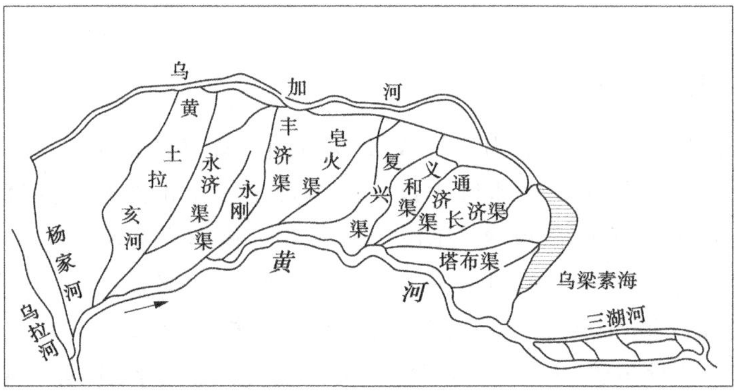

图 3　民国十大干渠示意图（丰济渠为十大干渠之一）

后因丰济渠渠口位置好，水量充沛，但可供给用水与需求用水不匹配，使得来水无退处，下游决口遭灾事故严重，每年淹地面积 500~900 顷不等。为控制洪水危害，节制入水，于 1934 年开始在渠口筑草闸，又经过四五年的整修，丰济渠全长 96 里、宽 5 丈、深 6 尺，共拥有支渠 43 道，总长 660 里。到 1941 年，恢复原有水利机构并改组为绥西水利局，丰济渠下归绥西水利局管理，晏江县水利管理局为丰济渠水利贷款计一千万元来修整丰济渠[8]，通过贷款整修，丰济渠引水、输水、配水和灌水情况大大改进。

3　新中国成立后丰济渠的改建与升级

新中国成立后，在中国共产党的领导下，丰济渠开始新的改建与升级。到 20 世纪 50 年代，由于丰济渠弯曲甚多，流向左右摆动不定，导致阻水，水大受淹，水小受旱，很难保证灌域农作物适时适量用水，为改变这种局面，丰济渠按照巴彦淖尔盟 1956—1965 年的农田规划，采取民办公督的办法初步治理了田间渠系及田间工程，包括新开挖支、斗渠 26 道等。同时，为解决乌北农业灌溉用水问题，供给乌北农区供水，从 1962 年秋开始至 1963 年春，从丰济梢部三岔口闸下贾格尔其东南至油房圪旦，开挖新渠 8.2 km，完成了过乌工程。

在此基础上，为彻底改变旧貌，解决“受制于水”的局面，又于 20 世纪六七十年代进行了乌南工程和乌北工程等，通过分批分期的扩建、改建和建设渠系配套工程，将原为低水位的地下渠、弯曲阻水严重、经常出险、渠地两高地区用水困难，改变成高水位的地上渠，基本保证了安全行水，并满足了全灌域的农田适时适量的灌溉要求，完成了丰济渠的水利建设。

改革开放以后，丰济渠贯彻中央对河套灌区整顿提高、讲求经济效益的指导思想，继续实行扩建和升级。为解决土壤盐碱化的问题，积极推进续建配套与现代化改造工程建设。在统筹推进“十四五”河套灌区续建配套与现代化改造项目建设中，于 2021—2022 年完成了丰济渠渠沟道清淤整治，建筑物维修改造，线路启闭机、电器设备维修整改，渠沟道堤背设立限高架等工程，成为河套灌区发展农业的又一重要干渠（见图 4）。

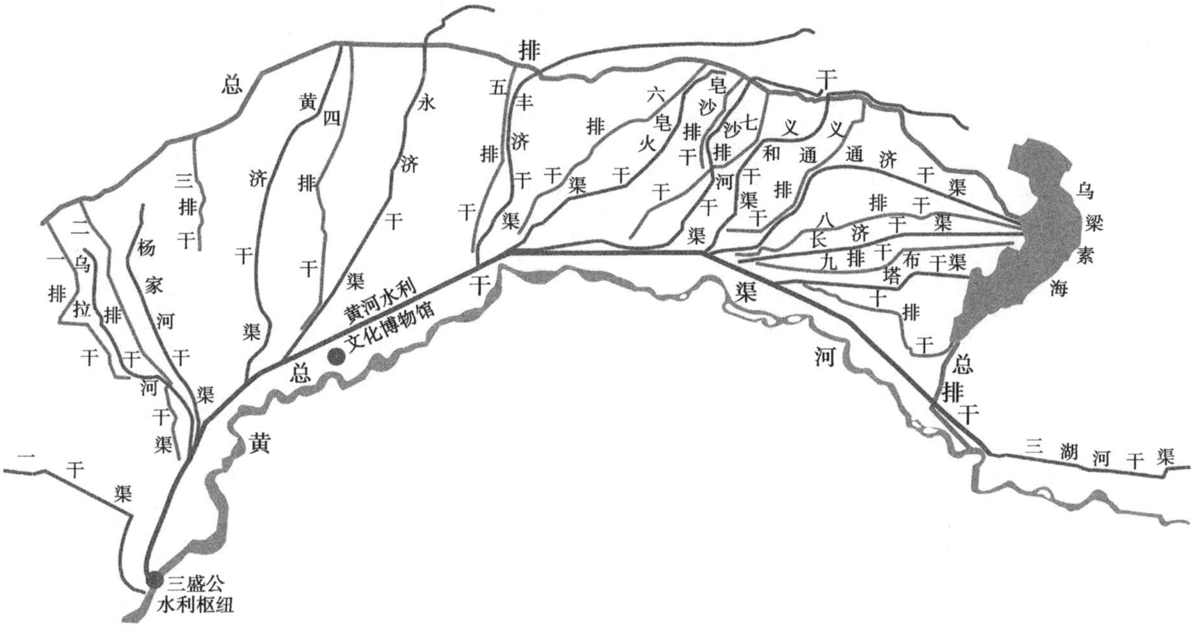

图 4 内蒙古河套灌区十三条干渠示意图（丰济渠为十三条干渠之一）

目前，丰济渠作为河套灌区的干渠之一，西临临河县，东接五原县，是五原县与临河县的地理分界线，在河套灌区中有其独特的地理意义，其在遵循上级管理机构内蒙古河套灌区水利发展中心义长分中心的指导方针与政策法规的基础上，由丰济渠供水所进行直接管理，除继续发挥农业灌溉的重要水源外，它还开始承担起水资源调配任务。同时，面对黄河水患的威胁，丰济渠还加强了防洪设施建设，确保了灌域内的安全稳定。近年来，随着经济社会的发展和生态环境的日益恶化，丰济渠愈加在河套灌区的建设中发挥重要作用，其在保障农业灌溉和水资源调配的基本功能外，开始更加注重生态环境的保护和与农业、旅游等相关产业的融合发展，综合效益不断提升。

4 结语

综上所述，丰济渠作为河套灌区水利史上的一颗璀璨明珠，其发展历程不仅是一部生动的水利建设史，更是河套地区经济社会发展的重要见证。从清中后期的起源与开挖，到民国时期的探索与发展，再到新中国成立后的改建与升级，丰济渠的每一步发展历程都凝聚着历代水利人的智慧和汗水。它不仅极大地促进了河套地区的农业生产，丰富了水利技术和管理经验，更对后世产生了深远的影响，为现代水利事业的发展提供了宝贵的历史经验与启示。

如今，随着科技的不断进步和管理的日益精细化，丰济渠正逐步引领着现代农业与水利事业向智能化、绿色化方向迈进，因此有理由相信，丰济渠将在现代农业与水利体系中继续发挥重要作用，为河套地区的可持续发展和建设全国一流灌区贡献更多力量。

参考文献

[1] 姚学镜．五原厅志稿·舆地志［M］．上卷．扬州：广陵古籍刻印社，1982.
[2] 中国人民政治协商会议内蒙古自治区委员会文史资料研究委员会．内蒙古文史资料：第 36 辑 王同春与河套水利

［M］. 呼和浩特：内蒙古文史书店，1989.
［3］绥远通志馆. 绥远通志稿［M］. 呼和浩特：内蒙古人民出版社，2007：12-13.
［4］内蒙古自治区档案馆. 清末内蒙古垦务档案汇编［M］. 呼和浩特：内蒙古人民出版社，1999：1382，424.
［5］陈耳东. 河套灌区水利简史［M］. 北京：水利电力出版社，1988：175，95-96.
［6］金天翮校编. 河套新编十六卷［M］. 内蒙古图书馆藏清光绪年间手抄本.
［7］甘鹏云. 调查归绥垦务报告书［Z］. 晋北镇守使署石印，1916.
［8］巴彦淖尔市档案馆. 巴彦淖尔市档案馆档案资料选编：民国时期河套水利（八）［M］. 呼和浩特：内蒙古人民出版社，2020：63.

水文化传承弘扬在水利风景区规划的探索与实践
——以射阳日月岛水利风景区为例

林俊雄[1,2]　赵士文[1,2]　吴月龙[1,2]　江　心[3]　张　红[2]　严雷鸣[1,2]

（1. 南京水利科学研究院，江苏南京　210029；
2. 南京水科院瑞迪科技集团有限公司，江苏南京　210029；
3. 南京市水务工程建设管理中心，江苏南京　210036）

摘　要：水利风景区作为水文化的重要载体，扮演着传承与弘扬的重要支撑作用。文章以江苏射阳日月岛水利风景区为例，初步探讨水利风景区在规划和建设过程中，如何基于水利风景资源和当地水文化特色，通过科普研学及展陈设施，丰富水文化保护与弘扬，在保障风景区水功能发挥的同时，提升文化内涵、公众参与和科普价值。

关键词：水利风景区；水文化传承；文化弘扬；风景区规划

水利风景区是以水利工程、设施、水域为依托，具有一定规模和质量的水利风景资源与环境条件，通过生态、水文、服务和安全设施建设，开展科普、文化、教育等活动或者作为人们休闲游憩的区域。

近年来，作为推动水利高质量发展、建设幸福河湖的重要载体，各地大力推进水利风景区开发建设，水利风景区建设已由“治水”与“造景”，转变为更加注重地方水文化内涵的挖掘和科普宣传，其生态质量和文化内涵稳步提升[1-2]。

在水利风景区开发建设过程中，不乏对水文化遗产保护利用的优秀案例，然而从整体层面而言，仍存在不少问题，包括：一是缺乏先进保护理念，侧重开发自然景观而忽视水文化遗产保护利用；二是秉持传统保护理念，水文化遗产处于闲置，在水利风景区中难以有效发挥；三是水文化遗产开发利用过度，造成不同程度的损坏。

1　水文化之于风景区的价值支撑

水文化主要包括物质和精神形态两大类，其中物质形态如水工程、河湖水体、水环境和水景观，是风景区的躯壳；精神形态如水文化遗产、水故事、治水记忆等，已烙上不屈不挠、聪慧质朴、奋勇抗争等地方民族文化印记，是风景区的灵魂。

1.1　彰显地方特色的水文化核心价值

随着国家黑臭河道治理、幸福河湖建设、中小河流治理等的开展实施，水清、岸绿、景美的城市幸福河湖画卷徐徐展开，已逐步满足人民日益增长的优美生态环境需求。水文化遗产是我国传统文化的重要组成部分和地方文化特色，是水利风景区的重要旅游资源，具有独特性、唯一性属性。应结合水利风景区建设，切实明确水文化遗产的宝贵价值[3]，当地与水共生、与水相融的历史记忆、民俗

基金项目：中央级公益性科研院所基本科研业务费专项资金（Y322005，Y923015，Y323001）。

作者简介：林俊雄（1988—），男，高级工程师，主要从事水利风景区、河湖水生态环境修复、海绵城市、防洪排涝等方面研究、规划、咨询工作。

特色、人文气息保护、融合和宣扬是风景区的核心价值，赋予了风景区经久不息的生命和灵魂。

1.2 突出水利风景区的科教载体作用

《水利风景区规划编制导则》（SL 471—2010）指出，准确把握风景区发展方向与定位，深度挖掘文化内涵，应将水文化理念贯穿到空间结构、功能分区、产品设计、游线布置、专项规划等[4]。水利风景区是地域旅游资源，也具有科普教育功效[5]。近年来，各地教育部门将水利风景区纳入德育教材中，通过丰富水文化宣传展示形式，发挥风景区载体作用，让水利科学、治水历史、诗词墨画、地方民俗、山水文化走出课本，发挥功效。

1.3 增进人民的参与感、满足感

坚持以水定城、以水定地、以水定人、以水定产，水资源决定了城市发展的定位、方向、规模和目标。文化种子离水而不生，在五千年灿烂辉煌的中华民族历史中，水影响着中华文化的产生和演进，是中华文化所阐释的一个重要对象主体。人民城市人民建，人民城市为人民，水利风景区建设需要人民群众共同参与，共同保护水资源、修复水生态、呵护水环境、营造水安全，在满足美丽河湖环境诉求的同时，提高人民对水文化的认同感，对文化保护与弘扬有参与感。

2 水文化保护与弘扬方式探索实践

水文化的传承和保护对推动文化、经济、政治的发展有着至关重要的作用。水文化保护不仅要保护水文化遗产，还要挖掘治水历史、治水人物、与水相关的民俗等非物质遗产，打造与水有关的聚落与建筑。

2.1 强化历史文化挖掘，突出风景区水利特色

运用古今书籍和图文资料检索收集，以及走访、座谈、采风等调查手段，对地方涉水历史与现代人文、制度规范、经济活动、科技成果、文学艺术、遗迹遗址、民风民俗、自然景观、宗教信仰、文化设施等进行挖掘和收集，梳理出关于地区水文化的历史资料。

射阳河闸作为新中国成立初期的江苏省第一座挡潮闸，具有挡潮、排涝、通航、蓄淡灌溉功能。桥墩上题有毛泽东的号召“一定要把淮河修好”，水文化特色浓重。登上河闸瞭望台，可观海上日出，欣赏射阳河水奔涌入海的壮观景色，应充分挖掘和发挥好射阳河闸的文化特色，为景区增加历史底蕴。

2.2 组织民俗文化活动，发挥风景区载体功能

深入挖掘地方民俗文化，分门别类收集整理历史文化与民俗资源，编辑、出版相关文化、典故、民风民俗、民间艺术、人物等词典，彰显地域文化特色；将草编、农民画、杂技、淮剧、盐文化、南北分界线文化融入风景区，激发游客的探谜、探知兴趣，提升该水利风景区的文化品位。

充分利用好水利风景区的自然优势及配套设施，结合假期节日和民俗文化，组织举办龙舟赛、皮划艇比赛、日月花海、花海秀场等民俗文化活动，使其成为传承文化的中枢。

2.3 丰富主题研学方式，加强水文化互动传承

充分发挥水利风景区水资源优势，结合游玩娱乐系统，打造水上游览、龙舟赛、体感博物馆、AR 技术科普区、水上花市、竹水乐园等水文化互动项目。

2.3.1 行文化之舟，亲水利之韵

在水利风景区内，通过乘坐游船游览，游客近距离研学水闸湖库设施，感受秀美生态环境，亲近水生动植物，并在水上游线设计经过钟楼水闸、水岸森林、渔舟唱晚等水文化小品，加强与地方特色水文化的碰撞和互动。

2.3.2 借传统佳节，融水于民俗

利用好端午节、中秋节、春节等节假日，充分发挥水利风景区水域平静、空间开阔、环境优美的优势，组织举办龙舟赛、折纸、月饼制作、灯会等活动，将水文化与民俗文化、体育竞技、红色文化相结合，提升民众互动性和参与感。

2.3.3 丰富体验感，体感博物馆

展馆中采用立体化沉浸式的方式感受河湖变迁、动物迁徙、地壳震颤、巨浪拍打所带来的震动、气流和气味，体验水科学进展、生物演变过程，身临其境地感受射阳河的日月变迁，趣味体验水文化。

2.3.4 技术科普区，强化互动性

在水文化科普展示区，设置AR沙盒，利用投影技术展现出相应地表的地貌，民众可通过AR技术更直观地感受地形地势的变化，自主控制降雨，模拟雨水滴落形成湖泊的过程，寓教于乐。

2.3.5 集当地资源，办亲水活动

利用特色生态岛上丰富的花卉资源，在重大节庆日举办水上花市，以竹材为主要材料，打造系列水游乐设施，游客乘船游逛水上花市，体验水乡风情，增强亲水互动，享受戏水的乐趣。

3 水利科普研学及展陈设施探索实践

加强水利科技与水文化的宣传，增强惜水、节水、护水的意识，有利于普及水利知识，提高社会对水利事业的关注程度，丰富水利风景区的文化内涵。

3.1 结合风景区驿站，打造水利文化展示馆

利用水利风景区驿站建设水利文化展示馆，共设三个展区，图文并茂，以模型展示、多媒体播放、VR演示等方式，生动形象地宣传科普、保护弘扬地方水文化。

3.1.1 第一展区：射阳水脉

城因水而生，水脉是城市诞生和演进过程中形成的人与水相互依存的关系，这种关系是在不同阶段留存的历史印记。通过“走进射阳”和“水韵射阳”两个板块，介绍地方概况、地名史话、建制沿革、文化风采、水系构成等内容。

（1）走进射阳：利用驿站设施，从地方概况、地名史话、建制沿革、文化特色等方面，展陈与水的渊源。

（2）水韵射阳：以水系图、历史影像、水利设施沙盘形式，系统介绍地方水系格局、水资源、水生态环境情况。

3.1.2 第二展区：治水记忆

本展区介绍主要治水历史及治水措施，全面展示地方深厚的水文化积淀和千秋流韵的治水历史。

（1）古代治水记忆。射阳是一座依水而存、傍水而居的古城，从春秋末期，并由唐至宋，采用动画形式，呈现古代治水重要事件。

（2）近现代治水纪实。新中国成立后，射阳大力推进水利建设，呈现1986年、1991年、2001年、2003年、2005年、2006年、2007年等重要防洪排涝事件。

3.1.3 第三展区：当代水利

本展区介绍风景区水利工程及保护管理措施，展厅放置水利建筑物模型，通过VR技术模拟展示水利建筑物，让参观者身临其境地感受水利建筑物的宏伟与壮观，了解现代水利工程运维管护措施。

3.2 利用水利科普广场，科普宣教水文化

建造水资源保护宣传馆、设立生活用水知识宣传牌、举办水文化主题活动、制作水文化知识手册和水文化景观特色融合等方式，大力宣传和科普水利知识。

3.2.1 建造水资源保护宣传馆

在水利科普广场利用景区内驿站等建筑物设置水资源保护宣传馆，内设知识展板，向游客宣传水资源保护、河长制、国家水法等相关知识。

3.2.2 设立生活用水知识宣传牌

在水利科普广场的草地上点缀生活用水知识宣传牌，采用一问一答的形式，向游客普及饮用水相关常识，内容可涉及与人们生活息息相关的自来水常识问题。

3.2.3 举办水文化主题活动

结合中国水周、世界水日等时间节点，组织举办主题特色活动，介绍相关主题的文化知识，做好水文化、生态文明的宣传科普活动。

3.2.4 制作水文化知识手册

结合水利科普广场宣传展示内容，同步制作并印发《水文化知识手册》，内容包括展出的水资源保护、河长制、国家水法、生活用水知识等相关内容，以新颖的传播形式加强水文化宣传效果。

3.2.5 水文化景观特色融合

依托射阳河、明湖等水文景观资源，射阳河历史演变，射阳河闸、大尖涵洞等水利设施，空中水瀑、水上花园、渔舟唱晚、水岸森林等水文化景观，以及竹林生态护坡、护坡、驳岸、排水沟渠等水土保持工程，开展如下五大部分水利科普活动，让游客全方位感受水文化：

（1）童话水乡片区：紫藤水巷、流苏水巷、水上花市、皮划艇、自然水世界；

（2）竹海田园片区：射阳文化水岸、日月欢歌片区、竹水乐园、水下摄影；

（3）鹤文化紫薇园片区：湿地公园；

（4）生态 U 环：生态码头、激情划水、赛龙舟、红河湾；

（5）服务中心片区：水上餐吧、水幕电影、律动喷泉。

3.3 水利科普研学活动

为进一步加强水利文化的保护弘扬，组织水利科普研学活动，通过参观水利建筑物、清理水岸垃圾、参观水利文化馆、体验污水净化试验、参加水文化知识竞答、手绘画报横幅签名等一系列活动，生动形象地科普水利文化，寓教于乐，让中小学生在科普体验中感受水利科学的魅力。

3.3.1 现场研学水利建筑设施

组织参观射阳河闸、明湖水库、泵站等水利建筑物，详尽介绍其历史、组成、功用、保护措施等，参观水库、泵站的监控操作系统，近距离感受水利建筑物。

3.3.2 开展河湖长清志愿活动

组织志愿者对景区内水岸垃圾进行清理，以实际行动保护景区水环境，在实践中强化保护水资源、水环境的意识。

3.3.3 激发水文化学习热情

基于水利文化展示馆及水利科普广场，采用文字说明、图片介绍、模型展示、多媒体演示等方式，生动形象地介绍地方水利文化，激发水利学习兴趣。

3.3.4 互动体验水处理科学试验

设置污水净化体验中心，通过简单的净化过滤试验，可直观地了解水体净化步骤，以试验的方式提高科普深度，增加水利科普互动性。

3.3.5 开展水文化知识竞答活动

组织水文化知识竞答，提高科普趣味性，激发学习兴趣，增进水文化互动宣传效果。

3.3.6 手绘画报、横幅签名活动

根据时间安排，可组织手绘画报、横幅签名活动，充分发挥参与者的创新能力，提高互动性，寓教于乐，再次巩固水利科普研学活动的教育意义，强化保护水资源、水环境的意识。

4 结论

水文化是水利风景区的精神内核，基于水利基础设施，在保障水安全、涵养水资源、修复水生态、优化水环境等水功能的同时，结合传承和积淀的地方文化特色，打造集水清岸绿、休闲修身、科普宣教等为一体的综合性水文化公园，通过水文化保护与弘扬方式、水利科普研学及展陈设施，可以提高对水文化的认同感、参与感、获得感，并为地方经济持续注入强心剂。

参考文献

[1] 王启明，李俊，曹勇. 江苏句容赤山湖水利风景区水文化建设研究［J］. 水资源开发与管理，2019（1）：73-78.

[2] 徐会显，周诗昀，卞俊杰. 长江流域管理机构直管的水利风景区水文化实践与探索［J］. 水资源开发与管理，2024，10（8）：70-73.

[3] 朱伟利. 水利风景区水文化遗产的保护与开发：评《中国水文化遗产考略》［J］. 人民黄河，2021，43（6）：170.

[4] 胡奔，马云，单鹏飞. 基于水文化的巴城湖水利风景区规划探析［J］. 水生态学杂志，2018，39（2）：41-47.

[5] 刘晓克. 基于水文化传承的水利风景区规划探讨［J］. 现代园艺，2020，43（20）：87-88.

天津商会与海河治理研究（1928—1937）

刘鹏飞　徐建平

（河北师范大学历史文化学院，河北石家庄　050024）

摘　要：近代以来，海河在天津的经济发展中发挥着重要作用。但受多因素影响，海河水灾频发，淤塞日重，对天津航运与贸易产生不利影响。政府主导下的海河浚治效果不佳，天津商会便与政府紧密合作，在治理过程中提出规划并积极筹募资金。双方在疏浚河道、修建水闸、恢复航运等方面取得一定成果。本文以天津商会对海河的治理为切入点，主要对20世纪30年代天津商会参与疏浚海河的背景、动因及具体措施进行分析，总结浚治的成果及原因，以期对今后灾害防治提供一定的经验与借鉴。

关键词：天津商会；政商合作；海河治理

1　引言

海河位于京畿地区，该河通航期长，是津埠与各地客货交流的重要航道，具有很高的经济价值。近代以来，海河水灾频繁，造成巨大破坏。同时因淤塞航道不通，严重影响天津经济发展。天津商会源于1902年由吴懋鼎、李士铭、王贤宾等人发起成立的天津商务局，1903年改为天津商务公所，1904年奉清廷商部命令，改名为天津商务总会。1918年天津商务总会依法改组为天津总商会，1931年天津总商会正式更名为天津市商会。作为华北区域经济发展中的工商业联合体，天津商会见海河淤塞对津埠经济发展影响极大，便积极承担相应的社会责任，与政府及河务部门合作，参与海河治理，为河道疏浚、灾害防治承担应有的义务。目前学界对海河流域的治理已有相关成果，但对工商界在治理过程中所起的作用并未有太多论述，也鲜从商会角度去探讨海河治理的研究。故本文以天津商会对海河的治理为视角，就1928—1937年海河治理的背景、天津商会参与的动因、商会参与治理的具体实施，以及治理的效果和原因等方面展开研究。

2　天津商会参与治理海河的背景与动因考析

2.1　海河泛滥成灾，造成严重破坏

海河由永定河、大清河、南/北运河等支流组成，流域内属温带季风气候，降水主要集中在7月、8月，年际变化大，短时间内的强降水易致洪涝灾害。地势上西北高、东南低，多数支流卷泥沙自山区而下华北平原，泥沙常常会在纵坡减缓处淤积，堵塞河床，导致河道的泄洪能力大减，灾害风险加剧。除自然原因外，人为因素也不可忽视。天津自开埠后人口增长与城市化进程加快，海河流域内的生态压力增大。过度开发、土地利用不合理等导致水土流失、淤积加剧等问题，进一步增加了洪水发生的风险。1929年夏，海河水量大涨，得益于政府加强监测并修建水利设施，子牙、南运等河堤防未发生大规模溃决，故天津市区得免于水患，但沿河各县却未幸免。8月，大清水系各河同时并涨。琉璃、胡良等河的洪流冲入白沟河，沿岸码头镇一带遭波及，新城迤南，白沟河以西，拒马河以北，杨村镇以东的全部农田、村落均被淹漫[1]。新城为大清河沿岸县城，但因“永定河南三段决口”，洪

作者简介：刘鹏飞（2000— ），男，硕士研究生，主要从事商会史、慈善史研究。

水涌入大清河，“大清河河道势不能容纳，因之前后崩溃者五六处……新城境数百里尽成泽国。”[2] 此外，武清、静海、宝坻、宁河等县“复淫雨连绵，河流溃决，全境均成泽国，平地片汪洋。”[3]

2.2 海河淤塞严重，产生不利影响

经历多次水灾后，由上游冲刷而下的泥沙在海河中大量淤积，导致河床抬高，不仅增加水灾风险，而且致使航道淤塞，水上交通不畅，且吃水较深的商轮无法直抵港口贸易，严重影响天津工商业的发展。早在1927年，海河工程局就因海河上游水流上涨冲刷下大量泥沙，致使下游“泥沙充塞，轮船载货进口，不能畅行”，下令禁止吃水量在十一尺以上的轮船驶入津埠[4]。1929年水灾时，内河航运局深感“河水汜滥恐肇危险”，令津保、津磁之间的航运停航[5]。南运河沿岸村民因惧怕大堤崩溃，“已令各种船只停止……各种载船，均在独流一带停止。”但此时正值西瓜大量上市，贩瓜之船无法驶入天津，“惟瓜船损失最大”[6]。水灾过后，津海关对大沽水深进行测量，9月水深有8英尺；至10月则仅有7英尺。1930年，天津“雨水甚少”，河流流量变小，去岁又因水涨而大量泥沙冲刷至下游，海河航道愈加淤塞。次年夏，据水利机关测量，津埠英商太古码头6月时“尚有深度一丈四尺八”，7月再测则只有五尺八寸，“而积宽度，亦不及一丈”[7]，足以说明海河淤塞情形的恶化。社会舆论对此表达严重不满，对天津商业发展也难持乐观态度。《益世报》有言，“中外各局商轮……不特不能行抵津埠，且将不能行抵塘沽”，其他来津之客商只能“完全由小轮自塘沽转运上船，”认为航道淤塞对天津商贸发展“影响极大，打击遂巨”[8]。更有甚者认为“海河自淤沙而后，轮船不能入津埠海口”，而塘沽将取代津埠成为新的贸易中心[9]。海河情形不佳，码头与轮船间来往起卸的货物均需借助驳船，而后驳船也不敷应用，均须借助于小火轮及民船运输货物。据津海关计算，商客每年支付的驳船运输费高达150万两，这一沉重负担导致大量商人不愿再将货物运至津埠，1929年子口税收较上年减少33%[10]，由此可见淤塞对贸易的严重打击。

天津商会面对商界的请愿，多次向政府或水利机关请求疏浚河道，并提出自己的经济诉求。1929年时因上游水闸关闭，水量减少，再加以泥沙大量淤积，导致砖商无水可用。砖商同业公会便向天津总商会提出诉求，商会随即向工务局致函请求开启南营门外墙子水闸，“以便商民”[11]。在1930年疏浚海河工程因时局而陷入停顿后，天津商会致函整理海河委员会，诉陈工程停止对天津市商业的打击，言“津市商业受害已深……倘一旦全市延搁，又不知尺滞何时”，因此请求政府“先就紧急范围较小部分，暂为施工”，并表示愿意承担筹集疏浚款项[12]。1931年春，天津商会又因“金汤桥至小刘庄一带，河水益浅，既防商货之起卸，尤碍航路之交通”，请求政府派挖河船尽快疏浚[13]。

此后，天津商会又多次致函河北省府、天津市府、社会局等部门请求疏浚。但请愿效果有限，天津商会作为全市工商业的联合体，财力丰厚且有专业人才，除向政府请愿外，也采取向政府提出治理方案、集资募款等多种措施参与海河治理，后文将予以论述。

3 天津商会积极谋划治理海河

疏浚航道、治理河流本属政府的职责，但水利工程成本高、投资大、回本慢，且水利部门浚治不力，治理进度十分缓慢。但航道畅通与否事关津埠经济繁荣，同时与天津商会的利益高度绑定。天津商会作为全市工商业的联合体，财力丰厚且有专业人才，采取提出治理方案、集资募款等多种措施，主动与政府合作，最大限度地集结工商界的力量，为治理海河出谋划策、集资募款，积极维持天津的商业秩序并履行相关社会责任。

3.1 商会认真谋划，提出治理方案

1929年夏，沧县、武清、静海、宝坻、宁河等县均遭灾，灾民流离失所。天津商会考虑到政府赈灾开销过大，也注意到市内“贫民游民极多”，会董孙文彦便提出“实行以工代赈之法”，组织贫民、流民参与北大关至杨柳青一带的疏浚工程，此办法“既可补助今岁冬防，又可疏通来春船运”，同时又节省赈济与工程费用，可谓一举多得[14]。此方案在当年12月的河务会议上通过，由南运河、子牙河、大清河务局拟具计划后办理[15]。此后通过出售赈灾公债，河北赈务会得款27万余元，行政

院赈灾委员会又拨给现金两万元，赈务会行以工代赈之法，组织灾民修补堤坝[16]。

河务会议上天津商会还提出了治理海河五大干流的方案。天津商会认为南运河、子牙河等干流的治理，政府应视轻重缓急，先后浚治；经费问题上，如款项过巨，则可“发行公债，定期观成”，还应建立合理的水利建设考核机制，奖惩分明，“自可事半功倍”。关于各条支流，商会提出“官督民修”，即由政府责成沿河各县知事，会同村长、村佐详细勘测河流，并动员各乡镇民众采挖沟渠，引导河水，以较低的成本防治水灾[17]。

此外，天津商会还对整理海河委员会所拟定海河治标工程方案提出己见，予以补充。天津商会提出最重要的工程为“新引河及船闸工程”，其中又以船闸建设为先。在政府规划中，先建北运河节制闸不仅可限制永定河淤沙下注海河，而且又将泥沙引入新引河，减少海河淤积，似乎一举两得。但商会认为该节制闸关闭时会影响下游商船航行，因此必须先建船闸，引导北运河水，而后再建北运河节制闸。此外，商会还详细计算了建闸所需工款，得出船闸工程总需 22. 8 万元，建设防汛闸基费用则为 15 万余元[18]。

对于水利机关疏浚不利的现象，天津商会也积极向政府反映，以求改变现状。1931 年天津商会致函河北省政府、天津市政府及社会局，陈诉海河工程局在疏浚中“频年泄沓，敷衍因循”，致使“联运中断，装卸维艰，中外商业威蒙巨大损害”，严重影响商贸发展。工程局洋员还压迫员工，引发罢工，工程一再停滞。此外，海河工程局虽每年征收巨额经费，但内部贪腐成性，“岁糜巨款，无裨实际”，天津商会认为其“毫无浚治能力”。因此，商会请求河北省政府收回海河工程局的管理权，自行办理，并进行改组，加入政府、商会人员以及专业水利人才[19]。

3. 2 政商合作，集资筹款共治海河

天津商会作为天津市工商业联合体，其在商界、银行界的号召力不容小觑。以平息挤兑风潮为例，1929 年 3 月底，天津市各银行发生挤兑，其中以劝业银行最为严重。银行同业公会随即召集各行会员开会，商讨方案。随后议决由各银行筹集五十万元作为“担保之借款”；同时，天津商会与政府沟通，动员社会局、公安局等机关消弭谣言，惩治奸商[20]。在商会与政府部门的努力下，至 4 月初，挤兑风波已完全平息[21]，足见天津商会的影响力。

3. 2. 1 电请政府拨款治理

1928 年，津埠贸易因河道淤塞日渐衰落，天津商会会董卞白眉提出以庚款作担保疏浚海河。建议由政府发行河北工库券，以天津海关进出口临时附捐作为基金，向各轮船、转运、货栈、保险等公司及中外商人分别劝募，作为治河经费。同时，卞白眉还提出也可利用英国退还的庚子赔款作基金担保。请由中央与英国政府交涉，从退还庚款中借拨 50 万镑作为工库券担保，巩固信用。此外，如需紧急用款，可以将库券作为抵押，调拨所借庚款以免工程延误。“一俟券款募集若干，即随时归还庚款，将该项库券赎回。”[22]

此后，天津商会又多次请求政府拨庚款以治河。因 1931 年中英庚款董事会议上未将英、俄庚款余额分与华北水利建设，华北水利委员会特致电建委会，要求拨付 20%庚款以作水利建设之用[23]。天津商会也声援华北水利委员会，在 4 月的执监委联席会议上通过议案，请求政府拨付庚款以兴办华北水利。随后致函国府、行政院等政府部门，提出诉求，“请求分拨庚款一部分，以为疏浚河北省各河与兴办水利之用”[24]。最后，英国虽未回应，但荷兰表示愿将庚款用作水利建设。1931 年 5 月，荷兰公使欧登科发表谈话，将荷兰庚款 14 万元，“将来拟移作疏浚天津海口或海河工程之用”[25]。

1933 年，永定河治本计划、独流入海减河计划及青龙湾减河疏浚工程方案经华北水利委员会讨论后通过。但三项工程“工艰费巨，实施无期”。恰逢此时，国民政府向美国复兴金融公司借款 2 000 万美元，天津商会闻将部分棉麦借款“指定为兴办铁道水利之用”，便致电中央陈述华北水利的重要性，并请求“拟请就棉麦借款中，尽先分配该三项工程所需之款”，以助力水利建设[26]。

3. 2. 2 分销海河公债

1929 年，河务会议上天津商会提出发行公债筹集资金的办法，政府予以采纳。河北省政府向财

政部请示设立海河工程短期公债基金，在关税5%上增加8厘作为治理海河基金。获财政部同意后，整理海河委员会组建公债基金保管委员会，公推天津商会主席张仲元加入，以期借助商会影响力筹集基金[27]。关于公债承销，银行公会主席卞白眉、吴大铨等与中外各银行多次协商，确定由中国银行、交通银行等共六家银行“共分担劝募票额三百万元”，外国银行如汇丰银行、麦加利银行、花旗银行、中法工商银行等共承担劝募一百万元票额，后因海河公债条例修改，改为由中法工商银行单独承募一百万元[28]。至1931年8月，海河公债基金已筹集119万余元[29]，为疏浚海河提供了坚实的经济基础。

3.2.3 商人自行募款浚治

1931年7月，为防夏汛，南运河下游疏浚委员会开会讨论疏浚计划。河务部门汇报工程共需款45万余元，但“当此财库奇窘之际，官方完全筹拨，恐力有未逮”，天津商会主席张仲元则提出筹款办法，建议官民共筹。政府可让沿河各县“出夫挑挖”，按做工量给予饭资，此法可省一半费用，其余款项可由政府、商民各承担一半[30]。委员会采纳商会方案，天津商会承担起筹款责任。5月31日，商会即召集各同业公会商议各业承募款项[31]。会后议定根据各业规模大小及关系紧密程度规定各业公会承担款项，如长芦盐商、开滦煤款、各煤油公司、米业、面粉业等多依赖河运的行业各自承担8 000~10 000元不等，而行业规模较小的商人承款较少，如卷烟业仅承担1 000[32]。款额分配结束，商会即催促各业公会尽快募款，“迅速筹措，以期早日开始工作”[33]。至1933年初，商会将部分款项交建设厅，作为河流测量及南运河下游疏浚委员会办公经费[34]。

除商会筹款外，商人也自行募款，委托水利机构疏浚河道。1932年春，海河复淤，“较大商轮，已不能驾驶入津”，各轮船公司、贸易公司、货栈等蒙受重大损失。为疏通航道，便利贸易，各公司及货栈共筹疏浚款200万元，并与海河工程局订立合同，由该局负责工程实施。海河工程局在接收款项后即商妥疏浚挖淤办法[35]。

4 政商合作下海河的治理效果与原因分析

4.1 政商合作下的海河治理成效

在天津商会的帮助下，海河公债基金筹得巨款，进入施工阶段。整理海河委员会首先于永定河、北运河两河交汇处的东淀一带设置放淤区，其次于各河建节制闸，“以沉淀永定河之泥沙”，使含沙量较小的河水经海河直接入海。此外，还全力挖浚河流中淤积最重、深度最浅的部分[36]。经一年半的施工，疏浚工程取得一定效果。1932年7月，首次开闸放水试用各闸。此时永定河夏汛来临，整理海河委员会命工程人员开启进水闸，河水由新引河直入放淤区域，永定、北运两河的泥沙已不入海河。首次试闸成功，泥沙也成功引入放淤区，海河含沙量减少[37]。1933年，据整理海河委员会测量，金钢桥一带“水深海平线以下六英尺”，较1931年深3英尺；马家口一带较1930年深2尺，为19.5尺，天津海关至开滦矿局一带水深较前深4尺多，已达8尺6寸，其余各河水深均有增加[38]。由此可见，疏浚海河工程取得一定成效，为天津市商业恢复提供了客观条件。

4.2 总体治理效果不佳及原因分析

政商合作使海河部分河段的生态、航运条件得到改善，但疏浚过后海河依旧复淤，春、夏两季依然导致水灾，淹没沿河各村。从整体来看，根治海河的目标依旧未达成，其中原因也值得探究深思。

首先是疏浚效果不佳，河道复淤，对商贸影响巨大。1933年夏，永定河下游淤塞。后虽进行清淤工作，但河道依旧淤浅，商船只得在塘沽卸货，交驳船费后方可用驳船运入港内[39]。于商人而言，负担依旧沉重。其次，天津商会募款过程也颇多曲折。此时，天津市面并不景气，各商号负担较重，实无能力捐助，如米业同业公会多以商业不振为由拒绝捐助。1931年，南运河下游疏浚委员会计工款为45万余元，天津商会主动承担一半款项。随后，商会即给各业公会摊派款额，米业公会承担8 000元，但米业公会言此时“凋敝难堪”，先后退出同业公会的米商有十余家，其余也是“勉强支撑”，再加以“今年市情疲滞，景气毫无”，故“实无能力捐助”[40]。绸布纱公会也因对日经济绝交，市面凋敝，表示“本会摊数一时诚难齐集”[41]。最后，治河因牵涉多方利益，相关方阻碍工程实施，导致治河困难重重。1933 年，为冲刷淤积需占地放淤，但地主多次阻碍放淤工作，导致工期只能一再拖延。整理海河委员会只得向政府申请拨款，购买放淤所占农地[42]。同年 10 月，淀北二十四村因不满政府补偿方案，极力反对购地放淤[43]。

综上所述，政商合作确是有效的变通之策，可以有效解决工程实施中的部分问题，取得浚治的初步成果。但由于河务部门与天津商会各自存在的问题，致使海河治理工程进展缓慢，整理海河委员会在治理过程中还不断加码，增加经费，使得商人群体面临沉重的经济负担，最后至整理海河委员会解散，其工程也未全部完成，根治海河的目标也未达到。

5 结语

1928—1937 年，天津商会在政府财政困绌、水灾频发且航道严重淤塞、商业不振的情况下选择与政府合作，主动承担起相应责任，并提出浚治意见，尽力为各项水利工程筹款，将自身经济实力与政府的治理规划有机结合，在海河治理中取得一定成效，减轻了海河的淤积，恢复了内河客货运输，有效维持了商业秩序。同时，在实际操作中受制于多种因素，天津商会与政府的合作最终也未达成根治海河的目标，但治理过程中政商合作的方法在整合资源、协调沟通等方面具有积极意义，对后世灾害防治也起到了一定借鉴和启发意义。

参考文献

[1] 天津市档案馆．天津地区重大自然灾害实录［M］．天津：天津人民出版社，2005：26-28.

[2] 新城县水灾奇重［N］．大公报，1929-08-13.

[3] 河北省旱涝预报课题组．海河流域历代自然灾害史料［M］．北京：气象出版社，1985：842.

[4] 海河淤塞航行不便［N］．大公报，1927-09-02.

[5] 内河航运恢复后［N］．大公报，1929-08-29.

[6] 南运河不准行船［N］．益世报，1929-08-25.

[7] 各河水带淤而下影响海河几至浅涸［N］．大公报，1931-07-19.

[8] 海河口岸逐渐淤高［N］．益世报，1931-05-15.

[9] 塘沽市面繁荣［N］．益世报，1928-02-04.

[10] 吴弘明．天津海关贸易年报（1865—1946）［N］．天津：天津社会科学院出版社，2006.

[11] 总商会再请工务局开放河闸［N］．益世报，1929-06-17.

[12] 整理海河停顿后［N］．益世报，1930-04-27.

[13] 市商会请疏浚海河［N］．益世报，1931-04-17.

[14] 津商会为整理海河事致海河整理委员会函并提议书［M］//天津市档案馆．天津商会档案汇编（1928—1937）．天津：天津人民出版社，1998：2264.

[15] 御河下游应速疏浚［N］．益世报，1930-02-16.

[16] 温寿泉提议挪用海河公债［N］．益世报，1929-09-25.

[17] 浚治五大干河［N］．益世报，1930-12-19.

[18] 整理海河委员会提告海河治标工程所需经费额数文［M］//天津市档案馆．天津商会档案汇编（1928—1937）．天津：天津人民出版社，1998：2265.

[19] 津商会指控海河工程局户位溺职请收回改组函并市政府批［M］//天津市档案馆．天津商会档案汇编（1928—1937）．天津：天津人民出版社，1998：2265.

[20] 津银公会允拨五十万［N］．益世报，1929-03-29.

[21] 挤兑风潮完全过去［N］．益世报，1929-04-01.

[22] 卞寿孙拟请借拨英国退还庚款浚治海河救济津埠意见书并内政部复电［M］//天津市档案馆．天津商会档案汇（1928—1937）．天津：天津人民出版社，1998：2261-2262.

[23] 华北水利会请拨庚款［N］．世界日报，1931-04-02.
[24] 天津商会请拨庚款疏濬各河［J］．山东省建设月刊，1931，1（5）．
[25] 荷使欧登科谈话［N］．世界日报，1931-05-07.
[26] 津商会为请拨棉麦借款根治海河永定河淤塞航道事致行政院全国经济委员会电［M］//天津市档案馆．天津商会档案汇（1928—1937）．天津：天津人民出版社，1998：2270-2271.
[27] 为公推张品题参加海河工程短期公债基金保管委员会事致财政部电［Z］．1931-10-27，天津档案馆藏，档号：401206800-J0128-3-006539-003-00012.
[28] 海河公债已无问题［N］．益世报，1929-09-11.
[29] 海河公债基金报告［N］．天津商报，1931-08-25.
[30] 疏濬南运河［J］．河北建设公报，1931，3（9）．
[31] 市商会召集各业公会讨论疏浚南运问题［N］．益世报，1932-05-29.
[32] 各行业担任南运河疏浚费用清单［M］//天津市档案馆．天津商会档案汇编（1928—1937）．天津：天津人民出版社，1998：2279-2280.
[33] 疏濬南运河津商会催摊款［N］．东海日报，1932-09-02.
[34] 疏濬南运河下游动工有期［N］．天津商报，1933-02-22.
[35] 航商货栈合资疏浚海河［N］．大公报，1932-04-19.
[36] 开冻以后海河深量调查［N］．大公报，1933-03-30.
[37] 永定河伏汛下注海河会启放进水闸［N］．益世报，1932-07-02.
[38] 开冻以后海河深量调查［N］．大公报，1933-03-30.
[39] 海河淤塞轮船暂难入口［N］．益世报，1933-06-23.
[40] 各行业担任南运河疏浚费用清单［M］//天津市档案馆．天津商会档案汇编（1928—1937）．天津：天津人民出版社，1998：2279-2282.
[41] 绸布纱公会请由经济绝交会拨付疏浚南运河商款未成［J］．天津棉鉴，1933，3（5）．
[42] 整理海河会工程参观记［N］．大公报，1933-09-22.
[43] 关于海河［N］．天津商报，1933-10-07.

南宋诗家词人淮河岸边挺起民族脊梁

孙玉清

［江苏省淮安市洪泽区运河（淮河）文化研究中心，江苏淮安　223100］

摘　要：淮河，这个南宋时期的疆界，曾是英雄泪洒的古战场，历来为兵家必争之地，金戈铁马，刀光剑影，上演过无数的历史传说，演绎出独树一帜的淮河文化。在宋金对峙淮河和元军越过淮河之时，诗家词人们在淮河岸边唱响了爱国主义时代主旋律。本文从国家使节悲愤填膺、政府官员坚决主战、军中将士誓死报国、社会名流矢志不渝、平民百姓不甘受役等五个层面略述诗家词人所表现出的强烈家国情怀，他们在淮河岸边挺起了中华民族的脊梁，更加丰富了我国优秀传统文化的内涵。

关键词：诗家词人；爱国主义；民族脊梁；淮河文化

南宋时期，金兵和元军铁骑先后滚滚南下，美丽山河破碎，大好国土沦陷，人民流离失所，家园洗劫一空，百姓苦不堪言。面对悠悠的淮河，诗家词人们的心都碎了，所有文字都化成了满腔仇恨，表达出爱国主义时代主旋律。本文从国家使节悲愤填膺、政府官员坚决主战、军中将士誓死报国、社会名流矢志不渝、平民百姓不甘受役等五个层面略述诗家词人所表现出的强烈家国情怀，他们在淮河岸边挺起了中华民族的脊梁。

1　国家使节悲愤填膺

承担朝廷使命的国家使节，出使来到淮河边，以无限感慨的“三对”燃起悲愤填膺的怒火，体现他们期盼已久的“还我河山”的愿望。

沦陷之痛哀恻，对国土丧失感到屈辱。这是“塞上”淮河，“全番长笛横腰鼓，一曲春风出塞声”（《过磨盘得风挂帆》），杨万里听闻长笛腰鼓之声顿时感觉昭君出塞之音。“塞上阴云空漠漠，江边艇子故悠悠”（《府江楼》），虞俦见到塞上阴沉天气时心情抑郁。这是“天涯”淮河，“何必桑干方是远，中流以北即天涯”（《初入淮河四绝句》），杨万里迎接金国贺正旦时感慨无限。这是“边境”淮河，“极目俄登最上岩，秋风衰草塞云闲”（袁说友《登第一山》）、“谁将淮水分南北，直到幽燕始是边”（王信《第一山》）等诗句，道出南北阻断的时代悲剧[1]。

恢复之志难酬，对议和偏安态度否定。在贮藏进贡金国物资岁币库的淮河南岸盱眙第一山上，一些过往的官员经常在游完后镌石题名留诗，有的使节目睹此状，直嘲官员贪逸享乐，而忘却恢复之志，郑汝谐就写有诗句“燕山有石无人勒，却向都梁记姓名”（《题盱眙第一山》）。有的使节只能用暗语表达感受，“岁晚民方愁道路，天寒我亦困风波”（《初八日早出洪泽闸泛淮》），这是虞俦借“愁道路”“困风波”的旅途艰辛表达不满；“坐令和气三边满，便觉胡尘万里收”（《北行雪中渡淮》），这是楼钥暗讽朝廷自欺欺人。

故土之情常记，对中原回归坚信始终。对神灵的虔诚，袁说友留有诗句“自是皇灵频震叠，也知神力解因成”（《谒洪泽镇龙祠》），许及之和有诗句“护客往来今九度，感神昭假等三成”（《和袁同年接伴谒洪泽镇龙祠韵》）。对朝廷的赤诚，范成大看到百姓万人迎接，写下诗句“船旗衮衮径

作者简介：孙玉清（1964—），男，江苏省淮安市洪泽区运河（淮河）文化研究中心副会长，主要从事历代诗词中的洪泽湖历史文化研究工作。

长淮，汴口人看拨不开”（《渡淮》）；而许及之目睹故园失守，也有诗句“底须分尔界，何处不吾民”（《入淮》）[2]。对家庭的忠诚，林仲虎在《出疆》一诗写道：“去时不敢留姓名，一身万里鸿毛轻。征鞭不返长淮水，正恐来螯愁此行。”

2 政府官员坚决主战

一些政府官员，站在淮河边北望被占领的中原地区，以铿锵有力的“三斥”奏响坚决主战的时代强音，体现他们从未忘却的“统一国家”的意志。

朝廷宰相怒斥求荣。李纲，这位主战派宰相，有着“负天下之望，以一身用舍为社稷生民安危”的美誉，在被奸佞卖国集团排挤出朝廷又被贬谪流放后，跪伏地上看完高宗让位《内禅诏书》，留有诗句“退避固知非得计，威灵何以镇殊方”（《述怀》），义正词严地对朝中颇盛行的退让、媾和、投降的主张予以反驳[3]；用发生在淮河支流以少胜多的淝水之战写下咏史词句“天险难逾，人谋克壮，索虏岂能吞噬”（《喜迁莺·晋师胜淝上》），衷心地希望高宗以古为鉴，须知少可以胜多，弱可以胜强，强敌不足畏，全在“人谋克壮”。

国家重臣痛斥求和。户部尚书叶梦得登上寿阳楼，缅怀古人感触国事，自伤年暮岁晚，写下词句“可堪岁晚，独听桓筝?”（《八声甘州·寿阳楼八公山作》）。工部尚书王遂，心痛南北依然分裂，留有诗句“淮源千古贯中州，南北分来九十秋”（《谢赵庐州送淮白》）。大宗正丞赵崇嶓，在凉飕飕的秋风里，反思家国兴衰责任，写有诗句“秋风淮水白苍茫，中有英雄泪几行”（《淮河水》）。面对南宋北伐军在淮河北岸的符离溃败严峻的形势，建康留守张孝祥责疑苟安一隅政策，写出词句“使行人到此，忠愤气填膺。有泪如倾”（《六州歌头·长淮望断》）。

地方官吏严斥求安。平江府通判赵善括，留有词句“功名遂，向急流勇退，肯恁徘徊”（《沁园春·和辛帅》），关切国家前途。淮浙安抚使参议陈造，写下诗句“功名它日事，回首兴萧条”（《都梁六首二》），勇于为国分忧。江东安抚司干官崔敦礼，写有诗句“自昔好山犹故色，只今清泗漫安流”（《龟山》），永怀昔日盛世。淮东安抚司干官方岳，送别友人时留下诗句“肯携金印问钱谷，盍上玉堂调笔墨”（《送少卿奉使淮西》），希望建设美好家园。

3 军中将士誓死报国

一些著名爱国将士来到处于前线的淮河，心境难平，以抛洒热血的“三性”高高地昂起誓死报国的头颅，体现他们始终如一的“北伐中原”的豪情。

千古名句“王师北定中原日，家祭无忘告乃翁”，陆游的抗敌秉性一生相伴淮河边。生于淮河岸边的陆游罢官后继续抗金，“国家四纪失中原，师出江淮未易吞”（《山南行》），这是诗人担忧未来；“那似宦游时，折尽长亭柳”（《生查子·淮口》），这是诗人难忘收复；“遗民忍死望恢复，几处今宵垂泪痕”（《关山月》），这是诗人牵挂遗民[4]；“胡尘漫漫连淮颍，泪尽灯前看地图”（《夜观子虡所得淮上地图》，这是诗人心叹无为。《山南行》《生查子·淮口》《关山月》《夜观子虡所得淮上地图》相伴《示儿》，反映出诗人宁可献身也要驰骋疆场的强烈情感。

千古佳作“何处望神州？满眼风光北固楼”，辛弃疾的抗金贞性一以贯之淮河旁。辛弃疾落职退隐后心念抗金，“凭栏望，有东南佳气，西北神州”（《声声慢·滁州旅次登楼作和李清宇韵》），这是词人与友人李清宇同游登上刚建成的奠枕楼与民同乐仍心系失地之言；“却将万字平戎策，换得东家种树书”（《鹧鸪天·有客慨然谈功名因追念少年时事戏作》），这是词人闲居在家因抗金救国建议没人采纳而忧国忧民之语。《声声慢·滁州旅次登楼作和李清宇韵》《鹧鸪天·有客慨然谈功名因追念少年时事戏作》贯之《南乡子·登京口北固亭有怀》，表达出词人宁可牺牲也要全力抗金的坚定决心。

千古绝唱“人生自古谁无死，留取丹心照汗青”，文天祥抗元硬性一脉相承淮河畔。宰相文天祥兵败被俘押解北上大都过淮河时强烈抗元，“妻兮莫望夫，子兮莫望父。天长与地久，此恨极千古”

(《过淮河宿阚石有感》),这是词人在过淮水阚石时告诉在燕京的妻子,已决心牺牲生命,体现出视死如归的豪情;“芳草中原路,斜阳故国情。明朝五十里,错认武陵行”(《小清口》)[5],这是词人在过清口时将囚虏行程错作以前的招兵之行,彰显出有心无力的遗憾。《过淮河宿阚石有感》《小清口》传承《过零丁洋》,展示出诗人宁可杀头也要血战元军的博大胸怀。

4 社会名流矢志不渝

社会名流前来永远心痛的淮河边时,忍不住泪流满面,以赤胆忠诚的“三心”尽显矢志不渝的气节,体现出他们自始至终的“收复失地”的决心。

一代诗人心藏家国情怀。著名江湖诗派诗人戴复古,游历淮河,留有诗句“莫向北岸汲,中有英雄泪”(《频酌淮河水》),告诫人们不要去北岸打水,因为在那里有英雄的泪水;目睹淮河边上的村庄田野一派萧条,写下诗句“几处败垣围故井,向来一一是人家”(《淮村兵后》),对遭受兵乱的人民表示深厚的同情和对入侵敌人的仇恨;登上盱眙都梁山北望淮河,写有诗句“难禁满目中原泪,莫上都梁第一山!”(《盱眙北望》),实在不忍心登山眺望中原大地[6]。

一代大师心存国仇家恨。宫廷琴师汪元量:在宋恭帝以及后宫等三千余人被元兵押解北上夜经淮河时,听到如怨如诉的琴声,引起强烈的共鸣,写有《水龙吟·淮河舟中夜闻宫人琴声》这首词,留有词句“目断东南半壁,怅长淮、已非吾土”,将自己亲历的一幕做了记述,体现出悲愤之情[7]。音律大师施岳:面对淮水未能阻挡元兵南下,由此写出《水龙吟·翠鳌涌出沧溟》,中有词句“淮水东流,塞云北渡,夕阳西去”,抒发了自己英雄失意的激愤和中原恢复遥遥无期的悲哀。

一代名家心中望眼欲穿。南宋著名理学家刘子翚:南渡后虽隐居乡里,但无时不忧国,留有诗句“淮山已隔胡尘断,汴水犹穿故苑来”(《北风》)。南宋著名教育家、理学家陈普:元朝廷授予福建教授,三不赴诏,回乡开办书院,且悬挂“志不仕元”横匾以明志,写下诗句“何事佛貍能度淮,中原千尺髑髅台”(《咏史下·刘裕》)、“义旗照日映淮流,不为曹孤为夏侯”(《咏史下·诸葛诞》)。南宋著名思想家、文学家、政论家叶适:以作答形式写有《答李制置》一诗,希望能实现收复淮水失地的抱负,留有诗句“喜槌恨不投淮流,复传侯挚能校谋”。

5 平民百姓不甘受役

平民百姓,在淮河边面对朝廷的软弱无能和中原的沦陷,以掷地响亮的“三问”发出不甘受役的吼声,体现他们赓续不断的“抗击金元”的勇气。

宝刀未老发问何时剑拔出鞘?曾任湖广总领的蔡戡,因不肯与权奸为伍,便辞官告老还乡,目睹淮河景象时便写下《盱眙》一诗,“击楫何人酬壮志,凭栏终日惨愁颜”,问像中流击楫的祖逖那样空怀壮志何时能结束?曾任江东安抚使的王埜晚年赋闲在家,回忆起当年过淮河时,写下《西河·天下事》一词,“千古恨,吾老矣。东游曾吊淮水”,发问何时收复失地?曾任抚、徽等州知州的汪藻,因与当权者抗金政见不和而被罢职回家,写下《淮水分清》这首诗,“澄清高寒鸳鸯口,割据平分蛟龙宫”,想知道大小清口何时才能同属宋代?

山河破碎痛问何时结束分裂?金兵南侵时掳走了大批淮上良家妇女,有一淮上女题下词《减字木兰花·泗州题壁》,“恨旧愁新,有泪无言对晚春”,想问问洗尽屈辱待何日?五月五日端午节这天,吕本中为好友李元辅送别,“更念屈大夫,是日遇奇祸”,写下《五月五日》这首长诗送给李元辅和诗,问国家哪天能强盛?张绍文在淮阴城目睹朝廷文恬武嬉,不禁感慨系之,留有《酹江月·淮城感兴》这首词,用“问神京何在?”“天地凭谁整?”“毕竟中原谁定?”三问宋元战争几时休?[8]

积贫积弱责问何时回到故里?路德章旅居盱眙,听到接近中原人的语音,勾起对北方乡土和人民的无限怀念,写下《盱眙旅舍》一诗,“渐近中原语音好,不知淮水是天涯”,想知道淮河疆界何年会消失?看到淮河边防空虚,冯取洽留下《贺新郎·次玉林感时韵》一词,“叹长淮、篱落空疏,仅余残垒”,便问道这怎么能抵挡得住金军的进攻?罗绮站在淮河边北望燕山,写有《题汪水云诗卷》

一诗，“南越长淮北眺燕，三书上彻九重天”，想问问淮河与燕山两地什么时候能自由来往？

6 结语

习近平总书记指出，爱国主义是我们民族精神的核心，是中华民族团结奋斗、自强不息的精神纽带，而中华优秀传统文化是中华民族的文化根脉。本文略述南宋诗家词人们强烈的家国情怀，他们在淮河岸边挺起了中华民族的脊梁，所展示出来的淮河文化更加突出地体现了中华优秀传统文化的精髓。在当今世界百年未有之大变局背景下，我们就是要将南宋诗家词人的爱国主义精神发扬传承，以中华优秀传统文化鼓舞凝聚人心，全身心致力于实现中华民族伟大复兴中国梦，让中华民族以更加昂扬的姿态屹立于世界民族之林。

参考资料

[1] 杨武飞．南宋使节诗人渡淮心理探析［J］．怀化学院学报，2015 ，34（1）：93-96.
[2] 周秀林．南宋时期淮河两岸文化探究：基于南宋诗歌视角［J］．滁州学院学报，2010，12（6）：24-26.
[3] 夏宝国，裴安年．千秋诗文洪泽湖［M］．北京：中国文史出版社，2011：107.
[4] 缪钺，等．宋诗鉴赏辞典［M］．上海：上海辞书出版社，2015：998-999，1204.
[5] 葛以政，李锦兰．屈辱悲愤的南宋咏淮诗［N］．淮海晚报，2005-06-28.
[6] 洪泽湖志编纂委员会．洪泽湖志［M］．北京：方志出版社，2003：526.
[7] 贺新辉．宋词鉴赏辞典［M］．北京：北京燕山出版社，2009：1124.
[8]《运河枢纽高家堰历代诗文选编》编委会．运河枢纽高家堰历代诗文选编［M］．北京：中国文史出版社，2019：118.

黄河流域发展历程与治理方略演变研究

王嘉仪　陈海潮　李庆国

（黄河水利委员会黄河水利科学研究院，河南郑州　450003）

摘　要：“黄河宁，天下平”，黄河的安危历来是中华民族的心腹之患。本文深入剖析了黄河下游河道频发决口、改道的自然成因与人为因素，基于河道演变的历史，将黄河流域的发展历程划分为四个阶段，梳理不同历史时期的治理方略与实践发展。随着人类对黄河水沙特性和河床演变规律认识的不断深化，治理策略已经从单一的“治水”导向，逐步演进为“水沙并重”的治理模式，并最终迈向“全面综合治理”的新高度。

关键词：黄河；流域发展；治黄方略；历史变迁

1　黄河下游河道变迁影响因素分析

黄河以“善淤、善徙、善决”闻名于世，这一特性尤以下游河道为甚。据史料记载，自公元前602年以来，黄河下游河道决口多达1 590余次，较大的改道有26次[1]。下游河道的频繁决溢、改道现象受自然因素与人为因素的双重影响，两者共同决定了河道复杂多变的自然形态和流路趋势。

1.1　自然因素的主导作用

黄河自古以来便以“浊河”著称，其水体含沙量之高，有“河水重浊，一石水即有六斗泥”的说法[2]。黄河流经地区多为干旱半干旱的大陆性季风气候区，上中游地区降水季节分布极不均匀，主要集中在夏秋季节，尤其是7—10月，平均降水量占全年的60%~70%[3]，短时间内大量降水以暴雨形式倾泻而下，加之黄土高原疏松的土壤特性，暴雨径流挟带大量泥沙裹入黄河，使得黄河成为世界上含沙量最高的河流之一。黄河下游流经华北平原，地势平坦，河流比降小，水流速度减缓，泥沙易于沉积。大量泥沙在下游河道中沉积，逐渐抬高河床，形成“地上悬河”，增加了河道决口和改道的风险[4]。大汛期间，若堤防体系无法有效抵御洪水冲击，轻则河水漫溢，重则决堤改道，历史上“三年两决口，百年一改道”的记述便是这一现象的生动写照。

1.2　人类活动的加速作用

黄河不仅是华夏文明的发源地，也是人类活动与自然相互作用的重要舞台。历史时期，黄河中游曾是植被茂盛的暖温带林区，良好的植被覆盖有效减缓了水土流失。然而，随着人口增长与农业扩张，无节制的垦殖、过度放牧及不合理砍伐导致森林植被急剧减少，地面裸露，加剧了水土流失和泥沙入河量。此外，在长期的治水过程中，人类采取了一些不合理的措施，如盲目筑堤防洪等，虽然在一定程度上缓解了洪水威胁，但也改变了河流的自然状态，加剧了河道的变迁和不稳定性。另外，历史上多次发生“以水代兵”的人为决堤事件也对黄河下游河道的变迁产生了深远影响。这些事件不仅直接导致了河道的改道和决口，还破坏了河流的生态平衡和流域内的社会经济结构。

2　基于河道变迁的黄河流域发展历程

历史上，黄河下游地区究竟发生过多少次大的改道，说法不一。胡渭在《禹贡锥指》中指出，

作者简介：王嘉仪（1988—），女，高级工程师，主要从事黄河文化研究、河道整治工作。

自大禹到明代，黄河共发生过 5 次大的改道。刘鹗在《历代黄河变迁图考》中的黄河变迁图里绘出了 6 次大的改道。《邓子恢文集》中认为，黄河下游河道在 3 000 多年中发生重要改道 26 次，其中大的改道 9 次。叶青超（1990）提出，黄河下游共发生 7 次大的改道。徐福龄（1996）从地质学角度来分析黄河下游河道迁徙的原因，提出的 5 次大改道为基本脉络[5]（见图 1）。这种差异部分源于史料记载的详尽程度不一，部分则因研究方法和侧重点的差异所致。通过系统分析文献资料，综合各家之言，认为黄河下游在数千年间的每一次改道，都深刻影响了流域内的自然地理、社会经济乃至历史文化格局。结合河道变迁，大致可以将黄河流域发展分为四个历史时期。

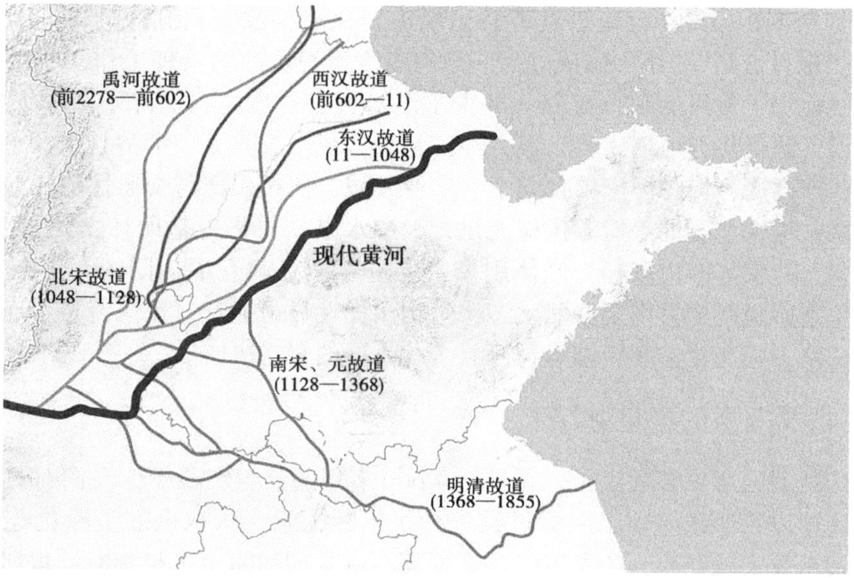

图 1　黄河故道分布

2.1　先秦时期：黄河流域文明的曙光初现与早期发展

这一阶段“禹河故道”稳定持续千余年，见证了黄河流域早期文明的形成与发展，以及人类为适应和改造自然环境所做出的努力。《尚书·禹贡》记录了关于黄河治理的重要信息，其中包括对黄河地理特征的描述以及对洪水灾害防治的方法，这反映了古人的智慧及其对黄河自然规律的基本认识与初步应对措施。从考古学的角度来看，黄河流域的早期文明与水利工程密切相关，例如在龙山文化遗址中发现的水井，到了夏商周时期，人们开始建设更加复杂的引漳十二渠等灌溉系统，这些工程不仅促进了当时黄河中下游地区城市群的形成和发展，也为后来的水利技术进步奠定了基础。

2.2　秦代至元末：黄河流域历经沧桑变迁与成熟发展

黄河从无堤约束的自由河流演变为受到人工堤防严格控制的“地上河”。此阶段，黄河历经三次重大改道：公元前 602 年，宿胥口东迁，开启“西汉流路”，稳定六百余载；11 年，魏郡决口，形成“东汉流路”；北宋 1048 年，商胡决口，黄河北流至天津入海，即“北流”。尤为独特的是，1060 年魏郡以东分出“东流”，丰富了黄河水系。面对频繁改道，历代朝廷积极施策，筑堤疏浚，虽未能根治水患，却为后世积累了宝贵的治水经验。这些决口、改道事件，不仅重塑了黄河地貌，更在政治、经济、社会等多个层面促进了黄河流域的全面发展。随着政治环境的变迁与技术的不断进步，黄河流域的经济结构实现了从单一农业向多元化经济的转型，城市化进程加速，商业与手工业空前繁荣，不仅成为中国政治与文化的核心地带，还为黄河流域的长期繁荣奠定了基础。

2.3　明清至民国：黄河流域发展面临转型与多元影响

宋高宗建炎二年（1128 年），黄河在李固渡（今河南省滑县境内）遭人为决口，其流向骤然改变，向南迁徙，形成了后世所称的“明清流路”。改道后的黄河，面对的是一个地质条件极不利于大河顺畅流淌的环境。河道频繁变迁、泥沙淤积严重、河床不断抬高，这些问题不仅加剧了黄河的洪涝灾害，还对黄河流域的农业生产、居民生活以及经济结构产生了深远的影响。农业生产方面，农民不得不面对土地盐碱化、肥力下降等挑战，调整耕作方式和作物种植结构；居民生活方面，洪水频发导致家园受损，人口迁移和流动成为常态；经济结构方面，随着农业生产的波动、运河的畅通无阻和运输效率的提升，黄河流域的经济重心开始发生转移。原本以黄河流域为中心的北方经济逐渐衰落，而南方地区则因气候适宜、水资源丰富、交通便捷等优势而崛起，中国经济中心完成了由北向南的重大转移。

2.4 新中国成立以来：黄河流域发展辉煌飞跃与生态治理新纪元

黄河流域在新中国成立后迎来了全面发展新纪元，经济、生态、文化等多领域实现历史性跨越。1855 年，黄河在河南铜瓦厢（今河南省兰考县东坝头）决口，改道北流，最终汇入渤海，形成了当前我们所熟知的“现行流路”。新中国成立后，政府高度重视黄河的治理工作，通过一系列科学规划与工程措施，有效稳定了黄河的现行流路，减少了洪水灾害的发生，保障了沿岸人民的生命财产安全。黄河流域凭借资源优势与地理优势，成为经济建设重镇。农业上，水利兴修、土壤改良与现代农业技术推动粮食稳产高产，保障国家粮食安全。工业领域，依托矿产与交通优势，能源、化工、机械制造产业蓬勃发展，煤炭、石油等能源供应充足，大型水电站与化工基地林立，支撑全国工业发展。城市化加速，郑州、西安等城市崛起为经济引擎，促进区域互联互通。同时，生态修复工程如火如荼，湿地保护、生态廊道等项目恢复自然生态，生物多样性显著提升。黄河流域生态保护和高质量发展已上升为国家战略，标志着治理新篇章与民族永续发展的坚定决心。

3 黄河治理主张及方略的演进脉络

中华民族治理黄河的历史源远流长，在长达 4 000 多年的治黄实践中，人们对黄河独特的水沙特性、复杂的冲淤规律以及河床的动态演变过程进行了不断探索，认识也逐步深化[6]。这一过程不仅积累了宝贵的治黄兴黄实践经验，还发展出一系列富有成效的治河主张与方略。黄河的治理，本质上是一个不断适应、勇于创新的历程，治黄方略也相应地进行灵活调整与升级。这一过程大致可以划分为三个标志性的阶段。

3.1 治水为主：黄河治理的初级阶段

自远古至明中期，黄河治理经历了一个由初步探索到逐步成熟的过程。在此期间，人们为应对黄河频发的洪水灾害，采取了一系列措施，包括筑堤、疏浚河道及分流洪水等，这些努力在一定程度上抑制了洪水的频率与规模。在这一过程中，出现了许多具有代表性的治水人物及思想。

（1）初级阶段的治理智慧。作为治水先驱，大禹主张“疏川导滞”的“天人合一”思想，强调遵循自然规律，通过疏导和分流的方法，有效缓解了洪水威胁，为后世治水奠定了理论基础。春秋时期，黄河开始构筑堤防，而有连贯的堤防始于战国，战国时期的白圭提出了“丹之治水也，愈于禹”的观点，强调筑堤的重要性，治水主张从以疏导为主转变为以筑堤为主。到了西汉，贾让提出的“治河三策”中，下策强调了在黄河下游广开支渠、加固堤防的策略，为治水实践提供了具体指导。东汉时期，王景的治河策略更加系统全面，他通过开山破石、截断沟涧、疏浚淤积以及修筑千里堤防等手段，自上而下对黄河、汴渠进行了治理，完成了“河汴分流”，稳定了河道，成功实现了黄河长达八百年的安流期[7]。

（2）相对稳定期的资源利用。魏晋至隋唐，这一时期黄河相对平稳，水患减少，治水活动更多地转向了对黄河水资源的利用上。例如，魏晋南北朝时期的邓艾和刁雍通过开凿河渠，改善灌溉条件，促进了农业产量的提升和漕运的发展。隋唐五代时期则是黄河漕运发展的高峰，建设了广通渠、通济渠、永济渠和开元新河等运河系统，进一步推动了黄河流域经济文化的交流与发展[8]。

（3）治水方略的探索与突破。进入北宋，治河的重点依然是加固堤防、堵塞决口以及开挖引河和减河，这一时期兴起的埽工技术，既能护堤，又可用于堵口，制法是以草绳、梢枝、芦荻为原料，掺以碎石，以巨大竹索横贯其间，然后卷起来捆住，放置在堤身险处，名为“埽岸”。元代的贾鲁采用疏、浚、塞并举，先疏后塞的方法稳固水流。明代初期至中期，王永和、徐有贞、白昂等治水名家相继提出并实践了更为精细的治理策略[9]，如徐有贞的先疏后堵、白昂的“北堤南分”等，均体现了对黄河治理认识的不断深化。

综上，这一时期的治河主张方略虽已初具规模，但总体上仍停留在较为表层的防洪措施上，对黄河水沙特性、河床演变等深层次问题的认识尚显不足。

3.2 水沙共治：黄河治理的深入阶段

明代的潘季驯先后四次出任总理河道都御史，治理黄河长达27年之久。其间，他通过对黄河的系统研究与实地考察，深入理解了水流与泥沙之间复杂的动态平衡关系，并据此提出了“束水攻沙”治河方略，开启了以水治沙的先河。“束水攻沙”方略的核心是在黄河两岸构建双重堤防体系，其中内堤称为缕堤，外堤称为遥堤。内侧紧邻河道的缕堤用于严格控制河道宽度，从而加快水流速度、增强水流力量，使其能够有效地冲刷河床，达到清除泥沙的目的。而在缕堤外侧，则建有较远离河道的遥堤，作为抵御洪水的第一线防御，保护沿岸居民的生命财产安全不受洪水侵袭。此外，遥堤与缕堤之间的区域被巧妙地利用起来，当洪水来临时，这一区域会蓄积来自上游的泥沙，通过自然沉淀与人工管理，逐渐转变为肥沃的土地，不仅解决了泥沙淤积的问题，还增加了可耕种的土地面积[10]。

这一方略的成功实践，不仅显著提升了黄河下游河道的稳定性，更使得“清口方畅，清连数年”，开创了一段河道相对安流、灾害减少的黄金时期。其影响深远，跨越了明代与清代的界限，后世如朱之锡、靳辅、张鹏翮、黎世序等多位治河专家[11-12]，纷纷继承并发展了这一治河理念，将其精髓融入“蓄清刷黄、综合治理”的治河实践中，不仅进一步强化了黄河的防洪体系，还极大地促进了沿河地区的经济繁荣与社会和谐。

3.3 综合治理：黄河治理的发展阶段

民国时期，以李仪祉为代表的中国现代水利科学的先驱，将西方先进的治水理念与中国悠久的治水智慧深度融合，提出了综合治理黄河的主张[13]。这一主张强调治理黄河要上中下游并重，防洪和航运、灌溉和水电兼顾。具体而言，一方面稳固下游中水位河槽，中游选址建设蓄洪水库以调节洪水；另一方面在黄土高原地区实施水土保持策略，从源头上减少泥沙输入。这一主张推动了传统河工向现代河工的转变，使黄河的治理有了根本的改观。遗憾的是，由于民国时期社会环境的动荡不安，这一主张并没有应用到实际中去。

新中国成立以后，中央政府十分重视黄河治理工作，在继承并发展李仪祉先生思想的基础上，结合黄河特有的水沙特性与流域特征，相继推出了“宽河固堤”“蓄水拦沙”及“上拦下排、两岸分滞”等一系列科学治河方针，明确了黄河治理是一项跨流域、跨时段、多维度的系统工程。自此，流域综合治理行动全面铺开。在黄土高原这一泥沙的主要来源区，采取工程措施与生物措施并重，大力推进水土保持与小流域治理，减少了入黄泥沙量。同时，在黄河干支流上，一系列水库与水利枢纽的兴建，如三门峡、陆浑、故县及小浪底等，不仅增强了水资源调蓄能力，也为防洪减灾构筑了坚实屏障。在下游河道，通过不断加高培厚堤防、开辟分滞洪区（如北金堤、东平湖等）以及实施河道整治工程，极大地提升了河道的行洪能力与抗灾排水能力。至此，一个涵盖上拦、下排、两岸分滞的全方位防洪体系初步形成，为黄河的长治久安奠定了坚实基础。

进入新时代，生态文明建设已成为黄河治理的核心任务。2019年9月18日，习近平总书记在黄河流域生态保护和高质量发展座谈会上的重要讲话，将黄河流域生态保护和高质量发展上升为重大国家战略，提出“重在保护，要在治理”，要求“共同抓好大保护，协同推进大治理”，发出了“让黄河成为造福人民的幸福河”的伟大号召。为响应这一国家战略，一系列前瞻性的制度规划陆续出台，构建了全面、多层次的保护与发展框架。2021年，《黄河流域生态保护和高质量发展规划纲要》发布，为黄河流域的绿色发展明确了方向与路径，确保生态保护和高质量发展的同步推进。紧接着，《中华人民共和国黄河保护法》于2023年4月1日正式实施，标志着黄河流域的生态保护与治理进入了法治化、规范化的崭新阶段，为依法治理黄河提供了坚实的法律基础。此外，《黄河流域生态环境保护规划》等一系列专项规划的发布，进一步细化了保护任务，明确了具体实施策略，从水资源节约集约利用、水污染防治、生态系统修复、防洪减灾体系建设等多个方面，全面推进黄河流域生态环境的系统性改善。经过不懈努力，近年来，黄河的生态环境治理取得了显著成效，流域内的水质明显改善，生物多样性逐步恢复，生态系统的服务功能显著增强[14]。这一阶段的快速发展，不仅是中华民族在黄河治理史上取得的重大成就，也是向世界展示中国生态文明建设新理念、新实践和新成果的重要窗口，为全球河流治理与可持续发展贡献了中国智慧和方案。

4 结论

通过系统分析黄河下游河道频繁变迁的自然与人为因素，并结合黄河流域历史发展脉络与治黄方略的演进轨迹，得出以下两大结论：

（1）黄河下游的每一次改道，都深刻影响了流域内的自然地理、社会经济乃至历史文化格局。基于此，黄河流域的发展被划分为四个标志性阶段，从先秦时期的文明曙光初露，历经秦代至元末的沧桑巨变与治理成熟，再到明清至民国的社会转型与多元冲击下的治理调适，直至新中国成立后流域内实现的飞跃式发展及生态治理新篇章的开启，这一系列历程充分展示了黄河流域悠久而丰富的历史积淀与深厚的文化底蕴。

（2）随着治黄实践的不断深入与探索，黄河的治理主张及方略实现了从单一的“治水为主”到“水沙共治”的跨越，并最终迈向了全面“综合治理”的新时代。这一深刻转变，不仅是对黄河治理认知边界的拓宽与深化，更是黄河流域治理水平实现质的飞跃的重要标志。

参考文献

[1] 苏珊影．黄河文化的五维特质论析［J］．中共济南市委党校学报，2020（3）：102-106.

[2] 袁晓兰．黄河故道区域土地沙漠化程度的景观尺度评价［J］．山东林业科技，2006（3）：15-17.

[3] 邱临静，郑粉莉，尹润生．1952—2008 年延河流域降水与径流的变化趋势分析［J］．水土保持学报，2011，25（3）：49-53.

[4] 李兴平．浅议黄河河南段标准化堤防建设［J］．人民黄河，2004（9）：42-43.

[5] 杨玉珍．黄河的历史变迁及其对中华民族发展的影响刍议［J］．古地理学报，2008（4）：435-438.

[6] 刘成，王兆印，何耘，等．黄河下游治理方略的历史回顾［J］．泥沙研究，2020，45（6）：67-73.

[7] 张本昀，孙冬艳．历代黄河治理思想及其演变研究［J］．济源职业技术学院学报，2005（1）：4-6.

[8] 孟芳．黄河文化的价值传承与复兴路径探索［J］．文化学刊，2022（10）：14-17.

[9] 田冰．明代黄河治理思想及实践［J］．中原文化研究，2023，11（2）：121-128.

[10] 曹志敏．试论清代“束水攻沙、蓄清敌黄”的治河方略及其影响［J］．前沿，2011（2）：170-173.

[11] 王俊桥，霍伟杰．张鹏翮治河思想初探［J］．兰台世界，2013（33）：25-26.

[12] 陈陆．李仪祉：中国近代水利事业的奠基人［J］．中国三峡，2013（8）：82-88.

[13] 赵广举，穆兴民，高鹏，等．简析治河史 探黄河现代治理之策［J］．人民黄河，2021，43（6）：55-59.

[14] 陈景华，徐金，刘展豪．新时代黄河流域生态保护与经济高质量发展的耦合关系及交互影响［J］．山东财经大学学报，2023，35（3）：36-51.

清江航道作为文化线路的历史功能

李　然　魏英杰

（中南民族大学民族学与社会学学院，湖北武汉　430070）

摘　要：清江为武陵民族走廊五条内河航道中最北边的通道，具有历史悠久、位置独特、通道作用明显、文化交融频繁等特点。以清江航运为核心的清江航运文化线路属于地区性、流域性文化线路，该线路促进了流域内外各民族交往交流交融，是该地区各民族在共同缔造、发展、巩固统一伟大祖国的重要资源。通过查阅历史文献，梳理清江航运历史，发现其在政治军事、经济贸易、文化交融和人口迁徙等方面发挥了巨大作用，产生了大量清江航运文化线路遗产。清江航道符合文化线路的基本特征，将其确定为文化线路利于清江航运文化线路遗产的整体性保护和传承利用。

关键词：清江航运；文化线路；交往交流交融

文化线路是人类历史上因为文化传播、贸易、宗教朝觐等活动而形成的线性文化轨迹，代表了早期人类的运动路线，体现了地区文化的发展历程[1]，呈现出连续性、整体性的遗产场域格局。我国的文化线路是各民族交往交流交融之路，是彰显中华民族共同体发展历程之路，我国的文化线路遗产是铸牢中华民族共同体意识的重要资源和载体[2]。文化线路主要包含道路、运河等线路实体遗迹以及线路自身所辐射的场域范围[3]。随着陆上丝绸之路和京杭大运河申遗成功，灵渠、蜀道、万里茶道、茶马古道、巴盐古道等文化线路也在地方政府和学者的积极推动下探讨申遗问题，文化线路研究逐渐成为显学。现阶段，我国文化线路研究多集中于国家层面的大型文化线路，而对地区性及流域性文化线路的研究较少，鄂西南地区的清江航运文化线路便是其中之一。

费孝通先生提出武陵山区是一个“民族接触交流的走廊”“民族熔炉”“多民族共同体”，武陵民族走廊存在一张以沅水、澧水、乌江、清江等大河为主干线，以数以千计的溪流为支线，集水流、物流、人流为一体的网络。清江航运文化线路以清江干流及其支流航道为主干，包括沿河道路、沿岸码头、渡口，以及一系列因清江航运衍生出来的商街、集镇、城市。该文化线路是鄂西南地区重要的民族交往交流交融之路，具有悠久历史，在政治军事、经济、文化及人口迁徙等方面均起到举足轻重的作用，促进了流域内外的交流沟通与族群互动，具有显著的交流、凝聚与整合功能。本文结合历史文献和田野调查，拟从文化线路的视角对清江航运文化线路的历史功能进行探讨，以期推动对清江航运文化线路遗产的整体性保护利用。

1　清江航道概况

清江古名夷水，又称盐水，发源于利川市境都亭山，东流经利川市、恩施市、建始县、巴东县、长阳县、宜都市，最后注于长江。清江干线为东西走向，全长 423 km，流域面积 16 700 km^2[4]，其较大的支流有忠建河（贡水）、马水河、野三河、渔洋河等。清江干流分为三段：河源至恩施为上游，全长 153 km，水流湍急，不利于航行，历史上只有屯堡至恩施段有过通航；恩施至资丘为中游，长 160 km，部分河段可季节性通航；资丘至河口为下游，长 110 km，是清江干流的主要通航河段，能直达长江，与江汉平原进行接触。

基金项目：国家社科基金重大招标项目“铸牢中华民族共同体意识的理论逻辑与实践路径研究”（22&ZD211）。
作者简介：李然（1976—），男，教授，博士生导师，研究方向为中华民族交往交流交融史。

清江航运与多民族统一国家的形成与发展关联密切。传说时代有廪君造“土船”（陶制土船），从夷水至盐阳征服兼并盐水女神部落，最后在夷城建城立国的故事。西周至春秋战国时期巴、蜀、楚、秦之间的军事往来大多依托清江水道。在羁縻时代和土司时期，清江航运既是盐粟贸易的通道，也是朝贡的政治通道。改土归流后，清江航运得到长足发展，成为重要的商路，与巴盐古道、宜红古茶道等陆路交通线路共同编制起清江流域的商业网络，并嵌入全国各区域市场甚至世界市场。抗日战争时期，清江航道成为东中部人员、物资和武器等向西南大后方转移的通道。

2 清江航运文化线路遗产概况

从传说时期的廪君迁徙，到如今清江上发达的旅游业，清江航运有着悠久的历史，清江航道在政治、经济、文化、人口迁徙等方面发挥着重要作用，由此产生了大量因清江航运带动的流域内外各民族交往交流交融的文化遗产。

清江航运物质文化遗产包括渡口码头、沿河集镇、遗址、航运碑刻、古建筑等。宜都港的八大码头、渔洋关中码头、聂家河古渡口、石板溪义渡等渡口码头和清江相互依存，是连接两岸、汇聚不同人群的支点，是沿清江乃至长江各地历史文化的鲜活载体。长阳县资坵场、都镇溪场、鸭子口场、天池口场、磨市口场等集市集中分布在清江及其支流沿线，在历史上是鄂西南重要的物资商贸集散地和交通枢纽，其兴衰史也是清江航运的兴衰史，极具历史价值。碑刻方面，宜都三帮庙碑记录了清江至长江的航运史，渔洋关中埠亭碑记载了渔洋关因商而筑码头、而发展的史实，还有“公埠同施”碑、巴山洞修路设义渡功德碑等都是重要航运碑刻。宜都的桥河巷、邻苏巷、燕子岩巷是宜红茶在宜都集散转运、精制加工和贸易销售的重要节点和实物例证，五峰精制茶厂是宜红茶生产、流通、贸易环节的重要实证。此外，清江流域的各类会馆、寺庙建筑保存较为完好，如恩施市文昌祠、武圣宫、连珠塔、白衣庵、五峰渔洋关的镇江宫、汉阳桥等古建筑，长阳仍有为水神向王而立的向王庙，江西移民的郑家老屋和木材商人的王家老屋……它们不仅体现了清江流域历史上的发展，更反映出清江流域依托清江航运进行的经济、文化等各方面的交往交流交融。

清江航运文化线路非物质文化遗产是与清江航运密切相关，且能够反映清江航运生产生活方式、形成和传播依赖于清江航运的非物质文化遗产。如南曲的产生传播与清江航运密切相关，南曲约有两百多年的历史，最迟在清雍正、乾隆之际就已传唱，恰逢清江航道与清江流域大开发之际，且流传的区域多在清江两岸；向王信仰是清江流域特有的信仰，不仅与清江航运密切相关，是船工、排工的精神寄托，向王与廪君叙事的演变，更体现了清江流域的群体认同；宜红茶制作技艺得利于清江及其支流渔洋河航道的交通便捷而飞速发展，与沿岸人群多样需求而产生并传承发展。此外，还有清江民间文学、地名遗产、放排文化等清江航运文化线路等非物质文化遗产，它们与清江航运文化线路物质文化遗产互为表里、不可分割，反映出了清江航运的历史、功能与意义。

3 清江航运文化线路促进各民族交往交流交融

文化线路形成和发展过程中的永恒主题是依托该线路进行的交往与流动，众多文化线路是各民族间情感亲近的纽带，在推动民族交往交流交融的过程中，文化线路促进了中华民族多元一体格局的形成[5]。依托清江航运文化线路进行的政治、经济、文化等方面的交往交流交融，体现了政治上的和衷共济、经济上的相互依存、文化上的兼收并蓄、情感上的互相亲近、分布上的交错杂居，使得清江流域的民族文化具有丰富性和复杂性。

3.1 军事通道，进贡之路

清江航道是重要的军事通道，巴蜀伐楚、秦伐楚、夷陵之战等均与清江航道有关。夷水（清江）通道是当年巴蜀两国伐楚的重要路线，战国时代，巴国联合蜀国，大破楚军，占领兹方（今湖北松滋），对楚国郢都形成威胁，迫使楚国修筑扞关防御巴国。史载，秦伐楚，“舟师由夷水入楚”[6]，可见清江早在两千多年前即成为一条重要航道。夷陵之战中刘备将主攻方向定为夷道，然而此时楚西塞及清江、汉洋河（渔洋河，清江支流）下游等处是东吴水军重点布防之地，从长江南进攻东吴，必须面对东吴严密的水军防线，有学者认为这是蜀汉在夷陵之战中失利的根本原因[7]。

清江还是当地土司进贡之路。清江流域的进贡路线在唐代是由清江入长江，进汉水，转商洛道入长安，宋代的进贡路线则是由清江入长江，至江陵（今湖北荆州）后到汉阳取道云梦、安陆、随县，经信阳、漯河、许昌至开封[8]。明初，鄂西诸土司掀起朝贡高潮，无数“大木”通过清江与长江水道漂至金陵（今江苏南京），成为皇家宫室与陵寝的用料。现在恩施大峡谷有一个木贡村，有学者认为木贡名字的由来最迟应在明代初年，朱元璋建立明，定都南京，大兴土木建设宫殿，需大量木材，要求各地进贡。恩施虽离南京很远，但因清江与长江相连，通过清江与长江水运木材较为方便，故成为朝贡木材的选用之地。现在沐抚的“码料溪”“流料溪”❶ 等地名，均与“木”相关。土司对中原王朝的朝贡实质上也是对以汉文化为主的中原王朝的认同，这种认同感从客观上促进了中华民族多元一体文化格局的形成。

清江航道在抗日战争时期也是重要的军备物资运输路线。据民国 36 年印发的《长阳县抗战史料》记载：“系于三十二年十一月二十一日夜三时……以奉江防总司令电谕，饬本县迅将兵站在都镇湾所存军米九千五百包，限二十三日上午齐运宜都所属之潘家湾，接济军食，米由兵站负责点交，不得延误……资坵至都镇湾原无陆路运输线，系由兵站负责控制船只，由清江下运。”此时期，清江航道上的私船几乎全充军用，“当时所有军运物品，有藉清江而企转运前线者，以故过资坵达磨市出宜都舟楫，全充军用。江窄滩多，行驶颇艰，船伕船只，多服役水运，数年中亦甚劳苦。”可见，清江航道在抗日战争期间发挥着重要的政治军事作用。

3.2 经济命脉，贸易枢纽

清江航道是鄂西南地区最重要的水上通道，清江航运文化线路是一条商贸之路。水运因拥有运量大、运价低等特点，一直是大宗货物运输流通的首选运输方式。清江上运输的大宗货物，主要有木材、食盐、纸张、矿产、茶叶等种类，促进了沿岸城镇的经济发展，清江成为当地“水上交通生命线”。

（1）木材。“清江八百里，排行七百里”，木材流送是利用河流进行运输的一种特殊运输方式，恩施六县二市的大部分河流都可进行木材流送，分为“赶羊”与“放排”两种流送形式[9]。张少庚的《清代长江流域竹木商业研究》中介绍了清代长江流域的竹木水运网络和竹木集散市场，指出汉水、清江是湖北境内最重要的竹木运输支流。

清光绪十四年，中法战争刚刚结束，慈禧太后挪用巨额海军军费扩建颐和园，在西南山区采购楠木，清政府还招募百千壮士在清江打滩，疏浚河道、放排流木。建始晚清贡生张仲羲的《竹叶楠》对鄂西山民采伐、流送楠木的过程及放排工人的悲惨遭遇进行了描述：“朝发南陵渡，暮宿景阳关，十株横流九株折，健儿长歌蜀道难……胡不上书崇节俭，坐啸空山独自哀！”[10] 据《恩施自治州交通志》载，恩施市、利川市、咸丰县、宣恩县、巴东县的木材流送均与清江紧密相关。除了将木排运出大山，有时排工还会在排上搭载生漆、桐油、腊肉等，方便到了山外码头出售或以物换物。

（2）食盐。盐一向是非常重要的战略物资。廪君传说中巴人祖先沿夷水上溯，至于“此地广大，鱼盐所出”的盐阳，征服了盐水女神部落，可知廪君率部落沿清江自东向西迁徙的一个重要因素就是夺取盐。清江沿岸的佷山（长阳）、盐水均产盐[11]，巴人擅水，常驾船于江河之上，将盐及自己腌制的鱼虾运至周边地区，换取必需的生产和生活资料。巴人利用在江河上的操船能力，成为周边各族的代理商，开发了以盐阳为中心的清江水运业[12]。这一时期清江流域的商路以盐产地为中心，向四周辐射，交通主要依托于清江航道，以清江为干，以陆路为枝，巴人形成了自己的商路[8]。

清江航道还是川鄂古盐道的重要组成部分。川鄂古盐道分布线路总体上呈“四横一纵”的格局，

❶ 同治恩施县志载：（码料溪）水由前山诸涧出，西流入清江……（流料溪）在城北木贡，源自奉节之岔岩出，下会清江。

"四横"即长江线、汉水线、清江线和酉水线，其中清江线由自贡、忠县的井盐水运至石柱西沱，陆运至恩施，由恩施经清江水运至景阳、水布垭再至长阳、宜昌。川盐入鄂在历史上对川盐的生产和运销产生过重要的影响，尤其是在太平天国时期和抗日战争时期的两次"川盐济楚"。忠县涂井、㽏井盐和自贡井盐经水运汇集石柱西沱镇，陆运经石柱、利川到达恩施，再由恩施经清江水运长阳、宜昌，进入湖北腹地[13]。清江流域以盐运为依托的川盐古道（巴盐古道）、围绕集市贸易发展起来的商路以及官府驿道的清江航运的绵延赓续，反映了云贵高原边沿山地与江汉平原物资的交流与互补。

（3）矿产。成书于民国4年的《调查湖北西路矿产报告书》中指出"长阳产煤之区，在长阳河（清江）之沿河两岸"，民国时期胡清濂纂辑的《民国重修长阳县志四区采访册》记载："横茅湖九里坪有铁矿，最富，业主李云章。王家坪煤炭，有已经开红者三洞，煤脉极厚，每块厚一尺许……煤质最坚，而易发燃，光色鉴人，比资坵岩拿子铜炭尤好，出洞下坡二三里，即到河边，就上河木运至宜都魏家河，转船下沙市，或汉口，价高于他处炭数倍。"长阳地区的煤铁等矿产资源大多分布在清江两岸，清江航运给这类大宗货物提供了成本较低、运输量较大的运输方式，对当地的矿产产业发展产生了重要的推动作用。《调查湖北西路矿产报告书》还对清江航运条件进行分析："清江东连长江，西通施南，计长八百余里，实为西路南部之一大水道……下游一带，自长阳之坵直下至宜都，计程二百余里，则悉赖此河，以为交通之便利。"长阳矿产的运输得益于清江航运。

（4）茶叶。清江最下游的支流渔洋河是五峰地区唯一一条连接外部且最为便捷的水上通道，在清末民国初，因茶业发展，其航运地位逐渐上升。清代杨福煌《渔洋小记》记载："渔洋，古长阳之南境，今长乐之东乡也。东接枝江、夷道，南连松滋、石门，西通五峰之隍，北距佷山之麓……人烟聚集，不下百千家。土壤膏腴，舟船便捷，灵秀之区也。"[14] 1827年，广东茶商钧大福等带江西技工到五峰渔洋关传授红茶采制技术，并设庄收购精制红茶运抵广州出口英国。1854年和1876年先后又有广东、江西茶商高炳山、林紫宸、泰和合等人到邻县鹤峰、恩施等地传授改制红茶加工技术，精制后的红茶在渔洋关集中后再装船由渔洋河运至宜都转运汉口销往英、美、俄、德、埃及等国[15]。清光绪年间，宫福泰的源泰茶号投资整治渔洋河，疏浚河道[16]，将精制商品茶通过渔洋河水道以及沿着渔洋河的陆路送往宜都集并，转运至汉口，这是后来香飘欧亚大陆的宜红茶前身。

据《五峰县志》记载："至民国时期，渔洋关有茶号13个以及印染、榨油等手工业……1938年，武汉沦陷，汉、宜、沙商人涌入，寓居渔洋关谋生。极盛时，茶工万记，骡马千匹，木船百只。街市热闹，通宵达旦。"[17] 可见，在民国时期，渔洋关已经因茶而兴，繁荣的茶叶贸易带动了许多产业的出现和增长。为了生产更多的茶叶，茶产地人烟密集，商贾辐辏，通筏市集，饭店、渡口常有摩肩之势；靠茶度活者，有开山者，有摘茶者，有开庄及采装者，有做茶贩者、筛茶拣茶者；茶叶运输所引发的苦力荷担业、舟楫业、车马业、驼运业，甚至运输途中歇脚的客店业，兑换银钱的钱庄业、异地汇兑的票号业、抵押周转的典当业、押运保送的保镖业，也得到了空前的发展[18]。

（5）其他山货特产。清江流域的桐油、茶叶、木材、药材、漆、油茶、蓝靛、烟草等山货、土特产与平原地区的日用百货大量往来，反映了中华各民族间经济上相互依存的共生互补关系。如资坵"三记"之一的"范珍记"以行商生意为主，收购山里运出来的山漆、桐油、木皮油、黄豆、蜂蜜等土特产，用木帆船运到宜都、沙市等地推销，再从宜都购回土布、匹头、线春以及食盐、煤油及少量文具，运回资坵，将无色布交给喻家染坊染成青、蓝、灰等色布，棉布加工好以后，以薄利批售，发往长阳县西、五峰、巴东以及鄂西各地。

3.3 地缘交会，文化交融

清江流域发掘的战国至秦代文物展示了巴人的迁徙及巴人与楚、秦的文化交流。该地区特殊的地理位置及山川形势，形成这一区域青铜文化的复杂性，商代青铜罍属中原商圖文化，虎钮錞于属巴文化，楚式剑属楚文化，这个时期多民族文化器物均在清江流域出现，不是巧合，而是该地区多民族文化交融的印证。据考古发现，清江流域是武陵地区目前唯一出土商、西周青铜礼器的区域，且主要集中在清江入长江口处。15件青铜礼器中除一件的产地还不能确定外，其余14件均属"中原型"器物[19]。清江出土的残损柱状鬲足体现了东周时期该地受到楚文化的影响。清江流域多地出土虎钮錞于，錞于本为中原乐器，传入巴地，虎是巴图腾，以虎的形象做钮的虎钮錞于表示了巴人的祖先崇拜观念，更体现了巴文化与中原文化的融合。甲骨文记载，商妇好和武丁一起征伐巴方，大败巴方，通过战争，中原文化进入清江流域。秦统一全国，楚文化、蜀文化、秦文化先后进入这一地区，与巴文化共生共存。

改土归流后，清江航运得到长足发展，清江流域的文化交融空前繁荣。儒家文化，以及江西、湖南、湖北甚至江浙、广东、福建、河南的地域文化与当地少数民族文化碰撞、融合；依托清江航运文化线路，道教、佛教、伊斯兰教、天主教等宗教先后融入该地区；昭忠祠、武侯祠、桓侯宫、文昌宫、社稷坛、先农坛、大成殿、关帝庙、观音阁等祭祀场所在清江流域流传深广，土家族的民间信仰发生了改变。清江流域祭祀关羽的武圣宫、祀龙王的龙神祠、祀火神祝融的火神庙、祀道教护法四师之一马王爷的马王庙、祀黄帝之妻嫘祖的西陵宫、祀神农和孙思邈的药王庙等，都体现了当地文化、宗教、民间信仰的融合。

清江流域还产生了各民族共享的文化事项。春秋大国楚国曾流行下里巴人的巴人音乐；巴蔓子的“忠、义、烈、勇、智”精神是中华各民族共享的中华文化符号，成为中华优秀传统文化的重要组成部分；史铭桂在《将渡清江望施郡城郭》中，描述了汉文化对土家族的影响：“改土百年来，椎结易冠盖[20]”；恩施城东的连珠塔建于清道光十一年，塔周基遍刻代表佛教的海水、莲花，塔门刻着代表道教的玄鸟、朱雀，体现了外来宗教对当地文化的影响以及当地人对宗教的包容态度。

因清江航运而带动多元文化交流与整合，促进了该区域文化的发展，既使当地文化具有兼收并蓄的特点，也增强了该区域文化与中华文化的共同性。清江流域的南曲是由商贩带入的南曲与本地音乐结合而成的；外地商贩和移民原居地的生活习惯、娱乐方式、宗教信仰被带入清江流域，并与当地文化融合；工匠将其他地区的建筑工艺、纺织工艺、制茶工艺等带入清江流域，也促进了建筑风格和人文景观、生产技艺等的趋同；商品贸易的发展带动了土家人主动学习汉语，土家族语言中开始融合大量的汉语词汇。土家族文化因为文化交流得到了发展与进步，出现了作家文化，并且出现了以汉字记载土家族民俗文化的作品，如湖广容美土司田氏家族的《田氏一家言》、土家族诗人彭秋潭的竹枝词、晚清贡生张仲羲的《清江渔父吟》等。

3.4 迁徙走廊，共有家园

清江航道是武陵民族走廊民族迁徙、人群流动的重要通道。清雍正改土归流之后，“汉不入境、蛮不出峒”的民族隔离政策取消，外地人口大量沿着以清江航运为核心的跨区域交通网络涌入，改变了清江流域的人口分布格局，使得清江流域成为汉族、土家族、苗族、侗族等各族人民的共有生产生活家园。以长阳为例：“康熙二十二年，实在粮户二千七百七十一户。嘉庆二十五年，户口计二万二千三百九十八户。民国二十三年，四万五千七百零二户。”[21] 改土归流后进入清江地区的移民多是农民、商人和工匠，因航运而生的清江沿岸码头城镇成为多民族聚居城镇。

会馆建筑反映了清江流域各民族在情感上的相互亲近，是重要的文化线路遗产。以恩施为例，恩施老城曾有竹王祠（祀夜郎王，贵州移民集资建，为贵州会馆）、水府庙（祀许真君，江西商人集资建）、三义宫（祀刘备、关羽、张飞，荆州移民建，为荆州会馆）、天后宫（福建、广东移民集资建，祀海神妈祖，为广福会馆）。此外，宜都港最繁华的向家港，在清末民国年间建有山陕会馆和江南宁阳会馆等外地客商聚居的地方。清江沿岸各城镇普遍存在江西会馆、浙江会馆、河南会馆、陕西会馆、福建会馆、广东会馆以及江西街等，各地商人、移民进入清江流域，为当地社会发展带来很大贡献，清江流域成为各民族共有家园。

4 结语

清江航运文化线路在军事政治、经济贸易、文化交流、人口迁徙等方面发挥了巨大的作用，使得清江流域成为各民族共居、共建、共治、共享的家园。清江航运文化线路是以水路为主的交通线路，具有历史悠久、位置独特、文化交融频繁、通道作用明显等特点，在时间、空间、文化、功能等方面均满足文化线路的标准，且能在诸多文化遗产上反映出来，亟须进行文化线路层面的遗产整体保护。文化线路遗产是生活在不同区域的各民族通过该文化线路长期交往互动而形成的遗产，代表着人类文明的互动和交流，是不同文明交流互鉴的载体。其中蕴含的各民族交往交流交融故事更是宝贵的历史资源，是各民族在共同缔造、发展、巩固统一的伟大祖国的史实。需要让流域内各民族共享清江文化线路遗产的宝贵果实，不断增强对清江地域文化和中华文化的强烈认同感，夯实铸牢中华民族共同体意识的文化基础。

参考文献

[1] 单霁翔．大型线性文化遗产保护初论：突破与压力［J］．南方文物，2006（3）：2-5.

[2] 李然，林婵娟．文化线路遗产是铸牢中华民族共同体意识的重要资源和载体［N］．贵州民族报，2022-06-10（B02）．

[3] 方伟洁，袁英蕾，杜菲菲．文化线路遗产旅游开发研究：以南方丝绸之路云南永昌段为例［J］．四川民族学院学报，2018，27（1）：74-80.

[4] 湖北省地方志编纂委员会．湖北省志·地理（上）［M］．武汉：湖北人民出版社，1997：540.

[5] 方伟洁，高源．路学视野下文化线路与中华民族多元一体的形成［J］．湖北民族大学学报（哲学社会科学版），2022，40（1）：42-52.

[6]（清）熊啟詠纂修．建始县志［M］.8 卷．清同治五年刊：221.

[7] 王前程．夷陵之战的规模及蜀汉失利的根本原因［J］．军事历史研究，2010（4）：84-89.

[8] 莫晸．文化线路视域下的清江流域商路研究［D］．武汉：华中师范大学，2012.

[9] 恩施自治州交通志编纂委员会．恩施自治州交通志［M］．武汉：湖北人民出版社，1993：352.

[10] 傅一中选注．建始古近代诗文选（上）［M］．武汉：长江文艺出版社，2008：196.

[11] 朱圣钟．巴盐产地及其变迁：兼论盐业与巴人的关系［J］．盐业史研究，2019（3）：88-99.

[12] 刘宏友，徐诚．湖北航运史［M］．北京：人民交通出版社，1995：43.

[13] 赵逵．川鄂古盐道［M］．成都：西南交通大学出版社，2019.

[14] 湖北省地方志编纂委员会办公室影印．湖北通志（第七册）［M］．武汉：湖北人民出版社，2010：2027.

[15] 政协五峰土家族自治县文史资料委员会．五峰文史资料（第 6 辑）［M］．宜昌：五峰土家族自治县新华印刷厂，1996：100.

[16] 宫自信．渔洋关源泰茶号的红茶贸易与运输［J］．三峡文化研究，2020（00）：101-106.

[17] 湖北省五峰土家族自治县地方志编纂委员会．五峰县志［M］．北京：中国城市出版社，1994：234.

[18] 王茹芹．中国商路［M］．北京：高等教育出版社，2017.

[19] 湖北省清江隔河岩考古队，湖北省文物考古研究所．清江考古掠影及出土文物图录［M］．北京：科学出版社，2004：209.

[20] 陈新立．清代鄂西南山区的社会经济与环境变迁［M］．北京：中华书局，2018：396.

[21] 民国《长阳县志》（稿）整理编辑委员会．长阳县志（民国二十五年纂修）［M］．北京：方志出版社，2005.

洪泽湖与中国古典四大名著研究初探

夏宝国

（江苏省淮安市大运河文化研究会，江苏淮安　223100）

摘　要： 学术界关于中国古典四大名著《水浒传》《三国演义》《红楼梦》《西游记》的研究文章比比皆是，而从地域角度和水文化入手者较少。本文以洪泽湖为载体，旁征博引，阐述了洪泽湖与它们之间千丝万缕的联系，得出结论：因为洪泽湖文化的滋润，中国古典四大名著这享誉世界的文学丰碑更加璀璨夺目，运河枢纽洪泽湖文化底蕴更加深厚，洪泽湖地区人民的文化自信进一步增强。

关键词： 洪泽湖；水浒传；三国演义；西游记；红楼梦

洪泽湖是全国五大淡水湖之一，是特大型水库，历史上是黄河、淮河的洪水走廊。洪泽湖是京杭大运河苏北段的第一水源，是400年前的三峡工程，湖因黄河而生，运河因湖而畅；淮水入湖而安，百姓因湖而宁；江淮赖湖而安，五谷凭湖而丰；文化借湖而重，旅游靠湖而兴。

这里历史悠久，文化底蕴深厚。千百年来，它不仅在淮河、运河流域乃至于全国的经济社会发展中有独特的地位、重大的贡献，同时对文化的发展也产生了巨大的影响。古典文学是中华传统文化的重要组成部分。以《水浒传》《三国演义》《西游记》《红楼梦》为代表的明清长篇古典小说，是中国文学史上不朽的丰碑，在中华和世界文化史上大放异彩，与洪泽湖有着千丝万缕的联系。

1　叹水浒，粪开妙笔赞英雄——洪泽湖与古典名著《水浒传》

《水浒传》是一部长篇英雄传奇小说，是中国古代长篇小说的代表作之一，是以宋江起义故事为线索创作出来的。宋江起义发生在北宋徽宗时期，《宋史》的《徽宗本纪》《侯蒙传》《张叔夜传》等都有记载。从南宋起，宋江起义的故事就在民间流传，《醉翁谈录》记载了一些独立的有关水浒英雄的传说，《大宋宣和遗事》把许多水浒故事连缀起来，和长篇小说已经很接近。元代出现了不少水浒戏，一批梁山英雄作为舞台形象出现。《水浒传》是宋江起义故事在民间长期流传基础上产生的，吸收了民间文学的营养。

《水浒传》是以白话文写成的章回体小说，其内容讲述北宋山东梁山泊以宋江为首的绿林好汉，由被迫落草，发展壮大，直至受到朝廷招安，东征西讨的历程；又名《忠义水浒传》，初名《江湖豪客传》，一般简称《水浒》，全书定型于明代。作者历来有争议，一般认为是施耐庵所著，而罗贯中则做了整理，金圣叹删节为七十回本。

《水浒传》是我国人民最喜爱的古典长篇白话小说之一。它产生于明代，是在宋、元以来有关水浒的故事、话本、戏曲的基础上，由作者加工整理、创作而成的。全书以宋江领导的农民起义为主要题材，艺术地再现了中国古代人民反抗压迫、英勇斗争的悲壮画卷。作品充分暴露了封建统治阶级的腐朽和残暴，揭露了当时尖锐对立的社会矛盾和“官逼民反”的残酷现实，成功地塑造了鲁智深、李逵、武松、林冲、阮小七等一批英雄人物。小说故事情节曲折，语言生动，人物性格鲜明，具有极高的艺术成就。

作者简介： 夏宝国（1960—），男，江苏省淮安市大运河文化研究会副会长，中国水利学会水利史与水利遗产研究会会员，主要从事运河枢纽洪泽湖文化研究与宣传工作。

洪泽湖流域是中原的腹地，自古为兵家必争之地，历史上多次农民起义都在这里或在其周边发生，元末朱元璋、陈友谅和张士诚起义后，洪泽湖是他们争夺天下的主战场之一。施耐庵还是张士诚的重要幕僚。洪泽湖与《水浒传》在下列几方面有深厚的渊源。

1.1 洪泽湖地区曾是《水浒传》故事主人公原型活动的重要场所

首先说王伦。在《水浒传》众多人物中，宋江等一百零八将固然重要，但王伦亦不可忽视。如果把水浒英雄在梁山泊的发展分为初创和巩固发展两个阶段，那么王伦在被林冲火并之前对初创阶段所作出的贡献是不可抹杀的。就小说所叙而言，没有这块初创的根据地，宋江等人就无立足之地。

关于王伦，在北宋确有其人：

北宋仁宗时士兵起义首领。时山东等沿海各省连年遭受灾害饥荒，1043 年（宋仁宗赵祯庆历三年）五月，他率百余人杀沂州（今山东省临沂市）巡检使朱进，遂占沂州据以起义。后南下攻占泗州（今江苏盱眙县附近，位于洪泽区西南）及楚、真、扬、泰（今江苏省淮安、仪征、扬州、泰州四市）。七月，在扬州战败，奔往和州（今安徽省和县），牺牲于采石矶（今安徽省马鞍山市雨山区采石街道）。

《欧阳修全集》中《论江淮官吏札子》和《论救赈江淮饥民札子》两篇文章都提及王伦影响之大。《论江淮官吏札子》中提到："臣闻江淮官吏等各为王伦事奏案，已到多时，而尚未闻断遣。仍闻议者犹欲宽贷。臣闻昨来江淮官吏，或敛物献送，或望贼奔迎，或献纳兵甲，或同饮宴。臣谓伦一叛卒，偶肆猖狂，而官吏敢如此者，盖知贼可畏而朝廷不足畏也。"[1] 在《论救赈江淮饥民札子》中这样谈及王伦："昨江淮之间，去年王伦蹂践之后，人户不安生业。伦贼才灭，疮痍未复，而继以飞蝗……江淮之民，上被天灾，下苦贼盗，内应省司之重敛，外遭运使之诛求，比于他方，被苦尤甚。今若不加存恤，将来继以凶荒，则饥民之与疲怨者相呼而起，其患不比王伦等偶然狂叛之贼也。"[1]

这是历史上的王伦，《水浒传》中的王伦虽然与其有所差别，毕竟他是小说人物，但仍有历史上王伦的背影。

再说宋江。据《淮安的古典小说与运河诗文》载："历史上确实有个'盗贼'宋江，其活动的时间正如小说所描述的那样，在北宋后期徽宗年间，其零星事迹在《宋史》中的《张叔夜传》里略有记载。他的主要活动范围在包括安徽、江苏北部与河南交界的'淮南'一带，故而宋江又被称为'淮南盗'。"[2] 淮南即今洪泽湖流域。虽然这是历史上的宋江，但对小说的形成产生了一定的影响。

1.2 洪泽湖人为《水浒传》的成书提供了重要的创作线索

龚开（1222—约 1304），宋末元初淮阴（今江苏省淮安市洪泽区老子山镇龟山）人，字圣予，号翠岩，是一位画家兼诗人，有《龟城叟集》行世。长篇小说《水浒传》中的故事"由简到繁，由碎到全"滚雪球式地逐渐形成，这也是学者们所说的漫长的成书过程，这种成书过程是明清小说研究中的重要学术问题。而宋末元初龚开的《宋江三十六人画赞》则是研究《水浒传》成书学者们都很重视的资料。

从《宋江三十六人画赞》序中看，宋江的故事当时就很流行了，"宋江以三十六人横行河朔、京东，官军数万，无敢抗者，其材必有过人，不若赦过招降，使讨方腊，以此自赎，或可平东南之乱。"在龚开之前就有人画过这三十六人。龚开本人对宋江三十六人也是非常感兴趣的，且十分钦佩这伙人。龚开不但为宋江等三十六人画了像，还在画像边写了赞。虽然那些画像已经失传，但赞却被南宋文人邹密收进《皈心杂志》一书得以流传。

龚开所画所赞的三十六人有：呼保义宋江、智多星吴学究、玉麒麟卢俊义、大刀关胜、活阎罗阮小七、尺八腿刘唐、没羽箭张清、浪子燕青、病尉迟孙立、浪里白条张顺、船火儿张横、短命二郎阮小二、花和尚鲁智深、行者武松、铁鞭呼延绰、混江龙李俊、九纹龙史进、小李广花荣、霹雳火秦明、黑旋风李逵、小旋风柴进、插翅黑虎雷横、神行太保戴宗、先锋索超、立地太岁阮小五、青面兽杨志、赛关索杨雄、一直撞董平、两头蛇解珍、美髯公朱仝、没遮拦穆横、拼命三郎石秀、双尾蝎解宝、铁天王晁盖、金枪班徐宁、扑天雕李应[3]。

“淮南盗”宋江等三十六人究竟是什么人已很难说清，但就仅能知道的而言，有九纹龙史进、青面兽杨志、大刀关胜、船火儿张横、双尾蝎解宝等，在龚开的画赞中也都出现了，可见“淮南盗”宋江的三十六人对龚开画赞中的三十六人是有很大影响的；如果我们再把龚开的画赞与《水浒传》相比较，也不难发现龚开《宋江三十六人画赞》中的数量与《水浒传》中英雄数量是有着很大差距的。这说明龚开时代的宋江故事还没有一百零八将的说法。还有一点值得指出的是，龚开画赞中宋江等人虽然还没有与梁山泊联系起来，但画赞中所画三十六人无一例外全都出现在《水浒传》中，只是少数人姓名绰号略有区别，可见龚开的画赞及当时流行的宋江故事对以后《水浒传》有着巨大的影响。东南大学郑云波教授也认为，龚开为《水浒传》的成书提供了重要的创作线索。

1.3 《水浒传》成书于洪泽湖畔的淮安

施耐庵（约1296—约1370），元末明初人，原名施彦端，字子安，号耐庵，江苏兴化白驹场（今江苏省盐城市大丰区白驹镇）人，祖籍姑苏（今江苏省苏州市），元末兵乱中迁居兴化。施耐庵曾在山东郓城任训导，游历过梁山泊，中进士时与刘基同榜，张士诚起义时，他任军师，在施耐庵出谋划策下，张士诚攻下洪泽湖下游的泰州、兴化、高邮等江北重镇并建国。朱元璋消灭张士诚后，施耐庵被捕入狱，因刘伯温大力营救方出狱，后在淮安养病，最后也客死于淮安。施耐庵隐居在淮安城棋盘街东头土地祠西侧一个单门独院的挚友家中，以楚州（今江苏省淮安市）的萧湖、勺湖、越湖、洪泽湖、蓼儿洼湖荡、芦苇荡、沼泽及山东水泊梁山为背景，更以淮安画家龚开的画和《宋江三十六人画赞》为线索，闭门创作了巨著《水浒传》。

1.4 《水浒传》主人公宋江的悲剧结局发生在洪泽湖畔的楚州

宋江等人的故事在洪泽湖一带最为流行，加之龚开的画赞提供了重要线索，这为施耐庵的创作提供了良好条件。历史上宋江等在楚州所管辖的海州被捕获，所以施耐庵在《水浒传》中专门有楚州的描写，宋江受招安后封为楚州安抚使兼兵马都总管，也将宋江、李逵最后的葬身之地放在了楚州。他俩死后葬在楚州南门的蓼儿洼，这也是施耐庵最初的葬地。吴用和花荣来到楚州，得知宋江和李逵已死，便在他们的坟前上吊自尽，而卢俊义在之前已死，葬在泗州。

2 论三国，英雄辈出洪泽湖——洪泽湖与古典名著《三国演义》

《三国演义》是中国第一部长篇章回体历史演义小说，成书于元末明初，作者罗贯中以晋代陈寿《三国志》为依据，结合社会上流传的三国故事，源于史料，高于社会生活创作而成。近年来，很多学者对《三国演义》从多方面进行了研究，但从地域文化角度来研究得较少。实际上，《三国演义》与洪泽湖联系十分密切，主要表现在以下三个方面。

2.1 洪泽湖地区出生的人物在三国时代和《三国演义》中扮演了重要角色

鲁肃（172—217），字子敬，临淮郡（洪泽湖属于治下）人。历史上的鲁肃有过人之智，孙权对他极为欣赏。他初见孙权就提出了建国方针：鼎足江东，北拒曹操，待机剿除黄祖，进伐刘表，竟长江所极，据而有之，然后建号帝王以图天下。这与诸葛亮的《隆中对》有相似之处。可以说，吴国的建立与发展基本是按照鲁肃提出的战略方针进行的。在《三国演义》中，鲁肃这个形象除名字外几乎全是杜撰，但作者对其笔墨甚多。从第二十九回《小霸王怒斩于吉，碧眼儿坐领江东》鲁肃开始登场，其多次在重要场合出现，对许多情节的发展起了关键作用，如第四十三回《诸葛亮舌战群儒，鲁子敬力排众议》。除上述章回外，鲁肃还在第四十二回《张翼德大闹长坂桥，刘豫州败走汉津口》、第四十四回《孔明用智激周瑜，孙权决计破曹操》、第四十五回《三江口曹操折兵，群英会蒋干中计》、第四十六回《用奇计孔明借箭，献密计黄盖受刑》、第五十一回《曹仁大战东吴兵，孔明一气周公瑾》，第五十二回《诸葛亮智辞鲁肃，赵子龙计取桂阳》、第五十三回《关云长义释黄汉升，孙仲谋大战张文远》、第五十四回《吴国太佛寺看新郎，刘皇叔洞房续佳偶》、第五十八回《马孟起兴兵雪恨，曹阿瞒割须弃袍》、第六十六回《关云长单刀赴会，伏皇后为国捐躯》。《三国演义》共一百二十回，其中有十分之一的章回都有他的描述，可见分量之重。

陈琳（? —217），字孔璋，广陵射阳（今洪泽区、淮安区、宝应县交界处）人，东汉著名文学家，“建安七子”之一。在《三国演义》中，陈琳为袁绍幕僚，军中文书多出其手，其中最出名的当属《为袁绍檄豫州文》，全文仅 1 471 个字，但通过排比对偶的手法，写出了排山倒海的气势，历数曹操罪状，痛骂曹操[4]。曹操读此文，毛骨悚然，惊出一身冷汗，但头风病也因此而得愈。后来袁绍兵败，陈琳被俘，曹操惜其才华而不咎，令其为司空军师祭酒，管理记室。

陈登（约 164—201），字元龙，东汉下邳淮浦（历史上洪泽湖曾属淮浦县）人。[5] 他学识渊博，智谋过人，徐州牧陶谦命其担任典农校尉，主管一州农业生产，早期的洪泽湖大堤即是陈登在任时组织修建的，使得汉末遭破坏的洪泽湖地区农业得到一定程度的恢复。在《三国演义》中，陈登在第十九回《下邳城曹操鏖兵，白门楼吕布殒命》、第二十一回《曹操煮酒论英雄，关公赚城斩车胄》和第二十二回《袁曹各起马兵三军，关张共擒王刘二将》中出现，助曹操败吕布，辅关羽斩车胄，帮刘备伐曹操，且对情节的发展起了关键性作用，这些都表现了陈登的智勇双全。

2.2 洪泽湖流域是《三国演义》中英雄人物的重要活动场所

孙坚（155—191），字文台，吴郡富春（今浙江省杭州市富阳区）人，孙权之父，即吴武烈帝。东汉末年军阀，三国时期吴国的奠基人。据陈寿《三国志》，孙坚 17 岁就单挑群盗，以勇敢著称于州郡。孙坚曾被任命为盐渎丞（洪泽湖东岸），数岁徙盱眙（洪泽湖南岸）、下邳（洪泽湖北岸）。184 年，孙坚率兵加入东汉王朝剿灭黄巾起义的战斗，乡里少年在下邳者皆愿随其从军，他又招募商旅及淮、泗（今洪泽湖地区淮阴、淮安、泗阳、洪泽）精兵，奋力与黄巾起义军作战，大破黄巾军。从此，孙坚的事业开始腾飞，为东吴的创立打下了坚实的基础。

刘备、关羽和张飞战纪灵于盱眙，以少胜多。东汉建安四年（199 年），刘备、关羽和张飞领兵 3 万在盱眙（今洪泽湖南岸）击败袁术大将纪灵的 10 万大军，取得了以少胜多的辉煌战绩。此事在《三国演义》第二十一回《曹操煮酒论英雄，关公赚城斩车胄》中有所反映，只是有所变化，毕竟是小说演义。在第二十一回中，刘备奉曹操之命率 5 万大军，在徐州城外迎战袁术派来的先锋纪灵所率的 10 万大军，大胜，纪灵被张飞刺于马下，袁术亲自引军来斗，被杀得大败，一路逃亡，欲回寿春，又被群盗所袭，结果吐血身亡。可见，洪泽湖盱眙一战，曹操取得了对袁术的决定性胜利。

邓艾屯田。三国时期魏国大将当年曾在洪泽湖地区屯田积粮。邓艾少有大志，勤奋好学，司马懿很赏识其才华。正始年初，魏国准备在东南一带屯田，积储军粮，对付吴国，为此派邓艾前往考察。经过考察，邓艾提出了两项重要建议：第一，开凿河渠，兴修水利，以便灌溉农田，提高单位面积产量和疏通漕运；第二，在淮南、淮北（今洪泽湖一带）进行大规模的军屯。邓艾著《济河论》阐明了自己的观点。司马懿看后很满意，决定采纳实施。从正始二年（241 年）起，邓艾在淮南、淮北广开河道，大举屯田，在淮水流域挖掘了三百里长的水渠，灌溉农田两万顷。几年后，魏国在东南的力量大大增强，每每东南有战事，大军便可乘船南下，直达江淮，这些都是邓艾的功劳。可以说，在洪泽湖地区屯田让邓艾展示了才华，为其后来大显身手奠定了基础[5]。当年邓艾屯田之处今属洪泽湖及洪泽湖灌区范围，洪泽古灌区（洪泽湖灌溉系统）2023 年 11 月 4 日被国际灌排委员会公布为世界灌溉工程遗产。昔日三国英雄业绩今朝依然光辉灿烂。

2.3 《三国演义》部分章回写作于洪泽湖畔

罗贯中（约 1330—约 1400），名本，字贯中，号湖海散人，山西太原人。元至正七年（1347 年），罗贯中 18 岁时被施耐庵收为学生，随施耐庵在洪泽湖下游盐城参加了张士诚农民起义。张士诚被朱元璋击败后，罗贯中追随施耐庵，并开始帮助施耐庵整理《水浒传》书稿，同时罗贯中也开始写《三国志通俗演义》。1365 年，罗贯中随施耐庵到淮安，住在当铺老板王肇庆家的“小方壶斋”中写作。施耐庵去世前，将《水浒传》交给了罗贯中，此时，罗贯中已写出了《三国志通俗演义》中的 12 卷。明洪武十三年（1380 年），罗贯中修改整理好了老师施耐庵的《水浒传》，也完成了自己的《三国志通俗演义》[6]。

3 品西游，悟空原是故乡人——洪泽湖与古典名著《西游记》

《西游记》是神魔章回小说的代表作，也是古代长篇浪漫主义神话小说的巅峰之作。小说描写了孙悟空、猪八戒、沙和尚保护唐三藏去西天取经，历经八十一难，取回真经，皆成正果的故事。小说充满了神奇的幻想，在读者面前展开了一个五光十色的幻想世界。《西游记》是我国文化遗产中的瑰宝，它以丰富奇特的艺术想象、生动曲折的故事情节、栩栩如生的人物形象、幽默诙谐的语言，构筑了一座独具特色的艺术宫殿，给每一个读者带来了愉悦的阅读体验。

众所周知，《西游记》的作者吴承恩[2]（约1504—约1582）出生并成长于洪泽湖畔的淮安，从小受洪泽湖及其周边地区地域文化的影响。因此，吴承恩在创作《西游记》的过程中，自然而然地吸收了洪泽湖及其周边地区的特色文化因素。可以说，《西游记》与洪泽湖渊源颇深。

3.1 小说的主人公孙悟空的原型是淮涡水怪无支祁

学术界对孙悟空这一形象塑造的原型有多种说法，如胡适等人认为其原型是“进口货”，是由印度佛经传奇故事中的神猴哈努曼变化而来，有人认为是羌族金丝猴，还有人认为是佛典猴，即佛的前身猕猴等。鲁迅在写《中国小说史略》时，开始探寻孙悟空的原型，认为其原型是淮涡水怪无支祁。鲁迅曾说：《西游记》中两提“无支祁（一作巫支祁）”，盖元时盛引此故事，作西游者或受此影响。

江苏省淮安洪泽区老子山镇的龟山被历史学家郑云波誉为淮河访古胜地，2014年获“中国历史文化名村”光荣称号。龟山历史上曾属凤阳、泗州、盱眙，位于淮河之滨，一面与陆地相连，三面临洪泽湖。根据郑云波教授考证，吴承恩在创作《西游记》时曾多次到龟山考察。龟山上有一块明代时的重修淮渎庙碑，笔者曾多次到龟山研读这通碑刻。碑文引用唐代《古岳渎经》，提到“大禹三至桐柏，获水怪无支祁，命庚辰扼而制之，锁於淮阴龟山足下”。巫支祁是淮涡水怪，又称泗州圣母、龟山水母、水母娘、水猿大圣等，其形在《古岳渎经》中有记述，“善应对言语，辨江淮之浅深，原隰之远近，形若猿猴，缩鼻高额，青躯白首，金目雪牙，颈伸百尺，力逾九象，搏击腾踔疾奔，轻利倏忽，闻视不可久”。巫支祁的故事变化很多，如后来杂剧《二郎神锁齐天大圣》中巫支祁又成了孙悟空的姐姐。不管巫支祁是孙悟空的姐姐还是其前身，孙悟空与巫支祁的“血缘”关系是肯定的。巫支祁在淮河洪泽湖一带兴风作浪，被擒后锁在洪泽湖畔的龟山脚下，清光绪年间的《盱眙县志》有记载巫支祁被镇压在龟山下以及日后被唐楚州刺史李汤发掘出来的传说，清代陶澍的《龟山览古》中的诗句“南江北河两澎湃，水母独锁支祁宫”也提及此事。

总之，孙悟空与巫支祁有密不可分的“血缘”关系，而巫支祁与洪泽湖关系密切，可以说洪泽湖是孙悟空的故乡。

3.2 《西游记》使用了大量洪泽湖地区的方言

《西游记》作者吴承恩在洪泽湖东北岸的淮安（明代称山阳）出生长大，深知洪泽湖地区方言。仔细阅读《西游记》发现小说运用了大量洪泽湖地区方言俚语，这里略举几例：

“展抹桌椅”“展抹干净”。展：抹。洪泽湖地区常将抹布称为展布。

“失惊打怪的”。失惊打怪：大惊小怪。

“好道汤着饿鬼了”。汤着：碰到、遇到。

“左我们”。左：读为zhuǎn，骗，捉弄。

这里特别指出人民文学出版社1980年出版的《西游记》中对某些词语的解释就因不解洪泽湖地区方言含义而出现了错误，如第488页，妖怪要将猪八戒剥皮下锅烀（煮），八戒慌了道：“（不剥皮）好蒸！好蒸！……汤滚就烂。木圈户！木圈户！”这里的“户”与“烀”音义同，煮的意思；“木圈”按洪泽湖地区方言“木”是不的意思，“圈”该读为jiàn，而不是注释中的juàn，是经济意，例如某种米出饭率不高则为“木圈煮”，也可说这种米煮饭“木圈饭”。此处的木圈户意为连皮煮出肉率高。连皮煮既容易烂（“汤滚就烂”），又“木圈户”（煮的出肉率不高），这是八戒为逃避剥皮之灾而找出的两个理由，而不是光易烂这一个理由，注释中将“木圈户”解释为“烂”与方言原意有出入。

3.3 《西游记》有对洪泽湖畔优美景色的描写

《西游记》第六十六回“诸神遭毒手，米勒缚妖魔”中写道孙悟空斗不过雷音寺的妖魔，经日值功曹指点，来到南赡部洲洪泽湖边的盱眙山请救兵，书中有关洪泽湖畔盱眙山景色的描写十分精彩，相关原文是：“行者纵起筋斗云，躲离怪处，直奔盱眙山。不一日，早到。细观，真好去处：南近江津，北临淮水。东通海峤，西接封浮。山顶上有楼观峥嵘，山凹里有涧泉浩涌。嵯峨怪石，磐秀乔松。百般果品应时新，千样花枝迎日放。人如蚁阵往来多，船似雁行归去广。上边有瑞岩观、东岳宫、五显祠、龟山寺等，钟韵香烟冲碧汉；又有玻璃泉、五塔峪、八仙台、杏花园，山光树色映蠙城。白云横不度，幽鸟倦还唱。说甚泰嵩衡华秀，此间仙景若蓬瀛。”[7]

一切景语皆情语，吴承恩对洪泽湖畔盱眙景色的描写是详细而准确的，许多景观至今犹存，如玻璃泉在第一山上，东岳宫在盱眙县城北，龟山寺在洪泽湖和淮河交汇处的龟山村，遗址还在。由此可见，吴承恩对洪泽湖畔的景观不仅了如指掌，而且感情真挚，表达了他对洪泽湖的一片赤子之情。

4 说红楼，宝玉寻根在龟山——洪泽湖与古典名著《红楼梦》

《红楼梦》是清代乾隆年间诞生的一部长篇小说。该书的前八十回，其作者是伟大作家曹雪芹；对高鹗续作后四十回，目前学术界尚有争议。这部巨著以贾宝玉、林黛玉的爱情悲剧为中心，联系广阔的社会背景，着重描写了荣、宁二府由盛到衰的过程，深刻暴露了封建统治阶级的奢靡丑恶，揭示了封建社会必然崩溃的历史命运。书中所表现的以反封建主义的叛逆精神为思想内容的爱情，富有深刻的社会意义。此书在创作艺术上成就巨大，塑造了众多人物形象，血肉丰满，个性鲜明，栩栩如生，成为不朽的艺术典型。结构宏大完整而又自然浑成，使千头万绪、参差错综的种种事件和众多的人物活动紧密联系贯通，成为不可分割的整体。语言洗练、自然、形象，极富艺术表现力。《红楼梦》无论在思想内容上，还是在创作艺术上，都代表了中国古典长篇小说的最高成就，它是民族文化遗产中光华四射的瑰宝。

《红楼梦》是中国文学史乃至世界文学史上有重大影响的小说之一。关于《红楼梦》，在近代形成了“红学”和“曹学”两门学问。“红学”主要集中探讨《红楼梦》本身的思想与艺术及版本；“曹学”主要集中探讨曹雪芹的家世与生平。当然，这两门学问是相互关联的。通过研究曹雪芹家世和《红楼梦》的中心人物贾宝玉发现，“红学”和“曹学”与洪泽湖有一定的关系，即洪泽湖与《红楼梦》有一定的关系。

4.1 曹家与两淮盐务

曹雪芹能写出如此不朽的名著《红楼梦》，其中一个重要的原因就在于他有着不同一般的经历：他出生在一个显赫的仕宦家庭，但这个家庭在其年轻时衰败了，晚年的曹雪芹过着极其凄苦的日子，直至逝世。

曹家从曹雪芹的高祖曹振彦到其祖父曹寅都与清皇室关系不一般。因此，曹家进而与淮安、与洪泽湖也发生了密切的关系。曹寅因与康熙关系密切，三十二岁便任苏州织造，后任江宁织造达二十一年之久。康熙六下江南，曹寅接驾四次，花费巨大，以致江宁织造亏空严重。康熙知道后，让其兼任了巡视两淮盐漕监察御史这个肥差，曹寅死后，康熙又让其子侄相继担任此职务。

当时的巡视两淮盐漕监察御史衙门设在洪泽湖下游的扬州，下属若干盐场，其中最大的是淮北盐场，其管理机构就设在洪泽湖畔的淮安。从这个方面讲，曹家与洪泽湖有着莫名的关系。盐务上所收的赋税称为盐课，盐课对于清代的国赋来说最为紧要，而天下盐课又以两淮为最。这里的两淮指的是以洪泽湖畔的淮安为中心，包括盐城、连云港在内的淮北盐场，和以扬州为中心的盐城以南至长江口一线的淮南盐场。这些地方所产的盐都是由政府监督通过大运河、洪泽湖、淮河等运输到内地，所以盐务所影响的区域是十分广泛的。

曹寅在兼任巡视两淮盐漕监察御史时曾多次到洪泽湖、淮安等地考察，并留下了脍炙人口的诗篇，如《赴淮舟行杂诗》，其中几首写到了洪泽湖畔的风景名胜，有淮阴庙、漂母庙等。可能受其祖父影响，曹雪芹也曾作《淮阴怀古》来纪念韩信："壮士须防恶犬欺，三齐位定盖棺时。寄言世俗休轻鄙，一饭之恩死也知。"[1] 由此可见，曹家对洪泽湖以及对洪泽湖畔的淮安是很了解和有很深的感情的。

4.2 江宁织造与洪泽湖救生桩

洪泽湖历史上，其东岸洪泽湖大堤西立面原为垂直石工墙，其重要相对安全地段依墙设立救生桩，为渔船民服务。清康熙四十二年（1703 年），康熙第四次南巡阅河时，见洪泽湖风浪危险，每致船只损坏，民命攸关，特令于沿河坡钉桩木，以用于救险救生。据清代中央档案江南河道总督孔毓珣《奏请催解各官厅捐输救生桩木银两折》："前河臣张鹏翮于高家堰等处斜钉桩木，每年约需工料银一千五百余两，不动钱粮，公捐签钉。嗣于康熙四十四年，因前河臣张鹏翮奏称，前项救生桩木必须交于地方官，每年修防，以垂久远。随奉部议，原修工程所用银一千五百余两，折算一半七百五十两为准，第一年令两江督臣、江苏抚臣捐输；次年令安徽、江西抚臣捐输：再次年令苏州、江宁织造捐输。六人分作三班，每员输捐银三百五十两，解送河臣衙门，为修理桩木之用。"《圣祖仁皇帝圣训》卷三十四：自设桩以来，数年内并未损船伤人，於商民大有裨益。此桩应时加增修，愈多愈善。嗣后，著江宁、苏州、杭州三处织造，每岁於节省银内各捐五百两，解送总河衙门，以备救生之用。该省逐岁增修存案，不必奏销，等等。又经前河臣张鹏翮遵行在案，此救生桩诚圣主仁皇帝救济民生、万年利赖之盛举也。

又据王英华博士《洪泽湖—清口水利枢纽的形成与演变——兼论明清时期以淮安清口为中心的黄淮运治理》：至清代，洪泽湖汪洋巨浸，商贩连樯，遇风涛巨浪，每虞覆溺，因于高堰、高涧两汛设救生桩和救生坝，以广救济。

救生桩的设置乃清康熙皇帝之意。康熙四十四年（1705 年），令于洪泽湖大堤险要之处设救生桩五处，即高涧坝南、龙门坝南、厉家西五坝、璩家湾、清水潭，以便被溺之人攀缘而上。所用经费，江宁、苏州、杭州三织造各解交河库银五百两，岁以为常。

救生桩结构如何？根据《清会典事例》的记载，洪泽湖救生桩，每长 10 丈，钉桩木 20 根。每根长 2.9 丈，入土 1 丈。管木 10 根，每根长 2.3 丈。竖档高 4 尺，钉梯木 1 根。横档宽 5.1~5.2 尺，梯木长 9 尺。两头出桩木之外各 1 尺八九寸及 2 尺不等（见图 1）。

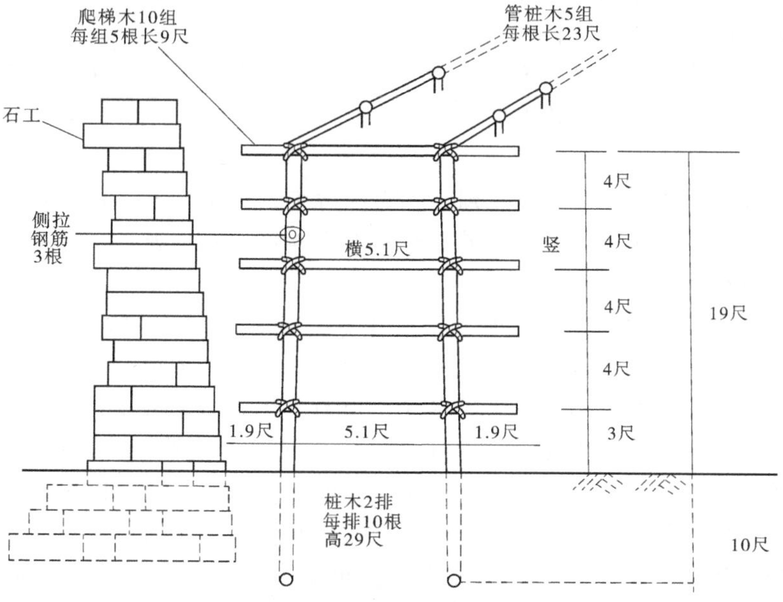

图 1 救生桩示意图

清乾隆十一年（1746 年）七月，令于老堤头、高涧坝迤南、徐家湾、周桥等四处，添设护堤救生坝，使风浪之中的人船赖以避险。同时，于七堡、八堡、九堡、六安沟坝左右，十堡至十七堡等处建救生桩 13 处。乾隆三十三年（1768 年），因洪泽湖水位进一步蓄高，停办无关紧要的洪泽湖救生桩。

4.3　**《红楼梦》的中心人物贾宝玉与洪泽湖有关**

《红楼梦》第一回“甄士隐梦幻识通灵，贾雨村风尘怀闺秀”对贾宝玉出身有这样的背景交代：

“原来女娲氏炼石补天之时，于大荒山无稽崖炼成高径十二丈、方径二十四丈顽石三万六千五百零一块。娲皇氏只用了三万六千五百块，只单单剩了一块未用，便弃在此山青埂峰下。谁知此石自经煅炼之后，灵性已通，因见众石俱得补天，独自己无才，不堪入选，遂自怨自叹，日夜悲号惭愧。”

这段文字明明白白地告诉读者，贾宝玉是女娲补天“单单剩一块未用”的石头转变而来。那么它与洪泽湖有何关系呢？

《史记》记载：“夏后帝启，禹之子，其母涂山氏之女也。”

《帝系》云：“禹娶涂山氏之子，谓之女娲，是生启也。”

江苏省洪泽区老子山镇有个龟山村，东南大学的郑云波教授曾多次来此考察，他经多方考证，认为《史记》中所言的“涂山”即洪泽湖边的龟山，而非其他地方的龟山。他指出当年大禹的抗洪指挥部就在洪泽的龟山，而涂山氏是当时淮河流域势力强大的诸侯，那时的涂山就是其活动的中心地带。尽管也有学者认为涂山在今天的安徽怀远，但不论是在洪泽，还是在怀远，都在洪泽湖畔是不争的事实。古《岳渎经》中“禹三至桐柏，获水怪巫支祁，命庚辰扼而制之，锁于淮阴龟山之足”有力说明这里所言涂山即“淮阴龟山”，即洪泽老子山镇的龟山。今龟山有无支祁井，井旁有庚辰庙可以佐证。

关于大禹和女娲，不论是历史人物还是神话人物，都是淮河文化和洪泽湖文化的重要内涵，故贾宝玉是洪泽湖文化在《红楼梦》中展现的独特风景线。

关于洪泽湖与四大名著，笔者曾创作了《洪泽湖与中国古典四大名著赋》，全文如下：

洪泽湖与中国古典四大名著赋

浩浩洪泽湖，天元之水，世界遗产，文蕴深厚，昔日古淮河之要津也，斯军事要塞，兵家必争，烽火硝烟，英雄用武。兼运河之枢纽，漕运冲要，白云船帆，经济繁荣，墨客如云，诗词歌赋，文化粹集，蕴中华之经典，谱文学之华章。

盖不说老子炼丹于菰蒲，斯莫评孔子游学于淮域，亦遑论东坡赋诗于龟山，简言洪泽碧波润明清之四大名著，即足以撼人心魄，夺人肺腑也。

夫《三国演义》，章回演义，历史小说，罗君贯中，皇皇巨著。风尘旅途，精心构想，洪泽湖畔，淮安城头，圆满收官。豪杰众多，刀光剑影，大泽青史，淮上风流。出生临淮，子敬鲁肃，统帅三军，东吴都督。建安七子，传檄陈琳，妙笔盖世，曹瞒心惊。玄德关张，逞威淮方，大败袁术，以弱克强。若此佳话，不胜枚举。

斯《水浒传》者，施公耐庵，精心思构，淮上王公，鼎力相助，封笔楚州。龟山文豪，画家龚开，巧笔生花，连环画妙，英雄之谱，水浒成书，斯为滥觞。宋江王伦，淮南行侠。起兵山东，作战大泽。盐工统军，肇瑞献策，南征北战，洪泽水乡，乃为其根。名著名湖，相关相联，千丝万缕。

盖《红楼梦》耶，鸿篇巨制，原名《石头记》，又名《风月宝鉴》。红学又称曹学。曹子雪芹，呕心而撰，沥血而作。曹家三代，江宁织造，盛极一时，捐赠银两，用于洪泽，兴修设施，抵御风浪，抢险救生。其祖曹寅，赴淮舟行，吟诗数首，脍炙人口。红楼主角，贾府宝玉，来历不凡，女娲补天，所剩玉石，幻化演变，饱经沧桑。神话女娲，出于名门，居淮上涂山之土，今乃洪泽龟山之地。《史记》有载，大禹成亲，娶于涂山。

其《西游记》者，章回之体，神魔小说也。此书作者，吴公承恩，洪泽湖边，淮安人氏。齐天大圣，究其原型，淮涡水怪，无支祁也。大师鲁迅，游公国恩，均持此说。浩浩洪泽，古之淮水，支祁乡梓，悟空故里。今之龟山，无支祁井，游客如云，隔空抒怀，感慨万千。

噫，论三国兮，英雄辈出洪泽湖。评水浒兮，龚开妙笔赞豪杰。叹红楼兮，宝玉寻根在龟山。说西游兮，悟空乃是故乡人。

嗟乎，四大名著，洪泽名湖，皆结胜缘，九州罕见，经典金榜，绝无仅有。诚洪泽之光荣，淮安之自豪，江苏之骄傲，运河之瑰宝，当研之珍之，益宜彰之用之，以其增世界遗产之光芒，乃添洪泽旅游之魅力，弘优秀文化之传统，促文化之繁荣。若此则无愧于文学先贤，无愧于中华名著，无愧于世界文化经典，亦无愧于伟大时代耶。

5　结论

洪泽湖流域历史悠久，文化底蕴深厚。千百年来，它不仅在淮河、运河流域乃至于全国的经济社会发展中有独特的地位、重大的贡献，同时对文化的发展也产生了巨大的影响。古典文学是中华传统文化的重要组成部分。洪泽湖与以《水浒传》《红楼梦》《三国演义》《西游记》为代表的明清长篇古典小说有极为深厚的渊源，不仅在全国五大湖区，而且在中国古代文学史乃至于文化史上，都是罕见的，在水利遗产和水利文化史上也是罕见的。水，不仅是生命之源，也是文化之源，更是文学之根。

我们不能说，没有洪泽湖，就没有四大名著，但可以说，因为洪泽湖的滋润，中国古典文学四大名著这座文化的丰碑更加璀璨夺目，更加巍峨高大；洪泽湖这世界文化遗产也因为中国古典文学四大名著，底蕴更加丰厚，绰约多姿；这享誉世界的文化品牌也更加魅力无穷，光芒四射！

参考文献

[1] 夏宝国，裴安年. 千秋诗文洪泽湖［M］. 北京：中国文史出版社，2011：196，231-232.
[2] 胡健，荀德麟，等. 淮安的古典小说与运河诗文［M］. 北京：中国书籍出版社，2008：33，45.
[3] 刘学军，葛莱. 千年古县淮阴［M］. 南京：南京大学出版社，2011.
[4] 罗贯中. 三国演义［M］. 沈阳：万卷出版有限责任公司，2011.
[5] 季祥猛，陈继信，李梅娟. 百里文化长廊：洪泽湖大堤［M］. 北京：中国文史出版社，2011.
[6] 王卫华. 淮安文学史［M］. 北京：西苑出版社，2011：204.
[7] 吴承恩. 西游记［M］. 沈阳：万卷出版有限责任公司，2011：482-483.

春秋早期楚国“夹塞两川”及其筑坝水利成就

颜元亮

（中国水利水电科学研究院水利史研究所，北京 100038）

摘　要：《管子》一书记载，春秋时楚成王（？—前626年）进攻宋国，于公元前659年至前656年修建了大规模的“夹塞两川”堤坝工程，回水淹没达到四百里。本文根据有关史料，对这一事件的起因、过程和结果进行了研究，认为这次事件是楚国发动的对宋国的一次大规模水攻战，楚国截断睢水和丹水，修建了中国古代最早的高坝，其坝高达到约20 m，并且安全度汛。这次筑坝事件时间早、规模大，在古代筑坝史上具有里程碑意义，是水利技术的重要成就。这次事件也是楚成王时期的一件大事，是齐桓公伐楚并议定召陵之盟和后来葵丘之会的主要原因，和齐桓公称霸有直接关系。“夹塞两川”事件，虽然在《左传》中没有记载，但是对春秋时期的历史进程有相当重要的影响。

关键词：春秋；夹塞两川；水攻；齐桓公；管子；召陵之盟

“夹塞两川”事件发生在公元前659年至前656年[1]，它是楚国为了争霸中原而对宋国发动的一次大规模的水攻战，在水利史以及筑坝史上具有十分重要的意义，对春秋时期的历史进程也具有重要影响。他是导致齐桓公联合其他七个国家共同伐楚，并订立召陵之盟的直接原因。

这次水攻战，在《左传》和《史记》中都没有记载，目前研究很少，迄今没有专门的研究文章。魏昌著《楚国史》[2]、李玉洁著《楚国史》[3]、郑昌琳编著《楚国史编年辑注》[4]以及蔡靖泉《召陵之盟及其历史意义》[5]等著述都没有提到这一事件，一些研究水利史和古代水攻战的文章虽有提及，但论述甚少。它是楚成王时代一件非常重要的事件，该事件在《管子》一书中有详细记述。《管子》曾三次提到这一事件，与《左传》记载的其他相关事件相互印证，可以大体还原这一事件的历史真相。

目前史学界普遍的观点认为，根据《左传》记载，对公元前656年齐桓公伐楚的原因表示不解，而齐桓公伐楚的真正原因，又找不到答案，对齐桓公称霸的原因及过程，其解释也比较勉强。其实，齐桓公称霸的过程与楚国“夹塞两川”、水攻宋国事件有直接关系。本文根据《管子》一书的记载，除了论述“夹塞两川”的水利成就，还尝试对齐桓公伐楚的真正原因以及齐桓公称霸的过程进行一些解读。

1　“夹塞两川”的历史背景及过程

楚国在西周分封之初，只是南方的一个小国，国小力弱，又被视为荆蛮，不得与诸侯盟。但楚国人不甘落后，奋发图强，“筚路蓝缕，以启山林”，兴修水利，发展农业，实力日益强大。自楚武王和楚文王时，就积极向外扩张，不断攻灭邻近的一些小国，北上争霸。到楚成王（？—前626年在位）时，随着实力的增强，楚国野心越来越大，甚至想要吞并宋国和郑国这样的大国，与齐国争霸中原。

楚成王不断向郑国和宋国发动战争，分别在成王十三年（前659年，僖公元年）、十四年（前

作者简介：颜元亮（1960—），男，教授，研究方向为中国水利史、黄河水利史。

658年，僖公二年）冬和成王十五年（前657年，僖公三年）春，连续出兵攻打郑国[6]，对郑国攻城略地。对宋国则采取大规模水攻战的方式，拦河筑坝，水攻宋国的土地，以破坏宋国的农业经济，这些事件就是《管子·霸形》中提到的“楚欲吞并宋、郑”。

关于楚成王对郑国和宋国的进攻，《左传》中只记载了楚国对郑国的连年征战情况。而对宋国，由于没有直接发兵进攻，而是采取水攻，《左传》没有记载。但是，《管子·霸形》记载了这一事件：“此其后，楚人攻宋、郑。烧焫熯、焚郑地，使城坏者不得复筑也，屋之烧者不得复葺也；令其人有丧雌雄，居室如鸟鼠处穴。要宋田，夹塞两川，使水不得东流，东山之西，水深灭垝，四百里而后可田也。楚欲吞宋、郑而畏齐，日思人众兵强能害己者，必齐也。”

这里的“此其后”，是指它发生在狄人伐邢、卫，而齐桓公救邢存卫，并且用虎皮、豹皮和花锦出使各诸侯国，齐国的命令开始通行天下以后。狄人伐邢在公元前661年，狄人伐卫在公元前660年十二月，那么齐桓公救邢、卫，应当在公元前659年。楚人伐宋、郑，正是在此时，这与《左传》记载的僖公元年（前659年）、僖公二年（前658年）和僖公三年（前657年）楚国连续进攻郑国的记载完全吻合。所以说，《管子》对这一事件的描述是符合历史事实的。也就是说，楚国要吞并宋国和郑国，于公元前659年开始，连续几年，同时进攻宋、郑两个国家。一方面以夺取郑国的城池，另一方面以水攻宋的国土农田，“夹塞两川，使水不得东流”，筑坝壅水，水淹宋国土地四百里。

楚国进攻宋、郑两国，想要争霸中原，但是害怕强大的齐国出来干涉，担心齐国为宋国和郑国撑腰，因此向齐国示好，贿赂齐国的官员，导致齐桓公左右的官员都说楚国的好话，齐桓公也认为楚国与人为善，问管仲何不也与楚国结交。管仲看穿了楚国的阴谋，对齐桓公说：“不可。楚人攻宋、郑，烧焫熯焚郑地，使城坏者不得复筑也，屋之烧者不得复葺也，令人有丧雌雄，居室如鸟鼠处穴。要宋田，夹塞两川，使水不得东流，东山之西，水深灭垝，四百里而后可田也。楚欲吞宋、郑，思人众兵强而能害己者，必齐也。是欲以文克齐，而以武取宋、郑也，楚取宋、郑而不知禁，是失宋、郑也。禁之，则是又不信于楚也。知失于内，兵困于外，非善举也。”

这是《管子》第二次提到“夹塞两川”这一事件，管仲指出了这是楚国想要以武力夺取宋、郑而以计谋瓦解齐国。他们攻占并烧毁郑国的城池，又“夹塞两川”，大规模水攻宋国，其企图是要吞并宋、郑两国，如果不加以制止，将要失去宋国和郑国。楚国认为在各国中，人众兵强，能够对它构成威胁的，必定是齐国，所以向齐国示好。而齐国在刚刚认为自己可以号令于天下诸侯的时候，楚国却跳出来向郑国和宋国发动进攻，楚国表现出北上中原争霸的咄咄逼人态势，管仲认为必须兴兵“南存宋、郑”[7]，不能让楚国夺取宋国和郑国。

管仲提出的策略是先礼后兵，要起兵保卫宋国和郑国，但是不轻易和楚国开战，而是向楚国交涉“郑城”和“宋水”问题。其结果有两种情况：“楚若许，则是我以文令也；楚若不许，则遂以武令焉。”[7]楚国如果同意，则策略成功，表示楚国屈服；楚国如果不同意，则以武力解决，齐桓公十分赞同这一解决方案。

根据《左传》记载，公元前656年（楚成王十六年）春，齐国联合了鲁、宋、陈、卫、郑、许、曹等七个国家，共同组成“八国联军”伐楚。为了师出有名，说明此次行动的合法性，齐国伐楚，并没有如《管子》一书记载的那样，向楚国提出“郑城”和“宋水”问题，而是打着“夹辅周室”的旗号，在对楚国使者申明楚之罪状时说：“尔贡苞茅不入，王祭不供，无以缩酒，寡人是征。昭王南征而不复，寡人是问。”[6] 显然，《左传》记载的齐桓公伐楚的原因和《管子》记载的伐楚原因有所不同。

一些学者根据《左传》的记载，对齐国伐楚的原因感到不解，认为齐桓公指责楚国的两个罪名：其一，不进贡茅草和祭祀用品，是小题大做；其二，周昭王南巡没有返回，是捕风捉影。都是为齐国出兵寻找借口，显然不是伐楚的真正原因。“古今学者多有为此解说，或以为齐国自有侵伐诸侯的不义失德之处，故管仲有所顾忌而不问楚人侵扰诸夏之罪；或以为管仲故意拼凑这两个罪名以显示齐国代行王政的合法性……皆似乎未能圆通。”[5] 确实，只看《左传》的记载，很难理解齐国伐楚的真正原因。由于《左传》没有记载“夹塞两川”这一事件，造成后人对齐国伐楚的真正原因理解困难。

从《管子》记载这一事件前后的过程来看，齐国伐楚的真正原因，显然是由于楚国进攻宋国和郑国引起的，尤其是与水淹宋国的“夹塞两川”工程有直接关系。宋国和郑国都是中原大国，且地处中原腹地，地理位置十分重要，楚国如果吞并了郑国和宋国，实力将得到极大的加强，齐国就会失去霸主地位。因此，楚国进攻宋国，实际上也是损害了齐国的利益，齐国必须打压楚国北上中原争霸的势头。这是齐国伐楚的真正原因，也是齐国“尊王攘夷”国策的具体实施，齐国一直视楚国为蛮夷加以打压，而所谓的“苞茅不入，王祭不供”、“昭王南征而不复”等理由，不过是幌子。为了抑制楚国争霸中原的势头，也为了维护齐国的霸主地位，齐国不能坐视楚国进攻宋、郑两国而不管，所以齐桓公兴兵，协助宋国和郑国打退楚国的进攻。

面对齐国的军事威胁，楚成王也不示弱，率大军迎战，迫使齐国等八国军队退驻召陵（今河南郾城东），结果是齐国军队与楚王相遇于召陵。齐国一边向楚国使者屈完展示强大的军威和阵容，一边又提出“郑城”和“宋水”问题，与楚国交涉。所谓“郑城”问题，就是要恢复被楚国攻占和烧毁的城市。所谓“宋水”问题，就是要拆除楚国“夹塞两川”修建的大坝，楚国虽然不同意，但是也不敢反对。齐国还提出了“毋贮粟，毋曲堤，无擅废嫡子，无置妾以为妻”的盟约，史称“召陵之盟”，楚国被迫接受。齐军退七十里，命令军队在郑国的南边筑城，立了百代城，并提出要求，从此处往北到黄河由郑国自己建立城郭，楚国不得破坏这些城郭。对于“宋水”问题，齐国拆除了楚国修建的大坝，恢复了宋国东部被淹没的田地，其结果是：“东发宋田，夹两川，使水复东流，而楚不敢塞也。”

楚国不敢再次筑坝堵塞河流，河水又恢复了东流，“宋水”问题得以解决。这是《管子·霸形》第三次提到这一事件，也是管仲与齐桓公第二次讨论这一事件，足见《管子》一书对这一问题的重视，也说明“夹塞两川”这一事件在齐桓公时期的重要性。

在这次齐、楚相争中，齐国采取了软硬兼施的两手策略：一方面，与楚国结盟，满足其“以属诸夏”而“观中国之政”的愿望，抛出“召陵之盟”，强迫楚国接受。另一方面，采取强硬手段，拆除了楚国修建的水坝，使水复东流，恢复了宋国的田地。在强大的以齐国为首的“八国联军”武力威胁下，楚国虽然表面强硬，也不敢轻举妄动，只能接受“召陵之盟”的条款。

对于“召陵之盟”，《左传》的记载和《管子》的说法略有不同。目前史学界普遍的观点是：根据《左传》记载，齐、楚双方形成对峙局面后，同时也在寻找妥协的办法。齐桓公权衡得失，只得与屈完盟于召陵。“召陵之盟”是齐、楚双方经武力对峙之后达成妥协的产物。但是根据《管子》的记载，盟约的内容是齐国和宋国等国在前一年的“阳谷之会”上早就商定好的，盟约以“令”的形式强迫楚国接受，并没有商量的余地。虽然楚国表示不接受，齐国还是拆除了水坝，楚国无可奈何，被迫接受盟约，默认了大坝被拆除的事实。齐、楚的武力对峙表面看似得以和平解决，避免了一场大战，实际是楚国的屈服，其标志性事件就是“夹塞两川”的大坝被拆除。楚国在这次事件中遭遇了重大挫折，齐桓公的声望也由此得到极大提高。

2 “夹塞两川”的水利成就

“夹塞两川”是一个什么样的工程，有一些文章提到这一事件时，认为这是筑堤壅水，还有一些观点认为是楚军在睢、汴二水修筑堤防，改变水的流向[8]。

“夹塞两川”不是简单的筑堤工程，也不是一般的筑坝工程。《管子校注》注曰：“楚人又遮取宋田，夹两川筑堤而壅塞之，故水不得东流。两川，盖睢、汴也。”[7] 所谓“筑堤而壅塞之”，应该是两项工程，既筑堤又筑坝。

虽然在先秦时期，堤、坝的建筑没有严格区分。但是，从水利工程的功能来看，堤、坝的作用是不一样的，堤的作用是约束水流，修建在河流两岸，与“夹”的作用相符。所以，“夹”应当是在河流两岸筑堤。如校注所说“夹两川筑堤”。《管子·度地》中还有一处用到“夹”字：“大者为之堤，小者为之防。夹水四周，禾稼不伤。”即在水的四周修筑堤防，把水阻挡于四周堤防之外，以保护庄稼，“夹”的意思也是修筑堤防。以此类推，“夹两川”即在河流的两岸修筑堤防，与“夹水四周”的说法同理。

坝的作用是抬高水位，修建在河道内，与“塞”的含义一致。所以，“夹塞两川”应当是两种工程并举，既筑堤约束水流，也筑坝壅塞。以筑坝为主，抬高水位，即所谓的“塞”；同时在河的两岸修筑堤防，即所谓的“夹”，使抬高水位后回水能够淹得更远，又避免淹到自己的土地。仅靠筑堤没有抬高水位的作用，不会有“壅塞”河流的效果，或者说作用很有限。因此，“夹塞两川”的工程类似于现代修建水库工程，但因为它的作用是淹灌上游土地，制造洪水，所以两岸还要筑堤，类似付坝。

对比《管子·霸形》所载这一事件前后文字，可以看出这一工程的前后变化：

大坝拆除前：“要宋田，夹塞两川，使水不得东流。”

大坝拆除后：“东发宋田，夹两川，使水复东流，而楚不敢塞也。”

原文从“夹塞两川”变成了“夹两川”。拆除了水坝，水复东流，楚国不敢再筑坝了，但两岸的堤防没有拆除，这段前后文记载的变化，进一步印证了“塞”是筑坝，而“夹”是筑堤。

关于这次筑坝的河流，即“两川”，《管子校注》认为“两川，盖睢、汴也”。《中国水利史稿》认为，“大约是在睢水上筑坝”[9]，没有提到汴水。《淮河水利简史》则认为，“楚成王熊恽，在兴兵攻打郑、宋两国时，不仅放火烧了郑国的城镇，更在宋国境内的睢水、丹水（汴水）上筑坝挡水”，认为“两川”是睢水和丹水（汴水）[10]。睢水和丹水是宋国境内两条重要的河流，其上游都在宋的都城商丘附近。而且宋国境内本身就经常发生大水灾，如周庄王十四年（前683年）秋“宋大水”，周敬王四十三年（前477年）：“宋大水，丹水壅不流。”[11] 因此，在这两条河流上筑坝，都比较容易形成水灾。可能正是这个原因，使得楚国想到水攻宋国，可见，当时楚国人对这一带的水文地理比较了解。

关于这次筑坝的地点，没有记载具体位置，但《管子》提到，“东山之西，水深灭垝”，东山应当离筑坝的地点不远。

东山在何地？历史上称为东山的地方不止一个，但是它必须靠近睢水或者丹水。《水经注·济水》提到有一处叫东山的地方：“周王闻之，遣使至楚，令伐之，偃王爱民不斗，遂为楚败，北走彭城武原县东山，百姓随之者以万数，因名其山为徐山。”《汉书·地理志》“吕、武原，莽曰和乐亭”，属徐州。《邳州志》记载：“武原城去今城（邳城镇）十五里，汉县，属楚国。”[12] 由此可知，徐山原名东山，徐山就是东山，在汉代的武原县境内，为古徐国曾经的所在地，离丹水（汴水）比较近。因此，可以推断，丹水是这次筑坝的两川之一。筑坝的地点在“东山”附近。一百多年后，公元前512年，吴王阖闾灭徐，也是采用水攻战法[6]，东山再次被淹。可见，这里的地理和水文条件适合采用水攻，楚国人在此筑坝不是偶然的。

当然，关于如何在两条河流上筑坝，其形制目前已经很难准确了解。大致可以知道，这一工程规模宏大，回水淹没达到四百里，使“水不得东流”，完全截断了河流，制造了大规模的水灾，淹灌了宋国大量的土地。即使古人的记载不很准确，或者有些夸张，但是淹没达到百里以上这个量级应该是可信的。

能够造成大范围淹没的另一个原因是睢水和丹水都位于黄、淮之间的平原地带，地势平坦，河流的坡降很缓。以在睢水上筑坝为例，对坝高做如下推算：

战国时期的一里约为现在的0.7里，400里约为280里，即140 km。根据有关资料，现在新濉河的比降约为1/10 000，假设古今的河道比降没有大的变化，筑坝后抬高的水位必须达到14 m，回水才可以淹到当时的400里。濉河的水深4~5 m，以最大水深5 m计，加上大坝超高1 m，最大坝高应当达到20 m左右，这在当时应该是史无前例的高坝了。

从原文记载看，筑坝后，上游水位升高了很多，“水深灭垝”，提供了很重要也很确切的信息，在早期关于水灾的记载中极为罕见。据黎凤祥《管子校注》引《尔雅释宫》说："'垝谓之坫'，累土所筑之堤，黄梅称垝。"[7] 则垝也可能指堤防，但是堤防如果被淹没的话，回水很难达到那么远的距离。所以此处之"垝"，泛指房屋、垣墙或高处，就是说，水深的地方可以没墙，当时的房屋虽然不会很高，有可能 2~3 m，这是"东山之西"的水深，当然这不是最深的地方，而是回水淹没的某一地点或一片地区。越靠近坝址，水越深，以此来看，坝前水深达到十多米是有可能的，当时一定淹没了大量的村庄和房屋。

更为重要的是，两千七百多年前的这次"夹塞两川"工程，是历史上有记载的第一次截断河流筑坝，规模宏大，技术复杂，既筑坝，又筑堤，而且在两条河流上同时进行，所以它比一般的筑堤工程要困难得多。从规划到水文、地质、测量、土工，都要有一定的基础知识。从"水不得东流"的结果看，拦河筑坝相当成功。濉水和丹水都不是小河，合龙相当困难，需要较多的筑坝经验和较高的技术。合龙后水位将不断上升，当时都是土坝，没有溢洪道，如何保持大坝在不断升高的水压力下不会垮掉，依据目前的资料还很难判断。不过，这些困难楚人都克服了。

该史料在水利史上的重要之处在于：第一，时间早，筑坝时间约在公元前 659—前 656 年；第二，记载详细，不仅有定性的描述，如地点、河流，更有定量的说明，这在古代文献，尤其是上古文献记载中是极为罕见和珍贵的；第三，工程的规模大，这次筑坝回水淹没达到 400 里，只比一千多年后南北朝时期淮河上的浮山堰淹没距离略少一些；第四，工程的技术性强，在一条大河上拦河筑坝，这是水利史上有记载的第一次，而且成功度过了汛期，没有垮坝，这对工程的建筑技术如导流、进占、合龙等有较高要求，对工程的地质、水文情况应有比较多的了解。

筑坝技术是水利技术的集中体现，"夹塞两川"体现了楚人高水平的水利工程技术，在筑坝工程史上是一个重要的成就。应该说它是可以考证出来的最早的高坝，其意义不亚于南北朝时梁武帝修建的浮山堰，它在技术上是成功的，而且维持了较长时间，没有被冲垮，也基本上达到了水攻宋国的效果。

3 "夹塞两川"与水利盟约

楚人"夹塞两川"，工程浩大，并非一年半载能够完成，"召陵之盟"的前几年已经动工，这和楚国连续进攻郑国的步调是一致的。

宋国遭遇楚国的水攻威胁，大约是在召陵之盟的前两年。这两年中，宋公与齐侯以及江、黄等国频繁盟会。僖公二年（前 658 年），"齐侯、宋公、江人、黄人盟于贯"[6]，这一年是楚国进攻郑国和宋国的第二年，僖公三年（前 657 年），"齐侯、宋公、江人、黄人盟于阳谷"，阳谷之会的主要议题是"谋伐楚"[6]，前一年的"贯之会"也可能包含这个议题，商讨对付楚国的办法，为正式伐楚做准备。

为什么齐、宋等国连续两年会盟商议伐楚？主要的原因就是楚国对宋国发动大规模水攻，"夹塞两川"工程对宋国造成了巨大威胁，宋国的大量土地被洪水淹没，因此寻求齐国的帮助。而楚国北上争霸的势头咄咄逼人，这也是齐国不愿意看到的。共同的利益使得齐、宋、江、黄等国联合起来，一起对付楚国。在阳谷之会上，商定了"无障谷，无贮粟，无易树子，无以妾为妻"的盟约，首次提出"无障谷"，即不许在河流上修建大坝或堤防的条文。齐、宋以及江、黄等小国都不是善于用水攻的国家，之所以要提出这样的盟约，显然是针对楚国"夹塞两川"工程的。其时江、黄也受到楚国的威胁，公元前 648 年，楚人灭黄。可以肯定，楚国"夹塞两川"的工程在召陵之盟的前一二年，即楚成王十四年（前 658 年，僖公二年）、十五年（前 657 年，僖公三年），已经修建达到一定规模，引起了宋、齐等国的不安。

至僖公四年（前 656 年），齐桓公率"八国联军"破蔡伐楚，至召陵，与楚王订立"召陵之盟"，盟约的内容与前一年阳谷之会上的内容基本一样，是齐、宋、江、黄等国早就商定好的，只做了一点小的改动，把"无障谷"改为"毋曲堤"，区别在于"无障谷"只针对"夹塞两川"的工程，而

“毋曲堤”的含义更广泛一些。盟约以“令”的形式强迫楚国接受，并没有商量的余地。虽然楚国表示不接受，齐国还是拆除了水坝，楚国无可奈何，被迫接受盟约。楚国在这次事件中遭遇了重大挫折。

透过现象看本质，齐国为什么伐楚，也可以从最后盟约的内容上看出来。盟约的内容表明双方关心的问题，也是战争最后需要解决的实质性问题。召陵之盟的主要内容几乎与前一年阳谷之会的内容一样，这不是偶然的，而是齐、宋等国早就商定好，强加于楚国的。召陵之盟的内容共四条：“毋贮粟，毋曲堤，无擅废嫡子，无置妾以为妻。”其中三条都是无关他国的内政问题，是关乎礼法或宗法方面的事情。只有“毋曲堤”一条与国际争端有关，是这次盟约的关键问题。齐国提出这一条的目的是制止楚国的水攻战，最直接的意义就是要楚国拆除“夹塞两川”工程。《管子・霸形》中说，齐国把“郑城”和“宋水”两件事提出来，就郑国的城池问题和宋国的水灾问题与楚王商讨，但是都遭到楚国的拒绝。因此，齐国必须采取强制措施，即动用武力。这是齐国伐楚的主要原因。

当然，从最后盟约的内容也可以看出，齐国提出的“郑城”和“宋水”两个问题中，“宋水”问题是齐国关心的主要问题，也是齐国和楚国矛盾的焦点，这可以从齐国和宋国多次会盟，而郑国没有参与，以及后来的盟约内容中多次体现出来，盟约重点提出了与“宋水”有关的修筑堤坝问题，却没有提出与“郑城”有关的条款。

另外，对于各国来说，随意筑堤也是当时需要解决的一个新问题，这反映了春秋以来，因筑堤、筑坝而产生的水攻战越来越多，危害越来越大，各国之间有禁止随意筑堤的要求，而“夹塞两川”事件为解决这一问题提供了契机，于是以齐国为首提出了禁止随意筑堤的盟约，一方面顺应了各国的要求，另一方面又打压了楚国争霸中原的野心。

楚国在这次战争中遭遇了严重挫败。第一，水攻宋国的大坝被拆除，不敢再筑坝。楚国在中原各国面前颜面尽失，丢掉了威信；第二，被迫接受了所谓的“召陵之盟”，虽然这些条款称为盟约，但实际上是前一年阳谷之会上齐、宋等国早就拟定好的，楚国不同意也得同意；第三，楚国仍然没有取得与中原各国对话的权利，仍然不具有与华夏诸国同等会盟的地位，葵丘之会没有被邀请参加。相反，齐国这次出兵，虽然没有直接与楚国交战，但实际上等于帮助宋国和郑国打退了楚国的进攻，有效抑制了楚国争霸中原的势头。齐国在这次战争中则大大提高了威信，拆除楚国修建的大坝就是标志性事件，使其表面尊王，实际攘夷，即打压楚国的国策基本得到实现，从另一方面看，也等于楚国承认了齐国在中原的霸主地位。

楚国“夹塞两川”，修建大坝，水攻宋国事件，对齐国和中原各国都是一次震动，认为有必要制止类似的事件再次发生。召陵之盟后没过几年，即僖公九年（前 651 年），齐国又在葵丘（今河南兰考、民权县境）会盟诸侯，楚国仍然没有被邀请参加，而且葵丘之会上重申了召陵之盟的内容，又提出类似的“无曲防”条款，并且搬出周天子发号施令，说这是“壹明天子之禁”[6]，大有“挟天子以令诸侯”的架势。周襄王也派代表参加了这次会盟。表面上看，这是齐桓公尊王的表现，实际是使盟约获得更加合法的地位。葵丘盟约的含义是再一次对楚国提出警告，同时也对其他各国随意筑堤、使用水攻战有所约束，葵丘之会使齐桓公的声望达到高峰。

从阳谷之会，到召陵之盟，再到葵丘之会，几年之内，以齐国为首的中原各国连续三次提出“无障谷”“毋曲堤”和“无曲防”的水利盟约，说明这次“夹塞两川”工程影响巨大，造成的水灾严重。后来晋国为中原霸主，还没有忘记此事，公元前 562 年，在亳城（今河南偃师）会盟上，也订立有类似的盟约，即“毋壅利”。这一事件也说明，当时不仅楚国筑坝壅水，水淹别国，其他国家可能也有筑坝或筑堤发动水攻的情况。春秋早期，水攻战比较普遍。

这三次水利盟约的内容看似雷同，实际还是有所区别。“无障谷”是不许在河流的峡谷地带修建大坝，因为“阳谷之会”的主要议题是“谋伐楚”，所以当时提出这一条是针对楚国“夹塞两川”的大坝而言。“毋曲堤”的含义相对广泛一些，因为当时的“堤”，也可以泛指壅水工程。“无曲防”则比较准确地表达了限制各国发动水攻战、以水代兵的意图。“防”的含义既可以指堤，也可以指堰、坝一类工程，这样就不仅仅是针对楚国，而是对各国都有限制。后来的“毋壅利”，则战争的含义相对淡化，主要是指水利工程而言。

4 小结

“夹塞两川”工程是春秋时期楚国发动的对宋国的一次大规模水攻战。这次水攻的方式，是在河流的下游筑坝，以回水淹灌上游宋国的土地，是上古时期常用的一种水攻方式。根据史料推算，楚国在“夹塞两川”的工程中拦截河流，修建了约二十米高的大坝，体现了楚人高水平的水利技术，是先秦时期水利技术的重大成就。这次水攻战，形成了大范围的水灾，引起各国的震动，导致齐国联合其他七个国家出兵干预，拆除了楚国修建的大坝，并且以制止各国随意修筑堤坝为目的，先后三次订立了水利盟约。“夹塞两川”事件后，齐桓公的声望达到顶峰。

参考文献

[1] 颜元亮. 中国历代以水代兵及其水利工程［M］. 北京：中国水利水电出版社，2022.
[2] 魏昌. 楚国史［M］. 武汉：武汉出版社，2012.
[3] 李玉洁. 楚国史［M］. 开封：河南大学出版社，2002.
[4] 郑昌琳. 楚国史编年辑注［M］. 武汉：湖北人民出版社，1999.
[5] 蔡靖泉. 召陵之盟及其历史意义［J］. 管子学刊，2008（2）：38-44.
[6] 杨伯峻. 春秋左传注：全四册［M］. 修订本. 北京：中华书局，2009：278，280，285-286，290，327.
[7] 黎翔凤. 管子校注［M］. 北京：中华书局，2004.
[8] 催向东. 论春秋战国时期的水攻战［J］. 北京大学学报·哲学社会科学版，2012（5）：82.
[9] 水利水电科学研究院《中国水利史稿》编写组. 中国水利史稿（上册）［M］. 北京：水利电力出版社，1979：49.
[10] 水利部治淮委员会《淮河水利简史》编写组. 淮河水利简史［M］. 北京：水利水电出版社，1990：45.
[11] 日知. 中国古代纪年［M］. 长春：东北师范大学出版社，1993：754.
[12] 邳州志［M］. 刻本. 清咸丰董用威、马铁群修，鲁一同纂，1895（清光绪二十一年）.

基于水文化传承的城市滨水区更新研究

张　琳[1,2]　马　彦[1,2]

[1. 黄河勘测规划设计研究院有限公司，河南郑州　450000；
2. 水利部黄河流域水治理与水安全重点实验室（筹），河南郑州　450000]

摘　要：城市滨水区是城市中重要的开放空间，是水文化展示的最佳空间载体。文章研究兰州黄河水文化的内涵与特性，提出以水文化为主线，从系统规划、艺术再生和事件策划三个维度进行滨水区的更新设计，为水文化传承与弘扬提供借鉴意见。

关键词：水文化；城市滨水区；传承与弘扬

水是生命之源，从古至今，人与水之间的关系密不可分，人类的水文化历史悠久、底蕴深厚、形式多样，其水文化遗产更是具有重要的历史、文化、艺术、科学、水利等功能。城市滨水区是城市中重要的开放空间，是水文化展示的最佳空间载体，基于水文化的滨水区景观更新就是尊重了当地的传统文化、民俗风情与文化信仰，传承了城市的文脉。同时，水文化作为滨水城市的重要资源，也是塑造城市形象、凸显滨水特色的重要途径。

本文以兰州市黄河风情线大景区保护与更新规划为例，探究基于水文化传承的城市滨水区更新设计，通过对当地水文化的深度解读与诠释，提供城市滨水区提升改造新思路，助力水利高质量发展。

1　水文化传承的内涵及意义

1.1　水文化内涵

纵观人类社会发展史，人们在关于水的实践活动中创造了与时代相适应的水文化，而各个时代的水文化又反过来促进人类对自然生态环境的重新认识，并把这种认识反映在所从事的水实践活动中[1]。水文化的根本特征是“以水和水事活动为载体”的文化。水文化需要通过各种水利工程手段来保护和开发水资源。水利是水文化的重要形态，对社会进步和经济发展有着深远影响，在水文化中占有重要地位。

1.2　水文化传承意义

水是生命之源，万物之本。中华民族自古就有以水为师、以水为鉴的传统，用水、治水的“水利文明”悠久灿烂，水的哲学思想历久弥新，水的美学文学旷古不衰，细水长流中包含着高深莫测的智慧。中华民族有着善治水的优良传统，城市依水而建、人们逐水而居，为城市发展积淀了大量的有关水的文化，从某种意义上来说城市的发展史就是一部治水史。在璀璨的中华文化宝库中，水文化是极其重要的组成部分，水文化传承为提高水利事业文化软实力和社会影响力提供有利支撑，是落实新时代水利精神应有之义。

2　存在问题

兰州作为唯一一座黄河穿城而过的省会城市，是贯穿兰州城市空间的脊梁、连接区域生态环境的通廊、塑造片区形象的活力纽带、彰显地区水文化传承的文脉。

作者简介：张琳（1982—），女，高级工程师，主要从事景观设计工作。

黄河兰州段西起西固区柴家台吊桥，东至城关区桑园子黄河吊桥，全长 47.5 km。在景观结构方面，目前黄河兰州段水文化系统不完善，缺乏系统性研究；在水文化展示方面，黄河兰州段水文化展示不足，只在部分开放空间展示，较为片段化，且缺乏水文化体验空间，功能单一；在水文化创新方面较为匮乏，景观吸引力弱。

3 兰州黄河水文化特征

兰州自秦以来已有两千多年的建城史，自古就是“联络四域、襟带万里”的交通枢纽和军事要塞，以“金城汤池”之意命名金城，素有“黄河明珠”的美誉。

3.1 黄河文化

3.1.1 始祖文化

“三皇”之首的伏羲和“娲皇”女娲被称为中华民族的人文始祖，是龙文化的创始人。其中，最重要的贡献是伏羲始创八卦，开启了我们的民族文化之源。据记载，伏羲女娲诞生于甘肃天水，现在位于天水市的伏羲庙是国家级重点文物保护单位，被称为羲皇故里，兰州作为甘肃省省会也是始祖文化传承的重要城市。

3.1.2 农耕文化

兰州地区自古就是农牧文化交会的地带，这里有着悠久的农耕文明。兰州处于半干旱地区，因此黄河水对这里的农业生产起到至关重要的作用，自古这里就留下了很多治水、用水的故事。水车是一种古老的灌溉工具，始建于明代，兰州地区的水车又被称为天车，据说是南方地区的水车经过改善而制成的。兰州水车自发明以来给兰州人取水、用水带来了极大的方便，推动了农业的发展。到 1952 年，兰州市黄河两岸共有 252 轮水车，给当时的城市增添了独特的韵味，现在兰州水车已作为兰州地域文化的重要标志。

3.1.3 彩陶文化

兰州地区是中国远古文化的发祥地之一，新石器时代兰州出现了马家窑文化、齐家文化等文化类型，如今已经挖掘很多的新石器时代遗址，其中有七里河西坡坬遗址和白道坪遗址等。从这些遗址中发现了大量的图案精致、种类丰富的彩陶，展现了兰州地区原始人类高超的制陶技艺和独特的审美，是马家窑文化的代表。

3.2 丝路文化

丝路文化源于丝绸之路，兰州作为丝绸古道上的重要节点，自古就是中原联系西域的战略要道和沟通中国与中亚、西亚经济文化的交会地，拥有独特的渡口文化和桥梁文化。

兰州作为古丝绸之路上重要的交通枢纽和军事要地，两千多年来形成了一个独特的渡口城市，渡口和飞桥作为兰州特有的景观，为经济与文化交流作出了巨大贡献。兰州沿着黄河两岸分布有金城关古渡、炳灵寺古渡、河口古渡、五佛寺古渡、积石关古渡等著名的渡口。黄河古渡—金城关—镇远浮桥—中山铁桥，形成了连接中原与西北、维系中西交流的渡口文化。

随着岁月的流逝，由渡口文化又衍生出了特色的桥梁文化。有兰州境内历史最为悠久、被誉为“天下黄河第一桥”的兰州中山铁桥；兰州第二座黄河大桥，当时黄河上最大跨度的钢筋混凝土悬臂梁桥——七里河黄河大桥；建于 1971 年的西沙黄河大桥；建于 1977 年的城关黄河大桥；1997 年 3 月开始修筑，2001 年 8 月 18 日正式通车的黄河上游第一座大型现代化斜拉式大桥——银滩黄河大桥；2001 年开工、2003 年 8 月建成通车的兰州第一座大型跨河互通式立交桥——小西湖黄河大桥；2003 年底建成通车，享有兰州黄河“第一彩虹桥”美誉，国内同类型跨度最大的连续钢管混凝土钢架系杆拱桥——雁滩黄河大桥，以及正在修建的圆通大桥、金雁大桥、深安大桥等，如今兰州市区内已架起各式桥梁近 80 座。

3.3 民俗文化

民间舞蹈中，兰州太平鼓舞有 600 多年的传统歌舞历史，是当地人民喜爱的民间表演形式之一，也是甘肃首批国家级非物质文化遗产之一，有庆贺新年太平祝福的寓意，铿锵有力、节奏明快的鼓点，显示了黄河之滨人民的英雄气魄。

兰州“羊皮筏子”是具有黄河流域典型性的民俗元素，是用树枝条组成框架，在框架上捆绑多个羊皮囊而制成的传统渡河交通工具。2006 年，被列入甘肃省第一批非物质文化遗产保护名录。小小的动物皮囊不仅解决了古代交通问题，为人们提供了出行的便利，促进了经济发展，同时也体现了古代劳动人民的智慧，是研究地区文化发展的重要项目。

4 水文化传承的城市滨水区更新策略

兰州黄河风情线大景区，是兰州市的核心景区，被南来北往的客人称为“兰州外滩”。项目建设以黄河为核心发展轴，以黄河两岸自然资源及人文资源为本底，融入金城兰州城市发展前景，以黄河文化、丝路文化、民俗文化三大核心文化为灵魂依托，坚持生态可持续、现状景点再利用的原则，将兰州黄河风情线与城市发展充分衔接，梳理组织黄河两岸的所有景点，使各区特色鲜明，提升兰州的整体旅游形象，使兰州不再是西部旅游线上的交通换乘点，而是甘肃乃至西北区域旅游的中心和旅游集散地，并通过旅游业的驱动作用，构建兰州复合产业体系，促进西北地区经济的全面腾飞。

4.1 系统规划水文化滨水空间

设计通过黄河的空间纽带及文化统领作用，将黄河作为核心轴线，与沿线各资源点及已有景点景区进行相互融合与渗透，进而统一从空间及文化形态上进行串联，最终形成“一轴七段”的滨水空间格局（见图 1）。“一轴”是黄河水上风情体验轴，以兰州市区段水上的城市风景、沿岸观光体验为核心体验内容。“七段”是金城工业遗存展示段、现代都市风光体验段、黄河特色湿地休闲段、金城古韵文化观光段、综合集散康体娱乐段、黄河文化人居体验段、黄河生态郊野休闲段等七个主题鲜明的区段。

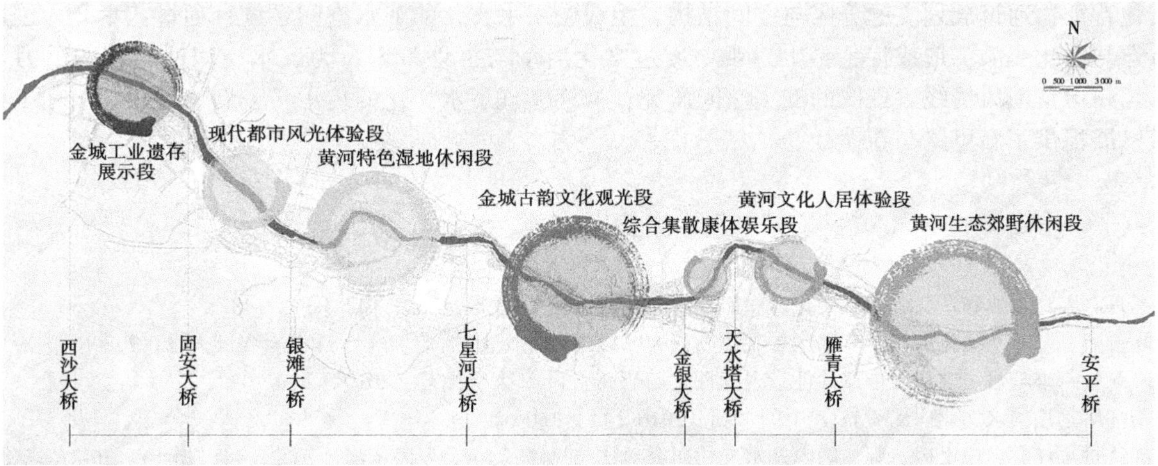

图 1 空间主题分区

通过设置不同的滨水文化主题，让市民们深入且深刻地了解兰州水文化的魅力；通过增加重要出入口空间与周边景点资源慢行交通的导视系统，增强水文化互通及增强滨水空间的可达性；通过完善水文化体验空间，打造全龄段全天候不同滨水体验设施，营造水文化行为景观，丰富水文化活动类型；通过文化艺术性展示重点古水利工程，进行水利科普教育，讲好黄河故事。

4.2 塑造水文化艺术再生景观

艺术可以作为人与人，人与自然、环境之间密切互动关注的永续经营与调整的重要媒介，不但能吸引群众的参与，还能引发群众探寻其背后的含义。水文化艺术介入是为了在景观的语境下创造性地回应项目的场地特性[2]。设计沿着黄河两岸运用不同的艺术手法进行介入，利用场地地形、地面铺装、防汛设施、休憩座凳等空间载体，进行合理、灵活的文化诠释与转译，将文化元素融入景观载体中。一方面，通过黄河文化铺装长廊、兰州历史人文展示互动小品、廊桥艺术展示、防浪墙水利文化插画长廊及民俗文化景墙等艺术表现形式，让人们在休闲活动中与水文化产生联系与互动，增强滨水公共空间使用者的文化认同感；另一方面，通过策划和营造水文化艺术事件空间，给予更多举办水文化创新事件的可能性。

4.3 策划文化活动与事件

在城市迅速发展的时代，现代城市事件性景观已经不仅仅关注形式，而是更加关注人与空间的共鸣[3]。设计在空间营造上采用“软介入”的方式，结合水文化进行景观事件更新，根据不同年龄段的个体和群体活动特点进行公共活动策划[4]，主要分为静态活动、水上活动、岸上活动和节事活动4个类型，以满足不同人群的精神文明需求及激发滨水空间活力。静态活动针对水岸生态环境较丰富的滨水空间，利用静态自然区域合理规划静坐、休憩、露营等静态休憩活动；水上活动结合水情特征，对水中体验活动、水岸文化互动进行空间落位和策划引导，如黄河游船、羊皮筏子体验、音乐喷泉等丰富的水事活动，体现滨水空间特色；岸上活动则鼓励以带状空间为载体，迎风面水，策划组织马拉松、欢乐夜跑、骑行等体育健身活动，提高滨水空间的活力；节事活动结合水文化特色策划多样的体验型活动，如滨水音乐节、户外电影节、黄河大合唱、红歌大舞台、非遗文化庆典等，凝聚人群活力，提升知名度，助力打造城市文化新名片。

5 结语

随着我国对文化软实力的开发和对文化遗产保护的重视，水文化传承和发展得到前所未有的关注与支持，城市滨水区作为水文化的重要载体也面临着前所未有的发展机遇，而目前很多城市的滨水空间在建设过程中由于对水文化的传承与诠释不足，存在水文化遗址受损、文化特色消退、滨水景观辨识度低等问题[5]。本文结合兰州市黄河风情线大景区保护与更新规划，深入研究水文化内涵及当地水文化特征，通过规划主题分区与空间结构，生成融入水文化的滨水空间系统；通过艺术介入创造文化节点与文化小品，形成特色再生景观；通过文化活动与事件策划，为滨水空间注入新的活力与生命。兰州市黄河风情线大景区的滨水空间研究，最终实现了水文化的传承与创新，为相关水利工程高质量发展提供了新思路与新途径。

参考文献

[1] 李丹．人与自然和谐共生的水文化理念研究［J］．灌溉排水学报，2023，42（5）：148.
[2] 叶浚熙．基于水文化的城市滨水区景观更新研究：以深圳龙岗河为例［D］．深圳：深圳大学，2020.
[3] 叶君毅，李琰君．现代城市事件性景观的探索与研究［J］．大众文艺，2019（2）：103.
[4] 靳怀堾．漫谈水文化内涵［J］．中国水利，2016（11）：60-64.
[5] 许诗丹，任渠，田世民，等．国内外水文化研究对比与思考［J］．人民黄河，2022，44（增1）：36-37，41.

以新时代治水精神引领水文化传承弘扬

张　锐[1,2]　杨非非[1]　闫光辉[3]

（1. 陕西师范大学，陕西西安　710119；
2. 西安理工大学，陕西西安　710054；
3. 陕西省汉中市石门水库管理局，陕西汉中　723000）

摘　要： 新时代，我国治水事业取得历史性成就，从实践中构建国家水安全保障体系，在理论上形成习近平关于治水论述，书写治水精神和水文化传承新篇章。新时代，中国共产党坚守为民初心，践行安全发展理念，增强保障国家水安全的行动自觉，大力弘扬伟大自然灾害斗争精神，凝练形成“忠诚、干净、担当，科学、求实、创新”的新时代水利精神。新时代，水文化在发展中得到充分传承弘扬，并在实践中赋能文明建设与文明交往，水文化建设为建设中华民族现代文明贡献文化力量，我国积极深入推进“一带一路”双边和多边水领域务实合作，激起文明交往新涟漪。

关键词： 治水精神；水文化；水安全；水文化博物馆；新时代水利精神

新思想引领新时代，新作为谱写新篇章。习近平新时代中国特色社会主义思想是当代中国马克思主义、21世纪马克思主义，是中华文化和中国精神的时代精华。这一思想在水利领域集中体现在习近平总书记关于治水、水安全保障的重要论述，总体国家安全观和习近平文化思想中，反映出新时代治水精神和水文化的突出特征，为新时代新征程奋力谱写中国式现代化水利新篇章提供了科学指南。

1　治水事业取得历史性成就、发生历史性变革

新时代呼唤新思想，新思想引领新时代。面对水安全新老问题，习近平总书记提出一系列重要论述，推动水利事业不断发展。

1.1　重新定义水安全，从实践中构建国家水安全保障体系

水安全是涉及国家长治久安的大事，也是国家整体安全架构中不可或缺的一环。联合国粮食及农业组织（FAO）在1996年首次定义了水安全概念，最初主要聚焦于水资源的匮乏问题。然而，随着时间的推移，水安全的概念已经扩展到涵盖水资源短缺、频繁的水灾害、水环境的污染以及水生态系统的破坏等众多方面，日益凸显出其跨领域的综合性和系统性特征。党的十八大以来，以习近平同志为核心的党中央就保障国家水安全提出了一系列新理念、新思路、新举措，从实现中华民族永续发展的高度，提出水安全是涉及国家长治久安的大事，明确指出水安全中水时空分布不均、水灾害等老问题和水资源短缺、水生态损害、水环境污染等新问题，将水安全上升为国家战略，提出“节水优先、空间均衡、系统治理、两手发力”治水思路[1]，推动新阶段水利实现高质量发展，我国水资源利用方式实现深层次变革，“南北调配、东西互济”的水资源配置格局初步形成，江河湖泊面貌实现根本

基金项目： 2024年陕西省哲学社会科学研究专项“陕西党史”重点课题研究项目：党领导陕西水利现代化建设的实践历程与基本经验研究（2024HZ0696）；西安市2024年度社会科学规划基金重点项目：中国式现代化进程中的西安水安全保障机制研究（24ZD38）。

作者简介： 张锐（1980—），男，陕西师范大学马克思主义学院博士研究生，西安理工大学马克思主义学院党委书记兼常务副院长，陕西省公民科学素质与科技创新研究中心副主任，副教授，硕士生导师，研究方向为马克思主义中国化、水安全与水文化。

性改善，水利治理能力实现系统性提升，在推进落实联合国 2030 年可持续发展议程涉水目标方面取得了重大进展[2]。

1.2 坚持系统观念，在理论上形成关于水安全的系列重要论述

习近平总书记关于治水和水安全保障的重要论述，从坚持总体国家安全观、实施新发展理念、推动人与自然和谐共生的现代化建设等多个维度，阐述了水安全的基础作用、重要性和其独特的战略地位。这些论述深刻揭示了水安全与人民生命财产安全、粮食安全、经济安全、资源安全和生态安全之间的紧密联系[3]，强调了高质量发展和高水平安全统筹兼顾的重要性，体现了鲜明的系统思维。这些论述是马克思主义基本原理与我国水安全治理实践相结合、与中华优秀传统治水亲水文化相结合的重大理论成果，体现了中国共产党不断探索治水规律过程中的理论提升和实践成果，为系统性解决我国面临的新老水问题、切实保障国家安全、实现中华民族永续发展提供了根本遵循和行动指南。《国家水网建设规划纲要》明确到 2035 年要建成国家水网，形成与基本实现社会主义现代化相适应的国家水安全保障体系，为新时代新征程加快推进水利现代化指明了目标和方向。

2 治水精神在实践中不断发展，被赋予新的时代内涵

善治国者必先治水。在科学应对水灾害、切实保障水安全、全面推进水利高质量发展的实践中，在奋力谱写进一步全面深化改革推进中国式现代化新篇章的历史进程中，新时代治水精神不断得以发展弘扬。

2.1 坚守为民初心，践行“人民至上、生命至上”的安全发展理念

水旱灾害防治是全人类面临的共同课题。中国是全球自然灾害影响最为严重的国家之一，而在这些灾害中，水旱灾害所带来的损害和影响是所有自然灾害中最为严重的。习近平总书记指出，水资源时空分布极不均匀、水旱灾害频发，自古以来是我国基本水情。重大水旱灾害对国家安全影响巨大，商代迁都、李自成起义、黄巾起义都与重大水旱灾害有关，“水能载舟，亦能覆舟”的深刻哲理一次次在水旱灾害的应对中得到验证。中国共产党自成立之日起，就自觉将全心全意为人民服务作为党的宗旨，自觉为人民谋幸福、为民族谋复兴。百年党史中，留下毛泽东带领群众挖“红井”解决饮水安全的感人故事，更有党带领人民众志成城治黄、治淮和兴修水利的动人篇章。党的十八大以来，习近平总书记始终将防汛抗旱救灾工作放在心头，以“时时放心不下”的责任感强调这项工作的重要性，并在关键时刻作出全方位部署，在多个场合反复强调“确保人民群众生命财产安全”，充分体现了中国共产党坚持以人民为中心的发展思想，也深刻揭示了党的根本宗旨和深厚的为民情怀。

2.2 坚定斗争自信，大力弘扬与自然灾害斗争的伟大精神

同自然灾害抗争是人类生存发展的永恒课题。中华民族发展史是一部与水旱灾害的斗争史，从大禹治水到李冰修筑都江堰、李仪祉“关中八惠”，从贾让“治河三策”到明代潘季驯“束水攻沙”理论，中华民族除水害、兴水利的实践与理论不断发展，书写了一个又一个战天斗地、感天动地的治水奇迹。中国共产党自成立以来，在领导革命、建设和改革的历史进程中，始终重视水旱灾害防御与应对工作，并取得了举世瞩目的成就。新中国成立后，面对严重的水旱灾害，中央政府确定了“防止水患，兴修水利”的方针，从根治淮河起步，掀起了征山治水的全民兴修水利高潮，党领导人民治理淮河、荆江、海河、辽河水患，积极应对重大水旱灾害，决策并领导兴建三峡工程、南水北调等重大工程，在实践中积累了丰富的水旱灾害治理经验，孕育了红旗渠精神、抗洪精神、南水北调精神，展现了中国人民众志成城、顽强拼搏、敢于胜利的英雄气概，彰显了中国共产党人“不怕牺牲、英勇斗争”的精神。党的十八大以来，在党中央的坚强领导下，面对水旱灾害风险，我们敢于斗争、善于斗争，成功战胜了大江大河大湖多次严重洪涝干旱灾害，并凝练形成了“忠诚、干净、担当，科学、求实、创新”的新时代水利精神。

2.3 树立底线思维，切实增强保障国家水安全的行动自觉

习近平总书记指出，防汛救灾关系人民生命财产安全，关系粮食安全、经济安全、社会安全、国

家安全；各地区各部门要立足于防大汛、抗大旱、救大灾。这些重要论断，从总体国家安全观出发，深刻揭示了水旱灾害防治等水安全问题的战略地位，体现了防汛抗旱救灾工作的底线思维、系统思维。从1934年毛泽东提出“水利是农业的命脉”，到2000年党的十五届五中全会把水资源同粮食、石油一起作为国家重要战略资源，再到2011年中央一号文件聚焦水利、中央水利工作会议召开，中国共产党对水旱灾害应对等水安全问题的认识在实践中不断深化。党的十八大以来，习近平总书记高度重视水旱灾害防治工作，做出了防灾救灾减灾和强化水安全保障的一系列新理念、新思路、新举措。在以习近平同志为核心的党中央的坚强领导下，全国上下统筹推进水灾害、水资源、水生态、水环境治理，国家水安全保障能力得到全面提升。新时代新征程，党的二十大报告提出了“推动公共安全治理模式向事前预防转型”的目标要求，《“十四五”水安全保障规划》《国家水网建设规划纲要》擘画了国家水安全保障体系建设的现代化蓝图，为全面建设社会主义现代化国家提供了有力的水安全支撑和水安全保障。

3 水文化在发展中传承弘扬，赋能文明建设与文明交往

水文化是从文化这一概念派生而来的，是人们在社会实践中以水为载体创造的物质财富和精神财富的总和，是中华文化和民族精神的重要组成部分，也是水利事业不可或缺的重要内容。习近平新时代中国特色社会主义思想中包含了丰富的水文化内容，为中华优秀传统文化、革命文化和新时代中国特色社会主义先进文化的传承、弘扬、发展、传播指明了方向。

3.1 加强水文化建设，为建设中华民族现代文明贡献力量

习近平总书记在文化传承发展座谈会上深刻指出，中华优秀传统文化有很多重要元素，共同塑造出中华文明的突出特性，中华文明具有的突出连续性、创新性、统一性、包容性、和平性，在中华水文化、水文明中体现得淋漓尽致。党的十八大以来，习近平总书记数次视察大江大河、水利工程，就大运河、黄河、长江文化保护传承，就农村饮水安全、守护“中央水塔”“中华水塔”，就黄河流域生态保护和高质量发展、推进南水北调后续工程高质量发展、长江经济带高质量发展等多次作出重要指示批示，提出“绿水青山就是金山银山”“看山望水忆乡愁”“一泓清水永续北送”等重要命题，无不体现出习近平总书记强烈的“江河情怀”“人民情怀”“家国情怀”，极大地丰富了中华水文化的内涵。我们要更好地担负起水文化建设使命，深入实施水利部《“十四五”水文化建设规划》《水利部关于加快推进水文化建设的指导意见》等，努力实现水文化与水环境、水生态、水资源、水安全并举，在创造性转化和创新性发展中赓续中华文脉，弘扬中华水文明，为建设中华民族现代文明贡献力量。

3.2 以水相交，激起“一带一路”文明交往新涟漪

水是人类赖以生存的重要资源，水问题是全球性问题，更是“一带一路”沿线大部分国家都重点关注的问题。在推动构建人类命运共同体的重要实践中，水旱灾害、水资源短缺、水污染、水资源时空分布不均和供水方面等诸多水安全问题，是共建“一带一路”国家均须面对的重大时代课题，并且这些问题直接影响到粮食安全、能源安全和社会经济发展，关系到全球发展倡议、全球安全倡议、全球文明倡议的落实。过去10年来，我国积极深入推进“一带一路”双边和多边水领域务实合作，聚焦改善民生、保障饮水安全等方面开展水安全合作，一大批标志性项目和“小而美”项目落地生根、开花结果。与周边国家在跨界河流水文报汛、防灾减灾、工程建设、联合考察和技术交流等方面开展合作，推动“一带一路”共建国家涉水领域的学术交流，成果惠及各国人民，特别是中亚地区。我国治水经验获得国际社会广泛认可，在保障本国民众水安全、推动全球水安全治理方面作出了重大贡献，“树立了水治理的典范”（世界水理事会主席洛克·福勋）。

3.3 加强水文化博物馆建设和研究，传承弘扬中华优秀水文化

中华水文化遗产，见证了中华文明应水而生、依水而存、因水兴废的历史，需要我们发掘、保护、传承和发展。作为水文化的重要载体和保护、研究、教育、展示场所，水文化博物馆的建设和研

究意义重大，需要更加重视。水文化博物馆作为保护、传承、弘扬水文化的重要载体，在践行习近平生态文明思想、推进文化强国建设中正发挥越来越重要的作用。进入新世纪以来，我国水文化博物馆也迎来建设高峰，但无论从数量上还是质量上，仍然不能适应文化强国和生态文明建设的要求，需要进一步加强水文化博物馆建设和研究。当前我国水文化博物馆在文化软实力提升方面的作用正初步显现，但水文化研究尚未形成学科，水历史学科尚需加强，规划和在建的水文化博物馆需要更多实践和理论的支撑。总之，加强水文化类博物馆的建设和研究，积极参与全球水博物馆文化交流，向全世界讲好中华水文化故事，对推进水文化、水历史学科发展，进一步拓展水文化、水历史、博物馆研究领域，扩大中国特色水文化的国际影响力，促进文化软实力提升将起到积极作用。

4 结语

治水精神是水文化的内核，水文化是治水精神的载体。新时代书写治水精神和水文化传承新篇章，是新时代中国共产党坚守为民初心、坚定斗争自信、树立底线思维和坚持胸怀天下，在新时代治水伟大实践中创造的物质文明和精神文明的高度统一，是传承弘扬伟大民族精神、赓续中华文明和中华文脉的重要表现，是中华文明突出连续性、创新性、统一性、包容性、和平性特征在治水领域的重要彰显。

参考文献

[1] 习近平关于治水论述摘编［M］. 北京：中央文献出版社，2024.
[2] 陈晨. 我国江河湖泊面貌实现根本性改善［N］. 光明日报，2023-09-12.
[3] 张锐，孟柯. 新时代陕西水安全保障和水文化传承研究［J］. 水文化，2024（2）：31-33.

浙江温黄平原水利史及两江闸研究

谭徐明[1,2]　李云鹏[1,2]

（1. 中国水利水电科学研究院，北京　100038；
2. 水利遗产保护与研究国家文物局重点科研基地，北京　100048）

摘　要：在区域水利史研究中，台州温黄平原水利史是需要填补的空白。论文基于宋元方志、明清地方志、近现代水利家胡步川的日记和著述，以及当代水利志等史料，厘清了温黄平原区域水利发展脉络。研究指出：温黄平原从9世纪以前的斥卤泽国演变为浙南粮仓，上千年的历史时期区域水利的发展与之同步。通过对比分析，论文评价了相应阶段的区域水利所达到的历史高度。研究结论指出：温黄平原是以拒咸蓄淡工程为特点的古代水利区，经历了筑埭开官河进而官河建石闸群的发展阶段。20世纪30年代，中国工程师首次主导了新金清闸和西江闸两座现代大型水闸的建设，实现了传统水利向现代水利的变革。温黄平原的石闸群遗址和至今仍在运行的两江闸是区域乃至中国历史的重要见证，具有重要的文化和技术价值。

关键词：水利史；近代史；台州；温黄平原；胡步川；两江闸；水利遗产

浙江温岭、黄岩两市（区）地处台州滨海平原，今人多称温黄平原。温黄平原负山濒海，源短流急的山区河流在平原区汇流为永宁江和金清港。其北永宁江与其南金清港将温黄平原环抱其中。约9世纪时通过修筑堰坝、疏浚水道，温黄平原水网地区土地渐次开发。11世纪以来，持续在西江支流的官河、金清港上兴建水闸，以石闸群节制水量、阻挡咸潮，具有拒咸蓄淡功能的水利区形成。

20世纪30年代，现代拦河大闸——温岭新金清闸、黄岩西江闸相继兴建（合称台州两江闸），分布于温黄平原的古闸退役，演变为只有交通功能的石桥。从竹、木、土石修筑的堰埭，到坚固且便于维护的砌石水闸，再到现代拦河大闸，这是区域水利史发展的三个阶段。本文依据清代地方志、民国地方报刊和两江闸设计者胡步川日记等史料，从温黄平原拒咸蓄淡工程史研究为切入点，进而研判黄岩、温岭两江闸兴建的技术价值及其传统水利向现代水利转折时期的历史地位。

1　两江闸前世：拒咸蓄淡工程起源与发展

温黄平原的水利与区域人口增加、经济发展同步。至10世纪时开始在斥卤之地大规模地疏浚水道、筑堤围田，及至11世纪末已有自北而南纵贯平原中部，连通西江、金清港的官河，大大小小的河泾和堰埭等分布其间，是为《（嘉定）赤城志》所记："为官河贯於八乡，为里九十。支泾大小委蛇曲折者九百三十六。其泄水至於海者，古来为埭凡二百所，足以荫民田七十余万亩。"[1]彼时黄岩已为浙南粮仓，水利是黄岩农业的重要支撑。朱熹称："（黄岩）其田皆系边山濒海，旧有河泾、堰闸以时启闭，方得灌溉，收成无所损失。……惟水利修，则黄岩可无水旱之灾。黄岩熟，则台州可无

基金项目：教育部哲学社会科学研究重大课题攻关项目（22JZD039）；中国水科院"五大人才"计划创新团队课题（WE0145B042021）。

作者简介：谭徐明（1954—），女，教授级高级工程师，主要从事水利史、水利遗产保护、水文化研究工作。
通信作者：李云鹏（1985—），男，高级工程师，主要从事水利史、水利遗产保护、水文化研究工作。

饥馑之苦，其为利害委的非轻。”[2]宋人所称官河是为后世所称南官河，支泾为西官河、东官河、南中泾之类分派。

温黄平原建闸始于北宋元祐七至九年（1092—1094 年）。其时浙东提刑罗适以埭可御咸潮却于不利行洪排水，在南官河、金清港废埭建闸，兴建了石湫、永丰、黄望、周洋 4 闸。建闸后御咸蓄淡和通航的效益大有提升。南宋淳熙九年（1182 年），时任提举浙东常平茶盐公事朱熹巡察浙南、浙东诸府州，至台州发现堰闸失修、损毁严重，奏请朝廷拨发一万贯兴修黄岩水利。次年，提举使勾龙昌泰主持建成了回浦、金清、长浦、鲍步、蛟龙、陡门等 6 闸。其后数十年间，西江支流各官河相继建闸，至淳祐十年（1250 年），各官河和金清港闸 15 处，各分流节点皆有石闸调控（见图 1），温黄平原水利区形成。诸石闸中金清闸规模最大，在今温岭新河镇蔡洋，金清闸口宽一丈六尺（合 5.33 m），高一丈四尺（合 4.67 m），雁翅各长七尺二寸（合 2.6 m），即使今天也是规模可观的单孔大闸。

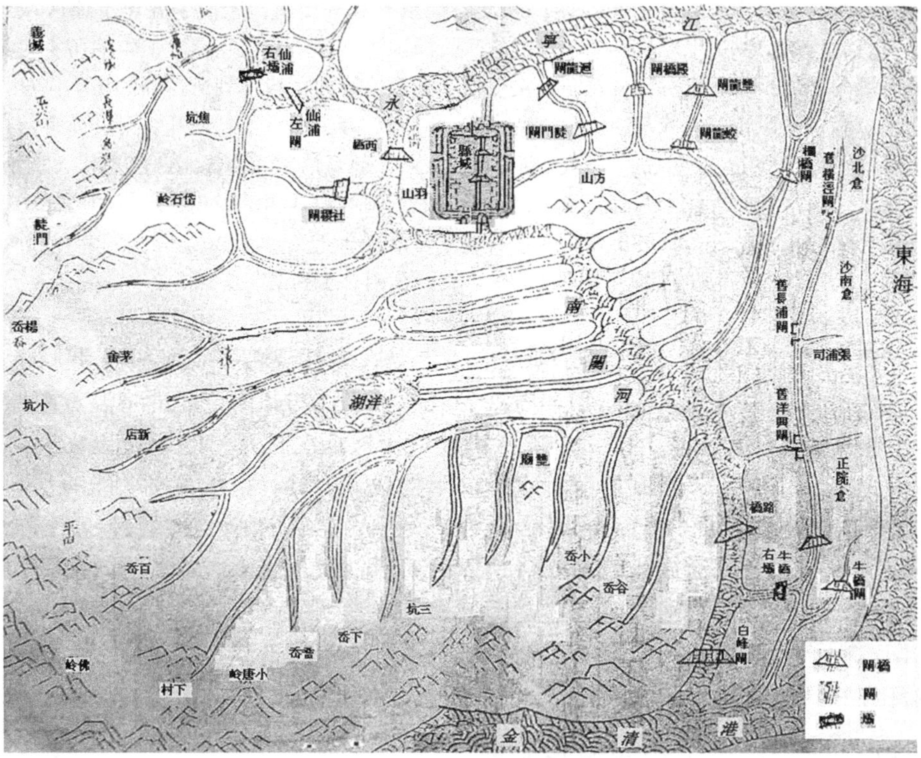

图 1　永宁江官河、金清港及宋代水闸分布示意

［引自（清）《黄岩县河闸志 · 河闸全图》］

及至明清时，由永宁江分派出的西江之南官河、东官河、西官河、南中泾成为水闸和石坝节制的水道（见图 1），前代所建石闸或沿用，或为新闸取代，但是总量不断增加。清代出现了 3 孔以上的水闸。原为 3 孔金清港金清闸，到道光十八年（1838 年）重建时改为 7 孔，光绪十五年（1889 年）建成 5 孔玉洁闸。20 世纪 50 年代末，温黄平原西江、金清港及各独流出海水道上的闸、涵二百余处[3-4]，西江所属各官河、金清港遗存古代石闸约 30 处。

黄岩、温岭诸闸的拒咸蓄淡功能通过诸闸的工程管理来实现。永宁江、金清港是潮汐河流，它们的支流西江、官河、中河等，都是当地的主要灌溉和生活水源。往往枯水期也是咸潮上溯时，各河口下闸挡潮蓄积淡水；春灌时，俟大潮退去便诸闸开启，引永宁江、金清港水入河，这个联动的工程体系，因位置不同而有不同的启闭时间。位于黄岩城东 13 世纪建成的南官河常丰闸最为著名，这是两座闸组成的联动复闸，地处黄岩县城东南，除拒咸蓄淡功能外，还是永宁江、南官河、金清港南北连通的水运咽喉。清代《黄岩河渠志》记载常丰闸的启闭程序：“舟楫往来，随潮大小以司启闭。（官）

河船将出，先启清闸，以出船即闭清闸，而启混闸，放船于（永宁）江。江船将入，必先启混闸，以入船即闭，混闸而启，清闸进船于河。所以防混水之冲，清水之泄也。”[5]（见图2）地处黄岩城西的仙浦闸坝则为闸坝联合节制，石坝由石柜修筑。则坝拒咸蓄淡，闸为引水、过船和拒咸潮而启闭。

（a）黄岩县城内城常丰清混二闸（南官河北闸）

（b）白峰闸（南官河的南闸，连接金清港和永宁江的关键工程）

图2　黄岩水闸群及运行典型案例

［引自（清）《黄岩县河闸志·河闸全图》］

2　现代水闸肇始：新金清、西江建闸的规划与建设

温黄平原石闸体系形成后，将外水（咸潮）和内水隔开，内田成为良田，因此又加速了温黄平原土地深度开发和滩涂围垦。南宋至元明清先后修筑了萧万户塘、长沙塘、坞根塘、塘下塘、截屿塘等海塘并开塘河，将温黄平原耕地、盐田向滩涂不断延伸。数百年后随着河口外移，海塘已经修筑数重，入海水道越来越长。

与水利如影相随的不仅是区域经济的发展，也引发了用水的利益冲突，超过工程防洪能力造成的灾害损失也大幅增加。西江所属官河建闸后枯水期流入西江的淡水减少，地处下游的黄岩县城因此竟然一年数月淡水短缺。金清港在金清闸以下同样遭遇枯水时缺水、汛期洪水与咸潮顶冲之害。且古代水闸为叠梁闸板，洪水到来，或咸潮上行，开闭水闸都很困难，闸坝上下游民众利益不同，因水闸运行引发的冲突日渐频繁。18世纪以来，温黄平原滨海地带常因滞涝不退，发生民众毁闸毁坝事件。如清咸丰六年（1856年）五月，山洪与天文大潮相遇，金清闸不开，上游受淹灾民数万人、船数百艘往毁金清闸，上下游乡民对抗，死数十人，落水者不计其数。1920年5、7月两场洪水同时遭遇潮灾，平原大多水深数尺，淹死3 000余人，淹没农田26万亩，金清港溺亡尸400余具。其后1922年、1923年、1927年、1928年遭遇连年水灾，农业遭受重创，万余灾民无家可归[6-7]。

1930年，胡步川调查温黄平原河流水道时，分析了水灾与闸坝效益相关性，“（温黄平原）朱子六闸，或有存者，然已不可考。由推想之所及，琅岙闸以上，牧屿闸与新渎闸附近，必有其一，时琅岙尚在海中也，及後海涨，故有琅岙之设闸。既以该闸离海远，已失蓄淡御咸之效，故又有金清闸之设。而琅岙闸废，又後金清闸又失效力，故增设玉洁闸，以救其弊。虽仅四十余年，不但与金清同病，而且变本加厉矣。”[8]他指出了滨海平原土地开发殆尽、滩涂淤积与入海各河河口外移、传统水闸及其运行方式等都是19世纪中期以来区域水灾日趋严重的因素。

2.1　新金清闸、西江闸的规划设计

1920年大水灾发生后，时任黄岩知县宾凤阳召集灾民以工代赈疏浚西江，温岭桥下乡自发成立水利局图谋自救。1927年，黄岩县建设科科长章育提议在西江口建闸。1928年，黄岩、温岭相继成立水利委员会，金清港、西江建闸提上日程。浙江省建设厅批准黄岩、温岭两地政府从建闸后受益农田筹措经费。受益农田按西江、南官河、金清港三河两岸10 km以内范围征收，自1930年起至竣工止，按亩加征水利费二角，共计农田四十万亩年征水利经费达8万元，当年筹集到了开工经费。

1928年2月，应新任浙江省水利局副总工程师汪胡桢之邀[9-10]，胡步川受聘出任省水利局工程师职掌两江闸兴建。次年4月，新金清闸勘测及初步设计工作启动。只半年时间胡步川就完成了金清港勘查、新金清闸选址和初步设计报告、闸址地形和金清港水道纵横断面测量等前期工作。1930年1月向浙江省建设厅提交《浙江省水利局温岭水利工程处第一期报告书》及设计图。报告书引言简述金清港自南宋以来建闸史，直陈金清港现状“各闸年久失修，闸门渗漏，几失蓄淡御咸之效，益以沧桑变易，至二闸（玉洁、金清）附近之上下游，港身告仰，内河直如釜底，咽喉闭塞，排洪不畅，水灾以成”，提出了金清港疏浚、河口裁弯取直治标和建闸治本两个规划。报告书提交了新金清闸4处闸址方案，并进行河口泥沙淤积、建成后运行管理、工程造价等方面论证。经过论证，新金清闸选在了清道光琅岙闸下游约6 km拉萨汇，如此金清港大部分农田都将受益。新金清闸初设定新闸为19孔闸，后技术设计阶段改为20孔闸。新金清闸初步设计完成后，胡步川很快完成了西江闸初步设计。西江闸的闸址选在了黄岩城东北的夏家洋，此处扼西江干流，阻挡咸潮上溯，使县城及西江流域十万亩农田皆得淡水之济。西江入海水道裁弯取直的设计，为黄岩县城东北新增了一片土地[11]。

1931年2月，胡步川携两江闸设计报告书、设计图等赴杭州送审。时任浙江水利局总工程师白朗都（奥地利籍）迟迟不予通过。4月，白朗都告病假2个月，至6月26日白朗都才审核通过设计书。这是中国工程师首次担纲设计的水利工程，外籍总工程师审核长达4月之久。胡步川记载获批的曲折，“西江、金清二闸设计完成，至杭州请总工程师白郎都核定。而白每日觅小问题为难，久不签字。及予请白以计划大意，则为一船闸之一端的单闸门。予批评不可，乃签字。已费时极久矣”[12]，白朗都认为应修改设计增加船闸。现代船闸包括船道和上下游水闸，以及升船和闸道供排水设施。永宁江、椒江是台州湾进入内河的主水道，当时出入西江口和金清港为民用小船，没有必要单设船闸，且船闸和过船设施势必极大提高工程造价，提高水闸运行的难度，这对工费来自按亩征收水费的地方水利工程来说无疑也是难以承受的成本。在工程师胡步川的据理力争下，设计方案终获通过。

2.2　两江闸兴建

1931年10月23日，西江闸完成施工招标。11月12日，西江闸及闸下入海水道整治工程同时开工。同时，由政府主管官员、设计者组成的西江闸工程处成立，负责施工监理；征收审查委员会成立，负责西江闸工费征收及开支监督，以及工程建设中征用、占压土地及农作物赔偿。1933年6月，西江闸竣工，历时1年7个月。1932年4月，亦通过同样的程序和建立相关施工管理组织，新金清闸开工建设。1934年8月，新金清闸竣工，工期2年4个月。

20世纪30年代初，温岭、黄岩两江闸都属于采用西方现代技术的大型水闸，采用钢筋混凝土结构以及手摇启闭机。苦于经费短缺，采用木结构的整体闸门。西江闸、新金清闸建成后，金清港、西江各官河的石闸全部废闸为桥，30多座拒咸蓄淡的石闸被西江闸、新金清闸2座现代水闸替代，整体闸门和启闭机的运用也将叠梁闸送入历史。

胡步川负责了两江闸测量、水文调查、规划、设计、施工招标等前期工作，以及水闸启闭机采购。西江闸施工技术负责人，类似今所称驻工地设计代表，在两个工地奔波。西江闸已开工2个月时，发生了基坑、岸坡坍塌事件。地下5 m黏土层下出现流沙层，在施工堆土的土压力下水闸基坑、

水闸两岸相继崩陷。在历史上以水闸群而著称的黄岩县，这起所谓的施工事故引起了舆论哗然，当地士绅50余人提告县政府，要求赔偿损失。胡步川以水利工程师名义发表《告全县民众书》，客观分析了崩坍原因和处置办法。浙江省建设厅、水利局通过专业人员的实地调查后，认定施工无违章，是不可预测的意外，且补救工费在预算项下列支。施工事故引发的风潮得以平息。

两江闸的兴建标志着传统水利向现代水利的重大转折。从前期工作水闸选址、闸址地质勘测、河道地形水文测量、规划设计及其技术审查、工程招标投标等，到建设期间的工程施工、设备安装、施工监理、施工突发事件的处置等，都将西方土木工程建设管理机制融入近代水利工程建设中。

西江闸设计流量141 m^3/s，新金清闸设计流量707 m^3/s，水闸主体工程建成后，历经抗日战争、解放战争，配套工程没有完成，未能充分发挥效益，直到20世纪60年代以后配套工程逐渐完善，1995年在新金清闸才又增加了1孔船闸。同年，在闸下游约6 km剑门港建成金清新闸，现在两闸上下联动节制水量。

3　两江闸的历史地位

20世纪初，现代水闸在长江、珠江、海河河口相继兴建，开启了现代水利的先声。台州两江闸在近代和现代水利进程中的历史地位，当从这一时期兴建的水利工程对比分析予以评价。

1919—1921年，时任全国水利局局长张謇，邀请荷兰、英国等国水利工程师设计，在南通、如东两县交界处的黄海之滨相继建成了遥望港九门闸、合中七门闸等水闸，这是中国最早建成的现代钢筋混凝土结构的水闸。1919年珠江大水后，英国人把持的粤海关投资兴建了珠江三角洲的北江芦苞闸。芦苞闸由瑞典籍工程师柯维廉设计，过闸最大流量1 100 m^3/s，7孔闸，英国进口钢闸门和启闭机。建成运行后下游河床冲出26.76 m深潭，1948年重建后，基础问题仍未解决。1913年、1917年两次直隶大水后，北运河支流箭杆河夺潮白河改道入蓟运河，致使河北香河、天津宝坻一带滞涝经年不退。顺直水利委员会于1923年北京顺义兴建苏庄闸以期挽潮白河归北运河。苏庄闸为40孔闸，是由30孔泄水闸和10孔进水闸构成的大型节制闸，设计流量600 m^3/s，建筑材料和启闭设备全部引进德国设备，顺直水利委员会特聘英籍工程师罗斯设计。建成后未能达到预期目标，潮白河仍大部分泄入箭杆河。苏庄闸运行后也频频出险，连年遭遇闸底板淘刷、边墙倒塌，14年间大修7次。1939年，苏庄闸毁于洪水，事后调查水闸基础、闸后消力池均淘刷一空。1936年，地处太湖入江水道江阴白茆塘河口建成的白茆闸为5孔水闸，至今尚在运行。1934年开工兴建的长江中游排水闸金水闸，美籍工程师史笃培设计，奥地利籍工程师施工监理。金水闸是长仅20 m的3孔闸，历时3年才完工。由表1可见，从20世纪初至30年代末兴建的第一代现代水利工程多是地处滨海河口水闸，其中台州两江闸是由中国水利工程师担纲设计最早的现代水利工程。

表1　中国早期现代水闸概况（1919—1937年）

名称	所在位置	建成时间	耗资/万元	工程情况	主持机构	设计者	说明
九门闸	遥望港 江苏南通	1919	14	9孔	全国水利局	亨利克· 特来克（荷兰）	运行至1974年，原址拆除
芦苞闸	北江 广东三水	1924	107	7孔， 钢闸门	广东海关	柯维廉 （瑞典）	投入运行闸底板及护坦便冲毁。1948年重建
苏庄闸	潮白河 北京顺义	1925	250	40孔， 钢闸门	顺直水利 委员会	罗斯（英国）	1939年毁于基础失事
西江闸	西江 浙江黄岩	1933	13	8孔， 木闸门	浙江省水利局	胡步川	至今尚在运用

续表 1

名称	所在位置	建成时间	耗资/万元	工程情况	主持机构	设计者	说明
新金清闸	金清港 浙江温岭	1934	42	22 孔， 木闸门	浙江水利局	胡步川	至今尚在运用
龙凤闸	北运河 天津武清	1935	14	8 孔， 钢闸门	华北水利 委员会	杜联凯[13]	至今尚在运用
白茆闸	白茆河 江苏常熟	1936	29	5 孔， 钢木闸	太湖水利 委员会	傅汝霖 汤传新	至今尚在运用
金水闸	长江 武昌	1937	100	3 孔， 钢闸门	扬子江水利 委员会	史笃培 （美国）	至今尚在运用，参与设计及工程监理的有美国、英国、奥地利、荷兰四国工程师

注：数据引自《中国水利史稿》下册、《长江水利史略》、《太湖水利史稿》、《珠江水利简史》。

水动力学模型和泥沙数学模型为评估填海前后水动力学条件和泥沙运动特征变化提供了基础。填海工程对海湾水质、环境容量和污染物排放方式方面的影响需要利用其他模型评估。

4 结论

温黄平原水利的起源与区域土地开发、人口增加、区域经济发展同步。社会发展与灾害刺激温黄平原水利的兴起和其后更新换代。19 世纪至 20 世纪初，水灾日趋严重背景下，推动了 20 世纪 30 年代台州两江闸的兴建。60 多年后，温黄平原河口又相继兴建新闸，开辟新的入海水道，温黄平原的水利史是人与自然不断博弈的历史。以拒咸蓄淡工程为特点的温黄平原水利区，水利的起源、发展可以归结为三个发展阶段，且各有其技术特点。

第一阶段（约 6—9 世纪），为泽国斥卤之地开发的早期，水利与之同时起步。开沟疏浚，筑埭围田是主要水利活动。至 9 世纪时，浙南滨海区域农业渐成规模。温黄平原北部属永宁江的西江及其官河水系，南部金清港水道成形，通过整治的河流水系有灌溉、行洪、水运等效益。

第二阶段（11—13 世纪），温黄平原成为浙南重要的农业经济区，人口密度超过中原，对水利依赖程度相应提高，这一时期浙闽地区以拒咸蓄淡工程为主，诞生了砌石结构的水闸体系，从土、木、竹等临时性工程到砌石结构的永久性工程，实现了水利史技术发展的突破。温黄平原的砌石水闸单体建筑小于同时期兴建的莆田木兰陂、鄞州它山堰等同类型的水利工程，却以石闸群实现水网区的水系连通，以其完善的工程体系使拒咸蓄淡效益得以充分发挥。温黄平原水利区以石闸群水工建筑和拒咸蓄淡效益为特点，在中国古代水利区中具有独特的地位。

第三阶段（20 世纪 30 年代），是温黄平原水利从传统到现代的转折时期，中国是最早兴建现代大型水闸的地区之一，西江闸、新金清闸以其便利的闸门启闭，较大的泄洪和挡潮的效益，取代了温黄平原数十处石闸。现代拦河大闸的建成，不仅是规划、设计乃至工程材料结构、启闭设备的变革，还有现代水利人才、制度建设等层面的建树。台州两江闸是第一个中国工程师独立设计、施工建成的现代水利工程，是这一历史转折的重要见证，也由此奠定了两江闸设计者胡步川在中国近现代水利史上的地位。

两江闸建成后，温黄平原古代石闸大多退役，改为跨河石桥，砌石结构的石闸主体建筑大多被完好地保留下来，这些跨越宋元明清四代的石闸，以类似木桥的榫卯结构、考究的工艺、精美的建筑，与现代两江闸并存相得益彰，记录了自宋以来罗适、朱熹、句龙昌泰、章育、胡步川等先贤的卓越贡献，是中国水利不同阶段的里程碑、珍贵的水利遗产，值得永久保护。

参考文献

[1]（南宋）陈耆卿. 宋元方志卷18：（嘉定）赤城志［M］//宋元方志：第7册. 北京：中华书局，1990.

[2]（南宋）朱熹. 四库全书卷18：修闸奏状//晦庵集［M］//四库全书：影印本. 10a-11b.

[3] 黄岩水利志［M］. 上海：三联书店，1991：93.

[4] 温岭市水利志［M］. 北京：方志出版社，2002：179.

[5]（清）黄岩县河闸志·沿革［M］//中华山水志丛刊·水志卷：影印本，第70册. 北京：线装书局，2004：79.

[6] 黄岩水利志［M］. 上海：三联书店，1991：7-10.

[7] 温岭市水利志［M］. 北京：方志出版社，2002：18-23.

[8] 胡步川. 浙江省水利局温岭水利工程处第一期报告书［R］. 1930.

[9] 黄国华. 汪胡桢年表［M］//汪胡桢传. 杭州：浙江人民出版社，2023：225.

[10] 胡步川. 记事珠（第36册）［M］. 1929.

[11] 西江闸工程处大事记//黄岩建设旬刊［A］. 台州黄岩区档案馆藏，档案编号：M210-006-570-113，1932.

[12] 胡步川.《春游山阴道四首》注（1931）［M］//《雕虫集》前册：影印本. 南京：河海大学出版社，2021：73.

[13] 杜联凯. 龙凤河节制闸工程计划［J］. 华北水利月刊，1935，8：24.

水利工程建设中地方志资料的重要性

胡　军[1,2]　蒋继彬[2,3]　欧阳林[2,3]

（1. 云南省滇中引水二期工程有限公司，云南昆明　650000；
2. 云南省滇中引水工程建设管理局大理分局，云南大理　671000；
3. 云南省滇中引水工程建设管理局，云南昆明　650000）

摘　要：在规划设计、实施、竣工验收等各个建设与管理阶段过程中，水利工程建设需要重视地方志资料的整理和科学化运用。地方志资料具有地方性、专业性、多样性等特征，可为水利工程建设提供相关地区的地理沿革、城市建设、生产情况和风俗习惯等重要信息，是水利工程建设中不可或缺的一手资料。在南水北调中线工程、滇中引水工程等水利工程建设中，均有因正确使用地方志资料而促进、优化水利工程建设内容的事例。应细心考证、筛选有法、科学细化地挖掘地方志资料，为工程建设提供积极参考借鉴。

关键词：地方志；水利工程；南水北调；滇中引水

1　引言

兴建水利工程，是解决水资源时空分布不均以及来水和用水不相适应等矛盾的根本措施。从功能和所承担的任务来看，水利工程可分为防洪减灾、农田灌溉、水力发电、供水与排水、航运及港口、养殖、旅游、改善环境等。一项工程同时兼有几种任务时，则称为综合利用水利工程。水利工程也可按其对水的作用分类，如蓄水工程、排水工程、取水工程、输水工程、提水（扬水）工程、水质净化和污水处理工程等。水利工程建设工作涉及面广，安全性要求高，工作条件复杂，应周全考虑环境条件，以及移民问题等内容。在规划设计、实施、竣工验收等各个建设与管理阶段过程中，必须详细查明区域气候、山川、地形、水文、自然资源、历史地震和自然灾害情况等，找出规律和特征，进行针对性设计。特别是随着近现代水利工程建设向着专业性、标准化、精细化的方向发展，地方志资料具有重要的参考价值。

水利工程建设的资料整理运用已经引起部分学者的重视。目前学界的研究主要关注水利工程本身的资料，如李水萍立足文峪河水库除险加固工程建设，初步探讨了大型工程建设中档案资料的收集、管理、利用工作[1]；韩悌萍认为水利工程资料具有专业性、成套性、多样性的特点[2]。近年来，谭徐明等在关于水利史研究的回顾中，指出应重视传统水利文献资料的整理、江河水利志书的修编等工作[3]，为从文献史角度研究水利工程建设提供了良好范例。但与中国水利工程史资料取得的成绩相比，关于水利工程相关的地方志史料整理和研究则略显滞后。鉴于此，本文主要拟对地方志中的水利特色进行综合性考察，结合水利工程建设案例和自身工作经验，分析地方志资料在水利工程建设中的运用和所发挥的重要作用，为水利工程资料收集、整理提供相应参考和借鉴，以期推动提升水利工程建设管理水平。

基金项目：云南省重大科技专项计划项目（202002AF080001）。

作者简介：胡军（1987—），男，高级工程师，主要从事水利水电工程技术工作。

通信作者：欧阳林（1987—），男，高级工程师，主要从事大型水利工程建设管理工作。

2 地方志资料记述特点

地方志资料是水利工程建设与管理工作的重要文献来源。作为记录区域自然、政治、经济、文化等历史与现状的重要文献，地方志资料可为水利工程建设提供相关地区的地理沿革、城市建设、生产情况和风俗习惯等重要信息，是水利工程建设中不可或缺的一手资料。

2.1 地方性

我国地方志书的编撰有着悠久的历史。根据《中国地方志联合目录》记载，我国现存宋至民国时期的志书有八千余种。地方志是珍贵的文化遗产，记载了某地方的古今各类综合情况，有学者认为可称之“一方古今综览”，是了解各地风土人情、了解祖国的大好河山的“百科全书”。地方志的内容极其广泛，“举凡一地的建置、沿革、疆域、山川、津梁关隘、名胜、资源、物产、气候、天文、灾异、人物、艺文、文化、教育、民族风俗……等情况，都为其所包容。”[4]

地方性是地方志的首要特征，一般不“越境而书”。各地的地理形势、山川气候、物产资源、风土人情以及社会环境等方面，不尽相同。因此，在内容上，不同地区的地方志必然是有其各自的地域独特性。云南省图书馆馆藏《六河图说》是清雍正八年（1730年）黄士杰任上所作。黄士杰时任云南粮储水利道副使，奉命实地踏勘昆明水务，进行滇池水系全面治理。《六河图说》的“六河”指海源河、盘龙江、银汁河、马料河、金汁河、宝象河，这也是老昆明“古六河”的来源之处。黄士杰对昆明水域以盘龙江为主的昆明市区古六河系统进行了总结，并提出系统治理方案。据此，昆明市区始于元代六河流域水利体系，经过明代扩建和发展，最终在清代形成了以六河流域为核心、规模庞大、结构复杂的集防洪灌溉于一体的水利体系。

2.2 专业性

水利志书属于地方志范畴中的一个专业类别。记载河流、湖泊、河道水系方面的内容最早可追溯至先秦时期。《山海经》详细总结了中国境内的地形情况、水系、山系、地域分布等；还包括农业发展、民族变迁、江河流域开发与发展等方面。“九州”一词最早即是由《禹贡》所提出，以自然、河流等为标志，将全国分成了九个区域，并大致描述了每区（州）的疆域、山脉、河流、植被、土壤、物产、贡赋、少数民族交通等自然和人文地理现象，其中“导水”叙述了九条水系河流的名称和源流分布等特征；“水功”则说明了九州治水之后河川沟通往来的情形。虽然在当时只是作为书中的部分章节或是片段而出现，并没有形成一定范式的水志编撰体例，但为后来专门水志的编撰与出版打下了一定的基础。汉代司马迁的《史记·河渠书》、班固的《汉书·沟志》、桑钦的《水经》分别从水利通史、水利断代史、水道专书等三种类型为后世水志的修纂提供参考。三国两晋南北朝时，因地理志繁荣发展，涌现了八部水记，其中最为著名的是郦道元的《水经注》，作注后的《水经》其字数已是原来的四十倍，今本中涉及的大小水道多达五千余条，书中详细记载了水道变迁情况与准确位置，全面描写了每条河的支流与分支情况、古河道的演变过程、水利工程兴修过程与历代沿革以及洪水情况等，具有很高的资料参考与学术价值。隋唐五代和宋元时期，水志仍多见于史书和地理志。

明清时期，随着地方志理论的不断进步，水志编撰事业迎来了更大发展，除了史书、地理志中的水志多有对地方河流、湖泊等自然与人文方面的记载，还陆续涌现了一大批水志专志类著作。其一是以记载自然实体为主的农田水利志书，如清代《漕运全书》是记载漕运制度的官书；清代傅泽洪主修的水利编年体通史《行水金鉴》分别叙述了黄河、长江、淮河等历代的水利史实；还有治河防洪等分类专著，如明代的《治河总考》《治河通考》《河防一览》《两河经略》《两河管见》《总理河槽奏疏》《潘司空奏疏》等，清代朱之锡的《治河疏略》，靳辅的《靳文襄公奏疏》《治河奏绩书》《治河方略》，嵇曾筠的《防河奏议》，田文镜的《总督河东河道宣化录》，白钟山的《豫东宣防录》《南河宣防录》《纪恩录》等。其二是以记载水文化为主的水志，如明代赵官所编的《后湖志》、田汝成与陈志明合撰的《西湖游览志》，清道光年间陶澎编撰的《洞庭湖志》等。

2.3 多样性

地方志，特别是水志专志，其编纂过程涉及内容繁多，会形成多种类型、信息量较大的资料。其一，文字资料。文字资料是在水志资料收集与整理中最常用的一种类型。如《昆明市水利志》记载：1276 年，赛典赤·赡思丁命其第三个儿子，云南行省右丞雍国公忽辛同张立道率三千人，凿开海口石龙坝，清理疏浚了螳螂川的河道。前后共 3 年，直到元至元十五年（1278 年）结束，昆明城郊西北至东北、东南及海口一带，形成了当时在云南历史上规模最大、最完整、最科学，至今仍在发挥作用的系统水利工程。其二，口碑资料。水志记载中常常出现的一些与水系相关的传说奇闻，很多都是通过一代代人口口相传保存下来的。如唐《云南志》中“鹤庆”，唐代时称“俄坤”，意思为“一对白鹤”，白族语中仍然称“鹤庆”为“俄坤”。传说，鹤庆坝子原来是一片海域，老百姓主要居住在海域两侧的东山、西山山上。由于山高坡陡，可用耕种土地稀少，老百姓生活艰苦，更为痛苦的是，海里有一条“母猪龙”，时常出没岸边袭扰，老百姓的牛羊牲畜多被吞噬，人们生活在水深火热的痛苦中。某一天，菩提祖师从云端路过时，听到当地百姓的心声，决定拯救当地的黎民百姓。他来到鹤庆县的石宝山中，面壁修炼了七七四十九天，练成九颗仙丹，引诱出“母猪龙”后，用仙丹将其制伏，并用剩余仙丹在鹤庆坝子甸南处打出落水洞，将鹤庆坝子海域的水全部引到金沙江中，富饶美丽的鹤庆坝子得以显现在世人面前。据说，这一天仙鹤飞来庆贺，鹤庆因此得名，见于鹤庆县城南面迎邑村菩提寺《菩提寺碑记》。其三，实测资料。这种资料一般需要编撰者前往水系所在地进行实地考察与勘测，通过这种方式获得的资料也被称为“第一手资料”，这种资料更能完整反映事物的真实面貌。如《昆明市水利志》记载，清宣统元年（1909 年），在赛典赤开凿的海口石龙坝，云南功业道刘水主持下，初定由官商合办石龙坝水力发电厂。工程于清宣统二年（1910 年）七月动工，于民国元年（1912 年）建成。装有德国西门子电机公司生产的发电机组 2 台，每台 240 kW，总装机容量 480 kW，后经过多次扩建及技术升级，装机容量达 6 000 kW。

3 地方志资料在水利工程建设中的应用案例

除地理沿革、水系情况、风俗等内容外，地方志资料也记载了不同历史时期的水利工程建设，能够对后续类似水利工程提供参考和借鉴，从而减少工程建设的弯路，获取相关数据信息，吸取经验，为现代水利工程建设提供参考借鉴。这里结合南水北调中线工程、滇中引水工程，对其重视并合理化、科学化运用地方志资料进行简要阐述。

3.1 南水北调中线工程

南水北调中线工程，是国家南水北调工程的重要组成部分，从汉江上游丹江口水库的陶岔渠首闸处引水，为北京、天津、河北、河南等省（市）19 个大中城市及 100 多个县（市）提供生活、工业用水，兼顾农业用水，输水干线全长 1 432 km。

白河倒虹吸是南水北调在黄河以南规模最大的河渠交叉型建筑物（倒虹吸），也是中线工程控制性项目工程，白河倒虹吸工程位于河南省南阳市卧龙区蒲山镇蔡寨村北、丰山东南[5]。总干渠桩号 TS115+190~TS116+527，倒虹吸全长 1 337 m，其中倒虹吸管身段水平投影长度为 1 140 m。工程设计流量 330 m^3/s，加大流量 400 m^3/s。倒虹吸由进口渐变段、进口退水闸及过渡段、倒虹吸管身段、进口检修闸及附属、出口渐变段、出口节制闸（检修闸）等组成[6]。主要建筑物按 1 级建筑物设计，次要建筑物按 3 级建筑物设计[7]。

根据 1989 年版《南阳地区水利志》，978 年修筑的襄汉漕渠，标志着一千多年前古人已作了“南水北调”工程的重要尝试，给我们提供了宝贵的经验。据《南阳府志》记载，南阳位于河南省的西南部，秦代称南阳郡，唐代时名宛州，元代时设南阳府建制[8]。南阳有九架孤峰，分别是丰山、蒲山、独山、隐山、光山、紫山、磨山、塔子山、羊山[9]。丰山位于南阳市北 15 km，海拔 225 m，西与蒲山相峙，东、北临白河之滨，占地面积约 0.6 km^2[10]。而白河倒虹吸工程进口段恰好从丰山南侧穿过。丰山的神话传说，最早见于《山海经·中山经》，丰山虽然不如泰山、华山一样雄伟，但在中国五千年文化里却是座名山、神山。它与昆仑山、洞庭山、泑山、灵山并称为《山海经》的五大神山。丰山有四景，霜钟自鸣、摩崖石窟、清泠泉、古树[10]。东汉张衡的《南都赋》、金末元初诗人元好问的《丰山怀古》、诗仙李白的《游南阳清泠泉》等对众多古迹、传说等都有记载[11]，白龙鱼服的成语更是广为流传。新中国成立后，丰山曾经围绕矿山开发，大力发展建材产业，山体受到破坏，地形地貌发生改变[12]。综合上述资料和进场现状，可以从神话传说、故事、地方志等历史资料的相关记录得出，工程所在丰山的地形、地势、水文、岩层等工程建设相关信息。

依据南水北调《河南古树资源调查与研究（082300460170）》课题研究成果，结合地方文物保护单位诉求和地方志等历史资料。设计单位调整变更设计，将白河倒虹吸退水渠向北偏移约 20 m，并采取制订了“改移退水渠轴线+挡墙护坡排水+培土回填+优化土壤营养结构+周边绿化”的复壮方案[13]。

《南阳晚报》“千古之迷：丰山霜钟”指出，1980 年当地采石作业时，无意间在丰山挖掘出一个大溶洞。溶洞有 4 个大厅，自西南向东北伸展，经勘探长约 300 m，最高处数十米。人们恍然大悟，丰山能发出钟鸣之声，乃是风吹溶洞的鸣音——“丰山霜钟”的千古之谜从此揭开。2011 年，南水北调南阳建管处组织参建各方及相关行业专家进行现场踏勘，通过听取施工单位现场地质情况汇报、走访当地村民、查阅历史文献资料等方式，分析确认了持力层岩体岩溶发育的事实，明确了地方志等历史资料关于“霜钟”记载的准确性，为工程提供了坚实的基础资料，并最终确定了“超声波+物探+钻孔取芯”的详勘方法，对溶洞发育情况、分布、空间位置进行系统性勘查，后根据溶洞详勘地质报告采取“灌浆+混凝土回填”的地基处理方式。2014 年通水至今，南阳白河倒虹吸工程进口段运行正常，未发生地基基础下沉等不良地质灾害。进口段工程建设相关的地方志等历史资料，为设计提供了依据，有效地避免了运行后工程重大地质灾害的发生。

3.2 滇中引水工程

云南省滇中引水工程（一期和二期），是国务院要求加快推进建设的 172 项节水供水重大水利工程标志性工程之一，是解决滇中地区水资源短缺问题的根本战略性水利基础工程，工程建设任务是以解决城镇生活用水与工业用水为主，同时兼顾农业灌溉和河湖生态补水。一期工程由丽江石鼓提水，终点为红河新坡背，沿线向丽江、大理、楚雄、昆明、玉溪、红河供水，线路总长 664 km，总工期 96 个月，2040 水平年总引水量 34.03×10^8 m^3[14]。

芹河隧洞位于大理白族自治州鹤庆县松桂镇，隧洞进口位于松桂镇西南面约 2.5 km。上接衍庆村暗涵，下连北衙隧洞，隧洞全长约 20.88 km，设计流量 135 m^3/s，纵坡 $i=1/4\ 150$。芹河隧洞前段桩号 DLⅠ64+868.62～DLⅠ79+208，芹河隧洞前段长约 14.34 km，隧洞采用标准马蹄形断面（$R_2=2R_1$），顶拱半径 $R_1=4.7$ m，渠道设计水深 7.13 m，净高 9.4 m。

鹤庆县地理位置在大理北面，是位于滇西横断山脉南面、云岭山脉东面，鹤庆县境内河流发育、高山连绵，形成有河谷、小盆地等多种地形地貌，地势总体呈西北区域高、东南区域低。根据其构造、成因、形态及特征，可将鹤庆县分为侵蚀构造地形、溶蚀构造地形、堆积地貌和剥蚀构造地形四种地形地貌。岩溶褶皱构造山体主要发布在松桂和西邑区域，主要由三叠系碳酸盐岩类构成，岩层呈现松桂向斜产状，低谷发育有溶蚀洼地，山脊总体呈条带状分布，地质侵蚀作用强烈，沟谷切割明显，常见 V 形河谷，地下水多出露于河谷两侧山脚部位。区域内地质构造，东侧是澄海—宾川断裂带，西侧是中甸—剑川断裂带，北侧是丽江断裂带，南侧是金沙江—哀牢山断裂带。

鹤庆县位于大理至丽江中间部位，茶马古道的重要中转站之一。鹤庆甸南一带，也有不少龙潭，西山脚下，从南至北，依次分布着羊龙潭、温水龙潭和黑龙潭等龙潭，这些龙潭背后都有一些动人的传说。民国《鹤庆县志》记载，知府马卿、通判张廷俊为减少水害、兴修水利，主持修筑了县境内的西龙潭、黄龙潭、小柳场龙潭等水利工程。因此，张廷俊、马卿的塑像曾一度供奉于黑龙庙中。鹤庆县水资源丰富，被誉为“高原水乡”。境内所有河流均属于金沙江水系，有金沙江一级支流漾弓江、落漏河、河川河、草海等多条河流和湖泊，地下泉眼 414 处，建成中型水库 1 座、小型水库 37 座。综合上述资料，可以从相关历史资料得出，工程所在鹤庆地区岩溶发育，地下水丰富，对地下工程影响较大。

《云南鹤庆西山地质构造对岩溶发育的控制作用分析》中，阐述了鹤庆西山地区碳酸盐岩分布广泛，地质条件复杂，岩溶程度高。区内地质构造运动复杂，加剧了岩溶发育[15]。《云南鹤庆县北衙金矿岩溶发育及富水特征》中，阐述了区内分布可溶性岩层，岩溶形态主要有石林、落水洞、岩溶洼地、溶槽、溶隙、溶洞及地下河[16]。隧洞开挖掘进过程中，均遇强~弱溶蚀风化，局部溶洞、溶隙发育，灰岩岩质较坚硬~坚硬。桩号 DLⅠ65+603 、DLⅠ65+660 等隧洞开挖过程均揭露有溶洞。大理Ⅰ段积福村渡桩基范围内，地质勘查资料也体现溶蚀作用发育[17]。工程参建单位在收集分析资料时，除采用传统灌浆、回填、盖板等工程措施外，还实地分析每个溶洞发育情况，利用溶洞对部分地下涌水进行疏排。

相关地方志等历史资料，不仅有助于隧洞施工方案优化和隧洞掘进施工，还为《深埋长隧洞软岩大变形机理与防控技术研究》《深埋长隧洞高外水压力作用机理及渗控关键技术研究》等一批科研课题提供了参考依据。

4 结语

让历史活起来，让文化动起来。水利工程是保障民生、促进经济发展的重要公共工程，其建设过程中一定要保证地方志资料的科学化使用。地方志等历史资料的收集、整理，对工程建设和水利文化传承具有重要作用。又因为地方志资料有其自身的时代局限性，在专业的水利工程建设工作实践中，对地方志资料的使用，一定要坚持细心考证、筛选有法、科学细化，使得未来地方志资料最大程度地为当今水利工程建设服务。

参考文献

[1] 李水萍. 大型水利工程建设档案管理之见 [J]. 山西档案，2007（增1）：21-22.

[2] 韩悌萍. 水利工程资料的收集整理及重要性 [J]. 大众标准化，2023（19）：89-91.

[3] 谭徐明，张伟兵. 我国水利史研究工作回顾 [J]. 中国水利，2008（21）：69-72，34.

[4] 来新夏. 方志学概论 [M]. 福州：福建人民出版社，1983.

[5] 从煜浙，齐延伟，任泽垠. 南水北调中线总干渠白河倒虹吸水毁修复设计探讨 [J]. 中国水能及电气化，2023（11）：56-60.

[6] 游万敏，上官江，黄星旻. 南水北调中线一期工程白河倒虹吸工程布置设计 [J]. 人民长江，2010，41（16）：39-41，50.

[7] 翟会朝，刘冰燕. 南水北调白河倒虹吸项目原材料质量可追溯性控制 [J]. 云南水力发电，2012，28（6）：40-43.

[8] 张玉润. 南阳方志文献概说 [J]. 河南图书馆学刊，1988（1）：47-50.

[9] 李荣娣，李成甫，吴邦藩，等. 南阳盆地的孤峰浅析 [J]. 地域研究与开发，1989（增1）：80-81.

[10] 胡军，欧阳林，甲茨拉姆，等. 引调水工程建设中古树名木保护技术的研究与应用 [J]. 云南水力发电，2024，

40（2）：17-21.
[11] 李法惠．古代文学中文人笔下的南阳书写［J］．南都学坛，2022，42（6）：37-49.
[12] 郭家增，渠玉冰，周世全，等．南阳蒲山石灰岩矿山地质公园规划建设构想［J］．现代矿业，2022，38（2）：45-51.
[13] 孙保瑞．南阳丰山古文化探寻［J］．南阳理工学院学报，2010，2（5）：50-52.
[14] 胡军，欧阳林，等．白族民居屋面盖瓦施工工艺在大理调度中心的应用［J］．云南水力发电，2024，40（4）：125-129.
[15] 王锦国，赵洪达，周云，等．云南鹤庆西山地质构造对岩溶发育的控制作用分析［J］．河海大学学报（自然科学版），2021，49（3）：241-248.
[16] 和祥，董学兰，杨超，等．云南鹤庆县北衙金矿岩溶发育及富水特征［J］．中国岩溶，2023，42（6）：1173-1182.
[17] 王伦文，何俊荣，尤岭，等．滇中引水工程大理Ⅰ段积福村渡槽岩溶处理设计［J］．水利规划与设计，2019（12）：151-154.

中国水利水电科技领域院士群体结构研究

张志翔

（苏州大学社会学院，江苏苏州　215123）

摘　要： 院士称号是科技人才的最高荣誉之一。基于对 1955—2023 年水利水电科技领域中国科学院院士和中国工程院院士的统计分析，发现其群体结构有年龄结构老龄化、女性占比较少和空间分布不平衡等特征，呈现出马太效应。其成才过程与教育背景、学术旨趣和工作经历等因素的关系密切，并造成优势积累现象。应重视当前水利水电领域科技人才队伍发展“大而不强”等问题，以“内蕴之大”巩固“外在之大”，应大力弘扬科学家精神和工程师精神，将“难度系数”向“优势系数”转变，努力实现高水平科技自立自强，为推动国家科技进步贡献更大力量。

关键词： 水利水电；杰出人物；院士；群体结构

1　引言

为推动水利水电行业的科技进步和发展，我国通过多种方式奖励和支持水利水电领域优秀科技人才的成长。中国科学院院士和中国工程院院士（简称“两院”院士）是学术领域最高荣誉，获此殊荣的中国科学家群体是中国科技界精英的集中代表[1]。“创新主战场涌现”“从科技创新主力军中成长”的“心怀国之大者”，方才有可能拥有此项荣誉称号，也必然是作出突出贡献、具有引领作用的高层次科技人才。因此，其战略眼光及科学素养均高于群体的平均水平，可视为杰出型人才，在水利水电科技领域亦是如此。

受默顿的科学社会学研究范式的影响，中国学者从本土化趋势出发，已经在科技人物群体史研究领域做出了扎实和开拓性的工作，并对农学、物理学、地质学、化学等工程领域的科技工作者予以充分重视和关注。近年来，曹聪关于 1955—2001 年 970 名中国科学院院士与中国科学精英群体形成关系的研究[2]，刘勇卫等围绕 1955—2005 年中国科学院院士与社会作用的关系的研究[3]，吴殿廷等以 1955—2002 年的 1 400 多名“两院”院士为例探讨了高科技人才成长因素的深层次规律[4]，杨丽、徐飞等对中国科学院 1955—2003 年中国科学院院士、1955—2007 年中国科学院女性院士特征的解读[1,5]，扎西达娃等使用 CV（Curriculum Vitae）分析法探析了我国少数民族院士群体的特征[6]，方黑虎等聚焦探析了中国现代工程技术专家的群体状况[7]，为从科学社会史视角系统分析院士群体提供了良好范例，但少有讨论水利水电工程领域院士群体的成果出现。如水利水电科技领域的院士群体呈现的结构特征；与其他领域院士群体相比，结构特征有何不同；该群体形成的原因，我国不同时期的水利政策在其中发挥了怎样的作用等。院士队伍建设是科技人才和水利水电等行业高质量发展的重要支撑。笔者认为对水利水电科技领域院士群体的研究，可以让人们对院士群体的复杂性和特殊性有一个全新的认识。

习近平总书记指出，新质生产力是创新起主导作用，摆脱传统经济增长方式、生产力发展路径，具有高科技、高效能、高质量特征，符合新发展理念的先进生产力质态。水利水电事业是治国安邦的大事，与国防安全、工业建设、农业经济等方面密切相关，其高质量新发展离不开水利水电科技领域

作者简介： 张志翔（1997—），女，苏州大学社会学院博士研究生，研究方向为近现代水利史。

院士群体等专业人才提供的强劲动力。本文将科学社会史研究的关注点进一步聚焦于 1955—2023 年水利水电科学技术领域的院士群体，意在通过对该群体的生平研究，进而回答院士群体对水利水电科技发展、高等院校教育的影响等重点问题。

2 样本来源与研究方法

根据《中国现代水利人物志》（1994 年，水利电力出版社）、《中国水利百科全书 水利史分册》（2004 年，中国水利水电出版社）、《中国科学技术专家传略 工程技术编 水利卷 1》（2009 年，中国水利水电出版社）、《大辞海 建筑水利卷》（2011 年，上海辞书出版社）、《水利大辞典》（2015 年，上海辞书出版社）等人物传记资料汇编和辞典，以及历年来公布的“两院”院士增选结果名单[8]，结合其所在学部和他们的学科专长，辅以相关的媒体报道、访谈或口述资料，识别并筛选得到水利水电科技领域的院士群体有 75 位专家学者，剔除兼获中国科学院院士和中国工程院院士荣誉称号者 3 人，实际有效样本共计 72 人（见表 1）。采用科学传记法（prosopography，又称 collective biography），即通过对在 1955—2023 年产生的这 72 位院士在性别、年龄、受教育地区和性质、学位结构、留学经历、工作职位（或职务）和地区、所获成就等方面的特征进行统计分析，探究中国水利水电科技领域杰出人物在教育背景、职业生涯等方面的社会结构特征。

表 1 中国水利水电科技领域的中国科学院院士和中国工程院院士

类别	姓名
中国工程院院士	刘汉龙、周创兵、张宗亮、许唯临、胡亚安、唐洪武、杜修力、李术才、孔宪京、邓铭江、李华军、王复明、杨志峰、胡春宏、钮新强、王超、缪昌文、康绍忠、张建云、钟登华、李立涅、王浩、张超然、陆佑楣、李焯芬、李佩成、马洪琪、罗绍基、谢世楞、钱正英、卢耀如、张勇传、吴中如、郑守仁、严恺、李鹗鼎、周君亮、李圭白、陈厚群、王思敬、关君蔚、张蔚榛、谢鉴衡、朱伯芳、陈明致、葛修润、张光斗、王光远、文伏波、潘家铮
中国科学院院士	彭建兵、王焰新、陈云敏、倪晋仁、夏军、王光谦、陈祖煜、张楚汉、林皋、林学钰、沈珠江、刘昌明
中国科学院学部委员❶	朱显谟、林秉南、窦国仁、邱大洪、袁道先、潘家铮、徐芝纶、张光斗、严恺、汪胡桢、黄文熙、钱令希、汪闻韶

注：该名单以当选院士的年份从 2023 年到 1995 年进行降序排列。

3 群体结构概况

运用 CV 分析法，即以人员履历作为数据来源，对 CV 所包含的个人信息进行编码并进行描述统计分析，从而对人才的职业发展轨迹、职业特征、流动模式等问题进行分析研究[9]。统计 72 位院士的个人履历信息，可提取出生年份、当选年份、当选年龄、性别、籍贯所在地、工作单位所在地等数据，得出该群体结构的总体图谱。

3.1 年龄结构

由图 1 可以看出，在中国水利水电科技领域，绝大多数“两院”院士的出生年份在 20 世纪 10 年

❶ 学部委员虽是一种工作称号，但学部委员向院士制的过渡直至 1993 年才完成，并且很多场合都将“中国科学院学部委员”等同于“中国科学院院士”。详情参阅文献［8］相关内容。因此，本文将 1955 年以来的“学部委员”视为“院士”的前身，同样纳入统计分析范围。

代以后，并且在 20 世纪 30 年代与 20 世纪 60 年代出现两个高峰值。这种现象背后的原因有二：一方面，时局稳定程度、现行生育政策等因素直接影响人口出生率和存活率；另一方面，时代需要也会影响青年人的学科兴趣和志向，如抗日战争时期的知识青年饱含爱国热情，“科学救国”理念推动他们倾向于选择接受工程院校或工程专业的教育，而新中国成立后的社会主义建设，首先是从工业化建设开始的，水利水电等工程领域亦迫切需要年富力强的科技人才。

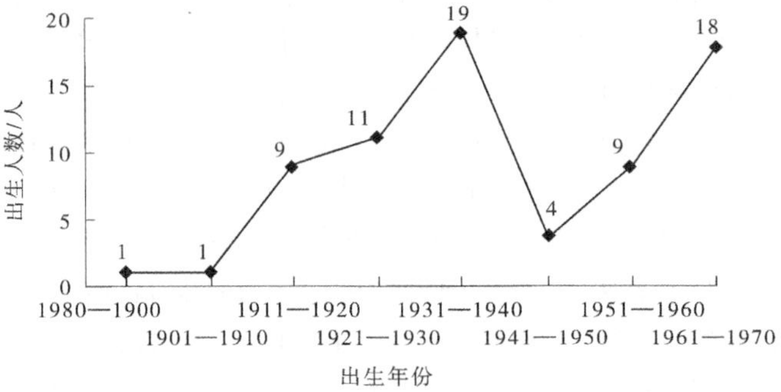

图 1　院士出生年份

中国工程院院士张勇传出生于 20 世纪 30 年代，自小受其父亲“好好读书、报效祖国”的教育理念熏陶，认识到旧中国的落后和腐败给人民带来了深重苦难，1953 年考入华中工学院（现华中科技大学）学习水电专业，开始了与水结缘的一生，一直关心并积极参与水电事业，为现代水电能源理论的创立和发展作出了突出贡献[10]。中国工程院院士邓铭江出生于 20 世纪 60 年代，深知新疆维吾尔自治区等干旱半干旱地区的水资源问题是人民生产生活的关键问题，选择了新疆农业大学学习水利水电工程建筑，后又在河海大学学习水利水电建设与管理，兢兢业业地奋斗在边疆工程科技一线，在推进新疆水利发展、加快跨界河流开发和丝绸之路经济带建设等方面不断地贡献着自己的力量。

据图 2 分析结果，院士当选人数的最大波峰出现在 20 世纪末这一时段，并远超其他时段。这一现象的产生与两个重要历史事件有关：其一，中国科学院学部委员的“增选办法”自 1990 年起走向规范化、制度化，实现了两年一次增选，特别是 1991 年学部委员的大规模增选大大提升了各学部委员的数量[11]；其二，1994 年实现了“中国科学院学部委员”向“中国科学院院士”的改称过渡，成立“中国工程院”并遴选、增选“中国工程院院士”，也促进了“两院”院士人数的猛增。统计结果还显示，21 世纪以来的中国水利水电科技领域当选院士的人数有所下降。这是因为随着“两院”院士制度的正式建立，历年院士提名与增选经过了数次修订与完善，增选名额有所减少，不同学科领域分配名额亦不同。

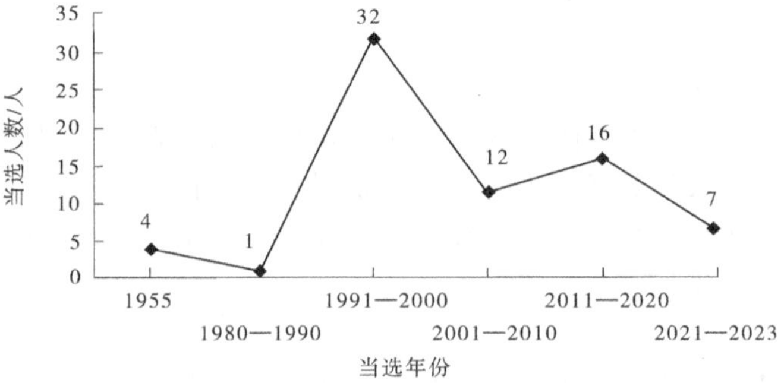

图 2　院士当选年份

获得代表性荣誉时，杰出人才的年龄可反映科研产出创造的最佳年龄区间。由图 3 可见，专家当选院士时的年龄主要集中在 50 岁以上至 70 岁以下的年龄段，并且 60 岁以上至 70 岁以下的年龄段人数最多，同时 70 岁以上年龄段的人数亦多过 50 岁以下者。普遍晚于自然科学家的科研峰值年龄。这一现象的产生与水利水电工程的科学技术创新和发展的自然规律有关，相关理论和方法的突破与变革并非一蹴而就，往往经过数代科技工作者的刻苦钻研，故不仅他们的代表性成果产出周期较长，其科学技术成就的最终认可同样也需要长期的时间检验。

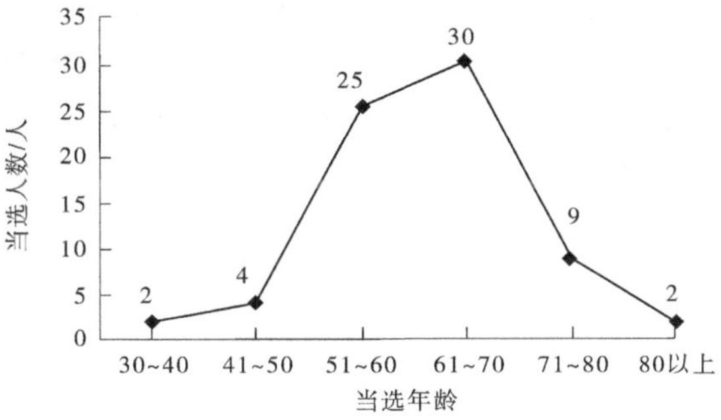

图3　院士当选年龄

为推进我国科技人才年龄结构优化，虽然《中国科学院院士增选工作实施办法（试行）》已经对院士候选人进行年龄限制，不仅要求年满65周岁的候选人需要2名院士推荐，而且“中国科协组织所属具有推荐资质的全国性学术团体推荐候选人，……被推荐人年龄不超过65周岁”。并且在2023年中国科学院和中国工程院院士候选人的通知中增加了“推选中国科学院院士候选人应注重推选55周岁以下的人选”这一内容。但是，结合当选院士时的平均年龄61岁，说明该群体年龄结构老龄化问题较为明显，中青年杰出人才仍旧短缺。

3.2　性别结构

在性别结构方面，与同一时期的男性人才相比较而言，科技领域的杰出女性普遍较少。本文统计的中国水利水电科技领域的“两院”院士群体更是如此，男性人数是女性的36倍多，女性院士的占比则很低，仅有2名女性院士（见表2）。这与传统的职业选择和社会分工观念、教育理念、家庭等诸因素都有一定关系，“越往科学界高层，女性科学家所占比重越低”[5]，因此获得院士这一最高荣誉的水利水电科技工作者更加稀少。

表2　院士性别结构统计

性别	院士人数/人			占比/%		
男	73	中国科学院院士	24	97.34	中国科学院院士	32
		中国工程院院士	49		中国工程院院士	65.34
女	2	中国科学院院士	1	2.66	中国科学院院士	1.33
		中国工程院院士	1		中国工程院院士	1.33

注：此表因“两院”院士荣誉需补正实际样本数，故性别结构的统计样本总量为75。

但是，她们在新中国成立以来的水利水电事业方面取得了骄人的成绩，赢得了较高的社会地位和社会影响力。中国工程院院士钱正英，不仅参与了对长江、黄河、淮河、海河等大江大河的治理及农田水利的建设，而且为我国电力工业和核电事业的开拓做了大量卓有成效的工作[12]。中国科学院院士林学钰，长期致力于地下水资源评价与合理开发利用等方面的研究工作，推动了我国地下水资源管理工作进入系统化、模型化、定量化的新阶段[13-14]。

3.3　地缘结构

在空间分布方面，主要以省域（含直辖市、特别行政区）为分析单元，统计了72位有效院士样本的籍贯或出生所在地与工作单位所在地，共计2类指标数据。总体来看，二者的省域空间集聚格局分析结果明显不同，其籍贯或出生所在地主要集中分布在中国的东南部、中部和西南部的某些省份；而其工作单位所在地则主要集中分布在中国的东部、东南沿海地区以及中部地区的某些省份。整体上，呈现出沿海—沿江—内陆的地理分布格局，这与“两院”院士群体乃至近现代科学家群体的总体地缘结构都有着相近的特征[15]。不论是从籍贯或出生所在地来看，还是从长期工作的主要集聚地来看，东中西部三大地带所在省域的“两院”院士数量差距较大，内部不平衡性较为明显。与其他学科领域相比，水利人才的地理分布同样呈现了不均现象，但具体特征不同，如水利水电的院士数量从东南向西北呈多层阶梯分布状，即与 800 mm 和 40 mm 等降水量线的分界区域基本一致；长江中下游平原和京津冀地区的院士数量远高于其他地区的。院士籍贯或出生所在地的空间分布、院士工作单位所在地的空间分布分别见图 4、图 5。

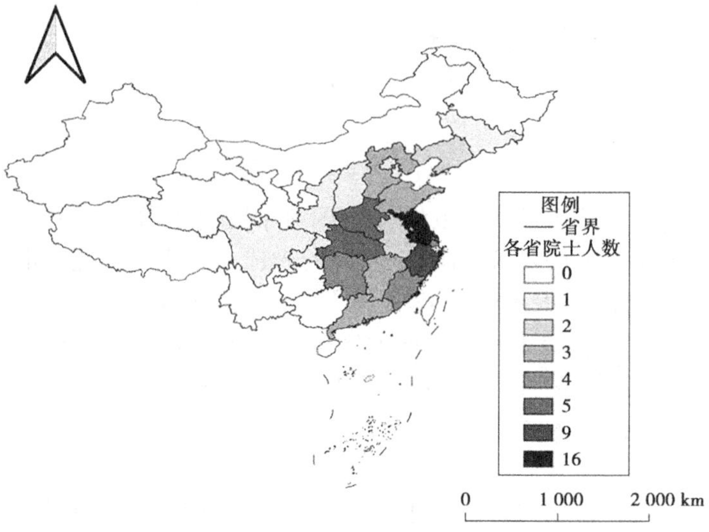

图 4　院士籍贯或出生所在地的空间分布［审图号：GS（2020）4615 号］

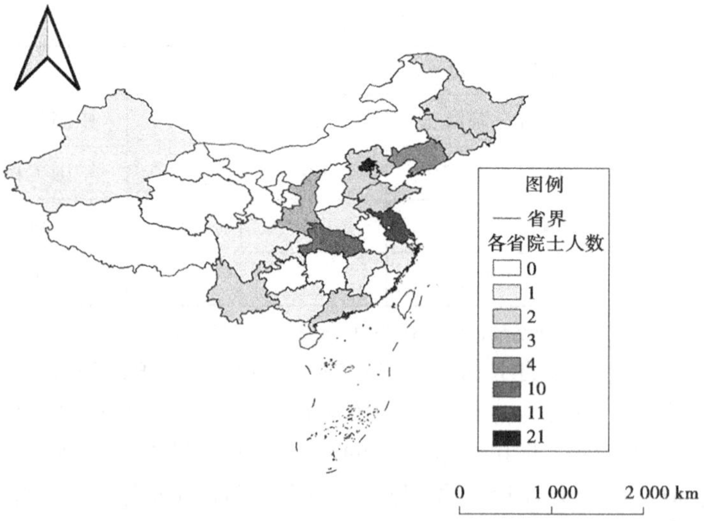

图 5　院士工作单位所在地的空间分布［审图号：GS（2020）4615 号］

经济发展程度、政治环境、文化教育理念等人文因素，以及水资源、矿产资源等自然因素，都是影响科技人才地理分布的重要原因。中国水利水电科技领域“两院”院士的地理分布，与整体科技人才的地理分布具有大一致、小差异的特点，经济发达地区的人数多于欠发达地区，沿海多于内地，南方多于北方。如在北京市、江苏省、浙江省等工作单位的院士较多，与其在中国现当代史上作为水利水电建设的策源地和中心地的地位密不可分。而且区域水体环境是影响院士籍贯或出生地总体空间分布的主要驱动力之一[16]。地处大江大河流域的省份，或者说水域面积大的地域，院士数量占比极高，与我国洪涝灾害影响分布图基本一致[17]。如长江三角洲洪涝灾害频发，除害兴利的乡土情节深深影响了水利水电科技领域“两院”院士的成长和成才，其“两院”院士人数也高于地处干旱半干旱地区的省份。

4 教育背景和学术旨趣

教育经历为研究人员奠定了坚实的科学知识基础，是使科学技术从业者具备相当的理论准备和技能训练的重要来源。在现代科学体制下，要进入科学领域，首先必须经过大学的筛选，而获得学位则是这一水准的客观体现[18]。虽然在“两院”院士的遴选、增选条件中并未明确规定被提名候选人的教育背景和学历要求，但是这种学位准入机制无疑为人才识别与遴选提供了一种重要参考。

对纳入统计的72位有效院士进行学历背景情况分析。结果显示，大多数院士拥有博士研究生学历，同时也存在一小部分未取得研究生学历的院士，甚至只有专科院校的教育经历。说明学历层次的高低并非“两院”院士提名或当选的决定因素，但是随着时间推近，高学历人才呈现人数不断增加的演变态势。

4.1 国内教育经历

统计结果显示，多数中国籍水利水电科技领域的“两院”院士曾在中国内地就读，并且大多数院士的本（专）科教育在中国大陆地区完成，仅有2位在不在中国大陆地区获得第一学历，分别是：关君蔚院士曾就读于日本东京高等农林学校（现日本东京农工大学），李焯芬院士曾就读于香港大学。院士中国大陆地区毕业院校分布见表3。

表3 院士中国大陆地区毕业院校分布

中国大陆地区毕业院校	人次	中国大陆地区毕业院校	人次
清华大学	28	同济大学	3
河海大学	18	成都科技大学	3
武汉大学	9	葛洲坝水电工程学院	1
南京大学	5	解放军理工大学	1
浙江大学	5	山东矿业学院	2
大连理工大学	8	西南交通大学	2
上海交通大学	4	新疆农业大学	2
山东大学	1	郑州大学	1
河北农业大学	1	东南大学	1
南昌大学	1	香港大学	2
西北农林科技大学	4	上海海事大学	2
上海大同大学	1	中国地质大学	4
华中科技大学	2	复旦大学	1
哈尔滨工业大学	2	北京大学	1

续表 3

中国大陆地区毕业院校	人次	中国大陆地区毕业院校	人次
长春科技大学	1	西北大学	1
南京地质探矿专科学校	1	上海理工大学	1
南京水利科学研究院	2	中国科学院工程力学研究所	1
北京俄语学院	1	天津大学	3
北京外国语学院	1	西南交通大学	1
中国地震局工程力学研究所	1	中国科学院武汉岩土所	1
长安大学	1	—	—

注：该统计包含 72 位有效院士样本中的第一学历至最高学历的获得院校情况。

从国内院校分布情况来看，以清华大学、河海大学、武汉大学、南京大学、浙江大学、大连理工大学等高等院校的人次居多，呈现出很强的学缘效应。学缘关系是人员流动的重要影响因素之一，师生、同学之间的相互引荐常常成为学者进入学术机构的重要途径[19]。蔡翔等研究发现，师承关系对院士的成长具有重要促进作用，如能够显著缩短未来当选院士进行知识积累的时间成本、做出重大创新成果的时间以及当选院士的时滞[20]。其中，清华大学、河海大学的工学院科系设置较为完备，历史底蕴深厚，拥有其他院校难以企及的办学力量和雄厚的师资条件，成为目前中国水利水电科学技术领域“两院”院士群体人员的主要来源。这说明在一定程度上形成了“马太效应”现象。

4.2 国际交流经历

在以院士为典型代表的杰出人物成长过程中，国际交流与合作是影响其构建知识体系、从事科学研究、获取成就和认可度的重要因素之一。通过对 72 位有效院士样本的出国留学、出境（国）进修或访问等方面数据进行统计（见图 6、图 7），分析发现其留学院校主要集中于苏联、美国、日本、加拿大等科技发达国家，而出境（国）进修或访问的选择则更为多样化。

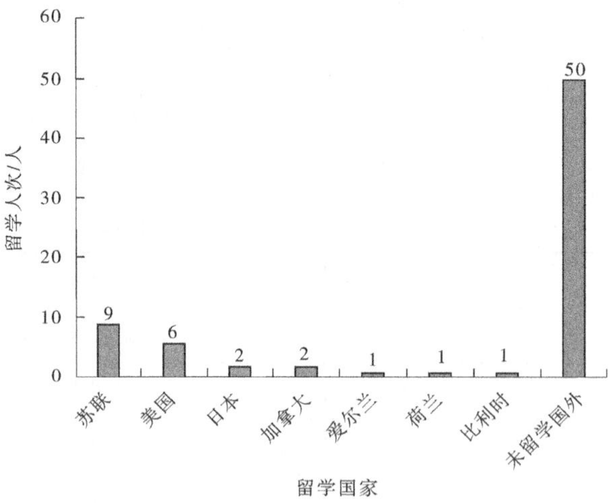

图 6 院士国外留学的空间分布

同时，结合时代背景，发现其留学国家分布在各时段的情况有所不同，新中国成立以前，以美国最多，新中国成立初期转为以苏联最多，改革开放以来则多为中国国内院校。这说明出国求学、研修的选择常与国际政治经济形势有关。

而且，随着我国科技水平的不断提升，相较于留学国外，出境（国）进修或访问成为更多人的选择，也不再局限于欧美、日本等国家，前往其他国家的人数也逐渐增加。这说明我国科技人才培养的自主性逐渐增强，也仍然重视对外交流和国际视野。

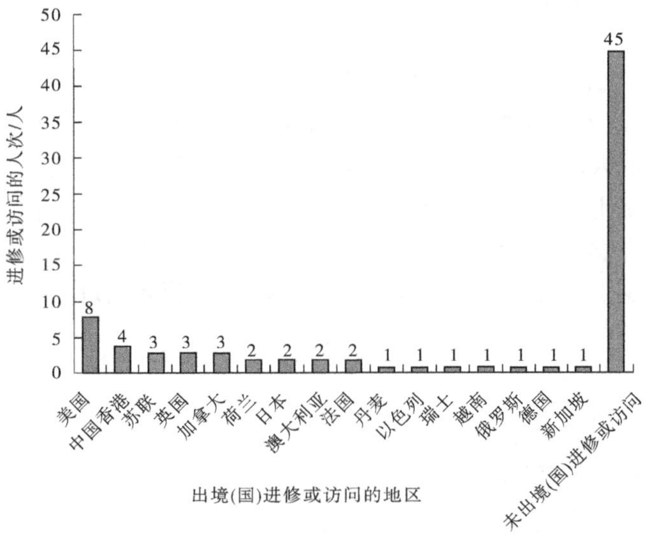

图7　院士出境（国）进修或访问的空间分布

4.3　学科及专长

从各学部专业组名额分配来看，具体分到水利工程相关学科的院士名额十分有限，每次院士增选至多1~3名，甚至无人入选。因此，结合其学科专长统计情况（见图8），能成功入选院士名单的学者，往往是某学科的创始人，或者有重要科学发现、攻克理论堡垒，亦或者是某科学设想提出者等。

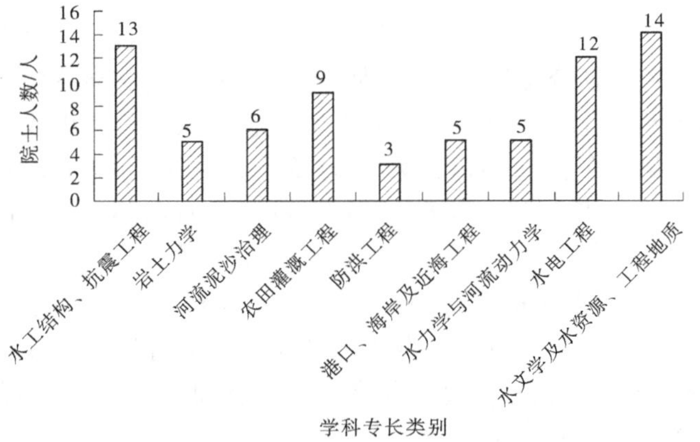

图8　院士学科专长类别分布

根据72位有效院士样本所在学部专业，以及院士馆官方信息显示的专长进行细致分类，统计分析发现：首先，中国水利水电科学技术领域杰出人才的学科专长集聚在水文学及水资源、工程地质，水工结构、抗震工程，水电工程等3个类别，院士人数远超其他类别的院士人数；其次，在农田灌溉工程方面作出重大贡献的院士人数较多，超过了各类别的平均人数。这反映出，新中国成立以来，水利水电领域学科逐渐细化，并始终注重为建设新中国服务；就实际情形来看，不同学科的院士人数也表现出随时间演进而递增或递减的规律性态势，与国家处于不同时代的发展需求基本一致。

5　工作职务与职业生涯

中国学术群体的职业化健康可持续发展与是否拥有足量的、优秀的、具有科研潜质的人才具有密切关系。在知识经济高速发展的新时代，学术职业从业者通过知识的发现、整合、应用和传播，对社会创新和发展起着关键作用[21]。对水利水电科技领域人才选择学术职业的具体去向和工作情况进行统计分析，以期管窥其职业发展路径和专业服务质量。

5.1 工作单位

以院士当选（或增选）时所在工作单位进行统计（见图9），分析发现72位有效院士样本中，在高校任职者多达42人，占总人数的58.34%，已超过半数；供职于科研机构的人数次之，占29.17%；而在企业和政府机关工作的人数较少。吴殿廷等的研究表明，两院院士成才环境具有显著相关性[22]，对于水利水电科技领域的院士个人来说，能否自由开展科研、推进学术工作受其工作环境影响。如清华大学、武汉大学、河海大学、中国海洋大学等高校，涉水学科优势明显，获取前沿信息便捷，为水利水电人才的科研发展提供了良好的工作环境。以水文勘测、流域治理、水力发电等科技见长的一些科研机构亦是如此。

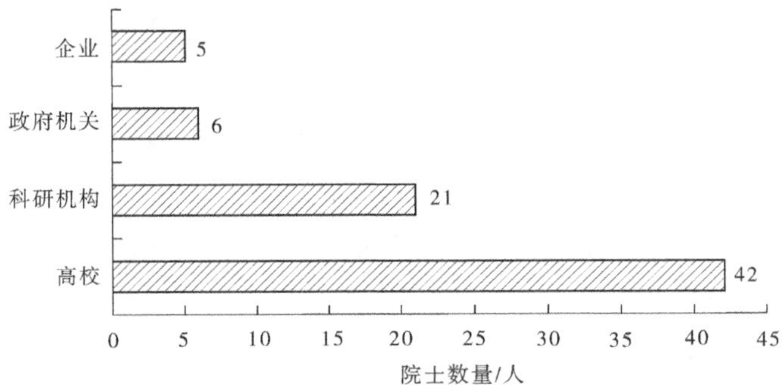

注：若院士简历中包含一个及以上工作单位的情况，则取前2位实际有效信息进行统计分析。

图9 院士工作单位性质分布

5.2 职务职称

默顿等对科学家社会角色的研究证明，随着科学家自身的职业化与建制化进程的逐渐加快，科学家发挥或承担的角色也在不断变化。当科技工作者在其所在领域取得杰出成就后，其任职状态会提升至业界或政界兼任管理或领导角色，这种角色兼任会通过更强的影响力和话语权反向作用于科研领域，由此对其科研创新产生重要影响[23]。这种“马太效应”也同样体现在水利水电领域的杰出人才队伍方面。

经统计水利水电领域的72位院士的职称情况，得出大多数人在获得院士荣誉以前便已经拥有高级职称，如教授或高级工程师；而且，其中一些人在获得院士荣誉后，也在较短时间内评上了高级职称[24]。同时，除了小部分在企业任职的，大多数院士都具有硕士或者博士研究生的招生资格，可进一步促进其教学、科研工作，实现其谱系科研绩效及学术产出最大化。

行政任职也是科技工作者所呈现的重要社会角色，可大致分为两类：其一是科学共同体内部的行政管理职责，如高校和科研院所的党委书记、校长、院长、科系主任等；其二是从事社会公共管理的政治职务，即国家或政府主管部门的主要负责人，如国家某处、厅、局、部长等[25]。统计结果显示，水利水电领域的“两院”院士，担任行政职务或者从事政治活动的较多；进一步对比发现，拥有较高的行政任职的院士，仅有一些是当选院士前便有该行政职务，但更多的是当选院士后随之而来的诸多附加行政职务，这说明已经出现科技工作者行政任职过度现象，可能导致其社会角色失范，进而干扰科学的自由发展。

6 结论与展望

作为科技精英群体的一个“切片”，这些水利水电院士的生平经历、科研成果等，不仅展现了中国水利水电科技研究的进展和突破，而且，他们为水利事业发展所作的贡献也在一定程度上反映了中国式现代化在水利水电领域的历史性变化。“两院”院士群体在中国水利水电科学技术发展史上地位突出，影响显著而深远。其群体结构是造就这一现象的重要因素。从年龄结构看，大多数院士出生于

1930—1939 年、1960—1969 年，正值中国水利水电事业从传统向现代转型与发展的关键时期；从地缘结构看，既广泛覆盖了不同地域，又呈现出与中国水利水电科学技术发展进程一致的“沿海—沿江—内陆”的地域差序格局。

通过对中国水利水电科技领域的中国科学院院士和中国工程院院士群体研究分析可知，教育经历、工作经历和获奖情况等因素均对其成才过程具有显著的潜在影响。另外，其学术生涯、职业生涯的发展过程，基本符合默顿所提出的优势积累理论，即成就、奖励和获得资源之间形成了持续、良性的互动机制。但是，我国水利水电科技领域的“两院”院士群体在成员数量、组织规模、体系结构等方面已具“大的样子”，但也伴生了“大的难处”，存在偏老龄化的问题，容易造成中国科技人才整体队伍的大而不强，进而构成中国目前科技创造力不足的局面。

应当以“内蕴之大”巩固“外在之大”。纵观中国水利水电科技的发展和演进历程，同时也是中国人民为个人梦、强国梦、复兴梦而奋斗的历史。虽然在不同历史时期有不同的工作侧重点和方向，但为全体人民谋福祉、为中华民族谋复兴始终贯穿发展水利水电事业的全过程。实现中华民族伟大复兴的中国梦，离不开一代代青年的接力奋斗。应当将“难度系数”向“优势系数”转变。坚持创新驱动发展，深化科技体制改革，完善人才发展体制机制，营造良好创新生态，充分激发科研人才创新活力，形成一批有战略眼光、全球视野的科学家、工程师、技术人才队伍。应当继续大力弘扬科学家精神和工程师精神。广大水利水电科技工作者要面向世界科技前沿、面向经济主战场、面向国家重大需求、面向人民生命健康，重点关注水利水电领域的重大关键技术问题研究，以及水利水电领域前沿交叉融合领域的相关问题难题，产出更多关键性、原创性、引领性的重大科技成果，努力实现高水平科技自立自强，为推动国家科技进步贡献更大力量。

参考文献

[1] 徐飞，卜晓勇．中国科学院院士特征状况的计量分析［J］．自然辩证法研究，2006（3）：68-74.

[2] Cao Cong. China's Scientific Elite［M］. New York：Routledge，2004.

[3] 刘勇卫，李真真，陈红娟．中国科学院院士结构与社会作用的分析及建议［J］．中国科学院院刊，2005（3）：179-184.

[4] 吴殿廷，刘超，顾淑丹，等．高级科学人才和高级科技人才成长因素的对比分析：以中国科学院院士与中国工程院院士为例［J］．中国软科学，2005（8）：70-75.

[5] 杨丽，徐飞．中国科学院女性院士特征状况计量分析［J］．科学学研究，2008（5）：942-947.

[6] 扎西达娃，朱军文．基于 CV 分析方法的我国少数民族院士群体状况特征探析［J］．科技管理研究，2014，34（24）：118-122.

[7] 方黑虎，徐飞．中国现代工程技术专家群体状况研究［J］．科技进步与对策，2003，20（9）：39-41.

[8] 王扬宗．学部委员改称院士的曲折过程［N］．中国科学报，2014-05-23（19）.

[9] 周建中，肖小溪．科技人才政策研究中应用 CV 方法的综述与启示［J］．科学学与科学技术管理，2011，32（2）：151-156，179.

[10] 中国科学技术协会·中国科学技术专家传略·工程技术编．自动化仪器仪表卷 2［M］．北京：机械工业出版社，2001.

[11] 王扬宗．从学部委员到院士制度［J］．科学文化评论，2015，12（3）：69-84.

[12] 钱正英同志生平［N］．人民日报，2022-10-29（004）.

[13] 中国科学院院士 林学钰［J］．水文地质工程地质，2007（3）：4.

[14] 苏小四．中国科学院院士林学钰教授学术成就概要［J］．上海国土资源，2011，32（1）：2-3.

[15] 徐飞，李红．中国现代科学家群体状况研究［J］．科技进步与对策，2001，18（1）：80-81.

[16] 李瑞，吴殿廷，鲍捷，等．高级科学人才集聚成长的时空格局演化及其驱动机制：基于中国科学院院士的典型分析［J］．地理科学进展，2013，32（7）：1123-1138.

[17] 张伟兵，刘林，李贵宝．我国现代水利人才分布及背景［J］．水利发展研究，2011，11（4）：71-74.

[18] 徐飞，卜晓勇．诺贝尔奖获得者与中国科学家群体比较研究［J］．自然辩证法通讯，2006（2）：52-59，111.
[19] 金逸伦，夏如兵．民国时期金陵大学农学家群体结构研究［J］．中国科技史杂志，2023，44（1）：11-23.
[20] 蔡翔，谢梅英，程发新，等．中国院士群体师承效应的量化研究［J］．科技管理研究，2021，41（23）：133-140.
[21] 李澄锋，陈洪捷，沈文钦．博士研究生学术职业选择的群体差异：基于中国博士毕业生调查数据［J］．学位与研究生教育，2019（8）：36-41.
[22] 吴殿廷，李东方，刘超，等．高级科技人才成长的环境因素分析：以中国两院院士为例［J］．自然辩证法研究，2003（9）：54-63.
[23] Merton R K. Themattew effect in science：The reward and sommunucation systems of science are considered［J］. Science（New York，N. K.）1968，159（3810）.
[24] 中国科学技术协会．中国科学技术专家传略·工程技术编·水利卷 1［M］．北京：中国水利水电出版社，2009.
[25] 李小乐，苗杰，石进，等．中外院士的行政职级差异比较研究：以中美英科学院为例［J］．情报杂志，2022，41（8）：185-193.

2024中国水利学术大会论文集

第五分册

中国水利学会 编

黄河水利出版社

内 容 提 要

本书是以“发展水利新质生产力，助力高水平科技自立自强”为主题的2024中国水利学术大会论文合辑，积极围绕当年水利工作热点、难点、焦点和水利科技前沿问题，重点聚焦水资源短缺、水生态损害、水环境污染和洪涝灾害频繁等新老水问题，主要分为水生态、智慧水利等板块，对促进我国水问题解决、推动水利科技创新、展示水利科技工作者才华和成果有重要意义。本书旨在助力我国水问题解决、推动水利科技创新，可供广大水利科技工作者和大专院校师生交流学习和参考。

图书在版编目（CIP）数据

2024中国水利学术大会论文集 ：全七册 / 中国水利学会编. -- 郑州 ：黄河水利出版社，2024. 12.

ISBN 978-7-5509-4078-9

Ⅰ. TV-53

中国国家版本馆CIP数据核字第2024KN8997号

策划编辑：杨雯惠　电话：0371-66020903　E-mail：yangwenhui923@163.com

出版发行　黄河水利出版社

地址：河南省郑州市顺河路49号　邮政编码：450003

网址：www.yrcp.com　E-mail：hhslcbs@126.com

发行部电话：0371-66020550

承印单位　河南新华印刷集团有限公司

开　　本　889 mm×1 194 mm　1/16

印　　张　275（总）

字　　数　8 712千字（总）

版次印次　2024年12月第1版　　2024年12月第1次印刷

定　　价　1 260.00元（全七册）

《2024中国水利学术大会论文集》

编　委　会

主　任：段　虹

副主任：（以姓氏笔画为序）

丁留谦　王孟　王煜　牛志奇　白涛　刘九夫
刘忠恒　刘雪梅　江恩慧　许继军　孙和强　李江
李国玉　李瑞清　李锦秀　李德旺　杨芳　张阳
张文洁　张淑华　陈文　周蓓蓓　郑小康　赵勇
姚仕明　夏军　钱峰　凌红波　高俊峰　彭少明
彭文启　蒋云钟　韩宇平　韩瑞光　鲁胜力　谭徐明
潘保柱　戴长雷　鞠连义

委　员：（以姓氏笔画为序）

马志鹏　王英　王琼　朱滨　刘扬　刘彧
刘晓　刘建峰　刘姗姗　齐莹　关炜　李琳
李云鹏　李军华　李聂贵　杨姗姗　何凡　佟可欣
辛小康　宋锦焘　张艳　张翔　张广朋　张伟兵
张晓勤　张爱静　林莉　季昭沁　周普　郑小康
赵广举　赵进勇　倪城玲　徐红　康爱卿　董飞
曾焱　熊卫红　颜文珠　霍炜洁

前言

PREFACE

学术交流是学会立会之本。作为我国历史上第一个全国性水利学术团体，90多年来，中国水利学会始终秉持“联络水利工程同志、研究水利学术、促进水利建设”的初心，团结广大水利科技工作者砥砺奋进、勇攀高峰，为我国治水事业发展提供了重要科技支撑。自2000年创立年会制度以来，中国水利学会20余年如一日，始终认真贯彻党中央、国务院方针政策，落实水利部和中国科协决策部署，紧密围绕水利中心工作，针对当年水利工作热点、难点、焦点和水利科技前沿问题、工程技术难题，邀请院士、专家、代表和科技工作者展开深层次的交流研讨。学术年会已成为促进我国水问题发现解决、推动水利科技创新、展示水利科技工作者才华成果的良好交流平台，为服务水利科技工作者、服务学会会员、推动水利学科建设与发展作出了积极贡献。为强化学术年会的学术引领力，自2022年起，中国水利学会学术年会更名为中国水利学术大会。

2024中国水利学术大会以习近平新时代中国特色社会主义思想为指导，认真贯彻落实党的二十大精神，紧紧围绕“节水优先、空间均衡、系统治理、两手发力”治水思路，以“发展水利新质生产力，助力高水平科技自立自强”为主题，聚焦发展水利新质生产力，从水旱灾害防御、河湖生态保护和治理、数字孪生水利建设、水资源集约节约利用等多领域，设置一个主会场和智慧水利·数字孪生、水利大模型、水生态等19个专题会议。

大会论文征集通知发出后，受到广大会员和水利科技工作者的广泛关注，我们收到来自有关政府部门、科研院所、大专院校和设计、施工、管理等单位科技工作者的论文共880余篇。为保证本次大会入选论文的质量，大会积极组织相关领域的专家对稿件进行了评审，共评选出653篇主题相符、水平较高的

论文入选论文集。按照大会各专题会议，本论文集共分7册予以出版。

本论文集的汇总工作由中国水利学会秘书处牵头、各专题会议协助完成。论文集的编辑出版也得到了黄河水利出版社的大力支持和帮助，参与评审、编辑的专家和工作人员付出了艰辛的劳动，在此一并表示感谢。同时，对所有应征投稿的论文作者表示诚挚的谢意。

由于编辑出版论文集的工作量大、时间紧，且编者水平有限，错漏在所难免。不足之处，欢迎广大作者和读者批评指正。

中国水利学会

2024年12月12日

目录

CONTENTS

流域发展战略

流域水资源优化配置与水电站群协同调度

三水融合与协同治理

流域发展战略

黄河下游河道行洪输沙要素时空演变特征

屈　博[1,2]　赵占超[1,2]

(1. 黄河水利委员会黄河水利科学研究院，河南郑州　450003；
2. 水利部黄河下游河道与河口治理重点实验室，河南郑州　450003)

摘　要：探究黄河下游河道径流、泥沙、河床演变等行洪输沙要素的时空变化特征，可为实施黄河下游河道综合提升治理及水沙优化调控提供重要支撑。本文通过相关性分析和CRITIC法等手段，甄别了黄河下游河道6个行洪输沙关键要素，定量分析了1950—2022年径流、泥沙、河床演变等要素及综合指数的时空演变特征，全面探讨了黄河下游河道行洪输沙功能的变化趋势。结果发现，各河段行洪输沙功能在1950—1960年快速降低，在1961—1999年呈剧烈波动状态，但整体略有减小，在2000—2022年持续提升。

关键词：黄河下游河道；行洪输沙；径流泥沙；河床演变

1　引言

黄河自中游晋陕大峡谷奔腾而下，进入下游后失去了峡谷的束缚，河道陡然变宽、比降骤减，河流流速大幅变缓，搬运泥沙的能力也随之大幅减小，挟带的巨量泥沙便沿程沉积下来，行洪河道不断淤积抬高，形成了举世闻名的“地上悬河”。特别是20世纪90年代持续的高含沙中小洪水，造成主河槽的严重淤积萎缩，“二级悬河”逐渐出现并持续发展，主河槽的过流能力一度降低到1 800 m^3/s，加之强烈的游荡特性，严重威胁黄河下游防洪安全、生态环境和区域经济社会稳定发展。

探究黄河下游河道径流、泥沙、河床演变等行洪输沙要素的时空变化特征，可为实施黄河下游河道综合提升治理及水沙优化调控提供支撑，对长期保障黄河下游防洪安全具有重要意义[1]。目前，国内外学者围绕黄河下游河道径流[2]、泥沙[3]、冲淤特性[4]、平面形态[5]、平滩流量[6]、主流摆动[7]等的演变特点开展了大量研究，取得了一系列重要成果。然而，现有研究多局限于下游河道部分行洪输沙要素，缺少从整体上全面探讨黄河下游河道行洪输沙功能的变化情况。鉴于此，本文在现有研究成果的基础上，收集了1950—2022年黄河下游河道径流、泥沙、河床演变等相关要素数据，并分析了不同河段不同要素的融合性，甄别了行洪输沙关键要素，定量解析了黄河下游行洪输沙要素及综合指数的时空演变特征。

2　数据与方法

2.1　研究区域

桃花峪以下至入海口为黄河下游，河道全长约786 km，河道形态呈上宽下窄、上陡下缓的态势。其中，桃花峪—高村河段，长207 km，河宽水散，冲淤幅度大，主流摆动频繁，为典型的游荡性河段；高村—陶城铺河段，长165 km，属于由游荡向弯曲转化的过渡性河段，通过河道整治，主流已趋于稳定；陶城铺—利津河段，长322 km，现状为受到工程控制的弯曲性河段；利津以下为河口段，长92 km。本文主要关注利津以上河段，分别探讨花园口—高村段（简称花高段）、高村—陶城铺段

基金项目：国家重点研发计划项目（2021YFC3200400）；国家自然科学基金项目（U2243601）。

作者简介：屈博（1990—），男，高级工程师，主要从事水文水资源方面的研究工作。

（简称高陶段）、陶城铺—利津段（简称陶利段）行洪输沙要素的时空演变特征。

2.2 研究数据

河道行洪输沙功能主要是确保河流能够安全的永续存在，充分发挥其水沙输移的自然功能，涉及径流、泥沙、河床演变等多个方面要素[8]。其中，径流要素包括反映径流量、流量特征的指标，泥沙要素包括反映泥沙输移特征的指标，河床演变要素包括反映主槽塑造及河床演变的指标，如表1所示。

表1 黄河下游河流系统行洪输沙相关要素

分类	要素	释义
径流	年平均流量	一年内通过河道某一断面流量的平均值
	汛期平均流量	汛期通过河道某一断面流量的平均值
	年最大流量	一年内通过某一断面的最大流量
	年最小流量	一年内通过某一断面的最小流量
泥沙	年平均输沙量	一年内通过河道某一断面泥沙量的平均值
	汛期平均输沙量	汛期通过河道某一断面泥沙量的平均值
	年平均含沙量	一年内通过河道某一断面泥沙总量与水量的比值
	汛期平均含沙量	汛期通过河道某一断面泥沙总量与水量的比值
	来沙系数	一年内通过河道某一断面含沙量与流量的比值
	汛期来沙系数	汛期通过河道某一断面含沙量与流量的比值
河床演变	冲淤量	河道泥沙淤积量与冲刷量的差值
	平滩流量	河漫滩时的主槽流量，反映了主槽过流能力
	滩槽高差	河道滩面平均高程与主槽河底平均高程之差
	主流摆幅	河道主流线的摆动范围，反映了河道流路稳定性

考虑到行洪输沙要素相对较多，在演变分析时往往会带来过多不必要的信息，因此有必要首先探讨不同要素的独立性和融合性，识别行洪输沙关键要素。前期相关研究表明，黄河下游河道不同站点的径流泥沙要素相关性均较高，可考虑选择其中某一站点代表其他站点[9]。本文以黄河下游的入口站——花园口站为代表站，分析径流泥沙要素间的相关性，结果如图1所示。年平均流量与汛期平均流量、年最大流量均显著正相关；年平均含沙量与汛期平均含沙量、年输沙量、汛期输沙量、来沙系数、汛期来沙系数均显著正相关；年最小流量其他指标的相关度不高。鉴于此，本文选择年平均流量、年平均含沙量和年最小流量作为行洪输沙关键要素。

进一步以花高段为例，分析冲淤量、平滩流量、滩槽高差和主流摆幅等河床演变要素间的相关性发现，平滩流量与滩槽高差呈显著正相关，而与其他要素的相关性较弱；冲淤量、滩槽高差和主流摆幅均不显著相关。鉴于此，本文选择冲淤量、平滩流量和主流摆幅作为行洪输沙关键要素。

2.3 研究方法

为更直观地展示黄河下游河道行洪输沙功能的整体变化，本文对不同河段的行洪要素进行加权集成，建立行洪输沙综合指数，表示为：

$$f_{ab} = \sum_{c=1}^{k} w_{bc} x_{abc} \tag{1}$$

式中：f_{ab} 为第 a 年 b 河段的行洪输沙综合指数；x_{abc} 为要素值；w_{bc} 为 b 地区第 c 项要素的权重系数，需通过赋权法进行确定。

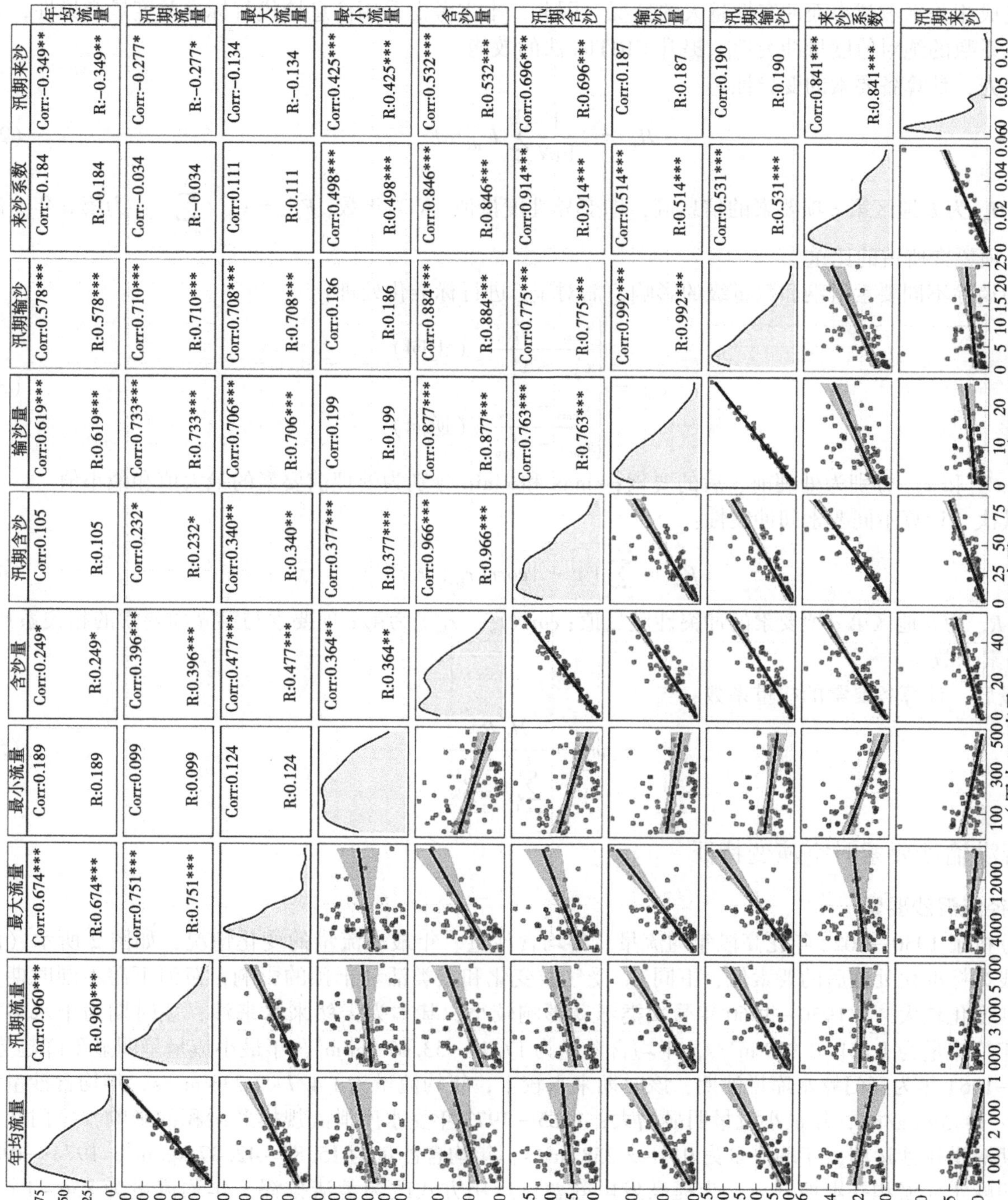

（图中***表示$p<0.001$，**表示$p<0.01$，*表示$p<0.05$）

图1 花园口站径流泥沙要素相关性分析

CRITIC 作为一种客观赋权方法，能够在考虑各要素变异性的同时，兼顾不同要素间的冲突性，已得到广泛应用[10]。传统 CRITIC 法分别采用标准差和相关系数度量变异性和冲突性，但标准差对不服从正态分布或异常值较多的数据序列极容易出现度量值过大的情况[11]；另外，相关系数可能为负值，造成相关系数越小而冲突性越大的情况。因此，本文考虑采用信息熵代替标准差度量变异性，采用相关系数的绝对值度量冲突性，提升 CRITIC 法的效能。

首先，计算各要素的变异性：

$$H_{bc} = -\frac{1}{\ln N}\sum_{a=1}^{N} F_{abc}\ln F_{abc} \tag{2}$$

式中：H_{bc} 为 b 地区第 c 项要素的信息熵，即变异性度量值；N 为年数；$F_{abc} = x_{abc}/\sum_{a=1}^{N} x_{abc}$ 为第 a 年 b 河段第 c 项要素所占的比重。

为消除不同要素量纲和数量级的影响，需对 x_{abc} 进行标准化处理：

$$x_{abc} = \begin{cases} \dfrac{x'_{abc} - x'_{\min}}{x'_{\max} - x'_{\min}} & （正向） \\ \dfrac{x'_{\max} - x'_{abc}}{x'_{\max} - x'_{\min}} & （逆向） \end{cases} \tag{3}$$

式中：x'_{abc} 和 x_{abc} 分别为处理前、后的要素；$x'\max$ 和 $x'\min$ 分别为处理前要素的最大值和最小值。

其次，计算不同要素间冲突性：

$$R_{bc} = \sum_{d=1}^{k-1}\left[1 - |corr(r_{bc}, r_{bd})|\right] \tag{4}$$

式中：R_{bc} 为 b 地区第 c 项要素的冲突性度量值；$corr(r_{bc}, r_{bd})$ 为第 c 项要素与第 d 项要素的相关系数；k 为要素个数。

最后，计算各要素的权重系数：

$$w_{bc} = \frac{H_{bc}R_{bc}}{\sum_{c=1}^{k} H_{bc}R_{bc}} \tag{5}$$

3 行洪输沙要素时空演变特征

3.1 径流泥沙要素

分析了 1950—2022 年花高段年均流量、年均含沙量、年最小流量的变化情况，如图 2 所示（图中点线为标准化处理后的要素值，下同）。受气候变化和人类活动干预的影响，黄河下游不同时期来水来沙变化较大[3]。1950—1960 年受人类活动影响较小，基本为天然来水来沙，该时期为丰水多沙期，年均流量为 1 121～1 939 m^3/s，年均含沙量为 17.11～53.67 kg/m^3，年最小流量呈明显下降趋势；1961—1964 年为三门峡水库拦沙期，该时期来水较丰，年均流量为 1 427～2 738 m^3/s，年均含沙量为 11.65～19.59 kg/m^3，年最小流量明显增大；1965—1973 年受水库泄流规模及淤积的影响，三门峡水库汛期滞洪排沙运用，年均流量为 913～2 238 m^3/s，年均含沙量为 15.87～42.37 kg/m^3；1974—1980 年三门峡水库淤积基本控制后，为提高发电效益，运用方式改为蓄清排浑，年均流量为 856～1 678 m^3/s，年均含沙量为 18.49～45.5 kg/m^3；1981—1985 年为丰水少沙，年均流量为 1 308～1 866 m^3/s，年均含沙量为 15.15～27.59 kg/m^3；1986—1999 年受气候变化和龙羊峡水库蓄水运用影响，来水量（尤其是汛期）明显减少，黄河下游年均流量不断减少为 598～1 445 m^3/s，年均含沙量为 9.81～33.64 kg/m^3；2000—2022 年小浪底水库投入运用，极大地改变了进入下游的水沙过程，使得年均流量和年最小流量不断增大、年均含沙量不断减小。

3.2 河床演变要素

来水来沙条件变化会影响河道冲淤特性，使得河床处在不断的调整变化之中，进而影响河道过流

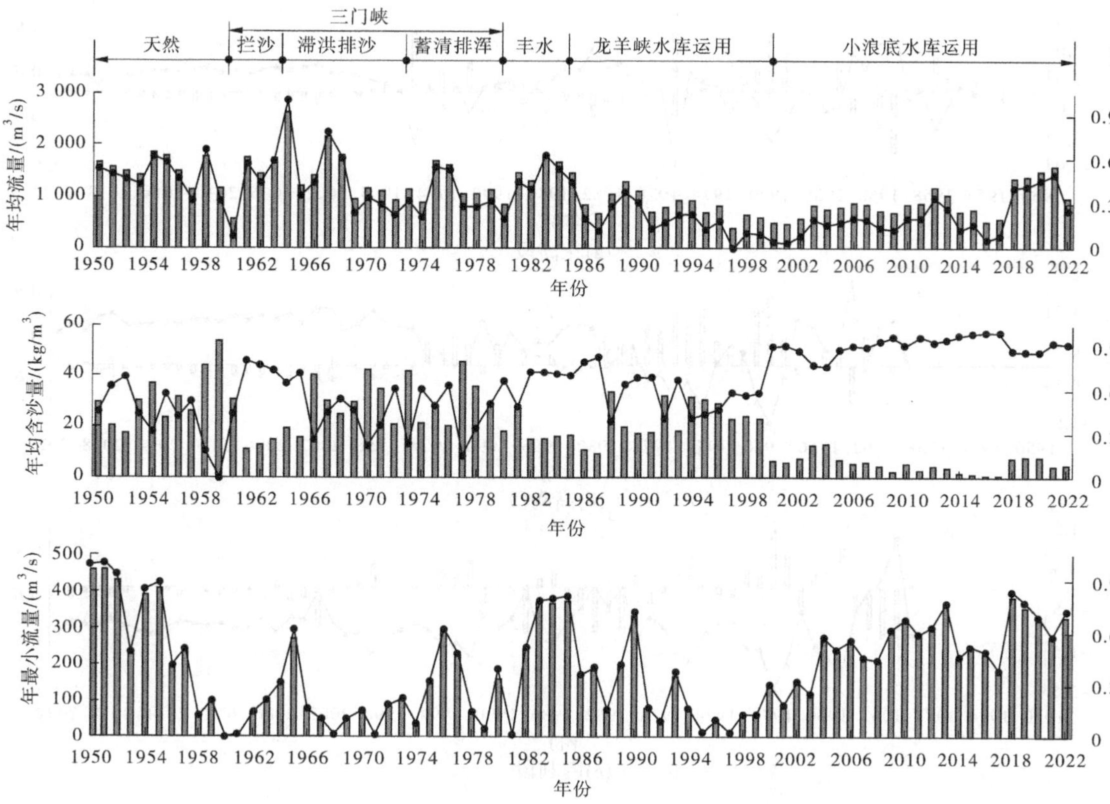

图 2　1950—2022 年花高段年均流量、年均含沙量和年最小流量变化

能力、河床形态及河势稳定性[12-14]。图 3 展示了 1950—2022 年黄河下游各河段冲淤量的变化情况。可以看出，1950—1960 年处于丰水多沙期，花高段表现为持续淤积。1961—1999 年黄河下游河道大多年份表现为淤积，淤积量沿程（从上游到下游）逐级递减。其中，1964—1973 年淤积最为严重，3 个河段分别淤积 15.36 亿 t、5.72 亿 t 和 4.61 亿 t；1961—1964 年和 1981—1985 年明显冲刷，前者是因为处于三门峡水库蓄水拦沙期，后者是因为处于丰水少沙期。2000—2022 年黄河下游各河段河槽表现为持续冲刷，3 个河段分别冲刷 9.28 亿 t、3.92 亿 t 和 3.44 亿 t。

图 4 展示了 1950—2022 年黄河下游各河段平滩流量的变化情况。1950—1960 年黄河下游各河段处于持续淤积状态，主槽过流能力不断萎缩；1961—1985 年各河段平滩流量呈波动下降趋势；1985—1999 年龙羊峡水库蓄水运用，进入黄河下游的水量（尤其是汛期）明显减少，各河段出现不同程度淤积，主槽过流能力持续减小，达到 70 多年来的最低水平（高村河段 2002 年平滩流量仅为 1 800 m^3/s）；2000—2022 年黄河下游各河段河槽持续冲刷，主槽过流能力显著恢复，花高段平滩流量恢复到 7 000 m^3/s 以上。

图 5 展示了 1950—2022 年花高段主流摆幅的变化情况。1950—1999 年黄河下游河势处于不稳定状态，主流摆动幅度较大，多年均值为 530 m；2000—2022 年随着小浪底水库投入运用和河道整治工程不断完善，河势得到有效控制，主流摆幅稳步减小，多年均值为 240 m。

3.3　行洪输沙综合指数

进一步计算 1950—2022 年黄河下游各河段行洪输沙综合指数，如图 6 所示。各河段行洪输沙综合指数的变化趋势基本一致：1950—1960 年行洪输沙综合指数快速减小，由平均约 0.72 快速减小至约 0.21；1961—1999 年行洪输沙综合指数呈剧烈波动状态，但整体略有减小，至 1999 年其平均值已低至 0.13；2000—2022 年行洪输沙综合指数呈持续增加态势，不断增加至约 0.54。

对比不同河段可以看出，花高段行洪输沙综合指数在整个研究期均处于最高水平，高陶段次之，

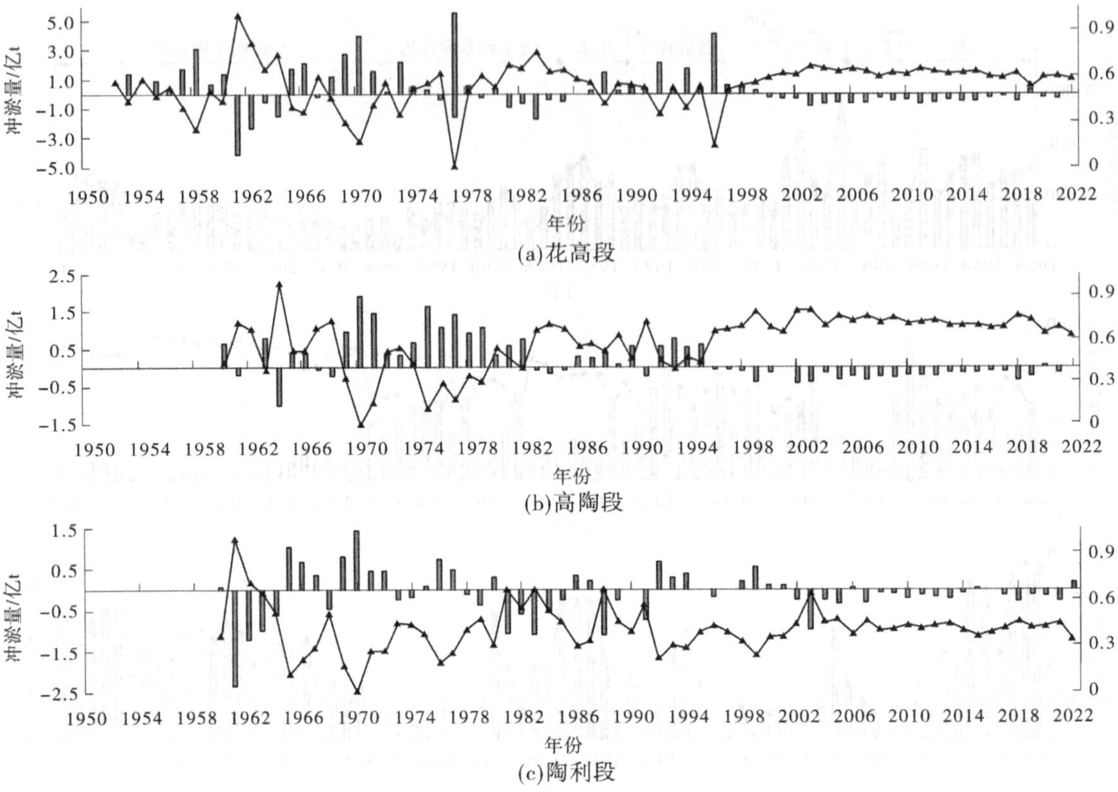

图 3　1950—2022 年黄河下游各河段冲淤量变化

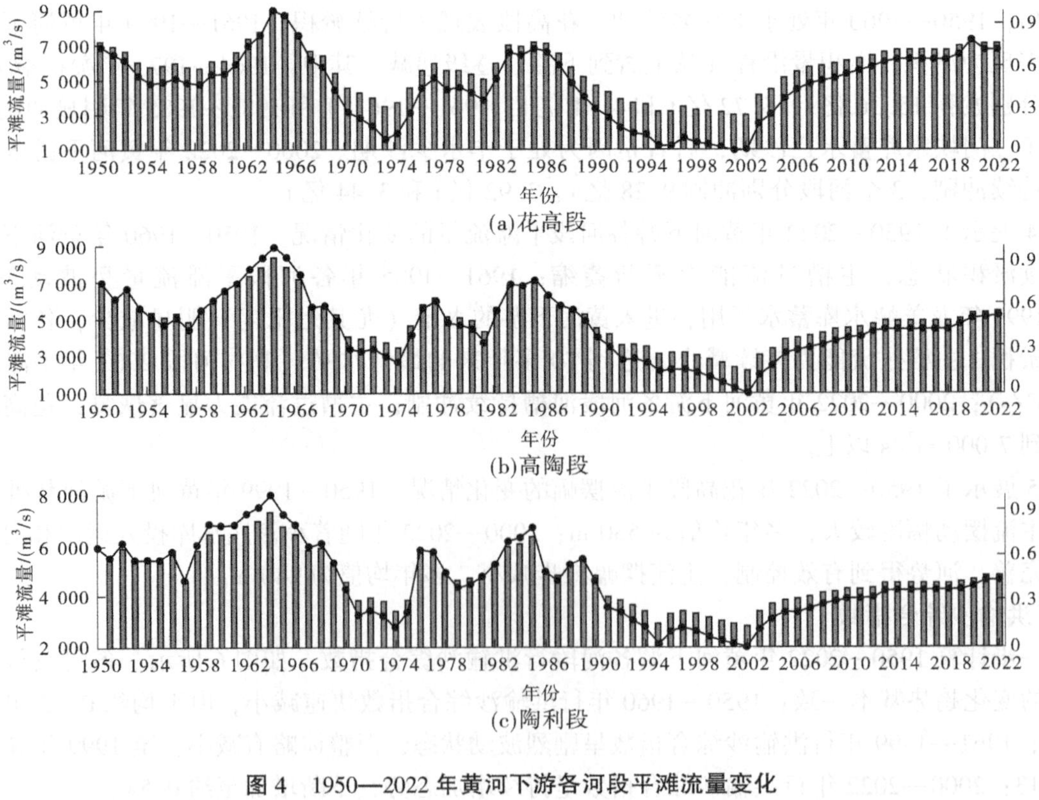

图 4　1950—2022 年黄河下游各河段平滩流量变化

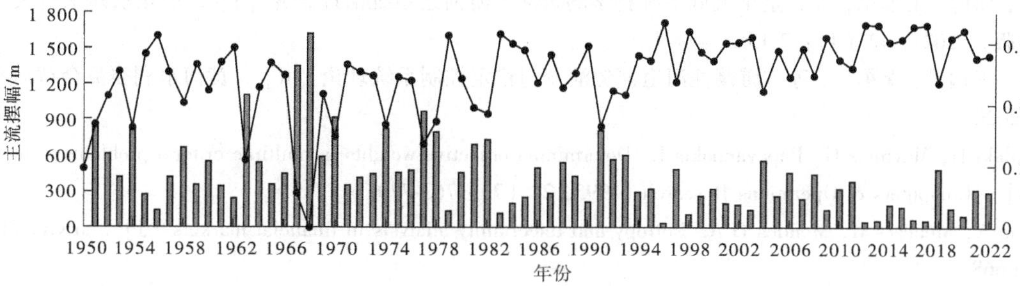

图 5　1950—2022 年花高段主流摆幅变化

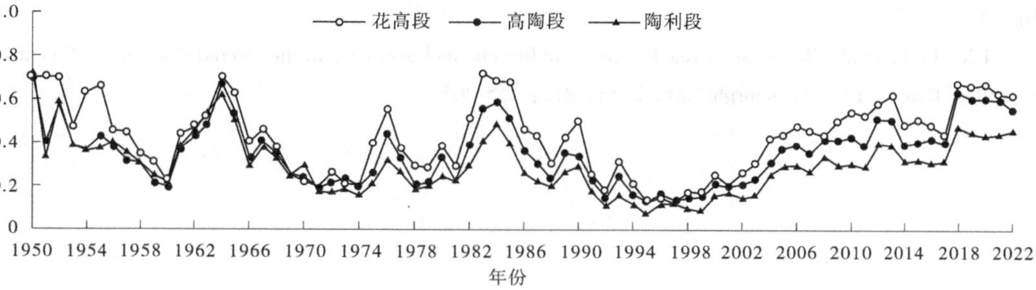

图 6　1950—2022 年黄河下游各河段行洪输沙综合指数变化

陶利段最低。2000 年后三个河段行洪输沙综合指数的差距不断增大，至 2022 年花高段和高陶段行洪输沙综合指数达到 0.61 和 0.56，而陶利段仅为 0.46。

4　结论

（1）收集了 1950—2022 年黄河下游河道径流、泥沙、河床演变等相关要素数据，并分析了不同河段不同要素的融合性，甄别了年平均流量、年平均含沙量、年最小流量、河道冲淤量、平滩流量和主流摆幅 6 个行洪输沙关键要素。

（2）分析了 1950 年以来黄河下游河道行洪输沙要素及综合指数的时空演变特征，全面探讨了行洪输沙功能的变化趋势。结果发现，各河段行洪输沙功能在 1950—1960 年快速降低，在 1961—1999 年呈剧烈波动状态，但整体略有减小，在 2000—2022 年持续提升。

（3）对比不同河段来说，花高段的行洪输沙综合指数最高，高陶段次之，陶利段最低，且 2000 年后三个河段间的差距随时间呈不断增大态势。

参考文献

[1] 王远见，王强，刘彦晖，等．小浪底水库运行以来对黄河下游河道河床演变特性的影响［J］．水利学报，2024，55（5）：505-515.

[2] 王远见，王婷，王强．黄河干支流骨干枢纽群对水沙过程的调控效应［J］．西北水电，2022（5）：1-6.

[3] 申冠卿，王平，张原锋．黄河下游河道泥沙不均衡调整及其对水沙条件的响应［J］．泥沙研究，2023，48（6）：30-37.

[4] 马子普，吴保生，沈逸，等．黄河下游河道冲淤分布模式及冲淤特征［J］．水利学报，2024，55（4）：468-480.

[5] 王彦君，吴保生，钟德钰．黄河下游主槽断面形态对水沙变化响应过程的模拟［J］．地理学报，2020，75（7）：1494-1511.

[6] 韩小军，卢书慧，史红玲，等．黄河下游河道平滩流量变化及其与汛期水沙条件的关系［J］．泥沙研究，2024，49（3）：69-73.

[7] 李洁，夏军强，邓珊珊，等．近 30 年黄河下游河道深泓线摆动特点［J］．水科学进展，2017，28（5）：652-661.

[8] 江恩慧，屈博，王远见，等．基于流域系统科学的黄河下游河道系统治理研究［J］．华北水利水电大学学报（自然科学版），2021，42（4）：7-15.

[9] 江恩慧，王远见，李军华，等．游荡性河道河势演变与稳定控制系统理论［R］．黄河水利委员会黄河水利科学研究院，2020.

[10] Diakoulaki D，Mavrotas G，Papayannakis L. Determining objective weights in multiple criteria problems：The critic method［J］．Computers & Operations Research，1995，22（7）：763-770.

[11] Dionisio A，Menezes R，Mendes D A. Entropy and uncertainty analysis in financial markets［J］．arXiv，2007，arXiv：0709.0668.

[12] 吴保生，夏军强，张原锋．黄河下游平滩流量对来水来沙变化的响应［J］．水利学报，2007，38（7）：886-892.

[13] 陈建国，胡春宏，董占地，等．黄河下游河道平滩流量与造床流量的变化过程研究［J］．泥沙研究，2006（5）：10-16.

[14] Xia J，Li X，Li T，et al. Response of reach-scale bankfull channel geometry to the altered flow and sediment regime in the lower Yellow River［J］．Geomorphology，2014，213：255-265.

金堤河流域排涝问题探讨分析

刘洪军

（水利部建设管理与质量安全中心，北京 100038）

摘　要：金堤河是黄河下游左岸支流，位于河南东北部，属平原排水河流，主要承担临黄堤和北金堤之间的排水任务。金堤河流域易发生洪涝灾害，主要问题一是排涝入黄不畅，二是下游洪涝灾害威胁大，三是工程不能统一调度运用。在此分析基础上，提出了“上水拦排、下水分排、末水提排”的治理思路，并建议开展金堤河流域水资源协调管理机制研究和排涝最优调度运用方式研究，以及打破地域观念协同治水。

关键词：金堤河；流域；排涝；分析

1　引言

2021年7月，河南北部普降特大暴雨，豫北多地受灾严重，金堤河流域也深受影响。金堤河历史上洪涝灾害频繁，20世纪60年代，金堤河洪涝灾害引起的水事纠纷曾使豫鲁两省区划调整[1]。1993年以来，流域接连发生了几次较大洪涝，造成中下游防洪工程多处出险，给当地群众的生命财产造成了严重威胁和巨大损失。当前，强降雨极端天气频发，特大暴雨再次警示和推动金堤河流域要进一步加强防汛防灾各项工作。现就金堤河流域排涝问题进行探讨分析。

2　流域基本情况

2.1　流域概况

金堤河是黄河下游左岸支流，位于河南东北部，属平原排水河流，主要承担临黄堤和北金堤之间的排水任务。金堤河是由历史上黄河迁徙、决泛而产生的，发源于河南新乡境内，流向东北，在台前张庄闸入黄河。流域东南两侧濒临黄河干流和天然文岩渠，北界海河流域和黄河北金堤滞洪区的关键工程北金堤，与卫河、马颊河和徒骇河流域毗邻，西部与人民胜利渠灌区接壤。流域包括河南新乡、鹤壁、安阳、濮阳和山东聊城等5市12个县，流域面积5 047 km^2。流域年平均降水量约580 mm，年际变化较大，年内分配不均，70%的雨量集中在6—9月。由于降水量时空分布不均，造成该流域春旱、夏涝和秋旱交替出现。河水来源除降水外，还有引黄灌区弃水、退水和黄河干流侧渗补水等。

金堤河自滑县耿庄以下为干流，长158.6 km。耿庄至滑县五爷庙干流长27.6 km，区间流域面积1 855 km^2，加上耿庄以上面积1 105 km^2，共计2 960 km^2。五爷庙以上为上游，河道较窄小，此段不设堤防；中游自五爷庙至范县宋海（对应莘县高堤口），河道长约51 km，区间流域面积1 270 km^2，中游河道较宽阔，地势平坦，在濮阳柳屯建有拦河闸，左岸筑有北金堤；宋海以下为下游，长80 km，区间流域面积817 km^2，河槽比较宽阔，右岸筑有南小堤80 km，左岸筑有北小堤20 km及北金堤[2]。

2.2　北金堤

金堤河中下游左岸设有堤防，称为北金堤，担负着防御黄河下游超标准洪水和金堤河洪涝水的双重任务。金堤零点桩号位于濮阳城关镇南堤村，零点以上堤防长16.5 km，上起五爷庙，按自然堤防

作者简介：刘洪军（1974—），男，高级工程师，主要从事水利工程建设管理方面的研究工作。

粗放管理；零点以下向东 39.9 km 于濮阳柳屯东陈庄出河南入山东。山东段上起莘县古云高堤口，自上而下分为莘县段、阳谷段，全长 83.4 km，于阳谷陶城铺与黄河左岸大堤相接。沿金堤在高堤口、东池、道口、仲子庙、明堤、赵升白、八里庙、张秋等地建有 8 处涵闸，总设计流量 129.5 m^3/s[3]，灌溉补源金堤以北约百万亩农田。

2.3 近期治理情况

1998—2001 年，实施了金堤河干流近期治理工程。河道治理标准为 3 年一遇排涝，20 年一遇防洪。主要建设内容有五爷庙至张庄闸河道疏浚 131.6 km，南北小堤加培，新建改建跨河桥、涵闸，检修张庄提排站；对始建于 1963 年的张庄闸进行改建加固，闸底板高程由 37.00 m 提高到 40.00 m，设计排涝流量 270 m^3/s[4]。2012 年、2017 年左右，河南、山东先后实施了金堤河干流二期治理工程，建设内容主要有五爷庙以上干流疏挖清淤、南北小堤加培、堤顶硬化，支沟清淤，生产桥、泵站等。2015—2017 年，实施了金堤河干流河道治理工程（黄委管辖工程），主要建设内容有金堤堤防加固、险工改建加固、涵闸除险加固、堤顶道路硬化等。

此外，2008 年，对始建于 1980 年的张庄提排站进行了改扩建，提排能力由 64 m^3/s 提高到 104 m^3/s，干流排涝标准由 3 年一遇提高到 5 年一遇。

3 流域特点及下游管理现状

3.1 流域特点

（1）流域上宽下窄。流域呈狭长三角形，东西长约 200 km，西部最宽处近 60 km，东部最窄处为金堤与黄河大堤交汇处的张庄闸，地势自西南倾向东北。流域上宽下窄，河道行洪能力上大下小，极易成灾。

（2）流域中下游属于引黄灌区。自西向东分布有渠村灌区、彭楼灌区、孙口灌区等 9 个大、中型灌区。这些灌区相邻相接，基本覆盖流域中下游。渠首闸分布在濮阳渠村至台前张庄约 167 km 长的黄河左岸大堤上，灌区弃水、退水大部分排入金堤河。

（3）河道易淤积。一是引黄灌溉弃水、退水挟带大量泥沙排入金堤河，淤积河道；二是流域内表层土是黄河冲积土及半流动性沙壤土，这种松散的土质经雨水冲刷易流失，淤积河道[5]；三是下游河道宽浅、坡度平缓、流速较低，更容易淤积。

（4）下游为豫鲁交叉河段。区划调整以金堤为界限，金堤以北村庄归山东，金堤以南村庄归河南。由于沿金堤以北村庄的土地多在金堤以南，分布在金堤河两岸，按“地随人走”的原则，使金堤河下游两岸形成两省土地穿插交错的状况，给流域水资源开发利用、防洪排涝工作带来困难。

（5）纵穿黄河北金堤滞洪区。金堤河流域的中下游辟为黄河北金堤滞洪区，面积 2 316 km^2，设计分洪水量 20 亿 m^3，金堤河是滞洪区的重要组成，是滞洪区退洪时的主通道。本文仅限于金堤河流域自然形成的洪涝灾害的探讨分析，启用滞洪区的退洪问题不在此列。

3.2 下游管理现状

（1）管理原则。根据《国务院关于核定山东省与河南省金堤河地区行政区域界线及有关问题的批复》（国函〔2001〕70 号），金堤河地区水利问题按“金堤由山东修守，金堤河由河南治理”的原则，由水利部黄河水利委员会和金堤河管理局统一协调解决。双方在金堤河上修建的生产生活及水利设施，在不影响整个金堤河地区水利治理的前提下，按“谁修建、谁管理”的原则处理。

（2）管理主体。按管理主体分为黄委管辖工程和地方管辖工程。金堤堤防及其涵闸、险工等归属黄委管辖，由黄委所属的河务部门具体负责运行管理。南北小堤、支沟及其桥梁、泵站等归属地方管辖。

4 洪涝问题分析

4.1 排涝入黄不畅

目前，金堤河排涝主要是采取“压排”加“提排”的入黄方式排涝，这种方式排涝入黄不畅，且管理较为不便。所谓“压排”是指通过张庄闸，利用短时的闸前临金水位高于闸后临黄水位的水位差，将洪涝水排入黄河。这种运行方式，闸管人员要密切注视闸前、闸后水位变化，水位差大时，及时提闸压排入黄；水位差变小时，及时关闸以防黄河水倒灌金堤河。多年来，当金堤河流域发生较大降雨形成洪涝时，黄河水位也较高，张庄闸出流受黄河水顶托，出流条件不利。压排水位差小、历时短，仅能排除高水位下的少部分洪涝水。所谓“提排”是指通过张庄提排站将洪涝水排入黄河。改扩建后，提排能力达到104 m^3/s，有了大幅提升，但还远未达到《金堤河流域综合治理规划》中的200 m^3/s 的规划提排标准，不能满足排涝要求，且提排历时长、耗费大。因此，仅靠排涝入黄不能从根本上解决金堤河的排涝问题。

4.2 下游洪涝灾害威胁大

金堤河通过河道疏浚、堤防加固、涵闸除险等措施治理后，防洪能力显著提升，上中游防洪除涝效益显著，但下游所受洪涝灾害威胁依然较大。由于上中游汇流加快，加上排涝入黄不畅，造成下游洪涝水形成快，且大水深、长历时滞留在南北小堤之间，遇超标准洪水将漫过小堤。阳谷刘垓以下约20 km因未修筑北小堤，只能靠金堤作为阻水屏障，该段金堤正处在最下游的深水区。比如，2011年8月，随着金堤河上中游降水，阳谷段洪涝水偎堤长度近20 km，最大偎堤水深3.4 m，平均水深1.8 m；2018年偎堤水深约1.5 m。尽管近期金堤防洪工程得到了除险加固，但洪涝水频繁、长历时地滞留在下游，对金堤防洪工程以及下游群众生命财产均构成了严重威胁。一是堤坡浸泡加风浪作用易引起堤坡坍塌；二是金堤以北背河洼地，可能出现渗水、管涌等险情，危及金堤以北的邻近区域；三是由于经常滞水，地下水埋深浅，水质苦咸，洪、涝、旱、碱交替为害，农业产量长期低而不稳。

4.3 工程不能统一调度运用

临近金堤以北的部分县市水资源缺乏，农田需要灌溉，地下水需要补源，且比金堤以南地势低。汛期，如能充分调用沿金堤的涵闸开闸排涝，则可减少金堤河洪涝灾害。比如，张秋闸在金堤河的最下游，与小运河接连，是金堤河的重要排泄闸门。旱时，金堤河缺水，金堤以北农田不能灌溉，如能引黄河水到金堤北，可减少金堤以北农田的旱灾损失。但调用涵闸北排和引黄河水入金堤北涉及豫鲁两省，协调工作量大。工程不能统一调度运用，影响金堤河流域水资源的开发利用和防洪排涝工作。

5 治理思路及建议

5.1 治理思路

按照“分片排水、自排为主、适时提排”的原则，在充分运用张庄闸压排入黄的前提下，预测仍可能发生超警戒以上洪水，或偎堤水深达一定深度时，可利用金堤河的地势特征，因势利导，将金堤河流域的洪涝水排入与其毗邻的卫河、马颊河、徒骇河等海河流域的水系，视末端洪涝水超警戒情况及偎堤水深情况适时启动提排入黄。具体思路即是“上水拦排、下水分排、末水提排”。

（1）上水拦排。所谓“上水拦排”，是指在金堤河的上中游，运用拦河闸和引水闸，将上中游部分洪水有计划地适时主动排至卫河、马颊河水系，以减轻下游洪涝压力。金堤河上中游流域面积占全流域面积的83.8%，上中游洪水不可能全部拦排，但有计划的适时主动拦排，可为下游防洪排涝赢得宝贵时间。金堤河上中游均在河南境内，调度运行管理方便。

（2）下水分排。所谓“下水分排”，是指在金堤河的下游，利用金堤分布的现有涵闸，有计划地适时主动开启部分涵闸，将部分洪涝水排入金堤以北具备承泄能力的河道，力保河流不超警、涝水不偎堤。金堤以北现有新金线河、小运河、赵王河等徒骇河水系，如具备承泄能力，不仅可减轻金堤河洪涝灾害，还可减轻洪涝水对金堤安全的不利影响。

(3) 末水提排。所谓“末水提排”，是指在运用压排入黄、上水拦排、下水分排的情况下，视末端洪涝水超警戒情况及假堤水深情况适时启动提排入黄。

5.2 有关建议

上面提出的治理思路仅是一个粗略的想法，其最好的协调管理机制、最优的调度运用方式、最佳的排水线路还有待进一步分析研究、充分论证。

(1) 开展流域水资源协调管理机制研究，建构权威统一、运转高效、分级负责的调度指挥机制。金堤河流域属于黄河流域，由于末端入黄排水出路不畅，若按其自然流势，可疏导部分洪涝水入海河流域的卫河、马颊河、徒骇河水系。同时，属于海河流域的、临近金堤以北的部分县市水资源缺乏，急需引用黄河水以提高保证率。但跨流域排水、引水涉及面广、协调难度大，实施困难。若能建立金堤河流域水资源协调管理机制，致力于对流域水资源开发利用、防洪排涝进行综合规划和协调，可为解决金堤河流域洪涝灾害和金堤以北地区缺水问题提供机制保障，能最大限度地发挥流域水资源的综合效益。

(2) 开展流域排涝最优调度运用方式研究，建构科学专业、支撑有力、反应迅速的决策支持机制。金堤河压排、提排、拦排、分排的排涝方式，不是彼此独立的，而是相互关联、相互作用的，是一项系统工程。当前，我国的智慧水利数字孪生建设正在深入推进，利用物联网、大数据、人工智能等新技术，对加快构建具有预报、预警、预演、预案功能的流域排涝最优调度运用方式，提高调度决策管理的前瞻性、科学性、精准性和安全性方面意义重大。要运用智慧水利数字孪生技术，提出压排、提排、拦排、分排的运用条件及组合方案，确定排水的最佳线路、排水涵闸的启用顺序，降低跨流域排水对马颊河、徒骇河水系的影响，确保承泄河道运行安全。

(3) 打破地域观念协同治水。流域治理应遵从流域的规律来治理，不宜以行政地域为限制。打破地域观念协同治水，是金堤河治理的内在要求，必能最大限度地发挥流域水资源的综合效益，更好地造福当地人民。2017 年 11 月，在 2000 年完成的彭楼引黄入鲁灌溉工程的基础上，范县彭楼灌区改扩建工程开工建设，设计引水流量加大为 75 m^3/s。通过改建引黄闸、扩建引黄入鲁干渠、完善配套渠系建筑物等，将使彭楼灌区真正成为跨省灌区。可改善范县 31.08 万亩和金堤北山东莘县、冠县、临清 230 万亩农田的灌溉条件，保障莘县、冠县、临清 200 余万人民用水需求。彭楼灌区改扩建工程的实施，开启了新时代金堤河协同治水的新篇章。相信在协同治水理念的指引下，金堤河排涝问题必能得到彻底解决。

参考文献

[1] 王震宇，田军，张志林．搞好金堤河干流治理的思考［J］．中国水利，2002（2）：71-73.

[2]《中国河湖大典》编纂委员会．中国河湖大典 黄河卷［M］．北京：中国水利水电出版社，2014：318-321.

[3] 殷德生，岳三利．对金堤河治理后的几点思索［J］．科技信息，2008（31）：241，321.

[4] 靳玉平，赵衍湖，高世中，等．黄河张庄闸改建加固工程方案比选［J］．中国水利，2001（12）：101-102.

[5] 薛克让，张志林，李晓峰．1998 年汛期金堤河洪水的成因及其对策［J］．人民黄河，1999（2）：4，44.

浅议高青黄河水资源开发利用存在问题与对策

王延梅

（山东齐鸿工程建设有限公司，山东淄博　255000）

摘　要：黄河水资源是经济社会发展的生命之源、生产之要、生态之基，合理开发利用与管理黄河水资源意义重大。本文通过对高青黄河水资源利用现状分析，论述了现阶段高青黄河水资源开发利用与管理中存在的问题，提出了健全管理机构，加强水资源管理队伍建设、树立节水意识，推动重点领域节水的建议。

关键词：高青黄河；水资源开发利用与管理；最大刚性约束

1　引言

2019年9月18日，习近平总书记在黄河流域生态保护和高质量发展座谈会发表重要讲话，从重大国家战略层面，提出了“把水资源作为最大的刚性约束”的要求[1]，为黄河水资源开发利用与管理工作指明了方向。近年来，高青黄河严控取用水量，强化用水需求和用水过程监管，积极回应河道外生态补水用水需求，但是在黄河水资源开发利用与管理过程中管理队伍力量薄弱、供需矛盾等问题仍十分突出。

2　高青黄河水资源利用现状

2.1　水资源管理工作开展情况

在水量分配方面，高青黄河依据上级下达的年度取水量控制指标进行分配，2023年全年获批用水计划35 470万m^3，管辖区域内10处取水口全年引水35 099.4万m^3，其中马扎子引黄闸、刘春家引黄闸引水35 059.5万m^3；在用水计划执行方面，高青黄河按照《黄河水量调度条例》《山东黄河水量精准调度管理办法》规定，指导用户按时合理申报月、旬用水计划，2023年用水计划执行率接近99%；在监督检查方面，高青黄河坚持依法依规强化用水需求及取用水过程管理，坚决查处农水工用、跑冒滴漏、违反调度指令等问题，通过现场查验涵闸运行日志和测流、测沙记录、计量设施运行情况等方式，监督涵闸运行及调度指令执行情况，通过对用水户取水用水情况进行定期和不定期检查，强化农业取用水全程监管；在基础调研方面，高青黄河实地调研了两处引黄闸引水能力及灌区小麦种植面积及旱情、平原水库蓄水等情况，进一步提高引黄供水保证率。同时，组织专业人员开展了2023年度取用水普查工作，详细了解了引黄供水、灌区、滩区管理单位和取用水户取用水状况、未来用水需求和拟办理黄河取水许可意愿情况，摸清地方取用水现状和未来用水需求。

2.2　灌区及其用水情况

马扎子灌区位于高青县西部，覆盖木李、青城、黑里寨、花沟4镇，属大型引黄灌区，整个灌区地形西高东低，海拔16.5~10.7 m，自然比降1/7 000，灌区设计灌溉面积32.7万亩，设计灌溉保证率为75%，实际灌溉面积28.5万亩。目前，灌区内农业灌溉主要以引黄河水为主，灌区渠首无自然沉沙条件，设计为2条以挖待沉的沉沙条渠（东沉沙条渠和南沉沙条渠），总长12.7 km。灌区内以

作者简介：王延梅（1990—），女，高级工程师，主要从事水资源开发利用管理及水利工程施工安全管理方面的研究工作。

种植小麦、玉米为主，兼作花生、棉花、大豆等。黄河水通过马扎子闸自流进入引黄干支渠，再从干支渠提水畦灌。2023 年 9 月 29 日改建后的涵闸具备临时引水条件，灌区秋播秋种灌溉利用新建涵闸开始引水，全年农灌共引水 6 430.57 万 m^3。

刘春家灌区位于高青县东部，覆盖高青县唐坊、常家、高城 3 镇和田镇、芦湖 2 个街道办，设计灌溉面积 32 万亩，实际灌溉面积 32.38 万亩。原有 3 片沉沙池区（东沉沙池区、西沉沙池区和南沉沙池区）基本失去沉沙功能，部分已恢复为农田，现利用新建第四沉沙池区沉沙。灌区内以种植小麦、玉米为主，兼作水稻、花生、棉花、大豆等。黄河水通过刘春家闸自流进入引黄干支渠，再从干支渠提水畦灌。2023 年农灌共引水 9 761.57 万 m^3。

2.3 水库情况

高青县辖区内建有大芦湖水库，是 1 座引黄平原水库，渠首工程为刘春家引黄闸。大芦湖水库修建于 1999 年 3 月，主要用于农业灌溉和水产开发，该水库占地面积 560.28 hm^2，设计库容 3 028 万 m^3，调节库容 2 868 万 m^3，死库容 160 万 m^3，集水面积 4.46 km^2，属中型平原水库。主要建筑物工程有进水建筑物和出水建筑物及节制闸、泄洪闸。进水建筑物由进水闸及水库泵站组成，设计流量均为 15 m^3/s；出水建筑物由放水闸和出库泵站组成；节制闸位于引黄过清干渠上，设计流量为 25 m^3/s；泄水闸位于水库东南角，设计流量为 20 m^3/s。2023 年高青境内非农引水量（含沉沙池及损失水量）为 4 489.6 万 m^3。

2.4 农业及非农业用水情况

两个引黄灌区农业引水分别取自马扎子引黄闸和刘春家引黄闸，2023 年农业灌引水 16 192.14 万 m^3，相比 2022 年增加 82.2%；非农业引水全部取自刘春家引黄闸，2023 年非农业引水 18 867.36 万 m^3，较 2022 年非农业引水量增加 8.7%。

3 高青黄河水资源开发利用与管理存在的问题

3.1 水资源监管队伍力量薄弱，监管力度不够

黄河市、县两级未设置专门水资源管理与调度部门，由防汛办公室兼管，缺少专门的督查机构，监管队伍力量薄弱。监控设施不够完善，监测能力不足，在黄河水资源取水、供水等过程中缺乏实时监控和随时调度的能力，导致日常监管存在漏洞，数据不够精准；由于队伍力量薄弱，对取水和设施的检查力度也不够；取水许可管理方式粗放，高青县黄河滩区高标准农田建设项目中，配套建设的移动式泵站用于滩内土地的农业灌溉，由于零星分散，用途单一，属河道内用水，尚未办理取水许可。

3.2 节水意识淡薄，水资源利用效率低

黄河水资源水价偏低，水资源管理方式粗放，导致人们节水意识淡薄，水资源浪费严重。农业方面，高青县作为农业大县，农业灌溉引水主要以黄河水为主，大部分区域仍采用大水漫灌、串灌的传统高耗水量灌溉方式，同时，马扎子引黄灌区干渠中衬砌部分占总长度的 56.43%，刘春家引黄闸干渠中衬砌部分占 79.49%，未衬砌部分渗漏较为严重[2]，造成灌区渠道供水效率低；工业用水方面，淄博作为传统工业城市，产业结构单一，产业体系低端、粗放，生产工艺相对落后，耗水量巨大且重复利用率低，虽然目前实施新旧动能转换工程已取得初步成效，但推动淄博老工业城市产业提级仍任重道远；生活用水方面，城市老旧供水官网“跑冒滴漏”情况严重。

4 高青黄河实现水资源合理开发利用与管理的对策

4.1 提高政治站位，深刻领会重大国家战略

“把水资源作为最大的刚性约束”[3]，这是为实现黄河流域生态保护和高质量发展提出的明确要求，为黄河水资源开发利用与管理工作指明了方向。面对这一重大历史性机遇，我们应提高政治站位，深刻领会习近平总书记关于黄河流域生态保护和高质量发展重要讲话精神，提高认识，统一思想，深刻领会重大国家战略对水资源开发利用与管理工作的重大意义，增强责任感和使命感[4]，推

动落实最严格水资源管理制度，实现水资源的合理开发利用。

4.2 健全管理机构，加强水资源管理队伍建设

黄河管理部门市、县两级应设置专门水资源管理与调度，健全管理机构，配备专业人员，加大科技投入，针对农业灌溉用水引进实时、有效的监管设备，进一步加强放水指标、取水许可等日常监管及检查力度；针对滩区用水应出台取水规定，明确办证标准及流程，规范用水行为。

4.3 加强宣传引导，树立节水意识

加强黄河部门职工节水教育，采用集中研讨、交流座谈的方式，学习习近平总书记在黄河流域生态保护和高质量发展座谈会发表重要讲话，深刻理解“把水资源作为最大的刚性约束”的要求，了解黄河水资源开发利用与管理工作的新形势、新要求；利用“世界水日”“中国水周”等重要节点，通过短视频、微信公众号、微博热搜等方式，深入开展节水形势宣传及政策解读，积极普及节水知识，增强沿黄地区群众的水忧患意识，营造节约用水的良好氛围。

4.4 提高水资源利用效率，强化水资源管理

农业生产用水应推广耐旱的农作物品种，采用喷灌、微灌、滴灌等高效灌溉技术，强化节水措施，定期对引黄渠道进行疏通清淤，增强渠道过水能力，逐步完善灌区渠道衬砌，减少输水过程中渗漏损失，高效利用黄河水资源，提高灌溉效率；工业生产用水应优化产业结构，高耗水企业应积极进行节水改造，引进先进的节水设备、高效的节水工艺，从而降低万元工业增加值用水量，提高工业用水重复利用率；厉行生活节水，建设节水型城市，加强老旧供水管网改造，减少“跑冒滴漏”情况的发生，降低供水损耗，全面推广节水型器具，城市生态用水优先使用再生水等。

5 结语

随着国家将黄河流域生态保护和高质量发展纳入重要国家战略，黄河水资源的合理开发利用和管理越来越重要，因此必须进一步提高政治站位，建立健全水资源管理机构，树立节水意识，提高水资源利用率，确保高青黄河实现水资源合理开发利用与管理。

参考文献

[1] 习近平．在黄河流域生态保护和高质量发展座谈会上的讲话［J］．求是，2019（20）：4-11.

[2] 张伟，马骁，李冬梅．关于惠民黄河水资源节约集约利用的思考［C］//2021年（第九届）中国水利信息化技术论坛，2021.

[3] 刘同凯，贾明敏，马平召．强化刚性约束下的黄河水资源节约集约利用与管理研究［J］．人民黄河，2021，43（8）：5.

[4] 董丽杰，曹列研．滨州黄河水资源节约集约利用的思考［C］//适应新时代水利改革发展要求 推进幸福河湖建设论文集，2021（1）.

鄂州市花马湖生态水位确定方法对比分析

许立祥[1]　李京鸿[1]　邱丛威[1]　李　蕊[1]　桑学锋[2]

（1. 水利部产品质量标准研究所，浙江杭州　310012；
2. 中国水利水电科学研究院，北京　100038）

摘　要：为满足生态需要，湖泊在灌溉供水的同时，还应确保湖水水位不低于生态水位，本文通过年保证率法、湖泊形态法、天然水位资料法、功能法等计算方法，分别计算出鄂州市花马湖的生态水位，再通过与实际花马湖生态水位的需求对比，确定花马湖的生态水位为 16.15 m。本文为湖泊生态水位的确定提供有效的计算和对比分析方法。

关键词：花马湖；生态水位；计算方法；对比分析

1　概述

鄂州市花马湖位于东经 114°52′53.73″~115°04′30.68″，北纬 30°12′8.63″~30°23′47.99″[1]，流域面积 291 km^2，花马湖由上湖（走马湖）、中湖（黄山湖）、下湖（花家湖）三湖组成，三湖之间由港道相连。通过查询历年《鄂州市水资源公报》得出，花马湖 20 世纪 50—80 年代水位 17.00 m 和 19.00 m 高程时，湖面面积分别减少 39.1%和 54.8%，这主要是由于沿湖周边围湖造田活动的影响；从 20 世纪 80 年代至今，花马湖湖泊面积减小速率虽有所放缓，但减小的趋势仍未改变，这主要是由于围湖养殖、填湖建房等活动不断进行的影响。

湖泊生态水位是指能够保证特定发展阶段的湖泊生态系统结构稳定、发挥湖泊生态系统正常生态功能和环境功能、维持湖泊生物多样性和生态系统的完整性所需的最低水位，是生态系统可以存在和恢复的极限水位[1]。生态水位是湖泊生态安全的重要指标，对于维护湖泊生态系统的平衡和稳定具有重要意义。不同的湖泊由于其地理位置、气候条件、水文特征等因素不同，其生态水位也会有所不同，因此需要根据具体情况进行分析和确定。如果湖泊水位降至此水位以下，则必须实施生态补水，以维持湖泊的生态功能。任中杰，司英凡[2] 等在对徐州市顺堤河生态水位确定时，采用年保证率法对河道生态水位进行了计算；叶文，方红远[3] 等在对宿迁市河流生态水位管控目标与预警机制分析中采用功能法确定了河道的生态水位；崔师胜，周和平[4] 等对艾丁湖生态水位监测及湿地水域变化分析中采用年保证率法对湖泊生态水位进行了研究。上述作者针对不同研究对象采用不同的方法进行了生态水位计算，计算出了相应的生态水位，但是方法较为单一。本文采用四种方法对鄂州市花马湖生态水位进行了计算及结果比选，确定了花马湖的有效生态水位，其他小型湖泊生态水位的确定可参照计算。

2　数据及方法

2.1　数据来源

本次对鄂州市花马湖生态水位的计算数据来源于《鄂州市水资源公报》及相关单位。

花马湖有 1980—2020 年的不完整水位资料。篇幅原因，不展开具体数据。

作者简介：许立祥（1990—），男，硕士研究生，研究方向为水利标准化。

2.2 计算方法

确定生态水位有多种方法，包括年保证率法、湖泊形态法、天然水位法、功能法、曲线相关法、最低年平均水位法等[5]，针对花马湖的特点及收集到的数据资料，本文采用前四种方法进行计算。

3 湖泊生态水位计算

3.1 年保证率法

湖泊生态水位的年保证率法是指根据湖泊生态保护的目标，确定湖泊在不同季节的生态水位，并计算出达到该生态水位的年保证率。年保证率越高，说明湖泊生态水位的保障程度越高。根据湖泊生态保护的目标，确定湖泊在不同季节的生态水位。例如，在春季和夏季，湖泊需要保持一定的水位以维持生态系统的稳定；在冬季，湖泊需要保持一定的水位以保障鱼类的生存等。

年保证率法是根据系列水文资料，在选取一定保证率前提下，计算得到相应保证率的水位作为生态水位。

计算公式如下：

$$H_{\min} = \mu \overline{H} \tag{1}$$

式中：$H_{\min}$ 为最低生态水位，m；$\overline{H}$ 为保证率下对应的水文年最低水位，m；μ 为权重。

具体计算步骤如下：

（1）根据系列水文资料，对历年最低水位按照从小到大的顺序进行排列。

（2）根据湖泊自然地理、结构和功能选择适宜的保证率，然后排频得出该保证率下所对应的水文年。

（3）确定权重 μ。

花马湖有 1980—2020 年的不完整水位资料。经过水位统计排频，确定在 90% 保证率下，花马湖对应的年最低水位为 16.00 m，相应水文年为 2000 年和 1981 年。结合类似湖泊的生态水位分析成果，通过查阅相关文献资料，确定华中地区 μ 的权重取 1.00[6]，从而得出花马湖生态水位为 16.00 m。

3.2 湖泊形态法

湖面库容变化率为湖泊库容与面积关系函数的一阶导数[7]。在此关系线上，库容变化率有一个最大值。最大值的意义是，在最大值相应湖泊面积时，湖治面积每降低一个单位，湖泊库容的下降将显著增加，即在此最大值相应水位每降低一个单位，对湖泊功能的影响将显著增加。若该水位在多年平均水位附近，则可认为该水位为最低生态水位。水位低于此值，湖泊水文和生态子系统功能将出现严重退化，因此这个水位就是最低生态水位。

计算公式如下：

$$F = f(H) \tag{2}$$

$$\frac{\partial^2 F}{\partial H^2} = 0 \tag{3}$$

$$H_{\min} - a \leqslant H \leqslant H_{\min} + b \tag{4}$$

式中：F 为湖面面积，km^2；H 为湖泊水位，m；$H_{\min}$ 为湖泊自然状况下多年最低水位，m；a、b 为水位变化幅度比较小的一个正数。

计算步骤如下：

（1）根据水位、面积和容积的关系采用内插方法计算水位每上涨一个单位湖泊面积的增加量。

（2）根据水位与面积增加量数据绘制水位–面积增加率关系图，查找图形拐点处所对应的水位。

（3）比较该水位与湖泊多年平均水位，确定湖泊湿地最小生态水位。

根据花马湖的水位–湖面面积曲线，可以得到水位–面积增加率关系（见图 1）。

由图 1 可得出，花马湖水位–面积增加率在水位为 15.90 m 左右时最大，故由此方法得出的花马

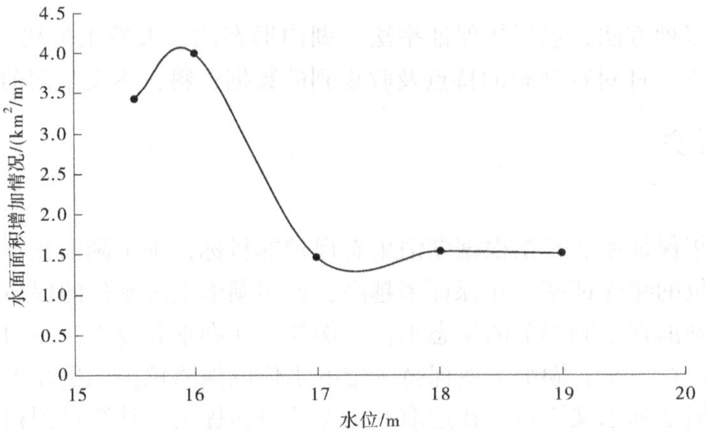

图 1　花马湖水位-面积增加率关系

湖生态水位为 15.90 m。由于根据地形图计算出的水位-湖面面积曲线的纵坐标间隔为 0.5 m，因此这一生态水位成果可能有±0.25 m 的误差。

3.3　天然水位法

湖泊生态水位天然水位法是指在湖泊管理中，以湖泊天然水位作为保护湖泊生态系统的重要参数，通过保护和恢复天然水位，以保护湖泊生态系统的稳定性和健康[8]。湖泊生态水位天然水位法的核心思想是指生态水位与自然良性循环的水文学现象密切相关，恢复和保护天然水位可以恢复水源，维持生态平衡，增强旱涝灾害的防御能力。此外，保护天然水位可以避免湖泊生态系统遭受不必要的干扰和破坏，保护生态多样性，改善生态环境。

天然水位法在湖泊管理中具有重要意义，但在实施过程中存在一些困难和障碍，如湖泊周围的社区和经济发展需求与保护湖泊生态体系之间的冲突等。因此，需要采取有效措施，保护和恢复天然水位，促进可持续发展，以保护湖泊生态系统，为人们提供更好的生态环境和水源。湖泊水位发生着年际和年内的变化，对生态系统产生着扰动，这种扰动往往是非常剧烈的。然而，在长期的生态演变中，湖泊生态系统已经适应了这样的扰动，天然情况下的低水位对生态系统的干扰在生态系统的弹性范围内，因此可将天然情况下湖泊多年最低水位作为最低生态水位。此水位是湖泊生态系统已经适应了的最低水位，其相应的水面面积和水深是湖泊生态系统已经适应了的最小空间，湖泊水位若低于此水位，湖泊生态系统可能严重退化。因此，利用湖泊多年天然水位资料可确定湖泊最低生态水位。计算公式如下：

$$Z_{\text{emin}} = \text{Min}(Z_{\min 1},\ Z_{\min 2},\ \cdots,\ Z_{\min n}) \tag{5}$$

式中：Z_{emin} 为湖泊最低生态水位，m；$Z_{\min i}$ 为第 i 年最低月的平均水位，m；n 为统计的水位资料年数。

利用收集的花马湖 1980—2020 年的水位资料，经过统计计算，得到的花马湖最低月平均水位为 16.04 m，相应时间为 1996 年 2 月，故由此方法计算出的花马湖生态水位为 16.04 m。

3.4　功能法

湖泊生态水位功能法是指以湖泊的主要生态功能为依据，结合湖泊生态系统特点，设计出满足生态需求的最低水位，以保证湖泊生态系统的稳定性和可持续性。与其他方法相比，湖泊生态水位功能法更加强调湖泊生态系统的需水要求，能够为湖泊的保护与管理提供更加科学和有效的依据。湖泊生态水位应满足实现其基本生态功能的需要[9]。湖泊中的各种水生生物的生存均需要一定的水深要求，为了维持湖泊生态系统群落不至于严重衰退，需要确定最低允许生态水位。湖泊水生生物主要包括浮游植物、浮游动物、大型水生植物、底栖动物和鱼类等，若要严格确定每类生物的最低水位要求，是难以实现的。和其他的类群相比，鱼类是水生态系统中的顶级群落，也是最为重要的水产养殖对象。

作为顶级水生群落，鱼类对指示湖泊生态系统状况具有特殊作用，加之鱼类对低水位最为敏感，故可将鱼类作为水位指示物。当鱼类的最低生态水位得到满足时，可以认为其他类型生物的生态水位要求也可得到满足。

湖底高程加上鱼类要求的最小水深即为最低生态水位。花马湖的主要鱼类种群为四大家鱼、鲤鱼、鲫鱼等，根据有关资料，这些鱼类保持生活所需的最小水深约为 1 m[10]。根据本阶段实测的花马湖水下地形图，花马湖底平均高程在 15. 15 m 左右，因此由功能法得出的花马湖生态水位为 16. 15 m。

4 成果对比分析

由以上四种方法计算出了花马湖的生态水位，虽然不完全一致，但成果相差不大。由于受到水文及其他基础资料的制约，各方法的成果均无法保证完全可靠，但可进行互相验证。年保证率法和天然水位法从水资源功能与水量关系角度出发，提出了为维持湖泊水资源功能而不至于造成显著危机时必须满足的水量，较为全面地考虑了湖泊的水资源功能，但受到历史水位资料记录的影响较大；湖泊形态法采用湖泊形态指标和水位的相关关系，从湖泊水文和地形子系统角度研究了最低生态水位，但缺乏和湖泊具体的生态指标进行比照，且受到水位-湖面面积曲线精度的影响较大；功能法重点考虑湖泊生物多样性的保护和湖泊养殖功能的正常发挥，兼顾了湖泊的生态和经济生产多方面的作用，并且比较适宜花马湖作为平原浅水湖泊的湖盆天然地形因素，同时得到的生态水位较高，对湖泊保护比较有利。综合分析以上几种方法的计算成果，建议选择功能法计算出的水位作为花马湖的生态水位，本次将花马湖的生态水位拟订为 16. 15 m。

参考文献

[1] 黄军. 基于长系列水文数据的巢湖生态水位研究 [J]. 水资源开发与管理，2023 (8)：8-13，19.
[2] 任中杰，司英凡，等. 徐州市顺堤河生态水位确定分析 [J]. 陕西水利，2013 (12)：34-36.
[3] 叶文，方红远，等. 宿迁市河流生态水位管控目标与预警机制分析 [J]. 江苏水利，2024 (2)：33-36.
[4] 崔师胜，周和平. 艾丁湖生态水位监测及湿地水域变化分析 [J]. 河海水利，2023 (11)：18-21.
[5] 潘静也. 平原河网地区生态水位计算分析 [J]. 水利水电快报，2024 (1)：9-10.
[6] 沈银健，肖柏青. 湖泊生态需水研究进展 [J]. 黑龙江环境通报，2023 (9)：1-3.
[7] 杨恒，董世杰，等. 洞庭湖生态水位与生态需水量研究 [J]. 人民长江，2023 (11)：12.
[8] 高翔，胡振，等. 岳城水库最低生态水位研究 [J]. 海河水利，2023 (11)：18-21.
[9] 邓欣. 基于生境模拟法的抚仙湖生态水位研究 [D]. 重庆：重庆三峡学院，2023.
[10] 万永智，任中杰，等. 阿湖水库最低生态水位分析与保障措施研究 [J]. 江苏水利，2023 (5)：10-12，16.

近期小浪底水库库区沿程冲刷与溯源冲刷量化

赵东晓[1]　王振凡[1]　王忠强[1]　陈　萌[1]　杨　飞[2,3]

（1. 黄河水利水电开发集团有限公司，河南郑州　450099；
2. 黄河水利委员会黄河水利科学院，河南郑州　450003；
3. 水利部黄河下游河道与河口治理重点实验室，河南郑州　450003）

摘　要：通过分析 2018—2020 年小浪底库区纵剖面的变化，基本确定汛期库区沿程冲刷与溯源冲刷的大致范围。从塑造纵剖面上看，沿程冲刷段纵向起伏波动，溯源冲刷段则平顺。2018 年和 2020 年的溯源冲刷向上游逐渐衰减，而 2019 年的溯源冲刷则是逐渐增强，并与沿程冲刷贯通。各年溯源冲刷段冲刷量要明显多于沿程冲刷段。总体来看，溯源冲刷在小浪底水库低水位运用过程中对库区冲刷起主要作用。

关键词：小浪底水库；沿程冲刷；溯源冲刷

1　引言

水库降低水位冲刷是库区冲刷和维持有效库容的重要方式。目前，万家寨、三门峡和小浪底等水库均通过大流量来流时降低水位冲刷实现水库的高效输沙。万家寨 2011 年正式启用排沙运用以维持长期有效库容，2021 年侯素珍等[1] 通过分析得出降水冲沙期的排沙量与运用水位具有很好的相关关系。三门峡水库自 2002 年 11 月起开展了“318 水位控制”原型试验，原型试验期间基本实现了汛期洪水沿程冲刷与溯源冲刷的有机结合，库区总体呈现良好的冲刷效果[2]。汛期降低水位运用排泄全年泥沙，基本保持了库区动态冲淤平衡，分析了水库敞泄和不同控制水位运用对排沙效果的影响[3]。小浪底水库自 2002 年起开展调水调沙试验，自身通过降低水位来冲刷库区淤积三角洲[4]。张金良等[5] 指出，降低水位冲刷效果需要一定的入库冲刷流量和历时条件，才能实现水沙有效对接、合理搭配。已有研究针对水库溯源冲刷研究较为深入，水库中冲刷的主要计算公式也集中在溯源冲刷。针对水库库区溯源冲刷，溯源冲刷过程跌坎存在两种溯源发展模式：衰减型跌坎和增强型跌坎[6]。而对于沿程冲刷关注较少，对于小浪底库区如何区分沿程冲刷和溯源冲刷，也没有明确的界定。本文选择小浪底水库近期水沙调度过程进行分析，研究水库汛期前后的淤积纵剖面变化，对溯源冲刷和沿程冲刷进行划分和量化，确定两者在降低水位冲刷过程中的重要程度。

2　2018—2020 年小浪底水库降水冲刷

2018 年入库水量 376.54 亿 m^3、沙量 4.89 亿 t，汛期入库水量 241.43 亿 m^3、沙量 4.84 亿 t；全年出库水量 431.89 亿 m^3、沙量 4.64 亿 t，汛期出库水量 221.89 亿 m^3、沙量 4.64 亿 t。汛期黄河干支流多次发生洪水，上游先后发生 3 次编号洪水。小浪底水库提前于 7 月 1—13 日期间腾库迎洪，入库沙量 1.092 亿 t，出库沙量 2.069 亿 t，水库排沙比 189.4%。7 月 14—27 日期间水库造峰，入库沙量 0.596 亿 t，出库沙量 2.048 亿 t，水库排沙比 343.4%。

基金项目：国家自然科学基金项目（U2243241、52179066）。
作者简介：赵东晓（1971—），男，高级工程师，主要从事水利水电工程建设管理及运行管理方面的研究工作。
通信作者：杨飞（1985—），男，博士研究生，研究方向为河流动力学。

2019 年入库水量 405.41 亿 m^3、沙量 2.80 亿 t，汛期入库水量 220.95 亿 m^3、沙量 2.74 亿 t，全年出库水量 462.73 亿 m^3、沙量 5.40 亿 t，汛期出库水量 220.91 亿 m^3、沙量 5.40 亿 t。2019 年汛期经历了汛前腾库迎洪运用（6 月 21 日至 7 月 6 日）、汛期首次低水位排沙运用（7 月 7 日至 8 月 5 日）及汛期二次低水位排沙运用（8 月 6 日至 11 日），库水位一度降至 209.00 m（7 月 26 日 23 时）；8 月 12 日至 10 月 31 日，水库以蓄水为主，向后汛期过渡。汛期排沙集中在 7 月 7 日至 8 月 5 日，入库沙量 1.181 亿 t，出库沙量 4.86 亿 t，水库排沙比 412%。

2020 年全年入库水量 474.51 亿 m^3、沙量 3.44 亿 t，汛期入库水量 292.95 亿 m^3、沙量 3.44 亿 t，全年出库水量 470.72 亿 m^3、沙量 3.57 亿 t，汛期出库水量 264.61 亿 m^3、沙量 3.57 亿 t。6 月 24 日至 8 月 6 日，小浪底水库以防洪排沙运用为主，受中上游降雨过程影响，该阶段小浪底水库经历了防洪实战演练（6 月 24 日至 7 月 3 日）、小浪底水库降低库水位排沙（7 月 4—20 日）及小浪底水库水位 210 m 以下排沙和三门峡水库敞泄（7 月 21 日至 8 月 6 日）三个运用过程，水库排沙主要集中在后两个过程。主要排沙时段为 7 月 4 日至 8 月 6 日（降低水位排沙运用），出库沙量 3.075 亿 t，库区冲刷 1.949 亿 t。

3 结果分析

通过分析纵剖面的变化可以确定库区沿程冲刷与溯源冲刷的大致范围。沿程冲刷是在受上游来水大流量作用影响下对河床产生的冲刷，主要发生在库尾。由于小浪底库区库尾段（距坝 60 km 以上）河道较为狭窄且流路弯曲，在低水位运用期沿程冲淤表现为弯曲河道冲淤特点，冲刷作用下纵剖面沿程明显波动。溯源冲刷主要受水位降低控制，自坝前开始的由下而上的冲刷。流路弯曲对溯源冲刷影响较弱，冲刷后的深泓线纵剖面较为平顺。对 2018—2020 年汛期小浪底库区冲刷进行划分，如图 1 所示，2018 年和 2020 年汛期沿程冲刷与溯源冲刷有明确的边界，沿程冲刷段纵剖面起伏波动，溯源冲刷段纵剖面则平顺；2019 年汛前库区冲刷较为强烈，溯源冲刷和沿程冲刷都得到较为充分地发展，两者向中间发展，使得整个三角洲洲面得到全面冲刷。值得注意的是，2018 年和 2020 年的溯源冲刷在向上游发展过程中是逐渐衰减的，而 2019 年的溯源冲刷则是逐渐增强的。

按照划定的沿程冲刷与溯源冲刷的范围，可以对库区沿程冲刷与溯源冲刷的冲刷量进行分析计算。表 1 为按照断面法计算的两者冲淤量。2018 年溯源冲刷范围为 HH10+3～HH29 断面库段，冲刷 0.636 亿 m^3，而沿程冲刷范围为 HH29 断面以上库段，淤积 0.592 亿 m^3；2019 年溯源冲刷范围为 HH5～HH39 断面库段，冲刷 1.145 亿 m^3，沿程冲刷库段为 HH39 断面以上库段，冲刷 0.601 亿 m^3；2020 年溯源冲刷范围为 HH4～HH20 断面库段，冲刷 0.406 亿 m^3，沿程冲刷库段为 HH20 断面以上库段，冲刷 0.299 亿 m^3。在排沙运用后高水位运行中，沿程冲刷库段会受到后续来沙影响产沙淤积。总体来看，溯源冲刷在小浪底水库低水位运用过程中对库区冲刷起主要作用。

表 1　2018—2020 年汛期小浪底库区溯源冲刷与沿程冲刷泥沙量

年份	2018 年汛期		2019 年汛期		2020 年汛期	
	库段	冲淤量/亿 m^3	库段	冲淤量/亿 m^3	库段	冲淤量/亿 m^3
三角洲顶点以下	大坝～HH10+3	0.627	大坝～HH5	0.017	大坝～HH4	0.095
溯源冲刷段	HH10+3～HH29	−0.636	HH5～HH39	−1.145	HH4～HH20	−0.406
沿程冲刷段	HH29～HH56	0.592	HH39～HH56	−0.601	HH20～HH56	−0.299
合计		0.583		−1.729		−0.610

注：负值表示冲刷，正值表示淤积。

4 主要结论

小浪底库区沿程冲刷段纵剖面起伏波动相对明显，溯源冲刷段纵剖面则相对平顺。2018 年和

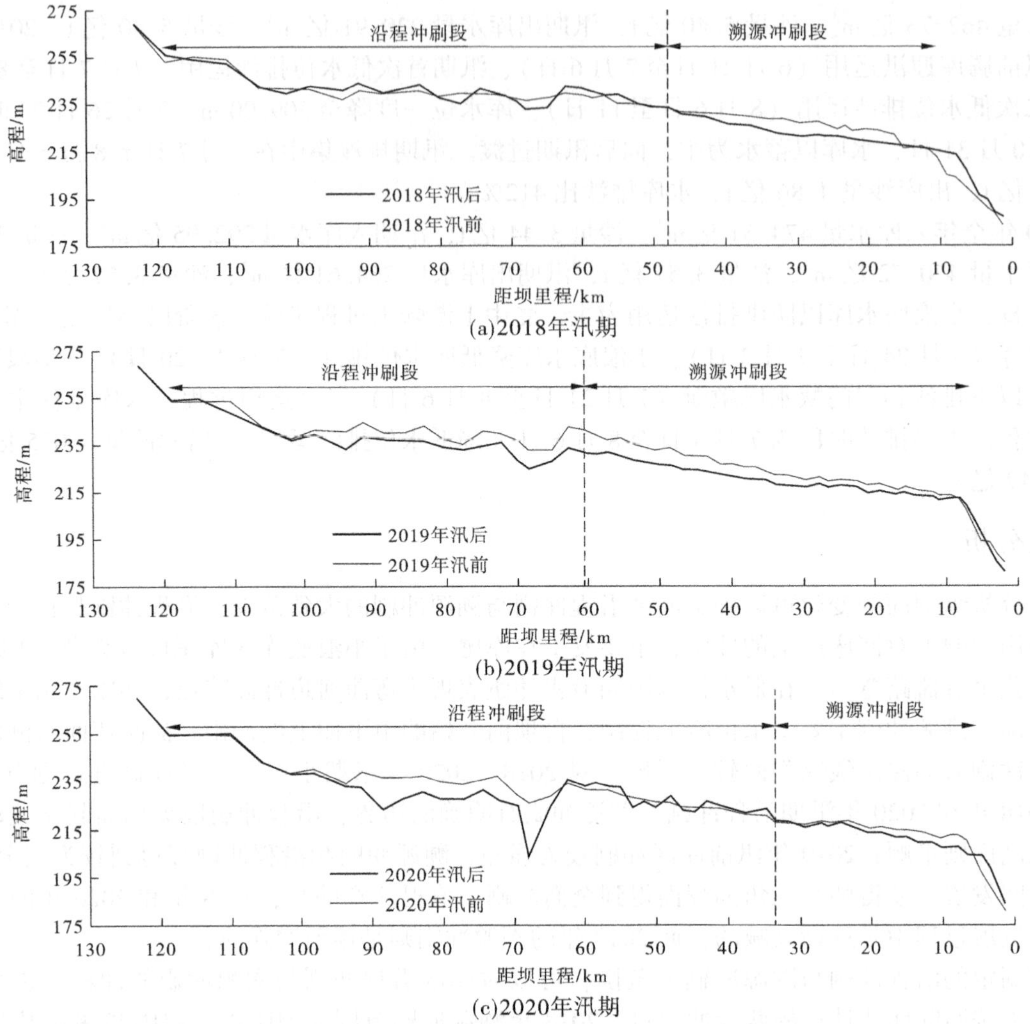

图 1　2018—2020 年汛期小浪底库区深泓点纵剖面对比

2020 年的库区溯源冲刷向上游发展逐渐衰减，而 2019 年则是逐渐增强并与沿程冲刷贯通。2018—2020 年库区冲刷以溯源冲刷为主，在排沙运用后高水位运行中，沿程冲刷库段会受到后续来沙影响产沙淤积。总体来看，溯源冲刷在小浪底水库低水位运用过程对库区冲刷中起主要作用。

参考文献

[1] 侯素珍，胡恬，路新川，等．万家寨水库排沙运用效果分析［J］．泥沙研究，2021，46（6）：9-15.

[2] 季利，王海军．2003—2020 年三门峡水库原型试验分析［J］．人民黄河，2023，45（增刊 1）：7-8，39.

[3] 侯素珍，胡恬，杨飞，等．三门峡水库汛期排沙效果研究［J］．水利学报，2021，52（4）：393-400.

[4] 李国英．基于水库群联合调度和人工扰动的黄河调水调沙［J］．水利学报，2006（12）：1439-1446.

[5] 张金良，鲁俊，韦诗涛，等．小浪底水库调水调沙后续动力不足原因和对策［J］．人民黄河，2021，43（1）：5-9.

[6] 杨飞，王远见，江恩慧．跌坎溯源冲刷的影响因素与两种发展模式［J/OL］．中国科学：技术科学，1-9.

西霞院水库进出库水沙过程的协同性及限制条件研究

赵东晓[1]　王忠强[1]　陈　萌[1]　王　强[2,3]　董庆豪[4]

（1. 黄河水利水电开发集团有限公司，河南郑州　450099；
2. 黄河水利委员会黄河水利科学研究院，河南郑州　450003；
3. 河南省湖库功能恢复与维持工程技术研究中心，河南郑州　450003；
4. 郑州大学水利与交通学院，河南郑州　450001）

摘　要：黄河西霞院水库是小浪底水利枢纽的配套工程，水库的任务是以反调节为主，结合发电，兼顾灌溉、供水等综合利用。本文针对汛期西霞院水库水沙过程的协调性及限制条件展开研究，研究结果表明：小浪底水库与西霞院的水位同步天数占比约为50%；西霞院水库的进出库流量过程基本保持一致，流量变幅为210~250 m^3/s；汛期排沙过程基本同步；限制西霞院水库调度的主要因素包括有效库容的减小、库区流路的演变及排沙水位的变化等因素。本研究为西霞院水库调度提供科学依据及技术支撑。

关键词：西霞院水库；协调性；水位；流量；限制条件

1　工程概况及研究意义

西霞院水库是小浪底水库的反调节水库，位于小浪底水库坝址下游16 km处的黄河干流上，开发任务是对小浪底水电站调峰发电的不稳定流进行再调节，同时结合发电，兼顾灌溉、供水等综合利用。西霞院水库设计总库容为1.62亿 m^3，其中防洪库容0.62亿 m^3，有效库容0.45亿 m^3，校核洪水位为134.75 m，正常蓄水位为134.00 m，汛期限制水位为131.00 m，排沙水位为131.00 m，死水位为125.00 m，初始正常蓄水位时总库容为1.45亿 m^3。西霞院水库进出库站分别为小浪底水文站和西霞院水文站。

西霞院水库为小浪底水库的反调节水库，其运行调度与小浪底水库的协调配合是水库综合效益发挥的关键。研究水库与反调节水库的同步性、协调性及限制条件对反调节水库具有重要的意义。李游坤等以三峡水电站和其下游的葛洲坝水电站为例，建立了梯级水库联合调度模型，模拟分析了梯级水库协同运行改善下游河道鱼类繁殖条件的可行性，并探讨了优化调整策略[1]。俞洪杰等以堵河流域潘口–小漩梯级水库为例，建立了潘口–小漩梯级水库短期优化调度模型，为电站整体增效提供科学依据[2]。梁军和李洪者提出在紫坪铺水库库区内修建抽水蓄能电站以解决紫坪铺水库对都江堰供水的反调节问题，改变紫坪铺水库直接参与调峰的现状，为水库综合效益发挥提供保障[3]。刘树君认为在小浪底水库泄洪、排沙、调水调沙运用时，只有小浪底、西霞院（小西）水库联合调度，协调控制小西水库发电、排沙流量，才能保持西霞院库水位不超过减淤限制水位，减少两库泥沙淤积，兼顾两库发电效益[4]。

基金项目：水利部重大科技项目（SKS–2022088）；国家自然科学基金资助项目（52309091；U2243215）。
作者简介：赵东晓（1971—），男，高级工程师，主要从事水利水电工程建设管理及运行管理方面的研究工作。
通信作者：王强（1991—），男，高级工程师，主要从事河床演变与水库泥沙方面的研究工作。

本研究主要针对西霞院水库进出库水沙过程的同步性、协调性及限制条件进行研究。同步性是指西霞院水库出库流量、含沙量、水位及其他运行参数在调度过程中与小浪底水库出库过程是否同步；协调性是指在调度过程中是否有利于泄洪排沙；限制条件是指现阶段的优化调度过程中存在的影响条件。通过以上研究，提出限制西霞院水库调度的条件，为西霞院水库未来的管理提供理论基础。

2 西霞院水库进出库水沙过程协同性

2.1 水位过程的同步性与协调性

本研究收集了小浪底水库和西霞院水库坝前水位的变化过程，图 1 表示小浪底水库与西霞院水库 2011 年 1 月 1 日至 2022 年 12 月 31 日的水位变化过程。由图 1 可知，小浪底水库的调度过程变化较为明显，水位变幅较大，反映出小浪底水库的调节能力强，而西霞院水库的水位变幅相对较小，调节能力有限。

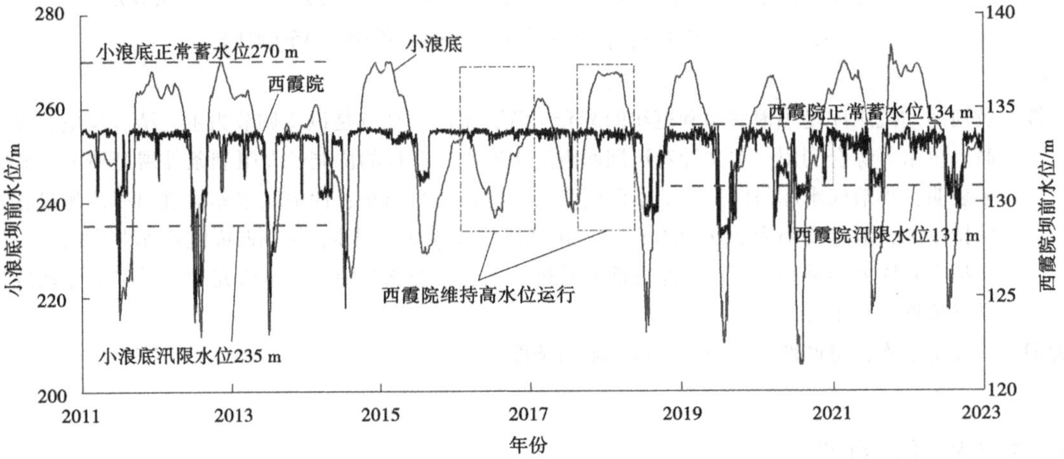

图 1　小浪底与西霞院坝前水位变化过程

表 1 为小浪底水库与西霞院水库坝前水位同步性的统计结果，包括同步增大、同步减小、同步相平三个部分。由表 1 可知，2011—2022 年 12 年间同步增大的天数为 1 046 天，占比约为 23.86%；同步减小的天数为 1 000 天，占比约为 22.82%；保持不变的天数较少，共为 3 天，因此保持同步的天数占总天数的 46.75%，约为一半。具体到每一年，同步增大的天数为 79~97 天，其中 2022 年最少，为 79 天，2020 年最多，为 97 天，同步增大的天数占全年总天数的比例为 21.63%~26.50%。同步减小的天数为 72~99 天，其中 2021 年的天数最少，为 72 天，2012 年的天数最多，为 99 天，同步减小的天数占全年天数的比例为 19.73%~27.05%。总体而言，小浪底水库与西霞院的调度同步占比约为 50%。

表 1　小浪底和西霞院水库水位同步性统计（全年）　　单位：天

年份	同增天数/天	同减天数/天	同平天数/天	全年天数/天	同增占比/%	同减占比/%	同步占比/%
2011	89	75	0	365	24.38	20.55	44.93
2012	90	99	0	366	24.59	27.05	51.64
2013	80	92	0	365	21.92	25.21	47.12
2014	94	75	0	365	25.75	20.55	46.30
2015	89	81	0	365	24.38	22.19	46.58
2016	98	81	2	366	26.78	22.13	49.45

续表 1

年份	同增天数/天	同减天数/天	同平天数/天	全年天数/天	同增占比/%	同减占比/%	同步占比/%
2017	80	76	0	365	21.92	20.82	42.74
2018	81	90	0	365	22.19	24.66	46.85
2019	85	97	0	365	23.29	26.58	49.86
2020	97	73	0	366	26.50	19.95	46.45
2021	84	72	1	365	23.01	19.73	43.01
2022	79	89	0	365	21.64	24.38	46.03
合计	1 046	1 000	3	4 383	23.86	22.82	46.75

2.2 流量过程的同步性与协调性

本研究收集了 2011 年 1 月 1 日至 2022 年 12 月 31 日西霞院水库进出库水文站的流量变化数据，图 2 为小浪底站和西霞院站流量过程及流量差变化。由图 2 可知，两站的流量过程基本类似，两站的流量差变化不大，上限基本为 250 m^3/s，下限基本为-210 m^3/s。综上所述，西霞院水库的进出库流量过程基本保持一致，流量变幅为 210~250 m^3/s。

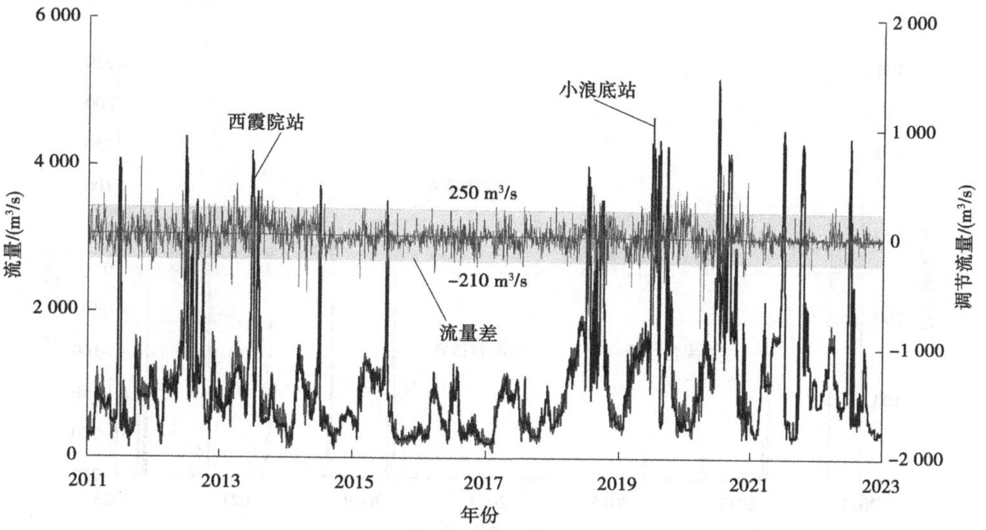

图 2　小浪底站和西霞院站流量过程及其流量差变化

表 2 为小浪底站与西霞院站流量差异性天数的统计，将两站流量差分为小于-200 m^3/s、-200~-100 m^3/s、-100~-50 m^3/s、-50~0 m^3/s、0 m^3/s、0~50 m^3/s、50~100 m^3/s、100~200 m^3/s、大于 200 m^3/s，共计 9 个流量级。其中-50~0 m^3/s 和 0~50 m^3/s 天数最多，0、小于-200 m^3/s 和大于 200 m^3/s 的天数相对较少。

表 2　小浪底站和西霞院站流量差异性天数统计　　单位：天

流量/(m^3/s)	<-200	-200~-100	-100~-50	-50~0	0	0~50	50~100	100~200	>200
2011 年	17	26	38	70	2	72	49	61	30
2012 年	22	29	43	47	8	72	50	56	39
2013 年	7	26	19	26	5	34	72	111	65
2014 年	11	29	35	79	2	83	45	64	17
2015 年	6	21	44	101	12	91	48	34	8

续表 2

流量/（m³/s）	<-200	-200~-100	-100~-50	-50~0	0	0~50	50~100	100~200	>200
2016 年	9	23	37	71	4	119	66	33	4
2017 年	4	28	45	82	4	103	64	22	13
2018 年	18	39	47	55	9	70	44	57	26
2019 年	31	52	39	47	6	69	34	44	43
2020 年	26	47	45	48	12	55	46	57	30
2021 年	3	16	24	104	14	154	37	10	3
2022 年	4	6	16	149	11	130	32	14	3
合计	158	342	432	879	89	1 052	587	563	281

2.3 出库含沙量的同步性与协调性

图 3 为小浪底站和西霞院站含沙量过程及其含沙量差变化。与水位和流量相比，小浪底水库和西霞院水库排沙的时段并不长，如图 3 所示，运行期间只有极少天数开展排沙。但是两个水库的排沙时间基本是一致的。其中，2015 年、2016 年和 2017 年均未开展黄河调水调沙，这三年并没有明显的泥沙出库过程。

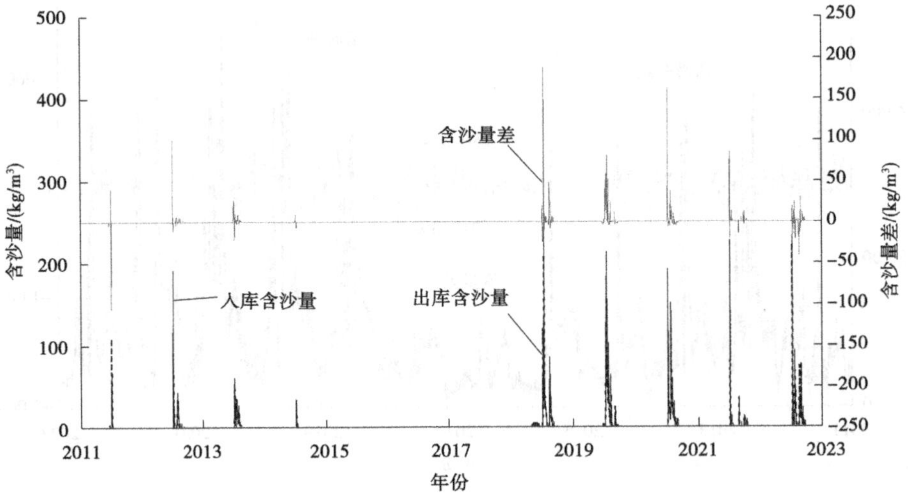

图 3 小浪底站和西霞院站含沙量过程及其含沙量差变化

由于水库排沙绝大部分时间发生在汛期，因此统计了汛期小浪底站和西霞院站不同时段冲淤天数，见表 3。由表 3 可知，排沙集中在 7 月和 8 月，6 月、9 月和 10 月也会有少量排沙。

表 3 小浪底站和西霞院站汛期不同时段冲淤天数统计（汛期） 单位：天

年份	6月			7月			8月			9月			10月			合计
	淤	冲	平	淤	冲	平	淤	冲	平	淤	冲	平	淤	冲	平	
2011	0	5	0	1	6	0	0	0	0	0	0	0	0	0	0	12
2012	0	4	0	11	8	1	20	4	1	4	0	0	0	0	0	53
2013	0	1	0	24	7	0	19	3	0	0	0	0	0	0	0	54
2014	1	0	0	3	5	0	0	0	0	0	0	0	0	0	0	9
2015	0	0	0	0	0	0	0	0	0	0	0	0	0	0	0	0

续表 3

年份	6月			7月			8月			9月			10月			合计
	淤	冲	平	淤	冲	平	淤	冲	平	淤	冲	平	淤	冲	平	
2016	0	0	0	0	0	0	0	0	0	0	0	0	0	0	0	0
2017	1	0	0	3	0	0	0	0	0	0	0	0	0	0	0	4
2018	2	0	0	13	16	0	16	13	0	11	3	0	0	0	0	74
2019	0	10	0	24	7	0	5	18	0	2	22	0	0	0	0	88
2020	0	0	0	18	10	0	9	22	0	1	7	0	0	0	0	67
2021	0	0	0	15	2	0	3	1	0	6	3	0	10	1	0	41
2022	0	0	0	17	13	0	18	13	0	20	3	0	0	0	0	84
合计	4	20	0	129	74	1	90	74	1	44	38	0	10	1	0	486

注：“淤”指小浪底站含沙量大于西霞院站；“冲”指小浪底站含沙量小于西霞院站；“平”指小浪底站和西霞院站均有含沙量且相等。

3 西霞院水库调节的限制条件

西霞院水库与小浪底水库水沙基本上保持同步，但是由于西霞院库容较小，调节能力并不强，尤其是近些年水库持续淤积，库区流路也发生较大变化，导致西霞院水库水沙调度存在限制条件，主要包括以下几个方面。

3.1 有效库容减小对水库调节能力的制约

西霞院反调节水库设计校核洪水位 134.75 m 以下总库容 1.62 亿 m^3，正常蓄水位 134 m 以下原始库容 1.45 亿 m^3，汛限水位 131 m 以下原始库容 0.79 亿 m^3。水库库容主要集中在坝前段，正常蓄水位 134 m 以下距坝 7.55 km 以下库段的库容为 1.33 亿 m^3，占总库容量的 91.7%。水库淤积平衡后，正常蓄水位 134 m 以下有效库容为 0.69 亿 m^3，库水位 131.00~134.00 m 的调节库容为 0.57 亿 m^3。

表 4 为西霞院水库水位–库容特征指标变化。2022 年汛后，西霞院水库校核洪水位 134.75 m 以下库容为 0.902 亿 m^3，正常蓄水位 134.00 m 以下库容为 0.728 亿 m^3，汛限水位（死水位）131.00 m 以下库容为 0.148 亿 m^3。正常蓄水位 134.00 m 以下距坝 7.55 km 以下库段的库容为 0.66 亿 m^3，占总库容的 90.4%。现阶段，西霞院水库的淤积略小于水库淤积平衡后的库容，已达到设计阶段预计的平衡状态。库水位 131.00~134.00 m 的调节库容为 0.60 亿 m^3。淤积主要集中在库水位 131.00 m 以下，泥沙淤积量占比为 81.22%。

表 4 西霞院水库水位–库容特征指标变化

特征指标	水位/m	原始库容/亿 m^3	2022 年汛后		淤积占比/%
			库容/亿 m^3	淤积量/亿 m^3	
校核洪水位	134.75	1.620	0.902	0.718	44.32
设计洪水位	132.56	1.100	0.444	0.656	59.64
正常蓄水位	134.00	1.450	0.728	0.722	49.81
汛限水位（死水位）	131.00	0.790	0.148	0.642	81.22

西霞院水库库容特征指标变化见表 5。由表 5 可知，西霞院水库水位 131.00~134.75 m 的库容为 0.830 亿 m^3，水位 131.00~132.56 m 的库容为 0.310 亿 m^3，水位 131.00~134.00 m 为 0.660 亿 m^3。截至 2022 年汛后，水位 131.00~134.75 m 的库容为 0.754 亿 m^3，水位 131.00~132.56 m 的库容为

0.259 亿 m^3，水位 131.00~134.75 m 的库容为 0.579 亿 m^3，分别减少了 0.076 亿 m^3、0.051 亿 m^3、0.081 亿 m^3，淤积占比分别为 9.20%、16.45%、12.20%。西霞院水库有效库容的减小，导致西霞院水库的调节能力减弱，且目前的库区形态并不利于排沙。因此，每年洪水期间，水位 131.00 m 以上的库容在逐渐被侵占，若不采取对应的措施，调节库容会继续减小，造成西霞院水库的调度限制。

表 5　西霞院水库库容特征指标变化

特征指标	原始库容/亿 m^3	2022 年 8 月库容/亿 m^3	淤积量/亿 m^3	淤积占比/%
131.00~134.75 m	0.830	0.754	0.076	9.20
131.00~132.56 m	0.310	0.259	0.051	16.45
131.00~134.00 m	0.660	0.579	0.081	12.20

3.2　库区流路变化对水库调度的制约

对西霞院水库现阶段过流能力的分析表明，现阶段主槽的过流能力为 2 000~2 500 m^3/s，但每年汛前调水调沙期间，小浪底排出的流量为 4 000~5 000 m^3/s，且出库均为小浪底通过异重流方式排出的泥沙。因此，大流量高含沙过程会导致含沙水量大量通过水位 131 m 以上的库段，导致淤积持续加大，最终导致调节库容减小，进而限制水库的调度。

3.3　排沙水位控泄的制约

西霞院水库的水位-泄流关系见表 6。由表 6 可知，西霞院水库 131 m、130 m、129 m、128 m、127 m 水位时，完全敞泄的过流能力为 9 250 m^3/s、7 669 m^3/s、5 379 m^3/s、4 355 m^3/s、3 538 m^3/s。西霞院水库泄流受花园口断面流量的限制，上限为 5 000 m^3/s。

表 6　水位-泄流关系

序号	水位/m	输水设备单孔（洞机）泄流量/(m^3/s)					合计泄流量/(m^3/s)
		排沙洞	排沙底孔	开敞式泄洪闸	胸墙式泄洪闸	发电机组	
1	120	15.55	10.83				126
2	121	62.2	40.03				493
3	122	90.87	57.24	14.88			821
4	123	112.52	70.02	45.5			1 204
5	124	130.72	80.66		87.34		1 638
6	125	146.44	89.78		138.33		2 116
7	126	161.22	98.3		199.92		2 662
8	127	171.1	103.98	9.11	295.97		3 538
9	128	182.03	110.23	43.8	331.32		4 355
10	129	191.86	115.84	95.52	363.25		5 379
11	130	199.7	120.3	163.01	392.59	270	7 669
12	131	206.08	123.92	244.5	419.89	320	9 250
13	132	213.12	127.91	337.73	445.51	340	10 869
14	133	221.4	132.59	439.54	469.74	350	12 568
15	134	230.65	137.81	550.05	492.78	330	14 268
16	134.75	237.79	141.83	634.74	509.38	320	15 584

注：1. 基面名称：1956 年黄海高程系。

2. 表中泄水设备和发电设备泄流量均为单孔（洞、机）泄流量。

图 4 为西霞院水库运行以来的水位变化。由图 4 可知，西霞院水库历年运行水位并未突破 134 m，而最低水位每年的值均不相同。西霞院水库最低水位的变化如图 5 所示。由图 5 可知，2014 年以前水位可以降至 124 m 左右，2015 年以后，最低水位可以降至 128 m 左右。表 7 为西霞院水库历年最低水位统计。

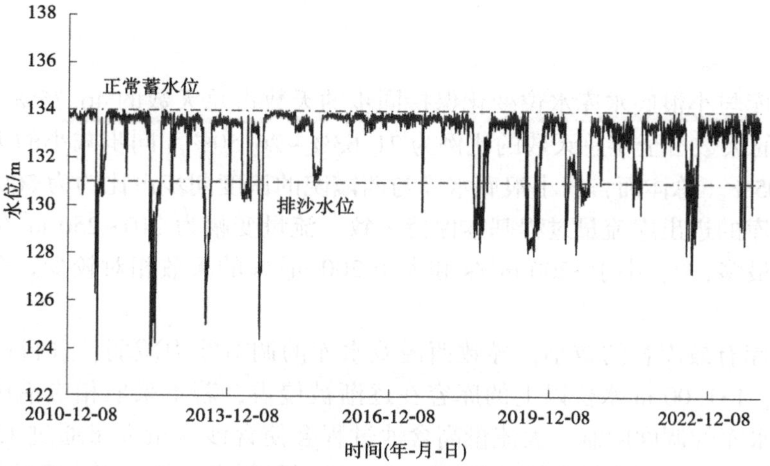

图 4　西霞院水库水位变化

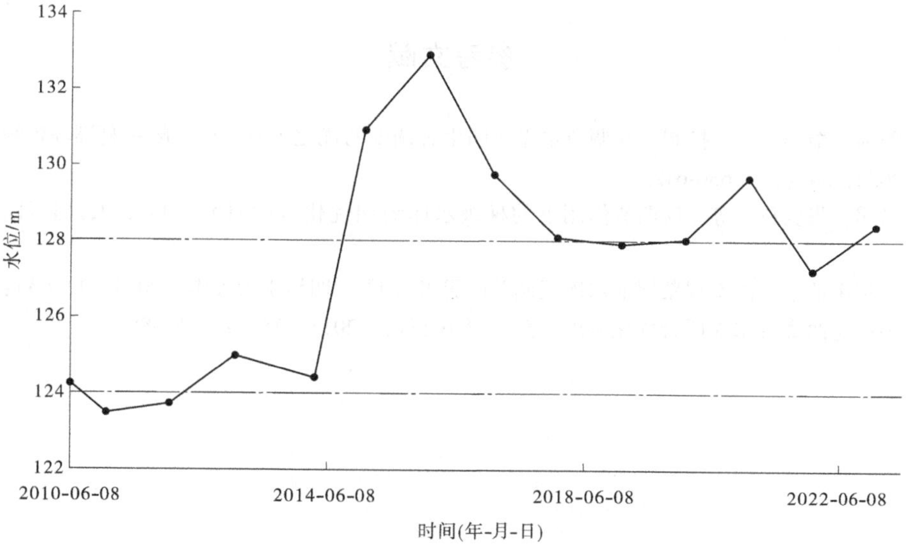

图 5　西霞院水库最低水位的变化

表 7　西霞院水库历年最低水位统计

日期（年-月-日）	最低水位/m	日期（年-月-日）	最低水位/m	日期（年-月-日）	最低水位/m
2010-07-06	124. 27	2015-07-13	130. 89	2020-06-07	128. 03
2011-07-04	123. 49	2016-03-21	132. 91	2021-08-25	129. 69
2012-07-04	123. 71	2017-07-18	129. 77	2022-08-19	127. 24
2013-07-12	125. 00	2018-08-18	128. 10	2023-08-04	128. 43
2014-07-11	124. 41	2019-08-20	127. 94		

最近几年西霞院水库工程 6 号排沙洞上游挡墙及胸墙式泄洪闸上游铺盖进行过修复。经初步分

析，造成西霞院泄洪排沙系统建筑物产生冲蚀、破坏的原因主要有：一是近年以来的低水位运行，特别是 2018 年和 2019 年，降水位泄洪排沙运用导致大量推移质对建筑物冲击、淘刷；二是过流区域流态多变、区域回流等原因交互作用等。综上所述，西霞院水库近些年并未进行敞泄排沙，而是采用控泄的方式进行调度。因此，现阶段水库采用的控泄方式是限制西霞院水库高效排沙的重要影响因素。

4 结论

（1）西霞院水库与小浪底水库水位变化保持同步的天数占总天数的 46.75%，约为一半。具体到每一年，同步增大的天数占全年总天数的比例为 21.63%~26.50%。同步减小的天数占全年天数的比例为 19.73%~27.05%。总体而言，小浪底水库与西霞院的调度同步占比约为 50%。

（2）西霞院水库的进出库流量过程基本保持一致，流量变幅为 210~250 m^3/s。其中-50~0 m^3/s 和 0~50 m^3/s 天数最多，0、小于-200 m^3/s 和大于 200 m^3/s 的天数相对较少。含沙量过程基本保持一致。

（3）西霞院水库有效库容的减小，导致西霞院水库的调节能力减弱，且目前的库区形态并不利于排沙。洪水期间，131.00 m 水位以上的库容在逐渐被侵占，若不采取相应措施，调节库容会继续减小，造成西霞院水库的调度限制。大流量高含沙过程会使含沙水量大量通过 131.00 m 水位以上的库段，导致淤积持续加大，最终导致调节库容减小，进而限制水库的调度。现阶段水库采用的控泄方式是限制西霞院水库高效排沙的重要影响因素。

参考文献

[1] 李游坤，林俊强，秦鑫，等. 控制—反调节水库协同生态调度的优化策略：以三峡—葛洲坝梯级水库为例［J］. 湖泊科学，2022，34（2）：630-642.

[2] 俞洪杰，纪昌明，张验科，等. 反调节作用下的梯级水库短期优化调度研究［J］. 人民长江，2019，50（5）：185-190.

[3] 梁军，李洪. 利用抽水蓄能实现紫坪铺水库反调节的思考［J］. 四川水力发电，2023，42（3）：32-34.

[4] 刘树君. 小浪底与西霞院水库联合优化调度［J］. 人民黄河，2013，35（2）：83-85.

成都市南河中下游地区 2020 年 8 月洪灾复盘模拟分析

吴滨滨[1,2]　刘春果[1,2]　喻海军[1,2,3]　马建明[4]
宋安琪[1,2]　于汪洋[1,2]　张洪斌[1,2]

（1. 中国水利水电科学研究院，北京　100038；
2. 水利部防洪抗旱减灾工程技术研究中心，北京　100038；
3. 水利部京津冀水安全保障重点实验室，北京　100038；
4. 应急管理部国家自然灾害防治研究院，北京　100085）

摘　要： 2020 年 8 月，成都市遭遇持续强降雨过程，为历史罕见，南河流域更是连续遭遇 20200812、20200818、20200830 三场暴雨洪水，造成了严重的洪涝灾害。本文通过构建南河流域分布式水文模型和三江片区一二维耦合水动力模型，对此次暴雨洪水过程进行复盘分析。结果表明，邛崃水文站及蒲江水文站所有场次洪峰相对误差均小于 16%，峰现时间相对误差均小于 1 h，NSE 系数均在 0.63 以上；三场典型洪水的模拟水位基本与实际洪痕相符，大部分点位的水位模拟误差在 0.2 m 以内。模拟结果总体上与实际情况较为吻合，可为南河流域洪水预报预警、洪灾应急救援提供依据及参考。

关键词： 水文模型；水动力模型；南河流域；“2020·8”洪灾；复盘模拟

1　引言

全球气候变化背景下，极端降雨事件的频率和强度显著增加，极端降雨导致的洪涝灾害已成为当前人类共同面临的重大挑战之一。2023 年海河“23·7”流域性特大洪水，对京津冀地区经济社会发展造成严重冲击[1]。2021 年“7·20”特大暴雨使河南省中北部地区汛情严重，12 条主要河流超过警戒水位，郑州市更是遭受重大人员伤亡和财产损失[2]。2020 年 8 月，成都市遭遇持续强降雨过程，全市平均降水量达 695.1 mm，为历史同期最多，暴雨持续时间也为历史之最，造成金堂县城区、南河三江片区（蒲江县寿安镇、邛崃市回龙镇、新津城区等）等地严重的洪涝灾害[3]。典型洪涝灾害事件模拟与复盘分析对洪灾成因剖析、早期预警等具有极其重要的意义。

目前，洪涝灾害复盘研究已从传统单纯的暴雨洪水时空特征分析向结合水利专业模型等多手段转变。马强等[1]，李致家等[4]，麦合木提·图达吉等[5] 分别采用分布式水文模型对海河流域北三河系、大清河 2 个典型小流域（紫荆关流域和漫水河流域），北京市 6 个小流域（清水河、大石河上游、拒马河中游、怀九河、怀沙河、雁栖河）开展了“23·7”暴雨洪水复盘模拟分析。刘昌军等[6] 通过时空变源混合产流模型对河南“21·7”特大暴雨洪水进行了复盘模拟和河段、沿河村落的危险性分析。胡德超等[7] 针对洞庭湖团洲垸 2024 年“7·5”溃堤洪水，构建了湖泊与蓄滞洪区整体二维水动力模型，全方位复盘了团洲垸的溃堤洪水。刘家宏等[8] 通过二维水动力模型对 2023 年 9 月利比亚德尔纳市极端降雨导致的两座水库连续溃坝洪水事件开展了复盘模拟，分析了溃坝洪水流速、淹没范围、淹没水深和洪水风险指标图等。丁志雄等[9] 利用二维水动力学模型复盘了辽宁省绕阳河下游“2022·8”溃堤洪水发生、发展过程等。喻海军等[2] 基于 IFMS/Urban 构建了郑州中心城区一二

作者简介： 吴滨滨（1987—），女，高级工程师，主要从事水动力模拟方面的研究工作。
通信作者： 喻海军（1988—），男，正高级工程师，主要从事城市洪涝与计算水力学方面的研究工作。

维耦合暴雨洪涝模型，对郑州“7·20”特大暴雨造成的中心城区积水和主要河道行洪漫溢等情况进行了复盘模拟分析。郝思佳等[10]提出了基于水文水动力模型的山洪灾害快速复盘模拟策略，并采用FFMS和IFMS对河南省王宗店2021年“7·20”重大山洪灾害开展了复盘模拟，揭示了极端暴雨导致的洪水汇集、路基壅水溃决是此次山洪灾害的主要成因。李俊辉等[11]通过TUFLOW对湖北省随县柳林镇及上游流域构建分布式水文水动力一体模型，对柳林镇“2021.8.12”特大暴雨洪水的淹没水深、洪水流量和流速等进行复盘模拟。

本文以成都市南河流域及中下游三江片区为例，构建水文水动力耦合模型，对2020年8月3场洪水过程进行复盘模拟分析，为当地洪水风险管理和水安全保障提供技术支撑。

2 研究区概况

南河流域位于成都市西南部，是岷江右岸一级支流，从西向东纵贯邛崃市、蒲江县、新津区腹心地带，流域面积3 640 km^2。流域内主要河流有南河干流及蒲江河、斜江河、江河等支流（见图1）。流域上游处于岷江鹿头山和青衣江两大暴雨区之间，雨量充沛，中部三江片区位于蒲江河、南河、斜江河交汇处，地形平坦低洼；通济堰位于南河河口，为堰闸结合形式，拦河闸的两端设有共约148 m的溢流堰，减小了河道行洪断面。特殊的地形及通济堰使三江片区及新津区极易受灾，大洪灾3~5年一次，小洪灾年年有，洪涝灾害问题尤为突出。2020年8月，南河流域更是连续遭遇20200812、20200818、20200830三场洪水，邛崃、蒲江和新津城区及沿河村镇均遭受比较严重的洪涝灾害损失。

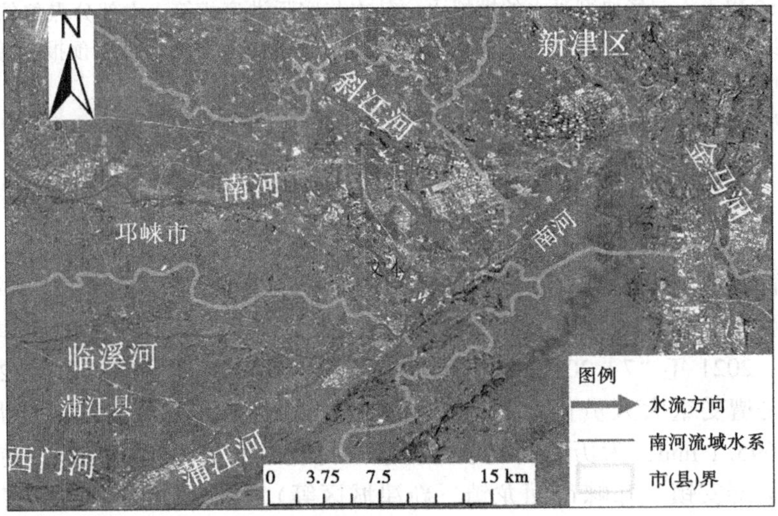

图1 南河流域三江片区概况

3 研究方法

3.1 资料收集和现场调研

2020年8月，南河流域发生三场暴雨洪水后，项目组第一时间收集相关雨水情资料，并组织人员赶赴现场开展洪痕调查（见图2）。同时收集汇总当地水务局开展的洪痕测量和洪水调查成果。洪水调查范围主要集中在蒲江河干流（临溪河汇入后）及新津区南河干流两岸，最终共形成14个点位各洪水场次的洪痕点。

3.2 水文模型

采用中国水利水电科学研究院自主研发的时空变源分布式水文模型开展南河流域水文模拟。该模型是针对中小流域产汇流机制复杂多变的特点而提出的新一代分布式水文模型，已经成功应用于多个流域的洪水过程模拟，模型原理见相关文献[1,6,12-13]。

本文利用全国山洪灾害调查分析评价成果数据库中的小流域划分成果、地形、土地利用及土壤质

(a)月花社区

(b)永兴社区

图 2　南河三江片区 2020 年 8 月洪痕

地数据集等作为下垫面输入数据（见图 3），构建时空变源分布式水文模型，共划分 225 个小流域水文响应单元，140 个节点，其中小流域面积介于 0.008 8~43.81 km^2，平均面积为 15.7 km^2。

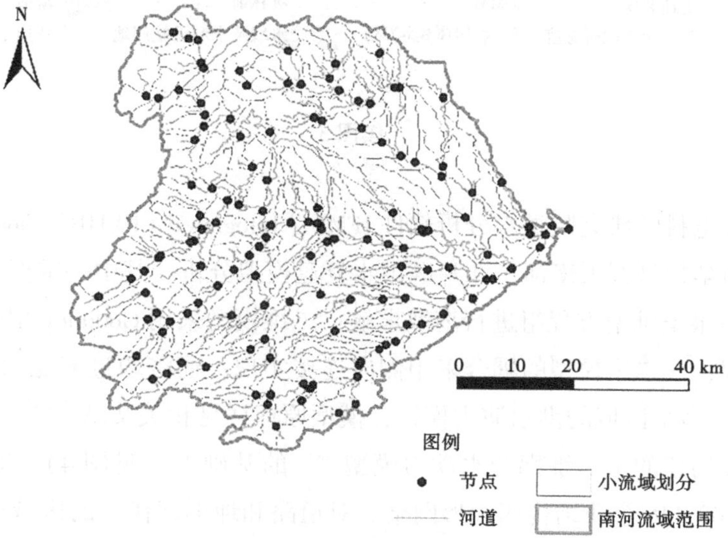

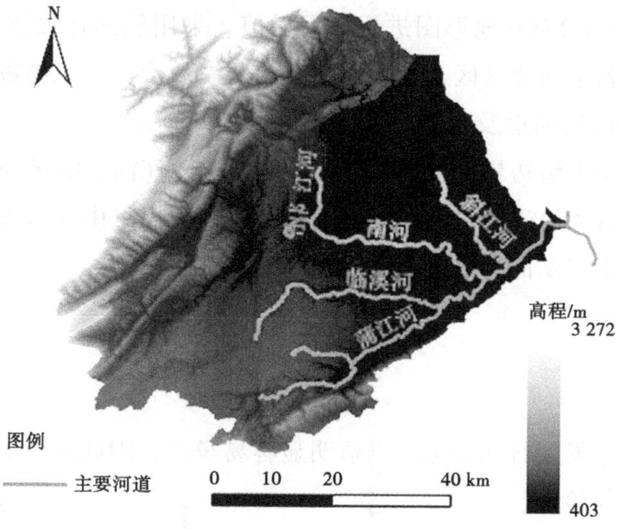

图 3　南河流域小流域划分、DEM 以及土地利用数据

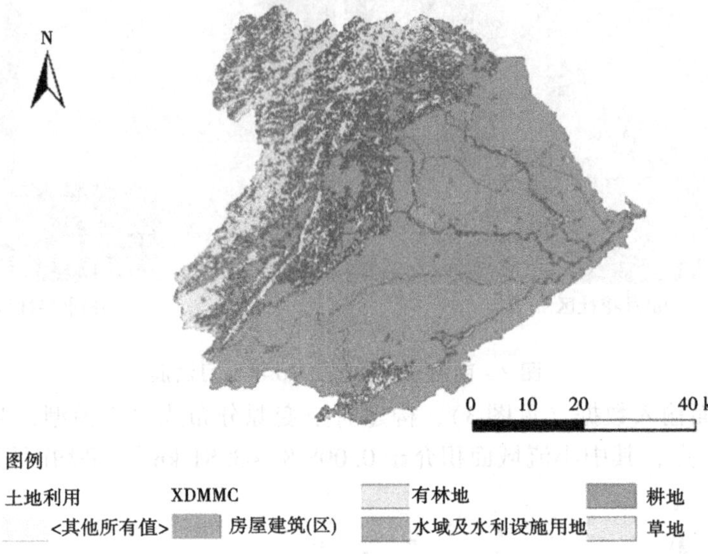

续图 3

3.3 水动力模型

采用中国水利水电科学研究院洪水分析软件 IFMS［Integrated（IWHR）Flood Modeling System］中的一二维耦合水动力学模型开展南河三江片区洪水复盘模拟分析，其中一维模型采用基于有限体积法的 Godunov 格式对一维圣维南方程组进行离散求解；二维模型采用 Godunov 型有限体积法离散求解守恒型的二维浅水方程；一二维模型的耦合采用侧向连接实现；通济堰过流能力采用宽顶堰公式计算。IFMS 已经成功应用于多个区域的洪水演进模拟，模型原理详见相关文献[14-17]。

本文在前期研究构建的一二维耦合水动力模型[18] 的基础上（见图 4），对模型局部区域进行更新和完善。共划分 308 446 个非结构四边形网格，对道路和地形起伏大的区域进行加密处理，靠近河流网格平均尺寸为 30 m，其他区域网格平均尺寸约为 50 m。新津城区二维网格采用 1∶500 地形进行高程插值，其余网格采用 1∶2 000 地形图进行高程插值。采用侧向连接进行一二维耦合设置。与前期模型相比，本次模型更新了新津城区、金马河河道及两岸地形、建筑物数据，建模范围增加了蒲江河（西门河汇入前）及西门河河道及两岸地形。

一二维耦合水动力模型上游边界条件为南河、邯江河、蒲江河、临溪河、西门河、斜江河、金马河的入流过程。其中，上游入流采用流量边界，支流汇入口采用集中式入流边界，金马河下游边界条件采用水力学公式推算的出口断面的水位-流量关系曲线。

4 结果分析

4.1 洪痕调研

本次洪水调查距离洪水发生日期较近，洪痕明显容易辨认，因此本次的洪痕调查可靠（见表 1），可以用于后续模型的率定与验证。

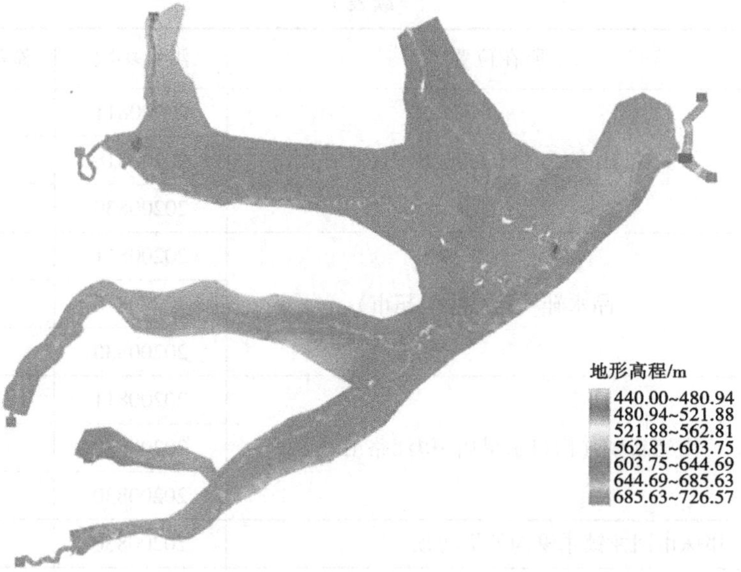

图 4　一二维耦合模型示意图

表 1　南河流域 2020 年 8 月典型洪水洪痕调查成果

序号	点位名称	所在位置	洪水场次	淹没水深/m	水位高程/m
1	安西镇月花村	月花村党群服务中心正门右侧外墙	20200811	1.42	462.018
			20200818	1.97	462.556
			20200830	2.46	463.084
2		月花小区 488 号	20200811	1.96	462.379
			20200818	2.31	462.708
			20200830	2.66	463.085
3	永商镇永兴社区	永兴社区党群服务中心正门左侧外墙	20200811	1.27	462.728
			20200818	1.77	463.235
			20200830	2.38	463.862
4		永兴社区保卫街 139 号	20200811	2.23	462.795
			20200818	2.88	463.443
			20200830	3.28	463.843
5	永商镇商隆场	商隆街 29 号	20200811	0.96	460.224
			20200818	1.15	460.409
			20200830	1.55	460.819

续表 1

序号	点位名称	所在位置	洪水场次	淹没水深/m	水位高程/m
6	南河新津城区段	江山多娇（86 栋地下车库）	20200811	1.15	458.451
			20200818	1.35	458.645
			20200830	1.61	458.905
7		一品水轩（汇品生鲜超市）	20200811	0.47	458.399
			20200818	0.58	458.506
			20200830	0.66	458.594
8		南河新城（门口水果店-望江路 18 号）	20200811	0.32	457.095
			20200818	0.46	457.235
			20200830	0.74	457.515
9	邛崃市回龙镇朱濠沟外堤防顶		20200830	1.5	467.81
10	临溪河汇入处位置 1		20200830	1.74	467.89
			20200811	1.24	467.394
11	临溪河汇入处位置 2		20200830	1.80	467.63
12	朱濠大桥位置 1		20200811	2.19	466.534
13	朱濠大桥位置 2		20200811	1.39	466.691
14	邛崃市回龙镇朱濠沟左岸		20200811	2.13	466.617

4.2 水文模型率定与验证

本次收集到南河流域范围内 100 余个雨量站 2020 年 8 月实测小时降雨过程，邛崃水文站及蒲江水文站 20200806、20200811 和 20200830 三场实测洪水流量过程数据。以邛崃水文站 20200811 场次、蒲江水文站 20200811 场次开展模型参数率定；以邛崃水文站 20200806 和 20200830 场次、蒲江水文站 20200830 进行模型参数验证（见表 2、图 5、图 6）。结果显示，实测和模拟洪水过程吻合较好。所有场次洪水的洪峰相对误差均小于 16%，峰现时间相对误差均小于 1 h，NSE 系数均在 0.63 以上。

表 2　水文模型率定及验证结果

序号	站名	洪水	模拟洪峰流量/（m^3/s）	实测洪峰流量/（m^3/s）	洪峰相对误差/%	峰现时间差/h	NSE
1	邛崃水文站	20200806	2 297	2 170	5.9	0.33	0.85
2		20200811	1 850	1 864	-0.8	0.25	0.63
3		20200830	3 410	3 339	2.1	-1	0.87
4	蒲江水文站	20200811	1 101	1 100	0.1	-1	0.77
5		20200830	507	440	15.2	0	0.92

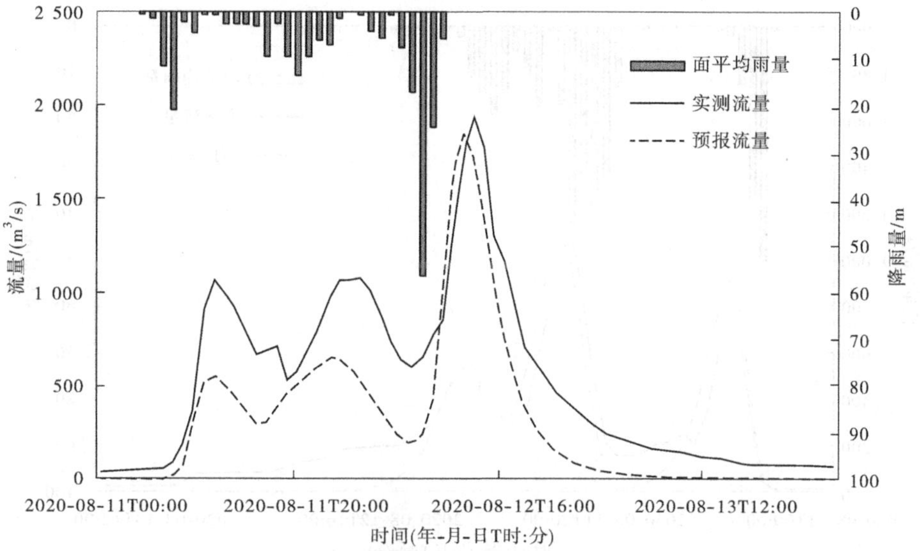

(a)邛崃水文站20200811

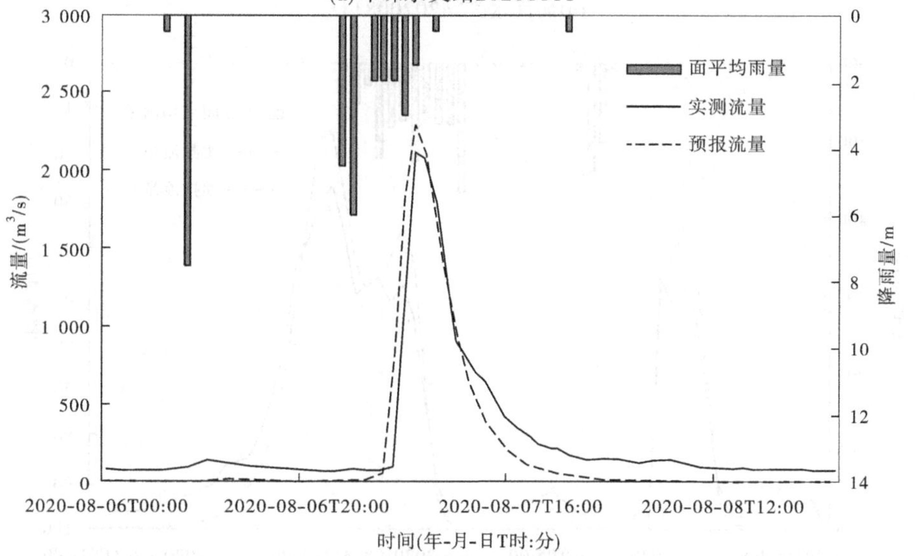

(b)邛崃水文站20200806

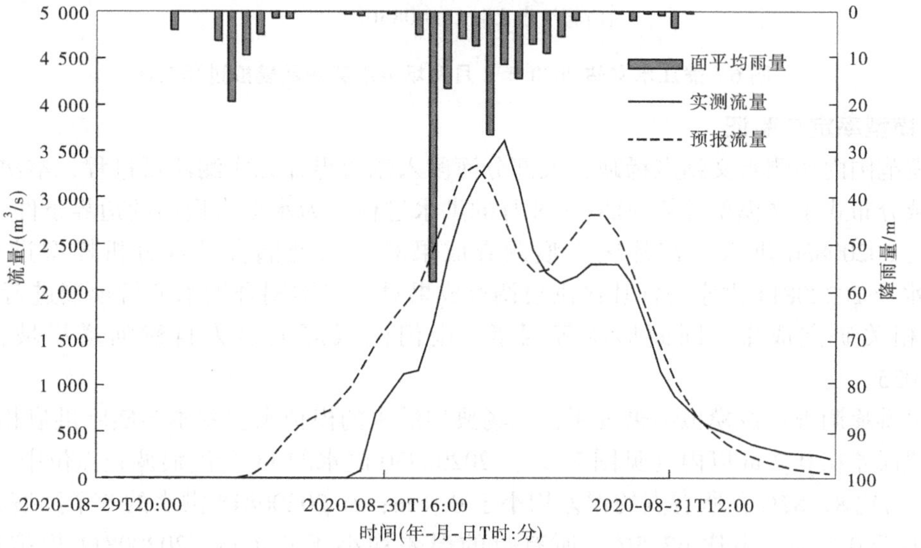

(c)邛崃水文站20200830

图5　邛崃水文站2020年8月三场洪水实测及模拟过程对比

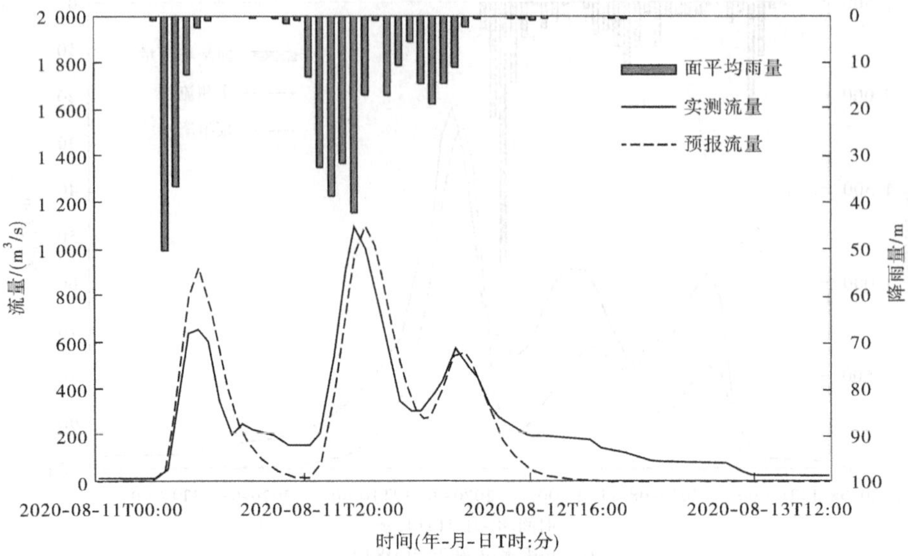

(a)蒲江水文站20200811

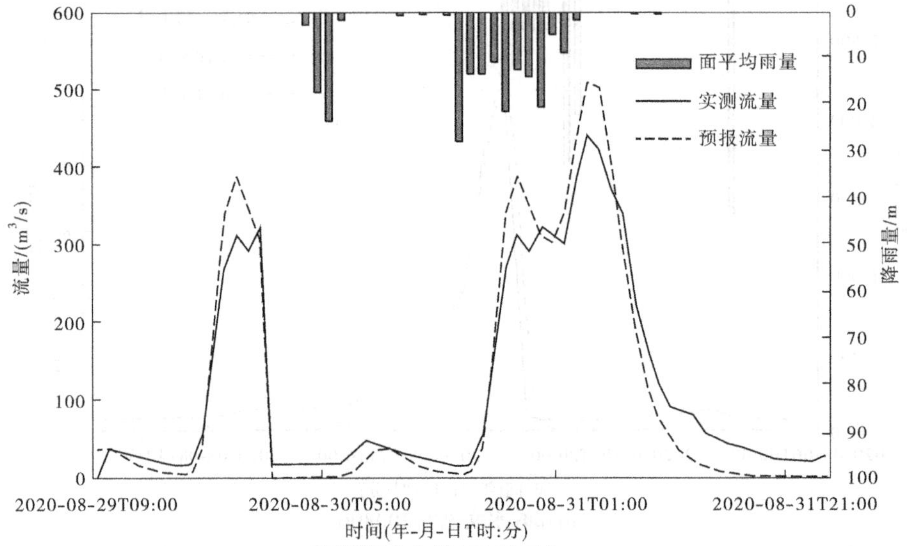

(b)蒲江水文站20200830

图 6　蒲江水文站 2020 年 8 月两场洪水实测及模拟过程对比

4.3　水动力模型率定与验证

由于建模范围内实测水文站点稀缺，大部分河段入流边界并无实测流量过程，本次采用经率定验证的南河流域分布式水文模型计算 2020 年 8 月的洪水过程作为水动力模型的边界条件。

选取南河 20200830 洪水三江片区洪痕调查成果对一二维耦合洪水分析模型进行率定，采用 20200818 洪水及 20200811 洪水三江片区洪痕调查成果对一二维耦合洪水分析模型进行验证。综合考虑南河流域相关研究成果、断面形状等因素，南河流域河道多为自然河道岸坡，糙率取值范围 0.028~0.035。

南河两岸洪痕调查点位模拟结果表明，三场典型洪水的模拟水位基本与实际洪痕相符，大部分点位的水位模拟误差在 0.2 m 以内（见图 7）。在 20200830 洪水的 11 个洪痕调查点位中，9 个点的误差小于 0.2 m，占比 81.82%，所有点的误差均小于 0.4 m；在 20200818 洪水的 8 个洪痕调查点位中，5 个点的误差小于 0.2 m，占比 62.5%，所有点的误差均小于 0.4 m。20200811 模拟误差稍大，在 20200811 洪水的 12 个洪痕调查点中，5 个点的误差小于 0.2 m，6 个点误差在 0.2~0.4 m 范围内。

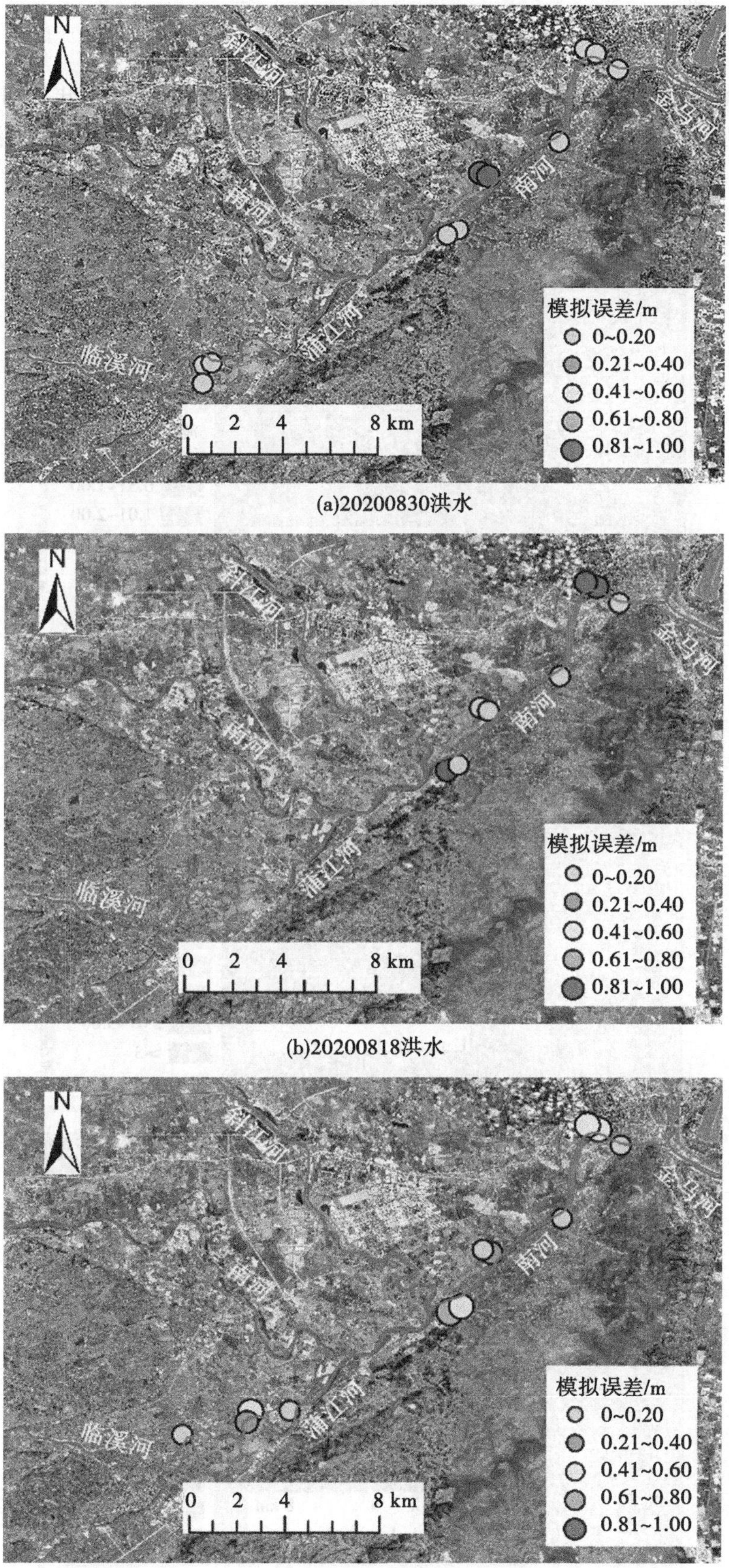

(a)20200830洪水

(b)20200818洪水

(c)20200811洪水

图 7　两场典型洪水洪痕点淹没水深实测值与模拟值误差分布

5 结论

本文从南河流域整体层面上构建了流域分布式水文模型，并利用 2020 年 8 月三场暴雨洪水过程开展模型率定和验证（见图 8），为水动力学模型提供上游输入边界，构建了南河流域三江片区一二

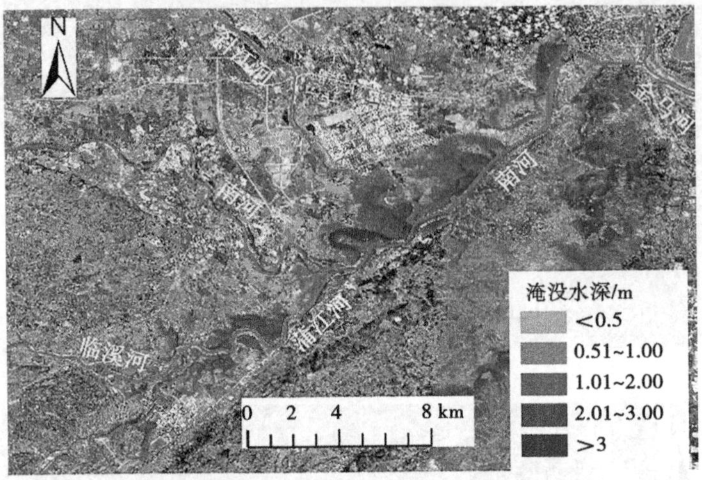

(a)20200830洪水

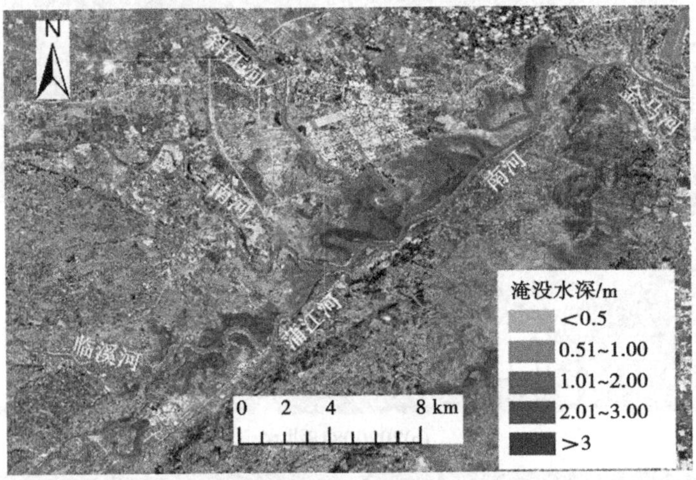

(b)20200818洪水

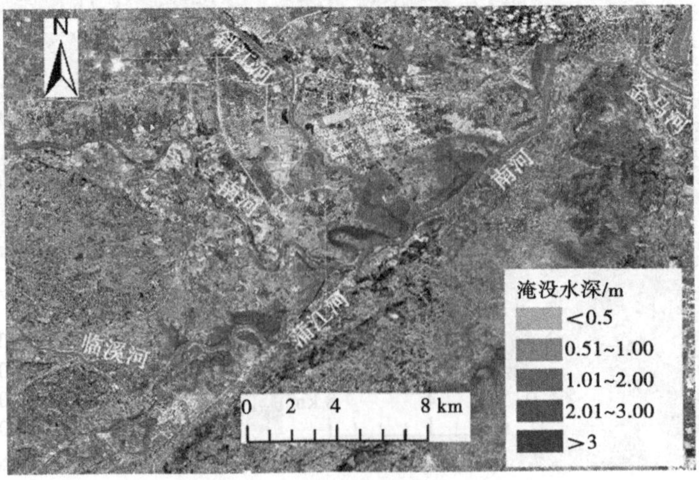

(c)20200811洪水

图 8　2020 年 8 月三场洪水模拟淹没范围

维耦合水动力学模型，并利用2020年8月三场洪水开展模型率定和验证。结果表明，本次研究构建的水文及水动力模型具有较高的可靠度，所以场次洪水的洪峰相对误差均小于16%，峰现时间相对误差均小于1 h，NSE系数均在0.63以上；三场典型洪水的模拟水位基本与实际洪痕相符，大部分点位的水位模拟误差在0.2 m以内。未来将收集更多场次典型洪水的降雨、流量等水文资料，继续开展模型的验证，进一步完善水文水动力模型。

参考文献

[1] 马强，史朝旭，赵悦，等．基于时空变源分布式模型的流域洪水复盘分析方法：以海河流域北三河系“23·7”较大洪水为例［J］．人民长江，2024，55（7）：1-9.

[2] 喻海军，陈小兰，刘昌军，等．郑州中心城区2021年“7·20”特大暴雨洪涝复盘模拟分析［J］．中国防汛抗旱，2022，32（5）：11-15.

[3] 廖暾，杜朝伦，杜庆波，等．成都市2020年8月洪涝灾害调查分析与对策措施研究［J］．中国防汛抗旱，2021，31（1）：26-30.

[4] 李致家，张心愿，白云鹏，等．海河“23·7”流域性特大洪水复盘模拟研究［J/OL］．河海大学学报（自然科学版），2024，52（5）：13-19.

[5] 麦合木提·图达吉，童瑞，徐宝宁，等．北京“23·7”特大洪水复盘分析［J］．水力发电学报，2024，43（4）：12-22.

[6] 刘昌军，吕娟，翟晓燕，等．河南“21·7”暴雨洪水风险模拟及对比分析［J］．水利水电快报，2021，42（9）：8-14.

[7] 胡德超，王敏，毛冰，等．洞庭湖团洲垸2024溃堤洪水过程复演［J/OL］．长江科学院院报，2024，41（12）：180-188.

[8] 刘家宏，宋天旭，梅超，等．利比亚德尔纳2023年极端洪水模拟复盘分析［J］．水利学报，2024，55（6）：723-734.

[9] 丁志雄，吕娟，李娜，等．辽宁省绕阳河“2022.8”溃堤洪水模拟反演及分析［J］．中国防汛抗旱，2022，32（11）：64-69.

[10] 郝思佳，王文川，马强，等．基于水文水动力模型的山洪灾害复盘策略：以河南王宗店村“7·20”山洪为例［J］．水利水电技术（中英文），2023，54（6）：1-11.

[11] 李俊辉，水道兵，马红兵．湖北省随县柳林镇“2021.8.12”暴雨洪水复盘模拟分析［J/OL］．中国防汛抗旱，2024.

[12] 刘昌军，文磊，周剑，等．小流域暴雨山洪水文模型与水动力学方法计算比较分析［J］．中国水利水电科学研究院学报，2019，17（4）：262-270，278.

[13] 刘昌军，周剑，文磊，等．中小流域时空变源混合产流模型及参数区域化方法研究［J］．中国水利水电科学研究院学报，2021，19（1）：99-114.

[14] 马建明，喻海军，张大伟，等．洪水分析软件在洪水风险图编制中的应用［J］．中国水利，2017（5）：17-20.

[15] 喻海军，吴俊峰，吴滨滨，等．基于二维网格边元设置河道方法的蓄滞洪区洪水演进分析［J］．中国水利水电科学研究院学报，2018，16（3）：179-184.

[16] 吴滨滨，喻海军，穆杰，等．考虑下渗的河道与蓄滞洪区洪水演进过程模拟［J］．水资源保护，2019，35（6）：68-75.

[17] 吴滨滨 喻海军 马建明，等．基于水动力学模型的城区防洪能力评估演进［J］．中国水利水电科学研究院（中英文），2024，22（1）：1-14.

[18] 宋安琪，喻海军，陈末，等．基于水动力学模型的南河中下游防洪能力提升研究［J］．水电能源科学，2022，40（8）：79-82.

汾河干流沉积物重金属空间分布特征及生态风险评估

贾　佳　夏　梦　张　杨　赵凌栋　田世民

（河南省黄河流域生态环境保护与修复重点实验室
黄河水利委员会黄河水利科学研究院，河南郑州　450003）

摘　要： 选取汾河干流平水期表层沉积物为研究对象，测定 8 种重金属（Cr、Cd、Mn、Pb、Ni、As、Cu 和 Zn）含量，分析其空间分布特征及污染水平，并利用相关分析和主成分分析法（PCA）对沉积物重金属进行源解析。结果表明，除 Cr、Mn、Pb 和 Ni 外，Cd、As、Cu 和 Zn 的平均含量均超过山西省土壤背景值，Cd 属于严重污染水平；空间上表现出中下游高、上游低的分布特征；Cd、As 和 Cu 来源相似，主要受工业生产的影响，Cr、Pb 和 Ni 来源相似，主要受交通运输、农业生产和矿业等人为源的影响，Mn 和 Zn 来源相似。

关键词： 汾河干流；沉积物；重金属；空间分布；生态风险

1　引言

重金属污染是指由金属以及“类金属”等重金属元素及其化合物造成的环境污染，具有不可降解性、显著生物毒性和持久性特征，是典型的累积型污染物，因而受到广泛关注[1-3]。人类活动释放的富含重金属的废水与废液，排放或随自然水流渗透至水体中，这些有害物质部分会被水体底部的沉积物颗粒所捕获并累积，并在适宜的环境条件下可能重新释放到上层水体中，被植物根系和微生物吸收，在鱼类和农作物中富集，经由食物链影响人类健康[4-6]。随着我国工业化、城镇化和农业现代化的发展及污染物排放量的增加，沉积物重金属污染已经成为河流湖泊水体最为突出的环境问题之一。

黄河中游段相对全流域水质较差，支流污染严重，生态环境脆弱[7-8]。其中，汾河作为黄河流域的第二大支流，也是山西省的“母亲河”，是山西农产品主产区、工业主要集中区、城镇化水平最高区域，承载着全省 41% 的人口和 50% 的生产总值，长期以来形成以煤、焦、冶、电等能源原材料生产为主的经济格局，特别是汾河干支流上 13 个地表水国家考核断面中，有 8 个常年为劣Ⅴ类水质。汾河流域的水质对黄河流域的水质和水生态健康具有显著的影响，通过改善汾河的水质，不仅可以提升汾河自身的生态环境，也可以对黄河的水质产生积极的影响，实现河流生态环境的持续改善。作为新时代山西省转型升级、高质量发展的主战场，对黄河典型支流汾河流域水质和生物的研究，有助于从整体上理解黄河流域水污染的根源，从而为持续改善黄河流域生态环境、实现流域生态保护和高质量发展、最终实现黄河流域生态环境根本好转提供决策参考。本研究聚焦黄河流域典型支流汾河流域面临的生态环境问题，阐明高强度人类活动下汾河流域重金属的时空分异特征，评估重金属生态风

基金项目： 国家重点研发计划项目（2021YFC3200400）；国家自然科学基金青年基金（42207527）；河南省重点研发与推广专项（科技攻关）项目（222102320268，232102320112）；黄河水利科学研究院基本科研业务费专项项目（HKY-JBYW-2022-04）。

作者简介： 贾佳（1992—），女，高级工程师，主要从事生态保护与修复方面的研究工作。

通信作者： 田世民（1981—），男，正高级工程师，主要从事生态保护与修复方面的研究工作。

险，并解析其来源，为支流污染防治和生态保护提供科学依据。

2 材料与方法

2.1 研究区概况

汾河，是山西省境内的第一大河，黄河的第二大支流。汾河自北向南蜿蜒流经忻州市、太原市、吕梁市、晋中市、临汾市、运城市共6市29县（区），发源于宁武县管涔山，全长713 km，在运城市万荣县荣河镇庙前村汇入黄河。汾河流域面积达39 721 km^2，流域年径流总量为22.86亿 m^3，水资源总量33.58亿 m^3，占全省水资源总量的27.2%。汾河流域年降水量由南向北锐减，年平均降水量为504.8 mm，各年变化较大，年内分配不均匀，汛期和枯水期界限分明。

2.2 样品采集与分析

本研究选取汾河干流7个断面。包括上游区域的兰村1个断面（S1），中游的汾河二坝（S2）、义棠（S3）、赵城（S4）等3个断面，下游的柴庄（S5）、河津（S6）和入黄口（S7）等3个断面。在平水期采集表层沉积物样品，使用原子吸收和电感耦合等离子体质谱仪（ICP-MS）等方法测定沉积物中Pb、Zn、Cr、Cu、Ni、Cd、As和Mn等8种重金属的含量。

2.3 重金属生态风险评价方法

地累积指数法由德国学者Muller提出，其综合考虑了自然地质过程重金属背景值及人类活动对重金属污染的影响，广泛用于评价河流沉积物中重金属污染问题，地累积指数计算公式为：

$$I_{geo} = \log_2 \frac{C_d^i}{kC_b^i} \tag{1}$$

式中：I_{geo} 为重金属的地累积指数；C_d^i 为第 i 种重金属的实测值，mg/kg；C_b^i 为第 i 种重金属的背景值，mg/kg；k 为常数系数，一般为1.5。

依据地累积指数值（I_{geo}）把土壤中重金属污染程度分为7个等级，地累积指数区间及污染程度分级标准见表1。

表1 地累积指数区间及污染程度分级标准

I_{geo}	≤0	0~1	1~2	2~3	3~4	4~5	>5
污染级别	0	1	2	3	4	5	6
污染程度	无	轻度	偏中度	中度	偏重度	重度	严重

2.4 重金属来源解析

进入河湖的重金属来源广泛，主要分为两部分：自然来源和人类活动。自然来源主要包括土壤质地、大气降水及地表有机物等；人类活动来源主要来自工业、农业和生活等三大污染源，包括肥料浸出、污水排放、工业废水和城市建设等，人为源已成为全球许多河流重金属污染的主要来源。本研究利用相关性分析和主成分分析方法（PCA）分析了研究区沉积物中重金属元素。PCA算法采用降维的方法，将多个指数分解为反映原主要信息的少数几个综合指数，相关性较强的重金属具有相似的污染源[9-10]。

3 结果与分析

3.1 汾河干流沉积物重金属含量及空间分布

采用ICP-MS方法检测了汾河干流沉积物中8项重金属含量，结果如图1所示。干流沉积物Cr、Cd、Mn、Pb、Ni、As、Cu和Zn的平均值分别为15.11 mg/kg、20.56 mg/kg、75.65 mg/kg、8.03 mg/kg、0.26 mg/kg、20.99 mg/kg、63.70 mg/kg和449.77 mg/kg，含量排序依次为Zn>Mn>Cu>As>Cd>Pb>Cr>Ni。汾河干流沉积物8项重金属含量变异系数大小依次为Mn>Cr>Cd>Ni>Cu>Pb>As>Zn。

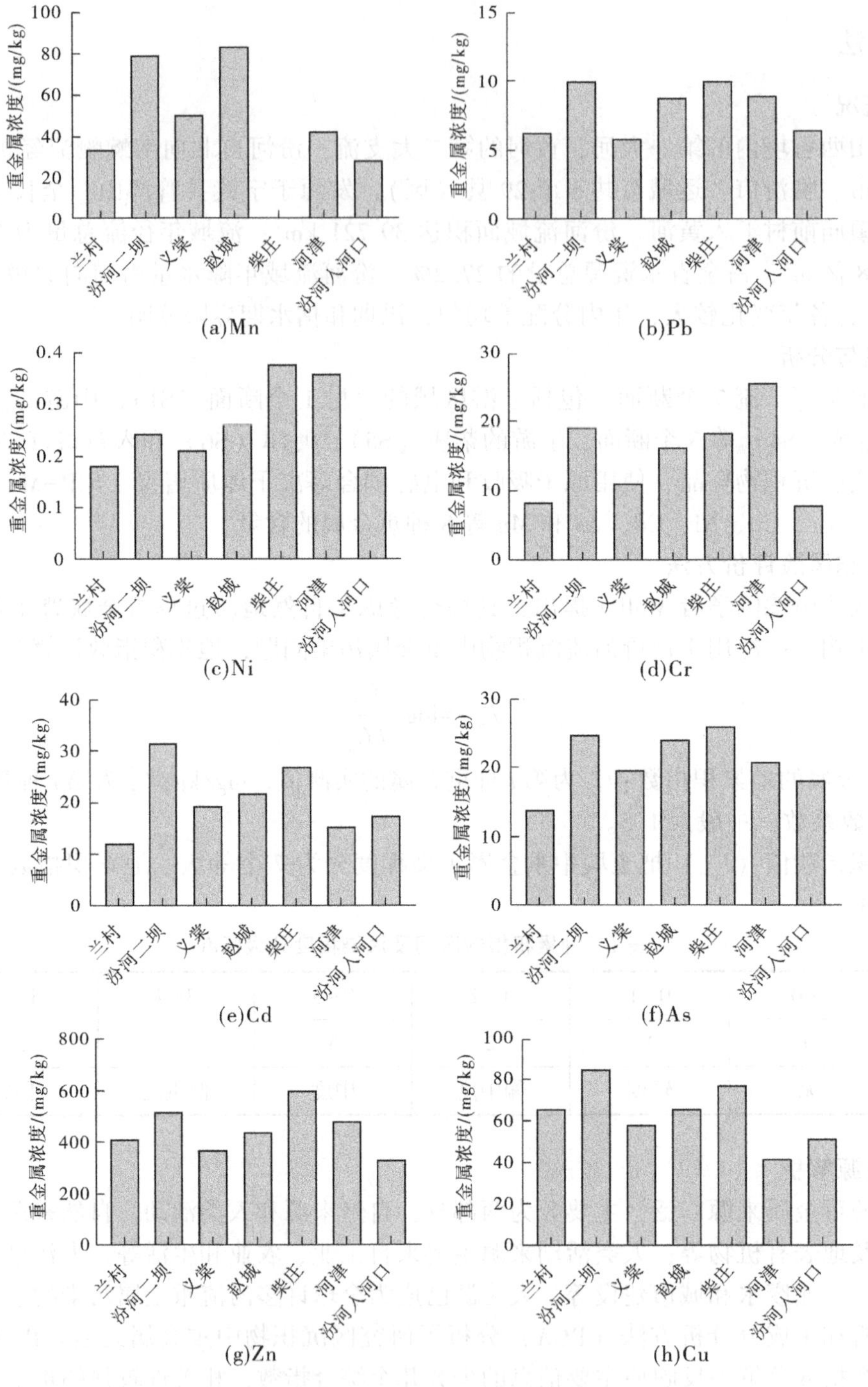

图 1 汾河干流沉积物中 8 种重金属含量及沿程分布

3.2 重金属污染生态风险评价

沉积物重金属污染是由于废弃物中重金属在沉积物中过量沉积而引起的，污染农田土壤的重金属主要包括汞、镉、铅、铬等，主要来自采矿废渣、农药、废水、污泥和大气沉降等，过量重金属可引起植物生理功能紊乱、营养失调，镉、汞等元素在作物籽实中富集系数较高，因而对其污染状况进行评估意义重大。地累积指数法是研究重金属污染的一个定量指标，利用地累积指数法评价土壤中重金属污染状况及程度较为科学和直观，该方法不但考虑了人为污染因素和环境地球化学对背景值的影响，还考虑了由于自然成岩作用可能引起的背景值的变动的影响。本研究选取山西土壤背景值作为评价背景值，使用地累积指数法进行计算（见表 2 和图 2）。

表 2　山西省重金属土壤背景值及地累积指数 I_{geo}

项目		Cr	Cd	Mn	Pb	Ni	As	Cu	Zn
山西重金属土壤背景值/（mg/kg）		61.8	0.128	554	15.8	32	9.8	26.9	75.5
基于山西重金属背景值的地累积指数	S1	-3.49	5.99	-4.63	-1.91	-8.05	-0.09	0.71	1.86
	S2	-2.28	7.35	-3.40	-1.24	-7.63	0.75	1.07	2.19
	S3	-3.07	6.64	-4.05	-2.01	-7.83	0.41	0.53	1.72
	S4	-2.53	6.83	-3.32	-1.44	-7.53	0.71	0.71	1.96
	S5	-2.35	7.12	-1.96	-1.25	-7.00	0.82	0.94	2.40
	S6	-1.87	6.33	-4.31	-1.41	-7.07	0.50	0.06	2.08
	S7	-3.58	6.50	-4.86	-1.89	-8.07	0.29	0.36	1.55

从 I_{geo} 来看，汾河干流 Cr、Mn、Pb 和 Ni 含量表现为无污染，Cd、Cu 和 Zn 含量的 I_{geo} 值大于 0 表现为污染状态，污染水平排序为 Cd>Zn>Cu>As。As 含量的 I_{geo} 值范围为-0.09~0.82，属于无污染到轻度污染水平；Cu 含量的 I_{geo} 值范围为 0.06~1.07，属于轻度到偏中度污染水平；Zn 含量的 I_{geo} 值范围为 1.55~2.40，属于偏中度至中度污染水平；Cd 含量的 I_{geo} 值范围为 5.99~7.35，属于严重污染水平。从空间分布来看，污染严重的四种重金属均表现为中游最高，这表明中游的污染最为严重，尤其是太原下的汾河二坝站点、柴庄站点。

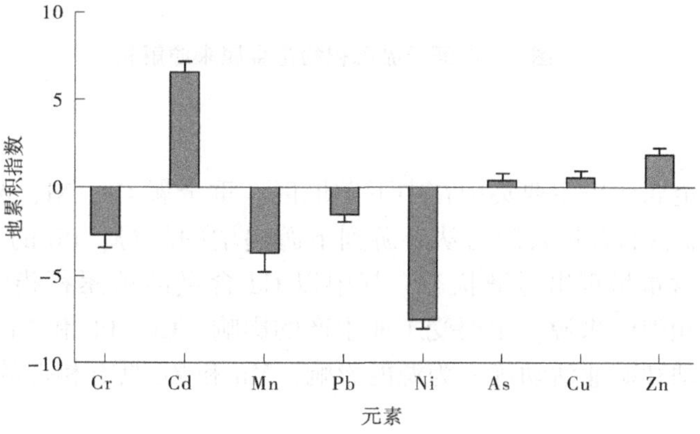

图 2　汾河干流重金属地累积指数

3.3　重金属污染来源解析

对 8 种重金属进行相关性和 PCA 分析（见表 3 和图 3），Cr、Pb 和 Ni 间相关性较高（$p<0.05$），Cd、As 和 Cu 间相关性较高（$p<0.05$），Mn 和 Zn 间相关性较高（$p<0.05$），这表明 Cd、As 和 Cu 具有相似的来源，主要受工业生产的影响；Cr、Pb 和 Ni 具有相似的来源，主要受交通运输、农业生产活动和矿业活动等人为源的影响；Mn 和 Zn 具有相似的来源。

表 3　汾河干流沉积物重金属含量的相关系数

元素	Cr	Cd	Mn	Pb	Ni	As	Cu	Zn
Cr	1.00	0.38	0.33	0.81*	0.85*	0.65	0.00	0.70*
Cd	0.38	1.00	0.63	0.73	0.32	0.86*	0.77*	0.64
Mn	0.33	0.63	1.00	0.65	0.68*	0.73*	0.58	0.83*
Pb	0.81*	0.73	0.65	1.00	0.75*	0.86*	0.49	0.89**
Ni	0.85*	0.32	0.68*	0.75*	1.00	0.66	0.02	0.81*
As	0.65	0.86*	0.73*	0.86*	0.66	1.00	0.49	0.73*
Cu	0.00	0.77*	0.58	0.49	0.02	0.49	1.00	0.57
Zn	0.70*	0.64	0.83*	0.89**	0.81*	0.73*	0.57	1.00

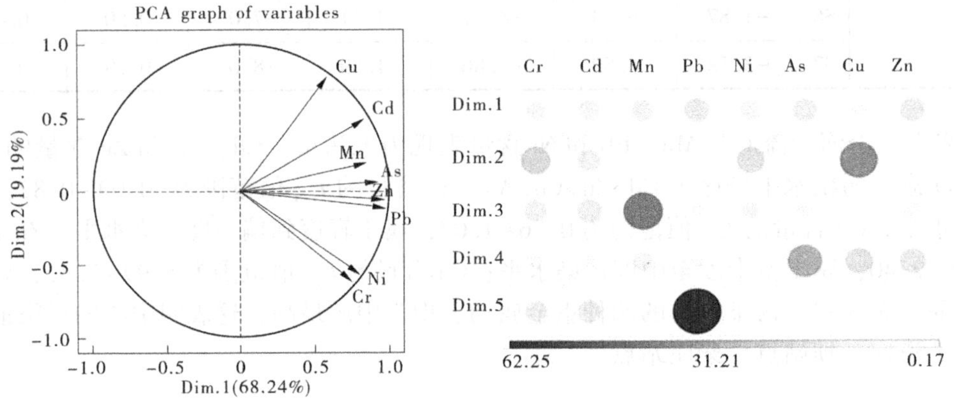

图 3　汾河干流沉积物重金属来源解析

4　结语

汾河干流沉积物重金属污染主要集中在中下游地区。重金属 Cr、Ni、As、Zn 含量均表现为中游最高；Cd、Mn、Cu 重金属的含量表现为从上游到下游递增的趋势；Pb 的重金属含量表现为上游最高。Cd、As、Cu 和 Zn 含量呈现出污染状态，其中以 Cd 含量的地累积指数最高，呈现重度污染水平。Cd、As 和 Cu 具有相似的来源，主要受工业生产的影响，Cr、Pb 和 Ni 具有相似的来源，主要受交通运输、农业生产活动和矿业活动等人为源的影响，Mn 和 Zn 具有相似的来源。

参考文献

[1] Saleem M, Iqbal J, Akhter G, et al. Fractionation, bioavailability, contamination and environmental risk of heavy metals in the sediments from a freshwater reservoir, Pakistan [J]. Journal of Geochemical Exploration, 2018, 184: 199-208.

[2] Pestana I A, Azevedo L S, Bastos W R, et al. The impact of hydroelectric dams on mercury dynamics in South America: a review [J]. Chemosphere, 2019, 219: 546-556.

[3] Jia J, Bai J H, Xiao R, et al. Fractionation, source, and ecological risk assessment of heavy metals in cropland soils across a 100-year reclamation chronosequence in an estuary, southern China. Science of the Total Environment. 2022 (807): 151725.

[4] Shi W C, Li T, Feng Y, et al. Source apportionment and risk assessment for available occurrence forms of heavy metals in Dongdahe Wetland sediments, southwest of China [J]. Science of the Total Environment, 2022, 815.

[5] Imam N, El-Sayed S M, Goher M E S. Risk assessments and spatial distributions of natural radioactivity and heavy metals

in Nasser Lake, Egypt [J] . Environmental Science and Pollution Research, 2020, 27 (20): 25475-25493.

[6] Jung E, Kim H, Yun D, et al. Importance of hydraulic residence time for methylmercury accumulation in sediment and fish from artificial reservoirs [J] . Chemosphere, 2022, 293.

[7] 嵇晓燕，孙宗光，聂学军，等. 黄河流域近 10a 地表水质变化趋势研究 [J]. 人民黄河，2016，38：99-102.

[8] 吕振豫，穆建新. 黄河流域水质污染时空演变特征研究 [J]. 人民黄河，2017，39：66-70，77.

[9] 霍明珠，高秉博，乔冬云，等. 基于 APCS-MLR 受体模型的农田土壤重金属源解析 [J] . 农业环境科学学报，2021，40 (5)：978-986.

[10] 袁宏，钟红梅，赵利，等. 基于 PCA/APCS 受体模型的崇州市典型农田土壤重金属污染源解析 [J] . 四川环境，2019，38 (6)：35-43.

黑河流域极端环境下的干旱演变特征分析

田孟涵[1,2]　田济扬[1,2]　章跃芬[1,2]　张宇琪[3]　刘宏远[3]

（1. 中国水利水电科学研究院，北京　100038；
2. 水利部防洪抗旱减灾工程技术研究中心，北京　100038；
3. 河北工程大学水利水电学院，河北邯郸　056038）

摘　要：西北干旱地区面临的干旱问题在全球气候变暖的背景下可能会进一步加剧，认识干旱演变特征是科学利用水资源的基础。本研究以黑河流域为研究对象，基于1956—2017年间的实测数据计算SPI指数与SPEI指数，按流域分区分析干旱指标的时空演变与发生频率，并探究其干旱危险度。结果表明：①下游地区的干旱情况较上中游更为严重，且日益严峻。②研究期内轻旱、中旱的发生频率较高，近20年特旱和重旱的发生频率明显增加。③上中游地区干旱危险度高于下游地区。研究结果可为西北地区今后的水资源开发利用提供科学依据。

关键词：气象干旱指标；干旱频率；干旱危险度；黑河流域

1　引言

近年来，全球各种极端气候频繁发生，如极端高温、极端降水、干旱、洪涝等问题不断加剧，据统计数据显示，全球气候变化及相关极端气候所带来的经济损失已经是过去40年平均值的近10倍[1]。因此在气候变化的大环境下，开展流域的气象干旱研究[2]，对于评价流域水资源安全具有重要的科学意义。

一般而言，气象干旱事件通常表现为高温和降水短缺[3]。在全球范围内，人为气候变化使干旱年份发生概率增加了1倍[4]，因此研究极端气候中的干旱事件亦非常重要。近年来已提出了多种干旱指数，主要包括非标准化指数、标准化指数和综合干旱指数[5]。非标准化指数简单易计算，但干旱级别分类范围不同，包括降水距平百分比[6]、干燥度[7]和比湿干旱指数[8]等。标准化指数计算复杂，但分类相似且可比性强，主要有帕默尔干旱指数[9]（Palmer Drought Severity Index，PDSI）、标准化降水指数[10]（Standardized Precipitation Index，SPI）、标准化降水蒸散指数[11]（Standardized Precipitation Evapotranspiration Index，SPEI）等。PDSI综合考虑多个要素，反映了形成干旱的主要因素，但只适用于月尺度评估[12]。SPI计算简便，有灵活的时间尺度和可比性[13]，但忽视了地表水分蒸散发[14]。SPEI结合降水统计规律和潜在蒸发蒸散量，评估气候变暖影响，更全面地反映干旱情况。与SPI类似，SPEI具有多时间尺度和强时空可比性，能监测短期和中长期干旱[15]，SPEI广泛应用于干旱评估和水文干旱分析领域[16-17]。这些干旱指数为科学准确评估干旱提供了重要工具，有助于应对干旱带来的各种挑战。本文选用SPI与SPEI两个指标结合研究黑河流域干旱演变特征。

黑河流域是我国西北干旱区内陆河，近年来受到气候变化等极端天气影响，冰川积雪融水量急剧增加。全球气候变暖导致黑河上游永久性冰川雪地面积从1990年的238 km^{2}锐减至2015年的67 km^2，下降了近70%，近年来还在以每年18%的速率继续消融。尽管前人已有研究，但很少探讨变化环境下黑河

作者简介：田孟涵（1999—），女，工程师，主要从事水旱灾害防御方面的研究工作。
通信作者：田济扬（1989—），男，高级工程师，中国水利水电科学研究院/水利部减灾中心工程部副主任，主要从事水旱灾害防御方面的研究工作。

流域气象干旱的演变规律。综上，本研究以黑河流域为研究对象，针对气象干旱指标时空演变规律进行分析，探讨流域气象干旱的危险度，为黑河流域水资源管理与科学防灾减灾提供参考依据。

2 数据与方法

2.1 研究区域概况

黑河流域介于38°00′~42°00′ N，198°00′~101°30′ E，发源于青海省祁连县，流域面积1.5×10^5 km^2，河道长821 km，是我国西北干旱区第二大内陆河流域，地跨青海、甘肃和内蒙古3省（自治区）共计10个县（市、旗、区）域。流域平均海拔3 600 m，相对高差3 100 m左右，流域整体地势南高北低。整个流域以莺落峡和正义峡为界分为上、中、下游，上游发源于祁连山脉，地势高，气温低，湿度大，是全流域的产流区；莺落峡至正义峡之间为中游，是主要水分消耗区，是流域内主要的人类活动区，但气候较为干旱；正义峡以下是下游，大部为沙漠戈壁，属极旱区，是河湖尾闾消失区。研究区地理位置如图1所示。

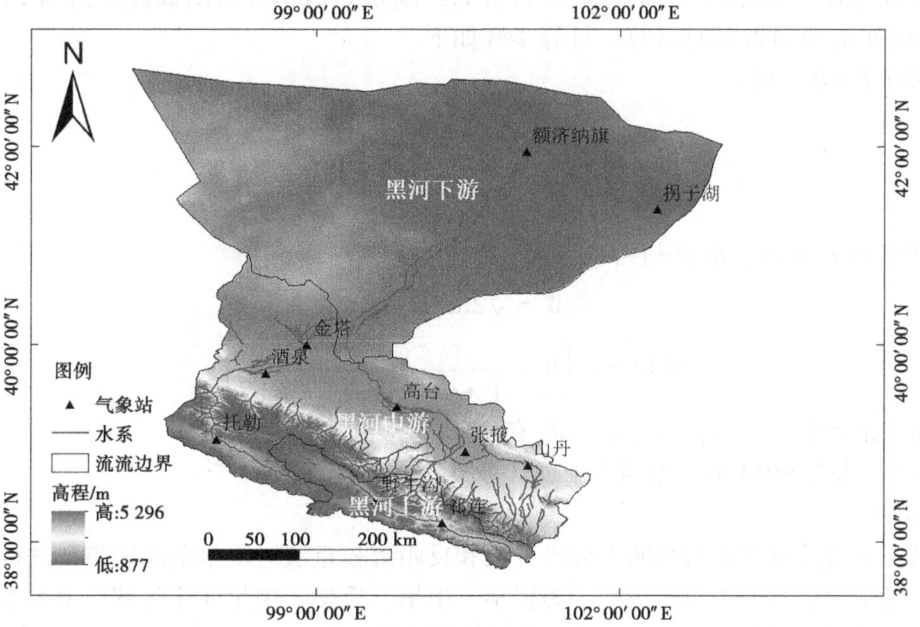

图1 黑河流域地理位置

2.2 数据来源

本研究的基础气象数据来源于国家气象信息中心的中国国家级地面气象站基本气象要素月值数据集（V3.0）。本研究选取了位于黑河流域的10个气象站（酒泉、金塔、高台、野牛沟、托勒、张掖、山丹、祁连、额济纳旗、拐子湖）1956—2017年的逐月平均气温、降水量观测资料进行研究，且各站点均为国家基准站或基本站。

2.3 研究方法

2.3.1 标准化降雨指数（SPI）

假设降水量是一种偏态分布，采用Gamma分布概率来描述降水量的变化，再经正态标准化求得SPI值，最后用标准化降水累计频率来划分干旱等级[18]。本文选用了累计3月的时间尺度利用Matlab软件计算SPI。具体计算步骤如下：

$$SPI^3 = \phi^{-1}[F(X^3)] \quad (1)$$

式中：F为Gamma分布函数；ϕ^{-1}为标准正态分布的反函数。

根据式（1）求得SPI值，参照表1进行等级的确定。

表 1 SPEI 和 SPI 值对应旱涝等级

SPI/SPEI 值	旱涝等级	SPI/SPEI 值	旱涝等级
(-∞，-2]	特旱	[0.5，1)	轻涝
(-2，-1.5]	重旱	[1，1.5)	中涝
(-1.5，-1]	中旱	[1.5，2)	重涝
(-1，-0.5]	轻旱	[2，+∞)	特涝
(-0.5，0.5)	正常		

2.3.2 标准化降水蒸散指数（SPEI）

标准化降水蒸散指数不仅可以在多时空尺度上进行比较，还考虑了潜在蒸散发的影响，通过降水量与蒸散量差值偏离平均状态的程度来表示某区域的干旱状况[19-20]。先利用彭曼公式计算潜在蒸散量，计算降水量与潜在蒸散量的差值，最后利用 log-logistic 概率分布函数计算出 SPEI。选用了累计 3 月的时间尺度使用 Matlab 软件计算，计算步骤如下。

当概率密度 $P\leqslant 0.5$ 时：

$$W=\sqrt{-2\ln(1-F)} \tag{2}$$

$$\mathrm{SPEI}=W-\frac{c_0-c_1W-c_2W^2}{1+d_1W+d_2W^2+d_3W^3} \tag{3}$$

当概率密度 $P>0.5$ 时，取 $P=1-P$：

$$W=\sqrt{2\ln(1-F)} \tag{4}$$

$$\mathrm{SPEI}=-\left(W-\frac{c_0-c_1W-c_2W^2}{1+d_1W+d_2W^2+d_3W^3}\right) \tag{5}$$

式中：F 为标准化降水；c_0、c_1、c_2、d_1、d_2 和 d_3 均为常数。

根据式（5）求得 SPEI 值，参照表 1 进行等级的确定。

2.3.3 干旱危险度

黑河流域干旱危险度利用自然断点分类方法和反距离权重法对干旱危险度指数进行分析和空间差值。根据已有的干旱资料，干旱等级统一为轻旱、中旱、重旱、极旱 4 个等级，并量化权重为 1、2、3、4，然后根据干旱级别与各权重，定义干旱危险度指数（drought hazard index）为[21]：

$$\mathrm{DHI}=L_r\times L_w+M_r\times M_w+S_r\times S_w+E_r\times E_w \tag{6}$$

式中：L_r 为轻旱的等级；L_w 为轻旱的权重；M_r 为中旱的等级；M_w 为中旱的权重；S_r 为重旱的等级；S_w 为重旱的权重；E_r 为极旱的等级；E_w 为极旱的权重。

3 结果与分析

3.1 干旱指标时空变化

图 2 为 1956—2017 年黑河流域地区的月尺度气象干旱时间变化特征。由图 2 可知，SPI 指数的特旱情况中，中游对 SPI 干旱做出反应的次数最多。其中黑河流域出现特旱 19 次，上游地区未出现，指数分布较均匀，中游地区发生 24 次，下游地区在 2010 年前后发生 7 次；SPI 共出现 5 个低于-3 的极值，上游在 2010 年发生 1 次，中游发生 4 次，其中，2013 年发生 2 次。

SPEI 指数的特旱情况中，黑河流域下游对 SPEI 干旱做出反应的次数较多。其中，在黑河流域出现 11 次，上游地区在 1956 年左右发生 3 次，中游地区仅在 2013 年发生 1 次，指数分布较均匀，下游地区在 2000 年前后发生 5 次，在 2010 年前后发生 5 次，共计 10 次；SPEI 共有 4 个低于-3 的极值，全流域在 2010 年发生 1 次，中游发生 3 次。

如图 3 所示，黑河流域额济纳旗 SPI 指数远低于黑河流域其他地区，拐子湖与托勒高于平均水

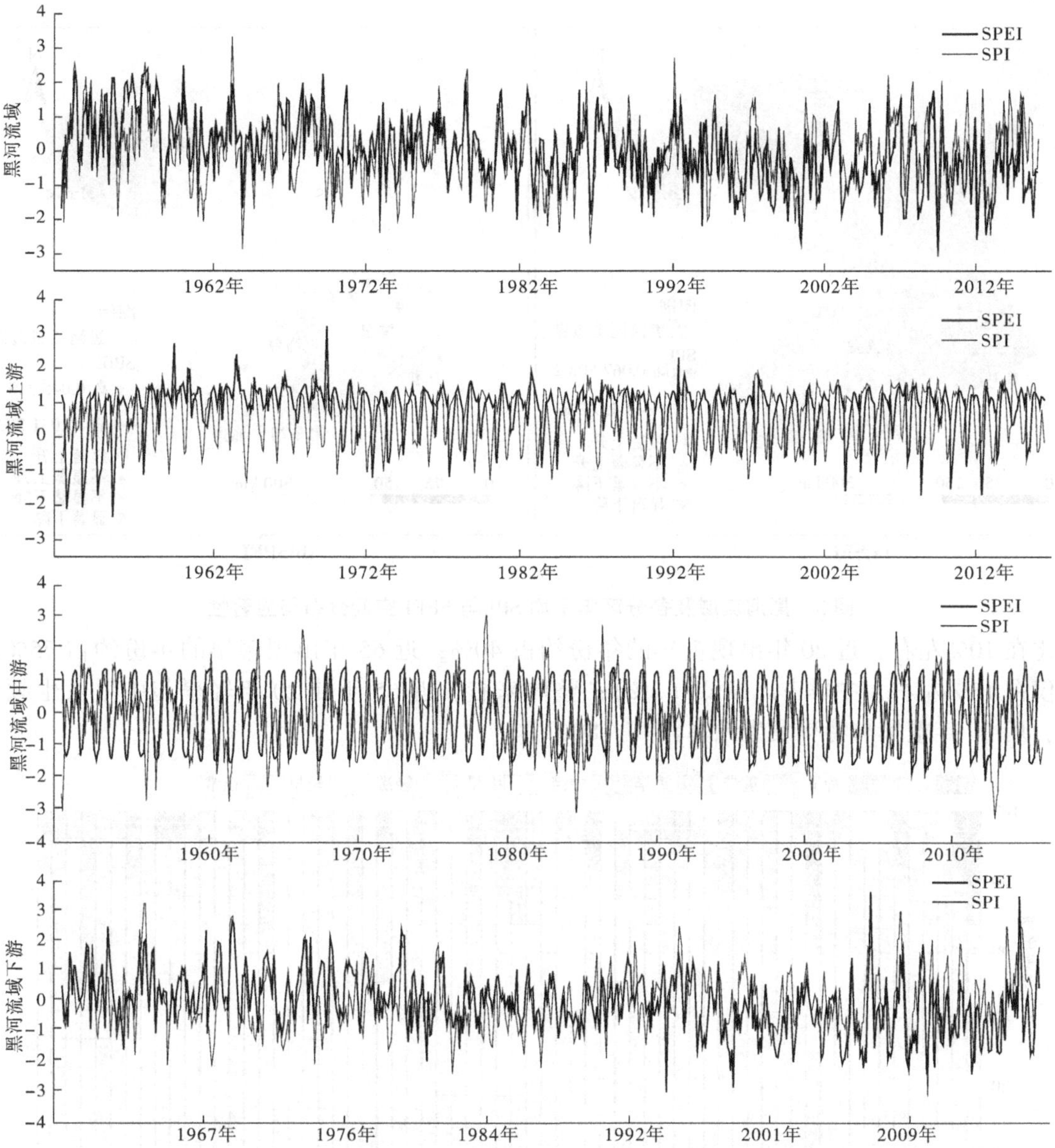

图 2　黑河流域及各分区 SPI 与 SPEI 月尺度变化趋势

平。其中，除额济纳旗、金塔和托勒年平均 SPI 指数呈显著升高趋势与拐子湖呈不显著降低趋势外，其他地区均呈不显著上升趋势。

黑河流域野牛沟地区 SPEI 指数远高于黑河流域其他地区，拐子湖与高台低于黑河流域平均水平。整体来说，上中游高于下游地区。其中，野牛沟年平均 SPEI 指数呈显著上升趋势，祁连与托勒的上升不显著，山丹呈不显著下降趋势，流域中下游其他地区均呈显著下降趋势。

3.2　干旱频率特征

3.2.1　时间干旱频率特征

黑河流域和其上中下游共四个区域的 SPI 和 SPEI 各年平均值干旱类型占比，如图 4 所示。黑河流域 SPI 多年平均旱涝正常比例占 40%左右；2001 年特旱占比高达 33%外，大部分年份特旱占比小于 10%；2013 年重旱占比最大（25%），其余年份重旱占比在 15%左右；整体来看，研究期出现特旱的年份约占 20%，出现重旱的年份约占 40%，旱情占比中轻旱较高，有 80%的年份均存在。SPEI 多年平均旱涝正常比例仅占 14%左右；1999 年特旱占比高达 33%且该年后频繁发生特旱，平均特旱占比大于 10%，近 20 年出现特旱的年份高达 80%；1997 年和 2016 年重旱占比最大（50%），其余年份

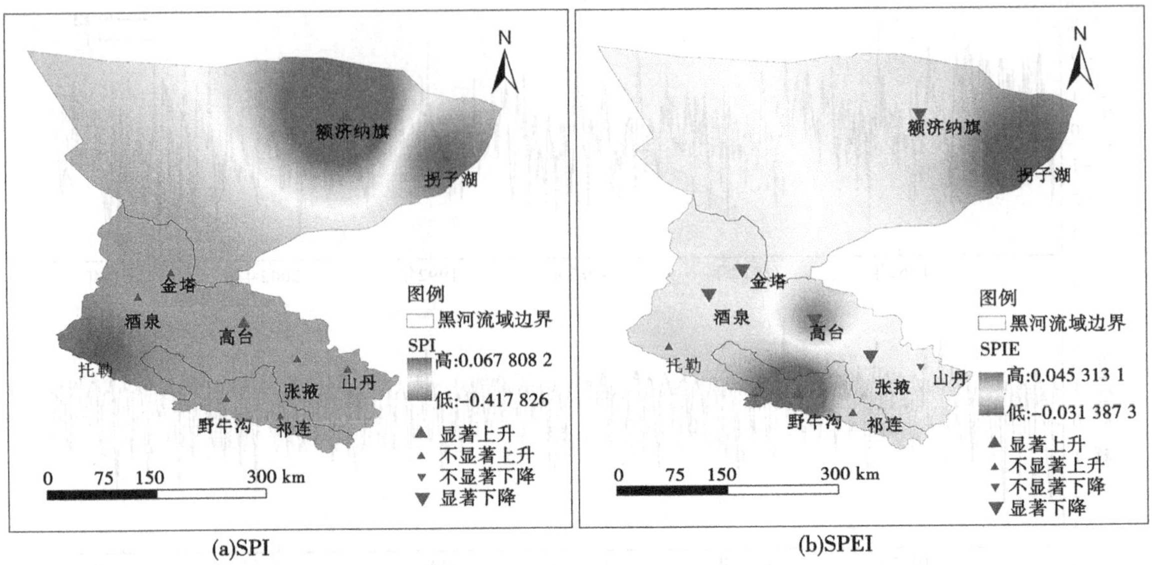

图 3　黑河流域及各分区年平均 SPI 与 SPEI 空间分布与显著性

重旱占比在 10%左右，近 20 年出现重旱的年份约占 40%；近 65 年出现轻旱的年份约占 75%，但轻旱年均仅在 15%左右，中旱占比极低（2%）；整体来看，近 65 年前 20 年轻旱与中旱发生频率较高（90%），后 20 年重旱与特旱发生频率较高（80%）。

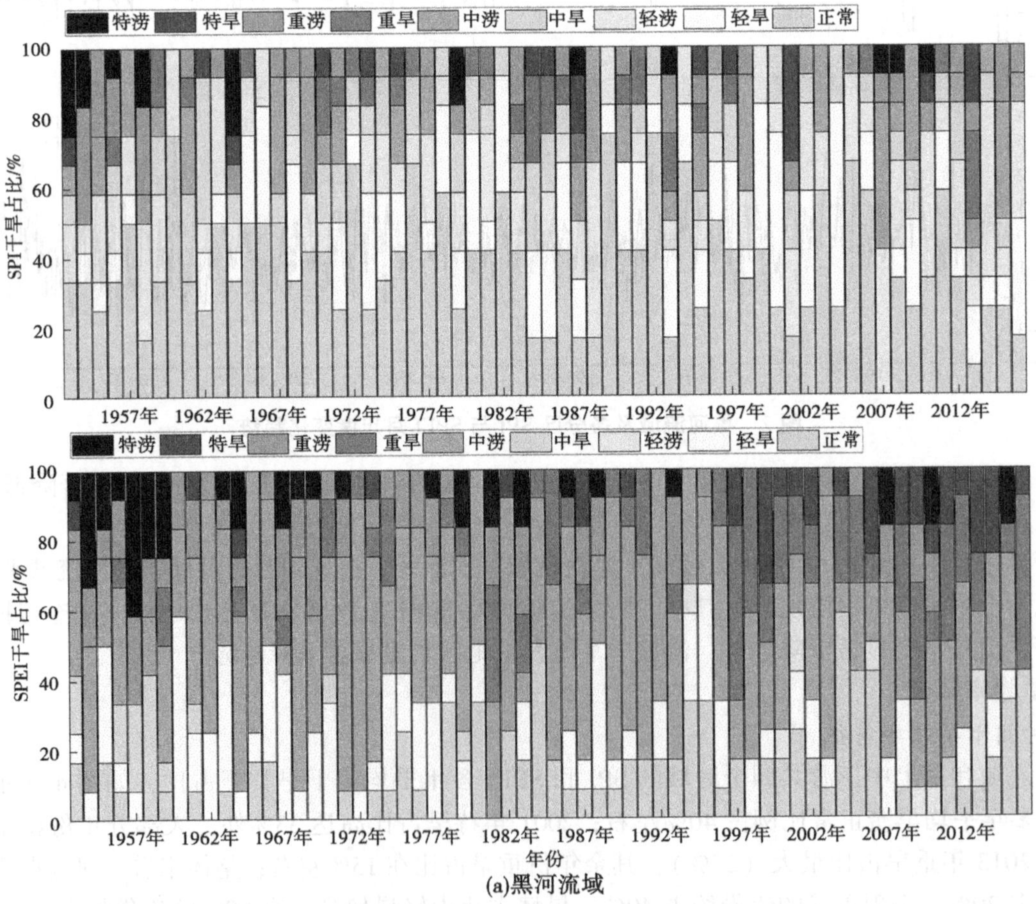

图 4　黑河流域及其分区 SPI 与 SPEI 各极端气候类型占比

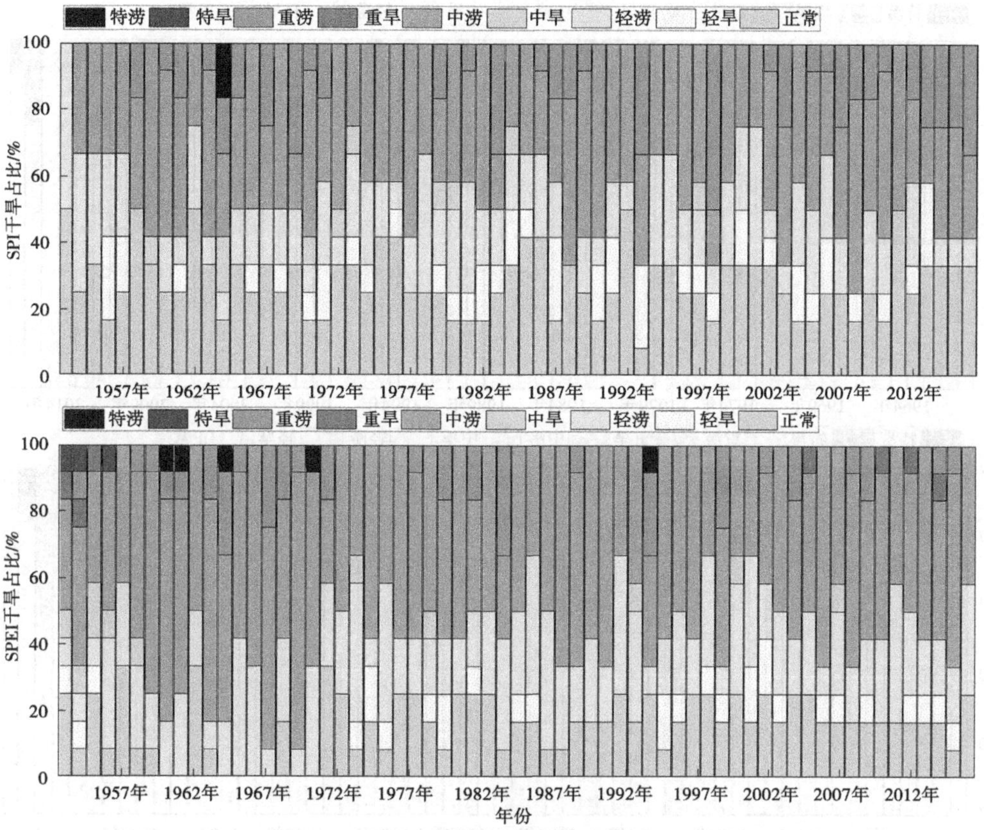

(b)黑河流域上游地区

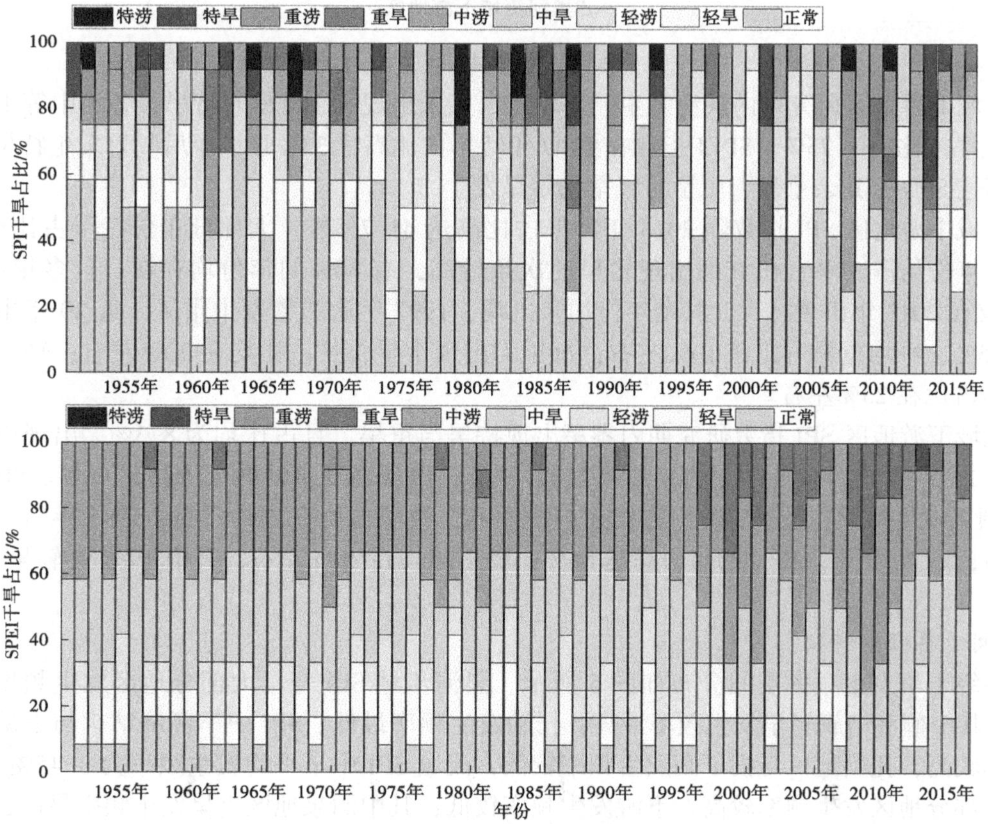

(c)黑河流域中游地区

续图 4

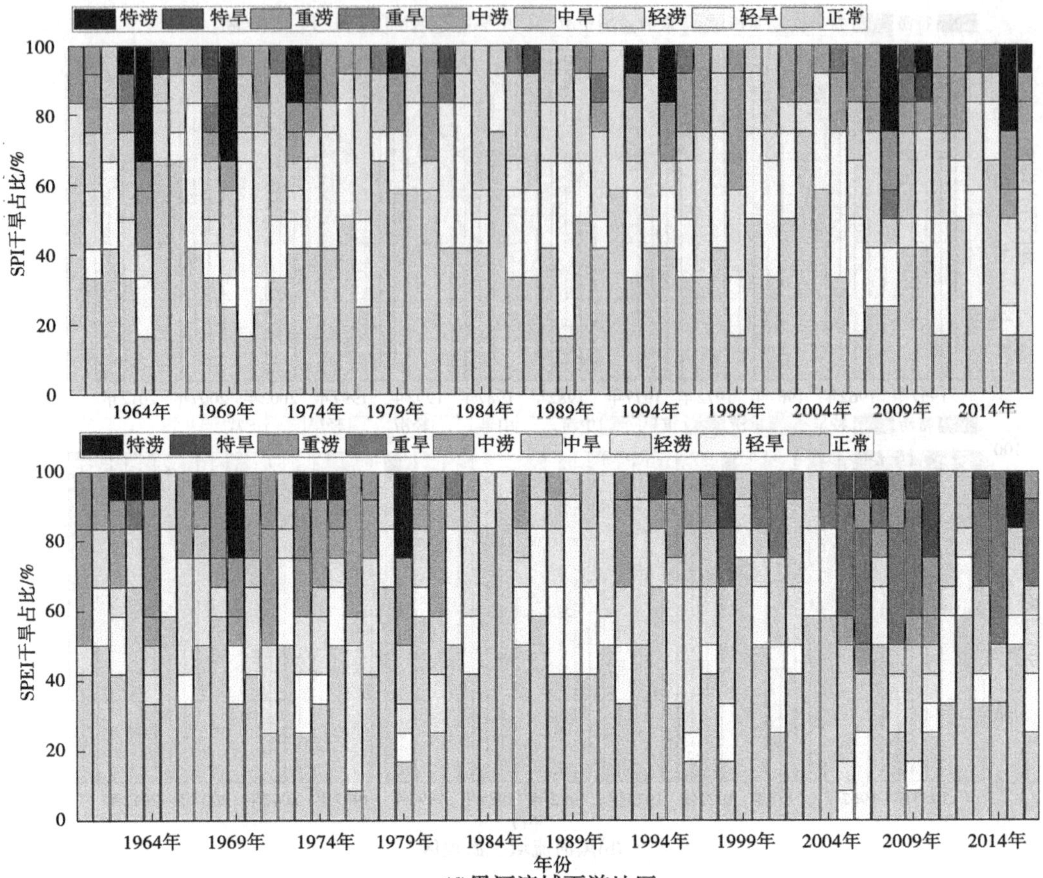

(d)黑河流域下游地区

续图 4

黑河流域上游地区研究期内洪涝发生频率较高，且未出现 SPI 重旱与特旱；各年中等干旱占比小于 20%，轻旱占比小于 25%。SPEI 指数在 1999 年特旱占比高达 33%且该年后频繁发生特旱，出现特旱的年份高达 80%；其余重旱、中旱与轻旱均零星发生。

黑河流域中游地区 SPI 指数除 2013 年特旱占比高达 41.7%外，大部分年份特旱占比小于 10%；出现重旱的年份约占 33%；研究期出现轻旱的次数较高，有 80%的年份均存在，且多年占比 50%。SPEI 指数仅在 2013 年出现特旱，其余年份均未出现；1997 年后频繁发生重旱，近 20 年出现重旱的年份约占 75%，平均重旱占比在 10%左右；每年均出现中旱，且占比均在 30%左右；轻旱出现占比高于 70%，占比在 25%左右。

黑河流域下游地区 SPI 指数研究期内零星出现特旱与重旱，且占比均为 8.3%；出现中旱的年份约占 70%，1972 年与 1984 年中旱占比最高（41.7%）；出现轻度旱情的年份高达 90%。SPEI 指数在 1997 年后频繁发生特旱与重旱，特旱占比在 10%左右，重旱占比在 20%左右；1995 年后中旱发生频率明显升高，近 20 年出现中旱的年份高达 86%；轻旱年均在 30%左右，其中 1989 年轻旱占比最高，高达 50%。

3.2.2 空间干旱频率特征

流域各级干旱发生频率空间分布如图 5 所示。黑河流域 SPI 轻旱大部分地区发生频率相似，在 15%左右，其中额济纳旗轻旱发生频率最高，托勒发生频率最低。SPI 中旱额济纳旗与上游大部分地区发生频率较高，托勒地区与拐子湖发生频率较低，流域 SPI 中旱平均发生频率为 8.45%。SPI 重旱于上中游大部分地区发生频率较高，下游发生频率较低；其中酒泉地区重旱发生频率最高，托勒地区重旱发生频率最低，流域 SPI 重旱平均发生频率为 3.82%。SPI 极旱黑河上中游除托勒地区外，发生频率较高；下游额济纳旗和拐子湖地区发生频率较低，流域 SPI 极旱平均发生频率为 1.79%。

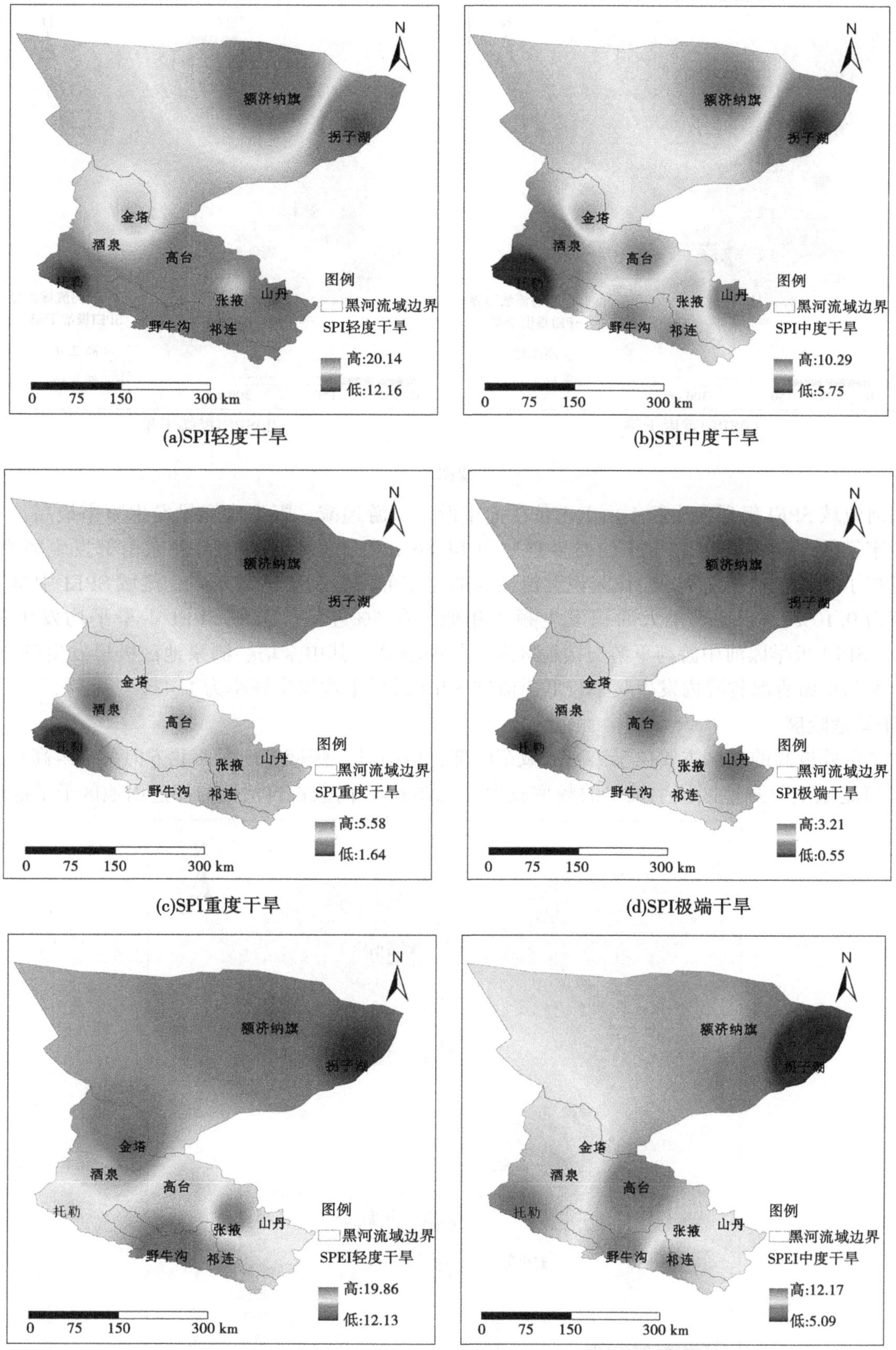

(a)SPI轻度干旱　(b)SPI中度干旱

(c)SPI重度干旱　(d)SPI极端干旱

(e)SPEI轻度干旱　(f)SPEI中度干旱

图 5　各干旱等级发生频率时空分布

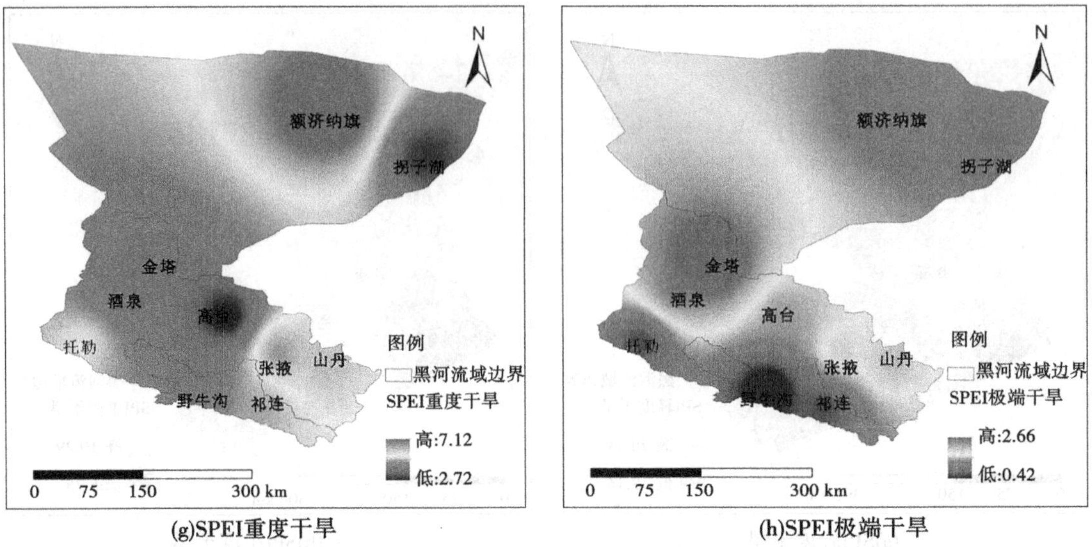

续图 5

黑河流域 SPEI 轻旱发生频率由上游依次向中游、下游递减，野牛沟轻旱发生频率最高，拐子湖发生频率最低，流域 SPEI 轻旱平均发生频率为 14.86%。SPEI 中旱西南部和东南部发生频率较高，东北部拐子湖发生频率较低。总体来说，流域西部比东部发生中旱的频率高，流域 SPEI 中旱平均发生频率为 9.10%。SPEI 重旱大面积发生频率相似，在 5%左右，流域 SPEI 重旱平均发生频率为 4.54%。SPEI 极旱黑河中游与下游交接地区发生频率较高，其中金塔、酒泉地区极旱发生频率最高；黑河上游与中游青海省界内发生频率较低，流域 SPEI 极旱平均发生频率为 1.43%。

3.3 干旱危险度

干旱危险度高的地区主要位于黑河流域东南部，由山丹、张掖等地向西北方向蔓延至高台，主要由于黑河流域上中游地区发生极旱的频率较大（见图 6）。内蒙古自治区与祁连山地区干旱危险度较

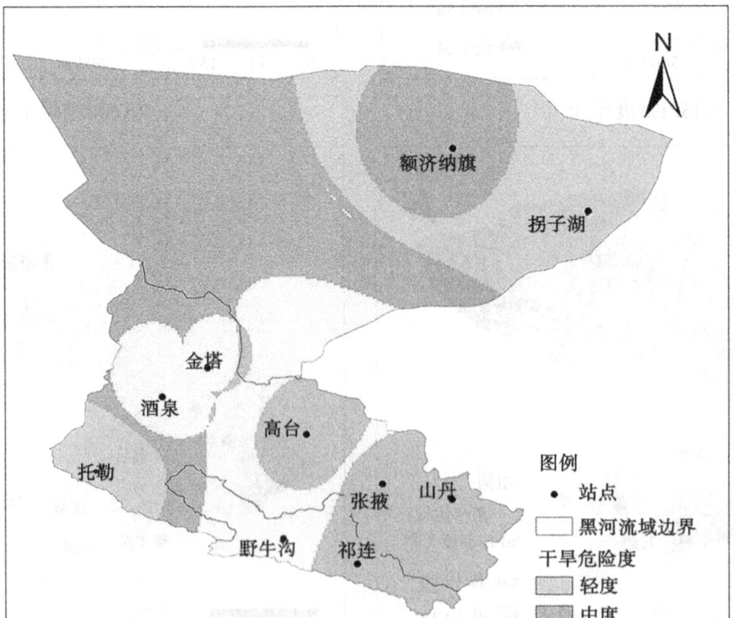

图 6 干旱危险度区划

低，内蒙古自治区虽然年降水量较少，但出现干旱情况多为轻旱；祁连山区由于海拔较高，常年冰雪覆盖，较少出现干旱情况。总体来说，东南部干旱危险度较高，西南部和东北部干旱危险度低；上中游干旱危险度高，下游干旱危险度低。

4 结论

（1）黑河流域及其分区气象干旱指标在时间变化方面，中游地区对 SPI 干旱做出反应的次数最多，下游地区对 SPEI 干旱做出反应的次数较多。空间变化方面，流域下游 SPI 指数明显低于其他地区，流域上游 SPEI 指数高于其他地区。总体来看，在黑河流域从上游到下游干旱问题逐渐加剧，下游地区的干旱情况更为严重，并且这种趋势正在持续恶化。

（2）干旱频率方面，黑河流域上游地区研究期内洪涝发生频率较高，但在 1999 年后频繁发生特旱；中游地区发生轻旱的次数较高，在 1997 年后频繁发生重旱；下游地区发生中轻旱频率较高，近 20 年约 90%的年份出现中旱。

（3）不同分区的干旱指数变化频率存在较大差异，黑河流域上游地区发生 SPI 中旱频率最高，SPEI 轻旱频率最高；中游地区发生 SPI 极旱频率最高，SPEI 轻旱频率最高；下游地区发生 SPI 轻旱频率最高，SPEI 中旱频率最高。

（4）不同等级的干旱在黑河流域的分布存在差异，总体来说，上中游地区干旱危险度高于下游地区。

参考文献

[1] 丁裕国，郑春雨，申红艳．极端气候变化的研究进展［J］．沙漠与绿洲气象，2008，2（6）：1-5.

[2] 左其亭，王子尧，马军霞．我国现代治水研究热点与发展展望［J］．水利发展研究，2024，24（6）：13-19.

[3] Eze E，Girma A，Zenebe A，et al. Predictors of drought-induced crop yield/losses in twoagroecologies of southern Tigray，Northern Ethiopia［J］. Sci. Rep. 2022（12）：6284.

[4] Sarhadi A，Ausín M C，Wiper M P，et al. Multidimensional risk in a nonstationary climate：Joint probability of increasingly severe warm and dry conditions［J］. Sci. Adv. 2018（4）：3487.

[5] 张俊，陈桂亚，杨文发．国内外干旱研究进展综述［J］．人民长江，2011，42（10）：65-69.

[6] 孙鹏，张强，白云岗，等．基于可变模糊算法的塔里木河流域干旱风险评价［J］．自然灾害学报，2014，23（5）：148-155.

[7] 孟猛，宗美娟．利用 de Martonne 方法对我国 20 世纪干旱化趋势的研究［J］．水土保持研究，2018，25（3）：128-132.

[8] 刘玉英，李宇凡，谢今范，等．东北高空湿度变化特征及其与地面气温和降水的关系［J］．地理科学，2016，36（4）：628-636.

[9] Palmer W C. Meteorological drought，30. US Department of Commerce，Weather Bureau Washington［J］. DC. 1965.

[10] McKee T B，Doesken N J，Kleist J. The relationship of drought frequency and duration to time scales［C］// In Proceedings of the 8th Conference on Applied Climatology. American Meteorological Society，Boston，MA. 1993.

[11] Vicente-Serrano S M，Beguería S，López-Moreno J I. A multiscalar drought index sensitive to global warming：the standardized precipitation evapotranspiration index［J］. Journal of climate，2010，23（7）：1696-1718.

[12] 赵林，武建军，吕爱锋，等．黄淮海平原及其附近地区干旱时空动态格局分析：基于标准化降雨指数［J］．资源科学，2011，33（3）：468-476.

[13] 侯威，张存杰，高歌．基于气候系统内在层次性的气象干旱指数研究［J］．气象，2012，38（6）：701-711.

[14] 张宝庆．黄土高原干旱时空变异及雨水资源化潜力研究［D］．杨凌：西北农林科技大学，2014.

[15] Potop V，Možný M，Soukup J. Drought evolution at various time scales in the lowland regions and their impact on vegetable crops in the Czech Republic［J］. Agricultural and Forest Meteorology，2012，156：121-133.

[16] 李伟光，易雪，侯美亭，等．基于标准化降水蒸散指数的中国干旱趋势研究［J］．中国生态农业学报，2012，

20（5）：643-649.

［17］庄少伟，左洪超，任鹏程，等. 标准化降水蒸发指数在中国区域的应用［J］. 气候与环境研究. 2013，18（5）：617-625.

［18］李增. 东北地区干旱特征及预测模型研究［D］. 沈阳：沈阳农业大学，2021.

［19］Deng Y，Wu D，Wang X，et al. Responding Time Scales of Vegetation Production to Extreme Droughts Over China［J］. Ecological Indicators，2022，136：108630.

［20］Miller D L，Alonzo M，Meerdink S K，et al. Seasonal and Interannual Drought Responses of Vegetation in a California Urbanized Area Measured Using Complementary Remote Sensing Indices［J］. ISPRS Journal of Photogrammetry and Remote Sensing，2022，183：178-195.

［21］孙鹏，张强. 新疆塔里木河流域洪旱灾害模拟分析及时空演变特征研究［J］. 北京：科学出版社，2019.

西南某多沙河流水库河床质原型观测试验研究

李丽珂[1,2]　王　强[1,2]　董庆豪[1,3]

（1. 黄河水利委员会黄河水利科学研究院，河南郑州　450003；
2. 河南省湖库功能恢复与维持工程技术研究中心，河南郑州　450003；
3. 郑州大学水利与交通学院，河南郑州　450001）

摘　要：开展水库原型数据测量对于了解水库的水沙运行过程具有重要意义。水库不同断面河床质的组成是水沙演进过程计算的必要参数，该参数的正确与否直接关系到悬移质的纵向前进速度以及横向的泥沙扩散。本研究针对西南某水库洪水期间水库断面河床质的组成进行原型测量，测量结果可为后续构建水库一维水沙数学模型提供基础资料，也可为水库管理部门深刻认识库区水沙运行过程提供理论指导。

关键词：原型观测；断面流速；底泥；水沙运行；数学模型

1　工程概况及研究意义

研究水库为一座以灌溉和供水为主，兼有防洪、发电、环境保护和旅游等综合效益的一等大（1）型水利水电工程，亦是所在地区重要的水源调节工程。该水库受汶川地震影响，其来沙情势发生显著改变。

关于来沙情势变化对水库水沙运动的影响，很多学者开展了大量的研究工作。高兴等认为黄河水沙情势发生了巨大的调整，导致小浪底水库的边界也发生了相对的改变，提出了考虑黄河水沙变化的小浪底水库调水调沙优化运用方式[1]。郭生练等综述了三峡水库运行调度关键技术研究进展和分析来水来沙变化情况，开展了面向新时期新需求的三峡水库运行方案研究，并提出了优化运行的建议[2]。周银军等借助长系列水沙资料对长江三峡水库入库泥沙的地区组成进行分析，指出当前主要的来沙区域变化，并对其与水库建设之间的关系进行了讨论[3]。刘洁等分析了宜昌站的水沙情势变化，认为径流变化较小，但输沙量大幅减小，并分析了对三峡库区泥沙淤积的影响[4]。采用原型观测对水库的水力学特性及排沙过程等进行研究是目前较为常用的手段。段文刚等采用现场原型观测手段对三峡大坝泄水建筑物的水力学特性进行研究，验证了三峡大坝泄水建筑物的布局是合理的[5]。张毅等介绍了利用上游拉西瓦水电站2009年3月下闸蓄水和其后抬升水位的有利时机，人为调控李家峡水库水位进行原型观测试验，获取了大量有效的试验监测数据，分析评价大坝在高水位运行和水位短期内小幅波动下大坝的运行状态及规律[6]。

本研究针对西南某水库长期以来缺乏底泥实测资料的现状，开展了汛期洪水期间底泥原型观测试验，以期为后续的科学研究提供基础资料。研究区域及断面位置如图1所示。

基金项目：国家自然科学基金资助项目（52309091，U2243215）。

作者简介：李丽珂（1994—），女，工程师，主要从事水力学及河流动力学方面的研究工作。

通信作者：王强（1991—），男，高级工程师，主要从事河床演变与水库泥沙方面的研究工作。

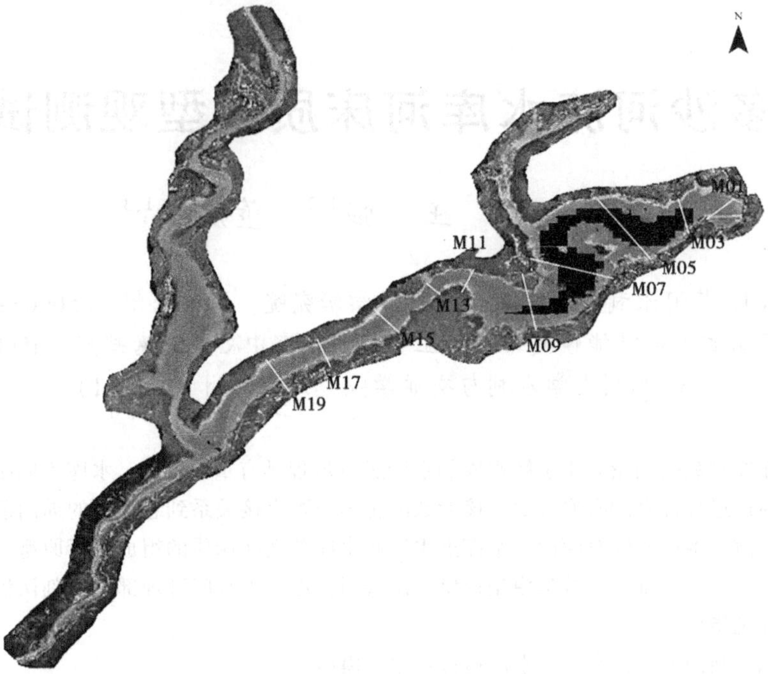

图 1　研究区域及断面位置

2　观测设备及观测实施

2.1　测验船舶

本研究原型测量试验配备水文测船 1 艘，配备测验仪器有回声测深仪、GPS 定位仪以及四仓采样器等。配备冲锋舟 1 艘，负责机动运送物资和人员。图 2 为水文测船［见图 2（a）］与冲锋舟［见图 2（b）］实体图，水文测船尺寸为 3 m×9 m，冲锋舟的尺寸为 2 m×7 m。在测验期间，水文测船与冲锋舟配合使用，协调完成原型测量工作。

2.2　单船测流系统

水文测验控制台由变频调速系统、水下信号采集系统、光栅编码测距系统、触摸屏操作控制系统、工控机、流量泥沙测验控制软件等组成，主要工作流程见图 3。

3　测验原则及测验方案

3.1　参数选取原则

本试验参数选取原则如下：

（1）水位。主流线测验，可观测一次水位，横断面法测验应观测开始水位与终了水位。

（2）定位。确定断面位置，施测起点距，可参照已有断面图，预选起点距定位，取位记至 1 m。

3.2　原型观测位置

采用断面法来确定本研究的研究区域。2008 年汶川地震后在断面 M13 处形成一个高约 30 m 的潜坝，至 2015 年初期，库区淤积三角洲顶点已经与潜坝顶端平齐，至 2019 年，部分泥沙越过潜坝进入坝前区。本研究主要以坝前断面 M01 至潜坝上游断面 M15 为研究区域，选取的典型断面为 M04、M06、M09、M13 和 M15。

3.3　原型观测时段

根据水库上游来水来沙情况和洪水的形成、发展过程确定测验时机和测验时段。原型测量取样时间为 2022 年 8 月 31 日。

3.4　底泥测量仪器

回声波测深仪是一种适用于江河湖泊、水库航道、港口码头、沿海、深海的水下断面和水下地形

(a)

(b)

图 2　水文测船与冲锋舟

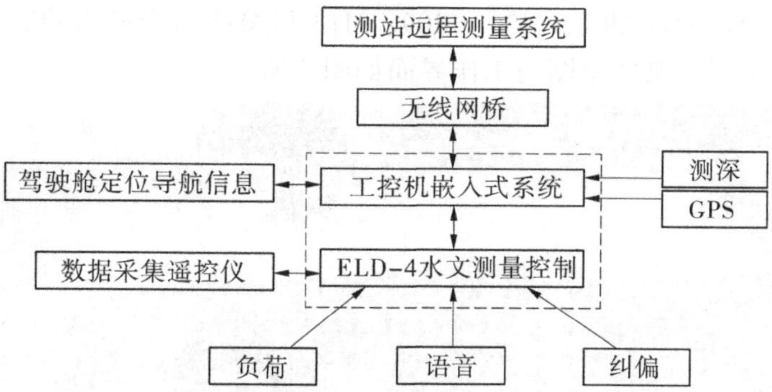

图 3　单船测流系统工作流程

测量以及导航、水下物探等诸多水域的水深测量仪器。由便携式机箱、传感器、微型打印机、支架和信号电缆及上位机软件等部分组成。水库底泥观测启用 1 条机动船，采用停船抛锚，利用 GPS 为测船定位。其中，采用 GPS 定位的方式直读起点距。

四仓悬移质泥沙采样器主要功能要求及主要技术参数如下：

（1）主要功能要求：集横式采样器、无线遥控器于一体，每下放到一个测点，可关闭任意一个采样器，可分别取得任意点的水样。

（2）主要技术参数：应用最大含沙量为 800 kg/m^3，设计水深为 100 m，采样容积为 2 000 mL，发射器工作电源为 26 VDC，仓数为 4，信号控制器工作电压为 220 AC。

采用铅鱼悬挂多仓采样器进行泥沙取样，电子天平用于称重泥沙样品。

3.5 典型断面水位观测

在水库库区各监测断面布设水尺，根据汛期库区水位涨落快的特点，洪水测验期间各水位进行加密观测。水位日变化小于 1.0 m 时，每日观测 4 次（02：00、08：00、14：00、20：00）；水位日变化大于 1.0 m 时，每 2 h 观测 1 次；水位涨落率大于 0.15 m/h 时，每 1 h 观测 1 次。

4 测量结果分析

4.1 水位变化分析

图 4 为水库现场测量期间出入库流量及水位变化。由图 4 可知，整个测量期间，入库流量始终大于出库流量，水库处于蓄水阶段，水位逐渐抬升。

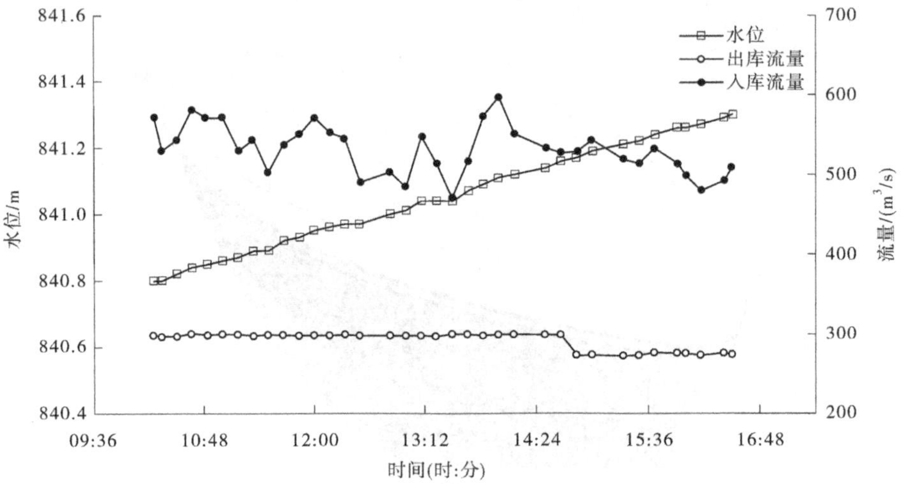

图 4 水库现场测量期间出入库流量及水位变化

4.2 底泥测量分析

本研究对库区中段至坝前段 M04、M06、M09、M13 和 M15 五个断面的底泥进行取样，并使用激光粒度分析仪进行粒径分析，其实景图与工作界面如图 5 所示。

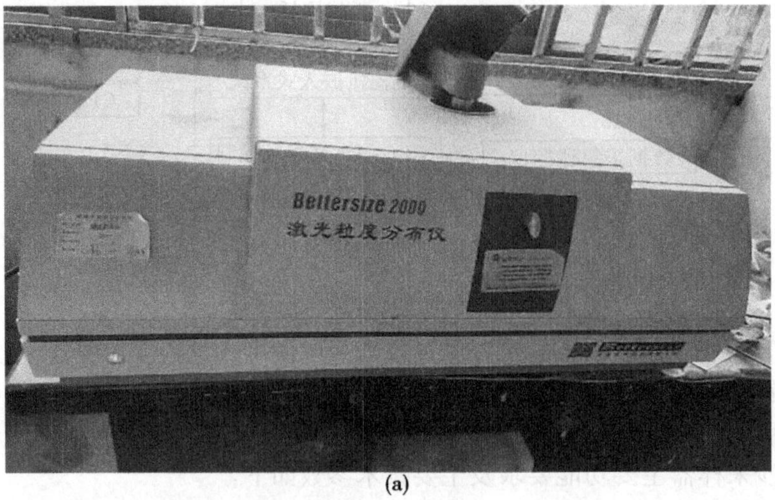

(a)

图 5 激光粒度分析仪实景图与工作界面

(b)

续图 5

图 6 为研究水库不同断面的底泥级配与特征粒径变化图。由图 6（a）可知，靠近坝前的 M04 和 M06 两个断面的级配基本一致。这是由于这两个断面均位于库区折弯处下游的宽库段，此处水深较大，整体流速较小，且由于库区较长距离的沿程分选后，到达该位置处的泥沙粒径相对较细，因此粒径的变化相对较小。M04 断面特征粒径 D_{10}、D_{50}、D_{90}（文中的 D_i 表示累积频率曲线上纵坐标取值为 i%时所对应的粒径值）分别为 2.95 μm、12.25 μm、43.81 μm，M06 断面特征粒径 D_{10}、D_{50}、D_{90} 分别为 2.91 μm、12.14 μm、44.01 μm。M09 断面的泥沙粒径比上下游均较粗，其特征粒径 D_{10}、D_{50}、D_{90} 分别为 4.05 μm、22.84 μm、80.41 μm。M13 断面特征粒径 D_{10}、D_{50}、D_{90} 分别为 2.77 μm、11.13 μm、39.09 μm，与 M04 和 M06 断面的粒径相近。M15 断面特征粒径 D_{10}、D_{50}、D_{90} 分别为 3.66 μm、18.68 μm、64.52 μm，粒径介于 M04 与 M13。因汶川地震，该库区在 M13 断面处产生了一次较大的滑坡，巨大的滑坡体在水下形成了一个显著的潜坝，因此对库区底泥的粒径产生了重要的影响。M15 断面位于潜坝的上游，潜坝因拦截部分上游泥沙而导致粒径偏粗，因此该位置处的泥沙粒径较潜坝下段的位置（M04 和 M06）的粒径粗。M09 断面的泥沙粒径主要是受该位置附近高速桥墩的影响，导致流速减缓，粗颗粒泥沙落淤，因此该位置的泥沙粒径相对最粗。

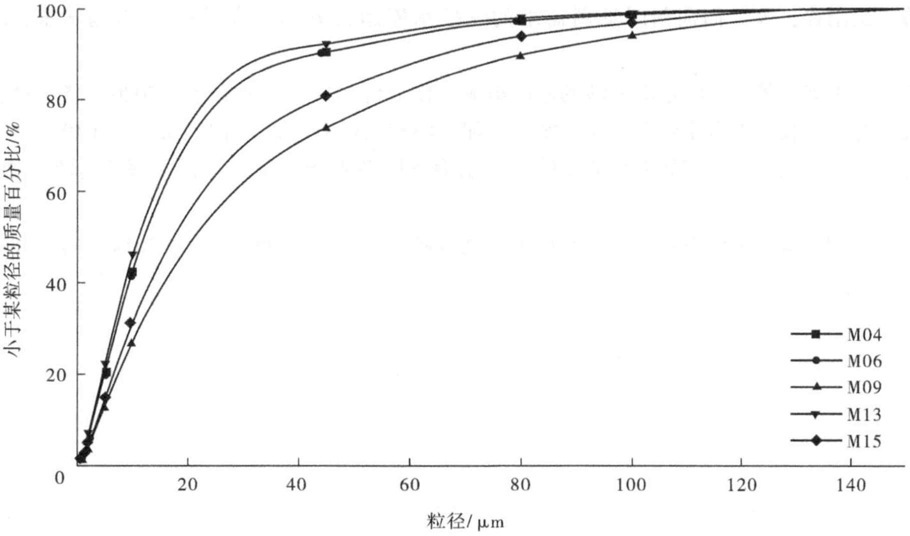

(a)级配变化

图 6　不同断面底泥粒径组成

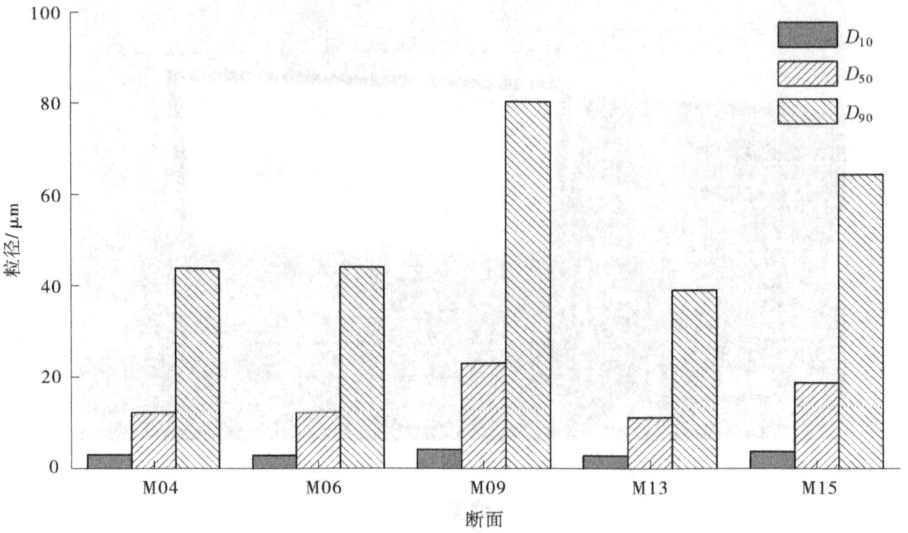

(b)特征粒径变化

续图 6

5 结论

开展水库原型数据测量工作对于构建水库一维水沙数学模型意义重大。本文研究水库原型测量重点关注洪水期间河床质的组成。水库过水断面河床质的组成是水沙演进过程的必要参数，该参数的正确与否直接关系到悬移质的纵向前进速度以及横向的泥沙扩散。通过现场测量获得的底泥变化规律可为水库一维水沙数学模型构建与复核提供数据支撑。

参考文献

[1] 高兴，朱呈浩，陈翠霞，等．考虑黄河水沙丰枯变化的小浪底水库调水调沙优化研究［J］．人民黄河，2023，45（10）：19-24.

[2] 郭生练，王俊，谢雨祚，等．面向新时期新需求的三峡水库运行方案研究［J］．水利学报，2024，55（4）：379-388.

[3] 周银军，王军，金中武，等．三峡水库来沙的地区组成变化分析［J］．泥沙研究，2020，45（4）：21-26.

[4] 刘洁，杨胜发，沈颖．长江上游水沙变化对三峡水库泥沙淤积的影响［J］．泥沙研究，2019，44（6）：33-39.

[5] 段文刚，侯冬梅，王才欢，等．三峡大坝泄水建筑物水力学原型观测与分析［J］．水利学报，2019，50（11）：1339-1349.

[6] 张毅，李季，胡锁钢，等．黄河李家峡大坝原型观测试验研究［J］．大坝与安全，2014（6）：48-52.

浅谈海河流域省际边界河道河湖长协调联动机制建设

付立文[1]　赵亮亮[2]　张青森[2]

（1. 水利部海河水利委员会引滦工程管理局，天津　300392；
2. 水利部海河水利委员会，天津　300170）

摘　要：近年来，推进京津冀协同发展、高标准建设雄安新区和北京城市副中心等国家重大战略相继在海河流域落地实施，赋予了海河流域河湖长制工作新的时代内涵。为进一步加强流域统筹、区域协同、部门联动，着力推进河湖治理保护由政府单一驱动向政府—企业—社会共同推进转变，在归纳总结以往联防联控工作的基础上，深入调研京津冀晋等省市两级河长办、县乡村级河长及有关基层单位情况，分析存在的问题，从而更有针对性地提出思路举措，积极探索建立永定河“河长+”工作机制，为推动河湖治理保护提供了支撑保障，打造流域治理管理现代化样本。

关键词：海河流域；省际边界河道；永定河“河长+”工作机制

1　引言

海河流域管理机构（海河水利委员会）深入贯彻党中央、国务院关于强化河湖长制的重大决策部署，落实流域治理管理“四个统一”要求，充分发挥省级河湖长联席会议办公室作用，指导各省（直辖市、自治区）建立完善上下游、左右岸、干支流、跨省界及省内跨界河湖管理保护协作机制。在归纳总结以往工作基础上，以永定河为样本，进一步探索深化目标统一、任务协同、措施衔接、行动同步的联防联控机制，推动解决流域保护治理管理重大问题，持续推进幸福河湖建设。

2　基本情况

2.1　流域及省际边界河道概况

海河流域主要由海河、滦河和徒骇马颊河三大水系组成，地跨北京、天津、河北、山西、山东、河南、内蒙古和辽宁等8个省（区、市），总面积32.06万km^2。流域面积50 km^2及以上省际边界河道201条，河道总长度15 952.8 km，流域面积28.40万km^2，其中流域面积1 000 km^2以上的河流包括永定河、滦河、滹沱河、漳河、潮白河、洋河、卫河等27条河流。

2.2　流域河湖长制组织体系

2017年，根据《关于全面推行河长制的意见》和水利部、环境保护部《贯彻落实〈关于全面推行河长制的意见〉实施方案》精神，海委成立推进河长制工作领导小组，流域各地各级党委政府，积极响应习近平总书记“每条河流要有‘河长’了”的伟大号令，主要负责同志牵头落实全面推行河湖长制工作。2018年底，海河流域片提前半年全面建成河长制湖长制，省市县乡四级工作方案全部出台并设立工作机构，明确省市县乡村五级河长8.9万名。几年来，流域河湖长制持续迭代升级，从建立机制、责任到人、搭建四梁八柱的1.0版本，到重拳治乱、清存量遏增量、改善河湖面貌的2.0版本，再到如今的全面强化、标本兼治、打造幸福河湖的3.0版本，在改善水环境、保护水资

作者简介：付立文（1984—），男，高级工程师，主要从事河湖管理、工程运行管理等相关工作。

源、修复水生态等方面发挥了重要作用。

3　主要做法及工作成效

3.1　发挥统筹协调作用，构建完善省级跨区域协作平台

面对流域省际边界河道、跨省河道众多，上下游左右岸标准不统一、整改进度不协调、插花地飞地责任区分困难的实际情况，在广泛征集案例素材和意见建议基础上，2020 年 8 月，组织京津冀晋鲁豫蒙等 7 个省（区）级河湖长办联合印发《海河流域河长制湖长制联席会议制度》，明确了会议组织、议事事项、会议纪要及落实等具体内容，构建了“工作联络畅通、问题协商到位、信息互通共享、区域联动发展”四位一体的跨区域协作平台，为及时协调解决跨界河湖重点难点问题、切实推进河湖长制工作取得实效奠定基础。2022 年 3 月，协调京津冀晋鲁豫蒙辽等 8 个省（区）级人民政府建立《海河流域省级河湖长联席会议机制》，同年 12 月，海委组织召开海河流域第一次省级河湖长联席会议，共同谋划推动流域协同治理保护，细化联席会议办公室工作职责，印发《海河流域省级河湖长联席会议工作规则》，为在更高层级协调解决跨区域、跨部门河湖管理保护难题奠定坚实基础。

3.2　充分借力河长制平台，解决省际边界河道难点问题

积极推进中央直管河库按属地原则纳入当地河长制湖长制管理，大力推动委直属各管理局融入地方河长制工作体系，卫河、卫运河、南运河、漳河上游山西段等列入省级河湖名录，其他直管河段按属地原则进入市级河湖名录。委直属各管理局落实工作责任制，建立健全工作制度，将直属河库“四乱”问题按属地原则报地方河长办，纳入地方“一河一策”工作方案予以落实。以河湖“清四乱”专项行动为例，2018—2020 年三年间，委直属 4 个管理局累计清除违建 92.5 余万 m^2、树障 794 余万 m^2、生活建筑垃圾 20 余万 m^3、虾塘 237 余万 m^2，潘大水库库区周边违建别墅及农家乐、漳卫新河口修船厂及违建房屋、独流减河口违建浮体码头及违建房屋等一大批老大难问题得到有效解决，河库面貌及周边环境持续向好。

3.3　落实联防联控，形成管水治水工作合力

落实流域管理机构调指导监督职责，指导委属相关单位加强区域协同治理与保护，建立区域间河长联席会议制度，完善联合执法工作机制，畅通上下游、左右岸、区域间、部门间的沟通联系，凝聚管水治水工作合力，切实加强直管河库日常管理保护。漳卫南局积极完善跨区域协作机制，强化上下游、左右岸联防联控联治，会同冀鲁豫三省相关市县河长办，围绕打击河道非法采砂、妨碍河道行洪突出问题排查整治等重点工作，多次开展联合巡河、联合执法、联合验收，及时解决漳卫新河口盐田虾池、卫河五陵铁路桥等历史遗留难题。引滦局在潘家口水库库区及周边区域联防联治联建合作框架的基础上，与河北省宽城县深度合作、不断探索，合力打造“联防”“联治”“联建”三大工作体系和九项长效机制，构建职能互补、信息互通、监管互助的多维合作机制，实现流域管理机构、地方政府、工程管理单位职能的有机整合。

4　建立永定河“河长+”工作机制的背景

在归纳总结以往联防联控联治工作的基础上，以永定河为样本，分析存在问题，积极探索建立永定河“河长+”工作机制。永定河是京津冀协同发展的生态大动脉，是习近平总书记十分关注的一条河流。2016 年 12 月，国家发展改革委、水利部、国家林业局联合印发《永定河综合治理与生态修复总体方案》，是首个由国家层面组织推动、以河流生态治理为目标、跨省级行政区的流域治理项目。2018 年 6 月，京津冀晋四省（市）人民政府联合战略投资方中交集团共同出资组建永定河流域投资有限公司（简称流域公司）。2022 年，《水利部办公厅关于强化流域管理机构河湖管理工作的通知》中提出，流域管理机构要完善流域信息共享、跨省界河湖联防联控等机制，协调解决流域江河湖泊保护治理管理重大问题。

5 面临的主要问题

5.1 流域机构对跨省河湖长统筹力度有待加强

流域管理与区域管理结合不够深入、区域管理之间联动不足，与推动生态环境治理体系和治理能力现代化的目标要求还有一定差距。跨省河湖治理管理保护工作在横向上实行属地管理原则，在纵向上不同地市分级管理，存在职能交叉、协同配合效率低下、容易出现管理盲区等问题，造成“头痛医头、脚痛医脚、各管一摊、相互掣肘”的弊端。

5.2 跨行政区域同级协作机制不够健全

沿河各地对永定河保护治理的重视程度不一，推动力度不均衡，河湖保护目标、治理标准、行动措施还不够协调同步，上下游、左右岸、干支流协同治理保护合力难以有效发挥作用，跨区域问题线索移交、信息共享、联合执法等还有短板，主要表现在部分省际省界河湖一河一策、河湖健康评价、“四乱”问题清理标准等方面，未建立一套切实可行的常态化协作机制。

5.3 企业、民间团体等社会力量参与河湖治理保护力度不够

河湖的管理保护与每一个人都息息相关，调动社会各方面力量参与河湖管理保护，营造全社会共同关心和保护河湖的良好氛围，是中央全面推行河湖长制的明确要求，也是全面推行河湖长制的应有之义。各地在政策执行等方面存在差异，地区和行业壁垒依然存在，企业、民间团体等社会力量作为河湖管理保护的重要组成部分，主动参与河湖治理保护力度不够。

5.4 有关部门和沿线地方政府的职责边界不够明晰

现有部省协调领导小组所协调内容主要为水利、农业节水等，在业务覆盖面上尚不能满足永定河流域治理需求，如生态环境修复、国土空间修复等领域。此外，还存在监测站点缺乏统筹、跨省联合执法机制尚不健全、河湖空间管控与利用规划衔接不到位等问题。

6 对策与建议

6.1 统筹发展与安全，建立永定河“流域管理机构+地方+流域公司”协作机制

（1）充分发挥河湖长制。通过永定河流域市（区）级河湖长联席会议机制，构建“工作联络畅通、问题协商到位、信息互通共享、区域联动发展”的跨区域协作平台，推行流域区域联防联控联治，压实各级河湖长责任，完善河湖巡查管护体系，加强流域生物多样性监测，稳步提升永定河绿色生态河流廊道治理管理能力。

（2）强化流域统一规划、统一治理、统一调度、统一管理。以流域综合规划为遵循，细化实化综合规划的有关要求，形成定位准确、边界清晰、功能互补、统一衔接的流域专业（专项）规划体系，建立健全流域规划实施机制；按照水灾害水资源水生态水环境统筹治理的要求，合理确定流域上下游、左右岸、干支流的防洪标准、水资源配置原则和河湖保护治理管控规则；坚持区域服从流域、兴利服从防洪的原则，把流域防洪安全放在突出位置，合理确定永定河关键控制断面生态流量，多措并举落实永定河关键控制断面生态流量目标；加强流域内各地区协同管理，纵深推进河湖“清四乱”常态化规范化，协同完成健康评价、健康档案建立、“一河一策”编制、河湖名录核准等河湖管理相关工作。

（3）加强信息共享，建立健全跨省边界河（湖）段各级河长工作信息交流平台，定期通报交界河湖相关区域水环境质量情况、污染防治工作进展、水环境风险源排查、违法企业整治、信访舆情受理等方面的情况，实现信息共享互通。

（4）强化监督考核，发挥考核“指挥棒”作用，流域机构落实国务院河长制湖长制督查激励相关工作要求，结合日常监管掌握的情况，向相关省级河长办反馈各市（区）河湖长制及河湖保护治理管理情况的综合排名意见，深入推动各级河湖长和相关部门履职尽责。

6.2 坚持流域系统性，建立永定河跨省河湖长协作机制

（1）实施永定河流域“一河（湖）一策”，借助流域市（区）级河湖长联席会议机制作用，按照“综合治理、精准施策”的要求，共同开展“体检”，逐一“会诊”，制定“一河（湖）一策”，列出“问题清单、目标清单、任务清单、措施清单和责任清单”。

（2）建立联合治理机制，从流域综合规划出发，合理确定流域上下游、左右岸、干支流的防洪标准、水资源配置原则和河湖保护治理管控规则，做好跨省边界河（湖）段干流及支流综合治理。

（3）开展联合巡河护河，跨省边界河（湖）段各地要健全巡查监督长效制度，通过联合巡河护河，对道路交通不便、河网密集、乡村腹地等交界河道要进行定期巡查，对重要交界河湖支流、重点区域要采取“四不两直”或“靶向式”等方式进行联合巡查，着力发现和推动解决涉水问题。

6.3 推动机制创新，建立永定河“政企双河长”制

（1）建立“政府河长”与“企业河长”工作对接机制，通过“政府河长”“企业河长”优势叠加，构建“工作联络畅通、资源优势互补、信息互通共享”的政企联动流域管理体系，定期会商、共谋、研判，形成流域规划、治理、管理、运维、保护的一整套共建共管共享机制。

（2）统筹河湖治理保护工作，“政府河长”对本行政区域内河湖管理保护负总责，了解辖区内水资源、取用水、水质、水域岸线开发、水污染防治等情况，针对河湖水生态环境存在的突出问题和管护工作的薄弱环节，研究制订周期性综合治理方案、河湖问题专项整治行动方案及河湖治理保护的综合性政策；“企业河长”统筹流域开发与保护的关系，以流域整体效益最大化为原则，统筹上下游、左右岸、干支流，合理安排项目实施顺序，做好流域和区域相匹配、骨干和配套相衔接、治理和保护相统筹。

（3）加大社会公众宣传，提高社会团体参与力度，大力宣传报道永定河生态保护修复典型经验、成功做法，总结凝练永定河治理模式，充分发挥示范引领作用，进一步营造全社会关爱保护永定河的良好氛围；持续开展“关爱河流 保护永定河”活动，提高全社会的亲水、护水意识；完善永定河水资源管理和生态环境信息公开制度，畅通信息渠道，强化社会公众参与和监督。

7 结语

机制的建立，为在更高层级协调解决跨区域、跨部门河湖管理保护难题，搭建“工作联络畅通、问题协商到位、信息互通共享、区域联动发展”的跨区域协作平台奠定了基础。

参考文献

[1] 赵亮亮. 永定河流域市（区）级河湖长联席会议机制建立［N］. 中国水利报，2023-12-05.
[2] 洪安娜. 永定河流域河湖长制工作怎么干？联席会议机制划重点［N］. 中国水利报，2023-12-06.

塔里木河“三源一干”径流演变规律分析

巴音达拉[1] 唐凤珍[2,3] 陈红川[1] 张 翎[2,3]

（1. 新疆塔里木河流域管理局，新疆库尔勒 841000；
2. 黄河水利委员会黄河水利科学研究院，河南郑州 450003；
3. 水利部黄河下游河道与河口治理重点实验室，河南郑州 450003）

摘 要：基于塔里木河“三源一干”控制水文站近70年测量数据，采用Mann-Kendall趋势分析、Pettitt突变检验、小波分析等多种方法研究了塔里木河流域径流演变的趋势性、突变性、周期性特征，为流域水资源管理提供科学依据。结果显示：塔里木河干支流径流整体呈增加趋势，除塔里木河干流以外，阿克苏河、叶尔羌河、和田河增加趋势均较为显著；阿克苏河、叶尔羌河年径流量在1994年发生突变，和田河、塔里木河干流年径流量在2010年发生突变；四条河流年径流量分别在23年、25年、28年、30年时间尺度上周期震荡最为明显，对应的周期分别为15~17年、16~18年、18~20年、19~22年。

关键词：塔里木河；三源一干；变化趋势；周期特性

1 引言

受气候变化多样性和人类活动复杂性等因素影响，地球水文循环过程不确定性显著增强，极端洪旱灾害在全球范围内频发，对自然环境、城市经济和人类发展均造成了潜在威胁[1-2]。气象要素变化、流域下垫面条件、人类活动等因素导致河川径流在多年时间尺度上具有趋势性、突变性、周期性等特征，研究流域径流演变规律与发展趋势，是合理规划和运用水利工程的前提，对优化配置水资源和保障流域水安全具有重要的理论与实践意义。塔里木河流域地处我国西北干旱区，是我国重要的资源储备基地，在保障能源安全、生态安全等方面具有重要的战略地位。本文基于“三源一干”控制水文站近70年测量数据，采用Mann-Kendall趋势分析（简称M-K趋势分析）、Pettitt突变检验、小波分析等多种方法研究了塔里木河“三源一干”径流年际演变过程，为流域水资源管理提供科学依据。

2 研究区域与数据

塔里木河是我国最长的内陆河，发源于塔里木盆地周围山地的内陆河流，向盆地内部流动，归宿点是内陆盆地和山间封闭盆地的低洼部位。干流段起始于肖夹克，归宿于台特马湖，全长1 321 km；从塔里木河三河汇合口的肖夹克至过境点（阿克苏地区与巴州交界处）为上游，河长465 km；过境点至卡拉为中游，河长428 km；卡拉至台特马湖为下游，河长428 km。目前与塔里木河干流有地表水力联系的只有阿克苏河、叶尔羌河、和田河三条源流，源流区天然径流组成情况为阿克苏河（73.2%）、和田河（23.2%）、叶尔羌河（3.6%）[3]，对塔里木河的形成、发展与演变起着决定性作

基金项目：国家自然科学基金（U2243215，U2003204）；塔管局科研项目（TGJJG-2023KYXMM0002）。
作者简介：巴音达拉（1981—），男，高级工程师，主要从事流域规划计划及水资源管理工作。
通信作者：唐凤珍（1994—），女，工程师，主要从事水库优化调度方面的研究工作。

用。研究区域地理位置见图 1。

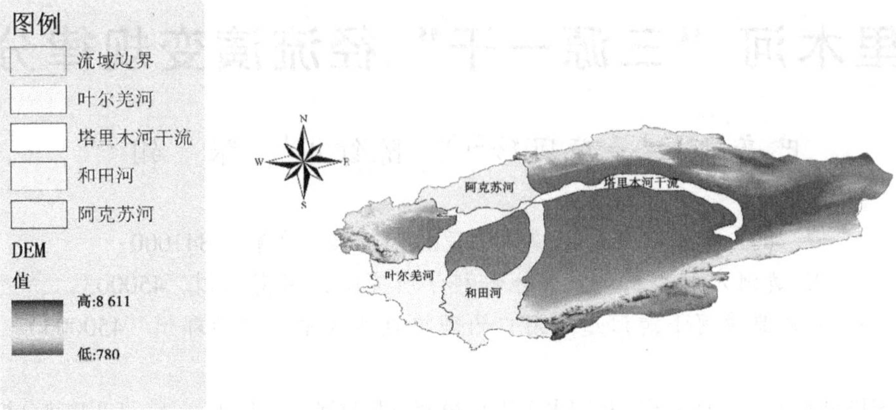

图 1　研究区域示意图

分别选取塔里木河流域阿克苏河、叶尔羌河、和田河、塔里木河干流上的代表水文站，分析流域径流演变趋势，见表 1。数据主要来源于新疆塔里木河流域管理局，部分数据由文献获取[4-5]。

表 1　塔里木河“三源一干”代表水文站

河流	水文站点	经纬度	设站时间（年-月）	数据长度
阿克苏河	西大桥	80. 15°E，41. 1°N	1951-09	1952—2023 年
叶尔羌河	卡群	76. 54°E，37. 59°N	1954-01	1954—2023 年
和田河	肖塔	80. 53°E，40. 05°N	1964-01	1964—2023 年
塔里木河干流	阿拉尔	81. 19°E，40. 32°N	1958-04	1958—2023 年

3　研究方法

本文采用 Mann-Kendall 趋势分析[6]、Pettitt 突变检验[7]、小波分析[8] 等多种方法系统研究塔里木河“三源一干”径流年际演变的趋势性、突变性、周期性特征。

3.1　MK 趋势分析

Mann-Kendall 趋势分析方法是由 Mann 于 1945 年提出，Kendall 和 Sneyers 进一步完善的一种非参数统计检验方法。该方法不需要序列数据服从特定分布，受缺失值和异常值干扰小，广泛应用于长时间序列数据的趋势显著性检验中。对于时间序列数据 $X_t = \{x_1, x_2, \cdots, x_n\}$（$n \geqslant 10$），以标准正态分布统计量 Z 衡量 X_t 的变化趋势：若 $Z>0$，则 X_t 呈上升趋势；若 $Z<0$，则 X_t 呈下降趋势。当 $|Z|$ 大于 1.65、1.96 和 2.58 时，表示趋势分别通过了置信度为 90%、95%和 99%的显著性检验。

3.2　Pettitt 突变检验

Pettitt 突变检验是由 Pettitt 于 1979 年提出的用于检验时间序列是否存在突变点，并判断显著性的非参数检验方法。该方法具有计算简便、受异常值干扰小等优势，广泛应用于气象学、水文学及环境科学中。Pettitt 突变检验的原假设 H_0：时间序列在时间 t 处不存在突变；备择假设 H_1：时间序列在时间 t 处存在突变。对于时间序列数据 $X_t = \{x_1, x_2, \cdots, x_n\}$，假设突变点为 x_t，定义统计量 $U_{t,n}$：

$$U_{t,n} = U_{t-1,n} + \sum_{j=1}^{n} \operatorname{sgn}(x_t - x_j) \tag{1}$$

定义统计量 K_t 寻找最有可能的突变点 t：

$$K_t = \max_{1 \le t \le n} |U_{t,n}| \tag{2}$$

定义显著性水平 P_t，与给定置信水平 α 比较，若 $P_t > \alpha$，则接受原假设，即在时间 t 处不存在显著突变；若 $P_t < \alpha$，则拒绝原假设，即在时间 t 处存在显著突变。

$$P_t = 2\exp\left(\frac{-6K_t^2}{n^3 + n^2}\right) \tag{3}$$

3.3 小波分析

小波分析是 Morlet 于 20 世纪 80 年代初提出的一种具有时-频多分辨功能的时间序列特征分析方法。该方法借助时-频局部化功能剖析时间序列内部精细结构，清晰地揭示不同时间尺度中的多种变化周期，广泛应用于信号处理、数值分析、大气科学等诸多非线性科学领域。小波分析的基本思想是用一簇小波函数系来表示或逼近某一信号或函数，$\psi(t)$ 为基小波函数，通过尺度伸缩和时间平移构成一簇函数系：

$$\psi_{a,b}(t) = |a|^{-1/2}\psi\left(\frac{t-b}{a}\right) \quad (\text{其中}, a, b \in R, a \neq 0) \tag{4}$$

式中：$\psi_{a,b}(t)$ 为子小波；a 为尺度因子，反映小波周期长度；b 为平移因子，反映平移时间。

通过小波变换方程获取小波系数和方差，小波系数反映时间序列的时频变化特征，小波方差反映信号中不同尺度扰动的相对强度和存在的主要时间尺度，即主周期。选择合适的基小波函数是进行小波分析的前提，小波基函数包括 Haar 小波、Daubechies 系列小波、Morlet 小波、Mexican Hat 小波等，Morlet 小波常应用于大气科学领域。

4 结果与分析

4.1 趋势性

阿克苏河、叶尔羌河、和田河、塔里木河干流的多年径流量平均值分别为 39.55 亿 m^3、67.53 亿 m^3、12.16 亿 m^3 和 45.97 亿 m^3。年径流序列的 Mann-Kendall 趋势检验结果和 Theil-Sen Median 计算结果见表 2。塔里木河干支流径流整体呈增加趋势，阿克苏河、叶尔羌河、和田河增加趋势较为显著，塔里木河干流增加趋势不显著。

表 2 塔里木河流域代表水文站年径流变化趋势计算结果

站点	Mann-Kendall 趋势检验计算结果		Theil-Sen Median 计算结果（β）
	Z	显著性检验（90%）	
西大桥	2.552 2	显著	0.153 9
卡群	2.676 8	显著	0.203 7
肖塔	1.753 9	显著	0.118 3
阿拉尔	0.232 4	不显著	0.017 3

4.2 突变性

塔里木河流域年径流 Pettitt 突变检验结果见表 3。阿克苏河、叶尔羌河年径流量在 1994 年发生突变，和田河、塔里木河干流年径流量在 2010 年发生突变，阿克苏河、叶尔羌河、和田河突变点显著性水平超过 95%置信区间，塔里木河干流径流的突变性不显著。

表 3　塔里木河流域代表水文站年径流变化突变检验结果

站点	K_t	突变年份	P_t	显著性（95%）
西大桥	658	1994	0.002 1	显著
卡群	522	1994	0.018 2	显著
肖塔	408	2010	0.021 2	显著
阿拉尔	278	2010	0.408 3	不显著

4.3　周期性

采用小波分析方法绘制塔里木河流域阿克苏河、叶尔羌河、和田河、塔里木河干流年径流量小波方差曲线（见图 2）和 Morlet 小波实部值图（见图 3）。小波方差曲线反映了年径流量在整个研究期内不同周期大小的强弱关系。小波实部值图反映了不同时间尺度下的年径流量丰枯态势，负值代表年径流量较小，即枯水期；正值代表年径流量较大，即丰水期。

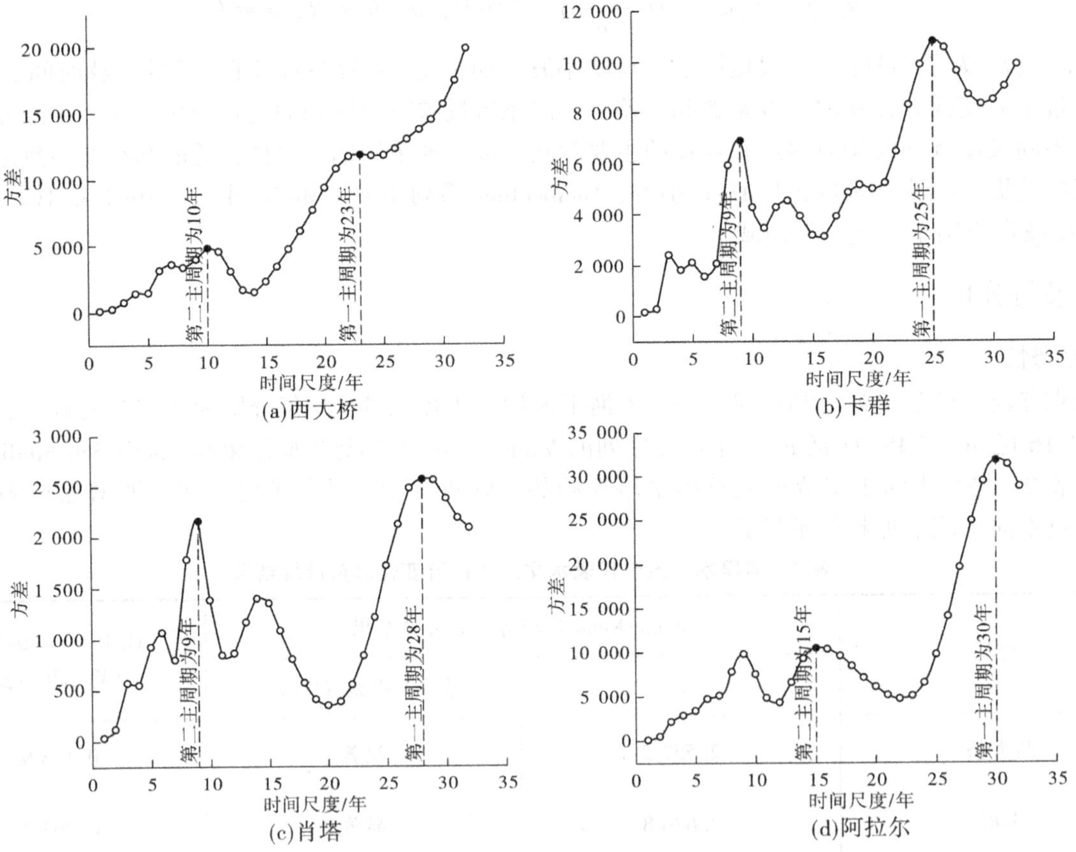

图 2　塔里木河流域年径流量小波方差曲线

阿克苏河年径流量在 23 年时间尺度上周期震荡最为明显，周期性主要反映在 1952—1986 年、2009—2023 年，包含 1952—1967 年、1967—1983 年、2009—2023 年三个完整的“丰-枯”周期，周期为 15~17 年；叶尔羌河年径流量在 25 年时间尺度上周期震荡最为明显，周期性主要反映在 1954—1968 年、2002—2023 年，包含 2004—2021 年一个完整的“枯-丰”周期，周期为 16~18 年；和田河年径流量在 28 年时间尺度上周期震荡最为明显，周期性主要反映在 1994—2023 年，包含 2002—2021 年一个完整的“丰-枯”周期，周期为 18~20 年；塔里木河干流年径流量在 30 年时间尺度上周期震荡最为明显，周期性贯穿整个研究期，包括 1961—1982 年、1982—2003 年、2003—2021 年三个完整

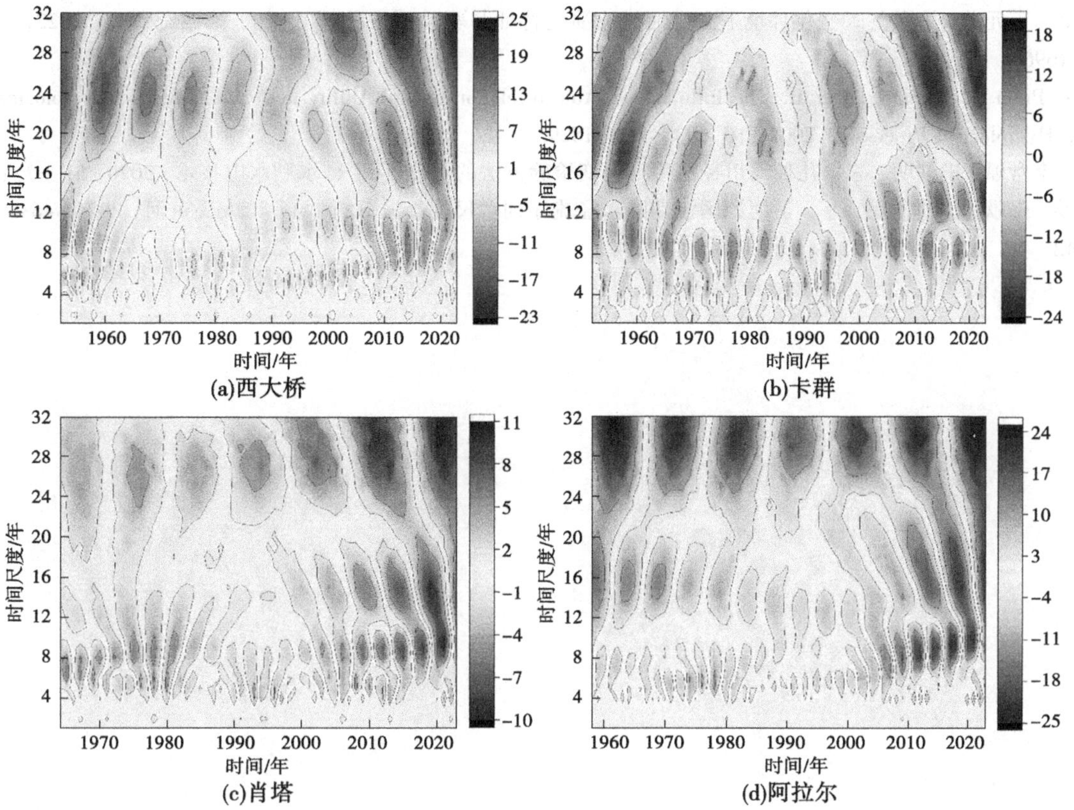

图 3　塔里木河流域年径流量 Morlet 小波实部值图

的“丰-枯”周期，周期为 19~22 年。

5　结论

本文采用 Mann-Kendall 趋势分析、Pettitt 突变检验、小波分析等多种方法系统研究了塔里木河“三源一干”径流演变的趋势性、突变性、周期性特征，主要有以下结论：

（1）塔里木河干支流径流整体呈增加趋势，阿克苏河、叶尔羌河、和田河增加趋势较为显著，塔里木河干流增加趋势不显著。

（2）阿克苏河、叶尔羌河年径流量在 1994 年发生突变，和田河、塔里木河干流年径流量在 2010 年发生突变，除塔里木河干流以外，其他 3 条河流突变点显著性水平超过 95%置信区间。

（3）4 条河流分别在 23 年、25 年、28 年、30 年时间尺度上周期震荡最为明显，对应的周期分别为 15~17 年、16~18 年、18~20 年、19~22 年，研究期均包含完整的“丰-枯”周期。

参考文献

[1] Yu X, Zeng X, Gui D, et al. Projection of Flash Droughts in the Headstream Area of Tarim River Basin under Climate Change through Bayesian Uncertainty Analysis [J]. Journal of Geophysical Research: Atmospheres, 2023, 128: e2022JD037634.

[2] 刘春蓁，占车生，夏军，等．关于气候变化与人类活动对径流影响研究的评述［J］．水利学报，2014，45（4）：379-385，393.

[3] 薛联青，杨帆，杨昌兵，等．外界胁迫作用下塔里木河流域径流变化响应的敏感性［J］．河海大学学报（自然科学版），2018，46（1）：1-6.

[4] 黄领梅，沈冰，莫淑红，等．新疆和田河年径流量变化的定量估算［J］．西安理工大学学报，2005，21（3）：289-

292.

[5] 王跃辉，丁元芳，施枫芝．变化环境下和田河径流演变特征与驱动因素分析［J］．第四纪研究，2022，42（6）：1686-1696.

[6] Yue S，Pilon P，Phinney B，et al. The Influence of Autocorrelation on the Ability to Detect Trend in Hydrological Series［J］．Hydrological Processes，2002，16（9）：1807-1829.

[7] 张媛，李常斌，王刘明，等．几种河川径流序列突变检验方法的对比［J］．水利水电技术，2020，51（2）：38-47.

[8] 轩党委，张献志，刘龙庆，等．黄河源区汛期降水径流序列多尺度小波分析［J］．人民黄河，2024，46（4）：32-36，42.

刁口河湿地典型植物群落对土壤养分因子的响应

周　振　宫晓东

（山东黄河河务局黄河河口管理局，山东东营　257000）

摘　要：本研究从影响植物群落变化与演替的典型土壤养分因子入手，通过对刁口河湿地典型植物群落生境下土壤和植被生长情况进行采样分析，阐明土壤养分各因子在不同群落下的分布特征。结果表明：水平维度，除全氮（TN）外，全磷（TP）、总有机碳（TOC）含量在芦苇群落中要明显高于碱蓬群落和柽柳群落；垂直维度，各全效、速效指标在三种中分布特征有所不同。群落全盐（TS）、土壤水分含量（WC）、速效氮（AN）是影响黄河三角洲滨海湿地植物群落变化与演替的主要因子，其解释量以全盐（TS）为最高，达64.7%，WC、AN次之，解释量分别为32.0%、23.1%。同时，TS、WC与排序轴即植物群落之间达到了极显著性相关（$P<0.01$），说明土壤全盐（TS）是关键影响因子。

关键词：刁口河；典型植物群落；土壤；养分因子；响应

1　引言

土壤营养元素是植物生长发育的保障，也是决定植物生长状况良性与否、整体长势强弱的重要因素[1]。土壤中的养分在植物的生长过程中是其摄入、吸收养分的主要来源，土壤中养分含量特别是碳、氮、磷元素含量的多寡对植物影响巨大，如对其新陈代谢、体内元素及化合物积聚等具有重要的影响作用[2]。在土壤养分的相关研究中，除对其全量养分、速效养分等的计算比较外，生态化学计量学的研究方法也被普遍应用，其在探讨土壤的化学计量比特征的变化规律及不同植物的限制性养分元素方面发挥着极为重要的作用[3-4]。本研究通过对刁口河湿地典型植物群落中的土壤养分整体含量及不同深度下的含量特征进行了相关分析，加之对其生态化学计量比进行计算，进而研究土壤养分与该地区典型植物群落的相互关系与响应情况，以期探讨刁口河湿地典型植物群落与土壤环境因子之间的相互关系与响应状况。

2　研究区概况

研究区位于渤海湾南岸的山东省东营市境内，包括刁口河故道沿岸及湿地恢复区及影响区10 km^{2}范围内，研究范围及监测井分布见图1。东营市属于温带季风气候区，年平均降水量为525～640 mm，且降水主要集中在6—9月，年蒸发量为1 890～2 380 mm，远大于降水量。研究区水文地质单元以疏松的孔隙水为主，浅层地下水主要赋存于第四系上部的冲积海积层中的松散沉积物孔隙含水层，粉砂和黏土质粉砂是地下水的赋存介质[5]。第四系沉积物由海源与陆源相互作用而成，厚度超400 m。研究区的浅层地下水位深度在0.4～2.6 m。降水和河流入渗是地下水的主要补给方式，蒸发是地下水的主要排泄方式，地下水自西南向东北低速流动[6]。研究区内典型植物类型为碱蓬、柽柳、芦苇等。

基金项目：国家重点研发计划项目（2022YFC3204305）；黄委优秀青年人才科技项目（HQK-202301）。

作者简介：周振（1985—），男，高级工程师，主要从事水资源科学研究与水利工程管理方面的工作。

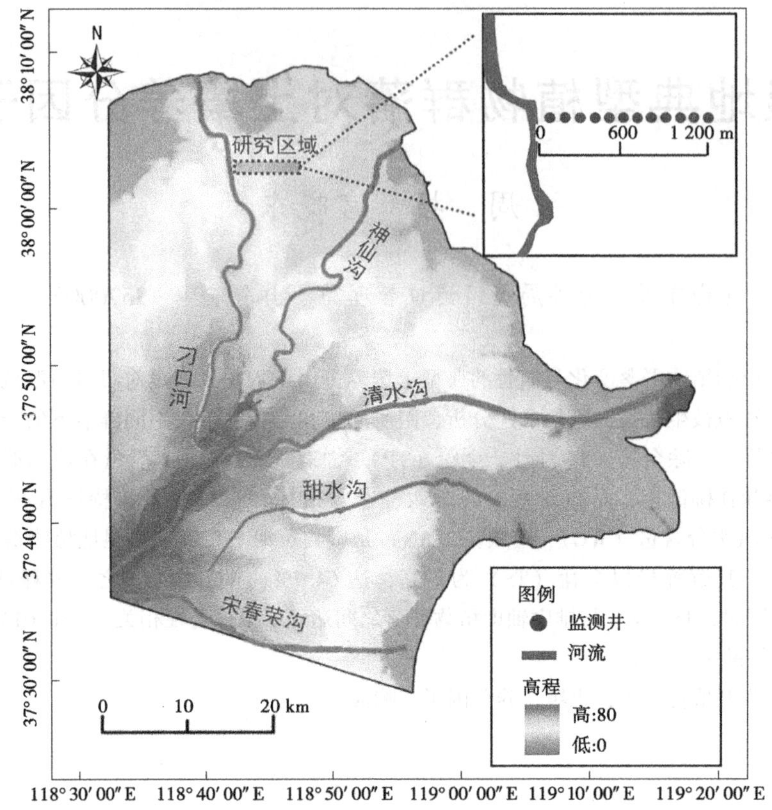

图 1　研究区监测断面地理位置分布

3　研究方法

刁口河一千二管理站设置一条垂直于刁口河河道的监测断面，每隔 100 m 布设 1 口监测井，布设 12 口井，断面长度 1.2 km。研究区内随机选择 20 m×20 m 大小的正方形样地 6 个。样地内设样方，木本植物样方 1 个，大小为 5 m×5 m；草本植物样方 2 个，大小为 1 m×1 m，共计 18 个。按照植物调查的情况设土样采样点 6 个。土壤样品封存后带回，除去土样中所含的枯枝、残叶等各种杂物，将土壤样品自然晾干并研磨、过筛后分别测定土壤含量。

（1）土壤盐分测定：全盐（TS）采用离子加和法测定；pH、电导率（EC）分别使用数字酸度计、电导率仪进行测定；采用 EDTA 容量法测定阳离子中的钙离子（Ca^{2+}）、镁离子（Mg^{2+}）和阴离子中的氯离子（Cl^-）、硫酸根离子（SO_4^{2-}）；并以火焰光度法为方法来测定钾离子（K^+）、钠离子（Na^+）；氯离子（Cl^-）采用硝酸银滴定法测定；碳酸氢根离子（HCO_3^-）采用双指标滴定法测定。

（2）土壤营养元素（养分）测定：土壤总有机碳（TOC）采用 TOC 分析仪测定；采用凯氏定氮法测定全氮（TN），用碱解扩散吸收法测定速效氮（AN）；全磷（TP）经高氯酸-硫酸消化法消解后，采用钼锑抗比色法测定，速效磷（AP）采用碳酸氢钠浸提-钼锑抗比色法测定；全钾（TK）采用硝酸-高氯酸消解后，以火焰光度计法测定，速效钾（AK）用乙酸按浸提法来进行测定。

使用 SPSS 21.0 进行数据处理分析，主要运用差异性检验、冗余分析（RDA）等方法。

4　结论

4.1　不同植物群落养分的垂直分布

全量养分是研究土壤养分含量状况的一个重要的指示标准。其中，碳（C）、氮（N）、磷（P）元素作为一类基本元素，其含量多少与实际的分布状况在三种典型群落间各有不同。图 2 为研究区中三种基本营养元素元素在不同群落中的整体含量与变异系数，通过对全氮（TN）、全磷（TP）、总有机碳（TOC）含量的相关分析，发现其各自含量及变化特征下不同群落中各有不同。总有机碳（TOC）含量方面，在碱蓬群落与柽柳群落中，两群落间含量相差不大，并没有呈现出显著的差异（$P>0.05$），而在芦苇群落中，其含量呈现出峰值状态，与碱蓬、柽柳两群落差异显著（$P<0.05$），含量远超碱蓬群落与柽柳群落；从变异系数来看，其空间分布的变异情况在三群落间属于中等强度的变异。在全氮（TN）中，含量由碱蓬群落到芦苇群落再到柽柳群落不断增加，芦苇群落中达到最大值，但各个群落之间的差异并不显著（$P>0.05$），从变异系数可见，三群落间属于中等强度的变异。对全磷（TP）而言，其含量由碱蓬群落到柽柳群落再到芦苇群落中数值在不断增加，在芦苇群落中出现最大值；差异性结果显示，芦苇群落与碱蓬群落、柽柳群落之间差异显著（$P<0.05$），碱蓬群落、柽柳群落间差异并不显著；由变异系数可见，在典型群落中，其含量呈现出弱变异性。

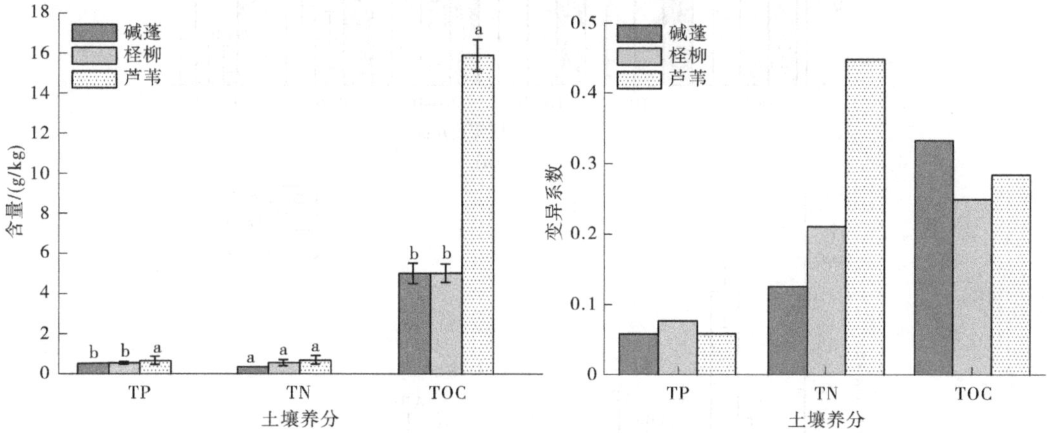

（不同小写字母代表差异性显著 $P<0.05$）。

图 2　不同植物群落下土壤 TP、TN、TOC 含量及其变异系数

为比较垂直方向上各养分指标的变化情况与相关性，绘制植物群落养分分布图（见图 3）。由图 3 可以看出，整体上，全磷（TP）、全钾（TK）指标在不同群落中的变化不大，全氮（TN）、速效氮（AN）、速效磷（AP）、速效钾（AK）在不同群落中、不同土壤深度下的含量变化均较为明显；全氮（TN）、速效氮（AN）含量变化表现为在碱蓬群落、柽柳群落、芦苇群落中呈逐渐升高的趋势，速效磷（AP）、速效钾（AK）含量在碱蓬群落、柽柳群落、芦苇群落中则呈逐渐降低的趋势。全量含量中，全氮（TN）在碱蓬群落中先升后降、在柽柳与芦苇群落中含量呈逐渐降低趋势，全磷（TP）为先降后升，全钾（TK）在各个群落中的变化趋势大致为先升后降。速效含量中，速效氮（AN）在芦苇群落中含量为最高，碱蓬群落中为最少，速效磷（AP）在三群落中整体呈降低之势，且芦苇群落 20 cm 以下的土壤深度未检测出。速效钾（AK）相对于速效磷（AP）、速效氮（AN）含量较高，多分布于 0~40 cm 的土壤深度，尤其是速效钾（AK）。速效钾（AK）、速效磷（AP）在碱蓬群落含量为最高，芦苇群落中为最少。随着土壤深度的增加，碱蓬、柽柳群落的速效钾（AK）含量先升后降，芦苇群落则是先降后升再降。

差异显著性检验结果表明：全氮（TN）除在碱蓬群落和柽柳群落中 60~80 cm 的土壤深度下差异性显著外（$P<0.05$），在三个植物群落，在相同的土壤深度下中的差异性均呈现出不显著的差异性（$P>0.05$）；其中，在碱蓬群落中，20~40 cm、40~80 cm 的土壤深度下其差异性呈现出显著的差异（$P<0.05$），柽柳群落中，0~5 cm、60~80 cm 土壤深度下其差异性呈现显著状态（$P<0.05$），芦苇群落中在各土壤深度下其差异性均呈现出不显著的差异性状态（$P>0.05$）。全磷（TP）在不同植物群落同一土壤深度下、同一植物群落不同土壤深度下，其差异性均呈现出不显著的差异性（$P>0.05$）。全钾（TK）在同一土壤深度不同植物群落之间差异性均呈现出不显著的差异性状态（$P>$

0.05）；在碱蓬群落中，于 10~20 cm 和 40~60 cm 的土壤深度之间呈现显著的差异（$P<0.05$），在柽柳群落、芦苇群落中，其含量在各个土壤深度之间的差异性均呈现出不显著的差异性（$P>0.05$）。

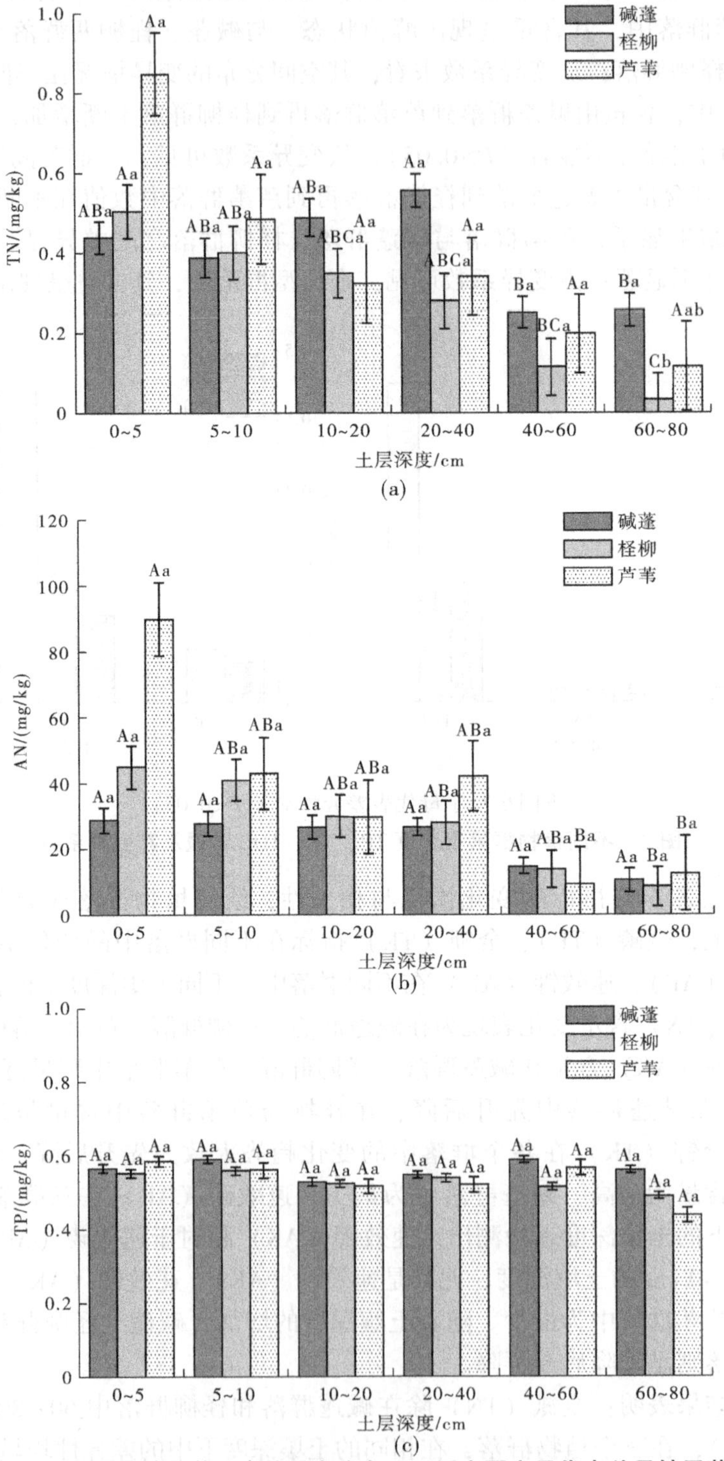

图 3　不同植物群落土壤营养元素的垂直分布（不同小写字母代表差异性显著 $P<0.05$）

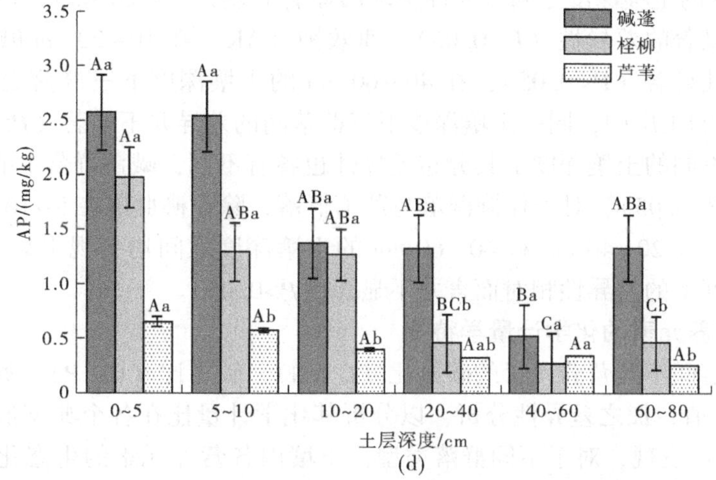

(d)

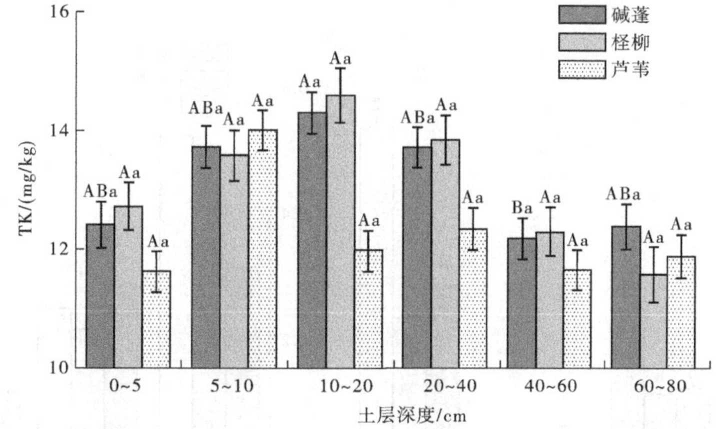

(e)

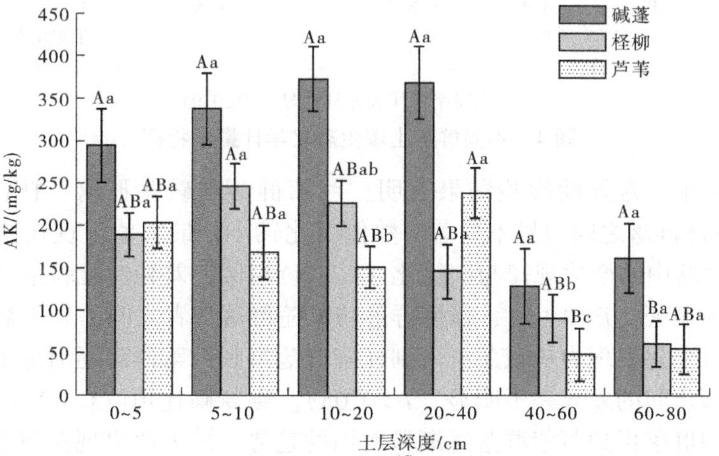

(f)

续图 3

速效氮（AN）在相同土壤深度不同植物群落之间差异性均呈现出不显著的差异性（$P>0.05$）；碱蓬群落在各土壤深度之间差异性呈现出不显著的差异性（$P>0.05$）；柽柳群落在 0~5 cm 和 60~80 cm 的土壤深度之间、芦苇群落在 0~5 cm 和 40~80 cm 的土壤深度之间呈现出显著的差异（$P<0.05$）。速效磷（AP）在 5~10 cm 的碱蓬群落、芦苇群落之间，10~20 cm 的碱蓬群落、柽柳群落与芦苇群落之间，20~40 cm 的碱蓬群落、柽柳群落之间，60~80 cm 的碱蓬群落与柽柳群落、芦苇群落之间呈现出显著的差异（$P<0.05$）；碱蓬群落在 0~10 cm 和 40~60 cm 的土壤深度之间、柽柳群落在

0~10 cm 和 40~80 cm 的土壤深度之间差异性呈现出显著的差异（$P<0.05$），芦苇群落在各土壤深度之间差异性呈现出不显著的差异性（$P>0.05$）。速效钾（AK）在 10~20 cm 碱蓬群落中显著高于芦苇群落，二者间差异性显著（$P<0.05$），在 40~60 cm 的土壤深度下三群落之间呈现出显著的差异（$P<0.05$）；而在其余的土层中，同一土壤深度下三群落间的差异并不显著（$P>0.05$）。

在各个群落中，不同的土壤深度下其分布差异性也各有不同，碱蓬群落中的各个土壤深度之间均呈现不显著性差异（$P>0.05$），对于柽柳群落与芦苇群落，除柽柳群落在 5~10 cm 和 60~80 cm 的土壤深度之间、芦苇群落在 20~40 cm 和 40~60 cm 的土壤深度之间均呈现出显著的差异（$P<0.05$），两群落中其余土壤深度下的差异性相对而言并不显著（$P>0.05$）。

4.2 不同植物群落营养元素的化学计量学特征

通过计算不同群落间不同营养元素的碳氮比（C∶N）、碳磷比（C∶P）、氮磷比（N∶P）、碳氮磷比（C∶N∶P）的比值，加之差异性分析，以分析其化学计量比在各个典型群落中的变化特征与变化情况（见图4），可以发现，对于不同群落类型，土壤内各营养元素的生态化学计量学特征存在较大差别。

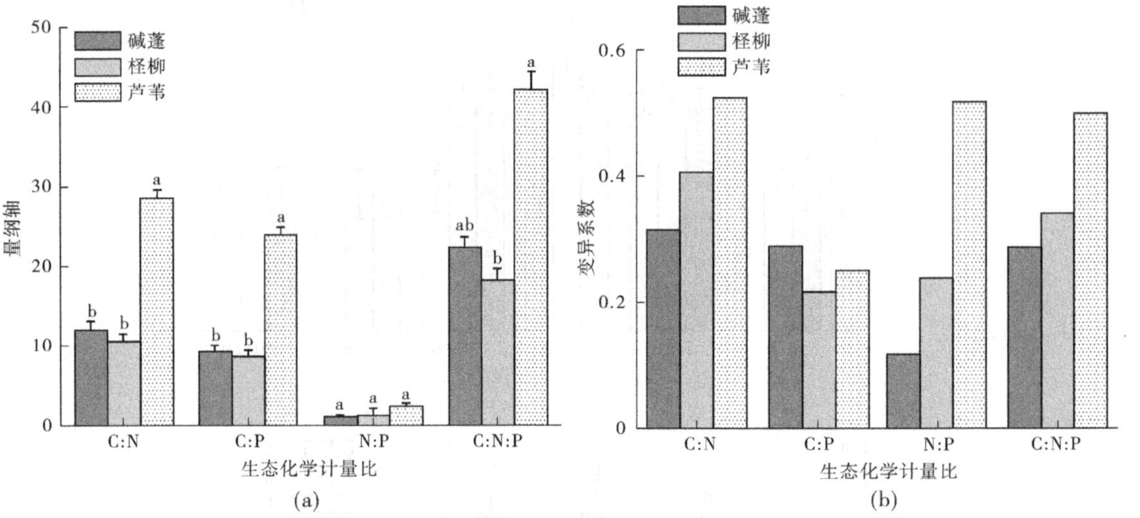

（不同小写字母代表差异性显著 $P<0.05$）

图4 不同群落土壤生态化学计量学特征

碳氮比（C∶N）值中，差异性检验结果表明，芦苇群落与碱蓬群落、柽柳群落差异显著（$P<0.05$），柽柳群落与碱蓬群落之间差异不显著、数值变化较小，最大值出现在芦苇群落中。对于碳磷比（C∶P），在三种群落中的变化规律与碳氮比（C∶N）相似，差异性检验结果说明，芦苇群落与碱蓬群落、柽柳群落差异显著（$P<0.05$），柽柳群落与碱蓬群落二者之间差异不显著（$P>0.05$）。氮磷比（N∶P）中，其比值变化表现为从碱蓬群落到柽柳群落再到芦苇群落逐渐呈增加的趋势，差异性检验结果表明，三个群落之间的差异并不明显（$P>0.05$）。碳氮磷比值（C∶N∶P）中，其比值变化表现为从碱蓬群落到柽柳群落再到芦苇群落逐渐呈增加的趋势，最大值出现在芦苇群落中，差异性检验结果表明，柽柳群落与芦苇群落的差异性呈现显著状态（$P<0.05$），碱蓬群落与柽柳群落、芦苇群落差异性均是并不显著的状态（$P>0.05$）。从变异系数统计中看出，整体而言，碱蓬群落、柽柳群落、芦苇群落中，碳氮比（C∶N）、碳磷比（C∶P）、碳氮磷比（N∶P）、碳氮磷比（C∶N∶P）均呈现出中等强度的变异性；尤其是在芦苇群落中，除碳磷比（C∶P）外，碳氮比（C∶N）、氮磷比（N∶P）、碳氮磷比（C∶N∶P）均表现出明显的中等强度变异。

4.3 不同植物群落营养元素与化学计量比的相关性

通过对不同群落中全磷（TP）、全氮（TN）、总有机碳（TOC）含量及碳氮比（C∶N）、碳磷比（C∶P）、氮磷比（N∶P）、碳氮磷比（C∶N∶P）进行相关性分析（见表1），发现不同群落下各个元素含量与化学计量比之间所表现出的相关性各有不同。在碱蓬群落中，呈显著正相关（$P<0.05$ 或 $P<0.01$）的有：总有机碳（TOC）与碳氮比（C：N）、总有机碳（TOC）与碳磷比（C：P）、全氮（TN）与氮磷比（N：P）。在柽柳群落中，总有机碳（TOC）与碳磷比（C：P）、碳氮磷比值（C：N：P）呈现出显著的正相关关系（$P<0.05$），全氮（TN）与氮磷比（N：P）呈现出极显著的正相关关系（$P<0.01$）。在芦苇群落中，总有机碳（TOC）与全氮（TN）、氮磷比（N：P）呈现出极显著的负相关关系（$P<0.01$），与全磷（TP）、碳氮比（C：N）、氮磷比（N：P）、碳氮磷比值（C：N：P）呈现显著的正相关关系（$P<0.05$ 或 $P<0.01$）；全氮（TN）与氮磷比（N：P）呈极显著的正相关关系（$P<0.01$），与全磷（TP）、碳氮比（C：N）、碳磷比（C：P）、氮磷比值（C：N：P）均呈现显著的负相关关系（$P<0.05$ 或 $P<0.01$）；全磷（TP）与碳氮比（C：N）、碳磷比（C：P）、碳氮磷比值（C：N：P）均呈现显著的正相关关系（$P<0.05$ 或 $P<0.01$），与氮磷比（N：P）则呈现出极显著的负相关（$P<0.01$）。

表 1　不同群落土壤营养元素与生态化学计量比间的相关性

群落类型		生态化学计量学特征						
		TOC	TN	TP	C：N	N：P	C：P	C：N：P
碱蓬	TOC	1.000	0.174	0.633	0.908*	−0.100	0.988**	0.836
	TN	0.174	1.000	0.439	−0.207	0.889*	0.114	−0.367
	TP	0.633	0.439	1.000	0.448	0.026	0.508	0.255
柽柳	TOC	1.000	−0.362	0.618	0.854	−0.467	0.949*	0.879*
	TN	−0.363	1.000	−0.533	−0.765	0.986**	−0.237	−0.754
	TP	0.618	−0.532	1.000	0.806	−0.711	0.312	0.689
芦苇	TOC	1.000	−0.976**	1.000	0.958*	−0.988**	1.000	0.958*
	TN	−0.977**	1.000	−0.988**	−0.978*	1.000	−0.991**	−0.962*
	TP	1.000	0.989**	1.000	0.950*	−0.991**	1.000	0.952*

注：* 表示 $P<0.05$，** 表示 $P<0.01$。

通过相关性分析可见，在碱蓬群落中，碳元素（C）是影响碳氮比（C：N）、碳磷比（C：P）的主要元素，氮元素（N）是影响氮磷比（N：P）的主要元素；在柽柳群落中，碳元素（C）是影响碳磷比（C：P）、碳氮磷比（C：N：P）的主要元素，氮元素（N）是影响氮磷比（N：P）的主要元素；在芦苇群落中，碳元素（C）、氮元素（N）、磷元素（P）对各元素生态化学计量比均有一定的影响作用。

4.4　典型植物群落与关键环境因子分析

刁口河湿地植物群落结构较为简单，生态环境较为脆弱且多变，在湿地植物生长发育与不断发生变化、演替的过程中，存在着多种多样的影响因素，各个影响因素所发挥的作用也各有不同。为了解影响该区域典型植物群落的关键环境因子，结合对典型植物群落与环境因子相互关系、响应状况的分析，利用冗余分析方法（redundancy analysis，RDA）进行关键因子测度、排序[7]。冗余分析方法是数量生态学中的一种约束性排序，能够显示出环境因子对研究对象的影响程度，在分析结果中将各个因子放在排序轴上，以图像化形式更好、更便捷地对因子与研究对象的相互关系、影响力大小进行说明。

4.4.1　典型植物群落与环境因子的 RDA 分析

经分析得到 RDA 二维排序图（见图 5），可见，全盐（TS）、土壤水分含量（WC）、速效氮（AN）与排序轴间的夹角较小且箭头连线较长，其中，TS 的显著性为 0.947 0，WC 相关系数为 −0.939 9，AN 相关系数为 0.611 9，均与排序轴呈现极显著性相关，说明这 3 个主要因子与植物群落关系相对密切。

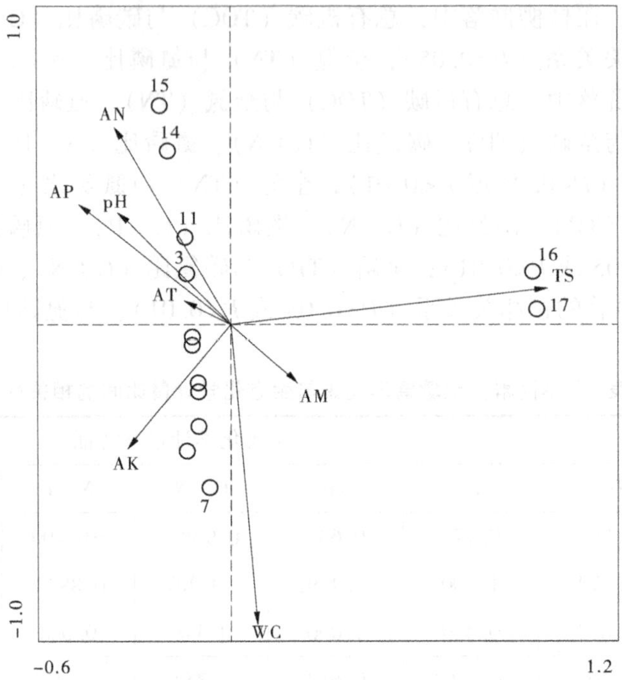

图 5 典型植物群落与环境因子的 RDA 排序

4.4.2 环境因子的重要值排序

通过研究、计算环境因子对植物群落影响的重要性，经蒙特卡洛检验（Monte Carlo）得到各个环境因子的重要值排序及其显著性检验（见表 2）。经重要性排序可见，顺序由大到小的排列次序为：全盐（TS）、土壤水分含量（WC）、速效氮（AN）、速效磷（AP）、酸碱度（pH）、速效钾（AK）、大气湿度（AM）、大气温度（AT）。其中，TS、WC 这二个因子解释量分别为 64.7%、32.0%，且与排序轴，即植物群落之间达到了极显著性相关（$P<0.01$）；其次，AN 的解释量为 23.1%，是第三高值；其余因子的解释量分别是：AP 为 19.3%、pH 为 12.2%、AK 为 11.9%、AM 为 8.10%、AT 为 5.04%。说明 TS、WC、AN 与黄河三角洲滨海湿地典型植物群落之间的响应情况最好、相互关系最紧密，且对群落内物种生长发育及整个群落的变化、演替具有重要的作用。

表 2 环境因子的重要值排序及其显著性检验

环境因子	重要值排序	解释量	F	P
TS	1	0.647	22.901	0.002
WC	2	0.320	6.773	0.002
AN	3	0.231	3.863	0.033
AP	4	0.193	3.407	0.039
pH	5	0.122	2.066	0.119
AK	6	0.119	1.970	0.136
AM	7	0.081	1.119	0.289
AT	8	0.050	0.683	0.563

5 结语

本研究对刁口河湿地典型植物群落生境下土壤和植被生长情况进行了采样分析，阐明土壤养分各因子在不同群落下的分布特征。结果表明：水平维度，除全氮（TN）外，全磷（TP）、总有机碳（TOC）含量在芦苇群落中要明显高于碱蓬群落和柽柳群落；垂直维度，各全效、速效指标在三种中分布特征有所不同。群落全盐（TS）、土壤水分含量（WC）、速效氮（AN）是影响黄河三角洲滨海湿地植物群落变化与演替的主要因子，其解释量以全盐（TS）为最高，达 64.7%，WC、AN 次之，解释量分别为 32.0%、23.1%。同时，TS、WC 与排序轴即植物群落之间达到了极显著性相关（$P<0.01$），说明土壤全盐（TS）是关键影响因子。

参考文献

[1] 田家怡．黄河三角洲生物多样性研究［M］．青岛：青岛出版社，1999.
[2] 何庆成，徐军祥，张波，等．黄河三角洲地质环境与可持续发展［M］．北京：地质出版社，2006.
[3] 周振，宫晓东，薛菲．黄河刁口河流路浅层地下水位及其水化学特征空间分布［C］//中国水利学会，2017 学术年会论文集．南京：河海大学出版社，2017：1067-1073.
[4] 周振，宫晓东，郭萌．基于广义加法模型的黄河河口湿地潜在植被模拟［C］//中国水利学会，2023 中国水利学术大会论文集．郑州：黄河水利出版社，2023：92-97.
[5] 谢振华，刘凯，李志萍，等．基于沉积物物质来源的地下水化学特征分析：以北京市平原区为例［J］．地学前缘，2010，17（6）：81-87.
[6] 章光新，邓伟，何岩，等．中国东北松嫩平原地下水水化学特征与演变规律［J］．水科学进展，2006，17（1）：20-28.
[7] 王伯荪．植物群落学［M］．北京：高等教育出版社，1987：28-76.

刁口河湿地典型植物群落土壤盐分环境分布特征

周　振　宫晓东

（山东黄河河务局黄河河口管理局，山东东营　257000）

摘　要：本研究从影响植物群落变化与演替的典型环境因子入手，通过对刁口河湿地典型植物群落生境下土壤和植被生长情况进行采样分析，阐明土壤盐分各因子在不同群落下的分布特征。结果表明：水平方向上，各盐分指标由碱蓬—柽柳—芦苇其含量在逐渐降低；垂直方向上，在0~20 cm深度下由碱蓬群落向柽柳群落再向芦苇群落呈先增加后减少的变化状况，在20~80 cm土壤深度下大致呈逐渐减少的变化状况；三种群落中土壤全盐（TS）和电导率（EC）均与氯离子（Cl^-）呈极显著的正相关关系（$P<0.01$），这也在一定程度上说明了氯离子（Cl^-）是三种群落土壤中的主要盐分离子，且对研究区内植物群落的生长发育与变化演替具有主要效用。

关键词：刁口河；典型植物群落；土壤；盐分；分布特征

1　引言

在自然界中植物是重要的生物存在，植物依赖于环境而生存但同时也反作用于环境，特别是对其生长过程极为重要的土壤环境而言，二者之间互为影响、相互关联极为密切，处在不断的相互作用、相互影响之中[1]。在植物生长、繁育过程中，以及植物群落在此过程中所表现的状态改变、分布改变的同时，其土壤环境也会随之不断地发生变化，如土壤有机质含量的增减、土壤盐分含量的增减、含水量的多少及微生物环境的状况改变，都可以说明环境因植物生长而发生相应变化；同时，土壤条件的改变也会对植物生长和动态边界变化产生较大影响，关键因子比如土壤盐分、养分、水分含量发生改变。很明显地，植物生长与其群落分布也随之改变，如盐分条件不同的土壤下生长有不同的植物，盐分环境一旦发生改变，相应地植物生长、物种变化也会随之发生，这是一种土壤-环境-土壤相互作用的典型机制[2]。因此，本研究从影响植物群落变化与演替的典型环境因子入手，阐明各因子在不同群落下的分布状况及其不同维度上的变化状况，以期探讨刁口河湿地典型植物群落与环境因子之间的相互关系与响应状况。

2　研究区概况

研究区位于渤海湾南岸的山东省东营市境内，包括刁口河故道沿岸及湿地恢复区及影响区10 km^2范围内，研究范围及监测井分布见图1。东营市属于温带季风气候区，年平均降水量为525~640 mm，且降水主要集中在6—9月，年蒸发量为1 890~2 380 mm，远大于降水量。研究区水文地质单元以疏松的孔隙水为主，浅层地下水主要赋存于第四系上部的冲积海积层中的松散沉积物孔隙含水层，粉砂和黏土质粉砂是地下水的赋存介质[3]。第四系沉积物由海源与陆源相互作用而成，厚度超400 m。研究区的浅层地下水位深度为0.4~2.6 m。降水和河流入渗是地下水的主要补给方式，蒸发是地下水的主要排泄方式，地下水自西南向东北低速流动[4-5]。

研究区内典型植物类型为碱蓬、柽柳、芦苇等。

基金项目：国家重点研发计划项目（2022YFC3204305）；黄委优秀青年人才科技项目（HQK-202301）。

作者简介：周振（1985—），男，高级工程师，主要从事水资源科学研究与水利工程管理方面的工作。

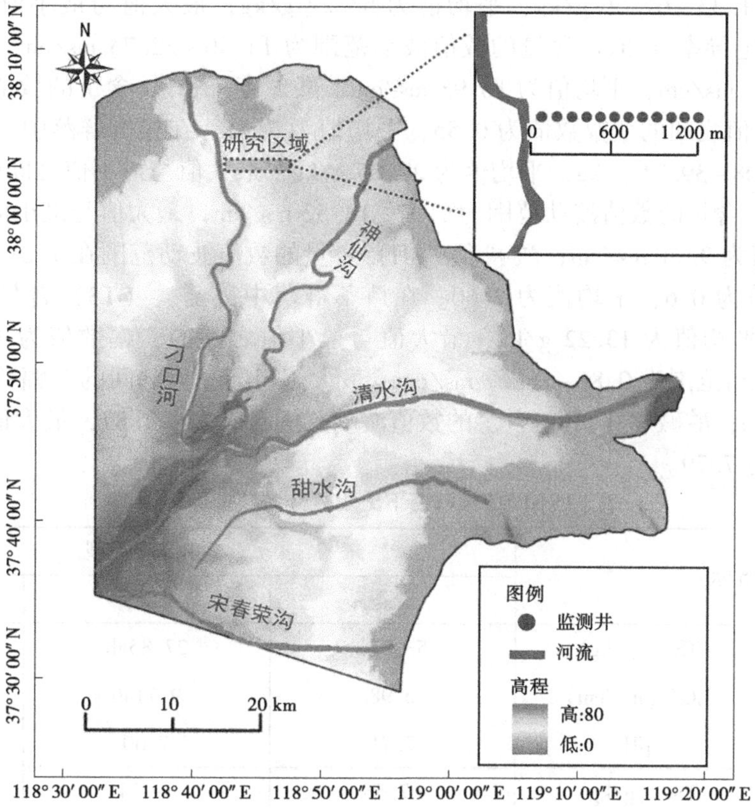

图 1　研究区监测断面地理位置分布

3　研究方法

刁口河一千二管理站设置一条垂直于刁口河河道的监测断面，每隔 100 m 布设 1 口监测井，布设 12 口井，断面长度 1.2 km。研究区内随机选择 20 m×20 m 大小的正方形样地 6 个。样地内设样方，木本植物样方 1 个，大小为 5 m×5 m，草本植物样方 2 个，大小为 1 m×1 m，共计 18 个。按照植物调查的情况设土样采样点 6 个。土壤样品封存后带回，除去土样中所含的枯枝、残叶等各种杂物，将土壤样品自然晾干并研磨、过筛后分别测定土壤含量。

（1）土壤盐分测定：全盐（TS）采用离子加和法测定；pH、电导率（EC）分别使用数字酸度计、电导率仪进行测定；采用 EDTA 容量法测定阳离子中钙离子（Ca^{2+}）、镁离子（Mg^{2+}）和阴离子中的氯离子（Cl^-）、硫酸根离子（SO_4^{2-}）；并以火焰光度法为方法来测定钾离子（K^+）、钠离子（Na^+）；氯离子（Cl^-）采用硝酸银滴定法测定；碳酸氢根离子（HCO_3^-）采用双指标滴定法测定。

（2）土壤营养元素（养分）测定：土壤总有机碳（TOC）采用 TOC 分析仪测定；采用凯氏定氮法测定全氮（TN），用碱解扩散吸收法测定速效氮（AN）；全磷（TP）经高氯酸-硫酸消化法消解后，采用钼锑抗比色法测定，速效磷（AP）采用碳酸氢钠浸提-钼锑抗比色法测定；全钾（TK）采用硝酸-高氯酸消解后，以火焰光度计法测定，速效钾（AK）用乙酸按浸提法进行测定。

使用 SPSS 21.0 进行数据处理分析，主要运用差异性检验分析方法。

4　结论

4.1　不同群落盐分的水平分布

对全盐（TS）、电导率（EC）、酸碱度（pH）这 3 个盐分指标进行统计（见表 1），可以发现，在不同群落中各个指标的含量高低状况各有不同，具体表现为：在碱蓬群落之中，全盐（TS）含量的数值波动范围在 41.33~67.56 g/kg，平均值为 53.22 g/kg，最大值与最小值之间的变幅数值为 26.23 g/kg；对应的电导率（EC）含量的数值波动范围为 14.40~22.73 ms/cm，最大值与最小值之间的变幅数值为 8.33 ms/cm，平均值为 16.98 ms/cm；酸碱度（pH）含量的数值波动范围在 7.34~7.89，最大值与最小值之间的变幅数值为 0.55，平均值为 7.71。在柽柳群落中，全盐（TS）含量的数值波动范围在 21.08~39.71 g/kg，平均值为 27.85 g/kg，最大值与最小值之间的变幅数值为 18.63 g/kg；电导率（EC）含量的数值波动范围为 7.37~13.52 ms/cm，最大值与最小值之间的变幅数值为 6.15 ms/cm，平均值为 9.71 ms/cm；酸碱度（pH）含量的数值波动范围在 7.21~7.81，最大值与最小值之间的变幅数值为 0.6，平均值为 7.60。在芦苇群落中，全盐（TS）含量的数值波动范围在 2.63~43.67 g/kg，平均值为 13.22 g/kg，最大值与最小值之间的变幅数值为 41.04 g/kg；电导率（EC）含量的数值波动范围为 0.86~15.67 ms/cm，最大值与最小值之间的变幅数值为 14.81 ms/cm，平均值为 5.21 ms/cm；酸碱度（pH）含量的数值波动范围在 7.79~7.87，最大值与最小值的变幅数值为 0.08，平均值为 7.79。

表 1　不同植被群落下土壤盐分各项指标统计

统计指标		群落类型		
		碱蓬	柽柳	芦苇
平均值	TS/（g/kg）	53.22a	27.85ab	13.22b
	EC/（ms/cm）	16.98a	9.71ab	5.21bc
	pH	7.71	7.60	7.79
最大值	TS/（g/kg）	67.56	39.71	43.67
	EC/（ms/cm）	22.73	13.52	15.67
	pH	7.89	7.81	7.87
最小值	TS/（g/kg）	41.33	21.08	2.63
	EC/（ms/cm）	14.40	7.37	0.86
	pH	7.34	7.21	7.79

注：同行不同小写字母表示差异性显著（$P<0.05$）。

通过差异性检验可以看出，不同群落下 3 个盐分指标的差异状态各有不同：全盐（TS）含量中，碱蓬群落相对于芦苇群落而言，含量的差异性呈现显著状态（$P<0.05$），其土壤全盐（TS）含量相比于芦苇群落而言，含量较高且相差巨大；在碱蓬群落与柽柳群落之间、柽柳群落与碱蓬群落、芦苇群落之间，互相而言有所差异但差异性并不呈现显著状态（$P>0.05$）；电导率（EC）中，三个群落的整体差异性状况与全盐（TS）的差异状况大致是一致的，主要表现为在芦苇群落与碱蓬群落之间其差异性呈现出显著的状态（$P<0.05$），在柽柳群落与碱蓬群落、芦苇群落之间的差异性并不呈现显著状态（$P>0.05$）。

整体而言，在水平方向上，全盐（TS）与电导率（EC）作为盐分指标，由碱蓬到芦苇其含量在逐渐降低，在不断降低的过程中，对应的植物群落也会出现相应含量的数值波动，盐分由高至低的分布，群落大致呈现出由碱蓬群落到柽柳群落再到芦苇群落的含量的数值波动趋势。

4.2　不同群落盐分的垂直分布

4.2.1　土壤盐分指标的垂直分布

对不同群落下不同深度土壤样品的全盐（TS）、电导率（EC）、酸碱度（pH）进行统计分析（见图 2），可发现：土壤全盐（TS）在表层集聚效应显著，0~5 cm 土壤深度中全盐含量最高且其最大数值出现在柽柳群落之中。随着土壤深度的增加，其含量变化趋势为，由碱蓬群落到柽柳群落再到芦苇群落在 0~20 cm 土壤深度呈现先增加后减少的趋势，20~80 cm 土壤深度中则大致呈现逐渐减少的趋势。由差异性检验的结果可以看出，碱蓬群落、柽柳群落、芦苇群落之间，在不同土壤深度总体差异不大，除了在0~5 cm、60~80 cm土壤中，芦苇群落的全盐含量相对最低，与碱蓬群落、柽柳群落之间的差异性呈现显著状态（$P<0.05$），在其余的土壤深度下则并没有呈现出显著的差异（$P>0.05$）。

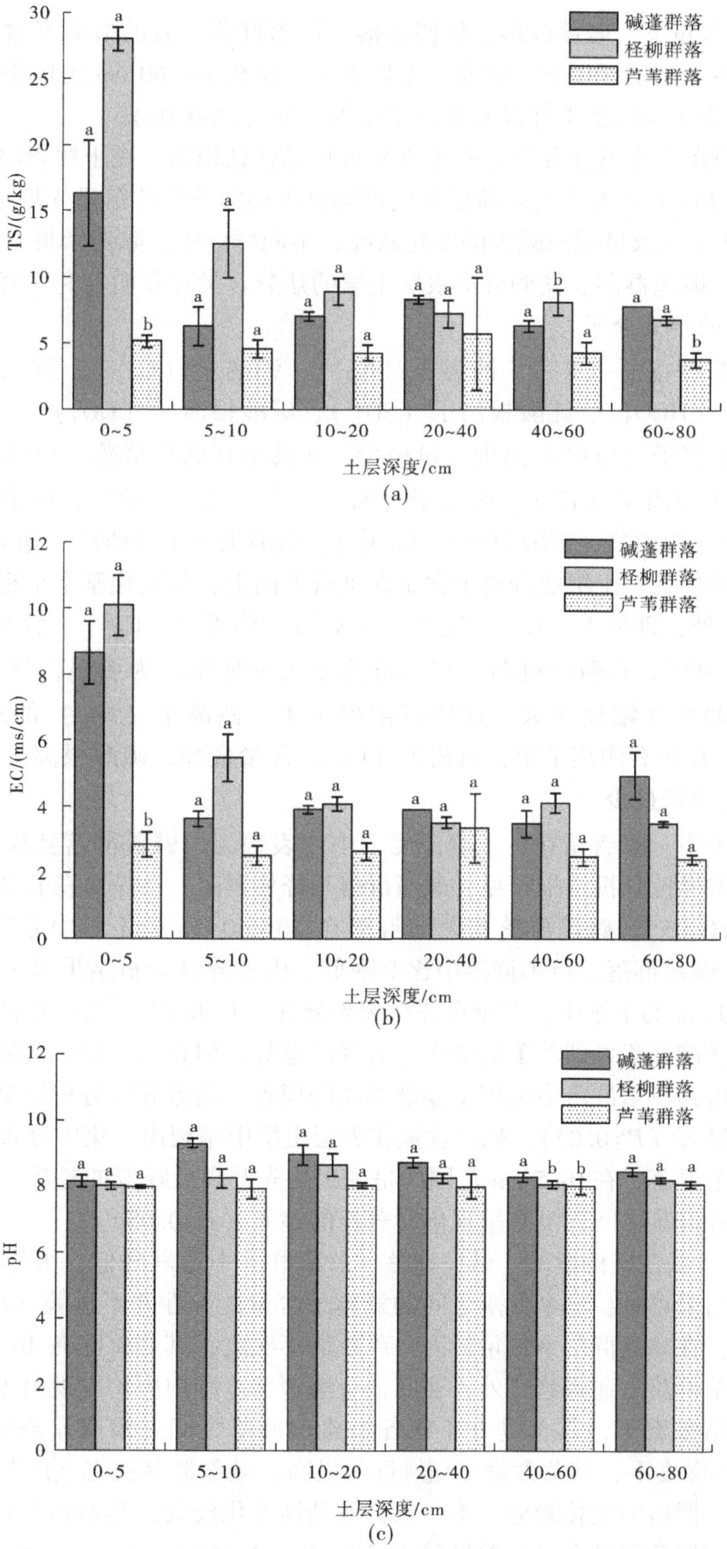

图2 不同群落盐分指标的垂直分布（不同小写字母代表差异性显著 $P<0.05$）

土壤电导率（EC）变化趋势与全盐的变化趋势大致相同，在0~20 cm深度中由碱蓬群落向柽柳群落再向芦苇群落呈先增加后减少的变化状况，在其下土壤深度中呈逐渐减少的变化状况。由差异性检验结果可见，在0~5 cm范围内的表层土壤中，芦苇群落的电导率（EC）数值与碱蓬群落、柽柳群落之间差异性显著（$P<0.05$），在其他土壤深度中，各个群落之间则并没有呈现出显著的差异（$P>0.05$）。

在酸碱度（pH）含量下，碱蓬群落、柽柳群落、芦苇群落三者的酸碱度数值整体变化较小、数值波动范围不大，在各个土壤深度下整体而言差异不大，仅在40~60 cm土壤中出现了显著性的差异（$P<0.05$），其他的各个土壤深度下并没有呈现出显著差异（$P>0.05$）。

总体而言，植物群落与土壤盐分指标的垂直分布状况息息相关，在土壤表层盐分含量最高且相关变化尤为显著，在0~20 cm深度下由碱蓬群落向柽柳群落再向芦苇群落呈先增加后减少的变化状况，在20~80 cm土壤深度下大致呈逐渐减少的变化状况；不同群落中，除芦苇群落盐分含量在各个土壤深度下变化不明显外，碱蓬群落、柽柳群落表层土壤的盐分含量存在明显高于底层土壤的现象。

4.2.2 土壤盐分离子的垂直分布

对不同群落土壤的钾离子（K^+）、钠离子（Na^+）、钙离子（Ca^{2+}）、镁离子（Mg^{2+}）、氯离子（Cl^-）、碳酸氢根离子（HCO_3^-）、硫酸根离子（SO_4^{2-}）、碳酸根离子（CO_3^-）这8个盐分离子进行测定和统计，发现碳酸根离子（CO_3^{2-}）出现含量极少，尤其是在碱蓬群落、柽柳群落中含量甚微，故不做统计和举例。在对钾离子（K^+）、钠离子（Na^+）、钙离子（Ca^{2+}）、镁离子（Mg^{2+}）、氯离子（Cl^-）、碳酸氢根离子（HCO_3^-）、硫酸根离子（SO_4^{2-}）、碳酸根离子（CO_3^{2-}）进行相关统计（见图3）后，发现如下特征：整体上，土壤盐分离子含量在垂直方向上，其变化基本呈现为下降的趋势。除碳酸氢根离子（HCO_3^-）外，钾离子（K^+）、钠离子（Na^+）、钙离子（Ca^{2+}）、镁离子（Mg^{2+}）、氯离子（Cl^-）、硫酸根离子（SO_4^{2-}）在碱蓬群落、柽柳群落中表聚现象较为明显，芦苇群落各盐分离子在0~80 cm土壤深度下的变动幅度不大。在所有阳离子中，钠离子（Na^+）的总含量最高、钾离子（K^+）的总含量最低；在所有阴离子中，氯离子（Cl^-）含量最高，硫酸根离子（SO_4^{2-}）次之，碳酸氢根离子（HCO_3^-）的含量最少。

具体来看，阳离子中，K^+含量在各土壤深度下中均表现为由碱蓬群落到柽柳群落再到芦苇群落的逐渐降低趋势，由差异性分析结果可见，碱蓬群落与柽柳群落、芦苇群落在20~40 cm土壤深度范围内差异性显著（$P<0.05$），碱蓬群落与芦苇群落在40~60 cm的土壤中差异性显著（$P<0.05$）。Na^+含量在柽柳群落、碱蓬群落、芦苇群落中逐渐降低，由差异性分析结果可见，芦苇群落与碱蓬群落、柽柳群落在5~10 cm的土壤中，含量存在显著差异性（$P<0.05$）；Ca^{2+}整体含量的变化趋势大致表现为从碱蓬群落到柽柳群落再到芦苇群落先升后降的态势，但在20~40 cm深度范围内其含量在由碱蓬群落到柽柳群落再到芦苇群落中出现了逐渐升高的现象，由差异性分析结果可见，在三个群落中其含量的差异性并不显著（$P>0.05$）。Mg^{2+}含量在表层土壤中呈现出了集中分布的现象，且由碱蓬群落到柽柳群落再到芦苇群落中在0~5 cm范围内呈现出的先升高后降低的趋势，同时，由差异性分析结果可见，其含量在各群落之间并没有呈现出显著性的差异（$P>0.05$）。

在阴离子中，Cl^-含量在柽柳群落、碱蓬群落、芦苇群落中逐渐降低，大体分布主要集中在表层土中，由差异性分析结果可见，三个群落之间的氯离子含量差异性并不显著（$P>0.05$）；HCO_3^-在柽柳群落中的含量最少，在碱蓬群落中含量最高，芦苇群落次之，其变化除在40~60 cm的土壤深度范围内由碱蓬群落向芦苇群落呈递降趋势外，在其他土壤深度范围内中均表现出先降低后升高的变化趋势，由其差异性分析结果看见，其含量分布在各个典型群落之间并没有呈现出显著性的差异（$P>0.05$）；SO_4^{2-}在各土壤深度下，其总含量在柽柳群落最高、碱蓬群落次之、芦苇群落最低，由碱蓬群落到柽柳群落再到芦苇群落的变化趋势并不一致且波动性变化较大，其差异性分析结果也显示，碱蓬群落、柽柳群落、芦苇群落间其含量的差异并不显著（$P>0.05$）。

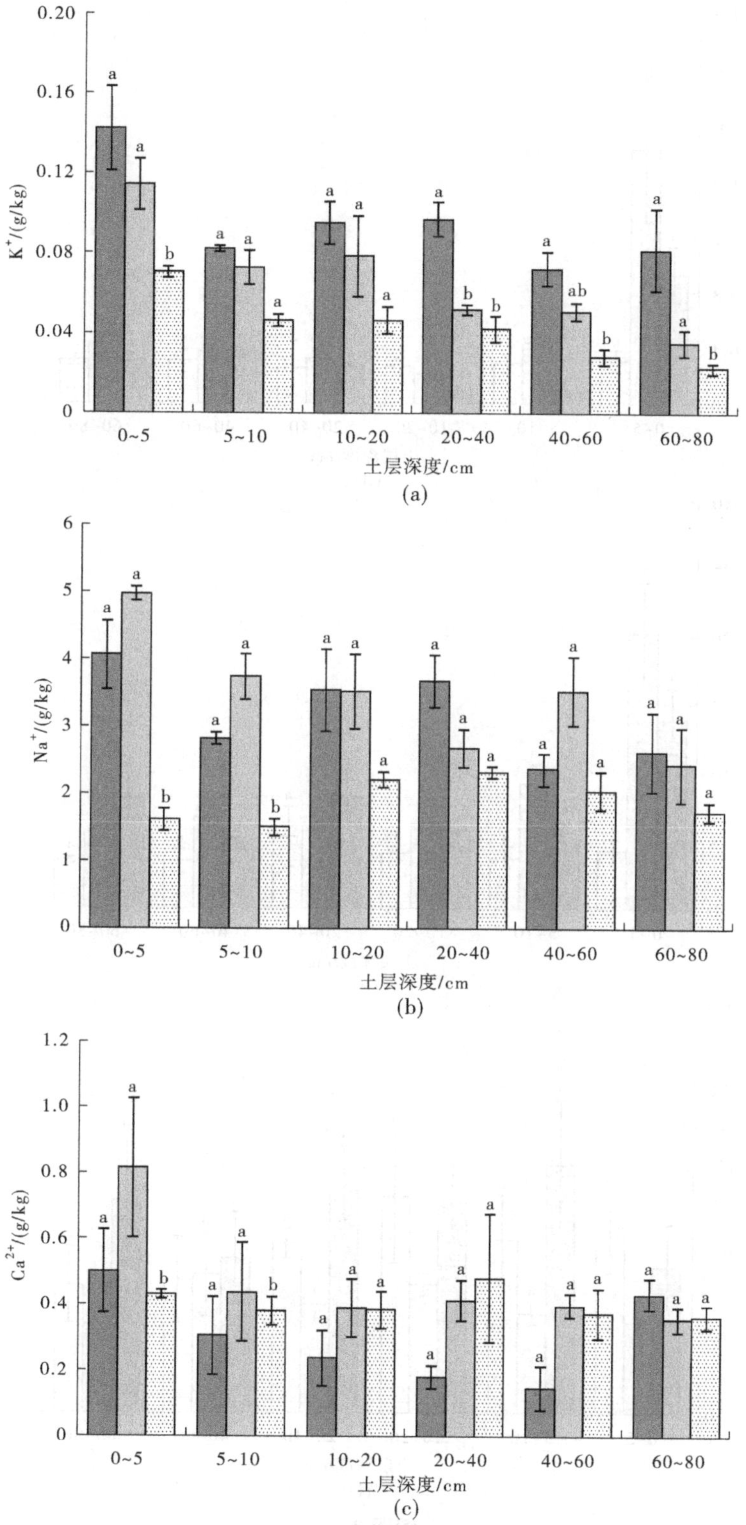

（不同小写字母代表差异性显著 $P<0.05$）

图 3　不同群落土壤盐分离子的垂直分布

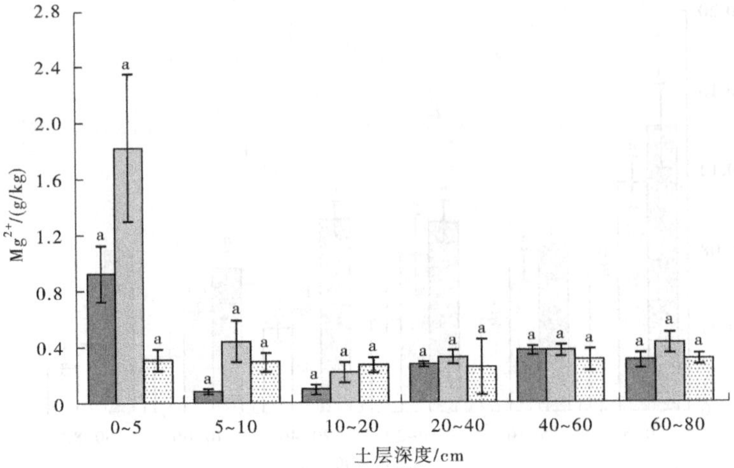
Mg2+/(g/kg)
0~5
5~10
10~20
20~40
40~60
60~80
土层深度/cm

(d)

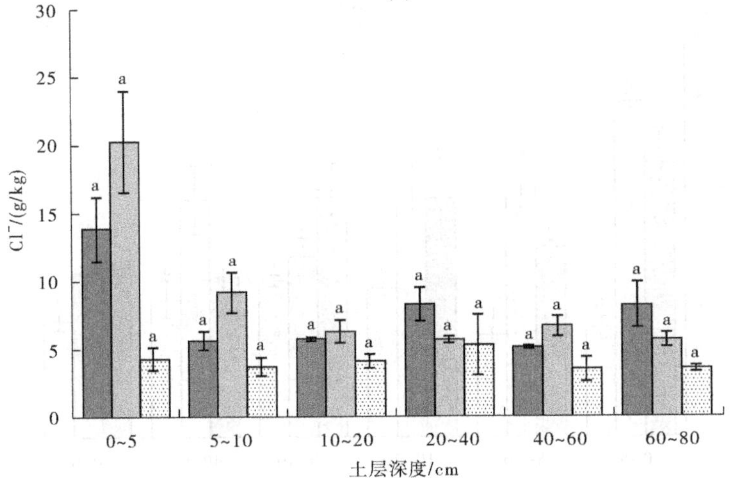
Cl-/(g/kg)
0~5
5~10
10~20
20~40
40~60
60~80
土层深度/cm

(e)

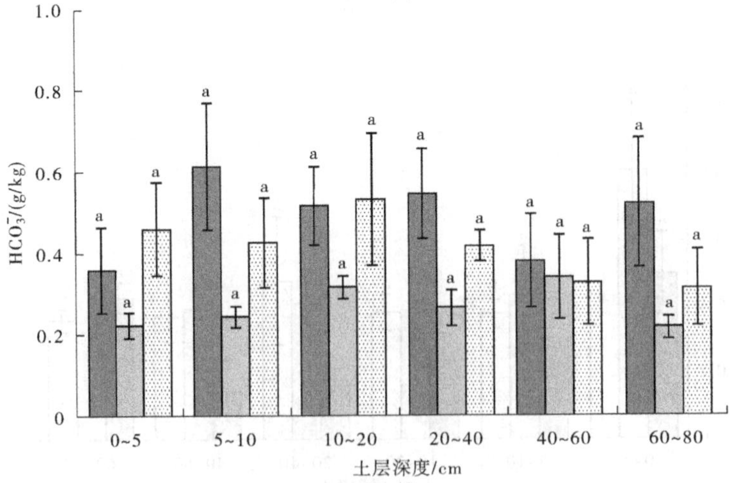
HCO3-/(g/kg)
0~5
5~10
10~20
20~40
40~60
60~80
土层深度/cm

(f)

续图 3

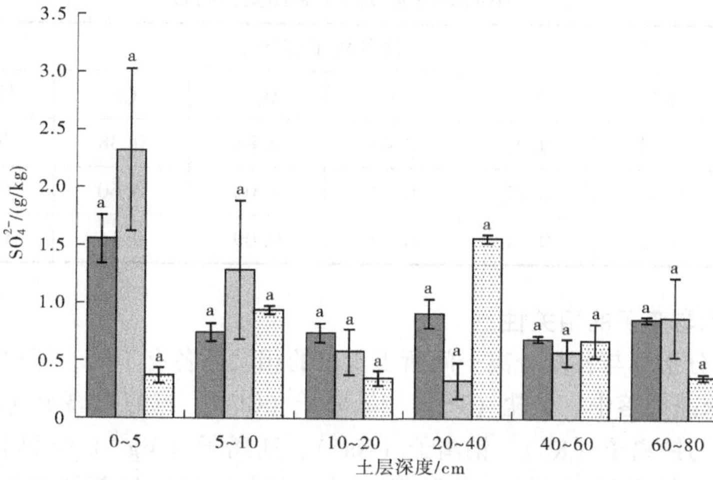

(g)

续图 3

4.3 不同群落土壤盐分离子的变异特征

从水平角度来看（见表2），各个群落盐分于0~5 cm的表层土壤中的变异特征各有不同。在碱蓬群落中，全盐（TS）与群落内各盐分离子均属中等强度变异。在柽柳群落中，硫酸根离子（SO_4^{2-}）的变异属强变异，变异系数为1.32，钾离子（K^+）、钠离子（Na^+）、钙离子（Ca^{2+}）镁离子（Mg^{2+}）、氯离子（Cl^-）、碳酸氢根离子（HCO_3^-）等变异情况均属中等强度变异。在芦苇群落中，镁离子（Mg^{2+}）、氯离子（Cl^-）以及全盐（TS）属于强变异群落，其余离子属中等强度变异。对于全盐（TS），其变异系数数值最大的为芦苇群落，数值最小的为碱蓬群落。在阳离子中，钾离子（K^+）变异系数在碱蓬群落中最大，变异系数最小值出现在芦苇群落中。对于钠离子（Na^+）变异系数最小的为柽柳群落，最大的为芦苇群落。对于钙离子（Ca^{2+}），芦苇群落中变异系数最小，碱蓬群落系数最大。对于镁离子（Mg^{2+}），相应的变异系数最小的为柽柳群落，芦苇群落中的变异系数最大。阴离子中，氯离子（Cl^-）的变异系数最大的为芦苇群落，最小的群落为碱蓬群落。对于碳酸氢根离子（HCO_3^-），在柽柳群落中其变异系数最大，碱蓬群落中次之，芦苇群落中数值最小。硫酸根离子（SO_4^{2-}）中，变异系数最大值出现在柽柳群落中，最小值出现在碱蓬群落。

表2 土壤表层盐分离子变异特征

群落类型	盐分离子变异系数							
	TS	K^+	Na^+	Ca^{2+}	Mg^{2+}	Cl^-	HCO_3^-	SO_4^{2-}
碱蓬	0.28	0.29	0.25	0.68	0.70	0.32	0.35	0.72
柽柳	0.39	0.28	0.10	0.65	0.64	0.40	0.49	1.28
芦苇	1.10	0.19	0.64	0.14	1.83	1.23	0.34	0.88

从不同深度下的垂直角度来看（见表3）：对于全盐（TS），变异系数最大的为柽柳群落，最小的为芦苇群落。阳离子中，除了镁离子（Mg^{2+}）外，在三种群落中各阳离子的变异均呈现为中等强度的变异，具体而言，钾离子（K^+）的变异系数表现为柽柳群落>芦苇群落>碱蓬群落；对于钠离子（Na^+），变异系数最大的为柽柳群落，最小的为芦苇群落；在钙离子（Ca^{2+}）中，变异系数最大的为碱蓬群落，最小的为芦苇群落；对于镁离子（Mg^{2+}），芦苇群落数值最小，最大的为柽柳群落。在阴离子中，对于氯离子（Cl^-）而言，系数最大的为芦苇群落，最小的为柽柳群落；碳酸氢根离子（HCO_3^-）在各群落中的变异系数，表现为碱蓬群落>芦苇群落>柽柳群落；对于硫酸根离子（SO_4^{2-}），最大的为柽柳群落，最小的为碱蓬群落。

表 3　不同群落盐分离子总体变异特征

群落类型	盐分离子变异系数							
	TS	K^+	Na^+	Ca^{2+}	Mg^{2+}	Cl^-	HCO_3^-	SO_4^{2-}
碱蓬	0. 31	0. 24	0. 20	0. 45	0. 88	0. 38	0. 19	0. 32
柽柳	0. 55	0. 39	0. 27	0. 34	1. 00	0. 60	0. 18	0. 73
芦苇	0. 20	0. 37	0. 17	0. 13	0. 09	0. 16	0. 18	0. 70

4.4　不同群落盐分指标与离子的相关性

不同群落的土壤盐分指标与各盐分离子间所表现出的相关性各有不同，但也有相似之处，分析结果可见（见表 4）：在碱蓬群落中，全盐（TS）与氯离子（Cl^-）、硫酸根离子（SO_4^{2-}）呈极显著的正相关关系（$P<0.01$），与钾离子（K^+）、钠离子（Na^+）、镁离子（Mg^{2+}）呈显著的正相关关系（$P<0.05$）；电导率（EC）与氯离子（Cl^-）、硫酸根离子（SO_4^{2-}）呈极显著的正相关关系（$P<0.01$），与钾离子（K^+）、镁离子（Mg^{2+}）呈显著的正相关关系（$P<0.05$）；pH 与镁离子（Mg^{2+}）、碳酸氢根离子（HCO_3^-）呈显著的正相关关系（$P<0.05$），与其他离子未表现出显著性相关。在柽柳群落中，全盐（TS）和电导率（EC）均与钙离子（Ca^{2+}）、镁离子（Mg^{2+}）、氯离子（Cl^-）、硫酸根离子（SO_4^{2-}）呈极显著的正相关关系（$P<0.01$），与钾离子（K^+）、钠离子（Na^+）呈显著的正相关关系（$P<0.05$）；pH 与所有盐分离子的相关性均不显著。在芦苇群落中，全盐（TS）与氯离子（Cl^-）呈极显著的正相关关系（$P<0.01$），与钠离子（Na^+）呈显著的正相关关系（$P<0.05$）；电导率（EC）仅与氯离子（Cl^-）呈极显著的正相关关系（$P<0.01$），与其他离子均未呈现相关性；pH 仅与镁离子（Mg^{2+}）呈显著的正相关关系（$P<0.05$），与其他离子未表现出相关性。

表 4　不同群落盐分指标与各离子间的相关性

群落类型	盐分指标	离子/（g/kg）						
		K^+	Na^+	Ca^{2+}	Mg^{2+}	Cl^-	HCO_3^-	SO_4^{2-}
碱蓬	TS	0. 806*	0. 750*	0. 611	0. 761*	0. 966**	−0. 060	0. 930**
	EC	0. 753*	0. 611	0. 710	0. 816*	0. 930**	−0. 159	0. 921**
	pH	0. 039	0. 101	−0. 289	−0. 742*	−0. 370	0. 802*	−0. 465
柽柳	TS	0. 844*	0. 878*	0. 952**	0. 943**	0. 978**	−0. 404	0. 924**
	EC	0. 856*	0. 886*	0. 946**	0. 931**	0. 997**	−0. 407	0. 926**
	pH	−0. 004	−0. 249	−0. 459	−0. 542	−0. 461	0. 359	−0. 452
芦苇	TS	0. 040	0. 764*	0. 451	0. 277	0. 926**	−0. 195	0. 719
	EC	0. 156	0. 654	0. 423	0. 430	0. 973**	−0. 265	0. 582
	pH	−0. 342	0. 633	−0. 412	0. 787*	0. 477	−0. 687	−0. 102

注：* 表示 $P<0.05$，** 表示 $P<0.01$。

5　结语

本研究从影响植物群落变化与演替的典型环境因子入手，通过对刁口河湿地典型植物群落生境下土壤和植被生长情况进行采样分析，阐明了土壤盐分各因子在不同群落下的分布特征。总体而言，水平方向上，各盐分指标由碱蓬—柽柳—芦苇其含量在逐渐降低；垂直方向上，在 0～20 cm 深度下由碱蓬群落向柽柳群落再向芦苇群落呈先增加后减少的变化状况，在 20～80 cm 土壤深度下大致呈逐渐减少的变化状况；三种群落中土壤全盐（TS）和电导率（EC）均与氯离子（Cl^-）呈极显著的正相关关系（$P<0.01$），这也在一定程度上说明了氯离子（Cl^-）是三种群落土壤中的主要盐分离子，且对研究区内植物群落的生长发育与变化演替具有主要效用。

参考文献

[1] 郎慧卿，林鹏，陆健健．中国湿地研究与保护［M］．上海：华东师范大学出版社，1998.
[2] 吕宪国．湿地生态系统保护与管理［M］．北京：化学工业出版社，2004.
[3] 高茂生，叶思源，史贵军，等．潮汐作用下的滨海湿地浅层地下水动态变化［J］．水文地质工程地质，2010，37（4）：24-27.
[4] 谢振华，刘凯，李志萍，等．基于沉积物物质来源的地下水化学特征分析：以北京市平原区为例［J］．地学前缘，2010，17（6）：81-87.
[5] 章光新，邓伟，何岩，等．中国东北松嫩平原地下水水化学特征与演变规律［J］．水科学进展，2006，17（1）：20-28.

陶瓷纤维及其增强水泥基材料应用研究进展

张　戈[1,2,3]　李昆鹏[1,2,3]　陈　琛[1,2,3]　石华伟[1,2,3]　张　泉[4]

(1. 黄河水利委员会黄河水利科学研究院，河南郑州　450003；
2. 水利部黄河下游河道与河口治理重点实验室，河南郑州　450003；
3. 河南省湖库功能恢复与维持工程技术研究中心，河南郑州　450003；
4. 浩吉铁路股份有限公司，北京　100071)

摘　要： 陶瓷纤维作为一种极具前景的新型高性能无机纤维，以其质轻、耐火、耐腐蚀等优异性能而受到国内外的广泛关注。本文概述了陶瓷纤维的物理力学性能、分类及应用，重点介绍了陶瓷纤维在水泥基材料中的应用研究进展，其中包括陶瓷纤维混凝土力学性能和耐久性能研究，并提出了当前陶瓷纤维增强水泥基材料研究中存在的问题和今后的研究方向。

关键词： 陶瓷纤维；功能材料；水泥基材料；力学性能；耐久性能

1　引言

陶瓷纤维是一种纤维状轻质耐火材料，最早出现在美国，1941 年美国巴布维尔考克斯公司以天然高岭土为原材料使用电弧熔融喷吹的方法制得陶瓷纤维[1]。陶瓷纤维由于其质量轻、耐高温、热稳定性好、导热率低、比热小及耐机械振动等优点，广泛应用于机械、冶金、化工、石油、陶瓷、玻璃、电子等行业[2]。随着应用技术的提高，陶瓷纤维还在其他新的应用领域得以广泛的拓展，如汽车行业的发动机、排气管的隔热消音，家电行业的绝缘、隔热，以及航空航天等领域。在全球能源价格高涨的国际背景及中国国家战略背景下，陶瓷纤维在中国得到了更多更广的应用，发展前景十分广阔。

2　陶瓷纤维的分类

陶瓷纤维根据其使用的功能一般可以分为两类：耐高温陶瓷纤维和功能陶瓷纤维。陶瓷纤维有普通硅酸铝陶瓷纤维，高硅酸铝陶瓷纤维，含 Cr_2O_2、ZrO_2 或 B_2O_3 的硅酸铝陶瓷纤维，多晶氧化铝纤维和多晶莫来石纤维等。近年来，国外已经开发成功或正在开发一些新的陶瓷纤维，如镁橄榄石纤维、SiO_2-CaO-MgO 系陶瓷纤维、Al_2O_3-CaO 系陶瓷纤维和一些特殊的氧化物。这些陶瓷纤维除了可以用作高绝热材料，还可以用作过滤材料和高结构材料的增强材料[3]。

根据纤维的微观结构形态，陶瓷纤维可以分为非晶质纤维和晶质纤维。其中，非晶质陶瓷纤维主要由玻璃态物质构成，在受热条件下，产生自发析晶和晶粒长大的现象，导致陶瓷纤维性能恶化，使非晶质陶瓷纤维在使用温度方面受到限制；晶质陶瓷纤维一般为多晶态微观结构，在高温下收缩小，并且能够保持稳定的纤维结构和化学性质，因此晶质陶瓷纤维可以在较高温度下使用[4]。根据化学组成或主晶相，晶质类陶瓷纤维可分为非氧化物陶瓷纤维和氧化物陶瓷纤维两大类。非氧化物陶瓷纤

基金项目： 黄河水利科学研究院科技发展基金（黄科发 202302）；河南省自然科学基金（242300421462）；河南省重大科技专项（231100320100）；黄委优秀青年人才科技项目（HQK-202310）。
作者简介： 张戈（1989—），男，博士研究生，主要从事湖库泥沙处理与资源利用研究工作。
通信作者： 李昆鹏（1981—），男，正高级工程师，主要从事水库优化调度、湖库泥沙处理与资源利用研究工作。

维（如 C 纤维和 SiC 纤维）的高温抗氧化性能低，在高温氧化环境中不能使用；而氧化物陶瓷纤维（如 Al_2O_3 纤维和 ZrO_2）大多是多晶陶瓷纤维，强度高、热导率低、抗腐蚀及高温抗氧化性能优良，可用于 1 400 ℃以上的高温氧化场合[5]。

2.1 耐高温陶瓷纤维

耐火材料以其密度小、导热系数小、热稳定好、耐高温等优良特性，成为耐火、保温、隔热、隔音和防火的优选材料[6]。

2.2 功能陶瓷纤维

功能陶瓷具有有机纤维所不能比拟的抗氧化功能及独特的电学和光学性能。表 1 列出了部分功能陶瓷纤维的种类及性能。

表 1 部分功能陶瓷纤维种类及性能[7]

陶瓷纤维	特性	陶瓷纤维	特性
$BaTO_3$	铁电、压电、电光	$PbTO_3$	非线性光学、导电
PZT	压电、铁电	$LNbO_3$	压电、非线性光学
YBaCuO	超导	Bi（Pb）SiCaCuO	超导
Zr（Y）O_2	耐热、纤维增强	TO_2	绝缘
TiN	电导	B-Al_2O_3	离子电导

功能性陶瓷纤维包括以添加碳化锆陶瓷粉为主蓄热保温纤维[8]，加入无机抗紫外线陶瓷纤维粉的防太阳光紫外线热线纤维，由羟基磷灰石［Ca（PO_2）$_6$（OH）$_2$］功能性陶瓷粉制成的可过滤病毒的非织布，通过聚合物中添加具有吸附功能的陶瓷粉制成的抗菌防臭纤维，功能性含陶瓷导电纤维等。这类导电纤维一般采用复合纺织法制得，多为皮芯结构。

3 陶瓷纤维的应用

陶瓷纤维的用途很多，可用作工业窑炉的绝热和耐火材料、高温高压蒸汽管道的绝热材料、高温密封绝热材料、高温吸声材料、耐火建筑用材和防火材料、原子反应堆内衬材料等。根据其化学组分和结构形态的不同，其安全使用温度为 600～1 300 ℃。陶瓷纤维之所以具有良好的隔热作用，是由它的结构决定的。陶瓷纤维的内部组织结构是固态纤维与空气组成的混合结构，其显微结构特点是固相和气相都是以连续相的形式存在。在这种结构中，固态物质以纤维状形式存在，并构成连续相骨架，气相则连续存在于纤维材料的骨架间隙之中，气孔中的空气具有良好的隔热作用。由于陶瓷纤维具有高强度、高耐热性，它还与树脂具有较好的润湿性，因此它可以用作陶瓷纤维增强塑料。它还能与碳纤维、芳纶纤维、玻璃纤维等混杂使用做 FRP 的增强材料。用陶瓷纤维制造的增强塑料制品从宇航到体育运动器材等领域，都有广阔的应用前景。

3.1 高温绝热材料和耐火材料

陶瓷纤维由于其密度小、绝热性好、热容量小，因此可用作工业窑炉的绝热和耐火材料、高温高压蒸汽管道的绝热材料、高温密封绝热材料、高温吸声材料、耐火建筑用材和防火材料、原子反应堆内衬材料等。其使用节能效果比一般的耐火砖或高温涂料好，节能量远大于散热损失量，并且强化了炉气对炉壁的对流传热，使炉壁得到更多的热量，从而提高物料的加热速度和生产能力[9-10]。

3.2 耐化学腐蚀材料

陶瓷纤维具有强度高、抗热冲击性好、耐化学腐蚀等特点，是一种理想的高温过滤材料。近年来，已经使用陶瓷纤维成功开发出各种过滤器，广泛应用于火力发电厂、金属冶炼厂和化工厂的消烟除尘中，还可以用于消除柴油发动机废气中的有害物质。Taffli 氧化铝纤维可用于铝合金活塞，当温度上升时其膨胀比纯合金减小约 25%，使活塞和气缸之间吻合好，可节省燃料。

3.3 填密材料和摩擦材料

用硅酸铝纤维、丁腈橡胶、无机黏结剂、云母和非膨胀蛭石可以制得一种无石棉的高温填密材料；用陶瓷纤维、高铝水泥、合成橡胶和吸水聚合物还可以制得一种在水中具有良好黏结性能的耐水密封材料。陶瓷纤维同玻璃纤维、岩棉一样，还可以用来制造无石棉摩擦材料。这类摩擦材料具有摩擦系数稳定、耐磨性良好和噪声低等特点[11]。

3.4 绝热涂料

陶瓷纤维用作高温绝热涂料的网架材料可以改善涂料的强度、减少收缩率、降低容重和增加绝热效果。陶瓷纤维和耐热结合剂等组成的喷涂涂料可用专门的喷射设备进行喷涂施工。涂料可以直接喷涂在工业炉壁上形成炉衬，也可以喷涂在建筑钢材上形成耐火涂层。与其他炉衬相比，喷涂炉衬具有表面光滑、气密性好、绝热效果好、不易剥落，可以用于形状复杂的炉壁和施工速度快等特点。在各种陶瓷窑炉中，可采用陶瓷纤维毡（板）作保温隔热材料，可以减小窑壁厚度、降低窑壁表面温度；由于纤维本身有弹性和填充性，可缓解砖壁膨胀热应力，提高窑炉气密性。如果使用全纤维窑炉，即窑壁和炉衬均采用陶瓷纤维，纤维炉衬的蓄热量仅为砖砌炉衬的1/10～1/30，质量仅为其1/10～1/20。

3.5 铁电压电材料

$LiNbO_3$ 是一种重要的铁电压电材料，可用于SAW器件和电光器件中，单晶纤维可用作电光调制器、谐波发生器和参量振荡器。非晶 $PbTiO_3$ 纤维可用于非线性光学领域，而结晶的钙钛矿结构 $PbTiO_3$ 纤维可用于热释电传感器件。PZT是最重要的铁电压电材料，是目前应用最广泛的压电铁电陶瓷纤维，它在超声材料、智能材料等方面有着很大的应用潜力。

3.6 高温超导材料

纳米磁性涂层陶瓷纤维表面的磁性涂层具有纳米结构，具有优良的电、磁性能。该纤维还具有柔软性能好，可进行二维、三维编织等特点，是优良的功能和结构纤维，在制备耐高温、异型微传感器、磁电测量器件、磁光器件、智能高性能混凝土、防电磁干扰高性能混凝土和智能、防电磁干扰复合材料及结构吸波材料等方面具有巨大的应用价值[12]。

功能陶瓷纤维用作高温超导材料可用于医用X射线电磁室、高速电子计算机的光电元件，也可以用作超导干涉传感装置的仪表盘上的敏感元件，用于拍摄电图和探测油矿。

3.7 增强复合材料

由于氧化铝纤维与金属基体的浸润性良好，界面反应较小，其复合材料的力学性能、耐磨性和硬度均有所提高，热膨胀系数降低。氧化铝纤维增强铝基复合材料成为装甲车和坦克发动机活塞的理想材料。采用高强度、高弹性的氧化铝纤维与陶瓷基体复合技术，能得到韧性优良的纤维增强陶瓷基复合材料。氧化铝纤维与树脂基体结合良好，比玻璃纤维的弹性大，比碳纤维的压缩强度高，所以氧化铝树脂复合材料正逐步在一些领域中取代玻璃纤维和碳纤维。

在这些无机纤维材料中，氧化铝纤维、氧化锆纤维因其良好的隔热性能而备受关注。氧化铝纤维属于晶质陶瓷纤维，具有高强度、高模量和耐高温氧化性等突出优点。氧化铝纤维作为隔热材料，有很好的保温性能，可以显著减少热损失，最高耐热温度可达1 700 ℃。与碳纤维和金属纤维相比，氧化铝纤维具有热导率低、热膨胀系数小、抗热震性能好等优点[13]。氧化锆纤维作为陶瓷、金属、塑料灯光多种基体的增强剂，在工业和军事等领域也有重要的应用前景，如用于制备高强度绝热玻璃、高温过滤材料、导弹和火箭发动机内衬用高温稳定绝热材料等[14-15]。氧化锆纤维能耐2 000 ℃以上高温，高温时能抗酸性腐蚀，但氧化锆纤维从四方结构冷却到单斜结构时有8%左右的体积膨胀。为避免氧化锆陶瓷纤维在烧成时因体积变化引起开裂，必须在氧化锆里加入适量的氧化钙、氧化镁、氧化钇等作为稳定剂以形成较为稳定的四方或立方结构氧化锆[16-18]，而且氧化钇的加入能够抑制化锆晶粒长大，形成致密的纤维。氧化锆-氧化铝复合陶瓷纤维的性能比单纯氧化铝或氧化锆纤维的性能要好，其应用温度比氧化铝纤维要高，同时氧化铝能够提高氧化锆纤维的抗弯强度和断裂韧性[19-20]。

3.8 新型功能性材料

20世纪80年代中期日本率先开发了一种新型功能性陶瓷纤维，是通过添加和配合不同工艺种类的陶瓷微粉，采用不同工艺制作而成。它的创意始自一家陶瓷公司的奇想，该公司将具有远红外辐射的陶瓷微粉与纤维结合，据说获得了保暖效果。到了20世纪80年代后期，在日本国内形成一股开发热潮，许多公司相继开发出了多种功能性陶瓷纤维，并且已相继投入市场[21]。目前，出现的功能性陶瓷纤维材料主要包括防紫外线纤维、蓄热保暖纤维、远红外纤维、抗菌防臭纤维、消臭纤维以及防中子纤维、导电纤维、磁性纤维等。

利用陶瓷微粉与纤维或织物结合，制备防紫外线纤维，可以增加表面对紫外线的反射和散射作用，以防紫外线透过织物面而损害人体皮肤，其中没有光能的转化作用，这些陶瓷粉末包括高岭土、碳酸钙、滑石粉、氧化铁、氧化锌、氧化亚铅等。此外，紫外线吸收剂与陶瓷微粉在纤维或织物上同时应用，则相互还有增效，防护效果更为优越。例如含有氧化锆的纤维材料制备蓄热保温纤维，可吸收阳光中2 μm以下的可见光及近红外线，并进行热交换，还能反射由人体放出约10 μm的热，达到积极保温的效果。用该纤维制成的服装，平时穿着时服装内温度比传统服装高出2~8 ℃，即使在湿态下也有良好的吸光蓄热性能。大多数陶瓷微粉都具有发射远红外线的功能，把它填充到纤维中制备远红外纤维，则可使纤维在一定温度下能发射7~14 μm的远红外线。它所载的能量易为人体内水分子共振吸收，使人体局部产生温热效应，促进血液循环，起到了调节肌体代谢、提高人体免疫的作用。远红外纤维中使用最多的陶瓷粉是金属氧化物，其中以氧化铝、氧化镁、氧化锆为好，有时也使用二氧化钛和二氧化硅。不同的远红外陶瓷微粉有着不同的红外光谱特性，这是由于它们的晶格振动不同所致。资料表明，在8~25 μm波长范围内，没有一种单一金属或非金属氧化物材料的全辐射率能稳定在90%左右，而采用元素周期表中第Ⅲ、Ⅴ周期中的一种或几种氧化物混合而成的远红外陶瓷粉（如$MgO-Al_2O_3-CuO$，$TiO_2-SiO_2-Cr_2O_3$，$Fe_2O_3-MnO_2-SiO_2-ZrO_2$），在环境温度为20~50 ℃时具有较高的光谱发射率，是一种理想的材料。

消臭纤维不同于抗菌除臭纤维。抗菌纤维通过杀灭细菌以防止臭气产生；而消臭纤维的功能在于吸收已产生的臭气，达到净化空气、创造舒适环境的目的[22]。吸收法防臭虽然属于消极方法，但却实用。具有消臭功能的陶瓷微粉主要包括活性炭、氧化物、氯化物、碘化物、硫酸盐等。例如，超细粒子氧化锌的表面积大，气体吸收作用强，可快速有效吸收臭味。固态ZnO对有机酸不仅有物理吸附作用，而且有化学吸收作用，因而具有优异的除臭作用。试验表明，它对异戊酸（产生人体臭味的主要脂肪酸）的除臭作用比活性炭颗粒更为快速。近年来的研究还表明，将陶瓷微粉与有机消臭剂配合使用效果更佳。例如，把硫酸锌微粉和苹果酸混合后掺入聚丙烯晴合纤中生产的消臭纤维，三甲胺去除率为100%，甲硫醇去除率为98.5%。

综上所述，目前使用氧化铝纤维为主要原料的成型产品有氧化铝纤维增强铝基复合材料活塞、氧化铝纤维催化剂有机废气处理器、氧化铝纤维燃气催化辐射燃烧辐射器、耐火隔热纤维砌块等，可应用于铝基复合材料增强剂、隔热隔音材料等领域。

4 陶瓷纤维在水泥基材料中的应用

4.1 静态力学性能

马一平、李昊等[23-25]研究了单掺陶瓷纤维、单一尼龙纤维及陶瓷—尼龙混杂纤维水泥基复合材料的力学性能，研究表明，掺入体积掺量为3%的陶瓷纤维，28 d抗压强度可提高44%，抗冲击强度可提高16%。陶瓷和尼龙纤维体积掺量分别为2%~3%和0.25%~1%的水泥基复合材料，在拌和物流动性可取的情况下抗压、抗折、抗冲综合性能较好，在70 ℃湿热老化条件下，陶瓷纤维水泥砂浆的抗弯增强效果和抗冲击增韧效果可长时间得以保持。刘礼才等[26]研究了陶瓷纤维硅灰复合增韧激发钢渣基胶凝材料的性能，研究表明：掺入质量分数为10%的硅灰和0.2%的陶瓷纤维后，碱激发钢渣基复合胶凝材料抗压和抗折强度大幅度提高，陶瓷纤维能够与生成的CSH凝胶结合紧密起到强化钢筋的作用。苏灏扬等[27] 研究了不同体积掺量陶瓷纤维对 C50 素混凝土的增强增韧效果，研究表明：陶瓷纤维改善了普通硅酸盐混凝土的准静态力学性能，纤维体积分数为 0.3%时，抗压强度提高了 15.0%，劈裂抗拉强度提高了 8.5%，抗折强度提高了 12.7%。

4.2 动态力学性能

Luo Xin、Xu Jin-yu、Bai Er-lei 等[28] 通过霍普金森杆研究了陶瓷-水泥基多孔材料在冲击荷载作用下的力学性能，研究表明，与普通水泥基复合材料相比，陶瓷-水泥基多孔材料在冲击荷载作用下应变曲线软化段更加明显，有助于更好地吸收能量。同时，Haoyang Su、Jinyu Xu、Weibo Ren、Min Li 等[29-33] 研究了陶瓷纤维混凝土静态、动态力学性能和能量吸收特性，研究表明：混凝土静态抗压、劈裂抗拉和抗弯强度随着陶瓷纤维体积掺量的增加而增加，陶瓷纤维混凝土的动态抗压强度，峰值应变和比能量吸收具有显著的应变率效应，随着应变率的增加近似呈线性增长，纤维的掺入明显改善了混凝土的动态力学性能，陶瓷纤维混凝土的能量吸收特性总体上优于素混凝土和碳纤维混凝土，在高应变率和体积掺量下表现得尤为明显。J · Lankford[34] 研究了纤维增强陶瓷基复合材料的动态抗压性能，研究结果表明：陶瓷纤维对于基体的增强效应要高于单片陶瓷和复合材料。

4.3 高温下稳定性

T. Sugama、L. Weber 等[35] 对比研究了 α-Al_2O_3 陶瓷纤维和 α-Al_2O_3 莫来石混合陶瓷纤维对铝酸钙/粉煤灰/磷酸盐水泥在 280 ℃热水下的增强作用，研究表明：掺入 α-Al_2O_3 型陶瓷纤维的多聚磷酸钠改性粉煤灰/铝酸钙复合水泥在 280 ℃热水下的断裂韧性是未掺纤维的 2.7 倍，而掺入 α-Al_2O_3 莫来石混合物的陶瓷纤维几乎没有改善水泥的断裂韧性，这是由于陶瓷纤维中的莫来石相会与水泥中的 Na^+发生反应生成 Na-P 型沸石，一方面增强了纤维与基体之间的联系，另一方面使强度高、韧性好的纤维变成了易脆和易碎的纤维。任韦波，许金余等[36] 用超声波检测及小波包变换，在频域内对不同温度、不同冷却方式下陶瓷纤维混凝土（CFRC）的声波测试信号进行了分解分析。结果表明，在常温~400 ℃范围内，掺入陶瓷纤维可以使 CFRC 在高温下产生的微裂缝造成的负面影响在一定程度上得以弥补，随着温度的继续增加，CFRC 性能劣化速度加快，尤其在 600 ℃以后，CFRC 性能急剧劣化。任韦波、许金余等[37] 研究了不同温度作用下，不同掺量陶瓷纤维增强地质聚合物混凝土力学性能和声学损伤的关系，研究表明，纤维体积掺量为 0.3%时，陶瓷纤维对地质聚合物混凝土的高温性能具有良好的改善效果。R. N. Singh，S. Kumaria and S. Kumar 等[38] 研究了纤维增强陶瓷复合材料初始开裂性能，试验证明，陶瓷基复合材料具有非稳态和稳态基体开裂行为，与理论预测一致。稳态矩阵裂纹应力的试验值与试验结果吻合得很好。陶瓷基复合材料中的第一基体开裂应力与缺陷尺寸无关。基体开裂应力随纤维体积分数的增加而增加，这与理论预测的一致。在稳态区域时，Danchaivijit 的模型比 Marshall 的模型更好一些。S. Kumaria、S. Kumar 和 R. N. Singh 等[39] 通过三点弯曲试验研究了陶瓷纤维增强复合材料的开裂应力，研究表明，陶瓷基复合材料开裂应力与缺陷尺寸无关，开裂应力随着纤维体积分数的增加而增加，在受弯过程中，陶瓷纤维复合材料基体表现出从非稳态开裂到稳态开裂的过程。U. Anandakumar，S. Kumar 等[40] 研究了碳化硅陶瓷纤维增强锆英石基复合材料在 25 ℃、500 ℃和 1 200 ℃下基体的初始开裂应力，研究表明，高温下，碳化硅陶瓷纤维强度对于基体初始开裂应力的重要性要高于常温，高温下基体开裂模型需要结合纤维的失效统计。Kyung-Yol Yon，Brian S. Mitchell 等[41] 研究了无粘熔融纺丝法工艺制备陶瓷纤维增强水泥基复合材料的性能，研究表明，氧化铝基陶瓷纤维（CA-IMS）与 P · I 型波特兰水泥化学兼容性良好，掺入 14%氧化铝基陶瓷纤维可以使基体抗压强度提高 2 倍，在氧化铝基陶瓷纤维涂刷碳涂层会降低基体的强度，但是可以用来提高基体的韧性。朱玉龙等[42] 采用 XRD、SEM 等测试手段对不同煅烧温度得到的 TZP 陶瓷纤维和质量分数 10%氧化铝掺杂的 Al_2O_3-3Y-TZP 的陶瓷纤维的纤维直径、晶粒大小及纤维强度进行了研究，结果发现纤维直径为 10~12 μm，晶粒大小为 80~300 nm，Al_2O_3 的加入有抑制 ZrO_2 晶粒长大的作用，可以增加其纤维的抗拉强度，并且最大抗拉强度可以达到 1.2 GPa。通过掺加不同比例的 Al_2O_3-3Y-TZP 陶瓷短纤维到氧化锆泡沫陶瓷中，发现添加的纤维含量越高，其泡沫陶瓷的抗弯强度也越高；当添加的短纤维含量为 30 w_t%时，抗弯强度为 37.95 MPa。

4.4 耐久性能

Ma Y，Zhu B，Tan M[43] 通过研究 70 ℃高温高湿老化条件下陶瓷纤维增强水泥基体的耐久性，研究表明：在 70 ℃湿热老化条件下，掺入陶瓷纤维的水泥砂浆抗弯增强效果和抗冲击增韧效果长期得以保持，并且相同条件下其抗碱性远优于抗碱玻璃纤维；由于陶瓷纤维的阻裂作用和适度引气作用，掺加陶瓷纤维的混凝土抗冻融循环性能较基准混凝土有明显提高。

4.5 存在问题

综合来看，国内外对陶瓷纤维增强水泥基材料的研究还不够系统，要实现产业化应用，还有许多问题需要进一步解决。

（1）由于各地区陶瓷纤维在成分上的差异很大，造成试验的可重复性较差，降低了研究成果的可比性，进而导致不同研究者在陶瓷纤维本身性能及其对混凝土的增强效应等方面得出的结论相距甚远，有的甚至完全相反。

（2）陶瓷纤维在混凝土中的应用研究尚处于起步阶段，目前的研究集中在陶瓷纤维对普通混凝土的基本力学性能及增韧作用上，对其耐久性能研究相对较少，而且现有研究关于陶瓷纤维对于高性能混凝土甚至超高性能混凝土力学性能和耐久性能的研究很少。

（3）现有研究成果没有对陶瓷纤维增强水泥基材料损伤过程中内部微结构的演变进行观测分析，没有在微结构的演变与宏观上力学性能及耐久性能之间建立起密切的联系，所获得的相关理论基本上都是针对特定条件下的某一个试验得出的经验公式，应用面相对较窄。

5 展望

综上所述，可以看出陶瓷纤维的应用范围越来越广。随着科技的发展和人民生活水平的不断提高，人们对陶瓷纤维的要求会越来越高。陶瓷纤维的研究与开发也在逐步向多功能高附加值方向发展。陶瓷纤维需求量的增加、性能要求的提高，必然会对陶瓷纤维的成型工艺与技术提出更高的要求。虽然近几十年我国陶瓷纤维的制备技术得到迅猛发展，但是与国外相比，我国陶瓷行业总体上仍处于生产技术参差不齐、装备落后、耗能大、成本高、规模小、产品质量低的阶段。自动化程度低，导致生产能力差、原材料损耗大，生产成本高，生产周期长、机械加工制作过程中产生的粉尘多，工作环境差。如何扭转这种局面，将成为我国陶瓷纤维行业面临的一个首要问题。

综上所述，氧化铝连续陶瓷纤维是特殊耐火材料的高端产品，可以单独以编织物形式使用，也可以制造成多品种复合材料进行使用，形式方便、灵活，是目前新兴高科技工业和航空、航天及国防武器等高新技术领域急需的材料品种，欧美等国家已进行了制造和使用。我国政府目前已把多种连续陶瓷纤维列为支持发展的技术领域[44]。在市场需求主导的现状下，相信随着工业基础的不断发展，会逐步形成我国有竞争力的氧化铝连续陶瓷纤维产品。

参考文献

[1] 邢声远．陶瓷纤维性能及其产品开发［J］．纺织导报，2005（5）：64-66.
[2] 朱俊．关注陶瓷纤维的发展和未来［J］．现代技术陶瓷，2010，31（4）：24-27.
[3] 何巨龙，于栋利．γ-Al_2O_3 纳米粉对氧化铝、碳化硅陶瓷纤维烧结特性的影响［J］．复合材料学报，2000，17（4）：80-83.
[4] 何顺爱．氧化锆纤维和制品的制备及烧结研究［D］．北京：中国建筑材料科学研究总院，2008.
[5] 冯春祥，范小林．21 世纪高性能纤维的发展应用前景及其挑战（Ⅱ）含铝氧化物陶瓷纤维［J］．高科技纤维与应用，1999（6）：17-21.
[6] 刘伟，于广泳．浅谈耐火陶瓷纤维喷涂技术与设备［J］．一重技术，2002（2）：91-92.
[7] 陆美亚．耐火陶瓷纤维的革新［J］．耐火与石灰，1995（11）：7-10.

[8] 胥荣．功能性陶瓷纤维材料的研究开发概况［J］．纺织科技进展，1996（1）：1-5.
[9] 王志明，何敏．陶瓷纤维在保温隔热方面的应用［J］．玻璃纤维，2011（S1）：16-22.
[10] 任春华，叶亚莉，周国成，等．氧化铝纤维的发展现状及前景［J］．新材料产业，2010（4）：38-42.
[11] 翟学良，胡亚伟，刘伟华．合成陶瓷纤维材料的制备工艺及发展趋势［J］．无机盐工业，2006，38（5）：7-10.
[12] 曹慧．关于耐火陶瓷纤维的重新分类［J］．耐火与石灰，1999（11）：18-21.
[13] Bunsell A R, Berger M H. Fine diameter ceramic fibres［J］. Journal of the European Ceramic Society, 2000, 20（13）：2249-2260.
[14] 何顺爱．氧化锆纤维和制品的制备及烧结研究［D］．北京：中国建筑材料科学研究总院，2008.
[15] 张旺玺，袁祖培，王艳芝．氧化锆纤维的制备、性能和应用［J］．合成技术及应用，2009，24（4）：31-34.
[16] 李建军．氧化锆基连续陶瓷纤维关键制备技术［D］．济南：山东大学，2007.
[17] 王佩玲，戴健．MgO，CaO，Y_2O_3 掺杂 ZrO_2 相组成的定量分析［J］．无机材料学报，1997，12（1）：93-99.
[18] Chandradass J, Balasubramanian M. Effect of magnesium oxide on sol-gel spun alumina and alumina-zirconia fibres［J］. Journal of the European Ceramic Society, 2006, 26（13）：2611-2617.
[19] Tsubakino H, Nozato R, Hamamoto M. Effect of Alumina Addition on the Tetragonal-to-Monoclinic Phase Transformation in Zirconia-3 mol% Yttria［J］. Am. Ceram. Soc., 2005, 74, 440-443.
[20] Oleg V, Yoshio S, Skorokhod V V. Low-Temperature Processing and Mechanical Properties of Zirconia and Zirconia-Alumina Nano ceramics［J］. Journal of the American Ceramic Society, 2010, 86（2）：299-304.
[21] 万震，刘嵩，王靖天．功能性陶瓷纤维［J］．中国陶瓷，2001，37（4）：40-42.
[22] 赵家祥，段谨源．日本开发的陶瓷物质功能纤维［J］．纺织科学研究，1995（1）.
[23] 马一平，李昊．陶瓷-尼龙纤维水泥基复合材料力学性能研究［J］．建筑材料学报，1998（1）：43-48.
[24] 马一平，谈慕华．陶瓷纤维水泥基复合材料力学性能及耐久性研究［J］．硅酸盐学报，2000，28（2）：105-110.
[25] 马一平，谈慕华，李昊．陶瓷纤维增强水泥基复合材料的研究［J］．混凝土与水泥制品，1997（1）：43-45.
[26] 刘礼才．陶瓷纤维硅灰复合增韧碱激发钢渣基胶凝材料的制备及性能研究［D］．西安：西安建筑科技大学，2013.
[27] 苏灏扬，许金余，高志刚，等．陶瓷纤维对普通硅酸盐混凝土的强韧化效应［J］．高压物理学报，2013（1）：69-75.
[28] Luo X, Xu J Y, Bai E L, et al. Mechanical properties of ceramics-cement based porous material under impact loading［J］. Materials & Design, 2014, 55（6）：778-784.
[29] Su H Y, Xu J, Ren W. Mechanical properties of ceramic fiber-reinforced concrete under quasi-static and dynamic compression［J］. Materials & Design, 2014, 57：426-434.
[30] Su H Y, Xu J. Dynamic compressive behavior of ceramic fiber reinforced concrete under impact load［J］. Construction and Building Materials, 2013, 45：306-313.
[31] Su H Y, Xu J Y, Li M, et al. Energy-Absorption Property of Ceramic Fiber Reinforced Concrete［J］. Advanced MaterialsResearch, 2010, 168-170：1970-1975.
[32] 苏灏扬，许金余，白二雷，等．陶瓷纤维混凝土的抗冲击性能试验研究［J］．建筑材料学报，2013，16（2）：237-243.
[33] 苏灏扬，许金余，白二雷，等．陶瓷纤维混凝土冲击力学响应及统计损伤本构模型试验研究［J］．工程力学，2013，30（6）：148-153.
[34] Lankford J. Dynamic compressive fracture in fiber-reinforced ceramic matrix composites［J］. Materials Science & Engineering A, 1989, 107（1）：261-268.
[35] Sugama T, Weber L, Brothers L E. Ceramic fibre-reinforced calcium aluminate /fly ash /polyphosphate cements at a hydrothermal temperature of 280℃［J］. Advances in Cement Research, 2002（1）：25-34.
[36] 任韦波，许金余，朱宗金，等．陶瓷纤维混凝土高温损伤的小波包能量谱分析［J］．混凝土，2013（6）：1-4.
[37] 任韦波，许金余，白二雷，等．高温后陶瓷纤维增强地聚物混凝土性能与声学损伤的关系［J］．材料热处理学报，2014，35（3）：13-19.
[38] Singh R N, Kumaria S, Kumar S. First Matrix Cracking Behavior in Fiber Reinforced Ceramic Composites［J］. Key Engineering Materials, 1996, 127-131：713-720.

[39] Kumaria S, Kumar S, Singh R N. The first matrix cracking behavior of fiber-reinforced ceramic matrix composites [J]. Acta Materialia, 1997, 45 (12): 5177-5185.

[40] Anandakumar U, Kumar S, Singh R N. First matrix cracking behavior of ceramic composites at elevated temperatures [J]. ActaMaterialia, 1999, 47 (12): 3339-3352.

[41] Yon K Y, Mitchell B S, Dunn S A, et al. Introduction of new reinforcement for cementitious materials: Calcia/alumina (CA) fibers formed by the inviscid melt-spinning (IMS) process [J]. Cement & Concrete Composites, 1993, 15 (3): 165-172.

[42] 朱玉龙．氧化锆基陶瓷纤维和纤维板的制备及性能研究 [D]．南京：南京理工大学，2015.

[43] Ma Y, Zhu B, Tan M. Properties of ceramic fiber reinforced cement composites [J]. Cement & Concrete Research, 2005, 35 (2): 296-300.

[44] 中材．国家发改委、科学技术部、商务部联合发布优先发展高技术产业化重点领域指南 [J]．广东建设信息：建材专刊，2004 (8): 1-2.

基于闸群系统的珠江三角洲河口咸潮上溯治理方案研究

李　臻[1]　刘正风[1]　杨　晴[1]　黄广灵[2]　刘志敏[2]

（1. 水利部水利水电规划设计总院，北京　100020；
2. 广东省水利水电科学研究院，广东广州　510610）

摘　要：近年来，受全球气候变暖和极端干旱事件频发影响，珠江三角洲河口咸潮上溯影响不断加剧，咸潮界不断上移，澳门、珠海、中山等粤港澳大湾区重要城市供水安全受到严重威胁，亟须针对咸潮上溯问题加强治理，进一步优化水资源保障格局。本研究提出在磨刀门水道选取适宜河段建设闸群系统，构建不受咸潮影响的清水廊道，与本地供水体系共同形成常备结合、御咸蓄淡、多源互济的水资源保障新格局，有效地提升粤港澳城市群水资源安全保障水平。

关键词：珠江三角洲；咸潮上溯；闸群系统；清水廊道

1　研究背景

河口地区位于陆海交汇之处，既是扼守河流入海要津的丰水区域，又是枯水期受咸潮活动影响而无法取淡的缺水区域。粤港澳大湾区地处珠江三角洲河口地区，是继纽约湾区、旧金山湾区、东京湾湾区之后的全球第四大湾区，经济高度活跃，人口高度密集，用水高度集中。珠江是我国径流量第二大的河流，但径流年内分布不均，汛期径流量占全年的70%~80%，枯水期径流量偏小极易引发咸潮上溯。珠江八大口门中的磨刀门水道是珠江河口淡水输送的主要通道，也是澳门、珠海、中山和江门等粤港澳大湾区西部核心城市的主要水源。据2005年以来珠江口实测咸潮资料分析，2005—2011年枯水期珠江口最大咸界线总体呈向上游延伸趋势；2012—2018年枯水期来水偏丰，珠江口最大咸界北抬有所放缓；但2019年以来珠江口最大咸界线重拾北移趋势。2021年，珠江流域遭遇近60年以来最严重旱情，磨刀门水道广昌泵站、联石湾水闸出咸时间提前至6月21日、8月3日（一般为9月或10月上旬），为有咸情监测记录以来最早。2022年1月以来，磨刀门水道咸潮影响明显加剧，最远已到达稔益水厂，澳门、珠海、中山等核心城市的主力水厂均受到咸潮影响（见图1），超出历史实测最大年。相关学者研究表明，磨刀门水道咸潮上溯主要受上游来水[1]、下游潮汐[2]、河道地形[3]等因素综合影响，而随着未来海平面上升趋势[4]，上游取水量进一步增长，来水量减少等可预见的形势下，咸潮界线将进一步上移，区域供水安全风险将进一步加剧。

针对珠江三角洲河口地区愈发严峻的咸潮上溯问题和供水安全形势，不少国内学者开展了大量研究。涂新军等[5]以粤港澳大湾区珠澳供水为例建立了上游来水和咸度超标时间的模型，分析了水厂避咸蓄淡取水时机；陈文龙等[6]提出推进江库连通和水源互联互备，以增强大湾区应急供水保障能力；凌霄等[7]提出适时把取水口上移到中山、江门市境内，并与中山、江门水源进行统筹规划，推进珠中江（澳）水源一体化建设；申子通等[8]提出以增加抢淡调水通道、提高北库群补库能力、加

作者简介：李臻（1987—），男，副高级工程师，主要从事水利工程规划与经济评价方面的研究工作。

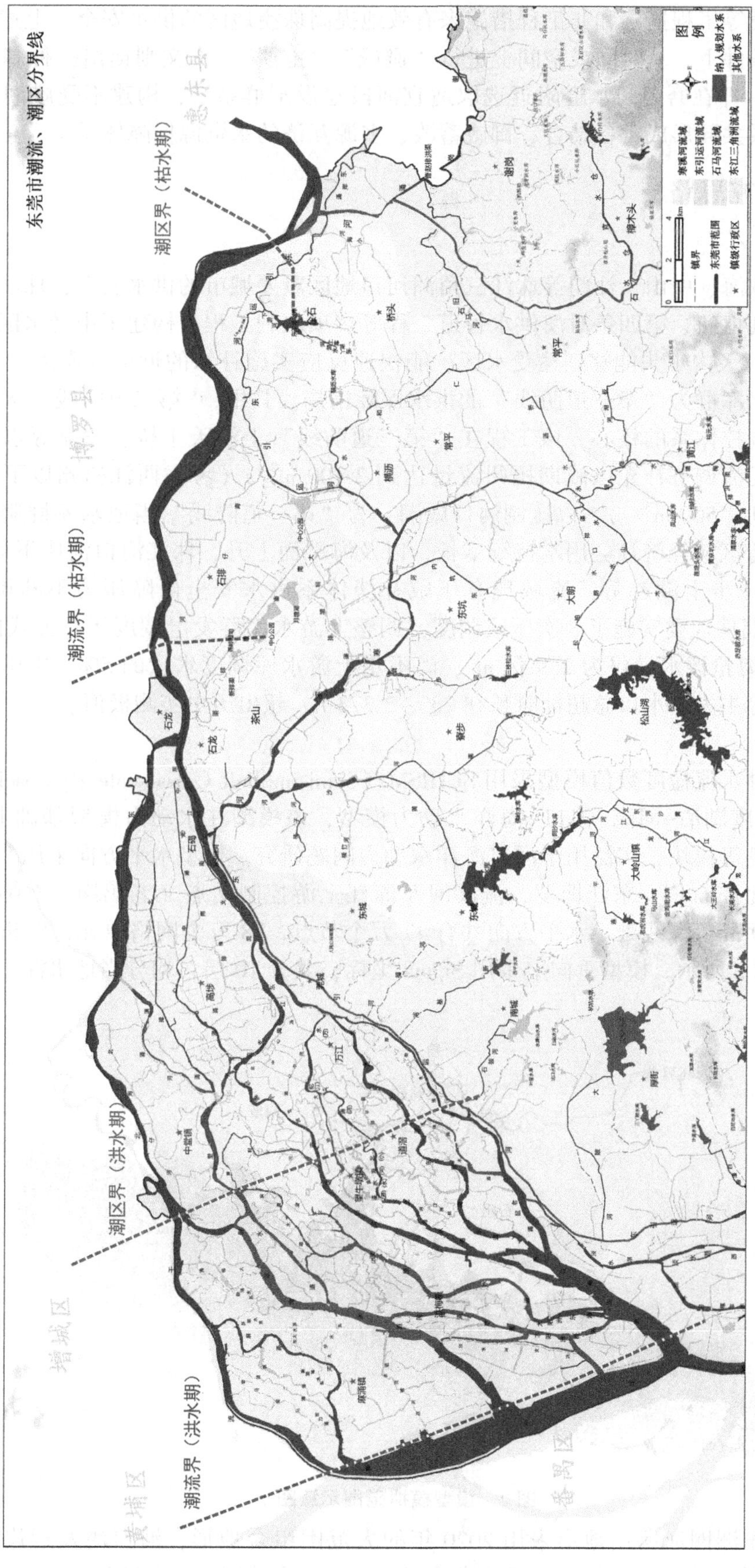

图1　2022年珠江三角洲河口咸潮上溯界示意图

强水厂供水能力建设等工程措施和非工程措施来有效地提高珠澳地区的供水安全。上述研究均是基于现有咸潮上溯边界条件下，从时间或空间上进行“避咸”“抢淡”，本文则提出一种基于闸群系统的主动“御咸”思路，即在磨刀门水道附近选取适宜河段建设闸群系统，构建不受咸潮影响的清水廊道，与本地供水体系共同形成常备结合、御咸蓄淡、多源互济的水资源保障体系。

2 计算模型与研究思路

2.1 研究区域

为保障澳门、珠海、中山、江门等珠江三角洲河口地区重要城市的供水安全，珠江流域近年来陆续建成了大藤峡水利枢纽、第四条对澳供水管道工程等多项水利工程，构建了由受水区当地水库群为“第一道防线”，以三天内水头能够到达受水区、能快速反应实施补水的近地水库为“第二道防线”，以流域远地的大型水库群为“第三道防线”的供水保障格局。其中，“第二道防线”大藤峡水利枢纽工程是流域水资源调控体系的核心，该工程在“第三道防线”上游天生桥、龙滩等水库调节枯季径流的基础上，通过径流调节补充压咸期梧州流量达到 2 100 m^3/s（考虑西江梧州以下区间及北江来水，思贤滘流量达到 2 500 m^3/s），以压制河口咸潮，为“第一道防线”当地水库群避咸蓄淡创造条件[9]。近年来，随着区域经济社会用水持续增长，以及海平面上升、珠江河口河床下切等因素影响，珠江河口咸潮呈进一步上溯趋势，流域现有压咸补淡体系供水安全保障压力不断增加。据统计，2022—2023 年枯水期珠江委实施了 8 次压咸调度，调整上游水库群发电调度运行方式向下游补水 76 亿 m^3，但澳门和珠海抢淡水量仅为 2.9 亿 m^3，尚不足上游水库调度水量的 5%，中山大丰、全禄及珠海竹洲头、平岗等主力取水口总超标时长在 233~2 373 h，超出历史实测极值。

2.2 模型构建

磨刀门水道三维水流盐度数值模型采用 SCHISM（Semi-implicit Cross-scale Hydroscience Integrated System Model）跨尺度湖泊-河流-河口-海洋水动力模型，该模型在水动力模型基础上耦合了波浪、生态、水质、风暴潮等模块，广泛用于河口海洋水动力问题研究。模型水平方向采用非结构网格，上边界为西江界首、北江石角、东江博罗，流溪河及潭江上游控制站点（老鸦岗、石嘴以上 35 km）；外海下边界取约 100 m 等深线处。水平方向共有 47 万个节点，78 万个网格单元，网格单元的大小为 10~12 000 m，如图 2 所示。模型垂向上采用 Sigma 坐标，共分 10 层，均分当地水深，分层厚度随水深而变化。

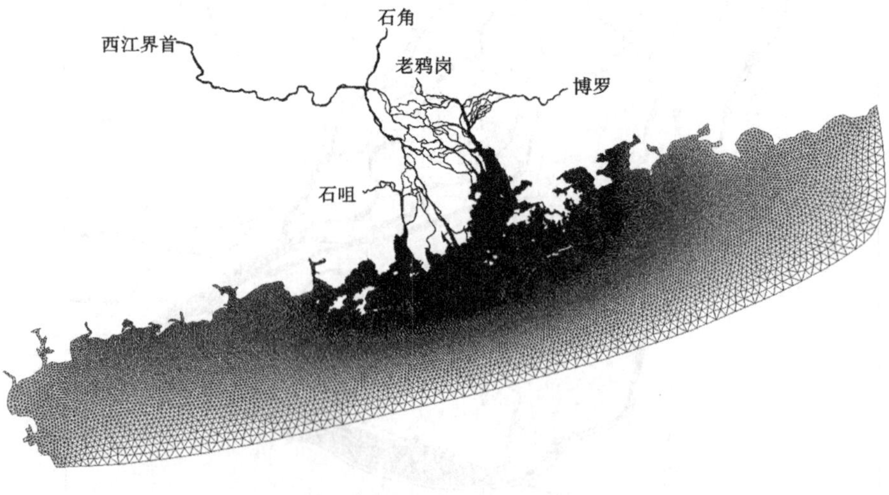

图 2　模型模拟范围示意图

模型中珠江三角洲网河所用地形采用 2020 年的大范围组合地形，河口湾及近岸海区地形采用 2016—2019 年海图数字化成果，外海地区地形采用 ETOPO1 全球海洋地形数据。

模型外海盐度边界为边界点处的 WOA09 盐度资料的年平均值 34，上游开边界盐度均设为 0。水平网格内部各节点的初始盐度采用以下方法设定：海域节点采用 WOA09 盐度资料进行插值，网河节点则直接设为 0。模型的干湿判定水深选取 0. 01 m。湍流闭合模型中动量方程和输移方程中的水平及垂向扩散系数取常数 10^{-6}。方程离散所用到的时间隐性因子取 0. 6，以保证模型计算的稳定性。在底边界摩擦力的处理上，选用二次的阻力公式，网格中各节点的阻力系数分河段设定，并通过率定进行调整。模型上边界为流量边界，外海下边界采用潮汐调和常数。模型计算 50 h 后水位稳定，计算约 15 d 后盐度场达到稳定。

2. 3　模型率定

盐度率定采用近 10 年咸潮上溯影响较大的两次咸潮过程进行模型参数率定及验证，以 2022 年 1 月实测盐度进行率定，以 2012 年 1 月实测盐度数据进行验证。图 3 和图 4 分别为 2022 年 1 月磨刀门

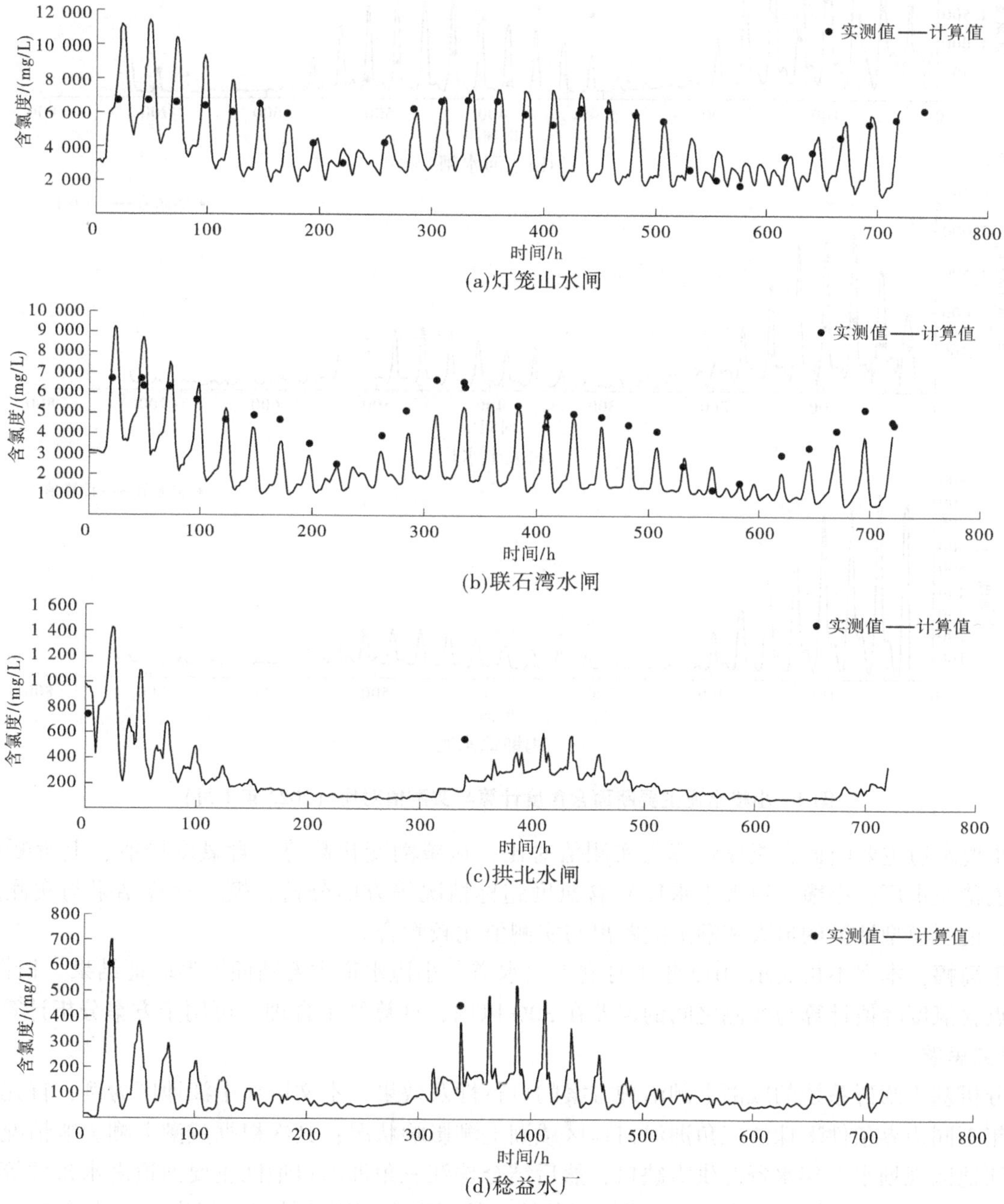

图 3　磨刀门水道主要断面含氯度计算与实测值对比（2022 年 1 月）

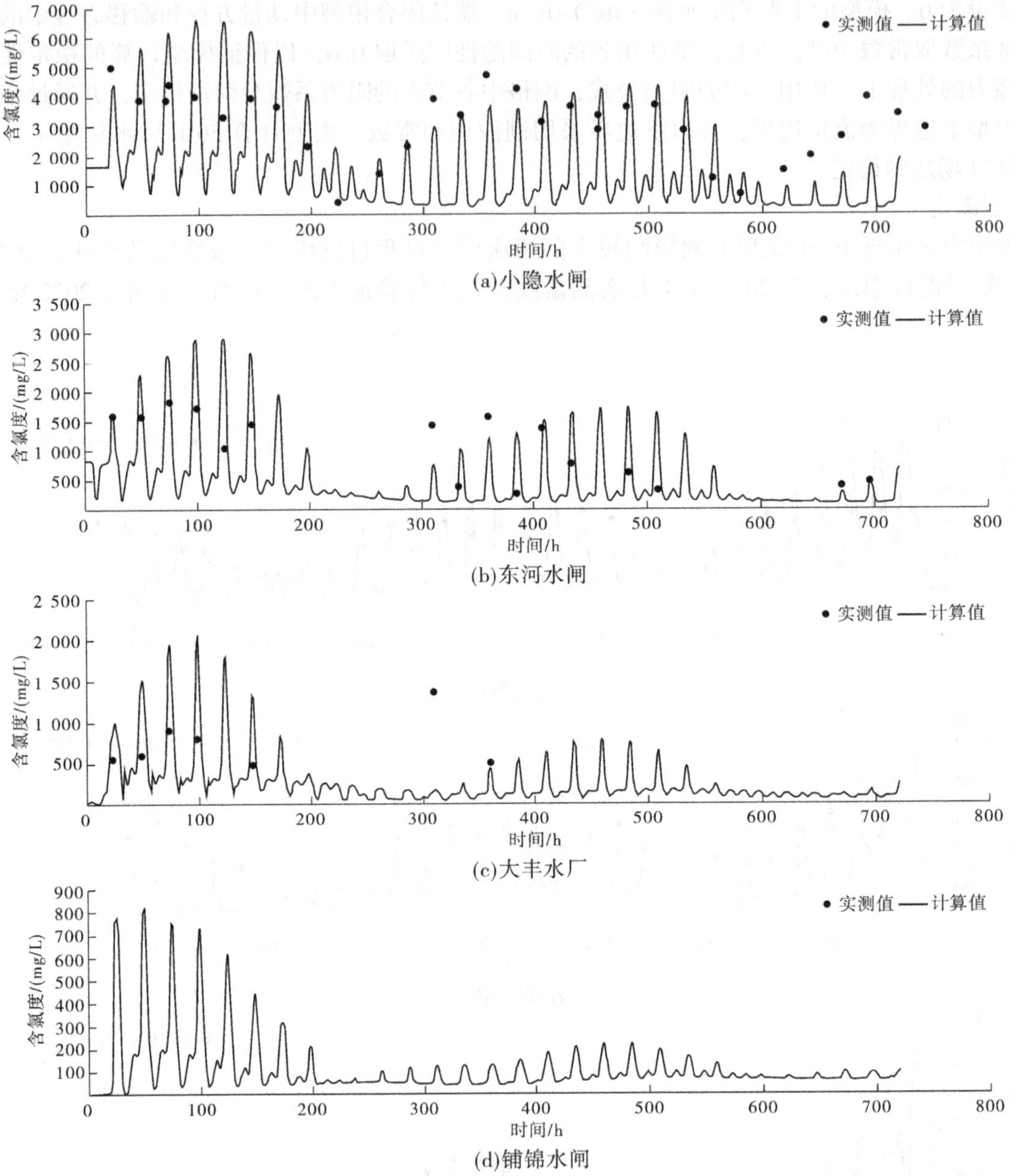

图 4　小榄水道主要断面含氯度计算与实测值对比（2022 年 1 月）

水道、小榄水道主要断面含氯度计算与实测值对比，从咸潮变化趋势、含氯度峰值、上游断面（磨刀门水道稔益水厂、小榄水道大丰水厂）含氯度超标情况等方面分析，模型计算结果与实测结果较为接近，说明模型计算的最大咸潮上溯距离与实测值比较吻合。

限于篇幅，本文不再展示 2012 年 1 月磨刀门水道、小榄水道主要断面模型验证结果。根据统计，所有站点含氯度峰值计算与实测之间的误差在 30%以内，计算结果合理，可用于方案分析计算。

2.4　研究思路

为分析基于闸群系统的咸潮上溯治理方案的可行性及效果，本文以珠中江地区为例，首先分析规划水平年不同边界条件下珠江三角洲河口地区咸潮上溯影响状况；其次根据咸潮上溯影响情况分析提出珠中江地区规划水平年水资源供需缺口；然后结合珠江三角洲河口地区主要河道来水条件等，选取值得研究的“清水廊道”；最后通过模拟规划条件下的咸潮上溯影响情况，提出“清水廊道”闸群系统构建方案。

3 基于闸群系统的珠江三角洲河口咸潮上溯治理方案

3.1 规划水平年河口咸潮上溯影响分析

本次研究以西北江思贤滘流量为上边界，下游外海边界采用2022年1月的典型潮汐过程。此外，本文还考虑了海平面上升、河床下切、规划水资源配置工程等影响，参考以往研究成果，考虑2050水平年河床平均较现状下切0.5 m，海平面较现状上升0.10 m，在建珠江三角洲水资源配置工程在思贤滘断面来水流量介于2 200~2 500 m^3/s时，工程取水流量为20 m^3/s。按照以上边界条件，采用前述模型分析了不同来水流量条件下的咸潮上溯影响情况（见图5）。

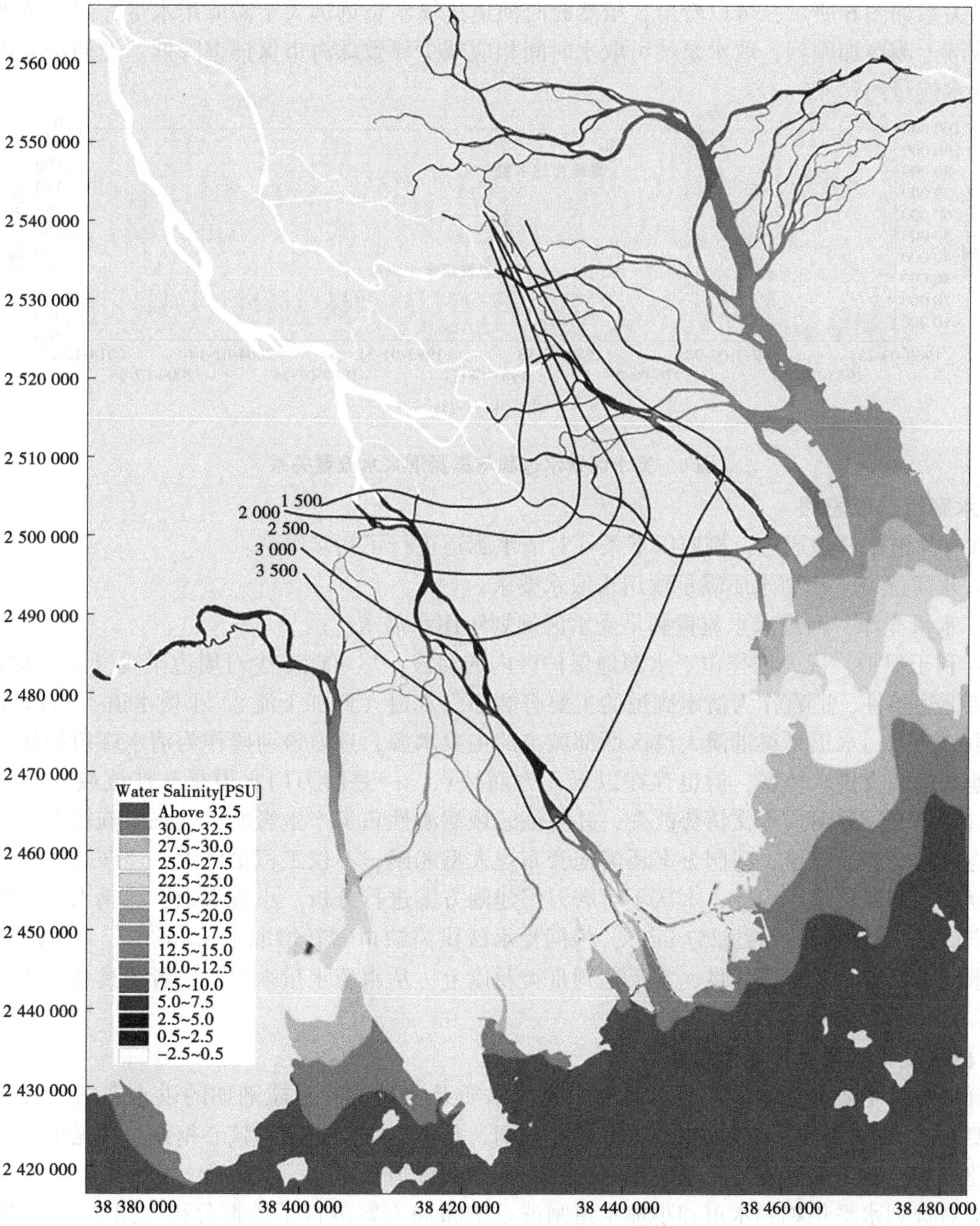

图5 规划水平年不同流量下咸潮线变化

从图 5 可知，思贤滘断面来水流量从 1 000 m^3/s 增加至 3 500 m^3/s 时，磨刀门水道咸潮线后退距离最大，达 45 km，小榄水道咸潮线后退 21. 5 km，鸡鸦水道咸潮线后退 26. 2 km，洪奇沥水道咸潮线后退 29. 3 km。

3. 2　规划水平年水资源供需缺口

根据西江大藤峡水利枢纽工程初步设计报告，大藤峡水利枢纽工程实施后，以流域压咸补淡体系为基础，可进一步将思贤滘断面 2 500 m^3/s 的补水保证率提高至 90%。本次以思贤窖 2 500 m^3/s 来水条件下咸潮边界为基础，考虑当地现有供水工程布局和调度方式进行水资源供需分析。预测到 2035 水平年，受限于调蓄水库规模，受水区现有“江库联调”体系无法满足城市受咸期的用水需求，供水缺口将达到 3. 67 亿 m^3，2050 水平年总缺水将进一步增长至 4. 69 亿 m^3。受水区缺水过程与思贤滘来水流量关系如图 6 所示，可以看出，虽然此时河道过境水量远远大于需取用水量，但上游来水量减少导致咸潮上溯更加剧烈，取水泵站可取水时间相应减少导致珠海市保证率降低。经初步分析，长系列最大缺水流量约达 45 m^3/s。

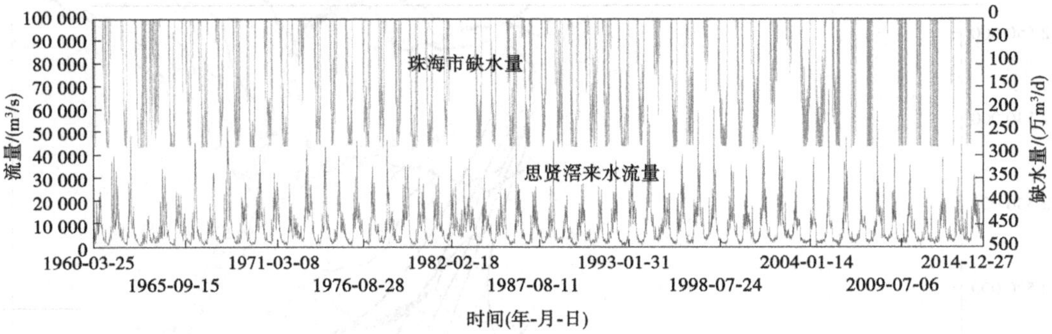

图 6　受水区缺水过程与思贤滘来水流量关系

3. 3　清水廊道选取思路

在现有河道水源地周边，按照以下条件对清水廊道进行了初步筛选：

（1）水质优良，河道水质满足饮用水取水要求。

（2）水量充沛，河道来水流量满足受水区规划年用水需求。

（3）利于保护，优先选择位于水源地保护区内的河段，尽可能减少对周边岸线资源开发的影响。

按照上述条件，适宜作为清水廊道的主要有磨刀门水道（西江干流）、小榄水道、鸡鸦水道。

其中，磨刀门水道是粤港澳大湾区西部城市的主要水源，选取该河段作为清水廊道的优点是可最大限度地利用现有供水体系，但也存在以下几方面缺点：一是磨刀门水道是珠江流域的主流出海口门，河口建闸会导致河口水文情势改变，并对该区域洄游性鱼类产生影响，生态影响较大；二是磨刀门水道为国家高等级航道，建闸方案还需配套布置大型船闸，不仅工程量巨大，还涉及防洪、挡潮与航运等复杂的调度关系。因此，本次不对磨刀门建闸方案进行分析。小榄水道、鸡鸦水道规划水平年来水较丰沛，最枯月来水量约 257 m^3/s，根据受水区供需缺口需新增取水 45 m^3/s，来水流量可满足取水要求，且两条河道水质优良，常年达到Ⅲ类及以上。从水质水量来看，二者均具备作为清水廊道的条件。

3. 4　闸群系统布局及运行调度思路

闸群系统的主要任务是保障清水廊道水道的水质及水量，满足咸潮期的供水需求。按照功能划分，主要包括两类：一是在清水廊道下游的挡潮闸，是抵御咸潮上溯的核心枢纽；二是清水廊道沿线的交叉建筑物，防止咸潮通过其他路径上溯后影响清水廊道。

本文对规划水平年鸡鸦水道和小榄水道闸群系统布局方案进行了模拟分析。图 7、8 分别为不同流量下鸡鸦水道、小榄水道的咸潮分布图。由图 7 可知，由于洪奇沥水道咸潮上溯距离较鸡鸦水道大，咸潮可通过横向支汊由洪奇沥水道输送到鸡鸦水道，因此鸡鸦水道除布局 1#挡潮闸外，还需要布置 2#、3#、4#、5#、6#等封闭闸，才能完整构建鸡鸦水道清水廊道。由图 8 可知，由于鸡鸦水道与小榄水道间的横向分汊均有闸门控制，因此鸡鸦水道的咸潮不会沿内河涌输送至小榄水道，小榄水道清水廊道只需在下游建设挡潮即可构建清水廊道，相对鸡鸦水道方案更优。鸡鸦水道、小榄水道清水廊道闸群布局示意图见图 9。

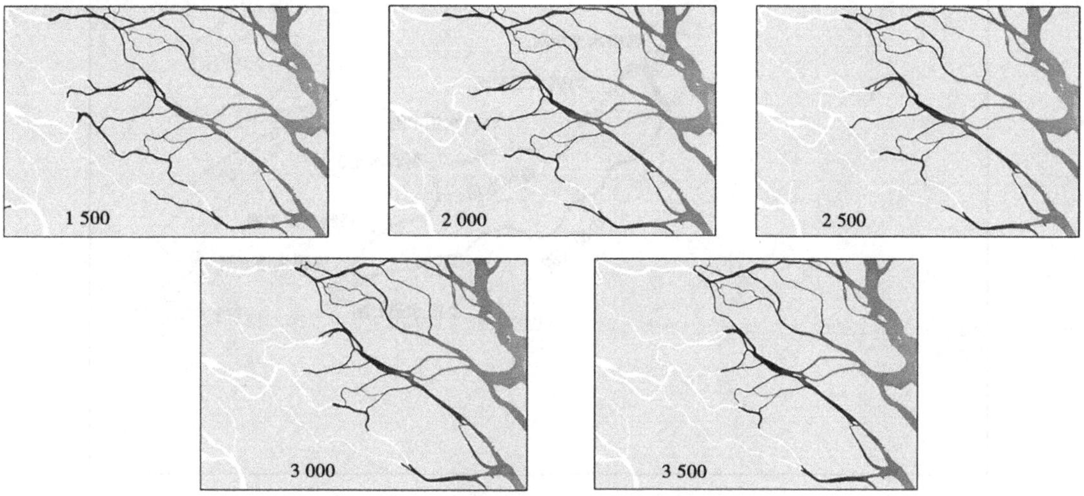

图 7　不同流量下鸡鸦水道咸潮分布情况

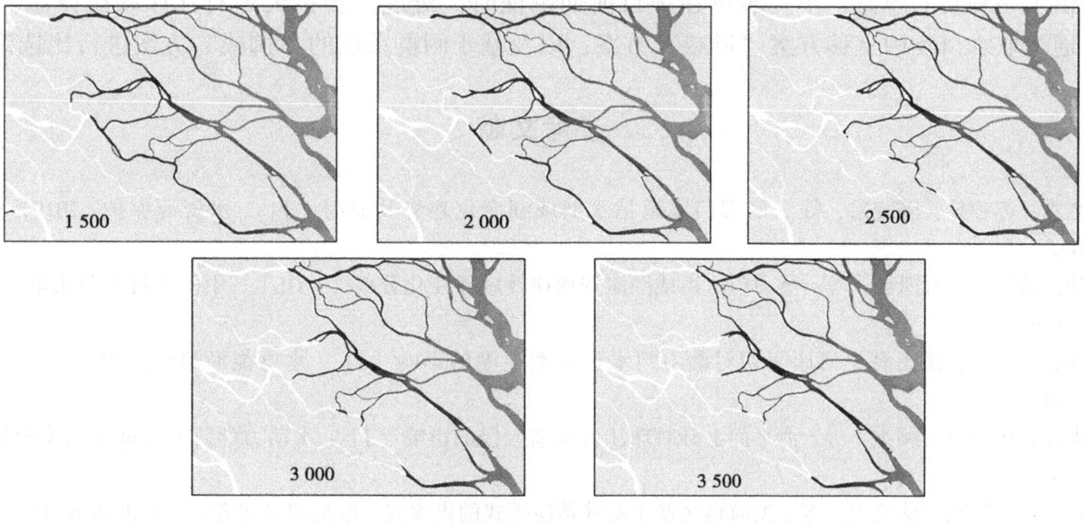

图 8　不同流量下小榄水道咸潮分布情况

基于闸群系统的清水廊道方案，可抵挡咸潮上溯，并结合原有供用水体系，构筑常备结合的多源供水保障体系。该系统初拟的调度运行原则为：在枯水期，根据来水量及咸潮情况情况，通过下游挡潮闸调度，保证清水廊道持续引水，当小榄水道来水较少或含氯度大于 250 mL 时关闭下游挡潮闸，阻隔咸水上溯，同时关闭小榄水道两岸河涌内水闸，当小榄水道来水较多，下游挡潮闸内水位高于外水位时，通过调节闸门开度维持内水位等于外水位，实现生态换水。在汛期 4—9 月，恢复天然河道，泄水闸敞泄，当下游潮位顶托且上游无洪水时，关闭下游挡潮闸，维持内水位低于外水位，辅助内河除涝。

4　结论与建议

（1）本次研究提出了基于闸群系统的咸潮上溯治理方案，选取在小榄水道建设挡潮闸，构建清水廊道，与现有的水源形成御咸蓄淡、多源互济的供水新格局，可有效提高城市供水安全保障水平。

（2）目前，珠中江地区水资源保障方案仍在开展前期研究论证。本文为解决该地区水资源保障

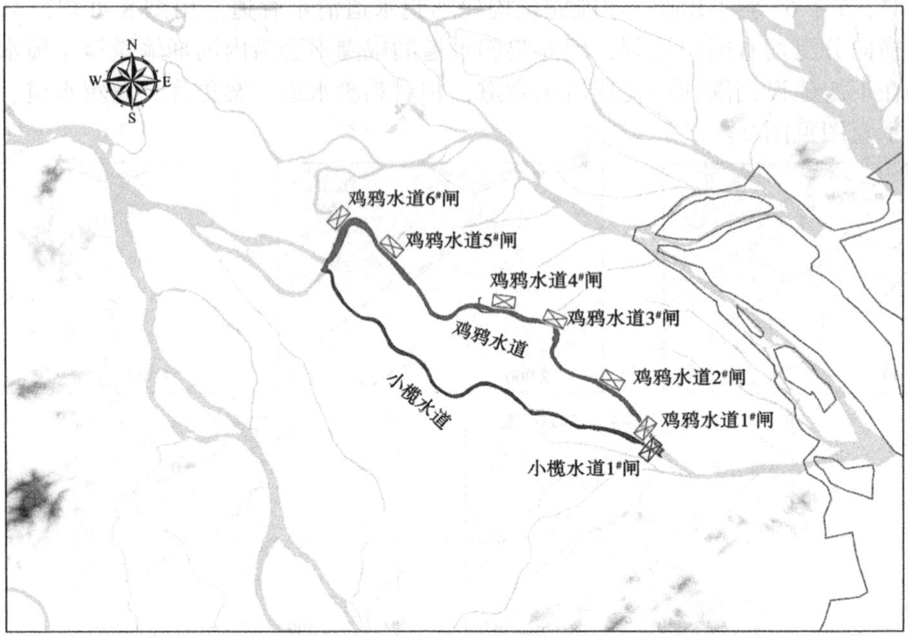

图 9　鸡鸦水道、小榄水道清水廊道闸群布局示意图

问题提供了一种新的思路，下一步可在项目前期论证时，对进一步扩大现有江库联调体系“抢淡”方案、通过取水口集中上移方案“避咸”方案，以及基于闸群系统的“御咸”方案进行比选论证。

参考文献

[1] 王艺霖，苏程佳，陈晓宏，等．磨刀门水道枯水期咸潮变化趋势及成因［J］．水资源保护，2019，35（2）：37-43.

[2] 位帅，黄宇铭，林凯荣，等．磨刀门水道咸潮演变规律及咸界变化分析［J/OL］．中国农村水利水电，2024-08-06：1-16.

[3] 邹华志，杨芳，张亮亮．河床下切对磨刀门水道咸潮上溯的影响［J］．水电能源科学，2019，37（6）：36-39，94.

[4] 黄光玮，匡翠萍，顾杰，等．海平面上升对珠江口咸潮入侵的影响［J］．水动力学研究与进展（A 辑），2021，36（3）.

[5] 涂新军，吴海鸥，陈晓宏，等．滨海地区基于避咸蓄淡模式的供水安全临界流量研究：以粤港澳大湾区珠澳供水为例［J］．湖泊科学，2022，34（1）：194-206.

[6] 陈文龙．珠江河口治理与大湾区水安全保障战略研究［J］．中国水利，2022（22）：17-20.

[7] 凌霄，徐志标．珠江三角洲城市群水资源区域一体化研究［J］．给水排水，2016，52（10）：21-25.

[8] 申子通，贺新春，郑久瑜．珠澳供水安全现状及对策建议［J］．广东水利水电，2015（11）：31-33.

[9] 刘喜燕，席望潮．大藤峡水利枢纽水资源配置功能分析［J］．中国水利，2020（4）：89-91.

西霞院水库河床稳定性及其与排沙比相互作用关系研究

王　强[1,2]　李丽珂[1,2]　董庆豪[1,3]

（1. 黄河水利委员会黄河水利科学研究院，河南郑州　450003；
2. 河南省湖库功能恢复与维持工程技术研究中心，河南郑州　450003；
3. 郑州大学水利与交通学院，河南郑州　450001）

摘　要：水库的排沙受库区流路形态的影响，研究库区的流路演变过程对于提升排沙效率具有重要的意义。本研究以西霞院水库近年来流路发生重大调整为背景，分析库区流路的稳定性及其对排沙的影响研究。研究结果表明：水库的断面形态亦即水库的过流能力是影响水库排沙的最重要因素，其次是洪峰的涨落速度与洪水的变幅，最后是河床的抗冲性。水库的排沙比与库区流路稳定呈现正相关关系，流路越稳定，水库的排沙比越大，水库的排沙效率也越高。本研究可为西霞院水库运行管理提供理论指导与技术支撑。

关键词：西霞院水库；流路演变；排沙比；过流能力；稳定性

1　工程概况及研究意义

西霞院水库是黄河小浪底水利枢纽的配套工程，位于小浪底坝址下游 16 km 处的黄河干流上，距离洛阳市 25 km，离孟津县城 10 km，离吉利区 5 km，离郑州市 116 km。工程控制流域面积 69.5 万 km^2，水库总库容为 1.62 亿 m^3，装机容量 14 万 kW，年发电量为 5.9 亿 kW·h，灌溉农田面积 113.8 万亩。正常蓄水位 134 m，汛期限制水位 131 m，西霞院水库总体示意图见图 1。西霞院水库在 2020 年之后，库区流路由三条变为了靠近左岸的一条流路，河床的稳定性也发生了变化。不少学者对河床的稳定性进行了研究。袁峥等[1] 基于实测资料对渭河下游的河床稳定性进行研究，得到了渭河下游河床综合稳定性的经验计算公式。邓珊珊等[2] 对长江中游河床的形态变化及其演变规律进行研究，揭示了中游河岸形态特征参数的统计规律，并提出了河岸稳定性的判别阈值。薛刚[3] 对清水河的河势及河床演变过程进行了详细的分析，提出了清水河河床演变的主要驱动因素。黄科翰等[4] 针对山区河流典型的阶梯-深潭结构展开研究，研究结果表明阶梯-深潭结构能够有效控制河床下切和边坡破坏，能够有效稳定河床。本研究针对西霞院水库近年来库区河道发生调整的现象，开展了河床稳定性研究，并探讨了河床稳定性与库区流路之间的相互作用关系，以期为水库管理部门提供理论指导与技术支撑。

2　库区流路稳定性评价指标

为了更具体地反映库区流路稳定性，借鉴钱宁提出的判断游荡河流平面不稳定性的方法[5]，以游荡指标来反映库区流路的摆动强度，并使用以下五个参数表征上述因素，建立其与河流游荡性的

基金项目：国家自然科学基金资助项目（52309091，U2243215）。

作者简介：王强（1991—），男，高级工程师，主要从事河床演变与水库泥沙方向的研究工作。
通信作者：李丽珂（1994—），女，工程师，主要从事水力学及河流动力学方面的研究工作。

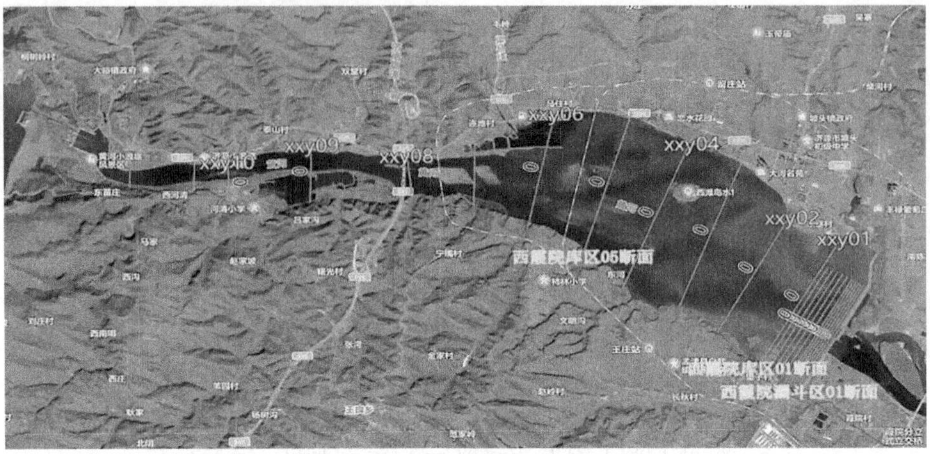

图 1　西霞院水库平面示意图及断面分布位置

关系：

$$k_1 = \frac{\Delta Q}{TQ_n} \tag{1}$$

$$k_2 = \frac{Q_{max} - Q_{min}}{Q_{max} + Q_{min}} \tag{2}$$

$$k_3 = \frac{hJ}{D_{35}} \tag{3}$$

$$k_4 = \frac{B_{max}}{B} \tag{4}$$

$$k_5 = \frac{B}{h} \tag{5}$$

式中：Q 为洪峰过程中流量上涨幅度，m^3/s；T 为洪峰历时，s；Q_n 为洪水平均流量，m^3/s；Q_{max}、Q_{min} 为汛期最大和最小日平均流量，m^3/s；h、B 为平滩流量下的平均水深和水面宽，m；B_{max} 为稀有洪水的过水宽度，m；D_{35} 为泥沙颗粒累积质量分布曲线中达到累积质量百分比为35%时对应的颗粒直径，mm。

第一个参数表示洪峰上涨的相对速度；第二个参数表示汛期流量的相对变幅，其与沙洲的发展和主流的摆动有关；第三个参数表示河床物质的相对可动性，间接反映河流的来沙量和冲淤幅度；第四个参数表示河漫滩对主槽的相对约束程度，B_{max} 越大，河流可以摆动的范围越大；第五个参数是河槽的宽深比 B/h，反映了河岸对主流摆动的约束性。这五个参数均是影响西霞院水库流路演变的重要因素，其中前两个因素为洪水影响因素，后三个参数为地形影响因素。表 1 为西霞院水库历年水沙参数的变化统计，使用表 1 计算影响库区流路稳定的五个指标，分别为 k_1、k_2、k_3、k_4、k_5。

表 1　西霞院水库历年水沙参数的变化统计

年份	ΔQ/（m^3/s）	Q_{max}/（m^3/s）	Q_{min}/（m^3/s）	D_{35}/mm	Q_{ave}/（m^3/s）	T/d	J/‰
2007	3 266	2 930	294	0.008 1	1 747	0	
2008	3 374	2 560	161	0.008 1	2 673	2	7.20
2009	3 477	2 840	236	0.008 1	2 506	0	5.53
2010	3 505	3 180	128	0.008 1	1 687	0	5.81
2011	3 492	3 010	140	0.008 1	3 086	3	3.49
2012	3 040	3 680	470	0.008 1	2 294	3	4.78

续表 1

年份	ΔQ/（m³/s）	Q_{max}/（m³/s）	Q_{min}/（m³/s）	D_{35}/mm	Q_{ave}/（m³/s）	T/d	J/‱
2013	2 550	3 700	418	0. 008 1	2 280	2	6. 23
2014	2 270	3 700	121	0. 008 1	2 602	0	5. 49
2015	2 100	3 210	174	0. 008 1	2 236	0	5. 36
2016	617	1 290	212	0. 008 1	891	0	5. 19
2017	651	1 120	209	0. 008 1	700	0	5. 49
2018	2 647	3 630	950	0. 008 1	2 151	0	5. 04
2019	3 769	4 230	474	0. 008 1	2 400	6	1. 30
2020	3 040	4 560	824	0. 008 1	2 793	11	1. 75
2021	2 930	4 330	209	0. 008 1	3 138	10	1. 53
2022	3 320	3 970	395	0. 008 1	2 294	4	2. 62

$$\xi = \frac{\Delta Q}{0.5TQ_n}\left(\frac{Q_{max} - Q_{min}}{Q_{max} + Q_{min}}\right)^{0.6}\left(\frac{hJ}{D_{35}}\right)^{0.6}\left(\frac{B_{max}}{B}\right)^{0.3}\left(\frac{B}{h}\right)^{0.45} \tag{6}$$

按照上述分析，可以使用参数的指数大小来表征其对河流游荡强度的影响，本研究将河道的游荡性指标引入西霞院水库的河床演变过程中。首先，第一项参数表示洪水的涨幅变化情况，这里的平滩流量使用洪水期的平均流量进行代替，其余参数按照公式（6）进行计算，计算结果如图 2 所示。由图 2 可以看出，西霞院水库的游荡性指标随运行时间的变化呈现逐渐减小的趋势，河床的稳定性增强，尤其是 2020 年的游荡性指标最小，河床的稳定性最强。

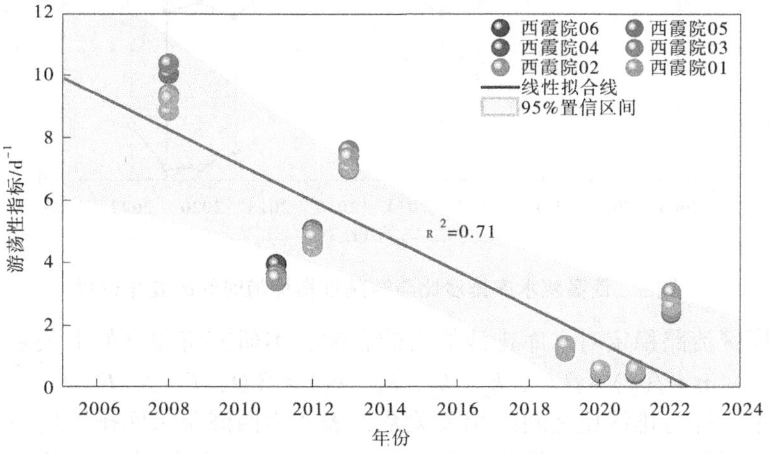

图 2　西霞院水库不同年份游荡性指标的变化

西霞院水库淤积较为严重的年份为 2010 年、2013 年、2018 年、2020 年和 2021 年，这五年的年淤积量均超过 800 万 m³，尤其是 2020 年，淤积量甚至达到 2 860. 30 万 m³，且该年对应游荡性指标的最小值，库区流路的稳定性在该年达到最大。水库淤积过后，库区比降下降，库中有较多的表层淤积，水库对河道的冲刷能力较之前会有所增大，库区流路可能会向不稳定方向发展。

3　库区流路稳定对水库排沙能力的影响

影响库区流路稳定的主要参数包括 k_1、k_2、k_3、k_4 和 k_5，这五个参数为流路稳定影响的复合参数。从式（6）可知，五个参数的指数分别为 1、0. 6、0. 6、0. 3、0. 45，由此可见，洪水涨落速度 k_1

影响为最大，其次为汛期流量变幅 k_2 和河床的可冲性 k_3，再其次为宽深比 k_4，两岸对河流的约束性作用 k_5 最小。

将上述指标进行拆解，影响西霞院库区流路稳定的单因子包括洪峰历时 T、库区比降 J、主槽宽度 B、主槽断面平均水深 h 等参数，其中，T 为入库流量大于 4 000 m^3/s 的历时，该参数已包含了入库的流量影响因素。因西霞院水库每年最大流量过程基本为小浪底水库汛前调水调沙期间，整个调水调沙期间的最大流量为 4 000~5 000 m^3/s，因此洪水的影响因素包含在洪峰历时 T 中。由式（6）的游荡性指标可知，洪峰历时 T、库区比降 J、主槽宽度 B、主槽断面平均水深 h 四个参数的指数分别为-1、0.6、0.15、0.15，其余参数库区粒径 D_{35}、库区最大宽度 B_{max}、最大流量 Q_{max}、最小流量 Q_{min} 等参数认为变化不大，不再做具体分析。

图 3 为西霞院水库排沙比与游荡性指标随时间的变化过程。由图 3 可知，西霞院水库的排沙比与游荡性指标总体呈负相关关系，只有在 2021—2022 年呈正相关关系。总体而言，西霞院水库流路越稳定，水库的排沙比越大；反之，水库的排沙能力越强，越有助于形成更加稳定的流路。2020 年后，西霞院水库已形成一条较为稳定的左岸流路，2020 年库区游荡性指标达到最小值，之后，游荡性指标开始逐渐增大，河床逐渐向不稳定方向发展。现阶段，西霞院水库的流路集中在水库的左岸，形成一条较为稳定的通道，右岸滩地淤积严重，但是通过历史卫星影像可以看出，2022 年左岸流路的过流能力较低，当水位在 131 m 附近时，左岸的过流能力仅为 2 500 m^3/s 左右，一旦入库流量超过 4 000 m^3/s，且坝前水位无法达到较低时，水流在右岸是可以上滩的，会进一步导致滩地的持续淤积。因此，现阶段的流路依然会向不稳定状态演变。

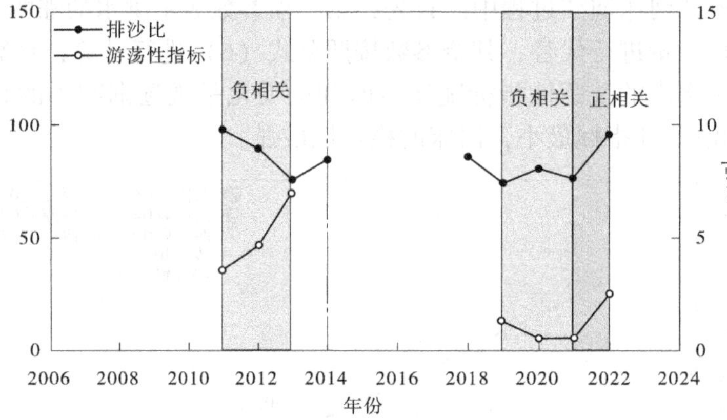

图 3　西霞院水库排沙比与游荡性指标随时间的变化过程

为探究西霞院库区流路稳定对水库排沙能力的影响，本研究将建立如下关系表达式：

$$\eta = f(\xi) = f(k_1, k_2, k_3, k_4, k_5) = f(Q, T, J, B, h) \tag{7}$$

首先，建立五个指标与排沙比之间的相关关系，表 2 为西霞院水库排沙比与不同河床稳定复合指标相关关系。如表 2 可知，五个稳定性指标 k_1、k_2、k_3、k_4、k_5 均与排沙比相关，其中 k_3、k_4 为负相关，k_1、k_2、k_5 与排沙比呈现正相关关系。这也说明，洪峰上涨的速率越大，水库的排沙比越高；汛期流量的变幅越大，水库的排沙比越高，这两个方面均是入库流量过程对水库排沙的影响。其次，河床的抗冲性也是影响水库排沙比的重要因素，这是因为泥沙的冲刷存在一定的滞后性，如若上一年或前几年的淤积较多，那么当排沙条件较好时，可将前几年的泥沙一并带出库外。河床的形态对水库的排沙也有影响，当水库的宽深比越小，水库的过流能力也越强，水库的排沙能力也越强。

继续建立排沙比与单因素之间的相关关系，表 3 为西霞院水库排沙比与不同河床稳定单因素相关关系。由表 3 可知，排沙比与入库流量的相关性最高，入库流量越大，排沙比越低，这是由于西霞院水库入库大流量过程一般伴有较高的含沙量，导致入库的沙量也在增多，且西霞院水库因为不开展敞泄冲沙，因此排沙比很难超过 100%，因此，入库流量大，意味着入库沙量多，水库排沙比也在下降。其次，库区排沙比与洪峰的历时也有关系，洪峰历时越长，水库的稳定性越强，但是也表示水库排沙过程也越长，水库入库含沙量也越大，因此这个参数与入库流量保持一致的相关性。河床形态对水库排沙比的影响同 k_5 一致，均表示过水能力对排沙比的影响。

表 2　西霞院水库排沙比与不同河床稳定复合指标相关关系

指标	η	k_1	k_2	k_3	k_4	k_5
η	1.000	0.300	0.326	-0.010	-0.343	0.492
k_1	0.300	1.000	0.063	0.799	0.314	0.015
k_2	0.326	0.063	1.000	-0.043	-0.048	0.032
k_3	-0.010	0.799	-0.043	1.000	0.635	-0.465
k_4	-0.343	0.314	-0.048	0.635	1.000	-0.921
k_5	0.492	0.015	0.032	-0.465	-0.921	1.000

表 3　西霞院水库排沙比与不同河床稳定单因素相关关系

因素	η/%	B/m	h/m	J/‱	T/d	Q_{in}/（m^3/s）
η/%	1.000	0.364	-0.435	0.154	-0.382	-0.509
B/m	0.364	1.000	-0.980	-0.430	0.302	-0.196
h/m	-0.435	-0.980	1.000	0.328	-0.133	0.285
J/‱	0.154	-0.430	0.328	1.000	-0.836	-0.379
T/d	-0.382	0.302	-0.133	-0.836	1.000	0.463
Q_{in}/（m^3/s）	-0.509	-0.196	0.285	-0.379	0.463	1.000

4　结论

水库排沙受库区流路演变的影响。总体而言，水库排沙比与库区流路稳定呈正相关关系，流路越稳定，水库排沙比越大，水库排沙效率也越高。将河床稳定性指标进行拆解，分析不同稳定性（宽深比 k_5）指标影响因素对水库排沙的影响，结果表明，从复合因子看，水库的断面形态亦即水库的过流能力是影响水库排沙的最重要因素，其次是洪峰的涨落速度 k_1 与洪水的变幅 k_2，最后是河床的抗冲性 k_3。从单因子看，水库的入库流量过程 Q_{in} 是影响水库排沙的最主要因素，水库的横断面形态 B、h 与洪水历时 T 对水库排沙比影响次之，河床比降 J 影响程度最小。

参考文献

[1] 袁峥，梁林江，刘科．三门峡水库原型试验以来渭河下游河床稳定性变化及其影响因素［J/OL］．水电能源科学，2024（9）：70-74，142.

[2] 邓珊珊，夏军强，周悦瑶，等．长江中游河岸形态特征及稳定性判别阈值［J/OL］．水力发电学报，2024，43（8）：112-122.

[3] 薛刚．清水河河床演变及河道稳定性分析［J］．陕西水利，2018（4）：250-252.

[4] 黄科翰，徐梦珍，张晨笛，等．阶梯-深潭结构对沟道稳定性的作用机制［J］．水科学进展，2022，33（6）：978-988.

[5] 钱宁，万兆慧．泥沙运动力学［M］．北京：科学出版社，2003.

堤防管涌险情智能预测模型——以长江某堤防为例

王　荆[1,2]　刘　岩[3]　古丽巴哈·吾斯曼[4]　夏洋洋[1,2]

（1. 黄河水利委员会黄河水利科学研究院，河南郑州　450003；
2. 水利部堤防安全与病害防治工程技术研究中心，河南郑州　450003；
3. 黄河古贤水利枢纽有限公司，河南郑州　450018；
4. 新疆维吾尔自治区水利运行调度中心，新疆乌鲁木齐　830000）

摘　要： 管涌是堤防工程中常见的险情之一，但目前缺乏有效的预测评估方法。本文以长江某段堤防 73 处管涌出险点为数据集，基于机器学习算法建立了一种多层次可解释性管涌预测模型，通过敏感性分析对堤防管涌的关键因素进行重要性排序。结果表明：集成机器学习模型对堤防管涌的预测精度高于单一机器学习模型，单一机器学习模型中 BP 神经网络预测精度最高，集成机器学习模型中 XGBoost 算法预测精度最高，其测试集的 R^2 为 0.961 7，RMSE 为 0.097 0，弱透水层覆盖层厚度 H 、孔隙比 e 和水位高度差 Δh 是造成堤防管涌险情发生的关键因素。

关键词： 堤防管涌；机器学习；敏感性分析；特征重要性；可解释性分析

1　引言

水利堤防是江河治理的重要工程举措，承担着拦蓄水流、抗洪防汛和调蓄水量的重要任务，截至 2023 年底，我国已建成 5 级及以上江河堤防 33.2 万 km，保护了 6.4 亿人口及 4.2×10^3 万 hm^2 的耕地。而管涌是水利堤防工程中最为常见的险情之一，因其突发性、高危性及难以预测性，已被认定为堤防风险评估中的主要组成部分[1-2]。

作为堤防灾害的重点防治对象，前人对于管涌险情的致灾机制及其侵蚀过程展开了大量的研究，例如，一些学者从不同尺度上对管涌机制展开了研究，姚秋玲等[3] 将数学模型、物理模型试验和数值模型相结合，研究了单层、双层及三层堤基这三种典型堤基结构下管涌险情发展的宏观机制；黄海均等[4] 采用三维颗粒流数值模拟和休止角标定法建立了材料宏观参数与颗粒细观参数之间的联系，研究了上覆粗粒土层对堤基管涌破坏的微观机制；倪小东等[5] 基于透明土技术、颗粒流模拟，从颗粒间接触力链破坏与重构的角度对管涌险情的细观机制展开研究。此外，不同的数值模拟方法也被应用到了管涌侵蚀过程研究中，El Shamy Usama 等[6] 建立了瞬态全耦合连续离散流体力学模型，模拟出了极端流动条件下致使管涌发生的土体变形；Liang 等[7] 基于固液相互作用和两相流理论，提出了一种流固耦合模型来模拟管涌的过程；Wewer 等[8] 提出了一种将二维达西渗流方程解与 Exner 的一维输沙质量守恒方程相结合的可用于边界元泥沙输移的管涌数值模型；Ni 等[9] 采用全耦合离散元格子方法分析了渗流和管涌的侵蚀过程。

虽然上述学者对管涌险情的致灾机制和侵蚀过程进行了研究，但是这些研究并不足以支撑水利行业从业者对堤防管涌风险展开评估，学者们在认识到这一问题后也逐渐开展了堤防管涌险情识别方面的研究。例如，刘胜等[10] 通过对管涌渗流场的响应特征进行数值模拟，分析了堤防不同位置处的孔

基金项目： 黄河水利科学研究院基本科研业务费专项项目（HKY-JBYW-2023-07）；水利部堤防安全与病害防治工程技术研究中心开放课题基金资助项目（LSDP202402）。

作者简介： 王荆（1990—），男，高级工程师，研究室副主任，主要从事水利工程安全管理技术研究方面的工作。

隙水压力变化规律，提出了一种基于孔隙水压力变化快速识别管涌险情的方法；周华敏等[1] 提出了一种基于磁电法的管涌通道检测技术，其通过测量堤防表面不同测点的磁场空间变化来研究地下电导率变化，进而识别管涌通道；房纯钢等[11] 基于地球物理瞬变电磁法（TEM）成功研发出了一种SDC-2型堤防渗漏探测仪，可有效识别出堤防中存在的管涌渗漏隐患。上述方法虽可以为堤防管涌风险评估提供一定的依据，但其往往要与人工巡查相结合，存在效率低、监测不及时等问题。

近年来，随着计算机技术的发展，机器学习已逐渐应用到堤防管涌险情预测当中。如陈亮等[12] 建立了基于径向基（RBF）的人工神经网络模型来预测堤防管涌的发生，并证明了RBF网络比BP神经网络拥有更高的预测精度；陆公义等[13] 基于模拟试验采集到的管涌图片，利用YOLO模型提取管涌特征，并将其作为多权值神经网络的输入，进而实现对堤防管涌险情的分类识别；杨端阳[14] 利用灰色关联分析选出了堤防管涌的主要影响因素，并利用经遗传算法优化的深度信念神经网络（GA-DBN）对管涌险情进行预测；Band 等[15] 基于随机森林（RF）、支持向量机（SVM）和贝叶斯广义线性模型建立了伊朗马尔卡齐省Zarandieh流域的管涌侵蚀模型。上述研究将机器学习与堤防管涌险情预测相结合，以一种高效便捷的方式实现了对堤防管涌的预测，为堤防风险评估提供了依据。但由于机器学习模型本质上是一个黑箱模型，算法内部的运作方式缺乏透明度，而以往的研究很少关注到这一点，使得堤坝管涌预测模型在可解释性上具有一定困难，模型可信度与说服力受到一定限制。

综上所述，本研究利用单一学习算法与集成学习算法对堤防管涌险情进行预测，并对各模型的预测结果进行对比分析；之后建立了堤防管涌的多层次可解释性模型，以期实现对堤防管涌险情超前预测的同时，对机器学习模型进行预测解释，从多个角度揭示各特征与管涌险情之间的关系，从而提高模型的可靠度与鲁棒性，为水利行业从业者对堤坝管涌险情的风险评估提供参考依据。

2 堤坝管涌险情数据库

本研究使用的数据集来源于长江某堤段的管涌险情情况[14]，结合案例所在地的地域特点，最终选取水位高度差 Δh 、弱透水层覆盖层厚度 H 、渗透系数 k 、有效凝聚力 c' 、有效内摩擦角 φ' 、干密度 ρ_d 、孔隙比 e 、压缩系数 a_v 这8个因素作为堤坝管涌险情的影响因素。在所选取的特征当中，水位高度差 Δh 、弱透水层覆盖层厚度 H 和渗透系数 k 是通过在实地勘测得到的，其余特征是通过在现场对土样进行取样，之后通过一系列的室内试验获得的数据。具体而言，有效凝聚力 c' 和有效内摩擦角 φ' 是通过快剪试验测得的，压缩系数 a_v 是通过侧限压缩试验测得的，通过环刀法可以测得一系列的密度指标（例如密度 ρ 和干密度 ρ_d ），击实试验可测得土样的含水率 ω ，比重瓶法可测得土样的比重 G_s ，基于以上的试验结果，经式（1）可计算出孔隙比 e 。经过一系列的实地勘测以及室内试验，最终成功获取193组数据作为堤坝管涌险情数据库，其中 Δh 的取值范围为1.8~9 m，H 的取值范围为1~13.2 m，k 的取值范围为 $7.5\times10^{-7}\sim5\times10^{-4}$ cm/s，c' 的取值范围为5~100 kg/cm，φ' 的取值范围为14.5°~26.5°，ρ_d 的取值范围为1.3~1.7 g/cm³，e 的取值范围为0.6~1.3，a_v 的取值范围为0.1~0.6 MPa^{-1}。

$$e = \frac{G_s\gamma_w(1+\omega)}{\gamma} - 1 \tag{1}$$

式中：γ 为土的重度；γ_w 为水的重度。

二者可由以下公式计算：

$$\gamma = \rho g \tag{2}$$

$$\gamma_w = \rho_w g \tag{3}$$

式中：g 是引力常数，大小为9.8 N/kg。

3 堤防管涌险情预测模型与可解释模型

3.1 堤防管涌险情预测模型

3.1.1 单一学习模型

反向传播（Back-propagation，简称 BP）神经网络是由 Rumelhart 提出的一种类似于人类神经网络系统的机器学习算法，由输入层、输出层和隐含层组成，是目前最成熟、应用最广的神经网络模型之一[16]。训练过程主要包括信号前向传播和误差反向传播两阶段，如图 1 所示，在前向传播中，输入信号传入输入层后，经各层的权值和阈值的处理到达输出层；若输出层得不到期望输出，则计算实际值与期望值之间的误差转入反向传播，并根据误差来调整网络权值与阈值，进而使得预测输出值不断地逼近期望输出[17-18]。

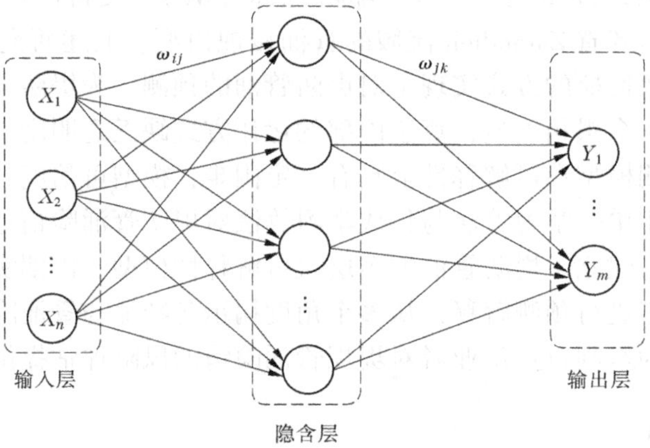

图 1　BP 神经网络拓扑结构图

多层感知机（Multi-layer Perceptron，简称 MLP）本质上也是一种神经网络，相较于 BP 神经而言，其拥有多个隐含层，且除了输入层以外，每一层都会经过激活函数进行非线性变换，故其是通过隐含层当中的多层神经元来增强输入与输出间的复杂映射能力，而非像 BP 神经网络通过迭代更新权值和阈值来实现模型精度[19]。

支持向量机（Support Vector Machine，简称 SVM）是 Vapnik 提出的一种基于核的非参数机器学习算法，它将输入数据转换到高维空间当中通过非线性核函数计算，并在该空间进行回归，以最小化训练误差[20-21]，图 2 是 SVM 的体系结构。

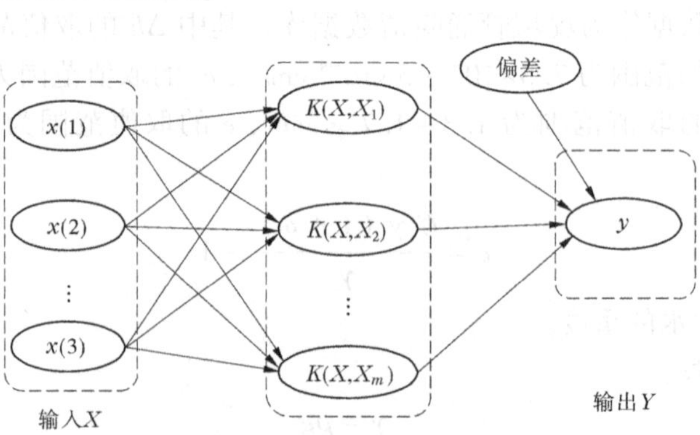

图 2　支持向量机体系结构

3.1.2 集成学习模型

随机森林（Random Forest，简称 RF）是由 Leo[22] 基于 Bagging 思想将多棵决策树集成后所提出的一种算法，其通过 Bootstrap 重采样技术将原始数据集划分为 N 个新数据集，之后利用这 N 个数据

集创建 N 棵决策树，最后模型输出为所有决策树的输出平均值。重采样技术的引入，使得模型不容易陷入过拟合当中，极大地提高了模型的泛化能力[23]。此外，RF 算法本身还内嵌了特征重要性计算这一功能，旨在确定每个特征对模型预测性能的影响程度。

梯度提升决策树（Gradient Boosting Decision Tree，简称 GBDT）是一种基于 Boosting 思想的提升算法，它以分类回归树（CART）作为弱学习器，在每次迭代过程中构建一个决策树并使用上一轮迭代所得残差来训练新学习器并更新权重，直到满足迭代轮数，最终的结果为每个弱学习器的加权求和[24]。

XGBoost 和 CatBoost 均为 GBDT 框架下所提出的变体算法。XGBoost 的目标函数在 GBDT 泰勒一阶展开的基础上，将其泰勒展开到了二阶，保留了更多关于目标函数的信息，一定程度上提高了预测效果；CatBoost 相较于 GBDT，增加了类别特征处理和自适应学习率两个功能。可以处理多种类型的特征并根据不同的特征自适应地调整学习率，从而加速收敛速度，提供预测精度。

3.2 堤防管涌险情可解释模型

3.2.1 敏感性分析

敏感性分析是一种定量描述输入变量对输出变量敏感性程度的方法，其可以捕捉到单个特征或局部变化对模型最终输出结果的影响程度[25]。在本研究中，主要从 Person 分析法、RF 特征重要性与 XGBoost 特征重要性三方面来对堤防管涌险情的 8 个影响因素进行敏感性分析。其中，RF 特征重要性和 XGBoost 特征重要性都是基于算法本身内嵌功能所得到的计算结果；而 Person 分析法是一种参数统计方法，其对样本观测值进行运算，通过运算结果可以得到变量之间的间距大小，进而以此来评判二者的相似程度，常用于分析两个变量间线性相关强弱的程度，包括显著性 p 值和相关系数 r 两个参数，其计算公式如下：

$$r=\frac{\sum_{i=1}^{n}(x_i-\bar{x})\sum_{i=1}^{n}(y_i-\bar{y})}{\sqrt{\sum_{i=1}^{n}(x_i-\bar{x})^2(y_i-\bar{y})^2}} \tag{4}$$

式中：(x_i, y_i)，$x_i\in R^d$，$y_i\in R$，$i=1, \cdots$；n 为训练样本；$\bar{x}$，$\bar{y}$ 为样本的平均值。若要求该 r 值的 p 值，则需构建 t 统计量：

$$t=\frac{r\sqrt{n-2}}{\sqrt{1-r^2}} \tag{5}$$

得到 t 统计量之后，便可查阅 t 分布表，确定显著性水平 p 值。

3.2.2 SHAP

SHAP（SHaply Additive exPlanations）是受博弈论启发，将传统机器学习方法与模型可解释性联系起来的一种方法[26]，它会为每个输入生成一个贡献值，该值表示它对模型预测相对于基线预测的平均边际贡献，量化了每个特征对于模型最终预测的贡献程度［见式（6）］。此外，SHAP 还可以对单个样本的特征进行详细的分析，便于探究个别案例的局部解释［见式（7）］。

$$\varphi_i=\sum_{S\subseteq F\setminus\{i\}}\frac{|S|!\,(|F|-|S|-1)!}{|F|!}[f_{S\cup\{i\}}(x_{S\cup\{i\}})-f_S(x_S)] \tag{6}$$

$$f(x)=g(x')=\varphi_0+\sum_{i=1}^{M}\varphi_i x'_i \tag{7}$$

式中：$g(x')$ 为事后解释模型的预测值；$f(x)$ 为机器学习算法的预测值；φ_0 为机器学习算法在训练集上的预测值的平均值；φ_i 为第 i 个特征的贡献值；M 为特征的总数；S 为特征的子集；x 为每个实例的特征值。

4 结果与分析

4.1 基于不同机器学习算法的管涌险情预测精度比较

为了评估机器学习模型预测性能，本研究将均方根误差（RMSE）和拟合优度（R^2）作为评估指标，以此来衡量模型的可靠性与准确度。其中，RMSE 是预测值与真实值的偏差与样本数之比的平方根，用于衡量模型的可靠性；R^2 是预测值与实际值之间的线性相关程度，用来衡量模型的准确率。二者的计算公式如下：

$$\mathrm{MSE} = \frac{\sum_{i=1}^{n}(y_i - y_i^*)^2}{n} \tag{8}$$

$$R^2 = 1 - \frac{\sum_{i=1}^{n}(y_i - y_i^*)^2}{\sum_{i=1}^{n}(y_i - \bar{y})^2},\quad \left(\bar{y} = \frac{1}{n}\sum_{i=1}^{n} y_i\right) \tag{9}$$

式中：n 为样本数量；y_i 和 y_i^* 分别为第 i 个样本的真实值和预测值。

表 1 是不同机器学习预测模型评估指标的计算结果。其中，训练集和测试集是将数据集按 4∶1 的比例进行划分，且所有模型是基于相同的训练集和测试集进行训练的。从表 1 中可以看出，在三种单一学习模型中，MLP 模型的预测精度最低，其测试集的 RMSE 和 R^2 分别为 0.172 2 和 0.879 3，是唯一 R^2 未达到 0.9 的预测模型；BP 神经网络和 SVM 的预测精度相近，其 R^2 均达到了 0.94 以上且 RMSE 均小于 0.02，说明有着较高的预测精度。而在四种集成学习模型中，测试集 R^2 值从高到低的排序依次为：XGBoost、CatBoost、GBDT、RF。其中，除 RF 外，余下三种模型的 R^2 均大于 0.95，且 XGBoost 模型测试集的 R^2 最大，为 0.961 7，RMSE 最小，为 0.097 0，是集成学习预测模型当中预测精度最高的模型。

表 1　不同机器学习预测模型评估指标计算结果

机器学习模型		训练集 Training set		测试集 Test set	
		RMSE	R^2	RMSE	R^2
单一学习模型	BP	0.001 7	0.951 2	0.019 1	0.947 8
	MLP	0.126 0	0.929 0	0.172 2	0.879 3
	SVM	0.000 5	0.997 6	0.013 8	0.943 9
集成学习模型	RF	0.069 9	0.978 2	0.111 9	0.949 1
	GBDT	0.002 6	0.999 9	0.105 9	0.954 4
	XGBoost	0.030 8	0.995 8	0.097 0	0.961 7
	CatBoost	0.019 6	0.998 3	0.102 2	0.957 6

此外，将表 1 中的单一学习模型和集成学习模型进行对比，可以发现集成学习模型的预测精度整体上要高于单一学习模型，在单一学习模型中预测效果最佳的 BP 神经网络的 R^2 值低于在集成学习模型中表现最差的 RF，表明在回归预测方面，集成学习的预测性能要优于单一学习型的预测性能，这一结论与之前研究的结论是一致的[26-29]。综上所述，在所有的机器学习模型当中，XGBoost 模型的预测精度最高，是最佳的堤防管涌险情预测模型。

4.2 堤防管涌险情的多层次可解释性模型

虽然可以通过对比一系列机器学习预测模型来获得高精度的堤防管涌险情预测模型，但其精确预测背后的内部运行机制是难以获取到的，模型输入变量如何工作，以及模型的输出如何根据输入变量的值而变化无法探明，一定程度上限制了模型的可靠度与用户接受度。故这里本文采用多层次可解释性模型对堤防管涌险情进行可解释性分析，从多个角度出发，探究各特征与管涌险情之间的关系及特征之间的相互依赖性。

4.2.1 敏感性分析

表2和图3是由Person分析得到的结果。其中，表2是各特征与堤防管涌险情之间相关关系显著性水平计算结果，图3是根据Person相关系数计算结果所绘制的相关性热力图，图中的正值和负值分别表示正相关和负相关，圆圈的颜色越深、直径越大，表明变量间的相关性越强。从表2中可以看出，管涌险情与弱透水层覆盖层厚度H、水位高度差Δh、孔隙比e和压缩系数a_v在$\alpha=0.01$水平上极显著性相关，表明堤防管涌险情主要受H、Δh、e和a_v这几个特征的影响，这与从相关系数热力图中观察到的规律是一致的；此外，从图3中还可以看出在对堤防管涌影响较大的几个特征当中，只有弱透水层覆盖层厚度H与管涌险情之间呈负相关，有关这一现象的原因将在后文的SHAP中展开具体解释。

表2 显著性水平p值计算结果

特征名	Δh	H	k	c'
p值	$2.925\times10^{-67*}$	$1.436\times10^{-70*}$	0.380	0.392
特征名	φ'	ρ_d	e	a_v
p值	0.697	0.404	$2.112\times10^{-50*}$	$1.684\times10^{-33*}$

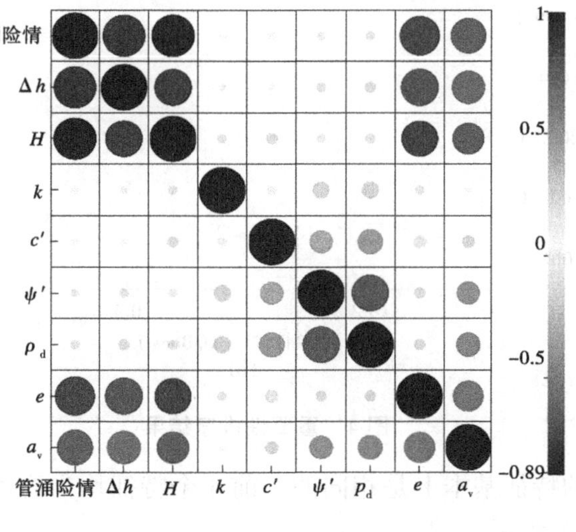

图3 管涌各特征相关系数热力图

为了更加直观地看出各特征对管涌险情的影响大小，图4展示了RF和XGBoost的重要性排序结果，且每幅图均标注了各特征的重要性值。从图4（a）的RF重要性排序结果中可以看出，各特征按特征值从大到小排序依次为弱透水层覆盖层厚度H、孔隙比e、水位高度差Δh、压缩系数a_v、干密度ρ_d、有效凝聚力c'、渗透系数k、有效内摩擦角φ'，其中前5个特征的特征重要性之和为0.951 8，即它们对于堤防管涌险情的重要程度达到了95.18%；同样，在图4（b）的XGBoost重要性排序结果中，各特征按特征值从大到小排序依次为覆盖层厚度H、孔隙比e、水位高度差Δh、压缩系数a_v、干密度ρ_d、渗透系数k、有效内摩擦角φ'、有效凝聚力c'，排在前五个的特征与RF重要性排序结果保持一致，但与RF不同的是，在XGBoost重要性排序中，其前3个特征的特征重要性之和就已经达到了0.980 6，即它们对于堤防管涌险情的重要程度达到了98.06%。此外，将从Person相关系数热力图中观察到的结果与重要性排序得到的结论相对比，可以发现不管是哪种方法，得到的

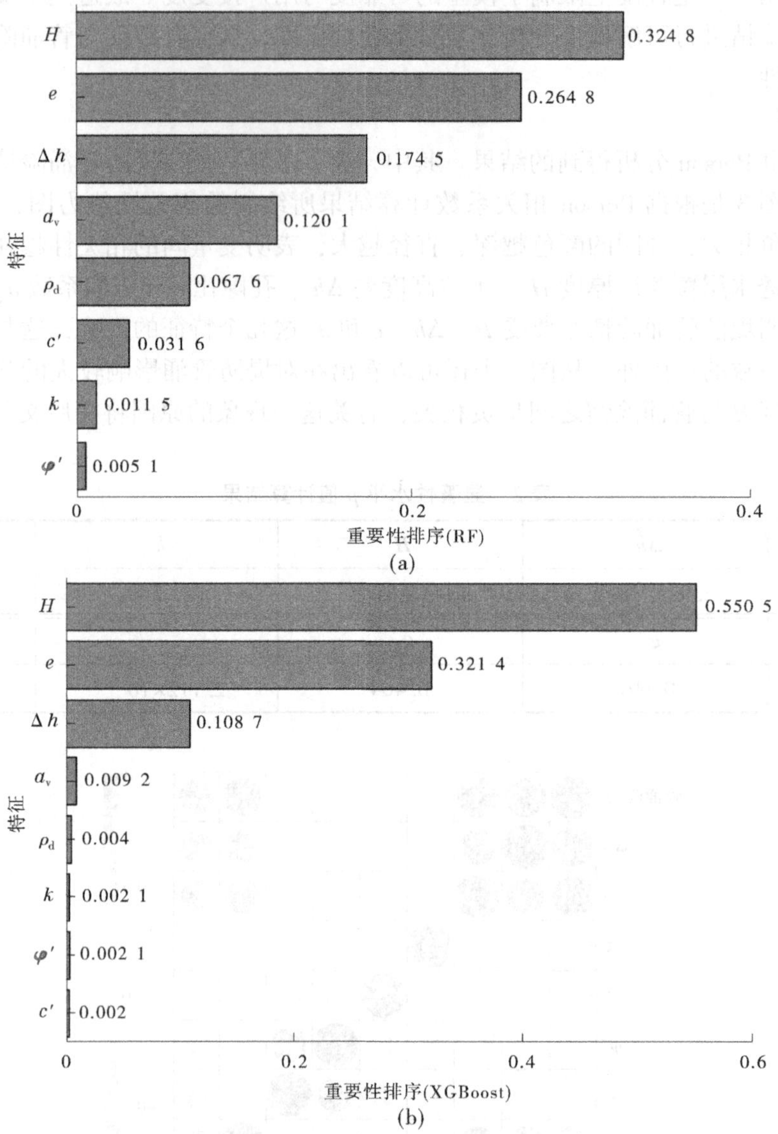

图 4　重要性排序结果

对堤防管涌险情影响最大的特征基本上是相同的，前 4 个特征均为弱透水层覆盖层厚度 H 、孔隙比 e 、水位高度差 Δh 和压缩系数 a_v 。

4.2.2　SHAP 可解释性分析

敏感性分析虽然可以定量表示输入变量对输出变量敏感性程度，但它也仅能获得单个特征对于模型最终输出的影响程度，无法解释特征之间的相关关系对输出的影响以及各特征对输出结果更深一步的影响规律，故这一部分将基于敏感性分析的结果，利用 SHAP 对堤防管涌险情的预测模型进行更深一步的可解释性分析。

图 5 是 Shaply 值的汇总，图中的颜色表示特征值本身的大小。Shaply 值的正负代表着特征与模型输出之间的正相关或负相关。可以看出，弱透水层覆盖层厚度 H 、孔隙比 e 和水位高度差 Δh 这三个特征的 Shaply 绝对值较大，表明它们与堤坝管涌险情的相关性较强，这与敏感性分析所得结论“管涌险情与弱透水层覆盖层厚度 H 、水位高度差 Δh 、孔隙比 e 和压缩系数 a_v 在 $\alpha=0.01$ 水平上极显著性相关”是相符的。此外，孔隙比 e 、水位高度差 Δh 、压缩系数 a_v 、渗透系数 k 、有效内摩擦角 φ' 和有效凝聚力 c' 这几个因素的高特征值对应的 Shaply 值均为正值，表明它们与堤坝管涌险情的发生

呈正相关，即 e 、Δh 、a_v 、k 、φ' 、c' 的值越大，管涌险情发生的概率越大；相反，弱透水层覆盖层厚度 H 、干密度 ρ_d 这两个因素的高特征值对应的 Shaply 值为负值，表明它们与堤坝管涌险情的发生呈负相关，即 H 、ρ_d 越大，管涌险情发生的概率反而越低。

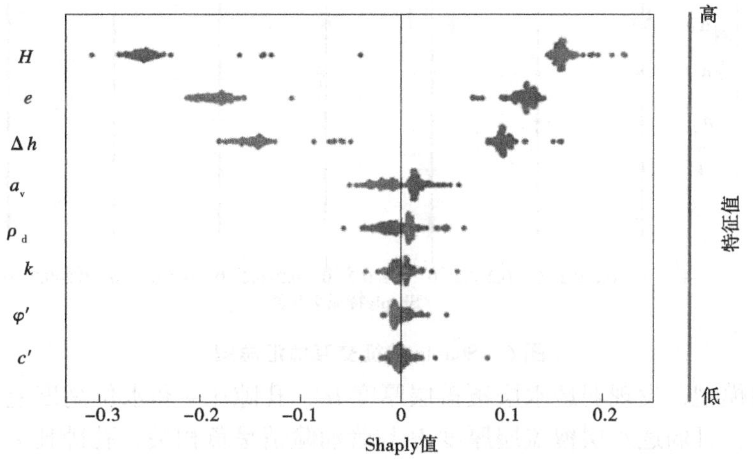

图 5　Shaply 值汇总图

弱透水层覆盖层厚度 H 与堤防管涌险情呈现极强的负相关性，这是因为江水位与地下水水位之间水位差一般作用在覆盖层上，再加上堤防强透水层的渗透系数远远小于弱透水层的渗透系数，使得实际上的水位差大部分都作用在弱透水层的覆盖层上，而当汛期堤防水位上涨时，水位差会突然增大，倘若此时的弱透水层覆盖层厚度 H 足够大，则可以有效减少管涌的发生。水位高度差 Δh 与管涌险情呈现出极强的正相关性，这与前人“水力梯度是影响管涌险情的重要因素”这一研究结论是相符的[30-32]。这是因为水力梯度本质上是任意两点的水位差与两点间距离的比值，故水力梯度与水位差是呈正比关系的，水位差越大，水力梯度就越大，堤坝内部水流对土体的侵蚀就越严重，侵蚀到一定程度时就会发生管涌现象。孔隙比 e 与管涌呈现显著的正相关是因为孔隙比 e 与土体的临界水力梯度紧密相关，孔隙比 e 越大，土体的有效重力和土颗粒间的咬合力就越小，土颗粒越容易被水流带走，进而使得土体的临界水力梯度更小，导致管涌更容易发生，故堤防的孔隙比 e 越大，发生管涌的可能性就越大。

图 6 是各特征之间的交互分析图，在这张图中可以通过选择不同的特征组合来了解不同特征在联合作用时对预测结果的影响情况，图中的颜色表示左边一列特征的特征值大小，Shaply 值的正负代表着交互后的特征组合与管涌险情的正相关或负相关。从当中可以看出，除对角线上特征本身对管涌的影响外，对角线外的组合只有弱透水层覆盖层厚度 H 和水位高度差 Δh 这一组合特征明显偏离了 Shaply 的零值，表明二者的组合特征对堤防管涌险情有着较大的影响，其 Shaply 值为负值，说明二者的组合与管涌险情为负相关，而这两个特征中弱透水层覆盖层厚度 H 本身与管涌险情也呈负相关，从另一个角度印证了弱透水层覆盖层厚度 H 与管涌险情的相关性强于水位高度差 Δh 与管涌险情的相关性，再次验证了特征重要性排序的有效性。

5　结论

本文建立了堤坝管涌险情的多层次可解释性机器学习预测模型，对比分析了不同单一学习（BP、MLP、SVM）模型与集成学习（RF、GBDT、XGBoost、CatBoost）模型的预测性能，并采用多种手段对所建管涌预测模型的可解释性进行分析，验证了模型的可靠性。结果表明：在堤防管涌险情预测模型当中，集成学习模型的预测精度整体上要高于单一学习模型；在单一学习模型中，BP 神经网络的预测精度最高，其测试集的 R^2 为 0.947 8，RMSE 为 0.019 1；而在集成学习模型中，XGBoost 的预测精度最高，其测试集的 R^2 为 0.961 7，RMSE 为 0.097 0，是预测效果最佳的管涌险情预测模型。通

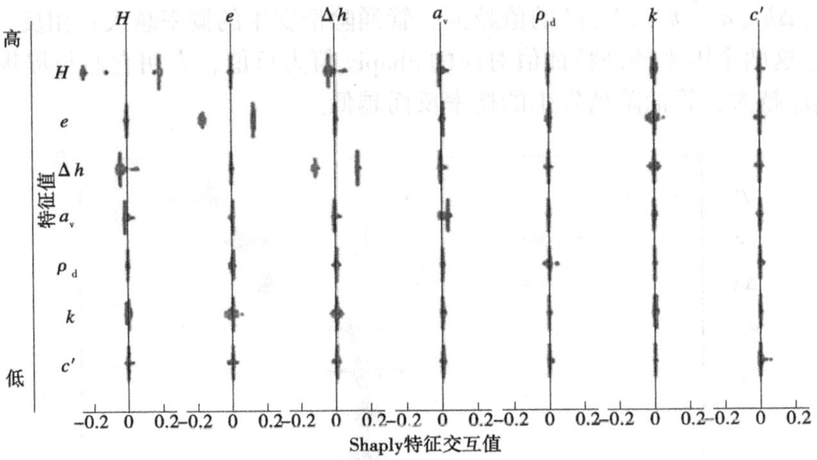

图 6　Shaply 特征交互值汇总图

过多层次的可解释性模型，发现弱透水层覆盖层厚度 H 、孔隙比 e 和水位高度差 Δh 是影响堤防管涌险情发生的关键因素，且弱透水层覆盖层厚度 H 与管涌险情呈负相关，孔隙比 e 和水位高度差 Δh 与管涌险情呈正相关。

参考文献

[1] 周华敏，邬爱清，肖国强，等. 堤防管涌通道微弱磁场信号检测技术［J］. 长江科学院院报，2023，40（8）：112-119.

[2] 钱叶琳，苏颖，张振华，等. 基于临界水力梯度接近度的工程管涌危险程度量化研究［J］. 合肥工业大学学报（自然科学版），2023，46（11）：1492-1500.

[3] 姚秋玲，丁留谦，刘昌军，等. 堤基管涌机理及防治设计准则研究［J］. 中国防汛抗旱，2022，32（1）：75-79.

[4] 黄海均，毛海涛，严新军，等. 上覆粗粒土层对堤基管涌破坏的细观机制研究［J］. 水资源与水工程学报，2020，31（2）：147-154，160.

[5] 倪小东，寇恒绮，左翔宇，等. 基于透明土技术与颗粒流方法联合开展管涌细观机理研究［J］. 水利学报，2021，52（12）：1482-1497.

[6] EL Shamy U，Aydin F. Multiscale Modeling of Flood-Induced Piping in River Levees［J］. Journal of Geotechnical and Geoenvironmental Engineering，2008，134（9）：1385-1398.

[7] Liang Y，Wang J J，Liu M W. Two-flow model for piping erosion based on liquid-solid coupling［J］. Journal of Central South University，2013，20（8）：2299-2306.

[8] Wewer M，Aguilar-LóPEZ J P，KOK M，et al. A transient backward erosion piping model based on laminar flow transport equations［J］. Computers and Geotechnics，2021，132.

[9] NI X Z S，Wang Y. Numerical analysis of generation and evolution of piping mechanism in meso-level under unsteady flow［J］. Cent South Univ（Sci Technol），2016，47（9）：3154-3161.

[10] 刘胜，王媛，冯迪. 堤防管涌渗流场响应特征的数值模拟［J］. 水利水电科技进展，2023，43（6）：10-16.

[11] 房纯纲，鲁英，葛怀光，等. 堤防管涌渗漏隐探测新方法［J］. 水利水电技术，2001，32（3）：66-69.

[12] 陈亮，赵正信，陈建生，等. 基于 RBF 神经网络的堤防管涌预测方法［J］. 探矿工程（岩土钻掘工程），2007，34（11）：5-8.

[13] 陆公义，欧阳鹏，程赟，等. 基于 YOLO 模型的堤坝管涌监测智能识别方法［J］. 水利水电科技进展，2024，44（1）：89-94.

[14] 杨端阳. 基于灰色关联和 GA-DBN 的长江二元堤防管涌险情预测分析［D］. 郑州：郑州大学，2022.

[15] Band S S，Janizadeh S，Saha S，et al. Evaluating the Efficiency of Different Regression，Decision Tree，and Bayesian Machine Learning Algorithms in Spatial Piping Erosion Susceptibility Using ALOS/PALSAR Data［J］. Land，2020，9（10）.

［16］刘嫒嫒，刘业森，郑敬伟，等．BP 神经网络和数值模型相结合的城市内涝预测方法研究［J］．水利学报，2022，53（3）：284-295.

［17］Zhang L，Wang F，Sun T，et al. A constrained optimization method based on BP neural network［J］．Neural Computing and Applications，2016，29（2）：413-421.

［18］郑重，马富裕，李江全，等．基于 BP 神经网络的农田蒸散量预报模型［J］．水利学报，2008，39（2）：230-234.

［19］吕菲，钟登华，余佳，等．迁移学习框架下高心墙堆石坝施工仿真参数 IGOA-MLP 动态预测模型［J］．水利学报，2023，54（10）：1151-1162.

［20］Zhang C，Brodylo D，Rahman M，et al. Using an object-based machine learning ensemble approach to upscale evapotranspiration measured from eddy covariance towers in a subtropical wetland［J］．Sci Total Environ，2022，831：154969.

［21］孙传波，王虹，杨然，等．基于单类支持向量机的组合导航容错算法［J］．电光与控制，2024，31（5）.

［22］Breiman L. Random Forests［J］．Machine Learning，2001，45（1）：5-32.

［23］陈飞，王斌，刘婷，等．基于时移多尺度注意熵和随机森林的水电机组故障诊断［J］．水利学报，2022，53（3）：358-368，78.

［24］王建民，叶钰蓉，饶超敏，等．基于 GBDT 算法的混凝土叠合面黏结强度预测分析［J］．建筑材料学报，2023，26（2）：150-155，71.

［25］王冬丽，杨珊，欧阳万里，等．人工智能可解释性：发展与应用［J］．计算机科学，2023，50（Z1）：9-15.

［26］葛建坤，雷国相，陈皓锐，等．基于 SHAP 重要性排序和机器学习算法的灌区渠道调度流量预测［J］．农业工程学报，2023，39（13）：113-122.

［27］成佩，孟勇．集成学习方法的应用与比较［J］．统计与决策，2023，39（23）：28-33.

［28］姜万录，赵岩，李振宝，等．多模型 Stacking 集成学习的旋转机械故障诊断方法［J］．液压与气动，2023，47（4）：46-58.

［29］余成，唐毅，潘杨，等．基于无人机遥感和集成学习的苏州市河流悬浮物浓度反演［J］．中国环境科学，2023，43（10）：5235-5246.

［30］Xie Q，Liu J，Han B，et al. Experimental investigation of interfacial erosion on culvert-soil interface in earth dams［J］．Soils and Foundations，2019，59（3）：671-686.

［31］Schmertmann J H. A method for assessing the relative likelihood of failure of embankment dams by piping：Discussion［J］．Canadian Geotechnical Journal，2002，39（2）：495-6.

［32］陈建生，李兴文，赵维炳．堤防管涌产生集中渗漏通道机理与探测方法研究［J］．水利学报，2000（9）：48-54.

黄河上游水文旱涝评估及旱涝急转特征识别

尚文绣　苏　琼　靖　娟

（黄河勘测规划设计研究院有限公司，河南郑州　450003）

摘　要：本文采用标准化径流指数（SRI）和标准化旱涝急转指数（SDWAI），识别1956—2016年黄河兰州站月尺度的径流旱涝变化特征，分析水库调度在应对旱涝急转事件中发挥的作用。结果显示：兰州站SRI评估结果以轻涝至中旱为主，重度以上旱涝月份占比不足10%；旱涝急转事件较少，仅发生5次，程度为轻度至中度；龙羊峡水库的运行使得兰州站发生的旱涝急转事件得到了较好的应对，但是当旱涝急转事件与连续枯水段叠加时，水库调蓄能力仍有不足。

关键词：标准化径流指数；标准化旱涝急转指数；旱涝急转；兰州；龙羊峡水库；黄河

1　引言

黄河流域水资源量不足我国的2%，人均水资源量不足全国平均水平的1/4，但是支撑了全国约9%的人口和15%的耕地面积[1-2]，流域内面临严峻的缺水问题，成为黄河流域生态保护和高质量发展重大国家战略实施的制约因素[3-5]。受季风气候影响，黄河天然径流量时间分布不均，汛期径流量占比大，且易出现旱涝灾害，给流域水资源安全保障造成了极大困难，历史上曾多次发生断流和大洪水，产生严重的生态灾难和供水困难[6-8]。变化环境下极端水文事件风险加剧，2022年长江发生近61年最严重干旱[9]，引发流域性严重枯水[10]。进入21世纪以来，黄河流域也经历了2001年、2002年等极端枯水年，导致经济社会和生态环境用水安全面临愈发严峻的挑战[11-13]。因此，量化黄河水文变化特征、科学识别旱涝急转事件，对保障黄河水资源安全具有重要意义。

围绕黄河水文旱涝特征已经开展了很多研究[14-17]，但是在旱涝急转特征上尚无定量成果。近几十年来黄河修建了大量水库工程，特别是上游龙羊峡水库投入运行后，水资源调蓄能力大幅提高，需要评估黄河水库工程在旱涝急转事件中发挥的作用，研判已建工程是否具备足够的应对旱涝急转事件的能力。本文以黄河上游兰州水文站为研究对象，评估长系列天然径流过程的旱涝急转特征，分析水库在应对旱涝急转事件中发挥的作用。

2　研究方法与数据

2.1　旱涝评估方法

采用标准化径流指数（Standardized Runoff Index，SRI）评估月尺度和年尺度的旱涝情况。假设径流量 q 的概率分布符合Γ分布[14]，其概率密度函数 $f(q)$ 和累积概率密度函数 $F(q<q_0)$ 为：

$$f(q)=\frac{q^{\alpha-1}\mathrm{e}^{-q/\beta}}{\beta^{\alpha}\Gamma(\alpha)} \tag{1}$$

$$F(q<q_0)=\int_0^{q_0}f(q)\,\mathrm{d}q \tag{2}$$

式中：α 和 β 分别为形状参数和尺度参数，采用极大似然法计算得到[18]。

基金项目：国家重点研发计划资助项目（2022YFC3202300）。

作者简介：尚文绣（1990—），女，高级工程师，主要从事水文水资源方面的研究工作。

构造中间变量 p，采用下式得到 SRI 指标值 I_R：

$$p=\sqrt{\ln\frac{1}{F^2}} \tag{3}$$

$$I_R=S\frac{p-(c_2p+c_1)p+c_0}{[(d_3p+d_2)p+d_1]p+1.0} \tag{4}$$

式中：当 $F>0.5$ 时，$S=1$，否则 $S=-1$；c_0、c_1、c_2、d_1、d_2 和 d_3 均为常数[18-19]。SRI 指标值对应的旱涝等级如表 1 所示。

表 1 SRI 评估结果分级标准

类型	极旱	重旱	中旱	轻旱	正常	轻涝	中涝	重涝	极涝
取值	(−∞, −2.0]	(−2.0, −1.5]	(−1.5, −1.0]	(−1.0, −0.5]	(−0.5, 0.5)	[0.5, 1.0)	[1.0, 1.5)	[1.5, 2.0)	[2.0, +∞)

SRI 的主流计算方法是将不同年份相同起止月份的径流序列进行 Γ 概率分布拟合[20]。但是根据参考文献[21]，在计算旱涝急转评估指标时，需要对同一时间尺度的所有径流数据进行 Γ 概率分布拟合，因此本文在计算 SRI 指标值时不再考虑起止月份的差异。

2.2 旱涝急转评估方法

采用涂新军等[21] 提出的标准化旱涝急转指数（Standardized Drought-Wetness abrupt Alteration Index，SDWAI）识别旱涝急转事件和评估事件强度，该指标可以避免传统评估方法存在的错判和漏判问题。对于时段 t，如果 $I_R(t)\leqslant-0.5$ 且 $I_R(t+1)\geqslant0.5$，或者 $I_R(t)\geqslant0.5$ 且 $I_R(t+1)\leqslant-0.5$，那么 SDWAI 指标值 $I_{DW}(t)$ 计算公式为：

$$I_{DW}(t)=\frac{I_R(t+1)-I_R(t)}{2}\left(1+\frac{|I_R(t+1)+I_R(t)|}{I_{R\_max}-I_{R\_min}}\right) \tag{5}$$

式中：I_{R_max} 和 I_{R_min} 分别为所有时段中 I_R 的最大值和最小值。如果 $I_R(t)$ 和 $I_R(t+1)$ 的取值组合不符合上述情况，则 $I_{DW}(t)=0$。SDWAI 指标值对应的旱涝急转等级如表 2 所示。

表 2 SDWAI 评估结果分级标准

类型	涝转旱				正常	旱转涝			
	极度	重度	中度	轻度		轻度	中度	重度	极度
取值	(−∞, −2.0]	(−2.0, −1.5]	(−1.5, −1.0]	(−1.0, −0.5]	(−0.5, 0.5)	[0.5, 1.0)	[1.0, 1.5)	[1.5, 2.0)	[2.0, +∞)

2.3 研究区域与数据来源

兰州水文站位于黄河上游干流甘肃省境内，在龙羊峡水库和刘家峡水库下游，控制黄河流域面积 22.26 万 km^2[22]。兰州站天然月径流量数据来自第三次水资源调查评价，数据系列为 1956—2016 年；实测月径流量数据来自水文站管理部门；水库蓄变量数据来自《黄河水资源公报》和水库管理部门。根据可获取的数据系列，旱涝评估和旱涝急转评估的时段为 1956—2016 年。

3 结果

3.1 逐月及全年旱涝评估结果

对 1956—2016 年兰州站 1 个月尺度的 SRI 进行评估，结果如图 1~图 3 所示。被评估为涝、正常和旱的月份占比分别为 32.79%、28.28% 和 38.93%；被评估为轻涝至中旱的月数远高于其他类别，总数占所有月份的 81.56%；达到重涝或极涝的月份占 8.20%；达到重旱的月份仅占 1.37%，无极旱月份（见图 2）。从图 1 和图 3 可知，1—4 月和 12 月的评估结果以旱为主，占比分别为 98.36%、

100%、100%、52.46%和 98.36%；5 月和 11 月的评估结果以正常为主，占比分别为 81.97%和 80.33%；6—10 月的评估结果以涝为主，占比分别为 60.66%、88.52%、83.61%、77.05%和63.93%。

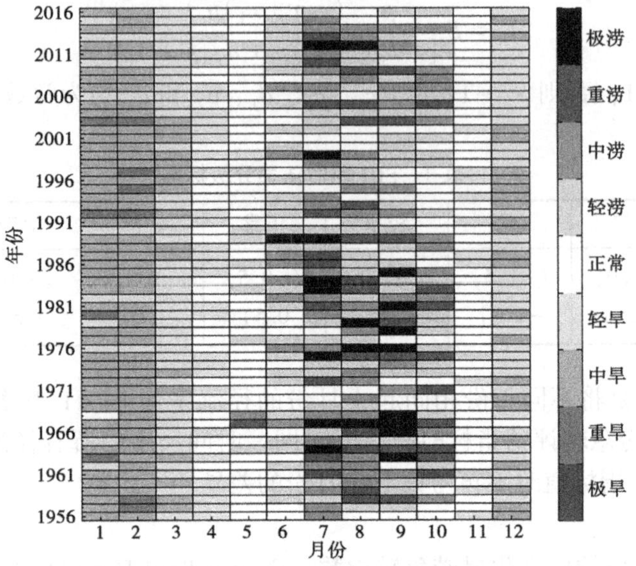

图 1　兰州站逐月 SRI 评估结果

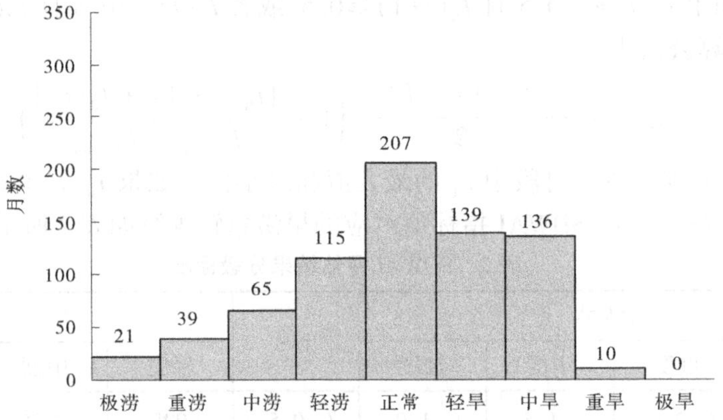

图 2　兰州站逐月 SRI 评估结果统计

3.2　旱涝急转评估结果

1956—2016 年兰州站月尺度旱涝急转评估结果如图 4 所示。兰州站发生了 3 次旱转涝事件，其中 2 次为轻度、1 次为中度；发生了 2 次涝转旱事件，均为轻度。旱转涝事件发生时间 2 次在 4—5 月、1 次在 5—6 月，是兰州站 SRI 评价结果从以旱为主向以涝为主过渡的时段；涝转旱事件发生时间均为 11—12 月，虽然兰州站汛期为 7—10 月，但个别年份大流量会持续到 11 月，导致 11—12 月发生涝转旱事件。

4　讨论

对比历次旱涝急转事件天然月径流量和实测月径流量变化（见表 3 和表 4），分析黄河兰州站对旱涝急转事件的应对能力变化。兰州站以上河段取水量较小，天然月径流量与实测月径流量之间的差异主要受到水库调蓄的影响。兰州站上游有龙羊峡水库和刘家峡水库 2 座大型水库。龙羊峡水库是黄河干流上唯一一座具有多年调节能力的水库，该水库运行前黄河对河川径流的调蓄能力较弱。龙羊峡水库 1986 年 10 月开始蓄水，死水位 2 530 m，正常蓄水位 2 600 m，调节库容 194 亿 m^3。刘家峡水库

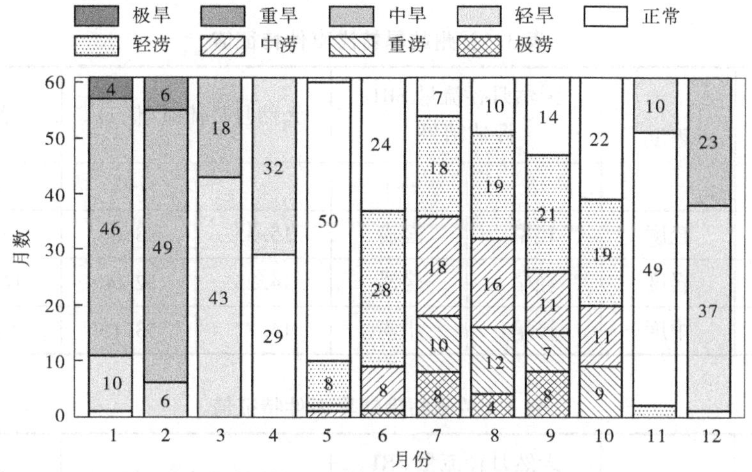

图 3　兰州站不同月份 SRI 评估结果统计

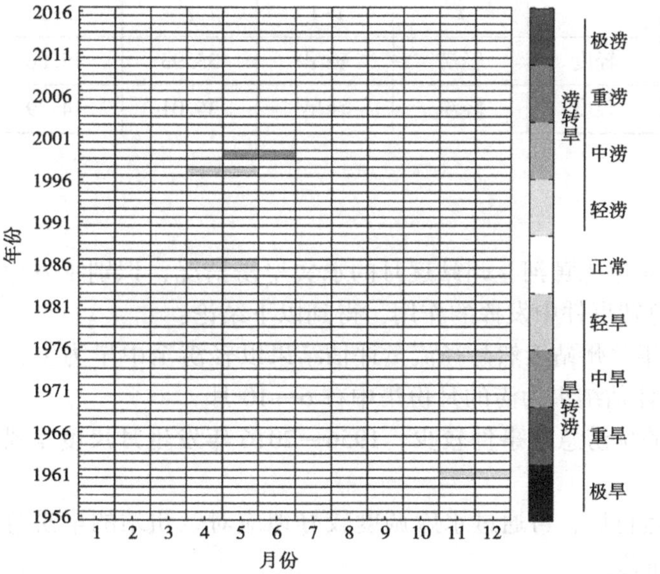

图 4　兰州站 SDWAI 评估结果

1968 年 10 月开始蓄水，死水位 1 694 m，正常蓄水位 1 735 m，调节库容 34 亿 m^3。

龙羊峡水库运行前，在 1961 年、1975 年和 1986 年的旱涝急转事件中，实测径流量与天然径流量差别不大，反映了以刘家峡水库为主的上游水库对黄河径流的调蓄能力较差。在 1997 年 4—5 月的旱转涝事件中，龙羊峡水库已经投入运行，但兰州站实测月径流量依然接近天然月径流量，主要原因在于该年位于黄河 1991—2002 年连续枯水段中，兰州站 1991 年和 1994—1997 年均为枯水年，天然年径流量距平值为-26.92%~-15.95%，1997 年 3 月末龙羊峡水库水位已经降至 2 532 m，接近死水位，处于几乎无水可补的状态，因此，在轻旱的 4 月补水量极小；而在轻涝的 5 月，由于该月仍是黄河流域用水高峰期，中下游缺水严重，下游河道甚至出现了断流现象，因此上游的龙羊峡水库和刘家峡水库在该月并没有大量蓄水。虽然 1999 年仍处于 1991—2002 年连续枯水段中，但 1998 年和 1999 年来水量相对较大，兰州站两年的天然年径流量距平值分别为-12.96%和 8.61%，且经历过 1991—1997 年连续枯水后，1998 年龙羊峡水库蓄水 41.20 亿 m^3、刘家峡水库蓄水 0.80 亿 m^3，水库具备在 1999 年旱转涝事件中调蓄的能力。因此，在 1999 年 5—6 月的旱转涝事件中，水库在轻旱的 5 月补水，兰州站实测月径流量比天然值增大 11.03 亿 m^3；在中涝的 6 月，上游水库蓄水，兰州站实测月径流量比天然值减小 29.90 亿 m^3；5 月和 6 月的实测月径流量相差不足 10%，不再构成旱涝急转事件。

表 3　兰州站旱转涝事件特征值

年份	月份 t—（t+1）	程度	天然月径流量 SRI 评估结果		天然月径流量/亿 m^3		实测月径流量/亿 m^3	
			t	t+1	t	t+1	t	t+1
1986	4—5 月	轻度	轻旱	轻涝	15. 35	33. 66	17. 55	30. 80
1997	4—5 月	轻度	轻旱	轻涝	14. 23	32. 90	14. 49	30. 17
1999	5—6 月	中度	轻旱	中涝	14. 77	53. 15	25. 79	23. 25

表 4　兰州站涝转旱事件特征值

年份	月份 t—（t+1）	程度	天然月径流量 SRI 评估结果		天然月径流量/亿 m^3		实测月径流量/亿 m^3	
			t	t+1	t	t+1	t	t+1
1961	11—12 月	轻度	轻涝	轻旱	35. 93	15. 56	35. 25	15. 86
1975	11—12 月	轻度	轻涝	轻旱	35. 01	14. 39	33. 18	18. 37

5　结论

本文评估了 1956 年以来黄河兰州站逐月的水文旱涝情况，识别了发生的旱涝急转事件，分析了水库调度在应对旱涝急转事件中发挥的作用，得到以下结论：

（1）1956—2016 年兰州站天然月径流量评估结果以轻涝至中旱为主，评估结果为旱的月份集中于 12 月至次年 4 月，评估结果为涝的月份集中在 6—10 月。

（2）兰州站发生的旱涝急转事件较少，1956—2016 年发生月尺度旱涝急转事件 5 次，程度为轻度至中度。

（3）龙羊峡水库运行后，可通过水库调度较好地应对兰州站的旱涝急转事件，但在连续枯水段存在调蓄能力不足的问题。

参考文献

[1] 周祖昊，刘佳嘉，严子奇，等．黄河流域天然河川径流量演变归因分析［J］．水科学进展，2022，33（1）：27-37.

[2] 贾绍凤，梁媛．新形势下黄河流域水资源配置战略调整研究［J］．资源科学，2020，42（1）：29-36.

[3] 彭少明，郑小康，严登明，等．黄河流域水资源供需新态势与对策［J］．中国水利，2021，18：18-20，26.

[4] 尚文绣，尚弈，严登明，等．基于模糊逻辑的黄河流域水安全综合评价方法研究［J］．水利学报，2022，53（3）：369-378.

[5] 贾绍凤，梁媛，张士锋．黄河流域天然径流量评价探讨［J］．水资源保护，2022，38（4）：33-38.

[6] 赵勇，何凡，何国华，等．全域视角下黄河断流再审视与现状缺水识别［J］．人民黄河，2020，42（4）：42-46.

[7] 田鹏，穆兴民，赵广举，等．近 549 年来黄河天然径流量时间变化特征研究［J］．水土保持学报，2020，34（6）：65-69.

[8] 彭少明，王煜，张永永，等．多年调节水库旱限水位优化控制研究［J］．水利学报，2016，47（4）：552-559.

[9] 夏军，陈进，佘敦先．2022 年长江流域极端干旱事件及其影响与对策［J］．水利学报，2022，53（10）：1143-1153.

[10] 官学文，曾明．2022 年长江流域枯水特征分析与启示［J］．人民长江，2022.

[11] Pokhrel Y, Felfelani F, Satoh Y, et al. Global terrestrial water storage and drought severity under climate change [J]. Nature Climate Change, 2021 (11): 226-233.

[12] Koutroulisa A G, Papadimitrioub L V, Grillakisa M G, et al. Global water availability under high-end climate change a vulnerability based assessment [J]. Global and Planetary Change, 2019, 175: 52-63.

[13] 朱烨，靳鑫桐，刘懿，等．基于短时间尺度自适应帕尔默干旱指数的中国干旱演变特征分析 [J]．水资源保护，2022，38 (4)：124-130.

[14] 石朋，詹慧婕，瞿思敏，等．黄河源区气象干旱与水文干旱关联性分析 [J]．水资源保护，2022，38 (3)：80-86.

[15] 郑丽虹，刘懿，任立良，等．黄河流域气象干旱与水文干旱时空特征及其传递关系 [J]．水资源保护，2022，38 (3)：87-95.

[16] 刘永佳，黄生志，方伟，等．不同季节气象干旱向水文干旱的传播及其动态变化 [J]．水利学报，2021，52 (1)：93-102.

[17] 李荣容，王鹏，韦诗涛，等．黄河中下游汛期洪水的分期识别 [J]．人民黄河，2017，39 (11)：24-29.

[18] 曾碧球，解河海，查大伟．基于 SPI 和 SRI 的马别河流域气象与水文干旱相关性分析 [J]．湖北农业科学，2020，59 (12)：40-44.

[19] 李斌，解建仓，胡彦华，等．基于标准化降水指数的陕西省干旱时空变化特征分析 [J]．农业工程学报，2017，33 (17)：113-119.

[20] 李敏，李建柱，冯平，等．变化环境下时变标准化径流指数的构建与应用 [J]．水利学报，2022，49 (11)：1386-1395.

[21] 涂新军，庞万宁，陈晓宏，等．传统旱涝急转评估指数的局限和改进 [J]．水科学进展，2022，33 (4)：592-601.

[22] 于海超，张扬，马金珠，等．1969—2018 年黄河实测径流与天然径流的变化 [J]．水土保持通报，2020，40 (5)：1-7.

西北江三角洲泄洪格局初探

朱三华　林焕新

（中水珠江规划勘测设计有限公司，广东广州　510610）

摘　要：西北江三角洲地处珠江流域下游，滨江临海，河网密布交错，径流潮流相互作用，加上全球气候变化带来的海平面上升，短历时强降雨、台风暴潮等极端天气的增加，以及人类活动引起的洪水归槽等影响，水灾频发、洪潮叠加，防灾形势严峻。为保障西江左岸重点地区防洪安全，减少汛期洪水防御战线长度，为超标准洪水防御提供有力措施，规划在北江和东海水道设闸，控制北江干流和东海水道下泄流量不超河道安全泄量，打造“西江泄洪主通道”的泄洪格局，以增强西北江三角洲防洪韧性。

关键词：西北江三角洲；泄洪格局；思贤滘；防洪韧性

1　引言

西北江三角洲是以思贤滘、崖门、虎门三地为顶点的三角形地区，流域面积 8 370 km^2，涉及广州、佛山、江门、珠海、中山等市，是粤港澳大湾区的核心区域。流域内人口密集、城镇集中、经济发达，是我国开放程度最高、经济活力最强的区域之一，在国家发展大局中具有重要战略地位。

但西北江三角洲地处珠江流域下游，滨江临海，河网密布交错，径流潮流相互作用，加上全球气候变化带来的海平面上升，短历时强降雨、台风暴潮等极端天气的增加，以及人类活动引起的洪水归槽等影响，西北江三角洲水灾频发、洪潮叠加，防灾形势严峻，因此很有必要研究西北江三角洲泄洪格局。

2　洪水治理历程

珠江三角洲地处西、北、东等江的下游，汇集了全流域的洪水，加之全区地势低平，河床比降平缓，汛期洪水峰高量大、历时长，特大洪水往往是西北两江洪水同时遭遇又加上外海大潮顶托，洪水位更高，洪水位高于田面 2~7 m，珠江三角洲防灾形势严峻。1949 年前，三角洲由于水利失修，堤防矮小单薄，防洪能力低，洪灾频繁，仅 1915—1949 年 35 年资料统计，受灾农田达 100 万亩以上的就有 22 次，约一年半就出现一次。1950—1978 年 29 年中受灾面积达 100 万亩以上的也有 4 次。1915 年发生有历史记录的特大洪水，东、西、北江中下游和珠江三角洲地区淹没耕地 648 万亩，其中珠江三角洲受灾面积 457.54 万亩，广州市水浸 7 天，损失惨重。

为了解决洪水灾害，远在 996 年（宋至道二年），珠江三角洲人民即开始筑堤防洪，在高要的西江左岸开始筑广利围、罗岸堤、泰和围、盆塘围、金安围等。据《珠江三角洲农业志》统计，宋代 320 年中，筑堤总长 66 024 丈（不包括滨海小围，1 丈≈3.33 m），平均每 10 年筑堤 2 063 丈；元代 90 年中，修堤总长 50 526 丈，平均每 10 年筑堤 5 614 丈，比宋代增长 1 倍多；明代 276 年中，筑堤长 220 399 丈，平均每 10 年筑堤 7 985 丈，比元代又增长近五成；清代 268 年中，共筑堤长 232 093 丈，平均每 10 年筑堤长 8 660 丈，为宋代的 4 倍多。

1914 年成立督办广东治河事宜处后，开始由政府规划修堤工作。1915 年广东大水，全省农田受

作者简介：朱三华（1970—），男，高级工程师，主要从事水利规划、水动力计算方面的研究工作。

淹 1 000 余万亩，损失惨重。1924 年在北江三水建成芦苞水闸，并在西、北江修堤并围，整理堤系，到 1949 年，全省共建有江海堤防总长 4 370 km，捍卫农田 948 万亩，人口 556 万人，但堤身矮小单薄，抗洪能力低。1947 年、1949 年，广东连续两次发生大洪水，大部分堤围溃决，百孔千疮，灾情惨重。

新中国成立后，广东省政府对防洪救灾极为重视。1950—1952 年，对珠江三角洲一带将新中国成立前建设受损的堤围进行堵口复堤、整险护岸、堤系整治，经过 3 年努力，把原来千疮百孔的堤围整治一新，提高了抗洪能力。从 1952 年起，全省开展联围筑闸、缩短防洪堤线、新建江堤和海堤，以提高抗洪能力，将原来低矮分散的两万多个小围联成现在的 150 多条江河堤围，堤线长 2 284 km（不含东江三角洲）。

20 世纪 90 年代，由于采砂，导致北江片河床下切较西江片深，北江片洪水分流比增加，导致 1994 年 6 月、1998 年 6 月大洪水期间，西北江三角洲河网区局部河段出现了水位异常变化情况，特别是顺德水道、容桂水道、李家沙水道等的洪峰水位超过了 100 年一遇甚至 200 年一遇，严重威胁到该河道沿线地区城镇的防洪安全，并造成巨大洪灾损失，例如 1994 年 6 月大洪水，广东省受灾人口 425 万人，死亡 145 人，受灾农田 399 万亩，直接经济损失 102 亿元。2000 年后按新的水情工情复核了西北江三角洲水面线，并对西北江三角洲堤防达标加固，至 2004 年底基本完成堤防达标加固任务。2005 年 6 月，思贤滘发生自 1900 年以来第二大洪水，西北江三角洲堤防经受洪水考验，未发生堤围崩缺事件。

目前，西北江三角洲重点防洪保护对象堤防防洪标准为 50 年一遇，一般保护对象堤防防洪标准为 20~30 年一遇，通过上游龙滩水库、大藤峡水库、飞来峡水库、湛江蓄滞洪区及芦苞水闸和西南水闸联合运用，将重点防洪保护对象的防洪标准提高到 100 年一遇，一般保护对象的防洪标准提高到 30~50 年一遇。

为提高大湾区防洪（潮）安全保障能力，完善流域防洪体系，降低堤防安全隐患，保护珠江三角洲河流两岸人民群众生命财产安全，促进经济社会高质量发展，西北江三角洲正在开展大湾区堤防巩固提升，规划将西北江三角洲重点防洪保护对象防洪标准进一步提升至 200 年一遇。

3 防洪形势分析

3.1 洪水归槽加大西北江三角洲防洪压力

新中国成立以来，堤防工程的防洪能力不断提高，尤其是西江水系的郁江、浔江及西江干流沿岸的部分河段，在 20 世纪 50 年代中期以前少有堤防，浔江与西江两岸多为洪泛区。自 1956 年起，该地区陆续开始修筑堤防，并逐年加高加固。

1994 年 6 月和 7 月，西江流域连续发生两次大洪水，浔江、西江两岸损失惨重。灾后，针对堤防标准普遍偏低的状况，各地兴起了一次前所未有的堤防工程建设高潮，沿江两岸的防洪能力得到了比较大的提高，同时也改变了原天然河道的洪水汇流特性，使得河道对洪水的槽蓄能力减弱，“98 · 6”大洪水过程中，沿江堤防很少溃决，洪水基本全归槽。“98 · 6”大洪水除桂江上游洪水量级较大（桂林站为 80 年一遇洪水）外，其他各主要支流洪水量级多为 5~10 年一遇，梧州站洪水超 100 年一遇（天然设计洪水），梧州站之所以异常偏大的原因就在于洪水归槽的影响。

采用思贤滘实测洪峰资料，按 1900—1990 年和 1991—2022 年两个系列，计算设计洪水，成果见表 1。计算表明，1990 年以后，由于洪水归槽，设计洪水增加较大，同频率设计洪水增加幅度在 16. 39%~30. 47%。

表 1 思贤滘不同年代设计洪水统计

时间	均值	0.33%	0.50%	1%	2%	3.33%	5%	10%	20%
1900—1990 年/(m^3/s)	36 600	68 600	66 500	62 800	58 800	55 800	53 300	48 800	43 800
1991—2022 年/(m^3/s)	42 600	89 500	86 100	80 400	74 500	70 000	66 400	59 700	52 400
变化值/%	16.39	30.47	29.47	28.03	26.70	25.45	24.58	22.34	19.63

3.2 地球持续升温极端气候频发

全球气候一直变暖。2023 年，全球地表平均温度较工业化前（1850—1900 年平均值）高出 1.42 ℃，为自 1850 年有气象观测记录以来的最暖年。2015—2023 年是自 1850 年有气象观测记录以来最暖的 9 个年份。最近 10 年（2014—2023 年），全球地表平均温度较工业化前高约 1.2 ℃。

随着全球气候变暖加剧，中国平均年降水量呈增加趋势，极端强降水量事件增多。1961—2022 年，中国平均年降水量呈增加趋势，平均每 10 年增加 0.8%。1961—2022 年，中国极端日降水量事件频次呈增加趋势，平均每 10 年增多 18 站日。

受极端天气影响，西北江三角洲上游北江 2022 年 6 月和 2024 年 4 连续两次发生超 100 年一遇洪水。2022 年 6 月，受西南季风和高空槽的共同影响，北江流域出现了三轮范围大、持续时间长、降水总量大的强降雨，累计雨量达到 717.6 mm。6 月中下旬北江连续出现了两次编号洪水，6 月 12 日 8 时至 22 日 8 时两次编号洪水期间，北江流域平均降雨为 429 mm，雨量最大的站点为清远市英德市东华镇鱼湾站 996 mm，引发了北江流域出现超 100 年一遇特大洪水。2024 年 4 月，受南支槽、切变线、低空急流及冷暖空气共同影响，珠江流域遭遇入汛以来最强降雨过程，降雨范围广、强度大、持续时间长，北江又发生超 100 年一遇特大洪水。

4 泄洪格局初探

西北江中下游防洪工程体系由西江龙滩、大藤峡和北江飞来峡、潖江蓄滞洪区及中下游堤防组成，目前龙滩和飞来峡已建成，大藤峡也下闸蓄水，潖江蓄滞洪区建设与管理工程也开工建设，目前大湾区正在开展堤防巩固提升，计划将重点保护区防洪标准提高到 200 年一遇。

随着上游洪水归槽及极端事件频发，西北江三角洲发生大洪水概率较高，很有必要未雨稠缪，研究西北江泄洪格局。据河道特性分析，西江干流的平均河道宽度、断面过流面积与河道总容积分别为 997 m、9 680 m^2 和 18.3 亿 m^3，分别是北江干流平均河道宽度、断面过流面积与河道总容积的 2.3 倍、2.4 倍和 4.8 倍，可见西江干流的泄流能力远大于北江干流强。北江片区河道两岸已经高度城镇化，很多房屋紧挨现状河堤，堤防加高加固实施难度很大；而西江片区，目前城镇化程度相对较低，堤防加高加固实施难度较低。另外，西江左岸主要为广州、佛山、中山、珠海，西江右岸主要为江门，西江左岸防护片人口、GDP 分别超过西江右岸片区 6 倍、9 倍，西江左岸是防洪重点区域。因此，按照“强主干、保重点”思路，通过在北江和东海水道设闸，控制北江干流和东海水道下泄流量不超河道安全泄量，增加西北江三角洲防洪韧性。

当珠江流域发生超标准洪水后，经上游水库拦蓄、滞洪区滞洪后，思贤滘的来流为 500 年一遇洪水时，其洪峰流量为 77 200 m^3/s，超大湾区堤防巩固提升 200 年一遇设计洪峰 6.04%，思贤滘以下洪潮分界线以上共有 501 km 的河段洪水位超大湾区堤防巩固提升设计值，北江干流洪水位超高 0.5 m，控制北江干流和东海水道下泄流量不超河道安全泄量（假设西北江三角洲已按 200 年一遇洪水达标建设），超标准洪水防御战线从 501 km 河段减小到 172 km 河段（调度后超标准范围见图 1），缩短了 66%。调度后西江水位升高 1 m，北江洪水位升高 1.13 m，三水站调度后水位 11.65 m，仍低于北江现状 100 年一遇设计水位 11.79 m（粤水总〔1997〕3 号发布的北江大堤设计水面线成果），北江闸控对北江上游影响也在可接受的范围内。

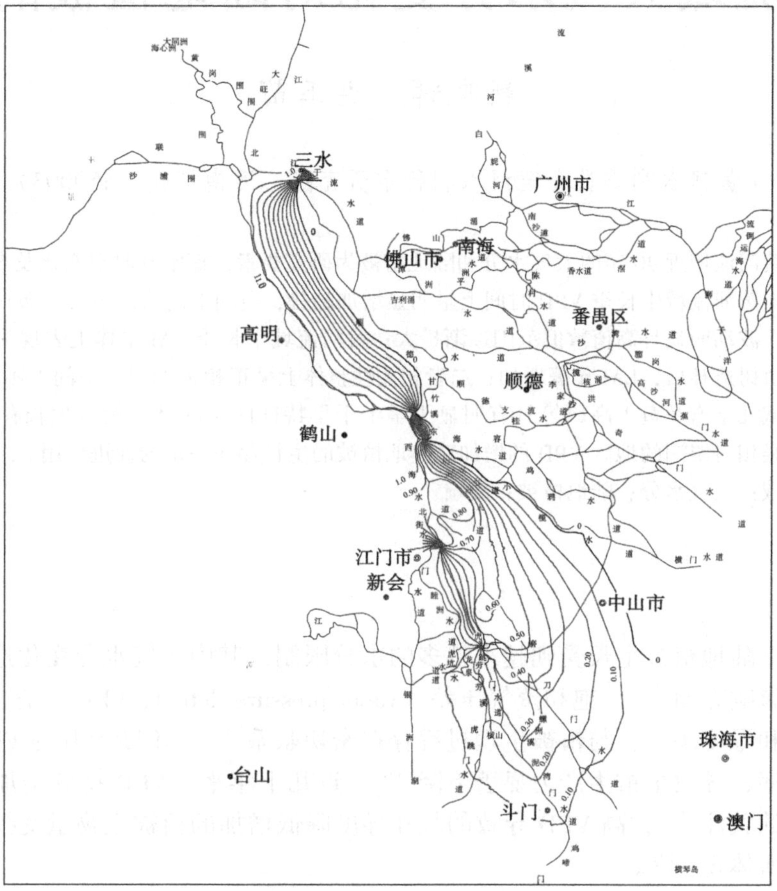

图 1　500 年一遇洪水调度后超 200 年一遇设计值分布

5　结论

西北江三角洲防洪工程体系中的防洪控制性水库基本建成或开工建设，城市防洪（潮）与排涝能力显著提高，防洪非工程措施保障更加有力，防洪减灾体系基本形成。但西北江三角洲地处平原网河区，人类活动影响显著，洪水灾害较多，损失严重。

为打造“西江为主、北江为辅”的泄洪通道格局，保障重点地区防洪安全，减少汛期洪水防御战线长度，为超标准洪水防御措施提供工程条件，在上游水库与蓄滞洪区的联合调度下，西北江三角洲防洪工程总体布局宜采用闸控与堤防结合方案，通过在北江和东海水道设闸，控制北江干流和东海水道下泄流量不超河道安全泄量，以增强西北江三角洲防洪韧性。

参考文献

[1] 水利部和粤港澳大湾区建设领导小组．粤港澳大湾区水安全保障规划［R］．水利部珠江水利委员会，2020.
[2] 水利电力部珠江水利委员会．珠江流域三角洲综合利用规划报告［R］．1988.
[3] 广东省地方史志编纂委员会．广东省志・水利志［R］．1992.
[4] 广东省水利厅．广东省西北江三角洲地区防御洪水方案修编［R］．2021.
[5] 中国气象局气候变化中心．中国气候变化蓝皮书［R］．2023.

黄河流域大气水分变化对陆地植被的影响

靳晓辉　樊玉苗

（黄河水利委员会黄河水利科学研究院，河南郑州　450003）

摘　要：本文以黄河流域近40年的大气水分和陆地植被为研究要素，探索其时空变化及影响作用关系。结果表明：黄河流域生长季VPD时间上呈明显增加趋势，空间上高值区主要分布在黄土高原及中下游地带，波动明显且高值数值范围逐渐扩大；黄河流域生长季LAI整体上表现为增加趋势，尤其大规模植树造林后，LAI显著增加；二者相关性整体上呈正相关发展，空间上不断增加的VPD对黄河流域几字弯及黄土高原等具有明显干旱半干旱特征区域的林草植被生长存在一定的抑制作用，气候相对湿润的地区VPD的增加对陆地植被的生长存在一定的促进作用。

关键词：黄河流域；大气水分；陆地植被；影响

1　引言

全球变暖情况下陆地植被生长受到越来越多的水分限制，其中大气水分变化造成的大气干旱是陆地植被生长的重要影响方面[1-2]。饱和蒸气压差（vapor pressure deficit，VPD）是大气干旱的重要表征指标，由大气温度和湿度决定，与植被生理过程存在密切联系[3-4]，不断上升的VPD会降低气孔导度并限制实际光合速率，导致植被生产力显著下降[5-6]。近几十年来，VPD持续增加对陆地植被生长的影响受到越来越多的关注[7-8]，高VPD导致的气孔导度降低增加的植被生物量受损风险在全球多处干旱半干旱地区都有所体现[9-10]。

黄河流域在我国“两屏三带”为主体的生态安全战略格局中占据重要地位，是我国重要的生态屏障。同时，黄河流域大部分地区属于干旱、半干旱地带，水分条件是维持黄河流域脆弱生态环境的重要支撑[11-12]。在全球变暖背景下，未来VPD将呈指数增长，且相对幅度远大于降水和土壤湿度的预计变化[13-14]，黄河流域陆地植被受大气水分条件变化的影响分析将是未来流域生态保护的重要研究方向。因此，本文聚焦黄河流域，基于近40年的VPD和LAI数据，采用Slope趋势计算、Thiel-Sen中值趋势计算、Mann-Kendall检验、Pearson相关分析等方法探索黄河流域大气水分与陆地植被的时空变化及影响作用关系，为黄河流域水分条件动态分析与陆地植被生态保护提供参考。

2　材料与方法

2.1　研究区域概况

黄河流域位于我国中北部（E：95°53′~119°05′，N：32°10′~41°50′），流域地势西高东低，横跨青藏高原、内蒙古高原、黄土高原、黄淮海平原四个地貌单元，地形地貌与陆地植被差异悬殊，总面积为79.52万km^2。受大气和季风环流的影响，流域内各区域气候条件风格各异，自西向东呈干旱、半干旱、半湿润及湿润气候。由于气候差异大、地貌单元复杂，黄河流域成为我国生态环境最脆弱的地区之一。流域内的陆地植被主要以天然草地、耕地作物、林地为主，其中天然草地面积占比接

基金项目：国家自然科学基金黄河水利科学研究联合基金（U2243226，U2243601）。

作者简介：靳晓辉（1987—），男，高级工程师，主要从事区域生态水文方面的研究工作。

通信作者：樊玉苗（1990—），女，高级工程师，主要从事水资源高效利用方面的研究工作。

近50%，是黄河流域脆弱生态的主体构成［见图1（a）］。

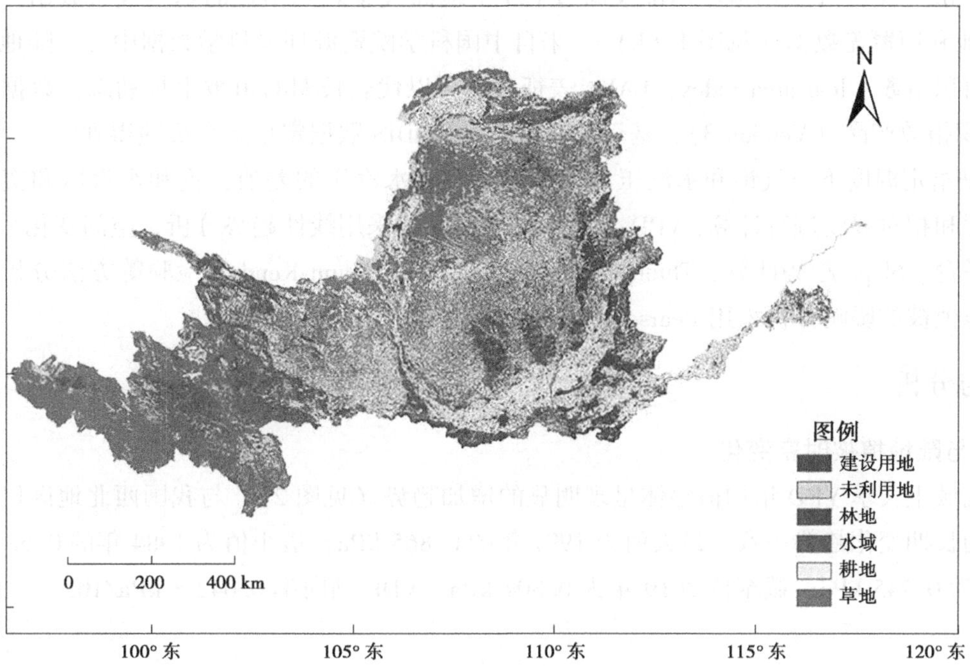

(a)陆地植被

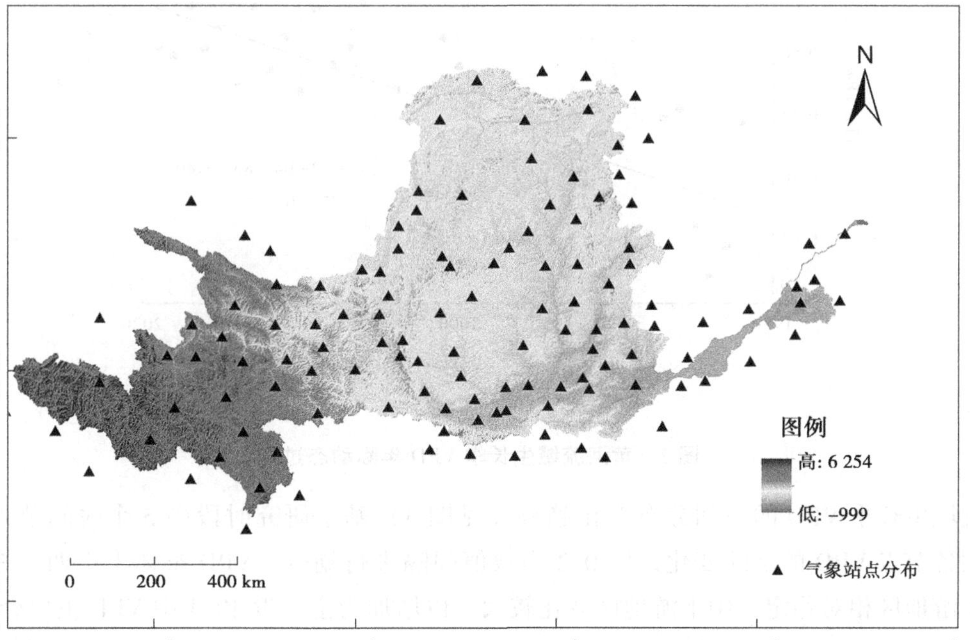

(b)地势及气象站点

图1　黄河流域概况

2.2 数据方法

本文研究定位于黄河流域陆地植被生长季（4—10 月），VPD 通过温度和相对湿度计算得到，数据来源于 1982—2019 年黄河流域内部及周边 125 个地面气象观测站点的基本气象数据，黄河流域的 DEM 和土地利用覆盖数据［见图 1（b）］来自中国科学院资源环境科学数据中心。陆地植被状况变化采用叶面积指数（leaf area index，LAI）表征，它可以代表长期的植被生长动态，数据采用 GLOB-MAP 叶面积指数产品（Version 3），基于 AVHRR 和 MODIS 数据定量融合反演得到。

VPD 是给定温度下空气饱和水汽压与该温度下实际水汽压的差值，饱和水汽压和实际水汽压分别依据温度和相对湿度进行计算；VPD 与 LAI 的年际变化采用线性趋势分析，空间变化采用地理信息系统软件平台、Slope 趋势计算、Thiel-Sen 中值趋势计算、Mann-Kendall 检验等方法分析；大气水分变化对陆地植被的影响分析采用 Pearson 相关分析法。

3 结果与分析

3.1 VPD 与陆地植被时空变化

黄河流域生长季 VPD 年均值整体呈现明显的增加趋势（见图 2），与我国西北地区以及全球大气水汽压差的长期变化趋势一致，最大值为 1997 年的 0.865 kPa，最小值为 1984 年的 0.622 kPa，起始值 1982 年为 0.745 kPa，截至值 2019 年为 0.804 kPa，VDP 倾向率 0.042 8 kPa/10a。

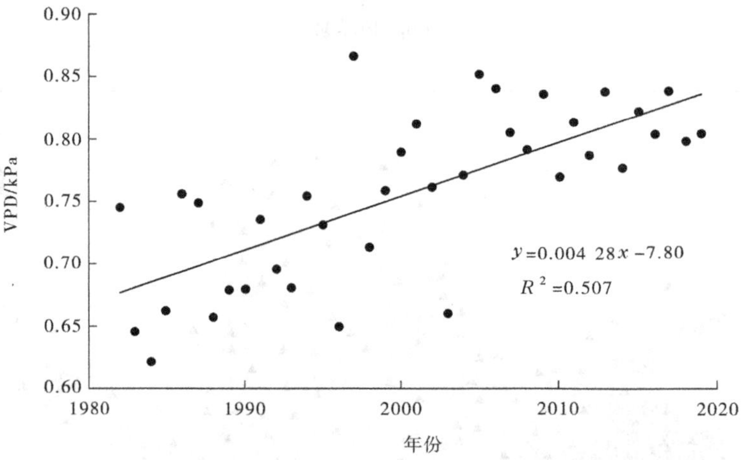

图 2　黄河流域生长季 VPD 年际动态过程

黄河流域生长季 VPD 的空间分布变化趋势（见图 3）基于研究时段中 5 个时间节点展布分析。为方便对比各节点 VPD 的空间变化，以 0.2 为数值间隔进行划分。VPD 整体上由西至东逐渐增加，黄河流域上游地区相对稳定，中下游地区变化较大，以增加为主。近 40 年中 VPD 主要介于 0.2~1.2 kPa，其中 0.6~0.8 kPa 的空间占比下降幅度最大，达到 38%；0.8~1.2 kPa 的空间占比明显上升，幅度达到 46%；最大间隔范围 1.2~1.4 kPa 的空间占比突破了 0 值且表现出上升趋势。

黄河流域生长季 LAI 年均值整体呈现增加趋势（见图 4），尤其 1998 年开始大规模植树造林，陆地植被改善的滞后效益在 2002 年开始出现，LAI 明显增加，最大值为 2018 年的 1.147，最小值为 2000 年的 0.588，研究时段内 LAI 变化倾向率 0.117 4/10a。

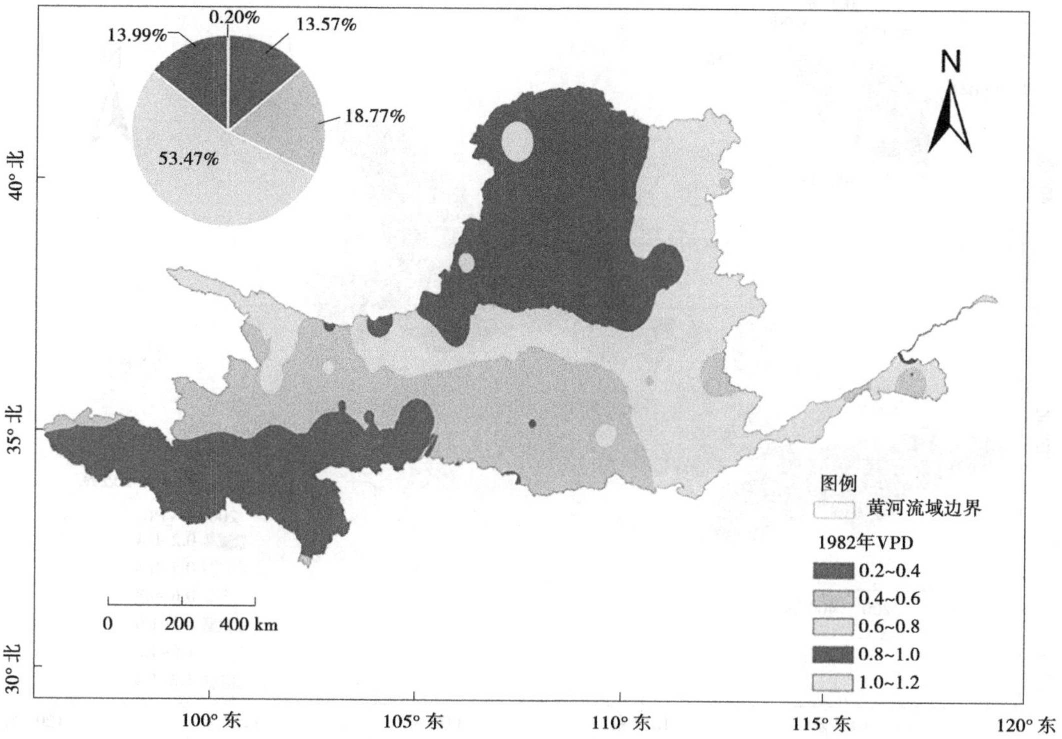

(a)1982年

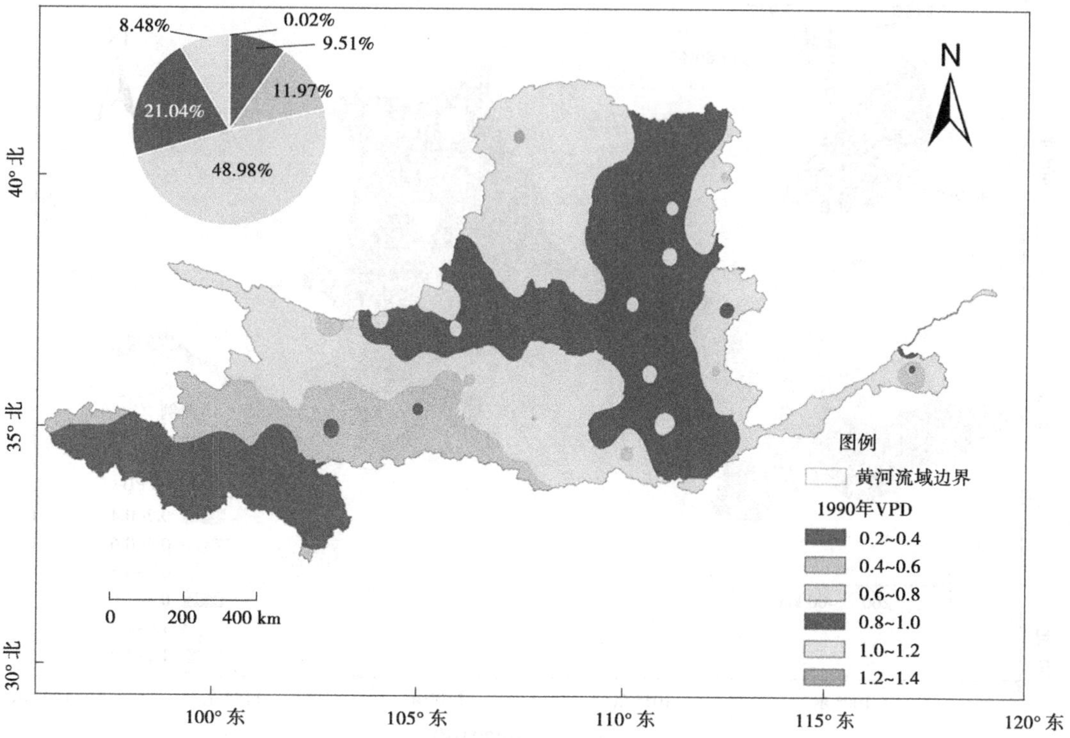

(b)1990年

图 3　黄河流域生长季 VPD 空间变化

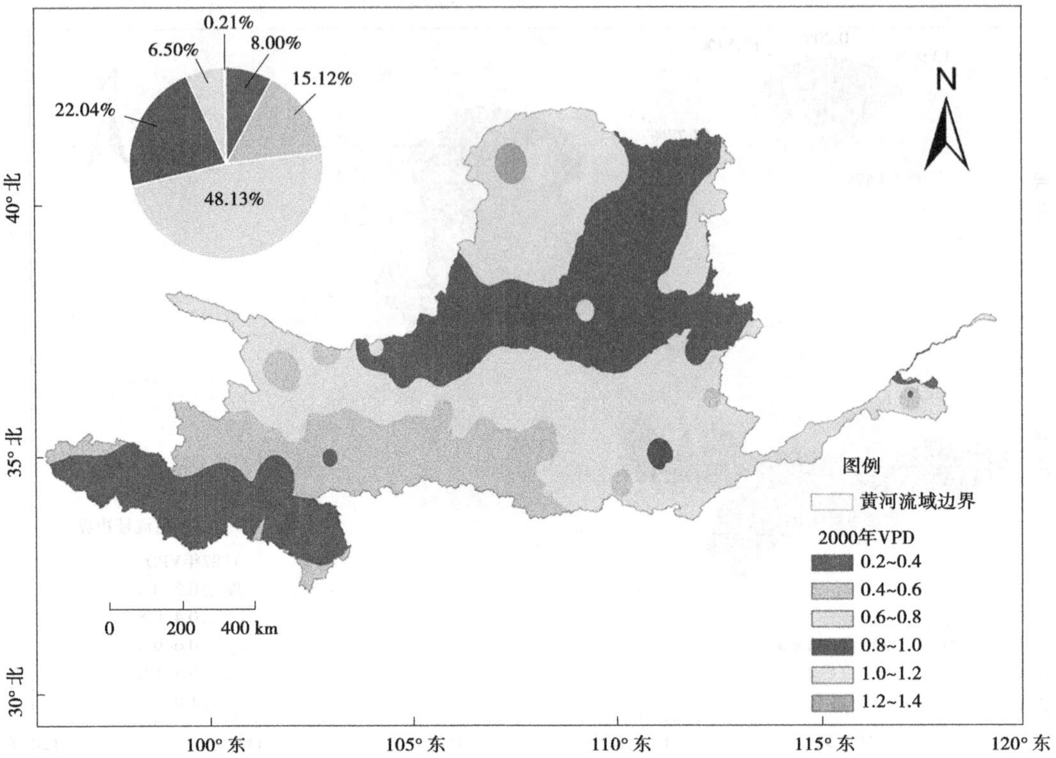

(c)2000年

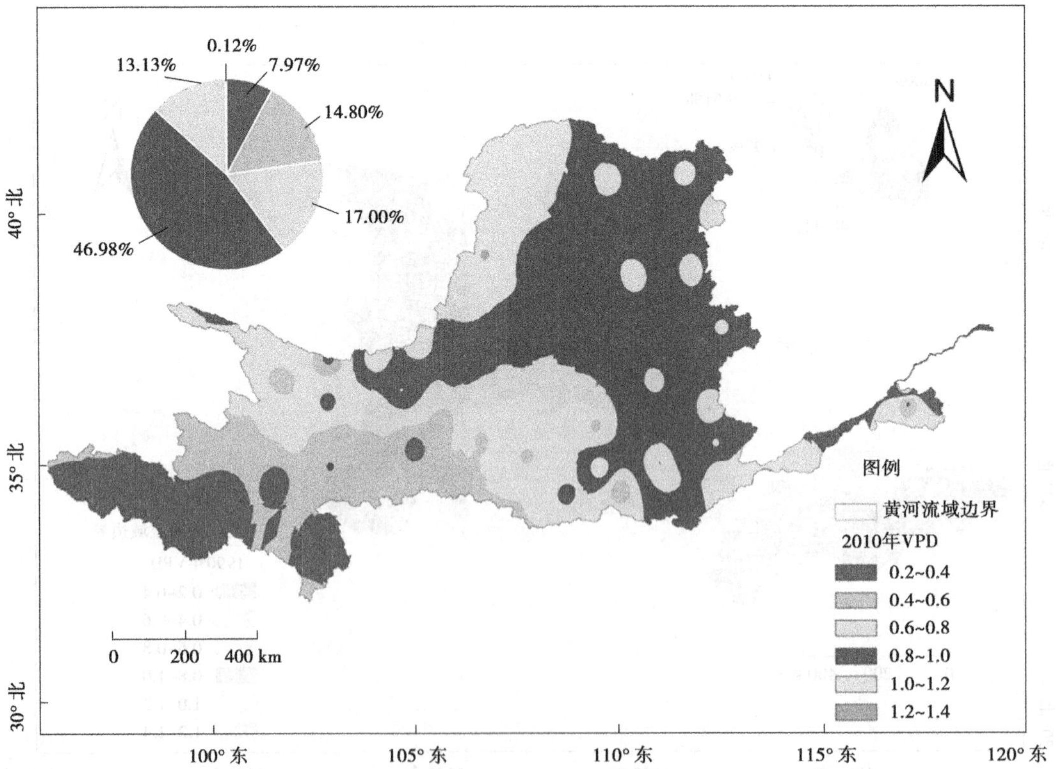

(d)2010年

续图 3

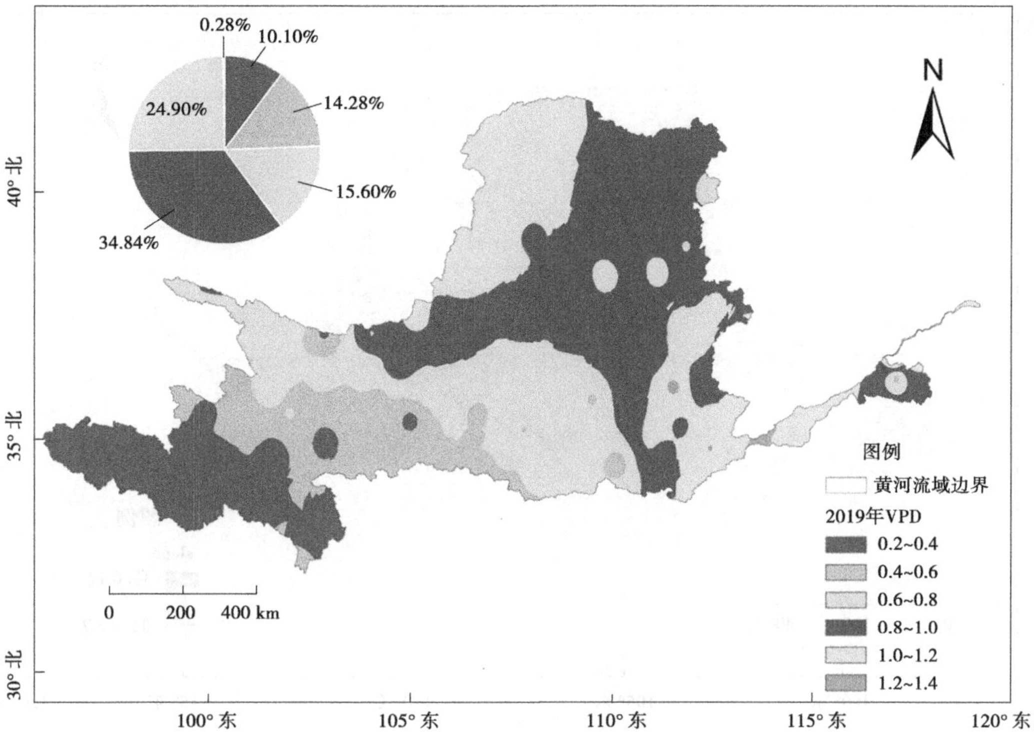

(e)2019年

续图 3

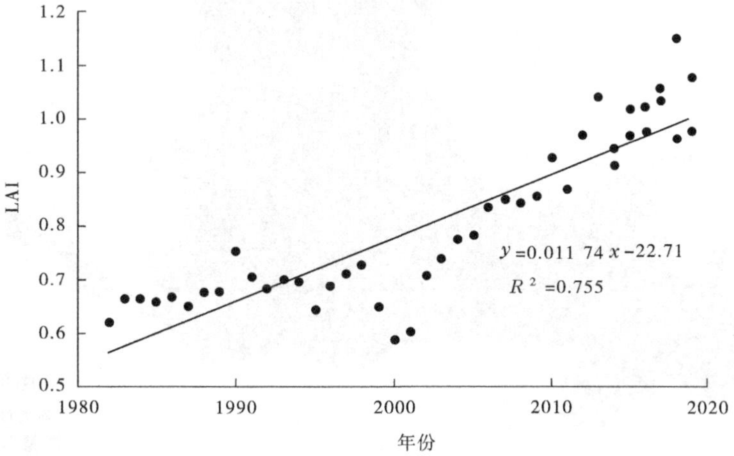

图 4　黄河流域生长季 LAI 年际动态过程

基于近 40 年各像元的生长季年均值数据，通过 Slope 趋势计算得到研究区像元尺度上 LAI 的变化特征，以综合反映黄河流域陆地植被的时空格局变化［见图 5（a）］。从图 5 中可以看出，流域 LAI 增加趋势明显，其中正值变化趋势区域面积占比达到 96.5%。植被变化的显著性通过 Theil-Sen 中值趋势分析耦合 Mann-Kendall 检验方法进行判断描绘［见图 5（b）］。结果显示，陆地植被不同变化类型趋势面积占比依次为：显著增加（87.5%）、轻微增加（4.8%）、显著减少（0.1%）、轻微减少（0.1%）、变化不显著（7.5%）。可见黄河流域陆地植被 92.3%向好发展，沙漠、荒地等未利用地类型区域变化不显著，仅在宁夏、陕西等人类活动聚集区出现了零星减少的现象。

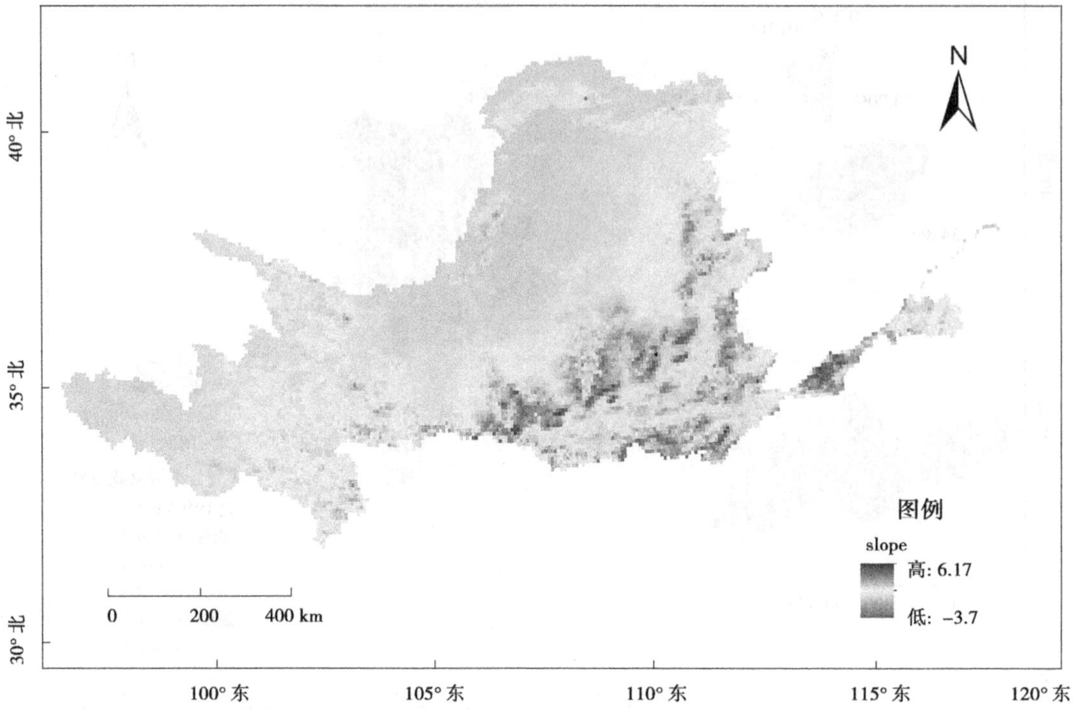

(a)

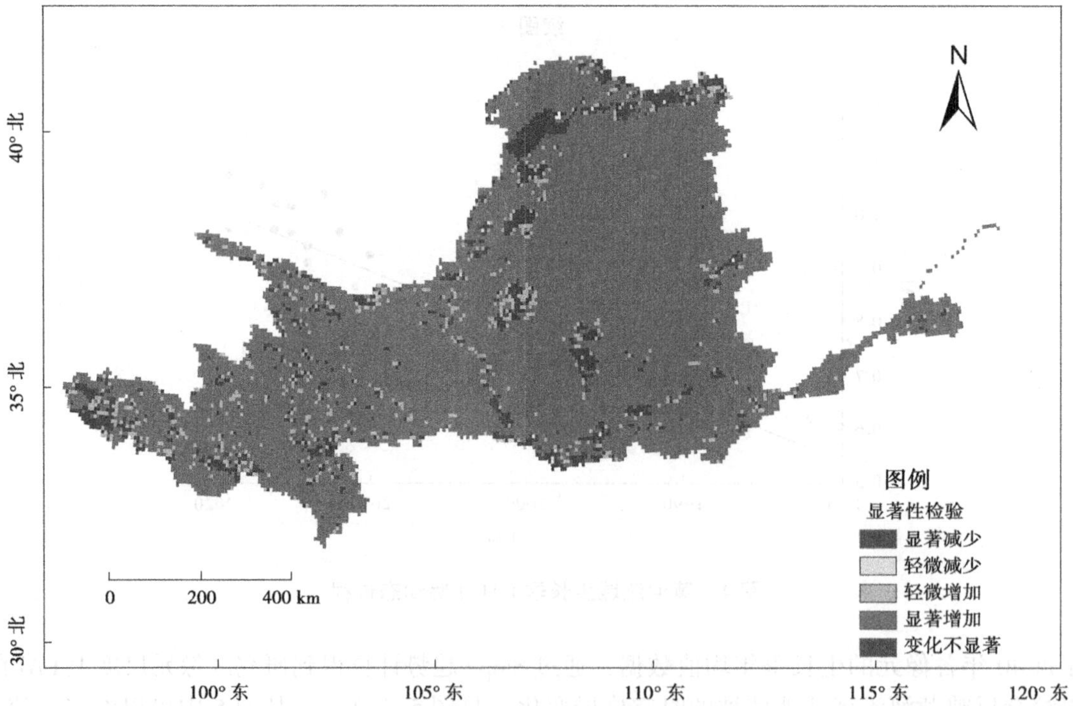

(b)

图 5　黄河流域生长季 LAI 年际变化趋势与程度

3.2　大气水分变化对植被的影响

大气水分变化与陆地植被生长的作用关系通过生长季 VPD 和 LAI 相关性的时空表达进行展现

［见图 6（a）］。时间尺度上，黄河流域近 40 年生长季 VPD 和 LAI 年均值相关性系数为 0.542（p=0.000 4，<0.01）。

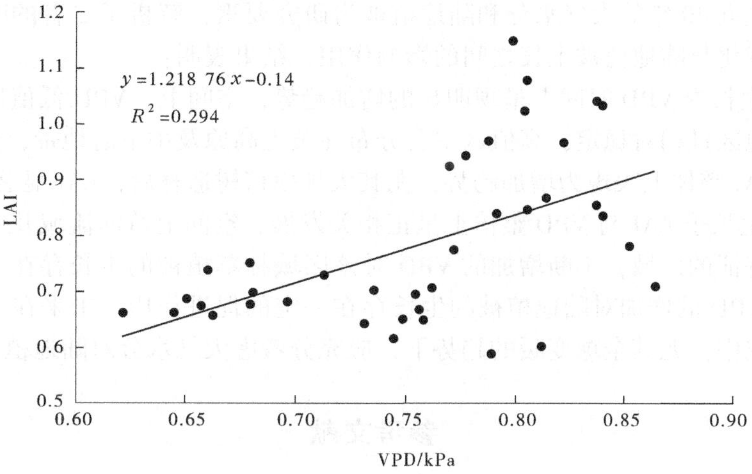

(a)时间尺度相关性

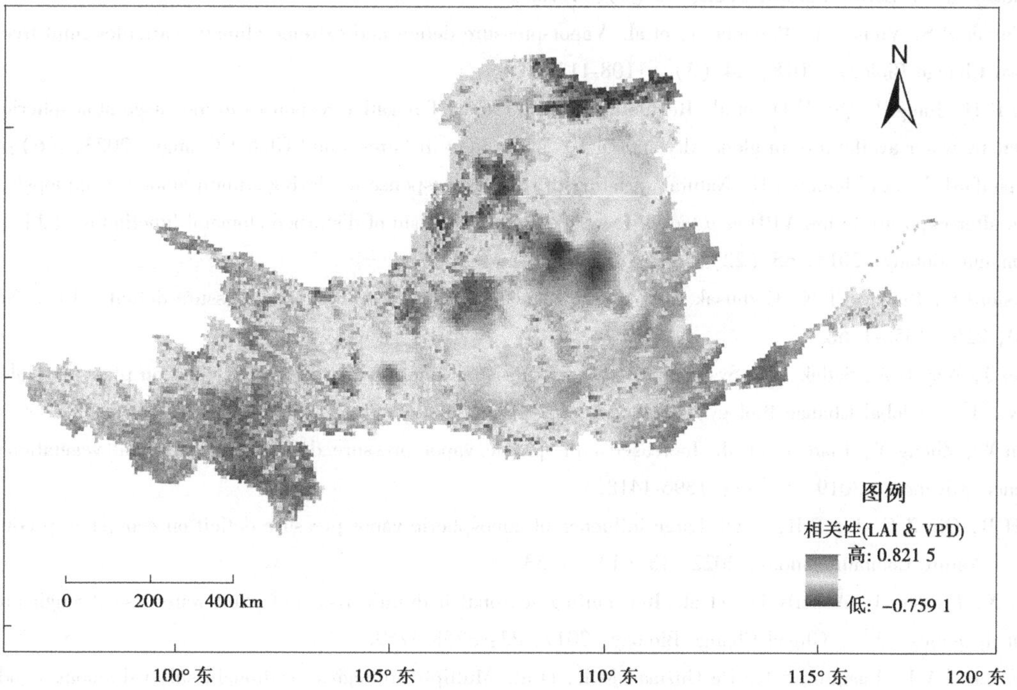

(b)空间像元尺度相关性

图 6　黄河流域生长季 LAI 与 VPD 年均值相关性

空间尺度上的相关性变化以像元为单位进行表征［见图 6（b）］，其中正相关区域面积占比为 76.1%，负相关为 23.9%。在流域上游青海林草地和中下游晋陕豫林草地区域，LAI 与 VPD 呈明显的正相关关系，负相关关系的区域主要分布在黄河流域几字弯和黄土高原的林草植被区，流域内的耕地作物类型 LAI 与 VPD 相关关系介于之间。由此可知，黄河流域不同气候区域的植被受大气水分变化的影响存在明显差异，黄河流域几字弯及黄土高原等具有明显干旱半干旱特征的区域，不断增加的 VPD 对该区域林草植被的生长存在一定的抑制作用，在未来黄河流域植被生态保护的研究中，大气水分要素应作为影响因子之一纳入考虑，气候相对湿润的青海中南部、下游晋陕豫等地区，VPD 的增加对陆地植被的生长存在一定的促进作用。

4 结论与展望

本文以黄河流域近40年的大气水分和陆地植被为研究要素，解析了二者的时空变化特征，分析了流域内大气水分变化与陆地植被生长之间的影响作用，结果表明：

（1）黄河流域生长季VPD时间上呈现明显的增加趋势，空间上，VPD低值区主要分布在上游青海、甘肃、四川等地区且相对稳定，高值区主要分布在黄土高原及中下游地带，范围波动明显且高值数值区不断扩大；LAI整体上表现为增加趋势，尤其大规模植树造林后，LAI显著增加。

（2）黄河流域生长季LAI与VPD整体上呈正相关发展，空间上黄河流域几字弯及黄土高原等具有明显干旱半干旱特征的区域，不断增加的VPD对该区域林草植被的生长存在一定的抑制作用，气候相对湿润的地区VPD的增加对陆地植被的生长存在一定的促进作用。未来在黄河流域陆地植被演变及生态保护的研究中，尤其全球变暖的趋势下，应充分考虑大气水分对陆地植被的影响。

参考文献

[1] Song Y, Jiao W, Wang J, et al. Increased global vegetation productivity despite rising atmospheric dryness over the last two decades [J]. Earths Future, 2022, 10 (7): 1-16.

[2] de Carcer P S, Vitasse Y, Penuelas J, et al. Vapor-pressure deficit and extreme climatic variables limit tree growth [J]. Global Change Biology, 2018, 24 (3): 1108-1122.

[3] Wen R H, Jiang P, Qin M O, et al. Regulation of NDVI and ET negative responses to increased atmospheric vapor pressure deficit by water availability in global drylands [J]. Frontiers in Forests and Global Change, 2023, (6): 1164347.

[4] Aliniaeifard S, van Meeteren U. Natural variation in stomatal response to closing stimuli among Arabidopsis thaliana accessions after exposure to low VPD as a tool to recognize the mechanism of disturbed stomatal functioning [J]. Journal of Experimental Botany, 2014, 65 (22): 6529-6542.

[5] Grossiord C, Buckley T N, Cernusak L A, et al. Plant responses to rising vapor pressure deficit [J]. New Phytologist, 2020, 226: 1550-1566.

[6] Lopez J, Way D A, Sadok, W. Systemic effects of rising atmospheric vapor pressure deficit on plant physiology and productivity [J]. Global Change Biology, 2021, 27: 1704-1720.

[7] Yuan W, Zheng Y, Piao S, et al. Increased atmospheric vapor pressure deficit reduces global vegetation growth [J]. Science Advances, 2019, 5 (8): 1396-1418.

[8] Lu H B, Qin Z C, Lin S R, et al. Large influence of atmospheric vapor pressure deficit on ecosystem production efficiency [J]. Nature Communications, 2022, 13 (1): 1653.

[9] Feng X, Dawson T, Ackerly D, et al. Reconciling seasonal hydraulic risk and plant water use through probabilistic soil-plant dynamics [J]. Global Change Biology, 2017, 23: 3758-3769.

[10] Pivovaroff A L, Pasquini S C, De Guzman M E, et al. Multiple strategies for drought survival among woody plant species [J]. Functional Ecology, 2016, 30 (4): 517-526.

[11] 周帅，王义民，畅建霞，等．黄河流域干旱时空演变的空间格局研究［J］．水利学报，2019，50（10）：1231-1241.

[12] 黄建平，张国龙，于海鹏，等．黄河流域近40年气候变化的时空特征［J］．水利学报，2020，51（9）：1048-1058.

[13] Novick K A, Ficklin D L, Stoy P C, et al. The increasing importance of atmospheric demand for ecosystem water and carbon fluxes [J]. Nature Climate Change, 2016, 6 (11): 1023-1027.

[14] Williams A P, Allen C D, Macalady A K, et al. Temperature as a potent driver of regional forest drought stress and tree mortality [J]. Nature Climate Change, 2012, 3: 292-297.

山西新元煤矿水资源论证分析

李姝蕾　苏　琼　贺逸清

（黄河勘测规划设计研究院有限公司，河南郑州　450003）

摘　要：本文以山西新元煤矿为例，进行已建煤矿水资源论证的研究，首先对项目区域水文地质条件及开发利用情况进行分析，确定新元煤矿项目水资源论证等级及论证范围。分析了取用水合理性，论证了取水水源，探讨了取水和退水的影响。结果表明，新元煤矿项目取用水合理，取水水源可靠可行，项目取退水对区域水资源和其他用户无影响，论证成果可作为项目申请取水许可的技术依据，对水资源的规划、管理、保护及建设项目的安全生产具有重要意义。

关键词：水资源论证；取用水合理性分析；已建煤矿；取退水影响

1　引言

山西新元煤炭有限责任公司新元矿（前期称韩庄矿）位于晋中市寿阳县，是煤与瓦斯突出矿井。2011年，新元矿一期工程300万t/a通过竣工验收。新元煤矿二期改扩建至500万t/a，配套选煤厂。按照国家规定，由国家发改委核准的大型建设项目，应当由水利部所属相应的流域管理机构审批水资源论证报告和取水许可。

目前，国内众多学者对建设项目水资源论证做出大量实践研究。刘永峰等对陕西彬长矿区小庄煤矿项目取用水合理性分析的重点和难点进行了分析[1]；王林威等以华晋沙曲一矿改扩建项目为例进行了水资源论证分析[2]；王春霞总结了水资源论证报告编制中存在的问题并提出改进的建议[3]；吴捷等以珠江源头化工园为例进行了化工园区规划水资源论证分析[4]；翟京召采用比拟法和大井法对矿井涌水量进行预测分析[5]；彭利军重点分析论证了经坊煤业矿坑水可利用量和取用水的合理性及可行性[6]。

2　水资源论证等级及范围

2.1　资源论证等级

依照《采矿业建设项目水资源论证导则》（SL 747—2016），结合《建设项目水资源论证导则》（GB/T 35580—2017）中地表水、地下水（矿井水）取水分类指标，根据项目所在地区地下水资源开发利用状况、矿山类型及规模、矿区水文地质条件、矿坑涌水及其外排影响等，分析水资源论证分类等级，按水资源论证工作等级由分类等级中的最高级别确定的原则，确定本项目水资源论证工作等级为一级（见表1）。

2.2　水资源论证范围

本项目位于山西省晋中市寿阳县。现状煤矿以自身矿井涌水作为生产取水水源，生活用水以自来水为取水水源，项目产生的废污水处理后回用，多余矿井涌水经处理达标后外排入白马河。

（1）分析范围。选择建设项目所在区域水资源及其开发利用状况分析范围为山西省寿阳县。

（2）取水水源和取水影响论证范围。现状煤矿以自身矿井涌水作为生产取水水源，生活用水以自来水为取水水源，因此确定项目矿坑水取水论证范围为井田及外扩500 m范围，自来水取水论证范

作者简介：李姝蕾（1993—），女，工程师，主要从事水文水资源方面的研究工作。

围为寿阳县草沟水源地范围（见表 2）。

表 1　水资源论证工作等级分析

分类	分类指标	导则分类等级指标			本项目指标	确定论证等级
		一级	二级	三级		
地下水开发利用程度/%		≥70	70~50	<50	83.87	一级
矿山类型及规模（煤）		大型及以上	中型	小型及以下	5.0 Mt/a，大型	一级
水文地质条件	矿区水文地质条件	复杂	中等	简单	中等到复杂	一级
	矿床充水条件	复杂	中等	简单	中等	二级
	区域主要含水层与矿床开采层的水力联系	密切	较密切	不密切	密切	一级
矿坑涌水及其外排影响	正常涌水量/（m^3/d）	≥10 000	10 000~3 000	<3 000	3 999.5	二级
	对水资源和相关利益方取用水影响	明显	较明显	不明显	明显	一级
	对生态影响	敏感	较敏感	不敏感	敏感	一级
	矿坑涌水外排量占正常涌水量比例/%	≥75	75~25	<25	11.2%	三级
	外排水量（缺水地区）/（m^3/d）	≥3 000（≥500）	3 000~1 000（500~100）	<1 000（<100）	采暖季 567.0 m^3/d（非采暖季 327.4 m^3/d）	二级
	污染物类型	含放射性、重金属、有毒有机物、酸碱污染物或两种以上持久性化学污染物	含有多种可降解化学污染物	含有少量可降解污染物	污染物简单易降解	三级
本项目水资源论证工作等级						一级

表 2　水资源论证工作分析及论证范围

分析范围		
区域水资源及开发利用		寿阳县
论证范围		
取水水源论证范围	矿井涌水	井田面积及外扩 500 m 范围
	自来水	寿阳县草沟水源地范围，面积为 0.062 8 km^2
取水影响分析范围	矿井涌水	井田面积及外扩 500 m 范围
	自来水	寿阳县草沟水源地范围，面积为 0.062 8 km^2
退水影响分析		多余矿坑水处理达到《地表水环境质量标准》（GB 3838—2002）Ⅲ类水质标准排放，退水影响范围为退水口至入潇河口段范围

（3）退水影响范围。项目多余矿井涌水经处理达标后外排入白马河，以入河口断面至下游白马河汇入潇河断面为退水影响范围。生活废污水经处理后排入市政管网，不考虑退水影响。

3 取用水合理性分析

3.1 取水合理性分析

新元煤矿现状生产用水为矿井水，生活杂用水为深度处理的矿井水和自来水，生活入口水为自来水。根据调查及项目取用水台账，新元煤矿矿井涌水较大，可完全满足自身生产和生活杂用水需求。新元矿现有水源方案虽符合国家、行业及地方水资源管理的相关要求，但仍有优化空间。按照《关于推进污水资源化利用的指导意见》（发改环资〔2021〕13号）、水利部《关于实施黄河流域深度节水控水行动的意见》（水节约〔2021〕263号）等有关要求该项目取水水源是合理的。

3.2 用水合理性分析

新元煤矿生活用水系统包括职工办公楼用水、单身公寓用水、食堂用水、浴室用水、洗衣用水、锅炉房用水等；生产用水系统主要包括井下生产用水、选煤厂补水等，其他用水包括地面及道路洒水、绿化用水等。

根据《水平衡测试通则》（GB/T 12452—2022）、《清洁生产标准 煤炭采选业》（HJ 446—2008）、《企业用水统计通则》（GB/T 26719—2011）、《用水指标评价导则》（SL/Z 552—2012）、《节水型企业评价导则》（GB/T 7119—2018）、《取水定额 第11部分：选煤》（GB/T 18916.11—2021）、《煤炭采选业清洁生产评价指标体系》（2019），参考《山西省工业用水定额》（DB14/T 1049.2—2021）、《山西省用水定额 第4部分：居民生活用水定额》（DB14/T 1049.4—2021）等规定，选取原煤生产水耗、选煤单位产品补水量、采煤单位产品新水量、单位入洗原煤取水量、企业人均生活用水指标等5个主要用水指标（见表3），进行现状用水水平分析。

表3 各用水指标对比

序号	指标	单位	水平衡指标	核定指标	标准要求	符合性
1	原煤生产水耗	m^3/t	0.11	0.10	《清洁生产标准煤炭采选业》（HJ 446—2008） 一级≤0.1，二级≤0.2，三级≤0.3	一级
					《煤炭采选业清洁生产评价指标体系》（2019） 一级≤0.1，二级≤0.2，三级≤0.3	一级
2	选煤单位产品补水量	m^3/t	0.05	0.05	《清洁生产标准煤炭采选业》（HJ 446—2008） 一级、二级≤0.1，三级≤0.15	一级
3	采煤单位产品新水量	m^3/t	0.22	0.23	《山西省用水定额 第2部分：工业用水定额》（DB14/T 1049.2—2021） 领跑值0.18，先进值0.19，通用值0.23	通用
4	单位入洗原煤取水量	m^3/t	0.04	0.03	《水利部关于印发〈钢铁等十八项工业用水定额〉的通知》（动力煤） 领跑值0.03，先进值0.06，通用值0.09	先进
					《山西省用水定额 第2部分：工业用水定额》（DB14/T 1049.2—2021）（5万~10万t） 领跑值0.035，先进值0.04，通用值0.089	先进
5	人均生活用水量	L/（人·d）	316	246	《山西省用水定额 第4部分：居民生活用水定额》（DB14/T 1049.4—2021） 《矿山及高温、粉尘企业厂区职工生活用水定额》270	符合

根据表 3 分析，现状煤矿用水指标除原煤生产水耗 0.11 m^3/t、人均综合生活用水量 316 L/（人·d）两项关键指标不满足相关规范、定额要求外，其余各项用水指标均满足相关规定。现状采煤环节、生活用水环节用水量偏大，具有一定节水潜力，其他用水环节基本合理。

节水潜力分析后，提高单身宿舍节水效率，深度处理设施正常运行、生活污水全部回用、降低食堂与洗浴水耗、降低井下除尘耗水等要求后，各项用水指标对比见表 3。节水潜力分析认可通过对食堂、洗浴等具体环节的节水，降低人均生活用水量，认为该项目取用水合理可行。节水潜力分析后的水量平衡图见图 1 和图 2。

4　取水水源论证

4.1　矿井涌水水源论证

本井田处于娘子关泉域奥灰岩溶水的深循环径流区内，自上至下分六个含水层岩组，井田水文地质条件包含含水层、隔水层和主采煤层，其位置关系见图 3。本次采用富水系数法和大井法对新元煤矿现状开采地段的矿井涌水量进行预测，最终采用富水系数法的预测结果 3 999.5 m^3/d 作为矿井正常涌水量，大井法计算结果平均值 5 687.9 m^3/d 作为最大涌水量。水量较为可靠且大于自身需回用的矿井涌水水量，能够满足煤矿用水需求。

矿井水一级处理站采用调节→混凝→沉淀→过滤→消毒处理工艺。处理后水质满足《煤矿工业矿井设计规范》（GB 50215—2015）井下、消防洒水用水标准，回用于井下消防洒水和地面生产及选煤厂生产用水；多余部分经袋式过滤器和超滤装置深度处理达到《地表水环境质量标准》（GB 3838—2002）中的Ⅲ类水质标准外排。

4.2　地下水取水水源论证

新元矿生活用水由位于井田西北部邻近的草沟水源地供水解决，草沟水源地共有 4 眼水源井，开采奥陶系岩溶水天然补给量为 25 847 m^3/d。城市四口水井抽水量为 7 005.23 m^3/d，占天然补给量的 27.1%，出水保证程度高，满足城市供水水源地设计要求。根据 2022 年 6 月山西省水利厅以晋水审批决〔2022〕288 号下发的寿阳县自来水公司供水工程取水许可审批准予行政许可决定书。批复寿阳县自来水公司供水工程取水量为 479.6 万 m^3/a，其中分配新元煤矿生活取水量 40.7 万 m^3/a，由草沟水源地供给，现状草沟地下水仅新元公司一家供水户。

根据 2023 年 3 月寿阳县自来水公司水质化验资料，各项指标均符合《生活饮用水卫生标准》（GB 5749—2022）要求，可以满足项目生活用水的水质要求。

5　取水、退水影响分析

5.1　取水影响分析

5.1.1　对区域水资源的影响

通过对矿区地下水水质监测资料分析，矿区范围内的地下水，由于地质因素，硬度较高，且存在 COD、BOD_5、氨氮较高。本项目将煤矿的疏干排水处理后回收利用，既提高了水资源的利用效率，也避免了疏干水中污染物对区域水环境的影响，对区域水资源的优化配置有一定的积极作用。

5.1.2　对地下水的影响

3 号煤层导水裂隙带实际发育高度约 30 m，并未发育至第四系潜水含水层，最高仅影响到二叠系下统下石盒子组下部 k8 砂岩裂隙含水层，且井田内各含水层之间均有厚度稳定的泥岩、砂质泥岩发育，可起到隔水作用，对第四系潜水水位影响不大。

草沟水源地位于井田东北部，开采岩溶裂隙承压水，全井田开采后，东部最大下沉值为 7.851 m，距离草沟水源地保护区约 1 200 m，不会对草沟水源地产生明显影响。

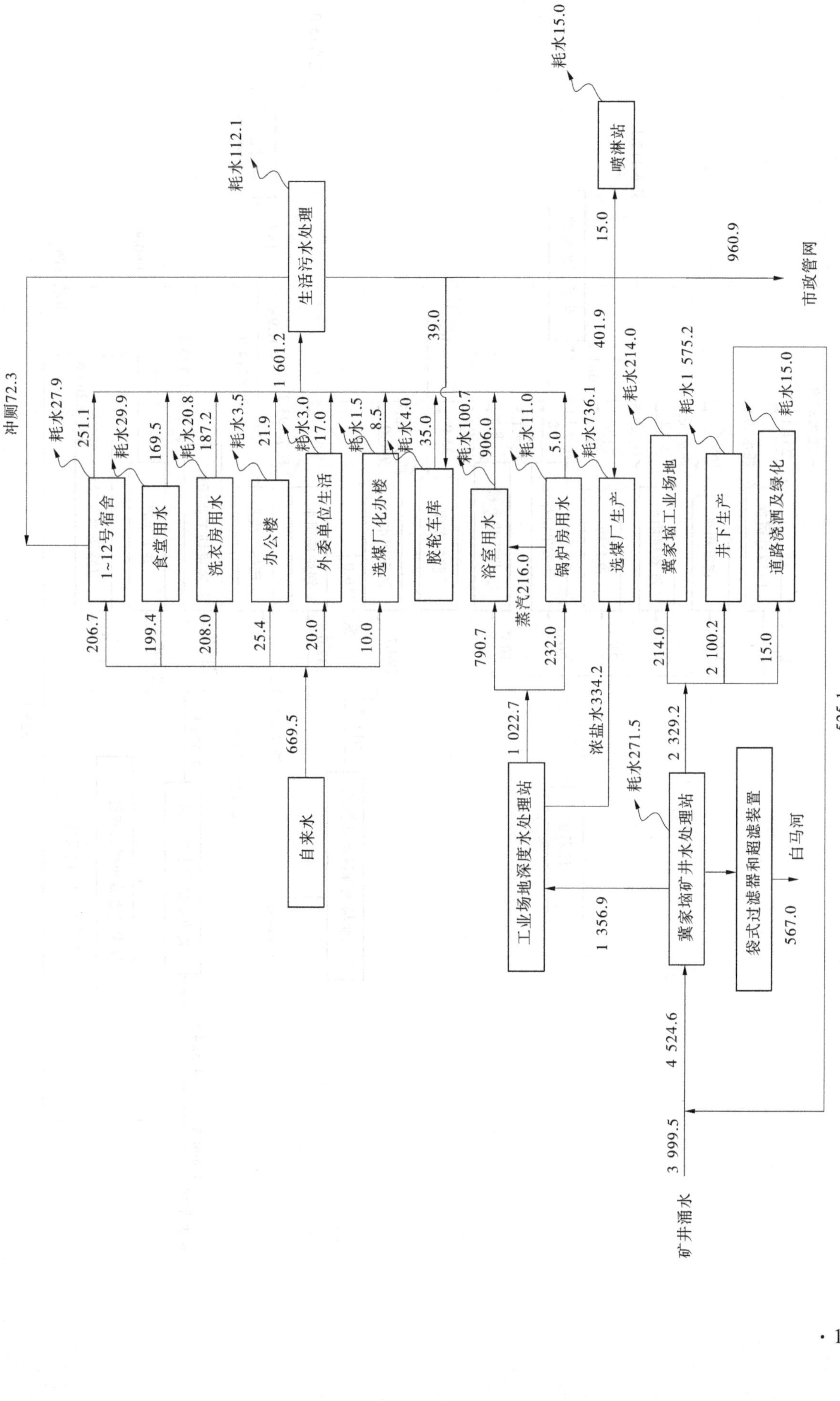

图1　采暖季水量平衡　（单位：m^3/d）

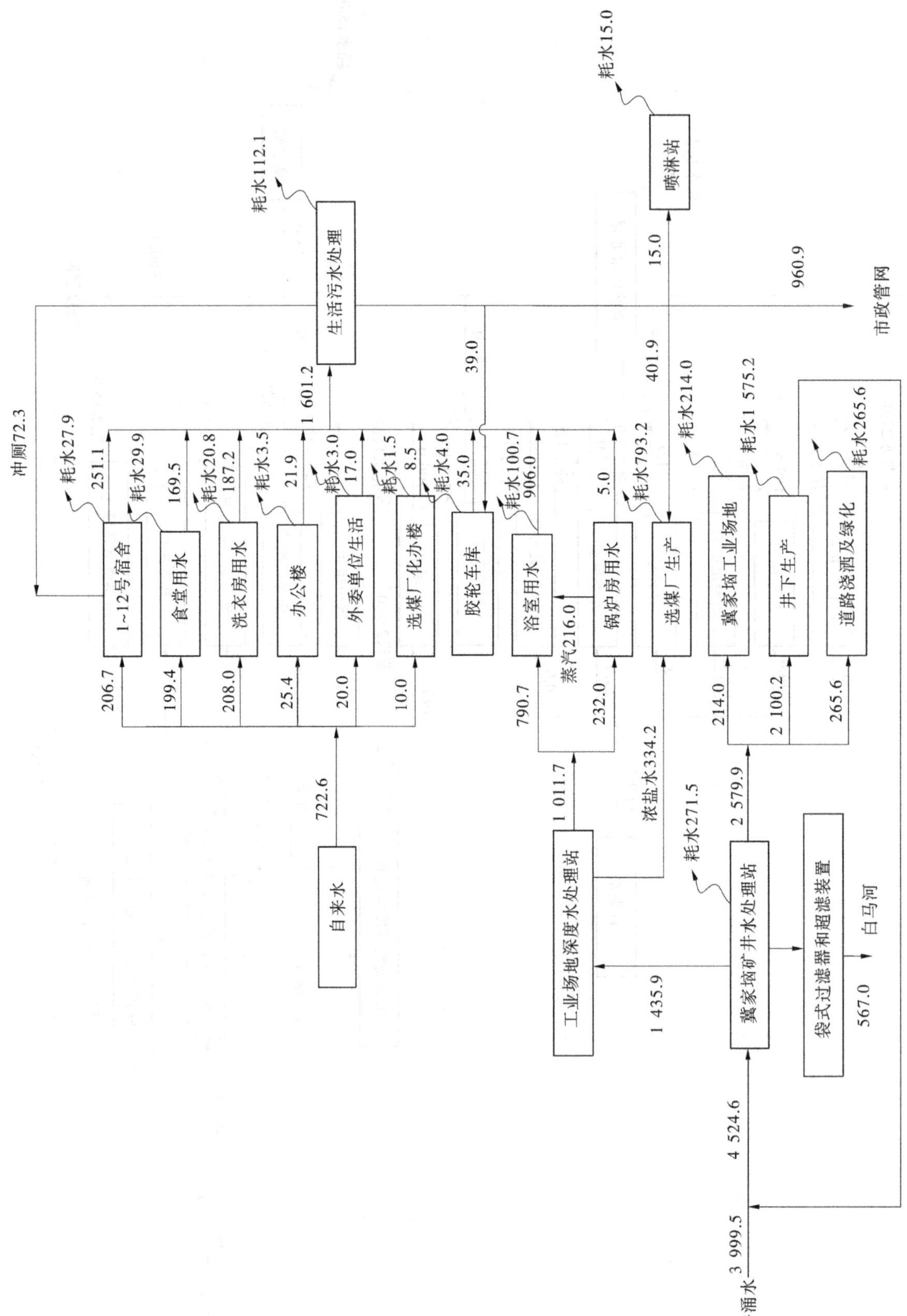

图2 非采暖季水量平衡图 （单位：m^3/d）

5.1.3 对地表水的影响

本项目区域内地表水体均属季节性河流，平时干涸无水，仅雨季有水，项目开采形成的导水裂缝带不会使地表水体发生漏失，因此取用矿坑涌水不会影响地表河流的水量，不会对地表水产生影响。

5.1.4 对其他用水户的影响

新元矿开采影响范围内涉及 90 个自然村 7 084 户，总人口约 24 831 人，其中井田范围内 82 个村，井田外 8 个村，现状矿方已经对受影响的村庄及供水工程进行了合理补偿和修缮。因此，新元煤矿取用自身矿坑涌水对其他用水户基本无影响。

5.2 退水影响分析

根据《晋中市地表水功能区划》，项目所在区域属于白马河寿阳排污控制区，长度 26.2 km，水环境功能为排污控制区，水功能区的目标水质为Ⅳ类。新元煤矿外排矿坑水水质为Ⅲ类，将对白马河水质有改善作用。富余生活污水外排市政管网，经市政管网收集后统一排入污水处理厂处理后回用或通过原有排污口排放。目前，新元矿已办理了污水排入排水管网许可证，不存在对第三者的权益等的影响问题。

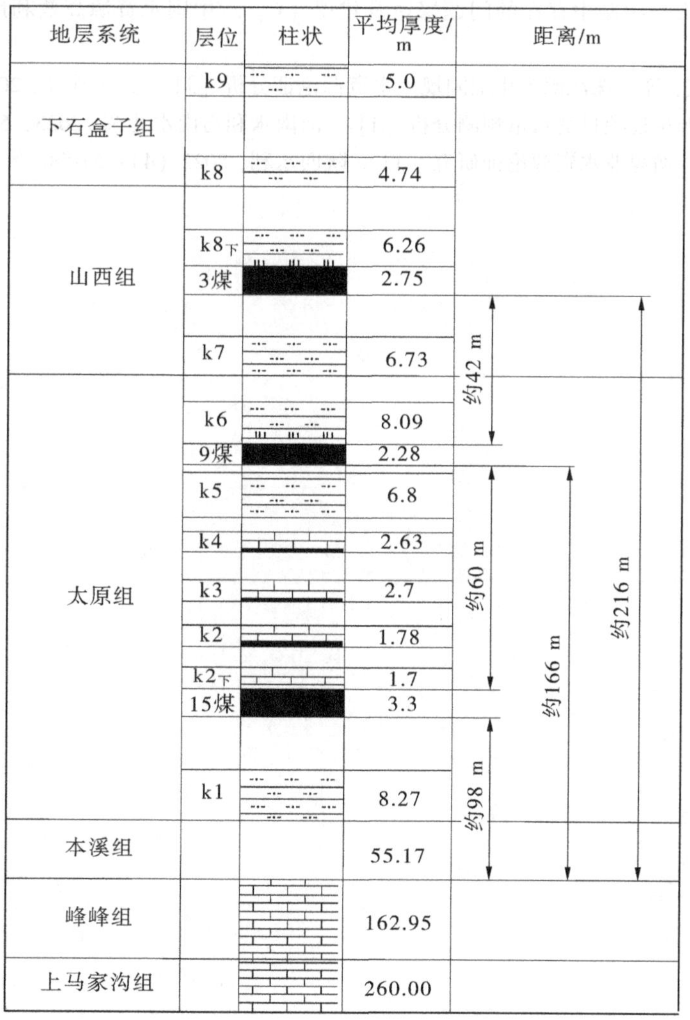

图 3 煤矿主采煤层与含水层、隔水层上下赋存关系

6 结论

（1）项目各项用水指标符合相关标准规范要求，项目用水合理。

（2）新元煤矿现有水源方案合理。新元煤矿以自身矿井涌水作为生产及生活杂用水供水水源，在水量和水质上是可靠的。现状草沟水源地仅新元煤矿一家用水户，水源地可供水量完全可以满足本项目取水要求。

（3）按照“分质供水、分质处理、分质回用、用污排净，最大化回用废污水”的原则，生活污水回用后剩余的排入公共污水管网；矿井涌水经处理后，利用不完剩余部分经处理达标后排入白马河。不会对水功能区造成显著影响，不会对水生态和第三方带来不利影响。

参考文献

［1］刘永峰，史瑞兰，曹原．陕西彬长矿区小庄煤矿项目水资源论证［C］//2021 年全国能源环境保护技术论坛．宁波，2021：10.

［2］王林威，苏柳．华晋沙曲一矿改扩建项目水资源论证分析［J］．云南水力发电，2023，39（9）：20-26.

［3］王春霞．水资源论证报告编制中存在的问题探讨及建议［C］//中国水资源高效利用与节水技术论坛．2023：1-11.

［4］吴捷，代兴兰，吕文斌，等．珠江源头化工园规划水资源论证分析［J］．人民珠江，2024，45（S1）：96-100.

［5］翟京召．某矿井水资源论证项目涌水量预测分析［J］．河南水利与南水北调，2023，52（6）：40-41.

［6］彭利军．山西长治县经坊煤业水资源论证研究［J］．陕西水利，2022（4）：57-58.

水文信息化技术在水利防汛中的作用分析

吕海有　孟令明

（松辽水利委员会水文局（信息中心），吉林长春　130021）

摘　要：洪水灾害可能在任何时候威胁我们的安全和财产，由于近年来的气候变化导致极端天气事件频发，洪涝灾害的风险不断增加。为了更好地应对这些挑战，水文信息化技术作为一项革命性手段逐渐成为水利防汛领域的中流砥柱，这项技术通过实时监测水文数据、智能分析与调度，为防洪减灾提供了可靠的技术支持。深入分析水文信息化技术在水利防汛中的作用，不仅是对当前工作的总结，更是为未来防汛工作的高效化与智能化开辟新途径。

关键词：水文信息化技术；水利防汛；作用分析；应用研究

1　引言

水利防汛一直以来都是保障民众生命财产安全的头等大事，面对不可预测的自然灾害和复杂的气候变化，传统的防汛手段显得捉襟见肘。洪水来势汹汹，稍有不慎便可能酿成灾难。水文信息化技术应运而生，这无疑给防汛工作带来了新的曙光。通过高效的水文信息采集和分析系统，防汛部门可以在第一时间掌握水情变化并迅速做出反应，极大地提高了应对洪水的能力。因此，研究水文信息化技术在防汛中的作用能为未来的防汛工作指明方向，这项研究的意义在于能让我们更好地利用科技手段，实现防汛工作的精细化、科学化和现代化，从而有效地减轻洪水灾害带来的威胁。

2　水利防汛现状分析

当前水利防汛的现状不容乐观，有几个突出的挑战急需关注（见表1）。过去几年间，我们看到越来越多的超强台风和暴雨袭击，许多地区的水文条件发生了显著变化。这样频繁而不稳定的气象条件加剧了洪水发生的风险，使得水利工程设施的承载能力和防洪标准面临严峻考验。水库、堤坝等传统防洪设施在面对突如其来的大水流时，有时显得力不从心。我国许多水利工程设施建造年代久远，设计标准相对较低，经过长时间的使用和自然侵蚀，已经出现了不同程度的老化和损坏。特别是一些中小型水库和堤防，因缺乏日常的维护和修缮，存在明显的安全隐患。水利设施一旦失修或损毁，在洪水来临时极易发生溃坝、决堤等严重事故，不仅造成直接的经济损失，还可能引发次生灾害，扩大灾害影响范围。虽然近年来我国在水利信息化建设方面取得了一定的进展，但整体而言，信息化水平与防汛工作的实际需求仍有较大差距。许多地区的信息化基础薄弱，缺乏先进的监测设备和实时数据共享平台，这使得水文信息的收集、处理和传输效率低下。水情预测和应急决策往往滞后，导致防汛指挥调度缺乏科学依据。信息化技术的落后直接影响了防汛工作的精确度和响应速度，容易造成应对不及时、措施不到位的局面，使得本可控制的灾害失控，给社会和经济带来更大的负面影响[1]。

作者简介：吕海有（1970—），男，高级工程师，副局长，主要从事水利管理工作。

通信作者：孟令明（1983—），男，高级工程师，主要从事水利信息化方面的研究工作。

表1　水利防汛的现状一览

主要问题	原因	危害
极端天气频发	气候变化导致更多的超强台风和暴雨	洪水发生频率和强度增加，威胁生命财产安全，对农业生产和基础设施造成破坏
水利设施老化问题	设施年代久远，缺乏维护和修缮	存在安全隐患，可能导致溃坝、决堤等严重事故，引发次生灾害
信息化水平不足	监测设备和数据共享平台落后	水文信息收集和传输效率低，防汛决策滞后，影响应急响应的精确度和速度，可能导致灾害失控，扩大负面影响

3　水文信息化技术在水利防汛中的作用

3.1　实时水文监测与数据分析

水文信息化技术的应用真正让防汛工作从“盲人摸象”走向“明察秋毫”。当大雨倾盆而下、江河水位迅速上涨，传统的人工监测方法不仅耗时，还可能存在误差。此时，实时水文监测系统就像是一双全天候的“眼睛”，精准地捕捉每一个水位变化和每一次流量波动，将这些数据源源不断地传输到指挥中心。数据分析技术的强大力量在这里得到充分体现，海量数据的积累和分析让水利部门可以迅速掌握水情动态，预测洪水走向，及时做出科学决策。水文信息化技术的真正威力在于数据背后的“智慧”，对比分析历史数据和实时数据后，系统能够迅速识别异常水情，甚至预测未来可能发生的汛情。这种“未卜先知”的能力大大提升了防汛的应急响应速度，使得水利部门可以从容不迫地采取措施，避免了可能出现的洪灾损失。这种科技赋能让防汛工作变得更加智能、高效，真正实现了由“事后补救”向“事前防范”的转变。防汛工作再也不是简单的体力活，而是依靠智慧与科技的双重力量。

3.2　洪水预警与应急响应

面对汛期来临，洪水可能在顷刻之间席卷而至，传统的监测手段显得力不从心，反应速度往往跟不上洪水肆虐的步伐。而水文信息化技术的引入将这一局面彻底扭转。通过高精度传感器、卫星遥感和实时数据传输，水文信息化系统能够第一时间捕捉到雨量、河流水位和流量的微小变化，并迅速计算出洪水的潜在风险。再配合智能分析与模型预测，洪水预警不再只是笼统的估算，而是具体到区域、时间甚至水位的精准预报。这样的技术优势让应急响应有了更充分的时间和信息准备，能够迅速组织人员疏散、启动防洪设施甚至进行多方联动。最重要的是，水文信息化技术让防汛指挥决策变得更加科学、合理，减少了人为因素带来的误判，使得每一次应急响应都能做到高效而有序，真正实现了防患于未然，守护了人民生命财产的安全。在汛期的紧要关头，这样的技术保障犹如中流砥柱，稳定了全局[2]。

3.3　水库与河流系统智能调度

在水利防汛中，水库与河流系统的智能调度是一位掌握全局的“指挥官”，在洪水来袭时，精准调度水库和河流的水量犹如排兵布阵，力求达到以最小的损失应对最严峻的考验。这个智能调度系统能够实时监测水文数据，分析流域内的水情、雨情、工情等信息，然后迅速做出反应，在极端天气下将洪峰削减到最小值，避免水库超汛限水位。它通过科学计算和模拟，在汛期来临之前就做好了详细的调度方案，考虑到每一条河流的承载能力、每一个水库的库容情况，把可能存在的风险降到最低。特别是在面对连续降雨或突发暴雨时，智能调度系统可以根据实时数据动态调整调度方案来灵活调节水库的放水和蓄水策略，确保下游地区的安全。整个过程中，智能调度系统结合了历史水文数据与当下的实时监测信息，为防汛决策提供了坚实的技术支持，最大程度地保障了人民的生命财产安全。无论是应对上游洪水的突发汇集，还是协调下游排水的压力，这个系统都显得尤为重要，它让原本复杂的水利调度工作变得更加科学和高效，为防汛抗洪注入了强大的技术力量。

4 水文信息化技术在水利防汛中的应用

4.1 水文监测技术

面对日益复杂的气候变化和极端天气事件，利用水文监测技术能够实时掌握雨量、水位和流量等关键水文数据，无论对防汛指挥者还是一线的抗洪战士来说，都是至关重要的。过去，水文数据的获取大多依赖人工观测，费时费力且误差较大。如今，通过水文信息化技术的应用，雨量传感器、水位计和流量计这些高科技设备，能够全天候、不间断地进行实时监测。雨量传感器安装在各个重要的流域和易发生洪涝的区域，实时测量降水量的变化，数据直接传输到监控中心。水位计则被布置在河道、水库等关键水域，可以准确记录水位的变化情况。至于流量计，更多的是安装在江河的出入口和水利设施的出水口，通过流速的实时监测，计算出水流量的变化。这些监测设备无论是在暴雨如注的深夜，还是在烈日炙烤的正午，都能以最快的速度提供最准确的水文数据，为防汛工作提供了有力的数据支持。遥感技术与 GIS（地理信息系统）的应用也为水文监测提供了更多的可能性，卫星遥感和无人机监测能够大范围地获取河流、湖泊和水库的水域信息，不仅仅是单点监测，而是整个区域的全景式扫描。这种大范围的监测方式尤其适用于那些偏远和难以到达的地区。通过 GIS 技术，这些遥感数据可以快速整合成直观的水文图像，结合历史数据帮助预测洪水的走向和影响范围，给防汛指挥者提供了更为立体的参考依据[3]。

数据监测只是第一步，关键还在于监测数据的传输与实时处理。在水利防汛中，时间就是生命。雨量数据、水位数据和流量数据通过无线通信技术，几乎是瞬间就能传输到防汛指挥中心，大数据和云计算技术则在后台进行高速运算，将这些海量数据转化为有用的预测模型和风险预警。水文监测技术在水利防汛中的应用正是这些先进的科技手段的完美结合。它们不是单打独斗，而是相互协作，共同构建起一张无形的防护网，为人们的生命财产安全保驾护航。无论是通过精准的数据监测，还是广泛的遥感覆盖，或是实时的数据传输与处理，水文信息化技术正在不断革新着水利防汛的模式，让防汛工作更加智能、高效，也让防洪抗灾更加胸有成竹。

4.2 洪水预警系统

洪水预警系统的作用不仅在于提前预知洪水的来临，更在于将复杂的水文数据转化为易于理解的信息，从而为防汛决策提供了有力支撑。洪水是自然灾害中最常见且破坏力极大的威胁之一，而水文信息化技术的不断进步使得洪水预警系统在这一领域的应用变得尤为关键。洪水预警系统通过对实时水文数据的采集与分析，可以迅速捕捉到洪水的形成、发展及其潜在的影响范围，而这种预警系统的核心在于数据的及时性与准确性。通过布设在河流、湖泊及水库等关键节点的监测设备，系统能够实时收集水位、流量、降雨量等重要参数，并通过大数据分析与模型模拟，预测出洪水的路径、强度及可能的影响区域。这样的信息为防汛指挥部门赢得了宝贵的时间，也为调度决策提供了科学依据。在实际操作中，预警系统的应用涵盖了从前期的洪水预测，到中期的实时监控，再到后期的应急响应与评估全过程。在洪水来临之前，系统能够发出准确的预警信号，使相关部门可以提前部署防汛物资，组织人员撤离，甚至进行水库的预泄洪操作，减轻洪水可能带来的破坏。在洪水发生时，系统继续发挥作用，实时更新洪水信息，使得防汛人员能够根据最新的水情，灵活调整应对措施，避免盲目决策带来的次生灾害。事后，洪水预警系统的数据记录还可以为灾后评估提供翔实的依据，帮助总结经验，改进未来的防汛措施。可以说，洪水预警系统在水利防汛中的应用，不仅仅是一种技术手段，更是一种保障人民生命财产安全的守护者。

4.3 水库调度与风险管理

水库的调度不是简单地开闸放水或蓄水，而是需要一个精细的过程，既要考虑上游来水、下游需求，还得权衡水库自身的安全与洪水的威胁。这时候，信息化管理系统就是得力助手。通过实时监测雨量、水位、流量等各类水文数据，信息化系统能迅速计算出当前水库的最佳调度方案，既避免了人工调度时可能出现的误差，也让决策更为科学、精准。可以说，这一套系统不仅能提高水库调度的效率，更是在关键时刻守住了水库的“命脉”。风险评估与应急响应机制是重中之重，水文信息化技术在这里的应用像是给防汛工作穿上了一层防护服。通过信息化平台，风险评估不仅局限于静态的数据分析，还能基于实时动态数据进行预测。信息化系统可以模拟不同的洪水情景来提前评估水库的风险等级，并提供相应的应急预案。当风险加剧时，系统能自动启动预警，相关人员就能迅速响应并采取如提前预泄、调度优化等措施，将风险降到最低。更重要的是，信息化系统在应急响应中可以实时追踪调度操作的执行情况，确保每一个指令都落实到位，而不是纸上谈兵。水库的安全和洪水调控是个需要智慧的活儿，信息化技术在决策支持中的应用让这些复杂的水文问题变得更为直观和可操作。通过大数据和智能分析技术，系统能够集成历史数据、当前水情、天气预报等多种信息，提供多种调控方案，并评估每个方案的优劣。决策者可以通过这些数据不仅看到“表面”的数值，更能透过数据看清潜在的风险和机会。这种将数据转化为实际行动力的能力是水文信息化技术给水利防汛带来的最为实质的改变，它不仅守护了水库的安全，也守护了下游千万民众的生命与财产[4]。

5 结语

水文信息化技术的应用让防汛工作变得更加高效和精准，不再是单纯依赖经验和历史数据，而是通过实时的水文监测和智能分析来掌握洪水动态，做到心中有数。智能调度系统能够在紧急情况下及时应对，也能在日常管理中进行科学调度，减少洪灾风险。当然，水文信息化技术的发展还在继续，未来，通过不断的研究与应用推广，防汛工作将更加智能和高效。面对洪水，不再是被动地防守，而是积极主动地进行管理和应对，科学技术的力量将继续为我们的防汛事业保驾护航。

参考文献

[1] 陈学虞，尚华超．水文信息化技术在水利防汛中的作用浅析［C］//河海大学，武汉大学，长江水利委员会网络与信息中心，湖北省水利水电科学研究院．2023（第十一届）中国水利信息化技术论坛论文集，2023：7.

[2] 朱洪戬．水利防汛信息技术在水利工程建设中的应用［J］．吉林农业，2018，（10）：71.

[3] 位梦莎，雷佳锦．水利工程建设中水利防汛信息技术的应用［C］//河海大学，北京水利学会，北京应急管理学会，天津市水利学会，天津市应急产业联盟．2024 首届水旱灾害防御与应急抢险技术论坛论文集．黄河水利委员会上游水文水资源局，2024，7.

[4] 董艳霞．水利工程建设中水利防汛信息技术的应用［J］．水上安全，2024（7）：64-66.

浅析宁夏现状缺水情势及对策

贺逸清　李姝蕾　苏　琼

（黄河勘测规划设计研究院有限公司，河南郑州　450003）

摘　要：宁夏当地水资源匮乏，黄河水指标有限，目前社会经济发展与水资源量不匹配，水资源严重短缺是制约宁夏经济社会高质量发展的最大瓶颈。通过对宁夏现状缺水现象识别，建立生活、工业、农业、生态现状缺水量测算体系，经分析，宁夏现状总缺水量 13.39 亿 m^3。在此基础上，研究提出寻求水资源的增量是解决宁夏资源型和指标型缺水的根本途径。

关键词：水资源；现状缺水；缺水识别；宁夏

1　概述

宁夏地处中国西北地区，是革命老区之一。宁夏地区干旱少雨，多年平均降水量 289 mm，多年平均蒸发量约 1 218 mm，域内 90%以上的河流为季节性河流，地表水资源量仅有 9.06 亿 m^3；地下水资源量少，且大部分为与地表水资源量的重复计算量，当地水资源严重短缺，多年平均水资源总量为 12.12 亿 m^3，人均水资源量仅有 166 m^3，是全国人均水资源量的 8.7%，是一个极度缺水的地区。宁夏唯黄河而生存、唯黄河而发展，而宁夏黄河耗水指标几近用完，近年来在强化节水，精打细算用好每一方水的情况下，宁夏社会经济发展用水依靠水权交易，用水保障不足的问题十分突出，水资源严重短缺仍然是制约宁夏经济社会高质量发展的最大瓶颈。目前，国内外尚未建立起完善的缺水状态判别指标体系，对区域现状缺水认识不一，缺乏统一的识别标准，对于现状缺在哪、缺多少等问题存在争议[1]。夏骋翔[2] 从存量短缺和流量短缺两个层面，给出了水资源短缺的测量方法。石博等[3] 通过将有效降雨引入供需分析的方法，计算了山区农村缺水现状。温金梅等[4] 通过人均水资源量判定缺水，通过缺水人口判定缺水程度。本文通过对宁夏缺水现象识别，建立一套基于现状的缺水测算体系，定量分析宁夏生活、工业、农业、生态的现状缺水量，客观反映宁夏缺水现状，从现状缺水的角度探讨解决水资源短缺的途径。

2　宁夏缺水现象识别

2.1　生活供水水源保障不足

宁夏生活生产主要依靠黄河水，水源单一，无备用水源，遇特殊干旱年，对全区的生活及生产影响较大。如固原市隆德县近三年持续干旱，水源工程蓄水不足，隆德县中片区城区、工业园区及沙塘镇等九个乡镇，宁夏自治区政府紧急临时铺设管道，扬水 580 m 到县城应急供水。宁夏一些民生供水工程缺乏用水指标。彭阳县地处南部山区，资源型、水质型、工程型缺水问题突出，农业灌溉、产业发展用水主要依托当地地表水，现状工程供水能力有限，水源保障程度不高，与现状彭阳县经济社会发展不相适应，彭阳县积极谋划民生供水工程——引黄入彭工程，目前该项目因缺乏取水指标解决途径推进困难。青铜峡市原生活用水主要水源为地下水，普遍存在铁、锰和总硬度超标情况，在建银川都市圈东、西线城乡供水工程建成替换了青铜峡市供水水源，但因从地下水指标替换为黄河水指标，

作者简介：贺逸清（1991—），女，工程师，主要从事水资源规划、水信息研究方面的工作。

目前水指标只能靠农业节水解决。

2.2 工业用水无水权指标

宁夏生活生产主要依靠黄河水，现状年黄河水用水指标几近耗尽，新企业上马面临无水权指标的困境，工业企业入驻宁夏需先买水指标再买水，导致宁夏招商引资、承接东部产业转移面临困难，制约了社会经济高质量发展。现状年许多工业企业存在缺水购买水权情况，水权交易呈现需求方市场，但水权交易具有临时性和不稳定性，只能是解决工业缺水的权宜之计，不能从根本上改变水资源短缺的局面。

2.3 农业灌溉水量不足

因水资源短缺，部分地区农业灌溉定额偏低。宁夏农业用水管理严格，按照面积、亩均用水量、水价进行管控，地区农业用水达到80%计划水量的时候开始预警。2022 年宁夏完成了全区农业用水权改革确权，按照四水四定管控方案分配水量进行确权，但确权定额普遍偏低，无法满足作物生长需求，同时存在部分地区复种用水不在农业确权水量。而且近年来黄河来水减少，水资源不足导致农业灌溉定额偏低，中部干旱带近 100 万亩农田属节水补灌，工程效益难以充分发挥；一些引水条件较好的灌区如青铜峡灌区，也因农业用水有限，灌溉四水减到三水，三水变两水。

2.4 水资源短缺引发了一定的生态问题

现状存在地下水超采的问题。宁夏目前存在 5 个地下水超采区，超采区总面积 741 km^2，主要位于银川平原的银川市和石嘴山市一带；其中，银川市存在 1 个一般超采区，超采区面积 294 km^2；石嘴山市存在 4 个超采区，一般超采区和严重超采区各 2 个，超采区面积 447 km^2。全区新增 1 个超采区——中卫市海原县小型孔隙浅层地下水超采区。

近年来节水取得显著成效的同时，大规模节水也显著改变灌区水循环过程和地下水补给规律，给生态环境带来一些影响。大面积的节水破坏了原有的水生态平衡，冬灌水量减少，造成引黄灌区地下水位下降、沟边植被枯死、土壤返碱等生态问题。根据水资源公报，青铜峡灌区 2019—2021 年地下水水位下降 0.04~0.45 m，卫宁灌区 2019—2021 年地下水水位下降 0~0.33 m。宁夏气候干燥，农业灌溉用水与地下水补给和周边生态环境用水息息相关，农业节水给工业生活，导致灌溉补给周边生态环境用水被挤占。

3 宁夏现状缺水量分析

3.1 现状生活缺水量

根据上述分析，生活应急供水、工程缺乏水指标等一些缺水现象，还有一些地区出现限时供水等，这些现象最终都会投射到生活用水定额不足上，因此生活缺水主要分析居民生活因定额不足的缺水量。结合宁夏《行业用水定额标准》，按照现状年各地市城镇、农村常住人口分析各地市满足相应用水定额标准要求的居民生活需水量，对比各地市现状年城镇、农村居民生活实际用水量。居民生活缺水量计算公式为

$$Q_{\mathrm{S}} = \sum_{i=1}^{n} [(D_{\mathrm{cz}_i} - C_{\mathrm{cz}_i}) \times P_{\mathrm{cz}_i} + (D_{\mathrm{nc}_i} - C_{\mathrm{nc}_i}) \times P_{\mathrm{nc}_i}] \tag{1}$$

式中：Q_{S} 为生活缺水量，万 m^3；D_{cz} 为行业定额标准规定的人均城镇居民生活日用水量，L/d；D_{nc} 为行业定额标准规定的人均农村居民生活日用水量，L/d；C_{cz} 为现状年实际人均城镇居民生活用水量，L/d；C_{nc} 为现状年实际人均农村居民生活用水量，L/d；P_{cz} 为现状年城镇人口，万人；P_{nc} 为现状年农村人口，万人。

根据《宁夏统计年鉴》，2022 年宁夏城镇、农村人口分别为 483 万人、245 万人；结合《黄河水资源公报 2022 年》，2022 年宁夏人均城镇居民生活日用水量为 112 L，人均农村居民生活用水量为 63 L，分别低于《宁夏行业用水定额标准》中城镇居民用水定额平均值 120 L 和农村居民生活用水定额平均值 70 L。按照满足行业用水定额标准来估算，宁夏全区居民生活因定额不足缺水量 0.23 亿 m^3。

3.2 现状工业缺水量

宁夏水资源短缺已经制约了工业发展，企业落地需要先买水指标再买水，造成了招商引资困难，现状存在一些因水指标制约已经取得相关部门批准建设或建成尚未运营的企业。因此，工业现状主要为因缺乏水指标而未投产的工业水量。结合宁夏《行业用水定额标准》，按照产品定额和规模分析工业缺水量，工业缺水量计算公式为

$$Q_G = \sum_{i=1}^{n} Q_{yq_i} \tag{2}$$

$$Q_{yq} = \sum_{i=1}^{n} (E_i T_i) \tag{3}$$

式中：Q_G 为工业缺水量，万 m^3；Q_{yq} 为工业园区缺水量，万 m^3；E 为单位产品用水定额，m^3；T 为产品规模，万 t。

结合对宁夏工业企业调研情况，根据已经取得相关部门批准建设或建成尚未运营企业的产品建设规模，按照不同产品的行业用水定额标准规定的单位产品用水量计算需水量，得到现状工业缺水量 2.27 亿 m^3。

3.3 现状农业缺水量

农业缺水量以灌区为计算单位，重点分析有效面积未灌溉的水量和灌区亏缺灌溉的水量。有效灌溉面积未灌水量通过灌区有效面积和实际灌溉面积、实际灌溉水量及作物灌溉需水量等指标测算农业缺水量，计算公式如下：

$$Q_N = \sum_{i=1}^{n} [(D_{gq_i}\delta - C_{gq_i})A_{sj_i} + (A_{yx_i} - A_{sj_i})D_{gq_i}] \tag{4}$$

$$D_{gq} = \frac{\sum_{i=1}^{n} (D_{zw_i} A_{zw_i})}{A_{sj}} \tag{5}$$

式中：Q_N 为农业缺水量，万 m^3；D_{gq} 为满足作物行业定额标准规定的灌区亩均灌溉净定额，m^3；δ 为灌区灌溉水有效利用系数；C_{gq} 为现状年灌区实际亩均灌溉用水量，m^3；A_{sj} 为灌区的实际灌溉面积，万亩；A_{yx} 为灌区的有效灌溉面积，万亩；D_{zw} 为行业定额标准规定的作物灌溉净定额，m^3；A_{zw} 为作物种植面积，万亩。

根据《黄河水资源公报》《2022 年宁夏灌溉水有效利用系数测算报告》，现状年宁夏全区农业亩均灌溉用水量 489 m^3，现状年农业有效灌溉面积 1 237 万亩、实际灌溉面积 1 074 万亩。根据宁夏 22 个重点大中型灌区现状种植结构，按照宁夏行业用水定额标准制定作物需水定额推算，农业缺水量 7.75 亿 m^3。

3.4 现状生态缺水量

$$Q_E = Q_D + Q_J \tag{6}$$

$$Q_D = \sum_{i=1}^{n} (G_{sj_i} - G_{kc_i}) \tag{7}$$

$$Q_J = \frac{H}{\alpha_L} \times [1 - (\delta_L - \delta_{sj}) - E_{sj}] \tag{8}$$

式中：Q_E 为生态缺水量，万 m^3；Q_D 为地下水超采水量，万 m^3；Q_J 为生态环境被挤占水量，万 m^3；G_{sj} 为现状年地下水供水量，万 m^3；G_{kc} 为地下水可开采量，万 m^3；H 为现状年农业灌溉耗水量，万 m^3；α_L 为良好生态状态下农业耗水系数，本次选取 2012 年农业耗水系数；δ_L 为良好生态状态年份的灌溉水有效利用系数，本次选取 2012 年；δ_{sj} 为现状年灌溉水有效利用系数。

根据《黄河水资源公报》，2022 年宁夏地下水供水量 4.92 亿 m^3，以县（区）为计算单元，以宁夏地下水管控方案中 2030 年地下水用水总量管控目标为地下水可开采量控制，对比各单元地下水可开采量和实际地下水开采量，分析地下水超采缺水量约 0.37 亿 m^3。

现状年，宁夏农业耗水量 30.15 亿 m^3，按照 2012 年水生态系统和水循环良好状态下的耗水系数大致估算，农业用水量达到 64.10 亿 m^3，再扣除节水措施节约的水量约 7 亿 m^3，农业及补给地下和周边生态环境用水量总共约 57 亿 m^3，而现状年农业用水量仅有 53.64 亿 m^3，应估算大约有 2.77 亿 m^3 生态环境用水被挤占。

耦合地下水超采和生态环境被挤占水量，宁夏现状生态缺水量 3.14 亿 m^3。

4 缺水解决途径

宁夏现状缺水主要为资源型和指标型缺水。通过加大农业节水，实施最严格的水资源管理制度，加大非常规水源的开发利用，适度增加有可开采空间的浅层地下水的开采，可有效地缓解宁夏缺水压力。近年来，通过大力推广节水型社会建设，各行各业都取得了一定的节水成效，在水资源严重短缺的条件下，宁夏社会经济和生态文明建设都取得了突出成果，宁夏现状黄河水计量率高达 95%；万元工业增加值用水量 21.3 m^3，优于全国平均水平；节水灌溉面积比例 66.6%，农田灌溉水利用系数 0.57，与全国平均水平 0.572 基本持平；现状年城镇节水器具普及率 80.9%，城镇公共管网漏失率 10.5%；工业用水重复利用率 95.77%，高于全国平均值 90.51%（2022 年数据来源中国城市建设统计年鉴），因此节水大户工业、农业节水剩余空间不大。自 2022 年以来，新增工业项目水权指标均需通过市场化交易取得，短期水权交易与工业连续稳定生产存在较大矛盾，统筹区域水权，盘活企业水权指标难度较大；农业同样面临确权定额偏低，复种水量无指标等问题。

节水是一把双刃剑，节水一方面带来经济效益，另一方面间接导致生态环境的转嫁性缺水问题，例如地下水位下降、土地沙化、植物枯死等。这种转嫁性缺水是一种隐性缺水，这种影响不是瞬时的，而是慢性的、日积月累形成的。宁夏气候干燥，农业灌溉用水与地下水补给和周边生态环境用水息息相关，大面积的节水破坏了原有的水生态平衡，冬灌水量减少，引黄灌区地下水位下降，水循环系统被破坏，水平衡打破，导致下垫面条件恶化，沟边植被枯死，土壤返碱等生态问题。长此以往将会导致土地保水量不足，土地沙化、灌溉定额上升，出现一边节水、一边补水的现象。

全区节水生活节水潜力有限、工业节水潜力接近瓶颈、农业节水与生态环境息息相关，目前全区节水几乎到瓶颈，因此解决宁夏水资源短缺的根本途径是寻求水资源的增量，即增加水指标。近期解决宁夏缺水的主要途径是“八七分水”方案调整。通过“八七分水”方案“大稳定、小调整”，增加宁夏黄河水用水指标来解决。在节水潜力有限的情况下，跨流域调水是解决缺水的根本途径。因此，应尽快实施南水北调西线工程，以增加水资源总量，同时建设黄河黑山峡水利枢纽工程，以实现水资源优化配置，抑制沙化土地，为生态绿洲建设创造条件，完善黄河健康体系。

5 结论

（1）宁夏干旱缺水，宁夏水资源短缺已经制约了经济社会发展，近年来社会经济发展依靠节水和水权交易。现状年宁夏总缺水量 13.39 亿 m^3，其中生活缺水量 0.23 亿 m^3、工业缺水量 2.27 亿 m^3、农业缺水量 7.75 亿 m^3、生态缺水量 3.14 亿 m^3。人民生活的基本用水优先保障，在水资源量短缺的情况下，生活缺水量最小。

（2）通过实施最严格的水资源管理制度，加大非常规水源利用，继续推进节水等措施在短期可缓解一定程度的缺水，促进社会经济的发展。但水资源量有限的情况下，节水潜力是有限的，目前宁夏已经开始面临节水瓶颈，因此寻求水指标的增量是宁夏缺水的解决途径。近期通过“八七分水”方案调整，远期通过南水北调西线工程的实施来增加宁夏水指标，从而解决宁夏水资源短缺瓶颈。

参考文献

[1] 赵勇，何凡，何国华，等．全域视角下黄河断流再审视与现状缺水识别［J］．人民黄河，2020，42（4）：5.
[2] 夏骋翔．水资源短缺的定义及其测度［J］．水资源保护，2006，22（4）：4.
[3] 石博，熊康宁，李高聪，等．贵州喀斯特山区农村缺水现状及对策研究：以毕节撒拉溪示范区为例［J］．人民长江，2014（5）：79-82.
[4] 温金梅，刘大刚，樊新庆，等．重庆市红层地区缺水现状及其对策分析［J］．中国农村水利水电，2011（8）：3.

基于汛期分期的水库汛限水位应用研究

黄李冰[1,2]　王　明[1,2]

（1. 黄河水利委员会黄河水利科学研究院，河南郑州　450003；
2. 水利部黄河下游河道与河口治理重点实验室，河南郑州　450003）

摘　要：为优化洪水资源的综合利用效益，汛期分期调整汛限水位的方法日益完善。本文基于汛期分期与调洪演算的研究方法，探讨了汛期分期的水库汛限水位计算过程。研究结果显示，通过运用多种数理统计方法，汛期可精准划分为主汛期与后汛期两阶段，或分为前汛期、主汛期与后汛期三阶段；进一步地，依据不同分期设计的洪水过程，可分期进行调洪演算，进而确定满足各频率洪水条件的最高水位，即各分期的汛限水位。这一研究不仅丰富了洪水管理理论，也为提升水库汛期水位调控的科学性与实效性提供了有力支撑。

关键词：汛期分期；分期设计洪水；汛限水位；分期控制

1　研究背景

水库的汛限水位是水库在汛期允许兴利蓄水的上限水位[1]，是水库调度管理的关键参数。传统的固定汛限水位法，以设计洪水过程为基础，通过特定的调度规则和设施条件约束，经过调洪演算来设定防洪起调水位[2]，并将其固定为整个汛期的汛限水位。然而，这种方法虽然能够应对较为稀少的洪水事件，却忽略了汛期洪水在时间上的分布特点。这往往导致汛末时水库未能及时蓄水，而汛期结束后又面临无水可蓄的尴尬局面，进而造成宝贵水资源的无谓浪费[3]。

随着相关研究的不断深入，汛限水位的管理方法逐渐归纳为“静态控制法”和“动态控制法”[1]。静态控制法倾向于在整个汛期或不同的汛期阶段维持固定的汛限水位；而动态控制法则更为灵活，它根据实时情况动态调整汛限水位的阈值。常用的动态控制方法包括预蓄预泄法[4]、综合信息推理模式法[5]等，但这些方法对洪水预报和降雨预报信息的准确性要求较高。在洪水预报精度不足以支撑动态调整的情况下，静态控制法成为更为稳妥的选择。

考虑到山区比降较陡区域的水库特性，其洪水预报的精度往往难以达到动态调整所需的标准。因此，本文研究将侧重于采用汛期分期调整水库汛限水位的方法，以期在保障水库防洪安全的同时，优化水资源配置，减少资源浪费。

2　研究方法

2.1　汛期分期

汛期分期方法包括成因分析法与数理统计法。其中，数理统计法包括分形法[6]、集对分析法、Fisher 最优分割法[7]、投影寻踪法、矢量统计和相对频率法[8]、圆形分布法[9]、变点分析法[10]、模糊分析法[11]、系统聚类法[12]等。

基金项目：黄河水利科学研究院科技发展基金（黄科发 202217）；黄河水利科学研究院基本科研业务费专项（HKY-JBYW-2022-02，HKY-JBYW-2023-15）；黄委优秀青年人才科技项目（HQK-202306）。

作者简介：黄李冰（1988—），女，高级工程师，主要从事水力学及河流动力学、水沙数值模拟方面的研究工作。

2.2 分期设计洪水

分期设计洪水是确定分期汛限水位的前提，其计算内容包括抽样方法、分布线型、经验频率公式、参数估计、设计洪水过程线、历史洪水、区域洪水频率分析、PMP/PMF 等内容[13]。

2.3 调洪演算

调洪演算是采用设计洪水过程线作为洪水过程，设置与水库运行管理相关的参数作为调度规则，采用试算法设定不同的起调水位，进行入库流量、下泄流量与水库水位变化过程的计算，最终确定合理的起调水位作为汛限水位。

2.4 效益分析

针对防洪与兴利的综合效益进行计算，确定采用分期汛限水位的综合效果。

3 应用案例

3.1 汛期分期计算

通常，汛期可以被精细地划分为前汛期、主汛期以及后汛期，这三个阶段共同构成了完整的汛期过程。而如果汛期的时间跨度相对较短，也可以将其简化为两个阶段，即主汛期与后汛期，这样的划分方式同样能够有效地反映汛期的特点。无论是三期还是两期的划分方式，都是基于对水库流量资料的深入分析，旨在更准确地把握汛期的变化规律，为水库的调度和管理提供科学依据。

某流域内建有一水库，收集了该水库代表断面多年平均流量资料及洪峰流量资料。该区域汛期明确界定为每年的 7 月 1 日至 10 月 31 日，其汛期多年日均流量如图 1 所示。

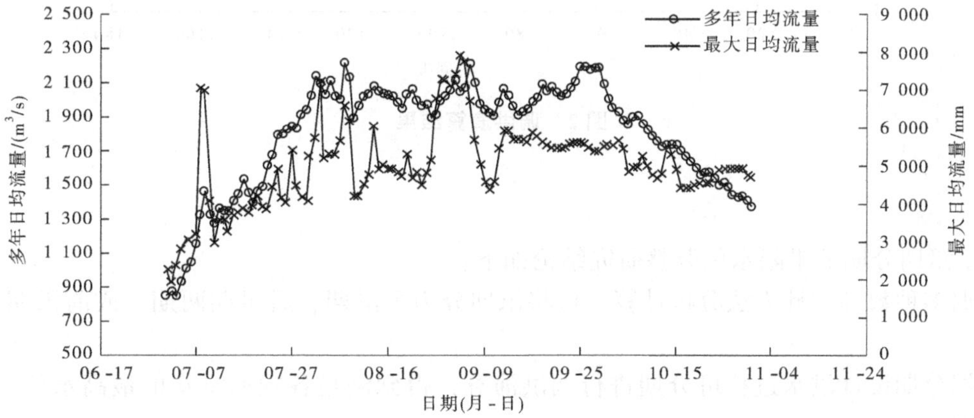

图 1 汛期日均流量统计结果

由图 1 可知，在 8 月 1 日至 9 月 29 日这一时间段内，流量显著增大，可初步推测主汛期应在该范围附近。然而，为了获得更为精确和科学的分期结果，还需要借助数理统计法进行深入的计算和分析，以得出最终的结论。

基于这些丰富的资料，可以采用多种方法来进行汛期的分期计算，鉴于汛期前后时间段流量较中间时间明显偏低，宜分为三期，计算结果如表 1 所示。

表 1 不同计算方法的汛期分期结果

方法	采用水文资料	前汛期	主汛期	后汛期
均值变点法	多年日均流量	7 月 1—23 日	7 月 24 至 10 月 10 日	10 月 11—31 日
	最大日均流量	7 月 1—31 日	8 月 1 日至 10 月 5 日	10 月 6—31 日
矢量统计法	年最大洪峰流量出现时间	7 月 1—21 日	7 月 22 日至 10 月 2 日	10 月 3—31 日

综合以上分析计算结果，并从安全角度出发，确定前汛期为 7 月 1—20 日，主汛期为 7 月 21 日至 10 月 10 日，后汛期为 10 月 11—31 日。

3.2 调洪演算

本研究基于分期设计洪水确定的情况，进行调洪演算。采用的方法为基于设计洪水过程线的试算法，以水库校核洪水频率为例，主、后汛期调洪演算结果如图 2 所示。由图 2 可知，主汛期水库水位控制在 114 m，前、后汛期水库控制在 116 m 时，各时期最高水位一致，均为满足校核洪水频率要求的最高水位。在此基础上，可进行其他频率洪水的调洪演算，若均满足洪水频率要求的最高水位，则可确定主汛期汛限水位为 114 m，后汛期汛限水位为 116 m。

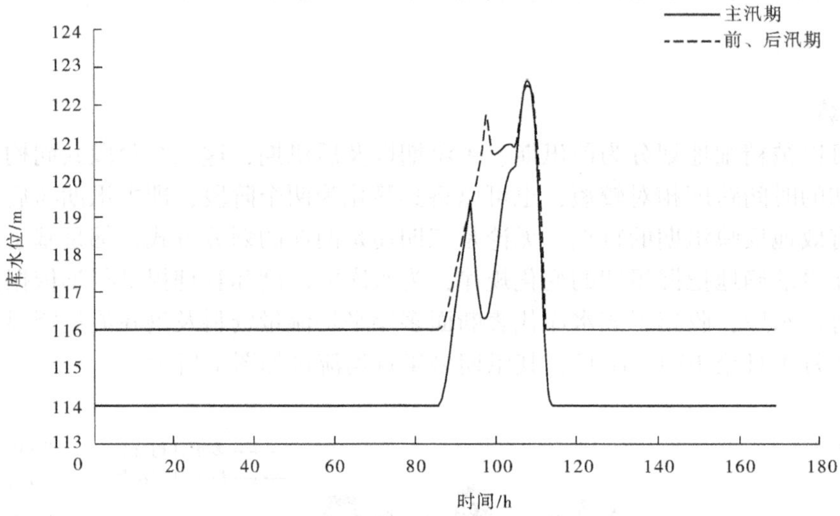

图 2 调洪演算结果

4 结论

本文基于汛期分期的汛限水位调整研究结论如下：

（1）根据多种数理统计方法分析计算，可将汛期分为主汛期、后汛期两期，或前汛期、主汛期、后汛期三期。

（2）根据分期设计洪水过程可分期进行调洪演算，得到满足各频率洪水的最高水位，即为各分期的汛限水位。

参考文献

[1] 王本德，周惠成，王国利，等．水库汛限水位动态控制理论与方法及其应用［M］．北京：中国水利水电出版社，2006.

[2] 李玮，郭生练，刘攀．水库汛限水位确定方法评述与展望［J］．水力发电，2005，31（1）：66-70.

[3] 莫崇勋．水库汛期分期与分期汛限水位调整理论与实践［M］．北京：科学出版社，2017.

[4] 张艳平，李敏，王本德，等．丹江口水库汛限水位分类动态控制范围设计及预蓄预泄法研究［J］．水力发电学报，2010，29（6）：54-59.

[5] 王本德，袁晶瑄．基于综合信息的汛期库水位实时动态控制方法［J］．大连理工大学学报，2010，50（4）：570-575.

[6] 侯玉，吴伯贤，郑国权．分形理论用于洪水分期的初步探讨［J］．水科学进展，1999，10（2）：140-143.

[7] 刘克琳，王银堂，胡四一，等．Fisher 最优分割法在汛期分期中的应用［J］．水利水电科技进展，2007，27（3）：14-16，37.

[8] 蒋海艳，莫崇勋，韦逗逗，等．水库汛期分期研究综述［J］．水利水电科技进展，2012，32（3）：75-80.
[9] 方彬，郭生练，郭富强，等．汛期分期的圆形分布法研究［J］．水文，2007，27（5）：7-11.
[10] 刘攀，郭生练，王才君，等．三峡水库汛期分期的变点分析方法研究［J］．水文，2005，25（1）：18-23.
[11] 陈守煜．从研究汛期描述论水文系统模糊集分析的方法论［J］．水科学进展，1995，6（2）：133-138.
[12] 王宗志，王银堂，胡四一．水库控制流域汛期分期的有效聚类分析［J］．水科学进展，2007，18（4）：580-585.
[13] 郭生练，刘章君，熊立华．设计洪水计算方法研究进展与评价［J］．水利学报，2016，47（3）：302-314.

黄河上游梯级水库对径流演变及水文情势影响分析

张 翎[1,2,3] 王 强[1,2,3] 唐凤珍[1,2,3]

（1. 黄河水利委员会黄河水利科学研究院，河南郑州 450003；
2. 黄河实验室，河南郑州 450003；
3. 水利部黄河下游河道与河口治理重点实验室，河南郑州 450003）

摘 要：为了综合评估黄河上游梯级水库建成对水库群下游径流演变及生态水文情势变化的影响，选取唐乃亥、贵德、循化、小川四个站点过去72年的逐日径流资料，在趋势与突变分析的基础上，运用生态水文指标变化范围法综合评价黄河上游径流演变及水文情势变化。结果表明：黄河上游控制站点径流演变无显著差异，整体呈现出下降趋势。对比刘家峡水库单独运行与龙刘水库联合运用，11月平均流量与高低脉冲历时改变度最大。龙羊峡水库运行进一步改变汛期、非汛期水量分配过程，且降低对年极端流量、减少流量变化，维持水文情势稳定。

关键词：径流演变；水文情势；黄河上游；梯级水库群

1 引言

黄河上游地区是黄河水资源的主要来源地，其径流演变和水文情势对整个黄河流域的生态环境和经济发展起着至关重要的作用[1]。随着经济的快速发展和能源需求的不断增长，黄河上游陆续建设了一系列梯级水库，如龙羊峡水库、刘家峡水库等。近年来，随着水资源短缺和生态环境问题的日益突出，黄河上游梯级水库对径流演变及水文情势的影响引起了广泛关注。黄河上游梯级水库开发对于全流域的防洪、防凌、供水、发电、输沙都具有不可替代的作用，是黄河流域水资源调度管理最为重要的工程措施。然而，上游梯级开发改变了河流的径流过程[2]，阻断了原有河道的连续性，改变了河流的径流过程、水沙情势、河道水动力特征、水温水质、营养物质及生物栖息地等环境要素，对黄河上游的生态健康产生了不可忽视的影响[3]。

为了深入研究黄河上游梯级水库对径流演变及水文情势的影响，需要采用科学有效的研究方法。其中，Mann-Kendall检验是由Mann于1945年提出，Kendall和Sneyers进一步完善的一种非参数统计检验方法，用于检测时间序列数据的趋势变化[4]。通过对黄河上游径流量等水文数据进行Mann-Kendall检验，可以判断径流在时间上是否存在显著的上升或下降趋势。Theil-Sen Median（Sen斜率估计）和Pettitt突变检验也是长时间序列数据趋势分析、突变分析中常用的方法[5-6]。IHA-RVA法（Indicators of Hydrologic Alteration-Range of Variability Approach）则是一种综合评估水文情势变化的方法[7-8]。该方法通过选取多个水文指标，如流量的均值、极值、频率等，来评估河流在水库建设前后的水文情势变化程度，并确定河流生态系统所受的影响[9]。这些研究方法为准确评估梯级水库对黄河上游径流演变及水文情势的影响提供了有力的工具。

本文以黄河上游梯级电站为例，以龙羊峡、刘家峡水库进出库控制断面唐乃亥、贵德、循化、小川水文站1960—2022年逐日径流资料为基础，采用Mann-Kendall法、Theil-Sen Median分析黄河上游径流演变规律，在此基础上运用IHA-RVA法综合分析黄河上游水文情势变化，揭示梯级水库开发运

基金项目：国家自然科学基金（U2243215，52309091）。

作者简介：张翎（1994—），女，工程师，主要从事生态水利与水库调度方面的研究工作。

用对径流演变及水文情势的影响，以期为黄河流域的水资源管理和生态保护提供有益的参考。

2 研究区域及研究方法

2.1 研究区域及数据来源

黄河上游梯级电站以龙羊峡、刘家峡两座调节能力很大的水库为主，两库之间还包括拉西瓦、李家峡、积石峡等水电站 11 座（见图 1）。龙羊峡水库位于青海省海南藏族自治州共和县和贵南县交界处的黄河干流上，距西宁市 147 km，是黄河干流上游第一座梯级电站，工程以发电为主，兼顾防洪、灌溉、防凌等综合利用，对下游李家峡、公伯峡、刘家峡等水库水电站的水量调节起到了主导作用，并与刘家峡水库联合补偿运行满足黄河河口镇以上河段的防凌、防洪要求。龙羊峡坝址以上控制流域面积 13 1420 km^2，多年平均流量 647 m^3/s，多年平均径流量 204 亿 m^3。刘家峡水库是一座以发电为主，兼有防洪、灌溉、防凌、养殖等综合效益的大型水利水电枢纽工程，坝址地处兰州市上游 100 km 的刘家峡峡谷之中，坝址以上流域面积 181 766 km^2，约占黄河全流域面积的 1/4。

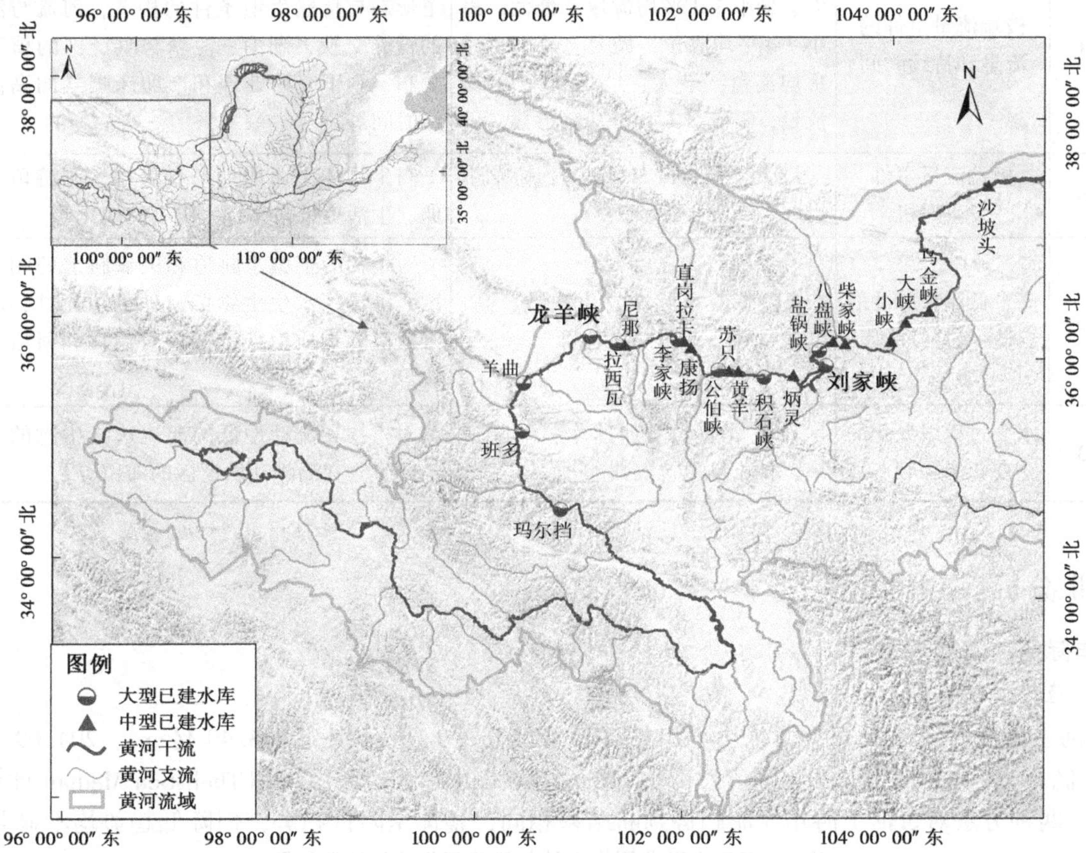

图 1 黄河上游梯级水库分布

数据资料包括龙羊峡进出库的唐乃亥站、贵德站，刘家峡水库进出库的循化站、小川站，数据系列为 1960—2022 年逐日径流资料，数据来源于相关水文年鉴。

2.2 年际径流演变规律研究方法

年际径流演变具有趋势性、突变性、周期性等特征，本文分别采用 Mann-Kendall、Theil-Sen Median 非参数趋势估计、Pettitt 突变检验等方法进行研究。Mann-Kendall 和 Theil-Sen Median 是广泛应用于长时间序列数据趋势估计的非参数统计方法，Mann-Kendall 方法不需要序列数据服从特定分布，受缺失值和异常值干扰小，Theil-Sen Median 方法计算效率高，对时间序列数据中的异常值具有较好的鲁棒性，两种方法可相互验证。Pettitt 突变检验是由 Pettitt 于 1979 年提出的用于检验时间序列是否存在突变点并判断显著性的非参数检验方法，具有计算简便、受异常值干扰小等优势，广泛应用于气象学、水文学及环境科学中。

2.3 IHA-RVA 法

变化范围法（RVA）基于32个水文改变指标（IHA）对河流水文情势的变化进行评估，IHA指标被分为流量、事件、频率、历时以及变化率5组，利用该方法可以定量分析人类活动对黄河中下游水文情势影响程度，为估算河流生态流量序列提供依据。由于4个水文站在研究期内未出现日流量指标为零的情况，因此本文不予考虑零流量的历时指标，IHA参数指标见表1。

表1 IHA参数及其生态影响

指标编号	水文情势特征	指标名称	生态影响
1~12	月均流量	1—12月各月的平均流量	水生生物栖息地，植物所需土壤水，陆生动物供水，水体温度、含氧量和光合作用等
13~24	极端流量事件的流量和持续时间	最大、最小1 d平均流量，最大、最小3 d平均流量，最大、最小7 d平均流量，最大、最小30 d平均流量，最大、最小90 d平均流量，零流量天数，基流指数	竞争性、杂草性和耐受性生物体的平衡，河道形态与自然生境条件的构造，河流与洪泛区的营养交换，湖泊、池塘与洪泛区的植物群落分布，利于废物处理和产卵床曝气的高流量持续时间等
25~26	极端流量事件发生时机	最大、最小1 d平均流量发生时间	与生物体生命周期的相容性，洄游鱼类的产卵，生活史策略和行为机制的演化等
27~30	高、低流量脉冲的频率与持续时间	高、低流量脉冲发生次数，高、低流量脉冲平均持续时间	对植物的土壤水胁迫和厌氧胁迫的频率与程度，洪泛区水生生物栖息地的可用性，河道和洪泛区的物质交换，推移质输移和河道泥沙结构等
31~33	水文过程线变化的变化率和频率	日流量平均增加速率、下降速率，日流量逆转次数	对植物和流动性低的河流边缘生物的干旱胁迫，生物在岛屿和洪泛区的滞留等

3 结果分析

3.1 年际径流演变规律

3.1.1 趋势性分析

黄河上游唐乃亥、贵德、循化、小川站多年径流量平均值分别为203.49亿m^3、204.69亿m^3、214.97亿m^3和262.53亿m^3。年径流序列的Mann-Kendall趋势检验结果和Theil-Sen Median计算结果见表2。两种方法对黄河上游年径流趋势判断结果相同，整体呈降低趋势，但降低趋势均不显著。

表2 黄河上游典型水文站年径流变化趋势计算结果

站点	Mann-Kendall 趋势检验计算结果		Theil-Sen Median 计算结果（β）
	Z	显著性检验（95%）	
唐乃亥	-0.027 1	不显著	-0.011 1
贵德	-0.541 2	不显著	-0.150 2
循化	-0.449 2	不显著	-0.149 3
小川	-0.726 0	不显著	-0.348 7

3.1.2 突变性分析

黄河上游年径流 Pettitt 突变检验结果见表 3。仅小川站发生突变，突变年份为 1986 年，突变点显著性水平超过 95% 置信区间。其余唐乃亥、贵德、循化站均未发生显著突变，说明龙羊峡建成后，未对龙、刘水库之间的河道径流产生显著影响，但龙、刘两库联合调控后，对梯级水库下游河道年径流量发生显著改变。

表 3 黄河上游代表水文站年径流变化突变检验结果

站点	K_t	突变年份	P_t	显著性（95%）
唐乃亥	303	1989	0.329 1	不显著
贵德	370	1985	0.135 6	不显著
循化	390	1985	0.100 6	不显著
小川	298	1986	0.048 6	显著

3.2 河流水文情势变化

统计 1969—2020 年黄河上游唐乃亥、贵德、循化、小川站日均流量过程，利用 IHA-RVA 法计算评价水文情势变化程度。

与天然时段相比，1969—1986 年刘家峡水库单独运行期间 33 个 IHA 指标的偏离度和改变度如图 2 所示。除 9 月外，其他月均流量增加 1.8%~147%，1—2 月增幅尤为显著，说明刘家峡水库运行使得 9 月开始蓄水，同时 1—2 月枯水期向下游补水，起到一定蓄丰补枯的作用。最大 1 d、3 d、7 d、30 d、90 d 平均流量增加 8.7%~12.2%，最小 1 d、3 d、7 d、30 d、90 d 平均流量增加 64.9%~112.8%，刘家峡水库运行对年最小流量改变更为显著，这是水库补枯作用的体现。

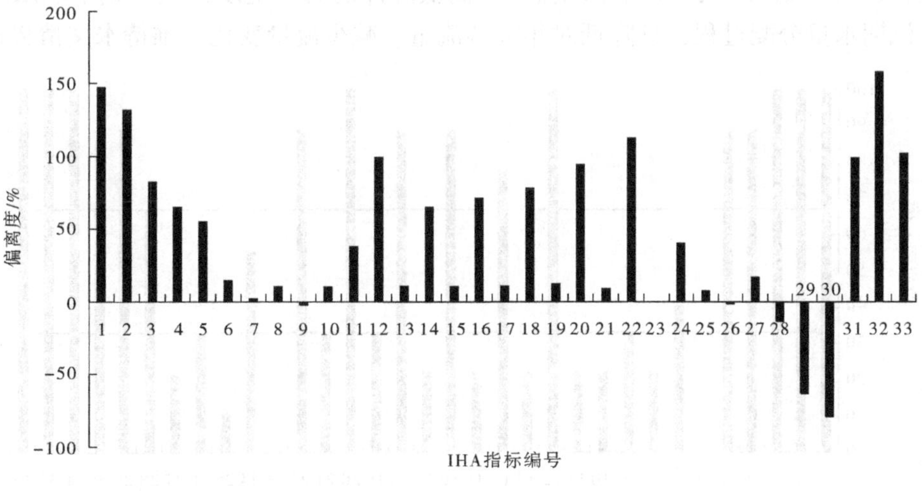

图 2 1969—1986 年刘家峡水库单独运行偏离度

与天然时段相比，1987—2020 年上游梯级水库群联合运行期间 33 个 IHA 指标的偏离度和改变度如图 3 所示。7—9 月月均流量降低 5.9%~22.7%，其他月均流量增加 7.6%~173.7%，说明龙刘水库联合调度蓄丰补枯的作用更加显著。最大 1 d、3 d、7 d、30 d、90 d 平均流量降低 4.2%~20.8%，最小 1 d、3 d、7 d、30 d、90 d 平均流量增加 105.1%~133.3%，梯级水库群联合运行对年最小流量改变更为显著。最大 1 d 平均流量发生时间平均提前 7 d，最小 1 d 平均流量发生时间平均提前 18.7 d。高流量脉冲发生次数从年均 91.2 次减少至 77.1 次，单个脉冲平均持续时间从 27.6 d 减少至 21.2 d；低流量脉冲发生次数从年均 90.8 次增加至 116.8 次，单个脉冲平均持续时间从 29.1 d 减少至 22.0 d，说明梯级水库联合运用使下泄流量更为稳定。

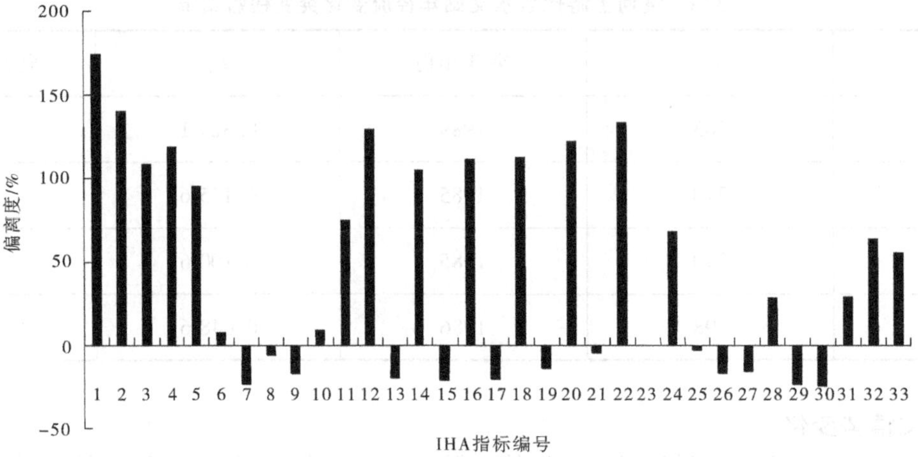

图 3　1987—2020 年上游梯级水库群联合运行偏离度

不同时期水库运行改变度如图 4、图 5 所示。刘家峡水库单库运行期间，综合变化程度为 61%，整体变化程度中等。15 个指标发生高度改变，其中非汛期 12 月至次年 5 月平均流量、年最小流量等改变度最大。水库群联合运用后，综合变化程度为 64%，整体变化程度中等。16 个指标发生高度改变，其中非汛期 11 月至次年 5 月平均流量、年最小流量等改变度最大。龙刘水库联合运用为了发挥全河水资源调配的作用，蓄丰补枯，导致非汛期流量增加而汛期流量降低。对比刘家峡水库单独运行与龙刘水库联合运用（见图 6），11 月平均流量与高低脉冲历时改变度最大。龙羊峡水库运行进一步改变汛期、非汛期水量分配过程，且降低对年极端流量、减少流量变化，维持水文情势稳定。

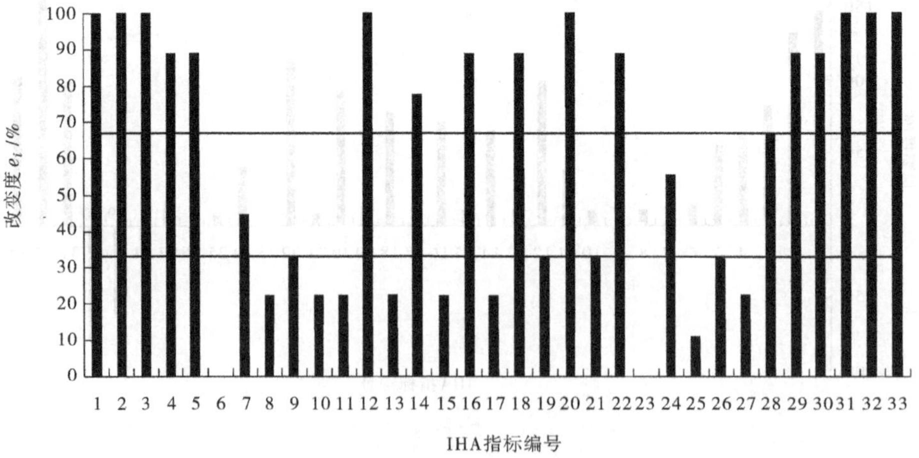

图 4　刘家峡水库运行期间改变度

4　结语

本文基于黄河上游典型水文站 1960—2020 年的逐日径流资料，综合评价了黄河上游梯级水库对径流演变及水文情势的影响，具体结论如下：

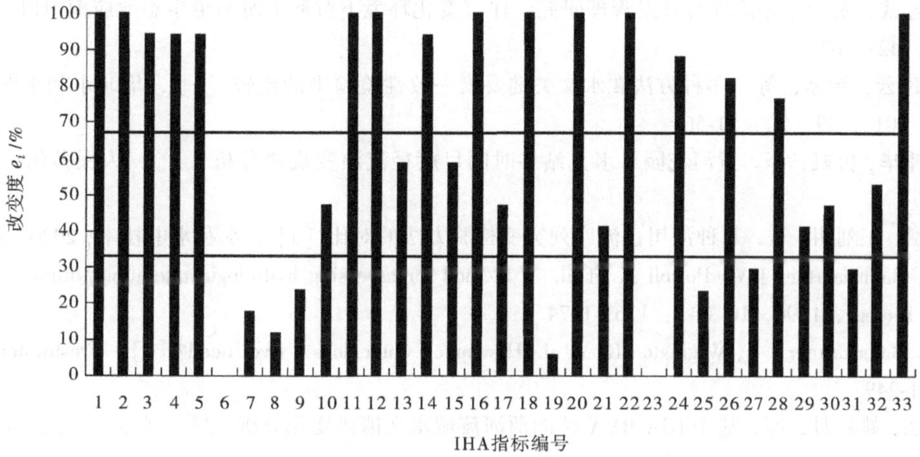

图 5　梯级水库群联合运行期间改变度

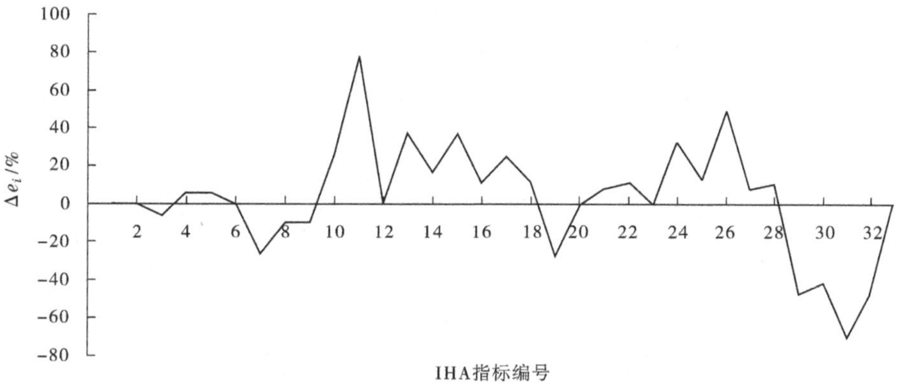

图 6　1987—2020 年梯级水库联合运行与刘家峡水库单库运行改变度对比

（1）黄河上游唐乃亥站、贵德站、循化站、小川站年径流量均呈下降趋势，小川站径流在 1986 年发生突变。

（2）从四站水文变量偏离度来看，刘家峡水库单库运行期间，综合变化程度为 61%，整体变化程度中等。龙羊峡、刘家峡联合运用后，综合变化程度为 64%，整体变化程度中等，接近高等。

（3）对比刘家峡水库单独运行与龙刘水库联合运用，11 月平均流量与高低脉冲历时改变度最大。龙羊峡水库运行进一步改变汛期、非汛期水量分配过程，且降低对年极端流量、减少流量变化，维持水文情势稳定。

参考文献

[1] 江恩慧，屈博，曹永涛，等．着眼黄河流域整体完善防洪工程体系［J］．中国水利，2021（18）：14-17.
[2] 彭少明，尚文绣，王煜，等．黄河上游梯级水库运行的生态影响研究［J］．水利学报，2018：1187-1198.

[3] 黄喜峰，苏志诚．黄河生态治理与开发管理研究：评《变化环境下黄河上游河道生态效应模拟研究》[J]．人民黄河，2020，42：167.

[4] 管晓祥，张建云，鞠琴，等．多种方法在水文关键要素一致性检验中的比较 [J]．华北水利水电大学学报（自然科学版），2018，39（2）：51-56.

[5] 康苗业，肖伟华，鲁帆，等．黄河花园口水文站多时间尺度径流演变规律分析 [J]．人民黄河，2022，44（5）：25-29.

[6] 张媛，李常斌，王刘明，等．几种河川径流序列突变检验方法的对比 [J]．水利水电技术，2020，51（2）：38-47.

[7] Richter B D, Baumgaartner J V, Powell J, et al. A method for assessing hydrologic alteration within ecosystems [J]. Conservation Biology, 1996, 10 (4): 1163-1174.

[8] Richter B D, Baumgartner J V, Wigington R, et al. How much water does a river need? [J]. Freshwater Biology, 1997, 37 (1): 231-249.

[9] 鞠琴，吴佳杰，姚婷月，等．基于 IHA-RVA 法的渭河流域水文情势变化分析 [J]．水文，2022，42（4）：76-82.

黄河河口面临的主要问题与治理思路

凡姚申　窦身堂　于守兵　吴　彦　王广州　杜小康

（黄河水利科学研究院水利部黄河下游河道与河口治理重点实验室，河南郑州　450003）

摘　要：黄河河口是黄河水沙承泄区，也是黄河流域生态保护和高质量发展重大国家战略的关键区域。新情势下，黄河河口面临入海水沙急剧减少、河口尾闾汊道变化频繁、海岸侵蚀与地面沉降显著、河口自然湿地破碎化严重、刁口河备用流路保护难度大等问题。为此，黄河河口治理要充分运用系统科学思想，加强基础研究，结合未来水沙情势、流域综合治理战略与河口地区经济社会发展需求，从水利行业、国家战略和区域发展三个角度出发，统筹抓好防洪保安、生态保护和支撑社会经济发展三大要务。

关键词：黄河河口；入海水沙；防洪保安；生态保护；系统治理

河口地处河-海-陆交互区域，是地球系统的重要组成部分。近年来，受海平面变化和高强度人类活动双重胁迫作用，全球绝大多数河口水沙动力和地形边界已出现新变化[1]，频发的极端气候事件对河口演化进程也有深刻的影响，进一步降低了河口系统特征的可预测性。

黄河口属于河控多沙型河口，与世界其他河口类似，目前已出现入海泥沙急剧变化的新现象[2]；河口由快速向海淤进到缓慢沉积，水下三角洲局部出现侵蚀迹象[3]，黄河口处于冲淤转型新时期；黄河口尾闾沟汊不断撕裂产生、孕育发展[4]，拦门沙出露水面，黄河口前缘淤积延伸出现新状态[5]。黄河流域生态保护和高质量发展重大国家战略指出“维持河流健康、加强生态保护、促进流域高质量发展，让黄河成为造福人民的幸福河”“下游的黄河三角洲要做好保护工作，促进河流生态系统健康，提高生物多样性”，这些要求对黄河河口治理提出了更高标准。亟须在河口演变基本理念指导下，梳理新情势下黄河河口治理存在的主要问题与制约因素，结合未来水沙情势、河口生态保护和区域社会经济发展需求，展望新阶段河口治理开发战略。

1　河口的基本理论

地貌学家 Galloway（1975）依据河口形态和河流-海洋动力组合，识别出河控、潮控和浪控等三个端元，认为河口不外乎上述端元及其过渡类型河口的分类[6]（见图 1）。径流量和流速决定河口的输运能力，输运能力决定泥沙沉积的位置进而影响流路延长和三角洲扩展；波浪侵蚀作用掀起床面泥沙，影响泥沙沉积和再悬浮过程；潮汐涨落决定水体流速和输沙方向，影响河口冲淤和形态发育。但是，依据径流、波浪和潮汐三种动力优势占比的分类，是一种静态的认识。Penland 等（1988）首次将相对海面变化纳入河口的分类研究中，标志着强调海面变化动态研究的开始[7]。从现代过程的视角来看，河口系统可由一系列边界条件和动力过程的组合所决定的状态函数来刻画。换言之，早期静态分类方案可视为对河口在某一时空尺度的“拍照”行为，而系统的、深刻的理解应包括时间和空间的变化，即河口系统状态的改变会使得某种形态的河口演变为另外一种形态。例如，始于潮控环境

基金项目：国家自然科学基金项目（U2243207）；河口海岸学国家重点实验室开放课题项目（SKLEC-KF202401）；河南省杰出青年科学基金项目（232300421017）基金名称 1（基金编号）。

作者简介：凡姚申（1989—），男，高级工程师，主要从事河口海岸水沙动力地貌研究工作。

通信作者：窦身堂（1980—），男，教授级高级工程师，主要从事水利信息化与河口治理工作。

的三角洲生长壮大之后，可能会直面开敞的陆架环境而演变为浪控型[8]。

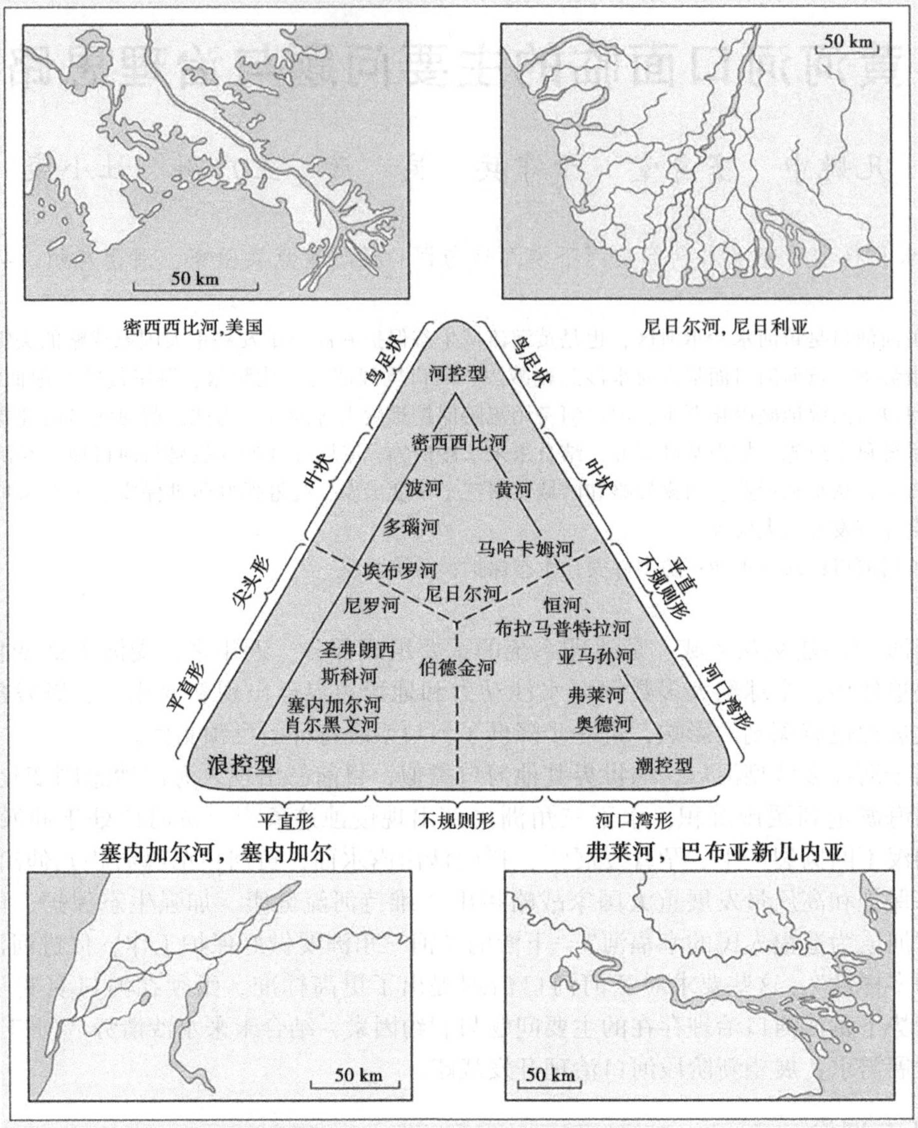

图 1　经典的河口分类：河控、潮控和浪控型河口及其过渡类型

除了河口分类，学者们在河口发育和规律方面也开展了广泛的研究，在河口冲淡水、河口锋、最大浑浊带、河口泥沙运动、拦门沙形成和河口发育模式等方面形成了深刻的理论认识。从河口冲淡水和泥沙运动两个例子来看：①河流冲淡水的产生和发展主要决定于径流、潮汐、风、沿岸地形、背景流场、水质和地球自转[9]。在潮汐应变的作用下，河流冲淡水呈现涨落潮差异[10]。一般来说，涨潮时水体混合较强，落潮时水体分层较强[11]。②河口地区泥沙输运取决于河流径流、潮汐、地形、盐度、温度、颗粒梯度、冲淤过程、泥沙沉降速度以及物理化学生物过程等。Wolanski 等研究弗莱河口泥沙输运，发现至少 3/4 河流来沙在河口处落淤[12]。潮汐的涨落潮差异对河口地区泥沙浓度有很大的影响，涨潮期间泥沙浓度要高于落潮期间[13]。然而，河口泥沙问题极其复杂，河口泥沙运动的机制还在进一步研究中。

2　黄河河口面临的主要问题

2.1　河流入海水沙急剧减少

黄河过去的年输沙量平均为 12 亿 t，素以多沙称著于世。1960 年三门峡水库开始运行前是黄河入海水文过程的“天然期”，据利津水文站1950 s水沙资料显示，该时期黄河口年均入海沙量13.4亿t。1986年以来黄河泥沙量发生了显著变异，入海沙量（1986—2022年）仅是天然期的18%[14]。流域水库大坝建设运行后，黄河入海水量也呈显著减少趋势。历史上宁蒙桃花汛每年4月入海，为春季河口海域动物产卵与幼仔成长塑造了所依赖的淡水环境及丰富的营养物质，然而1973年桃花汛首次被三门峡水库截住，利津站流量和含沙量年代际变化表明20世纪80年代以来黄河口春季桃花汛基本消失（见图2）。除了建坝对河流入海泥沙量产生巨大影响，水土保持、引水和采砂工程及气候变化等对输沙量也产生了很大作用。

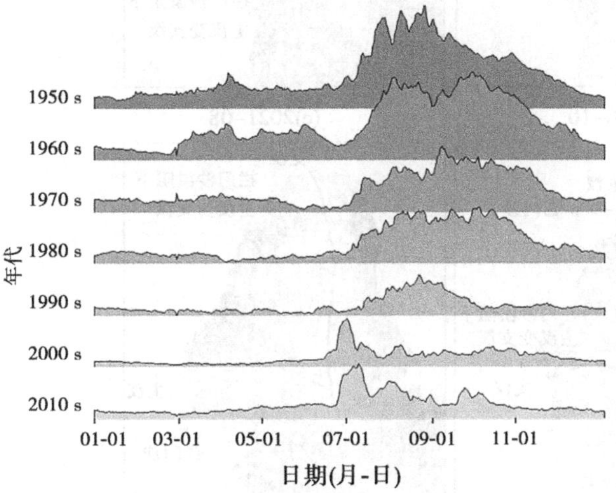

(a)流量年代际变化

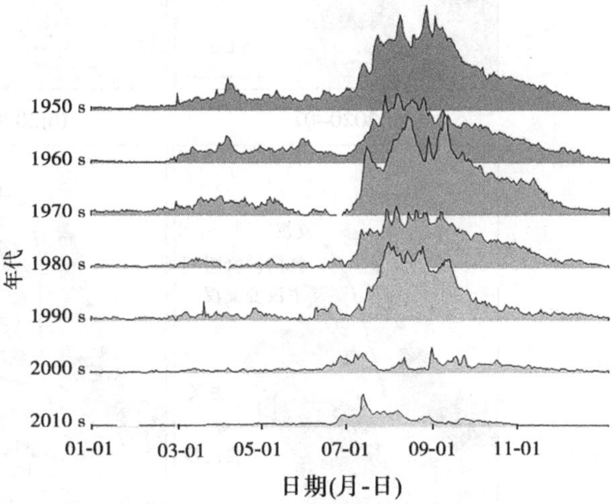

(b)含沙量年代际变化

图2 利津站流量和含沙量年代际变化

2.2 河口尾闾汊道变化频繁

行河河口仍在淤积延伸，西河口以下河长由改汊初期的49 km延长至目前的近65 km。尾闾河段2004年、2007年相继发生了较大幅度的出汊摆动现象，其摆动半径均超过了10 km。2018年以来，黄河口入海水沙量相比此前明显增大，河口汊道、沙体发育也越来越不稳定。2020年汛期北汊口门附近的拦门沙体快速发育、淤高，出露海平面后将河道再次分汊，河口出现二级汊道[5]。在新情势下，黄河口各汊道交替成为行水主汊，河口泄洪排沙主通道不断变化（见图3）。汊道频繁演替不仅直接威胁黄河口两岸防洪安全，而且可能破坏河势稳定、引起流路摆动，危及黄河口地区资源可持续开发利用和社会经济高质量发展。

2.3 海岸侵蚀与地面沉降显著

黄河三角洲海岸出现多处蚀退，海岸演变不平衡，呈现显著的空间异质性。黄河口行河流路淤积延伸，不行河流路侵蚀后退，重点防潮堤附近淘刷剧烈，自身安全受到严重威胁，三角洲海岸呈现高度时间动态性和空间异质性，海岸整体处于不稳定状态。1976年以来，随着黄河尾闾入海流路改道清水沟，刁口河流路河口海岸区失去入海泥沙直接补给，而海洋动力作用则依旧，波、流动力的掀沙和输沙造成海岸带泥沙亏损，导致强烈侵蚀后退[14]。

黄河三角洲是我国成陆时间最短的河口三角洲，随着三角洲的发育演化及地区城市化进程的不断发展，地面沉降现象较为显著。三角洲北部是地面沉降较为严重的沉降区之一，多年来大规模的石油开采及中浅层卤水开采导致沉降速率和范围显著增大[15-17]。

2.4 河口自然湿地破碎化严重

黄河河口湿地生态环境保护和区域开发的矛盾突出，河口三角洲湿地结构发生了较大的变化，自然湿地面积减少严重。2000年以前，黄河口自然湿地面积占总湿地面积比例均在90%以上；2000年以后，比例逐年下降，目前黄河口湿地面积总面积为33.3万hm^2，其中，天然湿地22.9万hm^2，人

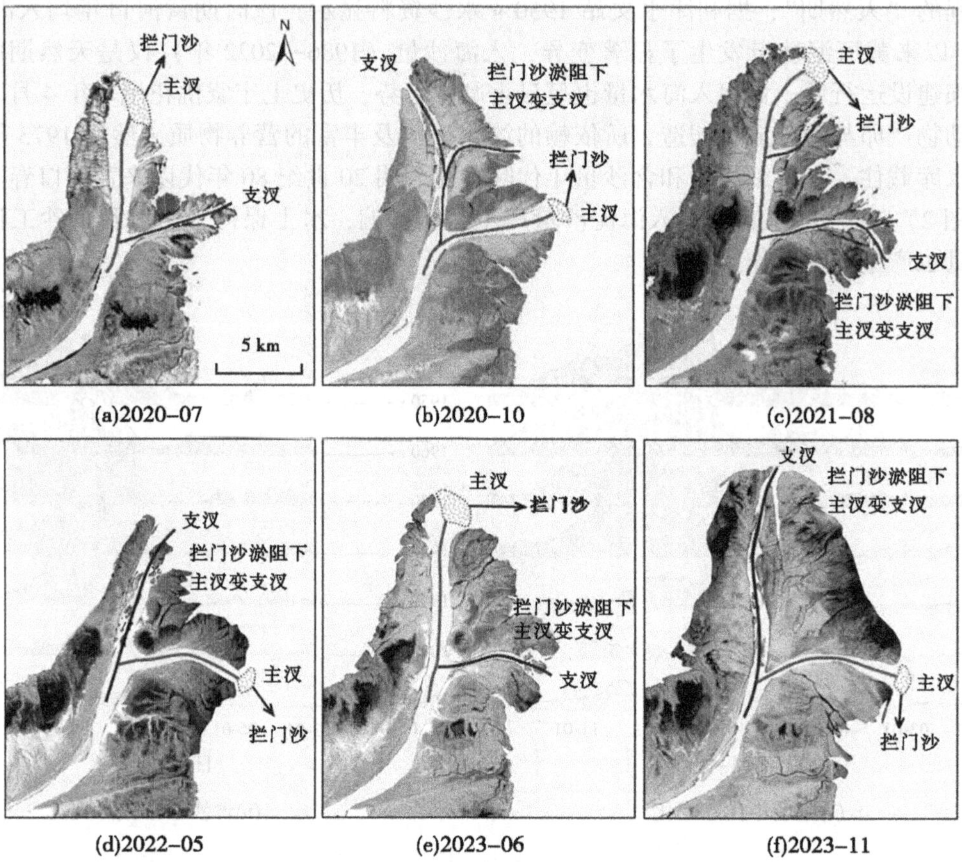

图 3　黄河河口尾闾汊道变化频繁

工湿地 10.4 万 hm^2。相关研究表明，1976 年以来，黄河口天然湿地如潮滩和沼泽，急剧减少了 55%，这些湿地主要转变为水产养殖池塘、盐田油井和旱地，尤其以河口三角洲边滩处的自然湿地减少最明显。

自然湿地丧失和栖息地破碎化对河口湿地生态系统完整性和生态圈健康产生直接而强烈影响[18]，是生物多样性减少和物种灭绝的主要影响因素。栖息地破碎化破坏湿地生物与景观格局之间的平衡关系，导致适宜生境面积丧失和空间格局的变化，而且在不同空间尺度上引起干扰的扩散，物种的分布、迁移和建群等生态过程的复杂变化，还会对物种的丰富度和密度产生重要影响，会导致生态系统严重退化[19]。

2.5　刁口河备用流路保护难度大

刁口河是黄河故道之一，曾于 1964 年 1 月至 1976 年 5 月行河。依据《黄河河口管理办法》（水利部令第 21 号，2004）和《黄河流域综合规划（2012—2030 年）》（国函〔2013〕34 号批复），刁口河故道是黄河入海河道的重要组成部分，而且是现行清水沟流路停止使用后优先启用的备用入海流路。2010 年以来，根据刁口河尾闾黄河三角洲国家级自然保护区一千二片区的湿地保护需求，实施了十余次生态补水，加大了流路范围内非防洪活动的管控。

刁口河虽为优先启用的备用入海流路，但因管理范围大、河道边界难以被公众感知，加之流路范围内油气资源丰富，刁口河流路仍存在管理范围内开发建设活动屡禁不止、生态补水能力不足等问题，刁口河主河槽出现严重萎缩，拦（跨）河建筑物阻水严重。

3　新情势下的河口系统治理思路

黄河口是一个复杂多变、充满多种因子的巨系统——它拥有河流、海洋、湿地，也拥有工农业、自然资源、城市和乡村，这些要素盘根错节，众多要素之间相互影响、相互联系、相互依存。保护治理这样一个巨系统，需要充分运用系统科学思想，加强基础研究，为河口和流域开发的重大工程决策、海岸带环境保护与管理乃至国家经济发展战略调整提供理论基础和科学依据。同时，黄河河口系统在空间上包括行水河流河道、故道摆动形成的三角洲和濒临入海口滨海区域（见图 4），在内涵上涉及河口地区行洪输沙的水文泥沙子系统、依附于河流衍生的生态环境子系统和受河流影响的社会经济子系统。黄河河口系统的概念和内涵要求系统治理要从水利行业、国家战略和区域发展三个视角出发，统筹防洪保安、生态保护和支撑经济社会发展三个方面。

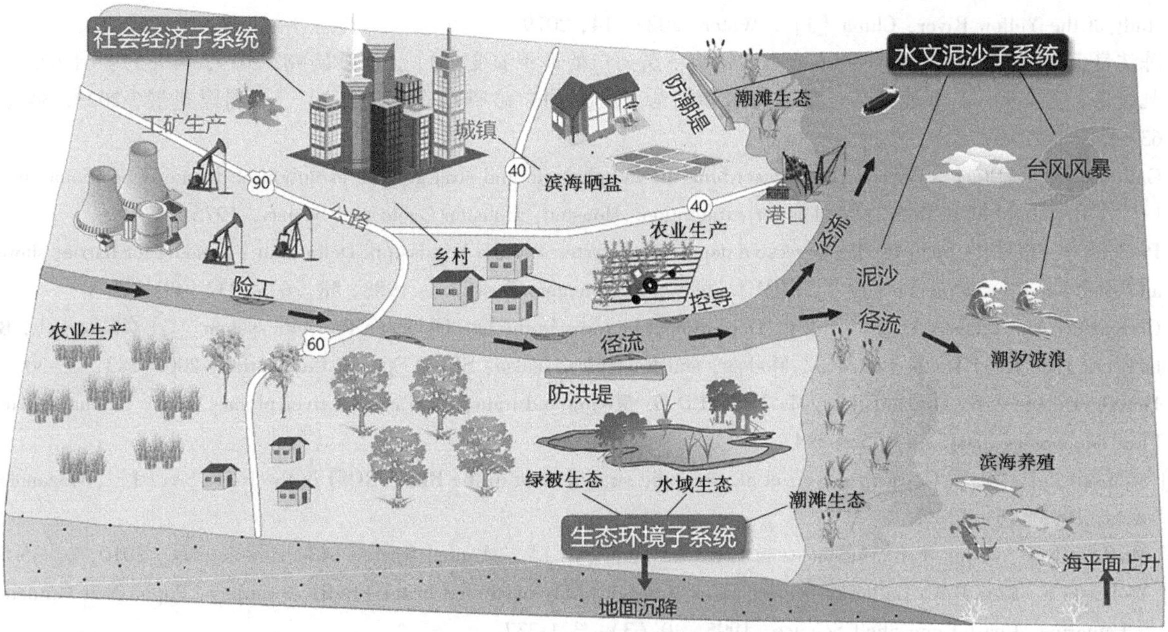

图 4　黄河河口系统概念与内涵

为实现防洪保安，河口地区提出保证河口地区的洪水在两岸大堤和规划的流路中安全运行；遵循流路自然演变规律，合理使用并提前安排流路运用方案；把控河口延伸对黄河下游河道的淤积反馈影响；调控三角洲海岸的动态平衡，构建长期稳定的流路运用与防洪防潮协同的水灾害保障体系。

为落实生态保护，河口地区提出生态补水要满足河道和近海鱼类等重要指示物种生境需求，陆域湿地生态系统要满足濒危鸟类生境需求，保证物种数量进一步提升，形成水资源刚性约束下的生态调度与生态用水配置体系。

为支撑社会经济发展，河口地区将着力提高生活生产用水效率，充分挖掘生态文明和大河文明，协同布局区域产业与黄河入海行水格局和生态格局，优化彰显大河文明的河口文明利用与水资源要素均衡支撑体系。

4　结语

新阶段黄河河口面临着巨大的资源环境和治理开发问题：入海水沙急剧减少、河口尾闾汊道变化频繁、海岸侵蚀与地面沉降显著、河口自然湿地破碎化严重、刁口河备用流路保护难度大。针对这些问题，首先需要加强基础研究，立足当前黄河口现状与问题，统筹河口地区防洪保安、生态保护和经济社会发展，综合形成以黄河入海流路长期稳定和海岸演变空间平衡为本底，以河流资源要素均衡配置高效利用为约束的行洪输沙、生态环境和支撑经济社会协同体系。

参考文献

[1] 汪亚平，贾建军，杨阳，等．长江三角洲蓝图重绘的基础科学问题：进展与未来研究［J］．海洋科学，2019，43（10）：2-12.

[2] 吴晓，王厚杰，范勇勇，等．水库调控影响下黄河春季入海径流变化及其对河口渔业恢复的潜在效力［J］．中国科学：地球科学，2024，54.

[3] Ji H Y，Chen S L，Jiang C，et al. Damming-induced hydrogeomorphic transition in downstream channel and delta：a case study of the Yellow River，China［J］．Water，2022，14，2079.

[4] 陈沈良，谷硕，姬泓宇，等．新入海水沙情势下黄河口的地貌演变［J］．泥沙研究，2019，44（5）：61-67.

[5] 凡姚申，窦身堂，王万战，等．新入海水沙情势下的黄河口沙嘴动态响应［J］．水科学进展，2023，34（1）：63-75.

[6] Galloway W E. Process framework for describing the morphologic and stratigraphic evolution of deltaic depositional systems［C］// Broussard M L. Deltas：Models for exploration. Houston：Houston Geological Society，1975：87-98.

[7] Penland S，Boyd R，Sut J R. Transgressive depositional systems of the Mississippi Delta plain：a model for barrier shoreline and shelf sand development［J］．SEPM Journal of Sedimentary Research，1988，58（6）：932-949.

[8] Correggiari A，Cattaneo A，Trincardi F. Depositional patterns in the late Holocene Po Delta system［C］// Giosan L，Bhattacharya J P. River Deltas-Concepts，Models，and Examples. Tulsa：SEPM Special Publication，2005：83，13-30.

[9] Horner-Devine A R，Hetland R D，MacDonald D G. Mixing and transport in coastal river plumes［J］．Annual Review of Fluid Mechanics，2015，47：569-594.

[10] Simpson J H，Bos W G，Schirmer F，et al. Periodic stratification in the Rhine ROFI in the North Sea［J］．Oceanologica Acta，1993，16：23-32.

[11] MacCready P，Geyer W R. Advances in Estuarine Physics［J］．Annual Review of Marine Science，2010，2：35-58.

[12] Wolanski E，King B A，Galloway D. Dynamics of the turbidity maximum in the Fly River estuary，Papua New Guinea［J］．Estuarine，Coastal and Shelf Science，1995，40（3）：321-337.

[13] Fettweis M，Sas M，Monbaliu J. Seasonal，Neap-spring and Tidal Variation of Cohesive Sediment Concentration in the Scheldt Estuary，Belgium［J］．Estuarine，Coastal and Shelf Science，1998，47：21-36.

[14] 凡姚申．黄河三角洲近岸海床侵蚀过程及其动力机制［D］．上海：华东师范大学，2019.

[15] 徐丽雯，黄海军，刘艳霞，等．黄河三角洲地区人工建筑对地面沉降的影响研究［J］．海岸工程，2015，34（3）：33-43.

[16] 别君，黄海军，樊辉，等．现代黄河三角洲地面沉降及其原因分析［J］．海洋地质与第四纪地质，2006（4）：29-35.

[17] 杜廷芹，黄海军，别君．现代黄河三角洲地面沉降对洲体演变的影响［J］．海洋科学，2011，35（9）：78-84.

[18] 李帅，马文超，顾艳文，等．宁夏黄河流域景观破碎化时空变化特征［J］．生态学报，2016，36（11）：3312-3320.

[19] 黄翀，刘高焕，张海龙，等．黄河河口湿地景观变化影响丹顶鹤生境的评价分析［J］．地球信息科学学报，2009，11（4）：491-497.

黄河流域典型地区节水潜力评估——以山西省为例

樊玉苗　景　明　梁冰洁　靳晓辉

（黄河水利委员会黄河水利科学研究院，河南郑州　450003）

摘　要： 以山西省黄河流域范围为研究对象，围绕农业、工业、生活及典型行业等方面进行了黄河流域典型地区2025年的节水潜力评估。结果表明，从提高农田灌溉水有效利用系数角度估算农业节水潜力为1.19亿m^3，从降低万元工业增加值用水量角度估算工业节水潜力为1.21亿m^3，从降低管网漏损率角度估算生活节水潜力为0.11亿m^3。典型行业方面，大型灌区可节约水量约为3 624万m^3；火力发电机组用水效率达到领跑值和先进值的可节约水量分别为2 043.96万m^3、1 309.53万m^3，煤炭企业用水效率均达到通用值可节约水量33.43万m^3；高校达到通用值和先进值的节水量分别为30.10万m^3、200.38万m^3。

关键词： 黄河流域；山西省；节水潜力；评估

1　引言

黄河流域生态保护和高质量发展已经上升为重大国家战略，面对日益严峻的水资源供需情势，保障水资源安全已经成为黄河流域生态保护和高质量发展亟须解决的关键问题[1-3]，充分挖掘流域节水潜力，提高水资源利用效率和效益，是缓解黄河流域供需矛盾最现实和最优先的途径[3-4]。山西省黄河流域段是黄河流域生态保护和高质量发展重要实验区，是拱卫京津冀和黄河生态安全的重要屏障[5]，同时也是黄河流域发展基础最薄弱、生态环境最脆弱、结构性矛盾最突出的地区之一[6]。因此，合理评估山西省黄河流域的节水潜力，可为山西省水资源规划、调配提供支撑，并为黄河流域深度节水控水行动的实施提供基础的数据参考。

2　材料与方法

2.1　区域概况

山西地处黄河中游，黄河自忻州市偏关县老牛湾流入山西，至运城市垣曲县碾盘沟出境，流经忻州、吕梁、临汾、运城4市19县（市、区），全长965 km，占黄河全长近1/5。黄河干支流流经的县级行政区共11市86县（市、区），国土面积11.46万km^2，占全省的73.1%。

2.2　数据方法

本文采用的数据主要来自《山西省水资源公报》《山西省黄河流域深度节水控水实施方案》《山西省黄河流域生态保护和高质量发展规划》《国家节水行动山西实施方案》《山西省水利统计年鉴》、山西省灌区水效领跑者、钢铁煤化工行业水效领跑者、节水型高校等相关资料。

节水潜力评估按照不同行业类型分为以下三种。

（1）农业节水潜力评估。按式（1）计算：

基金项目： 国家自然科学基金黄河水科学研究联合基金（（U2243226，U2243601）。

作者简介： 樊玉苗（1990—），女，高级工程师，主要从事水资源高效利用方面的研究工作。

通信作者： 靳晓辉（1987—），男，高级工程师，主要从事区域生态水文方面的研究工作。

$$W_1 = \sum_{i}^{m} A_{i0} \times (\frac{Q_{i0}}{\mu_0} - \frac{Q_{i0}}{\mu_t}) \tag{1}$$

式中：W_1 为农业节水潜力，m^3；A_{i0} 为现状水平年第 i 种作物的有效面积，亩；Q_{i0} 为现状水平年第 i 种作物的净灌溉需水定额，m^3/亩；μ_0 为现状水平年灌溉水有效利用系数；μ_t 为规划水平年灌溉水有效利用系数。

（2）工业节水潜力评估。按式（2）计算：

$$W_2 = Z_0 \times (Q_0 - Q_t) \tag{2}$$

式中：W_2 为工业节水潜力，m^3；Z_0 为现状水平年工业增加值，元；Q_0 为现状水平年万元工业增加值用水量，m^3/元；Q_t 为规划水平年万元工业增加值用水量，m^3/元。

（3）生活节水潜力评估。主要考虑由于降低管网漏损率而带来的节约水量，按式（3）计算：

$$W_3 = W_0 - W_0 \times (1 - \eta_0)/(1 - \eta_t) \tag{3}$$

式中：W_3 为降低管网漏损率所节约的水量，m^3；W_0 为现状水平年自来水厂供出的城镇居民生活用水量，m^3；η_0 为现状水平年供水管网漏损率（%）；η_t 为规划水平年供水管网漏损率（%）。

典型行业节水潜力评估分为工业火力发电和服务业高校两种，具体如下。

山西黄河流域火力发电机组用水水平多处于通用值水平、多家煤炭洗选煤企业为未达标水平，具有一定的节水潜力，工业火力发电节水潜力按式（4）计算：

$$W_4 = W_{t0} - \frac{W_{t0}}{\alpha_0} \times \alpha_t \tag{4}$$

式中：W_4 为火力发电行业/煤炭洗选煤典型企业节水潜力，m^3；W_{t0} 为现状水平年用水量，m^3；α_0 为现状水平年单位发电用水量，m^3/（MW·h），或煤炭洗选煤用水效率，m^3/t；α_t 为规划水平年单位发电用水量，m^3/（MW·h），或煤炭洗选煤用水效率，m^3/t。

未达到先进值的高校节水潜力按式（5）计算：

$$W_5 = N_{t0} \times (\alpha_0 - \alpha_t) \tag{5}$$

式中：W_5 为高校节水潜力，m^3；N_{t0} 为现状高校标准人数，人；α_0 为现状人均年用水量，m^3；α_t 为规划人均年用水量，m^3。

3 结果与分析

3.1 现状节水潜力评估

农业节水主要考虑提高农田灌溉水有效利用系数所能节约的水量。2021 年山西省黄河流域有效灌溉面积为 1 569.09 万亩，实际灌溉面积 1 388.92 万亩，农业用水量为 27.5 亿 m^3，2021 年山西省黄河流域灌溉水有效利用系数为 0.555。考虑通过渠系改造等节水措施，2025 年将灌溉水有效利用系数提升至 0.58，则山西省黄河流域估算农业节水潜力为 1.19 亿 m^3。工业节水主要考虑降低万元工业增加值用水量所能节约的水量。2021 年山西省万元工业增加值用水量为 18.4 m^3/万元，工业增加值为 6 733.92 亿元。考虑今后通过工艺改造、产业结构调整，2025 年将万元工业增加值用水量降低至 16.6 m^3/万元，则工业用水节水潜力 2025 年为 1.21 亿 m^3。山西省黄河流域工业用水量占整个山西工业用水量的 67%，相应工业节水潜力约为 0.81 亿 m^3。山西省黄河流域内 2021 年生活用水量为 10.06 亿 m^3，管网漏损率为 10%，规划 2025 年山西省黄河流域管网漏损率降低为 9%，则通过管网漏损率提升的生活节水潜力为 0.11 亿 m^3。

3.2 典型行业节水潜力

按照《山西省黄河流域深度节水控水实施方案》中灌溉水利用系数由 2020 年的 0.55 增加至 0.58 的提升幅度，对山西省大型灌区的节水潜力进行评估（见图 1），计算得到 2025 年节水量约为 3 624 万 m^3。

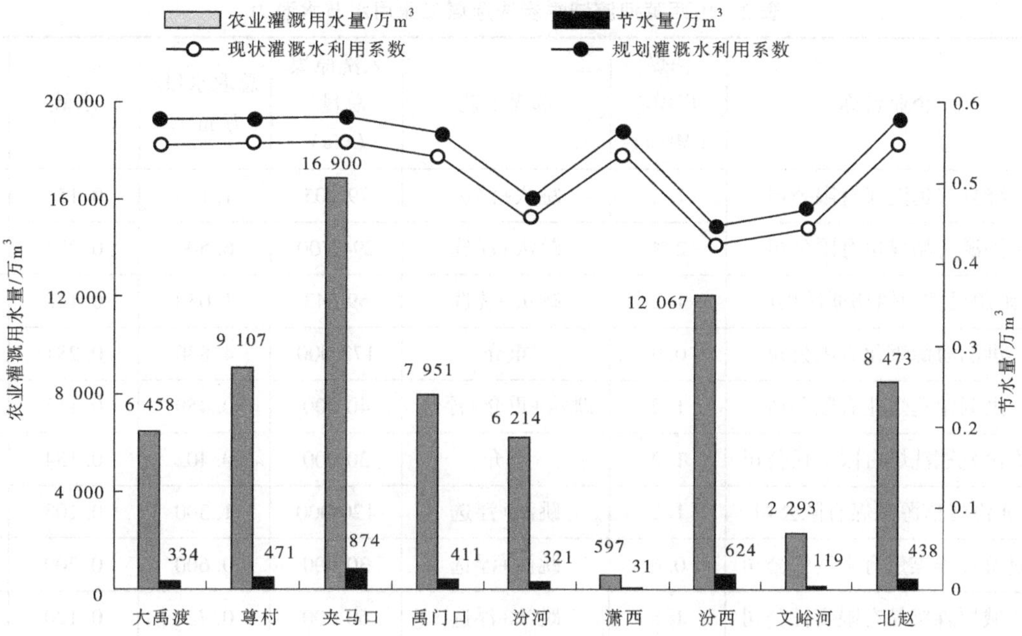

图1　山西省黄河流域大型灌区节水潜力

工业火力发电节水潜力根据34家企业80台机组规模计算（见表1），现状用水量累计为7 342.85万m^3，若所有机组用水效率均达到领跑值，用水量累计为5 298.89万m^3，可节约水量2 043.96万m^3；若所有机组用水效率均达到先进值，用水量累计为6 033.33万m^3，可节约水量1 309.53万m^3。

表1　山西黄河流域火力发电工业用水节水潜力　　单位：万m^3

类型	现状用水量	达到领跑值用水量	达到领跑值节水量	达到先进值用水量	达到先进值节水量
燃煤发电、空气冷却<300 MW	227.54	118.20	109.34	126.08	101.45
燃煤发电、空气冷却300 MW级	2 344.73	1 417.08	927.65	1 848.37	496.37
燃煤发电、空气冷却600 MW级	1 051.33	651.03	400.30	799.00	252.33
燃煤发电、循环冷却<300 MW	165.91	115.09	50.82	123.07	42.84
燃煤发电、循环冷却300 MW级	2 774.16	2 223.25	550.91	2 362.21	411.96
燃煤发电、循环冷却600 MW级	769.41	769.41	—	769.41	—
燃气-蒸汽联合循环、循环冷却<300 MW	2.75	2.75	—	2.75	—
燃气-蒸汽联合循环、直流与空气冷却	7.02	2.08	4.94	2.44	4.57
合计	7 342.85	5 298.89	2 043.96	6 033.33	1 309.53

煤炭洗选煤工业用水节水潜力根据未达标的26家企业计算（见表2），现状用水量累计为67.1万m^3，若26家企业用水效率均达到通用值水平，用水量累计为33.67万m^3，可节约水量33.43万m^3。

表 2　山西黄河流域煤炭洗选煤工业用水节水潜力

序号	企业名称	选煤规模/(Mt/a)	选煤工艺	入洗原煤总量/(t/a)	总取水量/(万 m³/a)	水效	节水量/万 m³
1	绛县宏远洗煤有限公司	1.2	跳汰+浮选	79 705	1.199	0.150	0.48
2	沁源金峪煤焦有限公司	2.4	跳汰+浮选	294 700	6.500	0.221	3.85
3	沁源灵空山镇伟通洗煤厂	1.2	跳汰+洗选	69 643	1.030	0.148	0.40
4	洪洞海源煤化有限公司	0.9	重介	172 000	4.830	0.281	3.28
5	洪洞荣达煤业有限公司	1.2	跳汰+重介+浮选	40 000	0.459	0.115	0.10
6	临汾龙冠洗煤有限责任公司	1.2	重介	30 000	0.402	0.134	0.13
7	襄汾晋盛源洗煤有限公司	1.2	跳汰+浮选	120 000	1.300	0.108	0.22
8	襄汾森鑫煤焦有限责任公司	0.6	跳汰+浮选	30 000	0.600	0.200	0.33
9	翼城煜森贸易有限责任公司	1.8	跳汰+浮选	60 000	0.720	0.120	0.18
10	翼城燎舜煤业有限责任公司	1.2	跳汰+浮选	46 000	0.619	0.135	0.21
11	翼城华鑫煤业有限责任公司	1.2	跳汰	83 000	3.515	0.424	2.77
12	翼城鼎焱煤业有限公司	1.2	跳汰+浮选	180 875	1.957	0.108	0.33
13	汾西康达洗煤厂	1.2	重介+跳汰	45 682	0.755	0.165	0.34
14	静乐裕达能源清洁有限公司	1.8	跳汰+浮洗	489 559	6.112	0.125	1.71
15	静乐恒通洗煤有限公司	1.2	跳汰	100 000	2.685	0.269	1.79
16	山西大远煤业有限公司	1.2	重介+浮选	568 717	14.200	0.250	9.08
17	静乐五星煤业有限公司	1.2	跳汰	245 779	4.225	0.172	2.01
18	保德晋保洗煤有限公司	1.2	跳汰	35 000	0.714	0.204	0.40
19	保德浩天祥煤化有限公司	1.2	跳汰	36 000	0.774	0.215	0.45
20	孝义市金太行煤化有限公司	1.2	跳汰+浮选	80 792	0.902	0.112	0.17
21	孝义市金鼎山煤业有限公司	1.2	重介+跳汰	40 956	1.029	0.251	0.66
22	柳林县文森煤焦有限公司	1.2	跳汰+重介	61 200	1.441	0.235	0.89
23	山西万通煤业有限公司	1.8	跳汰+重介+浮选	345 800	4.168	0.121	1.06
24	古交市万兴源洗煤有限公司	1.8	跳汰+浮选	48 379	0.708	0.146	0.27
25	古交市三江煤业有限公司	1.8	跳汰+重介+浮选	30 000	0.863	0.288	0.59
26	古交市汇丰源选煤有限公司	1.2	跳汰加浮选	406 663	5.390	0.133	1.73
合计节水量/万 m³							33.43

服务业高校节水潜力主要考虑高校方面，山西黄河流域 74 所高校中 16 处高校达到通用值，7 所高校未达到通用值，高校节水潜力计算结果见表 3、表 4。当所有高校均达到通用值的节水量为 30.10 万 m^3，当高校均达到先进值的节水量为 200.38 万 m^3。

表 3　山西黄河流域高校均达到通用值的节水潜力

高校名称	高校标准人数/人	人均年用水量/m³	节水量/万 m³
山西大学坞城校区	18 481	58.83	16.32
山西财经大学华商学院红寺村校区	1 773	72.92	4.06
太原旅游职业学院主校区	3 923	55.31	2.08
山西旅游职业学院主校区	4 542	55.17	2.35
山西电力职业技术学院主校区	2 400	63.77	3.30
山西青年职业学院主校区	2 835	55.42	1.54
吕梁职业技术学院	1 705	52.67	0.45
合计	35 658	—	30.10

表 4　山西黄河流域高校均达到先进值的节水潜力

高校名称	高校标准人数/人	人均年用水量/m³	节水量/万 m³
山西大学坞城校区	18 481	58.83	47.73
太原科技大学主校区	24 095	39.95	16.75
太原理工大学太原校区	28 854	41.48	24.47
山西财经大学迎泽校区	3 910	48.66	6.12
太原学院汾东校区	15 132	39.47	9.80
太原学院滨河校区	2 591	37.37	1.13
山西财经大学华商学院红寺村校区	1 773	72.92	7.08
太原工业学院太原校区	19 702	39.12	12.05
山西水利职业技术学院小店校区	1 825	38.96	1.09
太原旅游职业学院主校区	3 923	55.31	8.75
山西旅游职业学院主校区	4 542	55.17	10.07
山西电力职业技术学院主校区	2 400	63.77	7.38
山西经贸职业学院主校区	3 250	46.15	4.28
山西铁道职业技术学院主校区	3 370	48.28	5.15
山西青年职业学院主校区	2 835	55.42	6.36
山西工程职业学院唐槐校区	3 600	43.06	3.62
吕梁职业技术学院	1 705	52.67	3.35
山西医科大学晋祠学院	431	42.82	0.42
山西农业大学	29 575	33.46	1.35
山西师范大学榆次学校	23 936	40.22	17.27
山西管理职业学院	2 050	37.22	0.87
山西师范大学现代文理学院	8 564	39.01	5.15
运城学院	21 584	33.07	0.14
合计	228 124	—	200.38

4 结论

论文对山西省黄河流域范围的农业、工业、生活及典型行业等方面进行了节水潜力评估。结果表明，到 2025 年，提高农田灌溉水有效利用系数可在农业方面挖掘节水潜力 1.19 亿 m^3，降低万元工业增加值用水量可在工业方面挖掘节水潜力 1.21 亿 m^3，降低管网漏损率可在生活方面挖掘节水潜力 0.11 亿 m^3。典型行业方面，9 个大型灌区可节水量约为 3 624 万 m^3；34 家火力发电企业 80 台机组用水效率均达到领跑值可节约水量 2 043.96 万 m^3，若所有机组用水效率均达到先进值，可节约水量 1 309.53 万 m^3；26 家未达标的煤炭企业用水效率均达到通用值，可节约水量 33.43 万 m^3；7 所高校达到通用值的可节水量为 30.10 万 m^3，所有高校均达到先进值的可节水量为 200.38 万 m^3。

参考文献

[1] 国务院．黄河流域生态保护和高质量发展规划纲要［R］. 2021.
[2] 张红武．科学治黄方能保障流域生态保护和高质量发展［J］．人民黄河，2020，42（5）：7-13.
[3] 赵勇，何凡，李海红，等．黄河流域极限节水潜力与缺水识别［M］．北京：科学出版社，2021.
[4] 寇嘉玮，刘永刚，荀耀峰，等．陕西省黄河流域深度节水水平及潜力评估［J］．人民黄河，2024，46（6）：54-59.
[5] 魏永平．山西主动服务和积极融入黄河流域生态保护和高质量发展重大国家战略［J］．中国水土保持，2022，9：23-25.
[6] 山西省人民政府．山西省黄河流域生态保护和高质量发展规划［R］. 2022.

基于 MIKE FLOOD 的城市内涝耦合模型在广州地铁洪涝灾害风险分析中的应用研究

刘永安　刘志成　郑国贤

（珠江水利委员会珠江水利科学研究院，广东广州　510611）

摘　要：应用 DHI MIKE 11、MIKE 21 分别构建了广州市增城区永和河下游地区一维和二维水动力模型，采用 MIKE FLOOD 耦合模型模拟了 100 年一遇极端暴雨条件下广州地铁 13 号线官湖站、新沙站所在地区的淹没特性，并与地铁站台出入口标高进行对比分析。结果表面，MIKE 11 和 MIKE 21 耦合模型较好地模拟了地铁周边区域淹水深度及淹没水位，为地铁洪涝风险防御提出建议对策。

关键词：地铁洪涝灾害；耦合模型；淹水深度；淹没水位；防御措施

1　研究背景

地铁作为城市重要基础交通设施，多建设于地下几十米，一旦洪涝水灌入地铁隧道、站台，将直接造成经济损失，甚至可能威胁乘客、工作人员的人身安全。近些年，全国范围内地铁洪涝事件频发：2016 年 7 月 6 日，武汉市因为发生内涝灾害，大量雨水倒灌入地铁 2 号线及 4 号线车站，导致多个地铁出入口临时封闭[1]；2020 年 5 月 22 日，广州市增城区凌晨突降暴雨，洪涝水倒灌进入官湖站和新沙站，导致广州地铁 13 号线沙村站至新沙站段暂停对外营运[2]；2021 年 7 月 20 日，郑州特大暴雨导致地铁 5 号线海滩寺站到沙口路站隧道内出现严重积水，造成多人死亡[3]。鉴于此，开展城市地铁洪涝灾害研究十分必要。文献［4］~［5］主要针对地铁出入口防洪涝设计水位和受灾后的案例评估进行了分析；文献［6］~［7］主要从地铁外部条件变化和内部建设两个方面，分析地铁受洪涝影响的成因；文献［8］~［10］分别构建了基于容积法、复合权重集、InfoWorks ICM 的城市内涝模型，模拟分析了在不同重现期下地铁场站的内涝积水深度。虽然多数学者已从不同方法和角度对地铁洪涝灾害进行论证研究，但分析地铁建成后受灾成因及提出相应措施的成果较少[11]。因此，本文通过构建 DHI MIKE 耦合模型分析地铁受淹成因及计算淹没水深，为广州地铁 13 号线官湖站、新沙站防洪涝提出建议措施。

2　研究区概况

永和河为东江一级支流，发源于广州市黄埔区华峰，其中在增城区内该流域呈树状，流域内河涌流大多自北向南，于增城区新塘镇坭紫村附近汇入东江。增城区境内永和河中上游为丘陵地，下游的新塘镇则为冲积平原，为三角洲河网区，河涌较多，且具有潮汐特点。永和河流域面积为 68.35 km^2，其中新塘段河道长约 8.73 km，河道平均坡降为 2‰。本次研究区域为永和河下游，在增城区新塘镇境内主要支流有矮岗河、东埔河、官湖支涌、石下涌右支涌、石下左支涌、龙塘涌、新街支涌等，所在排水分区为官湖排涝片区。官湖站和新沙站位于新塘镇，周边水系复杂。受极端天气影响，2020 年 5 月 22 日官湖站、新沙站站内出现严重水浸。为研究这两个地铁站受灾成因，本次将其作为

作者简介：刘永安（1993—），男，工程师，主要从事洪潮涝灾害防御、水利工程数字孪生方面的研究工作。

典型站点进行研究。研究区域所在永和河流域下游和站点分布见图 1。

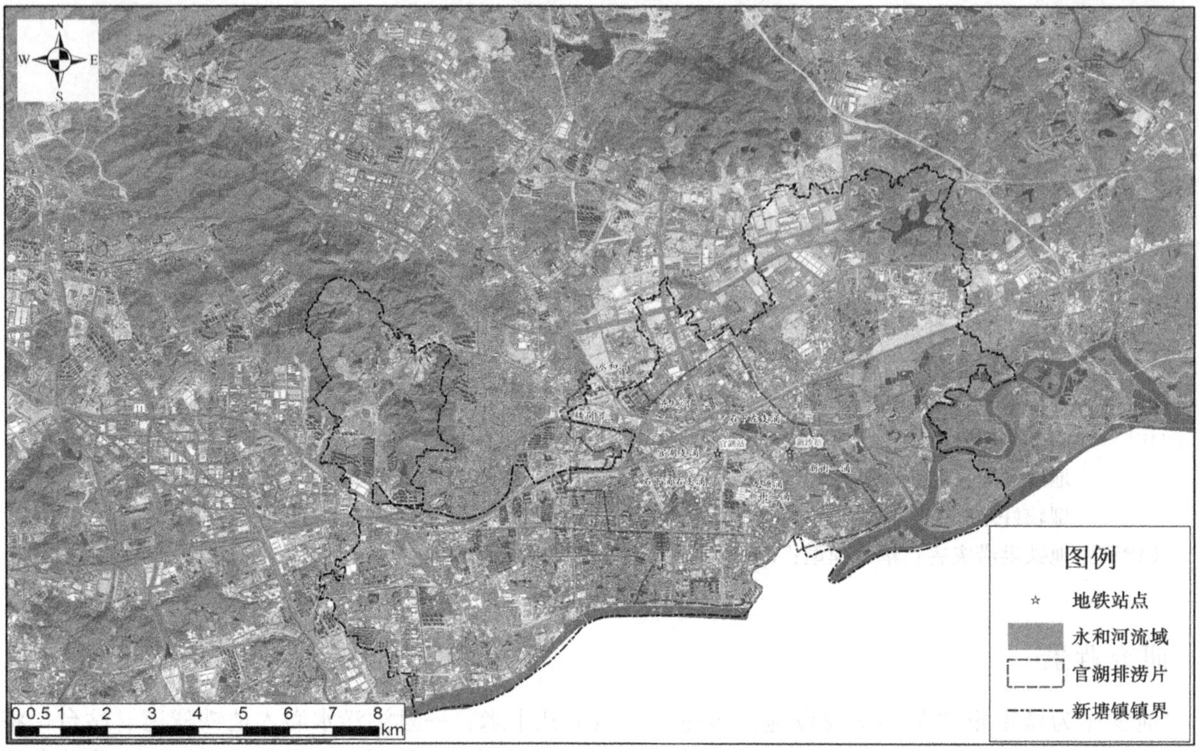

图 1　永和河流域下游典型地铁站点分布

3　模型原理及构建

3.1　模型原理

3.1.1　MIKE 11 一维水动力模型

一维水动力模型（HD）是研究某一流域内河道的非连续性水流运动规律的模型，模型结果可以对河道水流运动的基本特征进行描述。MIKE 11 模型是以圣维南（Saint-Venant）方程的质量和动量守恒定律为基础，以水位和流量为研究对象的水力学模型[12]。表达式如下。

连续方程：

$$B\frac{\partial Z}{\partial t}+\frac{\partial Q}{\partial x}=q \tag{1}$$

动量方程：

$$\frac{\partial Q}{\partial t}+\frac{\partial}{\partial x}\left(\beta\frac{Q^2}{A}\right)+gA\left(\frac{\partial Z}{\partial x}+S_f\right)+u_l q=0 \tag{2}$$

式中：Z 为断面平均水位；Q、A、B 分别为断面流量、过水面积、水面宽度；x、t 为距离和时间；q 为旁侧入流，负值表示流出；β 为动量校正系数；g 为重力加速度；S_f 为摩阻坡降，采用曼宁公式计算，$S_f=g/C^2$，$C=h^{1/6}/n$；u_l 为单位流程上的侧向出流流速在主流方向的分量。

网河区内汊口点是相关支流汇入或流出点，汊口点水流要满足下列连接条件。

流量连接条件：

$$\sum_{i=1}^{m}Q_i=0 \tag{3}$$

水位连接条件：

$$Z_{i,j}=Z_{m,n}=\cdots=Z_{l,k} \tag{4}$$

式中：Q_i 为汉口节点第 i 条支流流量，流入为正，流出为负；$Z_{i,j}$ 为汉口节点第 i 条支流第 j 号断面的平均水位。

3.1.2 MIKE 21 二维漫流模型

二维漫流模型对应的是 DHI 开发的 MIKE 21 FM 模块，该模块采用二维浅水方程进行数值求解，对恒定体积的 N-S 方程进行竖向积分，对质量、动量、温度、密度等都守恒，可以模拟大部分竖向均匀的二维自由水面流态。水流连续性方程、水流沿 x 方向的动量方程及水流沿 y 方向的动量方程[13]为：

$$\begin{cases}\dfrac{\partial z}{\partial t}+\dfrac{\partial(uh)}{\partial x}+\dfrac{\partial(vh)}{\partial y}=0\\ \dfrac{\partial u}{\partial t}+u\dfrac{\partial u}{\partial x}+v\dfrac{\partial u}{\partial y}+g\dfrac{\partial z}{\partial x}+g\dfrac{n^2u\sqrt{u^2+v^2}}{h^{4/3}}=0\\ \dfrac{\partial v}{\partial t}+v\dfrac{\partial v}{\partial x}+v\dfrac{\partial v}{\partial y}+g\dfrac{\partial z}{\partial y}+g\dfrac{n^2v\sqrt{u^2+v^2}}{h^{4/3}}=0\end{cases}\tag{5}$$

式中：x、y 为直角坐标系的横纵坐标；u、v 为 x、y 方向的流速分量；z、h 为 x、y 处的水位和水深；$g\dfrac{n^2u\sqrt{u^2+v^2}}{h^{4/3}}$，$g\dfrac{n^2v\sqrt{u^2+v^2}}{h^{4/3}}$为 x、y 方向水流运动阻力。

3.1.3 MIKE FLOOD 一、二维耦合模型

MIKE FLOOD 是把一维、二维模型连接在一起进行动态耦合的模型系统，其本身不参与水力计算，主要是耦合一、二维模型相关数据[14]。MIKE FLOOD 不仅继承了一维模型与二维模型的优点，在耦合后还能够在暴雨洪水过程中模拟一维河道洪水超出河堤后，向淹没区域的二维洪水演进过程。

3.2 模型构建

根据官湖站和新沙站所在区域，确定区域洪涝安全评估模型范围为新塘镇官湖排涝片区，采用三角形网格对二维模型计算区域剖分，并对地铁站附近水域和陆域局部网格进行了加密，网格最小尺寸为 0.5 m，共布置网格 176 793 个，网格如图 2 所示。

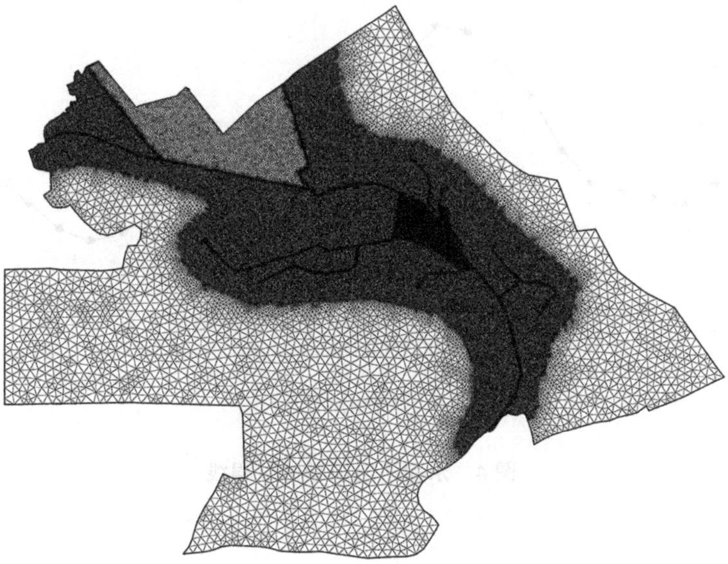

图 2　官湖排涝片区二维网格示意

为评估官湖、新沙地铁站风险，考虑地铁设防标准为 100 年一遇，本次计算水文条件如下。

3.2.1　上游流量边界

在区域 100 年一遇极端暴雨条件下，由于官湖排涝片位于永和河下游，本次考虑了永和河上游 100 年一遇洪水流量汇入，叠加排涝片区内洪水作为模型上游流量边界，排涝片区内一维河网永和河、矮岗河、东埔河、石下左支涌和新街涌 100 年一遇流量过程线见图 3。

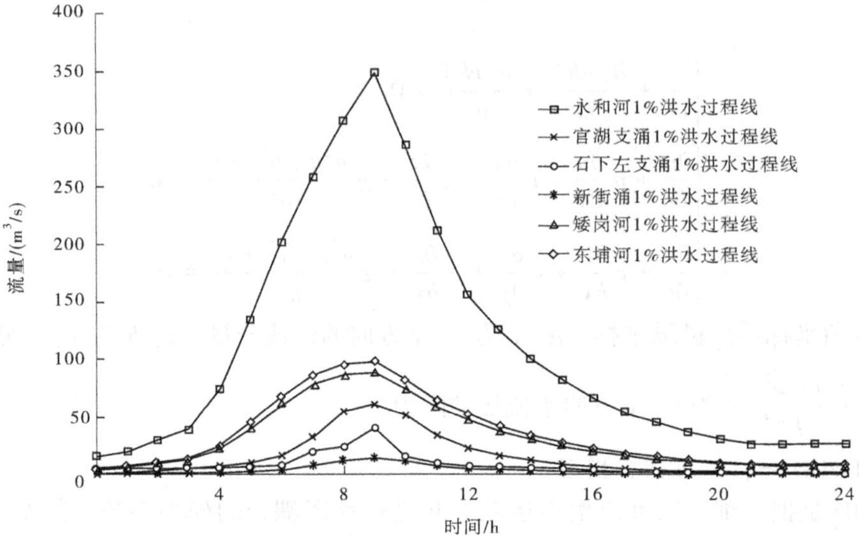

图 3　各河道 100 年一遇洪水过程线

3.2.2　出口边界

由于永和河最后排入东江北干流，本次出口边界采用的是河涌出口处的设计潮位过程，即采用 5 年一遇潮位过程，采用数据见图 4。

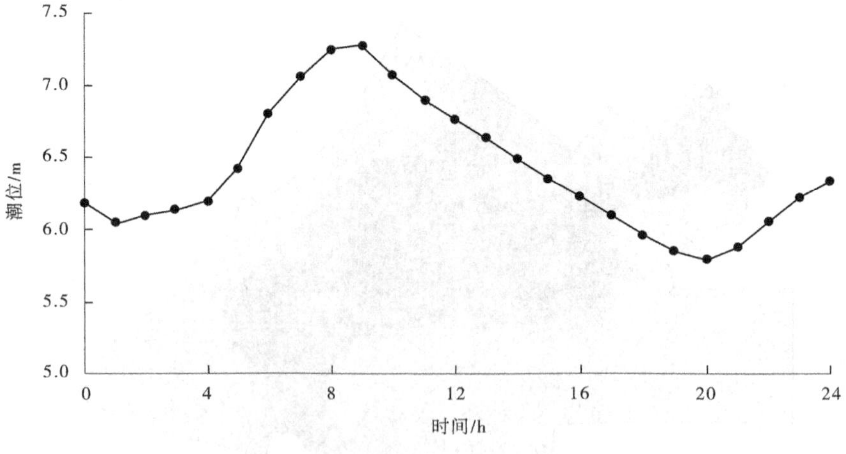

图 4　永和河出口潮位过程线

4　结果分析

4.1　淹没风险分析

根据模型计算结果可知，现状河道未整治情况下，发生 100 年一遇暴雨产生洪水时，官湖地铁站周边淹水深度 0.6~2.0 m，最高淹没水位达 9.65 m；新沙地铁 D 口淹水深度 0.8~1.5 m，最高淹没水位达 8.57 m。经分析，形成此次暴雨内涝主要原因如下。

4.1.1 防洪体系风险

永和河片区地势低洼，再加上近20年来大规模的城市化建设，导致片区蓄水保水能力大幅下降，径流系数增大，洪水峰值流量显著增大，同时由于现状永和河尚未系统整治，永和河防洪标准仅为10~20年一遇，在大暴雨条件下永和河存在漫堤风险。永和河下游流域周边水系防洪标准见图5。

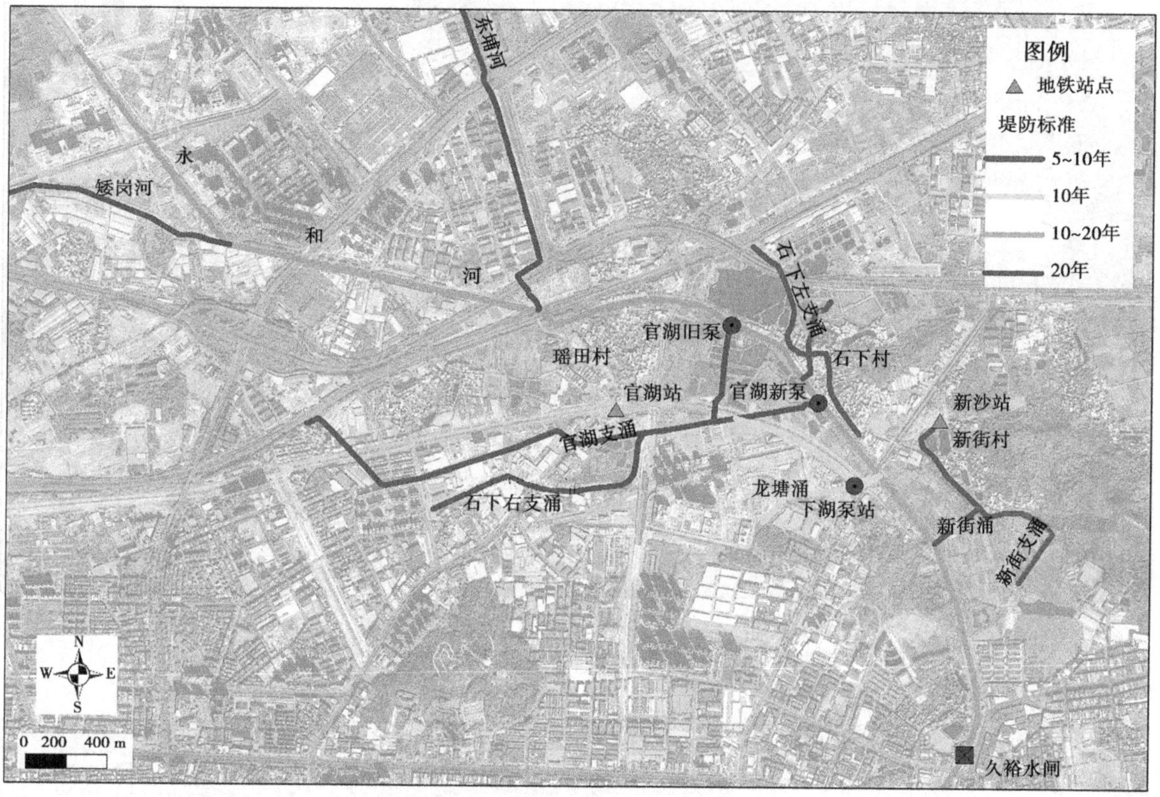

图5 地铁周边水系防洪标准

4.1.2 排涝措施风险

官湖支涌采用官湖旧泵和下湖泵站强排，石下左支涌采用石下泵站和石下电排站强排，但排涝能力有限，未能满足周边排涝需求；加之支流排涝标准普遍偏低，极端暴雨条件下官湖支涌、石下左支涌存在漫堤风险，对官湖地铁站、新沙地铁站造成较大威胁。

根据《广州市轨道交通新线防洪涝设计标准技术要求》[15] 相关规定，地下车站乘客出入口平台的设防标高=（综合推荐设防水位/现状道路标高/规划道路标高）三者取大值+安全值0.45 m（设防标高之上再增设0.6 m高防淹挡板保护设施），当片区发生100年一遇暴雨内涝时，官湖地铁出入口标高（9.79 m）与附近路面淹没水位（9.65 m）差为0.14 m<0.45 m，新沙地铁出入口标高（8.88 m）与附近路面高程（8.57 m）差为0.31 m<0.45 m。因此，现状情况下，当片区遭遇100年一遇暴雨，官湖、新沙地铁站需考虑增加措施降低附近路面淹没水位，以减少涝水倒灌风险。官湖片区现状河涌未整治下淹没水位见图6。

4.2 **优化措施分析**

本次结合城市发展需求，提出对永和河全河段堤防按50年一遇达标整治，对其支流防洪标准提升至30年一遇。通过模型计算，片区发生100年一遇降雨时，官湖地铁站出入口附近仍有部分路面内涝，但淹没范围减少明显，淹没水位8.0 m，对地铁出入口基本无影响；新沙地铁站出入口附近无明显淹水现象。工程措施后官湖片区淹没水位见图7。

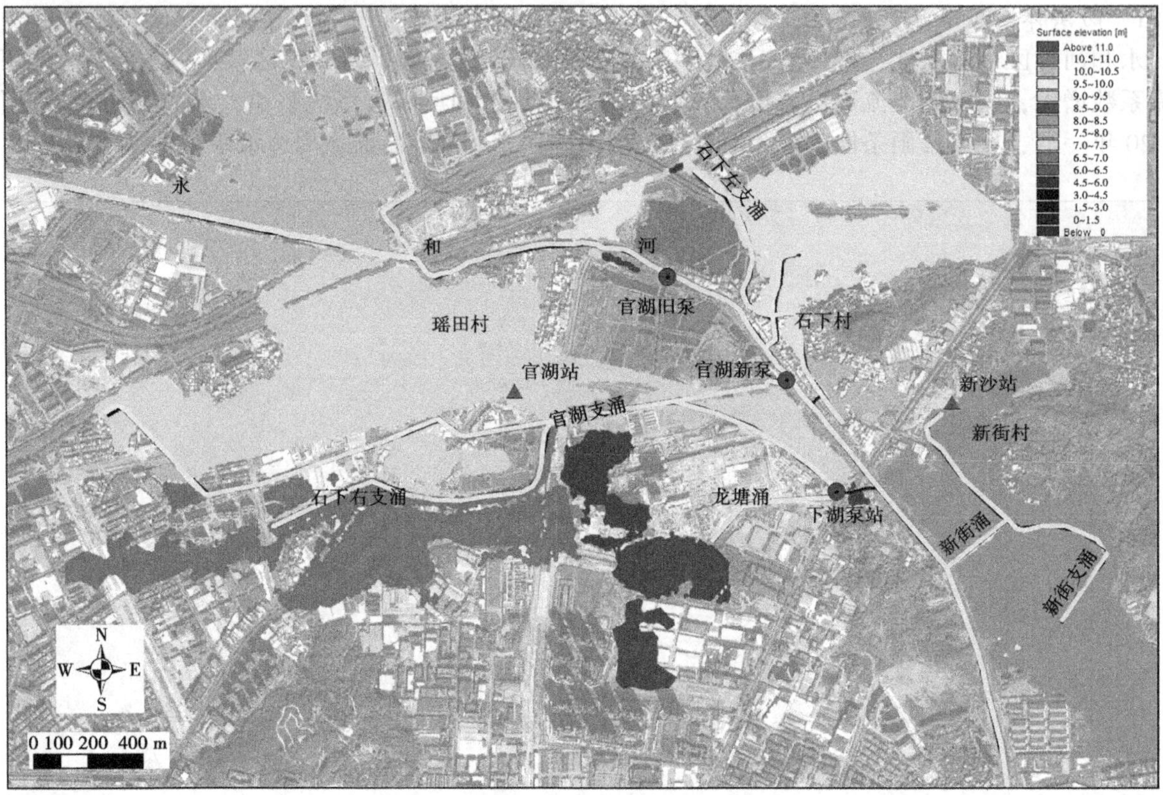

图 6　官湖片区现状河涌未整治下淹没水位（100 年一遇降雨）

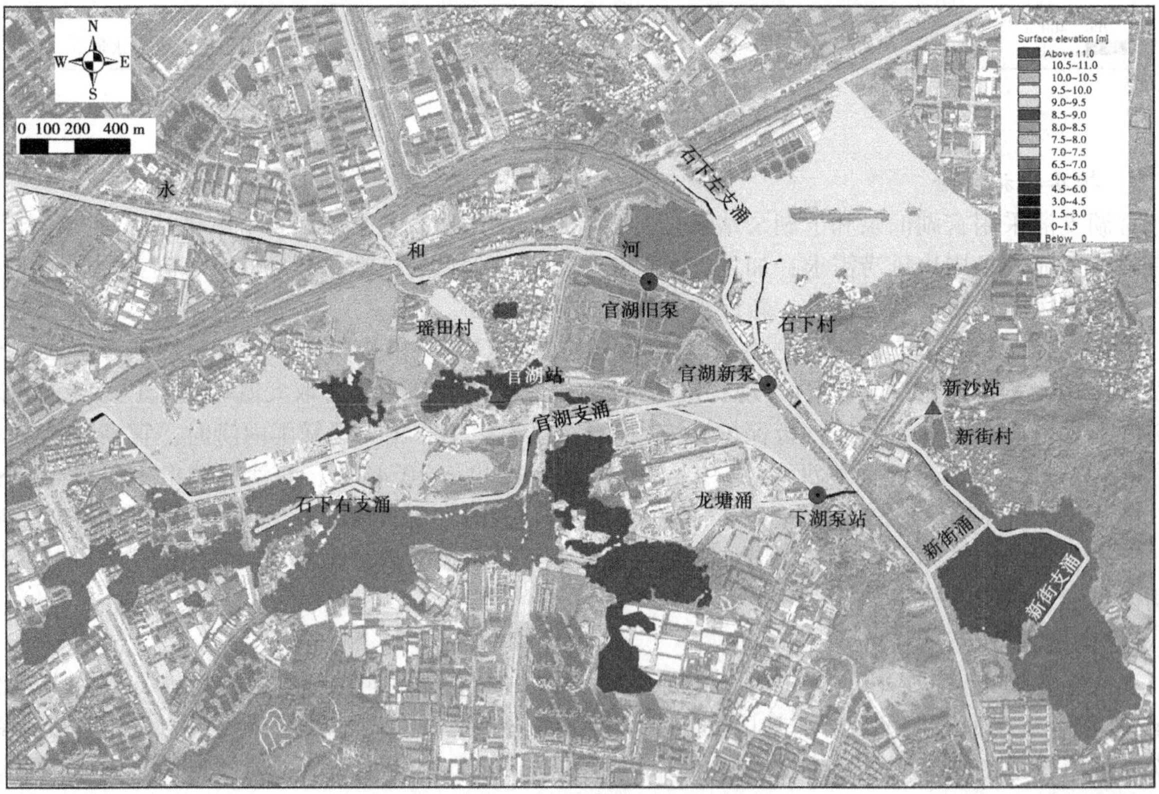

图 7　工程措施后官湖片区淹没水位

5 结论与建议

（1）现状河道未整治条件下，当片区遭遇100年一遇降雨，官湖站附近淹没水位（9.65 m）比出入口（含直梯口）平台高程（9.79 m）低0.14 m，新沙站附近淹没水位（8.57 m）比出入口平台高程（8.88 m）低0.31 m，地铁出入口标高未能满足技术规范的相关要求，可能存在涝水倒灌风险。

（2）工程措施实施后，片区遭遇100年一遇降雨时，官湖、新沙地铁站出入口受淹风险降低。考虑地铁出入口设有防洪挡板，发生100年一遇暴雨条件下官湖站和新沙站基本不受淹。

（3）建议针对官湖站、新沙站做好防汛应急预案，在现状情况下针对官湖站采取应急措施降低周边路面内涝水位，减少涝水倒灌风险。

参考文献

[1] 陈哲．地铁内涝脆弱性评价研究［D］．石家庄：河北经贸大学，2022.

[2] 陈文龙，夏军．广州“5·22”城市洪涝成因及对策［J］．中国水利，2020（13）：4-7.

[3] 章卫军，廖青桃，杨森，等．从郑州“2021.7.20”水灾模型推演看城市洪涝风险管理［J］．中国防汛抗旱，2021，31（9）：1-4.

[4] 汤书明，李娴．合肥5号线地铁车站洪涝设计水位研究［J］．地下空间与工程学报，2018，14（S2）：881-886，899.

[5] Wang G，Liu Y，Hu Z，et al. Flood Risk Assessment of Subway Systems in Metropolitan Areas under Land Subsidence Scenario：A Case Study of Beijing［J］. Remote Sensing，2021，13（Urban Remote Sensing）：1-33.

[6] Ding Z，Ban H，Zhang H，et al. Study on key technology of mobile flood control wall for underground space entrance and exit［J］. Arabian Journal of Geosciences，2021，14（3）：1-7.

[7] 陈坚．浅析地铁车站洪涝灾害的成因及对策［J］．中国建设信息化，2021（6）：58-59.

[8] 史悦，彭宇欣，丁艳萍，等．基于容积法的地下空间暴雨内涝风险模型及应用［J］．中国给水排水，2019，35（23）：127-133.

[9] 杜发兴，吴厚发，张书华．基于复合权重集对模型的地铁防涝风险评价［J］．水电能源科学，2018，36（6）：56-59.

[10] 郑建春，张岑，李永坤，等．基于InfoWorks ICM模型的地铁场站内涝积水防控研究［J］．北京师范大学学报（自然科学版），2019，55（5）：648-655.

[11] 闫绪娴，王俊丽，范玲，等．韧性城市视角下地铁洪涝灾害风险分析：基于Bow-Tie-贝叶斯网络模型［J］．灾害学，2022，37（2）：36-43.

[12] 曲红玲．河道溃堤与溃堤波的一、二维耦合计算数值模拟［D］．南京：河海大学，2006.

[13] 刘晓琴，刘国龙，王振．MIKE系列模型在蓄滞洪区洪水模拟中的应用研究［J］．中国农村水利水电，2020（6）：10-15，20.

[14] 刘俊萍，贺露露，韩伟，等．MIKE FLOOD在海岛地区小流域洪水演进中的应用［C］//第二十届中国海洋（岸）工程学术讨论会论文集（下），2022：297-303.

[15] 广州地铁设计研究院股份有限公司．广州市轨道交通新线防洪涝设计标准技术要求［R］．广州：2020.

三门峡-小浪底水库水沙调控多目标协同-竞争关系

李洁玉[1]　邓春蕾[1]　魏　强[2]　张小清[3]　杨世伟[4]

（1. 黄河水利委员会黄河水利科学研究院，河南郑州　450003；
2. 新疆维吾尔自治区塔里木河流域管理局，新疆库尔勒　841000；
3. 新疆维吾尔自治区塔里木河流域干流管理局，新疆库尔勒　841000；
4. 新疆维吾尔自治区塔里木河流域巴音郭楞管理局，新疆库尔勒　841000）

摘　要： 梯级水库群水沙调控是实现流域系统行洪输沙-社会经济-生态环境可持续发展的重要抓手。本文开展了黄河中游三门峡-小浪底水库联合水沙调控多目标协同-竞争关系研究，以水库平均排沙比最大、引黄供水效益最大、总发电效益最大、生态流量满足率最大为目标，构建了多目标协同水沙调控模型，基于调控结果分析了多维目标协同-竞争关系。结果表明：黄河下游河道供水效益和生态满足率竞争关系最强，其次是排沙比和发电效益。发电效益、排沙比和生态满足率之间均呈现出弱竞争关系，发电效益、排沙比和供水效益之间均存在弱协同关系。

关键词： 多沙河流；梯级水库；水沙调控；多目标；协同-竞争

1　引言

黄河流域梯级水库群水沙调控是水沙关系调节的重要措施，也是流域治理与管理的核心议题。随着黄河流域生态保护和高质量发展战略的深入实施，对黄河水沙调控能力提出了更高要求。三门峡水库和小浪底水库作为黄河中游的重要水利枢纽，其水沙调控不仅关乎行洪输沙安全畅通，还直接影响流域生态环境的改善和经济社会的可持续发展。研究三门峡-小浪底水库水沙调控的多目标协同与竞争关系，对于提升黄河流域水沙调控的科学性和有效性具有重要意义。

在水沙调控模型构建方面，国内外早期研究主要集中在单一目标的调控策略上，如防洪、减淤等。近年来，随着系统科学理论的引入和计算机技术的发展，多目标协同调控成为研究热点，国内外学者在优化调度理论、模型构建及算法应用等方面取得了诸多成果。谈广鸣等[1]构建了基于水库-河道耦合关系的多目标优化调度模型，耦合了发电效益、水库减淤效益和下游河道河床演变模块；白涛等[2]建立了输沙量、发电量最大的单目标模型及多目标模型，开展了黄河上游水沙调控研究；王远见等[3]论证了黄河流域全河水沙调控的可行性；Jin 等[4]基于协同学理论，建立了考虑多目标协同程度最大化的梯级水库多目标协同调控优化模型；李洁玉等[5]通过构建黄河水沙调控多目标协同模型，实现了不同来水来沙与工程组合情景下的灵活调控。

梯级水库群水沙调控是一个复杂的系统工程问题，行洪输沙-生态环境-社会经济各子系统内部与子系统之间的多目标间存在复杂的协同-博弈关系。随着多沙河流水沙调控越来越关注多目标的综合性，对多目标间协同-竞争关系的研究越来越深入。学者们通常根据数理统计方法、耦合系统建模与模拟分析方法、评价指标法等开展研究[6-8]。如陈晓贤[9]、Yu 等[10]研究了跨境河流供水-发电-

---

基金项目：“十四五”国家重点研发计划项目（2021YFC3200404）；河南省自然科学基金青年项目（232300421341）；横向生产课题（TGJJG-2023KYXM0002）。

作者简介： 李洁玉（1993—），女，高级工程师，主要从事水沙调控研究工作。

通信作者： 杨世伟（1993—），男，助理工程师，主要从事水量调度、水利信息化、防汛抗旱工作。

环境之间的互馈关系，并分析了径流频率等对多目标间竞争关系强度的影响。徐博[11] 揭示了供水对冲规则对供水系统可靠性、脆弱性和回弹性的协同-竞争关系的影响，识别了多目标间协同-竞争关系发生转变的临界区域。

三门峡-小浪底水库联合水沙调控，对黄河下游行洪输沙-经济社会-生态环境发挥着关键作用，但目前研究成果对多目标协同-竞争关系的认识不足。如何解决水库调度中的复杂优化问题，揭示多目标协同与竞争关系，通过权衡不同目标之间的冲突，实现整体效益的最大化，对促进黄河流域生态保护和高质量发展重大国家战略具有重要意义。

2 研究区域概况

三门峡水利枢纽是新中国成立后黄河干流上修建的第一座大型水利工程，位于黄河中游河段的下部，控制流域面积 68.8 万 km^2，占黄河流域面积的 91.5%，控制黄河水量的 89%、沙量的 98%。水库设计最高水位 338.65 m，设计总库容 162 亿 m^3，防洪运用水位 333.65 m，汛限水位 305 m（7 月 1 日至 10 月 31 日）。枢纽电站共安装 7 台发电机组，总装机容量 45 万 kW。

小浪底水利枢纽工程是黄河干流在三门峡以下唯一具有较大库容的控制性工程。控制黄河流域 91%的水量和近 100%的沙量。小浪底水库设计总库容 126.5 亿 m^3，长期有效库容 51 亿 m^3，设计正常蓄水位 275 m，设计洪水位 274 m，前汛期（7 月 1 日至 8 月 31 日）汛限水位 235 m，后汛期（9 月 1 日至 10 月 31 日）汛限水位 248 m。电站总装机容量为 180 万 kW，下游河段最小生态流量 200 m^3/s。三门峡、小浪底水库地理位置如图 1 所示。

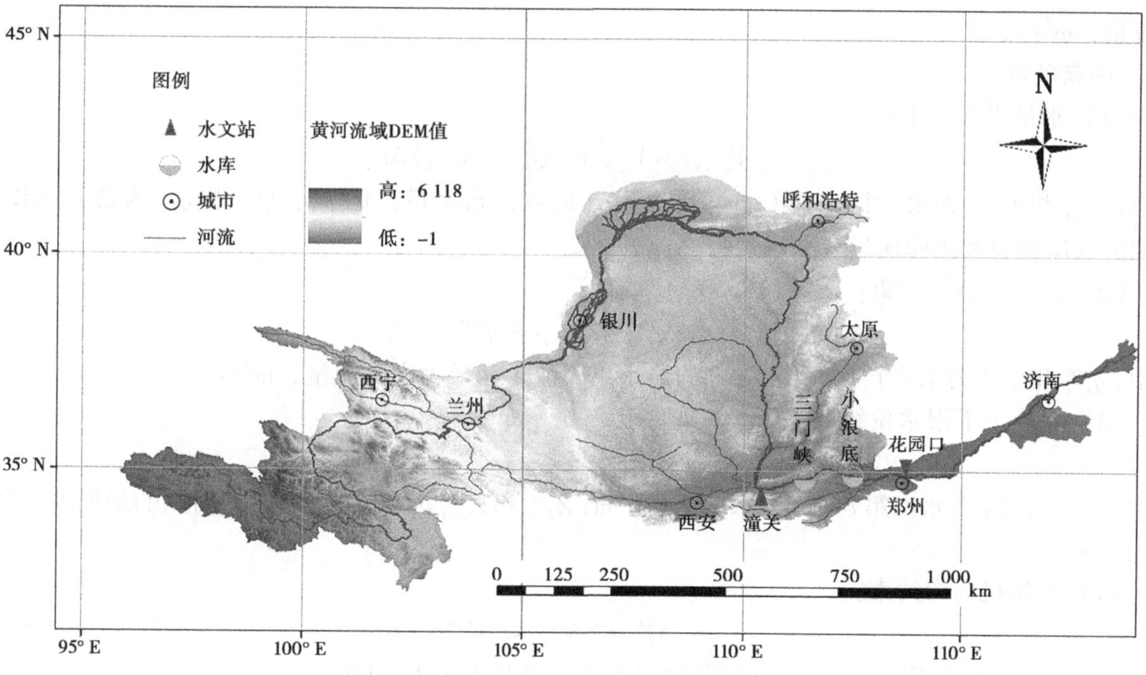

图 1 三门峡和小浪底水库地理位置

3 多目标协同水沙调控模型构建

根据三门峡、小浪底水库联合水沙调控行洪输沙-经济社会-生态环境三大子系统多重任务，构建多目标优化调控模型。

3.1 目标函数

行洪输沙子系统中，以三门峡-小浪底水库平均排沙比最大为目标，表示为：

$$\max f_1 = \frac{1}{N}\sum_{i=1}^{N}\sum_{t=1}^{T} S_{\text{Rout }i,\ t}/S_{\text{Rin }i,\ t} \tag{1}$$

式中：T 为调度时段总数；N 为水库总数；$S_{\text{Rout }i,t}$ 和 $S_{\text{Rin }i,t}$ 分别为第 i 水库第 t 时刻的出库沙量和入库沙量，亿 m^3，$S_{\text{Rout }i,t}$ 根据经验公式计算。

社会经济子系统中，分别以黄河下游河道总引黄供水效益最大、三门峡-小浪底水库总发电效益最大为目标，分别表示为：

$$\max f_2 = \sum_{t=1}^{T} b \times W_t \tag{2}$$

$$\max f_3 = \sum_{t=1}^{T}\sum_{i=1}^{N} \varphi_i K Q_{i,\ t} H_{i,\ t} \Delta t \tag{3}$$

式中：W_t 为下游河道第 t 时段的引黄供水量，亿 m^3；b 为单位体积供水量的净效益，元/m^3；φ_i 为第 i 水库的入网电价，元/（kW·h）；K 为水库水电站的出力系数；$Q_{i,t}$ 为第 i 水库第 t 时段的发电流量，m^3/s；$H_{i,t}$ 为第 i 水库第 t 时段的发电水头，m；Δt 为时段长。

生态环境子系统中，以黄河下游河道生态流量满足率最大为目标，表示为：

$$\max f_4 = \frac{1}{T}\sum_{t=1}^{T}\delta_t,\quad \delta_t = \begin{cases} \dfrac{Q_{E,\ t}}{D_{E,\ t}}, & \text{if}\quad Q_{E,\ t} < D_{E,\ t} \\ 1, & \text{if}\quad Q_{E,\ t} \geqslant D_{E,\ t} \end{cases} \tag{4}$$

式中：δ_t 为生态流量满足率；$D_{E,t}$ 为下游河段第 t 时段适宜生态流量，m^3/s；$Q_{E,t}$ 为第 t 时段生态供水流量，m^3/s。

3.2 约束条件

（1）水量平衡约束：

$$V_{i,\ t+1} = V_{i,\ t} + (Q_{i,\ t} - q_{i,\ t})\Delta t \tag{5}$$

式中：$V_{i,t}$ 和 $V_{i,t+1}$ 为第 i 个水库第 t 时刻和第 t+1 时刻的蓄水量，亿 m^3；$Q_{i,t}$ 和 $q_{i,t}$ 为第 i 个水库第 t 时刻的入库流量和出库流量，m^3/s。

（2）上下限流量约束：

$$q_{i,\ t}^{\min} \leqslant q_{i,\ t} \leqslant q_{i,\ t}^{\max} \tag{6}$$

式中：$q_{i,\ t}^{\min}$ 和 $q_{i,\ t}^{\max}$ 为第 i 个水库第 t 时刻的最小出库流量和最大出库流量，m^3/s。

（3）水库上下限水位约束：

$$Z_{i,\ t}^{\min} \leqslant Z_{i,\ t} \leqslant Z_{i,\ t}^{\max} \tag{7}$$

式中：$Z_{i,\ t}$ 为第 i 个水库第 t 时刻的水库水位，m；$Z_{i,\ t}^{\min}$ 和 $Z_{i,\ t}^{\max}$ 为第 i 个水库第 t 时刻的最低水位和最高水位，m。

（4）水轮机出力约束：

$$N_{i,\ t}^{\min} \leqslant N_{i,\ t} \leqslant N_{i,\ t}^{\max} \tag{8}$$

式中：$N_{i,\ t}^{\min}$ 和 $N_{i,\ t}^{\max}$ 为第 i 个水库第 t 时刻的最小出力和最大出力，kW。

（5）期初期末蓄水量约束：

$$V_{i,\ \text{ini}} = V_{i,\ \text{end}} \tag{9}$$

式中：$V_{i,\ \text{ini}}$ 和 $V_{i,\ \text{end}}$ 为第 i 个水库初始时刻和期末时刻蓄水量，亿 m^3。

在满足上述约束条件的情况下，本文采用 ARMOEA 算法进行模型求解。

4 结果讨论

以 2022 年为例开展三门峡-小浪底水库联合水沙调控。供水效益最大目标中，黄河下游引黄水各类用水价格平均值为 4—6 月 0.076 元/m^3，其他月份 0.065 元/m^3。发电效益最大目标中，三门峡水库入网电价为 0.253 元/(kW·h)，小浪底水库入网电价为 0.306 2 元/(kW·h)。生态流量满足率最大目标中，适宜生态流量由 Tennant 法确定。

本文对三门峡-小浪底水库进行 2022 年逐旬调算，随机生成 400 个种群，得到各目标计算值如图 2 所示。由图 2 可见，三门峡-小浪底水库联合水沙调控，总发电效益为 25.9 亿~31.0 亿元，平均排沙比为 0.27~0.31，黄河下游花园口断面生态满足率为 0.56~0.73，下游河道供水效益在 0.89 亿~2.54 亿元。

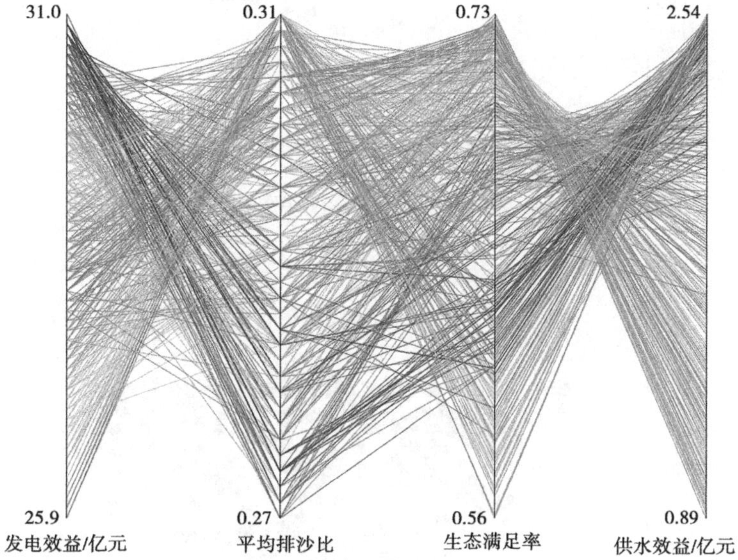

图 2　多目标水沙调控结果

基于 Spearman 相关系数法，计算各目标间的相关性，如图 3 所示。由图 3 可见，黄河下游河道供水效益和生态满足率竞争关系最强，相关系数为-0.924，这是由于河道外引水增多会使河道流量降低，生态满足率降低。排沙比和发电效益竞争关系其次，相关系数为-0.611。发电效益和生态满足率、排沙比和生态满足率之间呈现弱竞争关系，相关系数分别为-0.253 和-0.104。发电效益和供水效益、排沙比和供水效益之间存在弱协同关系，这是由于发电流量和排沙流量均可用于下游河道供水。

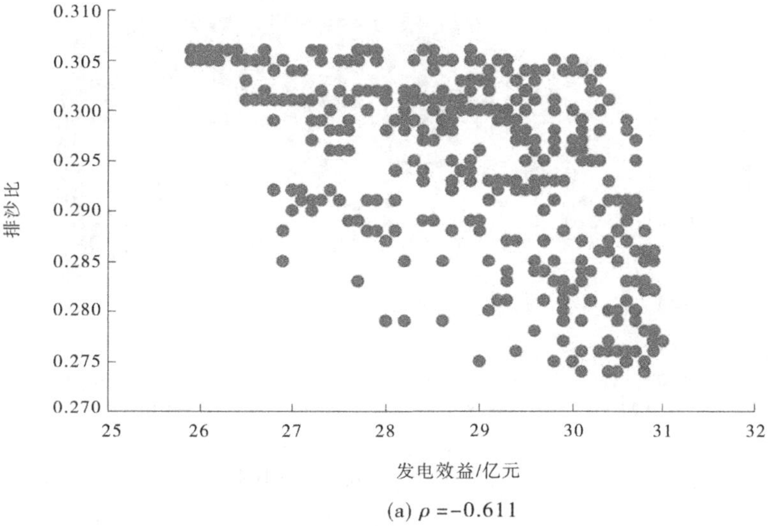

(a) ρ =-0.611

图 3　多目标间协同-竞争关系

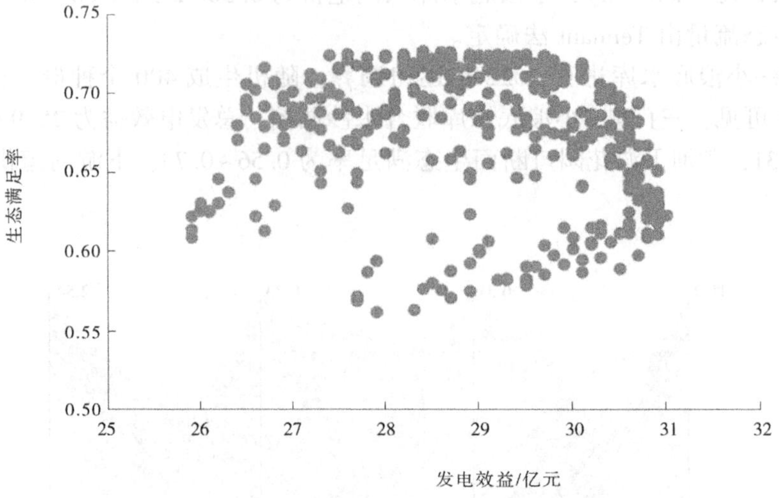

(b) ρ =-0.253

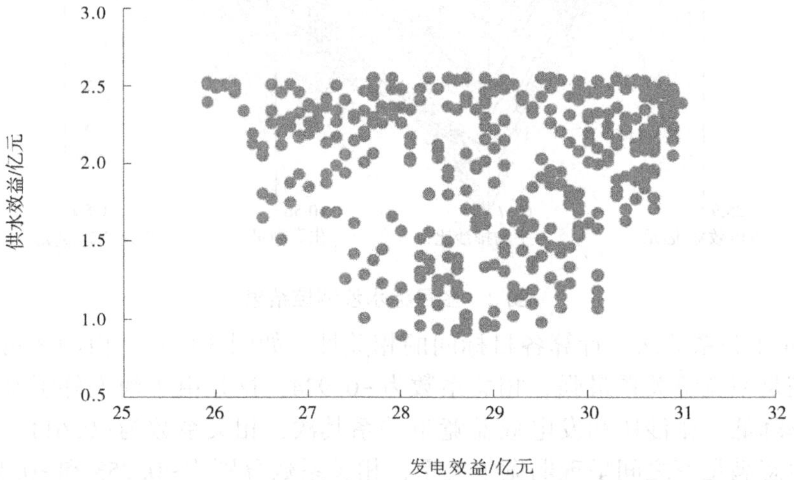

(c) ρ =0.122

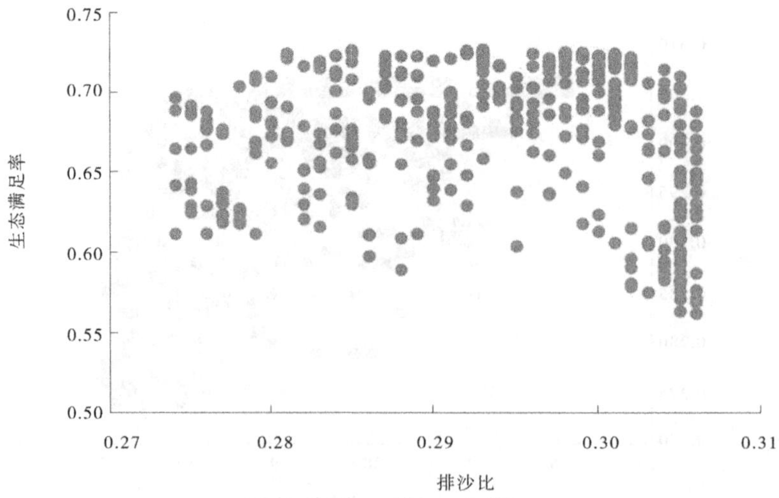

(d) ρ =-0.104

续图 3

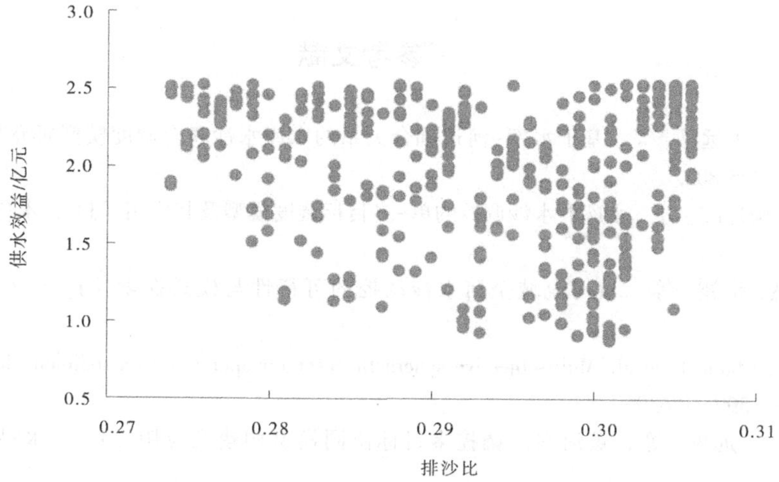

(e) ρ =0.004

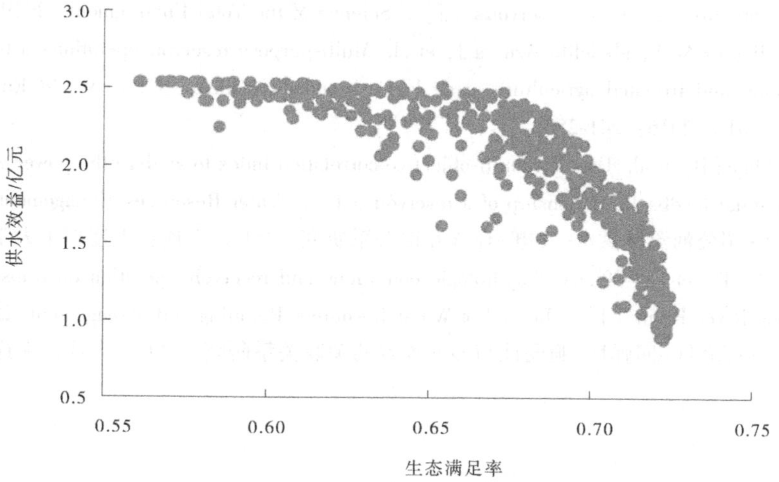

(f) ρ =−0.924

续图 3

根据多目标协同水沙调控结果做出合理的决策是水沙调控的重要环节。目前，多属性决策多是通过决策者的决策偏好确定各评价指标的权重系数，以此对Pareto前沿上各方案按评分进行排序。如何在多属性决策过程中考虑目标间的竞争-协同关系，计算一个目标对另一个目标的置换率，避免决策方案出现以较大地牺牲某一个目标换取另一个目标较小的提升，是未来有待深入研究的问题。

5 结语

本文旨在通过构建三门峡-小浪底水库水沙调控多目标协同模型，分析不同调控目标之间的协同与竞争关系，为提出科学合理的调控策略，提升黄河流域水沙调控的科学性和有效性提供理论支持与实践指导。研究结果表明：

（1）三门峡-小浪底水库联合水沙调控，总发电效益处于25.9亿~31.0亿元，平均排沙比为0.27~0.31，黄河下游花园口断面生态满足率为0.56~0.73，下游河道供水效益为0.89亿~2.54亿元。

（2）黄河下游河道供水效益和生态满足率竞争关系最强，排沙比和发电效益竞争关系其次。发电效益和生态满足率、排沙比和生态满足率之间呈现弱竞争关系，发电效益和供水效益、排沙比和供水效益之间存在弱协同关系。

参考文献

[1] 谈广鸣，郜国明，王远见，等．基于水库-河道耦合关系的水库水沙联合调度模型研究与应用［J］．水利学报，2018，49（7）：795-802.

[2] 白涛，阚艳彬，畅建霞，等．水库群水沙调控的单-多目标调度模型及其应用［J］．水科学进展，2016，27（1）：116-127.

[3] 王远见，江恩慧，张翎，等．黄河流域全河水沙调控的可行性与模式探索［J］．人民黄河，2020，42（9）：46-51.

[4] Jin W，Wang Y，Chang J，et al. Multi-objective synergetic reservoir operation in a sediment-laden river［J］．Journal of Hydrology，2021，599：126295.

[5] 李洁玉，李航，王远见，等．黄河水沙调控多目标协同模型构建及应用［J］．水科学进展，2023，34（5）：708-718.

[6] Chen X，Xu B，Zheng Y，et al. Nexus of water，energy and ecosystems in the upper Mekong River：A system analysis of phosphorus transport through cascade reservoirs［J］．Science of the Total Environment，2019，671：1179-1191.

[7] González J M，Olivares M A，Medellín-Azuara J，et al. Multi-purpose reservoir operation：a tradeoff analysis between hydropower generation and irrigated agriculture using hydro-economic models［C］// World Environmental and Water Resources Congress 2016. 2016：241-250.

[8] Wu Z，Mei Y，Cheng B，et al. Use of a multi-objective correlation index to analyze the power generation，water supply and ecological flow mutual feedback relationship of a reservoir［J］．Water Resources Management，2021，35：465-480.

[9] 陈晓贤．澜沧江-湄公河流域供水-发电-环境互馈关系研究［D］．大连：大连理工大学，2021.

[10] Yu Y，Zhao J，Li D，et al. Effects of hydrologic conditions and reservoir operation on transboundary cooperation in the Lancang-Mekong River Basin［J］．Journal of Water Resources Planning and Management，2019，145（6）：04019020.

[11] 徐博．供水系统可靠性-回弹性-脆弱性与多元要素的关联关系研究［D］．大连：大连理工大学，2021.

泥沙补给变化对山区河流沟床演变的影响研究

周其航[1,2]　李志晶[1]　周银军[1]　金中武[1]　聂锐华[2]

（1. 长江水利委员会长江科学院河流研究所，湖北武汉　430010；
2. 四川大学山区河流保护与治理全国重点实验室，四川成都　610065）

摘　要： 山区流域暴雨洪水挟带大量泥沙进入河道，引发泥沙补给突变，河道突变调整，极易放大致灾后果。本文通过室内水槽试验，研究了不同泥沙补给条件下河床高程与水位、河床形态的响应机制。结果表明：阶梯型非恒定泥沙补给过程中，河道水位与河床高程均呈现先上升后下降的变化过程。与恒定泥沙补给相比，非恒定泥沙补给更易造成较大的河床淤积与水位抬升，且非恒定泥沙补给的峰现时间越晚，两者的抬升幅度越明显。对于不同的非恒定泥沙补给过程，河床稳定后床面泥沙的冲淤位置有一定差异，但泥沙补给前后的河道平均高程基本相同。

关键词： 山洪水沙灾害；泥沙补给；河床淤积；水位抬升

1　引言

我国是一个多山的国家，山地面积约占全国陆地总面积的2/3，远高于世界平均水平。近年来，全球气候变化、人类活动加剧，导致山区河流泥沙补给突变，水沙灾害频发[1-2]。例如，2019年发生在四川省汶川县草坡河流域的特大暴雨山洪水沙灾害事件，洪水裹挟大量泥沙在草坡河弯曲河段淤积，河床高程和水位显著抬升，水沙翻堤导致该区域大量居民楼被泥沙淤埋，如图1所示。在村落上游，原河道被完全淤埋后，强水流使河道发生改道，在原河道右侧形成一条宽2~3 m的溪沟，强含沙水流剧烈冲击原河道右岸居民楼，使该区域严重受灾。

相关研究表明，山洪过程中大量泥沙参与水沙运动后会显著放大致灾后果。刘兴年等[3]通过现场调查与水槽试验发现，山洪过程中水沙共同作用可使河道的中、小洪水位陡增至50年甚至100年一遇洪水对应的水位，进而引起山洪致灾的风险突变性增加。侯极等[4]指出，山洪过程中水流挟带大量泥沙进入河道后，可使河道水流阻力增大和水位显著抬升，进而导致山洪水沙灾害发生。李彬等的水槽试验结果也表明，山洪过程中高强度的泥沙输移不仅增加了水流通量，还增加了水流阻力，两者共同作用导致洪水位显著增加。Roca等[5]对地中海地区某一90°交汇区河段的水沙运动规律进行野外调查与二维数值模拟发现，洪水过程中支沟的大量来沙在交汇区落淤并淤堵河道，使该河段的水流特性和床面形态发生重大变化，严重影响河道水位。钟益华等[6]通过水槽试验研究了河床淤积高度对水位变化的影响，发现河道水位会随着淤积高度的增高或降低发生突增或突降，并提出了水位发生突变的临界淤积高度与水流条件的量化关系。

然而，现有研究对不同来沙过程中山区河流沟床演变的认识仍存在不足，严重制约了山区河流水沙灾害的防治水平。本文基于室内水槽试验，研究了不同阶梯型非恒定泥沙补给过程下河床高程与水位的变化规律，揭示了泥沙补给变化下山区河流沟床演变机制，为山区河流治理与水沙灾害防灾减灾提供理论基础与技术支持。

基金项目： 长江科学院院级国际联合研究团队“水库淤积控制及淤沙资源化利用”（CKSF2023397/HL）。

作者简介： 周其航（1992—），男，工程师，博士，研究方向为水力学及河流动力学。

通信作者： 李志晶（1986—），男，正高级工程师，博士，主要从事水沙动力学方面的研究工作。

图 1　四川省汶川县草坡河流域草坡片区山洪水沙灾害受灾全景

2　试验设置

本试验在长 10 m、宽 0.6 m、深 0.8 m 的顺直水槽中进行，如图 2 所示。床沙与补给泥沙均为中值粒径 D_{50} = 3.6 mm 的均匀沙，床沙从距水槽入口处 1.0 m 的位置开始铺设，一直铺设到水槽末端，铺设厚度为 0.2 m，铺设坡度 S_b = 0.5%。试验过程中，泥沙由漏斗式加沙机进行补给，河床高程和水位的历时变化由高清摄像机结合水槽玻璃边壁粘贴的透明网格纸进行测量（误差为±2 mm），并由测针测量的数据进行校核。试验结束待床面干燥后，通过 SfM 方法[7] 获得床面 DEM。

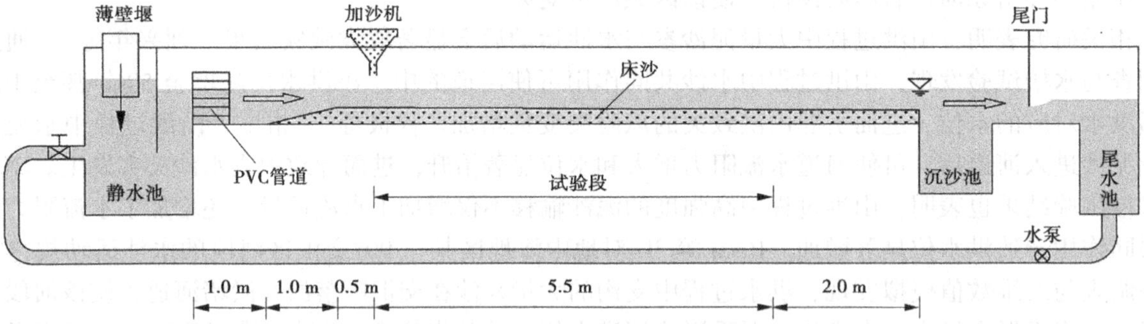

图 2　试验水槽布置

本试验均在恒定水流条件下进行，泥沙补给为阶梯型非恒定泥沙补给过程，如图 3 所示。图 3 中，$q_{bf,low}$ 为阶梯型非恒定泥沙补给的最小单宽补给速率，$q_{bf,peak}$ 为阶梯型非恒定泥沙补给的最大单宽补给速率，T_r 为阶梯型非恒定泥沙补给从开始到峰现时间，T_f 为阶梯型非恒定泥沙补给从峰现到结束的时间，T_{bf} 为总的泥沙补给时间。需要注意的是，当 $q_{bf,low} = q_{bf,peak}$ 时，泥沙补给为恒定泥沙补给过程。试验过程中，每级流量设置一组恒定泥沙补给试验，作为对照试验。

本研究共开展 24 组试验，包含 6 个流量，各流量对应的试验条件如表 1 所示。表 1 中，Q 为流量，H_0 为初始水深，U_0 为初始平均流速，U_c 为初始泥沙起动临界流速，U_0/U_c 为水流强度，Fr_0 为初始弗劳德数，Re_0 为初始雷诺数。

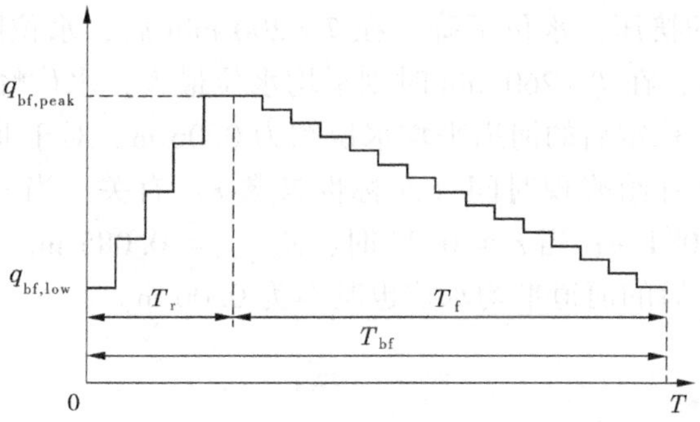

图 3　泥沙补给过程

表 1　试验组次设计

组次	Q/(L/s)	H_0/m	U_0/(m/s)	U_c/(m/s)	U_0/U_c	Fr_0	Re_0
A	14.5	0.049	0.493	0.605	0.82	0.71	2.24×10^4
B	18.8	0.056	0.560	0.624	0.90	0.76	3.13×10^4
C	22.8	0.061	0.623	0.636	0.98	0.81	3.80×10^4
D	28.1	0.067	0.699	0.649	1.08	0.86	4.68×10^4
E	34.6	0.075	0.769	0.665	1.16	0.90	5.77×10^4
F	41.9	0.082	0.852	0.677	1.26	0.95	6.98×10^4

每级流量分别采用 4 种泥沙补给模式，一种为恒定泥沙补给，另外三种为阶梯型非恒定泥沙补给。不同补给模式的泥沙补给量相同，各泥沙补给模式的具体参数如表 2 所示。表 2 中，$q_{bf,ave}$ 为阶梯型非恒定泥沙补给过程的平均单宽输沙率，对于四种不同的泥沙补给模式，泥沙补给的平均单宽输沙率相同；r 为阶梯型非恒定泥沙补给对称性参数，$r=T_r/T_{bf}$；M_{bf} 为泥沙补给总量。对于每组试验，泥沙补给从 $T=180$ min 时刻开始，到 $T=280$ min 时刻结束，试验持续总时间为 600 min。

表 2　不同泥沙补给模式的具体参数

泥沙补给模式	$q_{bf,low}$/[m^3/(s·m)]	$q_{bf,peak}$/[m^3/(s·m)]	$q_{bf,ave}$/[m^3/(s·m)]	T_r/min	T_f/min	T_{bf}/min	r	M_{bf}/kg
1	4.53×10^{-5}	4.53×10^{-5}	4.53×10^{-5}	—	—	100	—	432
2	1.70×10^{-5}	7.36×10^{-5}	4.53×10^{-5}	25	75	100	0.25	432
3	1.70×10^{-5}	7.36×10^{-5}	4.53×10^{-5}	50	50	100	0.50	432
4	1.70×10^{-5}	7.36×10^{-5}	4.53×10^{-5}	75	25	100	0.75	432

3　试验结果及分析

3.1　泥沙补给变化对水位抬升的影响

水位作为河道的主要水力参数之一，是需要重点关注的对象。图 4 以 B 系列试验为例，展示了

河道断面平均水位 Z_{wa} 的历时变化。由图 4 可知，对于所有试验组次，泥沙补给开始后（$T=180$ min），由于补给泥沙对水面的挤压，水位下降。在 $T=200$ min 后，水位随着泥沙补给的增加不断抬升。对于恒定泥沙补给（B1），在 $T\approx260$ min 时刻平均水位最大，水位峰值 $Z_{wa,max}=0.08$ m，泥沙补给还没结束水位就开始下降，稳定后的河道平均水位约为 0.06 m。对于非恒定泥沙补给（B2、B3 和 B4），水位峰值 $Z_{wa,max}$ 与泥沙补给峰现时间（对称性参数 r）有关。当 $r=0.25$ 时，$Z_{wa,max}=0.082$ m；当 $r=0.5$ 时，$Z_{wa,max}=0.084$ m；当 $r=0.75$ 时，$Z_{wa,max}=0.085$ m。同样地，非恒定泥沙补给还没结束 Z_{wa} 就开始下降，稳定后的河道平均水位也基本为 0.06 m。

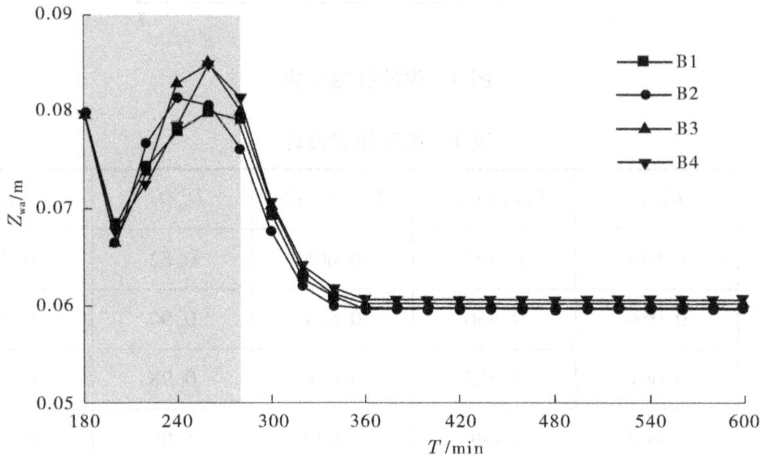

图 4　B 系列试验断面平均水位历时变化

在山洪水沙灾害中，水位的抬升幅度会决定灾害是否发生，水位抬升峰值显得尤为重要。图 5 展示了 A~F 系列试验非恒定泥沙补给对称性参数 r 对无量纲水位抬升峰值 $\Delta Z_{wa,max}/H_0$ 及其峰现时间 $T_{wa,max}$ 的影响。由图 5（a）可知，当水流强度 U_0/U_c 相同时，无量纲水位抬升峰值 $\Delta Z_{wa,max}/H_0$ 随着非恒定泥沙补给对称性参数 r 的增大单调递增。这是因为，泥沙补给可以增大河床坡度和河道输沙能力：r 越小，非恒定泥沙补给的峰现时间就越早，相同时间内泥沙补给量就越多，河道输沙能力就越大，进而导致河床和水位调整速度越快。因此，r 越小，水位抬升幅度就越小；反之亦然。由图 5（b）可知，无量纲水位抬升峰现时间 $T_{wa,max}$ 也随着非恒定泥沙补给对称性参数 r 的增大不断增大。也就是说，泥沙补给峰现时间越靠后，水位抬升幅度越大，峰现时间越晚。这一发现对于山区河流防洪具有重要意义，因为山区河流的来沙强度与水流强度成正比。在山洪过程中，支流的洪峰越靠后，主河道的水位抬升就越大，危险程度就越高。因此，在山洪水沙灾害中，需要考虑不同来沙过程对水位抬升的影响。

3.2　泥沙补给变化对河床淤积高度的影响

图 6 展示了 B 系列试验河道断面平均河床高程 Z_{ba} 的历时变化。由图 6 可知，不同泥沙补给条件下，大量泥沙淤堵河道，河床高程不断增大，达到峰值后开始减小。水位变化与河床高程直接相关：河床高程增大，水位抬升；河床高程减小，水位下降。对于恒定泥沙补给（B1），河床高程峰值 $Z_{ba,max}=0.042$ m，泥沙补给还没结束河床高程开始下降，稳定后的河床平均高程约为 0.02 m，基本恢复到泥沙补给前水平。对于非恒定泥沙补给（B2、B3 和 B4），泥沙补给峰现时间（对称性参数 r）不同，其河床高程的变化也有一定差异。当 $r=0.25$ 时，$Z_{ba,max}=0.044$ m；当 $r=0.5$ 时，$Z_{ba,max}=0.045$ m；当 $r=0.75$ 时，$Z_{ba,max}=0.047$ m。同样地，非恒定泥沙补给还没结束，Z_{ba} 就呈现下降趋势，稳定后的河床平均高程也基本在 0.02 m 左右。

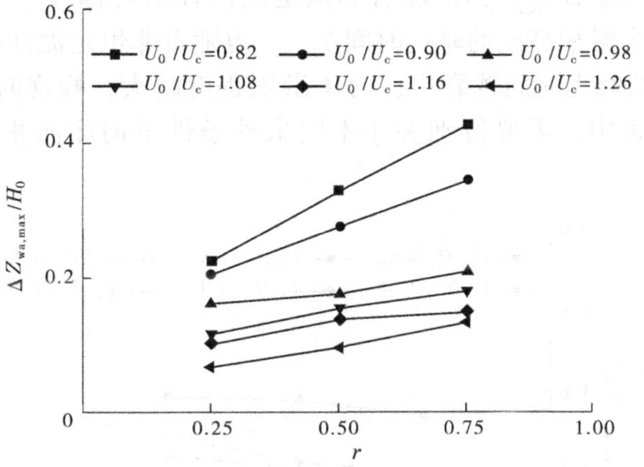

(a)

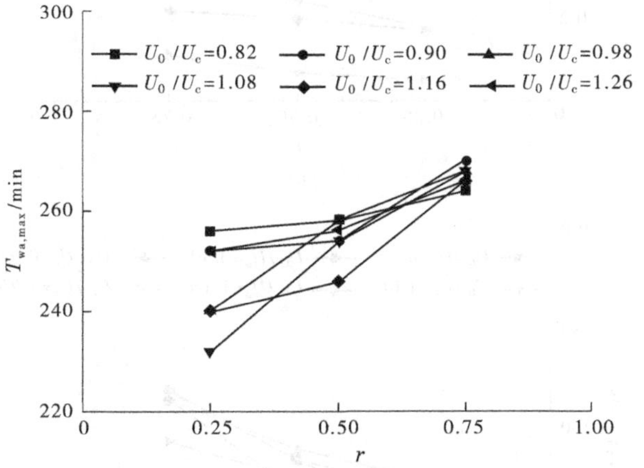

(b)

图 5　非恒定泥沙补给对称性参数对水位抬升峰值及其峰现时间的影响

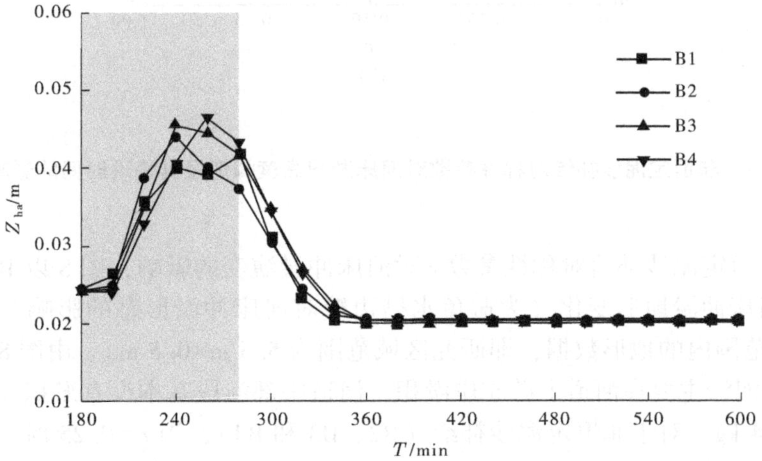

图 6　B 系列试验断面平均水位历时变化

在山区河道防洪实践中，河床最大淤积高度是决定洪水位的关键参数之一，是防洪设施设计和洪水预报预警的重要参考标准。图 7 展示了 A～F 系列试验非恒定泥沙补给对称性参数 r 对无量纲河床最大淤积高度 $\Delta Z_{ba,max}/H_0$ 及其峰现时间 $T_{ba,\ max}$ 的影响。由图 7（a）可知，当水流强度 U_0/U_c 相同时，无量纲河床最大淤积高度 $\Delta Z_{ba,max}/H_0$ 随着非恒定泥沙补给对称性参数 r 的增大而增大。由图 7（b）可知，无量纲河床最大淤积高度的峰现时间 $T_{ba,max}$ 也随着非恒定泥沙补给对称性参数 r 的增大不断增大。这说明，泥沙补给峰现时间越靠后，河床淤积程度越大，峰现时间越晚，与水位的响应一致。因此，在山洪水沙灾害中，需要特别关注不同来沙条件下河床淤积高度变化对洪水位抬升的影响。

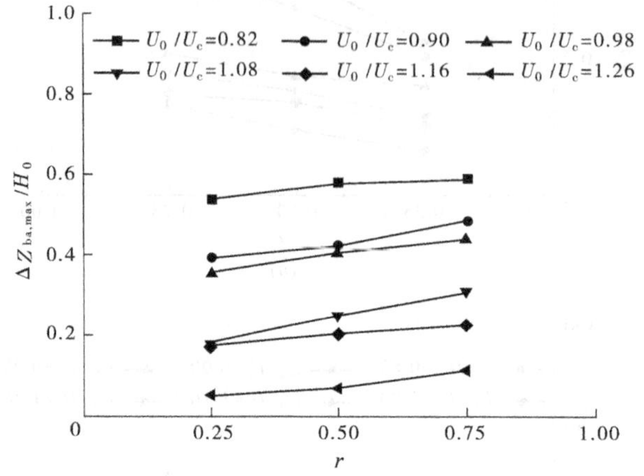

(a)

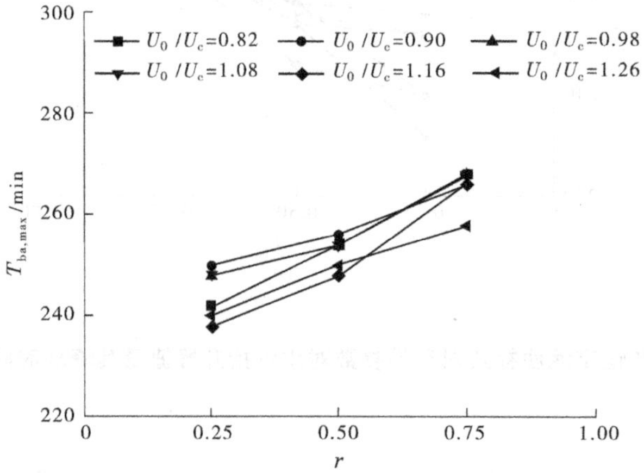

(b)

图 7　非恒定泥沙补给对称性参数对河床淤积高度峰值及其峰现时间的影响

3.3　河床形态

为进一步分析非恒定泥沙补给对称性参数 r 对河床冲淤演变的影响，图 8 以 B 系列试验为例，展示了试验结束后的河床冲淤地形变化（为避免水槽边壁对河床冲淤形态的影响，图 8 中除去了离水槽左右边壁 0.05 m 范围内的地形数据，即研究区域范围为 5.5 m×0.5 m）。由图 8 可知，对于恒定泥沙补给（B1），补给泥沙主要在河道上游左岸淤积，河道中部河段基本没有淤积［见图 8（a）］，泥沙淤积总量约为 16.4 kg。对于非恒定泥沙补给（B2、B3 和 B4），当 $r=0.25$ 时，河床表现为较为明显的上淤下冲的形态［见图 8（b）］，泥沙淤积总量约为 19.1 kg。当 $r=0.5$ 时，泥沙主要沿水槽河岸左侧形成淤积带［见图 8（c）］，泥沙淤积总量为 25.1 kg。当 $r=0.75$ 时，补给泥沙主要在河道上游左岸形成显著的淤积体［见图 8（d）］，泥沙淤积总量约为 22.1 kg。总体来看，在连续非恒定泥沙补给下，河道均发生净泥沙淤积，且各工况泥沙淤积总量相差不大，平均河床高程基本与泥沙补给前保持一致。但是，不同泥沙补给条件下的河床地形差别较大，且试验结束后河床的主要冲淤位置有所差异。这说明，非恒定泥沙补给过程对河床冲淤演变有重要影响，不同的泥沙补给峰现时间会产生不同的水力条件，进而影响河床的冲淤演变。另外，受水流条件、床面形态结构等因素影响，泥沙运动与落淤具有一定的随机性。

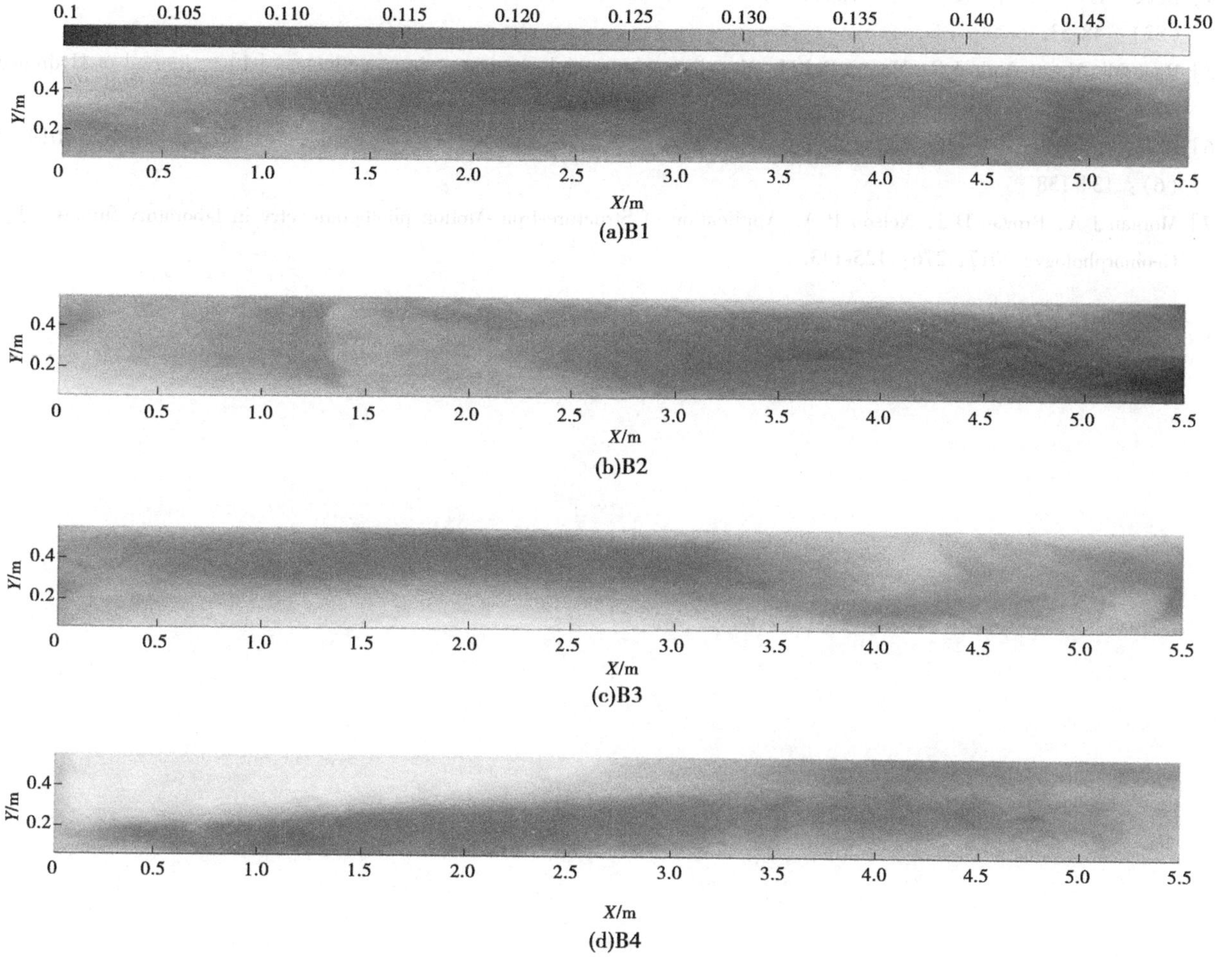

图 8　B 系列试验河床形态

4　结论

本文基于水槽试验，研究了阶梯型非恒定泥沙补给条件下山区河流水位与河床形态的响应规律，分析了非恒定泥沙补给峰现时间对河床高程与水位抬升、河床冲淤演变的影响，主要得到以下结论：

（1）非恒定泥沙补给条件下，河道水位与河床高程均呈现先上升后下降的变化过程，与泥沙补给过程基本一致。

（2）相对于恒定的来沙过程，非恒定的泥沙补给更易造成较大的河床淤积与水位抬升，且非恒定泥沙补给的峰现时间越晚，河床高程和水位的抬升幅度越大。

（3）对于不同的非恒定泥沙补给过程，河床冲淤形态存在一定差异，稳定后河床泥沙的主要淤积位置不同，但河道平均高程与泥沙补给前基本相同。

参考文献

［1］曹叔尤，刘兴年．泥沙补给变化下山区河流河床适应性调整与突变响应［J］．四川大学学报（工程科学版），2016，48（1）：1-7.

[2] 王协康，刘兴年，周家文．泥沙补给突变下的山洪灾害研究构想和成果展望［J］．工程科学与技术，2019，51（4）：1-10.

[3] 刘兴年，王协康，黄尔，等．山区河流水沙运动规律及灾害防治关键技术［Z］．成都：四川大学，2010.

[4] 侯极，刘兴年，蒋北寒，等．山洪携带泥沙引发的山区大比降河流水深变化规律研究［J］．水利学报，2012（S2）：48-53.

[5] Roca M，Martín-Vide J P，Moreta P J M. Modelling a torrential event in a river confluence［J］. Journal of Hydrology，2009，364（3）：207-215.

[6] 钟益华，马旭东，聂锐华，等．陡坡河道中淤积高度对水位变化影响试验研究［J］．工程科学与技术，2019，51（6）：134-138.

[7] Morgan J A，Brogan D J，Nelson P A. Application of Structure-from-Motion photogrammetry in laboratory flumes［J］. Geomorphology，2017，276：125-143.

基于地貌信息熵的小流域山洪泥石流危险性评价

王志旺[1,2,3]　谭　勇[1,2,3]　杨胜梅[1,2,3]

（1. 长江水利委员会长江科学院，湖北武汉　430010；
2. 水利部水工程安全与病害防治工程技术研究中心，湖北武汉　430010；
3. 国家大坝安全工程技术研究中心，湖北武汉　430010）

摘　要： 根据流域系统地貌信息熵理论，以能反映地貌系统总体演化特征的流域面积和流域的相对高度为指标，建立 Strahler 面积-高程曲线函数；通过对曲线的积分，计算出研究区小流域的 Strahler 积分值以及地貌信息熵值；并根据研究区的实际情况，制定了山洪泥石流沟的判识标准，得到小流域山洪泥石流危险性评价结果。

关键词： 地貌信息熵；Strahler 面积-高程曲线；山洪泥石流；危险性评价

1　引言

我国山洪灾害问题具有地理、气候分布特征上的复杂性和多样性。随着极端气候天气频现，山洪灾害呈多发、易发、频发、重发的特点和趋势，这就决定了我国山洪灾害防治任务的艰巨性和复杂性。山洪灾害的发生和发展与山丘区的降雨、地形、地质条件及人类活动的影响等因素关系密切，而上述因素在我国不同山丘区又不尽相同，因而灾害的特征和影响程度也不相同。

美国地貌学家 W. M. Davis 提出了“地理循环”学说，将地形发育划分为幼年期、壮年期和老年期，奠定了现代地貌学的基础。自 20 世纪 50 年代以来，许多科学家开始探索地貌发育阶段的定量化分析，1952 年美国地貌学家 A. N. Strahler 提出了面积-高程分析法，成功地用定量的方法确定了 Davis 的地理循环阶段。山洪泥石流危险性评价的指标体系和评价因子众多，而流域地貌信息熵能够反映流域发育的程度、地貌演化的阶段和构造活动的强度，山洪泥石流形成的地貌条件与地貌信息熵紧密结合。因此，可以采用流域地貌信息熵来反映潜在山洪泥石流危险性的大小。

2　流域系统地貌信息熵理论

2.1　信息熵的概念

信息论之父 Shannon 在“A Mathematical Theory of Communication”一文中提出了信息熵的概念，将信息熵的计算表达式定义为：

$$H(X)=E[-\lg p(X_i)]=-\sum_{i=1}^{N}p(X_i)\lg p(X_i) \tag{1}$$

2.2　流域地貌信息熵理论

美国学者戴维斯创立了地貌侵蚀循环模型，将地貌发育分成了幼年期、壮年期和老年期。美国地貌学家斯特拉勒创立了 Strahler 面积-高程曲线法。该方法建立在戴维斯理论的基础上，将戴维斯模

基金项目： 国家自然科学基金项目（51379023）；国家重点研发计划（2022YFC3004301）；“十二五”国家科技支撑计划（2012BAK10B04）。

作者简介： 王志旺（1971—），男，正高级工程师，主要从事水工程安全监测、安全评估以及“3S”技术在岩土工程中的应用方面的科研工作。

型定量化。它的积分表达形式为：

$$S = \int_0^1 f(x)\,dx \tag{2}$$

式中：$f(x)$ 为 Strahler 面积-高程曲线；S 为 Strahler 积分，S 值的大小表示戴维斯模型的地貌演化阶段，即：$S>0.6$，幼年期；$0.35 \leqslant S \leqslant 0.6$，壮年期；$S<0.35$，老年期。

1987 年，我国学者艾南山教授在信息熵的基础上，综合戴维斯模型和 Strahler 面积-高程曲线，提出了流域地貌系统信息熵的概念，并给出了它的计算表达式：

$$H = S - 1 - \ln S \tag{3}$$

其中：$H>0.400$，老年期；$0.111<H<0.400$，壮年期；$H<0.111$，幼年期。

根据流域系统地貌信息熵理论，采用 Strahler 面积-高程曲线法，以能反映地貌系统总体演化特征的流域面积和流域的相对高度为指标，建立 Strahler 面积-高程曲线函数，对曲线进行积分，计算出指定流域的 Strahler 积分值以及地貌信息熵值，通过与标准值进行对比，即可定量分析单一沟谷的发育阶段；并根据研究区的实际情况，制定泥石流沟的判识标准，对研究区存在的泥石流沟及其分布情况进行相关研究。

2.3 地貌信息熵的地理意义

流域地貌信息熵在流域地貌研究上有着重要的意义，据此可以判断流域地貌侵蚀发育程度和地貌演化阶段划分。熵值越小，表明流域侵蚀下切严重，构造运动强烈，流域处在剧烈变动的不稳定期，即处于非常活跃的幼年期；熵值越大，说明流域侵蚀趋于稳定，没有大的波动，处于老年期，是平稳阶段。

同时，流域的地貌特征对泥石流的发育、发展以及消退都有重要的影响。一般处在构造运动强烈、强烈上升的山区，泥石流极为活跃；而在地表处于相对稳定或者下降的山区，泥石流活动也处于相对稳定的状态。因此，通过对泥石流沟谷的地貌侵蚀形态的定量计算，可以在一定程度上反映泥石流的发育阶段，并判断其危险程度。

3 数据处理及计算

3.1 研究区概况

以某小流域为研究对象，该小流域地处亚热带温暖季风气候，降雨集中且强度大。降水量年际变化较大，最大降水量达 1 700 mm，降水量年内分布不均。强降水汇流时间短，坡面雨水很快汇入河床中，形成大洪水，沿较陡的河流向下游激流，冲击两岸河道，加之地形陡峭，岩溶裂隙发育，较容易风化破碎，极易造成山洪泥石流。山洪地质灾害发生的时间与降水年份和雨季时间同步，特别是局地强降雨是触发山洪泥石流的重要因素。

境内沟壑纵横，群山高耸，河流深切，山峦起伏，地形起伏大，是孕育山洪泥石流的有利因素，也为山洪泥石流灾害的产生提供了地形、地势上的重力势能条件。特别是在沿岸地段，河流下切深度大，地形陡峭，临空面空旷，坡度多为 45°~70°，地面平均坡度为 45°，为山洪地质灾害的发育提供了高陡的临空条件。区内地质构造复杂，褶皱断裂发育，构造运动强烈，地层支离破碎，岩石裸露，植被覆盖极差，长期侵蚀，岩性软弱，易引起地质灾害。

3.2 流域划分

流域划分工作是基于研究区域数字高程模型（DEM），利用 ArcGIS 水文分析模块，采用坡面径流模拟法，依次提取水流方向、汇流累积量、水流长度、河网、河网分级，最终完成子流域划分。河网水系提取结果如图 1 所示，划分结果如图 2 所示。研究区共划分为 25 条沟谷子流域，将划分结果与当地实际水系分布情况进行对比，可以看到两者具有较好的一致性。

3.3 流域面积-高程函数及积分曲线

对该小流域进行了面积-高程积分值提取。高程-面积积分值的通常计算方法是设全流域面积为

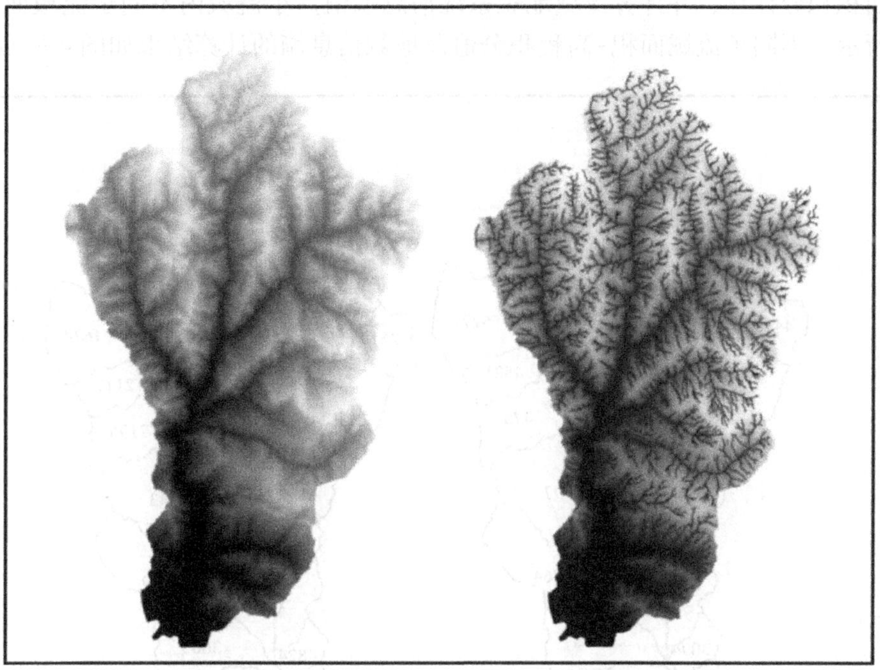

图 1　研究区小流域 DEM 及水系提取

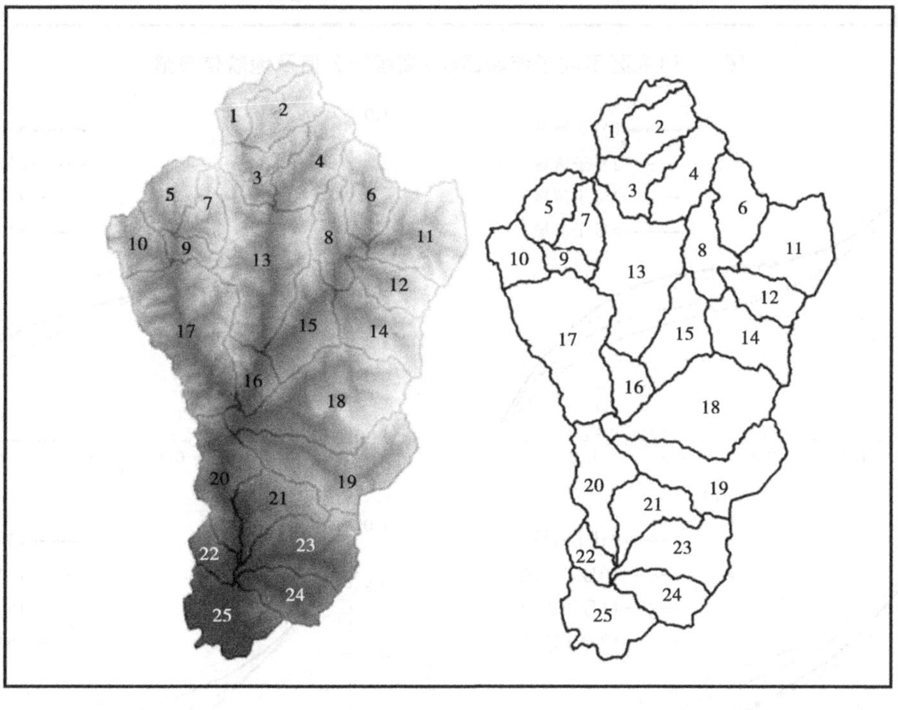

图 2　研究区子流域划分

A，流域内某条等高线以上的面积为 a，该等高线与流域最低点的高差为 h，流域最高点与流域最低点的高差为 H，记 $X=a/A$，$Y=h/H$，X、Y 均在［0，1］内取值。根据一系列（X、Y）值，以 X 为横坐标、Y 为纵坐标绘出的曲线即为面积-高程曲线，曲线左下方与坐标轴之间的面积即为面积-高程积分值。本研究采用二次方程、对数方程、三次方程、S 形曲线等多种曲线模型对面积-高程函数进行拟合，并对比各种曲线的拟合效果。结果表明，三次方程的拟合效果最好，拟合优度高于任何其他模型，每条流域的 R^2（拟合度，其值越接近 1 拟合效果越好）>0.965，具有统计学意义。根据拟合得到的函数进行面积积分计算，并计算流域地貌系统信息熵值。小流域内不同子流域面积-高程曲线绘制结果如图 3 所示，不同子流域面积-高程积分值及地貌信息熵的计算结果如图 4 所示。

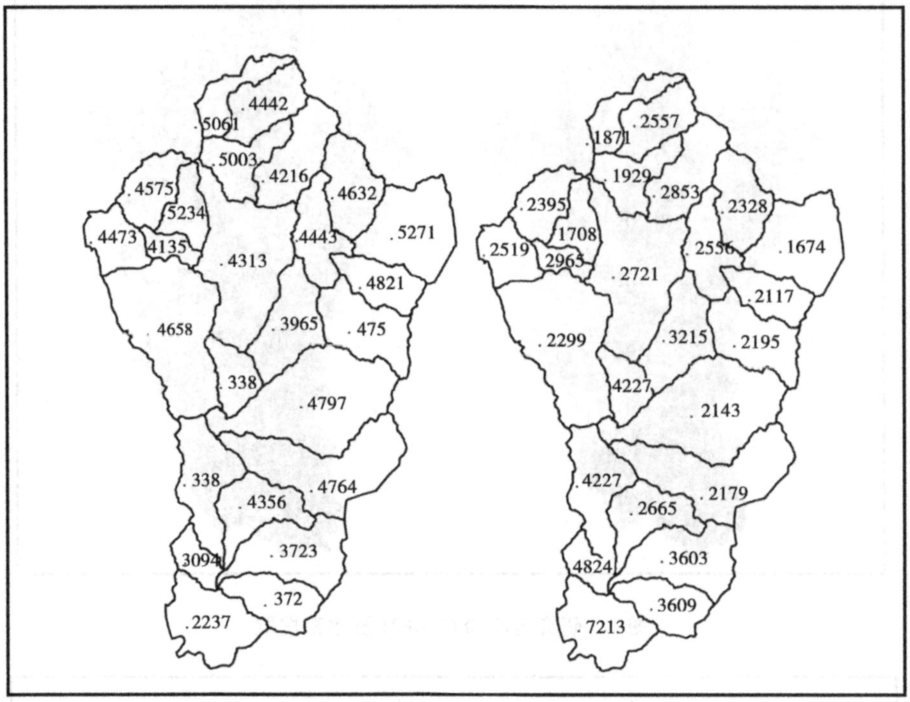

图 3　研究区不同子流域面积-高程积分值及地貌信息熵

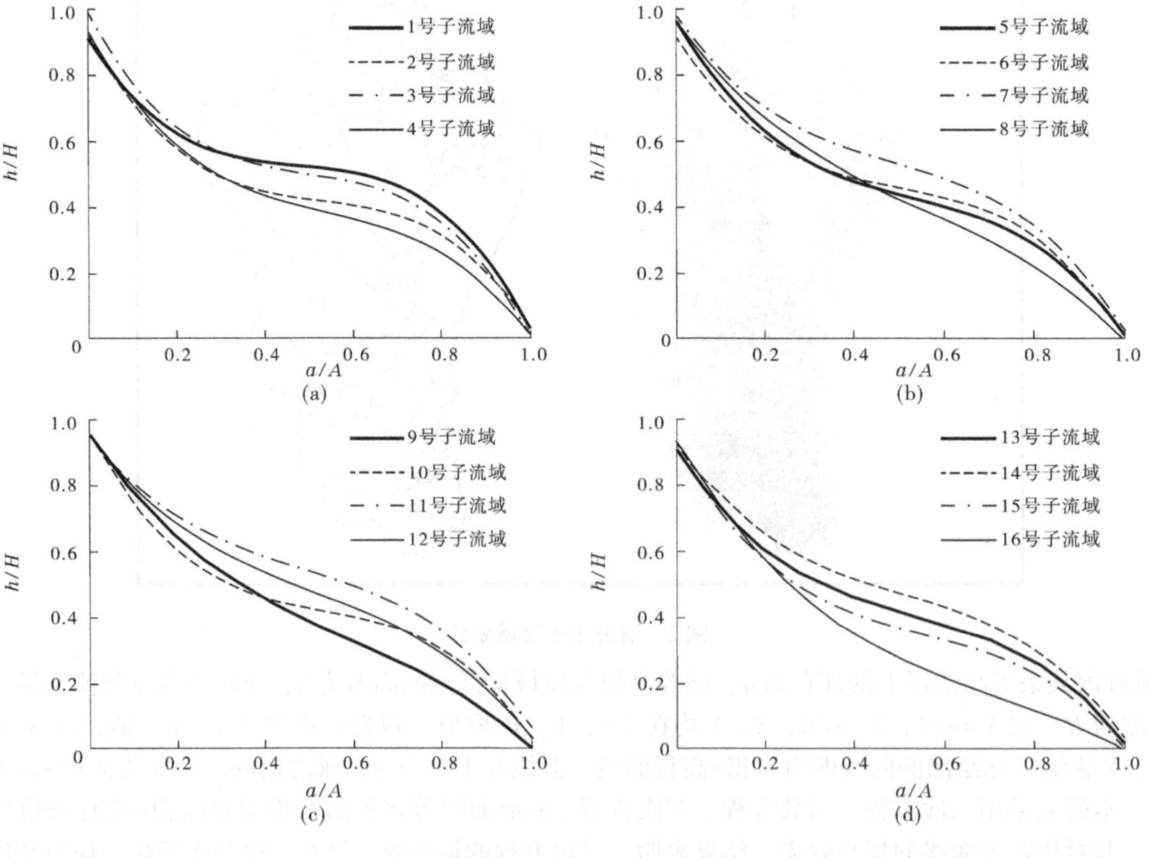

图 4　研究区不同子流域面积-高程曲线

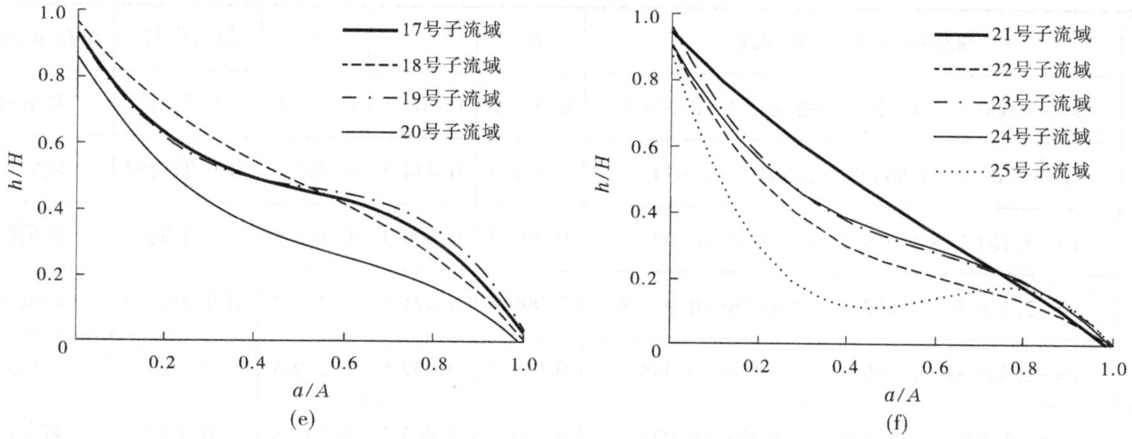

续图 4

4 潜在泥石流危险性评价

经过计算，研究区内各子流域的 H 值介于 0.167~0.721。根据艾南山提出的判断流域地貌系统侵蚀发育程度的标准，结合该小流域的地理条件和泥石流孕灾环境，将流域的划分标准做出规定(见表 1)。具体将泥石流危险性划分成 5 个等级，分别为极危险、危险、较危险、较安全、安全。根据表 1 划分标准，该小流域 25 条子流域发育阶段和泥石流危险性如表 2 所列。研究结果表明：该小流域 25 条子流域中有 12 条处于地貌发育的壮年期，可能发生泥石流，属于较危险等级；12 条处于壮年偏老期，泥石流发生可能性较小，属于较安全等级；1 条子流域处于老年期，泥石流发生可能性小，属于泥石流安全等级。根据上述划分方法，得到该小流域泥石流危险性评价结果，如图 5 所示。

表 1　泥石流危险性划分标准

E	沟谷发育阶段	地貌形态特征	泥石流危险性
<0.11	幼年期	地形崎岖，流域切割侵蚀强烈，地表起伏大，水系处于扩展和分支阶段，坡度变形迅速，山坡以凸形坡为主，可为泥石流的形成提供充足的动力条件	极危险
0.11~0.15	壮年（偏幼）期	地表起伏变化较大，松散碎屑物质迅速积累，形成区不断扩大，堆积扇强烈发育	危险
0.15~0.25	壮年期	侵蚀减弱，水系处于扩张末期，地形坡度基本形成并开始向凹形坡转化	较危险
0.25~0.40	壮年（偏老）期	侵蚀缓和，山坡从凸形坡转为凹形坡，地表起伏变化小，有利于松散物质堆积，形成区扩大	较安全

表 2　研究区不同子流域地貌信息熵计算结果及泥石流发育情况

编号	Strahler 面积-高程曲线	R^2	S	H	发育阶段	泥石流危险性
1	$y=-3.0003x^3+4.3214x^2-2.2077x+0.9196$	0.9810	0.5061	0.1871	壮年期	较危险
2	$y=-2.887x^3+4.5699x^2-2.5841x+0.9347$	0.9889	0.4442	0.2557	壮年偏老期	较安全
3	$y=-3.1041x^3+4.6593x^2-2.5382x+0.9923$	0.9959	0.5003	0.1929	壮年期	较危险
4	$y=-2.3702x^3+3.8629x^2-2.4186x+0.9358$	0.9906	0.4216	0.2853	壮年偏老期	较安全
5	$y=-2.3683x^3+3.7696x^2-2.3504x+0.9682$	0.9957	0.4575	0.2395	壮年期	较危险
6	$y=-2.5965x^3+3.8995x^2-2.223x+0.922$	0.9815	0.4632	0.2328	壮年期	较危险
7	$y=-2.2286x^3+3.241x^2-1.9689x+0.9847$	0.9973	0.5234	0.1708	壮年期	较危险
8	$y=-1.3114x^3+2.1923x^2-1.8497x+0.9662$	0.9963	0.4443	0.2556	壮年偏老期	较安全
9	$y=-1.3684x^3+2.4081x^2-1.9941x+0.95$	0.9967	0.4136	0.2965	壮年偏老期	较安全
10	$y=-2.753x^3+4.4105x^2-2.6039x+0.9673$	0.9957	0.4473	0.2519	壮年偏老期	较安全
11	$y=-1.8721x^3+2.6642x^2-1.6814x+0.9478$	0.9920	0.5271	0.1674	壮年期	较危险
12	$y=-1.6154x^3+2.4713x^2-1.7771x+0.9507$	0.9950	0.4821	0.2117	壮年期	较危险
13	$y=-2.0635x^3+3.3139x^2-2.1519x+0.9178$	0.9889	0.4314	0.2721	壮年期	较危险
14	$y=-1.9435x^3+2.9539x^2-1.9128x+0.9326$	0.9910	0.4750	0.2195	壮年期	较危险
15	$y=-2.1511x^3+3.5909x^2-2.3587x+0.9167$	0.9841	0.3965	0.3215	壮年偏老期	较安全
16	$y=-1.1803x^3+2.552x^2-2.3218x+0.9433$	0.9930	0.3380	0.4227	壮年偏老期	较安全
17	$y=-2.3022x^3+3.5217x^2-2.1228x+0.9288$	0.9905	0.4658	0.2299	壮年期	较危险
18	$y=-1.3182x^3+2.017x^2-1.6639x+0.9689$	0.9989	0.4797	0.2143	壮年期	较危险
19	$y=-2.8052x^3+4.2796x^2-2.3766x+0.9395$	0.9899	0.4764	0.2179	壮年期	较危险
20	$y=-1.7779x^3+3.2x^2-2.3014x+0.8665$	0.9696	0.3380	0.4227	壮年偏老期	较安全
21	$y=-0.5177x^3+0.987x^2-1.4358x+0.954$	0.9960	0.4357	0.2665	壮年偏老期	较安全
22	$y=-1.9104x^3+3.6621x^2-2.6711x+0.9019$	0.9794	0.3095	0.4824	壮年偏老期	较安全
23	$y=-2.0582x^3+3.7318x^2-2.6383x+0.9621$	0.9971	0.3723	0.3603	壮年偏老期	较安全
24	$y=-1.9323x^3+3.3817x^2-2.3686x+0.9121$	0.9843	0.3720	0.3609	壮年偏老期	较安全
25	$y=-4.3188x^3+7.7799x^2-4.3581x+0.8891$	0.9648	0.2237	0.7213	老年期	安全

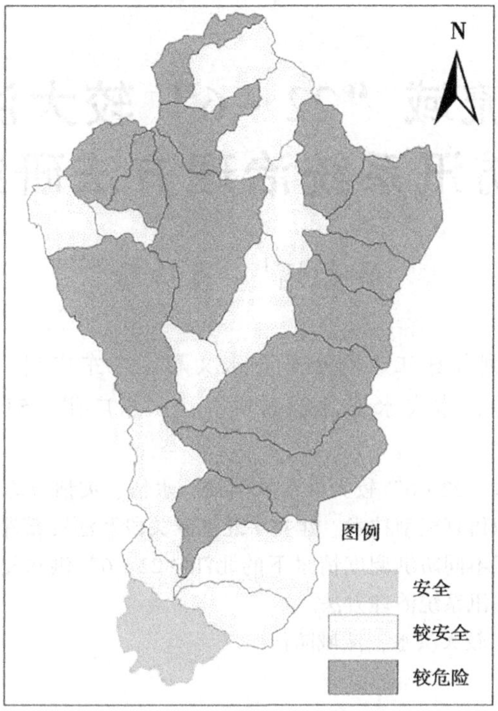

图 5　研究区不同子流域泥石流危险性分区

参考文献

[1] Strahler A N. Hypsometric (Area-Altitude) analysis of erosional topography [J]. Bulletin of the Geological Society of America, 1952, 63: 1117-1141.

[2] 艾南山. 再论流域系统的信息熵 [J]. 水土保持学报, 1988, 2 (4): 1-7.

[3] 张敬春, 李川川, 张梅, 等. 格尔木河流域面积-高程积分值的地貌学分析 [J]. 山地学报, 2011, 29 (3): 257-263.

[4] 杨宗佶, 乔建平, 田宏岭, 等, 地震后降雨激发区域地质灾害危险性预测 [J]. 四川大学学报 (工程科学版), 2010, 42 (Suppl. 1): 38-42.

[5] 钱宁, 张仁, 周志德. 河床演变学 [M]. 北京: 科学出版社, 2005.

基于珠江流域“22·6”较大洪水的流域防汛系统治理方法研究

吴春熠[1]　肖珍珍[2]

（1. 水利部珠江水利委员会水文局，广东广州　510611；
2. 珠江水文水资源勘测中心，广东广州　510611）

摘　要：本文收集了珠江流域“22·6”较大洪水的雨情、水情、灾情等方面的资料，采用山洪水文模型及水动力学数值模拟仿真模型技术，建立了北江韶关段及滘江蓄滞洪区等关键节点洪水数值模拟仿真模型，并进行了不同防洪调度情景下的北江“22·6”洪水复盘模拟计算及对比分析。在此基础上研究了流域防汛系统治理方法。

关键词：珠江流域；“22·6”较大洪水；流域防汛

1　引言

2022 年 5 月至 6 月底，珠江流域出现连续强降雨过程，造成西江发生 4 次编号洪水，北江发生 2 次编号洪水，其中 6 月的西江第 4 号洪水和北江第 2 号洪水（超百年一遇，仅次于 1915 年出现的历史特大洪水[1]）最大，造成严重洪涝灾害。本文收集了 2022 年 6 月（简称“22·6”）较大洪水的水雨情等相关资料，通过对洪水关键节点防御等情况进行分析研究，一是尝试回答社会对此次北江流域特大洪水广泛关注的问题，二是研究珠江流域今后的防汛系统治理方法。

2　洪水基本情况

2.1　雨情

自入汛至 6 月底，珠江流域连续出现 11 次强降雨过程，面平均降水量 623 mm，较多年同期偏多五成，为 1961 年以来同期最多。西江第 4 号洪水和北江第 2 号洪水的降雨过程主要从 6 月 15 日开始至 22 日结束（见表 1），此次降雨过程特点是历时长、总量大、范围集中、落区高度重叠。强降雨过程从 15 日持续至 22 日，共历时 7 天；珠江流域累积面平均降水量 120 mm，珠江流域最大点雨量为广西桂林市临桂区宛田站 951 mm，北江流域最大点雨量为清远市英德市东华镇鱼湾站 800 mm。

表 1　珠江流域 6 月 15—22 日雨情统计

开始时间	持续时间/h	平均面雨量/mm	降雨笼罩面积/万 km^2	最大小时雨量/mm	最大日雨量/mm
6 月 15 日 8 时	168	50	26.4	157	507
		100	16.8		
		250	5.7		

作者简介：吴春熠（1984—），男，高级工程师，主要从事水文与水资源方面的研究工作。

2.2 水情

北江流域石角站6月14日11时30分，水位达9.14 m，实测流量12 000 m^3/s，编号为“北江2022年第1号洪水”。15日起北江上游再次经历强降雨过程，石角站水位于18日9时开始复涨，至19日12时涨至12 000 m^3/s，编号为“北江2022年第2号洪水”。浈江新韶站19日3时开始起涨，至21日16时出现59.54 m的洪峰水位，相应流量6 120 m^3/s。超警2.04 m（警戒水位57.5 m），浈江流域发生了新中国成立以来最大的洪水，近100年一遇（100年一遇流量6 260 m^3/s）。期间，北江上游浈江出现近100年一遇洪水，连江出现超过100年一遇洪水，飞来峡入库洪峰超100年一遇，22日7时超过汛限水位，22日23时入库洪峰到达，流量19 900 m^3/s，超100年一遇（100年一遇为19 200 m^3/s），23日5时达到最高库水位26.82 m，超过汛限水位2.82 m，为建库以来最高水位（历史最高水位为26.23 m，2013年），至24日12时退回至汛限水位，超汛限时长52 h。经飞来峡调蓄，石角站洪峰流量18 500 m^3/s，不足100年一遇。期间流域内45条河流68个站点超过警戒水位，最大超警为英德（五）测站。

西江流域梧州站6月15日3时25分出现22.31 m（警戒水位18.5 m）的洪峰水位，超警戒3.81 m，相应流量39 200 m^3/s，为5年一遇洪水，编号为“西江2022年第3号洪水”。6月16—25日，受西江流域大范围暴雨影响，西江流域共有西江中下游、柳江、桂江、洛清江、贺江等55条河流103个站出现超警洪水，最大超警为桂江苍梧县京南镇河段，其中红水河支流刁江河口水文站出现超50年一遇洪水，灵渠出现1956年建站以来实测最大洪水，编号为“西江2022年第4号洪水”。

珠江三角控制站三水站、马口站分别出现了50年一遇和超20年一遇的洪峰流量，三水站20日20时超过警戒水位，超警时长100 h。马口站22日17时超过警戒水位，超警时长43 h。

3 “22·6”洪水防御分析

本次洪水起涨水位高，降雨产流量很大、汇流速度很快。为减轻洪水影响，流域内通过调度乐昌峡、湾头水利枢纽有效地减轻了韶关市的受淹，通过飞来峡水利枢纽的控泄及潖江蓄滞洪区的启用有效降低了北江下游的洪峰水位和流量，避免了北江大堤的出险溃决风险。本次采用山洪水文模型及水动力学数值模拟仿真模型技术，建立北江韶关段、北江飞来峡库区段、北江飞来峡大坝以下河段及潖江蓄滞洪区洪水数值模型，进行不同防洪调度情景下的较大洪水数值模拟计算及对比分析。

3.1 北江韶关段

本次利用北江韶关段洪水一维数学模型模拟（采用珠江委水文局提供的水文数据，下同），计算得到韶关至孟州坝段的洪峰水位水面线（孟州坝水库敞泄，乐昌峡水库和湾头枢纽不调蓄），与实际工程调度条件计算洪峰水位水面线对比，对于“22·6”较大洪水，韶关至孟州坝之间的水位将增加0.73 m，韶关市城区淹没将由现状的1.59 km^2，扩大到2.80 km^2（见图1）。可见，乐昌峡、湾头水利枢纽在本次洪水中发挥了防洪调度作用，减少了韶关市城区受淹面积1.21 km^2。

3.2 北江飞来峡库区段

利用北江飞来峡库区段洪水数值模拟仿真模型，计算了飞来峡水库不控泄情况下的洪峰水位水面线，并与飞来峡实际控泄条件计算得到的洪峰水位水面线对比，如果飞来峡不控泄，在飞来峡水库大坝前洪峰水位降低约0.97 m，在英德（五）测站位置水位降低约0.17 m。可见，飞来峡水库的控泄调度对英德（五）测站周边区域洪水淹没影响较小。飞来峡不控泄情况下，库区淹没62.98 km^2，与控泄情况下淹没面积（63.31 km^2）相比基本一致，淹没区人口没有变化。

飞来峡库区盲仔峡狭窄段及连江汇入口等特殊地形条件，是英德市城区周边洪峰水位受飞来峡调控影响不大的主要因素。盲仔峡的存在导致飞来峡库区形成了以盲仔峡为分隔的上下游两个库区，这两个库区的连接，通过像管道一样的盲仔峡连接，使得两个库区在洪水来临及水库调度的情况下，水位不能出现同步反应。再加上盲仔峡下端紧挨着连江汇入口，进一步拥堵了盲仔峡的出流，使得在洪水期间盲仔峡以上库区的水位往往比盲仔峡以下库区的水位高出不少，导致上库区与下库区形成一定

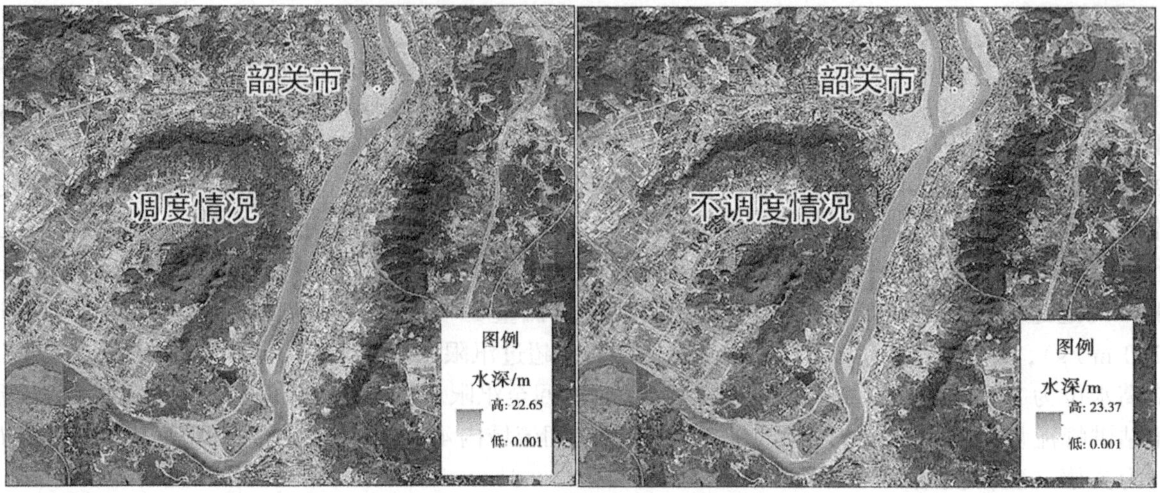

图 1 上游水库不调度与实际调度条件计算淹没情况对比

的水位落差，盲仔峡及以下库区段流速明显增加。模拟计算的盲仔峡上下游河段在“22·6”较大洪水中最大流速分布如图 2 所示，可见在盲仔峡以上在英德（五）测站周边流速相对较小，形成淹没壅水区域。

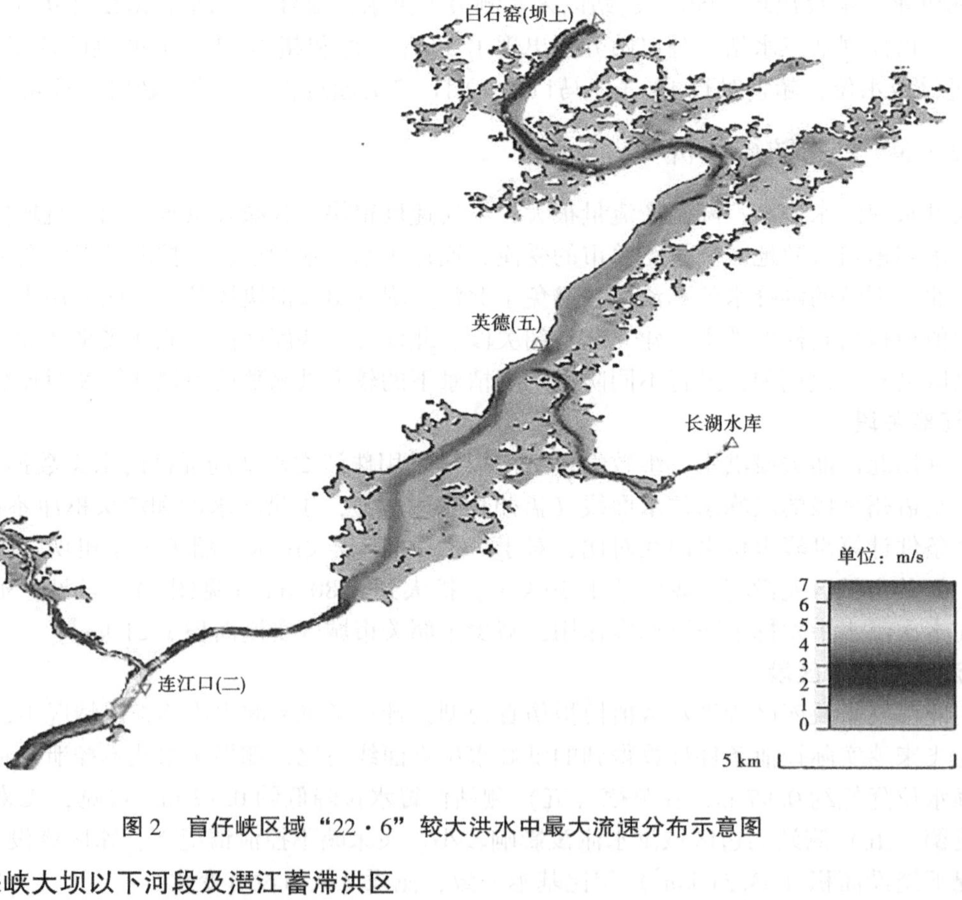

图 2 盲仔峡区域“22·6”较大洪水中最大流速分布示意图

3.3 北江飞来峡大坝以下河段及潖江蓄滞洪区

本次建立了飞来峡水库以下北江河段及蓄滞洪区的洪水数值模拟仿真模型。计算了飞来峡枢纽实际控泄与不控泄情况下两种工况水面线（蓄滞洪区正常蓄洪），如果飞来峡枢纽不调度，北江飞来峡以下洪峰水位平均增加约 1.10 m，其中石角站水位增加 1.14 m，比 1994 年历史最高水位（14.68 m）仅低 1.34 m，这对于河床下切较为严重的北江大堤石角段堤防的安全是非常不利的。因此，对于“22·6”较大洪水，飞来峡水库控泄及蓄滞洪区运用，极大地降低了北江大堤出险溃决的风险，避免了清远市清城区，广州市白云区、花都区、荔湾区、海珠区、番禺区及佛山市南海区、三水区共计3个市、8个区可能受淹。

4 结论与建议

经分析研究，“22·6”较大洪水期间，通过对乐昌峡、湾头、飞来峡等水利枢纽的有效调度及潖江蓄滞洪区的启用，实际减轻了韶关市的受淹程度，有效地降低了北江下游的洪峰水位和流量，避免了北江大堤的出险溃决风险，保护了清远市清城区，广州市白云区、花都区、荔湾区、海珠区、番禺区及佛山市南海区、三水区共计3个市、8个区约135万人，挽回了可能的淹没直接经济损失约457亿元，更实现了“零伤亡”。同时，针对暴露出来的问题建议如下：

一是开展流域防洪关键问题研究，为流域防洪工程体系建设和洪水防御提供依据。如开展珠江流域防洪规划修编，研究珠三角、大湾区等高度发达地区及其他城市、区域的适宜防洪标准问题，分析提高综合防灾能力的工程措施的必要性及可行性；分析北江、西江等河道下切对河道行洪能力及堤防安全带来的影响，复核水面线，评估北江大堤钢板桩、灌浆等加固措施的可行性；分析强化城市、区域排涝设施建设对干流防洪标准的影响，提出应对措施。

二是完善流域防洪工程体系，提高整体防洪能力。抓紧推进支流控制性水利工程建设；分步推进堤防达标建设，提高市县防御洪水能力；推进大湾区堤防巩固提升工程；继续强化病险水库、水闸出险加固工程；加快潖江蓄滞洪区等蓄滞洪区的工程建设及安全建设；加强易涝区排涝能力建设，提高城市及农村地区的排涝能力。

三是加快智慧水利建设，提升水旱灾害防御决策支持能力。强化中小河流、中小水库、山洪灾害的监测设施建设；巩固提升“省级部署、多级应用”的山洪灾害监测预报预警平台，加强气象水文耦合模拟分析技术应用，提高山洪预警预报精准度，延长预警预见期；完善数据底板，建设数字孪生工程、数字孪生流域，以流域为单元强化水文水动力模型算据、算法和算力建设，在此基础上突出抓好预报、预警、预演和预案相关工作，完善流域、省、市、县预报调度一体化平台，建设水工程联合调度信息系统，全面提升信息化水平，提高应对超标准洪水干旱灾害能力，最大程度地发挥工程综合效益。

四是加强涉水领域的社会管理，逐步增强公众防灾减灾意识和能力。加强行洪河道空间管理，对可能碍洪的建筑物进行风险分析评估，抓紧推进行洪障碍清理整治；加强防灾减灾知识科普宣教，推进防灾减灾常识进学校、进社区，提高公众避险及自救、互救能力。

参考文献

[1] 宋利祥，刘培，贾文豪，等．北江流域2022年6月洪水与1915年7月洪水对比初探［J］．中国水利，2022（15）：21-23.

[2] 黄家宝，郑泳，徐林春，等．基于GIS的乐昌峡水利枢纽工程防洪调度洪灾损失评估研究［J］．广东水利水电，2012（1）：25-28，59.

[3] 黄焕坤．北江潖江蓄滞洪区与飞来峡水利枢纽蓄洪库区联合调度问题的研究［J］．广东水利水电，2011（9）：4-5，31.

[4] 陈其幸．北江流域石角站洪峰流量演变规律分析［J］．广东水利水电，2013（6）：31-34.

基于珠江区地下水资源调查评价的流域地下水治理策略研究

吴春熠[1]　韦露斯[2]

（1. 水利部珠江水利委员会水文局，广东广州　510611；
2. 珠江水文水资源勘测中心，广东广州　510611）

摘　要：随着全球气候变化影响加剧、珠江区水循环及水文过程发生了显著变化，水资源形势和水安全状况更趋严峻。珠江水利委员会组织珠江区各省（自治区）开展第三次地下水资源调查评价工作，经过大量的资料收集、补充监测、统计分析，得出珠江区地下水资源较为富裕，局部地区存在超采现象，空间分布呈东高西低、沿海多内陆少的结论。据此，提出应加强地下水开发利用规划编制，加快灌区节水改造，深入推进节水型社会建设，加大城镇供水和农业水源置换力度，持续推进地下水超采综合治理，不断提升地下水治理管理能力和实效的治理策略。

关键词：水资源调查评价；地下水资源，治理策略

1　研究区概况

珠江区是我国大陆最南端的一个水资源一级区。本区包括珠江流域、韩江流域、粤东、粤西、桂南沿海诸河和海南岛及南海各岛诸河等水系，行政区域涉及云南、贵州、广西、广东、湖南、江西、福建、海南等八省（自治区），总面积约 57.79 万 km^2。珠江区地势北高南低、西高东低，总趋势由西北向东南倾斜。西北部为峰峦起伏、高山深谷相间的云贵高原，东部和中部为中低山丘陵盆地，东南和南部为冲积平原地带。地貌以山地、丘陵为主，约占全区面积的 82%；平原盆地较少，约占全区面积的 16%；其他占 2%。海南岛位于珠江区南部，是我国第二大岛屿，具有独特的热带岛屿生态系统。珠江区历经漫长地史和各期地质构造运动，地质条件十分复杂。沉积岩、火成岩和变质岩岩类均有不同程度的发育，地层时代发育较全，从远古至新生代第四纪地层均有沉积，以前寒武系、泥盆系、石炭系、二叠系、三叠系等最为发育。

2　数据来源与评价方法

基于全国第三地水资源调查评价珠江区 2001—2016 年地形、地貌及水文地质资料，水文气象资料，地下水埋深资料，地下水实际开采量资料，引水灌溉资料，因不合理开发利用地下水引发的生态环境恶化状况资料，水均衡试验场、抽（压）水试验等试验成果资料等，经合理性审查后使用。

3　地下水资源量评价方法

地下水是指赋存于地表以下饱水带岩土空隙中的重力水。本文所指地下水资源量是指与当地降雨和地表水体有直接水力联系、参与水循环且可以逐年更新的动态水量，即浅层地下水资源量。

将Ⅲ级类型区作为计算单元，将Ⅱ级类型区套水资源三级区再套地级行政区、Ⅱ级类型区套县级

作者简介：吴春熠（1984—），男，高级工程师，主要从事水文与水资源方面的研究工作。

行政区分别作为分析单元，将县级行政区、水资源三级区套地级行政区分别作为汇总单元。

3.1 平原区地下水资源量

平原区地下水资源量采用补给量法计算，同时计算排泄量，以进行水均衡合理性分析。根据划分的平原区均衡计算区（Ⅲ级类型区）的包气带岩性、地下水埋深，确定该均衡计算区的水文地质参数，进而计算各项补给量、排泄量及地下水资源量。

补给量方面，只计算水田（含旱作期）、旱地（含非耕地）的降雨入渗补给量和灌溉入渗补给量（作为地表水体补给量），两者之和为总补给量。排泄量方面，实际开采量、潜水蒸发量、河道排泄量，各项排泄量之和为总排泄量。均衡分析方面，以Ⅱ级类型区套水资源三级区再套省级行政区2001—2016年多年平均数据进行水均衡分析，计算相对均衡差，计算公式为：

$$X = Q_{总补} - Q_{总排} - \Delta W \quad (1)$$

$$\delta = X/Q_{总补} \times 100\% \quad (2)$$

式中：$Q_{总补}$为多年平均地下水总补给量，万 m^3；$Q_{总排}$为多年平均地下水总排泄量，万 m^3；ΔW 为多年平均地下水蓄变量，万 m^3；X 为多年平均绝对均衡差，万 m^3；δ 为多年平均相对均衡差，无量纲。

当 $|\delta| > 15\%$时，需要对计算单元的各项补给量、各项排泄量及Ⅱ级类型区套水资源三级区再套省级行政区的地下水蓄变量进行核算，必要时，对相关水文地质参数重新定量，直到满足 $|\delta| \leq 15\%$的要求。地下水蓄变量可按下式计算：

$$\Delta W = 10^{-2} \times h_2 - h_1 \mu F \Delta W = 10^2 \times (Z_1 - Z_2)\mu F/T' \quad (3)$$

式中：ΔW 为 2001—2016 年平均地下水蓄变量，万 m^3；Z_1 为 2001 年年初的平均地下水埋深，m；Z_2 为 2016 年年末的平均地下水埋深，m；μ 为 Z_1 与 Z_2 之间岩土层的给水度，无量纲；T'为评价年数，a；F 为面积，km^2。

各分析单元的地下水总补给量扣除井灌回归补给量后，为地下水资源量。

3.2 山丘区地下水资源量

计算单元地下水资源量方面，各计算单元的多年平均地下水资源量采用排泄量法计算，将多年平均天然河川基流量近似作为地下水资源量，先计算 2001—2016 年逐年值再取平均值。

分析单元地下水资源量方面，对分析单元内的完整计算单元，直接采用其各项排泄量计算成果；对分析单元内的不完整计算单元，可根据各项排泄量模数，采用面积加权法计算其各项排泄量。将分析单元范围内所有计算单元的各项排泄量分别相加，作为该分析单元的相应排泄量，在此基础上计算地下水资源量。

3.3 汇总单元地下水资源量

由平原区分析单元和山丘区分析单元构成的汇总单元，其地下水资源量采用平原区与山丘区的地下水资源量相加，再扣除两者间重复计算量的方法计算，即：

$$Q_{分区} = Q_{平原区} + Q_{山丘区} - Q_{重复} \quad (4)$$

式中：$Q_{分区}$为汇总单元多年平均地下水资源量，万 m^3；$Q_{平原区}$为汇总单元内平原区多年平均地下水资源量，万 m^3；$Q_{山丘区}$为汇总单元内山丘区多年平均地下水资源量，万 m^3；$Q_{重复}$为平原区与山丘区间多年平均地下水重复计算量，万 m^3。

山前侧向补给量作为排泄量计入山丘区的地下水资源量，又作为补给量计入平原区的地下水资源量，对汇总单元而言是重复计算量；平原区的地表水体补给量有部分来自于山丘区的河川基流，而河川基流量已计入山丘区的地下水资源量中，因此由山丘区河川基流形成的平原区地表水体补给量也是重复计算量。即：

$$Q_{重复} = Q_{侧补} + Q_{基补} \quad (5)$$

式中：$Q_{重复}$为汇总单元内平原区与山丘区间多年平均地下水重复计算量，万 m^3；$Q_{侧补}$为汇总单元内平原区多年平均山前侧向补给量，万 m^3；$Q_{基补}$为汇总单元内由山丘区河川基流形成的平原区多年平均地表水体补给量，万 m^3。

由平原区和山丘区构成的汇总单元，其多年平均地下水资源量，可近似采用汇总单元内平原区多年平均地下水资源量与山丘区多年平均天然河川基流量相加，再扣除由山丘区河川基流形成的平原区多年平均灌溉入渗补给量。

4 地下水资源量

经分析计算，珠江区的地下水资源量为 1 169.4 亿 m^3，山丘区地下水资源量为 1 080.3 亿 m^3，平原区地下水资源量为 93.2 亿 m^3，平原区与山丘区地下水资源量间重复计算量为山丘区河川基流形成的平原区地表水体补给量，值为 4.1 亿 m^3。珠江区水资源二级区地下水资源量见表 1。珠江区多年平均地下水资源量模数分区如图 1 所示。

表 1 珠江区水资源二级区地下水资源量

分区		计算面积/km^2	山丘区			平原区			地下水资源总量/亿 m^3	地下水资源量模数/（万 m^3/km^2）
			计算面积/km^2	资源量/亿 m^3	河川基流量/亿 m^3	计算面积/km^2	资源量/亿 m^3	排泄量/亿 m^3		
珠江区		565 192.8	540 090.3	1 080.3	1 080.3	25 102.6	93.2	95.4	1 169.4	20.7
其中：珠江流域		435 974.1	428 840.1	794.1	794.1	7 134.0	20.1	19.6	812.8	18.6
水资源二级区	南北盘江	82 950.1	82 178.1	91.9	91.9	772.0	1.0	0.3	92.5	11.2
	红柳江	113 060.0	113 060.0	220.3	220.3	0	0	0	220.3	19.5
	郁江	77 898.0	77 898.0	96.3	96.3	0	0	0	96.3	12.4
	西江	66 414.0	66 238.0	152.1	152.1	176.0	0.6	0.6	152.6	23.0
	北江	46 894.0	46 770.0	125.0	125.0	124.0	0.4	0.4	125.4	26.7
	东江	27 156.0	27 059.0	71.7	71.7	97.0	0.3	0.3	72.0	26.5
	珠江三角洲	21 602.0	15 637.0	36.8	36.8	5 965.0	17.8	8.6	53.7	24.9
	韩江及粤东诸河	44 238.0	42 203.0	107.8	107.8	2 035.0	6.6	19.3	113.9	25.7
	粤西桂南沿海诸河	53 248.7	45 688.0	119.0	119.0	7 560.7	31.0	22.7	148.7	27.9
	海南岛及南海诸岛	31 732.1	23 359.2	59.5	59.5	8 372.9	35.5	24.3	93.9	29.6
省级行政区	云南	58 611	57 839	62.8	62.8	772	1.0	0.2	63.5	10.8
	贵州	60 420	60 420	75.3	75.3	0	0.0	0.0	75.3	12.5
	广西	226 167	224 319	425.0	425.0	1 848	9.8	9.8	434.4	19.2
	广东	167 348	153 238	404.2	404.2	14 110	46.9	49.5	448.7	26.8
	湖南	5 117	5 117	13.2	13.2	0	0	0	13.2	25.8
	江西	3 708	3 708	8.2	8.2	0	0	0	8.2	22.2
	福建	12 090	12 090	32.1	32.1	0	0	0	32.1	26.5
	海南	31 732	23 359	59.5	59.5	8 373	35.5	35.8	93.9	29.6

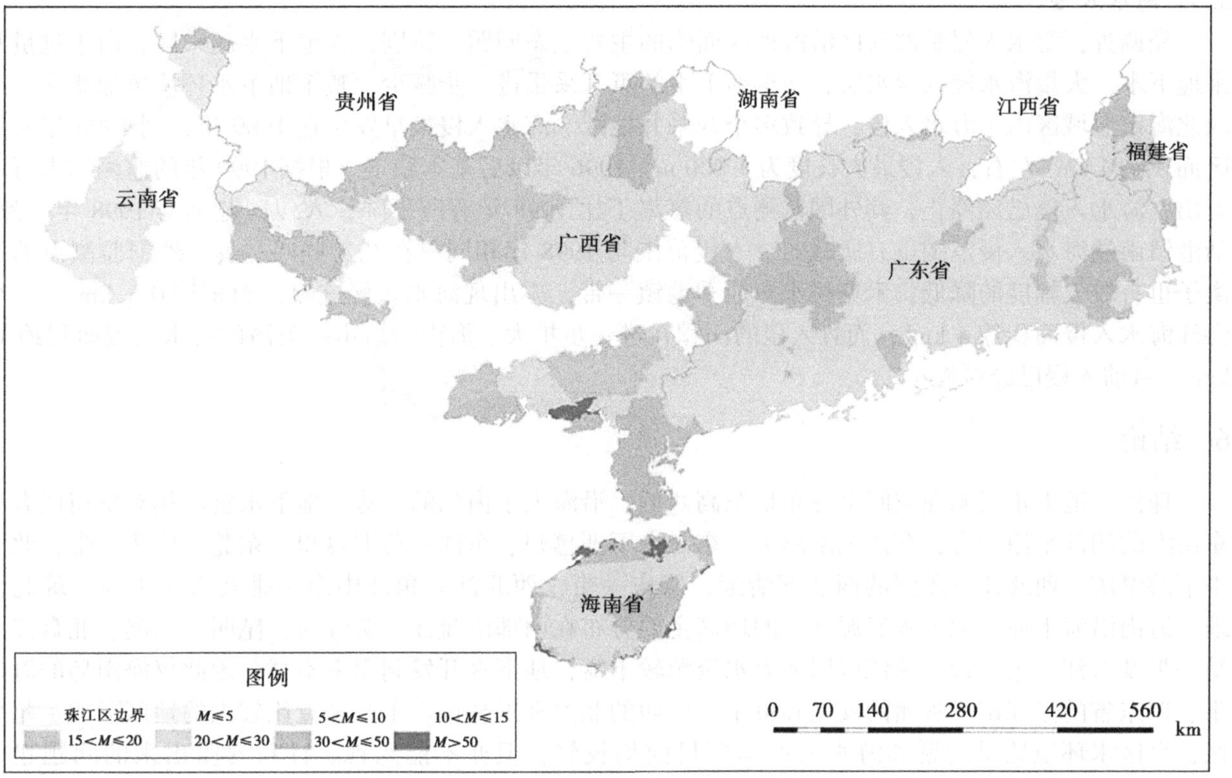

图 1　珠江区多年平均地下水资源量模数分区

5　地下水问题

5.1　地下水超采

经调查，珠江区的地下水降落漏斗分布在海南省海口市、广东省湛江市、广花盆地和佛山市，广西壮族自治区的桂林市和南宁市等地区。其中，较主要的是海口市和湛江市的地下水降落漏斗。海口市地下水漏斗性质为深层承压水，2000 年地下水漏斗面积为 784 km^2，漏斗中心地下水埋深为 19.59 m，漏斗周边地下水埋深约 16.26 m。由于近年来控制了对地下水的开采，因此该地区地下水漏斗停止了扩展趋势，漏斗中心水位还有所上升。

湛江市的地下水降落漏斗为中、深层混合漏斗，漏斗中心位于平乐冷冻厂。2000 年地下水漏斗面积为 2 000 km^2，漏斗中心地下水埋深为 29.6 m，漏斗周边地下水埋深为 7~27 m。由于近年来地下水开采量减少，地下水除局部地段下降外，中深层地下水降落漏斗中心水位均有回升。

珠江区的地下水超采区呈点状分布，主要的超采区位于海南岛的海口市和广东省的湛江市。另外，在贵州的安龙和贞丰、广西的北海和玉林地下水开采量比较大的地区，也形成了超采区。

5.2　地下水环境地质问题

经调查，在珠江区，由于地下水开发利用产生的环境地质问题主要是地面沉降和地面塌陷。这类原因引起的地面沉降和地面塌陷主要发生在广东湛江及广花盆地。广东湛江地区地面沉降面积为 48 km^2，最大降深为 1.76 m，沉降速度为 5.9 cm/a；在广花盆地内的江村、肖岗、新华三个水源地，由于过量开采岩溶地下水而引起的地面塌陷点共 146 个，73 幢楼房和平房出现宽窄不同的裂隙。塌陷形态多为圆形、椭圆形、碟形、竖井形，其次为坛状。直径一般为 1~2 m，最大直径 8 m，深度一般为 0.3~1.5 m，最深 3 m。

5.3 海水入侵

经调查，海水入侵是珠江区沿海地区面临的主要生态问题。特别是在地下水超采区，由于过量开采地下水，大量海水侵入含水层，使得地下水的可开采量进一步减少，整个地下水环境更加恶化。广西北海市海城区由于海水入侵，导致多个开采井报废。海水入侵最早发生在1989年，到1996年入侵区面积约4 km^2左右，入侵最大长度为1 000 m，1996年以后基本稳定。根据1999年的监测结果可以看出，海水入侵已经停止，其外围监测点的氯离子比1998年有所下降，入侵区范围与1998年一致；新港镇南端海水入侵范围也有所减弱，入侵范围与1998年相同，在0.4 km^2左右，外围监测点的氯离子也有较大幅度的降低；禾塘村水源地乔港镇一带，亦出现海水入侵迹象，面积约0.1 km^2。广东湛江海水入侵面积约4 km^2，而且入侵的面积在进一步扩大。海南海口市新英湾的海水入侵面积约16 km^2，目前入侵已经缓慢。

6 结论

珠江区地下水资源在空间上分布呈东高西低、沿海大于内陆的趋势。地下水资源相对富裕区有粤东沿海的潮汕平原一带，东江上游韶关、东江中下洲惠州、东江三角洲惠州、东莞、广州一带，北江中下游肇庆、西北江三角洲的西北部清远、肇庆一带，西北江三角洲中山一带及雷州半岛、琼北台地、海南沿海平原。地下水资源贫乏的地区主要分布在西部南盘江上游红河、昆明、玉溪、北盘江曲靖一带及右江百色一带。珠江区因地表水资源较丰富，地下水开发利用率不高，因此仅海南岛的海口市、广东省的湛江市、贵州的安龙和贞丰、广西的北海和玉林地下水开采量比较大的地区形成了超采区，全区水环境地质问题和海水入侵问题目前均较轻，但亦不能忽视。针对暴露出来的问题建议如下：

一是珠江区水资源条件比较缺乏的滇东南、桂西南百色、海南岛西部和雷州半岛等地区，应充分挖掘本地区水资源利用潜力，在深入论证本地区的可利用水量与未来强化节水方案下的需水要求确实有缺口的情况下，可考虑跨区域调水，尽量不要开发利用地下水，尤其是深层地下水。

二是珠江区南、北盘江、红水河、柳江上游等石灰岩地区，水库渗漏严重，有水蓄不住，且又山高水低，提水成本高昂，该类地区可适当开发地下水，但同时可扩建、兴建地头水柜、家庭式小型蓄水池、中小型集雨工程等途径“开源”，并注意对地下水水质的保护。

三是流域机构和相关省（自治区）宜通力合作，完善地下水超采区水位变化通报机制实施情况与成效，督促各省（自治区）采取增设地下水水位监测设备、实行水位动态监测、强化地下水水位信息报送等措施，加大地下水超采区管理力度。并结合珠江区地下水资源特点、工作基础和新时期管理需求，全面贯彻落实《地下水管理条例》《地下水保护利用管理办法》，指导地方科学编制“十五五”地下水超采综合治理细化实施方案，加快灌区节水改造，深入推进节水型社会建设，加大城镇供水和农业水源置换力度，持续推进超采地区地下水超采综合治理，不断提升地下水治理管理能力和实效。

参考文献

[1] 赵良杰，杨杨，曹建文，等．珠江流域地下水资源评价及问题分析［J］．中国地质，2021，48（4）：1020-1031.
[2] 李瑜，庄会波，刘群．第三次山东省地下水资源量评价方法及成果［J］．山东水利，2021（7）：27-28，49.
[3] 王宇．云南省地下水资源潜力评价现状与问题分析［J］．中国岩溶，2020，39（2）：137-146.
[4] 郭周亭．水资源评价中存在的问题与对策［J］．水文，2009，29（5）：86-89.
[5] 高存荣．地下水资源调查数据处理与综合分析子系统［R］．北京：中国地质环境监测院，2009.
[6] 张永波，张礼中，周小元，等．地下水资源动态评价的机制与技术框架［J］．南水北调与水利科技，2008，6（6）：19-22.

临淮岗张集闸安全评价与除险加固设计

韩福涛　丁　宁

（中水淮河规划设计研究有限公司，安徽合肥　230601）

摘　要：临淮岗洪水控制工程是淮河中游防洪体系中的一项关键性控制工程。张集闸位于临淮岗洪水控制工程北副坝末端阜南县润河与陶孜河之间的引河段上，是一座具有防洪、排涝、蓄水、灌溉、交通等功能的中型水闸。经过近50年的运行，闸室混凝土、翼墙、启闭机房等部位出现不同程度的损坏。通过对其进行安全鉴定，评价其安全性，有针对性地对其除险加固，从而确保工程安全运行。在除险加固设计中，根据本工程的特点，方案设计时重点解决了膨胀土地基处理、闸室双向挡水、配置先进的自动化及监控技术、建筑景观与水文化融合等方面的问题。

关键词：安全评价；除险加固；效益；保障；调度

1　工程概况

临淮岗洪水控制工程位于淮河干流中游，主坝距正阳关 28 km，至淮源（河长）490 km，集水面积4.22万 km^2，主体工程跨安徽霍邱、颍上、阜南三县，是淮河中游防洪体系中的一项关键性控制工程。临淮岗洪水控制工程为Ⅰ等大（1）型工程，设计洪水标准为100年一遇，校核洪水标准为1 000年一遇，工程主要包括8.54 km主坝、8.41 km南副坝、60.56 km北副坝、上下游引河、5座大型水闸（含2座船闸）、2座中型水闸及50座小型穿坝涵闸等。

张集闸位于临淮岗洪水控制工程北副坝末端阜南县润河与陶孜河之间的引河段上，设计排涝面积为410.0 km^2，5年一遇排涝流量236.2 m^3/s，是一座具有防洪、排涝、蓄水、灌溉、交通等功能的中型水闸。当润河刘庄闸排涝能力不足时，开启张集闸共同排涝；若淮河水位较高，对内河产生顶托时，关闭张集闸进行防洪；正常情况下，闭闸蓄水，抬高上游水位，发展灌溉。

张集闸建成于1977年5月，2002年进行除险加固。加固后，张集闸共8孔，每孔净宽4 m，闸室顺水流方向长12.0 m，闸墩为钢筋混凝土结构，底板为混凝土反拱底板，底板高程22.20 m，闸门为平板钢闸门（4.48 m×5.2 m），配套螺杆式启闭机，门槽为楔形（门槽宽度自上而下由60 cm渐变为50 cm）。

2　工程安全评价

张集闸建成40多年来，由于当时建设条件有限，工程使用频繁，闸室混凝土、翼墙、螺杆式启闭机、启闭机房等部位出现不同程度的损坏，主要问题如下。

2.1　闸顶高程

张集闸位于临淮岗洪水控制工程北副坝，属防洪堤穿堤建筑物。其闸顶高程31.25 m，水闸所处北副坝堤顶高程32.85 m，低于所在防洪堤的堤顶高程，不满足规范要求。

2.2　水闸消能防冲

水闸下游采用挖深式消力池，池深1.0 m，池长15.0 m，钢筋混凝土底板厚0.5 m。消力池后浆

作者简介：韩福涛（1981—），男，高级工程师，主要从事水工结构方面的研究工作。

砌石护坦长 8.0 m，厚 0.4 m；干砌石海漫长 17.0 m，厚 0.4 m；后接抛石防冲槽底高程 20.0 m。

经复核计算，消力池深度、长度、底板厚度、海漫长度、防冲槽深度均不满足规范要求。

2.3 金属结构

2006 年 8 月 14 日，张集闸上游水位达 27.40 m，按调度要求开闸泄洪，16 日上游水位降至 26.90 m 时关闭闸门。在关闭闸门的过程中，4#、7#闸门启闭机机座螺栓被整体拨出，2#、4#、5#闸门启闭机螺杆弯曲，启闭机台梁抖动严重并发出“咔咔”响声。

2008 年 8 月 15 日，在关闭 7#闸门时，启闭机机座被顶起，四颗螺栓均被拔掉，闸门无法关闭。10 月 20 日，现场调试时，开启 3#、4#、5#、6#闸门，关闭闸门时，3#闸门无法落下，4#闸门的螺杆弯曲变形、大梁被顶起。

根据现场调查，大部分启闭机底脚螺栓被顶起，闸门不能正常关闭到底；3#、6#、8#启闭机机座倾斜；二次导向装置固定螺栓被拉开，螺杆弯曲、变形严重；由于长期非正常状态下启闭，启闭机蜗轮、蜗杆齿轮磨损严重，虽及时更换了启闭机蜗轮、蜗杆，但因启闭机安装质量存在问题，磨损问题难以消除；运行时启闭机和机台抖动剧烈，有异响。

启闭机螺杆直线度误差及螺杆齿面硬度检测结果不符合规范要求，部分闭机启门运行时电动机三相电流超过或接近额定电流值。

经复核计算，在闭门工况螺杆受压最大安全荷载为 39.7 kN。该闸闭门力在闭门工况下验算值约为 136.4 kN，大于闭门时最大安全荷载，所以该螺杆必然出现压杆失稳破坏。

2.4 安全评价结论

根据《水闸安全鉴定管理办法》（水建管〔2008〕214 号）和《水闸安全评价导则》（SL 214—2015），张集闸被评定为“四类闸”，建议对张集闸按原规模进行拆除重建。

3 工程除险加固设计

3.1 工程布置

张集闸位于临淮岗北副坝上，根据现场地形条件，张集闸上移或下移建设，与两岸的道路连接不畅，须新修连接路，增加新的占地。因此，张集闸于原址处拆除重建。为与两岸交通道路平顺连接，闸室段交通桥中心线应与两岸道路中心线一致。由于老闸顺水流方向长 12.0 m，新闸闸室长度布置 18.0 m，因此新闸轴线较老闸上移 3.0 m。

新建张集闸上、下游引河基本维持现状不变，闸室中心线与原闸基本一致。

张集闸主要由闸室、上游铺盖、消能防冲设施及两岸连接建筑物等组成。闸室采用钢筋混凝土胸墙式结构，闸墩分缝，顺水流方向长 18.0 m，垂直水流方向宽 40.02 m。底板顶高程 22.20 m，底板厚 1.6 m。闸墩顶高程 32.85 m，中墩厚 1.6 m，缝墩厚 1.2 m。由于该闸存在双向挡水工况，为有效减小闸门高度，在闸室中部设胸墙，胸墙底高程 28.20 m。闸室顶部布置交通桥、检修桥、启闭台排架等。

闸室上游侧设混凝土防渗铺盖，铺盖顺水流方向长 18.0 m，顶面高程 22.20 m，铺盖上游设 C25 混凝土护底，顺水流方向长 20.0 m，分两段布置。上游翼墙均采用圆弧式翼墙，第一段为壁式结构，第二段翼墙为悬臂式结构。

闸室下游接 C30 钢筋混凝土消力池，消力池顺水流方向长 25.0 m，池深 1.5 m，池尾坎高程为 22.20 m，消力池后接 C25 混凝土海漫，顺水流方向长 40.0 m，分两段布置。海漫下游设防冲槽，防冲槽底宽 3.0 m，顶宽 12.0 m，深 2.0 m。下游翼墙采用八字型翼墙接一字型翼墙，扩散角为 0°，平面上分三段布置。第一、二段翼墙为空箱扶壁式结构，第三段翼墙为悬臂式结构。

在闸室两岸布置桥头堡，共 3 层，平面尺寸 8.0 m×15.0 m，用于布置电气设备、监控系统、楼梯及维修间等。桥头堡坐落在空箱岸墙上。岸墙为钢筋混凝土空箱式结构，根据闸墩、原交通道路高程确定岸墙顶高程为 32.85 m。

闸上交通桥顶高程 32.85 m（桥面中心线高程 33.02 m），桥面净宽 7.0 m，总宽 8.5 m，交通桥与闸墩整体浇筑。闸室上游侧墩顶设人行便桥，桥面高程 32.85 m，宽 2.0 m，板厚 0.6 m，检修桥与闸墩整体浇筑。

启闭机房室内地面高程 41.05 m，宽 5.5 m，总长 40.02 m。房内布置 4 台启闭机和相应的电气设备。启闭机主梁采用“T”形预制钢筋混凝土结构，梁高 1.2 m。

工作闸门采用平面钢闸门挡水，闸门尺寸为 8.0 m×6.0 m，闸门采用 QP-2×250 kN-12.0 启闭机启闭，闸门、启闭机共 4 台套。闸室中部设钢质叠梁式检修闸门，检修闸门采用 2×100 kN-10.0 移动式启闭机启闭，悬挂于启闭机排架伸出的牛腿上。

3.2 设计要点

张集闸属于典型的平原区水闸，地基为土基，在除险加固设计时，主要考虑了以下几点：

（1）地基土具有膨胀性，结合地基处理消除膨胀性。

张集闸底板坐落在第②-2 层粉质黏土上，闸底板下该土层厚 1.5~3.0 m。第②-2 层粉质黏土自由膨胀率一般为 20%~60%，自由膨胀率大于 40%时具有弱膨胀潜势，膨胀力一般为 10~35 kPa，岸翼墙等部位受气候等因素影响较大，含水率变幅较大，设计时考虑膨胀土对建筑物的影响。

膨胀土对地基的主要影响是干湿交替时，建基面易出现干缩裂缝，对建筑物承载能力和防渗不利。结合水闸各部位建基面高程、上部荷载等情况，对该层膨胀土进行换填水泥土处理，水泥掺量不小于 10%，压实度不小于 0.96。其中，闸室段换填 1.0 m，下游翼墙由于基底应力较大且建基面较低，将该层膨胀土全部挖除并换填。换填后，进行载荷试验验证，地基承载力满足设计要求。

（2）闸室双向挡水，对闸室合理布置。

张集闸平常关闭闸门蓄水，满足上游灌溉取水需求。当上游水位达到 27.20 m，需打开闸门向下游淮河侧排涝。此时闸上、下游水位差最大，此工况为闸室稳定、消能防冲控制工况。当淮河发生洪水时，需关闭闸门挡洪。综合考虑水闸的正常蓄水位、设计排涝水位、洪水位及堤顶高程，闸室采用胸墙式结构，布置在上游侧。胸墙底高程 28.20 m，孔口高度 6.0 m。

（3）配置先进的自动化及监控技术。

张集闸设计了水闸自动化系统、视频监视系统、工程安全监测系统和工程运行管理系统，具备了水闸自动化控制功能，并在数字化场景基础上展示上下游水位、闸下流量、闸门状态、闸门开度及现场视频等在线监测信息，管理水闸巡检、设备状态及运行管理等信息，实现了工程感知实时化、工程安全可控化、工程服务人性化，为新阶段张集闸现代化管理提供有力支撑和强力保障，也提高了工程运行管理水平。

（4）建筑景观与水文化融合。

桥头堡、启闭机房采用汉代建筑风格，融合了汉代城楼、门阙等传统建筑元素，力图营造一种古香古色、典雅别致的建筑氛围，但在设计中又去其繁复，取其精华，将中式古典建筑元素抽象化，使用克制极简的现代建筑语言将其表达出来，以达到现代与古典的完美结合。设计将水乡民居建筑文化和水利工程进行深度融合，突出了当地河多、湖多、水多的水乡文化特色。对水文化功能区、管理平台进行花园式规划布置，与水闸上部建筑风格互相映衬，将张集闸打造成恢弘大气、管理先进、生态文明的水利标杆工程。

4 结论

通过对张集闸进行安全评价，准确“把脉”水闸存在的问题，有针对性地对水闸进行除险加固设计，保证了工程安全运行。除险加固完成后，将张集闸打造成一座工程安全、技术先进、便于管理、生态优美的现代化水利工程，使之充分发挥工程效益，为当地经济社会发展提供有力保证。

参考文献

[1] 蔡松桃. 临淮岗副坝弱膨胀土填料试验成果分析及应用［J］. 水利水电技术，2006，37（10）：21-23.
[2] 吴时强，等. 淮河临淮岗洪水控制工程洪水调度模型研究［J］. 水科学进展，2005，16（2）：196-202.

揭阳市中小河流治理总体布局研究

郭淑慧[1]　谭泳康[2]

（1. 珠江水利委员会珠江水利综合技术中心，广东广州　510610；
2. 珠江水利委员会技术咨询（广州）有限公司，广东广州　510610）

摘　要：2009 年水利部、财政部会同地方各级政府启动中小河流治理以来，全国重点中小河流重要河段防洪能力得到明显提升，但还存在治理不系统、不平衡、不充分等问题。2022 年水利部、财政部发文开展全国新一轮中小河流治理方案规划编制工作，本文以揭阳市 200~3 000 km^2 的 11 条中小河流为研究对象，深入分析河流特征、流域地形地貌、暴雨洪水特点和治理现状，按照“堤库结合、以泄为主、蓄泄兼施”治理思路，提出了揭阳市 4 条水系的总体布局。

关键词：中小河流；揭阳；系统治理；总体布局

1　引言

我国中小河流面广量大，防洪治理任务艰巨繁重[1-2]。自 2009 年水利部、财政部会同地方各级政府启动中小河流治理以来，全国重点中小河流重要河段防洪能力得到明显提升，中小河流治理取得了阶段性成就，但还存在治理不系统、不平衡、不充分等问题[3-4]。随着经济社会快速发展、受全球气候变化和人类活动影响逐渐加剧，流域水旱灾害极端事件频发，中小河流防洪保护对象也发生较大变化，对防洪标准和防洪布局提出了更高的要求[5-6]。

2022 年 7 月，水利部、财政部联合发文《关于开展全国中小河流治理总体方案编制工作的通知》（办建设〔2022〕206 号），以流域为单元开展全国中小河流治理总体方案编制工作。揭阳市中小河流经历多年的治理，已取得一定的成效，揭阳市中心城区及各县城城区均已形成较完善的防洪体系，但其余河段仍存在防洪标准低等问题。本文以揭阳市 200~3 000 km^2 的鳌江、北港河、崩坎水、枫江、横江水、雷岭水、练江、龙江、罗溪、榕江北河、五经富水 11 条中小河流为研究对象，深入分析中小河流特征、流域地形地貌、暴雨洪水特点和治理现状基础上，综合考虑自然地理、经济社会发展格局、防洪治理措施特点等[7-9]，坚持以人为本、系统治理、因地制宜、数字赋能的基本原则，针对 11 条河流提出了揭阳市 4 条水系的整体布局。

2　河流水系基本情况

揭阳市位于广东省东南部，土地面积 5 240 km^2，北与梅州市的丰顺、五华两县接壤，西及西南与汕尾市的陆河县、陆丰市相连，南濒临南海，东北、东及东南部分与潮州市的潮安县、汕头市及其所辖的潮阳区毗邻。全市水系主要有榕江、练江和龙江三大水系及沿海水系，集水面积超过 100 km^2 的各级河流共 20 条，超 200 km^2 的各级河流共 12 条。

2.1　榕江水系

榕江发源于陆河县凤凰山，自西南流向东北，经揭西、普宁、揭东、揭阳市区、潮阳及汕头诸市县，至牛田洋注入南海。流域面积 4 408 km^2，在本市境内集水面积 2 800.87 km^2。干流长 175 km，

作者简介：郭淑慧（1995—），女，工程师，主要从事水文学及水资源方面的研究工作。

境内干流长 133.7 km，平均比降 4.9‰。境内沿途汇入上砂水、横江水、龙潭水、石肚水、五经富水、洪阳河、北河、新西河水、枫江、车田水等支流。

2.2 练江水系

练江发源于普宁市五峰山寒妈径，流经普宁、潮阳，在潮阳海门湾桥闸入海。流域面积 1 353 km^2，境内集水面积 500.43 km^2，境内河长 31 km。练江源短流急，支流多达 17 条，分布均匀，且流向多与主流垂直，各支流汇流时间相近，形成洪流集中。

2.3 龙江水系

龙江干流上游称桂坑水，发源于普宁市南水凹，经陆丰市，再入惠来县，在磁窑水陂上游溪口村汇入源自普宁的高埔水、崩坎水，三流合一后向东南，河口改道前，下游还汇入罗溪水和雷岭水，然后由神泉港入海。流域面积 1 164 km^2，境内集水面积 1 008.8 km^2，河流长 82 km，平均比降 1.63‰。

2.4 沿海水系

其余为沿河水系，包括雷岭河、鳌江、西石湖水、螺河。

3 治理现状及存在的问题

3.1 治理现状

自 2009 年以来，揭阳市积极推进中小河流治理工作，10 多年间，由中央、省级、市县级投资的 200~3 000 km^2 中小河流治理项目共 31 宗，涉及河流 11 条，有防洪任务河长共 262.71 km，揭阳市 2009 年以来 200~3 000 km^2 中小河流已治理河流长度共 220.58 km（含重复河段，见表 1），结合 2009 年以前开展的治理情况，揭阳市已实施治理河段长 238.02 km，其中 10 年以下防洪标准已治理河段 26.64 km，占比 11%，10（含）~20 年防洪标准已治理段 62.56 km，占比 26%，20（含）~30 年防洪标准治理段长 96.30 km，占比 41%，50 年（含）以上防洪标准治理河段长 52.52 km，占比 22%。可见，揭阳市已治理中小河流河段治理标准大多数为 20 年及以下。

表 1　揭阳市已治理中小河流防洪标准河段长度

河流名称	有防洪任务河长/km	治理现状						
		已治理河长/km	不同防洪标准治理河长/km					2009 年以来治理河长/km
			10 年以下	10（含）~20 年	20（含）~30 年	30（含）~50 年	50 年（含）以上	
鳌江	19.45	19.45	2.17	17.28				17.28
北港河	12.55	12.55	0.45	12.10				12.10
崩坎水	19.44	19.44		19.44				19.44
枫江	19.50	19.50			19.50			19.50
横江水	17.15	12.60	0.85	1.16	10.59			11.75
雷岭水	10.06	10.06			10.06			10.06
练江	26.50	26.50					26.50	13.45
龙江	48.31	37.71	0.47	10.35	22.89		4.00	37.71
罗溪	17.15	15.55	15.55					15.55
榕江北河	49.60	41.66			6.59		35.07	6.59
五经富水	23.00	23.00	7.15	2.23	13.62			15.85
合计	262.71	238.02	26.64	62.56	96.30	0	52.52	179.28

3.2 存在的问题

揭阳市中心城区及各县城城区均已形成较完善的防洪体系，但其余河段仍存在一定的问题：

（1）揭阳市中心城区将成为粤东增长极，粤东地区链接沿海和粤北、赣南、闽西南腹地的综合交通枢纽。至2035年，预测人口规模将达到200万人，当量经济规模将达到148万人。目前榕江大围防洪能力为50年一遇，尚不满足规划中心城区发展需求，需进一步提标建设。

（2）在历年的治理过程中，尚存在部分河段因地缘问题、征地纠纷问题等使原河道整治工程任务停滞耽搁，导致至今尚未完成整体堤防合围，对流域防洪安全产生较大威胁，如枫江溪边村段、雷岭河雷岭水陂上游段及北港河汕头—揭阳交界段，需尽快安排工程措施，尽早实现合围。

（3）仍存在部分有防洪任务河段至今未实施治理，依靠河岸较高的天然条件防御洪水，该部分河段两岸现状多为自然河岸，岸线不明显，局部岸坡冲刷严重，存在一定的安全隐患，如榕江北河上游段、龙江中上游葵潭镇段、罗溪、横江水上游良田乡段等，需进一步结合地形地势条件，新建堤防或对河道两岸进行护岸护坡处理，保障河道行洪安全。

（4）部分河段在治理过程中，因财政资金条件不足等原因，在实际治理过程中选择降低标准的办法实施治理，如五经富水京溪园段下游、鳌江下游，致使河流河段仍未能满足规划治理要求。为达到流域治理的整体性要求，完善流域防洪体系，该类问题亦亟须解决。

4 总体治理布局

4.1 防洪标准

（1）揭阳市市区榕江大围的东山曲溪围、榕城围、梅仙围、渔湖围、磐岭围，近期按重现期50年一遇洪水设防，远期结合揭阳市经济社会的发展状况，考虑按重现期100年一遇洪水设防。

（2）普宁市、惠来县、揭西县的县城（县级市区）防洪工程，龙江干流下游左右岸堤防，按重现期50年一遇洪水设防。其他如揭西县棉湖联围按30年一遇洪水设防。

（3）榕江干流金凤联围、东园围、龙潭联围、坪上围、大溪围、钱坑围等防洪标准按重现期20年一遇设防。

（4）榕江各支流堤围防洪标准按重现期20年一遇洪水设防。

（5）练江和沿海水系鳌江、西石湖等干流，防洪标准按重现期20年一遇洪水设防；其他支流按工程防护对象的重要程度按防洪标准≤20年一遇。

4.2 治理布局

揭阳市中小河流按照“堤库结合、以泄为主、蓄泄兼施”的治理思路，构建了以流域为单元，河道堤防为基础，防洪水库为骨干的防洪工程体系。

4.2.1 榕江水系

（1）上游支流横江水。

榕江上游的主要保护对象为揭西县城，县城位于横江水与榕江交汇处，受来自榕江干流、横江水的洪水威胁。横江水上游建有两座中型水库，两岸在揭西县城内已建堤防13.98 km，与横江水库联合运用可达到50年一遇防洪标准。横江水库上游治理河长4.55 km，保障沿岸村民生命财产安全。

（2）上游支流五经富水。

五经富水的主要保护对象为揭西县五经富镇、京溪园镇、塔头镇等重要集镇。五经富水沿河集镇已建江堤41.5 km，上游已建龙颈水库为综合性水库，通过堤库结合流域基本满足10~20年一遇防洪标准。规划对下游河段建设10.75 km堤防按20年一遇标准达标加固。

（3）下游支流榕江北河、枫江。

榕江下游主要防洪对象为揭阳市中心城区。榕江干流无防洪控制性工程，目前榕江下游已形成以江海堤防为主的防洪体系。在中心城区内已建江堤73 km，现已达到50年一遇防洪标准。中心城区现有海堤33.9 km，目前已达到50年一遇防潮标准。

受地形地质条件及水库淹没等限制，榕江流域内无适宜兴建控制性防洪水库的条件，且保护对象位于榕江下游，靠近出海口，水位主要受潮影响，规划榕江下游防洪任务仍然由堤防承担。规划结合城市景观及榕江碧道建设对已建榕江大围及穿堤建筑物按照100年一遇标准进行达标加固。另外，为符合中心城区发展需求，本次规划砺榕围、锡场围同样按照100年一遇防洪标准进行达标加固，榕江北河中小城区河段合计加固堤防88.5 km，上游玉湖镇段按20年一遇防洪标准加固（新建）堤防15.88 km；枫江上游河段（中心城区上游）炮台围、登岗围、玉滘围均已达到20年一遇防洪标准，但仍有局部河段因地域性问题未建堤防，沿河堤线存在缺口，位于枫江左岸溪边村段，规划近期补充治理建设，使河道堤防尽快合围。

4.2.2　练江水系（练江中上游）

练江中上游主要保护对象为普宁市城区以及南径镇、占陇镇沿河村庄。

目前，练江中上游已形成堤库结合的防洪工程体系。练江一级支流白马溪、汤坑溪上游建有上三坑、下三坑、白沙溪、汤坑4宗中型水库，对练江流域洪水削减作用明显。干流已建堤防长56.2 km，与水库联合运用，可达到防御练江50年一遇洪水的标准。

北港河干流无防洪控制性工程，两岸已建堤防24.2 km，除与汕头市交界处450 m未加固外，已建堤防已覆盖揭阳市内河段，防洪标准达到10年一遇。

规划练江中上游维持现有堤库结合的防洪工程体系，干流上游又称流沙新河，从普宁市城区内穿过，两岸房屋密集，紧邻河道。两岸防洪堤基本按照50年一遇防洪标准进行整治，堤防多采用直墙式断面，临水侧设有重力式浆砌石挡水墙。目前，堤顶高程与地面基本齐平。但北港河仍有450 m河段未实现合围，沿河堤防存在缺口，规划近期补充治理建设，使河道堤防尽快合围。

4.2.3　龙江及雷岭河水系

雷岭河原为龙江支流，龙江经历过河道改迁后均变为独流入海，主要防洪保护对象为惠来县县城区及隆江镇、葵潭镇。目前，水系已形成堤库结合的防洪潮工程体系。龙江上游建有大（2）型龙潭水库，控制集雨面积156.03 km^2。雷岭河流域内有两座中型水库，蜈蚣岭水库位于支流盐岭河上游，总库容3 312万m^3，控制集雨面积35.4 km^2，占盐岭河80.1 km^2的44%，对盐岭河洪峰流量削减效果显著；镇北水库位于支流镇北溪上游，总库容1 269万m^3，水库控制流域面积11 km^2，由于集水面积小，对洪水调蓄能力不显著。雷岭水支流罗溪已建两座控制性水库，分别为船桥水库与石榴潭水库，其中船桥水库位于上游段，控制集雨面积11.05 km^2，石榴潭水库位于中游段，控制集雨面积127.7 km^2，经过两座水库调节，对罗溪洪峰削减效果显著。目前，龙江及雷岭河水系区域内已建江堤90.78 km，包括县城防洪堤、东陇江堤等，目前达到50年一遇防洪标准堤防长17.6 km，其余堤防标准为5~20年一遇。

规划区域维持现有堤库结合防洪（潮）工程体系，上游充分发挥蜈蚣岭等水库调蓄作用，拦蓄洪水，削减洪峰。县城城区河段按照堤库结合达到50年一遇的防洪标准。雷岭河上游存在堤防缺建堤段，整体堤围未闭合，位于雷岭水陂上游550 m距离，规划近期完成合围治理，尽早完善防洪工程措施。龙江上游葵潭镇镇区段历来未进行过治理，现状两岸均为老旧土堤，规划对镇区段10.6 km河段堤防进行堤防达标加固建设。同时，通过对罗溪进行河道整治，开卡疏浚，新建堤防5.8 km，巩固提升罗溪泄洪能力。

4.2.4　鳌江水系

鳌江上游无防洪控制性水库，下游为市界河段，左岸为揭阳惠来县，右岸为汕尾陆丰市，左岸已建堤防17.28 km，河口处已建鳌江桥闸挡潮，已形成中防、下挡的防洪体系。根据《揭阳市江河流域综合规划（2005—2030年）》，鳌江规划防洪标准为20年一遇，现状均未达到，本次治理维持原规划防洪标准，按20年一遇全段加固建设，对已鉴定为4类闸的鳌江桥闸实施重建，同时在各支流汇河口建设8座防洪排涝闸，进一步加强鳌江防洪能力。

揭阳市逐河流治理任务统计见表2。

表 2　揭阳市逐河流治理任务统计

河流	综合治理河长/km	新建堤防/km	加固堤防/km	护坡护岸/km	清淤河长/km	清淤量/万 m^3	水闸/座
鳌江	18.65		17.28	2.74			9
北港河	0.45		0.45				
崩坎水	1.08		1.08				
枫江	0.5		0.5				
横江水	4.55			9.1			
雷岭水	0.55		0.55				
练江	0						
龙江	10.6	10.6			3	3.7	
罗溪	5.8	5.8			3.2	2.83	
榕江北河	49.60	9.73	94.65				1
五经富水	10.75		15.15				
合计	102.53	26.13	129.66	11.84	6.2	6.53	10

参考文献

[1] 李国英．为以中国式现代化全面推进强国建设、民族复兴伟业提供有力的水安全保障：在 2024 年全国水利工作会议上的讲话［J］．中国水利，2024（2）：1-9.
[2] 李国英．深入贯彻落实党的二十大精神 扎实推动新阶段水利高质量发展：在 2023 年全国水利工作会议上的讲话［J］．中国水利，2023（2）：1-10.
[3] 华东水利学院．中小河流规划［M］．北京：水利电力出版社，1988.
[4] 钱正英．全国中小河流流域规划会议总结［J］．中国水利，1957（10）：1-4.
[5] 张宜清，杨晓茹，黄火键，等．新时期中小河流系统治理思路和对策［J］．中国水利，2023（16）：26-29.
[6] 张向，李军华，董其华，等．新时期中小河流治理对策［J］．中国水利，2022（2）：30-32，35.
[7] 王越，丁艳荣，徐建华．中小河流治理技术研究及生态修复探讨［J］．中国水利，2012（6）：42-44.
[8] 张晓兰．我国中小河流治理存在的问题及对策［J］．水利发展研究，2005（1）：68-70.
[9] 纪少德，李岷．中小河流治理工程建设管理措施探讨：以宁夏同心县为例［J］．中国水利，2015（20）：54-55.

新形势下钦江流域系统治理的研究与思考

宋根才　覃立宁

（广西珠委南宁勘测设计院有限公司，广西南宁　530007）

摘　要：钦江流域承载着丰富的自然资源、经济资源和区域经济发展的重任，更是生态环境的重要组成部分。随着平陆运河的开工建设，钦江流域迎来了新的风险挑战和发展机遇。本文将从系统治理的角度出发，探讨钦江流域存在的问题和应对策略，以期为该流域的系统治理和可持续发展提供参考。

关键词：系统治理；防洪安全；生态环境；流域治理；可持续发展

1　引言

流域是生态文明建设和经济社会发展的载体，是一个复杂的区域综合体。以习近平总书记为核心的党中央高度重视江河流域的保护、治理与发展，提出了“节水优先、空间均衡、系统治理、两手发力”的治水思路。流域治理总体上经历了从单目标治理向多目标治理、单要素治理向多要素统筹、河流治理向流域系统治理的深刻转变。

坚持系统治理理念，完善防洪排涝体系，优化配置全流域水土资源，落实好水生态修复，有利于保障钦江长久安澜，以更好地适应经济社会发展对钦江流域的更高标准和要求。

2　钦江流域概况

钦江属桂南沿海独立入海诸小河之一，发源于钦州市灵山县平山镇白牛岭，干流自东北向西南流，经钦州市灵山县平山镇、佛子镇、灵城镇（灵山县城区）、那隆镇、三隆镇、陆屋镇，再经钦州市钦北区青塘镇、平吉镇及钦南区久隆镇进入钦州市城区，于钦州市平山岛分成二汊，主干流向南流，经下南山于尖山镇老围注入茅尾海，另一汊称大榄江，先向西经大坪再折向西南，于尖山镇新围仔注入茅尾海。钦江流域面积 2 391 km^2，干流长 195 km，平均坡降 0.32‰。钦江集水面积 50 km^2以上的支流共有 12 条，其中集水面积 100 km^2 以上的有那隆水、旧州江、太平水、新坪水。流域内有钦州市（市区）和灵山县城区 2 座较大城镇。

钦江流域现有蓄水工程 133 座，其中大（2）型水库 1 座，中型水库 4 座，小型水库 128 座。钦江干流上现有 7 座水闸工程，其中大（2）型 5 座，中型 2 座。

3　存在的问题

与建设社会主义现代化国家、经济社会高质量发展新要求及流域人民对安澜钦江的需求相比，钦江流域现状仍存在较大差距，主要表现在以下几个方面。

3.1　现有防洪标准与经济社会发展要求不协调

平陆运河穿越钦州市区出海，是西部陆海新通道的重要组成，是连接北部湾国际枢纽海港和西江黄金水道一条新的战略大通道，其建设极大地提高了钦州的战略地位，钦州迎来了城市历史发展最好时期。

作者简介：宋根才（1982—），男，高级工程师，主要从事水利规划相关研究和设计工作。

目前，钦州市区内已建及在建的防洪（潮）堤建设标准仅为20~50年一遇，与钦州市当下及未来的发展趋势不相匹配，亟须根据片区重要性及城市定位等的改变进行提升。

随着社会经济发展，钦江沿岸的乡镇规模日益扩大，乡镇社会财富日益聚集，对防洪安保提出了越来越高的要求，但沿江部分乡镇防洪标准仍较低，防洪现状与经济发展不相适应。

3.2 防洪（潮）体系尚不完善，防洪减灾形势依然严峻

钦江流域防洪（潮）体系主要以堤防为主，但钦江上游灵山县已建堤防长度仅占规划堤防总长的50.6%，部分区域防洪标准仅达到5年，未形成封闭的防洪保护圈；钦江下游市区堤防按照20~50年标准建设，已建堤防长度占70.6%，部分区域防洪（潮）标准仅达到5年。流域内堤防工程建设未完善，防洪防潮工程建设进度缓慢，未形成完善的防洪体系，且部分已建堤防年久失修，存在严重安全隐患，流域防洪形势依然严峻。

3.3 水资源配置和利用效率相对较低

城乡供水仍存在安全隐患。引郁入钦调水工程投产使用后，有效缓解了钦州市钦江水源供水能力不足、供水水源相对单一的问题。平陆运河建设期、运行期可能增加钦江饮用水水源的水质风险，区域水资源配置格局有待进一步优化。各县城区均临江而建，城镇供水主要依靠从钦江及其支流河道内取水，提水工程可供水量受天然来水情况及上游用水、排水及突发环境污染事件等影响，供水安全风险大，应急备用能力不足。

水资源节约集约利用水平有待提高。万元地区生产总值用水量、城镇生活用水量、农村生活用水量、城镇供水管网漏失率等指标与节水型社会建设相比有一定差距，需进一步加强水资源管控，发挥水资源的刚性约束作用。

3.4 水生态保护与修复任务艰巨

钦江、大风江等河流水质不能稳定达标，水环境质量持续改善难度较大。饮用水水源地周边及上游的生活面源、农业面源的污染未得到彻底有效的整治，水源地存在污染风险。水土流失防治任务仍然艰巨，人为水土流失问题仍旧突出。水生态空间管控难度大，"四乱"现象仍未完全消除。生态保护修复力度不足，部分河段连通性不足，农村水系淤积堵塞、岸线侵占、水质较差等问题突出，美丽幸福河湖建设刚刚起步，与落实整体保护、系统修复、综合治理的理念和要求仍有差距。

3.5 信息化建设落后

水利信息化建设明显落后。钦州市水利信息化建设尚处于起步阶段，水安全监测体系未全面覆盖水利工程、河湖等监测对象；数据采集和处理能力有限，导致决策支持缺失。许多流域管理部门仍依赖于传统的人工监测和纸质记录，数据的收集、整理和分析效率低下。信息孤岛现象普遍，各部门和地区的数据难以实现有效共享，这限制了对流域系统进行跨部门、跨区域的协同管理。信息安全和隐私保护的问题也日益突出，影响了信息化技术的广泛应用。

4 面临的新形势

4.1 推动新阶段水利高质量发展给流域治理明确新的要求

2021年以来，水利部深入贯彻落实习近平总书记"十六字"治水思路和关于治水重要讲话指示批示精神，系统研究部署强化流域治理管理及推动新阶段水利高质量发展有关工作。

防洪减灾仍然是流域治理管理、新阶段水利高质量发展的重要主题，必须进一步强化系统观念，统筹流域全局，结合具体实际，合理安排蓄、泄、分、挡、排等措施，大力提升智能化水平，科学实施防洪调度，确保流域江河安澜。

4.2 气候变化对流域防洪减灾提出新挑战

全球气候变化背景下，洪涝灾害的突发性、反常性、严重性日益突出，极端天气事件出现频次明显增加。全球气候变化背景下，海平面将继续上升，台风、风暴潮和强降雨等极端天气事件强度和频次可能会继续加大，流域防洪难度进一步增加。

4.3 水资源供需矛盾加剧

随着钦州市及其周边地区城市化的快速发展，人口密度增加，工业、农业和生活用水需求大幅增长，对钦江流域的水资源造成了前所未有的压力。用水供需矛盾日益凸显，农田灌溉、居民用水和工业生产用水之间的竞争加剧，水资源分配和调度的科学化、精细化管理成为当务之急。

5 平陆运河对钦江流域的影响分析

平陆运河是沟通西江航运干线与北部湾港口的主通道，是推进西部陆海新通道建设，促进西南地区开放发展的战略性重大工程。平陆运河始于西江干流西津库区南宁横州市平塘江口，穿沙坪河与钦江支流旧州江分水岭，经钦州市灵山县陆屋镇沿钦江干流南下进入北部湾钦州港海域，全长约135 km，是一条通江达海的水运通道。

5.1 对流域防洪排涝的影响

平陆运河对陆屋镇以下局部河道采取裁弯取直、扩宽加深、清淤疏浚等措施，钦江各频率洪水水面线相比平陆建设前均有较大降幅。平陆运河建设后，钦江河道轴线发生改变，钦州市区河段河底统一深挖，河道下挖5.71~7.51 m，同时青年水闸往上游迁移，导致河段水位下降，钦州（二）站断面河道安全泄量由3 300 m^3/s 提升至5 090 m^3/s，河道行洪能力增大，减小了钦州市区50年一遇洪水风险影响范围。

平陆运河建设后钦州市区部分区域满足高水高排，原规划建设堤防及排涝设施或不再需要建设。

5.2 对流域水文环境的影响

平陆运河的建设直接影响钦江流域的水文环境。运河的开通将改变钦江的水流动力学，会引发流量、流速和水位的变化。这些变化可能对钦江的自然冲刷和沉积过程产生影响，导致河床形态的调整。还可能引发地下水位变化，对沿岸湿地和低洼地区的洪水模式产生影响，可能引发的生态环境的连锁反应需密切关注。

5.3 对水资源配置与利用的影响

平陆运河直接沟通西江和钦江水系，促进区域间的水资源调度。这可能导致钦江流域的水资源分配和利用发生变化，为周边地区提供更充足的水源。然而，这也可能加剧水资源的不均衡，对某些区域产生过度开发水资源的风险。

5.4 对生态系统与生物多样性的影响

平陆运河的建设对钦江流域的生态系统会产生多方面影响。工程施工占用和枢纽蓄水淹没，将严重破坏相关陆地生态系统。原有的乔木林地、灌木林地、红树林林地、旱地、水田、水浇地、茶园、果园、草地和湿地等的丰富生态环境将遭到毁坏。

部分物种的栖息地也会受到影响，如鱼类迁移路径的改变。

6 系统治理思路及应对策略

6.1 健全管理体制，加强顶层设计

建立健全流域管理体制机制，制定科学合理的流域综合规划，流域系统治理与防洪标准的提升是保障区域防洪安全、促进水资源可持续利用和生态环境保护的重要举措。加强顶层设计是实现这一目标的关键所在。

6.2 构建多部门协同治理机制

在钦江流域系统治理中，构建多部门协同治理机制是推动流域治理系统化的重要一环。这一机制强调的是不同地区、不同部门和不同层级之间通过协同合作，在流域水安全、水环境、水资源及生态安全等多个维度，积极探索，推进流域整体化、系统化治理。

6.3 坚持可持续发展与生态优先的治理原则

钦江流域的系统治理应遵循可持续发展和生态优先的原则，在流域系统治理中，始终把生态保护

放在首位，以水环境改善为核心，统筹推进水资源、水生态、水环境、水污染防治工作。确保水资源的可持续利用，维护生物多样性，减少水土流失和水质污染。广泛采用绿色低碳技术以改善水质和生态系统，实施河湖生态治理，系统推进水生态保护修复，实现环境治理与可持续发展的双重目标。

6.4 优化水资源配置与调度

对标国家水网“系统完备、功能协同，集约高效、绿色智能，调控有序、安全可靠”建设目标要求，构建形成“五江水系、三河连通”的钦州水网布局，全面增强钦州市水资源统筹调配能力、供水保障能力和战略储备能力。

加快水源工程建设，完善水资源优化配置体系。主要以加强节水、增加供水、优化区域水资源配置为重点，确保供水安全。

6.5 科技创新，数字赋能助力流域治理

科技创新是提升钦江流域治理效率和效果的重要途径。构建以数字化场景、智能化模拟、精准化决策为路径，按照“需求牵引、应用至上、数字化赋能、能力提升”的要求，以数字化、网络化、智能化为主线，构建“天、空、地”一体化监控感知体系，统筹推进算据、算法、算力建设，打造强大的数字化双生平台。建成防汛智能调度系统，具备预报、预警、预演和预案等功能。通过集成遥感技术、物联网设备和大数据分析，这些系统能够实时监测流域内的水质、流量、水位、气象条件等关键参数。构建自主可控的安全防护体系，形成多维保障体系，为流域系统治理提供前瞻性、科学性、精准性、安全性支撑。

6.6 重视公众参与，加强执法监督

公众的参与在钦江流域的治理中十分重要。通过教育和宣传活动，流域周边群众将成为流域保护行动的积极参与者。

监管执法是系统治理的重要保障。建立健全监管执法保障机制，进一步加强监管监察执法队伍专业化、规范化建设，对于流域系统治理具有重要意义。

7 结语

本研究通过系统分析钦江流域存在的问题和平陆运河建设的影响，揭示了钦江流域在新形势下面临的挑战和机遇，对钦江流域系统治理提出了思路和应对策略，以期为该流域的系统治理和可持续发展提供参考。

参考文献

[1] 耿晓君，杨晓茹，李爱花，等．现代化防洪减灾体系中河道治理思路探讨［J］．中国水利，2023（14）：11-14.
[2] 胡春宏，张晓明．我国江河演变新格局与系统保护治理［J］．中国水利，2024（7）：1-8.
[3] 靳高阳，何俊．平陆运河建设对钦江流域防洪的影响与思考［J］．水利规划与设计，2023（12）：16-18.
[4] 蒋鸣湄．世纪工程平陆运河的法治建设目标、任务与行动策略［J］．北部湾大学学报，2023（5）：64-71.
[5] 左其亭，秦西，马军霞．对水利新质生产力的理解及发展思考［J］．中国水利，2024（6）：21-25.

黄河流域河南段高质量发展评价研究

郭淑君[1]　刘学勇[2]

（1. 郑州黄河河务局惠金黄河河务局，河南郑州　450003；
2. 河南省新乡水文水资源测报分中心，河南新乡　453300）

摘　要：科学评估黄河流域河南段的生态保护和高质量发展水平，分析其关键制约因素，对于推动区域协同发展具有参考意义。基于黄河流域河南段特征和高质量发展战略目标，从社会、经济、资源、生态、文化 5 个方面，构建了黄河流域河南段高质量发展评价指标体系，对黄河流域河南段 8 个地级市 2012—2021 年的高质量发展水平进行了评价。结果表明，黄河流域河南段各地市高质量发展水平总体上呈现波动上升趋势，区域特征明显，需进一步完善发展策略和政策，不断推动区域协调发展。

关键词：高质量发展；评价体系；黄河流域河南段

1　引言

黄河流域是我国重要的经济地带和区域协调发展的关键区域，黄河流域生态保护和高质量发展是我国重大国家战略。黄河干流流经河南省 8 个地市，黄河流域河南段作为黄河流域关键的经济带和文化带，涵盖多个工农业生产基地和国家重点生态功能区，在黄河国家战略中具有重要地位。黄河流域高质量发展是一种较高要求的经济社会发展模式，涉及社会、经济、生态、文化等多个领域协同发展的系统性问题，开展高质量发展评价研究，分析其关键制约因素，对于推动区域协同发展具有参考意义。

对于高质量发展的评价，需考虑多个维度、多个方面，结合区域特征进行综合分析。左其亭等[1] 构建了水利高质量发展评价指标体系，以我国内地 31 个省级行政区为例，开展水利高质量发展评价体系的实例应用；赵敏等[2] 构建黄河流域农业产业高质量发展评价体系，从空间格局和时间衍变 2 个方面测度了黄河流域农业产业高质量发展水平；徐福祥等[3] 构建了评价指标体系，对黄河流域九省（区）生态保护和高质量发展治理水平进行了测度与评价；李文龙等[4] 从创新、协调、绿色、开放、共享五个维度构建农业高质量发展指标体系，测算了我国 30 个省（区、市）的农业高质量发展水平；王晶等[4] 利用线性加权法构建综合评价指数模型测度京津冀地区高质量发展的水平，并基于灰色关联度模型探究影响高质量发展的关键因子与维度；史歌[6] 等构建了 5 个维度的高质量发展评价指标体系和 3 个维度的生态保护评价指标体系，进行了黄河流域九省（区）的高质量发展评价。在评价区域高质量发展水平时，因地制宜选取合适的评价方法，有利于科学准确地测度高质量发展水平。本文基于黄河流域河南段 8 个地市的经济社会发展状况，构建高质量发展评价指标体系，对区域高质量发展水平进行评估。

2　高质量发展评价方法

2.1　评价指标体系

结合黄河流域生态保护和高质量发展的内涵，结合指标体系的构建原则，从社会、经济、资源、

作者简介：郭淑君（1980—），女，高级工程师，主要从事水利工程运行管理工作。

生态、文化这 5 方面构建黄河流域河南段高质量发展的评价指标体系，见表 1，其中一级指标 5 个，二级指标 27 个。

表 1　高质量发展评价指标体系

目标层	准则层	指标层	指标属性
高质量发展指数	社会	A1 恩格尔系数	-
		A2 人均受教育年限/年	+
		A3 城镇失业率/%	-
		A4 每万人医疗机构床位/床位	+
		A5 社会保障支出占财政支出的比重/%	+
	经济	B1 人均 GDP/元	+
		B2 城镇化率/%	+
		B3 利用省外资金/百万元	+
		B4 第三产业产值占 GDP 总值比重/%	+
		B5 进出口额占 GDP 总值比重/%	+
		B6 城乡居民人均收入比	-
		B7 人均可支配收入/元	+
	资源	C1 人均水资源量/m^3	+
		C2 万元 GDP 水资源消耗量/m^3	-
		C3 万元工业产值水资源消耗量/m^3	-
		C4 万元 GDP 能资源消耗量/(t 标准煤/万元)	-
		C5 万元工业产值能源消耗量/(t 标准煤/万元)	-
		C6 粮食产量/(kg/hm^2)	+
	生态	D1 用水普及率/%	+
		D2 人均城市道路面积/m^2	+
		D3 生活垃圾无害处理率/%	+
		D4 建成区绿化覆盖率/%	+
		D5 人均公园面积/m^2	+
	文化	E1 公共图书馆人均藏书量/册	+
		E2 人均文化娱乐支出占消费支出比重/%	+
		E3 人均文化娱乐支出/元	+
		E4 文化支出占财政支出比重/%	+

2.2　评价方法

本文采用单指标量化-多指标综合-多准则集成的方法对黄河流域河南段的高质量发展水平进行综合评价。

2.2.1　单指标量化

不同指标之间不具有可比性，为了使不同指标能够比较，消除量纲影响，通过采用模糊隶属度函数，将指标值映射到［0，1］之间。并假定各指标分别存在正向指标（左侧）和逆向指标，模糊隶属度函数的断点值为指标的特征值，本文的特征值通过文献资料结合黄河流域河南段发展水平给出。

2.2.2 多指标高质量发展指数合成

计算出各个指标的高质量发展指数之后，根据各个指标所对应的权重，加权计算社会（SHI）、经济（EGI）、资源（RSI）、生态（EHI）、文化（CAI5）5 个维度的综合高质量发展指数，计算式为：

$$G_t = \sum_{k=1}^{n} \omega_k \mu_k \tag{1}$$

式中：ω_k 为各指标对应的权重；n 为准则层中指标的数量，$\sum_{k=1}^{n} \omega_k = 1$；$\mu_k$ 为第 k 个指标高质量发展指数；G_t 为 t 准则层高质量发展指数。

2.2.3 多准则集成

计算出各个准则层的高质量发展指数之后，加权得到最终高质量发展指数（HQD）。计算公式为：

$$\mathrm{HQD} = \sum_{k=1}^{5} \omega_j G_t \tag{2}$$

式中：ω_j 为各准则层权重；t 为准则层个数，$\sum_{k=1}^{5} \omega_j = 1$。

参考等级划分标准，将高质量发展水平分为 5 个等级，如表 2 所示。

表 2 高质量发展等级划分标准

HQD	[0, 0.2)	[0.2, 0.4)	[0.4, 0.6)	[0.6, 0.8)	[0.8, 1)	1
水平	低水平	较低水平	中等	较高水平	高水平	理想

2.2.4 权重确定

本文采用层次分析法与熵值法确定的组合权重对作为指标层的权重。

层次分析法权重：每个准测层下的指标权重相同。

熵值法权重计算步骤：

（1）使用极差标准化方法对原始数据进行归一化处理，消除量纲、数量级的差异对结果造成的偏差。

正向指标：
$$x_{ij'} = \frac{x_j - x_{\min}}{x_{\max} - x_{\min}} \tag{3}$$

逆向指标：
$$x_{ij'} = \frac{x_{\max} - x_j}{x_{\max} - x_{\min}} \tag{4}$$

（2）计算指标比重。第 i 个省份的第 j 项指标数值，第 j 项指标下第 i 个省份占该指标的比重：

$$P_{ij} = \frac{x_{ij'}}{\sum_{i=1}^{n} x_{ij'}} \quad (i = 1,\ 2,\ \cdots,\ n;\ j = 1,\ 2,\ \cdots,\ n) \tag{5}$$

（3）计算第 j 项指标的信息熵 e_j：

$$e_j = -k \sum_{i=1}^{n} P_{ij} \ln P_{ij} \tag{6}$$

$$k = \frac{1}{\ln n} > 0,\ e_{ij} \geqslant 0 \tag{7}$$

（4）计算第 j 项的差异系数 d_j：

$$d_j = 1 - e_j \tag{8}$$

（5）计算第 j 项指标的权重 w_j：

$$w_j = \frac{d_j}{\sum_{j=1}^{m} d_j} \tag{9}$$

3 评价结果与分析

3.1 研究区概况与数据来源

黄河流域河南段干流长度711 km，是河南省重要的供水水源之一。干流沿线流经地市包括三门峡、洛阳、济源、焦作、郑州、新乡、开封、濮阳8个地级市，河南境内黄河流域总面积约5.75万 km^2。

本文对黄河流域河南段8个地级市2012—2021年10年的高质量发展水平进行评价，数据来源于2012—2021年《河南省统计年鉴》、2012—2021年《河南省水资源公报》等，在对数据收集整理之后，根据需要的一些指标数据，再进行二次计算，其中一些缺失的数据用线性插值方法补齐。

3.2 黄河流域河南段高质量发展评价结果

基于前述评价体系与评价方法，对2011—2021年黄河流域河南段的高质量发展水平进行了综合测度，测度结果如表3所示。

表3 各地级市年度高质量发展水平

年份	郑州	开封	洛阳	新乡	焦作	濮阳	三门峡	济源
2012	0.62	0.37	0.39	0.40	0.47	0.33	0.47	0.55
2013	0.64	0.41	0.42	0.42	0.49	0.39	0.48	0.55
2014	0.65	0.41	0.46	0.43	0.52	0.42	0.51	0.57
2015	0.69	0.47	0.50	0.46	0.55	0.47	0.50	0.61
2016	0.70	0.50	0.53	0.49	0.57	0.51	0.54	0.64
2017	0.71	0.53	0.58	0.51	0.61	0.53	0.59	0.67
2018	0.74	0.54	0.60	0.55	0.62	0.56	0.63	0.67
2019	0.77	0.58	0.62	0.57	0.67	0.55	0.66	0.68
2020	0.77	0.61	0.64	0.59	0.63	0.58	0.67	0.65
2021	0.82	0.63	0.68	0.63	0.70	0.66	0.72	0.73

具体来看，2012年黄河流域河南段高质量发展水平指数最高的为郑州市，最低的是濮阳市，且二者之间的高质量发展水平的区域差异较大。高质量发展指数由高到低为郑州市（0.62）、济源市（0.55）、焦作市（0.47）、三门峡市（0.47）、新乡市（0.40）、洛阳市（0.39）、开封市（0.37）、濮阳市（0.33）。其中，郑州市刚刚达到较高发展水平，济源市、焦作市、三门峡市处于中等发展水平，洛阳市、开封市还未达到中等发展水平，处于较低发展水平。

同样，2021年黄河流域河南段高质量发展水平指数最高的为郑州市，最低的为新乡市和开封市，且二者之间的高质量发展水平同样差异巨大。高质量发展指数由高到低排序为郑州市（0.82）、济源市（0.73）、三门峡市（0.72）、焦作市（0.70）、洛阳市（0.68）、濮阳市（0.66）、开封市（0.63）、新乡市（0.63）。其中郑州市达到高发展水平，济源市、三门峡市、焦作市、洛阳市、开封市、新乡市为较高发展水平。

3.3 黄河流域河南段高质量发展评价分析

黄河流域河南段各地级市2012—2021年高质量发展水平指数见图1。

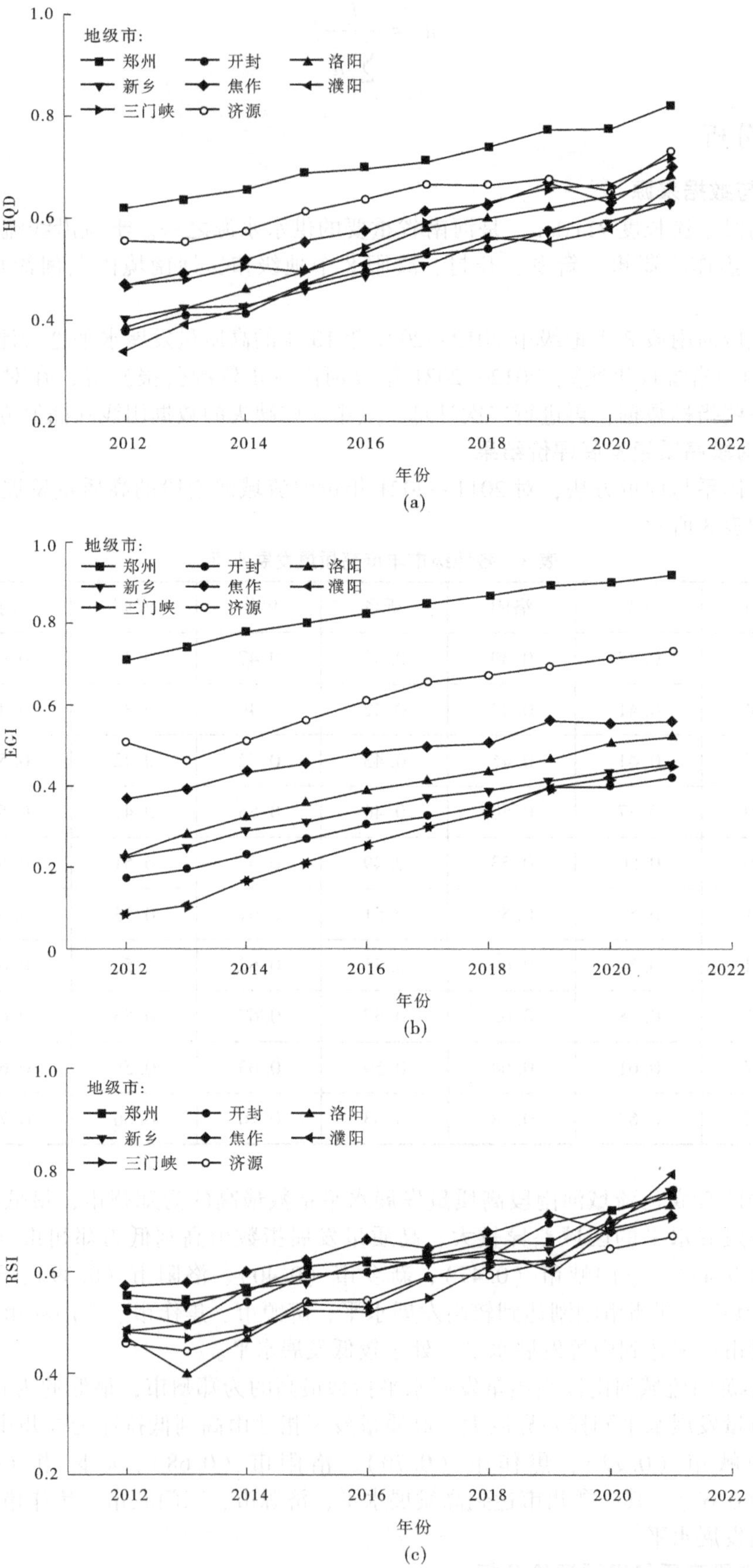

图 1　黄河流域河南段各准则层高质量发展指数

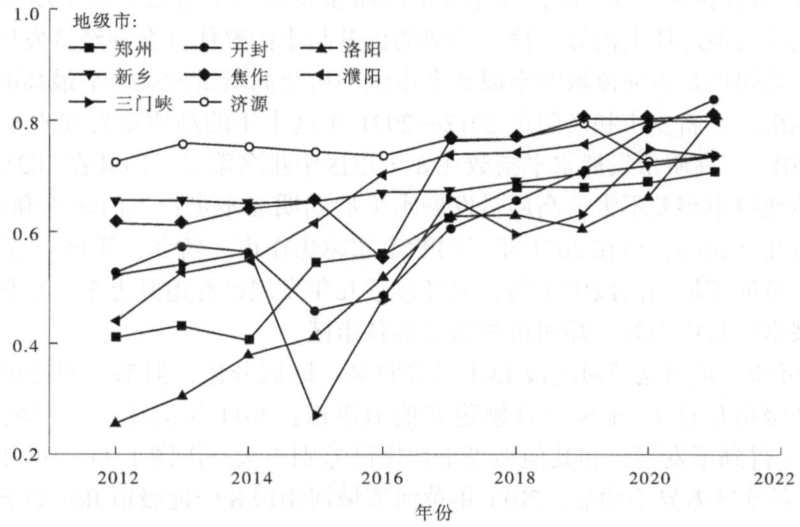
地级市:
郑州
开封
洛阳
新乡
焦作
濮阳
三门峡
济源
EHI
年份
0.2
0.4
0.6
0.8
1.0
2012
2014
2016
2018
2020
2022

(d)

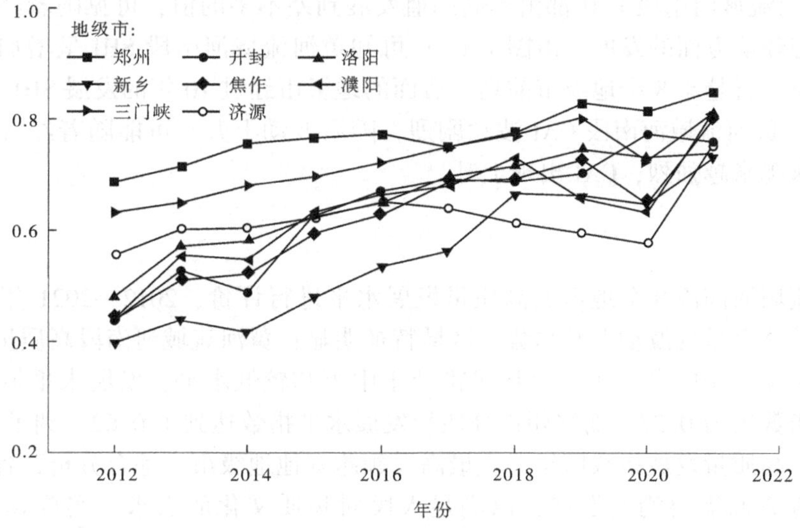
地级市:
郑州
开封
洛阳
新乡
焦作
濮阳
三门峡
济源
SHI
年份
0.2
0.4
0.6
0.8
1.0
2012
2014
2016
2018
2020
2022

(e)

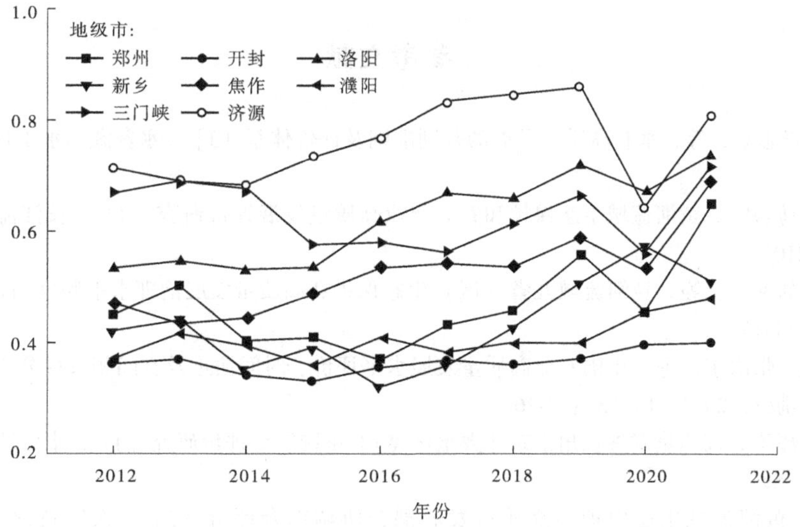
地级市:
郑州
开封
洛阳
新乡
焦作
濮阳
三门峡
济源
CAI
年份
0.2
0.4
0.6
0.8
1.0
2012
2014
2016
2018
2020
2022

(f)

续图 1

从图 1（a）并结合表 3 可以看出，各地级市高质量发展水平指数呈现不断上升的趋势，个别市区个别年份有一定波动但总体上向好。这一趋势的提升与中国整体社会和经济发展的质量及综合实力提升有很大关系。郑州市是黄河流域河南段 8 个市区中历年高质量发展水平最高的市，其高质量发展水平大大高于其他市区；新乡市和洛阳市 2012—2021 年这十年的高质量发展水平始终呈现不断提升的状态；济源市 2011 年高质量发展水平指数在 8 个市区中排名第二，但其在 2021 年的发展水平已与郑州市除外的其他地级市相差不大，高质量发展水平后劲明显不足；三门峡市和焦作市 2011 年的高质量发展水平指数几乎相同，但在 2021 年三门峡市超越焦作市。新乡、开封、洛阳、濮阳 2011 年的高质量发展水平在黄河流域河南段中不高，但经过近几年发展已经追赶上来。总体来说，黄河流域河南段的高质量发展水平稳中向好，郑州市领跑其他各市区。

由图 1（b）可知，黄河流域河南段 EGI 层次明显，区域分化，但都呈明显的增长趋势。郑州市大幅度领先其他地级市且这 10 年来一直领跑其他地级市；2011 年濮阳、三门峡、开封 EGI 相对落后，但 10 年以来也得到了发展，和其他地级市相比已差别不大。由图 1（c）可知，黄河流域河南段 RSI 呈增加趋势且各地区差异不明显。2011 年黄河流域河南段 8 个地级市 RSI 处于 0.4~0.6，2021 年黄河流域河南段 8 个地级市 RSI 基本上都处于 0.6~0.7，资源高效利用水平仍有一定提升。由图 1（d）可知黄河流域河南段 EHI 都由不同的值发展到差不多的值，可见随着经济社会的发展，人们越来越重视生态环境方面的发展。由图 1（e）可知黄河流域河南段 SHI 呈增加趋势，但有一定的波动。其中郑州市一直趋于 8 个地级市前列，后面的地级市经过 10 年的发展 SHI 正在与郑州市缩小。由图 1（f）可知，黄河流域河南段 CAI 波动剧烈，随后波动上升。可能随着经济社会的发展，人们对物质文化的追求越来越强烈，CAI 出现上升。

4 结语

通过对黄河流域河南段 8 个地市的高质量发展水平进行评价，2012—2021 年，黄河流域河南段高质量发展水平总体上呈现波动上升趋势，区域特征明显；黄河流域河南段高质量发展水平地域差距明显，发展较不平衡。2012 年，大部分地级市处于中等和较低水平，发展水平最低的地级市濮阳市高质量发展水平指数仅为 0.33，而郑州市高质量发展水平指数达到了 0.62。到了 2021 年，差异同样很大，其中郑州市高质量发展指数历年一直最高，领跑其他地级市。综合分析，各地级市内的发展存在不均衡状况，各方面需要均衡发展，以满足人民对物质文化的需求，实现真正意义上的高质量发展。

参考文献

[1] 左其亭，钟涛，张志卓，等. 水利高质量发展的判别准则及评价体系［J］. 水资源与水工程学报，2022，33（5）：109-117，123.

[2] 赵敏，夏同水，马宗国. 黄河流域生态保护和农业产业高质量发展评价研究［J］. 长江流域资源与环境，2022，31（9）：2096-2107.

[3] 徐福祥，徐浩，刘艳芬，等. 黄河流域九省（区）生态保护和高质量发展治理水平测度与评价［J］. 人民黄河，2022，44（6）：11-15.

[4] 李文龙，起建凌，张洪宇，等. 中国农业高质量发展水平评价、时间演进及空间相关性分析［J］. 云南农业大学学报（社会科学版），2024，18（5）：9-16.

[5] 王晶，吴春莉，郑涛. 高质量发展视角下京津冀地区 WEF 系统综合评价研究［J］. 水资源与水工程学报，2024，35（2）：40-47，59.

[6] 史歌，任保平. 黄河流域生态保护与高质量发展耦合协调综合评价［J］. 人民黄河，2023，45（11）：16-21，28.

[7] 左其亭，张云，林平. 人水和谐评价指标及量化方法研究［J］. 水利学报，2008，39（4）：440-447.

基于累积前景理论的水库调度多属性决策方法

李东林[1,2]　李洁玉[1,2]　王远见[1,2]

（1. 黄河水利委员会黄河水利科学研究院，河南郑州　450003；
2. 水利部黄河下游河道与河口治理重点实验室，河南郑州　450003）

摘　要：制定最优的多目标调度方案是实现水库预期调度目标和促进流域可持续发展的关键措施，水库调度多属性决策方法也成为当前的研究热点。但是，目前的研究依然存在一些不足：一是如何定量表达不同决策偏好的风险？二是如何处理决策过程中的随机概率排序问题？为此，本文将累积前景理论引入水库调度多属性决策中，以黄河流域三门峡-小浪底水库群联合调度为例，选择丰、平、枯3个典型年的水沙-生态-经济多目标调度方案集，应用基于累积前景理论的水库调度多属性决策方法确定最优的调度方案，验证了该方法的合理性与可靠性。

关键词：累积前景理论；水库调度；多属性决策；黄河流域

1　引言

水库调度是发挥水库兴利（供水、发电、灌溉等）除害（防洪、防凌、减淤等）多重功能的重要手段。然而，由于各目标间的复杂协同竞争关系与边界条件的动态变化，制订科学的水库调度决策方案十分困难。因此，开展水库调度决策方法及方案优选的研究工作非常重要。

水库调度的多目标之间常常存在不可公度性，一个目标的实现往往以牺牲另一个目标为代价（Hegwood 等，2022）。因此，如何在非支配解集中优选出综合效益最大的调度方案是一个重要的研究方向，这类问题被称为多属性决策问题（Roijers 等，2017）。多属性决策方法有三类：先验方法、渐进方法、后验方法。先验方法和渐进方法分别在目标求解前及求解过程中提供决策偏好信息，而后验方法则完全不考虑偏好信息（Cohon 和 Marks，1975）。相较于先验方法和渐进方法，后验方法能够获得更加完整和全面的方案集合，因此在水库多目标决策中使用最广泛。随着后验方法的引入和应用，出现了很多新的决策方法。一些方法侧重于分析帕累托解集的几何性质，通过定量描述不同目标之间的协同竞争关系为决策者提供更加丰富的决策手段（Tang 等，2019；Li 等，2021；Wang 等，2022）。另一些方法基于决策者的主观偏好做出抉择（纪昌明等，2017；Bai 等，2022），也被称为主观分析法，即根据决策者主观信息进行分析决策。此外，还有针对各方案的数量特征、数量关系和数量变化进行分析的方法，即客观分析法，其主要包括熵值法、投影寻踪法和逼近理想点模型等。基于此，一些学者兼顾主观偏好与客观属性，提出主客观相结合的决策方法（Ni 等，2022；Wang 等，2023）。

综上所述，目前的水库调度决策方法已经取得丰富的研究进展。但是，依然存在一些亟待解决的问题：其一，如何定量表达不同决策偏好的风险？其二，如何处理决策过程中的随机概率排序问题？为此，本文将累积前景理论引入水库调度多属性决策中，通过构建不同决策主体面对收益或损失时的价值函数量化表达决策偏好，以及建立累积决策权重函数处理备选方案的各种可能结果发生概率的排序依赖问题。

基金项目："十四五"国家重点研发计划项目（2021YFC3200400）；中央级公益性科研院所基本科研业务费专项（HKY-JBYW-2024-01）；黄河水利科学研究院科技发展基金项目（黄科发 202401）。

作者简介：李东林（1993—），男，工程师，主要从事水文水资源研究工作。

2　基于累积前景理论的水库调度多属性决策方法

2.1　累积前景理论

累积前景理论（CPT）是在前景理论的基础上发展而来的（Kahneman 和 Tversky，1992），通过变形的累计概率体现决策者面对损失和收益时不同的风险态度。综合前景价值由价值函数和概率权重函数两部分组成，分别用来表示决策者对决策方案所得收益的主观价值感受，以及对收益实现概率的主观判断。

2.1.1　价值函数

价值函数 $v(x)$ 如下：

$$v(x)=\begin{cases} a(x-x_0)^{\alpha}, & x\geqslant x_0 \\ -b(x_0-x)^{\beta}, & x<x_0 \end{cases} \tag{1}$$

式中：x 为随机结果；x_0 为参考点；a 为收益追求系数；b 为损失规避系数。一般取 $\alpha=\beta=0.88$，$a=1$，$b=2.25$。

2.1.2　权重决策函数

决策者会根据结果出现的概率做出自己的主观判断，其值即为决策权重函数 $w(p)$，形式如下：

$$w(p)=\frac{p^{\rho}}{\left[p^{\rho}+(1-p^{\rho})^{\rho}\right]^{\frac{1}{\rho}}} \tag{2}$$

当决策者面临收益时：

$$w^{+}(p_j)=\frac{p_j^{\gamma}}{\left[p_j^{\gamma}+(1-p_j^{\gamma})^{\gamma}\right]^{\frac{1}{\gamma}}} \tag{3}$$

当决策者面临损失时：

$$w^{-}(p_j)=\frac{p_j^{\delta}}{\left[p_j^{\delta}+(1-p_j^{\delta})^{\delta}\right]^{\frac{1}{\delta}}} \tag{4}$$

式中：γ、δ 为决定权重函数的曲率，一般取 $\gamma=0.61$，$\delta=0.69$。

进一步地，累积决策权重函数 $\pi(p)$ 可以表示为：

$$\pi_i^{+}=w^{+}(p_i+\cdots+p_n)-w^{+}(p_{i+1}+\cdots+p_n)\quad(0\leqslant i\leqslant n) \tag{5}$$

$$\pi_j^{-}=w^{-}(p_{-m}+\cdots+p_j)-w^{-}(p_{-m}+\cdots+p_{j-1})\quad(-m\leqslant j\leqslant 0) \tag{6}$$

$$\pi_n^{+}=w^{+}(p_n) \tag{7}$$

$$\pi_{-m}^{-}=w^{-}(p_{-m}) \tag{8}$$

2.1.3　综合前景值

评价方案的综合前景值可表达为：

$$V=v(x)\pi(p)=\sum_{i-1}^{n}\pi^{+}(p_i)v(x_i)+\sum_{j-1}^{-m}\pi^{-}(p_j)v(x_j) \tag{9}$$

2.2　水库调度多属性决策方法

基于水库调度模型的帕累托非劣解集，结合 CPT，制定水库调度多属性决策方法步骤流程。主要步骤包括建立特征值决策矩阵、建立标准化决策矩阵、选择参考点、建立前景价值矩阵、建立决策权重矩阵、计算综合前景值和排序。

2.2.1　建立特征值决策矩阵

设水库多目标调度帕累托最优方案集共有 n 个，记为 $X=\{A_1,\cdots,A_i,\cdots,A_n\}$，每个方案有 m 个属性的评价指标，记为 $C=\{A_1,\cdots,A_j,\cdots,A_m\}$。第 i 个方案的 j 指标的属性值为 x_{ij}，则评价特征值决策矩阵为 $\boldsymbol{X}=(x_{ij})_{n\times m}$，$i=1,2,\cdots,n$；$j=1,2,\cdots,m$。

2.2.2 建立标准化决策矩阵

由于各评价指标的量纲不同，需对原始指标进行标准化处理。

若为效益型指标，则：

$$u_{ij} = [x_{ij} - x_{\min}(j)]/[x_{\max}(j) - x_{\min}(j)] \tag{10}$$

若为成本型指标，则：

$$u_{ij} = [x_{\max}(j) - x_{ij}]/[x_{\max}(j) - x_{\min}(j)] \tag{11}$$

2.2.3 选择参考点

以正理想方案 A^{+} 和负理想方案 A^{-} 作为参考点，根据 CPT 来衡量决策的收益和损失。正、负理想方案表达式如下：

$$\bar{u}_m = \begin{cases} A^{+} = \{< \max u_{ij} \mid j \in J^{+},\ \min u_{ij} \mid j \in J^{-} >\} = (u_1^{+},\ u_2^{+},\ \cdots,\ u_j^{+},\ \cdots,\ u_m^{+}) \\ A^{-} = \{< \min u_{ij} \mid j \in J^{+},\ \max u_{ij} \mid j \in J^{-} >\} = (u_1^{-},\ u_2^{-},\ \cdots,\ u_j^{-},\ \cdots,\ u_m^{-}) \end{cases} \tag{12}$$

2.2.4 建立前景价值矩阵

构建备选方案的各指标对应的价值函数：

$$v(u_{ij}) = \begin{cases} a(u - \bar{u})^{\alpha}, & u \geqslant \bar{u} \quad \text{以负理想方案为参考点} \\ -b(\bar{u} - u)^{\beta}, & u < \bar{u} \quad \text{以正理想方案为参考点} \end{cases} \tag{13}$$

式中：各参数取值与式（1）相同。

各方案的正负前景价值矩阵分别为：

$$\boldsymbol{V}^{+} = (v_{ij}^{+})_{n \times m} = \begin{bmatrix} v_{11}^{+} & v_{12}^{+} & \cdots & v_{1m}^{+} \\ v_{21}^{+} & v_{22}^{+} & \cdots & v_{2m}^{+} \\ \vdots & \vdots & & \vdots \\ v_{n1}^{+} & v_{n2}^{+} & \cdots & v_{nm}^{+} \end{bmatrix} \tag{14}$$

$$\boldsymbol{V}^{-} = (v_{ij}^{-})_{n \times m} = \begin{bmatrix} v_{11}^{-} & v_{12}^{-} & \cdots & v_{1m}^{-} \\ v_{21}^{-} & v_{22}^{-} & \cdots & v_{2m}^{-} \\ \vdots & \vdots & & \vdots \\ v_{n1}^{-} & v_{n2}^{-} & \cdots & v_{nm}^{-} \end{bmatrix} \tag{15}$$

式中：$v_{ij}^{+} = a(u - \bar{u})^{\alpha}$，$v_{ij}^{-} = -b(\bar{u} - u)^{\beta}$。

2.2.5 建立决策权重矩阵

首先，根据评价特征值决策矩阵，利用熵权法（EWM）确定一套客观权重 $w_s = (w_{ij})_{1\times m}$，再利用层次分析法（AHP）确定一套主观权重 $w_o = (w_{ij})_{1\times m}$；其次，将客观权重与主观权重加权平均得到原始权重 $w = (w_s + w_o)/2$；最后，利用式（3）～式（8）计算面临收益与损失的决策权重 $\pi^{+}(w_j)$ 和 $\pi^{-}(w_j)$。

2.2.6 计算综合前景值和排序

$$V_i = \sum_{j=1}^{m} v_{ij}^{+} \pi^{+}(w_j) + \sum_{j=1}^{m} v_{ij}^{-} \pi^{-}(w_j) \tag{16}$$

评价方案的综合前景值越大，表明该方案的认可度越高。在水库调度决策中，应选择综合前景值最大的方案作为最优方案。

3 实例应用

3.1 数据来源

以黄河流域三门峡—小浪底水库梯级水库群为研究对象，选择丰水年（2018 年）、平水年（2012 年）、枯水（2010 年）3 种年型，以排沙量最大、生态缺水率最小和发电量最大为调度目标构建模型，所需数据及求解见已发表文献［11］。基于三门峡—小浪底水库群丰、平、枯水年水沙-生态-经济多目标联合调度方案集，开展多属性决策方法应用研究。

3.2 结果分析

3.2.1 决策权重

采用 EWM 与 AHP 加权平均计算所得的各指标原始权重如表 1 所示。在原始权重中，排沙量权重最大，生态缺水率权重次之，发电量权重最小。在此基础上，计算面临损失时各指标的决策权重。依据 CPT，决策者在面临损失时通常表现出风险追求的态度，进而采取冒险的手段以降低损失。由于发电量权重最小，是小概率事件，CPT 高估小概率使发电量决策权重增加，同时使排沙量决策权重减少。

表 1　原始权重与决策权重

典型年	排沙量				生态缺水率				发电量			
	EWM 权重	AHP 权重	原始权重	决策权重	EWM 权重	AHP 权重	原始权重	决策权重	EWM 权重	AHP 权重	原始权重	决策权重
丰水年	0. 55	0. 33	0. 44	0. 33	0. 28	0. 33	0. 29	0. 29	0. 21	0. 33	0. 27	0. 38
平水年	0. 51	0. 33	0. 42	0. 30	0. 31	0. 33	0. 32	0. 32	0. 19	0. 33	0. 26	0. 38
枯水年	0. 31	0. 33	0. 32	0. 30	0. 33	0. 33	0. 33	0. 33	0. 17	0. 33	0. 25	0. 37

从典型年视角来看指标的决策权重，可以发现一些规律。首先，在丰、平、枯 3 个典型年，均是发电量权重最大，排沙量次之，生态缺水率最小，这符合黄河流域水库多目标调度的真实情况，水沙-生态-经济多目标统筹考虑而又有所侧重发电与排沙。其次，在不同的典型年，多属性评价指标的决策权重表现出不同的规律。就排沙量而言，在丰水年的决策权重高于其他年份，倾向于多排沙减少水库淤积；发电量指标也有类似趋势，在水多的年份，倾向于多发电增加经济效益；生态缺水率指标的权重则有相反规律，越是水少的年份，越是需要维持黄河不断流，保障基本的生态流量，而减少对排沙与发电的决策意愿。这说明基于 CPT 的累积决策权重与实际调度决策更加符合，并非完全理性，而是无限接近理性和有所偏好。

3.2.2 最优调度方案

丰水年方案 21 的综合前景值最大，为最优调度方案；平水年方案 336 的综合前景值最大，为最优调度方案；枯水年方案 121 的综合前景值最大，为最优调度方案，如图 1 所示。

3.2.3 与其他方法对比

由表 2 可知，相较于文献［11］中采用耦合协调度方法优选出的最优方案，基于 CPT 的决策方法优选出的最优调度方案，在排沙量与生态缺水率 2 个指标的表现更好，排沙量没有显著下降，而生态缺水率显著降低，即在对排沙影响较小的情况下，有效增加了生态效益。耦合调度方法在发电量指标优势较大，则是因为牺牲大量的排沙效益与生态效益。总体来看，基于 CPT 的水库多属性决策方法优选出的最优调度方案不仅优化空间大，而且与实际调度方案也更贴近。

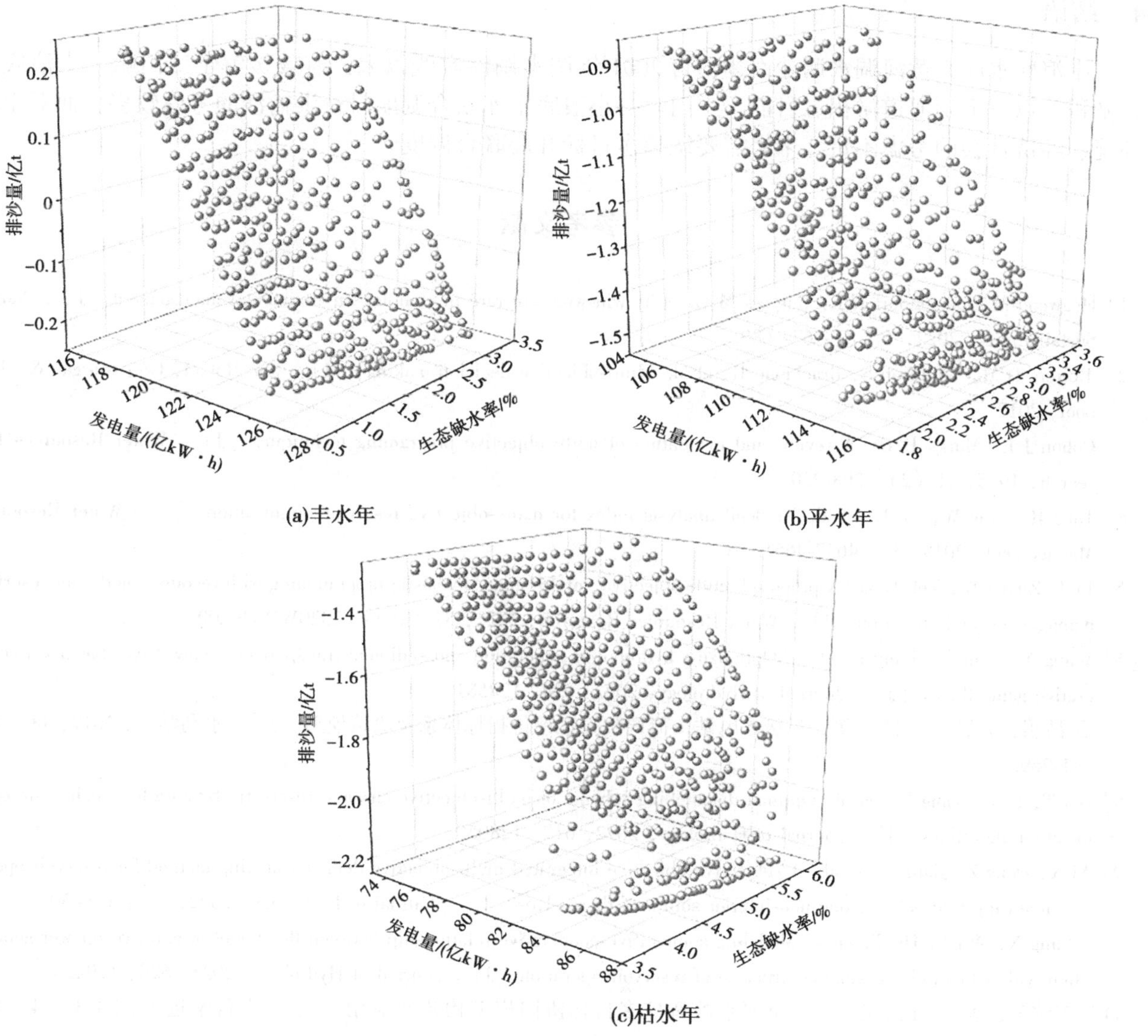

(a)丰水年　(b)平水年　(c)枯水年

图 1　最优调度方案

表 2　实际与最优调度方案指标值变化

调度方案	典型年	排沙量/亿 t	生态缺水率/%	发电量/(亿 kW·h)
实际调度方案	丰水年	0.67	2.01	106.32
	平水年	−0.72	2.43	107.16
	枯水年	−1.19	5.24	66.73
最优调度方案（基于 CPT 的决策方法）	丰水年	0.23↓	0.90↓	117.09↑
	平水年	−1.41↓	1.98↓	113.71↑
	枯水年	−1.85↓	3.99↓	79.59↑
最优调度方案（耦合协调度方法）	丰水年	−0.11↓	2.27↑	124.43↑
	平水年	−1.36↓	2.62↑	114.24↑
	枯水年	−1.90↓	4.98↓	85.49↑

4 结语

小浪底水库为黄河调水调沙而建，自 2001 年调水调沙实践以来，有效缓解了三门峡、小浪底水库淤积，以及下游河道淤积。目前，三门峡—小浪底水库联合调度对行洪输沙的考虑较多，而对生态环境、经济社会的考虑不足，未来需要统筹多目标开展联合调度。

参考文献

[1] Hegwood M, Langendorf R E, Burgess M G. Why win-wins are rare in complex environmental management [J]. Nature Sustainability, 2022, 5 (8): 674-680.

[2] Roijers D M, Whiteson S, Brachman R, et al. Multi-objective decision making [M]. San Rafael, CA: Morgan & Claypool, 2017.

[3] Cohon J L, Marks D H. A review and evaluation of multi-objective programing techniques [J]. Water Resources Research, 1975, 11 (2): 208-220.

[4] Tang R, Ding W, Ye L, et al. Tradeoff analysis index for many-objective reservoir optimization [J]. Water Resources Management, 2019, 33: 4637-4651.

[5] Li J, Zhang W, Yeh W G. A proposed multi-objective, multi-stage stochastic programming with recourse model for reservoir management and operation [J]. Water Resources Research, 2021, 57 (10): e2020WR029200.

[6] Wang Y, Tang F, Jiang E, et al. Optimizing hydropower generation and sediment transport in Yellow River basin via cooperative game theory [J]. Journal of Hydrology, 2022, 614: 128581.

[7] 纪昌明，李荣波，刘丹，等．梯级水电站负荷调整方案评价指标体系及决策模型 [J]．水利学报，2017，48 (3)：261-269.

[8] Bai T, Li L, Yang W, et al. Optimal dispatching scheme of multi-objective cascade reservoirs by parallel mechanism-optimization algorithms [J]. Journal of Hydrology, 2022, 612: 128050.

[9] Ni X, Dong Z, Jiang Y, et al. A subjective-objective integrated multi-objective decision-making method for reservoir operation featuring trade-offs among non-inferior solutions themselves [J]. Journal of Hydrology, 2022, 613: 128430.

[10] Wang X, Wu F, Hu T, et al. Modeling competitive-cooperative relationship between flood control and hydropower generation within hierarchical gaming structure of reservoir operation [J]. Journal of Hydrology, 2023, 620: 129429.

[11] 李洁玉，李航，王远见，等．黄河水沙调控多目标协同模型构建及应用 [J]．水科学进展，2023，34 (5)：708-718.

[12] Tversky A, Kahneman D. Advances in prospect theory: cumulative representation of uncertainty [J]. Journal of Risk and Uncertainty, 1992, 5 (4): 297-323.

广州市桥河流域系统治理研究

刘志成　刘永安

（珠江水利委员会珠江水利科学研究院，广东广州　510611）

摘　要：沿海城市由于台风和强降雨的双重影响，洪涝风险显著上升。以 2023 年 9 月 8 日广州遭遇的强降雨事件为例，结合降雨、坡面汇流和管网汇流的模拟，分析了积水形成的过程，识别流域系统的薄弱点，提出了系统治理措施。通过市政基础设施与水利设施相结合，确立统一目标、规划，精细化布局，实现流域系统优化。流域实施源头减排、雨水管渠建设、排涝除险及应急等措施，完善内涝防治体系，弥补防涝短板，减轻洪涝损失。案例研究显示，在城市规划和建设过程中，需充分考虑流域与城市建成区的整合，以增强城市水安全韧性，确保城市高质量发展的安全。

关键词：市桥河流域；极端暴雨；系统治理；韧性城市

1　研究区域概况

市桥河排涝区域坐落于广州市番禺区的西南部，总面积达到 148.6 km^2[1]。区域地势特征表现为北部和中部较为陡峭，而西南部则相对低洼。北部及中部的丘陵地带海拔介于 15~230 m，而平原区域的海拔为 5.5~8.0 m。屏山闸以北至南站片区的地势相对较高，而市桥河两岸的海拔则相对较低，低洼地带受潮汐作用影响显著。区域的硬化面积约占总面积的 76%，水面比例为 1.52%。片区河网密布（见图 1），共有屏山河、市桥河、丹山河等 74 条内河涌，总长度 148.35 km，有 1 座小（1）型水库，6 座小（2）型水库，总库容 287.5 万 m^3，水闸共计 63 座，外排水闸 20 座，总净宽 265.5 m，泵站共计 22 座，总设计流量 129.2 m^3/s，其中外排泵站设计流量 102.9 m^3/s。

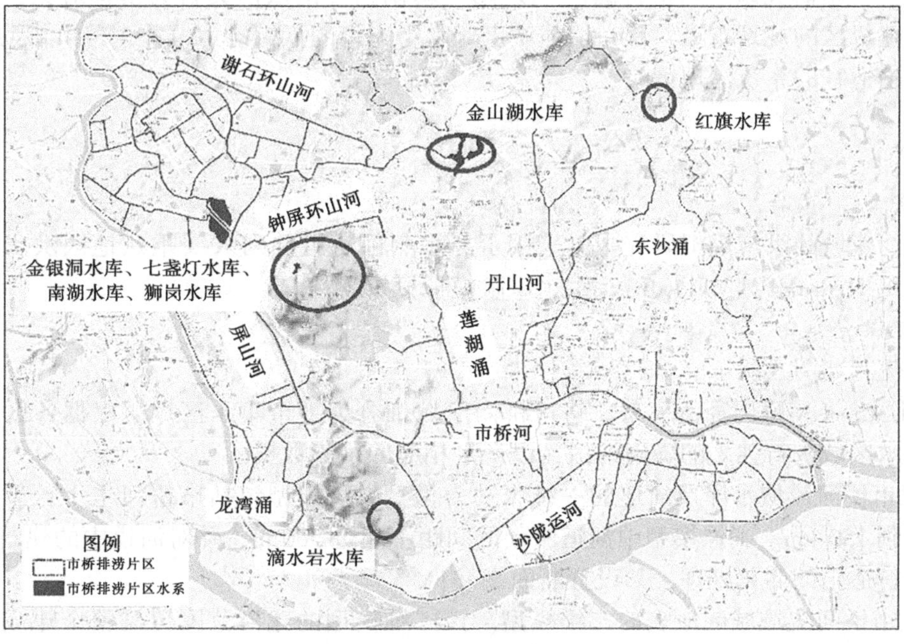

图 1　市桥河流域水系分布

作者简介：刘志成（1990—），男，工程师，主要从事城市水文、水文水资源、水利规划方面的工作。

2023 年 9 月 8 日，广州市市桥街、东环街及南村镇的降雨强度极为猛烈，6 h 内累积雨量达到 267.7 mm，而 24 h 累积雨量更是高达 409.5 mm，均创下了历史降水的新纪录[2]。降雨导致丹山河支流区域积水深度最大达到 0.8 m，全区共有 18 个地点出现积水（见图 2），受影响的区域面积超过 3.1 km^2。

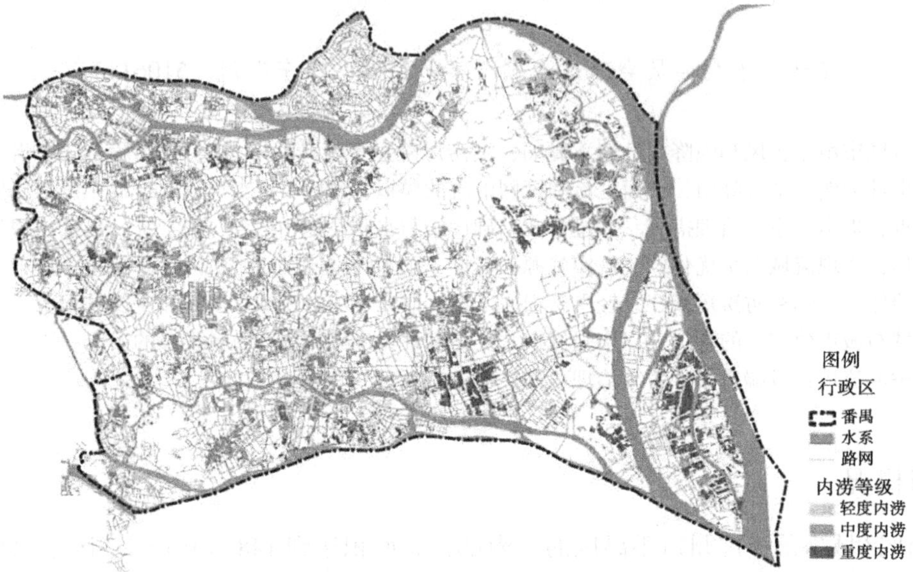

图 2　番禺区"9·8"降雨受灾点

据 2000—2019 年全球遭受自然灾害统计，暴雨洪水灾害约占总灾害的五成[3]。但人类应对洪涝风险的能力是有限的。随着城市化进程不断加速，极端天气和热岛现象频率增加，区域受灾损失随着降雨强度激增[4]。近 20 年以来，城市硬底化面积增加了 41%，区域生活、生产、生态布局已发生巨大变化。这些不仅改变了暴雨径流时空分布规律，亦使洪涝威胁、致灾机制、成灾模式与损失构成均发生显著变化[5]。本研究以广州市番禺区"9·8"暴雨引发的洪涝灾害为模拟对象，综合考虑流域集水区与城市建成区的规划布局，旨在增强城市对洪涝灾害的抵御能力，并完善市桥河流域防洪排涝体系，进而得出适宜的系统治理策略。

2　研究方法

2.1　模拟方法

广州市桥河流域的洪涝模拟研究中，采用了经水利部认可并列入《重点地区洪水风险图编制项目软件名录》的 HydroMPM_ FloodRisk 洪水风险模拟分析软件[4]。

2.1.1　建模流程

洪涝模拟流程如图 3 所示。

（1）应用 SCS-CN 降雨径流模型，将市桥河流域细分为多个集水区域。根据各区域的下垫面特性，对每个集水区域进行独立的降雨模拟，以产生相应的径流数据。

（2）构建市桥河流域水库及河道的一维水动力模型。该模型包括市桥河主干流及其 75 条支流，总模拟长度达到 150 km。确保模型中河道断面的间距不超过 500 m，并对河道中的建筑物如桥梁、水闸、泵站等进行适当的简化处理，共设置断面 2 431 个。

（3）建立市桥河流域城区地表的二维模型。该二维模型的建模范围覆盖整个建成区，模拟地形的精度为 5 m 网格。

（4）以城市排水单元为基础，建立市政管网模型。该管网模型广泛覆盖市桥河流域的所有主要干道及周边的重点保护区域，总模拟长度达到 1 541 km。

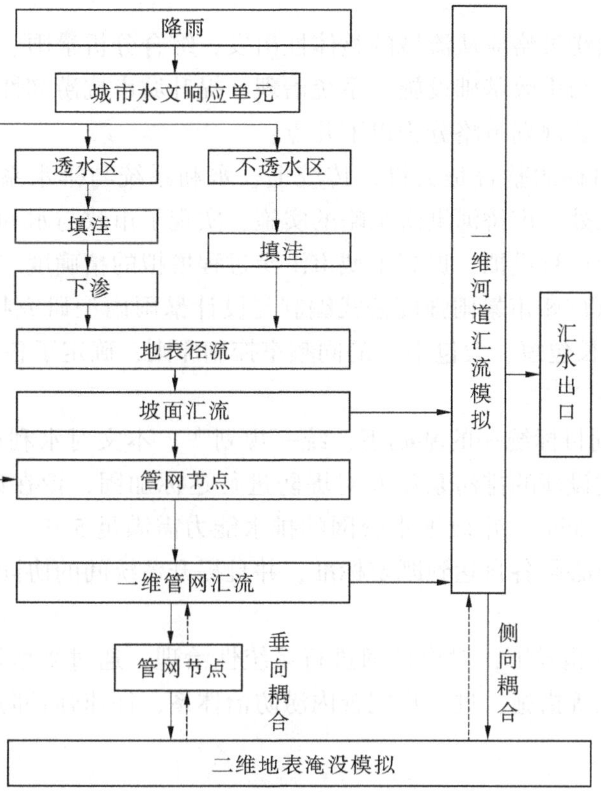

图 3　洪涝模拟流程

（5）通过一维、二维模型与雨水管网的相互结合，共同构建了城市洪涝模拟模型。

2.1.2　模型边界

（1）提供“9・8”降雨作为模型输入条件，番禺气象站实测降雨过程。

（2）提供河道水位边界作为模型下边界。

市桥河流域雨量-水位过程如图 4 所示。

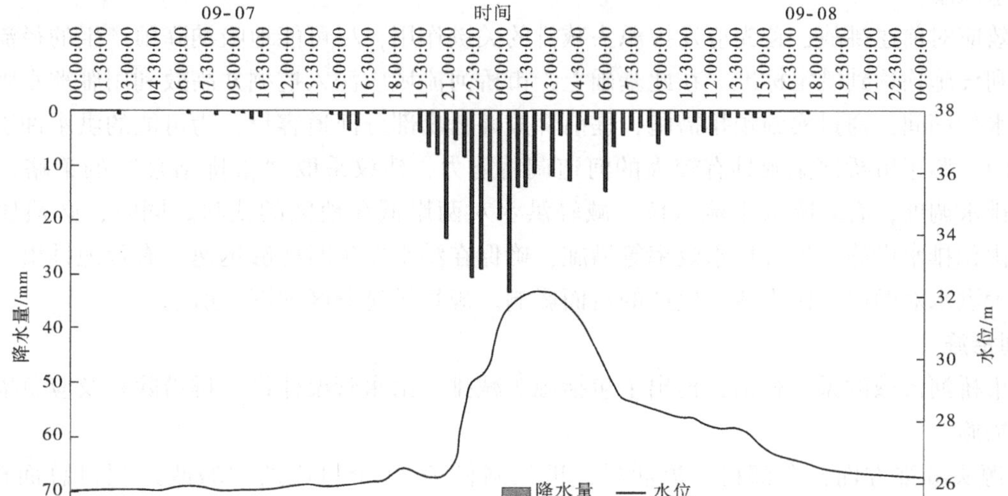

图 4　市桥河流域雨量-水位过程

2.2 规划策略

广州市市桥河的洪涝策略应从流域的整体性出发，综合分析暴雨、产流、径流、排水、积水等过程，充分结合水利设施与市政基础设施，系统治理，提升城市抗涝韧性，健全城市洪涝应急设施，达到洪涝共治的目的。主要规划策略分为以下几点：

（1）市政与水利目标的整合是关键。传统上，水利系统与排水系统作为两个独立的体系运行，其标准存在相互重叠之处。市桥河洪涝策略的实施，实现了市政与水利目标的统一，通过将水利设施与市政基础设施相结合进行模拟，提高了城市洪涝过程模拟的精确度。这一策略主要涵盖了水利与市政雨型的整合。基于《广州市暴雨强度公式编制与设计暴雨雨型研究技术报告》及《广东省暴雨参数等值线图》，按照“长包短、大包小”的同频率控制原则，确定了各时段的降雨比例，确保了不同历时降雨的频率一致性[5]。

（2）在市政与水利目标统一的基础下，统一规划[6]。本文对水利设施进行了统筹规划，包括对水库进行除险加固、建设新的排涝泵站及对堤防进行达标加固，旨在确保市桥河及其支流能够达到20年一遇的排涝能力。同时，市政雨水管网的排水能力需满足5年一遇的标准。在应对极端暴雨天气时，水利与市政措施必须各自达到既定标准，并且提升系统间的协同作用，以保障区域防洪排涝的安全。

（3）在统一规划的指导下，对市桥河进行系统性治理，通过采取源头减排、雨水管渠建设、排涝除险及非工程性管控等措施，进一步完善内涝防治体系，加速弥补防涝方面的不足。

3 案例分析

3.1 模拟成果

根据 HydroMPM_ FloodRisk 洪水风险模拟“9·8”暴雨分析结果，市桥河总计淹没面积为7.5 km^2，居民地淹没面积为3.07 km^2，积水点分布与实际淹没成果基本相同（见图5）。

3.2 规划布局

市桥两岸的高程显著低于管控水位，超出管控水位的陆地面积占比高达24.3%。此外，区域内直排水口数量多达265个，这些因素导致市桥河水位上升时，市桥河两岸极易受水位顶托的影响，进而产生淹水风险。

为有效应对前述挑战，首先应发挥源头减排的关键作用，尽可能地吸纳降雨产生的径流，并确保市政与水利设施均达到既定标准。在此基础上，市桥河流域应深入挖掘并高效利用雁洲水闸的调度潜力。在低水位期间，通过实施预排措施，提前释放并腾出部分河道容量，为可能的洪水冲击预留充足的缓冲空间。鉴于市桥河流域具有较大的河道调蓄能力，建议采取“蓄排结合”的策略，通过合理的蓄水与排水调度，有效降低干流水位，减轻洪水对两岸低洼地区的威胁。同时，必须加强外排能力，通过优化排水设施、提升排水效率等措施，确保在洪水发生时能够迅速、有效地排出积水，最大限度地减少洪水对两岸居民生活、生产的负面影响。规划排涝分区如图6所示。

3.3 规划措施

针对市桥河流域的系统整治，提出了包括源头减排、雨水管渠建设、排涝除险及应急措施在内的四项规划措施。

（1）源头减排方面，东郊村、福涌村、里仁洞村等33个村庄的旧城改造项目总面积达68.72 km^2，预计可减少径流总量115万 m^3；实现年径流总量控制率68%，对应降水量24.18 mm，同时达到年径流污染削减率50%。

（2）雨水管渠建设方面，计划新建和改建雨水管渠，修复老旧管渠，并进行清障等工程，共计8项。规划了43条排涝通道，总长度约为43.79 km。

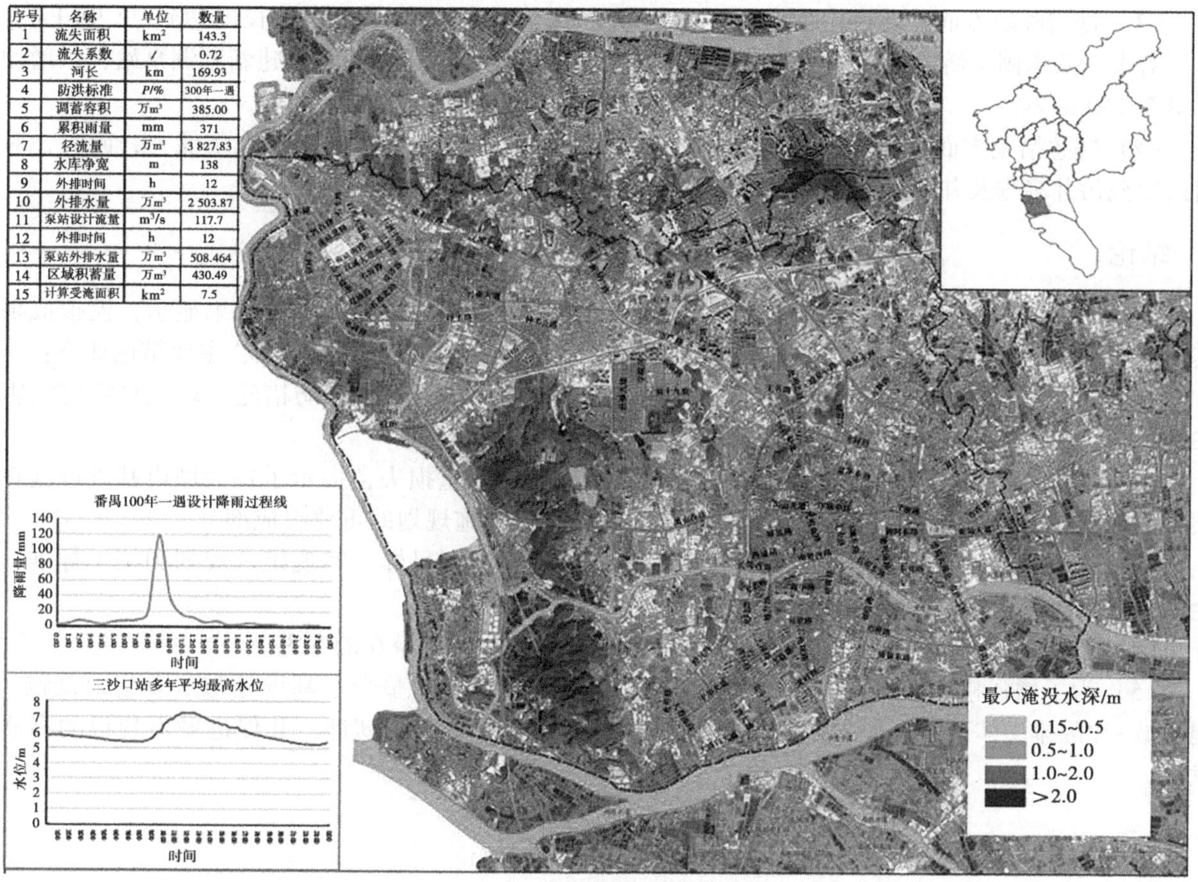

序号	名称	单位	数量
1	流失面积	km^2	143.3
2	流失系数	/	0.72
3	河长	km	169.93
4	防洪标准	*P*/%	300年一遇
5	调蓄容积	万m^3	385.00
6	累积雨量	mm	371
7	径流量	万m^3	3 827.83
8	水库净宽	m	138
9	外排时间	h	12
10	外排水量	万m^3	2 503.87
11	泵站设计流量	m^3/s	117.7
12	外排时间	h	12
13	泵站外排水量	万m^3	508.464
14	区域积蓄量	万m^3	430.49
15	计算受淹面积	km^2	7.5

图5　市桥河流域模拟洪涝成果

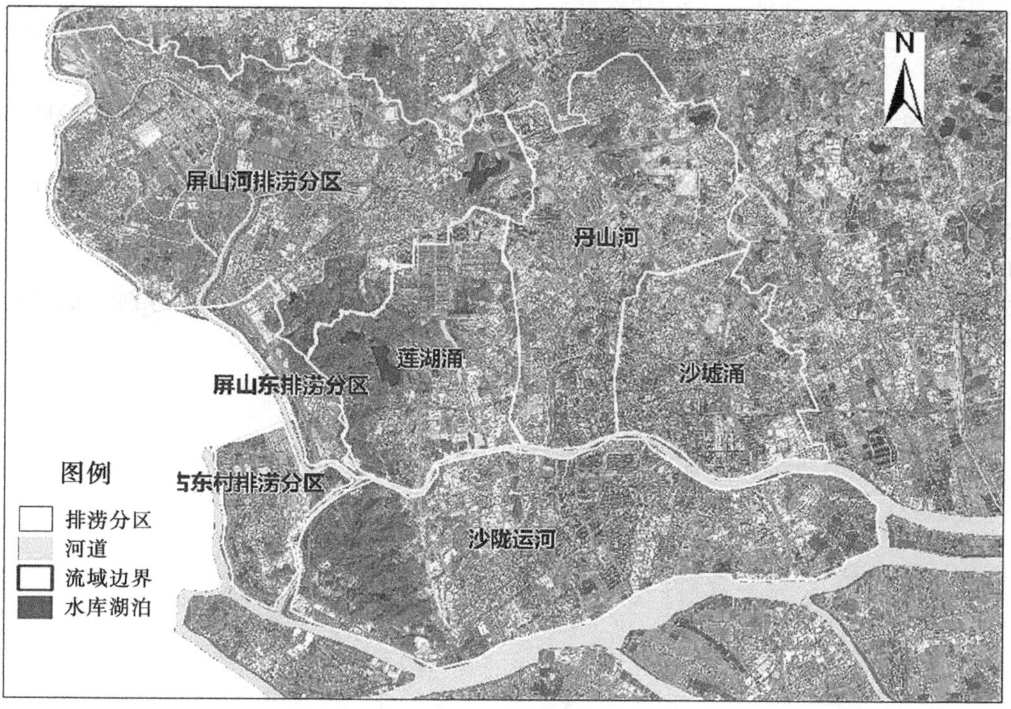

图6　规划排涝分区

（3）排涝除险方面，对丹山河段、屏山河段等 10 条河涌进行整治，总长度达到 22.98 km。同时，对十三联水闸上游暗涵、丹山分洪闸等 5 个关键节点进行改造。规划新建新雁洲泵站，以增加总流量至 160 m^3/s。

（4）应急措施方面，计划在市政道路上增设雨水口，以增强源头的雨水收集能力；同时，对河道内的截污井高程及井盖进行改造，以增加河道的过流断面。

4 结论

运用 HydroMPM 模型对广州市市桥河流域进行“9·8”暴雨洪水模拟。结果显示，模拟成果与实际观测数据高度吻合。基于此，本文提出了针对积水风险点的综合治理方案，主要结论如下：

（1）气候变化导致极端天气事件频发，对此必须采取及时有效的预防措施，以减轻洪涝灾害带来的风险。

（2）广州市市桥河流域在“9·8”特大暴雨中遭受的严重损失，揭示了特大城市基础设施在防洪方面的不足。因此，城市洪涝防御建设应成为城市基础设施规划的重要组成部分。

（3）在极端洪涝灾害发生时，规划措施应整合市政与水利目标，实现统一规划和统一标准，以全面应对洪涝风险。

（4）公众应提高对洪涝风险的认识，做好充分准备，以预防潜在的灾害。

（5）为了增强特大城市的防御能力，应以流域为基本单元，整合水利设施与市政基础设施，构建流域-片区排涝体系，以应对超标准降雨事件，提升城市防御的韧性，并促进城市建设的高质量发展。

参考文献

［1］喻婷，房怀阳，曾凡棠．广州市番禺区市桥河流域水质分析与评价［J］．中国农村水利水电，2009，12（1）：38-40.

［2］陈训来，徐婷，王蕊．珠江三角洲“9·7”极端暴雨精细观测特征及成因［J］．应用气象学报，2024，35（1）：1-16.

［3］UN Office for Disaster Risk Reduction. The human cost of disasters：an overview of the last 20 years（2000—2019）［R］. 2020.

［4］张利平，杜鸿，夏军，等．气候变化下极端水文事件的研究进展［J］．地理科学进展，2011，30（11）：1370-1379.

［5］程晓陶，刘志雨，周玉文，等．中国防洪安全［M］．武汉：湖北科学技术出版社，2021.

［6］陈文龙，徐宗学，张印，等．高密度城市暴雨洪涝治理理论框架及其应用研究［J］．水利学报，2022，53（7）：769-778.

宁夏“以水定人定城”协同发展研究

段超宇

（宁夏回族自治区水利科学研究院，宁夏银川　750021）

摘　要：为深入探究宁夏实施“十四五”用水权管控政策下，人口、城市、水资源发展状况，本文基于DPSIR（驱动力-压力-状态-影响-响应）模型，构建宁夏“以水定人定城”协同发展模型，通过剖析其制约因素，旨在为当地水资源管理提供策略支持。研究结果：①目前，宁夏“以水定人定城”协同发展综合得分60.4分，评价揭示了当地人口、城市发展、水资源处于协同发展状态，区域水资源管控指标能够满足人口与城市发展需求；②利用障碍度模型进一步识别评价指标中的制约因素，发现服务业是当前影响城市发展的主要因素。展望未来，随着服务业比重的增加，预计将吸引更多人口向城市聚集，城市现有的水资源、环境资源、土地资源承载力将对人-城-水协同发展起到制约作用。

关键词：以水定人定城；DPSIR 模型；协同发展；制约因素

1　引言

“四水四定”原则[1] 是习近平总书记“节水优先、空间均衡、系统治理、两手发力”治水思路在新时期水资源管理的具体实践，同时也是我国水资源承载能力的落地方向[2]。“以水定人定城”突出人水和谐、城水协同，以推动水资源可持续利用为遵循，提高新型城镇化质量为导向[3]，通过深入分析水资源开发利用现状和承载能力，以水定需、量水而行，合理确定城市发展规模、空间结构和功能定位[4]，促进人口均衡发展和城市经济增长，进而探索人城水协同发展[5] 新模式、新路径，为人民群众创造幸福新生活提供有力的水资源保障。

本文以DPSIR（驱动力-压力-状态-影响-响应）模型[6-7] 为基础，构建了宁夏“以水定人定城”协同发展评价指标体系，通过开展人-城-水协同发展评价，进一步引入障碍度模型，深入分析宁夏实施“十四五”期间用水权管控政策后，人口、城市与水资源发展状况及其面临的主要障碍因素，对建设黄河流域生态保护与高质量发展先行区水资源管理具有重要意义。

2　材料与方法

2.1　研究区概况

宁夏干旱少雨、生态脆弱，水资源短缺是制约地区经济发展的主要瓶颈[8]。2022年，宁夏全区取水总量66.33亿 m^3，未超国家取水红线；农田灌溉水有效利用系数0.570，是全国增长最快的省份；万元地区生产总值用水量130.8 m^3，按当年价核算较2020年下降27.0%，降幅位列沿黄九省（区）第2位，相比全国平均值高13.7个百分点；万元工业增加值用水量21.3 m^3，按当年价核算较2020年下降34.9%，降幅位列沿黄九省（区）第4位，相比全国平均值高8.1个百分点；城镇再生水利用率38.8%，居全国第8位、沿黄九省（区）第3位。全区用水总量取得有效控制，用水效率

基金项目：宁夏自然基金项目（2022AAC03723，2023AAC03738）。

作者简介：段超宇（1988—），女，工程师，硕士研究生，研究方向为水资源与水环境。

得到明显提升，“四水四定”取得新成效。

2.2 数据来源

本文数据来源于2022年《宁夏统计年鉴》《宁夏水资源公报》《宁夏城市建设统计年报》《宁夏“十四五”用水权管控指标方案》等。

2.3 研究方法

2.3.1 评价指标体系构建

根据DPSIR模型原理，量化评价体系层次结构[9]，构建以“目标层-准则层-指标层”为框架的宁夏“以水定人定城”协同发展评价指标体系，如图1所示。

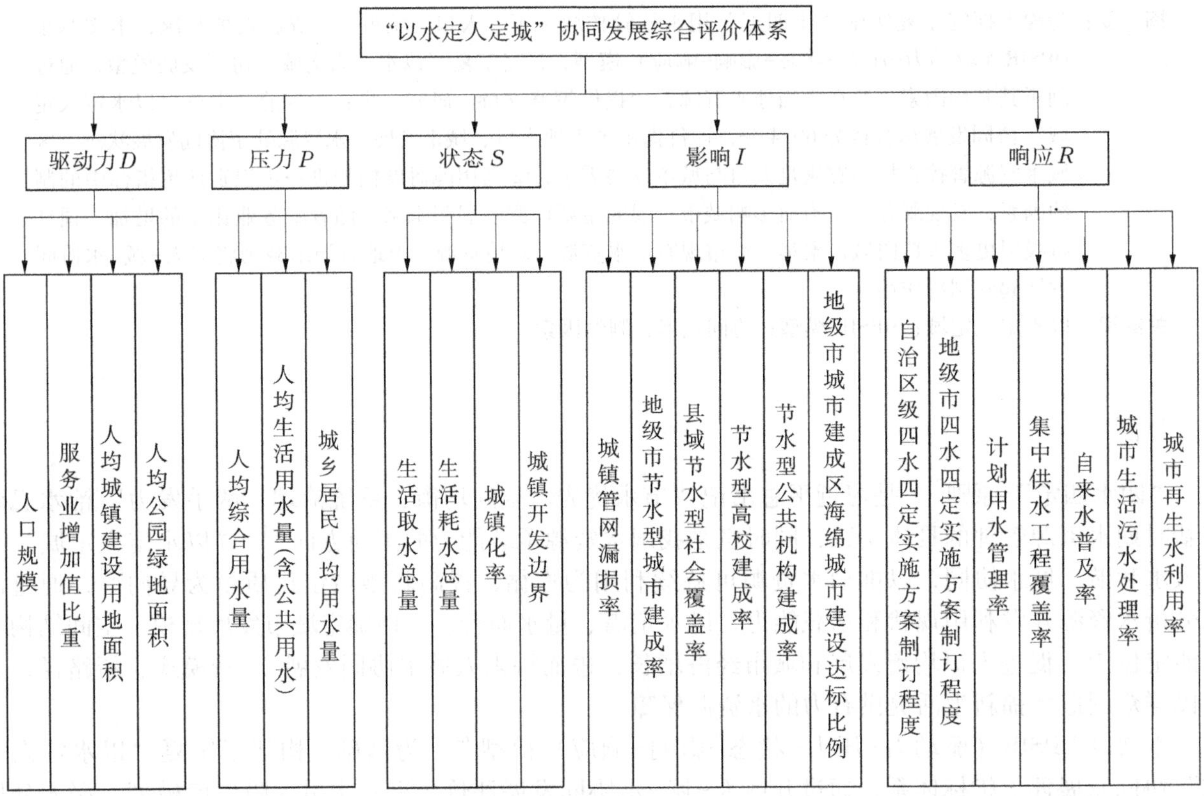

图1 “以水定人定城”协同发展综合评价指标体系

2.3.2 评价模型的建立

以《宁夏“十四五”用水权管控指标方案》为基础，结合国内现有“四水四定”相关研究成果[10-11]，构建宁夏“以水定人定城”协同发展综合评价模型如下：

$$HC = HD + HP + HS + HI + HR \tag{1}$$

式中：HC为“以水定人定城”发展综合指数；HD为“以水定人定城”发展驱动力指数；HP为“以水定人定城”发展压力指数；HS为“以水定人定城”发展状态指数；HI为“以水定人定城”发展影响指数；HR为“以水定人定城”发展响应指数。

对式（1）进行细化，进一步得出“以水定人定城”协同发展综合指数[12]，见式（2）：

$$HC = \sum_{i=1}^{5}\sum_{j=1}^{n}(A_{ij}W_{ij}W_i) \tag{2}$$

式中：A_{ij}为第i个准则层第j个评价指标的分值；W_{ij}为第i个准则层第j个评价指标的指标权重；W_i为第i个准则层的综合权重；n为各准则层中的指标数量。

采用熵权法计算各评价指标的权重，结果见图2。

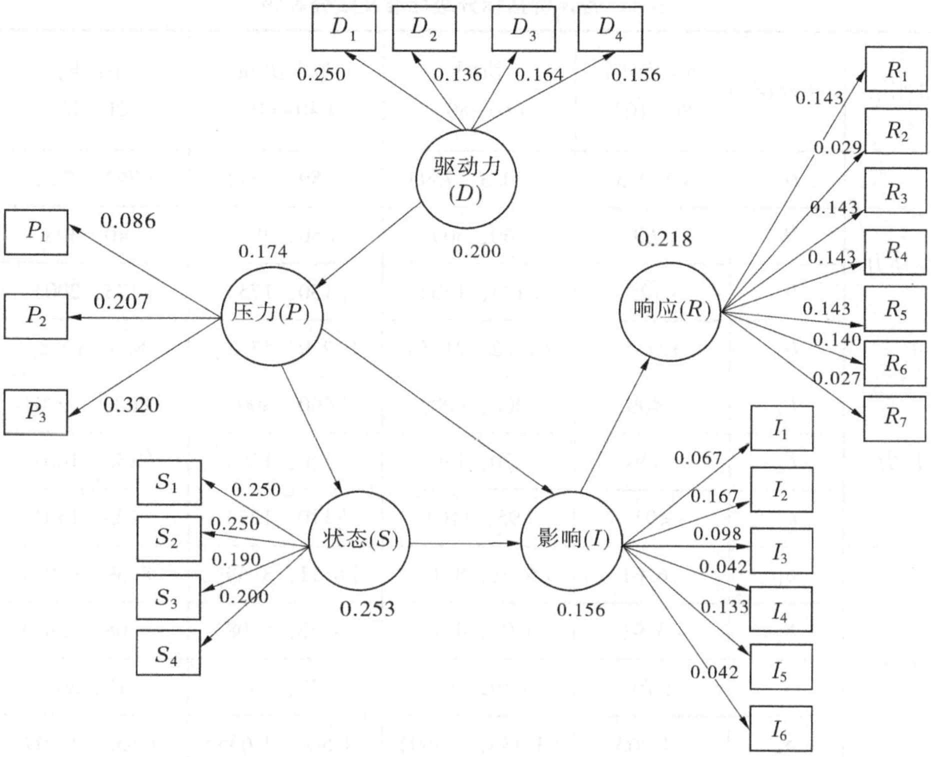

图 2　基于 DPSIR 模型的宁夏《以水定人定城》协同发展综合评价体系各指标的权重

将“以水定人定城”协同发展综合状况目标分为 5 类：即一类发展（80<非常协同≤100）、二类发展（60<协同≤80）、三类发展（40<基本协同≤60）、四类发展（20<不协同≤40）、五类发展（极不协同≤20）[13]。各指标分级标准及赋分见表 1。

2.3.3　障碍度因子识别

引入障碍度模型[14] 进一步识别影响“以水定人定城”协同发展的障碍因素，障碍度模型计算公式如下：

$$Y_i = \frac{C_{ij}D_{ij}}{\sum_{i=1}^{j} C_{ij}D_{ij}} \tag{3}$$

式中：Y_i 为单项指标对“以水定人定城”协同发展的影响；C_{ij} 为单项指标对总体目标的影响程度；D_{ij} 为单项指标与目标状况的差距。

3　结果与分析

3.1　“以水定人定城”协同发展评价

“以水定人定城”协同发展综合评价得分按照目标层、准则层及指标层逐层加权计算得到（见图 3）。经计算，宁夏“以水定人定城”协同发展总体得分 60.4 分，“以水定人定城”发展处于协同发展阶段。分层次来看，驱动力准则层得分 52.87 分，状态为基本协同阶段；压力准则层得分 45.75 分，处于基本协同阶段；状态准则层得分 80.44 分，处于理想状态；影响准则层得分 37.86 分，处于不协同阶段；响应准则层得分 71.95 分，处于协同阶段。

表 1 各评价指标分级标准及赋分等级

目标层	准则层	指标层	非常协同（80~100］	协同（60~80］	基本协同（40~60］	不协同（20~40］	极不协同［0~20］
"以水定人定城"协同发展	驱动力	D_1	<750.3	［750.3，759）	［759，767）	［767，775）	≥775
		D_2	>60	［60，50）	［50，40）	［40，30）	≤30
		D_3	<125	［125，150）	［150，175）	［175，200）	≥200
		D_4	>21.5	（17.2，21.5］	（12.9，17.2］	（8.6，12.8］	≤8.6
	压力	P_1	<400	［400，600）	［600，800）	［800，1 000）	≥1 000
		P_2	<130	［130，140）	［140，150）	［150，160）	≥160
		P_3	<95	［95，110）	［110，125）	［125，140）	≥140
	状态	S_1	<6.61	［6.61，8.11）	［8.11，8.59）	［8.59，9.92）	≥9.92
		S_2	<3.91	［3.91，4.76）	［4.76，5.08）	［5.08，5.87）	≥5.87
		S_3	>70	（50，70］	（30，50］	（10，30］	≤10
		S_4	<1 263	［1 486，1 560）	［1 560，1 635）	［1 635，1 709）	≥1 709
	影响	I_1	<9	［9，10）	［10，11）	［11，12）	≥12
		I_2	（80，100］	（60，80］	（40，60］	（20，40］	≤20
		I_3	（80，100］	（60，80］	（40，60］	（20，40］	≤20
		I_4	（80，100］	（60，80］	（40，60］	（20，40］	≤20
		I_5	（80，100］	（60，80］	（40，60］	（20，40］	≤20
		I_6	（80，100］	（60，80］	（40，60］	（20，40］	≤20
	响应	R_1	（80，100］	（60，80］	（40，60］	（20，40］	≤20
		R_2	（80，100］	（60，80］	（40，60］	（20，40］	≤20
		R_3	（80，100］	（60，80］	（40，60］	（20，40］	≤20
		R_4	（80，100］	（60，80］	（40，60］	（20，40］	≤20
		R_5	（80，100］	（60，80］	（40，60］	（20，40］	≤20
		R_6	（80，100］	（60，80］	（40，60］	（20，40］	≤20
		R_7	（80，100］	（60，80］	（40，60］	（20，40］	≤20

3.2 障碍因子识别

利用障碍度模型对影响"以水定人定城"协同发展障碍因子进行诊断分析，得到宁夏"以水定人定城"协同发展主要障碍因子，见表 2。分析可知，服务业增加值比重、人均生活用水量、人均公园绿地面积、城镇化率和人均城镇建设用地面积等 5 个指标出现的障碍度在所有评价指标中超过 50%，因此可判断其是影响宁夏"以水定人定城"协同发展的主要障碍因子。

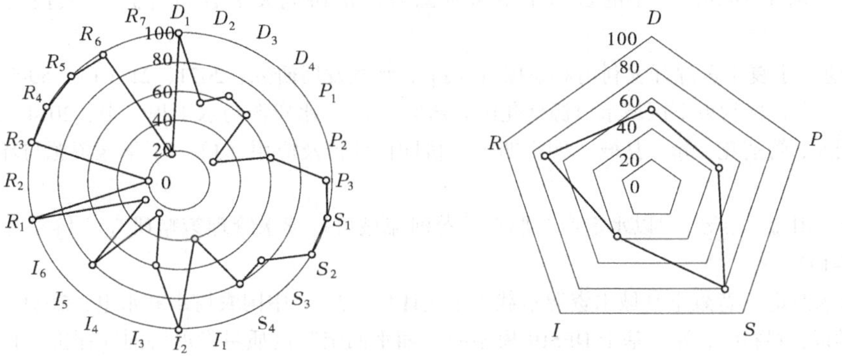

图 3 基于“DPSIR”指标层和准则层赋分

表 2 排名前 5 的障碍度因子

目标		障碍排序	障碍度
“以水定人定城”协同发展	1	服务业增加值比重 D_2/%	17.40%
	2	人均生活用水量（含公共用水）P_2/［L/（人·d）］	10.40%
	3	人均公园绿地面积 D_4/（m^2/人）	8.96%
	4	城镇化率 S_3/%	8.78%
	5	人均城镇建设用地面积 D_3/（m^2/人）	8.61%

4 结论

本文结合宁夏实际情况，基于 DPSIR 模型，从影响“人水和谐、城水协同”协同发展的驱动力、压力、状态、影响、响应五个方面筛选 24 项评价指标建立宁夏“以水定人定城”协同发展综合评价指标体系。根据评价结果可知，宁夏自实施“十四五”用水权管控以来，“以水定人定城”目前处于协同发展阶段。通过引入障碍度模型，在有效减少人为主观影响的基础上，定量识别“以水定需、量水而行”治水理念下“以水定人定城”协同发展的主要障碍因素。分析表明，服务业是目前影响城市发展的重要特征，随着服务业占比加大，会吸引越来越多的人口向城市聚集，城市现有水资源、环境资源、土地资源承载力对人-城-水协同发展的制约作用越来越大。

参考文献

[1] 习近平．在黄河流域生态保护和高质量发展座谈会上的讲话［J］．中国水利，2019（20）：1-3.
[2] 王若禹，赵志轩，黄昌硕，等．“四水四定”水资源管控理论研究综述及展望［J］．水资源保护，2023，39（4）：1-9.
[3] 窦以松，齐莹，刘群昌，等．以水定城的原则与标准［J］．中国标准化，2012（1）：95-97.
[4] 王峰．国土空间规划“以水定城”背景下的城市规模探讨［J］．水资源开发与管理，2023（1）：24-28.
[5] 赵楠芳，温天福，李艳红，等．总量红线约束下江西省“以水定人定城”方案初探［J］．江西水利科技，2023，49（3）：176-182.
[6] 董四方，董增川，陈康宁．基于 DPSIR 概念模型的水资源系统脆弱性分析［J］．水资源保护，2010，26（4）：13-25.

[7] 吴丹，刘孟瑶．基于 DPSIR 模型的黄河中游水资源与经济协同发展评价［J］．人民黄河，2023，45（2）：91-96.

[8] 于慧黎，李军建．宁夏水资源开发利用对策探析［J］．水利发展研究，2021，21（1）：50-53.

[9] 张玲玲，高亮．多目标约束下区域水资源优化配置研究［J］．水资源与水工程学报，2014，25（4）：16-19.

[10] 刘海娇，范明元，管清花，等．县域“四水四定”协同性评价及应用［J］．干旱区资源与环境，2023，37（4）：194-200.

[11] 程蕾，陈吕军，田金平，等．“以水定产”驱动的黄河流域可持续水管理策略研究［J］．中国工程科学，2023，25（1）：187-197.

[12] 张雅萱．“以水四定”背景下县域水资源承载力定量评价［J］．中国农村水利水电，2023（3）：60-68，73.

[13] 刘海娇，陈学群，刘彩虹，等．基于 DPSIR 模型的“四水四定”高质量发展协同性评价［J］．人民黄河，2022，44（11）：72-77.

[14] 王浩，许新发，成静清，等．水资源保护利用“四水四定”：基本认知与关键技术体系［J］．水资源保护，2023，39（1）：1-7.

浅析白坭河无堤防段现状及达标措施设想

徐琛琛[1,2]　马金龙[1,2]　李　丽[1,2]　唐红亮[1,2]

（1. 珠江水利委员会珠江水利科学研究院，广东广州　510611；
2. 粤港澳大湾区水安全保障重点实验室，广东广州　510611）

摘　要：防洪安全事关经济社会稳定和人民生产财产安全。经历近20年的达标建设，白坭河已基本完成了全段的堤防达标建设，为两岸人民提供了一定的水安全保障。但由于征地等方面原因，目前白坭河仍未形成封闭的防洪保护圈，尚存在11段无堤段，长度约12.31 km。本文以白坭河11段无堤段为研究对象，详细分析各段现状基本情况，结合各堤防具体建设难点，有针对性地初步提出各段堤防达标措施设想，为白坭河全面建成防洪体系提供参考，保障沿线群众生命财产安全。

关键词：无堤防段；堤防达标；防洪

1　引言

水是生命之源，人类逐水而居，河流为人类提供了基本的生存条件。但南方雨水丰富，山区河流易发洪涝灾害，伴随着滑坡、崩塌、泥石流等现象，对周边居民的生命财产造成严重威胁。千百年来，人类为抵御山洪灾害做出了许多工作，河道堤防对防御洪涝灾害起到了关键性的作用[1]。

白坭河是广州的母亲河之一。由于季节流量变化大，历史上，白坭河经常暴雨成灾。中华人民共和国成立以来，白坭河建成中、小型水库多个，拦河坝多座，用以调节流量，取得了一定的成效。经过近20年的不懈努力，已基本完成全段堤防达标建设，但仍存在部分不达标河段。本文以白坭河11段无堤段为研究对象，详细分析各段现状基本情况，结合各堤防具体建设难点，有针对性地初步提出各段堤防达标措施设想，为白坭河全面建成防洪体系提供参考。

2　白坭河基本情况

白坭河发源于广东清远石角镇扶基头，跨广州、佛山、清远三地。芦苞水闸分洪后由西向东北方向沿三水长歧进入花都，该段又称为九曲河，流经西莲塘后于白坭圩附近与国泰水汇合，始称白坭河。而后，河流由北转向南在赤坭段汇入大官坑水，在炭布段又汇入新街河，右汇西南涌至白云区鸦岗注入西航道。白坭河流域总面积为1 493 km^2，干流全长57 km，河道平均坡降1‰。白坭河在广州市境内河长约33 km，流域面积约718.6 km^2，占流域面积的48.1%。

3　白坭河堤防建设情况

白坭河堤防是北江大堤防洪体系的重要组成部分，白坭河在广州市境内堤防长67.36 km，主要分布在白云区和花都区，其中白云区境内长15.4 km，花都区境内长51.96 km。梳理白坭河堤防历年建设情况统计如表1所示。

作者简介：徐琛琛（1991—），男，高级工程师，主要从事水利工程规划、设计工作。

表 1　白坭河历年堤防建设情况统计

时段	名称	范围
2005 年 9 月至 2008 年 4 月	广东省北江大堤加固达标工程“两涌一河”工程（广州部分）	白坭河广州市花都区炭步镇段及赤坭镇段，芦苞涌、西南涌左岸 A、B 段
2014 年 9 月至 2015 年 2 月	广州市“两涌一河”堤防险段整治一期工程	白坭河花都区赤坭镇段

除以上工程外，尚有部分由当地水务部门建设的堤防未纳入统计。

4　白坭河无堤防段现状

白坭河（含芦苞涌）无堤防段共 11 段，长度约 12.31 km（见图 1），其中规划堤防控制线（临水线）处地面高程完全满足 20 年一遇防洪要求段长度 4.01 km，基本满足段长度 2.9 km，不满足段长度 5.4 km。

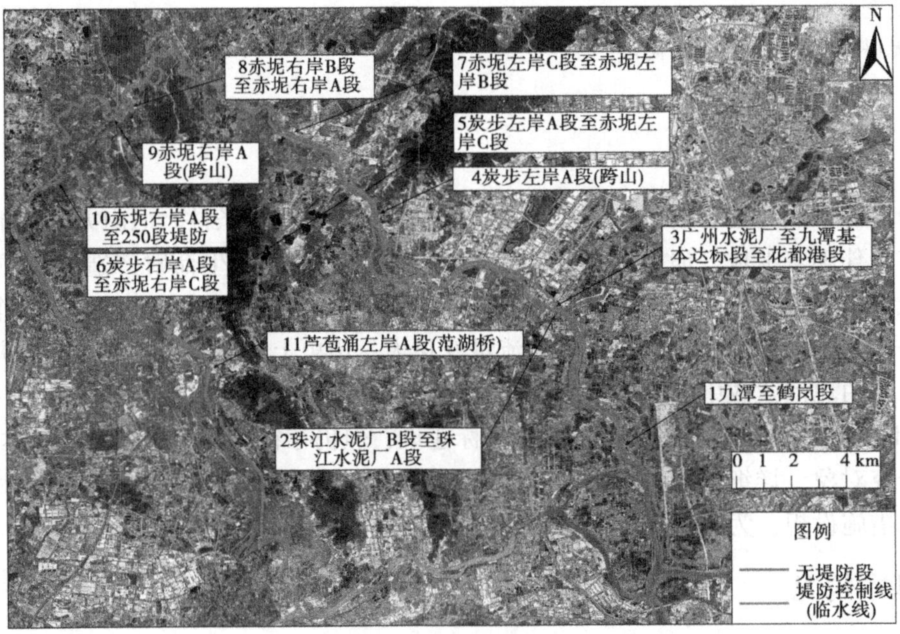

图 1　白坭河无堤防段汇总

4.1　九潭至鹤岗段

本段无堤防段长度为 1.0 km，现状河岸边建有临时防洪挡板，实测顶高程为 2.95 m，设计洪水位（$P=5\%$）为 3.55~3.61 m，本段全线规划堤防控制线处高程不满足 20 年一遇设计标准的防洪要求，现状防洪能力约为 5 年一遇。

目前，鹤岗村后有天然山体，山体前需保护人口约 400 户、2 000 人，白云区已按 5 年一遇防洪标准实施抢险工程。据鹤岗村村委反映，当地已组织村民就该段堤防建设问题进行座谈了解，当地村民对白云区水务局已实施的抢险工程采取的临时防洪措施较为支持，且对防洪效果比较满意，但对按 20 年一遇防洪标准在临河位置新建永久堤防设施存在较大抵触，主要原因：一是需对临河房屋进行征拆；二是建设堤防高度较高，村民大都习惯了依水而居的生活，不愿搬迁；三是当地用地紧张，没有安置房建设用地，移民安置压力较大。若临河位置也按 20 年一遇永久堤防实施，征地拆迁阻力较大，实施可行性不高。另外，根据本次实测，现状山体至两端已建堤防之间地面高程为 4.05~7.0 m，已基本满足20年一遇防洪要求。综合考虑当地村民有较大抵触新建堤防的意见及现状地面高程已满足防洪标准的情况下，本段建议维持现状。

4.2 珠江水泥厂B段至珠江水泥厂A段

本段无堤防段长度为2.3 km，规划临水线处实测地面高程为3.90~6.69 m，设计洪水位（P=5%）为4.02~4.26 m，本段规划临水线处地面高程满足20年一遇设计标准的安全超高要求。

4.3 广州水泥厂至九潭基本达标段至花都港段

本段无堤防段长度为0.8 km，规划临水线处实测高程为3.73~4.42 m，设计洪水位（P=5%）为4.14~4.26 m，规划临水线处地面高程不满足20年一遇设计标准的防洪要求。

根据现场调研，该段洪水淹没范围内有水泥厂1处，淹没损失一般，本段临水线位于水泥厂区内，堤防建设用地协调存在一定难度，且堤防建设会对码头使用造成一定影响。此外，据了解本段已由当地政府与企业签订企业岸线防汛安全责任书，责任书中明确由企业自筹资金完成占用岸线达标建设。综上，建议由广州水泥厂综合考虑自身厂区防洪及码头运行需求后，自行解决达标问题。

4.4 炭步左岸A段（跨山）

本段无堤防段长度为0.25 km，规划堤防控制线处地面高程为5.83~6.37 m，设计洪水位（P=5%）为5.08 m，本段规划堤防控制线处地面高程满足20年一遇设计标准的安全超高要求。

4.5 炭步左岸A段至赤坭左岸C段

本段无堤防段长度为0.26 km，规划堤防控制线处地面高程为7.02~8.87 m，设计洪水位（P=5%）为5.19 m，本段全线规划堤防控制线处地面高程满足20年一遇设计标准的防洪要求。

4.6 炭步右岸A段至赤坭右岸C段

本段无堤防段长度为2.1 km，规划临水线处高程为2.80~14.11 m，设计洪水位（P=5%）为5.19~5.38 m，下游约有0.5 km规划临水线处地面高程满足20年一遇设计标准的安全超高要求，另外1.6 km规划临水线处地面高程不满足20年一遇设计标准的防洪要求。

4.7 赤坭左岸C段至赤坭左岸B段

本段无堤防段长度为3.6 km，规划堤防控制线（临水线）处高程为1.5~7.98 m，设计洪水位（P=5%）为5.42~5.68 m，集益水库排水渠以上及康泰路口以下约有2.9 km规划堤防控制线（临水线）处地面高程基本满足20年一遇设计标准的洪水标高，但不满足安全超高，康泰路口至集益水库排水渠间约0.7 km规划临水线处地面高程不满足20年一遇设计标准的防洪要求。

4.8 赤坭右岸B段至赤坭右岸A段

本段无堤防段长度为0.5 km，规划堤防控制线处高程为3.12~5.45 m，设计洪水位（P=5%）为6.26~6.30 m，本段全线规划堤防控制线处地面高程不满足20年一遇设计标准的防洪要求。根据现场调研，本段规划堤防控制线后方为小山包，小山包背面有现状道路，道路高程为7.5~8.5 m，满足20年一遇洪水标准，且道路两头与现状堤防衔接，不需新建堤防。

4.9 赤坭右岸A段（跨山）

本段无堤防段长度为0.5 km，规划堤防控制线处地面高程为7.13~8.49 m，设计洪水位（P=5%）为6.33~6.36 m，本段全线规划堤防控制线处地面高程满足20年一遇设计标准的防洪要求，且后方为小山包，小山包已与现状堤防闭合，无保护对象，不需新建堤防。

4.10 赤坭右岸A段至250段堤防

本段无堤防段长度为0.65 km，规划堤防控制线处地面高程为1.44~7.72 m，设计洪水位（P=5%）为6.77~6.82 m，本段全线规划堤防控制线处地面高程不满足20年一遇设计标准的防洪要求。根据现场调研，本段规划堤防控制线后方为小山包，小山包高程满足防洪要求，且已与现状堤防闭合，无保护对象，不需新建堤防。

4.11 芦苞涌左岸A段（范湖桥）

本段无堤防段长度为0.35 km，规划临水线处高程为2.84~6.32 m，设计洪水位（P=5%）为

4.99~5.01 m，约有 0.2 km 规划临水线处地面高程满足 20 年一遇设计标准的安全超高要求，且现状临水线处为房屋，基础稳固，另外 0.15 km 规划临水线处地面高程不满足 20 年一遇设计标准的防洪要求，根据现场调研，规划临水线后有一片厂房，面积约 5 万 m^2，根据实测高程，规划临水线后方厂房地面高程为 5.75~6.10 m，满足 20 年一遇设计标准的安全超高要求，不需新建堤防。

5 现状无堤防段达标措施设想

根据白坭河无堤防段梳理情况，需对不达标的无堤防段进行整治，主要包括炭步右岸 A 段至赤坭右岸 C 段 1.3 km、赤坭左岸 C 段至赤坭左岸 B 段 0.7 km，总达标长度 2.0 km。

5.1 炭步右岸 A 段至赤坭右岸 C 段

本段无堤防段长度 2.1 km，无规划堤防控制线，临水线地面高程 2.80~4.83 m，20 年一遇设计洪水位 5.19~5.38 m，安全加高 0.6 m，约有 1.3 km 需新建堤防，本段需加高堤防 1~2.5 m，本段规划临水线现状为河滩地，沿线建筑物较少，为节约投资，本段建议采用新建土堤方式。

达标措施如图 2 所示。

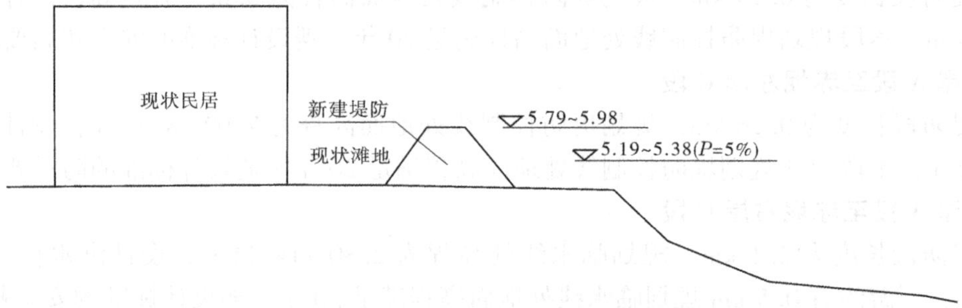

图 2　炭步右岸 A 段至赤坭右岸 C 段堤防建设示意图

5.2 赤坭左岸 C 段至赤坭左岸 B 段

本段无堤防段长度 3.6 km，无规划堤防控制线，临水线地面高程 1.76~4.70 m，20 年一遇设计洪水位 5.42~5.68 m，安全加高 0.6 m，约有 0.7 km 需新建堤防，本段需加高堤防 1.5~2.5 m，本段规划临水线处现状房屋较多，新建土质堤防占地面积较大，征拆较多，故建议在规划临水线新建混凝土防洪墙。

达标措施如图 3 所示。

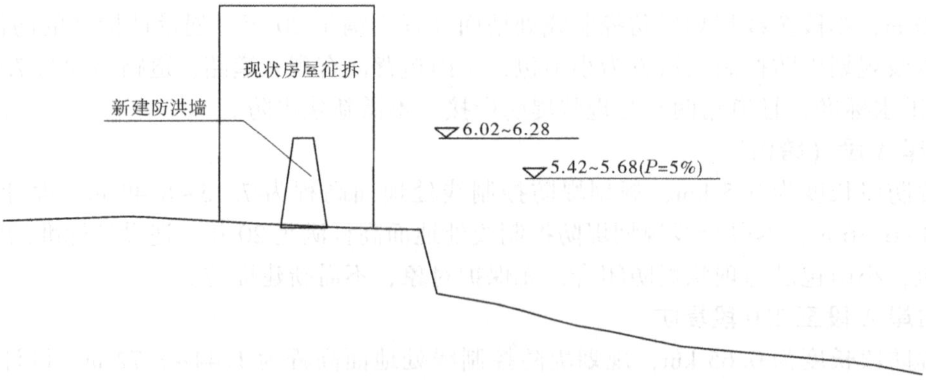

图 3　赤坭左岸 C 段至赤坭左岸 B 段堤防建设示意图

6 结语

自 2005 年 9 月白坭河防洪工程开工以来，经过近 20 年的达标建设，白坭河基本全段完成了堤防达标建设。目前，由于征地等方面原因，白坭河尚存无堤段共 11 段，长度约 12. 31 km，其中需新建堤防的有 2 段，总长度 2. 0 km。考虑到近几年极端天气情况越发多现，为保障沿线群众生命财产安全，建议水务部门尽快启动白坭河无堤防段达标加固工程，以保证沿岸群众生命财产安全。在全线达标加固完成之前，水务部门要加强巡查及精确预报，确保洪水来临时，不出现安全事故。

参考文献

[1] 蔡宗根 . 河道堤防现状与堤防生态建设相关途径 [J] . 河南水利与南水北调，2019，48（11）：21-22.

湛江蓄滞洪区洪水风险分析与发展模式研究

李鑫森[1,2]　王艳艳[1,2]　王　静[1,2]　李　娜[1,2]

（1. 中国水利水电科学研究院，北京　100038；
2. 水利部防洪抗旱减灾工程技术研究中心，北京　100038）

摘　要： 当前，湛江蓄滞洪区面临管理制度不健全、经济发展滞后及分蓄洪运用与区域发展矛盾等问题。通过洪水风险分析，采用成本-效益分析方法评估，低危区域占44.49%，中危区域占28.74%，高危区域占14.17%，极高危区域占12.6%。年期望损失为0.98亿元，净防洪效益为3.11亿元，益本比为2.31。在当地经济水平较低的背景下，应在生态、安全与发展基础上形成“防洪-生态-经济”三位一体的绿色循环经济模式。重点加强蓄洪工程和安全建设，优先外迁安置，推动景观旅游和绿色产业发展。

关键词： 湛江；洪水风险；成本-效益分析；发展模式

1　引言

中国江河的洪水季节性强、峰高量大[1]，导致中下游平原河道在泄洪能力上存在相对不足的问题。仅依赖于堤防、水库和分洪道等防洪工程已无法完全保障关键地区的防洪安全。因此，将沿江河低洼地区和湖泊等区域开辟为蓄滞洪区，用以分流和蓄存超额洪水，有助于缓解水库和河道蓄水泄洪不足的问题，有助于提升流域的防洪标准，确保其防洪安全性[2]。

我国现有的蓄滞洪区多建立于20世纪50—60年代，根据历史洪水数据和当时的防汛需求、防洪工程状况及国家财政支持，在流域综合规划或防洪规划中得以确定。我国的蓄滞洪建设大体经历了以下四个阶段：第一阶段是1949—1988年，按照“蓄泄兼筹”的治理方针进行分蓄洪水。第二阶段是1988—1998年，国务院批转了水利部关于《蓄滞洪区安全与建设指导纲要》，确定了以“撤退转移为主、就地避洪为辅”的安全建设方针。第三阶段是1998—2009年，防洪减灾战略逐步从控制洪水向洪水管理转变，下发了《蓄滞洪区运用补偿暂行办法》和《关于加强蓄滞洪区建设与管理的若干意见》。第四阶段是2009年至今，国务院批复了《全国蓄滞洪区建设与管理规划》蓄滞洪区建设和管理工作进入系统规划、全面实施的阶段。蓄滞洪区设立以来，在历次流域大洪水的防御中均发挥了重要作用。濛洼蓄滞洪区自1953年投入使用以来，共启用16次，成为新中国成立以来使用频率最高、效果最好的国家蓄洪区之一。它为上游减压、中游缓解险情、下游保障安全，被誉为“淮河第一闸”。

蓄滞洪区设立之初，区域人口稀少，经济欠发达，因此分洪与发展的矛盾并不显著[3]。然而，近年来，随着人口增加和部分蓄滞洪区内城镇经济快速发展，洪水蓄存对当地居民的生产和生活造成了显著影响，蓄滞洪区的决策和运用难度逐渐增大。如何合理建设并有效运用蓄滞洪区，使其真正发

基金项目： 国家重点研发计划（2022YFC3006400，2022YFC3006403）；蓄滞洪区建设管理法规制度研究（减政策研究费90792401）。

作者简介： 李鑫森（2001—），男，硕士研究生，主要从事水灾害与水安全研究工作。

通信作者： 李娜（1973—），女，正高级工程师，博士，主要从事防洪减灾研究工作。

挥防洪作用，同时又能实现资源的合理利用和促进经济社会公平发展，是当前我国蓄滞洪区建设管理和运用面临的核心问题[4]。

国外的蓄滞洪区在建设管理和发展模式方面有一些值得借鉴的经验。荷兰多德雷赫特提出的多层次洪水风险策略通过使用和整合三个层次的安全-预防、保护和备灾来减少洪水发生的可能性和后果[5]；日本渡良濑滞洪区因地制宜、分区规划，形成了兼具供水、生态和环境效益的湿地型蓄滞洪区[6]；美国为处理超过河道泄洪能力的洪水，在密西西比河下游设置了无人或少人的滞洪区和行洪区，平日用以集约化种植，汛期主要用来行泄洪水[7]。

本文选定潖江蓄滞洪区作为研究区域，旨在收集其基础数据，并进行洪水淹没、影响及成本-效益分析。基于潖江蓄滞洪区的风险状况和成本效益关系，提出因地制宜、从点及面的建设发展模式，以更好地平衡其防洪功能与社会经济发展之间的关系。

2 研究方法

2.1 洪水风险分析及风险区划

洪水风险分析包括洪水淹没分析和洪水影响分析，重点评估典型蓄滞洪区在不同运用方案下洪水引发的淹没范围、最大水深及淹没期间等危险特征，以及对区域内人员安全、基础设施和资产损失等经济社会影响的评估[8]。洪水淹没分析根据收集的基础数据情况，采用历史水灾法、水文地理法或水力学模型法开展蓄滞洪区的洪水淹没分析[9]。洪水影响分析则可采用空间展布叠加分析法、损失率评估法及地均或人均影响损失估算法。

本文选择水力学模型法和地均影响损失估算法分别进行洪水淹没分析和洪水影响分析。根据潖江蓄滞洪区所处地理位置及流域水系特征，确定编制区外围的北江（横石—石角段）河网洪水采用一维水动力数学模型计算，编制区洪水采用二维水动力数学模型计算，洪水淹没分析软件采用中国水利水电科学研究院自主研发的 FRAS[10]。

根据潖江蓄滞洪区洪水分析得到的淹没范围、淹没水深、淹没历时等要素和土地利用数据，结合淹没区的经济社会情况，采用由中国水利水电科学研究院开发提供的损失评估软件综合分析评估洪水影响程度，包括淹没范围内、不同淹没水深区域内的人口、资产统计分析等，并评估洪水损失。

本文采用的洪水风险区划方法是基于综合风险度 R 值[11]，具体通过式（1）计算某一单元的综合风险度 R[11]，结合地理格网人口及 GDP 数据，通过洪水危险性与承灾体分布的空间叠加分析、承灾体脆弱性分析及历史洪涝灾害时空分布分析，制定适宜的洪灾影响人口和 GDP 风险评估标准。经过洪涝灾害历史数据的阈值对比分析和风险等级划分量值调整验证，逐步开展各地理格网的洪灾影响人口和 GDP 风险等级划分及区划图绘制[12]。

$$R = \sum_{i=1}^{k} (p_i - p_{i+1}) \left(\frac{H_i + H_{i+1}}{2} \right) \tag{1}$$

式中：p_i 为某一洪水频率（如 10 年一遇时，p_i 取 0.1）；H_i 为该计算网格对应 p_i 的水深值。

2.2 成本-效益分析

基于洪水风险分析的成果，对比受益区在有无蓄滞洪区运用条件下的洪水损失分析蓄滞洪区对流域带来的防洪效益，综合蓄滞洪区自身因蓄洪运用的洪灾损失及蓄滞洪区建设维护投资分析蓄滞洪区成本，通过净效益或益本比指标来综合评估蓄滞洪区的效益成本。

2.2.1 洪水损失评估及期望损失计算方法

采用常用的淹没水深-损失率关系法计算洪灾直接经济损失[13-14]：

$$D = \sum_i \sum_j W_{ij} \eta(i, j) \tag{2}$$

式中：D 为洪灾直接经济损失；W_{ij} 为评估单元在第 j 级水深的第 i 类财产的价值；$\eta(i, j)$ 为第 i 类财产在第 j 级水深条件下的损失率。

已知不同频率的洪灾损失后，采用式（3）计算期望损失[15]：

$$E(D)=f(P,\ D)=\int D(P)\,\mathrm{d}p=\sum_{i=1}^{n}\frac{D_i+D_{i+1}}{2}\times(P_{i+1}-P_i) \tag{3}$$

式中：$E(D)$ 为洪灾期望损失；P 为洪水的频率值；D 为对应于一定频率的洪灾损失。

2.2.2 蓄滞洪区防洪效益分析方法

蓄滞洪区作为主要的防洪工程措施之一，其效益体现在因为蓄滞洪区的运用而保护重点地区、重要城市和国家重大基础设施的防洪安全进而保障流域防洪安全方面。

假设因蓄滞洪区运用受保护区域（受益区）的期望损失减少量即蓄滞洪区运用产生的防洪效益为 $\Delta E(D)_{保}$，如图 1 所示。

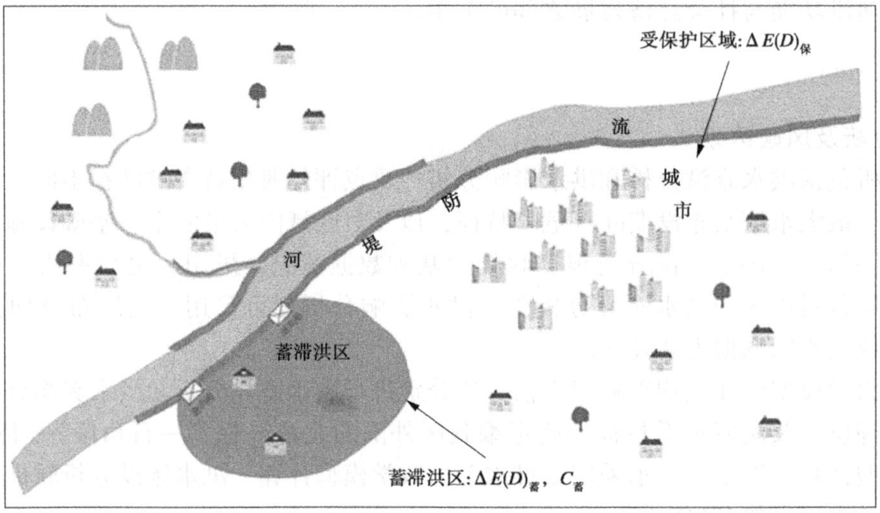

图 1　蓄滞洪区与受保护区域示意图

蓄滞洪区设置的防洪净效益为：

$$DB=\Delta E(D)_{保}-[\Delta E(D)_{蓄}+C_{蓄}]=\Delta E(D)_{保}-\Delta E(D)_{蓄}-C_{蓄} \tag{4}$$

式中：$\Delta E(D)_{保}$ 为蓄滞洪区运用产生的防洪效益；$\Delta E(D)_{蓄}$ 为蓄滞洪区自身因为分洪运用导致的期望损失增加值；$C_{蓄}$ 为蓄滞洪区的建设维护年均投资。

2.2.3 蓄滞洪区发展效益分析方法

如果对蓄滞洪区进行开发，蓄滞洪区发展后，其本身在获取生产效益的同时，因在发生规划标准以上洪水时要蓄洪运用[16]，将承受损失。

则开发后的蓄滞洪区的防洪效益为：

$$DE_n=\Delta E(D)_{保}-\Delta E(D)_{蓄}-C_{蓄}+\Delta E_{蓄发}-\Delta L_{蓄发} \tag{5}$$

式中：$\Delta E_{蓄发}$ 为蓄滞洪区发展导致的年均效益增加值；$\Delta L_{蓄发}$ 为因发展导致的年均洪灾损失增加值。

3 潖江蓄滞洪区建设发展模式研究

3.1 潖江蓄滞洪区概况

潖江蓄滞洪区位于广东省飞来峡水利枢纽下游 10 km 左右的北江左岸，涉及广东省清远市清城区及佛冈县，是西北江中下游防洪工程体系的重要组成部分（见图 2）。潖江发源于佛岗县水头镇，向西流，与浮良水、四九水、民安水、潖二水、高桥水等支流汇合后于江口汇入北江[17]。

潖江蓄滞洪区由潖江及沿潖江两岸 17 条堤围形成狭长的大小不一的独立围区组成，各围区可以实现分仓滞洪[18]。蓄滞洪区设计滞洪水位 21.62 m，相应设计水位面积为 80.81 km^2，设计滞洪容积 4.11 亿 m^3，其中安全区面积为 4.47 km^2，淹没面积 76.44 km^2。潖江蓄滞洪区是北江中下游防洪工

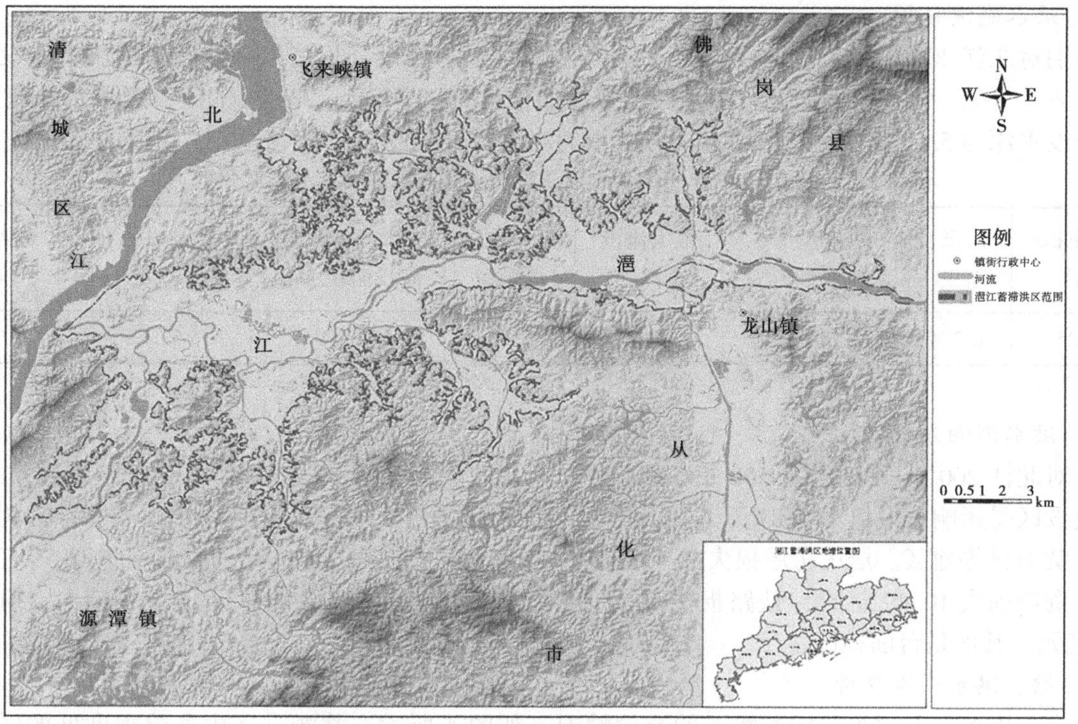

图 2　滘江蓄滞洪区地貌示意图

程体系的重要组成部分[19]，其运用频率较高，与飞来峡水利枢纽、北江大堤、芦苞涌和西南涌分洪水道共同发挥作用。

滘江蓄滞洪区土地利用情况见图 3，区内主要以耕地为主（占比 72%），其次是林地（12%）和水域（8%）。区内人民生活水平较低，约比区外人民平均低 30%。根据 2016 年调查统计结果，滘江蓄滞洪区面积 96.7 km^2，户籍人口 6.38 万人，常住人口 5.52 万人，耕地面积 7.38 万亩，粮食产量 4.69 万 t，工业总产值 5.44 亿元，农业总产值 2.38 亿元，GDP 为 6.98 亿元，固定资产 4.2 亿元，房屋 264 万 m^2。

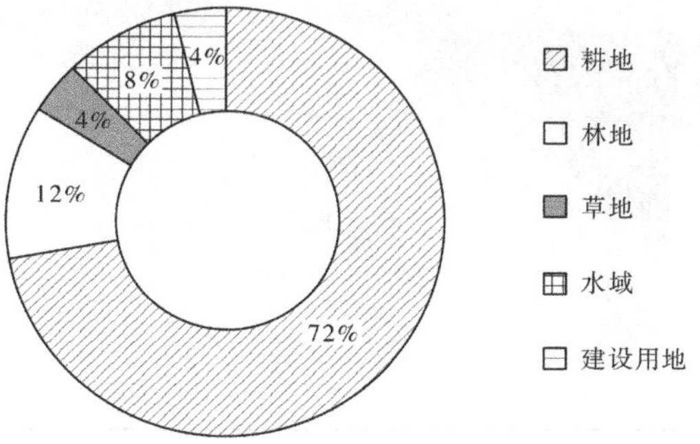

图 3　滘江蓄滞洪区现状土地利用类型分布

3.2　洪水风险分析及风险区划

3.2.1　洪水来源

滘江蓄滞洪区位于北江干流飞来峡水利枢纽下游约 10 km 的左岸，滘江河口靠近北江干流飞来峡峡谷进口，受飞来峡峡谷的束水顶托，当北江干流流量大于 2 000 m^3/s 时，北江一部分水流即可倒灌流入滞洪区，再经长布天然分流口，注入大燕水，在石角附近复归北江，因此根据滘江蓄滞洪区所处的地理位置和对北江洪水的分流与滞洪作用，洪水来源主要包括北江洪水、滘江洪水和暴雨内涝[20]。

3.2.2 洪水淹没分析

分别对北江 200 年、300 年、500 年一遇洪水进行洪水淹没分析。以 200 年一遇洪水淹没结果为例，由表 1 可见，该情景下滃江蓄滞洪区的淹没面积达 85.25 km^2，73.8%的淹没区域水深超过 3 m，平均淹没水深为 5.93 m，淹没区内大部分区域的淹没历时超过 7 天[21]。

表 1 北江 200 年一遇洪水滃江蓄滞洪区人工分洪洪水淹没分析

淹没面积/km^2	淹没耕地面积/hm^2	淹没房屋面积/万 m^2	最大淹没水深/m	平均淹没水深/m	水深>2 m 的淹没面积/km^2	水深>3 m 的淹没面积/km^2	最大流速/(m/s)
85.25	6 274.55	502.20	14.63	5.93	71.81	62.92	36.548

3.2.3 洪水影响分析

针对北江 200 年、300 年、500 年一遇洪水进行洪水影响分析，以北江洪水 200 年一遇方案为例，洪水淹没区受影响总人口为 1.87 万人，其中最严重的是华侨农场，其次是金星村委会、独树村、螺塘村及黄塱村等地区。居民房屋损失 2.45 亿元，家庭财产损失 4.87 亿元，农业损失 0.55 亿元，工商企业资产损失 10.49 亿元，铁路损失 0.22 亿元，其中金星村委会的总经济损失最大，损失合计 2.08 亿元，其次是台前社区。

3.2.4 综合洪水风险分析

综合考虑各频率洪水分析方案下的淹没情况，如图 4 所示，蓄滞洪区内危险程度低的区域占比 44.49%，危险程度中的区域占比 28.74%，危险程度高的区域占比 14.17%，危险程度极高的区域占比 12.60%，等级为高和极高的区域主要分布于天然滞洪的河道，以及分蓄洪水优先运用的堤围以及滃江汇入北江的几个规划安全区处。

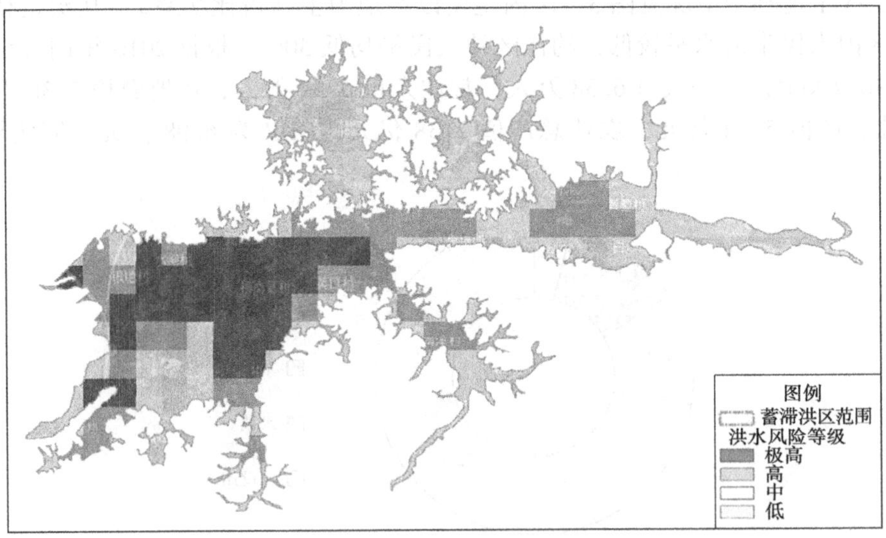

图 4 滃江蓄滞洪区综合洪水风险等级区划

3.3 成本-效益分析

3.3.1 防洪效益

采用有无对比法，对比受益区在蓄滞洪区运用和不运用两种情况下受益区的洪灾损失来计算蓄洪区的效益[21]。

滃江蓄滞洪区的防洪任务是与北江飞来峡水利枢纽联合运用，将包括广州市在内的北江大堤保护区防御北江洪水的能力，由 100 年一遇提高到 300 年一遇，同时将北江中下游的清东、清西等堤围的防洪能力由 50 年一遇提高到 100 年一遇。蓄滞洪区采用天然与工程措施相结合的运用方式，启用标准为20~300年一遇。

如北江大堤溃决，则可能影响清远市、佛山市和广州市。运行洪灾损失评估模型，以2020年社会经济发展水平为基准，采用式（2）评估洪水造成的影响和损失，如表2所示。在未启用潖江蓄滞洪区时，遇北江1994年型500年一遇洪水，北江大堤发生溃决造成防洪保护区洪灾损失为1 470.62亿元；遇北江1994年型300年一遇洪水，北江大堤发生溃决造成防洪保护区洪灾损失为1 401.16亿元；遇北江1994年型200年一遇洪水，北江大堤发生溃决造成防洪保护区洪灾损失为1 156.75亿元。

表2 不启用潖江蓄滞洪区北江大堤防洪保护区洪水淹没情况

洪水重现期	淹没面积/km^2	淹没农田面积/hm^2	受影响人口数/万人	受影响GDP/亿元	直接经济损失/亿元
500年一遇	960	44 394	321.44	3 277.67	1 470.62
300年一遇	936	44 390	310.71	3 170.94	1 401.16
200年一遇	878	43 210	287.1	2 849.44	1 156.75

根据调度规则，北江流域发生200年一遇至500年一遇洪水，潖江蓄滞洪区与北江飞来峡水利枢纽联合运用后，300年一遇以下洪水将不对防洪保护区（受益区）造成淹没损失。遇500年一遇洪水，其造成的损失也有所降低。采用有无对比法和频率计算法，对防洪保护区在未启用蓄滞洪区且未发挥飞来峡水利枢纽作用下的损失及发挥工程联合作用下的损失进行期望平均计算［见式（3）］，同时考虑潖江蓄滞洪区对防洪保护区减淹损失的贡献率对效益进行分摊，得到启用潖江蓄滞洪区对受益区产生的年均效益为5.48亿元/年。

3.3.2 潖江蓄滞洪区运用及建设成本

成本包括两部分，即潖江蓄滞洪区运用损失及对蓄滞洪区进行建设和维护管理的成本。

（1）潖江蓄滞洪区运用期望损失。

根据不同频率洪水下潖江蓄滞洪区运用情况，对其淹没情况进行洪水分析和损失评估［见式（2）］，根据洪灾期望损失值计算方法［见式（3）］，得到潖江蓄滞洪区运用的期望损失为0.98亿元/年。

（2）潖江蓄滞洪区的建设维护成本。

潖江蓄滞洪区建设管理工程于2020年3月开工建设，2023年3月完工，工期36个月，投资16.68亿元，工程主要建设内容为达标加固堤围，重建和加固穿堤建筑物、改造撤退道路、布设临时避洪点等。

对建设维护成本进行年值换算和价格水平折算，得到潖江蓄滞洪区的建设维护成本年值为1.39亿元/年。

则潖江蓄滞洪区建设运用成本年值为0.98+1.39=2.37（亿元/年）。

3.3.3 效益成本比较

净效益年值：总效益-总成本=5.48-2.37=3.11（亿元/年）。

益本比为：5.48/2.37=2.31。

净效益年值大于0，益本比大于1，则在当前发展模式下潖江蓄滞洪区从经济上合理。

若对蓄滞洪区进行发展，只要在蓄滞洪区内发展而增加的年均产出大于因发展而增加的蓄洪运用年均损失值，开发和发展蓄滞洪区在经济上就是有利可图的。如对蓄滞洪区进行合理模式的开发，年均产出增加与年均损失增加之差越大，蓄滞洪区发展的效益越高。

3.4 潖江蓄滞洪区主要面临问题

潖江蓄滞洪区现有堤围17宗，其中清城区12宗、佛冈县5宗，总长57.218 km。堤围多数建于20世纪50—60年代，近年来对多处堤围进行了维护加固，防洪能力有所提高。但是大部分堤围由于修建年代久远，仍存在渗水、冒水及流土等险情。

从成本-效益分析结果来看，尽管目前模式下蓄滞洪区经济上较为合理，但由于中下游防洪保护区发达，潖江蓄滞洪区内部欠发达，因此益本比较好，潖江蓄滞洪区的预期损失达到每年 0.98 亿元，反映了该区域经济发展水平低下。

统计数据显示，2019 年潖江蓄滞洪区的人均 GDP 仅为 12 681 元，远低于全国平均水平 70 607 元。由于潖江蓄滞洪区内人均收入水平低下，导致区内群众对于分洪运用的意见较为突出。此外，由于蓄滞洪区内的安全设施建设正在实施中，期间如遇大洪水需要启动蓄滞洪区滞洪，会在一定程度上影响当地群众的生产生活。

3.5 潖江蓄滞洪区建设发展模式建议

根据流域防洪总体要求及潖江蓄滞洪区的分洪任务和区域经济社会发展现状，需因地制宜制定潖江蓄滞洪区工程建设和安全措施的规划与方案。重点应放在蓄滞洪区现有堤防和进退洪设施的分蓄洪控制工程建设方面，以确保洪水能够“分得进，蓄得住，退得出”。

根据《蓄滞洪区安全与建设指导纲要》，应严格规划潖江蓄滞洪区内的人口控制。应设定区内人口增长率（包括自然增长和迁入增长）低于省内其他地区，限制迁入人口的同时并鼓励现有人口外迁或外出。此外，应制定鼓励人口外迁和外出就业的政策与方案，以逐步减少区内人口数量，缓解人水矛盾，保障区域的稳定发展。

潖江蓄滞洪区未来的区域发展可参考日本渡良濑滞洪区的模式[6]，在生态、安全与发展的基础上，形成“防洪-生态-经济”三位一体的绿色循环经济发展模式。依托于“三核一带”的南国湿地景观[22]，积极发展生态、休闲和旅游观光产业，实现区域的可持续发展。蓄滞洪区经济发展模式应与蓄滞洪区建设相匹配，限制高风险区域的经济开发活动，鼓励将活动向低风险区域转移或迁移。新建企业必须配备可靠的排洪系统。严禁在蓄滞洪区内建设产生严重污染的工厂或仓储设施。

清远市计划将蓄滞洪区建设与美丽乡村建设、生态环境保护及旅游开发有机结合，统筹山水林田湖草等生态资源进行整体规划，划定水稻示范田和开发万亩虾稻园，并在周边山区开辟茶园等（见图 5）。根据潖江蓄滞洪区的综合洪水风险等级区划图（见图 4），茶园和果酒庄园等高成本产业主要分布在洪水风险低的区域，而农耕园等低成本产业或虾稻园则集中在洪水风险较高的区域。必须科学规划产业园区，使其与洪水风险区划契合，以提升区域的安全性和可持续发展地方经济水平。

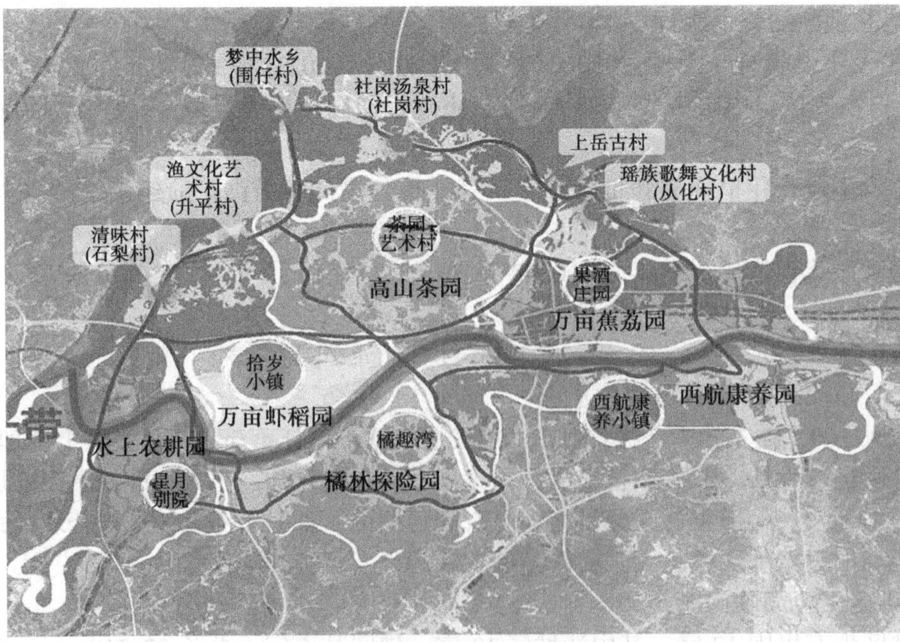

图 5 潖江蓄滞洪区产业园分布

4 结语

综上所述，湛江蓄滞洪区在北江中下游防洪体系中发挥重要作用，在新的历史时期，蓄滞洪区不单单需要承担防御洪水的重任，还需要解决区内洪水、人口、用地之间的矛盾关系，这需要结合当地水情地貌，从工程建设、人口控制、经济发展模式、蓄滞洪区建设等多方面综合考量。

参考文献

[1] 孙春鹏，周砺，李新红．我国江河洪水季节性规律初步分析［J］．中国防汛抗旱，2010，20（5）：40-41，45.

[2] 赵灿．白洋淀防洪体系及其蓄滞洪区的建设研究［D］．保定：河北农业大学，2014.

[3] 侯传河，沈福新．我国蓄滞洪区规划与建设的思路［J］．中国水利，2010（20）：40-44，64.

[4] 关成达，李娜，俞茜，等．基于组合赋权法的蓄滞洪区建设与管理评估［J］．水利水电技术（中英文），2023，54（4）：97-107.

[5] Van Herk，Sebastiaan，et al. Process design and management for integrated flood risk management：exploring the multi-layer safety approach for Dordrecht，the Nether lands［J］. Journal of Water and Climate Change，2014：100-115.

[6] Ichinose，Tomohiro，Jun Ishii，et al. The Watarase Retarding Basin—A Historical Example of Ecosystem-Based Disaster Risk Reduction in Japan［J］. Ecosystem-Based Disaster and Climate Resilience：Integration of Blue-Green Infrastructure in Sustainable Development，2021：441-464.

[7] Wagner S D，Czuba J A，Fassman E A，et al. Comprehensive approach to Mississippi River flood storage and conveyance：Consideration off flood risk management and environmental benefits［J］. Journal of Hydrologic Engineering，2011，16（12）：961-969.

[8] 牛帅，刘永志，崔信民．十三围防洪保护区洪水风险分析［J］．长江科学院院报，2020，37（1）：56-60.

[9] 王杉，涂勇，高辉，等．水旱灾害风险普查成果质检审核汇集与数据库建设实践［J］．中国水利，2023（8）：32-35.

[10] 中国水利水电科学研究院．FRAS 软件开发与应用技术报告［R］．北京：2018.

[11] 中华人民共和国水利部．洪水风险图编制导则：SL 483—2017［S］．北京：中国水利水电出版社，2017.

[12] 王静，李娜，王艳艳，等．洪水灾害影响人口和经济风险评估区划方法研究［J］．中国水利，2023（8）：16-19.

[13] 王艳艳，王静，胡昌伟，等．太湖流域应对特大洪水防洪工程效益模拟［J］．水科学进展，2020，31（6）：885-896.

[14] 吴博，李航，方书义．基于洪灾风险管理的蓄滞洪区分区运用研究［J］．东北水利水电，2023，41（10）：47-50.

[15] 韩松，程晓陶，李娜．风险分析方法在水库调度管理中的应用［C］//中国水利学会青年科技工作委员会．中国水利学会第四届青年科技论坛论文集．中国水利水电科学研究院，2008：5.

[16] 刘达，黄本胜，刘中峰，等．珠江流域湛江蓄滞洪区湿地化建设模式及对蓄滞洪的影响分析［J］．中国防汛抗旱，2023，33（11）：28-32.

[17] 卢真建．基于 MIKE 模型的湛江水面线计算分析［J］．中国农村水利水电，2019（10）：6-11.

[18] 辛悦，廖小龙，钟逸轩，等．基于防洪联合调度模型的湛江蓄滞洪区布局优化研究［J］．人民珠江，2023，44（10）：54-61.

[19] 韩智娟．湛江蓄滞洪区建设与管理初探［J］．广东水利水电，2016（10）：59-61.

[20] 广东省水利电力勘测设计研究院．广东省 2014—2015 年度洪水风险图编制项目湛江蓄滞洪区洪水风险图编制报告［R］．广州：2017.

[21] 亚洲开发银行．蓄滞洪区建设与发展模式终期研究报告［R］．北京：2023.

[22] 刘达，黄本胜，刘中峰，等．珠江流域湛江蓄滞洪区湿地化建设模式及对蓄滞洪的影响分析［J］．中国防汛抗旱，2023，33（11）：28-32.

开都河水量调度水动力学数学模型的建设与应用

张　鹏[1]　巴哈尔古丽·热合曼[1]　阿迪拉·阿里甫[1]　张　盼[2]

（1. 新疆维吾尔自治区塔里木河流域开都孔雀河水利管理中心，新疆库尔勒　841000；
2. 黄河水利委员会黄河水利科学研究院，河南郑州　450003）

摘　要：基于实测观测资料，研究开都河小山口至宝浪苏木河段水利枢纽运用、沿程灌溉、分河段水量损失等对洪水演进过程影响，提出开都河小山口至宝浪苏木河段河床糙率沿程分布规律，构建一维非恒定流水动力学数学模型，分别采用 2023 年 6 月、8 月两场洪水对模型参数进行率定、验证。结果表明，模型模拟河段内的洪水演进过程及沿程水位表现的精度较高，利用率定验证后的模型对 100 年一遇设计洪水进行了计算并分析了洪水沿程传播规律，同时指出 100 年一遇设计洪水下河段存在的风险隐患，对可能出险的河段情况进行了定量模拟。

关键词：开都河；水量调度数学模型；建设；应用

1　引言

开都河是新疆塔里木河的源流之一[1]，是疆内第四大河流，也是巴音郭楞蒙古自治州境内最大的内陆河[2]。开都河地理位置见图 1，它是巴州主要灌区——开都-孔雀河灌区的水源，发源于天山中部海拔 4 000 m 的依连哈比尔尕山，全长 560 km[3]，流域总面积 2.2×10^4 km^2，多年平均年径流量 35.31×10^8 m^3[4]。开都河在大山口水文站出山，水文站下游 7.8 km 处为小山口水库，继续向下游行

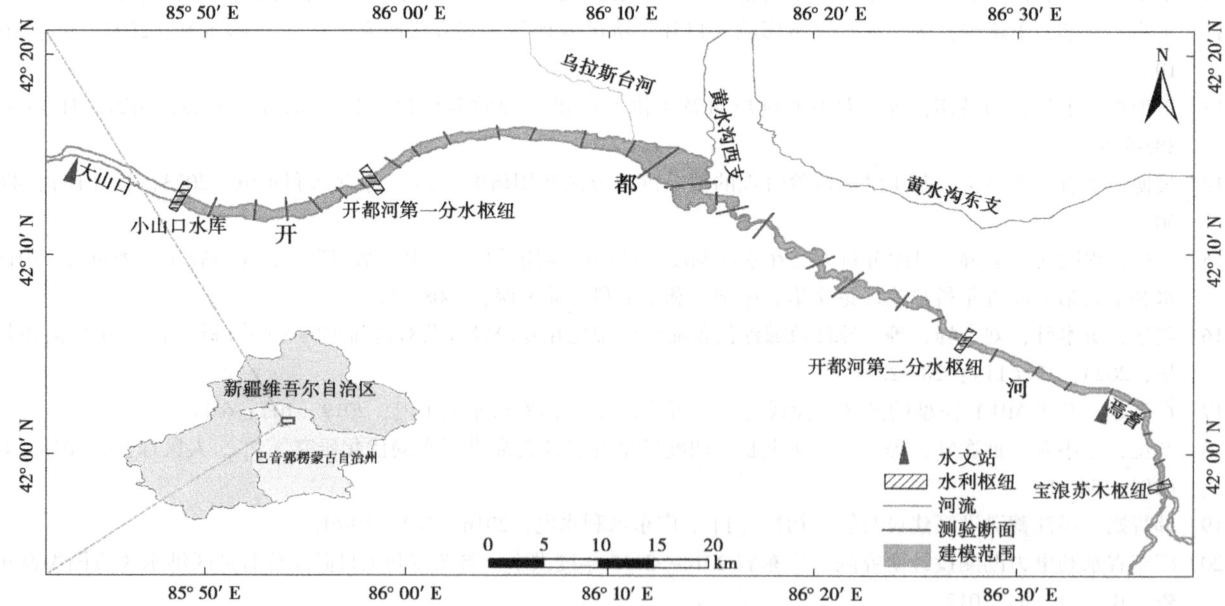

图 1　开都河地理位置

作者简介：张鹏（1981—），男，高级工程师，主要从事水利工程管理、水资源管理及水利信息化相关工作。
通信作者：张盼（1996—），男，工程师，主要从事河流动力学方面的研究工作。

进 17 km 即到开都河第一分水枢纽。在第一分水枢纽下游 18 km 处，开都河分为南北两支，乌拉斯台河和黄水沟西支分别于第一分水枢纽下游 19 km 和 25 km 处汇入北支河道，在黄水沟西支入河口下游 6 km 处，南北两支河道又汇为一支，在焉耆水文站上游 11.5 km 和下游 10.3 km 相继到达开都河第二分水枢纽和开都河第三分水枢纽（宝浪苏木枢纽）。沿途经过和静县、焉耆县、博湖县，最终分为东西两支流入博斯腾湖。

开都河水资源时空分布不均，水资源紧缺，蒸发渗漏及地下水与河水之间补排交替频繁[5]，沿程水量调度难度大，为保证开都河流域最大化利用水资源，满足流域社会经济发展需求，构建了开都河小山口至宝浪苏木河段水量调度数学模型。模型计算的范围为小山口至宝浪苏木枢纽，河道长度约为 107 km，考虑支流乌拉斯台河和黄水沟西支入汇水量，开都河第一、第二、第三分水枢纽灌溉等引水水量，河段内蒸发渗漏等水量，为开都河水量调度提供技术支撑。

2 开都河水量调度水动力学模型

2.1 模型原理

模型采用以圣维南方程组为基础的水力学方法进行河道洪水演算，模型计算选用的描述水流运动的基本方程如下。

水流连续方程：

$$\frac{\partial A_i}{\partial t} + \frac{\partial Q_i}{\partial x} - q_{Li} = 0 \tag{1}$$

水流运动方程：

$$\frac{\partial Q_i}{\partial t} + \frac{\partial}{\partial x}\left(\alpha_{1i}\frac{Q_i^2}{A_i}\right) + \alpha_{2i}\frac{Q_i}{A_i}q_{Li} + gA_i\left(\frac{\partial Z_i}{\partial x} + \frac{Q_i^2}{K_i^2}\right) = 0 \tag{2}$$

式中：角标 i 为断面号；Q 为流量；A 为过水面积；t 为时间；Z 为水位；K 为断面流量模数；α_1 为动量修正系数；q_L 为河段单位长度侧向入流量。

开都河小山口至宝浪苏木河段洪水演进计算采用 Preissmann 四点加权隐式差分格式对圣维南方程组进行离散，通过给定的外部边界条件，利用追赶法求解方程[6]。

2.2 模型地形情况

从小山口至宝浪苏木枢纽共布置了 32 个断面，断面间距在 3 km 左右（见图 1），于 2023 年汛前对 32 个断面进行了测量，得到实测地形数据，河段实测断面形态多为复式断面（见图 2），断面地形复杂。

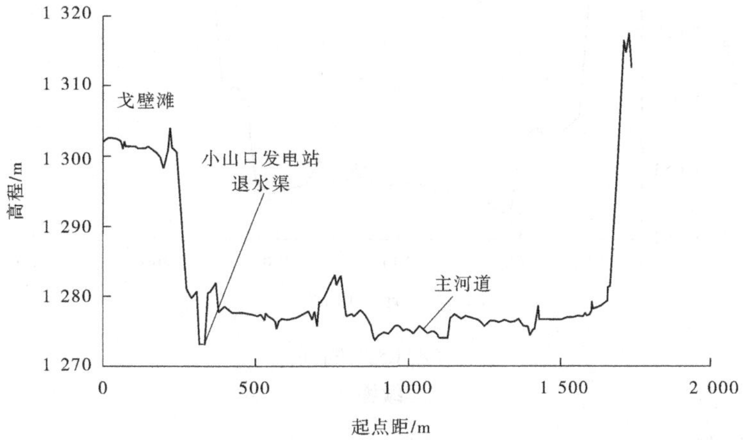

(a) CS1 断面

图 2 实测断面形态

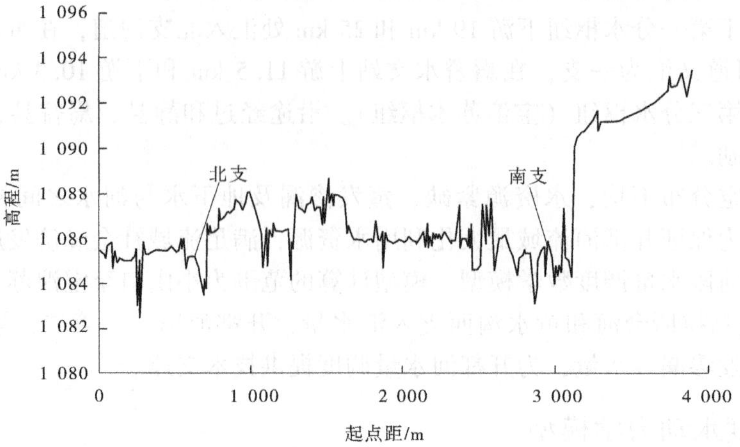

(b) CS14 断面

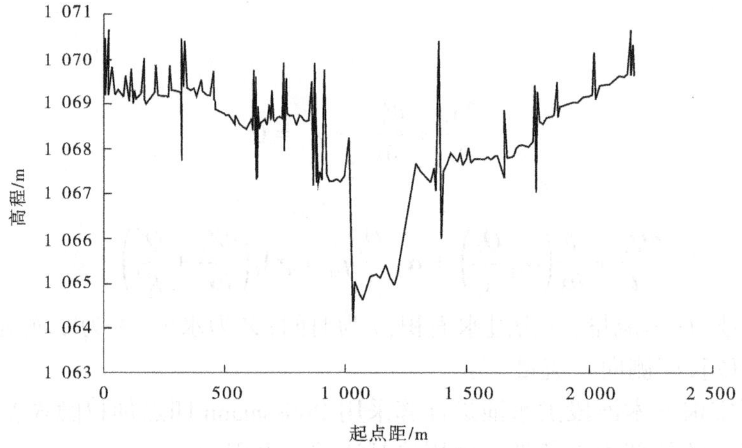

(c) CS19 断面

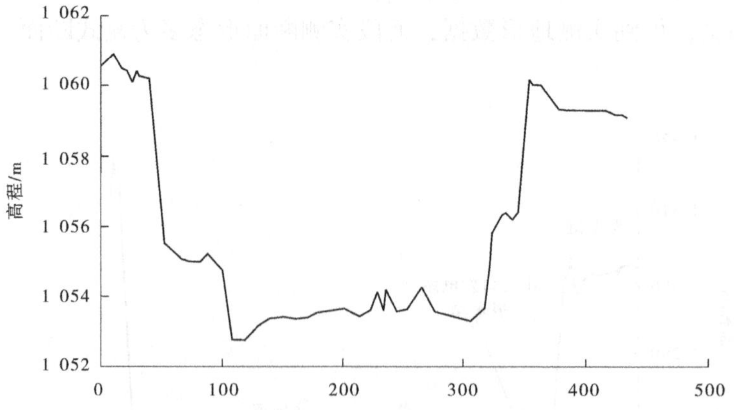

(d) CS27 断面

续图 2

2.3 河床糙率沿程分布

模型研究范围为小山口至宝浪苏木河段，参照《水文测验手册》同时结合小山口至宝浪苏木河段的河床质组成、河段纵坡等情况（见图3），以及参考焉耆水文站500 m^3/s 以上洪水时的河床平均糙率0.031（见图4），来确定小山口至宝浪苏木河段的河床糙率。经率定，小山口至宝浪苏木河段，河床沿程糙率的取值范围为0.035~0.030。

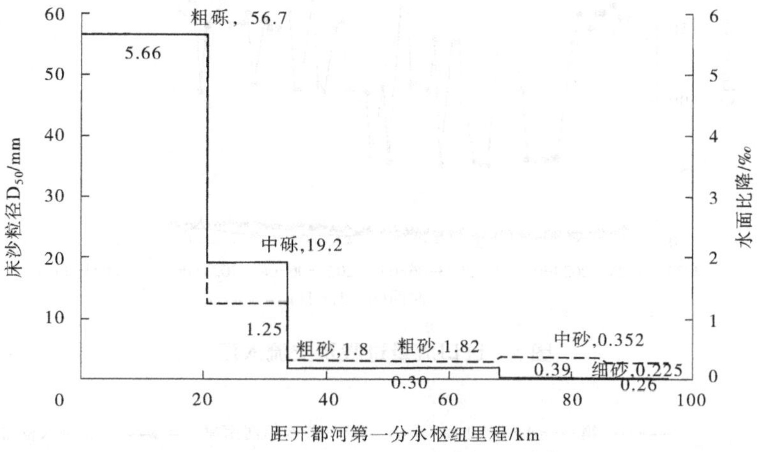

图3　小山口至宝浪苏木河段的河床质组成

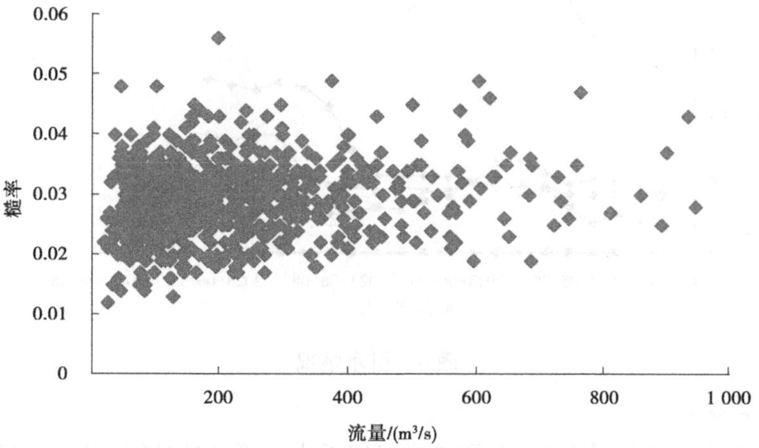

图4　焉耆水文站河床平均糙率与流量关系

3　模型建设

3.1　模型率定（小流量）

3.1.1　边界条件

模型率定采用河段2023年实测断面地形资料，计算时段为2023年5月25日至2023年6月13日，以时段内小山口出库流量过程作为来水过程，中间有支流乌拉斯台河和黄水沟入汇（见图5），同时考虑开都河第一分水枢纽、第二分水枢纽及翻身渠引水。

（1）进口流量过程及支流入汇。

乌拉斯台河洪水过程无实测资料，需采用大山口洪水过程进行间接求取；计算时段内黄水沟最大流量为10.6 m^3/s，根据夏尔吾逊分洪闸运用方案，当黄水沟来水小于等于120 m^3/s 时，分洪闸关闭，来水均由东支溢洪堰下泄，作为生态输水直接进入博斯腾湖，即黄水沟西支没有分水，则黄水沟西支也没有入汇开都河水量。

（2）引水情况。

图6为2023年5月25日至2023年6月13日开都河第一分水枢纽、第二分水枢纽及翻身渠的引水情况，第一分水枢纽和第二分水枢纽分别有南北两岸分水，第三分水枢纽有翻身渠向外分水。

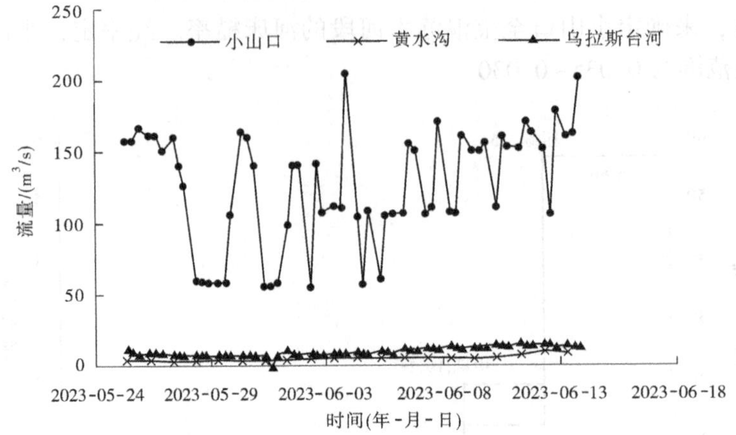

图 5　进口流量过程及支流入汇

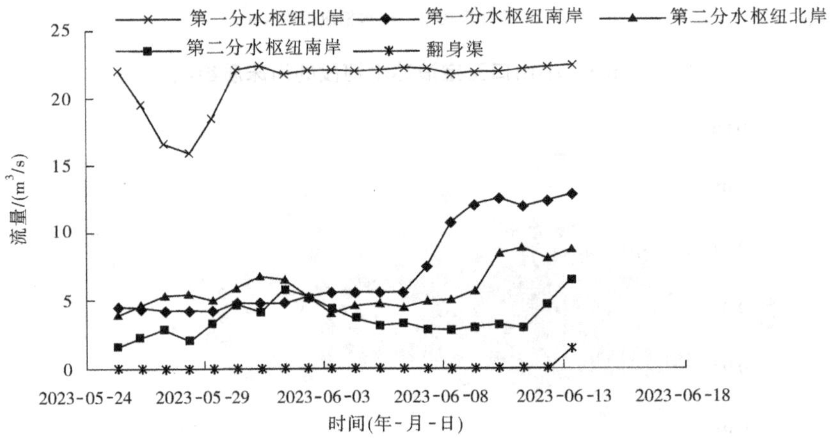

图 6　引水情况

3.1.2　模型率定结果分析

焉耆站计算流量与实测流量见图 7。从图 7 中可以看出，焉耆站计算流量与实测流量的符合性较好，变化趋势也较为一致，洪水传播时间的计算值与实测值也基本吻合，流量平均偏差为 0~17 m^3/s。

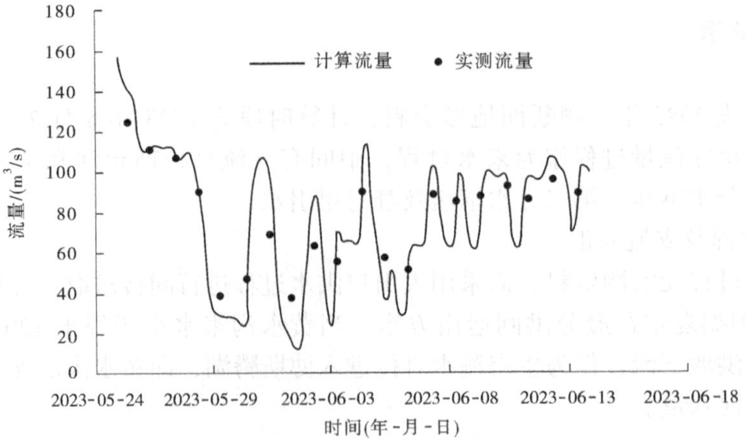

图 7　焉耆站计算流量与实测流量对比

焉耆站计算水位变化过程见图 8，由于计算时段内焉耆站水位实测值缺失，故无法形成计算水位与实测水位对比。焉耆附近断面地形测量时间为 2023 年 5 月 30 日，根据地形测量时的数据，测量时断面左、右水边水位为 1 054. 32 m 和 1053. 71 m；根据模型计算结果，5 月 30 日 8—20 时焉耆站水位的变化范围为 1 053. 82~1 054. 40 m，计算水位与实测水位二者基本一致。

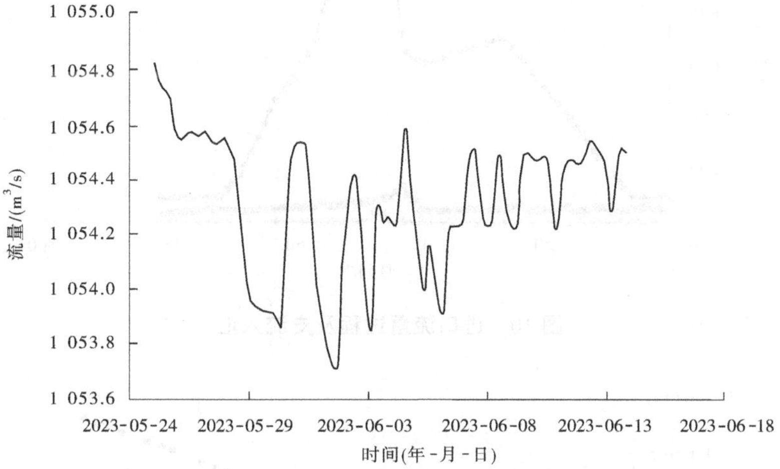

图 8　焉耆站计算水位变化过程

图 9 为焉耆站 2023 年 8 月实测水位-流量关系与模型计算出的水位-流量关系对比。由图 9 可以看出，模型计算出的焉耆站水位-流量关系与 2023 年 8 月根据实测数据点绘的水位-流量数据吻合性较好。

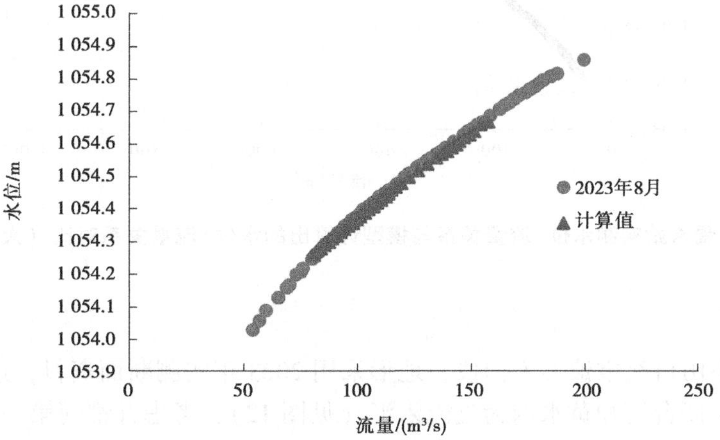

图 9　焉耆站实测水位-流量关系与模型计算出的水位-流量关系对比（小流量）

3.2　模型率定（大流量）

3.2.1　边界条件

模型率定采用河段 2023 年实测断面地形资料，模型计算时长为 88 h，选取小山口 100 年一遇设计洪水过程（洪峰流量 1 250 m^3/s），考虑时段内支流乌拉斯台河和黄水沟入汇（见图 10），兼顾开都河第一分水枢纽、第二分水枢纽及翻身渠引水。

参照 2023 年和 2024 年开都河流域供水计划，给定各分水点分水情况，开都河第一分水枢纽北岸干渠、第一分水枢纽南岸干渠、开都河第二分水枢纽北岸干渠、第二分水枢纽南岸干渠、翻身渠日均引水流量分别给定为 17 m^3/s、11 m^3/s、8 m^3/s、4 m^3/s、1 m^3/s。

3.2.2　模型率定结果分析

图 11 为焉耆站 2023 年 8 月实测水位-流量关系与模型计算出的水位-流量关系对比。由图 11 可以看出，模型计算出的焉耆站水位-流量关系与 2023 年 8 月根据实测数据点绘的水位-流量数据基本吻合。

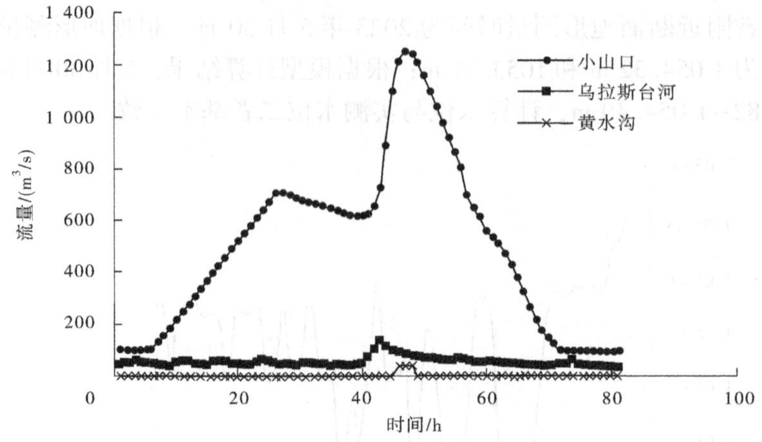

图 10 进口流量过程及支流入汇

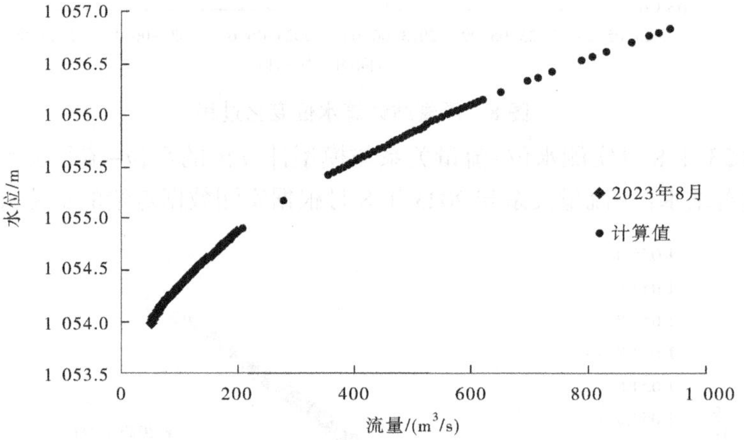

图 11 焉耆站实测水位-流量关系与模型计算出的水位-流量关系对比（大流量）

3.3 模型验证

3.3.1 边界条件

模型计算河段为小山口至宝浪苏木河段，地形采用2023年实测断面资料，选取2023年7月小山口出库来水过程，乌拉斯台河和黄水沟为支流入汇（见图12），考虑开都河第一分水枢纽、第二分水枢纽及翻身渠引水，计算时段为2023年7月27日至8月22日。

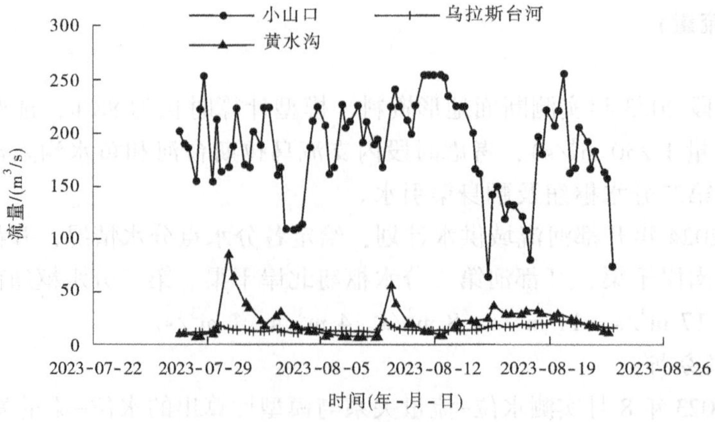

图 12 进口流量过程及支流入汇

（1）进口流量过程及支流入汇。

由于乌拉斯台河无实测洪水过程资料，故乌拉斯台河入汇开都河流量过程通过大山口流量过程间接求取；计算时段内黄水沟最大流量为 87 m^3/s，根据夏尔吾逊分洪闸运用方案，当黄水沟来水小于等于 120 m^3/s 时，分洪闸关闭，来水均由东支溢洪堰下泄，作为生态输水直接进入博斯腾湖，即黄水沟西支没有分水，则黄水沟西支也没有入汇开都河水量。

（2）引水情况。

图 13 为开都河第一分水枢纽、第二分水枢纽及翻身渠的引水情况，第一分水枢纽和第二分水枢纽分别有南北两岸分水，第三分水枢纽有翻身渠向外分水。

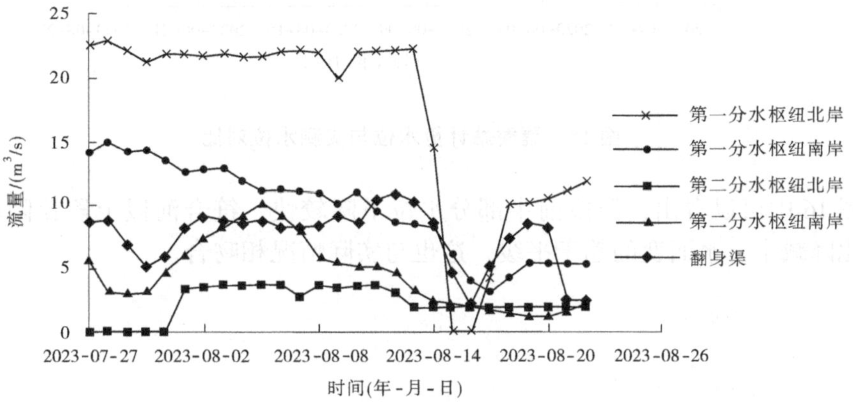

图 13　引水情况

3.3.2　模型验证结果分析

焉耆站计算流量与实测流量、计算水位与实测水位对比见图 14、图 15。从图 14、图 15 中可以看出，焉耆站计算流量、计算水位变化过程均与实测值较为相符，洪水传播时间的计算值与实测值也基本吻合。模型计算稳定后，焉耆站流量最大值为 2023 年 8 月 20 日 12：00 的 191.66 m^3/s，水位最大值为 2023 年 8 月 20 日 12：00 的 1 054.83 m，洪峰从小山口传播至焉耆站传播时间约为 24 h。计算值变化过程中，流量平均偏差为 0~40 m^3/s，水位平均偏差 0~28 cm。

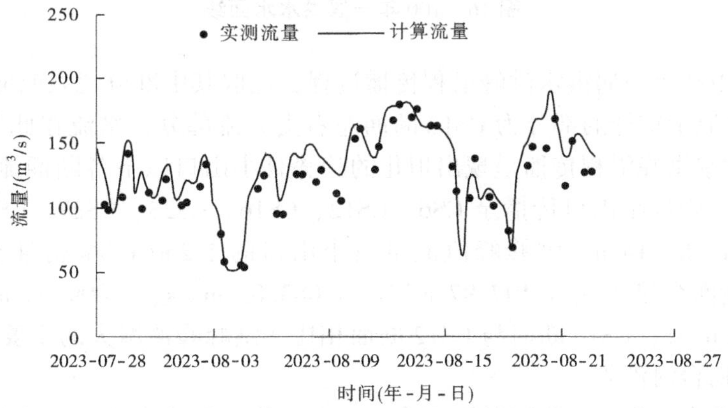

图 14　焉耆站计算流量与实测流量对比

3.4　模型应用

模型选取 100 年一遇设计洪水过程进行了计算，100 年一遇设计洪水最大洪峰流量为 1 250 m^3/s，小山口至宝浪苏木河段沿程水面线变化情况见图 16。图 16 纵坐标为断面水位，横坐标为断面距小山

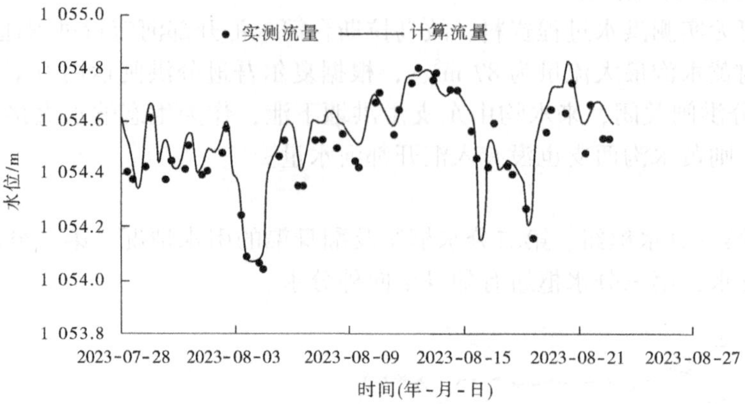

图 15　焉耆站计算水位与实测水位对比

口的距离。从图 16 中可以看出，河段前半部分水位下降较快，符合河段上段比降较大的实际情况，后半部分由于比降减小，水面变的趋于平缓，这也与实际情况相吻合。

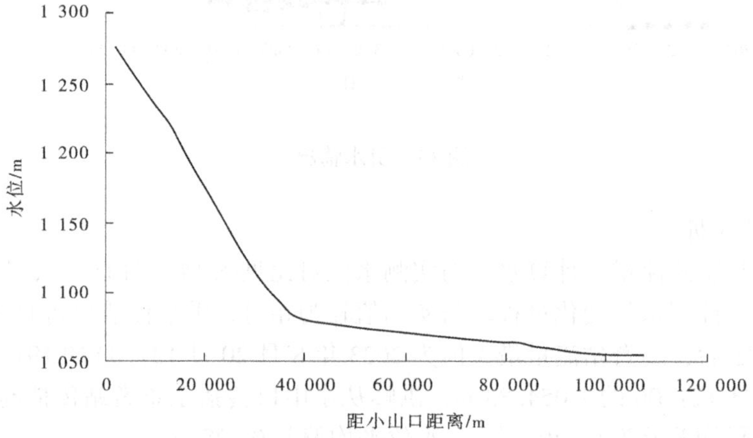

图 16　100 年一遇洪水水面线

利用模型计算了 100 年一遇洪水洪峰沿程传播过程，选取其中部分代表断面展示其洪峰传播过程(见图 17)，其中洪峰流量较低的部分为 CS12 断面左右支分流部分，水流在此范围内分为左右两支。由图 17 可以看出，洪水洪峰沿程传播呈现出坦化的趋势且小山口以下各断面流量变化趋势与小山口来流过程基本一致。洪峰从小山口传播至 CS6、CS12、CS16、CS23、CS27、CS32 断面所需时间为 2 h、4 h、6 h、11 h、13 h、14 h，洪峰峰值流量由小山口的 1 250 m^3/s 传播至 CS6、CS12、CS16、CS23、CS27、CS32 断面分别变为 1 197.97 m^3/s、1 083.03 m^3/s、1 099.94 m^3/s、1 018.66 m^3/s、933.01 m^3/s、882.84 m^3/s；CS16 断面与 CS12 断面相比，洪峰峰值增大的主要原因在于 CS12～CS16 断面之间有支流乌拉斯台河汇入。

针对 100 年一遇洪水选择水面距堤顶距离小于 0.6 m 作为警戒水位，水位处于警戒水位范围内的断面水面距左堤顶和右堤顶的距离随时间的变化情况见图 18、图 19。根据模型计算结果，图 18 中共有 8 个断面水面距左堤顶的距离处于警戒范围内，其中 CS17 断面最高水位已超出左堤堤顶，超出堤顶 1.12 m，持续时间约为 38 h；图 19 中有 7 个断面水面距右堤顶的距离处于警戒范围内，其中 CS16、CS17、CS18 三个断面最高水位已超出右堤堤顶，分别超出堤顶 0.1 m、0.76 m、0.16 m，持续时间约为 7 h、14 h、4 h。

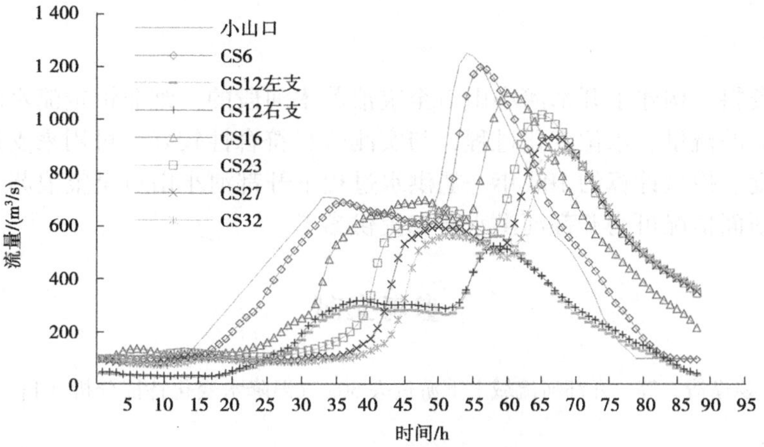

图 17　100 年一遇洪水洪峰传播过程

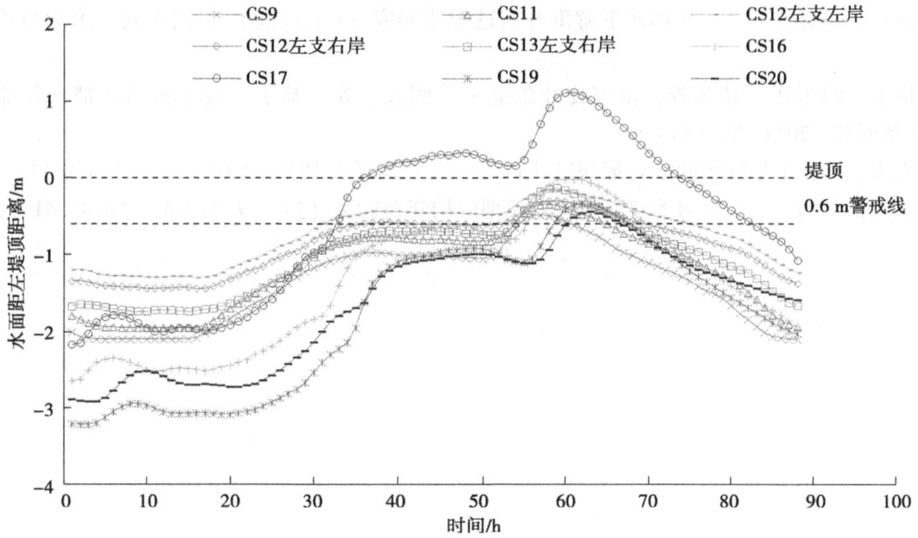

图 18　100 年一遇洪水左堤顶距水面距离

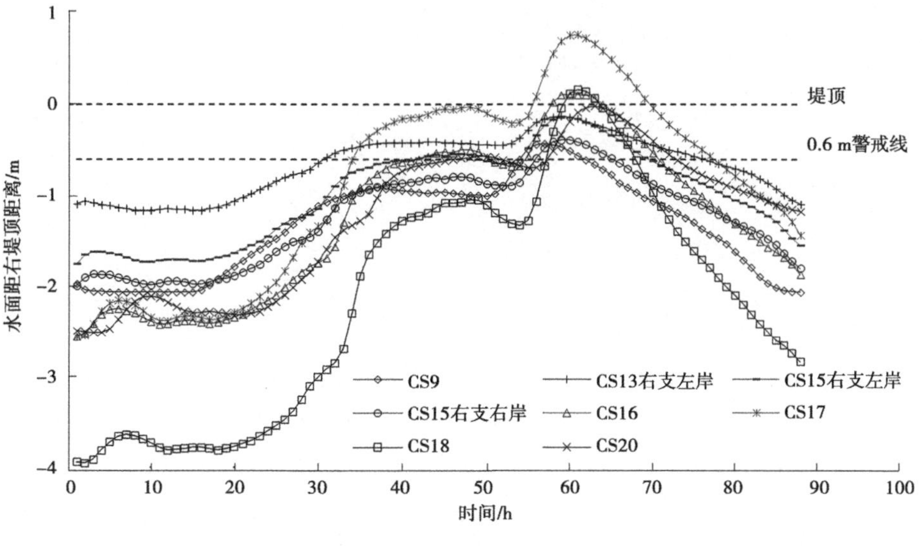

图 19　100 年一遇洪水右堤顶距水面距离

4 结语

根据实测观测资料，构建了开都河小山口至宝浪苏木河段的一维非恒定流水动力学数学模型，模型能较好地模拟断面的流量、水位变化过程，与实测资料符合性较好，可用来支撑开都河小山口至宝浪苏木河段水量调度。模型计算的100年一遇洪水过程下开都河小山口至宝浪苏木河段存在的风险隐患段及可能出险的断面情况可为开都河洪水防御提供参考。

参考文献

[1] 王维霞，王秀君，姜逢清，等．开都河流域上下游过去50a气温降水变化特征分析［J］．干旱区地理，2012，35（5）：8.

[2] 李宇安，谭芫，姜逢清，等．20世纪下半叶开都河与博斯腾湖的水文特征［J］．冰川冻土，2003，25（2）：215-218.

[3] 季小兵，高静宜，李建辉，等．开都河下游洪峰演进规律研究［C］//2023中国水利学术大会论文集（第二分册），2023.

[4] 夏库热·塔依尔，海米提·依米提，麦麦提吐尔逊·艾则孜，等．基于小波分析的开都河径流变化周期研究［J］．水土保持研究，2014，21（1）：6.

[5] 何逢标，刘雪梅．西北干旱区水问题对策探讨［J］．干旱区资源与环境，2007，21（11）：9-12.

[6] 张防修，史玉品，王明，等．黄河下游河道冲淤模型的构建与验证［J］．人民黄河，2019，41（3）：26-30.

极端干旱条件下珠江流域增江咸潮上溯对供水影响风险评估

林中源[1,2]　许　伟[1,2]　刘惠玲[3]　关大玮[3]　邹华志[1,2]

（1. 珠江水利委员会珠江水利科学研究院，广东广州　510611；
2. 水利部珠江河口治理与保护重点实验室，广东广州　510611；
3. 广州市增城区水务建设管理所，广东广州　511300）

摘　要： 本文采用 FVCOM 三维数值模型，对比分析不同水文组合下增江咸潮上溯强度，评估了咸潮对供水的影响风险。研究发现，在珠江流域西北江维持《珠江流域综合规划（2012—2030 年）》提及的最小下泄流量、增江保持月均来水保证率 95%的流量、潮汐动力较强条件下，博罗流量为 137 m^3/s 时增江下游南部水厂含氯度超标时间 15 h/月，博罗径流为 76.7 m^3/s 时南部水厂超标时间为 34 h/月，在各种不利工况下增江受咸潮影响较小。1956—2022 年，仅发生过 9 次月均流量低于或等于 137 m^3/s 的情况，结合规划和调度方案，增江受咸潮影响概率极低。本文可为区域咸潮防控和工程建设必要性提供一定参考。

关键词： 咸潮上溯；FVCOM；增江；风险评估

1　概述

近年来，颠覆传统认知的极端天气事件频繁发生，水旱灾害极端性、反常性、复杂性、不确定性显著增强。2021 年珠江流域东江遭遇 60 年来最严重干旱，2022 年长江流域发生 1961 年以来最严重的气象干旱，2022 年珠江流域西江来水遭遇 1956 年以来历史第二枯。作为流域干旱的衍生灾害，河口咸潮上溯日趋严峻，对区域供水安全造成了极大威胁。

以往珠江河口咸潮问题的关注焦点集中于磨刀门河口[1-5]，东江三角洲咸潮上溯近 15 年来，仅 2009—2010 年枯水期、2021—2022 年枯水期发生咸潮上溯事件，较少有人关注。2021—2022 年枯水期东江三角洲发生有记录以来最严重咸潮上溯后，陆续有学者关注其咸潮上溯问题。杨芳等[6] 研究发现在低径流条件下，东江三角洲咸潮上溯主要影响因素为潮汐与伶仃洋湾顶含氯度，其次为外海海平面波动。林中源等[7] 研究发现特枯水年下，东江三角洲上游控制断面博罗日均流量按大潮期间不低于 280 m^3/s，其他时间不低于 212 m^3/s 管控，可基本保障东江三角洲供水安全。Lin 等[8] 研究发现在干旱条件下，径潮相互作用和水平扩散作用是导致东江三角洲这类分支河口上游区域盐度与潮差同相位变化的主要原因。但以上研究多集中于东江三角洲南支流，对于东江三角洲北干流及位于北干流中上游的增江咸潮上溯问题，尚未见相关研究。

《粤港澳大湾区水安全保障规划》要求，以水资源节约集约利用为前提，以供水水源互联互通和供水工程挖潜提升为基础，打造一体化高质量的供水保障网。为保障区域供水安全，广州东部增城区

基金项目： 广东省水利科技创新项目（2023-01）；水利部重大科技项目（SKS-2022005）。
作者简介： 林中源（1990—），男，工程师，主要从事河口海岸动力方面的研究工作。
通信作者： 邹华志（1979—），男，正高级工程师，主要从事河流河口治理方面的研究工作。

规划形成东江北干流、增江双水源格局。2021—2022 年枯水期东江北干流发生有记录以来最严重咸潮上溯，威胁约 400 万人供水安全，而增江未发生咸潮上溯。立足底线思维，亟需评估增江发生咸潮上溯的风险，从供水保障角度论证建设水利枢纽阻碍咸潮上溯的必要性。基于此，本文在分析历史水文数据的基础上，采用 FVCOM（finite volume coastal ocean model）三维数值模型，对比分析不同水文组合下增江咸潮上溯强度，旨在评估极端干旱条件下珠江流域增江咸潮上溯对供水影响风险，为区域咸潮防控和工程建设必要性提供一定参考。

2 研究区域及数据概况

东江三角洲位于珠江河口东部，伶仃洋上游，包含广州、东莞、深圳等重要城市（见图 1），与西、北江三角洲共同构成珠江三角洲。东江三角洲上游控制断面博罗多年平均流量为 738 m^3/s，下游泗盛围潮动力较珠江河口其他口门而言相对较强，多年平均涨落潮差约为 1.57 m。增江是东江的主要支流之一，位于东江北干流中上游（见图 1），是广州市增城区重要水源地之一，增江河口处南部水厂规划为增城区最大供水水厂，新和水厂为现状条件下供水主力水厂。本文收集了东江博罗站 1956—2022 年和增江麒麟嘴站 1955—2016 年月均流量，各站点位置如图 1 所示，第二水厂、第三水厂、第六水厂为东莞市主力供水水厂。

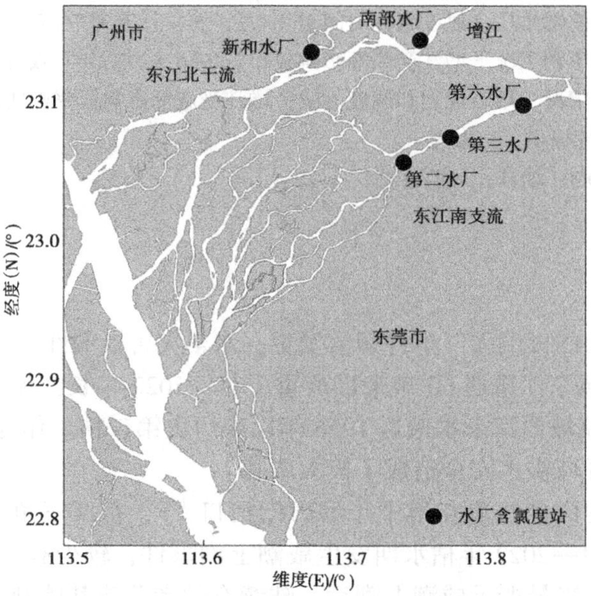

图 1　增江地理位置及各站点分布

3 研究方法

本文构建了基于 FVCOM 的珠江河口大范围高分辨率三维斜压数值模型，模型采用非结构三角网格，可较好地拟合复杂边界，广泛应用于河口海岸动力研究。为正确模拟珠江河口的咸潮上溯，同时考虑到边界条件给定的准确性和方便性，模型计算范围应足够大（见图 2），包括整个珠江三角洲河网区及近岸盐淡水交汇区域，模型上游边界取在西江梧州站、北江石角站、潭江石嘴站、白坭河老鸦岗站、东江博罗站、增江麒麟嘴站，外海边界最远取至约 200 m 等深线附近。本模型网格数约 34 万个，网格由疏到密均匀过渡，垂向采用 σ 坐标划分为等距的 10 层。

模型上游边界给定实测流量过程，外海潮位由全球潮波模型计算得到，包括 M_2、S_2、N_2、K_2、K_1、P_1、O_1 和 Q_1 等 8 个分潮。上游盐度边界设为 0，外海盐度边界设定恒定盐度 34 g/kg。本文已对模型进行较好的率定和验证，见林中源等[7]。

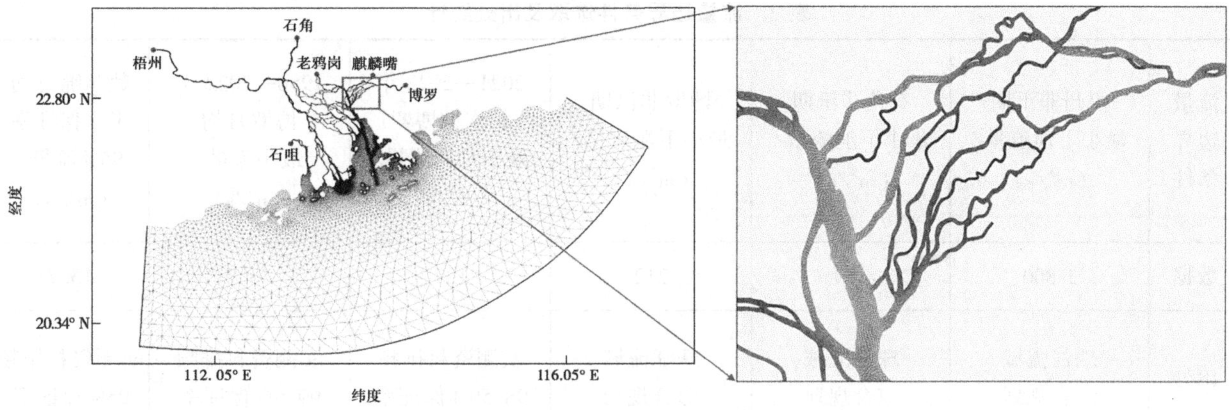

图 2　模型范围及网格示意图

4　结果

4.1　边界条件及工况设置

以往研究表明，增大上游流量为抑制咸潮上溯最有效的手段[1-2]。而对于东江三角洲而言，除流量外，伶仃洋河口湾含氯度和潮差是咸潮上溯的重要影响因素[6]。珠江流域潭江、白坭河和增江流量量级相对较小，因此伶仃洋河口湾含氯度主要受西江、北江、东江共同控制。为评估增江河口咸潮上溯风险，本文重点考虑西江梧州站、北江石角站、东江博罗站、增江麒麟嘴站流量变化，潭江、白坭河流量采用模型验证期流量。

《珠江流域综合规划（2012—2030 年）》提及，梧州、石角和博罗非汛期最小下泄流量分别为 1 800 m^3/s、250 m^3/s、212 m^3/s。为了探寻何种不利工况组合下咸潮会影响到增江供水，本文选取梧州、石角非汛期最小下泄流量 1 800 m^3/s、250 m^3/s 作为西、北江边界流量，博罗非汛期最小下泄流量 212 m^3/s 作为其中一个不利工况。本文采用东江博罗站 1956—2022 年和增江麒麟嘴站 1955—2016 年月均流量，通过排频计算，各站月均来水保证率计算成果如表 1 所示。本文选取月均来水保证率 95%的流量作为麒麟嘴边界流量。另外，通过统计 1956—2022 年博罗月均流量实测数据发现，月均最小流量为 76.7 m^3/s，发生于 1960 年 2 月。而有记录以来咸潮最严重的 2021—2022 年枯水期，月均最小流量为 137 m^3/s，发生于 2021 年 9 月。本文也将此两种博罗月均流量作为不利工况，进行咸潮上溯影响分析计算。由表 1 可知，2021—2022 年枯水期博罗最小月均流量和 1956—2022 年博罗月均最小流量分别对应月均来水保证率 98.59%、99.9%的流量。各流量边界条件选取及出处如表 2 所示。

表 1　东江博罗站和增江麒麟嘴月均来水保证率计算成果

频率/%	90	95	98.59	99	99.9
东江博罗流量/(m^3/s)	269	223	137	128	76.7
增江麒麟嘴流量/(m^3/s)	18.6	13.7	—	6.27	1.05

2021—2022 年枯水期东江三角洲于 2022 年 1 月受咸潮影响最大，东江南支流第二水厂连续 31 d 超标，且东江三角洲咸潮强度与潮差呈正比，即潮差越大咸潮上溯越强[6]。因此，外海潮汐边界选取 2022 年 1 月，在该时间段内，各边界流量保持不变。总体而言，本次所选取各边界条件为极不利条件，共同发生概率较低，各工况设置如表 3 所示。

表 2　流量边界条件选取及出处统计

流量边界条件	梧州非汛期最小下泄流量/(m^3/s)	石角非汛期最小下泄流量/(m^3/s)	博罗非汛期最小下泄流量/(m^3/s)	2021—2022 年枯水期博罗最小月均流量/(m^3/s)	1956—2022 年博罗月均最小流量/(m^3/s)	麒麟嘴月均来水保证率 95%流量/(m^3/s)
数据	1 800	250	212	137	76.7	13.7
出处	珠江流域综合规划	珠江流域综合规划	珠江流域综合规划	实测资料排频 98.59%保证率	实测资料排频 99.9%保证率	实测资料排频 95%保证率

表 3　工况设置

序号	梧州流量/(m^3/s)	石角流量/(m^3/s)	麒麟嘴流量/(m^3/s)	博罗流量/(m^3/s)	潮汐条件
工况一	1 800	250	13.7	212	2022 年 1 月
工况二	1 800	250	13.7	137	2022 年 1 月
工况三	1 800	250	13.7	76.7	2022 年 1 月

4.2　工况计算结果分析与对比

因水厂取水口位于水体表层，本文只统计东江三角洲表层最大咸界位置及站点超标时间，其中超标时间为在 1 个月的统计时间段内含氯度超过 250 mg/L 的小时数。各工况条件下最大咸界如图 3 所示，各工况条件下新和水厂、南部水厂含氯度变化如图 4 所示，各工况条件下统计结果如表 4 所示。

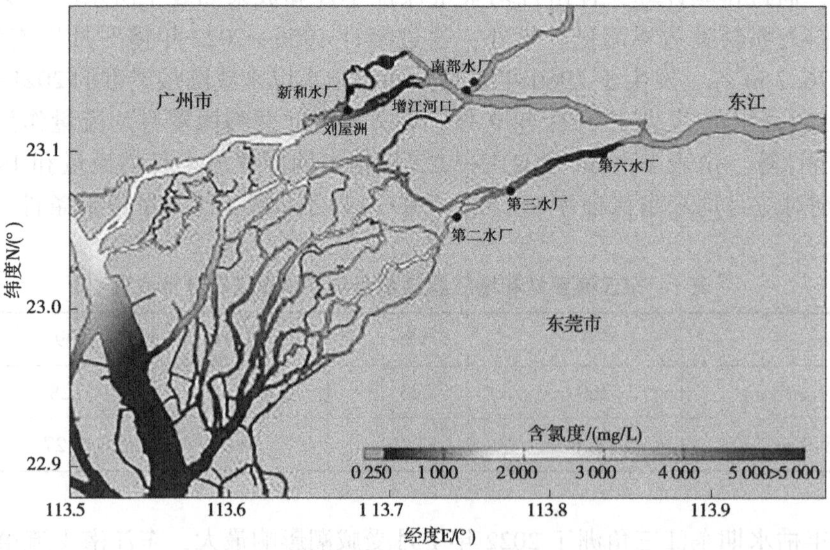

(a) 工况一

图 3　最大咸界

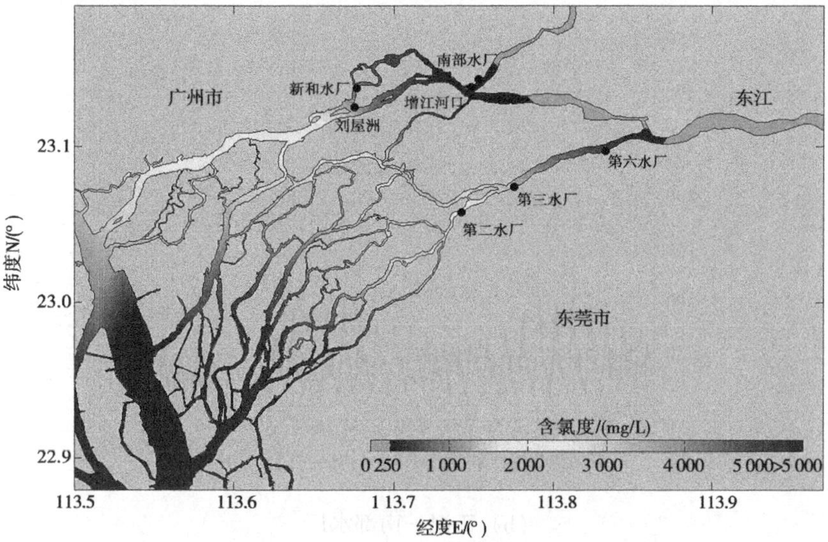

(b) 工况二

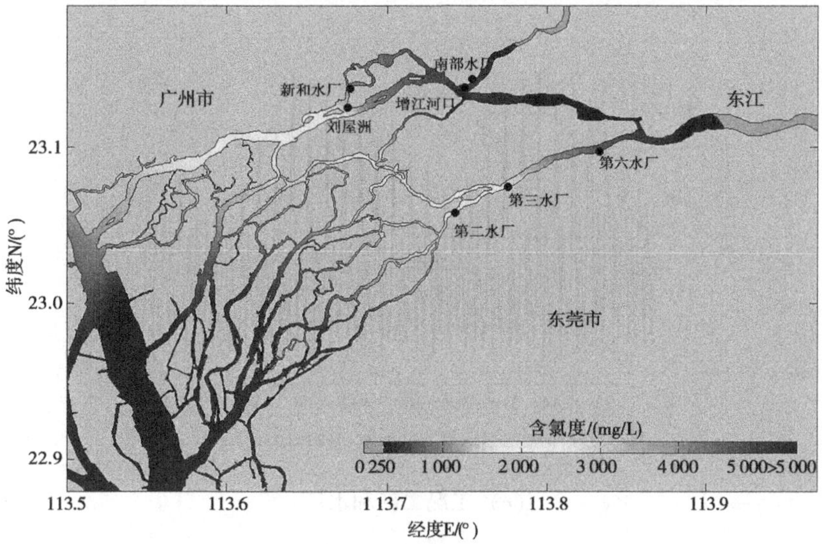

(c) 工况三

续图 3

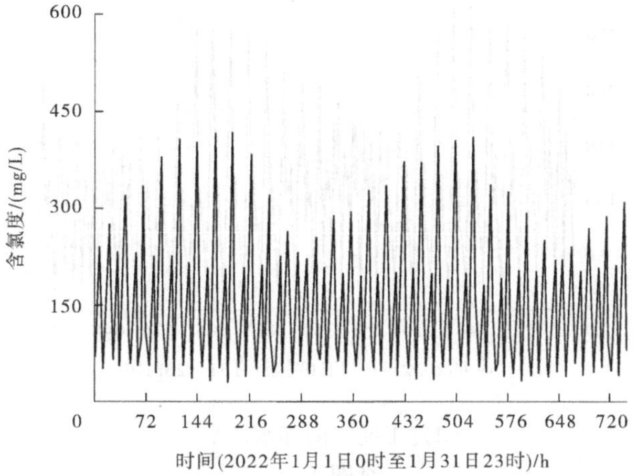

(a) 工况一新和水厂

图 4 各工况下新和水厂、南部水厂含氯度时间序列

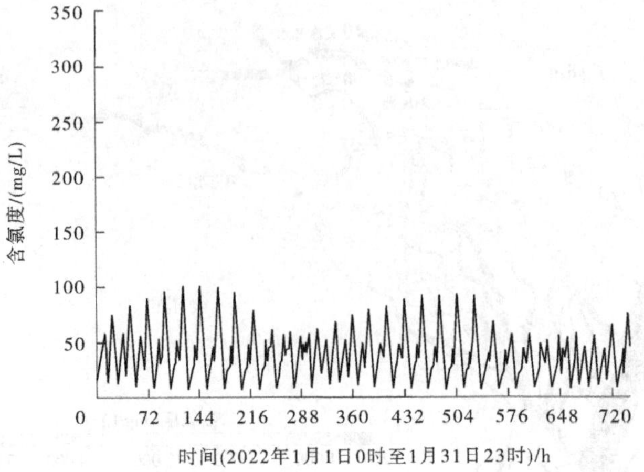

(b) 工况一南部水厂

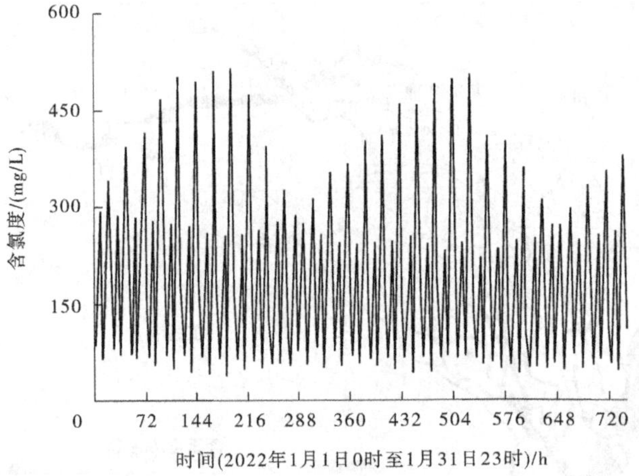

(c) 工况二新和水厂

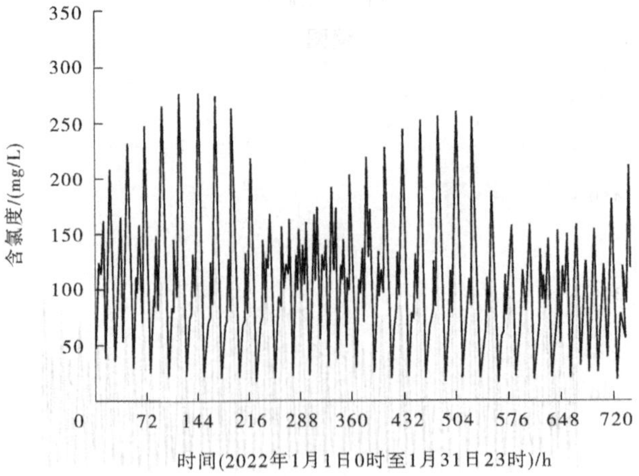

(d) 工况二南部水厂

续图 4

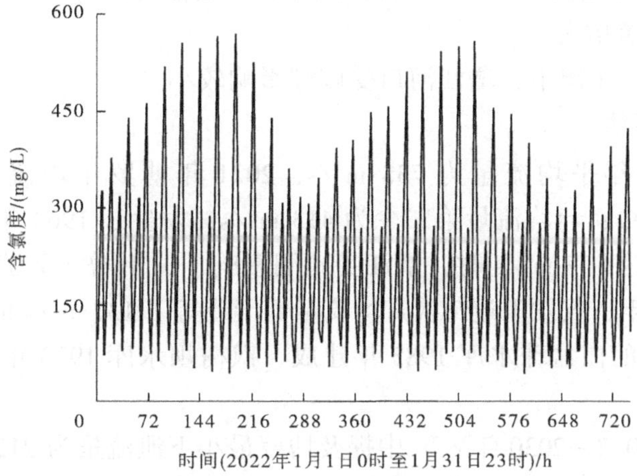

(e) 工况三新和水厂

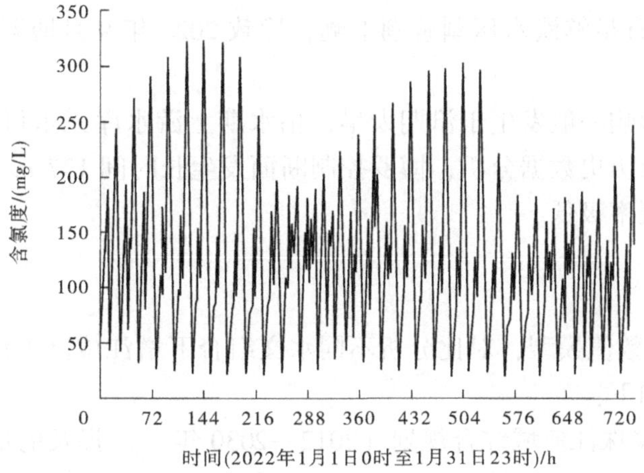

(f) 工况三南部水厂

续图 4

表 4　各工况条件下计算结果统计

序号	南支流咸界/km	北干流咸界/km	增江咸界/km	新和水厂超标时间/h	南部水厂超标时间/h
工况一	40.2	26.1	0.0	72	0
工况二	45.0	30.8	1.7	132	15
工况三	47.8	39.6	4.2	181	34

(1) 工况一条件下，东江南支流最大咸界已超过第六水厂，距河口约 40.2 km，东江北干流最大咸界逼近增江河口，距河口约 26.1 km；在东江博罗流量为 212 m^3/s 时，南部水厂不受咸潮影响，新和水厂超标时间为 72 h/月。

(2) 工况二条件下，东江南支流最大咸界已远超第六水厂，距河口约 45.0 km，东江北干流最大咸界已超过增江河口，增江咸界已超过南部水厂，距增江河口位置约 1.7 km；在东江博罗流量为 137 m^3/s 时，南部水厂已受咸潮影响，超标时间为 15 h/月，新和水厂超标时间为 132 h/月。

(3) 工况三条件下，东江咸界已超过南支流与北干流分叉处，增江咸界已远超南部水厂，距增江河口位置约 4. 2 km；博罗径流为 76. 7 m^3/s 时，南部水厂超标时间为 34 h/月，新和水厂超标时间增至 181 h/月，咸潮影响显著增大。

综上所述，在各种最不利工况下，增江河口受咸潮影响较小。

4. 3 增江受咸潮影响风险评估

1956—2022 年，博罗多年平均流量为 738 m^3/s，2021 年博罗年均流量历史最低，仅为 262 m^3/s，较多年平均偏少 64. 5%；年均流量第二少为 413 m^3/s，发生于 1963 年，较 2021 年大 57. 6%。上文分析，当博罗月均流量为 137 m^3/s 时，增江受咸潮影响，位于增江下游的南部水厂超标时间仅为 15 h/月。而 1956—2022 年，仅发生过 9 次月均流量低于或等于 137 m^3/s 的情况，其中 8 次发生在 1968 年前，东江三大水库中的白盆珠水库 1985 年建成、枫树坝水库 1973 年下闸蓄水后，仅在 2021 年 9 月出现 1 次。

《珠江流域综合规划（2012—2030 年）》中提及博罗最小下泄流量为 212 m^3/s；《广东省东江流域水资源分配方案（2008 年）》中提及博罗最小下泄流量为 320 m^3/s；《2022—2023 年枯水期东江调度方案》中提及博罗最小下泄流量为 320 m^3/s，按允许破坏深度不超过 20%管控，即不低于 256 m^3/s。2021 年 9 月中旬，东江三大水库可利用蓄水量 11. 76 亿 m^3，较同期多年平均偏少约八成，为保障 2021—2022 年枯水期有足够淡水压制咸潮上溯，导致 2021 年 9 月博罗月均流量出现 1968 年以来最低值。

河口区域供水受咸潮影响一般发生于汛期大旱，枯水期上游水库无水可放，且枯水期流量极低。根据以上规划、调度方案及历史数据分析，博罗控制断面发生长时间 137 m^3/s 流量以下可能性不大，因此增江河口受咸潮影响概率极低。

5 结论

本文采用 FVCOM 三维数值模型，对比分析不同水文组合下增江咸潮上溯强度，评估了增江咸潮上溯影响风险，得出结论如下：

（1）在西、北江维持《珠江流域综合规划（2012—2030 年）》提及的最小下泄流量、增江上游麒麟嘴维持月均来水保证率 95%的流量、潮汐动力较强条件下，博罗流量为 137 m^3/s 以下时，咸潮会影响到增江河口。博罗流量为 137 m^3/s 时，增江下游南部水厂超标时间 15 h/月；博罗径流为 76. 7 m^3/s 时，增江下游南部水厂超标时间为 34 h/月，总体而言受咸潮影响较小。

（2）1956—2022 年，仅发生过 9 次月均流量低于或等于 137 m^3/s 的情况，其中 8 次发生在 1968 年前，东江三大水库中的白盆珠水库 1985 年建成、枫树坝水库 1973 年下闸蓄水后，仅在 2021 年 9 月出现 1 次。

（3）根据规划、调度方案及历史数据分析，博罗控制断面发生长时间 137 m^3/s 流量以下可能性不大，因此增江河口受咸潮影响概率极低。

参考文献

[1] Lin Z, Zhang H, LIN H, et al. Intraseasonal and interannual variabilities of saltwater intrusion during dryseasons and the associated driving forcings in a partially mixed estuary [J]. Continental Shelf Research, 2019, 174: 95-107.

[2] Gong W, Lin Z, Zhang H, et al. The response of salt intrusion to changes in river discharge, tidal range, and winds, based on wavelet analysis in theModaomen estuary, China [J]. Ocean and Coastal Management, 2022, 219: 106060.

[3] 林中源，黄鹏飞，吕超寅，等. 珠江河口磨刀门水道枯季咸潮预报模型研究 [J]. 中国防汛抗旱，2023，33 (6)：20-24.

[4] 黄春华，林中源，邹华志，等. 磨刀门枯季咸潮上溯归因分析与响应规律研究 [J]. 人民珠江，2023，44 (9)：

33-39，50.
［5］林中源，胡晓张，邹华志，等．磨刀门咸潮上溯对河口拦门沙地形变化的响应研究［J/OL］．水资源保护，2024.
［6］杨芳，林中源，邹华志，等．极端干旱下珠江口东江三角洲咸潮上溯响应规律研究［J］．海洋通报，2023，42（5）：496-507.
［7］林中源，唐琦，王凤恩，等．特枯水年珠江流域东江三角洲压咸调度预演与策略［J］．人民珠江，2024，45（7）：58-66.
［8］Lin Zhongyuan，Zhang Guang，Zou Huazhi，et al. Salt intrusion dynamics in a well-mixed sub-estuary connected to a partially to well-mixed main estuary［J］. Ocean Science，2024，20（1）：181-199.

新形势下深圳河清淤策略研究

邹显勇　康远泰　高时友

（珠江水利委员会珠江水利科学研究院，广东广州　510611）

摘　要：河道淤积是影响滨河城市防洪安全的重要因素，开展清淤策略研究，确定合理的清淤范围、高程等对城市建设与水资源管理至关重要。本文采用数值模拟技术，从防洪、回淤量与回淤周期等方面开展新形势下的深圳河清淤策略研究，结果表明：全河段清淤能够有效降低河道水位，但回淤量较大，深圳河不适合大规模清淤，而采取重点河段清淤的措施，提出 3+300~8+000 段为清淤的重点河段。河道淤积抬升引起边滩植物范围扩大是影响防洪的另一因素，因此提出高滩清障与主槽疏浚清淤的综合清淤策略。

关键词：深圳河；清淤策略；数值模拟

1　引言

河道淤积是水流泥沙相互作用的长期演变结果，淤积导致河道水质降低、过水面积减小、行洪能力减弱，因此河道淤积是影响濒河城市水安全的重要因素[1]。针对防淤减淤治理，众多学者从水利工程[2]、清淤技术[1,3] 和调度管理[4] 等方面开展研究，积累了大量方法与理论。然而，河流越来越多地受到人类活动的影响[5]，面对复杂多变的水沙环境，清淤作为最直接有效的方式仍是河道治理的重要手段[6-7]，清淤工程一般工程量大、投资费用高，且作为人类活动下的外界扰动存在明显的回淤特征。鉴于此，开展清淤策略研究，确定合理的清淤范围、高程对清淤工程至关重要[8-9]，对城市建设与水资源管理都有着至关重要的意义[10]。

深圳河是深圳与香港特别行政区的界河，自 1985 年以来，深港政府联合开展深圳河治理工程，在双方的共同努力和有效协调下，深圳河治理工程创造了界河治理的成功模式，2009 年提出一、二期清淤策略（原清淤策略），有效保障了深圳河两岸防洪安全。然而，治理后的河道快速回淤是制约深圳河防洪能力提升的主要因素，也是众多学者关注的重点。冯志勇等[11] 基于实测水沙资料与二维水沙数学模型研究不同清淤方案实施后防洪能力与回淤特性，并探讨了泥沙回淤机制与来源[12]，涨潮[13] 研究表明潮水顶托是深圳河淤积的主要因素而治理后干流的泥沙淤积率逐渐减少。近年来，粤港澳大湾区、社会主义先行示范区碧道建设对深圳河治理提出了新的要求，深圳河防洪潮安全也面临新的形势。2006 年、2017 年治理深圳河第三、四期工程相继完工，原清淤策略范围无法覆盖三、四期工程河段，因此有必要开展新形势下深圳河清淤策略研究。

2　原清淤策略与新形势下的不足

2.1　原清淤策略

为分析深圳河淤积成因，维护河道泄洪排涝畅通，保障两岸防洪安全，2004 年启动了深圳河河口改善及泥沙淤积规律研究，2009 年提出了第一、二期河段清淤策略（原清淤策略），迄今为止该策略作为深圳河管理部门的重要依据，有效保障了深圳河两岸防洪安全。原清淤策略如下：“根据定期

作者简介：邹显勇（1981—），男，高级工程师，主要从事数字孪生流域、河湖健康管理等方面的研究工作。

通信作者：高时友（1978—），男，正高级工程师，主要从事河口水流-泥沙数值模拟和河道防洪研究方面的工作。

地形测量成果，当第一、二期工程范围河道淤积量超过现状淤积量（300万 m^3）一定比例（约10%）时，清淤应启动，并清淤至现状淤积情况（指2004年汛后的淤积情况，即第一、二期工程段淤泥量为293.6万 m^3），而且当局部河段（布吉河口下游7+500~8+500 m段、二期上段6+200~7+700以及落马洲桥梁段3+200~4+200）淤积增加20%时，应启动该局部河段的清淤。”可见原清淤策略的清淤启动水平根据第一、二期工程段淤泥量和三个局部河段淤泥量制定。

根据第一、二期工程段淤泥量监测结果（见图1），2006—2007年第一、二期工程段疏浚后，2008年3月（汛前）淤泥量为258.2万 m^3；疏浚后逐年回淤，淤泥量2009年11月（汛后）达到293.8万 m^3，超过2004年汛后淤泥量；2012年3月达到339.3万 m^3，超过了第一、二期工程段清淤启动水平330万 m^3，但2012年、2013年汛期出现冲刷，淤泥量降低至319.0万 m^3；此后，在深圳河淤积处于相对平衡阶段，淤泥量在枯季增大，洪季减小，淤泥量稳定在330万 m^3 以上，处于330.1万~347.5万 m^3。

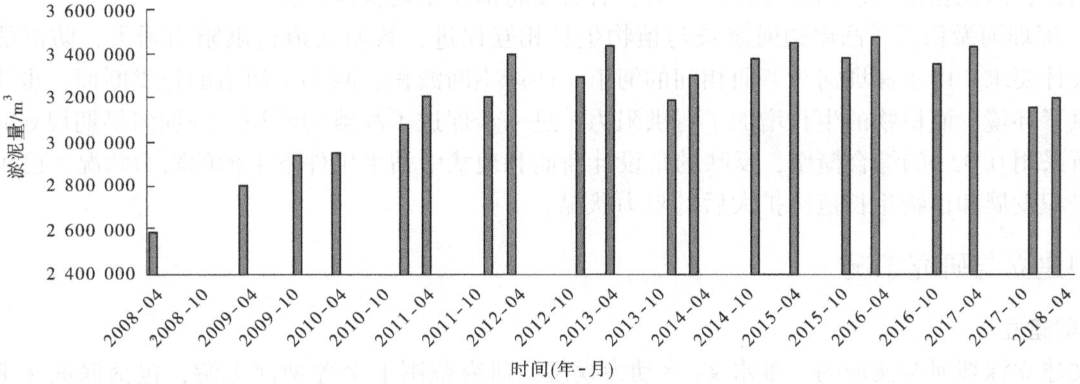

图1　第一、二期工程段淤泥量

针对关键河段，2004年汛后布吉河口下游段（7+500~8+500）淤泥量为26.9万 m^3，二期上段（6+200~7+700）淤泥量为41.9万 m^3，落马洲桥梁段（3+200~4+200）淤泥量为34.5万 m^3。与2004年汛后的淤泥量相比，三个局部河段淤泥量变化幅度见图2。布吉河口下游段（7+500~8+500）、二期上段（6+200~7+700）在深圳河淤积处于相对平衡阶段出现小幅淤积，淤泥量较2004年汛后增大幅度小于10%，不超过清淤启动水平；落马洲桥梁段（3+200~4+200）淤泥量于2015年4月（汛前）超过2004年汛后淤泥量的幅度达到22%，此后一直处于19%~21%。

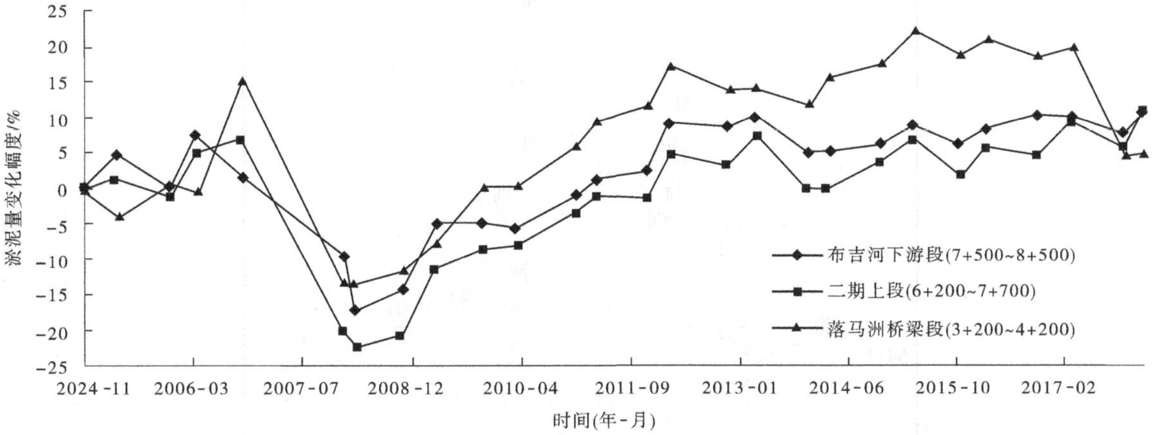

图2　重点河段淤泥量较2014年汛后淤泥量变化幅度

综合第一、二期工程段淤泥量和三个局部河段淤泥量的变化幅度，第一、二期工程段和落马洲桥梁段（3+200~4+200）淤泥量于2015年前后达到了原清淤策略制定的启动水平，因此2017年在排放口清淤工程中开展了重点河段（3+200~4+200）清淤，2018 年在以水质提升为目标的清淤工程中开展了上步立交至梧桐河口段（6+900~9+400）清淤，清淤量分别为 15.6 万 m^3、49.76 万 m^3。

2.2 新形势下原有清淤策略不足

（1）原清淤策略制定时的水文和地形条件均发生了显著改变，有必要采用新的水文地形条件复核原清淤策略。原清淤策略研究中防洪能力计算时第三期工程段采用设计断面，目前第三期工程段较设计断面出现大幅度淤积；同时，近年来海平面上升、风暴潮和特大暴雨使得深圳河面临日趋严峻的防洪防潮形势，加上上游水土流失状况改善，上游来沙减少，使得深圳河水文和地形条件均发生了较为显著的改变。

（2）深圳河治理河段已扩大至三、四期工程，有必要将清淤范围拓宽至第三、四期治理工程，制定新的清淤策略。原清淤策略主要针对深圳河第一期及第二期工程河段，鉴于治理深圳河前三期工程已完工投运多年，第四期工程已于 2017 年 7 月全部完工，尤其是第三期工程完工后该工程段出现了快速回淤，因此在第三、四期工程完工后，有必要将清淤策略范围扩大。

（3）深圳河淤积后，凸岸边滩淤长与植物生长相互促进，致使河道行洪阻力增大，防洪能力已达不到设计要求。由于深圳河为弯曲相间的河道，凸岸不断淤积，减小了河道的行洪断面，也为植物生长提供了环境，而植物的生长增加了行洪阻力，进一步促进了浅滩的淤积。深圳河早期规划时水面线计算所采用 0.023 的综合糙率，反映的是设计断面和现状中枯水条件下主槽的阻力状况，已不能反映边滩淤积发展和植物生长范围扩大后的阻力状况。

3 模型建立与研究工况

3.1 模型建立

本文建立深圳河全流域的一维水文/水动力模型，研究范围上至莲塘河上游，包括深圳深港两侧主要支流、深圳河第四期工程蓄滞洪区等，下至深圳河口（见图 3）。通过计算出不同清淤程度、不同部位清淤后的沿程水位，开展不同清淤方案对降低河道沿程水位、提高防洪能力的效益分析。考虑到深圳河设计防洪标准为 50 年一遇且深圳河现状防洪能力已达到 20 年一遇，按照防洪能力研究中香港渠务署《雨水排放系统手册》（2018 年 1 月）中的洪潮组合，计算了 50 年一遇洪水条件。

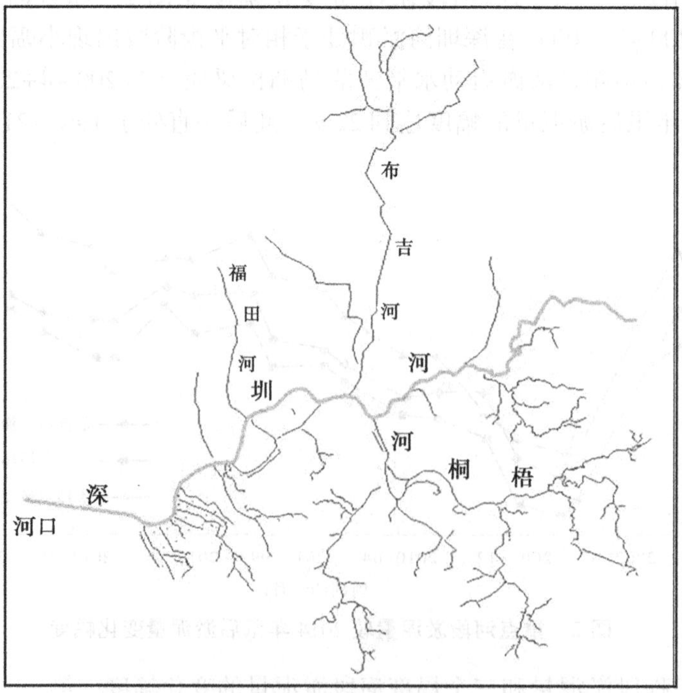

图 3　一维水文/水动力模型研究范围

3.2　研究工况

研究考虑了两大类计算方案：全河段清淤和局部河段清淤。清淤范围包含整个一、二、三期河段。

（1）全河段清淤方案，分别研究了清淤 20%、40%、60%、80%、100%的情况。为反映不同清淤程度的效果，在研究过程中仅修改水动力学模型中的断面，而保持其他条件和参数不变。对于某一断面，首先将相同起点距下 2016 年汛前河床高程与竣工断面高程相减，得到淤积厚度 ΔH，清淤 $P\%$ 后的河底高程等于竣工断面高程加上 ΔH（$1-P\%$）。

（2）局部河段清淤，考虑不同部位清淤 50 万 m^3 的方案，清淤部位依次为 0+000~1+900、1+900~3+800、3+800~6+000、6+000~8+500、6+900~9+500、9+500~13+465、1+500~5+000、5+000~9+500、3+300~8+000、9+500~13+465（21 万 m^3）。

4　结果分析

4.1　水面线分析

4.1.1　全河段清淤水面线分析

图 4 为不同清淤程度下 50 年一遇计算水面线，不清淤的情况下，在 50 年一遇洪水最高水位基本不超过防洪墙。与香港侧防洪墙以下 0.3 m 对比，除局部河段，3+800~9+600 河段防洪能力基本达到 50 年一遇，9+600 以上河段防洪能力达到 20 年一遇。随着清淤程度增大，深圳河的防洪能力逐渐提高。

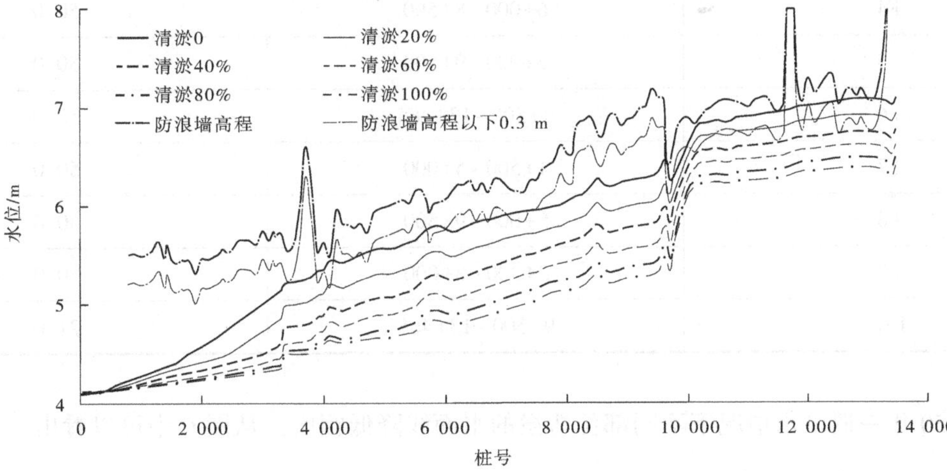

图 4　不同清淤程度下深圳河干流计算水面线

图 5 为不同清淤程度下水面线降低值。从图 5 中可以看出：

（1）0+000~1+100 河段水面线降低幅度较小，其原因在于下游河段高水位主要由下游设计高潮位控制。

（2）1+100 以上河段清淤程度越大，水面线降低的幅度越大。

4.1.2　不同部位清淤对水面线分析

当在不同部位清淤时，同样清淤量下的水面线降低幅度可能不同。计算中考虑了沿深圳河河口从下游向上游不同部位清淤约 50 万 m^3 的 9 种情况和一种第三期河段清淤 21 万 m^3 情况，共 10 种清淤方案，如表 1 所示。

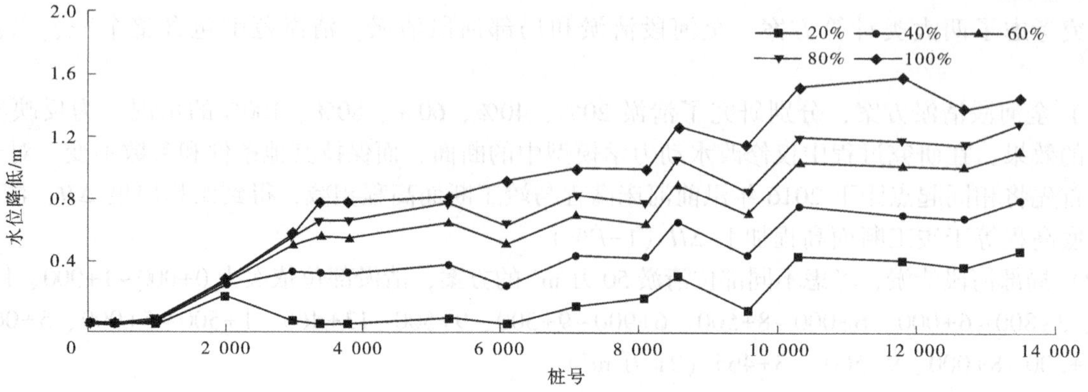

图 5　不同清淤程度下深圳河干流水位降低值

表 1　不同部位清淤的 10 个方案

方案编号	清淤部位	清淤量/万 m^3
F1	0+000~1+900	50. 0
F2	1+900~3+800	50. 0
F3	3+800~6+000	50. 0
F4	6+000~8+500	50. 0
F5	6+900~9+500	50. 0
F6	9+500~13+465	50. 0
F7	1+500~5+000	50. 0
F8	5+000~9+500	50. 0
F9	3+300~8+000	50. 0
F10	9+500~13+465	21. 0

图 6 为 50 年一遇洪水情况下不同部位清淤的水面线降低幅度。从图 6 中可以看出：

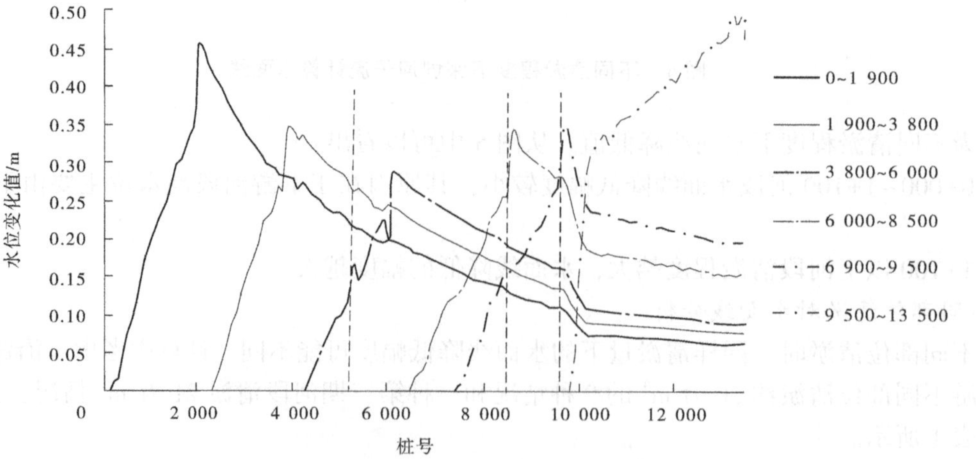

(a) 局部河段集中清淤后沿程水位变化

图 6　50 年一遇洪水情况下不同部位清淤的水面线降低幅度

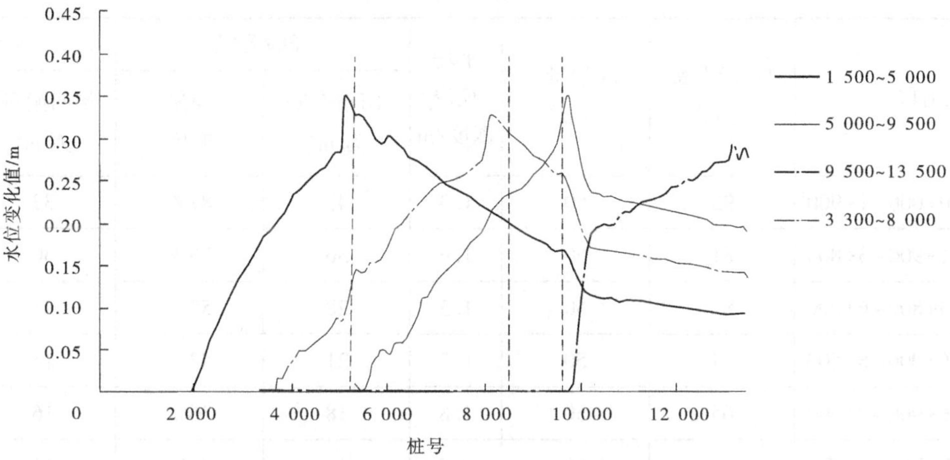

（b）不同清淤部位下沿程水位变化

续图 6

（1）当局部清淤时，水面线降低的范围在清淤部位及其上游，并一直影响到深圳河治理第三期工程河段。

（2）在基本相等的清淤量下，下游河段清淤降低水面线的幅度相对较大，水位降低的范围相对较广。

（3）由于深圳河干流防洪能力较为薄弱的河段位于在福田河口—布吉河口段，因此 3+800~6+000、3+300~8+000 清淤对于缓解中上段防洪能力不足的状况最为有效。

4.2 回淤分析

4.2.1 全河段不同清淤程度的回淤分析

回淤是判别清淤效果的关键，决定了清淤策略的优劣。全河段不同清淤程度下回淤规律的计算考虑了深圳河第一、二期工程范围清淤 20%、40%、60%、80%、100%的情况，并进行了现状地形条件下的冲淤计算，各不同清淤程度下一年的回淤结果见表 2。从表 2 中可以看出：

表 2　不同清淤程度下一年回淤计算结果

方案	河道淤泥量/万 m^3	疏浚量/万 m^3	平均疏浚深度/m	经验公式		数学模型	
				回淤量/万 m^3	回淤幅度	回淤量/万 m^3	回淤幅度
20%	408	82	0.5	25	30%	30	43%
40%	408	163	0.9	33	20%	43	31%
60%	408	245	1.4	36	15%	55	26%
80%	408	326	1.9	38	12%	—	—
100%	408	408	2.4	39	9%	—	—

（1）全河段清淤程度越大，回淤量越大，但回淤幅度越小。

（2）当清淤程度在 60%~100%时，年回淤量随着清淤量的增加而略有增加，而清淤程度低于 60%时，随着清淤量的增加，回淤量明显增加。

4.2.2 不同部位清淤的回淤分析

表 3 为不同部位清淤后河段的回淤情况。表 3 中列出了较短河段较大深度清淤（清淤深度 1.3~1.9 m）和较长河段较小深度清淤（清淤深度 0.8~1.0 m）的回淤状况，可以看出：

表 3　不同部位清淤方案一年回淤计算结果

清淤河段		河道淤泥量/万 m^3	疏浚量/万 m^3	平均疏浚深度/m	经验公式		数学模型	
					年回淤量/万 m^3	回淤幅度	年回淤量/万 m^3	回淤幅度
较短河段较大深度清淤	0+000~1+900	93	50	1.3	43	87%	32	64%
	1+900~3+800	81	50	1.6	36	73%	30	60%
	3+800~6+000	82	50	1.5	28	57%	25	49%
	6+000~8+500	74	50	1.7	21	43%	16	31%
	6+900~9+500	65	50	1.8	18	36%	16	32%
	9+500~13+500	60	50	1.9	16	31%	11	22%
较长河段较小深度清淤	1+500~5+000	146	44	1.0	33	75%	30	60%
	5+000~9+500	128	48	1.0	18	38%	19	38%
	9+500~13+500	60	26	1.0	11	42%	8	30%
	3+300~8+000	162	46	0.8	21	46%	24	48%

（1）下游清淤的回淤量一般大于上游河段清淤。

（2）由于深圳河淤积的泥沙主要来自口外，深圳河治理一、二期工程范围均受潮汐影响，因此在局部河段清淤时，在布吉河口（8+560）以下河段回淤量的差别不大。

基于全河段清淤和局部河段清淤方案的回淤计算结果可知：

（1）全河段清淤的回淤幅度较小，但回淤量较大。清淤后的泥沙来源包括上游径流输沙、口外潮流输沙和河道内淤泥二次搬运，全河段清淤减少了河道内淤泥的二次搬运来源，但口外的来沙增大，导致清淤幅度越大，回淤量越大。

（2）河口段清淤的回淤速度快于上游段。由于鹿丹村以下尤其是福田河口以下河段易受口外泥沙来源的影响，其泥沙来源较上游更加丰富，回淤更为快速。

（3）从减小回淤的角度，清淤河段应选择中上游河段；相同清淤量时，则应选择较大范围、较小清淤深度的清淤方案。

4.3　新形势下清淤策略

基于上述研究，深圳河清淤方案呈现不同的防洪效益与回淤效果，从防洪角度来看，全河段清淤水面降低值越大，深圳河防洪关键段位于 9+600 以上河段（见图 4），全河段清淤尽管能够保持上游段的防洪，但造成下游段防洪能力过剩，而且回淤计算表明方案的回淤量大。清淤策略是在防洪效益与清淤代价（清淤费用、回淤情况）之间找到一个综合效益的平衡点，从回淤情况，深圳河不适合大规模清淤，以实现河道初步达到冲淤平衡为目的。因此，采取重点河段进行清淤的措施，由于鹿丹村上游附近的布吉河口至罗湖口岸段是深圳河主要支流汇合的河段，加上后方为老城区，地势较为低洼，防洪压力较大，综合考虑清淤方案实施后的水面线降低效果和回淤幅度两方面的因素，以 3+300~8+000 段（表）作为清淤的重点河段，即第一、二期工程段（3+300~8+000）清淤量为 50 万 m^3，第三期工程段（9+400~12+800）清淤量为 20 万 m^3。

阻碍深圳河防洪能力提升的另一个主要原因是河道淤积抬升及边滩植物范围扩大。与设计断面比较，2016 年深圳河沿程断面平均高程抬高了近 3 m，同时植物生长侵占河道，局部河段植物宽度达到了河宽的 50%。因此，针对河床淤积抬高和植物范围向河扩展，制定了新的清淤策略，由两部分组成：一是以降低河道糙率为目的的高滩清障清淤策略，二是以扩大河道过流断面为目的主槽疏浚清淤策略。

除清淤范围和清淤量外，启动水平决定了清淤周期，深圳河疏浚后回淤可分为两个阶段：快速回淤阶段和冲淤动态平衡阶段。快速回淤阶段河道冲淤动态平衡被打破，淤积增多，初期淤积速度快，达到冲淤平衡后，河道淤积趋势则显著放缓，整体上呈对数趋势（见图7）。

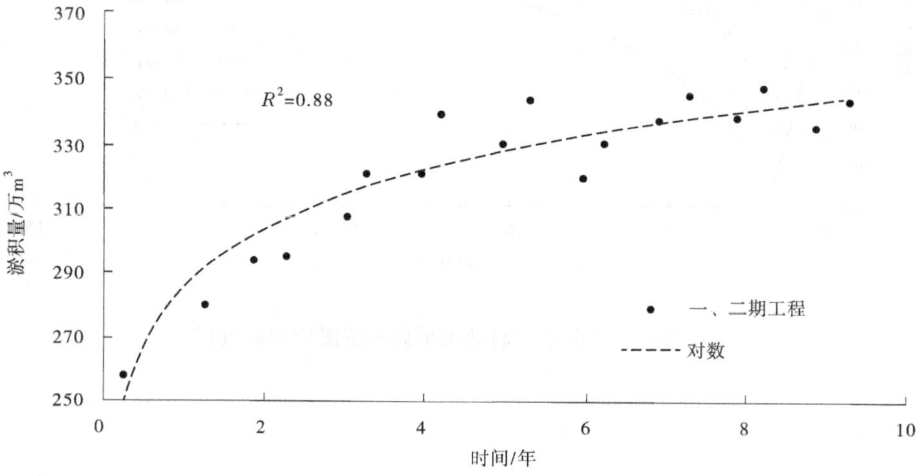

（a）2008—2018年第一、二期工程段淤积量变化趋势

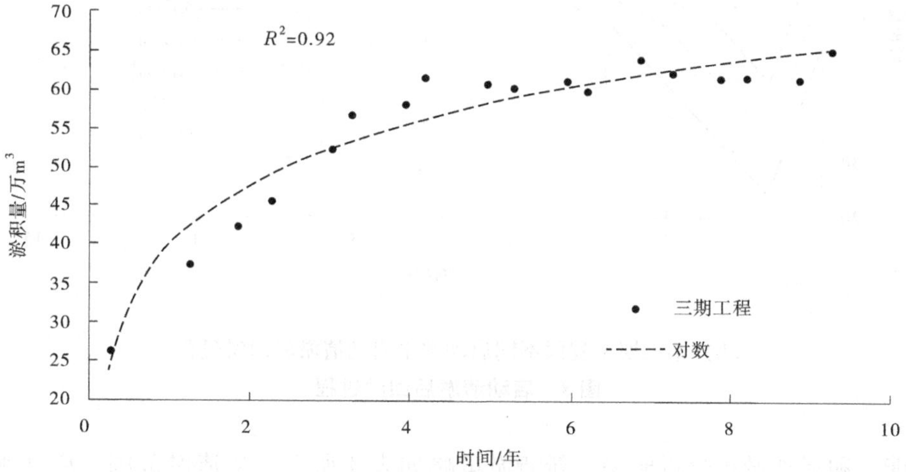

（b）2008—2018年第三期工程段淤积量变化趋势

图7　淤积量变化趋势

根据快速回淤阶段和冲淤平衡阶段的淤积变化特征，计算得到不同淤积量启动水平时在3+300~8+000段清淤50万m^3（330万m^3、340万m^3、350万m^3、360万m^3、370万m^3）、9+500~13+465清淤25万m^3（50万m^3、60万m^3、70万m^3、80万m^3）后的淤泥量变化过程（见图8），清淤启动水平330万m^3、340万m^3、350万m^3、360万m^3、370万m^3对应的清淤周期分别为5年、7年、9年、11年、14年；清淤启动水平50万m^3、60万m^3、70万m^3、80万m^3对应的清淤周期分别为3年、4年、10年、17年。

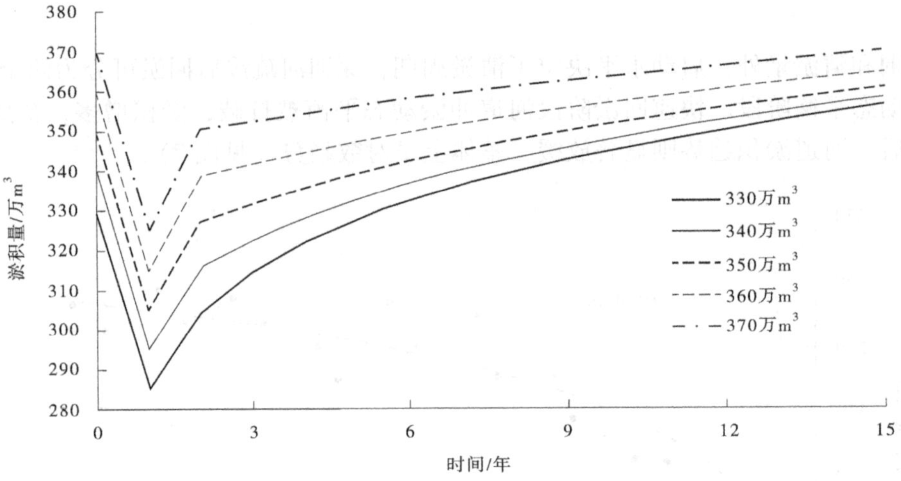

（a）第一、二期不同启动水平启动清淤后回淤过程

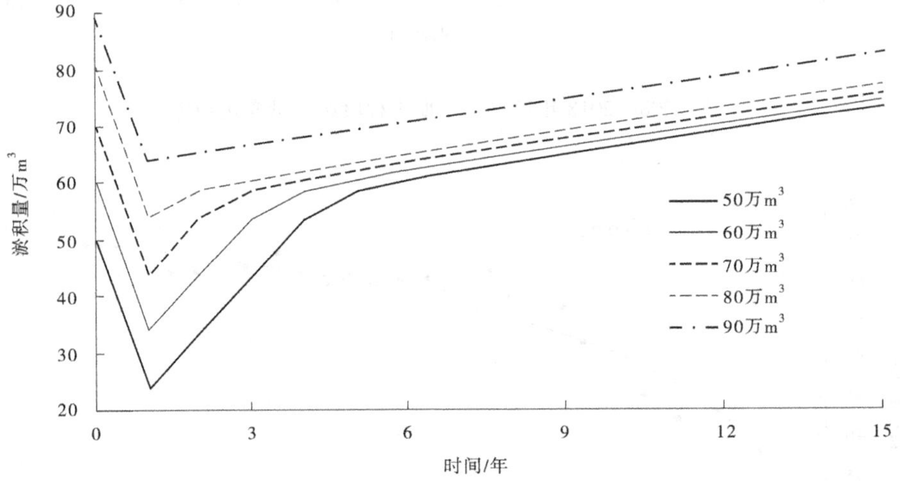

（b）第三期工程段不同启动水平启动清淤后回淤过程

图 8　启动清淤后回淤过程

根据防洪能力和泥沙淤积分析成果，新清淤策略如表 4 所示，从清淤范围、启动水平、清淤量、启动周期、清障方面对新旧清淤策略进行对比，新的清淤策略总体有所优化。

表 4　新清淤策略主要指标

方案	启动水平	清淤范围	清淤量/万 m³	周期/年
高滩清障清淤	2016 年植物范围	堤防平台与主槽之间的高滩植物范围	10	5
主槽疏浚清淤	第一、二期河段淤积量 350 万 m³	3+300~8+000	50	9
	第三期河段淤积量 70 万 m³	9+400~12+800	20	10
	第四期工程段暂不进行主槽清淤，重点开展定期植物清障			

5 结论

本文基于数值模拟技术，从防洪演算、回淤过程等方面开展深圳河清淤策略研究，主要结论如下：

（1）全河段清淤能够有效降低水位，但回淤量大；部分河段清淤回淤量整体相对较小，下游清淤的回淤量一般大于上游河段清淤。

（2）从回淤积情况，深圳河不适合大规模清淤，采取重点河段进行清淤的措施，综合考虑清淤方案实施后的水面线降低效果和回淤幅度两方面的因素，以3+300~8+000段作为清淤的重点河段，并确定第一、二期工程段（3+300~8+000）清淤量为50万m^3，第三期工程段（9+400~12+800）清淤量为20万m^3。

（3）河道淤积抬升引起的边滩植物范围扩大是抑制深圳河防洪能力提升的重要因素，针对河床淤积抬高和植物范围向河扩展，制定以降低河道糙率为目的的高滩清障和以扩大河道过流断面为目的的主槽疏浚的清淤策略。

参考文献

[1] 孙云飞. 水利工程中河道清淤治理技术研究 [J]. 珠江水运，2023（13）：110-112.
[2] 朱明成，甘申东，李寿千. 流域骨干水网立交地涵淤积规律与减淤措施研究 [C] //2023中国水利学术大会，中国水利学会. 郑州：5.
[3] 王立新. 水生态修复技术在河道治理中的应用 [J]. 工程技术研究，2024，9（13）：90-92.
[4] 杨恩尚，孙志林，倪晓静. 杭州城西河网清淤优化调度 [J]. 浙江大学学报（理学版），2017，44（2）：191-197.
[5] Yang H F，Yang S L，Xu K H，et al. Human impacts on sediment in the Yangtze River：A review and new perspectives [J]. Global and Planetary Change，2018，162：8-17.
[6] 邱辉，姚仁达，韩蕊翔，等. 清淤和截污工程对河道行洪能力的影响：以深圳市福田区凤塘河为例 [J]. 科技通报，2023，39（9）：102-108.
[7] 邱颖，王远航，张岑，等. 基于防洪安全的北京市城市河道清淤阈值研究 [J]. 中国防汛抗旱，2021，31（6）：47-51.
[8] 罗希，刘亮，李亚俊，等. 关于河湖清淤工程范围合理性确定的探讨 [J]. 资源节约与环保，2019（4）：132-134.
[9] 莫孝翠 杨，袁德玉. 湖泊内源污染治理中的环保疏浚浅析 [J]. 人民长江，2003（12）：47-49.
[10] 杨代亮. 河道生态清淤及淤泥处理技术探讨 [J]. 科学技术创新，2018（18）：99-100.
[11] 冯志勇，吴永妍，王磊，等. 深圳河近期冲淤变化特征及防洪治理对策 [J]. 中国农村水利水电，2022（5）：24-30.
[12] 冯志勇，吴门伍，吴小明，等. 深圳河近期回淤特征及回淤机理研究 [J]. 武汉大学学报（工学版），2020，53（11）：941-949.
[13] 张潮，毛北平，彭浩民，等. 深圳河近期泥沙冲淤特性分析 [J]. 水利水电技术，2015，46（2）：83-86.

西北诸河流域中小河流系统治理研究与思考

端木灵子[1]　李振博[2]　卢亚召[1]　虎　珀[1]　刘海燕[1]

（1. 黄河勘测规划设计研究院有限公司，河南郑州　450003；
2. 黄河勘测规划设计研究院有限公司，河南郑州　450003）

摘　要：随着全球气候变化加剧，近年来极端天气事件呈现趋多趋频趋强态势，中小河流治理面临新形势新挑战。本文通过分析西北诸河流域中小河流现状及存在的问题，提出需切实改革中小河流治理模式，开展以流域为单元的系统治理。按照西北诸河流域国土空间格局和经济布局的不同特点，划分为八个区域系统治理布局，并通过健全防洪管理措施，整体提升中小河流防洪减灾能力。

关键词：新形势新挑战；改革治理模式；系统治理；区域系统治理布局；防洪减灾能力

1　引言

西北诸河流域范围西起帕米尔高原国境线，东至大兴安岭，北起国境线，南迄西藏与新疆和青海交界的昆仑山分水岭。主要涉及我国西北地区的新疆、青海、甘肃、内蒙古、河北、西藏等省（区）及新疆生产建设兵团的内陆河及国境界河。2009 年以来，水利部、财政部先后实施了 5 批次中小河流治理，取得了明显成效，但仍存在治理不系统、不平衡、不充分等问题。近年来极端天气事件频繁发生，水旱灾害呈现趋多趋频趋强趋广态势，极端性、反常性、复杂性、不确定性显著增强。同时，经济社会发展及乡村振兴等对中小河流治理提出了新要求、新挑战。

2　中小河流基本情况

西北诸河流域面积 200~3 000 km^2 中小河流 2 879 条，包括 2 680 条省内河流、79 条跨省河流及 120 条跨国河流。新疆中小河流数量超过 1 000 条，在西北诸河流域中占比接近 50%，其次为内蒙古，中小河流个数超过 500 条。

西北诸河流域基本属内陆干旱气候，径流主要为山川冰雪融水、短时暴雨降水及各种类型的突发性洪水，洪水峰高量大。截至 2022 年，流域内已治理河长 4 420 km，河流治理率 45%。有防洪任务的中小河流 557 条，防洪任务河长 9 820 km；有治理需求的中小河流 447 条，治理河长 5 506 km；其中跨省中小河流 79 条，有治理需求的 11 条。流域内中小河流有效保护着河流沿线的重要城镇、耕地和基础设施，保护总人口 750 万人，耕地 1 561 万亩；保护建制市 19 座，县级 42 座，重要集镇 360 座。

3　存在问题

（1）治理模式缺乏系统性。

西北诸河流域中小河流数量多、分布广，加之缺乏投资机制和渠道，中小河流治理总体滞后，大多河流防洪体系不完善，未治理河段现状防洪标准偏低，有些仍处于不设防状态，威胁人民群众的生命财产安全。目前，西北诸河流域有 110 条完成整河流治理，仅占有防洪任务中小河流数量的 20%。

作者简介：端木灵子（1985—），女，高级工程师，主要从事防洪规划设计、河道治理等方面的研究工作。

以往中小河流安排治理项目多呈现碎片化，缺乏系统全面的顶层设计，治理标准、治理措施等缺乏协调，无法有效提高整河流防洪能力。

（2）跨省、跨市县河流治理不协调。

目前跨省、跨市县河流由各河段当地部门进行管理，缺乏统一规划，缺少统筹协调的管理机制。由于未进行整体性、系统性治理，跨省、跨市县中小河流治理不平衡问题突出，可能导致洪水风险转移，可能会引发省际之间的矛盾冲突，对河流整体防洪安全不利。

（3）人河争地突出，河道萎缩严重。

近年来由于经济社会飞速发展，中小河流沿河两岸人口增加、产业发展，农村建设、工业企业建设等存在挤占河道问题，不合理的采砂、拦河设障、违章搭建等现象日渐增多，河道淤积堵塞严重，行洪能力逐步降低，对沿河两岸城乡防洪安全构成严重威胁。

（4）中小河流管理能力不足，智慧化水平不健全。

当前中小河流机制体制仍不健全，基层管理薄弱，管理设施不全，管理手段落后，预报、预警、预演、预案“四预”措施不足，雨水情监测预报水平不高，智慧化管理水平不健全，使得防洪工程的整体效益得不到充分发挥。

4　系统治理理论研究

党的十八大以来，习近平总书记高度重视水安全保障工作，提出了“节水优先、空间均衡、系统治理、两手发力”治水思路、“两个坚持、三个转变”的防灾减灾救灾新理念。2022年4月，水利部李国英部长批示需切实改革治理模式，坚持以流域为单元，逐流域规划、逐流域治理、逐流域验收、逐流域建档立卡，一条河一条河治理，实现“治理一条、见效一条”。

针对西北诸河流域中小河流防洪面临的新形势新挑战，本次开展以流域为单元系统治理研究，从分析研究中小河流调查评估完整性，治理定位系统性，防洪工程体系布局整体性，治理标准、设计洪水、治理措施协调性，治理管理协同性等方面出发，重点做好整河流治理现状调查评估分析、总体目标制定、治理范围划定、治理标准论证、治理任务和措施安排、防洪管理措施等方面工作。

（1）加强整河流治理现状调查评估分析，注重完整性。

全面摸清整河流自然本底条件和特点，深入调查整河流治理现状，梳理历史洪涝灾害情况，分析防洪保安存在的突出问题和短板。尤其对于跨省、跨市县河流，需统筹对两个省（市、县）开展调查评估分析，从破解河流防洪薄弱环节、强化流域统一管理及推动落实乡村振兴战略、促进人水和谐发展等方面，研判整河流治理面临的新形势、新需求、新任务。

（2）准确把握整河流治理定位和总体目标，注重系统性。

把握好整河流治理的整体性、系统性和协调性，逐流域开展中小河流治理，先系统规划、后整体设计、再统筹实施，着力提升整条河流防洪能力，全面保障河流两岸保护区防护对象的防洪安全，并合理制定治理的总体目标。

（3）科学确定整河流防洪工程体系布局，把握整体性。

从逐流域整体出发，统筹安排整河流洪水出路，统筹发展和安全，合理拟定防洪工程体系和总体布局，科学选择堤防、水库、分洪道或蓄滞洪工程等措施，有效降低洪水风险。

（4）研究确定整河流治理标准，综合考虑协调性。

结合中小河流防洪保护区现状和经济社会发展新需求，统筹区域与流域、上下游与左右岸的关系，复核防洪保护区的防洪标准。确需提高标准的，应充分论证提高的必要性和合理性。对于跨省、跨市县河流，针对两省（市、县）防洪标准不协调等情况，应综合考虑河段功能定位、保护对象重要性、洪水淹没范围等多项因素，科学确定治理标准，避免局部河段治理标准过高造成洪水风险转移。

(5) 处理好设计洪水协调性。

明确重要节点的控制水位，并处理好上下游、左右岸设计洪水的协调性。对于设计洪水不协调的跨省、跨市县河流，通过比较水文比拟法、推理公式法等多种方法，协调两省（市、县）采用同一种方法或者同一个参证站推求设计洪水。

(6) 明确整河流主要治理任务和措施，把握协调性。

根据整河流不同河流类型、功能定位和治理目标，结合现有防洪工程建设情况，因地制宜提出治理任务、方案和措施。山丘区河流一般以护岸工程为主。平原河网区宜加强堤防建设和清淤疏浚，应尽量避免压缩河道，避免河道渠化、白化和过度景观化。

(7) 加强“四预”及“三道防线”建设，加强治理管理协同性。

针对整河流现状并结合地区实际，加快构建雨水情监测预报“三道防线”，加强“四预”体系建设，配套必要的监测设施设备，建立健全建设管理体制机制。跨省中小河流治理由流域管理机构协调，跨市县中小河流治理由上一级水行政部门统筹协调，确保工程长效运行和维护河流健康生命。

5 完善流域系统治理布局

立足西北诸河流域洪水灾害特点和防洪体系建设现状，坚持系统治理、流域统筹、畅通洪水通道，构建“上拦下排、蓄泄兼筹、分区设防”的防洪工程总体布局。由于西北诸河流域地形地貌、河流洪水特性、保护对象分布和经济社会发展特点从东向西呈现明显地区差异，划分为八个区域系统治理布局。

5.1 内蒙古东部高原内流区

该区域地形波状起伏，无明显山脉与沟壑，多发展畜牧业，河流短小，下游河床往往不明显或进入湖泊洼地。该区域水系独立，较大的为乌兰察布市内流区和锡林郭勒盟内流区水系。区域内共有中小河流 330 条，均为山丘区河流，主要分布在内蒙古、河北两省（区）。有防洪任务河流 69 条，主要围绕苏木、嘎查实施堤防护岸建设和河道清淤疏浚，并利用河谷中的草滩洼地对洪水起到滞蓄作用，提高区域防洪减灾能力。

5.2 河西走廊暨阿拉善河内流区

该区域地势总体平缓，戈壁、荒漠、沙漠、低山丘陵等地貌具备，河流流经盆地多为绿洲，为经济社会较发达地区。区域主要包括黑河、疏勒河等较大水系。区域共有中小河流 367 条，主要分布在青海、甘肃、内蒙古三省（区）。有防洪任务河流 77 条，在现有防洪体系基础上，以建设护岸工程为主，尽量维持河流的自然形态，保障岸坡稳定。阿拉善地区多为沙漠区，草原地带多分布零散的牧民区，充分利用现有湖泊水面调蓄作用，实施堤防、护岸建设，保障群众生命财产安全。

5.3 柴达木-青海湖内流区

该区域共有中小河流 325 条，主要分布在青海、新疆两省（区），有防洪任务河流 38 条，均位于青海省。青海湖地区降水量较毗邻地区多，年际变化小，自古畜牧业较发达，沿河也有一些灌区存在。中小河流治理基本以建设护岸工程为主，减少塌岸损失。

5.4 塔里木内流区

塔里木盆地气候干燥，降水稀少而蒸发强烈，山前平原地带是灌溉农业所在和人口聚集区，河流水系向心发展。区域内共有中小河流 482 条，均分布在新疆，山丘型、平原型河流均有。有防洪任务河流 129 条，结合上游昆仑山区的五一、铜场等水库建设，充分利用中下游山前平原区河防工程和分洪工程，实施堤防、护岸建设等工程措施，形成堤库结合的防洪工程体系。

5.5 准噶尔暨吐哈盆地内流区

该区域气候干燥，降水稀少，边缘山地多畜牧业，山前平原地带人口聚集、灌溉农业发达。共有中小河流 278 条，均分布在新疆，山丘型、平原型河流均有。有防洪任务河流 119 条，拟结合上游天山山区的塔桥湾、石门子等水库建设，在山前平原段完善堤防护岸建设，实施必要的导洪工程，提升区域洪灾防御能力。

5.6 伊犁河暨额敏河内流区

该区域地形向西敞开，易于接纳西来水汽，气候较周边地区湿润，牧业、灌溉农业发达。共有中小河流 115 条，均分布在新疆。有防洪任务河流 69 条，以保障城镇河段防洪安全为重点，建设堤防、护岸工程，与科克塔斯、洪海沟等水库组成堤库结合的防洪工程体系。

5.7 阿尔泰山南麓诸河区

该区域气候较湿润，灌溉农业、牧业发达。共有中小河流 69 条，均分布在新疆，多为山丘型河流。有防洪任务河流 27 条，治理措施以护岸工程为主，局部以堤防护岸相结合，保障城镇河段防洪安全。

5.8 羌塘高原内流区

羌塘高原是青藏高原的组成部分，气候寒冷干旱、生态脆弱，人烟稀少，河流河床宽浅。区域共有中小河流 913 条，主要分布在青海、新疆及西藏三省（区），均为山丘区河流，有防洪任务河流 29 条。区域内河流保护对象少且治理需求较少，河流治理以挡、泄为主，以人口分布集聚区为重点实施堤防达标建设，提高河道防御能力。

6 健全防洪管理措施

在加快中小河流治理项目建设的同时，加强工程的运行维护管理，建立和完善管理制度和长效机制，使治理工程发挥长期效益。建立中小河流治理信息综合管理系统，实现中小河流治理全过程信息化管理。落实中小河流及项目建档立卡制度，强化中小河流监测预警能力，提升治理管理数字化、网络化、智能化水平。

7 结论与建议

在水利部对中小河流治理的总体要求下，西北诸河流域需统筹推进以流域为单元的中小河流系统治理工作，坚持人民至上、生命至上；坚持系统治理，流域统筹；坚持因地制宜，人水和谐；坚持建管并重，数字赋能。进一步提高中小河流治理成效，补齐防汛薄弱环节短板，增强中小河流应对洪涝灾害和防控风险能力。

参考文献

[1] 张宜清，杨晓茹，黄火键，等．新时期中小河流系统治理思路和对策［J］．中国水利，2023（16）：9.

[2] 李致家，朱跃龙，刘志雨，等．中小河流洪水防控与应急管理关键技术的思考［J］．河海大学学报（自然科学版），2021（1）：26-33.

[3] 韩东旭．新时期中小河流治理思路及设计要点［J］．水利技术监督，2022（9）：113-116.

[4] 田英，赵钟楠，黄火键，等．国外治水理念与技术的生态化历程探析［J］．水利规划与设计，2019（12）：1-5，110.

[5] 王金艳．山区中小河流存在的问题和治理对策［J］．科技创新与应用，2018（2）：81-82.

南宁市八尺江环境综合整治工程方案与思考

黄　强　管军华

（广西珠委南宁勘测设计院有限公司，广西南宁　530007）

摘　要： 中小河流系统治理是推动我国新阶段水利工程高质量发展、支撑国家水网建设的重要举措。我国部分中小河流存在防洪标准低、冲淤严重、泄洪能力不足的问题，再加上工农业及生活垃圾污染，水生态环境恶化，严重制约地区经济的发展。本文通过对南宁市八尺江及其支流那樽河的河道特征及存在的主要问题进行分析，以保障防洪安全为前提，兼顾生态保护及景观打造，形成系统治理思路，可为类似工程提供借鉴经验。

关键词： 河道治理；工程措施；防洪安全；生态环境

1　引言

我国流域面积200~3 000 km^2 的中小河流具有数量多、分布广的特点，在空间上集中于城镇和农村地区，防洪任务重、洪涝灾害频繁，汛情灾情也主要集中在中小河流。据统计，我国中小河流共有1.1万条，其中有防洪任务的河流7 000多条，约2/3的县城、2/5的人口、1/4的耕地分布在中小河流两岸。相对大江大河，中小河流沿线分布着广大的中小城镇、居民点、农田和重要基础设施。目前，我国中小河流综合治理长度超过10万km。

区域的发展在很大程度上决定着河流状态，人们的生产生活方式对河流的自然生态结构的影响也极其显著。中小型河流的系统治理需要依据实际治理需求及当地的建设能力开展整治工作。本文便以南宁市八尺江环境综合整治一期工程为例，对其系统治理方案要点进行阐述。

2　工程概述

2.1　项目背景

南宁是广西壮族自治区首府，是全区政治、经济、文化中心。郁江（南宁市区段称邕江）是珠江流域西江水系最大支流，而八尺江则是邕江一级支流，位于南宁市东南部，跨邕宁、良庆两区，地形为东南高，西北低，两岸阶地发育，高程60~74.0 m。八尺江下游段的河面较宽广，枯水期水流相对平缓，两岸已建设防洪堤，但由于下游邕江段的邕宁梯级水利枢纽蓄水后，八尺江的常水位比原水面抬升约5 m，船行波将对八尺江两岸的土质边坡产生严重淘刷，进而影响防洪堤及岸坡稳定。八尺江环境综合整治一期工程是保证岸坡稳定的需要，符合海绵城市、水生态文明城市建设要求，有利于南宁市良庆区、邕宁区乃至全市的经济发展。

2.2　河道现状及存在问题

八尺江发源于上思县那琴乡，流经良庆区、邕宁区的大塘、那陈、吴圩、那马、新兰、孟莲、梁村、蒲庙镇，在邕江蒲庙大桥上游200 m处、邕宁区蒲庙和合村寨上屯旁注入邕江，流域面积为2 291 km^2。上游已建屯六、凤亭河、大王滩3座大型水库，3个水库坝址以上面积分别为98.5 km^2、176 km^2、1 182 km^2（大王滩水库扣除其上游屯六、凤亭河两水库后的集水面积为907.5 km^2），凤亭

作者简介： 黄强（1983—），男，高级工程师，副所长，主要从事城市防洪排涝、河道综合治理等方面的规划设计工作。

河、屯六水库为多年调节水库，大王滩水库为年调节水库，其中屯六和凤亭河水库洪水及发电后的尾水均排入流域外的茅岭江，因此八尺江现状实际集水面积为 2 016.5 km^2。那樽河是八尺江的一级支流，位于八尺江右岸，流域发源于邕宁区蒲庙镇良棒村那邑屯，流域分水岭高程在 101~150 m，主要流经邕宁区蒲庙镇那邑、那樽、那潭屯，出口位于邕宁区蒲庙镇梁村大道南侧。流域积水面积为 50.4 km^2，主河道长 15.25 km，河道比降 1.34‰。

本工程涉及防护的水系为八尺江下游城镇段及其支流那樽河。八尺江下游入邕江口段河势较为平顺开阔，工程范围内现状岸坡坡比为 1∶2~1∶5，局部岩石出露，大部分水边坡脚存在淘刷。那樽河现状河床成狭窄的 U 形结构，下部岸坡较陡，上部平缓，现状河道缺乏维护。本工程两岸护坡原状杂草丛生，岸坡存在较多变形、鼓胀、塌陷及开裂破坏情况，沿岸居民甚至在岸坡上种菜，对岸坡造成破坏；局部河道断面狭窄，淤积严重，造成河道泄洪能力降低；一旦汛期发生滑塌，阻塞河道，将严重影响河道泄洪安全。

工程场地位置位于南宁市邕宁区的蒲庙镇，地貌单元为溶蚀残丘谷亚区，属于河流冲积阶地，阶地上部为第四系人工填土和河流冲积层所覆盖，土层覆盖层厚度为 1~15 m。上部土层为第四系人工成因（Q_4^{ml}）的素填土、杂填土和耕土，第四系全新统冲积成因（Q_4^{al}）的淤泥质黏土、粉质黏土、粉土、粉细砂及圆砾组成，下伏基岩由古近系古新-始新统 a 组（E_{1-2}^{a}）的砂岩、砾岩和石炭系下统大塘阶（C_1d）石灰岩组合而成。在工程建设场地西南约 1 km 处有一正断层，岩层倾角为 60°，未发现活动性深大断裂。区域地质构造较为稳定，适宜工程的建设。

3 治理方案

3.1 治理任务

本工程治理任务分述如下：①邕宁水利枢纽建成后形成的 67.00 m 高程常水位下八尺江及那樽河的整体岸坡稳定及抗冲刷；②发生 50 年一遇洪水时八尺江及那樽河的整体岸坡稳定；③结合修河绿岸、生态恢复、景观等综合整治内容，增加岸坡防护设施，使八尺江成为集“防洪排涝、生态环保、休闲娱乐、综合利用”等多功能为一体的滨水景观带；④对那樽河河道进行整治，通过疏浚、设置人工湖、岸坡防护等措施使之满足行洪要求，并结合周边需求形成水体景观。

3.2 工程等级

工程区内涉及的堤防为龙岗防洪堤和蒲庙防洪堤，均为 2 级堤防，设计洪水标准为 50 年一遇，堤身结构形式为土堤及钢筋混凝土堤，堤顶采用堤路结合，堤外填土。八尺江综合整治工程涉及的护岸是堤防结构的重要组成部分，承担着堤防稳定的任务。根据岸坡与堤防的相互关系，确定岸坡防护工程级别为 2 级；远离堤防或无堤防措施的区域，岸坡防护工程级别为 3 级。

3.3 工程建设方案

本工程包含两方面建设内容：一是对八尺江两岸岸坡进行加固，加固范围为八尺江下游的仲龙路至干流入邕江口，长度 5.787 km；二是对那樽河河道进行整治，起点为那美大道，终点为那樽河入八尺江口，长度 3.14 km。工程总平面布置如图 1 所示。

本工程护岸布置与邕江综合整治和开发利用工程、龙岗堤护岸、蒲庙堤护岸、岸坡景观相结合。岸坡布置形式按邕宁梯级常水位分上、下两部分，即水下部分为护岸坡脚至邕宁梯级水利枢纽回水位 68.50 m 岸坡，此部分以抗冲刷和保持岸坡稳定的生态护岸为主，坡面采用生态石笼护坡；水上部分即 68.50 m 至堤顶，以自然或人工景观生态护岸为主。

岸坡防护顶高程根据邕宁水利枢纽常水位的上包线 67.11 m，再加船行波与波浪爬高及安全超高确定，综合计算确定岸坡防护顶高程为 68.50 m，在 68.50 m 高程结合景观设置 3.5~6.0 m 宽的亲水平台。亲水平台以下岸坡采用格宾石笼进行抗冲刷防护，坡脚 65.50 m 高程设挡墙一道，挡墙外结合地形设置石笼护脚；对于不稳定岸坡，则通过削缓坡、设挡墙等措施进行加固。

岸坡防护主要采取如图 2~图 4 所示结构类型。

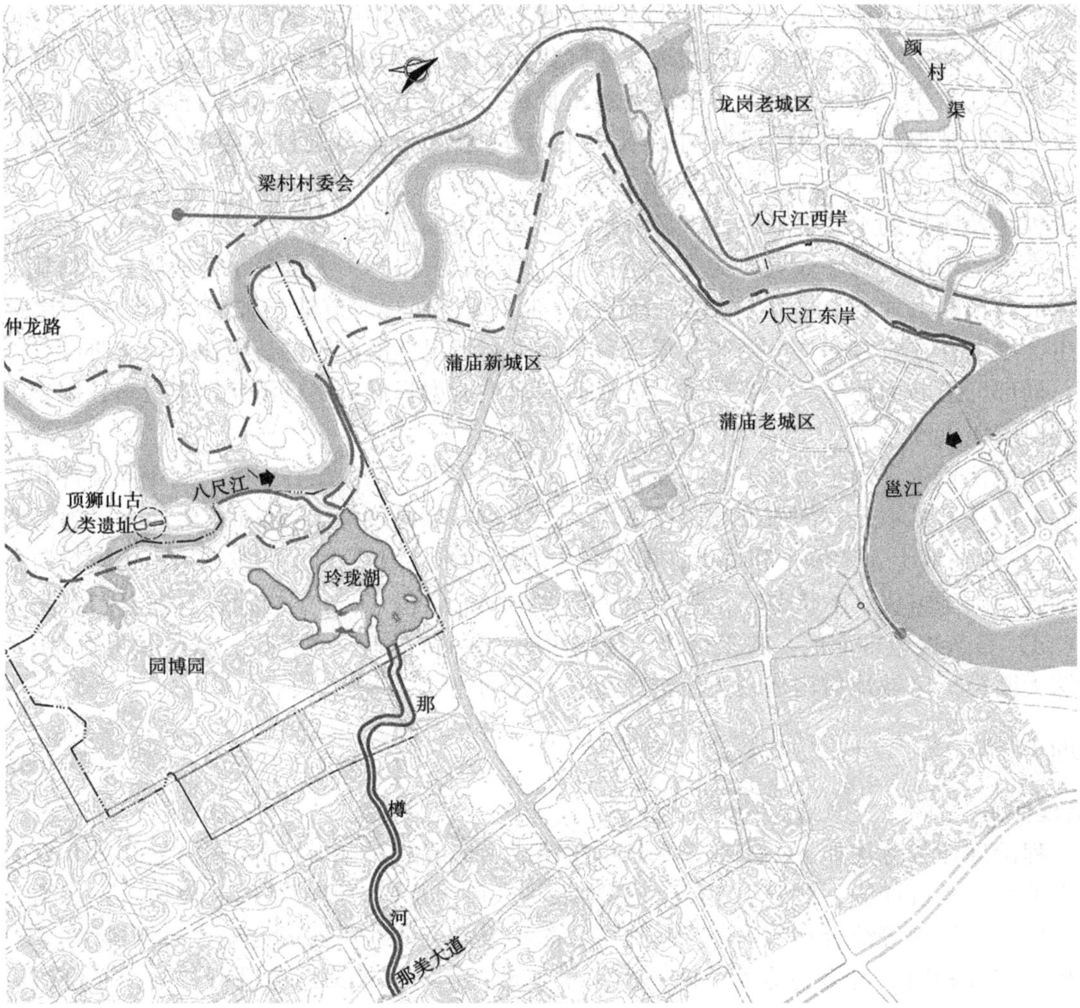

图 1　工程总平面布置

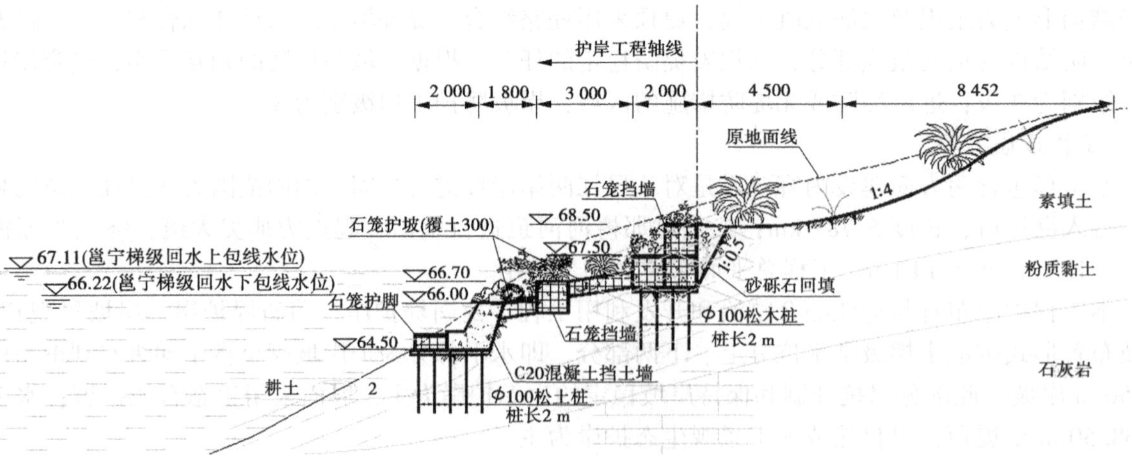

图 2　岸坡防护形式代表断面 1

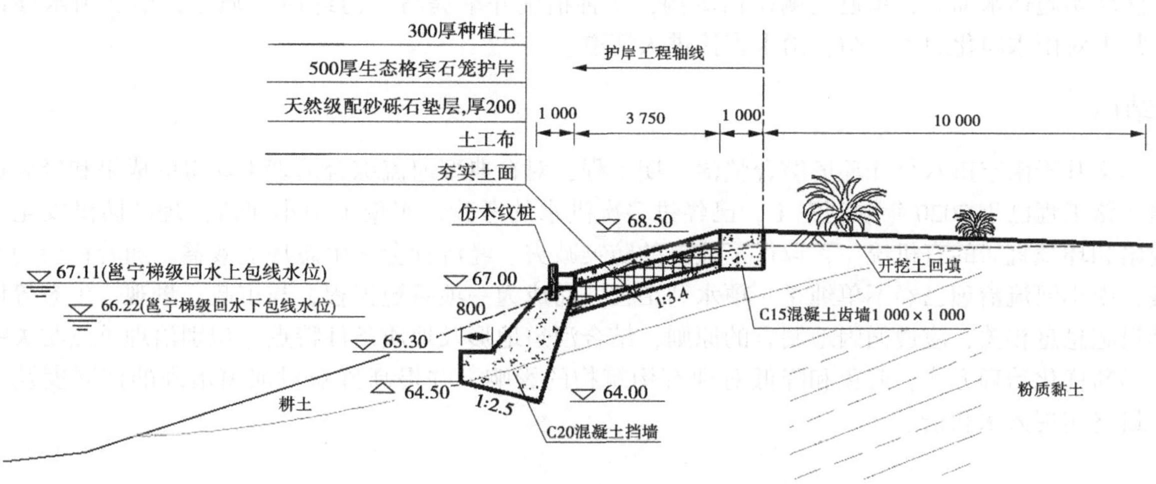

图3　岸坡防护形式代表断面2

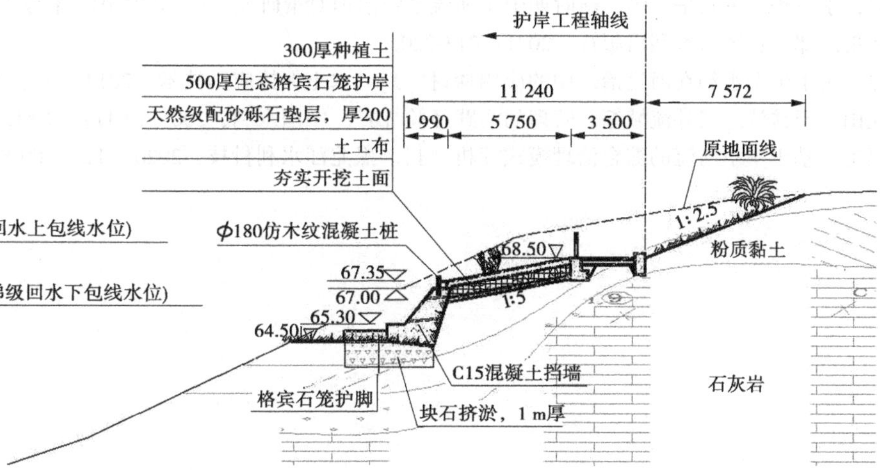

图4　岸坡防护形式代表断面3

3.4　景观工程

本项目景观工程遵循《邕江综合整治和开发利用控制规划》，即根据沿江的城市风貌及用地特点，以保护现状生态为前提，以乡土树种为基础，以四季繁花为风貌特色。

根据绿地范围内的水系、土壤和区域功能特征，合理确定结构和分区，将人工生态景观与原地形景观有机结合，并按照树木种植、生长、养护管理所需要的条件，对现状进行适当的地形整理。沿江侧现状长势良好的竹林及已实施区域植物，予以保留利用。树种则根据上位规划选择能够适应南宁生态条件的树木、以乡土树种为主，兼顾多样性的需要，种植能够适应本地生长条件的外来植物，最大程度减少树木养护的成本。在功能分区、结构布局、生境类型、群落组合等方面塑造多样性的景观空间，实现以人为本，体现“草滩”的野趣、“果林”的趣味，使滨江植物与自然环境融为一体。

3.5　海绵城市内容

本项目结合八尺江河道现状特点及功能规划，通过河道整治、生态驳岸及河道岸边带湿地的设置，以“慢排缓释”和“源头分散式”控制方式对径流进行促渗减排，最大限度地实现水资源的利用率。针对河道沿线的雨水排放口、合流制排水口，因地制宜地建设雨水花园、生物滞留池、雨水湿地等渗蓄净化设施，削减雨水污染负荷，改善河道生态环境；河岸防护采用透水生态岸护，步道、广场等区域实施透水铺装，步道内侧设植草沟，多种措施并举提高“海绵体”质量，增加雨水渗蓄能力，加大对雨水净化力度，防止雨水直接进入河道。

4 结语

本文基于南宁市八尺江环境综合整治一期工程，对在典型河流综合治理中获得的成果和经验进行总结。该工程已于2020年顺利完工，已经过多次洪水的考验，实现了中小河流治理的防洪安全、生态健康和环境宜居的有机统一，取得了显著的防灾减灾、经济社会和生态环境效益。随着社会的不断发展，中小河流治理已经不单纯是一项水利工程，而成为一项系统工程，与市政、景观、生态等城市基础设施息息相关，应遵循因地制宜的原则，结合河道地形及地质条件特点，识别治理重点与关键问题，不断优化治理方式，避免和降低对现有构筑物的影响，并提高群众对河道治理的认同度及参与度，最终实现人水和谐。

参考文献

[1] 张宜清，杨晓茹，黄火键，等. 新时期中小河流系统治理思路和对策［J］. 中国水利，2023（16）：26-29.

[2] 张向，李军华，董其华，等. 新时期中小河流系统治理对策研究［C］//中国水利学会. 2021 中国水利学术大会论文集. 郑州：黄河水利出版社，2021：213-220.

[3] 李强. 关于生态水利在河道治理中的应用探讨［J］. 水土保持应用技术，2014（6）：30-31.

[4] 杨桂山，于秀波. 国外流域综合管理的实践经验［J］. 中国水利，2005（10）：59-61.

[5] 刘惠艳. 基于中小河流的综合治理模式探析［J］. 黑龙江水利科技，2020（12）：80-83.

菏泽黄河流域系统协调发展策略研究

曾 彬 周 腾

（山东菏泽黄河工程有限公司，山东菏泽 274000）

摘 要：菏泽地处黄河下游，黄河流域的发展对其具有重大意义。本文深入探讨了菏泽黄河流域系统协调发展策略，从区域背景、现状分析、面临的挑战、发展路径及具体措施等多个维度进行全面论述。文章基于黄河流域生态保护和高质量发展的国家战略要求，结合菏泽市的实际情况，提出了一系列具有前瞻性和可操作性的政策建议与实施方案。通过构建跨区域协调机制、优化产业布局、强化生态保护与修复、提升基础设施水平等措施，旨在推动菏泽黄河流域实现生态保护与经济社会发展的双赢局面。

关键词：菏泽；黄河流域；系统；协调发展

1 引言

黄河，作为中华民族的母亲河，孕育了灿烂的中华文明，同时也承载着巨大的生态压力和发展挑战。近年来，党中央、国务院高度重视黄河流域生态保护和高质量发展工作，将其上升为国家重大战略。菏泽市作为黄河入鲁第一站，地处黄泛平原，拥有丰富的自然资源和独特的地理位置优势，但同时也面临着洪水威胁、水资源短缺、生态脆弱等严峻问题。因此，研究菏泽黄河流域系统协调发展策略，对于推动黄河流域生态保护与高质量发展具有重要意义。

2 菏泽黄河流域现状分析

2.1 自然地理特征

菏泽市地处黄泛平原，地势平坦，土壤肥沃，是农业生产的重要基地。然而，由于历史上黄河频繁决口泛滥，形成了大面积的地表沙质土壤，土体松散，团粒结构差，极易造成水土流失。尽管经过多年的水土流失治理，流动风沙已基本得到有效控制，但水土保持工作仍任重道远。此外，菏泽黄河流域还面临着洪水威胁、水资源短缺等问题，这些自然因素严重制约了区域经济社会的发展。境内地势平坦，以平原为主，有部分低山丘陵。黄河在菏泽境内蜿蜒流淌，形成了独特的自然景观。

黄河是菏泽的主要水源之一，此外还有一些支流和湖泊。水资源的分布不均和季节性变化给水资源的合理利用带来了挑战。

2.2 经济社会发展现状

近年来，菏泽市经济社会持续快速发展，综合实力显著增强。然而，区域发展不平衡问题依然突出，尤其是黄河滩区等贫困地区的发展滞后现象较为明显。同时，菏泽市在产业结构、能源消费、环境保护等方面也存在诸多挑战。如何在新时代背景下实现经济社会的全面协调可持续发展，成为菏泽市面临的重大课题。

2.2.1 农业经济

菏泽是农业大市，黄河流域的肥沃土地为农业发展提供了良好的条件。主要农产品有小麦、玉

作者简介：曾彬（1990—），男，工程师，主要从事水利工程建设及运行管理工作。

米、棉花、油料等。农业产业化程度不断提高，但仍面临着农业基础设施薄弱、农产品附加值低等问题。

2.2.2 工业经济

近年来，菏泽的工业经济发展迅速，形成了以能源化工、生物医药、机电设备制造等为主导的产业体系。然而，工业发展也带来了环境污染等问题，需要加强环境保护和产业升级。

2.2.3 服务业经济

随着经济的发展，菏泽的服务业也逐渐兴起，包括商贸物流、旅游、金融等领域。但服务业的发展水平相对较低，需要进一步加大投入和政策支持。

3 菏泽黄河流域面临的挑战

3.1 生态保护压力大

菏泽黄河流域的生态系统包括湿地、森林、草地等，生态系统脆弱，水土流失、污染排放等问题依然突出。随着人类活动的影响，工业化、城镇化进程的加快，生态系统遭到了一定程度的破坏，生物多样性减少，生态环境承受的压力不断加大。如何平衡好经济发展与生态保护的关系，成为菏泽市必须面对的重要问题。

3.2 资源环境约束紧

菏泽市水资源短缺、土地承载能力有限等问题日益凸显。黄河水资源是菏泽的重要水源，但由于工业废水、生活污水和农业面源污染等原因，水资源保护面临着严峻的挑战。在推动经济社会发展的过程中，如何合理利用有限资源，提高资源利用效率，成为制约菏泽市可持续发展的重要因素。

3.3 区域发展不平衡

菏泽市内部各区域之间经济社会发展水平差异较大，尤其是黄河滩区等贫困地区的发展滞后现象较为明显。如何缩小区域发展差距，实现全市范围内的协调发展，成为菏泽市必须解决的重要问题。

4 菏泽黄河流域系统协调发展策略

4.1 构建跨区域协调机制

建立健全跨区域协调机制是实现菏泽黄河流域系统协调发展的关键。一方面，要加强与上游地区的沟通协调与合作交流工作，共同推动黄河流域生态保护和高质量发展工作的深入开展；另一方面，要加强与周边地区的合作与交流工作，共同推动区域一体化发展进程。通过建立跨区域协调机制平台和信息共享机制等措施，实现资源共享、优势互补和协同发展的目标。

4.2 优化产业布局

根据菏泽市的实际情况和资源禀赋特点，科学规划产业布局是推动区域经济社会协调发展的重要途径。一方面，要大力发展高效农业和特色产业集群化发展模式；另一方面，要积极培育新兴产业和高新技术产业等战略性新兴产业领域的发展。通过优化产业布局结构、提高产业附加值和市场竞争力等措施，推动菏泽市经济社会持续快速发展。

4.3 强化生态保护与修复

加强生态保护与修复工作是实现菏泽黄河流域生态保护和高质量发展的基础性工作之一。一方面，要加强黄河干流及其支流的水土保持、水源涵养和生态修复工作力度；另一方面，要加强湿地保护和恢复工作力度。通过建立完善的生态保护体系、加大生态修复投入力度、提高生态保护意识等措施，推动菏泽黄河流域生态环境质量的持续改善和提升。

4.4 提升基础设施水平

加强基础设施建设是推动菏泽黄河流域经济社会协调发展的重要支撑之一。一方面，要加强交通基础设施建设力度；另一方面，要加强水利基础设施建设力度。通过构建完善的基础设施网络体系、提高基础设施服务水平和运营效率等措施，为菏泽市经济社会持续快速发展提供有力支撑和保障。

5 具体措施与建议

5.1 加强组织领导与政策支持

成立由市委、市政府主要领导挂帅的领导小组或工作专班负责统筹推进菏泽黄河流域生态保护和高质量发展工作；出台一系列支持政策文件或实施方案明确目标任务、责任分工和保障措施等内容；建立健全考核评价机制加强对工作进展情况的监督检查和评估考核工作力度等措施确保各项工作落到实处取得实效。

5.2 推进重点工程项目建设

围绕生态保护与修复、水资源节约利用和防洪减灾等方面策划实施一批重点工程项目如黄河下游防洪工程建设、引黄涵闸改建工程、水土保持综合治理工程等；同时积极争取国家和省级层面支持资金及技术等资源投入推动项目顺利实施并取得预期效果。

5.3 强化科技创新与人才支撑

加强与高等院校和科研机构合作建立产学研用紧密结合的科技创新体系推动科技成果转化应用，积极引进和培养高层次创新创业人才为菏泽市经济社会持续快速发展提供有力支撑和保障。

5.4 加强宣传教育与公众参与

通过多种形式开展黄河生态保护和高质量发展主题宣传教育活动，提高全社会对黄河生态保护重要性和紧迫性的认识；鼓励和支持社会各界积极参与黄河生态保护工作，形成全社会共同关注和参与的良好氛围。

6 结论与展望

菏泽黄河流域系统协调发展策略是实现黄河流域生态保护和高质量发展的必然要求，也是推动菏泽市经济社会持续快速发展的重要途径之一。通过构建跨区域协调机制、优化产业布局、强化生态保护与修复、提升基础设施水平等措施的实施可以推动菏泽黄河流域实现生态保护与经济社会发展的双赢局面。未来随着各项政策措施的不断完善和落实，以及在社会各界的共同努力下，菏泽黄河流域必将迎来更加美好的发展前景。

参考文献

[1] 季福田．菏泽市推动黄河流域生态保护和高质量发展对策研究［J］．菏泽学院学报，2022（3）．

1988—2017 年深圳市土地利用类型变化分析

张 印[1,2,3] 夏伟鹏[1] 夏 军[3] 刘 培[1,2] 刘壮添[1]

（1. 珠江水利委员会珠江水利科学研究院，广东广州 510611；
2. 水利部珠江河口治理与保护重点实验室，广东广州 510611；
3. 武汉大学水资源与水电工程科学国家重点实验室，湖北武汉 430072）

摘 要：为掌握深圳市土地利用类型变化，为深圳市土地资源合理规划与科学管理提供参考，基于 1988—2017 年深圳市 6 期遥感影像，解译了建设用地、耕地、林地、草地、水体和其他用地 6 种土地利用类型，分析了深圳土地利用类型变化和转移情况。结果表明：深圳市用地类型变化主要表现为建设用地面积迅速增加，耕地面积急剧减小，林地面积波动增加，水体面积先减少后基本保持稳定不变；在大多数时期中，建设用地和耕地无论是在面积变化量上还是在变化速率上都更为显著；建设用地和林地属于转入型用地，而水体、耕地和草地属于转出型用地。

关键词：深圳市；土地利用；动态变化

1 引言

土地利用方式的改变是人类活动影响环境的方式之一[1]，与人类社会的经济增长、生产制造、可持续发展等都息息相关，对生态环境变化产生重要影响[2]。开展区域土地利用类型变化分析对区域土地利用结构优化、生态保护和可持续发展有着重要指导意义。

近年来，学者开展了大量基于遥感影像的土地利用类型变化研究。刘浩等[3] 基于 Landsat8 遥感影像得到 2010 年与 2015 年全国土地利用现状遥感监测数据，分析了流域生态系统格局变化的驱动因素；熊竹阳等[4] 基于 1962—2019 年巢湖流域遥感影像，解译了耕地、林草及未利用土地、水域、建设用地 4 种土地利用类型，分析了巢湖流域近 60 年来土地利用类型变化和转移情况；张宇晗等[2] 通过解析 2005 年、2010 年、2015 年、2020 年的遥感影像数据，分析了福州市的土地利用变化情况、人类活动强度及土地利用动态度。

深圳市作为我国的经济特区，自 1980 年成为经济特区以来，由一个人口 33.29 万，国内生产总值 2.70 亿元的沿海渔村小镇，一跃成为拥有 1 779.01 万常住人口，国内生产总值高达 34 606.40 亿元的国际化大都市（截至 2023 年末）。本文基于 1988—2017 年深圳市 6 期遥感影像，利用人工目视解译方法，研究近 30 年深圳市土地利用类型变化，旨在为深圳市的土地资源进行合理规划与科学管理、保护生态平衡和可持续发展提供参考。

2 数据与方法

2.1 研究区域

深圳市（东经 113°43′~114°38′E，北纬 22°24′~22°52′N）地处我国华南地区，位于广东省南部，总面积为 1 997.47 km²（见图 1）。深圳是我国经济特区、全国性经济中心城市和国际化城市，经济

基金项目：广州市基础与应用基础研究专题（2023A04J1024）；国家重点研发计划项目（2021YFC3001000）。
作者简介：张印（1994—），女，工程师，主要从事水文水资源研究相关工作。

高度发达，是我国首个实现城镇化率100%的城市。深圳市总体地势呈现出东南高、西北低的特征。全市地貌以低丘陵地为主，占全市总面积的48.87%，中间间以平缓的台地，西部为滨海平原。深圳市属于亚热带海洋性气候，降水丰富，年均降水量为1 925 mm，每年4—9月为雨季。

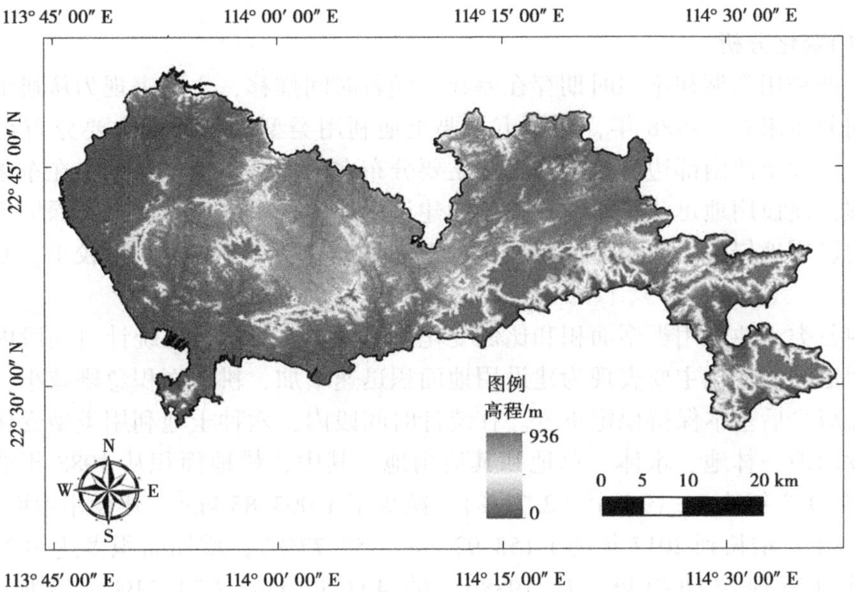

图1 深圳市区域

2.2 数据

采用美国陆地资源卫星Landsat获取的遥感影像，该遥感影像具有较高的空间分辨率和波谱分辨率，已成为全球利用最为广泛的地球资源与环境遥感数据源之一[5-6]。选择深圳市1988年、1995年、2000年、2004年、2009年、2013年、2017年Landsat遥感影像数据进行处理和分析。Landsat遥感影像数据来源于中国科学院计算机网络中心地理空间数据云，数据时间跨度30年，所有年份数据空间分辨率均为30 m×30 m，且云量控制在10%以内，数据质量较高，能够满足分析要求。

2.3 方法

2.3.1 遥感影像解析

基于遥感影像处理软件ENVI对数据进行解译分析。在对各时期遥感影像进行预处理的基础上，采用监督分类方法根据目视判断辅以参考资料，对遥感影像进行土地利用类型分类。参考全国土地分类方法，结合研究需要，将深圳市土地利用类型划分为建设用地、耕地、林地、草地、水体和其他用地等6类。分类后进行结果计算精度评估，保证精度大于80%且Kappa系数大于0.8。

2.3.2 单一土地利用度

利用单一土地利用动态度来定量分析不同土地利用类型变化速率[7]，公式如下：

$$K=\frac{U_b-U_a}{U_a}\times\frac{1}{T}\times 100\% \tag{1}$$

式中：U_a为某一土地利用类型在初期的面积；U_b为该土地利用类型在末期的面积；T为研究时间段。

2.3.3 土地利用转移矩阵

土地利用转移矩阵用于定量分析不同土地类型之间相互转换数量关系和转化方式，表征土地覆被的时空演变过程[8-9]，公式如下

$$S_{ij}=\begin{bmatrix} S_{11} & S_{12} & \cdots & S_{1n} \\ S_{21} & S_{22} & \cdots & S_{2n} \\ \vdots & \vdots & & \vdots \\ S_{n1} & S_{n2} & \cdots & S_{nn} \end{bmatrix} \tag{2}$$

式中：n 为土地利用类型分类个数；i，j（i，$j=1$，2，…，n）分别为转移前与转移后的土地利用类型；S_{ij} 为转移前的第 i 种土地利用类型转换到转移后的第 j 种土地利用类型的面积。

3 结果与分析

3.1 土地利用结构变化分析

深圳市主要土地利用类型在不同时期存在差异，随着时间推移，主要表现为从耕地向建设用地过渡的特征。从空间分布来看，1988 年，深圳市主要土地利用类型为耕地，主要分布在中部地区，建设用地主要分布在深圳市西南部边缘地区，水体主要分布在西部，林地主要分布在东南部（见图 2）。随着城市化的进程，建设用地迅速扩张，大面积的建设用地取代了耕地，占据了深圳市西部的绝大部分区域；水体被建设用地侵占，面积显著减少；东南部林地受城市化影响相对较小，基本得以保持不变。

统计时间段内各类土地利用类型面积和比例变化情况如图 3 所示。在统计时间段内，受城市化进程影响，深圳市用地类型变化主要表现为建设用地面积迅速增加，耕地面积急剧减小，林地面积波动增加，水体面积先减少后基本保持稳定不变。在统计时间段内，六种土地利用类型变化面积从大到小排序为耕地、建设用地、林地、水体、草地和其他用地。其中，耕地面积从 1988 年的 1 058.04 km^2（52.97%）减少到 2017 年的 54.19 km^2（2.71%），减少了 1 003.85 km^2。建设用地面积从 1988 年的 270.84 km^2（13.55%）增长到 2017 年的 1 153.92 km^2（57.77%），增加面积多达 883.08 km^2。林地面积在统计时间内呈现波动趋势，从 1988 年的 493.89 km^2（24.73%）增加到 741.19 km^2（37.11%）。水体面积先减少，最大时段面积为 1988 年的 165.82 km^2，2004 年减少到 45.47 km^2，之后基本保持稳定。草地面积从 1988 年的 6.36 km^2 逐步减少到 2017 年的 0.98 km^2。其他用地面积变化不大。

3.2 土地利用动态度分析

1988—2017 年深圳市土地利用变化速率如图 4 所示。横向比较相同时期内不同土地利用类型面积的变化，1988—1995 年间，深圳市建设用地面积变化量绝对值和年变化率均为最大，分别为 322.77 km^2 和 17.03%/a，说明在这一时段，建设用地增加最为显著。1995—2000 年期间，耕地面积变化量和年变化率绝对值均为最大，其面积减少了 250.57 km^2，单一动态度达到了 -6.02%/a。2000—2004 年期间，耕地面积变化量最大，其面积减少了 110.21 km^2；水体的单一动态度绝对值最大，为-13.83%/a，原因在于，水体面积的基数小，即使面积变化量较小，但其年变化率仍为最大。2004—2009 年期间，建设用地变化量最大，共增加 224.21 km^2；草地单一动态度绝对值最大，年变化率为-13.21%/a。2009—2013 年期间，耕地面积变化量和年变化率绝对值均为最大，其面积减少了 261.70 km^2，单一动态度达到了-18.14%/a。2013—2017 年间，土地利用变化相对放缓，耕地面积变化最大，减少了 44.70 km^2，其单一动态度为-11.30%/a。相较于其他土地利用类型，在大多数时期中，建设用地和耕地无论是在面积变化量上还是在变化速率上，都更为显著。

纵向对比相同土地利用类型在年际间的变化，对于耕地，其面积变化量和单一动态度的最大时段一致，为 2009—2013 年。耕地面积变化量最小值出现在 2013—2017 年期间，为-44.69 km^2，而单一动态量最小值却出现在 1988—1995 年，主要原因是前期耕地面积较大，单一动态度指标变化对面积变化响应程度较低，故单一动态度指标较小，而随着耕地面积萎缩，基数不断减小，响应敏感性升高，尽管 2013—2017 年耕地面积变化量远远小于 1988—1995 年的面积变化量，但其单一动态度值仍大于 1988—1995 年的单一动态度值。建设用地的面积变化量和单一动态度均在 1988—1995 年达到最大，分别为 322.77 km^2 和 17.02%/a，而两指标值均在 2013—2017 年达到最小。林地的面积变化量和单一动态度最大时段均为 2009—2013 年，而两指标最小值均出现在 2013—2017 年。草地面积在 1988—1995 年变化量最大，其变化量为-3.01 km^2，而单一动态度最大的时段为 2004—2009 年，其值为-13.21%/a，主要原因为前期草地基数较大，单一动态度指标变化对面积变化量响应程度较低，

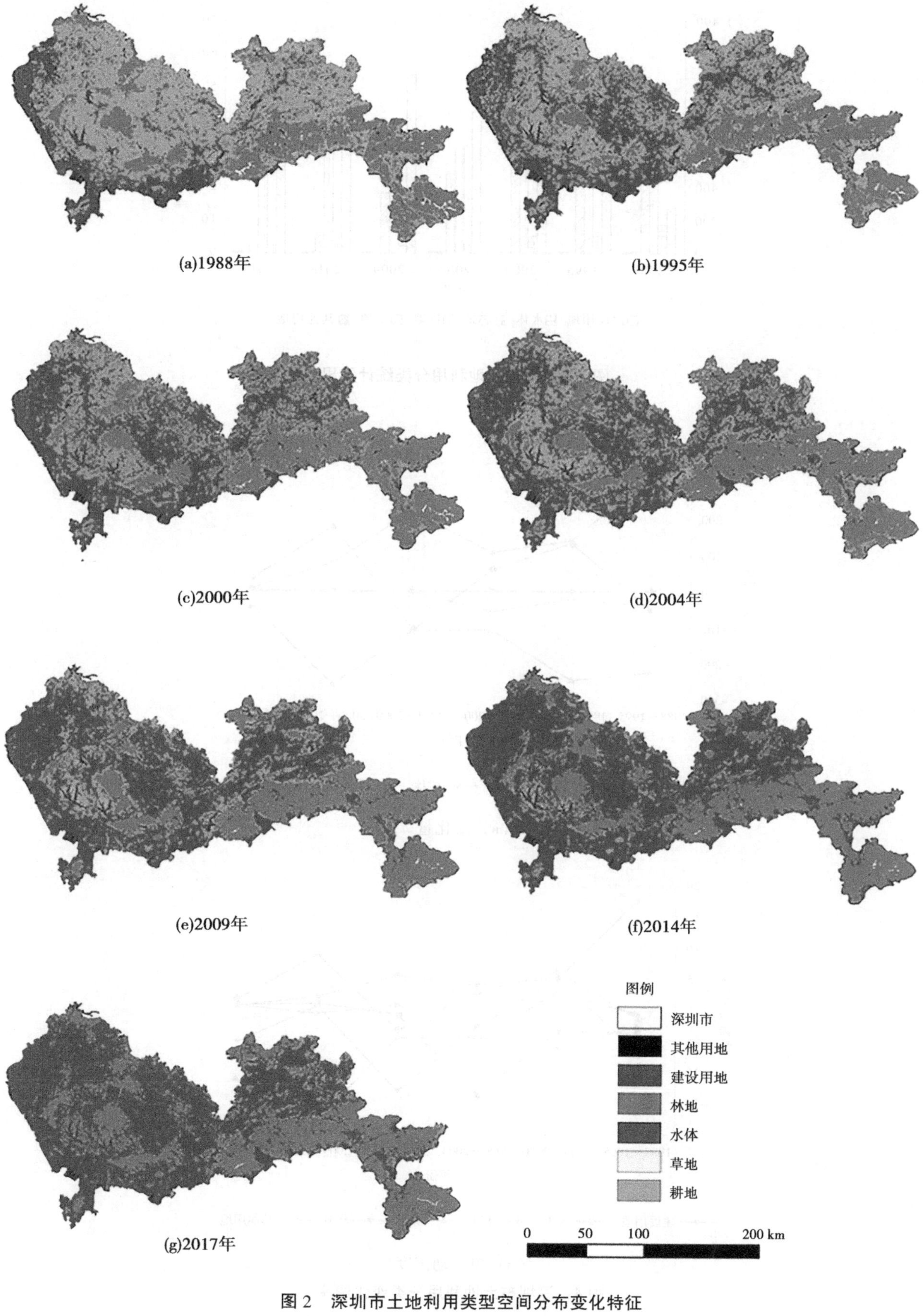

图 2 深圳市土地利用类型空间分布变化特征

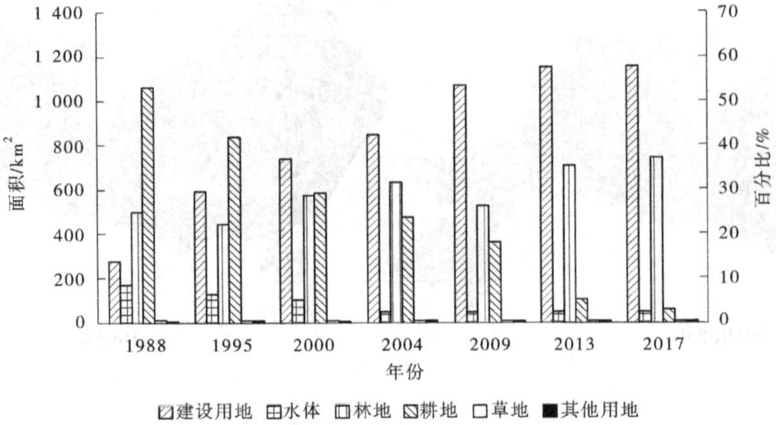

图 3　深圳市土地利用分类统计结果

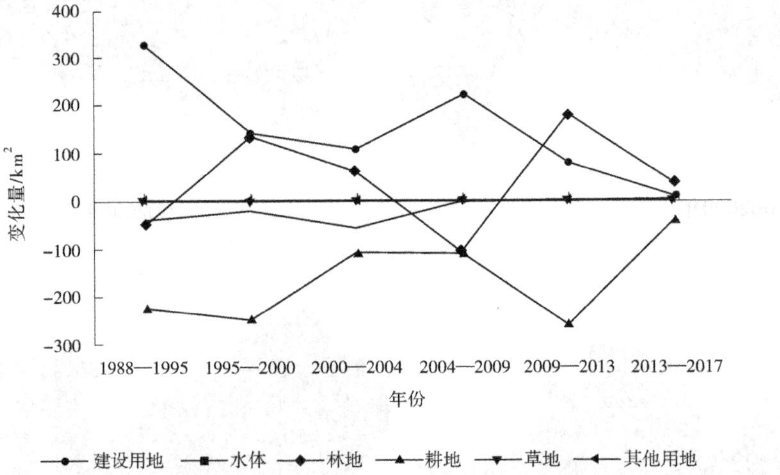

(a) 变化量

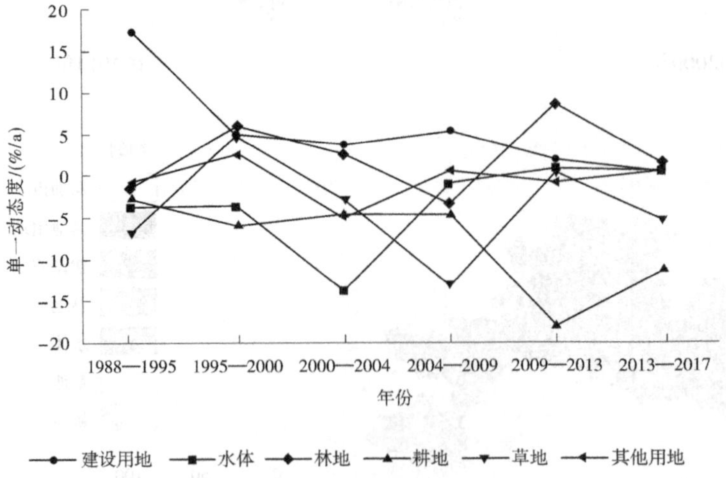

(b) 单一动态度

图 4　深圳市土地利用分类变化速率

随着草地面积萎缩，基数不断减小，使得其响应敏感性升高；而两指标最小值均出现在 2009—2013 年。水体的变化量和单一动态度均在 2000—2004 年达到最大，在 2013—2017 年达到最小。综上可知，统计时段前期土地利用变化速率较快，到 2013 年后，土地利用变化速率明显放缓。

3.3 土地转移矩阵分析

表 1 为深圳市 1988—2017 年的土地利用转移矩阵。就整个研究期而言，建设用地和林地属于转入型用地，而水体、耕地和草地属于转出型用地。建设用地转出率最小；除建设用地和耕地外，林地转移到其他土地类型的转移率均不足 1%。耕地面积在这 30 年的时间里大量减少，主要转移到了建设用地和林地。水体属于转出型用地，主要转移到建设用地。研究期内草地面积减少明显，主要转移到林地。总体来说，深圳市的不同土地利用类型均有转入和转出，按转出面积大小排序为：耕地>水体>林地>建设用地>草地>其他用地，按转入面积大小排序为：建设用地>林地>水体>耕地>其他用地>草地。

表 1　深圳市 1988—2017 年土地利用转移矩阵

项目		建设用地	水体	林地	耕地	草地	其他用地	合计
建设用地	面积/km^2	248.18	4.34	15.09	3.02	0.07	0.14	270.84
	转移率/%	91.63	1.60	5.57	1.12	0.03	0.05	
水体	面积/km^2	127.32	24.62	11.83	1.52	0.00	0.52	165.81
	转移率/%	76.78	14.85	7.13	0.92	0.00	0.31	
林地	面积/km^2	37.07	1.54	447.57	7.27	0.30	0.14	493.89
	转移率/%	7.51	0.31	90.62	1.47	0.06	0.03	
耕地	面积/km^2	739.89	14.43	261.12	42.28	0.01	0.31	1 058.04
	转移率/%	69.93	1.36	24.68	4.00	0	0.03	
草地	面积/km^2	0.46	0	5.25	0.05	0.60	0	6.36
	转移率/%	7.18	0	82.55	0.75	9.43	0.02	
其他用地	面积/km^2	1.00	0.04	0.33	0.05	0	1.11	2.53
	转移率/%	39.63	1.56	13.03	1.80	0	43.87	
合计		1 153.92	44.97	741.19	54.19	0.98	2.22	

4　结语

通过收集 1988—2017 年深圳市 6 期遥感影像，解译并分析土地利用数据及变化情况，得到以下结论：

（1）随着城市化的进程，建设用地迅速扩张，大面积的建设用地取代了耕地，占据了深圳市西部的绝大部分区域；水体被建设用地侵占，面积显著减少；东南部林地基本保持不变。在统计时间段内，六种不同土地利用类型变化面积从大到小排序为耕地、建设用地、林地、水体、草地和其他用地。耕地面积减少幅度最大，从 1988 年的 1058.04 km^2 减少到 2017 年的 54.19 km^2；建设用地面积呈显著增加趋势，从 1988 年的 270.84 km^2 增长到 2017 年的 1 153.92 km^2。

（2）横向比较相同时期内不同土地利用类型面积的变化，在大多数时期中，建设用地和耕地无论是在面积变化量上还是在变化速率上，都更为显著。纵向对比相同土地利用类型的变化，统计时段前期土地利用变化速率较快，到 2013 年后，土地利用变化速率明显放缓。

（3）从整个研究期来看，建设用地和林地属于转入型用地，而水体、耕地和草地属于转出型用地。按转出面积大小排序为：耕地>水体>林地>建设用地>草地>其他用地，按转入面积大小排序为：建设用地>林地>水体>耕地>其他用地>草地。

参考文献

[1] 华文剑，陈海山，李兴．中国土地利用/覆盖变化及其气候效应的研究综述［J］．地球科学进展，2014，29（9）：1025-1036.

[2] 张宇晗，张兵华，彭琳，等．福州市 2005—2020 年土地利用变化及驱动因素研究［J］．福州大学学报（自然科学版），2022，50（3）：408-416.

[3] 刘浩，孙丽慧，吕文魁，等．基于土地利用变化的洱海流域生态系统服务价值评估与变化分析［J］．生态经济，2022，38（1）：147-152.

[4] 熊竹阳，崔力鹏．1962—2019 年巢湖流域土地利用变化遥感监测及驱动因素分析［J］．中国防汛抗旱，2024，34（3）：55-59.

[5] 宋晓猛．变化环境下城市暴雨洪涝演变规律及响应机理：以北京市为例［D］．南京：南京水利科学研究院，2015.

[6] 魏英建．变化环境对城市雨洪径流的影响及控制模拟研究［D］．西安：西安理工大学，2020.

[7] 王秀兰，包玉海．土地利用动态变化研究方法探讨［J］．地理科学进展，1999（1）：83-89.

[8] 乔伟峰，盛业华，方斌，等．基于转移矩阵的高度城市化区域土地利用演变信息挖掘：以江苏省苏州市为例［J］．地理研究，2013，32（8）：1497-1507.

[9] 熊竹阳，崔力鹏．1962—2019 年巢湖流域土地利用变化遥感监测及驱动因素分析［J］．中国防汛抗旱，2024，34（3）：55-59.

基于 SPI 的珠江流域干旱变化特征研究

张 印[1,2] 刘志成[1] 刘 培[1,2] 刘壮添[1]

(1. 珠江水利委员会珠江水利科学研究院，广东广州 510611；
2. 水利部珠江河口治理与保护重点实验室，广东广州 510611)

摘 要：干旱是一种常见且具有破坏性的自然灾害，其对社会经济、生态环境有严重影响。本研究基于珠江流域 47 个气象站点逐日降水量资料，选取标准化降水指数（SPI）分析了流域 1962—2020 年干旱变化特征，结果表明：对于 3 个月和 12 个月尺度的 SPI，珠江流域和四个子区域绝大部分月份无旱，各区域中旱、重旱、特旱比例之和均大于 10%，说明有一定的概率发生季节性或长期重大连片旱情；绝大部分月份都可能出现特旱的情况；绝大部分月份 SPI 呈上升趋势，说明流域的干旱在一定程度上有所缓解。

关键词：珠江流域；干旱；SPI

1 引言

干旱是一种因水资源严重短缺导致的自然灾害，会对社会经济、生态环境造成严重影响[1-2]。开展干旱时空变化特征研究，对于更好地了解不同地区的干旱变化和潜在风险，为水资源管理提供科学指导具有重要意义。目前，已有大量学者开展相关研究，探究不同地区干旱的时空变化特征[3-5]。Zhang 等[3] 基于不同时间尺度（3 个月、6 个月和 12 个月）的标准化降水指数（SPI），探究了 1961—2016 年四川省干旱特征及演变情况。黄瑶等[4] 选取 SPI，分析了金沙江下游 1960—2020 年干旱在 3 个月和 12 个月时间尺度上的时空演变特征。向大享等[5] 基于 SPI 和植被供水指数（VHI）开展了长江中下游地区干旱时空特征分析。

珠江流域属于热带、亚热带季风气候区，降水量丰沛，但降水时空分布极不均衡，易发生旱涝灾害。如 2009—2010 年西南大旱，流域内云南、贵州、广西水库干涸 944 座，受旱耕地面积达 2 804 亩，812 万人、394 万头牲畜饮水困难。因此，基于长序列开展珠江流域干旱变化特征研究尤为重要。本文基于珠江流域内 47 个气象站点逐日降水数据，选取 SPI，综合分析珠江流域不同时间尺度干旱指标特征，以期较全面地揭示变化环境下干旱变化特征，为珠江流域水资源管理和水旱灾害防御提供参考。

2 数据与方法

2.1 研究区域

珠江流域地处我国热带、亚热带季风区，位于 102°14′~115°53′E、21°31′~26°49′N（见图 1），是中国第三大流域，流域面积 $4.42\times10^5\ km^2$，年流量居我国第二位。珠江由西江、北江、东江及珠江三角洲诸河组成。西江流域、北江流域、东江流域和珠江三角洲分别占珠江流域总面积的 77.8%、10.4%、5.9%和 5.9%。

基金项目：国家重点研发计划项目（2021YFC3001000）；广州市基础与应用基础研究专题（2023A04J1024）。

作者简介：张印（1994—），女，工程师，主要从事水文水资源研究相关工作。

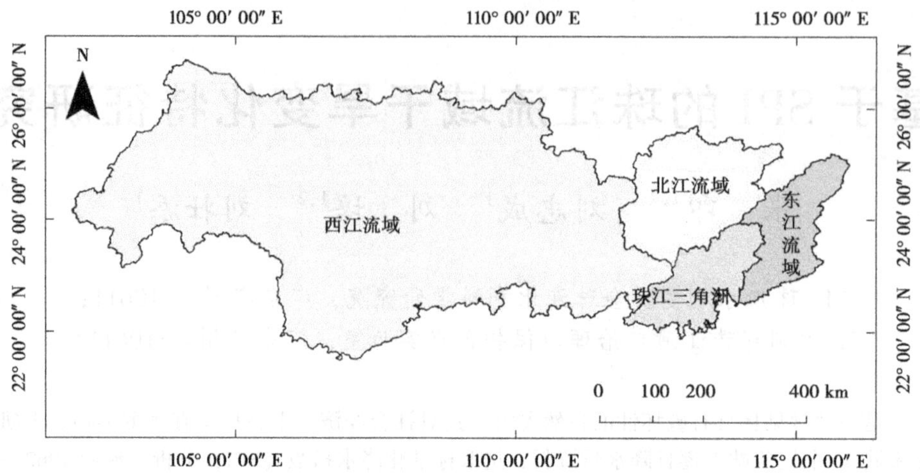

图 1　珠江流域分区

珠江流域气温高，降水丰富，雨热同期。多年平均温度为 14~22 ℃，多年平均降水量为 1 200~2 200 mm。流域降水量地区分布总趋势是由东向西递减，受地形变化等因素影响形成众多的降雨高、低值区。降水量年内分配不均匀，4—9 月降水量约占全年降水量的 80%。

2.2　数据

选取由国家气候中心提供的珠江流域降水序列较为完整的 47 个气象站 1961—2020 年的逐日降水观测数据，对数据进行质量控制和缺失数据插补延长。

2.3　方法

2.3.1　SPI

SPI 是由 McKee 等[6] 提出的，用于表征不同时间尺度上干旱状况的指标。首先，构造 gamma 概率密度函数来拟合降水序列分布。Gamma 分布函数 $g(x)$ 和累积分布 $G(x)$ 如下：

$$g(x) = \frac{1}{b^a\Gamma(\alpha)}x^{\alpha-1}e^{-x/b} \quad (x > 0) \tag{1}$$

$$G(x) = \frac{1}{b^a\Gamma(\alpha)}\int_0^x x^{\alpha-1}e^{-x/b}dt \quad (x > 0) \tag{2}$$

式中：x 为降水；a 和 b 分别为形状和尺度参数；$\Gamma(\alpha)$ 为 Gamma 函数。

累积概率函数如下：

$$H(x) = q + (1 - q)G(x) \tag{3}$$

式中：q 为 x 等于零的概率。

最后，通过将 H 转换为标准正态分布，得到 SPI 值：

$$\text{SPI} = \varphi^{-1}(H) \tag{4}$$

式中：φ 为标准正态分布。

根据上述方法计算出 3 个月和 12 个月尺度的 SPI，用以反映季节和年际干旱变化特征。其中，3 个月尺度的 SPI（SPI-3）可用于反映短期和中期土壤含水量状况；而 12 个月尺度的 SPI（SPI-12）与地表径流、水库水位及地下水水位有较大关系。将 SPI 划分为不同的旱涝等级（见表 1）。

表 1　旱涝等级划分

SPI	旱涝等级
SPI>2.00	特涝
1.50<SPI≤2.00	重涝

续表 1

SPI	旱涝等级
1. 00<SPI≤1. 50	中涝
0. 50<SPI≤1. 00	轻涝
-0. 50<SPI<0. 50	正常
-1. 00<SPI≤-0. 50	轻旱
-1. 50<SPI≤-1. 00	中旱
-2. 00<SPI≤-1. 50	重旱
SPI≤-2. 00	特旱

2.3.2 *趋势分析方法*

线性回归和 Mann-Kendall 检验[7-8] 已被广泛用于水文气象序列的趋势检验[3,9-10]。本文利用线性回归对 SPI 的变化幅度进行分析，当变化幅度 $\beta>0$ 时，表示序列呈上升趋势，反之呈下降趋势。同时使用 Mann-Kendall 进行统计检验，选择 $\alpha=0.05$ 显著性水平，对统计检验量 Z，如果 $|Z|\geq 1.96$，表示研究序列在 α 水平上趋势显著。

3 结果

3.1 SPI-3 结果

依据 SPI 干旱分级标准对 1962 年 1 月至 2020 年 12 月期间共 708 个月份 SPI-3 进行分级。SPI>-0. 5 表示无旱，-1. 00<SPI≤-0. 50 表示发生轻旱，-1. 50<SPI≤-1. 00 表示发生中旱，-2. 00<SPI≤-1. 50 表示发生重旱，SPI≤-2. 00 表示发生特旱。干旱等级月数统计结果见表 2。各月 SPI-3 统计结果表明，绝大部分月份无旱，珠江流域整体共有 505 个月无旱，约占 71. 3%，发生轻旱月数有 85 个，占比 12. 0%，中旱、重旱、特旱 3 个等级占比分别为 9. 6%、5. 1%、2. 0%，说明有一定的概率发生重大连片旱情。从分区域统计结果来看，无旱月数也占绝大部分，占比分别为西江流域 69. 9%、北江流域 68. 1%、东江流域 69. 5%、珠江三角洲 70. 6%。北江流域发生轻旱的月数最高，达到 121 个月，占比 17. 1%；珠江三角洲最少，为 94 个月，占比 13. 3%；西江流域和东江流域均为 101 个月。珠江三角洲发生中旱的月数最多，高达 68 个月，占比 9. 6%，略高于其他流域，比东江流域多 3 个月，比西江流域、北江流域多 5 个月。东江流域发生重旱月最多，高达 37 个月，占比为 5. 2%，略多于西江流域和珠江三角洲的 34 个月，较北江流域多 11 个月。特旱等级中 4 个流域次数均大于 10 个月，其中北江流域特旱月数最多，为 16 个月。

表 2　SPI-3 旱涝等级划分

区域	无旱		轻旱		中旱		重旱		特旱	
	月数	占比	月数	占比	月数	占比	月数	占比	月数	占比
珠江流域	505	71. 3%	85	12. 0%	68	9. 6%	36	5. 1%	14	2. 0%
西江流域	495	69. 9%	101	14. 3%	63	8. 9%	34	4. 8%	15	2. 1%
北江流域	482	68. 1%	121	17. 1%	63	8. 9%	26	3. 7%	16	2. 3%
东江流域	492	69. 5%	101	14. 3%	65	9. 2%	37	5. 2%	13	1. 8%
珠江三角洲	500	70. 6%	94	13. 3%	67	9. 5%	34	4. 8%	13	1. 8%

珠江流域、西江流域、北江流域、东江流域、珠江三角洲不同月份多年 SPI-3 如图 2 所示。对于珠江流域而言，1—4 月的 SPI-3 中位数小于 0；除 1 月、3 月、11 月外，其余月份均存在特旱情况。

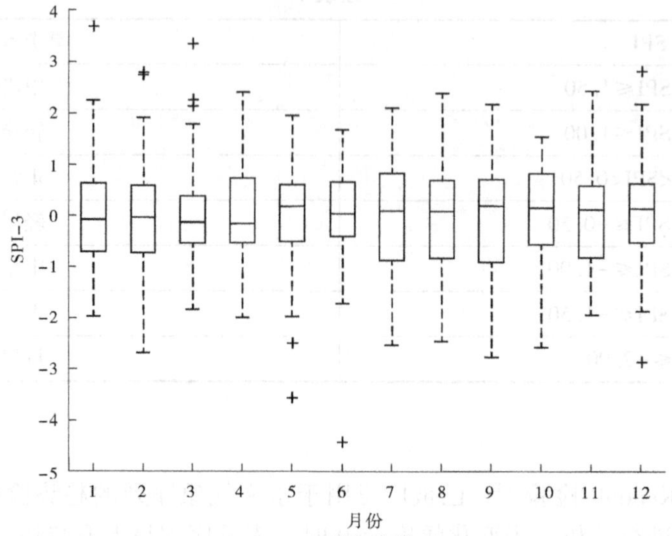

(a)珠江流域

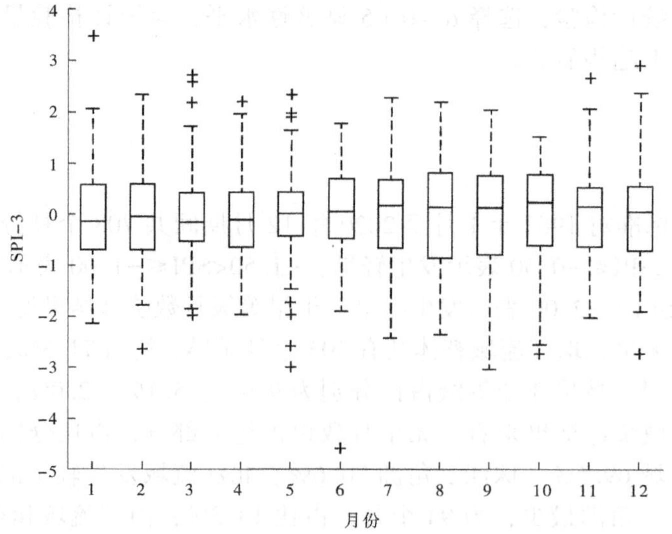

(b)西江流域

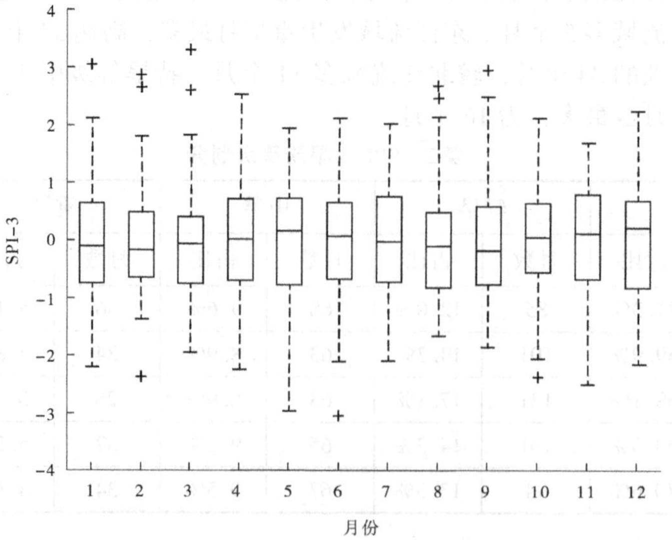

(c)北江流域

图 2　不同月份 SPI-3 箱型图

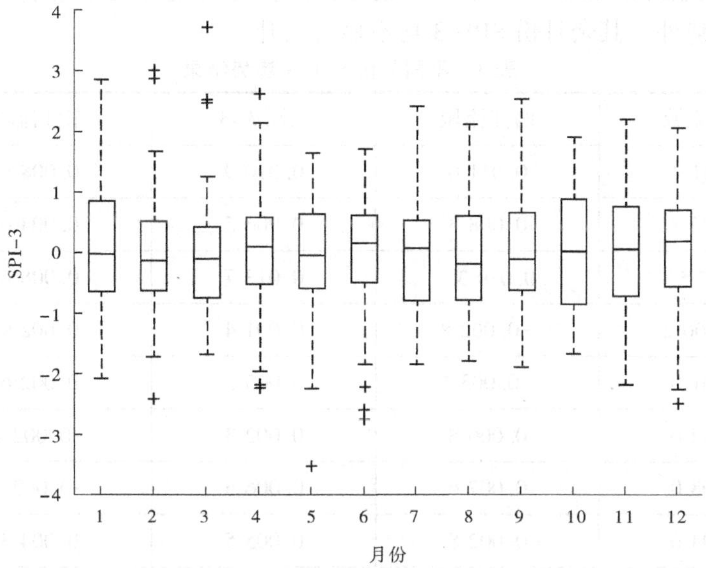

(d)东江流域

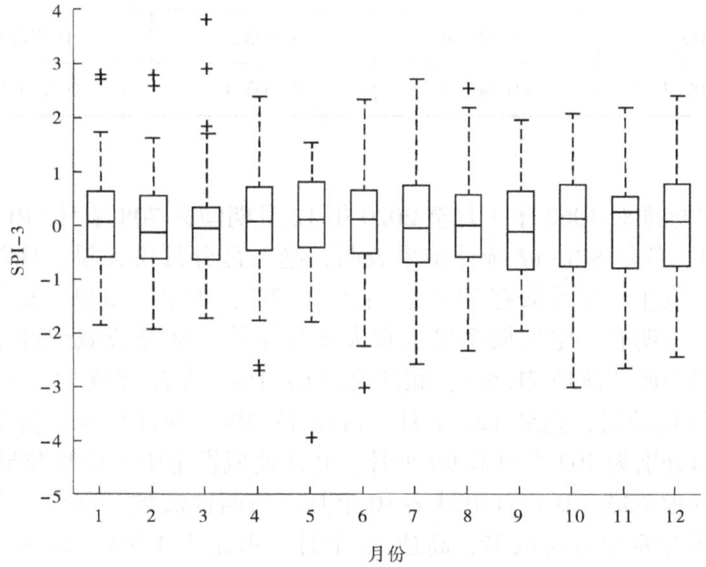

(e)珠江三角洲

续图 2

对于西江流域，1—4 月的 SPI-3 中位数小于 0；除 3 月、4 月外，其余月份均存在特旱情况。对于北江流域，1—3 月和 7—9 月的 SPI-3 中位数小于 0；除 3 月、8 月、9 月外，其余月份均存在特旱情况。对于东江流域，1—3 月及 5 月、8 月、9 月的 SPI-3 中位数小于 0；除 3 月、7—10 月外，其余月份均存在特旱情况。珠江三角洲，2 月、3 月、7 月、9 月的 SPI-3 中位数小于 0，除 1—3 月、9 月外，其余月份均存在特旱情况。

珠江流域、西江流域、北江流域、东江流域、珠江三角洲 SPI-3 趋势结果见表 3。对于珠江流域，4 月、10 月、11 月、12 月 SPI-3 呈下降趋势，其余月份 SPI-3 呈上升趋势，其中 3 月的 SPI-3 上升趋势显著，为 0.017 5/a。对于西江流域，4 月、5 月、9 月、10 月、11 月、12 月 SPI-3 呈下降趋势，其余月份 SPI-3 呈上升趋势，其中 3 月的 SPI-3 上升趋势显著，为 0.019 3/a。对于北江流域，各月份 SPI-3 均呈上升趋势，但各月份上升趋势均不显著。对于东江流域，除 6 月、7 月、11 月

SPI-3 呈下降趋势，其余月份 SPI-3 均呈上升趋势，但各月份趋势均不显著。对于珠江三角洲，除 12 月 SPI-3 呈下降趋势外，其余月份 SPI-3 均不显著上升。

表 3　不同月份 SPI-3 趋势结果

月份	珠江流域	西江流域	北江流域	东江流域	珠江三角洲
1	0.011 4	0.011 6	0.010 9	0.008 6	0.002 9
2	0.006 7	0.008 3	0.006 5	0.004 0	0.001 2
3	0.017 5*	0.019 3*	0.013 7	0.008 6	0.011 5
4	-0.000 2	-0.002 8	0.001 4	0.002 9	0.005 8
5	0.001 0	-0.003 1	0.005 3	0.002 6	0.008 8
6	0.002 0	0.000 8	0.002 3	-0.002 4	0.010 3
7	0.008 0	0.007 6	0.006 5	-0.002 3	0.012 6
8	0.004 6	0.002 8	0.005 5	0.004 3	0.012 4
9	0.001 3	-0.001 0	0.005 4	0.007 0	0.008 0
10	-0.006 1	-0.008 3	0.000 5	0.000 5	0.003 5
11	-0.000 2	-0.000 4	0.003 5	-0.002 6	0.001 0
12	-0.002 7	-0.003 5	0.002 4	0.000 4	-0.003 0

注：*表示趋势显著。

3.2　SPI-12 结果

依据 SPI 干旱分级标准对 1962 年 1 月至 2020 年 12 月期间共 708 个月 SPI-12 进行分级。干旱等级月数统计结果见表 4。各月 SPI-12 统计结果表明，绝大部分月份无旱，珠江流域整体共有 537 个月无旱，约占 75.8%，发生轻旱月数有 73 个，占比 10.3%，中旱、重旱、特旱 3 个等级占比分别为 6.1%、4.1%、3.7%，说明有一定的概率发生重大连片旱情。从分流域统计结果来看，无旱月数也占绝大部分，占比分别为西江流域 71.6%、北江流域 67.1%、东江流域 71.8%、珠江三角洲 71.3%。北江流域发生轻旱的月数最高，达到 122 个月，占比 17.2%，珠江最少，为 73 个月，占比 10.3%，西江流域和珠江三角洲分别为 102 个月和 99 个月。北江流域发生中旱的月数最多，高达 71 个月，占比 10.0%，明显高于其他流域，比东江流域多 10 个月，与西江流域、珠江三角洲相差高达 24 个月、22 个月。珠江三角洲发生重旱月份最多，高达 33 个月，占比为 4.7%，略多于东江流域的 30 个月，较西江流域、北江流域分别多 12 个月、7 个月。特旱等级中 4 个区域次数均大于 10 个月，其中西江流域特旱月数最多，高达 31 个月，珠江三角洲也达到了 22 个月。

表 4　SPI-12 干旱等级划分

区域	无旱		轻旱		中旱		重旱		特旱	
	月数	占比	月数	占比	月数	占比	月数	占比	月数	占比
珠江流域	537	75.8%	73	10.3%	43	6.1%	29	4.1%	26	3.7%
西江流域	507	71.6%	102	14.4%	47	6.6%	21	3.0%	31	4.4%
北江流域	475	67.1%	122	17.2%	71	10.0%	26	3.7%	14	2.0%
东江流域	508	71.8%	92	13.0%	61	8.6%	30	4.2%	17	2.4%
珠江三角洲	505	71.3%	99	14.0%	49	6.9%	33	4.7%	22	3.1%

珠江流域、西江流域、北江流域、东江流域、珠江三角洲不同月份多年 SPI-12 如图 3 所示。对于珠江流域而言，3 月、6 月、7 月、9 月、11 月的 SPI-12 中位数小于 0；除 4 月外，其余月份均存在特旱情况。对于西江流域，2 月、5 月的 SPI-12 中位数小于 0，所有月份均存在特旱情况。对于北江流域，1 月、4 月、5 月、7 月、9 月、12 月的 SPI-12 中位数小于 0；除 2 月、3 月外，其余月份均存在特旱情况。对于东江流域，1 月、5 月的 SPI-12 中位数大于 0，所有月份均存在特旱情况。珠江三角洲，3 月、4 月、12 月的 SPI-12 中位数小于 0，所有月份均存在特旱情况。

珠江流域、西江流域、北江流域、东江流域、珠江三角洲 SPI-12 趋势结果见表 5。珠江流域、西江流域、北江流域、东江流域、珠江三角洲各月份 SPI-12 趋势均不显著。除西江流域 1—7 月 SPI-12 呈下降趋势外，其余区域各月份 SPI-12 均呈上升趋势，说明流域的干旱在一定程度上有所缓解。

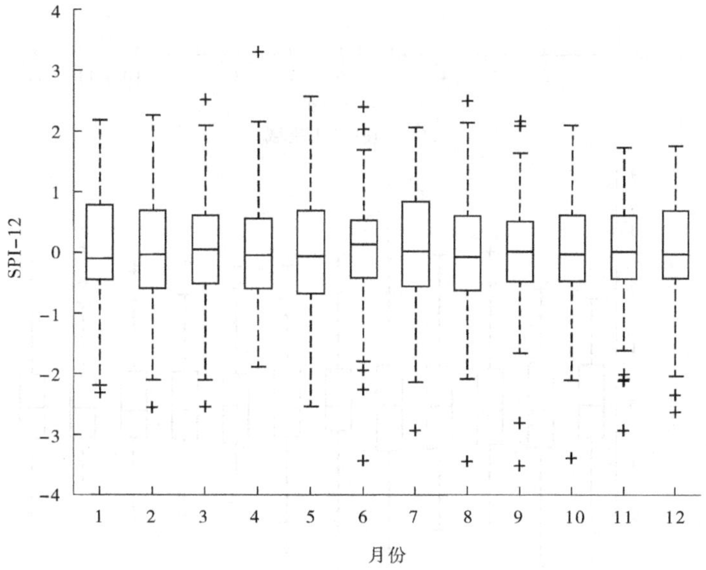

(a)珠江流域

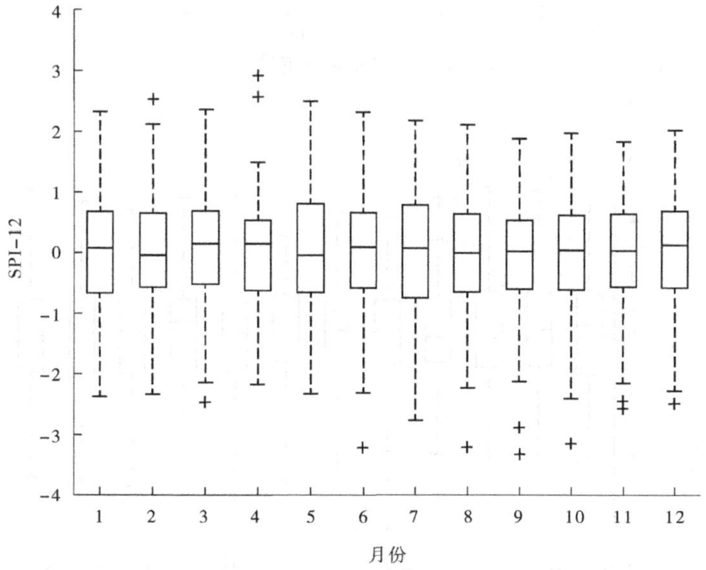

(b)西江流域

图 3　不同月份 SPI-12 箱型图

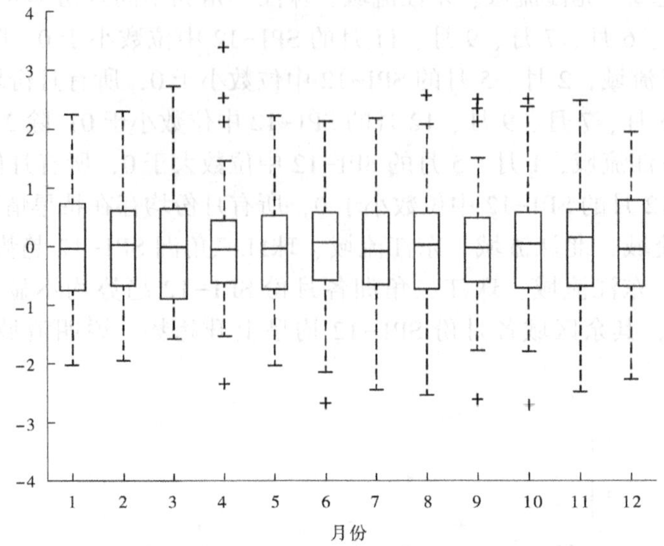

(c)北江流域

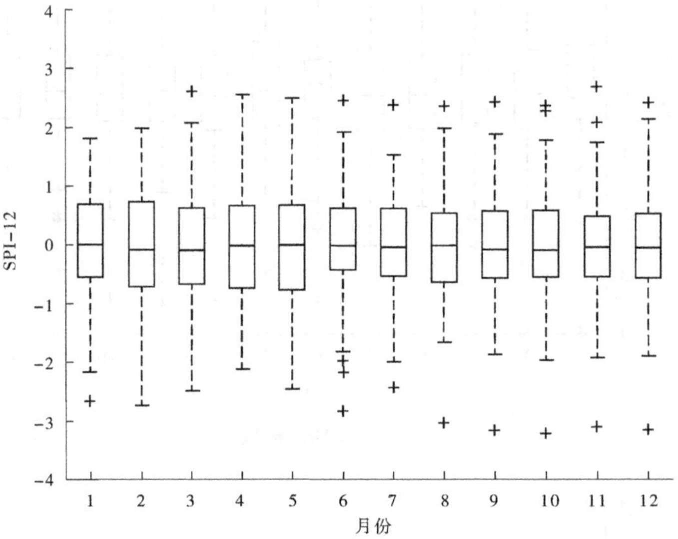

(d)东江流域

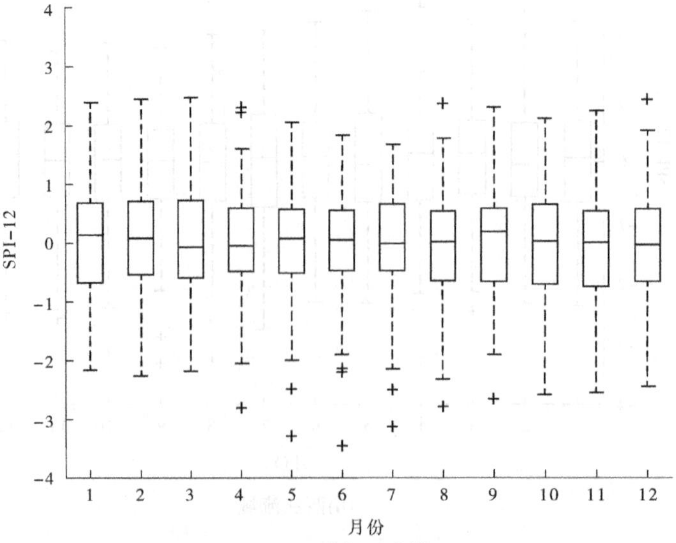

(e)珠江三角洲

续图 3

表 5　不同月份 SPI-12 趋势结果

月份	珠江流域	西江流域	北江流域	东江流域	珠江三角洲
1	0.001 3	-0.001 8	0.007 1	0.003 3	0.010 7
2	0.001 9	-0.001 5	0.007 8	0.003 7	0.011 1
3	0.002 5	-0.000 8	0.008 3	0.003 9	0.011 0
4	0.003 1	-0.000 2	0.008 1	0.003 5	0.011 8
5	0.002 5	-0.001 0	0.008 4	0.003 9	0.011 0
6	0.002 6	-0.000 1	0.007 3	0.002 1	0.010 0
7	0.002 5	-0.000 1	0.007 6	0.001 8	0.010 0
8	0.003 3	0.000 7	0.007 9	0.002 8	0.010 4
9	0.005 4	0.002 6	0.010 1	0.004 8	0.011 8
10	0.005 4	0.002 6	0.010 6	0.004 0	0.011 7
11	0.005 1	0.002 2	0.010 4	0.004 0	0.011 6
12	0.006 2	0.003 2	0.011 4	0.005 0	0.012 6

4　结语

本研究以珠江流域 47 个气象站点逐日降水量资料为基础，基于 SPI 分析了流域 1962—2020 年干旱变化特征，结果如下：

（1）对于 SPI-3，珠江流域和四个子区域绝大部分月份无旱，各区域中旱、重旱、特旱比例之和均大于 10%，说明有一定的概率发生季节性重大连片旱情。绝大部分月份都可能出现特旱的情况。绝大部分月份 SPI-3 呈上升趋势，说明流域的季节性干旱在一定程度上有所缓解。

（2）对于 SPI-12，珠江流域和四个子区域绝大部分月份无旱，各区域中旱、重旱、特旱比例之和均大于 10%，说明有一定的概率发生长期重大连片旱情。绝大部分月份都有可能出现特旱，且较 SPI-3 特旱情况更多。除西江流域 1—7 月 SPI-12 呈下降趋势外，其余区域各月份 SPI-12 均呈上升趋势，说明流域长期干旱整体呈缓解态势。

参考文献

[1] Shi H Y, Chen N J, Wang K Y, et al. A new method and a new index for identifying socioeconomic drought events under climate change: A case study of the East River Basin in China [J]. Science of the Total Environment, 2018, 616: 363-375.

[2] She D X, Xia J. Copulas-based drought characteristics analysis and risk assessment across the Loess Plateau of China [J]. Water Resources Management, 2018, 32: 547-564.

[3] Zhang Y, Xia J, Yang F, et al. Analysis of Drought Characteristic of Sichuan Province, Southwestern China [J]. Water, 2023, 15, 1601.

[4] 黄瑶，何军，甘薇薇，等. 基于 SPI 的金沙江下游气象干旱时空分布特征及预测方法 [J]. 高原山地气象研究. 2023, 43 (2): 81-89.

[5] 向大享，姜莹，陈喆，等. 基于 SPI 和 VHI 的长江中下游地区干旱时空特征分析 [J]. 长江科学院院报，2024, 41 (3): 153-159, 165.

[6] McKee T B, Doesken N J, Kleist J. The relationship of drought frequency and duration to time scales [C] //Proceedings of the 8th Conference on Applied Climatology. Boston: American Meteorological Society, 1993, 17 (22): 179-183.
[7] Mann H B. Nonparamentric tests against trend [J]. Econometrica, 1945, 13 (3): 245-259.
[8] Kendall M. Multivariate Analysis [M]. Charles Griffin: London, UK, 1975.
[9] 邹磊，夏军，张印．长江中下游极端降水时空演变特征研究 [J]．长江流域资源与环境，2021，30 (5)：1264-1272.
[10] 张印，王汉岗，佘敦先，等．基于创新趋势分析方法的黄河年季降水变化特征研究 [J]．中国农村水利水电，2023 (3)：30-38.

黄河“十大孔兑”哈什拉川上游小流域综合治理

张瑞海[1]　王智威[2]　蒋文飞[1]

（1. 黄河勘测规划设计研究院有限公司，河南郑州　450003；
2. 陇东学院农业与生物工程学院，甘肃庆阳　745000）

摘　要：以流域为单元推进中小河流系统治理是推动新阶段水利高质量发展、支撑国家水网建设、助力乡村振兴的重要举措。本文以内蒙古哈什拉川小流域为研究区域，通过剖析存在问题，研究确定了新时期“十大孔兑”系统治理的思路和目标，通过流域基底修复、水保巩固、环境治理和产业导入创新中小河流治理，为综合治理管理提供参考。

关键词：小流域；综合治理；哈什拉川；产业

“十大孔兑”是黄河几字湾的重要组成部分[1]，受区域地形特点和气候影响，以及外在人为扰动下，水土流失十分严重，生态环境敏感脆弱，人地矛盾突出[2]。“十大孔兑”是黄河内蒙古段右岸从西向东并行直接入黄的十条一级支流。各流域上游丘陵沟壑区的沟道和沟坡是水土流失主要产生区域，减少“十大孔兑”泥沙进入黄河，减缓河道淤积，是黄河上游流域治理的重大战略任务。

1　研究区概况

1.1　地理位置

东胜区位于内蒙古自治区鄂尔多斯市中东部，是全市经济、科技、文化、金融、交通和信息中心，也是“呼包鄂”经济金三角重要一极。煤炭产业是东胜区经济发展重要的支柱产业。截至2020年底，东胜区全区共有煤炭矿山34家，登记开采总面积为491.85 km^2。全区生产矿山29家，其中露天矿14家，生产能力为60万~500万t/年。露天矿区主要集中分布在铁东区的东北部，“十大孔兑”哈什拉川上游有9家露天煤矿。

哈什拉川，上游称神山沟、哑麻图沟，发源于东胜区铜川镇神山村北梁，流经东胜区和达拉特旗，河长94 km，流域面积1 076 km^2，河道平均比降3.36‰。全河在巴龙图沟入河口（杜家圪楞）至垚垚店、纳林沟门至新民堡有清水，其他河段为干河。流域面积在50 km^2以上的一级支流有大纳林沟、可图沟和碾盘梁沟；流域面积在30~50 km^2的一级支流有中库伦沟、哈日布拉格、巴龙图沟、小纳林沟。

1.2　地形地貌

哈什拉川是黄河的主要产沙支流。该区域地貌类型极其复杂，地势南高北低，上游源头区沟壑纵横，被“地球癌症”之称的砒砂岩覆盖，土壤抗蚀能力弱，林草植被结构单一，水土流失严重，每遇暴雨就有大量泥沙冲入河道。参考罕台川响沙湾水文站1984—2017年水文观测资料（其中1984—1998年为红塔沟水文站）统计，哈什拉川多年平均输沙模数采用响沙湾水文站成果，下游入黄处多年平均输沙量为25.9万t，多年平均含沙量为61.84 kg/m^3，是黄河流域水土流失最严重的区域之一。

该地区为黄土丘陵沟壑区，原始高程（2000年）分布在1 279~1 550 m。地貌形态包括中低山丘陵和侵蚀河谷地貌，地形南高北低，坡度相对较缓，大部分基岩裸露，植被稀疏。随着近20年的矿

作者简介：张瑞海（1988—），男，高级工程师，副所长，主要从事流域综合规划方面的研究工作。

产开发，2024 年流域高程分布在 1 222～1 655 m，流域地形地貌发生巨大变化。原始地貌在人工采矿活动干扰下，转为人工挖损地貌和堆积地貌，坡度陡峭，部分区域为高陡边坡。

1.3 气候

该流域属温带内陆干旱半干旱大陆性气候区，多年平均气温为 6.6 ℃，极端最高气温 40.2 ℃，极端最低气温-34.5 ℃。多年平均降水量为 311.1 mm，径流量主要集中在 6—9 月，多年平均汛期径流量占年径流量的 80%左右。“十大孔兑” 的洪水由暴雨形成，洪水出现的时间与暴雨相应，最大洪峰流量一般出现在 6—9 月，以 7 月、8 月出现的频次最高。历年暴雨产生的洪水最大流量出现时间最早一般在 6 月底 7 月初，最晚一般在 9 月。年最大流量的年际变化很大，一般 5～10 年发生一次较大的洪峰。典型支流历年实测最大次暴雨洪水特征见表 1。

表 1 典型支流历年实测最大次暴雨洪水特征

孔兑	站名	降雨量/mm	最大雨强/(mm/h)	洪峰流量/(m^3/s)	时间(年-月-日)
毛不浪沟	图格日格	106.5	87.6	5 600	1987-07-21
西柳沟	龙头拐	107.7	105.9	6 940	1989-07-21
罕台川	红塔沟	121.0	119.1	3 090	1989-07-21

1.4 水土流失情况

据鄂尔多斯市 2022 年水土流失动态监测成果，规划区水土流失面积为 47.02 km^2，占规划区面积的 61.45%，全部为水力侵蚀，多为面蚀、沟蚀。从侵蚀强度来看，规划区大部分属于轻度、中度侵蚀，面积为 29.48 km^2，占水土流失面积的 62.70%（见表 2）。项目区位于黄河流域多沙粗沙重点治理区，地形破碎、沟壑密度大，水土流失严重（见表 2、表 3）。

表 2 水土流失情况

土壤侵蚀类型	轻度	中度	强烈	极强烈	剧烈
水力侵蚀面积/km^2	13.559	15.923	6.668	8.157	2.716
占比/%	28.84	33.86	14.18	17.35	5.78

表 3 沟壑密度情况

沟道	土壤侵蚀模数/[t/(km^2·a)]	沟壑长度/km	沟壑密度/(km/km^2)
酸刺沟	6 800	58.19	1.24
巴龙图沟		40.35	1.36

2 存在问题

2.1 水土流失严重，对孔兑下游和黄河干流危害大，治理难度大

上游区丘陵起伏，沟壑纵横，沟壑密度 1～6 km/km^2，植被稀疏，地表仅覆盖有极薄的风沙残积土。上游区下伏地层大部分为白垩株罗系黄绿或紫红色泥质长石砂岩、砾岩（俗称础砂岩），厚度大，岩性结构松散，易风化，遇水即粉。泥沙颗粒较粗，d>0.05 mm 的粗沙占 60%左右[3]，是黄河的主要产沙区之一。在暴雨洪水作用下，沟头溯源侵蚀，沟床下切、侧蚀，岩溶（黄土喀斯特）侵蚀均很严重，重力作用下的泻溜、崩塌和滑坡活跃，往往形成泥流。

“十大孔兑”为典型的基岩产沙区，每年平均有长达 8 个月之久的冻融风化期，年平均冻融风化厚度 1.94 cm，最大达 3.5 cm，因而在沟谷坡脚出现大量的松散碎屑堆积坡裙物质，暴雨洪水除对坡面侵蚀外，主要是以强劲的股流、以推移的形式搬运、输送非径流产生的大量坡裙堆积物质之后，再冲刷沟床和淘刷沟谷壁[4]。

2.2 露天煤矿开采改变小流域面貌

对矿区进行完全的开挖、土壤剥离、土地重构、地貌重塑。动态、横向推进式的边挖采、边弃土、边复垦，结束后留下一个或数个采坑（终坑），以巴龙图沟小流域为例，50%以上的区域都要进行地貌重塑。小流域边界受到破坏，产汇流规律受到严重影响。

加剧土壤侵蚀，新增人为水土流失。开采会破坏原有土层和植被，降低土壤抗蚀能力，易发生水蚀，尤其是露天采矿形成较大的排土场及露天采坑，是水土流失重点区域。流域内工矿建设扰动范围大，开发建设过程中破坏地表、弃土弃渣等行为加剧水土流失。破坏土地，污染土壤，降低生物多样性。露天开采将改变边坡的自然平衡，导致土壤崩塌。

2.3 资源开发依赖症、“资源诅咒”阴影挥之不去，绿色转型步伐缓慢，高质量发展新动力尚未确立

作为国家重要能源基地，鄂尔多斯煤炭资源储量约占全国的 1/6、内蒙古自治区的 2/3。鄂尔多斯以一市之力承担了全国 18 个省的煤炭保供任务。煤炭产业是当地经济发展重要的支柱产业，矿山开采引起的地面沉降、塌陷、滑坡、地质环境破坏，带来严重的生态环境污染等问题。针对“十大孔兑”地区，如何统筹做好资源开发利用和新时代水土保持工作，是当下发展面临的重要课题。如何破解“资源诅咒”问题，“兴于煤，而不困于煤”，是实现高质量发展一道必答题。

3 综合治理

3.1 总体思路

习近平总书记指出：“改革有破有立，得其法则事半功倍，不得法则事倍功半甚至产生负作用。”“先立后破”是一种远见，对推动制度创新、强化发展动力、优化资源配置及增强抗风险能力等方方面面都具有积极意义。开展新时代水土保持中要用好“先立后破”方法论，一对小流域生态基底进行彻底的修复；二要强化小流域水土保持能效，最大限度地减少下游入黄泥沙；三要改善小流域生态环境质量，提升小流域生态环境承载能力；四要提前布局后续产业，推动小流域产业可持续发展。

针对“十大孔兑”哈什拉川上游露天煤矿开采最集中、水土流失最严重的、涉及行业部门最复杂的源头区，开展新时代水土保持，攻改革之坚，如攀万仞之峰，看似寻常最奇崛，成如容易却艰辛。要先立后破、破立并举，对掣肘高质量发展的重大问题进行科学地立是破非。通过流域基底修复、水保巩固、环境治理和产业导入，构建“一区十带多点”的生态保护治理格局。治理措施以生态修复、林草植被建设为主，对露天矿区加强监督管理，矿区结合部以生态修复为主。加强对上游矿区生态环境的预防保护和修复，尤其是罕台川、西柳沟、哈什拉川上游资源开发集中区，以企业为责任主体开展绿色矿山环境治理。

3.2 目标定位

统筹推进治山保水、治河疏水、治污洁水、产业发展等工作，探索黄土高原能源富集区新时代水土保持新路径，充分响应各方利益诉求，优化矿区地貌重塑和土地修复模式，完善合作机制，推动流域水土保持和煤矿企业集中连片治理有机结合，使各行业在流域治理层面形成有效合力。

实现巴龙图沟小流域水土资源利用与区域经济社会发展更适配，矿产开发与生态保护之间的关系更协调，乡村特色产业得到培育和发展，群众生态保护意识普遍增强，山青、水净、村美、民富的目标基本实现。打造“十大孔兑”上游丘陵沟壑区小流域提质增效先行区，黄土高原能源富集区生态清洁小流域样板。

3.3 治理方案

3.3.1 加强小流域上下游河道岸线管控，做好小流域中游基底修复

上下游强监管，以非工程措施为主，进一步强化上下游河道岸线管控。上游封禁涵养水源，加强地基沉陷、山洪泥石流等自然灾害预警预报，与中游淤地坝系形成洪水预警预报联动；下游强化河湖岸线管理，清退河湖岸线范围耕地，保障河流过流能力，避免沟道侵占。

以原流域分水岭为基础，理顺流域边界，确保地貌重塑后流域边界与原流域边界相贴合，流域面积与原流域面积一致，拓宽拓深岸线空间。以河道中心线为基础，维持河道原有比降，纵向由上至下逐步降低高程，横向左右岸分水岭至沟道深泓点逐渐降低高程，确定河流是流域最低点，构造“梯田化”地貌。

本区域属于黄河流域多沙粗沙来源区，为了最大限度减少入黄入库泥沙，考虑泥沙全拦方案：1号坝河段长 3 000 m，2 号坝河段长度 3 000 m（见图 1）。1 号和 2 号坝均为大型骨干坝，设计年限 30 年。骨干坝高 22.5 m，拦泥高度 15.6 m，拦洪高度 1.7~2.0 m，超高均为 1.5 m。河道防洪标准 20 年一遇。建议淤地坝选用高标准免管护淤地坝，降低后期管理成本及风险。

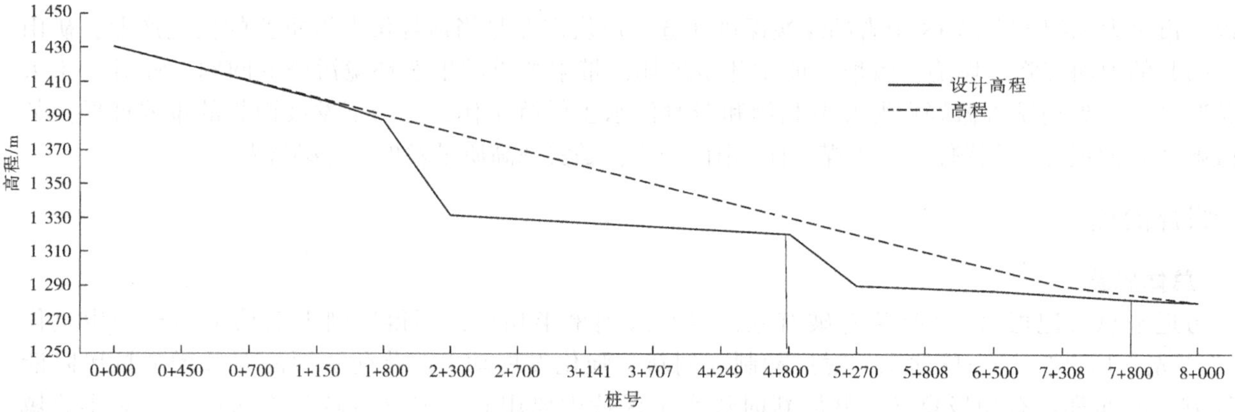

图 1 双坝示意图

3.3.2 做好上下游水土保持预防和中游（露天矿区）水土保持治理

上游加大对水源涵养区轮封轮牧和封育保护力度，促进自然恢复。结合三调数据，重点对现状郁闭度较高的林草地进行封禁，涵养水源。封禁建设配套网围栏，修建标志牌、宣传牌。通过人工造林、梯田建设等多种措施推进中游治理，适度发展经济林和林下经济，提高生态效益和农民收益。下游对现状退化林草地进行补植修复和抚育管护，改善林相结构，提高林分质量。结合地貌、土壤、气候和技术条件，科学选育人工造林树种，提高成活率、增强林木的抵抗灾害能力。

优化梯田治理模式。以道路、沟渠（管网）、防沙格堤为骨架，将大塬面拆分成小田块，通过路坎结合方式，畅通雨水汇流通道，提升田块边缘防冲刷能力。排水沟（管网）沿道路两旁布置，蓄水池道布置在相对低处，实现高水高排、低水低排。

强化雨洪水资源和疏干水资源利用，确保水土保持成效。采取“低收高用“的原则，在淤地坝位置修建抽排系统，高处修建若干蓄水沟（池），将汛期低处水抽至蓄水沟（池），用于旱季坡面林草及农作物浇灌。分水岭以下梯田块分散布置蓄水沟（池），用于收纳雨水资源。

3.3.3 改善小流域生态环境质量，提升区域环境承载能力

加强下游村庄人居环境整治。以巴龙图沟下游杜家圪塄村为试点，全面提升村庄的人居环境，改善村民的生活质量，打造美丽宜居的乡村环境。

积极开展中游（露天矿区）环境污染治理。以矿区煤矸石治理、废水处理为重点，通过实施有效的治理措施，改善矿区环境状况，促进生态系统的恢复和可持续发展。

3.3.4 培育发展现代乡村产业

加大上游水土保持力度，鼓励发展林沙产业。加大对上游水源涵养区轮封轮牧和封育保护力度，促进区域自然恢复。结合生态防护，对上游灌木资源进行促萌更新，增加灌木密度，确保灌木林地具有持续的生产力。

引导中游发展绿色能源产业，促进区域产业梯级开发。在风光资源较好地段，发展光伏与风力发电，鼓励农光互补一体化建设，形成“板上发电、板下种植、板间养殖”产业业态。对地貌重塑区土地进行土壤改良和地力修复，完善区域灌排体系，充分利用汛期雨洪资源，发展特色农业种植和林果产业，丰富农业种植业态。

推动下游地区发展设施农业和特色专供农牧业。大力发展设施农业，推广水肥一体化及无土栽培技术，引导示范设施农业的高级形式——植物工厂。鼓励应用5G通信网络、人工智能、物联网、云计算、大数据等前沿技术，发展特色专供农牧业，优化提升标准化圈舍、饲草料收储加工、自动饲喂等环节设施化水平，提升饲养水平。

参考文献

［1］滑永春，陈家豪，孙小添，等．内蒙古段黄河流域景观生态风险分析［J］．自然资源遥感，2023，35（2）：220-229.

［2］姚海芳，师长兴，顾畛逵．气候变化和人类活动对黄河上游十大孔兑水沙过程的影响［J］．干旱区地理，2018，41（3）：472-479.

［3］姬宝霖，吕志远，牟献友，等．黄河一级支流内蒙古十大孔兑引洪治沙、淤地、灌溉工程可行性分析［C］//中国水利学会2002学术年会．上海，2002.

［4］毕慈芬．黄土高原基岩产沙区治理对策探讨［J］．泥沙研究，2001（4）：1-6.

面向水环境安全保障的流域减污降碳协同管控技术体系探讨

石赟赟[1,2]　朱　瑞[1,2]　万东辉[1,2]　王　强[1,2]

（1. 珠江水利委员会珠江水利科学研究院，广东广州　510611；
2. 水利部珠江河口治理与保护重点实验室，广东广州　510611）

摘　要： 流域是我国应对气候变化、实现双碳目标和推进生态文明建设的关键区域。本文分析了流域温室气体和环境污染物协同减排的基本特征，从水资源及能源高效集约利用、产业用水结构及节水措施、自然生态系统水分利用效率、河流水体水质四个方面探讨了流域减污降碳协同管控主要路径。在此基础上，提出了流域减污降碳协同效能评估指标和水环境安全跨区域治理的成本转移量化方法，确立了考虑流域尺度和区域尺度的减污降碳协同管控优化建模框架，为从流域视角科学评估减污降碳协同能效、制定和调整协同管控对策提供了理论基础及发展方向。

关键词： 减污降碳；协同管控；水环境；水安全

1　引言

全球气候变化背景下，中国积极投身碳减排事业，并在多个重要场合反复重申2030年前碳达峰目标和2060年前碳中和愿景，明确将双碳目标纳入生态文明建设布局，标志着中国生态文明建设进入减污降碳协同治理的新阶段[1]。2022年6月，生态环境部等7部门联合印发的《减污降碳协同增效实施方案》更是明确指出“当前我国生态文明建设同时面临实现生态环境根本好转和碳达峰碳中和两大战略任务，生态环境多目标治理要求进一步凸显，协同推进减污降碳已成为我国新发展阶段经济社会发展全面绿色转型的必然选择”。温室气体排放和环境污染物排放，在根源上大多来自于人类经济社会活动中化石燃料的燃烧，二者之间存在着同源性、同根性及过程上的紧密联系[2]。因此，协同推进减污降碳不仅具有理论基础支撑，而且在实际操作中具有可行性和效益性。更重要的是，这一路径对于促进生态环境质量的根本性、系统性改善具有极其重要的价值与意义。

流域作为一个具有明确边界的地理区域，不仅是自然地理单元，也是人类经济社会活动的重要载体。流域内各种自然生态系统（水系、森林和草地生态系统）和人工生态系统（城市和农村、工业和农业生态系统）产出或消纳大量以CO_2为主的温室气体及以氮、磷为代表的环境污染物。受流域水文循环和碳循环过程的推动，温室气体和环境污染物会在流域内不同时空尺度上流动和演化，使得流域成为我国应对气候变化、强化生态环境管控、推进生态文明建设的关键区域[3]。

流域治理需要坚持系统观念，将流域内自然要素、经济要素、社会要素等紧密关联，采用系统论的方法，处理好发展和保护的关系，既要满足经济社会发展需要，也要提升流域生态环境质量、保障流域水安全。本文主要从流域视角，针对减污降碳协同管控与水环境安全保障技术体系进行探讨，为

基金项目： 流域减污降碳协同管控与水环境安全保障技术体系（国家重点研发计划课题，2022YFC3202205）。
作者简介： 石赟赟（1986—），女，高级工程师，主要从事水文水资源方面的研究工作。
通信作者： 万东辉（1980—），男，正高级工程师，副所长，主要从事生态水文研究方面的工作。

水生态环境改善和温室气体减排提供参考。

2 流域温室气体和环境污染物协同减排机制

流域内生态系统一般可以分为自然生态系统和人工生态系统。一方面，对于流域自然生态系统，如森林、草原等生态系统，可以通过光合作用将大气中的碳固定于生物和土壤中，并起到保持水土、减少土壤营养物质流失的作用。然而在人类活动影响下，自然生态系统的碳汇强度可能受到影响，如一些自然湿地可能被开发为城镇建设用地或农业用地。土地利用方式的改变不仅会导致植被和土地对 CO_2 的净吸收量减少，同时城市不透水地面和农田面积的增加还会改变地表产流过程并对水体中氮、磷等营养物质浓度产生影响[4]。另一方面，对于人工生态系统而言，只要人类社会以化石燃料为主的能源结构不发生实质性转变，温室气体和环境污染物之间的同根同源性将长久存在，这一特性也决定了“减污”和“降碳”分而治之的成本更高，而协同治理则可以实现降本增效。此外，人类活动导致水体富营养化加剧，还会导致藻类过度生长，促使水中氧气的快速消耗和有机物的厌氧分解，导致 CH_4 排放量增多[5]。可见，流域自然生态系统对环境变化的响应，叠加人工生态系统对水文循环过程、营养物质输移过程的干扰，会导致流域内温室气体排放和污染负荷之间存在复杂耦合关系。

从治理成效上看，已有研究表明，我国政府出台的降碳政策自政策实施起便具有显著的减污协同效应，且政策实施时间越长，对减污的协同作用越强；而减污政策的降碳协同效应则是在 2011 年出台节能减排综合性方案以后才逐渐显著[6]。从区域上看，地区经济发展水平对减污降碳协同效应有着不同程度的影响，珠三角城市群减污降碳协同治理存在协同度水平较低、系统稳定性较差的问题，其协调性不及长三角城市群[7]。图 1 选取广东省和上海市作为珠三角和长三角城市群的代表，直观对比两者减污降碳协同程度的差异；图 1 中水环境数据源自广东省和上海市的地方统计年鉴，碳排放数据源自中国碳核算数据库（CEADs）。结果表明，21 世纪初，城市化和现代化加速推进，这一时期广东省废水中氨氮排放量持续走高，碳排放量也急剧增长，两者呈显著正相关关系（$P=0.027$）；自 2011 年以来，虽然水环境质量得到显著改善，但同一时期碳排放量仍在缓慢增长，两者呈显著负相关关系（$P=0.003$）。相比之下，2012—2019 年期间，上海市废水中氨氮排放量和区域碳排放量呈同步减少趋势，表明其减污降碳协同度更高、成效更明显。这种减污降碳协同度的地区异质性，不仅与地区产业结构、能源消费总量、强度和结构等经济社会因素密切相关，也可能受地区所处流域的水碳循环过程影响。各地区与其所在流域其他地区（如上下游、左右岸、干支流）之间的水文汇流特征，必将对当地水环境问题造成扰动，从而影响区域减污降碳协同成效。因此，在减污降碳协同管控过程

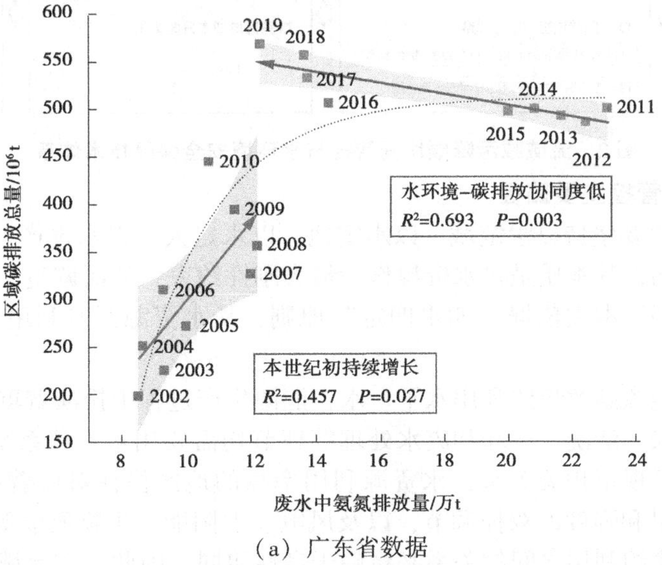

（a）广东省数据

图 1 广东省（2002—2019 年）与上海市（2012—2019 年）水环境指标–碳排放量相关关系

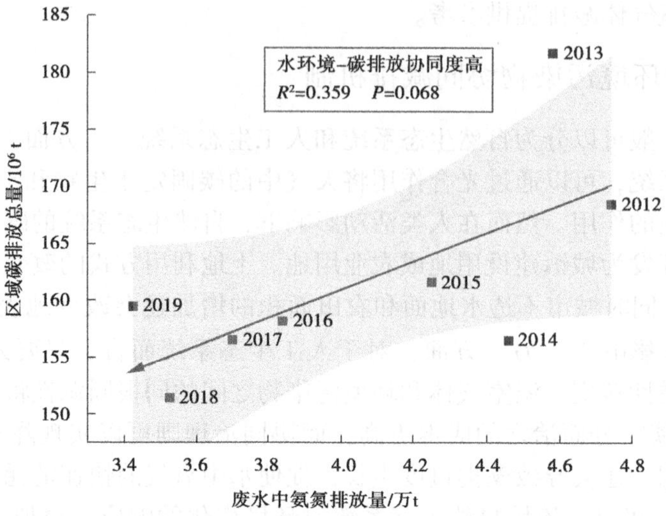

(b) 上海市数据

续图 1

中，必须科学认识流域与其子流域之间的水文联系，统筹上下游、左右岸、干支流关系，从流域整体层面提升综合治理效益。

3　面向水环境安全保障的流域减污降碳协同管控技术体系

河流内氮磷污染物和碳排放过高、水环境质量下降等问题，其实质是氮磷碳等要素通过经济社会活动和自然迁移过程在人工-自然生态系统中循环不畅、代谢失调。流域内上下游、左右岸、干支流之间的水文汇流特征及其水量水质耦合过程是驱动氮磷碳等要素在人工-自然生态系统中迁移流转的主要动力，迫切需要从流域层面关注减污降碳协同治理措施的整体效能，研发流域减污降碳全过程协同管控增效评估技术，阐明管控成本-效益的区域转移规律，提出流域水环境安全跨区域保障机制，构建面向水环境安全保障的减污降碳协同管控对策（见图 2）。

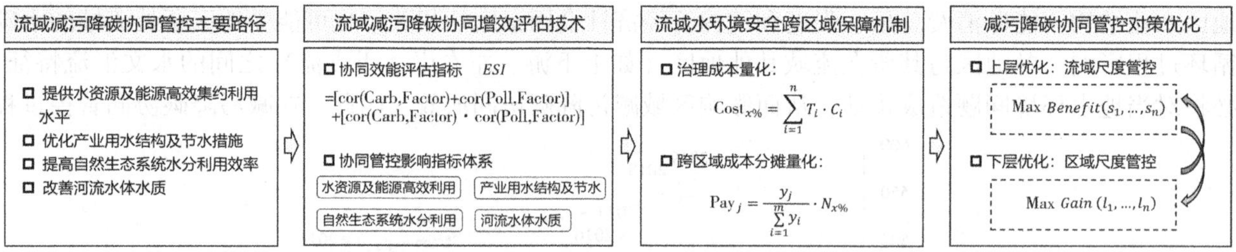

图 2　流域减污降碳协同管控与水环境安全保障技术体系

3.1　流域减污降碳协同管控主要路径

习近平总书记提出“要坚持以水定城、以水定地、以水定人、以水定产”，为我国新时代水资源保护利用指明了发展方向，其本质是将水资源作为最大刚性约束，从而调整、约束人类活动，促进经济社会高质量可持续发展。本文依据“四水四定”原则，从水资源开发利用角度对流域减污降碳协同管控路径作出探讨。

一是提高水资源及能源高效集约利用水平。水在能源生产过程中扮演着重要角色，煤炭、石油和天然气等化石能源在开采、清洗、冷却和废水处理等环节均需要用水。从系统层面上，水资源利用、能源消费和碳排放往往呈现正相关关系，水资源利用率高的地区往往对应着更多的能源消耗和碳排放[8]。随着能源消费总量和强度的双控调节，以及风电、太阳能、生物质能等清洁能源的开发利用，水资源高效利用与能源集约利用之间的关系必将趋于良性协同。因此，在流域层面水资源优化配置上可以考虑以单位能耗用水量等指标作为柔性约束，通过水量控制在减少碳排的同时提升能源利用的水资源集约利用水平。

二是优化产业用水结构及节水措施。工业具有显著的高耗能、高排放特征，其生产中的能源消耗和碳排放与用水、节水过程密切相关，可通过技术改造达到节水、节能减排效果，例如干式除尘除灰和排渣系统、活性炭/焦干法脱硫节水设备系统等技术是当前火电主流节水减碳措施。农业作为用水大户，兼具碳源、碳汇双重属性，通过采取喷灌、滴灌等高效节水措施，可在传统大田漫灌的基础上实现节水、节能和减排；同时，配合保护性耕作、秸秆还田、水肥耦合等农艺技术，不仅节水减排效果显著，还可以有效控制农业面源污染。城镇生活用水的生产、运输、耗用、排放处理等多个环节都与能源消耗、碳排放呈正相关关系，合理调控生活用水总量、加强节水措施，对于减少生活碳排放作用明显[9]。可见，通过节水措施及对流域内不同区域不同行业之间的水资源量进行优化配置，有望降低流域的整体碳排放量。

三是提高自然生态系统水分利用效率。流域内森林、湿地等自然生态系统是天然碳汇，可以通过自然封育、退耕还湖等措施，加强重点保护区建设，提升自然生态系统固碳能力。植被在进行光合作用的同时也会通过蒸腾作用消耗水分——光合作用一般会随蒸腾作用增大而增强，但当蒸腾作用达到一定程度之后光合作用将趋于稳定，此时水分利用效率（光合作用和蒸腾作用的比值）会出现下降，即单位水分消耗所固定的 CO_2 量减少。植被蒸腾和土壤蒸发还会通过影响地表产流，对水文循环过程和氮磷等迁移过程产生影响[10]，影响流域减污降碳协同成效。

四是改善河流水体水质。协调流域内上下游、左右岸、干支流关系，通过水源地保护、沿线污水排放管控、水体富营养化修复等综合方式，对关键河道断面的水体水质进行控制。因此，在流域层面上可以考虑以关键断面的水量水质双控制为硬性约束，对区域水资源量和经济社会活动进行优化调控。

3.2 流域减污降碳协同增效评估技术

流域减污降碳协同治理的核心是增效，量化评估各项管控路径的协同效能是调整管控工作重点和推进相关政策的先行条件。根据前述流域减污降碳协同管控主要路径的 4 个方面，建立流域减污降碳多过程协同管控增效影响指标体系，主要包括：

（1）水资源及能源高效集约利用相关指标，如社会能源消耗量、单位能耗用水量等。

（2）产业用水结构及节水措施相关指标，如工业、农业、生活用水量及相应万元产值用水量。

（3）自然生态系统水分利用效率相关指标，如生态系统净初级生产力（净固碳量）、蒸腾量和水分利用效率。

（4）河流水体水质相关指标，如流域内关键断面的流量、氮磷负荷等指标。通过分析温室气体和环境污染物的排放量（如 SO_2 排放总量、NO_x 排放总量、CO_2 排放总量）与上述影响指标的关系，揭示不同管控路径对减污降碳的协同效能。本文提出减污降碳协同效能评估指标（EIS），计算公式如下：

$$\text{EIS} = [\text{cor}(\text{Carb}, \text{Factor}) + \text{cor}(\text{Poll}, \text{Factor})] + [\text{cor}(\text{Carb}, \text{Factor}) \cdot \text{cor}(\text{Poll}, \text{Factor})] \quad (1)$$

式中：Carb 为温室气体排放量；Poll 为环境污染物排放量；Factor 为某一影响指标值；cor 为两者之间的 Kendall 等级相关系数。

利用式（1）计算某一影响指标对温室气体和环境污染物排放量的协同效能之前，应将该影响指标通过数学转换统一为非负向因子，即该影响指标值增大（或减小）不会导致温室气体和环境污染物排放量的显著减小（或增大）。一般认为，若某一影响指标的 EIS 值大于 1，则表明该影响指标具有一定的协同效能；EIS 值越接近 3，表明该影响指标对减污降碳的协同效能越大，协同增效更显著。

3.3 流域水环境安全跨区域保障机制

受河流水系影响，流域氮磷等要素在上下游之间具有流动性，故上下游、左右岸、干支流之间在水环境管控和经济社会发展上往往存在利益冲突，有必要从流域减污降碳协同增效的角度建立水环境安全跨区域保障机制，其中关键在于如何量化不同区域之间协同管控成本及效益的转化方向及量值。

以流域内某一区域为例，相对于更上游地区，其是受水地区，享受上游水环境治理成果，理应向上游地区转移一部分效益作为对上游地区治理成本的分摊；与此同时，相对于更下游地区，其经济社会活动对下游供水水质产生影响，理应对区域内水环境质量进行管控，在承担相应治理成本的同时也可接受更下游地区的效益转移。本文针对流域内关键断面水环境管控提出基于水量水质耦合模拟的成本效益计算方法，具体如下：

$$\mathrm{Cost}_{x\%} = \sum_{i=1}^{n} T_i \cdot C_i \tag{2}$$

式中：$\mathrm{Cost}_{x\%}$ 为某一关键断面水质指标（如总氮浓度）削减 $x\%$ 时，其上游地区的实际治理成本；i 为第 i 种污染物；n 为被治理污染物类别的数量；T_i 为第 i 种污染物的处理量；C_i 为第 i 种污染物的单位治理成本。

利用水量水质耦合模型，模拟计算该断面水质指标削减 $x\%$ 时，其下游各地区受水断面的水质削减程度，据此计算下游地区应该分担的治理成本：

$$\mathrm{Pay}_j = \frac{y_j}{\sum_{i=1}^{m} y_i} \cdot N_{x\%} \tag{3}$$

式中：Pay_j 为下游第 j 个地区应向上游地区支付（分担）的治理成本；$N_{x\%}$ 为上游地区认为使关键断面水质指标削减 $x\%$ 时，应由下游地区分担的治理成本；y_j 为关键断面水质指标削减 $x\%$ 时，第 j 个地区的受水断面水质指标削减 $y_j\,\%$，该数值由水量水质耦合模型计算得到；m 为关键断面下游的地区数量。

根据上述公式，结合流域内水环境管控的关键控制断面，计算典型管控情景下上下游地区的治理成本和效益转移（成本分摊）情况，为科学制定跨区域生态补偿制度和标准提供依据和参考。

3.4 面向水环境安全保障的减污降碳协同管控对策

为提升流域整体的减污降碳成效，应在水环境安全保障的基础上，充分考虑流域的整体性、均衡性，实现不同区域之间减污降碳协同管控的降本增效。本文基于流域系统整体观，通过考虑流域尺度和区域尺度的不同需求和管控措施，利用二层规划思想构建流域减污降碳协同管控优化模型。从管控尺度来看，流域尺度减污降碳协同管控旨在实现流域综合效益最优，保障流域内各个关键断面水质达标、降低流域整体的温室气体和环境污染物排放量；区域尺度减污降碳协同管控主要是完成上级部分下达的管控指标，同时实现地区社会经济的高质量发展。从管控路径来看，流域尺度应从流域系统性出发，结合跨区域水资源优化配置、关键断面考核指标、节水考核指标、跨区域补偿机制等手段，充分发挥全流域减污降碳协同增效潜能；区域尺度可以从能源结构、产业用水结构及节水措施优化等角度实现自身调控目标。数学上，基于二层规划理论的流域减污降碳协同管控优化模型可概括为：

$$\mathrm{Max\ Benefit}(s_1,\ s_2,\ \cdots,\ s_n) \tag{4}$$

$$s.t.\begin{cases} \mathrm{Lim}_B \leqslant K_B \\ \begin{cases} \mathrm{Max\ Gain}_1(l_{1,1},\ l_{1,2},\ \cdots,\ l_{1,m_1}) \\ \mathrm{s.t.\ Lim}_1 \leqslant K_1 \end{cases} \\ \begin{cases} \mathrm{Max\ Gain}_2(l_{2,1},\ l_{2,2},\ \cdots,\ l_{2,m_2}) \\ \mathrm{s.t.\ Lim}_2 \leqslant K_2 \end{cases} \\ \begin{cases} \mathrm{Max\ Gain}_3(l_{3,1},\ l_{3,2},\ \cdots,\ l_{3,m_3}) \\ \mathrm{s.t.\ Lim}_3 \leqslant K_3 \end{cases} \\ \cdots \\ \begin{cases} \mathrm{Max\ Gain}_N(l_{N,1},\ l_{N,2},\ \cdots,\ l_{N,m_N}) \\ \mathrm{s.t.\ Lim}_N \leqslant K_N \end{cases} \end{cases} \tag{5}$$

式中：Benefit 为流域尺度（如流域管理机构）的减污降碳调控目标；s_1 为流域尺度的第 1 种调控措施，共 n 种；Lim_B 和 K_B 分别为流域尺度的约束条件及其阈值；流域尺度的优化调控目标还受到流域内各个区域的调控影响；因此，式（5）中还包括流域内 N 个区域的优化调控目标及其约束条件；$Gain_1$ 为流域内第 1 个区域的减污降碳调控目标；$l_{1,1}$ 为第 1 个区域内的第 1 种调控措施，共 m_1 种；Lim_1 和 K_1 分别为第 1 个区域内的约束条件及其阈值；带有其他下标的字符含义以此类推。

利用上述模型，可在流域和区域两个尺度上对管控目标及管控路径进行优化，得到满足不同条件的流域减污降碳协同管控适应性对策。

4 结语

综上所述，流域作为我国实现双碳目标和推动生态文明建设的关键区域，必须坚持流域系统观念，从自然-人工生态系统耦合、水文连通、氮磷碳等要素迁移等多过程，协调流域内温室气体减排和环境污染物治理，全面提升流域生态环境质量。科学评估流域内不同减污降碳治理措施的协同效能，是制定管控工作和出台相关政策的先行条件，重点可从水资源及能源高效集约利用、产业用水结构及节水措施、自然生态系统水分利用效率、河流水体水质等方面评估各措施的减污降碳协同效能。以流域内水环境管控的关键断面为节点，分析跨区域协同治理的成本效益，制定合理适用的跨区域生态补偿机制。最后从流域尺度和区域尺度对协同管控目标及措施进行调整优化，得到既满足经济社会发展需要，又能提升流域生态环境质量的适应性管控对策。

参考文献

[1] 吕望舒．广泛深入开展碳达峰行动 共同构建人与自然生命共同体［N］．中国环境报，2021-04-28（1）．

[2] 郑逸璇，宋晓晖，周佳，等．减污降碳协同增效的关键路径与政策研究［J］．中国环境管理，2021，13（5）：45-51.

[3] 张亚捷，霍守亮，吴丰昌．我国流域减污降碳协同增效：路径、技术与对策［J］．中国工程科学，2022，24（5）：41-48.

[4] Li Y，Shang J，Zhang C，et al. The role of freshwater eutrophica-tion in greenhouse gas emissions：A review［J］．Science of the Total Environment，2021，768：144582.

[5] DelSontro T，Beaulieu J，Downing J. Greenhouse gas emissions from lakes and impoundments：Upscaling in the face of global change［J］．Limnology and Oceanography Letters，2018，3（3）：64-75.

[6] 张瑜，孙倩，薛进军，等．减污降碳的协同效应分析及其路径探究［J］．中国人口·资源与环境，2022，32（5）：1-13.

[7] 狄乾斌，陈小龙，侯智文．“双碳”目标下中国三大城市群减污降碳协同治理区域差异及关键路径识别［J］．资源科学，2022，44（6）：1155-1167.

[8] Tian P，Lu H，Reinout H，et al. Water-energy-carbon nexus in China's intra and inter-regional trade［J］．Science of the Total Environment，2022，806：150666.

[9] 翟家齐，王秀青，张舰，等．节水措施对碳排放影响及节水低碳目标实施路径浅议［J］．中国水利，2023（19）：47-51.

[10] 陈芸，周启星，陶宗鑫，等．碳中和植物降污固碳及其机制研究进展［J］．环境科学，2024，45（6）：3446-3458.

宜都市九道河流域山洪灾害临界雨量分析评估研究

潘正可[1,2]　田　晶[1,2]　程　景[1,2]　郭建辉[1,2]

（1. 长江设计集团有限公司，湖北武汉　430010；
2. 水资源工程与调度全国重点实验室，湖北武汉　430010）

摘　要：以湖北省宜都市九道河流域的 36 个山洪保护对象为研究目标，通过设计暴雨与洪水计算、水位流量反推法、新安江模型等方法，分析评估各保护对象的现状防洪能力，模拟在 $P_a = 0.8W_m$ 和 $P_a = 0.5W_m$（W_m 为前期影响雨量）条件下 1 h、3 h、6 h 和 12 h 等预警时段的临界雨量。研究表明：①63.9%的保护对象防洪能力介于 20~100 年一遇，部分保护对象仍存在较大风险。②临界雨量显著受前期影响雨量影响，且不同预警时段的临界雨量差异较大。研究结果为九道河流域山洪灾害的防御和预报提供了技术支撑，并将有助于进一步完善流域山洪灾害防御体系、降低灾害损失。

关键词：临界雨量；防洪能力评估；山洪灾害；宜都市

1　引言

九道河流域位于湖北省宜都市，受亚热带湿润气候影响，地形复杂，山地和平原交错，水文响应迅速，容易引发山洪灾害。山洪预警作为减少灾害损失的重要手段，近年来在国内外受到广泛关注。雨量预警简单直接、易于实现，而临界雨量作为山洪预警系统中的关键参数，直接影响预警的准确性和有效性[1]。

目前，临界雨量计算常用的方法包括经验公式法、水位流量反推法、动态临界雨量法、物理模型法以及数据驱动的机器学习方法等[2-4]。各方法对数据的需求和优劣势不同。例如：经验法[1-2]基于事件统计分析，概念清晰，方法简明，使用简便，未考虑降雨/流域下垫面空间异质性和产汇流过程，不确定性强。水位流量反推法[1-2]考虑了流域产汇流特性，具有较强理论基础，适用性强，应用广泛，但面临流域水面比降、糙率等参数选择经验性强的问题。动态临界雨量法[1,5]考虑了流域暴雨洪水特征、土壤含水量动态变化影响，具有明确的物理机制，但数据需求度，需要开展实时的连续降雨和土壤含水量监测。物理模型方法[6]虽然理论基础较为完善，但数据需求量大，山洪区大多监测站点少，适应性较差。同样机器学习方法[7]由于其对大数据的依赖性，在数据缺乏或不完整的区域表现有限。

本文结合河道断面现场断面测量查勘、无人机航拍、居民点调查等调查技术手段，采用设计暴雨洪水计算结合水位流量反推法确定各保护对象的成灾水位和成灾流量，并采用水文模型试算法模拟计算各山洪保护对象在不同预警时段下的临界预警雨量。

2　研究方法

本研究的主要步骤如下：

基金项目：湖北省自然科学基金青年项目（2024AFB490）；广东省基础与应用基础研究基金项目（2023A1515110764）。

作者简介：潘正可（1993—），男，高级工程师，主要从事水文模型、极端水文事件等研究工作。

（1）暴雨洪水计算：根据《湖北省暴雨统计参数图集》《湖北省暴雨径流查算图表》《湖北省水文手册》确定不同重现期下的设计暴雨雨型；假定暴雨与洪水同频率，基于设计暴雨成果，以沿河村落、集镇和城镇附近的河道控制断面为计算断面，进行各种频率设计洪水的计算和分析，得到洪峰、洪量、上涨历时、洪水历时四种洪水要素信息，再根据控制断面的水位-流量关系，将洪峰流量转化为相应水位。

（2）防洪现状分析：分析防灾对象成灾水位对应洪峰流量的频率，并根据需要辅助分析沿河村落道路、桥涵、沿河房屋地基等特征水位对应的洪峰流量频率，统计确定成灾水位、各频率设计洪水位下的累积人口和房屋数，综合评价现状防洪能力。

（3）临界雨量计算：构建二水源新安江模型进行水文模拟计算，分别确定不同预警时段的临界雨量。

2.1 暴雨洪水计算

2.1.1 设计暴雨

（1）暴雨历时确定。

流域汇流时间是反映小流域产汇流特性最为重要的参数，是小流域设计暴雨计算时所需要考虑的最长历时。常规暴雨洪水要求包括 1 h、3 h、6 h、12 h 等 4 种标准历时，也作为洪涝灾害分析评价设计暴雨的主要典型历时。

（2）暴雨频率确定。

典型暴雨频率为 5 年一遇（$P=20\%$）、10 年一遇（$P=10\%$）、20 年一遇（$P=5\%$）、50 年一遇（$P=2\%$）、100 年一遇（$P=1\%$）5 种。

（3）设计雨型确定。

采用《湖北省暴雨统计参数图集》《湖北省暴雨径流查算图表》《湖北省水文手册》推荐的雨型。

（4）计算方法选择。

根据《湖北省暴雨统计参数图集》，设计暴雨的计算需要依据湖北省的暴雨分区，从分区图上查找均值、C_v 值，计算相应的暴雨折减系数 n 和模比系数 K_p 等参数。

2.1.2 设计洪水

（1）净雨分析。

根据小流域设计暴雨成果，扣除损失，得到净雨。应基于 5 种典型暴雨频率对应的以小流域汇流时间为历时的设计暴雨时程分配成果进行扣除损失，得到相应的净雨时程分配成果。

（2）洪水频率确定。

洪水频率与暴雨频率对应。

（3）洪水要素确定。

洪水要素包括洪峰流量、洪量、上涨历时和洪水历时。

（4）洪水计算方法。

九道河流域没有满足要求的水文站点，因此采用瞬时单位线法进行设计洪水计算。

2.2 防洪现状分析

2.2.1 危险区等级划分

采用频率法对危险区进行危险等级划分（见表 1），并统计人口、房屋等信息。根据不同重现期的洪水位，确定危险区等级，结合地形地貌情况，划定对应等级的危险区范围。在此基础上，基于危险区范围及山洪灾害调查数据，统计各级危险区对应的人口、房屋以及重要基础设施等信息。

表 1　危险区等级标准

危险区等级	洪水重现期	说明
极高危险区	小于 5 年一遇	属较高发生频次
高危险区	大于等于 5 年一遇，小于 20 年一遇	属中等发生频次
危险区	大于等于 20 年一遇，小于 100 年一遇	属稀遇发生频次

2.2.2　现状防洪能力评价

现状防洪能力评价的核心聚焦于防灾对象的成灾水位所关联的洪峰流量频率分析。

成灾水位是评估山洪灾害风险的关键参数，成灾水位特指引发居民聚居区（尤其是沿河村落）洪水灾害的最低水位线，即导致居民住房受淹的水位。鉴于沿河村落通常沿河道呈带状分布，确定成灾水位时，需将各居民户宅基地的高程映射至控制断面上，选取映射后最低宅基地高程作为初始基准，确定方法如图 1 所示。

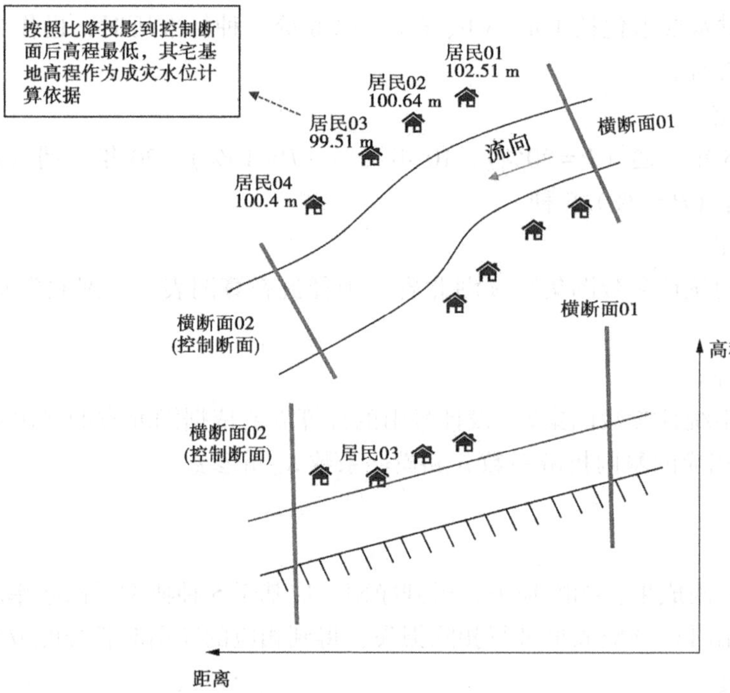

图 1　成灾水位确定与归一化示意图

2.3　临界雨量计算

采用二水源新安江模型进行水文模拟计算，分别确定不同预警时段的临界雨量。在研究中，预警时段选用 1 h、3 h、6 h、12 h 及汇流时间共 5 个预警时段。计算流程如图 2 所示。

计算步骤如下：

（1）假定一个初始雨量，在宜都市各小流域的汇流时间对应的雨量频率曲线上内插出该假设雨量对应的频率。

（2）根据各时段的典型雨量时程分配计算出该频率下的暴雨过程。

（3）将该暴雨过程作为水文模型（选用新安江模型）的输入，即可求得宜都市各小流域控制断面处的洪水过程，从该洪水过程中挑选出洪峰流量并将其与该控制断面处的成灾流量进行对比，若不一致，则重新进行雨量的假定，直到试算出该断面处的洪峰流量与成灾流量的误差在可接受范围内

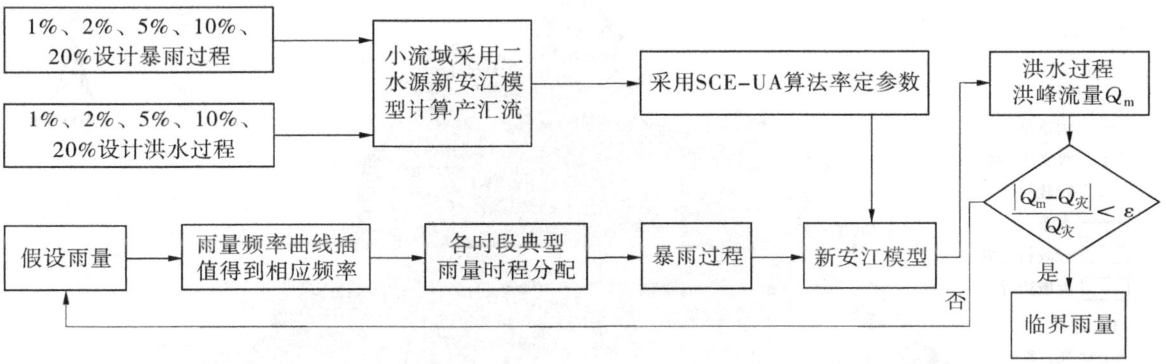

图 2　临界雨量计算流程

(ε=0.3)，则此时假定的雨量即为临界雨量。

3　研究区域及数据介绍

3.1　研究区域

九道河流域位于湖北省宜都市，干流河道全长 26.98 km，集水面积 277.66 km^2，河流弯曲系数为 1.6，整体形态呈蒲扇形，背靠山岚，面向平原，两侧为山丘过渡地带。流域地势西南高、东北低，大部分地区属于武陵山脉余脉，地势复杂多变。流域内岩溶发育，森林覆盖率高（>65%），对洪水过程具有显著的滞洪作用。

九道河流域属亚热带季风区，光、热充足，流域内多年平均气温 16.7 ℃。雨量充沛，水资源丰富，降水量年际变化为 750~1 850 mm，多年平均降水量 1 385 mm，多年平均径流深 770 mm。流域内地处湖北省暴雨区之一，多发生在 6—8 月。

九道河流域水系发达，主要支流包括新桥河、芭芒河和回龙垱。各支流特征如表 2 所示。如图 3 所示，九道河流域涉及宜都市的聂家河镇、姚家店镇、枝城镇、王家畈镇、松木坪镇等 5 个镇，涵盖 29 个村庄，是当地社会经济的重要组成部分。根据前期调查，流域内共有 36 个防洪保护对象。

表 2　九道河流域河流特征

序号	河流/山洪沟名称	河长/km	流域面积/km^2	河长比降/‰	流经乡镇
1	九道河（干流）	27.0	277.7	7.6	王家畈镇、枝城镇
2	新桥河	25.0	80.0	2.1	聂家河镇、姚家店镇、枝城镇
3	芭芒河	22.7	70.7	16.4	王家畈镇、聂家河镇、枝城镇
4	回龙垱	17.7	32.5	4.95	松木坪镇、枝城镇

3.2　数据介绍

本研究所使用的数据主要包括：

（1）九道河流域内的 17 个雨量站点的小时降雨数据。

（2）九道河及各支流测量数据，包括河道横断面、纵断面、堤防、河道形态等。

（3）居民点调查及测量数据，居民点坐标、高程、人口等。

（4）流域遥感影像图、DEM 图和下垫面分布数据。

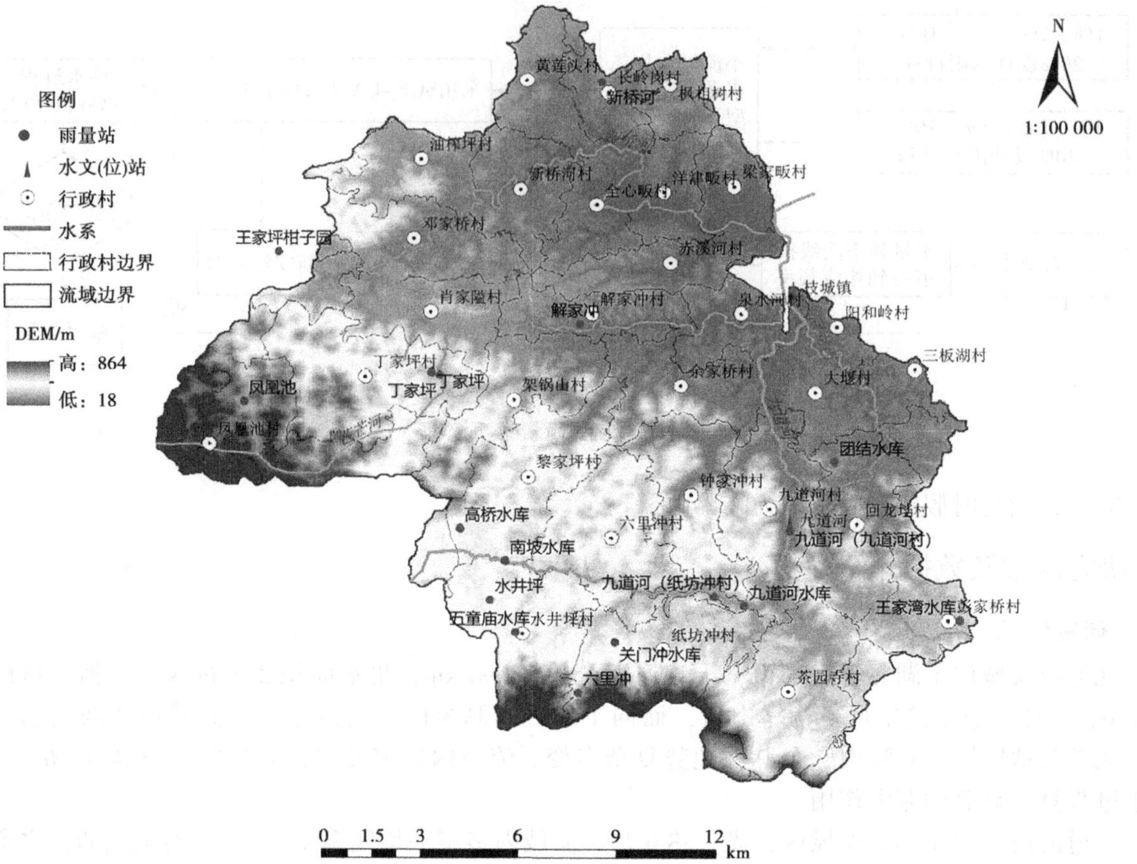

图 3　九道河流域

4　研究结果

4.1　现状防洪能力分析

首先选取九道河流域内的“肖家隘村 5 组保护对象”为典型案例开展现状防洪能力分析。肖家隘村 5 组保护对象的横断面形态如图 4 所示。根据《山洪灾害分析评价方法指南》（2015，全国山洪灾害防治项目组）对糙率进行取值。然后结合所得水力学参数利用曼宁公式计算洪水流量得到相应

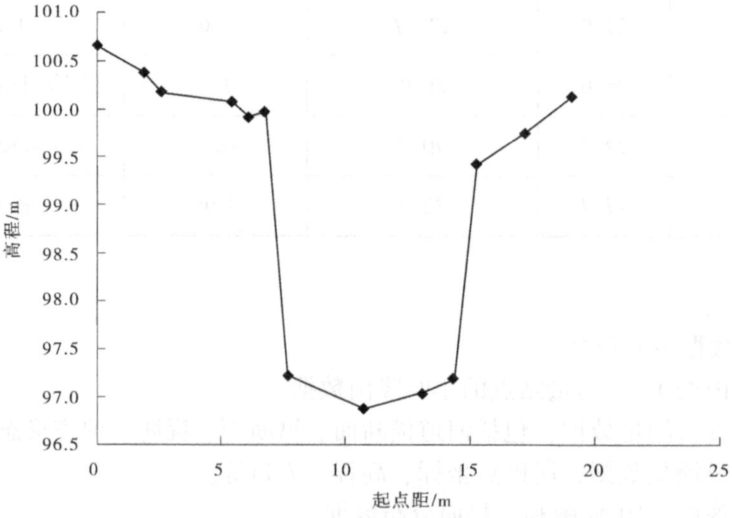

（a）控制断面

图 4　肖家隘村 5 组保护对象断面形态

（b）控制断面现场

续图 4

控制断面的水位-流量关系曲线，进而分析居民住房位置及高程测量成果中控制断面的水位-人口对应情况，获取相应的水位-人口关系曲线如图 5 所示。肖家隘村 5 组成灾水位为 98.4 m，现状防洪能力为 56 年一遇。

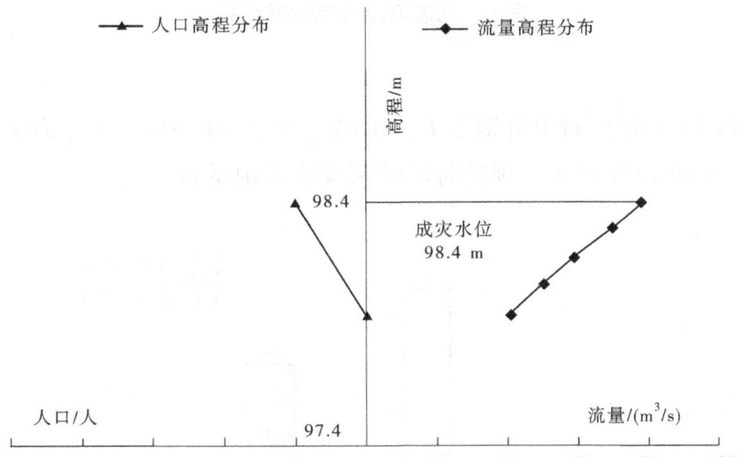

图 5　肖家隘村 5 组水位-流量-人口关系

与“肖家隘村 5 组保护对象”类似，根据控制断面处的水位-流量关系曲线，采用插值法确定各组保护对象成灾水位对应流量的洪水频率，从而确定出各组保护对象的现状防洪能力。九道河流域各保护对象的现状防洪能力如图 6 所示。研究区内共涉及 36 个保护对象，其中 5.6%（2/36）的保护对象现状防洪能力重现期低于 5 年一遇，11.1%（4/36）的保护对象现状防洪能力重现期介于 5～20 年一遇，63.9%（23/36）的保护对象现状防洪能力重现期介于 20～100 年一遇，19.4%（7/36）的保护对象现状防洪能力重现期超过 100 年一遇。表明流域内大部分保护对象具备较好的防洪能力，但仍有部分区域面临较高的洪水风险。

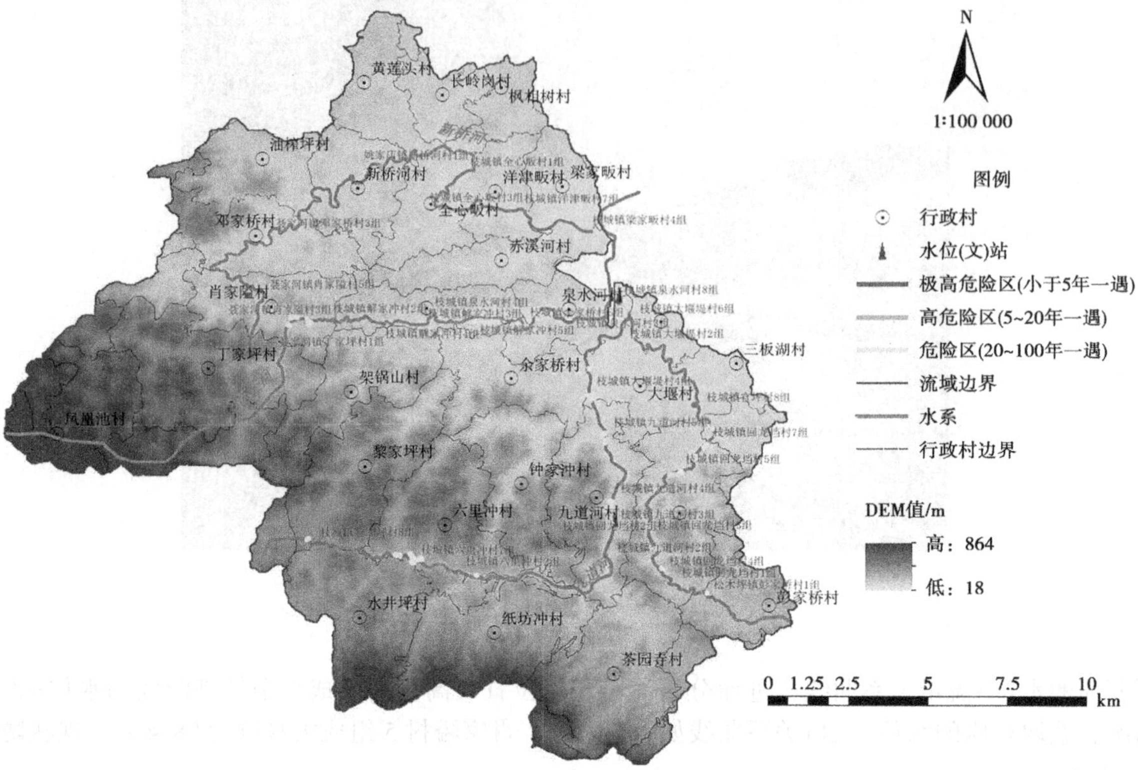

图 6　九道河流域危险区分布

4.2　临界雨量分析

图 7 为九道河流域 36 个保护对象分别在 $P_a = 0.8W_m$ 和 $P_a = 0.5W_m$（W_m 为前期影响雨量）两种模拟工况下 1 h、3 h、6 h 和 12 h 共 4 个预警时段的预警临界雨量直方图。

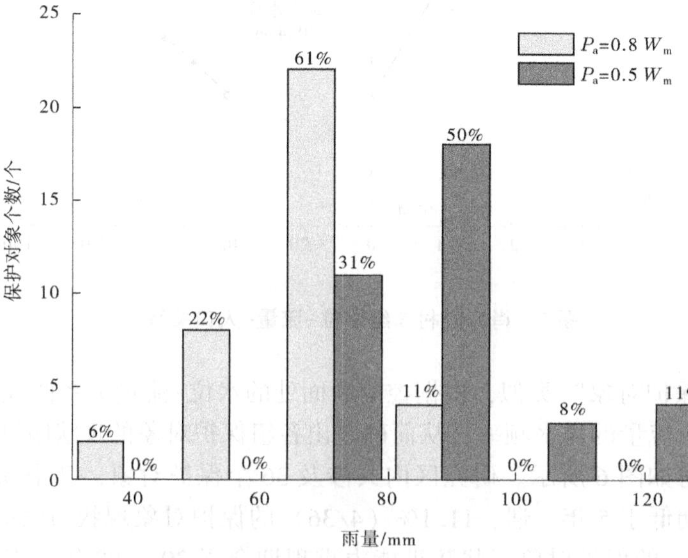

(a) 1 h 临界雨量

图 7　九道河流域 1 h、3 h、6 h 和 12 h 预警雨量直方图

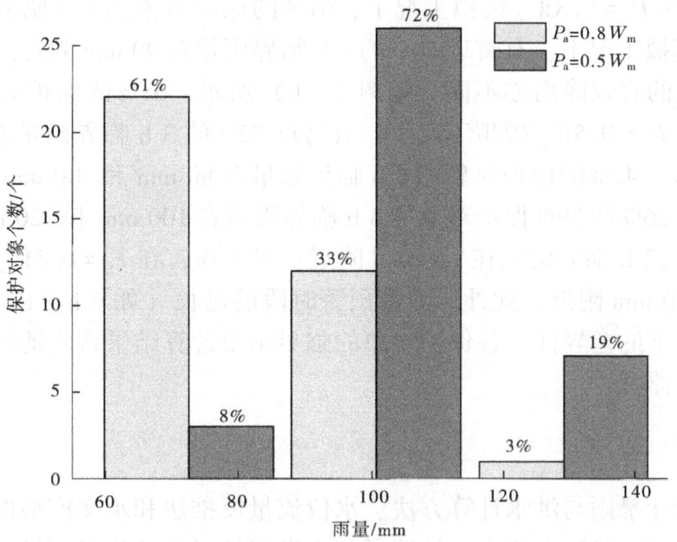

（b）3 h 临界雨量

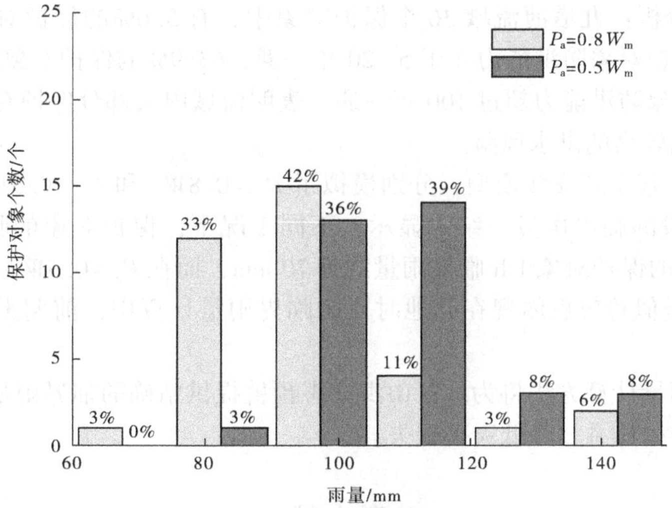

（c）6 h 临界雨量

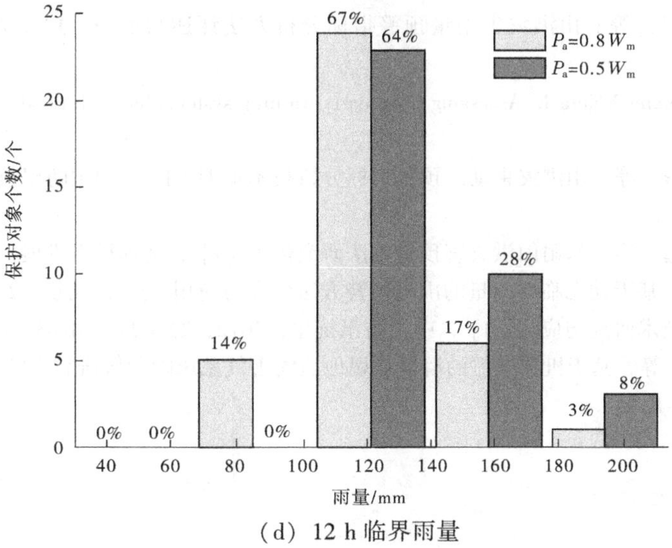

（d）12 h 临界雨量

续图 7

如图 7（a）所示，在 $P_a=0.8W_m$ 模拟工况下，61%的保护对象的 1 h 临界雨量在 70 mm 附近；对比而言在 $P_a=0.5W_m$ 模拟工况下，有将近 50%的 1 h 临界雨量在 90 mm 附近。由于前期影响雨量不同，同一场降雨过程形成的有效降雨亦不同。如图 7（b）所示，61%的保护对象的 3 h 临界雨量在 70 mm 附近；对比而言在 $P_a=0.5W_m$ 模拟工况下，有将近 72%的 3 h 临界雨量在 110 mm 附近。如图 7（c）所示，分别有 33%、42%的保护对象的 6 h 临界雨量在 80 mm 和 100 mm 附近；对比而言在 $P_a=0.5W_m$ 模拟工况下，有 36%和 39%保护对象的 6 h 临界雨量在 100 mm 和 120 mm 附近。如图 7（d）所示，67%的保护对象的 12 h 临界雨量在 110 mm 附近；对比而言在 $P_a=0.5W_m$ 模拟工况下，有将近 64%的 3 h 临界雨量在 130 mm 附近。此外，随着预警时段的延长（如 6 h、12 h），临界雨量随之增加，反映了不同雨量工况下的差异性。各保护对象的临界雨量计算结果将为地区未来的山洪灾害防御和预报提供科学的技术支撑。

5 研究结论

本文通过综合使用设计暴雨与洪水计算方法、水位流量反推法和水文模型试算法，分析评估了九道河流域各山洪保护对象的现状防洪能力，计算了各山洪保护对象的临界雨量。研究得出以下主要结论：

（1）防洪能力现状分析：九道河流域 36 个保护对象中，有 5.6%的保护对象防洪能力低于 5 年一遇重现期，11.1%的保护对象防洪能力介于 5~20 年一遇，63.9%的保护对象防洪能力介于 20~100 年一遇，19.4%的保护对象防洪能力超过 100 年一遇。表明流域内大部分保护对象具备较好的防洪能力，但仍有部分区域面临较高的洪水风险。

（2）临界雨量计算：基于新安江模型，分别模拟了 $P_a=0.8W_m$ 和 $P_a=0.5W_m$ 两种工况下的 1 h、3 h、6 h 和 12 h 预警时段的临界雨量。结果显示，不同工况下，保护对象的临界雨量有显著差异。$P_a=0.8W_m$ 条件下，61%的保护对象 1 h 临界雨量约为 70 mm，而在 $P_a=0.5W_m$ 条件下，50%的 1 h 临界雨量在 90 mm 附近。类似趋势也体现在其他时段的临界雨量计算中，前期影响雨量对临界雨量有显著影响。

本研究采用的临界雨量计算方法将为地区山洪灾害预警提供精确的临界雨量参考，并将有助于进一步完善流域山洪灾害防御体系，降低灾害损失。

参考文献

[1] 孙东亚，翟晓燕，郭一君，等．山洪灾害雨量预警指标分析方法评述与展望［J］．中国防汛抗旱，2024，34（5）：1-7.

[2] Henao Salgado M J，Zambrano Nájera J. Assessing flood early warning systems for flash floods［J］．Frontiers in Climate，2022，4：787042.

[3] 翟晓燕，孙东亚，刘荣华，等．山洪灾害动态预警指标分析技术框架［J］．中国防汛抗旱，2021，31（10）：26-30.

[4] 任智慧，桑燕芳，杨默远，等．暴雨山洪灾害预警方法研究进展［J］．地理科学进展，2023，42（1）：185-196.

[5] 叶金印，李致家，常露．基于动态临界雨量的山洪预警方法研究与应用［J］．气象，2014，40（1）：101-107.

[6] 刘志雨．山洪预警预报技术研究与应用［J］．中国防汛抗旱，2012，22（2）：41-45.

[7] 李阳春，刘黔云，李潇，等．基于机器学习的滑坡崩塌地质灾害气象风险预警研究［J］．中国地质灾害与防治学报，2021，32（3）：118-123.

基于河湖长制的多元主体协同治理研究

王　雪　涂声亮　褚茜茜　石　岚　孟山辉

（长江水利委员会河湖保护与建设运行安全中心，湖北武汉　430010）

摘　要： 强化河湖管理保护协同治理是提升生态系统质量和稳定性、维护河湖健康生命的重要基础和保障。本文通过梳理涉河湖管理多元主体的职责、法律法规等基础资料，调查典型河段或区域涉及河湖管理的不同管理主体的管理现状，分析涉河湖管理多元主体协同治理存在的主要困境，以及河湖协同治理存在的问题，从完善法律法规、深化协同治理、推动规划衔接、打造多元格局等四个方面，研究提出了水利行业与其他行业管理主体协同推进河湖治理的对策建议。本文的研究结论和建议可为涉河湖管理多元主体协同治理提供借鉴和参考。

关键词： 河湖长制；河湖管理；多元主体；协同治理

1　研究背景

习近平总书记在党的二十大报告中指出，推动绿色发展，促进人与自然和谐共生。尊重自然、顺应自然、保护自然，是全面建设社会主义现代化国家的内在要求[1]。强化河湖管理保护协同治理是提升生态系统质量和稳定性、维护河湖健康生命的重要基础和保障[2-4]，是强化河湖长制、建设健康美丽幸福河湖的重要任务，更是促进人与自然和谐共生的重要体现[5-8]。

我国江河湖泊众多，水系发达，分布广泛，涉及自然保护地、饮用水水源地、水产种质资源保护区、湿地公园及交通航道等不同区域，涉及河湖管理的不同行业管理主体的管理保护目标存在差异，多重管理保护目标和管理要求使河湖管理中存在多头管理、边界不清、保护与发展矛盾等问题[9-11]，急需摸清涉及河湖管理的多元主体情况及其管理现状，开展涉河湖管理多元主体协同治理研究，凝聚相关部门工作合力，提升河湖管理保护治理成效。

本文以创新河湖管理模式、提升河湖管理保护协同治理能力为目标，通过梳理涉河湖管理多元主体的职责、法律法规、政策文件及有关规划等基础资料，调查典型河段或区域涉及河湖管理的不同管理主体的管理现状，分析在河湖管理中，多个主体开展协同治理时面临的主要困境和存在的问题，以河湖长制为抓手，研究提出了水利行业与其他行业管理主体协同推进河湖治理的有关对策建议。

2　研究技术路线

本文通过梳理61个国务院组成部门、国务院直属机构、国务院直属事业单位和国务院部委管理的国家局的主要职责，以及200多个各部门涉及河湖管理相关法律法规、规章、规范性文件，对比分析差异化情况，厘清涉及河湖管理不同行业的管理现状及保护目标要求。以长江、黄河、珠江流域等区域为重点，按照“管理重叠、矛盾突出、覆盖类型广”的原则，对长江流域三峡库区重庆市涪陵段、黄河流域黄河三角洲、珠江流域左江等典型河段或区域进行现场调研，了解涉河湖管理多元主体管理现状，归纳总结河湖管理保护协同治理的特色做法、典型案例。在此基础上，分析在河湖管理保护中不同行业管理主体协同治理存在的主要困境和问题，研究提出加强河湖管理保护协同治理的对策

作者简介： 王雪（1985—），女，高级工程师，主要从事河湖管理保护研究工作。

建议。涉河湖管理多元主体主要管理主体及对象示意图如图 1 所示，研究技术路线如图 2 所示。

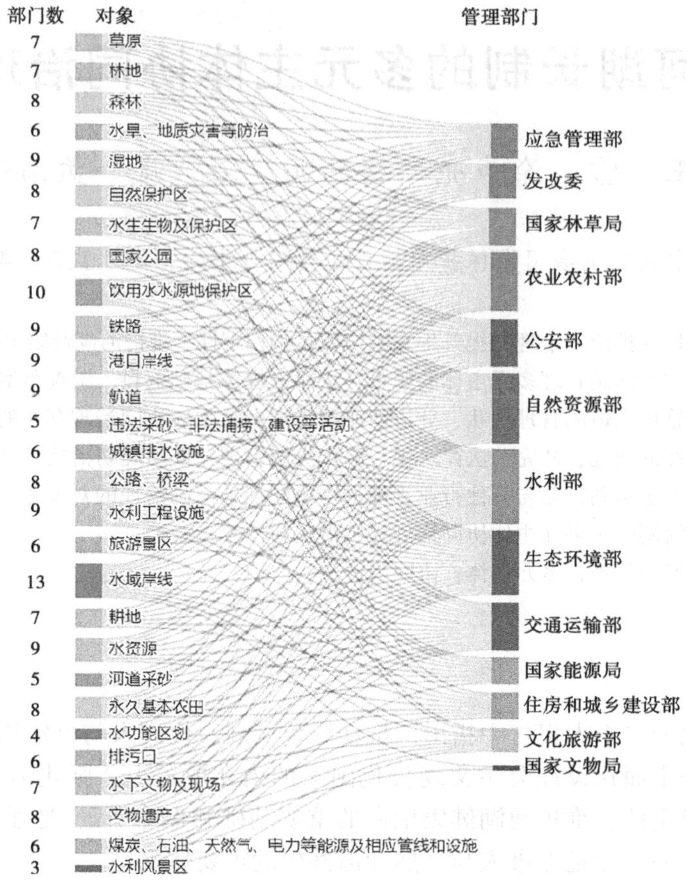

图 1　涉河湖管理多元主体主要管理主体及对象示意图

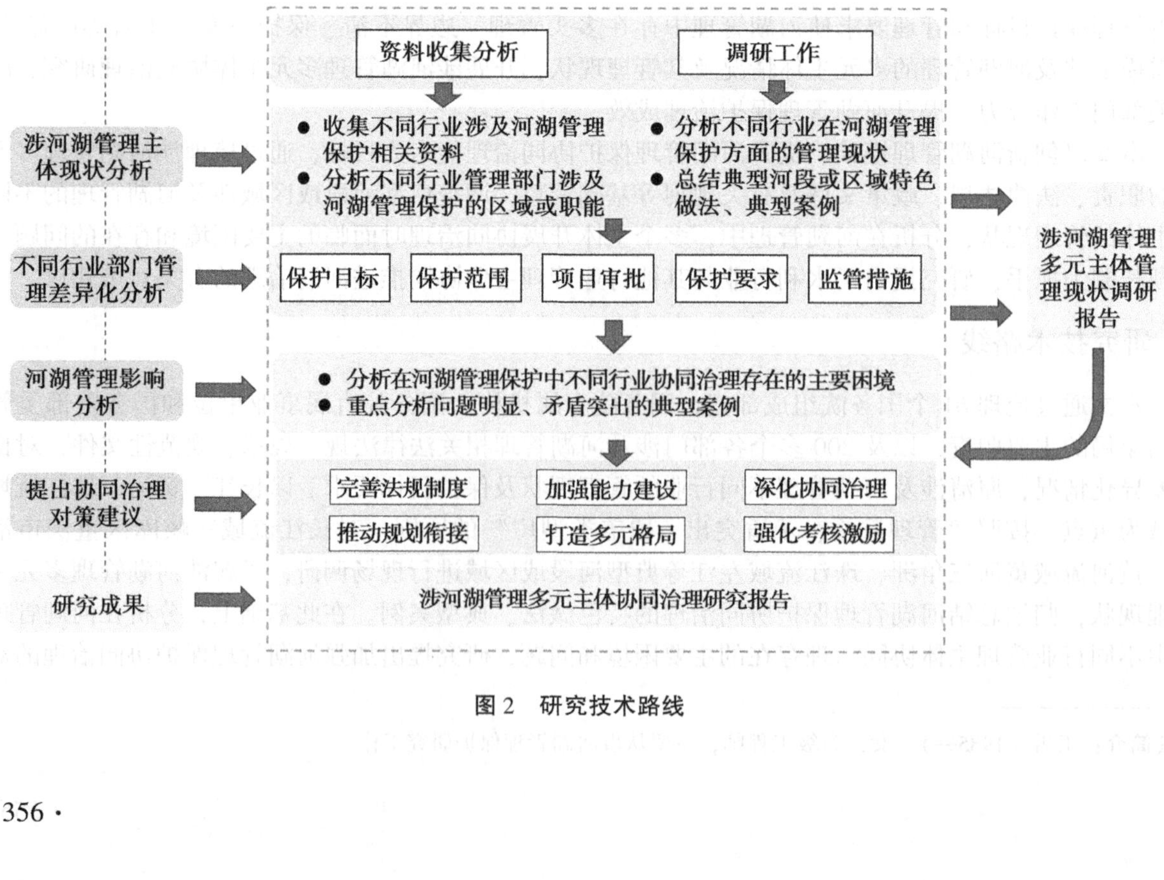

图 2　研究技术路线

3 多元主体管理现状及问题

3.1 管理现状

近年来，为加强河湖管理保护，助推建设健康稳定高效的自然生态系统，水利部以全面推行河湖长制工作部际联席会议为抓手，建立流域省级河湖长联席会议机制和流域河湖长制协作机制，不断健全“河湖长+”部门协作机制，统筹河湖不同区域的功能定位和管理保护目标要求，不断强化部门合作，与最高人民检察院共同发布了《关于建立健全水行政执法与检察公益诉讼协作机制的意见》这一文件；与公安部共同制定了《关于加强河湖安全保护工作的意见》，以强化河湖的安全保护措施；联合生态环境部、交通运输部、农业农村部、中国科学院及国家林业和草原局等多个部门，共同开展“绿盾”自然保护地的强化监督行动，以加强自然保护地的保护和监督工作。各部门协调推进、形成治水合力，持续加强河湖管理保护协同治理。

3.2 存在的问题

因各部门涉及河湖管理的职责、管理保护要求和信息监测等方面存在一些差异和困境，致使在河湖管理过程中仍然存在一些矛盾和问题。

（1）河湖管理与土地管理存在法律法规与实际管理要求不一致、保护对象的保护目标不一致、权属复杂等问题。如《中华人民共和国防洪法》中第二十二条规定“禁止在行洪河道内种植阻碍行洪的林木和高秆作物。”调研涉及的重庆市涪陵区、黄河滩地等多地河道管理范围内存在大片耕地，种植有水田、高秆作物等，按照河湖管理要求需要清理整治、逐步退出，但在实际管理中农业部门对耕地有相关的管理考核要求，若要河湖管理范围内的耕地逐步退出就存在可能难以保证耕地红线的问题，退耕还存在一定的困难。

（2）河湖管理与湿地管理存在管理职能交叉、多头管理及规划布局不完善等问题。如大部分湿地均涉及河湖，管理职能存在交叉，按照目前的职责分工和管理保护目标，湿地主要由国家林业和草原局负责监管，管理保护目标重点是保护湿地和自然保护区的生态环境安全，若涉及河湖，水利部门也有相关监管职责，管理保护目标重点是防洪安全，在客观上造成多头管理，一些涉及湿地内的河湖管理问题难以协调落实。

（3）河湖管理与自然保护区管理存在法律法规与实际管理要求不一致、管理保护范围划定不合理及保护对象的保护目标不一致等问题。如四川省宜宾市、泸州市等含城市江段在内的长江上游干流200多km范围，全部划分为自然保护区的核心区。按照《中华人民共和国自然保护区条例》“第二十七条 禁止任何人进入自然保护区的核心区”，而河湖管理保护有防洪治理、防汛、巡河巡湖等刚性需求，这就造成了水利部门在自然保护区核心区的河湖开展巡河巡湖及涉及防洪安全方面的相关河道治理、清淤疏浚等重要工作不顺畅。

（4）河湖管理和功能区域的管理之间存在着管理范围交叉和重叠等问题。比如在山东省的东营市内，设有山东黄河三角洲国家级自然保护区、黄河三角洲农业高新技术产业示范区等多种开发区和功能区，功能区划定要求的差异导致不同功能区辖区面积大且存在交叉重叠，功能区无行政执法权，缺少管理河湖的必要手段，河湖长制工作一般由业务相近的部门代管，人员不固定、政策无保障、机制不健全、沟通渠道不畅通，功能区成为河湖管理相关工作落实的薄弱环节。

4 对策与建议

4.1 完善法律法规

（1）强化河湖长制立法。

建议积极推动国家层面河湖长制综合立法，制定河湖长制工作条例，明确河湖长制的组织架构，清晰界定流域管理机构及各级河湖长在实施河湖长制过程中的具体职责。加强流域管理机构的统筹协调功能，使其成为国家流域协调机制或流域总河长的支撑机构，由流域管理机构落实其工作部署，协调开展流域综合治理保护。将河湖长制从制度化上升到法制化，以法律形式将统筹协调机制运用到解决涉河湖管理的不同部门之间的利益协调与矛盾调解问题，形成进一步协同保护、管理、治理好河流湖泊的法律保障。

（2）对现有的涉及河湖管理的法律法规进行修订和完善。

一是建议在水法、防洪法、河道管理条例等涉水管理相关法律法规修订过程中，明确河湖长及河长办的法律属性，增加流域统筹、区域协同、部门联动等河湖长制章节或相关条款。如水法修订时明确流域河湖长制协作机制法律地位，建立由水利部或流域管理机构牵头，省级河湖长、省级河长办参加的高层次协作机制；二是建议修订自然保护区条例，对《中华人民共和国自然保护区条例》中涉河湖的自然保护区作出更科学合理的规定，并且要与长江和黄河保护法等其他相关的法律法规实现有效的衔接与协调。同时，需要对涉及河湖的自然保护区的具体划定范围进行修订，科学地确定自然保护区的核心区、缓冲区和实验区，并按照陆地自然保护区、涉河湖自然保护区等进行分区、分类管理。

4.2 深化协同治理

（1）加快构建流域内多部门协作机制。

一是通过建立流域协调机制，负责流域重大发展战略、政策、规划、项目等的审议、协调、实施与监督管理，下设办公室，为流域协调机制的日常办事机构，组织协调跨地区跨部门重大涉水事项；二是通过设立专家咨询委员会，对流域协调机制负责，对流域重大发展战略、政策、规划及专业咨询成果进行技术把关，提高决策的科学化水平。

（2）以“河湖长制+”为抓手建立健全跨部门联合执法和监管机制。

一是要建立常态化的多部门联合执法监管合作机制，大力开展水利部门与其他相关部门之间常态化、严格的河湖管理联防联控和联合执法监管，保障各部门相关监管措施执行到位；二是建立跨部门突发事件处置协作机制，地方各级河湖长以及河长办应当与相关部门合作，共同制定应对河湖突发事件的应急预案，通过制定预案来明确各类水事突发事件中牵头部门和参与部门的职责与权限；三是进一步深化“河湖长+公检法”等相关部门之间的联动协作机制，推进和完善水行政执法的跨部门联合机制，以及与刑事司法的衔接机制，增强与公安和检察机关之间的协调与配合。

4.3 推动规划衔接

（1）强化相关规划的约束引领作用和相互衔接。

要强化相关规划的约束引领作用，加强与各地发展规划和空间规划的衔接与协调，推进多部门协同治理。加快推进河湖管理范围的划定及岸线保护和利用规划等基础工作，并将其成果纳入“多规合一”的空间规划管理体系之中，保证水域岸线空间的规划与生态保护红线、永久基本农田及城镇开发边界的三条控制线相互协调一致。根据流域河湖治理保护总体要求，充分发挥河湖长制平台作用，科学分解区域和不同部门治理保护目标任务，合理制定“一河（湖）一策”方案，实现流域治理保护的统一规划和分区域分部门具体实施，同时推进河湖的整体治理、系统治理及协同治理工作。

（2）强化流域管理机构对规划编制（修编）工作的统筹协调作用。

充分发挥流域协调机制和流域管理机构的作用，进行统一指导和统筹协调，共同推进流域内河湖的治理和保护工作，协调并督促相关部门加快制定流域发展规划及空间规划，以确保相关工作能够顺利推进。在此基础上，对流域综合规划、水资源规划、生态环境保护规划、岸线保护与利用规划及采砂管理规划等专项规划进行适时修编，并在这些规划的审批过程中充分发挥河湖长制的协调功能，征求自然资源部、生态环境部、交通运输部等相关部门的意见或开展联合规划。

4.4 打造多元格局

更多地发挥社会组织和群众的积极性、主动性、创造性，打造各级河湖长牵头，公检法司法部门、河湖长制各成员单位及社会各方力量联手共治的“1+N”多元协同治理格局，探索建立“司法+平台+专家+群众”的河湖长制监督方式，有效解决与功能区存在管理范围交叉重叠、与大型国企协调难度大等问题，在全社会形成共建、共治、共享的良好氛围。司法监督方面，通过提起行政公益诉讼等途径发挥法律监督职能，健全审判机关、检察机关与行政机关工作协调监督长效机制；平台监督方面，充分利用河湖管理信息化系统、河湖长制工作微信群等信息化平台，以及无人机、视频监控等信息化手段，开展河湖巡查和监管，提高监管效能；专家监督方面，由河长办组织征集河长制有关部门组建专家组，参与河湖治理方案等技术评审等工作，对基层河湖长开展业务知识培训、政策咨询、技术指导等；群众监督方面，邀请各行业部门部分退休职工、社区党员和服务对象参与河湖长制工作，聘请企业河湖长、民间河湖长、社会监督员等，赋予其监督职责，履行监督义务。

参考文献

[1] 安怡霏，李锋．整体性治理视域下黄河流域幸福河湖建设研究［J］．水利经济，2024，42（3）：80-85，108.

[2] 吕玲玲．人与自然和谐共生："水-岸"协同治理机制与策略创新［J］．江苏社会科学，2024（4）：168-176.

[3] 明欣．泸州市跨界河流污染联防联控问题及对策研究［D］．成都：电子科技大学，2023.

[4] 章杰．跨区域水污染协同治理困境与优化策略研究［D］．上海：华东师范大学，2023.

[5] 左其亭，韩春华，韩春辉，等．河长制理论基础及支撑体系研究［J］．人民黄河，2017，39（6）：1-6，15.

[6] 姜斌．对河长制管理制度问题的思考［J］．中国水利，2016：（21）：6-7.

[7] 史玉成．流域水环境治理"河长制"模式的规范建构：基于法律和政治系统的双重视角［J］．现代法学，2018，40（6）：95-109.

[8] 刘鸿志，刘贤春，周仕凭，等．关于深化河长制制度的思考［J］．环境保护，2016，44（24）：43-46.

[9] 戚建刚．河长制四题：以行政法教义学为视角［J］．中国地质大学学报（社会科学版），2017，17（6）：67-81.

[10] 张驰．多元主体协同视角下淮滨县河流污染治理研究［D］．郑州：华北水利水电大学，2023.

[11] 颜海娜，曾栋．河长制水环境治理创新的困境与反思：基于协同治理的视角［J］．北京行政学院学报，2019（2）：7-17.

南水北调西线工程受水城市水资源及其开发利用情势研究——以宁夏中卫市为例

刘柏君[1,2]　唐　晋[1]　樊新颖[1,2]　梁顺田[1]

（1. 黄河勘测规划设计研究院有限公司，河南郑州　450003；
2. 水利部黄河流域水治理与水安全重点实验室，河南郑州　450003）

摘　要： 水是经济社会发展的基础性、先导性、控制性要素，是国家发展战略的重要支撑。水资源格局影响和决定着经济社会发展格局。南水北调西线工程作为我国“四横三纵”骨干水网的“最后一纵”，是解决黄河缺水问题、促进流域高质量发展的战略工程。南水北调西线工程受水城市的水资源及其开发利用情况会对工程调水量确定产生影响。因此，本文选择宁夏中卫市为例，从地表水、地下水、水资源总量等要素入手，探明中卫市水资源条件，并对中卫市水资源开发利用情势开展研究，为南水北调西线工程调水量论证提供支撑。

关键词： 水资源量；水资源开发利用；中卫市；受水城市；南水北调西线

1　研究区概况

南水北调西线工程是从长江上游调水至黄河流域的青海、甘肃、宁夏、内蒙古、陕西、山西等省（区）的跨流域调水工程[1-2]。中卫市是调水的受水城市，位于宁夏回族自治区中西部，地处宁夏、内蒙古、甘肃三省（区）交汇处，东与吴忠市红寺堡区、同心县、青铜峡市接壤，南与固原市原州区、西吉县相连，西与甘肃省白银市平川区、靖远县、会宁县、景泰县交界，北与内蒙古自治区阿拉善盟阿拉善左旗毗邻，地处东经104°17′～106°10′，北纬36°59′～37°43′，东西长约130 km，南北宽约180 km，总土地面积1.74万 km^2，辖沙坡头区、中宁县和海原县[3-4]。

中卫市深居内陆，靠近沙漠，属温带干旱气候区，具有典型的大陆性季风气候和沙漠气候的特点。因受沙漠影响，日照充足，昼夜温差大，干旱少雨，蒸发强烈，具有春暖迟、秋凉早、夏热短、冬寒长、雨雪稀少、风大沙多等特点[5]。中卫市主要河流有黄河干流及清水河、祖厉河、红柳沟等黄河支流，腰岘子沟、高崖沟、长流水沟等。中卫市气候干旱，人均当地水资源量仅103 m^3，加上分配的黄河水后人均水资源量约1 130 m^3，仅达全国平均水平的1/2。当地水资源禀赋不足导致对过境黄河水过度依赖，现状供水量中93.7%由黄河水满足。

2　水资源条件分析

通过分析，1956—2016年中卫市多年平均地表水资源量为10 946万 m^3，最大值为26 674万 m^3，最小值为4 853万 m^3，极值比为5.5，说明中卫市地表水资源量变化十分剧烈。从行政分区看，沙坡头区多年平均地表水资源量为2 532万 m^3，中宁县为1 740万 m^3，海原县为6 674万 m^3，海原县地表水资源量最丰富。

基金项目：“十四五”国家重点研发计划课题（2022YFC3202405）；水利青年拔尖人才资助项目（JHQB202205）；2023年度中原科技创新青年拔尖人才资助项目。

作者简介： 刘柏君（1990—），男，副高级工程师，主要从事水文水资源方面的研究工作。

中卫市多年平均地下水资源量为48 870万m^3，重复计算量为45 986万m^3；其中，沙坡头区多年平均地下水资源量为20 240万m^3，中宁县为22 930万m^3，海原县为5 700万m^3，中宁县地下水资源量最丰富。

中卫市多年平均水资源总量为13 830万m^3，地表水资源量为10 946万m^3，地下水资源量为48 870万m^3，地表水与地下水重复计算量为45 986万m^3；其中，沙坡头区多年平均水资源总量为3 660万m^3，中宁县为2 370万m^3，海原县为7 800万m^3。海原县水资源量相比沙坡头区、中宁县更加丰富。然而，海原县水资源开发利用条件较差，地表水资源多以洪水形式出现，且多数水库存在泥沙淤泥的情况，难以实现水资源的有效调蓄；同时，地下水矿化度加高，进一步增加了海原县水资源利用难度。

3 水资源开发利用情势研究

3.1 供水工程

3.1.1 地表水供水工程

（1）引黄工程。中卫市引黄灌溉工程分为沙坡头区、中宁县两部分，其中沙坡头区引黄灌溉工程主要是对境内的沙坡头北干渠、沙坡头南干渠实施引黄灌溉，经过多次改造、扩建、延伸及配套，目前形成以美一、二、三支干渠为主线的灌溉网络，共涉及干渠支干渠8条，长度196.1 km；中宁县引黄灌区分为河南、河北两个灌区，河南灌区有七星渠、北滩渠、长鸣干渠三个灌区，河北跃进渠灌区为一个独立灌区，共涉及干渠支干渠5条，长度130.6 km。中卫市引黄灌区工程已形成渠沟配套、水利设施基本完善的灌排体系，为全市社会经济的稳步健康发展提供了良好的水利保障。中卫市主要引黄工程情况见表1。

表1 中卫市主要引黄工程情况

序号	工程名称	所在县	建成年份	引水流量/(m^3/s)	线路长度/km
1	跃进渠	沙坡头区、中宁县	1958年	30	55.6
2	七星渠	沙坡头区、中宁县	公元前140年	78	92.3
3	北干渠	沙坡头区	元代	54	45.8
4	南干渠	沙坡头区	明代	12	34.1

（2）扬黄工程。中卫市境内的扬黄工程主要有固海扬水工程、固海扬水扩灌工程、南山台子扬水工程和红寺堡扬水工程等。固海扬水（包括同心扬水工程）现有干渠长度287 km，总扬程382.5 m，设计灌溉面积50万亩；固海扩灌工程渠道总长177.38 km，总扬程479.7 m，设计灌溉面积55万亩，其中中卫市受益灌溉面积10.88万亩，主要分布在海原县、中宁县；南山台子扬水工程总扬程135 m，灌溉面积23.9万亩；红寺堡扬水工程现有干渠183 km，总扬程305.8 m，设计灌溉面积55万亩。中卫市主要扬黄工程情况见表2。

表2 中卫市主要扬黄工程情况

序号	工程名称	所在县	建成年份	提水流量/(m^3/s)
1	固海扬水工程	中宁县、海原县	1982年	20
2	固海扩灌扬水工程	中宁县、海原县	1988年	12.7
3	南山台子扬水工程	沙坡头区	1976年	6.65
4	红寺堡扬水工程	中宁县	1998年	28

截至2019年，中卫市共建成水库58座，其中中型水库9座，小型水库49座，总库容9.59亿 m^3，兴利库容3 572万 m^3。中卫市中型以上水库主要特征指标情况见表3。

表3　中卫市中型以上水库主要特征指标情况

序号	所在行政区	水库名称	建设年份	水库类型	总库容/万 m^3	兴利库容/万 m^3
1	沙坡头区	沙坡头水库	2005年	中型	2 600	1 065
2		沙沟水库	2003年	中型	2 300	—
3	海原县	石峡口水库	1959年	中型	24 944	
4		张湾水库	1974年	中型	3 740	
5		碱泉口水库	1973年	中型	2 288	127
6		苋麻河水库	1958年	中型	60 458	
7		南坪水库	2009年	中型	980	841
8		撒台水库	2008年	中型	1 969	95
9		中坪水库	2010年	中型	1 554	90

3.1.2　地下水与非常规水源供水工程

截至2019年，中卫市共有机电井49 189眼，其中规模以上机电井1 162眼，规模以下机电井48 027眼。据调查，中卫市仅有再生水利用工程，无矿井水、雨水利用工程，建有中卫市有污水处理厂10座，日处理能力16.7万t，其中沙坡头区建成4座，日处理能力为7.7万t；中宁县建成4座，日处理能力为6.5万t；海原县建成2座，日处理能力为2.5万t。建有再生水厂4座，日处理能力7万t，经深度处理后的再生水多用于工业、城市绿化。

3.2　供水量

根据《2019年宁夏水资源公报》[6]，2019年中卫市各类供水工程总供水量14.03亿 m^3，其中黄河水13.15亿 m^3，占总供水量的93.7%；地下水供水量0.82亿 m^3，占总供水量的5.8%；当地地表水供水量0.02亿 m^3，仅占0.2%；非常规水利用量0.04亿 m^3，占0.3%。

中卫市位于沿黄经济带，是黄河河套地区第一个自流灌溉市，供水条件便利，各县区水源主要以黄河水为主，其中沙坡头区和中宁县黄河水分别占各区县总供水量的94.8%、95.5%，地下水供水量分别仅占各区县总供水量的4.7%、4.3%；海原县位于南部山区，黄河水供水量占全县供水量的78.6%，地下水供水量占19.7%，当地地表水供水量占1.7%。中卫市供水量分析结果见表4。

表4　中卫市供水量分析结果

分区	地表水源供水量/万 m^3			地下水供水量/万 m^3	非常规水利用/万 m^3	合计/万 m^3
	当地地表水	黄河水	小计			
沙坡头区	30	58 070	58 100	2 880	270	61 250
中宁县	0	63 770	63 770	2 850	150	66 770
海原县	210	9 700	9 910	2 430	0	12 340
合计	240	131 540	131 780	8 160	420	140 360

3.3　用水量

根据《2019年宁夏水资源公报》[6]，2019年中卫市各行业总取用水量约为14.04亿 m^3，其中农业取用水量（包括农林牧灌溉用水、冬灌生态补水）约为 12.72 亿 m^3，占总用水量的 90.6%；工业用水量约为 0.51 亿 m^3，占总用水量的 3.6%；城镇综合生活（包括城镇居民、建筑三产、城镇环境）用水量约为 0.22 亿 m^3，占总用水量的 1.5%；农村人畜（包括农村居民和牲畜）用水量约为 0.13 亿 m^3，占总用水量的 0.9%；湖泊生态补水量为 0.47 亿 m^3，占总用水量的 3.3%。

在各用水户中，城镇生活和农村人畜用水以地下水为主，其中城镇生活用水中地下水源占 80.6%；农村人畜用水中 93.7%由地下水供给；工业用水中地下水源供水占 45.0%，地表水和再生水供水占 55.0%；农业灌溉用水中 97.7%由黄河水供给；湖泊生态补水全部由地表水源供给。中卫市用水量分析结果见表 5。

表 5　中卫市用水量分析结果

分区	城镇生活/万 m^3	农村人畜/万 m^3	工业/万 m^3	农业/万 m^3		生态环境/万 m^3	合计/万 m^3
				小计	其中冬灌补水		
沙坡头区	1 160	410	2 550	52 560	5 526	4 570	61 250
中宁县	720	400	2 320	63 200	6 645	130	66 770
海原县	290	460	199	11 391	1 140	0	12 340
合计	2 170	1 270	5 069	127 151	13 311	4 700	140 360

3.4　水资源开发利用状况

根据《2019 年宁夏水资源公报》和《2019 年中国水资源公报》，2019 年，中卫市总用水量 14.04 亿 m^3，人均综合用水量 1 195 m^3，高于宁夏全区人均用水量，分别是全国和黄河流域人均用水量的 2.77 倍、3.62 倍。城镇综合生活（含城镇居民、建筑和三产）用水量 96 L/（人 · d），远低于宁夏全区平均城镇综合生活用水量 182 L/（人 · d），仅约占全国城镇综合生活平均用水量的 43%。中卫市 GDP 总量 437.65 亿元，工业增加值 152.17 亿元，万元 GDP 用水量 321 m^3，是宁夏全区平均用水量的 1.72 倍，是全国及黄河流域平均万元 GDP 用水量的 5.27 倍、5.79 倍；万元工业增加值用水量 33.3 m^3，高于宁夏全区和全国平均水平，但距黄河流域工业平均用水水平还有较大差距。中卫市农业实际灌溉面积 185.44 万亩，灌溉水有效利用系数 0.528，低于全区、全国及黄河流域农业灌溉平均水平。农业灌溉亩均用水量 682 m^3，略高于宁夏全区农业灌溉用水量，是全国农业灌溉亩均用水量的 1.86 倍，是黄河流域农业灌溉亩均用水量的 2.15 倍[6-7]。中卫市作为黄河流域首个自流灌溉市，农业用水效率偏低，尚有较大节水潜力。中卫市各县区综合用水水平特征指标对比情况见表 6。

表 6　中卫市各县区综合用水水平特征指标对比情况

区域/流域		人均综合用水量/m^3	万元 GDP 用水量/m^3	万元工业增加值用水量/m^3	城镇综合生活用水量/［L/（人 · d）］	农村居民生活用水量/［L/（人 · d）］	农业灌溉亩均用水量/（m^3/亩）	灌溉水有效利用系数
中卫市	沙坡头区	1 479	322	42.0	115	34	688	0.510
	中宁县	1 884	390	27.4	103	31	775	0.525
	海原县	304	162	29.6	53	24	414	0.658
	合计	1 195	321	33.3	96	29	682	0.528

续表 6

区域/流域	人均综合用水量/m^3	万元 GDP 用水量/m^3	万元工业增加值用水量/m^3	城镇综合生活用水量/[L/(人·d)]	农村居民生活用水量/[L/(人·d)]	农业灌溉亩均用水量/(m^3/亩)	灌溉水有效利用系数
宁夏	1 006	187	34.9	182	30	648	0.543
全国	431	61	38.4	225	89	368	0.559
黄河流域	330	55	21.6	162	69	319	0.560

4 结语

中卫市干旱少雨，多年平均降水量仅 261 mm，多年平均蒸发量达 1 256 mm，多年平均水资源总量 1.383 亿 m^3，人均当地水资源量仅 103 m^3，属水资源紧缺地区；当地地表水资源匮乏，地下水除沿黄地区外大多属于微咸水、苦咸水，难以有效开发利用。随着建设美丽宁夏、实现乡村振兴等战略规划的部署实施，中卫市生产、生活等刚性需水量都将不同程度地增加，水资源刚性约束下缺水问题将愈发突出，同时对黄河水的依赖程度将更为迫切，水依旧是制约中卫市高质量发展最大瓶颈。因此，本文选择南水北调西线工程受水城市——中卫市为例，开展中卫市水资源及其开发利用情势研究，为工程调水量论证、工程可行性研究、工程建设提供支撑。

参考文献

[1] 张金良，景来红，李福生，等．南水北调西线工程总体布局及一期工程方案研究［J］．人民黄河，2023，45（5）：1-5.

[2] 杨立彬，崔长勇，贺丽媛，等．南水北调西线工程受水区节水潜力研究［J］．人民黄河，2023，45（5）：13-18.

[3] 雍睿，王琦皓．宁夏中卫市破解水资源短缺问题的经济学分析与对策建议［J］．水利发展研究，2022，22（6）：60-64.

[4] 雍芳．关于中卫市水资源高效节约集约利用的探析［J］．水上安全，2023（11）：75-77.

[5] 樊宽，毛万忠，王勇．中卫市近 54 a 气候变化特征与突变分析［J］．宁夏大学学报（自然科学版），2017，38（4）：420-425.

[6] 宁夏回族自治区水利厅．2019 年宁夏水资源公报［OL］．2020-08-19.

[7] 中华人民共和国水利部．2019 年中国水资源公报［OL］．2020-08-03.

黄河源区长系列径流模拟计算研究

黄华平　刘惠敏　靳高阳　林焕新

（中水珠江规划勘测设计有限公司，广东广州　510610）

摘　要：开展黄河源区径流过程模拟研究，对于理解该地区水资源稳定和生态系统安全状况具有重要意义。本文采用VIC模型对黄河源区唐乃亥水文站2013—2022年逐日流量过程进行了模拟计算，并在其基础上结合误差自回归模型对模拟结果进行误差校正。其结果表明：①从各项精度评价指标来看，VIC模型在率定期及验证期内均具有较高的精度，能有效地应用于黄河源区逐日流量过程的模拟计算；②采用误差自回归模型可显著提升日流量过程的模拟精度，尤其是水量偏差指标的提升性能较大，一定程度上解决了中、高水流量模拟结果偏小的问题。

关键词：黄河源区；日径流模拟；误差校正；VIC模型；误差自回归模型

1　引言

黄河源作为黄河流域重要的水源涵养区，其出口控制站唐乃亥的多年平均径流量占黄河总径流量的34.5%，是黄河清水的主要来源，故而被称为黄河流域的“水塔”[1]。可以说，源区水资源稳定和生态环境安全将直接影响黄河流域的可持续发展。

目前，关于黄河源区的径流特性分析及过程模拟已有大量研究。如庄稼成[2]等通过耦合融雪模块与abcd模型模拟了黄河源区1980—2018年逐月径流过程，并对径流变化相关成因开展了分析研究；马明卫等[3]采用MK方法分析了黄河源区实测径流系列的演变趋势，并结合Budyko框架对其演变成因进行了定量分析；刘义花等[4]将CMIP6气候模式与HBV、SWAT模型相结合，分析了黄河源区未来40年流量变化趋势；张金萍[5]等通过建立降雨、径流及泥沙间的两变量、三变量误差修正模型，对黄河源区年径流过程进行了预测分析；楼骏等[6]将度日因子法与SIMHYD模型相结合，对黄河源区径流过程进行模拟计算，并定性分析了源区水资源量的演变特性。

本次收集了黄河源区土壤、植被及气象数据，采用VIC模型对黄河源区唐乃亥站2013—2022年逐日流量过程进行了模拟计算。在其基础上，采用误差自回归模型对模拟结果进行了误差校正，其成果能有效地模拟唐乃亥站的实测日流量过程。

2　研究方法

2.1　VIC模型

VIC（variable infiltration capacity）模型也称为“可变下渗容量模型”，属于流域大尺度分布式水文模型[7]。该模型通过控制每个网格内植被层和土壤层的含水量及热通量过程，实现流域内陆气系统的水量及热量平衡，具体原理如下。

（1）水量平衡过程。

作为大尺度陆面模型，VIC模型在模拟过程中始终遵循水量平衡原则，具体如下：

$$\frac{\partial S}{\partial t} = P - E - R \tag{1}$$

基金项目：国家重点研发计划（2023YFC3208800）。

作者简介：黄华平（1993—），男，高级工程师，主要从事水利规划、水文水资源方面的研究工作。

式中：$\frac{\partial S}{\partial t}$ 为单位时间内区域储水量变化；P、E、R 分别为单位时间内降水量、蒸散发量及径流量。

（2）能量平衡过程。

VIC 模型采用了与大部分陆面模型相似的能量平衡方程用于描述各个网格内不同陆面类型的能量收支状况，具体如下：

$$R_n = H + \rho_w \lambda_v E + G \tag{2}$$

式中：R_n 为网格内净辐射量；H 为感热通量；$\rho_w \lambda_v E$ 为潜热通量（ρ_w 为液态水密度，λ_v 为蒸发潜热，E 为蒸发量）；G 为地表热通量。

2.2 误差自回归模型

误差自回归模型是一种基于回归分析的终端误差校正方法，其依据历史预报流量与实测流量间的误差残差系列，建立自回归模型来对未来流量的预报误差进行预测，以实现预报流量的误差校正[8]，具体步骤如下。

（1）建立自回归方程。

$$e_{t+L} = c_1 e_t + c_2 e_{t-1} + \ldots + c_p e_{t-p+1} + \xi_{t+L} \tag{3}$$

式中：e_t 和 e_{t+L} 分别为第 t 时刻和第 $t+L$ 时刻的流量误差；p 为模型自回归阶数；c_1，c_2，…，c_p 为回归系数；ξ_{t+L} 为 $t+L$ 时刻经校正后的系统残差。

（2）最小二乘算法参数估计。

$$\boldsymbol{C} = (\boldsymbol{X}^{\mathrm{T}}\boldsymbol{X})^{-1}\boldsymbol{X}^{\mathrm{T}}\boldsymbol{Y} \tag{4}$$

式中：$\boldsymbol{C}$ 为回归系数矩阵；$\boldsymbol{Y}$ 为预报误差矩阵；$\boldsymbol{X}$ 为实测误差矩阵。

（3）预报误差校正。

$$Q_{t+L}^{*} = Q_{t+L} + e_{t+L} \tag{5}$$

式中：Q_{t+L} 为原始预报流量；Q_{t+L}^{*} 为校正后的预报流量；e_{t+L} 为估计的预报误差。

2.3 误差评价指标

（1）偏差值（Bias）。

Bias 值反映了预报值与观测值的相对偏差，取值范围为（－□，＋□），当为最佳预报时，Bias＝0，计算公式为：

$$\mathrm{Bias} = \frac{\sum_{i=1}^{n}(Q_{\mathrm{sim}}^{i} - Q_{\mathrm{obs}}^{i})}{\sum_{i=1}^{n} Q_{\mathrm{obs}}^{i}} \times 100\% \tag{6}$$

（2）相关系数（CC）。

CC 值反映了预报值与观测值的线性相关程度，该值越接近于 1，表明模型模拟结果越好，计算公式为：

$$\mathrm{CC} = \frac{\sum_{i=1}^{n}(Q_{\mathrm{obs}}^{i} - \overline{Q}_{\mathrm{obs}})(Q_{\mathrm{sim}}^{i} - \overline{Q}_{\mathrm{sim}})}{[\sum_{i=1}^{n}(Q_{\mathrm{obs}}^{i} - \overline{Q}_{\mathrm{obs}})^2]^{0.5}[\sum_{i=1}^{n}(Q_{\mathrm{sim}}^{i} - \overline{Q}_{\mathrm{sim}})^2]^{0.5}} \tag{7}$$

（3）纳什效率系数（NSE）。

NSE 值反映了预报值与观测值的吻合程度，该值越接近于 1，表明模型的模拟精度越高，计算公式为：

$$\mathrm{NSE} = 1.0 - \frac{\sum_{i=1}^{n}(Q_{\mathrm{obs}}^{i} - Q_{\mathrm{sim}}^{i})^2}{\sum_{i=1}^{n}(Q_{\mathrm{obs}}^{i} - \overline{Q}_{\mathrm{obs}})^2} \tag{8}$$

式中：Q^i_{obs} 与 Q^i_{sim} 分别为第 i 时刻的观测值与模拟值；$\overline{Q}_{obs}$ 与 $\overline{Q}_{sim}$ 分别为观测系列与预测系列对应均值。

3 结果分析

3.1 研究流域概况

黄河源区是指位于青藏高原东北部唐乃亥水文站以上的集水区域，该地区介于 95°55′~102°30′E 和 32°10′~36°15′N。全流域面积约为 12.2 万 km^2，占黄河流域总面积的 16%，干流长达 270 km，地势起伏平缓，河道平均比降较小，约为 1.2‰，具体见图 1。本次收集了黄河源区 2012—2022 年的气象及水文数据，具体包括源区内及附近区域的 17 个气象站和 5 个水文站的日降水数据，17 个气象站日最高/最低温度和日平均风速的实测资料，以及唐乃亥水文站 2013—2022 年的逐日流量资料。

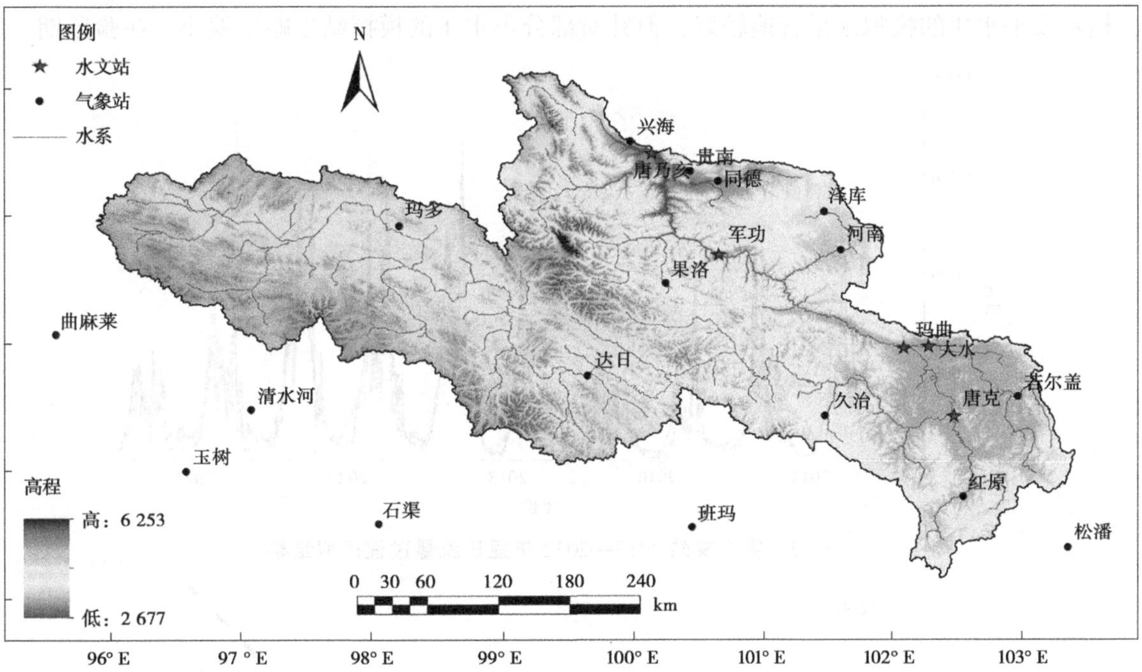

图 1　研究区位置及水文、气象站点分布

3.2 模型率定与验证

研究将黄河源区划分为 245 个 0.25°×0.25°的空间网格，依据水文、气象站降水、温度及风速资料，采用双线性空间插值方法，确定各网格气象数据，并制备对应“forcing_ 纬度_ 经度”的气象文件，其中经纬度分别对应各网格中心点的经纬度，该数值需要与土壤参数文件中的经纬度相一致，且精度达到小数点后 4 位。针对流域内各网格的植被参数，采用了 Maryland 大学提供的全球 1 km 植被分类数据，其包含了 14 种陆面覆盖类型，土壤参数则采用了联合国粮农组织（FAO）提供的全球 5′土壤数据集来确定土壤分类，该数据集包含了 16 种土壤类型。

本文选取 2012 年 1 月 1 日至 2012 年 12 月 31 日作为模型预热期，2013 年 1 月 1 日至 2018 年 12 月 31 日作为模型率定期，2019 年 1 月 1 日至 2022 年 12 月 31 日作为模型验证期。模拟过程中，采用 SCE-UA 算法对土壤参数进行优化率定，确定最优参数组合，并选取偏差值（Bias）、相关系数（CC）及纳什效率系数（NSE）三个指标对模型的模拟精度进行评价，具体如表 1 所示。由表 1 可知，针对日流量过程的模拟来看，率定期水量误差绝对值小于 6%，验证期水量误差稍大，但不超过 15%；模拟系列与实测系列间的相关系数较高，均为 0.90；从纳什效率系数来看，日流量过程模拟效果较好，均大于 0.8。上述评价指标表明，VIC 模型的整体模拟性能较好。

表 1 VIC 模型率定和验证模拟性能

评价指标	率定期（2002—2010 年）	验证期（2011—2015 年）
	日过程	日过程
Bias	-5.65%	-11.4%
CC	0.90	0.90
NSE	0.85	0.82

图 2 和图 3 分别提供了唐乃亥站实测系列的日流量过程与模型模拟结果。该结果表明：在率定期内，枯水及平水年的模拟结果普遍较好，但针对部分丰水年的模拟结果略微偏小；在验证期，模拟流

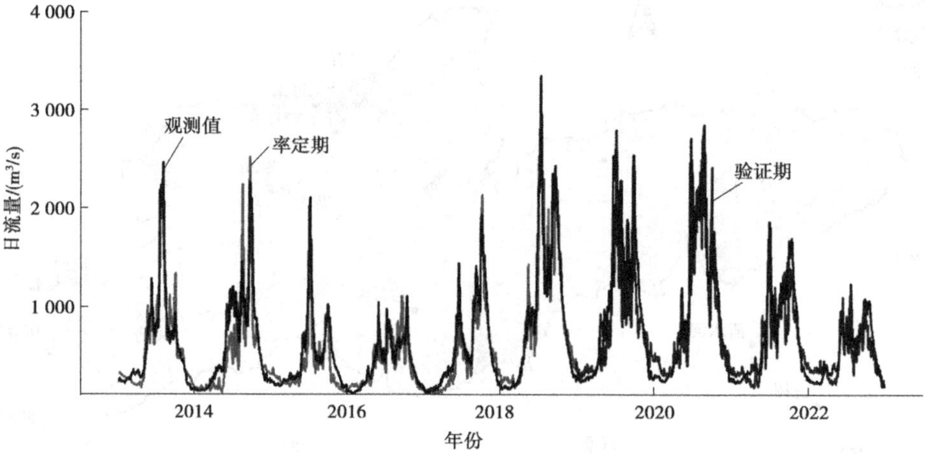

图 2 唐乃亥站 2013—2022 年逐日流量过程模拟结果

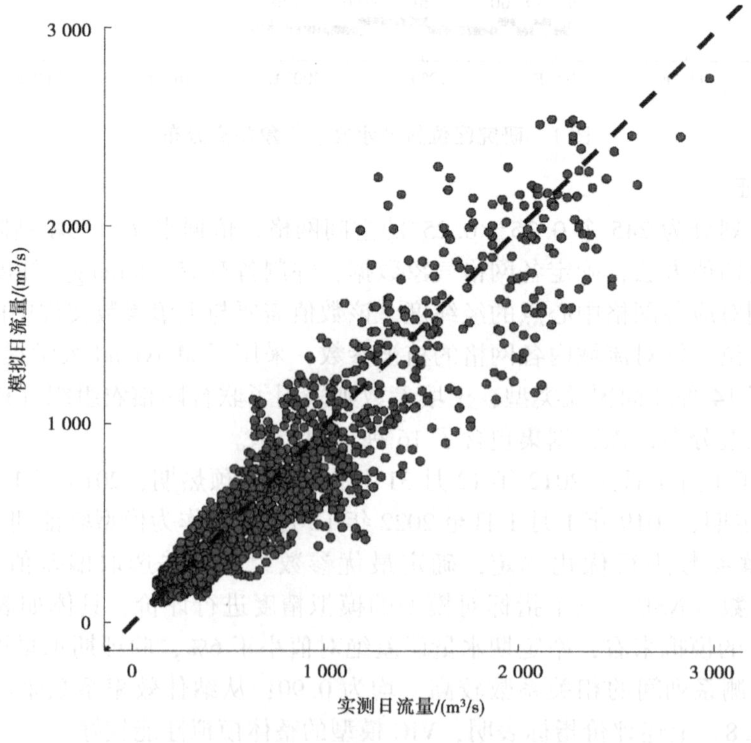

(a)

图 3 率定期及验证期内日流量实测值与模拟值对比

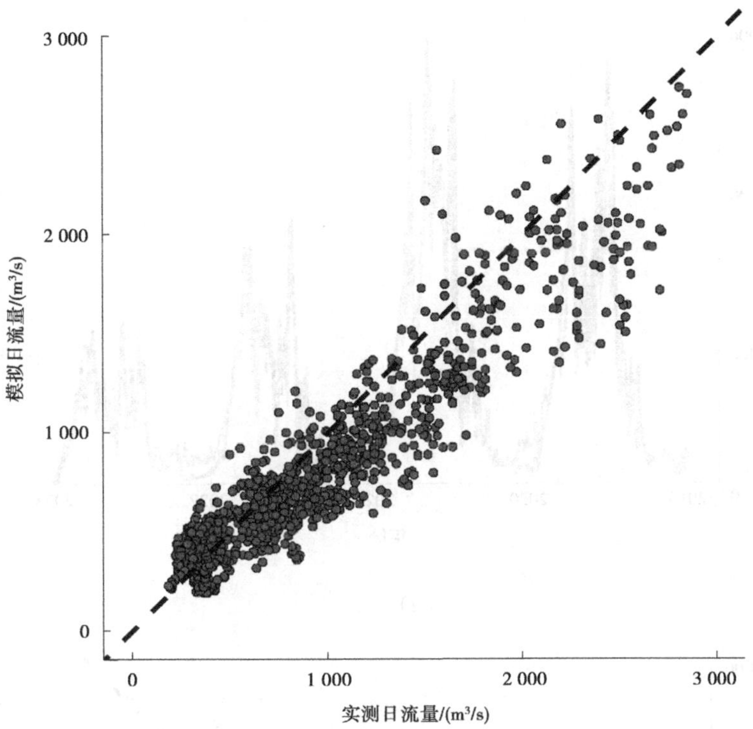

(b)

续图 3

量的偏小程度要大于率定期，但除 2019 年模拟结果的偏差较大外，其他年份模拟结果的精度处于合理范围之内。此外，通过比较唐乃亥站日流量在率定期和验证期内实测系列与模拟系列间散点图，可以看出，率定期及验证期对应的散点都较为均匀地分布在 45°线两侧，验证期在中、高水位置略微有些下偏，但整体趋势仍在合理范围内。因此，综上表明 VIC 模型在黄河源区的模拟精度较好。

3.3 误差校正效果

依据历史实测流量与模型模拟流量，构建误差自回归校正模型。采用该模型对验证期模拟流量过程进行误差校正，同理采用偏差值、相关系数及纳什效率系数对校正后流量过程的精度进行评价，具体如表 2 所示。表 2 结果表明，采用误差校正模型可显著提升日流量过程的模拟精度，偏差值、相关系数和纳什效率系数分别提升至-6.42%、0.92 和 0.85，均优于原始模拟流量过程，其中偏差值提升性能最为显著。

表 2　验证期误差校正成果精度

评价指标	Bias	CC	NSE
校正成果	-6.42%	0.92	0.85

图 4 提供了唐乃亥站验证期实测日流量与误差校正后模拟流量的对比。其结果表明，误差校正后的模拟流量与实测流量间的偏差程度显著减小，尤其对 2019 年而言，一定程度上缓解了验证期内日流量模拟值偏小的问题。实测系列与模拟系列间的散点图也印证了这一结论，验证期模拟流量数据在中、高水存在的下偏现象得到了一定程度改善，对应散点更加紧密地分布在 45°线两侧。

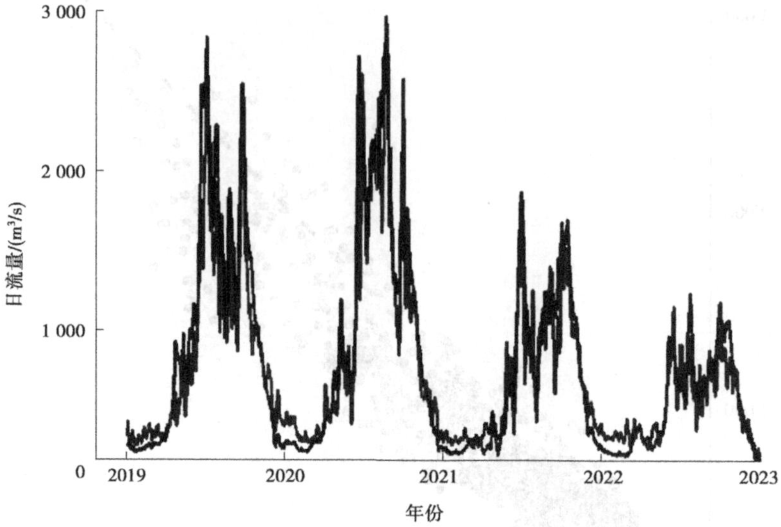

(a)

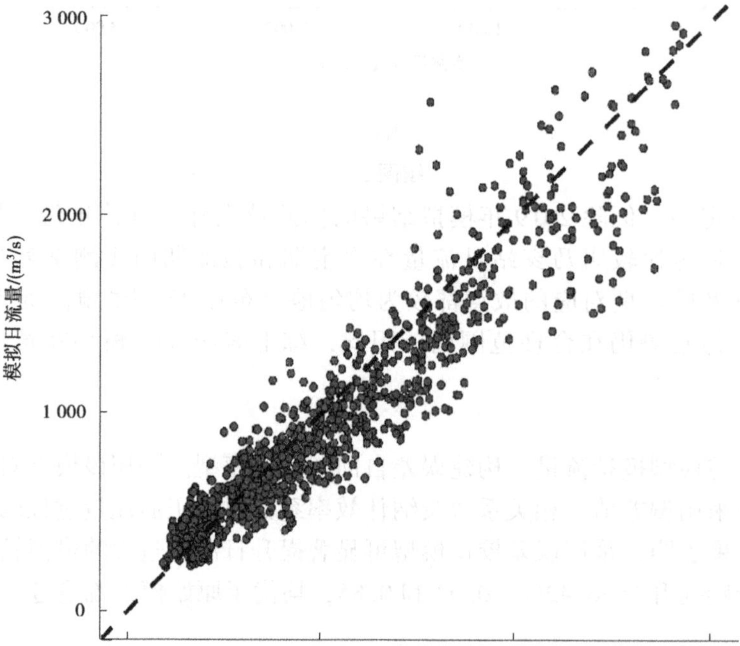

(b)

图 4　唐乃亥站验证期内日流量误差校正结果

4　结论

研究采用 VIC 模型对黄河源区唐乃亥站 2013—2022 年逐日流量过程进行了模拟计算，并在其基础上采用误差自回归模型对模拟成果进行了校正，主要结论如下：

（1）VIC 模型在率定期及验证期内均具有较高精度，两者模拟结果的水量偏差小于或接近 10%，相关系数及纳什效率系数均大于 0.90 和 0.80，说明该模型能较好地应用于黄河源区的日流量模拟计算。

（2）采用误差自回归模型可显著提升日流量过程的模拟精度，尤其对于水量偏差指标而言，验证期日流量偏差值可从-11.4%提升至-6.42%，一定程度上解决了模型针对中、高水模拟结果偏小的问题。

参考文献

[1] 雍斌，张建云，王国庆．黄河源区水文预报的关键科学问题［J］．水科学进展，2023，34（2）：159-171.
[2] 庄稼成，星寅聪，李艳忠，等．基于改进 abcd 模型的黄河源区径流变化与归因［J］．南水北调与水利科技（中英文），2022，20（5）：953-965.
[3] 马明卫，王召航，王文川，等．基于 Budyko 假设的黄河源区径流演变与量化归因分析［J］．华北水利水电大学学报（自然科学版），2023，44（3）：53-60.
[4] 刘义花，高歌，翟建青，等．基于 CMIP6 气候模式和两种水文模型综合集成预估的黄河源区未来 40 年流量变化［J］．冰川冻土，2024，46（2）：675-687.
[5] 张金萍，李红宾，肖宏林，等．基于误差修正模型的黄河源区年径流预测［J］．人民黄河，2020，42（7）：5-8，66.
[6] 楼骏，崔澂．改进的 SIMHYD 模型在黄河源区高寒气候的适应性研究［J］．水电能源科学，2021，39（10）：27-30，67.
[7] 吴志勇，陆桂华，张建云，等．基于 VIC 模型的逐日土壤含水量模拟［J］．地理科学，2007（3）：359-364.
[8] 李彬权，朱畅畅，梁忠民，等．融雪补给型河流径流概率预报方法［J］．应用基础与工程科学学报，2024，32（1）：123-132.

基于文献计量的高坝雾化研究进展与热点分析

葛庭辉[1]　刘　丹[1,2]　石继忠[3]

（1. 浙江水利水电学院水利工程学院，浙江杭州　310018；
2. 天津大学建筑工程学院，天津　300350；
3. 浙江华东工程咨询有限公司，浙江杭州　310014）

摘　要： 高坝雾化问题的深化认知是流域水安全保护与治理科学化开展的重要课题之一。以“泄流（洪）雾化”为检索词，使用CiteSpace软件对1991年1月至2024年8月间中国知网（CNKI）收录的230篇中文文献进行计量分析发现：年度发文量总体呈现增长后趋稳的波动态势，达到或超过10篇的年份占比为26.5%；研究机构主要集中在高校和科研院所，核心作者占总作者的9.2%，核心团队分布较集中；随着气候变化加剧和工程需求增加，泄流（洪）雾化研究将向多学科交叉、数值模拟精细化和综合防控策略发展。

关键词： 流域安全；泄流（洪）雾化；Citespace软件；文献计量分析

1　引言

高坝雾化发生在高坝泄流（洪）过程中，其在高速水-气作用形成的雨雾影响水电站运行安全，也会引起区域气候变化，进而诱发系列安全问题，是我国坝工安全关注的重点问题。有效探知泄洪雾化的机制、影响因素及防控措施方面，对科学化提升流域水资源、水环境、水生态安全管理至关重要。我国开展高坝雾化研究迄今已30余年，在随机喷溅机制研究和随机喷溅数值预测模型应用方面取得了重大突破，基本形成了包含原型观测、机制分析、模型试验、数值模拟等综合预测体系[1]。但是，相关综述研究尚未引入文献计量分析方法。

文献计量分析能以直观展现特定研究领域的研究脉络和演进趋势[2-4]。因此，本文以“泄流（洪）雾化”为检索词，采用CiteSpace软件，从年度发文量统计、发文机构与作者分析、关键词共现、聚类和突变3方面开展文献计量分析，旨在有效梳理课题相关研究趋势与热点，为高坝泄流雾化的深入研究及流域水安全管理提供参考。

2　数据来源与方法

2.1　数据来源

高坝流（洪）雾化问题集中在我国，以国内学者为主[1]。在中国知网（CNKI）数据库，以“泄流（洪）雾化”为关键词，检索1991年1月至2024年8月间的相关中文文献。通过限定时间

基金项目： 校级大学生创新创业训练计划项目（S202311481005）；中国博士后科学基金第73批面上资助（2023M732603）；浙江省自然科学基金水利联合基金探索项目（LZJWY22E090003）；2023年基于工程教育专业认证背景下水利高等教育教学改革研究课题“校企合作加强水工专业项目化课程群建设的教学改革研究”（GCJY202372）；2023年浙江水利水电学院校级重点课程“水工模型试验”（ZDKC202319）。

作者简介： 葛庭辉（2000—），男，本科在读，研究方向为工程水力学。

通信作者： 刘丹（1989—），女，博士后在读，中级讲师，研究方向为工程水力学。

范围、文献类型（期刊、会议、学位论文等）和学科领域（主要集中在水利工程与环境科学），共检索到286篇相关文献。进一步手动筛选，去除与研究主题不相符文献，得到230篇文献用于计量分析。

2.2 研究方法

在CiteSpace软件中，统计年度发文量分析发文趋势；分析发文机构和核心作者识别主要研究力量；应用关键词共现、聚类分析揭示研究热点与主题方向，并通过关键词突变分析探讨研究重点的演变。

3 分析结果与讨论

3.1 年度发文量统计

根据图1分析可知，1991—2024年间“泄流（洪）雾化”文献的年度发文量呈现增长后趋稳的波动态势，表明该领域研究相对活跃，经历了从初步探索到深入研究的过程。从20世纪90年代初期，年发文量不超过5篇，可见相关研究处于起步阶段。自2000年起，发文量逐渐增加，尤其在2005年、2007年分别达到了10篇、13篇的高峰，与水电站雾化问题的原型观测累积、机制研究及防护预测取得突破性进展有关[5-11]；2019年、2020年发文量显著增长，分别达到15篇、12篇，反映了科学研究方法的持续性探索，也与高海拔高坝建设中，低气压泄流雾化问题突出的深入探索有关[1,12-13]。

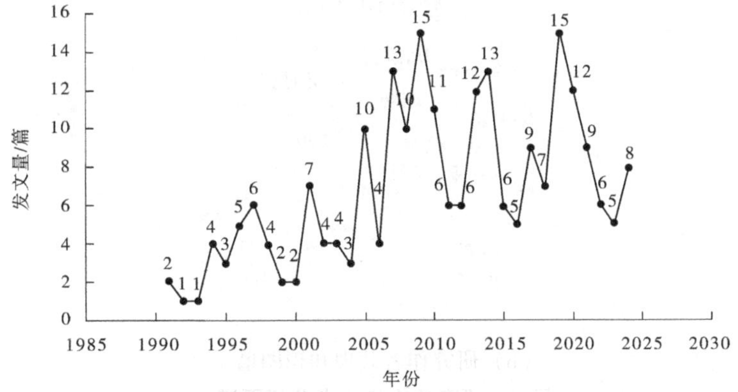

图1 年度发文量分布（1991年1月至2024年8月）

3.2 发文机构与作者分析

国内共有153家机构的近300位学者发表过与泄流（洪）雾化有关的研究文献。分析图2（a）可知，高校和科研院所是该领域的主要研究力量，均关注泄流（洪）雾化领域研究。分析图2（b）可知，张华（15篇）、练继建（13篇）、孙双科（13篇）、刘昉（10篇）、柳海涛（9篇）、吴时强（8篇）等学者在该领域的研究中占据了重要地位。分析表1可知，27位核心作者发文153篇，占作者总数的9.2%、总文献量的32.9%。

联合分析图2和表1，可以看出，该领域的研究作者与机构分布较为广泛，核心作者群体已经开始形成。高校学者主要集中于理论基础与预测方法的研究，通过对泄流（洪）雾化机制的探讨与分析，推动了该领域的基础应用研究发展；而科研院侧重于工程实践与应用反馈研究，在研究中也起到了关键作用。但是，该领域研究尚未完全达到普赖斯定律中提出的成熟研究作者群标准（核心作者的发文量超过总文献的一半）[14]。可见，作者群体在合作深度和广度上仍有待加强跨机构、跨学科合作，以进一步促进该领域的持续性发展。

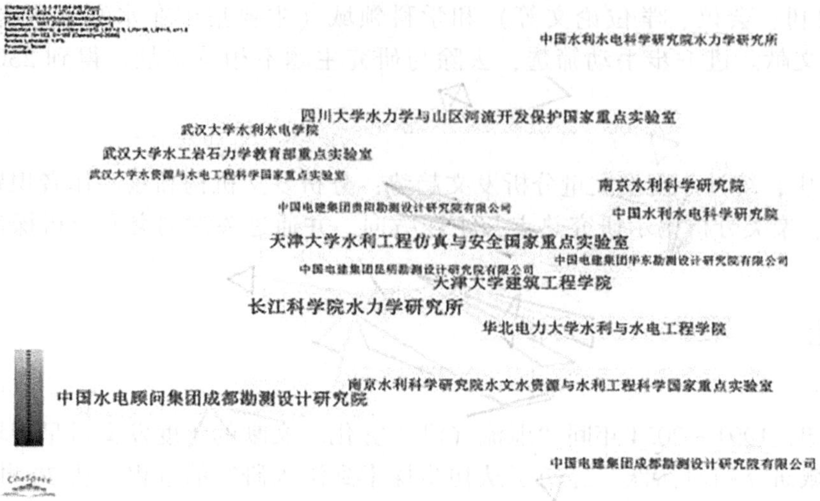

（a）研究机构共享知识图谱

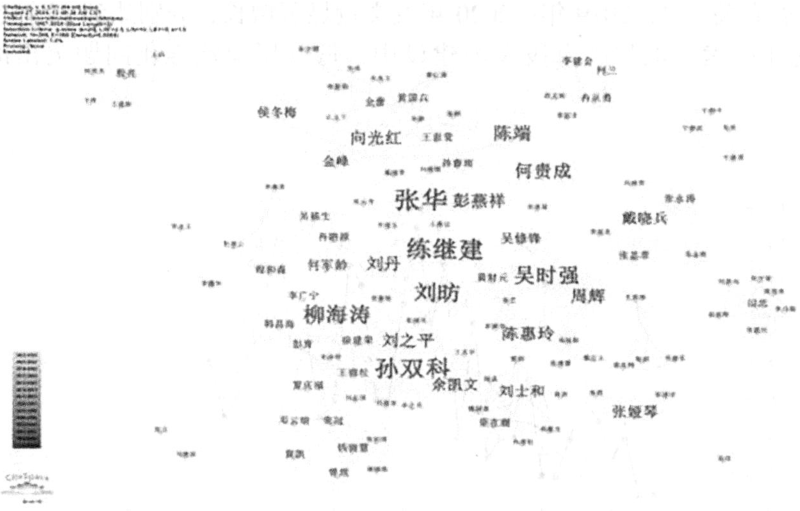

（b）研究作者共现知识图谱

图 2 研究机构与作者分析图谱

表 1 核心研究作者统计（发文量在 3 篇及以上）

序号	作者姓名	发表篇数/篇	首次发表年份	序号	作者姓名	发表篇数/篇	首次发表年份
1	张华	15	2001 年	15	刘士和	4	1997 年
2	练继建	13	2001 年	16	张娅琴	4	2010 年
3	孙双科	13	2003 年	17	余凯文	4	2019 年
4	刘昉	10	2005 年	18	戴晓兵	4	2010 年
5	柳海涛	9	2005 年	19	肖兴斌	3	1997 年
6	吴时强	8	2001 年	20	何军龄	3	2019 年
7	何贵成	6	2017 年	21	曲景学	3	2007 年

续表 1

序号	作者姓名	发表篇数/篇	首次发表年份	序号	作者姓名	发表篇数/篇	首次发表年份
8	陈端	6	2005 年	22	刘刚	3	2020 年
9	周辉	5	2001 年	23	姚克烨	3	2007 年
10	刘之平	5	2003 年	24	金峰	3	2005 年
11	向光红	5	2001 年	25	童富果	3	2020 年
12	彭燕祥	5	2019 年	26	吴修锋	3	2001 年
13	刘丹	5	2019 年	27	侯冬梅	3	2013 年
14	陈惠玲	5	1998 年				

3.3 关键词共现、聚类、突变分析

3.3.1 关键词共现分析

通过关键词共现分析，可以提取出文献中的高频关键词，反映该领域的主要研究方向。联合分析图 3 和表 2 可知，常见高频关键词包括“泄洪雾化”“降雨强度”“水电站”“防护措施”“模型试验”和“数值模拟”等。其中，“泄流雾化”“泄洪雾化”“雾化”出现频次最高（126 次），中心性为 1.15/0.22，表明这是研究的核心主题。因为泄流（洪）雾化是高坝泄洪消能过程中产生的，雾化雨具有危害性，因此“水电站”（15 次，中心性 0.1）、“泄洪”（10 次，中心性 0.16）、“泄洪消能”（12 次，中心性 0.08）、“降雨强度”（19 次，中心性 0.1）为高频词。雾化降雨强度的多方法预测，以及在降雨强度分级基础上对雾化影响区域进行分区防护是雾化危害防控的重要措施，因此“防护措施”（13 次，中心性 0.06）、“模型试验”（12 次，中心性 0.02）、“数值模拟”（11 次，中心性 0.06）、“原型观测”（10 词，中心性 0.03）也是高频词。这些高频关键词的出现，反映了研究者对雾化现象形成机制、影响因素及其预测方法的广泛关注。

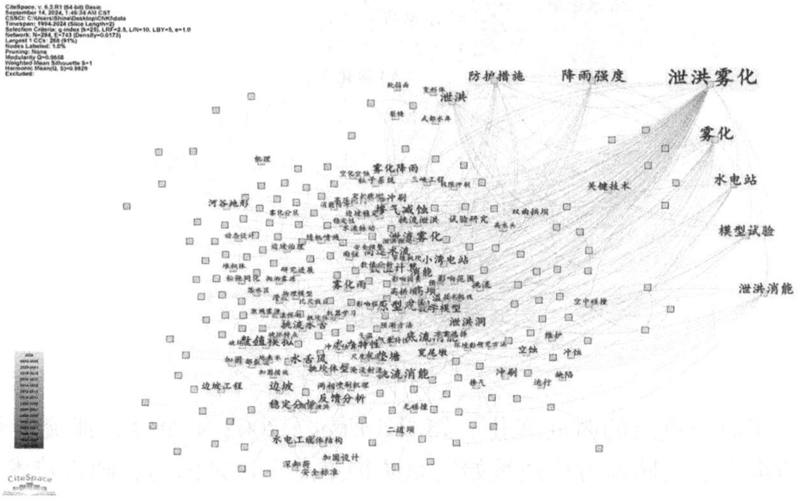

图 3　关键词共现知识图谱

表 2　高频关键词统计分布

序号	关键词	频次	中心性	序号	关键词	频次	中心性
1	泄洪雾化	97	1. 15	7	泄洪消能	12	0. 08
2	降雨强度	19	0. 1	8	数值模拟	11	0. 06
3	雾化	19	0. 22	9	泄洪	10	0. 16
4	水电站	15	0. 1	10	泄流雾化	10	0. 03
5	防护措施	13	0. 06	11	原型观测	10	0. 03
6	模型试验	12	0. 02				

3.3.2　关键词聚类分析

关键词聚类分析形成了包括“泄洪雾化”“掺气减蚀”“水电站”“雾化”“降雨强度”等的 9 个主要研究聚类（见图 4）。具体关系为，“泄洪雾化/雾化”和“掺气减蚀”同属高坝泄洪消能的高速水气两相流问题；“水电站”高坝泄流消能方式主要有底流、挑流两类；“水垫塘”是挑流消能的结构建筑物，挑流消能雾化问题突出；“雾化雨”的“降雨强度”远大于自然雨，其在雾化区域内具有“变化范围大、变化梯度大”的特点；受雾化影响的边坡“稳定分析”是研究重点。此外，水电站、村庄、道路等的“防护措施”也要因需关注。这些聚类不仅揭示了研究热点，也为进一步研究提供了多源视角。

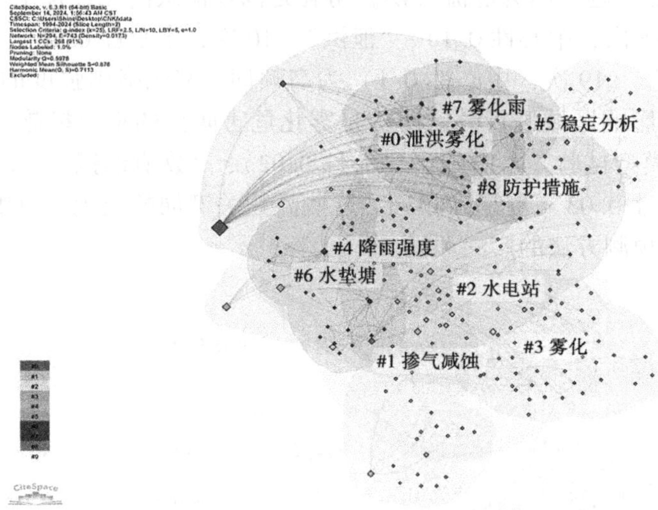

图 4　关键词聚类知识图谱

3.3.3　关键词突变分析

关键词突变分析揭示了研究重点的时间变化。如图 5 所示，2002 年至今，泄流雾化的预测研究逐渐向精细化复合模拟方向发展，防控方面边坡始终是防护重点。这是因为，随着技术的进步和计算能力的提升，研究逐渐从对雾化现象的观察转向更为精细的机制分析和模拟工具的开发与应用。

综上所述，通过关键词共现、聚类与突变分析，可以明确“泄流（洪）雾化”领域的研究从基础理论向应用实践的转变过程，表明工程需求与技术进步对研究内容的影响及领域内关注点的演化。与此同时，研究热点的变化和聚类分析结果也可为后续研究参考提供有力支持。

Keywords	Year	Strength	Begin	End
泄流雾化	1994	2.62	1994	2001
高速水流	1994	2.46	1994	1997
小湾电站	1996	1.83	1996	2001
雾化	1996	5.04	1998	2009
底流消能	2001	1.98	2001	2009
模型试验	2002	2.25	2002	2009
预测	2003	1.83	2003	2005
挑流泄洪	1994	1.88	2006	2009
泄洪洞	2009	2.45	2009	2019
边坡工程	2012	1.89	2012	2013
降雨强度	2005	2.44	2014	2024
边坡稳定	2014	1.83	2014	2015
泄洪消能	1996	1.69	2014	2021
挑流消能	1998	1.68	2016	2017
数值模拟	2006	2.68	2018	2024

图5 排名前15的关键词突变知识图谱

4 结论与展望

高坝泄流（洪）雾化研究由早期的探索逐渐转向深入分析。研究热点包括形成机制、预测方法、防护措施，相关的其研究力量集中于高校和科研院所，核心作者群体有形成且集中，但有必要加强跨机构、跨学科合作。

未来该领域研究一方面要持续关注特殊气候环境对雾化的影响，构建更为精确的雾化雨分布预测模型；另一方面要发展综合防控策略，特别是流域超标洪水下雾化区设施安全的防护研究。

参考文献

[1] 练继建，刘丹，刘昉．中国高坝枢纽泄洪雾化研究进展与前沿［J］．水利学报，2019，50（3）：283-293.

[2] 胡永江，丁超，朱菊，等．基于文献计量学的水资源承载力研究进展综述［J］．内蒙古科技大学学报，2021，40（1）：91-97.

[3] 王占魁，潘武汉，吴建兴，等．智慧水利领域研究热点的文献计量与可视化分析［J/OL］．人民珠江，2024：1-17.

[4] 马彪，胡赞．我国农业水利研究现状综述：基于CNKI的文献计量可视化分析［J］．南方农机，2022，53（17）：188-190.

[5] 练继建，刘昉，黄财元．环境风和地形因素在挑流泄洪雾化数学模型中的影响［J］．水利学报，2005（10）：1147-1152.

[6] 张华，练继建．底流泄洪雾化对下游环境影响预测［J］．华北电力大学学报，2005（1）：107-112.

[7] 柳海涛，孙双科，刘之平，等．泄洪雾化预测的人工神经网络方法探讨［J］．水利学报，2005（10）：1241-1245.

[8] 陈端，金峰，李静．高坝泄洪雾化降雨强度模型律研究［J］．水利水电技术，2005（10）：50-52.

[9] 周辉，吴时强，陈惠玲．泄洪雾化的影响及其分区和分级防护初探［C］//中国水利学会水力学专业委员会，中国水力发电工程学会水工水力学专业委员会，国际水利工程与研究协会中国分会．第二届全国水力学与水利信息学学术大会论文集．南京水利科学研究院，2005：6.

[10] 黄国兵，王才欢，王春龙，等．水布垭枢纽泄水建筑物主要水力学问题研究［J］．人民长江，2007（7）：95-98，109.

[11] 马莹，许模，李虎．挑流泄洪雾化影响范围预测方法的研究介绍［J］．水土保持研究，2007（2）：324-326，329.

[12] 柳海涛，徐建荣，孙双科，等．海拔高程对泄洪雾化影响的敏感分析［J］．水利学报，2019，50（11）：1365-1373.

[13] Liu D，Lian J，Liu F，et al. An Experimental Study on the Effects of Atomized Rain of a High Velocity Waterjet to Downstream Area in Low Ambient Pressure Environment［J］. Water. 2020，12（2）：397.

[14] 胡臻，龙兴跃．基于普赖斯定律与综合指数法的核心作者和扩展核心作者分析：以《四川图书馆学报》为例［J］．四川图书馆学报，2016（3）.

珠江河口设计潮位复核

林焕新　朱三华　尹开霞　刘惠敏　黄华平

（中水珠江规划勘测设计有限公司，广东广州　510610）

摘　要：在全球气候变暖与海平面上升、极端天气常态化的大背景下，20 世纪 90 年代以来珠江河口相继发生了 3 次较大洪水和 7 次较强台风，造成大部分站点的潮位不断突破实测系列最高值。文章将珠江河口 13 个口门站年最高潮位系列延长至 2018 年，复核的设计潮位成果较上一轮《规划》成果相比，均出现大幅的升高。

关键词：珠江三角洲；设计潮位；防洪潮

1　引言

越来越多研究表明，随着全球气候变暖和珠江三角洲经济社会的飞速发展，频繁的人类活动改变了流域的下垫面条件，加之河口自然延伸，河床自然演变等因素，珠江河口地区的洪潮水位呈现上升趋势。黄镇国等[1] 估算西江干流由于河口延伸及筑堤影响洪水位抬升的年平均值为 0.3 cm。沈汉堃等[2] 认为珠江河口每年向外延伸 80~130 m，加之地面沉降、联围筑闸、河道淤积等因素影响，洪潮水位的变化将呈上升趋势。根据实测资料统计成果[3]，珠江三角洲主要受潮汐影响和同时受洪潮影响的站点，近 30 年（1990—2018 年）的最高潮位比 1990 年前 30、40 年（建站至 1989 年）的最高潮位平均升高 0.62 m；1990 年后均持续出现 1~6 次突破实测系列最高潮位的情况，特别是 2017 年、2018 年有 21 个站点潮位突破实测系列最高潮位。暴潮水位屡创新高，风暴潮灾害给珠江河口地区水安全带来严峻挑战。

因此，为适应新的水情和河情，需要进一步复核珠江三角洲及河口地区设计潮位。本文在延长实测系列、统一的测站基面和全面调查分析的基础上，进一步考证最高潮水位的重现期并对特大值进行处理，对珠江三角洲各站设计潮位复核。这既是珠江流域综合规划的必要基础，是珠江流域水利建设、防洪规划的关键内容之一，也是珠江三角洲及河口地区防洪潮工程及涉河工程设计的重要依据。

目前，本次复核的设计潮位成果已应用珠江流域防洪规划、珠江河口综合治理规划[3]（水电水利规划设计总院已审查同意），并纳入广东水网建设规划[4]。

2　设计潮位计算

根据《水利水电工程设计洪水计算规范》（SL 44—2006）的要求和方法，对珠江河口主要潮位站进行设计潮位复核计算。

频率计算时，除对测站潮位资料的一致性、代表性、合理性进行“三性”检查及频率分析计算外，还对各站系列中近年出现的特大值重现期进行考证、处理和确定频率曲线参数。

2.1　重现期和特大值处理

珠江三角洲面临南海，易受台风袭击。主要受潮汐影响的站点，由天文潮叠加台风增水往往形成年最高潮位，甚至不断突破实测最高潮位。按照以往成果惯例，对于珠江河口站点，均需要确定历史

作者简介：林焕新（1979—），男，高级工程师，中心副总工，主要从事水利规划设计工作。

最高潮位的重现期并进行特大值处理。

2.1.1 重现期

依照以往成果惯例，本次设计潮位复核较以往实测系列长度延长了 2011—2018 年共 8 年数据，因此重现期也在 18 年复核重现期 112 年的基础上，顺延至 120 年。

2.1.2 特大值处理

2000 年后，相继发生了“0104”号台风“尤特”、“0307”号台风“伊布都”、“0814”号台风“黑格比”、“0915”号台风“巨爵”、“1713”号台风“天鸽”和“1822”号台风“山竹”，造成珠江三角洲大部分站点的暴潮水位不断超过实测历史最高潮位。本次珠江河口历史最高潮位特大值处理方法在沿用以往成果处理方法的基础上，加入 2017 年、2018 年发生的风暴潮影响，特大值主要根据各站潮位的相差程度进行区分和采用。对于做特大值处理的站点，其重现期（历史风暴潮位调查考证期）均为 120 年。

2.2 设计潮位复核计算

根据各潮位站潮位系列及重现期和特大值的处理方法，采用《水利水电工程设计洪水计算规范》（SL 44—2006）中规定的方法进行频率计算，计算成果见表 1。

表 1 珠江河口口门站潮位采用设计值

单位：m

站名	各级频率（%）设计值								
	0.1	0.2	0.33	0.5	1	2	5	10	20
黄埔（三）	3.61	3.44	3.32	3.22	3.05	2.88	2.65	2.46	2.26
灯笼山	3.80	3.57	3.40	3.26	3.03	2.79	2.47	2.23	1.98
官冲	3.41	3.25	3.13	3.03	2.86	2.69	2.46	2.28	2.09
西炮台	3.45	3.29	3.17	3.07	2.90	2.73	2.50	2.31	2.12
黄金	3.88	3.64	3.47	3.33	3.09	2.85	2.52	2.28	2.02
三灶	4.54	4.21	3.97	3.77	3.44	3.11	2.68	2.35	2.03
横门	4.11	3.84	3.64	3.48	3.20	2.93	2.58	2.32	2.06
万顷沙西（二）	4.00	3.75	3.56	3.41	3.16	2.91	2.58	2.33	2.08
南沙	4.04	3.79	3.61	3.46	3.21	2.96	2.63	2.38	2.14
大盛	3.86	3.64	3.48	3.36	3.14	2.93	2.64	2.43	2.21
泗盛围	3.96	3.72	3.55	3.41	3.17	2.93	2.62	2.39	2.15
赤湾	3.47	3.24	3.08	2.95	2.72	2.50	2.21	2.00	1.78
大虎	4.18	3.91	3.71	3.54	3.27	3.00	2.65	2.38	2.12

注：本表格采用 2005 年以后的冻结基面与珠江基面的换算关系。

3 成果合理性分析

3.1 本次设计参数

加入“1713”号台风“天鸽”和“1822”号台风后，在珠江河口东侧伶仃洋赤湾—广州水道浮标厂一带最高潮位增加 0.21～0.59 m，显示这一带风暴潮影响进一步增大，频率曲线上段要照顾“1822”号台风、“1713”号台风的大值变陡、而下段相对变平，因此 C_s 与 C_v 的倍比结合适线的实际情况适当增大，见图 1。

（1）$C_s = 3C_v$。主要受洪水影响的站点，江门（潮连）、小榄、容奇和澜石以上仍然采用 $C_s =$

$3C_v$。

（2）$C_s=6C_v$。洪潮混合的横山、大敖—竹银、马鞍、板沙尾—三善滘、勒竹仍然采用 $C_s=6C_v$；珠江河口东侧的老鸦岗、浮标厂、五斗由 $C_s=3.5C_v$ 调整为 $C_s=6C_v$。

（3）$C_s=8C_v$。大石、中大由 $C_s=3.5C_v$ 调整为 $C_s=8C_v$；黄埔由 $C_s=6C_v$ 调整为 $C_s=8C_v$；珠江河口西侧口门站官冲、西炮台、白蕉—黄金、三灶、灯笼山—大横琴维持 $C_s=8C_v$ 不变，三江口—石咀由 $C_s=6C_v$ 调整为 $C_s=8C_v$。

（4）$C_s=12C_v$。伶仃洋大盛由 $C_s=6C_v$ 调整为 $C_s=12C_v$；三沙口—赤湾由 $C_s=8C_v$ 调整为 $C_s=12C_v$。

3.2 成果合理性分析

结合 20 世纪 90 年代以来发生的较大台风，可知在珠江河口西侧的崖门（石咀三江口—官冲）、虎跳门（横山—西炮台）、鸡啼门（白蕉—黄金）、磨刀门（灯笼山—大横琴）口门附近河段，台风增水从河口向内陆一般呈减少趋势，从而引起的自内陆往河口年最高潮位呈倒比降排列。对于磨刀门口外的三灶站位于弧形海岸内，台风登陆时东向来风在该站较易引起海水堆积，因此该站在近年“0814”号台风、“0915”号台风、“1713”号台风和“1822”号台风等实测最高潮位要平均高于磨刀门大横琴站 0.5 m 以上。

对于珠江河口东侧的老鸦岗—泗盛围一带，其水位分布与径流、潮汐动力影响的强弱有关，较为复杂。对于如“05·6”洪水引起的、径流动力为主的年最高水位自内陆往河口呈正比降排列。对于如“0104”号台风在伶仃洋东侧登陆且掠过广州市区北部、引起的年最高水位自内陆往河口也呈正比降排列。对于大多数在伶仃洋西侧登陆的台风引起且登陆时上游径流偏弱时、年最高水位一般则自内陆往河口呈倒比降排列。

本次计算设计值基本与实测值是符合的，能基本反映珠江河口洪潮共同作用的强弱特性，是合理的。

4 推荐设计潮位

珠江三角洲大部分站点的潮位不断突破实测历史最高潮位，站点最高潮水位设计值有增大的趋势。2017 年“天鸽”、2018 年“山竹”两场强台风就使广州至虎门出海水道、内伶仃洋东岸最高潮位增大 0.40~0.59 m，大约相当于增加了两级频率的水位差（东四口门各站从 50~100 年跳频，100~200 年跳频的水位平均值 0.24 m）。

近 10 年珠江三角洲防洪潮工程设计潮位，主要参考 2011 年珠江水利委员会《关于发送珠江三角洲主要测站设计潮位复核成果协调会会议纪要的函》推荐的成果[5]（后经水规总院〔2018〕1142 函审查同意）。由于该成果计算系列仅到 2008—2010 年，考虑 2017 年“1713”号台风“天鸽”、2018 年“1822”号台风“山竹”影响，《珠江河口综合治理规划（2021—2035 年）主要测站设计潮位复核报告》将计算系列延长至 2018 年，分析了珠江河口 41 站实测最高洪潮水位的影响因素和变化趋势，在区域协调、面上平衡的基础上，提出了推荐成果。

根据 2023 年 5 月水规总院组织召开的珠江河口综合治理规划（2021—2035 年）复审会议意见，进一步复核适当调整并平衡了灯笼山、黄金站、三灶站、赤湾站和大虎（二）站的成果。珠江河口规划涉及的 13 个口门站潮位设计值最后推荐成果见表 1。

2023 年 6 月，在河口规划成果基础上进一步将系列延长至 2020 年进行复核。考虑到延长 2 年系列成果变化不大，经复核后仍采用最新河口规划推荐成果。

5 设计潮位预留值建议

根据中国海平面公报、广东省海洋灾害公报分析成果，1980—2021 年广东省沿海平均海平面上升速率为 3.4 mm/a，与同期全国沿海平均水平基本持平。预测未来 30 年广东省沿海海平面上升在

70~180 mm（下限是 2.3 mm/a，均值是 4.2 mm/a，上限是 6.0 mm/a）。考虑推荐设计潮位是为指导堤防、水闸建设，对于堤防要按 50 年使用年限考虑，对于大型挡潮闸要按 100 年一遇使用年限考虑。因此，建议在堤防及水闸设计使用年限内增加对气候的适应性考虑，预估到 2073 年使用期末、堤防设计潮位将因海平面升高 21~30 cm（按未来预测均值-上限考虑）；预估到 2123 年使用期末，挡潮闸设计潮位因海平面升高 42~60 cm。

伴随全球气候变暖[6]，未来珠江河口地区新建、扩建堤防或挡潮闸等防洪潮工程设计时，在参照本次推荐最高设计潮位成果的基础上，建议结合风暴潮发生情况进一步复核设计潮位，预留设计使用年限内的设计潮位预留值，以期工程能够更好地适应和应对气候变化风险。

6 结论与展望

本文基于最新延长数据和历史资料的详细全面考证，重新复核珠江河口区 13 测站的设计潮水位成果，重新复核成果表明，大部分口门站设计潮水位均有增加，与近年来潮水位上升趋势一致，说明三角洲河口区面临不利防洪潮形势，因此推荐采用最新复核成果。在珠江三角洲及河口地区防洪潮工程及涉河工程等新建或者扩建工程建议按照偏安全、兼顾成果使用延续性的原则参照采用本次推荐成果，并考虑设计年限的设计潮位预留值。

为了更加全面、科学地评价设计潮位，建议在今后工作中加强对珠江口澳门、香港等地测站及海洋站如万山群岛站的实测潮水位资料和风暴潮灾害的综合分析，对河口区 13 个主要测站潮水位的重现期和特大值处理做进一步的补充分析工作。

参考文献

[1] 黄镇国，范锦春，等．珠江三角洲 2030 年海平面上升幅度预测及防御方略［J］．中国科学，D 辑．2000（2）．
[2] 沈汉堃，钟上海，刘建业．海平面上升对珠江三角洲洪潮水位影响的研究［J］．人民珠江，1998（5）：30-34.
[3] 水利部珠江水利委员会．珠江河口综合治理规划（2021—2035 年）［R］．广州：2024.
[4] 广东省水利厅．广东省水网建设规划［R］．广州：2024.
[5] 林焕新，黎开志，易灵，等．珠江三角洲主要测站设计潮位变化趋势及复核成果［J］．人民珠江，2013（S1）：41-44.
[6] IPCC. 气候变化 2013 自然科学基础［R］．2013.

基于遥感的青海省黄河流域湖泊动态变化研究

李娅芸[1]　曹　原[1]　王司阳[2]

（1. 黄河水资源保护科学研究院，河南郑州　450003；
2. 湖北工业大学土木建筑与环境学院，湖北武汉　430072）

摘　要： 青海省作为黄河的发源地，其流域内湖泊数量与面积的变化对区域生态平衡及水资源管理具有重要影响。本文基于1976—2016年间多期遥感数据，系统研究了青海省黄河流域湖泊的动态变化特征。研究结果表明，1976—2000年期间湖泊面积显著缩减，随后逐步扩张，至2012年达到最大值1 521.3 km^2，之后略有回落。扎陵湖和鄂陵湖等外流湖面积较为稳定，而部分内流湖面积波动幅度超过30%。气候变化，尤其是降水量增加，是湖泊扩张的主要驱动因素；冰川融水和冻土退化对湖泊水量的补给也产生了重要影响。尽管人类活动对湖泊面积变化的直接影响较小，但局部开发活动对生态系统造成了一定干扰。本文分析了青海省黄河流域湖泊变化的主要驱动因素，为流域生态保护和水资源管理提供了科学参考。

关键词： 黄河源区；青海省；湖泊动态；气候变化；生态保护

1　引言

黄河作为中华民族的母亲河，其源头区域湖泊的动态变化对流域生态系统的稳定性和水资源管理具有深远影响。青海省作为黄河的发源地，拥有众多湖泊，这些湖泊在维持区域生态平衡和提供水资源补给方面发挥着关键作用[1]。近年来，全球气候变化加剧，尤其是青藏高原的气候波动，使得黄河源区湖泊的面积和数量发生了显著变化[2]。湖泊的萎缩或扩张不仅影响了局部生态系统，还对整个流域的水文过程和水资源利用产生了重要影响。因此，研究青海省黄河源区湖泊的变化趋势及其驱动机制，对于生态保护和水资源管理具有重要的现实意义。

气候变化，尤其是气温上升和降水量增加，被认为是湖泊面积变化的主要驱动力[2]。近年来，黄河源区的年均气温不断升高，导致冰川加速消融和冻土退化，进而增加了湖泊的水量补给[3-4]。此外，降水量的增加，特别是在夏季，进一步促进了湖泊面积的扩张[1]。尽管青海省的人类活动相对较少，但局部地区的基础设施建设、采矿及水电开发等活动，对湖泊生态系统仍产生了一定影响[5]。自然与人为因素的相互作用，使得黄河源区湖泊面积的变化呈现出复杂的时空动态，对该区域的水资源管理提出了新的挑战。

本研究基于近40年的多期遥感数据，系统分析了青海省黄河源区湖泊数量与面积的变化，结合气候数据和人类活动信息，深入探讨了湖泊动态变化的主要驱动因素。研究结果为揭示青海省黄河源区湖泊变化机制提供了科学依据，并为该区域的水资源管理与生态保护策略提供了重要支持。

基金项目： 黄河水资源保护科学研究院科研专项（KYY-KYZX-2022-03）；中国博士后科学基金（2022M712470）。

作者简介： 李娅芸（1990—），女，工程师，主要从事水资源保护方面的工作。

通信作者： 王司阳（1990—），男，副教授，主要从事水生态保护与修复方面的工作。

2 材料与方法

2.1 研究区域概况

本研究主要关注青海省黄河流域湖泊面积和数量的变化，选取常年水面面积在 1 km^2 以上的湖泊作为研究对象。根据 Landsat 卫星遥感影像调查，青海省黄河流域共有 45 个湖泊，无湖泊干涸现象(见图 1)。其中，面积为 1~10 km^2 的湖泊有 33 个，面积超过 10 km^2 的湖泊有 12 个。

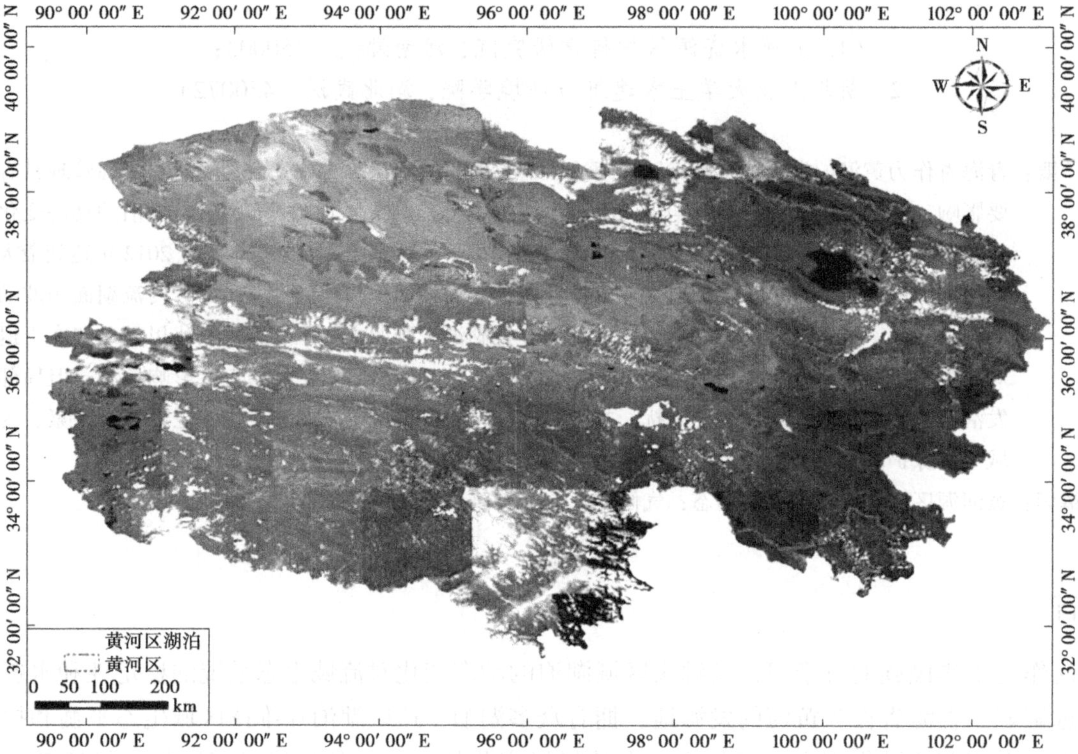

图 1 黄河流域遥感影像图

2.2 数据预处理

2.2.1 数据源

本研究使用的卫星遥感影像记录了地物对电磁波的反射信息和热辐射信息。地物的结构、组成和理化性质不同，导致其在不同光谱波段的反射率不同，从而实现了水体信息的精确提取[6]。为了提高水体提取的准确性，本研究结合了蓝绿光波段、红光波段、近红外波段、热红外波段和微波的组合应用。

湖泊面积调查基于多期遥感影像数据，结合历史资料和已有的青海省湖泊面积数据，并经过精确校准，以确保数据的可靠性。本研究选用了 14 个不同时期的遥感影像，包括 1976—2016 年不同时期的影像。影像筛选标准：6—9 月期间云量低于 5%，且成像质量良好，以确保湖泊面积的精确测量。

2.2.2 数据处理方法

(1) 遥感影像预处理。

首先，对影像进行几何精校正，使用青海省高分辨率地形图作为基准，选取约 30 个均匀分布的地面控制点，采用二次多项式模型和双线性内插法进行重采样，校正误差控制在 0.3 个像元以内。影像的坐标系采用 Krasovsky_ 1940 椭球体和 Gauss-Kruger 投影。然后，使用 6S 模型进行大气校正，消除大气影响并计算地表反射率[7]。为了提高空间分辨率，使用了 PANSHARP 方法，将全色波段与多光谱波段影像进行融合，增强了图像的细节信息[8]。

（2）基于遥感的水体信息提取。

本研究使用了归一化差异水体指数（NDWI）来提取湖泊水体信息。NDWI 通过绿光波段（Green）和近红外波段（NIR）之间的比值运算，可以有效突出水体信息，并抑制植被等非水体背景的干扰。NDWI 通过比值计算减少了地形差异对影像的影响，使水体在影像中的反差更加明显[9]。

由于青海黄河流域湖泊类型复杂，以往采用统一模型进行水体提取的方法效果有限。本研究结合全域和局部分割分类的方式，通过不断迭代来优化湖泊边缘提取，避免错分和漏分。湖泊水面的提取过程包括水体指数计算、直方图阈值分割及局部区域的精细提取。首先，计算 NDWI 进行初步的湖泊与陆地区分；接着，基于分割后的图像，自动选择湖泊样本信息进行分类，提取全域范围的湖泊信息；最后，利用缓冲区分析进一步优化局部湖泊区域的信息提取[10]。为确保解译的精度，通过与其他研究成果进行对比验证，本研究湖泊面积的解译误差控制在 0.5%以内，满足精度要求。

3 结果与讨论

3.1 青海黄河流域湖泊分布和面积变化

黄河流域的湖泊主要集中在其源头区域。在统计的 45 个湖泊中，除久治有 3 个湖泊和大通河源头有 1 个湖泊外，其余湖泊均位于黄河源头区，主要分布在河流附近的低洼地区和沼泽地带。湖泊面积相对较小，分布密度较高，尤其在扎陵湖和鄂陵湖的东部与南部区域湖泊较为密集。除扎陵湖、鄂陵湖和星星海等少数外流湖外，大多数湖泊为内流湖，主要是淡水湖，部分为咸水湖。

通过十四期遥感数据分析显示，1 km^2 以上的湖泊自有卫星遥感记录以来，数量相对稳定，未出现湖泊干涸现象。20 世纪 70 年代中期，黄河源区的湖泊总面积为 1 460.6 km^2，到 2000 年缩减至 1 396.2 km^2。至 2007 年，湖泊面积有所恢复，达到 1 467.7 km^2，恢复至 20 世纪 70 年代的水平。2012 年，湖泊面积增至 1 521.3 km^2，随后略有下降（见图 2）。从长时间来看，扎陵湖和鄂陵湖的面积变化较小（见图 3），而其他内流湖的面积波动较大，其中龙日阿错、阿涌吾尔玛错和阿涌尕马错等湖泊的面积变化幅度超过 30%。

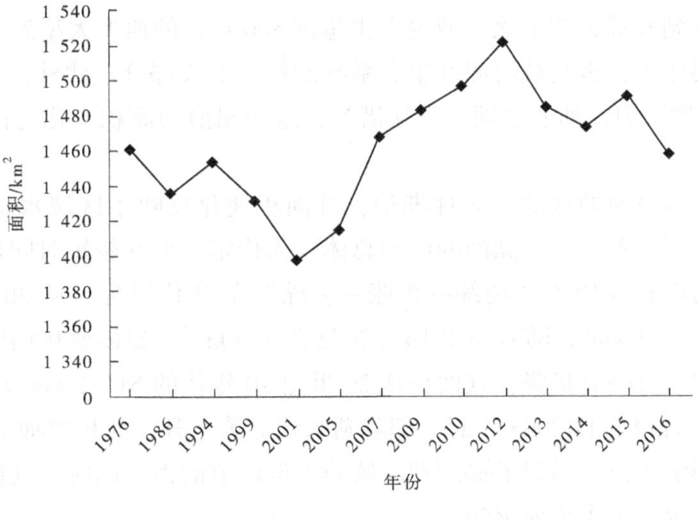

图 2 青海省黄河流域 1 km^2 以上湖泊面积时间变化

青海省面积 1 km^2 以上的湖泊主要分布在海西州、玉树藏族自治州和果洛藏族自治州，其中果洛州的湖泊数量最多，占全省湖泊总数的 87%，这与黄河源头湖泊密集分布的特点一致。整体来看，从 20 世纪 70 年代中期至 2016 年，青海省黄河流域的湖泊面积呈现出先萎缩后扩张的趋势，尤其在 2000 年左右，湖泊面积萎缩最为显著（见表 1）。

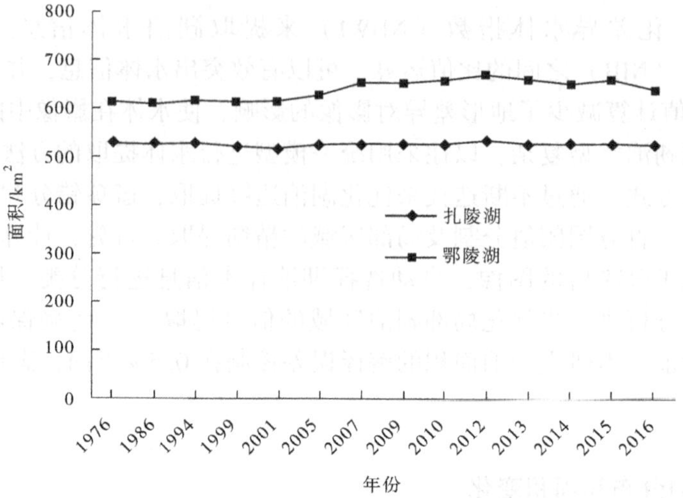

图 3 扎陵湖和鄂陵湖湖泊面积时间变化

表 1 黄河流域不同行政区 1 km^2 以上湖泊面积变化情况

单位：km^2

行政区	1976 年	1994 年	1998 年	2001 年	2007 年	2010 年	2016 年
果洛州	1 386.24	1 378.89	1 339.27	1 340.27	1 407.51	1 428.49	1 416.28
玉树州	30.77	30.56	29.31	28.16	28.46	30.28	29.96
海西州	3.36	3.02	2.69	3.03	3.09	2.95	2.89

3.2 黄河源区典型湖泊的变化特征

黄河源区位于青藏高原的东北部，湖泊分布广泛且类型多样，是研究高原湖泊动态变化及其环境影响的关键区域。扎陵湖和鄂陵湖是该区域内面积超过 500 km^2 的典型大型湖泊，不仅在青藏高原的水文调节中发挥着重要作用，也是黄河源区生态系统的核心组成部分。此外，源区内还分布着多个面积在 10~100 km^2 的小型湖泊，如寇察湖、卓让措等，这些湖泊的面积变化与区域气候和水文过程密切相关。

扎陵湖和鄂陵湖作为黄河源区的代表性湖泊，其面积变化反映了区域水文和气候变化的综合影响。从长时间的遥感监测来看，两个湖泊的面积总体较为稳定，但在较短时间尺度上，它们的变化规律有所不同。扎陵湖的面积经历了“萎缩—扩张—萎缩”的变化过程，从 20 世纪 70 年代的 528.6 km^2 缩减至 2000 年的 523.1 km^2，随后在 2016 年恢复至 530 km^2，整体变化幅度为 1.2%。相比之下，鄂陵湖的面积较为稳定，且略有扩张，其面积从 20 世纪 70 年代的 614.2 km^2 增长至 2010 年的 657.4 km^2，变化率为 6.8%。此外，自 2005 年起，鄂陵湖水位显著上升，面积增加了约 40 km^2，这主要归因于水库建设提升了湖泊水位，增强了鄂陵湖流域的水量调节能力。同时，气候变化及融雪补给等自然因素对湖泊水量波动也产生了重要影响。

黄河源区的多年平均降水深为 311.9 mm，地表水资源量为 6.55 亿 m^3，扎陵湖和鄂陵湖的入湖径流量达 11.47 亿 m^3，湖面蒸发量为 8.48 亿 m^3，湖面降水量为 3.56 亿 m^3。这些水量平衡因素决定了湖泊的长期动态变化。此外，季节性气候变化对湖泊面积的短期波动也起到了重要作用。9—12 月期间，扎陵湖和鄂陵湖的面积相对稳定，年内变化率小于 2%；鄂陵湖的年内水位波动不超过 0.5 m，面积变化控制在 1.5%左右。相比之下，黄河源区的其他内流湖泊面积波动较大，例如龙日阿措、阿涌吾尔玛错和阿涌尕马错的面积变化幅度超过 30%。这些湖泊对气候变化、降水波动和季节性融雪的响应更加敏感，反映了区域水文条件的显著差异。

总体而言，黄河源区湖泊面积的变化，尤其是扎陵湖和鄂陵湖，体现了气候变化、融雪补给以及水文过程等多重因素的综合作用。深入研究这些湖泊的变化机制，将有助于更全面地理解黄河源区的水文过程及其生态影响。这不仅对于提升区域水资源管理和生态保护具有重要意义，也为应对气候变化背景下湖泊的动态变化提供了重要的科学依据。

3.3 湖泊变化驱动因素分析

3.3.1 气候变化的影响

气候变化是青海省湖泊面积变化的主要自然驱动力之一。1990—2015 年，青海省不同区域的温度和降水量均呈显著的波动上升趋势。东部区域的年平均温度常年低于 0 ℃，最高年均温度出现在 1996 年，为 0. 8 ℃；最低年均温度出现在 1990 年，为-2. 63 ℃。相较之下，西北部区域的年平均温度始终高于 0 ℃，在 1997 年达到最高点，为 3. 3 ℃。温度上升的直接后果是冰雪融化、冻土退化，加速了湖泊的补给水量。此外，降水量的变化同样显著影响湖泊水位。东部区域的年平均降水量为 387. 29 mm，西南部为 348. 5 mm，而西北部仅为 88. 72 mm。东部地区降水量最大，2005 年达到 471 mm，而最小值则出现在 2001 年，为 319 mm。

降水量的增加是湖泊扩张的主要驱动因素之一。玉树藏族自治州和祁连山地区降水量的上升，以及冰雪融水的增加，直接导致湖泊面积逐渐扩大。例如，青海湖、扎陵湖和鄂陵湖等青海省主要湖泊的面积在气候变化的影响下均有所扩张。作为青藏高原冰川退缩较为集中的地区，祁连山的融水补给进一步推动了湖泊面积的扩展[11]。

3.3.2 冰川消融对湖泊的影响

青海省的冰川退缩现象在近几十年尤为显著。根据研究数据，过去 40 年中，青藏高原约 80. 8%的冰川面积呈现退缩或消失的状态，而剩余 19. 2%的冰川则略有前进。冰川消融对湖泊水量的补给产生了重要影响，尤其是在黄河源区，冰川融水直接流入湖泊，推动了湖泊面积的扩展。扎陵湖和鄂陵湖等大型湖泊在冰川融水的补给下，湖泊面积有所增加。

然而，尽管冰川消融在局部湖泊扩张中发挥了关键作用，但其对整个青海省湖泊变化的影响并非绝对主导。青海省北部和中部地区的湖泊分布密集，而这些地区的冰川退缩幅度相对较小。因此，湖泊扩展并不完全依赖于冰川融水补给[12]。山地冰川的变化滞后于气候变化，其反应速度取决于冰川的规模、运动速率及消融程度。由此可见，冰川融水对湖泊变化的影响是一个长期且复杂的过程。

3.3.3 冻土退化对湖泊的影响

随着全球气候的变暖，青海省的多年冻土区也受到了严重的影响。冻土退化是青藏高原气候变化的显著特征之一，尤其是在高原东部和南部，退化现象更加明显。随着气温升高，冻土中的水分开始释放，部分转化为湖泊的补给水源。这一过程不仅影响湖泊的水量补给，还在短期内对湖泊水位产生了显著提升作用。冻土的融化为湖泊提供了额外的水资源，特别是在季节交替时，这一效应更加明显[13]。

尽管冻土退化的具体水量贡献尚难以量化，但已有研究表明，冻土退化的速度与湖泊面积波动之间存在一定关联。季节性冻土区的湖泊尤其容易受到冻土退化的影响，水位和面积随着冻土的季节性变化而波动。随着气候变暖的加剧，冻土退化的程度将持续加深，这可能进一步加剧湖泊水位的波动，尤其是在青藏高原的东部和南部地区[14]。

3.3.4 人类活动的影响

尽管青海人口密度较低，局部地区的工程开发活动仍对黄河源区湖泊的水量平衡和空间格局产生一定影响。青藏铁路扩建、输油管道和通信光缆的铺设等基础设施建设在改变区域生态环境的同时，也对湖泊的补给途径产生了影响。例如，青海中部盐湖的开发导致湖泊面积和水量有所减少。此外，虽然农业灌溉在全省范围内的影响较小，但在南部外流湖地区，农业灌溉活动可能通过增加水资源压力，间接影响湖泊水量平衡，尤其在干旱季节更加显著[15]。这些活动对湖泊生态系统的潜在影响值得进一步关注与研究。

3.3.5 其他因素

除气候变化、冰川消融、冻土退化和人类活动外，湖泊面积的变化还受到湖水蒸发和径流变化等自然过程的影响。蒸发量较大的地区如柴达木盆地，湖泊面积的萎缩现象更为明显。当降水不足时，湖泊通过蒸发损失大量水分，导致面积显著减少[16]。此外，地表径流的减少或增多也对湖泊的水量平衡产生了显著影响，尤其是在季节性降水波动较大的地区。

4 结论

基于近 40 年的遥感数据分析，青海省黄河流域湖泊面积变化主要受气候变化驱动，特别是降水量增加对湖泊扩张起到了显著作用。湖泊面积在 20 世纪 70 年代至 21 世纪初显著缩减，随后逐步恢复，至 2012 年达到 1 521.3 km^2 的峰值。扎陵湖和鄂陵湖等外流湖面积相对稳定，而部分内流湖面积波动较大，变化幅度超过 30%。降水增加和气温升高是湖泊扩展的主要驱动力，冰川融水和冻土退化也对湖泊水量的补给产生了显著影响。尽管人类活动对区域的直接影响较小，但局部开发项目仍对生态系统造成了一定干扰。总体而言，湖泊面积变化与自然因素的相互作用密切相关，未来需要进一步研究这些驱动因素的复杂机制，以促进黄河源区的生态保护和水资源管理。

参考文献

[1] Meng F, Su F, Yang D, et al. Impacts of recent climate change on the hydrology in the source region of the Yellow River basin [J]. Journal of Hydrology: Regional Studies, 2016, 6: 66-81.

[2] Yang K, Wu H, Qin J, et al. Recent climate changes over the Tibetan Plateau and their impacts on energy and water cycle: A review. Global and Planetary Change, 2014, 112: 79-91.

[3] Zhou M, Xu S, Wang Y, et al. Recent 50-Year Glacier Mass Balance Changes over the Yellow River Source Region, Determined by Remote Sensing [J]. Remote Sensing, 2022, 14 (24): 6286.

[4] 姚檀栋，秦大河，沈永平，等. 青藏高原冰冻圈变化及其对区域水循环和生态条件的影响 [J]. 自然杂志，2013, 35 (3): 179-186.

[5] 张森琦，王永贵，赵永真，等. 黄河源区多年冻土退化及其环境反映 [J]. 冰川冻土，2004, 26 (1): 1-6.

[6] Wulder M A, Masek J G, Cohen W B, et al. Opening the archive: How free data has enabled the science and monitoring promise of Landsat [J]. Remote Sensing of Environment, 2012, 122: 2-10.

[7] Vermote E F, Tanré D, Deuze J L, et al. Second simulation of the satellite signal in the solar spectrum, 6S: An overview [J]. IEEE transactions on geoscience and remote sensing, 1997, 35 (3): 675-686.

[8] Ehlers M, Klonus S, Johan Åstrand P, et al. Multi-sensor image fusion for pansharpening in remote sensing [J]. International Journal of Image and Data Fusion, 2010, 1 (1): 25-45.

[9] McFeeters S K. The use of the Normalized Difference Water Index (NDWI) in the delineation ofopen water features [J]. International journal of remote sensing, 1996, 17 (7): 1425-1432.

[10] Qiao C, Luo J, Sheng Y, et al. An adaptive water extraction method from remote sensing image based on NDWI [J]. Journal of the Indian Society of Remote Sensing, 2012, 40: 421-433.

[11] Yao T, Thompson L G, Mosbrugger V, et al. Third pole environment (TPE) [J]. Environmental Development, 2012, 3: 52-64.

[12] Liu S Y, Wu T H, Wang X, et al. Changes in the global cryosphere and their impacts: A review and new perspective [J]. Sciences in Cold and Arid Regions, 2021, 12 (6): 343-354.

[13] Cheng C, Jin H. Permafrost and groundwater on the Qinghai-Tibet Plateau and in northeast China [J]. Hydrogeology Journal, 2013, 21 (1): 5.

[14] Chen L, Zhang Z, Liu C, et al. Incorporating glacier processes into hydrological simulations in the headwaters of the Yangtze and yellow Rivers [J]. Science of The Total Environment, 2024, 951: 175474.

[15] Jin X, Jin Y, Du K, et al. Irrigation impacts on grassland hydrological regimes in an arid endorheic river basin [J]. Journal of Hydrology, 2024, 631: 130843.

[16] Liu X, Yu J, Wang P, et al. Lake evaporation in a hyper-arid environment, northwest of China—Measurement and estimation [J]. Water, 2016, 8 (11): 527.

崩岸预警方法及其在荆江典型险工段的应用研究

邓彩云[1,2]　王彦君[1,2]　燕阳天[2]　邹　骥[1,2]　王洪杨[1,2]

（1. 长江水利委员会长江科学院，湖北武汉　430010；
2. 长江科学院 水利部长江中下游河湖治理与防洪重点实验室，湖北武汉　430010）

摘　要： 崩岸影响因素众多，各因素间的相互作用机制复杂，使其具有隐蔽性、突发性、随机性、治理难度大等特点。开展崩岸预警研究，增强崩岸可预见性，是实现崩岸从灾后治理向灾前预防转变的重要举措，对江河崩岸的科学规划系统防治具有重要意义。本文选取表征河岸稳定性现状、影响因素和变化过程的特征指标，构建河岸稳定性综合评估指标体系，开展了荆江典型险工段河岸稳定性评估，划分了崩岸风险等级，进一步结合不同等级崩岸发生后可能造成的危害程度，确定了荆江典型险工段崩岸预警等级。

关键词： 河岸稳定性；崩岸风险；预警等级；荆江典型险工段

1　引言

崩岸是冲积性河流平面形态调整的一种常见形式，“凹冲凸淤”“切滩撇弯”“裁弯取直”等河床演变过程均伴随崩岸的发生与发展。崩岸不仅影响局部河势的稳定，对堤外无滩或窄滩河段还可能造成“崩岸即崩堤”，直接威胁堤防等防洪工程的安全。由于崩岸影响因素众多，各因素间作用机制复杂，加之环境变量的不断变化，使得崩岸具有隐蔽性、突发性、随机性、预防和治理难度大等显著特点。加强崩岸预警研究是实现崩岸从灾后治理向灾前预防转变的重要途经之一，对江河崩岸的科学规划系统防治具有重要意义。

现有研究表明，崩岸主要受河床冲刷、水流动力、地质条件及人类活动等多个方面的影响[1]。河岸稳定性的研究和预测方法，一类是在分析崩岸主要影响因素的条件下，建立河岸土体的力平衡分析模型，这类方法以 Osman-Thorne 模型及后续发展形成的 BSTEM 模型为典型代表[2-4]，可进一步结合河床冲淤数学模型进行河道崩岸过程模拟[5]，进而对河道崩岸发生的可能性进行预测，同时由于崩岸问题自身的复杂性，模型中往往存在一定的假设条件，模拟过程中也进行了大量的简化。第二类方法是对崩岸关键影响因子进行层次分析并设置权重，构建河岸稳定性综合评估方法[6-9]，该类方法将崩岸不同因素间复杂的相互作用机制装进“黑箱”，仅考虑多因素对河岸稳定性的综合影响，但同时需要根据大量实测崩岸数据对各个影响因子的权重分配进行验证和修正，随着大数据和人工智能的发展，该类方法可能更适用于具体河段的崩岸预测模型。

本文选取河岸稳定性特征指标，构建了河岸稳定性综合评估指标体系，基于荆江河段的多年实测资料，确定了指标赋分和权重，综合评估了荆江典型险工段崩岸风险和预警等级。

2　崩岸风险评估

2.1　河岸稳定性特征指标

根据科学性、代表性、综合性、发展性、定性与定量相结合和可操作性等原则，选取分别代表河

基金项目： 国家重点研发计划项目（2023YFC3209505）；湖南省水利科技项目（XSKJ2023059-58）。
作者简介： 邓彩云（1984—），女，高级工程师，主要从事河道演变与治理研究工作。

岸稳定性现状、影响因素和变化过程的 6 个崩岸特征指标，并根据有利于岸坡稳定得分高，不利于岸坡稳定则得分低的原则，对 6 个特征指标进行详细赋分：

（1）岸坡现状指标 D_1。主要根据岸坡近期稳定情势、崩岸形式、范围、程度等规模确定，其取值范围为：$0 \leq D_1 \leq 100$。对于近期稳定岸坡，$D_1 = 100$。如有崩岸发生，则进一步考虑崩岸的规模和严重程度，评估岸段存在崩岸越多、范围越大、程度越严重，D_1 越小。

（2）岸坡地质条件指标 D_2。根据岸坡的地质结构（如岩石、黏土、壤土、砂土、二元结构等）、有无渗流和地下水溢出情况确定，其取值范围为：$0 \leq D_2 \leq 100$。地质条件越好，D_2 越大。特别地，对于岩石结构河岸，可直接评估为稳定岸段。

（3）护岸完备性指标 D_3。需要同时考虑水上护坡工程和水下护脚工程运行年限和完好程度确定，其取值范围为：$0 \leq D_3 \leq 100$，其中水上护坡工程完备性占比 30%，水下护脚工程完备性占比 70%。护岸工程运行的时间越长，当前的完好程度越差，D_3 越小。对于无护岸工程的天然岸段，$D_3 = 0$。

（4）水动力特征指标 D_4。主要根据评估河段局部河势是否稳定，主流离岸远近、水流是否直接顶冲岸坡等确定，其取值范围为：$0 \leq D_4 \leq 100$。河势有明显调整，或者常年贴流顶冲的河岸，越容易发生崩塌，D_4 越小。

（5）近岸河床冲刷指标 D_5。根据近岸河床近期和历年累计的冲刷程度及变化趋势确定，其取值范围为：$0 \leq D_5 \leq 50$。对于近岸河床发生淤积的河段，$D_5 = 100$；反之，冲刷深度越大，D_5 越小。

（6）岸坡坡比变化指标 D_6。根据河岸坡比的大小和变化趋势确定，其取值范围为：$0 \leq D_6 \leq 50$。坡度越陡，越不利于岸坡稳定，D_6 越小。

2.2 河岸稳定性综合评估指标体系

构建了包含目标层、属性层和指标层的河岸稳定性综合评估指标体系，如图 1 所示。

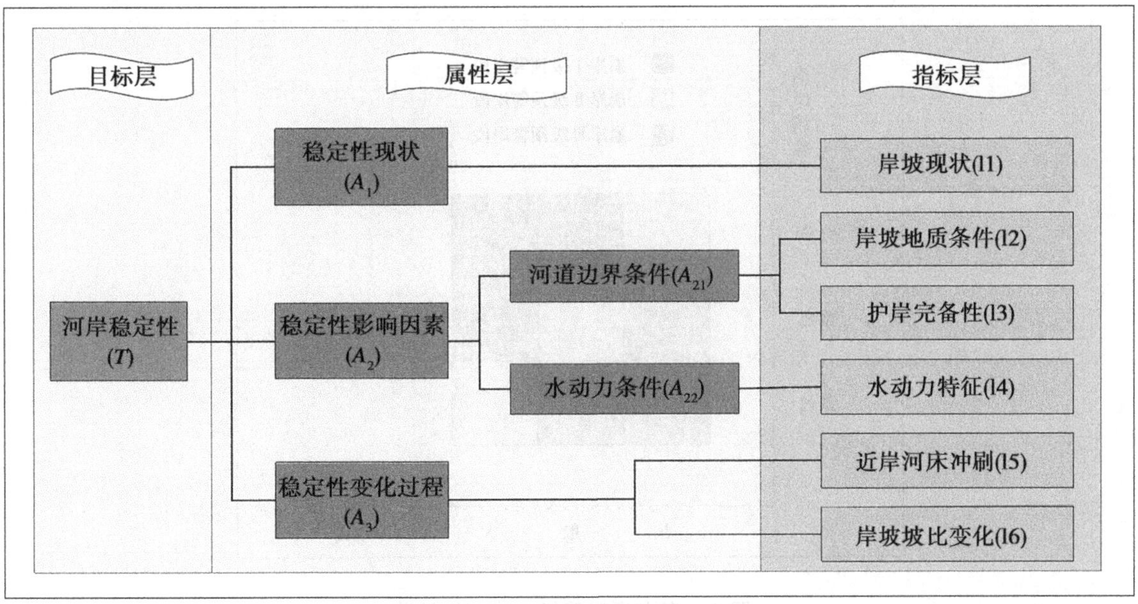

图 1　河岸稳定性综合评估指标体系

2.3 权重分配

河道边界条件属性值 A_{21} 由岸坡地质条件指标值 D_2 和护岸完备性指标值 D_3 共同决定。考虑到岸坡地质和护岸工程对河岸稳定性的影响均体现在河岸的抗冲性，而护岸工程会显著改善不良地质河岸的抗冲性能，因此 A_2 取 D_2 和 D_3 中的较大者较为合理，也即：

$$A_{21} = \max(D_2,\ D_3) \tag{1}$$

河岸稳定性影响因素属性值 A_2 在河道边界条件 A_{21} 和水动力条件 A_{22} 之间的权重分别为 70% 和 30%，也即：

$$A_2 = A_{21} \times 0.7 + A_{22} \times 0.3 \tag{2}$$

河岸稳定性变化过程属性值 A_2 由近岸河床冲刷程度 D_5 和岸坡坡比变化 D_6 共同决定。考虑到近岸河床冲刷时，若同时伴随岸坡变陡，将进一步加剧岸坡失稳的可能性，因此河岸稳定性变化过程的属性值 A_2 取 D_5 和 D_6 的和值，即

$$A_2 = D_5 + D_6 \tag{3}$$

河岸稳定性评估值 T 分配在三个属性值的权重分别为 40%、30%、30%，即

$$T = A_1 \times 0.4 + A_2 \times 0.3 + A_3 \times 0.3 \tag{4}$$

2.4 崩岸风险等级

划分了 3 级崩岸风险等级，表 1 给出了每级风险的含义及其对应的河岸稳定性评估结果。

表 1 崩岸风险等级划分

崩岸风险等级	河岸稳定性评估值 T	含义
蓝色	$80<T\leq100$	近期稳定河岸
橙色	$60<T\leq80$	存在一定隐患但近期内发生崩岸可能性相对较小的岸段
红色	$T\leq60$	存在严重隐患且近期出现崩岸可能性较大的岸段

3 崩岸预警

综合考虑崩岸发生的可能性（崩岸风险等级）及崩岸发生后可能造成对堤防安全、河势稳定、航道条件、重要涉水工程安全运行等的危害程度，划分不同的崩岸预警等级，如图 2 所示。

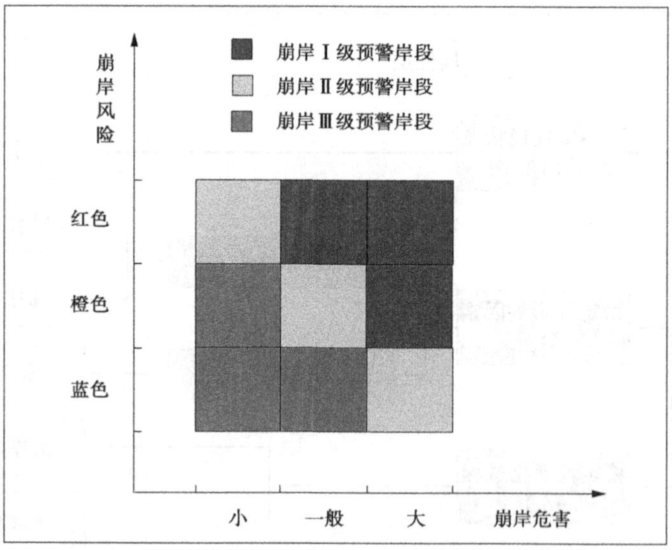

图 2 崩岸预警等级二维判别矩阵

4 荆江典型险工段崩岸预警

长江中游荆江河段上起枝城，下至城陵矶，全长 347.2 km，以藕池口为界分为上、下荆江，上荆江为微弯分汊型河道，下荆江为典型的蜿蜒型河道。三峡工程等水利水电工程建成运行以来，荆江河段河道持续冲刷，河势调整，崩岸加剧。为了解荆江典型险工段河势变化和近岸河床冲淤情况，自 2007 年以来开展了典型险工段河势监测，积累了大量可供河岸稳定性特征指标赋分和权重分配验证的数据。根据 2022 年崩岸监测数据，开展的监测段河岸稳定性综合评估和崩岸预警如下。

2022 年荆江监测岸段总长 165. 6 km，经河岸稳定性评估，崩岸风险蓝色岸段 124. 45 km，占监测段总长的 75. 15%；橙色岸段 33. 98 km，占监测段总长的 20. 52%；红色岸段 7. 17 km，占监测段总长的 4. 33%，如表 2 所示。

表 2　荆江典型险工段崩岸风险评估成果统计

编号	辖区	蓝色岸段		橙色岸段		红色预警岸段	
		长度/km	占比/%	长度/km	占比/%	长度/km	占比/%
1	松滋市	18. 28	92. 3	1. 52	7. 7		
2	荆州区	4. 3	71. 6	1. 7	28. 3		
3	沙市区	22. 6	100				
4	江陵县	23. 4	88. 6	3	11. 4		
5	公安县	20. 7	62. 3	12. 5	37. 70		
6	石首市	18. 6	57. 6	10. 7	33. 1	3	9. 3
7	监利市	16. 57	65. 5	4. 56	18. 0	4. 17	16. 5
合计长度/km		124. 45	75. 15	33. 98	20. 52	7. 17	4. 33

图 3 给出了近期出现崩岸可能性较大的崩岸风险红色岸段的具体位置。

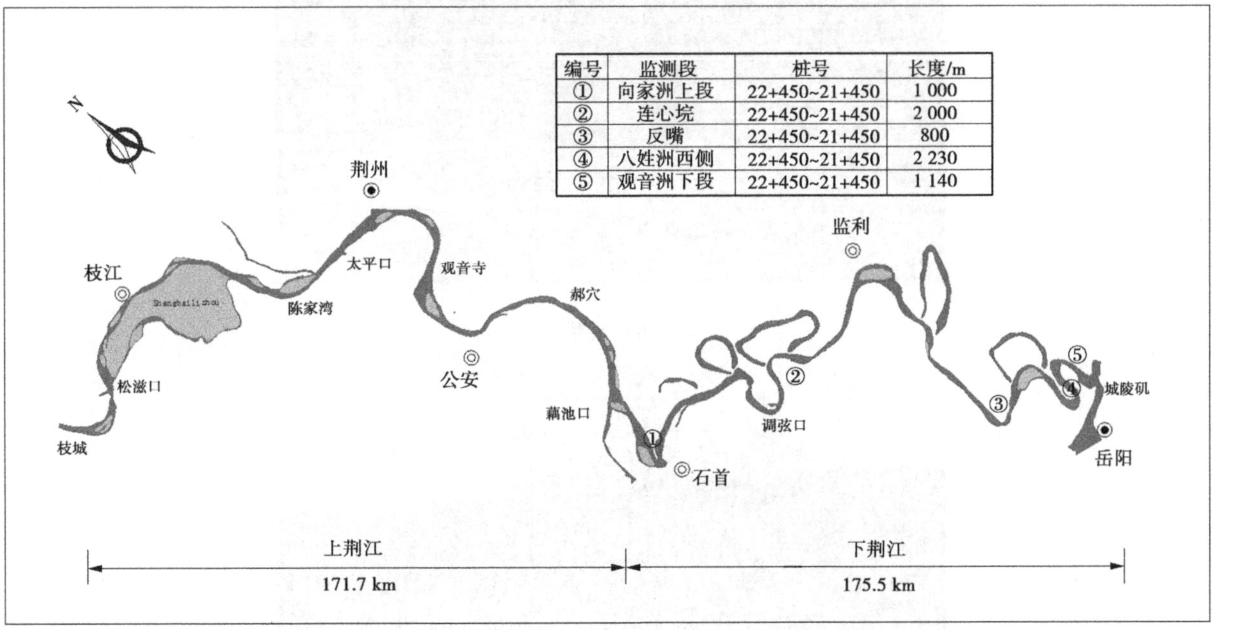

图 3　崩岸风险红色岸段位置

根据 2023 年 4 月 24—25 日实地查勘，连心垸已护岸段水上护坡已出现了多处明显裂缝，其余崩岸风险红色岸段均出现了不同程度的崩岸（见图 4），表明崩岸风险评估方法基本可靠。

根据崩岸风险等级，结合崩岸后可能造成的危害程度和范围，划分崩岸预警等级，其中Ⅰ级预警岸段总长 3. 4 km，分布在公安县南五洲左缘长江村桩号 38+000~35+600 段和石首市向家洲桩号 22+450~21+450 段。表 3 给出了崩岸风险橙色和红色岸段对应的崩岸预警等级。

（a）向家洲上段

（b）反嘴

（c）八姓洲西侧

图 4　崩岸风险红色岸段 2023 年实际崩岸影像

(d) 观音洲下段

续图 4

表 3　2023 年荆江典型险工段崩岸预警建议

河段	桩号范围	崩岸风险	崩岸危害	崩岸预警级别
蚂峪	Y1+560～Y2+600	橙色	小	Ⅲ
查家月堤	710+280～709+800	橙色	小	Ⅲ
引江济汉段	5+100～4+100	橙色	小	Ⅲ
	3+200～2+500	橙色	小	Ⅲ
白渭洲段	740+000～737+000	橙色	小	Ⅲ
雷洲边滩	0+000～1+100	橙色	一般	Ⅱ
四口窑	40+900～40+370	橙色	一般	Ⅱ
	40+370～39+700	橙色	小	Ⅲ
长江村	38+000～35+600	橙色	大	Ⅰ
中码头	35+000～32+300	橙色	小	Ⅲ
农丰村	27+800～22+700	橙色	小	Ⅲ
向家洲	22+450～21+450	红色	大	Ⅰ
北碾子湾	2+000～7+000	橙色	一般	Ⅱ
中州子	7+120～7+420	橙色	小	Ⅲ
北门口下段	12+000～11+000	橙色	一般	Ⅱ
南碾子湾	1+600～3+500	橙色	小	Ⅲ
寡妇夹	5+800～7+300	橙色	小	Ⅲ
八十丈	520+000～519+000	橙色	小	Ⅲ
连心垸	2+000～0+000	红色	小	Ⅱ
天星阁	41+000～40+400	橙色	小	Ⅲ

续表 3

河段	桩号范围	崩岸风险	崩岸危害	崩岸预警级别
反嘴	23+200~20+800	橙色	小	Ⅲ
	20+800~20+000	红色	小	Ⅱ
后洲	10+800~9+900	橙色	一般	Ⅱ
八姓洲西侧	BX2+400~BX4+630	红色	小	Ⅱ
观音洲下段	562+600~561+940	橙色	小	Ⅲ
	561+940~560+800	红色	小	Ⅱ

5 结论

本文提出了一种崩岸风险评估和预警方法，并在荆江典型险工段开展了应用，取得的主要结论如下：

（1）选取岸坡现状、岸坡地质条件、护岸完备性、水动力特征、近岸河床冲刷、岸坡坡比变化等6个表征河岸稳定性现状、影响因素和变化过程的特征指标，构建了河岸稳定性综合评估指标体系，确定了对应不同崩岸风险等级的河岸稳定性评估值区间。

（2）结合崩岸风险等级和崩岸危害程度，提出了划分3级崩岸预警的方法。

（3）在荆江典型险工段开展了崩岸风险评估和崩岸预警应用，结果表明崩岸风险评估实现了对崩岸发生地点的预判，崩岸预警取得了良好效果，可用于针对性指导崩岸防治。

参考文献

[1] 余文畴，卢金友．长江河道崩岸与护岸［M］．北京：中国水利水电出版社，2008.

[2] Osman A M，Thorne C R．Riverbank stability Analysis．I：Theory［J］．Journal of Hydraulic Engineering，1988，114（2）：134-150.

[3] Thorne C R，Tovey N K．Stability of composite river banks［J］．Earth Surface Processes and Landforms，1981，6（6）：469-484.

[4] 宗全利，夏军强，邓春艳，等．基于BSTEM模型的二元结构河岸崩塌过程模拟［J］．四川大学学报（工程科学版），2013，45（3）：69-78.

[5] 夏军强，邓珊珊，周美蓉，等．长江中游河道床面冲淤及河岸崩退数学模型研究及其应用［J］．科学通报，2019，64（7）：725-749.

[6] 王延贵，齐梅兰，金亚昆．河道岸滩稳定性综合评价方法［J］．水利水电科技进展，2016，36（5）：55-59.

[7] 何广水，姚仕明，朱勇辉，等．河岸稳定性监测分析与评估方法：ZL201210067611.9［P］．2012.

[8] 曹双，蔡磊，刘沛．崩岸预警综合评估法研究与应用探讨［J］．水利水电快报，2019，40（8）：21-28.

[9] 邓彩云，李凌云，朱勇辉．河岸稳定性评估指标体系初探［J］．长江科学院院报，2019，36（10）：127-130.

黄河三角洲湿地生态系统服务价值评估

张展硕[1,2,3]　邹清洋[1,2,3]　梁　帅[1,2,3]　王弯弯[1,2,3]　曹永涛[1,2,3]

（1. 黄河水利委员会黄河水利科学研究院，河南郑州　450003；
2. 河南省黄河水生态环境工程技术研究中心，河南郑州　450003；
3. 河南省黄河流域生态环境保护与修复重点实验室，河南郑州　450003）

摘　要： 黄河三角洲湿地是全球暖温带保存最为完整的新生湿地之一，为不同尺度的受益者提供多项生态系统服务。为进一步理解黄河三角洲湿地对自然界和人类的贡献，本文确定了黄河三角洲湿地生态系统服务功能价值评估的指标体系，得到黄河三角洲湿地2020年度提供生态系统服务的市场价值为581.6亿元，相当于该区域同期GDP（698.3亿元）的83.3%，其中支持服务和文化服务贡献突出，彰显黄河三角洲湿地对于区域经济的重要支撑和极高的文化、美学价值。本研究可为黄河三角洲湿地的保护工作和管理政策提供数据和理论参考。

关键词： 黄河三角洲；湿地；生态系统；服务功能；价值评估

1　引言

湿地生态系统是极具生产力的过渡性生态系统[1]，由水域和陆域共同构成，有湖泊、河流、沼泽、泥炭地、浅滩等多种形态[2]，具有极强的净化功能，被誉为“地球之肾”[3-4]。黄河三角洲湿地是全球暖温带保存最为完整的一个新生湿地生态系统[5]，其滨海湿地开发程度较低，具有典型的原生性和稀有性。黄河三角洲湿地为不同尺度的受益者提供多项生态服务[6]，是珍稀鸟类的重要栖息地，受到国内外学者的广泛关注，于2013年10月被列入国际重要湿地名录[7]。近40年以来，在人类活动和气候变化的双重胁迫下，黄河三角洲湿地开始萎缩，环境污染加剧，生物多样性水平降低[8-10]。

1997年，Daily[11] 和 Costanza 等[12] 初步提出生态系统服务功能的概念和评估方法，随着2005年联合国千年生态系统评估（Millennium Ecosystem Assessment）的展开，以及2013年IPBES（生物多样性和生态系统服务政府间科学政策平台）概念框架的形成，国际上对于生态系统服务价值评估的研究深度和理论体系逐渐发展及完善[13]，为理解生态系统的重要性开辟了一个全新视角，为生态保护工作增添了手段。国内对于生态系统服务功能的价值研究主要包括直接评估法（如市场价值法[14]）和间接评估法[12]（包括能值法[15-16]、当量因子法[17-19]等）两个大类。本研究将系统梳理生态系统服务功能的计算方法，构建价值评估体系，利用直接评估法对黄河三角洲湿地生态系统服务功能进行价值评估，旨在为政策制定者和管理者提供黄河三角洲生态价值的科学参考，为区域生态文明建设提供数据支撑，为黄河流域生态保护和高质量发展战略贡献力量。

基金项目： 中央级公益性科研院所基本科研业务费专项（HKY-JBYW-2022-15）。

作者简介： 张展硕（1991—），男，工程师，主要从事水资源与水生态方面的研究工作。

通信作者： 王弯弯（1991—），女，工程师，主要从事水生态环境修复与治理方面的研究工作。

2 区域概况和研究方法

2.1 区域概况

黄河三角洲由黄河挟带泥沙在河口区沉降而逐步形成，黄河三角洲湿地是黄河下游重要的水源涵养区，主要植物有柽柳、碱蓬和芦苇等[20]，多种形态的栖息地为丹顶鹤、白尾海雕等珍稀鸟类[21]提供庇护。长期以来，黄河三角洲湿地自然资源丰富、土地肥沃，历来人类活动剧烈。近几十年的农业耕种、油田开发和城镇化进程加剧了该区域生态环境的恶化情况（包括环境污染、景观破碎化、生物多样性水平下降等）。

为加强黄河三角洲湿地的生态保护工作，国务院于 1992 年特批成立黄河三角洲国家级自然保护区[8,20,22]（118°33′~119°20′E，37°35′~38°12′N），主要位于山东省东北部东营市境内，总面积约 1 530 km^2。在此基础之上，黄河三角洲湿地的管理策略和发展模式逐渐形成绿色、科学、可持续的体系，区域生态系统得到妥善修复，湿地萎缩趋势得到遏制和扭转。本文根据 2013 年以来山东省和东营市国土面积及湿地面积的变化情况，将研究区域选在山东省东营市垦利区、利津县和河口区这三个行政区域，2020 年研究区域的国内生产总值（GDP）为 698.3 亿元。

2.2 研究方法

本文结合黄河三角洲国家级自然保护区湿地生态系统及其区域经济社会的特征，参考历史研究成果，将研究区域生态系统服务功能划分为供给服务、调节服务、文化服务和支持服务四项，建立价值评估指标体系（见表 1）。评估数据主要来自于《山东省统计年鉴 2020》《东营市统计年鉴 2020》和其他文献资料。

表 1 黄河三角洲湿地生态系统服务价值评估指标体系

湿地生态系统服务功能		计算公式	参数说明	评价方法
评价项目	评价指标			
供给服务	水产品	$\sum Q_i \times P_i$	Q_i 为第 i 类水产品的年产量，P_i 为第 i 类水产品的单价	市场价值法
	原材料	$\sum Q_j \times P_j$	Q_j 为第 j 类原材料的年产量，P_j 为第 j 类原材料的单价	
	水资源	$\sum Q_k \times P_k$	Q_k 为第 k 类用途水资源供给量，P_k 为第 k 类用途的水价	
	航运	$\sum Q_m \times P_m$	Q_m 为第 m 类货物的运输量，P_m 为第 m 类货物的运输单价	
调节服务	洪水调蓄	$Q_f \times P_f$	Q_f 为可调蓄的洪水量，P_f 为水库的单位库容建设成本	影子工程法
	固碳	$Q_c \times P_c$	Q_c 为固碳量，P_c 为碳税标准	碳税法
	氧气释放	$Q_o \times P_o$	Q_o 为产氧量，P_o 为工业制氧的单位成本	工业制氧法
	水质净化	$\sum Q_n \times P_n$	Q_n 为第 n 类污水的排放量，P_n 为第 n 类污水的单位处理成本	替代成本法
	气候调节	$Q_z \times Q_y \times P_x$	Q_z 为研究区域年蒸发量，Q_y 为单位体积蒸发对应的耗电量，P_x 为第 x 类污水的单位处理成本	替代成本法
	输沙造陆	$Q_w \times P_w$	Q_w 为年输沙造陆量，P_w 为土地单位价格	市场价值法

续表 1

湿地生态系统服务功能		计算公式	参数说明	评价方法
评价项目	评价指标			
文化服务	休闲娱乐	$Q_t \times P_t$	Q_t 为年度旅游人次，P_t 为当地居民平均休闲娱乐消费	费用支出法
	科研价值	$Q_s \times P_s$	Q_s 为湿地面积，P_s 为湿地单位面积的参考价值	成果参照法
支持服务	生物多样性保持	$Q_b \times P_b$	Q_b 为湿地面积，P_b 为湿地单位面积的生物多样性保持价值	成果参照法
	土壤保持	$Q_e \times P_e$	Q_e 为土地面积，P_e 为土地商业价值	市场价值法

黄河三角洲湿地生态系统的服务价值（ESV）包括供给服务价值（$V_{供给}$）、调节服务价值（$V_{调节}$）、文化服务价值（$V_{文化}$）和支持服务价值（$V_{支持}$）等四项。

$$ESV = V_{供给} + V_{调节} + V_{文化} + V_{支持} \quad (1)$$

3 结果与分析

黄河三角洲湿地生态系统服务价值评估结果见表 2。

表 2 黄河三角洲湿地生态系统服务价值评估结果

生态系统服务功能		价值/亿元	评价指标价值占比	评价项目价值占比
评价项目	评价指标			
供给服务	水产品	61.36	10.5%	15.9%
	原材料	6.86	1.2%	
	水资源	23.83	4.1%	
	航运	0.37	0.1%	
调节服务	洪水调蓄	76.17	13.1%	19.3%
	固碳	0.51	0.1%	
	氧气释放	0.57	0.1%	
	水质净化	1.78	0.3%	
	气候调节	33.01	5.7%	
	输沙造陆	0.1	0.02%	
文化服务	休闲娱乐	179.67	30.9%	30.9%
	科研	0.02	0.003%	
支持服务	生物多样性	0.94	0.2%	33.9%
	土壤保持	196.45	33.8%	

3.1 供给服务

3.1.1 水产品

黄河三角洲湿地提供鱼类、甲壳类和贝类等淡水及海水产品[23]。2020 年黄河三角洲湿地水产品产量 35.3 万 t，价值 61.36 亿元。

3.1.2 原材料

黄河三角洲湿地出产原盐和芦苇。2020 年，研究区域原盐总产量为 106.9 万 t，单价取 200 元/t[24]，产值 2.14 亿元；芦苇种植面积按研究区域总面积的 20%，单位面积的芦苇生物量为 100 g/m^2，芦苇单价 4 000 元/t[25]，则芦苇总产值为 4.72 亿元。2020 年黄河三角洲湿地原材料供给价值为 6.86 亿元。

3.1.3 水资源

2020 年研究区域农业、工业、生活、生态用水量分别为 3.4 亿 t、1.27 亿 t、0.52 亿 t 和 0.04 亿 t。根据东营市水价标准，居民生活用水价格为 3.25 元/t，非居民用水 4.7 元/t，2020 年黄河三角洲湿地水资源供给价值为 23.83 亿元。

3.1.4 航运

本研究以 2015—2019 年东营市客运和货运周转量的平均水平为例对研究区域的航运价值进行估算。研究区域航运的年平均客运周转量为 149.3 万人 · km，单价 1.13 元/（人 · km）；货运周转量为 140 478.13 万 t · km，单价 0.025 元/（t · km）。2020 年黄河三角洲湿地航运价值为 0.37 亿元。

3.2 调节服务

3.2.1 洪水调蓄

2012—2020 年，东营市的水资源总量最大统计值出现在 2018 年（18.54 亿 m^3），比 2020 年的水资源总量统计值多 12.47 亿 m^3（以此差值估算洪水调蓄能力）。目前，水库建设成本取 6.11 元/m^3，2020 年黄河三角洲湿地的洪水调蓄价值为 76.17 亿元。

3.2.2 固碳

研究区域 2020 年芦苇产量为 11.8 万 t，以此估算研究区域的固碳价值，根据光合作用方程式，每生产 1 g 干物质，需要 1.63 g 的 CO_2，固碳量 0.44 g，碳税率为 0.097 5 万/t，得出 2020 年黄河三角洲湿地固碳量为 5.19 万 t，2020 年黄河三角洲湿地的固碳价值为 0.51 亿元。

3.2.3 释氧

根据光合作用方程式，每生产 1 g 干物质，释放 1.2 g 的 O_2，我国工业制氧单价 400 元/t，得到 2020 年黄河三角洲湿地释氧量为 14.2 万 t，则 2020 年黄河三角洲湿地的释氧价值为 0.57 亿元。

3.2.4 水质净化

2020 年，东营市的废水排放总量为 18 712 万 t，其中工业废水 8 371 万 t，生活废水 10 341 万 t，东营市污水处理成本为 0.95 元/t，2020 年黄河三角洲湿地水质净化价值为 1.78 亿元。

3.2.5 气候调节

水分蒸发的过程可以调节区域的温度和湿度，从而达到调节气候的效果。东营市多年平均蒸发量为 1 885 mm，全年水汽蒸发总体积为 111.2 亿 m^3。单位体积水汽蒸发的气候调节价值取 0.14 元/m^3，校正系数取 2.07，2020 年黄河三角洲湿地气候调节价值为 33.01 亿元。

3.2.6 输沙造陆

1996 年以前，黄河三角洲湿地多年平均造陆面积为 17 km^2/a，近年来下降到 2.88 km^2/a[26]，根据土地拍卖价格和市场交易信息，2020 年东营市的土地商业价值约为 333 万元/km^2，2020 年黄河三角洲湿地造陆价值为 0.1 亿元。

3.3 文化服务

3.3.1 休闲娱乐

东营市旅游业 2020 年受新冠疫情冲击明显，国内外游客数量和平均消费水平大幅下降，参考

2017—2020 年东营市旅游业各项指标的中位数：接待游客 1843.4 万人次/a，人均花费 974.7 元，计算得到 2020 年黄河三角洲湿地休闲娱乐价值约为 179.67 亿元。

3.3.2 科研价值

本研究主要采取成果参考法进行评估。参考怯志豪和 Costanza 等学者的研究成果[27]，湿地单位面积的科研价值可取值 244.85 元/（hm^2·a），则 2020 年黄河三角洲湿地的科研价值为 0.02 亿元。

3.4 支持服务

3.4.1 生物多样性保持

刘惠良和刘红峰[28] 从支付意愿的角度，利用 Hoel 与 Sterner 的经济模型，研究得到湿地生物多样性的服务价值约为 114.35 元/（人·a），2020 年黄河三角洲湿地的生物多样性保持的价值为 0.94 亿元。

3.4.2 土壤保持

根据土地拍卖价格和市场交易信息，2020 年东营市的土地商业价值约为 333 万元/km^2，黄河三角洲湿地土壤保持价值为 196.45 亿元。

评估结果显示，2020 年黄河三角洲湿地生态系统服务功能的总价值为 581.62 亿元，相当于该区域生产总值（698.27 亿元）的 83.3%。其中，支持服务价值最高（197.38 亿元，占比 33.9%，见图 1），突出了黄河三角洲湿地生境本身的重要性——提供多种生态服务功能的保障；文化服务价值次之（179.69 亿元，占比 30.9%），表明黄河三角洲湿地文化和美学价值充分得到市场认可，以此为基础的旅游业发展迅速；调节服务价值和供给服务价值分别是 112.13 亿元（19.3%）和 92.42 亿元（15.9%）。

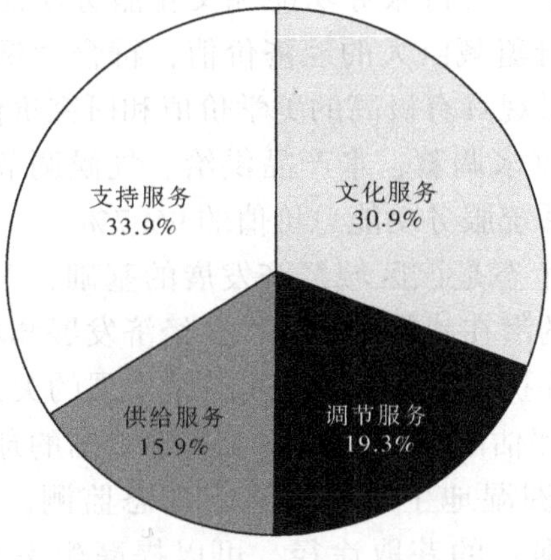

图 1 黄河三角洲湿地生态系统四大类服务功能的价值比例

单项价值（见图 2）最高的服务功能包括土壤保持（196.45 亿元，33.8%）、休闲娱乐（179.67 亿元，30.9%）、洪水调蓄（76.17 亿元，13.1%）、水产品供给（61.36 亿元，10.5%）、气候调节（33.01 亿元，5.7%）、水资源供给（23.83 亿元，4.1%）等。这六大单项的总价值占到黄河三角洲湿地生态系统服务功能价值总量的 96.7%。此外，生物多样性价值（0.94 亿元，0.2%）和科研价值（0.02 亿元，0.003%）占比较小。

值得注意的是，关于黄河三角洲湿地生态系统服务功能价值的早期研究中，供给服务价值占比往往最高。随着社会经济发展和认知水平的提高，黄河三角洲湿地生态系统的重要性得到广泛认可，其支持服务价值、文化服务价值[29] 重要性日益凸显，贡献度被认为应排在供给服务价值之上[18]。生物多样性是整个生态系统能量和信息传递的媒介，对于生态系统的健康稳定和可持续发展具有决定性的意义，生物多样性保护工作在近些年吸引了极大的科研关注，其重要价值得到广泛认同。

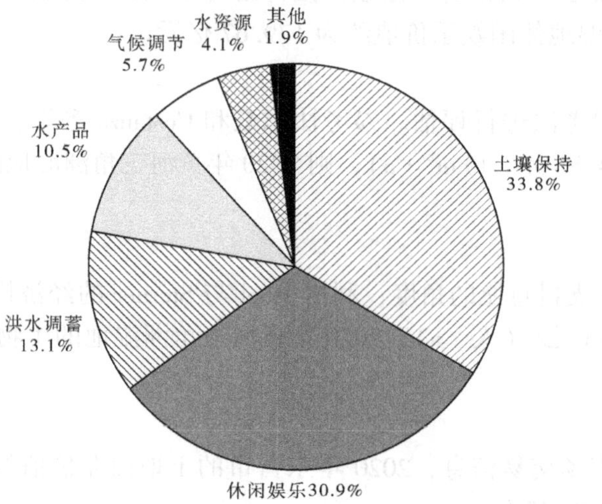

图 2　黄河三角洲湿地生态系统各单项服务功能的价值比例

4　结论与展望

（1）本研究估算 2020 年度黄河三角洲湿地生态系统服务的市场价值总量为 581.62 亿元，相当于该区域 GDP（698.27 亿元）的 83.3%。

（2）四大项生态系统服务功能按照市场价值由高到低排序为支持服务功能、文化服务功能、调节服务功能和供给服务功能。其中，支持服务功能和文化服务功能的价值量之和占比超过 60%，体现了黄河三角洲湿地生态系统本身蕴藏巨大的经济价值，符合“绿水青山就是金山银山”的生态理念，表明该区域生态系统和自然景观具有极高的美学价值和研究价值。

（3）土壤保持、休闲娱乐、洪水调蓄、水产品供给、气候调节和水资源供给这六大单项的市场价值之和占黄河三角洲湿地生态系统服务功能总价值的 96.7%。

（4）黄河三角洲湿地的健康生态是该区域经济发展的基础，而经济发展伴随的人类活动则是黄河三角洲湿地生态环境健康程度的潜在威胁。因此，在经济发展和环境保护之间寻求平衡、对黄河三角洲湿地进行科学有效的管理和保护，是实现绿色可持续发展的关键。

（5）生态系统服务功能价值评估的精度，取决于基础数据的翔实程度和可靠性，也需要评估指标体系的科学构建。对黄河三角洲湿地生态系统进行动态监测，建立动态数据库，丰富基础数据（如生物多样性、科研等相关数据）的获取途径，可以提高生态价值基础数据的翔实程度和时效性[30]，为制定环保政策和开展管理工作提供更加科学的数据支撑。

参考文献

[1] 张子赫，马建武，侯禹升．湿地生态系统服务评估研究进展［J］．现代园艺，2022，45（1）：35-38.
[2] 肖涛，石强胜，闻熠，等．湿地生态系统服务研究进展［J］．生态学杂志，2022，41（6）：1205-1212.
[3] 崔保山，杨志峰．湿地生态系统健康研究进展［J］．生态学杂志，2001（3）：31-36.
[4] 吴玲玲，陆健健，童春富，等．长江口湿地生态系统服务功能价值的评估［J］．长江流域资源与环境，2003（5）：411-416.
[5] 郭岳，徐清馨，佟守正，等．黄河三角洲滨海湿地退化原因分析及生态修复［J］．吉林林业科技，2017，46（5）：40-44.
[6] 孙志高，牟晓杰，陈小兵，等．黄河三角洲湿地保护与恢复的现状、问题与建议［J］．湿地科学，2011，9（2）：107-115.

[7] 孔梅，曹惠明，高兴国，等．黄河三角洲自然保护区国土空间变化遥感监测与评价［J］．海洋环境科学，2021，40（2）：272-276.
[8] 黄翀，刘高焕，张海龙，等．黄河河口湿地景观变化影响丹顶鹤生境的评价分析［J］．地球信息科学学报，2009，11（4）：491-497.
[9] 洪佳，卢晓宁，王玲玲．1973—2013 年黄河三角洲湿地景观演变驱动力［J］．生态学报，2016，36（4）：924-935.
[10] 周英锋，于洋．淹水深度对黄河三角洲湿地物种多样性和生产力的影响［J］．山东林业科技，2022，52（1）：17-23.
[11] Daily C G. Nature's services：societal dependence on natural ecosystems［M］. New Haven：Yale University Press，1997.
[12] Costanza R，d'Arge R，de Groot R，et al. The value of the world's ecosystem services and natural capital［J］. Nature，1997，387：253-260.
[13] 殷楠，王帅，刘焱序．生态系统服务价值评估：研究进展与展望［J］．生态学杂志，2021，40（1）：233-244.
[14] 刘玉龙，马俊杰，金学林，等．生态系统服务功能价值评估方法综述［J］．中国人口资源与环境，2005（1）：91-95.
[15] 李丽锋，惠淑荣，宋红丽，等．盘锦双台河口湿地生态系统服务功能能值价值评价［J］．中国环境科学，2013，33（8）：1454-1458.
[16] 吴霜，延晓冬，张丽娟．中国森林生态系统能值与服务功能价值的关系［J］．地理学报，2014，69（3）：334-342.
[17] 谢高地，鲁春霞，冷允法，等．青藏高原生态资产的价值评估［J］．自然资源学报，2003（2）：189-196.
[18] 谢高地，甄霖，鲁春霞，等．一个基于专家知识的生态系统服务价值化方法［J］．自然资源学报，2008（5）：911-919.
[19] 谢高地，张彩霞，张雷明，等．基于单位面积价值当量因子的生态系统服务价值化方法改进［J］．自然资源学报，2015，30（8）：1243-1254.
[20] 邵鹏帅，韩红艳，孙景宽．黄河三角洲湿地退化和恢复对柽柳土壤有机碳含量及红外碳组分的影响［J］．生态学杂志，2022，41（7）：1258-1265.
[21] 吴钰茹，吴晶晶，毕晓丽，等．综合模型法评估黄河三角洲湿地景观连通性［J］．生态学报，2022，42（4）：1315-1326.
[22] 张磊，宫兆宁，王启为，等．Sentinel-2 影像多特征优选的黄河三角洲湿地信息提取［J］．遥感学报，2019，23（2）：313-326.
[23] 李永涛，葛忠强，王霞，等．山东省滨海自然湿地生态系统服务功能价值评估［J］．生态科学，2018，37（2）：106-113.
[24] 朱国梁，霍俊霏，丁捷．盐业新发展阶段如何实现高质量发展［J］．盐科学与化工，2022，51（4）：1-4.
[25] 江波，陈媛媛，肖洋，等．白洋淀湿地生态系统最终服务价值评估［J］．生态学报，2017，37（8）：2497-2505.
[26] 李贺，黄翀，张晨晨，等．1976 年以来黄河三角洲海岸冲淤演变与入海水沙过程的关系［J］．资源科学，2020，42（3）：486-498.
[27] 甘德欣，曾玲，蒋廷杰，等．长沙市湿地生态系统服务功能价值评估研究［J］．湿地科学与管理，2010，6（4）：16-20.
[28] 刘惠良，刘红峰．洞庭湖湿地生物多样性保护的价值评估［J］．中南林业科技大学学报，2021，41（10）：140-147.
[29] 陈翠，刘贤安，闫丽丽，等．四川南河国家湿地公园生态系统服务价值评估［J］．湿地科学，2018，16（2）：238-244.
[30] 王娜娜，刘宏元，李英，等．黄河三角洲湿地生态系统服务价值评估［J］．山东农业科学，2022，54（2）：153-158.

珠江三角洲典型涝区治理规划研究
——以潼湖流域为例

黄华平[1]　王　栋[2]　高慧琴[1]　靳高阳[1]

（1. 中水珠江规划勘测设计有限公司，广东广州　510610；
2. 长江水利委员会水文局，湖北武汉　430010）

摘　要： 潼湖流域地跨惠州、东莞两市，是推进粤港澳大湾区建设的战略支点和前沿阵地，其发展定位对防洪排涝安全提出更高要求。然而，现状防洪排涝体系存在标准偏低、工程建设不完善等问题，迫切需要尽快消除风险隐患，提高地区防洪排涝能力。本次通过系统梳理潼湖流域防洪排涝体系中存在的主要问题，结合流域现状及区域特征，针对灾害风险来源的不同提出与之相适应的治理方案及建议，相关成果可为潼湖流域防洪排涝治理工程研究及设计提供借鉴与参考。

关键词： 潼湖流域；防洪；排涝；治理规划

1　区域概况

潼湖流域位于东江下游潼湖盆地与石马河交合处，流域面积494 km^2，内有惠州仲恺高新区潼湖镇、潼侨镇、沥林镇、陈江街道、惠环街道5个镇街，惠阳区镇隆镇，东莞市谢岗镇、桥头镇2个镇街和部队军垦农场[1]。潼湖盆地四周高中间低，百溪汇流，水网密集且流向多变。流域内东南北三面环山，南面为海拔400 m以上的山岭，与淡水河分界；东部和北部为400 m以下的丘陵，与惠州西湖和东江干流分水；西部与东江支流石马河相邻。

潼湖流域水系复杂，整个流域以平塘调蓄湖为核心，水系呈“五进三出”的格局[2]。“五进”包括甲子河、水围河、埔仔河、社溪河和岗头河，“三出”包括谢岗涌、东岸涌及北截洪渠，甲子河为流域内最长河流，主要支流包括梧村河、金星河、莲塘河及陈江河。

2　防洪排涝现状及存在问题

2.1　防洪排涝现状

潼湖流域防洪排涝体系可分为外洪和内洪两部分。外洪方面，东江及石马河洪水主要由东江左岸和石马河右岸的潼湖大堤承担，堤防全长14.52 km，现状防洪标准为10~20年一遇，分为东江段和石马河段。东江段东起潼湖镇上村至东深供水工程太园泵站，全长3.34 km，石马河段北起太园桥至麦美坊，全长11.18 km，两者均为土堤。

内洪方面，流域内洪水主要由水库、河道、调蓄湖、水闸泵站及堤防共同承担，水库主要由中型水库黄沙水库和其他小型水库组成，河道则由甲子河、梧村河、陈江河、水围河、埔仔河、社溪河、岗头河、北截洪渠及东岸涌、谢岗涌组成，调蓄湖主要为平塘，水闸泵站主要由陈屋边水闸、东岸水闸、东岸泵站等25宗水闸泵站组成，堤防主要由赤岗围、英光山陂围、东楼围、军垦堤围等约12宗堤防组成。

基金项目： 国家重点研发计划（2023YFC3208800）。

作者简介： 黄华平（1993—），男，高级工程师，主要从事水利规划、水文水资源方面的研究工作。

2.2 存在问题

（1）原规划已无法满足流域发展需要。

潼湖流域涉及惠州、东莞两市，以往防洪排涝规划均为两市独立编制，尚未对整个流域编制过防洪排涝规划。潼湖流域进水主要在惠州、出水通道主要在东莞的水系格局，要求应站在流域角度来统筹上下游水力联系，进行系统谋划和布置。已有规划虽然有所衔接，但难免存在衔接不够、两地出发点不同而导致体系存在局部矛盾的问题。新形势下，流域内各镇街原规划标准已明显偏低。东莞市谢岗镇、桥头镇原规划标准为50年一遇，排涝标准为20年一遇[3]，仲恺高新区堤防标准仅为10~20年一遇，排涝标准为10年一遇，随着惠州市仲恺高新区、东莞市粤海银瓶合作创新区相继布局，经济社会将迎来快速发展，原有的防洪排涝标准应与其发展定位难以匹配。

（2）流域内主要排洪通道均受限制。

流域内主要排洪通道为东岸涌及谢岗涌。其中，谢岗涌洪水通过陈屋边水闸排入石马河，但两者洪水同频遭遇，当潼湖流域发生大洪水时石马河流域也同时发生大洪水，洪水期受石马河洪水顶托，陈屋边水闸无法开闸自排[4-5]。东岸涌主要排水出口为东岸船闸与建塘反虹涵。其中，东岸船闸下游设有东深供水太园泵站取水口，为保障取水水质，东岸船闸常年关闭，仅在潼湖流域发生较大洪水且平塘水位达到6.0 m时方能开闸，下游东莞段河道缩窄，严重阻碍了河道泄洪[6]。而建塘反虹涵可将潼湖水跨过石马河排入东莞市东引运河，但设计流量仅为75 m^3/s，难以满足洪水畅泄需求。

（3）流域内防洪排涝工程建设协调难度大。

潼湖流域主要来水在惠州境内，而排水通道和出口均位于东莞境内，导致通过工程措施解决流域排水不畅问题时，需要两市之间进行协调沟通。比如东岸船闸、东岸涌整治、陈屋边水闸泵站等工程建设、谢岗涌河道整治、潼湖大堤达标加固等，施工地点均位于东莞境内，但解决的是整个流域问题。因此，在用地、费用及后期运维管理等方面均需要东莞、惠州两市进行协调沟通[7]。而重建东岸船闸和在惠州境内新开排洪通道连接东江等项目工程涉及下游东深供水取水口，需与粤海供水公司协调。

3 防洪排涝总体布局

3.1 目标与任务

以保障潼湖流域防洪排涝安全为目标，建立系统、科学的防洪排涝体系，有效解决潼湖流域水患问题，使得潼湖流域东江与石马河外水防洪标准达到100年一遇，内河水系防洪标准达到20~50年一遇，排涝标准达到20~50年一遇。

3.2 总体思路

研究采用“蓄、截、治、挡、提、泄”的防洪排涝工程体系，实现防洪减灾的目的。其中“蓄”是指上游水库和调蓄湖多蓄水，起到错峰调峰的作用；“截”是指高水高排，将山体洪水直接通过截洪渠排入外江，减轻涝区的排涝压力，减小排涝装机；“治”是指通过河道治理，加大河道行洪能力，提高河道的防洪标准；“挡”是指通过新建或加固堤防，提高堤防的防洪能力；“提”是指通过新建或扩建排涝站，在不能自排的情况下通过排涝电站将涝水排入外江；“泄”是指新建或扩建排水闸，尽可能通过自排将涝水排入外江。

3.3 总体布局

潼湖流域按照“上蓄、中防（滞）、下排、外挡”和“高水高排、低水低排”的思路规划防洪排涝总体布局。

上蓄：通过上游水库和调蓄湖多蓄水，起到错峰调峰的作用，对汇入平塘的主要支流甲子河、埔仔河、水围河、社溪河及岗头河等进行清淤疏浚，对两岸堤防进行达标加固，必要时进行水系连通，解决上游防洪问题。

中防（滞）：依靠平塘行洪、蓄洪，对上游片区来水进行调蓄，经过调蓄后通过东岸涌、谢岗涌排出，考虑“生态核”发展思想，不提高平塘四周堤防标准，仅对四周堤防进行除险加固，周边军垦农场作为超标准洪水临时蓄滞洪区。

下排：通过东岸涌、谢岗涌及北截洪渠排泄流域洪水。对东岸涌进行清淤疏浚，部分中下游河段进行扩宽，扩建东岸船闸，在现有河道基础上，新开排洪通道连接东江，并对谢岗涌及北截洪渠进行整治。

4 工程措施方案

4.1 防洪工程

4.1.1 潼湖大堤治理方案

潼湖大堤全长 14.52 km，包括惠州段 1.6 km，东莞段 12.92 km。其中，东江左岸堤防从潼湖村至东深供水太园泵站，总长 3.34 km，石马河右岸堤防均位于东莞境内，总长 11.18 km。研究对潼湖大堤按 100 年一遇防洪标准达标加固，并重点对石马河曾发生管涌、流土险情和冲刷破坏堤段进行防渗和防冲处理。

4.1.2 东岸涌治理方案

东岸涌两岸按 50 年一遇防洪标准建设，其中惠州段堤防长度 11.2 km，东莞段堤防长度 8.8 km。东岸涌拟按常水位河宽 70 m，清淤底高程 1.0～-1.0 m 进行清淤疏浚，并实施新开洪水出口通道工程，新开排洪渠长度 3.3 km，河底高程为-0.15～-1.0 m，两岸堤防按 50 年一遇防洪标准建设。

4.1.3 谢岗涌治理方案

谢岗涌拟整治段为潼湖平塘谢岗涌出口到陈屋边水闸河段，长度 12.782 km。其中，谢岗涌最下游约 1.34 km 全部位于东莞境内。谢岗涌拟按不低于 65 m 稳定河宽对 1.35 km 河道进行扩宽，并实施河道清淤 366 万 m^3；两岸堤防按 50 年一遇标准建设，包括右岸惠州段 10.76 km，左岸惠州段 2.67 km。

4.1.4 平塘治理方案

根据平塘“生态核”建设思想，基本保持平塘南北两侧堤防现状防洪标准，仅对其进行除险加固，不进行堤顶加高建设。同时，规划实施平塘生态保护修复工程，包括平塘清淤疏浚、吹填筑岛等工程措施。

4.1.5 其他主要河道治理方案

主要整治河道包括北截洪渠、甲子河、水围河、浦仔河、社溪河、岗头河和甲子河支流梧村河、金星河、莲塘河及陈江河。其中，北截洪渠、梧村河上游、金星河、莲塘河及陈江惠环片区堤防按 20 年一遇防洪标准达标加固，其余堤防按 50 年一遇达标加固，对排泄不畅河道实施清淤疏浚工程，并对卡口段进行河道扩宽，拟共计整治河道长度 112 km，达标加固堤防 144.4 km。

4.2 治涝工程

研究拟采用二级排涝模式实施潼湖流域内涝治理。针对潼湖围一级涝片，在主要排水通道谢岗涌汇入石马河口处重建陈屋边水闸，水闸总净宽 48 m，共设置 8 孔，单孔净宽 6.0 m，并新建陈屋边泵站，设计流量为 80 m^3/s，装机 5 000 kW，保障自排不畅时抽排涝水。在东岸涌新开排洪渠河口新建排渠闸，闸宽 42 m，闸底高程-1.0 m，远期规划新建新开河排涝站，规模流量 120 m^3/s，装机 4 500 kW。

按照“水安全、水环境、水景观”协调发展，构筑“山、水、城、田、海”生态城市的目标，对潼湖流域内涝片及水系进行系统梳理与布局，形成功能完善、城乡一体、安全稳定的水系网络[8]。研究以低洼易涝区域治理为重点，对区域内排水管网、内河涌和水闸泵站等水利基础设施进行综合评估，划分了 14 个二级涝片，其中军垦农场一区至四区 4 个涝片受部队管辖，且多为农田，其排涝标准定为 10 年一遇，科融新城涝片近期规划 20 年一遇，远期规划 50 年一遇，其余涝片排涝标准均定为 20 年一遇。本次研究遵循“自排为主，抽排为辅”原则，全部二级涝片规划新建、扩建、重建水闸 22 座，总净宽 203 m，规划新建泵站 7 座，总设计流量 380 m^3/s，重建泵站 12 座，总设计流量 202 m^3/s。

5 实施安排

按照突出重点、分步实施，总体目标和阶段目标相结合的原则，综合考虑项目迫切度和实施效果，结合现状堤岸情况，统筹各工程建设项目的实施顺序，优先实施效果显著的防洪排涝工程。近期可优先对东岸涌洪水出口通道整治工程、陈屋边水闸等项目进行深入研究，争取早日开工建设，发挥防洪减灾效益。

6 结语

本文系统分析了潼湖流域现状防洪排涝体系中存在的问题，充分考虑经济发展和防洪安全，根据流域内区域特征、水患灾害防治及地区发展要求，研究提出了潼湖流域防洪排涝总体布局与任务目标。针对洪涝灾害来源的不同，研究实施潼湖大堤达标加固工程抵御东江与石马河外洪，采用水库、河道、调蓄湖、水闸泵站及堤防等多元综合防洪体系治理流域内洪，采用二级排涝模式，通过新开排洪通道、河道清淤、升级改造、增设水闸泵站等工程措施治理流域内涝问题，综合提升潼湖流域防洪排涝能力，最大程度降低灾害损失。

潼湖流域地跨东莞、惠州两地，属于粤港澳大湾区社会经济高速增长区，水情、工情变化较大，且其特殊地理环境导致极易受到洪涝灾害影响，建议加强地形、水文气象等基本资料的积累和研究工作，对区内水患的成因、发生过程进行预测及系统分析研究。东莞与惠州两市应建立长效沟通机制，协同推动防洪排涝工程建设过程中涉及的资金筹措、用地保障、管理机制完善等方面工作，共同谋划区域防洪排涝体系布局，协调解决水患问题，全面提高区域灾害防御能力。

参考文献

[1] 陈丽钰．惠州市潼湖流域水环境整治措施［J］．资源节约与环保，2020（7）：55-56，58.
[2] 雷保栋．基于综合指标的潼湖平塘湖泊生态系统健康评价［J］．广西水利水电，2023（5）：36-41.
[3] 梁文深．谢岗镇流域防洪排涝规划体系建设研究［J］．地下水，2023，45（6）：282-283，296.
[4] 赵坤明．潼湖围陈屋边水闸重建工程地质勘察评价与分析［J］．山西水利，2021，37（4）：37-39.
[5] 张敏．潼湖围水闸重建工程论证及稳定性分析研究［J］．云南水力发电，2023，39（8）：366-371.
[6] 陈肖敏，陈英健，李彬彬．基于一、二维耦合水动力模型的潼湖流域洪水出口通道方案研究［J］．水利规划与设计，2024（4）：156-162.
[7] 李东风．对潼湖地区水利建设与湿地保护的几点思考［J］．广东水利水电，2011（8）：78-81，83.
[8] 龙千明．惠州市潼湖生态智慧区科融新城基于海绵城市理念的建设探讨［J］．工程建设与设计，2018（13）：188-189，192.

重庆山区中小河流综合整治现状及建设思路探析
——以酉阳县小河坝河为例

张一楠[1]　曹书龙[1]　冉烨玮[2]

（1. 长江勘测规划设计研究有限责任公司，湖北武汉　430010；
2. 酉阳土家族苗族自治县水利局，重庆　409800）

摘　要：本文以重庆市酉阳县小河坝河为例，分析了该中小河流治理现状及措施，以及工程实施后可产生的防洪、经济、社会、生态效益。结果表明，通过系统治理，提高流域防洪能力，大大减少了洪灾损失，改善了河流沿岸水生态环境。本文可为山区中小河流综合整治提供思路参考。

关键词：山区；中小河流；小河坝河；综合治理

1　引言

中小河流一般指流域面积 200~3 000 km^2 的河流，我国中小河流数量众多，分布较广，治理任务艰巨而繁重。相较于国内主要江河，中小河流总长度更长，串联的城市、乡村、产业和人口更多，人民群众对其依存度也更高[1]。同时，由于中小河流分布的广泛性，且大多中小河流防洪设施设备欠缺，标准较低，监测站点缺乏，遭遇一般暴雨洪水即可能造成较大的洪涝灾害[2]。从 2008 年开始，我国高度重视中小河流治理工作，开展重点地区中小河流治理规划编制工作[3]，先后发布《全国重点中小河流治理实施方案（2013—2015）》《加快灾后水利薄弱环节建设实施方案》等指导文件。截至 2021 年底，我国中小河流累计完成治理河长超过 10 万 km，防洪能力得到明显提升，河流沿线的重要城镇、耕地和基础设施得到有效保护，洪涝灾害风险明显降低，中小河流治理取得了阶段性的成果[4]。新时期背景下，中小河流治理已逐步从单一的防洪建设向提质升级的系统治理转变[5]，宜推进以流域为单元的中小河流系统治理理念，协调好防洪与多目标综合治理的关系，同时注重治理过程的长效管护[6]。

2　区域及河流概况

酉阳土家族苗族自治县（东经 108°18′25″~109°19′02″，北纬 28°19′28″~209°24′18″）位于渝东南边陲，县境东西宽 98. 3 km，南北长 119. 7 km，幅员面积 5 173. 2 km^2。县内流域面积在 200~3 000 km^2 的中小河流主要有小河坝河、酉阳河、甘龙河等 9 条。

小河坝河是甘龙河的一级支流，发源于花田乡茶香村，南偏西流过花田乡，又南偏东过两沿，再转西过铜鼓镇，急转向南，右纳哨玉河，南过铜西村，又南过石梁至两汇右纳董河，南偏西至小河镇汇入甘龙河，河流全长 54 km，流域面积 669 km^2，主要支流有干溪沟、董河等。

根据现场调查，酉阳县小河坝河干流及主要支流干溪沟、深溪河现已建成防洪护岸共 12 余 km。其中，小河坝河干流已建护岸涉及铜鼓、小河 2 个场镇，护岸设计防洪标准为 10 年一遇；深溪河已建成防洪护岸约 1 km，设计防洪标准为 10 年一遇；干溪沟已建成防洪护岸约 2 km，设计防洪标准为

作者简介：张一楠（1992—），女，工程师，主要从事河湖治理与保护方面的研究工作。
通信作者：冉烨玮（1989—），男，工程师，水电规划管理站站长，主要从事水利规划研究方面的研究工作。

20 年一遇。流域内共有小坝二级、韦家槽等 6 座水库，总库容为 1 521.75 万 m^3，功能以灌溉、防洪、供水为主。

水生态环境方面，小河坝河水质目标为地表水Ⅱ类，2018—2021 年间，河道水质优良。小河坝河沿线已建设 5 处污水处理厂（站），沿线 19 个行政村已改厕 7 840 户，流域已建成“户集、村收、乡镇运、县处理”的城乡一体化垃圾收运处置体系，农村生活垃圾收运处置体系覆盖率达 100%。流域涉及的桃花源街道属于重庆市水土流失重点预防区，花田乡、铜鼓镇、小河镇大部分为水土流失重点治理区。

河道管护方面，小河坝河已设置 1 名区县级河长，3 名乡镇级河长和 13 名村级河长。

3　重点水问题

小河坝河在水系治理、水环境治理、乡村建设等方面取得了一定成效，但在防洪保安、河道淤积、农村人居环境整治、美丽乡村建设等方面与幸福河流和水美乡村的要求仍有一定差距。

3.1　防洪不达标、河道防洪安全存在隐患

小河坝河干流铜鼓镇段防洪标准达不到 20 年一遇标准，支流深溪河花田乡段不足 20 年一遇，桃花源新城规划防洪标准为 50 年一遇，流经桃花源新城的干溪沟现状不足 20 年一遇；部分农村河流防洪设施少、标准低，有的处于不设防状态，支流如山羊峡河、何家岩河等尚未开展系统整治，存在不同程度的安全隐患，防洪能力有待提高。

3.2　河道淤积淤塞、行洪不畅

小河坝河及支流部分河段普遍存在河道淤积问题，局部存在阻水障碍物，未进行疏浚和清理，过流断面减小导致行洪能力不足，影响防洪排涝安全。如干溪沟等河道内洲滩滋长植物、杂草丛生，部分涉河便桥侵占河道行洪断面，河岸局部存在生活、建筑垃圾堆积现象，影响防洪安全。

3.3　农村水环境治理滞后、水生态状况不佳

小河坝河及支流沿河村庄大部分农村生活污水未采取污水治理措施，生活污水收集率低，直排或散排入河道，对河道水质造成污染；部分生活垃圾、建筑垃圾侵占河道，降低河道水生态系统功能。

3.4　滨水景观功能较差、水文化挖掘深度不够

流域内河道功能单一，缺乏相应配套设施，河道亲水性、可达性、观赏性不足，滨水景观和便民设施缺乏整体策划和打造，流域景观文化属性尚未全面开发，无法满足人民群众对美好生活的需求和向往。

3.5　河道水域岸线管理有待完善

一是管理制度的完整性和系统性还不够；二是河道管理部门多，在具体管理过程中，存在部门责任边界交织、联动不力等；三是管护执法队伍和执法能力建设较弱；四是河流管护工作的宣传不够深入。部分沿河群众对河流管护的重要性认识不足，参与度尚需进一步提升。

4　系统治理思路

围绕“河畅、水清、岸绿、景美、人和”的幸福河流和水美乡村的总体建设目标，提出河道清障、清淤疏浚、防洪护岸、水源涵养与生态修复、河库管理、农村人居环境整治、景观人文等综合措施。

4.1　河道清障

针对小河坝河干流及干溪沟两条河道河内废弃建筑物未拆除、个别构筑物阻洪、临河堆放生活（建筑）垃圾等现象，策划清除河道内跨河桥、废弃桥墩底座、阻水卡口、废弃人行桥、建筑垃圾、杂草或堆积物，并妥善处置废弃物及垃圾，逐步退还河岸水域生态空间，恢复水系自然面貌。

4.2　清淤疏浚

打响水下攻坚战，对小河坝河及 6 条主要支流淤积河段进行清淤疏浚，清淤总长 30 余 km，推荐

采用机械清淤法和人工清淤法相结合的方式，清除河道内的淤泥、砂石、垃圾，恢复或扩大过水断面，提高行洪排涝能力，增强水体流动性，改善水质及村容村貌，促进农村生态河岸建设。

4.3 防洪护岸

对比草皮护坡、自嵌式生态挡墙护岸、铺砌卵石护坡、植生块护坡、生态混凝土护坡、格宾挡墙护岸、仿木桩护岸七种生态友好型边坡防护方式，根据不同河段环境及需求特点，干溪沟选择自嵌式挡墙，小河坝河镇区段选择浆砌石挡墙，茶溪河等 5 条支流选择草皮护坡结合雷诺护垫形式。各河段堤顶高程由其设计水位加超高确定，其中干溪沟防洪标准为 50 年一遇，小河坝河花田乡段防洪标准为 20 年一遇，铜鼓镇段及小河镇防洪标准为 10 年一遇，茶溪河等 5 条支流防洪标准为 10~20 年一遇不等。

4.4 水源涵养与生态修复

策划对韦家槽水库开展植被生态恢复，提高其水源涵养能力，控制水土流失，植株的选择应当因地制宜，优先采用本土植物，树木可选择直径 1~5 cm 的柏树、中山杉、杂交柳等，灌木可选择黄荆、余柑子、中华蚊母等。

4.5 河库管护

提高河库管护水平。采取属地管理与专业管理相结合的的管理模式，充分利用河长制优势，建立河库日常监管巡查制度、监督考核制度，明确各级河库长责任。充分利用现代科技，深入开展“清四乱”等专项行动。提升流域智慧管理水平，构建基于视频、水位、水质、水工程等综合在线监测的一体化前端感知系统，增设水位、水环境、水利工程在线监测及视频监控点位及设备，实行河库动态监管。

4.6 农村人居环境整治

围绕农村污水和垃圾收置，改善农村人居环境。新增花田乡老龙村、茶香村等 5 座农村生活污水处理设施，对小河坝河干流沿岸聚集村落实施无害化改厕及卫生改厕。在流域内开展生活垃圾分类示范乡（街道、村）创建工作，巩固“户分类、村收集、乡镇转运、县处理”的城乡生活垃圾收运处理体系，新增垃圾收集箱及分类垃圾桶。

4.7 水美乡村景观提升

构建“一脉两带四片区多景”的景观结构，通过植物景观、跌水景观，花田景观、木栈道、亲水平台等工程措施，打造小河坝河流域茶香村、中心村等 13 处各具特色的景观人文节点，增加亲水性及通达性，连点成线，织线成网，描绘一幅风光旖旎的千里画廊。

5 治理成效

5.1 经济效益

工程的实施提高了小河坝河水灾害防御能力、保障人民生命财产安全，干溪沟防洪标准可达到 50 年一遇，其他乡镇和农村人口聚集段达到 20 年一遇，保护两岸村庄 18 个，受益人口约 7.12 万人、保护耕地约 6.11 万亩。通过中小河流系统治理，将进一步提升旅游品质，实现酉阳知名的旅游品牌向外宣传、辐射和扩展，带动全县全域桃源旅居体验的进一步发展。

5.2 社会效益

在提升防洪安全同时，通过农村污水收集、垃圾收置、人文景观节点打造，将整体提升流域内人居环境，着力打造幸福河流和水美乡村，改善两岸周边居住环境，让广大群众真正得到了实惠，增强人民群众的幸福感、获得感和安全感。同时，工程的实施将对当地就业人数的增加有一定的促进作用，增加就业人员，提高低收入群体就业率，推动城乡统筹发展，促进乡村振兴。

5.3 生态环境效益

本项目实施后，将改善花田乡、铜鼓镇、小河镇等乡镇农村河库生态环境，提高水环境质量，改善景观，优化村庄的人居环境。通过清淤清障、农村人居环境整治等工程的实施，减少进入水体的污染物，增强水体的自净能力。常年无水的河道如干溪沟，将实现水体的自然流动，恢复河流河道空间和河流基本形态；护岸采用生态护坡形式，保持横向连通性，为水生植物生长水生动物的繁育和栖息创造条件，促进河岸生物多样性恢复。

6 结语

通过实施河道清障、清淤疏浚、防洪护岸、水源涵养与生态修复、河库管护、农村人居环境整治和水美乡村景观提升等一系列中小河流治理措施，将改变小河坝河河道狭窄不畅的现状，提升流域整体防洪能力，改善流域人居环境，使河道水更清、岸更绿、景更美，同时也有利于区域社会稳定，为国民经济健康持续发展提供了良好基础。同时，通过分析探讨小河坝河中小河流治理措施，对今后开展类似区域中小河流治理的规划、设计、治理，提供一定的参考意义。

参考文献

[1] 张向，李军华，董其华，等，新时期中小河流治理对策［J］. 中国水利，2022（2）：30-35.

[2] 李红霞，王瑞敏，黄琦，等 . 中小河流洪水预报研究进展［J］. 水文，2020（3）：16-23.

[3] 水利水电规划设计总院 . 全国重点地区中小河流近期治理建设规划［Z］. 北京：2008.

[4] 中华人民共和国水利部 . 我国中小河流累计完成治理河长超过 10 万公里［N］. 中国财经报 . 2022-07-13.

[5] 韩东旭 . 新时期中小河流治理思路及设计要点［J］. 水利技术监督，2022（9）：113-116.

[6] 张宜清，杨晓茹，黄火键，等 . 新时期中小河流系统治理思路和对策［J］. 中国水利，2023（16）：26-29.

基于 EID 理论的汉江上游极端降水频率分布特征

邓鹏鑫　王　栋　李　威　刘　昕

（长江水利委员会水文局，湖北武汉　430010）

摘　要： 为解析极端降水致洪风险，基于 EID 理论构建了日降水相当强度 R_f 及雨涝强度指数 P_f，解析了汉江上游极端降水指数的频率分布特征。研究发现，汉江上游极端降水时空分布差异大，呈南高北低的分布态势。因考虑前期降水累积作用，R_f 较实测降水强度偏大 33.9%，且与洪峰流量的相关性提高 10.7%。经 P-Ⅲ、GEV、Gam、GPD 和 LOGN 等 5 种分布模型优选，各雨量站的 R_f 多服从 P-Ⅲ和 GEV 分布，个数占比分别为 44.3%和 42.6%，P_f 多服从 GEV 分布，占比为 68.9%。20 年一遇条件下，汉江上游极端降水存在“西南高山区”及“东北低山区”两个高值中心。本研究成果可为流域防洪减灾提供技术支撑。

关键词： 汉江上游；EID 理论；极端降水；频率分布；分布特性

1　引言

作为全球气候变化的敏感区域之一，中国近年来出现了区域性极端降水增强和增多的趋势[1-5]，以 2020—2023 年期间为例，在长江流域、郑州地区、珠江流域、海河流域及珠三角等地相继发生了多起极端强降雨事件。由于降雨强度大、范围广、历时长，已引发严重雨涝或洪涝灾害。因此，评估区域性极端强降水带来的雨涝强度及其分布，有助于进一步深化对全球气候变暖背景下极端降水演变规律的认识，为区域防洪减灾及风险管理提供基础支持[6-7]。

气候变化背景下极端暴雨洪水的时空分布演化特性一直以来是学界广泛关注的焦点。学界普遍认为气候变化引发的水文响应首先作用于局部水循环过程中，将使区域水安全风险性显著增加[8-9]。因此，不少学者利用不同尺度降水资料构建极端降水指数（如降水强度指数、降水频率指数等），采用统计检验法剖析区域极端降水的时空变化特征[10-13]。也有不少学者利用站点长历时流量资料提取洪峰、洪量、峰现时间等洪水要素，通过统计分析来揭示区域洪水的时空演变规律[14-16]。还有不少学者立足降雨径流关系，通过构建雨涝强度指数或利用水文模型动态模拟，进一步解析极端暴雨洪水的时空分布特性及其演化机制[9,17-19]。但受资料的时空分辨率所限，当前研究更多关注暴雨洪水在大尺度、长历时方面的时空演变态势，而忽视了暴雨洪水在区域的量变特性，特别是极端强降水频率的时空变化及其可能引发的洪水风险。

暴雨洪水频率计算多立足降水或洪水特征要素，通过概率分布模型采用频率法计算得到。常用的概率分布有皮尔逊Ⅲ型分布、广义极值分布、伽马分布、Wakeby 分布、广义帕累托分布等[20-24]，根据实际数据拟合确定最优分布。对于极端降水引发的洪涝风险通常选取相关指标进行评估，如极端雨洪量、风险指数、雨洪频率或重现期等。为研判极端强降水的致涝风险，陈鲜艳等[9] 依托极端降水持续时间和强度关系（extreme intensity-duration，EID），构建了地区雨涝强度指数和区域雨涝过程及强度监测方法，重点解析了长江中下游雨涝过程强度及演变特性，但在该条件下的极端降水频率及其可能引发的洪涝风险分布尚有待进一步跟踪解析。特别是作为我国南水北调中线工程水源地的汉江上

基金项目： 国家自然科学基金项目（52309004）。

作者简介： 邓鹏鑫（1988—），男，高级工程师，主要从事工程水文分析计算及水资源研究工作。

游流域，其极端降水变化所引发的致涝（洪）风险关乎流域水资源供需安全，重要性显著。但当前针对汉江流域极端降水致洪（涝）风险的量化评估还较少见。

为有效评价区域极端降水强度引发的雨涝风险分布，本研究以汉江上游为研究区，首先基于 EID 理论，构建日降水相当强度及雨涝强度指数，系统表征区域暴雨洪水特性；其次对极端降水及雨涝强度指数进行频率分布拟合，选取最优分布模型；最后利用分布模型，计算极端降水及雨涝强度的重现期，评估不同重现期条件下的雨涝风险分布，以期为流域防洪减灾风险管理、水资源高效利用、南水北调中线工程安全运行等提供理论依据及科学支撑。

2　资料和方法

2.1　研究区概况

汉江流域地处我国南北水文、气候特征变化的过渡带，流域西高东低，由西部中低山区向东逐渐降至丘陵平原区。本文以丹江口水库以上的汉江流域为研究区（31°59′N～34°19′N、106°07′E～111°54′E），集水面积 9.52 万 km^2，占全流域面积的 60%[25-26]。流域北靠秦岭，南与大巴山相接，地势两边高、中间低，属北亚热带季风气候[26-27]。径流由降水补给，年内分配与降水相应，主要集中在 5—10 月。汉江流域地理位置及雨量站点分布见图 1。

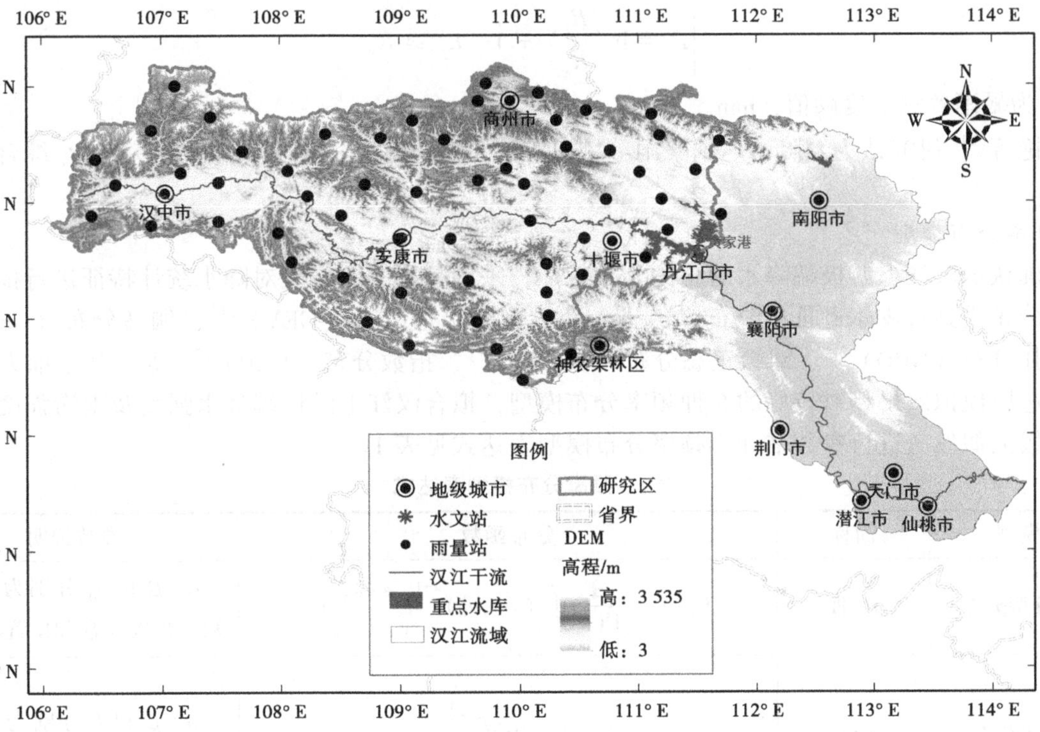

图 1　汉江上游流域地理位置及雨量站点分布

2.2　基本资料

本文采用汉江上游 61 个雨量站和黄家港水文站（流域出口控制站）1956 年以来至 2021 年的长系列逐日降水或流量数据。雨量站及水文站数据摘录已出版的汉江流域水文年鉴，气象站资料由中国气象数据网提供，相关资料经过了质量控制，包括一致性、可靠性和代表性的分析处理。少数雨量站点部分年份降水资料缺失，采用相邻站点降水相关关系插补。

2.3　研究方法

2.3.1　雨涝强度指数

致洪（涝）降水除与当日降水强度有关，还与前期累积降水量有关。世界气象组织（World Meteorological Organization，WMO）提出的极端降水指数，如最大日降水量（RX1day）、99%分位以上强降水量之和（R99p）等，仅从降水自身强度及发生频率反映降水事件，未从致洪（涝）层面反映前期降水影响。为考虑致洪影响，Lu 等[5-6] 提出的 EID 理论，建立降水与洪涝映射关系，研究提出降水相当强度 R_f，反映前期降水与当日降水量引起洪涝灾害的最强叠加效应。假设致洪降水历时为 m 天，在 m 天滑动计算不同历时 t 的降水强度，然后取最大值作为最大日降水相当强度：

$$\begin{cases} R_f = \max\limits_{t=1,\ m} R_i(t) \\ R_i(t) = \dfrac{1}{t}\sum\limits_{j=1}^{t}(P_{i-t+j} \times t^a) \quad (j \leqslant t \leqslant m) \end{cases} \tag{1}$$

式中：a 为指数衰减系数。

根据 Lu 等[5-6] 研究成果，本文取 $a=0.5$。考虑到汉江流域降水持续效应和天气过程天数，m 取 5。

引用灾级概念建立雨涝强度指数以反映降水致灾影响。假设某日降水量达到一定阈值后出现灾情，耦合致洪降水强度，构建反映导致洪涝灾害强度的单站雨涝强度指数（P_f）：

$$\begin{cases} P_f = \dfrac{R_f}{R_y} & R_f < R_y \\ P_f = \ln\left(\dfrac{R_f}{R_y}\right) + 1 & R_f \geqslant R_y \end{cases} \tag{2}$$

式中：R_y 为暴雨致灾强度阈值，mm。

陈鲜艳等[9] 研究认为当降水达到暴雨等级以上易引起降水致灾损失，故本研究中 R_y 综合取值为 50 mm。

2.3.2 概率分布模型

为准确认识汉江上游极端降水的总体分布特征，采用频率分布模型对降水统计特征进行描述。常用的频率分布模型有皮尔逊Ⅲ型分布（P-Ⅲ）[20]、广义极值分布（GEV）[21]、伽马分布（Gam）[22]、广义帕累托分布（GPD）[24]、对数正态分布（LOGN）[27]、指数分布（EXP）[27] 等。基于前人研究成果，本文选取模拟效果相对较好的 5 种频率分布模型，拟合汉江上游极端降水强度及雨涝强度指数序列，利用极大似然法进行参数估计。频率分布模型表达式见表 1。

表 1 频率分布模型表达式

分布模型	简称	分布函数	参数说明
皮尔逊Ⅲ型分布	P-Ⅲ	$F(x) = \dfrac{\beta^\alpha}{\Gamma(\alpha)}\int_{x_p}^{\infty}(x-a_0)^{\alpha-1}\mathrm{e}^{-\beta(x-a_0)}\mathrm{d}x$	α、β 和 a_0 分别为形状参数、尺度参数和位置参数
广义极值分布	GEV	$F(x) = \begin{cases} \mathrm{e}^{-1+k\left(\frac{x-\beta}{\alpha}\right)^{-\frac{1}{k}}}, & k \neq 0 \\ \mathrm{e}^{-\frac{x-\beta}{\alpha}}, & k = 0 \end{cases}$	α、β 和 k 分别为尺度参数、位置参数和形状参数
伽马分布	Gam	$F(x) = \int_{x_p}^{\infty}\dfrac{\beta^\alpha}{b\Gamma(\alpha)}(x-\delta)^{\frac{\alpha}{b}-1}\mathrm{e}^{-\beta(x-\alpha)^{1/b}}\mathrm{d}x$	α、b、β 和 δ 分别为形状参数、变化参数、比例产生和位置参数
广义帕累托分布	GPD	$F(x) = 1-\left[1-k\dfrac{x-\alpha}{\beta}\right]^{\frac{1}{k}},\ k \neq 0,\ \beta \leqslant x \leqslant \dfrac{\alpha}{x}$	α、β 和 k 分别为尺度参数、门限值和形状参数
对数正态分布	LOGN	$F(x) = \phi\left[\dfrac{\ln(x-\gamma)-\mu}{\delta}\right]$	μ 为对数均值，δ 为对数标准差，γ 为位置参数

模型参数估计的好坏采用 Kolmogorov-Smirnov（K-S）方法，检验样本理论分布与经验分布的拟合效果，并用概率点据离差平方和最小准则（OLS）、均方根误差准则（MSE）和 AIC 最小准则综合筛选最佳分布，具体计算式可参阅文献［28］~［29］。

3 结果分析与讨论

3.1 极端降水指数及最优概率分布

3.1.1 极端降水指数时空变化特征

分别计算研究区内 61 个雨量站点 1956—2021 年历年最大日降水量（RX1day）、日降水相当强度（R_f）和雨涝强度指数（P_f）。取历年多站平均值得到 1956—2021 年汉江上游面平均极端降水指数系列，记为 Avg_T，其变差系数记为 C_v_T，表示极端降水指数的年际波动差异。取各雨量站 1956—2021 年多年平均值，得到汉江上游极端降水指数空间变化系列，记为 Avg_K，其变差系数记为 C_v_K，表示极端降水指数的空间分布差异。汉江上游极端降水指数特征值见表 2，年际变化过程见图 2。

表 2　汉江上游极端降水指数特征值统计结果

极端降水指数	均值	最大值	最小值	极值比	Avg_T				Avg_K			
					最大值	最小值	极值比	C_v_T	最大值	最小值	极值比	C_v_K
RX1day/mm	67.9	326	16.3	20.0	105（1958）	44.0（1997）	2.39	0.18	106（观音堂）	51.4（丹凤）	2.07	0.16
R_f/mm	90.9	461	18.3	25.2	148（1958）	54.8（1999）	2.70	0.20	149（观音堂）	68.7（丹凤）	2.17	0.18
P_f	1.51	3.22	0.37	8.79	1.98（1958）	1.04（1999）	1.91	0.13	2.00（观音堂）	1.26（丹凤）	1.59	0.11

注：括号内为极值出现年份或站点名称。

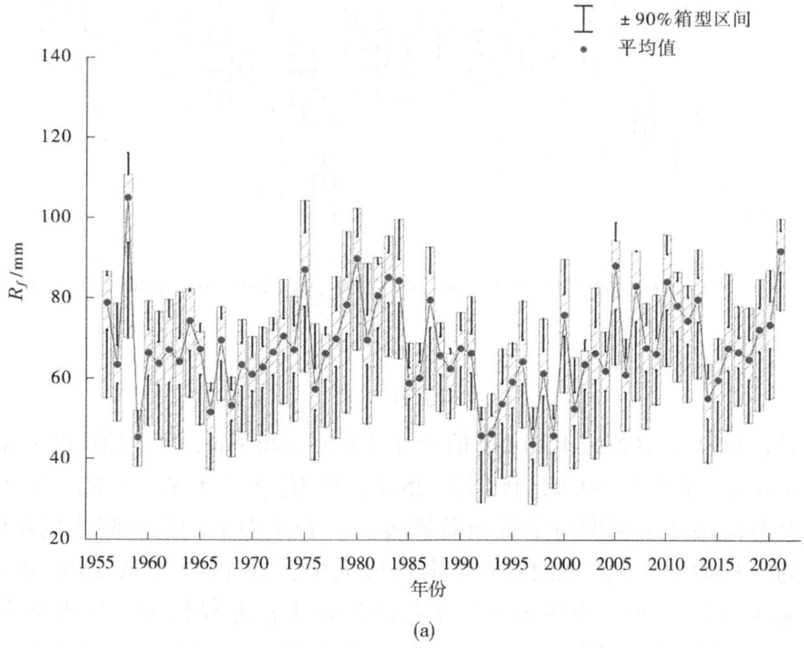

图 2　汉江上游流域极端降水指数间隔

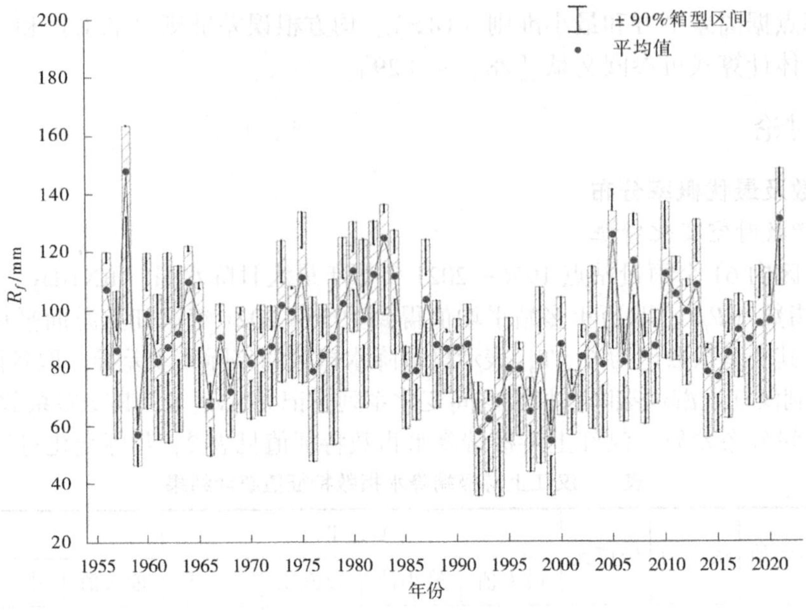

(b)

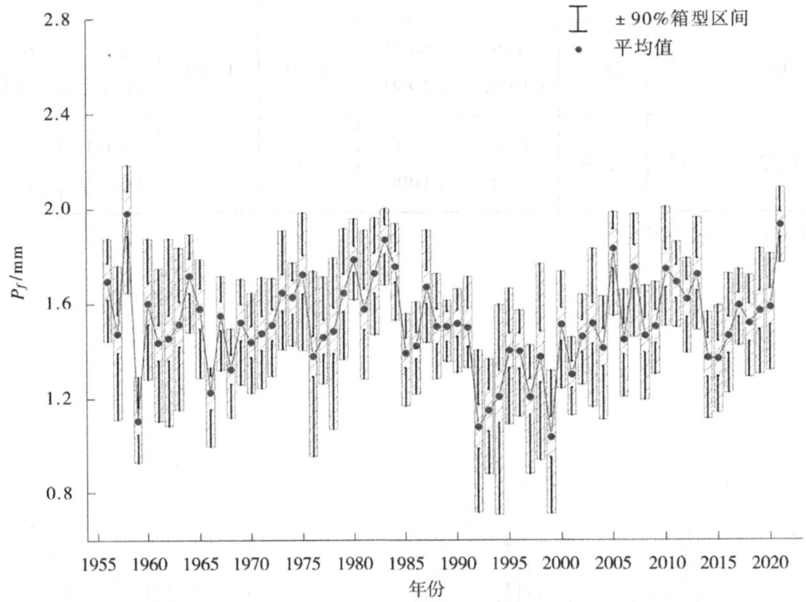

(c)

续图 2

从单站角度上看，汉江上游各站 RX1day 值介于 16.3~326 mm，平均值 67.9 mm，极值比 20.0；R_f 值介于 18.3~461 mm，平均值 90.9，极值比 25.2；P_f 值介于 0.37~3.22，平均值 1.51，极值比 8.79，均说明汉江上游极端降水强度时空分布差异极大。若从面平均诊断降水的年际变化，各极端降水指数均呈多尺度的丰枯增减变化，在 1958 年出现最大值，在 1997 年或 1999 年出现最小值，极值比超 1.91，变差系数 0.13~0.20，说明极端降水强度年际丰枯差异较大，枯水期主要集中在 20 世纪 90 年代。1990 年以后，极端降水指数呈一定程度的上升变化。若从年平均研判降水的空间分布，汉江上游极端降水指数最大值均出现在观音堂站，最小值出现在丹凤站，极值比超 1.59，变差系数 0.11~0.18。采用克里金（Kriging）插值法展布各指数空间分布（见图 3），可明显看出极端降水强度存在显著的空间分布差异。高值区主要集中在流域的西南部，而低值区则广泛分布在流域的北部及东北部，呈现“南高北低”的分布态势。

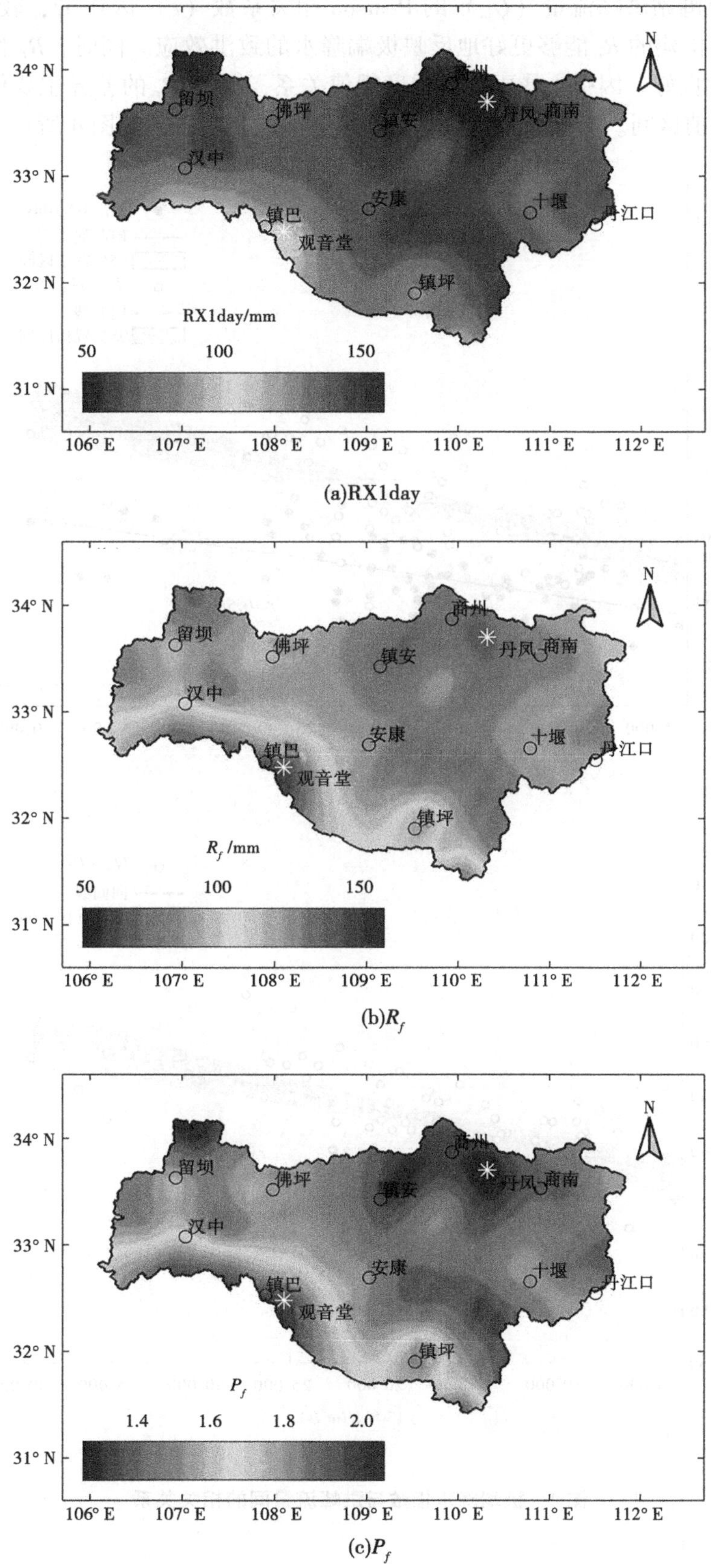

图 3　汉江上游多年平均极端降水指数空间分布

进一步对比 RX1day 与 R_f，因 R_f 反映了前期降水的累积影响，故平均条件下比 RX1day 值偏大 33.9%，且 R_f 与黄家港站洪峰流量（Q_m）的 Pearson 相关系数（r）达 0.62，较 RX1day（$r=0.56$）提高 10.7%，说明所构建的 R_f 能够更好地反映极端降水的致洪效应。同时，R_f 和 P_f 的 Pearson 相关系数达 0.98，相关性良好。因引入暴雨致灾强度阈值关系，R_f 和 P_f 的差异主要体现在 R_f<70 mm 及 R_f>140 mm 等局部极值区间。极端降水指数与洪峰流量间的相关关系如图 4 所示。

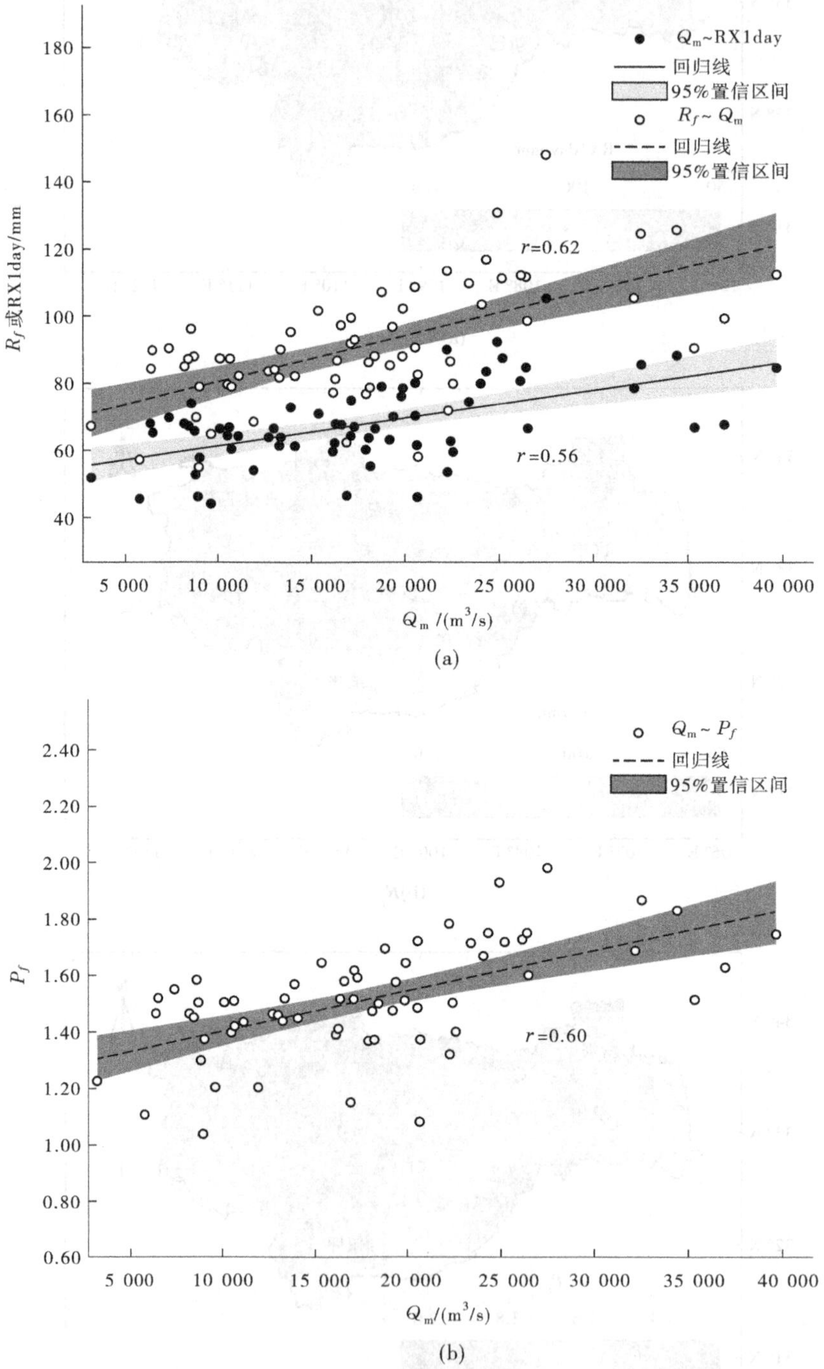

图 4　极端降水指数与洪峰流量间的相关关系

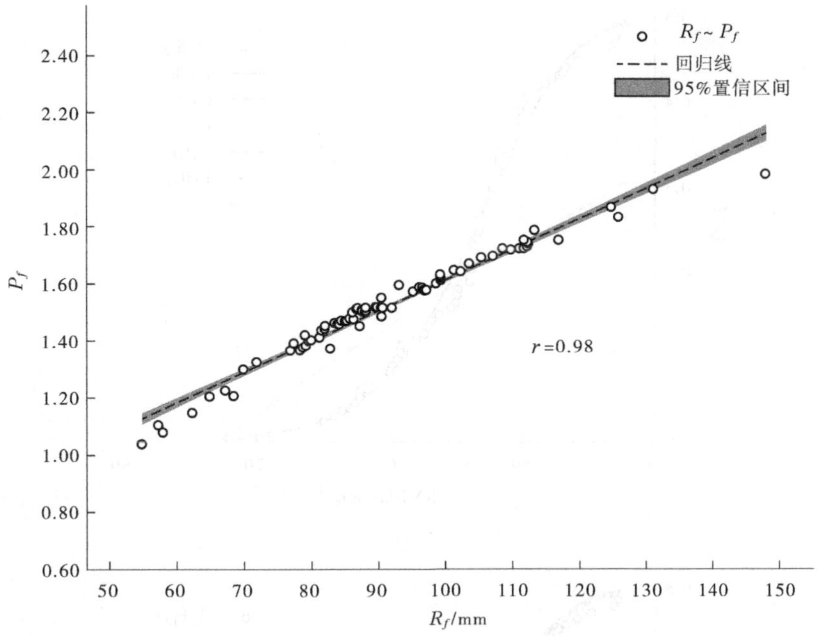

(c)

续图 4

3.1.2 极端降水指数最优概率分布

选取各站1956—2021年历年最大RX1day、R_f和P_f为极值序列，构建P-Ⅲ、GEV、Gam、GPD和LOGN共5种分布模型，利用极大似然法进行参数估计，采用K-S、OLS、MSE、AIC等指标优选最优分布。表3和图5分别给出了流域面平均极端降水指数的概率分布拟合检验结果及拟合曲线。

表 3　流域面平均极端降水指数概率分布拟合检验结果

项目	RX1day（1956—2021）					R_f（1956—2021）					P_f（1956—2021）				
	P-Ⅲ	GEV	Gam	GPD	LOGN	P-Ⅲ	GEV	Gam	GPD	LOGN	P-Ⅲ	GEV	Gam	GPD	LOGN
K-S	0.093	0.097	0.100	0.372	0.089	0.070	0.075	0.079	0.345	0.077	0.083	0.090	0.082	0.378	0.090
OLS	0.040	0.041	0.040	0.209	0.040	0.032	0.034	0.034	0.197	0.034	0.040	0.038	0.037	0.215	0.041
MSE	0.002	0.002	0.002	0.044	0.002	0.001	0.001	0.001	0.039	0.001	0.002	0.001	0.001	0.046	0.002
AIC	-417.5	-418.3	-417.8	-202.8	-419.3	-448.7	-443.1	-441.7	-210.7	-444.2	-417.6	-429.3	-427.6	-199.0	-417.2
SUM	-417.4	-418.2	-417.7	-202.5	-419.3	-448.7	-443.0	-441.7	-210.5	-444.2	-417.5	-429.2	-427.6	-198.8	-417.1

注：95%显著性水平为0.05，相应K-S值为0.188 6。SUM表示OLS+MSE+AIC。

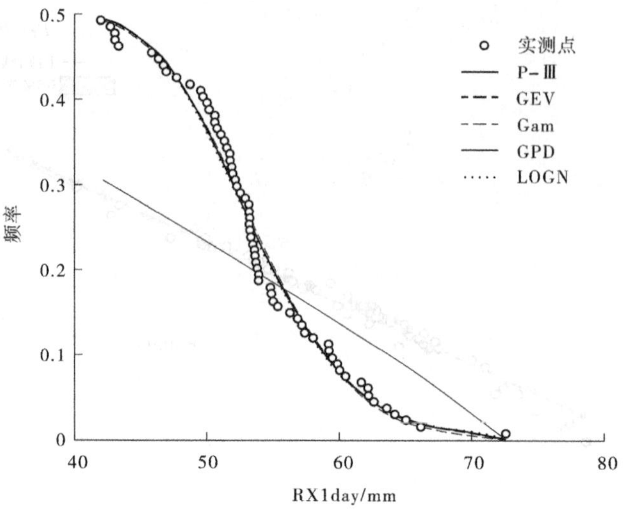

(a)

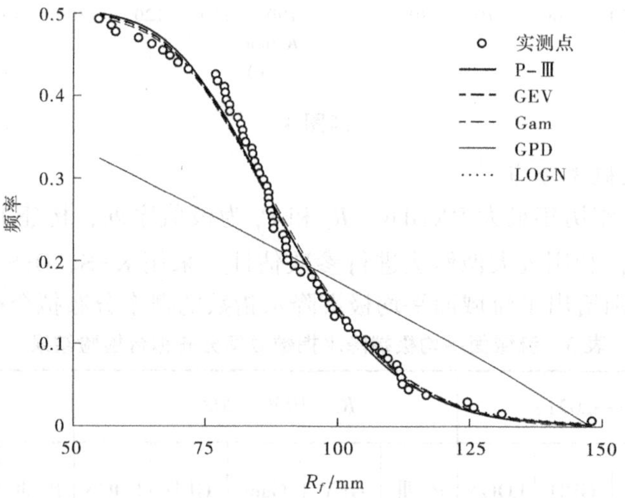

(b)

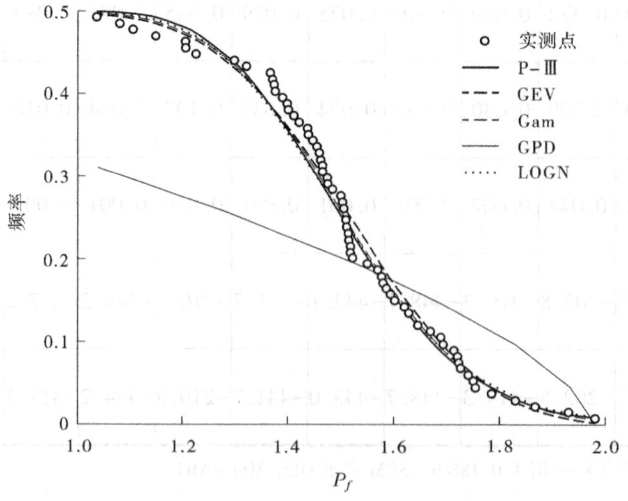

(c)

图 5　流域面平均极端降水指数概率分布拟合曲线

由图 5、表 3 可知，各站平均条件下，除 GPD 分布拟合不好外，其他分布模型拟合效果均较好。P-Ⅲ、GEV、Gam 和 LOGN 分布均通过 K-S 检验值，且 OLS、MSE 及 AIC 值差别不大。以 OLS、MSE 及 AIC 指标之和为例判断，RX1day 和 R_f 服从 P-Ⅲ分布，P_f 服从 GEV 分布。

进一步对研究区 61 个雨量站 1956—2021 年历年最大 RX1day、R_f 和 P_f 的极值序列分别进行最优模型优选，各站最优模型分布见图 6。由图 6 可知，多数站点的 RX1day 和 R_f 服从 P-Ⅲ分布，个数占比分别为 50.8%和 44.3%；其次服从 GEV 分布，占比分别为 41.0%和 42.6%。而对于 P_f，多数站点服从 GEV 分布，个数占比高达 68.9%，其次服从 LOGN 和 Gam 分布，占比分别为 16.4%和 14.7%。

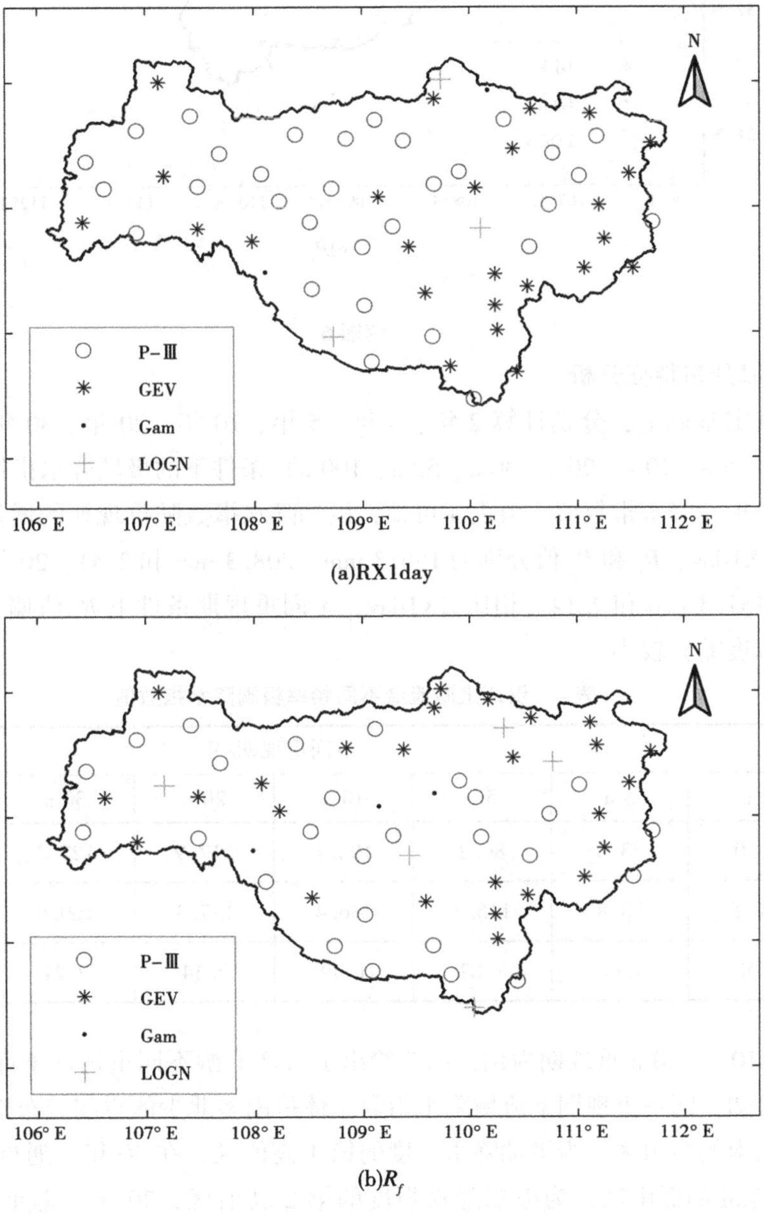

(a)RX1day

(b)R_f

图 6　汉江上游各站最优频率模型分布

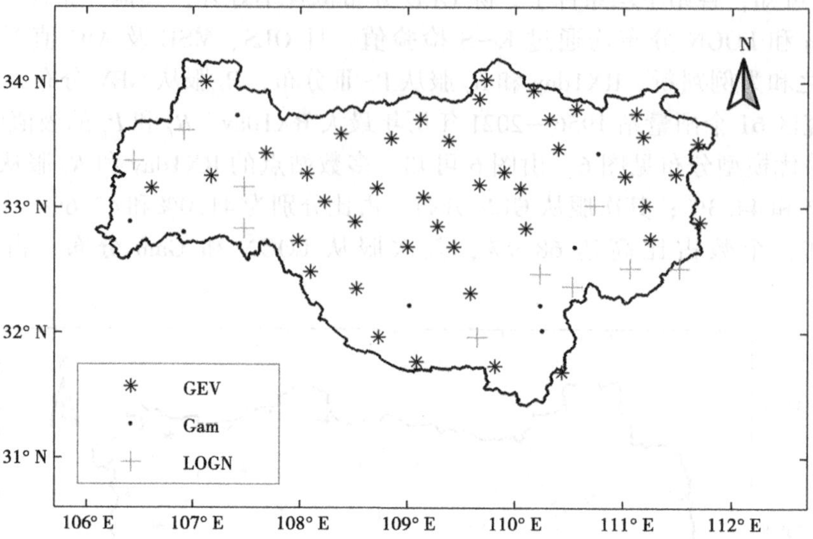

(c)P_f

续图 6

3.2 极端降水频率分布特征分析

在最优模型选定基础上，分别计算 2 年、3 年、5 年、10 年、20 年、30 年、50 年、100 年一遇重现期（2 a、3 a、5 a、10 a、20 a、30 a、50 a、100 a）条件下的极端降水指标值。表 4 给出多站平均条件下不同频率极端降水指数值。由表 4 可知，极端降水指数随重现期的增加而增大。100 年一遇重现期条件下，RX1day、R_f 和 P_f 值分别为 156.3 mm、208.3 mm 和 2.41，20 年一遇重现期条件下分别为 117.9 mm、157.3 mm 和 2.14。相比 RX1day，不同重现期条件下 R_f 值偏大 33.2%~33.8%，不同频率间的偏差幅度差异较小。

表 4　汉江上游流域不同频率极端降水指数值

指数	不同重现期/年							
	2 a	3 a	5 a	10 a	20 a	30 a	50 a	100 a
RX1day	63.0	73.8	86.2	102.1	117.9	127.3	139.4	156.3
R_f	84.2	98.8	115.3	136.4	157.3	169.6	185.6	208.3
P_f	1.50	1.66	1.82	1.99	2.14	2.21	2.30	2.41

以 3 a、5 a、10 a、20 a 重现期为例，图 7 给出了汉江上游不同重现期条件下极端降水指数的空间分布。由图 7 可知，同一重现期下流域降水指数总体呈南多北少的空间分布格局，分布着两个高值中心。一个位于西南的高山区，为极端降水强度的第 1 高值区，在 20 年一遇重现期下 R_f 值高达 250 mm；另一个位于东北的低山区，为极端降水强度的第 2 高值区，20 年一遇重现期下 R_f 值接近 180 mm。随着重现期的增加，极端降水强调呈两个高值中心的空间分布特性愈加明显。对比 R_f 和 P_f，5 年一遇以上重现期下二者的空间分布特征较为一致，仅 3 年一遇下存在差异。因此，要凸显 3 年一遇以下极端降水的致洪影响，可能采用 R_f 无法准确识别，而引入灾级概念的 P_f 可更好地反映出中小量级暴雨的致灾影响。

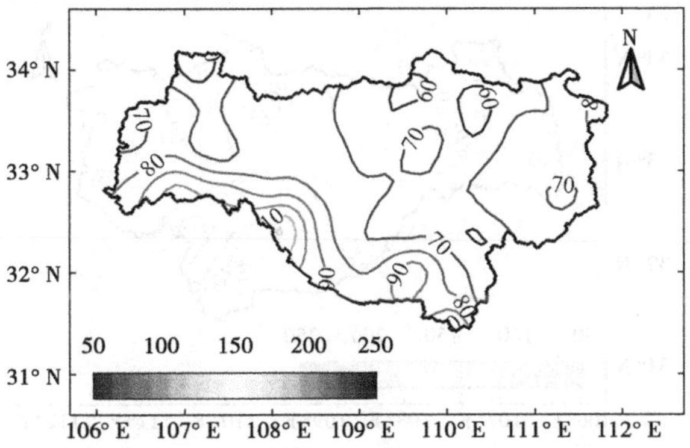

(1)3年

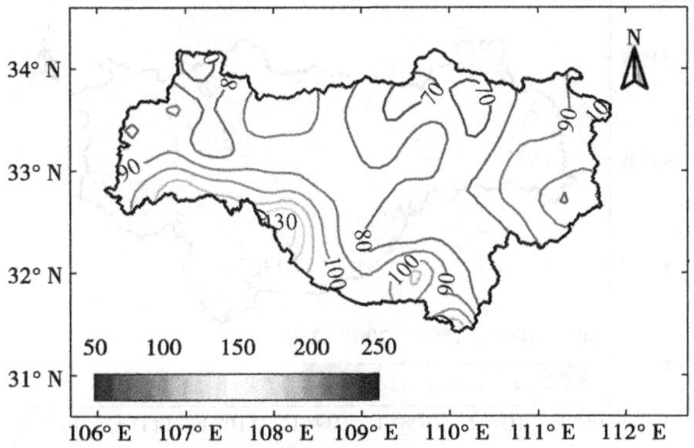

(2)5年

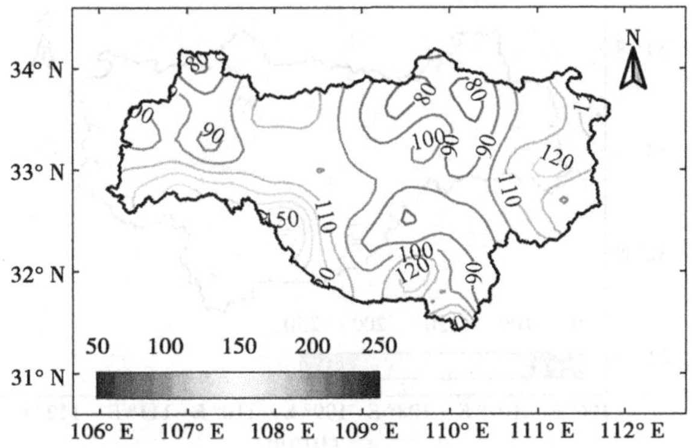

(3)10年

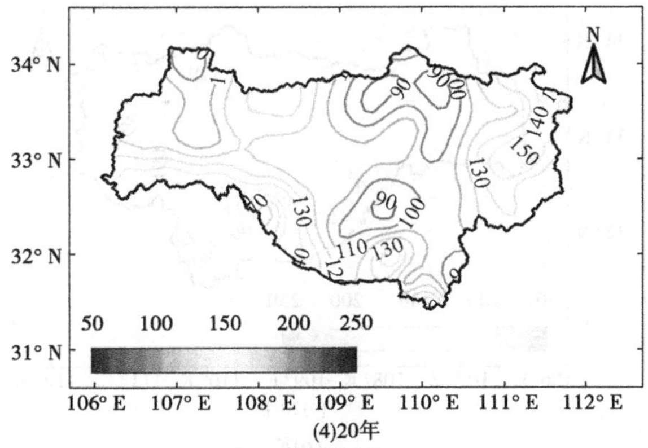

(4)20年

(a)RX1day

图 7　汉江上游不同重现期条件下极端降水指数的空间分布

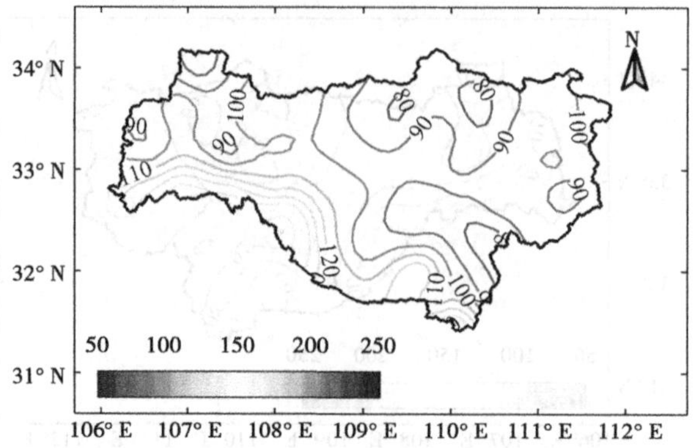

(1)3年

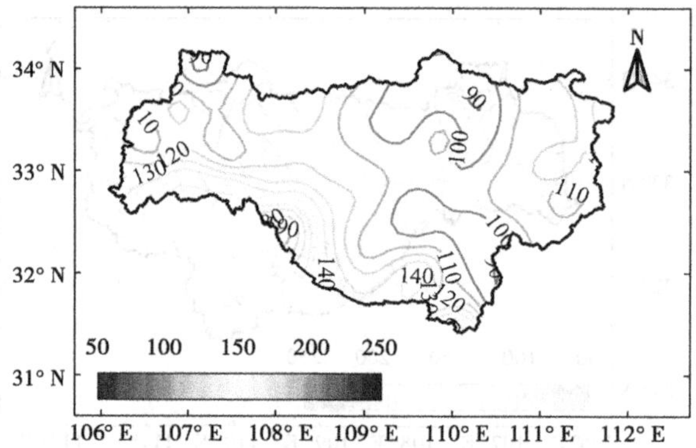

(2)5年

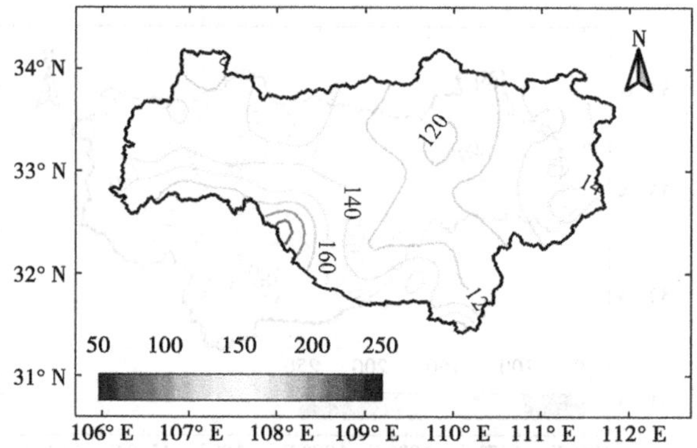

(3)10年

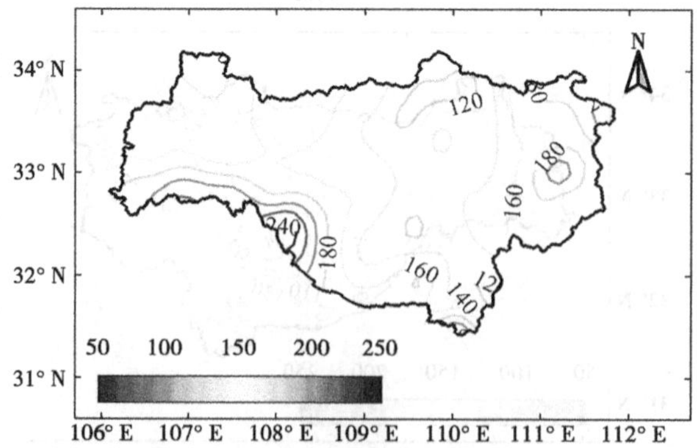

(4)20年

(b)R_f

续图 7

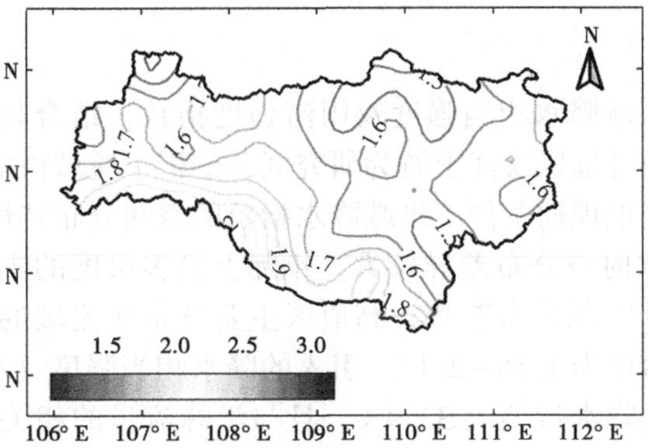

(1)3年

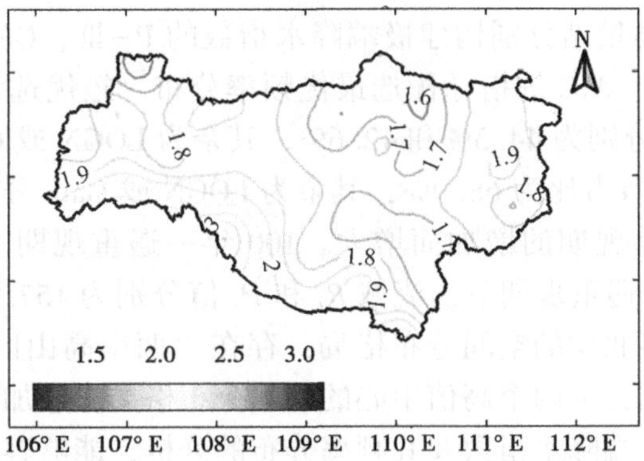

(2)5年

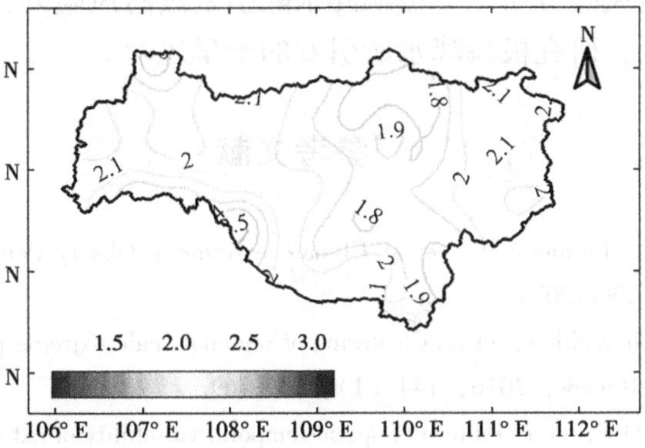

(3)10年

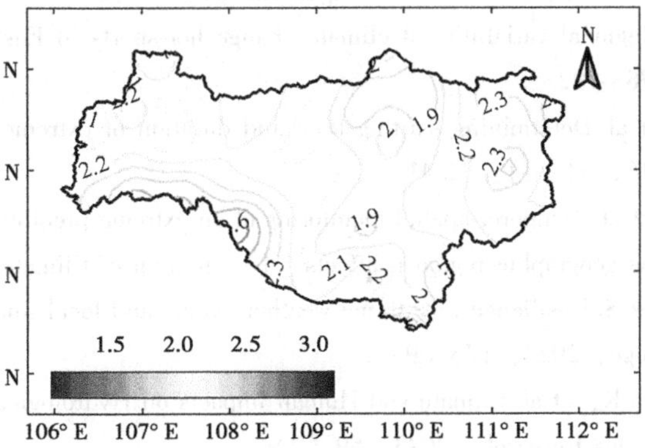

(4)20年

(c)P_f

续图 7

4 结论

基于 EID 理论构建了区域降水相当强度及雨涝强度指数，结合频率分析方法，提出了流域极端降水致洪风险评价方法。通过选取汉江上游为研究区，辨析了流域极端降水的时空变化特征及其最优频率分布模型，评价了不同重现期条件下极端降水指数的空间分布特性。主要研究结果如下：

（1）汉江上游极端降水时空分布差异较大，年际上呈多尺度的丰枯增减变化，极值比为 1.91~2.70；空间上呈“南高北低”的分布态势，高值区主要分布在流域的西南部，低值区则广泛集中在流域的北部及东北部，极值比为 1.59~2.17。引入的降水相当强度（R_f），因反映了前期降水的累积影响，平均条件下较最大日降水量偏大 33.9%，且与洪峰流量的相关性提高 10.7%，更好地反映了极端降水的致洪效应。

（2）针对汉江上游各雨量站分别构建极端降水指数的 P-Ⅲ、GEV、Gam、GPD 和 LOGN 分布模型，采用 K-S、OLS、MSE、AIC 等指标优选最优频率分布。经优选，汉江上游各站 R_f 多数服从 P-Ⅲ和 GEV 分布，个数占比分别为 44.3%和 42.6%，其余为 LOGN 或 Gam 分布，占比为 13.9%；各站 P_f 多数服从 GEV 分布，个数占比为 68.9%，其余为 LOGN 或 Gam 分布，占比为 31.1%。

（3）极端降水指数随重现期的增加而增大。100 年一遇重现期下，流域 R_f 和 P_f 指数值分别为 208.3 mm 和 2.41；20 年一遇重现期下，流域 R_f 和 P_f 值分别为 157.3 mm 和 2.14。同一重现期下流域极端降水指数总体呈南多北少的空间分布格局，存在“西南高山区”及“东北低山区”两个高值中心。且随着重现期的增加，呈两个高值中心的空间分布格局将愈加明显。

通过本文对汉江上游极端降水指数及其频率分布的分析，能够客观地辨识及捕获流域极端强降水的变化特性及其引发的洪涝风险分布。但极端降水除引发洪涝风险外，还存在致旱风险。因此，下一阶段有必要从极端枯水角度，研究极端降水所引发的干旱风险。

参考文献

[1] Easterling D R, Meehl G A, Parmesan C, et al. Climate extremes: Observations, modeling, and impacts [J]. Science, 2000, 289 (5487): 2068-2074.

[2] Barton Y, Giannakaki P, von Waldow, et al. Clustering of regional-scale extreme precipitation events in Southern Switzerland [J]. Monthly Weather Review, 2016, 144 (1): 347-369.

[3] Deng P X, Zhang M Y, Hu Q F, et al. Pattern of spatio-temporal variability of extreme precipitation and flood-waterlogging process in Han jiang River basin [J]. Atmospheric Research, 2022, 276.

[4] Xu Y, Gao X J, Giorgi F. Regional variability of climate change hot-sports in East Asia [J]. Advances in Atmospheric Sciences, 2009, 26 (4): 783-792.

[5] Lu E, Zhao W, Gong L, et al. Determining starting time and duration of extreme precipitation events based on intensity [J]. Climate Research, 2015, 63 (1): 31-41.

[6] Lu E, Zhao W, Zou X K, et al. Temporal-spatial monitoring of an extreme precipitation event: determining simultaneously the time period it lasts and the geographic region it affects [J]. Journal of Climate, 2017, 30 (16): 6123-6132.

[7] Vinzenz P, Jingtian W, Mark S. Resilience to extreme weather events and local financial structure of prefecture-level cities in China [J]. Climatic Change, 2023, 176 (9).

[8] Augusto G, Sujay K, Goutam K, et al. Climate and Human Impacts on Hydrological Processes and Flood Risk in Southern Louisiana [J]. Water Resources Research, 2023, 59 (2).

[9] 陈鲜艳，李威，张强，等．长江中下游地区雨涝指数构建及其应用［J］．水科学进展，2021，32（6）：834-842.

[10] Danushka D, Hoon Y S, Eun-Sung C, et al. Future extre mepre cipitation changes in the South Asian Summer Monsoon Dominance Region [J]. Atmospheric Research, 2023, 295.

[11] 吴佳，周波涛，徐影．中国平均降水和极端降水对气候变暖的响应：CMIP5 模式模拟评估和预估［J］．地球物理学报，2015，58（9）：3048-3060.

[12] 邓鹏鑫，郦建平，贾建伟，等．汉江流域 1956—2016 年汛期降水时空演变格局［J］．长江流域资源与环境，2018，27（9）：2132-2141.

[13] 汪成博，李双双，延军平，等．1970—2015 年汉江流域多尺度极端降水时空变化特征［J］．自然资源学报，2019，34（6）：1209-1222.

[14] Yu Q，Wang Y Y，Li Na. Extreme Flood Disasters：Comprehensive Impact and Assessment［J］. Water，2022，14（8）.

[15] Wu Y B，Xue L Q，Liu Y H，et al. Uncertainty assessment of extreme flood estimation in the Dongting Lake basin，China［J］. Hydrology Research，2019，50（4）.

[16] Tanaka T，Tachikawa Y，Ichikawa Y，et al. Impact assessment of upstream flooding on extreme flood frequency analysis by incorporating a flood-inundation model for flood risk assessment［J］. Journal of Hydrology，2017，554.

[17] 赵小芳，史瑞琴，洪国平，等．暴雨洪涝受灾人口与雨涝危险性指数关系模型研究［J］．暴雨灾害，2023，42（1）：79-87.

[18] Wang Y J，Song L C，Ye D X，et al. Construction and Application of a Climate Risk Index for China［J］. Journal of Meteorological Research，2018，32（6）.

[19] Jiang C，Liong Lihua，Xu C Y，et al. A River Network-Based Hierarchical Model for Deriving Flood Frequency Distributions and Its Application to the Upper Yangtze Basin［J］. Water Resources Research，2021，57（8）.

[20] Yifan J，Song bai S，Liting G. Trimmed L-Moments of the Pearson Type III Distribution for Flood Frequency Analysis［J］. Water Resources Management，2023，37（3）.

[21] Rulfová Z，Buishand A，Roth M，et al. A two-component generalized extreme value distribution for precipitation frequency analysis［J］. Journal of Hydrology，2016，534.

[22] Shiau J. Effects of Gamma-Distribution Variations on SPI-Based Stationary and Nonstationary Drought Analyses［J］. Water Resources Management，2020，34（6）.

[23] Busababodhin P，Seo A Y，Park J，et al. LH-moment estimation of Wakeby distribution with hydrological applications［J］. Stochastic Environmental Research and Risk Assessment，2016，30（6）.

[24] Edouard S，Emmanuel I. Modelling extreme rainfall events in Kigali city using generalized Pareto distribution［J］. Meteorological Applications，2022，29（4）.

[25] 杨少康，刘冀，张特，等．汉江上游气象-水文干旱特征变量响应概率研究［J］．水资源保护，2023，39（5）：143-151.

[26] 高琦，徐明，彭涛，等．汉江流域极端面雨量时空分布特征［J］．暴雨灾害，2020，39（5）：516-523.

[27] 靳俊芳，殷淑燕，庞奖励．近 60a 来汉江上游极端降水变化研究：以安康地区为例［J］．干旱区研究，2014，31（6）：1061-1067.

[28] Min S K，Zhang X，Zwiers F W，et al. Hunman contribution tomore-intense precipitation extremes［J］. Nature，2011，470（7334）：378-381.

[29] Bing J P，Deng P X，Zhang X，et al. Flood coincidence analysis of Poyang Lake and Yangtze River：risk and influencing factors［J］. Stochastic Environmental Research and Risk Assessment，2018，32（4）.

长江流域多尺度气象干旱时空演变特征分析

童学卫[1]　夏　欢[2]　顾发凯[2]

(1. 水利部河湖保护中心，北京　100038；
2. 长江水利委员会长江科学院，湖北武汉　430010)

摘　要： 长江流域作为中国第一大流域，具有多样的气候条件和丰富的水能水量资源，但降水分布不均导致的气象干旱加剧了长江流域用水矛盾，影响了区域水资源空间格局。本文基于222个气象站点逐日降水数据和标准化降水指数（SPI）分析了长江流域1960—2020年间1个月、3个月、6个月、12个月时间尺度的气象干旱趋势、频率、强度等演变特征。结果表明：①61年来的气象干旱特征表明长江流域整体上有湿润趋势，其中，1966—1970年、1978—1980年、1995—1998年和2005—2006年为4个较为明显的干旱集中期。季节性干旱趋势表现为春季、夏季和冬季与年度干旱保持一致，秋季以不显著的趋势变干。②从东部到西部长江流域气象干旱整体表现为变湿—变干—变湿，长江中下游的大部分区域存在春季干旱趋势，夏季干旱趋势主要存在于中西部地区，秋冬以后干旱趋势出现反转，季节性干旱趋势的年内分布在流域中部与东部反复进行。③长江流域上游下段、中游两湖水系干旱频率基本在20%以上，超过60%的站点最长干旱持续时间在10~20个月，平均气象干旱强度为1.16，最高出现在长江中游一带，而长江上游金沙江流域的干旱具有低频、低强度、持续时间长等特征，重旱和特旱在流域内的发生频率较低。

关键词： 长江流域；气象干旱；趋势分析；标准化降水指数

1　引言

政府间气候变化专门委员会（IPCC）第六次评估报告指出，全球气候变暖正在加剧干旱、洪水等极端降水事件的发生[1]，由此产生的一系列水问题对生态环境系统、农业生产安全和经济社会发展造成了不小的影响。干旱作为降水不足或水资源短缺诱发的自然灾害，往往具有发生范围广、持续时间长、直接破坏力大等特点，目前已受到学术界、政府部门及其他社会部门的广泛关注。因此，开展干旱时空变化研究对广泛制定灾害预防政策和科学保障用水安全具有重要意义。

尽管没有统一的定义，一般而言干旱可以分为气象干旱、水文干旱、农业干旱和社会经济干旱[2]，其中气象干旱是其他类型干旱的根源。对于气象干旱的量化和评估，国际上已制定了许多干旱指数，如标准化降水指数（SPI）、标准化径流指数（SRI）、标准化降水蒸散指数（SPEI）、土壤水分干旱指数（SMDI）和帕默尔干旱指数（PDSI）等。其中，SPI指数仅使用大气降水作为计算指标，且具有多时间尺度刻画优势，目前被世界气象组织推荐使用[3]，学术界也对其进行了充分的研究和讨论，如Zhou等[4]基于SPI指数进行时滞分析发现祁连山东部石羊河流域在1961—2016年间有变湿趋势；Cancelliere等[5]通过分析推导SPI值的自协方差矩阵计算当前干旱条件向未来干旱条件的过渡概率并对未来干旱进行预测，取得了不错的效果；Zhao等[6]通过SPI指数和SRI指数进行干旱频率、强度和持续时间分析发现中国西北泾河流域的径流干旱滞后于气象干旱约127 d，而Huang等[7]将SPI指数与标准化流量指数（SSI）进行结合证实了气象干旱到水文干旱的传播时间具有显著的季节差异。

基金项目： 国家重点研发计划资助项目（2021YFC3000202）。

作者简介： 童学卫（1980—），男，高级工程师，主要从事水利规划、河湖管理方面的工作。

作为中国第一大流域，长江流域面积约 180 万 km^2，具有多样的气候条件和丰富的水能水量资源，是我国重要的资源富集区和经济高质量发展区。然而，流域内广泛的干旱灾害加剧了长江流域用水矛盾，影响了区域水资源空间格局。已有研究指出，1979—2012 年间长江河流域干旱事件发生约 30 次，其中上中下游均存在干旱现象，最多达 28 次[8]。而近年来这种干旱形势愈发严峻[9]，特别是 2022 年下半年，长江流域遭受了有气象观测记录以来最严重的干旱事件[10]，受灾范围遍布四川、重庆、贵州、湖南、安徽、江西等 10 个省级行政区，受灾时间持续至 2022 年底，大部分地区出现显著的农业干旱现象，影响耕地约 6 630 万亩。同时，来水减少导致的河道超低水位出现削弱了河流生态功能，区域供水保障受到严峻考验。因此，长江流域气象干旱时空格局及演变特征需要长期关注，气象干旱形成机制需要进行深入揭示。

本文基于长江流域 1960—2020 年 225 个气象站点降水数据，选用标准化降水指数（SPI）表征气象干旱，探讨其强度、频率、空间格局等动态变化特征及影响，以揭示长江流域干旱的发生机制和趋势演变规律，旨在为流域干旱灾害预警及区域水资源管理提供科学参考。

2 研究区域和数据

长江发源于中国青藏高原唐古拉山脉，全长约 6 400 km，地理位置位于 90°33′~122°20′E，24°28′~35°45′N，流域面积约 180 万 km^2。长江流域从西北青藏高原到东部沿海，地形由高到低，横跨我国三级阶地，区域气候复杂多变、季节气温差异显著。流域降水总体分布由西向东逐渐增大且雨量差异悬殊。雨季一般从 6 月持续到 10 月，降水量占每年总降水量的 60%~80%。虽然长江流域具有丰富的水资源，但降水分布不均诱发的气象干旱问题使得区域用水矛盾时有发生。

用于本研究的气象数据为长江流域 225 个气象站点的日降水资料，来源于国家气象信息中心中国地面气候资料日值数据集。根据记录时段差异，选择完整性较好的 1960—2020 年（61 年）具有质量控制的时间序列。对部分数据缺失问题，根据站点位置和年份进行相关分析，采用相邻站点或相近年份进行插值处理，并对奇异值进行修正。各气象站的位置及分布情况见图 1。

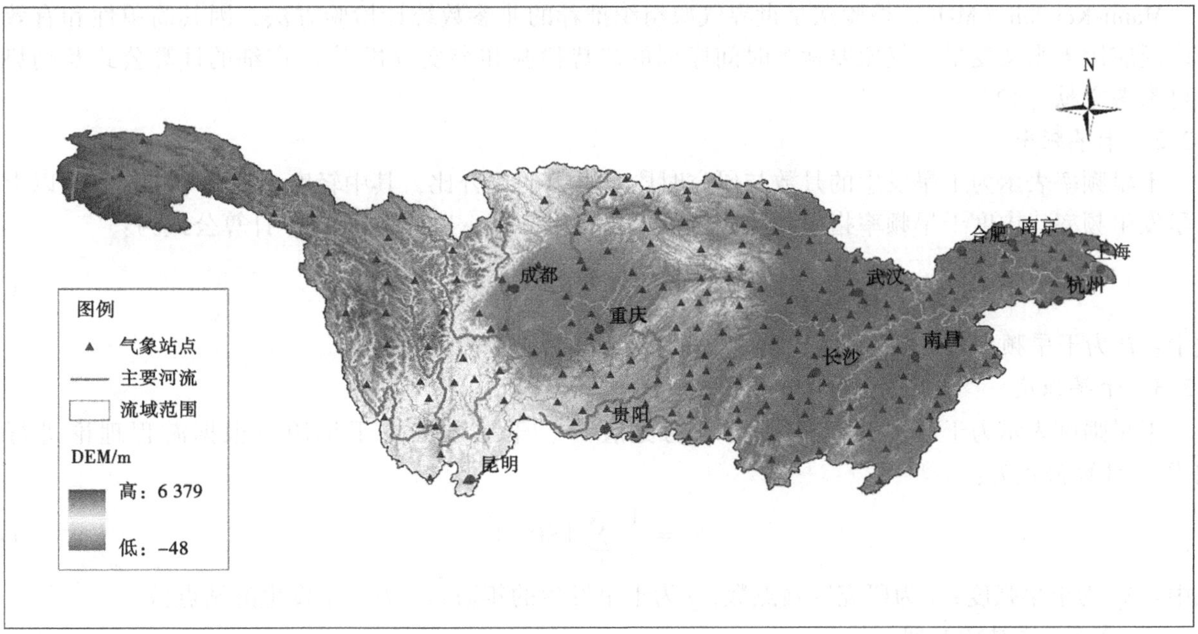

图 1　长江流域概况及气象站点位置

3 研究方法

3.1 标准化降水指数

本文采用 Mckee 等[11] 于 1993 提出的标准化降水指数（SPI）对长江流域气象干旱进行定量评估和定性讨论。SPI 指数假定降水量服从 Gamma 分布，对其进行正态标准化处理和累计频率分布计算得到，在不同的时间尺度下均可反映区域干旱概况（值越小代表干旱越严重，反之越湿润），主要计算公式为：

$$\mathrm{SPI}=\begin{cases}-\left(t-\dfrac{C_0+C_1\cdot t+C_2\cdot t^2}{1+d_1\cdot t+d_2\cdot t^2+d_3\cdot t^3}\right) & (0<p\leqslant 0.5)\\ +\left(t-\dfrac{C_0+C_1\cdot t+C_2\cdot t^2}{1+d_1\cdot t+d_2\cdot t^2+d_3\cdot t^3}\right) & (0.5<p<1.0)\end{cases} \tag{1}$$

$$t=\begin{cases}\sqrt{\ln\left(\dfrac{1}{p^2}\right)} & (0<p\leqslant 0.5)\\ \sqrt{\ln\left(\dfrac{1}{1-p^2}\right)} & (0.5<p<1.0)\end{cases} \tag{2}$$

式中：p 为累积概率；$C_0=2.515\ 517$；$C_1=0.802\ 853$；$C_2=0.010\ 328$；$d_1=1.432\ 788$；$d_2=0.189\ 269$；$d_3=0.001\ 308$。

根据《气象干旱等级》（GB/T 20481—2017），气象干旱指数被分为 5 个等级：极度干旱（SPI≤-2）、重度干旱（-2<SPI≤-1.5）、中度干旱（-1.5<SPI≤-1.0）、轻度干旱（-1.0<SPI≤-0.5）、无旱（SPI>-0.5）。

3.2 干旱识别方法

3.2.1 趋势检验

Mann-Kendall（M-K）检验法是世界气象组织推荐的非参数统计检验方法，因其简单性和有效性而广泛应用于水文变量、气象要素等时间序列的趋势检验和突变分析[12]。详细的计算公式及趋势分析可参考文献［12］。

3.2.2 干旱频率

干旱频率表示为干旱发生的月数与研究时段总月数的百分比，其中轻度干旱频率指轻度及以上的干旱发生频率，中度干旱频率指中度及以上的干旱发生频率，以此类推[13]。计算公式为：

$$P=\frac{n}{N}\times 100\% \tag{3}$$

式中：P 为干旱频率（%）；n 为干旱发生的月数；N 为研究时段总月数。

3.2.3 干旱强度

干旱强度表示为干旱烈度与干旱历时的比值[14]，干旱烈度及干旱历时根据游程理论进行识别[15]。计算公式为：

$$S_{ij}=\frac{1}{n}\sum_{i=1}^{n}\left|\mathrm{SPI}_{ij}\right| \tag{4}$$

式中：S_{ij} 为干旱强度；i 为研究区站点数；j 为干旱发生的年数；n 为干旱发生的站点数。

3.2.4 最长干旱持续时间

当 SPI≤-1 时可以认为发生区域中度干旱，因此根据长江流域 222 个站点降水数据计算 12 个月时间尺度的 SPI 值，统计连续发生干旱（SPI-12≤-1）的月数为最长干旱持续时间。

4 结果与讨论

4.1 气象干旱时间演变特征

图 2 显示了 1960—2020 年间长江流域 1 个月、3 个月、6 个月和 12 个月时间尺度的 SPI 面积加权平均值变化情况。不同时间尺度的 SPI 值反映了不同的干旱变化，但干旱和潮湿交替规律具有相似性，其中一个月时间尺度的 SPI 值变化幅度最大、振荡最剧烈，表明长江流域的降水月度差异较大，短期缺水即可引发干旱。随着时间尺度的增加，SPI 值趋于稳定、振幅减小、干旱频率降低，特别是 SPI-12 能够在多年保持稳定的干湿情势，也反映了长江流域在长时间尺度上具有水量分配的自我调节能力。此外，通过 12 个月时间尺度的 SPI 变化曲线可以看出，长江流域存在 4 个干旱集中期，分别为 1966—1970 年、1978—1980 年、1995—1998 年、2005—2006 年。总体而言，研究时段内 SPI 值均以缓慢的速率上升，其中 SPI-12 以 0.005/10a 的速率显著增大，表明长江流域正在变得更加湿润。

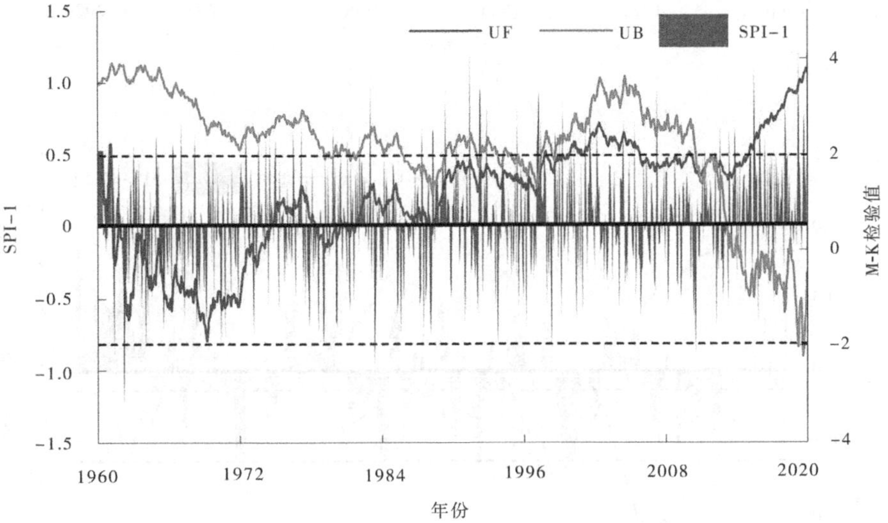

(a)

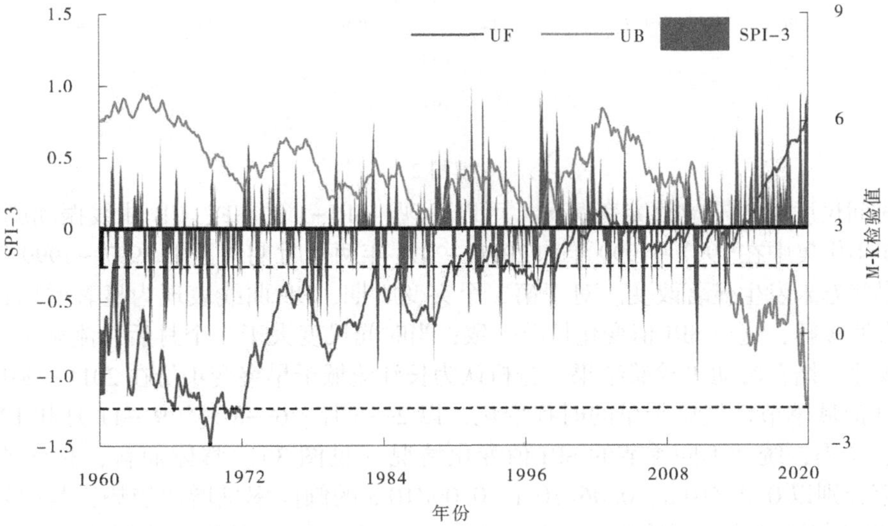

(b)

图 2 长江流域不同时间尺度 SPI 值变化情况

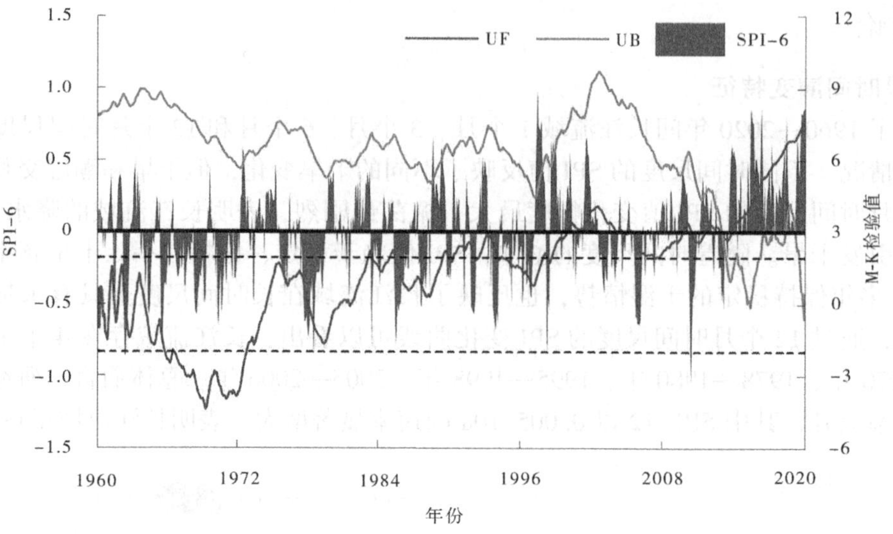

(c)

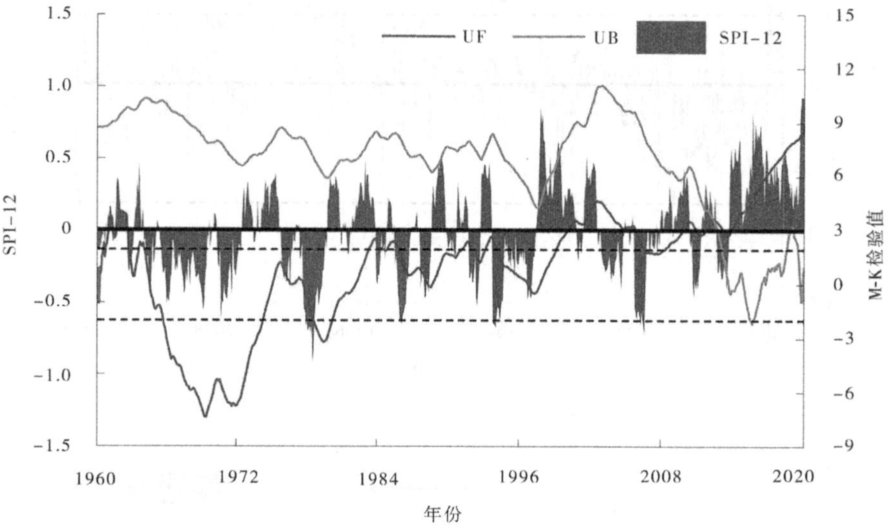

(d)

续图 2

结合不同时间尺度的干旱指数突变情况，可以发现，SPI-1 的 UF、UB 曲线振动剧烈且较为接近，月尺度 SPI 突变年份集中在 1997—1999 年和 2011—2013 年两个时期，其中 1997—1999 年的突变趋势较微弱，流域干旱状态未发生显著改变。对于第二个突变时期，UF 曲线表现为显著增加趋势，表明近十年来干旱状态有所缓解，这与 SPI 值变化情况一致；当时间尺度大于 3 个月后，流域干旱突变显示出较为一致的变化规律。结合滑动 T 检验结果，分析认为长江流域干旱突变年份在 2011—2013 年。

为探究长江流域季节性气象干旱的时程变化，以 2—5 月、6—8 月、9—11 月和 12 月至次年 2 月为春、夏、秋、冬季，统计不同季节的 SPI 值变化情况（见图 3）。整体而言，长江流域春季、夏季和冬季的 SPI 值分别以 0. 04/10 a、0. 06/10 a、0. 09/10 a 的倾向率呈增加趋势，其中夏季和冬季变化趋势达到 95%的显著性水平，而秋季 SPI 多年变化以-0. 004/10 a 的倾向率呈微弱减小趋势，表明除秋季外，过去 61 年里的长江流域季节性干旱有所减缓，这与相关研究结论类似[16-17]。对比季节性干旱的发生年份，春季干旱主要发生于 19 世纪 60 年代和 21 世纪年代，夏季干旱在 1978 年和 2006 年较为突出，与年度干旱的集中期一致，整体上秋季干旱比较微弱，流域大规模干旱现象基本不显著，而冬季存在 19 世纪 60 年代和 19 世纪 80 年代两个剧烈干旱期，21 世纪后以湿润为主。

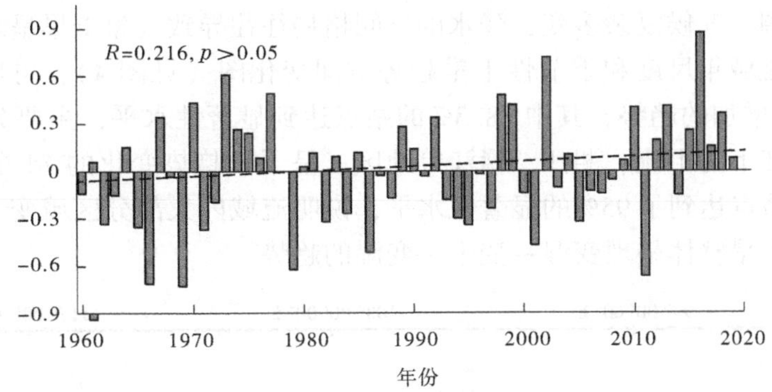

(a)春季

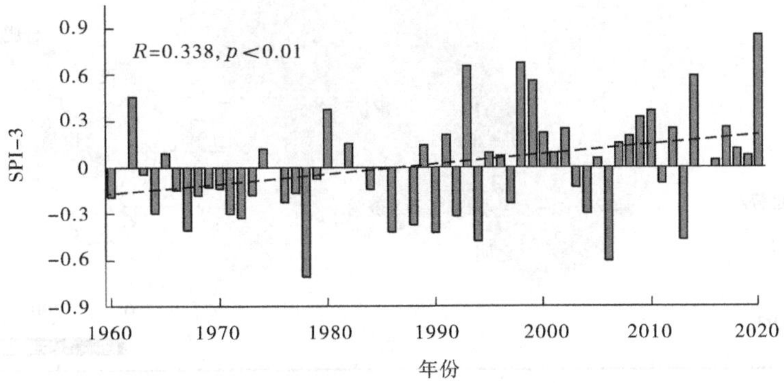

(b)夏季

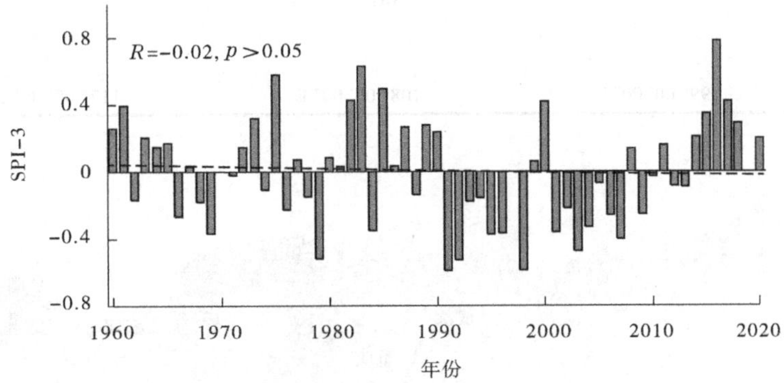

(c)秋季

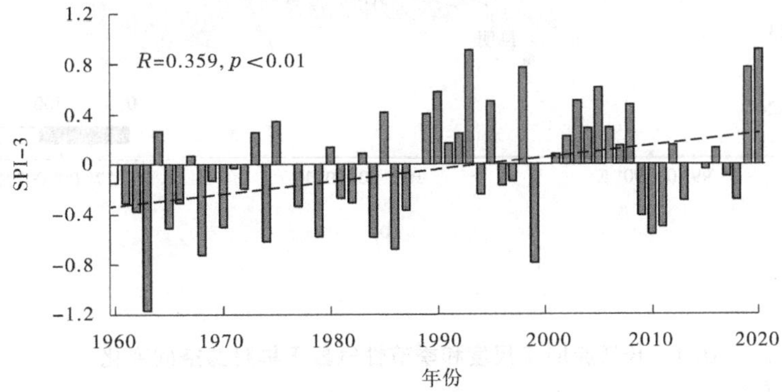

(d)冬季

图 3　季节性干旱指数的年际变化情况

4.2 气象干旱空间演变特征

长江流域区域广阔，气候复杂多变，降水的空间格局往往导致气象干旱呈现出较大的差异。利用克里金插值绘制长江流域年尺度和季节性干旱趋势空间变化图（见图4），可以看出，流域内有147个站点SPI-12值呈现增加的趋势，其中18.3%的站点达到显著性水平，主要分布于长江上游的长江源、雅砻江流域及长江下游干流、湘江、赣江等地区。呈干旱趋势变化的74个站点集中于长江中游地区，其中仅有3个站点达到了95%的显著性水平，说明流域内大部分区域变干趋势微弱。长江流域从东部到西部的气象干旱整体呈现变湿—变干—变湿的趋势。

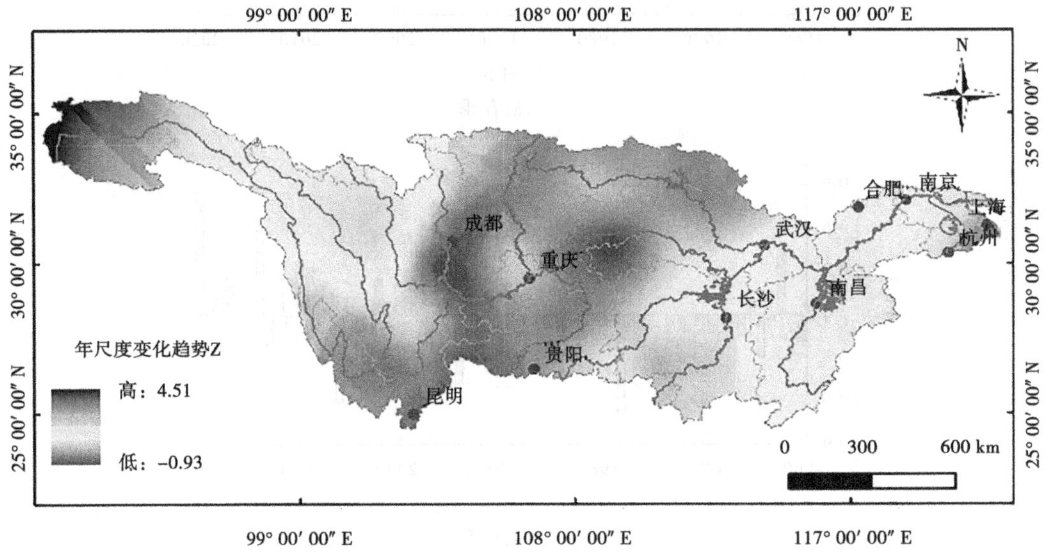

(a)

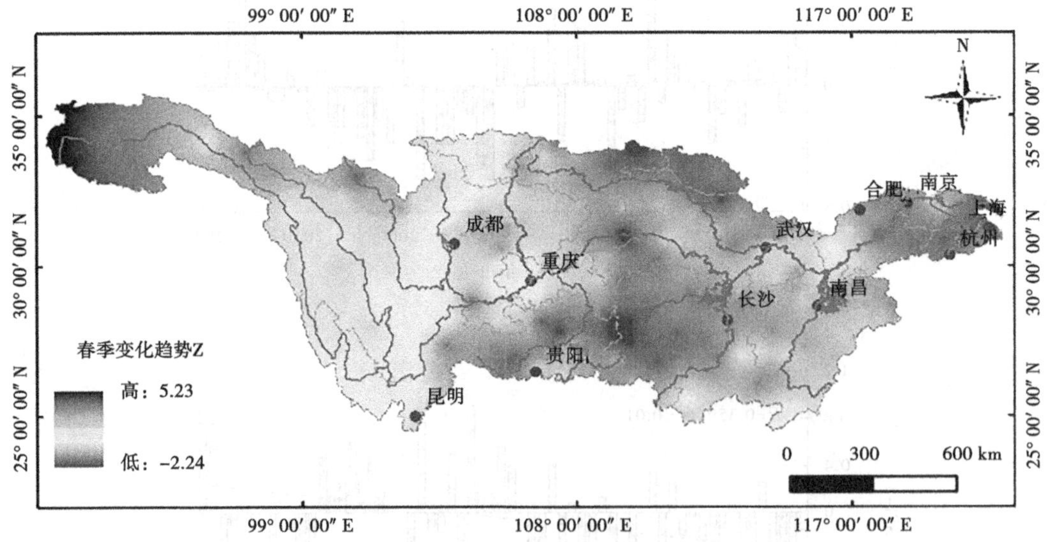

(b)

图4 长江流域年尺度和季节性气象干旱趋势空间变化

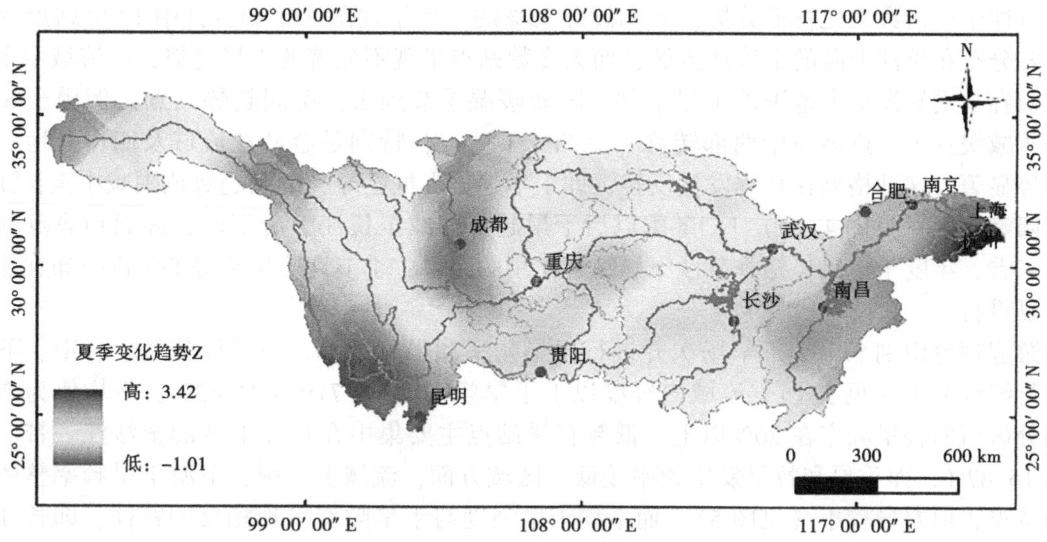
99° 00′ 00″ E
108° 00′ 00″ E
117° 00′ 00″ E
35° 00′ 00″ N
30° 00′ 00″ N
25° 00′ 00″ N
N
成都
重庆
贵阳
昆明
长沙
武汉
南昌
合肥
南京
上海
杭州
夏季变化趋势Z
高：3.42
低：-1.01
0
300
600 km

(c)

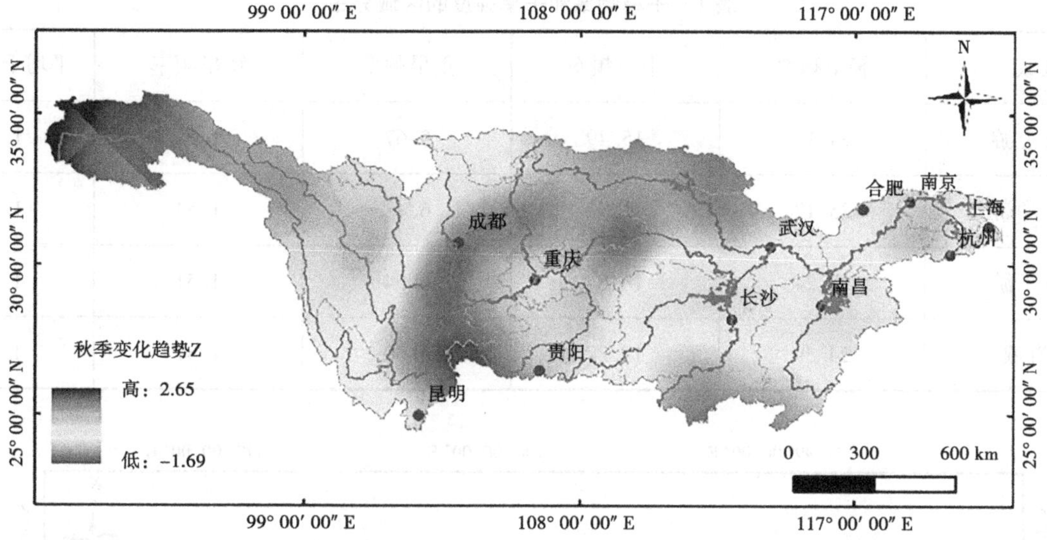
99° 00′ 00″ E
108° 00′ 00″ E
117° 00′ 00″ E
35° 00′ 00″ N
30° 00′ 00″ N
25° 00′ 00″ N
N
成都
重庆
贵阳
昆明
长沙
武汉
南昌
合肥
南京
上海
杭州
秋季变化趋势Z
高：2.65
低：-1.69
0
300
600 km

(d)

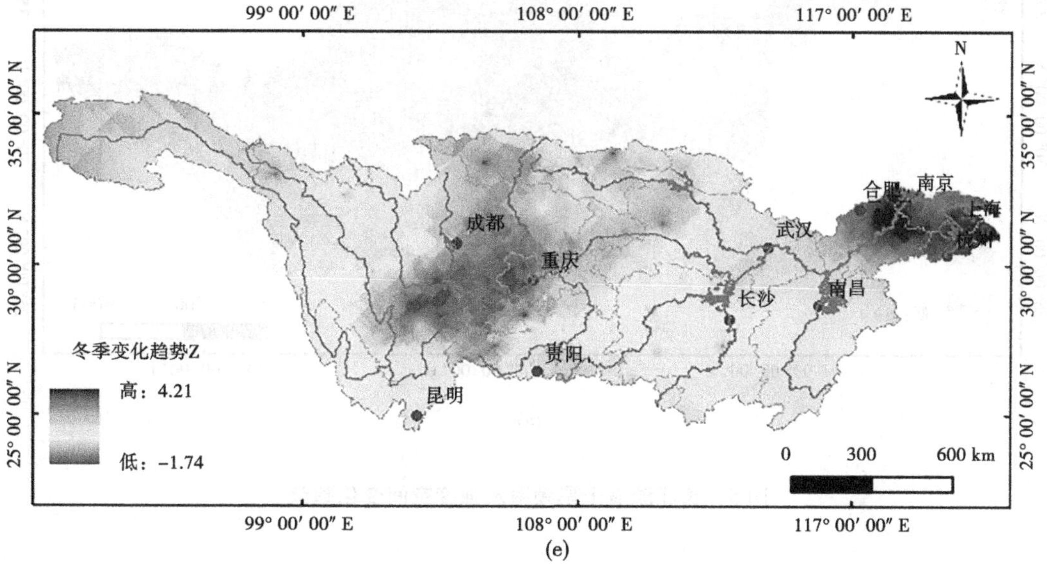
99° 00′ 00″ E
108° 00′ 00″ E
117° 00′ 00″ E
35° 00′ 00″ N
30° 00′ 00″ N
25° 00′ 00″ N
N
成都
重庆
贵阳
昆明
长沙
武汉
南昌
合肥
南京
上海
杭州
冬季变化趋势Z
高：4.21
低：-1.74
0
300
600 km

(e)

续图 4

从季节性干旱指数变化特征分析，春季仅有33%的站点呈现湿润趋势，其中17个站点变化趋势显著，主要分布在长江上游的金沙江流域，而大多数站点呈现不显著的干旱趋势，以流域中东部地区为主，说明春季更易发生大范围的干旱事件。随着暖湿季节到来，湿润趋势站点比例增至62%，干旱局面有所减缓且干旱逐渐向中西部转移［见图4（c）］，特别是金沙江流域及四川盆地一带，夏季干旱趋势显著。这种格局在秋季发生反转，即干旱趋势占据主导，湿润趋势范围减小至长江源、洞庭湖和鄱阳湖地区［见图4（d）］，冬季以后干旱趋势缩减至长江上游下段，湿润趋势范围重新变大。整体来看，年度干旱趋势是季节性干旱综合作用的结果，季节性干旱趋势的年内分布在流域中部与东部反复进行。

根据游程理论识别SPI-1干旱场次并进行干旱频率和强度计算，对长江流域上、中、下游的干旱特征进行统计分析（见表1）。流域内轻度以上干旱频率为15.71%~24.83%，平均值为24.39%，流域大部分区域的轻旱频率在20%以上，低频轻旱站点主要集中在长江上游的金沙江一带，平均中旱频率为15.87%，而重旱和特旱发生频率较低。区域方面，流域上、中、下游干旱频率整体呈现逐渐增大的特点，但差异较小（见图5）。而平均干旱强度与干旱频率呈现相反的特征，即长江上游的金沙江一带干旱强度高于其他区域。

表1　干旱频率和干旱强度的区域分布

区域	轻旱频率	中旱频率	重旱频率	特旱频率	平均干旱强度
长江上游	24.11	15.49	5.67	1.28	1.15
长江中游	25.17	16.72	6.48	1.54	1.19
长江下游	25.24	16.84	6.54	1.51	1.18
全流域	24.39	15.87	5.80	1.31	1.16

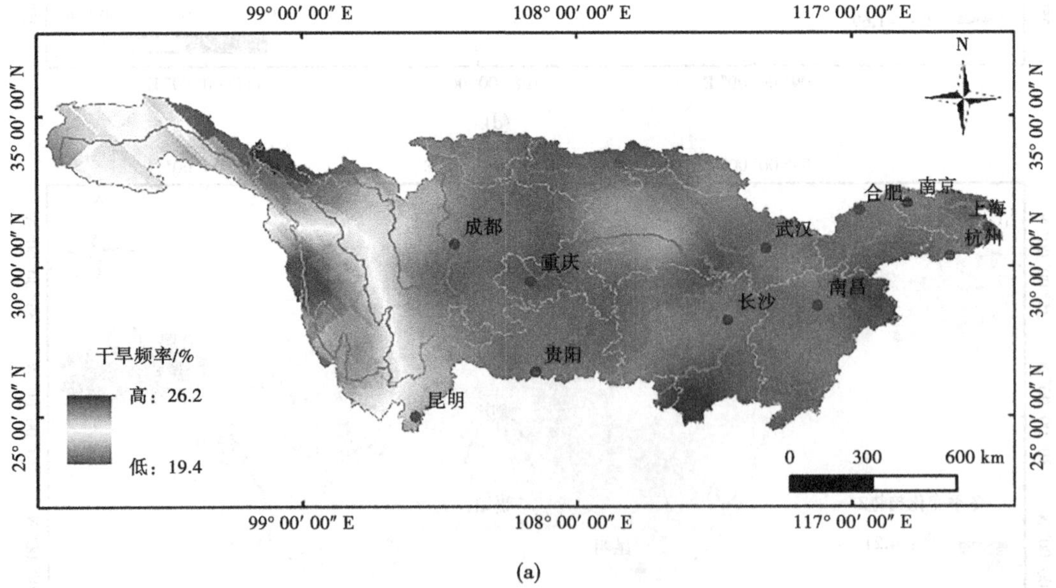

(a)

图5　长江流域干旱频率及强度空间变化趋势

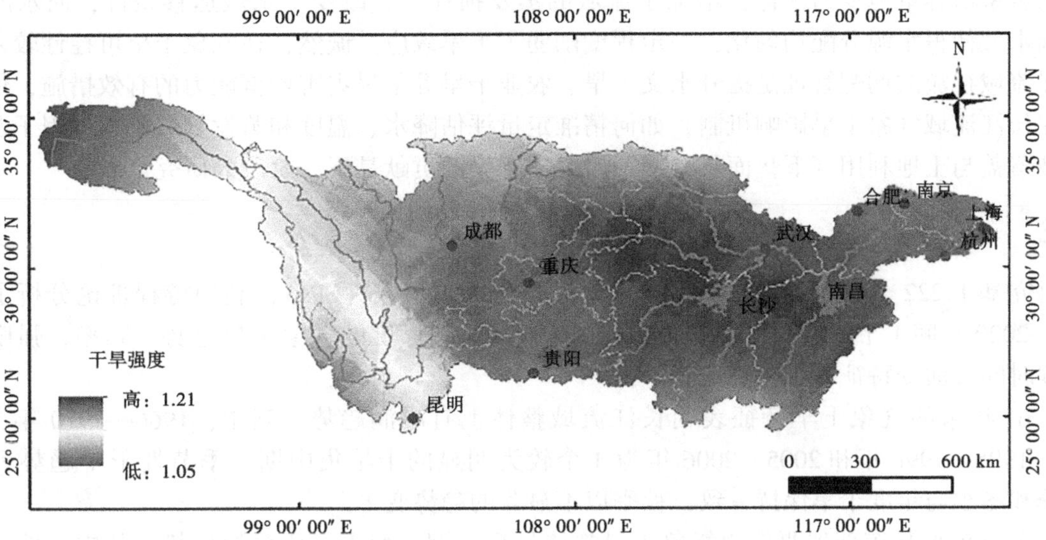

(b)

续图 5

对长江流域各气象站点的最长干旱持续时间进行统计分析（见图 6）可以发现，干旱持续时间在大部分区域内差异较小，超过 60% 的站点最长干旱持续时间为 10～20 个月，少数站点的最长干旱持续时间大于 35 个月，主要分布于上游的金沙江流域和沱江、嘉陵江一带，而低于 10 个月最长干旱持续时间的站点主要集中于长江中游的洞庭湖水系。分析认为，持续干旱是降水长期亏缺的重要体现，相对于长江上游的高原及过渡气候区，水汽条件充足的中东部地区更易形成降水，可以在一定程度上减小干旱的持续时间。

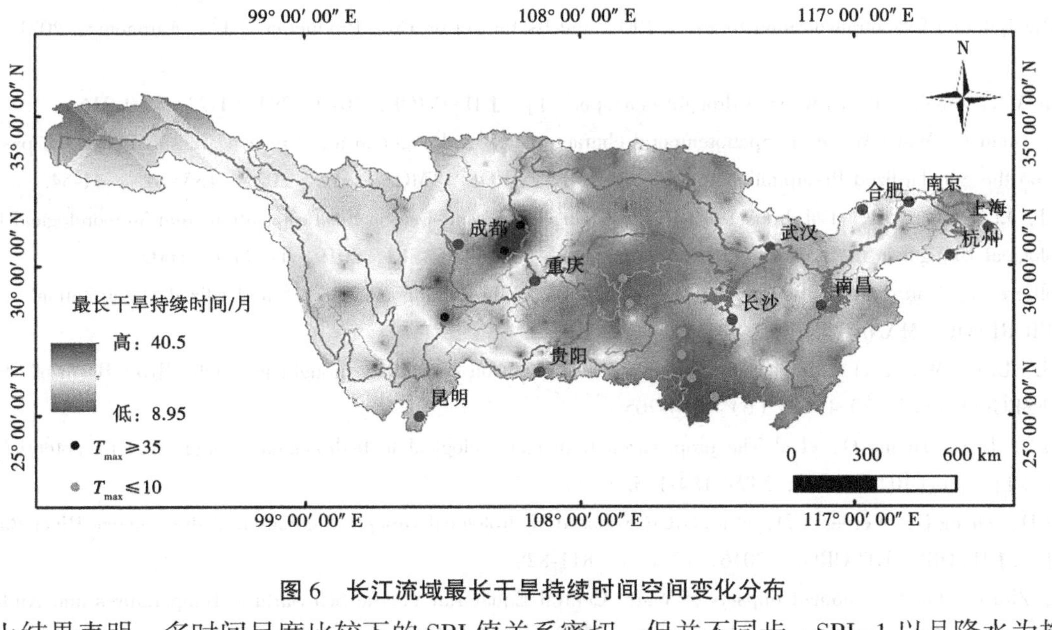

图 6　长江流域最长干旱持续时间空间变化分布

以上结果表明，多时间尺度比较下的 SPI 值关系密切，但并不同步，SPI-1 以月降水为控制条件对降水的时程分布较为敏感，而时间尺度的增大可以增加降水的稳定性，因此以不同时间尺度描述长江流域的气象干旱更具客观性。从区域角度而言，长江流域从上游到下游的气候类型由干旱逐渐过渡到湿润，但干旱强度并未随之降低，说明气象干旱是一个受气候变化、下垫面变化和人类活动多重影响的复杂过程[17-18]，特别是近年来长江流域水利工程的修建在主河道中形成了众多梯级水库，使得土地利用类型由林草地变为水体，增加了流域的蒸发损耗[4]，改变了水汽运移条件，而水库调度和跨流域调水又使得水源分配均匀化，一定程度削弱了干旱效应。诚然，在气象干旱可控性较差的背景下，加强流域径流的调配管理是提升水文干旱、农业干旱等干旱灾害预警能力的有效措施，但对于进一步探究长江流域气象干旱影响机制，如何精准定量评估降水、温度和蒸发等气象驱动因子及土壤类型、植被覆盖与土地利用等下垫面驱动因子对气象干旱的贡献是下一阶段的研究重点。

5 结论

本研究基于222个气象站点的降水资料和标准化降水指数（SPI），利用游程理论分析了长江流域1960—2020年间1个月、3个月、6个月、12个月时间尺度的气象干旱趋势、频率、强度和最长干旱持续时间等演变特征，主要结论如下：

（1）61年来的气象干旱特征表明长江流域整体上有湿润趋势，其中，1966—1970年、1978—1980年、1995—1998年和2005—2006年为4个较为明显的干旱集中期。季节性干旱趋势表现为春季、夏季和冬季与年度干旱保持一致，秋季以不显著的趋势变干。

（2）长江流域从东部到西部的气象干旱整体呈现变湿—变干—变湿的趋势。其中，长江中下游的大部分区域存在春季干旱趋势，夏季干旱趋势主要存在于中西部地区，秋冬以后干旱趋势出现反转，季节性干旱趋势的年内分布在流域中部与东部反复进行。

（3）长江流域上游下段、中游两湖水系干旱频率基本在20%以上，超过60%的站点最长干旱持续时间在10~20个月，平均气象干旱强度为1.16，最高出现在长江中游一带，而长江上游金沙江一带的干旱具有低频、低强度、持续时间长等特征。重旱和特旱在流域内的发生频率较低。

参考文献

[1] Sein Z M M, Zhi X, Ogou F K, et al. Spatio-Temporal Analysis of Drought Variability in Myanmar Based on the Standardized Precipitation Evapotranspiration Index（SPEI）and Its Impact on Crop Production［J］. Agronomy, 2021, 11（9）, 1691.

[2] Mishra A K, Singh V P. A review of drought concepts［J］. J HYDROL, 2010, 391（1-2）: 202-216.

[3] Li W, Duan L, Wang W, et al. Spatiotemporal characteristics of drought in a semi-arid grassland over the past 56 years based on the Standardized Precipitation Index［J］. METEOROL ATMOS PHYS, 2021, 133（1）: 41-54.

[4] Zhou J, Li Q, Wang L, et al. Impact of Climate Change and Land-Use on the Propagation from Meteorological Drought to Hydrological Drought in the Eastern Qilian Mountains［J］. WATER-SUI, 2019, 11（8）: 1602.

[5] Cancelliere A, Mauro G D, Bonaccorso B, et al. Drought forecasting using the Standardized Precipitation Index［J］. WATER RESOUR MANAG, 2007, 21（5）: 801-819.

[6] Zhao L, Lyu A Wu J, et al. Impact of meteorological drought on streamflow drought in Jinghe River Basin of China［J］. CHINESEGEOGRSCI, 2014, 24（6）: 694-705.

[7] Huang S, Li P, Huang Q, et al. The propagation from meteorological to hydrological drought and its potential influence factors［J］. JHYDROL, 2017, 547: 184-195.

[8] Zhang D, Zhang Q, Werner A D, et al. GRACE-Based Hydrological Drought Evaluation of the Yangtze River Basin, China［J］. J HYDROMETEOROL, 2016, 17（3）: 811-828.

[9] Ma S, Zhu C, Liu J. Combined Impacts of Warm Central Equatorial Pacific Sea Surface Temperatures and Anthropogenic Warming on the 2019 Severe Drought in East China［J］. ADV ATMOS SCI, 2020, 37: 1149-1163.

[10] 夏军，陈进，佘敦先. 2022年长江流域极端干旱事件及其影响与对策［J］. 水利学报，2022，53（10）：1143-1153.

[11] Mckee T B, Doesken N J, Kleist J.（The relationship of drought frequency and duration to time scales, 1993. Proceedings of the 8th Conference on Applied Climatology［J］. Boston, USA: American Meteorological Society, 17-22.

[12] Tang Y, Huo J, Zhu D, et al. Spatio-Temporal Variation of Precipitation and Evaporation on the Tibetan Plateau and Their Influence on Regional Drought [J]. ATMOSPHERE-BASEL, 2022, 13 (8): 1323.

[13] 马国飞，张晓煜，段晓凤，等. 基于标准化降水指数分析宁夏山区干旱演变特征 [J]. 西北农业学报，2010，19 (10): 101-106.

[14] 李斌，解建仓，胡彦华，等. 基于标准化降水指数的陕西省干旱时空变化特征分析 [J]. 农业工程学报，2017，33 (17): 113-119.

[15] 王晓峰，张园，冯晓明，等. 基于游程理论和 Copula 函数的干旱特征分析及应用 [J]. 农业工程学报，2017，33 (10): 206-214.

[16] 黄晚华，杨晓光，李茂松，等. 基于标准化降水指数的中国南方季节性干旱近 58 a 演变特征 [J]. 农业工程学报，2010，26 (7): 50-59.

[17] 曹博，张勃，马彬，等. 基于 SPEI 指数的长江中下游流域干旱时空特征分析 [J]. 生态学报，2018，38 (17): 6258-6267.

[18] Van Lanen Haj, Wanders N, Tallaksen L M, et al. Hydrological drought across the world: impact of climate and physical catchment structure [J]. HYDROL EARTH SYSTSC, 2013, 17 (5): 1715-1732.

[19] Wang L, Cao H, Li Y, et al. Attribution Analysis of Runoff in the Upper Reaches of Jinsha River, China [J]. WATER-SUI, 2022, 14 (17): 2768.

基于排沙调度的海勃湾库区冲淤模型构建与实践

孟 潇[1,2] 罗 强[3] 王嘉伟[3]

（1. 黄河勘测规划设计研究院有限公司，河南郑州 450003；
2. 水利部黄河流域水治理与水安全重点实验室，河南郑州 450003；
3. 黄河海勃湾水利枢纽事业发展中心，内蒙古乌海 016000）

摘　要：黄河流域生态保护和高质量发展是事关中华民族伟大复兴和永续发展的千秋大计。本项目以黄河海勃湾水库扬尘治理为突破口，延伸出黄河流域生态治理的突出难题——泥沙淤积引发的环境问题，通过对库区淤积区域预测模拟，构建了宽浅库区泥沙冲淤模拟技术，预测了库区滩槽冲淤变化趋势，为治理方案提供了基底边界。

关键词：宽浅冲淤模型；排沙调度；海勃湾水库

1　概述

海勃湾水利枢纽位于黄河干流内蒙古自治区境内，下距乌海市 3 km、三盛公水利枢纽 87 km，上距青铜峡水电站约 200 km，左岸为乌兰布和沙漠，右岸为内蒙古乌海市。海勃湾水库的开发任务是防凌、发电等综合利用。

海勃湾水库蓄水运用以来，库区不断淤积，距坝 10 ~ 15 km 范围内大部分滩地淤积高程已超过 1 074.5 m。当防凌运用时该部分滩地裸露。乌海市紧邻海勃湾库区，冬季风力较大时，裸露滩地淤沙被风吹起，严重影响了乌海市区居民的出行及生态环境质量。

为了科学、合理、经济地确定清淤范围和清淤规模及清淤后更好地保持效果，本次在排沙调度的基础上通过构建冲淤模式，解决痛点问题。

2　水库排沙调度

海勃湾水利枢纽运行水位随年内调节周期不同而变化，调节周期为 7 月至翌年 6 月，年内具体调节如下。

2.1　7—9 月

当来水含沙量小于 3 kg/m^3 时，水库水位在 1 076 m 运行。其中，8 月，当来水含沙量大于 3 kg/m^3 时，海勃湾水库降低水位至 1 071 m 运行；7 月、9 月当来水含沙量大于 3 kg/m^3 或来水日平均流量大于 1 500 m^3/s 时，水位降至 1 074 m 运行。

7—9 月，当来水含沙量大于 10 kg/m^3 或来水日均流量大于 2 700 m^3/s 时，水位降至 1 069 m 泄水排沙。

2.2　10 月

10 月尽快将水位蓄至正常蓄水位，以便使机组能够发满额定出力，提高发电效益。

2.3　11 月至翌年 3 月

11 月至翌年 3 月为凌汛期，凌汛期又分为开河期和封河期。封河期为 11—12 月，由于要向下游

基金项目：国家重点研发计划（2023YFC3208604）。

作者简介：孟潇（1984—）男，高级工程师，主要从事生态水利规划设计研究工作。

河道补水，封河期开始时水库蓄至正常蓄水位；开河期为2—3月，由于控泄要求，水库需要拦蓄部分上游来水，开河期开河前水库尽量降至死水位，3月开河后水位尽快升至正常蓄水位。

2.4　4—6月

4—6月为发电的大好时机，为了充分利用水能，水库尽量维持在正常蓄水位运行，6月底之前将水库水位降至汛期发电最高水位。

根据水库下游河道维护水生生态系统稳定的要求，运行期按不小于330 m^3/s 下泄流量进行调度，当上游来水小于330 m^3/s 时，应按来水全部下泄。

3　模型构建

3.1　泥沙冲淤计算数学模型

构建库区平面二维水沙数学模型。结合海勃湾水库开发任务、建筑物布置特点、入库水沙特性、库区地形条件等，采用实测水沙、地形及水库调度资料，构建海勃湾水库库区平面二维水沙数学模型。

3.1.1　平面二维数学模型

水流连续方程：

$$\frac{\partial h}{\partial t}+\frac{\partial(hu)}{\partial x}+\frac{\partial(hv)}{\partial y}=0 \tag{1}$$

水流运动方程：

$$\frac{\partial u}{\partial t}+u\frac{\partial u}{\partial x}+v\frac{\partial u}{\partial y}+fv+g\frac{u\sqrt{u^2+v^2}}{C^2h}=\varepsilon_x\left(\frac{\partial^2 u}{\partial x^2}+\frac{\partial^2 u}{\partial y^2}\right) \tag{2}$$

$$\frac{\partial v}{\partial t}+u\frac{\partial v}{\partial x}+v\frac{\partial v}{\partial y}+fu+g\frac{v\sqrt{u^2+v^2}}{C^2h}=\varepsilon_y\left(\frac{\partial^2 v}{\partial x^2}+\frac{\partial^2 v}{\partial y^2}\right) \tag{3}$$

式中：h 为水深；u 为 x 方向垂线平均流速；v 为 y 方向垂线平均流速；g 为重力加速度；f 为柯氏系数，$f=2\theta\sin\psi$，θ 为地球自转角速度，ψ 为纬度；ε_x 和 ε_y 为水流运动黏性系数；C 为谢才系数。

式（3）可写为如下形式：

$$\frac{\partial U_e}{\partial t}+\frac{\partial F_e}{\partial x}+\frac{\partial G_e}{\partial y}=S_e \tag{4}$$

式中

$$U_e=\begin{bmatrix}h\\hu\\hv\end{bmatrix},\ F_e=\begin{bmatrix}hu\\hu^2+gh^2/2\\hv^2\end{bmatrix},\ G_e=\begin{bmatrix}hv\\huv\\hv^2+gh^2/2\end{bmatrix}$$

$$S_e=J_b+\tau_b+F_{cor}+\tau_t \tag{5}$$

$$J_b=\begin{bmatrix}0\\-gh\dfrac{\partial Z_b}{\partial x}\\-gh\dfrac{\partial Z_b}{\partial y}\end{bmatrix},\ \tau_t=\begin{bmatrix}0\\\varepsilon_x\dfrac{\partial^2 hu}{\partial x^2}+\varepsilon_x\dfrac{\partial^2 hv}{\partial y^2}\\\varepsilon_y\dfrac{\partial^2 hu}{\partial x^2}+\varepsilon_y\dfrac{\partial^2 hv}{\partial y^2}\end{bmatrix},\ \tau_b=\begin{bmatrix}0\\-\dfrac{gU}{C^2}\sqrt{u^2+v^2}\\-\dfrac{gV}{C^2}\sqrt{u^2+v^2}\end{bmatrix},\ F_{cor}=\begin{bmatrix}0\\fhu\\-fhv\\-\alpha\omega(S-S_*)\end{bmatrix}$$

针对计算区域平面形状的复杂性，对计算区域进行任意四边形网格划分，相应坐标系进行转换（见图1）：

$$\begin{cases}\mathrm{d}t=\mathrm{d}\lambda\\\mathrm{d}x=A\mathrm{d}\xi+L\mathrm{d}\eta\\\mathrm{d}y=B\mathrm{d}\xi+M\mathrm{d}\eta\end{cases}$$

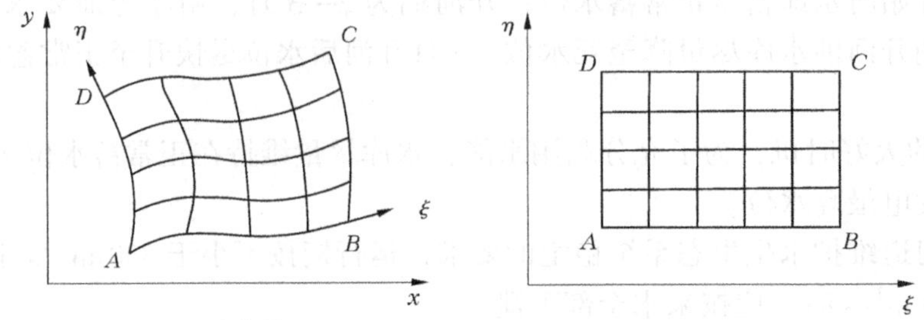

(a)转换前 (b)转换后

图 1 坐标系转换示意图

式中：A、B、L、M 为坐标变化系数，

$$A=\frac{\partial x}{\partial \xi},\ B=\frac{\partial y}{\partial \xi},\ L=\frac{\partial x}{\partial \eta},\ M=\frac{\partial y}{\partial \eta}$$

将（t，x，y）空间中任意四边形单元变换到（λ，ξ，μ）空间的矩形网格，控制方程就转换为：

$$\frac{\partial U}{\partial \lambda}+\frac{\partial F}{\partial \xi}+\frac{\partial G}{\partial \mu}=S \tag{6}$$

$$U=\begin{bmatrix}h\\ h\Delta u\\ h\Delta v\end{bmatrix},\ F=\begin{bmatrix}hu\\ hIu^2+gh^2M/2\\ hIv^2-gh^2L/2\end{bmatrix},\ G=\begin{bmatrix}hJ\\ hJv-gh^2B/2\\ hJv+gh^2A/2\end{bmatrix},\ S=\begin{bmatrix}0\\ -gh(Mb_\xi-Bb_\eta+\Delta S_{fx})\\ -gh(-Lb_\xi+Ab_\eta+\Delta S_{fy})\end{bmatrix}$$

式中：$\Delta=AM-BL$，$I=uM-vL$，$J=vA-uB$。

采用有限体积法（FVM）将计算区域划分为若干个互相连接但不重叠的单元控制体，对每一个控制体积分，计算出通过每个控制体的边界沿法向输入输出的流量和动量后，对每个单元分别进行通量守恒计算，从而得出计算时段末各单元的水深和流速。

采用非耦合方法，水流和泥沙分开求解，水流方程的数值求解方法如下：

$$\frac{\partial U}{\partial \lambda}+\frac{\partial F}{\partial \xi}+\frac{\partial G}{\partial \eta}=0 \tag{7}$$

$$\frac{\partial U}{\partial \lambda}=S \tag{8}$$

采用 Roe 格式的 Godunov 方法对其离散：

$$U_{i,j}^{n+1}=U_{i,j}^{n}-\frac{\Delta t}{\Delta \xi}(F_{i+\frac{1}{2},j}^{*}-F_{i-\frac{1}{2},j}^{*})-\frac{\Delta t}{\Delta \eta}(G_{i,j+\frac{1}{2}}^{*}-G_{i,j-\frac{1}{2}}^{*})+S_{i,j}*\Delta\lambda \tag{9}$$

式中：$F_{i\pm\frac{1}{2},j}^{*}$、$G_{i,j\pm\frac{1}{2}}^{*}$ 分别为 x、y 方向界面处的数值通量；Δt 为时间步长；$\Delta\xi$、$\Delta\eta$ 分别为 ξ、η 方向上的空间步长，网格布置如图 2 所示。

Roe 方法的思路是利用左右函数的常数态矩阵 U_l 和 U_r 构造出合理的常矩阵 $\tilde{A}(U_l,\ U_r)$ 近似代替 Jacobi 矩阵 $A(U)$，将复杂的非线性问题转化为线性问题，将原有的拟线性方程转化为线性方程求解。

对于二维浅水方程组式，其拟线性形式：

$$U_t+A(U)U_x+B(U)U_y=0 \tag{10}$$

$$A=\frac{\partial F(U)}{\partial U}=\begin{bmatrix}0&1&0\\ c^2-u^2&2u&0\\ 0&0&u\end{bmatrix},\ B=\frac{\partial G(U)}{\partial U}=\begin{bmatrix}0&0&1\\ 0&v&0\\ c^2-v^2&0&2v\end{bmatrix},\ c=\sqrt{gh}$$

Jacobi 矩阵 A、B 的特征值和特征向量为：

$$\lambda_1^A=u-c,\ \lambda_2^A=u,\ \lambda_3^A=u+c,\ \lambda_1^B=v-c,\ \lambda_2^B=v,\ \lambda_3^B=v+c$$

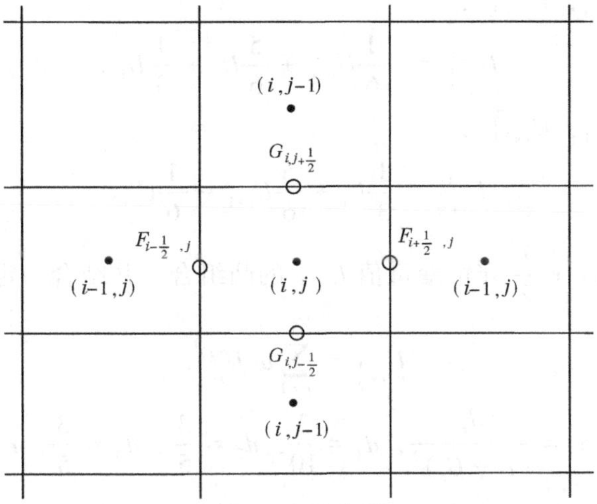

图 2 网格布置

$$\omega_1^A=\begin{bmatrix}1\\u-c\\v\end{bmatrix},\ \omega_2^A=\begin{bmatrix}0\\0\\c\end{bmatrix},\ \omega_3^A=\begin{bmatrix}1\\u+c\\v\end{bmatrix}\qquad \omega_1^B=\begin{bmatrix}1\\u\\v-c\end{bmatrix},\ \omega_2^B=\begin{bmatrix}0\\-c\\0\end{bmatrix},\ \omega_3^B=\begin{bmatrix}1\\u\\v+c\end{bmatrix}$$

Riemann 间断解的跳跃量展开，即

$$[U]=\begin{bmatrix}\Delta h\\\Delta(hu)\\\Delta(hv)\end{bmatrix}=\begin{bmatrix}h_r-h_l\\(hu)_r-(hu)_l\\(hv)_r-(hv)_l\end{bmatrix}=\sum_{k=1}^{m}\tilde{\alpha}_k\tilde{e}_k$$

可得：

$$\begin{cases}\alpha_1^x=\dfrac{1}{2\bar{c}}[\Delta(hu)-(\bar{u}-\bar{c})\Delta(h)]\\[2ex]\alpha_2^x=\dfrac{1}{\bar{c}}[\Delta(hv)-\bar{v}\Delta(h)]\\[2ex]\alpha_3^x=\dfrac{1}{2\bar{c}}[(\bar{u}+\bar{c})\Delta h-\Delta(hu)]\end{cases}\qquad\begin{cases}\alpha_1^y=\dfrac{1}{2\bar{c}}[\Delta(hv)-(\bar{v}-\bar{c})\Delta(h)]\\[2ex]\alpha_2^y=\dfrac{1}{\bar{c}}[\bar{u}\Delta h-\Delta(hu)]\\[2ex]\alpha_3^y=\dfrac{1}{2\bar{c}}[(\bar{u}+\bar{c})\Delta h-\Delta(hu)]\end{cases}$$

式中：$\bar{c}=\sqrt{\frac{1}{2}(h_l+h_r)}$，$\bar{u}=\dfrac{u_l\sqrt{h_l}+u_r\sqrt{h_r}}{\sqrt{h_l}+\sqrt{h_r}}$，$\bar{v}=\dfrac{v_l\sqrt{h_l}+v_r\sqrt{h_r}}{\sqrt{h_l}+\sqrt{h_r}}$。

已知 U_l、U_r 的值，则可求解，U_l、U_r 根据 WENO 格式进行模板加权组合得出。

构造包含 3 个单元的节点模板，如图 3 所示。

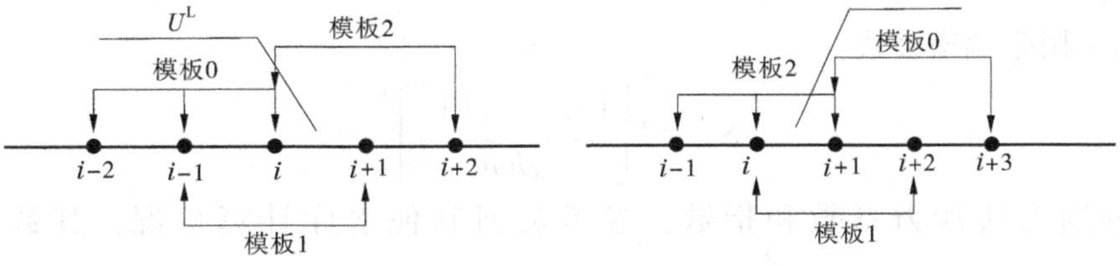

图 3 计算模板

对于模板 $S_0=\{U_{i-2},\ U_{i-1},\ U_i\}$，

$$U_{i+\frac{1}{2}}^{(1)}=\frac{1}{3}U_{i-2}-\frac{7}{6}U_{i-1}+\frac{11}{6}U_i \tag{11}$$

对于模板 $S_1 = \{U_{i-1}, U_i, U_{i+1}\}$，

$$U_{i+\frac{1}{2}}^{(2)} = -\frac{1}{6}U_{i-1} + \frac{5}{6}U_i + \frac{1}{3}U_{i+1} \tag{12}$$

对于模板 $S_2 = \{U_i, U_{i+1}, U_{i+2}\}$，

$$U_{i+\frac{1}{2}}^{(3)} = \frac{1}{3}U_i + \frac{5}{6}U_{i+1} - \frac{1}{6}U_{i+2} \tag{13}$$

利用各个参选模板界面 $i+\frac{1}{2}$ 守恒变量值 $U_{i+\frac{1}{2}}$ 的凸组合，并结合一定的权值进行计算。

$$U_{i+\frac{1}{2}} = \sum_{r=1}^{3} \omega_r U_{i+\frac{1}{2}}^{(r)} \tag{14}$$

$$\omega_r = \frac{\alpha_r}{\sum_{s=1}^{3}\alpha_s},\ \alpha_r = \frac{d_r}{(\varepsilon + \beta_r)^2},\ d_1 = \frac{3}{10},\ d_2 = \frac{3}{5},\ d_3 = \frac{3}{5},\ r = 1,\ 2,\ 3。$$

3.1.2 泥沙控制方程及求解方法

泥沙运动方程：

$$\frac{\partial(hS)}{\partial t} + \frac{\partial(huS)}{\partial x} + \frac{\partial(hvS)}{\partial y} + \rho' \frac{\partial z_{bs}}{\partial t} = \frac{\partial}{\partial x}\left[D_x \frac{\partial(hS)}{\partial x}\right] + \frac{\partial}{\partial y}\left[D_y \frac{\partial(hS)}{\partial y}\right] \tag{15}$$

河床变形方程：

$$\rho' \frac{\partial \eta'}{\partial t} = \alpha\omega(S - S_*) \tag{16}$$

式中：ρ'为泥沙干密度；h 为水深；u、v 分别为 x 和 y 方向的流速；D_x、D_y 为泥沙扩散系数；S 为含沙量；S_* 为水流挟沙力；η'为冲淤厚度。

相应对泥沙方程进行坐标转换，在求出水深和流速的基础上，采用交替方向隐式（ADI）方法进行求解。

3.1.3 边界条件

进口边界：进口提供流量、含沙量边界条件。

出口边界：进口提供水位边界条件。

闭边界处理：采用直接镜像法，即在每个计算方向的边界处采用对称点处理法，假设对称点水深相同、流速相反，$u_R = -u_L$，$h_R = h_L$。

时间步长：

$$\Delta t = \alpha \times \min\left(\frac{\Delta x}{|u| + \sqrt{gh}},\ \frac{\Delta y}{|v| + \sqrt{gh}}\right)$$

式中：α 为克朗数系数，计算中一般取 0.1~0.6。

3.1.4 关键问题

水流挟沙力采用张瑞瑾公式：

$$S_* = k\left[\frac{\left(\sqrt{u^2 + v^2}\right)^3}{gh\omega}\right]^m \tag{17}$$

式中：k 和 m 分别为挟沙力系数和指数，参考黄河其他水库计算情况，其数值为 $k = 0.15 \sim 0.35$，$m = 0.92$。

泥沙沉速采用张瑞瑾公式计算悬移质挟沙力，沉速由下式计算：

$$\omega = \sqrt{\left(13.95\frac{\nu}{d}\right)^2 + 1.09\frac{\rho_s - \rho}{\rho}gd} - 13.95\frac{\nu}{d} \tag{18}$$

式中：d 为悬沙粒径；ν 为水的运动黏滞性系数。

考虑到含沙量对沉速的影响，采用下式对沉速进行修正：

$$\omega = \omega_0(1 - S_V)^m \tag{19}$$

式中：ω_0 为泥沙在清水中的沉速；S_V 为体积比含沙量；m 为待定指数，王兆印、钱宁根据实测资料求得 $m=7$。

3.2 设计水沙量

3.2.1 设计水量分析

《黄河流域水资源综合规划》采用 1956—2000 年系列，黄河流域多年平均天然径流量 534.8 亿 m^3（以利津断面统计）。《黄河流域水文设计成果修订报告》以 1980—2010 年时段下垫面条件作为近期下垫面条件对还原后的水量进行了一致性处理，1956—2010 年系列，黄河流域天然径流量 482.4 亿 m^3。

成果对比见表 1。从地区分布分析，近年来黄河径流量减少主要表现在中下游河段。1956—2010 年系列较 1956—2000 年比较，兰州站减少 9.1 亿 m^3，减少 2.8%；头道拐站减少 18.2 亿 m^3，减幅为 5.5%；龙门站减少 26.6 亿 m^3，减幅为 7.0%；三门峡站减少 47.6 亿 m^3，减幅为 9.9%；花园口站减少 52.0 亿 m^3，减幅为 9.8%；利津站减少 52.4 亿 m^3，减幅为 9.8%。

表 1　黄河干流主要断面天然径流量成果对比（近期下垫面）

站名	水资源综合规划成果（1956—2000 年）/亿 m^3	水文设计成果修订推荐成果（1956—2010 年）/亿 m^3	减少量/亿 m^3	减幅
兰州	329.9	320.8	-9.1	-2.8%
下河沿	330.9	316.7	-14.2	-4.3%
石嘴山	332.5	316.3	-16.2	-4.9%
头道拐	331.7	313.5	-18.2	-5.5%
龙门	379.1	352.5	-26.6	-7.0%
三门峡	482.7	435.1	-47.6	-9.9%
花园口	532.8	480.8	-52.0	-9.8%
利津	534.8	482.4	-52.4	-9.8%

考虑近年来黄河水资源量变化情况，以 1956—2010 年天然径流系列为基础系列，黄河多年平均天然径流量 482.4 亿 m^3（近期下垫面），石嘴山断面天然径流量为 316.3 亿 m^3，石嘴山以上河道外配置水量 65.96 亿 m^3，根据天然径流及各河段水量分配方案计算，石嘴山站设计多年平均来水量 250.34 亿 m^3。

3.2.2 设计沙量分析

（1）上游石嘴山断面天然沙量分析。

石嘴山断面多年平均来沙量 2.03 亿 t，其中年均引沙量 0.20 亿 t，宁夏河道基本保持冲淤平衡状态，推算出石嘴山断面天然来沙量 2.23 亿 t。

（2）来沙量预测。

石嘴山断面来沙呈递减趋势，其沙量减少的主要影响因子是上游干流梯级水库拦沙，同时支流水土保持和降雨变化也有一定影响。依据近 10 年支流坡面措施的减沙情况，按年均减沙量 0.7 亿 t 计；

考虑宁夏灌区多年年均引沙量为 0.25 亿 t，宁夏河段仍按冲淤平衡考虑，预估石嘴山断面未来来沙量为 0.98 亿 t。

（3）入黄风积沙量。

根据宁蒙河段历史入黄风积沙量的分析，由于风速减弱、植被覆盖率增加及沿河两岸堤防工程大规模建设等方面影响，宁蒙河段入黄风积沙量呈减少趋势。对未来宁蒙河段干流入黄风积沙量，考虑影响风速变化的气候因素存在不确定性和周期性，以及宁蒙地区生态环境脆弱可能对植被覆盖率的影响，预估海勃湾库区 200 万 t。

3.2.3 水沙条件设计

（1）水沙系列长度。

海勃湾水库原设计拦沙运用年限为 20 年，为模拟水库正常运用期滩槽冲淤变化，本次水沙系列长度按 50 年考虑。

（2）水沙系列选取。

考虑区间来水来沙及沿程耗水等，利用数学模型分别计算下河沿至青铜峡、青铜峡至石嘴山河段的冲淤变化。经数学模型计算，得到石嘴山断面 1956—2009 年（水文年）设计水沙系列过程，相应水沙量特征值统计见表 2。

表 2 本次选取系列水沙特征值

系列	丰枯	50 年均值					前 10 年均值				
		水量/亿 m^3	沙量/亿 t	含沙量/(kg/m^3)	水量 k 值	沙量 k 值	水量/亿 m^3	沙量/亿 t	含沙量/(kg/m^3)	水量 k 值	沙量 k 值
1968 系列	平水平沙	246.41	0.98	4.00	0.99	1.01	251.08	0.99	3.94	1.01	1.01
2002 系列	前 10 年特枯	240.75	0.90	3.75	0.97	0.92	222.78	0.58	2.60	0.90	0.59
1956—2009	基础系列	248.19	0.98	3.95	1.00	1.00	250.78	1.02	4.06	1.01	1.04

注：水量 k 值为选取系列水量均值与基础系列水量均值之比，沙量 k 值为选取系列沙量均值与基础系列沙量均值之比。

在设计的石嘴山断面 1956—2009 年设计基础系列中，选择 1968—2006 年+1956—1966 年平水平沙系列（简称 1968 系列）开展库区泥沙冲淤计算，模拟未来水库进入正常运用期滩槽冲淤变化。

考虑到还需要预测库区回淤速度和维持效果，采用 1968 年系列开展库区泥沙冲淤计算。同时，考虑到当前黄河流域水沙条件的复杂性，增加来沙偏枯系列，即在设计的 1968 系列的基础上，将前 10 年水沙过程替换为 2002—2011 年实测水沙过程，形成 2002—2011 年（实测）+1978—2006 年+1956—1966 年系列（简称 2002 系列），该系列多年平均水量、沙量分别为 240.75 亿 m^3 和 0.90 亿 t，前 10 年来沙更枯，年均水量、沙量分别为 222.78 亿 m^3 和 0.58 亿 t，与 2000 年以来实测沙量均值相当。

3.3 **模型验证**

采用 2013 年 8 月至 2016 年 6 月石嘴山站日均水沙过程作为进口水沙边界条件，坝前水位和磴口站流量作为出口边界条件。计算得到的海勃湾库区淤积量为 0.476 亿 m^3，实测淤积量为 0.456 亿 m^3，计算误差小于 5%。

将库区典型断面 D13 和 D15 计算断面与 2016 年实测断面进行对比（见图 4），主槽和滩地淤积面基本一致。经验证，模型可用于预测海勃湾水库泥沙冲淤变化。

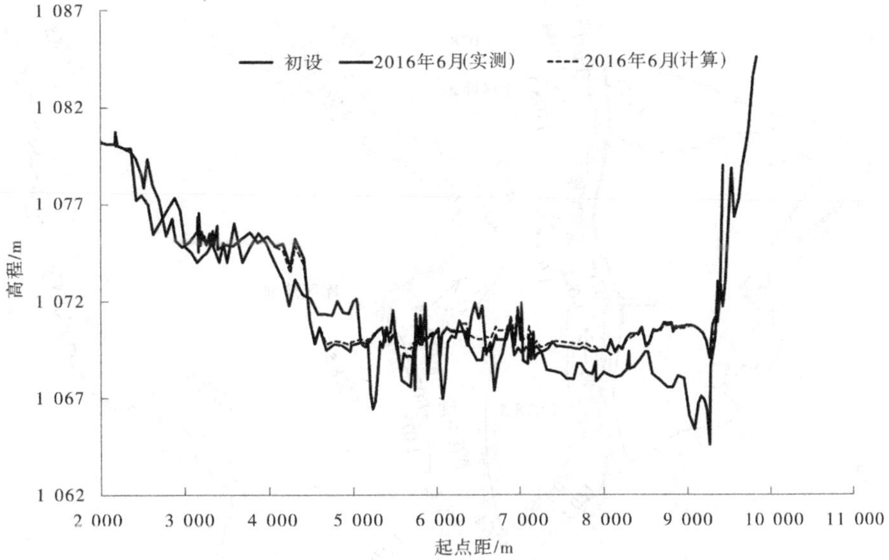

(a)断面D13

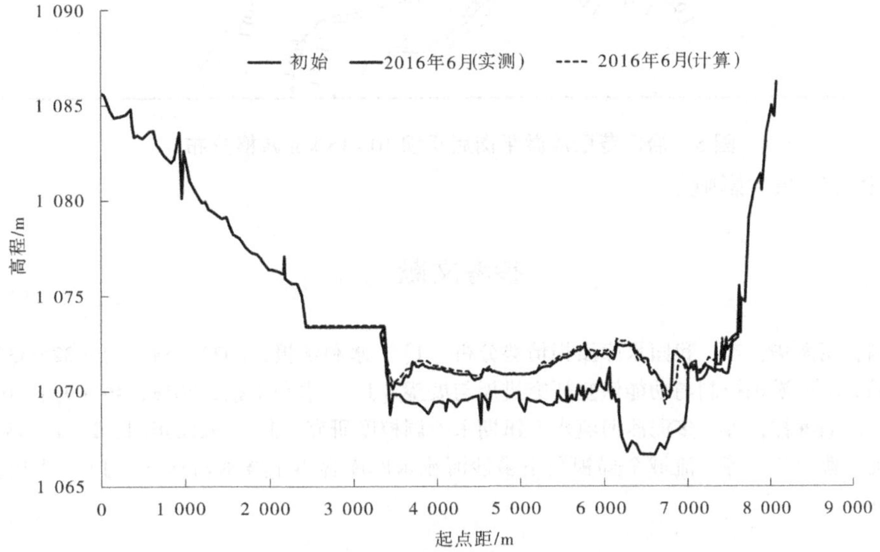

(b)断面D15

图 4　断面 D13、D15 计算值与实测值对比

4　泥沙冲淤预测

按照《黄河海勃湾水库调度规程》制定的水库运用方式，采用库区平面二维水沙数学模型预估了未来海勃湾库区冲淤变化趋势。经预测，现状距坝 10~15 km 扬沙问题严重区域滩地淤积高程将淤高至 1 078 m，主槽淤积至 1 071~1 073 m，滩槽分布见图 5。由此，确定了治理范围的挖填范围和工程规模，为治理方案提供了依据。

5　结论

（1）研发了二维水沙动力学模型和模拟技术，形成适用于不同时空维度的宽浅库区泥沙冲淤模拟技术，预测未来水库淤积发展变化趋势，判断水库正常运用期滩槽分布情况，确定生态治理方案岸边回填位置，为治理方案提供了基底边界。

（2）切实有效地指导了清淤实施范围的具体实施工作。结合实施后 4 年来的实际效果，有效降

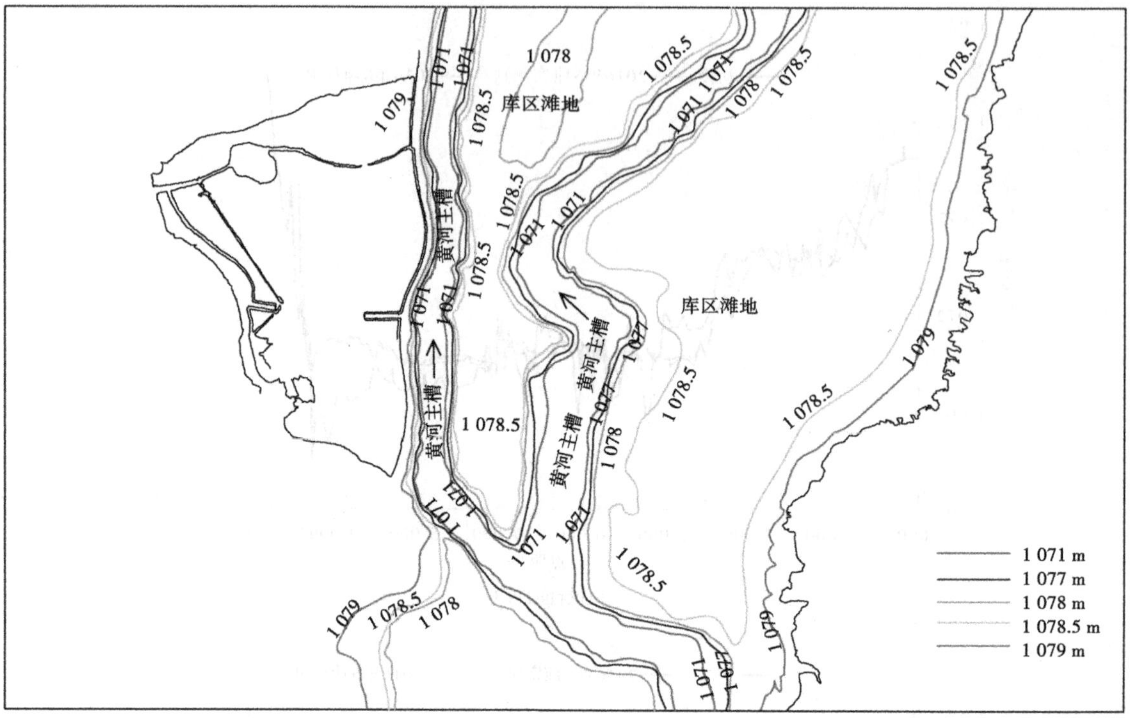

图 5　治理范围冲淤平衡后距坝 10~15 km 滩槽分布

低了乌海市区扬尘天气恶劣影响。

参考文献

[1] 邓安军，陈建国，胡海华，等．我国水库淤损情势分析［J］．水利学报，2022，53（3）：325-332.

[2] 曹文洪，刘春晶．水库淤积控制与功能恢复研究进展与展望［J］．水利学报，2018，49（9）：1079-1086.

[3] 张金良，胡春宏，刘继祥，等．多泥沙河流水库汛期水沙调控度研究［J］．人民黄河，2021，43（11）：1-5.

[4] 谢遵党，唐梅英，曹智伟，等．流域全局视角下多沙河流水库库容再生技术新探索［J］．人民黄河，2024，46（9）：32-36，41.

岳阳铁水集运煤炭储备基地工程防洪影响论证研究

张　慧[1]　邓彩云[1]　毛　冰[1]　王彦君[1]　肖　利[2]

（1. 长江科学院河流研究所，湖北武汉　430010；
2. 长江科学院岩土重点实验室，湖北武汉　430010）

摘　要： 本文对煤炭储备基地工程所在岳阳河段近期河道演变进行了分析，采用平面二维水流数学模型、准三维非均质饱和稳定渗流模型和抗滑稳定模型分别对拟建工程河段水位和流场的影响、堤防渗流和稳定进行计算。研究结果表明，城螺河段岸线基本稳定，码头前沿河床需局部疏浚；工程河段最大阻水比 0.6%，工程对河道水位、流场影响较小且影响范围有限；堤防堤脚的出逸比降小于粉质黏土允许比降，堤防及岸坡抗滑稳定系数满足规范要求。综合分析认为拟建工程修建后对工程河段河势、行洪、防洪工程、防汛抢险等影响较小。

关键词： 煤炭储备基地；城螺河段；河演分析；防洪论证

1　工程概况

煤炭是湖南主体能源和重要工业原料，在一次性能源消费构成中占比达 50% 以上。一直以来，湖南煤炭供应保障链条较为脆弱，跨区域调运和地区供需平衡面临巨大挑战。2019 年 9 月 28 日，蒙西至华中地区铁路煤运通道开通运营，北方优质煤可通过浩吉铁路入湘，湖南煤炭运输瓶颈有望得到较大程度的缓解。岳阳铁水集运煤炭储备项目是浩吉铁路规划的疏解通道之一。

拟建岳阳铁水集运煤炭储备基地工程位于湖南省岳阳市云溪区西北部，道仁矶镇和陆城镇之间，荆岳长江大桥下游约 5 km 处，长江中游航道里程约为 213 km。拟建工程水域新建煤炭泊位 3 个，包括 1 个 5 000 t 级进口泊位、2 个 3 000 t 级出口泊位（水工结构均按靠泊 10 000 t 级散货船设计）。陆域一期建设 4 条堆场，堆场容量 80 万 t，设计年周转量 880 万 t，并配套建设翻车机房区和辅建区[1]。

2　工程河道近期演变分析

拟建工程位于长江中游岳阳河段城螺段右岸。城螺河段位于荆江与洞庭湖汇流出口下游，上起城陵矶，下迄螺山，全长约 30 km，属顺直分汊河型（见图 1）。城陵矶至龙头山受节点控制主流变化不大，仅随仙峰洲、南阳洲消长而左右摆动。该河段河势稳定，航行条件良好，为岳阳市沿江岸线利用重要深水域区。龙头山至螺山，节点间距长 9 km，河道展宽，主流摆幅增大，左岸略有崩退，右岸龙头山至儒溪河岸冲淤交替，以下至鸭栏岸线较稳定[2]。在河段进口和中下部依次左岸分布有白螺矶、杨林矶、螺山等节点，右岸分布有城陵矶、道仁矶、龙头山等节点[3]，河道平面形态呈河道宽窄相间的藕节状。

城螺河段由于受两岸节点的控制作用较强，多年来岸线一直比较稳定[4]；主流线的平面位置年内变动范围基本稳定；该河段河道的总体河势相对稳定。城螺河段河道变化主要表现为河床冲淤变化，总的情况是冲刷；冲刷的主要表现形式是枯水河床冲刷、高程相对较低的滩面被冲刷。

工程附近局部河床平面形态受两岸节点和堤防的控制作用多年来较为稳定，且深泓多年来较为稳定，深泓平面摆动较小，典型断面形态相对稳定。三峡工程蓄水运用以来，局部河段河床总体表现为

作者简介： 张慧（1970—），女，正高级工程师，主要从事河流动力学与治河工程研究方面的工作。

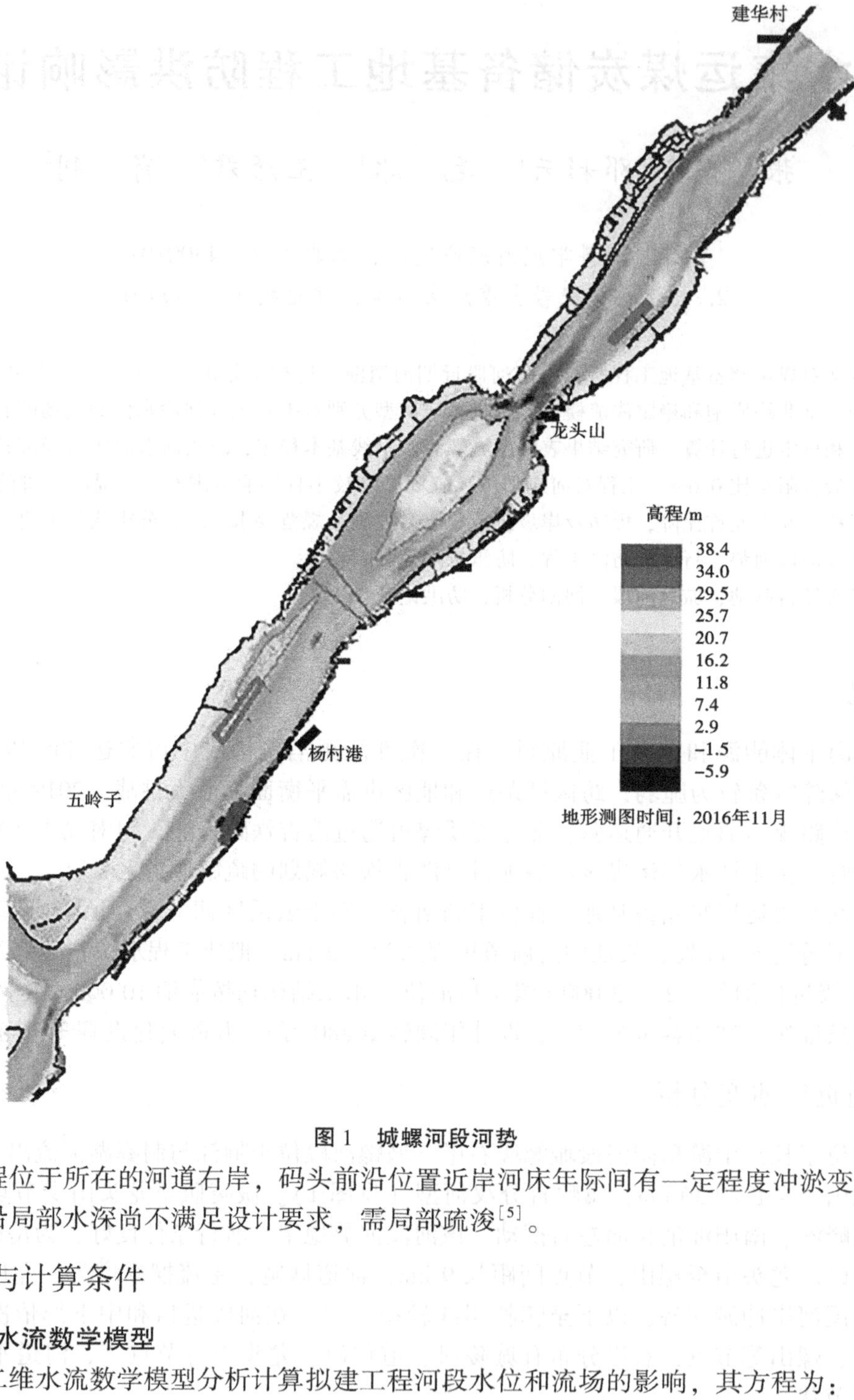

图 1　城螺河段河势

冲刷。拟建工程位于所在的河道右岸，码头前沿位置近岸河床年际间有一定程度冲淤变化，目前地形条件下码头前沿局部水深尚不满足设计要求，需局部疏浚[5]。

3　模型构建与计算条件

3.1　平面二维水流数学模型

采用平面二维水流数学模型分析计算拟建工程河段水位和流场的影响，其方程为：

水流连续方程

$$\frac{\partial Z}{\partial t}+\frac{\partial uH}{\partial x}+\frac{\partial vH}{\partial y}=q \tag{1}$$

水流运动方程

$$\frac{\partial uH}{\partial t}+\frac{\partial uuH}{\partial x}+\frac{\partial vuH}{\partial y}=-g\frac{n^2\sqrt{u^2+v^2}}{H^{1/3}}u-gH\frac{\partial Z}{\partial x}+\frac{\partial}{\partial x}\left(v_T\frac{\partial uH}{\partial x}\right)+\frac{\partial}{\partial y}\left(v_T\frac{\partial uH}{\partial y}\right)+qu_0+f_0Hv \tag{2}$$

$$\frac{\partial vH}{\partial t}+\frac{\partial uvH}{\partial x}+\frac{\partial vvH}{\partial y}=-g\frac{n^2\sqrt{u^2+v^2}}{H^{1/3}}v-gH\frac{\partial Z}{\partial y}+\frac{\partial}{\partial x}\left(v_T\frac{\partial vH}{\partial x}\right)+\frac{\partial}{\partial y}\left(v_T\frac{\partial vH}{\partial y}\right)+qv_0-f_0Hu \quad (3)$$

式中：Z、Z_b 为水位与河底高程；H 为水深；u、v 为 x、y 方向的水深平均流速；n 为糙率；g 为重力加速度；v_T 为水流综合扩散系数；q 为单位面积上水流的源汇强度；u_0、v_0 为动量源（汇）在 x、y 方向的分量。

计算地形为 2021 年 4 月实测河道地形，工程影响计算定解条件为：进口给定流量、出口给定水位进行计算。二维计算网格采用无结构三角形和四边形混合网格形式，计算区域网格节点数为 25 972 个，单元总数为 32 177 个。网格长度为 3~130 m，拟建工程局部区域网格长度为 3~20 m。工程计算条件见表 1。

表 1　工程计算水流条件

条件	流量（螺山）/(m^3/s)	出口水位（螺山）/m
1998 年洪水	67 800	32.96
防洪设计洪水流量	65 000	32.02
平滩流量	36 000	26.46

3.2　准三维非均质饱和稳定渗流模型

采用准三维非均质饱和稳定渗流模型分析计算拟建工程对堤防渗透稳定性的影响，其基本方程为：

$$k\left(\frac{\partial^2 h}{\partial x^2}+\frac{\partial^2 h}{\partial y^2}+\frac{\partial^2 h}{\partial z^2}\right)=0 \quad (4)$$

式中：x、y、z 为笛卡儿直角坐标轴；K 为饱和渗透系数。

对于堤防工程，上游水位边界和下游水位边界为第一类边界条件（水头边界 $h|_{\Gamma_1}=h$），在不考虑降雨入渗的情况下稳定渗流的自由面为第二类边界条件（流量 $q=0$）。

建模时，堤防上游侧取至江心处，下游侧取至距内堤脚约 500 m 处，底部边界取至基岩顶板，为隔水边界。上游水位取工程区域防洪设计水位 32.30 m，堤防下游水位取堤后地面高程 26.80 m。渗流计算方案见表 2。

表 2　渗流计算方案

所在断面	方案编号	上游水位	下游水位	工况
堤防剖面	F1	防洪设计水位 32.30 m	地面高程 26.80 m	天然状态
	F2			工程建设后有桩基
	F3			在 F2 基础上考虑桩基的周边缝（按 0.5 m 薄层单元考虑）

3.3　岸坡稳定计算

采用简化毕肖普法[6] 对堤坡和岸坡的圆弧滑裂面的安全系数进行计算，有有效应力法和总应力法。

（1）有效应力法：

$$F=\frac{\sum_{i=1}^{n}[(W_i-u_i\cdot l_i)\tan\varphi'_i+c'_i\cdot l_i][1/(\cos\theta_i+\sin\theta_i\cdot\tan\varphi'_i)/F]}{\sum_{i=1}^{n}(W_i\cdot\sin\theta_i)} \quad (5)$$

（2）总应力法：

$$F = \frac{\sum \{[(W\sec\beta - u_i b\sec\beta)\tan\varphi_{cu} + c_{cu} b\sec\beta][1/(1+\tan\beta\tan\varphi_{cu})/F]\}}{\sum W\sin\beta} \tag{6}$$

式中：c'_i 为有效凝聚力（固结慢剪指标）；φ'_i 为有效摩擦角（固结慢剪指标）；c_{cu} 为凝聚力（固结快剪指标）；φ_{cu} 为摩擦角（固结快剪指标）；l_i 为条块宽度；W_i 为条块的重量；u_i 为滑面处土条的静孔隙水压力与超静孔隙水压力之和；θ_i 为条块的重力线与通过此条块底面中点的半径之间的夹角。本次计算堤坡采用简化毕肖普有效应力法。

稳定计算时，坡体浸润线采用渗流计算成果，水位骤降期的浸润线考虑最不利工况，即浸润线与降前一致。具体计算工况见表 3。

表 3　抗滑稳定计算工况

计算工况	计算组合条件	评价部位
正常运用条件	低水位 16.98 m	岸坡、堤坡迎水侧
	洪水位 32.30 m	岸坡、堤坡背水侧
	洪水位骤降 3 m	堤坡迎水侧
非正常运用条件 I	施工水位 18.98 m+0.05 g 施工荷载	岸坡、堤坡两侧

4　工程建设对防洪影响分析

4.1　工程建设对河势稳定影响

数模计算结果表明，拟建工程对计算河段的整体流场影响不大，工程后流速的变化主要位于拟建工程上、下游及外侧局部区域内，主要表现为拟建工程上、下游流速减小；工程外侧局部区域流速增大，近岸流速一般减小。在防洪设计洪水情况下，流速减小最大值为 0.32 m/s，流速增加最大值为 0.03 m/s；流速影响范围局限在拟建工程上游 820 m、下游 1 800 m 及码头平台外侧 1 320 m 区域内。工程后断面流速分布变化较小，河道主流稳定（见表 4）。拟建工程的修建对分析河段的河势稳定不会产生不利影响。

表 4　工程后流速变化最大值及流速影响范围统计

计算条件	流速影响值/(m/s)		0.01 m/s 流速变化范围/m		
	增加最大	减小最大	码头平台上游	码头平台下游	码头平台外侧
1998 年洪水	0.03	0.30	760	1 750	1 300
防洪设计洪水	0.03	0.32	820	1 800	1 320
平滩流量	0.02	0.25	640	900	560

4.2　工程建设对行洪影响

防洪评价计算结果表明，在选取的三组计算水流条件下，拟建工程建成后，工程后水位壅高最大值为 2.6 cm，水位降低最大值为 2.5 cm；0.5 cm 水位壅高范围位于码头平台上游 420 m 范围内，0.5 cm 水位降低范围位于码头平台下游 500 m 范围内。近岸水位壅高小于 0.5 cm（见表 5）。在防洪设计洪水条件下，工程河段最大阻水面积约占河道行洪面积的 0.6%。拟建工程的修建对分析河段的行洪影响较小。

表5 工程后水位变化最大值及影响范围统计

计算条件	水位影响值/cm		0.5 cm水位影响范围/m	
	增加最大值	减小最大值	码头平台上游	码头平台下游
1998年洪水	2.6	2.5	320	290
防洪设计洪水	2.6	2.5	420	500
平滩流量	2.0	1.8	280	60

4.3 工程建设对现有防洪工程影响

数模计算结果表明，三种计算条件下，码头平台外侧流速增加最大值为0.03 m/s，码头区域流速减小最大值约为0.32 m/s，水位壅高最大值为2.6 cm，水位降低最大值为2.5 cm，且影响范围均有限。由此可见，拟建工程的修建对工程附近的流速和水位影响均较小，对现有防洪工程影响小。

准三维非均质饱和稳定渗流计算成果表明，桥墩修建前，堤防堤脚处的垂直出逸比降为0.05，水平出逸比降为0.04；桥墩修建后，考虑桩基周边完好和周边有缝工况，堤防堤脚处的垂直出逸比降分别为0.05、0.06，水平出逸比降分别为0.04、0.05，均未超出粉质黏土允许比降。前后堤脚的出逸比降能满足要求，表明修建引桥桩基对堤防渗流状态及渗透稳定性影响不大。

抗滑稳定计算成果表明，拟建工程实施后，设计洪水工况下，长江大堤背水堤坡抗滑稳定安全系数为2.392；迎水堤坡设计洪水位骤降工况下，抗滑稳定安全系数为1.211；枯水位工况下，迎水岸坡抗滑稳定安全系数为1.448，三种工况抗滑稳定安全系数均满足规范要求，对堤防及岸坡稳定影响较小。

综上工程修建后近岸流速、渗流和抗滑稳定计算分析成果，工程修建后对现有防洪工程影响较小。

4.4 工程对防汛抢险的影响分析

拟建工程新建一条固定引桥与大堤平交，跨堤桁架净空高度为5.5 m，工程建成后也不会降低现状堤顶高程，对现有的防汛抢险通道无影响。运行期对汛期防汛抢险车辆、物资及人员的正常通行基本不会造成影响。工程修建后对防汛抢险不会造成明显不利影响。

4.5 施工期防洪影响分析

拟建工程所在长江水位一般每年5—10月为洪水期，11月至翌年3月为枯水期。拟建工程堤防外侧翻堤道路加固、近堤桩基基础周边防渗及防冲、岸坡防护、引桥及道路与堤防的衔接等工程均在枯水期施工，因此工程施工不会对河道行洪带来大的影响。

根据施工期岸坡稳定计算结果，在枯水位条件下，工程施工期外滩岸坡抗滑稳定安全系数为1.498，抗滑稳定安全系数满足规范要求，施工期不会影响岸坡稳定。

5 结论

（1）城螺河段受沿岸天然节点控制，河道平面形态、主支汊相对稳定。码头前沿位置近岸河床年际间有一定程度的冲淤变化，目前地形条件下码头前沿局部水深尚不满足设计要求，需局部疏浚。

（2）相关计算结果表明，岳阳铁水集运煤炭储备基地工程修建后对河道水位、流场影响较小且影响范围有限，对堤防的渗流和抗滑稳定影响小，工程兴建不会对河道河势、行洪、现有防洪工程、防汛抢险等带来不利影响。

（3）在工程实施过程中和建成后，应加强工程河段一定范围内河道地形和水文资料观测及分析研究工作，发现问题时及时采取措施，确保现有河势稳定和工程安全。

参考文献

[1] 湖南省交通规划勘察设计院有限公司．岳阳煤炭铁水联运储配基地配套码头工程可行性研究报告［R］．2020.
[2] 黄建飞，黄静，刘中惠．岳阳长江干堤河道近期演变［J］．湖南水利水电，2001（4）：21-23.
[3] 孙启航，夏军强，周美蓉，等．三峡工程运用后城陵矶—武汉河段河床调整及崩岸特点［J］．湖泊科学，2019，31（5）：1447-1458.
[4] 冷魁．长江中游城螺河段河床演变分析［J］．泥沙研究，1993（3）：109-116.
[5] 长江科学院．岳阳铁水集运煤炭码头一期工程洪水影响评价报告［R］．2021.
[6] 水利部水利水电规划设计总院．堤防工程设计规范：GB 50286—2013［S］．北京：中国计划出版社，2013.

黄河下游河道河相关系变化规律

王彦君　邓彩云　卢金友　金中武　李凌云

（长江科学院水利部长江中下游河湖治理与防洪重点实验室，湖北武汉　430010）

摘　要： 河相关系研究对认识河流自我调整、评估河道形态变化趋势有重要意义。近几十年来，黄河下游河道一直处于冲淤交替之中，河床形态明显改变，威胁着防洪和生态安全。本文基于利津以上段沿程7个水文站的实测流量成果表数据，分析了1965—2015年河相关系指数的变化过程，并探讨了河型的调整趋势。结果表明：空间上，河宽指数沿程减小，水深指数沿程增加，流速指数波动较大；时间上，河宽指数减小，水深指数1981—1985年最大，流速指数2000—2015年最大。随流量变化的调整速率河宽上段大于下段，而水深上段小于下段。高村站附近河道在1973年左右由游荡型转变为非游荡型。

关键词： 黄河下游；河相关系；河型

1　引言

在冲积河流长期河道演变过程中，由于来自流域上游水沙条件的不断变化，河床不断变化和发展。在较长时段平均条件下，河流通常通过自身的自动调整作用处于一定的相对平衡或动态平衡状态。处在这种动态平衡状态下的河床，其断面形态和纵剖面与流域因素之间存在某种定量关系，被称为河相关系，一般包括用于反映特定断面几何形态的断面河相关系和用于反映不同河流或同一河流上下游之间河床形态变化的沿程河相关系[1]。近几十年来，随着气候变化和人类活动的不断加剧，特别是修建的大型水库和防洪工程，深刻改变了大坝下游河流系统入口的水沙条件和边界条件，使得河流长期处于不平衡的大幅度调整变化之中。大坝下游河道形态的调整过程在不同流域或同一流域的不同河段之间存在显著差异。如美国GreenRiver因支流或河床沙量补给充足，虽然大坝下游河道断面发生下切或展宽，但平面形态未发生变化[2]；法国Rhone和Garonne受上游水库修建、护岸工程、河道裁弯的影响，由辫状或分汊河道转变为弯曲河道[3-4]；丹江口水库修建后其下游分汊段向少汊或单汊转变，游荡段趋于稳定，弯道段撇弯切滩[5]；黄河下游游荡河段受河道整治工程和小浪底水库修建等影响，深泓摆动强度明显下降，有可能向弯曲性河流转变[6-8]。而目前针对复杂变化环境下黄河下游不同河型河道形态对外界扰动响应调整的时空分布规律及其演变趋势研究还不够充分。因此，本文根据黄河下游利津以上河段7个典型水文站长时间序列的实测流量成果表数据，统计分析了1965—2015年不同阶段断面河相关系指数的变化规律，并探讨了河型的调整趋势，可为深入认识黄河下游河床演变规律和维持河道健康生命提供一定的理论指导。

2　数据来源与方法

本文收集了1965—2015年黄河下游沿程花园口、夹河滩、高村、孙口、艾山、泺口和利津7个典型水文站的实测流量成果表（流量、河宽、水深和流速）数据，数据主要来源于黄河流域水文年

基金项目： 国家重点研发计划项目（2023YFC3209501）；长江水科学研究联合基金（U2240206）；湖北省自然科学基金项目（2021CFB146）。

作者简介： 王彦君（1989—），女，高级工程师，主要从事河流地貌学和河床演变学方面的研究工作。

鉴和黄河水利委员会等有关单位。采用经典的幂函数形式的断面河相关系式，通过非线性拟合得到断面河相关系参数 y 与流量 Q 之间关系（$y=\alpha Q^{\beta}$）可以进一步得出 $\lg(y)=\beta\lg(Q)+\lg(\alpha)$，可见指数 β 可以反映断面形态各变量随流量变化调整速率。

三门峡水库在 1965—1973 年和 1973 年后分别采用滞洪排沙和蓄清排浑的运用方式。结合上游多年调节的龙羊峡水库和中游小浪底水库分别于 1986 年和 2000 年开始运用以及天然来流等多因素的变化，将进入下游的水沙条件划分为：三门峡水库滞洪排沙的 1965—1973 年来水来沙均较大的时段、1973—1980 年来水来沙略为偏枯的时段、1981—1985 年丰水少沙的时段、1986—1999 年以中小流量较高含沙量洪水为主的少水少沙的时段和 2000—2015 年以清水下泄阶段为主的来水偏枯来沙极小的时段。在得到不同时期河宽、水深和流速因子调整规律的基础上，通过分析三个因子之间相互关系来探讨河型的调整方向。考虑到断面河相关系指数的时空变化过程波动较大，本文主要以误差棒图的形式呈现。需要说明的是，由于误差棒图为上下对称结构，为了节省篇幅和更清晰地呈现，图中误差棒均只给出了下半部分。

3 研究结果

3.1 河宽指数的调整规律

为了对比河宽随流量变化调整速率即河宽指数的沿程分布规律，图 1 给出了不同时期花园口（HYK）、夹河滩（JHT）、高村（GC）、孙口（SK）、艾山（AS）、泺口（LK）和利津（LJ）沿程 7 个水文站河宽指数的沿程分布。可以看出，该指数沿程整体呈现减小趋势，但各个时期存在一定的差异。除 1986—1999 年夹河滩站略大于花园口站外，花园口站最大，2000 年前保持在 0.5 左右，2000 年后减小为 0.39；夹河滩站次之，波动较大，整体在 0.3~0.5；高村站除 1965—1973 年为 0.46 略小于上游花园口而大于夹河滩外，1974 年后维持在 0.2 附近，与孙口站较为接近；艾山站 1985 年前沿程最小仅为 0.1 左右，1986 年后增加到 0.2 左右；利津站整体减小，且 1986 年后沿程最小。

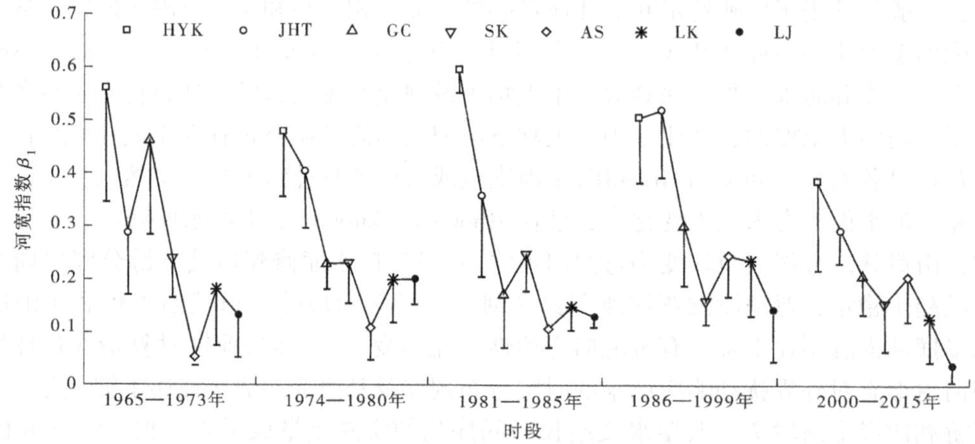

图 1 不同时期河宽指数沿程分布规律

3.2 水深指数的调整规律

同样地，为了对比水深随流量变化调整速率（水深指数）的沿程分布规律，图 2 给出了水深指数的沿程分布。可以看出，空间上，水深指数沿程整体增加，其中 1965—1985 年除 1965—1973 年高村站较夹河滩站略有下降和 1981—1985 年孙口站较高村站略有下降外，艾山以上段沿程明显增加，艾山站最大，泺口站减小，利津站小幅增加；而 1986—2015 年除泺口站小于艾山站外，整体沿程增加，利津站最大。时间上，水深指数花园口站各时期基本维持在 0.14~0.20；夹河滩、高村、孙口、艾山整体为 1985 年前先增加、1986—1999 年快速减小、2000 年后有所增加，变化范围分别为 0.19（1986—1999 年）~0.34（1981—1985 年）、0.27（1965—1973 年）~0.51（1981—1985 年）、0.38

（1986—2015年）~0.47（1981—1985年）、0.44（1986—2015年）~0.65（1981—1985年）；泺口水深指数除1986—1999年为0.36明显偏小外，其他时段为0.42~0.52；利津站在0.45~0.56整体呈增加趋势。

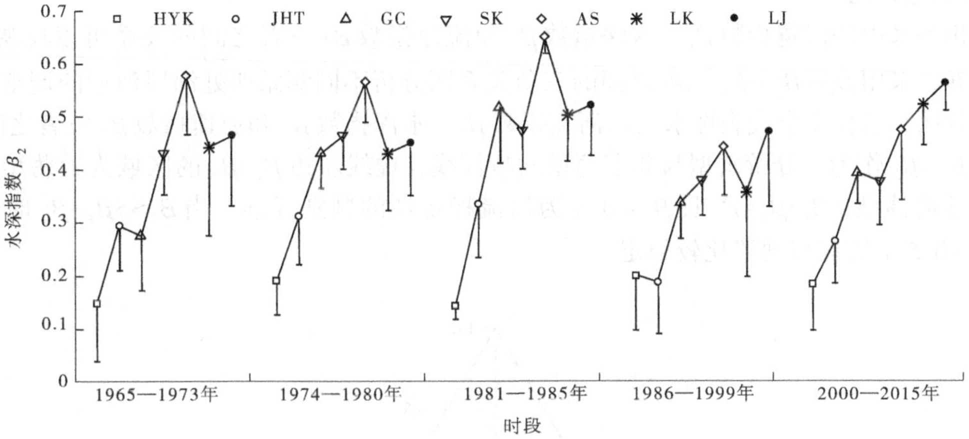

图2　不同时期水深指数沿程分布规律

3.3　流速指数的调整规律

同样地，为了对比断面河相关系中流速随流量变化调整速率（流速指数）的沿程分布规律，图3给出了流速指数的沿程分布。可以看出，不同时期流速指数沿程变化规律存在较大差异，其中1965—1973年高村以上段夹河滩站最大，高村以下段沿程增加；1974—1980年和1981—1985年沿程各站差异较小；1986—1999年花园口和夹河滩站最小为0.29、艾山站次之为0.31，孙口站最大达0.46，其他站为0.36~0.41；2000—2015年孙口以上河段整体沿程略有增加，之后艾山站快速减小为0.32，泺口和利津站转而增加为0.35和0.42。时间上，花园口站2000年前在0.26~0.33波动，2000年后增加为0.43；夹河滩站除1965—1973年和2000—2015年分别为0.42和0.44，其他时段基本在0.30附近；高村站整体由1965—1973年的0.26增加为2000—2015年的0.40；孙口站1965—1985年先由0.33减小为0.28，1986—2015年转而增加至0.46；艾山站1965—1985年由0.37减小为0.24，1986—2015年转而增加至0.31；泺口和利津站整体变化不大，变化范围分别为0.35~0.41和0.35~0.42。

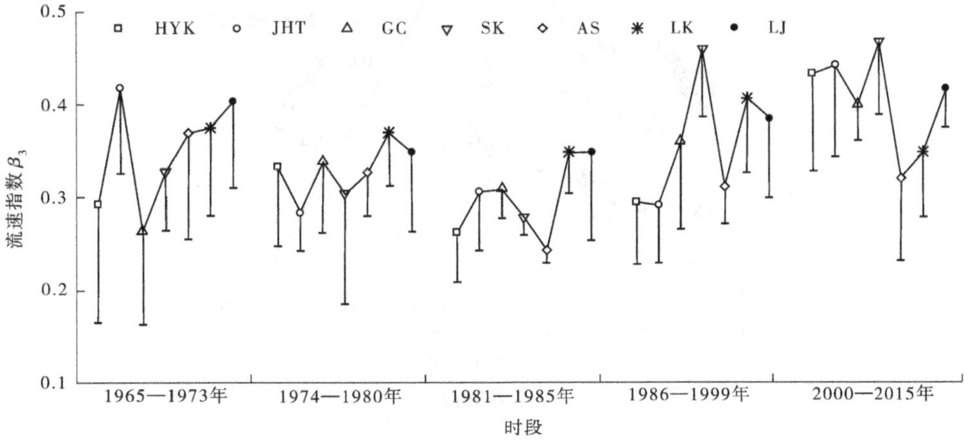

图3　不同时期流速指数沿程分布规律

对比不同指数的变化规律可以看出，空间上，河宽随流量变化的响应调整速率上段大于下段，而水深随流量变化的响应调整速率上段小于下段。时间上，花园口站对流量变化的响应调整速率，河宽下降、流速增加，由1965—1973年的以河宽为主转化为2000年后以流速和河宽为主；高村站对流量变化的响应调整速率，河宽明显下降、流速和水深增加，由 1965—1973 年的以河宽为主转化为 2000 年后以流速和水深为主；孙口站对流量变化的响应调整，河宽下降、水深增加，由 1965—1973 年以流速为主转化为 2000 年后以流速和水深为主；艾山以下河段断面对流量变化的响应调整以水深为主。

3.4 河型的调整方向

断面河相关系中的河宽指数 β_1、水深指数 β_2 和流速指数 β_3 三者之间的关系可以反映河道河型，基于指数数据，采用 β_1—β_2—β_3 三者之间的三角关系图分析不同测站所处河段河型的调整方向。图 4 给出了定义分区、沿程 7 个代表性水文站河宽指数 β_1、水深指数 β_2 和流速指数 β_3 三者之间的相互关系。以虚线 $\beta_1=\beta_2$ 作为区分游荡型与非游荡型的特征线，虚线左边 $\beta_1>\beta_2$ 的区域为游荡型，右边 $\beta_1<\beta_2$ 的区域为非游荡型；$\beta_1+\beta_2=\beta_3$ 且 $\beta_1=0.5$ 为河流稳定性的判别标准，当 $\beta_3>>\beta_1+\beta_2$ 时即位于 $\beta_1+\beta_2=\beta_3$ 且 $\beta_1=0.5$ 上方区域河流比较稳定[9]。

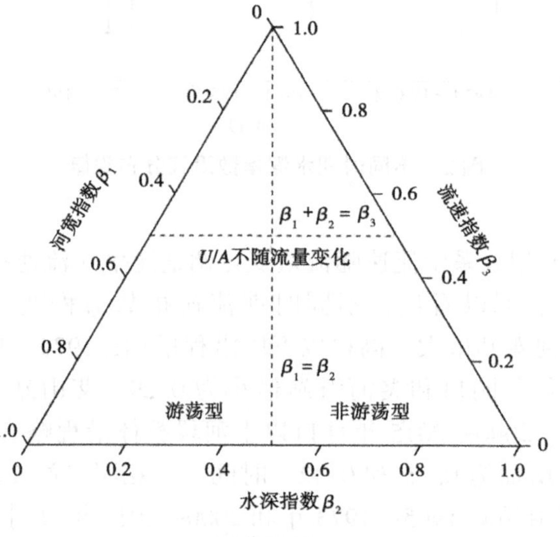

(a)分区图

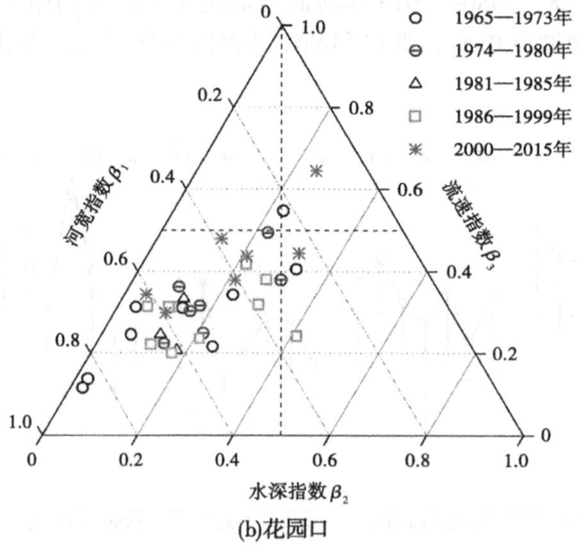

(b)花园口

图 4 不同测站断面河相关系指数的三角关系

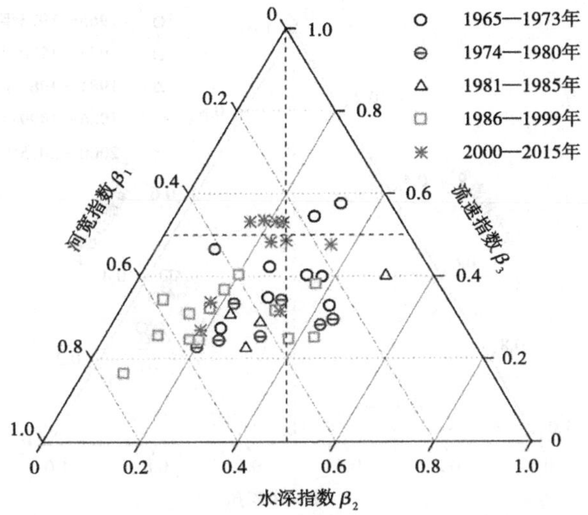

(c)夹河滩

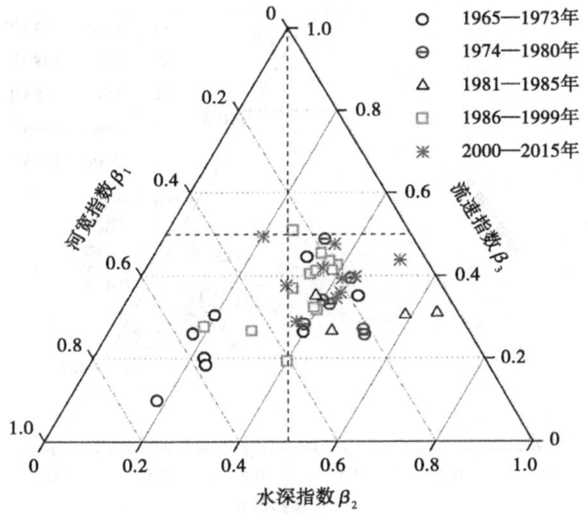

(d)高村

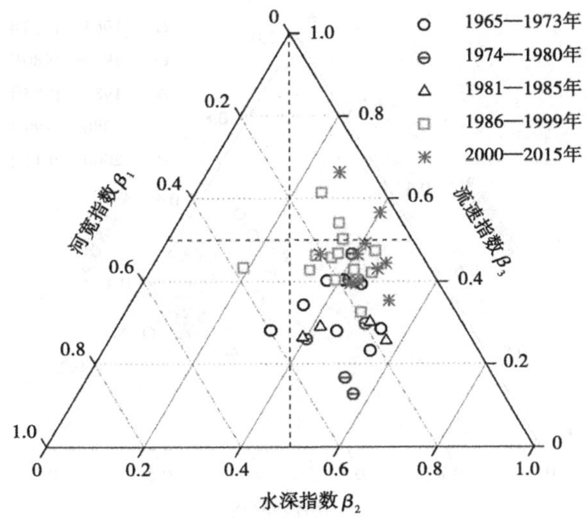

(e)孙口

续图 4

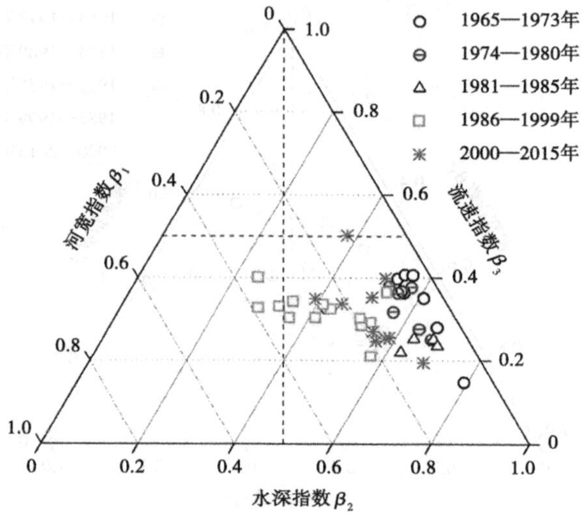

(f)艾山

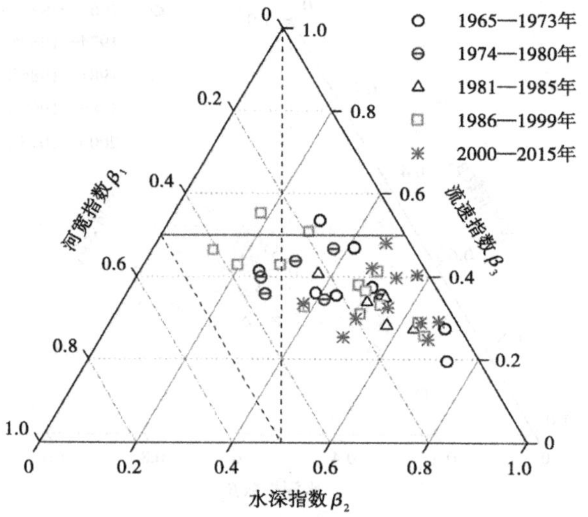

(g)泺口

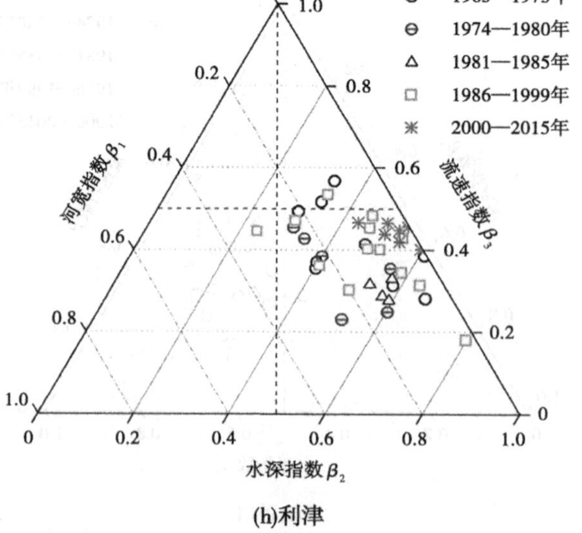

(h)利津

续图 4

可以看出，花园口和夹河滩除个别点外，各阶段河宽指数β_1、水深指数β_2和流速指数β_3相互关系的散点均位于$\beta_1>\beta_2$的游荡型河流区域；高村站1965—1973年大部分点位于$\beta_1>\beta_2$的游荡型河流区域，1974年后除个别点外仍位于游荡型河流区域外，大部分均位于$\beta_1<\beta_2$的非游荡型河流区域；孙口、艾山、泺口和利津四站各个时期$\beta_1-\beta_2-\beta_3$相互关系的样本点除个别点外，均位于$\beta_1<\beta_2$的非游荡型河流区域。说明断面河相关系中$\beta_1-\beta_2-\beta_3$相互关系图作为河型分类的标准同样适用于黄河下游，并且花园口和夹河滩站附近河段的游荡河型并未发生改变，而高村站附近河段的河型由1973年之前的游荡型转变为1973年后的非游荡型，孙口以下河段河型一直为非游荡型。这主要是由于20世纪60年代末和70年代初夹高段修建了大量的控导工程，控导工程长度可达河长两倍以上，很大程度上限制了河槽的摆动。

4 结论

（1）河宽指数沿程整体减小，花园口站由2000年前的0.5左右减小为2000年后的0.39，高村站由1974年前的0.46（大于夹河滩）减小为1974年后的0.2附近（明显小于夹河滩，与孙口较为一致）。水深指数沿程整体增加，花园口站小于0.2，夹河滩和高村站变化范围分别为0.2~0.34和0.27~0.51，孙口、艾山、泺口和利津站分别为0.38~0.47、0.44~0.65、0.42~0.52和0.45~0.56。流速指数孙口以上段波动较大，范围为0.26~0.46，泺口和利津站比较稳定，为0.35~0.42。对流量变化的响应调整，速率河宽下降、流速和水深增加。

（2）根据河宽、水深和流速指数三角关系图得出，花园口和夹河滩站附近河道游荡河型未发生改变，而高村站附近河道由1973年前的游荡型转变为1974年后的非游荡型。

参考文献

[1] 钱宁，张仁，周志德．河床演变学［M］．北京：科学出版社，1987.

[2] Grams P E, Schmidt J C. Streamflow regulation and multi-level flood plain for mation: channel narrowing on the aggrading Green River in the eastern Uinta Mountains, Colorado and Utah [J]. Geomorphology, 2002, 44: 337-360.

[3] Phillips J D. Toledo Bend Reservoir and geomorphic response in the lower Sabine River [J]. River Research and Applications, 2003, 19 (2): 137-159.

[4] David M, Labenne A, Carozza J-M, et al. Evolutionary trajectory of channel planforms in the middle Garonne River (Toulouse, SWFrance) over a 130-year period: Contribution of mixed multiple factor analysis (MFAmix) [J]. Geomorphology, 2016, 258: 21-39.

[5] 姚仕明，黄莉，卢金友．三峡与丹江口水库下游河道河型变化研究进展［J］．人民长江，2011，42（5）：5-10.

[6] 吴保生，马吉明，张仁，等．水库及河道整治对黄河下游游荡性河道河势演变的影响［J］．水利学报，2003（12）：12-20.

[7] 胡春宏，陈建国，刘大滨，等．水沙变异条件下黄河下游河道横断面形态特征研究［J］．水利学报，2006（11）：1283-1289.

[8] 李洁，夏军强，邓珊珊，等．近30年黄河下游河道深泓线摆动特点［J］．水科学进展，2017（5）：652-661.

[9] Rhodes D. The b-f-m diagram: graphical representation and interpretation of at-a-station hydraulic geometry [J]. American Journal of Science, 1977, 277: 73-96.

健全发展新质生产力体制机制　推进流域高质量发展的初步思考

刘　品　王鹏悦

（水利部发展研究中心，北京　100038）

摘　要：水利新质生产力是新质生产力的重要组成部分，发展水利新质生产力是当前和今后相当长时期推动流域高质量发展的内在要求和重要着力点。本文基于水利新质生产力的内涵，分析了发展水利新质生产力对提升流域管理的重要性，围绕水利标准体系、水利科技创新、新质水利人才、新型管理制度体系，提出了建立健全水利新质生产力体制机制的初步思考，就加快构建形成发展水利新质生产力体制机制，助推流域高质量发展提出了下一步工作建议。

关键词：新质生产力；流域管理；高质量发展；体制机制

流域管理是一项复杂的系统工程，涉及水资源的开发、利用、治理、配置、节约、保护等多个方面。随着社会经济的发展和生态环境保护意识的增强，流域管理不仅要保障防洪安全与水资源的合理利用，还要促进流域内的经济社会发展与生态环境保护相协调。在这一背景下，发展新质生产力，即以创新为主导，符合新发展理念的先进生产力质态，成为推动流域高质量发展的关键。本文将探讨如何在流域管理中健全发展新质生产力的体制机制。

1　新质生产力的内涵要义

2023 年 9 月，习近平总书记在黑龙江考察调研期间首次提到“新质生产力”。2024 年 1 月 31 日，在二十届中央政治局第十一次集体学习中，习近平总书记强调“发展新质生产力是推进高质量发展的内在要求和重要着力点”。2024 年《政府工作报告》将“大力推进现代化产业体系建设，加快发展新质生产力”列为十大工作任务之首。中共二十届三中全会强调，“高质量发展是全面建设社会主义现代化国家的首要任务”，要“健全因地制宜发展新质生产力体制机制”。

在新时代背景下提出的新质生产力强调创新作为引领发展的第一动力，通过颠覆性技术和前沿技术的突破，催生新产业、新模式、新动能。新质生产力以高科技为特征，包括新技术、新产业、新业态、新产品、新服务，以及知识技术密集、高附加值的产业。新质生产力追求高效能和高质量的发展，通过优化资源配置、提高生产效率，实现经济的可持续发展。新质生产力以全要素生产率的大幅提升为核心标志，反映了资源配置状况、技术水平、生产组织管理水平等。新质生产力充分体现了创新、协调、绿色、开放、共享的发展理念，是适应新时代经济发展要求的先进生产力，是推动经济高质量发展的重要动力[1]。

2　新质生产力在流域管理中的重要性

新质生产力的发展是推动流域高质量发展的内在要求和重要着力点。它不仅涉及技术创新，还包括制度创新、管理创新等多个方面。在流域管理中，新质生产力的发展可以提升水旱灾害防御水平，

作者简介：刘品（1987—），女，高级工程师，主要从事水资源管理、水价综合改革等水利政策研究工作。
通信作者：王鹏悦（1996—），女，工程师，主要从事水利统计、水利投融资等领域工作。

提高水资源的利用效率，实现经济社会更高质量发展。

2.1 新质生产力推动流域绿色转型

新质生产力的发展强调绿色转型，这与流域管理中生态保护的要求相契合。通过推动绿色转型，新质生产力有助于促进传统产业改造升级，构建特色优势现代产业体系，促进产业可持续发展。

2.2 新质生产力提升流域管理的智能化水平

科技创新是新质生产力的核心驱动力。在流域管理中，加强云计算、大数据、人工智能等新兴技术的应用，可以提高流域管理的智能化水平。通过建设数字孪生流域，实现物理流域与数字孪生流域的同步仿真运行，提升流域治理的科学化、精准化水平。

2.3 新质生产力促进流域水资源的科学配置

新质生产力的发展强调水资源的合理规划和高效利用。在流域管理中，新质生产力通过科技创新和智能化管理，有助于优化水资源配置，实现水资源的节约和保护。这方面包括但不限于强化地下水取水总量和水位控制，推动明晰区域水权，以及科学规划实施跨流域调水工程。

2.4 新质生产力推动流域治理管理的改革

新质生产力的发展要求全面深化改革，形成与之相适应的新型生产关系。在流域管理中，这方面涉及完善流域管理体系，强化流域管理机构在全流域防洪、监测、调度、监督等方面的职能，实现对干支流监管的全覆盖。同时，可大大加强全流域生态环境执法能力建设，完善跨区域跨部门联合执法机制[2]。

2.5 新质生产力增进流域一体化协调发展

流域管理中的区域协调是实现流域一体化发展的关键。新质生产力的发展有助于加强流域内各地区之间的合作，打破行政壁垒，促进资源要素的自由流动和高效配置。例如，通过强化优化流域省级河湖长联席会议制度，完善流域管理机构与省级河长办的协作机制，健全对流域内重要水利工程的全链条指导监督。

3 健全发展流域管理新质生产力体制机制的主要任务设想

习近平总书记在党的二十届三中全会上指出“当前，推动高质量发展面临的突出问题依然是发展不平衡不充分”。水的流域性特点，使得水利发展不平衡不充分问题，集中体现在以流域为单元的空间尺度上。健全发展流域管理新质生产力体制机制须从这一基本矛盾出发，统筹标准体系建设、水利科技创新、水利人才培养等多个方面，努力构建与之相适应的新型生产关系。

3.1 以健全水利标准体系为推动引领

水利技术标准体系是发展水利新质生产力、推进水利高质量发展的重要基础[3]。李国英部长指出，要深刻认识水利技术标准对加快发展水利新质生产力、扎实推进水利高质量发展的导向性、引领性、推动性、基础性作用，坚持统筹高质量发展和高水平安全，加快建设有利于发展水利新质生产力、扎实推进水利高质量发展的水利技术标准体系。要着眼推动流域高质量发展需要，统筹推进水旱灾害防御、国家水网建设、促进资源集约节约利用、复苏河湖生态环境等相关领域技术标准的制修订，以新标准体系促进流域绿色发展。

3.2 以坚持水利科技创新为战略支撑

集中力量开展原创性、引领性水利科技攻关。加强水利科学基础研究，强化水利科技创新平台建设，提高水利科技成果转化和产业化水平。推动学科交叉融合，鼓励跨学科研究，促进水利科技创新在多领域的应用。提升水利科技创新能力，加强云计算、大数据、人工智能等新新技术的应用，提高流域管理的智能化水平。建设数字孪生流域，实现物理流域与数字孪生流域的同步仿真运行，提升流域治理的科学化、精准化水平，以源源不断的科技创新支撑新质生产力快速发展和流域协同可持续发展。

3.3 以培育新质水利人才为根本任务

在新时代背景下，水利行业正经历着从“资源水利、工程水利”向“生态水利、智慧水利”的转型。这一转型对水利人才队伍的素质和能力提出了更高的要求。培育新质水利人才队伍成为水利行业改革发展的根本任务[4]。分层分类系统布局人才培养，重点培养具有战略科学家潜质的高层次复合型水利人才和能够引领水利各业务领域发展的领军人才，同时关注青年人才培养，探索“项目-团队-平台”多要素联动，结合不同流域特点构建全链条人才培养体系。

3.4 构建与新质生产力相适应的新型管理制度体系

发展新质生产力必须进一步全面深化改革，形成与之相适应的新型生产关系。这包括完善水资源管理体制，强化流域管理机构的职能和责任，推动流域与区域的协同发展。同时，要创新生产要素配置方式，着力推进水利基础设施网络管理现代化，以流域为基本单元，通过实施防洪提升工程和跨流域跨行政区河湖系统治理，提升水安全和水生态保障。从全流域出发统筹建立干流与支流、地表水与地下水、当地水与外调水、常规水与非常规水的优化配置机制。系统完善监测计量体系，建立流域水资源承载能力监测预警机制，定期开展流域和特定区域水资源承载能力评价。加快推进相关法律法规的立法进程，加大水资源领域突出问题的执法力度，为流域管理提供法律保障。

4 结语

在流域管理中健全发展新质生产力体制机制，是一项系统工程，具有长期性、复杂性、艰巨性等特点，需要政府、市场、社会各方的共同参与和协同努力。下一步健全发展新质生产力体制机制，助推流域高质量发展，建议在以下四个方面协同推进：

一是政策协同。政策制定和实施中，注重强化相关部委、流域管理机构、地方政府等多个政策主体之间的协调与统一，在确保防洪、供水及生态效益的同时，兼顾流域沿岸经济社会发展和增进民生福祉，着力降低政策冲突与抵消的可能性，提高政策协同度。

二是规划协同。一方面，要坚持流域管理机构规划的引领地位，注重流域的系统性、整体性和流动性特征；另一方面，也要统筹上中下游生态保护和高质量发展的区域差异，充分关照流域沿线地方政府的积极性和现实需要，健全形成“流域统筹、充分协调、广泛参与”的规划机制。

三是央地协同。着眼落实习近平生态文明思想和“节水优先、空间均衡、系统治理、两手发力”治水思路，着力破解涉水权责边界不清晰、信息流通不顺畅、认知理解有偏差等固有难题，引导流域沿线地方政府积极主动考虑流域整体利益，从兼顾流域与地方利益、促进高质量发展的角度出发协同行动，提高流域统一管理水平。

四是技术协同。面向流域高质量发展实际需求，有效统筹国家实验室、科研院所、高校、企业等多方科技力量，协同开展重点问题研究，持续提升数字孪生流域建设水平，为流域管理提供更及时有力的数据支撑和决策支持。

参考文献

[1] 左其亭，秦西，马军霞．对水利新质生产力的理解及发展思考［J］．中国水利，2024（6）：21-25.

[2] 李肇桀，张旺，刘璐．大力发展新质生产力助推水利高质量发展：关于水利行业发展新质生产力的认识和思考［J］．水利发展研究，2024（6）：1-6.

[3] 谷树忠．系统推进水利高质量发展［J］．中国水利，2021（2）：1-2.

[4] 张智涌，陆健，高键，等．新质生产力技能人才培养路径研究：“智慧+”高职人才培养体系迭代升级［J］．四川水利，2024，45（2）：195-198.

智能化技术在水利工程中的应用现状分析

郭凯歌

（河南建筑职业技术学院，河南郑州　450064）

摘　要：随着科技的发展，智能化技术在水利工程领域的应用越来越广泛。本文旨在探讨智能化技术在水利工程中的应用现状。首先对智能化技术进行了概述介绍，随后分析了智能化技术的应用现状，包括防洪减灾、河湖管理、水生态保护、工程结构安全检测四方面。探讨了智能化技术在水利工程管理中的挑战，包含数据获取与处理难、技术稳定性与可靠性、技术局限性与安全性、人才培养与团队建设、政策与法规五方面，并提出相应对策，以促进智能化技术在水利工程中的可持续发展。

关键词：智能化技术；水利工程；应用；对策；挑战

水利工程是国家基础设施建设的重要组成部分，对于促进社会经济发展有重要意义。然而，随着智能化技术的发展，传统的水利工程管理模式存在诸多不足，如监测手段落后、数据分析不准确等。智能监测技术、智能建模与仿真技术、智能施工技术、智能调度与管理技术、智能预警与应急处理技术等智能化技术，不仅能够提高水利工程管理的效率和安全性，还能够为工程管理提供新的思路与方法。在这一背景下，引入智能化技术，构建智能化水利工程管理体系成为保障水利工程安全稳定运行的必然趋势。

1　智能化技术概述

智能化技术包括人工智能、物联网、大数据、云计算等多种现代信息技术。这些技术具有自我学习、自我优化和自主决策的能力，能够实现对水利工程的实时监测和精准分析。通过智能化技术的应用，可以实现对水利工程的全面感知和互联互通，从而提升水利工程的整体效能和安全性。近年来，智能化技术在水利工程中的应用十分广泛，具体包括以下方面：通过传感器、物联网等手段建模，实现对水利工程全方位、多层次的监测[1]；大数据分析技术可以对水利工程的历史运行数据、水文气象数据等进行深度挖掘和分析，为调度决策提供支持[2]；通过建立灾害预警模型[3]，结合实时监测数据和气象预报信息，提前发出预警信号，为人员疏散和应急处置争取时间；智能化的应急指挥系统可以实现对突发事件的快速响应和协调指挥；利用地理信息系统（GIS）和三维建模技术[1]，构建水利工程所在区域的地形地貌、地质结构等模型，进行数值模拟和仿真分析，预测水利工程在不同工况下的运行效果，如洪水演进、水流运动、泥沙淤积等。

2　智能化技术在水利工程中的应用现状

水利科学是人类为解决生存和发展的需要而研究的对自然水域进行控制和调配的技术理论和知识体系。智慧水利建设的加速推进对水利科学的快速稳定发展提出了新的要求，也为智能化技术在水利中的应用提供了方向。目前，智能化技术在水利工程中的应用主要是在防洪减灾、河湖管理、水生态保护、工程结构安全检测等方面[4]。

2.1　防洪减灾

智能化技术在防洪减灾方面的具体应用主要体现在以下两方面。

作者简介：郭凯歌（1991—），女，助教，主要从事工程管理方面的工作。

（1）精准预测与预警。

通过整合历史水文数据、气象观测资料、卫星遥感图像等多源数据，并利用先进的算法模型，实现对洪涝灾害的精准预测。智能预测系统能够提前揭示降雨趋势、洪水演进路径等关键信息，为防汛决策提供科学依据[5]。利用物联网技术，在河流、湖泊、水库等关键区域部署传感器和摄像头等设备，实时监测水位、降雨量、土壤湿度等关键数据。若数据异常，触发预警机制，将预警信息迅速传达至各级防汛机构、应急管理部门，为防灾减灾工作争取时间。

如数字孪生北江系统在北江特大洪水防御中发挥了重要作用。该系统基于省级数字孪生平台，聚焦“防洪工程体系联合优化调度”，实现了全要素监视分析、实时滚动超前预报、水工程联合调度等功能，为防汛指挥提供了重要支撑。

（2）智能调度与决策支持。

防洪减灾中的智能调度系统能够综合考虑降水、蓄水、供水、排水等多个环节，制定科学合理的防洪预案。在洪水期间，系统可以实时监测水位变化，预测洪峰出现的时间和位置，提前采取措施如调整水库蓄水量、加强堤防巡查等。通过集成应用机器学习、深度学习等人工智能技术，防洪减灾系统能够实现对洪涝灾害的智能分析和预测，并为管理者提供更加科学、精准的决策建议。

如 UFIM 模型（城市复杂地表暴雨内涝智能模型），通过接入气象预报数据、地形数据和雨水管网数据，利用算法模拟出未来城市雨水管网负荷情况，并绘制出地面积水空间分布图。该模型在汛情期间能够提前预判积水点，为城市防涝提供高效决策和快速反应处置能力。

2.2 河湖管理

河湖管理是对河流、湖泊、水库等水域资源进行管理，包括水环境治理、水生态保护与开发等多个方面。传统的河湖管理主要依靠人工定期进行现场的巡查、检测和记录，效率低下、数据不够精准同时难以实时监测和预警[1]。卫星遥感技术、无人机技术、大数据与云计算技术等智能化技术的发展，能够有效提升河湖管理的效率与水平。

通过在河湖周边及关键位置安装各类传感器，如水位计、流量计、水质监测仪等，可实现对河湖水位、流量、水质等关键指标的实时监测与数据采集。例如，在黄河流域，145 处水文站、93 处水位站、900 处雨量站和 17 处水土保持监测站点形成了现代化监测站网，3 411 个水情站点实现了实时报汛。

通过机器学习、深度学习等算法，系统能够自动识别异常模式，实现洪水、干旱等自然灾害的智能预警。例如，黄河勘测规划设计院有限公司自主研发的分布式洪水预报模型，在迎战台风“杜苏芮”时，准确、快速地预报了黄河一级支流伊洛河主要控制站的洪水过程。

2.3 水生态保护

智能化技术在水生态保护方面的应用，正逐步成为推动水资源可持续利用和生态环境保护的重要力量。通过集成物联网、大数据、人工智能等先进技术，可以实现对水生态系统的实时监测、精准预测与科学决策，从而有效地提升水生态保护和修复的效率与质量。

在水生态保护中，智能化监测与预警系统发挥着至关重要的作用。这些系统利用物联网技术，在关键水域部署各类传感器，实现对水质、水量、水生生物等关键生态指标的实时监测。如青岛市崂山区通过构建“水利+水务”全业务管理的管理平台，实现了从源头水到“龙头”水的全面感知。该项目依托崂山区政务云、水利感知平台等资源，通过前端感知设备数据的统一接入和转发，实现了对水质、水量、水利设施的实时监测。

水生态巡查可结合无人机和视频监控技术。无人机可以高效覆盖广阔水域，快速发现疑似问题点，而视频监控则可以对重点区域进行持续、稳定的监测。如武夷山市构建了市级河长制智能化生态巡查平台中心，在关键区域布局高清视频监控体系，形成全面覆盖、无缝衔接的网格化视频监管网络。这种“人工+智能化”的巡查方式，为武夷山市长达数百千米的河流提供了全方位、全区域、全天候的管护。

2.4 工程结构安全监测

水利工程结构安全涉及大坝、闸门、水库等水利设施。传统的水利工程安全监测以人工定期现场巡检为主，数据传递速度慢且提供的实时数据有限。智能化技术在水利工程结构安全监测方面的应用，正逐步成为提升水利工程安全性和管理效率的重要手段。通过集成物联网、大数据、人工智能等先进技术，可以实现对水利工程结构的实时监测、精准预警与科学决策，从而有效保障水利工程的安全运行。

例如，大藤峡水利枢纽工程系统研究了水闸智能化监测控制技术的应用[6]。通过先进传感器布设、数据传输与管理优化、智能控制和健康评估模型构建等措施，实现了水闸运行状态的实时感知、故障的早期预警和闸门的精准控制。四川省凉山彝族自治州梯级水库通过深度学习，利用人工蜂群（ABC）算法和反向传播（BP）神经网络算法改进的 ABC-BP 模型，不仅提高了拟合和预测能力，而且克服了局部最优问题的困扰[7]。锦屏一级拱坝通过机器学习构建了一种基于 PCA-LSSVM 的组合模型，并提出了一种质心变形法，相比传统算法在拟合效果和预测能力方面有显著提升。

3 智能化技术在水利工程应用中的挑战与对策

智能化技术在水利工程中的应用，为水利领域的科学持续发展带来了新的可能。然而，智能化技术在水利工程中的应用也面临着诸多挑战。目前，智能化技术主要存在以下几方面问题，下面通过问题分析提出相应对策。

3.1 数据获取与处理

数据是智能化技术的核心驱动力，在水利工程中，涉及的数据种类繁多，包括水文、气象、地质、生态等多个方面，这些数据往往分散在不同的部门和机构中，难以实现有效的整合和共享。此外，由于水利工程环境的复杂性和多变性，数据的实时性和准确性也面临着严峻的挑战。

为了应对这一问题，需要加强数据基础设施的建设，提高数据收集和处理的效率。例如，可以通过建立统一的数据标准和接口，实现不同部门之间的数据共享和交换。同时，利用先进的传感器和遥感技术，实时获取水利工程现场的数据，为智能化技术的应用提供有力的支持。

3.2 技术稳定性与可靠性

水利工程环境复杂多变，目前智能化技术在水利工程中的应用还处于初级阶段，技术的稳定性和可靠性尚待提高。例如，在洪水预警和调度方面[8]，如果智能化系统的预测结果不准确或存在偏差，可能会给水利工程的安全运行带来严重的风险。

为了解决这个问题，需要加强技术研发和创新，提高智能化技术的稳定性和可靠性。例如，可以通过引入先进的算法和模型，提高预测结果的准确性和精度。同时，加强系统的维护和保养，及时发现和解决潜在的技术问题，确保系统稳定运行。

3.3 技术局限性与安全性

智能化技术本身也存在一定的局限性和安全性问题。例如，人工智能算法可能会受到数据偏差、算法缺陷等因素的影响，导致预测结果不准确或存在偏差[9]。此外，智能化系统也可能面临网络安全、数据泄露等风险，给水利工程的安全运行带来潜在的威胁。

为了应对这些挑战，需要加强技术研发和创新，提高智能化技术的安全性和可靠性。例如，可以通过引入先进的加密技术和安全防护措施，确保系统的网络安全和数据安全。同时，加强对智能化技术的监管和评估，及时发现和解决潜在的安全问题。

3.4 人才培养与团队建设

智能化技术的应用需要高素质的人才和专业的团队来支持。然而，目前水利工程领域的人才培养和团队建设还存在一定的不足，缺乏具备跨学科知识和技能的复合型人才，难以满足智能化技术应用的需求。

为了解决这个问题，需要加强人才培养和团队建设。例如，可以通过加强学科交叉和融合，培养具备多学科知识和技能的复合型人才。同时，加强团队建设和管理，提高团队的协作能力和创新能力，为智能化技术的应用提供有力的人才保障。

3.5 政策与法规

智能化技术在水利工程中的应用还受到政策和法规的制约。目前，相关的政策和法规尚不完善，难以适应智能化技术发展的需求。例如，在数据共享和交换方面，缺乏明确的法律条款和规定来保障数据的合法性和安全性。

为了解决这个问题，需要加强政策和法规的制定和完善。例如，可以制定相关的法律条款和规定来明确数据的共享和交换规则，保障数据的合法性和安全性。同时，加强对智能化技术的监管和评估，确保技术的合规性和合法性。

4 结论与展望

智能化技术在水利工程中的应用前景广阔。通过不断的技术创新和应用实践，可以进一步提升水利工程的智能化水平和应急响应能力，为保障人民的生命财产安全、促进经济社会可持续发展作出更大的贡献。本文通过对其应用现状探讨，总结了现阶段所面临的挑战，提出未来智能化技术的发展还需要加强数据基础设施的建设、加强技术研发和创新、加强人才培养和团队建设、加强政策和法规的制定和完善等对策。未来，随着技术的不断进步和应用场景的拓展，智能化技术将在水利工程中发挥更加重要的作用。

参考文献

[1] 李桂峰．智能化水利施工的现状与发展趋势［J］．中国高新科技，2024（12）：99-100，145.

[2] 蒋云钟，冶运涛，赵红莉，等．智慧水利解析［J］．水利学报，2021，52（11）：1355-1368.

[3] 张珂，牛杰帆，李曦，等．洪水预报智能模型在中国半干旱半湿润区的应用对比［J］．水资源保护，2021，37（1）：28-35，60.

[4] 孙亮，王瑞国，袁瑞，等．人工智能技术在智慧水利中的应用与展望［J］．中国水利，2024（3）：44-51.

[5] 潘业路．基于智能化安全监测的水利水闸管理研究［J］．网络安全和信息化，2024（2）：80-82.

[6] 胡自勍．水利工程中的水闸智能化监测控制技术研究：以大藤峡水利枢纽工程为例［J］．农业开发与装备，2024（8）：153-155.

[7] 张建云，刘九夫，金君良．关于智慧水利的认识与思考［J］．水利水运工程学报，2019（6）：1-7.

[8] 刘家玮，刘波，龚梦星，等．基于决策树算法的山洪灾害三维动态预测模型［J］．计算机与数字工程，2018，46（11）：2183-2190.

[9] 石晴宜，董增川，罗赟，等．基于机器学习方法的洪泽湖入湖水质评价及预测研究［J］．中国农村水利水电，2021（12）：53-59.

数字金融助推黄河水资源保护的跨区域补偿机制研究

仝菁菁[1]　刘林林[2]

（1. 山东润泰水利工程有限公司，山东泰安　271000；
2. 济南黄河河务局，山东济南　250031）

摘　要：黄河流域生态保护和高质量发展是重大国家战略，其中水资源保护涵养是核心任务。如何设计下游地区对水资源保护涵养的中上游地区的用水补偿机制，提升水资源保护水平，对黄河流域生态保护和高质量发展战略实施有重要意义。

关键词：黄河流域；生态保护；用水补偿机制

现有政策对水资源分配指标多倾向于下游地区，而中上游地区承担水资源保护涵养的重任，水资源配额低、限制发展污染产业、注重水资源涵养，使得中上游地区发展受到较大制约。一方面中上游需要保护水土、湿地和涵养水源，造成“上游付出，下游受益”的局面，导致中上游资金收入不足，水资源保护可持续发展受限；另一方面缺少节水激励机制，水资源利用效率低下，制约了黄河流域生态保护与高质量发展战略目标实现。

1　国内外相关研究评述

1.1　黄河流域水资源保护和利用的补偿机制研究

2021 年 10 月 8 日，中共中央、国务院印发的《黄河流域生态保护和高质量发展规划纲要》发布，其中黄河流域水土保持、水资源涵养是黄河流域生态保护和高质量发展的核心要素。习近平总书记在 2019 年 9 月 18 日郑州召开的黄河流域生态保护和高质量发展座谈会上指出黄河流域各地区发挥比较优势，上游“保护生态，涵养水源”、下游“集约发展”，构建高质量发展的动力系统。

1987 年 9 月，国务院下发《黄河可供水量分配方案》，确立各省黄河水资源指标分配额度。由于黄河水量减少，各地用水需求增加，水资源分配难以协调，导致“八七分水”方案一直未做调整。“八七分水”方案以牺牲黄河上游经济发展为代价，向下游的发展提供了水资源，但是并没有制定对应的生态补偿方案[1]。早期关于黄河水资源补偿研究集中在水权转换的补偿研究，即以成本的形式计算节水工程、农业风险、环境生态及经济损失等费用占比[2-3]。另外，也有学者针对黄河水环境污染问题提出了跨省界的补偿方案[4]（余真真等，2017）。2020 年财政部、水利部等四部委出台《支持引导黄河全流域建立横向生态补偿机制试点实施方案》，但支出资金主要来源于中央财政水污染防治资金。

1.2　数字金融技术对水资源保护和利用的推动作用

随着大数据、人工智能、分布式记账和人工智能与金融产业的深度融合，数字金融技术对经济社会产生了重要的影响。物联网收集了大量的微观企业及用户数据，人工智能和云计算大大提升了数据分析与计算效率，区块链支持数据的实时更新以及共享，大大降低了企业和用户之间的信息不对称

作者简介：仝菁菁（1990—），女，工程师，主要从事水利工程施工管理方面的工作。
通信作者：刘林林（1990—），女，工程师，主要从事水利工程管理方面的工作。

性，有助于对企业和用户进行风险评估、潜在需求挖掘及风险应对和处理水平，也增强了金融服务可得性，为解决中小微弱主体面临的融资约束问题提供了可行办法[5]。

当前文献对数字金融技术助推黄河流域生态保护和高质量发展的研究偏重于新旧产业发展、污染绿色产业发展、城乡发展等。对水资源保护治理可以借鉴数字金融技术对绿色产业发展与生态治理的相关文献，从数字金融技术的作用效果和路径来看，主要体现在“增量补充”和“存量优化”两个方面[6]。所谓“增量补充”，即数字金融技术的长尾效应有效地吸纳了市场中的金融资源并转化为有效供给。所谓“存量优化”，是指数字金融技术针对传统金融机构和业务进行深度优化提升质效。

总体而言，数字金融技术借助云计算、大数据、分布式记账、区块链、网络征信等技术，能够降低经济系统内部存在的信息不对称性，有效匹配传统企业和资源供给者之间的资本配置需求，减少经济系统中存在的资本错配现象，改善中小企业、落后地区的融资环境。黄河流域上游地区即使水资源保护的主要地区，经济落后、金融发展水平较低及企业融资能力较差。对于利用数字金融技术建立水资源横向跨区域补偿机制，改善水资源保护涵养工程的融资环境，现有文献较少，有一定的局限性：一是关注黄河流域高质量发展的不同维度，对水资源保护利用的区域协调联动发展重视程度相对不足；二是偏重于宏观层面中央地方财政转移支付，缺少微观层面补偿机制的设计。

2　数字金融助推黄河水资源保护的跨区域补偿机制研究

2.1　黄河流域不同地区水资源开发分配偏差测度

黄河水资源保护的跨区域补偿机制设计，需要根据水资源保护涵养成本和使用分配偏差进行补偿。在开发端维度，黄河流域各省份需要统计黄河及支流水资源保护涵养支出、水涵养量、水生态指标，采用主成分分析法及熵值法构建水资源保护涵养的综合评价指标体系。用水资源保护涵养指标分别除以黄河水资源保护的地方财政支出数据和中央转移支付数据，得出各省份黄河水资源保护涵养财政依赖度指标体系。在分配端维度，基于国家对各地区水资源分配指标，运用 Datt-Ravallion 分解、Shapley 分解等方法构建水资源配额对各地区经济增长、财政收入的贡献度指标体系。从开发端和分配端耦合维度，运用 Dagum 基尼系数法，对比分析各地区水资源保护涵养和使用分配的偏差程度。

2.2　黄河水资源跨区域补偿平台设计的制约因素

水资源分配的宏观层面，需要考察区域整体及城市群用水消费的时空分异特征及演变规律，并从人口、生态、农业和工业发展方面识别影响用水量的关键因素，基于水资源配置的顺序共享规则（sequential sharing rules，SSR）建立各省份、城市和县域的水资源指标配给模型。水资源分配的微观层面，需要设计征收水资源使用税为水资源保护涵养的跨区域补偿方式，通过政策仿真模拟设计最优的跨区域补偿方案，即水资源指标交易价格税率（水资源使用补偿率）。

水资源保护的宏观层面，需要考虑不同地区 GDP、财政收入、诚信环境、市场化程度、商业银行、农村信用社、村镇银行及网络信贷等因素对水资源保护涵养支出的影响。水资源保护的微观层面，需要考虑沿黄生态工程建设企业的异质性、资产规模、主营业务收入、营业利润、留存收益等因素，以及制约黄河中上游水源涵养、水土保持、湿地建设、退耕还林等收入支出对企业融资的影响。

2.3　数字金融技术对黄河流域水资源保护跨区域补偿的机制

当前制约黄河流域水资源保护跨区域补偿机制的主要原因在于，难以有效整合各地区、县域的水资源保护支出收益的财政转移系统。运用数字共享技术，建立分布式记账系统能够有效整合不同区域财政系统、金融系统及水资源交易系统（见图 1）。可以将全流域的农业水资源配额、中上游的水资源涵养保护支出纳入系统，采用 Shapley 贡献率分析法计算得出水资源保护涵养支出对全流域 GDP 的贡献率，并基于此从各省水资源财政收入中提取水资源保护涵养补偿基金，对上游地区按水资源保护涵养支出比重计算，转入其可支配的水资源补偿基金，实现水资源指标分配的跨区域补偿。

2.4　黄河流域水资源保护跨区域补偿平台设计

在黄河水资源分配方面，通过数字金融技术设计水资源保护和集约利用分布式应用服务平台，建

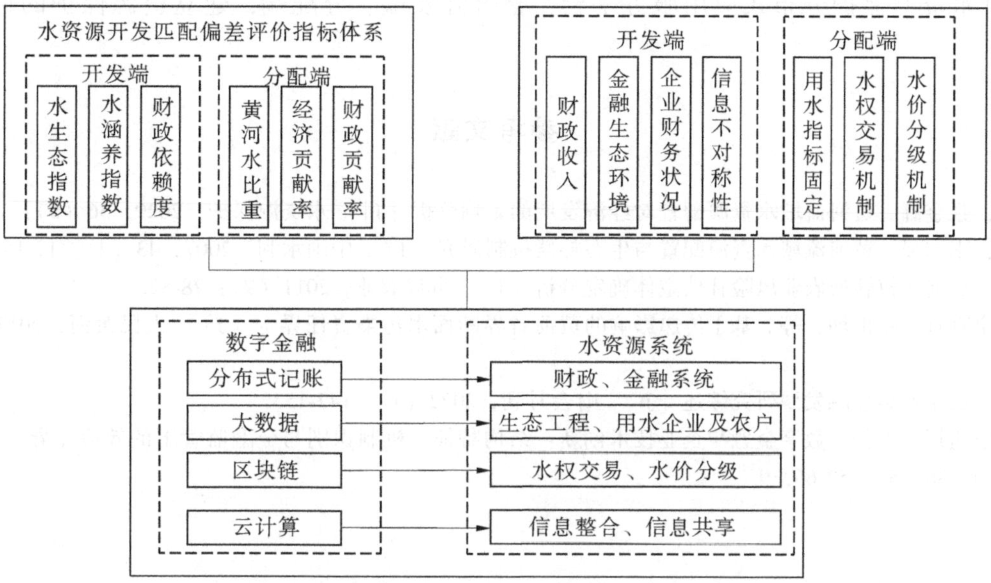

图1　数字金融技术对黄河流域水资源保护跨区域补偿机制

立水资源补偿基金，并按比例提取各省市县域政府间水资源指标交易收入及水资源使用税收入，将其计入水资源补偿基金（见图2）。根据各地区水资源保护涵养和使用分配的偏差程度，计算跨区域水资源指标补偿比例，按比例提取转入上游省份水资源保护补偿基金。在水资源补偿基金使用方面，利用数字技术搭建区域协同数字金融平台，设计财政和金融机构接入系统，实现水资源财政资金—水资源补偿基金—水资源保护涵养补偿基金提取和使用，利用数字金融产品和网络信贷实现对生态工程建设企业的融资支持。

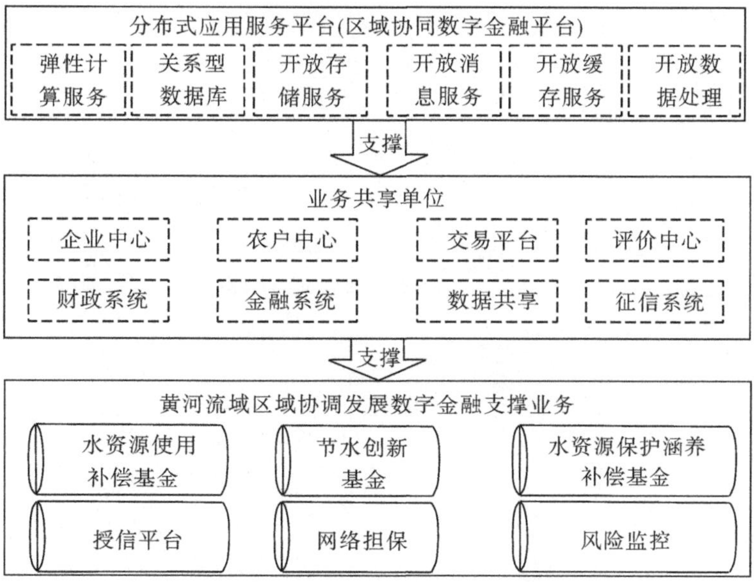

图2　黄河流域水资源保护跨区域补偿平台

3　结论

本文在黄河流域生态保护和高质量发展的背景下，探寻黄河流域水资源保护存在的主要问题，构建“开发端-分配端”的分析框架，基于水资源开发分配偏差综合评价指标体系，测度不同地区水资源开发分配的偏差程度。通过探讨水资源的分配偏差指数和融资约束理论，分析制约水资源保护和利用跨区域补偿的因素，然后探讨如何利用数字金融技术缓解上述约束因素的影响。最后，借助数字金融技术设计水资源保护分布式应用服务平台，整合开发端、分配端，建立资源保护的跨区域补偿机制。

参考文献

[1] 王志刚，张金辉．黄河流域水资源配置对经济发展的影响分析［J］．水资源保护，2020，36（5）：1-6.

[2] 何宏谋，李志强．黄河流域水资源配置与生态补偿机制研究［J］．中国水利，2007，43（4）：12-15.

[3] 李鸿雁．黄河水权转换农业风险补偿主体确定分析［J］．世界农业，2011（9）：78-82.

[4] 闫莉，余真真，张世坤，等．基于传递影响的黄河省界断面水污染责任界定［J］．人民黄河，2017，39（12）：71-76.

[5] 周璐瑶．数字普惠金融发展研究综述［J］．财会月刊，2022（1）：147-153.

[6] 唐松，伍旭川，祝佳．数字金融与企业技术创新：结构特征、机制识别与金融监管下的效应差异［J］．管理世界，2020，36（5）：52-66，9.

黄河下游“二级悬河”发育现状、危害及治理对策分析

暴入超　陈擎桢　樊春艳

（黄河勘测规划设计研究院有限公司，河南郑州　450003）

摘　要：黄河下游“二级悬河”发育严重对下游河道防洪安全构成威胁。本文对“二级悬河”形成原因及过程进行分析，系统梳理了各河段现状“二级悬河”发育情况。从对堤防、现状河道治理格局及滩区经济发展等多方面分析“二级悬河”发育的危害，分析了“二级悬河”综合治理措施。考虑改善不利河道形态、减轻堤防顶冲威胁及提高堤防抗冲能力等因素，提出了五个“二级悬河”治理方案，利用数学模型和物理动床模型并考虑其他方面影响，对各方案进行效果评价。通过对各滩区特征、“二级悬河”危害及各方案优劣分析，考虑因滩施策、分步实施提出“二级悬河”治理措施。

关键词：黄河下游；“二级悬河”治理；数学及物理模型分析；因滩施策

黄河下游河道不仅是“地上悬河”[1]，而且是“槽高、滩低、堤根洼”的“二级悬河”。滩区横比降发育、堤河连续分布，洪水漫滩后易形成“横河”“斜河”“滚河”向堤防顶冲，危及河道及堤防防洪安全。本文梳理了“二级悬河”形成过程及发育现状，深入分析了“二级悬河”危害，综合考虑工程及非工程措施后，提出了“二级悬河”综合治理对策。

1　“二级悬河”发育现状

1.1　“二级悬河”形成过程

在天然的来水来沙条件下，不同的水沙条件对滩地、主槽冲刷的影响也不同，但在长期的发展过程中，基本呈现滩槽同步抬高的趋势。1960 年，三门峡水库投入运用，同时遇到黄河多沙期，年均沙量 16.3 亿 t，由于水库“滞洪排沙”运用，经常出现“小水带大沙”的不利水沙组合，加之在 1958 年号召建设生产堤等因素，主槽及嫩滩淤积严重，东坝头以下河段“二级悬河”发育逐步明显。20 世纪 70 年代中期至 80 年代中期，废除了一部分生产堤，三门峡水库实行“蓄清排浑”运用方式，加之水沙条件较为有利，几乎每年都发生 5 000 m^3/s 以上的洪水。该时期“二级悬河”没有再持续发展。1986—2000 年，龙羊峡、刘家峡水库投入运用，沿程工农业用水增加，进入黄河下游的径流量减少、流量过程调平、洪水频次和洪峰流量降低，汛期日均流量不足 1 000 m^3/s，加之生产堤等作用，减少了漫滩洪水次数，下游主槽及嫩滩进一步淤积，“二级悬河”发育严重。2000 年以来，小浪底水库投入运用，由于水库拦沙和调水调沙作用，黄河下游主槽发生冲刷，滩面滩唇高于大堤临河侧的形态没有变化，见图 1、图 2。

1.2　“二级悬河”发育现状

本次研究从“二级悬河”发育导致水流横向流动对河道及堤防产生的危害的机制分析，以滩面横比降（滩唇高程与临堤区域滩面平均高程差值除以滩面宽度）及堤河发育情况，说明“二级悬河”发育断面特征。黄河下游河道现行滩面一般高于背河地面 4～6 m，最大可达 10 m 以上，形成一级悬

作者简介：暴入超（1984—），男，高级工程师，主要从事流域综合规划、河道防洪治理、滩区治理等相关工作。

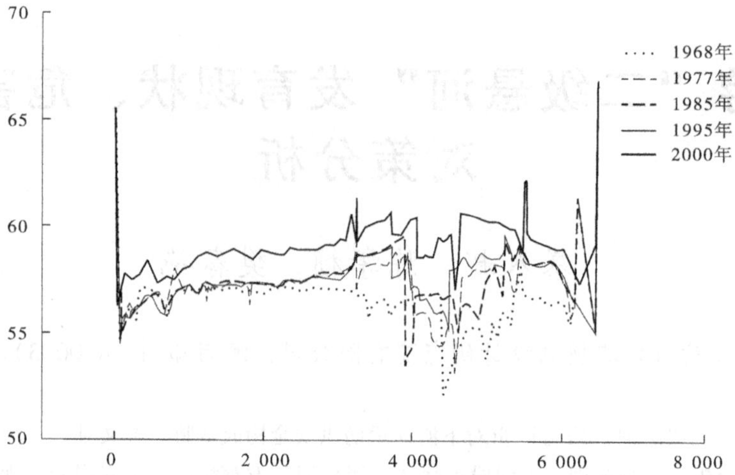

图 1 双合岭历史断面

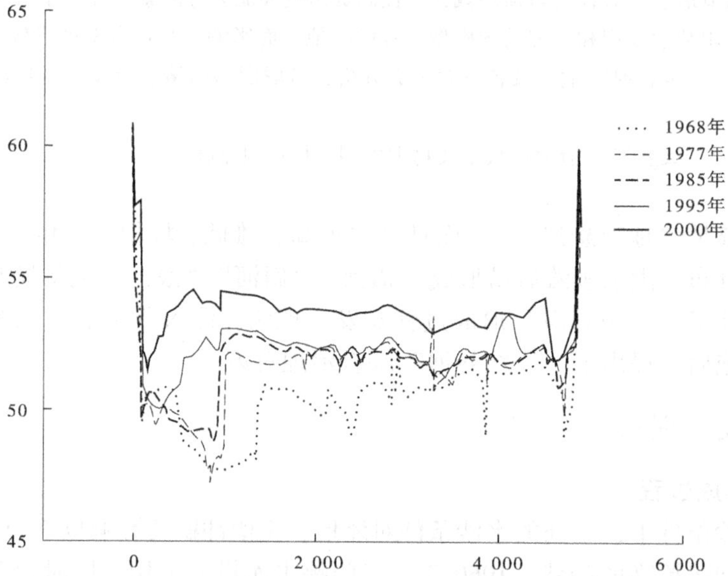

图 2 史楼历史断面

河。“二级悬河”各河段发育情况不同，京广铁桥—东坝头河段横比降发育并不严重，左岸存在连续堤河；东坝头至陶城铺河段，滩唇与堤脚高差大，横比降远大于河道纵比降，“二级悬河”形势严峻。其中东坝头至高村河段，左岸滩区除堤河外滩面平均横比降为-4.41‱，是河段纵比降的 2.5 倍，右岸滩区除堤河外滩面平均横比降为-5.41‱，是河段纵比降的 3 倍；高村至陶城铺河段，左岸滩区除堤河外滩面平均横比降为-7.85‱，是河段纵比降的 6.5 倍，右岸滩区除堤河外滩面平均横比降为-9.02‱，是河段纵比降的 7.5 倍；陶城铺以下河段滩面宽度较窄，“二级悬河”形态明显，该河段“二级悬河”问题也不容忽视。

2 “二级悬河”危害分析

2.1 “二级悬河”危及堤防安全

洪水漫滩后，易冲毁生产堤薄弱段，在串沟、堤河等地势低洼区域形成集中过流，顶冲大堤。实测洪水中，1976 年，花园口站 8 000 m^3/s 以上流量持续 7 天，洪水上滩，沿串沟冲向堤防，濮阳耿密城、鄄城刘口、章丘西王常、高青孟口等堤段出现了淘刷堤根、堤坡坍塌等严重险情，最深处堤防塌宽 8 m、厚 3 m。王卫红、李勇[2] 采用平面二维水沙数学模型和坡面泥沙起动公式分析黄河下游堤防启动流速，结合 1958 年、1982 年和 1996 年实测堤防顺堤流速及堤防破坏分析情况，提出黄河下游大堤临界抗冲流速约为 0.8 m/s。饶庆元[3] 分析提出荆江中粉质壤土和轻粉质壤土抗冲流速为 0.8~1.2 m/s，黄河下游土质多为中粉质和轻粉质特性，抗冲性能可参考。任艳[4] 等研究黄土区杨凌黏壤土、延安砂质黏壤土、周至黏壤土、志丹砂质壤土、靖边砂质壤土五种土壤抗冲性试验，提出当水流流速达到 1.17~1.32 m/s，五种土壤抗冲系数变为 0。钟春欣[5-6] 等分析提出轻黏壤土的起动流速为 0.55~0.80 m/s，重黏壤土的起动流速为 0.7~1.0 m/s。考虑黄河下游堤防主要为砂壤土、粉质壤土的实际情况，综合分析提出黄河下游堤防草皮护坡抗冲流速为 1.2 m/s。根据黄河下游洪水预报物理模型试验分析，原阳滩、封丘滩、兰东滩、习城滩等顺堤行洪流速最大达 3.8 m/s，见表 1，物理模型分析部分段落流速大于堤防抗冲流速，危及堤防安全。

表 1　模型试验洪峰期间最大顺堤行洪流速

试验名称	最大洪峰流量/(m^3/s)	最大顺堤行洪流速	
2003 年小浪底至苏泗庄河段洪水预报模型试验	16 445	北岸越石险工处 2.8~3.8 m/s	回回寨断面北岸大堤凸出处 2.5~3.5 m/s
2008 年小浪底至陶城铺河段洪水预报试验	10 000	习城滩梨园闸以下 1.5~2.0 m/s	邢庙至旧城河段辛庄附近大堤 1.5~2.0 m/s
1999 年小浪底至苏泗庄河段洪水预报试验	“58” 型洪水	老君堂—高村右岸堤根流速达 2~3 m/s	

此外，由于滩唇远高于大堤临河侧滩面，洪水漫滩后堤根水深较大，东坝头—陶城铺河段设防流量条件下堤河平均水深接近 5 m，最大水深近 7 m。洪峰回落后，堤根积水不能及时排出。赵宇坤等从黄河济南段堤防取土，经分析土体的黏聚力随浸泡时间的延长大幅度下降，浸泡 1 d 后堤防稳定安全系数降低 36.2%，浸泡 5 d 后降低 58.2%。1982 年，花园口最大流量 15 300 m^3/s，下游 887 km 临黄大堤偎水，堤根水深 2~4 m，最大 5~6 m，堤身发生裂缝、渗水、坍塌等险情 71 处，总长 7 457 m，出现陷坑 27 个、管涌 83 个。堤防长时间浸泡，增加堤防溃决可能性。

2.2　“二级悬河”发育危及现状河道滩区治理工程

滩区横比降大加大了大洪水滩区分流比重，20 世纪 80 年代以前，高村水文站 10 000 m^3/s 洪峰时滩区过流量约为全断面的 10%~15%；90 年代以后，平滩流量明显减小，全断面流量 5 000 m^3/s 时滩地过流比达到 20%多；按趋势外延，流量 10 000 m^3/s 时滩区过流比将达到 30%~40%，见图 3。“96 · 8”洪水期间，孙口断面滩地过流比为 40%~50%，大大超过了 1986 年以前的 30%左右。河道横断面左滩地一般可以横跨 3 条高差为 1 m 的等高线，临堤低洼地带一般较滩唇低 2~3 m，滩区过流比加大增大了发生“滚河”的风险，从等高线分布图上勾绘出了可能的滚河路线（见图 4）。

2003 年利用“小浪底至苏泗庄河道模型”开展的洪水预报物理模型试验（花园口最大洪峰流量 16 445 m^3/s）表明：随着洪水位升高，东坝头至蔡集工程之间有大股水流漫滩，随着上首贯台工程处河势的变化，大河从贯台直冲杨庄工程下首，东坝头至蔡集工程之间漫滩水流由开始的 5%增至 60%左右；洪峰过后，在杨庄险工处向兰考滩区发生滚河，沿大堤顺堤行洪宽度为 2~3 km。见图 5。一旦河道内形成滚河，原有控导工程废弃，河道整治工程布局将打乱，滩区引黄灌溉系统、道路等基础设施布局将被冲毁打破。

2.3　“二级悬河”危及滩区经济社会发展

滩区已建村台均为土质边坡，洪水上滩流速大，顶冲村台，危及群众安全。黄河下游滩区滩唇高

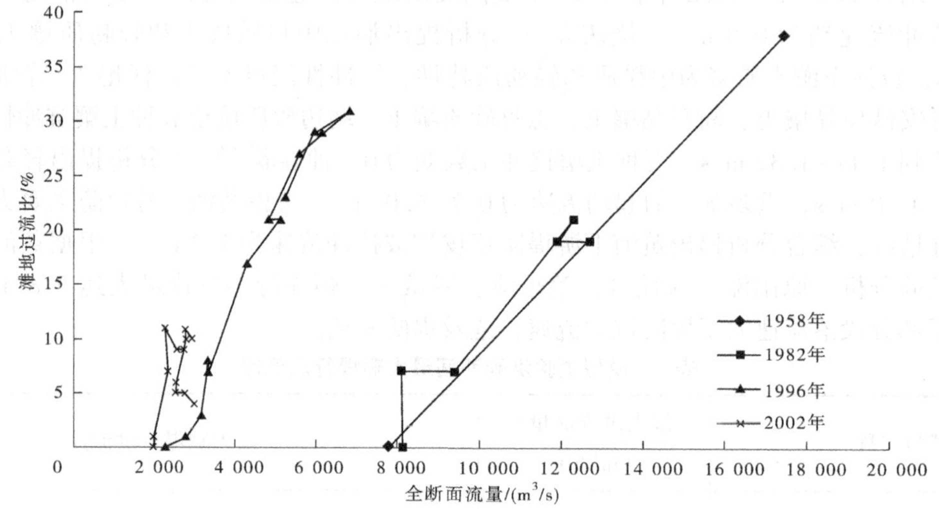

图 3　高村水文站断面不同时期滩地过流比与全断面流量

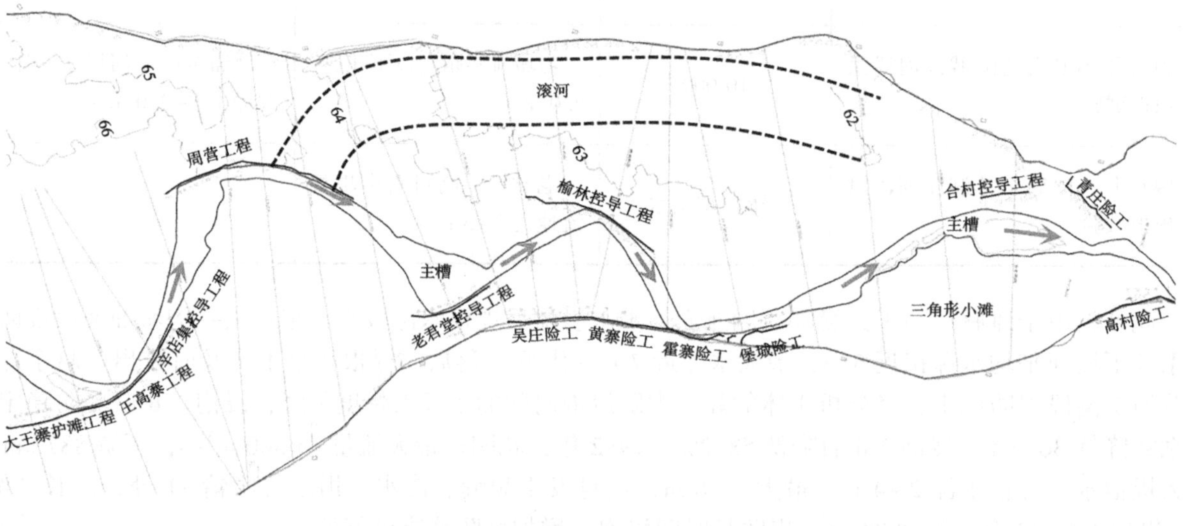

图 4　下游长垣北滩等高线和可能的滚河范围线

扬，滩地特别是临堤区域低洼，洪水上滩后滩区淹没水深大，易出现“小流量、高水位、大漫滩”的灾情。漫滩洪水分流比增加且在滩区滞留时间长，进一步加重了滩区淹没损失。2003 年蔡集生产堤决口，黄河大堤偎水 36 天，山东省 5 处滩区漫滩，淹没面积 257 km^2，受灾人口 18.96 万人，灾害损失严重。此外，滩区强降雨或洪水上滩后流入堤根低洼区域，排水困难，2021 年夏秋季滩区降水量大，部分区域形成积水较深的堤河，临堤 1~2 km 范围内秋粮绝收，至第二年春季仍有明显积水、无法耕种。

3　“二级悬河”综合治理对策

根据“二级悬河”成因及危害分析，治理“二级悬河”需要采取多种措施综合治理。一是通过干流骨干水库拦沙和调水调沙并辅以挖河疏浚等措施，尽量减少下游河道淤积、维持中水河槽排洪输沙能力。小浪底水库运用以来，通过水库拦沙和调水调沙，下游河道持续冲刷，增加河槽排洪能力。应加快建设古贤、黑山峡等黄河水沙调控体系骨干工程建设，充分利用骨干水库的拦沙库容拦蓄泥沙，特别是拦蓄对下游河道淤积危害最大的粗泥沙，同时对黄河洪水、泥沙、径流进行有效调控，科学控制、利用和塑造洪水，联合调水调沙，减轻河道淤积，塑造和维持中水河槽。二是逐步废除生产堤，由于生产堤的存在，水流约束在生产堤内，泥沙淤积在生产堤之间，加剧“二级悬河”发育。

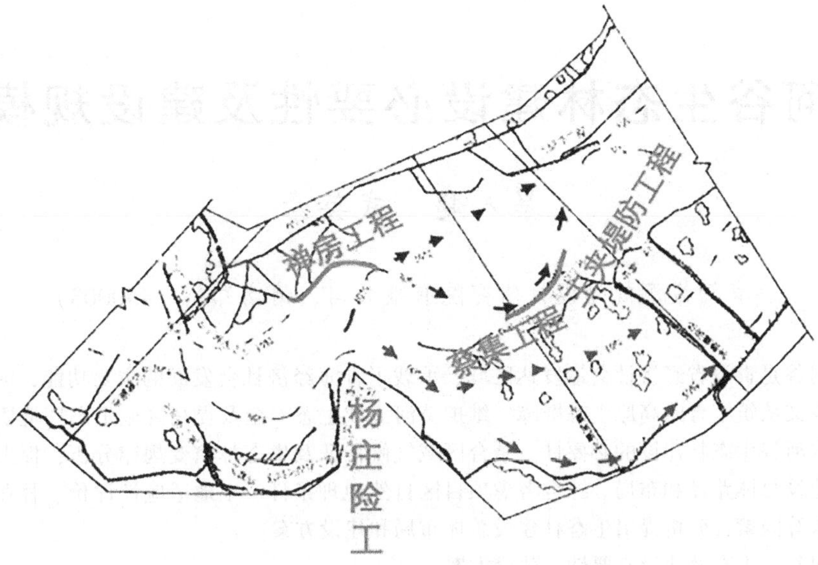

图 5　2003 年物理模型试验兰考段发生滚河

经分析陶城铺以上河段，黄河下游主行洪区域排洪河槽线以内的生产堤约占该河段生产堤总量的71%。陶城铺以下河段，河槽线内生产堤占相应河段生产堤总量的比例高达 90%。根据《中华人民共和国黄河保护法》要求，不得新建生产堤，已建生产堤影响防洪安全的应当及时拆除，其他生产堤应当逐步拆除，发挥滩区的滞洪沉沙作用。根据《中华人民共和国黄河保护法》，河槽线以内的生产堤影响行洪安全应当及时拆除，位于河槽线以外的生产堤应当逐步拆除。三是针对现状已形成的“二级悬河”发育特征及危害，提出工程治理措施。

参考文献

[1] 黎桂喜，符建铭，张遂芹．黄河河南段“二级悬河”现状分析［J］．人民黄河，2005（6）：35-39.

[2] 王卫红，李勇．黄河下游二级悬河控制阈值探讨［J］．人民黄河，2008（10）：33-35.

[3] 饶庆元．粘性土抗冲特性研究［J］．长江科学院院报，1987（4）：73-84.

[4] 任艳．黄土区五种土壤抗冲特性研究［J］．灌溉排水学报，2017（4）：42-46.

[5] 钟春欣，张玮．植被护坡抗冲模型试验方法与装置研究［J］．河海大学学报（自然科学版），2008（3）：170-174.

[6] 钟春欣，张玮，应瀚海．草皮护坡抗冲性能试验研究［J］．中国高校科技与产业化（学术版），2006：300-301.

[7] 黄河勘测规划设计有限公司．黄河下游滩区综合治理规划［R］．郑州：黄河勘测规划设计有限公司，2009：3-8.

[8] 山东省发展改革委员会．山东省黄河滩区居民迁建规划［R］．济南：山东省发展改革委员会，2017，8.

[9] 王浩．黄河下游滩区治理的几点建议［C］//第十届中国科协年会专题论坛特邀报告集，2008：52-55.

湟水河谷生态林建设必要性及建设规模研究

暴入超　武英豪

（黄河勘测规划设计研究院有限公司，河南郑州　450003）

摘　要： 湟水河谷是青海省经济社会最发达区域，承载了青海经济社会发展的主要功能，区域生态地位重要。本文从筑牢青藏高原生态屏障、维护黄河流域生态安全及提高区域生态环境质量等方面分析了湟水河谷生态林建设的必要性。结合区域气候特征及生态林演变规律分析，提出湟水河谷地区生态建设总体路径和布局。综合考虑项目区自然地理条件、土地适应性评价、林业发展条件、发展需求等因素，分析提出生态林建设总体布局和建设方案。

关键词： 湟水河谷；生态林建设必要性；建设方案

1　湟水河谷区概况

湟水河谷自古以来就是青海省经济、文化、政治最为发达、人口最为集中、产业最为繁荣、社会最为进步的地区。湟水流域集中了全省近60%的人口和工农业产业[1]，可以说湟水流域的生态安全事关全省的生态安全，湟水流域的经济社会发展决定着全省的经济社会发展，没有湟水也就没有今天欣欣向荣的青海。青海省委、省人民政府历来重视这一区域的生态建设和保护工作，特别是西部大开发以来，通过实施退耕还林还草、天然林保护、“三北”防护林建设、小流域综合治理、湟水河流域2016—2018年国家水土保持、西宁和海东南北山绿化等一系列生态保护与建设工程，湟水流域局部地区的生态环境有了明显的转变，群众的生产生活条件有了明显的改善。但由于历史、气候和近年来产业布局、人口迁移、城镇化发展等综合原因，湟水流域林草植被盖度低，水土流失严重、自然灾害频繁等生态问题依然比较突出。

2　湟水流域生态林建设的必要性分析

湟水河谷地处西北黄土高原和青藏高原过渡生态廊道带，是青海省经济、社会、人口最集中和城镇化发展的聚集区，承载了青海经济社会发展的主要功能。但受气候干旱、降水稀少和人类活动影响，湟水河谷地区呈现自然生态环境整体脆弱，面山植被稀少土地裸露，水土流失严重，生态环境较差[2]，生态承载力低，生态状况与区域发展定位极不匹配，区域可持续发展受到严重威胁。按照“宜山则山，宜田则田，宜林则林，宜草则草”要求，协调好湟水流域自然生态系统、人工生态系统和社会经济系统的关系，开展生态林建设，构建湟水河谷山水林田湖草生命共同体，是筑牢青藏高原生态屏障、维护黄河生态安全，推进青海生态文明先行示范区建设的重要举措。

随着城市化发展和生活水平提高，人民群众对人居环境改善的需求日益增加。森林不仅具有调节气候、保持水土、防风固沙、滞尘降噪等生态功能，还具有消除疲劳、灭菌防病、美化生活、提高劳动效率、延长人们寿命等康体保健功能，可以长期促进居民的身心健康。让人与自然和谐相处，让城镇与森林和谐共存已经成为当今世界城市发展的时代潮流和方向。但目前湟水干流河谷沿线城市造林标准不高，生态质量低，现有的绿化无论是从规模还是质量都不能满足建设高原生态宜居城市的需要，与人民群众对美好环境的需求还存在较大差距，迫切需要完善提高城市生态环境质量。南北两山

作者简介： 暴入超（1984—），男，高级工程师，主要从事流域综合规划、河道防洪治理等相关工作。

是横贯海东市的一个重要景观带，区域生态系统平衡和景观质量对提升城市外在形象作用巨大，甚至关乎青海省“生态立省”的整体形象。因此，实施项目区南北两山人工生态林建设，可以有效提高湟水河流域的生态安全和生态功能，为国家实施《兰州—西宁城市群发展规划》《三江源自然保护区建设规划》等战略提供支撑，为湟水河谷沿线城市建立具有河湟文化特色的高原生态宜居城市的生态基础保障。同时，2018 年 1 月国家发改委、财政部、国土部和林业局联合印发《关于开展新建规模化林场试点工作的通知》，明确在河北省雄安新区白洋淀上游、内蒙古自治区浑善达克沙地、青海省湟水流域开展新建规模化林场试点[3]，在湟水流域开展的生态林建设是打造湟水规模化林场的重要组成部分。

3 生态林建设总体路径及布局

3.1 生态林建设总体路径

湟水流域为黄土高原地貌，属于干旱半干旱大陆性气候。经研究，该区域的植被在未经外界干扰或外界干扰停止的情况下，其植被从结构简单、不稳定的群落恢复到结构复杂、更稳定的群落，典型的演替过程是：裸地→草本→灌丛→森林。但近百年来该区域人口剧增、开发活动不断加剧，在人类长期经营与干扰下，河谷阶地及其低山已被垦为农田，天然植被被人工植被所代替，唯坡度较大且远离村庄的地方尚残存有原生植被，造成了生态逆向演替：森林→灌丛→草本→裸地的情况。因此，该区域开展生态林建设需要通过人工干预，加快建立结构复杂、稳定的植被群落。根据区域的土地利用情况、森林资源现状，生态林建设可从以下三种途径实现：

（1）在人烟稀少的区域实施“封育型”植被恢复措施。

在人烟稀少的高山区，植被以天然林草为主的区域，植被恢复途径以封育为主。即对高郁闭度的乔灌木林地实施以天然林保护工程为主的封育保护，对中高覆盖度草地实施轮封轮牧，对低郁闭度的灌木林地（郁闭度小于 40%）、疏林地（郁闭度 10%～30%）和部分中覆盖度草地（覆盖度 20%～50%）、低覆盖度草地（覆盖度 5%～20%）因地制宜地采取围栏、专人巡护、设置封禁标志牌、制定管护制度等措施进行长期封禁，并以补植乡土树种、补播乡土草种为辅助措施，通过 5～8 年的时间，可以恢复和增强林草植被的水土保持能力，而随着植被覆盖度的提高，植被抗水蚀、风蚀的能力和水源涵养能力也会随之增强。

（2）在浅山区实施“旱作型”植被恢复措施。

在浅山区[4] 地形起伏大，人为活动较少，实施人工灌溉成本高，水土流失现象严重的区域，植被恢复途径以“旱作型”[5] 为主，即合理利用所有可能利用的地表径流，力争将全部降水、径流就地拦蓄，用于植被建设，使每毫米降水的生产价值发挥到极致。在已破坏了的森林、灌丛和低郁闭度的灌木林地、疏林地、中覆盖度草地、低覆盖度草地、裸地，视立地条件进行鱼鳞坑、水平阶、水平沟、穴状、反坡梯田、径流坑等不同形式的整地，种植适宜的灌木和草本，以达到保持水土、改善生态环境和生产条件的目的。

（3）在近城镇周边实施“灌溉型”植被恢复措施。

城市周边良好的生态环境是经济社会可持续发展的重要依托，也是当地生存和发展的根本。项目区涉及西宁和海东两个市，其大部分城镇分布在湟水河谷及其两侧，重要的基础设施也沿河谷布置。由于河谷与山地相对高差大，入河支流多，又多为山洪沟，加上植被差等原因，洪水具有很强的突发性，当降雨强度达到一定程度时，就会形成灾害，使基础设施遭到严重损害。城镇的快速发展使其对生态的要求不断提高，近城镇周边实施“灌溉型”水土保持植被建设是必然选择，即结合灌区建设和节水灌溉新技术应用，有效利用当地水资源，提高造林种草成活率，快速恢复植被。

3.2 生态林建设总体布局

综合考虑项目区自然地理条件、林业发展条件、发展需求等因素，结合土地适宜性评价，按照山水林田湖草生命共同体的要求，提出按照“一带两屏二区”生态安全格局进行生态林建设。

一带：为提升城镇人居生活环境，在湟水河干流及其支流谷地，建设以青藏铁路、兰新高铁、京藏高速、民小高速、109 国道等主要通道为骨架的高标准生态景观防护林带，配置以常绿景观树种、景观花灌木为主。

两屏：在湟水河两岸一级山脊内，东西长 100 km，宽 5~10 km，结合现有水利工程，配套水利设施，建设高标准、高质量的针阔混交林，打造成为湟水河两岸“绿色屏障”。

二区：一是在海拔 1 800~2 800 m 的脑山、半脑山、浅山地区，通过人工造林、低效林改造等方式，营造以青海云杉、桦树、青杨、祁连圆柏、油松等树种为主的生态兼顾的用材林基地。二是在湟水河两岸第一级山体，坡度 15~35 ℃的区域，结合水利工程设施，配套管网等节水灌溉措施，按照林地的不同位置，采用不同措施建设公益林区。

4 生态林建设方案

4.1 建设规模

本着适地适树的原则，大力营造针阔混交林和乔灌混交林，提高植被的覆盖度，增强区域防风固土能力。对于所处位置相对偏远、视频率相对较低的山地，以营造生态背景型森林为主；对于临近城区、视频率相对较高的缓坡地带，以营造生态景观型和生态防护型森林为主。同时，应加强生态节点型森林景观和生态廊道型森林景观建设，提升景观效果，构筑防护和景观双重功能的绿色长廊。经分析，湟水河谷两岸 120 万亩地块适宜造林。

4.2 主要造林措施

4.2.1 整地方式

脑山、半脑山地区：整地采用水平沟、水平阶、鱼鳞坑、穴状等方式。浅山、半浅山地区：整地采用水平沟、水平阶、鱼鳞坑等方式。

4.2.2 抚育管理

造林后应及时松土除草，应做到里浅外深，不伤害苗木根系，深度 5~10 cm，并结合抚育进行扩穴，增加营养面积。连抚 5 年，每年 2 次。首次抚育时间为 5—6 月，以松土除草埋青为主，对穴外影响幼树生长的高密杂草要及时割除；第二次为 8—9 月，在主要草种子成熟前进行，全面割除高密杂草，并集中覆土填埋或清理出林地。第 3 年松土除草时，结合进行适度扩穴和施肥。除草不得采用化学除草剂。

造林成活率没有达到合格标准的造林地，应在造林季节及时采用同龄苗进行补植。当年补植的，应在 9 月与抚育一起进行；次年补植的宜在春季树液流动前进行。同时，当年造林应及时扶正苗木，并对病株、死株或被损坏的树苗进行补植。凡成活率在 41%以上而又不足 85%的造林地都应该进行补植。

4.2.3 防火与病虫害防治

派出专职管护人员对林木巡护，防止森林火灾、火情、火警的发生。林木造林成活后要及时“涂白”，防止病虫害发生。

4.3 典型模式

4.3.1 生态背景型绿化美化模式

生态背景型绿化美化模式主要适用于所处位置相对偏远、视频率相对较低的山地造林，造林树种应以耐贫瘠、耐干旱的本地树种和小苗造林为主，并适当增加造林密度，提高造林的成活率。依据项目区地貌特点和现有植被情况，林地清理强度不宜过大，应采用带状或块状清理方式，尽可能保留现有乔灌木植被，避免地表过度破坏引发水土流失。整地方式及规格视林种、树种及立地条件而定，包括带状整地、穴状整地和鱼鳞坑整地等，整地时间以秋冬季为宜。采用人工植苗造林，栽植时做到苗正、根舒、分层覆土，浇足定根水。栽植密度以 100~120 株/亩为宜，种植点采用正三角形配置。造林时间以不同树种而定，一般为春秋季造林。造林后应采取松土除草、补植、病虫害防治等富裕措施。主要选择生长快、根系发达、树冠浓密、耐干旱瘠薄的乔木树种，如青海云杉、国槐、杨树、枣类、祁连圆柏、沙棘等。

4.3.2 生态景观型绿化美化模式

生态景观型绿化美化模式主要适用于临近城区、视频率相对较高的缓坡地带造林，利用植物的色彩变化、形态特征、生态功能等特点，突出森林色彩斑块，培育具有较高美学价值、层次分明的林木景观，满足游客远眺和近观两种视觉美感。林地清理、整地方式及规格、树种选择与配置基本同生态背景型绿化美化模式，但苗木规格要求比生态背景型绿化美化模式要高。

4.3.3 生态廊道型绿化美化模式

生态廊道型绿化美化模式主要适用于沿公路两侧的山地造林，它不仅要求具有良好的生态护坡功能，而且要求与公路沿线地形地貌、自然环境相协调，并做到景随路移，使廊道森林景观像一幅美丽的画卷，随着车辆的前行，呈轴卷式展现在人们的面前，给单调的行程带来愉悦。大多以50~100 m宽林带设计，树种以突出阔叶树种为主，间隔一定距离变化不同品种。尽量采用本地苗圃培育的良种壮苗造林，应做到随起随栽，常绿树种一般应修去1/2~2/3枝叶，以减少蒸腾；裸根苗应及时打浆，特殊生境造林可以在泥浆中掺入ABT生根粉，栽植后应注意浇水、追肥。

4.3.4 生态节点型绿化美化模式

生态节点型绿化美化模式主要适用于旅游景区、景点的造林。该模式以满足人们感官上的需求和休闲娱乐为目的，通过观赏树种、保健树种、花灌木的合理配置，或改造现有人工林为具有高度景观价值的风景林，构建色彩多样、树型丰富、层次变幻的森林景观，满足人们观光旅游、森林保健、健身或休闲野营等要求。在树品种配置上，要充分考虑立地条件和所选绿化植物的生态习性，并参考当地自然植被的生活型谱，合理搭配乔木与灌木、落叶树与常绿树、木本植物与草本植物的种植数量比例，注重植物配置时的色彩调和对比，冷暖色调搭配有序，丰富景观多样性和植物景观的观赏性。

5 小结

本文从筑牢青藏高原生态屏障、维护黄河流域生态安全及提高区域生态环境质量等角度，分析了湟水河谷生态林建设必要性。结合区域气候特征及生态林演变规律分析，提出湟水河谷地区生态建设总体路径和布局。综合考虑项目区自然地理条件、土地适应性评价、林业发展条件、发展需求等因素，分析提出生态林建设总体布局和建设方案。结合区域特点，对造林主要措施和典型区域造林模式进行了分析。

参考文献

[1] 付永峰，崔萌，等．湟水流域综合规划［R］．郑州：黄河水利委员会，2009.

[2] 青海省环境保护厅，青海省国土资源厅．青海黄河上游地区山水林田湖草生态保护修复工程试点项目总体实施方案（2018—2022年）［R］．西宁：青海省环境保护厅，青海省国土资源厅，2018.

[3] 青海省林业厅．青海省湟水规模化林场建设试点规划［R］．西宁：青海省林业厅，2018.

[4] 熊有平．湟水流域川水区、浅山区、脑山区和石山林区划分及特点［J］．水利科技与经济，2008，30（8）：43-44.

[5] 黄河勘测规划设计研究院有限公司，青海省水利水电勘测规划设计研究院有限公司．青海省引黄济宁工程可行性研究报告［R］．西宁：青海省水利厅，2022.

黄河流域水生态环境问题诊断与保护方略

邓春蕾[1,2]　许琳娟[1,2]　荆诚然[1,2]

（1. 黄河水利委员会黄河水利科学研究院，河南郑州　450003；
2. 水利部黄河下游河道与河口治理重点实验室，河南郑州　450003）

摘　要：黄河流域是我国实施国家重要战略的重点区域，其经济水平与生态环境质量影响到社会的发展建设。随着社会的快速发展，自然资源需求量增加，生态环境问题频现，不利于社会经济持续发展，基于此，本文分析黄河流域水生态环境问题，结合具体问题提出保护方案，以期为解决黄河水流域生态问题提供参考。

关键词：黄河流域；水生态环境问题；诊断；保护

黄河流域是我国重要的生态屏障与水资源供给区，尽管黄河流域整体水生态环境持续向好，但在发展过程中仍然存在水资源短缺、水污染、河道淤积、水土流失、生态系统退化等不同程度的生态环境问题，影响了本地区的持续性发展。为此，本文对各项问题展开分析，制订相应保护方案。

1　黄河流域水生态环境问题

1.1　水资源短缺

黄河流域降水量分布不均，各地区水资源分布缺乏平衡性，局部地区水资源十分短缺，缺水严重。比如中上游地区，供需矛盾十分突出。具体表现在以下两个方面。

一是时间与空间分布上不均匀。水资源总量呈现递减态势。从地理分布看，黄河流域流经地方多为干旱或半干旱地区。流域经过地方降水量多在 500 mm 以下，而黄河流域的水源多为冰雪融水和雨水。相关数据显示，黄河流域天然径流量出现明显的下降态势，在 2023—2024 年度，黄河流域的天然径流量仅为 528 亿 m^3。黄河流域多属于半干旱区受季风影响，附近自然降水量在年际、年内范围内的变化大。从时间分布来看，同样存在不均匀性，黄河流域整年径流量最大时候最小时候能相差近 3 倍。支流的年径流量最大最小差异在 5~12 倍。从全年分布看，黄河流域干流支流径流量多在 7—10 月及雨季。自然循环中补充水源占比较多，为全年径流量的 60%左右。

二是黄河流域水资源供需矛盾突出。地表水的消耗量大，再生水得不到合理应用，出现与河争水问题，降低用水效能。随着黄河流域人工干预活动的增多，对黄河流域水生态环境的影响在扩大，与河争水问题严重，降低黄河流域生态稳定性，不利于发挥河湖生态功能。黄河流域进入枯水期时，地表水消耗量出现严重的水资源匮乏问题。水资源匮乏导致黄河流域下游河段河流湿地量在减少，湖泊面积也在减少，在湿地范围不断减少的基础上，进一步退化黄河流域生态功能，致使再生水利用率下降。

基金项目：河南省重大科技专项（231100320100）；河南省自然基金面上项目（242300420039）；水利部重大科技项目（SKS-2022011）；黄河水利委员会优秀青年人才项目（HQK-202309）。

作者简介：邓春蕾（1983—），女，工程师，科长，主要从事科研管理方面的工作。

通信作者：许琳娟（1984—），女，高级工程师，主要从事河流泥沙、河道整治及小流域治理方面的工作。

荆诚然（1992—），男，工程师，主要从事水土保持和科研管理方面的工作。

1.2 水污染问题

一是部分河段水质降类风险依然存在。尽管黄河流域水环境质量整体在改善，但干流部分河段仍存在水质降类的风险。比如一些处于特定地理位置的河段，可能由于周边人类活动的影响、水动力条件变化等因素，导致水质出现波动，难以稳定保持在较好的水质类别。入黄支流已消劣，断面水质面临反弹压力。一些曾经经过治理达到合格水质标准的入黄支流断面，可能因为后续污染治理措施的落实不到位、新的污染源出现等原因，存在水质再次恶化、回到劣Ⅴ类的风险。

二是突发水污染事件风险较高。2024年汛期我国气候状况总体偏差，极端天气气候事件偏多。极端降雨、洪水等自然灾害可能引发突发水污染事件。例如，强降雨可能导致污水管道破裂、污水处理厂运行异常，致使污水泄漏进入黄河；洪水可能冲刷河岸，将岸边的污染物带入河流，对黄河水质造成威胁。黄河流域的工业企业较多，部分企业可能存在环境安全隐患，一旦发生安全生产事故、化学品泄漏等情况，也会导致大量污染物进入黄河，引发突发水污染事件。

三是面源污染问题尚未完全解决。农业面源污染是黄河流域水污染的重要来源之一。在黄河流域的农业生产中，农药、化肥的大量使用，以及畜禽养殖产生的废弃物等，在降水和灌溉过程中，部分污染物会通过地表径流、地下渗流等方式进入黄河及其支流，对水质造成污染。虽然各地采取了一些治理措施，但农业面源污染具有分散性、随机性等特点，治理难度较大，问题尚未完全解决。

2 黄河流域水生态环境问题保护措施

2.1 构建良好的生态环境保护格局

一是积极构建“水资源、水环境、水生态”为一体的管控体系。黄河流域是我国生态战略中的重要区域。从生态环境保护战略与要求来看，应积极打造三区一廊道生态环境保护格局。充分考虑区域差异性，分类施策，提升上游水源涵养、中游水土保持、下游湿地生态功能，有效平衡河流廊道功能，恢复黄河流域生态系统。

二是水资源保护需遵循“保护为主、统筹协调”的原则，构建完善的调控监管体系，保障黄河流域的最小生态流量，平衡敏感期的生态力量，维持河湖生态水量。

三是增强民众的节水意识，将节水上升到社会共识层面，有序推进水资源的合理化应用，在节水基础上保护水资源。

四是积极构建多目标、共调控的调度机制，优化黄河流域生态系统的水域与水流条件，保护河流廊道生态功能，提高敏感栖息地的生态环境安全性。为维护水环境，需坚持“分区施策、分类推进”原则，动态跟进水质改善压力较大的支流与行业，做好水污染治理，建立行之有效的风险防控体系。通过有序推进排污口专项治理活动，动态记录排污口管控情况。结合管控效果，逐步优化排污口治理方案。

2.2 完善水生态环境

一是从水生态环境治理来看，应力争维护水生态结构的稳定性，优化水生态功能，有效区分水生态结构与功能的演变趋势，以及与关联环境要素之间的相互关系，分区域识别保护物种，以及量化生态环境保护需求，制订切实可行的水生态环境保护方案。此外，要恢复源头水源涵养区的林草植被，强化中游敏感生态空间管控，有效开展农业生产活动，强化水污染源头治理，切实管控污水与做好截污工作。

二是识别高风险工业园区，强化生态空间管控，做好产业布局。若产业无法适应绿色经济发展趋势，需要进行升级与改造优化产业布局，同时要求重点企业强制性地进行清洁性生产审核，强化工业园区环境污染综合防治与管理。有效管理各类开发活动，强化生态空间管控，切不可越过生态保护红线，防止出现挤占生态空间问题。

2.3 分区制订生态环境保护方案

保护黄河流域生态环境的过程中，需结合具体区域制订切实可行的生态环境保护方案。以草场地区保护为例，积极改良退化草场，制定行之有效的放牧策略，有效管控畜牧业。同时强化对各类生态敏感区域的动态化管控，有效规范农业生产活动，促使重点区域顺利建立水环境防护体系。

3 结语

综上所述，黄河流域水生态环境保护成为我国生态环境保护工作的重要挑战。因黄河流域途经多个省份，为流经区域的农业、工业生产与生活提供用水需求。随着工业化与城镇化进程的加快，水污染环境问题频现，且日益加重。工业废水、农业生产污水、生活污水等得不到有效治理，不利于改善水域生态环境。因此要防控与治理相结合，动态跟进污染问题，有效调整治理方案，提高水生态环境治理成效。

参考文献

[1] 蒲彦君，韩建忠，严玉峰，等．浅析黄河流域甘肃段生态环境现状及高质量发展建议［J］．甘肃科技，2022，38（24）：24-26，40.

[2] 路瑞，韦大明，马乐宽，等．黄河流域水生态环境保护促进高质量发展的战略研究［J］．环境保护科学，2023，49（1）：1-7.

[3] 迟妍妍，王夏晖，宝明涛，等．重大工程引领的黄河流域生态环境一体化治理战略研究［J］．中国工程科学，2022，24（1）：104-112.

[4] 杨文．进一步加强黄河流域水生态环境保护［N］．山西日报，2021-03-11（004）.

黄河流域生态治理与生态经济协同发展模式研究进展

邓春蕾[1,2]　李洁玉[1,2]　荆诚然[1,2]

（1. 黄河水利委员会黄河水利科学研究院，河南郑州　450003；
2. 水利部黄河下游河道与河口治理重点实验室，河南郑州　450003）

摘　要：黄河流域是我国重要的经济发展区域，是我国重要的生态屏障。随着我国社会经济的快速发展，黄河流域生态环境问题成为制约经济持续发展的重要因素。如何平衡生态治理与生态经济协同发展二者间的关系，成为研究黄河流域可持续发展的一道重要课题。本文分析黄河流域生态问题、生态治理措施及生态经济协同发展的路径，以期进一步完善生态治理与生态经济协同发展模式。

关键词：黄河流域；生态治理；生态经济；协同发展

黄河是中华文明的摇篮，流域范围较广，途径多个省市，是中国的生态屏障，也是维护粮食安全和助推经济持续性发展的重要区域。然而，随着我国经济不断发展，黄河流域出现水资源短缺、生态退化、土地荒漠化等不同环境问题，经济发展与生态保护间的矛盾日益突出。因此，实现黄河流域生态治理与生态经济的协同发展，成为我国生态经济建设中的重要课题。

1　黄河流域生态治理与生态经济协同发展阻力

1.1　水资源供需失衡

黄河流域存在水少沙多、土壤质地特殊、植被较少等特征，加大了水土流失概率，甚至会诱发滑坡、泥石流等地质灾害，严重扰乱当地的生产、生活秩序。此外，黄河流域农业、矿产资源开发活动频繁，需要大量的水资源，导致水资源供需失衡、支流污染问题频现，进一步加大水资源供需矛盾，生活、生产用水得不到满足。

1.2　生态环境治理呈现碎片化

一是行政区划分割，加大了黄河流域协同治理阻力。受到行政壁垒影响，区域经济间的横向联系缺乏紧密性，干扰导流域治理工作。河流流域多按照行政区划方式划分管辖权，在同一行政区划内的流域治理工作多按照统一的规范和标准进行。然而，在流域上下游、左右两岸等会包含不同的行政区划管辖，各地方政府为推进地区发展，极容易为了短期利益忽视整体利益，加大协同治理工作难度。

二是条块分割导致黄河流域治理权限分散。地区内水资源水环境管理权限划分为不同的职能部门，导致流域生态环境治理权限横向分散，呈现碎片化特点。比如，在黄河流域生态环境治理中，生态管理职责部门众多，包含生态环境部门、自然资源部门、水利部门、农业部门等，因各部门间未建立完善的沟通共享机制，出现分割管理问题。

三是缺乏完善的联系机制，影响上中下游治理成效，黄河流域整体分布范围较广，经济发展水平

基金项目：河南省自然科学基金青年项目（232300421341）。

作者简介：邓春蕾（1983—），女，工程师，科长，主要从事科研管理方面的工作。
通信作者：李洁玉（1993—），女，高级工程师，主要从事多目标水沙调控方面的工作。
荆诚然（1992—），男，工程师，主要从事水土保持和科研管理方面的工作。

有差异，缺乏良好的沟通与联系机制、上游生态保护性机制，进一步影响到治理成效。

1.3 缺乏完善的规划体系

因各个部门间缺乏行之有效、畅通的沟通机制，或者职能分工不同等，导致发展规划、功能区规划、土地利用等各类规划在国土空间使用与保护上交叉，同时导致国土空间开发存在无序性。比如，自然保护用地与永久基本农田间存在重合。追根溯源，缺乏行之有效的规划体系。因此，我国相关管理部门需进一步完善顶层设计，构建切实可行的规划体系。

2 黄河流域生态治理与生态经济协同发展模式构建策略

2.1 创新协同发展理论，优化协同技术

从黄河国家战略目标任务与科技需求入手，突出创新，发展关键技术。从生态学视角来看，需优化防止水土流失的植物群落，强化功能定向调控与水土的保持资源配置与生态产业现代化发展两大问题，重点进行植物群落构建、优化布局、提升系统服务功能等，有效构建富有区域特色的协同化发展模式。

2.2 完善人才支撑体系

构建协同发展模式离不开现代化技术、产业体系、经营体系与人才的支撑，可以传媒平台为基础，对基层管理人员进行常态化培训。结合基层管理人员的具体情况，组织技术培训，宣传现代化的生产技术，提高技术创新能力，积极发展生态化衍生产业，实现区域的高质量发展。

2.3 构建生态治理与生态经济协同发展

建立生态治理与生态经济协同化发展试验示范县，扩大推行范围，实现区域内的生态治理与生态经济协同化发展。在示范县推行关键新技术，应用绿色生产方式，实现农业绿色化发展。构建社会服务体系，全面提高农业经营规模，实现标准化、社会化发展。同时，应构建农产品质量与食品安全标准体系，依托第三方机构，强化生态治理与生态经济协同化评价，全面保障农产品质量。

2.4 强化协同管控，构建生态保护机制

一是要完善监管执法机制。一方面，强化联合执法，保护流域内的水生态环境。通过实现信息互通互联，减少黄河流域内的生态监管不到位的地方。另一方面，要强化司法协作，构建黄河流域内的生态保护法庭，有效推进各个省执法部门，进行互联协作与配合，实现保护与治理齐抓共管。

二是要协调黄河流域生态保护标准，相关省区之间需围绕国家相关环境保护规范与要求，有效完善流域产业与环境间的准入标准，并有效提高标准的一致性。此外，应完善流域产业与环境转入标准，实现产业之间、各排污主体间的责任归属。通过构建齐抓共管机制，有效推进黄河流域内水、气、土等环境要素排放与治理标准，防止出现责任推诿问题。

三是强化分类指导。从流域生态保护来看，需充分考虑黄河上中下游的具体差异，结合当地实际情况，实施分类化管理与保护。其中，上游要注重涵养水源，中游要有效防控水土流失，下游注重保护生态环境系统，全面整治非法建设项目，协同进行环境治理。

2.5 强化区域沟通，拓宽生态环境保护与协商渠道

在黄河流域生态协同治理过程中，应强化区域间的沟通与连结，构建区域协同机制，确保有序推进生态环境建设工作，以及实现跨区域间的合作。具体措施如下：

一是完善政府协商机制，强化区域间的协同。领导、主管领导及具体执行者进行互通互联，实现在决策、协调以及执行各个层面的协作与协商。

二是强化具体工作开展及有效落实试点工作，通过构建黄河流域生态保护与高质量发展机制，共同协商与解决黄河流域中存在的生态环境问题，实现协同治理效能最大化。在开展试点工作时，可以通过衔接规划与政策执法等，有效打破行政壁垒，形成可供参考与广泛推行的经验。

三是要强化信息沟通与进行共享机制建设，试着建立流域生态协同监管平台，及时分享黄河流域生态治理方面的信息。构建重大环境问题预警机制，开展联合执法，全面发挥国家、区域与地方的管

理权责。

四是强化区域协作。构建黄河流域生态补偿机制，建立可行的区域协作发展机制，借助生态补偿机制中的成功经验，有效设定补偿基金治理基金等，处理上下游之间的水环境问题，优化黄河流域环境生态环境问题治理效果，全面推进绿色经济发展。

3 结语

综上所述，生态治理与生态经济协同化发展是实现黄河流域高质量发展的重要路径。通过实现生态治理与生态经济的协同化发展，有利于推进乡村振兴强化生态文明建设及落实黄河国家战略。以上内容聚焦黄河流域，结合生态治理与生态经济协同发展问题，从创新协同发展理论、完善人才支撑体系、构建生态治理与生态经济协同发展、强化协同管控、强化区域沟通等方面制定解决对策，以期促进黄河流域生态保护工作顺利进行。

参考文献

[1] 曹蕾，王珺杰．黄河流域荒漠化地区生态治理优化路径研究［J］．黑龙江环境通报，2024，37（1）：142-144.

[2] 刘树，毛春合．协同治理下黄河流域生态治理的优化路径：以贵德段为例［J］．河北环境工程学院学报，2024，34（1）：23-27，33.

[3] 刘雨婷，包庆德．黄河流域民族地区的生态保护与生态治理［J］．哈尔滨工业大学学报（社会科学版），2023，25（6）：117-124.

[4] 段宝相，黄丽娟．整体性治理：黄河流域山东段生态治理的新路径［J］．经济研究导刊，2023（19）：44-48.

[5] 于法稳，林珊，王广梁．黄河流域县域生态治理的重点领域及对策研究［J］．中国软科学，2023（2）：104-114.

关于黄河流域野外科学观测研究工作的思考

荆诚然[1]　邓春蕾[1]　吴一凡[2]

（1. 黄河水利委员会黄河水利科学研究院，河南郑州　450003；
2. 郑州黄河工程有限公司，河南郑州　450000）

摘　要：我国野外科学观测研究经过几十年的发展，已经基本形成了国家野外科学研究体系，积累了一大批第一手的科学观测研究数据，一批原创性科研成果不断产出，对推动相关学科发展，保障国家粮食安全、生态安全、资源安全，以及对防灾减灾、建设“美丽中国”重大工程建设具有重大的、不可替代的作用。然而，以黄河流域为视野开展野外观测研究尚有不足。为此，本文梳理了国家、水利部与黄河流域相关野外站的基本信息，分析了现阶段黄河流域野外观测研究的主要问题，为下一步开展黄河流域野外科学观测研究工作提出了相关建议。

关键词：黄河流域；野外科学观测研究；野外站；流域战略

1　引言

野外科学观测研究站（简称“野外站”）是依据我国自然条件的地理分异规律，面向国家社会经济和科技战略布局，服务于生态学、地学、农学、环境科学、材料科学等领域发展，获取长期野外定位观测数据并开展研究工作的基础支撑与条件保障类国家科技创新基地；是推进科技创新和保护生态环境，促进生态文明建设的重要科技支撑平台，是国家科技创新体系的重要组成部分[1-3]。从定义可以看出，野外站为以面向科学目标为目的的基础研究及具有特定的实际目的或应用目标的应用研究等两类科学研究均提供重要基础支撑。野外站既定位于服务具体学科领域发展，又定位于面向生态文明建设、粮食安全、环境污染防控、灾害防治、工程防护、应对气候变化和生物多样性保护等国家重大战略需求提供科学支撑[4]。

2　发展现状

2.1　国家及水利部野外站情况

1999 年，为了加强野外站的宏观管理和顶层设计，统筹解决重大科学问题和国家战略需求，充分发挥野外站在基础研究中的支撑保障作用，在孙鸿烈、陈宜瑜等 27 名院士和研究员的共同建议下，科技部将野外站工作纳入国家“十五”科技发展计划，并从当时各部门已有野外站中，择优遴选出 35 个站作为“国家野外站试点站”给予支持。此后，科技部相继批准建设了一批国家野外站，到 2007 年共正式批准建设国家野外站 105 个；2019 年，科技部将原有 105 个国家野外站优化调整为 97 个国家野外站；2021 年，科技部批准新建了 69 个国家野外站；目前，我国现有国家野外站 166 个。

水利部于 2019 年开展了水利野外科学观测研究站申报工作，最终认定了 6 个水利部野外科学观测研究站，其中内蒙古阴山北麓草原生态-水文野外科学观测研究站于 2021 年升级为国家站。

2.2　与黄河流域相关的国家及水利部野外站情况

目前，沿黄九省共有 45 个国家及水利部野外站，其中国家野外站 43 个，水利部野外站 2 个。上

作者简介：荆诚然（1992—），男，工程师，主要从事水土保持和科技管理研究工作。
通信作者：吴一凡（1991—），男，经济师，主要从事水利水电建筑施工工作。

述45个野外站中，和水利行业高度相关的有17个（见表1），研究方向集中在水资源高效利用与水生态保护与治理。

表1 沿黄九省与水利行业高度相关的野外站

序号	野外站名称	获批时间	依托单位
1	山东禹城农田生态系统国家野外科学观测研究站	2006年	中科院地理科学与资源研究所
2	河南封丘农田生态系统国家野外科学观测研究站	2006年	中科院南京土壤研究所
3	内蒙古鄂尔多斯草地生态系统国家野外科学观测研究站	2005年	中科院植物研究所
4	陕西长武农田生态系统国家野外科学观测研究站	2005年	中科院水利部水保所
5	陕西安塞农田生态系统国家野外科学观测研究站	2005年	中科院水利部水保所
6	河南商丘农田生态系统国家野外科学观测研究站	2005年	中国农业科学院农田灌溉研究所
7	甘肃庆阳草地农业生态系统国家野外科学观测研究站	2020年	兰州大学
8	甘肃武威绿洲农业高效用水国家野外科学观测研究站	2021年	中国农业大学
9	陕西神木侵蚀与环境国家野外科学观测研究站	2021年	西北农林科技大学
10	内蒙古阴山北麓草原生态水文国家野外科学观测研究站	2021年	中国水利水电科学研究院
11	山西寿阳旱地农业生态系统国家野外科学观测研究站	2021年	中国农业科学院农业环境与可持续发展研究所
12	河南黄河小浪底地球关键带国家野外科学观测研究站	2021年	中国林业科学研究院林业研究所
13	陕西黄土高原地球关键带国家野外科学观测研究站	2021年	中国科学院地球环境研究所

续表 1

序号	野外站名称	获批时间	依托单位
14	陕西关中平原区域生态环境变化与综合治理国家野外科学观测研究站	2021 年	中国科学院地球环境研究所
15	青海三江源草地生态系统国家野外科学观测研究站	2021 年	中国科学院西北高原生物研究所、青海大学
16	水利部新乡灌溉试验野外科学观测研究站	2019 年	中国农业科学院农田灌溉研究所
17	水利部黄土高原水土保持野外科学观测研究站	2019 年	黄河上中游管理局

通过上述站点长期的定点观测和原型试验，积累了一定的野外连续观测和试验数据，在认识自然规律、指导黄河流域生态保护和高质量发展、推动学科发展等方面发挥了重要作用。水利部黄土高原水土保持野外科学观测研究站立足黄土高原，建立了较为完善的观测站网，总结形成了系统的观测技术体系，积累了大量的观测数据，在水土保持技术研究、实用技术推广示范等方面取得了丰硕的成果[5]。内蒙古阴山北麓荒漠草原生态-水文野外科学观测研究站分析了希拉穆仁荒漠草原的起沙风况和输沙势变化情况，建议从垂直于输沙势方向采取工程或植物防护措施，减缓荒漠草原沙化的进程[6]。

2.3 存在不足

黄河是世界上治理最艰巨、保护难度最大的河流之一，黄河水情复杂；黄河大部分河道位于干旱半干旱地区，流域自然地理环境极为复杂，流域生态环境脆弱；同时，黄河流域是国家能源资源富集区、国家粮食生产核心区、国家及世界级生态保护区，随着黄河流域地区基础设施建设和能源资源开发增多，生态和谐安全任务更加艰巨，现有的野外站难以完全满足新形势和新任务下的要求。

3 黄河流域野外科学观测研究工作展望

经过多年努力，黄河流域野外观测研究工作取得了一定的发展，同时也要看到，仍有不少难题需要进一步破解。要持续完善黄河流域生态大保护大协同格局，更加突出黄河流域野外观测研究的系统性、整体性、协同性，推动构建上下游贯通一体的野外观测研究体系，提升流域生态系统稳定性。

对于黄河流域野外科学观测研究工作，下一步重点需要关注以下方面：

（1）从生态系统整体性和黄河流域系统性着眼，开展全流域、多维度、深层次的野外观测研究工作。

（2）对黄河流域特有的砒砂岩区、冰凌区，河源、河口重点区域，主要支流，骨干水库等重大水利工程等开展有针对性野外观测研究。

（3）基于大数据、空间分析技术、数字孪生等新技术，保证观测内容全面、资料系列连续完整、数据采集科学规范、观测手段先进、数据处理科学。

（4）注重野外科学观测专业人才培养，完善运行管理机制，引导科研人员积极投入野外科学研究工作。

参考文献

[1] 高春东，何洪林．野外科学观测研究站发展潜力大应予高度重视［J］．中国科学院院刊，2019，34（3）：344-348.

[2] 孙鸿烈．发挥优势，提高野外观测试验水平［J］．中国科学院院刊，1987（1）：5-9.

[3] 郭亚曦．抓住机遇建设国际一流水平野外台站［J］．中国科学院院刊，2000（5）：366-369.

[4] 许东惠，王祎，李笑寒，等．野外科学观测研究站支撑服务国家重大综合科学考察的思考与建议［J］．中国科技资源导刊，2024，56（2）：47-53.

[5] 张霞，贾泽祥，宋静．黄土高原水土保持野外科学观测研究的探索与发展［J］．人民黄河，2022，44（S2）：167-170.

[6] 苗恒录，王健，张瑞强，等．内蒙古阴山北麓荒漠草原风况与输沙势研究：以希拉穆仁草原为例［J］．干旱区资源与环境，2022，36（4）：102-110.

黄河河南与山东典型河段生产堤特征对比及分析

马东方　赵占超　张春晋

（黄河水利委员会黄河水利科学研究院，河南郑州　450003）

摘　要：本研究选取河南省神堤—双井河段和山东省高村—艾山河段为典型河段，通过实测资料分析法，对黄河河南及山东典型河段生产堤高度、顶宽、生产堤间距、硬化情况及连续性进行分析。研究表明，河南典型河段生产堤平均高度为2.48 m，平均顶宽为7.46 m，生产堤平均间距为3.97 km，生产堤道路硬化比例达到60%左右，部分生产堤已废弃，连续性较差；山东典型河段生产堤平均高度为2.51 m，平均顶宽为5.51 m，生产堤平均间距为1.01 km，生产堤道路硬化比例达到25%左右，连续性较好。

关键词：生产堤；高度；顶宽；间距；连续性

1　生产堤历史由来

生产堤的另一个名称叫作民埝，是人民群众为保证生产而自发修筑的具有一定高度和宽度的土堤[1-2]，生产堤存废一直是学术界讨论的问题，生产堤也经历了修建、破除和再修建的历程[3]。新中国成立以来，生产堤的修建大概分为以下几个阶段[4]：

（1）1949—1960年，国家治黄战略为宽河固堤，要求废除由滩区农民群众修建的生产堤。

（2）1960—1973年，国家修建了三门峡水库，下游水患得以控制，河南山东滩区农民群众为提高粮食产量，在黄河主槽两边修建了大量的生产堤[5]。

（3）1973—1999年，1973年中央明确提出废除生产堤，但由于当地政府认识不足，废除工作难以推进，1987年实行行政长官负责制后，清理生产堤工作得以开展，但1993年之后，时常出现生产堤修复的迹象[6]。

（4）1999—2015年，随着小浪底水库的运用，极大地减少了黄河下游漫滩概率，但21世纪初期黄河下游出现了小流量漫滩的情况，滩区农民群众要求降低粮食损失，提高生活水平，生产堤被大量修复。

（5）2015年至今，随着国家经济社会的发展，滩区农民群众得以进城务工，再加上近年来农产品价格相对较低等原因，农民种田的积极性不高，部分生产堤出现自然荒废的情况。

2　生产堤特征

2.1　生产堤高度特征

2.1.1　河南典型河段生产堤高度特征

根据测量数据，本研究绘制了各断面生产堤高度变化的示意图（见图1）。从图1中可以看出，河南河段神堤至双井生产堤高度均在0.61~5.84 m，其中荆岗断面附近生产堤高度最低为0.61 m，

基金项目：黄河水科学研究联合基金项目（U2243220）；山东河务局科研项目“黄河下游山东河段漫滩洪水致灾成因及防控措施研究”（鲁黄规计〔2024〕12号）。

作者简介：马东方（1995—），男，工程师，主要从事河床演变及水文水资源研究工作。

通信作者：张春晋（1989—），男，高级工程师，主要从事河床演变方面的研究工作。

桃花峪断面附近生产堤高度最高为 5. 85 m，平均高度为 2. 48 m。

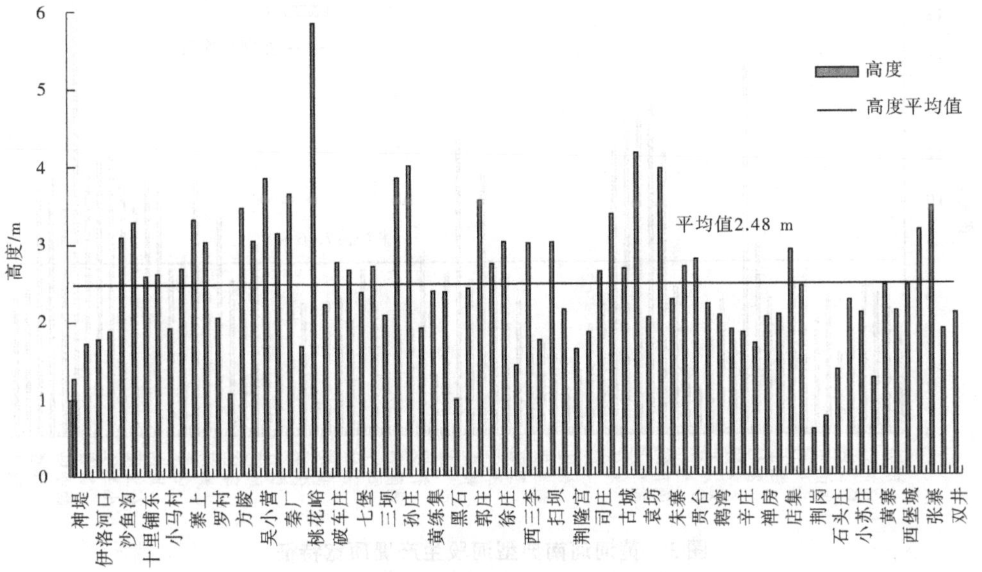

图 1　黄河河南典型河段生产堤高度特征

2. 1. 2　山东典型河段生产堤高度特征

根据测量数据，本研究绘制了各断面生产堤高度变化的示意图（见图 2）。从图 2 中可以看出，山东河段高村至艾山生产堤高度均在 1. 51～4. 47 m，其中阴柳科断面附近生产堤高度最低为 1. 51 m，双合岭断面附近生产堤高度最高为 4. 47 m，平均高度为 2. 51 m。

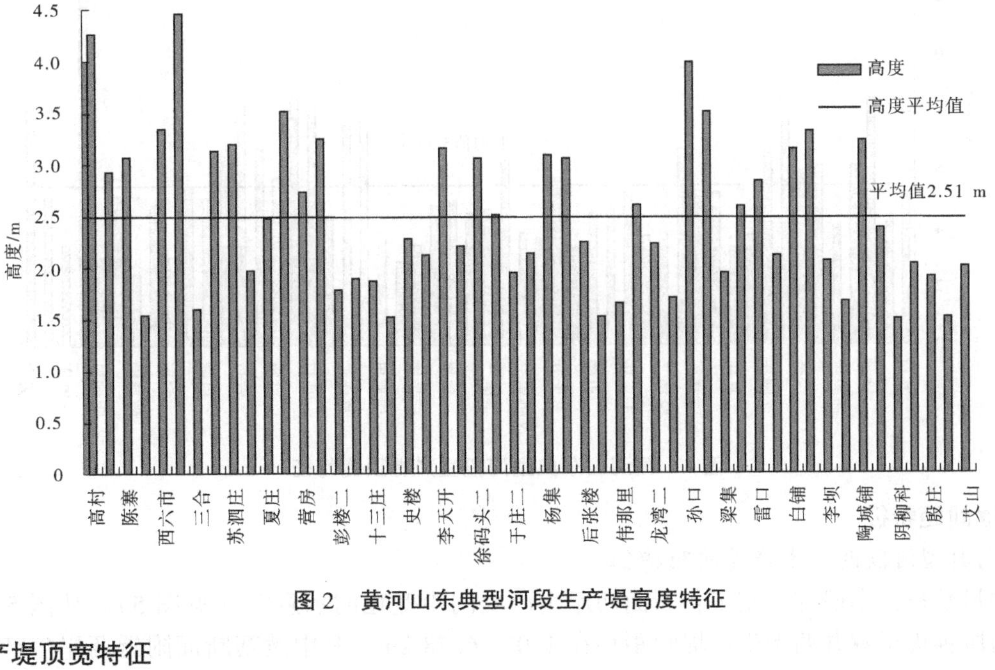

图 2　黄河山东典型河段生产堤高度特征

2. 2　生产堤顶宽特征

2. 2. 1　河南典型河段生产堤顶宽特征

根据测量数据，本研究绘制了各断面生产堤顶宽变化的示意图（见图 3）。从图 3 中可以看出，河南河段神堤至双井生产堤顶宽均在 2. 1～19. 6 m，其中磨盘和孙庄断面附近生产堤顶宽最窄为 2. 1 m，武邱断面附近生产堤顶宽最宽为 19. 6 m，平均顶宽为 7. 46 m。

2. 2. 2　山东典型河段生产堤顶宽特征

根据测量数据，本研究绘制了各断面生产堤顶宽变化的示意图（见图 4）。从图 4 中可以看出，

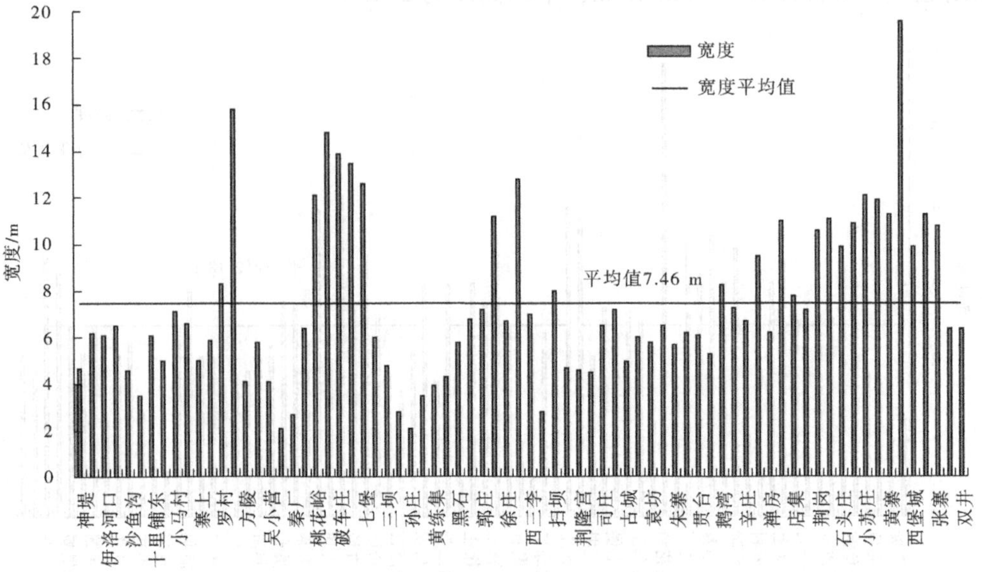

图 3　黄河河南典型河段生产堤顶宽特征

山东河段高村至艾山生产堤顶宽均在 2. 5 ~ 15. 3 m，其中陶城铺断面附近生产堤顶宽最窄为 2. 5 m，王坡断面附近生产堤顶宽最宽为 15. 3 m，平均顶宽为 5. 51 m。

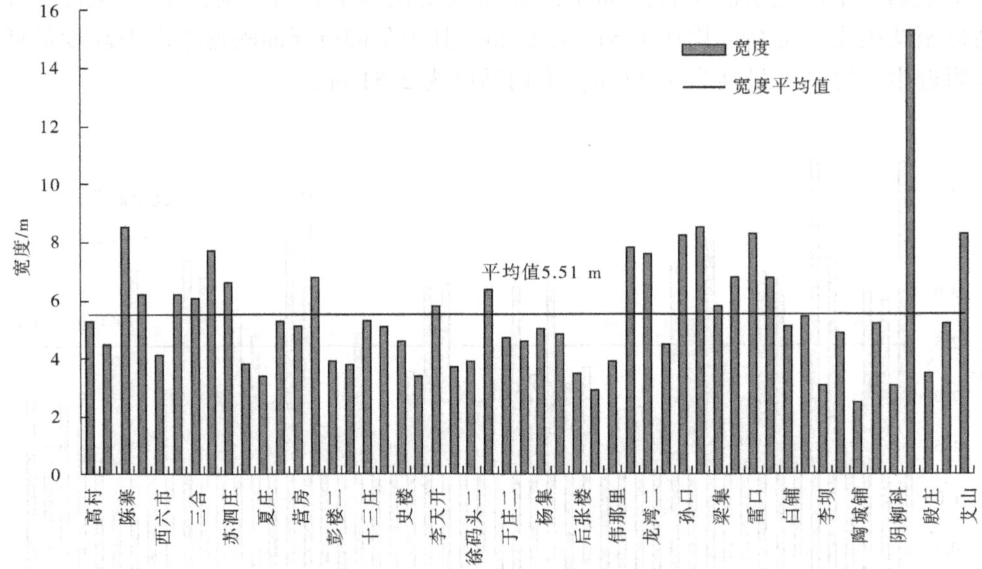

图 4　黄河山东典型河段生产堤顶宽特征

2. 3　生产堤间距特征

2. 3. 1　河南典型河段两岸生产堤间距特征

根据测量数据，本研究绘制了各断面两岸生产堤间距变化的示意图（见图 5）。从图 5 中可以看出，河南河段神堤至双井两岸生产堤间距均在 1. 02 ~ 6. 78 km，其中黄寨断面附近两岸生产堤间距最窄为 1. 02 km，武庄断面附近两岸生产堤间距最宽为 6. 78 km，平均间距为 3. 97 km。

2. 3. 2　山东典型河段两岸生产堤间距特征

根据测量数据，本研究绘制了各断面两岸生产堤间距变化的示意图（见图 6）。从图 6 中可以看出，山东河段高村至艾山断面两岸生产堤间距均在 0. 41 ~ 2. 3 km，其中徐巴什断面附近两岸生产堤间距最窄为 0. 41 km，高村断面附近两岸生产堤间距最宽为 2. 3 km，平均间距为 1. 01 km。

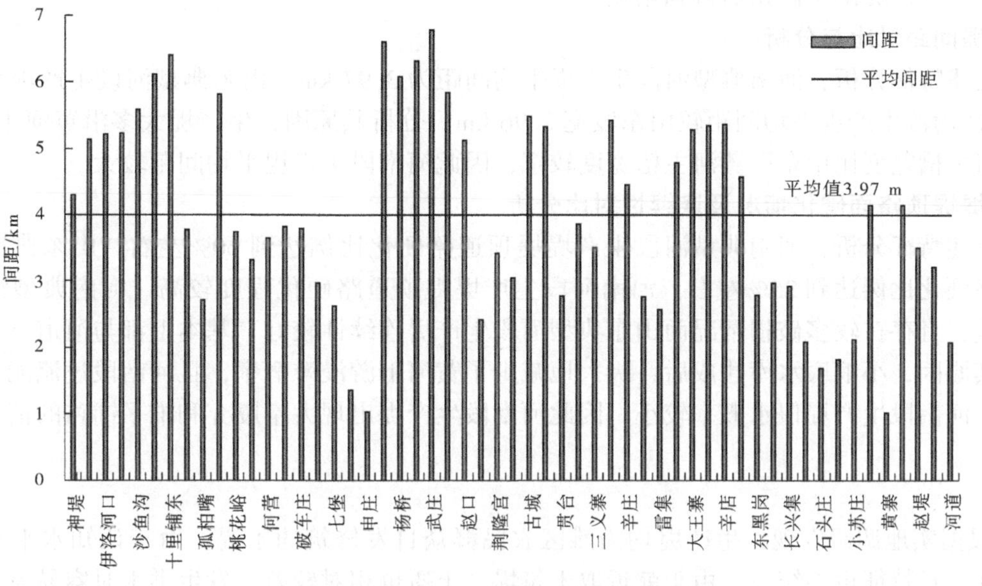

图 5　黄河河南典型河段生产堤间距特征

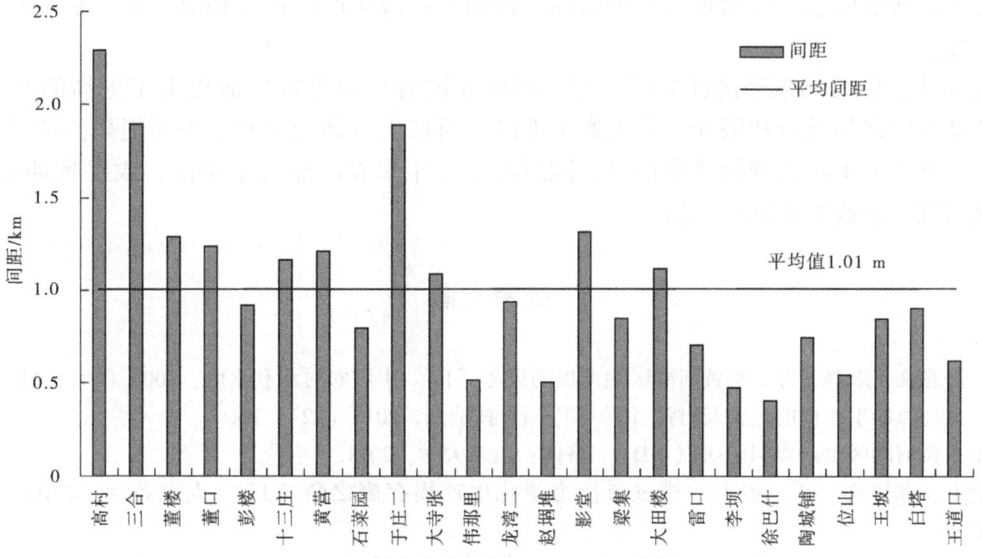

图 6　黄河山东典型河段生产堤间距特征

2.4　生产堤堤顶路面硬化情况及连续性

根据测量及统计数据，河南典型河段生产堤堤顶道路硬化比例达到60%左右，生产堤连续性较差；山东典型河段生产堤堤顶道路硬化比例达到25%左右，生产堤连续性较好，基本上都与河道整治工程相连接。

3　生产堤特征对比与分析

3.1　生产堤高度对比与分析

根据上述特征分析，河南典型河段生产堤平均高度为2.48 m，山东典型河段生产堤平均高度为2.51 m，河南段生产堤平均高度较山东段低0.03 m，平均高度基本一致。

3.2　生产堤顶宽对比与分析

根据上述特征分析，河南典型河段生产堤平均顶宽为7.46 m，山东典型河段生产堤平均顶宽为5.51 m，河南段生产堤平均顶宽较山东段宽1.95 m。分析其原因，河南段生产堤堤顶道路硬化程度较高，大多数生产堤由于修路而得到拓宽。

3.3 生产堤间距对比与分析

根据上述特征分析，河南典型河段生产堤平均间距为 3.97 km，山东典型河段生产堤平均间距为 1.01 km，河南段生产堤平均间距较山东段宽 2.96 km，分析其原因，生产堤大多沿黄河主槽而修建，河南段黄河主槽宽度比山东段黄河主槽宽度较宽，因此河南段生产堤平均间距较大。

3.4 生产堤堤顶路面硬化情况及连续性对比分析

根据上述特征分析，河南典型河段生产堤堤顶道路硬化比例达到60%左右，山东典型河段生产堤堤顶道路硬化比例达到25%左右，河南河段生产堤堤顶道路硬化程度较高。河南典型河段生产堤连续性较差，且存在较多破损情况而山东典型河段生产堤连续性较好，基本上都与河道整治工程相连接。分析其原因，小浪底水库建成后，极大地减少了黄河下游漫滩概率，且河南段过流能力相比于山东段较大，河南段生产堤偎水概率较小，因此河南段生产堤出现大量废弃和推平铺路的情况。

4 结论

（1）根据实地调研发现，生产堤均为滩区农民群众自发修筑的土堤，由于认知水平有限，生产堤分布较乱，且特征也不统一，由于就近取土筑堤，土质也相对较差，发生洪水时容易溃决。

（2）黄河河南段生产堤修筑标准比山东段高，但由于治黄水平的提高及河南段过流能力相比于山东段较大等，河南段生产堤出现废弃的情况，而山东河段生产堤保存相对完整，基本上都与河道整治工程相连接。

（3）近年来，随着国家经济社会的发展，滩区农民群众对美好生活提出了更高的要求，部分农民群众为了享受更好的教育和医疗，自发搬出滩区，再加上黄河治理水平不断提高，黄河下游过流能力不断提升，基本上不再出现漫滩的情况，同时由于近年来农产品价格不高，农民种地积极性降低，部分生产堤出现荒废或推平铺路的情况。

参考文献

[1] 薛庆宇，舒彩文，李静，等．对黄河滩区生产堤的思考［J］．中国农村水利水电，2008（10）：113-115，124.

[2] 刘建伟．黄河滩区生产堤的危害及对策［J］．中国科技信息，2015（22）：26.

[3] 王静．山东黄河滩区生产堤问题研究［D］．济南：山东大学，2011.

[4] 齐璞，余欣，孙赞盈，等．增大主槽过流能力淡化生产堤存废之争［J］．人民黄河，2010，32（1）：14-16，140.

[5] 周爱平，梁允全，王广林，等．关于黄河滩区生产堤问题的探讨［J］．水利建设与管理，2007，27（10）：45-46，40.

[6] 张旭东，朱莉莉，张治昊．黄河生产堤分布特征及其对河道冲淤的影响［J］．黑龙江水利科技，2017，45（12）：1-3，135.

不确定性影响下水库优化调度研究进展

赵占超　马东方

（黄河水利委员会黄河水利科学研究院，河南郑州　450003）

摘　要：近年来，在全球气候变化背景下中国极端天气事件明显增多，受降雨、下垫面及人类活动影响，河流来水来沙情况不确定性逐渐增强。然而，对不确定性产生的原因及未来河流来水来沙量预测的研究尚未得出一致性的结论，不确定性环境对水库调度方法的选取带来挑战。本文通过系统梳理国内外对于不确定性分析、水沙预测、水库优化调度方面的研究现状，总结当前研究进展，分析存在的问题，为下一步研究工作提供参考。

关键词：不确定性分析；水沙预测；水库调度；机器学习

水库是水沙资源开发利用的主要工具。一方面，水库兼顾防洪、发电、供水等方面的经济效益，同时还需要满足流域生态环境方面的要求。另一方面，水库的入库径流泥沙取决于降雨、截流、下渗、蒸发等自然产汇流水文过程，同时受到人类活动取用水、水土保持等因素的影响。受环境变化影响，20世纪80年代中期以来黄河来水来沙明显减少，2000年以来沙量减少更为显著，流域水沙情势发生显著变化，在其他流域同样存在来水来沙不确定性增强的问题，传统水库调度方法拘泥于历史径流样本，难以指导不确定环境下的调度决策，考虑不确定性影响的水库优化调度成为当前研究的热点难点问题，通过系统梳理国内外的研究，分析当前研究的存在问题，为开展下一步的研究提供参考十分必要。

1　不确定性分析研究进展

1.1　不确定性量化方法

1.1.1　不确定性的描述

不确定性量化的研究首先要确定不确定性产生的来源，其次探究不确定性的表现形式，并用恰当的数学表达对其进行表征[1-3]。不确定性按照表现形式的不同可以分为随机不确定性和认知不确定性，随机不确定性是一类客观存在的不确定性，无法消除，随机不确定变量易于用概率表征，此类不确定性通常可以采用概率学的方法进行量化分析；认知不确定性是一类主观的不确定性，因对问题的认识不足而造成。认知不确定变量通常难以给出具体的概率分布，此类不确定性通常采用非概率方法来进行量化和分析[4]。目前，较为常用的描述不确定性的方法有情景分析法、区间规划法、随机规划法及模糊规划法等。情景分析法指通过假想分析对象未来发展中可能出现的各类情景，并分析各类情景导致的相应后果；区间规划法是用区间的特性来表达变量的不确定性，通过给定区间的上限和下限来描述参数的可变化范围，对于不确定参数的取值，可以是区间内的任意实数；随机规划是在线性和非线性规划的基础上发展而来的，在随机规划中，是用离散的或连续的概率分布函数如正态分布、均匀分布、泊松分布等来描述参数的不确定性；在模糊规划中，不确定的量称作模糊数，对于模糊数，常见的有三角模糊数，梯形模糊数、矩形模糊数和不规则模糊数等[5]。Schaefer对数值模拟中的

基金项目：国家重点研发计划项目（2021YFC3200404）。

作者简介：赵占超（1990—），男，工程师，主要从事河流泥沙研究工作。

通信作者：马东方（1995—），男，工程师，主要从事河流泥沙研究工作。

不确定性来源进行了归纳总结，分别包括模型形式的不确定性、模型参数的不确定性、数值求解方法的不确定性、输入量的不确定性及结果后处理的不确定性[6]。对于水文预测模型，充分发挥各种方法的优势是解决模型输入、模型参数和模型结构三方面不确定性的主要方法[7]。

1.1.2 不确定度的量化方法

根据不确定性表现形式和来源的不同，不确定度量化方法大致分为三种，分别为概率相关的方法、基于抽样的方法及多种多样的抽样方法。蒙特卡洛方法（MC）是一种简单通用的抽样方法，通过构造随机过程并从已知的空间中进行抽样，得到大量的抽样结果，对抽样结果进行计算分析从而获取随机变量的统计信息[8]。认知不确定度量化方法由于对输入变量概率分布的认识不足，很难用概率类方法对认知不确定性进行量化分析，一般采用区间法和模糊逻辑法，区间法将变量以区间的形式表达，区间包含变量所有可能的取值，经过计算形成得到关注变量的不确定带，该不确定度带包含关注变量的所有取值[9]。混合不确定实际的物理问题十分复杂，既包含随机不确定性，也包含认知不确定性。混合不确定度量化方法针对两种不确性来源分别进行处理，实现对复杂物理过程的不确定度量化，解决混合不确定度量化方法采用嵌套迭代的方法，在外循环中处理认知变量而在内循环中处理随机变量[10]。

1.2 不确定性量化结果分析

对不确定度量化结果的分析也是不确定性研究中不可或缺的内容，明确水库优化中的各种不确定性来源和表现形式，研究各类不确定性因素对总不确定性的贡献尤为关键。敏感性分析常常被用来研究不确定性因素对水库模型计算结果的影响大小。Schaefer 等采用非嵌入式概率配置点方法研究了 SA 湍流模型系数不确定性对 NASA CRM 构型气动特性的影响，借助 sobol 灵敏度指标分析了 SA 模型各个系数的不确定度在总体不确定度中所占的比重[11]。Sudret 引入广义多项式混沌展开方法构建降阶模型，实现高效的全局敏感性分析[12]。Storlie 等提出了一种基于元模型和引导置信区间的敏感性分析方法，在提高敏感性分析效率的同时也保证了方法的准确性[13]。肖思男等对基于概率描述的不确定性结构全局灵敏度分析方法进行了概述[14]。

对于不确定性的描述指将不确定性抽象成数学表达式，这不仅是实际环境与数学模型不确定性的转化桥梁，也是不确定因素影响下对模型优化的重要步骤。不确定性量化的目标是定量地分析不确定因素对计算结果的影响。

2 水沙预测研究进展

2.1 来水来沙预测

王光谦等结合气候变化和水土保持工程实施影响估计了黄河潼关水文站 2020—2030 年、2020—2040 年、2020—2050 年年均径流量及同期年均输沙量[15]。胡春宏等通过多模型评估预测了潼关站未来 50 年年均径流量和年均输沙量，并分析了年径流量和年输沙量 90%的置信区间范围[16]。刘晓燕等通过分析过去 60 年黄土高原汛期径流及含沙量变化特点，在潼关以上黄土高原存在普遍高强度降雨且水库拦沙功能失效的条件下，研究了未来入黄泥沙及潼关、龙门水文站年输沙量的范围[17]。Wang 等发现中国岷江下游河道水沙变化的主要原因是气候变化和人类活动影响，并通过弹性方法量化了人类活动和气候变化对输沙量减少的贡献率，认为泥沙减少主要是受到人类活动影响，包括土地利用、植被覆盖率变化及水库的修建[18]。Azari 等利用 SWAT 模型模拟水文状况，分析了气候变化对伊朗北部戈根罗纳河流域径流与泥沙的影响，结果表明，降雨气温的变化导致 2040—2069 年年径流和年产沙均增加，且产沙量受气候变化影响更大[19]。Bikesh S 等利用 SWAT、GCMs、PRECIS 模型分析了气候变化及水库开发对老挝北部南乌江流域径流泥沙的影响，结果表明，气候变化使该流域的年输沙量在-20%~151%变化，水库开发建设对输沙量的影响大于气候变化[20]。

2.2 考虑不确定性影响的预测方法

2.2.1 预测方法

以往研究结果表明，气候变化及人类活动对流域径流输沙有着显著的影响，且影响机制十分复杂，流域水沙变化量不确定性较强，对此不少学者采用不同的研究方法对未来水沙量进行预测。主要可分为两类：一类是水文模型方法，代表性比较强的水文预测模型有中国的新安江模型[21]、日本的TANK模型[22]、美国的SWAT模型[23]。Duan等基于贝叶斯平均模型（BMA）对（Sacramento Soil Moisture Accounting model，SAC）（Simple Water Balance model，SWB）和HYMOD三个水文预测模型进行组合，为总预测不确定性提供了更可靠的描述，提高了概率预报模型的精度[24]。另一类预测方法是数据驱动方法，主要有非线性回归模型、支持向量机（SVM）[25]、随机森林（RF）[26]、人工神经网络（ANN）[27]、深度学习（DL）[28]。YIN使用机器学习模型（RF）、人工神经网络（ANN）和一个深度学习模型（LSTM）对澳大利亚维多利亚的地下水位进行预测，结果表明预测值与实测值的皮尔逊相关系数高达0.967~0.994，计算时间少于水文模型[29]。基于LSTM的时间序列预测模型在预测流域径流时与水文预测模型相比能取得更好的效果[30-31]。

2.2.2 预测不确定性的量化

基于机器学习的方法在实际预测中虽然能取得良好的效果，但时间序列点值预测结果都很难完全与实际数据一致，具有一定的不确定性[32]，利用分位数回归方法（QR）、区间预报方法（PI）[33-35]、建立概率预报模型、贝叶斯联合概率模型[36]、高斯过程回归模型[37]、高斯混合回归模型[38]等方法得出一个预测区间或者预测值的概率分布，以便后续的分析计算和决策，成为量化预测不确定性的一个手段。Xin基于变分模态分解（VMD）、卷积神经网络（CNN）和长短时记忆（LSTM）的新型混合径流预报模型用于径流月预测，通过选用中国渭河咸阳和华县水文站的月径流资料进行验证，该模型在径流时间序列预测时具有较强的鲁棒性和稳定性[39]。CAO在解决气候变化对径流预测带来的不确定性影响时，基于QRLSTM方法组建径流概率区间预测框架，该方法有效捕捉了径流趋势，量化了预测过程中不确定问题，预测效果大约提升30%[40]。Tiwari等基于Bootstrap方法预测未来水位变化，结果表明区间预测能够量化短期和长期预报的参数不确定性，预测结果与真实值比较一致[41]。Lube方法构造了具有两个输出神经元的神经网络，这两个神经元直接接近预测的下界和上界，该方法以预测区间覆盖宽度最小为目的，通过将粒子群优化算法与Lube方法结合，在美国Susquehanna and Nehalem河的流量预测中表现出较好的预测效果[42]。Le等通过深度残差神经网络（ResNet）和上下界估计（LUBE）相结合的未来流量预测方法对中小流域的未来流量区间进行预测，该方法预测区间与实测结果相比相似性显著[43]。Zhu等使用混合核GPR并筛选输入变量构建季节性径流预测模型，用于月尺度流量预测，在实例模拟中取得了较好的预测效果，为概率回归和不确定性估计提供了一个灵活的框架[44]。Bai等构建了XGBoost（XGB）和高斯过程回归（GPR）与贝叶斯优化算法（BOA）的径流概率预测混合模型，利用长江流域四个实例进行了验证，结果表明该模型对径流的点预测、区间预测及概率预测具备可靠的预测性能[45]。

河道来水来沙预测分为短期预测、中长期预测及长时间尺度的预测，短期预测可作用于汛期防洪调度中，中长期预报可作用于水库中长期兴利调度中，根据未来中长期的径流的情况制订水库调度运行方案，长时间尺度的预测可为河流的保护与治理开发重大问题的决策提供支撑。

3 水库优化调度研究进展

3.1 水库多目标优化调度

从保障流域可持续发展和维护河流健康出发，需要建立兴利、减灾与生态协调统一的水库综合调度运用方式，这些水库调度运用要纳入全流域的统一调配，从而实现流域水资源的优化配置。水库调度的目标大致分为四类，包括防洪、灌溉及供水、发电，同时兼顾保障河流本身生态环境的承载力[46]。根据水库的功能，在设置目标时通常根据防洪和发电的需要，将发电量最大、总出力最大或发电效益最大和最大削峰准则、最大防洪安全保证准则和最短洪灾历时准则等作为目标函数[47]。综合考虑水资源经济、环境、生态和社会的和谐发展，水库多目标调度已经成为当前国内外研究的一个方向[48-50]，将水资源配置模型和水库调度模型结合，以满足调水、发电效益为目标，优化水的传输和分配，为水资源调配项目（IBWT）提供了一种有效的手段[51]。近年来，随着“流域系统科学”的提出，流域整体效益的最大化，实现行洪输沙、生态环境、社会经济多目标协同发展成为水库调度考虑的主要因素[52]。根据江恩慧提出的流域系统科学观点，将行洪输沙-生态环境-社会经济3个子系统服务功能协同发挥作为调度目标，以三门峡-小浪底水库为例开展水沙优化调控，研究结果为决策者提高水库调度综合效益提供了参考[53]。

3.2 水库优化调度算法

水库调度模型的求解是制定水库（群）调度策略的基础，水库调度模型的求解一般采用优化算法，它是通过确定决策变量的取值，使目标函数在特定约束条件下搜寻到最优解的方法，目前优化调度最优决策方法主要有线性规划、非线性规划、网络流法、动态规划法、大系统方法和启发式算法等[54-55]。在水库多目标调度时，单纯的线性规划模型不能很好地反映水库群联合调度的基本规律，对于一些特定的非线性规划，也常常进行线性化处理使之变为线性规划问题来解[56-57]，对于一般的非线性规划问题，局部解不一定是整体解，只有凸规划问题的局部解才是全局最优解[58-59]。较为常用的动态规划方法主要包括离散微分动态规划（DDDP）、逐次渐进动态规划（DPSA）和逐次优化方法（POA）等，原理是把复杂问题简化成一系列结构相似的最优子问题进行求解[60]。近年来，在水库优化调度领域，智能优化算法成为模型求解的一种办法，关于智能优化算法的研究主要包括遗传算法（GA）[61]、微粒子群算法（PSO）[62]、蚁群算法（ACO）[63]和人工神经网络（ANN）[64]等。多目标调度优化求解一种是采取多目标进化算法进行求解，生成一系列非劣方案集，另一种是以约束法、权重法或隶属度法将多目标问题转化为单目标进行求解。刘攀等[65]通过改进多目标遗传算法求解优化模型，对三峡水库的分期汛限水位优化进行计算，在考虑防洪、发电、航运多方面的目标下得到优化方案。智能算法有着目标明确、寻优能力强、计算效率高等优点，近年来在水库优化调度中逐渐得以应用。

4 存在问题与分析

（1）在最近的研究中，不确定性量化问题引起了国内外学者的广泛关注，开展了大量研究，提出了量化方法，为不确定性量化研究提供了参考。基于河道水文预测的复杂性，将不确定性量化方法应用在预测模型及水库调度模型中处理不确定性影响的研究目前尚不充足，不同量化方法的解决效果尚不明确，目前河道水沙预测模型对不确定性尚未有全面的考虑，是当前研究存在的一个问题。

（2）以往研究在预测未来径流时取得一定的成果，但对于河道输沙的预测研究一致性的成果较少，同时基于河道自身的复杂性，在不确定环境中，解决河道水沙预测的不确定性仍是当前研究的难点。考虑到中长期径流预报的预见期较长，传统的水文预报模型结合流域水循环物理机制将水文气象等信息作为物理驱动因子模拟产汇流及河道演进过程来构建预报模型，模型对输入信息如降水、气温、洋流和大气环流等数据资料要求较高，在实际工作中资料缺乏往往制约模型的准确性，同时物理机制复杂，影响因素众多，建模过程复杂，计算效率不高效。基于数据驱动的径流预报克服资料不全的弊端，利用已有历史水文、气象数据之间的相关性和演变规律，采用合适的数学分析理论构建模型输入数据与输出数据之间的数据映射关系，从而得出预测值，模型原理简单，计算高效。近年来通过对模型升级改造，通过预测未来水沙区间分布，为解决预测不确定的问题提供了方法参考。

（3）水库多目标优化调度中主要存在不确定性、复杂性、多目标性等问题，在现实建模过程中，参数随着目标的增多而成指数型增长，模型求解也变得更加复杂，同时由于降水等因素的不确定性给水库调度带来许多不确定因素，在水库优化调度中成为一个问题。调度的各目标之间有相应的联系，在建模过程中各个目标之间是否重合，重合的区域和范围也不确定，多目标优化问题求解中，算法不能得到可以同时优化所有目标的最优个体，如何考虑多样性和随机性的影响是多目标优化调度所要挑战的内容。

参考文献

[1] Schwer L E. Guide for verification and validation in computational solid mechanics: an overview of the PTC 60/V&V 10 [M]. The American Society of Mechanical Engineers, 2006.

[2] NASA-STD-7009. Standard for Models and Simulations [S]. National Aeronautics and Space Administration, 2008.

[3] Lee H B, Ghia U, Bayyuk S, et al. Development and Use of Engineering Standards for Computational Fluid Dynamics for Complex Aerospace Systems [C] // Aiaa Fluid Dynamics Conference. 2016.

[4] Cullen A C, Frey H C. Probabilistic Techniques in Exposure Assessment: A Handbook for Dealing with Variability and Uncertainty in Models and Inputs [J]. springer berlin, 1999.

[5] 陈丹丹. 不确定环境下的集装箱多式联运运输路径鲁棒优化研究 [D]. 南京：东南大学，2020.

[6] Schaefer J A, Romero V J, Schafer S R, et al. Approaches for Quantifying Uncertainties in Computational Modeling for Aerospace Applications [C] //AIAA Scitech 2020 Forum. 2020.

[7] 王浩，李扬，任立良，等. 水文模型不确定性及集合模拟总体框架 [J]. 水利水电技术，2015，46（6）：21-26.

[8] Z Sándor, Andras P P. Alternative sampling methods for estimating multivariate normal probabilities [J]. Journal of Econometrics, 2004, 120 (2): 207-234.

[9] Neumaier A, Hansen E. Global Optimization Using Interval Analysis [J]. Mathematics of Computation, 1994, 63 (207): 428.

[10] Tucker W T, Ferson S. Sensitivity in risk analyses with uncertain numbers [J]. ferson s kreinovich, 2006.

[11] Schaefer J A, Cary A W, Mani M, et al. Uncertainty Quantification and Sensitivity Analysis of SATurbulence Model Coefficients in Two and Three Dimensions [C] //55th AIAA Aerospace Sciences Meeting. 2017.

[12] Sudret B. Global sensitivity analysis using polynomial chaos expansions [J]. Reliability Engineering & System Safety, 2008, 93 (7): 964-979.

[13] Storlie C B, Swiler L P, Helton J C, et al. Implementation and evaluation of nonparametric regression procedures for sensitivity analysis of computationally demanding models [J]. Reliability Engineering & System Safety, 2009, 94 (11): 1735-1763.

[14] 肖思男，吕震宙，王薇. 不确定性结构全局灵敏度分析方法概述 [J]. 中国科学：物理学、力学、天文学，2018，48（1）：18.

[15] 王光谦，钟德钰，吴保生. 黄河泥沙未来变化趋势 [J]. 中国水利，2020（1）：9-12，32.

[16] 胡春宏，张晓明，于坤霞，等. 黄河流域水沙变化趋势多模型预测及其集合评估 [J]. 水利学报，2023，54（7）：763-774.

[17] 刘晓燕，高云飞，党素珍. 黄河上游黄土高原入黄沙量变化分析 [J]. 人民黄河，2023，45（12）：1-7，18.

[18] Wang W, Wang T, Cui W, et al. Change of Flow and Sediment Transport in the Lower Min River in Southeastern China under the Impacts of Climate Variability and Human Activities [J]. Water, 2021, 13 (5): 673.

[19] Azari M, Moradi R H, Saghafian B, et al. Climate Change Impacts on Streamflow and Sediment Yield in the north of Iran [J]. Water and Energy International, 2016, 59 (6): 76-76.

[20] Bikesh S, Shreedhar M, S M B, et al. Sediment related impacts of climate change and reservoir development in the Lower Mekong River Basin: a case study of the Nam Ou Basin, Lao PDR [J]. Climatic Change, 2018, 149 (1): 13-27.

[21] 赵人俊. 流域水文模拟：新安江模型与陕北模型 [M]. 北京：水利电力出版社，1984.

[22] Lee H Y, 이영화, Singh P V. Tank Model for Sediment Yield [J]. 대한토목학회학술대회, 2005,

[23] Pallavi S, Gangaram D R. Integrated Hydrological Modeling of the Godavari River Basin in Maharashtra Using the SWAT Model: Streamflow Simulation and Analysis [J]. Journal of Water Resource and Protection, 2024, 16 (1): 17-26.

[24] Duan Q, Ajami K N, Gao X, et al. Multi-model ensemble hydrologic prediction using Bayesian model averaging [J]. Advances in Water Resources, 2006, 30 (5): 1371-1386.

[25] Gueddari H, Akodad M, BaghourM, et al. Support Vector Machine: A Case Study in the Kert Aquifer for Predicting the Water Quality Index in Mediterranean Zone, Drouich Province, Oriental Region, Morocco [J]. Nature Environment and Pollution Technology, 2022, 21 (5): 2015-2023.

[26] Abhishek G, Ramkrishna M. Application of SWAT, Random Forest and artificial neural network models for sediment yield estimation and prediction of gully erosion susceptible zones: study on Mayurakshi River Basin of Eastern India [J]. Geocarto International, 2022, 37 (25): 9663-9687.

[27] Asheghi R, Hosseini A S. Prediction of bed load sediments using different artificial neural network models [J]. Frontiers of Structural and Civil Engineering, 2020, 14 (2): 1-13.

[28] Sang Soo B, Jongcheol P, Ahn J C. Prediction of Water Level and Water Quality Using a CNN-LSTM Combined Deep Learning Approach [J]. Water, 2020, 12 (12): 3399.

[29] YIN W J, et al. Comparison of physical and data-driven models to forecast groundwater level changes with the inclusion of GRACE-a case study over the state of Victoria, Australia [J]. Journal of Hydrology, 2021.

[30] Ayzel G, Kurochkina L, Abramov D, et al. Development of a Regional Gridded Runoff Dataset Using Long Short-Term Memory (LSTM) Networks [J]. Hydrology, 2021, 8 (1): 6.

[31] XIE J, LIU X, TIAN W, et al. Estimating Gridded Monthly Base flow From 1981 to 2020 for the Contiguous US Using Long Short-Term Memory (LSTM) Networks [J]. Water Resources Research, 2022.

[32] O F Vasiliev, Gelder P, E. J. Plate, et al. Extreme Hydrological Events: New Concepts for Security [M]. Springer, Dordrecht.

[33] Yao L, Yu X, Lu J, et al. Wind speed for ecasting based on Quantile Regression Minimal Gated Memory Network and Kernel Density Estimation [J]. Energy Conversion and Management, 2019, 196: 1395-1409.

[34] Chryssolouris G, Lee M. Confidence interval prediction for neural network models [J]. IEEET ransactions on Neural Networks, 1996, 7 (1): 229.

[35] Khosravi A, Nahavandi S, Creighton D, et al. Lower Upper Bound Estimation Method for Construction of Neural Network-Based Prediction Intervals [J]. IEEE Transactions on Neural Networks, 2011, 22 (3): 337-346.

[36] Wang Q J, Robertson D E, Chiew F H S. A Bayesian joint probability modeling approach for seasonal forecasting of streamflows at multiple sites [J]. Water Resources Research, 2008, 45 (5): 641-648.

[37] Rasmussen C E, Williams C K I. Gaussian Processes for Machine Learning (Adaptive Computation and Machine Learning) [J]. The MIT Press, 2005.

[38] Imbajoa D, Arciniegas A, Revelo J, et al. Forecasting of Energy Consumption Based on Gaussian Mixture Model and Classification Techniques [J]. 2017.

[39] Xin J, Jungang L, Shang yao Z, et al. Runoff forecasting model based on variational mode decomposition and artificial neural networks [J]. Mathematical biosciences and engineering: MBE, 2022, 19 (2): 1633-1648.

[40] Cao C J, He Y Y, Cai S Y. Probabilistic runoff forecasting considering stepwise decomposition framework and external factor integration structure [J]. Expert Systems With Applications, 2024, 236.

[41] Tiwari K M, Chatterjee C. Uncertainty assessment and ensemble flood forecasting using bootstrap based artificial neural networks (BANNs) [J]. Journal of Hydrology, 2009, 382 (1-4): 20-33.

[42] Taormina R, Chau K. ANN-based interval forecasting of streamflow discharges using the LUBE method and MOFIPS [J]. Engineering Applications of Artificial Intelligence, 2015 (45): 429-440.

[43] Le Y, Jun F, Tingting H, et al. Flow interval prediction based on deep residual network and lower and upper boundary estimation method [J]. Applied Soft Computing Journal, 2021, 104.

[44] Zhu S, Luo X, Xu Z, et al. Seasonal streamflow forecasts using mixture-kernel GPR and advanced methods of input variable selection [J]. Nordic Hydrology, 2019, 50 (1-2): 200-214.

[45] Bai H, Li G, Liu C, et al. Hydrological probabilistic forecasting based on deep learning and Bayesian optimization algorithm [J]. Hydrology Research, 2021.

[46] 李益民，段佳美．水库调度［M］．北京：中国电力出版社，2004.

[47] 乔英．梯级水库群多目标优化调度研究［D］．北京：华北电力大学，2020.

[48] 郭文献，夏自强，王远坤，等．三峡水库生态调度目标研究［J］．水科学进展，2009（4）：6.

[49] 蹇德平，缪益平．雅砻江下游梯级水库综合调度规则优化方法［J］．南水北调与水利科技，2016.
[50] 张松，王新，王超，等．考虑多维生态效益的梯级水库群消落期优化调度研究［J］．水利水电技术（中英文），2021，52（11）：186-194.
[51] Jia D，Zhang T，Wu L，et al. Multi-objective cooperative optimization of reservoir scheduling and water resources allocation for inter-basin water transfer project based on multi-stage coupling model［J］. Journal of Hydrology，2024，63（1）：30673.
[52] 江恩慧，王远见，田世民，等．流域系统科学初探［J］．水利学报，2020，51（9）：1026-1037.
[53] 李洁玉，李航，王远见，等．黄河水沙调控多目标协同模型构建及应用［J］．水科学进展，2023，34（5）：708-718.
[54] 明波，黄强，王义民，等．水库群优化调度模型求解加速策略研究［J］．西安理工大学学报，2016，32（1）：63-69.
[55] Hsu N S，Cheng K W. Network Flow Optimization Model for Basin-Scale Water Supply Planning［J］. Journal of Water Resources Planning and Management，2002，128（2）：102-112.
[56] Needham J T，Watkins D W，Lund J R，et al. Linear Programming for Flood Control in the Iowa and DesMoines Rivers［J］. Journal of Water Resources Planning and Management，2000，126（3）：118-127.
[57] Shim K C，Fontane D G，Labadie J W. Spatial decision support system for integrated river basin flood control［J］. Journal of Water Resources Planning and Management，2002，128（3）：190-201.
[58] Barros M，Tsai T C，Yang S L，et al. Optimization of Large-Scale Hydropower System Operations［J］. Journal of Water Resources Planning and Management，2003，129（3）：178-188.
[59] Salman A M，Al-Jilawi A S. Combinatorial Optimization and Nonlinear Optimization［J］. Journal of Physics Conference Series，2021，1818（1）：012134.
[60] Rani D，Mourato S，Moreira M. A Generalized Dynamic Programming Modelling Approach for Integrated Reservoir Operation［J］. Water Resources Management，2020，34（4）：1335-1351.
[61] Azmeri A，Hadihardaja I K，Legowo S. Determination of the Cascade Reservoir Operation for Optimal Firm-Energy Using Genetic Algorithms［J］. Aceh International Journal of ence & Technology，2013，2（2）：44-50.
[62] Baltar A M，Fontane D G. Use of Multiobjective Particle Swarm Optimization in Water Resources Management［J］. Journal of Water Resources Planning & Management，2008，134（3）：257-265.
[63] Dorigo M，Maniezzo V. Ant system：optimization by a colony of cooperating agents［J］. IEEE transactions on systems，man，andcybernetics，Part B. Cybernetics：A publication of the IEEE Systems，Man，and Cybernetics Society，1996（1）：26.
[64] 胡铁松，万永华，冯尚友．水库群优化调度函数的人工神经网络方法研究［J］．水科学进展，1995（1）：53-60.
[65] 刘攀，郭生练，李玮，等．用多目标遗传算法优化设计水库分期汛限水位［J］．系统工程理论与实践，2007（4）：81-90.

宁蒙河段凌汛期凌情要素变化分析

赵占超　马东方　耿　旭　张广明

（黄河水利委员会黄河水利科学研究院，河南郑州　450003）

摘　要：据统计，黄河宁蒙河段在1950—2020年的71 a中有14 a凌汛期发生堤防决口，给沿河两岸地区造成巨大经济损失，凌情变化特性成为当前关注的焦点问题。基于凌汛期实测资料，对凌汛期凌情要素演变规律进行分析，发现近年来内蒙古河段首凌日期、封河日期推迟，开河日期提前；封河流量总体增加，2010年以来集中在700~900 m^3/s；凌期最高水位明显降低；封河长度、冰厚、最大槽蓄水增量、开河凌峰等明显减小，2012年以来，部分河段凌汛期河岸坍塌，坝垛沉陷，水利、防洪工程受损，但凌情总体平稳，无较大灾情发生。

关键词：封河流量；最高水位；平滩流量；封河日期

黄河宁蒙河段位于黄河流域最北端，气温在0 ℃以下的时间可持续4~5个月，每年都会出现不同程度的凌汛，河道一般从11月中下旬开始流凌，12月上旬封冻，由于气温上暖下寒，封河自下而上，容易卡冰阻水，壅高水位；气温南高北低，开河自上而下，冰凌洪水沿程增大，极易形成冰凌灾害，1950年以来，凌汛期发生堤防决口年份占总年份20%，严重威胁沿岸群众生命财产安全。刘家峡、海勃湾等水库的调控和堤防工程、应急分凌工程的兴建对黄河宁蒙河段安全度过凌汛发挥了重要作用，降低了凌灾风险。近年来，随着宁蒙河段河槽过流能力的增加，也为凌汛安全创造了条件，防凌形势出现新的变化。

1　河段概况

1.1　研究河段位置

宁蒙河段自宁夏中卫市南长滩至内蒙古准格尔旗马栅乡，全长1 203.8 km（宁蒙交叉河段长36 km）。宁蒙河段位置和河道概况见图1。宁夏河段全长397 km，由峡谷、库区和平原段组成。其中，南长滩至枣园河道呈西南-东北流向，河面宽度200~300 m，为坡陡流急的峡谷型河道，属于不常封冻河段；枣园至麻黄沟河段自南向北，河面宽500~1 000 m，坡小流缓。青铜峡、刘家峡水库运用以后，不常封冻河段下延至中宁县白马，同时青铜峡水库坝下40~90 km河段成为不常封冻河段。宁夏河段历年封冻长度不一，封冻最长二百余千米，最短几千米，甚至不封冻。内蒙古河段位于流域最北段，自石嘴山麻黄沟入境，河段全长842.8 km，首尾两段为峡谷河段，中间为平原河段，河宽坡缓，弯道多。内蒙古河段河道总体河宽坡缓，其中渡口堂最宽为400~1 200 m，昭君坟最窄为200~600 m，且浅滩、弯道多，弯曲度大。在巴彦高勒—托克托之间，较大的弯道就有69处。万家寨水库运用后，库区河段容易发生冰塞、冰坝，并向上游延伸[1-2]。

1.2　研究河段凌情特点

河段通常于11月中下旬开始流凌，12月上、中旬封河，3月中、下旬开河。历史最早流凌日期为11月4日，出现在1969—1970年度；最晚流凌日期为12月4日，出现在2011—2012年度。最早

基金项目：国家重点研发计划项目（2023YFC3206204）。

作者简介：赵占超（1990—），男，工程师，主要从事河流泥沙研究工作。

通信作者：耿旭（1993—）男，工程师，主要从事河流泥沙研究工作。

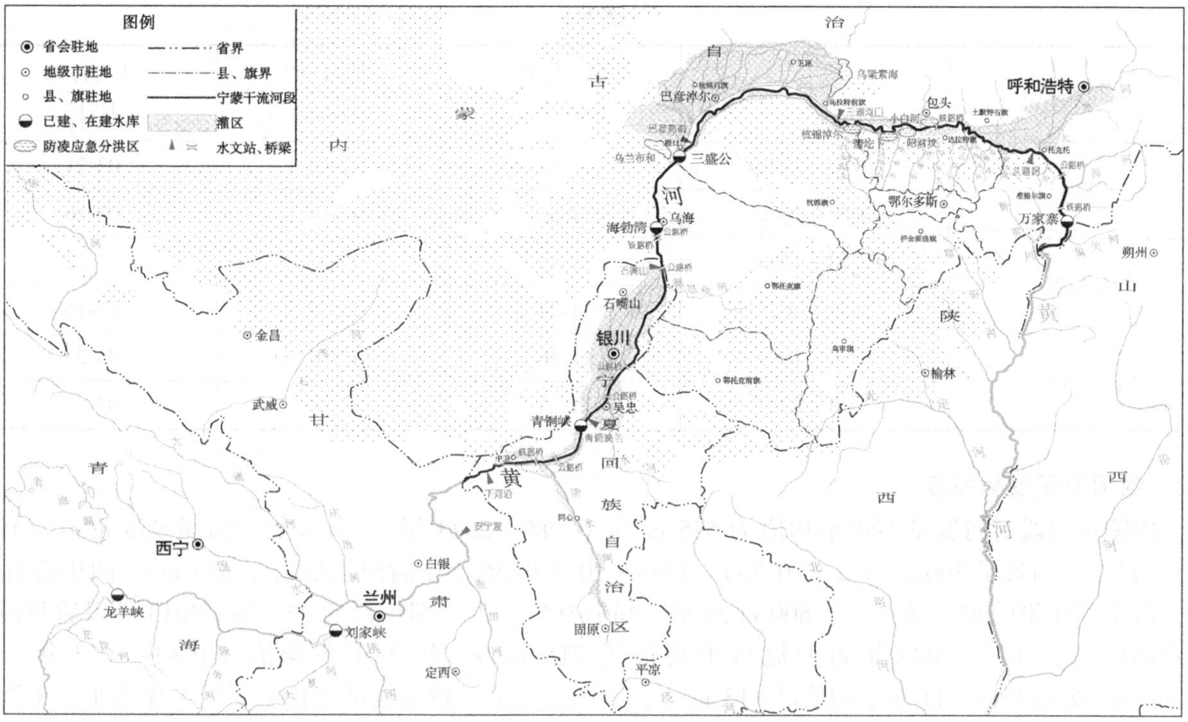

图 1　宁蒙河段概况

封河日期为 11 月 13 日，出现在 1976—1977 年度；最晚封河日期为 12 月 30 日，出现在 1989—1990 年度。最早开河日期为 3 月 12 日，出现在 1997—1998 年度；最晚开河日期为 4 月 5 日，出现在 1969—1970 年度。特殊的地理位置、河道形成和水文气象条件决定了该河段冰情的严重性和复杂性[3-4]。该河段的凌情主要表现为稳定封冻，由于冬季气温最低气温可达-35 ℃，河段每年冬季都会出现稳定的封冻河段，封冻时间长，封冻河段长，封冻冰盖厚，封开河期水位高，灾害发生概率高，冰凌受人类活动影响大[5-6]。

2　宁蒙河段凌汛期凌情变化分析

2.1　流凌、封开河时间变化

宁蒙河段通常于 11 月中下旬开始流凌，12 月上中旬封河，3 月中下旬开河。2000 年以后宁蒙河段不同位置的流凌时间及封开河日期变化主要表现为流凌、封河推迟，开河提前，流凌、封冻历时缩短。与 1950—1999 年相比，2000 年之后宁蒙河段首凌日期推迟 8 d，封河日期推迟 2 d，开河日期提前 4 d，流凌历时缩短 6 d，封冻历时缩短 6 d。具体到各水文断面（见表 1），流凌日期普遍推迟 6~13 d，封河日期除头道拐水文站保持不变外，其他站推迟 6~13 d，开河日期普遍提前 5~11 d。其中，巴彦高勒水文站变化最明显，流凌推迟 2 d，封河推迟 3 d，开河提前 1 d，封冻历时缩短 4 d。

表 1　流凌、封开河时间变化

水位站点	年份	流凌日期（月-日）	封河日期（月-日）	开河日期（月-日）
石嘴山	1950—1999	11-30	01-02	03-04
	2000—2022	12-12	01-09	02-22
巴彦高勒	1950—1999	11-25	12-12	03-16
	2000—2022	12-07	12-25	03-05

续表 1

水位站点	年份	流凌日期（月-日）	封河日期（月-日）	开河日期（月-日）
三湖河口	1950—1999	11-18	12-03	03-21
	2000—2022	11-24	12-09	03-16
头道拐	1950—1999	11-18	12-12	03-22
	2000—2022	11-24	12-12	03-16
宁蒙河段	1950—1999	11-16	12-01	03-27
	2000—2023	11-24	12-03	03-23

2.2 封河流量变化特点

内蒙古河段封河流量多年平均值为 645 m^3/s（1989—2023 年），最大封河流量 953 m^3/s（1990 年），最小封河流量 300 m^3/s（2001 年）。1989—2023 年 35 年中封河流量大于 600 m^3/s 的年份有 23 年，占全部年份的 65.7%；大于 800 m^3/s 的年份有 9 年，占全部年份的 25.7%。2013 年以后封河流量总体较大，2012—2023 年封河流量平均值为 715 m^3/s，较多年平均值（1989—2023 年）高 68 m^3/s，较 1989—2011 年平均值高 113 m^3/s，如图 2 所示。封河流量变化主要受水库蓄水、上游区间来水、宁蒙河道过流能力、供水和发电等因素影响。封河流量决定了封冻期河道流量，随着封河流量增大河道稳封期径流量也增大，如图 3 所示。

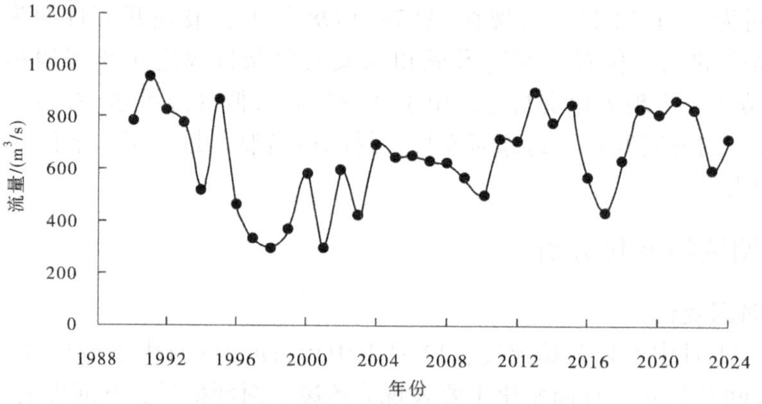

图 2　宁蒙河段封河流量变化

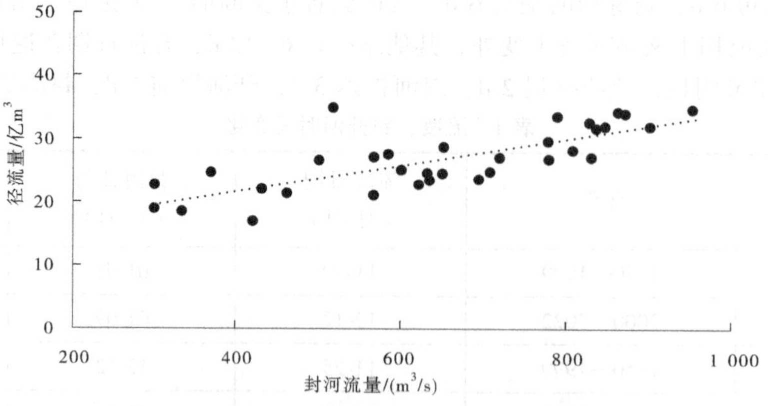

图 3　封河流量与巴彦高勒站 1—2 月径流量的关系

2.3 凌期最高水位变化特点

通过分析 1990 年以来巴彦高勒、三湖河口，头道拐水位站最高水位及出现时间（见图 4），发现近年来凌汛期巴彦高勒最高水位在 2006 年以后呈下降趋势，2023 年降至 1 051. 61 m，为 1990 年以来最低。三湖河口凌期最高水位在 2008 年达到历年最高，该年度有凌灾发生，之后呈下降趋势，2023 年降至 1 019. 84 m，处于 1990 年以来较低水平。头道拐水文站凌期最高水位在 2008 年后出现下降，2011 年又反弹，之后呈下降趋势，2018 年再次回升，2019—2020 年度受开河期万家寨库尾堆冰影响，水位高达 990. 02 m，为历史最高，但该年度封开河平稳发展，凌情整体平稳可控，未出现较大灾情。从表 2 可以看出，巴彦高勒站凌期最高水位主要出现在 12 月和 1 月，即封河期和稳封期，三湖河口站凌期最高水位主要出现在 1—3 月，即稳封期和开河期，头道拐站凌期最高水位多数出现在 3 月开河期，主要受开河形势影响。

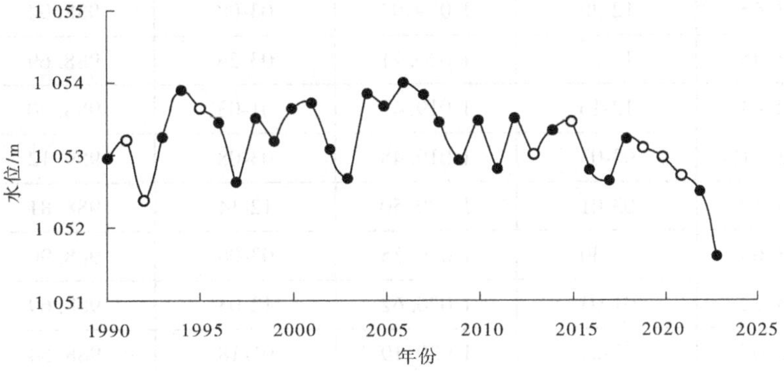

(a)巴彦高勒

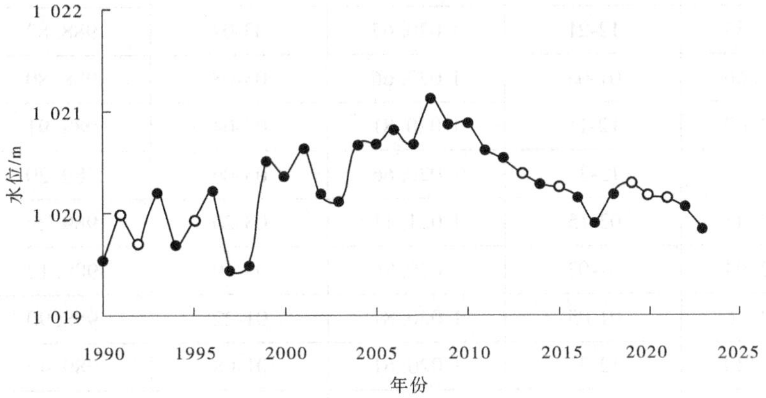

(b)三湖河口

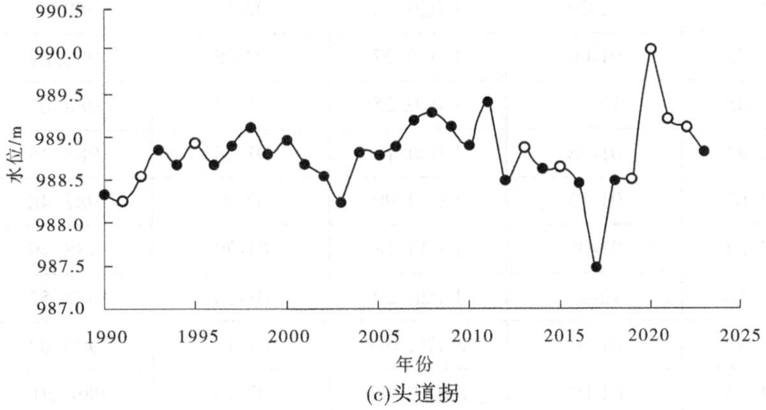

(c)头道拐

图 4　凌汛期最高水位变化

表 2 最高水位及出现时间

年份	巴彦高勒		三湖河口		头道拐	
	最高水位/m	出现时间/（月-日）	最高水位/m	出现时间/（月-日）	最高水位/m	出现时间/（月-日）
1989—1990	1 052. 95	01-13	1 019. 54	02-02	988. 33	02-07
1990—1991	1 053. 22	12-26	1 019. 98	12-29	988. 25	01-26
1991—1992	1 052. 38	01-23	1 019. 69	01-19	988. 54	02-11
1992—1993	1 053. 26	12-26	1 020. 19	03-18	988. 86	01-28
1993—1994	1 053. 90	12-06	1 019. 68	03-01	988. 69	03-11
1994—1995	1 053. 65	12-28	1 019. 92	03-08	988. 94	03-08
1995—1996	1 053. 45	12-25	1 020. 21	03-26	988. 69	02-20
1996—1997	1 052. 64	12-16	1 019. 45	01-03	988. 90	03-18
1997—1998	1 053. 51	03-03	1 019. 48	03-08	989. 12	03-12
1998—1999	1 053. 19	03-01	1 020. 50	12-14	988. 81	03-02
1999—2000	1 053. 65	12-30	1 020. 35	03-06	988. 96	03-16
2000—2001	1 053. 72	01-03	1 020. 62	12-03	988. 69	03-22
2001—2002	1 053. 07	02-24	1 020. 19	01-18	988. 54	03-10
2002—2003	1 052. 68	02-27	1 020. 11	02-04	988. 24	03-26
2003—2004	1 053. 83	12-21	1 020. 67	03-07	988. 82	03-16
2004—2005	1 053. 66	01-05	1 020. 66	03-08	988. 80	03-18
2005—2006	1 054. 00	12-11	1 020. 81	03-04	988. 91	03-11
2006—2007	1 053. 83	12-31	1 020. 66	03-06	989. 20	03-16
2007—2008	1 053. 45	03-15	1 021. 11	03-20	989. 29	03-13
2008—2009	1 052. 94	01-02	1 020. 86	03-19	989. 12	03-10
2009—2010	1 053. 46	01-05	1 020. 87	01-22	988. 90	03-22
2010—2011	1 052. 83	12-31	1 020. 61	01-08	989. 40	03-20
2011—2012	1 053. 51	12-22	1 020. 53	03-22	988. 49	03-16
2012—2013	1 053. 01	12-29	1 020. 38	02-14	988. 87	02-23
2013—2014	1 053. 35	01-06	1 020. 27	02-08	988. 62	02-18
2014—2015	1 053. 45	12-23	1 020. 25	01-02	988. 65	01-27
2015—2016	1 052. 81	01-08	1 020. 15	01-25	988. 45	03-22
2016—2017	1 052. 67	01-13	1 019. 90	02-01	987. 48	03-04
2017—2018	1 053. 24	01-06	1 020. 18	01-29	988. 49	03-11
2018—2019	1 053. 10	12-25	1 020. 29	01-20	988. 52	03-08
2019—2020	1 052. 99	01-06	1 020. 167	01-13	990. 02	12-12
2020—2021	1 052. 73	01-02	1 020. 147	02-16	989. 207	03-02
2021—2022	1 052. 51	01-07	1 020. 057	01-15	989. 107	12-18

续表 2

年份	巴彦高勒		三湖河口		头道拐	
	最高水位/m	出现时间/（月-日）	最高水位/m	出现时间/（月-日）	最高水位/m	出现时间/（月-日）
2022—2023	1 051.61	12-20	1 019.837	12-28	988.817	01-09
2023—2024	1 051.70	01-02	1 019.857	12-26	988.36	01-19

2.4　气温、封河长度及冰厚变化特点

内蒙古河段凌期气温在空间上总体呈西高东低分布，导致封河以自下游向上游发展为主，容易形成冰塞灾害；开河时则自上而下进行，沿程凌峰逐渐增加，水位迅速抬升，容易形成严重的冰坝灾害，时间上12月、翌年1月温度较低，如图5所示。宁蒙河段气温整体呈升高趋势，2011—2020年平均气温较1971—1980年升高2 ℃，是宁蒙河段近年流凌封河日期推迟、开河日期提前、封冻历时缩短、最大冰厚变薄的主要原因。宁蒙河段凌期最大冰厚多为0.50～0.80 m。2000—2022年各水文断面最大冰厚总体呈变薄趋势，石嘴山、巴彦高勒、三湖河口水文断面最大冰厚分别较1957—1999年变薄0.15 m、0.19 m和0.17 m，头道拐水文断面最大冰厚变薄0.04 m，如图6所示。1990—1998年平均封河长度为722 m，1999—2011年平均封河长度为843 m，2012—2021年封河长度为763 m，近十年封河长度变化幅度较大，封河长度不稳定，如图7所示。

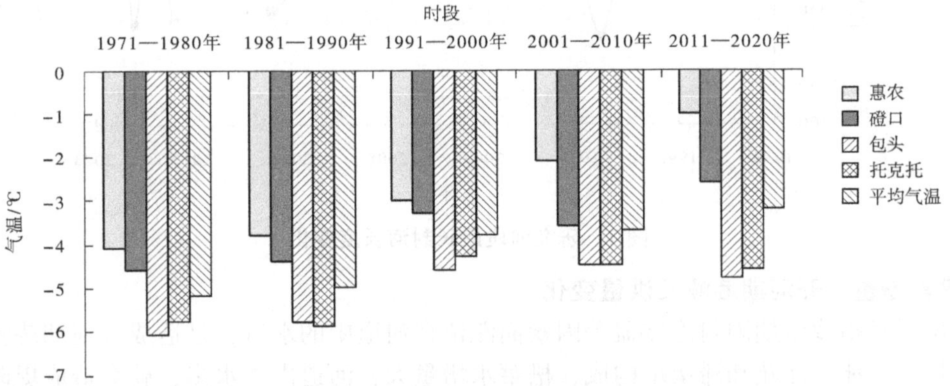

(a)不同水文站气温变化

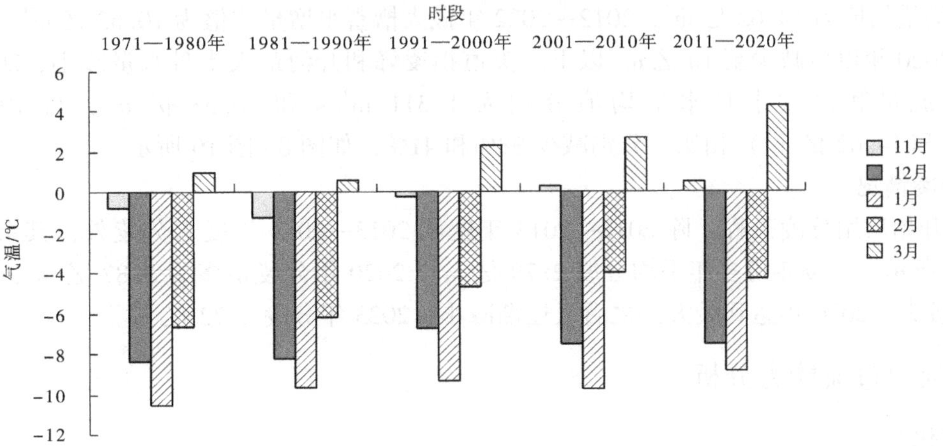

(b)不同月份气温变化

图5　宁蒙河段温度时空变化

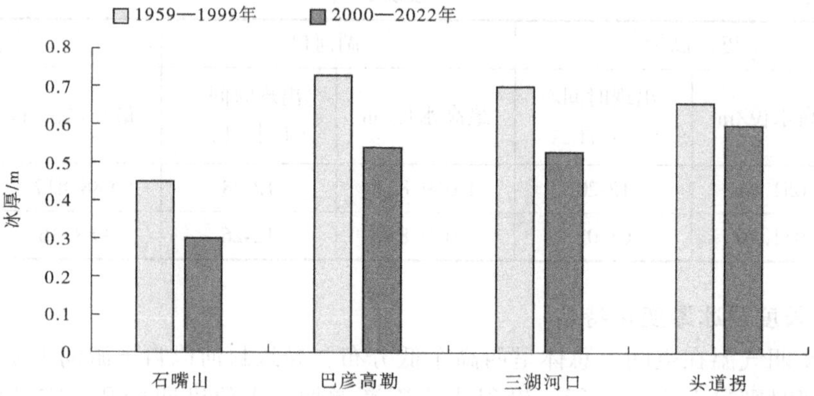

图 6　宁蒙河段冰厚变化

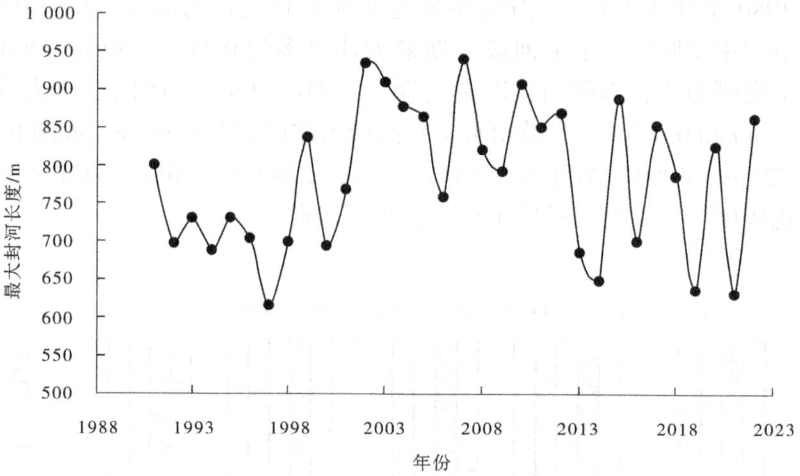

图 7　研究河段最长封河长度变化

2.5　最大槽蓄增量、开河期凌峰及洪量变化

槽蓄水增量是指凌汛期因封冻冰盖等因素而滞留在河道中的水量，是造成开河期凌灾的最主要原因。槽蓄水增量以冰、冰花和滞留水构成，槽蓄水增量大，河道内蓄水多，就会造成堤防偎水长度增大，河道水位增高，增大防凌压力。根据 1989—2022 年宁蒙河段最大槽蓄水量分析，1989—2011 年最大槽蓄水增量均值为 14.62 亿 m^3，2012—2022 年最大槽蓄水增量均值为 10.53 亿 m^3，2018 年以来逐渐减小，2020 年以后减少至 10 亿 m^3 以下。头道拐凌峰和开河最大十日水量减小，2012—2022 年头道拐凌峰流量和最大十日水量均值分别为 1 311 m^3/s 和 10.53 亿 m^3，与 1989—2011 年（2 114 m^3/s 和 14.62 亿 m^3）相比，分别减少 38%和 41%，如图 8~图 10 所示。

2.6　近年分凌情况

2008 年开始启用分凌工程，除 2012—2013 年度和 2013—2014 年度未分凌外，其余各年均有分凌，如图 11 所示。分凌年份多年平均分凌 2.79 亿 m^3，2020 年分凌最多为 5.87 亿 m^3，2015 年以后分凌量总体较大，2020 年达到最大，之后又逐渐减小，2023 年分凌 2.72 亿 m^3。

3　灾情与河道过流能力分析

3.1　灾情变化

1950—1968 年（刘家峡水库运用前）宁夏河段开河结坝年份有 12 年，结坝 21 处，平均 3 年中有 2 年结坝，内蒙古河段几乎年年结坝，“文开河”“武开河”“半文半武开河”年份各占 1/3。1969—1982 年宁夏河段平均 3 年中有 1 年结坝，1968—1990 年内蒙古河段开河结坝 84 处，平均每年

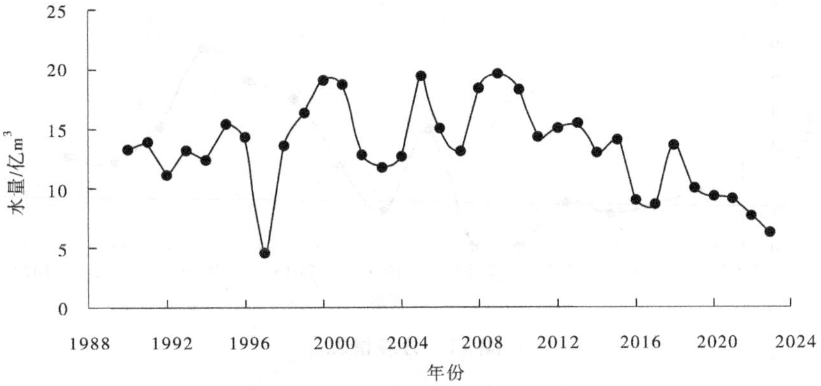

图 8　巴彦高勒—头道拐段最大槽蓄水增量变化

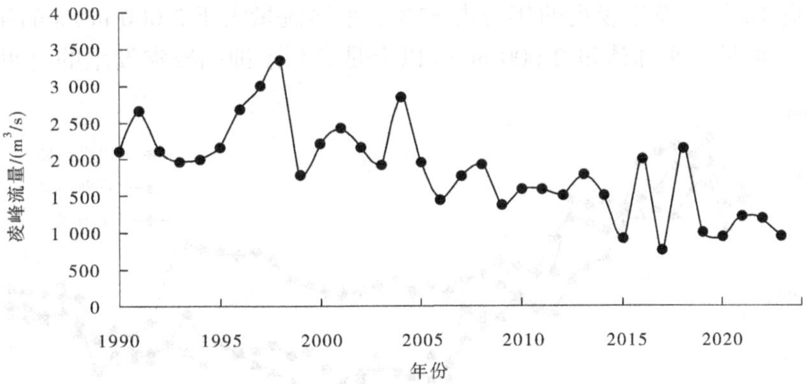

图 9　头道拐水文站凌峰流量变化

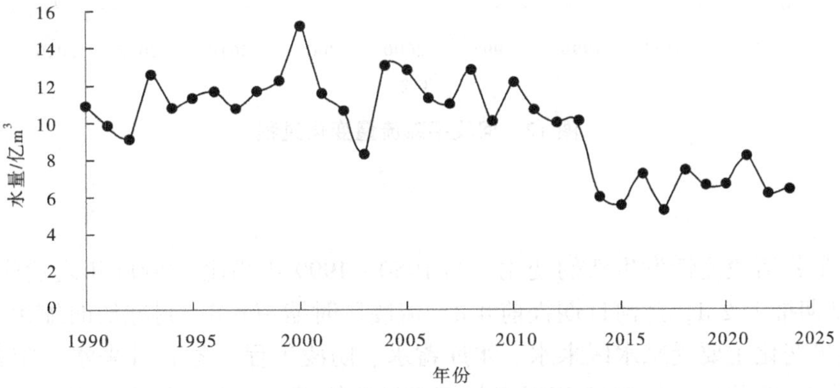

图 10　头道拐水文站开河最大 10 d 水量变化

4 处。龙羊峡、刘家峡水库运用后，凌汛灾害呈减轻的趋势，但少数年份部分河段凌汛灾害仍相当严重。1990—2011 年宁蒙河段发生冰塞冰坝险情的年份共 14 年，占总年份的 66.7%，其中有 7 年出现堤防决口。2008 年 2 月 8 日，石嘴山至青铜峡河段叶盛黄河大桥附近水位上涨近 3 m，近 20 km 堤防偎水；3 月 20 日凌晨 1 时 0 分左右，黄河杭锦旗独贵塔拉奎素段大堤发生溃堤险情，溃堤宽度大约 45 m；5 时 50 分左右，奎素段溃堤处上游 2 km 处又发生一处溃堤。2012 年以来，凌情总体平稳，无较大灾情发生。

3.2　出灾与河道过流能力分析

2012 年以来河道主槽过流能力有了明显提高，大部分河段平滩流量恢复到 2 000 m^3/s 以上，并呈增涨的趋势，近五年来河道平滩流量恢复至 2 500~3 000 m^3/s，选取灾害年份的平滩流量进行分

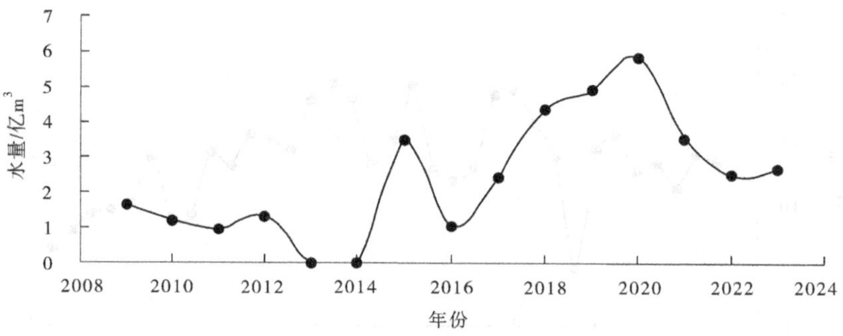

图 11　分凌情况

析，分析得出，平滩流量小于 2 000 m³/s 的年份，共发生 8 次凌灾，占 1990 年以来凌灾总数的 57%，平滩流量大于 2 000 m³/s 的年份，共发生 6 次凌灾，占 1990 年以来凌灾总数的 43%。平滩流量小于 2 000 m³/s 的年份有 14 年，发生凌灾的年份占 57%。平滩流量大于 2 000 m³/s 的年份有 19 年，发生凌灾的年份占 31%。可见，平滩流量 2 000 m³/s 以上是有利于抑制凌灾发生的（见图 12）。

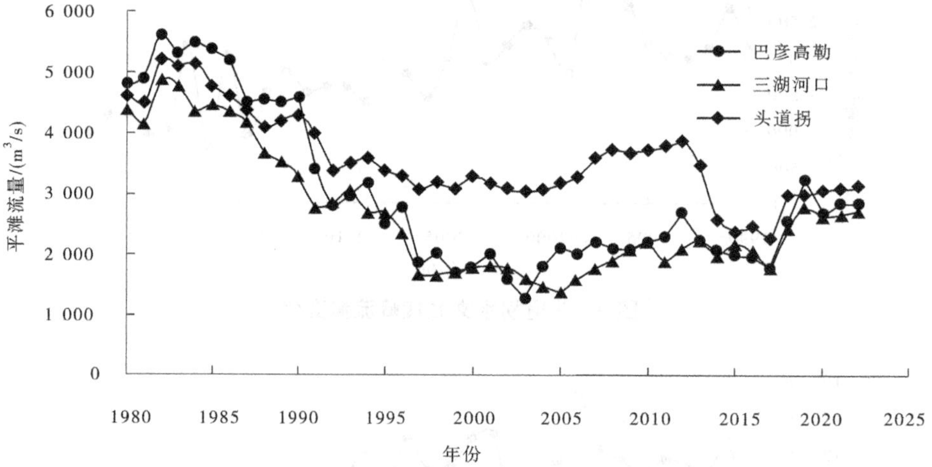

图 12　河段平滩流量变化过程

4　结论

（1）近年来宁蒙河段凌情发生新的变化，与 1950—1999 年相比，2000 年之后宁蒙河段首凌日期推迟 8 d，封河日期推迟 2 d，开河日期提前 4 d，流凌历时缩短 6 d，封冻历时缩短 6 d。

（2）封河流量变化主要受来水区来水、水库蓄水、防凌工程、冬五月来水、宁蒙河道过流能力、城市供水、发电等因素影响，在 2010 年以来封河流量总体增加，主要集中在 700~900 m³/s。

（3）凌期最高水位明显降低、最大槽蓄水增量、开河凌峰等明显减小。气温在空间上总体呈西高东低分布，时间上 12 月至翌年 1 月温度较低，最大冰厚总体呈变薄趋势，上游站点变薄趋势更为明显，近十年封河长度变化幅度较大，封河长度不稳定。

（4）2012 年以来，宁蒙河段河道过流能力逐渐增加，2018 年以来河道平滩流量恢复至 2 500~3 000 m³/s，凌汛期凌灾的发生与河道过流能力关系密切，当河道过流能力达到 2 000 m³/s 以上时，出现凌灾的概率有所降低。

参考文献

[1] 颜亦琪，王春青，刘吉峰，等. 封河流量对黄河宁蒙河段凌汛影响分析［J］. 中国防汛抗旱，2020，30（5）：

25-29.
[2] 苏茂林，李书霞，张志红．黄河冰凌灾害防御理论与调度实践［R］．郑州：黄河水利委员会，2020.
[3] 郭卫宁，芦璐，白钰．2011—2020 年黄河上游龙羊峡水库和刘家峡水库凌汛期调度运用情况及效果分析［J/OL］．中国防汛抗旱：1-6［2024-05-26］．
[4] 胡一栋，郭卫宁，张毅，等．2021—2022 年度黄河宁蒙河段凌情特性分析［J］．中国防汛抗旱，2023，33（11）：52-56.
[5] 马莅茗，卞昱霖，蔺冬．黄河宁蒙河段凌情灾害成因分析及防御措施研究［J］．人民黄河，2024，46（4）：62-67，85.
[6] 张金良，鲁俊．黄河内蒙古河段河道冲淤演变与凌情响应机制［J］．水科学进展，2021，32（2）：192-200.

基于振动法的黄河动床模型试验悬移质含沙量在线监测方式探讨

张　向[1,2]　许琳娟[1,2]　曹永涛[1,2]

（1. 黄河水利委员会黄河水利科学研究院，河南郑州　450003；
2. 水利部黄河下游河道与河口治理重点实验室，河南郑州　450003）

摘　要：动床模型试验是解决黄河保护治理过程中面临的众多关键科学与工程技术问题不可或缺的重要研究手段。悬移质含沙量是黄河水沙关系研究重要的基础数据，在黄河动床模型试验中实现高含沙水体快速精准在线监测至关重要。振动法可以实现对高含沙水体的测量，但测量低含沙量时精度不足，在黄河动床模型高含沙水体、低流速的应用场景下，基于音叉振动法实现悬沙在线监测仍有待进一步研发和验证。

关键词：振动法测沙；模型试验；悬移质含沙量；在线监测

1　引言

黄河水少沙多，水沙关系不协调，是世界上最为复杂难治的河流之一。黄河动床模型试验是解决黄河保护治理过程中面临的众多关键科学与工程技术问题不可或缺的重要研究手段。悬移质含沙量是水沙关系研究的重要基础数据，悬沙含沙量的在线监测一直是河流泥沙研究的重点，测量范围的突破与设备研发可谓世界性难题，也是河流泥沙动力学研究者关注的焦点。

不同学者基于光学法、声学法、电容法、振动法等原理分别开展研究，取得了大量研究成果，监测技术与设备也取得了显著的进步，在海洋、清水或低含沙河流上都取得了很好的应用效果。但是，这些设备一旦引进应用到黄河这样的高含沙河流及黄河动床模型试验，测验的误差就极大，根本满足不了黄河治理工程实践和模型试验，乃至河流泥沙动力学研究的需要。因此，自 1919 年黄河干流有实测资料以来，悬移质含沙量监测一直采用人工取样方法。新时期，黄河流域生态保护和高质量发展重大国家战略对黄河保护治理提出了更高要求，也为黄河泥沙问题的研究带来了新的机遇。要科学把握泥沙含量合理区间和中长期水沙调控的总体思路与成效，涉及水沙演进、高效输沙、高含沙洪水调控等黄河水沙关系的许多规律性、机制性问题，都迫切需要更加深入的系统研究。相应地，对悬移质含沙量监测的实时性、精准性也提出了越来越高的要求，快速精准在线监测，获取跟随性强、精度高的实时监测数据成为迫切需求；而且，悬沙含沙量快速精准在线监测对黄河动床模型尤为重要，受模型比尺的影响，黄河动床模型的空间和时间尺度都比原型小很多，在复演原型水沙过程中，水沙因子变化更为迅捷，要求的监测精度更高。

现有悬沙含沙量监测方法主要有人工测量和仪器监测两大类。人工测量主要包括烘干测量法和置换测量法两种。烘干法是通过测量一定体积样品烘干后的含沙质量得到样品含沙量；置换法是通过比

基金项目：黄河水利科学研究院基本科研业务费专项资金资助项目（HKY-JBYW-2023-22）；河南省重大科技专项项目（231100320100）；黄河水利委员会优秀青年人才项目（HQK-202309）。

作者简介：张向（1991—），男，工程师，主要从事游荡型河道整治与中小河流治理方面的工作。

通信作者：曹永涛（1972—），男，正高级工程师，主要从事河流泥沙、河道整治方面的工作。

重瓶浑水重减去清水重再乘以置换系数来确定含沙量。人工测量准确度高，但效率低下、程序烦琐，不能实现在线连续监测。随着科技的发展和技术的进步，仪器监测类方法取得了快速发展，主要有光学法、声学法、振动法、电容法、同位素法和高光谱法等，可实现高时空分辨率、长期数据的低成本采集，其中振动法因其独特的优势在悬移质含沙量测量中逐渐受到关注。

2 基于振动法的悬移质含沙量在线监测方式探讨

振动法测沙主要通过测量振动频率的变化推求被测介质的密度，常见的有振荡管密度计和音叉密度计。

振荡管密度计采用的敏感元件是一个形状为管式的弹性振子，一旦有被测介质流经该振荡管，弹性振子的自然振荡频率会随着被测介质的密度而发生变化（见图 1）。当介质的密度增大时，弹性振子的振动频率会减小；反之，当介质的密度减小时，弹性振子的振动频率会增大。所以，通过测量弹性振子振动频率的变化，就可以间接地测量被测介质的密度。振荡管密度计测量的密度范围为 0~3 000 kg/m^3，测量精度可以达到 0. 15 kg/m^3。在测量方式上，该方法具有待测样品用量少、测量结果准确、可重复性好等优点，但是振荡管密度计需配置控温和自动清洗系统，费用昂贵。利用该原理制成的振动式悬移质测沙仪在黄河潼关、花园口等水文站应用，实现了对原型河流含沙量快速、准确、实时在线监测和记录功能；根据应用情况，含沙量为 0~35 kg/m^3 时测量精度为±10%，含沙量为 35~800 kg/m^3 时测量精度为±5%，且受泥沙粒径变化影响小。但是，振动式测沙仪振动管直径不足 1. 5 cm，在低水流流速（小于 0. 5 m/s）时，泥沙会沉积在振动管内，造成较大误差。

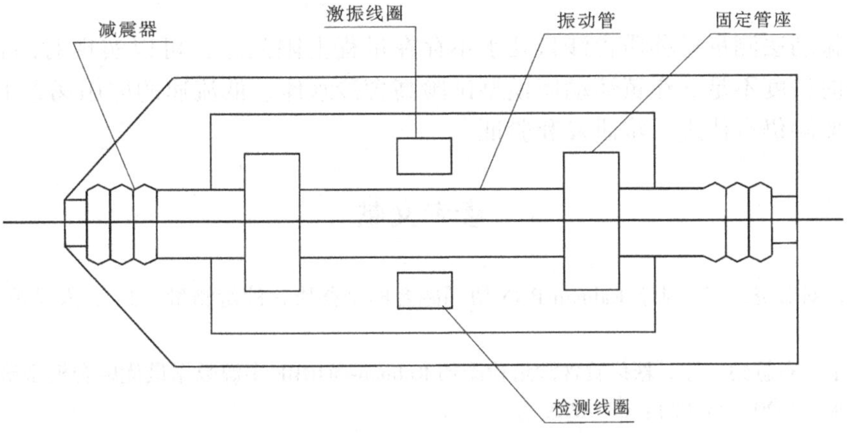

图 1 振荡管密度计结构示意图

音叉密度计主要由音叉、谐振单元、拾振单元构成，是利用一个压电晶体产生的谐振频率，再通过音叉头部的另一个压电晶体测量谐振频率（见图 2）。当流动液体经过音叉时，因为液体密度的影响，被测液体对音叉的阻尼与无阻尼状态不同，通过谐振频率的变化测得液体密度的变化。市面上常见的音叉密度计测量范围为 500~2 500 kg/m^3，测量精度为 1 kg/m^3，其测量过程简单，可以实现电信号输出，具有尺寸小、质量轻、磨损小、可靠性高、测量精度高、效率高等优点。目前，音叉密度计大多采用插入式安装方式，被广泛应用于管路、开阔的罐体容器和封闭的罐体容器中的介质密度检测。

音叉密度计通过测量浑水的密度，进而换算为含沙量。对特定的沙样，标定出共振频率与含沙量的关系曲线，即可实际应用。当前采用这一技术的产品主要有荷兰 Stema 公司的 Rheotune 音叉密度计、美国 Emerson 公司的 FDM 音叉密度计。该类传感器对于含沙量测量几乎不存在量程上限问题，但现有成品仪器对低含沙量测量精度不高。当音叉密度计用于原型河流的实时测量时，水流的紊动和绕过音叉时产生的扰动都会对音叉的振动频率产生明显的影响，如产生频率漂移，即含沙量引起的频率改变和水流紊动产生的频率漂移相互叠加，导致室内标定的曲线与现场测量时不一致，因此该仪器

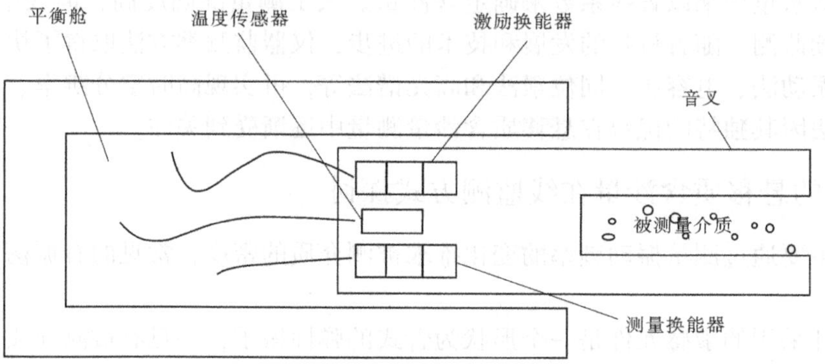

图2　音叉密度计原理

用于原型河流悬移质含沙量测量时存在较大误差。刘明堂等基于该方法在实验室对粉煤灰、黄土材质的0~600 kg/m^3 含沙量进行测量，结果表明，在高含沙水体（250 kg/m^3 以上）中相对误差在5%以内，但受环境因素尤其是水体温度影响较大，同时流速不能太大。

总体上，在黄河动床模型试验流速较小的环境下（小于 0.5 m/s），振荡管密度计极易出现管内模型沙沉淀堵塞，造成测得的含沙量值异常，需要专人值守及时处理；而音叉密度计在低流速下能实现大量程、高精度的含沙量测量。因此，在黄河动床模型高含沙水体、低流速的应用场景下，使用音叉密度计实现悬沙含沙量在线监测在理论上是可行的。

3　结语

总体来看，振动法测量悬移质含沙量几乎不存在量程上限问题，可以实现对高含沙水体的测量，但测量低含沙量时精度不足。在黄河动床模型试验高含沙水体、低流速的应用场景下，使用音叉密度计实现悬沙在线监测仍有待进一步研发和验证。

参考文献

[1] 刘明堂，陈健，刘书晓，等．基于 Kalman-PNN 协同融合的悬移质含沙量测量［J］．人民黄河，2021，43（5）：12-16.

[2] 刘明堂，秦泽宁，齐慧勤，等．悬移质含沙量检测的 Kalman-GORBF 多源数据最优融合模型研究［J］．应用基础与工程科学学报，2020，28（3）：680-690.

[3] 刘爽．基于音叉技术的原油密度计研究［D］．沈阳：沈阳工业大学，2018.

[4] 李先达，魏赞庆．谐振式音叉密度仪的测量原理及电路设计［J］．化学工程与装备，2018（12）：222-223.

[5] 王智进，宋海松，刘文．振动式悬移质测沙仪的原理与应用［J］．人民黄河，2004（4）：19-20.

[6] 文慧卿，陈超云，任学弟．音叉式密度计精确测量不同黏度液体的应用研究［J］．中国计量，2021：73-75.

[7] 温春鹏，庞启秀，张瑞波．连云港主航道适航水深及现场观测研究［J］．水道港口，2015，36：528-532.

伊洛河水体和沉积物重金属污染特征与源解析

夏 梦[1,2] 仓 博[3] 张展硕[1,2] 张 杨[1,2] 贾 佳[1,2] 田世民[1,2]

（1. 河南省黄河流域生态环境保护与修复重点实验室，河南郑州 450003；
2. 黄河水利委员会黄河水利科学研究院，河南郑州 450003；
3. 黄河水利委员会河湖保护与建设运行安全中心，河南郑州 450003）

摘 要：为探究典型重金属（Cr、Cd、Mn、Pb、Ni、As、Cu、Zn）在伊洛河流域环境介质中的污染分布特征，本研究测定了上述8种重金属在地表水和表层沉积物中的富集含量，分别采用内梅罗综合污染指数法和地累积指数法评价了8种重金属的生态风险，并通过相关性和主成分分析解析了典型重金属的污染来源。结果表明，Cr、Cd、Mn、Pb、Ni、As、Cu和Zn在伊洛河地表水中均处于无生态风险状态；表层沉积物中有4种重金属处于污染状态，污染程度降序排列依次为Cd>Zn>As>Cu，其中Cd、Zn、As的含量均值分别为标准限值的34.4倍、2.3倍和2.8倍，Cd污染等级为极重水平。相关性分析和主成分分析表明，伊洛河重金属污染主要源头为矿产开采、金属加工、冶金电镀等工业活动，其次是农业生产活动，Pb污染不仅与采矿活动密切相关，汽车尾气排放亦是其重要来源。

关键词：伊洛河；重金属；污染特征；源解析

1 引言

黄河，西起青藏高原巴颜喀拉山，浩荡蜿蜒五千余公里，穿高原、渡峡谷、踏平川，九曲连环向东营，一路狂涛注渤海。伊洛河，作为黄河中游下段入河水量最大、含沙量最少的一级支流，地处我国二、三级阶梯过渡带，西部多为高山峡谷区，太古界、元古界、古生界、中生界地层均有分布，岩石种类复杂多样，是我国秦岭地区重要金属矿产成矿带[1-2]。区域内地质条件独特、矿产资源丰富、采矿历史悠久，重金属污染问题备受关注。重金属元素具有强毒性、难降解、广分布等特点，在迁移富集过程中引发的重金属污染普遍表现出累积性、隐蔽性、持久性等特性，对周边人体生命健康及生态系统稳定构成极大影响与破坏[3]。环境介质中重金属研究一直是国际环境科学界不衰的研究课题，水体重金属污染治理主要集中在重金属污染物生物学效应与污染指示作用、水环境中重金属赋存形态及迁移规律、沉积物中重金属赋存形态及迁移转化、重金属污染评价与生态风险评估、重金属污染治理与环境介质修复等诸多方面[4]。

伊河发源于豫西地区洛阳市栾川县南部，依次流经栾川县、嵩县、伊川县，于偃师区同洛河交汇。栾川县已探明资源储量的矿区总数317个，拥有矿山98座中在产矿山17座，优势矿种有钼矿、钨矿、铅矿、锌矿、金矿、银矿等；嵩县已探明资源储量矿产地块总数214个，矿山总数87座，优势矿种包括金矿、钼矿、银矿等[5-6]。洛河发源于陕西省洛南县，自西向东进入河南省洛阳市依次流

基金项目：国家重点研发计划项目（2021YFC3200400）；国家自然科学基金青年基金（42207527）；河南省重点研发与推广专项（科技攻关）项目（222102320268，232102320112）；黄河水利科学研究院科技发展基金（黄科发202407）。

作者简介：夏梦（1994—），女，工程师，主要从事河湖生态保护与治理方面的工作。

通信作者：田世民（1981—），男，正高级工程师，所长，主要从事生态保护与修复方面的工作。

经卢氏县、洛宁县、宜阳县、偃师区，与伊河交汇后流经巩义市河洛镇以北注入黄河。洛南县拥有金属采矿权 21 个，其中战略性矿产钼矿 8 个、金矿 6 个、铅矿 3 个；洛宁县现有金属采矿权 20 个，其中金矿 14 个、银矿 3 个、铅矿 2 个。

目前，伊洛河流域基于区内丰富的资源储量和先进的生产技术逐步发展形成以先进制造业、铝及铝深加工业、钼钨钛及硅业、电力能源业和石油化工业为架构的六大优势产业[7]，中部地区河谷平原地带和流经县域依据全国主体功能区划被列为黄淮海平原农产品主产区和主产粮大县，流域经济社会发展和城镇化水平显著提升。然而，共伴生矿是我国矿产资源的典型特征，流域内金矿共伴生资源有银、银矿共伴生资源有铅和锌，钼矿共伴生资源有钨、铅、银、铁等。随着沿岸地区矿产资源整合与开发利用工作不断深入，由主矿及共伴生矿采选工段引发的重金属污染、生物栖息地破坏等潜在生态环境问题已不容忽视。本研究以黄河流域典型支流伊洛河为研究对象，旨在明晰伊洛河重金属时空分布特征、识别重金属污染生态风险、阐明主要污染贡献源，为提升伊洛河重金属污染防治、保障黄河三—花间入河水环境质量、推动黄河流域生态保护和高质量发展提供科学依据。

2 材料与方法

2.1 研究区概况

伊洛河是黄河流域十大支流之一，由伊河龙门镇以上流域来水和洛河白马寺以上流域来水组成，双子河伊河干流全长 265 km、洛河干流全长 447 km，总流域面积 18 563 km^2，年实测径流量 37.34 亿 m^3。研究区地处秦岭山脉、伏牛山脉、瑚山山脉与黄土高原、洛阳盆地连接处，区内地势由西南向东北逐渐降低，拥有高山、丘陵、河谷、平川、盆地等多种自然地貌，整体呈现北亚热带暖温带大陆性季风气候。

2.2 测试分析与评价

本研究于伊洛河平水期共采集 5 个断面的地表水和表层沉积物，断面标记如下：长水镇（样点 1）、白马寺（样点 2）、栾川（样点 3）、陆浑（样点 4）、黑石关（样点 5）。选取的 8 种典型重金属分别为 Cu、Zn、Cd、Cr、Mn、Pb、Ni 和 As，水环境样品重金属浓度检测均采用电感耦合等离子体质谱法（ICP-MS），沉积物重金属浓度检测分别采用火焰原子吸收法和 ICP-MS。

内梅罗综合污染指数法[8] 是基于单因子污染指数评价兼顾极值环境质量分数发展而来的多因子综合污染评价方法，能够反映环境介质中单个重金属的污染状况及多种重金属并存对复合污染程度的影响，广泛用于河流水体重金属污染判别与评价。

单因子污染指数按式（1）计算：

$$P_i = C_i / S_i \tag{1}$$

多因子污染指数按式（2）计算：

$$P = \sqrt{\left[\left(\frac{1}{n}\sum P_i\right)^2 + P_{\max}{}^2\right] / 2} \tag{2}$$

式中：P 为内梅罗综合污染指数；n 为重金属种类数；P_i 为重金属 i 的污染指数；C_i 为重金属 i 的实测浓度；S_i 为重金属 i 的评价标准；$P_{\max}$ 为各重金属污染指数的最大值。

地累积指数法[9] 综合考虑了自然地质过程重金属背景值及人类活动对重金属污染的影响，广泛用于河流沉积物重金属污染程度定量评价，Muller 分级标准将重金属污染程度划分为无污染至极重污染共计 7 个污染等级，分级标准见表 1。

表 1 地累积指数分级标准

I_{geo}	≤0	(0, 1]	(1, 2]	(2, 3]	(3, 4]	(4, 5]	>5
分级数	0	1	2	3	4	5	6
污染程度	无	轻度	偏中度	中度	偏重度	严重	极重

地累积指数按式（3）计算：

$$I_{geo} = \log_2 \frac{C_d^i}{kC_b^i} \tag{3}$$

式中：I_{geo} 为重金属的地累积指数；C_d^i 为第 i 种重金属的实测值，mg/kg；C_b^i 为第 i 种重金属的背景值，mg/kg；k 为常数系数，一般为 1.5。

3 结果与分析

3.1 重金属含量与空间分布特征

伊洛河重金属含量与空间分布特征详见表 2 和图 1。伊洛河地表水中重金属含量平均值由小到大升序排列依次为 Pb<Cd<Cr<Ni<Mn<Cu<As<Zn，均值（范围）分别为 0.11（0.04~0.21）、0.14（0.02~0.36）、0.26（0.14~0.47）、0.46（0.07~0.92）、0.56（0.16~1.76）、1.37（0.95~1.82）、2.31（0.98~3.35）、2.88（1.49~5.67）。伊洛河表层沉积物中重金属含量平均值由小到大升序排列依次为 Ni<Pb<Cd<Cr<Cu<As<Mn<Zn，均值（范围）分别为 2.02（0.37~6.23）、12.05（7.96~23.42）、20.61（15.37~24.68）、24.90（8.27~60.51）、62.49（47.43~90.58）、69.69（36.90~155.73）、205.67（42.79~760.77）、580.22（405.98~889.22）。伊洛河地表水中 Cu、Zn、Cd、Cr、Mn、Pb、Ni、As 含量均远低于相应的标准限值；表层沉积物中 Cu、Cr、Pb、Ni 含量低于标准限值，而 Zn、Cd、As 的含量平均值分别为标准限值的 2.3、34.4 和 2.8 倍。

表 2 伊洛河重金属含量描述性统计

环境介质	参数	Cu	Zn	Cd	Cr	Mn	Pb	Ni	As
地表水/（μg/L）	最小值	0.95	1.49	0.02	0.14	0.16	0.04	0.07	0.98
	最大值	1.82	5.67	0.36	0.47	1.76	0.21	0.92	3.35
	平均值	1.37	2.88	0.14	0.26	0.56	0.11	0.46	2.31
	标准差	0.36	1.87	0.13	0.15	0.67	0.07	0.43	0.89
	质量标准*	1 000	1 000	5	50	100	50	20	50
沉积物/（mg/kg）	最小值	47.43	405.98	15.37	8.27	42.79	7.96	0.37	36.90
	最大值	90.58	889.22	24.68	60.51	760.77	23.42	6.23	155.73
	平均值	62.49	580.22	20.61	24.90	205.67	12.05	2.02	69.69
	标准差	16.70	187.39	4.35	20.83	310.88	6.44	2.54	48.99
	质量标准**	200	250	0.6	300	—	140	100	25

注："*"源自《地表水环境质量标准》（GB 3838—2002）Ⅲ类水体质量标准限值，其中，Ni 元素标准限值参考《生活饮用水卫生标准》（GB 5749—2022）。

"**"源自《土壤环境质量 农用地土壤污染风险管控标准（试行）》（GB 15618—2018）。

"—"表示环境质量标准中未涉及此指标。

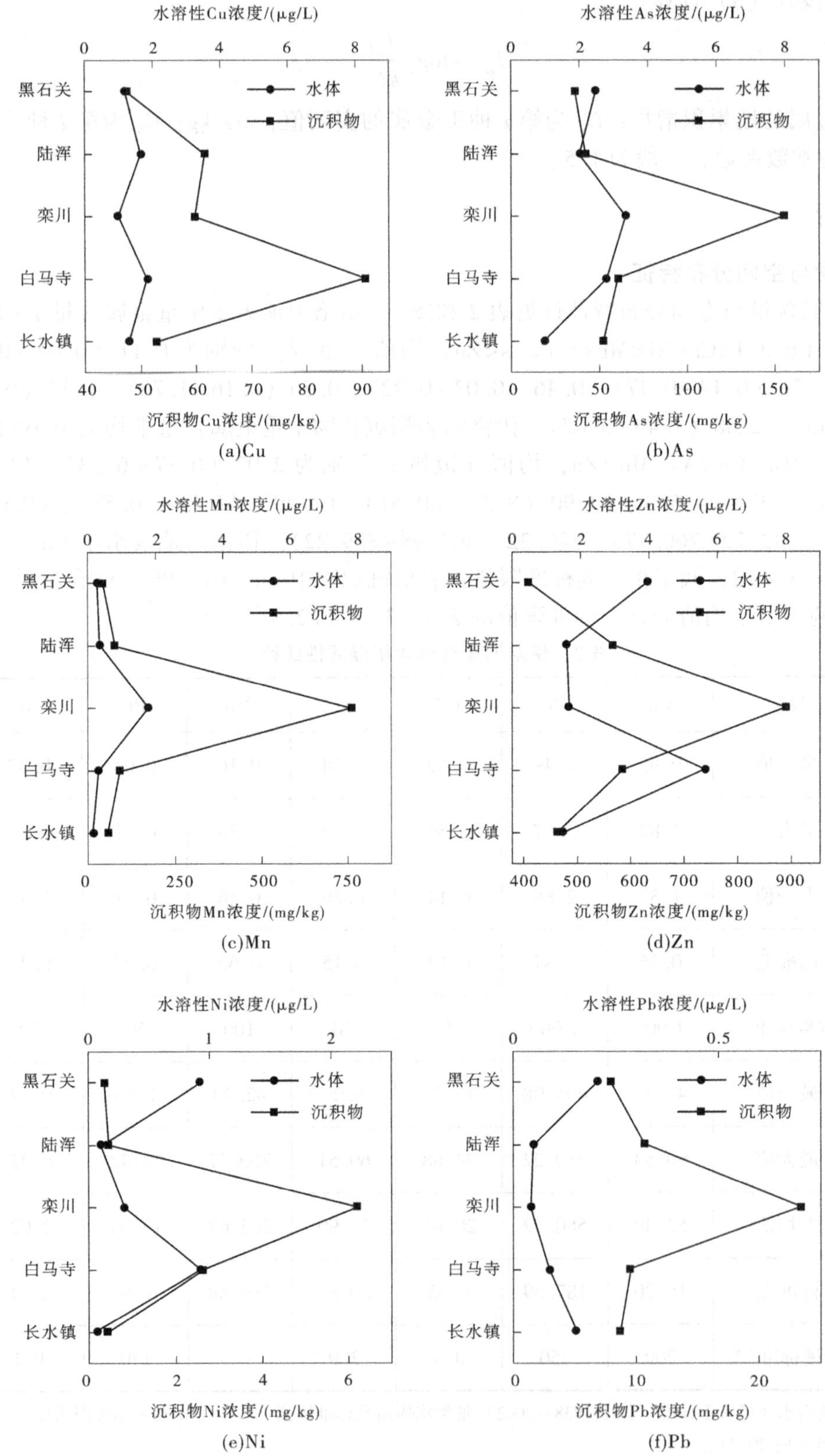

图1 伊洛河重金属含量与空间分布

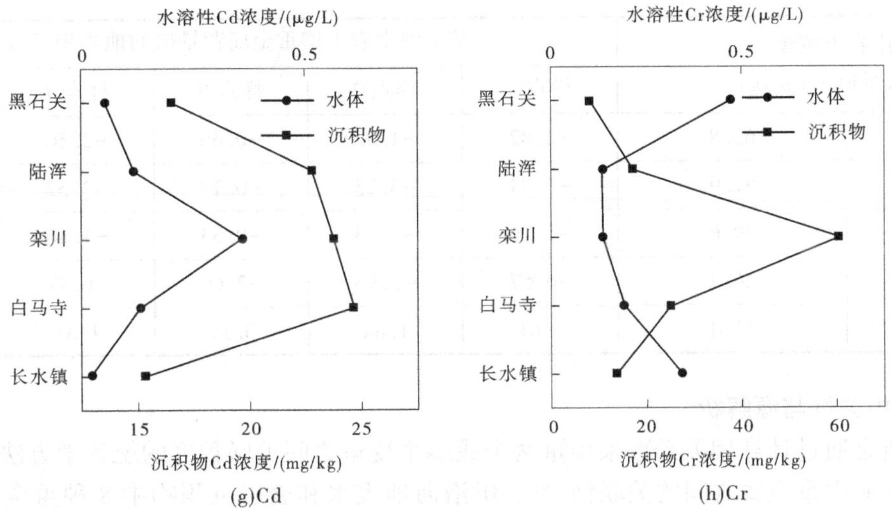

续图 1

3.2 重金属污染评价和生态风险评估

3.2.1 伊洛河地表水重金属污染风险

伊洛河地表水中典型重金属的内梅罗综合污染指数计算结果见表3。以地表水环境质量标准中Ⅲ类水体质量限值作为评价标准，单因子污染指数 P_i（Cd）和 P_i（As）具有显著的空间差异性，各重金属单因子污染指数 P_i 值均小于0.1，表明8种典型重金属在伊洛河地表水环境中处于安全水平；多因子综合污染指数 P（介于0.020~0.075）小于0.7，表明各点位未存在污染风险。

表3　伊洛河地表水中重金属单因子污染指数

名称	P_i							
	Cu	Zn	Cd	Cr	Mn	Pb	Ni	As
最小值	0.001	0.001	0.004	0.003	0.002	0.001	0.004	0.020
最大值	0.002	0.006	0.072	0.009	0.018	0.004	0.046	0.067
平均值	0.001	0.003	0.028	0.005	0.006	0.002	0.023	0.046

3.2.2 伊洛河沉积物重金属污染风险

基于河南省土壤重金属背景值的地累积指数统计结果见表4。伊洛河表层沉积物中Ni、Mn、Cr、Pb的 I_{geo} 值均小于0，表明上述重金属在各点位表层沉积物中处于无污染状态；Cd、Zn、As、Cu的 I_{geo} 值均大于0，表明4种重金属在表层沉积物中均处于污染状态，且污染程度降序排列依次为Cd>Zn>As>Cu。其中，Cd的 I_{geo} 平均值为7.51，污染等级为极重水平；Zn的 I_{geo} 平均值为2.63，污染等级为中度水平；As和Cu的 I_{geo} 平均值分别为1.81和1.04，污染等级均为偏中度水平。从空间分布来看，洛河下游Cd和Cu含量较上中游高，伊河上游As和Zn含量较高，分析发现伊河上游栾川站点重金属污染水平最为严重。

表4　基于河南省土壤重金属背景值的地累积指数

河南省土壤重金属背景值/(mg/kg)		基于河南省土壤重金属背景值的地累积指数 I_{geo}				
		样点1	样点2	样点3	样点4	样点5
Cu	19.7	0.84	1.62	1.02	1.06	0.68
Zn	60.1	2.35	2.69	3.30	2.65	2.17
Cd	0.074	7.11	7.80	7.74	7.68	7.21

续表 4

河南省土壤重金属背景值/(mg/kg)		基于河南省土壤重金属背景值的地累积指数 I_{geo}				
		样点 1	样点 2	样点 3	样点 4	样点 5
Cr	63.8	-2.82	-1.93	-0.66	-2.50	-3.53
Mn	57.9	-3.94	-3.23	-0.19	-3.52	-4.34
Pb	19.6	-1.76	-1.63	-0.33	-1.46	-1.89
Ni	26.7	-6.57	-3.93	-2.69	-6.47	-6.76
As	11.4	1.61	1.84	3.19	1.31	1.11

3.3 重金属的相关性与源解析

相关性分析是通过计算相关系数来衡量两个或多个变量之间关联程度的统计学方法，广泛用于判定和揭示环境介质中重金属之间的关联性[10]。伊洛河地表水和表层沉积物中 8 种重金属的相关性分析结果见表 5 和图 2。伊洛河地表水环境中 Cr-Pb 呈极显著（$P \leqslant 0.001$）正相关，Cd-Mn 呈现非常显著（$P \leqslant 0.01$）正相关，Zn-Ni 正相关性亦较高（$P \leqslant 0.05$），表明水体中 Cr-Pb、Cd-Mn、Zn-Ni 具有潜在的同源性。表层沉积物中 Cr 与 Zn、Mn、Pb、Ni、As 均呈现出较为显著（$P \leqslant 0.01$）的相关性，Pb-Mn 则呈极显著（$P \leqslant 0.001$）正相关，表明伊洛河表层沉积物中的重金属来源亦具有较强的同源性。

表 5 伊洛河重金属含量相关系数

地表水	Cu	Zn	Cd	Cr	Mn	Pb	Ni	As
Cu	1.00	0.49	-0.39	-0.31	-0.61	-0.22	0.19	-0.18
Zn	0.49	1.00	-0.20	0.21	-0.32	0.28	0.93*	0.36
Cd	-0.39	-0.20	1.00	-0.67	0.97**	-0.72	-0.12	0.79
Cr	-0.31	0.21	-0.67	1.00	-0.51	0.99***	0.39	-0.39
Mn	-0.61	-0.32	0.97**	-0.51	1.00	-0.57	-0.19	0.71
Pb	-0.22	0.28	-0.72	0.99***	-0.57	1.00	0.42	-0.41
Ni	0.19	0.93*	-0.12	0.39	-0.19	0.42	1.00	0.48
As	-0.18	0.36	0.79	-0.39	0.71	-0.41	0.48	1.00
沉积物	Cu	Zn	Cd	Cr	Mn	Pb	Ni	As
Cu	1.00	0.24	0.75	0.20	-0.03	-0.01	0.28	0.07
Zn	0.24	1.00	0.70	0.99**	0.94*	0.96**	0.95*	0.95*
Cd	0.75	0.70	1.00	0.62	0.46	0.51	0.62	0.47
Cr	0.20	0.99**	0.62	1.00	0.97**	0.97**	0.98**	0.98**
Mn	-0.03	0.94*	0.46	0.97**	1.00	0.99***	0.94*	0.99**
Pb	-0.01	0.96**	0.51	0.97**	0.99***	1.00	0.93*	0.98**
Ni	0.28	0.95*	0.62	0.98**	0.94*	0.93*	1.00	0.97**
As	0.07	0.95*	0.47	0.98**	0.99**	0.98**	0.97**	1.00

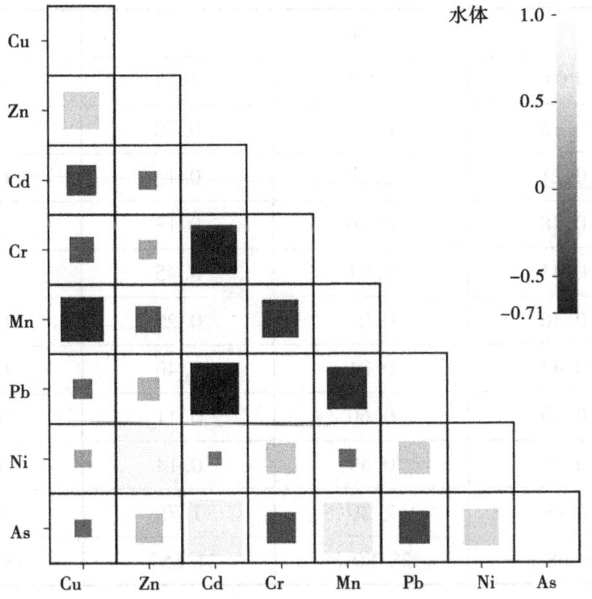

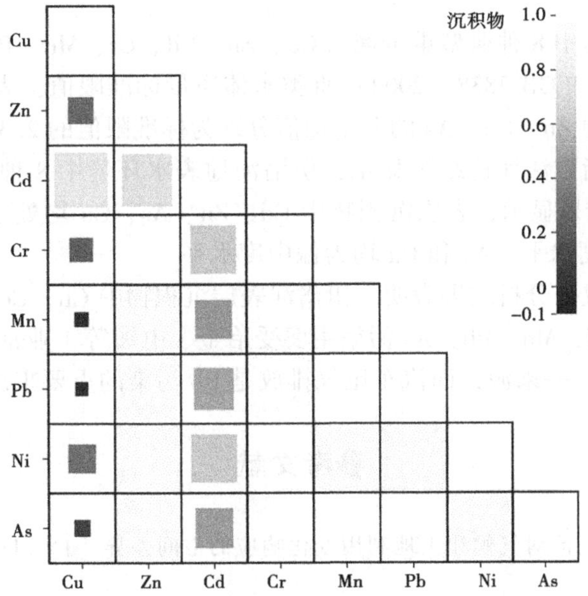

图 2　伊洛河重金属含量相关性可视化分析

采用主成分分析法（PCA）对伊洛河重金属富集污染进行源解析，分析结果见表 6。将主成分因子标准化后进行正交旋转，发现水体的 3 个主成分因子特征值分别为 3. 89、2. 30 和 1. 75，累积贡献率为 99. 33%，PC1（48. 68%）对 Cd、Mn、Pb 具有较强的正载荷，PC2（28. 80%）对 Ni、Zn、As 具有较强的正载荷，PC3（21. 85%）对 Cu 具有很强的正载荷。表层沉积物的 2 个主成分因子特征值分别为 6. 24 和 1. 54，累积贡献率为 97. 32%，PC1（78. 05%）对除 Cu 之外的重金属均具有一定的正载荷，PC2（19. 27%）对 Cu 和 Cd 具有较强的正载荷。研究结果表明，Cu 和 Cd 潜在来源主要归因于矿产冶炼和金属加工等工业活动，Zn、Cr、Ni 的富集与工农业生产活动密切相关，Mn、Pb、As 污染主要来源于采矿冶炼，汽车尾气排放亦是 Pb 污染的重要来源。

表 6　伊洛河重金属主成分分析

元素	水体			沉积物	
	PC1	PC2	PC3	PC1	PC2
Cu	0.15	0.16	0.70	0.09	0.76
Zn	0.21	0.59	0.13	0.40	0.02
Cd	0.48	0.16	0.13	0.27	0.55
Cr	0.41	0.01	0.45	0.40	-0.04
Mn	0.46	0.07	0.29	0.39	-0.22
Pb	0.43	0.01	0.40	0.39	-0.19
Ni	0.19	0.60	0.11	0.39	0.02
As	0.31	0.49	0.14	0.39	-0.16
特征根	3.89	2.30	1.75	6.24	1.54
方差贡献率	48.68%	28.80%	21.85%	78.05%	19.27%

4　结语

（1）伊洛河地表水环境中 8 种典型重金属（Cu、Zn、Cd、Cr、Mn、Pb、Ni 和 As）含量均未超出《地表水环境质量标准》（GB 3838—2002）Ⅲ类水体质量标准限值；表层沉积物中 Cu、Cr、Pb、Ni 含量均低于标准限值，而 Zn、Cd、As 的含量均值分别为标准限值的 2.3 倍、34.4 倍和 2.8 倍。

（2）内梅罗综合污染指数法评价结果显示，伊洛河地表水环境中 8 种重金属均处于无生态风险状态；地累积指数法评价结果显示，表层沉积物中 Cd、Zn、As、Cu 均处于污染状态，其中 Cd 污染等级为极重水平，Zn 为中度水平，As 和 Cu 均为偏中度水平。

（3）相关性分析和主成分分析结果表明，伊洛河表层沉积物中 Cu、Cd、Zn、Cr、Ni 主要受金属加工、农业生产活动的影响，Mn、Pb、As 污染主要受冶金、电镀等工业活动影响。此外，含砷化学品的过度使用是 As 污染的另一来源，而汽车尾气排放是 Pb 污染的重要来源。

参考文献

[1] 陈诺，王蕊．伊洛河流域径流对气候和土地利用变化响应的空间差异［J］．Journal of Resources and Ecology，2024，15（5）：1299-1310.

[2] 倪用鑫，余钟波，吕锡芝，等．近 50 年伊洛河流域径流演变归因分析［J］．水利水运工程学报，2022，1：59-66.

[3] Dhokpande S R，Deshmukh S M，Khandekar A，et al. A review outlook on methods for removal of heavy metal ions from wastewater［J］. Separation and purification technology，2024，350：127868.

[4] Chan S S，Khoo K S，Abdullah R，et al. Harnessing microalgae for metal nanoparticles biogenesis using heavy metal ions from wastewater as a metal precursor：Areview［J］. Sci Total Environ，2024：176989.

[5] 王宪伟，陈树民，时永志，等．河南嵩县苍沟钼矿床地质特征与深部找矿方向［J］．中国钼业，2024，48（3）：5-8.

[6] 潘飞飞，谌宏伟，陈丹利，等．栾川矿集区钼矿尾渣与土壤中钼的迁移转化机理［J］．现代地质，2024，38（3）：755-763.

[7] 马骁，史鹏会，崔剑，等．伊洛河流域河南段景观格局特征及变化研究［J］．河南科技，2024，51（2）.

[8] Hovarongkura D，Lowe E. Zero pollution for industry：Waste minimization through industrial complexes：L. Nelson Nemerow

John Wiley & Sons, N Y, 1995 [Z] . ElsevierLtd, 1997: 5, 131-132.

[9] Muller G. Index of Geoaccumulation in Sediments of the Rhine River [J] . GeoJournal, 1969, 2 (3): 109-118.

[10] Ma Y, Li Y, Fang T, et al. Analysis of driving factors of spatial distribution of heavy metals in soil of non-ferrous metal smelting sites: Screening the geodetector calculation results combined with correlation analysis [J] . Journal of hazardous materials, 2023, 445: 130614.

开都河第一分水枢纽泄流模型构建

马　越[1]　孙志远[1]　张　鹏[1]　董其华[2]

(1. 新疆维吾尔自治区塔里木河流域巴音郭楞管理局，新疆库尔勒　841000；
2. 黄河水利委员会黄河水利科学研究院，河南郑州　450003)

摘　要： 开都河第一分水枢纽无水闸泄流曲线，水情测报系统不完善，枢纽下泄流量准确预测，是枢纽工程调度迫切需要解决的问题。本次结合工程实际，基于能量方程推求的过闸流量公式，采用 fortran 语言构建了开都河第一分水枢纽泄流模型。该模型仅需输入闸前水位和闸门开度，采用“逐步近似法”对闸后水位进行试算，即可计算枢纽下泄流量。该模型的建立可为开都河第一分水枢纽水量调配、发挥工程既定效益的调度需要提供科学依据和决策支持。

关键词： 开都河第一分水枢纽；弧形闸门；宽顶堰；泄流计算

1　引言

开都河第一分水枢纽于 1998 年 12 月全部完工并投入使用，目前仅监测闸前水位、引水渠引水流量等监测数据，河道下泄流量、河道内闸下水位、南北两岸分水闸闸后水位和流量等尚未有系统监测数据，水闸泄流曲线缺失，水情测报系统仍不完善。随着精细化管理调度要求越来越高，如何准确地计算闸门下泄流量，满足上下游、左右岸灌溉、生态及生活引水需求，实现水量科学调度，充分发挥工程综合效益是枢纽管理人员的一项重要任务。而闸门泄流计算过程涉及流态判断、参数查找、试算等，一般人员难以掌握，传统计算过程也比较烦琐。林允泉[1]、邓正波等[2] 曾编写应用程序计算闸前水位、闸后水位和闸门开度已知条件下的闸门下泄流量；刘恒恒等[3] 在一维模型中嵌入过闸流量模拟模块，采用追赶法求解过闸流量；谭超等[4]、孙永春等[5] 建立平面二维水流数学模型计算闸门下泄流量。为使管理人员快速便捷地做好枢纽调度工作，结合工程实际情况，构建了开都河第一分水枢纽拦河闸泄流计算程序。

2　开都河第一分水枢纽工程概况

开都河第一分水枢纽位于巴音郭楞蒙古自治州和静县巴润哈尔莫墩镇以西约 15 km 的开都河上，上距大山口水电站约 25 km，合并了开都河北岸的乌浪尕孜渠、百灵渠、岔孜渠、解放二渠；南岸的大巴仑渠、小巴仑渠、开来渠七座无坝引水渠首，是开都河流域规划治理骨干工程之一，是开都河出山口进入平原灌区的第一座控制性枢纽工程。

开都河第一分水枢纽水库总库容 200 万 m^3，死库容 50 万 m^3。设计洪水标准为 50 年一遇，设计流量为 1 300 m^3/s，校核洪水标准为 500 年一遇，校核流量为 1 700 m^3/s。

开都河第一分水枢纽主要由大坝和闸体两大部分组成，呈一字形布置，拦河总宽度 891.40 m，

基金项目： 国家自然科学基金（U2243219，42041006，U2243222）；河南省自然科学基金（212300410372）；中央级公益性科研院所基本科研业务费专项（HKY-JBYW-2020-15）；郑州市基础研究及应用基础研究专项项目（黄科发 202216）。

作者简介： 马越（1992—），男，助理工程师，主要从事水资源管理、水利信息化方面的工作。

通信作者： 董其华（1980—），女，正高级工程师，主要从事河流泥沙动力学方面的研究工作。

其中大坝段长789.60 m，闸体段长101.80 m，大坝坝顶宽6.0 m，坝顶高程1 215.90 m。闸体段包括泄洪冲沙闸7孔，北岸进水闸2孔和南岸进水闸1孔，均为弧形钢闸门控制的开敞式水闸，闸门半径为6.99 m，闸室长14.50 m，闸墩宽1.20 m。泄洪冲沙闸每孔净宽10 m，闸底板高程为1 207.50 m，门轴高为5.00 m，门净高为4.8 m；左岸进水闸2孔，每孔净宽7.0 m，闸底板高程为1 207.50 m，门轴高为4.00 m，门高为2.7 m，设计引水流量27.2 m^3/s，加大流量30 m^3/s；右岸进水闸1孔，净宽7.0 m，闸底板高程为1 208.0 m，门轴高为4.00 m，门高为2.2 m，设计引水流量22.9 m^3/s，加大流量28 m^3/s。

3 枢纽拦河闸泄流计算

3.1 拦河闸泄流计算公式

拦河闸泄流有4种状态：闸孔自由出流、闸孔淹没出流、堰流自由出流、堰流淹没出流。开都河第一分水枢纽为弧形闸门控制的开敞式水闸，闸孔出流可按水平底坎弧形闸门闸孔出流计算；堰流出流均可按宽顶堰出流计算。

拦河闸泄流的水流状态与闸孔开度 e 和从堰顶算起的闸前水深有关，当 $\frac{e}{H} \leqslant 0.65$，为闸孔出流，当 $\frac{e}{H} > 0.65$，为堰流。

能量方程法得到的传统闸门水力计算公式的计算精度比率定后的量纲分析公式稍差，但是从与现场观测数据的比较来看，误差基本能够控制在-20%~20%[6]。因此，如果量纲分析公式不具备率定条件，可以直接选用能量方程法得到的传统闸门水力计算公式，其计算误差也能控制在±20%之内。目前，开都河第一分水枢纽仅监测闸前水位、引水渠后各分水渠引水流量的监测数据，河道下泄流量、河道内闸下水位、南北两岸分水闸闸后水位和流量等尚未有系统监测数据，量纲分析公式不具备率定条件，因此本次直接采用基于能量方程推求的过闸流量公式。

3.1.1 闸孔出流[7]

闸孔出流水力计算的流量公式：

$$Q = \sigma_s \mu_0 nbe\sqrt{2gH_0} \tag{1}$$

式中：σ_s 为闸孔出流淹没系数，自由出流时取1；μ_0 为闸孔自由出流的流量系数；n 为闸孔孔数；b 为闸孔宽度；e 为闸门开启高度；g 为重力加速度，取9.81 m/s^2；H_0 为包括行进流速水头的闸前水头，$H_0 = H + \frac{v_0^2}{2g}\cos\theta$，一般计算忽略行进流速水头；$v_0$ 为行进流速；θ 为行进流速的方向与进水闸轴线交角。

闸孔出流的收缩断面的收缩水深 h_c 为闸孔开度 e 与垂向收缩系数 ε_2 的乘积，即 $h_c = \varepsilon_2 e$ 。

收缩断面的收缩流速

$$v_c = \frac{\mu_0}{\varepsilon_2}\sqrt{2gH_0}$$

收缩水深的共轭水深

$$h''_c = \frac{h_c}{2}\left(\sqrt{1 + \frac{v_c^2}{gh_c}} - 1\right)$$

（1）垂向收缩系数 ε_2。

对于弧形闸门，垂向收缩系数 ε_2 主要取决于闸门下缘切线与水平方向夹角 α 的大小（见图1），可根据表1[7] 确定。采用多项式拟合 ε_2、$\cos\alpha$ 两者的关系（见图2）：$\varepsilon_2 = 0.274\,9(\cos\alpha)^2 - 0.022\,4\cos\alpha + 0.621\,4$。夹角 α 计算采用 $\cos\alpha = \frac{C-e}{R}$，$C$ 为弧形闸门门轴高，R 为弧形闸门半径，则 $\varepsilon_2 = 0.274\,9 \times \left(\frac{C-e}{R}\right)^2 - 0.022\,4\frac{C-e}{R} + 0.621\,4$。

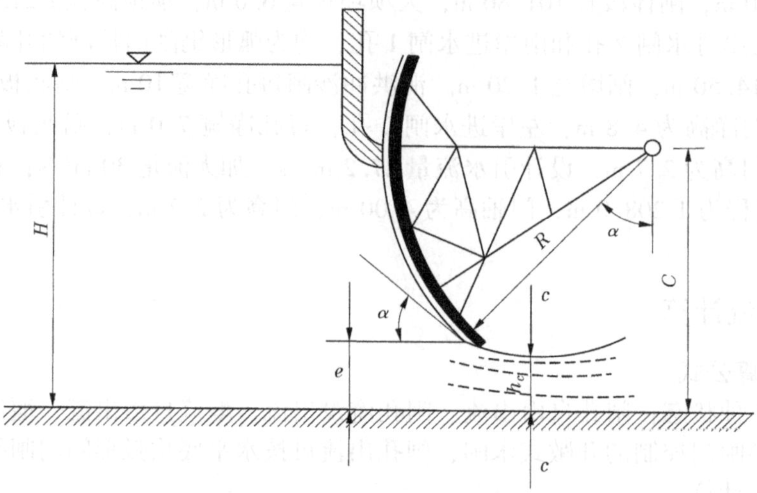

图 1　弧形闸门特征值示意图

表 1　弧形闸门的垂直收缩系数 ε_2 与闸门下缘切线和水平方向夹角 α 的关系

α	35	40	45	50	55	60
ε_2	0.789	0.766	0.742	0.720	0.698	0.678
$\cos\alpha$	0.819	0.766	0.707	0.643	0.574	0.500
拟合 ε_2	0.788	0.766	0.743	0.721	0.699	0.679

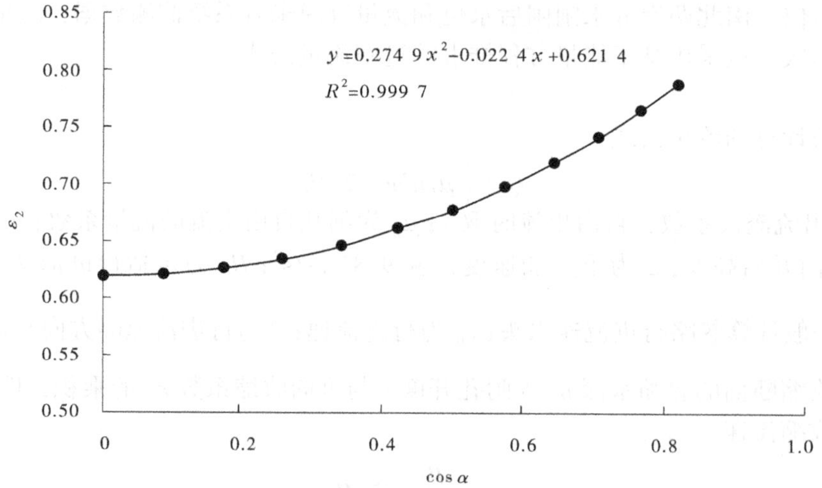

图 2　弧形闸门的垂直收缩系数 ε_2 与闸门下缘切线和水平方向夹角 α 的关系

（2）闸孔自由出流的流量系数 μ_0。

开都河第一分水枢纽控制闸门均为弧形闸门，流量系数按武汉水利电力学院水力学教研室的经验公式计算[8]：

$$\mu_0 = \left(0.97 - 0.81\frac{\alpha}{180°}\right) - \left(0.56 - 0.81\frac{\alpha}{180°}\right)\frac{e}{H} \tag{2}$$

式中：α 为闸门下缘切线与水平方向的夹角，$\cos\alpha = \dfrac{C-e}{R}$；$C$ 为弧形闸门门轴高；R 为弧形闸门半径。

（3）闸孔出流淹没系数 σ_s。

当 $h''_c \geq h_t$，自由出流，$\sigma_s = 1$；当 $h''_c < h_t$，淹没出流，根据南京水利科学研究所的研究成果[9]，

此时闸孔出流淹没系数 σ_s 与潜流比 $(h_t - h''_c)/(H - h''_c)$ 的关系如表2所示。其中，h_t 为堰顶以上的闸下水深，h''_c 为收缩水深的共轭水深，H 为堰顶以上的闸上水深。采用多项式对 σ_s、$(h_t - h''_c)/(H - h''_c)$ 两者关系进行拟合（见图3）：$\sigma_s = -6.015\,8\left(\frac{h_t - h''_c}{H - h''_c}\right)^5 + 14.425\left(\frac{h_t - h''_c}{H - h''_c}\right)^4 - 13.59\left(\frac{h_t - h''_c}{H - h''_c}\right)^3 + 6.083\,2\times\left(\frac{h_t - h''_c}{H - h''_c}\right)^2 - 1.809\left(\frac{h_t - h''_c}{H - h''_c}\right) + 1.000\,2$。

表2 宽顶堰闸孔出流淹没系数 σ_s 与潜流比 $(h_t - h''_c)/(H - h''_c)$ 的关系

$(h_t - h''_c)/(H - h''_c)$	0	0.1	0.2	0.3	0.4	0.5	0.6	0.7
σ_s	1	0.86	0.78	0.71	0.66	0.59	0.52	0.45
拟合 σ_s	1.00	0.86	0.78	0.72	0.66	0.59	0.52	0.45
$(h_t - h''_c)/(H - h''_c)$	0.8	0.9	0.92	0.94	0.96	0.98	0.99	0.995
σ_s	0.36	0.23	0.19	0.16	0.12	0.07	0.04	0.02
拟合 σ_s	0.36	0.23	0.20	0.16	0.11	0.07	0.04	0.026

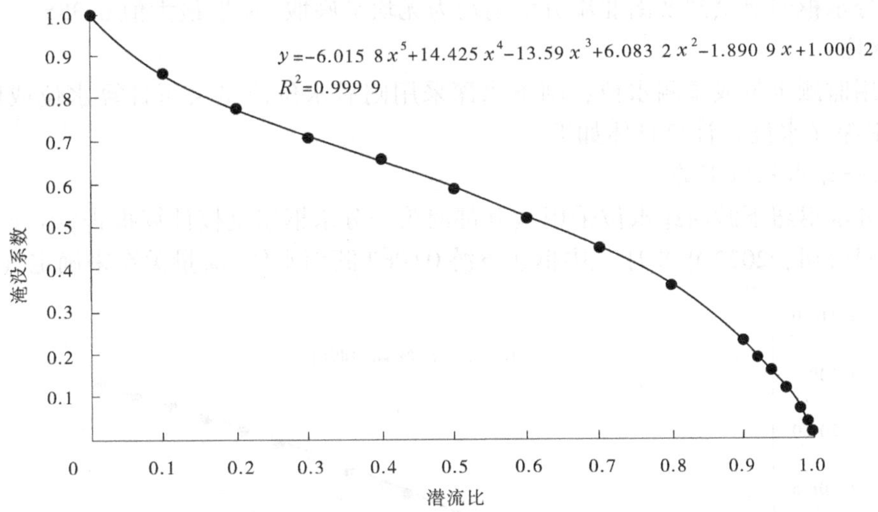

图3 宽顶堰闸孔出流淹没系数 σ_s 与潜流比 $(h_t - h''_c)/(H - h''_c)$ 的关系

3.1.2 堰流[10]

堰流计算公式：

$$Q = \sigma_s \varepsilon m n b \sqrt{2g} H_0^{3/2} \tag{3}$$

式中：σ_s 为堰流淹没系数，自由出流时取1；ε 为堰流侧收缩系数；m 为堰流流量系数。

（1）堰流淹没系数 σ_s。

宽顶堰的淹没条件为：

$$h_t \geqslant 0.8H \tag{4}$$

堰流淹没系数 σ_s 采用《水闸设计规范》（SL 265—2016）中公式计算：

$$\sigma_s = 2.31\frac{h_t}{H_0}\left(1 - \frac{h_t}{H_0}\right)^{0.4} \tag{5}$$

当 $h_t \leqslant 0.8H_0$，宽顶堰为自由出流，$\sigma_s = 1$。

（2）堰流侧收缩系数 ε。

堰流侧收缩系数 ε 采用《水闸设计规范》（SL 265—2016）中公式计算：

单孔堰流侧收缩系数采用

$$\varepsilon = 1 - 0.171\left(1 - \frac{b_0}{b_s}\right)\sqrt[4]{\frac{b_0}{b_s}} \quad \left(\frac{b_0}{b_s} < 0.2,\ \frac{b_0}{b_s} = 0.2\right) \tag{6}$$

多孔堰流侧收缩系数采用

$$\varepsilon = \frac{\varepsilon_z(n-1) + \varepsilon_b}{n} \tag{7}$$

$$\varepsilon_z = 1 - 0.171\left(1 - \frac{b_0}{b_0 + d_z}\right)\sqrt[4]{\frac{b_0}{b_0 + d_z}} \quad \left(\frac{b_0}{b_0 + d_z} < 0.2,\ \frac{b_0}{b_0 + d_z} = 0.2\right) \tag{8}$$

$$\varepsilon_b = 1 - 0.171\left(1 - \frac{b_0}{b_0 + \frac{d_z}{2} + b_b}\right)\sqrt[4]{\frac{b_0}{b_0 + \frac{d_z}{2} + b_b}} \quad \left(\frac{b_0}{b_0 + \frac{d_z}{2} + b_b} < 0.2,\ \frac{b_0}{b_0 + \frac{d_z}{2} + b_b} = 0.2\right) \tag{9}$$

式中：ε_z 为中闸孔侧收缩系数；ε_b 为边闸孔侧收缩系数；b_0 为闸孔净宽，m；b_s 为上游引渠宽，即上游河道一半水深处的宽度，m；n 为闸孔数；d_z 为中闸墩厚度；b_b 为边闸墩顺水流向边缘线至上游河道水边线距离，m。

（3）堰流流量系数 m。

开都河第一分水枢纽泄洪闸及南北岸分水闸均为无坎平底堰，m 取最大值 0.385。

3.2 闸前闸后水位

闸前水深采用监测水位或预测水位，闸下水深采用闸后水位流量关系计算水位或监测水深（水位）。枢纽闸下水深（水位）计算具体如下。

3.2.1 开都河第一分水枢纽下游

开都河第一分水枢纽下游河床水位采用《开都河第一分水枢纽复核计算报告》（宁夏水利水电勘测设计研究院有限公司，2022 年 8 月）中枢纽下游 0+067 断面水位-流量关系来确定（见图 4）。

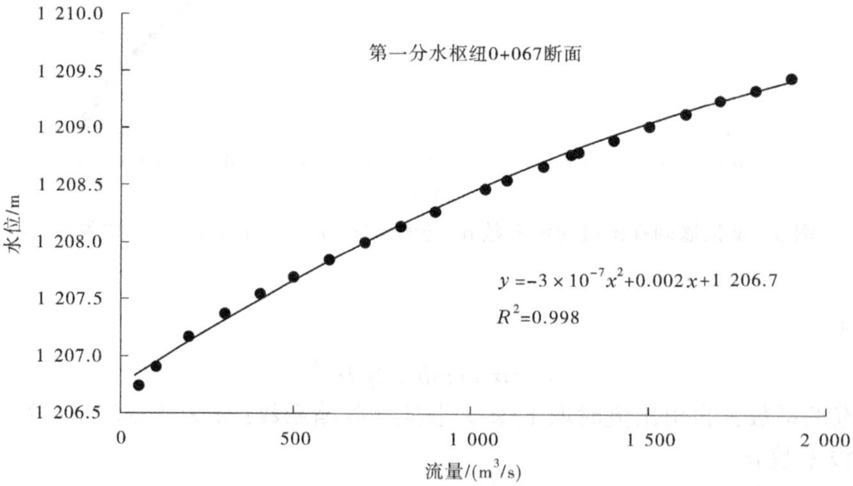

图 4 开都河第一分水枢纽泄洪闸后水位流量关系

3.2.2 开都河第一分水枢纽左、右岸分水闸

开都河第一分水枢纽左、右岸分水闸闸后为已防渗标准梯形断面渠道，其中左岸为北岸干渠，渠底宽 10 m，边坡 1.50，右岸为南岸干渠，渠底宽 6 m，边坡 1.50，过渠流量通过明渠均匀流公式计算，计算公式为：

$$Q = AC(Ri)^{\frac{1}{2}} \tag{10}$$

式中：C 为谢才系数，$C = \left(\frac{1}{n}\right)R^{\frac{1}{6}}$；$R$ 为水力半径，$R = A/X$；i 为渠道纵比降，北岸干渠 1/2 000、南

岸干渠 1/3 000；A 为渠道过水面积，m²，$A=(b+mh)h$；n 为渠道糙率系数，取 0.015；χ 为渠道湿周，m，$\chi=b+2h\sqrt{1+m^2}$；b 为渠道底宽，m；m 为渠道边坡。

将采用上述公式计算的南北岸渠首段水深、相应流量进行拟合（见图 5、图 6），北岸干渠水深计算可采用：

$$h=0.198\ 4Q^{0.588\ 4} \tag{11}$$

南岸干渠水深计算可采用：

$$h=0.299\ 5Q^{0.582\ 7} \tag{12}$$

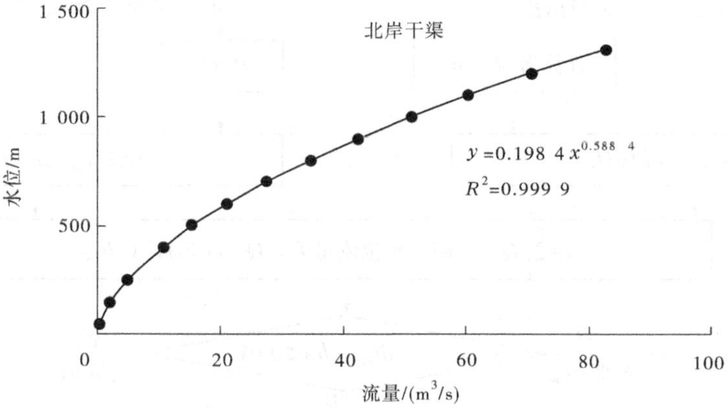

图 5　开都河第一分水枢纽北岸干渠渠首段水深-流量关系

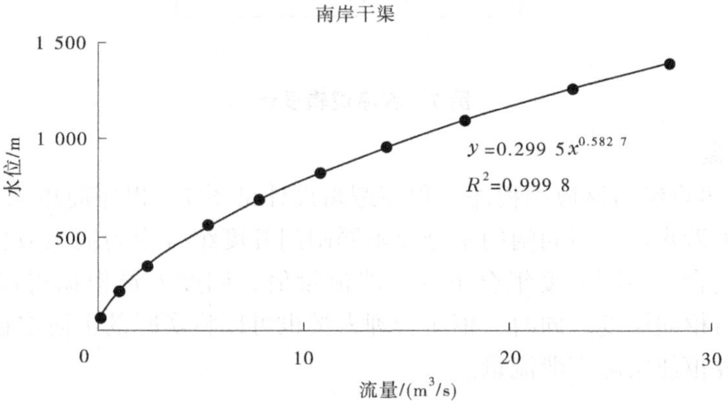

图 6　开都河第一分水枢纽南岸干渠渠首段水深-流量关系

4　泄流计算程序设计和编制

4.1　泄流计算程序设计

从前述泄流计算公式可以看出，泄流流量与上游水位 H、堰顶以上的闸下水深 h_t、开闸孔数 n、闸门开启高度 e 等 4 个运行参数有关。泄流流量的计算流程具体为：给定上游水位 H、开闸孔数 n 及相应闸门开启高度 e，计算 e/H，判断每孔闸门泄流流态属于闸孔出流或堰流，然后采用相应的公式计算收缩系数 ε、流量系数 μ_0/m 及收缩水深的共轭水深 h''_c 等参数；因下泄流量未知，闸下水深无法求出，可采用“逐步近似法”计算，先预估一个闸下水深，判断属于自由出流或淹没出流，然后采用相应的公式计算淹没系数、潜流比等参数；进而采用流量计算公式计算各打开闸门下泄流量，各闸后流量汇总后计算闸下水深，计算闸下水深与预估闸下水深进行比较，两者相差超过可接受范围，重新调整预估的闸下水深，再进行试算，直至闸下水深与预估闸下水深基本相同，输出闸门开启高度 e 及相应下泄流量，程序设计见图 7。

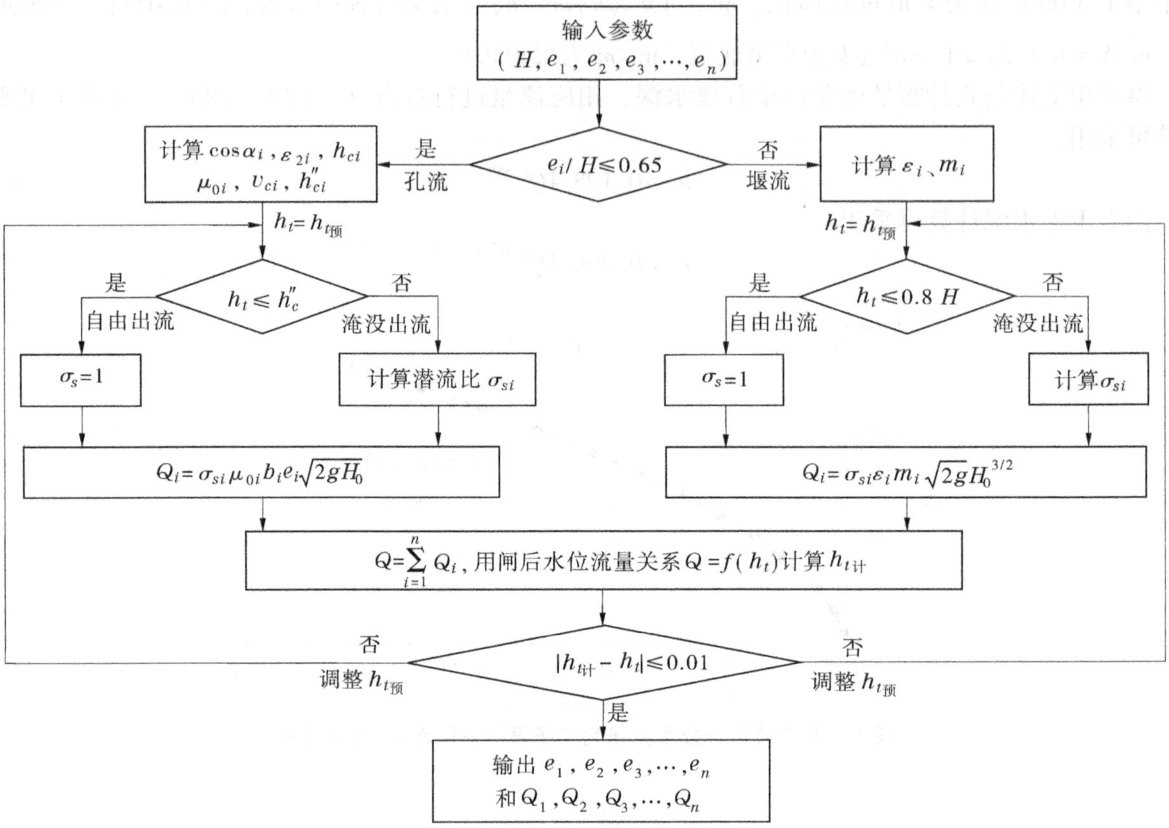

图 7　程序逻辑设计

4.2　泄流计算程序编制

本次采用 Forthan 语言编写该应用程序，程序逻辑设计见图 7，程序简单实用。程序编制完成后，枢纽调度人员只需将上游水位、不同闸门组合及不同闸门开度组合作为输入数据，启动程序就可以快速地计算出不同闸门组合、不同开度组合下的下泄流量值。调度人员根据得出的数值，结合调度原则，快速、科学地进行枢纽调度。同时，枢纽管理人员也可以将实际的上游水位及闸门开度作为输入数据，采用该程序计算枢纽实际下泄流量。

5　结论与建议

开都河第一分水枢纽为弧形闸门控制的开敞式水闸，本次直接采用基于能量方程推求的过闸流量公式，采用 fortran 语言构建了开都河第一分水枢纽泄流模型。其中，闸孔出流按水平底坎弧形闸门闸孔出流计算；堰流出流均按宽顶堰出流计算。在泄流流量计算过程中，采用“逐步近似法”对闸后水位进行试算。开都河第一分水枢纽泄流模型构建后，只需将上游水位、不同闸门组合及不同闸门开度组合作为输入数据，启动程序就可以快速地计算出不同闸门组合、不同开度组合下的下泄流量值。

目前开都河第一分水枢纽仅监测闸前水位、引水渠后各分水渠引水流量的监测数据，河道下泄流量、河道内闸下水位、南北两岸分水闸闸后水位和流量等尚未有系统监测数据，模型率定工作尚不能进行。建议不断完善枢纽系统监测数据，建立实测数据库，滚动完善模型相关参数，提高模型计算精度。

参考文献

[1] 林允泉．广东省潮州供水枢纽拦河闸泄流计算［J］．人民珠江，2008（1）：37-39.
[2] 邓正波，林小丽．潮州供水枢纽拦河闸泄流计算［J］．广东水利水电，2007，10（5）：58-59.
[3] 刘恒恒，齐鹏云，万能胜，等．巢湖闸下河网洪水演进及闸门调度数值模拟［J］．人民长江，2022，53（5）：41-46.
[4] 谭超，刘达，黄本胜，等．赤吟水闸枢纽工程泄洪能力的数值模拟研究［J］．广东水利水电，2015，6（6）：10-13，17.
[5] 孙永春，孙美玲．基于 FLUENT 软件的拦河闸水力特性数值模拟［J］．水利水电快报，2018，12（39）：49-52，57.
[6] 穆祥鹏，陈文学，崔巍，等．弧形闸门流量计算方法的比较与分析［J］．南水北调与水利科技，2009，7（5）：20-22，27.
[7] 李炜．水力计算手册［M］．北京：中国水利水电出版社，2006：160-166.
[8] 武汉水利电力学院水力学教研室．闸孔出流水力特性的研究［J］．武汉水力学院学报，1974（1）：37-66.
[9] 王韦．平底闸潜没孔流流量系数的初步分析［R］．南京：原水利部南京水利试验处研究实验报告汇编，1955.
[10] 李炜．水力计算手册［M］．北京：中国水利水电出版社，2006：119-128.

黄河文化建设路径及融入防洪工程建设的探索与实践

郭淑君

（郑州黄河河务局惠金黄河河务局，河南郑州　450000）

摘　要：黄河文化建设路径及融入防洪工程建设的探索与实践是一个综合性的工程，需要充分挖掘和利用黄河流域的历史文化资源，创新传承方式，结合现代科技和社会发展。通过保护和传承黄河文化的根基，注入创新元素，将黄河文化融入防洪工程建设中，可以实现黄河文化的繁荣和发展，并为经济社会进步作出积极贡献。这需要各方的广泛参与和支持，形成多方合作、协同推进的良好局面。最终目标是让黄河文化在数字化时代焕发出新的光彩，为中华民族的伟大复兴作出更加重要的贡献。

关键词：黄河文化；防洪工程建设；探索；实践

1　引言

黄河作为中国的母亲河，承载着丰富的文化和历史遗产。在当代社会中，黄河文化建设不仅是传承和弘扬中华民族优秀传统文化的重要任务，也是推动经济社会发展、增强地方文化软实力的有效途径。黄河文化建设路径的探索与实践需要充分发挥黄河文化的独特性和多样性。黄河文化建设路径的探索与实践是一个系统工程，需要多方共同努力。只有充分挖掘和利用黄河文化的资源优势，创新传承方式，将其与现代科技和社会发展相结合，才能推动黄河文化的繁荣和发展，为经济社会进步作出积极贡献。

2　黄河文化建设路径及融入防洪工程建设的探索

黄河作为中华民族的母亲河，具有重要的文化价值和历史地位。为了保护和传承黄河文化，一些地区开始将黄河文化建设融入防洪工程建设中，以实现文化保护和传承的目标。首先是文化保护与修复。在防洪工程建设中，应充分考虑保护、修复和展示黄河文化遗址、古迹和历史建筑物。通过避免对重要的文化遗址进行破坏，并采取措施保护和修复已有的历史黄河文化。还有文化体验与旅游开发。在防洪工程建设中，可以注重打造文化体验和旅游项目，吸引更多人参与并了解黄河文化。例如，开发河道旁的文化街区、观景平台和游船线路，提供黄河文化主题的旅游活动，让游客亲身感受并了解黄河文化的魅力。最后是合作与共建。黄河流经多个省份和地区，通过跨区域的合作与共建，共同推动黄河文化的保护和发展。各地可以分享经验和资源，在防洪工程建设中相互配合，形成联动效应，促进黄河文化的整体发展。这些探索表明，将黄河文化建设融入防洪工程建设是一种可行的路径。通过充分利用防洪工程建设的机遇，保护和传承黄河文化，可以实现文化遗产的保护、公众意识的提高以及旅游经济的发展，推动黄河文化的繁荣和传承。

作者简介：郭淑君（1980—），女，高级工程师，主要从事水利工程运行管理工作。

3 黄河文化建设路径及融入防洪工程建设的实践

一些黄河流域地区已经开始将黄河文化建设融入防洪工程建设，以实现文化保护和传承的目标。黄河文化建设路径及融入防洪工程建设的实践已经在一些地区得到了尝试和推广。以下是一些实践。

3.1 遗址保护与修复

遗址保护与修复是黄河文化建设中的重要环节，其目的是保护和恢复古代建筑、遗址等文化遗产，使其能够持续传承和展示其历史文化价值。首先需要进行详细的遗址调查与评估，了解遗址的历史、特点、状况和价值。通过考古学、历史学等专业方法，获取准确的信息，并制定保护与修复方案。对于被发现的遗址，需要进行清理工作，清除周围的杂物和不符合历史特征的附加建筑。同时，采取有效的措施保护遗址，如搭建防护棚、设置警示标识等，防止进一步受损或遭到破坏。在进行遗址修复时，需要选择适宜的材料和技术。尽量采用与原建筑风格相符合的传统材料，并依照古代建筑的工艺和造型进行修复。注重修复工作的可逆性，确保修复后的遗址能够真实还原其历史面貌。有些遗址可能因为年代久远、自然破坏等原因已经不稳定，需要采取稳定和加固措施。通过改良地基、加固墙体等方式，确保遗址的结构安全和持久性。还需建立健全的监管与管理机制，确保对遗址的长期保护和管理。加强监测和维护工作，及时发现并处理遗址面临的风险和问题。

3.2 文化展示与教育

文化展示与教育是黄河文化建设中的重要环节，旨在向公众展示黄河文化的历史、特点和价值，提高公众对黄河文化的认知和了解。建立黄河文化的博物馆，通过展览陈列馆藏的文物、图片、书籍等，向公众介绍黄河文化的起源、发展和影响。建设与黄河文化相关的主题公园，通过景观设计、实景演示、表演等方式，展示黄河流域的地理环境、人文特色和历史变迁。还能举办与黄河文化相关的节庆活动，如黄河源头音乐节、黄河文化艺术展演等。开展黄河文化的教育推广活动，面向学校、社区和公众开展形式多样的文化课程和培训。

3.3 跨区域合作与共建

跨区域合作与共建是指不同地区的政府、企业、社会团体或个人之间为了共同发展、实现互利共赢而开展的一种协作形式。这种合作可以在经济、文化、科技、教育、环保等多个领域展开，旨在通过资源共享、信息交流、技术支持等方式，推动各方的共同发展。跨区域合作与共建需要各方共同参与、理解和支持。在实际操作中，需要建立合作机制，明确合作目标、分工合作内容、确定资源投入和效益分享等制度，以达到合作共赢和可持续发展的目的。同时，也需要加强信息交流和管理，建立监督机制和风险防范措施，确保合作的顺利进行。

这些实践中的案例表明，将黄河文化建设融入防洪工程建设是可行的，并取得了一定的成效。通过保护和修复文化遗址、开展文化展示与教育、发展文化旅游与体验，以及加强跨区域合作与共建，可以促进黄河文化的传承和发展，丰富人们的文化生活，同时提高防洪工程的社会认可度和效益。这些实践经验可以为其他地区的文化建设和防洪工程提供借鉴和参考。

4 结语

黄河文化建设路径及融入防洪工程建设的探索与实践是一个长期而复杂的过程，需要多方共同努力和持续的关注。通过充分挖掘和利用黄河流域的历史文化资源，创新传承方式，结合现代科技和社会发展，我们可以实现黄河文化的繁荣和发展，为经济社会进步作出积极贡献。在这个过程中，我们应该注重保护和传承黄河文化的根基，尊重历史和传统，同时也要敢于创新和突破。只有在传承中创新，在创新中传承，才能使黄河文化焕发出新的活力和魅力。让我们共同努力，为黄河文化的传承和发展贡献自己的力量，让黄河文化在数字化时代焕发出新的光彩，为中华民族的伟大复兴作出更加重要的贡献。

参考文献

[1] 付云抒．黄河文化在基层文化建设工作中的融入路径：评《黄河文化概说》［J］．人民黄河，2022，44（9）：I0008.

[2] 陈兆鲁，李保宇，刘建军，等．黄河流域生态文明建设的探索与实践［J］．治黄科技信息，2020（4）：2.

[3] 艾广章，马小芳．建设幸福河的实践探索与启示：以郑州黄河为例［J］．人民黄河，2021，43（增刊 1）：13-15.

基于现状地形条件的黄河下游特大洪水演进模拟与淹没灾情评估

张安庆[1]　朱振慧[2]　张　盼[2]　徐路凯[2]

（1. 新疆农业大学水利与土木工程学院，新疆乌鲁木齐　830052；
2. 黄河水利科学研究院 水利部黄河下游河道与河口治理重点实验室，河南郑州　450003）

摘　要： 鉴于目前黄河下游防洪情势仍然严峻，且极端气候事件发生概率不断上升的现状，本研究立足于黄河下游防洪安全底线思维，通过构建平面二维水沙数学模型，模拟了黄河下游“58·7”下大型特大洪水在现有地形条件下的洪水演进过程。在此基础上，结合社会、经济及人口数据，对特大洪水引发的淹没灾害进行综合评估。研究成果可为黄河下游流域风险管理、洪水调度决策及防灾减灾措施的制定提供科学依据和技术支持。

关键词： 黄河下游；特大洪水；洪水演进模拟；灾情评估

1　引言

黄河下游河道是横跨中华腹地的“地上悬河”，其防洪安全事关国家稳定大局。尽管经过 70 余年的不懈努力，黄河下游防洪体系已初步建成，防御洪水能力大幅提高，但因黄河下游堤防长期未经过大洪水实际检验、游荡性河道仍未有效控制、“二级悬河”态势并未改善以及小花区间 1.8 万 km^2 无控区等问题，黄河下游防洪情势仍然严峻[1]。加之近年来极端天气事件增多，如 2021 年发生的河南郑州“7·20”暴雨。历史上，黄河三花间也出现过类似暴雨，且根据亚洲夏季风年代际与年际变率研究[2-4]，未来随着降雨带逐渐北移，黄河下游发生特大洪水的概率将会增加。

人民治黄以来，直接改变了进入黄河下游河道的水沙条件，间接影响了下游河道的演变过程[5]。黄河下游河道地形边界条件不断发生变化，如最小平滩流量由 21 世纪初的 1 800 m^3/s 增加至目前的 4 600 m^3/s[6]。因此，分析现状地形条件下黄河下游特大洪水演进规律、评估滩区淹没损失，对于优化和完善黄河下游洪灾风险防控策略具有重要的现实意义。本文以黄河下游河道为研究对象，利用平面二维水沙数学模型计算现状地形条件下特大洪水过程下的黄河下游滩区洪水演进，并结合社会、经济、人口信息评估相应的淹没损失。

2　模型建立

2.1　控制方程与数值方法

黄河下游平面二维水沙数学模型（YRSSHD2D0212）的水沙控制方程采用守恒形式，紊流方程采用零方程模式，在无结构网格上对偏微分方程组进行有限体积的积分离散。离散后的代数方程组采用预测、校正法（显格式）或 Newton-SSOR 双层迭代法（隐格式）求解。

2.1.1　基本控制方程

采用二维浅水控制方程的守恒形式为：

基金项目： 国家重点研发计划项目（2021YFC3200405）。

作者简介： 张安庆（2003—），男，本科在读，研究方向为水利水电工程。

通信作者： 朱振慧（1991—），女，工程师，主要从事河流泥沙基础理论及数值模拟等方面的工作。

$$\frac{\partial h}{\partial t}+\frac{\partial(hu)}{\partial x}+\frac{\partial(hv)}{\partial y}=0 \tag{1}$$

$$\frac{\partial(hu)}{\partial t}+\frac{\partial}{\partial x}\left(u^2h+\frac{1}{2}gh^2\right)+\frac{\partial(huv)}{\partial y}=v_t\left[\frac{\partial^2(hu)}{\partial x^2}+\frac{\partial^2(hu)}{\partial y^2}\right]-gh(S_{fx}+S_{ox}) \tag{2}$$

$$\frac{\partial(hv)}{\partial t}+\frac{\partial(huv)}{\partial x}+\frac{\partial}{\partial y}\left(v^2h+\frac{1}{2}gh^2\right)=v_t\left[\frac{\partial^2(hv)}{\partial x^2}+\frac{\partial^2(hv)}{\partial y^2}\right]-gh(S_{fy}+S_{oy}) \tag{3}$$

可以将控制方程写成统一形式：

$$\frac{\partial q}{\partial t}+\frac{\partial F^I}{\partial x}+\frac{\partial G^I}{\partial y}=\frac{\partial F^V}{\partial x}+\frac{\partial G^V}{\partial y}+S_{ou} \tag{4}$$

其中，

$$q=[h,\ hu,\ hv]^{\mathrm{T}},\ F^I=\left[hu,\ u^2h+\frac{1}{2}gh^2,\ huv\right],\ G^I=\left[hv,\ huv,\ v^2h+\frac{1}{2}gh^2\right]^{\mathrm{T}}$$

$$F^V=\left[0,\ \nu_t\frac{\partial(hu)}{\partial x},\ \nu_t\frac{\partial(hv)}{\partial x}\right]^{\mathrm{T}},\ G^V=\left[0,\ \nu_t\frac{\partial(hu)}{\partial y},\ \nu_t\frac{\partial(hv)}{\partial y}\right]^{\mathrm{T}}$$

$$S_{ou}=[0,\ ghS_{fx}-ghS_{ox},\ ghS_{fy}-ghS_{oy}]^{\mathrm{T}}$$

$$S_{fx}=\frac{n^2u\sqrt{u^2+v^2}}{h^{4/3}},\ S_{fy}=\frac{n^2v\sqrt{u^2+v^2}}{h^{4/3}},\ S_{ox}=\frac{\partial z_b}{\partial x},\ S_{oy}=\frac{\partial z_b}{\partial y}。$$

式中：F、G 分别为 x、y 方向的通量矢量，上标 I、V 表示对流项和扩散项；h 为水深；v_t 为紊动黏滞性系数；u 和 v 分别为 x、y 方向的速度分量；S_{ox}、S_{oy} 分别为河床比降在 x、y 方向的分量；S_{fx}、S_{fy} 分别为摩阻坡度在 x、y 方向的分量。

2.1.2 数值离散与求解

本模型采用基于非结构网格的有限体积法对控制方程进行离散，适用于三角形网格，且能够有效捕捉激波。

在控制体内，对控制方程进行积分得到：

$$A_i\frac{\partial q_i}{\partial t}=-\int_{\partial c_i}F\cdot n\mathrm{d}l+(S_{ou})_iA_i \tag{5}$$

式中：$F=[F^I+F^V,\ G^I+G^V]^{\mathrm{T}}$；$\partial c_i$ 为单元 i 的边界；A_i 为单元面积；n 为 ∂c_i 的外单位法线。该式右端第一项可写为控制体各边通量之和，即

$$\int_{\partial c_i}F\cdot n\mathrm{d}l=\sum_{j=1}^{m}(f_{ij}-d_{ij})\Delta l_j \tag{6}$$

式中：f_{ij}、d_{ij} 分别为单元 i 第 j 边的法向对流和扩散数值通量；Δl_j 为第 j 边的边长。

对流截面通量 f_{ij} 采用 ROE 格式进行求解，其表达式如下：

$$f_{ij}=\frac{1}{2}(F_{\mathrm{L}}+F_{\mathrm{R}})-\frac{1}{2}\sum_{j=1}^{m}\alpha_j|\lambda_j|\gamma_j \tag{7}$$

特征值为：

$$\lambda_1=\bar{u}-\bar{a},\ \lambda_2=\bar{u}+\bar{a},\ \lambda_3=\bar{u}$$

特征向量为：

$$\gamma_1=(1,\ \bar{u}-\bar{a},\ \bar{v})^{\mathrm{T}},\ \gamma_2=(1,\ \bar{u}+\bar{a},\ \bar{v})^{\mathrm{T}},\ \gamma_3=(0,\ 0,\ \bar{v})^{\mathrm{T}}$$

系数 α_i：

$$\alpha_1=\frac{\Delta h}{2}+\frac{\bar{h}\Delta u_n}{2\bar{a}},\ \alpha_2=\Delta h-\alpha_1,\ \alpha_3=\frac{\bar{h}}{\bar{v}}\Delta v_\tau$$

其中：

$$\bar{a}=\sqrt{\frac{g(h_L+h_R)}{2}}\text{，}\ \bar{u}=\frac{\sqrt{h_L}u_{nL}+\sqrt{h_R}u_{nR}}{\sqrt{h_L}+\sqrt{h_R}}\text{，}\ \bar{v}=\frac{\sqrt{h_L}v_{\tau L}+\sqrt{h_R}v_{\tau R}}{\sqrt{h_L}+\sqrt{h_R}}\text{，}\ \bar{h}=\sqrt{h_Lh_R}$$

$$\Delta h=h_L-h_R\text{，}\ \Delta u_n=u_{nL}-u_{nR}\text{，}\ \Delta v_\tau=v_{\tau L}-v_{\tau R}$$

式中：h 为水深；u_n 和 v_τ 分别为法向和切向垂线平均流速。

2.2 计算范围及网格剖分

研究范围为西霞院—利津河段，按照 2023 年 10 月遥感影像提取河势数据，并根据 2023 年汛后大断面对河势进行校核，个别影像与实测大断面不一致的部位，以实测大断面为主要依据进行修正。

采用该河势数据对典型控导工程、险工，及生产堤等线状构筑物进行精细化网格布置，计算网格量 42.0 万，最小网格 10 m。主槽采用四边形网格，滩地采用三角形网格，为了提高计算精度，在主槽将网格加密，主槽沿断面方向最小网格边长为 10.0 m。

2.3 河道地形及灾情信息

主槽采用 2023 年汛后大断面数据，由于黄河下游近 20 年未上滩，滩地高程基本维持不变，滩地采用 2015 年实测高程点，并根据 2023 年黄河下游生产堤调研及测验成果，补充完善了已有生产堤信息，生成平面二维数字地形。利用“黄河干流洪水风险图系统”进行淹没风险分析及灾情损失评估，黄河下游滩区采用了河南、山东两局提供的最新滩区社会、经济、人口信息。

3 计算工况及结果分析

3.1 计算工况

基于黄河防洪安全的底线思维，本研究选取花园口站自实测资料记录以来的最大洪水事件——“1958 年 7 月洪水”（简称“58・7”洪水）作为典型洪水。“58・7”洪水主要来自三小区间和伊洛河，是典型的下大型洪水，花园口洪峰流量为 22 300 m^3/s。本研究设计典型洪水组成见图 1。

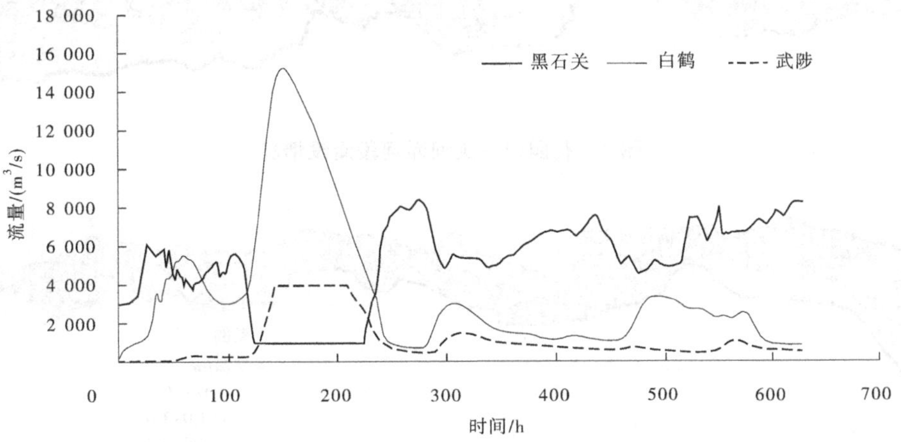

图 1 设计洪水组成

3.2 模拟计算结果

经计算，洪水在黄河下游传播过程见图 2。计算夹河滩、高村、孙口、艾山洪峰流量分别为 20 000 m^3/s、18 500 m^3/s、17 500 m^3/s、10 000 m^3/s。依据“2023 年黄河中下游洪水调度方案”，当孙口洪峰流量超过 10 000 m^3/s 且继续上涨时，相机运用东平湖滞洪区分洪，本次采用东平湖滞洪区老湖区分洪，分洪流量最大 7 500 m^3/s，分洪量 18.06 亿 m^3。

图 3~图 4 为计算黄河下游典型河段淹没情况。从图 3、图 4 中可以看出，在本次洪水沁河口以下河段全线漫滩，黄河大堤偎水。

表 1~表 3 分别统计了黄河下游滩区淹没灾情、河南省分区域淹没灾情、山东省分区域淹没灾情。黄河下游淹没（含东平湖）总面积 3 823.04 km^2，其中河南省滩区淹没 2 196.65 km^2，东平湖淹没

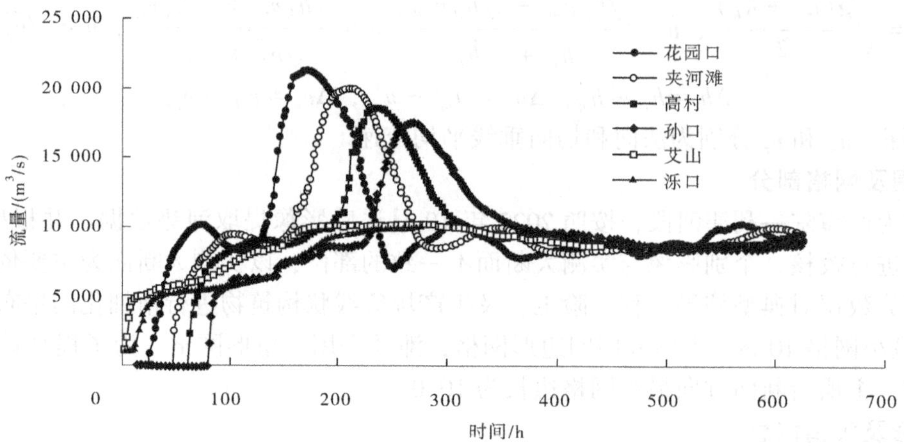

图 2　计算洪水传播过程

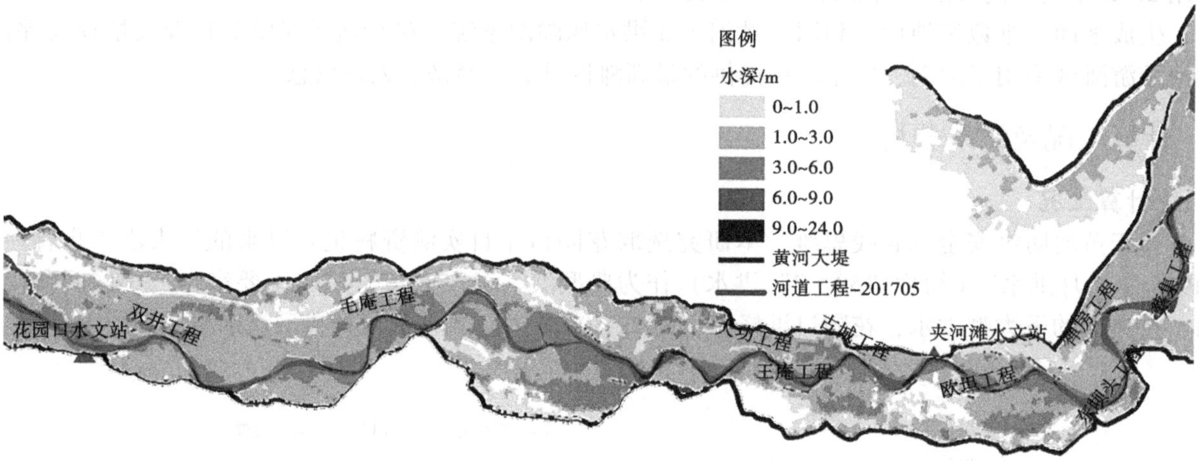

图 3　花园口—夹河滩河段淹没情况

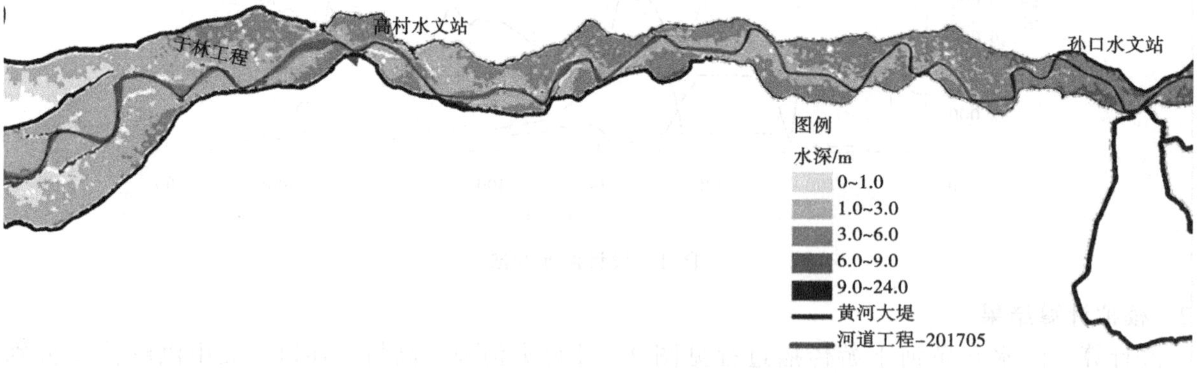

图 4　高村以下河段淹没情况

461.2 km^2；淹没耕地 24.15 万 hm^2，其中河南省淹没 13.68 万 hm^2，东平湖 3.31 万 hm^2；受淹人口 118.4 万人，其中河南省受淹人口 66.48 万人，东平湖 23.01 万人；淹没区损失 258.13 亿元，其中河南省 143.89 亿元，东平湖 59.21 亿元。

表 1　黄河下游淹没灾情统计

省份	淹没面积/km^2	淹没耕地面积/万 hm^2	淹没区损失/亿元	受淹人口/万人
河南省	2 196.65	13.68	143.89	66.48
山东省	1 165.2	7.16	55.03	28.87
东平湖	461.2	3.31	59.21	23.01
总计	3 823.04	24.15	258.13	118.4

表 2　河南省滩区淹没灾情统计

县区	淹没面积/km^2	淹没耕地/hm^2	受淹人口/人	淹没损失/亿元	滩区
孟津县	4.94	259.11	0	0.09	白鹤、扣马、老城、铁谢
吉利区	4.65	241.79	0	0.08	吉利
孟州市	10.1	646.6	0	0.22	孟州
巩义市	55.08	3 022.56	0	1.04	柏坡、马峪沟、沙鱼沟、神北、石管
温县	75.22	4 814.29	18 925	3.59	温县
荥阳市	71.37	4 325.39	0	1.49	北邙、汜水、王村
武陟县	161.9	10 244.29	12 622	5.03	武陟西、姚旗营、詹店
惠济区	57.95	3 513.32	0	1.21	保合寨、花园口、申庄
平原新区	54.35	3 315.4	27 547	4.93	平原
金水区	2.73	174.94	0	0.06	三坝
原阳县	320.45	20 508.75	125 241	27.38	原阳
中牟县	125.48	7 840.49	10 640	4.66	九堡、万滩、韦滩
金明区	28.04	1 636.37	9 809	1.6	高朱庄、回回寨
封丘县	266.3	16 404.08	85 130	18.9	大宫、贯台、封丘倒灌区
龙亭区	10.37	560.03	1 825	0.56	大马圈
开封县	125.08	7 880.28	56 662	12.07	刘店、袁坊
兰考县	93.22	5 930.56	6 502	2.95	丁圪垱、夹河、兰考北
长垣县	301.1	18 780.59	169 855	27.74	大留寺、尚寨、榆林、周营、左寨
濮阳县	187.36	11 743.98	72 735	15.33	渠村东、渠村南、习城
范县	98.83	6 056.85	22 451	4.91	陆集、辛庄
台前县	142.13	8 854.78	44 881	10.04	梁集、清河、孙口、赵桥
合计	2 196.65	136 754.45	664 825	143.89	

表 3 山东省（含东平湖）淹没灾情统计

县区	淹没面积/km^2	淹没耕地/hm^2	受淹人口/人	淹没损失/亿元	滩区
东明县	269.2	16 766.55	123 434	14.22	东明北、东明南、东明西
牡丹区	23.54	1 447.49	0	0.5	岔河头、张阎楼
鄄城县	128.44	8 054.2	16 908	3.89	董口、葛庄、旧城北、临濮、左营
郓城县	35.91	2 104.59	0	0.73	罗楼、四杰、伟庄、徐码头
梁山县	45.39	2 737.6	0	0.97	蔡楼、于楼
阳谷县	6.44	356.32	0	0.12	陶城铺上、陶城铺下
东阿县	16	926.82	0	0.32	艾山、大义屯、丁口、付岸、关山、湖西、姜庄、牛屯、夏沟、于窝、于庄、鱼村、朱圈
东平县	65	4 139.34	26 118	5.18	东平、旧县
平阴县	92.81	5 771.81	61 887	11.23	白塔洼、博士洼、大孙庄洼、范庄洼、孔集洼、栾湾洼、盆王洼、张营洼、子顺洼
长清县	142.69	8 544.06	46 095	8.67	归德、平安、文昌、孝里
齐河县	31.26	1 798.06	0	0.62	曹营、大庞、店子、孔官、李家岸、联五、刘庄、南坦、水波
槐荫区	9.38	550.66	0	0.19	刘七沟、棉张、睦里、西张、席道口、郑店、朱庄
天桥区	14.1	865.54	462	0.34	八里、大鲁庄、刘庙、鹊山、小鲁庄、新徐庄、赵庄
历城区	14.04	805.32	0	0.28	丁口、河套圈、刘家、埝头、滏沟、新开、张褚窝、赵河
济阳县	44.02	2 704.1	0	0.94	高纸、任家岸、四合、铁匠、土城、邢家渡
章丘市	30.67	1 914.72	0	0.69	传辛庄、黄河、蒋家
邹平县	32.29	2 053.99	0	0.71	码头、台子
惠民县	23.85	1 444.38	0	0.5	董家口、刘家圈、刘旺庄、潘家、齐家口、薛王邵、禹王口
高青县	47.97	3 064.23	0	1.07	大郭家、孟口、五合、堰里贾

续表 3

县区	淹没面积/km²	淹没耕地/hm²	受淹人口/人	淹没损失/亿元	滩区
滨城区	50. 12	2 961. 84	10 000	2. 27	戴家、梁才、蒲城、翟里孙、纸坊、朱全
博兴县	10. 5	616. 43	0	0. 21	蔡寨、乔庄
利津县	22. 81	1 414. 26	3 794	1. 2	大田、东关、南宋
东营区	4. 94	312. 19	0	0. 11	老于、赵家
垦利县	3. 81	198. 43	0	0. 07	王院、小街
东平湖	461. 21	33 070. 27	230 128	59. 21	梁山新湖、汶上新湖、东平老湖、东平新湖
合计	1 626. 39	104 623. 2	518 826	114. 24	

4 结论

平面二维水沙数学模型计算结果表明，在现状地形条件下，若发生“58・7”下大型花园口洪峰量级为 22 000 m^3/s 的洪水，黄河下游沁河口以下河段全线漫滩，黄河大堤全线偎水；孙口洪峰流量超过 10 000 m^3/s，需采用东平湖滞洪区分洪；洪水淹没（含东平湖）总面积 2 901. 2 km^2，淹没耕地 18. 08 万 hm^2，受淹人口 76. 13 万人，淹没损失 165. 54 亿元。

参考文献

[1] 水利部黄河水利委员会. 黄河流域大洪水应对措施［R］. 郑州：水利部黄河水利委员会，2002，3.
[2] 丁一汇，孙颖，刘芸芸，等. 亚洲夏季风的年际和年代际变化及其未来预测［J］. 大气科学，2013，37（2）：253-280.
[3] Xu J，Li F. Response of lower Yellow River bank breachings to La Niña events since 924CE［J］. CATENA，2019，176：159-169.
[4] Storozum M，Lu P，Wang S，et al. Geoarchaeological evidence of the AD 1642 Yellow River flood that destroyed Kaifeng，aformercapital of dynastic China［J］. Scientific Reports，2020，10（1）：3765.
[5] 陈绪坚，胡春宏，安毓琪，等. 黄河泥沙合理配置方案研究［J］. 泥沙研究，2021，46（3）：1-9.
[6] 黄河水利科学研究院. 2020—2021 年度黄河流域咨询及跟踪研究［R］. 郑州：水利部黄河水利委员会，2021，7.

流域水资源优化配置与水电站群协同调度

变速抽水蓄能发展概况与技术现状

张　雷[1]　荆岫岩[2]　陈龙翔[2]　居蓉蓉[1]　姬联涛[1]　谭志锋[1]　李　泽[1]

（1. 中国电力科学研究院有限公司，江苏南京　210000；
2. 国家电网有限公司，北京　100031）

摘　要： 相比于常规的恒速抽水蓄能机组，变速抽水蓄能机组具有有功、无功解耦控制、转速的独立调节和快速功率响应速度的能力，拥有更优越的运行性能。本文首先结合全球范围的变速抽水蓄能发展态势，归集了变速抽蓄的主要工程和应用参数，以及世界范围内的变速抽水蓄能机组制造商；其次，调研分析了双馈型和全功率型变速抽水蓄能机组的技术特点和拓扑结构；最后，针对功率调节、速率响应、运行效率、故障支撑、使用寿命和环境友好度等分析了变速抽水蓄能相比于定速抽水蓄能的技术优势。

关键词： 变速抽水蓄能；双馈型抽水蓄能；全功率型抽水蓄能；交流励磁

1　引言

随着风电、光伏等新能源在电网中渗透率的逐步升高，电网的安全稳定运行受其功率波动的影响越来越大，网源协调导致的弃风弃光问题逐渐显露出来。抽水蓄能电站通过发电和抽水运行可以实现对电网的灵活性调节，是目前公认的最成熟、最高效的储能系统，在电力系统中具有十分关键的作用。相比于传统定速抽水蓄能机组，变速抽水蓄能机组具有更加灵活的运行方式和应用效率，得到全球专家和学者的广泛研究。

卢伟甫等[1] 在简述变速抽水蓄能机组工作原理和优点的基础上，从容量配比、运维成本和调度策略3个方面对变速机组的应用技术进行了综述。罗韦华等[2] 使用AC/AC变换器作为励磁系统，并基于VME总线搭建系统仿真试验平台验证了变换器的可行性。衣传宝等[3] 在研究变速抽水蓄能机组原理的基础上，总结分析了机组在地区电网中的应用前景，结果表明，在调频调峰及减少弃风弃光方面，变速抽水蓄能机组具有独特优势。滕军[4] 从建设必要性和励磁装置、控制方式两方面总结了对变速抽水蓄能机组的认识。吕树清[5] 从发电机原理、控制策略和励磁系统的变频器3个方面探讨了变速抽水蓄能机组的交流励磁技术路线。郭海峰[6] 首先总结了变速抽水蓄能机组的发展历史，其次在总结其所具有的技术优势的前提下分析了日本国内的机组装机容量和运行状况，最后得出了变速抽水蓄能机组具有较好应用前景的结论。目前，对变速抽水蓄能机组的研究主要包含机组结构、启动与运行策略和应用分析3个方面。交流励磁系统是变速抽水蓄能机组的关键设备之一，担负着变速机组正常运行的控制功能，因此对励磁系统建模和控制策略的研究显得尤为重要。施一峰等[7] 在分别对两电平、多电平、H桥级联、MMC和交-交型变速器拓扑结构进行详细分析的基础上，总结了上述各种结构的适用性。邵宜祥等[8] 针对传统比例积分控制器性能无法达到要求的情况，使用加权后的误差和控制量平方为优化目标，提出了改进交流励磁控制系统。吴涛等[9] 利用电磁暂态仿真软件PSCAD建立了变速抽水蓄能机组励磁控制系统的物理仿真模型，通过对发电和抽水两种情况下系统

基金项目： 国家电网有限公司科技项目：面向新型电力系统的抽水蓄能精益化开发建设和安全运行技术研究支撑。

作者简介： 张雷（1983—），男，高级工程师，主要研究方向为水轮机调速器/监控国产化控制装置/PLC研发、变速机组抽水蓄能控制技术研究及应用、水电技术监督技术研究工作。

仿真结果的分析，验证了所提模型的有效性。纪历等[10]通过分析输出电压受逆变器的影响，设计了二阶自抗扰控制器并提出相应的励磁控制系统，仿真结果表明，所建模型比传统的比例积分控制器具有更好的性能。对变速抽水蓄能机组启动策略的研究是另一个热点。冯宇鹏等[11]建立了定子短接情况下抽水蓄能机组的启动策略，并推导了此过程中的电压、电流和转矩极限。赵博等[12]提出了3种水泵启动方式的监控流程，提高了机组启动的成功率，填补了相关技术领域的空白。邵宜祥等[13]通过数学方法建立了变速机组的模型方程，有效模拟了其机械特性，研究了定子绕组短接情况下机组的自启动方案。姜海军等[14]在总结变速抽水蓄能机组工况转换方式的基础上，提出了工况转换控制的设计原则、控制流程和控制优先级。张高高等[15]基于机组的运行特性曲线，使用数学方法建立了协调控制模型，进而实现了抽水蓄能机组的自适应控制方法。杨昕樵等[16]提出了一种机组主回路拓扑结构，基于改良的双重控制策略，完成了在不同工况下的有功功率和无功功率控制。

2 全球变速抽水蓄能发展概况

抽水蓄能已成为电网调度管理的先进工具，相比于传统的定速抽水蓄能，变速抽水蓄能可使电力系统更经济和稳定地运行[17]。20世纪60年代，国外水电行业就开始了可变速抽水蓄能机组的研究及试验工作[18-21]，日本、欧洲在变速抽水蓄能机组研发、制造和应用方面均开展了大量的理论研究和工程应用。全球变速抽水蓄能电站统计见表1。

表1 全球变速抽水蓄能电站统计

电站/机组	输入功率/MVA	转速范围/(r/min)	投运年份
矢木泽	240	130~156	1965
奥多良木	1 932	—	1974
高见	200	208~254	1983
大河内	1 280	330~390	1992
盐原	360	345~405	1995
奥清津二期	345	407~450	1996
冲绳	26.5	423~477	1999
小丸川	1 200	576~624	2011
京极 U1	230	475~525	2014
葛野川	1 200	480~520	1999
京极 U2	230	475~525	2020
京极 U3	230	475~525	2020
Cheylas (Le)	500	—	1979
Grimsel2	350	—	1981
Goldisthal	1 060	300~346.6	2003
Avce	195	576~626.4	2009
Limmenrn	1 000	—	2016
Frades	780	—	2017
Nant de Drance	900	—	2019

目前，世界范围内的变速抽水蓄能机组制造商主要包括东芝、三菱、ANDRITZ 和福伊特等公司。东芝公司于 1990 年和 1995 年分别完成了矢木泽和大容量机组——大河内电站机组的投运，即在首台大型变速机组投运之前，东芝公司研发、设计、制造工作进行了至少 10 年的时间，首台变速机组运行至今超过了 25 年。东芝公司 IEGT 变频器技术已应用于葛野川抽水蓄能电站以及京极抽水蓄能电站。日立三菱公司于 1993 年投运的高见电站，是世界上第一台自励式变速机组，即在首台变速机组投运之前，日立三菱公司研发、设计、制造工作进行了约 13 年的时间，首台变速机组运行至今超过了 22 年。日立三菱公司最新变频器技术为应用于小丸川抽水蓄能电站 U2、U3 机组的 GCT。ANDRITZ 公司在 1998 年取得了金谷电站 2×331 MVA 定速同步发电电动机和 2×340 MVA 异步感应变速机组的供货合同，包括负责整个机组的控制系统设计和制造。该电站变速机组在 2004 年 10 月投运。福伊特水电 2010 年与葡萄牙客户签约为 FRADES2 项目提供 2 台 433 MVA、同步转速为 428.6 r/min 的变速机组。德国金谷 GOLDISTHAL 变转速水泵水轮机也由福伊特水电供货。我国变速抽水蓄能机组的发展正处于起步阶段，已建或在建的交流励磁变速抽水蓄能电站有河北丰宁，山东泰山，广东肇庆、中洞 4 座电站，丰宁于 2024 年完成全部两台变速抽水蓄能机组的投运，见图 1。

图 1　河北丰宁变速抽水蓄能电站

3　变速抽水蓄能技术概要

传统抽水蓄能机组采用直接与电网连接且转速和频率恒定的同步电机，机组运行能力和效率受限。通过改变极对数实现变速性能，称为分挡调速变速抽水蓄能，但分挡调速机组存在效率低和设计难等诸多缺点，并未得到大规模的商业推广应用。全球分挡调速抽水蓄能电站机组见表 2。

随着电力电子功率器件与现代控制技术的发展，抽水蓄能机组可以实现连续变速运行，具有更高的效率、稳定性和运行性能，并逐步投入规模化商业应用[23]。目前，变速抽水蓄能具有两种方案：双馈型和全功率型变速抽水蓄能机组，其结构示意见图 2。

3.1　双馈型变速抽水蓄能

双馈电机为异步电机，其定子绕组与电网直接相连，转子绕组与三相背靠背变流器相连，并经励磁变压器接到电网，可利用电机转子侧励磁电源来调节转子电压、电流的频率、幅值和相位，从而实现转速可调。双馈型变速抽水蓄能机组的原理结构如图 3 所示。

表 2 全球分挡调速抽水蓄能电站机组[22]

国家	电站名	电机容量/MVA	调速范围/(r/min)	投运年份
美国	Flat iron	9.0	300~275	1954
日本	黑又川第二	20.5	333~300	1964
美国	San luis	53.0	150~120	1967
中国	岗南	15.0	273~250	1968
瑞士	Ova Spin	25.0	500~375	1970
中国	密云	15.9	273~250	1973
挪威	Jukla	48.0	500~375	1974
奥地利	Malta	70.0	500~375	1977
中国	潘家口	98.0	142.8~125	1991
中国	响洪甸	55.0	166.7~150	1999

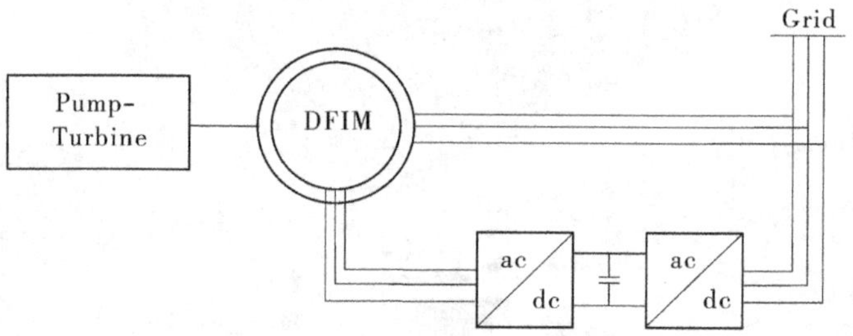

(a)双馈型

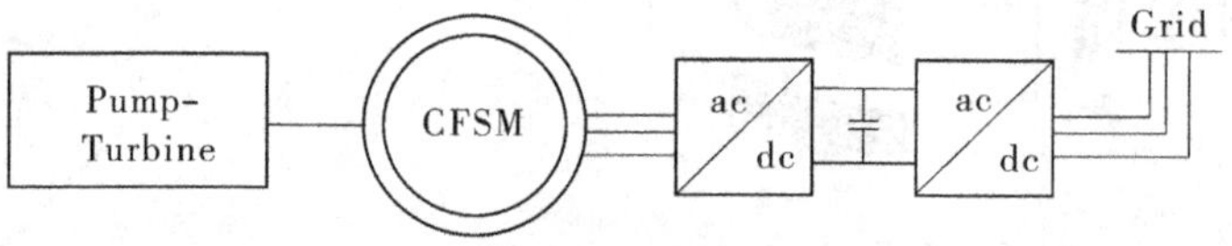

(b)全功率型

图 2 双馈型和全功率型变速抽水蓄能机组结构示意

变流器是变速抽水蓄能机组的核心设备，该设备的发展主要是围绕电力电子技术的发展，由之前的半控型功率器件向全控型功率器件过渡的过程，从最初的晶闸管的循环变流器到 IEGT 的背靠背换流器。

循环变流器（cycloconverter，CYC）是一种可以实现变压变频的无中间直流环节的交-交变频器，其拓扑结构见图 4。在日本的 Ohkawachi、德国的 Goldsthal 等电站均采用半控型晶闸管的循环换流器，是目前应用最多、技术相对成熟的变流器技术。循环换流器具有输出低频交流电压、有功无功瞬控能力、稳态下低损耗等优点。同时，也具有如下缺点：无法输出比输入频率更高的频率；水泵工况下需要额外的 SFC；高畸变率的转子电流，需要更大的滤波器；转子侧需吸收无功。

背靠背变流器（back to back converter）为电压源型变流器（voltage source converter，VSC），根据变流器中单元拓扑可以分为两电平和三电平电压源型变流器，其拓扑结构见图 5。两电平变流器由 IGBT 或者 GCT 的功率器件组成，其优势包括拓扑和控制简单，可以实现有功无功控制且网侧和机侧的独立控制，同时在水泵工况下无须辅助启动设备且功率因数可控。葡萄牙 Frades 电站采用两电平拓扑。三电平拓扑的变流器可成熟地用于高压大功率的应用场景，此拓扑下功率器件的电力应力小，可输出更高质量的电压电流且电力电子器件的故障率低。

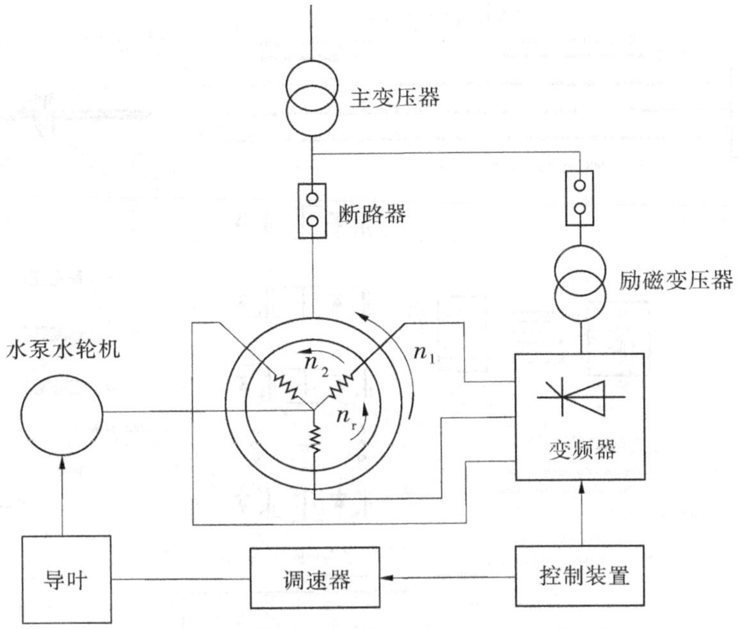

图 3 双馈型变速抽水蓄能机组原理结构

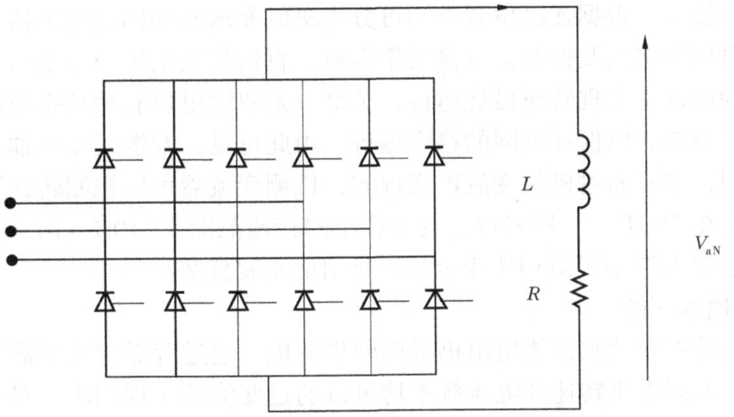

图 4 循环变流器拓扑结构

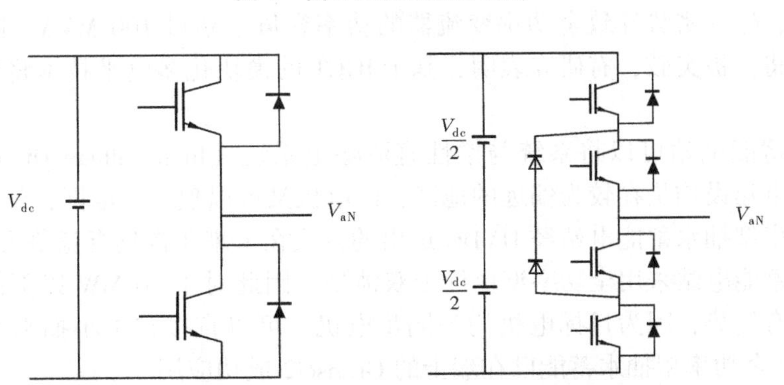

图 5 两电平和三电平电压源型变流器单元拓扑结构

由于电力电子功率器件容量受限，需采用多变流器并联方式才能实现大功率的应用，并联的变流器可有相同容量并需幅值、频率和相位保持一致，多变流器并联将采用主动电流分享策略，各变流器间均通过通信连接，实现数据、参数和控制的共享，见图 6。

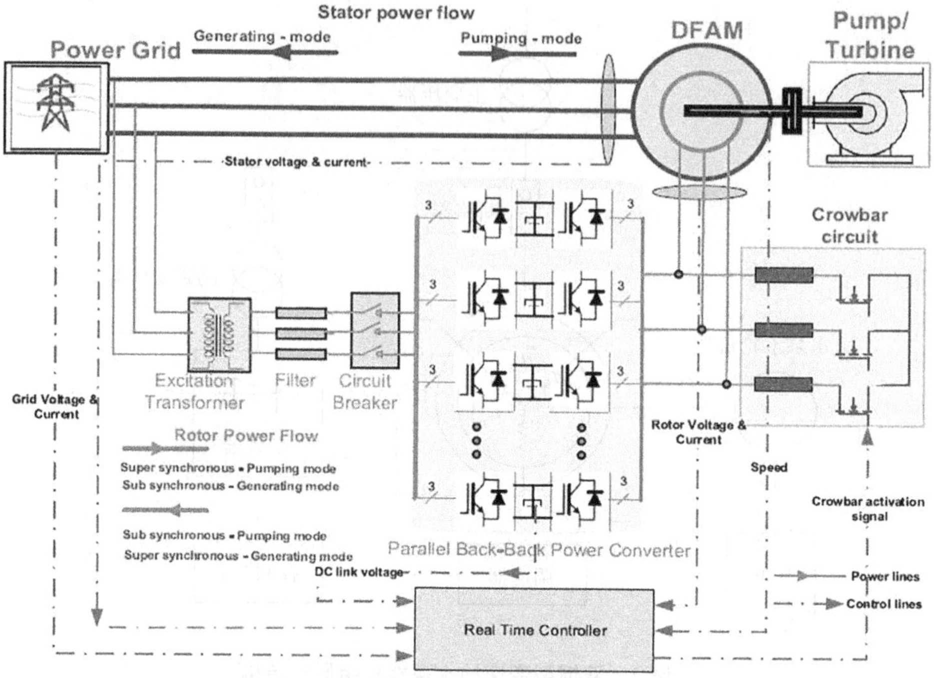

图 6　变速抽水蓄能机组变流器并联示意[24]

背靠背电压型变流器，根据连接位置不同可分为机侧变流器和网侧变流器。网侧变流器的控制目标是维持直流母线电压恒定以及控制交流侧功率因数，直流母线电压的平稳与交流侧和直流侧有功平衡相关。变速恒频的前提下实现转速最优运行，关键一是双馈电机有功功率或转速的控制；二是双馈电机输出无功功率的控制，以保证电网的稳定运行。由此可见，双馈式变速抽水蓄能系统控制主要是双馈电机的功率控制，这是通过机侧变流器实现的，机侧变流器可以控制转速围绕在同步转速附件同时保证定子频率恒定在 50 Hz。一般来说，变速机组的转速范围在-10%~10%，变流器的容量不超过机组容量的 30%，这是双馈型机组相比于全功率机组的重要优势。

3.2　全功率型变速抽水蓄能

如图 2 所示，全功率型抽水蓄能机组仍采用同步电机，通过背靠背变流器与电网相连，由于电机和电网非耦合关系，不同电机转速和电压频率均可以通过变流器实现同步。对于电网来说，全功率型具有更好的运行性能，但是巨大的功率容量需求抑制了其进一步发展。同样，大功率的电力电子器件也导致损耗的增加，这些劣势导致全功率变流器的功率容量不超过 100 MVA。随着电力电子技术的发展，这项瓶颈终将会被突破，有研究表明，基于 IGCT 的模块化多电平技术将使变流器的容量升至 500 MVA。

全功率型抽水蓄能电站可以将系统与柔性直流输电系统（high voltage DC transmission，HVDC）融合应用，因为水电建设均是在较为偏远的地区，而电机又可以独立于电网，使得机组对电网的稳定性影响较小，全功率型抽水蓄能电站经 HVDC 送出的方式在未来非常具有竞争力[25-26]。

针对小型抽水蓄能电站采用全功率型更优于双馈型，因此对于 50 MW 以下的分布式抽水蓄能电站，全功率型更具有优势，因为目标电机均为同步电机，可以直接在中小抽水蓄能电站实现升级改造。目前，100 MW 全功率型抽水蓄能已在瑞士的 Grimsel2 成功应用。

相比于双馈型，全功率型具有更好的运行性能优势，其启动更加方便快捷且没有速度范围的限制，适用于高水头或大水头变化的应用。同时，全功率型具有更强的低电压穿越（low voltage ride trough，LVRT）能力。全功率变流器可以当作无功补偿装置为电网提供无功的支撑。

4 变速抽水蓄能的技术优势

与常规定速抽水蓄能机组相比，变速抽水蓄能机组克服了转速不可调的缺点，具有更高的稳定性和更好的运行性能。

4.1 功率连续可调[27]

由于变速抽水蓄能机组转速连续可调，其抽水工况下可在一定范围内快速调节有功功率和无功功率以平抑负荷变化，实现电网频率的自动跟踪。变速机组水泵工况输入功率变化范围：大河内抽水蓄能电站为250~410 MW，金谷抽水蓄能电站为168~289 MW，盐原抽水蓄能电站为240~330 MW，矢木泽抽水蓄能电站为50~85 MW。上述电站机组转速变化范围±（7%~8%），其水泵工况输入功率调整范围可达最大输入功率的30%~40%。日本有学者分析统计得出，在总装机容量11 000 MW的电力系统中投入800 MW的变速机组后，系统频率控制在（60±0.1）Hz范围内的概率可从96.8%提高到99.7%，可见，变速机组对提高电网的供电质量很有效。

4.2 毫秒级响应速率[21]

变速抽水蓄能机组转子通过变流器与电网互联，其电力电子特性可以实现对电网毫秒级的功率响应，间接减少了电网旋转设备容量，增强了应对电网扰动的能力，提高电力系统的安全稳定运行。

4.3 运行效率高[28]

变速抽水蓄能机组无须另行配置静止变频启动（static frequency converter）装置，同时可扩大机组的转速运行范围，一般约±7%，从而提高机组发电、抽水两种工况的运行效率。

4.4 故障支撑能力强

相比于常规抽水蓄能机组，变速抽水蓄能机组具有更好的支撑能力，在电网故障情况尤其是电网电压跌落时，可以实现毫秒级的响应，并向电网注入无功电流以支撑电压恢复至电压额定值。

4.5 使用寿命延长[29-30]

由于可以连续实现转速的调节，变速抽水蓄能机组可适应不同运行水头，具有更宽的水头范围，变速抽水蓄能机组的水头范围约是定速的1.16倍[31-32]。同时，机组可以改善水泵水轮机水力性能，减少振动、腐蚀和泥沙磨损，延长水泵水轮机的使用寿命。盐原抽水蓄能电站变速机组振动的振幅比恒速机组减少一半；矢木泽抽水蓄能电站变速机组比恒速机组运行时间多20%~30%，但水泵水轮机的空蚀和易损件的磨损量相同或更少，约可减少50%。

4.6 环境友好性高[33]

变速抽水蓄能机组更适用于低水头或无调节水库的径流式电站，同时可配置更便宜、更简便的螺旋桨式水轮机，在提升对环境友好度的同时也降低电站的投资成本。

5 结语

本文面向全球范围内的变速抽水蓄能机组发展历程，重点梳理了以日本和欧洲为代表的变速抽水蓄能主要工程和应用参数，以及世界范围内的变速抽水蓄能机组主要制造商。通过系统性围绕双馈型和全功率型变速抽水蓄能变流器的拓扑结构，梳理分析了两种变速抽水蓄能机组的技术特点。围绕功率调节、速率响应、运行效率、故障支撑和使用寿命及环境友好度等方面系统性地分析明确了变速抽水蓄能相比于定速抽水蓄能的技术优势。

参考文献

[1] 卢伟甫，王勇，樊玉林，等．抽水蓄能变速机组应用技术概述［J］．水电与抽水蓄能，2019，5（3）：62-73.

[2] 罗韦华，姜建国，刘贺．大功率变换器在可变速抽水蓄能电站中的应用［J］．电力电子技术，2017，51（10）：109-113.

[3] 衣传宝，梁廷婷，汪卫平，等．变速抽水蓄能机组在地区电网中的应用研究［J］．水电与抽水蓄能，2020，6（1）：9-12.
[4] 滕军．对可变速抽水蓄能机组建设必要性和关键技术的认识［C］//中国水力发电工程学会电气专业委员会．2010年度电气学术交流会议论文集，南京，2010：164-169.
[5] 吕树清．交流励磁变速抽水蓄能机组的应用探讨［J］．南昌水专学报，2000（4）：29-32.
[6] 郭海峰．交流励磁可变速抽水蓄能机组技术及其应用分析［J］．水电站机电技术，2011，34（2）：1-4，64.
[7] 施一峰，高苏杰，常玉红，等．变速抽水蓄能机组交流励磁系统功率拓扑结构浅析［J］．水力发电，2018，44（4）：77-80，5.
[8] 邵宜祥，孙静，纪历，等．变速抽水蓄能机组交流励磁系统模型预测控制［J］．电气传动，2019，49（9）：3-6，11.
[9] 吴涛，谢欢，李善颖，等．基于PSCAD的变速抽水蓄能机组励磁系统仿真研究［J］．大电机技术，2019（5）：74-80.
[10] 纪历，邵宜祥，高苏杰，等．可变速抽水蓄能机组交流励磁系统自抗扰控制［J］．电力系统自动化，2017，41（13）：162-167.
[11] 冯宇鹏，陈旭东，牛翔宇，等．变速抽水蓄能机组启动与制动策略研究［J］．电气传动，2020，50（2）：21-27.
[12] 赵博，秦俊，高翔．变速抽水蓄能机组水泵方向启动过程的监控流程研究［J］．中国农村水利水电，2017（8）：209-213.
[13] 邵宜祥，纪历，袁越，等．可变速抽水蓄能机组在抽水工况下的自启动方案［J］．电力系统自动化，2016，40（24）：125-130，156.
[14] 姜海军，徐青，张高高，等．变速抽水蓄能机组运行工况转换控制研究［J］．水电与抽水蓄能，2019，5（4）：31-5.
[15] 张高高，姜海军，徐青，等．基于机组运行特性曲线的变速抽水蓄能机组自适应协调控制方法［J］．水力发电，2019，45（8）：80-84.
[16] 杨昕樵，黄松，张海龙，等．基于矢量控制的可变速抽水蓄能机组仿真研究［J］．电子科技，2018，31（12）：25-29.
[17] ARDIZZON G，CAVAZZINI G，PAVESI G. A new generation of small hydro and pumped-hydro power plants：Advances and future challenges［J］. Renewable and Sustainable Energy Reviews，2014，31：746-761.
[18] 常工．抽水蓄能技术的发展趋势［J］．国际电力，1998（1）：24-26.
[19] 季华志．响洪甸抽水蓄能电站变频启动系统简介［J］．水利水电技术，2000（2）：42-43.
[20] 梁亮，李普明，刘嘉宁，等．抽水蓄能电站自主调频控制策略研究［J］．高电压技术，2015，41（10）：3288-3295.
[21] 王国玉．可变速抽水蓄能机组特点［J］．水电站机电技术，2012，35（6）：18-20.
[22] 李露繁．基于虚拟同步机的双馈抽蓄机组控制策略研究［D］．西安：西安理工大学，2024.
[23] 倪林林．直流输电模拟装置应用的新领域：抽水蓄能变速单元机组模拟试验系统［J］．电网技术，1990（3）：74.
[24] 邱彬如．世界抽水蓄能电站新发展［M］．北京：中国电力出版社，2006.
[25] 郭海峰．交流励磁可变速抽水蓄能机组技术及其应用分析［C］//中国水力发电工程学会电网调峰与抽水蓄能专业委员会：中国水力发电工程学会．抽水蓄能电站工程建设文集2011，2011：204-209.
[26] ANTOJPSEOPH，Thanga Raj Chelliah. A review of power electronic converter for variable speed pumped storage plants：configuration，operational challenges，and future scopes［J］. IEEE JOURNAL in power electronics，2018，6（1）：103-119.
[27] 孙凯祺，李可军，刘智杰，等．基于柔性直流互联的抽水蓄能与可再生能源协同运行策略［J］．电力系统自动化，2019，43（8）：41-46，92.
[28] 畅欣．FSC可变速抽水蓄能机组功率调节特性研究［D］．北京：华北电力大学，2016.
[29] 李辉，钟逸铭，宋二兵，等．交流励磁抽水蓄能机组运行功率能力计算［J］．太阳能学报，2020，41（4）：310-317.
[30] 邓鑫，李浩亮，黄世海，等．抽水蓄能机组顶盖法兰刚强度与连接螺栓疲劳寿命研究［C］//中国水力发电工程

学会电网调峰与抽水蓄能专业委员会．抽水蓄能电站工程建设文集 2019. 北京：中国电力出版社，2019：166-171.

[31] 梁睿光，陈鹏，吕鹏飞，等．抽水蓄能机组出口断路器电气寿命评估方法研究［J］．水电与抽水蓄能，2019，5（6）：143-145.

[32] 徐金华．变速抽水蓄能机组动态稳定性研究［D］．北京：华北电力大学，2023.

[33] 陈亚红．双馈型变速抽蓄机组功-频控制及模式切换控制研究［D］．武汉：武汉大学，2021.

[34] 谢和平，侯正猛，高峰，等．煤矿井下抽水蓄能发电新技术：原理、现状及展望［J］．煤炭学报，2015，40（5）：965-972.

丹江口水库夏秋汛过渡期运行水位控制方式研究

洪兴骏[1,2]　傅巧萍[1]　荆　柱[1,2]　李俊聪[1]　张利升[1]

（1. 长江勘测规划设计研究有限责任公司，湖北武汉　430010；
2. 长江水利委员会水旱灾害防御创新团队，湖北武汉　430010）

摘　要：本文在深入分析汉江流域暴雨洪水时空规律的基础上，分析了丹江口水库实施夏秋汛期防洪限制水位提前过渡的必要性，论证了夏秋汛过渡期运行水位控制范围，分析了相应防洪风险和控制措施。结果表明：丹江口水库承接前期防洪运用或夏汛期运行水位动态控制，8 月 20 日水位按 163.5 m 左右控制，8 月 31 日水位按 164.5 m 左右控制，防洪风险可控；相较现行调度规程，8 月底水位过渡成功率可由不足 15%提高至 30%左右，汛后蓄水至 167 m 以上的概率可由不足 20%提高至 35%左右。

关键词：丹江口水库；夏秋汛过渡期；运行水位；控制方案

1　引言

汉江流域水资源丰富，在国家水资源安全战略布局中的地位举足轻重，是联系支撑南北国家战略的重要纽带[1]。丹江口水利枢纽是南水北调中线工程的水源工程，大坝加高完建以来，有力保障了汉江流域防洪、供水安全和南水北调中线一期工程安全平稳运行[2]。汉江流域洪水具有夏、秋季分期明显的显著特征[3]。夏秋汛过渡期是以丹江口水库为代表的具有分期汛限水位的水库所特有的水位衔接阶段[4]。为适应流域来水特性，众多学者开展了丹江口水库夏秋汛过渡期运用方案的研究[5-8]，以期在防洪风险可控的前提下，有效提升丹江口水库水资源利用率和综合利用效益。

根据《丹江口水利枢纽调度规程（试行）》[9]，丹江口水库夏汛期为 6 月 21 日至 8 月 20 日，防洪限制水位为 160.0 m；秋汛期为 9 月 1 日至 10 月 10 日，其中 9 月 1—30 日防洪限制水位为 163.5 m；8 月 21—31 日为夏汛期向秋汛期的过渡期。以往调度实践表明，受汉江流域来水年际年内变率大和分期固定汛限水位控制方式的制约，丹江口水库夏汛期运行水位偏低，8 月底顺利过渡至秋汛期，防洪限制水位概率小，对水库后续蓄水和枯期供水产生不利影响。结合近年调度运行实践，水利部组织有关单位围绕完善水文预报方案、优化汛期水位控制方式、挖掘流域水库群联合调度潜力等方面，开展了丹江口水库调度方案的优化工作。根据水利部批复的长江流域水工程联合调度运用计划[10]，考虑一定的水、雨、工情条件，丹江口水库夏秋汛期允许浮动运用的水位上限分别为 162.0 m 和 165.5 m；但对于夏秋汛过渡期的水位控制方式和条件，规定则较为原则，对于汛期实时调度的指导性不足。

考虑到丹江口水库自身度汛能力的增强和水文气象预报的进步，从保证后续防洪安全的前提下兼顾利用洪水资源的角度，本文拟在剖析汉江流域上下游暴雨洪水特性的基础上，考虑降雨及水情预报信息，重点论证丹江口水库夏秋汛过渡期运行水位动态控制策略，为合理利用汛期洪水资源、提高丹江口水库调度的灵活性提供支撑。

基金项目：国家重点研发计划项目（2022YFC3202805）。
作者简介：洪兴骏（1989—），男，高级工程师，主要从事水文水资源和水库调度方面的研究工作。

2 汉江流域暴雨洪水特性

2.1 丹江口水库洪水发生时间与量级特性

统计丹江口水库长系列入库洪水要素资料，绘制入库洪峰发生时间分布图，如图1所示。丹江口水库年最大入库洪峰在4月下旬至11月下旬均有出现，在整个汛期中，年最大洪峰的出现过程呈现明显的峰谷波动。年最大入库洪峰主要集中在6月至7月中旬以及9月上旬至10月上旬两个阶段，其中7月中旬和9月中旬是丹江口洪水的高发期；7月下旬至8月中旬仍有可能出现，8月下旬出现频率较低，8月中旬出现频率略高于下旬。同样，对丹江口水库年最大1 d、3 d、7 d等时段洪量的统计，也呈现出类似特点。年最大时段洪量主要出现在6月下旬至8月上旬以及9月上旬至10月上旬两个阶段，峰高量大；而8月中下旬相对处于一个低值期。

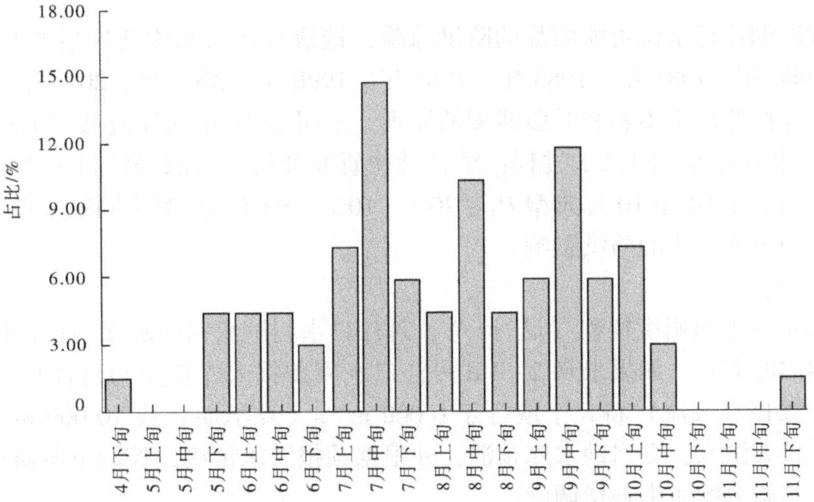

图1 丹江口水库入库洪峰发生时间分布

2.2 丹江口至皇庄区间洪水特性分析

根据黄家港及皇庄同步摘录洪水过程系列，推求分析丹江口至皇庄区间长系列洪水过程，统计区间不同量级洪峰流量洪水出现场次，分析区间各场次洪水洪峰流量出现时间。研究表明：区间洪峰超过2 500 m^3/s量级的洪水，发生的时间遍布整个汛期，规律性不明显；较大量级洪水则主要出现在6月下旬至8月中旬，10月上旬也偶有发生；8月下旬至9月是区间洪水，特别是大量级洪水的相对空档期，区间流量很少能超过1 000 m^3/s，占比小于10%[11]。

2.3 丹江口入库与丹江口至皇庄区间洪水遭遇特性分析

对比分析丹江口入库与丹江口至皇庄区间洪水特性可以发现，汉江上中游洪水遭遇可能性较大的阶段为夏汛期的6月下旬至8月上旬，秋汛期10月上旬虽然也有一定的遭遇概率，但由于此时丹江口至皇庄区间洪水量级较小，故组合量级一般并不大。总体而言，汉江流域8月中下旬遭遇流域性大洪水的可能性不大[11]。

3 丹江口水库夏秋汛期防洪限制水位过渡形势分析

3.1 采用的基础资料与计算边界

3.1.1 径流与需水资料

本文在收集丹江口水库1956—2018年长系列逐旬坝址天然径流过程的基础上，考虑同期上游石泉、安康、潘口、黄龙滩等控制性水库和引红济石、引乾济石、二郎坝水库引水等跨流域引调水工程调蓄影响，并扣除2020水平年丹江口坝址以上河道外耗水量，得到现状水平年丹江口水库长系列入库径流过程。

根据研究需要，依据丹江口水利枢纽加高初步设计[12] 和调度规程编制阶段提出的 1956—1998 年汉江中下游、清泉沟、陶岔 3 个口门逐旬需水过程，按来水频率进行插补延长，得到 1999—2018 年相应旬需水过程。

3.1.2 洪水资料

结合研究需求，本文首先收集了丹江口水库建库以来 1968—2021 年逐年夏汛期末段至夏秋汛过渡期（8 月 11—31 日）前后发生的共计 23 场洪峰流量 5 000 m^3/s 以上的实际场次入库洪水过程。分析表明，丹江口水库运行以来，夏秋汛过渡期遭遇的洪水从入库峰、量的量级上判断，均不超过夏季 5 年一遇（对应入库洪峰流量 30 900 m^3/s，最大 7 d 洪量 72.1 亿 m^3），甚至大部分场次并不超过秋季 5 年一遇（对应入库洪峰流量 20 900 m^3/s，最大 7 d 洪量 59.0 亿 m^3）；最大场次洪水洪峰流量 22 600 m^3/s（发生于 2005 年），最大场次洪水 7 d 洪量约 62.6 亿 m^3，这也从侧面印证了夏秋汛过渡期的洪水特性规律。

为评估抬高过渡期运行水位可能面临的防洪风险，选取丹江口水库建库后 8 月 11—31 日实际发生的峰高量大的 1980 年、1981 年、1983 年、1988 年、1998 年、2005 年、2010 年、2021 年等 8 场恶劣实际入库洪水，并按照偏于不利和时段匹配的原则，采用 2021 年汉江流域罕见秋汛期间 8 月 11—31 日实际洪水过程作为恶劣区间洪水过程；结合过往研究分析，选取丹江口大坝加高初步设计阶段采用的较为不利的秋季 1964 年 10 月典型 P 为 20%、10%、5%和 1%等不同频率设计洪水，用以分析对丹江口水库秋汛期可能造成的防洪影响。

3.1.3 防洪调度方式

根据《丹江口水利枢纽调度规程（试行）》，丹江口水利枢纽利用水文预报，按照预报预泄、分级补偿调节的防洪调度方式。如果未来 2~3 d 丹江口水库预报入库流量与丹江口至皇庄区间预报流量之和（简称皇庄预报总入流）将大于或等于 6 000 m^3/s（夏汛期）或 10 000 m^3/s（秋汛期），且汉江上游也将发生较大洪水，则启动水库预泄，并根据预报洪水量级，控制下游防洪控制点皇庄泄量和水库调洪水位，实施分级防洪补偿调度。

3.1.4 综合利用调度图

采用《丹江口水利枢纽调度规程（试行）》提出的综合利用调度图进行水量调度计算，如图 2 所示。

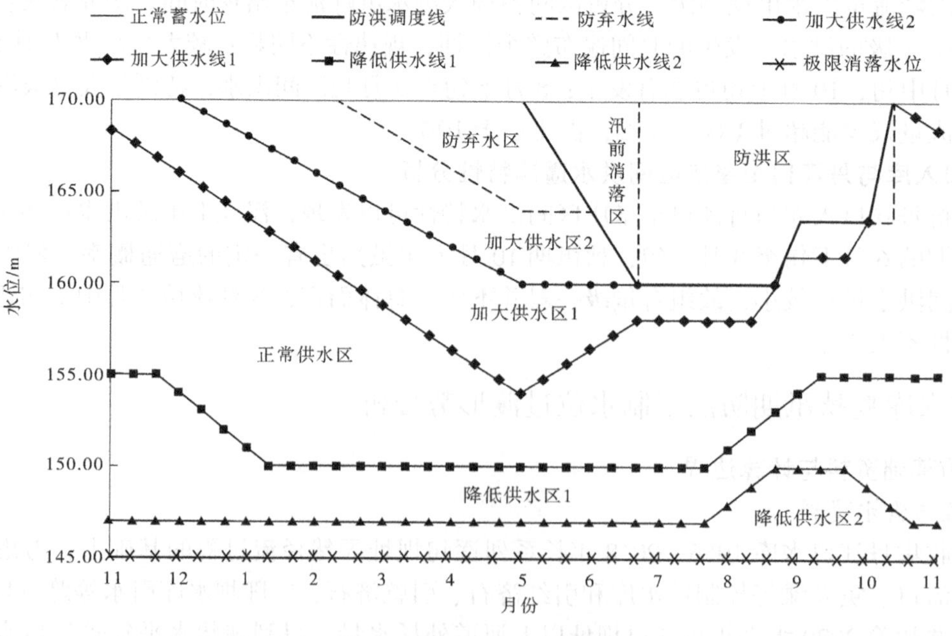

图 2 丹江口水利枢纽综合利用调度

3.2 夏秋汛过渡期丹江口水库水量调度模拟

采用1956—2018年长系列旬径流系列和与之匹配的汉江中下游、清泉沟、陶岔3个口门需水过程，遵循《丹江口水利枢纽调度规程（试行）》规定的水位过渡进程，即8月21日自160.0 m开始过渡，进行逐年水量调度模拟计算。结果表明，丹江口水库顺利充蓄至秋汛期防洪限制水位163.5 m的典型年份只有8年，成功率仅为12.9%；同时，即使8月底丹江口水库水位成功过渡至163.5 m，汛后蓄至167 m以上的保证率也仅为17.7%。分析过渡成功年份同期洪水资料可知，此类年份均发生了洪峰流量接近或超过15 000 m^3/s量级的入库（坝址）洪水过程，8月下旬入库水量超过48亿m^3。即使考虑丹江口水库前期通过洪水资源利用，8月21日自夏汛期运行水位变动上限162.0 m开始过渡，利用过渡期来水可以顺利过渡的典型年份仅新增7个，成功率仍不足25%。

上述分析表明，依靠径流充蓄丹江口水库160.0~163.5 m近30亿m^3库容，存在较大困难，需考虑在防洪风险可控的前提下结合来水预报，通过拦蓄中小量级洪水并实施提前过渡，才有望提高水库向秋汛期防洪限制水位的过渡衔接成功率。

3.3 丹江口水库拦洪过渡水量保证程度分析

进一步假定丹江口水库进入过渡期后遭遇3.1节所述的实际发生洪水，按照不弃水拦蓄方式，只泄放3个供水口门的稳定供水流量1 900 m^3/s(其中汉江中下游按满发流量1 500 m^3/s，清泉沟渠首按50 m^3/s，陶岔渠首按设计流量350 m^3/s)，统计场次洪水洪峰流量与可拦蓄洪量对应关系如图3所示。

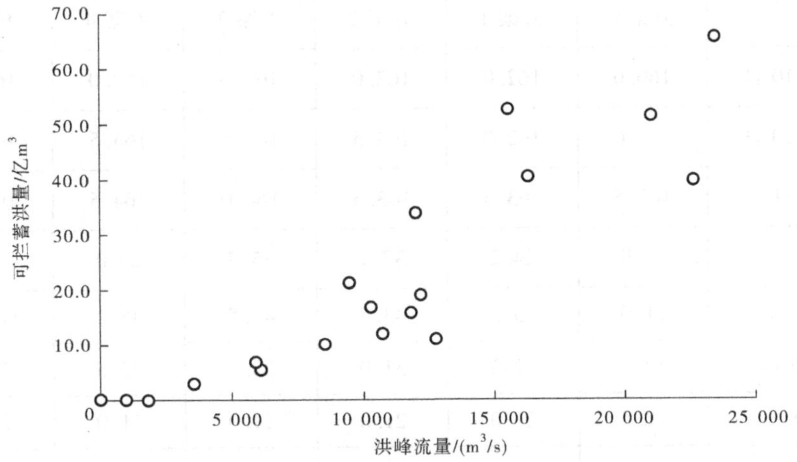

图3 丹江口水库夏汛期末段洪水洪峰流量与可拦蓄洪量示意图

由图3可知，即使允许丹江口水库自8月下旬起按照不弃水拦蓄的方式尽快蓄水，1968年建库以来的54年间，能够利用8月21—31日来水充蓄160.0~163.5 m水位29.7亿m^3库容的年份只有6年，丹江口水库水位过渡衔接至秋季防洪限制水位的水量保证率依然不高。

4 丹江口水库夏秋汛过渡期运行水位控制方案研究

4.1 方案控制参数设置

鉴于丹江口水库依靠拦蓄径流实现夏秋汛期防洪限制水位过渡衔接的成功率较低；同时即便秋汛期初成功过渡到了163.5 m，汛后蓄满的保证率也不高，因此丹江口水库实施夏秋汛过渡期水位衔接方式优化的参数主要是提前过渡时机的选择与关键节点水位动态控制域两个方面。

综合考虑汉江流域洪水的年内分布情况，结合夏秋汛过渡期各实际场次洪水发展过程和洪峰出现时间，本阶段研究认为丹江口水库提前过渡的时机不宜早于8月中旬（8月11日之后）。丹江口水库在承接夏汛期末段洪水调度后或在夏秋汛过渡期内预报发生中小量级洪水时，可考虑首先将水位充蓄至 163.5 m；在满足一定条件时，可适当抬高 8 月底控制水位。本文重点对 8 月 20 日和 8 月 31 日前后水位进行控制，是结合水文预报、实现丹江口水库夏汛期末段至夏秋汛过渡期洪水资源高效利用的关键变量。

4.2 方案蓄水指标比选

在假定不影响水库防洪调度的前提下，分析不同过渡启动时机和 8 月 20 日、8 月底控制水位方案对水位过渡和后续蓄水指标的影响，结果如表 1 所示。由表 1 可知，相对于现行规程过渡方案（方案 0）和考虑夏汛期运行水位动态控制方案（方案 1），丹江口水库提前一旬至 8 月 11 日实施过渡，并且 8 月底预蓄水位越高（方案 2~方案 6），汛后蓄至较理想水位的保证率一般越高。若 8 月底控蓄水位达 164.5 m，汛后蓄至 166.0 m 以上的保证率提高至 45%左右。另外，8 月底各控蓄水位的过渡成功率并不随控蓄水位的抬升而提高，提前一旬开始过渡，8 月底成功充蓄至 163.5 m 的保证率接近 40%（方案 2）；但控蓄水位进一步抬高，过渡至相应水位的成功率反而下降。在防洪允许的前提下，提前过渡时机至 8 月中旬，8 月底充蓄至 164.5 m 的保证率尚有 30%左右（方案 4），但进一步抬升控蓄水位至 165.0 m，过渡成功率迅速下降至 20%以下（方案 5），且丹江口水库汛后蓄水至 166.0~170.0 m 等水位的保证率与 8 月底控蓄水位 164.5 m 方案无异，但客观上增加了秋汛期防洪风险。可见，丹江口水库在防洪风险可控的前提下实施夏秋汛期水位的提前过渡是有必要的；从过渡期可拦蓄水量和防洪风险控制角度，8 月底控蓄水位也并非越高越好，需要结合防洪风险分析综合考量确定。

表 1 丹江口水库提前过渡时机与关键节点控制水位方案蓄水指标统计

项目		方案 0	方案 1	方案 2	方案 3	方案 4	方案 5	方案 6
控制水位/m	8 月 10 日	160.0	162.0	162.0	162.0	162.0	162.0	162.0
	8 月 20 日	160.0	162.0	163.5	163.5	163.5	163.5	163.5
	8 月 31 日	163.5	163.5	163.5	164.0	164.5	165.0	165.5
过渡成功率/%		12.9	24.2	37.1	35.5	29.0	19.4	16.1
10 月底水位保证率/%	166 m	21.0	43.5	43.5	43.5	45.2	45.2	45.2
	167 m	17.7	32.3	33.9	33.9	35.5	35.5	35.5
	168 m	12.9	21.0	21.0	21.0	21.0	21.0	21.0
	169 m	11.3	14.5	16.1	16.1	16.1	16.1	16.1
	170 m	11.3	11.3	11.3	11.3	12.9	12.9	12.9

4.3 方案防洪风险分析

丹江口水库夏秋汛过渡期运行水位控制面临的防洪风险，一是（提前）过渡期间遭遇 8 月 11—31 日较大洪水存在的防洪风险；二是 8 月底控蓄水位较高对秋汛期防洪可能造成的影响。

4.3.1 遭遇实际洪水的防洪风险分析

假定丹江口水库自夏汛期运行水位动态控制幅度上限 162.0 m 遭遇如 3.1 节所述建库以来 8 月 11—31 日实际发生的 8 场恶劣典型洪水，按照规程规定的防洪控制目标进行单库补偿调度，调度结果如表 2 所示。需要说明的是，考虑夏秋汛过渡期洪水特性和防洪调度边界条件均隶属于夏汛期和秋汛期的“中间态”，8 月 21—31 日期间若遭遇洪水，在规程规定的夏秋汛期启动防洪调度的皇庄总入流预报条件，即 6 000 m^3/s 和 10 000 m^3/s 之间，补充夏秋汛期防洪调度启动条件平均值 8 000 m^3/s 方案，进行防洪调度效果分析。

表 2　丹江口水库提前过渡遭遇典型洪水防洪调度成果统计

典型年	8 月 10 日水位/m	8 月 11—20 日时段洪峰流量/(m^3/s)	防洪启动流量/(m^3/s)	调洪水位/m	8 月 20 日水位/m	8 月 21—31 日时段洪峰流量/(m^3/s)	防洪启动流量/(m^3/s)	调洪水位/m
1980	162.00	1 680	6 000	162.00	163.50	21 000	6 000	164.20
							8 000	164.41
							10 000	164.41
1981	162.00	10 600	6 000	162.00	163.50	15 500	6 000	164.02
							8 000	164.09
							10 000	164.09
1983	162.00	11 700	6 000	162.13	163.50	10 300	6 000	163.50
							8 000	163.50
							10 000	163.50
1988	162.00	8 590	6 000	162.00	163.50	8 530	6 000	163.50
							8 000	163.50
							10 000	163.50
1998	162.00	18 300	6 000	162.65	163.50	12 000	6 000	163.50
							8 000	163.50
							10 000	163.50
2005	162.00	21 000	6 000	162.31	163.50	22 600	6 000	164.25
							8 000	164.25
							10 000	164.25
2010	162.00	3 790	6 000	162.00	163.50	16 300	6 000	163.82
							8 000	163.82
							10 000	164.00
2021	162.00	7 320	6 000	162.00	163.50	23 400	6 000	164.00
							8 000	164.53
							10 000	164.71

由表 2 可知，丹江口水库 8 月 11 日自 162.0 m 启动提前过渡，遭遇建库以来实际发生的恶劣典型洪水，8 月 20 日前的调洪最高水位为 162.65 m，未超过 163.50 m；从偏于不利考虑，假定 8 月 20 日丹江口水库已充蓄至 163.50 m，此时若遭遇 8 月 21—31 日实际大洪水，丹江口水库若按照夏汛期防洪调度启动条件，即皇庄预报总入流达到 6 000 m^3/s 时启动防洪调度，调洪最高水位为 164.25 m；若按照秋汛期防洪调度启动条件，即皇庄预报总入流达到 10 000 m^3/s 时启动防洪调度，调洪最高水位为 164.71 m；若按照皇庄预报总入流达到 8 000 m^3/s 时启动防洪调度，调洪最高水位为 164.53 m，3 种方案调洪最高水位均低于秋汛期运行水位动态控制的上限 165.5 m。总体而言，结合丹江口水库预泄能力[13]，在进入秋汛期后若不立即遭遇较大秋汛洪水，对枢纽、汉江中下游和库区的防洪风险可控。

4.3.2 抬高 8 月底控蓄水位对秋汛期防洪影响分析

丹江口水库抬高 8 月底控蓄水位后遭遇一般年份秋汛期洪水，汉江中下游防洪压力不大，但仍有必要分析库水位预泄不充分情况下，遭遇秋汛期不同频率设计洪水可能对枢纽和流域防洪造成的影响。

考虑当前预报水平，发生汉江中下游防洪标准（秋季为 100 年一遇）以上量级暴雨洪水出现漏报的可能性不大。因而假定丹江口水库承接过渡期来水，水位抬升至 164.5 m 后，遭遇秋季 1964 年 10 月典型 $P=20\%$、10%、5%和 1%等不同频率设计洪水，按照规程规定的防洪控制目标进行单库补偿调度，调度结果如表 3 所示。

表 3 丹江口水库遭遇 1964 年 10 月典型设计洪水防洪调度成果统计

频率	单库运用				库群联调			
	163.5 m 起调		164.5 m 起调		163.5 m 起调		164.5 m 起调	
	调洪最高水位/m	最大下泄流量/(m^3/s)	调洪最高水位/m	最大下泄流量/(m^3/s)	调洪最高水位/m	最大下泄流量/(m^3/s)	调洪最高水位/m	最大下泄流量/(m^3/s)
$P=20\%$	165.28	10 540	166.19	10 630	165.31	10 680	166.09	10 710
$P=10\%$	166.74	10 540	167.61	10 630	166.89	10 760	167.73	10 830
$P=5\%$	167.78	10 610	168.65	10 690	167.81	10 760	168.59	10 820
$P=1\%$	171.11	10 900	171.70	10 980	170.93	10 000	171.70	10 370

由表 3 可知，遭遇秋季 $P=1\%$洪水，通过丹江口水库单库防洪运用，可以在基本不加重下游防洪负担（损失）的前提下，控制枢纽调洪最高水位不超相应量级洪水允许调洪最高水位。库区防洪风险方面，采用与枢纽加高初步设计阶段相同的干流入库点（白河站）流量过程、河道大断面资料、河段糙率和库区沿程流量分配比例进行回水计算。结果表明，由于起调水位抬高，水库防洪调度过程中库区回水外包线将相应壅高；但由于对土地征用线和移民迁移线起控制作用的是全年（夏季）$P=20\%$和 $P=5\%$白河站入库流量和丹江口水位等参数，因此各工况遭遇 5 年一遇及以下典型不同频率秋季设计洪水，回水外包线均不超过土地征用线；遭遇 20 年一遇及以下典型不同频率设计洪水，回水外包线均不超过移民迁移线。

进一步考虑汉江上游秋汛期预留了防洪库容的安康水库在保证流域防洪安全前提下联合运用，调洪计算结果见表 3。可知，通过安康水库联合调度，不但可以减少丹江口水库入库洪量，进一步减轻丹江口水库和汉江中下游防洪压力；同时也可削减白河站洪峰，进一步降低库区回水水面线，控制库区防洪风险。

5 结论

本文结合流域短中期预报水平、水库夏秋汛限水位过渡的水量保证程度等，通过分析丹江口水库提前至 8 月 11 日启动夏秋汛期防洪限制水位过渡对后期蓄水的效果增益，论证了提前过渡并适度抬高 8 月底运行水位的合理性和可行性，综合提前过渡期间遭遇大洪水和进入秋汛期后遭遇防洪标准洪水的风险控制能力，提出如下丹江口水库夏秋汛过渡期运行水位控制方案：

（1）考虑当前流域短中期（7 d 以内）降雨和洪水过程预报对防洪调度的支撑作用，秉持审慎试用的原则，建议丹江口水库提前过渡时机可提前至不早于 8 月 11 日。

（2）建议丹江口水库 8 月 20 日前后水位可按 163.5 m 左右控制，8 月 31 日前后水位按 164.5 m 左右控制。

（3）若有效预见期内汉江流域可能发生较大降雨洪水过程，应根据丹江口水库蓄水情况和可能洪水量级，暂停水位过渡或适时启动预泄调度，降低水位迎洪。

参考文献

[1] 岳紫莹，邓玉，倪福全，等．未来气候情景下汉江流域中上游径流量变化［J］．中国农业气象，2024，45（7）：715-728.

[2] 张爱静，姚文锋，吴智健．丹江口水库入库径流变化特征分析［J］．人民长江，2020，51（3）：81-86，93.

[3] 涂荣玲，陈菊秀．丹江口水库前后期和丹碾区间设计洪水［J］．人民长江，1987，18（11）：26，40-46.

[4] 王栋，吴栋栋，解效白，等．汉江流域汛期径流时空变化特征研究［J］．人民珠江，2020，41（4）：30-39.

[5] 胡振鹏，余敷秋，冯尚友．丹江口水库夏秋汛过渡期水库运用方案研究［J］．水电能源科学，1998，16（1）：8-13.

[6] 张莉莉，许继军，霍军军，等．丹江口水库汛限水位分期控制初步探讨［J］．长江科学院院报，2009，26（3）：13-16，31.

[7] 李敏，陈守煜，张艳平．丹江口水库夏秋汛过渡期汛限水位动态控制［J］．辽宁工程技术大学学报（自然科学版），2010，29（3）：502-505.

[8] 项丽媛．水库汛限水位分期控制的风险效益分析［J］．东北水利水电，2012，30（5）：47-49.

[9] 水利部长江水利委员会．丹江口水利枢纽调度规程（试行）［S］．2016：9.

[10] 水利部长江水利委员会．2022 年长江流域水工程联合调度运用计划［S］．2022：6.

[11] 段唯鑫，郭生练，张俊，等．丹江口水库汛期水位动态控制方案研究［J］．人民长江，2018，49（1）：7-12.

[12] 长江水利委员会长江勘测规划设计研究院．丹江口水利枢纽大坝加高工程初步设计报告［R］．武汉：长江水利委员会长江勘测规划设计研究院，2005.

[13] 洪兴骏，余蔚卿，任金秋，等．丹江口水利枢纽汛期运行水位优化研究与应用［J］．人民长江，2022，53（2）：27-34.

改进协调算法在水资源多目标优化配置中的应用

宋瑞明　冉　宁　张怡雅

（黄河勘测规划设计研究院有限公司，河南郑州　450003）

摘　要： 近年来，黄河水量呈减小趋势，水资源供需矛盾日趋严重，同时南水北调工程的开通改变了区域用水格局。本文选取河南省黄河受水地区为研究区，综合考虑水资源与社会、经济和生态的复杂关系，以及区域供水系统的多水源的特点，建立多水源多目标水资源配置模型，并引入满意度函数对协调算法中的满意系数进行改进，使算法更加客观可靠。结果表明，改进协调算法的适用性良好，优化结果较为合理，为区域的可持续发展提供了科学依据。

关键词： 水资源配置；黄河；满意度函数；协调算法；多目标

1　引言

目前，人们对水资源的开发、规划与管理等模式的认识严重不足，造成了水资源过度开发、生产生活受到影响、生态环境恶化等问题[1]，社会发展与人民生活受到极大影响，解决这些问题亟须科学的水资源规划配置[2]。本文以河南省黄河受水区作为研究区，该区域人口众多，社会经济发展较为迅速，黄河来水量的不断减少以及当地水资源量的严重匮乏，使得经济社会发展与水资源开发利用存在明显的不协调，水资源问题已阻碍经济社会的发展[3]。同时，南水北调中线工程的开通改变了区域供水格局，在此背景下研究区域水资源多目标优化配置问题，实现水资源的科学、高效配置，对该区域社会、经济、环境协调发展具有重要意义。

2　研究区概况

2.1　基本情况

本文研究区为河南省的黄河受水区，将研究区分为三门峡、济源、洛阳、郑州、焦作、新乡、开封、许昌、平顶山、商丘、安阳以及濮阳 12 个分区。该区域位于华北平原，属于湿润半干旱气候，缺水量较大，因此研究区是水资源比较匮乏的地区。受地理位置和气候条件的双重影响，该区降水时空分布不均，区内人口众多，工业分布比较集中，人均水资源占有量以及耕地平均占有水资源量等都处于全国较低水平。该区域供水水源有地表水（包括黄河干支流水源以及当地蓄水工程水源）、地下水、非常规水、外调水（南水北调中线供水），其中中线工程仅向郑州、焦作、新乡地区进行供水。区域水资源短缺，省会郑州和重要城市洛阳、新乡、焦作等地区的用水主要由黄河提供，水源供给不足将严重阻碍其经济社会的发展。区域水资源问题较为突出，本文将在规划年 2030 年 50%与 75%来水频率下进行水资源多目标优化配置研究。

2.2　水资源系统概化

研究区位于我国中东部，黄河中下游，黄淮海平原西南部，在区域内有三门峡、小浪底两座大型水库。根据实际情况，将系统内的各物理元素（计算单元、水库、河流交汇点、重要断面）间通过线段（河道）的相互联结形成河南省黄河供水地区水资源配置系统网络，该研究区的系统概化图如图 1 所示。概化图是对研究区内水资源与用户系统的抽象描述，是开展区域水资源配置工作的基础，

作者简介： 宋瑞明（1989—），女，硕士，主要从事水资源规划与管理工作。

可以模拟该研究区水资源的运移机制。

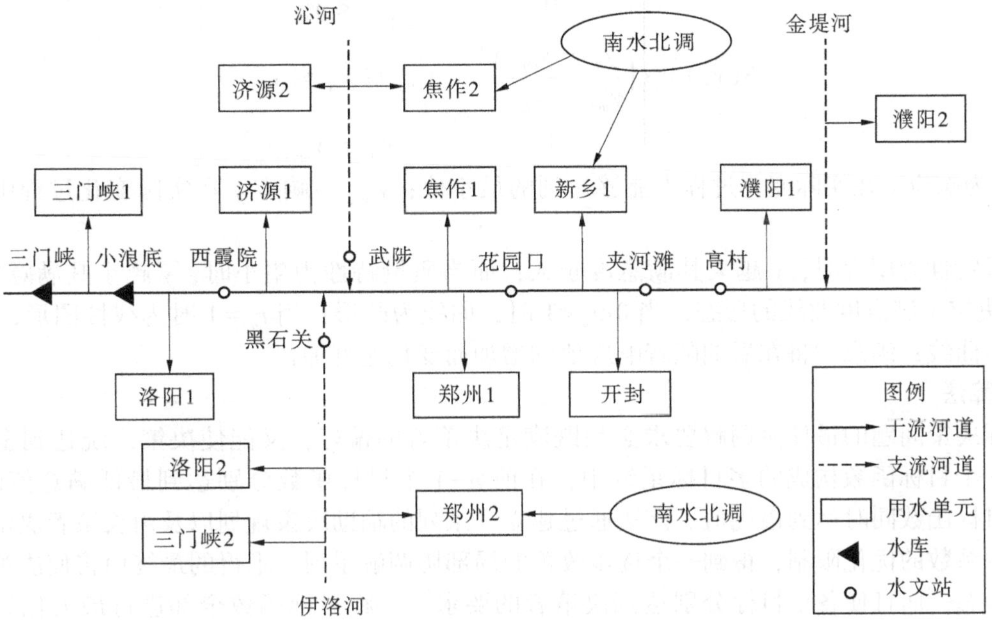

图1　水资源系统概化图

2.3　需水预测

需水预测通过对各地区的经济社会发展指标的预测，联合各种指标的需水定额对各地区的需水量进行分析计算。以2022年作为现状年，根据《黄河流域水资源综合规划报告》，分为生活、生产（一产、二产、建筑业及三产）、生态等部门，运用定额法，对规划年2030年50%与75%保证率进行需水预测。研究区需水预测结果见表1。

表1　2030年研究区需水预测结果　　单位：亿 m^3

分区	生活	一产		二产	建筑业及三产	生态	合计	
		50%	75%				50%	75%
三门峡	1.13	7.69	8.53	2.41	0.24	0.06	11.54	12.37
洛阳	1.49	8.98	9.95	3.15	0.34	0.10	14.06	15.03
济源	0.22	1.54	1.78	0.62	0.33	0.01	2.73	2.97
焦作	0.45	3.01	3.44	1.08	0.21	0.03	4.79	5.21
郑州	0.92	4.00	4.55	1.21	0.57	0.05	6.75	7.30
新乡	0.97	5.16	5.84	1.42	0.72	0.05	8.33	9.01
濮阳	0.46	2.65	3.01	0.68	0.30	0.03	4.11	4.47
开封	0.77	4.10	4.60	1.25	0.38	0.04	6.54	7.04
研究区	6.41	37.13	41.70	11.82	3.09	0.37	58.85	63.40

3　改进协调算法

3.1　单一影响满意度函数

单一影响满意度函数可以根据响应的上限值与下限值定量地确定出满意度，根据Derringer和Suich定义的单一满意度函数[4]，在此转化为［0，1］范围内的满意度函数 S。对于望大性目标，单

一满意度函数为

$$S(y_m)=\begin{cases}0 & y_m < y_{\min}\\ \left(\dfrac{y_m - y_{\min}}{y_{\max} - y_{\min}}\right)^{t_m} & y_{\min} \leqslant y_m \leqslant y_{\max}\\ 1 & y_m > y_{\max}\end{cases} \tag{1}$$

式中：$y_{\min}$ 为响应 y 在实际变化过程中能够达到的最小值；$y_{\max}$ 为响应 y 在实际变化过程中可以达到的最大值。

当质量特性为望大时，y 越大其满意度越大；而当质量特性为望小时，y 越小其满意度则越大。y_m 的大小决定了满意度曲线的形态，当 $0<t_m<1$ 时，曲线为凸形；当 $t_m=1$ 时为线性图形，而当 $t_m>1$ 时，为凹形曲线；满意度将在后期随着响应值的增加而变化速度加快。

3.2 协调算法

多目标决策问题的最佳协调解要求必须既满足决策者的偏好，又能使决策系统达到全局最佳状态。在由 n 个目标函数构成的多目标系统中，在前 $n-1$ 个目标函数分别达到最低满意值的条件下，使第 n 个目标函数同时达到最优值。该法通过建立一系列的辅助决策规划以及由决策者决定的最低满意值和满意系数的优化限制，得到一个逐步改善的局部协调解系列，求得的最终值将使决策系统达到全局最佳状态，而且使各个目标分别达到决策者的要求[5]。将目标函数全部进行最大化处理，并将所有目标函数 $f_i(Q)$ 化为无量纲的形式，以便于进行比较：

$$f_i(Q)=\frac{Z_i(Q) - Z_i(Q_j)}{Z_i(Q^i) - Z_i(Q_j)} \quad i=1,2,3 \tag{2}$$

其中，$Z_i(Q^i)=\max Z_i(Q)$，$Z_i(Q_j)=\min Z_i(Q)$，且 $Z_i(Q^i)\neq Z_i(Q_j)$，所以有 $0\leqslant f_i(Q)\leqslant 1$，数量 $Z_i(Q^i)-Z_i(Q_j)$ 表示第 i 个目标函数值的最大变化幅度。

考虑辅助决策规划：

$$\begin{cases}\max u(Q)=\sum\limits_{i=1}^{3} f_i(Q)\\ \text{s.t. } G(Q)\leqslant 0\\ H(G)=0\\ Q\geqslant 0\end{cases} \tag{3}$$

则得到的解是多目标决策问题的有效解，即非劣解 Q_1。

Z_{it} 是对目标函数 $Z_i(Q)$ 的最低满意值，Z_{it} 为决策者对目标值规定的最低要求，此处用黄金分割点 0.618 来进行最低满意值的计算，即 $Z_{it}=\min(Z_i)+[\max(Z_i)-\min(Z_i)]\times 0.618$。而满意系数 S_{im} 的确定为其中重要的一环，在传统算法中通常由决策者主观决定，会对模型的求解存在不同程度的扰乱，本文将针对满意系数的确定进行改进，引进上述单一响应满意度函数，以改进的协调算法来求解模型。模型中的满意系数与满意度成反比，即决策者对结果越不满意，S_{im} 取值越大，对于目标最大值模型，即有望大特性的满意度函数转化为望小特性的满意系数函数[6]：

$$S_{im}=\begin{cases}0 & z_i < z_{i\min}\\ \left(\dfrac{z_{i\max} - z_i}{z_{i\max} - z_{i\min}}\right)^{t_i} & z_{i\min} \leqslant z_i \leqslant z_{i\max}\\ 1 & z_i > z_{i\max}\end{cases} \tag{4}$$

S_{im} 为决策者对非劣解 Q_m 相应的目标函数 $Z_i(Q_m)$ 的满意系数，且有 $0\leqslant S_{im}\leqslant 1$，决策者对结果越不满意，$S_{im}$ 取值越大，并确定 $t_i>1$，即满意系数曲线为凹形。根据最低满意值 Z_{it} 及满意系数 S_{im} 有如下辅助决策公式：

若 $Z_1(Q_m)\geqslant Z_{it}$，则令

$$Z_i^*(Q_m) = Z_i(Q_m) + S_{im}[Z_i(Q^i) - Z_i(Q_j)] \tag{5}$$

若 $Z_1(Q_m) < Z_{it}$，则令

$$Z_i^*(Q_m) = Z_i(Q_m) + S_{im}[Z_i(Q^i) - Z_{it}] \tag{6}$$

令 $m=1$，运用式（5）、式（6）求出 $Z_i^*(Q_1)$，并参考式（3）构造 $\max u_1(Q) = \sum_{i=2}^{3} f_i(Q)$ 辅助决策规划，并有 $Z_1(Q) - Z_1^*(Q_1) \geqslant 0$ 称为目标函数 $Z_1(Q)$ 的满意不等式。Q_1 是辅助决策规划式（5）的最优解，求得第二步的最优解 Q_2，即得到原多目标决策问题的一个局部协调解，并运用式（5）、式（6）构造新的约束集 $Z_2(Q) - Z_2^*(Q_2) \geqslant 0$。

同理，考虑辅助决策规划：

$$\begin{cases} \max u_2(Q) = f_3(Q) \\ \text{s. t. } G(Q) \leqslant 0 \\ H(G) = 0 \\ Q \geqslant 0 \\ Z_i(Q) - Z_i^*(Q_i) \geqslant 0 \quad i = 1, 2 \end{cases} \tag{7}$$

求解式（7）得其最优解 Q_3，Q_3 为 $Z_1(Q)$、$Z_2(Q)$ 分别满足最低满意值的约束条件下使 $Z_3(Q)$ 达到最优，即为原多目标决策系统的最佳协调解。

4 模型构建

多水源多目标配置是可持续发展的基本问题之一，科学合理地进行水资源优化配置，是解决水资源供需矛盾、实现可持续发展的重要手段[7]。本文采用多目标决策系统的协调算法[8]来对多水源多目标水资源配置模型进行求解，具体模型建立及求解过程如下。

4.1 目标函数

为实现社会、经济及生态环境方面的协调发展，以研究区的现实发展状况为依托，目标函数确定社会、经济和生态环境 3 个指标。其中，描述区域社会发展指标可采用缺水量；区域经济发展的指标，可采用水资源利用净效益；区域发展的环境目标采用化学需氧量（COD）。根据全局协调算法的特点，该法从第一个目标开始逐步构造辅助规划，直至求出最终的协调解，因此重要程度越大的目标次序应越靠前，即将决策者最看重的目标放于第一位。因此，以数学形式描述的各目标函数表示如下：

$$\begin{cases} \max[Z_1(Q),\ Z_2(Q),\ Z_3(Q)] \\ \text{s. t. } G \geqslant 0 \end{cases} \tag{8}$$

式中：Q 为决策变量，一般以实际供水量作为决策变量；$Z_1(Q)$、$Z_2(Q)$、$Z_3(Q)$ 为 3 个目标。

（1）社会目标 Z_1，缺水量达到最小：

$$\min Z_1(Q) = \sum_{k=1}^{K} \sum_{t=1}^{T} (D_{kt} - \sum_{i=1}^{I} Q_{ikt}) \tag{9}$$

式中：D_{kt} 为 k 用水部门在 t 时的需水；Q_{ikt} 为水源 i 提供的相应供水。

（2）经济目标 Z_2，经济净效益达到最大：

$$\max Z_2(Q) = \sum_{k=1}^{K} \left(\sum_{i=1}^{I} b_{ik} \sum_{t=1}^{T} Q_{ikt} - \sum_{i=1}^{I} c_{ik} \sum_{t=1}^{T} Q_{ikt} \right) \tag{10}$$

式中：b_{ik}、c_{ik} 分别为相应的供水效益和费用，元/m^3。

（3）环境目标 Z_3，COD 排放总量达到最小：

$$\min Z_3 = \sum_{k=1}^{K} d_k p_k \sum_{t=1}^{T} \sum_{i=1}^{I} Q_{ikt} \tag{11}$$

式中：d_k 为废水中重要污染因子的含量，mg/L；p_k 为相应的污水排放系数。

4.2 约束条件

约束条件表示目标函数的外部限制条件，在此条件下求解目标函数达到最优时的决策变量。建立的配置模型约束条件[9] 有如下几点：

（1）可供水量约束。可供水量对实际供给的上限约束。

$$\sum_{k=1}^{K} Q_{ijkt} \leqslant W_{ijt} \qquad i=1,2,\cdots,4;\ j=1,2,\cdots,8 \tag{12}$$

式中：W_{ijt} 为 j 分区 i 水源在 t 时的可供水量。

（2）需水量约束：

$$\sum_{i=1}^{I} Q_{ijkt} \leqslant D_{jkt} \qquad i=1,2,\cdots,4;\ j=1,2,\cdots,8 \tag{13}$$

式中：D_{jkt} 为第 j 分区 k 部门相应的需水量。

（3）地下水允许开采约束：

$$D_{jt}^{u} \leqslant W_{jt}^{u} \qquad j=1,2,\cdots,8 \tag{14}$$

式中：Q_{jt}^{u}、W_{jt}^{u} 分别为相应的地下水供水量与可开采量。

（4）变量非负约束：

$$Q_{ijkt} \geqslant 0 \qquad i=1,2,\cdots,4;\ j=1,2,\cdots,8;\ k=1,2,3 \tag{15}$$

根据列出的各目标函数与各种约束条件的数学表达式，构建区域多水源多目标水资源优化配置模型。

5 结果分析

5.1 配置结果

采用多目标决策系统的改进协调算法来对模型进行求解，并将以上目标函数全部进行最大化处理，根据上述所建配置模型，求得该研究区规划年 2030 年的配置结果。50%频率时区域达到了不缺水的状态，75%区域内部分地区没有达到供需平衡状态。以下展示 75%频率时的水资源配置结果，见表 2。

表 2 2030 年 75%频率水资源配置结果

分区	供水量/亿 m³				总供水量/亿 m³	总需水量/亿 m³	缺水量/亿 m³	缺水率/%
	地表水	地下水	非常规水	南水北调水				
三门峡	9.64	1.59	0.68	0	11.91	12.37	0.46	3.75
洛阳	9.35	4.32	0.94	0	14.61	15.03	0.42	2.79
济源	1.89	0.85	0.15	0	2.89	2.97	0.08	2.61
焦作	0	3.85	0.21	1.15	5.21	5.21	0	0
郑州	0	2.81	0.17	4.32	7.30	7.30	0	0
新乡	0	4.39	0.37	4.25	9.01	9.01	0	0
濮阳	0.88	3.20	0.21	0	4.29	4.47	0.18	3.99
开封	6.16	0.54	0.05	0	6.75	7.04	0.29	4.12
研究区	27.92	21.55	2.78	9.72	61.97	63.40	1.43	2.26

5.2 结果分析

由表 2 可见，2030 年 50%来水频率达到供需平衡，即缺水率为 0，但 75%来水频率时，由于需水量较大，且地表水来水量有所减少，各地区呈现出了不同的用水缺口，缺水率为 2.26%，缺水量

1.43 亿 m^3。在 2030 年，由于河流径流量的不断减少，地表水供水量减少，地下水供水量比较稳定，非常规水与南水北调水充当了重要的供水水源，75%频率时供水量分别为 2.78 亿 m^3、9.72 亿 m^3，在供水水源中占比分别达到 4.49%、15.69%，水源结构得到逐步优化。规划年 75%频率时，焦作、郑州、新乡地区都不缺水，即南水北调受水区均达到了供需平衡，其他地区呈现了不同程度的缺水情况。其中，开封地区缺水率最大为 4.12%，缺水量达到了 0.29 亿 m^3。虽然研究区已开通了南水北调中线工程，但由于其供水范围有限，并没有完全解决该区域的缺水问题，因此在规划年缺水的地区应考虑采取节水措施，或开辟新的水源来解决区域水资源供需平衡问题。在未来区域内的用水问题将得到极大改善，但仍有用水缺口，可通过开辟新的水源或者实施节水措施来解决区域水资源的供需矛盾。

6 结语

对所选研究区进行的水资源优化配置研究，表明改进的协调算法在解决区域水资源优化配置问题中行之有效，其配置结果较为合理，可为相关地区的发展提供科学决策和依据。但由于区域水资源配置问题的复杂性，通过多目标优化模型往往也不能得到令人非常满意的结果，因此该研究也有待进一步深入讨论。

参考文献

[1] 谢非．区域水资源配置模型研究及实例应用［D］．武汉：华中科技大学，2014.

[2] 王浩，游进军．中国水资源配置 30 年［J］．水利学报，2018，47（3）：265-271.

[3] 王煜，彭少明，郑小康．黄河流域水量分配方案优化及综合调度的关键科学问题［J］．水科学进展，2018，29（5）：614-624.

[4] 刘玉敏，赵利肖．基于满意度函数的多响应稳健优化模型及实证研究［J］．运筹与管理，2015（4）：83-91.

[5] 李牧翰，赵喜萍，张志卓，等．面向高质量发展的缺水地区水资源优化配置模型及应用［J］．人民黄河，2024，46（2）：73-79.

[6] 王忠静，熊雁晖，赵建世，等．基于区域经济层次交互分析的流域需水预测方法［J］．水力发电学报，2004，23（5）：78-82.

[7] 刘攀，桑学锋，张思琦，等．多水源多用户水资源时空动态适配方法研究［J］．水资源保护，2024（6）：13.

[8] 何桢，宗志宇，孔祥芬．改进的满意度函数法在多响应优化中的应用［J］．天津大学学报，2006，39（9）：1137-1140.

[9] 田景环，刘林娟．区域水资源多目标优化配置方法研究［J］．人民黄河，2013，35（4）：29-31.

黄河流域上中游地区矿井水水源利用分析

赵新磊　张　宇

（黄河勘测规划设计研究院有限公司，河南郑州　450003）

摘　要： 合理有效利用矿井水水源对缓解黄河流域上中游地区水资源供需矛盾、改善生态环境具有十分重要的意义。总结分析黄河流域上中游地区矿井水水源利用途径和评价方法，在现状矿井水水源利用情况分析的基础上，结合矿井水水源利用途径和计算方法，提出规划水平年矿井水水源可供水量，为保障黄河流域上中游地区供水安全、支撑黄河流域生态保护和高质量发展提供技术支撑。

关键词： 黄河流域；矿井水；水源利用

1　引言

黄河流域上中游地区分布有兰州—西宁城市群、“几”字弯都市圈、关中—天水经济区、太原城市群等区域经济增长极和山西、鄂尔多斯能源化工基地，随着黄河流域生态保护和高质量发展重大国家战略的实施，城镇规模不断扩大、能源化工基地陆续开发建设，生活工业用水需求将呈刚性增加趋势，同时煤炭开采过程中产生的矿坑水大量增加。然而，目前黄河流域上中游地区矿井水水源利用率偏低，不仅造成水资源浪费、加剧了供需矛盾，也带来一系列的生态环境问题[1]。因此，分析矿井水水源利用途径，加大矿井水水源利用力度，合理预测矿井水水源可供水量是破解黄河流域上中游地区水资源短缺和支撑高质量发展的有效途径。

本文首先根据矿井水水源特征，总结分析矿井水水源利用途径（见表1）和评价方法，在此基础上，提出规划水平年矿井水水源可供水量，为缓解黄河流域上中游地区水资源供需矛盾提供支撑。

表1　矿井水利用途径分类

序号	分类	用途
1	冷却用水	直流冷却、循环冷却补充水
2	洗涤用水	冲渣、冲灰、消除烟尘、清洗等
3	工艺用水	溶料、水溶、蒸煮、漂洗、水力输送、增湿、稀释、搅拌、选矿等
4	产品用水	浆料、化工制剂、涂料等

2　矿井水水源评价方法

随着黄河流域上中游地区煤炭基地中煤炭的大规模开采，矿井涌水已成为煤炭基地可利用的重要水源之一。矿井涌水量预测方法主要有富水系数法、大井法和集水廊道法等。其中，富水系数法是根据矿井实际生产运行过程中的实测排水量，在比拟条件具备时的一种计算方法，计算精度相对较可靠，具体计算方法如下：

$$Q = K_p \times P \tag{1}$$

基金项目：“十四五”国家重点研发计划课题（2022YFC3202405）。

作者简介： 赵新磊（1985—），男，副高级工程师，主要从事水资源规划的研究工作。

式中：Q 为新矿井采区预计涌水量，m^3/a；K_p 为参照煤矿富（含）水系数，m^3/t；P 为新矿井设计产量，t/a。

富水系数即采煤出水系数，是指在一定时期内从矿井抽出水量与同期矿井采煤量的比值。采用富水系数法对已投产煤矿进行预测时充分考虑煤矿实际生产情况。对新建煤矿综合考虑各煤矿开采煤层、地质构造和水文地质等条件，选取与其条件相似煤矿为参照。参考已运行煤矿富水系数及其开采过程中的变化，最终确定各煤矿的富水系数。

矿井涌水量扣除矿井水处理损失和矿井自用水量，即为矿井水可供水量，其中矿井水处理损失主要包括煤矿自建矿井水处理站处理损失、输水损失及净水厂处理损失等。根据《煤炭工业给水排水设计规范》（GB 50810—2012）的规定，给水处理站的自用水量可采用最高日用水量的5%~10%。

3 矿井水水源可供水量

3.1 黄河流域上中游地区矿井水水量特点

根据中国工程院统计，目前我国吨煤开采产生的矿井水约为 1.87 m^3。尽管我国煤矿分布广泛，其煤矿矿井水用水量特征有所区别，但大部分煤矿矿井水涌水量集中分布在黄河流域上中游的缺水地区，其水量特征相似[2]。受水文地质条件、煤炭开展程度和气候因素的影响，黄河流域煤矿矿井涌水量一般具有以下特征：

（1）受含水层富水性、透水性等水文地质因素影响，煤矿矿井水涌水量分布呈南多北少特征，如陕西、山西、宁夏、内蒙古等地，部分煤矿吨煤涌水量为 0.9 m^3 左右，相比之下河南省一些煤矿的吨煤涌水量大于 5.3 m^3[3]。

（2）受煤炭开采程度、气候的影响，在西北干旱半干旱地区，煤矿矿井水涌水量受河流和降雨地表水入渗补给分配不均的影响明显，且不同矿井掘进程度下吨煤涌水量也不同[4]。例如，宁东煤田各矿区各年吨煤涌水量相差较大，最大为 1.64 m^3，最小为 0.23 m^3[5]。

3.2 现状利用情况

本文研究范围为黄河流域三门峡以上的上中游地区，包括青海、甘肃、宁夏、内蒙古、陕西和山西共6省（区）。根据各省（区）水资源公报，统计分析 2014—2018 年黄河流域上中游各省（区）矿井水水源利用情况，见表 2。

表 2 2014—2018 年黄河流域上中游各省（区）非常规水源利用情况 单位：亿 m^3

省（区）	2014 年	2015 年	2016 年	2017 年	2018 年
青海	0	0	0	0	0
甘肃	0	0	0	0	0
宁夏	0	0	0	0	0
内蒙古	0	0.82	0.93	0.79	0.93
陕西	0	0	0	0	0
山西	0.75	0.98	1.52	1.29	1.20
合计	0.75	2.61	3.38	2.08	2.13

由表 2 可知，黄河流域上中游地区矿井水利用主要集中于山西省和内蒙古自治区，其中 2014—2018 年山西省矿井水平均利用 1.15 亿 m^3，占山西省非常规水源利用量的44.7%，主要分布在煤炭开采业发达的汾河流域和丹河流域。

近年来，黄河流域上中游地区的矿井水水源利用量虽有所增加，由 2014 年的 0.75 亿 m^3 增加到 2018 年的 2.13 亿 m^3，但矿井水水源利用率仍偏低，矿井水水源的开发利用仍有待进一步加强。以利用量最大的再生水为例，再生水利用率最大的为内蒙古自治区，利用率也仅为 15%；青海、甘肃、宁夏的再生水利用率尚不足 10%。

3.3 规划水平年可供水量

涉煤省（区）应加大矿井水综合利用，根据不同地市不同煤矿矿井水水质和排放量的差异，采用因地制宜、经济方便的回用方案，包括矿区内利用、其他工矿企业利用、市政建设和城市环境用水、农业用水以及处理达到地表水Ⅲ类标准后补充河道内生态用水等[6]。规划水平年根据环境保护要求，黄河流域上中游地区各省（区）要加大矿井水水源利用力度。本文以 2035 年为规划水平年，分析黄河流域上中游地区矿井水水源的利用潜力。2035 年黄河流域上中游地区各省（区）矿井水水源可供水量见表 3。

表 3 2035 年黄河流域上中游地区各省（区）矿井水水源可供水量 单位：亿 m^3

省（区）	矿井水
青海	0
甘肃	0.06
宁夏	0.17
内蒙古	1.35
陕西	0.76
山西	1.24
合计	3.58

黄河流域内煤炭资源主要分布在上中游地区的甘肃、宁夏、内蒙古、陕西、山西等 5 省（区），2016 年流域内 5 省（区）原煤总产量为 23.1 亿 t，占黄河流域的 92.4%，占全国的 67.8%。根据沿黄省（区）矿产资源开发布局，预测 2035 年黄河流域上中游地区包括神东、陕北、宁东、黄陇、晋北、晋中、晋东等 7 个煤炭基地的煤炭开采规模为 23.64 亿 t。对矿井水回用量采用富水系数法进行测算，矿井水回用率为 80%，结合上述矿井水评价方法，预测 2035 年黄河流域上中游地区矿井水回用量为 3.58 亿 m^3，其中甘肃、宁夏、内蒙古、陕西、山西等 5 省（区）黄河流域 2035 年矿井水回用量分别为 0.06 亿 m^3、0.17 亿 m^3、1.35 亿 m^3、0.76 亿 m^3 和 1.24 亿 m^3。

4 结论

本文提出了黄河流域上中游地区矿井水的利用途径和评价方法，规划水平年加大矿井水水源利用程度，2035 年黄河流域上中游地区矿井水水源可供水量达到 3.58 亿 m^3，对于缓解黄河上中游地区水资源供需矛盾、改善和保护生态环境、支撑流域高质量发展具有重要意义。

参考文献

[1] 李克飞，侯红雨，贺丽媛，等．区域多水源联合调配研究［J］．水力发电，2018，44（12）：19-23.

[2] 顾大钊，李井峰，曹志国，等．我国煤矿矿井水保护利用发展战略与工程科技［J］．煤炭学报，2021，46（10）：3079-3089.

[3] ZHANG S Y，WANG H，HE X W，et al. Research progress，problem and prospects of mine water treatmengt technology and resource utilization［J］．Environmental Science & Technology，2020，50（4）：331-383.

[4] 弓美疆．榆树坡煤矿矿井涌水量特征及影响因素分析［J］．煤炭与化工，2018，41（10）：74-76.

[5] 李莉，李海霞，马兰．宁东煤田矿井水资源及其利用现状分析［J］．干旱区资源与环境，2021，35（8）：108-113.

[6] 薛敏．山西省非常规水源利用现状及发展对策［J］．山西水土保持科技，2023（2）：18-27.

跨流域跨区域调水工程规划的水资源动态供需分析技术研究工作思考

石　宝　黄　茵　丁志宏

（中水北方勘测设计研究有限责任公司规划发展研究院，天津　300222）

摘　要：在简述建设国家水网重要性的基础上，总结了开展跨流域跨区域调水工程规划的水资源动态供需分析技术研究工作的目的和意义，阐述了开展该项工作的研究思路、研究内容，以期为有关方面开展不同空间尺度上的跨流域、跨区域调水工程规划的水资源供需分析前期工作等研究提供技术参考。

关键词：跨流域；跨区域；国家水网；调水工程；水资源供需分析；动态分析；技术研究

当前，我国水利基础设施体系还不完善，防洪减灾、供水保障、水资源配置等还存在不少薄弱环节，部分地区河湖萎缩、地下水超采、水土流失等水生态损害问题突出[1-3]，水利工程体系的综合作用还没有充分发挥。在建设生态文明、实现高质量发展的新时代背景下和迈入建设社会主义现代化强国的新历史征程上，加快形成布局合理、设施完备、质量优良、运行规范、保障有力的全国、流域、区域等不同空间尺度上的现代水利基础设施网络是建设国家水网和区域水网的重要目标任务[4]，是推动新时期水利高质量发展的实践需求。

1　目的与意义

规划和建设一批跨流域跨区域调水工程是建设国家水网的一项重要工作，在开展此项工作过程中，要把握的一条重要原则是“把水资源作为最大的刚性约束”。“刚性约束”就是必须这么做，而不能那么做，落实最大刚性约束的核心要义是“以水而定”，促进经济社会“量水而行”。过去之所以造成水资源过度开发利用，根本上就是没有以水定需，而是以需定水。不能把水当作无限供给的资源，必须做到以水定需，也就是以水定城、以水定地、以水定人、以水定产，防止和纠正过度开发水资源、无序取用水等行为。

在跨流域跨区域调水工程的规划中，要统筹考虑上下游、左右岸、干支流，统筹考虑生活、生产、生态用水，统筹考虑调出区和调入区，按照确有需要、生态安全、可以持续的原则，在充分节水的前提下，研究谋划优化水资源配置的战略格局；同时，还要在可用水总量的框架下[5]，统筹考虑自产水和外调水，明确各地可用水量，研究清楚不同区域条件下每个用水单位所需要的用水量。在此基础上，结合当地经济社会发展战略布局，提出每个区域城市生活用水、工业用水、农业用水的控制性指标。以此为依据，加强对取用水行为的监管，坚决抑制不合理用水需求，真正做到以水定需、空间均衡，确保人口规模、经济结构、产业布局与水资源水生态水环境承载能力相适应、相协调，充分发挥水资源水环境承载力对协同发展产业布局、城市化建设的约束引导作用，发挥水利对人与自然和谐发展、经济社会稳定发展的支撑保障作用。

基金项目：国家重点研发计划项目资助（2021YFC3200203）。

作者简介：石宝（1981—），男，高级工程师，主要从事水文水资源规划工作。

为了在新形势和新要求下更好地完成跨流域跨区域调水工程规划中的前期工作任务，更好地指导跨流域跨区域调水工程规划阶段的水资源供需动态分析工作，提前谋划，积极适应水利部规划工作的新形势要求，非常有必要开展跨流域跨区域调水工程规划的水资源动态供需分析技术研究工作，在系统整理、充分借鉴、综合分析、深入研究《调水工程设计导则》（SL 430—2008）、《区域供水规划导则》（SL 726—2015）、《水资源规划规范》（GB/T 51051—2014）等现有规范、导则以及正在开展的《白龙江引水工程可行性研究》《南水北调东线二期工程规划》等跨流域跨区域调水工程技术报告的基础上，结合“节水优先、空间均衡、系统治理、两手发力”治水思路，围绕“水利工程补短板、水利行业强监管”的新时期水利工作总基调，适应新形势新任务的要求，瞄准部领导筹划的顶层设计，提前着手，预先应对，统一有关跨流域跨区域调水工程规划的水资源供需分析工作的基本概念、技术口径、分析方法、编制体例，重点界定跨流域跨区域调水工程规划阶段的水资源动态供需形势分析的目的、任务、范围、单元、内容、流程、途径、方法、要求、标准等，总体目标是为有关方面开展跨流域跨区域调水工程，在前期规划阶段的工程合理性评估和运行调度阶段的后评价中的水资源动态供需形势分析与评估工作，提供规范化、标准化的基础参考，在新的形势和要求下，结合有关径流分析、社会经济发展趋势分析、风险分析技术的进步，对标新需求，支撑新目标，满足对各种空间尺度跨流域跨区域调水工程规划阶段的调入区、调出区的水资源动态供需形势进行合理和全面评价的工作任务要求。

2 思路与内容

本文遵循供需着手、细化分解、政策先行、标准分析的研究思路，将“确有需求，三先三后；生态安全，合理刚性；可以持续，空间均衡；节水优先，全面覆盖；动态预测，超前把握；供需协调，双向对接”作为研究工作的主线贯穿研究内容始终，总体思路如图 1 所示。

（1）术语和原则界定，为规范和界定供需动态形势分析的工作要求，对涉及的术语作相应的解释，研究提出跨流域跨区域调水工程规划应遵循的基本原则，解释基本原则的含义。

（2）跨流域跨区域调水工程规划的水资源供需动态分析工作的分析范围与分析单元确定的原则、标准、程序研究，界定规划调水工程所涉及的空间范围、行政区划，界定开展节水评价、需水合理性与刚性评价、水资源供需动态分析、合理性分析的空间单元确定的流程。

（3）分析单元的水资源承载能力评价的指标、标准、方法研究，论述分析单元的现状水资源承载能力、承载负荷、承载状况，综合确定承载状况分类。

（4）调入区、调出区确定的判别指标、标准、方法研究，根据承载状况分类结果，按照“将水资源作为最大的刚性约束”原则，初步识别调入区、调出区。

（5）调入（出）区的节水现状评价技术研究，遵循节水优先原则，从水资源的供给侧和需求侧对调入（出）区的节水现状及其发展变化情况进行分析和评价，归纳总结调入（出）区的水资源需求侧在节水方面存在的问题，实现节水分析的全覆盖。

（6）调入（出）区需水合理性与刚性的分析和评价技术研究，界定的合理性与刚性概念，从结构与定额两个方面入手，结合区域功能定位、战略需求、产业结构、用水定额，分析调入（出）区未来需水的合理性与刚性需求情况。

（7）调入（出）区的水资源供需动态分析技术研究，分析具相关性的径流分析技术研究进展，结合风险控制理念，分析调入（出）区的可供水量，分析调入（出）区的水资源系统在未来的供需平衡状态，提出调入区的需水量缺口，分析需外调水量、可调水量。

（8）调入区与调出区的水资源综合动态供需合理性评价技术研究，实现规划成果合理性的综合评价，提出调入区和调出区识别、调入区需调水量、调出区可调水量、调水规划方案合理性评价的原则与方法。

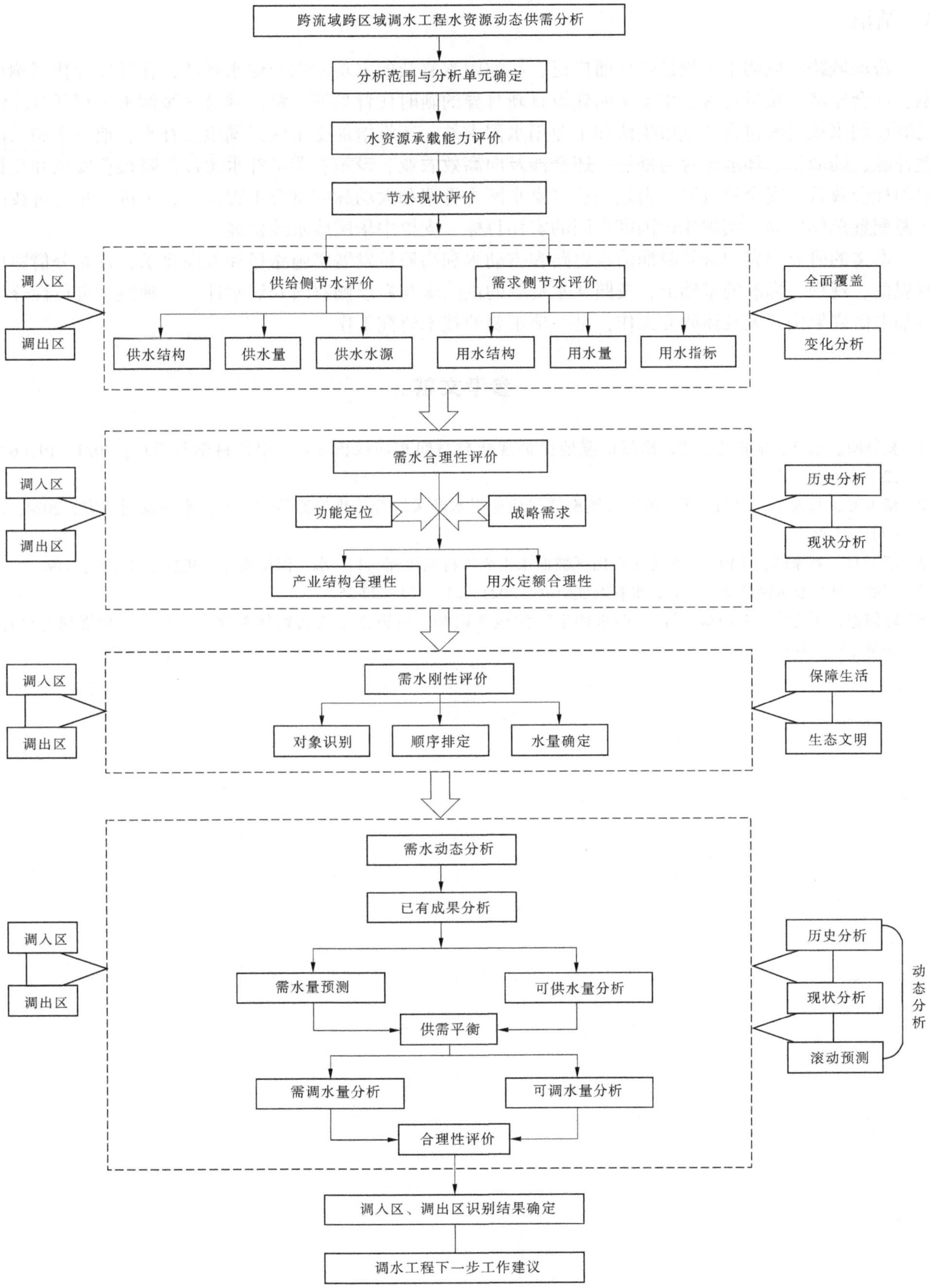
跨流域跨区域调水工程水资源动态供需分析
分析范围与分析单元确定
水资源承载能力评价
节水现状评价
调入区
调出区
供给侧节水评价
需求侧节水评价
全面覆盖
变化分析
供水结构
供水量
供水水源
用水结构
用水量
用水指标
需水合理性评价
调入区
调出区
功能定位
战略需求
历史分析
现状分析
产业结构合理性
用水定额合理性
需水刚性评价
调入区
调出区
对象识别
顺序排定
水量确定
保障生活
生态文明
需水动态分析
已有成果分析
调入区
调出区
需水量预测
可供水量分析
供需平衡
历史分析
现状分析
滚动预测
动态分析
需调水量分析
可调水量分析
合理性评价
调入区、调出区识别结果确定
调水工程下一步工作建议

图 1　研究的总体思路

3 结语

跨流域跨区域调水工程是牵扯面广泛、影响因素复杂的多功能综合输水系统，在气候变化影响加剧、社会经济高质量发展、生态文明建设日新月异的新时代背景下，跨流域跨区域调水工程任务除满足既往调水规划所包含的城市生活和工业用水需求外，还将增加受水区河湖生态补水、地下水超采治理补源、陆域生态环境保育与修复，还会涉及向高效农业、设施农业增补水源以保障粮食安全并获得附加社会效益、安全效益等，也是构建国家水网主骨架和大动脉的重要工程类型，可进一步完善我国水源配置总体格局、实现建设国家水网的宏伟目标、支撑中华民族永续发展。

本文的研究内容契合新时期治水思路和推动水利高质量发展实施路径和方向要求，在充分借鉴现有规范、规程、标准的基础上，按照从水资源的供给侧与需求侧双向开展刚性、合理性、可行性分析的基本研究架构开展具体研究工作，是一项重要的技术研究工作。

参考文献

[1] 夏钰昕，赵晖，朱正杰，等. 徐州市湿地保护现状与空间布局探析［J］. 湿地科学与管理，2023，19（6）：72-76.

[2] 杨玉霞，张天宇，闫莉，等. 黄河流域汾渭谷地地下水超采综合治理思路研究［J］. 水利发展研究，2024，24（7）：41-46.

[3] 李子君，刘家圆，王海军. 北方土石山区坡面水土流失特征研究［J］. 水土保持研究，2024，31（1）：1-9.

[4] 刘璐. 对国家水网的认识［J］. 水利发展研究，2021，21（12）：22-25.

[5] 陈何铠，丁志宏，刘海瑞，等. "四水四定"的概念内涵、逻辑框架与实践体系研究［J］. 水利规划与设计，2024（3）：1-6，18.

基于多层级超额水量分配模型的汕头市梯级水库群防洪调度分析

贾文豪[1,2]　姜亦泓[3]　梁松林[3]　边凯旋[2]　刘　夏[2]

（1. 水利部珠江河口治理与保护重点实验室，广东广州　510611；
2. 珠江水利委员会珠江水利科学研究院，广东广州　510611；
3. 河海大学水文水资源学院，江苏南京　210098）

摘　要：科学调度水库，充分发挥水库群的除害兴利作用，对水旱灾害防御具有重要意义。本文聚焦汕头市防洪调度，以红场、红口肇、秋风、上金溪、大龙溪一级、大龙溪二级和小龙溪7座中型水库为研究对象，在现有调度规则基础上，采用多级超额水量分配模型，考虑不同水库间的互补作用，探索汕头市练江流域水库群防洪优化调度方式。结果表明，多层级超额水量分配模型在典型洪水场景中能更好地发挥水库的拦蓄作用，有效地削减控制断面洪峰，且模型稳定性和实用性强，可为汕头市的防洪调度提供有力支撑，为区域复杂水库群调度提供参考。

关键词：超额水量分配；汕头市；防洪调度；调峰

随着全球气候变化影响的加剧，极端天气事件多发频发，洪水灾害威胁愈发严重。水库作为防洪体系中的重要组成，在防洪、抗涝等方面发挥着不可替代的关键作用。水库调度作为防洪减灾的重要非工程措施，伴随着计算机技术的迅速发展，调度范围不断扩大，目标更加全面，手段日益多样，调度的精准性和有效性显著提升。学者针对水库群的防洪调度开展了广泛研究，其中，贾本有等[1]构建了基于大系统分解协调法和粒子群算法的复杂防洪系统多目标递阶优化调度模型，并将其应用于淮河中游防洪系统；龚锦泰等[2]提出了自适应变异鲸鱼优化算法，并将其应用于西江流域水库群防洪优化调度中；陈森林等[3]针对现行水库洪水优化调度模型中泄流闸门开度调整不及时及流量突变的问题，提出了基于出库流量线性变化和恒定出流的防洪优化模型，并应用于亭子口水库的调度；王森等[4]将决策者的预泄控制经验与泄流状态持续性要求纳入模型约束，提出了防洪优化调度的多约束启发式逐步优化方法；Zhong 等[5]提出了多水库并联联合调度的库容分配模型，显著提高了防洪调度的合理性和实用性；Luo 等[6]则提出了多目标免疫算法，用于优化水库防洪中的最大出库流量和最高调洪水位的双重目标。然而，当前的研究大多集中于流域大型或巨型梯级水库群，针对城市中小型水库群的优化调度相对较少。汕头市是我国沿海重要港口城市，当前采用的防洪调度尚未充分考虑不同水库间的互补作用，尚存在较大提升空间。基于此，本文结合汕头市的防洪需求，提出一种基于水库群剩余库容的多级超额水量分配模型，借鉴原有超额水量分配模型[7]的简便性，同时结合更为复杂的梯级水库群结构与调度需求，为城市范围内复杂水库群的调度运行提供有力支持。

1　研究区概况与资料

1.1　研究区概况

汕头市位于广东省东部，北邻潮州市、揭阳市，西邻普宁市，东南濒临南海；境内主要河流有韩

基金项目：国家重点研发计划项目（2021YFC3001000）；科技基础资源调查专项项目（2019FY101901）；水利技术示范项目（SF-202305）；国家留学基金资助项目。

作者简介：贾文豪（1994—），男，博士，研究方向为气候变化、水库调度等。

江、榕江、练江、濠江等，市区有 8 座中型水库，分别为河溪水库、红场水库、红口誊水库、秋风水库、上金溪水库、龙溪一级水库、龙溪二级水库、小龙溪水库。本文主要基于除河溪水库外位于练江流域的 7 座中型水库构成的梯级水库群，分布情况如图 1 所示。

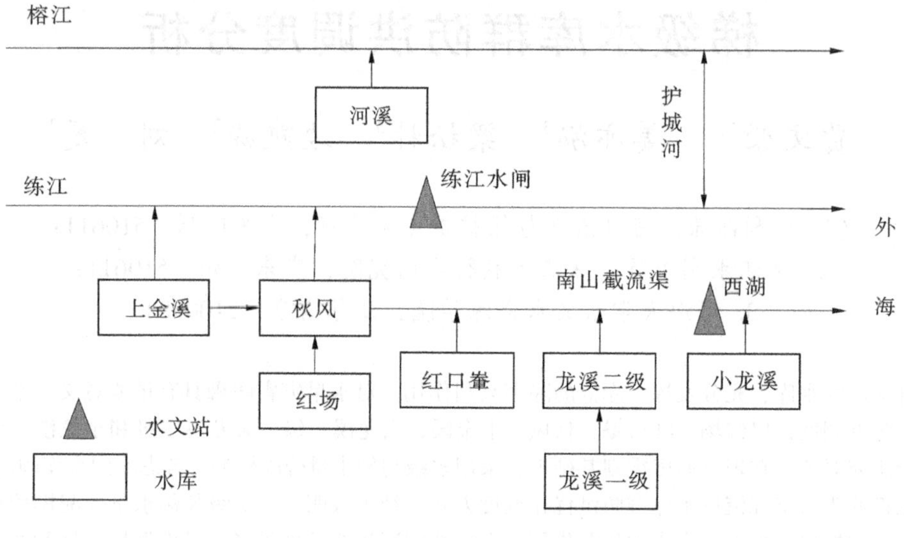

图 1　汕头市梯级水库群分布示意

1.2　数据资料

数据资料包括位于汕头市 7 座中型水库组成的梯级水库群 1990—2021 年的逐日平均水位表和总出库水量等，对资料进行初步统计分析，水库群所包含的红场、红口誊、秋风、上金溪、龙溪一级、龙溪二级和小龙溪水库 7 座中型水库防洪汛限水位分别为 249.5 m、44 m、40.5 m、94 m、184.6 m、74 m 和 65 m，数据来源于相关水库实测统计和调度规划等。

2　研究方法

2.1　防洪优化调度模型构建

2.1.1　目标函数

在水库群防洪优化调度中，削峰率最大目标准则往往是最为常用和有效的防洪调度准则，具体表示如下：

$$\min F = \sum_{i=1}^{N}\sum_{i=1}^{T}(O_{i,t} + q_{i,t})^2 \tag{1}$$

式中：t 为时段序号；T 为总时段数；$q_{i,t}$ 为水库 i 在第 t 个时段的下泄流量；$O_{i,t}$ 为水库 i 下游断面在第 t 时段的区间洪水流量。

2.1.2　约束条件

2.1.2.1　水库水量平衡约束

$$V_{i,t} - V_{i,t-1} = (Q_{i,t} - q_{i,t} - E_{i,t})\Delta t \tag{2}$$

式中：$V_{i,t}$、$V_{i,t-1}$ 分别为水库 i 第 t 时段末、初的库容，m^3；$Q_{i,t}$ 为水库 i 第 t 时段内平均入库流量，m^3/s；$q_{i,t}$ 为水库 i 第 t 时段平均出库流量，m^3/s；$E_{i,t}$ 为水库 i 第 t 时段的损失流量，m^3/s；Δt 为计算时段长。

2.1.2.2　水库出流限制

水库出库流量应当满足最大、最小下泄流量限制的要求，且下泄水量先通过水轮机进行发电，当大于水轮机的最大过流能力时产生弃水。

$$\left.\begin{array}{l} q_{i,\ t,\ \min} \leqslant q_{i,\ t} \leqslant q_{i,\ t,\ \max} \\ qE_{i,\ t} \leqslant qE_{i,\ t,\ \max} \\ qS_{i,\ t} = q_{i,\ t} - qE_{i,\ t} \end{array}\right\} \tag{3}$$

式中：$q_{i,t,\min}$ 为水库 i 第 t 时段最小允许出库流量，m^3/s；$q_{i,t,\max}$ 表示水库 i 第 t 时段最大允许出库流量，m^3/s；$qE_{i,t}$ 为水库 i 第 t 时段水轮机组下泄流量，m^3/s；$qE_{i,t,\max}$ 为水库 i 第 t 时段水轮机组最大过水流量，m^3/s；$qS_{i,t}$ 为水库 i 第 t 时段未经过水轮机的弃水流量，m^3/s。

2.1.2.3　水库水位限制

各水库各时段运行都应该满足水位限制：

$$\begin{array}{c} Z_{i,\ t,\ \min} \leqslant Z_{i,\ t} \leqslant Z_{i,\ t,\ \max} \\ Z_{i,\ t_a} = Z_{i,\ a} \end{array} \tag{4}$$

式中：$Z_{i,t,\max}$ 为水库 i 第 t 时段末最大允许水位，在汛期为防洪高水位，在非汛期为正常蓄水位，m；$Z_{i,t,\min}$ 为水库 i 第 t 时段末最小允许水位，即死水位，m；Z_{i,t_a} 为水库 i 运行的关键节点所对应的水位，如汛期初始水位应降至汛限水位，蓄水期末水位应回到正常高水位等。

2.1.3　约束破坏修正

对违反约束的调度方案进行修正，具体如下：

（1）对于违反流量上、下限约束情况，令超出决策空间变量值等于决策空间边界值：

$$q_{i,\ t} = \begin{cases} QC(Z_{i,\ t}) & q_{i,\ t} > QC(Z_{i,\ t}) \\ q_{i,\ \min} & q_{i,\ t} < q_{i,\ \min} \end{cases} \tag{5}$$

式中：$q_{i,\min}$ 为水库 i 在时段 t 的允许最小下泄流量；$QC\ (Z_{i,t})$ 为水库 i 在时段 t 的 $Z_{i,t}$ 水位下的泄流能力值。

（2）对于违反流量变幅约束情况，则修正后续时段下泄流量来满足流量变幅约束：

$$q_{i,\ t} = q_{i,\ t-1} + \frac{q_{i,\ t} - q_{i,\ t-1}}{|q_{i,\ t} - q_{i,\ t-1}|} \cdot q_{i,\ \mathrm{limit}} \qquad |q_{i,\ t} - q_{i,\ t-1}| > q_{i,\ \mathrm{limit}} \tag{6}$$

式中：$q_{i,t}$ 为水库 i 在时段 t 的下泄流量；$q_{i,\mathrm{limit}}$ 为水库 i 的允许流量变幅。

（3）若期末水位约束不满足精度，则将越限水量平均分配至各调度时段，具体如下：

$$q_{i,\ t} = q_{i,\ t-1} + \frac{V_{\mathrm{end}} - V_{i,\ T}}{T} \qquad |V_{\mathrm{end}} - V_{i,\ T}| > \varepsilon \tag{7}$$

式中：$q_{i,t}$ 为水库 i 在时段 t 的下泄流量；V_{end} 为期末库容；$V_{i,T}$ 为水库 i 调度期末时刻库容；ε 为期末库容运行精度。

2.2　多级超额水量分配模型

本文综合考虑断面安全泄流和水库调度安全的需要，提出了多级超额水量分配方法，以水库自身安全为第一目标，断面安全泄流为第二目标，利用水库群剩余库容，调整水库出库流量，最大限度地保证汕头市防洪调度整体安全性。

2.2.1　超额水量分配模型

对于由水库群与区间河道构成的防洪系统，控制断面的洪水由区间来水和水库放水两部分组成，由于区间来水是不可控制的，所以只有通过水库群的联合调度，使得各水库泄流和区间来水过程在防洪控制断面叠加所形成的洪峰最小，实现防洪系统的效益最大化。

定义防洪断面超过安全泄量的水量为超额水量 $W_{超额}$，如图 2 所示。

图 2 中，$Q(t)$ 为单一洪峰防洪断面天然洪水（无水库调蓄状态下的洪水）过程，q_A 为防洪断面的安全泄量；防洪断面以上有 n 个防洪水库，$Q\ (t)_i$ 为第 i 水库的入库洪水过程，$Q_i'(t)$ 为 $Q\ (t)_i$ 在防洪断面的响应过程（考虑洪水演进），则 $W_{超额}$ 为影响防洪断面安全的水量：

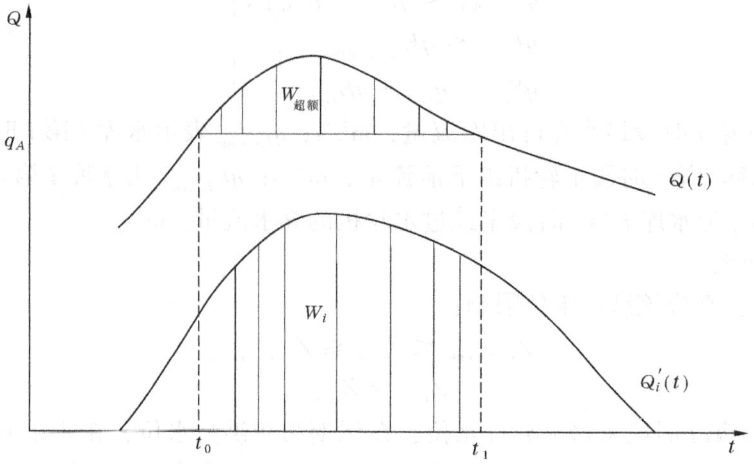

图 2　防洪断面超额水量示意

$$W_{超额} = \begin{cases} \sum_{t=t_0}^{t_1} [Q(t) - q_A]\Delta t & \max\{Q(t),\ t \in [1 + T]\} \geqslant q_A \\ 0 & \max\{Q(t),\ t \in [1 + T]\} \leqslant q_A \end{cases} \tag{8}$$

式中：Δt 为时段长；$Q(t)$ 为单一洪峰防洪断面天然洪水（无水库调蓄状态下的洪水）过程；t_0 为 $Q(t) > q_A$ 的起始时序；t_1 为 $Q(t) > q_A$ 的终止时序；T 为洪水时段数。对于 $W_{超额}>0$，水库群防洪补偿调度的任务，就是要利用各水库的有效调蓄库容，尽可能拦蓄掉 $W_{超额}$，以解除或减轻防洪断面的防洪压力。图 2 中 W_i 为第 i 水库入库洪水过程在防洪断面的响应过程位于 $[t_0,\ t_1]$ 时段内的水量，即

$$W_i = \sum_{t=t_0}^{t_1} Q_i'(t)\Delta t \tag{9}$$

W_i 考虑了洪水在水库到防洪断面之间的洪水演进规律，一定程度上反映了各水库空间位置和入库洪水过程的差异。当 $\sum_{t=t_0}^{t_1} W_i \geqslant W_{超额}$ 时，表示超额水量可完全被上游水库群拦蓄；当 $\sum_{t=t_0}^{t_1} W_i < W_{超额}$ 时，表示超额水量中有部分为区间来水造成。各水库具体拦蓄多少超额洪量，不仅取决于反映自然状况的 W_i，而且受到水库实时状态的制约，设第 i 水库，在当前水位下，可供进一步使用的调蓄库容为 V_i，综合考虑自然和工程两个条件，第 i 水库承担的拦蓄水量 $W_{i,拦}$ 应为

$$W_{i,拦} = \min\{V_i,\ W_i\} \tag{10}$$

水库群的极限拦洪量 $W_{拦}$ 为

$$W_{拦} = \min\{\sum_{i=1}^{n} W_{i,拦},\ W_{超蓄}\} \tag{11}$$

根据安全均衡原则，各水库均衡承担需拦蓄的洪量，其分担系数为

$$\lambda_i = \frac{W_{i,拦}}{\sum_{i=1}^{n} W_{i,拦}} \tag{12}$$

2.2.2　多级超额水量分配模型

在超额水量分配模型的研究基础上，结合汕头市梯级水库群的串并联结构特点，以及练江流域的练江水闸和南山截留渠西湖站这两个并联的防洪安全断面情况，本文设计了一种多级超额水量分配模型，以保护练江断面为核心目标，并遵循将超额水量优先排往南山截留渠的防洪调度原则。

模型的第一层级以练江水闸断面流量控制为目标，重点考虑与练江流域存在水力联系的上金溪水库、红场水库和秋风岭水库组合。该层级优先分析常规调度下练江水闸的流量情况。当出现超额洪水时，模型考虑洪水时滞的影响，通过超额水量分配方法，调整相应时段的水库下泄流量。对于上金溪水库和红场水库超出自身调洪能力的水量，全部转移至秋风岭水库。

第二层级以西湖水文站断面流量控制为目标，秋风、红口畚、大龙溪一级、大龙溪二级 4 座水库作为一个子系统整体。在固定第一层级秋风岭水库调度结果的基础上，分析西湖水文站断面流量是否超出安全泄流范围，当超出时，通过超额水量分配方法进行调控。

当遭遇极端洪水且第一、第二层级目标无法同时满足时，在确保水库安全的前提下，模型优先保障第一层级目标，允许第二层级目标被适当调整。此时，秋风岭水库剩余库容优先用于支持练江流域安全泄流需求，以实现整体损失最小化。

第三层级考虑的是与防洪控制断面安全无关的水库，即小龙溪水库组成的子系统，由于其调度结果不涉及控制防洪断面流量，因此其按照常规方式调度。

3 结果与分析

为验证所构建的水库群防洪优化调度模型的有效性，本文选取历史罕见的 2013 年 8 月 17 日的洪水作为典型洪水场景进行模拟调度。计算步长设定为 1 h，调度期为 72 h。防洪调度结果见表 1，洪水调度过程如图 3、图 4 所示。

表 1 防洪调度结果

指标	练江						
	上金溪	红场	秋风岭	红口畚	大龙溪一级	大龙溪二级	小龙溪
最大入库流量/（m^3/s）	213.8	99.3	712.9	109.9	226.8	146.9	14.4
最大出库流量/（m^3/s）	60.0	10.1	231.7	1.82	99.5	71.1	1.1
最高水位/m	94.3	249.4	41.0	47.5	171.6	60.0	47.5
最低水位/m	90.7	243.2	32.8	41.8	166.2	57.3	45
削峰率/%	71.9	89.9	67.5	98.3	56.1	35.4	92.6
拦洪量/万 m^3	208.7	264.3	970.4	26.3	151.0	404.6	20.0

从调度目标来看，通过防洪调度，各水库的下泄流量峰值较调度前均有所降低，显示了良好的削峰效果。各水库的削峰率最低为 35.4%，最高达 98.3%，整体相比历史调度结果提高了至少 10%。调度模型在洪水削峰方面表现显著，证明该优化模型在防洪调度中具有较高的稳定性和可操作性，有效地保障了大坝及控制断面防洪安全。

从各水库的调度过程来看，超额水量分配主要发生在秋风岭水库。在调洪期，依据规则进行优化调度，所得结果符合安全和防洪要求。特别是秋风岭水库作为流域内的骨干水库，其下泄流量曲线在调度后峰值明显降低，由原先的 712.9 m^3/s 削减至 231.7 m^3/s，水库削峰率为 67.5%；洪峰流量显著下降，此外，相较于历史实际调度，出库流量更小，下泄过程更平稳，且通过前期预泄调度，使水库整体水位较实际降低了 2 m，在确保水库安全的前提下，最大化发挥了水库的拦洪削峰作用。

从下游控制断面安全角度，经过优化，可以实现不向练江泄洪，图 4（h）西湖站控制断面汇流为南山截留渠西湖站断面的流量过程，从控制断面调度前后对比情况来看，流量超出控制断面安全泄流 300 m^3/s 时，通过优化调度，使得调度期全程流量控制在安全泄流以内，充分发挥了保护下游控制断面安全的作用。

综上所述，本文提出的多层级超额水量分配模型可有效地应对汕头市典型洪水，能够有效地缓解练江流域的防洪压力。

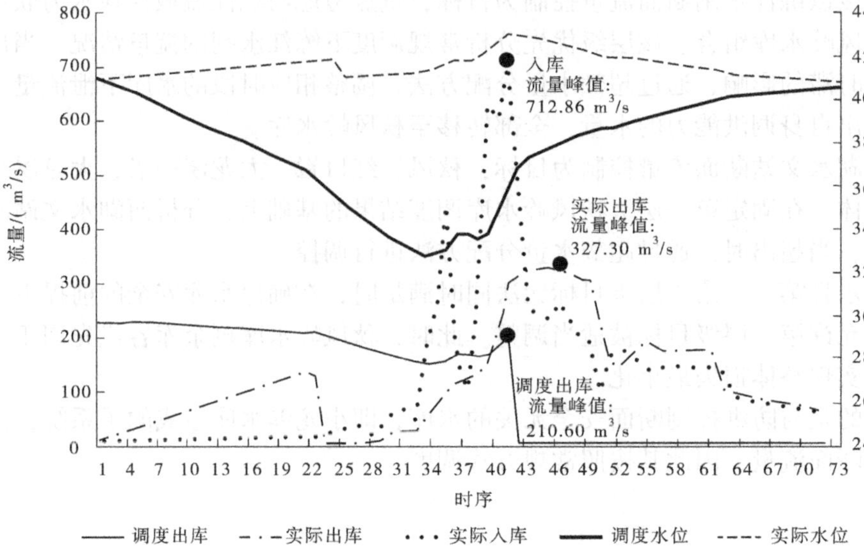

图3 秋风水库典型洪水下调度结果对比

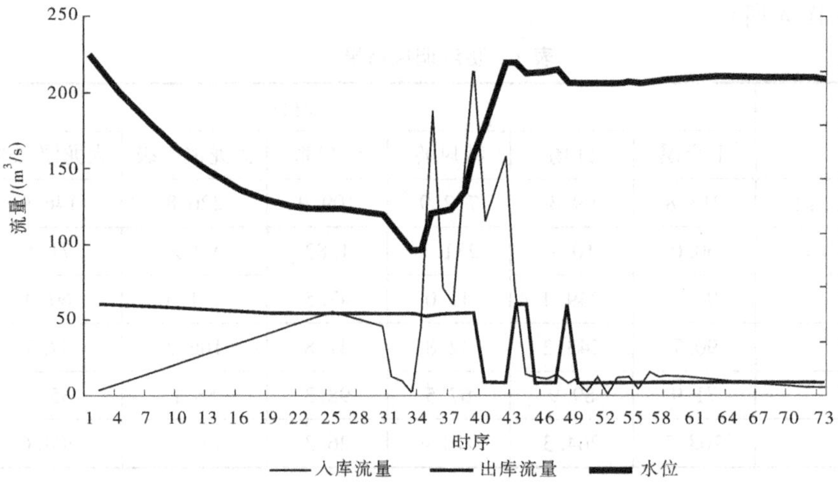

(a)上金溪水库

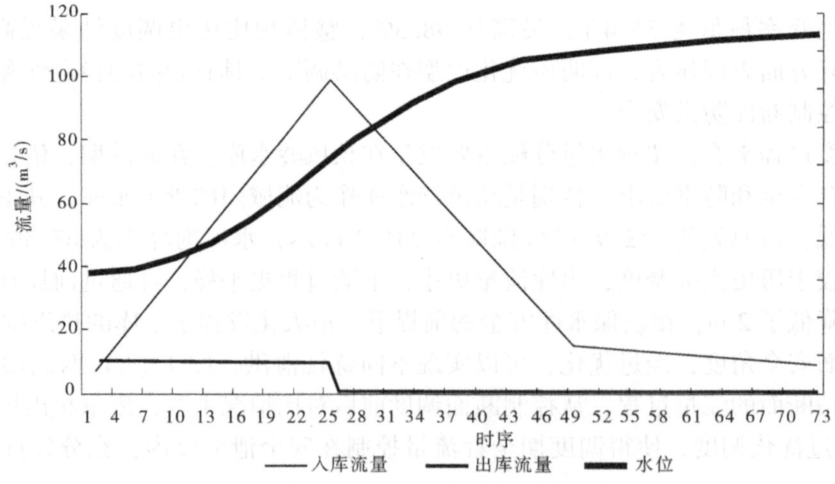

(b)红场水库

图4 汕头水库群2013年8月17日典型洪水下的调度结果

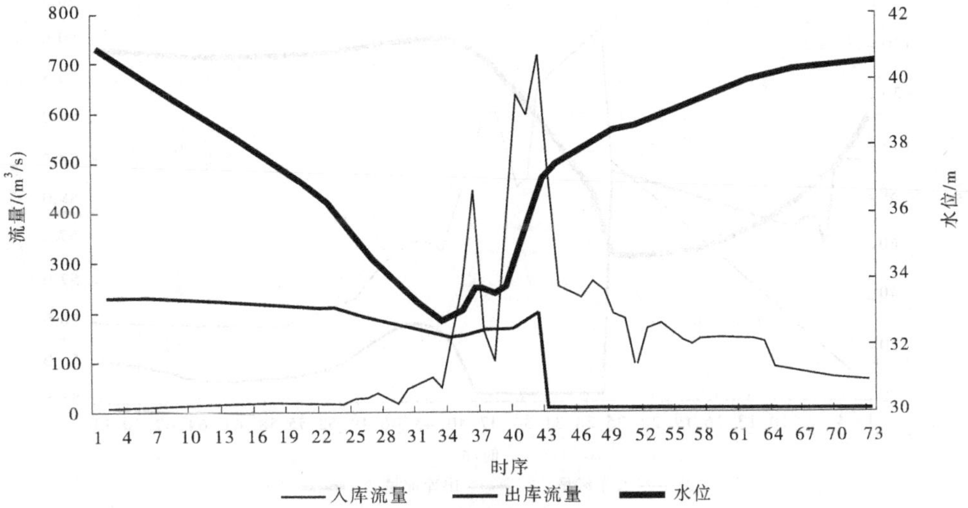

(c)秋风水库

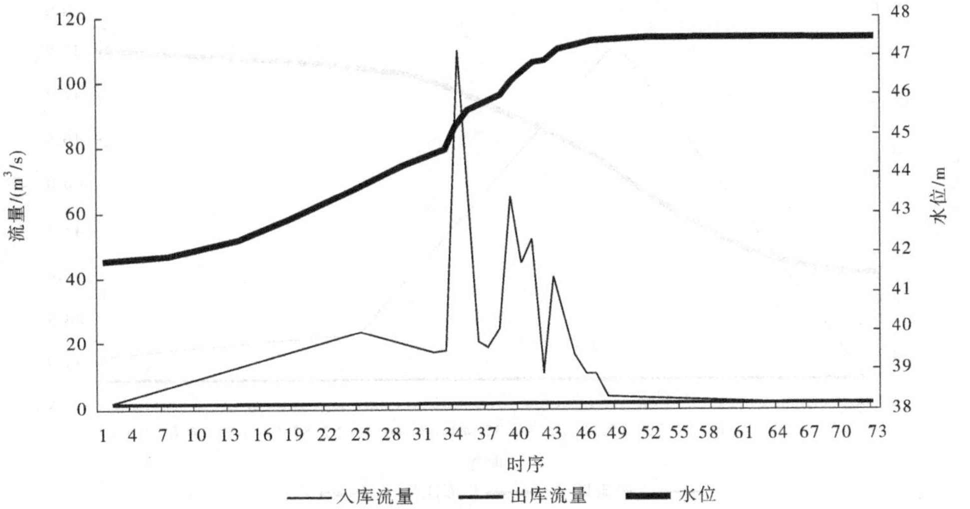

(d)红口耷水库

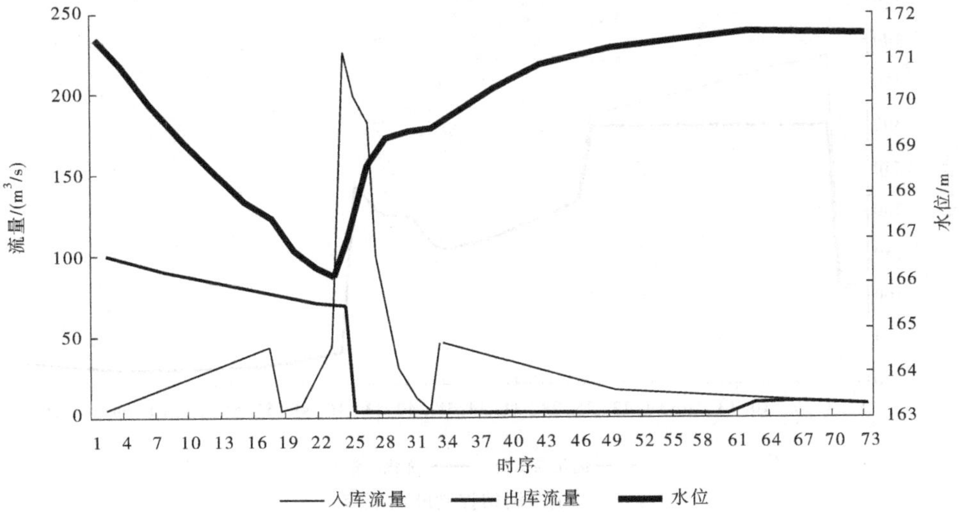

(e)大龙溪一级水库

续图 4

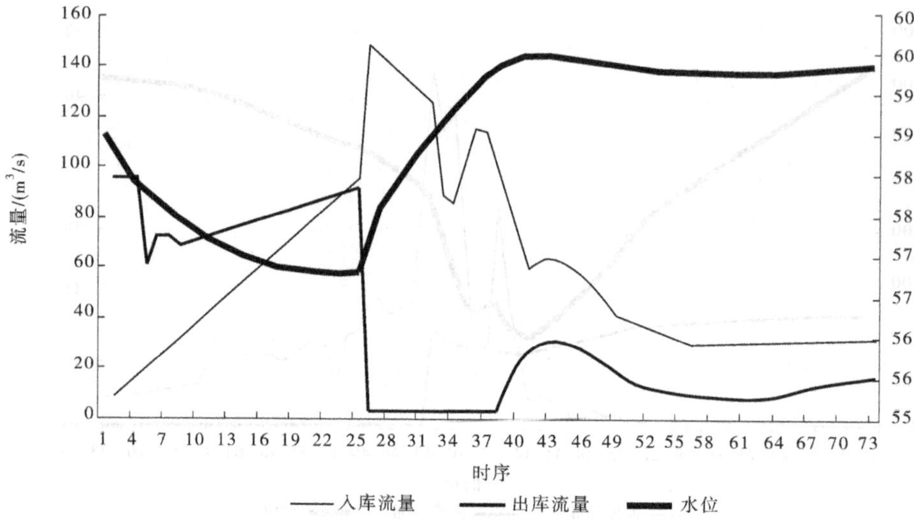

(f)大龙溪二级水库

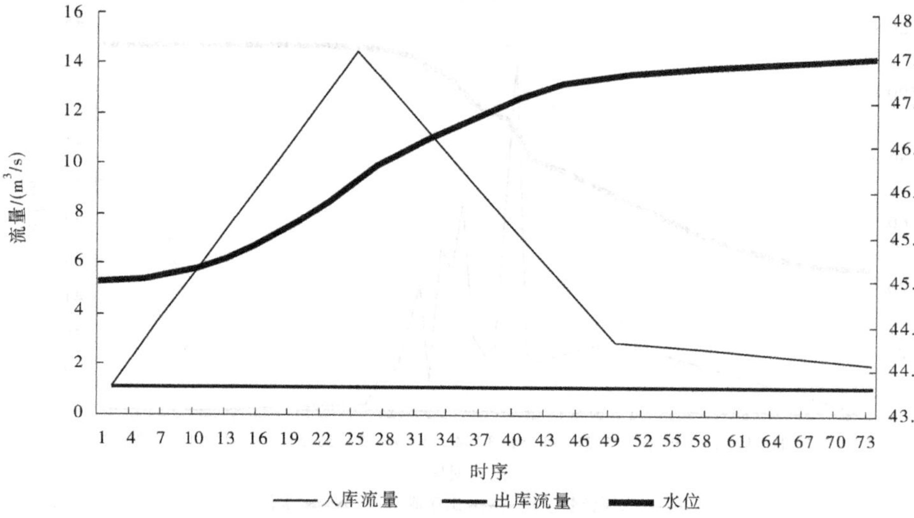

(g)小龙溪水库

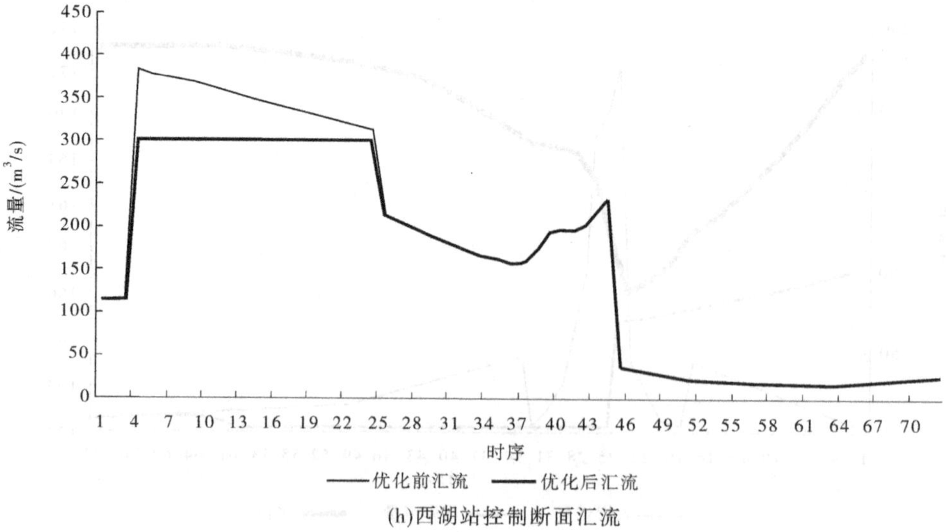

(h)西湖站控制断面汇流

续图 4

4 结论

本文提出了一种多级超额水量分配模型，用于优化汕头市水库群的防洪调度。研究结果表明，在相关洪水场景下，该模型显著提升了水库群削峰率和洪水拦蓄量。秋风水库作为主要调洪水库，其防洪效果尤为显著。汕头市梯级水库群整体削峰率相比历史调度结果提高了至少 10%。该模型在洪水来临时，能确保水库和下游控制断面安全条件下尽可能拦洪错峰，有效减轻下游防洪压力；洪水退却后，还能在保障下游安全的前提下拦蓄洪水资源，为后续水资源利用做好储备。同时，该模型具备结构简单、易于操作的特点，可移植性良好，可为其他城市水库群防洪优化调度模型的建立提供参考。

参考文献

[1] 贾本有，钟平安，陈娟，等．复杂防洪系统联合优化调度模型［J］．水科学进展，2015，26（4）：560-571.

[2] 龚锦泰，冯仲恺，王森，等．水库群防洪调度的自适应变异鲸鱼优化方法［J］．人民珠江，2023，44（10）：13-24.

[3] 陈森林，张亚文，李丹．水库防洪优化调度的恒定出流模型及应用［J］．水科学进展，2021，32（5）：683-693.

[4] 王森，程春田，李保健，等．防洪优化调度多约束启发式逐步优化方法［J］．水科学进展，2013，24（6）：869-876.

[5] Zhong P A，Li X，Zhang C W，et al. Model and its application of reservoir storage allocation of parallel multi-reservoir united regulation for flood control［J］. Journal of Yangtze River Scientific Research Institute，2003，20（6）：51-54.

[6] Luo J G，Chen C，Xie J C. Multi-objective Immune Algorithm with Preference-Based Selection for Reservoir Flood Control Operation［J］. Water Resources Management，2015，29（5）：1447-1466.

[7] 钟平安，谢小燕，唐林．基于超额水量分配的水库群补偿调度模型［J］．水利学报，2010，41（12）：1446-1450.

三水融合与协同治理

供给侧分类水价研究——以义乌市为例

苏龙强[1]　王士武[1]　朱红斌[2]　刘　鹏[1]

［1. 浙江省水利河口研究院（浙江省海洋规划设计研究院），浙江杭州　310020；
2. 浙江省金华市义乌市水务局，浙江金华　322099］

摘　要：分质供水既是提升区域水安全保障能力的重要举措，也是推动优水优用的有效措施。以义乌市多层次分质供水系统为研究对象，针对现行水价形成机制在分质供水工程系统水价核定的局限性，提出了供给侧分类水价研究思路，即多水源供水工程体系作为一个整体，遵循补偿成本、合理利润的原则，确定义乌市多水源综合核算水价，再采用合作博弈技术确定供给侧分类水价，提出了相应的数学模型和求解方法。结果表明：该研究思路和模型方法在保护利益相关方合法权益的同时，能够实现优质优价，促进了多水源合理配置和高效利用，具有实用性和可行性。

关键词：供给侧分类水价；准许成本；核算水价；合作博弈技术

1　区域概况

义乌市位于浙江省中部，陆域面积 1 105 km^2，地形地貌以丘陵为主，多年平均当地水资源量 8.25 亿 m^3。2023 年，全市常住人口 190.3 万人，国内生产总值 2 055.62 亿元，用水总量 3.012 2 亿 m^3，全市常住人口 1 722 人/km^2，经济规模 1.86 亿元/km^2，人均水资源量 433.5 m^3，属于“丰水地区的缺水县（市、区）”。因人口和经济要素高度聚集，该市既存在水资源保障能力不足问题，也面临着较大的水生态环境压力。为解决这些问题，义乌市委、市政府积极开展全域分质供水工程建设，全市已经形成由水库水、河道水和再生水为水源的多层次分质供水格局，各类水源的供水工程规模和供水对象见表 1。

表 1　义乌市不同水源现状供水能力统计

序号	供水水源	供水规模/(万 m^3/d)	供水对象
1	水库水（义乌市域内 6 座水库和域外 2 座水库）	74	城镇生活与公共用水、部分工业行业用水
2	河道水（义乌江及其义乌境内支流）	36	工业用水、生活分质用水、景观环境配水
3	再生水（污水处理厂尾水）	17.5	工业用水、景观环境配水

经过多年持续建设，义乌市已经形成“三源三质四网”的分质供水系统，其概化图见图 1。该模式由 3 套供水工程体系组成：一是由水库水源、城镇公共水厂、城镇公共供水管网构成的优质水供水工程体系；二是由河道水源、生态和工业水厂、城镇分质供水管网和水系工程激活网络构成的一般水供水工程体系；三是由污水处理厂尾水水源、生态水厂和再生水工业水厂、工业分质供水管网和水系

基金项目：浙江省水利厅科技计划项目（RB2020）；浙江省水利厅科技计划项目（RC2418）。

作者简介：苏龙强（1989—），男，高级工程师，主要从事水资源与节水管理研究工作。

工程激活网络构成的再生水利用工程体系，该模式具有“多源互济、保供减排、全面覆盖、多质多网”等特点。

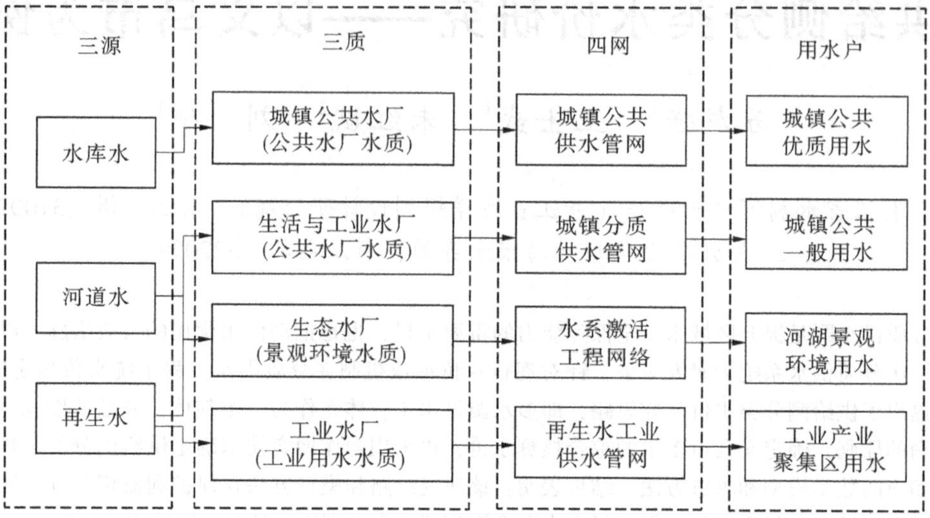

图 1　义乌市“三源三质四网”分质供水系统概化图

2　开展供给侧分类水价研究的必要性

在多水源分质供水情况下，按照现行“准许成本加合理收益”的方法核定水价会导致核定水价与社会公众支付意愿“失衡现象”。具体表现为：水库水因基础设施建设时间早、供水规模大、水源保护较好等，其准许成本较小，核定水价较低，社会公众接受度高；而再生水利用因水厂和管网需要新建，且建设规模相对较小、政策处理难、建设和运行成本高等，其准许成本较大，核定水价较高，社会公众接受度不高；河道水的核定水价处在水库水和再生水的核定水价之间。这样的核定水价成果，既不符合《中华人民共和国水法》规定的优质优价的原则，也不符合“按照与自来水保持竞争优势的原则确定再生水价格”的政策要求，难以调动各类用水主体利用再生水与河道水的积极性和主动性，影响多水源配置效益和效率[1-2]。

根据国家供给侧结构性改革理论，义乌市分质供水工作属于水务领域推进供给侧结构性改革、服务社会经济高质量发展的有效举措。为有效解决前述水价“失衡现象”，发挥水价机制在推动分质供水、优水优用、优质优价上的重要作用，根据供给侧结构性改革的核心思想——实现基于供需方式、供需结构等领域的供需适配、供需平衡范式[3-4]，有必要开展义乌市供给侧分类水价研究。

3　供给侧分类水价研究思路与数学模型

3.1　研究思路

分质供水水价问题本质上属于多种水源统一配置后水价统一形成机制问题。基于水库水、河道水和再生水统一配置后形成的由水资源-社会经济-生态环境要素构成的复杂水资源系统特征，这里将义乌市多种水源供水工程体系作为一个整体，基于水资源配置方案，遵循补偿成本、合理利润的原则，确定义乌市多水源综合核算水价；再以此为依据，考虑水价机制的利益相关方众多（包括地方政府、多个供水企业、多类多个用水户）且目标各异、水源水量水质对多类用水户的支付意愿有显著影响、用水户支付意愿现有工具和方法难以准确量化等因素，这里采用合作博弈技术确定供给侧最佳分类水价策略，进而推进优质优用、优质优价[5-7]。

3.2　数学模型

3.2.1　义乌市多水源水价准许成本和综合核算水价模型

义乌市多水源水价准许成本和综合核算水价模型如下：

$$A_0=\frac{\sum_{i=1}^{n}A_0^iW^i}{\sum_{i=1}^{n}W^i}=\frac{\sum_{i=1}^{n}(A_{R0}^i+A_{P0}^i)W^i}{\sum_{i=1}^{n}W^i} \tag{1}$$

$$C_0=A_0+\alpha+\beta \tag{2}$$

式中：A_0 为多水源综合准许成本；W^i 为第 i 水源配置水量；A_0^i 为第 i 水源准许成本；A_{R0}^i 为第 i 水源资源成本；A_{P0}^i 为第 i 水源工程成本；n 为水源分类数量；C_0 为多水源综合核算水价；α、β 分别为准许收益和税金。

3.2.2　基于合作博弈技术的供给侧分类水价模型

3.2.2.1　参与人

（1）地方政府。

（2）供水企业：不同水源的供水企业，有多个主体。

（3）用水户：不同类型的用水户，简化为居民用水、非居民用水和特种用水，政府作为全过程成本水价公共产品的承担主体，也纳入用水户管理。

3.2.2.2　水价策略

针对 M 类水源 N 类用水户的水价策略为 X_{ij}，即

$$X_{ij}=\begin{bmatrix}x_{11} & x_{12} & \cdots & x_{1N}\\ x_{21} & x_{22} & \cdots & x_{2N}\\ \vdots & \vdots & & \vdots\\ x_{M1} & x_{M2} & \cdots & x_{MN}\end{bmatrix}\quad i=1,2,\cdots,M;\ j=1,2,\cdots,N \tag{3}$$

式中：x_{iN} 为政府分摊水价。

居民生活水价受可支配收入约束。

3.2.2.3　支付函数

地方政府：作为公共产品的承担主体，其分摊水价应不大于未纳入再生水、实施分类水价时的承担水价 x_{iN}^0，即 $x_{iN}\leqslant x_{iN}^0$。

供水企业：水价策略能够实现各供水企业遵循补偿成本、合理利润原则确定的全成本水价，即

$$\sum_{i=1}^{M}\sum_{j=1}^{N}X_{ij}\times W_{ij}\geqslant\sum_{i=1}^{M}X_i^0 \tag{4}$$

式中：W_{ij} 为第 i 类水源 j 类用水户的用水量；X_i^0 为第 i 类水源的全过程成本水价。

用水户：水价策略下的各类用水户支付总额度 F 最小，计算模型为

$$F=\min\sum_{i=1}^{M}\sum_{j=1}^{N}x_{ij}\times W_{ij} \tag{5}$$

3.2.2.4　效用函数

地方政府：实现多水源统一配置的既定目标，即各类水源用水量近似等于配置方案的配置水量 W_i^0，判别模型为

$$\sum_{j=1}^{N}W_{ij}\approx W_i^0 \tag{6}$$

供水企业：对于给出的水价策略，供水企业的供水量有保障、供水水质满足需求。即：第 i 类水源供水企业的供水能力 W_i^* 不小于其相应的配制水量，第 i 类水源供水企业的供水水质 λ_i^* 满足用水户水质目标 λ_i^0 要求。判别模型为

$$W_i^*\geqslant W_i^0,\ \lambda_i^*\geqslant\lambda_i^0 \tag{7}$$

用水户：配置水量和水质满足各类用水户需求。模型同供水企业。

3.2.2.5 水价策略调整方案

每一轮博弈后，水价策略调整方案见表 2。

表 2 水价方案调整策略

利益相关方	支付函数判别条件	效用函数判别条件	调整策略
地方政府	政府分摊水价不高于未纳入再生水前水平	多水源配置合理，保障水安全	提高或降低水价，调整比价关系
供水企业	保本微利	供水能力充分利用	
用水户	除优质水外，其他水源支付水价不高于未纳入再生水前水平。用水户支付总额最小	水量水质满足需要	

3.2.2.6 最佳分类水价策略

所有参与人经过多轮博弈，效用函数满足、支付函数最佳的水价组合策略即为本文研究的水价策略 X_{ij}^*。

3.3 求解方法

对于上述模型，求解流程见图 2。

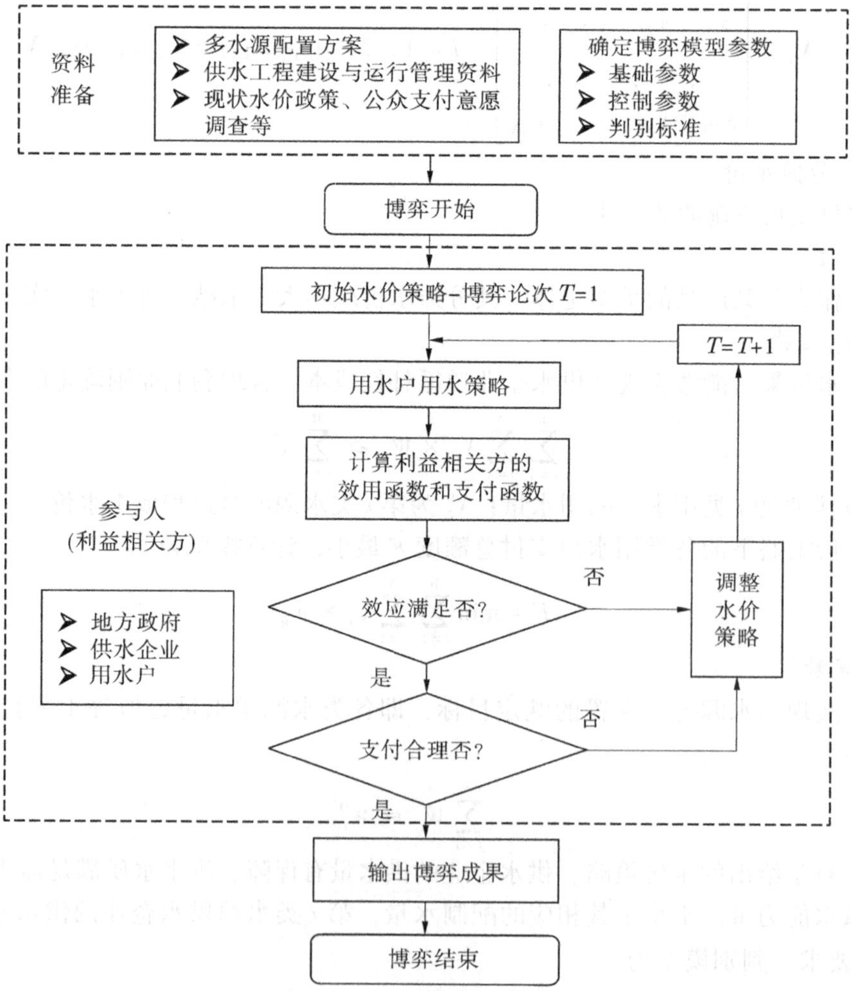

图 2 合作博弈模型求解流程

4 供给侧分类水价模型应用

按照义乌市分质供水格局，将义乌市供给侧水源分为水库水、河道水、再生水3类。根据相关政策、义乌市相关工程建设和运行管理资料，计算3类水源水价准许成本、核算水价成果，见表3；保持义乌市用户侧分类水价（第一档水价，见表4）相互关系和用水结构不变，采用前述基于合作博弈技术的供给侧分类水价模型计算获得义乌市供给侧和用户侧最佳分类水价计算成果，见表5。

表3 义乌市三类水源准许成本与核算水价成果 单位：元/t

序号	水源分类	准许成本	核算水价
1	水库水	4.38	4.70
2	河道水	5.10	5.47
3	再生水	5.86	6.28

注：表中收益率取5%，综合税率取准许成本的1%。

表4 义乌市现状用户侧分类水价 单位：元/t

分类	居民用水	非居民用水	特种用水
现状用户侧分类水价	3.15	5.30	7.50

表5 义乌市供给侧和用户侧最佳分类水价计算成果 单位：元/t

分类		用户侧分类水价		
		居民用水	非居民用水	特种用水
供给侧分类水价	水库水	3.09	5.06	8.15
	河道水	2.16	3.54	5.71
	再生水	1.54	2.53	4.08

5 结果分析

（1）从表3可以看出，在义乌市3类水源按照“准许成本加合理收益”的方法单独进行水价核定情况下，水库水的核定水价最低（4.70元/t），再生水的最高（6.28元/t），河道水居中（5.47元/t）。从社会公众支付意愿出发，水库水的支付意愿最高，再生水的最低，河道水居中。进而导致核算水价与社会公共支付意愿“失衡现象”，与优质优价的原则相违背。

（2）从表4、表5可以看出，采用基于合作博弈技术的供给侧最佳分类水价模型，可以获得义乌市供给侧最佳分类水价策略。其中：居民生活用水的供给侧分类水价，水库水的核定水价与现状水价基本一致（低0.06元/t），河道水和再生水的核定水价明显低于水库水；非居民用水的供给侧分类水价，水库水的核定水价与现状水价基本一致（低0.24元/t），河道水和再生水的核定水价也明显低于水库水；特种用水的供给侧分类水价，水库水的核定水价高于现状水价（高0.65元/t），但是河道水和再生水的核定水价明显低于现状水价（分别低1.79元/t、3.42元/t），这样的水价政策有利于推动特种行业优先使用再生水与河道水。

6 结论

基于义乌市分质供水工程体系，在多水源统一配置、统一调度情况下，提出了统一水价形成机制技术思路与模型方法，即将区域供水工程体系作为一个整体，遵循补偿成本、合理利润的原则，核算区域综合水价，采用合作博弈技术确定供给侧分类水价。该模型方法和计算成果充分利用价格机制在保护利益相关方合法权益的同时，能够实现优质优价，促进了多水源合理配置和高效利用。

参考文献

[1] 刘尚彬，胡彩虹，王士武，等．基于动态博弈模型的多水源-多用户水价定价机制研究：以义乌市为例［J］．中国农村水利水电，2024（5）：169-175.

[2] 赵小平．建立水资源可持续利用的水价机制［J］．宏观经济研究，2004（6）：7-10，20.

[3] 樊欣，孙浩进．供给侧结构性改革理论的马克思主义政治经济学特质：基于供求适配的范式脉络［J］．宁夏大学学报（社会科学版），2024，46（3）：89-95.

[4] 王韶华，张伟，何美璇，等．供给侧改革驱动绿色发展的文献综述［J］．商业经济研究，2020（14）：186-189.

[5] Wang S，Fu L，Peng H，et al. Study on an Equilibrium Water Price System Based on Cooperative Game Technology［J］. Water，2023，15（13）：2354.

[6] Wang S，Liu S，Yao S，et al. Game Theory Applications in Equilibrium Water Pricing of Multiple Regional Sources and Users［J］. Water，2024，16（13）：1845.

[7] 杨树莲，段治平．再生水与城市自来水比价关系研究：以青岛市为例［J］．技术经济与管理研究，2018（7）：23-27.

资料稀缺下河道水文-水动力-水质关系分析

吕文斌[1]　王　斌[1]　陈逸鸿[2]

（1. 珠江水利委员会珠江水利科学研究院，广东广州　510611；
2. 河海大学水灾害防御全国重点实验室，江苏南京　210024）

摘　要：城镇化背景下城市供水问题愈发严峻，而水库存储着我国大部分水资源，入库水质需得到保障。本文分析了雁田水库入库河道白坭坑排洪渠现状和未来在污染更高的初雨工况下的降雨与设计洪水及污染物浓度变化规律，得到了白坭坑排洪渠的水文-水动力-水质关系。发现污染物初雨效应明显，各污染物均表现为在降雨初期浓度急剧增加，在未来初雨降雨量达到 59 mm，入库水质可基本满足地表水Ⅴ类标准。因此，可根据实时水质情况，选择合适的位置进行洪水调节，并结合实测水质情况进行灵活调度，待水质达Ⅴ类标准后，再开闸泄水。

关键词：水质保障；水文分析；初雨；雁田水库

随着我国经济社会的不断发展，城镇化水平不断提高，城市人口数量也不断增长，导致水资源短缺、水生态环境恶化、水污染严重等问题发生，城市供水问题愈发严峻。据 2020 年统计，我国的人均水资源量只有 2 100 m^3，仅为世界人均水平的 28%。而我国的水资源主要存储在水库中，其总蓄水量为湖泊的 3 倍，是内陆供水不可或缺的一部分。水库入库河道是影响水库水质的关键，分析初雨时期入库河道的水污染及其与水文水动力的响应机制，控制入库水量水质，对保护水库水资源、提升水库水质至关重要。

现如今，针对水库及其入库河道水质与径流关系的研究多基于一维或二维的水动力水质模型模拟[1-3]。例如，孙博伦[4] 基于 MIKE21 构建了双峰寺水库的入库河道及水库水动力水质模型，分析了不同洪水下的流场及污染物输移规律，以此提出了若干防治措施改善水库水质。然而模型构建需要完备的地形资料和实测水动力水质数据，在缺乏地形数据时往往模型不够准确，在这种情况下，针对现有水动力水质资料的分析就显得尤为重要，现有的分析多基于长时间序列的水质资料，且大多数研究仅分析水质变化规律，没有聚焦到水质与水文水动力之间的联系，这就忽视了水质变化中水动力条件的重要作用[5-7]。

考虑到以往研究的不足，本文以东莞、深圳交界处雁田水库的入库河道白坭坑排洪渠为例，在资料稀缺的情况下，根据现状实测降雨数据和水质数据，分析了河道整治工程后初雨情况下河道的水文-水动力-水质关系，提出了提升入库水质的措施，以期能够为整治工程后雁田水库的水质提升提供有力支撑。

1　研究区域概况

雁田水库位于东莞市凤岗镇雁田乡，西南与深圳市龙岗区平湖街道毗邻，总库容 1 390.49 万 m^3，属于中型水库，Ⅲ等工程，现水库主要为深圳市和东莞市供水，另具防洪功能。

雁田水库是东深供水工程中重要供水水库之一，其主要入库支流为木古河，另外还有白坭坑支流（见图 1）。白坭坑支流分为 A、B 两条排水渠，其中一条支流（A 线）流经平湖街道白坭坑社区中心区域，集雨面积为 1.53 km^2，河长 2.79 km，河床平均比降 12‰；另一条支流（B 线）沿平盐铁路自

作者简介：吕文斌（1983—），男，高级工程师，主要从事水力学及河流动力学、环境水力学研究工作。

东向西，流经海吉星农产品批发市场和白坭坑煤气站，集水面积 1.02 km^2，河长 2.05 km，河床平均比降 9‰。

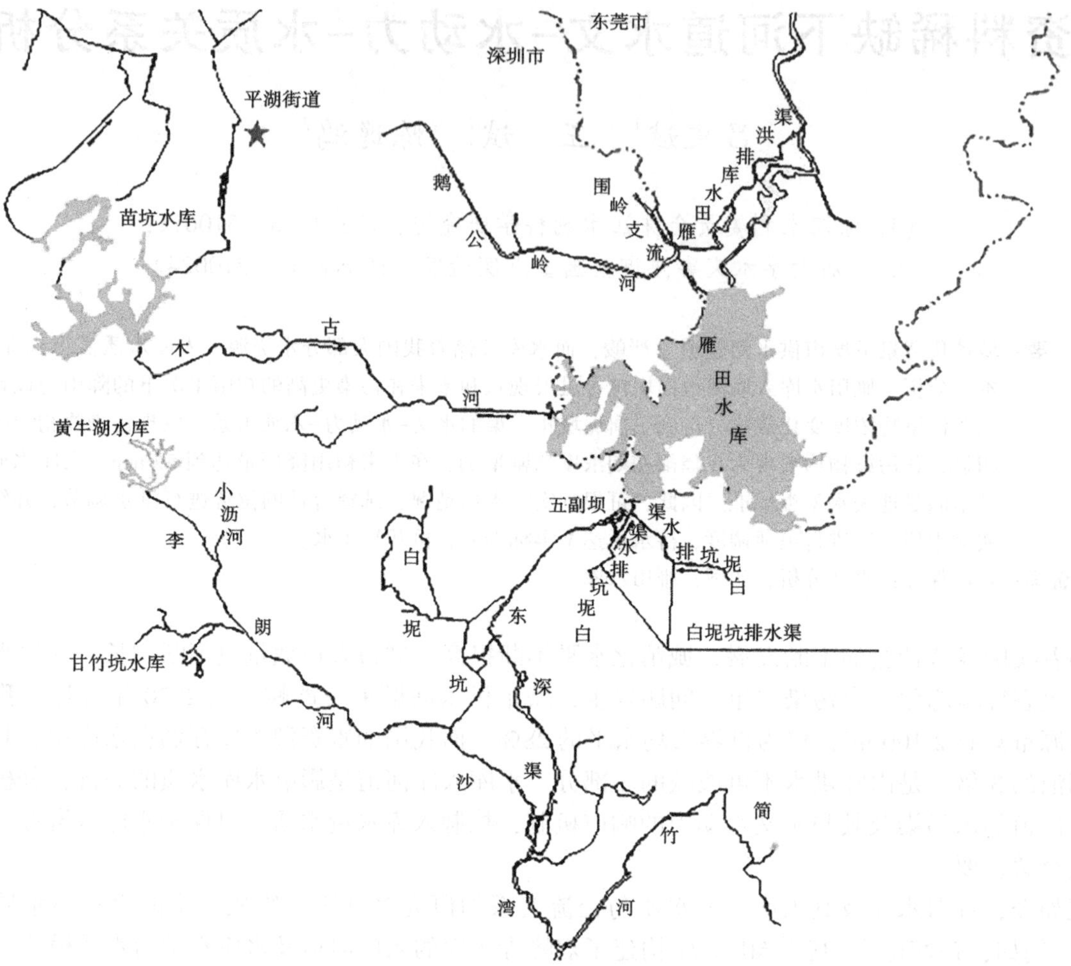

图1　雁田水库位置及其入库河流

白坭坑排水渠，属于雁田水库的汇水小支流，在雁田水库西南侧汇入水库，但白坭坑汇水支流现状水污染较为严重。目前，白坭坑排水渠综合整治工程正在进行，沿河铺设了截污管，有效地解决生活污水直接入河的问题，但是白坭坑建成区面源污染严重，特别是海吉星农产品批发市场，排水渠在雨季的水质难以达到水库入库水质要求，依旧存在影响水库水质安全的问题。

2　流域资料分析

本节主要分析了白坭坑排洪渠的降雨资料和设计洪水情况及现状与工程未来的水质情况，为后续分析水文-水动力-水质关系做准备。

2.1　降雨分析

考虑到甘竹坑雨量站只有精度较低的逐日雨量资料，因此收集附近深圳雨量站资料进行分析。本次研究收集了 2007 年 4 月至 2019 年 4 月每 5 min 降雨资料，以间隔 1 h 为判断降雨场次的标准，以大于 10 mm 作为判断形成径流的标准，对所有降雨资料进行统计分析。

从统计结果来看，2007 年 4 月至 2019 年 4 月 12 年间共发生降雨 467 场。其中，2014 年 5 月 11 日 6 时发生的降雨为单场降雨量最大，达到 312.4 mm；2008 年 6 月 13 日 6 时发生的降雨为单场降雨历时最长，达到 28.6 h；2010 年 5 月 7 日 2 时 40 分发生最大降雨强度，5 min 降雨量达到 22.3 mm；2009 年 3 月 5 日 13 时 40 分发生的降雨为雨前干燥天数最长，达到 137.9 d。

由于区域气候原因，汛期4—9月的降雨量占全年的80%以上，这直接造成部分旱季降雨或者汛期第一场雨的雨前干燥天数十分长，而较长的雨前干燥天数会使面源污染总负荷增加，产生的径流污染物浓度显著上升，因此根据降雨特性，本文着重分析污染较大的初雨情况，定义初雨为雨前干燥天数大于30 d的降雨，2007年至2019年4月雨前干燥天数超过30 d的降雨有25场，约一年2场。

2.2 设计洪水

流域内无其他实测洪水资料，因此采用设计暴雨间接推求设计洪水的方法计算流域内各断面的设计洪水，采用广东省综合单位线法进行洪水分析计算，白坭坑排水渠相关流域地理参数如表1所示。依据《广东省暴雨径流查算图表》确定相次研究区域所在的分区，收集研究区域集水面积 F、干流河长 L、平均坡降 J 等地理参数，计算集水区域特征参数 θ，确定汇流滞时 m_1 值和适宜的计算时段 Δt；依据分区分类的无因次单位线 $u_i - x_i$ 查得相应的单位线一阶原点距与上涨历时的比值 K 值，进而确定单位线的上涨历时 t_p；最后由各个参数之间的对应关系计算所需单位线。

表1 白坭坑排水渠相关流域地理参数

流域	F/km^2	L/km	J
白坭坑排水渠A线	1.53	2.79	0.012
白坭坑排水渠B线	1.02	2.05	0.009
白坭坑排水渠	2.55	2.79	0.012

由相应的设计暴雨及前文相关计算参数可推求入库径流过程，白坭坑排水渠A、B线典型洪水过程线如图2所示。

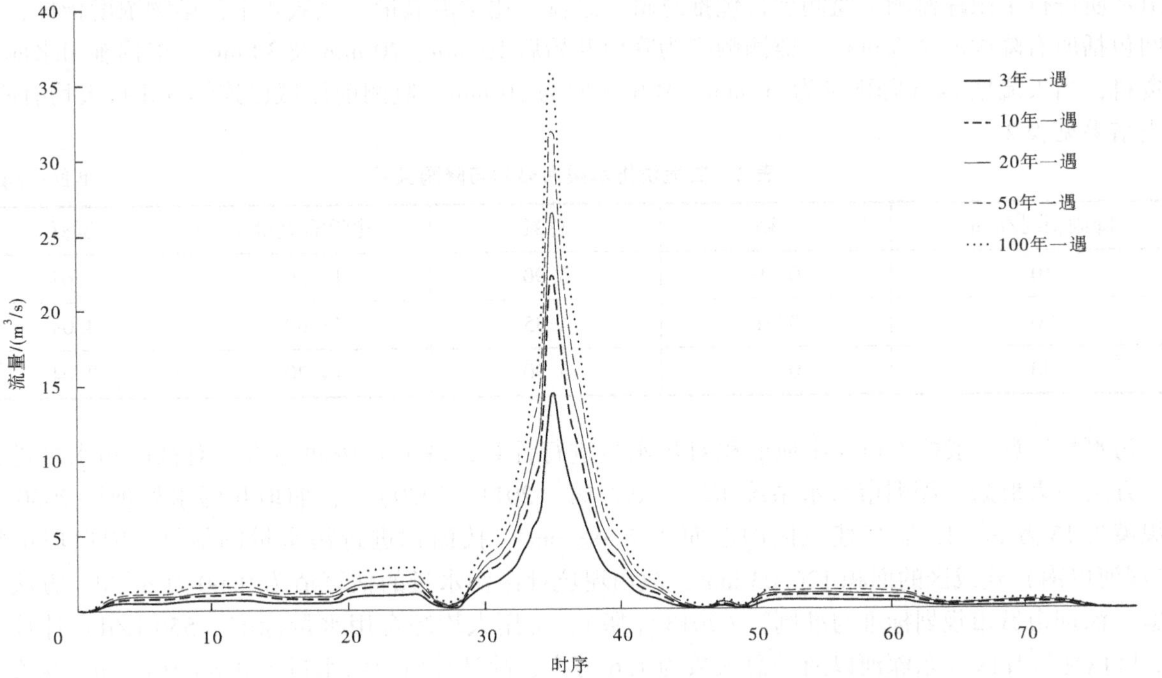

(a)A线设计洪水过程线

图2 白坭坑排水渠A、B线典型洪水过程

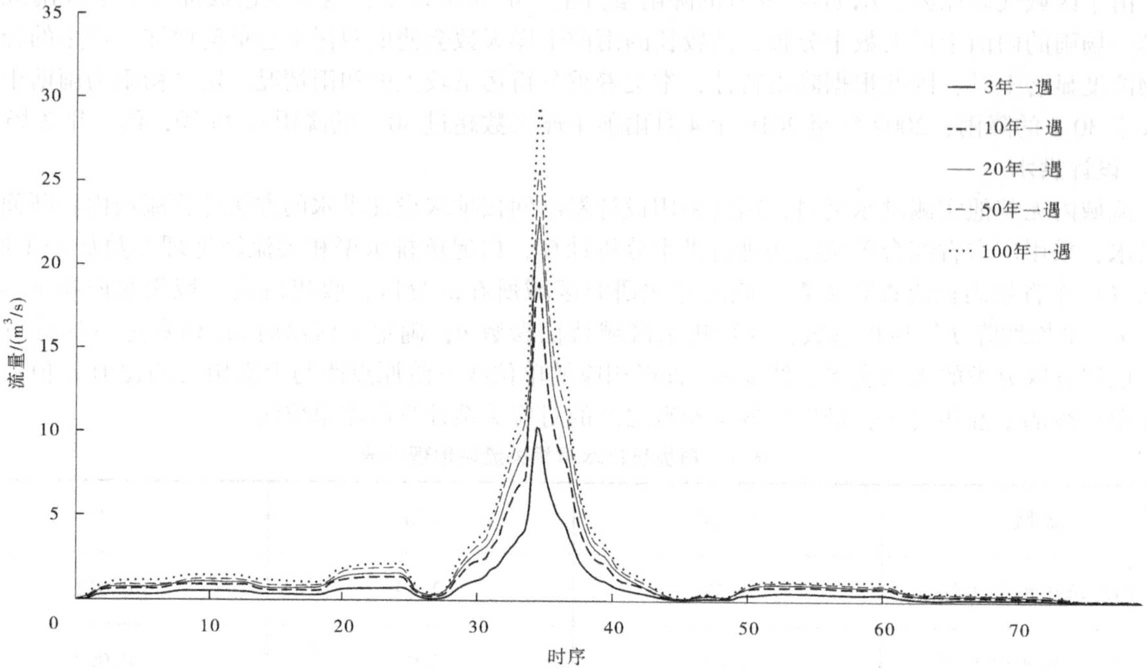

(b)B线设计洪水过程线

续图 2

2.3 水质情况分析

由于日常监测数据均为雨后的监测数据，与降雨历时不相关，且水质监测数据较少，因此为了更好地定量分析白坭坑入库雨水径流污染过程情况，于 2019 年 4 月 20 日对白坭坑片区当天降雨过程的河道水质进行了跟踪监测，监测项目包括总磷、总氮、化学需氧量、氨氮 4 个污染物浓度指标，监测时间包括所有降雨的全部过程，监测频率为降雨开始后 10 min、20 min 及 30 min。根据雁田水库雨量站资料，当天流域 24 h 降雨量为 40 mm，降雨历时为 30 min，监测前流域已连续 5 d 每天均有降雨，调查结果见表 2。

表 2　白坭坑排水渠污染物与降雨关系　　单位：mg/L

降雨历时/min	总磷	总氮	化学需氧量	氨氮
10	0.29	3.90	17.90	3.67
20	0.31	4.35	23.60	4.09
30	0.25	3.90	14.20	3.04

污水量计算一般按人口与用地面积对污水量进行计算，现分别按两种方法对社区污水量进行计算。方法一为根据《深圳市污水系统布局规划修编（2011—2020）》，埔地吓污水处理厂 2030 年规划规模为 13 万 m^3/d，服务建成区的总面积 2 388 hm^2。按面积进行污水量的估算，因白坭坑片区（东深河以南）建成区的面积 126.03 hm^2，故白坭坑社区污水量的估算值为 0.60 万 m^3/d。方法二为根据《深圳市城市规划标准与准则》（2013 年版），采用人均综合用水量标准（550 L/d）计算污水量。因白坭坑片区（东深河以南）总人数为 1.6 万人，故计算所得污水量为 0.88 万 m^3/d。从安全角度考虑，两种方法中取大者作为该区域的污水量，因此该片区平均日污水量采用 0.88 万 m^3/d，根据现状排放口调查成果，现状直排河道的污水量约 0.45 万 m^3/d。

根据水质监测数据，选取符合初雨情况且降雨量相对较大的 2018 年 11 月 26 日监测数据作为计算值，认为当日水质实测成果为日常污水及面源污染与当日降雨混合后得到的实测值。根据当日实测降雨量 47 mm，可计算出当日实测面源污染物总量及入河污染物总量，即为初雨工况下入河污染物总量计算成果，计算结果见表 3。

表 3　现状白坭坑初雨工况下入河污染物总量　　单位：kg/d

污染物总量	总磷	总氮	化学需氧量	氨氮
面源	79	601	4 570	560
入河	99	803	5 830	672

未来片区内多工程实施的，日常污水截污率可达到 90%以上，面源污染可相应减少 30%～50%，在此取面源污染减少 40%进行计算。根据现状污染负荷可计算得到未来白坭坑初雨工况下入河污染物总量，如表 4 所示。

表 4　未来白坭坑初雨工况下入河污染物总量　　单位：kg/d

污染物总量	总磷	总氮	化学需氧量	氨氮
面源	51	400	2 988	358
入河	55	440	3 235	380

深圳市曾分析了福田河流域地表径流的初期效应规律与特征，研究重点为洪水期污染物浓度随降雨历时的变化规律，研究成果具有很强的代表性及普遍性，因此福田河流域的研究成果将在白坭坑排洪渠洪水期间污染物浓度变化分析中作为重要参考。根据实测资料，对各污染物浓度与径流的关系建立了无量纲曲线，反映污染物累积浓度随累积径流量变化的一般规律。本文选用总磷、总氮、化学需氧量、氨氮 4 个主要污染物浓度变化进行分析，4 个主要污染物累积浓度与累积径流量的关系变化曲线如图 3 所示。

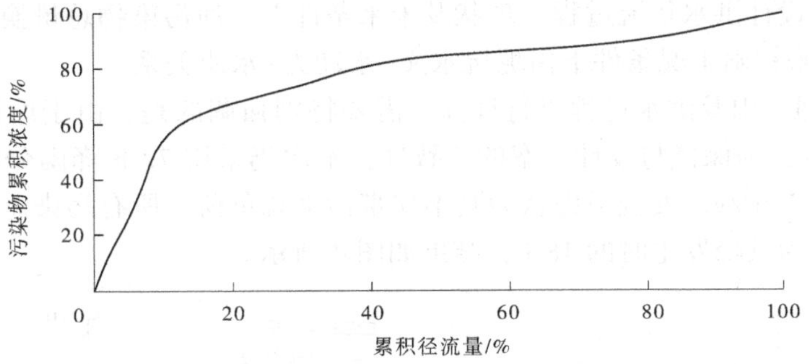

(a)总磷

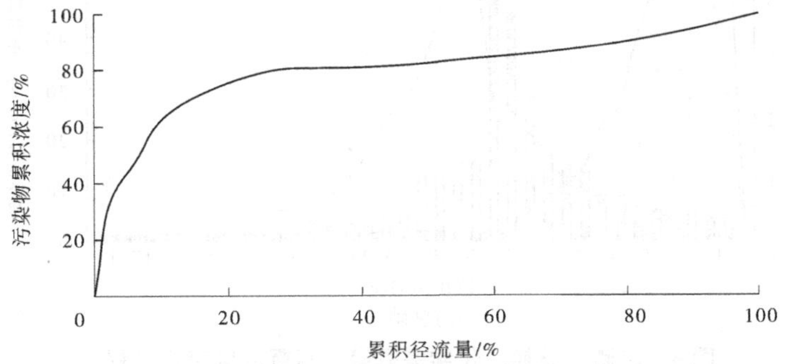

(b)总氮

图 3　总磷、总氮、化学需氧量、氨氮累积浓度与累积径流量关系变化曲线

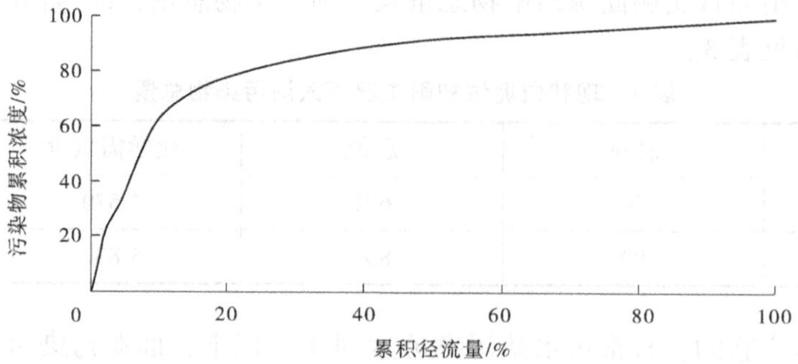

(c)化学需氧量

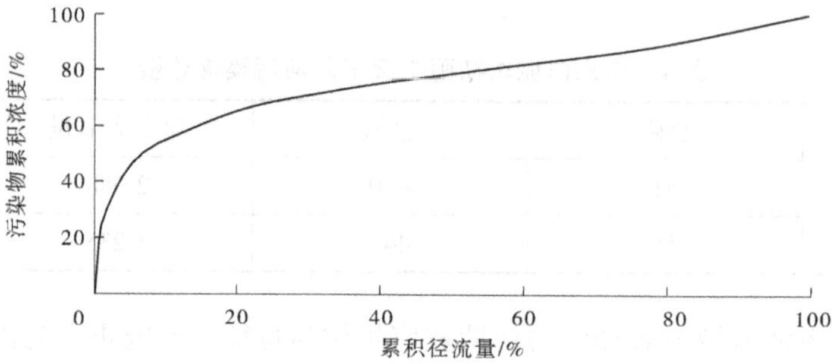

(d)氨氮

续图 3

3 水文-水动力-水质关系分析

3.1 白坭坑排洪渠水质与水文水动力过程

根据白坭坑排洪渠设计洪水径流过程，现状及未来条件下入河污染物总量换算成百分比后，根据图 2，可得到现状及未来初雨工况条件下白坭坑水文-水动力-水质关系。

本文选用 50 年一遇净雨及洪水过程进行计算。需要特别强调的是，由于原设计方案水文计算均采用 72 h 降雨进行分析，为保持与设计方案的一致性，本次仍采用 72 h 降雨分析。但洪峰到来之前的约 28 h，流量均低于 3 m^3/s，安全考虑认为其不挟带污染总负荷，所有污染总负荷均在洪峰期间被挟带出，因此计算时段为洪峰发生时的 18 h，结果如图 4 所示。

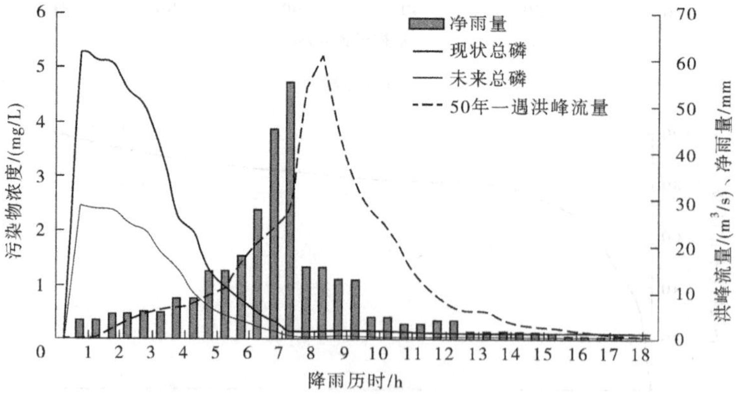

(a)总磷

图 4 总磷、总氮、化学需氧量、氨氮浓度变化过程

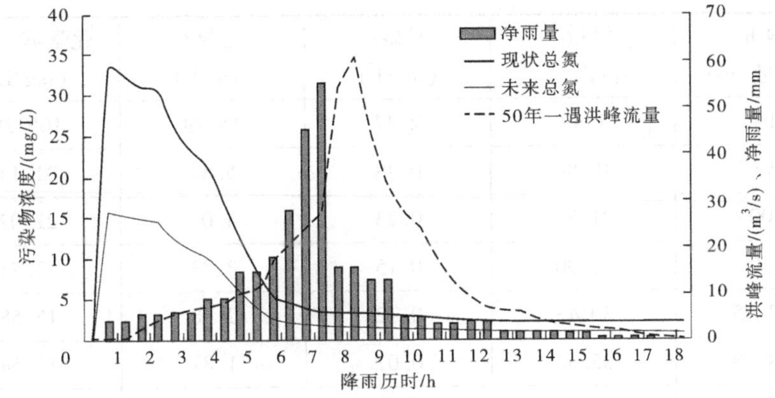

(b)总氮

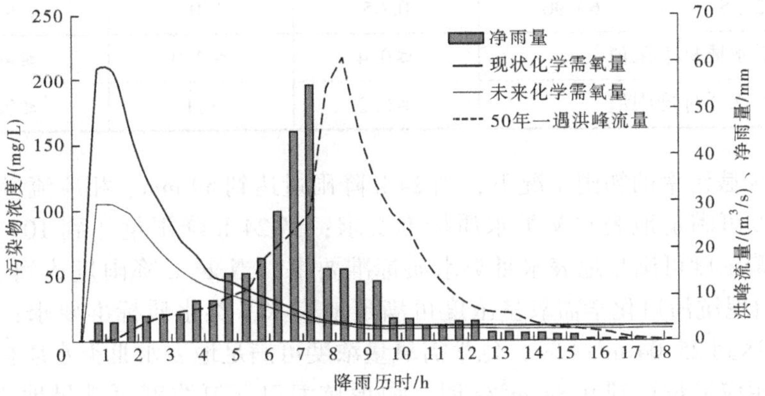

(c)化学需氧量

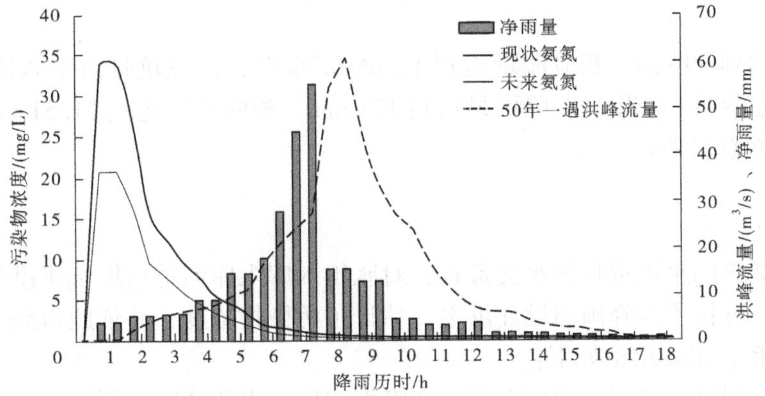

(d)氨氮

续图 4

由图 4 可知，污染物初雨效应明显，各污染物均表现为在降雨初期雨水的冲刷作用下，地表径流带动污染物入河，致使河道各污染物浓度急剧增加，而后维持高浓度污染一段时间，一般在降雨历时一段时间后，污染物浓度指标均下降至一定水平，至降雨后期，随着降雨量的增加，各污染物浓度基本维持在一个较低水平后不再有明显变化。

3.2　水文-水动力-水质定量关系

根据前文污染物随降雨量的计算方法，可建立水文-水动力-水质定量关系，得出各污染物达到相应的地表水标准限制时降雨量及相对应的流量，见表 5。

表 5　未来白泥坑排洪渠水文-水动力-水质定量关系

降雨重现期/年	24 h 降雨量/mm	流量/(m^3/s)	总磷/(mg/L)	总氮/(mg/L)	化学需氧量/(mg/L)	氨氮/(mg/L)
—	10	1.49	2.47	15.79	105.28	20.86
—	50	10.84	0.48	5.82	31.14	2.08
—	100	21.71	0.23	4.05	22.02	0.96
—	150	27.30	0.15	3.23	17.71	0.74
3	187.95	30.43	0.12	2.48	15.58	0.49
10	288.58	35.52	0.07	1.87	12.54	0.55
50	418.25	55.50	0.05	1.17	10.47	0.42
100	472.25	60.90	0.05	1.01	9.84	0.38
地表水Ⅴ类水质标准限值			≤0.4	≤2.0	≤40	≤2.0
地表水Ⅲ类水质标准限值			≤0.2	≤1	≤20	≤1

在未来达到90%截污率的初雨工况下，当24 h降雨量达到59 mm、相应流量达到12.66 m^3/s 时，白坭坑河口总磷浓度可满足地表水Ⅴ类水质标准要求；当24 h降雨量达到107 mm、相应流量达到23.09 m^3/s 时，总磷浓度可满足地表水Ⅲ类水质标准要求；当24 h降雨量达到32 mm、相应流量达到9.13 m^3/s 时，白坭坑河口化学需氧量浓度可满足地表水Ⅴ类水质标准要求；当24 h降雨量达到121 mm、相应流量达到25.04 m^3/s 时，化学需氧量浓度可满足地表水Ⅲ类水质标准要求；当24 h降雨量达到38 mm、相应流量达到9.84 m^3/s 时，白坭坑河口氨氮浓度可满足地表水Ⅴ类水质标准要求；当24 h降雨量达到99 mm、相应流量达到21.51 m^3/s 时，氨氮浓度可满足地表水Ⅲ类水质标准要求。

因此，降雨量达到59 mm、相应流量达到12.66 m^3/s 时，白坭坑排洪渠入库水质可基本满足地表水Ⅴ类标准（除总氮外）；当24 h降雨量达到121 mm、相应流量达到21.51 m^3/s 时，可基本满足地表水Ⅲ类标准（除总氮外）。

4　结论

本文基于现状贫乏的水质资料和水文资料，对雁田水库入库河道白坭坑排洪渠现状和未来在污染更高的初雨工况下，分析了其降雨与设计洪水，估计了污染物浓度，并依此得到了白坭坑排洪渠的水文-水动力-水质关系，主要结论如下：

污染物初雨效应明显，各污染物均表现为在降雨初期雨水的冲刷作用下，地表径流带动污染物入河，致使河道各污染物浓度急剧增加，至降雨后期，各污染物浓度基本维持在一个较低水平后不再有明显变化，且未来的污染物最高浓度计划只有现状浓度的一半。在未来截污率达到90%的条件下，初雨降雨量达到59 mm、相应流量达到12.66 m^3/s 时，入库水质可基本满足地表水Ⅴ类水质标准，而当24 h降雨量达到121 mm、相应流量达到21.51 m^3/s 时，入库水质可基本满足地表水Ⅲ类水质标准。

由于污染物的初期效应，泄流的污染物浓度最高时，泄流量并不大，可根据实时水质情况，选择合适的位置进行洪水调节，并结合实测水质情况进行灵活调度，当水质达不到Ⅴ类标准要求，关闭泄水闸，待水质达Ⅴ类标准后，再开闸泄水，或当监测水质达到Ⅲ类标准要求时，可以提前让洪水进入雁田水库，减少直接下泄对下游河道的防洪影响。

参考文献

［1］李海华，肖保增，靳凯丽，等．黄河三门峡水库水质预测模型构建及对比分析［J］．环境工程，2024，42（12）：1-7.
［2］田卫红，柯雪松，宋为威．城市高密度建成区水源型水库水质保障工程环境质量提升研究：以深圳铁岗水库为例［J］．环境工程，2024，42（1）：191-198.
［3］蓝茂富．水动力-水质模型在水库污染防治中的应用研究［J］．水利科技与经济，2023，29（12）：73-77.
［4］孙博伦．基于水动力-水质模型的双峰寺水库水污染防治技术研究［D］．邯郸：河北工程大学，2022.
［5］康莹，王诗怡，曹鲲鹏，等．官厅水库及上游河道水质时空变化特征分析［J］．北京水务，2024（增刊）：38-44.
［6］刘小蕊，王志民，汪银龙．深圳宝安区铁岗水库入库河流污染削减研究［J］．环境工程，2024，42（10）：26-32.
［7］胡春春，李亚楠，杨倩，等．密云水库上游河道水质时空变化特征分析［J］．海河水利，2023（1）：20-24.

2024中国水利学术大会论文集

第四分册

中国水利学会 编

黄河水利出版社

内 容 提 要

本书是以“发展水利新质生产力，助力高水平科技自立自强”为主题的2024中国水利学术大会论文合辑，积极围绕当年水利工作热点、难点、焦点和水利科技前沿问题，重点聚焦水资源短缺、水生态损害、水环境污染和洪涝灾害频繁等新老水问题，主要分为水生态、智慧水利等板块，对促进我国水问题解决、推动水利科技创新、展示水利科技工作者才华和成果有重要意义。本书旨在助力我国水问题解决、推动水利科技创新，可供广大水利科技工作者和大专院校师生交流学习和参考。

图书在版编目（CIP）数据

2024中国水利学术大会论文集 ：全七册 / 中国水利学会编. -- 郑州 ：黄河水利出版社，2024. 12.
ISBN 978-7-5509-4078-9

Ⅰ. TV-53

中国国家版本馆CIP数据核字第2024KN8997号

策划编辑：杨雯惠　电话：0371-66020903　E-mail：yangwenhui923@163.com

出版发行　黄河水利出版社
地址：河南省郑州市顺河路49号　邮政编码：450003
网址：www.yrcp.com　E-mail：hhslcbs@126.com
发行部电话：0371-66020550

承印单位　河南新华印刷集团有限公司
开　　本　889 mm×1 194 mm　1/16
印　　张　275（总）
字　　数　8 712千字（总）
版次印次　2024年12月第1版　2024年12月第1次印刷

定　　价　1 260.00元（全七册）

《2024 中国水利学术大会论文集》

编　委　会

主　任： 段　虹

副主任：（以姓氏笔画为序）

丁留谦　王　孟　王　煜　牛志奇　白　涛　刘九夫
刘忠恒　刘雪梅　江恩慧　许继军　孙和强　李　江
李国玉　李瑞清　李锦秀　李德旺　杨　芳　张　阳
张文洁　张淑华　陈　文　周蓓蓓　郑小康　赵　勇
姚仕明　夏　军　钱　峰　凌红波　高俊峰　彭少明
彭文启　蒋云钟　韩宇平　韩瑞光　鲁胜力　谭徐明
潘保柱　戴长雷　鞠连义

委　员：（以姓氏笔画为序）

马志鹏　王　英　王　琼　朱　滨　刘　扬　刘　彧
刘　晓　刘建峰　刘姗姗　齐　莹　关　炜　李　琳
李云鹏　李军华　李聂贵　杨姗姗　何　凡　佟可欣
辛小康　宋锦焘　张　艳　张　翔　张广朋　张伟兵
张晓勤　张爱静　林　莉　季昭沁　周　普　郑小康
赵广举　赵进勇　倪城玲　徐　红　康爱卿　董　飞
曾　焱　熊卫红　颜文珠　霍炜洁

前言

PREFACE

学术交流是学会立会之本。作为我国历史上第一个全国性水利学术团体，90多年来，中国水利学会始终秉持“联络水利工程同志、研究水利学术、促进水利建设”的初心，团结广大水利科技工作者砥砺奋进、勇攀高峰，为我国治水事业发展提供了重要科技支撑。自2000年创立年会制度以来，中国水利学会20余年如一日，始终认真贯彻党中央、国务院方针政策，落实水利部和中国科协决策部署，紧密围绕水利中心工作，针对当年水利工作热点、难点、焦点和水利科技前沿问题、工程技术难题，邀请院士、专家、代表和科技工作者展开深层次的交流研讨。学术年会已成为促进我国水问题发现解决、推动水利科技创新、展示水利科技工作者才华成果的良好交流平台，为服务水利科技工作者、服务学会会员、推动水利学科建设与发展作出了积极贡献。为强化学术年会的学术引领力，自2022年起，中国水利学会学术年会更名为中国水利学术大会。

2024中国水利学术大会以习近平新时代中国特色社会主义思想为指导，认真贯彻落实党的二十大精神，紧紧围绕“节水优先、空间均衡、系统治理、两手发力”治水思路，以“发展水利新质生产力，助力高水平科技自立自强”为主题，聚焦发展水利新质生产力，从水旱灾害防御、河湖生态保护和治理、数字孪生水利建设、水资源集约节约利用等多领域，设置一个主会场和智慧水利·数字孪生、水利大模型、水生态等19个专题会议。

大会论文征集通知发出后，受到广大会员和水利科技工作者的广泛关注，我们收到来自有关政府部门、科研院所、大专院校和设计、施工、管理等单位科技工作者的论文共880余篇。为保证本次大会入选论文的质量，大会积极组织相关领域的专家对稿件进行了评审，共评选出653篇主题相符、水平较高的

论文入选论文集。按照大会各专题会议，本论文集共分7册予以出版。

本论文集的汇总工作由中国水利学会秘书处牵头、各专题会议协助完成。论文集的编辑出版也得到了黄河水利出版社的大力支持和帮助，参与评审、编辑的专家和工作人员付出了艰辛的劳动，在此一并表示感谢。同时，对所有应征投稿的论文作者表示诚挚的谢意。

由于编辑出版论文集的工作量大、时间紧，且编者水平有限，错漏在所难免。不足之处，欢迎广大作者和读者批评指正。

中国水利学会

2024年12月12日

目录

CONTENTS

水 生 态

生态水利工程学

水　生　态

英德市官田水流域鱼类资源调查

柳志会[1]　陈一竹[2]　朱远生[2]　王　丽[2]　李旭阳[2,3]

（1. 水利部珠江水利委员会水文水资源局，广东广州　510611；
2. 珠江水资源保护科学研究所，广东广州　510611；
3. 大连海洋大学，辽宁大连　116023）

摘　要： 为探究英德市官田水流域鱼类资源群落组成现状，于 2022 年 5 月、10 月在官田水流域开展鱼类资源调查，本次调查设置采样点 7 个。采集到鱼类 43 种，隶属于 7 目 15 科 37 属，其中鲤形目鱼类最多，共计 25 种，占总种数的 58.14%。从区系组成上看，该地区以中国平原区系复合体和南方平原区系复合体鱼类为主。本次调查中齐氏罗非鱼（*Coptodon zillii*）、尼罗罗非鱼（*Oreochromis niloticus*）、伽利略罗非鱼（*Tilapia galilaea*）、麦瑞加拉鲮（*Cirrhinus mrigala*）、食蚊鱼（*Gambusia affinis*）等外来物种占本次总样本量的 33.42%。表明官田水流域内已出现较为严重的外来鱼类入侵现象，应加强外来鱼类的管控，以保护当地土著鱼类。

关键词： 官田水流域；鱼类资源；生态类型；区系复合体

英德市位于南岭山脉东南部，广东省中北部，北江中游。周围山地环绕向南倾斜的盆地主体，盆地东面以滑水山山脉为界，北面为黄思脑山脉，南面为一群花岗岩和低山、丘陵地区，西面主要为一列呈西北—东南走向的山脉屏障。英德市地处北江流域水系，河道众多，录入英德市河湖名录的河流有 165 条，其中流域面积 1 000 km^2 以上河流有 4 条，包括北江、滃江、连江、烟岭河。官田水流域位于英德市，系北江一级支流，发源于英德市英红镇梅花山顶，于横石塘镇共耕村与其一级支流横石塘水汇合后，转折至英红镇园顶村白石窑陂下游汇入北江。流域内群山峻岭，林木茂盛，河道蜿蜒曲折，山坑小溪众多，属亚热带海洋性季风气候区，受海洋气候调节，气候温暖湿润，生态环境适合水生生物生长。近年来，大量学者对北江水生生物资源开展多角度研究，如北江鱼类群落结构及其与环境因子的关系[1]、水生生物群落结构[2-3]、鱼类资源及其保护研究[4-5]等。但官田水流域鱼类资源相关研究鲜有报道。本文以现场采样和多渠道走访对官田水流域鱼类资源本底情况进行调查，以期为该地区鱼类资源保护提供科学依据。

1　调查方法

1.1　采样点设置

2022 年 5 月、10 月对官田水流域鱼类资源进行调查，共设置 7 个采集点。具体采样点信息见图 1。

1.2　样本采集与鉴定

样本采集与保存参照《内陆水域渔业自然资源调查手册》与《生物多样性观测技术导则　内陆水域鱼类》（HJ 710.7—2014）[6-7]的方法进行。样本采集以地笼和复合刺网为主，晚放晨收。鱼类鉴定主要参考《珠江鱼类志》《中国动物志》《中国淡水鱼类检索》等[8-10]。

1.3　数据分析

物种多样性依据 Shannon-Wiener 多样性指数（H）、Pielou 均匀度指数（J）、Simpson 优势度指

作者简介： 柳志会（1973—），男，高级工程师，主要从事水利工程生态保护相关研究工作。
通信作者： 陈一竹（1994—），男，硕士研究生，主要研究方向为鱼类生态学。

数（D）、Margalef 丰富度指数（d）衡量[11]。计算公式如下：

$$\left.\begin{aligned} H &= -\sum \frac{n_i}{N}\ln\frac{n_i}{N} \\ J &= \frac{H}{\ln S} \\ D &= 1 - \sum\left(\frac{n_i}{N}\right)^2 \\ d &= \frac{S-1}{\ln N} \end{aligned}\right\} \quad (1)$$

式中：S 为样品中种类总数；N 为样品中所有种的个体总数；n_i 为第 i 种的个体数目。

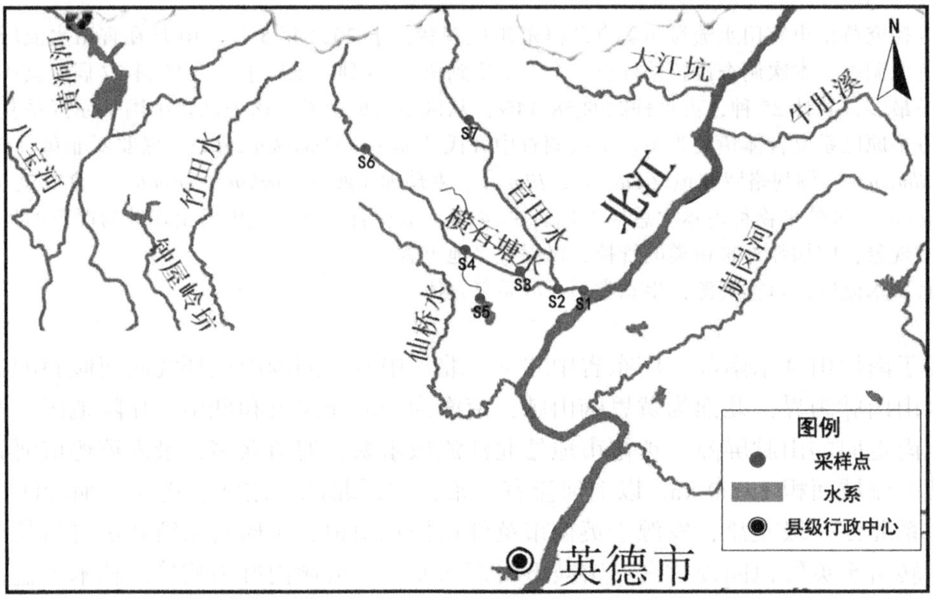

图 1　官田水流域采样点设置

2　结果

2.1　种类组成

在官田水流域开展的鱼类资源调查中，共采集到鱼类 406 尾，隶属于 7 目 15 科 43 种。其中，占主体部分的为鲤形目鱼类，共计 25 种，占总种数的 58.14%；鲈形目 8 种，占总种数的 18.60%；鲇形目 5 种，占总种数的 11.62%；鲻形目 2 种，占总种数的 4.65%；鲱形目、鲑形目、颌针鱼目各 1 种，各占总种数的 2.33%。鲤科是鲤形目中最大的类群，有 20 属 21 种，占总种数的 48.84%。从鱼类的种类组成来看，官田水流域鱼类资源以鲤形目鲤科鱼类占绝对优势。官田水流域鱼类名录见表 1。

2.2　鱼类生态类型与区系划分

通过生活习性与产卵类型进行分类。在此次官田水流域鱼类资源调查中，定居性鱼类种类数最多，占总数的 51.16%；山溪性鱼类 11 种，占总数的 25.58%；四大家鱼、七丝鲚及三角鲂等洄游性鱼类 10 种，占总数的 23.26%。按产卵方式可以划分为沉性卵、黏性卵、漂流性卵、漂浮性卵、卵胎生与产于蚌壳内。其中，产黏性卵鱼类种类数最多，占总数的 39.53%；其次为产沉性卵鱼类，占总数的 32.5%；再次为产漂流性卵鱼类，占总数的 20.93%；产漂浮性卵、卵胎生、产于蚌壳内鱼类各占总数的 2.33%。按鱼类生活水层划分，底栖鱼类 18 种，占总数的 41.86%；中下层鱼类 13 种，占总数的 30.23%；中上层鱼类最少，占总数的 27.91%。官田水流域鱼类生态习性和区系划分见表 2。

表 1　官田水流域鱼类名录

项目	种类	采样点						
		S1	S2	S3	S4	S5	S6	S7
鲱形目 Clupeiformes								
鳀科 Engraulidae	七丝鲚 *Coilia grayi*	4						
鲑形目 Salmoniformes								
银鱼科 Salangidae	白肌银鱼 *Leucosoma chinensis*	4						
鲤形目 Cypriniformes								
鲤科 Cyprinifdae	宽鳍鱲 *Zacco platypus*		2	4		1	1	2
	马口鱼 *Opsariichthys bidens*	8	5	4		4		
	鳘 *Hemiculter leucisculus*	27			2	1		
	翘嘴鲌 *Culter alburnus*	2		1				
	三角鲂 *Megalobrama terminalis*	2						
	圆吻鲴 *Distoechodon tumirostris*	1						
	黄尾鲴 *Xenocypris davidi*	13			3		3	2
	鲤 *Cyprinus carpio*	2			3			
	鲫 *Carassius auratus*	1	1	4	1	3	3	8
	鲮 *Cirrhinus molitorella*	30	2	3		2		
	麦瑞加拉鲮 *Cirrhinus mrigala*		1	2				
	青鱼 *Mylopharyngodon piceus*	1						
	赤眼鳟 *Squaliobarbus curriculus*	3						
	草鱼 *Ctenopharyngodon idella*	1						2
	间䱻 *Hemibarbus medius*	1						
	小鳈 *Sarcocheilichthys parvus*		4	10				
	银鮈 *Squalidus argentatus*	1	4	1				
	中华鳑鲏 *Rhodeus sinensis*		2	2			1	1
	侧条光唇鱼 *Acrossocheilus parallens*		3	2		4	4	
	鲢 *Hypophthalmichthys molitrix*	1						
	鳙 *Aristichthys nobilis*	1						
鳅科 Cobitidae	美丽小条鳅 *Micronemacheilus pulcher*			1				
	中华花鳅 *Cobitis sinensis*						2	
	泥鳅 *Misgurnus anguillicaudatus*			1				
平鳍鳅科 Balitoridae	平舟原缨口鳅 *Vanmanenia pingchowensis*						1	
鳉形目 Cyprinodontiformes								
青鳉科 Cyprinodontidae	青鳉 *Oryzias latipes*						4	16
胎鳉科 Poeciliidae	食蚊鱼 *Gambusia affinis*						5	
鲇形目 Siluriformes								

续表 1

项目	种类	采样点						
		S1	S2	S3	S4	S5	S6	S7
鲇科 Siluridae	鲇 *Silurus asotus*	1						
鲿科 Bagridae	瓦氏黄颡鱼 *Pelteobagrus vachelli*	3						
	黄颡鱼 *Pelteobagrus fulvidraco*	1						
	粗唇鮠 *Leiocassis crassilabris*	1						
	斑鳠 *Mystus guttatus*	6						
颌针鱼目 Beloniformes								
鱵科 Hemiramphidae	间下鱵 *Hyporhamphus intermedius*	4						
鲈形目 Perciformes								
鮨科 Serranidae	斑鳜 *Siniperca scherzeri*	1						
丽鱼科 Cichlidae	齐氏罗非鱼 *Coptodon zillii*	3	5	68		10	18	20
	尼罗罗非鱼 *Oreochromis niloticus*				2	2		
	伽利略罗非鱼 *Tilapia galilaea*				1			
塘鳢科 Eleotridae	尖头塘鳢 *Eleotris oxycephala*	1						
鰕虎鱼科 Gobiidae	子陵吻鰕虎鱼 *Rhinogobius giurinus*		2	1		4	5	3
	斑纹舌吻鰕虎鱼 *Glossogobius olivaceus*							1
鳢科 Channidae	斑鳢 *Channa maculata*	2						
合计		406						

表 2 官田水流域鱼类生态习性和区系划分

种类	区系划分	生态类型			
七丝鲚 *Coilia grayi*	W	U	P	CA	3
白肌银鱼 *Leucosoma chinensis*	Z	U	H	CA	3
宽鳍鱲 *Zacco platypus*	Z	U	SP	PH	2
马口鱼 *Opsariichthys bidens*	Z	U	SP	CA	2
䱗 *Hemiculter leucisculus*	Z	U	H	OM	1
翘嘴鲌 *Culter alburnus*	Z	U	V	CA	1
三角鲂 *Megalobrama terminalis*	Z	L	V	OM	3
圆吻鲴 *Distoechodon tumirostris*	Z	De	V	PH	2
黄尾鲴 *Xenocypris davidi*	Z	L	V	PH	3
鲤 *Cyprinus carpio*	W	U	V	OM	1
鲫 *Carassius auratus*	W	U	V	OM	1
鲮 *Cirrhinus molitorella*	NP	De	SP	PH	1
麦瑞加拉鲮 *Cirrhinus mrigala*	/	De	SP	PH	1
青鱼 *Mylopharyngodon piceus*	Z	De	SP	CA	3

续表 2

种类	区系划分	生态类型			
赤眼鳟 *Squaliobarbus curriculus*	Z	L	H	OM	3
草鱼 *Ctenopharyngodon idella*	Z	L	SP	PH	3
间餶 *Hemibarbus medius*	W	De	V	CA	2
小鳈 *Sarcocheilichthys parvus*	W	De	SP	OM	2
银鮈 *Squalidus argentatus*	Z	L	H	OM	1
中华鳑鲏 *Rhodeus sinensis*	W	U	HI	OM	1
侧条光唇鱼 *Acrossocheilus parallens*	NP	L	V	OM	2
鲢 *Hypophthalmichthys molitrix*	W	L	SP	PH	3
鳙 *Aristichthys nobilis*	W	L	SP	CA	3
美丽小条鳅 *Micronemacheilus pulcher*	NP	De	H	OM	2
中华花鳅 *Cobitis sinensis*	NP	De	H	OM	2
泥鳅 *Misgurnus anguillicaudatus*	W	De	V	OM	1
平舟原缨口鳅 *Vanmanenia pingchowensis*	NS	De	H	OM	2
青鳉 *Oryzias latipes*	W	U	V	CA	1
食蚊鱼 *Gambusia affinis*	/	U	OV	CA	1
鲇 *Silurus asotus*	W	L	V	CA	1
瓦氏黄颡鱼 *Pelteobagrus vachelli*	NP	De	V	CA	1
黄颡鱼 *Pelteobagrus fulvidraco*	NP	De	V	CA	1
粗唇鮠 *Leiocassis crassilabris*	NP	De	V	CA	1
斑鳠 *Mystus guttatus*	NP	De	V	CA	1
间下鱵 *Hyporhamphus intermedius*	NP	U	V	CA	3
斑鳜 *Siniperca scherzeri*	Z	L	V	CA	1
齐氏罗非鱼 *Coptodon zillii*	/	L	H	OM	1
尼罗罗非鱼 *Oreochromis niloticus*	/	L	H	OM	1
伽利略罗非鱼 *Tilapia galilaea*	/	L	H	OM	1
尖头塘鳢 *Eleotris oxycephala*	NP	De	H	CA	1
子陵吻鰕虎鱼 *Rhinogobius giurinus*	NP	De	H	CA	2
斑纹舌吻鰕虎鱼 *Glossogobius olivaceus*	NP	De	H	CA	2
斑鳢 *Channa maculata*	NP	De	H	CA	1

注：Z—中国平原鱼类区系复合体；W—晚第三纪早期区系复合体；NP—南方平原区系复合体；NS—南方山地区系复合体；/—入侵种；De—底栖；L—中下层；U—中上层；1—定居性；2—山溪性；3—半洄游型；P—浮性卵；SP—漂流性卵；H—沉性卵；V—黏性卵；HI—产于蚌壳内；OV—卵胎生；CA—肉食性；OM—杂食性；PH—草食性。

根据淡水鱼类区系的划分特征[12]。此次官田水流域鱼类归属于南方平原区系复合体、中国平原鱼类区系复合体、晚第三纪早期区系复合体和南方山地区系复合体。此次调查中，以青鱼、草鱼、鲢、鳙、马口鱼等为代表的中国平原鱼类区系复合体发现 21 种，占总数的 48.84%；南方平原区系复合体鱼类共发现 13 种，占总数的 30.23%；晚第三纪早期区系复合体鱼类 3 种，占总数的 6.97%；南方山地区系复合体 1 种，占总数的 2.33%。

2.3 物种多样性指数

不同采样点的物种多样性指数见表 3，其中 Shannon-Wiener 指数以 S1（2.57）最高，其次为 S2（2.27）；Margalef 指数以 S1（5.68）最高，其次是 S2（2.91）；Simpson 指数以 S2（0.89）最高，其次为 S1（0.86）；Pielou 指数以 S4 与 S2 最高（均为 0.95），其次为 S5（0.89）。

表 3 不同采样点的物种多样性指数

采样点	H	J	D	d
S1	2.57	0.77	0.86	5.68
S2	2.27	0.95	0.89	2.91
S3	1.43	0.54	0.56	2.80
S4	1.70	0.95	0.81	2.01
S5	1.96	0.89	0.83	2.33
S6	1.99	0.83	0.82	2.47
S7	1.67	0.76	0.75	2.00

3 讨论

3.1 鱼类资源组成与特征分析

结果表明，官田水流域鱼类以鲤形目为主，占总种数的 58.14%；鲤形目中则以鲤科鱼类为主，占鲤形目的 84%，这一组成特点与中国淡水鱼类组成一致。本次调查中除 S1 采样点监测到四大家鱼、赤眼鳟、七丝鲚等半洄游型鱼类外，其他采样点发现的鱼类以定居性、山溪性为主；除 S1 采样点监测到个体较大的四大家鱼、鲮、斑鳠、斑鳢等鱼类外，其他点位均以小型鱼类为主。这与本次调查区域主要以水浅而清澈、底质砾石、水草稀少的溪流生境相符。S1 点为官田水与北江汇合口，采集到的半洄游型鱼类与个体较大鱼类可能由北江干流进入。

3.2 鱼类区系特征分析

按照世界动物地理分区，我国动物地理区划分属于古北界与东洋界，珠江流域属于东洋界、华南亚区的珠江分区，因此本次调查的官田水流域属于珠江分区[13]。综上统计，可得官田水流域鱼类中鲤形目鱼类在种数上占绝对优势（占 58.14%），鲤形目鱼类在官田水流域中不但种类多，而且在数量上也属优势种，这不仅是我国淡水鱼类区系的特点，也是欧亚大陆淡水鱼类区系的一个总特点。官田水流域以中国平原鱼类区系复合体（48.84%）、南方平原区系复合体（30.23%）、晚第三纪早期区系复合体（6.97%）为主，且以中国平原区系复合体占绝对优势，这一组成特点与陆生脊椎动物地理分布特征一致[7]。

3.3 外来入侵种对本地物种多样性的影响

本次调查过程中发现外来种齐氏罗非鱼、尼罗罗非鱼、伽利略罗非鱼、麦瑞加拉鲮、食蚊鱼 5 种，共 135 尾，占本次总样本量 33.25%。由于罗非鱼与麦瑞加拉鲮具有食性广、生长快、适应性强等特点，分别于 1956 年与 1982 年作为新品种引进我国，目前已成为我国各地池塘混养的优良品种[14-15]，是广东、广西的重要经济型鱼种。但随着推广面积的扩大，外来物种带来的生态问题也逐渐引起人们关注，其生态危害性也受到高度重视[16]，其中齐氏罗非鱼与尼罗罗非鱼已经在珠江主要水系成功建立种群，且生存状况良好[17]，说明罗非鱼已对珠江流域主要自然水系造成入侵威胁。有关部门应及时加强对野生罗非鱼的监管，防止其进一步扩大危害本土鱼类种群。

3.4 鱼类资源保护建议

本次调查共发现鱼类 43 种，保护物种及特有鱼类仅斑鳠 1 种，于 S1 采样点（与北江干流交汇口）采集到 6 尾，且上游地区（S6、S7）渔获数量仅占总样本量的 10.59%，这可能与流域内拦河坝及水电站众多有关。流域内建有 15 座拦河坝和 26 个水电站（上游 15 个已列入“退出类”电站清单），由于不少小水电早期开发过程中并未考虑生态流量下泄，从而带来下游河段减脱水等生态负面影响，导致下游部分河道干涸、河床裸露，河道水流流速减慢、流量减小、水位下降，高密度的涉水工程破坏了鱼类栖息地，干扰了鱼类洄游和繁殖。

维持河流从上游到下游的水文连通性是许多水生生物完成生命史周期的关键，在涉水工程影响下，官田水流域中上游本地鱼类种类数量偏低，结构趋向简单化，主要表现为杂食性、耐受性强、适应多种栖息地的广布性种类和外来种等增加，极少顶级肉食者[18]。应及时加强对小水电的监管，针对不同小水电与拦河坝的影响，有序清退与整改。

参考文献

[1] 高天扬，谢迪，彭宁东，等．北江鱼类群落结构及其与环境因子的关系［J］．淡水渔业，2017，47（6）：47-55.

[2] 郭如意，张迪，邓志芳，等．韶关北江特有珍稀鱼类省级自然保护区水生生物群落结构特征分析［J］．广东林业科技，2019，35（6）：91-97.

[3] 高天扬，赵俊．珠江水系北江鱼类群落多样性及其演替［J］．水生态学杂志，2018，39（4）：54-62.

[4] 曾广翔，何杰坤，罗兴伟，等．北江清远段鱼类资源及保护研究［J］．华南师范大学学报（自然科学版），2011（B06）：49-52.

[5] Zhu S L, Li J, Li X H, et al. Length-weight relationships of three fish species from the upper reaches of the Beijiang River, Shaoguan, China［J］. Journal of Applied Ichthyology, 2016, 35（3）：805-807.

[6] 张觉民，何志辉．内陆水域渔业自然资源调查手册［M］．北京：农业出版社，1991.

[7] 中华人民共和国环境保护部．生物多样性观测技术导则　内陆水域鱼类：HJ 710.7—2014［S］．北京：中国环境科学出版社，2014.

[8] 郑慈英．珠江鱼类志［M］．北京：科学出版社，1989.

[9] 任树芝．中国动物志［M］．北京：科学出版社，1998.

[10] 朱松泉．中国淡水鱼类检索［M］．南京：江苏科学技术出版社，1995.

[11] 向孙军，刘胜贵，杨其仁，等．宏门冲采种基地鱼类多样性研究初报［J］．华中师范大学学报（自然科学版），2003，37（4）：553-557.

[12] 李思忠．中国淡水鱼类的分布区划［M］．北京：科学出版社，1981.

[13] 潘炯华，刘成汉，郑文彪．广东北江鱼类区系研究［J］．华南师范大学学报（自然科学版），1984（1）：27-40.

[14] 叶富良．广东罗非鱼养殖生产现状及发展前景探讨［J］．水产科技，2002（3）：5-8.

[15] 陈开健，肖调义，文祝友，等．麦瑞加拉鲮与露斯塔野鲮生物学特性的比较研究［J］．内陆水产，2004（6）：36-37.

[16] Pejchar L , Mooney H A . Invasive species, ecosystem services and human well-being [J] . Trends in Ecology & Evolution, 2009, 24 (9): 497-504.
[17] 赵立朝，吴志强，张曼，等. 广西南部主要水系野生罗非鱼建群状况调查分析 [J] . 南方农业学报，2019，50 (2): 397-404.
[18] Karr J R , Chu E W . Introduction: Sustaining living rivers [J] . Hydrobiologia, 2000, 422: 1-14.

黄河水源涵养区水源涵养能力与涵养量时空演变

杜军凯[1]　谢　敏[1]　毛海睿[1,2]　张守平[2]　仇亚琴[1]　郝春沣[1]　贾　玲[1]

（1. 中国水利水电科学研究院流域水循环模拟与调控国家重点实验室，北京　100038；
2. 重庆交通大学河海学院，重庆　400074）

摘　要：基于发展的水源涵养量评价方法，本文以黄河水源涵养区为研究区，对水源涵养能力和涵养量进行了评价，并总结其时空演变规律。结果表明：①研究区水源涵养能力为276.07亿m^3，1960—2018年多年平均水源涵养量为184.32亿m^3，兰州以上区域多年平均水源涵养量125.56亿m^3，渭河华县站以上区域多年平均水源涵养量33.96亿m^3，伊洛河流域多年平均水源涵养量24.8亿m^3，分布呈西高东低；②1960—2018年水源涵养量序列呈现不显著的增加趋势，梯度值为0.37亿m^3/a，兰州以上区域呈现显著增加的趋势，梯度值为0.51亿m^3/a，渭河华县站以上区域、伊洛河流域呈现不显著减少趋势，梯度值分别为-0.37亿m^3/a、-0.22亿m^3/a；③水源涵养量对土地利用类型的敏感程度为林地>耕地>水域>草地>其他，对气象因子的敏感程度为降水>湿度>温度>风速>日照时数。

关键词：黄河水源涵养区；WEP-L模型；变化环境；敏感性分析

黄河流域是我国重点保护的生态环境脆弱区域[1]，变化环境下黄河流域水资源与生态环境问题凸显，水资源短缺已成为黄河流域生态保护和高质量发展的瓶颈[2-3]。水源涵养功能是生态服务评价[4]的重要内容之一，科学评估水源涵养能力与水源涵养量，对流域经济社会可持续发展和生态环境保护具有重要意义。本文在探讨水源涵养功能[5-6]基础上，从水循环角度给出流域水源涵养量、水源涵养能力的定义与评价方法，对研究区水源涵养能力、长序列水源涵养量及其时空分布格局进行评价，并分析了水源涵养量对植被、气象因子的敏感性特征，研究成果可为其他相关区域水源涵养研究、水资源高效利用与生态保护等工作提供参考。

1　水源涵养能力内涵与有关定义

植被、土壤、地下含水层和资源开发利用方式等要素，参与并调控降水截留-蒸散发-入渗-产流-汇流-水量调蓄和水分再分配等流域水循环过程的各环节，进而影响流域的水源涵养功能。

植被对蒸发、下渗、产流和汇流过程有控制性影响，其水源涵养功能集中体现在汛期时段调蓄洪水、坦化洪水过程，在枯水期起到增加基流的效果，提升水资源供给能力。土壤的蓄水能力/调节库容即其水源涵养能力，与土壤层厚度、有效蓄水量成正比。在湿润地区，饱和含水率与田间持水率的差值可近似作为土壤的有效蓄水量，即“土壤水库”的调节库容；干旱地区的蒸发过程比降水强烈，可将饱和含水率与凋萎含水率之间的差值近似作为土壤有效蓄水量。潜水含水层的调蓄能力即其水源涵养能力，与含水层厚度、储水/释水能力成正比，通常汛期河道水位高于潜水位，地表水在重力作用下补给含水层，反之枯水期的地下水以基流形式返回河道，补水/释水能力不超过给水度。经济社

基金项目：国家重点研发计划资助项目（2023YFF1304202，2021YFC3201101）；云南省重点研发计划项目（202303AC100020）；浙江省水利厅科技计划项目（RB2416）。

作者简介：杜军凯（1987—），男，高级工程师，主要从事水资源动态评价和数字孪生水利方面的研究工作。

通信作者：仇亚琴（1974—），女，正高级工程师，主要从事水文水资源的研究工作。

会发展对水、土、矿产等资源开发利用，改变了流域土地利用、植被覆盖、土壤与含水层等下垫面条件，进而对水源涵养能力起到或正或负的影响效应。

从流域水循环视角出发，考虑流域水源涵养功能发挥过程，将全年划分为汛期、枯水、过渡 3 个时段，分段评价与水源涵养功能相适的水源涵养量，将 3 个时段涵养量的总和作为全年水源涵养量。其中，汛期时段关注调峰功能，主要考虑水源涵养区植被冠层截留、地表截留、土壤层和地下含水层拦蓄以及汇流等过程对洪水过程的调节作用；过渡时段重点关注蓄滞功能，考虑土壤厚度、渗透性、地形等因素影响，合理核定涵养系数，以产流量与涵养系数的乘积作为该时段的水源涵养量；枯水时段关注产水，将流域全部产流量均纳入水源涵养量进行计算（见图 1）。

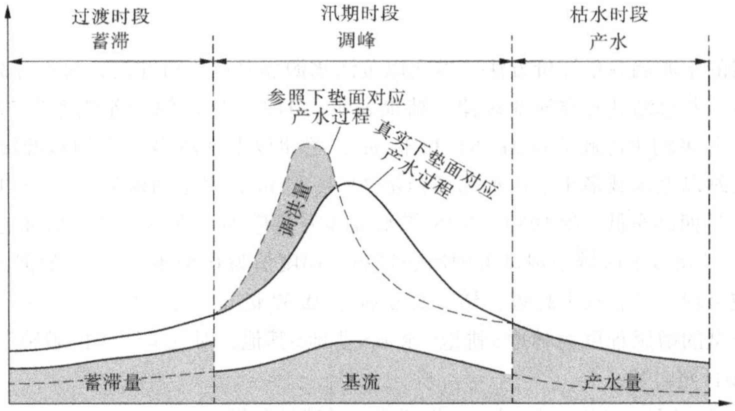

图 1　不同时段水源涵养量组成

鉴于此，本文将流域水源涵养量定义如下：在现状下垫面条件下，遵循流域水文节律，在汛期时段、过渡时段、枯水时段与调峰、蓄滞、产水等水源涵养功能稳定发挥相适的总水量。进一步地，将水源涵养能力定义如下：在现有基础设施体系有效应对流域水风险、保障水安全前提下，在可预见的时期内能够稳定发挥水源涵养功能的流域最大水源涵养量。

2　数据与方法

2.1　研究区概况

黄河水源涵养区[7]（95°55′E~113°09′E，32°10′N~38°19′N）总面积约 30.44 万 km^2，占黄河流域的 38.3%。产水量占全流域的 84.1%，包括三大部分：一是以三江源、若尔盖、祁连山生态功能区为主的兰州站以上区域，面积 22.25 万 km^2；二是以六盘山、秦岭生态功能区为主的渭河华县站以上（不包含泾河流域）区域，面积 6.33 万 km^2；三是以秦岭东麓余脉及其腹地为主的伊洛河流域，面积 1.86 万 km^2（见图 2）。

相关数据如下：数据高程模型（DEM）来自美国联邦地质调查局（USGS）的 GTOPO30 数据，空间分辨率为 30 m；气象数据用到 145 个国家气象站的逐日降水、气温、湿度、风速、日照时长等数据，以及 42 个水文站 1956—2018 年的逐月实测径流数据；土地利用变化（LUCC）数据共 1980 年、1990 年、2000 年、2005 年、2010 年、2015 年、2020 年 7 个时相，空间分辨率为 30 m；土壤质地栅格数据来自中国科学院资源环境数据云平台，空间分辨率为 1 000 m；所用归一化植被指数（NDVI）和叶面积指数（LAI）信息来源于 USGS 和美国国家航空航天局（NASA）联合在线发布的全球数据库，空间分辨率为 500 m，使用月最大值合成法将 1 期/8 d 数据产品转换到月尺度；基于合成的月尺度 NDVI 数据，使用像元二分模型计算得到月尺度植被覆盖度（FVC）信息，空间分辨率为 500 m，计算方法见式（1）。

$$FVC = \frac{NDVI - NDVI_{soil}}{NDVI_{veg} - NDVI_{soil}} \tag{1}$$

式中：FVC 为像元的植被盖度；$NDVI_{soil}$ 和 $NDVI_{veg}$ 常取置信度 5%和 95%对应像元的 NDVI 值近似替代。

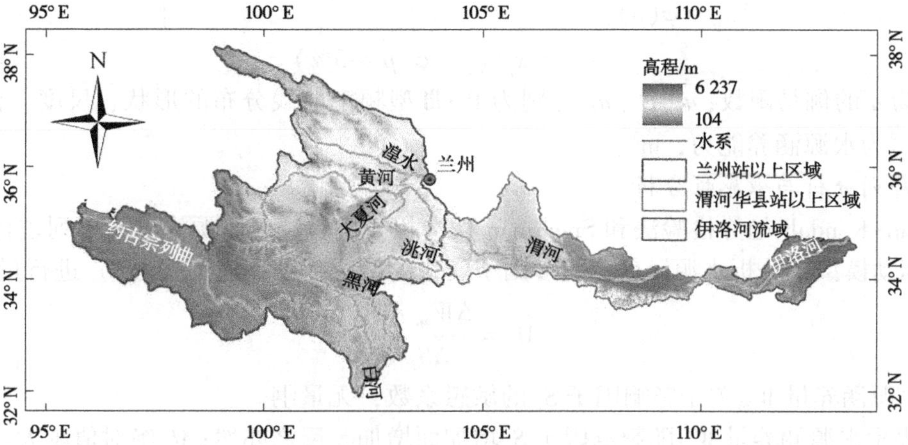

图 2　黄河水源涵养区概况

2.2　研究方法

2.2.1　水源涵养量及涵养能力计算方法

使用 WEP-L 模型[8] 模拟研究区水循环过程，根据模型将研究区划分为 3 322 个子流域（见图 3），水源涵养量计算方法采用杜军凯等[9] 提出的方法，将全年划分为汛期、过渡、枯水 3 个时段，计算方法见式（2）。

$$\begin{cases} W_{涵j} = \sum_{i=1}^{N_{汛}} W_{汛j} + \sum_{i=1}^{N_{过}} W_{过j} + \sum_{i=1}^{N_{枯}} W_{枯j} \\ N_{汛} + N_{过} + N_{枯} = 12 \end{cases} \tag{2}$$

式中：$W_{涵j}$ 为第 j 年的流域水源涵养量，m^3；$W_{汛j}$ 为第 j 年的汛期时段水源涵养量，m^3；$W_{过j}$ 为第 j 年的过渡时段水源涵养量，m^3；$W_{枯j}$ 为第 j 年枯水时段的水源涵养量，m^3；$N_{汛}$、$N_{过}$ 和 $N_{枯}$ 分别为汛期时段、过渡时段和枯水时段的月数。

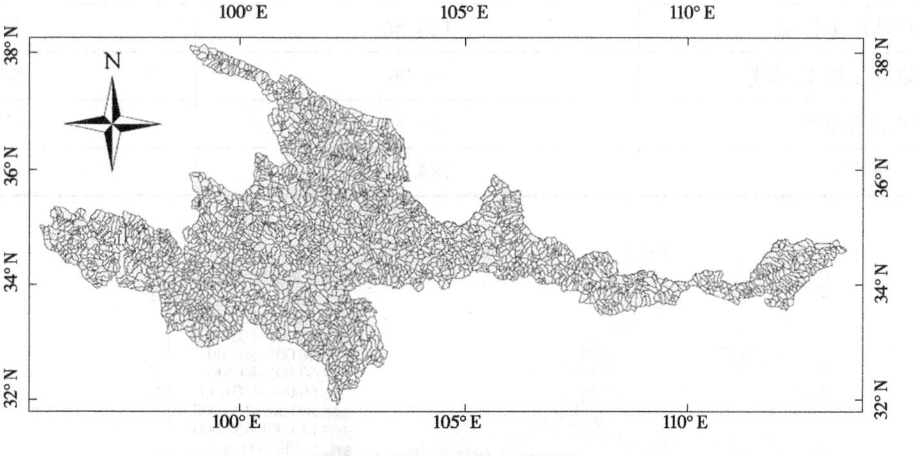

图 3　研究区子流域划分

据《水文情报预报规范》（GB/T 22482—2008），将重现期 20～50 年的洪水定义为大洪水，当黄河流域发生 20 年一遇以上的大洪水时，如遇干、支流洪峰叠加，可能改变天然条件下的洪水特征[5]。因此，取 20 年一遇（频率 $p = 5\%$）时的水源涵养量作为流域水源涵养能力，P－Ⅲ型频率分析法见式（3）和式（4）：

$$\left.\begin{aligned} p &= p(x > x_p) = \frac{\beta^a}{\Gamma(a)}\int_{x_p}^{\infty}(x - a_0)^{a-1}\mathrm{e}^{-\beta(x-a_0)}\mathrm{d}x \\ x_p &= \varphi(p) \end{aligned}\right\} \tag{3}$$

$$C_{涵} = x_{p=5\%} = \varphi(p = 5\%) \tag{4}$$

式中：$\Gamma(a)$ 为 a 的伽马函数；a、β、a_0 分别为 P－Ⅲ型频率曲线分布的形状、尺度、位置参数，$a > 0$，$\beta > 0$；$C_{涵}$为水源涵养能力，m^3。

2.2.2 时间序列分析与敏感性分析

采用 Mann-Kendall 趋势检验法和 Spearman 秩次相关检验法对水源涵养量序列进行统计分析。设置不同情景驱动模型，分析水源涵养量对多因子变化的敏感程度，使用式（5）进行量化计算：

$$M_i = \frac{\Delta W_{涵}/W_{涵}}{\Delta S_i/S_i} \tag{5}$$

式中：M_i 为水源涵养量 $W_{涵}$关于影响因子 S_i 的敏感系数，无量纲。

$M_i > 0$ 表示水源涵养量 $W_{涵}$随影响因子 S_i 增加而增加，反之亦然；M_i 绝对值越大，表明影响因子 S_i 对水源涵养量 $W_{涵}$的影响越大。

3 水源涵养量时空变化

3.1 水源涵养量和空间分布

黄河水源涵养区 1960—2018 年多年平均水源涵养量计算结果见表 1，单位面积水源涵养量分布见图 4。研究区多年平均水源涵养量 184.32 亿 m^3，折合单位面积水源涵养量为 61 mm。其中，兰州站以上区域多年平均水源涵养量 125.56 亿 m^3，折合单位面积涵养量为 56 mm；渭河华县站以上区域多年平均水源涵养量 33.96 亿 m^3，折合单位面积涵养量为 54 mm；伊洛河流域多年平均水源涵养量 24.8 亿 m^3，折合单位面积涵养量为 133 mm。从水源涵养量的数值看，三大片区呈西高东低的分布格局，兰州站以上区域>渭河华县站以上区域>伊洛河流域。从单位面积水源涵养量看，三大片区呈现东西高、中间低的分布特征，伊洛河流域>兰州站以上区域>渭河华县站以上区域。

表 1 黄河水源涵养区 1960—2018 年多年平均水源涵养量计算结果

区域	水源涵养量/亿 m^3	单位面积水源涵养量/mm
兰州站以上区域	125.56	56
渭河华县站以上区域	33.96	54
伊洛河流域	24.8	133
研究区	184.32	61

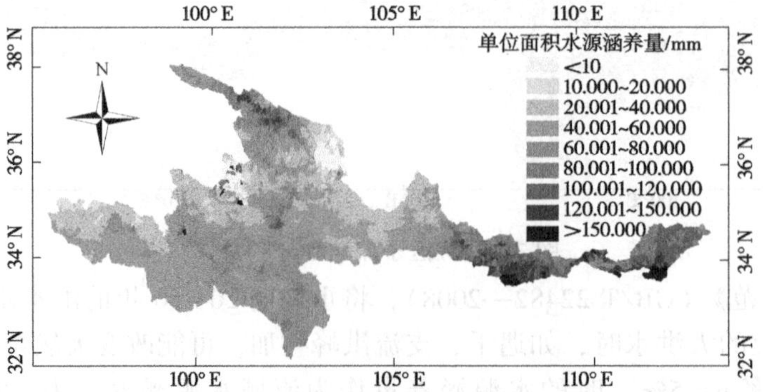

图 4 研究区单位面积水源涵养量分布

3.2 水源涵养能力

根据水源涵养量序列适线并求得P-Ⅲ型频率曲线，见图5。不同频率下水源涵养量见表2，根据2.2节相关内容，$p=5\%$频率下的水源涵养量即研究区水源涵养能力为276.07亿m^3，其中兰州站以上区域为155.80亿m^3、渭河华县站以上区域为66.53亿m^3、伊洛河流域为53.74亿m^3。

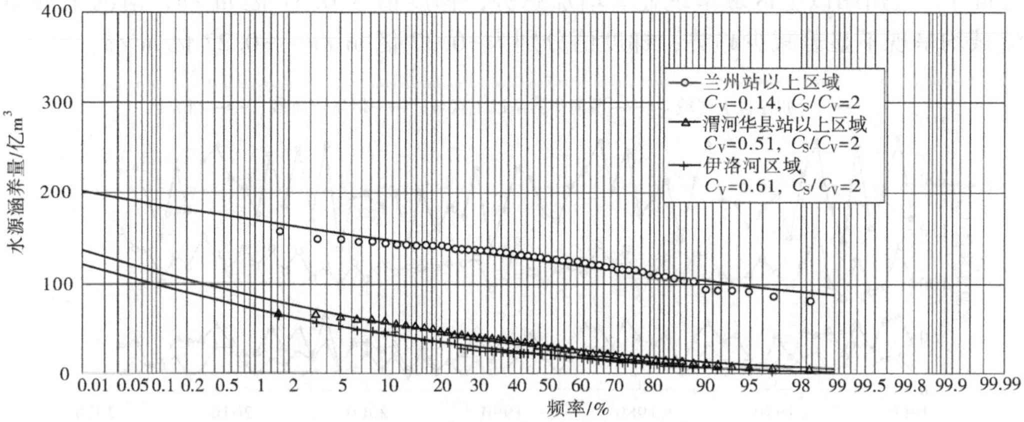

图5　研究区水源涵养量P-Ⅲ型频率曲线

表2　不同频率下水源涵养量　　单位：亿m^3

区域	$p=2\%$	$p=5\%$	$p=10\%$	$p=20\%$	$p=50\%$
兰州站以上区域	164.24	155.80	148.55	140.06	124.74
渭河华县站以上区域	78.14	66.53	57.18	47.04	31.07
伊洛河流域	64.65	53.74	45.08	35.84	21.8
研究区	307.03	276.07	250.81	222.94	177.61

研究区单位面积水源涵养能力为91 mm，空间分布见图6。其中，兰州站以上区域单位面积水源涵养能力为70 mm，水源涵养能力高的区域主要分布在南部和北部，中部稍低；渭河华县站以上区域单位面积水源涵养能力为105 mm，水源涵养能力高的地方主要分布在区域东部；伊洛河流域单位面积水源涵养能力为289 mm，分布较为平均。

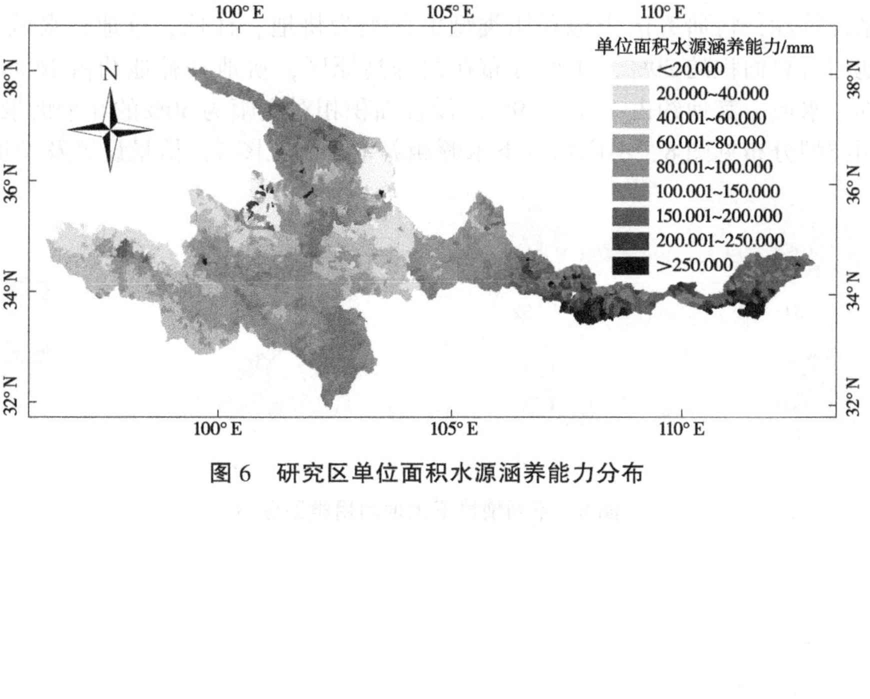

图6　研究区单位面积水源涵养能力分布

3.3 水源涵养量序列趋势性

研究区 1960—2018 年水源涵养量年变化如图 7 所示。使用 Mann-Kendall 趋势检验法和 Spearman 秩次相关检验法，分析水源涵养量序列的变化趋势，结果见表 3。研究区水源涵养量序列总体呈不显著增长趋势，梯度值为 0.37 亿 m^3/a，1961 年水源涵养量最大（236.83 亿 m^3），2002 年最小（132.17 亿 m^3）。兰州站以上区域呈现显著增加趋势，梯度值为 0.51 亿 m^3/a，渭河华县站以上区域和伊洛河流域均呈现不显著减少趋势，梯度值分别为-0.37 亿 m^3/a、-0.22 亿 m^3/a。

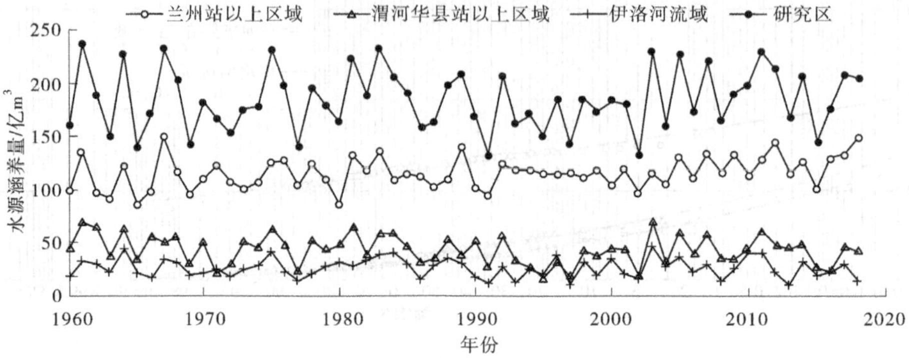

图 7 研究区水源涵养量年变化

表 3 水源涵养量变化显著性分析

区域	Spearman	Mann-Kendall	变化	梯度值/（亿 m^3/a）	显著性
兰州站以上区域	-2.69	2.70	增加	0.51	显著
渭河华县站以上区域	1.71	-1.70	减少	-0.37	不显著
伊洛河流域	0.40	-0.35	减少	-0.22	不显著
研究区	-0.63	0.61	增加	0.37	不显著

4 影响因子敏感性分析

4.1 植被因子

根据生态系统特性，将研究区土地利用类型重分类为耕地、林地、草地、水域和其他等 5 个类别，研究区草地约占总面积的 59%，主要分布在西部高原区，耕地和林地约占 16%和 15%，主要分布在中部和东部，水域、其他约占 1.6%、9%。设置面积相对变幅为 50%的 6 个情景驱动模型，不同情景下土地利用类型分布见图 8，不同情景下水源涵养量分布见图 9，情景设置及模拟结果见表 4。

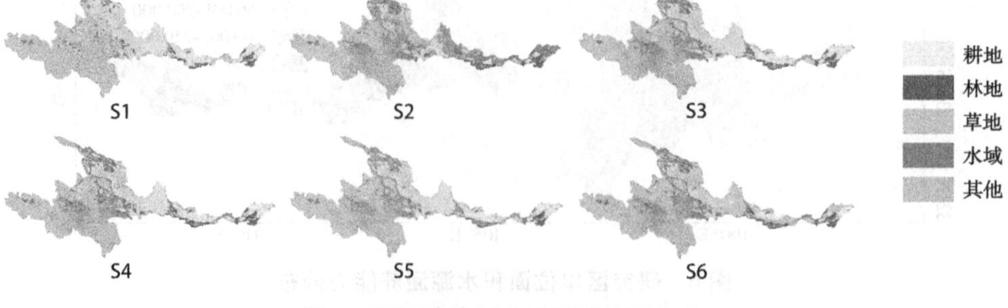

图 8 不同情景下土地利用类型分布

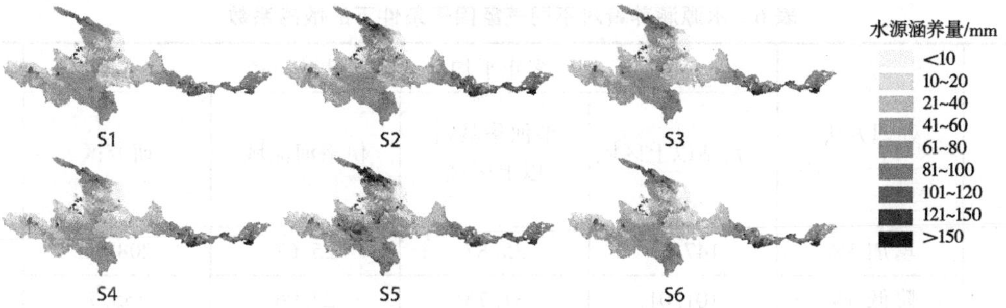

图 9　不同情景下水源涵养量分布

表 4　情景设置及模拟结果

情景	处理方法	面积变化量/%	多年平均水源涵养量/亿 m^3			
			兰州站以上区域	渭河华县站以上区域	伊洛河流域	研究区
原始	—	—	125.56	33.96	24.8	184.32
S1	林地→耕地	50	122.95	33.08	24.55	180.58
S2	耕地→水域	50	134.73	37.18	21.66	193.57
S3	水域→草地	50	123.43	33.82	24.74	181.99
S4	草地→其他	50	112.15	31.86	24.69	168.7
S5	林地→水域	50	150.77	34.42	22.42	207.61
S6	耕地→草地	50	123.94	31.21	24.4	179.55

计算得出水源涵养量对不同土地利用的敏感系数如表 5 所示。研究区水源涵养量对土地利用的敏感系数林地最大，为 0.594，其次是耕地 0.341、水域 0.301、草地 0.232、其他 0.063。林地滞水固沙能力强，为敏感程度最大的地类，提高林地面积可以显著提高区域水源涵养量。耕地、草地因冠层结构简单、枯落物少等，截留降水能力不足，敏感程度不及林地。湿地湖泊对来水具有调蓄作用，也具备较强的水源涵养功能。其他地类的涵养能力不足，故敏感程度较差。

表 5　水源涵养量对不同土地利用的敏感系数

区域	敏感系数				
	耕地	林地	草地	水域	其他
兰州站以上区域	0.292	0.334	0.266	0.735	0.053
渭河华县站以上区域	0.388	0.440	0.226	0.467	0.102
伊洛河流域	0.326	0.346	0.068	0.073	0.059
研究区	0.341	0.594	0.232	0.301	0.063

4.2　气象因子

气象因子包括降水、温度、湿度、日照时数和风速等 5 个变量。增加、降低 5%的气象因子值并驱动模型，相应水源涵养量评价结果见表 6。其中，降水变化对水源涵养量有决定性影响，敏感系数为 2.88，水源涵养量对湿度变化的敏感系数为 1.44，水源涵养量对温度、风速、日照时数的敏感系数分别为 0.91、0.36、0.27。

表 6　水源涵养量对不同气象因子条件下的敏感系数

气象因子	处理方法	多年平均水源涵养量/亿 m^3				敏感系数
		兰州站以上区域	渭河华县站以上区域	伊洛河流域	研究区	
降水	增加 5%	147.07	35.87	25.67	208.61	2.88
	降低 5%	101.01	31.73	22.96	155.7	
温度	增加 0.3°	130.68	34.52	24.4	189.6	0.91
	降低 0.3°	113.78	33.73	25.38	172.89	
湿度	增加 5%	135.87	35.07	25.4	196.34	1.44
	降低 5%	113.48	32.65	23.56	169.69	
日照时数	增加 5%	128.02	34.2	24.59	186.81	0.27
	降低 5%	123.01	33.71	24.98	181.7	
风速	增加 5%	128.96	34.14	24.49	187.59	0.36
	降低 5%	122.14	33.79	25.08	181.01	

5　结论

（1）黄河水源涵养区水源涵养能力为 276.07 亿 m^3，其中兰州站以上区域为 155.80 亿 m^3，渭河华县站以上区域为 66.53 亿 m^3，伊洛河流域为 53.74 亿 m^3。单位面积水源涵养能力分布东高西低。研究区 1960—2018 年多年平均水源涵养量为 184.32 亿 m^3，其中兰州站以上区域多年平均水源涵养量 125.56 亿 m^3，渭河华县站以上区域为 33.96 亿 m^3，伊洛河流域为 24.8 亿 m^3。单位面积水源涵养量分布东高西低。

（2）研究区水源涵养量序列呈现不显著的增加趋势，梯度值为 0.37 亿 m^3/a，兰州站以上区域呈现显著增加趋势，梯度值为 0.51 亿 m^3/a，渭河华县站以上区域、伊洛河流域呈现不显著减少趋势，梯度值分别为-0.37 亿 m^3/a、-0.22 亿 m^3/a。

（3）研究区水源涵养量对土地利用类型的敏感程度为林地>耕地>水域>草地>其他，相应的敏感系数为林地 0.594、耕地 0.341、水域 0.301、草地 0.232、其他 0.063。研究区水源涵养量对气象因子的敏感程度为降水>湿度>温度>风速>日照时数，相应的敏感系数为降水 2.88、湿度 1.44、温度 0.91、风速 0.36、日照时数 0.27。

参考文献

[1] 马晓琳，郭莎莎，徐扬，等．生态脆弱区生态安全格局构建研究［J］．生态学报，2023，43（22）：9500-9513.

[2] 黄河流域生态保护和高质量发展规划纲要［EB/OL］．（2021-10-08）［2024-08-04］．https：//www.gov.cn/zhengce/2021-10/08/content 5641438. htm.

[3] 鄂竟平．谱写新时代江河保护治理新篇章［J］．水利发展研究，2020，20（1）：1-2.

[4] 高红凯，刘俊国，高光耀，等．水源涵养功能概念的生态和水文视角辨析［J］．地理学报，2023，78（1）：139-148.

[5] 王国庆，张建云．环境变化的径流效应研究进展及黄河水源涵养区研究展望［J］．水资源保护，2024，40（2）：1-8.

[6] 王国庆．黄河流域水源涵养区界定［J］．水文，2022，42（2）：65.

[7] 王云飞，叶爱中，乔飞，等．水源涵养内涵及估算方法综述［J］．南水北调与水利科技（中英文），2021，19（6）：1041-1071.

[8] DU J，JIA Y，HAO C，et al. Temporal and spatial changes of blue water and green water in the Taihang Mountain Region，China，in the past 60 years［J］. Hydrological Sciences Journal，2019，64（16）：2040-2056.

[9] 杜军凯，贾仰文，李晓星，等．基于流域水循环视角的黄河水源涵养区水源涵养量评价方法［J］．水利水电技术（中英文），2023，54（10）：71-82.

黄河流域水生态环境变化状况与复苏河湖途径探索

陈融旭[1,2,3]　王　新[1,2,3]　田伟超[1,4]

（1. 黄河水利委员会黄河水利科学研究院，河南郑州　450003；
2. 河南省黄河水生态环境工程技术研究中心，河南郑州　450003；
3. 河南省黄河流域生态环境保护与修复重点实验室，河南郑州　450003；
4. 郑州大学，河南郑州　450003）

摘　要：黄河流域是我国重要的生态安全屏障和社会经济发展重要区域。近年来，黄河流域水环境质量持续好转，2023 年流域Ⅰ～Ⅲ类水比例较 2001 年提高 79.0%，劣Ⅴ类水下降 53.7%，浮游动植物和底栖动物种类及数量不断增加。但与此同时，流域水环境风险依然存在，重金属、抗生素及农业面源污染带来的水环境问题不容忽视，水生态系统脆弱性尚未得到改变。需要从标准与技术体系、河湖生态调度、生态水利工程建设、脆弱河湖生态修复、流域水资源高效利用水平等方面着手，推动流域河湖复苏。

关键词：黄河流域；水环境；水生态；河湖复苏

1　引言

黄河流域是我国重要的生态安全屏障和经济发展重要区域，在国家发展大局和社会主义现代化建设全局中具有举足轻重的战略地位。随着国家“江河战略”的发布，确立了将大江大河打造成为造福人民的幸福河的目标要求[1]，明晰了复苏河湖的路径。对于黄河流域而言，最大的矛盾是水资源短缺，最大的问题是生态脆弱，最大的短板是高质量发展不充分，这就需要针对新老水问题，探索复苏河湖有效途径，为黄河流域高质量发展提供重要支撑。

2　黄河流域水环境变化状况及问题

2.1　水环境现状

2022 年，黄河干流全线首次达到Ⅱ类水标准[2]。2023 年，流域整体Ⅰ～Ⅲ类水质断面占 91.0%，较 2022 年上升 3.5 个百分点，劣Ⅴ类水质断面占 1.5%，较 2022 年下降 0.8 个百分点。主要支流的 224 个国控断面中，Ⅰ～Ⅲ类水质断面占比 89.2%，较 2022 年上升 4.2 个百分点，劣Ⅴ类水质断面占比 1.8%，较 2022 年下降 0.9 个百分点。

2.2　水环境状况时空变化特征

《中国生态环境状况公报》显示，2001—2023 年，黄河流域监测断面个数上升至 266 个，监测范围显著增大；Ⅰ～Ⅲ类水占比持续上升，由 2001 年的 12.0%升至 2023 年的 91.0%，提升 79 个百分点；劣Ⅴ类水占比持续下降，由 2001 年的 56.0%下降至 1.5%，总体下降 54.5 个百分点，流域水环境质量持续好转（见图 1）。

2001—2023 年，黄河流域水环境质量整体呈向好趋势，干流水环境质量优于支流（见表 1）。2001—2010 年，流域水质为中度污染，其中 2007 年之后，干流水质由轻度污染转变为优，支流水质

基金项目：河南省重大科技专项（231100320100）；河南省科技攻关项目（232102320112）。
作者简介：陈融旭（1990—），女，高级工程师，主要从事河湖生态保护与修复工作。

为重度污染，主要污染物总体为石油类、氨氮和五日生化需氧量，主要受黄河流域能源富集，石油化工类行业多分布在黄河干、支流沿线影响[3]。2011—2019 年，黄河干流水质为优，支流水质由中度污染逐渐转为轻度污染，2020 年后，流域整体水质良好，其中干流水质为优，主要支流水质为良好，与“十二五”“十三五”期间国家加大生态保护投入力度，以流域为单位系统开展河湖污染治理有关。

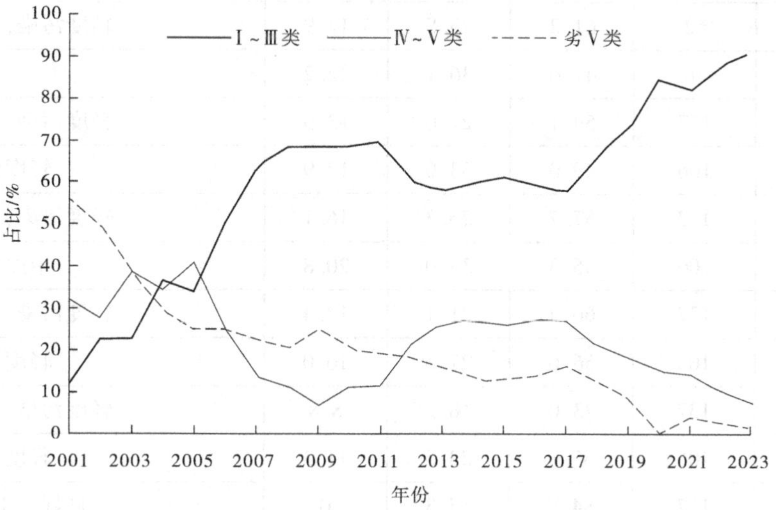

图 1　黄河流域干、支流水质比例变化（2001—2023 年）

表 1　黄河流域干、支流水质状况（2001—2023 年）

年份	水体断面	断面个数/个	占比/%			水质评价
			Ⅰ~Ⅲ类	Ⅳ~Ⅴ类	劣Ⅴ类	
2001	流域	175	12.0	32.0	56.0	重度污染
2002	流域	185	22.7	27.6	49.7	中度污染
2003	流域	44	22.7	38.6	38.7	中度污染
2004	流域	44	36.4	34.1	29.5	中度污染
2005	流域	44	34.0	41.0	25.0	中度污染，干流轻度污染，支流重度污染
2006	流域	44	50.0	25.0	25.0	中度污染，干流轻度污染，支流重度污染
2007	流域	44	63.7	13.6	22.7	中度污染，干流为优，支流重度污染
2008	流域	44	68.2	11.3	20.5	中度污染，干流为优，支流重度污染
2009	流域	44	68.2	6.8	25.0	中度污染，干流为优，支流重度污染
2010	流域	44	68.2	11.3	20.5	中度污染，干流为优，支流重度污染
2011	流域	43	69.8	11.6	18.6	轻度污染，干流为优
	支流	22	40.9	22.7	36.4	中度污染
2012	流域	61	60.7	21.3	18.0	轻度污染，干流为优
	支流	35	34.3	34.3	31.4	中度污染
2013	流域	61	58.1	25.8	16.1	轻度污染，干流为优
	支流	35	33.3	38.9	27.8	—

续表 1

年份	水体断面	断面个数/个	占比/%			水质评价
			Ⅰ~Ⅲ类	Ⅳ~Ⅴ类	劣Ⅴ类	
2014	流域	61	59.7	27.4	12.9	轻度污染，干流为优
	支流	35	36.1	41.7	22.2	—
2015	流域	62	61.2	25.8	12.9	轻度污染，干流为优
	支流	36	41.6	36.1	22.2	—
2016	流域	137	59.1	27.0	13.9	轻度污染，干流为优
	支流	106	49.0	33.0	17.9	轻度污染
2017	流域	137	57.7	26.3	16.1	轻度污染，干流为优
	支流	106	46.3	33.0	20.8	中度污染
2018	流域	137	66.4	21.1	12.4	轻度污染，干流为优
	支流	106	56.6	27.3	16.0	轻度污染
2019	流域	137	73.0	18.2	8.8	轻度污染，干流为优
	支流	106	65.0	23.5	11.3	轻度污染
2020	流域	137	84.7	15.3	0	良好，干流为优
	支流	106	80.1	19.8	0	良好
2021	流域	265	81.9	14.3	3.8	良好，干流为优
	支流	222	78.4	17.2	4.5	良好
2022	流域	263	87.5	10.2	2.3	良好，干流为优
	支流	220	85.0	12.3	2.7	良好
2023	流域	266	91.0	7.5	1.5	良好，干流为优
	支流	224	89.2	8.9	1.8	良好

黄河流域水环境质量具有强时空异质性。2001—2005 年，黄河流域水质属较差阶段，Ⅰ~Ⅲ类水占比不足 50%，且在年际间呈波动趋势。2006—2010 年，黄河流域Ⅰ~Ⅲ类水比例快速上升，劣Ⅴ类水比例有所下降，“十一五”期间国务院发布的《国家环境保护“十一五”规划》，首次提出环境保护专项规划，对我国江河湖泊进行规模化、集中化治理相关，但在此期间，流域呈中度污染的趋势仍未发生根本性变化，支流水质仍呈重度污染。“十一五”后期，Ⅰ~Ⅲ类水比例基本保持稳定趋势，水质提升幅度较小，与“十一五”时期人口迅速增长和工业快速发展给水环境带来更大压力相关。2011—2018 年，随着评价断面和评价河长的增多，Ⅰ~Ⅲ类水占比有所波动，但污染水体比例持续下降，水质整体呈改善趋势。在此期间，流域总体水质评价由中度污染转变为轻度污染，干流水质评价为优，支流水质由中度污染转为轻度污染，表明“十二五”之后，在流域城镇人口和工业规模持续增长的情况下，随着国家重视水污染防治工作、管理部门注重水污染治理顶层设计，细化完善治理措施[4]，流域河湖治理取得新成效。与此同时，河湖治理技术也呈蓬勃发展态势，为水质改善提供技术保障。2019 年之后，随着《黄河流域生态保护和高质量发展规划纲要》《中华人民共和国黄河保护法》等一系列政策及法律法规的出台，“江河战略”逐步形成完善且流域治理保护打破各自为政的治理方式，更注重系统性和上下游联动性，河湖治理逐步实现量变到质变的过程[5]，流域水质评价为良好，干流水质为优，主要支流水质为良好，且干流实现全线Ⅱ类及以上水质标准。

从空间来看，支流水质劣于干流，且改善时间较晚，2011 年干流水质评价即达到优的水准，直至2016年，主要支流水质总体仍呈轻度污染水平。同时，支流水质遭污染呈普遍性，流域8省区（除四川省外）中均存在污染严重的一级支流，部分支流重金属及有机污染问题仍呈频发态势[6]。

2.3 水环境存在问题

一是整体水质仍处于偏低水平。2022—2023年，黄河干流全线实现Ⅱ类水标准，但与其余流域相比，整体水质仍呈偏低水平。2023年，黄河流域Ⅰ~Ⅲ类水质断面占比91.0%，低于全国平均水平91.7%，较长江流域的98.5%低7.5个百分点，在七大流域和浙闽片河流、西北诸河、西南诸河主要江河中处于第6位，水质仍需进一步提升，营造良好水生态基底。

二是水环境风险依然存在。2011年之后，农业源成为流域主要污染源，主要污染物转变为氨氮、总磷、五日生化需氧量等[3]。受黄河流域产业布局影响，风险产业呈集中布局趋势，流域结构性水环境风险较大。宁夏、山西、四川等省（区）存在氟暴露问题，甘肃、山东、山西等省存在高水碘暴露风险，多省存在砷、汞、铬、铅等暴露风险，其中砷为主要暴露的重金属[7]。因此，未来时期工业污染源仍是水环境治理重点，农业面源治理力度仍需加强。

三是新污染物风险不容忽视。研究结果表明，在河南省和甘肃省饮用水水源地水体中检测出有机磷酸酯（organophosphate esters，OPEs）、全氟辛酸（perfluorooctanoic acid，PFOA）和全氟辛烷磺酸（perfluorooctane sulfonic，PFOS）等新污染物[8]；内蒙古和山东灌溉用水和自来水中含有高浓度的全氟和多氟烷基物质，可能对人类健康造成威胁[9]；青藏高原水体中有微塑料检出，且丰度与水质显著相关[10]；甘肃省的水环境中存在挥发性有机物（volatile organic compounds，VOCs），其中1，2-二氯乙烷和氯乙烯具有高致癌风险[11]；四川、内蒙古、山东、山西部分河流水环境中存在抗生素污染风险[12]。新污染物对人体健康存在一定不利影响，未来时期应关注流域尺度的本底调查及风险防控。

3 黄河流域水生态变化状况及问题

3.1 鱼类

黄河流域土著鱼类147种，其中鲤形目为黄河流域鱼类优势种；全流域分布中国特有鱼类69种，黄河特有鱼类27种，其中受威胁物种为24种，特有种为11种[13]。上、中、下游鱼类种类和数量特征区别显著，上游鱼类数量较少且物种相对单一，中下游物种多样性相对丰富。同时，上游鱼类呈高特有性和强胁迫性特点，特有物种占其物种总数的38.6%，受威胁种则占36.4%，高特有性和强胁迫性均呈现上游>中游>下游的趋势[14]。1960—2019年，流域水生生物资源呈明显衰退趋势，鱼类由15目28科182种减少至10目23科112种，物种数减少70种，流域特有鱼类退化显著，经济物种数量呈上升态势[15-17]。

3.2 浮游生物

浮游生物群落结构是直观反映河湖健康状况的重要指示物种[18]。近几年黄河干流共鉴别出浮游植物350种，平均生物量为2.79 mg/L；浮游动物172种，平均生物量为0.431 mg/L[19]。与20世纪80年代相比[20]，浮游植物种类增加153种，浮游动物种类增加8种，生物量也显著增多。浮游生物的变化说明随着黄河干、支流水质提升和含沙量持续下降，浮游生物获得较好的生存环境。

3.3 底栖生物

底栖生物是环境长期变化的重要指示物种。20世纪80年代共调查到底栖动物生物量约为2.44 g/m^2[21]。2017年的调查结果显示，黄河流域干、支流共鉴定出底栖动物145种，物种数和生物量有所提升，但优势种未发生改变，底栖生物多样性整体处于偏低状态[22]。

3.4 存在问题

总体来看，近年来随着生态保护力度的不断加大，黄河生物资源在种类、数量上均有所增多，某些濒危种（如黄河鲤鱼）活体也被发现。但黄河流域生态脆弱、水生生物种类数量偏低的本质仍未发生改变，鱼类种群等的恢复将是长期而缓慢的过程，而随着古贤等大型水利枢纽的建造，河流的连通性进一步降低，势必给水生生物多样性带来不利影响。

4 黄河流域复苏河湖的途径建议

4.1 开展流域尺度标准与体系研究

当前，各省（区）在水利部、生态环境部等指导下，开展了河湖治理技术、河湖健康评价、幸福河湖建设等探索实践，取得显著成效。流域是具有连通性的整体，需加强顶层设计，统筹水安全、水资源、水环境、水生态和水文化，系统建立涵盖全过程复苏河湖评价体系、全链条复苏河湖技术体系、流域水生态监测网络体系等在内的流域尺度标准与体系。同时需注重地区差异，形成尺度多元、手段多样、指标全面先进的复苏河湖标准与技术体系。

4.2 强化河湖生态调度研究

生态流量是河湖健康维护的基础和保障，应逐步开展不同类型河流生态流量保障技术及生态调度模式研究，进而提出流域生态流量监测、预警、评估、保障方案；开展生态补水方式研究与价值评估，构建基于社会-资源-生态协同的生态补水价值评估体系，提出适宜生态调度模式，加强水资源和水生态协同调度。

4.3 加强生态水利工程建设

统筹发展和保护，关注河湖生态系统健康与可持续性需求，推进生态水利工程建设，积极开展重大水利工程生态环境保护修复关键技术研究，建立工程全生命周期生态环境风险预警与防治体系，构建水利工程影响区生态风险评估与环境修复技术体系，加强多项水利工程联合生态调度模式研究。

4.4 推进脆弱河湖生态修复

建立流域脆弱河湖名录，确定生态失衡、脆弱、退化河湖修复需求，并进行分级和重难点分析；以提升脆弱河湖生态系统完整性、稳定性、多样性为目标，以解决突出生态问题为抓手，因地制宜地提出适宜修复技术方案；建立长效管理体制，明确近远期任务和目标，创新多元投融资机制体制，为脆弱河湖生态修复提供强力保障。

4.5 提升流域水资源高效利用水平

统筹地表水和地下水，加强地下水超采治理和污染防治，提升地表水与地下水互补转化能力；增强流域非常规水资源利用率，加大节水技术与产品研发应用力度，提高工业、农业、生活节水能力；以国家水网建设为主线，实现河湖水系之间的互联互通，为流域河湖复苏提供坚实水资源保障。

参考文献

[1] 胡春宏，张晓明．我国江河演变新格局与系统保护治理［J］．中国水利，2024（7）：1-8.

[2] 双瑞，杨琳，邹欣媛．黄河干流首次达到Ⅱ类水质［N］．新华每日电讯，2023-09-19（2）．

[3] 李海生．黄河流域生态环境问题系统识别与展望［J］．环境科学研究，2024，37（1）：1-10.

[4] 李玉红．黄河流域干支流水污染治理研究［J］．经济问题，2021（5）：9-15.

[5] 田伟超，陈融旭，贾佳，等．适宜于黄河流域河湖生态治理技术分析［C］//中国水利学会．2023 中国水利学术大会论文集：第二分册．郑州：黄河水利出版社，2023：9.

[6] 连煜．坚持黄河高质量生态保护，推进流域高质量绿色发展［J］．环境保护，2020，48（1）：22-27.

[7] 郑会秋，张志红．黄河流域环境污染与人群健康效应研究进展［J］．环境与职业医学，2023，40（12）：1451-1458.

[8] QIAO X, JIAO L, ZHANG X, et al. Contamination profiles and risk assessment of per-and polyfluoroalkyl substances in groundwater in China［J］. Environ Monit Assess, 2020, 192（2）: 76.

[9] ANG M, WANG P, LU Y, et al. Transport and environmental risks of per-fluoroalkyl acids in a large irrigation and drainage system for agricultural production［J］. Environ Int, 2021, 157: 106856.

[10] FENG S, LU H, YAO T, et al. Spatial characteristics of microplastics in the high-altitude area on the Tibetan Plateau［J］. J Hazard Mater, 2021, 417: 126034.

[11] LIU Y, HAO S, ZHAO X, et al. Distribution characteristics and health risk assessment of volatile organic compounds in the groundwater of Lanzhou City, China [J]. Environ Geochem Health, 2020, 42 (11): 3609-3622.

[12] FANG Y, WANG L, LIU R, et al. Source-specific risk apportionment and critical risk source identification of antibiotic resistance in Fenhe River basin, China [J]. Chemosphere, 2022, 287 (Pt 1): 131997.

[13] 赵亚辉，邢迎春，吕彬彬，等. 黄河流域淡水鱼类多样性和保护 [J]. 生物多样性，2020，28 (12)：1496-1510.

[14] XIE J Y, TANG W J, YANG Y H. Fish assemblage changes over half a century in the Yellow River, China [J]. Ecology and Evolution, 2018, 8 (8): 4173-4182.

[15] 王雨竹，潘保柱，巩政，等. 黄河流域鱼类食性同资源种团的时空变化 [J]. 应用生态学报，2022，33 (3)：821-828.

[16] 计伟，刘海江，高吉喜，等. 黄河流域生态质量时空变化分析 [J]. 环境科学研究，2021，34 (7)：1700-1709.

[17] 高欣，丁森，尚光霞，等. 黄河流域水生态环境问题诊断与保护方略 [J]. 环境保护，2021，49 (13)：9-12.

[18] 丁一桐，潘保柱. 黄河流域水生生物资源评估及问题诊断 [J]. 中国环境监测，2022，38 (1)：1-13.

[19] 丁一桐，潘保柱，赵耿楠，等. 黄河干流全河段浮游植物群落特征与水质生物评价 [J]. 中国环境科学，2021，41 (2)：891-901.

[20] 黄河水系渔业资源调查协作组. 黄河水系渔业资源 [M]. 沈阳：辽宁科学技术出版社，1986.

[21] 赵伟华. 中国河流底栖动物宏观格局及黄河下游生态需水研究 [D]. 武汉：中国科学院水生生物研究所，2010.

[22] 谢元. 黄河流域底栖动物群落及其时空分布特征研究 [D]. 北京：北京大学，2017.

黄河流域水环境因子及泥沙特性变化分析

张　翎[1,2,3]　唐凤珍[1,2,3]　王远见[1,2,3]

（1. 黄河水利委员会黄河水利科学研究院，河南郑州　450003；
2. 黄河实验室，河南郑州　450003；
3. 水利部黄河下游河道与河口治理重点实验室，河南郑州　450003）

摘　要：本文在黄河干流及主要支流设置18个采样点，监测了水文环境要素、理化指标及泥沙特性并进行分析。结果显示，黄河水体硝态氮（NO_3-N）浓度沿程增加，氨氮（NH_3-N）浓度变化不大，但支流浓度高于干流浓度；溶解性无机氮（DIN）以NO_3-N为主，占比93.8%。悬浮泥沙浓度夏季中游最高，与溶解氧（DO）含量呈负相关，与溶解性有机碳（DOC）含量呈正相关。悬浮泥沙上的总有机碳（TOC）和总氮（TN）浓度高于沉积物，表明悬浮泥沙更适合作为脱氮作用的物质基础。这些发现为黄河流域水环境管理和生态保护提供了科学依据。

关键词：黄河流域；水环境；泥沙

1　引言

河流水环境因子作为支持水体初级生产和维持水生态系统结构与功能的保障[1]，对全球生物地球化学过程和河流-海洋水生态系统具有重要意义[2-4]。水环境因子处于连接水文、水力条件和生物作用的关键环节，其分布规律、形态组分转化直接影响水生生境[5]，是河流生态系统健康状况的重要表征[6]。河流中水环境因子传输以水沙为载体[7]，河流水动力因素、泥沙理化特性、水沙界面交换、水生生物群落结构、水环境因子形态组分等相互间具有复杂作用关系[8-9]，共同构成了河流生态系统的环境要素基础[10]。泥沙颗粒既是水体中生源物质的附着载体，影响着水体中生源物质的通量和浓度，其表面富含的各种微生物也能对水体生源物质起到降解作用[11]，进一步增加了多沙河流生源物质赋存特征研究的难度。近年来，随着气候变化和人类活动的双重影响，黄河流域的水环境因子及泥沙特性发生了显著变化，这些变化不仅影响黄河自身的健康状态，也对整个流域干、支流的生态环境造成了深远影响。

因此，对黄河流域干支流水环境因子和泥沙特性的深入分析，具有重要的理论意义和实践价值。本文旨在对黄河流域干支流水环境因子和泥沙特性的指标进行系统分析。通过对水环境因子的监测与分析，可以揭示流域水质的演变趋势；研究水环境因子与泥沙特性之间的相关性，有助于揭示流域内生态系统的内在联系，为水污染防控和水环境保护提供科学依据，对维护黄河流域生态平衡、保障水资源可持续利用具有重要意义。

2　研究区域与方法

采样点共18个，主要分布在黄河干流上、中、下游以及4条主要支流上（见图1）。其中，上游采样点4个，分别为青铜峡（QTX）、石嘴山（SZS）、三湖河口（SHHK）、头道拐（TDG）；中游采样点6个，分别为万家寨（WJZ）、吴堡（WB）、龙门（LM）、潼关（TG）、三门峡（SMX）、小浪

基金项目：国家重点研发计划（2021YFC3200400）；国家自然科学基金（U2243215）。

作者简介：张翎（1994—），女，工程师，主要从事生态水利与水库调度的研究工作。

底（XLD）；下游采样点4个，分别为花园口（HYK）、高村（GC）、艾山（AS）、利津（LJ）；支流采样点4个，分别为白家川（BJC，无定河）、河津（HJ，汾河）、华县（HX，渭河）、洑头（ZT，北洛河），且4条支流都位于黄河中游流域；采样点中包括4个水库，分别为青铜峡、万家寨、三门峡、小浪底。所有采样点均位于当地水文监测断面附近。

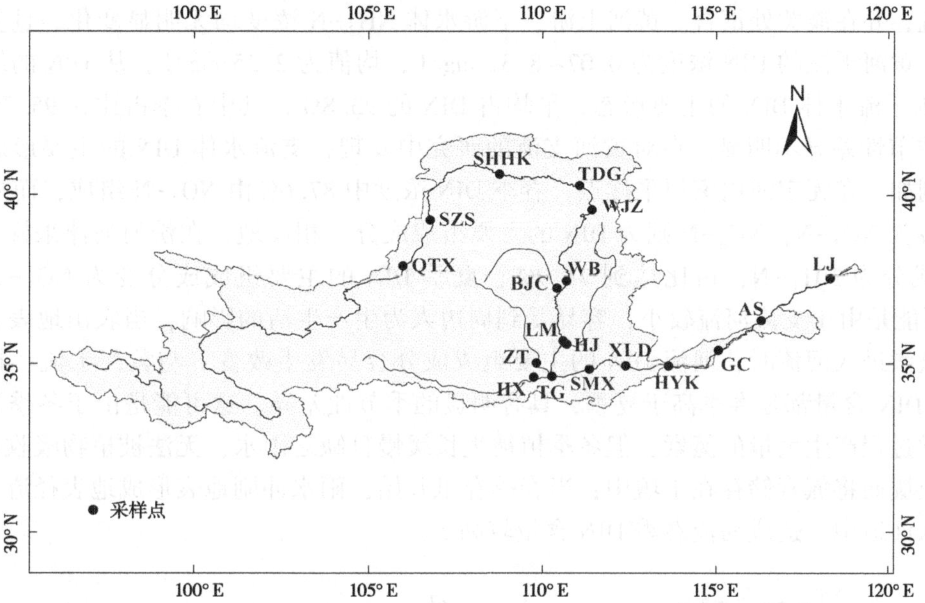

图1　黄河流域采样点分布

利用不锈钢分层采水器采集表层水样品。实验室内利用流动分析仪测定溶解性无机氮（DIN）、硝态氮（NO_3-N）和氨氮（NH_3-N），利用总有机碳分析仪测定溶解性有机碳（DOC），利用元素分析仪测定泥沙中有机碳（TOC）和总氮（TN），利用称重法测定水体悬浮泥沙（SPS）。采样前，使用YSI（美国EXO多参数水质监测仪）测定水温、溶解氧（DO）、pH值。用便携式风速测试仪测定各采样点的气温及风速。

采用Excel进行数据整理、运算与制图，采用SPSS 22统计软件进行相关性分析。

3　河流理化指标及环境因素

根据各采样点水文站提供的水文参数及实地测定的结果，得到黄河上、中、下游及支流的气压、水温、流量、流速、风速等水文环境要素的数据（见表1）。采样期间，黄河水体春季水温为6.2~15.2 ℃（均值为11.1 ℃），夏季水温为20.5~28.0 ℃（均值为24.8 ℃），证明黄河流域水温呈现明显的季节差异性。春季气压为87.9~101 kPa（均值为95.4 kPa），夏季气压为88.8~102 kPa（均值为96.3 kPa），无明显的季节性差异。黄河流域上游至下游海拔持续下降，由青铜峡的1 124 m降低至利津的21 m，因此气压也随海拔的降低而增大，从气压的分布上看，上游（89.06 kPa）<中游（96.54 kPa）<下游（101.43 kPa），呈现明显的空间异质性。

表1　河流各水文及环境要素范围值、均值

采样点位置		气压/kPa		水温/℃		流量/(m^3/s)		流速/(m/s)		风速/(m/s)	
		范围	均值	范围	均值	范围	均值	范围	均值	范围	均值
干流	上游	87.8~89.8	89.06	10.3~25.0	18.15	295~451	389.50	0.47~1.45	0.85	1.0~2.1	1.65
	中游	90.6~100	96.54	6.2~27.1	17.81	100~1 220	529.92	0.20~0.88	0.58	0~2.7	1.28
	下游	100~102	101.43	7.43~24.2	16.54	142~800	407.13	0.30~0.97	0.58	0.5~1.8	1.13
支流	中游	92.5~98.1	96.16	8.96~28.0	19.36	1.94~138	43.92	0.64~0.82	0.69	0.1~1.7	1.20

在黄河干流各采样点中，NO_3-N 浓度为 0.02~7.06 mg/L，均值为 2.12 mg/L，春季 NO_3-N 浓度高于夏季，且 NO_3-N 浓度随着水流方向逐渐增大[见图 2（a）]，上游（2.23 mg/L）<中游（3.04 mg/L）<下游（3.30 mg/L）。除潼关外，所有采样点水体 NH_3-N 浓度均低于 0.3 mg/L，潼关水体 NH_3-N 浓度达到 0.89 mg/L[见图 2（b）]，这是由于汾河、北洛河、渭河三条 NH_3-N 浓度较高的支流流入干流，并在潼关处汇合。黄河上游、下游水体 NH_3-N 浓度均无明显变化，且夏季与春季的变化不明显。黄河干流的 DIN 浓度为 0.07~8.31 mg/L，均值为 2.25 mg/L，从 DIN 的结构比例上来看，NO_3-N 为干流水体 DIN 的主要形态，平均占 DIN 的 93.8%，其中春季占比为 95.7%、夏季占比为 92.4%，季节性差异不明显。在对黄河支流的研究中发现，支流水体 DIN 的主要形态随季节的改变而改变。例如，在无定河白家川采样点，春季 DIN 浓度中 87.6%由 NO_3-N 组成，而夏季 DIN 浓度中只有 11.1%为 NO_3-N，NH_3-N 则为 DIN 的主要组成成分。相反地，在汾河河津采样点，春季 DIN 的主要组成成分为 NH_3-N，占比达到 71.9%，夏季 DIN 的主要组成成分变为 NO_3-N，占比达到 75.8%。这可能是由于支流河流较小，容易受到周边人为生产生活的影响，当农田地表径流、污水等挟带不同的氮素进入河流时，河流 DIN 的主要组成成分容易发生改变。与黄河干流一样，黄河支流的 NO_3-N 和 DIN 含量都是春季高于夏季，具有明显的季节性差异。这可能是由于冬季河流流域内土壤的生物化学过程产生大量的氮素，但冬季植被生长缓慢且缺乏雨水，无法被植物吸收转化或形成地表径流冲刷土壤而将氮素储存在土壤中；当春季春汛开始，雨水冲刷地表形成地表径流，将土壤中大量的氮素带入河道中，造成河流春季 DIN 含量较高。

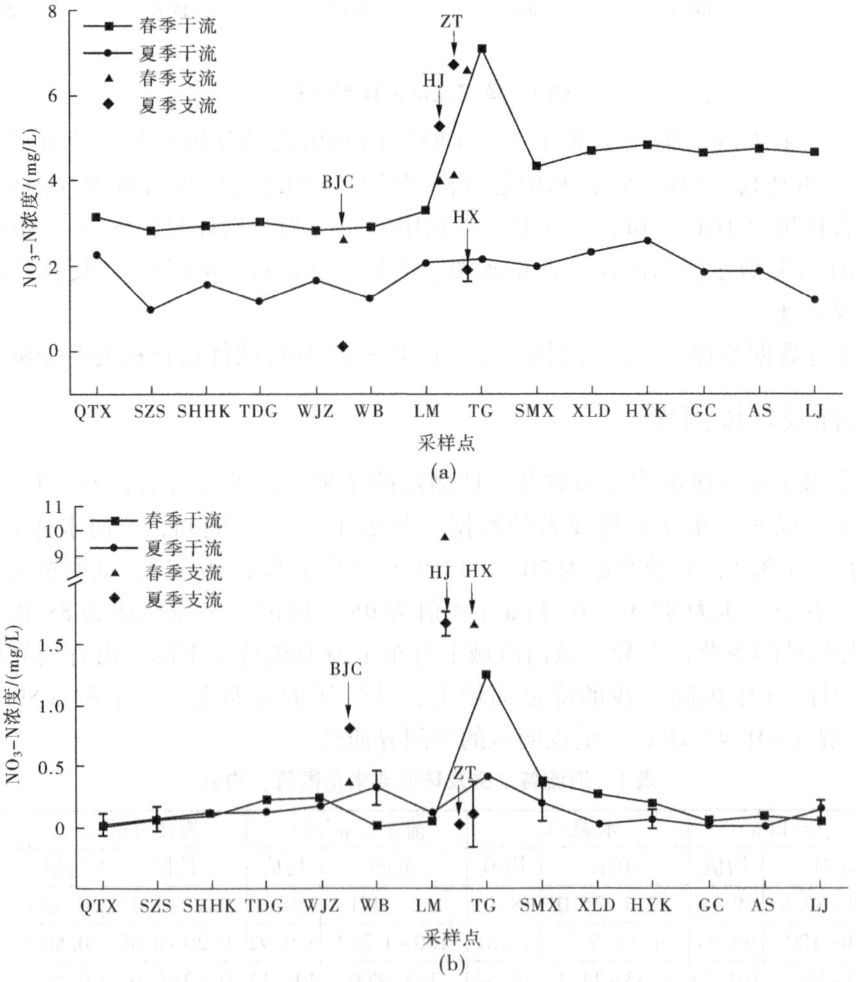

图 2 各采样点 NO_3-N、NH_3-N 浓度沿程分布

4 河流悬浮泥沙特性

黄河各采样点不同季节的 DIN、DOC、SPS、DO 等理化指标呈现较高的时空异质性（见表 2）。黄河干流的 SPS 含量为 0~26.3 g/L，均值为 1.94 g/L；其中，中游地区的 SPS 含量最高（4.85 g/L），远高于上游地区（0.65 g/L）和下游地区（0.72 g/L），且夏季 SPS 含量明显高于春季，支流无定河白家川采样点的 SPS 含量在夏季达到最高（132.06 g/L），这主要是由于夏季暴雨冲刷大量中游黄土高原地区的土壤进入河流，SPS 随支流汇入干流，造成干流 SPS 含量增加。黄河水体春季 DO 含量为 5.4~12.0 mg/L（均值为 10.0 mg/L），夏季 DO 含量为 1.4~10.3 mg/L（均值为 7.13 mg/L），大部分站点的 DO 为饱和及过饱和状态，干流的石嘴山、潼关及支流的白家川、河津、华县的低 DO 主要是由于当地污染水平较为严重或 SPS 含量过高，小浪底的低 DO 水主要来自水库底层水体的下泄。水体 DO 含量与 SPS 含量之间呈负相关关系（见图 3，$p<0.01$），这可能是由于 SPS 表面存在的微生物进行呼吸作用消耗氧气。黄河干流 DOC 浓度为 0.4~14.1 mg/L，均值为 5.58 mg/L；支流 DOC 浓度为 2.8~44.1 mg/L。水体 DOC 含量与 SPS 含量之间呈正相关关系（见图 3，$p>0.01$），表明黄河水体的 DOC 主要来自被侵蚀的土壤。由表 2 可得，黄河支流 DOC 浓度较高，无定河白家川和渭河华县两个采样点在夏季的 DOC 含量分别达到 44.1 mg/L 和 31.3 mg/L，同时，其夏季 SPS 含量分别为 132.06 g/L 和 72.70 g/L。

表 2　不同季节各采样点 DIN、DOC、SPS、DO

采样点		DIN/(mg/L)		DOC/(mg/L)		SPS/(g/L)		DO/(mg/L)	
		春季	夏季	春季	夏季	春季	夏季	春季	夏季
干流	QTX	3.2	2.3	3.8	3.2	0	0	10.9	9.0
	SZS	2.9	1.0	8.1	4.7	0.65	0.17	8.6	5.8
	SHHK	3.1	1.7	4.5	1.7	2.14	0.96	9.2	8.2
	TDG	3.3	1.3	5.8	3.4	1.13	1.16	9.3	9.6
	WJZ	3.1	1.8	4.6	5.1	0.00	1.18	10.8	7.4
	WB	2.9	1.5	4.1	2.7	0.56	15.23	11.6	8.0
	LM	3.3	2.2	2.1	5.5	0.62	3.89	11.1	9.8
	TG	8.3	2.6	5.4	14.1	2.88	14.98	8.6	4.7
	SMX	4.7	2.2	4.2	9.7	0	26.30	11.7	6.1
	XLD	5.0	2.4	4.9	0.4	0	0	12.0	2.7
	HYK	5.0	2.7	5.8	3.4	0.13	0.09	11.4	8.3
	GC	4.7	1.9	4.8	1.5	1.72	0.57	10.9	8.7
	AS	4.9	1.9	4.9	2.8	1.95	0.78	10.6	8.9
	LJ	4.7	1.3	4.4	3.5	0.16	0.37	10.7	10.3
支流	BJC	3.0	0.9	4.3	44.1	0.13	132.06	10.5	4.0
	HJ	13.7	6.9	5.4	2.8	0.10	0.94	5.4	7.1
	ZT	4.1	6.7	10.2	5.1	0.05	2.44	10.7	8.6
	HX	8.2	2.0	5.1	31.3	3.78	72.70	6.3	1.4

黄河沉积物和悬浮泥沙中的 TOC 和 TN 的检测结果（见表 3）表明，黄河上覆水体中悬浮泥沙上的 TOC 平均值为 0.92%，TN 平均值为 0.11%，且无明显的季节性差异。有研究表明，长江上覆水体

悬浮泥沙上的 TOC 和 TN 高于黄河，分别为 3.07%和 0.27%[12]。同时，黄河水体沉积物 TN 含量较低，大多数采样点的沉积物均低于检测限，而悬浮泥沙上的 TN 含量高于沉积物。这说明悬浮泥沙上更容易存在含氮物质，为脱氮作用提供物质基础，而沉积物中的 NO_3-N、NH_3-N 等物质是来自上覆水体，使得 NO_3-N、NH_3-N 等反应底物浓度成为沉积物中脱氮过程的限制性因素[13]。

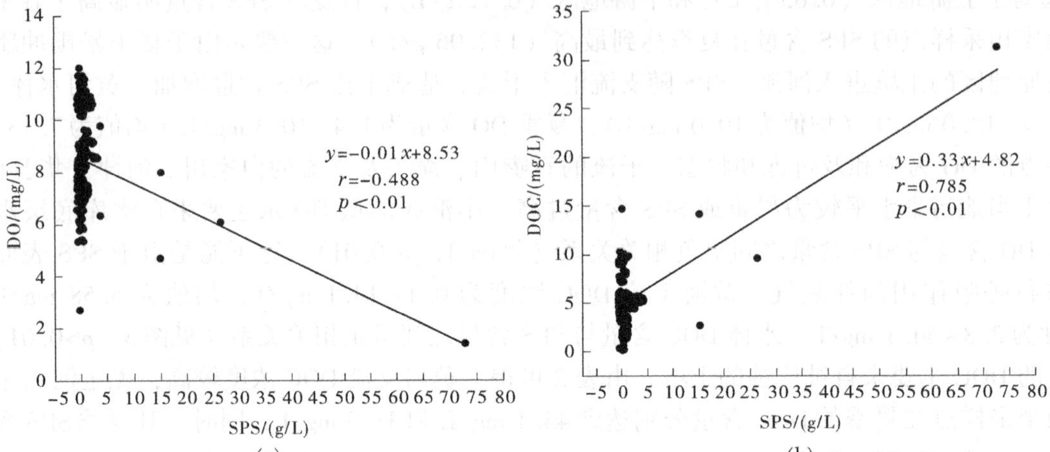

图 3　水体 SPS 含量与 DO 含量、DOC 含量之间的关系

表 3　各采样点沉积物、悬浮泥沙的 TOC、TN　　%

采样点	沉积物				悬浮泥沙			
	春季		夏季		春季		夏季	
	TOC	TN	TOC	TN	TOC	TN	TOC	TN
SZS	0.07	—	0.20	—	1.12	0.13	1.26	0.12
SHHK	0.08	—	0.59	—	0.87	0.08	0.34	0.04
TDG	0.10	—	0.39	0.05	0.82	0.08	0.96	0.11
WB	0.98	—	0.25	—	1.15	0.12	1.22	0.08
LM	1.67	—	0.26	—	0.70	0.17	0.56	0.09
TG	1.62	—	0.38	0.05	0.38	0.03	0.40	0.05
SMX	N/A	N/A	N/A	N/A	N/A	N/A	0.25	0.05
HYK	1.13	—	0.03	—	0.60	0.07	0.94	0.19
GC	0.64	—	0.04	—	0.57	0.05	0.57	0.09
AS	0.32	—	0.09	—	0.55	0.04	0.84	0.13
LJ	0.12	—	0.16	0.04	0.91	0.10	1.37	0.21
BJC	0.08	—	2.26	—	0.85	0.09	0.40	0.04
HJ	2.50	0.14	21.25	—	4.04	0.49	2.37	0.07
ZT	2.59	0.14	0.20	—	N/A	N/A	0.54	0.06
HX	1.57	—	0.11	—	0.96	0.08	0.30	0.10

注：—表示未检出；N/A 表示无该样品。

5　结论

（1）黄河水体 NO_3-N 浓度沿程逐渐增加，在有较多支流汇入的 TG 地区达到最大值，NH_3-N 浓度沿程变化不大，但支流 NH_3-N 浓度明显高于干流；大多数采样点 DIN 的主要组成成分为 NO_3-N，约占 93.8%，且无明显季节性差异。

（2）受黄土高原的影响，黄河悬浮泥沙浓度在春季变化不大，在夏季中游悬浮泥沙浓度最高，且与水体 DO 呈显著负相关，与 DOC 含量呈显著正相关。

（3）黄河悬浮泥沙上 TOC 浓度与沉积物 TOC 浓度相当，但悬浮泥沙上 TN 浓度普遍高于沉积物 TN 浓度，说明悬浮泥沙更适合作为河流脱氮等作用的发生场所。

参考文献

[1] 林婕，李斌，陈倩．洞庭湖生源要素分布特征及生态效应［J］．北京大学学报（自然科学版），2024，60（2）：341-349.

[2] Covino T，Golden H E，Li H Y，et al. Aquatic carbon-nutrient dynamics as emergent properties of hydrological，biogeochemical，and ecological interactions：scientific advances［J］．Water Resources Research，2018，54（10）：7138-7142.

[3] Gabysheva O I，Gabyshev V A，Barinova S. Influence of the active layer thickness of permafrost in eastern siberia on the river discharge of nutrients into the Arctic Ocean［J］．Water，2022，14（1）．

[4] Liu D，Bai Y，He X Q. Satellite estimation of particulate organic carbon flux from Changjiang River to the estuary［J］．Remote Sensing of Environment，2019，223：307-319.

[5] 胡春宏，郑春苗，王光谦，等．“西南河流源区径流变化和适应性利用”重大研究计划进展综述［J］．水科学进展，2022，33（3）：337-359.

[6] Wang K，Pan H Y，Fujii Y. Study on energy distribution and attenuation of CO2 fracturing vibration from coal-like material in a new test platform［J］．Fuel，2024，356.

[7] 李新艳，王芳，杨丽标，等．河流输送泥沙和颗粒态生源要素通量研究进展［J］．地理科学进展，2009，28（4）：558-566.

[8] Wu X，Yue Y，Borthwick A G L，et al. Mega-reservoir regulation：A comparative study on downstream responses of the Yangtze and Yellow rivers［J］．Earth-Science Reviews，2023，245.

[9] Pan B Z，Han X，Chen Y，et al. Determination of key parameters in water quality monitoring of the most sediment-laden Yellow River based on water quality index［J］．Process Safety and Environmental Protection，2022，164：249-259.

[10] Jiang Q，Jin G，Tang H，et al. Ammonium（NH_4^+）transport processes in the riverbank under varying hydrologic conditions［J］．Science of the Total Environment，2022，826，154097.

[11] 金光球，魏杰，张向洋，等．平原河流水沙界面生源物质迁移转化过程及水环境调控的研究进展［J］．水科学进展，2019，30（3）：434-444.

[12] Liu S，Lu X X，Xia X，et al. Dynamic biogeochemical controls on river pCO2 and recent changes under aggravating river impoundment：An example of the subtropical Yangtze River［J］．Global Biogeochemical Cycles，2016，30（6），880-897.

[13] Xia X，Zhang S，Li S，et al. The cycle of nitrogen in river systems：sources，transformation，and flux［J］．Environmental Science Processes & Impacts，2018，20（6）．

水体悬浮泥沙吸附微生物指示菌的试验研究

江　磊[1]　曾子悦[2]

（1. 长江勘测规划设计研究有限责任公司，湖北武汉　430010；
2. 长江科学院，湖北武汉　430010）

摘　要：本文通过物理试验研究了河流悬移质泥沙吸附粪大肠菌群的动力学过程。结果表明，泥沙吸附粪大肠菌群动力学过程包括两个阶段，即初始快速吸附阶段及吸附平衡阶段。初始快速吸附阶段时间为5~25 min，吸附量随时间快速增加并逐渐趋向于平衡吸附量；吸附平衡阶段时间较长，吸附量随时间增加保持不变。吸附动力过程可用Henry一阶吸附动力学方程来描述；泥沙浓度及初始菌液浓度增加，吸附反应速率加快；泥沙浓度增加，平衡吸附总量增加，而平衡单位吸附量减小，初始菌液浓度增加，平衡吸附总量及单位吸附量均增加。

关键词：悬浮泥沙；吸附；粪大肠菌群

1　引言

粪大肠菌群是重要的水质指标，在国内外被普遍用作粪便污染的微生物指示菌。《地表水环境质量标准》（GB 3838—2002）中规定以每升水中粪大肠菌群个数作为划分Ⅰ~Ⅴ类水的指标之一[1]。水体中的悬浮泥沙对粪便污染指示菌的迁移和转化存在重要影响，主要表现为泥沙改变其存在状态、输移扩散过程、衰亡特性、悬浮沉降特性及底泥内源污染源等[2-5]。现有研究将水体粪大肠菌群分为自由态和附着态，采用两种方式来处理泥沙吸附粪大肠菌群的过程：其一为假定附着于泥沙上的粪大肠菌群数量为某一固定的分配比例，比例值范围为10%~90%[6-9]；其二为假定泥沙吸附粪大肠菌群的过程为瞬间平衡的过程，因此可采用线性（Henry）吸附模型来进行描述，模型中的吸附强度系数根据实测结果来确定[10-11]。现有处理方式存在多方面的问题，如固定吸附比例会导致计算结果的明显偏差[12]、瞬间吸附平衡假定是否合理[13]、矿物吸附微生物过程较为复杂、吸附强度系数亦受到众多因素的影响[14]。因此，开展泥沙吸附粪大肠菌群的试验研究具有重要的意义。

本文设计了悬移质泥沙吸附粪大肠菌群的试验方法，并以此为基础进行了悬沙吸附粪大肠菌群的试验，主要内容包括：首先建立水体粪大肠菌群悬浊液浓度与光密度关系的标准曲线；其次以建立的标准曲线为基础研究泥沙吸附粪大肠菌群的动力学过程；最后进一步研究泥沙浓度及初始菌液浓度对吸附动力特征的影响。

2　材料与方法

2.1　沙样采集与处理

试验用沙取自天然河流，原状沙加入H_2O_2搅拌直至无明显气泡产生以去除有机物质，密封保存，试验用沙级配分析结果如图1所示。采用级配曲线出现明显拐点的位置对应的粒径作为悬沙和床沙的分界粒径[15]，本文试验沙对应的分界粒径约为62 μm，因此试验用沙均为62 μm以下的细沙。

基金项目：国家重点研发计划项目（2023YFC3209503）。

作者简介：江磊（1987—），男，高级工程师，主要从事河道整治相关的规划、设计和科研工作。

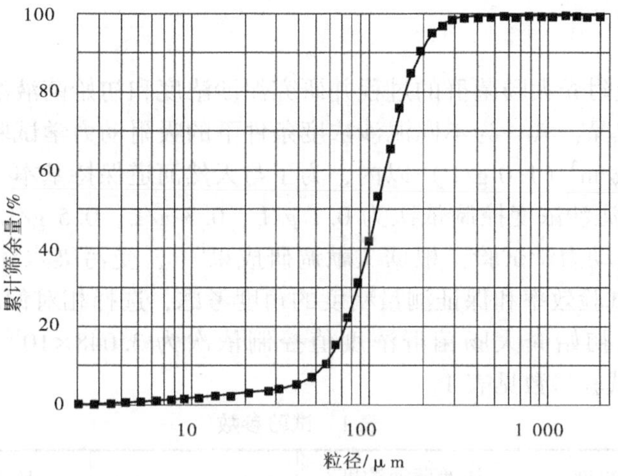

图 1　试验用沙级配曲线

2.2　菌液浓度测量及吸附量计算

试验用菌种取自天然水体，经过培养分离出菌体，悬于灭菌蒸馏水中制成菌悬液。本文采用光密度法测量菌悬液中的细菌浓度，该方法已被众多研究者用来测量悬浮液中的细菌浓度[16-18]。其基本原理为：当一束强度为 I_0 的单色光垂直照射某物质的溶液后，由于一部分光被体系吸收，因此透射光的强度降至 I，则溶液的光密度 OD 根据朗伯-比尔定律为

$$\mathrm{OD} = abC \tag{1}$$

式中：OD 为光密度；a 为摩尔吸光系数；b 为溶液层厚度，cm；C 为溶液的浓度，cfu/L。

细菌菌体悬浊液对单色光具有较强的吸收作用，且光密度随着悬浊液浓度的增大而逐渐增大，因此对于一系列浓度不同的细菌悬浊液而言，可以先采用分光光度计测量其光密度，然后采用滤膜法测量其细菌浓度，建立细菌浓度与光密度的标准曲线，试验过程即可根据测量的光密度值直接查标准曲线得到细菌浓度值（见图 2）。

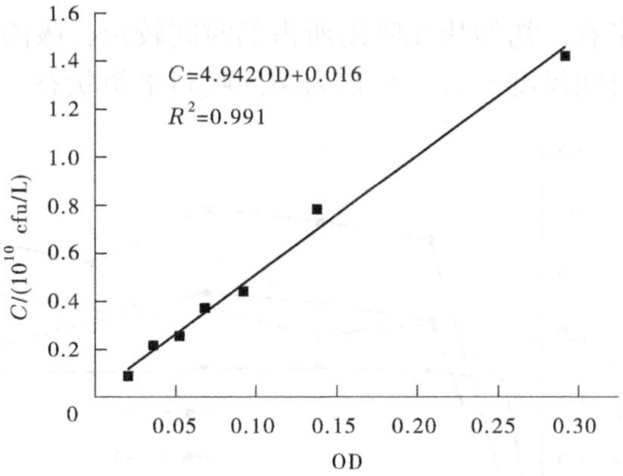

图 2　粪大肠菌群浓度与光密度标准曲线

吸附量按如下方法计算：初始未加泥沙粪大肠菌悬浊液光密度为 A_0，查曲线计算其浓度为 C_0；任意时刻过滤掉泥沙后粪大肠菌悬浊液光密度为 A_1，查曲线计算其浓度 C_1，则泥沙吸附粪大肠菌群量为

$$q = \frac{C_0 - C_1}{s} \tag{2}$$

式中：q 为泥沙吸附量，cfu/g；s 为泥沙浓度，g/L。

3 试验工况

本文旨在研究泥沙吸附粪大肠菌群的过程并研究泥沙浓度和初始菌液浓度对吸附动力学特征的影响，因此试验设定两组工况：其一为不同泥沙浓度条件下的吸附动力学试验，除特殊情况外，天然水体泥沙浓度一般在 1.0 kg/m^3（1.0 g/L）以内，为了与天然河道保持基本一致，本次试验共分 4 个组次（S1、S2、S3、S4），泥沙浓度控制依次为 0.1 g/L、0.3 g/L、0.5 g/L、0.7 g/L；其二为不同初始菌液浓度条件下的吸附动力学试验，根据文献调研成果[17]，受污染水体内粪大肠菌群浓度范围为 10^2~10^{11} cfu/L，从提高试验效率和保证测量精度的角度考虑，选择相对偏高的浓度，本次试验共分 3 个组次（C1、C2、C3），初始粪大肠菌群浓度值控制依次为 3.048×10^{10} cfu/L、2.153×10^{10} cfu/L、1.537×10^{10} cfu/L，详细试验参数见表 1。

表 1　试验参数

组次	泥沙浓度/（g/L）	初始菌液浓度/（10^{10} cfu/L）	组次	泥沙浓度/（g/L）	初始菌液浓度/（10^{10} cfu/L）
S1	0.1	1.987	C1	0.5	3.048
S2	0.3	1.987	C2	0.5	2.153
S3	0.5	1.987	C3	0.5	1.537
S4	0.7	1.987			

4 结果与讨论

图 3 和图 4 为泥沙吸附粪大肠菌群量 q 随时间 t 的动力学变化过程，可以看出，泥沙吸附粪大肠菌群的过程分为两个阶段：①初始快速吸附阶段，随着混合体系反应时间的增加，泥沙吸附粪大肠菌群量迅速增加，并逐渐达到平衡，初始快速吸附时间较短，为 5~25 min；②平衡吸附阶段，反应体系内泥沙数量一定，其表面可附着的细菌数量有限，故泥沙吸附粪大肠菌群量维持在某一平衡值附近小幅波动。从整体变化过程来看，初始快速吸附所占的时间较短，吸附反应速率较快，相对于平衡吸附及天然河流水流泥沙运动时间尺度而言，可视为瞬间吸附平衡状态。

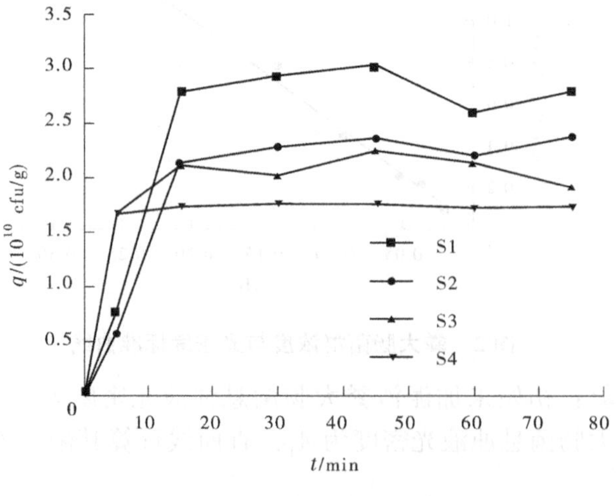

图 3　不同泥沙浓度吸附过程

为定量比较不同因素对泥沙吸附粪大肠菌群动力学特性的影响，选取较为常用的 Henry（线性）吸附模型动力学方程来对试验数据进行拟合以求得吸附速率系数 k_1，该模型假设反应体系内吸附过程和解析过程同时发生，吸附量增加或是减小取决于两者之间的对比关系，当吸附量与解析量相等

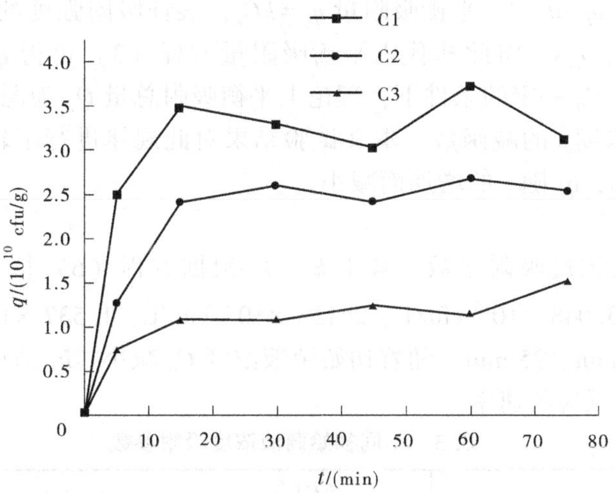

图 4 不同初始菌液浓度吸附过程

时，吸附达到平衡，其微分表达式为

$$\frac{dq}{dt} = k_1 C - k_2 q \tag{3}$$

$$C + sq = C_0 \tag{4}$$

边界条件为

$$t = 0, \ q = 0, \ C = C_0 \tag{5}$$

积分可得

$$\ln[k_1 C_0 - (k_1 s + k_2) q] = -[(k_1 s + k_2) t - \ln(k_1 C_0)] \tag{6}$$

式中：q 为粪大肠菌群吸附量，cfu/g；k_1 为吸附速率系数，min^{-1}；k_2 为解析速率系数，min^{-1}；C 为任意时刻体系内自由态粪大肠菌群浓度，cfu/L；C_0 为初始时刻（$t=0$）体系内粪大肠菌群浓度，cfu/L；s 为泥沙浓度，g/L。

当吸附达到平衡时，平衡吸附量 q_e 取平衡吸附阶段内吸附量的平均值。

4.1 泥沙浓度影响

表 2 为不同泥沙浓度吸附参数，其中 k_1、k_2 根据方程（6）拟合试验数据得出。整体而言，除 S2 组次外吸附速率系数 k_1 随泥沙浓度 s 增加而增加，S1、S2、S3、S4 组次达到吸附平衡的时间 T_e 大致为 15 min、25 min、10 min、5 min，由此可见，k_1 的变化规律基本与 T_e 的变化规律一致，k_1 值越大，T_e 值越小，吸附反应速率越快，反之则越慢。这表明在初始细菌菌液浓度一定的条件下，增加泥沙浓度有助于加快吸附反应速率，原因是增加泥沙浓度可以增加颗粒物与细菌进行接触反应的微表面积，进一步增加泥沙与细菌菌体的接触机会及频率，从而加快吸附反应速率。

表 2 不同泥沙浓度吸附参数

吸附参数	S1	S2	S3	S4
泥沙浓度 s/(g/L)	0.1	0.3	0.5	0.7
吸附速率系数 k_1/min^{-1}	0.001 6	0.001 2	0.003 4	0.005 3
解析速率系数 k_2/min^{-1}	0.095 5	0.063 8	0.154 6	0.234 4
平衡吸附总量 Q_e/(10^{10} cfu/L)	0.291	0.710	1.045	1.219
平衡吸附量 q_e/(10^{10} cfu/g)	2.907	2.366	2.090	1.741
相关系数 R^2	0.926	0.951	0.978	0.999

当吸附达到平衡时，$dq/dt=0$，平衡吸附量 $q_e=kC_e$，表征吸附强度的参数 $k=k_1/k_2$ 达到平衡时，平衡溶液细菌浓度 $C_e=C_0-q_es$，将此式代入平衡吸附量方程（3）可得 $q_e=kC_0/(1+ks)$，$Q_e=kC_0s/(1+ks)$，在初始菌液浓度 C_0 一定的条件下，理论上平衡吸附总量 Q_e 为泥沙浓度 s 的增函数，而平衡单位吸附量 q_e 则为泥沙浓度 s 的减函数，本文试验结果对此规律进行了较好的验证，从表 2 可以看出，Q_e 随 s 的增加而增加，q_e 随 s 的增加而减小。

4.2 初始菌液浓度影响

表 3 为不同初始菌液浓度吸附参数，其中 k_1、k_2 根据方程（6）拟合试验数据得出。C1、C2、C3 初始菌液浓度分别为 3.048 $\times10^{10}$ cfu/L、2.153 $\times10^{10}$ cfu/L、1.537 $\times10^{10}$ cfu/L，试验吸附平衡时间 T_e 分别为 10 min、20 min、25 min。随着初始菌液浓度 C_0 减小，k_1 值亦减小，T_e 增加，因此初始菌液浓度增加能加快吸附反应的速率。

表 3　不同初始菌液浓度吸附参数

吸附参数	C1	C2	C3
初始菌液浓度 $C_0/(10^{10}$ cfu/L)	3.048	2.153	1.537
吸附速率常数 k_1/min^{-1}	0.003 1	0.001 6	0.001 4
解析速率常速 k_2/min^{-1}	0.128 9	0.054 4	0.101 3
平衡吸附总量 $Q_e/(10^{10}$ cfu/L)	1.670	1.287	0.649
平衡吸附量 $q_e/(10^{10}$ cfu/g)	3.339	2.573	1.298
相关系数 R^2	0.956	0.991	0.900

由前述理论分析可知，在泥沙浓度 s 一定的条件下，吸附达到平衡时，泥沙吸附粪大肠菌群总量 Q_e 及单位吸附量 q_e 均为初始菌液浓度 C_0 的增函数。试验结果表明，随 C_0 减小，Q_e 及 q_e 均显著减小，因此平衡吸附总量 Q_e 及单位吸附量 q_e 随初始菌液浓度 C_0 的减小而减小。

5 结论

本文采用物理试验研究了河流泥沙吸附水体粪大肠菌群的动力学过程，并从吸附速率系数 k_1、平衡吸附总量 Q_e 及单位吸附量 q_e 三个方面对泥沙浓度 s 和初始菌液浓度 C_0 对吸附动力特征的影响进行了研究，得出的主要结论如下：

（1）泥沙吸附粪大肠菌群的动力学过程整体属于快速吸附，主要包括初始快速吸附阶段和平衡吸附阶段，初始快速吸附阶段时间较短，吸附速率较快，吸附量快速增加，吸附平衡时间 T_e 为 5~25 min，平衡吸附阶段时间较长，吸附量不变。

（2）泥沙浓度 s 及初始菌液浓度 C_0 增加，吸附速率系数 k_1 增大，吸附反应速率加快；泥沙浓度 s 增加，平衡吸附总量 Q_e 增加，而平衡吸附量 q_e 减小；初始菌液浓度 C_0 增加，平衡吸附总量 Q_e 及单位吸附量 q_e 均增加。

参考文献

[1] 国家环境保护总局．地表水环境质量标准：GB 3838—2002［S］．北京：中国环境科学出版社，2002.

[2] Jamieson R C, Joy D M, Lee H, et al. Transport and deposition of sediment-associated Escherichia coli in natural streams［J］. Water Research, 2005b, 39: 2665-2675.

[3] Hellweger F L, Masopust P. Investigating the fate and transport of Escherichia coli in the Charles River, Boston, using high-resolution observation and modeling［J］. Journal of the American Water Resources Association (JAWRA), 2008, 44: 509-522.

[4] Gall M P, Davies-Colley R, Milne J, et al. Suspended sediment and faecal contamination in a stormflow plume from the Hutt River in Wellington Harbour, New Zealand [J]. New Zealand Journal of Marine and Freshwater Research, 2022, 56 (3): 389-409.

[5] Manini E, Baldrighi E, Ricci F, et al. Assessment of Spatio-Temporal Variability of Faecal Pollution along Coastal Waters during and after Rainfall Events [J]. Water, 2022, 14 (3): 502-509.

[6] Densmore Brenda K, Brent M Hall, Matthew T Moser. Modeling Escherichia Coli in the Missouri River near Omaha, Nebraska [J]. Scientific Investigations Report, 2020: 2012-2016.

[7] Worku Meshesha T, Wang J, Demelash Melaku N. A modified hydrological model for assessing effect of pH on fate and transport of Escherichia coli in the Athabasca River basin [J]. Journal of Hydrology, 2020, 582: 124513-124520.

[8] McCorquodale J A, Georgiou I, Carnelos S, et al. Modeling coliforms in storm water plumes [J]. Journal of Environmental Engineering and Science, 2004, 3: 419-431.

[9] Pramod K P, Michelle L S, Chris R R. A model for predicting resuspension of Escherichia coli from streambed sediments [J]. Water Research, 2012, 46: 115-126.

[10] Bai S, Lung W S. Three-Dimensional Modeling of Fecal Coliform in the Tidal Basin and Washington Channel, Washington, DC [J]. Journal of Environmental Science and Health Part A, 2006, 41: 1327-1346.

[11] Gao G H, Falconer R A, Lin B L. Numerical modeling of sediment-bacteria interaction processes in surface waters [J]. Water Research, 2011, 45: 1951-1960.

[12] George I, Anzil A, Servais P. Quantification of fecal coliform inputs to aquatic systems through soil leaching [J]. Water Research, 2004, 38: 611-618.

[13] David A, Jeremy F, Dong H. Experimental measurements of the adsorption of Baeillus subtilis and Pseudomonas mendocina onto Fe-oxyhydroxide-coated and uncoated quartz grains [J]. Geomierobiol J, 2004, 21: 511-519.

[14] Jiang G M, Mike J N, Graeme D B, et al. Transport of Escherichia coli through variably saturated sand columns and modeling approaches [J]. Journal of Contaminant Hydrology, 2007, 93: 2-20.

[15] 钱宁，万兆惠．泥沙运动力学 [M]．北京：科学出版社，1983.

[16] 魏复盛．水和废水监测分析方法 [M]．北京：中国环境科学出版社，2002.

[17] Jamieson R C, Joy D M, Lee H, et al. Persistence of enteric bacteria in alluvial streams [J]. J. Environ. Eng. Sci., 2004, 3: 203-211.

[18] Ling T Y, Achberger E C, Drapcho C M, et al. Quantifying adsorption of an indicator bacteria in a soil-water system [J]. Soil & Water Division of ASAE, 2002, 45 (3): 669-674.

内陆河植被 NPP 变化趋势分析检验方法对比研究

唐 娜[1,2] 李 凯[1] 董国涛[1] 张震域[1] 赵 沛[1]

(1. 黑河水资源与生态保护研究中心，甘肃兰州 730030；
2. 黑河流域管理局，甘肃兰州 730030)

摘 要： 植被 NPP 是生态系统碳汇的主要决定因子。本文利用一元线性回归分析、Sen-MK、Sen-TFPW-MK 等方法对比分析了黑河流域植被 NPP 变化趋势。一元线性回归分析计算的黑河流域上中游和西部子水系 NPP 趋势线斜率大于 Sen 方法计算的，p 值最小，变化趋势更显著。一元线性回归分析方法检出 NPP 具有显著变化趋势的区域占比最大，NPP 趋势线斜率为 0～2.5 的区域占比较 Sen-MK 检验结果大 3%，其余检验结果与 Sen-MK 差异不大；Sen-TFPW-MK 法最严格，检出 NPP 具有显著变化趋势的区域占比最小。

关键词： NPP；一元线性回归；Sen-MK；Sen-TFPW-MK；黑河

植被是陆地生态系统的主要组成部分，对全球碳平衡调节、降低温室气体浓度、维护全球气候稳定有着不可替代的作用[1]。净初级生产力（net primary production，NPP）是指绿色植被一定时间内光合作用所产生的有机物总量与维持呼吸和生长消耗的有机物之间的差值[2]，是陆地生态和海洋碳汇的主要决定因子，也是营养级之间相互作用等生态过程的关键调节因子[3-4]，可以表征植物在自然条件下自身的生产能力[5]，是全球气候变化及碳循环研究中的一个重要内容。

目前，气象、水文、植被等长时间序列数据趋势分析的方法很多，分为参数检验和非参数检验。其中，参数检验是针对某个参数做假设，通常会利用到样本的总体特征，假设数据符合正态分布，对噪声敏感，包括一元线性回归分析[6]、相关系数法[7]等；非参数检验不需要样本遵从一定的分布，也不受少数异常值的干扰，更适用于类型变量和顺序变量。对于数据长度较短、不超过 30 组的长序列数据（属于统计意义上的少数），非参数检验更具优势，包括 MK（Mann-Kendall）[8]、Sen-MK（Theil-Sen estimator and Mann-Kendall）[9]等方法。学者对数据趋势变化大多以显著程度来分类，主要分为极显著减少、显著减少、减少但不显著、基本不变、显著增加和极显著增加等，以趋势线斜率来区分数据变化程度的研究较少。黑河流域是西北干旱区典型的资源型缺水地区，自 2000 年实施天然林保护与生态公益林建设生态工程、三北防护林体系建设工程、黑河干流水量统一调度等一系列生态工程以来，流域生态环境得到明显改善，研究 2000 年以来黑河流域 NPP 变化趋势对定量评估流域植被生态系统状况和服务价值有重要意义。因此，本文将以黑河流域为研究区，利用一元线性回归分析、Sen-MK、Sen-TFPW-MK（Theil-Sen estimator and Trend-Free Pre-Whitening Mann-Kendall）等不同方法从子流域与像元尺度，对 NPP 变化趋势显著性和趋势线斜率进行分析与对比，以期优选出能准确表征植被 NPP 变化趋势的方法。

1 趋势分析检验方法

1.1 一元线性回归分析

回归分析是研究两个或多个变量之间关系的过程。一元线性回归模型有一个自变量 x 和一个因变

基金项目： 阿拉善盟科技计划项目（AMKJ2023-07）。

作者简介： 唐娜（1987—），女，工程师，主要从事水资源管理与研究工作。

通信作者： 董国涛（1983—），男，正高级工程师，主要从事水文水资源遥感方面的研究工作。

量 y，它们呈线性相关。

$$\beta = \frac{\sum_{i=0}^{n}(x_i - \bar{x})(y_i - \bar{y})}{\sum_{i=1}^{n}(x_i - \bar{x})^2} \quad (i = 1, 2, \cdots, n) \tag{1}$$

式中：β 为斜率；n 为序列长度。

当 $\beta > 0$ 时，表明序列呈上升趋势；当 $\beta < 0$ 时，表明序列呈下降趋势。

使用 F 检验法进行显著性判断。

$$F = \frac{\sum_{i=1}^{n}(\hat{y_l} - \bar{y})^2}{\sum_{i=1}^{n}(y_i - \bar{y_l})^2/(n-2)} \tag{2}$$

其中

$$\bar{y} = \frac{1}{n}\sum_i \hat{y_l}$$

式中：y 为观测值；$\hat{y}$ 为回归值；$\sum_{i=1}^{n}(\hat{y_l} - \bar{y})^2$ 为回归平方和，反映回归值的离散程度；$\sum_{i=1}^{n}(y_i - \bar{y_l})^2$ 为剩余平方和，反映了观测值和回归值之间的偏离。

计算 F 值对应的 p 值。若 p 值小于给定显著水平 α，则表明存在显著性变化。

一元线性回归法由于计算过程简单，结果容易解释，具有广泛的应用。但受绝对量值的影响较大，特别是数据中存在显著大于平均值的数据时，对计算结果影响较大[7]。

1.2 Sen-MK

Theil-Sen estimator 称为 Sen 斜率估计，是一种通过选择通过点对的所有线的斜率中值来稳健地将线拟合到平面中的采样点的方法。该方法计算效率高，对于测量误差和离群数据不敏感，常用于长时间序列的趋势分析中[10]。

$$\left.\begin{aligned} d_k &= \frac{x_j - x_i}{j - i} \quad (1 \leqslant i < j \leqslant n) \\ \beta &= \mathrm{median}(d_k) \end{aligned}\right\} \tag{3}$$

式中：x 为变量；d_k 为斜率；β 为所有斜率的中值。

当 $\beta > 0$ 时，表明序列呈上升趋势；当 $\beta < 0$ 时，表明序列呈下降趋势。

MK 检验[11] 过程如下：

$$s_k = \sum_{i=1}^{k} r_i \quad (k = 2, 3, \cdots, n) \tag{4}$$

其中

$$r_i = \begin{cases} +1, & x_i > x_j \\ 0, & x_i \leqslant x_j \end{cases} \quad (j = 1, 2, \cdots, i) \tag{5}$$

在时间序列 s_k 随机独立的假定下，定义统计量：

$$\mathrm{UF}_k = \frac{[s_k - E(s_k)]}{\sqrt{\mathrm{var}(s_k)}} \quad (k = 1, 2, \cdots, n) \tag{6}$$

其中，$\mathrm{UF}_1 = 0$，$E(s_k)$ 和 $\mathrm{var}(s_k)$ 是累计数 s_k 的均值和方差，在 x_1，x_2，…，x_n 相互独立，具有相同连续分布时，它们可由下式算出：

$$\begin{cases} E(s_k) = \dfrac{E[k(k-1)]}{4} \\ \mathrm{var}(s_k) = \dfrac{k(k-1)(2k+5)}{72} \end{cases} \quad (k = 2, 3, \cdots, n) \tag{7}$$

UF_i 为标准正态分布，它是按时间序列 x 顺序 x_1，x_2，…，x_n 计算出的统计量序列，给定显著水平 α，查正态分布表，若 $|UF_i|>U_\alpha$，则表明序列存在明显的变化趋势。

将 Theil-Sen estimator 中的斜率和 MK 趋势度检验结合，可形成一种新的长时序趋势分析方法。

1.3 Sen-TFPW-MK

使用 MK 法时，若数据序列存在正相关性，则序列趋势的显著性将会被放大。目前，消除序列相关性影响的方法主要有预置留白法（Pre-Whitening approach，PW）[12]、方差修正法[13] 和去趋势预置留白法（Trend-Free Pre-Whitening，TFPW）[14]。其中，TFPW-MK 检验考虑数据序列显性趋势对自相关系数估计的影响，通过去趋势预置留白方法，剔除趋势对自相关系数估计的影响，能更加准确地对数据序列进行 MK 检验，常用于对气象水文数据的趋势检验。

采用 Theil-Sen estimator 计算待检序列 X_t 斜率 β，再使用 TFPW-MK 进行趋势度检验。首先，去除趋势项，形成不含趋势项的序列 Y_t：

$$Y_t=X_t-T_t=X_t-\beta_t \qquad (t=1,2,\cdots,n) \tag{8}$$

计算序列 Y_t 的一阶自相关系数 r_1，剔除序列中的自相关项：

$$Y_t'=Y_t-r_1Y_{t-1} \tag{9}$$

补还趋势项 T_t，得到不含自相关影响的新序列：

$$Y_t''=Y_t'+T_t \tag{10}$$

检验此重组序列重趋势项的显著性。

2 研究区域与数据

2.1 研究区概况

黑河是我国西北地区第二大内陆河，跨越青海、甘肃、内蒙古三省（区），黑河流域面积 14.3 万 km^2，具有高寒和干旱的气候特征，以及山系和山间盆地相间分布的地表结构。随着用水的不断增加，黑河流域部分支流已与干流失去地表水力联系，形成东、中、西三个子水系。东部子水系即黑河干流水系，包括黑河干流、梨园河及 20 多条沿河小支流，莺落峡水文站以上为上游，正义峡水文站以下为下游；中部子水系包括马营河、丰乐河等；西部子水系包括讨赖河、洪水河等。黑河流域植被分布见图 1。

2.2 数据及预处理

研究所用 NPP 数据来自美国国家航空航天局（the U.S. National Aeronautics and Space Administration，NASA）地球观测系统（Earth Observing System，EOS）的 MOD17A3H 数据集 6.1，空间分辨率为 500 m，时间尺度为年度。MOD17A3H 数据集 6.1 引入了 MCD15A2HCL 中的 FPAR/LAI 数据集，在 MOD15A2H 的 FPAR/LAI 数据有云有阴影时输入，提高了数据质量。

根据黑河流域范围，下载 MOD17A3HGF 数据集 6.1 分幅影像 h25v04、h25v05 和 h26v05，使用 HEG（Hdf-Eos to GIS Conversion Tool）与 Python 将三景影像批量拼接，统一投影后，利用 ArcGIS 平台将数据按黑河流域范围进行裁剪。各年份 NPP 数据乘以转换因子 0.1，单位统一为 $gC/(m^2\cdot a)$。剔除无植被像元，即剔除无效值，包括 32762（城镇用地）、32763（淹水地）、32764（永久冰雪地）、32765（裸地）、32766（水域）、32767（背景值），无效值在研究中不参与数值的分析与计算。

3 结果与分析

取显著性水平 $\alpha=0.05$，利用一元线性回归分析、Sen-MK、Sen-TFPW-MK 三种方法对 2001—2019 年黑河流域 NPP 进行趋势分析和检验。

3.1 不同子流域 NPP 趋势分析

三种方法 p 值分别为 3.93×10^7、2.68×10^6、3.82×10^6，均小于 0.05，黑河流域植被 NPP 呈显著增长趋势。一元线性回归分析的斜率为 2.76，即 NPP 年平均增长速率约为 2.76 gC/m^2，Sen 斜率估

计的斜率为 3，大于一元线性回归分析方法计算的斜率。2001—2019 年黑河流域 NPP 均值为 188 gC/(m^2·a)，2001 年 NPP 最低为 146 gC/(m^2·a)，2019 年 NPP 最高为 220 gC/(m^2·a)。2001—2012 年 NPP 低于或约等于平均值，2013—2019 年 NPP 基本高于平均值（见图 2）。

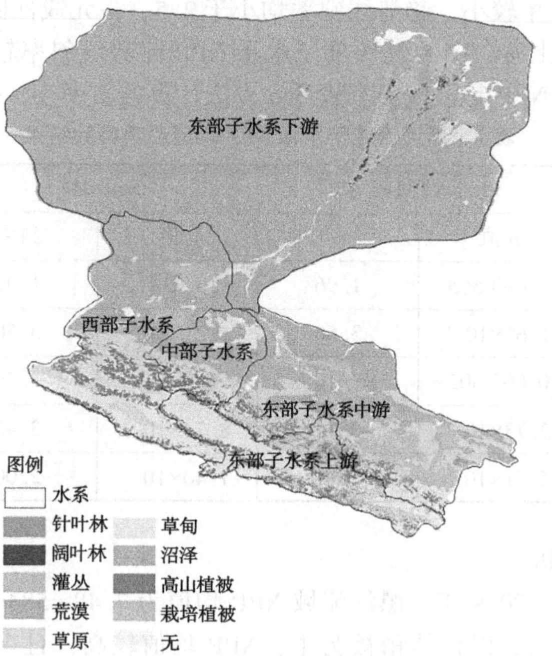

图 1　黑河流域植被分布

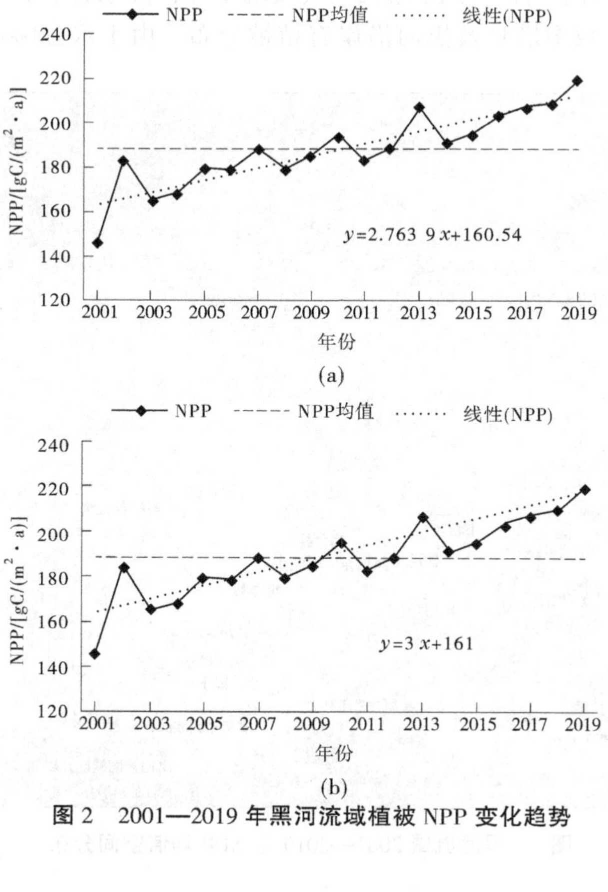

图 2　2001—2019 年黑河流域植被 NPP 变化趋势

将黑河流域划分为东部子水系上游、中游、下游，中部子水系与西部子水系五个区域来进行分析，利用 ArcGIS 分区统计功能计算五个区域 NPP 均值。三种方法对黑河流域子水系 NPP 趋势分析检验结果一致，呈显著增长趋势（p 值均小于 0.05，见表 1）。斜率可以反映因变量对于自变量的变化率，其中东部子水系中游和中部子水系 NPP 增长率较大，趋势线斜率在 3.5 左右。东部子水系上游、下游和西部子水系 NPP 增长率较小，趋势线斜率均小于 2.5。一元线性回归分析计算的 p 值最小，显著性水平更高，东部子水系上游、中游及西部子水系 NPP 趋势线斜率较 Sen 方法计算的斜率大，变化率更大，东部子水系下游 NPP 趋势线斜率较 Sen 方法计算的斜率小，变化率也较小。

表 1　黑河流域子水系 NPP 均值趋势检验结果

水系	一元线性回归分析		Sen-MK		Sen-TFPW-MK	
	p 值	斜率	p 值	斜率	p 值	斜率
东部子水系上游	0.000 565	1.96	0.014	1.91	0.012	1.91
东部子水系中游	1.62×10^{-6}	3.60	1.21×10^{-5}	3.50	3.09×10^{-5}	3.50
东部子水系下游	0.000 302	2.10	0.002 3	2.29	0.000 86	2.29
中部子水系	2.73×10^{-8}	3.45	8.74×10^{-7}	3.45	3.82×10^{-6}	3.45
西部子水系	5.71×10^{-7}	2.01	1.40×10^{-5}	2.00	3.09×10^{-5}	2.00

3.2　像元尺度 NPP 趋势分析

从空间分布来看，2001—2019 年，黑河流域 NPP 均值为 7.48~584 gC/(m^2·a)。上游祁连、肃南等山区海拔较高，降水丰富，以自然植被为主，NPP 均值较高，且东南地区较西北地区高，主要是因为祁连山降水和气温梯度变化具有鲜明的东西差异[15]。中游民乐、山丹、甘州、临泽、肃州等人工绿洲地区 NPP 均值也较高。黑河下游地区气候极端干燥，降水稀少，而中游消耗了黑河大部分水量，进入下游水量较少，仅金塔县及黑河沿岸有植被分布，由于水分胁迫，生产力低下，NPP 均值较低（见图 3）。

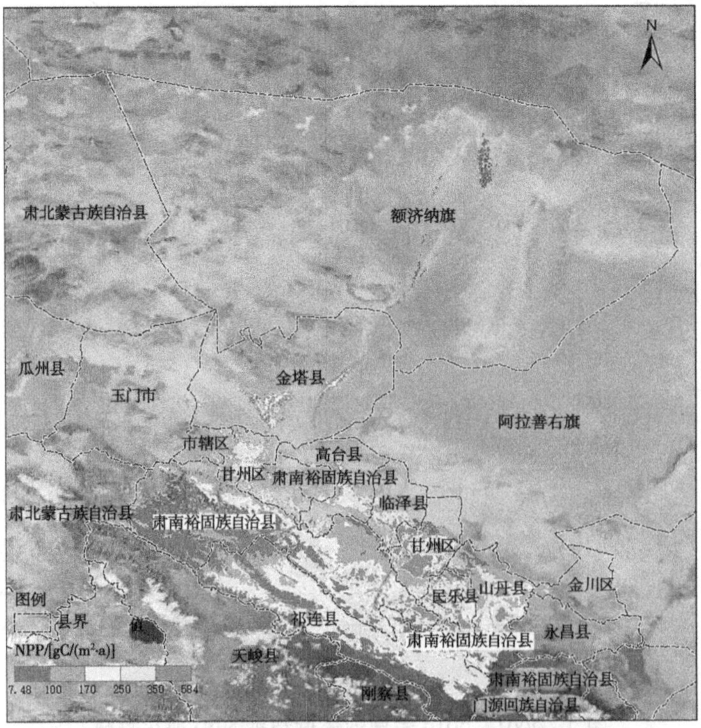

图 3　黑河流域 2001—2019 年 NPP 均值空间分布

三种方法均未检测出 NPP 基本不变（斜率为-0.05~0.05）的区域。一元线性回归分析方法检出的 NPP 具有显著变化趋势的区域为 79.39%，占比最大；Sen-TFPW-MK 法最严格，检出的 NPP 具有显著变化趋势的区域为 69.85%，占比最小。三种方法在黑河流域 NPP 趋势检验中显著减少区域占比一致，均在 0.5%以下；而 Sen-TFPW-MK 趋势检验的 NPP 显著增加区域占比明显较另外两种方法小，可能由于剔除趋势对自相关系数估计的影响，导致趋势性不显著（见表 2）。

表 2　黑河流域 NPP 趋势显著性检验结果

序号	方法名称	NPP 显著变化区域占比/%		
		显著增加	显著减少	合计
1	一元线性回归分析	79.1	0.29	79.39
2	Sen-MK	75.5	0.21	75.71
3	Sen-TFPW-MK	69.5	0.35	69.85

三种方法计算的不同 NPP 趋势线斜率空间分布差异不大。其中，NPP 增加不显著的区域主要位于祁连县、永昌县与金川区等地，NPP 减少不显著的区域较少，主要位于祁连县、肃南裕固族自治县、金塔县与甘州区部分地区。通过 NPP 趋势显著性检验的区域中，NPP 趋势线斜率为 0~2.5 和 2.5~5 的区域较多，主要位于流域上中游；斜率为 5~10 和 10~30.3 的区域主要位于民乐县、山丹县、甘州区、临泽县等地；斜率为负数的区域占比较小，主要位于甘州区（见图 4）。

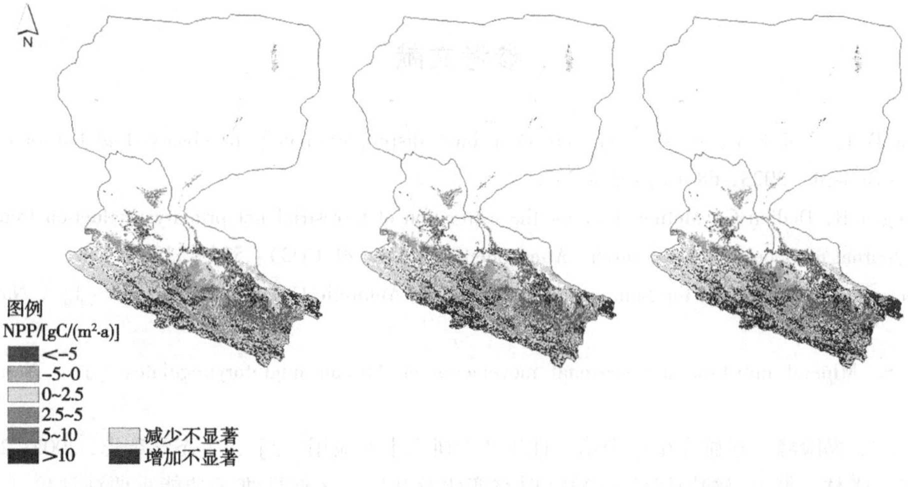

(a)一元线性回归分析　(b)Sen-MK　(c)Sen-TFPW-MK

图 4　黑河流域 NPP 变化趋势

植被 NPP 变化趋势显著的区域中，Sen-TFPW-MK 方法检出的 NPP 趋势线斜率为-5~0 的区域占比较另外两种方法的大，其余检验结果较小。一元线性回归分析检出的 NPP 趋势线斜率为 0~2.5 的区域占比较 Sen-MK 方法检验结果大 3%，斜率为 2.5~5 的区域占比稍小，其余检验结果均稍大（见表 3）。2001 年以来，祁连山国家级自然保护区先后实施天然林保护与生态公益林建设生态工程，黑河中下游实施了三北防护林体系建设工程，黑河干流实施了水量统一调度，流域 95.7%耕地、90.3%林地、64.1%草地归一化差异植被指数（normalized difference vegetation index，NDVI）得到较大改善[16]。一元线性回归更加敏感，易检验出 NPP 变化程度，反映流域植被改善状况。

表 3　黑河流域 NPP 趋势线不同斜率区域占比

方法名称	NPP 趋势线不同斜率区域占比/%					
	-20.3~-5	-5~0	0~2.5	2.5~5	5~10	10~30.3
一元线性回归分析	0.103	0.191	34.6	31.4	12.0	1.09
Sen-MK	0.046 0	0.159	31.6	31.7	11.2	1.04
Sen-TFPW-MK	0.065 6	0.280	27.5	29.9	11.1	1.04

4　结论

（1）三种方法均能检测出黑河流域植被变化趋势，黑河流域与了水系 NPP 呈显著增长趋势（p 值均小于 0.05）。一元线性回归分析计算的黑河流域上中游和西部子水系 NPP 趋势线斜率大于 Sen 方法计算的斜率，NPP 变化率较大，p 值最小，变化趋势更加显著。

（2）分析像元尺度 NPP 趋势时，一元线性回归分析方法得到的 NPP 具有显著变化趋势的区域占比最大；Sen-TFPW-MK 法最严格，NPP 具有显著变化趋势的区域占比最小，可能由于剔除趋势对自相关系数估计的影响，导致趋势性不显著。

（3）三种方法计算的不同 NPP 趋势线斜率空间分布差异不大。Sen-TFPW-MK 检出的 NPP 趋势线斜率为-5~0 的区域占比较另外两种方法计算的大，其余检验结果较小。一元线性回归分析检出的 NPP 趋势线斜率为 0~2.5 的区域占比较 Sen-MK 检验结果大 3%，其余检验结果差异不大。一元线性回归分析更加敏感，易检测出 NPP 变化程度。

参考文献

[1] Wang S, Fu B J, Wei F L, et al. Drylands contribute disproportionately to observed global productivity increases [J]. Science Bulletin, 2023, 68 (2): 224-232.

[2] Ruimy A, Saugier B, Dedieu G. Methodology for the estimation of terrestrial net primary production from remotely sensed data [J]. Journal of Geophysical Research: Atmospheres, 1994, 99 (D3): 5263-5283.

[3] Tynan C. Ecological importance of the Southern Boundary of the Antarctic Circumpolar Current [J]. Nature, 1998, 392: 708-710.

[4] McNaughton S. Mineral nutrition and seasonal movements of African migratoryungulates [J]. Nature, 1990, 345: 613-615.

[5] 陈利军，刘高焕，冯险峰. 遥感在植被净第一性生产力研究中的应用 [J]. 生态学杂志，2002，21（2）：53-57.

[6] 何颖，马松梅，张林，等. 玛纳斯河流域 NPP 时空变化及其生物多样性维护功能重要性评价 [J]. 生态学报，2023，43（11）：4664-4673.

[7] 王佃来，宿爱霞，刘文萍. 几种植被覆盖变化趋势分析方法对比研究 [J]. 安徽农业科学，2019，47（5）：10-14.

[8] 王乐，刘德地，李天元，等. 基于多变量 M-K 检验的北江流域降水趋势分析 [J]. 水文，2015，35（4）：85-90.

[9] 王亚晖，唐文家，李森，等. 青海省草地生产力变化及其驱动因素 [J]. 草业学报，2022，31（2）：1-13.

[10] Sen P K. Estimates of the regression coefficient based on Kendall's tau [J]. Journal of the American statistical association, 1968, 63 (324): 1379-1389.

[11] Mann H B. Nonparametric tests against trend [J]. Econometrica, 1945, 13 (3): 245-259.

[12] Yue S, Wang C Y. Applicability of prewhitening to eliminate the influence of serial correlation on the Mann-Kendall test [J]. Water resources research, 2002, 38 (6): 4-1.

[13] Yue S, Pilon P, Phinney B. Canadian streamflow trend detection: impacts of serial and cross-correlation [J].

Hydrological Sciences Journal, 2003, 48 (1): 51-63.
[14] Yue S, Wang C Y. Applicability of prewhitening to eliminate the influence of serial correlation on the Mann-Kendall test [J]. Water resources research, 2002, 38 (6): 4-1.
[15] 陈隆亨，曲耀光，等. 河西地区水土资源及其合理开发利用 [M]. 北京：科学出版社，1992.
[16] 韩子言，蒙吉军，邹易，等. 1982—2017 年黑河流域植被指数动态及其对气候变化与生态建设工程的响应 [J]. 中国沙漠，2023，43 (3)：96-106.

基于生态安全格局的城市水系重构
——以柳州北部生态新区为例

覃立宁　陶俊杰　崖恒堃

（广西珠委南宁勘测设计院有限公司，广西南宁　530007）

摘　要： 随着城市化进程的加快，城市水系面临着防洪排涝能力不足、水质污染和生态系统退化等多重挑战。本文以柳州北部生态新区为例，通过生态安全格局分析，识别关键生态区域，划定水体功能，提出水生态修复、水系连通、多级水旱灾害防御体系建设的综合解决方案。实践结果表明，科学合理的城市水系重构，可以提高城市防洪排涝能力，提升城市水安全和生态韧性，推进人与自然和谐共生的城市生态文明建设。

关键词： 生态安全格局；城市水系重构；防洪排涝；生态修复；柳州北部生态新区

1　引言

城市水系作为调节城市生态和防洪排涝的核心，正承受气候变化与城市化加速的双重挑战，表现为洪涝灾害频发、水环境污染、生态空间压缩等问题。研究表明，构建城市生态安全格局，遵循生物多样性保护和生态服务功能最大化原则，保障生态水系的连通性，是应对这些挑战的有效途径[1]。孙梓渊等的案例分析显示，生态安全格局能有效缓解城市热岛效应[2]。李杰等探讨了城市化对城市水系的影响，提出湿地恢复和水质改善等生态修复策略，解决水体污染和水系破碎化问题[3-4]。米胤瑜等分析了城市化对城市洪水风险的影响，提出了基于海绵城市理念的城市防洪排涝措施，包括设置雨水花园、渗透性铺装和绿色屋顶建设等[5-6]。

尽管已有研究在城市生态安全格局、城市水系构建和城市防洪排涝保障方面取得了一定的进展，但如何将生态安全格局理念更深入地融入城市建设中，进一步平衡城市水系的生态功能与城市发展需求，提升防洪排涝系统的适应性和韧性等方面仍需不断创新实践。本文通过分析柳州北部生态新区水系存在的问题，识别潜在雨水汇流通道，构建生态基础设施网络，完善防洪排涝保障设施，探讨基于生态安全格局的城市水系实施方案，为其他城市水系重构提供参考和借鉴。

2　现状存在的问题

2.1　区域概况

柳州北部生态新区位于柳州市北部，是柳州市未来发展的重要区域之一，承担着推动城市经济高质量发展、提升城市品质的重要使命。新区总面积约 189.36 km^2，包含沙塘片、石碑坪片、沙塘东片三个核心区域。新区地形地貌复杂多样，水系发达，具有丰富的水资源储备和优越的生态环境条件。

2.2　水系现状存在的问题

柳州北部生态新区水系涵盖柳江、大帽河、古木河、沙塘河、古灵河、香兰河、浪江等主要河流及多处水库和湿地（见图 1）。近年来随着城市建设等人为活动干扰，城市水系面临诸多问题。

基金项目： 广西科技基地和人才专项项目（19-A-03-04）。

作者简介： 覃立宁（1981—），男，高级工程师，主要从事水利水电工程规划设计工作。

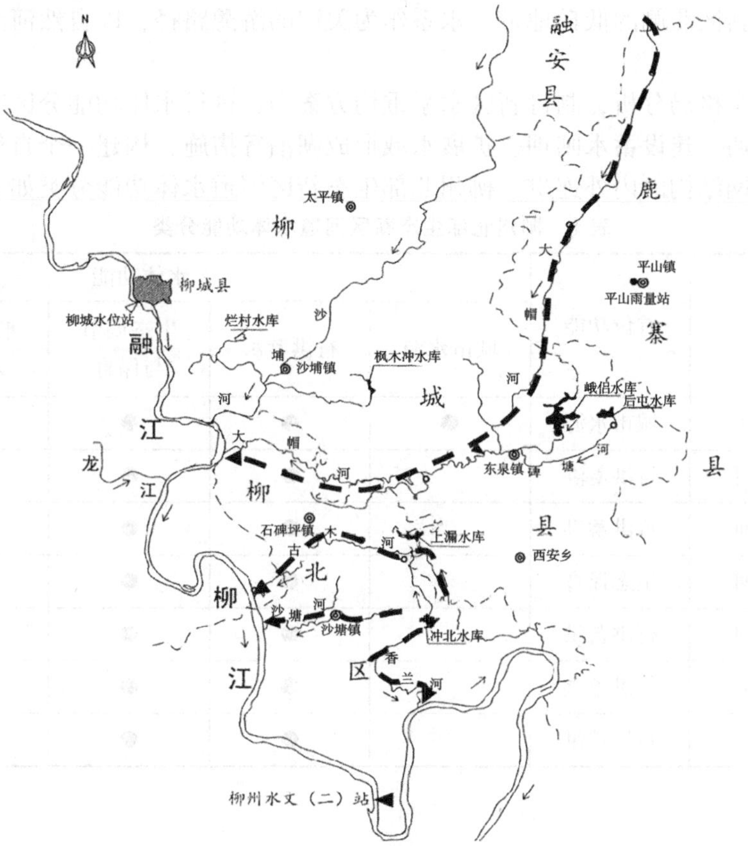

图 1　新区水系分布

（1）防洪排涝能力不足。新区部分区域防洪设施不完善且布局不合理，在强降雨天气下容易发生内涝灾害。部分支流由于河道淤积严重、狭窄堵塞等问题，行洪断面不断缩小，加剧了防洪排涝的难度。

（2）水质污染。农业面源污染、生活污水直排以及工业废水排放等问题导致新区部分水体水质恶化。例如，沙塘河、古灵河等支流，由于周边农业活动频繁且缺乏有效的污水处理设施，水质污染问题突出。

（3）生态系统退化。河道渠化、植被破坏以及过度开发，使水系生态系统服务功能下降，生物多样性减少；部分河岸带植被破坏及土壤侵蚀加剧水土流失；河道生态流量的不足限制水生生物的生存空间；过度开发破坏片区水系的自然连通性和完整性。

3　生态安全格局分析

基于生态安全格局的柳州北部新区水系重构，是通过对区域水安全格局、生物安全格局、游憩安全格局的分析判断，建立以河道为骨干、以水为核心的生态基础设施网络。

水安全格局构建，主要考虑雨洪灾害危害性、水质污染敏感性、水源涵养能力三个方面的评价，综合分析片区雨洪调节径流、易淹没区域、水网密集程度、污染源密度、人口密度等因素，确定滞水区域。对于柳州北部生态新区而言，柳江河沿岸、大帽河中下游段以及古木、沙塘河、香兰河、浪江沿岸区域为高危险性区域，滞水风险较大，城市建设活动应合理避让。

生物安全格局构建，通过分析对人为活动干扰敏感的指示物种，确定生境适宜度高的区域作为重要生物栖息地。对此类区域，需设立缓冲区实施保护，建立生态廊道增强连通性。北部生态新区敏感度高的区域集中在河流、水库等水域周边，以及山地丘陵区域。

游憩安全格局分析采用阻力评估法，分析北部生态新区的高阻力区域主要分布在凤山至石碑坪一级公路南侧的群山及新区北侧的低丘地带。水系作为关键的游憩路径，以自然河流为纽带，将景观要素连接形成游憩网络。

根据上述生态安全格局分析，制订新区水系重构方案为：进行水体功能分区和水系布局优化，通过引水入城、水系连通、建设蓄水闸坝、扩展水域形成湖泊等措施，构建一个自然与人工形态交织的网络化水系，实现水网结构的内外连贯。柳州北部生态新区河道水体功能分类如表 1 所示。

表 1　柳州北部生态新区河道水体功能分类

序号	名称	首位功能	水体功能				
			城市水源	行洪蓄洪	生态调节与保育	航运及滨水生产	景观游憩
1	柳江河	城市水源	●	●	●	●	●
2	大帽河	行洪蓄洪		●	●		
3	古木河	行洪蓄洪		●	●		
4	古灵河	生态保育		●	●		●
5	沙塘河	行洪蓄洪		●	●		●
6	香兰河	行洪蓄洪		●	●		
7	浪江	行洪蓄洪		●	●		●

4　水系重构策略

4.1　生态修复与保护

对于柳州北部生态新区的水生态修复，遵循以自然恢复为主导、人工干预为辅助的理念。修复过程涵盖河岸带生态修复、水生态系统恢复及湿地恢复与重建三个部分。

4.1.1　河岸带生态修复

为解决水系河岸带植被破坏问题，采用本土植物构建多层次、多功能的生态护岸，恢复自然植被覆盖，增强河岸的稳定性与抗侵蚀能力，同时为生物提供栖息地。河岸生态缓冲带修复典型断面如图 2 所示。综合运用植物、卵石缓坡、生态砖、生态型混凝土草坪、生态模袋、叠石砖等多种护岸措施，确保各类型水系和河道岸坡的生态功能需求得到满足。河岸修复方案生态功能分析见表 2。

图 2　河岸生态缓冲带修复典型断面　（单位：m）

表 2　河岸修复方案生态功能分析

方案	植物护岸	卵石缓坡护岸	生态砖护岸	生态型混凝土草坪护岸	生态模袋护岸	叠石砖护岸
使用区域	常水位以上坡度较缓的护岸	常水位以上具有亲水功能需求的缓坡护岸	绿化率要求不高或需给水生动物创造居住场所，且护岸地基较好的河段	河道绿化率要求较高、人为破坏可能性较大的河段	基础条件不好，坍塌风险较大的河岸，或需将现有混凝土护岸改造为生态护岸的河段	现有混凝土护岸且河道宽度有限，需改造为生态护岸的河段
生态功能分析	最大程度恢复原生态景观	增加固土能力，减缓冲刷流失	岸坡表面平整度及抗冲刷要求高，可预留空洞种植	高透水透气性，植被根系可穿透，抗冲能力强，可改善河道水质	对现状护岸进行小扰动生态改造，与已建护岸进行有效衔接，抗震动要求高	石块之间的较大空隙可供生物生存栖息，可构建多层次生物栖息空间

4.1.2　水生态系统恢复

水生态系统恢复实行分级、分类保护策略，划定水生态控制保护区、水生态协调建设区范围，明确流域生态功能、发展方向及生态适应能力，通过综合生态环境整治避免生态破碎化，为生物提供充足的生息空间。其中，在水生态核心保护区，严禁设置与水生态保护和合理利用无关的设施；水生态控制保护区内，采用生态友好型和绿色低碳工程技术手段，减少对水生态系统的不良影响；在水生态协调建设区，注重滨水空间设计，避免高密度开发对滨水地区的压迫，确保城市建设空间形态与人体尺度相协调。水生态保护范围分级控制见表 3。

表 3　水生态保护范围分级控制　　单位：m

保护级别	水系职能定位	水生态控制保护区范围	水生态协调建设区范围
一级	主干水系：柳江，在规划范围内承担主要汇水职能或与水源地直接相连的大尺度水系	50~100	200
二级	支干水系：大帽河、古木河、沙塘河、古灵河、香兰河、浪江，在各个汇水区域承担重要汇水职能	30~50	100
三级	主要为区域范围内的水库及需要保护的湖泊	10~30	50

针对柳州北部生态新区受污染的水体，采取生态净化技术和人工湿地等方法进行净化处理，去除有害物质，并通过投放鱼苗、螺蛳等水生生物，恢复完整的水生食物链，促进生态新区水生态系统的自我修复和稳定。

4.1.3　湿地恢复与重建

湿塘、雨水湿地等末端调蓄设施，是柳州北部生态新区超标雨水径流排放系统的重要组成部分。根据水系的功能定位，以及水体、岸线利用、滨水区现状，对区域内的湿地进行恢复与重建。具体措施包括：充分利用雨水湿地、湿塘等生态调蓄设施，设置以雨水渗透、滞留、净化为主要功能的海绵设施，消纳自身及周边区域雨水径流，实现北部生态新区的年径流总量控制率不低于 70% 的建设目标，海绵设施建设实施要点见表 4。

4.2　水系连通与循环

在柳州北部生态新区，实施河道疏浚与拓宽、引水补水工程，增强水系连通性和循环能力，构建蓝绿交织的基础设施网络。

表 4　海绵设施建设实施要点

项目	海绵设施建设要点
小微湿地	根据地形条件在具有一定汇水面积的开敞空间设置小微湿地或雨水生态塘，对径流总量和峰值流量实施有效调控，降低污染物浓度
道路广场	在道路两侧的绿地中，结合路面雨水收集系统，合理配置低影响开发（LID）设施，集中收集路面雨水，增强道路的径流控制能力。滨水绿地中的非机动车道、人行道、林荫小道、广场、停车场及庭院等区域，采用透水性铺装材料，促进雨水的渗透和利用
景观水体	景观水体与蓄水设施和湿地建设有机融合，对雨水进行有效收集与处理，以供公园在旱季的非饮用杂用。在空间条件允许时，采用生态护坡技术，并设置植物缓冲带，为周边区域提供雨水消纳与净化的空间，增强景观水体的生态功能和环境适应性
建筑	在滨水绿地区域内，建筑设计考虑集成绿色屋顶系统

（1）河道疏浚与拓宽：对淤积河道进行疏浚和拓宽，恢复其自然形态和生态功能，提升行洪能力和水体流动性。

（2）引水补水工程：经测算，新区内沙塘片农业示范区年缺水量为 4 523 万 m^3，石碑坪片全年需水量 666.7 万 m^3。引水补水工程通过建设引水渠道和补水泵站，将外部水源引入新区水系，改善水质，实现内河连通。引水补水水源为柳江、沙塘河，通过补水渠与补水水源连接，保障片区用水安全。沙塘片作为主体构架核心，其连通补水设施分为三段：①新建连通新东—大帽河支流水系，疏浚连通旺塘水库、山厂水库溢洪道至大帽河支流；②中职园西侧支流水系，沿永安河原渠道疏浚连通；③沙塘河支流水系新增环形活水方案，设置深水活水带作为连通补水通道，汛期可兼作河道分洪。北部生态新区连通补水方案示意图如图 3 所示。水系连通实施方案参数见表 5。

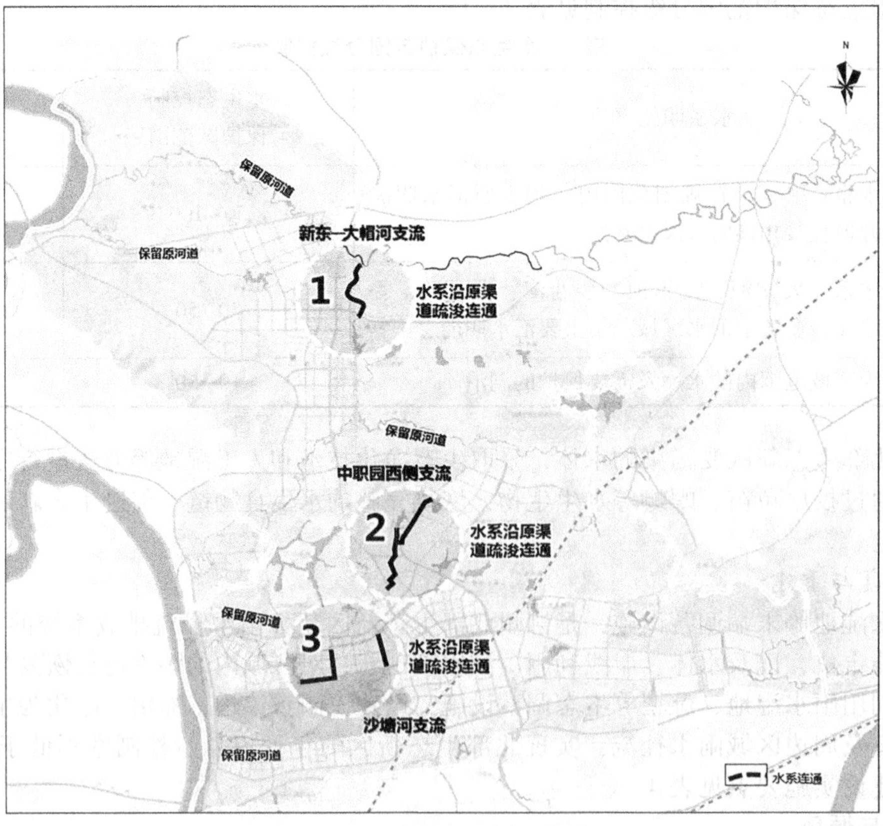

图 3　北部生态新区连通补水方案示意图

表 5 水系连通实施方案参数

名称	新建连通河道长度/km	水系连通后流量/(m^3/s)	现状水面宽度/m	疏浚拓宽后水面宽度/m	整治水面面积/km^2
新东—大帽河支流	1.69	34.4	—	—	0.08
沙塘河	—	227	2.131	30~55	2.571
沙塘河 1 支流	0.92	11	—	15~20	0.132
沙塘河 2 支流	0.76	11	—	15~20	0.015
中职园西侧支流	1.41	70	1.84	20~35	0.11

通过水系连通措施，满足沙塘片、石碑坪片的水系规划及沿途灌溉补水需求，促进北部生态新区水生态安全和资源循环利用。

4.3 防洪排涝体系建设

本次水系重构采用 GIS 技术优化柳州北部生态新区的防洪排涝体系，通过地形和洪水模拟确定排涝关键区域。实施上蓄下排策略进行内涝治理，其中上蓄策略采用多级水面布局，在各支流和补水渠设置蓄水坝和分洪闸，分级拦蓄洪水，通过分洪闸控制洪水排泄路径，各支流协同排涝；下排策略则通过在沙塘河、古灵河出口设置防洪堤、防洪排涝闸和排涝泵站，排泄内涝洪水，防止外江洪水倒灌。同时，引入智能监控系统，实时监测降雨量、水位等数据，及时预警和调度排涝资源。防洪堤建设、排涝设施建设示意图如图 4 所示。

图 4 防洪堤建设、排涝设施建设示意图

5 结论

柳州北部生态新区的实践表明，基于生态安全格局的城市水系重构，是实现区域水安全和生态平衡的重要途径。通过实施源头控制、蓝绿基础设施和多级排涝系统建设策略，结合雨水收集、生态湿地建设、河道整治等具体措施，可以提高城市防洪排涝能力，保护和恢复水系的生态功能，增强城市对极端气候的适应性，进一步提升城市生态韧性，为城市可持续发展提供坚实基础。

参考文献

[1] 郝学武. 基于 GIS 和 UAV 的城市水系规划布局评价研究［D］. 西安：西安理工大学，2019.

[2] 孙梓渊，王赛鸽，陈彬．基于生态系统服务的生态安全格局构建与生态韧性评估：以长株潭城市群为例［J］．生态学报，2024，44（11）：4650-4661.
[3] 李杰．城市化背景下郑州市河流景观廊道的时空演变与生态修复研究［D］．郑州：河南农业大学，2021.
[4] 王连接，王开春，吴连丰，等．基于海绵城市理念的城市水系规划方法及实践［J］．中国给水排水，2024，40（4）：32-36.
[5] 米胤瑜，孔锋．气候变化背景下城市洪水风险管理体系国际比较与启示：以伦敦、纽约、郑州为例［J］．水利水电技术（中英文），2023，54（3）：21-34.
[6] 左其亭，王鑫，韩淑颖，等．论城市防洪排涝与生态海绵城市建设应和谐并举［J］．中国防汛抗旱，2017，27（5）：80-85.

基于趋势分析和模糊逻辑的河流健康评价方法研究

李姝蕾　贺逸清　尚文绣

（黄河勘测规划设计研究院有限公司，河南郑州　450003）

摘　要：设计了兼顾河流健康现状与历史变化趋势的动向指标表达式，从水文情势、空间结构和水质条件三方面构建了河流健康评价指标体系，采用模糊逻辑理论建立了河流健康模糊逻辑评价模型，设计敏感性评价指标揭示了模糊逻辑评价模型对指标的敏感性。评价了黄河干流河流健康状态并分析了变化趋势，结果显示：模糊逻辑评价模型对指标变化具有高敏感性，适用于指标数量多且关系复杂的评价问题；2010 年黄河干流的生态状态仍有较大的提升空间，水文情势遭到严重改变，但 2006—2010 年黄河干流健康状态整体呈现好转趋势。

关键词：河流健康评价；趋势分析；模糊逻辑；评价指标；评价方法；黄河

1　研究背景

河流健康评价能够量化河流健康状态，为开展生态保护提供数据支撑和引导作用[1-2]。国外河流健康评价工作开展较早，20 世纪 90 年代已经形成大量成熟的指标体系和评价方法[3]。我国于 21 世纪初开始开展河流健康评价研究与应用，目前已经成为我国河流管理与保护的重要途径[4]。预测模型法和综合指标法是评价河流健康的两种主要方法，其中综合指标法由于指标涵盖范围广、简单易行，被广泛应用于研究和实践中[5]。随着河流健康研究的不断深入，河流健康评价指标不断丰富，涵盖了水文情势、地貌特征、水质、水生生物等多方面[6-7]；评价方法也不断发展，从简单的加权平均发展到模糊综合评价、灰色关联分析、集对分析等[8-9]，处理不确定性、主观性问题的能力增强[10]。目前，河流健康评价的综合指标法存在一些问题。首先，为了全面体现河流健康特征，河流健康评价指标逐渐增多[11]，导致评价结果对单个指标不敏感。其次，河流健康评价一般仅反映河流在某一时刻的健康状态或在某一时间段内的平均健康状态，没有考虑变化趋势，不利于应对未来的健康风险[12]。

针对上述问题，本文采用历史趋势分析改进评价指标，增强评价结果对未来风险的应对能力；基于模糊逻辑理论建立评价模型，通过设置指标间的影响机制提高河流健康评价结果对指标的敏感性。

2　研究方法

2.1　基于趋势分析的动向指标表达方法

预报是规避未来风险的重要手段。河流健康的影响因素十分复杂，本文假设这些因素具有持续性的影响，造成河流的历史健康状态和未来健康状态有一定程度的一致性，因此可以通过历史资料对未来进行预测。本文建立了结合历史状态和现状的“动向指标”，计算公式为

$$x' = x + a' \tag{1}$$

式中：x'为动向指标，取值范围 0~1；x 为基于现状的指标，本文称为“静态指标”，取值范围 0~1；

基金项目：国家自然科学基金资助项目（U2243233）。

作者简介：李姝蕾（1993—），女，工程师，主要从事水文水资源研究工作。

通信作者：尚文绣（1990—），女，高级工程师，主要从事水文水资源研究工作。

a'为基于历史变化趋势的趋势项。

a'的计算公式为

$$a' = \begin{cases} \min\left(\dfrac{n \times a}{1 - x},\quad 1 - x\right) & a \geqslant 0 \\ \max\left(-x,\quad \dfrac{n \times a}{x}\right) & a < 0 \end{cases} \tag{2}$$

式中：a 为指标实际变化趋势，即静态指标历史值和时间的线性回归函数的斜率。

变化趋势的上限值指按照该趋势 n 年后指标值增大到 1；变化趋势的下限值指按照该趋势 n 年后指标值减小至 0。

2.2 河流健康评价指标体系

从河流的水文特征、空间结构和水质三方面设计了河流健康评价指标，划分为 4 个等级（见图 1）。

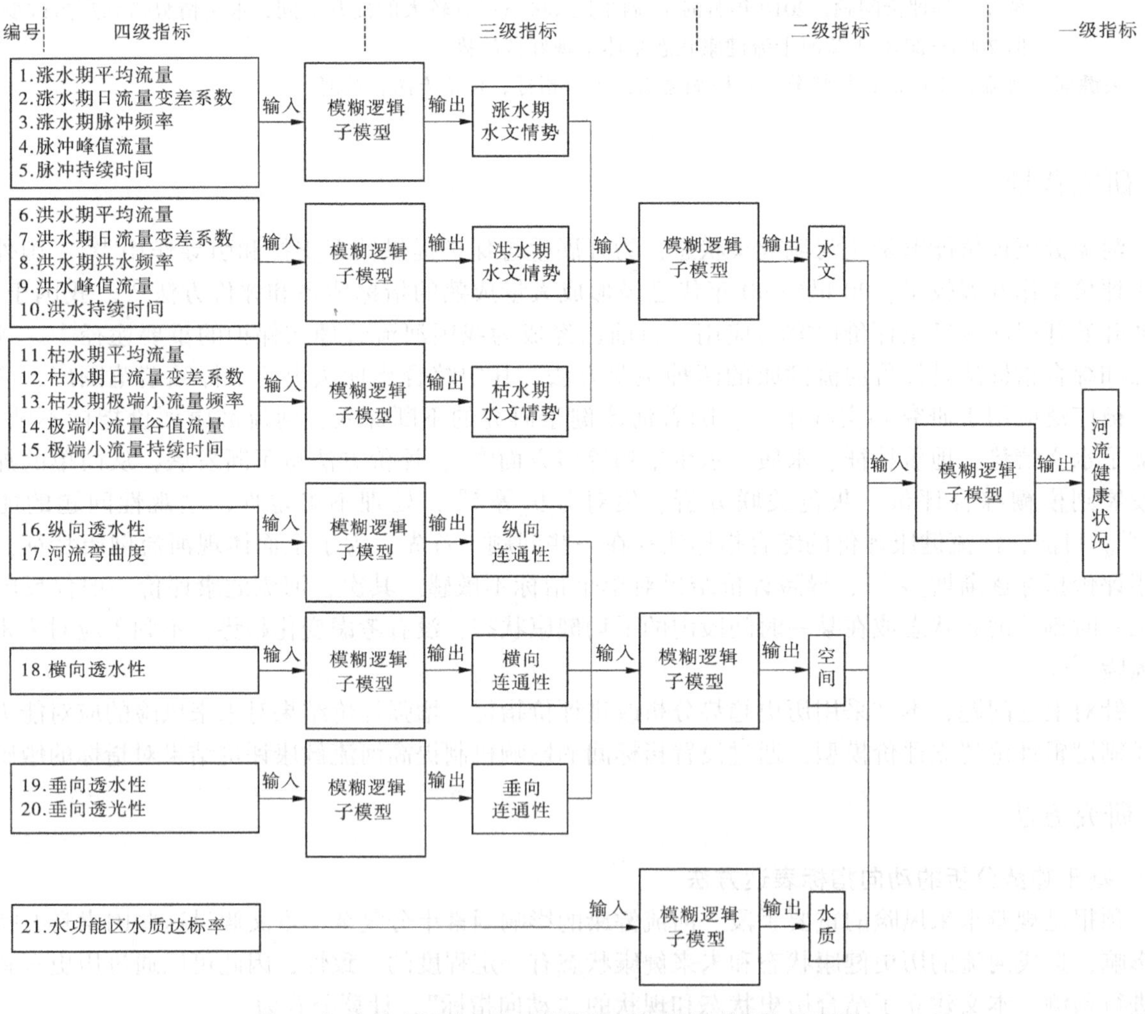

图 1 河流健康评价指标及模糊逻辑评价模型结构示意图

水文评价指标的设计在 IHA 指标体系的基础上突出了水文情势的季节性，反映了不同水文分期内关键流量事件的特征。空间指标的设计主要考虑了纵向、横向和垂向 3 个维度的连通，以维护物质流、能量流、信息流等的连续性。纵向透水性表征拦河工程数量；河流弯曲度表征人工裁弯取直工程的规模；横向透水性表征河道与洪泛平原间的连通程度；垂向透水性表征河道与含水层间的连通程度；垂向透光性表征河道与大气、阳光间的连通程度。将水功能区水质达标率作为河流水质指标。

按照式（1）和式（2），四级指标取值范围为 0~1。三级至一级指标通过模糊逻辑评价模型生成，取值范围设置为 0~100，等分成差、较差、一般、较好、好 5 个等级。

2.3 河流健康模糊逻辑评价模型

模糊逻辑是一种连续逻辑，能够处理主观性、复杂性、非线性问题，通过隶属度量化变量与类别间的隶属关系。模糊推理根据已知条件与预设条件间的隶属度进行推断，实现指标的整合。通过 MATLAB 模糊逻辑工具箱建立如图 1 所示的评价模型。

2.4 模糊逻辑评价模型敏感性评价方法

以本文建立的评价模型为例研究不同评价方法的敏感性特征。

将评价方法对单个四级指标的敏感性定义为

$$S_i(E) = T_{1,i}(E) - T_{0,i}(E) \tag{3}$$

式中：S_i 为评价方法对第 i 个四级指标的敏感性，$i=1\sim21$；$T_{1,i}$ 为第 i 个四级指标取值为 1 时河流健康评价总分；$T_{0,i}$ 为第 i 个四级指标取值为 0 时河流健康评价总分；E 为除第 i 个四级指标外的 20 个四级指标的取值，假设其余 20 个指标取值相同。

评价方法对 21 个四级指标的平均敏感性为

$$\bar{S}(E) = \frac{1}{21}\left[\sum_{i=1}^{21} S_i(E)\right] \tag{4}$$

式中：$\bar{S}$ 为评价方法对所有四级指标的平均敏感性。

对比本文建立的河流健康模糊逻辑评价模型和常用的加权平均法对指标的敏感性，对所有指标采用相同的权重。

3 研究区域与数据

以黄河干流为研究区域（见图 2），评价 2010 年河流健康状态。水文数据来自上游、中游、下游 6 个水文站的实测日径流系列。黄河水文情势年际变化大，采用 10 年的连续日径流数据量化水文指标以消除年际变化的影响；将水文站上游大（1）型水库蓄水前的水文情势作为天然水文情势以设置水文指标归一化中所需的上、下限值。空间数据来自遥感影像和文献资料。水质数据来自相关公报。

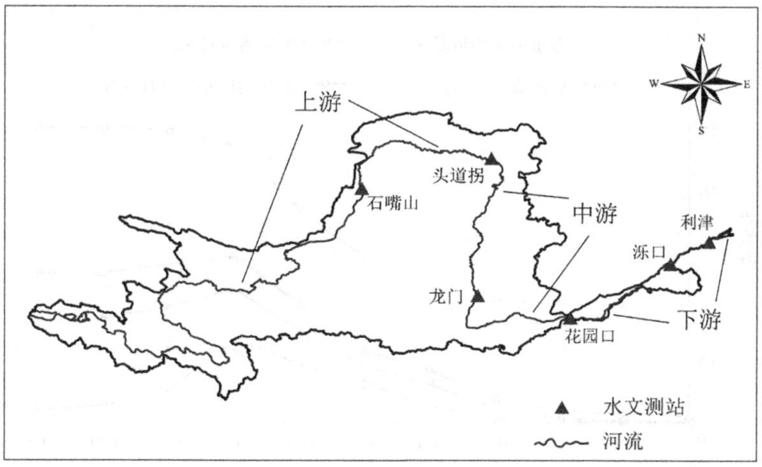

图 2 研究区域示意图

4 结果

4.1 模糊逻辑评价模型敏感性特征分析

对比模糊逻辑评价模型和加权平均法对 21 个单指标变化的平均敏感性 $\overline{S}$（见图 3）发现，加权求和法由于不考虑指标间的相互影响，$\overline{S}$ 与其他指标的取值 E 无关，始终为 4.8。模糊逻辑评价模型的 $\overline{S}$ 与 E 相关，最初 $\overline{S}$ 很低，随后 $\overline{S}$ 随着 E 的升高而增加，在 E 取 0.7 时达到峰值 17.3；然后 $\overline{S}$ 随着 E 的升高而减小。总体而言，模糊逻辑评价模型的 $\overline{S}$ 是加权求和法的 1.5 倍。

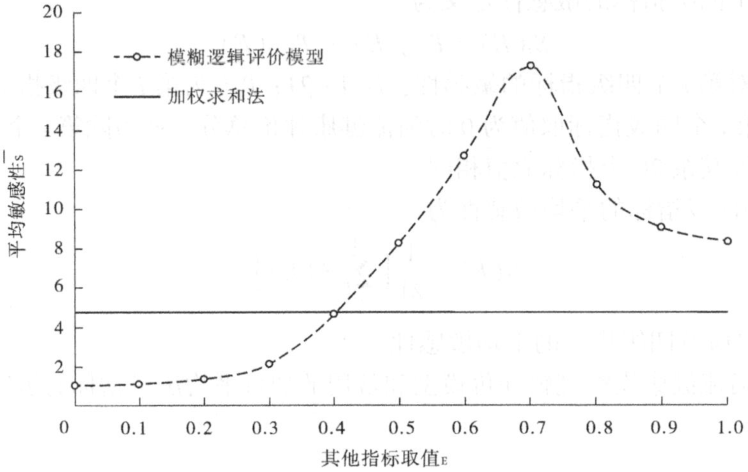

图 3 两种评价方法对单指标变化的平均敏感性

模糊逻辑评价模型对不同四级指标的敏感性 S_i 存在差异。以涨水期平均流量、纵向透水性、横向透水性和水功能区水质达标率为代表分析了模糊逻辑评价模型对四级指标的敏感性 S_1、S_{16}、S_{18}、S_{21}（见图 4）。随着周围环境的改善，S_{21} 呈现持续增加趋势，但当周围环境较差或较好时，S_{21} 变化较平缓。模糊逻辑评价模型对其他 3 个四级指标的敏感性均随周围环境的改善呈现先增加后减少的趋势。

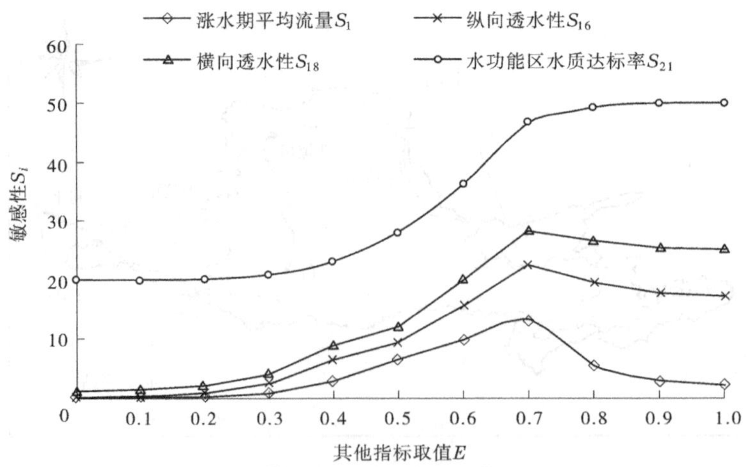

图 4 模糊逻辑评价模型对不同指标的敏感性

4.2 河流健康评价指标量化

令 $n=3$，基于评价年份前 5 年内静态指标值的变化趋势量化动向指标。指标 8、10、17、19 和 20 在前 5 年内没有变化，不需要回归分析；由于数据限制，基于未来的规划数据计算指标 18 的斜率；对于其余 15 个指标进行回归分析，结果如表 1 所示。

表 1　黄河干流动向指标和静态指标对比

编号	指标	2006—2010 年静态指标回归结果		2010 年评价指标值		变化幅度
		相关系数	斜率	静态指标	动向指标	
1	涨水期平均流量	0. 999	0. 046	0. 744	1	0. 256
2	涨水期日流量变差系数	−0. 897	−0. 031	0. 138	0	−0. 138
3	涨水期脉冲频率	0. 983	0. 022	0. 466	0. 588	0. 122
4	脉冲峰值流量	−0. 901	−0. 023	0. 508	0. 367	−0. 141
5	脉冲持续时间	0. 985	0. 042	0. 505	0. 725	0. 220
6	洪水期平均流量	0. 887	0. 011	0. 264	0. 311	0. 047
7	洪水期日流量变差系数	0. 722	0. 018	0. 307	0. 332	0. 025
8	洪水期洪水频率	—	0	0	0	0
9	洪水峰值流量	−0. 916	−0. 033	0	0	0
10	洪水持续时间	—	0	0	0	0
11	枯水期平均流量	0. 976	0. 007	0. 655	0. 712	0. 057
12	枯水期日流量变差系数	0. 943	0. 075	0. 732	1	0. 268
13	枯水期极端小流量频率	−0. 671	−0. 011	0. 622	0. 576	−0. 046
14	极端小流量谷值流量	0. 901	0. 015	0. 754	0. 943	0. 189
15	极端小流量持续时间	−0. 359	−0. 001	0. 282	0. 268	−0. 014
16	纵向透水性	−0. 934	−0. 014	0. 558	0. 483	−0. 075
17	河流弯曲度	—	0	0. 981	0. 981	0
18	横向透水性	—	−0. 002	0. 675	0. 667	−0. 008
19	垂向透水性	—	0	1	1	0
20	垂向透光性	—	0	1	1	0
21	水功能区水质达标率	0. 489	0. 013	0. 534	0. 618	0. 084

静态指标值和动向指标值对比结果显示：9 个静态指标值在 2006—2010 年呈现改善趋势，相应的动向指标值高于静态指标值，其中增幅最大的是指标 12，增大 0. 268；7 个静态指标在 2006—2010 年呈现恶化趋势，相应的动向指标中，6 个动向指标值低于静态指标值，指标 9 由于 2010 年静态指标值已为 0，无法继续减小；5 个静态指标值在 2006—2010 年无变化，相应的动向指标值等于静态指标值。

4. 3　河流健康评价结果分析

基于动向指标的河流健康评价结果如表 2 所示。2010 年黄河干流水文评价结果为差。其中，涨水期水文情势较差，评价时段内脉冲的日流量变差系数和峰值流量均与天然水文情势差异较大；洪水期水文情势评价结果为差，评价时段内洪水频率、峰值流量和持续时间 3 个指标值均为 0，洪水期平均流量和日流量变差系数也严重偏离了天然情况；枯水期水文情势评价结果为一般，仅极端小流量持续时间较天然水文情势发生了较大改变。

表 2　基于动向指标的河流健康评价结果

类别	指标名称	模型输出值	类别	指标名称	模型输出值
三级指标	涨水期水文情势	36.8	二级指标	水文	19.5
三级指标	洪水期水文情势	3.6	二级指标	空间	82.5
三级指标	枯水期水文情势	53.8	二级指标	水质	72.9
三级指标	纵向连通性	62.4	一级指标	河流健康状况	47.2
三级指标	横向连通性	80.2			
三级指标	垂向连通性	100			

2010 年黄河干流空间评价结果为好。在 3 个空间维度的连通性评价指标中，只有纵向连通性评分较低。截至 2010 年黄河干流已修建了 29 座水库，且 2006—2010 年水库数量持续增长，因此指标 16 分值较低，拉低了纵向连通性评分。

2010 年黄河干流水质评价结果为较好。2010 年指标 21 评分仅 0.534，但由于 2006—2010 年水功能区水质达标率持续增长，动向指标值高于静态指标值，使水质评价结果达到较好。

2010 年黄河干流河流健康评价结果一般，河流健康状态提升空间仍然较大。

4.4　河流健康变化趋势分析

采用动向指标时，2010 年黄河干流总体水文评分和涨水期、洪水期、枯水期 3 个水文分期内的水文评分均高于采用静态指标时的评分，说明 2006—2010 年黄河干流总体水文情势及各水文分期内水文情势均呈现改善趋势。这与静态指标值和时间的回归分析结果一致，多数静态指标值与时间呈正相关趋势：涨水期水文情势的 5 个评价指标中，3 个指标值与时间呈正相关，2 个指标值与时间呈负相关；洪水期水文情势的 5 个评价指标中，2 个指标值与时间呈正相关，2 个不随时间变化，仅 1 个指标值与时间呈负相关；枯水期水文情势的 5 个评价指标中，3 个指标值与时间呈正相关，2 个指标值与时间呈负相关。

采用动向指标时，2010 年黄河干流总体空间评分和纵向、横向 2 个空间维度的连通性评分低于或等于采用静态指标时的评分，说明 2006—2010 年黄河干流总体空间状态及纵向、横向的空间连通性呈现恶化趋势。这与静态指标值和时间的回归分析结果一致：指标 16 和指标 18 均与时间呈现负相关，但斜率相对较小，说明恶化趋势不严重。

采用动向指标时，2010 年黄河干流水质评分远高于采用静态指标时的评分，说明 2006—2010 年黄河干流水质呈现改善趋势。静态指标值与时间的回归分析结果也显示了水功能区水质达标率与时间呈正相关。

采用动向指标时，黄河干流河流健康评分高于采用静态指标时的评分，说明 2006—2010 年黄河干流河流健康状态呈现改善趋势（见图 5）。

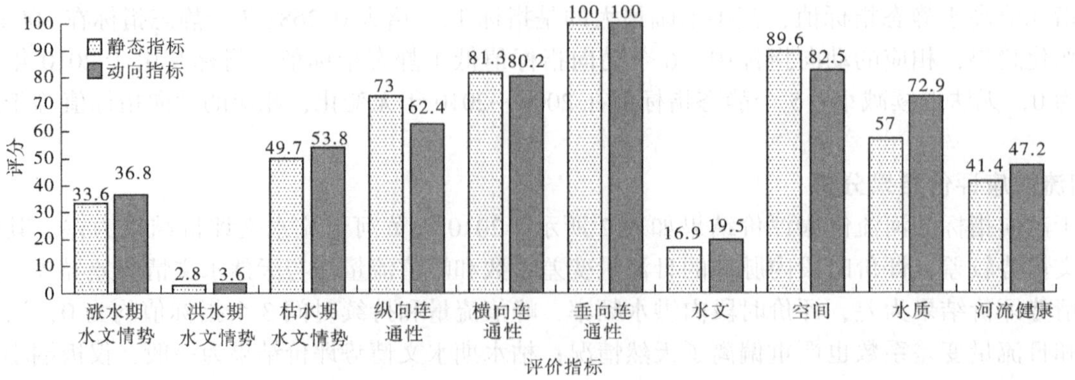

图 5　采用静态指标和动向指标的黄河干流河流健康评价结果

5 结论

（1）动向指标同时包含了现状与历史变化趋势，可以更全面地反映河流健康状态，提高应对未来风险的能力。

（2）模糊逻辑评价模型对指标具有高敏感性，适用于评价指标多、关系复杂的评价问题。

（3）2010 年黄河干流水文情势受到较严重的破坏，河流健康状态提升空间较大，但 2006—2010 年黄河干流健康状态整体呈现好转趋势，反映了已有生态保护措施的有效性。

参考文献

[1] 杨高，李颖，付波霖，等．基于遥感的河岸带生态修复效应定量评估：以辽河干流为例［J］．水利学报，2018，49（5）：608-618.

[2] 陈俊贤，蒋任飞，陈艳．水库梯级开发的河流生态系统健康评价研究［J］．水利学报，2015，46（3）：334-340.

[3] Parsons M，Thoms M，Norris R. Australian River Assessment System：Review of Physical River Assessment Methods-A Biological Perspective，Monitoring River Heath Initiative Technical Report no 21［R］. Commonwealth of Australia and University of Canberra，Canberra，2000.

[4] 车越，吴阿娜，曹敏，等．河流健康评价的时空特征与参照基线探讨［J］．长江流域资源与环境，2011，20（6）：761-767.

[5] 付波霖，李颖，朱红雷，等．基于 RS 的河流物理结构完整性评价的方法研究：以第二松花江为例［J］．水利学报，2014，45（7）：776-784.

[6] 董哲仁，张爱静，张晶．河流生态状况分级系统及其应用［J］．水利学报，2013，44（10）：1233-1248.

[7] 李艳利，李艳粉，赵丽，等．基于不同生物类群的河流健康评价研究［J］．水利学报，2016，47（8）：1025-1034.

[8] 冯彦，何大明，王文玲．基于河流健康及国际法的跨境水分配关键指标及阈值［J］．地理学报，2015，70（1）：121-130.

[9] 秦鹏，王英华，王维汉，等．河流健康评价的模糊层次与可变模糊集耦合模型［J］．浙江大学学报（工学版），2011（12）：2169-2175.

[10] 翟晶，徐国宾，郭书英，等．基于协调发展度的河流健康评价方法研究［J］．水利学报，2016，47（11）：1465-1471.

[11] 杨哲，杨侃，刘朗，等．组合赋权模糊熵-灰云聚类二维河流健康评价［J］．华中科技大学学报（自然科学版），2018，46（5）：90-94.

[12] 李文君，邱林，陈晓楠，等．基于集对分析与可变模糊集的河流生态健康评价模型［J］．水利学报，2011，42（7）：775-782.

基于综合指标法的新兴江流域生态系统健康评价

唐红亮[1,2,3]　谢宇宁[1,2]　徐琛琛[1,2]　彭松耀[1,2]

（1. 珠江水利委员会珠江水利科学研究院，广东广州　510611；
2. 水利部粤港澳大湾区水安全保障重点实验室，广东广州　510611；
3. 华南理工大学，广东广州　510641）

摘　要：河湖生态系统健康评价是河湖治理、开发和保护的重要依据。本文基于《河湖健康评价指南（试行）》《广东省河湖健康评价技术指引》，运用综合指标法，从“盆”、“水”、生物、社会服务功能四个准则层选取了包括物理形态、水文、水环境、水域生态和社会服务在内的18个评价指标，对新兴江流域生态系统健康状况进行评价。结果表明，新兴江河湖健康状况赋分为72.6分，为三类河流，处于亚健康状态。最后，深入分析了新兴江流域健康状况存在的问题，有针对性地提出了部分改进措施和对策建议，助力新兴江流域生态系统健康状况的修复和改善。

关键词：生态系统；健康评价；新兴江；综合指标法；对策建议

1　引言

河湖健康评价是河湖治理、开发和保护的重要依据，是判断河湖健康状态、科学分析河湖问题、强化落实河湖长制的重要技术手段，在河湖管理领域占据重要地位，涵盖生态系统结构完整性、抗扰动弹性及社会服务功能的可持续性[1]。健康的河湖表现为完整的自然生态系统结构，能够在扰动下自行恢复或通过人工措施重建生态功能[2]，如何构建科学合理的生态系统健康评价指标体系已成为河湖健康评价的核心趋势[3]，指标体系主要利用变量和组分来推断和解释生态系统的特性，是评价的重要依据和标准。自19世纪以来，欧洲开始采用水质评价来衡量河流健康[4]。1970—1980年，研究范围扩展至更广泛的生态环境[5]，英国采用Trem生物指数法[6]和Chandler指数法[7]来评价河水中有机物成分。20世纪80年代起，生态多指标评价法和河流生物预测模型法开始得到应用[8-9]，随后引入了岸边与河道环境细则（REC）、河流生态环境调查（RHS）、溪流健康指数（ISC）、城市河流健康评价体系（URHA）等方法[10-12]。此外，美国1972年颁布的《清洁水法》[13]和欧盟2000年的《水框架指令》[14]，均集中研究保护和增强河湖水生生态系统的健康。我国1980年始进行河湖健康评价研究，主要集中于流域生态健康评价方法、体系及指标的总结与比较。1990年以来，中国在河湖管理中开始注重生态保护和修复，在21世纪初，针对不同河流的特点和管理目标，开展了健康评价工作。2010年起，我国在国家层面上加强了对河湖生态保护的重视，实施了相关政策、制度，并要求定期进行河湖健康评价。曹家乐等[15]对国内河湖健康研究进展进行了梳理，认为随着水生态调查技术的发展和水生态健康评价的标准、规范及导则的完善，我国已经建立了一个与本土环境和生态状况相契合的流域生态评价体系，逐渐形成了一套科学、实用的河湖健康评价指标和技术方法，为水生态健康评价的应用研究和创新方法的探索提供了坚实的基础[16]。

基金项目：国家重点研发计划项目：珠江流域关键生源要素多介质溯源与协同管控（2022YFC3202200）；国家自然科学基金：珠江河口水生态系统模拟与健康调控（52239005）；科技基础资源调查专项：西江流域资源环境与生物多样性综合科学考察（2019FY101900）。

作者简介：唐红亮（1986—），男，高级工程师，主要从事水环境治理与水生态修复、水资源保护与开发利用工作。

在河湖生态系统健康评价中，常用综合指标法，该法基于水生态系统的物理、化学和生物特性，构建了一个多元化的评价框架[17]。这种方法结合各指标的得分及其权重，计算出总评分，进而进行等级分类[18]。该方法可反映生态系统的整体健康状况，但实际应用中却面临数据获取难度较大、数据获取不全面和分析处理流程复杂，导致指标体系需要根据具体情况做出调整。尽管存在一些不足，但在不断优化和调整下综合指标法的研究全面地揭示了生态系统的健康状况，也为不同评价方法的适用性提供了指导。目前，我国积极推动河湖健康评价、河湖保护和治理工作，国家和地方制定的河湖健康评价的相关标准及规范，在河湖健康评价中广泛运用[19-24]。河湖健康评价是加强河湖管理保护的重要基础性工作，是检验河长制、湖长制“有名”“有实”的重要手段[25]，为地方政府在河湖水生态治理、修复和保护方面提供了重要的决策依据。

近年来，西江流域面临水质污染、生态退化和生物多样性丧失等问题[26]。新兴江作为西江的一级支流，在西江水资源优化配置与管理、抵御洪涝灾害、维持水体纳污和自净能力及保证水生生物生境与鱼类洄游等方面发挥重要的作用。但随着社会经济发展，新兴江在河流连通性、功能完整性、生态系统稳定性等方面都受到不同程度的影响[27]，为强化河湖治理管理，为新兴江存在的生命健康问题把脉问诊，本文基于《河湖健康评价指南（试行）》《广东省河湖健康评价技术指引》，运用综合指标法，从“盆”、“水”、生物、社会服务功能四个准则层选取了包括物理形态、水文、水环境、水域生态和社会服务在内的评价指标，对新兴江流域生态系统健康状况进行评价，深入分析新兴江流域健康状况存在的问题和原因，提出改进措施和对策建议，助力新兴江流域生态系统健康状况的改善和修复。

2　新兴江生态系统健康评价指标体系的确定

2.1　健康评价对象

新兴江流域，位于广东省中部偏西，毗邻珠三角地区，跨越云浮和肇庆两市，坐标范围东经111°48′~112°42′，北纬22°18′~23°06′，总面积为2 355 km^2。该区域属于亚热带海洋性季风气候，特点是温和湿润，光照充足，降水量丰富。地形以山地和丘陵为主，南部以天露山为主脉，西部与罗定江流域以大云雾山和大帽山相隔，东部有老香山与尖峰山，中部地区由丘陵和冲积平原构成。作为西江下游右岸的一级支流，新兴江全长145 km，流域集雨面积为23 555 km^2。其主流上游段称筋竹河，主要支流包括迴龙河和大南河。新兴江起源于新兴县天露山和阳春市竹山顶，流经云浮市及肇庆市后注入西江。流域内云浮市占地面积2 289. 55 km^2，占总面积的97. 2%。新兴江是西江水系的重要组成部分，对区域生态平衡和人类活动产生深远影响。其河流生态多样性和复杂性来源于沿途经历的不同生境和水文条件。新兴江不仅是供水、灌溉和工业用水的重要来源，也是区域生态旅游和渔业的支柱。

研究评价对象选取云浮市新兴江干流（含上游水仲水库、合河水库、北峰山水库），云城区腰古镇以上河段（包括新兴县段和云城区段）共计长度约113 km。根据分段原则，沿河流纵向将河流分为5个评价河段，具体河段长度见表1。

表1　新兴江评价河段分段情况

评价河段	范围	长度/km
评价河段1	源头—水仲水库上游，主要为里洞河	11. 6
评价河段2	水库群，包括水仲水库、合河水库、北峰山水库	28. 1
评价河段3	北峰山水库坝下—新兴县簕竹镇	41. 2
评价河段4	新兴县新城镇—新兴县与云城区分界	23. 1
评价河段5	云浮市云城区—肇庆市分界	9. 0

2.2 指标体系的构建

依据《河湖健康评价指南（试行）》《广东省河湖健康评价技术指引》，构建新兴江健康评价框架和标准，评价指标体系主要围绕河流生态系统的三个层面进行构建：生态系统结构的完整性、生态系统弹性及社会服务功能的可持续性。

新兴江评价指标体系融合了对地方实际情况和社会服务功能的分析，同时兼顾数据的可获取性和样本采集的可行性，包括 1 个目标层和 4 个准则层（“盆”、“水”、生物、社会服务功能）以及 18 个指标（7 个必选和 11 个备选），来综合评价新兴江的健康状况。这些指标主要以定量数据为主，辅以定性描述，以确保评价的准确性和全面性。

2.3 评价指标权重确定

层次分析法是一种定性与定量相结合的方法，多应用于多指标评价体系中各指标权重的确定。本文通过层次分析法进行相关性分析后建立层次结构，分为目标层、准则层和指标层 3 层。根据专家意见构造判断矩阵，判断矩阵可以确定出下层指标对上一层元素的影响情况，从而获得最基层指标对总目标值权重情况。同一准则层内，当某一指标无法开展健康评价时（并非该评价指标评价分值为 0），其对应的权重将按比例分配至该准则层内剩余的所有指标的权重中。新兴江河湖健康评价指标体系权重见表 2。

表 2　新兴江河湖健康评价指标体系权重

目标层	准则层		指标层	权重	指标类型
河流健康	“盆”		河流纵向连通指数	0.20	备选指标
			岸线自然状况	0.30	必选指标
			河岸带宽度指数	0.20	备选指标
			违规开发利用水域岸线程度	0.30	必选指标
	“水”	水量	生态流量满足程度	0.22	必选指标
			流量过程变异程度	0.17	备选指标
		水质	水质优劣程度	0.22	必选指标
			底泥污染状况	0.17	备选指标
			水体自净能力	0.22	必选指标
	生物		大型底栖无脊椎动物生物完整性指数	0.25	备选指标
			鱼类保有指数	0.50	必选指标
			水生植物群落状况	0.25	备选指标
	社会服务功能		防洪达标率	0.158	备选指标
			供水水量保证程度	0.158	备选指标
			河流集中式饮用水水源地水质达标率	0.158	备选指标
			岸线利用管理指数	0.158	备选指标
			流域水土保持率	0.158	备选指标
			公众满意程度	0.211	必选指标

2.4 评价等级与标准

本文依据《河湖健康评价指南（试行）》，将河流健康分为五个等级：一类河流（非常健康）、二类河流（健康）、三类河流（亚健康）、四类河流（不健康）和五类河流（劣态）。相应的评分范围分别设定为：[90，100]（非常健康）、[75，90)（健康）、[60，75)（亚健康）、[40，60)（不健康）和 [0，40)（劣态）。这一评价体系充分考虑了科学性和实用性，同时也体现了公众参与和专家意见在环境管理中的关键作用。

3 调查监测

3.1 调查数据来源

河湖健康评价指标的数据获取途径、方式，调查监测范围与频次等说明见表3。对河湖污染负荷的调查工作，属于健康评价中“违规开发利用水域岸线程度”的工作。该项工作通过现场调查和生态环境部门提供的入河排污口名录清单、污染源排查等资料核查。

表3 健康评价指标数据来源统计

指标层	前期收集数据	数据获取方式
河流纵向连通指数	收集水利工程基础数据	人工现场调查，无人机航拍或遥感影像解译，整理前期收集数据
岸线自然状况	收集整理地形图、堤防设计资料	人工现场调查，高清遥感影像解译，三维实景图提取，整理前期收集数据
河岸带宽度指数	收集水利工程基础数据	人工现场调查，无人机航拍影像解译，最新的高清遥感影像图解译，整理前期收集数据
违规开发利用水域岸线程度	收集水利、环保等部门官方统计的入河湖排污口资料，收集水利、环保等部门官方统计的河湖“四乱”资料	人工现场调查，整理前期收集数据
生态流量满足程度	收集评价河流水文资料	整理前期收集资料，水文在线监测，人工监测或查询工程环评报告等资料
流量过程变异程度	收集评价河流水文资料	整理前期收集资料，水文在线监测，人工监测或查询水文年鉴
水质优劣程度	收集评价河流水质监测数据	水质在线监测或人工监测，查询现有水质监测数据，收集现有数据（水质报告等）
底泥污染状况	—	取样送检监测或人工监测、查询官方发布数据
水体自净能力	收集评价河流水质监测数据	水质在线监测或人工监测，查询现有水质监测数据，收集现有数据（水质报告等）
大型底栖无脊椎动物生物完整性指数	收集县、市、省及珠江流域范围内的水产养殖管理部门掌握的水产资料	整理前期收集资料，专业机构人工现场采样调查
鱼类保有指数	收集县、市、省及珠江流域范围内的水产养殖管理部门掌握的渔业资料	整理前期收集资料，专业机构人工现场采样调查
水生植物群落状况	—	专业机构人工现场采样调查
防洪达标率	收集堤防管理部门官方统计的河流堤防长度、河流堤防交叉建筑物数量等数据	人工现场调查，无人机航拍或遥感影像解译，整理前期收集数据
供水水量保证程度	收集河湖取水口归属的自来水厂公司、工厂企业、农业灌区等官方统计的供水水量或水位监测统计数据	整理前期收集数据
河流集中式饮用水水源地水质达标率	收集评价河流集中式饮用水水源地基础资料，收集评价河流集中式饮用水水源地水质逐月监测资料	整理前期收集数据，水质现场监测
岸线利用管理指数	收集岸线规划资料、水利工程基础数据，收集水利、环保等部门官方统计的河湖“四乱”资料	整理前期收集数据，人工现场调查，无人机航拍或遥感影像解译
流域水土保持率	收集水土流失动态监测年度数据等官方资料	整理前期收集数据
公众满意度	—	人工现场问卷调查，APP在线统计

3.2 监测点位设置

根据评价江段水文特征、河床及河滨带形态、水质状况、水生生物特征及流域经济社会发展特征的相同性和差异性，同时以河长管辖段作为依据，沿河流纵向将河流分为 5 个评价江段，共设置 15 个监测点即 S1~S15（见图 1），对评价江段水质、底泥污染状况、底栖动物、水生植物进行采样。

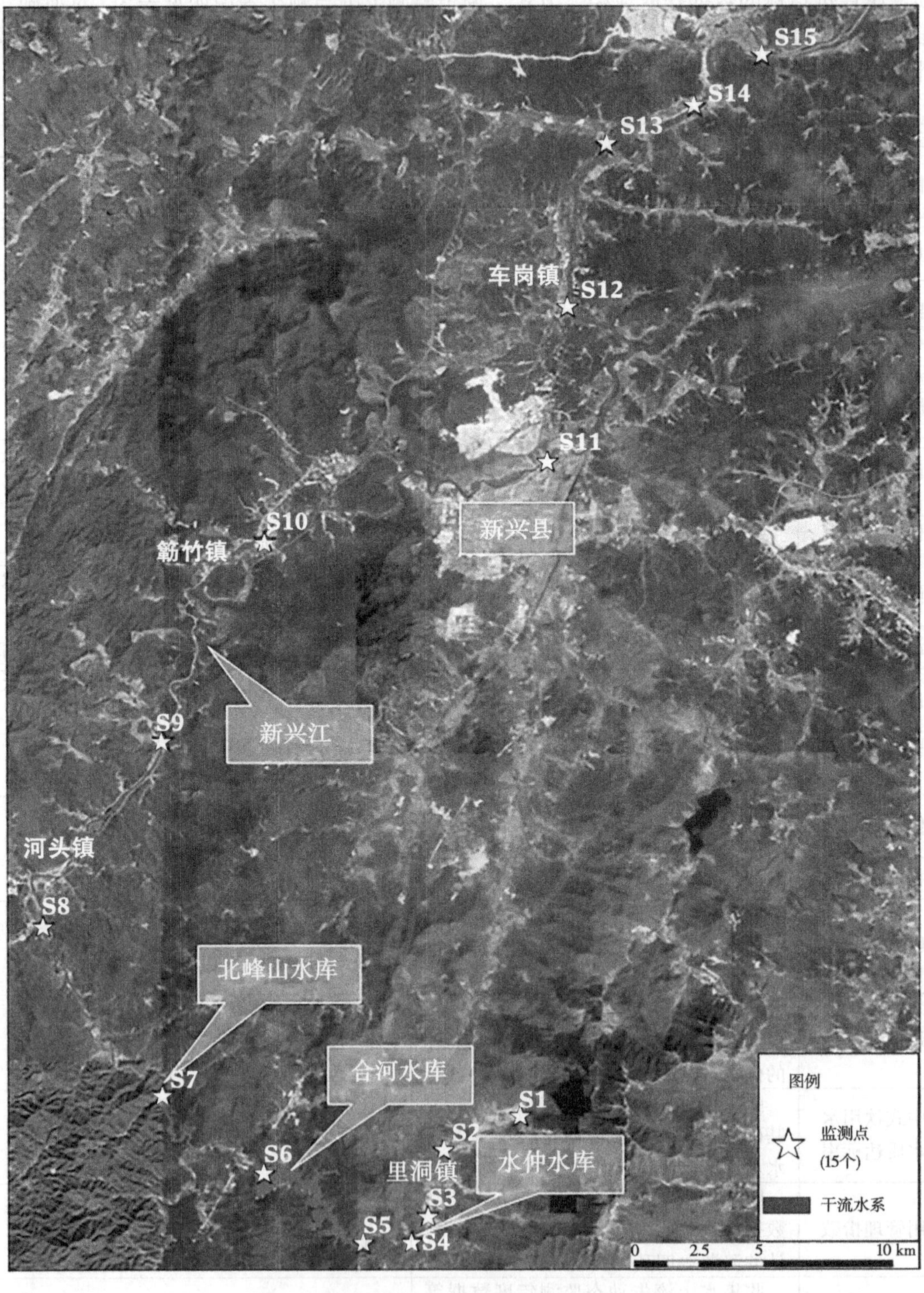

图 1　新兴江河湖健康评价调查监测点位设置

3.3 调查监测结果

河湖健康评价指标的调查监测范围与频次等说明见表4。新兴江水质、水生态监测点（主要监测鱼类、底栖动物及水生植物的群落数量指标）人工监测时间为2022年11月，进行了一次水质采样监测。水质指标主要有水温、溶解氧、pH值、氨氮、总磷、五日生化需氧量、铜、锌、铅、镉、氰化物、阴离子表面活性剂（LAS）、油类（石油类）、氟化物、挥发酚、六价铬、砷、汞、硒、硫化物、化学需氧量、高锰酸盐指数、粪大肠杆菌、总氮。沉积物监测的指标有pH值、铬、铜、镍、锌、镉、铅、砷和汞。同时收集了2022年涉及水质和沉积物各项指标的观测数据。将2022年作为现状年份，基于现状年开展水环境准则层的评价。

新兴江水质监测结果见表5，新兴江鱼类调查结果见表6，新兴江水生植物名录及分布点位见表7，新兴江沉积物监测结果见表8。

表4 调查监测范围和频次统计

指标层	调查或取样监测范围	具体位置	监测频次
河流纵向连通指数	评价河段	水域	评价期内调查次数≥1次
岸线自然状况	监测断面	河岸带	
河岸带宽度指数	评价河段	河岸带	
违规开发利用水域岸线程度	评价河段	水域与河岸带	
生态流量满足程度	监测点位	水域	
流量过程变异程度	监测点位	水域	
水质优劣程度	监测点位	水域	评价期内监测次数≥2次（2022年11月人工监测1次，同期生态环境部门提供1次监测数据）
底泥污染状况	监测点位	水域	
水体自净能力	监测点位	水域	
大型底栖无脊椎动物生物完整性指数	监测断面	水生生物取样区	评价期内调查次数≥1次
鱼类保有指数	评价河段	水域	
水生植物群落状况	评价河段	水域	
防洪达标率	评价河段	河岸带	
供水水量保证程度	评价河段	水域	
河流集中式饮用水水源地水质达标率	评价河段	水域	
岸线利用管理指数	评价河段	河岸带	
流域水土保持率	评价河流	汇水区间	
公众满意度	评价河流	周边社会公众	

表 5 新兴江水质监测结果

检测指标	单位	评价河段 1			评价河段 2				评价河段 3			评价河段 4			评价河段 5	
		S1	S2	S3	S4	S5	S6	S7	S8	S9	S10	S11	S12	S13	S14	S15
水温	℃	23.4	23.2	23.6	23.3	24.1	24.3	22.4	24.2	23.6	23.2	24.4	25.6	23.4	23.4	23.7
pH 值	无量纲	7.2	7.09	7.36	6.88	6.83	7.34	7.29	6.87	7.15	7.23	6.85	6.96	6.96	6.89	6.97
溶解氧	mg/L	8.76	5.91	5.3	5.7	5.46	6.63	8.42	5.88	5.18	5.25	6.19	5.06	4.95	4.99	7.43
COD_{Mn}	mg/L	1.15	1.23	1.16	1.26	1.23	1.23	1.07	0.95	1.92	1.72	2.08	3.42	3.26	3.01	3.09
COD_{Cr}	mg/L	12	14	10	15	14	15	12	8	14	13	15	16	15	14	15
BOD_5	mg/L	2.5	3.1	2.3	3.2	2.8	3.2	2.8	1.6	2.9	3	3.2	3.5	3	2.9	3.5
氨氮	mg/L	0.05	0.046	0.035	0.252	0.04	0.071	0.163	0.074	0.313	0.282	0.565	0.522	0.395	0.555	0.349
总磷	mg/L	0.013	0.047	0.029	0.062	<0.010	<0.010	<0.010	0.143	0.042	0.045	0.06	0.147	0.112	0.149	0.229
总氮	mg/L	0.471	0.621	1.02	0.82	0.83	0.59	0.76	0.73	1.51	1.02	1.84	3.2	0.71	2.55	2.43
铜	mg/L	<0.000 7	<0.000 7	<0.000 7	<0.000 7	<0.000 7	<0.000 7	<0.000 7	<0.000 7	<0.000 7	<0.000 7	<0.000 7	<0.000 7	<0.000 7	<0.000 7	<0.000 7
锌	mg/L	<0.001 2	<0.001 2	<0.001 2	<0.001 2	<0.001 2	<0.001 2	<0.001 2	<0.001 2	<0.001 2	<0.001 2	<0.001 2	<0.001 2	<0.001 2	<0.001 2	<0.001 2
氟化物	mg/L	0.101	0.131	0.148	0.187	0.183	0.181	0.186	0.195	0.207	0.204	0.574	0.932	0.881	0.892	0.927
硒	mg/L	<0.000 1	<0.000 1	<0.000 1	<0.000 1	<0.000 1	<0.000 1	<0.000 1	<0.000 1	<0.000 1	<0.000 1	<0.000 1	<0.000 1	<0.000 1	<0.000 1	<0.000 1
砷	mg/L	<0.000 1	<0.000 1	<0.000 1	<0.000 1	<0.000 1	<0.000 1	<0.000 1	<0.000 1	<0.000 1	<0.000 1	<0.000 1	<0.000 1	<0.000 1	<0.000 1	<0.000 1
汞	mg/L	<0.000 01	<0.000 01	<0.000 01	<0.000 01	<0.000 01	<0.000 01	<0.000 01	<0.000 01	<0.000 01	<0.000 01	<0.000 01	<0.000 01	<0.000 01	<0.000 01	<0.000 01
镉	mg/L	<0.000 3	<0.000 3	<0.000 3	<0.000 3	<0.000 3	<0.000 3	<0.000 3	<0.000 3	<0.000 3	<0.000 3	<0.000 3	<0.000 3	<0.000 3	<0.000 3	<0.000 3
六价铬	mg/L	<0.004	<0.004	<0.004	<0.004	<0.004	<0.004	<0.004	<0.004	<0.004	<0.004	<0.004	<0.004	<0.004	<0.004	<0.004
铅	mg/L	<0.001	<0.001	<0.001	<0.001	<0.001	<0.001	<0.001	<0.001	<0.001	<0.001	<0.001	<0.001	<0.001	<0.001	<0.001
氰化物	mg/L	<0.001	<0.001	<0.001	<0.001	<0.001	<0.001	<0.001	<0.001	<0.001	<0.001	<0.001	<0.001	<0.001	<0.001	<0.001
挥发酚	mg/L	0.001	0.001 2	0.001	0.001	0.000 4	0.000 5	0.000 7	0.001	0.001 1	0.001 1	0.001 1	0.000 9	0.001 3	0.000 7	0.000 4
石油类	mg/L	<0.01	0.02	0.01	0.02	0.02	0.03	0.01	0.02	0.01	<0.01	<0.01	<0.01	<0.01	<0.01	<0.01
LAS	mg/L	<0.050	<0.050	<0.050	<0.050	<0.050	<0.050	<0.050	<0.050	<0.050	<0.050	<0.050	<0.050	<0.050	<0.050	<0.050
硫化物	mg/L	<0.005	<0.005	<0.005	<0.005	<0.005	<0.005	<0.005	<0.005	<0.005	<0.005	<0.005	<0.005	<0.005	<0.005	<0.005
粪大肠杆菌	个/L	—	—	—	140	20	<20	<20	—	—	—	—	—	—	—	—

注：评价河段 2（包含监测点 S4、S5、S6、S7）涉及水仲水库、合河水库、北峰山水库 3 座水库型饮用水水源地，参照水源地河段健康评价要求增加粪大肠杆菌指标。

表 6　新兴江鱼类调查结果

种类/统计	评价河段 1		评价河段 2			评价河段 3		评价河段 4		评价河段 5		总计	说明
	S2	S3	S4	S6	S7	S8	S10	S11	S12	S14	S15		
鳘				2		2				5		9	
宽鳍鱲			2		3				1		5	11	
马口鱼				2			3	2				7	
高体鳑鲏	2	3	8	5	3	10	6		2			39	
条纹小鲃	9	3			3					2	2	19	
泥鳅	1					2		4				7	
齐氏罗非鱼	4	1	15	4	5	7	15	3	2	1		57	外来种
尼罗罗非鱼		2	5	5		6	61		8	3	5	95	入侵种
奥利亚罗非鱼										1		1	外来种
侧条光唇鱼		1		2			4			2		9	
大刺鳅	1				1	3	1		2			8	
点纹银鮈					1	41		4	4	2	1	53	
东方墨头鱼								2	3		2	7	
胡鮈		1	2						4			7	
黄颡鱼		2		2			1	5	2	5		17	
鲫鱼			1		2		2				3	8	
鲤鱼			1	1		1		1		4		8	
美丽小条鳅	1		1			1					2	5	
拟细鲫	1										4	5	
鲇	2				1							3	
银鮈						19	3					22	
越南鱊									5	2		7	
纵带鮠								1				1	
总计(种/尾)	8/21	7/13	8/35	8/23	8/19	10/92	9/96	8/22	10/33	10/27	8/24	23/405	
剔除外来物种(种/尾)	7/17	5/10	6/15	6/14	7/14	8/79	7/20	7/19	8/23	7/22	7/19	20/252	

表 7 新兴江水生植物名录及分布点位

类别	种名	拉丁名	科别	评价河段 1			评价河段 2				评价河段 3			评价河段 4			评价河段 5	
				S1	S2	S3	S4	S5	S6	S7	S8	S9	S10	S11	S12	S13	S14	S15
挺水植物	李氏禾	*Leersia hexandra*	禾本科		+									+				
	五节芒	*Miscanthus floridulus*	禾本科	+	+	+					+	+		+				
	象草	*Pennisetum purpureum*	禾本科								+						+	+
	芦苇	*Phragmites australis*	禾本科								+	+	+	+	+	+	+	+
	水蔗草	*Apluda mutica*	禾本科												+			
	扁穗牛鞭草	*Hemarthria compressa*	禾本科	+	+	+	+				+	+		+		+	+	
	狗牙根	*Cynodon dactylon*	禾本科												+	+		
	竹芦	*Arundo donax*	禾本科	+									+					
	蟛蜞菊	*Sphagneticola calendulacea*	菊科											+		+		
	鬼针草	*Bidens pilosa*	菊科			+						+						
	蕨	*Pteridium aquilinum* var. *latiusculum*	蕨科		+						+							
	酸模叶蓼	*Persicaria lapathifolia*	蓼科	+										+	+	+	+	+
	铺地火炭母	*Polygonum chinense* var. *procumbens*	蓼科	+		+							+				+	
	水蓼	*Polygonum hydropiper*	蓼科										+					
	天胡荽	*Hydrocotyle sibthorpioides*	伞形科									+						
	水葱	*Schoenoplectus tabernaemontani*	莎草科											+				
	碎米莎草	*Cyperus iria*	莎草科															
	断节莎	*Cyperus odoratus*	莎草科													+		
	菜蕨	*Diplazium esculentum*	蹄盖蕨科		+	+					+		+					
	野芋	*Colocasia antiquorum* Schott	天南星科	+	+	+					+	+	+					
	海芋	*Alocasia odora*	天南星科								+	+						
	莲子草	*Alternanthera sessilis*	苋科										+	+				
	空心莲子草	*Alternanthera philoxeroides*	苋科												+	+	+	+
	蕹菜	*Ipomoea aquatica*	旋花科												+			
	毛草龙	*Ludwigia octovalvis*	柳叶菜科								+			+				+
	鸭跖草	*Commelina communis*	鸭跖草科								+							
	马齿苋	*Portulaca oleracea*	马齿苋科			+												
	水竹叶	*Murdannia triquetra*	鸭跖草科	+		+								+	+	+	+	
漂浮植物	凤眼莲	*Eichhornia crassipes*	雨久花科		+	+							+					
	大漂	*Pistia stratiotes*	天南星科		+								+					

表 8　新兴江沉积物监测结果

检测指标	单位	评价河段 1			评价河段 2				评价河段 3			评价河段 4			评价河段 5	
		S1	S2	S3	S4	S5	S6	S7	S8	S9	S10	S11	S12	S13	S14	S15
pH 值	无量纲	7.36	7.63	7.71	6.66	6.78	6.7	7.45	7.56	7.8	7.35	7.27	6.97	7.4	7.53	7.24
铜	mg/kg	<0.1	<0.1	<0.1	10.4	8.63	6.48	<0.1	26.7	120	91	8.28	<0.1	12.1	<0.1	8.38
锌	mg/kg	28.6	37.1	17.8	73.5	55.8	46.1	26.7	51	62.6	70.5	42	24.4	52.5	28.7	41.8
铬	mg/kg	43.4	38.1	66.3	21.2	33.6	82.5	41.4	29.4	37.8	78	36.4	36.1	28.7	34.9	37
镍	mg/kg	6.27	8.63	8.24	12.9	16.1	17.1	9.59	14.8	17.1	24.8	11	8.49	12.3	9.3	10.9
镉	mg/kg	0.26	0.29	0.26	0.38	0.3	0.38	0.29	0.4	0.73	0.62	0.28	0.45	0.36	0.44	0.28
铅	mg/kg	42.4	35.7	31.7	91.1	36.6	31.2	127	41	37.9	70.7	24	35	38.2	31.4	35.5
砷	mg/kg	1.73	1.24	1.91	2.11	5.14	13.7	6.7	22.7	22.2	19.6	10.7	3.24	10.9	5.19	9.81
汞	mg/kg	0.102	0.148	0.042	0.089	0.037	0.046	0.114	0.063	0.046	0.035	0.041	0.007	0.007	0.151	0.015
有机质	mg/kg	7.18	18.4	7.89	43.2	19.7	6.28	15.1	20.9	34	20.5	5.98	2.52	8.8	2.76	3.41

4　新兴江河湖健康评价结果分析与讨论

4.1　“盆”准则层评价结果分析与讨论

对新兴江评价河段“盆”准则层进行评价分析，该准则层获得的总分为 70.12 分。此评分基于四项指标的综合评价：河流纵向连通指数、岸线自然状况、河岸带宽度指数、违规开发利用水域岸线程度，得分分别为 0 分、93.07 分、100 分和 74 分。

河流纵向连通指数在新兴江云浮市段仅为 0 分，反映了该河段存在不少拦河闸，阻碍河流自然流动，使河流呈现明显的片段化，破坏了河流生态系统的连续性和完整性。河流纵向连通性作为评价河流健康的重要指标，对于水生生物的迁移、河床沉积物的运输以及水体中营养盐的循环均有直接影响。违规开发利用水域岸线程度得分也较低，新兴江干流区域的入河排污口未全部完成规范化建设，将潜在地影响该区域的水质和河岸生态状况。排污口的规范化管理对维护水域环境的健康至关重要，直接关联到工业、农业及生活废水的处理与排放。

“盆”准则层评价结果表明，新兴江在河流纵向连通性和水域岸线管理方面仍存在不足。这些问题的解决需要通过加强环境保护措施和生态修复工作，如建设鱼类洄游通道，保障新兴江鱼类资源补充，以促进河段的整体健康和生态系统的恢复。

4.2　“水”准则层评价结果分析与讨论

对新兴江河段“水”准则层进行评价分析，该准则层综合得分为 73.43 分，此评分基于五个关键水质指标：生态流量的满足程度、流量过程变异程度、水质优劣程度、底泥污染状况、水体自净能力，得分分别为 90 分、23.29 分、76.54 分、92.40 分和 77.85 分。

其中，流量过程变异程度指标的评分较低，为 23.29 分，这是根据长期流量观测数据计算的流量变异程度指数（flow duration index，FDI = 1.74）。流量变异程度作为河流健康的关键指标，反映了河流流量的稳定性和可预测性。显著的流量变异通常与季节性降水变化、上游水库的调度策略或人类活动（如水资源的提取和调度）相关。流量的不稳定性可能对水生生态系统产生负面影响，如影响水生生物的行为、繁殖和迁徙模式。

水质优劣程度和水体自净能力指标的得分相近，分别为 76.54 分和 77.85 分。这两项指标的评分主要与河流中的溶解氧水平相关。溶解氧是评价水质状况的关键参数，因其对水生生物的生存环境有直接影响。在本次评价中，各河段的溶解氧水平普遍在Ⅱ～Ⅲ类范围，表明水体中的需氧量与供氧能力处于一定平衡状态。尽管如此，尤其在人类活动密集区域，由于外源性污染物的输入，溶解氧水平可能降低，这需要特别关注。

此外，底泥污染状况得到了较高的评分（92.40 分），表明在底泥污染控制方面，新兴江河段表现良好。底泥作为河流生态系统的一个重要组成部分，其污染程度直接影响整体水体健康。底泥中潜在的有害物质，如重金属、有机污染物和营养盐，可能对水生生物构成威胁，影响河流生物多样性和生态平衡。

“水”准则层评价结果表明，尽管底泥污染得到了有效控制，但流量的变异性和整体水质状况仍需进一步关注和改进，以提高河流的整体水质和生态健康水平。

4.3　生物准则层评价结果分析与讨论

对新兴江河段“生物”准则层进行评价分析，该准则层综合得分为 59.83 分，是反映河流生态系统的生物多样性关键指标。这一评价基于三个主要的生态学指标：大型底栖无脊椎生物完整性指数、鱼类保有指数、水生植物群落状况，得分分别为 31.79 分、61.10 分、85.35 分。

在大型底栖无脊椎生物完整性指标方面，本次调查共记录到 19 种底栖生物，包括 11 种节肢动物、7 种软体动物和 1 种环节动物。对于河流生态系统底层生物群落的健康而言，底栖无脊椎生物的多样性和丰富度是评价河流生态健康的关键指标。该指标得分相对较低，可能说明部分河段生物群落多样性的缺失及生态系统功能的退化。在鱼类保有指标方面，累计调查鱼类 405 尾，隶属于 3 目 7 科

21 属 23 种，剔除外来种及入侵种后共 20 种 252 尾，揭示了新兴江原生鱼类资源的匮乏和生态平衡的失衡。外来种和入侵种占所有渔获物数量的 37.8%，这一现象对原生种群构成了显著的威胁，反映出生态系统的脆弱性和生物多样性的减少。水生植物群落状况方面，调查发现共有 14 科 30 种水生植物，其中包括 28 种挺水植物和 2 种漂浮植物。该指标得到的较高评分表明水生植物群落在生物多样性和生态系统服务方面保持着相对较好的状态。水生植物在河流生态系统中扮演着重要角色，不仅为水生生物提供栖息地和食物来源，还参与水体的净化过程。

保护河流健康是河流生态管理的重要目标，鱼类对维护河流生态系统健康的作用重要且不可替代[28]。研究大型底栖动物群落特征并构建适当的环境生物指数是评价河流生态系统健康状况的重要途径[29]。根据生物准则层各指标的评价结果，新兴江河段在生物多样性方面呈现明显的不均衡，尤其是在底栖无脊椎生物的多样性和鱼类资源方面存在物种丰富度较低、群落结构简单及外来种入侵的现状。评价结果显示了加强河流生态系统保护和恢复工作的重要性，如保护水生生物栖息地、开展增殖放流和外来种入侵防治，以促进生物多样性的恢复和生态平衡的维持。

4.4 社会服务功能准则层评价结果分析与讨论

对新兴江河段的社会服务功能准则层进行系统评价，综合得分为 95.71 分。此评分是基于六个指标的评价：防洪达标率、供水水量保证程度、河流集中式饮用水水源地水质达标率、岸线利用管理指数、流域水土保持率、公众满意程度，得分分别为 100 分、100 分、100 分、97.71 分、85.05 分、92.54 分。

防洪达标率、供水水量保证程度和河流集中式饮用水水源地水质达标率均得到满分，表明新兴江当地政府注重基础水资源的安全性和水质保障。岸线利用管理指标得到 97.71 分的高分，显示出河岸线的有效利用和管理具有较好的水平，这不仅增强了河岸景观的美观性，同时也加强了其生态功能。流域水土保持率得分为 85.05 分，反映出在防止土壤侵蚀和水源保护方面新兴江仍存在提升的空间。

公众满意程度得分为 92.54 分，反映出河段两岸人民群众对新兴江在提供社会服务方面表示认可。同时，民众建议应进一步提升人水互动的质量，以及优化生态产品和服务的供给，从而确保当地居民能够实实在在地享受到生态红利。

总之，新兴江在社会服务功能方面的表现凸显其在防洪、供水和水质管理方面的成效，但研究同时揭示了在加强人与自然水体和谐共生关系及提高生态服务品质方面的未来改进方向。这说明在环境管理和生态保护的未来规划中，需更加重视生态系统的整体性和可持续性发展，以适应公众对环境质量不断提高的需求。

4.5 综合评分

新兴江河湖健康评价各指标的得分情况见图 2。“盆”准则层赋分 70.12 分，处于亚健康状态；“水”准则层赋分 73.43 分，处于亚健康状态；生物准则层赋分 59.83 分，处于劣态；社会服务功能赋分 95.71 分，处于非常健康状态。从“盆”、“水”、生物、社会服务功能 4 个准则层出发，按照目标层、准则层及指标层逐层加权的方法，计算得到评价河段健康最终评价结果。新兴江总赋分为 76.73 分，为三类河流，处于亚健康状态。说明河湖库在生态系统结构完整性、生态系统抗扰动弹性、社会服务功能可持续性等方面总体存在缺陷，处于中等状态，应当加强日常维护和监管力度，及时对局部缺陷进行治理修复，消除影响健康的隐患。

5 结论与建议

5.1 结论

针对新兴江流域生态系统的特点，本文基于目的性、科学性、可操作性、代表性和避免重复性五个原则，构建了一个包含 18 个评价指标的综合评价体系。这些指标涵盖河流的物理形态、水文、水环境、水域生态和社会服务等方面，确保了新兴江生态系统健康评价的针对性和科学性，同时提供了西江流域类似河流生态系统健康评价的参考模型。

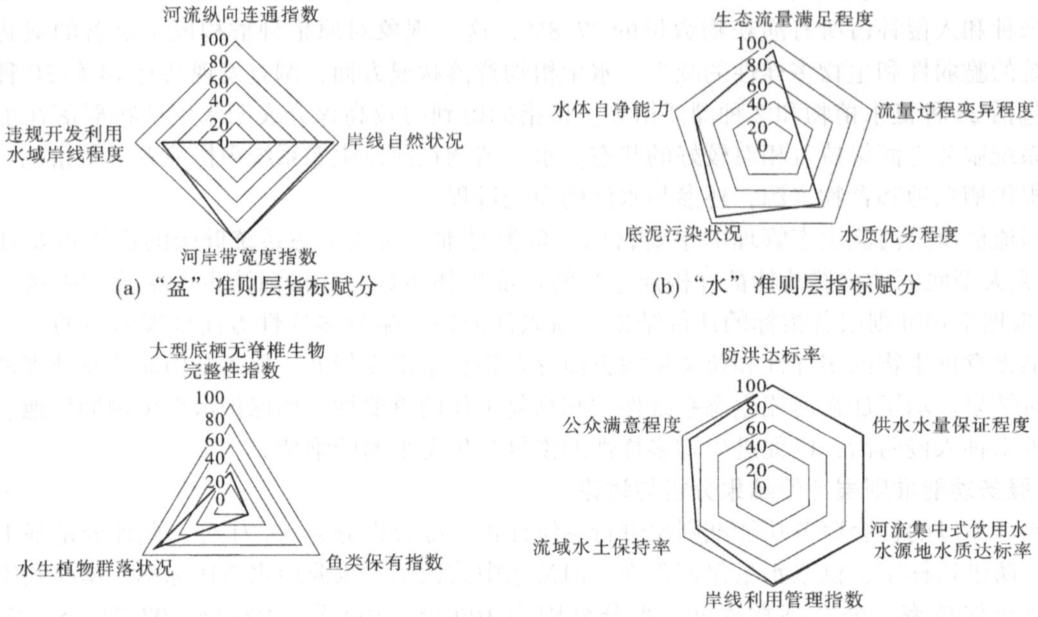

(a)“盆”准则层指标赋分 (b)“水”准则层指标赋分

(c)生物准则层指标赋分 (d)社会服务功能准则层指标赋分

图 2 新兴江河湖健康评价各指标得分情况

新兴江流域生态系统健康评价显示，社会服务功能准则层处于非常健康状态，“盆”“水”准则层处于亚健康状态，而生物准则层呈现劣态，特别是在水文与水环境方面，河流纵向连通性较差。具体而言，新兴江干流现有的入河排污口未全部实现规范化建设，导致违规开发利用水域岸线程度的指标得分不高。此外，水环境方面，流量过程变异程度指标（FDI = 1. 74）的得分为 23. 29 分，反映出流量的不稳定性。部分河段水体中溶解氧、BOD_5、氨氮和总磷达到Ⅲ类水标准。生物多样性方面，底栖动物和鱼类的物种丰富度低，群落结构简单化，物种小型化。

综合准则层评价结果和加权计算表明，新兴江流域生态系统健康整体处于亚健康状态。分析表明，河流纵向连通性阻断、水体富营养化、物种多样性降低和外来物种入侵是主要的影响因素。未来的治理策略应包括构建一级支流与干流的协同防洪体系、加强主要入河河流污染物排放控制、强化河流近岸区污染防治、重视保护新兴江的鱼类和底栖动物生境，并提升社会公众的参与度，以促进新兴江水生态系统健康水平的提升。

5.2 对策与建议

结合新兴江河湖健康评价分析结果，为改善和修复新兴江流域生态系统健康，实现新兴江美丽河湖建设的目标，满足公众对水环境的高标准需求，在水资源保护、水安全保障、水污染防治、水环境治理、水生态修复、水域岸线管理、水文化建设、执法监管等方面提出以下对策和建议：

（1）水资源保护措施：严格监管水的取用和排放过程，限制高耗水和高污染项目。强化水环境功能区的管理和监督，确定水域的污染承载能力，并加强水质监测，实施严格的排污许可证管理制度。

（2）水安全保障措施：继续优化完善防洪体系，优化排水设施，提高河流防洪能力。同时，推进海绵城市建设，以减轻城市水患。

（3）水污染防治措施：对新兴江周边地区进行污染源调查，以分析水质和底泥污染原因。实施水域垃圾的清理和管理，加强排污口监测和规划，以及污水处理设施的建设和改造。

（4）水环境治理措施：深化区域联动机制，促进水体流通和交换，以提升水质和改善水环境。利用河长制管理模式，统筹区域和流域的水环境问题，实施综合性治理策略。

（5）水生态修复措施：采取措施以改善河流生态环境，恢复生物多样性，通过科学的水文和水质监测，保障生态修复工作的效果，保障新兴江的生态流量。

（6）水域岸线管理措施：严格实施河道、水库等管理控制线，强化涉水建设项目管理。通过多元化监测手段，确保岸线的有效管理和保护。

（7）水文化建设措施：深入挖掘新兴江水文化的内涵和外延，把岭南特色传统和现代文化元素融入新兴江建设中。高标准建设富有岭南风韵、云浮特色的新兴江碧道，打响岭南水文化名片。加快水文化展示平台建设，打造集科普教育展示及休闲体验功能于一体的新兴江水文化展示休闲堤岸长廊。

（8）执法监管措施：加强河道巡查和监管，提高河长制湖长制的执行力。同时，提升执法队伍的能力，加大执法力度，确保水政管理的高效性。

参考文献

[1] 李云，李春明，王晓刚，等．河湖健康评价指标体系的构建与思考［J］．中国水利，2020（20）：4-7.

[2] 任海，张倩媚，彭少麟．内陆水体退化生态系统的恢复［J］．热带地理，2003，23（1）：22-25，29.

[3] 谢忱，付健，陈健，等．河湖健康监测诊断与修复［J］．中国水利，2020（20）：8-10.

[4] 方春林，陈文静，周辉明，等．鄱阳湖鱼类资源及其利用建议［J］．江苏农业科学，2016（9）：233-243.

[5] 陈雷．全面落实河长制各项任务 努力开创河湖管理保护工作新局面：在贯彻落实《关于全面推行河长制的意见》视频会议上的讲话［J］．中国水利，2016（23）：8-11.

[6] 于宁，马锡铭，赵洪波，等．河流水生态系统健康评价研究进展［J］．环境保护与循环经济，2014（1）：49-51.

[7] 冷维亮，郭照河，毕钦祥，等．健康滩河生态指标体系与评价方法初探［J］．治淮，2013（12）：33-34.

[8] 吴阿娜，杨凯，车越，等．河流健康状况的表征及其评价［J］．水科学进展，2005，16（4）：602-608.

[9] 陆颖，陈宇顺．河流生境的评估方法及应用的研究进展［J］．水生生物学报，2020，44（3）：670-684.

[10] 王强，袁兴中，刘红，等．基于河流生境调查的东河河流生境评价［J］．生态学报，2014，34（6）：1548-1558.

[11] 王强，庞旭，李秀明，等．水电梯级开发对河流生境质量及纵向连通性影响评价：以五布河和藻渡河为例［J］．生态学报，2019，39（15）：5508-5516.

[12] 曾小填，车越，吴阿娜．3 种河流健康综合性评价方法的比较［J］．中国给水排水，2007，23（4）：92-96.

[13] 吴佳，傅泽强．美国《清洁水法》技术经济评估实例概述与启示［J］．环境工程技术学报，2016，6（3）：301-306.

[14] 董哲仁．欧盟水框架指令的借鉴意义［J］．水利水电快报，2009，30（9）：73-77.

[15] 曹家乐，张亚辉，张瑾，等．国内外水生态健康评价研究进展［J］．环境工程技术学报，2022，12（5）：1402-1410.

[16] 毛智宇，徐力刚，赖锡军，等．基于综合指标法的鄱阳湖生态系统健康评价［J］．湖泊科学，2023，35（3）：1022-1032.

[17] 熊梅君，高庚申，安宏锋，等．水生态系统健康评价研究进展［J］．环境监控与预警，2023，15（3）：89-97.

[18] 陈瑞珍．河湖健康评价指标体系的构建与思考［J］．水利电力技术与应用，2024，6(3).

[19] 王晓刚，付健，戴江玉，等．河湖健康评价案例分析［J］．中国水利，2020（20）：11-13.

[20] 王晓刚，王竑，李云，等．我国河湖健康评价实践与探索［J］．中国水利，2021（23）：25-27.

[21] 杨冰，凌刚，黄东，等．广东省河湖健康评价经验与思考［J］．中国水利，2022（16）：33-35.

[22] 刘阳，董卫，黄强．卫河生态流域健康综合评价研究［J］．人民黄河，2023，45（10）：96-100.

[23] 宫远乔，刘莹，李铁男，等．基于改进 AHP－模糊综合评价的河湖健康评价研究：以哈尔滨市阿什河为例［J］．环境科学与管理，2023，48（8）：183-188.

[24] 张祖鹏，张泽贤，刘思远，等．太湖流域河流健康评价指标体系研究及应用［J］．人民长江，2023，54（11）：8-15.

[25] 刘国庆，范子武，李春明，等．我国河湖健康评价经验与启示［J］．中国水利，2020（20）：14-16，19.

[26] 李亦秋，鲁春霞，邓欧，等．流域库坝工程开发的生物多样性敏感度分区［J］．生态学报，2014，34（11）：

3081-3089.

[27] 唐家璇，曾庆慧，胡鹏，等．近 60 年长江流域河流纵向连通性演变特征［J］．南水北调与水利科技（中英文），2022，20（1）：40-53.

[28] 刘杨，陈凯，蔡永久，等．应用鱼类完整性指数 F-IBI 评价巢湖流域的主要河流健康［J］．中国环境监测，2018，34（6）：73-83.

[29] 王硕，张建云，林育青，等．基于大型底栖动物多度量指数的河流多尺度评价［J］．环境科学研究，2019，32（2）：284-292.

南渡江东山闸坝枢纽仿自然生态鱼道设计

涂晓霞　朱成冬

（中水珠江规划勘测设计有限公司，广东广州　510610）

摘　要：南渡江东山闸坝枢纽工程的建设阻断了鱼类的上溯通道，破坏了河道的生态平衡，该工程通过设置过鱼设施解决了该河段洄游鱼类上溯的要求，达到生态平衡、生物多样性和可持续性发展。根据地形地质条件、工程布置、功能要求、景观需要以及经济比较，过鱼设施形式选用仿自然生态鱼道。针对过鱼对象的游泳能力及生物学特性，结合数学模型和物理模型试验研究成果，从鱼道总体布置、进口、出口、槽身段及辅助措施等方面介绍东山闸坝枢纽仿自然生态鱼道设计情况，为类似鱼道工程提供了一种设计思路，具有参考借鉴意义。

关键词：仿自然生态鱼道；南渡江东山闸坝枢纽；过鱼设施形式；设计

1　工程概况

南渡江流域位于东经109°12′~110°35′、北纬18°56′~20°05′，流域面积7 033 km²，占海南岛总面积的20.6%。南渡江是海南岛第一大河流，发源于海南省白沙县南峰山，干流向东北流经白沙县、儋州市、琼中县、澄迈县、定安县和海口市，于海口市分三支注入琼州海峡。南渡江引水工程东山闸坝枢纽坝址位于海口市境内东山镇上游约400 m处，在半成岩上建坝，拦河闸坝建筑物从左至右依次为左岸连接段、泄水冲沙闸、溢流坝以及仿自然生态鱼道[1]。东山闸坝枢纽工程建成后，将改变库区及下游局部河段原有的水文条件，基本阻断洄游性鱼类、半洄游性鱼类上溯通道，造成鱼类生境破碎，鱼类交流机制减少或消失。为了解决该河段洄游鱼类上溯的要求，保护这些珍稀鱼类，达到生态平衡、生物多样性和可持续性发展的要求，南渡江东山闸坝枢纽工程设置鱼道，鱼道位于枢纽右侧[2]。

2　过鱼设施选型

2.1　主要过鱼对象

根据环评现场调查[3]，本工程过鱼设施主要过鱼对象为花鳗鲡、日本鳗鲡、大鳞鲢、海南长臀鮠、高体鳜、黄尾鲴、草鱼、赤眼鳟、鲢、鳙、鲮、三角鲂、光倒刺鲃、长臀鮠、南方白甲鱼、斑鳠等16种。重点过鱼对象为日本鳗鲡、花鳗鲡、七丝鲚及四大家鱼（鲢鱼、鳙鱼、草鱼、青鱼）。

2.2　过鱼设施选择

过鱼设施分为上行过鱼设施和下行过鱼设施两大类[4]，其主要类型见表1。

本工程仅对鱼类洄游上行通道产生一定影响，鱼类可通过泄水闸及溢流坝等下行，基本无影响，因此鱼道设计主要考虑鱼类上行，设计上行过鱼设施。上行过鱼设施的优缺点见表2。

东山闸坝属低水头水利枢纽，其主要建筑物最大挡水高度不超过5 m，过鱼建筑物形式分别采用仿自然生态鱼道与横隔板式鱼道方案进行比较。两方案布置分别如下。

作者简介：涂晓霞（1980—），女，高级工程师，主要从事水利水电工程设计等工作。

表 1　过鱼设施的主要类型

上行过鱼设施	下行过鱼设施
混凝土鱼道	物理阻拦引导
仿自然生态通道	行为阻拦引导
升鱼机	与表层栅栏或深层进水口结合的表层旁道
集运鱼设施	鱼泵
鱼闸	泄洪道
过鳗设施	机组过鱼

表 2　上行过鱼设施的优缺点

方案	优点	缺点
混凝土鱼道	消能效果好、结构稳定、占地小、连续过鱼	设计难度大、不易改造
仿自然生态通道	适应生态恢复原则、鱼类较易适应、连续过鱼、易于改造	消能效果差、结构不稳定、适应水位变动能力差、占地较大
升鱼机	适合高水头工程	不易集鱼、操作复杂、运行费用较高
鱼闸	适合高水头工程	操作复杂、运行费用较高
集运鱼设施	适合高水头工程	操作复杂、运行费用较高

2.2.1　仿自然生态鱼道

仿自然生态鱼道分为进口、槽身和出口三部分。鱼道上游过鱼设计水位 15 m，下游设计水位 12.5 m。鱼道总长度 290 m，分别为进口段 10 m、渐变段 10 m、槽身段 250 m、渐变段 10 m、出口段 10 m。鱼道进口布置在右岸溢流坝下游，进口与溢流坝下游海漫及护脚相连。进口采用平底宽顶堰型，底高程为 11.3 m，上铺一层砂卵石厚 0.2 m，闸顶高程为 15 m，闸室净宽 10 m，闸墩厚 1.5 m，闸室内设消力墩消能。鱼道槽身布置在右岸河滩地上，采用蜿蜒型近自然槽身。槽身采用天然蛮石将鱼道槽身沿程分隔成一个个水池，以削减鱼道上下游水头差。鱼道底坡为 1∶100，采用梯形断面，梯形底宽 6 m，两侧边坡为 1∶2，采用格宾网石笼护坡和护底，石笼厚度为 0.5 m，底部铺设一层 0.2 m 厚砂卵石层。槽身采用天然蛮石将鱼道过流断面进行自然分割，形成天然不同流速断面，可满足不同洄游鱼类流速特性。出口布置在右岸溢流坝上游约 100 m 处，出口与溢流坝上游岸坡相接，并朝向水流主流方向。出口采用平底宽顶堰型，底高程为 13.8 m，其上铺一层 0.2 m 厚砂卵石，闸顶高程为 17 m，闸室净宽 10 m，闸墩厚 1.5 m，闸室内设消力墩消能，出口设置一道拦污栅拦污。

2.2.2　横隔板式鱼道

鱼道紧靠溢流坝右侧布置，鱼道上游过鱼设计水位 15 m，下游设计水位 12.5 m。鱼道总长度 220 m，分别为进口段 22 m、1#～10#隔板段各 15 m、穿过土坝的挡洪闸段 18 m、2#～3#隔板段和 6#～7#隔板段间各设一休息室 6 m、8#～9#隔板段间设一观察室 8 m、出口段 10 m。在闸下 0+106.00 处布置鱼道主进鱼口，进口底高程 10.5 m，宽 5 m，设计水深 2 m。鱼道副进鱼口设在鱼道左侧边墩内，孔口底高程 10 m，孔宽 2.5 m，孔高 2.5 m，孔口边缘采用流线型。鱼道隔板段坡度 1∶60，槽身断面底宽 3 m，两侧边墙高 1.3 m，上接 1∶2斜坡高 0.7 m，采用组合式隔板，一侧为竖孔-坡孔，另一侧为溢流堰孔。鱼道出口段底高程 13.0 m，设消力墩消能。鱼道进出口分别设一道检修门槽，过坝处设一扇挡洪闸门，在鱼道出口设拦污栅拦污。鱼道底部均铺设一层 0.2 m 厚砂卵石层。

两方案工程量及工程投资对比见表 3。

表 3　过鱼建筑物工程量及工程投资对比

项目	单位	仿自然生态鱼道	横隔板式鱼道
土方开挖（砂）	m^3	36 251.84	13 062.41
回填开挖砂料	m^3	23 934.96	16 754.47
C25 混凝土	m^3	3 836.65	10 969.59
预制 C25 混凝土隔板	m^3	0	153.25
C15 素混凝土垫层厚 100	m^3	56.32	234.05
C30 混凝土板桥	m^3	16.63	8.30
排架及启闭机室梁板柱混凝土 C25	m^3	0	156.40
启闭机室建筑面积	m^2	0	56.38
格宾网石笼护坡厚 500	m^3	5 716.43	0
土工布	m^2	11 432.86	0
砂卵石厚 200	m^3	695.57	382.56
蛮石	m^3	756.00	0
浆砌石排水沟	m^3	305.42	0
钢筋	t	31.17	450.49
高喷板墙	m	876.58	832.75
铜片止水	m	46.62	163.17
工程投资	万元	1 060.20	1 263.50

本工程对景观要求较高，仿自然通道接近天然河道，易于鱼类适应，南渡江岸边有较大范围河滩地可供布置仿自然生态鱼道，而混凝土鱼道造型生硬，鱼类较难适应，不容易改造，且投资较生态鱼道高。根据地形地质条件、工程布置、功能要求及景观需要以及经济比较，过鱼建筑物形式选用仿自然生态鱼道。

3　鱼道设计

3.1　鱼道总体布置

鱼道宜布置在幽静的环境中，远离有机械振动、下泄污水和嘈杂喧闹的区域。由于东山闸坝枢纽左岸上游布置有抽水泵站，会对鱼道出口鱼类上行产生不利影响，因此鱼道布置在枢纽右岸，与溢流坝段相邻，利用溢流坝段缺口泄水诱鱼。鱼道蜿蜒布置于右岸滩地上，主出鱼口鱼道总长约 275 m，坡度为 1∶100，主要分为进口、槽身和出口三部分。鱼道平面布置见图 1。

3.2　鱼道水位

鱼道工程挡水建筑物按 20 年洪水重现期设计，上游 20 年一遇洪水位为 22.618 m，相应下游水位为 22.433 m。鱼道进、出口闸室段顶高程，上、下游挡墙及右岸边墩顶高程均采用 23.5 m。

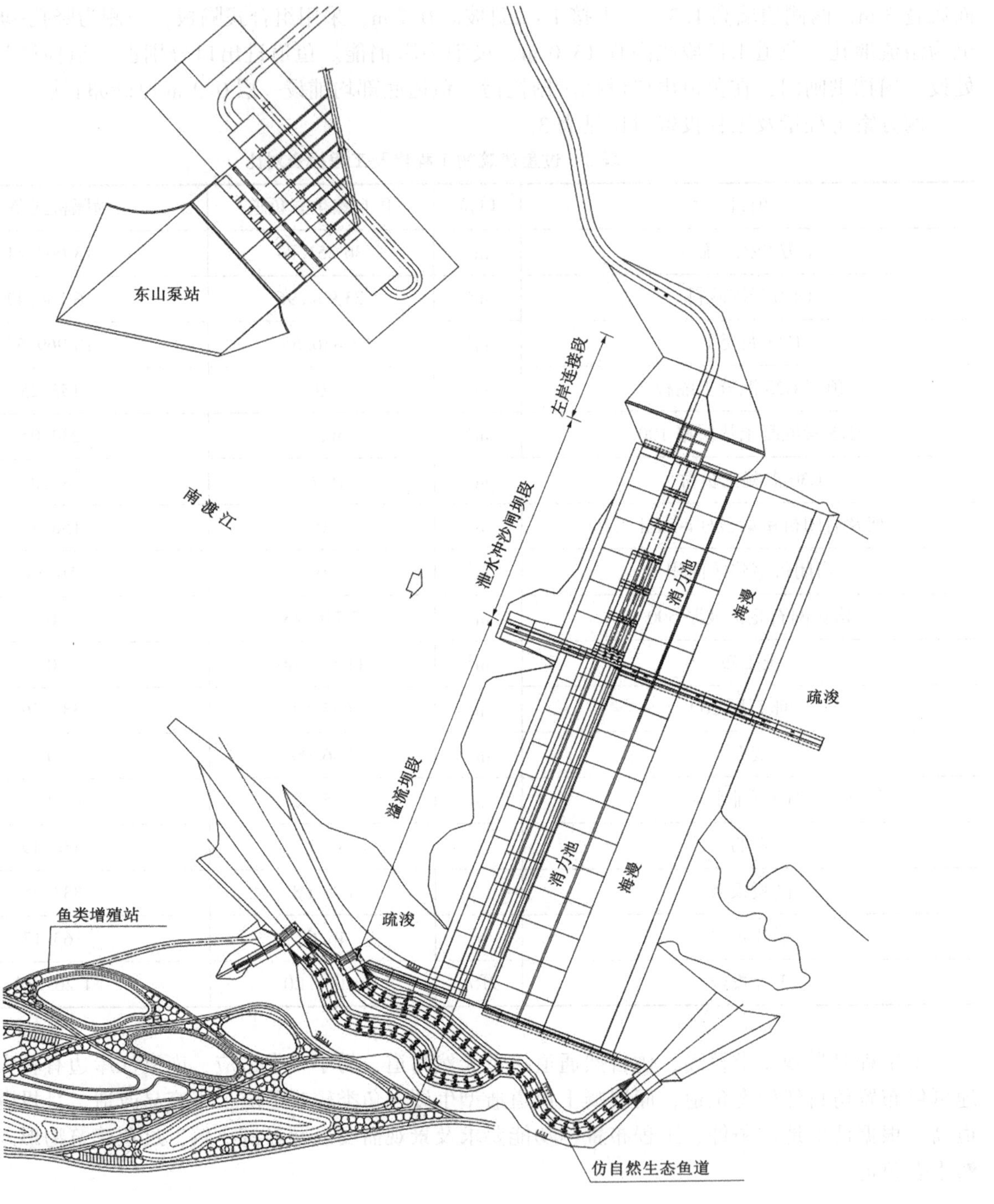

图 1　鱼道平面布置

鱼道上游最高设计水位为最高挡水位 15.5 m，上游最低水位为死水位 13.0 m，上游设计水位为正常蓄水位 15.0 m，鱼道下游设计水位为 12.5 m。

3.3　鱼道进口

鱼道进口应设在经常有水流下泄、鱼类洄游路线及经常集群的地方，并尽可能靠近鱼类上溯到达的最前沿。鱼类进口附近水流不应有漩涡和水跃，进口下泄水流应使鱼类易从枢纽的各种水流中分辨出来，必要时在进口处需补充诱鱼水流和设置诱鱼导鱼设施。鱼道进口应能在主要过鱼季节中适应下游水位变化。

考虑南渡江引水工程东山闸坝枢纽特点，鱼道进口布置在溢流坝下游护脚约 25 m 处，进口轴线与岸墙成 60°相交。进口采用一孔平底宽顶堰型闸室，闸室底板顶高程为 11.5 m，进口水深 1 m，闸顶高程为23.5 m，闸室净宽10 m，闸墩顶厚1.5 m，闸室顺水流方向长15 m。在鱼道进口设一道工作门，挡下游20年一遇洪水水位。

3.4 鱼道出口

设计鱼道出口时应考虑以下因素：上游鱼道出口要求布置在泄水闸前方，位置设在最低水位线下，鱼道出口为了适应坝上水位的变化，与坝前水面很好地衔接，鱼道设置两个出口，分别布置于右岸生态泄水闸坝段上游约70 m（1#鱼道出口）和100 m处（2#鱼道出口），分别与死水位12.5 m和正常蓄水位15.0 m衔接。出口采用平底宽顶堰，闸室底板顶高程分别为12.5 m和14.0 m，闸顶高程为23.5 m，闸室净宽10 m，闸墩顶厚1.5 m，闸室顺水流方向长10 m。在鱼道两个出口均设置工作门，挡上游20年一遇洪水水位。

3.5 鱼道槽身

鱼道槽身布置于枢纽右岸河滩地上，采用蜿蜒型近自然槽身。结合鱼道模型试验，生态鱼道采用天然蛮石将鱼道槽身沿程分隔成一个个水池，以削减鱼道上下游水头差。鱼道连续纵向底坡坡度均为1/100[5]，在鱼道槽身上游约100 m处设另一鱼道出口（1#鱼道出口），该鱼道出口设有约100 m的平坡段。槽身段采用梯形断面，梯形底宽6 m，两侧边坡为1∶1.5~1∶2，底部分别设0.2 m厚砂卵石掺耕植土和0.5 m厚格宾网石笼护底，两侧边坡分别设0.2 m厚耕植土和0.3 m厚雷诺护垫护坡，底部和边坡均采用高性能生态基材喷播。槽身采用天然蛮石将鱼道过流断面进行自然分割，形成天然不同流速断面，鱼道主断面中心间距为7 m，主断面蛮石按3区4通道设置，蛮石分别设置在横向断面的两个坡脚及中央位置，蛮石宽度分别为1.6 m、3.3 m和1.6 m，低速通道孔宽0.5 m，中速通道孔宽0.8 m，高速通道为顶宽1.5 m的三角形断面；低速通道主断面上下游1~1.3 m位置设置宽度为0.7 m辅助蛮石；中速通道主断面上游1~1.3 m位置设置宽度为0.96 m辅助蛮石；主断面蛮石及辅助蛮石高度在0.95~1.05 m。主断面蛮石有效阻水比为66%；鱼道内能够形成流速在0.8~1.5 m/s的高中低流速通道。鱼道槽身结构典型剖面见图2，平面布置示意见图3。

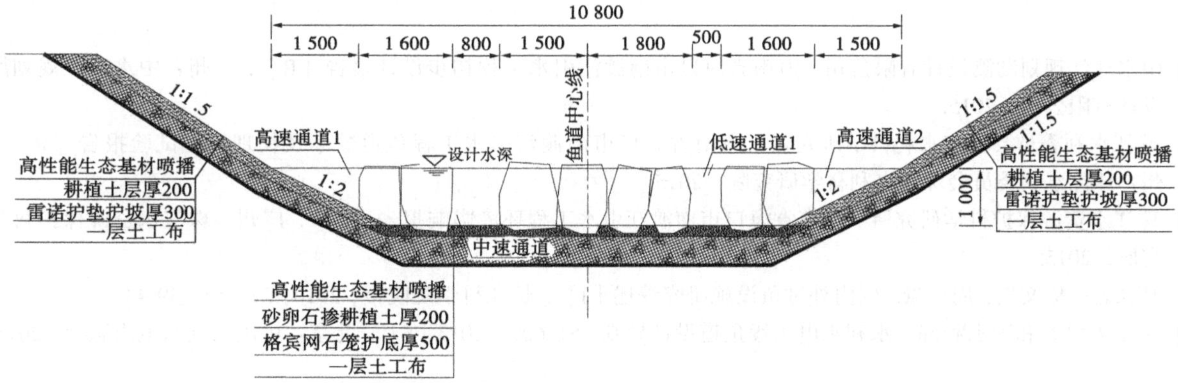

图2 鱼道槽身结构典型剖面 （单位：mm）

3.6 鱼道辅助措施

为增加鱼道进口泄流对鱼群的吸引，根据模型试验成果，靠右岸31.5 m溢流坝段堰顶高程为14.7 m，较正常蓄水位低0.3 m，以正常蓄水位时下放生态基流。在紧靠鱼道的溢流坝段顶部开一个宽为31.5 m、深为0.3 m的槽，正常蓄水位时下泄生态基流同时利于诱鱼进入鱼道（避免泄水闸闸门频繁开启）。

4 结语

仿自然生态鱼道具有满足生物多样性和过鱼对象适应性较高的优势。南渡江东山闸坝枢纽鱼道在仿自然生态设计中，选用河流天然条件下的建筑材料给底坡加糙消能，结构断面采用梯形断面，通过在鱼道材料和结构上的设计尽可能地贴近河流自然状态。仿自然生态鱼道采用天然建筑材料，鱼道内条件复杂，存在较多的不确定性，鱼道内流态和水力特性较为复杂。为分析仿自然生态鱼道的水力特性，需采用水力学模型和物理模型相结合的方法得出流速、流态等水流条件，不断调整主断面的布置，使鱼道各部位的水流条件满足目标鱼类的上溯要求。南渡江引水工程已于 2022 年竣工验收，经过水力学模拟及物理模型试验研究，南渡江东山闸坝枢纽仿自然生态鱼道水流条件满足过鱼要求，但工程过鱼种类多，过鱼复杂，过鱼效果存在一定的不确定性，需加强工程运行期监测评估，提出优化改进方式，以达到最佳过鱼效果，并为后续鱼道设计积累经验。

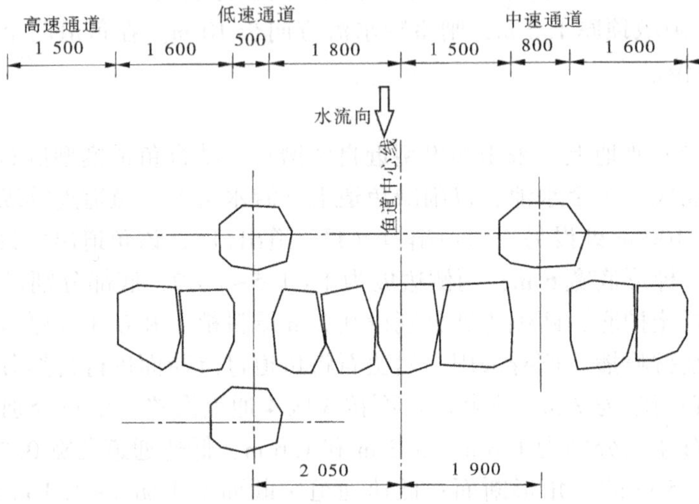

图 3　鱼道槽身结构平面布置示意图　（单位：mm）

参考文献

[1] 中水珠江规划勘测设计有限公司．海南省海口市南渡江引水工程初步设计报告［R］．广州：中水珠江规划勘测设计有限公司，2015.

[2] 珠江水利委员会珠江水利科学研究院．海南省海口市南渡江引水工程鱼道数学及物理模型试验报告［R］．广州：珠江水利委员会珠江水利科学研究院，2015.

[3] 珠江水资源保护科学研究所．海南省海口市南渡江引水工程环境影响报告［R］．广州：珠江水资源保护科学研究所，2015.

[4] 曹庆磊，杨文俊，周良景. 国内外过鱼设施研究综述［J］．长江科学院院报，2010，27（5）：39-43.

[5] 中华人民共和国水利部．水利水电工程鱼道设计导则：SL 609—2013［S］．北京：中国水利水电出版社，2013.

广东省国家级水产种质资源保护区现状及其空间布局

李　淼[1,2,3]　柳志会[1,2,3]　熊芳园[1,2,3]

（1. 珠江水资源保护科学研究所，广东广州　510611；
2. 红水河珍稀鱼类保育中心，广西桂平　537200；
3. 水利部珠江水利委员会水文水资源局，广东广州　510611）

摘　要： 本文根据2007—2017年在广东省建立的国家级水产种质资源保护区，对保护对象、覆盖面积及时空分布等特征进行统计分析。结果表明：广东省目前设有17个国家级水产种质资源保护区，由粤东、粤北、珠江三角洲逐步扩展至粤西地区。其中，江河型和涉海型的保护区数量分别为13个和4个，总面积分别为138.81 km^2 和458 km^2，分别保护水生生物53种和36种。最初建立的保护区主要分布在珠江三角洲区域，之后新增的保护区广泛分布于粤东、粤西和粤北区域。总体而言，保护区的保护对象偏少，重叠保护率较高，且大型保护区数量偏少。未来应加强保护区的生态监测，进一步优化保护区的保护对象和空间分布。

关键词： 广东省；水产种质资源；空间分布；保护物种

1　引言

为确保水产种质资源的长期保存和合理利用，我国从2007年起，在全国范围内分批建立了535处国家级水产种质资源保护区，这些保护区涵盖了江河、湖泊、水库、河口及沿岸海域等多种水域[1]。每个国家级水产种质资源保护区都根据保护对象的资源状况、自然环境及保护需要，合理划分核心区域和实验区域，制定并实施严格的限制捕捞、控制水污染以及防止栖息地破坏等一系列管理制度，进而推动保护对象的种群资源恢复与发展[2-3]。同时，各保护区可以依据实际情况申请调整保护区面积范围和功能分区，确保目标物种能够得到有效保护。国家级水产种质资源保护区的建立和管理，推动了我国水产种质资源的保护和恢复工作，为未来的生态修复奠定了坚实基础，促进了水产种质资源的可持续发展。

改革开放47年以来，广东省地区生产总值从1978年的186亿元增加到2023年的13.57万亿元，连续35年居全国首位。然而，随着经济的快速发展，广东省部分水域面临着水质污染和栖息地破坏等问题，这对水生态系统健康和水生生物多样性造成了严重威胁[4]。为统筹兼顾经济发展与生态保护，广东省积极响应国家级水产种质资源保护区的建设工作，根据不同物种的生态需求和分布特点，划定保护区范围，并实行严格的监管措施，确保保护区内的水生生物资源得到有效管理与恢复。本文主要以2007—2017年在广东省建立的国家级水产种质资源保护区为基础，对保护区的保护对象、覆

基金项目： 国家自然科学基金项目（32303011）。

作者简介： 李淼（1996—），男，助理工程师，主要从事水生态保护与修复研究工作。

通信作者： 熊芳园（1995—），女，工程师，红水河珍稀鱼类保育中心部门负责人，主要从事水生态保护与修复研究工作。

盖面积、时空分布等特征进行科学分析与评估，为制定更加有效的管理和保护策略提供科学的理论依据。

2 材料与方法

2.1 研究区域概况

广东省位于我国大陆南部，东临南海，陆地区域覆盖的经纬度范围为北纬 20°09′~25°31′和东经 109°45′~117°20′。省内水系发达，主要分布在珠江流域、韩江流域以及粤东和粤西沿海诸河中，包括大致由东北向西南流动的东江水系、北江水系、流溪河水系以及大致自西向东流的西江水系、潭江水系，整个水系呈扇形向外辐射[5]。在这些水系中，流域面积超过 100 km^2 的河流共 614 条；独流入海的河流共 52 条，主要分布在沿海地区，其中较为显著河流有韩江、榕江、漠阳江、鉴江、九洲江等。同时，广东省各大水系中鱼类资源丰富，目前已记录的鱼类共 351 种，分隶于 2 纲 21 目 74 科 207 属[6-7]。根据最新发布的中国生物多样性红色名录，广东省各大淡水水系中存在濒危鱼类 28 种[8]。

2.2 研究方法

本文基于农业农村部发布的保护区数据，通过 Excel 对广东省国家种质资源保护区的保护对象、覆盖面积以及时空分布等特征进行统计分析。为确保数据的一致性和准确性，对同一保护对象的物种名称进行了标准化处理，并利用 ArcGIS10. 2 软件绘制每处保护区的分布区域，直观展示保护区的空间分布范围。

3 结果与分析

3.1 基本现状

自 2007 年农业农村部在全国范围内启动国家级水产种质资源保护区建设工作以来，广东省共设立 17 处国家级水产种质资源保护区（见图 1），占保护区总数的 3. 2%。2007 年，广东省首批设立了 4 个国家级水产种质资源保护区。2008 年新增 3 个保护区，保护网络逐步扩展。2009—2012 年，每年新增了 2 个保护区。截至 2017 年底，广东省国家级水产种质资源保护区的数量已增至 17 处，总面积达到 596. 81 km^2。其中，13 个江河型国家级水产种质资源保护区的总面积为 138. 81 km^2，约占全省面积的 0. 77%；此外，4 个涉海型国家级水产种质资源保护区的总面积达到 458 km^2。从面积类型看，广东省国家级水产种质资源保护区以中型和小型为主。其中，面积在 100~1 000 m^2 的大型保护

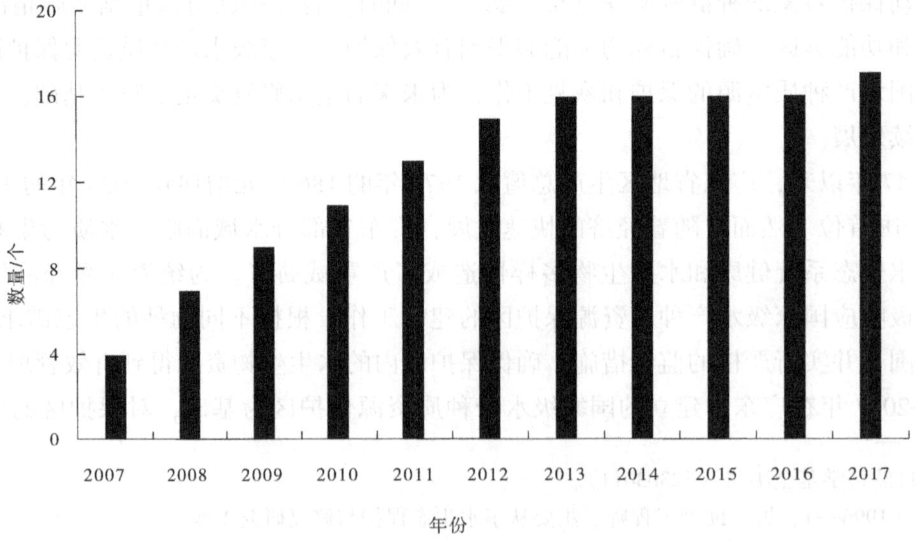

图 1　国家级水产种质资源保护区数量

区有 1 处，面积在 10~100 m^2 的中型保护区有 8 处，面积小于 10 m^2 的小型保护区有 8 处。中小型保护区的数量多，在总保护面积中的占比较低。

3.2 保护对象的特征

据统计，广东省 13 个江河型国家级水产种质资源保护区共保护了 53 种水生生物，其中鱼类 44 种、甲壳类 2 种、两栖类 6 种、软体动物 1 种。被纳入保护范围的鱼类占全省记录鱼类的 12.5%，隶属于 17 科，鱼类物种中鲤科鱼类的种类最多，有 24 种。其中，鲿科、鳢科、鮨科、鳗鲡科有各 2 种，舌鳎科、鲱科、魟科、刺鳅科、合鳃鱼科、青鳉科、鲴科、花鲈科、鲇科、长臀鮠科、鲟科以及鲻科各有 1 种。涉海型保护区保护的水生生物 36 种，其中鱼类 18 种、软体动物 13 种、甲壳类 5 种，鱼类物种隶属于 14 科，其中石首鱼科 3 种，鲹科和鲷科各有 2 种，鲻科、鲭科、鳗鲡科、海鳗科、鮨科、马鲅科、鲫科、花鲈科、带鱼科、鲳科和鲱科各有 1 种。

本文根据《广东省淡水鱼类志》《广东淡水鱼类资源调查与研究》《南海经济鱼类图鉴》等资料，对保护区鱼类保护对象的食性和栖息水层等生态特征进行系统分类（见表 1、表 2）。

表 1 江河型国家级水产种质资源保护区鱼类的生态类型

保护对象	拉丁名	食性	水层	水体形态	评估级别
三线舌鳎	*Cynoglossus trigrammus*	杂食	底层	流水	LC
鲥	*Tenualosa reevesii*	杂食	中上层	流水	CR
赤魟	*Dasyatis akajei*	肉食	底层	流水	NT
大刺鳅	*Mastacembelus armatus*	肉食	底层	缓流或静水	LC
黄鳝	*Monopterus albus*	肉食	底层	缓流或静水	LC
青鳉	*Oryzias latipes*	杂食	中上层	缓流或静水	LC
银鲴	*Xenocypris argentea*	植食	中下层	缓流或静水	LC
鳊	*Ctenopharyngodon idellus*	杂食	中下层	流水	LC
草鱼	*Ctenopharyngodon idella*	植食	中下层	缓流或静水	LC
赤眼鳟	*Squaliobarbus curriculus*	杂食	中上层	流水	LC
达氏鲌	*Culter dabryi*	肉食	中上层	缓流或静水	LC
鳡	*Elopichthys bambusa*	肉食	中上层	流水	NT
鳍	*Ochetobius elongatus*	杂食	中下层	缓流或静水	CR
光倒刺鲃	*Spinibarbus hollandi*	杂食	中下层	流水	LC
广东鲂	*Megalobrama terminalis*	杂食	中下层	流水	LC
海南红鲌	*Erythroculter pseudobrevicauda*	肉食	中上层	流水	LC
海南华鳊	*Sinibrama melrosei*	杂食	中下层	缓流或静水	DD

续表 1

保护对象	拉丁名	食性	水层	水体形态	评估级别
红鳍原鲌	*Cultrichthys erythropterus*	肉食	中下层	缓流	LC
黄尾鲴	*Xenocypris davidi*	植食	中下层	静水	LC
鲫	*Carassius auratus*	杂食	中下层	缓流或静水	LC
卷口鱼	*Ptychidio jordani*	杂食	底层	流水	CR
鲤	*Cyprinus carpio*	杂食	底层	缓流或静水	LC
鲢	*Hypophthalmichthys molitrix*	植食	中上层	流水	LC
鲮	*Cirrhinus molitorella*	植食	中下层	缓流或静水	LC
蒙古鲌	*Culter mongolicus*	肉食	中上层	缓流或静水	LC
翘嘴鲌	*Culter alburnus*	肉食	中上层	流水	LC
青鱼	*Mylopharyngodon piceus*	肉食	中下层	缓流或静水	LC
三角鲂	*Megalobrama terminalis*	杂食	中下层	流水	LC
团头鲂	*Megalobrama amblycephala*	植食	中下层	静水	LC
桂华鲮	*Sinilabeo decorus*	杂食	中下层	流水	CR
鳙	*Aristichthys nobilis*	杂食	中上层	缓流或静水	LC
花鲈	*Lateolabrax japonicus*	肉食	底层	流水	LC
斑鳢	*Channa maculata*	肉食	底层	缓流	LC
月鳢	*Channa asiatica*	肉食	底层	缓流或静水	LC
大眼鳜	*Siniperca kneri*	肉食	底层	流水	LC
鳜	*Siniperca chuatsi*	肉食	底层	流水	LC
花鳗鲡	*Anguilla marmorata*	肉食	底层	流水	EN
日本鳗鲡	*Anguilla japonica*	肉食	底层	流水	EN
斑鳠	*Mystus guttatus*	肉食	底层	流水	LC
黄颡鱼	*Pelteobagrus fulvidraco*	肉食	底层	缓流或静水	LC
鲇	*Silurus asotus*	肉食	底层	缓流或静水	LC
长臀鮠	*Cranoglanis bouderius*	肉食	底层	流水	EN
中华鲟	*Acipenser sinensis*	肉食	底层	流水	CR
鲅	*Liza haematocheila*	杂食	底层	流水	LC

注：LC—无危；CR—极危；NT—近危；EN—濒危。

表 2　涉海型国家级水产种质资源保护区鱼类的生态类型

目	科	物种	拉丁名	食性	水层
鲻形目	鲻科	鲻	*Mugil cephalus*	杂食	中上层
鳗鲡目	鳗鲡科	鳗鲡	*Anguilla* sp.	杂食	底栖
	海鳗科	海鳗	*Muraenesox cinereus*	肉食	底栖
鲈形目	石首鱼科	棘头梅童鱼	*Collichthys lucidus*	肉食	中下层
		红牙	*Otolithes ruber*	肉食	中上层
		大黄鱼	*Larimichthys crocea*	肉食	中下层
	鲹科	乌鲹	*Parastromateus niger*	肉食	中上层
		丽叶鲹	*Caranx kalla*	肉食	中上层
	鲭科	康氏马鲛	*Scomberomorus commerson*	肉食	中上层
	鮨科	赤点石斑鱼	*Epinephelus akaara*	肉食	中下层
	马鲅科	四指马鲅	*Eleutheronema tetradactylum*	肉食	中下层
	鯻科	鯻	*Terapon theraps*	肉食	中下层
	花鲈科	花鲈	*Lateolabrax japonicus*	肉食	底栖
	鲷科	真鲷	*Pagrus major*	杂食	底栖
		黄鳍鲷	*Acanthopagrus latus*	肉食	中下层
	带鱼科	带鱼	*Trichiurus* sp.	肉食	中下层
	鲳科	银鲳	*Pampus argenteus*	杂食	中上层
鲱形目	鲱科	裘氏小沙丁鱼	*Sardinella jussieu*	杂食	中上层

（1）江河型保护区内的保护鱼类以肉食性物种占优（50%），杂食性物种占36.36%，植食性物种占13.64%；从栖息水层来看，底层物种最为丰富（43.18%），中下层物种占34.09%，中上层物种占22.73%；从喜栖息水性来看，适应流水环境的物种占优（52.27%），缓流或静水生活的物种占47.73%。

（2）涉海型保护区主要保护对象以肉食性物种占优（83.33%），其余为杂食性物种；按栖息水层划分：主要保护对象为中下层物种（38.89%）和中上层物种（38.89%），底层物种占22.22%，大多数物种均能适应流水条件。同时，同一物种在不同的生长阶段和水域环境条件下，它们的食性、活动的环境和生活的水层等生活习性都可能出现差异[9]。

3.3　保护区的保护对象

（1）单个鱼类物种可能同时被纳入多个国家级水产种质资源保护区的保护范围内，出现重叠保护的现象。在各江河型保护区的保护对象中，鲢、鳙和青鱼出现频次为69.23%；草鱼、黄颡鱼和光倒刺鲃为61.53%；斑鳠、鲮和鲤为53.85%；广东鲂、鲫和斑鳢为46.15%，其他物种被重叠保护的情况均低于40%。同时，由于各涉海型保护区数量较少，鱼类物种出现重叠的现象较少。

（2）中华鲟、鲥、鳤、桂丽鲮、卷口鱼、花鳗鲡、日本鳗鲡、长臀鮠、赤魟、鳡等被评估为近危（NT）或更高的保护等级的物种，均被列入广东省国家级水产种质资源保护区的保护对象名单。

3.4　水域空间分布

广东省江河型水产种质资源保护区主要分布在省内的主要河流系统中，西江水系、东江水系、北江水系、韩江水系均有3处保护区，独立水系潭江1处（见图2）。广东省涉海型水产种质资源保护区分布于上下川岛海域、海陵湾北部海域、吴川市吴阳镇西南鉴江出海口处以及汕尾市碣石湾内。从时空分布变化来看，广东省的国家级水产种质资源保护区从粤东、粤北和珠江三角洲区域逐渐扩展分布到粤西区域。目前，珠江三角洲区域、粤东区域、粤西区域、粤北区域的国家级水产种质资源保护区数量分别为5个、4个、3个、5个，保护区在不同区域之间的数量和分布存在差异，呈不均匀分布。

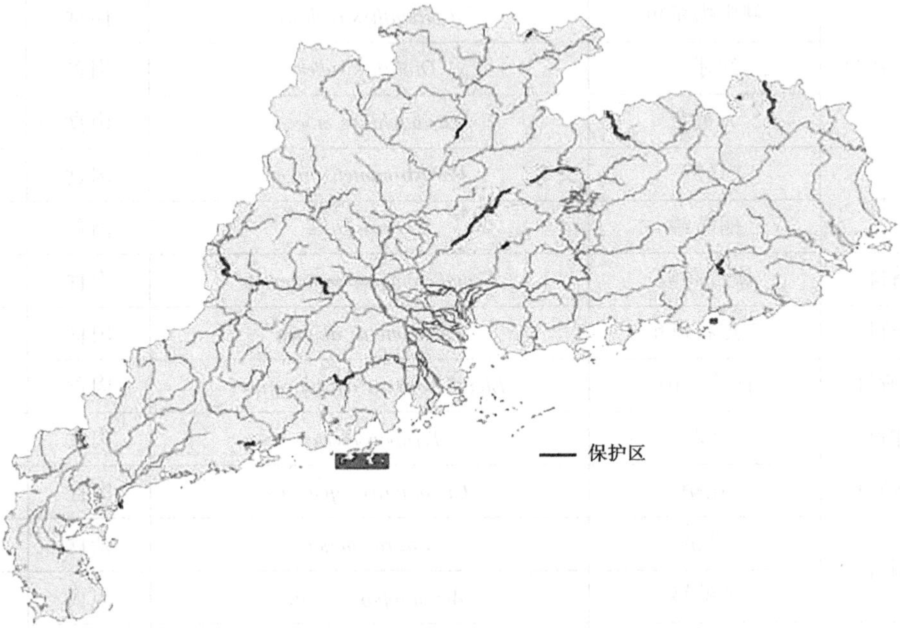

图2 国家级水产种质资源保护区分布位置

3.5 行政市评估

广东省的国家级水产种质资源保护区在行政市上的分布主要涉及广州市、韶关市、肇庆市、江门市、梅州市、汕尾市、河源市、阳江市、清远市、云浮市、湛江市（见表3）。其中，广州市、韶关市、肇庆市、江门市、梅州市和汕尾市均设有2处，河源市、阳江市、清远市、云浮市、湛江市各设有1处，其他行政市没有设立国家级水产种质资源保护区。

表3 国家级水产种质资源保护区在行政市的分布

行政市	广州市	韶关市	肇庆市	江门市	梅州市	汕尾市	河源市	阳江市	清远市	云浮市	湛江市
保护区数量/个	2	2	2	2	2	2	1	1	1	1	1
数量面积比/（个·10^3/km^2）	0.045	0.017	0.065	0.706	0.046	0.033	0.003	0.017	0.014	0.038	0.017
占总数的比例/%	0.118	0.118	0.118	0.118	0.118	0.118	0.059	0.059	0.059	0.059	0.059

4 结论

（1）广东省共有13个江河型国家级水产种质资源保护区，主要分布于西江、东江、北江、韩江及珠江的干支流水域，涵盖53种水生生物，其中鱼类44种。还有4个涉海型保护区，涵盖36种水生生物，其中鱼类18种。当前，保护区主要聚焦鱼类的保护，同时鱼类存在重叠保护的现象。因此，未来需要合理明确保护对象，优化资源配置和加强管理协调，以产生最大化的保护效果。

（2）广东省的国家级水产种质资源保护区以中小型为主，大型的较少。中小型保护区便于精细化保护特定物种和生态环境，但无法涵盖大型生态系统，需优化保护区面积布局，提升整体保护水平。

（3）最初建立的保护区主要分布在珠江三角洲区域，之后新增的保护区广泛分布于粤东、粤西和粤北区域，广东省内已建立的保护区分布不太均匀，总体偏少且较为零散，有些区域的国家级水产种质资源保护区数量偏少甚至缺乏。

（4）总体来看，为提高保护区的覆盖率和管理效能，需要对现有保护区进行评估，并根据生态需求和物种分布情况，调整和优化保护区的空间布局。通过建立健全生态监测体系，定期评估保护区内生态环境的变化，及时发现和解决保护过程中出现的问题，进一步提高广东省水产种质资源保护区的保护效果。

参考文献

[1] 郭子良．中国国家级水产种质资源保护区建设及其发展趋势分析［J］．水生态学杂志，2019，40（5）：112-118.

[2] 盛强，茹辉军，李云峰，等．中国国家级水产种质资源保护区分布格局现状与分析［J］．水产学报，2019，43（1）：62-80.

[3] 杨璐，陈明茹，杨圣云，等．水产种质资源保护区适应性管理研究［J］．海洋环境科学，2014，33（1）：122-129.

[4] 董凯辉，向男，王明旭，等．广东省1985—2020年土地利用变化对其生态环境质量的影响［J］．环境生态学，2023，5（12）：10-18.

[5] 谌洁．珠江流域诸水系的形成与演变［J］．水利发展研究，2008（4）：75-76.

[6] 夏雨果，陈蔚涛，李新辉，等．广东省内陆江河鱼类多样性［J］．南方水产科学，2024，20（4）：1-12.

[7] 李桂峰，赵俊，朱新平，等．广东淡水鱼类资源调查与研究［M］．北京：科学出版社，2013.

[8] 张鹗，曹文宣．中国生物多样性红色名录 脊椎动物 第五卷 淡水鱼类［M］．北京：科学出版社，2023.

[9] 朱传亚，吴金明，秦国兵，等．贵州省水产种质资源保护区现状及其空间布局［J］．水产学杂志，2022，35（5）：92-100.

淮河干流阜阳段水文要素综合分析

王晶晶

（安徽省阜阳水文水资源局，安徽阜阳 236000）

摘　要：为了解淮河干流近年来水文要素的变化特征，水质是否与流量、降雨量存在显著的相关性，文中通过不均匀系数和完全调节系数、Mann-Kendall 趋势及突变检验、综合水质标识指数、主成分分析法对淮河干流的流量、降雨量、水质进行特征性分析，并利用 Pearson 相关系数对三者相关性进行分析。结果表明，1980—2023 年淮河干流流量和降雨量均呈不显著的减少趋势，非汛期水质稍优于汛期，影响淮河干流的第一主成分是 DO、BOD_5、NH_3-N；相关性结果显示，Q 与 P 有强正相关性，6 个水质指标均未与 Q、P 表现出较明显的强相关性。

关键词：水文要素；不均匀系数和完全调节系数；Mann-Kendall 趋势及突变检验；综合水质标识指数；主成分分析

1　河流概况

淮河干流（安徽境内）上自豫皖交界的洪河口起，下至皖苏交界的洪山头止，自阜南县始至明光市流出，整体呈西向东方向，全长 408.6 km。流域面积 6.69 万 km^2，占淮河流域总面积的 35.8%。两岸分布着湾地、洼地和湖泊，是淮河滞洪、行洪地带。淮河干流（安徽境内）共设置了 10 个水文站，其中王家坝水文站处于淮河中游豫皖两省交界处，是淮河干流第一大站，因其特殊的地理位置和复杂多变的水流特性，在淮河，尤其在豫皖两省的防汛工作中占有举足轻重的地位。鲁台子水文站地处淮河中游，位于安徽省凤台县鲁台子村，距下游河口 294 km，汇入洪泽湖。

河流流量、降雨量、水质的综合分析有助于合理利用水资源。通过对河流流量的监测与分析，可以评估水资源的可用性和分布情况，为水资源的科学配置和合理利用提供依据。同时，结合降雨量数据，可以预测未来的水资源状况，为农业生产、城市供水等提供科学指导，从而提高水资源利用效率。进行河流流量、降雨量水质的综合分析还有助于预防和减轻自然灾害。通过对降雨量的监测和分析，可以预测洪水、干旱等自然灾害的风险，为防汛抗旱提供科学依据。

本文以王家坝水文站、鲁台子水文站监测的逐日流量和降雨量以及王家坝断面和鲁台子断面的水质数据为依据，利用不均匀系数和完全调节系数、Mann-Kendall 趋势及突变检验、综合水质标识指数、主成分分析、Pearson 相关系数对淮河干流阜阳段水文要素进行分析与研究。

2　分析方法

2.1　不均匀系数和完全调节系数

径流年内分配不均匀系数 C_v 计算公式[1] 如下：

$$C_v = \frac{\sigma}{\overline{R}} = \frac{\sqrt{\frac{1}{12}\sum_{i=1}^{12}(R_i - \overline{R})^2}}{\frac{1}{12}\sum_{i=1}^{12}R_i} \tag{1}$$

作者简介：王晶晶（1986—），女，高级工程师，主要从事水文和水环境监测工作。

式中：R_i 为年内各月径流量；$\bar{R}$ 为年内月平均径流量。

C_v 值越大，表明年内各月径流量悬殊，径流年内分配越不均匀。

径流年内分配完全调节系数 C_r 计算公式如下：

$$C_r = \frac{\sum_{i=1}^{12} \Psi(t)\left[R(t) - R\right]}{\sum_{i=1}^{12} R(t)\Psi(t)} = \begin{cases} 0, & R(t) < R \\ 1, & R(t) \geq R \end{cases} \tag{2}$$

2.2 Mann-Kendall 趋势及突变检验

2.2.1 Mann-Kendall 趋势检验

Mann-Kendall 趋势检验[2]（简称 M-K 趋势检验）适用于分析持续增长或者下降趋势（单调趋势）的时间序列数据，是非参数检验，数据不需要满足正态分布的假设，更适用于类型变量和顺序变量，被广泛应用在水文学分析温度、径流、降雨、水质等要素变化趋势上。定义检验统计量 S：

$$S = \sum_{i=2}^{n} \sum_{j=1}^{i-1} \operatorname{sign}(X_i - X_j) \tag{3}$$

sign（ ）是符号函数，S 分别大于、等于、小于 0 时，标准正态分布变量 Z 分别为

$$\begin{cases} Z = (S-1)/\sqrt{n(n-1)(2n+5)/18} & S > 0 \\ Z = 0 & S = 0 \\ Z = (S+1)/\sqrt{n(n-1)(2n+5)/18} & S < 0 \end{cases} \tag{4}$$

其中，$\operatorname{var}(S) = n(n-1)(2n+5)/18$。$Z>0$，表示增加趋势；$Z<0$，表示减少趋势。

2.2.2 Mann-Kendall 突变检验

原时间序列数据（X_1、X_2、…、X_n），S_k 表示第 i 个样本 $X_i>X_j$ 的累计数，定义统计量：

$$S_k = \sum_{i=1}^{k} r_i$$

$$r_i = \begin{cases} 1, & X_i > X_j \\ 0, & X_i \leq X_j \end{cases} \quad (j = 1, 2, \cdots, i;\ k = 1, 2, \cdots, n) \tag{5}$$

在时间序列随机独立的假定下，S_k 的均值和方差分别为

$$E(S_k) = \frac{k(k-1)}{4} \tag{6}$$

$$\operatorname{var}(S_k) = \frac{k(k-1)(2k+5)}{72} \tag{7}$$

将 S_k 标准化：

$$\mathrm{UF}_k = \frac{\left[S_k - E(S_k)\right]}{\sqrt{\operatorname{var}(S_k)}} \tag{8}$$

给定显著性水平 $\alpha=0.05$，得到 U_α，得到两条临界值线为±1.96。若 $|\mathrm{UF}_k| > U_\alpha$，则表明序列存在明显的趋势变化。

2.3 综合水质标识指数法

综合水质标识指数法[3] 的优势在于可以灵活地应用于某一流域不同断面，也可用在不同流域，分析出水质状况。与单因子水质标识指数的不同在于该方法不会因为某一类因子指标劣于正常标准就否定整体水质，而是通过整体评价获得更加合理的结果。本文采取的计算方法见文献［4］。

2.4 主成分分析法

主成分分析法（PCA）[5] 是将多个变量通过线性变换以选出较少个数重要变量的一种多元统计分析方法。当数据维度较高时，主成分分析法可以通过提取数据中的主要成分，降低数据的维度，使

数据更加易于分析和理解，在处理高维数据时，可以减少计算复杂性和提高分析效率。文中利用 spss27 对数据进行 KMO-Bartlett 检验，适用 PCA 后，利用 origin2021（PCA 插件）进行作图。

2.5 Pearson 相关系数

Pearson 相关系数[6] 用于度量变量 X 与 Y 之间相关程度的统计指标，计算公式如下：

$$r = \frac{\sum_{i=1}^{n}(x_i - \bar{x})(y_i - \bar{y})}{\sqrt{\sum_{i=1}^{n}(x_i - \bar{x})^2 \sum_{i=1}^{n}(y_i - \bar{y})^2}} \tag{9}$$

式中：n 为样本量；x_i、y_i 分别为两变量的变量值。

3 结果与讨论

3.1 流量变化特征

3.1.1 流量年内变化特征

淮河各月均流量大小差异见图 1。从图 1 可知，7 月出现最大值，占总流量的 22.9%；1 月出现最小值，占总流量的 2.8%。汛期流量占总流量的 66.8%，非汛期流量占总流量的 33.2%。

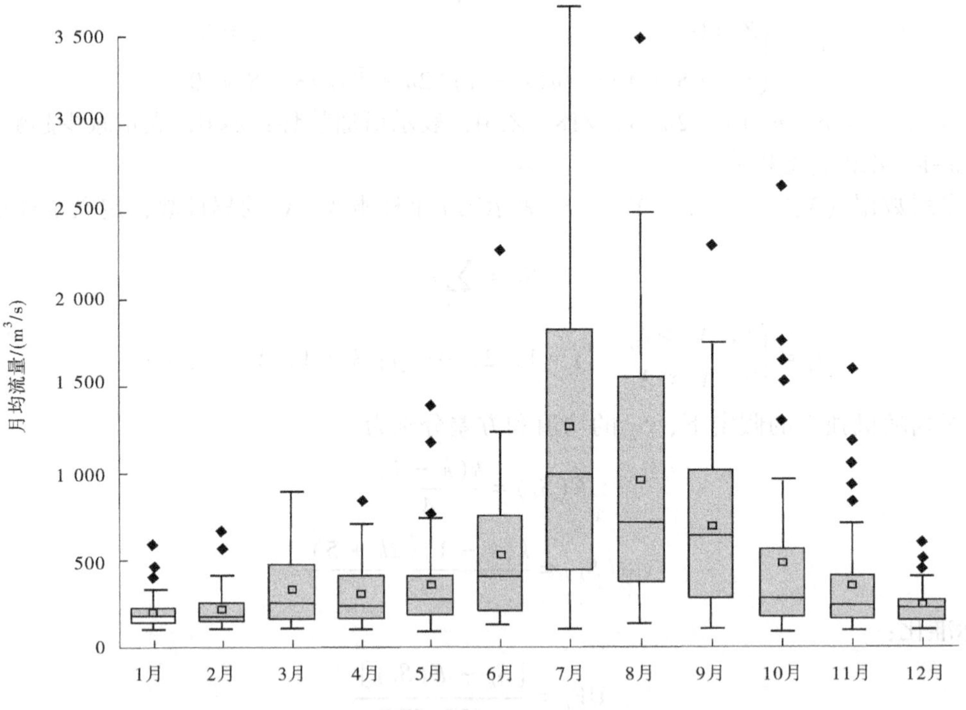

图 1 流量年内分配

对月均流量进行 M-K 趋势检验，结果见图 2。从图 2 可以看到，12 个月中，有 5 个月的月均流量表现为增加趋势，其中 1 月通过置信度 90% 的显著性检验，呈显著增加趋势，其余月份增加趋势并不明显；有 7 个月的月均流量表现为减少趋势，但是均未通过 90% 的置信度检验，说明有减少趋势但是均不显著。

鉴于实测流量资料年份较长，为便于分析，文中以 10 年为时间段，分别计算全年、汛期与非汛期 C_v、C_r，结果见表 1；对 C_v、C_r 进行 M-K 趋势检验，结果见表 2；汛期与非汛期 C_v、C_r 曲线见图 3。由表 1 可知，非汛期的 C_v、C_r 均值大于汛期，说明非汛期流量的变化比汛期更明显。从表 2 和图 3 可知，非汛期 C_v、C_r 均表现为不显著的下降趋势，汛期均表现为较显著的增长趋势，且通过 90% 的显著性检验。全年 C_v 表现为不显著的增长趋势，C_r 为不显著的下降趋势。

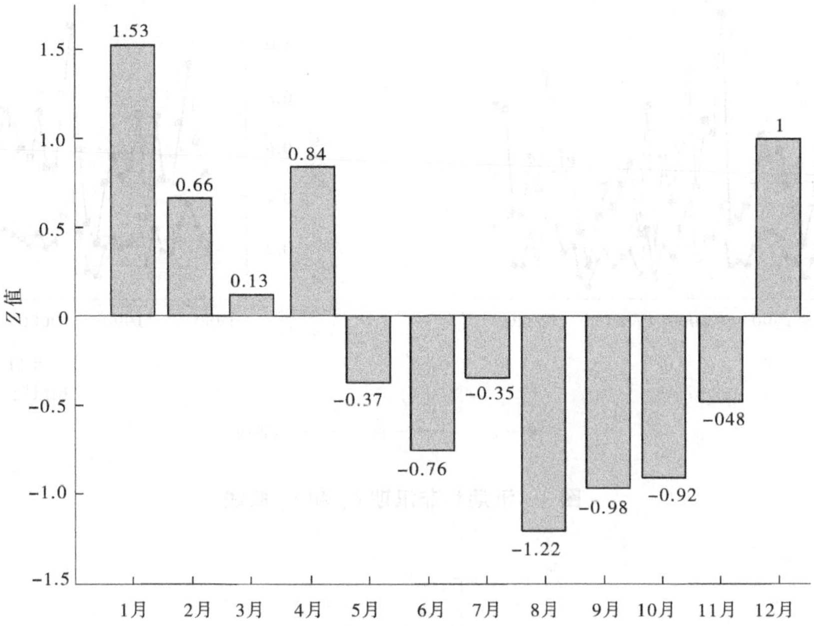

图 2　年内流量 M-K 趋势检验 Z 值

表 1　1980—2023 年不同时段流量年内分配结果

时段	全年		汛期		非汛期	
	C_v	C_r	C_v	C_r	C_v	C_r
1980—1989 年	0.92	0.37	0.58	0.25	0.69	0.28
1990—1999 年	0.79	0.31	0.55	0.23	0.72	0.29
2000—2009 年	0.99	0.38	0.65	0.27	0.65	0.26
2010—2023 年	0.88	0.34	0.68	0.28	0.65	0.26
均值	0.90	0.35	0.61	0.26	0.68	0.27

表 2　M-K 趋势检验结果

项目	全年		汛期		非汛期	
	C_v	C_r	C_v	C_r	C_v	C_r
Z 值	0.15	-0.39	1.59	1.57	-0.54	-0.5

3.1.2　流量年际变化特征

1980—2023 年年均流量变化见图 4。由图 4 可知，汛期年均流量明显高于非汛期。对年均流量进行 M-K 趋势检验，得到全年、汛期、非汛期的 Z 值分别为-0.80、-1.18、0.03。结果表明 1980—2023 年，全年、汛期年均流量均表现为不显著的下降趋势，非汛期没有明显变化趋势。

为更直观地确定流量年际变化的阶段，利用距平累积法对数据进行分析，结果见图 5。以持续期至少 5 年，年均流量序列可以分为以下几个时间段：1 个显著的丰水段，即 1981—1985 年和 2 个显著的枯水段，即 1991—1995 年和 2010—2015 年。从图 5 中还能发现，枯水时段比丰水段时段更长。

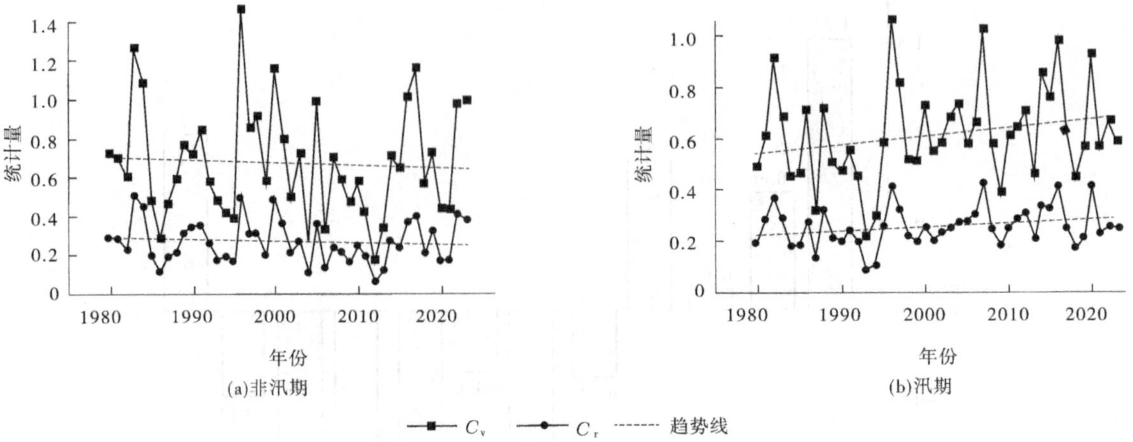

图 3　汛期和非汛期 C_v 和 C_r 曲线

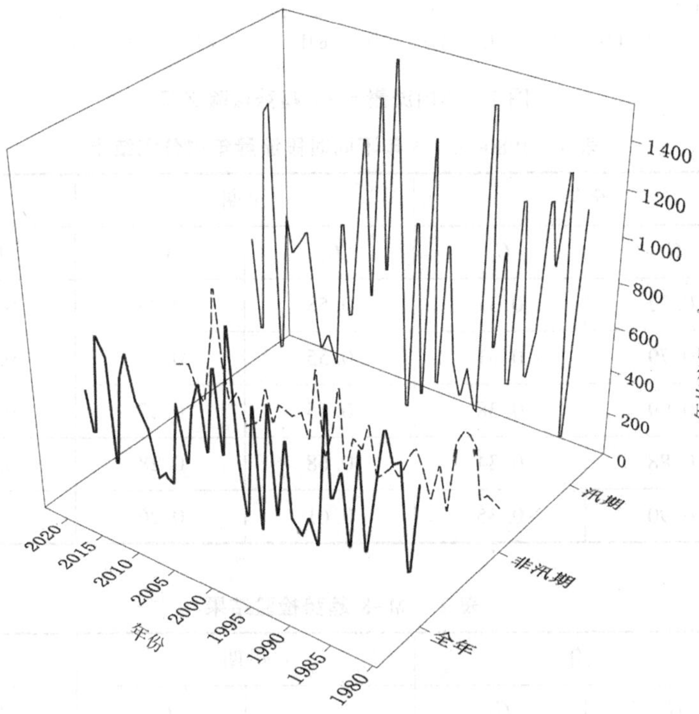

图 4　1980—2023 年年均流量变化

3.2　降雨量变化特征

3.2.1　降雨量年内变化特征

各月降雨量百分比如图 6 所示。由图 6 可知，最大降雨量在 7 月，占 20.86%；最小降雨量在 12 月，占 2.28%。汛期占 67.2%、非汛期占 32.8%。对各月降雨量进行 M-K 趋势检验，结果见图 7。从结果可知，有 6 个月的降雨量呈增加趋势，除 4 月通过了 90%的显著性检验，呈显著增加趋势外，其余月份增加趋势并不显著；6 个月降雨量呈减少趋势，但是均未通过置信度为 90%的显著性检验，说明有减少趋势但是并不显著。

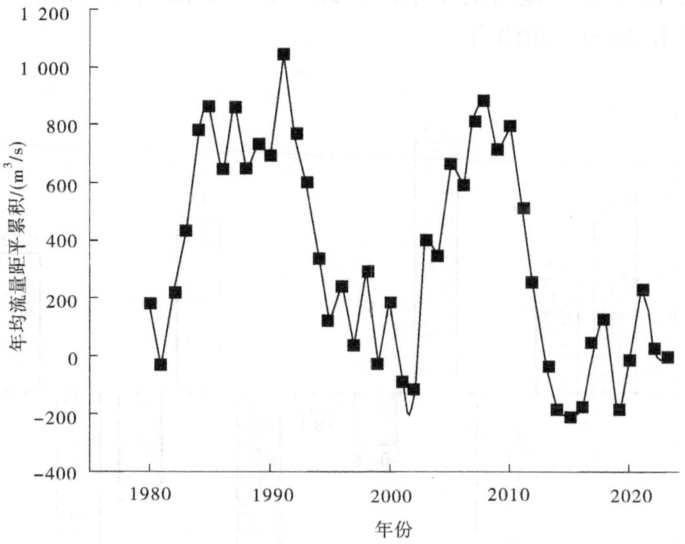

图 5　1980—2023 年年均流量距平累积变化过程

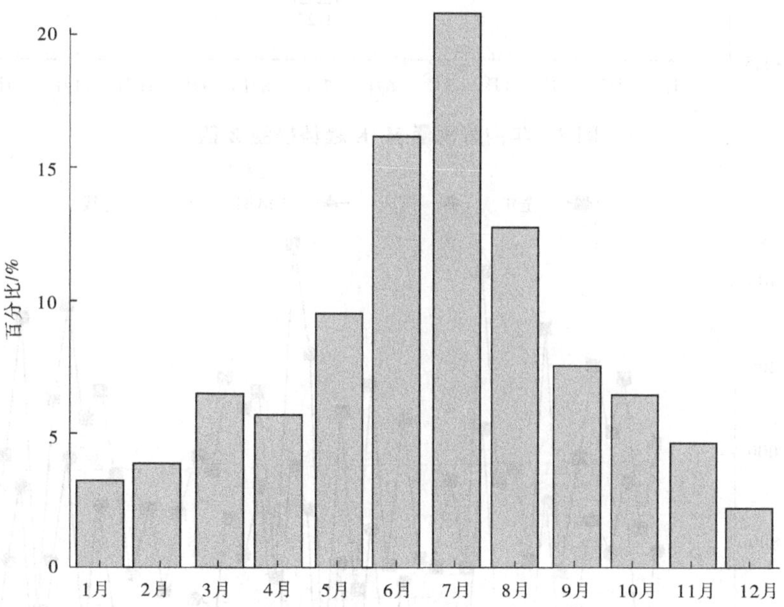

图 6　年内降雨量分配

3.2.2　降雨量年际变化特征

1980—2023 年不同水期降雨量年均变化结果见图 8。可以发现，全年和汛期降雨量呈下降趋势，非汛期呈增加趋势。对全年、汛期、非汛期降雨量分别进行 M-K 趋势检验，得到的 Z 值分别为 −0.27、−0.66、0.15，均未通过置信度为 90%的显著性检验，说明全年、汛期均表现为不显著的减少趋势，非汛期表现为不显著的增加趋势。在图 8 中可以看到，在 2001 年汛期降雨量明显小于非汛期降雨量，原因是 2001 是中国的一个特大旱灾年，这一年安徽也受到干旱的影响，江淮的干旱主要出现在 3—6 月，因此造成非汛期降雨量大于汛期降雨量。

利用 M-K 检验法和 $\alpha=0.05$ 显著性检验对年均降雨量进行突变检验，分析各时间段的突变情况，结果见图 9。通过图 9 可知，UF 和 UB 的交点均在 $\alpha=0.05$ 显著性水平线之间，均未超过显著性水平线，说明并不存在显著的突变点，变化并不明显，平缓的变化只能说明是一种自然的振动。

利用距平累积法对年均降雨量数据进行分析，结果见图 10。以持续期至少 5 年，年均降雨量序列可以分为以下几个时间段：2 个显著的丰水段，即 1981—1985 年和 2014—2018 年；2 个显著的枯水段，即 1991—1995 年和 2009—2013 年。

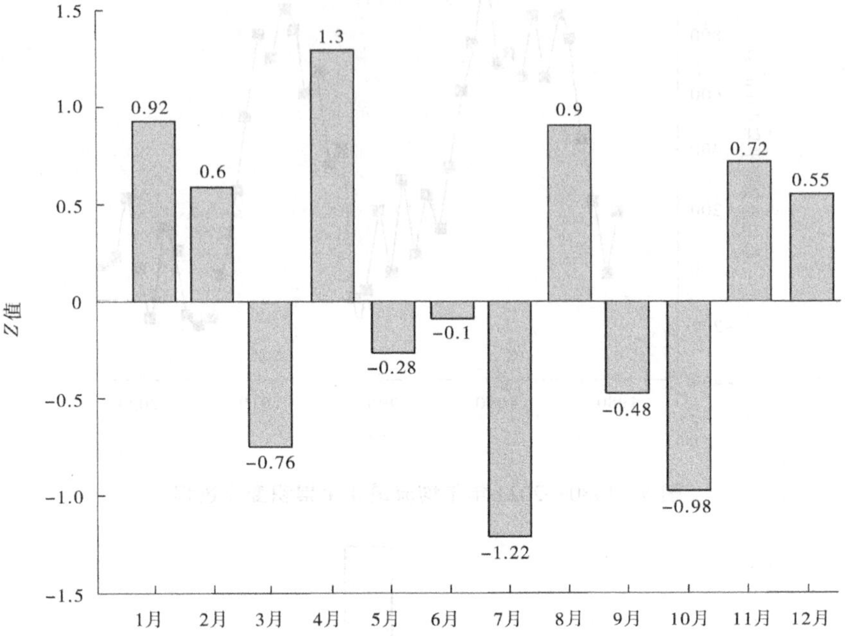

图 7　年内降雨量 M-K 趋势检验 *Z* 值

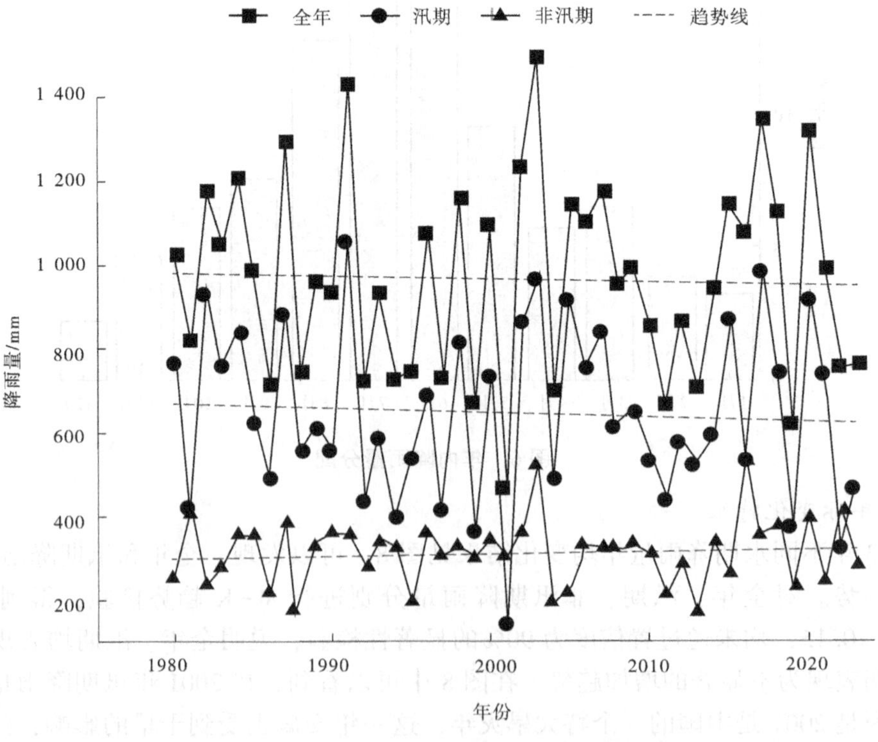

图 8　1980—2023 年不同水期降雨量年均变化结果

3.3　水质变化特征

对监测的水质指标总磷（TP）、氨氮（NH_3-N）、高锰酸盐指数（COD_{Mn}）、五日生化需氧量（BOD_5）、化学需氧量（COD_{Cr}）、溶解氧（DO）进行单因子水质标识指数及综合水质标识指数评价，结果见表 3。由评价结果可知，2013—2023 年淮河水质类别，全年期、非汛期Ⅰ类均占 9.1%，Ⅱ类均占90.9%；汛期Ⅱ类占90.9%，Ⅲ类占9.1%。从水质指数（WQI）结果看，整体上，汛期WQI值要高于非汛期，说明汛期水质相对于非汛期水质差一点。

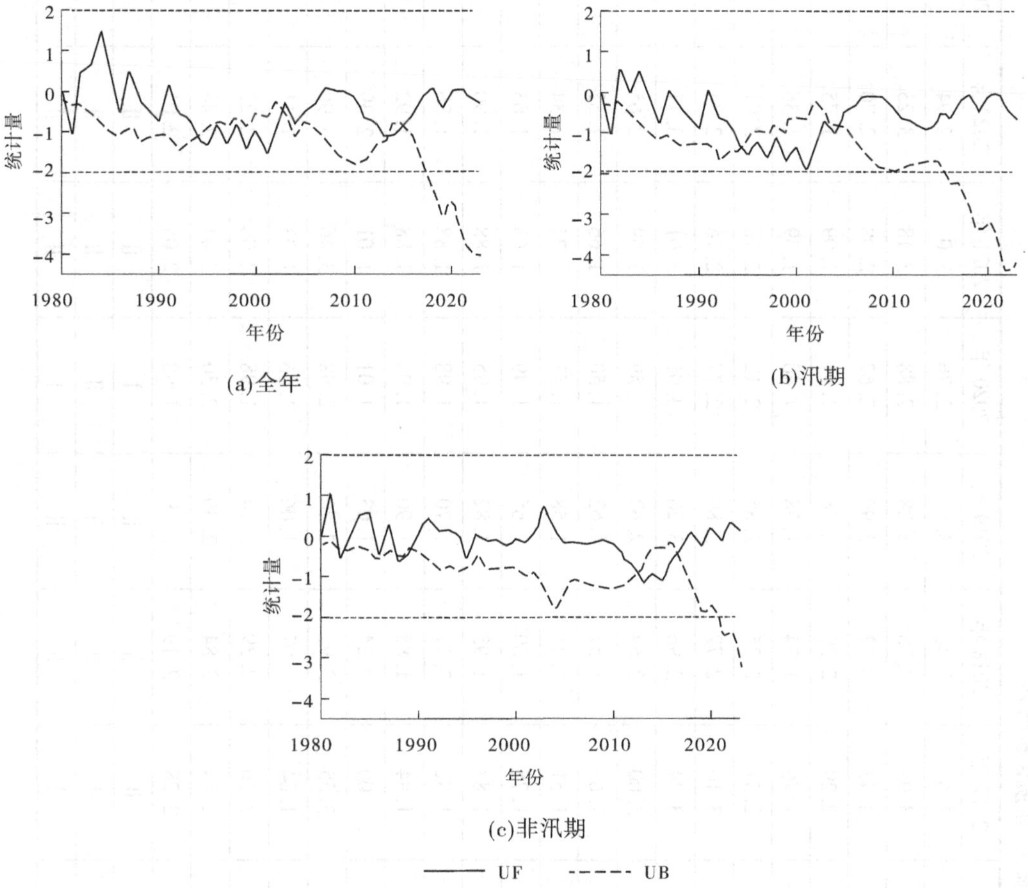

图9　1980—2023年年均降雨量M-K突变检验

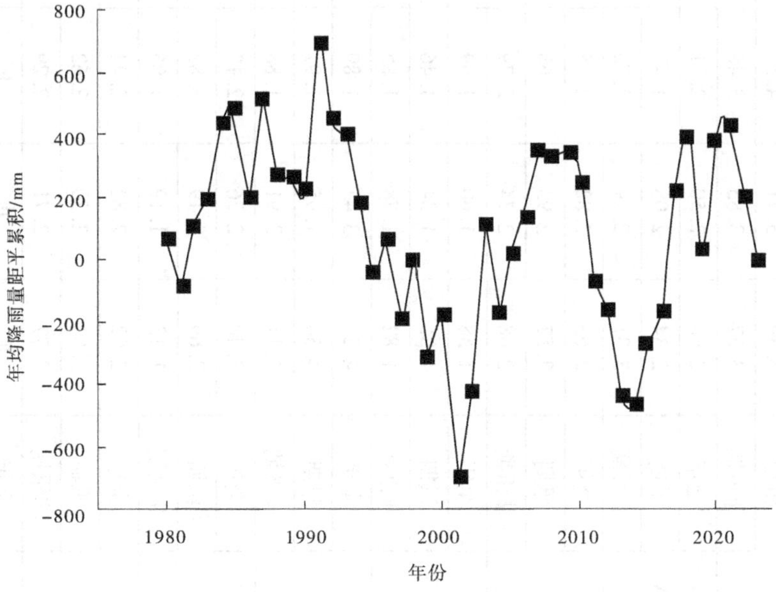

图10　1980—2023年年均降雨量距平累积变化过程

表 3　水质评价结果

水质指标	不同水期	2013 年	2014 年	2015 年	2016 年	2017 年	2018 年	2019 年	2020 年	2021 年	2022 年	2023 年
TP	全年	3.71	3.78	3.85	3.68	3.67	3.40	3.11	2.76	3.07	2.94	3.06
	汛期	3.89	3.71	4.37	3.61	3.95	3.78	3.28	2.88	3.18	3.23	3.46
	非汛期	3.57	3.83	3.48	3.73	3.47	3.12	2.99	2.67	2.98	2.70	2.71
NH_3-N	全年	2.98	2.50	2.31	2.64	2.29	2.39	2.38	1.91	1.99	1.75	2.01
	汛期	2.34	2.08	1.47	1.66	1.76	1.74	1.38	1.40	1.39	1.36	1.81
	非汛期	3.31	2.79	2.70	3.14	2.57	2.75	2.85	2.12	2.18	2.01	2.08
COD_{Mn}	全年	2.63	2.82	2.75	2.99	3.10	2.77	2.89	2.77	2.76	2.84	2.79
	汛期	2.57	2.93	2.68	2.93	3.24	2.96	3.20	3.01	3.01	3.11	2.86
	非汛期	2.68	2.74	2.79	3.04	3.00	2.64	2.67	2.59	2.59	2.65	2.74
BOD_5	全年	1.58	1.60	1.69	1.78	1.65	1.57	1.62	1.50	1.66	1.52	1.54
	汛期	1.25	1.34	1.46	1.69	1.51	1.41	1.58	1.53	1.71	1.34	1.39
	非汛期	1.82	1.78	1.85	1.84	1.75	1.69	1.65	1.49	1.63	1.65	1.65
COD_{Cr}	全年	4.21	3.47	1.89	1.77	1.83	1.95	1.82	1.95	1.88	1.90	1.89
	汛期	4.34	1.95	1.91	1.72	1.82	3.17	1.70	1.98	1.88	1.86	1.87
	非汛期	4.11	3.91	1.88	1.81	1.84	1.88	1.90	1.93	1.88	1.92	1.91
DO	全年	2.40	2.76	2.17	2.24	1.00	2.24	1.03	1.01	1.01	2.39	2.51
	汛期	3.69	4.19	3.82	3.48	3.55	3.97	2.70	2.98	3.46	3.96	4.15
	非汛期	1.13	1.19	1.06	1.10	1.04	1.07	1.06	1.06	1.03	1.11	1.12
WQI	全年	2.92	2.82	2.44	2.52	2.26	2.39	2.14	1.98	2.06	2.22	2.30
	汛期	3.01	2.70	2.62	2.51	2.64	2.84	2.30	2.30	2.44	2.48	2.59
	非汛期	2.77	2.71	2.29	2.44	2.28	2.19	2.19	1.98	2.05	2.01	2.03
综合水质评价结果	全年	Ⅱ	Ⅱ	Ⅱ	Ⅱ	Ⅱ	Ⅱ	Ⅱ	Ⅰ	Ⅱ	Ⅱ	Ⅱ
	汛期	Ⅲ	Ⅱ	Ⅱ	Ⅱ	Ⅱ	Ⅱ	Ⅱ	Ⅱ	Ⅱ	Ⅱ	Ⅱ
	非汛期	Ⅱ	Ⅱ	Ⅱ	Ⅱ	Ⅱ	Ⅱ	Ⅱ	Ⅰ	Ⅱ	Ⅱ	Ⅱ

对 6 个水质指标进行不同水期的统计量分析，结果见图 11。6 个水质指标中，TP、COD_{Mn} 表现为汛期浓度高于非汛期浓度，NH_3-N、BOD_5、DO 均表现为非汛期浓度高于汛期浓度，而 COD_{Cr} 汛期浓度与非汛期浓度变化不明显。

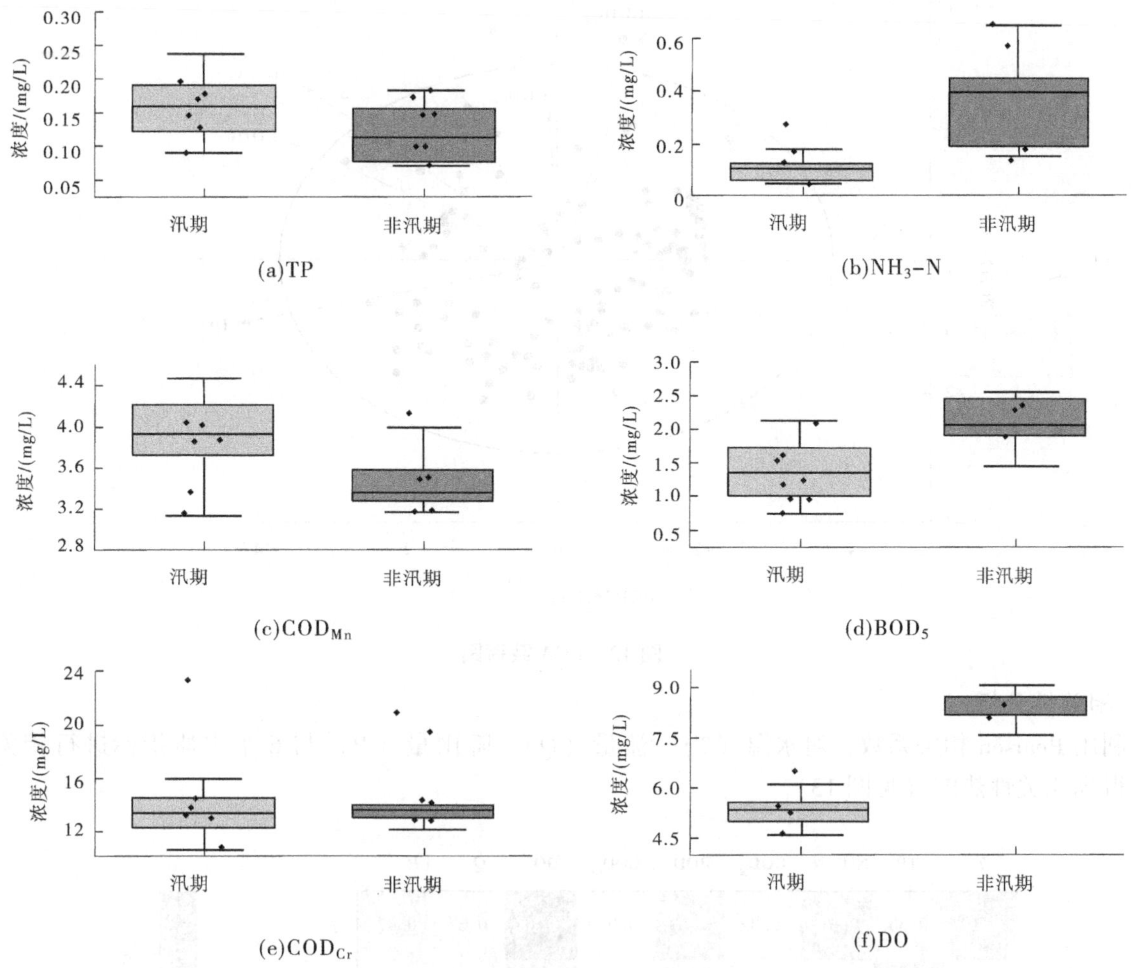

图 11　不同水期水质指标箱式图

对 2013—2023 年实测水质数据进行 M-K 趋势检验，得到结果见表 4。由表 4 可知，全年 TP、NH_3-N、BOD_5、COD_{Cr} 均表现为显著减少趋势，COD_{Mn} 表现为不显著增加趋势，DO 无明显变化趋势；汛期，TP、NH_3-N、COD_{Cr} 均表现为显著减少趋势，DO 表现为不显著减少趋势，BOD_5 无明显变化趋势；非汛期，除 DO 无明显变化趋势外，TP、NH_3-N、COD_{Mn}、BOD_5、COD_{Cr} 均表现为显著减少趋势。

表 4　水质指标 M-K 趋势检验结果

不同水期	TP	NH_3-N	COD_{Mn}	BOD_5	COD_{Cr}	DO
全年	-6.95	-3.79	0.27	-2.22	-2.87	0.03
汛期	-4.01	-2.11	2.31	0.09	-1.34	-0.38
非汛期	-6.24	-3.79	-1.34	-2.92	-2.46	-0.01

对实测水质数据进行 KMO-Bartlett 检验，得到 KMO>0.5，显著性为 0，可以适用 PCA 分析，结果见图 12。从结果可得到，PC1 和 PC2 共解释了 59.5%的方差，第一主成分贡献率为 36.1%，负荷

值最高的指标包括 DO、BOD_5、NH_3-N；第二主成分贡献率为 23.4%，负荷值最高的指标是 TP、COD_{Mn}。

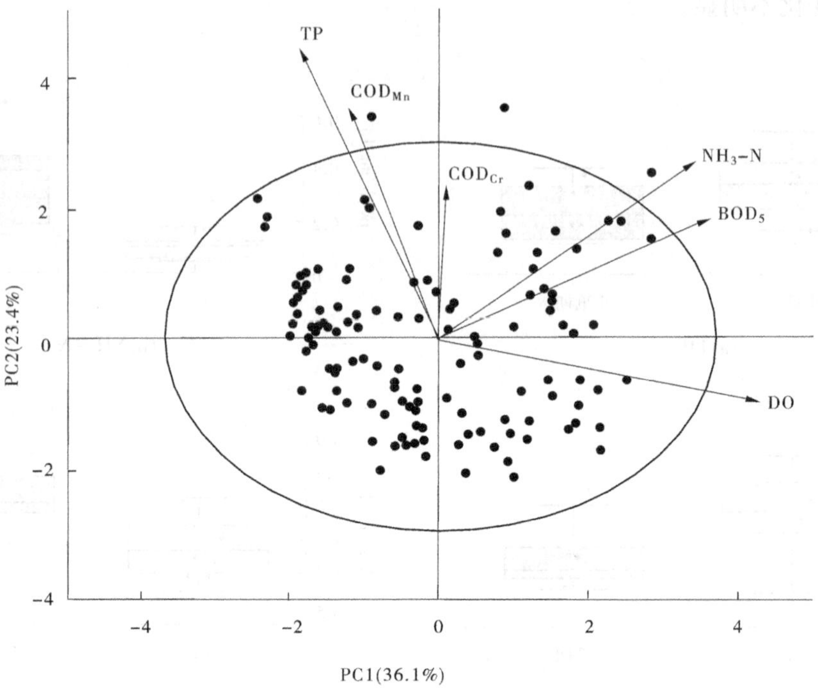

图 12　PCA 载荷图

3.4　相关性分析

利用 Pearson 相关系数，对水温（*T*）、流量（*Q*）、降雨量（*P*）与 6 个水质指标进行相关性分析，得到相关性热图（见图 13）。

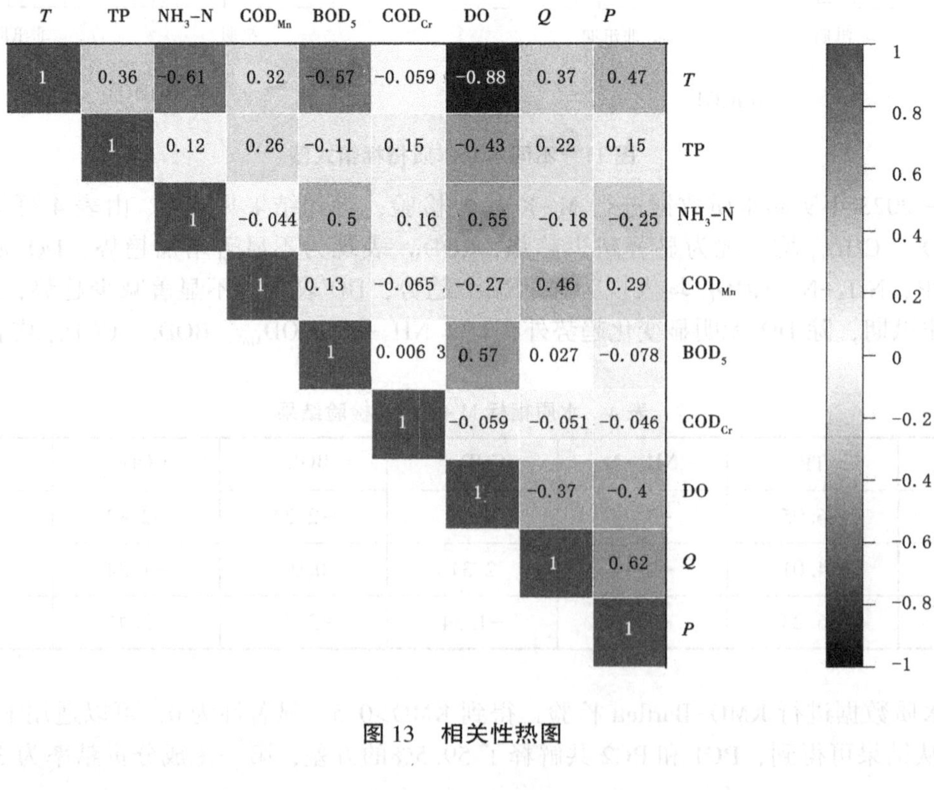

图 13　相关性热图

从结果可知，DO、NH_3-N 与 T 分别有着极强负相关性、强负相关性；Q 与 P 有着强正相关性。水温升高，溶解氧降低的原因是：水体中气体分子运动加快，溶解氧从水体中逸出速度加快，导致溶解氧的含量减少；氨氮与水温有着负相关性：温度升高，氨氮分子在液体中的动能增加，氨氮更容易从水体中挥发出来，从而降低水体中氨氮的浓度。径流会随着降雨量的增加而增大，因为当降雨量增加时，更多的雨水落到地面，液态降水形成降雨径流，固态降水形成冰雪融水径流，这些水流在重力作用下沿地表或地下流动，从而导致径流量的增加。

TP、COD_{Mn} 与 Q 分别有着弱正相关性、中等程度的正相关性；NH_3-N、DO 与 Q 分别有着极弱负相关性、弱负相关性；TP、COD_{Mn} 与 P 有着极弱正相关性、弱正相关性；NH_3-N、DO 与 P 均有着弱负相关性。从这个结果看，水质 6 个指标均未与流量、降雨量表现出强正、负相关性，说明水质指标与流量、降雨量之间并没有明显的关系。水质指标与流量不存在明显的关系，原因可能是：①水质指标监测的浓度是针对某一个特定的位置和时刻，对经过的水体进行采样分析得到的数据，而流量是一个连续的系列，两个数据之间不存在对等关系，更不能说明两者之间关系；②水质受人为活动影响较大，且存在不确定因素，也可能发生突变现象，如人为活动、农药化肥的使用、城市污水的排放等都会影响到水质，而流量除受人为活动影响外，更主要的是受降雨、水利工程等一些因素的影响，这说明影响水质、流量的因素存在明显的差别。水质指标与降雨量不存在明显的关系是因为水质监测是针对某一个时刻的采样进行数据分析，而降雨具有不确定性，并未做到降雨前后同时进行水质采样，进行降雨前后水质浓度的对比，这一点无法做到同步进行。

4 结论

文中通过对 1980—2023 年流量和降雨量以及 2013—2023 年水质的分析，利用 Pearson 相关系数研究了三者之间的关系。

4.1 流量变化特征

1980—2023 年，年际流量呈不显著减少趋势，时间序列上有 1 个显著的丰水段，2 个显著的枯水段。年内流量 7 月最大，1 月最小，且 1 月流量呈显著增加趋势。汛期年均流量远高于非汛期，且非汛期流量的变化比汛期显著。

4.2 降雨量变化特征

1980—2023 年，年际降雨量呈不显著减少趋势，时间序列上有 2 个显著的丰水段，2 个显著的枯水段，M-K 突变检验结果表明，不存在显著的突变点。年内降雨量最大在 7 月，最小在 12 月，其中 4 月呈显著增加趋势。汛期降雨量是非汛期的 2 倍左右。

4.3 水质变化特征

2013—2023 年淮河水质均满足Ⅲ类水质的标准，从 WQI 结果看，整体上淮河的汛期水质较非汛期差。其中，TP、COD_{Mn} 表现为汛期浓度高于非汛期，NH_3-N、BOD_5、DO 均表现为非汛期浓度高于汛期浓度，而 COD_{Cr} 汛期浓度与非汛期变化不明显。时间序列上，TP、NH_3-N、BOD_5、COD_{Cr} 均表现为显著减少趋势，COD_{Mn} 表现为不显著增加趋势，DO 无明显的变化趋势。PCA 的结果显示影响淮河水质的第一主成分主要是 DO、BOD_5、NH_3-N。

4.4 相关性特征

从 Pearson 相关性分析结果看，DO、NH_3-N 与 T 分别有着极强负相关性、强负相关性，Q 与 P 有着强正相关性，而水质 6 个指标均未与 Q、P 表现出较明显的强相关性。

参考文献

[1] 王金星，张建云，李岩，等．近 50 年来中国六大流域径流年内分配变化趋势［J］．水科学进展，2008（5）：656-661.

[2] 鲍振鑫，严小林，王国庆，等 . 1956—2016 年黄河流域河川径流演变规律［J］. 水资源与水工程学报，2019，30（5）：52-57.
[3] 刘彦龙，郑易安 . 黄河干流水质评价与时空变化分析［J］. 环境科学，2022，43（3）：1332-1345.
[4] 宁忠瑞，李虹彬 . 基于水质标识指数的黄河宁夏段水质评价与分析［J］. 灌溉排水学报，2020，39（增刊）：56-61.
[5] 杨凤娥，杨萍萍，苏社飞，等 . 基于主成分分析的洱海北部入湖河流水质评价及变化趋势研究［J］. 四川环境，2024，43（4）：41-49.
[6] 赵美亮，曹广超，曹生奎，等 . 1956—2016 年大通河温度和降水及其与径流变化的关系［J］. 水土保持研究，2021，28（3）：111-117.

基于生态足迹的林芝市河流水生态补偿标准研究

陈诗凌[1,2] 王云森[3] 扎西达瓦[4] 洪昌红[1,2] 顾立忠[5]
次吉拉姆[1] 刘 达[1,2]

（1. 广东省水利水电科学研究院，广东广州 510635；
2. 河口水利技术国家地方联合工程实验室，广东广州 510635；
3. 林芝市水利局水利水电工程设计队，西藏林芝 860000；
4. 林芝市水利局，西藏林芝 860000；
5. 广东省粤西水资源管理局，广东湛江 524022）

摘 要：本文基于生态系统服务价值测算，结合实际引入补偿系数，运用生态足迹模型估算林芝市河流水生态补偿标准。研究表明，林芝市水生态系统服务价值总量高达134.88亿元，水生态补偿标准总量85.57亿元。水域面积较大的察隅、波密、墨脱等县（区）水生态系统服务价值和补偿标准均较高，其中位于尼洋河上游的工布江达县和位于帕隆藏布上游的波密县，水生态系统服务价值总量占全县生态系统服务价值总量的比例大于或等于50%。对位于流域上游的县（区）而言，水生态系统是主要的生态系统类型，对本地生态系统稳定性、持续性、多样性发展十分重要。

关键词：生态足迹；水生态补偿；补偿标准；水资源；生态系统服务价值

1 引言

生态补偿，国际上多称为服务付费或环境服务付费（payment for ecosystem/environmental services，PES），顾名思义，是对生态服务的付费、交易、奖励或赔偿[1-3]。根据千年生态系统评估（millennium ecosystem assessment，MA）报告[4]的定义，生态服务是指人类从生态系统中获得的各种惠益，包括提供食物和水、水力发电等供给服务，洪水调蓄、气候调节、水质净化等调节服务，土壤形成、养分循环等支持服务，以及娱乐、精神、教育等文化服务。

流域是一个经济、社会、环境复合的生态系统[5]，具有丰富的生产功能和生态服务功能[6]。但随着经济社会的快速发展，人类对流域的开发加速，流域水资源短缺、水生态环境破坏、区域发展不平衡等问题日益凸显，生态补偿作为一种典型的经济激励手段被引入流域管理领域，称为水生态补偿或流域生态补偿。水生态补偿通过直接支付生态补偿费用行为，实现流域生态环境保护和利益分配的公平、正义，可有效促进流域上下游之间的协调发展[7-10]。

水生态补偿的研究涉及补偿理论基础、补偿主客体识别、补偿标准核算、补偿方式选择、补偿机制构建等[11-13]，其中补偿标准核算是核心问题，也是建立有效补偿机制的关键，直接影响补偿政策的实施和效果[2]。水生态补偿标准实质上是确定的补偿量不仅能够合理反映水生态系统服务功能的价值及其成本与收益，还能被上下游利益相关者所接受，从而有效矫正利益相关者的经济关系，达到保护流域生态环境，促进水生态可持续发展的目的[14]。

水生态补偿标准的核算方法很多，根据核算思路大致可归结为三类：①基于投入成本，通过测算

基金项目：林芝市科技计划“林芝国家可持续发展试验区”建设专项项目“林芝市河流水生态补偿机制探索研究”。
作者简介：陈诗凌（1995—），女，硕士，研究方向为水文与水资源。
通信作者：王云森（1990—），男，工程师，主要从事水生态研究工作。

生态环境总成本来确定；②基于环境效益，通过核算流域生态系统服务功能价值加以确定；③基于补偿意愿，通过问卷调查、实地调查等形式，分析当地居民的最大支付意愿或最低受偿意愿确定[13, 15-16]。具体核算方法有生态保护总成本法、水资源价值法、条件价值评估法、生态服务功能价值评估法、水质补偿法、支付意愿法和生态足迹等[17-19]。其中，生态足迹法是在特定区域范围内，从需求层面确定人类经济活动对自然资源的消耗强度（水资源消费量），从供给层面推求生态环境能够提供的资源支持量（水资源承载力）[20]，能够将隐含在产品和服务中的水消耗量显化，较为合理地建立区域水资源的定量化生态补偿标准[18]。

林芝市是我国青藏高原地区生态安全屏障的重要组成部分，目前国内少见林芝市生态补偿相关研究。鉴于此，本文在国内水生态补偿研究和实践的基础上，对生态系统服务价值进行核算，并结合区域实际引入补偿系数，运用生态足迹模型，计算林芝市河流水生态补偿标准，为林芝市探索构建水生态补偿机制提供参考。

2 研究区概况

林芝市位于西藏自治区东南部，雅鲁藏布江下游，下辖巴宜区、米林市、朗县、工布江达县、波密县、察隅县、墨脱县等7个县（区）。林芝市拥有全国最大的原始林区，森林覆盖率高达47.6%，是世界生物多样性最典型地区。林芝市河流主要属雅鲁藏布江和怒江两大水系，另有吉太曲、察隅曲、丹龙曲等河流。河流总体因地势由北向南倾斜，南流出境。因林芝地区为高山切割地形，限制了湖泊发育，故境内湖泊零星，较大的湖泊有工布江达县域内的错高湖，波密县域内的易贡湖、帕隆湖、古乡湖和察隅县域内的八嘎湖等。

3 研究方法与数据来源

3.1 研究方法

研究参考黄林楠等[21]构建的水资源生态足迹模型，结合生态系统服务价值估算，对林芝市河流水生态补偿标准进行量化。水资源生态足迹模型最关键的模块是水资源承载力和水资源消费量的计算。

3.1.1 水资源承载力

水资源承载力指一个区域水资源最大供给量满足地区生态、生产、生活可持续发展的能力[17-18]。其计算公式如下：

$$EC_w = N \times ec_w = 0.4 \times \psi \times \gamma \times Q/p_w \tag{1}$$

式中：EC_w 为水资源承载力，hm^2；N 为人口数；ec_w 为人均水资源承载力，hm^2/cap；ψ 为水资源产量因子；γ 为水资源均衡因子；Q 为水资源总量，m^3；p_w 为世界水资源平均生产能力，m^3/hm^2。

出于可持续发展的考虑，一个国家或地区至少有60%的水资源需要用于维持生态系统良性发展，在水资源承载力计算中需扣除维持生态环境的水资源量，故需引入系数0.4[22]。根据黄林楠等[21]的研究，世界水资源平均生产能力为3 140 m^3/hm^2，水资源均衡因子为5.19。

水资源产量因子为研究区域水资源量平均生产能力与世界平均水资源生产能力的比值，水资源生产能力用产水模数衡量，即区域单位面积产水量：

$$\psi = v/v_g \tag{2}$$

式中：v 为研究区域单位面积产水量，即区域水资源总量与区域面积的比值；v_g 为全球单位面积产水量，根据定义，$v_g = p_w$，即3 140 m^3/hm^2。

3.1.2 水资源消费量

水资源消费量计算公式如下：

$$EF_w = N \times ef_w = N \times \gamma \times (W/p_w) \tag{3}$$

式中：EF_w 为水资源消费量，亦称水资源生态足迹，hm^2；ef_w 为人均水资源消费量，hm^2/cap；W 为人均用水量，m^3/cap；其他符号意义同前。

3.1.3 水资源生态超载指数

区域水资源承载力与水资源消费量的差值与区域水资源承载力的比值称为水资源生态超载指数，可反映区域水资源禀赋与实际用水量之间的关系[17-18]，计算公式如下：

$$LI_w = (EC_w - EF_w)/EC_w \quad (4)$$

当水资源生态超载指数 $LI_w = 0$ 时，表明区域水资源利用和区域水资源禀赋实现了均衡，水资源安全处于临界状态；当 $LI_w > 0$ 时，表明区域水资源生态盈余，水资源开发利用处于安全状态；当 $LI_w < 0$ 时，表明区域水资源生态赤字，未能实现水资源的可持续利用，水安全受到威胁[17, 18, 23]。

3.1.4 水生态系统服务价值

研究基于谢高地等[24] 提出的中国不同陆地生态系统单位面积生态服务价值表中水域的生态服务价值，根据 2020 年相对 2001 年（谢高地研究成果的基准年）的物价指数进行修正[17]，修正结果如表 1 所示。

表 1 水生态系统服务价值及其修正值

生态功能	生态服务价值原值/（元/hm^2）	修正值/（元/hm^2）
气体调节	0	0
气候调节	407	621.66
水源涵养	18 033.2	27 544.29
土壤形成与保护	8.8	13.44
废物处理	16 086.6	24 571.02
生物多样性保护	2 203.3	3 365.37
粮食生产	88.5	135.18
原材料	8.8	13.44
娱乐文化	3 840.2	5 865.60
合计	40 676.4	62 130.00

3.1.5 水生态补偿标准

县（区）之间经济发展水平存在差异，导致水资源开发利用程度和资源保护的投入能力也有所不同，故引入生态补偿系数反映区域经济补偿能力[17, 18, 25]。借鉴吕志贤等[25] 的研究成果，生态补偿系数的计算公式如下：

$$R = \frac{1}{5}\left(\frac{GDP_i}{GDP} + \frac{FV_i}{FV} + \frac{IV_i}{IV} + \frac{TV_i}{TV} + \frac{P_i}{P}\right) \quad (5)$$

式中：GDP_i、GDP 分别为各县（区）和林芝市的人均地区生产总值；FV_i、FV 分别为各县（区）和林芝市的人均第一产业产值；IV_i、IV 分别为各县（区）和林芝市的人均工业产值；TV_i、TV 分别为各县（区）和林芝市的第三产业产值；P_i、P 分别为各县（区）和林芝市的人口数。

基于水资源生态足迹构建水生态补偿标准估算模型：

$$TEC_w = SEC \times LI_w \times R \quad (6)$$

$$SEC = VES_w \times S \quad (7)$$

式中：TEC_w 为各县（区）的水生态补偿标准总量；SEC 为各县（区）水资源生态系统服务价值；VES_w 为单位面积水资源生态系统服务价值，即表 1 中的修正值；S 为各县（区）水域面积；其他符号意义同前。

3.2 数据来源

研究所需林芝市各县（区）人口、各产业产值和地区生产总值等经济社会数据均来自林芝市统计年鉴；水资源量和用水量数据来自西藏自治区水资源公报；土地利用类型矢量数据来自徐新良等[26]解译构建的中国国家尺度多时期土地利用/土地覆盖专题数据库，并利用 ArcGIS 软件提取林芝市各县（区）的水域面积。采用数据年份为 2020 年；区域生态系统服务价值总量数据来自徐新良[27]利用全国陆地生态系统类型遥感分类数据，参考谢高地等[28-29]生态服务价值当量因子法估算得到的 2020 年中国陆地生态系统服务价值空间分布数据集，该数据集为 1 km×1 km 的栅格数据，数据估算在考虑各类生态系统类型基础当量的前提下，进一步考虑了植物净初级生产力、降水和土壤保持调节的时空动态因子影响。

4 研究结果分析

4.1 林芝市各县（区）水资源承载力和生态足迹

表 2 和图 1 为林芝市 2020 年各县（区）水资源承载力和水资源生态足迹计算结果。从人均角度来看，水资源承载力最大的是墨脱县，达到 18 336 hm^2/cap；其次为察隅县，为 9 733 hm^2/cap；最小为巴宜区，为 1 055 hm^2/cap。墨脱县和察隅县人均水资源承载力较高的主要原因是县（区）面积和水域面积均较大，水资源更为充足，且人口相对较少。从总量上来看，水资源生态足迹最高的是巴宜区，最低为墨脱县；但从人均上来看，米林市人均水资源生态足迹最高（2.07 hm^2/cap），波密县次之（1.93 hm^2/cap），最少为巴宜区（0.93 hm^2/cap）。巴宜区作为林芝市行政中心，人口较多，产业相对发达，故水资源生态足迹较高，但由于巴宜区常住人口占全市总人口的 35%以上，因此人均水资源生态足迹较低。各县（区）水资源生态超载指数均接近 1，表明各县（区）的水资源生态盈余，水资源开发利用处于安全状态。整体而言，由于林芝市地处高原地区，地理位置特殊，人口稀少，故水资源开发利用程度较低、开发利用潜力较大。

表 2 林芝市各县（区）水资源承载力和水资源生态足迹分析成果

行政区	水资源承载力/hm^2	人均水资源承载力/(hm^2/cap)	水资源生态足迹/hm^2	人均水资源生态足迹/(hm^2/cap)	水资源生态超载系数
巴宜区	88 873 499	1 055	78 055	0.93	0.999 12
工布江达县	101 130 715	3 076	57 103	1.74	0.999 44
米林市	82 525 441	3 153	54 294	2.07	0.999 34
墨脱县	273 009 527	18 336	19 997	1.34	0.999 93
波密县	143 909 441	4 128	67 442	1.93	0.999 53
察隅县	274 823 803	9 733	40 759	1.44	0.999 85
朗县	35 764 682	2 027	21 912	1.24	0.999 39

4.2 林芝市各县（区）水生态系统服务价值

根据提取的林芝市各县（区）水域面积，结合单位水生态系统服务价值（见表 1），得到各县（区）水生态系统服务价值总量（见表 3）。从绝对值来看，水域面积最大的察隅县，水生态系统服务价值总量最高；水域面积最小的朗县，水生态系统服务价值总量最低。察隅县的水生态系统服务价值总量约为朗县的 36 倍、巴宜区的 6 倍。从水生态系统服务价值总量占本行政区域生态系统服务价值总量的比例来看，水体生态系统是波密县的主要生态系统，水生态系统服务价值总量占比超过 50%，其次是工布江达县，这两个行政区均是林芝市内位于流域上游的县（区），水体生态系统对波密县、工布江达县的重要性不言而喻；察隅县、墨脱县水生态系统服务价值总量较高，但其水生态系统服务价值总量占本行政区生态系统服务价值总量的比例相对较低，分别为11.6%和6.1%。

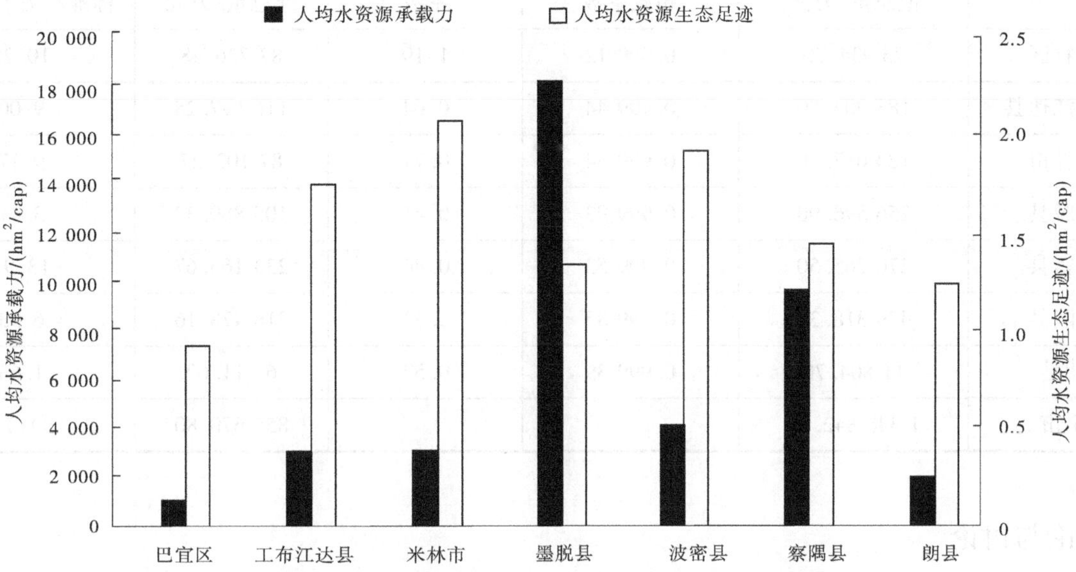

图1 林芝市各县（区）人均水资源承载力和水资源生态足迹分布

表3 林芝市各县（区）水生态系统服务价值总量

行政区	水生态系统服务价值总量/万元	占本行政区生态系统服务价值总量的比例/%	占全市水生态系统服务价值总量的比例/%
巴宜区	73 934.70	18.0	5.5
工布江达县	183 904.50	44.0	13.6
米林市	123 017.40	25.7	9.1
墨脱县	256 596.90	6.1	19.0
波密县	270 265.50	55.4	20.0
察隅县	429 318.30	11.6	31.8
朗县	11 804.70	8.5	0.9

4.3 林芝市各县（区）水生态补偿标准总量

基于各县（区）水生态系统服务价值总量和经济数据，采用式（6）计算各县（区）水生态补偿标准总量，结果列于表4。同时，为提高可比性，根据县（区）面积将水生态补偿标准总量换算成单位面积水生态补偿标准，一并列于表4中。由于补偿能力系数与经济和人口息息相关，因此经济最为发达、人口最为密集的巴宜区，补偿能力系数最高；而经济相对落后、地广人稀的墨脱县，补偿能力系数最低；除巴宜区补偿能力系数高于1外，其余县（区）的补偿能力系数均小于1。水生态补偿标准总量最高的是波密县，其次为察隅县，主要原因是这两个行政区的水资源生态系统服务价值高；水资源生态系统服务价值总量最低的朗县，其水生态补偿标准总量亦最低。波密县的单位面积水生态补偿标准最高，为13.91万元/km^2；其次为巴宜区，为10.25万元/km^2；朗县的单位面积水生态补偿标准最低，仅为1.63万元/km^2。

表 4 林芝市各县（区）水生态补偿标准总量

行政区	水生态系统服务价值总量/万元	水资源生态超载系数	补偿能力系数	水生态补偿标准总量/万元	单位面积水生态补偿标准/（万元/km^2）
巴宜区	73 934.70	0.999 12	1.19	87 726.48	10.25
工布江达县	183 904.50	0.999 44	0.64	116 597.25	9.00
米林市	123 017.40	0.999 34	0.71	87 102.27	9.17
墨脱县	256 596.90	0.999 93	0.41	105 889.37	3.11
波密县	270 265.50	0.999 53	0.86	233 165.67	13.91
察隅县	429 318.30	0.999 85	0.51	218 478.16	6.93
朗县	11 804.70	0.999 39	0.57	6 711.60	1.63
全市	1 348 842.00			855 670.80	11.74

5 结论与讨论

本文基于水资源生态足迹模型，结合生态系统服务价值估算，对林芝市各县（区）的水生态补偿价值进行了计算分析，得出以下结论：

（1）总体而言，位于流域上游，以及经济较为发达、人口较为密集的地区，水资源承载力相对较低，水资源生态足迹相对较高，如工布江达县、朗县、波密县、巴宜区、米林市等；而位于流域下游的墨脱县水资源承载力相对较高，水资源生态足迹则相对较低。

（2）受地理位置、气候等因素影响，林芝市水资源相对丰富，地广人稀，水资源生态盈余较多，水资源开发利用处于安全状态，仍具有较大的开发利用潜力。

（3）由于水生态系统服务价值总量与水域面积正相关，故水域面积较大的察隅、波密、墨脱等县（区）水生态系统服务价值总量较高，其中位于帕隆藏布流域上游的波密县，水生态系统服务价值总量占本县生态系统服务价值总量的比例超过 50%。此外，位于尼洋河流域上游的工布江达县，水生态系统服务价值总量占比亦较高，接近 50%。对于位于流域上游的县（区）而言，水生态系统是其主要生态系统类型，对本地生态系统稳定性、持续性、多样性发展十分重要。

（4）水域面积较大的察隅县、波密县、墨脱县，水资源生态系统服务价值总量较高，相应地，水生态补偿标准总量亦相对较高，但除位于流域上游的波密县外，察隅县、墨脱县的单位面积水生态补偿标准并不高。整体而言，位于流域上游的县（区）单位面积水生态补偿标准较高，而位于下游的地区则相对较低。

林芝市是我国青藏高原地区生态安全屏障的重要组成部分，保护水生态系统，就是在保护林芝市的生态安全。在保护水生态的各类措施中，生态补偿是一种能有效促进生态及环境保护的激励手段。本文利用水资源生态足迹模型，初步对林芝市各县（区）的水生态补偿标准进行了核算，可为林芝市探索建立水生态补偿机制提供参考。林芝市除水资源丰沛外，水力资源亦十分丰富，根据林芝市水利发展相关规划，未来林芝市将大力推进水电开发，建设梯级水电站。水电开发在提供供水、发电、航运、调洪等服务的同时，也会对河流水生态系统带来负面影响，如水库淹没、库区泥沙淤积、侵占珍稀濒危生物生存空间、改变水文情势、影响河流水质等，特别是梯级水电开发的累积效应，更为复杂多变。因此，后续可结合水电开发，进一步分析梯级电站建设对林芝市河流水生态系统造成的影响，探索建立水电企业与当地政府之间的水生态补偿机制。

参考文献

[1] Wunder S. Payments for environmental services：Some nuts and bolts ［R］. CIFOR Occasional Paper, 2005.
[2] 赖力，黄贤金，刘伟良．生态补偿理论、方法研究进展［J］．生态学报，2008，28（6）：2870-2877.
[3] 袁伟彦，周小柯．生态补偿问题国外研究进展综述［J］．中国人口·资源与环境，2014，24（11）：76-82.
[4] Panel M E A. Millennium Ecosystem Assessment ［M］. Washington, DC：Island Press, 2005.
[5] 吕连宏，罗宏，罗柳红．流域环境经济复合系统辨析［J］．水资源与水工程学报，2009，20（4）：9-13.
[6] Landell-Mills N, Porras T. Silver bullet or fools′ gold：a global review of markets for forest environmental services and their impact on the poor ［R］. London：the International Institute for Environment and Development, 2002.
[7] 蒋毓琪，陈珂．流域生态补偿研究综述［J］．生态经济，2016，32（4）：175-180.
[8] 张志强，程莉，尚海洋，等．流域生态系统补偿机制研究进展［J］．生态学报，2012，32（20）：6543-6552.
[9] 刘洋，毕军．流域生态补偿理论及其标准研究综述［J］．水利经济，2018，36（3）：10-15.
[10] 钱水苗，王怀章．论流域生态补偿的制度构建：从社会公正的视角［J］．中国地质大学学报（社会科学版），2005，5（5）：80-84.
[11] Shang W, Gong Y, Wang Z, et al. Eco-compensation in China：Theory, practices and suggestions for the future ［J］. Journal of Environmental Management, 2018（210）：162-170.
[12] 孙翔，王玢，董战峰．流域生态补偿：理论基础与模式创新［J］．改革，2021（8）：145-155.
[13] 蔡邦成，陆根法，宋莉娟，等．生态建设补偿的定量标准：以南水北调东线水源地保护区一期生态建设工程为例［J］．生态学报，2008（5）：2413-2416.
[14] 付意成，阮本清，张春玲．永定河流域生态补偿标准研究［J］．中国水利水电科学研究院学报，2011，9（4）：283-291.
[15] 熊鹰，王克林，蓝万炼，等．洞庭湖区湿地恢复的生态补偿效应评估［J］．地理学报，2004（5）：772-780.
[16] 张落成，李青，武清华．天目湖流域生态补偿标准核算探讨［J］．自然资源学报，2011，26（3）：412-418.
[17] 卢新海，柯善淦．基于生态足迹模型的区域水资源生态补偿量化模型构建：以长江流域为例［J］．长江流域资源与环境，2016，25（2）：334-341.
[18] 孙贤斌，贺旭辉，刘乾坤．基于生态足迹的安徽引江济淮调水生态补偿标准研究［J］．淮南师范学院学报，2022，24（4）：49-54.
[19] 肖建红，王敏，于庆东，等．基于生态足迹的大型水电工程建设生态补偿标准评价模型：以三峡工程为例［J］．生态学报，2015，35（8）：2726-2740.
[20] 李晓光，苗鸿，郑华，等．生态补偿标准确定的主要方法及其应用［J］．生态学报，2009，29（8）：4431-4440.
[21] 黄林楠，张伟新，姜翠玲，等．水资源生态足迹计算方法［J］．生态学报，2008（3）：1279-1286.
[22] 张岳．中国水资源与可持续发展［J］．中国农村水利水电，1998（5）：3-6.
[23] 谭秀娟，郑钦玉．我国水资源生态足迹分析与预测［J］．生态学报，2009，29（7）：3559-3568.
[24] 谢高地，鲁春霞，冷允法，等．青藏高原生态资产的价值评估［J］．自然资源学报，2003（2）：189-196.
[25] 吕志贤，李元钊，李佳喜．湘江流域生态补偿系数定量分析［J］．中国人口·资源与环境，2011，21（增刊1）：451-454.
[26] 徐新良，刘纪远，张树文，等．中国多时期土地利用遥感监测数据集（CNLUCC）［Z］．北京：中国科学院资源环境科学数据中心数据注册与出版系统，2018.
[27] 徐新良．中国陆地生态系统服务价值空间分布数据集［Z］．北京：中国科学院资源环境科学数据中心数据注册与出版系统，2018.
[28] 谢高地，张彩霞，张雷明，等．基于单位面积价值当量因子的生态系统服务价值化方法改进［J］．自然资源学报，2015，30（8）：1243-1254.
[29] 谢高地，甄霖，鲁春霞，等．一个基于专家知识的生态系统服务价值化方法［J］．自然资源学报，2008（5）：911-919.

基于文献计量学的鱼类基因组学研究动态

俄泽琛[1,2,3]　熊芳园[1,2,3]　王　丽[1,2,3]

（1. 珠江水资源保护科学研究所，广东广州　510611；
2. 红水河珍稀鱼类保育中心，广西桂平　537200；
3. 水利部珠江水利委员会水文水资源局，广东广州　510611）

摘　要：为深入了解鱼类基因组学研究的发展趋势、研究现状及研究热点，本文基于 Web of Science 核心合集数据库和中国期刊全文数据库 CNKI，检索了 1984—2023 年 11 568 篇有关“鱼类基因组学”的中英文文献，计量分析研究该领域的发展趋势和研究热点。结果表明：鱼类基因组学研究正处于高速发展阶段，中国和美国为发文最多的国家，热点研究内容包括转录组、DNA 甲基化和基因表达，热点研究对象包括模式生物、养殖经济鱼类和鱼类生态等。本文建议未来应针对特定研究区域开展鱼类基因组学研究，以提升研究结果的应用价值。

关键词：鱼类；基因组学；文献计量；研究动态；研究热点

鱼类作为地球上多样性最高的脊椎动物类群，拥有超过 3.3 万种已知物种，广泛分布于全球各类水体环境中[1-2]。它们在维持水生生态系统的平衡、生物多样性的保护以及全球渔业资源的可持续利用方面起着重要作用[3-4]。随着环境变化和人类活动的加剧，鱼类资源面临着前所未有的压力，研究鱼类的生物学特性，特别是其基因组特征，对于促进鱼类资源的有效管理和保护生物多样性具有重大意义。

基因组学作为研究生物体基因组结构、功能和进化规律的重要学科，近年来随着高通量测序技术的发展而取得了迅速进展[5-7]。鱼类基因组学研究通过对鱼类全基因组的解析，不仅揭示了鱼类的生长发育、环境适应和免疫机制，还为鱼类种质资源保护、遗传育种和疾病防控提供了重要理论支持[8-10]。随着研究的深入，鱼类基因组学领域的研究热点和趋势也在不断演变，因此系统梳理和分析该领域的研究动态显得尤为重要。

鉴于此，本文基于文献计量学分析手段，借助 CiteSpace 知识图谱软件，对 Web of Science（WOS）核心合集数据库和中国期刊全文数据库 CNKI 进行数据检索，归纳出鱼类基因组学的研究现状及研究热点，并针对发文状况、发文国家、研究热点及其转移等方面进行讨论，通过系统梳理鱼类基因组学的研究动态，为该领域的研究者提供科学的参考和指导。

1　研究方法

研究数据来源于 Web of Science（WOS）核心合集数据库和中国期刊全文数据库 CNKI。在 WOS 核心合集数据库中，以“TS=（fish and（gene or transcription or proteome or epigenetics or sequencing or ‘multi omics’ or loci or methylation or chip））and TI=（fish）and AB=（fish）and LA=（English）”为检索式进行高级检索，检索结果有 8 207 条数据。在 CNKI 中，以“SU=（鱼）*（基因+转录+蛋白组+表观+测序+多组学+位点+甲基化+芯片）and TKA=‘鱼’”为检索式进行专业检索，检索结

作者简介：俄泽琛（1998—），男，助理工程师，主要从事珍稀鱼类精子、细胞、基因组研究工作。
通信作者：熊芳园（1995—），女，工程师，红水河珍稀鱼类保育中心生物资源保护部负责人，主要从事水生态保护与修复研究工作。

果共有 9 515 条数据，剔除会议论文、报纸、硕博论文以及无关冗余论文后，剩余 3 361 条数据。检索时间范围均为自建库起至 2024 年 7 月 31 日，检索结果共 11 568 篇。CiteSpace 软件是 Chen 等基于 Java 语言开发的一款文献计量分析软件，目前软件发展成熟、应用广泛，支持多种中英文数据库[11]。本文基于 CiteSpace6. 1. R6 软件，对 1984—2023 年鱼类基因组学研究相关文献进行关键词分析。在 CiteSpace 软件中，WOS 时间设置为 1996—2024 年 7 月 31 日，CNKI 时间设置为 1984—2024 年 7 月 31 日，时间切片均设置为 1 年；关键词突现图谱 CNKI 参数设置为 $\gamma=1$，WOS 参数设置为 $\gamma=0.8$，其他参数默认。

2 结果与讨论

2.1 发文量统计

鱼类基因组学研究论文发表数量年度分布情况如图 1 所示。从文献检索情况来看，鱼类基因组学文献的发表状况大致可以归纳为两个阶段：第一阶段为 1984—1998 年。此时基因克隆技术与基因扩增技术刚刚问世，人类疾病相关基因定位蓬勃兴起，由于刚刚起步，基因相关研究总体开展难度较大，鱼类基因相关研究还相对较少。总体来说，在该阶段，研究人员对于鱼类基因组学的关注度不够高，研究文献年发表量较低，但该阶段对我国的鱼类基因研究工作的发展仍起到了推动作用[12-14]。整体上呈现年发文量逐渐增加的趋势。第二阶段为 1999—2024 年。在该阶段，以鱼类基因为主题的研究不断增多，文献数量明显增加，研究内容开始跳出探索阶段的宏观性，走向精细化[15-18]。从 1999 年开始，鱼类基因组学研究步入快速发展期，文献数量由 1998 年的 35 篇上升到 1999 年的 157 篇，增加了 4. 5 倍，达到近年峰值。1998 年，世界上最大的测序仪生产商美国 PE Biosystems 公司，以其刚研制成功的 300 台最新毛细管自动测序仪（ABI 3700）和 3 亿美元资金，成立了 Celera Genomics 公司，基因测序得到了极大的发展，同年中国在北京和上海设立国家基因组中心，1999 年中国获准加入人类基因组计划，此时基因相关研究热度空前高涨，鱼类基因相关研究也得到了重视。在这一阶段，研究人员对于鱼类基因的研究视角和研究方法更加丰富，从基因层面扩展到了细胞、组织以及个体层面，研究对象也从模式生物慢慢扩大到养殖品种[19-20]。

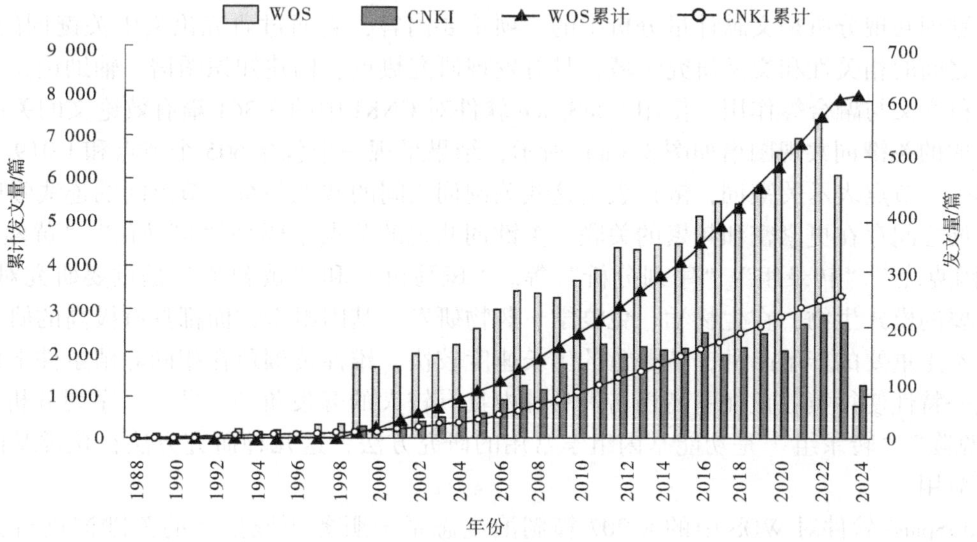

图 1 发表数量年度分布情况

2.2 发文国家统计

发文国家共现图可以直观地展示和分析不同国家在科学研究领域的发文情况和合作关系。在图谱中，每个节点代表一个国家，节点的大小表示该国在特定领域内的发文数量，节点之间的连线表示国家间的合作关系，连线的粗细反映了合作强度的强弱。使用 CiteSpace 软件对 WOS 中的 8 207 篇论文的发表国家进行分析，形成 78 个节点和 300 条连接的关键词共现图谱。从图 2 来看，中国和美国是最大的两个节点，为发文最多的两个国家，其他发文较多的国家为日本、加拿大、西班牙、英国、法国、德国、巴西、澳大利亚。通过观察图谱中节点的颜色可以看出，中国相较于美国起步较晚，但发文增速较快。日本、巴西、澳大利亚的节点在近年来逐渐增大，说明它们在鱼类基因组学研究领域的活跃度迅速提升。相较于美国、英国、德国等学科发展较早的国家，中国在鱼类基因组学研究领域的研究相对独立，国际合作较少。

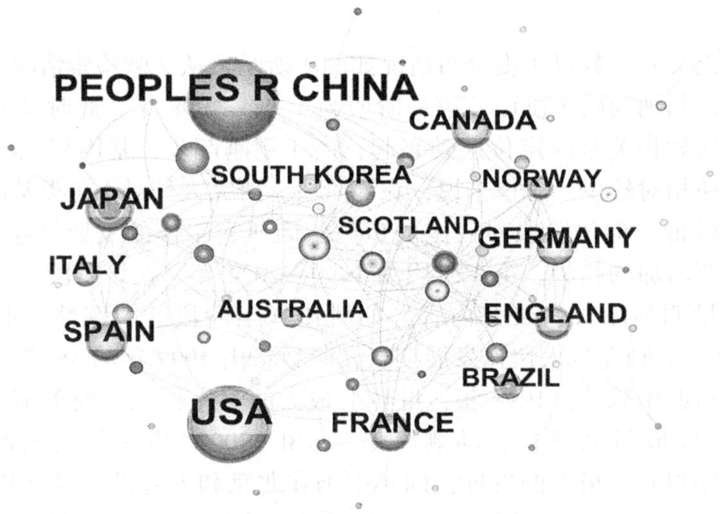

图 2　发文国家共现图谱

2.3　关键词频次分析

通过对论文的关键词进行统计和排名，可以了解研究领域的热点和趋势，及时把握研究领域的发展方向。关键词共现分析是文献计量分析中的一项重要内容，它通过研究论文中关键词的共现关系，揭示关键词之间的相关性和交叉研究领域，具有发现研究热点、构建知识图谱、辅助论文检索和选题以及促进学科交叉与融合等作用。使用 CiteSpace 软件对 CNKI 中的 3 361 篇有效论文的关键词进行分析，中文生成的关键词共现图谱如图 3（a）所示，结果呈现一个包含 605 个节点和 1 019 条链接的网络结构。其中，节点表示关键词，链接表示这些关键词之间的共现关系，节点间的连线强度越高，表示这些关键词之间存在更紧密和频繁的关联。关键词共现的节点主要是“斑马鱼”“黄颡鱼”“基因表达”“基因克隆”“转录组”“序列分析”等。“斑马鱼”和“黄颡鱼”是重要研究对象。其中，斑马鱼是重要的模式生物，在生物学、免疫学、药物研发、基因组学方面都具有极高的研究价值。黄颡鱼是我国本土重要的养殖品种，黄颡鱼的生长速度较快，雄性黄颡鱼在相同养殖条件下比雌性生长速度快，这一特性使得黄颡鱼在中高档名贵品种中具有较大的开发价值[21-24]。“序列分析”“基因表达”“基因克隆”“转录组”是功能基因组学常用的研究方法，这几种研究方法在鱼类基因组学研究中具有广泛应用。

使用 CiteSpace 软件对 WOS 中的 8 207 篇湖泊生态系统服务领域论文的关键词进行分析，选取 Key words plus 作为关键词来源，筛选出 g-index 为 6 的关键词，形成 604 个节点和 2 402 条链接的关键词共现图谱，如图 3（b）所示。在 WOS 中的论文中，关键词的节点包括“gene expression（基因表达）”“expression（表达）”“in situ hybridization（原位杂交）”“identification（识别）”“evolution（进化）”和“zebrafish（斑马鱼）”“rainbow trout（虹鳟）”“atlantic salmon（大西洋鲑）”等。“gene expression（基因表达）”“expression（表达）”是最大的节点，基因表达就是基

因转录及翻译的过程。基因（遗传因子）是产生一条多肽链或功能 RNA 所需的全部核苷酸序列，对比不同环境或组织、个体下的特定基因的表达可以揭示基因功能及其相关机制[25]。“in situ hybridization（原位杂交）”“fluorescence in situ hybridization（荧光原位杂交）”是指通过标记的核酸探针与组织、细胞或染色体上的待测核酸进行互补配对，结合成专一的核酸杂交分子，进而通过检测手段显示待测核酸在组织、细胞或染色体上的位置，是功能基因组学重要的研究方法[26]。

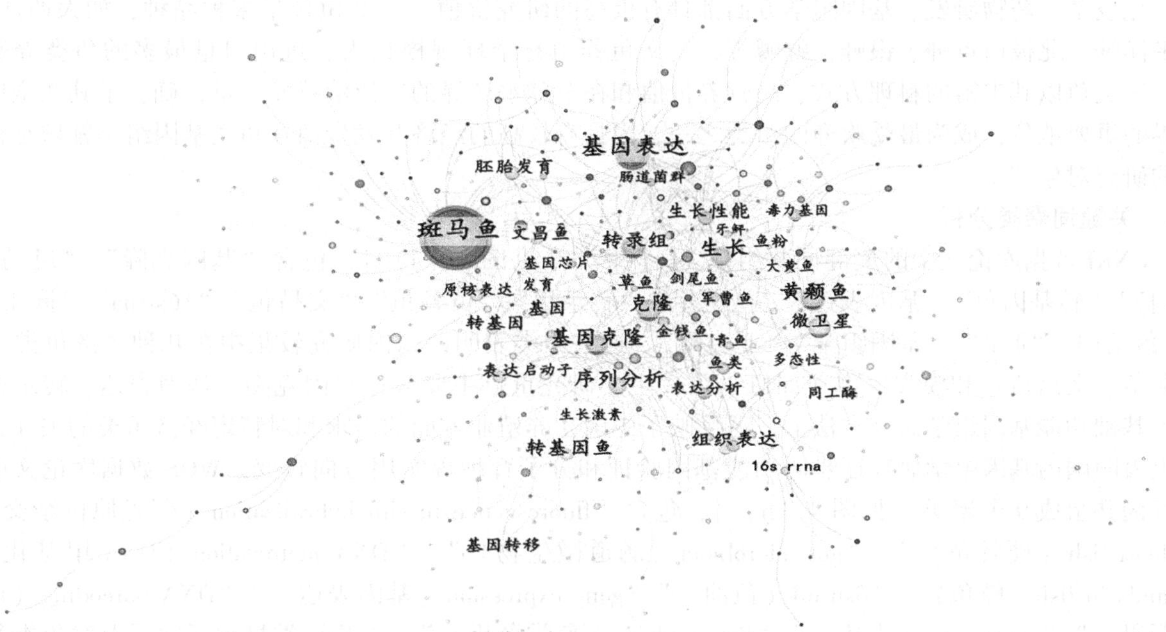

（a）中文论文关键词共现图谱

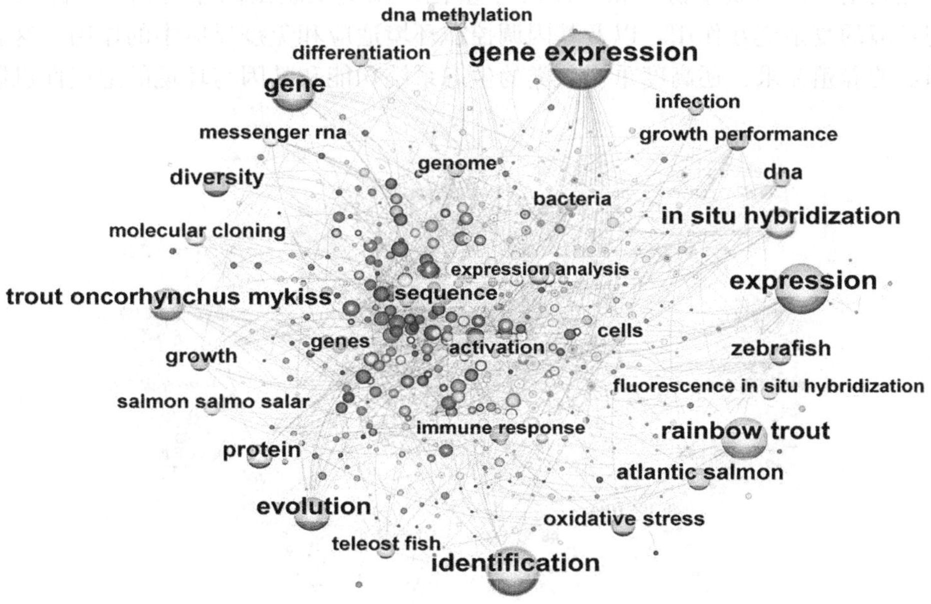

（b）英文论文关键词共现图谱

图 3　关键词共现图谱

“identification（识别）”“evolution（进化）”是研究的重点，基因识别包括启动子的识别、剪接位点的识别、翻译起始位点的识别、蛋白质编码区的识别和内含子的识别，对理解生物体的遗传信息、预测生物体结构与功能具有重要意义[27]。进化包括基因组进化和生物种进化历程，基因组进化包括基因功能的演化，以及基因调控网络如何影响生物体的表型，对理解基因功能有着重要的意义；生物种进化历程的研究包括生物形态和发育过程如何受到进化力量的塑造，对探索基因调控网络、发育基因的演化和发育进化的机制有着重要的意义[28-29]。“zebrafish（斑马鱼）”“rainbow trout（虹鳟）”“atlantic salmon（大西洋鲑）”是发文最多的研究对象，斑马鱼是重要的模式生物，在生物学、免疫学、药物研发、基因组学方面都具有极高的研究价值。三文鱼包括多种品种，如大西洋鲑、太平洋鲑、北极白点鲑、银鲑、虹鳟等，三文鱼养殖是全球规模最大、进出口量最多的鱼类养殖品种，三文鱼以其丰富的料理方式、高营养价值和在全球水产界的广泛消费及产量，确立了其在全球水产界的重要地位，成为最受欢迎的鱼类之一，因具有较高的经济并发价值在鱼类基因组学领域是很热门的研究对象[30]。

2.4 关键词聚类分析

CNKI 数据库论文中的关键词共组成 14 个聚类［见图 4（a）］，包含“基因克隆”“斑马鱼”“生长”“转基因鱼”“基因表达”“微卫星”“转录组”“黄颡鱼”“文昌鱼”“16srrna”“同工酶”“群落结构”“凋亡”“基因组学”“亚克隆”。这些聚类表明，国内研究较集中在几种经济鱼类（如黄颡鱼、文昌鱼）和模式生物（如斑马鱼）上，研究重点主要放在基因克隆、基因表达、转录组分析等基础功能基因组学研究方法上。这反映了中国在养殖业方面的需求和对特定经济鱼类的关注，同时也表明国内基因组学研究逐步向功能基因验证和分子育种等实用方向转变。WOS 数据库论文中的关键词共组成 9 个聚类［见图 4（b）］，包含“fluorescence in situ hybridization（荧光原位杂交）”“teleost fish（硬骨鱼）”“gut microbiota（肠道微生物）”“DNA methylation（DNA 甲基化）”“mandarin fish（鳜鱼）”“fish oil（鱼油）”“gene expression（基因表达）”“DNA barcoding（DNA 条形码）”“expression（表达）”“fish analysis（鱼类分析）”。这些聚类显示了国际上对鱼类基因组学的研究对象更为多样化，研究范围从鱼类基因表达机制、DNA 甲基化到肠道微生物、环境 DNA 等新兴领域。尤其是“肠道微生物”和“DNA 甲基化”聚类反映出国际研究更为深入和细致，开始关注基因组与环境的复杂交互作用，以及基因调控在环境适应和免疫反应中的作用。这表明国际上不仅关注经济鱼类的养殖需求，还高度重视鱼类的生态系统功能和基因与环境的适应性机制。

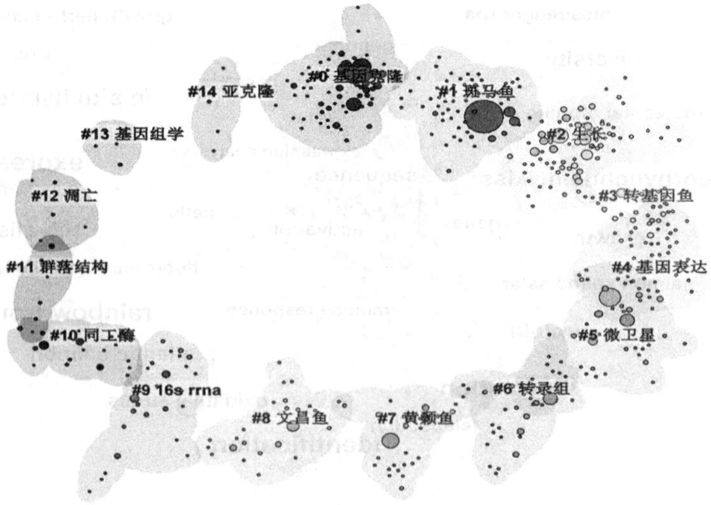

(a)中文论文关键词聚类共现图谱

图 4 关键词聚类共现图谱

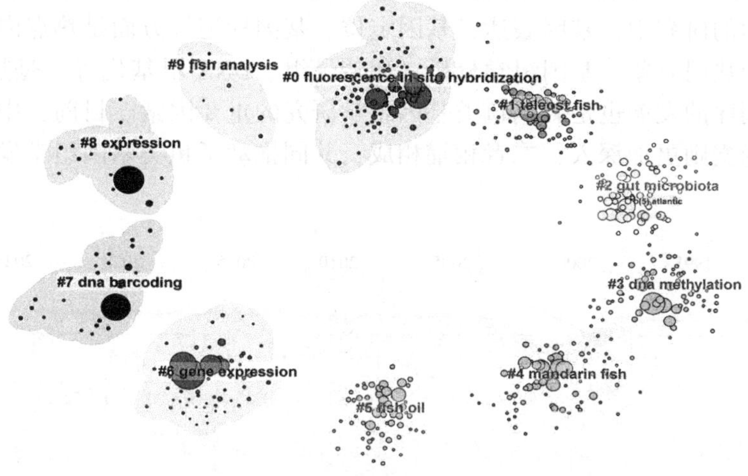

(b)英文论文关键词聚类共现图谱

续图 4

中英文文献的关键词聚类差异显著，反映了两者在研究重点和研究方法上的不同方向。中国文献更多关注与养殖经济相关的研究，强调基因克隆、基因表达等基础技术的应用和验证，尤其是在经济鱼类的生长发育、抗病性等方面的应用。这种研究偏向与中国作为水产养殖大国的实际需求密切相关。相比之下，英文文献则涵盖了更多的基础研究和生态学研究，研究对象更加多样，且更深入地探讨了鱼类基因组在环境适应、进化和生态功能中的作用。这与欧美国家在科研政策上对生态保护、环境适应性和多样性研究的高度关注密不可分。

2.5 主题演化分析

高频关键词在不同研究时期有不同的变化，可以体现鱼类基因组学领域的发展脉络与研究热点，其中关键词是对文献内容的浓缩，是对文献主旨的表达。鱼类基因组学研究关键词随时间的演变规律图谱如图 5 所示，节点的大小代表关键词的重现次数，节点颜色由灰到红代表时间线的推进，越靠近红色说明论文发表距离现在越近，连线粗细反映关键词间联系的强弱。每一组关键词代表一个聚类，聚类内由左至右代表关键词随时间的演变情况。通过分析关键词重现、聚类及演变规律，可识别研究领域的发展动态，跟踪研究热点变化。中文论文关键词聚类图谱［见图 5（a）］表明，“基因克隆”“斑马鱼”是在所有论文中出现最多的关键词，对于这些研究已经开始并持续了很长时间。此外，“基因表达”“转基因鱼”“文昌鱼”是较早开始研究的内容，在此基础上，“同工酶”“微卫星”“生长”“大黄鱼”“转录组”等研究内容逐渐兴起[31]。“基因克隆”是包含关键词最多的聚类标签，它的研究起步于 20 世纪 70 年代初期，80 年代初期应用于鱼类基因组学相关研究。基因克隆是指在体外将含有目的基因或其他有意义的基因片段与能够自我复制的载体连接，然后将其转入宿主细胞或受体生物进行表达或进一步研究的分子操作的过程[32-33]。现在已成为功能基因组学较为常用的技术手段，广泛应用于转基因、基因功能验证等各个领域[34-35]。

英文论文关键词聚类图谱［见图 5（b）］与中文论文关键词聚类图谱具有不同的研究偏向，同时也有一定的相似性，如图 5（b）所示结果中“gene expression（基因表达）”“expression（表达）”与中文论文中“基因表达”同样是较为早期的研究热点，表明了基因表达在基因研究上的重要性。此外，“DNA barcording（DNA 条形码）”和“微卫星”同样为基因分子标记研究领域，英文论文关键词线索携带的信息与中文论文相差不大。“fluorescence in situ hybridization（荧光原位杂交）”“DNA methylation（DNA 甲基化）”在英文论文中出现频率明显高于中文论文，由此可以看出，英文论文更快应用了新方法，在基因机制研究上也更加深入。另外，英文论文中“gut microbiota

（肠道微生物）”“fish oil（鱼油）”出现频率较高，表明英文论文的研究对象变得更为多样。总的来看，鱼类基因组学的研究中，基因表达、基因定位、基因标记等方面是热点内容。模式生物及养殖经济鱼类等是研究的热门对象。基因组学分析，如转录组、DNA 甲基化等，是热点研究方法。同时，通用技术和高通量测序的发展也是影响鱼类基因组学研究的重要因素。目前，中文论文在研究内容上更为广泛，而英文论文则更加深入，二者相辅相成，共同推动了鱼类基因组学发展。

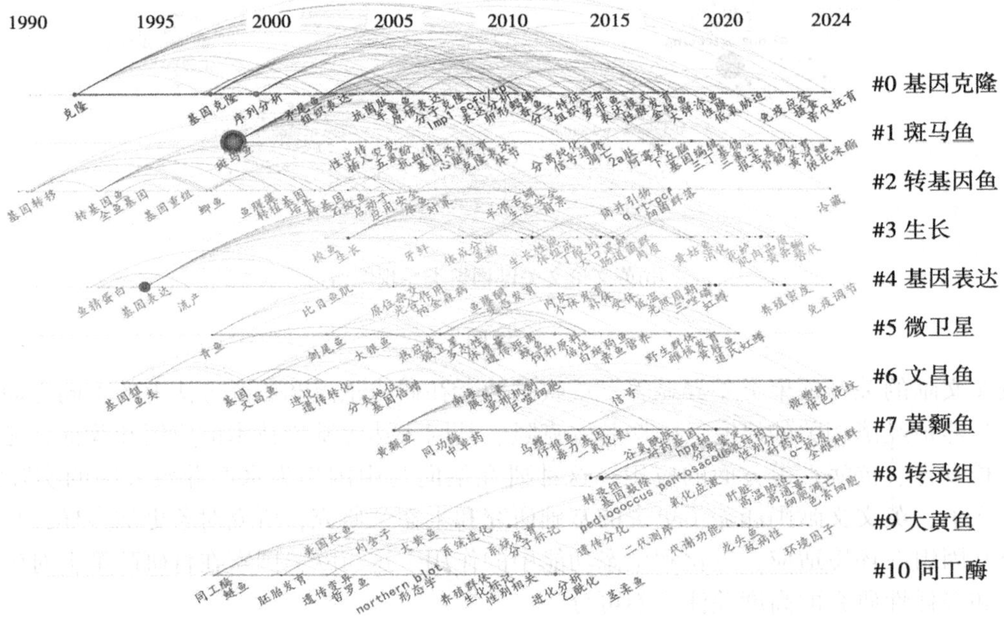

(a)中文论文关键词随时间演变规律图谱

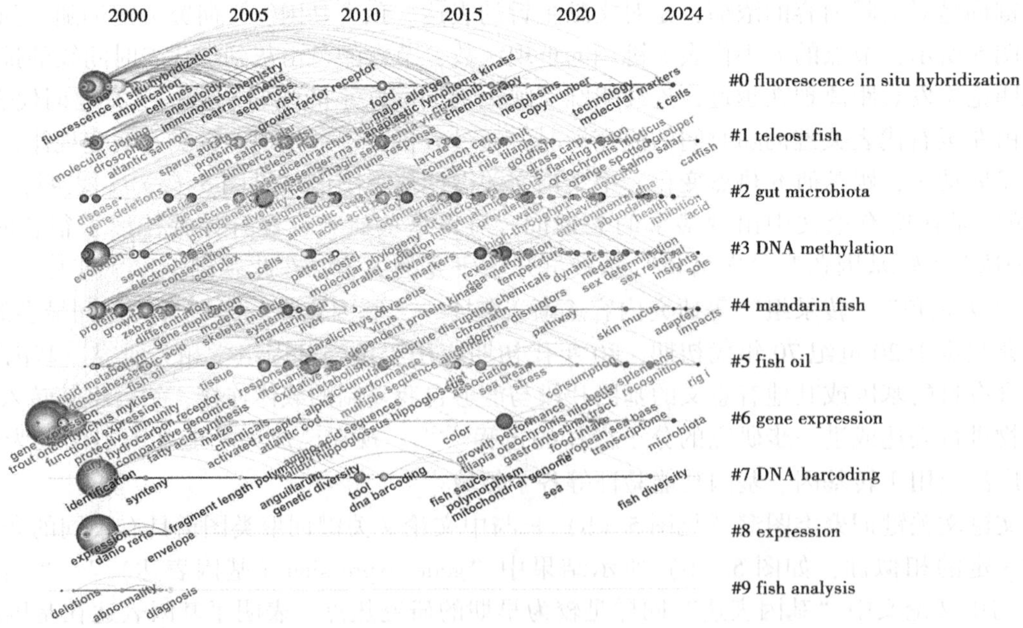

(b)英文论文关键词随时间演变规律图谱

图 5　关键词聚类演变图谱

关键词突现分析可以直观地看出关键词爆发的时间段，在此我们重点关注近几年的研究热点，结果如表 1、表 2 所示。由中文论文关键词突现图谱可以看出，“转录组”“生长性能”“肠道菌群”“群落结构”是近几年的研究热点，实现强度显示年份为 2019—2024 年（见表 1），而由英文论文关键词突现图谱可以看出“growth performance（增长表现）”“DNA methylation（DNA 甲基化）”“immune response（免疫反应）”“water（水）”“mechanisms（机制）”“diversity（多样性）”“environmental DNA（环境 DNA）”“community（群落）”“performance（表现）”是近几年的研究热点，实现强度显示年份为 2017—2024 年（见表 2）。

表 1　CNKI 中引用爆发次数最强的前 20 个关键词

关键词	年份	突现强度	开始年份	结束年份	1984—2024 年关键词突现强度展示
基因转移	1989	5.66	1989	2004	
转基因鱼	1992	9.98	1992	2008	
同工酶	1997	7.15	1997	2010	
文昌鱼	6661	12.34	6661	2009	
唐鱼	2006	5.84	2006	2011	
微卫星	2007	7.99	2007	2011	
序列分析	1999	9.48	2008	2012	
表达	1997	6.54	2008	2012	
系统发育	2010	4.88	2010	2011	
原核表达	2006	4.84	2010	2014	
建鲤	2011	6.91	2011	2013	
香鱼	2011	4.66	2011	2013	
食蚊鱼	2013	4.78	2013	2016	
大菱鲆	2014	4.96	2014	2016	
金钱鱼	2017	5.77	2017	2024	
大弹涂鱼	2018	5.31	2018	2020	
转录组	2014	15.94	2019	2024	
生长性能	2011	7.88	2020	2022	
肠道菌群	2015	7.32	2020	2024	
群落结构	2020	4.62	2020	2022	

表 2 WOS 中引用爆发次数最强的前 20 个关键词

关键词	年份	突现强度	开始年份	结束年份	1984—2024 年关键词突现强度展示
in situ hybridization（原位杂交）	1999	17.03	1999	2007	
gene（基因）	1999	10.33	1999	2007	
oryzias latipes（青鳉鱼）	1999	10.23	1999	2004	
polymerase chain reaction（聚合酶链式反应）	2000	16.97	2000	2011	
sequence（序列）	2001	9.44	2001	2006	
expression（表达）	1999	13.03	2002	2007	
cloning（克隆）	1999	9.53	2002	2012	
genome duplication（基因组重复）	2004	12.29	2004	2009	
bass dicentrarchus labrax（欧洲鲈鱼）	2008	11.87	2008	2013	
salmon salmo salar（鲑鱼）	2005	9.35	2009	2018	
fluorescence in situ hybridization（荧光原位杂交）	2000	9.72	2012	2017	
growth performance（增长表现）	2016	18.36	2017	2024	
DNA methylation（DNA 甲基化）	2016	15.55	2019	2024	
immune response（免疫反应）	2011	13.09	2019	2024	
water（水）	2017	11.22	2019	2024	
mechanisms（机制）	2007	9.78	2019	2024	
diversity（多样性）	2006	11.92	2020	2024	
environmental DNA（环境 DNA）	2020	10.17	2020	2024	
community（群落）	2012	10.13	2020	2024	
performance（表现）	2011	10.48	2021	2024	

3 结论和展望

3.1 结论

近几十年来，全球淡水生态系统生物多样性不断下降，鱼类基因组学研究是鱼类生物资源保护和利用的重要基础。本文通过对鱼类基因组学领域相关文献的计量分析，揭示了这一领域的研究动态及其发展趋势。

中英文文献显示，鱼类基因组学研究自 1999 年以来进入快速发展期。中国和美国是主要的发文国家，中国在数量上逐步赶超美国，这一趋势与中国近年来在水产养殖和基因组研究领域的政策支持密切相关，如加入人类基因组计划和国家基因组中心的设立，国内基因组学逐渐在各个领域成为热点。研究热点分析表明，中文文献的研究热点集中在转录组、基因表达和 DNA 甲基化，主要研究对象包括黄颡鱼等经济鱼类和斑马鱼等模式生物。而英文文献则侧重于基因表达机制、环境 DNA、水生态系统和多样性研究，研究对象更多样化。中国文献较多关注与本土市场紧密相关的经济鱼类，这与中国对水产养殖业的政策导向和市场需求高度吻合。相比之下，国际研究更倾向于基础科学和全球生态问题的探讨，反映出各国科研重点的差异。中文文献关键词共现图谱显示，“斑马鱼”“黄颡鱼”“基因表达”等词频较高，表明国内研究主要集中于养殖经济鱼类的生长发育及基因功能分析。而英文文献则通过“gene expression（基因表达）”“evolution（进化）”“gut microbiota（肠道微生物）”等关键词反映了国际上对基因功能及其与生态环境之间相互作用的深入研究。中国文献关注的经济性和实用性较强，而英文文献则更加重视基础性研究，这种差异可能源于不同国家的研究资助政策和科研导向。

综上所述，中英文文献的差异反映了各国在政策、研究目标和学术资源配置上的不同。中国在应用型研究上具有优势，而国际上则在基础研究和技术创新上处于领先地位。然而，美国在基础研究和技术创新上仍具有领先优势，特别是在早期阶段引领了全球基因组学的发展。研究热点包括转录组学、DNA 甲基化及基因表达，而研究对象主要集中在模式生物、经济性养殖鱼类及生态鱼类。

3.2 展望

中英文论文库的研究重点存在显著差异。WOS 数据库中的英文论文更多聚焦于基因表达机制、水环境与生态系统等问题，而 CNKI 中的中文论文则更关注国内养殖经济鱼类相关的技术和方法，反映出中国学者对特定经济鱼类市场及区域生态问题的重视。这种差异性表明，未来的研究需要结合区域特性进行研究对象和方法的选择，以确保研究的科学性和实用性。在未来的研究中，研究内容将从宏观的组学分析变化为更为细致的机制研究，这有助于从鱼类基因组的整体性和系统性全面地了解鱼类特征及其生活环境。同时，为了适应未来研究的需求，研究方法也将随着生物通用技术及高通量测序技术的发展变得更加复杂多样。其中，转录组和 DNA 甲基化等技术手段正与传统方法相结合，以提供更准确、高覆盖度的数据支持。此外，研究目标也在发生变化，从过去模式生物、养殖经济鱼类转向更多的研究目标，如肠道菌群、鱼类生态等，这些发展意味着未来的研究将更加注重整体性和综合性，与更多科研领域有所交叉。

鱼类基因组学研究在中国面临两个主要问题：一是，国内研究对象过于集中在特定的经济鱼类品种，研究对象的多样性有待提高；二是，研究方法与技术手段相对单一，仍需进一步引入国际前沿的多组学技术和基因编辑手段。未来的发展方向应包括以下几个方面：

（1）未来鱼类基因组学研究对象将不断扩大，主要包括两个方面：一方面，所研究鱼类种类群体扩大，开发更多可利用的鱼类资源。未来国内鱼类基因组学研究应超越现有的经济鱼类，拓展到更多生态关键物种的研究。通过研究具有生态价值和环境敏感性的物种，将更有助于提升我国在全球生态保护中的贡献。另一方面，鱼类本身以外的研究对象变多，如水环境、鱼类行为、肠道微生物等，有助于促进跨界合作和交叉研究，开辟更多鱼类资源利用方案。

（2）就研究内容来看，未来研究正在由宏观的组学分析变化为更为细致的机制研究。在研究方法上，未来应更加注重高通量测序、DNA 甲基化、转录组学等多组学技术的整合应用。技术创新将为研究提供更精准的数据支持，并提高研究的系统性和广度。特别是在基因功能验证、基因编辑等前沿技术方面，国内研究需引入更多国际先进手段，以提升研究水平。基因组高度复杂，传统的基因克隆、基因表达、单一组学分析等研究方法难以清晰表达整体状况，多种技术方法相结合可以更好地反映基因组功能状况的复杂性。

（3）中国的鱼类基因组学研究应进一步加强国际合作，尤其是在基因表达机制、生物多样性保护等全球性问题上。通过引进国际先进技术和研究经验，推动国内基础研究的发展。同时，通过合作研究解决全球水生生物资源保护和可持续利用存在的问题，提升中国在国际鱼类基因组学领域的影响力。

参考文献

[1] Hastings P A, Walker H J, Galland G R. Fishes: a guide to their diversity [M]. University of California Press, 2015.

[2] Baldisserotto B, Urbinati E C, Cyrino J E P. Biology and physiology of freshwater neotropical fish [M]. Academic Press, 2019.

[3] 王子睿，王昱杰，周泽斌，等．斑马鱼 notch1a 和 notch1b 对 hsp70 基因的调控作用 [J]．水生生物学报，2024，48（5）：829-838.

[4] 陈欣，胡中元，赵璐峰，等．中国南方地区稻鱼共生系统的研究进展与思考 [J]．华南农业大学学报，2024，45（6）：825-835.

[5] Ramcharitar J, Gannon D P, Popper A N. Bioacoustics of fishes of the family Sciaenidae (croakers and drums) [J]. Transactions of the American Fisheries Society, 2006, 135 (5): 1409-1431.

[6] Liao Y, Lin S, Lin H. Completing bacterial genome assemblies: strategy and performance comparisons [J]. Scientific reports, 2015, 5 (1): 8747.

[7] Rasal K D, Nandanpawar P C, Swain P, et al. MicroRNA in aquaculture fishes: a way forward with high-throughput sequencing and a computational approach [J]. Reviews in fish biology and fisheries, 2016, 26: 199-212.

[8] 刘静聪，冯立芳，吴诗媛，等．比较基因组学分析鱼源荧光假单胞菌的致腐和适应性 [J]．水产学报，2022，46（7）：1178-1187.

[9] 常玉梅，梁利群．耐盐碱鱼类的生理和分子机制研究进展 [J]．水产学报，2021，45（5）：798-812.

[10] 徐钢春，杜富宽，卞超，等．鱼类基因组研究进展 [J]．生物技术通报，2017，33（9）：23-31.

[11] Chaomei C. CiteSpace II: Detecting and Visualizing Emerging Trends [J]. Journal of the American Society for Information Science & Technology, 2006, 57 (3): 359-377.

[12] 楼允东．中国转基因鱼研究的进展 [J]．上海水产大学学报，1997（1）：42-49.

[13] 任修海，崔建勋．14 种淡水鱼基因组大小变异的研究 [J]．遗传，1994（3）：18-21.

[14] 徐立红，张甬元，陈国胜，等．微囊藻毒素对鱼蛋白磷酸酶抑制作用的研究 [J]．水生生物学报，1997（2）：185-186.

[15] 朱斐．转基因技术及在水产养殖育种上的应用 [J]．水产科学，2005（7）：50-52.

[16] 赵大显，程超，肖敏，等．养殖密度对西伯利亚杂交鲟幼鱼生长、抗氧化酶活性和相关基因表达的影响 [J]．水产学报，2022，46（9）：1582-1592.

[17] 牛小天，左亚南，张家松，等．饲料中赖氨酸水平对勃氏雅罗鱼生长、饲料利用、血液生化指标、赖氨酸代谢酶活性及相关基因表达的影响 [J]．水产学报，2019，43（10）：2154-2165.

[18] 孙素杰，谢琳琳，于翠霞，等．斑马鱼 nrf 基因时空表达分析及其在调控胰外分泌酶原基因表达中的作用研究 [J]．水生生物学报，2016，40（6）：1095-1105.

[19] 梁利群，孙效文，董崇智，等．5 种鲟、鳇鱼基因组 DNA 遗传多样性分析 [J]．中国水产科学，2002（3）：273-276.

[20] 杨叶欣，刘奕，刘超，等．七种骨舌鱼核糖体序列特征及遗传发育分析 [J]．中国水产科学，2022，29（1）：13-27.

[21] 肖安，张博．斑马鱼核心数据库简介 [J]．遗传，2013，35（4）：445-446.

[22] 徐杰杰，郑翔，李杰，等．黄颡鱼（Pelteobagrus fulvidraco）全基因组微卫星分布特征分析 [J]．基因组学与应用生物学，2020，39（12）：5488-5498.

[23] 李燕平，覃川杰，吕云云，等．黄颡鱼养殖群体遗传多样性与遗传结构的微卫星分析 [J]．淡水渔业，2023，53（3）：3-14.

[24] 郭向萌，郑芳芳，王凡．三氯生对雄斑马鱼鳃抗氧化相关基因表达的影响 [J]．水产学杂志，2020，33（6）：34-38.

[25] 曹宝瑞，黄天晴，谷伟，等．基因编辑技术在鱼类遗传育种中的应用 [J]．水产学杂志，2024，37（4）：100-108.

[26] 鲁翠云，张明昭，李超，等．荧光原位杂交技术在鱼类基因定位研究中的应用 [J]．水产学杂志，2013，26（4）：51-57.

[27] 李丽，邹钧，苏建国，等．鱼类的干扰素系统：研究进展与我国学者的贡献 [J]．水产学报，2023，47（11）：153-168.

[28] 刘宁，陈秀荔，黄欣．鲤科鱼类 RNase1 基因的进化与组织表达模式 [J]．华中农业大学学报，2021，40（6）：

126-133.
[29] 张衡璐，黄惠敏，叶芝旭，等．斑马鱼核纤层蛋白 Lamins 的生物信息学分析［J］．中国实验动物学报，2016，24（4）：351-357.
[30] 蒋冰雪，张晓梅，丁矛，等．基于蛋白质/肽组学的三文鱼物种溯源［J］．中国食品学报，2023，23（10）：273-283.
[31] 于茜，高静，纪晓，等．斑马鱼软骨内骨化过程中骨骼的转录组测序分析［J］．大连海洋大学学报，2023，38（1）：95-103.
[32] 邝鸣，刘晥蒙，姚健，等．斑马鱼 ftr56 基因克隆表达及功能研究［J］．水生生物学报，2020，44（1）：20-25.
[33] 周真真，景斐，魏可，等．大黄鱼 TRIM25 基因克隆和表达分析［J］．水生生物学报，2019，43（6）：1189-1196.
[34] 刘光辉，余岸良，何杨，等．黄颡鱼硒蛋白基因的克隆与分析［J］．华中农业大学学报，2024，43（1）：185-193.
[35] 李星，吴子杰，温依铭，等．斜带石斑鱼 BAG-1 基因克隆及表达分析［J］．南方农业学报，2022，53（5）：1399-1406.

河湖堤岸生态化建设及改造形式研究

郭淑慧　谭森明　董良山

（珠江水利委员会珠江水利综合技术中心，广东广州　510610）

摘　要：水安全是人民群众及区域发展最根本的保障。2019年幸福河湖的概念和要求被明确提出，对河湖系统治理提出了更高的要求。河湖堤岸生态化建设是河湖系统治理的重要内容，当前存在的堤岸防护措施主要从防洪安全角度设计防护工程，缺乏考虑与周边景观的自然融合，不契合幸福河湖建设的“幸福”理念。本文结合防洪安全和景观设计，总结出4种堤岸生态化建设形式：生态化改造型堤防、花阶复式堤岸、步级复式段堤防堤岸、直立式复式堤岸。4种形式适用于不同的场景，为幸福河湖建设中河湖系统治理提供重要技术支撑。

关键词：幸福河湖；防洪安全；景观；堤防

2019年9月，习近平总书记视察黄河时发出了“让黄河成为造福人民的幸福河”的伟大号召，为推进新时代治水提供科学指南和根本遵循。“幸福河”的提出是历史治水任务的传承，更是新的历史发展阶段中我国水治理的新高度和新要求，对黄河具有特殊重要的意义，对其他流域也具有重大的参考借鉴价值[1]。2022年4月水利部决定开展幸福河湖建设，按照“防洪保安全、优质水资源、健康水生态、宜居水环境、先进水文化”的目标，实现“河畅、水清、岸绿、景美、人和”，打造人民群众满意的幸福河湖[2-4]。

幸福河湖的建设主要分为三方面内容[5]：一是河湖系统治理，该部分属于基础水利设施建设内容，主要是在保障防洪安全的前提下开展河湖岸线生态修复、水环境治理等工程措施。二是提升管护能力，该部分属于管理体制软课题，主要聚焦河湖长制、水域岸线管理等机制构建。三是助力流域区域发展，该部分主要指价值链的延伸，实施优化水资源配置、发展绿色产业链等生态产品。

纵观幸福河湖建设，首先仍然是对河湖系统治理以保障防洪安全，河湖系统治理中涉及较多的是堤岸的生态化建设。当前国内外已经有成熟的岸坡防护措施，如修建各类堤防、护岸[6-11]，主要从防洪安全角度设计防护工程，缺乏考虑周边与景观的自然融合，未实现防洪安全与河湖景观相得益彰的效果，也未考虑生态修复的功能[8-12]。在幸福河湖理念之下，对河湖堤岸防护工程有了更高的要求：在保障防洪安全的条件下实现景观美化的效果。本文结合堤防、护岸与景观的搭接，总结出4种适用于幸福河湖建设的堤岸生态化建设及改造形式，为河湖系统治理提供重要技术支撑。

1　堤岸生态化治理的功能

1.1　保障河道防洪安全

保障河道防洪、边坡的防冲稳定是护岸最基本的功能，生态化建设的岸坡是在堤岸工程的基础上加入了生态治理措施，主要对护坡工程表面增加植被、网袋、堆石、石笼等打造天然的河道岸线。

在护岸工程上进行生态化建设，在河岸边的天然植被根系能够加强堤岸土壤的稳定性，提高了土壤整体的强度，降低了滑坡的风险，达到防冲防洪、巩固堤防的效果。

作者简介：郭淑慧（1995—），女，工程师，主要从事水文学及水资源研究工作。

1.2 生态修复功能

由于人类临河频繁的活动，以及周边城市排污的影响，内陆河道难免会产生水体富营养化的现象，生态护坡上河道植被与水生植物的结合可以有效降低水体富营养化程度，其中水生生物的根部及表面为水体微生物提供有利的生长环境，降低水体中的有机物污染含量。岸边植被可以净化空气，为河道水体提供丰富的氧气，提高水体的含氧量，进而降低厌氧生物的生长，长期有序循环提升河道水体的自净能力[13]。

1.3 景观美化功能

堤岸生态化治理主要目的是使治理后的河道也能呈现天然的状态，与传统的护岸与河道简单分隔开来不同，堤岸生态化治理主要是通过生态化治理手段使工程措施与自然环境达到相得益彰的景观效果，提升城市河道治理整体面貌。堤岸的植被与河道水体有机融合，为周边居民提供滨水娱乐，塑造更丰富的获得感、幸福感。

2 堤岸生态化建设及改造形式

2.1 形式一

生态化改造型堤防（见图1）：主要是在已建堤防、护岸工程上进行生态化改造，保持原护岸、堤防工程不变，在保证堤岸安全的前提下对现有浆砌石、混凝土堤岸采用格宾石笼、生态砌块、生态型挡墙、三维植被网进行生态化改造或对无堤防岸坡进行生态化整治。

该形式不进行大量开挖改造，主要是在护岸工程表面直接铺设植被养护结构，操作简单，但由于是在岸坡上直接搭建的植被，时间一长可能会造成植被生长困难、死亡等情况。

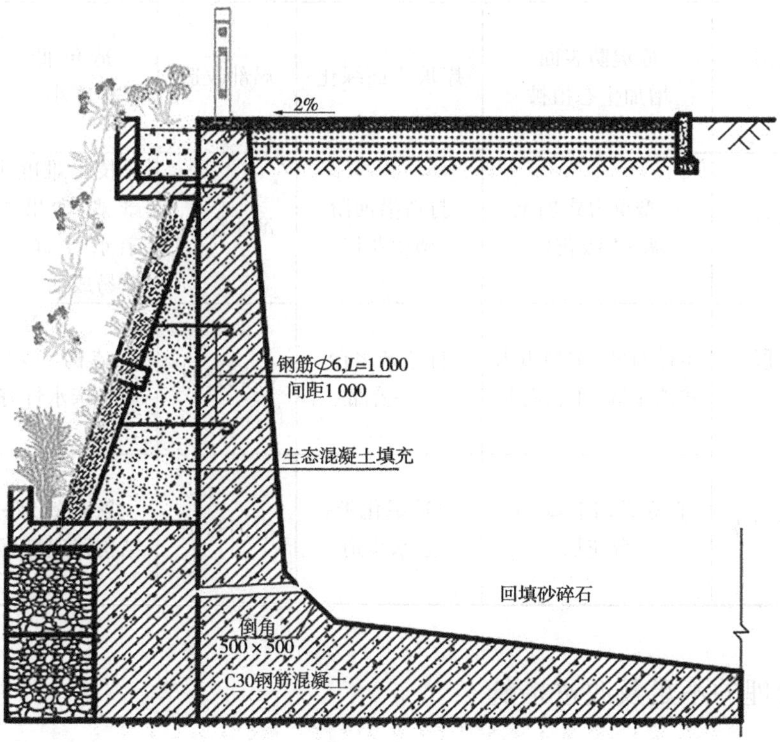

图1 生态化改造型堤防设计图 （单位：mm）

2.2 形式二

花阶复式堤岸：本着因地制宜，与整体的景观环境相融合的准则，在堤防条件允许的堤岸段采用花阶复式堤岸形式，拾级而上、步移景异，层次感更加丰富，景观效果提质升级。本工程花阶砖墙厚

490 mm，地面以上高度不大于 1 m，基础埋深不小于 0.5 m。对于地面以上高度大于 1 m 小于 3.5 m 的挡土墙则采用 C20 混凝土重力式挡土墙。

该形式主要采用多个阶梯状重力式挡土墙，分段挡土、分段铺设美化植被，可以有效保障岸坡稳定，形成亲水步梯。

2.3 形式三

步级复式段堤防堤岸：主要采用花阶（花池）结合步级的形式或纯步级的形式对岸坡进行整治。阶梯部分挡墙均采用 C20 混凝土重力式挡土墙，步级采用 C20 混凝土+饰面处理。

该形式主要采用单阶梯状重力式挡土墙外加小部分植被，为较宽的公路提供大阶梯；采用的单一重力式挡土墙承担了整个岸坡、堤顶公路的稳定；主要实现堤顶公路与河道的有机融合，亲水功能有所弱化。

2.4 形式四

直立式复式堤岸：将一级直立式挡墙改为多级直立式挡墙，以便于增设步道绿化。直立式挡土墙是以混凝土或钢筋混凝土为基础材料的墙体结构。它的特点是墙体直立，是垂直于地面的形式。直立式挡墙支撑力较大，可以经受较大的荷载，同时对地面的侵蚀也相对较小。

该形式与形式二的相同之处在于二者都是构建重力式挡土墙与植被多阶梯的组合，不同之处在于该形式采用的是直立式挡土墙形式，墙体本身厚度较重力式偏薄，适用于构建滨水碧道的情景，提供步道亲水的便利性。

4 种堤岸生态化建设及改造形式对比见表 1。

表 1　4 种堤岸生态化建设及改造形式对比

形式	类别	具体工程措施	景观效果	适用情景	优点	缺点
1	生态化改造型堤防	原堤防表面增加生态植被	岸坡表面绿化	局部改造	造价低、技术难度小	植被不易成活、景观效果稍差、亲水性差
2	花阶复式堤岸	小型重力式挡土墙+多级花坛	打造沿河阶梯型花坛	滨水公园	技术难度小、景观效果好、亲水性好、植被易成活	工艺相对复杂、多层花阶造价高
3	步级复式段堤防堤岸	步梯斜坡+中型重力式挡土墙+平台花坛	打造亲水台阶+公路	环湖公路	结构稳定性强、亲水性好	需进行复杂地基处理、技术难度大、亲水性差
4	直立式复式堤岸	直立式挡土墙+平台花坛	打造绿化带+亲水步道	沿河碧道	景观效果好、结构稳定性强	直立式挡墙需要埋桩，技术难度大、造价高、亲水性差

3　现状堤岸治理的不足及改进措施

3.1 形式单一

护岸工程发展至今主要受到结构本身安全要求的限制，传统的护岸本着简单的受力分析平衡的原则，直接采用工程与河道简单分隔的形式修建，主要发挥防护边坡稳定的作用，这对幸福河湖背景下河道长期水生态循环、滨水文旅发展都有一定的制约。需要在保障防洪安全的情况下与景观设计相结合，对传统的堤防形式进行横纵向的平铺、与景观共同发挥美化和防洪的作用。

本文初步总结了几种幸福河湖建设中常见的建设情景，形成了组合式生态护坡，后续需要在此基础上加大防护工程设计的深度，空间上横向、纵向优化，打造多样的护坡形式。

3.2 结构耐久性不足

由于护坡工程长期遭受河道水体的冲刷侵蚀，护岸工程结构长期浸泡在水体里，会产生脱落、土体滑坡的情况，直接破坏护坡的结构、生态植被。岸坡长期遭受水的浸泡，植被会出现烂根等情况，同样威胁岸坡稳定。

需要加强岸坡的防渗措施及植被的优选，当前岸坡的防渗主要采取土体灌浆、岸坡表面防水等措施，这对传统的边坡治理是有效的，但在结合生态植被后该措施就直接影响植物的生长，因此在结构耐久方面，不仅需要加强护岸工程本身的强度、设计形式，还要考虑植被的选种、防渗技术的优化。

3.3 植被生长困难

当前对护坡进行生态化治理所采用的植物大多是统一采购容易获取的植物，并未充分考虑移植植被与周边生态系统的协调性，会造成植物死亡、腐烂、物种入侵等情况，植被无法长期存活，轻者会造成河道水体污染，严重时会破坏河道水生态系统，可能产生更为复杂难处理的水污染、环境治理问题。

堤岸生态化改造所用到的植物应该坚持因地制宜的原则，充分考虑当地气候、水情综合环境情况，并不应与当地其他生态植物相冲突[14]，尽可能以本土植物为主，避免发生物种入侵的风险[15]。综合考察选用成活率、固碳率较高，净化功能强的植物或组合植物，确保植被可以长期存活，发挥生态修复功能。

4 结论与展望

本文结合幸福河湖建设理念，结合防洪安全和景观设计的思路，总结出4种适用于幸福河湖建设过程中的堤岸生态化建设及改造形式：生态化改造型堤防、花阶复式堤岸、步级复式段堤防堤岸、直立式复式堤岸。4种形式分别适用于局部改造、滨水公园、环湖公路、沿河碧道不同的场景。

传统的河湖堤岸建设仅考虑防洪安全，在幸福河湖背景下河湖生态系统的发展有一定的制约，未来需要本着防洪与景观一体的综合设计理念进行河湖系统的治理。现状河湖堤岸治理存在形式单一、结构耐久性不足、植被生长困难等制约性问题，未来需要通过水利工程、环境工程、生态工程多学科交叉研究，针对河湖的水情、气候等自然条件，因地制宜地优化护岸结构、优化植被选种、构建局部河湖生态系统，维护河湖防洪安全，使生态系统可持续发展。

参考文献

[1] 唐克旺. 对“幸福河”概念及评价方法的思考［J］. 中国水利，2020（6）：15-16.

[2] 李国英. 强化河湖长制，建设幸福河湖［J］. 中国水利，2021（23）：1-2.

[3] 陈茂山，王建平，乔根平. 关于“幸福河”内涵及评价指标体系的认识与思考［J］. 水利发展研究，2020，20（1）：3-5.

[4] 王杉，王静，李娜，等. 河湖幸福指数：安澜之河评价研究［J］. 中国水利水电科学研究院学报（中英文），2024，22（5）：457-465.

[5] 赵建军. 建设幸福河湖 实现人水和谐共生［J］. 中国水利，2020（6）：11-12.

[6] 曹喜翰. 生态护坡技术在河道治理中的应用研究［J］. 价值工程，2022，41（4）：110-112.

[7] 李晋鹏，宣昊，王学霞，等. 长江深水航道整治生态护岸工程实施效果综合评估［J］. 人民长江，2022，53（10）：211-217.

[8] 徐芳，岳红艳. 生态型护岸及其发展前景［J］. 重庆交通学院学报，2005，24（5）：148-150.

[9] 刘黎明，邱卫民，许文年，等. 传统护坡与生态护坡比较与分析［J］. 三峡大学学报（自然科学版），2007，29（6）：528-532.

[10] 魏立鹏．长江河道生态护岸技术探讨［J］．工程建设与设计，2021（15）：64-66.
[11] 陈丙法，黄蔚，陈开宁，等．河道生态护岸的研究进展［J］．环境工程，2018，36（3）：74-77.
[12] 王文君，黄道明．国内外河流生态修复研究进展［J］．水生态学杂志，2012，33（4）：142-146.
[13] 向毅．基于 AHP-TOPSIS 的生态护岸评价模型及应用［D］．长沙：长沙理工大学，2020.
[14] 马以超，王鑫．平原生态河道设计思路［J］．浙江水利水电专科学校学报，2008，20（1）：48-52.
[15] 刘优，龙翔宇，杨帆．城市河道生态治理与修复措施研究［J］．陕西水利，2023（3）：98-99.

三峡水库2024年生态调度试验效果评估

林　枭[1]　白凤朋[1]　任玉峰[2]　马一鸣[2]　张　鋆[1]

（1. 长江水资源保护科学研究所，湖北武汉　430051；
2. 中国长江电力股份有限公司，湖北宜昌　443000）

摘　要：为评估2024年三峡水库生态调度试验对下游四大家鱼产卵生境的影响，基于作者团队开发的“金下–三峡梯级水库联合调度模型库”，构建了三峡水库下游江段的四大家鱼产卵生境质量评估模型，实现了对生态调度期间鱼类产卵生境变化的准确评估。结果显示，2024年6月生态调度期间，研究江段约60%区域的鱼类产卵综合适宜度指数明显升高，产卵综合适宜面积占江段总面积的比例由35.06%增加至63.12%，适宜产卵的生境面积大幅增加。研究表明，2024年三峡水库的生态调度试验对下游鱼类产卵生境有明显改善效果。

关键词：三峡水库；生态调度；四大家鱼；适宜度指数

1　研究背景

当前社会发展背景下，水利工程的建设在全国得到广泛推广和应用，极大地促进了地区防洪、发电、灌溉和航运等能力的提升，但也在一定程度上改变了下游河道的生态环境。水库蓄水后，下游河道的水文、水动力条件发生变化，改变了下游鱼类栖息地的面积和质量，进而影响鱼类的正常生长和产卵繁殖[1-2]。为缓解水利工程对下游鱼类生境的不利影响，国内外学者开展了大量研究，控制上游水库实施生态调度是当前的研究热点，即通过改变上游水库下泄流量，形成人造洪峰，为下游鱼类营造出适宜产卵的水文、水动力条件[3-4]。2011年以来，三峡水库开展了多次以促进产漂流性卵鱼类繁殖为主的人造洪峰生态调度试验，有效改善了下游鱼类产卵繁殖的生境条件[5-6]。

为评估生态调度对下游鱼类产卵生境的改善效果，通常可采用构建数学模型的方式，模拟生态调度前后下游河道水动力条件的变化情况；同时结合主要水文水动力生境因子的鱼类产卵适宜度曲线，计算分析下游河道鱼类产卵适宜度的时空变化，实现对鱼类产卵适宜生境位置和面积变化的准确评估[7-9]。

本文基于长江水资源保护科学研究所和中国长江电力股份有限公司联合开发的“金下–三峡梯级水库联合调度模型库”，在三峡水库下游的葛洲坝坝址至枝江江段范围内，构建了耦合二维水动力–水温模型和四大家鱼生境因子适宜度曲线的鱼类产卵生境质量评估模型，模拟分析三峡水库生态调度对下游江段四大家鱼产卵栖息地生境的影响，实现对三峡水库生态调度试验效果的量化评估。

2　材料与方法

2.1　研究区域

长江中游宜昌至洞庭湖城陵矶江段有四大家鱼产卵场11处[10]，其中葛洲坝下游至枝江江段分布有4处，分别为胭脂坝、虎牙滩、宜都和枝城产卵场（见图1）[11]。该江段产卵场距离三峡–葛洲坝

基金项目：绿色流域构建指标体系与评价方法（2023YFC3205600）。

作者简介：林枭（1995—），男，工程师，主要从事流域水生态环境研究工作。
通信作者：白凤朋（1989—），男，高级工程师，主要从事流域水生态环境研究工作。

梯级水库最近，受三峡水库生态调度的影响最为明显，因此选择葛洲坝坝址至枝江 90 km 江段作为研究区域。

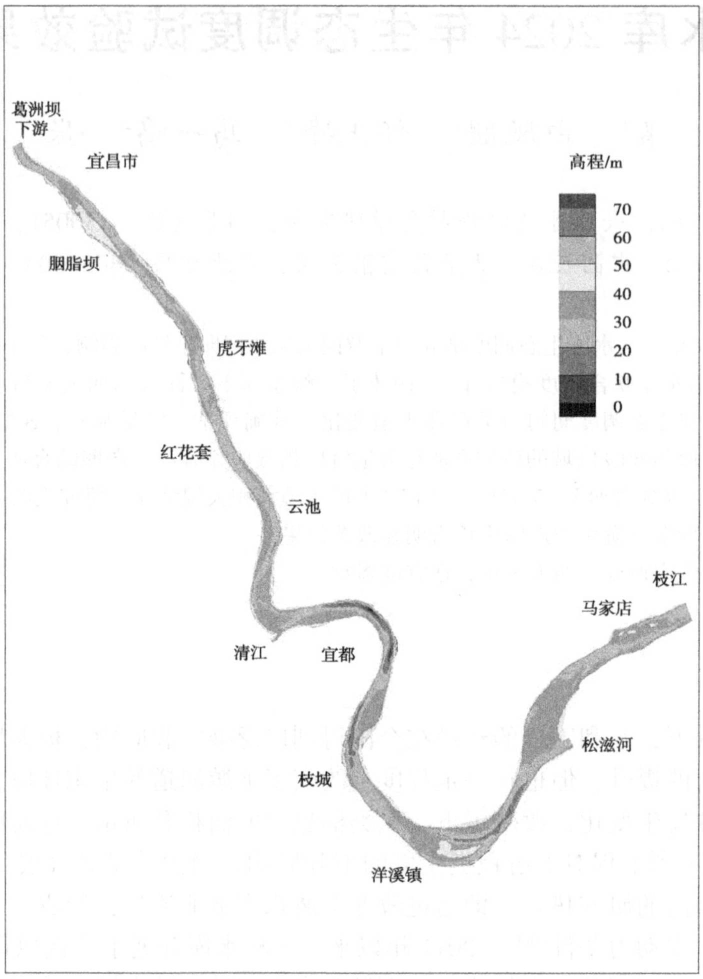

图 1 研究区域

2.2 研究方法

基于长江水资源保护科学研究所和中国长江电力股份有限公司联合开发的“金下-三峡梯级水库联合调度模型库”中的“生态调度模型”，评估 2024 年 6 月三峡水库生态调度试验对下游江段四大家鱼产卵生境的改善效果。

该模型为耦合了平面二维水动力-水温数学模型和鱼类产卵栖息地适宜度曲线的鱼类产卵生境质量评估模型。根据三峡水库的运行调度方案和研究区域内主要支流、水文站点的实测数据，计算研究区域内的水文、水动力时空分布。结合水温、流速、水深和水位变幅 4 个鱼类产卵重要生境因子的适宜度曲线，计算研究区域内产卵综合适宜度指数的时空分布；结合模型网格面积，计算研究区域内的产卵综合适宜面积和产卵生境等级占比。

2.2.1 平面二维水动力-水温数学模型

基于有限体积 Godunov 格式构建了葛洲坝坝址至枝江江段的平面二维水动力-水温数学模型，共划分非结构三角形网格 10 230 个，运用 HLLC 近似黎曼算子进行数值求解。模型控制方程及详细求解过程参考作者团队 2023 年三峡生态调度研究成果[9-12]。

采用 2024 年 6 月宜昌水文站实测水位数据对水动力模型进行验证，如表 1 所示。结果表明，宜昌站水位平均绝对误差为 0.13 m，最大绝对误差为 0.20 m，模型计算值与实测值吻合较好。

表 1　模型验证

时间（年-月-日）	实测水位/m	模拟水位/m	绝对误差/m
2024-06-15	41.66	41.75	0.09
2024-06-16	42.29	42.19	-0.10
2024-06-17	42.92	42.72	-0.20
2024-06-18	44.01	44.10	0.09
2024-06-19	44.46	44.31	-0.15
2024-06-20	44.85	45.03	0.18
2024-06-21	45.31	45.21	-0.10

2.2.2　鱼类产卵栖息地适宜度曲线

研究表明，四大家鱼产卵繁殖受栖息地的水文、水动力等条件影响较大，主要表现在水位涨落、水温、水深和流速等方面[13-14]。四大家鱼几乎只在涨水期产卵，鱼卵和鱼苗需要一定的流速才能漂浮；水深和流速也综合反映了鱼类栖息地内深潭、回水区及沼泽地的分布和比例；水温对鱼类产卵繁殖极其重要，宜昌江段每年四大家鱼繁殖季节为 4 月末至 7 月初，产卵盛期水温为 21～24 ℃，水温低于 18 ℃则繁殖活动被迫终止[15-16]。

为研究水库生态调度对下游江段鱼类产卵生境的改善效果，本文选取水温、流速、水深和水位变幅四大重要生境因子，参考国内学者现有研究成果，构建四大家鱼产卵生境的适宜度曲线，如图 2 所示[16-18]。适宜度曲线以 0、1 为界表示四大家鱼对此生境因子的适宜程度，越接近于 1 表示适宜度越好。其中，最适宜四大家鱼产卵的水位涨幅大于或等于 0.25 m，水深为 3～12 m，流速为 0.6～1.3 m/s，水温为 21～24 ℃。

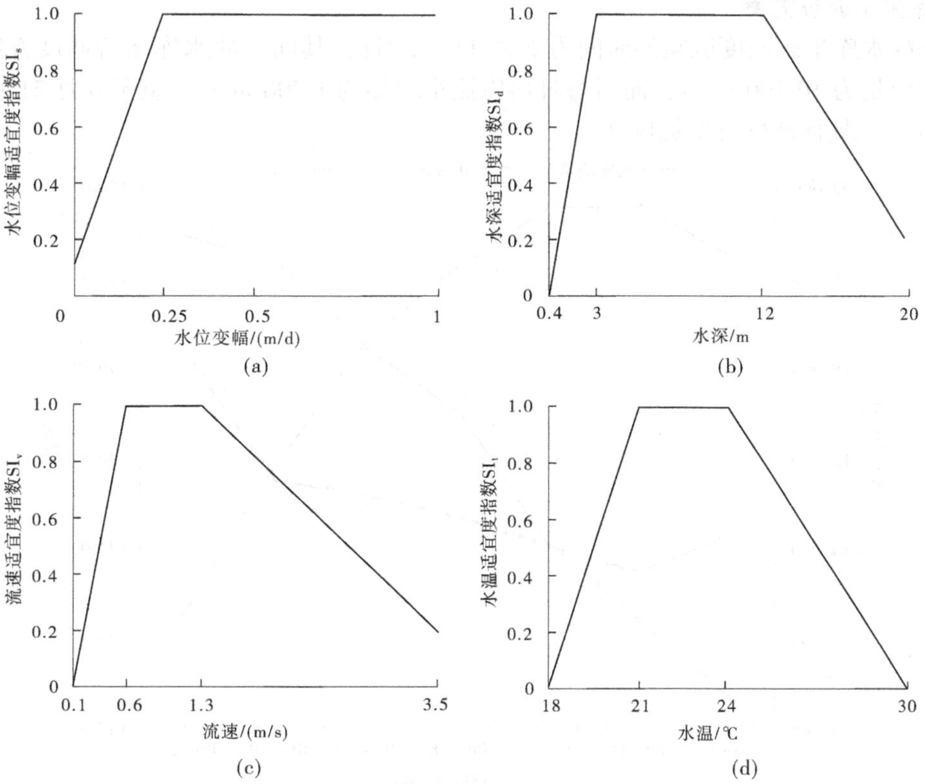

图 2　四大家鱼产卵栖息地适宜度曲线

2.2.3 评估指标

2.2.3.1 产卵综合适宜度指数

根据水动力-水温数学模型模拟结果，结合四大主要生境因子的适宜度曲线，计算模型各网格的鱼类产卵综合适宜度指数（HSI）。

当任意一项生境因子的适宜度为零时，鱼类无法正常产卵繁殖，产卵综合适宜度指数（HSI）也为零。因此，可采用几何平均的方法计算鱼类产卵综合适宜度指数，表达式如下：

$$HSI = (SI_s \times SI_d \times SI_v \times SI_t)^{1/4} \tag{1}$$

式中：SI_s 为水位变幅适宜度指数；SI_d 为水深适宜度指数；SI_v 为流速适宜度指数；SI_t 为水温适宜度指数。

2.2.3.2 产卵综合适宜面积

根据模型各网格的鱼类产卵综合适宜度（HSI）计算结果，结合各网格面积，采用加权平均的方法计算研究江段的产卵适宜度面积 WUA（加权可用面积），以此评价鱼类产卵栖息地的生境质量。产卵适宜度面积（WUA）计算如下：

$$WUA = \sum_{i=1}^{n} HSI_i \cdot A_i \tag{2}$$

式中：HSI_i 为模型中网格 i 的鱼类产卵综合适宜度（HSI）计算值；A_i 为模型中网格 i 的面积，m^2。

2.2.3.3 产卵生境等级占比

研究表明，在产卵综合适宜度指数 HSI<0.2 的区域，鱼类无法正常生存；HSI≥0.6 的区域较适合鱼类生存[19]。因此，可根据产卵综合适宜度指数 HSI 将产卵生境划分为生境崩溃（0≤HSI<0.2）、不适宜生境（0.2≤HSI<0.6）和适宜生境（0.6≤HSI≤1.0）3 个等级。

根据模型中各时刻各网格 HSI 的计算成果，结合模型的网格面积，统计各时刻计算范围内各产卵生境等级的网格面积，计算各时刻 3 个产卵生境等级面积分别占河道总面积的比例，分析生态调度前后河道产卵生境等级占比的变化趋势。

2.3 三峡水库生态调度方案

2024 年三峡水库生态调度试验的时间为 6 月 15—21 日，其间三峡水库运行调度方案如下：6 月 15 日三峡出库流量为 10 700 m^3/s，而后每日出库流量增加约 1 700 m^3/s，直至 6 月 21 日三峡出库流量达 20 900 m^3/s，具体调度方案见图 3。

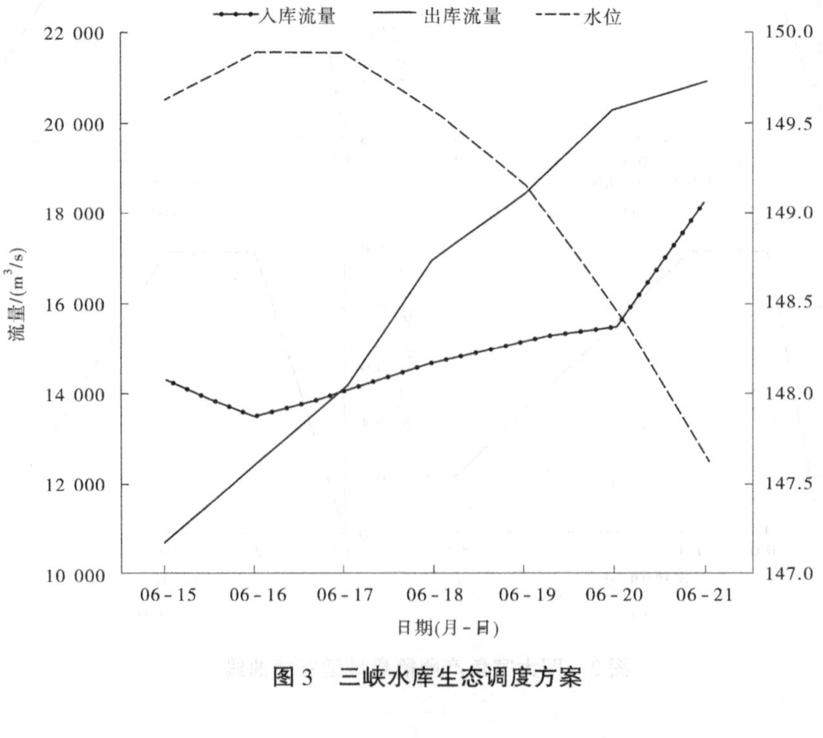

图 3 三峡水库生态调度方案

项目组开发的“金下-三峡梯级水库联合调度模型库”中，“葛洲坝至枝江江段生态调度模型”的进口边界为三峡水库出库流量，出口边界为马家店水位站实测水位，研究江段内有清江汇入以及松滋河流出，如表 2 所示。

表 2　三峡水库生态调度水动力模型边界条件

日期（年-月-日）	三峡水库出库流量/(m^3/s)	清江流量/(m^3/s)	松滋河流量/(m^3/s)	马家店水位/m	宜昌站水温/℃
2024-06-15	10 700	249	565	34. 96	23. 66
2024-06-16	12 400	253	641	35. 23	23. 45
2024-06-17	14 100	254	815	35. 74	23. 42
2024-06-18	17 000	397	1194	36. 66	23. 33
2024-06-19	18 400	375	1 490	37. 31	23. 23
2024-06-20	20 300	310	1 636	37. 72	23. 17
2024-06-21	20 900	135	1 861	38. 22	23. 03

3　结果与分析

3.1　四大家鱼产卵综合适宜度指数变化

根据生态调度模型计算结果，绘制四大家鱼产卵综合适宜度指数时空分布图，如图 4 所示。模拟结果表明，生态调度第一天（6 月 15 日），由于三峡水库出库流量较小，下游河道水文、水动力条件尚未达到鱼类产卵的适宜条件，研究范围内平均产卵综合适宜度指数（HSI）仅为 0. 4。随着出库流量的增大，下游河道水温、水动力条件有所改善，四大家鱼产卵综合适宜度指数在河道的不同区域均有所升高，生态调度第二天研究范围内平均产卵综合适宜度指数（HSI）迅速升至 0. 6。

随着三峡水库出库流量持续增大，适宜四大家鱼的产卵位置逐步向下游枝城和枝江江段移动，生态调度中后期（6 月 17—21 日），研究江段内平均产卵综合适宜度指数（HSI）维持在 0. 8 的较高水平。

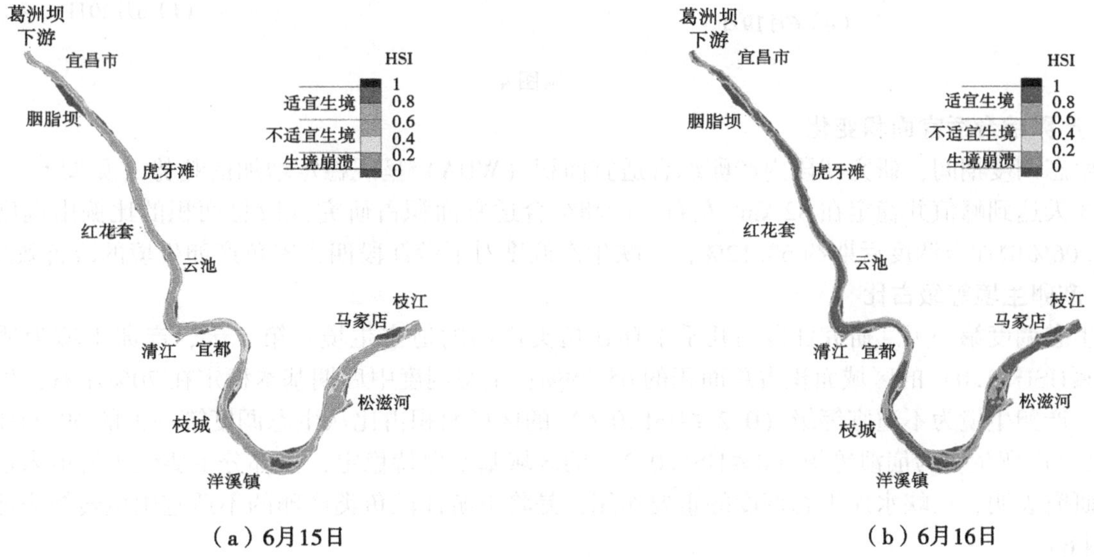

图 4　四大家鱼产卵综合适宜度指数时空分布

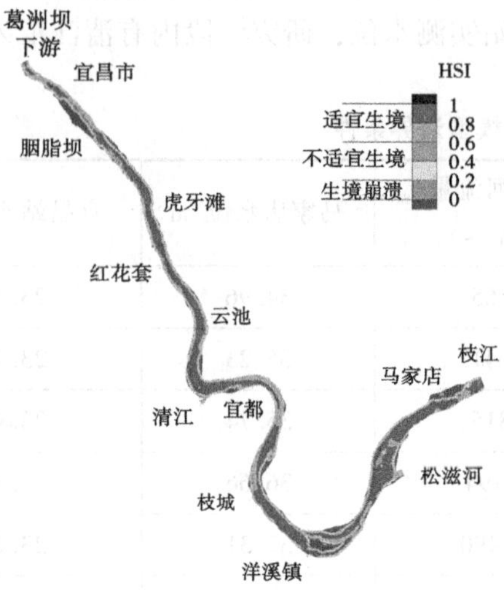

（c）6月17日

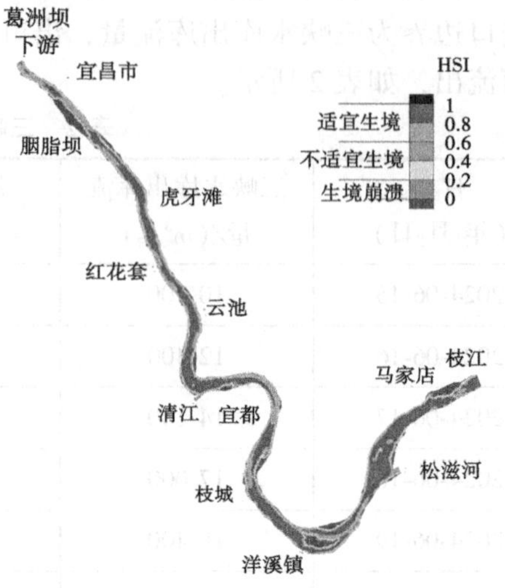

（d）6月18日

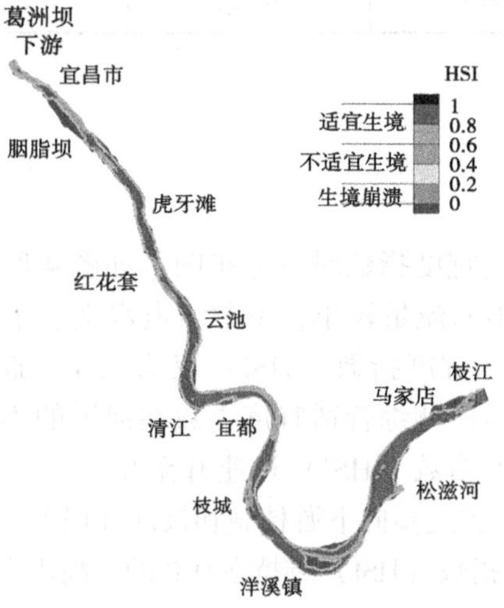

（e）6月19日

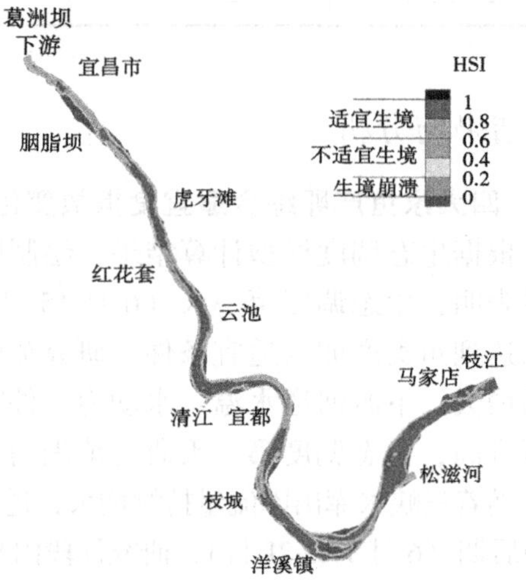

（f）6月20日

续图 4

3.2 产卵综合适宜面积变化

生态调度期间，研究江段内产卵综合适宜面积（WUA）呈现稳定增加的趋势（见图 5），生态调度第 3 天达到峰值并稳定在 82 km^2 左右。产卵综合适宜面积占研究江段总面积的比例由调度第一天的 35.06%增加至调度后期约 63.12%，三峡生态调度对下游江段四大家鱼产卵生境的改善效果显著。

3.3 产卵生境等级占比

生态调度第一天，研究江段内几乎不存在鱼类产卵的适宜生境；第二天，产卵生境为适宜等级（0.6≤HSI≤1.0）的区域面积占总面积的 65.79%；生态调度中后期基本稳定在 70%左右，生境质量良好。产卵生境为不适宜等级（0.2≤HSI<0.6）的区域面积占比从生态调度第一天的 69.11%下降至约 1%。产卵生境为崩溃等级（0≤HSI<0.2）的区域基本保持稳定，该部分主要位于河道未过水的区域。研究表明，三峡水库生态调度的重要作用，是将下游江段鱼类产卵的不适宜生境转换为适宜生境（见图 6）。

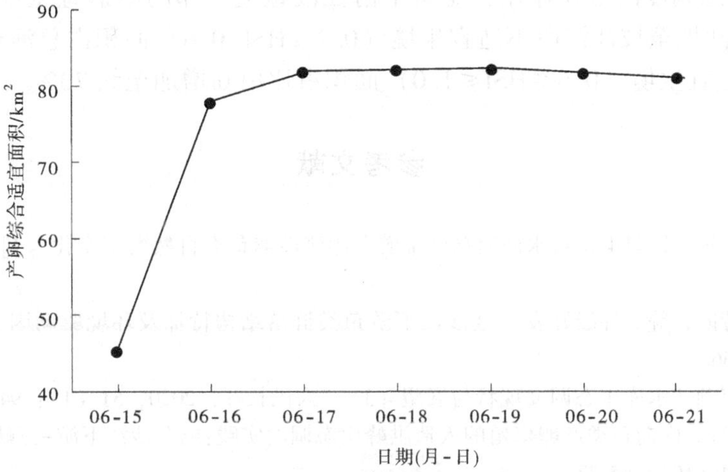

图 5　产卵综合适宜面积变化趋势

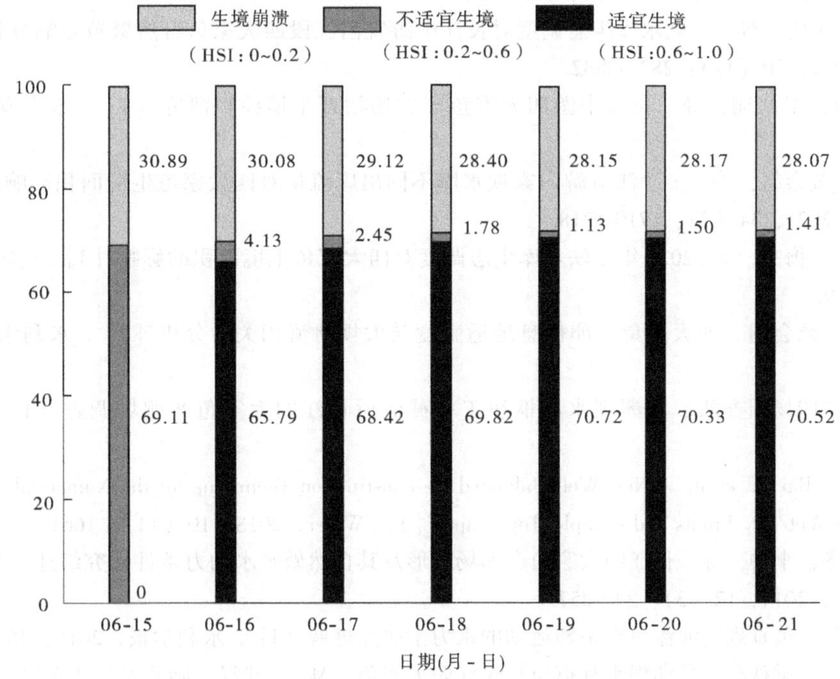

图 6　产卵适宜等级面积占比图

4　结论

（1）长江水资源保护科学研究所和中国长江电力股份有限公司联合开发的“金下-三峡梯级水库联合调度模型库”中的“生态调度模型”，通过耦合平面二维水动力-水温数学模型和 4 个鱼类产卵重要生境因子（水位变幅、水深、流速、水温）的适宜度曲线，建立了鱼类产卵生境质量评估模型，实现了对鱼类产卵综合适宜度指数（HSI）时空分布的精细化模拟；通过计算分析鱼类产卵综合适宜面积和产卵生境等级占比，实现了对鱼类产卵生境变化的准确评估。

（2）2024 年 6 月三峡水库生态调度显著改善了下游江段四大家鱼的产卵生境质量。葛洲坝至枝江江段约 60%区域的产卵综合适宜度指数（HSI）明显升高，江段平均产卵综合适宜度指数由 0.4 增加至 0.8；产卵综合适宜面积占研究江段总面积的比例由调度第一天的 35.06%增加至调度后期约 63.12%，最大产卵综合适宜面积可达 82.31 km^2。

（3）三峡水库生态调度的重要作用，是将下游江段鱼类产卵的不适宜生境转换为适宜生境。本次生态调度期间，葛洲坝至枝江江段不适宜生境（0.2≤HSI<0.6）面积占总河道面积比例从69.11%下降至约1%，同时适宜生境（0.6≤HSI≤1.0）面积占比由0增加至约70%。

参考文献

[1] 徐薇，杨志，万力，等．银盘电站蓄水前后乌江下游产漂流性卵鱼类自然繁殖变化［J］．水生态学杂志，2019，40（6）：8-15.

[2] 屈霄，郭传波，熊芳园，等．梯级开发下金沙江下游鱼类群落结构特征及环境驱动因子［J］．水生态学杂志，2020，41（6）：46-56.

[3] 陈志刚，程琳，陈宇顺．水库生态调度现状与展望［J］．人民长江，2020，51（1）：94-103，123.

[4] 龚文婷,李帅,姜伟,等．面向鱼类产卵繁殖的人造洪峰生态调度实践:以金沙江下游-三峡梯级水库为例[J]．中国农村水利水电，2024（10）：65-72.

[5] 徐薇，金瑶，陈桂亚，等．三峡水库十年生态调度（2011—2020年）期间下游沙市江段产漂流性卵鱼类自然繁殖变化［J］．湖泊科学，2023，35（5）：1729-1740.

[6] 李博，郜星晨，黄涛，等．三峡水库生态调度对长江中游宜昌江段四大家鱼自然繁殖影响分析［J］．长江流域资源与环境，2021，30（12）：2873-2882.

[7] 郭文献，谷红梅，王鸿翔，等．长江中游四大家鱼产卵场物理生境模拟研究［J］．水力发电学报，2011，30（5）：68-72，79.

[8] 戴凌全，王煜，戴会超，等．金沙江下游向家坝水库不同出库流量对四大家鱼生境面积影响的定量分析［J］．环境科学研究，2021，34（7）：1710-1718.

[9] 白凤朋，任玉峰，梅杰，等．2023年三峡水库生态调度对四大家鱼生境面积的影响［J］．水生态学杂志，2024，45（1）：112-119.

[10] 王煜，唐梦君，戴会超．四大家鱼产卵栖息地适宜度与大坝泄流相关性分析［J］．水利水电技术，2016，47（1）：107-112.

[11] 长江四大家鱼产卵场调查队．葛洲坝水利枢纽工程截流后长江四大家鱼产卵场调查［J］．水产学报，1982（4）：287-305.

[12] Zhu Z，Yang Z，Bai F，et al. A New Well-Balanced Re-construction Technique for the Numerical Simulation of Shallow Water Flows with Wet/Dry Fronts and ComplexTopography［J］. Water，2018，10（11）：1661.

[13] 柏海霞，彭期冬，李翀，等．长江四大家鱼产卵场地形及其自然繁殖水动力条件研究综述［J］．中国水利水电科学研究院学报，2014，12（3）：249-257.

[14] 林俊强，彭期冬，黄真理．河流鱼类鱼卵运动的水力学研究进展［J］．水利学报，2015，46（7）：869-876.

[15] 易伯鲁，余志堂，梁秩燊．葛洲坝水利枢纽与长江四大家鱼［M］．武汉：湖北科学技术出版社，1988.

[16] 易雨君，乐世华．长江四大家鱼产卵场的栖息地适宜度模型方程［J］．应用基础与工程科学学报，2011，19（增刊）：117-122.

[17] 李建，夏自强．基于物理栖息地模拟的长江中游生态流量研究［J］．水利学报，2011，42（6）：678-684.

[18] 李建，夏自强，戴会超，等．三峡初期蓄水对典型鱼类栖息地适宜性的影响［J］．水利学报，2013，44（8）：892-900.

[19] 夏继红，秦如照，窦传彬，等．中小河流鱼类生境适宜性评估模型与等级分区［J］．水利水电科技进展，2022，42（3）：9-13，31.

茂名市近岸海域浮游植物优势种的生态位特征及种间联结性研究

李青峰[1]　翁新华[1]　张学林[1]　何　瑞[2]

（1. 广州珠科院工程勘察设计有限公司，广东广州　510610；
2. 珠江水利委员会珠江水利科学研究院，广东广州　510611）

摘　要：本文研究了茂名市近岸海域夏、秋季浮游植物优势种的生态位宽度和种间联结性。定量分析夏季和秋季浮游植物优势种的生态位宽度、生态位重叠值和种间联结性，结果表明夏季浮游植物优势种的生态位宽度较大，生态位重叠值较低，种间联结性较弱，主要表现为独立生长模式；秋季浮游植物优势种的生态位宽度较小，生态位重叠值较高，种间联结性显著增强，显示出较强的竞争和协同作用。研究结果揭示了茂名市近岸海域浮游植物群落结构的季节动态，为理解浮游植物在不同季节下的生态适应和种间关系提供了重要依据，对近岸海域生态环境的保护和管理具有重要意义。

关键词：茂名；浮游植物；优势种；生态位；种间联结

生态位理论作为理解物种共存、分布及其环境适应性的核心概念之一，对于解释物种丰富度和分布模式具有重要意义[1-2]。通过分析物种的生态位宽度和生态位重叠值，可以揭示物种在特定生境中的竞争能力及其与其他物种的相互关系[3-4]。种间关系，特别是竞争和捕食，是驱动群落结构变化的主要因素[3]。物种生态位不仅反映了物种利用资源的广度，还与其在生境中的分布密切相关[5]。

浮游植物作为水生态系统的主要初级生产者，在维持水生态系统的能量流动、物质循环和信息传递中发挥着关键作用[6-7]。由于其生命周期短、对环境变化敏感，浮游植物被广泛用于评估水体健康状况[8]。研究浮游植物的生态位和种间关系，有助于理解其对环境因子的响应以及在生态系统中的功能地位[9]。

茂名市近岸海域位于中国南海沿岸，受海洋和陆地交互作用的影响，生态环境复杂且多变。近岸海域的水生态系统对外界干扰极为敏感，尤其是受到人类活动的影响，如渔业捕捞、岸线开发和海洋污染等。这些活动不仅改变了海域的水文特征，还对水生生物的生存环境构成威胁[10]。由于茂名市近岸海域独特的地理环境和生态特点，研究这一区域浮游植物的群落结构、优势种生态位及其种间联结性，具有重要的科学价值和实际意义[11]。国内外学者对浮游植物的研究已取得了大量成果，尤其是在群落结构、生态位宽度和生态位重叠等方面[12-14]。然而，现有研究多集中于大规模的河口区或特定的海域，针对茂名市近岸海域浮游植物群落的系统性研究尚不充分。特别是同步研究浮游植物的生态位和种间联结性方面的工作仍较为欠缺[15]。

本文以夏、秋季茂名市近岸海域的浮游植物为研究对象，系统分析其优势种生态位和种间联结性，并探讨这些优势种与环境因子之间的关系。研究内容包括：① 浮游植物优势种的生态位宽度分

基金项目：国家科技基础资源调查专项（2019FY101900）。
作者简介：李青峰（1988—），男，工程师，主要从事水文分析、水动力水环境数值模拟研究等工作。
通信作者：何瑞（1987—），男，高级工程师，主要从事浮游植物生理生态研究工作。

析，揭示其在不同生境中的资源利用能力和适应性；②浮游植物优势种的生态位重叠值分析，探讨种间竞争与共存关系；③浮游植物优势种的种间联结性分析，了解种间相互作用对群落结构的影响。通过这些研究，旨在深入了解茂名市近岸海域浮游植物群落的生态特征，揭示优势种在不同季节的生态适应性和功能地位，为进一步研究该区域生态系统的稳定性和管理提供基础数据与科学依据。

1 材料与方法

1.1 样点设置与取样时间

该研究于 2019 年 6 月和 9 月在茂名市近岸海域水域的 12 个固定地点进行（见图 1）。

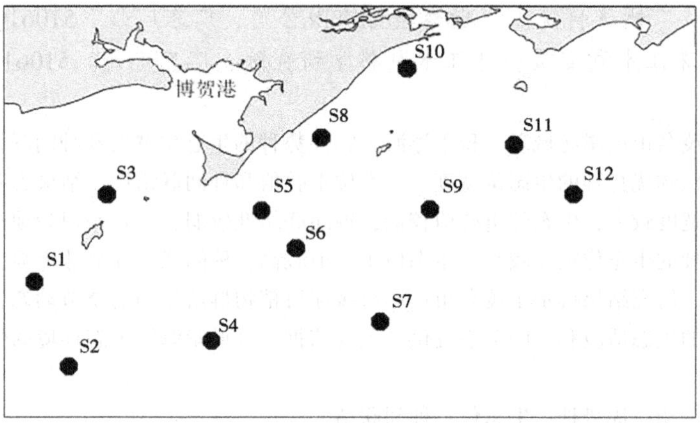

图 1 茂名海域采样站位示意图

1.2 取样方法

浮游植物采样按照《海洋调查规范 第 6 部分：海洋生物调查》（GB/T 12763.6—2007）[16] 进行，采样工具为浅水Ⅲ型浮游生物网（网口直径为 37 cm，网口面积为 0.1 m^2，网身长 140 cm，网目为 77 μm），采样方式为在每个调查站位自底层至表层垂直拖网 1 次。样品用甲醛溶液固定和保存（终质量分数为 5%）。静置 48 h 后，吸去上清液，实验室内浮游植物样品经浓缩，从浓缩水样中吸取 0.1 mL 置于 10 mm×10 mm 的浮游生物计数框中，在 10×40 倍光镜下计数并换算成单位体积水体中浮游植物密度，单位为个/m^3。

1.3 数据处理和分析

1.3.1 优势种

优势种采用优势度指数[17]（Y）确定，计算公式为

$$Y = \frac{n_i f_i}{N} \tag{1}$$

式中：n_i 为第 i 种的总个体数；f_i 为该种在各样品中出现的频率；N 为全部样品中的总个体数。

将优势度（Y）≥0.02 的物种判定为优势种，$Y>0.1$ 则为绝对优势种[18]。

1.3.2 生态位宽度

生态位宽度（B_i）采用 Clowell 等加权修正的 Levins 指数[19]，计算公式为

$$B_i = \frac{1}{r\sum_{j=1}^{r} P_{ij}^2} \tag{2}$$

式中：B_i 为物种的生态位宽度；P_{ij} 为物种 i 在第 j 个样点的个体数占该种所有个体数的比例，$P_i = N_{ij}/N_i$，i 为物种，j 为资源（季节或样点），N_{ij} 为种群 i 在季节或样点 j 的数量，N_i 为种群 i 的总数量；r 为采样点数。

1.3.3 生态位重叠与生态相应速率

生态位重叠（O_{ik}）指数选用 Pianka 指数[20]，计算公式为

$$O_{ik} = \frac{\sum_{j=1}^{N}(P_{ij} \cdot P_{kj})}{\sqrt{\sum_{j=1}^{N} P_{ij}^2 \cdot \sum_{j=1}^{N} P_{kj}^2}} \tag{3}$$

$$\Delta O_{ik} = \sum_{k=1} O_{ik} - \sum_{i=1} O_{ik} \tag{4}$$

$$R = \frac{B_i}{\Delta O_{ik}} \tag{5}$$

式中：O_{ik} 为物种 i 与物种 k 的生态位重叠指数，取值范围为［0，1］；P_{ij} 为物种 i 利用资源状态 j（季节或样点）的个体数占该种个体总数的比例；P_{kj} 为物种 k 利用资源状态 j（季节或站位）的个体数占该种个体总数的比例；ΔO_{ik} 为相对占有资源量；R 为生态响应速率。

当 $O_{ik}>0.3$ 时，种对之间生态位的重叠有意义；当 $O_{ik}>0.6$ 时，种对有显著的生态位重叠[21]。当 $i=k$ 时，$\Delta O_{ik}>0$，表明该种处于发展期；$\Delta O_{ik}<0$，表明该种处于衰退期；$\Delta O_{ik}=0$，表明该种为中性。

1.3.4 种间联结性

本文采用方差比率法（variance ratio，VR）对总体关联性进行测定，结合 χ^2 检验定性判定种间联结性。总体关联性用方差比率法[22] 计算，计算公式为

$$\sigma_T^2 = \sum_{i=1}^{S} P(1 - P_i)^2 \tag{6}$$

$$P_i = \frac{n_i}{N} \tag{7}$$

$$S_T^2 = \frac{1}{N}\sum_{j=1}^{N}(T_j - t)^2 \tag{8}$$

$$\mathrm{VR} = \frac{S_T^2}{\sigma_T^2} \tag{9}$$

式中：S 为浮游植物优势种总种数；N 为样方总数；n_i 为物种 i 出现的样方数；T_j 为样方 j 内出现的浮游植物优势种数；t 为样方中物种数的平均数，$t=(T_1+T_2+\cdots+T_n)/N$；σ_T^2 为所有采样点物种数的方差；S_T^2 为总种数出现频度的方差。

当 VR=1 时，符合所有物种无关联的零假设；当 VR<1 时，物种间总体为负协变关系；当 VR>1 时，物种间总体为正协变关系。采用统计量 $W=\mathrm{VR}\times N$ 检验 VR 值偏离 1 的显著程度。如果物种间总体无关联，则 $\chi^2_{0.95N}<W<\chi^2_{0.05N}$ 的概率有 90%。基于 2×2 列联表，应用 Yates 连续校正法进行 χ^2 卡方检验，若 $\chi^2<3.841$（$p>0.05$），表示物种间无显著关联性；若 $3.841\leqslant\chi^2\leqslant6.635$（$0.01\leqslant p\leqslant0.05$），表示物种间关联显著；若 $\chi^2>6.635$（$p<0.01$），表示物种间关联性极显著。

1.3.5 数据统计和处理分析

采用 ArcGIS10.8 软件绘制样点图，其余分析均在 R 语言环境中完成。

2 结果与分析

2.1 浮游植物优势种

茂名市近岸海域 12 个定量采样样品中，共鉴定浮游植物 5 门 34 属 65 种。其中，优势种 16 个，菱形海线藻为夏季绝对优势种，平均密度达到 5.59 万 cells/m^3；窄隙角毛藻和远距角毛藻为秋季绝对优势种，平均密度分别为 74.96 万 cells/m^3 和 141.69 万 cells/m^3。16 种优势种有 3 种在两个季节中均出现，分别是菱形海线藻、暹罗角毛藻、窄隙角毛藻（见表 1）。

表 1 茂名市近岸海域夏、秋季浮游植物优势种出现频率（f_i）及优势度指数（Y）

序号	优势种类	6月		9月	
		f_i	Y	f_i	Y
Sp1	菱形海线藻 *Thalassionema nitzschioides*	100	0.154	50	0.021
Sp2	佛氏海毛藻 *Thalassiothrix frauenfeldii*	91.67	0.087	—	—
Sp3	萎软几内亚藻 *Guinardia flaccida*	83.33	0.028	—	—
Sp4	密集海链藻 *Thalassiosiria condensata*	50	0.030	—	—
Sp5	膜状舟形藻 *Navicula membranacea*	58.33	0.051	—	—
Sp6	暹罗角毛藻 *Chaetoceros siamense*	66.67	0.061	91.67	0.089
Sp7	窄隙角毛藻 *Chaetoceros affinis*	41.67	0.052	91.67	0.104
Sp8	旋链角毛藻 *Chaetoceros curvisetus*	58.33	0.049	—	—
Sp9	远距角毛藻 *Chaetoceros distans*	—	—	75	0.113
Sp10	拟弯角毛藻 *Chaetoceros pseudocrinitus*	—	—	58.33	0.061
Sp11	皇冠角毛藻 *Chaetoceros diadema*	—	—	75.00	0.052
Sp12	垂缘角毛藻 *Chaetoceros laciniosus*	—	—	50	0.038
Sp13	短孢角毛藻 *Chaetoceros brevis*	—	—	33.33	0.028
Sp14	叉状角藻 *Ceratium furca*	91.67	0.026	—	—
Sp15	马西里斯角藻 *Ceratium massiliense*	—	—	83.33	0.020
Sp16	具尾鳍藻 *Dinophysis caudata*	100	0.052	—	—

2.2 茂名市近岸海域浮游植物优势种生态位

2.2.1 优势种生态位宽度

茂名市近岸海域夏、秋季浮游植物优势种生态位宽度如表 2 所示。其中，夏季浮游植物优势种的生态位变化范围为 0.21~0.77，生态位变化幅度较大，生态位宽度最大的是具尾鳍藻，生态位宽度最小的是膜状舟形藻；秋季浮游植物优势种的生态位变化范围为 0.14~0.52，生态位宽度最大的是马西里斯角藻，生态位宽度最小的是菱形海线藻和短孢角毛藻。

表 2 茂名近岸海域夏秋季浮游植物优势种生态位宽度（B_i）和丰度（A）

序号	优势种类	6月		9月	
		B_i	A/（万 cells/m^3）	B_i	A/（万 cells/m^3）
Sp1	菱形海线藻 *Thalassionema nitzschioides*	0.50	5.59	0.14	9.26
Sp2	佛氏海毛藻 *Thalassiothrix frauenfeldii*	0.48	3.16	—	—
Sp3	萎软几内亚藻 *Guinardia flaccida*	0.22	1.10	—	—
Sp4	密集海链藻 *Thalassiosiria condensata*	0.31	1.86	—	—
Sp5	膜状舟形藻 *Navicula membranacea*	0.21	2.95	—	—

续表 2

序号	优势种类	6月		9月	
		B_i	A/(万 cells/m^3)	B_i	A/(万 cells/m^3)
Sp6	暹罗角毛藻 *Chaetoceros siamense*	0. 29	3. 45	0. 27	59. 36
Sp7	窄隙角毛藻 *Chaetoceros affinis*	0. 33	4. 52	0. 31	74. 96
Sp8	旋链角毛藻 *Chaetoceros curvisetus*	0. 46	2. 76	—	—
Sp9	远距角毛藻 *Chaetoceros distans*	—	—	0. 33	141. 69
Sp10	拟弯角毛藻 *Chaetoceros pseudocrinitus*	—	—	0. 32	105. 11
Sp11	皇冠角毛藻 *Chaetoceros diadema*	—	—	0. 29	52. 28
Sp12	垂缘角毛藻 *Chaetoceros laciniosus*	—	—	0. 21	29. 83
Sp13	短孢角毛藻 *Chaetoceros brevis*	—	—	0. 14	89. 31
Sp14	叉状角藻 *Ceratium furca*	0. 57	0. 84	—	—
Sp15	马西里斯角藻 *Ceratium massiliense*	—	—	0. 52	5. 99
Sp16	具尾鳍藻 *Dinophysis caudata*	0. 77	1. 63	—	—

2. 2. 2　优势种生态位重叠值

茂名市近岸海域浮游植物优势种生态位重叠值如图 2 所示。夏、秋季 16 个优势种的生态位重叠值变化范围为 0. 01~0. 99。其中，夏季生态位重叠值变化范围为 0. 03~0. 87。浮游植物 10 个优势种的 45 对生态位重叠值中有 12 对生态位重叠值较高（O_{ik}>0. 6），占总对数的 26. 67%；有 17 对生态位重叠值低（0. 3< O_{ik}≤0. 6），占总对数的 37. 78%；有 16 对生态位重叠值较低（O_{ik}≤0. 3），占总对数的 35. 55%。秋季生态位重叠值变化范围为 0. 01~0. 99。浮游植物 9 个优势种的 36 对生态位重叠值中有 19 对生态位重叠值较高（O_{ik}>0. 6），占总对数的 52. 78%；有 10 对生态位重叠值低（0. 3<O_{ik}≤0. 6），占总对数的 27. 78%；有 7 对生态位重叠值较低（O_{ik}≤0. 3），占总对数的 19. 44%。夏秋季浮游植物优势种生态位重叠程度为秋季>夏季。

2. 2. 3　优势种生态响应速率

茂名市近岸海域浮游植物优势种相对资源占用量（ΔO_{ik}）和响应速率（R）如表 3 所示。夏季膜状舟形藻有最大的负 ΔO_{ik}，表明膜状舟形藻属于衰退型且衰退空间最大，具尾鳍藻具有最大的正 ΔO_{ik}，表明具尾鳍藻属于发展性且发展空间最大，与其他优势种在资源利用上有竞争优势。秋季菱形海线藻有最大的负 ΔO_{ik}，拟弯角毛藻具有最大的正 ΔO_{ik}。夏季萎软几内亚藻的发展趋势较为强烈（R=1. 21），佛氏海毛藻的发展趋势较弱（R=0. 04）；菱形海线藻的衰退趋势较为强烈（R=−1. 57），膜状舟形藻的衰退趋势较弱（R=−0. 01）。秋季马西里斯角藻的发展趋势较为强烈（R=0. 07），远距角毛藻和拟弯角毛藻的发展趋势较弱（R=0. 03）；菱形海线藻和短孢角毛藻的衰退趋势较弱（R=−0. 01）。

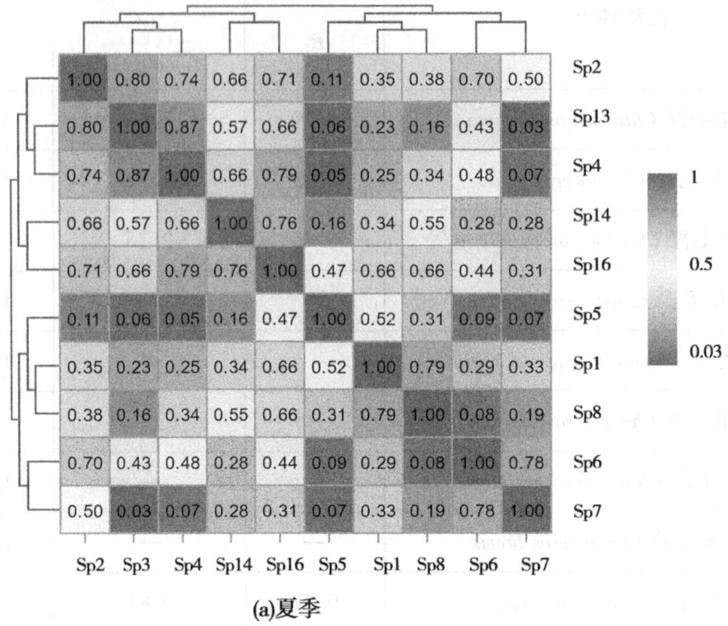

图 2　茂名市近岸海域浮游植物优势种生态位重叠值

表 3　茂名市近岸海域浮游植物优势种相对资源占用量（ΔO_{ik}）和响应速率（R）

优势种类	6月			9月		
	ΔO_{ik}	R	状态	ΔO_{ik}	R	状态
菱形海线藻 *Thalassionema nitzschioides*	−0.32	−1.57	衰退	−18.40	−0.01	衰退
佛氏海毛藻 *Thalassiothrix frauenfeldii*	11.58	0.04	发展	—	—	—
萎软几内亚藻 *Guinardia flaccida*	0.18	1.21	发展	—	—	—
密集海链藻 *Thalassiosiria condensata*	4.58	0.07	发展	—	—	—

续表 3

优势种类	6月			9月		
	ΔO_{ik}	R	状态	ΔO_{ik}	R	状态
膜状舟形藻 *Navicula membranacea*	−19.52	−0.01	衰退	—	—	—
暹罗角毛藻 *Chaetoceros siamense*	−2.22	−0.13	衰退	5.72	0.05	发展
窄隙角毛藻 *Chaetoceros affinis*	−12.32	−0.03	衰退	8.06	0.04	发展
旋链角毛藻 *Chaetoceros curvisetus*	−3.32	−0.14	衰退	—	—	—
远距角毛藻 *Chaetoceros distans*	—	—	—	9.86	0.03	发展
拟弯角毛藻 *Chaetoceros pseudocrinitus*	—	—	—	9.95	0.03	发展
皇冠角毛藻 *Chaetoceros diadema*	—	—	—	5.45	0.05	发展
垂缘角毛藻 *Chaetoceros laciniosus*	—	—	—	−13.99	−0.02	衰退
短孢角毛藻 *Chaetoceros brevis*	—	—	—	−13.63	−0.01	衰退
叉状角藻 *Ceratium furca*	4.68	0.12	发展	—	—	—
马西里斯角藻 *Ceratium massiliense*	—	—	—	6.98	0.07	发展
具尾鳍藻 *Dinophysis caudata*	16.68	0.05	发展	—	—	—

2.3 优势种种间联结性

茂名市近岸海域浮游植物优势种的种间总体关联性如表 4 所示。由表 4 可知，夏季 12 个样点中，$\chi^2_{0.95}=3.325$，$\chi^2_{0.05}=16.919$，VR 值大于 1，且统计量 W 在 [$\chi^2_{0.95}$（df），$\chi^2_{0.05}$（df）] 范围内，表明夏季浮游植物优势种间总体上呈现不显著正关联。秋季 12 个样点中，$\chi^2_{0.95}=2.733$，$\chi^2_{0.05}=15.507$，VR 值大于 1，且统计量 W 在 [$\chi^2_{0.95}$（df），$\chi^2_{0.05}$（df）] 范围外，表明秋季浮游植物优势种间总体上呈现显著正关联。

在 21 个种对内，联结性不显著 [$\chi^2<3.841$（$p>0.05$）] 的种有 21 对，占比为 100%。

表 4 茂名市近岸海域浮游植物优势种总体关联性

季节	σ^2_T	S^2_T	方差比率 VR	检验统计量 W	df	χ^2 临界值 [$\chi^2_{0.95}$(df)，$\chi^2_{0.05}$(df)]	校验结果
夏季	1.49	1.58	1.06	12.67	9	[3.325，16.919]	不显著正关联
秋季	1.63	6.08	3.72	44.68	8	[2.733，15.507]	显著正关联

3 讨论

3.1 优势种生态位

在夏季，茂名市近岸海域的浮游植物优势种表现出多样化的生态位宽度和生态位重叠指数。根据研究结果，菱形海线藻（*Thalassionema nitzschioides*）在夏季表现出最大的生态位宽度（$B_i=0.77$），表明其对不同环境条件的高度适应性。这样的高适应性使其能够在竞争中占据优势位置，这与 Glibert 等关于浮游植物在富营养环境中表现出的高适应性相一致[23]。生态位重叠指数（O_{ik}）显示，夏季浮游植物优势种间的重叠值范围为 0.03~0.87，其中 12 对种群的重叠值较高（$O_{ik}>0.6$），占总对数的 26.67%。这一结果表明，这些种群在资源利用上存在较大的重叠，可能存在激烈的竞争关系。例如，叉状角藻（*Ceratium furca*）和远距角毛藻（*Chaetoceros distans*）在生态位重叠指数上表现出显著的竞争关系，这与 Hinder 等关于浮游植物在资源有限环境中竞争关系的研究结果一致[24]。此外，夏季浮游植物的生态位宽度较大，这可能是由于夏季水温较高，营养盐充足，浮游植物可以充分利用环境资源，减少了种间竞争的必要性。

秋季，茂名市近岸海域的浮游植物优势种表现出不同的生态位特征。马西里斯角藻（*Ceratium massiliense*）在秋季具有最大的生态位宽度（B_i=0.52），表明其在资源有限的环境中仍能保持较高的生态适应性。相比之下，菱形海线藻（*Thalassionema nitzschioides*）和短孢角毛藻（*Chaetoceros brevis*）的生态位宽度最小（B_i=0.14），显示出其对特定资源的高度依赖性。秋季的生态位重叠指数（O_{ik}）范围为 0.01~0.99，19 对种群的重叠值较高（O_{ik}>0.6），占总对数的 52.78%。这一结果表明，秋季浮游植物优势种间资源利用的高度重叠，可能导致更为激烈的种间竞争。特别是窄隙角毛藻（*Chaetoceros affinis*）和远距角毛藻（*Chaetoceros distans*）在秋季的生态位重叠值显著，这表明在秋季，这些种群在资源利用上存在显著的竞争关系，这与 Lin 等的研究结果一致，他们指出在资源有限的环境中，浮游植物的竞争关系会更加显著[25]。总体而言，秋季浮游植物的生态位重叠较夏季更为显著，显示出资源利用的高度重叠和种间竞争的加剧。这一结果支持了 Levine 的观点，即在竞争压力增加的情况下，浮游植物的生态位可能会收缩，以应对环境变化和资源有限的压力[26-27]。

3.2 优势种的种间联结性

夏季，茂名市近岸海域的浮游植物优势种间总体上呈现不显著正关联（VR=1.06），表明在这一季节浮游植物优势种间的相互作用较弱。根据分析，这一结果可能是由于夏季水温较高，营养盐较为充足，浮游植物种群可以充分利用环境资源，减少了直接竞争的必要性。这一结果与 Díez 等的研究结果一致，他们在研究中指出，在稳定的环境条件下，不同种类的浮游植物可以通过分隔利用资源来减少竞争，从而维持群落的稳定性[28]。尽管夏季种间联结性总体较弱，但菱形海线藻的高密度分布仍然对其他种群的生长产生了一定的抑制作用。例如，叉状角藻和远距角毛藻在菱形海线藻高密度区域的生长受到了一定程度的限制，这可能是由于竞争导致的资源分配不均。He 等指出，在高密度分布的优势种存在的情况下，其他种群可能会受到资源竞争的压力，影响其生长和分布[29]。

秋季，浮游植物优势种间的种间联结性表现为显著正关联（VR=3.72），表明在这一季节浮游植物优势种间的相互作用较强。这一结果可能是由于秋季的资源可获得性和环境条件的变化，使得浮游植物种群之间出现了更多的正关联关系，表明它们可能通过协同作用或共享资源来应对环境变化。Hutchinson 提出的“生态位理论”指出，当资源有限时，种间竞争会加剧，从而导致生态位的收缩和种间联结性的增强[26]。这一理论在我们的研究中得到了验证，秋季浮游植物的显著正关联表明，在资源有限和环境压力增加的情况下，种间正关联可能是通过协同作用或资源共享来减缓竞争影响的表现。Levine 等也指出，在竞争压力增大的情况下，种间正关联可能是浮游植物群落维持稳定性的一种重要机制[27]。例如，窄隙角毛藻和远距角毛藻在秋季表现出显著的正关联关系，这可能是由于它们在资源利用上存在协同作用，共同应对环境变化和资源有限的压力[30]。这种协同作用有助于维持浮游植物群落的多样性和稳定性，增强生态系统的恢复力。

4 结论

通过对茂名市近岸海域夏、秋季浮游植物优势种生态位及种间联结性的研究，发现夏季和秋季浮游植物优势种的生态位宽度和重叠情况存在显著差异。夏季浮游植物优势种生态位宽度较大，种间联结性较弱，更多表现为独立生长模式。秋季则表现出较高的生态位重叠和显著的正联结性，显示出种间较强的竞争和协同作用。研究结果为理解浮游植物在不同季节下的生态动态提供了重要依据，对近岸海域生态环境的保护和管理具有重要意义。

参考文献

[1] Chase J M, Leibold M A. Ecological Niches: Linking Classical and Contemporary Approaches [M]. University of Chicago Press, 2003.

[2] Peterson A T, Soberón J, Pearson R G, et al. Ecological Niches and Geographic Distributions (MPB-49) [M]. Princeton University Press, 2011.

[3] Connell J H. On the prevalence and relative importance of interspecific competition: evidence from field experiments [J]. The American Naturalist, 1983, 122 (5): 661-696.

[4] Schoener T W. The ecological niche [J]. Ecological Concepts: The Contribution of Ecology to an Understanding of the Natural World, 1989, 79-113.

[5] Whittaker R H, Levin S A. Niche: Theory and Application. Benchmark Papers in Ecology [M]. Dowden, Hutchinson & Ross, 1975.

[6] Reynolds C S. The Ecology of Phytoplankton [M]. Cambridge University Press, 2006.

[7] Falkowski P G, Raven J A. Aquatic Photosynthesis [M]. Princeton University Press, 2007.

[8] Hu X, Hong H. Phytoplankton dynamics in subtropical coastal waters: Effects of typhoon and anthropogenic nutrient loading [J]. Marine Ecology Progress Series, 2008, 365: 1-10.

[9] Paerl H W, Paul V J. Climate change: Links to global expansion of harmful cyanobacteria [J]. Water Research, 2012, 46 (5): 1349-1363.

[10] Li M, Zhu Z, Ding J, et al. Effects of anthropogenic activities on phytoplankton community structure in the South China Sea [J]. Marine Pollution Bulletin, 2014, 85 (1): 222-233.

[11] Wang Y, Liu H, Lin S, et al. Human impacts on the biodiversity and ecosystem functioning of the South China Sea [J]. Journal of Environmental Management, 2016, 183: 56-64.

[12] Margalef R. Life-forms of phytoplankton as survival alternatives in an unstable environment [J]. Oceanologica Acta, 1978.

[13] Smayda T J, Reynolds C S. Community assembly in marine phytoplankton: application of recent models to harmful dinoflagellate blooms [J]. Journal of Plankton Research, 2001, 23 (5): 447-461.

[14] Cloern J E, Canuel E A, Harris D. Phytoplankton primary production in the world's estuarine-coastal ecosystems [J]. Biogeosciences, 2014, 11 (9): 2477-2501.

[15] Tillmann U, Hesse K, John U, et al. Community composition and abundance of cyanobacteria and other phytoplankton in the North Sea [J]. Journal of Plankton Research, 2016, 38 (5): 1205-1220.

[16] 国家海洋标准计量中心. 海洋调查规范　第6部分：海洋生物调查：GB/T 12763.6—2007 [S]. 北京：中国标准出版社，2007.

[17] McNaughton S J. Relationships among functional properties of Californian grassland [J]. Nature, 1967, 216 (5111): 168-169.

[18] 郭卓然，冷天泽，陆斗定，等. 两种孔径网具对大洋微（小）型浮游植物调查结果的影响：以西南印度洋海域第34次大洋春季航次为例 [J]. 海洋与湖沼，2022，53（3）：637-644.

[19] Colwell R K, Futuyma D J. On the measurement of Niche Breadth and Overlap [J]. Ecology, 1971, 52 (4): 567-576.

[20] Pianka E R. The structure of Lizard communities [J]. Annual Review of Ecology, Evolution, and Systematics, 1973, 4: 53-74.

[21] Krebs C J. Ecological Methodology [M]. 2nd ed. New York: Harper Collins Publishers, 1989.

[22] Schluter D. A variance test for detecting species associations, with some example applications [J]. Ecology, 1984, 65 (3): 998-1005.

[23] Glibert P M, Anderson D M, Gentien P, et al. Harmful algal blooms in Asia: an insidious and escalating water pollution phenomenon with effects on ecological and human health [J]. Annals of the New York Academy of Sciences, 2014, 1334 (1): 71-86.

[24] Hinder S L, Hays G C, Edwards M, et al. Changes in marine dinoflagellate and diatom abundance under climate change [J]. Nature Climate Change, 2012, 2 (4): 271-275.

[25] Lin S, Liu H, Wong T C, et al. Spatiotemporal patterns of phytoplankton diversity in the South China Sea [J]. Estuarine, Coastal and Shelf Science, 2018, 204: 29-39.

[26] Hutchinson G E. The paradox of the plankton [J]. The American Naturalist, 1961, 95 (882): 137-145.

[27] Levine J M, HilleRisLambers J. The importance of niches for the maintenance of species diversity [J]. Nature, 2009, 461 (7261): 254-257.

[28] Díez B, Bergman B, Pedrós-Alió C, et al. Distribution of diazotrophic microorganisms in the stratified oligotrophic waters of the South East Pacific Ocean [J]. Environmental Microbiology, 2013, 15 (4): 997-1010.

[29] He L, Wang Y, Li H, et al. The effects of dominant phytoplankton species on the structure of marine phytoplankton communities [J]. Marine Ecology Progress Series, 2019, 616: 27-38.

[30] Jiang X, Huang B, Xu G. Seasonal variations in phytoplankton community structure and their ecological implications [J]. Journal of Marine Science and Engineering, 2021, 9 (2): 175-190.

贵州省水库浮游生物调查与鱼产力评价

杨伟杰[1] 曹俊启[2] 杨 晴[1] 邹 曦[1] 史 方[1] 胡 莲[1] 郑志伟[1]

（1. 水利部中国科学院水工程生态研究所，湖北武汉 430070；
2. 长江水利委员会汉江流域治理保护中心，湖北武汉 430070）

摘 要：2018 年 9—11 月，对贵州省 50 座代表性水库开展浮游生物组成、优势种、群落结构、密度和生物量调查以及鱼产力评估。结果表明，浮游植物 7 门 82 属 139 种，其中绿藻种类最多，58 种，现存细胞密度均值 83.77×10^6 cell/L，生物量均值 7.67 mg/L；浮游动物 143 种，其中原生动物最多，达 58 种，现存密度均值 13 692.05 ind./L，生物量均值 1.06 mg/L。贵州省大型水库鱼产力 284.45 kg/hm^2、中型水库鱼产力 255.19 kg/hm^2、小型水库鱼产力 299.50 kg/hm^2。贵州省部分水库水体富营养化、鱼产力不足，水资源功能衰退，价值下降。加强科学管理，合理利用水体渔业资源，保障水库生物群落结构的合理与稳定，保障水库生态渔业发展。

关键词：水生态；水库；水生生物；鱼产力；生态渔业

1 研究背景

浮游生物，是指一类生活在水域中，移动能力无或极其微弱，只浮在水面生活的生物[1]，是滤食性鱼类的重要饵料，对水域生态系统的物质循环和能量流动具有重要作用[2-5]。生命周期短、分布范围广、环境变化敏感等特点，使浮游生物对水质变化、平衡生态系统和利用渔业资源具有重要意义[6]。生物量、物种组成和群落结构变化会影响水域生态系统生产力，进而影响鱼产力评估[6]。鱼产力评估为水域合理放养提供科学依据，提高饵料利用率，改善生态环境[7]。

贵州省水生生物资源丰富，水库众多，到 2020 年养殖水域中水库面积达到 13.92 万 hm^2，养殖产量 47 万 t，产生经济价值 107 亿元[8]。贵州省丰富的水库生态资源为水产养殖业发展、贵州经济的增长作出了贡献。但贵州水产养殖业还存在一定问题，如大中型水域总体利用率不高，局部水域利用过度、水体环境恶化等[9]。因此，对贵州省 50 座代表性水库渔业资源和浮游生物开展调查，对水库内浮游生物组成、优势种、群落结构、密度和生物量进行了系统分析，并评估鱼产力，以此为贵州省开展绿色生态渔业，改善水域生态环境，实现渔业可持续发展提供资料支撑。

2 材料与方法

2.1 采样点设置

2018 年 9—11 月，对贵州省水库进行采样调查。根据地理位置、水库功能区划、水库规模等，共选择 50 座代表性水库进行调查，其中大型水库 16 座、中型水库 21 座、小型水库 13 座。大型水库设置 3 个采样点，中型水库设置 2 个采样点，小型水库设置 1 个采样点。调查水库名录见表 1。

基金项目：丹江口水库鱼类增殖放流净化水质技术研究与示范项目；云南省滇中引水工程水生态环境保护关键技术研究。

作者简介：杨伟杰（1996—），男，助理工程师，主要从事水库增养殖技术、渔业资源调查与保护研究工作。

通信作者：郑志伟（1982—），男，高级工程师，主要从事水生态保护与修复、水环境治理方面的研究工作。

表 1　调查水库名录

序号	河流水系	地区	县（区）	水库名称	总库容/万 m^3	规模	经度（东径）/(°)	纬度（北纬）/(°)
1	牛栏江、横江	黔东南州	威宁县	响水水库	107	小型	103.831 661	27.109 033
2	牛栏江、横江	黔东南州	威宁县	杨湾桥水库	3 622	中型	104.153 512	26.867 193
3	赤水河、綦江	毕节地区	大方县	官田水库	334	小型	105.703 877	27.563 138
4	赤水河、綦江	遵义市	仁怀市	盐津桥水库	3 480	中型	106.214 826	27.465 934
5	赤水河、綦江	遵义市	仁怀市	圆满灌电站-水库工程	11 820	大型	106.273 614	28.402 286
6	赤水河、綦江	遵义市	桐梓县	天门河水库	2 560	中型	106.851 971	28.142 290
7	乌江	遵义市	汇川区	洪江水库	212	小型	107.061 369	27.759 686
8	乌江	毕节地区	黔西市	附廓水库	1 215	中型	105.986 097	27.107 287
9	乌江	遵义市	道真县	大沙河水库	1 770	中型	107.607 550	29.151 942
10	乌江	遵义市	凤冈县	凤岗河头水库	1 115	中型	107.719 987	27.953 095
11	乌江	贵阳市	花溪区	阿哈水库	6 771	中型	106.650 98	26.541 687
12	乌江	贵阳市	花溪区	花溪水库	3 140	中型	106.639 854	26.440 117
13	乌江	贵阳市	开阳县	大花水电站-水库工程	27 650	大型	107.207 93	26.816 633
14	乌江	贵阳市	清镇市	红枫湖水库	75 290	大型	106.391 5	26.469 345
15	乌江	贵阳市	乌当区	百花湖水库	22 080	大型	106.541 288	26.687 058
16	乌江	安顺市	普定县	普定县普定水库	39 900	大型	105.745 621	26.385 939
17	乌江	安顺市	平坝区	平坝区石朱桥水库	1 264	中型	106.274 217	26.497 869
18	乌江	铜仁地区	思南县	思林发电厂-水库工程	159 300	大型	108.203 005	27.789 506
19	乌江	遵义市	播州区	乌江渡水库	230 000	大型	106.761 902	27.313 537
20	乌江	六盘水市	六枝特区	黔中水利枢纽工程	108 000	大型	105.344 832	26.481 331
21	乌江	毕节地区	黔西市	洪家渡水库	645 400	大型	105.868 921	26.857 310
22	乌江	黔南州	瓮安县	杜仲河水库	1 380	中型	107.429 322	27.137 908
23	乌江	贵阳市	修文县	岩鹰山石坝水库	848	小型	106.575 184	26.937 631
24	沅江	黔东南州	剑河县	马颈坳电站水库	158.5	小型	107.307 940	26.775 910
25	沅江	铜仁地区	江口县	地落水库	377	小型	108.820 821	27.567 181
26	沅江	黔东南州	丹寨县	丹寨水库	493.3	小型	107.808 496	26.201 399
27	沅江	铜仁地区	碧江区	芦家洞水电站-水库工程	3 433	中型	109.236 611	27.716 868
28	沅江	铜仁地区	碧江区	漾头电站-水库工程	11 460	大型	109.422 490	27.694 345

续表 1

序号	河流水系	地区	县（区）	水库名称	总库容/万 m^3	规模	经度（东径）/(°)	纬度（北纬）/(°)
29	沅江	黔东南州	锦屏县	三板溪水电站-水库	409 400	大型	109.057 873	26.609 622
30	沅江	黔东南州	雷山县	雷山县鸡鸠水库	1 207	中型	108.098 526	26.341 524
31	南盘江	毕节地区	黔西市	龙滩口水库	126	小型	106.188 236	27.003 534
32	南盘江	黔西南州	普安县	幸福水库	860.6	小型	105.069 397	25.541 087
33	南盘江	六盘水市	盘州市	白河沟水库	1 670	中型	104.352 757	25.614 756
34	南盘江	黔西南州	兴义市	兴西湖水库	2 720	中型	104.837 621	25.099 384
35	南盘江	黔西南州	安龙县	天生桥一级电站水库	1 025 700	大型	105.093 602	24.935 278
36	北盘江	安顺市	关岭县	石板桥水库	309	小型	105.446 517	25.947 782
37	北盘江	安顺市	西秀区	油菜河水库	5 960	中型	105.895 506	26.145 441
38	北盘江	六盘水市	水城区	善泥坡电站-水库工程	8 500	中型	104.817 962	26.230 394
39	北盘江	安顺市	镇宁县	王二河水库	9 930	中型	105.787 39	25.983 278
40	北盘江	黔西南州	贞丰县	董箐电站水库	95 500	大型	105.758 378	25.533 996
41	北盘江	黔西南州	晴隆县	光照电站-水库工程	324 500	大型	105.258 641	25.976 197
42	北盘江	六盘水市	盘州市	哮天龙水库	233	小型	104.402 437	25.710 536
43	红水河	黔南州	惠水县	翁高水库	25	小型	106.401 873	25.740 338
44	红水河	安顺市	紫云县	格八水库	1 060	中型	106.081 003	25.990 141
45	红水河	黔南州	独山县	谭尧水库	1 650	中型	107.496 286	25.660 514
46	红水河	黔南州	长顺县	黄花寨电站-水库工程	17 410	大型	106.459 254	25.703 887
47	红水河	黔南州	罗甸县	双河口电站水库	19 280	大型	106.525 275	25.582 227
48	都柳江	黔东南州	黎平县	高榜水库	14	小型	109.125 826	26.213 304
49	都柳江	黔东南州	从江县	独洞水库	1 285	中型	109.032 593	25.934 173
50	都柳江	黔东南州	丹寨县	马颈坳电站-水库工程	7 500	中型	107.958 122	26.100 135

2.2 调查方法

2.2.1 样本采集

水生生物资源调查样品采集方法依据《水生生物监测手册》[10]《内陆水域渔业自然资源调查手册》[11] 开展。记录浮游生物种类与个数，计算出生物量，浮游生物依照《中国淡水藻类：系统、分类及生态》等[12-14] 鉴定。

2.2.2 优势种计算

$$Y = \frac{n_i}{N} + f_i \tag{1}$$

式中：Y 为优势度，当 $Y > 0.02$ 时，该种即为优势种；n_i 为第 i 种的数量；N 为总数量；f_i 为第 i 种出现频率。

2.2.3 鱼产力评估

水体鱼产力计算按照《大水面增养殖容量计算方法》（SC/T 1149—2020）[15] 中生物能量学计算模型方法进行。计算公式如下：

$$F = B \frac{P}{B_0} \frac{\mu}{K} \tag{2}$$

式中：B_p 为浮游生物现存量，mg/L；P/B 为浮游生物 P/B 系数；μ 为浮游生物被鱼类利用率（%）；K 为浮游生物饵料系数。

3 结果

3.1 浮游植物

3.1.1 种类组成

贵州 50 座代表性水库共检测出浮游植物 7 门 82 属 139 种（含变种）（见表 2）。其中，绿藻 58 种，占总种类数的 41.72%；硅藻 42 种，占总种类数的 30.22%；蓝藻 21 种，占总种类数的 15.10%；裸藻 6 种，占总种类数的 4.32%；金藻和甲藻各 5 种，分别占总种类数的 3.60%；隐藻 2 种，占总种类数的 1.44%。蓝藻、绿藻和硅藻三者之和占总藻类数的 86.71%，浮游植物种群结构为典型的绿藻-硅藻-蓝藻型。其种类组成见图 1。

表 2 水库浮游植物名录

门类	种类	拉丁名	门类	种类	拉丁名
硅藻门	长刺根管藻	*Rhizosolenia longiseta*	硅藻门	克洛脆杆藻	*Fragilaria crotoneisis*
	扎卡四棘藻	*Attheya zachariasi*		十字形脆杆藻	*Fragilaria harrissonii*
	沟链藻	*Aulacoseira* sp.		连结脆杆藻	*Fragilaria construens*
	颗粒沟链藻	*Aulacoseira granulata*		尖针杆藻	*Synedra acus*
	螺旋颗粒沟链藻	*Aulacoseira granulata* var. *angustissima f. spiralis*		肘状针杆藻	*Synedra ulna*
	模糊沟链藻	*Aulacoseira ambigua*		大羽纹藻	*Pinnularia major*
	变异直链藻	*Melosira varians*		美壁藻	*Caloneis* sp.
	海链藻	*Thalassiosira* sp.		隐头舟形藻	*Navicula cryptocephala*
	小环藻	*Cyclotella* sp.		卡里舟形藻	*Navicula cari*
	具星小环藻	*Cyclotella stelligera*		瞳孔舟形藻	*Navicula pupula*
	圆筛藻	*Coscinodiscus* sp.		放射舟形藻	*Navicula radiosa*
	等片藻	*Diatoma* sp.		椭圆舟形藻	*Navicula schonfeldii*
	奇异杆状藻	*Bacillaria paradoxa*		英吉利舟形藻	*Navicula anglica*
	美丽星杆藻	*Asterionella formosa*		细布纹藻	*Gyrosigma kiitzingii*

续表 2

门类	种类	拉丁名	门类	种类	拉丁名
硅藻门	异极藻	*Gomphonema* sp.	蓝藻门	铜绿微囊藻	*Microcystis aeruginosa*
	中间异极藻	*Gomphonema intricatum*		微囊藻	*Microcystis* sp.
	扁圆卵形藻	*Cocconeis placentula*		具缘微囊藻	*Microcystis marginata*
	曲壳藻	*Achnanthes* sp.		线形粘杆藻	*Gloeothece linearis*
	链状曲壳藻	*Achnanthes catenata*		平裂藻	*Merismopedia* sp.
	纤细桥弯藻	*Cymbella gracilis*		银灰平裂藻	*Merismopedia glauca*
	近缘桥弯藻	*Cymbella affinis*		蓝纤维藻	*Dactyloccocopsis* sp.
	细小桥弯藻	*Cymbella pusilla*		色球藻	*Chroococcus* sp.
		Cymbella minuta		极大螺旋藻	*Spirulina maxima*
	谷皮菱形藻	*Nitzschia palea*		假鱼腥藻	*Pseudanabaena* sp.
		Nitzschia fruticosa		水华鱼腥藻	*Anabaenaflos aquae*
	中型菱形藻	*Nitzschia intermedia*		类颤藻鱼腥藻	*Anabaena osicellariordes*
	粗壮双菱藻	*Surirella robusta*		尖头藻	*Raphidiopsis* sp.
	线形双菱藻	*Surirella linearis*		中华尖头藻	*Raphidiopsis sinensis*
	鼠形窗纹藻	*Epithemia sorex*		小席藻	*Phormidium tenue*
	茧形藻	*Amphiprora* sp.		小颤藻	*Oscillatoria tenuis*
甲藻门	飞燕角甲藻	*Ceratium hirundinella*		巨颤藻	*Oscillatoria princeps*
	多甲藻	*Peridinium* sp.		颗粒颤藻	*Oscillatoria granulata*
	薄甲藻	*Glenodinium* sp.		细小隐球藻	*Aphanocapsa elacjista*
	裸甲藻	*Gymuodinium* sp.		浮丝藻	*Planktothrix* sp.
	拟多甲藻	*Peridiniopsis* sp.		鞘丝藻	*Lyngbya* sp.
金藻门	分歧锥囊藻	*Dinobryon divergens*	绿藻门	衣藻	*Chlamydomonas* sp.
	圆筒锥囊藻	*Dinobryon cylindricum*		四鞭藻	*Carteria* sp.
	长锥形锥囊藻	*Dinobryon bavaricum*		长绿梭藻	*Chlorogonium elongatum*
	鱼鳞藻	*Mallomonas* sp.		团藻	*Volvox* sp.
	具尾鱼鳞藻	*Mallomonas candata*		翼膜藻	*Pteromonas* sp.
隐藻门	尖尾蓝隐藻	*Chroomonas acuta*		空球藻	*Eudorina elegans*
	啮蚀隐藻	*Cryptomonas erosa*		实球藻	*Pandorina morum*
裸藻门	裸藻	*Euglena* sp.		小球藻	*Chlorella vulgaris*
	绿色裸藻	*Euglena viridis*		水溪绿球藻	*Chlorococcum infusionum*
	尖尾裸藻	*Euglena oxyuris*		多芒藻	*Golenkinia radiata*
	囊裸藻	*Trachelomonas* sp.		芒锥藻	*Errerella bornhemiensis*
	扁裸藻	*Phacus* sp.		顶棘藻	*Chodatella* sp.
	长尾扁裸藻	*Phacus longicauda*		四刺顶棘藻	*Chodatella quadriseta*

续表 2

门类	种类	拉丁名	门类	种类	拉丁名
绿藻门	极毛顶棘藻	*Chodatella cilliata*	绿藻门	单角盘星藻	*Pediastrum simplex*
	纤维藻	*Ankistrodesmus* sp.		单角盘星藻具孔变种	*Pediastrum simplex* var. *duodenarium*
	镰形纤维藻	*Ankistrodesmus falcatus*		二角盘星藻	*Pediastrum duplex*
	针形纤维藻	*Ankistrodesmus acicularis*		二角盘星藻纤细变种	*Pediastrum duplex* var. *gracillimum*
	粗刺四刺藻	*Treubaria crassispina*		四角盘星藻	*Pediastrum tetras*
	弓形藻	*Schorederia setigera*		整齐盘星藻	*Pediastrum integrum*
	美丽胶网藻	*Dictyosphaerium pulchellum*		栅藻	*Scenedesmus* sp.
	湖生卵囊藻	*Oocystis lacustis*		四尾栅藻	*Scenedesmus quadricauda*
	卵囊藻	*Oocystis* sp.		二形栅藻	*Scenedesmus dimorphus*
	湖生小桩藻	*Characium limneticum*		丝藻	*Ulothrix* sp.
	月牙藻	*Selenastrum bibraianum*		链丝藻	*Hormidium* sp.
	微小四角藻	*Tetraëdron minimum*		转板藻	*Mougeotia* sp.
	具尾四角藻	*Tetraëdron caudatum*		水绵	*Spirogyra* sp.
	十字藻	*Crucigenia apiculata*		新月藻	*Closterium* sp.
	四足十字藻	*Crucigenia tetrapedia*		鼓藻	*Cosmarium* sp.
	华美十字藻	*Crucigenia lauterbornei*		圆鼓藻	*Cosmarium circulare*
	肾形藻	*Nephrocytium agardhianum*		中带鼓藻	*Mesotaenium* sp.
	并联藻	*Quadrigula chodatii*		具齿角星鼓藻	*Staurastrum indentatum*
	长鼻空星藻	*Coelastrum proboscideum*		曼弗角星鼓藻	*Staurastrum manfeldtii*
	小空星藻	*Coelastrum microporum*		纤细角星鼓藻	*Staurastrum gracile*
	空星藻	*Coelastrum* sp.		十字微星鼓藻	*Micrasterias crus-melitensis*
	网状空星藻	*Coelastrum reticulatum*		项圈顶接鼓藻	*Spondylosium moniliforme*
	集星藻	*Actinastrum hantzschii*			

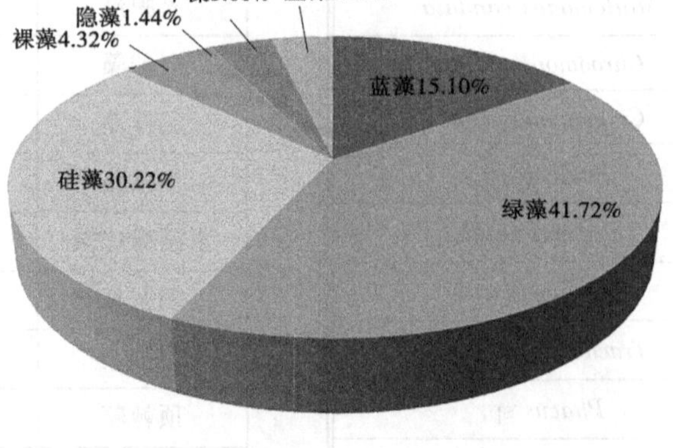

图 1　贵州省 50 座代表性水库浮游植物种类组成

3.1.2 优势种

根据浮游植物出现的频度和相对丰度，以优势度 $Y>0.02$ 来界定优势种。通过计算贵州省 50 座代表性水库中 139 种浮游植物的优势度发现，浮游植物优势种类有 5 种，分别为蓝藻门的尖头藻（*Raphidiopsis* sp.）、假鱼腥藻（*Pseudanabaena* sp.）和微囊藻（*Microcystis* sp.），隐藻门的尖尾蓝隐藻（*Chroomonas acuta*），硅藻门的小环藻（*Cyclotella* sp.）。

3.1.3 现存量

贵州省 50 座代表性水库浮游植物细胞密度在 1.17×10^6 ~ 456.77×10^6 cell/L 范围变化，均值 83.77×10^6 cell/L。按照水库类型统计，大型水库浮游植物平均密度为 99.09×10^6 cell/L，介于 1.30×10^6 ~ 399.08×10^6 cell/L；中型水库浮游植物平均密度为 65.50×10^6 cell/L，介于 1.50×10^6 ~ 318.98×10^6 cell/L；小型水库浮游植物平均密度为 86.78×10^6 cell/L，介于 1.17×10^6 ~ 456.76×10^6 cell/L（见图 2）。

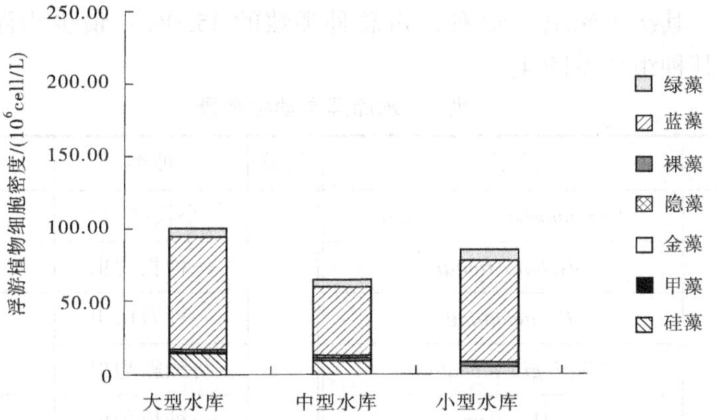

图 2　贵州省 50 座代表性水库浮游植物平均密度

3.1.4 生物量

贵州省 50 座代表性水库浮游植物生物量在 0.24 ~ 38.88 mg/L 变化，平均生物量为 6.42 mg/L。按照水库类型统计，大型水库浮游植物平均生物量为 7.23 mg/L，在 0.33 ~ 38.88 mg/L 范围变化；中型水库平均生物量为 5.29 mg/L，在 0.47 ~ 16.13 mg/L 范围变化；小型水库浮游植物平均生物量为 7.21 mg/L，在 0.24 ~ 36.09 mg/L 范围变化（见图 3），大、中、小型水库浮游植物生物量差异不显著（$p>0.05$）。

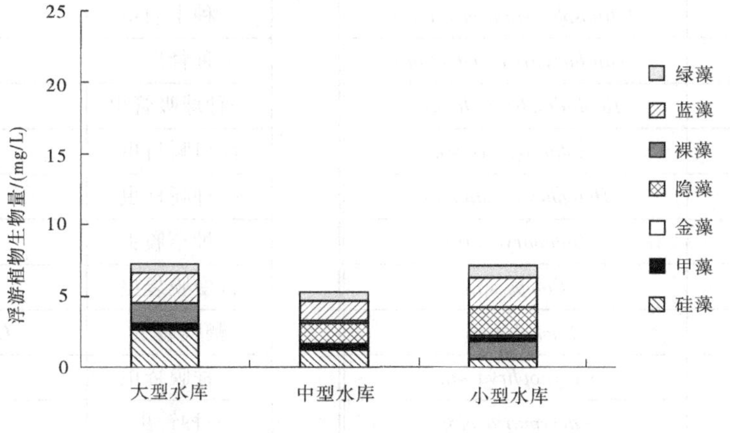

图 3　贵州省 50 座代表性水库浮游植物平均生物量

按流域水系划分，50 座代表性水库分别处于长江流域牛栏江、横江、赤水河、綦江、乌江、沅江水系，珠江流域南盘江、北盘江、红水河、都柳江水系。所处长江流域各水系间的调查水库浮游植物平均生物量差异不显著（$p > 0.05$），靠近流域下游沅江水系和乌江水系调查水库浮游植物平均生物量较大，分别为（6.83±12.03）mg/L、（7.27±4.41）mg/L，流域上游牛栏江、横江水系，赤水河、綦江水系调查水库浮游植物平均生物量较小，分别为（2.01±1.31）mg/L、（2.77±1.65）mg/L。所处珠江流域各水系间调查水库浮游植物平均生物量差异不显著（$p > 0.05$），靠近流域上游南盘江、北盘江、红水河水系调查水库浮游植物平均生物量较大，分别为（5.46±1.51）mg/L、（7.2±5.5）mg/L、（9.96±11.59）mg/L，流域下游都柳江水系调查水库浮游植物平均生物量较小，为（2.24±0.16）mg/L。所处长江流域调查水库浮游植物平均生物量（4.67±3.41）mg/L 和所处珠江流域调查水库浮游植物平均生物量（5.34±3.96）mg/L 差异不显著（$p > 0.05$）。

3.2 浮游动物

3.2.1 种类组成

贵州省 50 座代表性水库中共鉴定出浮游动物 143 种（见表 3），其中原生动物最多，达 58 种，占总种类数的 40.6%；其次为轮虫，50 种，占总种类数的 35.0%；最少为浮游甲壳动物，35 种，占总种类数的 24.4%。其种组成见图 4。

表 3 水库浮游动物名录

门类	种类	拉丁名	门类	种类	拉丁名
原生动物	珊瑚囊变形虫	*Saccamoeba gongornia*	原生动物	小长吻虫	*Lacrymaria minima*
	怯多卓变虫	*Polychaos timidium*		一种长吻虫	*Lacrymaria* sp.
	尖顶砂壳虫	*D. acuminata*		一种刀口虫	*Spathidium* sp.
	球砂壳虫	*Difflugia globulosa*		纺锤斜吻虫	*Enchelydium fusidens*
	橡子砂壳虫	*D. glans*		一种长颈虫	*Dileptus* sp.
	叉口砂壳虫	*D. gramen*		小单环栉毛虫	*Didinium balbianii nanum*
	褐砂壳虫	*D. avellana*		单环栉毛虫	*D. balbianii*
	瓶砂壳虫	*D. urceolata*		吻单环栉毛虫	*D. balbianii rostratum*
	棘瘤砂壳虫	*Difflugia tuberspinifera*		双环栉毛虫	*Didinium nasutum*
	杂葫芦虫	*Cucurbitella mespiliformis*		一种睥睨虫	*Askenasia* sp.
	网匣壳虫	*Centropyxis cassis*		蚤中缢虫	*Mesodinium pulex*
	放射太阳虫	*Actinophrys sol*		一种漫游虫	*Litonotus* sp.
	轴丝光球虫	*Actinosphaerium eichhorni*		一种半眉虫	*Hemiophrys* sp.
	叉棘刺胞虫	*Acanthocystis chaetophora*		一种肾形虫	*Colpoda* sp.
	巧刺日虫	*Raphidiophrys elegans*		一种球吸管虫	*Sphaerophrya* sp.
	一种刺日虫	*Raphidiophrys* sp.		前口瞬目虫	*Glaucoma frontata*
	简裸口虫	*Holophrya. simplex*		一种睫杵虫	*Ophryolena* sp.
	腔裸口虫	*Holophrya atra*		一种草履虫	*Paramecium* sp.
	一种板壳虫	*Coleps* sp.		善变膜袋虫	*Cyclidium versatile*
	一种斜口虫	*Enchelys* sp.		鞭膜袋虫	*Cyclidium flagellatum*
	一种瓶口虫	*Lagynophrya* sp.		一种膜袋虫	*Cyclidium* sp.
	天鹅长吻虫	*Lacrymaria olor*		一种钟虫	*Vorticella* sp.

续表 3

门类	种类	拉丁名	门类	种类	拉丁名
原生动物	一种累枝虫	*Epistylis* sp.	轮虫	螺形龟甲轮虫	*Keratella cochlearis*
	旋回侠盗虫	*Strobilidium gyrans*		曲腿龟甲轮虫	*Keratella valga*
	陀螺侠盗虫	*Strobilidium velox*		矩形龟甲轮虫	*Keratella*
	一种游仆虫	*Euplotes* sp.		唇形叶轮虫	*Notholca labis*
	小筒壳虫	*Tintinnidium pusillum*		裂痕龟纹轮虫	*Anuraeopsis fissa*
	淡水筒壳虫	*T. fluviatile*		四角平甲轮虫	*Platyias ehrenberg*
	王氏似铃壳虫	*Tintinnopsis wangi*		腹棘管轮虫	*Mytilina ventralis*
	中华似铃壳虫	*Tintinnopsis sinensis*		大肚须足轮虫	*Euchlanis dilatata*
	筒状似玲壳虫	*Tintinnopsis tubulosa*		高蹻轮虫	*Soaridium longicaudum*
	东方似铃壳虫	*Tintinnopsis lacutris*		前翼轮虫	*Proales* sp.
	湖沼似铃壳虫	*T. lacutris*		一种水轮虫	*Epiphanes* sp.
	一种似铃壳虫	*Tintinnopsis* sp.		小巨头轮虫	*Cephalodella exigna*
	一种四膜虫	*Tetrahymena* sp.		凸背巨头轮虫	*Cephalodella gibba*
	旋尾缨虫	*Urocentrum terbo*		一种巨头轮虫	*Cephalodella* sp.
轮虫	一种旋轮虫	*Philodina* sp.		等棘异尾轮虫	*Trichocerca similis*
	尖爪腔轮虫	*Lecane cornuta*		圆筒异尾轮虫	*Trichocerca cylindrica*
	尖角腔轮虫	*Lecane hamata*		罗氏异尾轮虫	*Trichocerca rousseleti*
	钝齿腔轮虫	*Lecane crenata*		暗小异尾轮虫	*Trichocerca pusilla*
	凹顶腔轮虫	*Lecane papuana*		长刺异尾轮虫	*Trichocerca longiseta*
	索纹腔轮虫	*Lecane thethis*		刺盖异尾轮虫	*Trichocerca capucina*
	尾片腔轮虫	*Lecane leontina*		头环异尾轮虫	*Trichocerca collaris*
	蹄型腔轮虫	*Lecane ungulata*		一种疣毛轮虫	*Synchaeta* sp.
	一种腔轮虫	*Lecane* sp.		郝氏皱甲轮虫	*Ploesoma hudsoni*
	尖尾鞍甲轮虫	*Lepadella acuminata*		广生多肢轮虫	*Polyarthra vulgaris*
	一种晶囊轮虫	*Asplanchna* sp.		真翅多肢轮虫	*Polyarthra euryptera*
	萼花臂尾轮虫	*Brachionus califlorus*		沟痕泡轮虫	*Pompholyx sulcata*
	裂足臂尾轮虫	*B. diversicornis Daday*		一种巨腕轮虫	*Pedalla* sp.
	角突臂尾轮虫	*Brachionus angularis*		长三肢轮虫	*Filinia longiseta*
	剪形臂尾轮虫	*Brachionus forficula*		顶生三肢轮虫	*Filinia terminalis*
	蒲达臂尾轮虫	*B. budapestiensis*		一种胶鞘轮虫	*Collotheca* sp.
	镰状臂尾轮虫	*Brachionus falcatus*		独角聚花轮虫	*Conochilus unicornis*
	一种臂尾轮虫	*Brachionus* sp.		一种聚花轮虫	*Conochiosa* sp.

续表 3

门类	种类	拉丁名	门类	种类	拉丁名
浮游甲壳动物	长肢秀体溞	*Diaphanosoma leuchtenbergianum*	浮游甲壳动物	汤匙华哲水蚤	*Sinocalanus dorrii*
	短尾秀体溞	*Diaphanosoma brachyurum*		火腿许水蚤	*Schmackeria poplesia*
	兴凯秀体溞	*Diaphanosoma chankensis*		肥胖许水蚤	*Schmackeria inflata*
	僧帽溞	*Daphnia cucullata*		爪哇小剑水蚤	*Microcyclops javanus*
	大型溞	*Daphnia magna*		西南荡镖水蚤	*Neutrodiaptomus mariadvigae*
	美丽网纹溞	*Ceriodaphnia pulchella*		右突新镖水蚤	*Neodiaptomus schmackeri*
	宽尾网纹溞	*Ceriodaphnia laticaudata*		舌状叶镖水蚤	*Phyllodiaptomus tunguidus*
	简弧象鼻溞	*Bosmina coregoni*		锯齿真剑水蚤	*Eucyclops macruroides denticulatus*
	长额象鼻溞	*Bosmina longirostris*		大尾真剑水蚤	*Eucyclops macruroides*
	颈沟基合溞	*Bosminopsis deitersi*		对角近镖水蚤	*Tropodiaptomus hebereri*
	短型裸腹溞	*Moina brachiata*		近亲拟剑水蚤	*Paracyclops affinis*
	钩足平直溞	*Pleuroxus hamulatus*		胸饰外剑水蚤	*Ectocyclops phaleratus*
	短腹平直溞	*Pleuroxus aduncus*		英勇剑水蚤	*Cyclops strenuus*
	光滑平直溞	*Pleuroxus laevis*		拉达克剑水蚤	*Cyclops ladakanus*
	平突船卵溞	*Scapholeberis mucronata*		广布中剑水蚤	*Mesocyclops leuckarti*
	点滴尖额溞	*Alona guttata*		北碚中剑水蚤	*Mesocyclops pehpeiensis*
	吻状异尖额溞	*Disparalona rostrata*		猛水蚤	*Harpacticoida*
	圆形盘肠溞	*Chydorus sphaericus*			

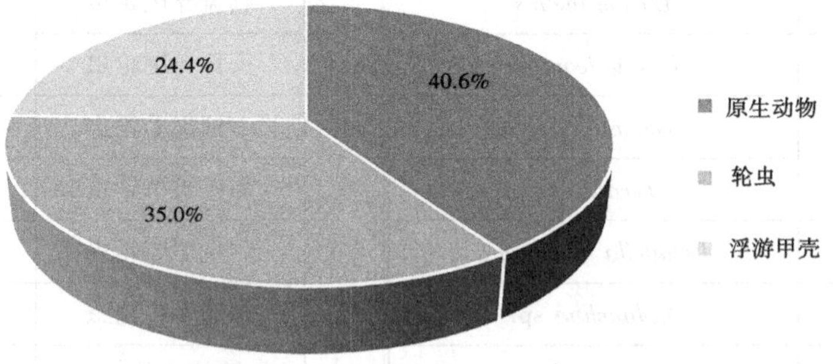

图 4　贵州省 50 座代表性水库浮游动物种类组成

3.2.2　现存量

贵州省 50 座代表性水库浮游动物密度在 330~628 56.7 ind./L 范围变化，均值 13 692.05 ind./L。按照水库类型统计，大型水库浮游动物平均密度为 10 004.01 ind./L，介于 2 378.47~17 974.6 ind./L；中型水库浮游动物平均密度为 16 806.87 ind./L，介于 1 831.9~62 856.7 ind./L；小型水库浮游动物平均密度为 13 199.56 ind./L，介于 330~41 037.2 ind./L（见图 5）。

3.2.3　生物量

贵州省 50 座代表性水库浮游动物生物量在 0.01~4.14 mg/L 范围变化，平均生物量为 0.92 mg/L。

按照水库类型统计，大型水库浮游动物平均生物量为 0. 86 mg/L，在 0. 17~2. 55 mg/L 范围变化；中型水库浮游动物平均生物量为 0. 93 mg/L，在 0. 037~2. 65 mg/L 范围变化；小型水库浮游动物平均生物量为 0. 96 mg/L，在 0. 01~4. 14 mg/L 范围变化（见图 6）。大、中、小型水库浮游动物生物量差异不显著（$p > 0.05$）。

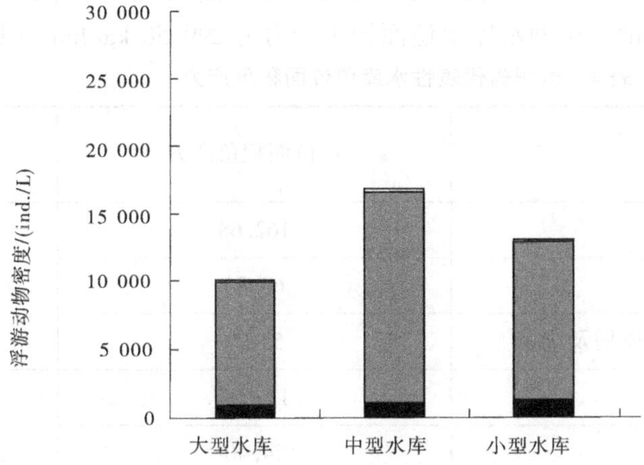

图 5　贵州省 50 座代表性水库浮游动物密度变化

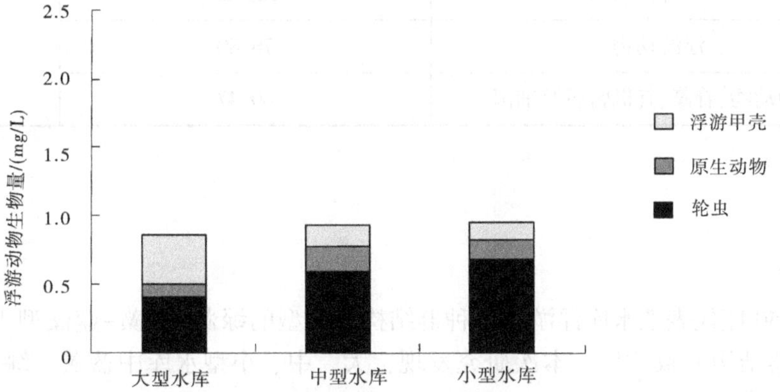

图 6　贵州省 50 座代表性水库浮游动物平均生物量

按流域水系划分，50 座代表性水库分别处于长江流域牛栏江、横江、赤水河、綦江、乌江、沅江水系，珠江流域南盘江、北盘江、红水河、都柳江水系。所处长江流域各水系间调查水库浮游动物平均生物量差异不显著（$p > 0.05$），牛栏江、横江水系调查水库浮游动物平均生物量最大，为（1. 26±1. 16）mg/L，赤水河、綦江水系调查水库浮游动物平均生物量最小，为（0. 84±0. 27）mg/L。珠江流域各水系间调查水库浮游动物平均生物量差异不显著（$p > 0.05$），红水河水系调查水库浮游动物平均生物量最大，为（1. 05±0. 49）mg/L；北盘江、南盘江、都柳江水系调查水库浮游动物生物量较小，分别为（0. 78±0. 53）mg/L、（0. 74±0. 32）mg/L、（0. 46±0. 24）mg/L。所处长江流域调查水库浮游动物平均生物量（1. 01±0. 9）mg/L 和所处珠江流域调查水库浮游动物平均生物量（0. 79±0. 48）mg/L 差异同样不显著（$p > 0.05$）。

3. 3　贵州省代表性水库鱼产力评估

地区不同、水体不同，*P*/*B* 系数、饵料利用率、饵料系数取值不同，本次试验依据《大水面增养殖容量计算方法》（SC/T 1149—2020）中云贵高原地区来确定。按照水库类型统计，大、中、小型水库浮游植物平均生物量分别为 7. 23 mg/L、5. 29 mg/L、7. 21 mg/L 时，浮游植物单位面积可以提供的鱼产力分别为 162.68 kg/hm^2、119.03 kg/hm^2、162.23 kg/hm^2；大、中、小型水库浮游动物平均生物量分别为 0.86 mg/L、0.93 mg/L、0.96 mg/L 时，浮游动物单位面积可以提供的鱼产力分别为 68.80 kg/hm^2、74.40 kg/hm^2、76.80 kg/hm^2。水体中，不仅浮游植物、浮游动物可以提供鱼产力，底栖动物、着藻、有机腐屑及细菌也能提供部分鱼产力，结合水库规模、集雨面积等基本情况，底栖动物、着藻、有机腐屑及细菌提供鱼产力按 18%~25%计算[16-17]。贵州省大型水库单位面积鱼产力为 284.45 kg/hm^2，中型水库单位面积鱼产力为 255.19 kg/hm^2，小型水库单位面积鱼产力为 299.50 kg/hm^2（见表 4）。

表 4　贵州省代表性水库单位面积鱼产力　　单位：kg/hm^2

水库规模	生物	单位面积鱼产力	合计
大型水库	浮游植物	162.68	284.45
	浮游动物	68.80	
	底栖动物、着藻、有机腐屑及细菌	52.97	
中型水库	浮游植物	119.03	255.19
	浮游动物	74.40	
	底栖动物、着藻、有机腐屑及细菌	61.76	
小型水库	浮游植物	162.23	299.50
	浮游动物	76.80	
	底栖动物、着藻、有机腐屑及细菌	60.47	

4　讨论

4.1　浮游生物状况

2018 年贵州省 50 座代表性水库浮游植物种群结构为典型的绿藻-硅藻-蓝藻型[18-19]，基本与我国内陆河流浮游植物群落结构一致[20-21]。本次研究发现，大、中、小型水库中蓝藻、绿藻生物量占比较大，这可能是因为本次调查时间恰为秋季，秋季水温和营养盐比较稳定，蓝藻门的种类容易成为优势种[22]。而蓝藻生物量占比增大也是水体富营养化的关键指标[9]。王明翠等提出依据藻类种类、密度和生物量特征来作为划分水体富营养化的依据，通常情况下，水体中浮游植物密度超过 1×10^6 cell/L，水体富营养化[23-24]，50 座代表性水库浮游植物细胞密度在 1.17×10^6~456.77×10^6 cell/L 范围变化，均值 83.77×10^6 cell/L，富营养化程度严重，易造成水资源功能和价值的下降。

在富营养化水体中，生活史简单且繁殖速率快的小型浮游动物容易成为优势种[25]。贵州省 50 座代表性水库浮游动物以原生动物和轮虫为主，这一结果进一步佐证了贵州省 50 座代表性水库已达到富营养化程度。而造成这一结果的原因可能与富营养化水体中原生动物和轮虫食物来源丰富、个体小不易被捕食、繁殖速率快等有关[25]。

4.2　鱼产力分析

水库作为贵州水产养殖业的重要载体，其渔业资源高效利用，渔业产业可持续发展对当地经济发展至关重要。鱼产力的准确评估为水库渔业合理放养鲢鳙等滤食性鱼类提供科学依据，有助于提高饵料利用率，对目前贵州省生态渔业、保水渔业的发展具有重要意义。本文中鱼产力采用饵料生物量转化法估算而来，理论上贵州省大、中、小型水库单位面积鱼产力分别为 284.45 kg/hm^2、255.19 kg/hm^2、299.50 kg/hm^2，但是实际鱼产力要低于估算所得鱼产力。因为本次研究采样时间为秋季，受水温变动的影响，夏、秋季节水生生物生长比较旺盛，水生生物的生物量应当属于周年当中较高水平[17]。与湖南湖北等地大中型水库天然鱼产量相比，贵州省大型水库、中型水库和小型水库的鱼产力均在中产水平，渔业资源没有得到充分利用。又因当下贵州省水库出现富营养化，鲢鳙等滤食性鱼类放养量应适当提升，并且合理搭配鱼食性鱼类，以充分利用渔业资源，实现渔业经济最大化。

5 结论与展望

本文共计检出贵州省水库浮游植物139种（含变种），现存细胞密度均值83.77×10^6 cell/L，生物量均值7.67 mg/L，浮游动物共计143种，现存密度均值13 692.05 ind. /L，生物量均值1.06 mg/L，水体富营养化；根据浮游生物生物量估算鱼产力在中产水平。水库水体富营养化、鱼产力不足，造成水资源功能和价值的下降。后续应加强科学指导，规范管理，定期开展水质检测，科学合理地确定水体鱼产力，增加鲢鳙放养量，提高水库饵料的利用率，保障水库浮游生物群落结构的合理与稳定，保障水体生态系统结构和功能的完整性，更大限度地实现水库生态渔业的发展。

参考文献

[1] 朱文静，胡文革，张映东，等．新疆蘑菇湖水库浮游生物种群结构及鲢鳙鱼产力的研究［J］．水产学杂志，2020，33（3）：50-54.

[2] 郑重．浮游生物［M］．北京：科学出版社，1957.

[3] 周志明，朱俊杰，顾志敏，等．四明湖水库浮游生物现状调查及评价［J］．水生态学杂志，2011，32（3）：104-107.

[4] 杨娟，李勤慎，邵东宏，等．九甸峡水库水质生物学评价及其鱼产力分析［J］．中国水产，2023（2）：76-79.

[5] 万成炎．江苏省水库渔业资源现状及合理利用对策［D］．武汉：华中农业大学，2004.

[6] Patil R R，Kambhar S V，Giriyappanavar B S，et al. Algae as environmental biotechnological tool for monitoring health of aquatic ecosystem［C］//Maddela N R，Garcia Cruzatty L C，Chakraborty S. Advances in the Domain of Environmental Biotechnology. Singapore：Springer，2021：549-563.

[7] Peng G G，Zhou X J，Xie B，et al. Ecosystem stability and water quality improvement in a eutrophic shallow lake via long-term integrated biomanipulation in Southeast China［J］. Ecological Engineering，2021，159：106119.

[8] 伍律．贵州鱼类志［M］．贵州：贵州人民出版社，1989.

[9] 贵州省统计局，国家统计局贵州调查总队．2018年贵州省国民经济和社会发展统计公报［N］．贵州日报，2019-04-09（006）.

[10] 王德铭，王明霞，罗森源. 水生生物监测手册［M］. 南京：东南大学出版社，1996.

[11] 张觉民，何志辉．内陆水域渔业自然资源调查手册［M］．北京：农业出版社，1991.

[12] 中国科学院水生生物研究所．中国淡水轮虫志［M］．北京：科学出版社，1961.

[13] 中国科学院中国动物志委员会．中国动物志：节肢动物门甲壳纲淡水桡足类［M］．北京：科学出版社，1999.

[14] 胡鸿钧，魏印心．中国淡水藻类：系统、分类及生态［M］．北京：科学出版社，2006.

[15] 中华人民共和国农业农村部．大水面增养殖容量计算方法：SC/ T 1149—2020［S］．北京：中国农业出版社，2020.

[16] 刘茂奇，赵宝林，马成学，等．红旗泡水库鲢鳙饵料生物调查及鱼产潜力估算［J］．水产学杂志，2016，29（4）：23-27.

[17] 何嘉玲．长江天鹅洲故道和何王庙故道浮游植物群落结构及鱼产潜力的比较研究［D］．武汉：华中农业大学，2023.

[18] 吴嘉俊，赵文，魏杰，等．从北京怀柔水库浮游生物群落结构看优水渔业潜力［J］．中国水产，2024（3）：98-102.

[19] 熊满堂，王普泽，叶少文，等．丹江口水库浮游植物群落时空特征及其鱼产力评估［J］．中国水产科学，2021，

28（6）：715-727.

[20] 周波波，杨子龙，张子媛，等．岗更湖浮游生物调查及鱼产力评估［J］．水产科学，2020，39（5）：734-743.

[21] 任辉，田恬，杨宇峰，等．珠江口南沙河涌浮游植物群落结构时空变化及其与环境因子的关系［J］．生态学报，2017，37（22）：7729-7740.

[22] Bussi G，Whitehead P G，Bowes M J，et al. Impacts of climate change，land-use change and phosphorus reduction on phytoplankton in the River Thames（UK）［J］. Science of the Total Environment，2016，572：1507-1519.

[23] 王明翠，刘雪芹，张建辉．湖泊富营养化评价方法及分级标准［J］．中国环境监测，2002，18（5）：47-49.

[24] 况琪军，马沛明，胡征宇，等．湖泊富营养化的藻类生物学评价与治理研究进展［J］．安全与环境学报，2005（2）：87-91.

[25] 邵旭东，李毅超，白禄军，等．打虎石水库浮游生物群落结构特征及鱼产力评估［J］．水产科学，2022，41（3）：467-474.

四种有机污染物暴露对稀有鮈鲫急性呼吸运动的影响

汪红军　池仕运　龚昱田　张原圆　李嗣新　米玮洁

（水利部中国科学院水工程生态研究所
水利部水工程生态效应与生态修复重点实验室，湖北武汉　430079）

摘　要：探讨有机物暴露对鱼类呼吸反应的影响，利用鱼类呼吸参数的变化来预警水体污染。以稀有鮈鲫为实验生物，对4种有机污染物进行急性毒性研究，四氯化碳、邻苯二甲酸二丁酯、四氯乙烯、三氯乙烯对稀有鮈鲫96 hLC_{50} 分别为1.24 mg/L、6.70 mg/L、30.36 mg/L、9.06 mg/L；四氯化碳、邻苯二甲酸二丁酯暴露2 h后，稀有鮈鲫呼吸频率、呼吸强度均先升高再降低；四氯乙烯暴露2 h后，稀有鮈鲫呼吸频率、呼吸强度均显著升高（$p<0.05$），三氯乙烯暴露2 h后，稀有鮈鲫呼吸频率、呼吸强度均显著降低（$p<0.05$）。四氯乙烯暴露对稀有鮈鲫呼吸具有明显的刺激作用；三氯乙烯则具有明显的抑制作用，稀有鮈鲫呼吸参数作为生物监测指标来预警水体有机物污染较为敏感。

关键词：有机污染物；稀有鮈鲫；呼吸反应；生物预警

1　引言

四氯化碳（CCl_4）为无色透明细状液体，具有醚味，微溶于水，易溶于有机溶剂。对人体具有致畸、致癌、致突变的作用。联合国环境规划署有毒化学品登记中心将四氯化碳列入登记对象，实行了严格管理。邻苯二甲酸二丁酯（DBP）是一种重要的邻苯二甲酸酯类化合物，在大气、水体、土壤和生物体中均发现了它的存在[1-2]。DBP是塑料袋及其制品中增塑剂的主要成分[3]。目前，塑料制品已经成为我国居民日常生活的必需品，它给人们生活带来便利的同时，也带来了严重的增塑剂污染[4]。最新调查显示，市场销售的畜禽类食品、蔬菜、水果和干货中均检测出DBP，甚至在人体血液中也含有增塑剂成分[5]。目前关于DBP的毒性效应尚未见报道，评价该化合物对水生生物的毒性效应具有重要意义。四氯乙烯（PCE）是一种略带醚味的液体，因其独特的性质，广泛用作干洗剂和金属脱脂剂。1994年的一项统计表明，美国干洗业的PCE总用量达6 800万kg以上[6]。PCE是一种挥发性很强的去脂有机溶剂，经常接触PCE会引起头昏、头痛、眼花、恶心和呕吐等多种症状，急性吸入会表现出眼、鼻和咽喉的刺激性症状，较长时间的暴露可能引起中枢神经系统、肝和肾损伤[7-8]。国际癌症研究中心（IARC）将其列入人类可能致癌物（B_2级）[9]。三氯乙烯（TCE）急性接触主要导致神经系统损害，如麻醉感、头痛、昏迷，甚至脑水肿、死亡。慢性接触可能损害实质器官，主要影响肝、肾和心脏，还作用于第8对脑神经致听觉受损。

基金项目：国家自然科学基金项目——基于鱼类呼吸毒性效应的水环境早期预警生物标志物研究（51509169）。
作者简介：汪红军（1981—），男，高级工程师，主要从事水环境生物早期预警技术研究工作。

稀有鮈鲫是我国特有的一种小型鲤科鱼类。其性成熟时间短，繁殖季节长，产卵量较大，在人工控制饲养条件下可常年繁殖，对污染物敏感。先后被《化学品测试方法》《水和废水监测分析方法》推荐为我国的供试生物，近年来被较多地应用于生态毒理学研究中。鱼类呼吸系统的变化能迅速反映出机体自身机能的变化，它们对外环境变化敏感，是反映机体机能状态的重要指标。美国国家环保局[10] 将鱼类毒理实验作为环境监测和管理的重要组成部分，并制定了相关国家标准。利用鱼的呼吸参数作为生物监测方法来评价污水水质已有 30 多年历史[11]。Cairns 等[12-13] 将呼吸参数用于自动、实时生物早期预警系统中贡献尤其突出。他们主要研究的传感鱼为虹鳟鱼（*Rainbow trout*）（1980）和蓝鳃太阳鱼（*Bluegill*）[14]。本文以稀有鮈鲫为实验生物，对 4 种有机污染物进行急性毒性研究，同时利用美国生物监测公司生产的生物早期预警系统（BIO-SENSOR 7008），探讨了 4 种有机污染物对稀有鮈鲫呼吸运动的影响，为利用鱼类呼吸参数作为生物标志物预警水体污染提供基础数据。

2 材料与方法

2.1 实验鱼

实验鱼类为稀有鮈鲫，来自中国科学院水生生物研究所纯系培育的幼鱼，体长为 2.6 cm±0.7 cm，体重为 0.25 g±0.06 g。采用曝气自来水，在 35 cm×24 cm×31 cm 玻璃缸驯养 7 d，水温 25 ℃±1 ℃，每日光照 12~14 h，早晚定时投喂干饲料 2 次，并清除排泄物，实验前 1 d 停止喂食。

2.2 实验化学试剂

四氯化碳，分析纯，含量≥99.5%，无色透明液体，国药集团化学试剂有限公司生产；邻苯二甲酸二丁酯，分析纯，含量≥99.5%，无色油状液体，国药集团化学试剂有限公司生产；四氯乙烯，分析纯，含量≥98.5%，无色透明液体，国药集团化学试剂有限公司生产；三氯乙烯，分析纯，含量≥99%，无色透明液体，国药集团化学试剂有限公司生产。助溶剂：丙酮、乙醇，在试液中的体积分数≤0.5 ml/L。

2.3 实验仪器

实验仪器为生物早期预警系统，主要原理为以鱼为传感生物，根据个体鱼呼吸参数变化预警水环境变化。预警系统主要包括 4 部分：①呼吸监测传感器（Bio-Sensor）；②信号过滤放大器（Bio-Amp）；③计算机数据处理及显示系统；④自动报警及水质采样器。当鱼呼吸时，鱼类的神经肌肉活动的总和产生微伏的生物电信号，其中最强的就是呼吸信号，这个信号被呼吸室的呼吸监测传感器接收；然后送到信号过滤放大器过滤、放大；这个经过过滤、放大和数据化的信号被传送到计算机上，由计算机根据预设统计算法判断是否发生了异常反应，在超出阈值范围的情况下发出警报信号；自动采样器采集水样，再通过理化分析，确定水质变化情况。

2.4 实验方法

2.4.1 急性毒性实验

急性毒性实验参照《国家环保局化学品测试准则（1990）》中鱼类急性毒性实验方法、《水和废水监测分析方法》中鱼类毒性实验方法进行实验。

2.4.2 呼吸反应实验

实验在生物早期预警系统中进行。实验鱼在曝气自来水中适应 14 d 后置于 8 个监测室中，每个监测室放 1 尾鱼，在控制水体条件下进行 4 d 的呼吸反应数据收集（空白实验）。在实验玻璃缸中配置 96 h LC_{50} 浓度的有机物标准溶液，分别用计量泵（100 mL/min）将受测标准溶液持续加入监测室，在有机物暴露下进行 2 h 的鱼类呼吸反应实验，分别记录空白条件及有机物暴露条件下稀有鮈鲫呼吸反应信号的变化，记录参数为呼吸频率（VF）和呼吸强度（VA），记录频次为 1 次/min。

2.5 **数据分析**

数据统计采用 SPSS 16.0 软件，分析 24 h、48 h、72 h、96 h 实验鱼的半致死浓度（LC_{50}），并给出 LC_{50} 的 95%置信区间及概率-浓度对数回归方程。呼吸频率、呼吸强度数据用 SPSS16.0 软件的单因素方差分析软件包进行各实验组间数据差异显著性检验，并用 LSD 检验软件包进行组间两两比较。

3 结果与讨论

3.1 4 种有机物对稀有鮈鲫急性毒性结果

四氯化碳、邻苯二甲酸二丁酯、四氯乙烯、三氯乙烯等 4 种有机污染物对稀有鮈鲫急性毒性 24 h、48 h、72 h、96 h 半致死浓度和 95%置信区间结果表明，四氯化碳（CCl_4）对稀有鮈鲫 24 h、48 h、72 h、96 h 半致死浓度分别为 5.56 mg/L、2.16 mg/L、1.77 mg/L、1.24 mg/L；邻苯二甲酸二丁酯对稀有鮈鲫 24 h、48 h、72 h、96 h 半致死浓度分别为 10.25 mg/L、7.82 mg/L、6.84 mg/L、6.70 mg/L；四氯乙烯对稀有鮈鲫 24 h、48 h、72 h、96 h 半致死浓度分别为 52.93 mg/L、43.57 mg/L、37.21 mg/L、30.36 mg/L；三氯乙烯对稀有鮈鲫 24 h、48 h、72 h、96 h 半致死浓度分别为 13.94 mg/L、11.61 mg/L、10.19 mg/L、9.06 mg/L。

3.2 4 种有机物对稀有鮈鲫呼吸运动的影响

3.2.1 四氯化碳对稀有鮈鲫呼吸运动的影响

浓度为 1.24 mg/L 的四氯化碳暴露 2 h 后，稀有鮈鲫呼吸频率、呼吸强度如图 1 所示。从图 1 可

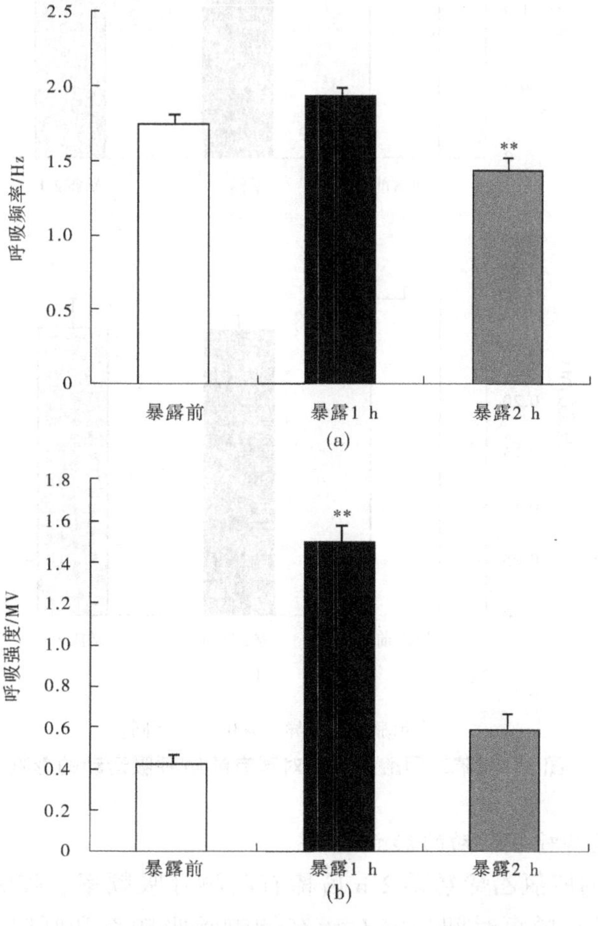

* * 表示极显著性差异，$p<0.01$，下同。

图 1 四氯化碳暴露对稀有鮈鲫呼吸运动的影响

以看出，96 h LC_{50} 四氯化碳短时间暴露对稀有鮈鲫呼吸频率和呼吸强度均有极显著影响（$p<0.01$）。与暴露前比较，稀有鮈鲫呼吸频率、呼吸强度均有先升高再降低趋势。暴露 1 h 后呼吸频率升高不显著（$p>0.05$），暴露 2 h 后，呼吸频率与暴露前及暴露 1 h 后比较均有极显著下降（$p<0.01$）；暴露 1 h 后呼吸强度与暴露前比较有极显著升高，暴露 2 h 后呼吸强度与暴露 1 h 后比较有极显著下降（$p<0.01$），且下降到暴露前相当水平（$p>0.05$）。表明四氯化碳暴露对稀有鮈鲫呼吸具有明显响应，利用稀有鮈鲫呼吸参数预警四氯化碳污染较为敏感。

3.2.2 邻苯二甲酸二丁酯对稀有鮈鲫呼吸运动的影响

浓度为 6.7 mg/L 的邻苯二甲酸二丁酯暴露 2 h 后稀有鮈鲫呼吸频率、呼吸强度如图 2 所示。从图 2 可以看出，96 hLC_{50} 邻苯二甲酸二丁酯短时间暴露对稀有鮈鲫呼吸频率有极显著影响（$p<0.01$），对呼吸强度影响不显著（$p>0.05$）。与暴露前比较，稀有鮈鲫呼吸频率有先升高再降低的趋势；短时间暴露对稀有鮈鲫呼吸强度影响不显著（$p>0.05$）。暴露 1 h 后呼吸频率与暴露前比较显著升高（$p<0.05$），暴露 2 h 后，呼吸频率与暴露前及 1 h 后比较均有极显著下降（$p<0.01$）。

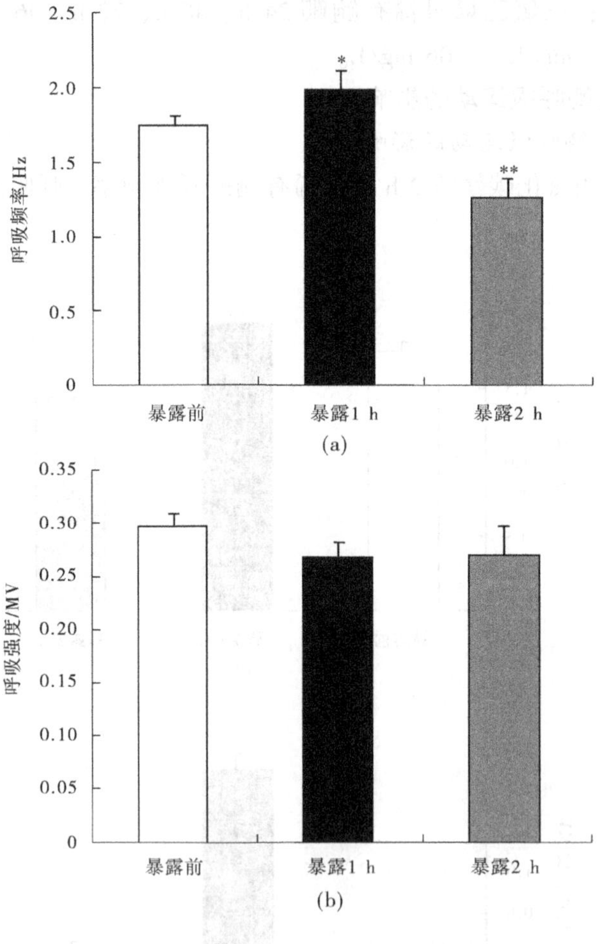

*表示显著性差异，$p<0.05$，下同。

图 2 邻苯二甲酸二丁酯对稀有鮈鲫呼吸运动的影响

3.2.3 四氯乙烯对稀有鮈鲫呼吸运动的影响

浓度为 30.36 mg/L 的四氯乙烯暴露 2 h 后稀有鮈鲫呼吸频率、呼吸强度如图 3 所示。从图 3 可以看出，96 hLC_{50} 四氯乙烯短时间暴露对稀有鮈鲫呼吸频率和呼吸强度有极显著性影响（$p<0.01$）和显著影响（$p<0.05$）。与暴露前比较，稀有鮈鲫呼吸频率、呼吸强度均显著升高。暴露 1 h 后呼吸频率升高极显著（$p<0.01$），暴露 2 h 后，呼吸频率与暴露 1 h 后保持稳定（$p>0.05$）；

暴露 1 h 后呼吸强度与暴露前比较有显著升高（$p<0.05$），暴露 2 h 后呼吸强度与暴露前比较显著升高（$p<0.05$），与暴露 1 h 后同样保持稳定（$p>0.05$）。表明四氯乙烯暴露对稀有鮈鲫呼吸具有明显的刺激作用。

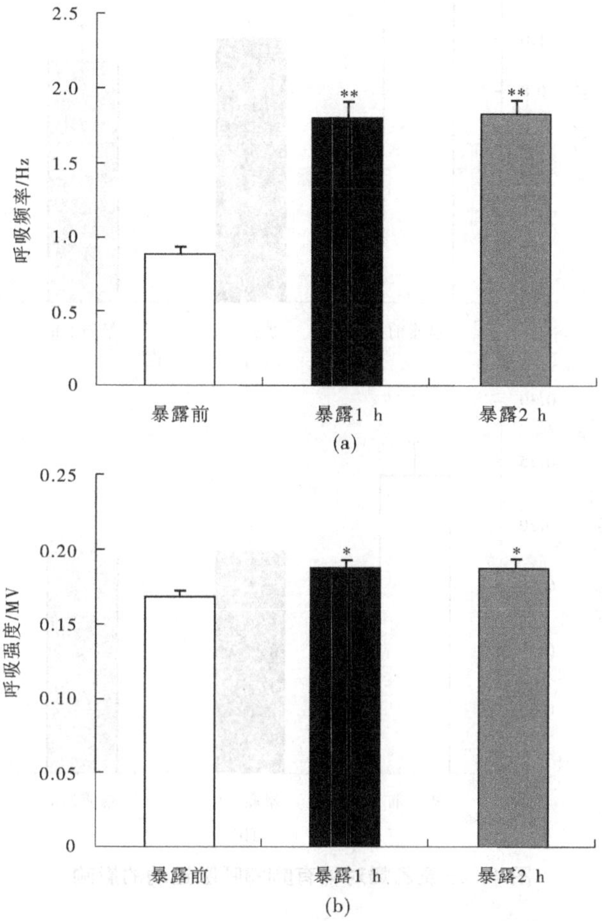

图 3　四氯乙烯对稀有鮈鲫呼吸运动的影响

3.2.4　三氯乙烯对稀有鮈鲫呼吸运动的影响

浓度为 9.06 mg/L 三氯乙烯暴露 2 h 后稀有鮈鲫呼吸频率、呼吸强度如图 4 所示。从图 4 可以看出，96 hLC_{50} 三氯乙烯短时间暴露对稀有鮈鲫呼吸频率和呼吸强度均有显著影响（$p<0.05$）。与暴露前比较，稀有鮈鲫呼吸频率、呼吸强度均显著降低。暴露 1 h 后呼吸频率与暴露前比较有所降低，但变化不显著（$p>0.05$），暴露 2 h 后，呼吸频率与暴露前比较开始显著降低（$p<0.05$），但与暴露 1 h 后比较差异不显著（$p>0.05$）；暴露 1 h 后呼吸强度与暴露前比较有显著降低（$p<0.05$），暴露 2 h 后呼吸强度与暴露前比较也显著降低（$p<0.05$），与暴露 1 h 后同样保持稳定（$p>0.05$）。表明三氯乙烯暴露对稀有鮈鲫呼吸运动具有明显的抑制作用。

4　结论

鱼类呼吸系统的变化能迅速反映出机体自身机能的变化，它们对外环境变化敏感，是反映机体机能状态的重要指标。四氯化碳、邻苯二甲酸二丁酯暴露 2 h 后，稀有鮈鲫呼吸频率、呼吸强度均有先升高再降低的趋势；四氯乙烯暴露 2 h 后，稀有鮈鲫呼吸频率、呼吸强度均显著升高（$p<0.05$），表明四氯乙烯暴露对稀有鮈鲫呼吸具有明显的刺激作用；三氯乙烯暴露 2 h 后，稀有鮈鲫呼吸频率、呼吸强度均显著降低（$p<0.05$），表明三氯乙烯暴露对稀有鮈鲫呼吸运动具有明显的抑制作用，稀有鮈

鲫呼吸参数作为生物监测指标来预警水体有机物污染较为敏感。

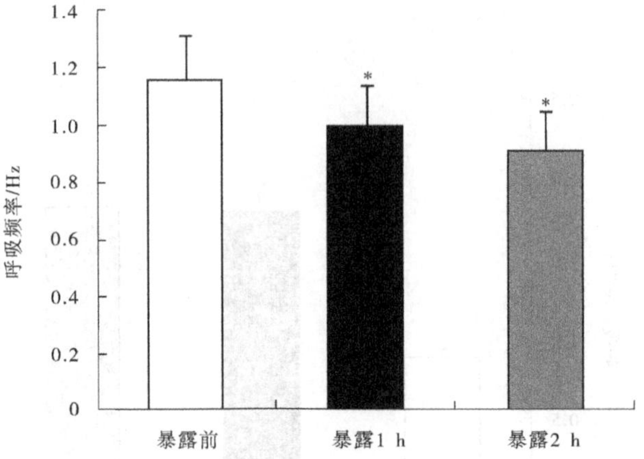

(a)

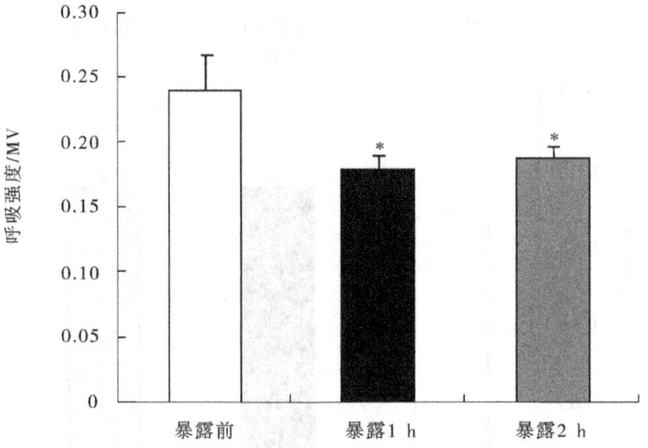

(b)

图 4　三氯乙烯对稀有鮈鲫呼吸运动的影响

参考文献

[1] 叶常明．环境中的邻苯二甲酸酯［J］．环境科学进展，1993，1（2）：36-46.

[2] 黄国兰，孙红文，高娟，等．邻苯二甲酸二丁酯对大型蚤（*Daphnia magna*）的毒性作用研究［J］．环境化学，1998，17（5）：428-433.

[3] 李秋娥．塑料增塑剂成分的药理作用［J］．中国民族医药杂志，1997，6（2）：32-34.

[4] 宋伟文．邻苯二甲酸二辛酯的药理作用［J］．海南中医杂志，1998，3（12）：26.

[5] 杨俊林．塑料袋逼我们慢性自杀［N］．深圳商报，2004-11-30.

[6] US EPA. Profile of the Dry Cleaning Industry. EPA 310-R-95-0101［R］. Washington, D. C.: Office of Enforcement and Compliance Assurance, Environmental Protection Agency, 1995.

[7] Chen J, Yu W J, Zheng L, et al. A review of environmental impact of dry cleaning with perchloroethylene and clean production［J］. Chinese Journal of Industrial Medicine, 2003, 16（3）: 177-179.

[8] Spring S E, Miles A K, Anderson M J. Effects of TCE and PCE on wild rondents at Edwards Air Force Base, California［J］. Journal of Environmental Toxicology and Chemistry, 2004, 23（9）: 2162-2169.

[9] International Agency for Research on Cance1. IARC monographs on the evaluation of carcinogenic risks to human［J］. Tetrachloroethylene, 1995, 63: 176-186.

[10] ASTM. Standard Guide for ventilator Behavioral Toxicology Testing of Freshwater Fish: E1768-95 [S]. West Conshohocken, PA: American Society for Testing and Materials, 1995.

[11] Cairs J, Dickson K L, Westlake G F. Biological Monitoring of water and Effluent Quality [J]. Philadelphia, PA: American Society for Testing and Materials, 1976, STP 607.

[12] Cairns J Jr, Dvander schalie W H. Biological monitoring. Part Ⅰ: Early Warning Systems [J]. Water Res, 1980, 14: 1179-1196. 1980.

[13] Cairns J Jr, Gruber D. A comparison of basic strategies in the instrumentation of biological early warning systems [J]. Water Resour, Bull, 1980, 16 (2).

[14] William H, Van der Schalie, Tommy R Shedding, et al. Using higher Organisms in biological early warning systems for real-time toxicity detection [J]. Biosensors & Bioelectronics, 2001, 16: 457-465.

广西右江隆安县段岸坡加固修复技术分析

邢耀文　韦　刚

（广西珠委南宁勘测设计院有限公司，广西南宁　530007）

摘　要： 岸坡失稳直接影响人民生命和财产安全，应及时加固修复处理。针对工程区位于村镇聚集区，施工场地狭小，地质及施工条件复杂的工程特点，本文通过现场调查走访、勘测、地质钻探等方法查明了岸坡失稳规模、成因及场地条件。根据工程区地质及施工条件，确定岸坡加固修复设计方案采用石笼护脚+灌注桩方案和内河水路运输、水下施工技术。通过对抗滑灌注桩及水下格宾石笼施工关键技术问题分析，提出了安全、经济、合理的施工技术措施，解决了工程区村镇聚集、施工场地狭小、岸坡水下防护施工的技术难题，为保障工程安全施工提供了技术支撑。

关键词： 地质；岸坡；加固修复；石笼

1　项目概况

河岸修复工程所在行政区属于南宁市隆安县，位于右江右岸。现状河岸沿线植被茂密，河岸坡未防护，在库区水长期作用下，原有岸坡植被被浸死或冲毁而失去固土作用，岸坡上的灌木、乔木等剥离土体倾覆于水中或枯萎倒伏，水位变幅区土体崩塌外露。同时，船行波对坡脚土体浪涌淘蚀，岸坡土体破坏严重，多处出现崩塌及滑坡，导致大量树木倾覆河中及坡顶房屋开裂，严重危及居民安全。

2　地质分析及评价

2.1　场地稳定性评价

勘测工程区岸坡冲刷淘蚀、崩塌破坏严重，以雁江镇和济村三床屯段、城厢镇西宁村渌驮屯段尤为显著。发现崩塌、坡脚被冲刷淘空等不良地质现象，为不利地段，且抗震设防烈度为7度，场地稳定性较差。

2.2　岩土层工程性质评价

本工程岩土层分布特征主要为表层耕表土及填土、中部为粉质黏土、下部圆砾及风化基岩，河床多分布有淤泥及圆砾。

填土：主要由黏性土混碎块石及建筑垃圾组成，厚度不一，松散-稍密状为主，密实度和均匀性较差、压缩性高。

淤泥：该层主要分布在河床位置处，流塑，为高压缩性的软弱土层，物理力学性质差。

软塑状粉质黏土：该层全场分布，为高压缩性的软弱土层，物理力学性质较差，不宜作为基础持力层。

硬-可塑状粉质黏土：该层全场分布，物理力学性质较好，具中等压缩性，分布稳定，可作持力层。靠近河岸处多呈可塑状，力学性质稍差。

圆砾、砾岩：全场分布，具低压缩性，力学性质较好，宜作持力层。

2.3　场地地震效应分析

工程区无活动性区域性大断裂通过，区域稳定性良好，工程区Ⅱ类场地抗震设防烈度为7度，基

作者简介： 邢耀文（1985—），男，高级工程师，主要从事水利工程勘察设计、咨询工作。

本地震动参数为 0.15g，反应谱特征周期 0.35 s。本场地不存在可液化土层，故不考虑液化土问题。

2.4　岸坡稳定性分析评价

2.4.1　岸坡工程地质条件

治理岸坡属低山丘陵地貌与右江Ⅱ级阶地迭加地貌类型，岸坡坡度多为 40°~55°，局部大于 65°，植被发育。防护区阶地地面平坦，地面高程 94~97 m，沿线多为耕地、民房、林地等，局部多堆填建筑垃圾，堆填时间小于 10 年。沿线岸坡局部有崩塌滑移现象，岸坡脚被冲刷。

2.4.2　岸坡历史崩塌情况

工程区于 2018 年开始出现岸坡崩塌情况，其中 2021 年夏季由于雨量较为充沛，河岸崩塌最为严重，出现多处崩塌，最明显为设计桩号 K0+383~K0+475、K0+558~K0+595 及 K0+645 至终点段，坡顶房屋墙体出现开裂，大量灌木、竹林等倒伏河中，路基悬空等现象，严重危及居民人身及财产安全。

2.4.3　岸坡现状分析及危害情况

工程区岸坡位于金鸡滩水电站上游，原河岸坡未防护，坡脚岸边的灌木、乔木等剥离土体倾覆于水中或枯萎倒伏，水位变幅区土体外露，以硬-可塑状粉质黏土为主。加上船只通行频繁，船行波对水位变幅区岸坡土体淘蚀破坏严重，常水位以下坡面分布有新近淤积土层、崩积淤泥及淤泥质黏土。上述土层抗冲刷能力较差，岸坡土体受波浪冲刷淘空，岸坡多处崩塌，坡脚呈悬空状。其中，护岸桩号为 K0+383~K0+475 段，崩塌导致大量灌木、竹林等倒伏河中，沿线部分房屋墙体出现开裂；护岸桩号为 K0+558~K0+595 段，岸坡崩塌导致该段村道路路基悬空，严重影响村民出行及人身安全；护岸桩号为 K0+645 至终点段（码头附近），岸坡崩塌导致道路开裂及下沉严重，导致该码头无法使用（见图 1、图 2）。

图 1　岸坡滑移错位裂缝

2.4.4　岸坡稳定计算及分析

选取桩号 K0+401 及 K0+575 位置作为代表断面，按照《水利水电工程边坡设计规范》（SL 386—2007）第 5.2.7 条边坡抗滑稳定计算宜采用简化毕肖普法和摩根斯顿-普赖斯法的规定，采用北京理正岩土系列软件 7.0 版中的“边坡稳定分析计算”进行计算。

计算考虑：现状岸坡，外江 10 年一遇洪水位时水位骤降至 91.65 m（正常工况Ⅱ），计算结果见表 1。

图 2　现状村道照片

表 1　现状岸坡稳定计算成果

断面桩号	现状（正常工况Ⅱ）最小稳定安全系数 k	
	计算值	允许值
K0+401	0.95	1.05
K0+575	1.01	1.05

计算结果表明，现状岸坡最小稳定安全系数计算值均小于允许值。金鸡滩电站蓄水后，整体岸坡是临界稳定的，局部崩塌是由于岸坡坡脚未采取防冲刷措施导致的。经计算分析，局部坡顶出现裂缝与岸坡坡脚土体崩塌冲刷有一定物理力学联系，坡脚土体进一步被冲刷、淘蚀，有诱发岸坡整体失稳的趋势。建议设计施工采取相应加固措施，如石笼护脚防冲、挡墙或抗滑桩支护等。

3　岸坡加固修复技术分析

3.1　护岸形式的选择

参照《河道整治设计规范》（GB 50707—2011），结合护岸轴线布置、设计依据等要求，护岸形式选择原则如下：

（1）遵循“因地制宜，就地取材”的原则，充分利用有利的地形、地质、水流及施工条件。

（2）结合工程现状，做到技术可行、经济合理、结构简单。

（3）尽可能少占地或不占地，节约土地资源。

（4）兼顾护岸安全和生态环保要求。

岸坡大部分为土质岸坡，抗冲刷能力较差，现阶段受洪水涨落冲刷和人为活动的影响，部分岸坡出现崩塌滑移现象；岸坡部分位置泥土外露，多雨季节和洪水期间岸坡土体易受侵蚀破坏。针对上述特点，拟在常水位安全超高以下部分采用刚性护岸结构，以适应河床冲刷；常水位安全超高以上局部范围按照 1∶1.5~1∶2.5 坡比采用黏土回填或修坡，防护段内岸坡保留原有粗径树木，维持岸坡绿色生态功能。根据护岸轴线布置、河岸崩塌程度范围及现状地形地质情况，本工程采用石笼护脚+灌注桩方案。

3.2　石笼护脚+灌注桩方案

在坡脚位置内侧采用抛石回填，外侧采用吊装石笼按照 1∶1.5 坡比进行堆码固定，抛石顶部修填约5 m宽施工平台进行灌注桩施工，采用单排直径1.5 m机械旋挖钻孔灌注桩，桩顶设C30钢筋混凝土冠梁，本方案典型断面图如图3所示。

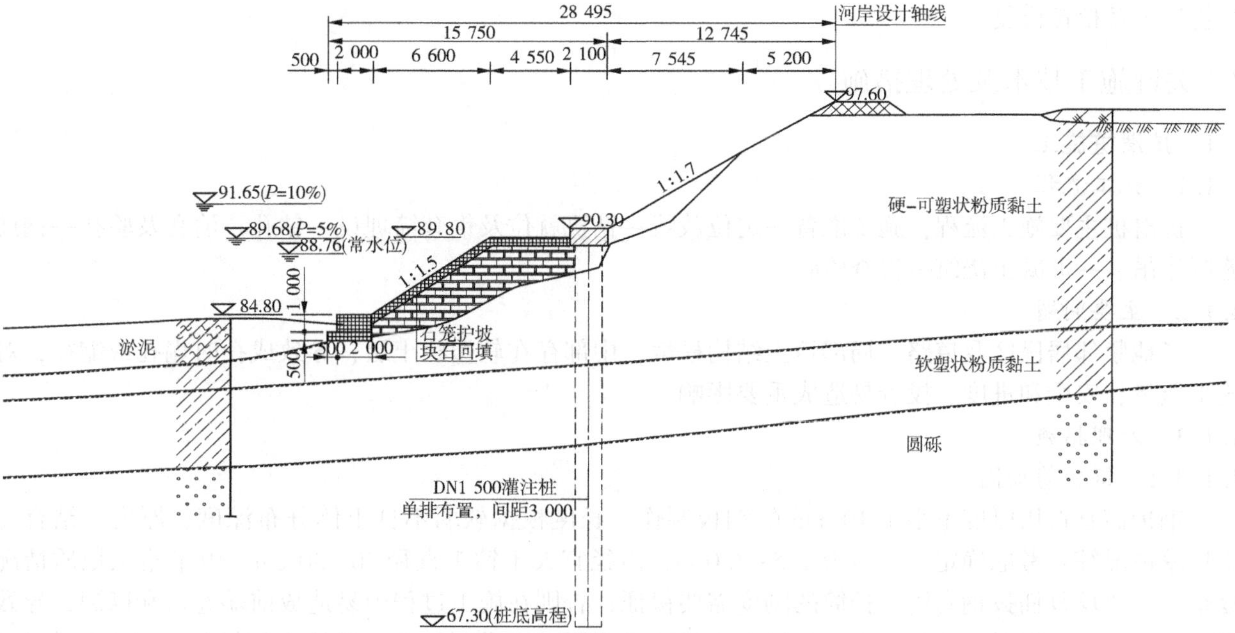

图3 石笼护脚+灌注桩典型断面图 （单位：高程，m；尺寸，mm）

3.3 施工场地及施工交通

3.3.1 施工场地

工程区属右江Ⅰ级阶地，两岸高程为85.50~97.50 m，岸坡坡度为45°~65°，滑坡位置岸坡陡峻，部分村道路基已滑塌脱空。依据本文3.2节内容加固方案，主要施工内容为抛石回填、石笼护脚、抗滑桩施工、土方回填、道路恢复等，利用工程区周边空地设置施工场地可满足要求。

3.3.2 施工交通

3.3.2.1 陆路交通方案

工程区邻近国道及省道，可通过高速公路、村道到达，交通方便、运输灵活、管理简单；村道较狭窄（宽3.0~4.0 m），施工车辆进出会车困难，需局部增设会车点；内部交通需沿岸坡开挖施工临时道路，会破坏沿线已建景观设施；现状岸坡较为陡峭，施工道路及临时堆料会影响岸坡整体稳定；需要恢复或改建的工程量较大。

3.3.2.2 水路交通方案

右江隆安县段河道为全年可通行1 000吨级船队的Ⅲ级航道，上游通百色，下游可达广东和香港，可将百色市生产的水泥、砂石、钢筋等原材料运至隆安县雁江码头，码头距离本工程约25 km（公路）。

水路方案利用内河船舶进行运输和施工，对现有岸坡和生态景观带影响较小，但材料、设备等需通过码头中转和船舶装运到施工场地，转运装卸多，且无法进行围堰施工，施工工序多，机械设备和船只配合难度大，施工进度需要准确控制。

经方案比较，采用对植被及岸坡影响较小的水路方案，抗滑桩钻孔灌注、石笼吊装铺筑均在水下施工，材料上船、弃土弃渣上岸等设在附近的隆安县雁江码头。

3.4 施工顺序及方法

3.4.1 施工顺序

采用由下至上施工，主要顺序是：抛石回填—水下石笼吊装铺砌—抗滑桩施工—植被修复。

3.4.2 施工方法

施工方法：①放线定位。②清理现状倒伏树木、构筑物。③块石抛填固脚，格宾石笼吊装铺砌。④钢护筒沉管定位，抗滑桩旋挖钻孔造孔；钢筋笼吊装，浇筑混凝土。⑤黏土回填或修坡。⑥附属建筑物施工及植被修复。

4 关键施工技术及处理措施

4.1 抗滑桩施工

4.1.1 施工流程

抗滑桩主要施工流程：施工准备—定位放线—钻机就位及钢套筒埋设—钻孔、清孔及验孔—钢筋笼制作吊装—混凝土浇筑—检查验收。

4.1.2 主要问题

场地紧邻居民区及道路，局部填土结构松散，中部存在软塑状土层，导致成孔时塌孔或缩径，对施工质量、安全和进度、投资易造成重要影响。

4.1.3 处理措施

4.1.3.1 钢护筒加固

钢护筒宜选用厚度不小于 10 mm 的钢板制作，长度根据软弱不良土体分布深度、厚度，结合泥浆护壁情况综合考虑确定，一般为 1.5~3.0 m，内径宜大于钻头直径 20~30 cm。由于施工地质情况复杂，需要反复插拔钢套筒，护筒的刚度需要保证；否则在施工过程中易造成前端卷口和撕裂，导致钢筋笼和护筒卡阻无法就位，水上吊运也容易造成变形。埋设钢护筒，准确定好桩位，埋设长度为 2 m，埋置在较坚硬密实的土层中至少 50 cm，钢护筒顶应高出水面 1.5 m。护筒顶部可以放置一个用槽钢加工而成的十字架，用钻头轻压中心将护筒慢慢压入孔内。钻孔时，护筒随钻孔跟进，以钢护筒对孔壁进行支护，每钻进一节护筒深度时，提起钻头接长钢护筒，接头处焊接牢固并用钢筋在护筒外侧均匀布置。

4.1.3.2 偏孔、塌孔、缩孔处理

在冲孔时如出现偏斜，造成孔垂直度不符合要求，如遇孤石引起，应采用取芯钻头减压钻进；如遇岩土层软硬不均发生倾斜，可投入碎石轻压慢钻；如遇倾斜岩层，可用混凝土或毛石回填，利用冲锤的冲击力把抛填的片石挤向软岩或岩面低的一侧予以修正钻孔垂直度[1]。

一般塌孔时应及时补充泥浆稳定液保持孔内水头，同时减慢钻进速度和提钻速度、反转；对于松散填土层引起的塌孔应及时回填低强度等级素混凝土，待达到一定轻度后重转；对地下水丰富的松散土层，应考虑埋设钢护筒。

遇易缩颈土层，应加大钻头外切削出刃，在缩颈部位扫孔并适当增加稳定液相对体积质量。

4.2 水下格宾石笼施工

4.2.1 施工流程

水下格宾石笼主要施工流程：施工准备—装填石笼及吊带捆绑—船吊起吊定位—潜水员脱钩。

4.2.2 存在问题

石笼吊装过程易变形、散落、倾斜造成笼体破损，存在极大施工安全隐患。影响因素如下：

（1）格宾石笼笼体变形：笼体内部填充块石不均匀、不密实，重心偏移，致现场起吊、移动、就位过程中柔性笼体出现不规则、不同程度变形。

（2）吊带滑动变化：吊绳在捆绑过程中未固定，起吊中吊绳移动滑动，导致笼体倾斜散落。

（3）石笼平面转动：吊点位置过于集中，吊装中石笼在平面上转动，影响定位。

（4）脱钩造成偏移和变形：吊装就位后脱钩方式可操作性差，潜水员工作难度大，导致石笼偏移和变形。

（5）其他：钢绞线或帆布吊带存留在河底，对游船来往及群众游泳潜水存在安全隐患。

4.2.3 处理措施

针对以上问题，根据现场条件，对水下石笼吊装施工技术的改进措施如下：

（1）制作刚性箱体：箱体根据石笼规格 2 m×1 m×1 m（长×宽×高）尺寸制作，选用25 mm 厚钢板作为底板，底板底部采用热轧普通型号 12.6 I 型钢/槽钢焊接作为承重梁，增强箱体刚度和整体性[2]。

（2）设置固定吊耳：在钢箱体四角制作焊接吊耳，作为固定措施阻止或限制吊绳滑动，同时避免箱体平面转动。

（3）采用单点吊装：采用双点吊杆（扁担梁）或多点吊架吊装[3]，扁担梁和吊架容易变形，平衡性不足；采用单点吊装方式简单方便，强度有保障。

（4）改进脱钩方式：采用底开式石笼脱钩方案，直接岸上工人脱钩，潜水员只需要定位辅助。石笼在水下铺筑过程中不变形，施工便捷，安全可靠，达到了良好的施工效果[4]。

采用水下整体吊装格宾石笼方式，施工工艺简单，取材方便，周转利用率高，成本低，安全性好，极大地提高了施工效率。

5 结语

右江隆安县段河岸修复工程涉及人民生命财产安全，应及时进行岸坡加固处理。处理后将提升片区防洪能力，营造安全良好的发展环境。城市水利建设特别是堤防、岸坡防护和加固修复多有涉水作业问题，还关联到市政、景观等城市基础设施，应遵循因地制宜的原则，结合河道地形地质条件和场地特点，采取针对性施工方案和措施，确保施工的合理性和安全性，减少对现有堤防、岸坡及其他设施的影响，实现人水和谐。

参考文献

[1] 陈艺. 码头桩基水下冲孔常见施工问题的技术探讨 [J]. 珠江水运，2004（11）：55-57.

[2] 曹阳，王永进. 水利工程沉排石笼施工技术 [J]. 山西建筑，2021，47（21）：155-157.

[3] 王光辉，杨培金，孙卫平. 整体吊装格宾石笼基础施工方法 [J]. 水利建设与管理，2020，40（9）：34-38.

[4] 韦志成，李森源. 城市核心区水下岸坡加固修复施工技术 [C] //中国水利学会. 2023 中国水利学术大会论文集：第四分册. 郑州：黄河水利出版社，2023.

一种为过鱼设施提供高效诱鱼水流的装置及计算方法

龚昱田[1]　王　翔[2]　汪红军[1]　侯轶群[1]

（1. 水利部中国科学院水工程生态研究所
水利部水工程生态效应与生态修复重点实验室，湖北武汉　430079；
2. 长江勘测规划设计研究有限责任公司，湖北武汉　430010）

摘　要： 过鱼设施的进口出流速率是鱼类能否成功定位并进入鱼道的关键因素。针对过鱼设施对诱鱼水流的特殊需求，本文提出了一种创新的无电力驱动装置。该装置利用库区的高水头、小流量水流，通过独特的结构设计实现能量转换，以产生高效的诱鱼水流。测试表明，装置能够将 70 m 水头、0.002 m^3/s 的水流引入射流泵，通过负压效应吸引周围水流，最终在出水口产生 0.024 m^3/s、0.4~0.6 m/s 的喷射水流。此技术显著提高了能量利用效率，无须额外的能量供应，具有噪声小、占地面积少、清洁性高和灵活性高等优点。

关键词： 鱼道进口；诱鱼水流；射流泵；节能

大坝的建设对河道水体内鱼类的栖息及繁衍造成影响，水利大坝工程建设可缓解江河下游洪涝灾害，调蓄下游水资源及获得清洁能源，但是其将天然河道分割成上、下两个单元，切断了鱼类的洄游通道，影响了鱼类种群的基因交流。过鱼设施作为拦河建筑物的重要生态补偿措施，受到越来越高的重视[1-3]。其中，进口布设始终是设计的重中之重和技术难题，现代鱼道失败案例很多被归因于鱼类找不到进口、进入难度大[4]。过鱼设施进口尺寸小，占大坝宽度的不到1%，二维平面上的体量相当于“针眼”，小尺寸、小流量的鱼道进口出流相对主流的竞争性弱，鱼类难以有效感知。为解决这一问题，在进口出流的基础上附加一部分诱鱼水流，是提高诱鱼率的一个重要工程手段。国外导则[5]指出，总诱鱼水流（进口出流+附加诱鱼水流）的竞争性主要取决于动量（动量=射流速度×单位时间的水体质量），动量越大，射入电站尾水产生的影响越广，被鱼类感知到的概率就越大。其中，射流速度不可太大，应尽量落在鱼类的趋流速度范围内，单位时间的水体质量即流量指标的大小则是越大越容易吸引鱼类。现过鱼设施诱鱼水流一般来自以下两类[6]：

（1）从坝上水库直接引用：由于坝体上游和下游高度差的存在，若直接引库区水，则至下游的流速往往高达 10 m/s 以上，而诱鱼水流一般所需流速为 0.4~0.6 m/s，因此需要消能降低流速才能作为诱鱼水流，既浪费能量，又需另外敷设消能设施。

（2）坝下进口附近设泵站机组：现有的过鱼设施诱鱼水流多是由设在进口附近的轴流泵组直接在下游河道抽水加压产生大流量的诱鱼水流，泵体将电能转化为大流量、适宜流速的诱鱼水流的动能，为了产生足够大的诱鱼水流，需要耗费大量的电能。

为了解决上述问题，本文提出了一种不需要电能的射流泵替换原有的轴流泵，仅引用坝上高水头的一股小水流作为动力液，通过射流泵结构吸引周围水体在出水口处形成一股大流量、适宜流速的诱鱼水流，能量过程为将重力势能转换为水体动能（见图 1）。相较于轴流泵的高水头重力势能发电→电能→水体动能的能量转化过程[7]，采用射流泵直接将高水头重力势能转化为水体动能，因此具有

作者简介： 龚昱田（1982—），男，高级工程师，主要从事栖息地模拟实验工作。

能量利用率高、噪声小、占地面积少、清洁性高等优点。

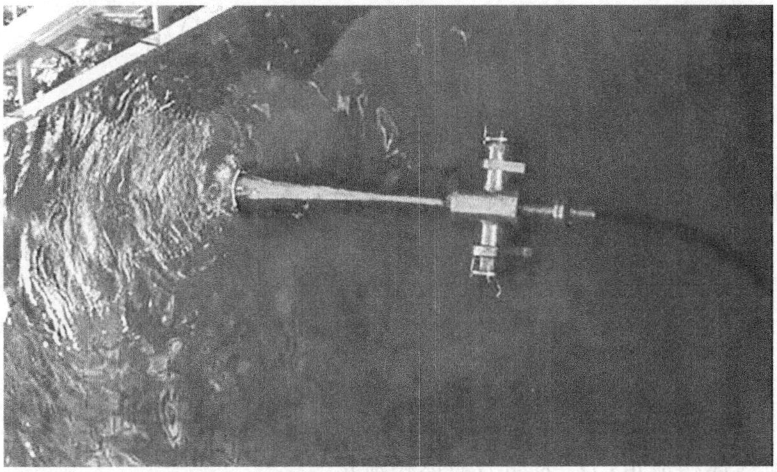

图 1 诱鱼射流泵

1 设备设计参数

本文是基于射流泵提供诱鱼水流的方法。射流泵虽名为泵，但其不同于常规意义上的轴流泵，不需要电能驱动。射流泵的主要作用是通过内部结构和水压，改变出入流的运行水头和流量分配，在工业、农业水利等领域具有一定的应用[8]。但在过鱼设施诱鱼水流的特定使用中，目前尚无商业产品，需根据工作水头、所需流量、流速进行设计和定制。

射流泵的结构剖面图如图 2 所示。

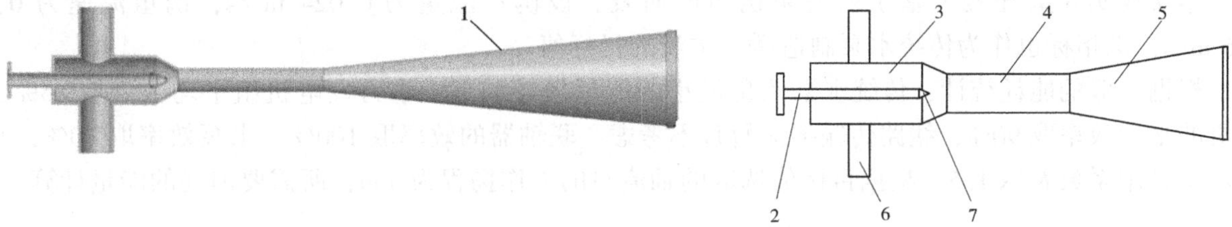

1—射流泵；2—工作管；3—流体混合管；4—喉管；5—扩散管；6—吸水口；7—喷嘴。

图 2 射流泵结构剖面图

其关键设计参数的确定如下。

根据诱鱼流量 Q_g 和诱鱼流速 v，获得射流泵基本设计参数，选用射流泵的步骤包括：

(1) 求出射流泵中喉管与喷嘴的最优面积比 m_y：

$$m_y = \frac{0.95\varphi_1^2}{h + 0.03\varphi_1^2} \tag{1}$$

$$h = \frac{h_c}{h_0} \tag{2}$$

$$h_c = \frac{0.5\rho v^2}{\rho g} \tag{3}$$

式中：h_c 为射流泵出口扬程，Pa；h_0 为引入射流泵的动力液扬程，即坝上引用水的水头，m；φ_1 为喷嘴流速系数，取 0.95~0.975；ρ 为水的密度，取 1 000 kg/m^3；v 为诱鱼流速，m/s。

(2) 将 m_y 替换为 m，并根据 m_y 的大小，代入式（4）、式（5），求性能系数 h_1 和 q_0。

当 $m=1\sim3$ 时：

$$\left.\begin{aligned} q_0 &= (5m - 0.9445)^{0.5} - 1.75 \\ h_1 &= 2.667 - 0.0023 \times (m + 26.07)^2 \end{aligned}\right\} \tag{4}$$

当 $m=3\sim40$ 时：

$$\left.\begin{aligned} q_0 &= (5m - 0.94)^{0.5} - 1.7 \\ h_1 &= 1.45m^{-0.892} \end{aligned}\right\} \tag{5}$$

（3）将求出的性能系数 h_1 和 q_0 代入式（6），求射流泵吸入流体与动力液体的体积比 q。

$$\frac{h}{\varphi_1^2} = \frac{h_1}{q_0}q_0 - q \tag{6}$$

$$q = \frac{Q_s}{Q_0} \tag{7}$$

$$Q_g = Q_s + Q_0 \tag{8}$$

式中：Q_s 为被吸入流体体积流量；Q_0 为动力液体积流量。

根据诱鱼流量 Q_g 及体积比 q 求出射流泵被吸入流体体积流量 Q_s 和动力液体积流量 Q_0。

最后以基本设计参数 q、h、m_y、Q_s、Q_0 作为参数设计合适规格的射流泵。

2 轴流泵与射流泵耗能比较

2.1 传统水泵提供诱鱼水流耗能计算

传统水泵提供诱鱼流场，其能量转换过程为利用大坝上下游水头差带动水轮机发电，通过电力线路将电能传输给电动机，电动机通过联轴器带动水泵旋转，将水流抽吸到需要的流速，将电能转换为水流的机械能。

本文在实验室开展了基于射流泵诱鱼的研发，设诱鱼流量为 0.024 m^3/s，诱鱼流速为 0.4～0.6 m/s，该指标也作为传统水泵制造诱鱼水流的目标值。

根据一般的能耗统计，传统水泵诱鱼最小的能量损耗如下：水力发电机组平均效率取 85%，电动机的平均效率取 90%，线路传输损失暂且不考虑，联轴器的效率取 100%，水泵效率取 70%，水泵的功率备用系数 K 取 1.5，根据目标值选取的轴流泵的工作扬程为 3 m，所需要消耗的能量计算[7] 如下：

$$P = \frac{K\rho gQH}{\eta_{\text{水轮机组}}\,\eta_{\text{传输线路}}\,\eta_{\text{电动机}}\,\eta_{\text{联轴器}}\,\eta_{\text{水泵}}} \tag{9}$$

其中，$\eta_{\text{水轮机组}}=0.85$，$\eta_{\text{传输线路}}=1$，$\eta_{\text{电动机}}=0.9$，$\eta_{\text{联轴器}}=1$，$\eta_{\text{水泵}}=0.7$，$K=1.5$，$\rho=1\,000\ kg/m^3$，$g=9.8\ m/s^2$，$Q=0.024\ m^3/s$，$H=3$ m。代入式（9）计算得出轴流泵最终所需的能耗为 1.976 kW。

2.2 射流泵耗能计算

同样地，诱鱼水流目标值流量 Q_g 为 0.024 m^3/s，诱鱼流速 v 为 0.4～0.6 m/s，设在 70 m 水头的大坝工程下使用：

通过式（3）求出射流泵出口扬程 $h_c=0.008\sim0.018$ m，代入式（1）求出 $m_y=31.53\sim31.54$；再将其代入式（4）、式（5）求出 $q_0=10.819\sim10.83$、$h_1=31.487\sim31.503$；再将 q_0 和 h_1 代入式（6），求出 $q=10.819\sim10.82$；最后根据式（7）、式（8）求出 $Q_0=0.002\ m^3/s$、$Q_s=0.022\ m^3/s$。

所需要消耗的能量计算[9] 如下：

$$P = \rho gQ_0h_0 \tag{10}$$

其中，$\rho=1\,000\ kg/m^3$，$g=9.8\ m/s^2$，$Q_0=0.002\ m^3/s$，$h_0=70$ m。

最终求得射流泵所需耗能为 1.372 kW，其能耗优于轴流泵直接供水的能耗，仅相当于水泵供水能耗的 69%。

2.3 试验情况

基于以上设计，本文研制了样机，并在实验室开展了测试：引一股0.002 m^3/s的70 m水头的水流进入射流泵，在流场中营造出了0.024 m^3/s、0.4~0.6 m/s流速的诱鱼水流，试验结果表明流速、流量均达到了设计预期值，下一步拟在过鱼设施中推广使用，有望解决目前高坝过鱼设施诱鱼面临的技术难题。

3 结论与展望

该射流泵有效利用中高水头落差水体作为动力液，通过射流泵这个“水力变压器”吸入周围水体，喷射出大流量、适宜流速的诱鱼水流，以诱导鱼类洄游至过鱼设施进口处[10]；通过对装置和传统的轴流泵耗能计算对比，射流泵能耗优于轴流泵直接供水的能耗，仅相当于水泵供水能耗的71%，有效地解决了直接在拦河坝下游通过离心泵制造诱鱼水流时能耗过高、噪声大等问题。在实际使用过程中，该装置仅从坝上水体中引用流量较小的动力液，对枢纽工程的水量分配的影响较小；此外，可根据实际情况将多台射流泵进行水平向、垂直向的并联布置，使用非常灵活，在过鱼设施诱鱼项目中具有良好的应用前景。

参考文献

[1] 曹娜，钟治国，曹晓红，等．我国鱼道建设现状及典型案例分析［J］．水资源保护，2016，32（6）：156-162.
[2] 陈凯麒，葛怀凤，郭军，等．我国过鱼设施现状分析及鱼道适宜性管理的关键问题［J］．水生态学杂志，2013，34（4）：1-6.
[3] 周应祺．应用鱼类行为学［M］．北京：科学出版社，2011.
[4] 谭红林，谭均军，石小涛，等．鱼道进口诱鱼技术研究进展［J］．生态学杂志，2021，40（4）：1198-1209.
[5] Bates K. Fishway guidelines for Washington State. Washington Department of Fish and Wildlife［J］. Washington，2000.
[6] 谢春航，安瑞冬，李嘉，等．鱼道进口布置方式对集诱鱼水流水力学特性的影响研究［J］．四川大学学报：工程科学版（增刊），2017：25-32.
[7] 华中工学院水机教研组．轴流泵［M］．北京：机械工业出版社，1976.
[8] 陆宏圻．射流泵技术的理论及应用［M］．北京：水利电力出版社，1989.
[9] 谭杰，朱劲木，龙新平．液体射流泵喷嘴长径比的数值分析［J］．水电能源科学，2019，37（9）：151-154.
[10] 金志军，单承康，崔磊，等．过鱼设施进口及吸引流设计［J］．水资源保护，2019，35（6）：145-154.

长沙梅溪湖鱼类群落结构特征分析

魏 秘[1,2] 王 瑞[1,2] 夏 威[3] 曾小康[3] 胡菊香[1,2]

（1. 水利部中国科学院水工程生态研究所，湖北武汉 430079；
2. 水利部水工程生态效应与生态修复重点实验室，湖北武汉 430079；
3. 湖南湘新水务环保投资建设有限公司，湖南长沙 410221）

摘 要：在2020—2021年对长沙梅溪湖鱼类资源分季度调查，研究揭示了梅溪湖鱼类群落的结构、优势种及生态类型，并对其多样性进行了分析。研究结果显示，长沙梅溪湖共有鱼类33种，隶属6目12科29属，鲤科鱼类种数最多，占种类总数的63.6%。在生态类型方面，梅溪湖鱼类以肉食性种类和中上层鱼类为主，各有14种。鱼类优势种共有5种，常见种有11种。鱼类Shannon-Wiener多样性指数为2.08，Pielou均匀度指数为0.66，Margalef丰富度指数为3.26，总体而言，梅溪湖的鱼类生物多样性达“较丰富”水平。

关键词：梅溪湖；鱼类群落；优势种；鱼类多样性；生态类型

长沙梅溪湖位于湖南省长沙市湘江新区核心区域，是2012年建成的城市人工湖泊。梅溪湖作为长沙市湘江新区的“城市绿心”，兼顾雨水调蓄和景观观赏功能[1]。梅溪湖位于湘江一级支流龙王港的右岸，已建湖体总面积约165 hm^2，正常蓄水位35.00 m，总库容434.1万 m^3，最大水深6 m，2 m以下水域占湖区总面积的32.4%，是典型的浅水湖泊[2]。

鱼类是湖泊生态系统的重要组成部分，是影响水域生态系统结构与功能变化的关键因素，其种群结构组成及数量变化能够反映水域生物群落结构与水质状况[3-4]。为深入了解梅溪湖现有的鱼类资源状况，本文于2020—2021年对梅溪湖开展四季调查，以期为梅溪湖鱼类增殖放流和群落结构优化提供基础数据和科学管理依据，促进生态系统健康，支持湖泊生态环境保护与可持续发展，并提升经济社会效益与公众生态意识。

1 研究方法

1.1 调查方法

2020年11月至2021年7月分季度在梅溪湖开展鱼类资源调查和采样，鱼类的采集采用多网目复合刺网和地笼相结合的方法，多网目复合刺网总长为150 m，网高约为2 m。地笼总长约为15 m，地笼共有8个入口，交叉分布于地笼两侧。在梅溪湖敞水水域布设浮性多网目复合刺网和沉性多网目复合刺网，在沿岸带放置地笼，网具在水中放置时间约12 h。对采集的所有鱼类标本进行现场种类鉴定，并测量生物学数据。2021年1月在梅溪湖开展为期15 d的围网捕捞，围网网目为120 mm，随机选取部分鱼类标本进行鉴定和生物学测量。鱼类种类鉴定主要依据《中国动物志·硬骨鱼纲》《湖南鱼类志》等相关文献资料[5-8]，鱼类外来物种的鉴定主要参考《中国外来水生动植物》《中国常见外来水生动植物图鉴》[9-10]。

作者简介：魏秘（1995—），男，助理研究员，主要从事河湖水生态监测与评价工作。
通信作者：胡菊香（1966—），女，研究员，主要从事河湖生态与环境研究工作。

1.2 数据分析方法

1.2.1 数据处理

鱼类群落的优势物种和常见物种采用 Pinkas 相对重要性指数（index of relative importance, IRI）进行分析[11]，计算公式为

$$IRI = (N + W) \times F \tag{1}$$

式中：N 为采集到的各种鱼类数量占全部渔获物数量的百分数；W 为采集到的各种鱼类质量占总渔获物质量的百分数；F 为采集到的各种鱼类在采样周期内出现频率的百分数。

当某种鱼的相对重要性指数值 IRI≥1 000 时，该鱼类即为优势种；当 100≤IRI<1 000 时，该鱼类即为常见种。

梅溪湖鱼类群落多样性采用 Margalef 丰富度指数（D）[12]、Shannon-Wiener 多样性指数（H'）[13]和 Pielou 均匀度指数（J）[14] 分析。各指数计算公式如下：

$$D = \frac{S-1}{\ln N} \tag{2}$$

$$H' = -\sum_{i=1}^{S} P_i \ln P_i \tag{3}$$

$$J = \frac{H'}{\ln S} \tag{4}$$

式中：S 为全部渔获物中的种类数；N 为全部渔获物中总个体数；P_i 为全部渔获物中第 i 种个体在全年渔获物中的比例。

根据 Shannon-Wiener 多样性指数（H'）分级标准[15] 对梅溪湖的鱼类多样性进行评价（见表 1）。

表 1　Shannon-Wiener 多样性指数（H'）分级标准

Shannon-Wiener 多样性指数	生物多样性级别	多样性评价
$H'>3$	丰富	物种种类丰富，个体分布均匀
$2<H'\leq 3$	较丰富	物种丰富度较高，个体分布比较均匀
$1<H'\leq 2$	一般	物种丰富度较低，个体分布比较均匀
$0<H'\leq 1$	较贫乏	物种丰富度低，个体分布不均匀

1.2.2 生态类型划分

参照鱼类生活史文献资料和鱼类食性文献资料[16-17]，将梅溪湖鱼类按栖息水层划分为底层、中下层和中上层 3 种类型；按食性分为肉食性、草食性、杂食性、碎屑食性、浮游生物食性 5 类。

2 结果与分析

2.1 鱼类群落结构特征

2020 年 11 月至 2021 年 7 月，在长沙梅溪湖采用定制多网目复合刺网共采集到鱼类 1 235 尾，总重 50.85 kg。2021 年 1 月，随机选取围网捕捞的鱼类标本 61 尾，总重 177.44 kg。共鉴定出鱼类 6 目 12 科 29 属 33 种（见表 2），其中鲤科鱼类种数最多，有 17 属 21 种，占种类总数的 63.6%；其次是鳅科，共 2 种，占种类总数的 6.1%；太阳鱼科、鲿科、鳀科和鱵科等，均只有 1 种鱼类，均占总数的 3.0%。

表 2　梅溪湖鱼类种类组成

目	科	种	拉丁名	食性	栖息水层
鲱形目	鳀科	短颌鲚	*Coilia brachygnathus*	肉食性	中上层
鲤形目	鲤科	青鱼	*Mylopharyngodon piceus*	肉食性	底层
		草鱼	*Ctenopharyngodon idella*	草食性	中下层
		似鳊	*Toxabramis swinhonis*	浮游生物食性	中上层
		𩽾	*Hemiculter leuciscus*	杂食性	中上层
		红鳍原鲌	*Cultrichthys erythropterus*	肉食性	中上层
		达氏鲌	*Culter dabryi*	肉食性	中上层
		蒙古鲌	*Culter mongolicus*	肉食性	中上层
		翘嘴鲌	*Culter alburnus*	肉食性	中上层
		鳊	*Parabramis pekinensis*	草食性	中下层
		似鳊	*Pseudobrama simoni*	杂食性	中下层
		黄尾鲴	*Xenocypris davidi*	碎屑食性	中下层
		细鳞斜颌鲴	*Xenocypris microlepis*	碎屑食性	中下层
		鲢	*Hypophthalmichthys molitrix*	浮游生物食性	中上层
		鳙	*Aristichthys nobilis*	浮游生物食性	中上层
		麦穗鱼	*Pseudorasbora parva*	浮游生物食性	中下层
		棒花鱼	*Abbottina rivularis*	浮游生物食性	底层
		大鳍鱊	*Acheilognathus macropterus*	杂食性	中上层
		兴凯鱊	*Acheilognathus chankaensis*	杂食性	中上层
		条纹小鲃	*Puntius semifasciolatus*	杂食性	中上层
		鲤	*Cyprinus carpio*	杂食性	底层
		鲫	*Carassius auratus*	杂食性	底层
	鳅科	泥鳅	*Misgurnus anguillicaudatus*	杂食性	底层
		大鳞副泥鳅	*Paramisgurnus dabryanus*	杂食性	底层
鲇形目	鲇科	鲇	*Silurus asotus*	肉食性	中下层
	鲿科	黄颡鱼	*Pelteobagrus fulvidraco*	肉食性	底层
颌针鱼目	鱵科	间下鱵	*Hyporhamphus intermedius*	浮游生物食性	中上层
合鳃鱼目	合鳃鱼科	黄鳝	*Monopterus albus*	肉食性	底层
鲈形目	太阳鱼科	大口黑鲈	*Micropterus salmoides*	肉食性	中下层
	鮨科	鳜	*Siniperca chuatsi*	肉食性	中上层
	沙塘鳢科	沙塘鳢	*Odontobutis obscurus*	肉食性	底层
	鰕虎鱼科	子陵吻鰕虎鱼	*Rhinogobius giurinus*	肉食性	底层
	鳢科	乌鳢	*Channa argus*	肉食性	底层

2.2 鱼类生态类型

从营养结构上看，梅溪湖肉食性鱼类最多，共有14种，包括大口黑鲈、乌鳢、蒙古鲌等，占总数的42.4%，其次为杂食性鱼类，共有9种，包括鲤、鲫、鳌、似鳊等，占比27.2%；浮游生物食性种类共有6种，包括鲢、鳙等，占总数的18.2%；草食性和碎屑食性鱼类种类数最少，分别有2种，均只占总数的6.1%。从栖息类型上看，梅溪湖中的鳅科和鮠科等11种鱼类为底层鱼类，占总种类数的33.33%；鲢、鳙、鳌属和鲌属等14种鱼类为中上水层鱼类，占比42.43%；草鱼、鳊、鳜等8种鱼类为中下水层鱼类，占比24.24%。

2.3 优势种和常见种

根据相对重要性指数（IRI）计算结果，梅溪湖的鱼类优势种为鳌、鳙、似鱎、红鳍原鲌和鲢，细鳞斜颌鲴、鲫、草鱼、短颌鲚、鲤、大鳍鱊、黄颡鱼、大口黑鲈、兴凯鱊、黄尾鲴和达氏鲌为常见种（见表3）。鳌的丰度占比最高，达36.29%，其次是似鱎、红鳍原鲌、鳙，分别占22.70%、11.82%和5.67%；鳙、鲢的生物量占据绝对优势，占比分别是61.63%和17.95%，草鱼占5.10%，其他种类的生物量占比均未超过5%。

剔除围网捕捞的鱼类样本，鳌、似鱎和红鳍原鲌为梅溪湖鱼类优势种，鲫、短颌鲚、大鳍鱊、黄颡鱼、兴凯鱊、大口黑鲈、细鳞斜颌鲴和达氏鲌为常见种。鳌的丰度占比依然最高，达39.11%，其次是似鱎和红鳍原鲌，分别占24.46%和12.74%；生物量占比最高的鱼类为细鳞斜颌鲴，占比24.69%，其次为鳌和红鳍原鲌，分别占15.71%、15.70%。

表3 梅溪湖鱼类群落优势种和常见种组成

种类	优势种和常见种			剔除围网捕捞后的优势种和常见种		
	N①	W②	IRI	N	W	IRI
鳌	36.29	1.55	3 783.39	39.11	15.71	4 525.11
鳙	5.67	61.63	3 365.34	—	—	—
似鱎	22.70	0.61	2 330.38	24.46	6.19	2 597.17
鲢	1.42	17.95	1 452.85	—	—	—
红鳍原鲌	11.82	1.55	1 336.54	12.74	15.70	1 473.91
鲫	2.60	0.33	293.09	2.80	3.36	289.67
细鳞斜颌鲴	1.18	2.43	270.88	1.27	24.69	127.00
草鱼	0.24	5.10	266.74	—	—	—
短颌鲚	3.07	0.37	258.06	3.31	3.74	260.78
鲤	0.24	4.84	253.89	—	—	—
大鳍鱊	2.36	0.16	252.42	2.55	1.63	258.92
黄颡鱼	2.13	0.32	244.51	2.29	3.23	236.70
大口黑鲈	1.65	0.47	159.43	1.78	4.79	142.29
兴凯鱊	2.72	0.24	148.12	2.93	2.48	153.75
黄尾鲴	0.71	1.12	137.56	—	—	—
达氏鲌	1.89	0.32	110.55	2.04	3.25	108.53

注：①第 i 种鱼数量占总捕获鱼类数量的百分数。
②第 i 种鱼重量占总捕获鱼类重量的百分数。

2.4 鱼类多样性指数

梅溪湖的鱼类 Shannon-Wiener 多样性指数（H'）为 2.08，剔除围网鱼类标本后，H'为 1.92（见图 1），Shannon-Wiener 多样性指数略有下降。Shannon-Wiener 多样性指数表明梅溪湖鱼类物种丰富度较高，个体分布比较均匀，生物多样性级别为“较丰富”，当剔除围网鱼类标本后，鱼类物种丰富度略有下降，生物多样性级别为“一般”。梅溪湖鱼类 Pielou 均匀度指数（J）为 0.66，剔除围网鱼类标本后，该指数略有下降，为 0.63。梅溪湖鱼类 Margalef 丰富度指数（D）为 3.26，剔除围网鱼类标本后，D 为 3.00，物种丰富度指数值接近，表明物种丰富度基本保持稳定。

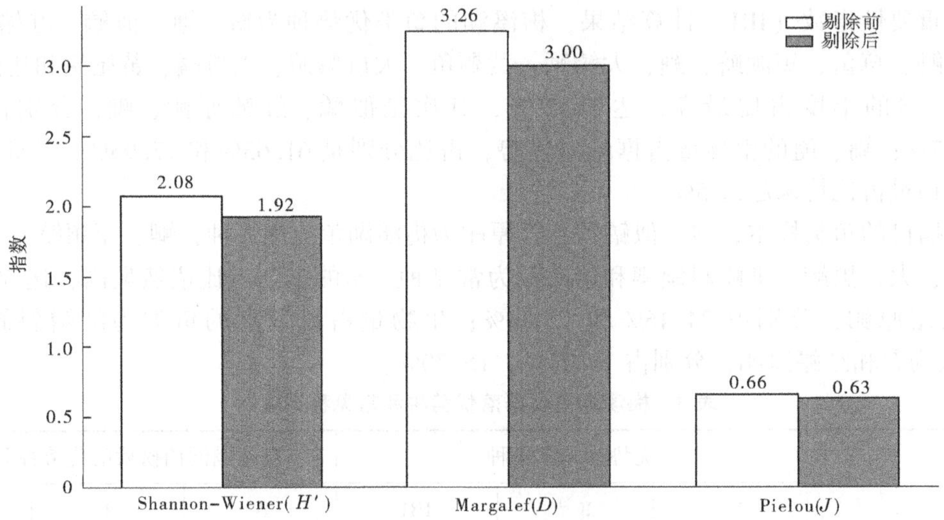

图 1　梅溪湖鱼类生物多样性指数

3　讨论

梅溪湖所在位置属于岳麓山桃花岭景区，原以农田荒地为主，坐拥龙王港水系，因此龙王港水系中的鱼类和周边居民所放生的鱼类成为梅溪湖最初的鱼类来源。2016 年梅溪湖开展了水环境综合整治水生态修复工程[18]，工程建设期间向梅溪湖投放了鳜、乌鳢、鳙、鲢、鲫、泥鳅和细鳞斜颌鲴等鱼类作为先锋种。但此前并未对梅溪湖建成后的鱼类种群进行详细调查，本文为梅溪湖的鱼类资源变迁提供了本底资料。

2020—2021 年共在长沙梅溪湖调查到鱼类 33 种，隶属于 6 目 12 科 29 属，以鲤科鱼类种数最多，这与附近湘江水系和湿地公园[19-21] 中的鱼类以鲤科鱼类为主的结果相似，也符合我国长江中下游湖泊淡水鱼类组成的一般规律，鲤科鱼类在淡水鱼类组成中占一半以上[22]。

本文研究是在梅溪湖实施水生态修复工程 4 年后进行的，梅溪湖也由最初的城市人工湖泊逐渐演替为仿自然湖泊，鱼类群落组成也与长江中下游自然湖泊较为相似[23]。调查到的鱼类优势种有 5 种，其中鲢和鳙为人工放养种类，在数量和生物量上占据显著优势，䱗、似鳊和红鳍原鲌等小型鱼类则依靠高繁殖力和高适应力在梅溪湖中占据优势。常见种有 11 种，其中细鳞斜颌鲴为人工放养种类，在长江中下游湖泊常见的黄颡鱼、䱗属和鲌属鱼类也是梅溪湖的常见种。

此次梅溪湖鱼类资源调查还发现较为少见的间下鱵。间下鱵对水质变化较为敏感，常生活在水质清澈、溶解氧充足的水域，如湖南毛里湖水体水质改善后，多年未见的间下鱵又重新出现[24]。梅溪湖生态治理后水质常年维持在Ⅲ类以上，为间下鱵的生存提供了良好的环境。在凶猛性鱼类中，外来种大口黑鲈（又称加州鲈）因其能适应多种水体环境[25]，已经能够在梅溪湖中繁衍，成为梅溪湖的常见种，其对能在梅溪湖中自然繁殖的小型鱼类如鳘、似鳊等起到调控作用。鳜、乌鳢等作为先锋种凶猛鱼类投放到梅溪湖后，虽然也能自然繁殖，但与大口黑鲈相比，因其生态位高度重合，并未成为常见种。

梅溪湖的鱼类资源呈现显著的生物多样性，其中 27 种鱼类能够自然繁殖，这些物种占据了不同的生态位，包括不同的水层和食性，从而维持了湖泊生态系统的稳定性和生物多样性。对于无法自然繁殖的 6 种鱼类，如青鱼、草鱼、鲢、鳙、黄尾鲴和细鳞斜颌鲴，需要通过人工放流的方式进行资源补充。为了持续保持梅溪湖的生物多样性和水生态平衡，建议加强对梅溪湖鱼类资源的监测，并特别注重产卵场的保护工作，这对鱼类的繁殖和生态系统的健康至关重要。通过科学地监测和有效的保护措施，可以为梅溪湖的生物多样性和水生态系统稳定提供有力的支持。

参考文献

[1] 张小春，魏秘，王辉，等．生态治理技术在长沙市梅溪湖的应用研究［J］．人民长江，2021，52（10）：55-61.

[2] 魏秘，王瑞，王竹，等．城市人工湖泊浮游植物群落结构及环境因子分析［J］．水生态学杂志，2024，45（2）：92-101.

[3] 张国华，曹文宣，陈宜瑜．湖泊放养渔业对我国湖泊生态系统的影响［J］．水生生物学报，1997（3）：271-280.

[4] 蔡杏伟，熊鹰，郭超，等．饮用水水源地盐龙湖鱼类群落结构特征及调控策略研究［J］．淡水渔业，2019，49（2）：39-45.

[5] 陈宜瑜．中国动物志·硬骨鱼纲·鲤形目（中卷）［M］．北京：科学出版社，1998.

[6] 乐佩琦．中国动物志·硬骨鱼纲·鲤形目（下卷）［M］．北京：科学出版社，2000.

[7] 褚新洛，郑葆珊，戴定远．中国动物志·硬骨鱼纲·鲇形目［M］．北京：科学出版社，1999.

[8] 伍远安，李鸿，廖伏初，等．湖南鱼类志［M］．北京：科学出版社，2021.

[9] 李家乐，董志国，李应森，等．中国外来水生动植物［M］．上海：上海科学技术出版社，2007.

[10] 全国水产技术推广总站，中国水产学会．中国常见外来水生动植物图鉴［M］．北京：中国农业出版社，2020.

[11] Pinkas L，Oliphant M S，Iverson I L K. Food habits of albacore，bluefin tuna，and bonito in Californian waters［J］. Calif Fish Game，1971，152：1-105.

[12] ULANOWICZ R E. Information theory in ecology［J］．Comput Chem，2001，25（4）：393-399.

[13] SHANNON C E. The mathematical theory of communication（Reprinted）［J］．M D Comput，1997，14（4）：306-317.

[14] PIELOU E C J. The Measurement of Diversity in Different Types of Biological Collections［J］．Journal of Theoretical Biology，1966，13：131-144.

[15] 宁晓雨，陶贻亮，张磊，等．异龙湖鱼类群落结构及多样性［J］．湖南城市学院学报（自然科学版），2022，31（6）：53-57.

[16] 叶富良，张健东．鱼类生态学［M］．广州：广东高等教育出版社，2002.

[17] 朱松泉．中国淡水鱼类检索［M］．南京：江苏科学技术出版社，1995.

[18] 牛永康，林飞，毛建平．城市湖泊水生态修复治理技术：以长沙市梅溪湖水生态修复工程为例［J］．湖南水利水电，2024（4）：70-72.

[19] 高万超，胡可，顾庆福，等．湘江干流衡阳段与长株潭江段鱼类资源调查与保护对策［J］．低碳世界，2019，9（7）：14-16.

[20] 袁赛波，刘素群，向颖，等．湖南江华涔天河国家湿地公园鱼类区系结构现状及保护对策［J］．生物资源，2020，42（6）：644-651.

[21] 黄忠舜，石建新，曹珂，等．湖南书院洲国家湿地公园鱼类资源调查［J］．湖南林业科技，2016，43（2）：34-39.

[22] 杨金权，刘焕章．基于细胞色素 b 基因序列变异的鮈亚科鱼类分子系统发育研究（鲤形目：鲤科）［C］//中国海洋湖沼学会鱼类分会，中国动物学会鱼类分会．中国动物学会鱼类学分会 2004 年学术研讨会摘要汇编．中国科学院水生生物研究所，2004.

[23] 叶少文．长江中游浅水湖泊鱼类群落和系统营养网络模型的研究［D］．武汉：中国科学院水生生物研究所，2007.

[24] 刘良国，谢晓，黄艳飞，等．湖南毛里湖国家湿地公园的鱼类资源现状［J］．湿地科学，2024，22（1）：25-30.

[25] 黄仁善，钟纯怡，张帝，等．不同大口黑鲈群体生长性能、肌肉营养成分、肠道形态结构及菌群组成的比较研究［J］．动物营养学报，2024，36（2）：1158-1172.

植被对河道水沙运动及河床冲淤影响研究进展

李福建[1,2]　王　强[1,2]　李丽珂[1,2]　王远见[1,2]

（1. 黄河水利委员会黄河水利科学研究院，河南郑州　450003；
2. 河南省湖库功能恢复与维持工程技术研究中心，河南郑州　450003）

摘　要：水生植被在河湖生态系统修复中起着关键作用，显著影响水流结构、泥沙运动以及河床形态的塑造。植被通过改变局部水流结构，促进了水体中物质与能量的交换，而河道流态的变化又反过来影响水生植被的生长和分布。本文综合评述了水生植被对河道水沙运动和河床冲淤影响的研究进展，梳理了已取得的成果，并指出了现有研究中尚存的不足之处。相关研究成果将为河湖生态治理提供更加科学和有效的理论依据与实践指导。

关键词：水生植被；水流结构；泥沙运动；河床冲淤

1　引言

过度的水资源开发已导致河流生态环境形势严峻，河湖生态系统退化严重[1-2]。水利部部长李国英在2022年全国水利工作会议上强调必须“提升江河湖泊生态保护治理能力，维护河湖健康生命，实现人水和谐共生”。鉴于此，迫切需要开展河湖生态保护和治理实践活动[3-6]。

早在20世纪30年代初，就出现了采用植被来治理河湖生态的概念。例如，20世纪40年代德国创立了“近自然河道治理工程学”；1986年美国《水资源发展法》授权开展密西西比河上游自然环境修复；20世纪90年代以来，德、美、日等国家开始拆除由钢筋混凝土组成的护岸工程，采用原始的植被种植方式来使河流恢复自然状态；我国自20世纪80年代开始关注河流生态治理，并取得了极大的成果[7]。在这些河湖生态保护与治理实践活动中，植被作为连接水生和陆生栖息地的重要纽带起着关键性作用。一方面，河流中植被的存在能够清除水中有害物质，有效地改善当地的水质[8-9]，为其他生物提供庇护所和栖息地[10-11]，从而提高当地的生物多样性[12-13]；另一方面，植被的根系能够有效地稳固河床，减少水土流失，促进床面物质沉积[14-15]。然而，河道中植被的存在，增大了局部的阻力，降低了河道的行洪能力，同时，局部紊动能的增强，也加剧了河床的侵蚀作用，不利于河势的稳定。

植被、水流、泥沙和河床之间的相互作用涉及众多传统学科和新兴研究领域，如湍流、生态水力学、泥沙动力学及河床演变学等。随着学科研究理论的逐渐成熟，地貌和河流大尺度演变逐渐发展到考虑局部植物尺度，这种考虑得益于对植被河道水-沙-床耦合机制的深入了解。本文综述了植被对河道水沙运动及河床冲淤影响的相关研究进展，重点介绍了当前的研究现状和挑战，并对有待解决的问题提出了相应的展望。

基金项目：国家自然科学基金黄河水科学研究联合基金重点项目（U2243241）；国家自然科学基金黄河水科学研究联合基金集成项目（U2243601）。

作者简介：李福建（1993—），男，博士，主要从事水力学及河流动力学相关研究工作。

通信作者：王远见（1984—），男，正高级工程师，主要从事河流泥沙相关研究工作。

2 植被作用下的水流运动特性研究

水生植被按照柔韧程度可划分为刚性植被和柔性植被。刚性植被是指在水流作用下，自身形状保持不变或仅发生微小变形的植被，如灌木和红树林等；柔性植被是指在水流作用下，发生明显倒伏和弯曲的植被，如水草等。根据植被不同的入水情况，又可划分为挺水植被、淹没植被和漂浮植被，其中挺水对应植被部分高于水面，沉水对应植被完全淹没在水中，漂浮对应植被根系生长于水中，整体漂浮在水面上。不同类型水生植被对河道水沙运动和河床冲淤影响不同。

2.1 植被水流流速分布

植被带来的阻力变化是引起水流调整的关键因素，一般采用表征河床粗糙程度的系数，如曼宁系数 n 或植被对水流的阻力 F_d 来表示，程年生[16] 和张英豪等[17] 已经对植被阻力特性进行了详细的分析和总结，本文主要关注由植被阻力带来的水流运动特性变化。在挺水植被部分覆盖河道的情况下，经过植被群落的水流由于植被阻力作用发生调整，导致植被两侧的纵向速度增大和植被内部的纵向速度减小，直到超过水流分离区的终点，达到稳定[18]（见图 1）。植被内部水流调整长度 L_I 取决于植被密度 a 和宽度 D[19]，现阶段对于 L_I 的研究大多采用圆柱体杆件来模拟刚性植被，Rominger 等[19]、Lei 等[20] 及 Gui 等[21] 分别对挺水植被、淹没植被和漂浮植被进行研究，建立了相应的 L_I 预测模型。此外，White 等[22] 及 Huai 等[23] 的研究表明，由于水流侧向流动偏转，植被区和无植被区混合层在群落边缘（$x=0$）开始形成，并沿着 $x=0$ 与 L_I 之间的边缘迅速发展，在距离 L_I 以外，混合层厚度趋于稳定。在 $x>L_I$ 的范围内，当植被内外流速差满足 $\lambda \geqslant 0.4$ 时（其中 $\lambda=\frac{u_{bare}-u_{veg}}{u_{bare}+u_{veg}}$，$u_{veg}$ 为植被区流速，u_{bare} 为无植被区流速），会形成 Kelvin-Helmholtz 漩涡[24-25]，穿过边缘进入群落，穿透距离 δ 与植被密度 a 有关[26-27]，可表示为 $\delta=\max[0.5(C_d a)^{-1},\ 1.8d]$[28]，其中 d 为植被直径。为了准确描述植被引起的水流横向和纵向调整，大量研究基于模型试验和理论推导构建了相关计算模型。在水流横向调整方面，对于矩形河道岸滩或者中心生长植被的情况，部分学者基于动量方程和水流连续性方程推导出了纵向流速横向分布的计算模型[25,29-31]，对于复式河道滩地生长植被的情况，部分学者基于 SKM 方法，在考虑植被阻力或修改了二次流项的基础上，提出了适用于多种情况下的流速计算模型，包括滩地部分生长分淹没植被情况[32]，滩地全覆盖淹没植被[33] 或非淹没植被[34] 情况，以及淹没植被与非淹没植被共存情况[35] 等。在水流纵向调整方面，Liu 等[36] 观察到植被内部流速演变呈现出指数衰减的趋势，并提出了预测模型。

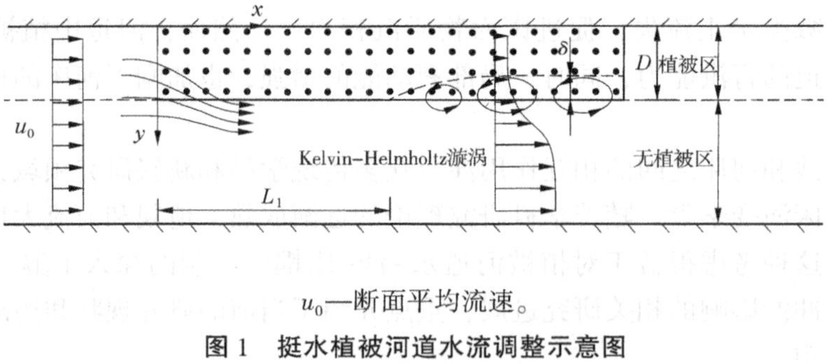

u_0—断面平均流速。

图 1 挺水植被河道水流调整示意图

与非淹没植被相比，淹没植被和漂浮植被在垂向上也会发生水流调整（见图 2），主要表现为流速在植被顶端出现明显的拐点[37]，植被内外的流速差导致流速在垂向上产生强烈的剪切层，当剪切层足够强时，会形成垂向 Kelvin-Helmholtz 漩涡，驱动植被内外的动量交换[21,38-40]。垂向上的水流调整一般采用分层的方法进行分析，如对于淹没植被，研究者一般将淹没植被河道在垂向上分为两层、三层或者四层，分别建立垂向流速模型[20,41-43]。但对于漂浮植被而言，植被下方的自由水流不仅受到植被阻力的影响，还受到河床的限制[21]，Gui 等[44] 基于此建立了适用于漂浮植被群落的流速计算模型。

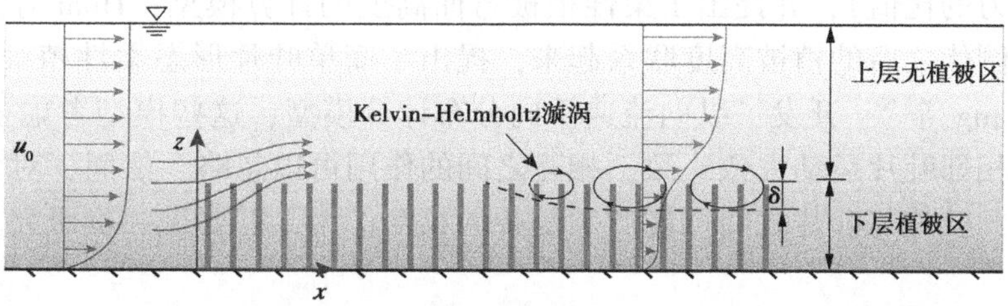

(a)淹没植被

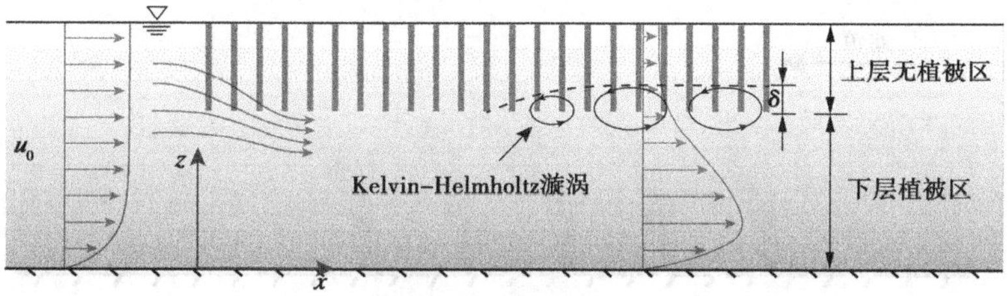

(b)漂浮植被

图 2 淹没植被和漂浮植被流速垂向分布

对于真实的植被而言（见图 3），圆柱体杆件无法描述植被形态带来的影响，如芦苇等，由于枝叶的存在，导致植被阻水面积随高度变化[37]，植被阻力系数垂向不再保持不变[45]。Lightbody 等[46] 在真实河道对互花米草（Spartina alterniflora）植被群落进行流速测量发现，复杂形态的植被群落纵向流速垂向分布受阻水面积影响，两者呈现负相关，该结果与 Xu 等[47] 在实验室采用仿真宽叶植被（Typha）进行试验获取的结论一致。此外，垂向阻水面积的不均匀性会显著影响植被与周围水体之间的物质与动量交换，在阻水面积变化较大的区域，会产生剪切层涡[45]，垂向的阻力分布也受到植被形态的影响[48]。Shan 等[49] 基于垂向阻力分布和阻水面积的关系，建立了适用于复杂形态植被河道纵向流速垂向分布预测模型。

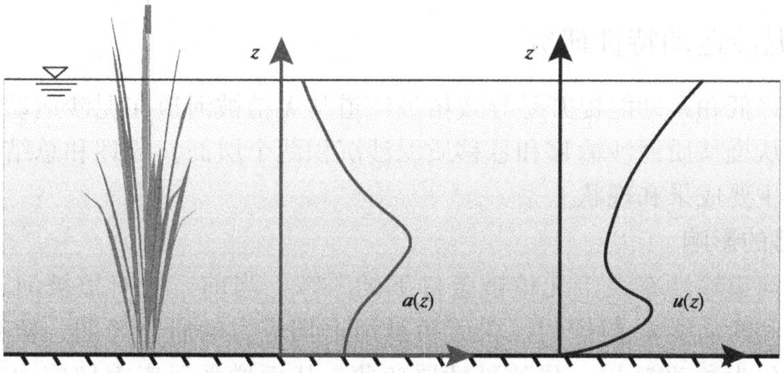

图 3 复杂形态植被纵向流速垂向分布与阻水面积对比

与刚性植被相比，柔性植被会引起更加复杂的水流结构变化。一方面，柔性植被在不同的水流条件下，将呈现不同的倒伏状态（见图 4），造成不同的阻水面积[38]、倒伏高度[50]，以及植被拖曳力系数[51]；另一方面，当柔性植被呈现沉水状态时，垂向上植被区和无植被区之间的水流掺混会在植被顶部形成涡街，这种涡街导致流速出现明显的周期性振荡[52]，反过来这种振荡又会驱使柔性植被产生周期性的摆动[53-54]，使柔性植被形状趋于流线型[37]，这种变化在一定程度上能够减弱植被对水流的阻碍作用[55-56]，当植被柔韧性越大时，对水流的阻碍作用越小[57-58]。柔性植被倒伏之后的高度对预测柔性植被河道水流结构变化尤为重要。Luhar 等[50] 采用物理实验和数值模拟相结合的方法开展研究后发现，柔性植被的倒伏取决于柯西数 Ca（阻力和刚度恢复力的比值）和浮力参数 B（浮力和刚度引起的恢复力的比值），并提出了柔性植被弯曲高度的计算模型；Huai 等[33] 通过力学角度将植被的弯曲刚度和倒伏之后的植被高度联系起来，提出了简单叶片形态柔性植被弯曲高度计算模型；Kubrak 等[59] 和 Wang 等[60] 开发了纵向流速垂向分布计算模型，这些模型考虑了简单叶片构建的柔性植被群落，其中相邻叶片运动大致一致，相互之间的作用可以忽略。然而，对于密集的植被条件或者复杂形态的植被，叶片与叶片之间可能产生复杂的相互作用，需要进一步研究。

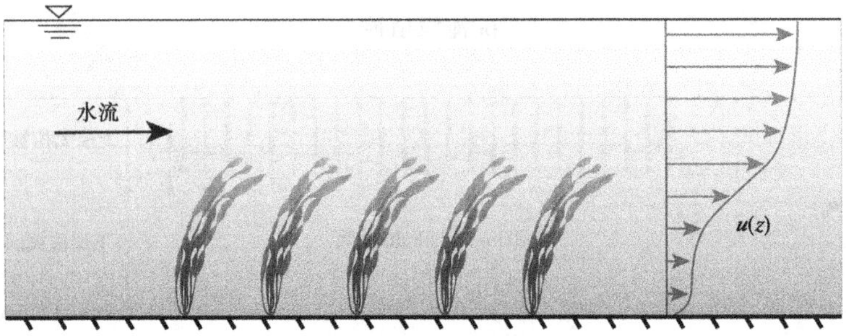

图 4　柔性植被倒伏

2.2　植被水流紊动能特性

植被引起的水流紊动能特性变化是调节河湖生态系统物质和能量传输的关键。在挺水植被中，水流运动以纵向的对流为主，在植被后方产生尾流，将水流中的平均动能转化为紊动能，增强了水流的紊动强度[61]。植被尾流区域紊动能的产生与植被雷诺数有关（$Re_d = u_0 d/v$，其中 u_0 是断面平均流速，v 为运动黏度），当植被雷诺数 $Re_d > 120$ 时，植被尾流产生紊动能[62]，其大小受植被特性影响[37,63]，且随流速和植被密度的增加而单调增加[64]，但与植被直径无关[65]。对于有植被河道，单位水体的紊动能 k_t 由河床剪切产生的紊动能 $k_{t(bed)}$ 和植被尾流产生的紊动能 $k_{t(veg)}$ 总和组成[65]。对于淹没植被，除植被尾迹产生的茎尺度紊动能外，植被顶部阻力不连续将产生植被尺度紊动能[37]，植被尺度湍流将穿过植被层进入内部，越稀疏的植被产生较低的湍流，穿透厚度越大[66]。

3　植被作用下的泥沙运动特性研究

植被引起的流速降低和紊动能提升是导致植被河道与无植被河道在泥沙运动特性上存在显著差异的主要原因，以下将从推移质泥沙输移和悬移质泥沙沉积两个层面，梳理和总结目前关于植被作用下泥沙运动特性研究的主要成果和现状。

3.1　植被对泥沙输移的影响

植被的存在导致河道输沙率大于无植被条件下的[67-68]。当前，针对植被河道输沙率的研究主要聚焦于床面切应力 τ 和紊动能 k_t 的探讨。关于植被河道切应力的研究表明，植被后方产生的尾流将水流中的平均动能转化为紊动能[17]，导致黏性层变薄，从而增强河床剪切应力[69-70]，因此部分研究在无植被河道输沙率理论推导过程中加入了植被作用项或者修改床面剪切应力计算模型来对植被河道输沙率进行预测。例如，Armanini 等[71] 的研究认为剪切应力的增大是导致输沙率增大的主要原因，在考虑植被阻力的基础上定义了新的阻力参数，修正了爱因斯坦输沙率公式；Lu 等[72] 在考虑植被作用的基础上，提出了一种预测有植被河道河床剪切应力的模型，并与 τ-输沙模型结合实现了植被河道输沙率的准确预测；Wu 等[73] 在考虑植被导致的泥沙空间变异性和紊动能加剧的基础上，提出了一种基于植被杆件周围冲刷孔的河床推移质输沙率计算模型。另外，一些研究表明，紊动能有助于单个泥沙颗粒的挟带和流动[74-75]（见图 5），从而影响整个河床的泥沙输移[76-77]，因此由植被尾流区域产生的紊动能也被认为是植被河道输沙率增大的关键因素[64,67]。基于此，部分学者通过转换式

$k_t=\tau/(\rho\omega)$（其中，ρ 为水流密度，ω 为尺度参数），将 τ-输沙模型修改为 k_t-输沙模型，建立了植被河道河床输沙率预测模型[68,78]。此外，Shan 等[79] 在对随机分布的有限植被群落河道输沙率的研究中发现，河道平均紊动能与 k_t-输沙模型的结合能很好地预测部分植被覆盖的河道输沙率。

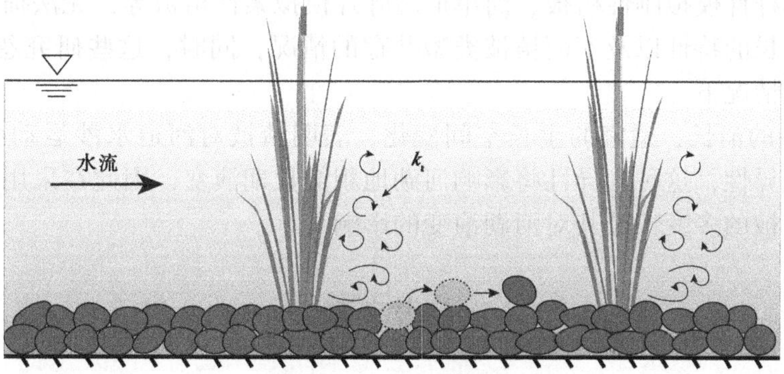

图 5　植被作用下的河道输沙示意图

3.2　植被对泥沙沉积的影响

植被阻力引起的流速降低，促进了植被群落内部的泥沙沉积[80]，而紊动能的增大将引起泥沙再悬浮[81]，这种植被内部泥沙沉积的正负反馈与泥沙颗粒大小、河道流速、植被密度和形态等有关[15]。Kim 等[82] 采用数值模拟探究了挺水植被内悬浮泥沙沉积的空间分布；Liu 等[83] 在考虑复杂植被形态影响的基础上提出了挺水芦苇植被群落内部泥沙净沉积分布的模型。对淹没植被而言，植被区泥沙净沉积减少同样与紊动能驱动的再悬浮有关，草甸水流充分发育区沉积量随植被密度的减小和河道速度的增大而减小[84]。除紊动能外，泥沙供应同样是影响植被内泥沙净沉积主要因素之一，当植被密度足够大时，泥沙仅通过植被前缘平流供给，而在植被内部，泥沙的沉降作用使得悬浮颗粒浓度逐渐降低，从而有效减小了净沉积速率[85]。Sun 等[15] 定义了代表整个植被群落平流时间与颗粒沉降时间之比的阈值 κ，评估植被群落内的泥沙供应是否受到限制，当 $\kappa<0.4$ 时泥沙供应不受限制，当 $\kappa>1$ 时泥沙供应受限制。最后，在植被群落后方，速度和紊动能的减小[86-87] 导致植被尾流区域内的泥沙沉积增强[88-89]。

4　植被作用下的河床冲淤特性研究

植被周边的水流结构变化，促发了河床形态的调整。Bouma 等[90] 通过野外监测发现，植被前端和侧面会出现明显侵蚀。大量的水槽试验揭示了导致这一现象的原因。首先，在有限植被群落旁侧，导流导致流速增大，从而引起了植被两侧边缘的侧向侵蚀[88]，其范围与植被密度和水流调整区间有关[91-92]，这种侵蚀会抑制植被的侧向发展[93-94]，同时，当植被处于淹没状态时，侧向侵蚀与淹没比有关，并随淹没比的增大而增大[95]。其次，植被尺度的紊动能是导致植被内部河床冲刷的主要原因之一，且随着植被密度和流速的增大而增大[88]，当流速降低到一定程度后，植被尾流产生的紊动能消失，导致泥沙大量落淤[96-97]，这与 Sand-Jensen[98] 野外观察到的自然植被内的净沉积增强现象一致。当植被群落以不连续的形式存在时，群落之间的回流会减弱植被内外的流速差异，从而减弱河床侵蚀，且当群落间隔大于 3 倍的植被群落宽度时，河床侵蚀最小[92]。

5　结论

近年来，采用植被种植来治理河湖生态系统越来越受到人们的关注，已有的研究揭示了植被带来的水流流速和紊动能变化规律，探讨了植被作用下的泥沙运动和河床冲淤特性，但在某些方面仍具有一定局限性：

(1) 目前，植被河道的研究主要集中在水沙运动方面，关于植被作用下的河床冲淤演变特性研究还处于起步阶段，相关研究多停留于定性的现象描述且数据匮乏，难以精确量化植被群落附近的空间格局。

（2）现有的研究多考虑顺直河道中均匀生长单一类型植被，而使用的植被广泛采用形态简单的模型植被，如圆柱体杆件模拟刚性植被、简单形态叶片模拟柔性植被等，无法描述天然植被具有复杂多变的形态、随机生长的特性以及不同植被类型共存的情况，同时，这些研究忽略了河型的复杂性，无法直接应用到天然情况下。

（3）植被季节性的消长，适宜的生长空间变化，表明植被对河道水沙运动和河床冲淤演变的影响具有显著的时空变异性，这种变异性将影响河湖地貌的长期演变，因此在采用植被治理河湖生态过程中，应充分考虑植被的多变性及其对河湖演变的影响。

参考文献

[1] Azrina M, Yap C, Ismail A R, et al. Anthropogenic impacts on the distribution and biodiversity of benthic macroinvertebrates and water quality of the Langat River, Peninsular Malaysia [J]. Ecotoxicol Environ Saf, 2006, 64 (3): 337-347.

[2] Miyazono S, Taylor C M. Effects of habitat size and isolation on species immigration-extinction dynamics and community nestedness in a desert river system [J]. Freshwater Biology, 2013, 58 (7): 1303-1312.

[3] Aguiar F C, Fernandes M R, Ferreira M T, et al. Riparian vegetation metrics as tools for guiding ecological restoration in riverscapes [J]. Knowledge and Management of Aquatic Ecosystems, 2011, 402: 251-264.

[4] Gurnell A M. Plants as river system engineers [J]. Earth Surface Processes and Landforms, 2014, 39 (1): 4-25.

[5] Temmerman S, Meire P, Bouma T J, et al. Ecosystem-based coastal defense in the face of global change [J]. Nature, 2013, 504: 79-83.

[6] Yu S, Wang M. Comprehensive evaluation of scenario schemes for multi-objective decision-making in river ecological restoration by artificially recharging river [J]. Water Resources Management, 2014, 28 (15): 5555-5571.

[7] 李明. 河流心滩守护中的生态固滩方法研究：以长江倒口窑心滩植入型生态固滩工程为例 [J]. 中国农村水利水电，2018 (7): 78-83.

[8] Ricart A M, York P H, Rasheed M A, et al. Variability of sedimentary organic carbon in patchy seagrass landscapes [J]. Marine Pollution Bulletin, 2015, 100 (1): 476-482.

[9] Keshavarzi A, Shrestha C K, Zahedani M R, et al. Experimental study of flow structure around two in-line bridge piers [J]. Proceedings of the Institution of Civil Engineers-Water Management, 2018, 171: 311-327.

[10] Kemp J L, Harper D M, Crosa G A. The habitat-scale ecohydraulics of rivers [J]. Ecological Engineering, 2000, 16 (1): 17-29.

[11] Barbier E B, Hacker S D, Kennedy C, et al. The value of estuarine and coastal ecosystem services [J]. Ecological Monographs, 2011, 81 (2): 169-193.

[12] Hamberg J, Findlay S E G, Limburg K E, et al. Post-storm sediment burial and herbivory of Vallisnerial americana in the Hudson River estuary: mechanisms of loss and implications for restoration [J]. Restoration Ecology, 2017, 25 (4): 629-639.

[13] Goldberg N A, Trent T, Hendriskon J. Temporal and spatial changes in Vallisneria americana Michaux (tape-grass) beds in the Lower St. Johns River, from 2002—2011 [J]. Southeastern Naturalist, 2018, 17 (3): 396-410.

[14] Andreoli A, Chiaradia E A, et al. Roots reinforcement by riparian trees in restored rivers [J]. Geomorphology, 2020, 370, 107389.

[15] Sun S C, Shan Y Q, Yan C H, et al. Impact of sediment size, channel velocity and plant density on sediment deposition inside Phragmites australis canopies [J]. Journal of Hydrology, 2023, 626, 130151.

[16] 程年生. 植被对明渠水流及泥沙运动的影响 [J]. 水力发电学报，2018，37 (9): 1-7.

[17] 张英豪，赖锡军，姜加虎. 植物对水流和泥沙运动影响研究进展 [J]. 湿地科学，2014，12 (5): 669-676.

[18] Zong L, Nepf H M. Spatial distribution of deposition within a patch of vegetation [J]. Water Resources Researches, 2011, 47 (3).

[19] Rominger J T, Nepf H M. Flow adjustment and interior flow associated with a rectangular porous obstruction [J]. Journal of Fluid Mechanics, 2011, 680: 636-659.

[20] Lei J, Nepf H M. Evolution of flow velocity from the leading edge of 2-D and 3-D submerged canopies [J]. Journal of Fluid Mechanics, 2021, 916.

[21] Gui Z Q, Shan Y Q, Liu C. Flow velocity evolution through a floating rigid cylinder array under unidirectional flow [J]. Journal of Hydrology, 2023, 617.

[22] White B, Nepf H M. Shear instability and coherent structures in shallow flow adjacent to a porous layer [J]. Journal of Fluid Mechanics, 2007, 593: 1-32.

[23] Huai W X, Xue W, Qian Z. Large-eddy simulation of turbulent rectangular open-channel flow with an emergent rigid vegetation patch [J]. Advances in Water Resources, 2015, 80: 30-42.

[24] Caroppi G, Västilä K, Gualtieri P, et al. Comparison of Flexible and Rigid Vegetation Induced Shear Layers in Partly Vegetated Channels [J]. Water Resources Research, 2021, 57 (3).

[25] Yan C H, Shan Y Q, et al. Analytical model for predicting the lateral profiles of velocities through a partially vegetated channel [J]. Journal of Hydrology, 2022, 612.

[26] Poggi D, Porporato A, Ridolfi L, et al. The effect of vegetation density on canopy sub-layer turbulence [J]. Boundary-Layer Meteorology, 2004, 111: 565-587.

[27] Nepf H M, Ghisalberti B, et al. Retention time and dispersion associated with submerged aquatic canopies [J]. Water Resources Research, 2007, 43 (4).

[28] White B L, Nepf H M. A vortex-based model of velocity and shear stress in a partially vegetated shallow channel [J]. Water Resources Research, 2008, 44 (1).

[29] Huai W X, Xu Z G, Zeng Y Y H. Two dimensional analytical solution for a partially vegetated compound channel flow [J]. Applied Mathematics and Mechanics, 2008, 29 (8): 1077-1084.

[30] Huai W X, Song S, Han J, et al. Prediction of velocity distribution in straight open-channel flow with partial vegetation by singular perturbation method [J]. Applied Mathematics and Mechanics (English Edition), 2016, 37 (10): 1315-1324.

[31] Zhang M, Jiang C, Huang H, et al. Analytical models for velocity distributions in compound channels with emerged and submerged vegetated floodplains [J]. Chinese Geographical Science, 2017, 27: 577-588.

[32] Sun X, Shiono K, Fu X Y, et al. Application of Shiono and Knight method to compound open channel flow with one-line emergent vegetation [J]. Advanced Materials Research, 2013, 663: 930-935.

[33] Huai W X, Wang W J, Zeng Y H. Two-layer model for open channel flow with submerged flexible vegetation [J]. Journal of Hydraulic Research, 2013, 51 (6): 708-718.

[34] Liu C, Luo X, Liu X N, et al. Modeling depth-averaged velocity and bed shear stress in compound channels with emergent and submerged vegetation [J]. Advances in Water Resources, 2013, 60: 148-159.

[35] Hu R C, Zhang J M. Modeling velocity in a compound channel with co-existing emergent and submerged vegetation [J]. Physics of Fluids, 2022, 34 (10).

[36] Liu C, Shan Y Q, et al. An open channel with an emergent vegetation patch: Predicting the longitudinal profiles of velocities based on exponential decay [J]. Journal of Hydrology, 2020, 582.

[37] Nepf H M. Flow and transport in regions with aquatic vegetation [J]. Annual Review of Fluid Mechanics, 2012, 44 (1): 123-142.

[38] Abdelrhman M A. Modeling coupling between eelgrass Zostera marina and water flow [J]. Marine Ecology Progress Series, 2007, 338: 81-96.

[39] Cheng W, Sun Z, Liang S. Numerical simulation of flow through suspended and submerged canopy [J]. Advances in Water Resources, 2019, 127: 109-119.

[40] Plew D R. Depth-Averaged Drag Coefficient for Modeling Flow through Suspended Canopies [J]. Journal of Hydraulic Engineering, 2010, 137 (2): 234-247.

[41] Chen Z B, Jiang C B, Nepf H M. Flow adjustment at the leading edge of a submerged aquatic canopy [J]. Water Resources Research, 2013, 49 (9): 5537-5551.

[42] Huthoff F, Augustijn D C M, Hulscher S J M H. Analytical solution of the depth-averaged flow velocity in case of submerged rigid cylindrical vegetation [J]. Water Resources Research, 2007, 43 (6).

[43] Huai W X, Li S, Katul G G, et al. Flow dynamics and sediment transport in vegetated rivers: A review [J]. Journal of Hydrodynamics, 2021, 33 (3): 400-420.

[44] Gui Z Q, Shan Y Q, Liu C. Flow velocity adjustment in a channel with a floating vegetation canopy [J]. Journal of Hydrology, 2024, 628.

[45] Wang J, Liu X, Min F, et al. Turbulence structure and longitudinal velocity distribution of open channel flows with reedy emergent vegetation [J]. Ecohydrology, 2021, 15 (1).

[46] Lightbody A F, Nepf H M. Prediction of velocity profiles and longitudinal dispersion in salt marsh vegetation [J]. Limnology and Oceanography, 2006, 51 (1), 218-228.

[47] Xu Y, Nepf H M. Measured and predicted turbulent kinetic energy in flow through emergent vegetation with real plant morphology [J]. Water Resources Research, 2020, 56 (12).

[48] Shan Y Q, Liu C, Nepf H M. Comparison of drag and velocity in model mangrove forests with random and in-line tree distributions [J]. Journal of Hydrology, 2019, 568: 735-746.

[49] Shan Y Q, Yan C H, Liu J T, et al. Predicting velocity and turbulent kinetic energy inside an emergent Phragmites australis canopy with real morphology [J]. Environmental Fluid Mechanics, 2023, 23 (4): 943-963.

[50] Luhar M, Nepf H M. Flow-induced reconfiguration of buoyant and flexible aquatic vegetation [J]. Limnology and Oceanography, 2011, 56 (6): 2003-2017.

[51] Aberle J, Järvelä J. Flow resistance of emergent rigid and flexible floodplain vegetation [J]. Journal of Hydraulic Research, 2013, 51 (1): 33-45.

[52] 闫静，戴坤，唐洪武，等. 含植物河道紊流结构研究进展 [J]. 水科学进展，2014，25 (6)：915-922.

[53] Ghisalberti M, Nepf H M. The structure of the shear layer in flows over rigid and flexible canopies [J]. Environmental Fluid Mechanics, 2006, 6 (3): 277-301.

[54] Tinoco R O, Juan J E S, Mullarney J C. Simplification bias: lessons from laboratory and field experiments on flow through aquatic vegetation [J]. Earth Surface Processes and Landforms, 2020, 45 (1): 121-143.

[55] Kouwen N, Fathi-Moghadam M. Friction factors for coniferous trees along rivers [J]. Journal of Hydraulic Engineering, 2000, 126 (10): 732-740.

[56] Houser C, Trimble S, Morales B. Influence of blade flexibility on the drag coefficient of aquatic vegetation [J]. Estuaries Coasts, 2015, 38 (2): 569-577.

[57] Vargas L A, Crosato A, et al. Representing plants as rigid cylinders in experiments and models [J]. Advances in Water Resources, 2015, 93: 205-222.

[58] Mullarney J C, Henderson S M. Wave-forced motion of submerged single-stem vegetation [J]. Journal of Geophysical Research: Oceans, 2010, 115 (C12).

[59] Kubrak E, Kubrak J, Rowiński P M. Vertical velocity distributions through and above submerged, flexible vegetation [J]. Hydrological sciences journal, 2008, 53 (4): 905-920.

[60] Wang W J, Huai W X, Li S, et al. Analytical solutions of velocity profile in flow through submerged vegetation with variable frontal width [J]. Journal of Hydrology, 2019, 578.

[61] Nepf H M. Drag, turbulence, and diffusion in flow through emergent vegetation [J]. Water Resources Research, 1999, 35 (2): 479-489.

[62] Liu C, Nepf H M. Sediment deposition within and around a finite patch of model vegetation over a range of channel velocity [J] . Water Resources Research, 2016, 52 (1): 600-612.

[63] Nepf H M, Vivoni E R. Flow structure in depth-limited, vegetated flow [J]. Journal of Geophysical Research: Oceans, 2000, 105 (C12): 28547-28557.

[64] Yang J Q, Chung H, Nepf H M. The onset of sediment transport in vegetated channels predicted by turbulent kinetic energy [J]. Geophysical Research Letters, 2016, 43 (21): 11261-11268.

[65] Liu C, Shan Y Q, Nepf H M. Impact of Stem Size on Turbulence and Sediment Resuspension Under Unidirectional Flow [J]. Water Resources Research, 2021, 57 (3): 1-11.

[66] Chen M, Lou S, Liu S G, et al. Velocity and turbulence affected by submerged rigid vegetation under waves, currents and combined wave-current flows [J]. Coastal Engineering, 2020, 159.
[67] Yager E M, Schmeeckle M W. The influence of vegetation on turbulence and bed load transport [J]. Journal of Geophysical Research: Earth Surface, 2013, 118 (3): 1585-1601.
[68] Yang J Q, Nepf H M. A turbulence-based bed-load transport model for bare and vegetated channels [J]. Geophysical Research Letters, 2018, 45 (19): 10428-10436.
[69] Etminan V, Ghisalberti M, Lowe R J. Predicting bed shear stresses in vegetated channels [J]. Water Resources Research, 2018, 54 (11): 9187-9206.
[70] Yang J Q, Kerger F, Nepf H M. Estimation of the bed shear stress in vegetated and bare channels with smooth beds [J]. Water Resources Research, 2015, 51 (5): 3647-3663.
[71] Armanini A, Cavedon V. Bed-load through emergent vegetation [J]. Advances in Water Resources, 2019, 129: 250-259.
[72] Lu Y S, Cheng N S, Wei M X. Formulation of bed shear stress for computing bed-load transport rate in vegetated flows [J]. Physics of Fluids, 2021, 33 (11).
[73] Wu H, Cheng N, Chiew Y. Bed-Load Transport in Vegetated Flows: Phenomena, Parametrization, and Prediction [J]. Water Resources Research, 2021, 57 (4).
[74] Celik A O, Diplas P, Dancey C L, et al. Impulse and particle dislodgement under turbulent flow conditions [J]. Physics of Fluids, 2010, 22 (4).
[75] Shih W, Diplas P. A unified approach to bed load transport description over a wide range of flow conditions via the use of conditional data treatment [J]. Water Resources Research, 2018, 54 (5): 3490-3509.
[76] Salim S, Pattiaratchi C, Tinoco R, et al. The influence of turbulent bursting on sediment resuspension under unidirectional currents [J]. Earth Surface Dynamics, 2017, 5 (3): 399-425.
[77] Cheng N, Emadzadeh A. Laboratory measurements of vortex-induced sediment pickup rates [J]. International Journal of Sediment Research, 2017, 32 (1): 98-104.
[78] Zhao T, Nepf H M. Turbulence Dictates Bedload Transport in Vegetated Channels without Dependence on Stem Diameter and Arrangement [J]. Geophysical Research Letters, 2021, 48 (21).
[79] Shan Y Q, Zhao T, Liu C, et al. Turbulence and bed load transport in channels with randomly distributed emergent patches of model vegetation [J]. Geophysical Research Letters, 2020, 47 (12).
[80] Cotton J A, Wharton G, Bass J A B, et al. The effects of seasonal changes to in-stream vegetation cover on patterns of flow and accumulation of sediment [J]. Geomorphology, 2006, 77 (3-4): 320-334.
[81] Norris B K, Mullarney J C, Bryan K R, et al. Relating millimeter-scale turbulence to meter-scale subtidal erosion and accretion across the fringe of a coastal mangrove forest [J]. Earth Surface Processes Landforms, 2021, 46 (3): 573-592.
[82] Kim H S, Kimura I, Park M. Numerical Simulation of Flow and Suspended Sediment Deposition Within and Around a Circular Patch of Vegetation on a Rigid Bed [J]. Water Resources Research, 2018, 54 (10): 7231-7251.
[83] Liu C, Yan C H, et al. Velocity, Turbulence, and Sediment Deposition in a Channel Partially Filled With a Phragmites australis Canopy [J]. Water Resources Research, 2022, 58 (8): 1-21.
[84] Zhang J, Lei J, Huai W, et al. Turbulence and particle deposition under steady flow along a submerged seagrass meadow [J] . Journal of Geophysical Research: Oceans, 2020, 125 (5).
[85] Zong L, Nepf H M. Flow and deposition in and around a finite patch of vegetation [J]. Geomorphology, 2010, 116 (3-4): 363-372.
[86] Chen Z B, Ortiz A, Zong L, et al. The wake structure behind a porous obstruction and its implications for deposition near a finite patch of emergent vegetation [J]. Water Resources Research, 2012, 48 (9).
[87] Li W Q, Wang D, Jiao J L, et al. Effects of vegetation patch density on flow velocity characteristics in an open channel [J]. Journal of Hydrodynamics, 2018, 31 (5): 1052-1059.
[88] Follett E M, Nepf H M. Sediment patterns near a model patch of reedy emergent vegetation [J]. Geomorphology, 2012, 179: 141-151.

[89] Kang H. Flow characteristics and morphological changes in open-channel flows with alternate vegetation zones [J]. KSCE Journal of Civil Engineering, 2013, 17 (5): 1157-1165.
[90] Bouma T J, Duren L A V, Temmerman S, et al. Spatial flow and sedimentation patterns within patches of epibenthic structures: Combining field, flume and modelling experiments [J]. Continental Shelf Research, 2007, 27 (8): 1020-1045.
[91] Kim H S, Kimura I, Shimizu Y. Bed morphological changes around a finite patch of vegetation [J]. Earth Surface Processes and Landforms, 2015, 40 (3): 375-388.
[92] Li F, Shan Y, Li M, et al. Insights for river restoration: The impacts of vegetation canopy length and canopy discontinuity on riverbed evolution [J]. Water Resources Research, 2024, 60 (7).
[93] Rominger J, Lightbody A, Nepf H M. The effects of vegetation on sand bar stability and stream hydrodynamics [J]. Journal of Hydraulic Engineering, 2010, 136 (12): 994-1002.
[94] Sukhodolov A N, Sukhodolova T A. Case Study: Effect of Submerged Aquatic Plants on Turbulence Structure in a Lowland River [J]. Journal of Hydraulic Engineering, 2010, 136 (7): 434-446.
[95] Gu J, Shan Y, et al. Feedbacks of flow and bed morphology from a submerged dense vegetation patch without upstream sediment supply [J]. Environmental Fluid Mechanics, 2019, 19 (2): 475-493.
[96] Vandenbruwaene W, Temmerman S, et al. Flow interaction with dynamic vegetation patches: implications for biogeomorphic evolution of a tidal landscape [J]. Journal of Geophysical Research Earth Surface, 2011, 116 (F1).
[97] Gurnell A, Bertoldi W, Corenblit D. Changing river channels: The roles of hydrological processes, plants and pioneer fluvial landforms in humid temperate, mixed load, gravel bed rivers [J]. Earthence Reviews, 2012, 111 (1-2): 129-141.
[98] Sand-Jensen K. Influence of submerged macrophytes on sediment composition and near-bed flow in lowland streams [J]. Freshwater Biology, 1998, 39 (4): 663-679.

山丘区水库水环境突发性污染风险评估研究

刘昊霖[1,2]　喻晓燕[1]　谈晓珊[1]　赵金辉[1]

（1. 水利部南京水利水文自动化研究所，江苏南京　210012；
2. 河海大学农业科学与工程学院，江苏南京　211100）

摘　要：山丘区水库流域水环境具有稳定性高、水质优良和无外源性污染影响等特征，但对周边土地利用类型较为敏感。水环境突发性污染风险评估是通过对水环境相关因素的分析和评估，对可能潜在发生的突发性水环境污染进行及时预警与风险管理，避免或减少水环境突发性污染对人类社会和生态环境的危害。通过相应的环境风险评估可对突发性污染事件的影响程度、影响范围、持续时间等进行预测，为事故应急预案的制定和应对提供科学依据。

关键词：山丘区水库；水环境污染；风险评估

1　研究背景

随着人类活动的增加和工业化进程的加快，水环境污染问题日益严重。山丘区水库由于地形复杂、生态环境脆弱，水库的水环境突发性污染事件会对当地的生态环境和人类生活产生深远影响[1]：污染物迅速在水库中扩散影响水质，从而对饮用水源和生态系统造成威胁，山丘区的地形特性可能会加大污染物扩散的速度和范围，使污染事件的影响更为严重[2]。

目前，对山丘区水库水环境突发性污染的风险评估研究还相对较少，现有的研究往往忽视了山丘区地形对污染扩散的影响，也缺乏针对山丘区水库特性的风险评估方法[3]。因此，开展山丘区水库水环境突发性污染风险评估的研究，对于提高对此类风险的理解，制订有效的预防和应对措施，以及保护水资源和生态环境具有重要的意义[4]。本文旨在通过研究山丘区水库的地形、气候、水动力学等因素对污染扩散的影响，开发适用于山丘区水库的水环境突发性污染风险评估方法，从而提供科学依据和技术支持，为山丘区水库的水环境保护和突发污染事件的应对提供帮助。

2　材料和方法

2.1　研究区概况

如图1所示，珊溪－赵山渡水库位于浙江省南部，界于北纬27°36′～27°50″、东经119°47′～120°15″，集水面积2 076.6 km^2，水域面积118.5 km^2，流域发源于泰顺县与景宁县交界处的白云尖，主要水体为珊溪水库、赵山渡水库及飞云江干流等16条支流。流域水工建筑物主要由珊溪水库和赵山渡引水工程两部分组成，库区河谷纵横，山势高峻险峭，地势西高东低，山峰高程600～1 000 m，最高海拔1 362 m。气候受流域地形影响显著，雨量充沛，光照充足，属副热带季风气候区。降水年内分配不均匀，4—9月雨量集中，占全年的74.7%，多年平均降水日数为149 d。由于地处东南沿海，7—9月，库区流域台风活动频繁，多雷雨和台风暴雨。

基金项目：数字孪生灌区关键技术研究和应用（YJZQ1423002）。

作者简介：刘昊霖（1993—），男，工程师，主要从事农业水土环境方面的研究工作。

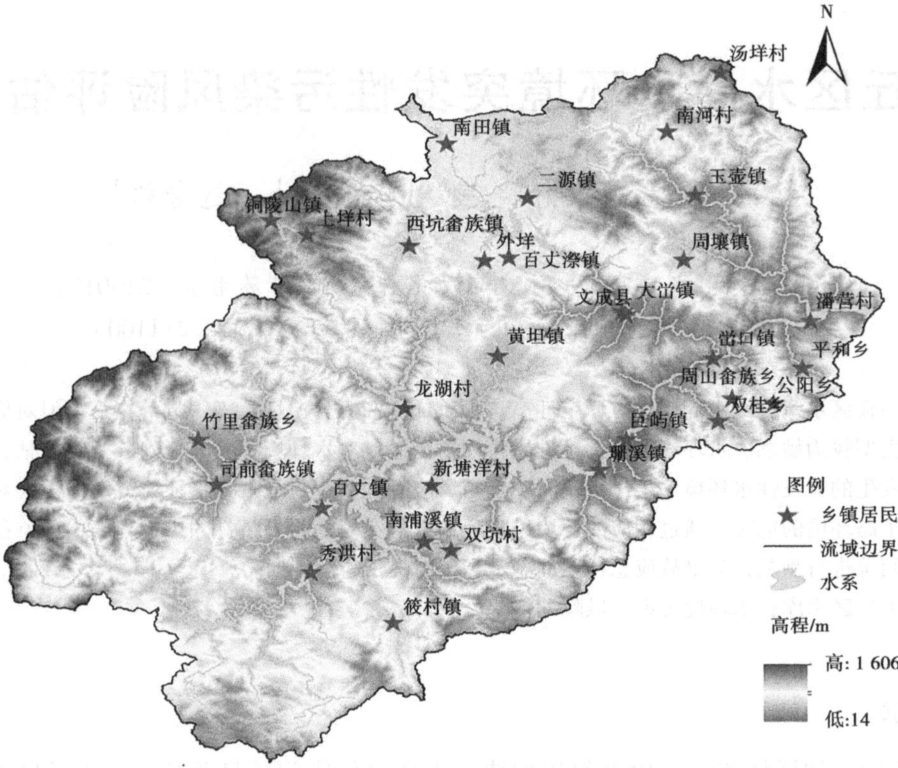

图 1　研究区域

2.2　库区水环境突发性污染风险指数计算

参考《行政区域突发环境事件风险评估推荐方法》（环办应急〔2018〕9 号）及基于风险场强的区域突发性网格化环境风险评估方法，通过使用地形地貌栅格叠加分析方法，开展目标库区流域突发性水环境污染风险评估工作。

2.2.1　网格划分

基于珊溪-赵山渡流域区划数据，利用 ArcGIS 的渔网分析功能将珊溪-赵山渡流域划分为 1.5 km×1.5 km 的网格，并对其进行编号，如图 2 所示。

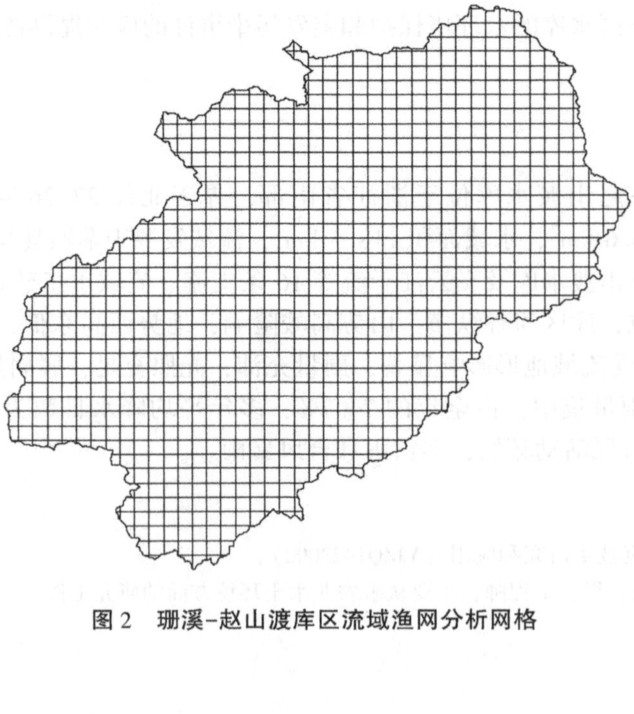

图 2　珊溪-赵山渡库区流域渔网分析网格

2.2.2 水环境污染风险场强计算

水环境中的污染风险，以水系（流域）为主要体系，向外进行系统性扩散为主要因素，使用简单线性回归梯度下降法，对目标库区流域的水环境渔网分析模型进行风险场强计算，通过对库区流域的水环境特征进行相关性分析可知，常态化情况下，库区水域无点源和面源污染对水体造成影响，主要污染来源于强降雨情况下的水土淋溶，导致库区水体出现氮磷元素浓度变化，叠加分析与水域连通的各点位水域溶质浓度和土地利用类型，根据多次迭代对库区影响源的最大影响范围设定为 20 km^2，网格的水环境风险场强计算公式为

$$E_{x,y}=\begin{cases}\sum_{i=1}^{n}Q_iP_{x,y} & (0\leqslant l_i\leqslant 1)\\ \sum_{i=1}^{n}\left(1-\frac{l_i}{20}\right)Q_iP_{x,y} & (1<l_i\leqslant 10)\\ 0 & (l_i>10)\end{cases} \tag{1}$$

式中：$E_{x,y}$ 为中心网格的水环境风险强度；$P_{x,y}$ 为风险场在定义域网格中出现的概率；Q_i 为第 i 个风险源污染溶质的最大含量和溶质的临界含量之比；l_i 为栅格中心点与溶质扩散源的距离；n 为风险源的个数。

由于自然水体受重力影响，库区流域的风险源的关键影响因素是地理高程，渔网分析网格的风险分布高程在只有高于自然临近的周边网格高程的前提下，才会对周边网格造成污染影响。因此，在对目标区域进行风险场强的评估和计算时，需要将各个风险源的影响阈值进行归一化处理，本文以风险源周边 20 km^2 范围为影响极限，采用区域生长法分析，对从距离风险源最近的网格进行比较，若风险源的数字高程小于周边网格的率定高程，则将风险源周边的网格视为受影响的网格区域，在研究区域范围内对流域的风险源进行全局遍历，直至 GIS 程序遍历到了大于风险源数字高程的网格或达到了风险源影响的范围极限，即可以停止该公式程序在目标定义域的搜索工作。

2.2.3 水环境网格风险值计算

水环境风险受体易损性的量化分析需要通过水环境风险受体易损性计算指数 $V_{x,y}$ 进行综合体现。根据不同一级功能区所处的不同网格区域的水体敏感性确定，网格环境风险值计算参考《行政区域突发环境事件风险评估推荐方法》（环办应急〔2018〕9 号），计算公式为

$$R_{x,y}=\sqrt{E_{x,y}V_{x,y}} \tag{2}$$

式中：$R_{x,y}$ 为网格的水环境风险值；$E_{x,y}$ 为网格水环境风险场强；$V_{x,y}$ 为网格水环境风险受体分值。

根据网格环境风险值的大小，将环境风险划分为三个等级：高风险（$R>60$）、中风险（$30<R\leqslant 60$）、低风险（$R\leqslant 30$）[5]。

3 结果分析

3.1 水污染风险场强及风险受体易损性分布

珊溪–赵山渡水库流域突发性水污染风险场强分布如图 3 所示。从风险场分布强度来看，珊溪–赵山渡水库上游一级流域分区包括三插溪一级流域、峃作口溪一级流域和洪口–莒江溪一级流域区域，其风险场强相对较低，主要是高角度坡地的大量分布导致高强度降雨条件下水土流失风险加剧，从而污染流域水环境。三插溪、莒江溪和黄坦坑上游部分出现的高风险场强是一定的耕地分布致使水环境污染风险加剧，导致以上区域风险受体高度敏感。

泗溪一级流域风险场强普遍高于其他分区，泗溪北部上游区域山地丘陵密集、地形复杂、耕地面积较大，中游及飞云江干流区域多为交通道路和人口密集区域，综合土地利用指数较高，导致出现了集中性高风险场强区域。

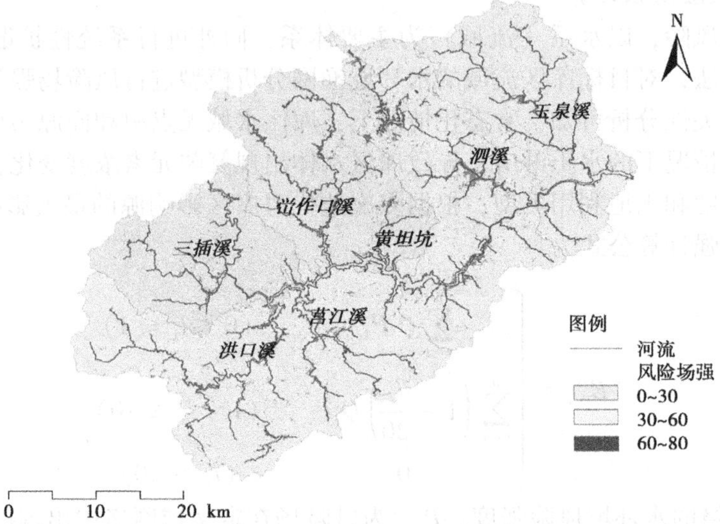

图 3　珊溪-赵山渡水库流域突发性水污染风险场强分布

玉泉溪一级流域区域高风险场强区域主要位于其北部上游玉壶镇区域，该区域人口密集、地形平坦、交通道路集中，导致该区域风险受体高度敏感。

3.2　风险区域评估分析

通过突发水污染风险评估方法，得到珊溪-赵山渡水库流域突发性水污染风险评估结果，如图 4 所示。高风险区主要集中分布在三插溪上游、莒江溪南部上游、泗溪北部上游和泗溪一级流域区飞云江干流以及玉泉溪北部上游等地，主要是由这些地区人口密集、坡地指数高和综合开发利用指数高等导致的。

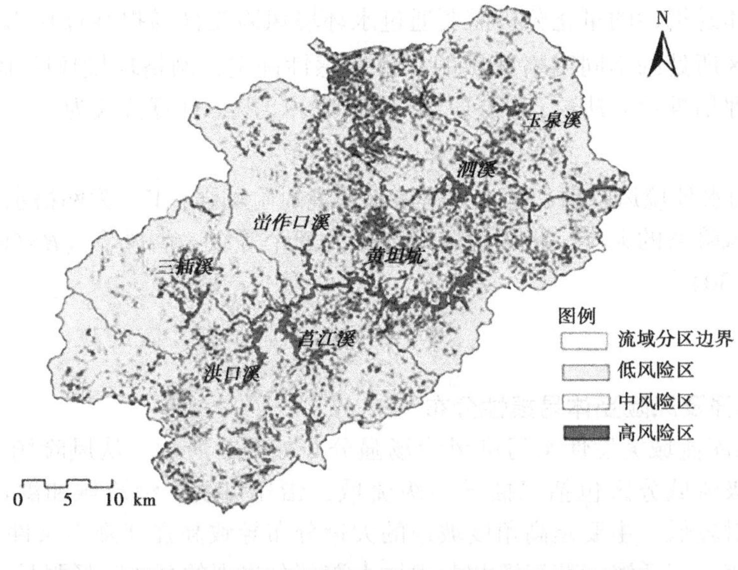

图 4　珊溪-赵山渡水库流域突发性水污染风险评估结果

对风险场强进行 GIS 表面分析，如表 1 所示，珊溪-赵山渡水库库区流域高风险区面积为 119.46 km^2，占评估区域总面积的 5.80%；中风险区面积为 13.43 km^2，占评估区域总面积的 0.65%；低风险区面积为 1 926.38 km^2，占评估区域总面积的 93.55%。

表 1 珊溪-赵山渡水库流域水污染风险面积统计

风险等级	面积/km^2	占比/%
低风险	1 926.38	93.55
中风险	13.43	0.65
高风险	119.46	5.80

3.3 库区各一级流域水污染风险分析

（1）玉泉溪一级流域水污染高风险区域网格主要集中分布于中部区域，即玉泉溪上游玉壶镇处（见图 5），该区域属于城镇居民生活点，人口密集、交通发达、土地利用情况复杂，其余地区风险分布较为分散，高风险网格面积为 16.82 km^2，流域占比 4.62%。

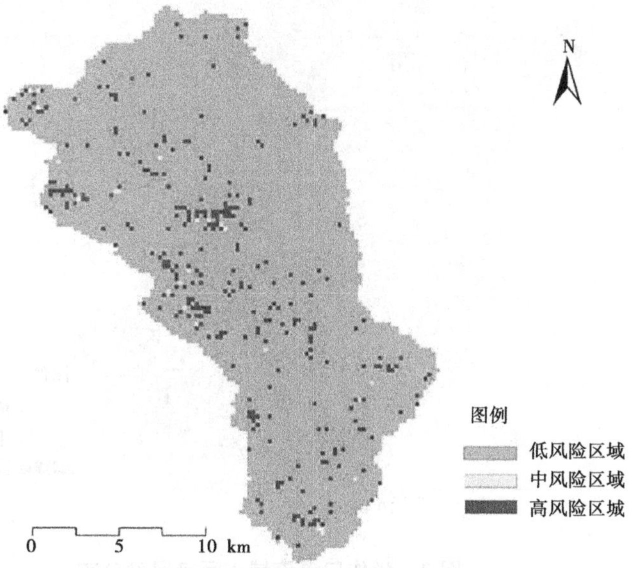

图 5 玉泉溪流域水污染风险分布

（2）泗溪一级流域水污染高风险网格主要集中在区域北部丘陵山地、中部文成县和飞云江干流人口聚集地区（见图 6）。泗溪一级流域北部地貌复杂，陡坡较多，潜在水土流失风险较高，致使中

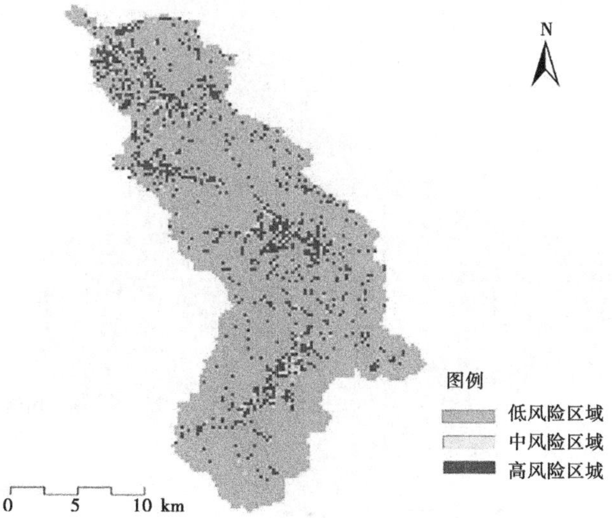

图 6 泗溪流域水污染风险分布

高风险网格集中表现；泗溪中游地区为目标库区最大的县级单位，为人口聚集区域，交通线南北通达，紧邻水域；泗溪一级流域南部为飞云江干流地区，有包括百丈漈在内的多块村镇人口聚集区域，紧邻水域有滨水景观带，中风险网格分布相对密集，对水体有潜在的污染风险。泗溪一级流域水体高污染风险网格面积为 52.13 km^2，流域占比 6.85%，是整个库区流域高风险面积占比最高的一级分区。

（3）岀作口溪一级流域水污染高风险网格主要集中于流域东南区域（见图 7），北部零散分布的高风险网格为低坡度丘陵地区，有潜在的水土流失风险，中部较为集中的中高风险网格区域为黄坦坑小流域，该地区耕地密集，但林地斑块分布零散，水体流动性较弱，水质评价较库区其他分区也比较差，抵抗水污染风险能力十分有限，加之该地区道路交通发达，存在一定的水污染风险。岀作口溪一级流域水体水污染高风险网格面积达 17.71 km^2，占评估流域面积的 4.7%。

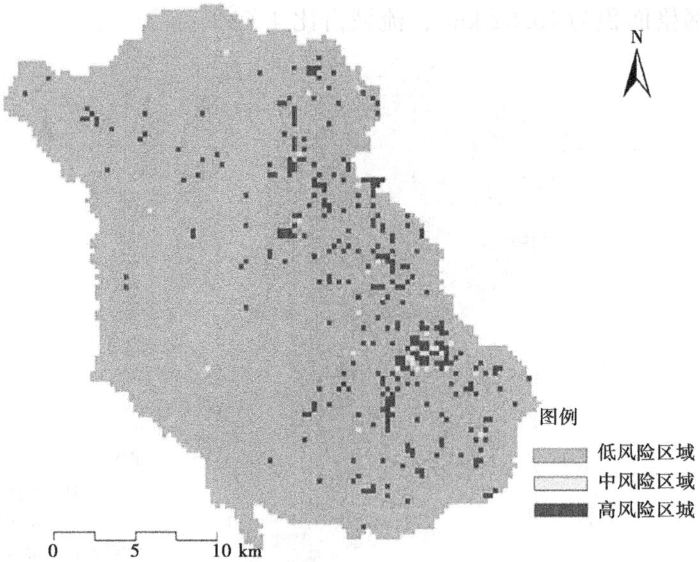

图 7　岀作口溪流域水污染风险分布

（4）三插溪一级流域水污染高风险网格分布十分零散（见图 8），该一级流域为山区丘陵地貌，陡坡较多，林草地密集，人工建筑与土地开发利用对该区域干涉较少，敏感受体板块呈现自然分布状态，三插-里光溪一级流域水体水污染高风险网格面积为 7.91 km^2，占评估流域面积的 2.83%。

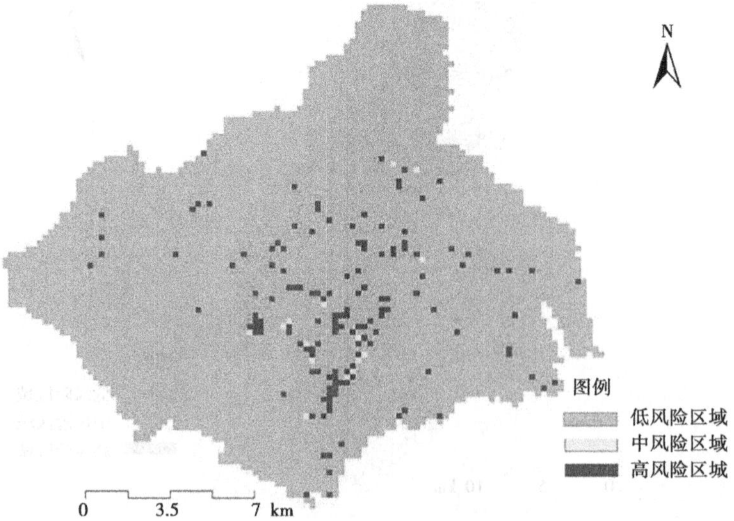

图 8　三插溪流域水污染风险分布

（5）洪口-莒江溪一级流域区域的水污染高风险网格均匀分布于流域内（见图9），与三插-里光溪一级流域类似，该一级流域作为优化算法库区成果中面积最大的分区，地形地貌复杂多变，居民生活点较为分散，水体水污染高风险网格面积为27.57 km^2，占评估流域面积的4.55%。

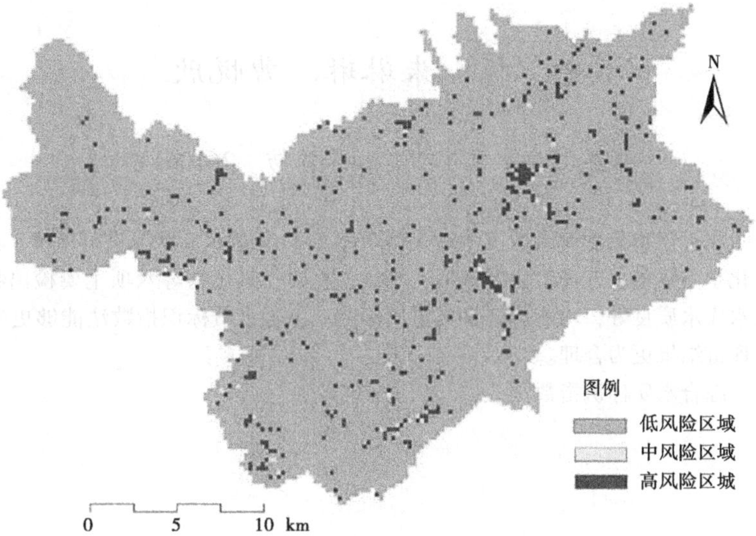

图9 洪口-莒江溪流域水污染风险分布

4 结论

本文对珊溪-赵山渡库区各一级分区建立了渔网分析模型，对各目标流域进行了水污染风险评估研究，结果表明：

（1）珊溪-赵山渡水库库区流域高风险区面积为119.46 km^2，仅占评估区域总面积的5.80%。库区流域整体水环境风险较低，水体的安全系数较高。

（2）泗溪一级流域飞云江干流部分作为库区下游的第一缓冲区域，受水库工程措施影响较大，水体流动性较低，泗溪水体部分山区地貌复杂，人口聚集，也导致了水环境风险激增，致使该一级流域分区水污染风险较高。

（3）泗溪一级流域水体高污染风险网格面积为52.13 km^2，流域占比6.85%，是整个库区流域高风险面积占比最高的一级分区，该区域水环境潜在风险较高，需要做进一步分析和水环境污染预测。

参考文献

[1] 翟晓燕，刘荣华．山丘区小流域特征分析与参数库构建［J］．中国防汛抗旱，2020，30（增刊）：74-9.

[2] 王斌，黄廷林，翟振起．水源水库沉积物碳氮磷分布特征及污染评价［J］．环境化学，2023，42（4）：1304-1312.

[3] 何锡君，曾广恩，王蓓卿．水库型水源地水生态健康评价体系构建与应用［J］．水科学与工程技术，2022（4）：68-71.

[4] 许静，王永桂，杨寅群．中国突发性水污染风险评估与预警系统研究进展［J］．环境污染与防治，2019，41（4）：474-478.

[5] 王玉祥，丁金美，杨文武．突发性水环境应急监测中快速定性未知有机污染物及案例分析［J］．环境监控与预警，2019，11（3）：23-26.

综合水质标识指数法在水库水质评价中的应用

史　振　朱琳琳　曹悦欣

（潍坊市水文中心，山东潍坊　261061）

摘　要：采用综合水质标识指数法对潍坊市六座大型水库2023年的水质状况进行评价，评价指标为高锰酸盐指数、化学需氧量、五日生化需氧量、氨氮、总磷、氟化物等六项主要检出物。结果表明，潍坊市各大水库水质良好，均能达到Ⅲ类水质标准。综合水质标识指数法能够更好地分析水质的污染状况，评价结果更为合理。

关键词：水质评价；综合水质标识指数法

1　引言

水库作为重要的水资源储存和利用设施，其水质状况直接关系到周边居民的生活用水安全、农业灌溉、渔业生产以及生态环境健康等多个方面。因此，对水库水质进行准确、全面的评价显得尤为重要。传统的水质评价方法往往侧重于整体水质的等级划分，而对导致水质恶化的具体因子及其污染程度缺乏深入的定量分析。

综合水质标识指数法（comprehensive water quality identification index，简称WQI）作为一种新兴的水质评价方法，能够更全面、更科学地反映水体水质的综合状况。该方法不仅能够对水体进行定性评价，还能通过具体的数值量化污染程度，避免了因个别水质指标较差就全盘否定整体水质的情况[1]。此外，综合水质标识指数法还能结合水库的功能区标准，对水质是否达标进行明确判断，为水库的水环境保护、健康养殖、旅游开发等可持续发展提供有力的科学依据[2]。

本文旨在探讨综合水质标识指数法在水库水质评价中的应用。通过对潍坊市六座大型水库进行水质评价，探讨该方法在评价水库水质时的优势，以期对潍坊市水资源的保护和管理工作提供科学依据。

2　材料与方法

2.1　监测点概况

潍坊市境内共有六座大型水库，分别为峡山水库、墙夼水库、牟山水库、冶源水库、高崖水库、白浪河水库，总库容25.52亿m^3，兴利库容8.83亿m^3，不仅大大减轻了洪涝灾害的威胁，对潍坊市的供水及水库周围的农田灌溉起着重要作用，而且对削弱洪峰、调节径流、补充岩溶水也有着重要意义，为水资源的开发利用创造了良好的条件[3]。

2.2　样品采集与检测

选取2023年对潍坊市六座大型水库每月上旬进行一次取样，水样的采集、保存和运输严格按照《水环境监测规范》（SL 219—2013）和《地表水和污水监测技术规范》（HJ/T 91—2002）进行。主要检测指标有《地表水环境质量标准》（GB 3838—2002）中“表1 地表水环境质量标准基本项目标准限值”中高锰酸盐指数、化学需氧量、五日生化需氧量、氨氮、总磷、氟化物等六项主要检

作者简介：史振（1980—），男，工程师，主要从事水环境监测及评价工作。

出物[4]。

2.3 **评价方法**

选取《地表水环境质量标准》（GB 3838—2002）中“表 1 地表水环境质量标准基本项目标准限值”中高锰酸盐指数、化学需氧量、五日生化需氧量、氨氮、总磷、氟化物，采用综合水质标识指数法[5-6] 进行评价。

2.3.1 单因子水质标识指数

单因子水质标识指数由一位整数和一位小数组成，可表示为

$$P_i = X_1X_2 \tag{1}$$

式中：P_i 为第 i 项评价指标的单因子水质标识指数；X_1 为第 i 项水质指标的水质类别；X_2 为监测数据在 X_1 类水质变化区间中所处的位置，按四舍五入原则计算。

2.3.2 综合水质标识指数

综合水质标识指数由一位整数和三位或四位小数组成，可表示为

$$I_{wq} = X_1X_2\,X_3\,X_4 \tag{2}$$

式中：I_{wq} 为水体综合水质标识指数；X_1 为水体的综合水质类别；X_2 为综合水质在 X_1 类水质变化区间内所处位置；X_3 为参与综合水质评价的水质指标中，劣于水环境功能区目标的单项指标个数；X_4 为综合水质类别与水体功能区类别的比较结果，表示综合水质的污染程度。

2.4 **综合水质级别评价**

地表水依据《地表水环境质量标准》（GB 3838—2002）分为Ⅰ类、Ⅱ类、Ⅲ类、Ⅳ类和Ⅴ类，劣于Ⅴ类标准的统称为劣Ⅴ类。综合水质标识指数通过 I_{wq} 的整数位和小数点后第 1 位 X_1X_2 判定水质类别，判定标准见表 1。

表 1 综合水质级别判定标准

判定依据	综合水质级别
$1.0 \leqslant X_1X_2 \leqslant 2.0$	Ⅰ
$2.0 < X_1X_2 \leqslant 3.0$	Ⅱ
$3.0 < X_1X_2 \leqslant 4.0$	Ⅲ
$4.0 < X_1X_2 \leqslant 5.0$	Ⅳ
$5.0 < X_1X_2 \leqslant 6.0$	Ⅴ
$6.0 < X_1X_2 \leqslant 7.0$	劣Ⅴ但不黑臭
$X_1X_2 > 7.0$	劣Ⅴ并黑臭

3 结果与分析

3.1 **单因子水质标识指数评价结果**

根据式（1）计算得出潍坊市六座大型水库单因子水质标识指数（见表 2）。结果表明，六座水库水质状况良好，均达到Ⅲ类水质标准。墙夼水库、高崖水库、牟山水库和白浪河水库化学需氧量数值的变化比较明显，主要受季节因素及上游来水影响。氨氮、氟化物受外界条件变化的影响较小，全年呈平稳的态势。六座水库各项指标的单因子水质标识指数变化曲线见图 1～图 6。

表 2　单因子水质标识指数评价结果

项目	高锰酸盐指数	化学需氧量	五日生化需氧量	氨氮	总磷	氟化物
墙夼水库	2.8	2.0	1.7	1.9	3.2	1.3
峡山水库	3.1	3.1	1.8	1.9	3.0	1.3
高崖水库	2.5	3.2	1.7	1.9	2.9	1.2
牟山水库	2.7	3.2	1.7	1.8	3.2	1.2
冶源水库	2.5	3.1	1.6	1.6	3.1	1.2
白浪河水库	2.7	3.1	1.8	1.8	2.7	1.2

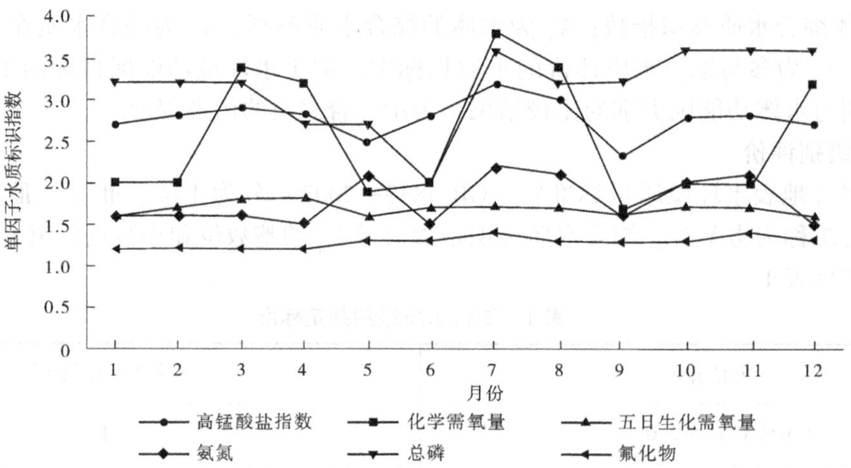

图 1　墙夼水库单因子水质标识指数变化曲线

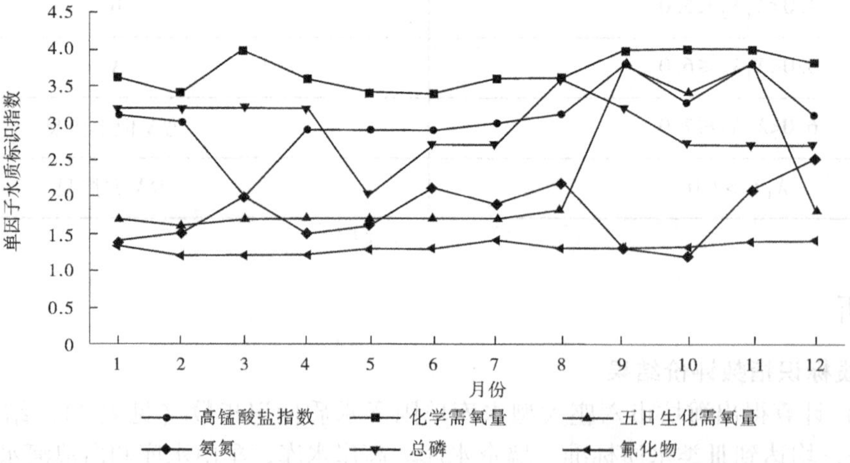

图 2　峡山水库单因子水质标识指数变化曲线

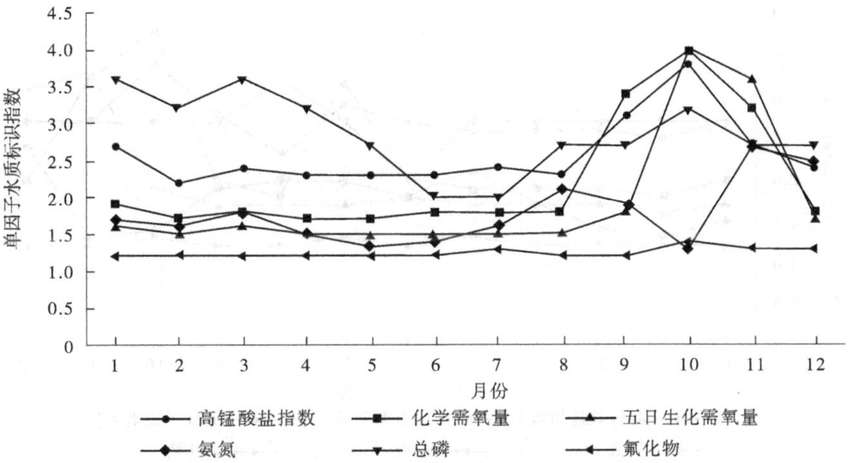

图 3　高崖水库单因子水质标识指数变化曲线

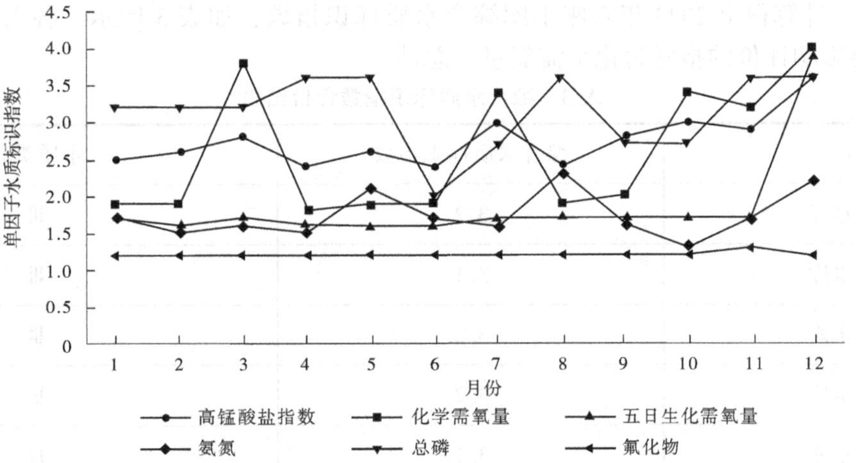

图 4　牟山水库单因子水质标识指数变化曲线

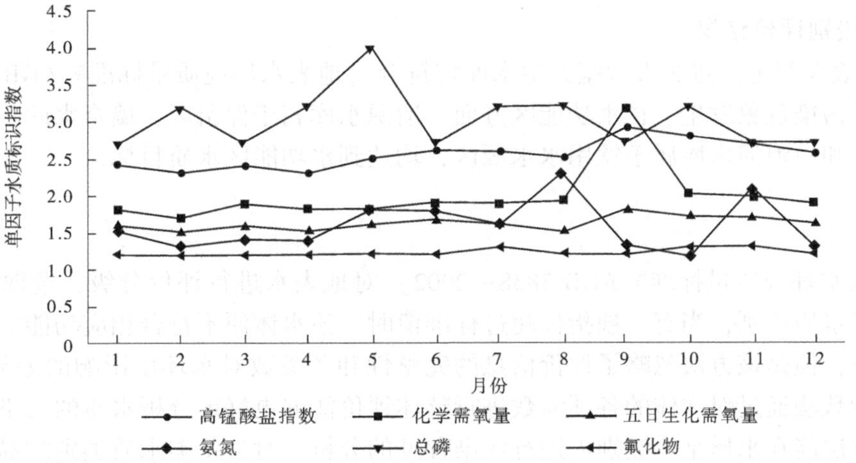

图 5　冶源水库单因子水质标识指数变化曲线

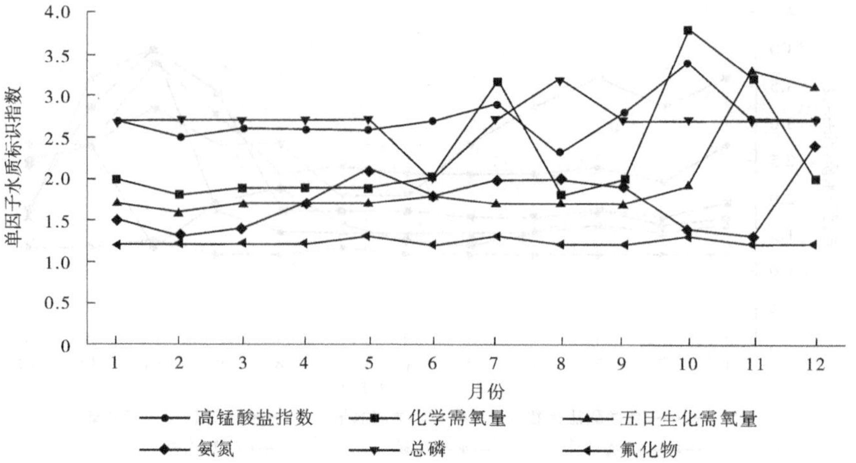

图 6　白浪河水库单因子水质标识指数变化曲线

3.2　综合水质标识指数评价结果

根据式（2）计算得出 2023 年六座水库综合水质标识指数，如表 3 所示。各大水库评价结果均为Ⅲ类水，主要影响评价的指标为化学需氧量、总磷。

表 3　综合水质标识指数评价结果

项目	综合水质标识指数	水质类别
墙夼水库	3.2	Ⅲ
峡山水库	3.1	Ⅲ
高崖水库	3.2	Ⅲ
牟山水库	3.2	Ⅲ
冶源水库	3.1	Ⅲ
白浪河水库	3.1	Ⅲ

3.3　综合水质级别评价结果

根据表 1、表 3 判定，潍坊市六座大型水库均符合《地表水环境质量标准》（GB 3838—2002）Ⅲ类水标准，未见污染现象发生。在水功能区方面，冶源水库属于保留区，墙夼水库、峡山水库、高崖水库、牟山水库和白浪河水库属于饮用水水源区，均达到水功能区水质目标。

4　结论

依据《地表水环境质量标准》（GB 3838—2002）对地表水进行评价分级，选取最差水质参数的水质类别作为其水质类别，当有一项指标超过标准值时，该水体便不符合相应功能的要求标准，评价过程简便易操作，但是该方法忽略了评价信息的完整性和各参数对水环境影响的差异性。相比而言，综合水质标识指数法通过对水体的各项参数进行整体评价能够更好地分析水质的污染状况，评价结果更为合理。该方法能在水质某一级别内进行污染程度的分析，对劣Ⅴ类水质类别的描述分为黑臭水体和非黑臭水体，使得污染防治工作的目标更加具体。

参考文献

[1] 孙艺珂，王琳，祁峰．基于改进综合水质标识指数法的山东省水库水质特征分析［J］．兰州大学学报（自然科学版），2019，55（6）：726-732.
[2] 郭洪起．基于综合水质标识指数法的水功能区水质评价［J］．河北水利，2023（9）：40-41，44.
[3] 朱琳琳，毕钦祥，冷维亮．潍坊市主要大中型水库水质现状分析［J］．治淮，2010（12）：25-27.
[4] 中华人民共和国水利部水文司．水环境监测规范：SL 219—2013［S］．北京：中国水利水电出版社，2013.
[5] 王洁瑜．采用综合水质标识指数法评价城市河流水质：以南明河为例［J］．环境与发展，2019（10）：13-14.
[6] 张钢，薛煜，魏巍．综合水质标识指数法在水体水质评价中的应用［J］．供水技术，2014，8（5）：1-4.

丹江口水库库湾水体营养状态评价

曹俊启[1]　陈昱霖[2]　杨　涵[2]　周连凤[2]

（1. 长江水利委员会汉江流域治理保护中心，湖北武汉　430019；
2. 水利部中国科学院水工程生态研究所
水利部水工程生态效应与生态修复重点实验室，湖北武汉　430079）

摘　要：2023 年 2 月、4 月、7 月、10 月在丹江口水库 5 个库湾开展营养状态评价，结果表明库湾 SD 变化范围为 0.6～5.7 m，TP 浓度变化范围为 0.01～0.077 mg/L，TN 浓度变化范围为 0.93～3.99 mg/L，COD_{Mn} 浓度变化范围为 1.3～7.3 mg/L，叶绿素 a 浓度变化范围为 0.65～76.23 μg/L。综合营养状态指数评价结果显示，达到富营养化的有神定河库湾，春、秋季处于轻度富营养状态，夏季处于中度富营养状态；泗河库湾秋季处于轻度富营养状态；安阳库湾、剑河库湾和浪河库湾四季均处于中营养状态。

关键词：丹江口水库；库湾；综合营养状态指数；富营养化

1　引言

丹江口水库是国家南水北调中线工程的重要核心水源地，为中线沿线区域提供所需水资源。丹江口水库水质总体良好，水质常年保持Ⅱ类以上，满足南水北调中线工程的水质要求。相关研究表明，丹江口水库总体处于中营养状态[1]，但近年来丹江口水库周围频繁人类活动引起面源污染和点源污染，导致入库河流水生生物所需生源要素富集，大量营养盐输入影响库区水体营养状态，提高库湾发生水华的风险[2]。水体达到富营养化状态，生源要素大量输入，浮游植物迅速增殖，引发水质恶化甚至暴发水华，造成其他水生生物消亡[3]，从而引起许多学者关注湖泊水库营养状态变化带来的生态环境问题，并在众多湖泊水库开展营养状态评价并分析其影响因素[4]。因此，对丹江口水库库湾各季节营养状态进行评价，掌握营养状态变化情况，对保障库区水生态环境安全具有重要意义。

2　研究区域与方法

2.1　研究区域

丹江口水库地理位置处于湖北省、河南省、陕西省交界处，主要分布在湖北省丹江口市汉江和河南省淅川县丹江交汇处，根据水文和地理特征可分为汉江库区和丹江库区。汉江库区入库河流有 12 条，丹江库区入库河流有 4 条[5]。南水北调中线工程实施后，丹江口大坝由原 162 m 加高至 176.6 m，设计蓄水位增加至 170 m，水库库容达到 290.5 亿 m^3，水域面积达到 1 050 km^2。

2.2　样品采集与处理

结合丹江口水库地理特征和环境调查资料，于 2023 年 2 月（冬季）、4 月（春季）、7 月（夏

基金项目：水利部预算经常性项目水资源监测（2130311）。

作者简介：曹俊启（1969—），男，长江水利委员会汉江流域治理保护中心副主任（副局级），副高，主要从事工程建设管理、岸线保护利用、水行政管理等方面的研究工作。

通信作者：陈昱霖（1993—），男，助理研究员，研究方向为水生态环境保护。

季)、10 月（秋季）对丹江口水库神定河库湾、安阳库湾、泗河库湾、剑河库湾、浪河库湾进行水体理化指标监测，监测点位示意图如图 1 所示。通过 YSI Pro Plus 监测的指标包括水温（WT）、pH、溶解氧（DO），现场理化指标透明度（SD）采用塞氏盘法测定。参照《水和废水监测分析方法（第四版）》[6]，监测指标包括总氮（TN）、总磷（TP）、叶绿素 a（chl-a）、高锰酸盐指数（COD_{Mn}）。

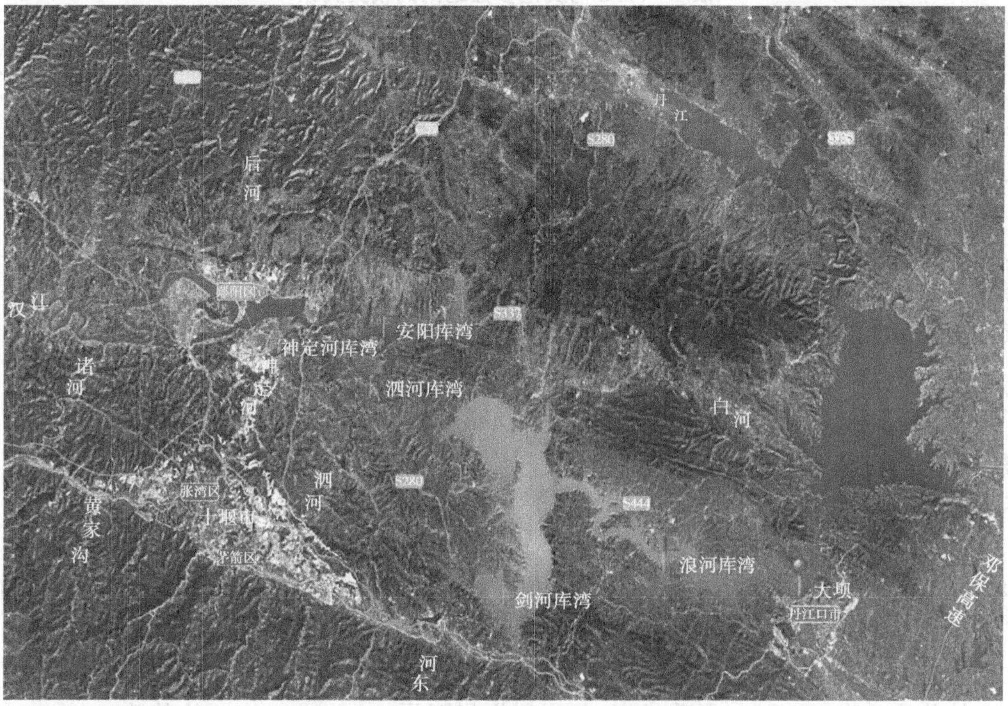

图 1　丹江口水库库湾监测点位示意图

2.3　数据分析

2.3.1　综合营养状态指数计算方法

本文通过综合加权的综合营养状态指数（TLI）评价丹江口水库的营养状态[7]。TLI 计算方法参照中国环境监测总站发布的《湖泊（水库）富营养化评价方法及分级技术规定》（总站生字〔2001〕090 号）。

选择叶绿素 a（chl-a）、高锰酸盐指数（COD_{Mn}）、总氮（TN）、总磷（TP）、透明度（SD）作为评价指标。计算各指标的营养状态指数，再进行加权获得综合营养状态指数 TLI。对湖泊（水库）营养状态进行分级：TLI（$\sum$）<30 为贫营养，30≤TLI（$\sum$）≤50 为中营养，50≤TLI（$\sum$）≤60 为轻度富营养，60<TLI（$\sum$）≤70 为中度富营养，70<TLI（$\sum$）为重度富营养。各指标营养状态指数和综合营养状态指数计算公式[8]如下：

$$\mathrm{TLI(chl\text{-}a)} = 10 \times (2.5 + 1.086\ln \mathrm{chl\text{-}a}) \tag{1}$$

$$\mathrm{TLI(COD_{Mn})} = 10 \times (0.109 + 2.661\ln \mathrm{COD_{Mn}}) \tag{2}$$

$$\mathrm{TLI(TN)} = 10 \times (5.453 + 1.694\ln \mathrm{TN}) \tag{3}$$

$$\mathrm{TLI(TP)} = 10 \times (9.436 + 1.624\ln \mathrm{TP}) \tag{4}$$

$$\mathrm{TLI(SD)} = 10 \times (0.109 + 2.661\ln \mathrm{SD}) \tag{5}$$

$$w_j = \frac{r_j}{\sum_{j=1}^{n} r_j^2} \tag{6}$$

$$\mathrm{TLI}(\sum) = \sum_{j=1}^{n} W_j \times \mathrm{TLI}(j) \tag{7}$$

式中：r_j 为第 j 种指标与 chl-a 的相关系数；W_j 为第 j 种指标的营养状态指数的权重；n 为参与评价指标个数，TLI（j）为第 j 种指标的营养状态指数；TLI（$\sum$）为综合营养状态指数。

chl-a 与其他参数之间的相关关系如表 1 所示。

表 1　chl-a 与其他参数之间的相关关系

指标	chl-a	COD_{Mn}	TN	TP	SD
r_j	1	0.83	0.82	0.84	−0.83
r_j^2	1	0.688 9	0.672 4	0.705 6	0.688 9

2.3.2　统计分析

本文采用 Excel 2016 软件对数据进行整理和统计，计算四季各监测断面的综合营养状态指数（TLI）。采用 Origin 2021 对不同季节理化指标和综合营养状态指数（TLI）进行绘图。

3　结果分析

3.1　库湾理化指标时空变化特征

3.1.1　环境因子

如图 2 所示，神定河库湾四季水温变化范围为 8.6~28.2 ℃，均值为 19.1 ℃，夏季最高；pH 变化范围为 8~9，均值为 8.4，夏季最高；DO 变化范围为 9.2~15.6 mg/L，均值为 12.4 mg/L，夏季最高；SD 变化范围为 0.6~2.2 m，均值为 1.1 m，冬季最高。安阳库湾四季水温变化范围为 8.6~29.4 ℃，均值为 19 ℃，夏季最高；pH 变化范围为 7.5~9，均值为 8.5，春、夏季最高；DO 变化范围为 6.8~13.3 mg/L，均值为 10.9 mg/L，夏季最高；SD 变化范围为 1.35~2.3 m，均值为 1.6 m，冬季最高。泗河库湾四季水温变化范围为 8.3~29.1 ℃，均值为 19.2 ℃，夏季最高；pH 变化范围为 8~9，均值为 8.6，夏季最高；DO 变化范围为 8.5~14.4 mg/L，均值为 11.1 mg/L，夏季最高；SD 变化范围为 1.2~4.2 m，均值为 2.3 m，春季最高。剑河库湾四季水温变化范围为 9.4~29.3 ℃，均值为 19.7 ℃，夏季最高；pH 变化范围为 7.7~8.9，均值为 8.4，春季最高；DO 变化范围为 7~10.9 mg/L，均值为 9.3 mg/L，夏季最高；SD 变化范围为 1.6~5.3 m，均值为 2.7 m，春季最高。浪河库湾四季水温变化范围为 10.2~29.5 ℃，均值为 20.0 ℃，夏季最高；pH 变化范围为 7.7~9，均值为 8.3，春季

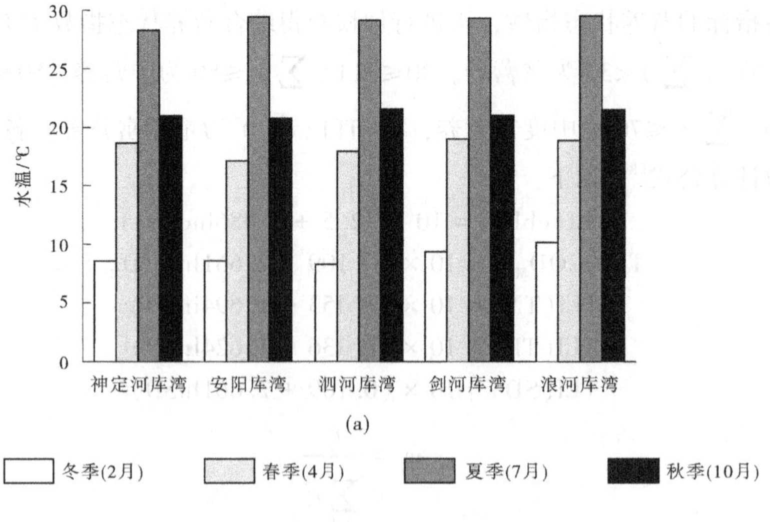

图 2　库湾环境因子时空变化情况

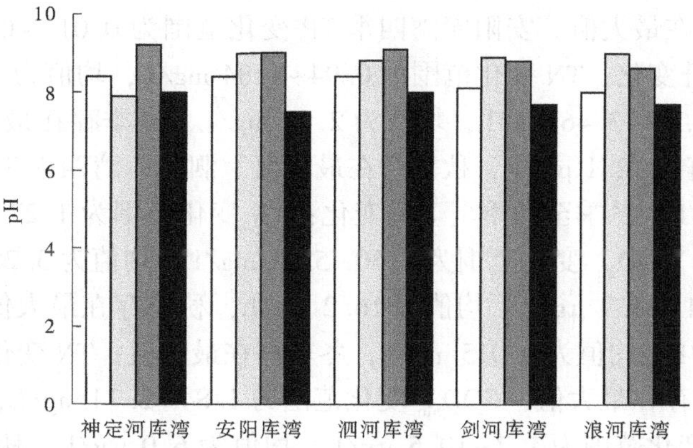

(b)

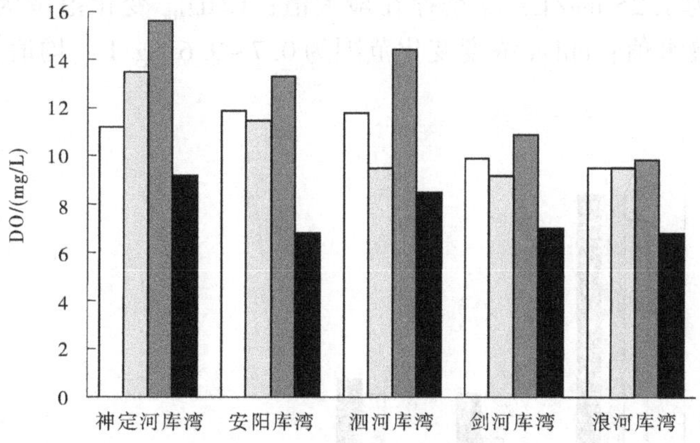

(c)

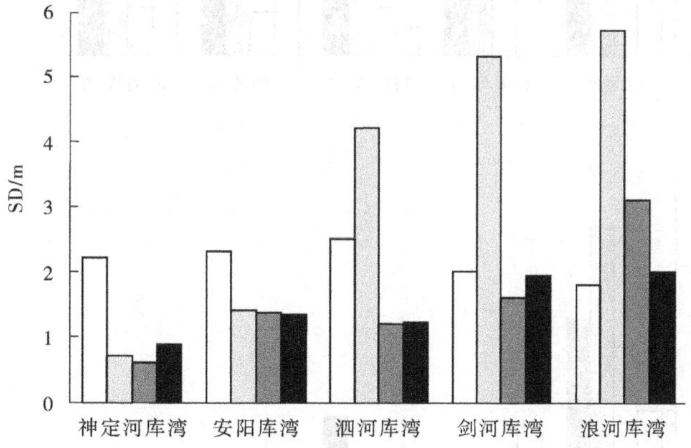

(d)

续图 2

最高；DO 变化范围为 6.8~9.8 mg/L，均值为 8.9 mg/L，夏季最高；SD 变化范围为 1.8~5.7 m，均值为 3.2 m，春季最高。参照《地表水环境质量标准》（GB 3838—2002），仅安阳库湾、剑河库湾、浪河库湾秋季 DO 浓度处于Ⅱ类标准（6~7.5 mg/L），其余库湾 DO 浓度处于Ⅰ类（≥7.5 mg/L）。5 个库湾 DO 浓度均在夏季存在最高值。

3.1.2 营养盐及叶绿素 a 浓度

如图 3 所示，神定河库湾四季 TP 变化范围为 0.011~0.077 mg/L，均值为 0.059 mg/L，冬季至秋季呈上升变化；TN 变化范围为 2~4 mg/L，均值为 2.92 mg/L，夏季存在最大值；COD_{Mn} 变化范围为 1.6~7.7 mg/L，均值为 4.62 mg/L，夏季存在最大值；chl-a 浓度变化范围为 2.90~76.2 μg/L，均值为 40.3 μg/L，夏季存在最大值。安阳库湾四季 TP 变化范围为 0.013~0.036 mg/L，均值为 0.024 mg/L，冬季至秋季呈上升变化；TN 变化范围为 0.94~1.84 mg/L，均值为 1.38 mg/L，冬季存在最大值；COD_{Mn} 变化范围为 1.70~3.46 mg/L，均值为 2.47 mg/L，夏季存在最大值；chl-a 浓度变化范围为 7.0~21.1 μg/L，均值为 12.1 μg/L，秋季存在最大值。泗河库湾四季 TP 变化范围为 0.006~0.01 mg/L，均值为 0.023 mg/L，冬季至秋季呈上升变化；TN 变化范围为 1.27~1.93 mg/L，均值为 1.49 mg/L，秋季存在最大值；COD_{Mn} 变化范围为 1.30~5.31 mg/L，均值为 3.26 mg/L，秋季存在最大值；chl-a 浓度变化范围为 3.4~31.9 μg/L，均值为 16.2 μg/L，秋季存在最大值。剑河库湾四季 TP 变化范围为 0.010~0.019 mg/L，均值为 0.015 mg/L，冬季存在最大值；TN 变化范围为 0.93~1.52 mg/L，均值为 1.24 mg/L，冬季存在最大值；COD_{Mn} 变化范围为 1.84~2.74 mg/L，均值为 2.43 mg/L，秋季存在最大值；chl-a 浓度变化范围为 1.7~10.5 μg/L，均值为 6.0 μg/L，秋季存在最大值。浪河库湾四季 TP 变化范围为 0.01~0.02 mg/L，均值为 0.016 mg/L，冬、秋季存在最大值；TN 变化范围为 0.98~1.45 mg/L，均值为 1.25 mg/L，冬季存在最大值；COD_{Mn} 变化范围为 1.74~2.87 mg/L，均值为 2.3 mg/L，秋季存在最大值；chl-a 浓度变化范围为 0.7~9.6 μg/L，均值为 4.3 μg/L，秋季存在最大值。

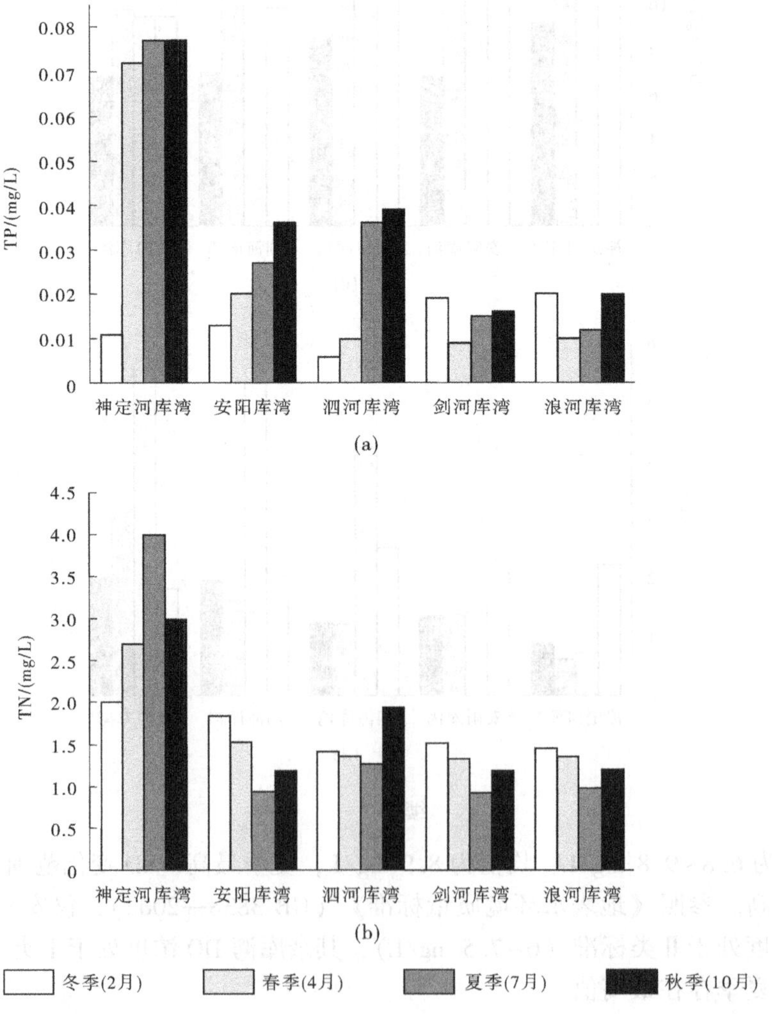

图 3　库湾营养盐及叶绿素 a 时空变化情况

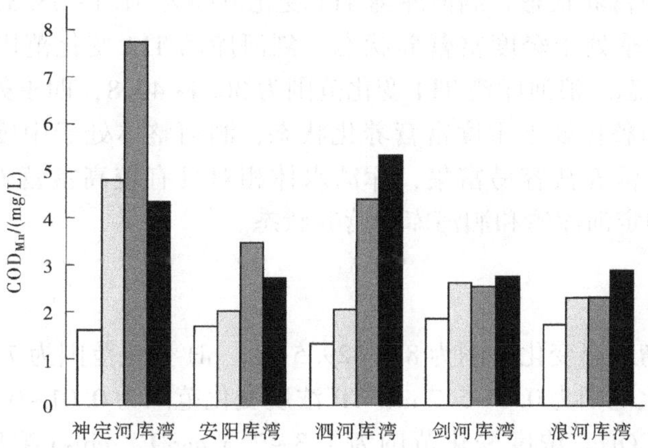

(c)

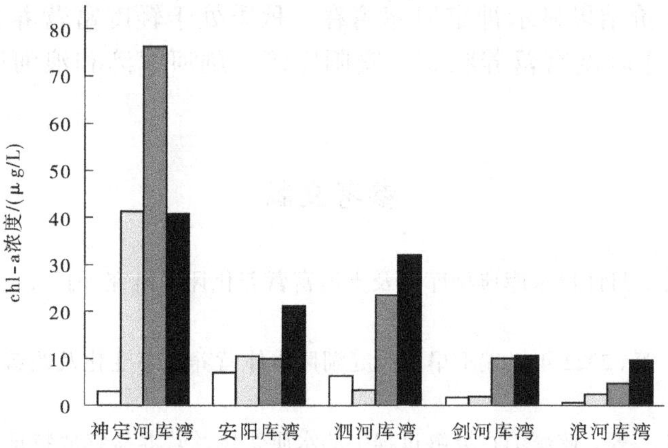

(d)

续图 3

3.2 库湾营养状态评价

如图 4 所示，神定河库湾 TLI 变化范围为 34.5~64.4，平均值为 53.7，冬季处于中营养状态，春、秋季处于轻度富营养状态，夏季处于中度富营养状态。安阳库湾 TLI 变化范围为 37.6~46.7，平

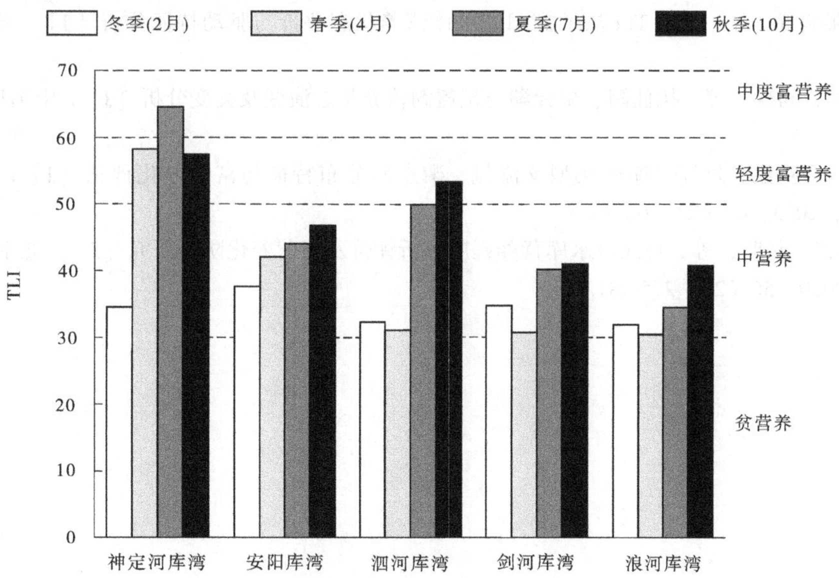

图 4　库湾综合营养状态指数时空变化情况

均值为 42.6，四季处于中营养状态。泗河库湾 TLI 变化范围为 31.1～53.3，平均值为 41.6，冬、春、夏季处于中营养状态，秋季处于轻度富营养状态。剑河库湾 TLI 变化范围为 30.8～41.0，平均值为 36.7，四季处于中营养状态。浪河库湾 TLI 变化范围为 30.4～40.8，四季处于中营养状态。有学者在 2019 年秋季监测到神定河整体处于重度富营养化状态，泗河整体处于中度富营养化状态[9]。由于库湾水体流动性相对较差，营养盐容易富集，库湾水体相对具有较高富营养化风险，易引起水华[10]，因此需要持续重点关注神定河库湾和泗河库湾营养状态。

4 结论

（1）丹江口水库库湾水温变化范围为 8.3～29.5 ℃，pH 变化范围为 7.5～9，DO 浓度变化范围为 6.8～15.6 mg/L，SD 变化范围为 0.6～5.7 m，TP 浓度变化范围为 0.01～0.077 mg/L，TN 浓度变化范围为 0.93～3.99 mg/L，COD_{Mn} 浓度变化范围为 1.3～7.3 mg/L，chl-a 浓度变化范围为 0.65～76.23 μg/L。

（2）综合营养状态评价结果显示神定河库湾春、秋季处于轻度富营养状态，夏季处于中度富营养状态；泗河库湾秋季处于轻度富营养状态，安阳库湾、剑河库湾和浪河库湾四季均处于中营养状态。

参考文献

[1] 汪朝辉，谭勇，李喆，等．丹江口水库典型库湾及支流富营养化评价研究［J］．人民长江，2012，43（8）：61-64，75.

[2] 王丹阳，韩锦诚，黎睿，等．2022 年极端干旱下洞庭湖区水体营养状态变化及改善对策［J］．湖泊科学，2023，35（6）：1970-1980.

[3] 郭西亚，常闻捷，杨志伟，等．蓝藻消亡分解过程中的水质变化及营养盐释放特征［J］．中国环境监测，2024，40（4）：143-152.

[4] 钱畅，汪晓东，罗芳，等．营养状态指数在长江下游小型浅水湖泊富营养化水平评价中的局限及改进建议［J］．湖泊科学，2023，35（4）：1173-1184.

[5] 尹炜，王超，王立，等．丹江口水库总磷时空分布特征及其影响因素［J］．人民长江，2023，54（1）：1-7，10.

[6] 国家环境保护总局《水和废水监测分析方法》编委会．水和废水监测分析方法［M］．4 版．北京：中国环境科学出版社，2002.

[7] 吴怡，王华，邓燕青，等．基于 TLI 法的鄱阳湖水体营养状态评价与驱动特征分析［J］．环境工程，2024，42（5）：10-17.

[8] 李子晨，陈俊旭，易琦，等．抚仙湖、星云湖与杞麓湖营养状态演变及突变分析［J］．中国环境监测，2020，36（3）：105-113.

[9] 陈昊，陈艺晏，金英淑．丹江口库区典型支流氮、磷空间分布特征与富营养化评估［J］．河南理工大学学报（自然科学版），2023，42（2）：62-70.

[10] 万育生，张乐群，付昕，等．丹江口水库营养程度分析评价及富营养化防治研究［J］．北京师范大学学报（自然科学版），2020，56（2）：275-281.

南溪区生态系统格局及其变化研究

秦　赫[1]　鲁瑞洁[2]　余　达[2]　金文捷[2]　梅　园[1]　彭国樟[2]

（1. 南水北调中线水源有限责任公司，湖北丹江口　442700；
2. 生态环境部长江流域生态环境监督管理局生态环境监测与科学研究中心，湖北武汉　430010）

摘　要： 近年来，城镇化加速使生态系统的分布与转化关系愈加明显。特别是2021年的极端高温干旱事件后，生态系统动态性减缓，生态环境面临压力。本文结合生态系统类型目视解译与面向对象分类方法，分析了2016年、2021年和2022年南溪区生态系统的空间分布格局及演替趋势。结果显示，森林生态系统面积从2016年的26.798%增加至2021年的37.261%，但因高温干旱影响，2022年降至29.772%。城镇生态系统比例显著上升，特别是在长江沿岸地区，从2016年的7.690%提升至2022年的16.968%。这些变化提示城镇化对生态系统的持续影响，需加强生态保护与合理规划，以实现可持续发展并应对未来气候变化挑战。

关键词： 生态系统类型；土地利用变化；面向对象；高分二号

1　引言

生态系统类型，作为自然界中生物与非生物环境相互作用、通过物质循环和能量流动形成的统一整体，构成了地球生命支持系统的基础[1-4]。这些系统在空间上的分布和组合，即生态系统格局，不仅反映了生态系统类型的多样性和数量，还体现了它们在地理上的分布与配置[5-6]。生态系统格局的形成是自然生态过程和人类活动在不同尺度上相互作用的结果，它揭示了生态系统之间的相互依赖和转换关系[7-8]。在党的二十大报告中，提升生态系统的多样性、稳定性和持续性被明确提出，作为推动绿色发展，促进人与自然和谐共生的战略任务和重大举措，强调了生态系统类型调查与评估的重要性，也突显了其作为基础国情调查的必要性。

自21世纪伊始，在全球气候变暖的大背景下[9]，我国西南地区已遭遇了多起极端高温干旱事件。2021年夏季，这一趋势尤为显著，西南地区乃至长江流域遭遇了历史罕见的重大高温干旱复合事件。此次极端气候事件不仅气温创下新高，而且导致了西南地区在传统汛期出现了异常的干旱现象，即“汛期返枯”。四川盆地和重庆西部地区因此遭受了多起森林和草原火灾，农业旱地的产量也遭受了严重影响。这些干旱事件对陆地生态系统产生了深远的负面影响，尤其是对于那些对自然灾害抵抗力较弱的生态系统类型，如草地、灌木丛和农作物，造成了尤为严重的扰动[10-11]。

因此，生态系统格局及其变化评估是理解极端干旱事件对生态系统空间分布规律和生态系统间转换关系影响的关键[12]。近年来，随着卫星遥感技术的发展，生态系统相关研究已经覆盖了土地利用和覆盖对生态系统服务功能的影响、生物多样性对生态服务功能的作用，以及生态系统服务功能价值的变化等多个领域[13]。这些研究为评估极端干旱事件对生态系统格局演替的影响提供了新的视角和方法[14]。

本文旨在明确极端干旱事件对西南地区生态系统类型格局演替的影响，以四川省宜宾市南溪区为例。在综合分析现有文献的基础上，本文采用目视解译方法，对2016年、2021年（极端干旱年）和

作者简介： 秦赫（1982—），男，高级工程师，主任科员，主要从事水生态监测工作。
通信作者： 金文捷（1999—），女，工程师，遥感算法工程师，主要从事生态遥感工作。

2022 年的生态系统类型进行了详细分析。通过面向对象的监督分类方法，提取了南溪区的生态系统格局，并从生态系统的空间分布特征、转化特征、变化比例等多个维度，对比分析了干旱年与非干旱年南溪区主要生态系统格局及其变化情况。以期为地方政府了解全流域的环境变化和生态系统格局及其变化提供有效帮助，并为今后开展干旱事件下地方生态补偿、生态恢复与生态管理等工作提供科学支持。

2 研究区与数据

2.1 研究区概况

南溪区位于四川省南部长江上游，东邻江安县，西接翠屏区，南靠长宁县，北连自贡市富顺县，辖区面积 704 km^2（见图 1）。地形以低山丘陵为主，主要山脉包括马耳岩-云台山、青山岭、金竹岩和老塔岩，海拔 400~544 m。气候属亚热带湿润型季风气候，年均降雨量 1 072.71 mm，年均气温 18.7 ℃，无霜期达 348 d，适合农作物生长。

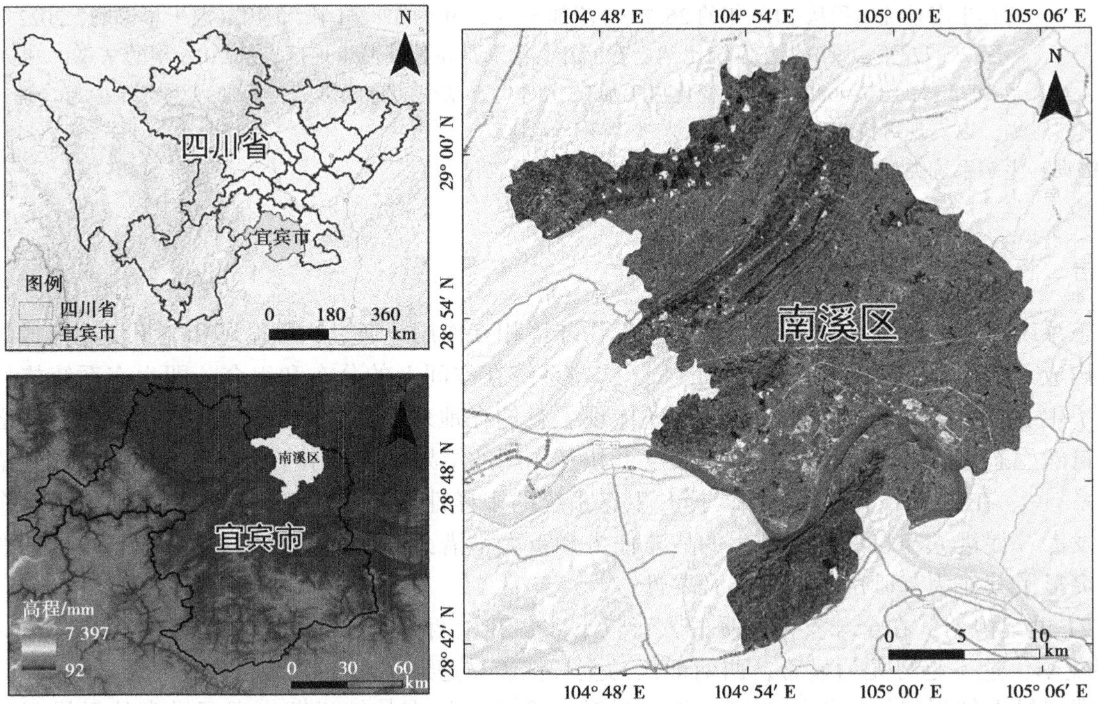

图 1 研究区概况

南溪区水资源丰富，年径流总量 3.17 亿 m^3，水域面积 18.09 万亩，辖 48 座水库。森林覆盖率为 46.1%，森林面积达 45 万余亩，拥有多种国家重点保护野生动物及植物。耕地面积 32 746.08 hm^2，耕地保护率高达 98.43%。这些自然资源和生态环境为区域发展提供了良好基础。

2.2 GF-2 卫星数据

高分二号（GF-2）卫星，由中国科学院遥感与数字地球研究所（RADI）负责研制，于 2014 年 8 月 19 日发射，轨道类型为近地轨道，轨道高度约为 600 km。其搭载有两台高分辨率传感器，分别为 PMS（pan-sharpened multi-spectral scanner）全色多光谱影像扫描仪传感器和 WFV（wide field view）广域成像传感器。其中，PMS 传感器可获取 5 个波段的光谱信息，其光谱范围在 400~900 nm，分别为全色波段、蓝波段、绿波段、红波段及近红外波段，同时提供米级空间分辨率的影像。与 Sentinel-2、Landsat-7/8、GF-6 等光学卫星相比，GF-2 卫星具有更高的空间分辨率，能提供丰富的地表信息，可应用于生态系统类型变化监测和多样性评估（见表 1）。

表 1 GF-2 PMS 卫星传感器参数

卫星传感器	波段	波段名称	波段范围/nm	空间分辨率/m
GF-2 PMS	全色	全色波段	450~900	0.8
	多光谱	蓝波段	450~520	3.2
		绿波段	520~600	
		红波段	630~690	
		近红外波段	760~900	

本文以四川省南溪区行政边界为研究区域，从中国资源卫星应用中心陆地观测卫星数据服务下载了少云的高质量 GF-2 PMS 的影像数据。具体采用 2016.06、2021.09、2021.07、2022.08 遥感影像数据分别完成 2016 年、2021 年和 2022 年三期的南溪区生态系统类型遥感解译研究工作。

3 研究方法

3.1 遥感解译方法

南溪区生态系统类型遥感解译研究工作依据国家生态环境标准《全国生态状况调查评估技术规范——生态系统遥感解译与野外核查》（HJ 1166—2021）展开研究[15-17]。具体技术路线见图 2。首先，对 GF-2 PMS 遥感影像数据依次进行辐射定标、大气校正、正射校正、图像融合等预处理工作；其次，依据《全国生态状况调查评估技术规范——生态系统遥感解译与野外核查》（HJ 1166—2021）设计生态系统分类体系[17-18]，结合不同地类的遥感影像形态特征及判别标志，实现生态系统分类面状解译；最后，依据野外实地判查点位信息和 Google earth 数据对解译结果进行检验和判读，建立不同时期生态系统类型遥感解译数据库。

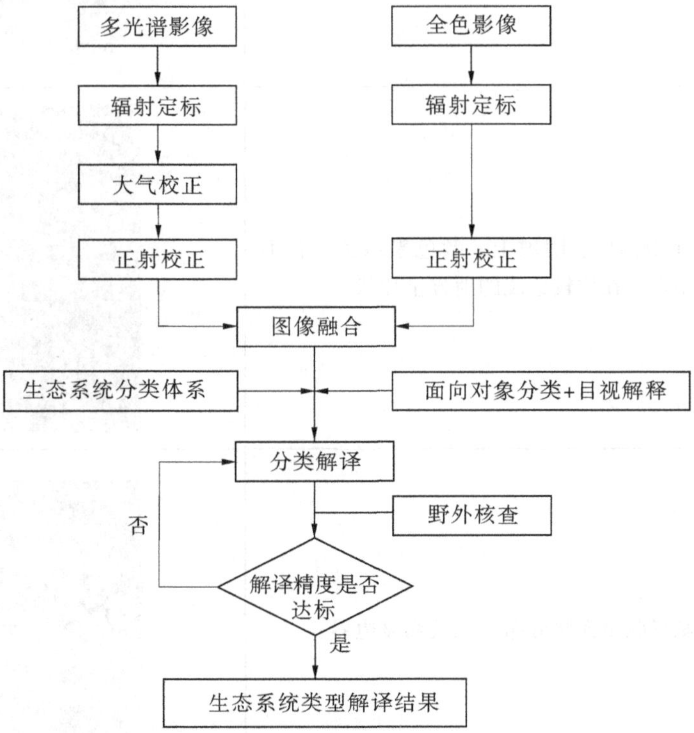

图 2 生态系统类型遥感解译技术路线

其中，南溪区生态系统类型共分为7种，分别为森林生态系统、灌丛生态系统、草地生态系统、湿地生态系统、农田生态系统、城镇生态系统及其他，具体分类划分体系如表2所示，南溪区生态系统遥感解译标志如表3所示，目视解译样本分布如图3所示。

表2　南溪区生态系统分类体系

一级类型	二级类型
森林生态系统	阔叶林
灌丛生态系统	阔叶灌丛
草地生态系统	草甸
湿地生态系统	湖泊、河流
农田生态系统	耕地、园地
城镇生态系统	居住地、工矿交通
其他	裸地

表3　南溪区生态系统遥感解译标志

生态系统分类	影像特征和判读标准	解译示意
阔叶林	呈深绿色，均质、成片、大面积分布，形状不规则，无明显边界	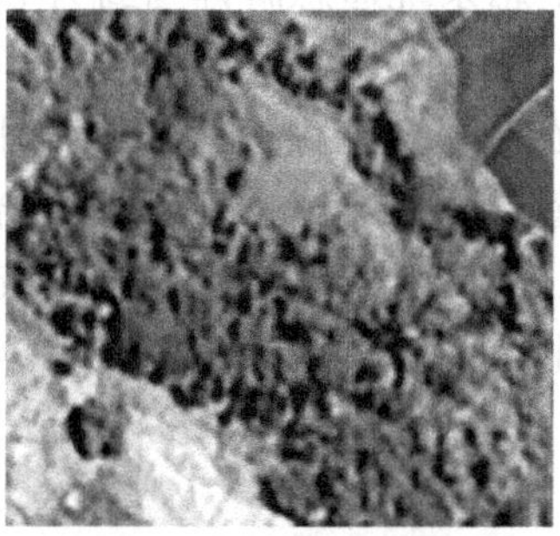
阔叶灌丛	分布在山沟中、阴坡上，颜色墨绿色，有不规则的小点，在比较繁茂的地方呈片状	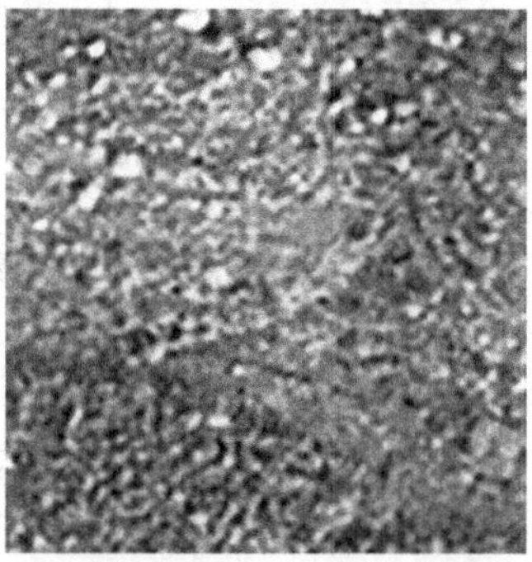
草甸	不规则形状呈面状分布。无较明显边界	

续表 3

生态系统分类	影像特征和判读标准	解译示意
湖泊	色调蓝黑，水陆界限明显	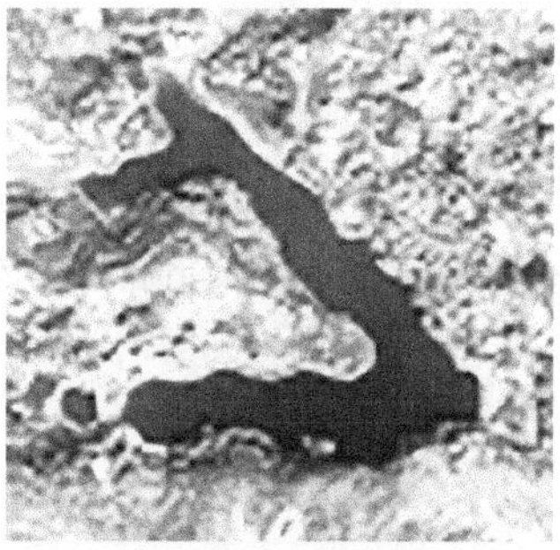
河流	色调呈蓝色，线、带状（河流）或喇叭状（河口）	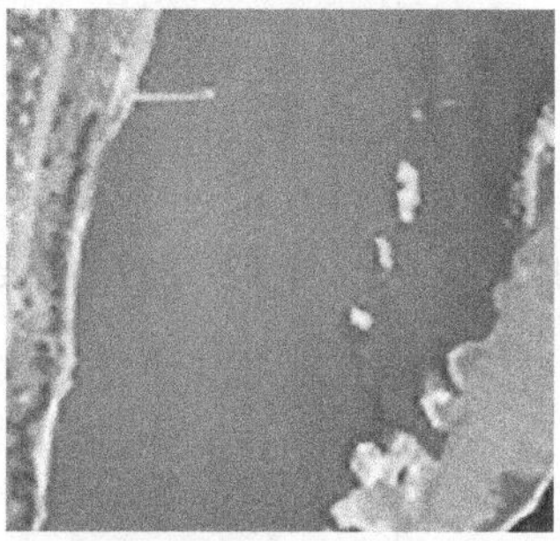
耕地	多分布于平原、山顶及山坡。水田旱地，田块规则，呈方形；梯田，呈阶梯状，有明显黑灰色田坎	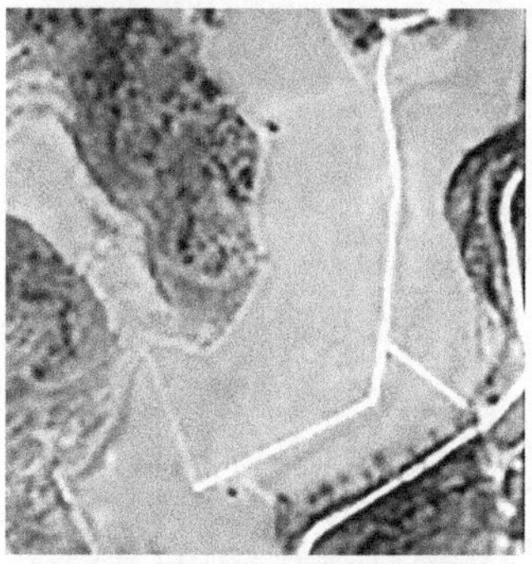
园地	呈绿色，形状规则，纹理呈粗粒状；分布于郊区平原、丘岗、台地、河滩	
居住地	呈富集分布的人造建筑区，有明显的生活设施	

续表 3

生态系统分类	影像特征和判读标准	解译示意
工矿交通	工矿用地远离居民住宅区，有明显的工业设备；交通道路分布在居民区附近，形状狭长不规则	
裸地	形状不规则，主要为黄褐色，植被较少	

(a)2016年

图 3　南溪区生态系统目视解译样本分布

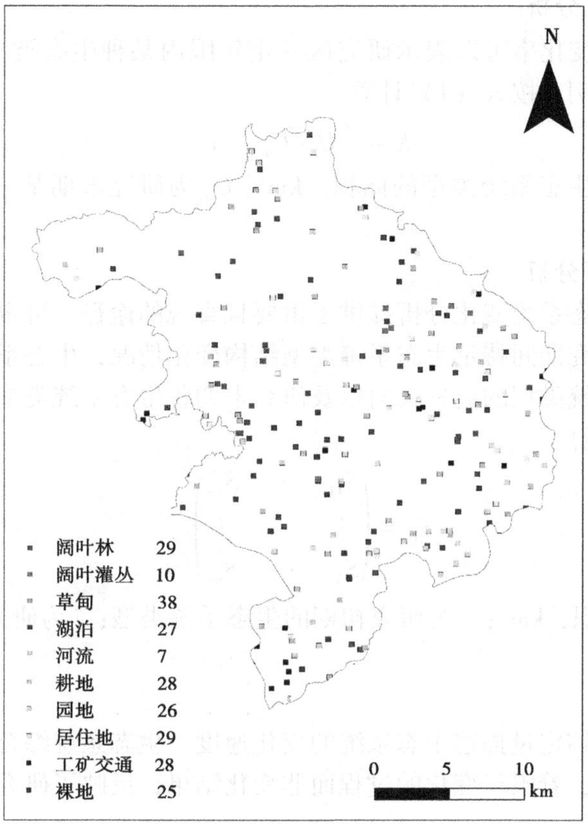

(b)2021年

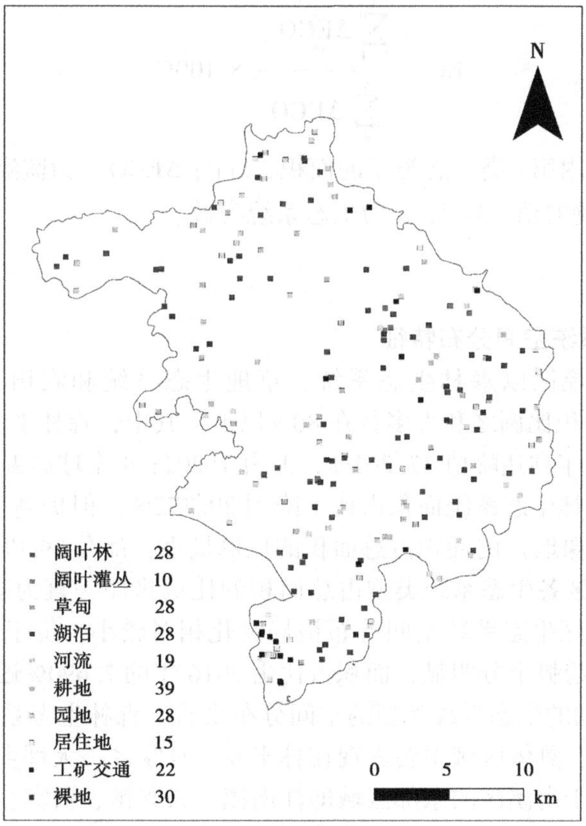

(c)2022年

续图 3

3.2 生态系统类型面积变化分析

生态系统类型面积年均变化率可以表示研究区一定年限内某种生态类型面积变化特征[19]，反映了生态系统变化的强度和比例，按式（1）计算：

$$K = \sqrt[T]{U_b/U_a} - 1 \tag{1}$$

式中：U_a 为研究初期某一种生态系统类型的面积，km^2；U_b 为研究末期某一种生态系统类型的面积，km^2；T 为研究时长。

3.3 生态系统类型转化特征分析

转化矩阵分析为研究生态系统变化分析提供了重要且直观的途径，可定量和直观地反映生态系统变化的趋势，并能提供在研究期间特定生态系统类型结构变化情况，生态系统类型转化矩阵分析为深入了解研究期初各种生态系统类型的流失去向以及研究末期各生态系统类型的来源和构成提供了便捷方法[19]。按照式（2）来计算：

$$S_{ij} = \begin{pmatrix} S_{11} & \cdots & S_{1n} \\ \vdots & & \vdots \\ S_{n1} & \cdots & S_{nn} \end{pmatrix} \tag{2}$$

式中：S 为生态系统类型面积，km^2；i 为研究初期的生态系统类型；j 为研究末期的生态系统类型；n 为生态系统类数。

3.4 综合动态度分析

生态系统综合动态度能够定量描述生态系统的变化速度。生态系统综合动态度综合考虑了研究时段内生态系统类型间的转移，着眼于变化的过程而非变化结果，反映了研究区生态系统类型变化的剧烈程度，按照式（3）来计算：

$$EC = \frac{\sum_{i=1}^{n} \Delta ECO_{i-j}}{\sum_{i=1}^{n} \Delta ECO_i} \times 100\% \tag{3}$$

式中：ECO_i 为监测起始时间内第 i 类生态类型的面积，km^2；ΔECO_{i-j} 为监测时间段内第 i 类生态类型转为非 i 类生态类型面积的绝对值，km^2；n 为生态系统类数。

4 研究结果

4.1 不同时期南溪区生态系统空间分布特征

2016—2022 年宜宾市南溪区以森林生态系统、草地生态系统和农田生态系统为主（见图 4～图 6）。由表 4 可知，各期面积比例之和大多数在 80%以上。其中，森林生态系统面积占比由 2016 年的 26.798%逐步增加，2021 年到达峰值 37.261%，但由于 2021 年全球高温干旱，森林生态系统遭到严重损失，2022 年南溪区森林生态系统面积占比下降到 29.772%，但仍高于 2016 年。灌木生态系统类型和其他生态系统类型（裸地）的面积占总面积的比例最小，都在 5%以下，其中灌木生态系统面积占比最低。近 6 年来南溪区各生态系统类型占总面积的比例排序一直为森林>农田>草地>城镇>湿地>其他>灌丛，宜宾市南溪区生态系统空间分布格局变化相对较小，位于长江沿岸南溪街道和罗龙街道的城镇生态系统的扩张趋势十分明显，面积占比由 2016 年的 7.690%逐步扩增到 16.968%，增加了近 67 km^2 的面积。从不同的生态系统类型的空间分布来看，森林生态系统主要分布在南溪区的北区、中部区域以及南部区域，具体区域主要表现在林丰乡、马家乡、大坪乡、大观镇、刘家镇和黄沙镇等；农田生态系统主要位于南溪区的东部区域即江南镇、长兴镇、留宾乡、裴石镇、仙临镇以及北部的汪家镇。近 5 年来南溪区农田生态系统面积总占比一直处于 27%左右，面积约为 190 km^2，说明宜宾市南溪区政府一直大力保证管控国家基本农田，牢牢守住耕地红线和永久耕地农田控制线。草地生

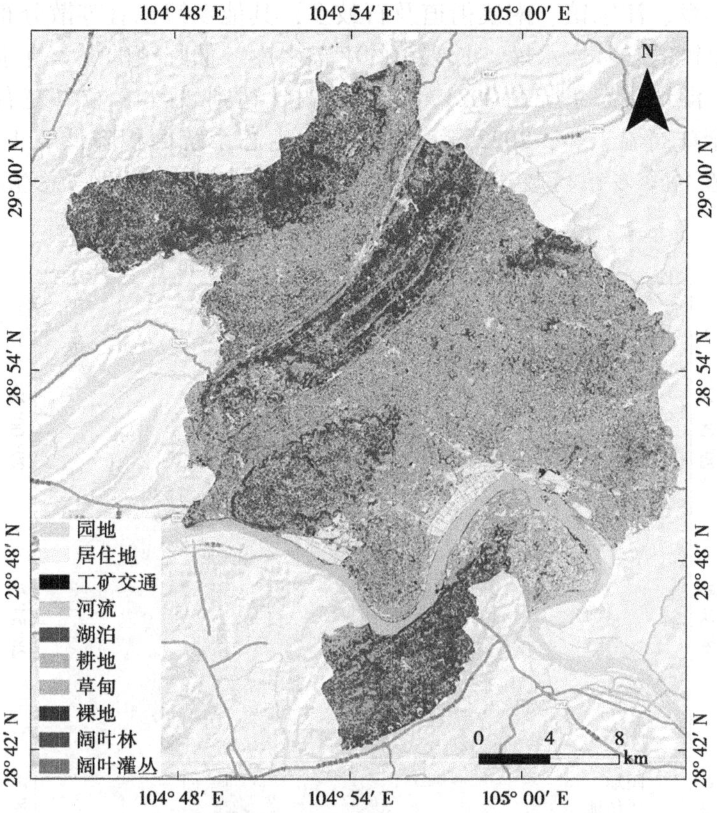

图 4　2016 年南溪区生态系统类型组成及其空间分布

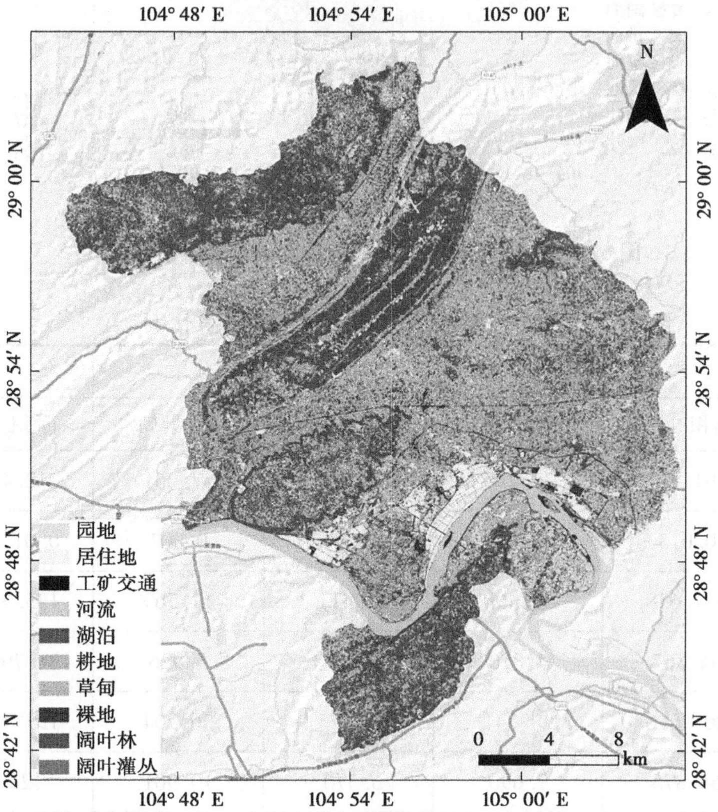

图 5　2021 年南溪区生态系统类型组成及其空间分布

态系统主要分布在林丰乡、汪家镇、南溪街道及石鼓乡，其他乡镇也有零散分布。湿地生态系统中除长江流域外，还有汪家镇的马耳岩水库、长兴镇的幸福水库、仙临镇的潘家寺水库及留宾乡的龙透水库等仍占有较大比例，湿地生态系统在 2021 年总面积占比达到最高峰（6%左右），面积为 41.625 13 km^2，而由于 2021 年全球高温干旱，2022 年南溪区湿地生态系统面积降低 3 km^2 左右。其他生态系统（裸地）主要分布在各个乡镇行政边界，2022 年其他生态系统类型占总生态系统面积的比例在 1.967%。

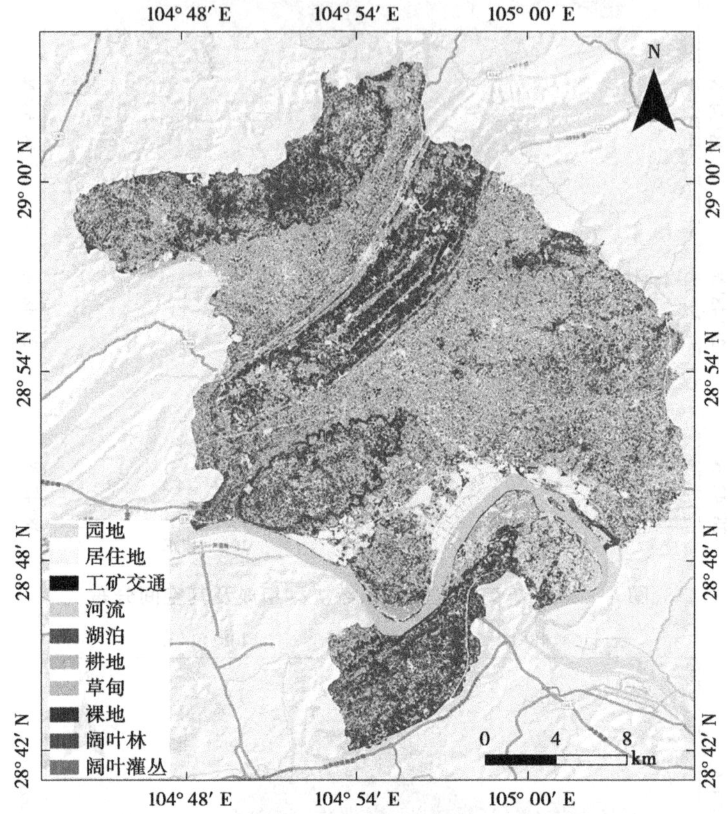

图 6　2022 年南溪区生态系统类型组成及其空间分布

表 4　南溪区生态系统类型面积及其比例

生态系统类型	2016 年		2021 年		2022 年	
	面积/km^2	比例/%	面积/km^2	比例/%	面积/km^2	比例/%
森林	191.223	26.798	261.732 6	37.261	212.439 2	29.772
灌丛	0.013	0.002	0.013 126	0.002	0.013 126	0.002
草地	217.638	30.499	123.411 3	17.569	135.993 7	19.059
湿地	34.367	4.816	41.625 13	5.926	38.796 92	5.437
农田	205.090	28.741	187.575 9	26.704	191.199 3	26.795
城镇	54.875	7.690	76.570 9	10.901	121.08	16.968
其他	10.373	1.454	11.499 59	1.637	14.038 11	1.967

2016—2022 年宜宾市南溪区生态系统空间分布格局相对较稳定、变化相对较小，长江沿岸的城镇生态系统类型的空间格局变化较大，且呈现不断扩大的趋势。

4.2 生态系统类型面积变化分析

从南溪区生态系统类型面积变化及年均变化率（见表 5）来看，近 6 年来草地生态系统类型面积总体呈现下降趋势，6 年间草地生态系统面积共减少了 81.64 km^2，相比 2021 年，2022 年草地生态系统面积呈现增加趋势，共增加了 12.58 km^2。城镇生态系统类型在 6 年间总体呈现上升趋势，共增加了 66.21 km^2，说明南溪区城镇化发展迅速，交通以及居住面积明显增加，其中 2021—2022 年发展迅速，一年间城镇生态系统类型面积变化率高达 58.13%，面积增加了 44.51 km^2。农田生态系统类型和灌丛生态系统类型近 6 年来整体年均变化率不大，其中农田生态系统类型面积在 2021—2022 年增加了 3.62 km^2。森林生态系统和湿地生态系统类型面积整体年均变化率均在 2%左右，6 年间分别增加了 21.22 km^2 和 4.43 km^2，由于 2021 年高温干旱，2021—2022 年森林生态系统和湿地生态系统类型面积均发生了较大幅度的减少，分别减少了 49.29 km^2 和 2.83 km^2。其他生态系统面积整体也呈现较大程度的增加趋势，面积增加了 3.67 km^2，年均变化率为 5.17%。

表 5 南溪区生态系统类型面积变化及年均变化率

生态系统类型	2016—2021 年		2021—2022 年		2016—2022 年	
	变化量/km^2	变化率/%	变化量/km^2	变化率/%	变化量/km^2	变化率/%
森林	70.51	6.48	-49.29	-18.83	21.22	1.77
灌丛	0	-0.02	0	0	0	-0.01
草地	-94.23	-10.73	12.58	10.20	-81.64	-7.54
湿地	7.26	3.91	-2.83	-6.79	4.43	2.04
农田	-17.51	-1.77	3.62	1.93	-13.89	-1.16
城镇	21.70	6.89	44.51	58.13	66.21	14.10
其他	1.13	2.08	2.54	22.07	3.67	5.17

4.3 生态系统类型转化特征分析

由表 6~表 8 可以看出，南溪区生态系统类型的转变主要发生在森林-草地、森林-城镇、草地-森林、草地-城镇和农田-森林生态系统类型之间。其中，转化强度最大的是草地生态系统，2016—2022 年共转出 114.192 km^2。其中，在 2016—2021 年向森林生态系统、湿地生态系统、农田生态系统、城镇生态系统、其他生态系统分别转移 80.125 km^2、2.555 km^2、1.437 km^2、23.125 km^2 和 4.772 km^2；2021—2022 年向森林生态系统、农田生态系统、城镇生态系统、其他生态系统分别转移了 13.217 km^2、3.091 km^2、12.722 km^2 和 7.621 km^2。其次是森林生态系统，整个时间段内共计转出面积 46.905 km^2，其中 2016—2021 年向草地生态系统、农田生态系统和城镇生态系统分别转化了 11.829 km^2、3.915km^2 和 5.414 km^2，2021—2022 年向草地生态系统和城镇生态系统转移明显增大，分别增加了 43.405 km^2 和 18.731 km^2，而向农田生态系统转移面积减少，转化了 0.472 km^2。

表 6　2016—2021 年南溪区生态系统转移矩阵　单位：km^2

生态系统类型		2021 年						
		森林	灌丛	草地	湿地	农田	城镇	其他
2016 年	森林	0	0	11.829	1.639	3.915	5.414	0.448
	灌丛	0	0	0.001	0	0	0	0
	草地	80.125	0.001	0	2.555	1.437	23.125	4.772
	湿地	1.179	0	0.667	0	1.084	0.240	1.106
	农田	8.276	0	6.816	1.805	0	4.664	2.023
	城镇	4.015	0	5.627	0.882	2.497	0	2.109
	其他	1.725	0	1.704	3.712	0.042	1.551	0

表 7　2021—2022 年南溪区生态系统转移矩阵　单位：km^2

生态系统类型		2022 年						
		森林	灌丛	草地	湿地	农田	城镇	其他
2021 年	森林	0	0	43.405	1.652	0.472	18.731	3.863
	灌丛	0	0	0	0	0	0	0
	草地	13.217	0.001	0	0.585	3.091	12.722	7.621
	湿地	1.158	0	0.995	0	1.155	2.556	0.245
	农田	0.693	0	1.189	1.225	0	3.537	0.108
	城镇	1.028	0	1.148	0.328	2.867	0	0.209
	其他	0.138	0	1.666	0.375	1.777	5.771	0

表 8　2016—2022 年南溪区生态系统转移矩阵　单位：km^2

生态系统类型		2022 年						
		森林	灌丛	草地	湿地	农田	城镇	其他
2016 年	森林	0	0	25.161	1.204	4.062	13.453	3.025
	灌丛	0	0	0	0	0	0	0
	草地	56.762	0.001	0	1.333	2.049	44.969	9.078
	湿地	0.298	0	0.407	0	1.153	1.188	0.078
	农田	8.636	0	5.514	1.809	0	6.324	0.156
	城镇	2.738	0	3.316	0.543	2.591	0	0.959
	其他	1.404	0	1.688	3.051	0.074	3.003	0

但是森林生态系统总面积并没有发生减少，而是增加了 21.22 km^2，主要原因是从草地生态系统、农田生态系统获得了 56.762 km^2 和 8.636 km^2 的转入。各生态系统类型中转入面积最多的是城镇生态系统，整个时间段内共从其他生态系统类型中获得了 68.937 km^2 的转入，其中森林生态系统和草地生态系统分别向城镇生态系统转化了 13.453 km^2 和 44.969 km^2。草地生态系统在整个时间段内获得了 36.086 km^2 的面积转入，主要来自森林生态系统和农田生态系统，草地生态系统也有少量面积转化为湿地生态系统。

4.4 生态系统类型综合动态度分析

南溪区生态系统类型综合动态度 2016—2021 年是 26.20%，2021—2022 年为 19.01%（见表 9），由此可以看出南溪区生态系统相互转化的强度随着时间的推移逐渐减缓。

表 9 南溪区生态系统类型综合动态度

生态系统类型综合动态度	2016—2021 年	2021—2022 年
EC	26.20%	19.01%

4.5 各街道/乡镇生态系统类型特征

通过各个街道/乡镇的生态系统类型面积和占比（见表 10）发现，南溪街道、罗龙街道、江南镇和裴石镇的城镇生态系统类型面积占比均高达 20%以上，其中长江沿岸的罗龙街道城镇生态系统面积占比最高，高达 30%以上，同时远高于该街道内其他的生态系统类型，直至 2022 年罗龙街道城镇生态系统面积为 26.067 km^2。南溪街道中草地、农田、城镇三种生态系统面积之和占比高达 75%以上，其中以农田生态系统类型最高，为 29.468%。大观镇、林丰乡、马家乡、大坪乡、石鼓乡生态系统类型中森林生态系统类型面积占比至少为 30%，其中马家乡的森林生态系统面积最高，为 34.051 km^2，近 6 年里马家乡森林生态系统面积增加了 4 km^2 左右。各乡镇草地生态系统面积占比较高的乡镇街道有林丰乡和石鼓乡，均占比在 30%以上，石鼓乡生态系统类型以草地生态系统类型为主，面积占比达到 33%以上，其次是森林生态系统（占比 31.851%）。汪家镇、仙临镇、长兴镇、留宾乡、江南镇、刘家镇、南溪街道和黄沙镇均是以农田生态系统类型为主的乡镇，其中以江南镇为主，江南镇农田生态系统面积为 15.540 km^2，面积占比高达江南镇全域面积的 50.004%。

表 10 南溪区各街道/乡镇生态系统类型面积和占比

街道/乡镇	生态系统类型	2016 年		2021 年		2022 年	
		面积/km^2	比例/%	面积/km^2	比例/%	面积/km^2	比例/%
南溪街道	森林	2.874	8.832	9.253	22.578	7.510	17.760
	灌丛	0	0	0	0	0	0
	草地	11.844	36.396	11.735	28.634	10.617	25.108
	湿地	0.548	1.685	1.173	2.862	0.914	2.161
	农田	12.413	38.145	11.959	29.181	12.461	29.468
	城镇	4.342	13.342	4.984	12.160	9.038	21.373
	其他	0.521	1.600	1.879	4.585	1.747	4.131

续表 10

街道/乡镇	生态系统类型	2016 年		2021 年		2022 年	
		面积/km^2	比例/%	面积/km^2	比例/%	面积/km^2	比例/%
罗龙街道	森林	16.010	18.884	25.681	29.894	21.781	25.267
	灌丛	0.007	0.009	0.007	0.009	0.007	0.009
	草地	27.361	32.274	15.321	17.834	12.703	14.736
	湿地	1.022	1.205	1.899	2.211	1.462	1.696
	农田	22.554	26.604	20.924	24.356	22.525	26.131
	城镇	16.309	19.238	19.199	22.349	26.067	30.239
	其他	1.514	1.786	2.876	3.348	1.657	1.923
黄沙镇	森林	9.282	26.141	15.949	43.013	7.612	25.126
	灌丛	0	0	0	0	0	0
	草地	12.782	35.997	8.676	23.399	7.303	24.109
	湿地	0.163	0.458	0.417	1.125	0.294	0.972
	农田	11.937	33.616	9.483	25.574	9.698	32.014
	城镇	1.098	3.093	2.153	5.806	4.994	16.486
	其他	0.247	0.695	0.401	1.082	0.392	1.294
汪家镇	森林	7.635	22.073	17.422	41.348	5.831	15.300
	灌丛	0	0	0	0	0	0
	草地	11.049	31.946	7.268	17.248	10.786	28.300
	湿地	0.912	2.636	1.410	3.345	1.348	3.538
	农田	13.249	38.307	13.049	30.970	13.719	35.995
	城镇	1.186	3.428	2.720	6.456	5.671	14.878
	其他	0.557	1.609	0.267	0.633	0.758	1.989
大观镇	森林	50.840	38.119	46.501	40.224	59.356	42.532
	灌丛	0	0	0	0	0	0
	草地	28.905	21.672	11.993	10.374	18.028	12.918
	湿地	25.955	19.461	25.313	21.896	24.978	17.898
	农田	19.185	14.385	18.292	15.823	18.745	13.432
	城镇	7.653	5.738	12.908	11.166	16.666	11.942
	其他	0.834	0.625	0.599	0.518	1.784	1.278

续表 10

街道/乡镇	生态系统类型	2016 年		2021 年		2022 年	
		面积/km²	比例/%	面积/km²	比例/%	面积/km²	比例/%
刘家镇	森林	9. 072	17. 334	18. 409	36. 278	11. 768	23. 634
	灌丛	0	0	0	0	0	0
	草地	24. 947	47. 668	11. 371	22. 408	12. 604	25. 312
	湿地	0. 452	0. 864	0. 962	1. 897	0. 696	1. 398
	农田	14. 848	28. 372	14. 232	28. 047	14. 830	29. 783
	城镇	2. 652	5. 068	4. 709	9. 280	8. 846	17. 766
	其他	0. 363	0. 694	1. 060	2. 090	1. 050	2. 108
仙临镇	森林	10. 841	16. 080	15. 743	25. 079	11. 119	17. 388
	灌丛	0. 003	0. 006	0. 003	0. 005	0. 003	0. 005
	草地	28. 005	53. 510	16. 079	25. 615	17. 212	26. 916
	湿地	1. 207	43. 977	2. 486	3. 961	1. 911	2. 989
	农田	23. 015	2. 307	22. 735	36. 218	22. 856	35. 742
	城镇	3. 650	6. 974	5. 546	8. 835	9. 978	15. 604
	其他	0. 700	1. 337	0. 181	0. 288	0. 867	1. 356
江南镇	森林	2. 422	7. 113	8. 960	26. 210	5. 230	16. 829
	灌丛	0	0	0	0	0	0
	草地	10. 486	30. 800	4. 577	13. 388	2. 411	7. 758
	湿地	0. 475	1. 394	0. 859	2. 514	0. 728	2. 342
	农田	15. 715	46. 157	15. 294	44. 737	15. 540	50. 004
	城镇	3. 893	11. 435	3. 544	10. 366	6. 561	21. 113
	其他	1. 055	3. 100	0. 952	2. 786	0. 607	1. 954
裴石镇	森林	2. 608	6. 302	5. 981	16. 549	6. 504	18. 560
	灌丛	0	0	0	0	0	0
	草地	18. 298	44. 217	7. 780	21. 526	4. 836	13. 799
	湿地	0. 668	1. 613	1. 405	3. 888	1. 352	3. 857
	农田	12. 464	30. 118	11. 588	32. 063	11. 807	33. 693
	城镇	6. 551	15. 829	7. 438	20. 581	9. 451	26. 969
	其他	0. 795	1. 921	1. 949	5. 394	1. 094	3. 122

续表 10

街道/乡镇	生态系统类型	2016 年		2021 年		2022 年	
		面积/km²	比例/%	面积/km²	比例/%	面积/km²	比例/%
石鼓乡	森林	7.006	30.611	9.190	38.042	7.923	31.851
	灌丛	0	0	0	0	0	0
	草地	6.732	29.417	7.286	30.159	8.310	33.406
	湿地	0.680	2.969	0.762	3.155	1.012	4.068
	农田	6.317	27.603	4.447	18.406	3.490	14.031
	城镇	1.760	7.688	1.749	7.238	3.589	14.427
	其他	0.392	1.711	0.725	2.999	0.552	2.218
林丰乡	森林	26.843	66.747	23.253	64.741	15.079	39.022
	灌丛	0	0	0	0	0	0
	草地	5.023	12.489	4.422	12.311	13.847	35.835
	湿地	0.378	0.939	0.696	1.939	0.576	1.489
	农田	6.361	15.817	6.122	17.044	5.971	15.452
	城镇	0.789	1.961	1.276	3.552	1.850	4.787
	其他	0.823	2.046	0.149	0.414	1.320	3.415
大坪乡	森林	6.597	36.277	16.528	63.154	5.923	31.890
	灌丛	0	0	0	0	0	0
	草地	4.162	22.888	2.208	8.437	3.503	18.858
	湿地	0.229	1.258	0.467	1.784	0.477	2.570
	农田	6.363	34.994	5.898	22.537	5.908	31.806
	城镇	0.482	2.651	1.032	3.943	2.344	12.617
	其他	0.351	1.932	0.038	0.145	0.419	2.258
留宾乡	森林	2.648	11.815	5.989	24.893	4.216	17.157
	灌丛	0	0	0	0	0	0
	草地	7.738	34.531	5.423	22.539	4.648	18.916
	湿地	0.371	1.657	1.032	4.291	0.811	3.302
	农田	9.935	44.333	9.093	37.795	9.191	37.400
	城镇	1.364	6.089	2.360	9.808	4.887	19.885
	其他	0.353	1.576	0.162	0.674	0.821	3.341

续表 10

街道/乡镇	生态系统类型	2016 年		2021 年		2022 年	
		面积/km²	比例/%	面积/km²	比例/%	面积/km²	比例/%
马家乡	森林	30.108	58.490	31.615	61.363	34.051	62.477
	灌丛	0	0	0	0	0	0
	草地	3.272	6.356	3.853	7.478	2.997	5.498
	湿地	0.318	0.617	0.961	1.866	0.783	1.436
	农田	15.728	30.554	11.299	21.930	11.290	20.716
	城镇	1.198	2.326	3.608	7.003	4.807	8.820
	其他	0.853	1.657	0.186	0.360	0.574	1.053
长兴镇	森林	4.607	13.014	11.257	32.125	8.536	23.658
	灌丛	0.003	0.007	0.003	0.007	0.003	0.007
	草地	14.419	40.731	5.420	15.468	6.190	17.155
	湿地	0.972	2.745	1.781	5.082	1.454	4.031
	农田	13.486	38.094	13.160	37.556	13.169	36.500
	城镇	1.390	3.927	3.345	9.545	6.332	17.550
	其他	0.525	1.482	0.076	0.215	0.397	1.099

5 结论

本文结合遥感目视解译与面向对象分类方法，提取了 2016 年、2021 年和 2022 年南溪区生态系统类型的空间分布格局，并从生态系统的空间分布特征、转化特征及变化比例三个维度对南溪区的生态系统演替进行了评估。结论如下：

（1）2016—2022 年，宜宾市南溪区的生态系统以森林、草地和农田生态系统为主，整体面积比例保持在 80%以上。森林生态系统的面积占比从 2016 年的 26.798%逐渐增加至 2021 年的 37.261%，但因 2021 年全球高温干旱的影响，2022 年降至 29.772%，但仍高于 2016 年水平。同时，灌木生态系统和其他生态系统（如裸地）的面积占比均在 5%以下。

（2）各街道和乡镇的生态系统类型和占比各有特点，如罗龙街道城镇生态系统占比达到 30.239%，而江南镇的农田生态系统面积占比高达 50.004%。特别是在长江沿岸，城镇生态系统的面积占比显著增加，从 2016 年的 7.690%提升至 2022 年的 16.968%，表明了城镇化进程对生态系统的侵占和重构不可忽视，需加强对生态保护红线的划定与实施。这些特征反映出不同区域的生态管理需求和发展潜力。

（3）从生态系统的转化情况来看，草地生态系统在 2016—2022 年的转移面积最大，转化至森林、湿地、农田和城镇生态系统。尽管发生了转化，森林生态系统的总面积仍然增加，主要得益于从草地和农田生态系统的转入。

综上所述，南溪区的生态系统在这六年间保持了一定的稳定性，但随着城镇化的加速，生态系统之间的转化趋势日益明显，特别是草地和森林生态系统之间的互动。这种变化不仅反映了生态环境的动态平衡，也为未来的生态管理和城市规划提供了重要的参考依据。

参考文献

[1] 杨张瑜，张辉，郝旋捷，等．基于遥感的秦岭近 20 年生态环境空间格局变化研究［J］．测绘与空间地理信息，2024，47（7）：14-17.

[2] 武俊秀．基于卫星遥感技术的土地利用变化对生态系统服务价值的影响分析：以太原市晋源区为例［J］．经纬天地，2024（3）：87-91.

[3] 赵俊远，高翔，梁静波．基于土地覆被变化的北京市生态环境质量时空分异特征及影响因素［J］．水土保持研究，2024，31（3）：350-362，372.

[4] 项超生，邓良，陈俊，等．高分辨率遥感影像土地利用及其变化检测［J］．北京测绘，2024，38（2）：124-130.

[5] 宋创业，刘长成，郭柯．草原和荒漠植物多样性监测网规划与建设进展［J］．生物多样性，2023，31（12）：162-168.

[6] 邓得玲，杜敏洁，童立珺．基于生态系统格局及生态系统服务功能变化的青海省生态重要性评估［J］．资源环境与工程，2023，37（4）：420-429.

[7] 樊彦国，王杰，樊博文，等．基于多源遥感的黄河三角洲湿地动态监测［J］．测绘通报，2023（6）：27-35.

[8] 刘小琳．土地利用类型转变与生态系统服务价值变化的脱钩研究［D］．沈阳：辽宁大学，2023.

[9] 国家林业局．森林生态系统生物多样性监测与评估规范：LY/T 2241—2014［S］．北京：中国标准出版社，2014.

[10] 邓西鹏．基于三调数据的县级生态系统服务功能价值估算：以建瓯市为例［J］．国土与自然资源研究，2022（4）：33-36.

[11] 莫焱兰．广西南岭生态功能区生态状况评估及时空变化分析［D］．南宁：南宁师范大学，2022.

[12] Cong L，Zelin L，Binggeng X，et al. Decoupling the Effect of Climate and Land-Use Changes on Carbon Sequestration of Vegetation in Mideast Hunan Province，China［J］. Forests，2021，12（11）：1573-1573.

[13] Yong P，Seunggyu J，Sangjin P，et al. Analysis of Land Use and Land Cover Change Using Time-Series Data and Random Forest in North Korea［J］. Remote Sensing，2021，13（17）：3501-3501.

[14] Shuang S H，Fei L Y，Wei Y，et al. The effects of land use changes on climate warming by source-sink theory［J］. Arabian Journal of Geosciences，2021，14（7）.

[15] 吕广斌．万州区生态系统服务功能变化及景观生态安全格局研究［D］．重庆：西南大学，2019.

[16] 杨丰，唐文汉，王建立，等．贵州喀斯特山区草地生态系统类型转变对土壤有机碳的影响［J］．草地学报，2015，23（4）：733-737.

[17] 郭伟．北京地区生态系统服务价值遥感估算与景观格局优化预测［D］．北京：北京林业大学，2012.

[18] 周广胜，王玉辉，蒋延玲，等．陆地生态系统类型转变与碳循环［J］．植物生态学报，2002（2）：250-254.

[19] Kumar S，Radhakrishnan N，Mathew S. Land use change modelling using a Markov model and remote sensing［J］. Geomatics，Natural Hazards and Risk，2014，5（2）：145-156.

基于陆海统筹的氮磷排放控制对策研究

黄　艳[1]　肖珍珍[1]　许君力[2]

（1. 珠江水文水资源勘测中心，广东广州　510000；
2. 广州珠江水资源保护科技发展有限公司，广东广州　510000）

摘　要：氮磷是造成水体富营养化，引发海洋赤潮的重要营养元素。立足新时期“陆海统筹，以海定陆”的生态环境保护要求，本文以沿海省份广东省为例，收集国内外、广东省及其他省有关氮磷排放控制的政策措施，总结在氮磷排放控制方面的先进经验，对广东省氮磷污染排放情况，入海河流总氮、总磷浓度多年变化趋势及时空分布特征，近岸海域环境状况进行相关分析，识别重点防治流域区域、入海河流及污染源，分析存在问题及成因，探索总氮、总磷减排路径，为开展流域-河口-近岸海域氮磷污染协同治理提供参考。

关键词：氮磷排放；陆海统筹；污染防治；对策措施

1　引言

氮、磷是水体富营养化的主要限制因子，其浓度的升高被普遍认为是蓝藻水华、海洋赤潮暴发的根本原因[1]。美国切萨皮克湾、欧洲波罗的海、日本濑户内海及东京湾等曾经是国际上污染较重的区域，为应对水体富营养化，欧美与日本等国家研究通过立法并制定水体富营养化行动计划、实施氮磷污染物入海总量控制管理、实行水污染防治联防联控等一系列政策举措，逐步形成了一种从生态角度考虑问题的、长期的、整体的、分阶段的且科学的治理政策体系[2-4]。

我国国家层面主要通过发布相关指导意见、防治政策、规划及技术指南等，指导地方系统开展氮磷排放工作[5-10]。国家印发的《水污染防治行动计划》《“十三五”生态环境保护规划》《关于加强固定污染源氮磷污染防治的通知》《重点流域水生态环境保护规划（2021—2025 年）》《重点海域综合治理攻坚战行动方案》等文件研究将总氮、总磷纳入流域、区域污染物排放总量控制约束性指标体系，实施重点流域重点行业氮磷排放控制，实施氮磷削减工程。沿海省份主要通过实施入海河流断面水质控制，采用分步推进、试点先行的方法，推进氮磷总量减排[11-12]。

“十三五”以来，广东省紧紧围绕污染防治攻坚战主要水污染物减排目标任务，多措并举、狠抓落实，污染防治工作取得积极成效[13-15]。但与国家的要求相比仍存在差距，氮磷排放底数尚未摸清，流域-河口-近岸海域污染相关关系复杂，协同治理存在较大困难。广东省作为贯彻落实习近平生态文明思想的最前沿，为强化氮磷污染减排，促进河流、近岸海域水环境质量提升，有必要开展广东省水污染物总氮、总磷排放调查与控制对策研究，推动广东省水生态环境质量持续改善，为陆海统筹治理提供参考。

2　总氮、总磷污染排放及水污染状况分析

2.1　广东省自然概况

广东省地处祖国大陆最南部，陆地范围在北纬 20°09′～25°31′，东经 109°45′～117°20′，总面积

作者简介：黄艳（1993—），女，工程师，主要从事流域水生态环境调查、规划与保护等工作。

17.98 万 km^2。广东地处珠江下游，境内以西江流域、北江流域、东江流域、珠江三角洲河网区、独流入海的韩江流域、粤东诸河流域、粤西诸河流域等七大流域为主，占全省面积的 99.8%，其余属于长江流域的鄱阳湖和洞庭湖水系[16]。大陆海岸线长 4 114 km，居全国首位。近岸海域面积 63 889 km^2。海域面积 42 万 km^2，是陆域面积的 2.3 倍。

2.2 总氮、总磷污染负荷分析

2.2.1 全省污染负荷概况

根据第二次全国污染源普查数据（数据来源于广东省生态环境厅及各地市生态环境局的《第二次全国污染源普查公报》），对广东省 2017 年工业源、生活源及农业源水污染排放情况进行统计分析。其中，生活源包括城镇生活和农村生活，农业源包括种植业、畜禽养殖和水产养殖。

全省共排放总氮 30.13 万 t、总磷 3.156 万 t。其中，工业源共排放总氮 1.31 万 t、总磷 0.066 万 t；生活源共排放总氮 17.17 万 t（城镇生活 11.71 万 t、农村生活 5.46 万 t）、总磷 1.10 万 t（城镇生活 0.65 万 t、农村生活 0.45 万 t）；农业源共排放总氮 11.65 万 t（畜禽养殖 3.73 万 t、水产养殖 1.38 万 t、种植业 6.54 万 t），总磷 1.99 万 t（畜禽养殖 0.93 万 t、水产养殖 0.27 万 t、种植业 0.79 万 t），见表 1。

表 1 广东省各类型污染源排放量统计

污染源类型		排放量/万 t	
		总氮	总磷
工业源		1.31	0.066
生活源	城镇生活	11.71	0.65
	农村生活	5.46	0.45
	小计	17.17	1.10
农业源	畜禽养殖	3.73	0.93
	水产养殖	1.38	0.27
	种植业	6.54	0.79
	小计	11.65	1.99
总计		30.13	3.156

总氮排放占比：城镇生活（40%）>种植业（22%）>农村生活（18%）>畜禽养殖（11%）>水产养殖（5%）>工业（4%）。总磷排放占比：畜禽养殖（26%）= 种植业（26%）>城镇生活（22%）>农村生活（15%）>水产养殖（9%）>工业（2%）。生活源是总氮首要污染来源，对总氮贡献为 58%，其次是农业源；农业源是总磷主要污染来源，对总磷贡献为 61%，其次生活源贡献为 37%，见图 1。

2.2.2 各流域污染负荷分析

对各流域总氮、总磷排放占比情况进行统计分析，珠江三角洲河网区污染物排放量位居各流域之首，总氮、总磷排放量占比分别为 35.36%、26.13%，其次为粤西诸河流域；西江流域、韩江流域、东江流域的总氮、总磷排放量相对较小，总氮、总磷排放量占比在 5.37%~9.28%，如图 2 所示。总氮、总磷排放强度（排放量/流域面积）空间分布与排放量分布情况基本一致，排放强度较大的为珠江三角洲河网区、粤西诸河流域、粤东诸河流域和北江流域。

对流域总氮、总磷污染源排放结构分析，珠江三角洲河网区总氮污染来源为生活源，占比为 69%，总磷污染来源为农业源，占比为 50%；粤西诸河流域首要污染来源均为农业源，占比达到 62%~76%；粤东诸河流域首要污染来源均为生活源，占比达到 50%~62%；北江流域首要污染来源均为农业源，占比达到 59%~76%；韩江流域总氮首要污染来源为生活源，占比为 54%，总磷首要污染来源为农业源，占比达到70%以上；西江流域首要污染来源均为农业源，占比达到49%~64%；东江流域首要污染来源均为农业源，占比达到50%~65%，如图3所示。

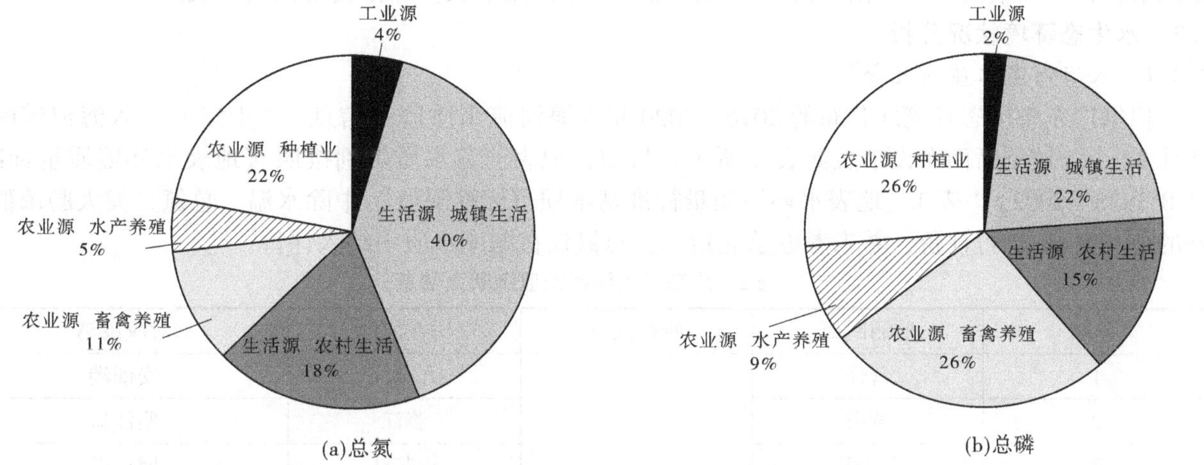

图1 广东省总氮、总磷各污染源排放占比

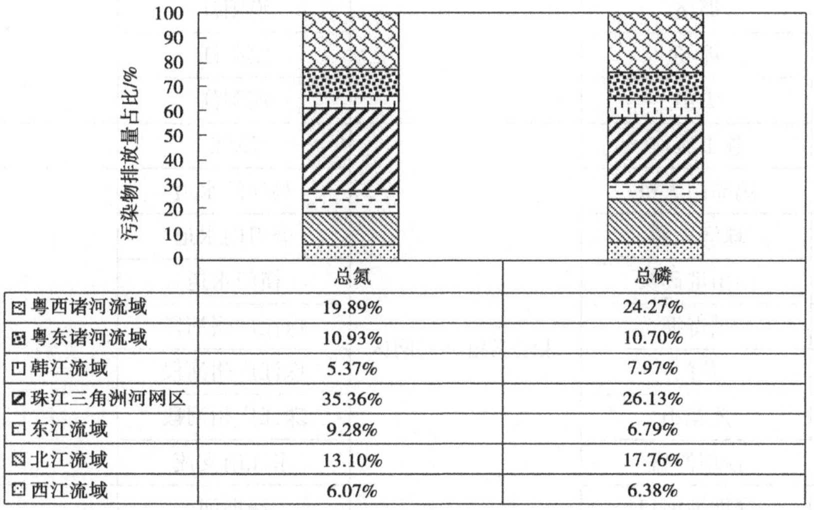

图2 广东省各流域总氮、总磷排放占比统计结果

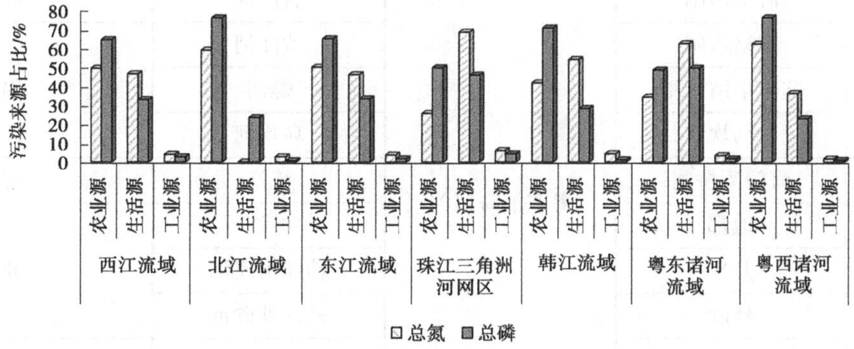

图3 广东省各流域总氮、总磷污染来源占比

2.2.3 污染负荷总结分析

生活源（城镇生活、农村生活）是总氮的首要来源，对总氮贡献超过50%；农业源（畜禽、水产养殖和种植业）是第二大污染源，是总磷的首要来源，对总磷贡献超过60%。

珠江三角洲河网区总氮、总磷污染物排放占比最大，其次为粤西诸河流域，再次为北江流域、粤东诸河流域。对于总氮、总磷排放结构，珠江三角洲河网区、粤东诸河流域、韩江流域生活源排放量比例最大，粤西诸河流域、西江流域、北江流域、东江流域农业源排放量比例最大。

2.3 水生态环境状况分析

2.3.1 入海河流水质状况分析

根据广东省生态环境厅公布的2016—2020年入海河流水质监测信息，“十三五”入海河流断面共计27个，监测断面布设信息如表2所示。目前，地表河流水质类别按照《地表水环境质量标准》（GB 3838—2002）“表1 地表水环境质量标准基本项目标准限值”中除水温、总氮、粪大肠菌群以外的21项指标进行评价，并未考虑总氮指标，总氮仅在湖库水质中纳入评价[17]。

表2 广东省入海河流监测断面信息

序号	监测断面	所在流域	所在河流	对应港湾
1	营仔	粤西沿海诸河	九洲江	安铺港
2	黄坡		鉴江	鉴江口
3	大山江		袂花江	博茂港
4	寨头河出海口*		寨头河	水东湾
5	那格		漠阳江	北津港
6	埠场		漠阳江	
7	尖山		漠阳江	
8	苍山渡口	珠江三角洲河网区	潭江	黄茅海
9	鸡啼门大桥		鸡啼门水道	珠江口
10	珠海大桥		磨刀门水道	
11	中山港码头		横门水道	
12	洪奇沥		珠江广州河段	
13	蕉门		珠江广州河段	
14	莲花山		珠江广州河段	
15	沙田泗盛		东江南支流	
16	深圳河河口		深圳河	深圳湾
17	虎爪断桥		淡澳河	大亚湾
18	海丰西闸	粤东沿海诸河	黄江河	红海湾
19	东溪水闸		黄江河	碣石湾
20	陆丰半湾水闸		螺河	
21	乌坎		乌坎河	
22	海门湾桥闸		练江	海门湾
23	地都		榕江	汕头港
24	升平		韩江梅溪河	
25	外砂		韩江外砂河	
26	莲阳桥闸		韩江东溪	拓林湾
27	凤江桥*		黄冈河	

注：*号表示该断面为每季度监测一次，下同。

根据2016—2020年年均总氮浓度分析，2016—2018年各断面总氮浓度总体呈上升趋势，2019年后有所下降，如图4所示。2016—2020年总氮浓度超过2.0 mg/L的断面分别为18个、21个、21个、17个、17个，占比达63%以上，主要分布在粤西沿海诸河的九洲江、鉴江、袂花江、寨头河、漠阳江，珠江三角洲河网区的潭江、横门水道、珠江广州河段、东江南支流、深圳河、淡澳河，粤东沿海诸河的练江、榕江、韩江梅溪河、黄冈河。其中，寨头河出海口、深圳河河口、淡澳河虎爪断桥、练江海门湾桥闸等断面总氮浓度较高，达5.0 mg/L以上。

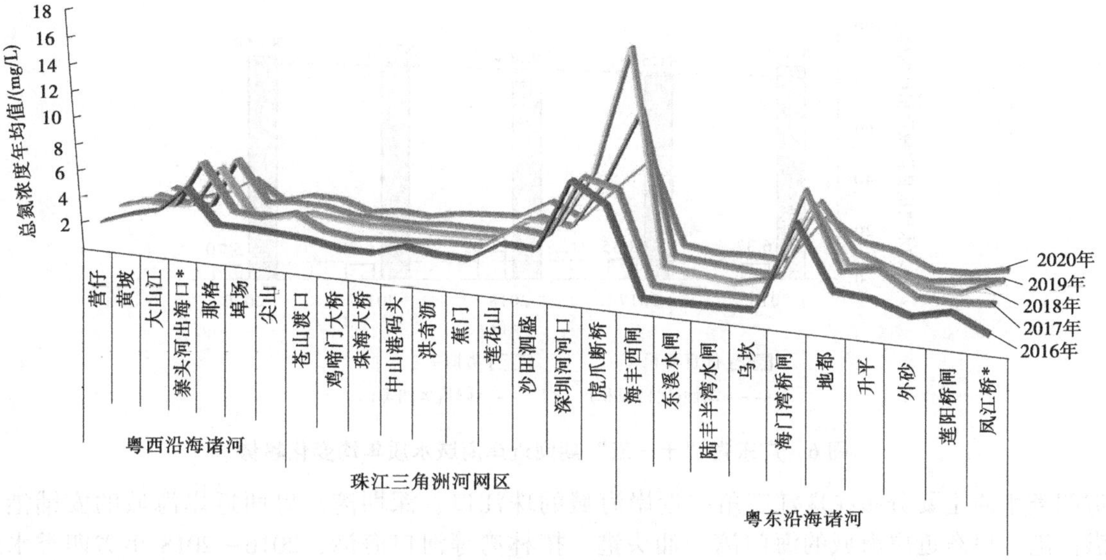

图4　广东省入海河流断面总氮浓度变化情况

根据2016—2020年年均总磷浓度分析，2016—2018年各断面总磷浓度总体呈先降后升的趋势，2019年后有所下降，如图5所示。2016—2020年总磷浓度超过0.1 mg/L（未达Ⅱ类）的断面分别为15个、13个、16个、14个、9个，占比达33%以上，主要分布在粤西沿海诸河的九洲江、鉴江、袂花江、寨头河、漠阳江，珠江三角洲河网区的珠江广州河段、东江南支流、深圳河、淡澳河，粤东沿海诸河的练江、榕江、韩江梅溪河、黄冈河。其中，寨头河出海口、深圳河河口、淡澳河虎爪断桥、榕江地都等断面总磷浓度较高，2016年、2017年总磷为劣Ⅴ类（浓度超0.4 mg/L），浓度达0.5 mg/L以上。

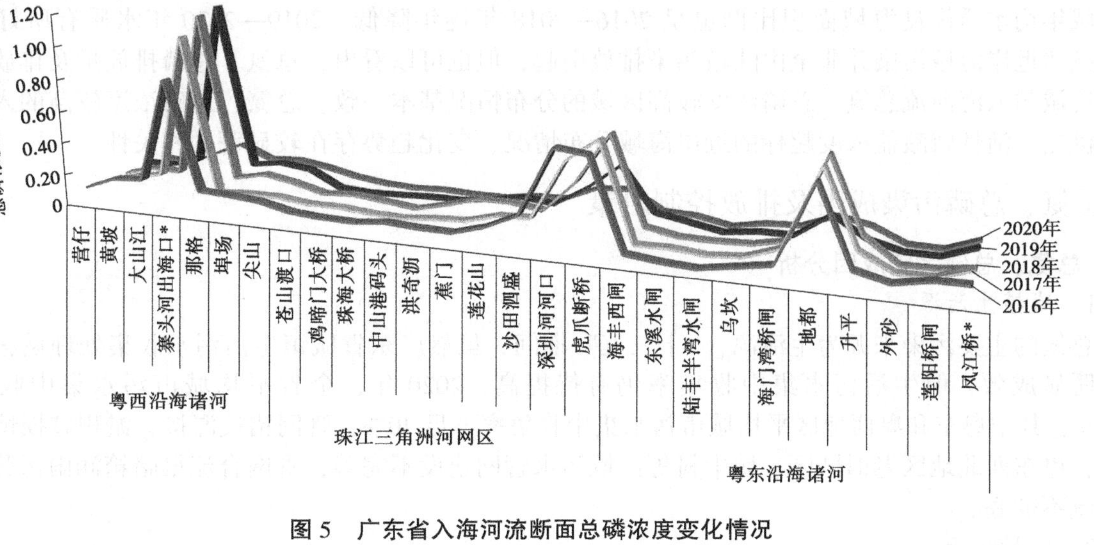

图5　广东省入海河流断面总磷浓度变化情况

2.3.2 近岸海域环境状况分析

根据《广东省海洋环境状况公报》《广东省生态环境状况公报》公布结果分析，全省近岸海域海水水质整体呈波动变化，2016—2018 年年均水质优良海域面积比例逐年降低，由 2016 年的 85.15%下降至 2018 年的 79.30%；2019—2020 年水质有所好转，优良海域面积比例上升至 89.50%；年均劣四类海域面积比例由 2016 年的 6.33%逐年上升至 2018 年的 11.65%，2019—2020 年下降至 5.70%，其中 2018 年劣四类海水的面积比例增加最明显，相比于 2017 年增加了 3.3 个百分点，如图 6 所示。

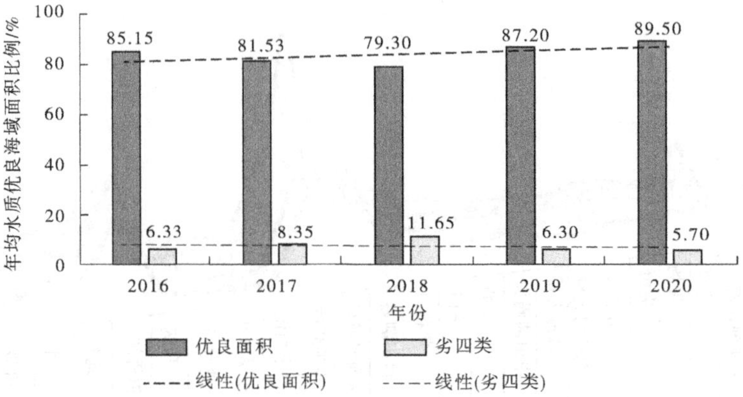

图 6 广东省“十三五”期间近岸海域水质年均变化趋势

劣四类水质主要分布在珠江三角洲近岸海域的珠江口、深圳湾，粤西近岸海域的安铺港、水东湾、湛江港，粤东近岸海域的海门湾、汕头港、拓林湾等河口海湾，2016—2018 年劣四类水质海域逐年增加，超标因子主要为无机氮和活性磷酸盐。

2.4 流域污染物排放-入海河流水质-近岸海域水质相关性分析

从水污染物总氮、总磷排放情况来看，珠江三角洲河网区总氮、总磷污染物排放占比最大，其次为粤西诸河流域，再次为北江流域、粤东诸河流域。入海河流中，珠江三角洲河网区的潭江、横门水道、珠江广州河段、东江南支流、深圳河、淡澳河，粤西沿海诸河的九洲江、鉴江、袂花江、寨头河、漠阳江，珠粤东沿海诸河的练江、榕江、韩江梅溪河、黄冈河等河流总氮、总磷浓度也相对较高。近岸海域劣四类水质也主要分布在珠江三角洲近岸海域的珠江口、深圳湾，粤西近岸海域的安铺港、湛江湾、水东湾，粤东近岸海域的海门湾、汕头港、拓林湾等河口海湾，超标因子主要为无机氮和活性磷酸盐。入海河流总氮、总磷浓度总体呈 2016—2018 年上升、2019 年后有所下降的趋势，近岸海域年均水质优良海域面积比例也呈 2016—2018 年逐年降低、2019—2020 年水质有所好转的趋势。虽然近岸海域污染并非全由陆域污染排放引起，但也可以看出，总氮、总磷排放量及排放强度较大的流域与入海河流总氮、总磷浓度较高区域的分布情况基本一致，总氮、总磷浓度较高的入海河流与无机氮、活性磷酸盐浓度超标的近岸海域分布情况、变化趋势存在较显著的相关性。

3 总氮、总磷污染成因及排放控制对策

3.1 总氮、总磷污染成因分析

3.1.1 城镇生活源

总氮的主要污染来源为生活源，“十三五”期间，虽然广东省城镇生活污水收集处理设施建设取得了明显成效，但生活污水集中收集率仍有待提高，2020 年，全省平均城市污水集中收集率为 60.7%，其中粤东和粤西地区平均城市污水集中收集率不足 40%，管网错接漏接、淤积破损情况依然存在，粤东西北地区老旧城区、城中村等区域污水管网建设不完善，管网合流渠暗箱涵雨污分流、清污分流不彻底。

3.1.2 农村生活源

随着乡村振兴战略全面实施，人民群众对人居环境提出了更高的要求，农村生活污染也不容忽

视。农村污水处理设施不完善，2020 年广东省除珠江三角洲地区的广州、深圳、珠海、佛山、东莞及粤东地区的汕头外，其余地市治理率均未达到 60% 的目标。运营维护有待加强，部分村庄生活污水治理设施建设后尚未有效发挥作用。

3.1.3 农业源

农业源是总磷污染的主要来源，种植业上虽然近年来通过建立施用配方肥、控释肥、有机肥补贴机制等方式，积极推进化肥减量增效，但目前部分区域种植业化肥使用仍存在使用量偏大和使用比例失衡的问题，过量施用的化肥流入水中，易导致水体富营养化。畜禽养殖粪污处理设施不完善，大多直排池塘消纳、堆积在粪污塘或仅设置贮粪池等，雨季污水溢流造成水环境污染；粪污资源化利用水平不高，多数养殖场并没有足够的场地消纳粪污。水产养殖面积较大，污染问题不容忽视，养殖模式相对粗放，养殖尾水直排对局部水环境造成较大压力。

3.2 加强氮磷排放控制对策

加强生活及农业污染治理应作为总氮、总磷减排的主要抓手，重点推进珠江三角洲河网区、粤西诸河流域、粤东诸河流域及北江流域总氮、总磷排放控制，通过建设污水处理设施等“硬手段”与实施水生态保护与修复等“软方法”相结合，推动流域–河口–近岸海域协同治理。

3.2.1 加强生活污染治理

推进生活污水处理设施及配套管网建设，补齐污水处理设施能力缺口，提升污水集中收集率。开展污水处理差别化提标改造，提升城镇生活污水处理水平。有序推进农村生活污水治理，促进已建处理设施提质增效，健全设施运行维护管理机制。

3.2.2 强化农业污染防治

强化畜禽养殖水污染防治，推进规模化养殖场粪污处理和资源化利用设施建设及运行，推动种养循环发展。推广绿色生态养殖模式，开展水产养殖池塘升级改造和尾水治理。推进农业种植污染防治，深入推进化肥减量增效行动，强化农业面源过程拦截和末端净化。

3.2.3 推进“流域治理+一河一策”

从流域治理统筹协调的“面”，到深化“一河一策”精准治理的“线”，制订入海河流“一河一策”治理方案，精准施策，持续推进流域内珠江广州河段、深圳河、淡澳河、九洲江、寨头河、练江、榕江、韩江梅溪河、黄冈河等水体的综合治理。

3.2.4 逐步实施总氮、总磷总量控制制度

根据国家关于总氮、总磷排放控制的要求，结合目前广东省总氮、总磷污染物监测统计及治理削减基础，可将“十四五”“十五五”作为总氮、总磷总量控制的重要准备期及试点示范期，在省级层面根据各地地表水质量改善任务，结合全省总氮、总磷排放基数及削减潜力分析，确定地市总氮、总磷减排比例。

4 结论

总氮、总磷是水体富营养化的重要营养盐驱动指标，当前正成为制约近岸海域水质改善、海洋赤潮暴发的主要因子。本文以沿海省份广东省为例，对广东省氮磷污染排放情况，入海河流总氮、总磷浓度多年变化趋势及时空分布特征，近岸海域环境状况进行相关分析。广东省总氮主要排放来源为生活源，其次为农业源；总磷主要排放来源为农业源，其次为生活源。总氮、总磷排放强度大的流域均集中在珠江三角洲河网区，其次为粤西诸河流域、北江流域、粤东诸河流域。总氮、总磷排放量及排放强度较大的流域与总氮、总磷浓度较高的入海河流分布情况基本一致，总氮、总磷浓度较高的入海河流与无机氮、活性磷酸盐浓度超标的近岸海域分布情况、变化趋势存在较显著的相关性。本文识别重点流域区域、入海河流及污染源并针对性地提出治理对策建议，可为流域–河口–近岸海域协同治理提供参考。

参考文献

[1] 李少斌，余丹，孔俊，等. 海岸带陆海气氮磷污染协同治理：监测、模拟与决策［J］. 环境工程，2022，40（6）：12-21.
[2] 周景博. 国外水体富营养化治理的经验及对我国的政策建议［J］. 环境保护，2003（9）：57-60.
[3] 张洁珺，王倩. 水体富营养化问题中外政策措施透析［J］. 北方环境，2011，23（5）：56-57.
[4] 顾湘. 区域海洋环境治理的协调困境及国际经验［J］. 阅江学刊，2018，10（5）：109-117.
[5] 裴相斌. 我国近岸海域富营养化形势分析与防治对策［J］. 环境保护，2009（11）：42-44.
[6] 文宇立，叶维丽，刘晨峰，等. “十三五”总氮、总磷总量控制政策建议［J］. 环境污染与防治，2015，37（3）：27-30.
[7] 刘晨峰，赵兴征，汪志锋，等. 农业污染源氮磷排放特征与“十四五”时期的对策建议［J］. 环境保护，2020，48（18）：28-33.
[8] 汝小瑞，胡香，张静. 我国地方水污染物排放标准现状与思考［J］. 中国环保产业，2022（1）：16-21.
[9] 兰冬东，朱容娟，李冕，等. 我国近岸海域污染防治对策研究［J］. 海洋开发与管理，2017，34（11）：70-73.
[10] 张震宇. 沿海地级及以上城市总氮排放总量控制的若干思考［J］. 环境保护科学，2015（6）：1-3.
[11] 戚劲. 浙江近岸海域富营养化时空分布变化研究［D］. 杭州：浙江大学，2024.
[12] 汪皖华. 福建省近岸海域环境保护管理现状及对策分析［J］. 海峡科学，2011（6）：51-53.
[13] 黄鹤，吴子怡，赵婷，等. “十四五”期间珠江口入海总氮削减空间及途径［J］. 环境保护，2021，49（19）：18-20.
[14] 董斯齐，黄翀. 粤港澳大湾区陆源氮污染来源结构与空间分布［J］. 环境科学，2021（11）：5384-5393.
[15] 张静，柯东胜，方宏达，等. 汕头港海域氮、磷营养盐环境容量及排放总量控制的研究［J］. 大连海洋大学学报，2012，27（3）：247-254.
[16] 陈金月，陈水森，付娆，等. 广东省水质现状及驱动因素［J］. 生态学报，2022，42（19）：7921-7931.
[17] 国家环境保护总局. 地表水环境质量标准：GB 3838—2002［S］. 北京：中国环境科学出版社，2002.

宁波市“三江”干流水环境要素时空特征

赵 媛[1] 黎 钊[2] 夏珊珊[2] 周连凤[1]
陈 威[1] 王春芳[1] 陈昱霖[1] 马沛明[1]

（1. 水利部中国科学院水工程生态研究所水生态监测中心，湖北武汉 430079；
2. 宁波市水利发展规划研究中心，浙江宁波 315825）

摘 要：河流环境监测是评价河流生态健康状况的基本依据。在宁波市“三江”（姚江、奉化江、甬江）干流设置20个监测断面，对水环境要素进行了长期监测。研究采用最小显著差异法（LSD）分析了水环境要素指标的时空变化趋势，并对水质主要影响因子进行了分析。结果表明，“三江”干流水环境要素在年际、季节及月度间存在不同响应关系；姚江、奉化江、甬江水质沿程变化情况有所不同。甬江下游河口地区具有半咸水水域或海水水域特征。本文旨在为“三江”干流河湖健康评价提供必要数据支撑，为水环境的保护与可持续管理提供科学依据。

关键词：水环境监测；时空变化；主成分分析；宁波“三江”流域

1 引言

水是生命之源，也是社会经济发展的重要基础。随着工业化和城市化的快速发展，水环境面临着前所未有的压力。河流作为水生态系统的重要组成部分，其健康状况直接关系到区域水安全和生态平衡。因此，对河流进行环境监测，分析其变化规律和水质状况，对水资源的保护、水污染的防治以及水生态的恢复具有至关重要的作用。

宁波市位于中国东南沿海，拥有丰富的水资源。其中，“三江”流域（姚江、奉化江、甬江）作为宁波市重要的水源地，支撑着城市的日常生活和工业用水需求。近年来，随着地区经济的快速发展和人口的持续增长，水生态健康状况受到社会各界的广泛关注。为了全面了解“三江”流域的水环境现状，评估其生态环境健康状况，并为水环境管理和保护提供科学依据，本文开展了系统的水环境监测和分析工作。

通过对“三江”流域水质长期监测和系统分析，探究水环境要素时空变化，旨在为制订科学的水环境管理措施提供依据。研究结果将为宁波市河湖健康评估提供数据支撑[1]，为区域水环境保护和水资源管理提供参考，对促进水资源的可持续利用和水生态平衡的维护具有重要现实意义。

2 材料与方法

2.1 研究区域与监测断面

甬江是宁波市最大的独立入海河道，也是甬江流域洪涝水外排的主要通道。甬江干流主要由南源奉化江和北源姚江在宁波三江口汇合而成，北流至外游山东侧出海，干流河道全长为25.8 km。其南源奉化江由主流剡江和县江、东江、鄞江三条支流于方桥三江口汇合而成，至宁波三江口与姚江汇合。北源姚江主流为四明江，亦称梁弄溪，北流至梁弄镇建有大型水库四明湖水库，流向西北与四十

基金项目：武汉市知识创新专项曙光计划项目（2022020801020172）；水利部重大科技项目（SKS-2022081）。
作者简介：赵媛（1991—），女，助理研究员，主要从事水环境监测及微生物生态学研究工作。
通信作者：马沛明（1979—），男，副研究员，水利部中国科学院水工程生态研究所水生态监测中心主任，主要从事水生态监测及水生态系统健康评价研究工作。

里河在通明闸下游相会，流向自西向东，穿余姚城区入宁波市区，于宁波三江口与奉化江汇合入甬江，河道长 107.4 km。为了区分甬江干流与奉化江、姚江支流，下文以“三江”流域代指甬江流域。

在“三江”干流共设置水环境监测断面 20 个，其中姚江断面分别为菁江渡、浦口闸、丈亭、车厩、清林渡、江北大桥、湾头、姚江大闸，编号为 Y1 ~ Y8；奉化江断面为北渡村、翻石渡、鄞西污水厂、鄞州大道、雅源北路、奉化江大桥、澄浪堰，编号为 F1 ~ F7；甬江样点为三江口、甬江公园 2、甬江公园 1、张鉴碶、游山，编号为 S1 ~ S5。各监测断面具体点位布设见图 1。

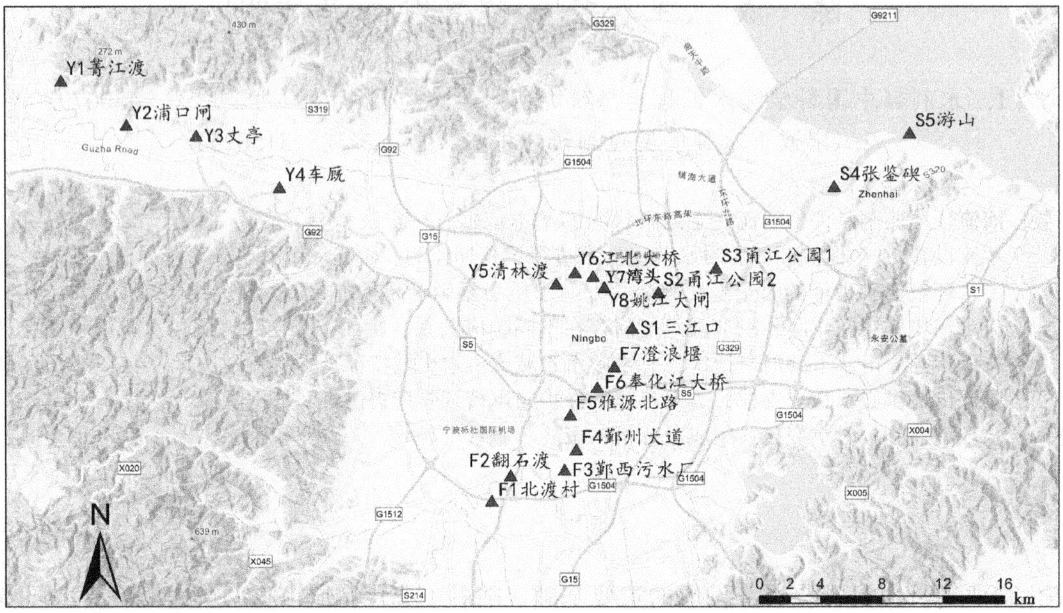

图 1　“三江”流域水环境监测点位分布

2.2　监测方法及分析评价方法

水环境指标的检测方法参照《地表水环境质量标准》（GB 3838—2002）推荐的标准方法，数据来源为相关环保部门、水利部门及宁波市。

2.2.1　主要水环境指标时空变化

选取溶解氧（DO）、总氮（TN）、总磷（TP）、氨氮（NH_3-N）、高锰酸盐指数（COD_{Mn}）、盐度共 6 项作为主要水环境指标。最小显著差异法（least significant difference，LSD）适用于分析组间显著性差异。运用 LSD 法分析，先从不同时间尺度（年际、季度、月度）分析主要水环境指标在“三江”水域的变化趋势，再从不同空间尺度分析主要水环境指标的变化差异。

2.2.2　综合评价

基于“三江”干流 20 个水环境监测断面 2017—2021 年 NH_3-N、TN、TP 和 COD_{Mn} 四个指标，通过 SPSS 25 软件进行主成分分析，判断各断面污染程度及主导因子[2]。主要计算步骤为：

（1）进行指标数据标准化，以消除不同指标之间的量纲影响。

（2）进行指标之间的相关性判定，确定待分析的原始变量是否适合进行因子分析。

（3）确定主成分的个数 m。主成分个数提取原则：①只取特征根 $\lambda>1$ 时对应的主成分；②累计百分比达到 80%；③根据特征根变化的突变点决定主成分的数量。

（4）确定主成分 F_i 的表达式。

（5）计算综合主成分值并进行评价与研究。

3　结果与分析

3.1　水质时间变化趋势

3.1.1　年际变化

如图 2 ~ 图 4 所示，姚江溶解氧浓度在 2017—2021 年无显著性差异，氨氮、总氮浓度呈下降趋势，总磷浓度波动性下降。2017—2019 年高锰酸盐指数显著下降，2019—2021 年有所回升，最低均值出现于 2019 年。总体而言，姚江水质呈逐步改善趋势。

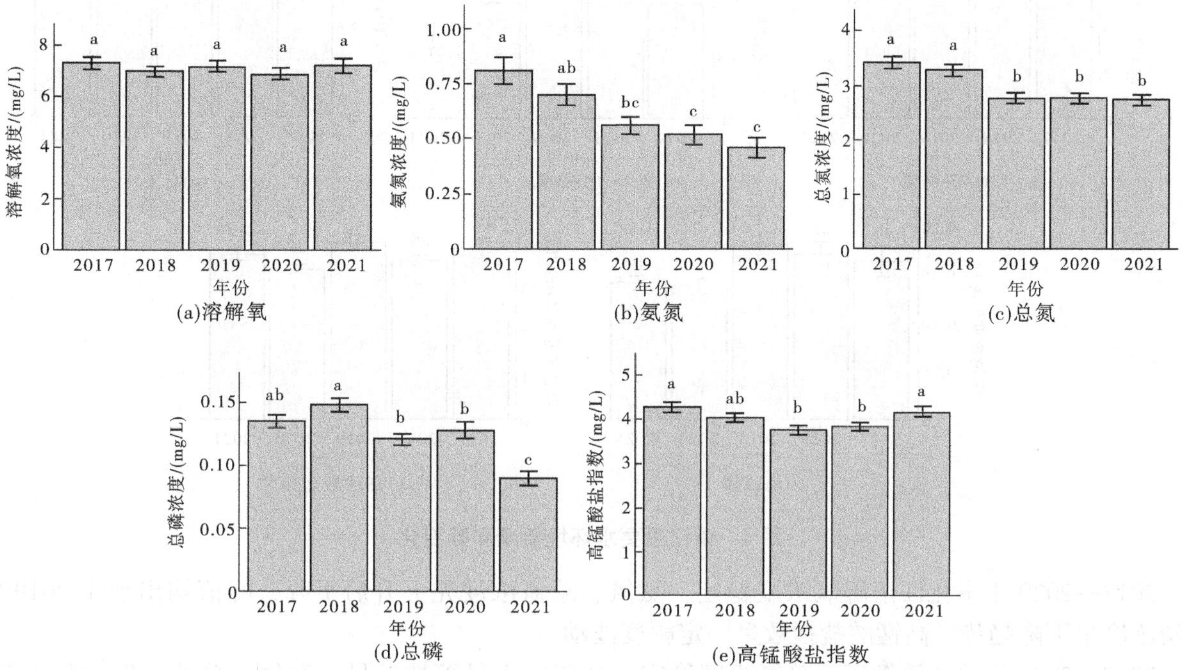

不同字母代表组间具有显著性差异，字母相同代表差异不显著，下同。

图 2　姚江主要水环境要素年际变化

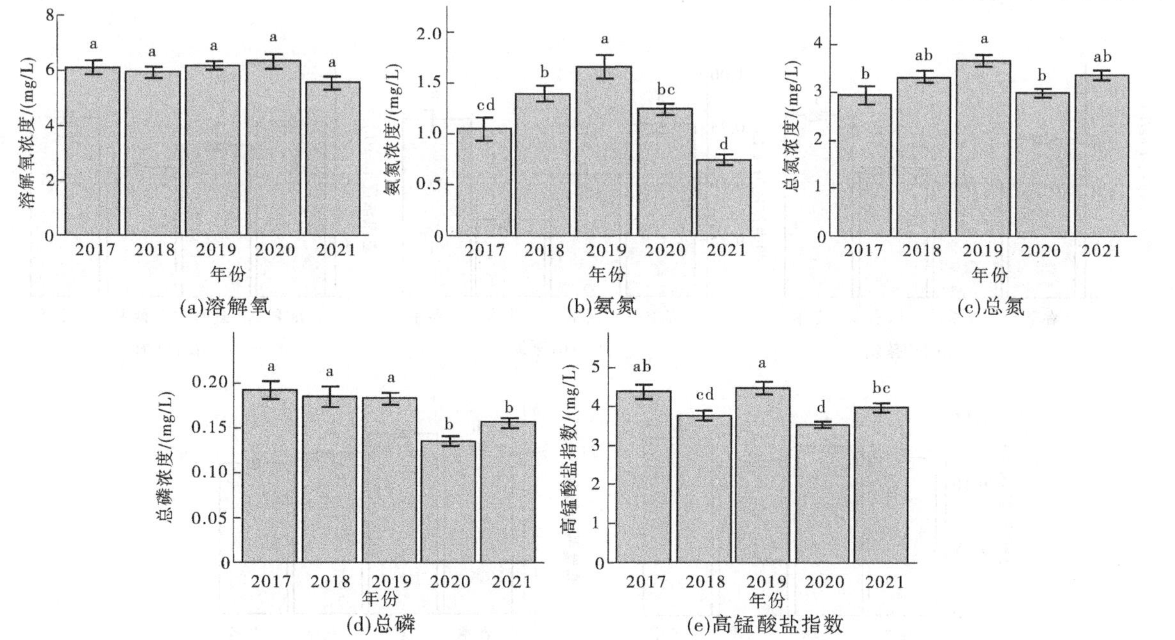

图 3　奉化江主要水环境要素年际变化

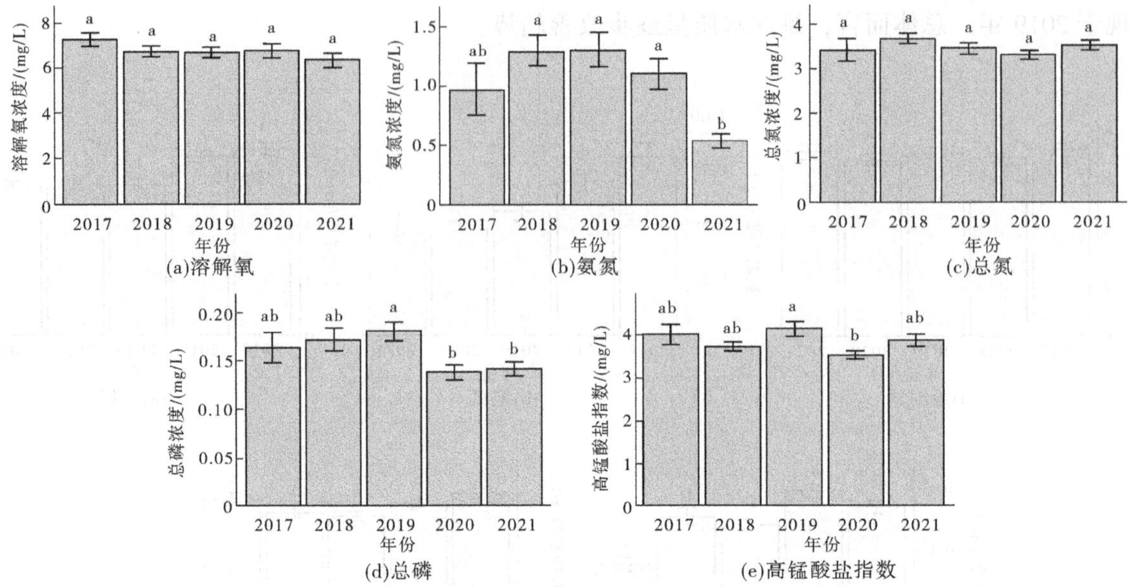

图 4　甬江主要水环境要素年际变化

2017—2020 年奉化江溶解氧浓度稳定，氨氮、总氮浓度先上升后下降，峰值均出现于 2019 年。总磷浓度呈下降趋势。高锰酸盐指数呈一定幅度波动。

2017—2021 年甬江溶解氧、总氮浓度稳定，各年间无显著性差异。氨氮、总磷浓度均呈先升高后降低趋势，前者年际波动较大。高锰酸盐指数小幅度波动。

3.1.2　季度变化

如图 5~图 7 所示，姚江溶解氧浓度季节性变化显著，依次为：冬季>春季>秋季>夏季；氨氮、总氮变化趋势相同，均为春季、冬季>夏季>秋季。总磷在各季节间无显著性差异。高锰酸盐指数变化幅度较小，最高值出现在夏季。

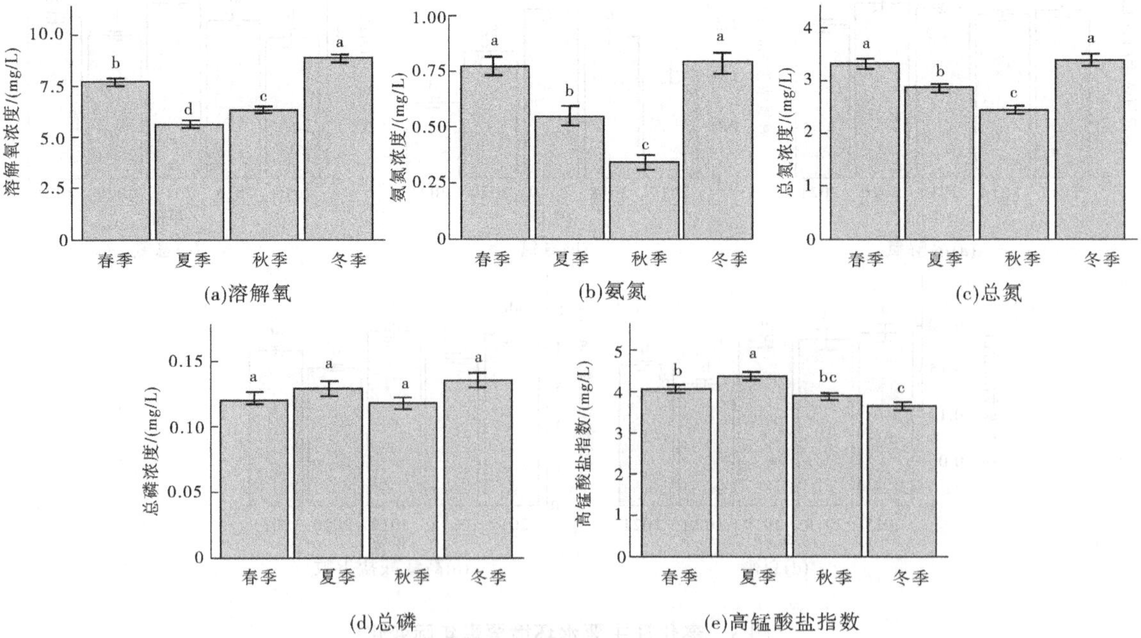

图 5　姚江主要水环境要素季度变化

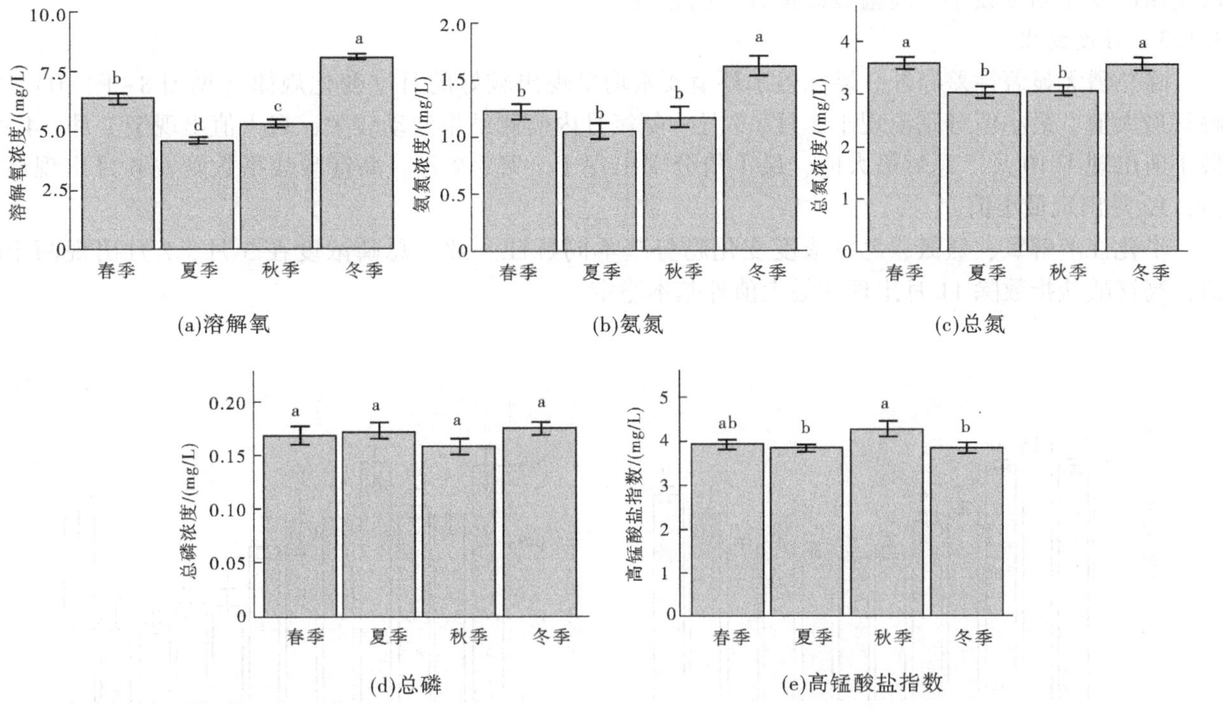

图 6　奉化江主要水环境要素季度变化

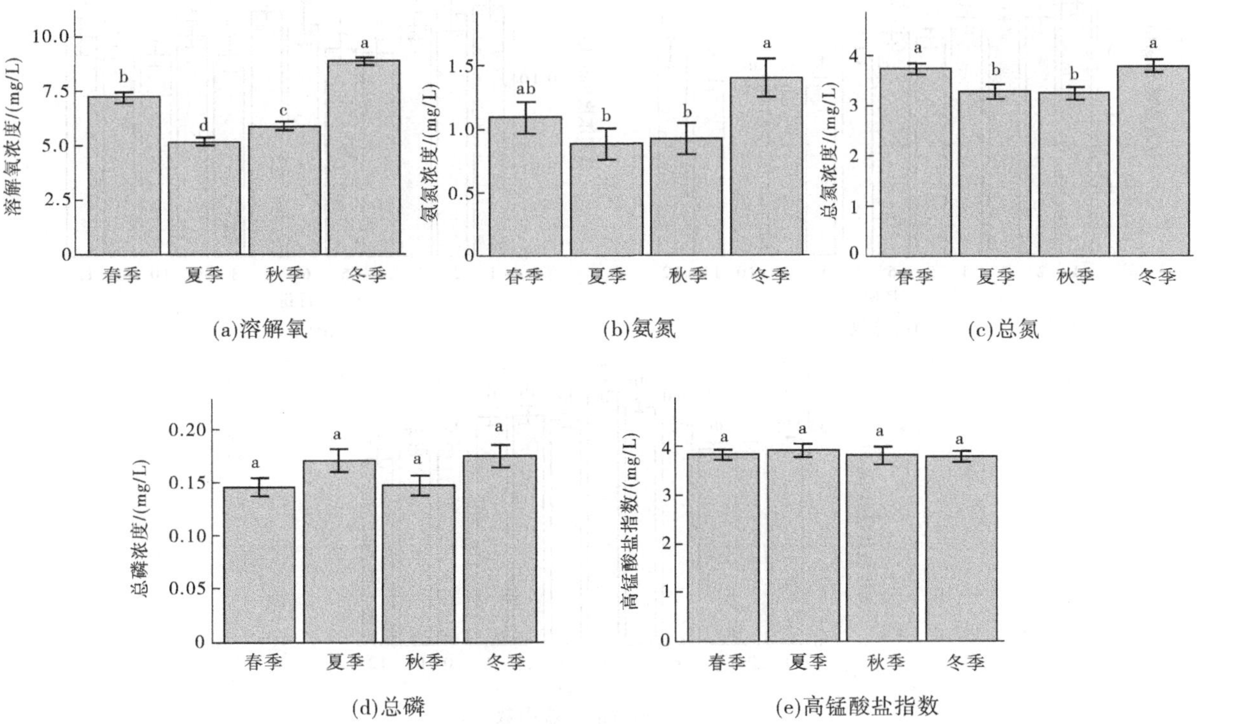

图 7　甬江主要水环境要素季度变化

奉化江、甬江溶解氧、氨氮、总氮、总磷浓度变化趋势与姚江相近，其中奉化江氨氮、总氮相比姚江监测断面变化幅度较小。高锰酸盐指数无明显规律。

3.1.3　月度变化

除总磷无显著性差异外，姚江各水环境要素均呈现出较好的月度变化规律（见图 8~图 10）。溶解氧最大值、最小值分别出现于 2 月、7 月。氨氮月内监测结果波动较大，最大值出现于 1 月、4 月，最小值出现于 10 月。总氮最大值、最小值分别出现于 1 月、9 月。高锰酸盐指数则在 6 月出现最大值，12 月出现最小值。

奉化江溶解氧、氨氮、总氮浓度变化趋势基本同姚江一致。总磷浓度在 3 月、7 月出现两个峰值，高锰酸盐指数除 11 月出现的最大值外基本稳定。

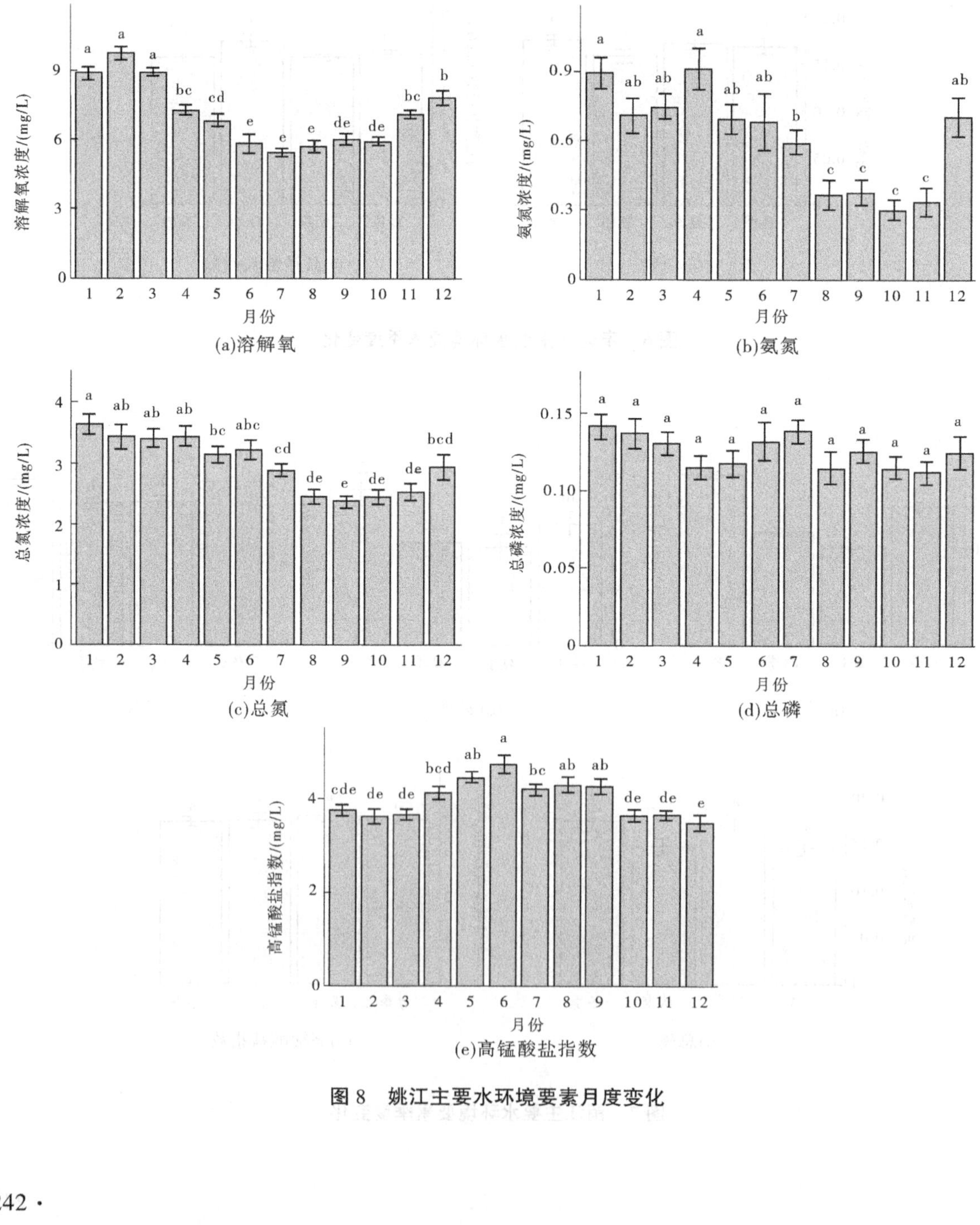

图 8　姚江主要水环境要素月度变化

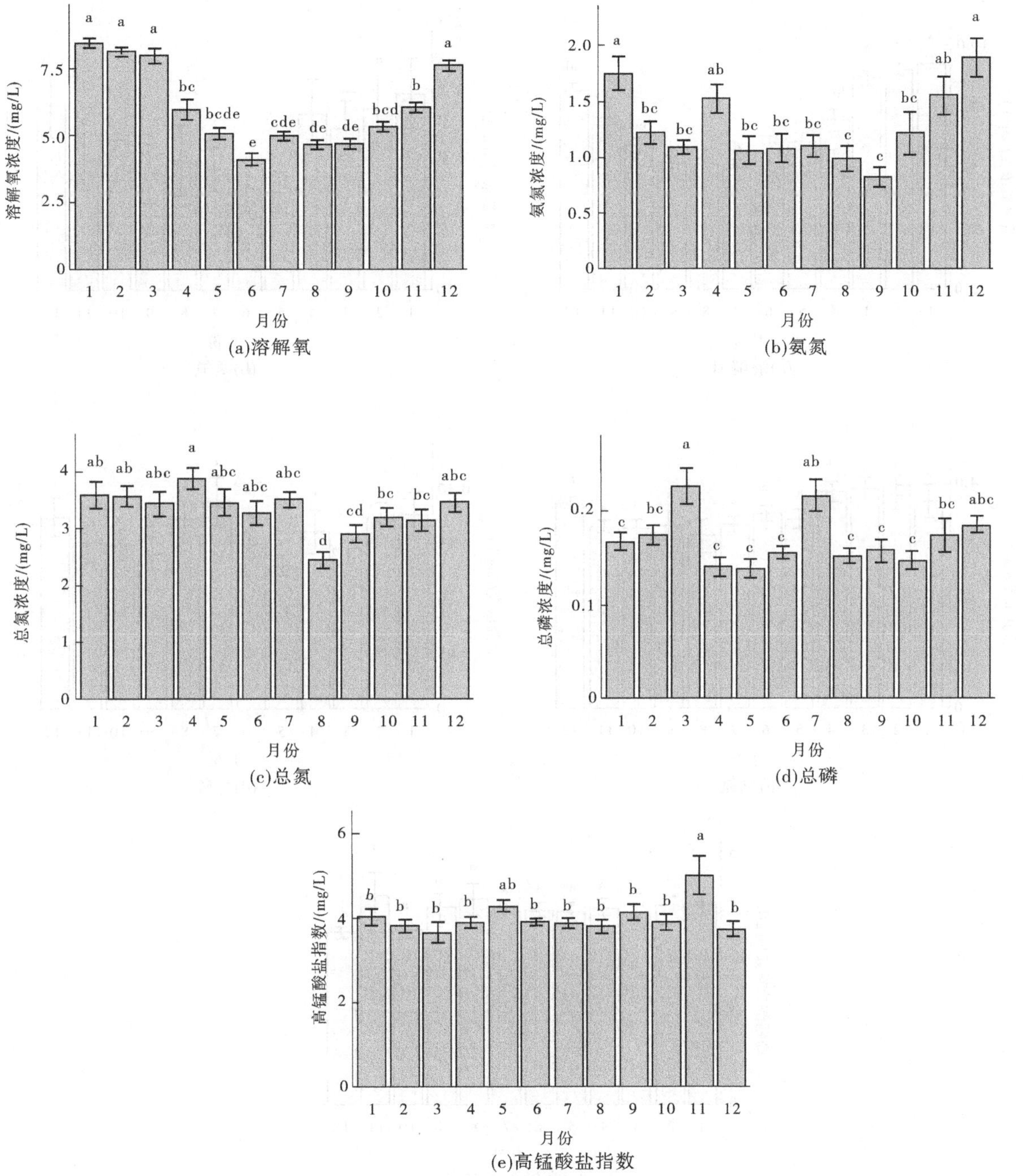

图 9　奉化江主要水环境要素月度变化

氨氮、总氮、总磷、高锰酸盐指数均无显著性差异，其中氨氮与总磷月内监测值波动较强。溶解氧浓度变化趋势与姚江、奉化江基本一致。

综上所述，从时间变化尺度看，不同水质指标在年际、季度和月度存在不同响应关系。总氮、氨氮、总磷浓度年际变化明显，季度或月度变化不明显。姚江总氮、氨氮、总磷浓度有逐年下降的趋势，奉化江和甬江 2018—2019 年为氨氮、总氮浓度峰值，2020—2021 年有所改善[3]，2017—2020 年总磷浓度有逐渐降低的趋势。溶解氧、高锰酸盐指数季度和月度变化明显，“三江”溶解氧春季 2 月较高，夏季 7—8 月较低；高锰酸盐指数姚江夏季 5—6 月较高，奉化江秋季 11 月较高，甬江季度或月度差异不明显。

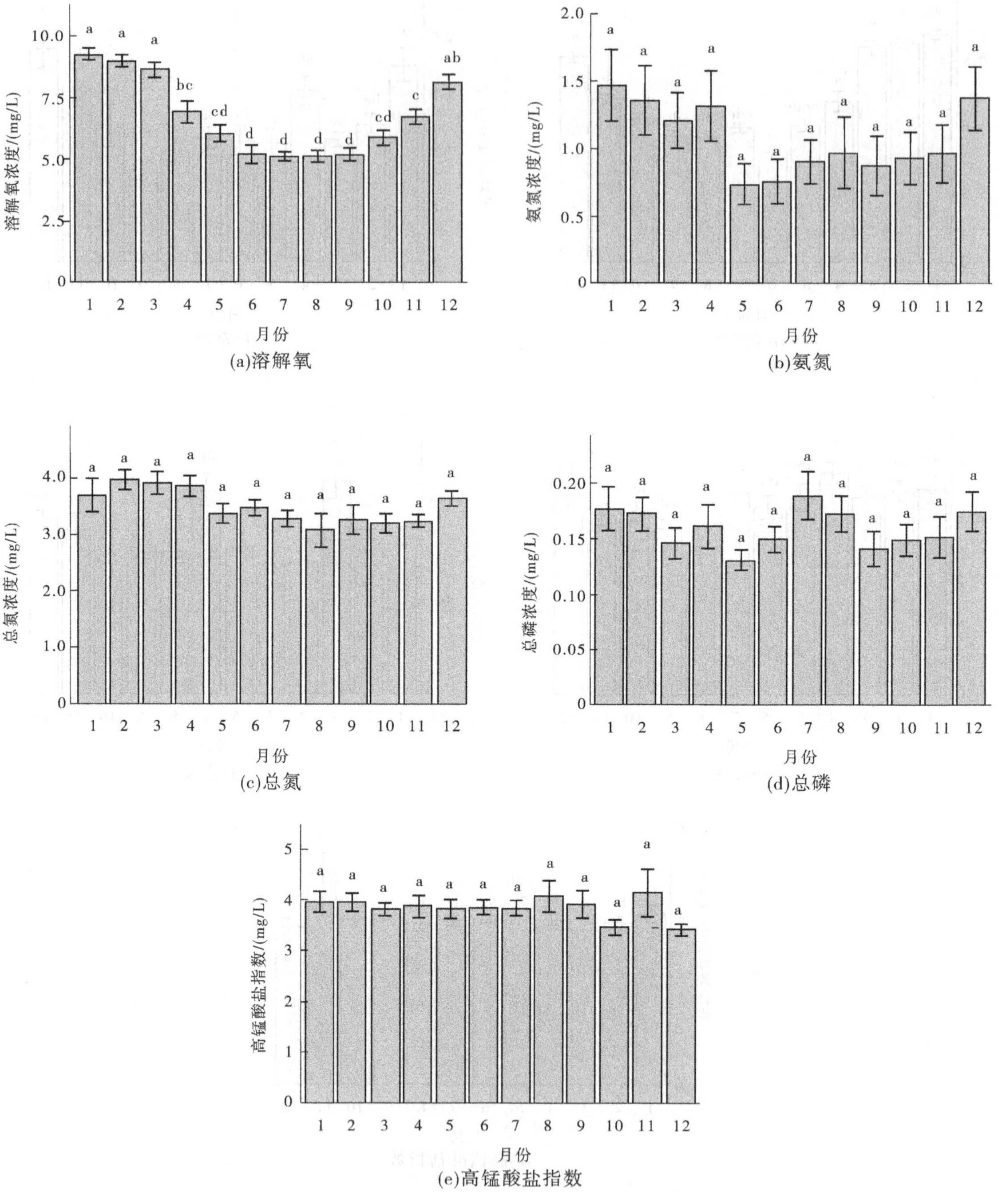

图 10　甬江主要水环境要素月度变化

3.2　主要水质指标空间变化趋势

3.2.1　主要水环境要素空间变化

采用柱状图结合最小显著差异法（LSD）进行姚江各样点主要水质指标空间变化趋势的分析（见图 11~图 13）。溶解氧浓度自上游菁江渡（Y1）至下游姚江大闸（Y8）沿程有逐渐升高的趋势，最高值出现于湾头（Y7）。氨氮、总氮浓度最高值均出现在丈亭（Y3），断面最低值分别出现于湾头（Y7）和江北大桥（Y6），前者单个断面监测值波动幅度强于后者。总磷浓度总体而言呈现先增加后降低趋势，最高值出现在车厩（Y4）。高锰酸盐指数断面间波动较为频繁，未呈现明显规律。

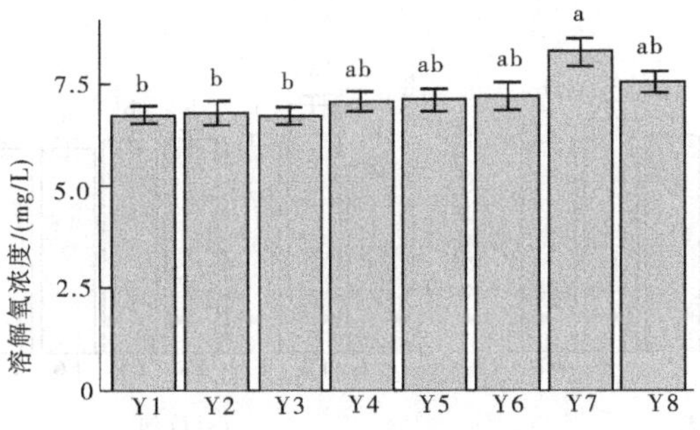

(a)溶解氧

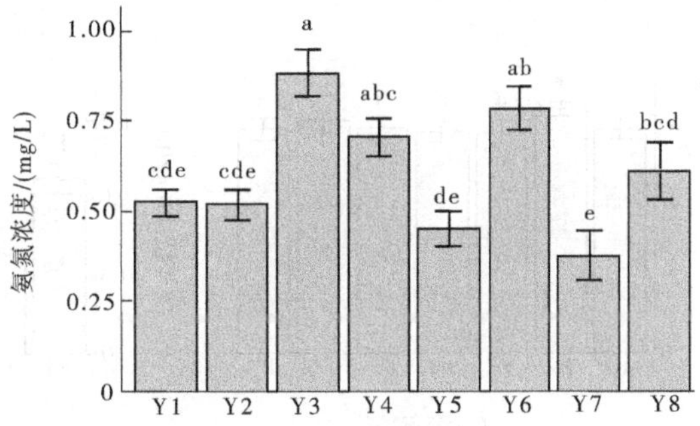

(b)氨氮

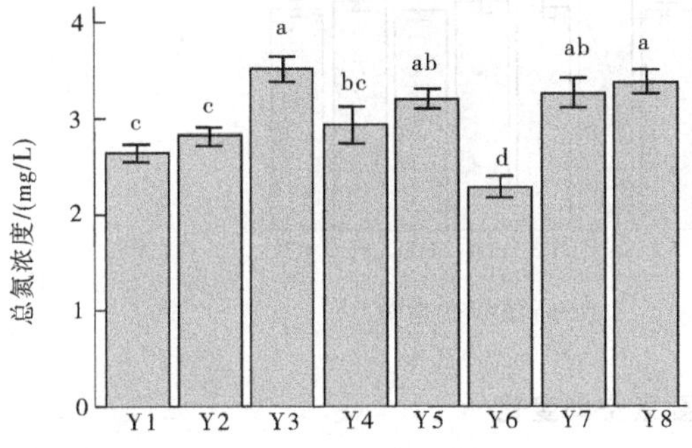

(c)总氮

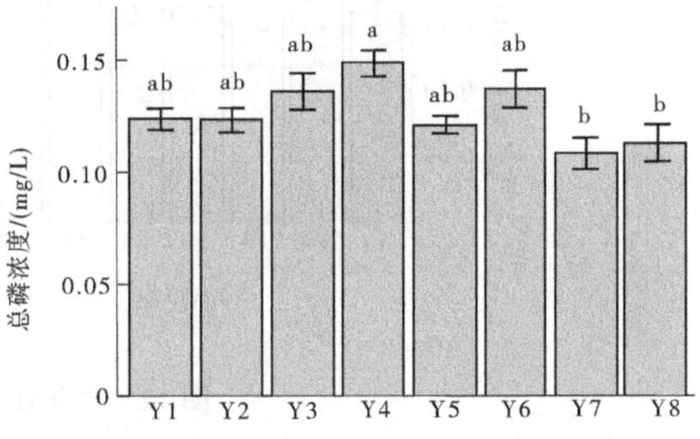

(d)总磷

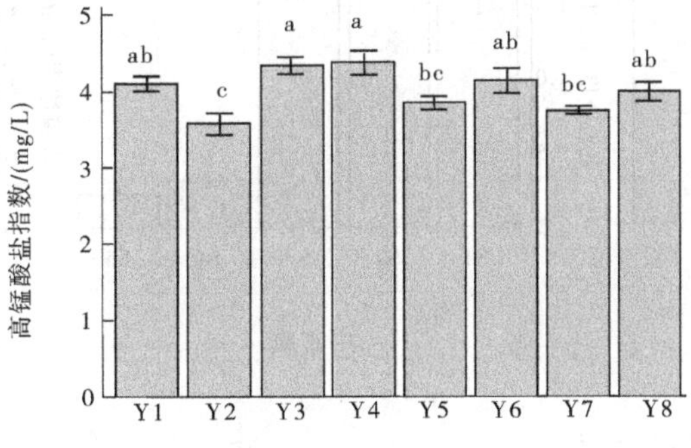

(e)高锰酸盐指数

图 11　姚江主要水环境要素空间变化

奉化江溶解氧、总磷、高锰酸盐指数沿程均无显著性差异。氨氮浓度断面内监测值波动幅度较大，最低值出现于翻石渡（F2），此后均值基本维持稳定。总氮除在翻石渡（F2）出现最高值外，其他监测断面均值基本无波动。

溶解氧含量在甬江三江口、甬江公园 2、甬江公园 1（S1～S3）基本稳定，在张鉴碶、游山（S4、S5）较高，与前三个监测断面具有显著性差异。氨氮、总磷具有类似的沿程变化趋势：三江口、甬江公园 2、甬江公园 1（S1～S3）具有较高含量，随后在张鉴碶、游山（S4、S5）突降，构成显著性差异。总氮沿程各监测断面间无显著性差异。高锰酸盐指数呈先轻微升高后降低趋势，最高值与最低值分别出现于甬江公园 2（S2）、游山（S5）。

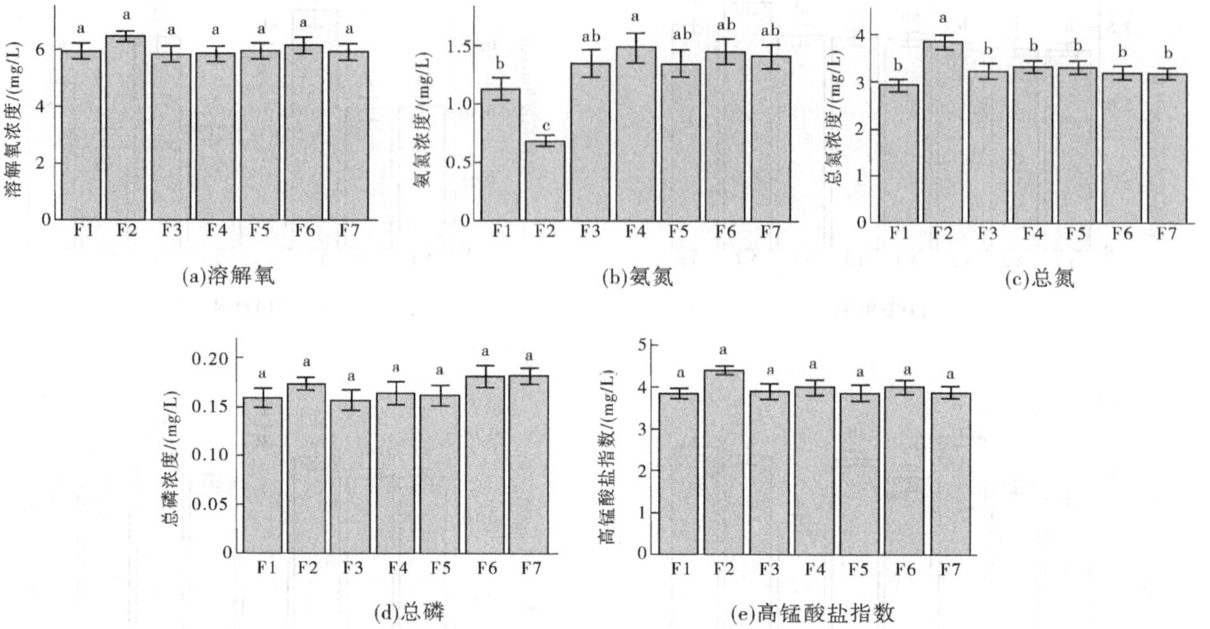

图 12 奉化江主要水环境要素空间变化

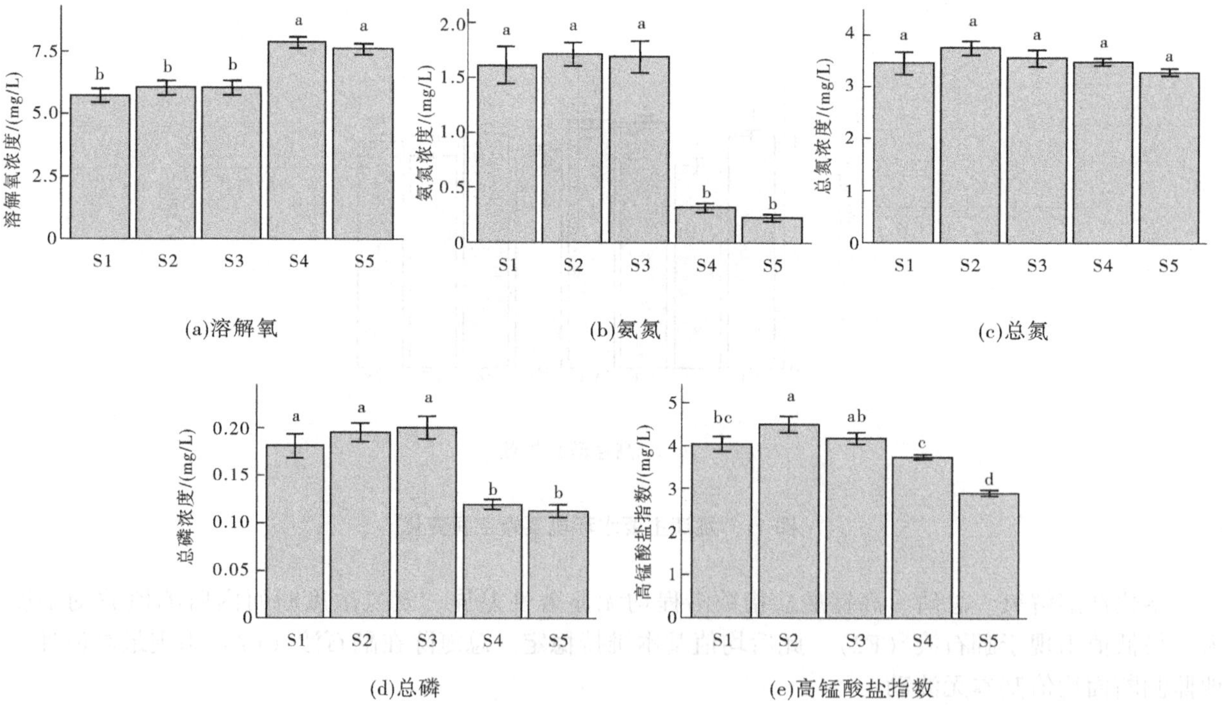

图 13 甬江主要水环境要素空间变化

3.2.2 盐度变化趋势分析

按照水中盐度含量不同将天然水域分为 4 种类型：淡水水域盐度在 0.5 g/L 以下，半咸水水域盐度在 0.5~1.6 g/L，海水水域盐度在 1.6~4.7 g/L，超盐水水域盐度在 4.7 g/L 以上。姚江因姚江大闸的阻隔，姚江大闸以上监测断面基本不受潮汐的影响，可视为淡水水域。

奉化江至甬江监测断面的盐度变化如图 14 所示。奉化江盐度从北渡村（F1）至澄浪堰（F7）沿程有逐渐升高的趋势，澄浪堰（F7）平均盐度最高，但总体盐度在淡水范围内，受潮汐的影响不明显，盐度变化幅度较小。甬江从三江口（S1）至甬江公园 1（S3）三个断面处于甬江上游，沿程盐度虽有逐渐升高的趋势，其盐度总体属于淡水水域。甬江越接近下游监测断面，受潮汐的影响越明显。其盐度变化幅度也逐渐增加，其盐度偶有呈现半咸水水域或海水水域的特征。根据《宁波市“三江”干流多要素综合走航监测 2021 年度春季航次报告》中盐度、氯度监测结果，甬江—梅墟段为淡水水域，红联—出海口为咸水水域。据此判断，梅墟—红联段为咸淡水交界区。

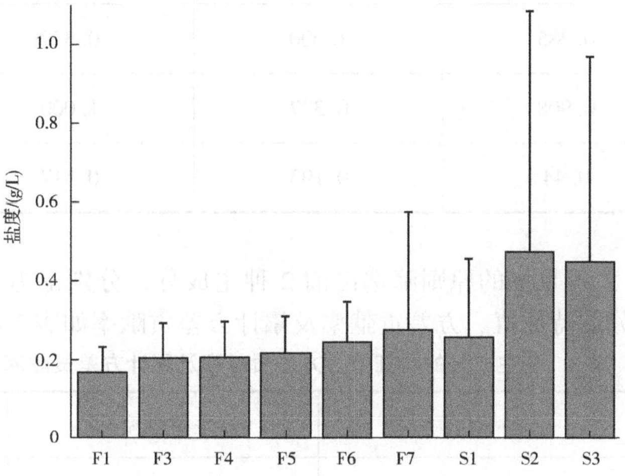

图 14　奉化江、甬江监测断面盐度变化

为了进一步确证盐度与地理位置的相关性，进行了 Mantel 检验。Mantel 检验是用于确定两组距离测度矩阵之间相关性的测试方法，如果结果中 p 值显著，则说明矩阵间存在相关性，随着一个矩阵中距离的增加/减少，另一矩阵中对应样本之间的距离也增加/减少。结果如表 1 所示，基于盐度指标的距离矩阵与奉化江水域、甬江水域地理距离显著相关，奉化江 6 个监测断面之间未见相关性，甬江 3 个监测断面之间也未见相关性，表明基于盐度指标的变化甬江和奉化江水环境存在显著差异，表现为甬江水环境受盐度变化影响较大，奉化江水环境基本不受盐度变化的影响。

表 1　盐度矩阵与地理距离 Mantel 检验结果

监测断面位置	R 相关系数	p 值	相关性判断
奉化江-甬江	0.100 5	0.000 4	显著相关
奉化江	0.012	0.245 1	不相关
甬江	0.023	0.134 2	不相关

综上所述，从空间变化尺度看，姚江溶解氧浓度自上游向下游有逐渐升高的趋势，奉化江溶解氧、总磷、高锰酸盐指数各监测断面间无显著性差异，甬江溶解氧和总氮浓度各监测断面间无显著性差异，从三江口至游山氨氮、总磷和高锰酸钾指数有升高或降低的趋势。奉化江和甬江受潮汐影响，盐度变化各有规律。奉化江受潮汐影响不明显，基本属于淡水水域。甬江下游河口区域是半咸水水域，上游三江口至甬江公园 1 基本属于淡水水域，受潮汐影响盐度偶有升高，体现半咸水水域或海水水域的特征[4-5]。

3.3 综合水质评价

利用 SPSS 25 软件对原始数据进行标准化后计算得出各水环境要素的相关性系数。如表 2 所示，大部分变量间相关系数大于 0.3，证明彼此存在信息重叠，即这些原始变量适合进行因子分析。氨氮与总磷具有很强的相关性，相关系数为 0.908。

表 2 相关系数矩阵

监测指标	氨氮	总氮	总磷	高锰酸盐指数
氨氮	1.000	0.285	0.908	0.44
总氮	0.285	1.000	0.377	0.193
总磷	0.908	0.377	1.000	0.517
高锰酸盐指数	0.44	0.193	0.517	1.000

根据累计方差解释率大于 80%的原则筛选出前 2 种主成分，分别记为 F_1、F_2，二者累计方差贡献率为 82.09%。各主成分的特征值、方差贡献率及累计方差贡献率如表 3 所示。

表 3 各主成分的特征值、方差贡献率及累计方差贡献率

主成分	特征值	方差贡献率/%	累计方差贡献率/%
1	2.446	61.15	61.15
2	0.838	20.94	82.09
3	0.634	15.84	97.93
4	0.083	2.07	100

主成分载荷矩阵体现了各水环境要素与主成分之间的紧密度，指标与某一主成分的荷载系数的绝对值越大，该主成分与其联系越紧密，从表 4 的主成分荷载中可以看到，对总方差贡献率为 61.15%的第一主成分 F_1 中总磷、氨氮具有较高载荷，表明第一主成分主要反映这两个指标信息；同理，贡献率 20.94%的第二主成分 F_2 主要反映了总氮相关信息。

表 4 初始因子载荷矩阵

监测指标	F_1	F_2
氨氮	0.904	-0.154
总氮	0.517	0.841
总磷	0.946	-0.083
高锰酸盐指数	0.683	-0.317

将初始因子载荷矩阵中数据除以主成分相对应特征值的平方根，得到 2 个主成分中每个指标对应的系数，即相应的主成分载荷值。结合主成分载荷值及主成分特征值（$\lambda_1=2.446$，$\lambda_2=0.838$）得出

主成分表达式（综合评价函数）计算公式：

$$F_1 = 0.578X_1 + 0.330X_2 + 0.605X_3 + 0.436X_4 \quad (1)$$

$$F_2 = -0.169X_1 + 0.918X_2 - 0.091X_3 - 0.346X_4 \quad (2)$$

$$F = [\lambda_1/(\lambda_1 + \lambda_2)]F_1 + [\lambda_2/(\lambda_1 + \lambda_2)]F_2 \quad (3)$$

根据综合评价函数，计算各监测断面水质污染综合得分，计算结果见表5，给出水质污染程度的定量化描述，得分越大，表明污染越严重。“三江”水质污染程度排序为：鄞西污水厂>翻石渡>菁江渡>甬江公园1>车厩>清林渡>江北大桥>北渡村>浦口闸>姚江大闸>湾头>鄞州大道>奉化江大桥>甬江公园2>雅源北路>张鉴碶>澄浪堰>丈亭>游山>三江口。从第一主成分 F_1 得分的排名来看，甬江公园2、甬江公园1得分远高于其他监测断面，表明该处总磷、氨氮浓度相对较高。从第二主成分 F_2 得分排名来看，游山、丈亭、浦口闸得分较高，表明这三处监测断面受到了总氮污染的影响。

表5　各监测断面水质综合评价结果

所在干流	样点编号	断面名称	第一主成分 F_1	F_1 排名	第二主成分 F_2	F_2 排名	综合得分 F	综合得分排名
姚江	Y1	菁江渡	−0.892	16	0.185	10	0.760	3
	Y2	浦口闸	−1.220	19	1.252	3	0.230	9
	Y3	丈亭	0.223	10	1.256	2	−0.840	18
	Y4	车厩	−0.052	12	−0.006	12	0.390	5
	Y5	清林渡	−0.863	15	−0.290	14	0.390	6
	Y6	江北大桥	−0.709	14	−0.428	15	0.340	7
	Y7	湾头	−1.133	18	0.188	9	−0.180	11
	Y8	姚江大闸	−0.649	13	0.157	11	0.170	10
奉化江	F1	北渡村	−0.030	11	−0.091	13	0.280	8
	F2	翻石渡	0.806	4	−1.147	18	0.990	2
	F3	鄞西污水厂	0.316	9	−0.758	17	1.230	1
	F4	鄞州大道	0.646	7	0.705	4	−0.270	12
	F5	雅源北路	0.402	8	0.628	5	−0.460	15
	F6	奉化江大桥	0.790	5	0.327	8	−0.270	13
	F7	澄浪堰	0.649	6	−2.643	20	−0.780	17
甬江	S1	三江口	1.080	3	0.460	6	−0.990	20
	S2	甬江公园2	1.865	1	−1.473	19	−0.300	14
	S3	甬江公园1	1.549	2	−0.450	16	0.700	4
	S4	张鉴碶	−0.922	17	0.447	7	−0.550	16
	S5	游山	−1.855	20	1.682	1	−0.850	19

4 结论与展望

本文基于对宁波市“三江”干流的长期水环境监测，系统分析了2017—2021年的主要水环境要素变化趋势及主要贡献因子。研究结果表明，就时间尺度而言，总氮、氨氮、总磷年际变化明显，溶解氧随季度或月度变化明显。从空间尺度出发，姚江各监测断面氨氮和总氮变化明显，奉化江各监测断面氨氮变化明显，甬江各监测断面氨氮、总磷、高锰酸盐指数变化明显。受潮汐影响，甬江水体越往下游盐度较高，且变化幅度较大。综合水质评价显示，氨氮和总磷是影响“三江”流域水质的主要因素，其浓度在近年来有所下降，这与宁波市实施的“五水共治”政策密切相关[6]。

随着社会经济的快速发展和城市化的不断推进，水生态环境保护与修复工作面临着新的挑战和需求。针对“三江”流域水环境的现状与监测结果，未来的工作需要在现有基础上进一步优化和深化。为了更全面地评估和保护水生态系统，建议在现有水环境监测基础上，实现水环境与水生态的同步化和一体化，为水生态保护与修复提供更有力的数据支持[7]。另外，针对甬江干流受潮汐影响较强、盐度变化幅度较大这一结论，建议将梅墟—红联段作为重点水生态环境监测区域，深入探究潮汐变化对水生态状况的影响，为制订更有效的水生态环境保护措施提供科学依据。

参考文献

[1] 中华人民共和国水利部．河湖健康评估技术导则：SL/T 793—2020［S］．北京：中国水利水电出版社，2020.

[2] 杨玖，代佼，龚兴涛，等．基于主成分分析的金沙江支流攀枝花段水质评价［J］．给水排水，2023，59（增刊）：594-599，607.

[3] 杨宏伟，黄国鲜，罗艳，等．甬江流域氮素收支估算及驱动因素分析［J］．环境科学研究，2024，37（7）：1435-1445.

[4] 包薇红，杨国靖，滕丽华，等．甬江干流水体主要理化因子的时空变化及水质评价［J］．华南农业大学学报，2013，34（3）：324-329.

[5] 冯利华，鲍毅新．甬江建闸的环境影响分析［J］．自然灾害学报，2004（6）：88-91.

[6] 陈昊鹏．宁波市“五水共治”的经验研究［J］．浙江水利科技，2021，49（6）：7-12.

[7] 王颖，樊进娟，夏珊珊，等．基于走航监测的宁波市“三江”干流水质水生态分析［J］．人民黄河，2023，45（增刊）：74-75.

2018—2023 年沱江上游水质变化趋势分析

周　琴　杨　芳

（长江水资源保护科学研究所，湖北武汉　430051）

摘　要：识别流域主要污染物及探究该流域污染时空分布特征是实现流域水环境管理的关键之一。本文基于 2018—2023 年的历史数据，对沱江上游北河、中河和毗河共 4 个断面水质数据采用单因子分析法和水质类别比例法对水质变化进行分析。结果表明：①沱江上游水质情况整体变好，三皇庙断面水质从 2018 年开始逐渐上升并趋于稳定，在 2020—2023 年稳定达到Ⅱ～Ⅲ类。②上下断面之间水质存在一定差异，201 医院断面总磷、总氮浓度整体高于三皇庙断面。③三皇庙断面总磷浓度表现出明显的季节性特征，即非汛期较高，汛期较低。

关键词：河流水质；时空变化；总磷；水质评价

沱江为长江上游左岸一级支流，是流经四川盆地腹部的一条重要河流，沱江西侧以龙泉山、威远穹窿低山等与岷江分界，东侧以深、浅丘陵与涪江分界。近年来，国家《水污染防治行动计划》（2015 年）、《中华人民共和国水污染防治法》（2017 年修订）以及《中华人民共和国长江保护法》等法律法规先后实施和修订，四川省相继出台了促进水质改善的相关政策、法规和标准等，各地区围绕着沱江水生态环境改善目标，加快推进了水污染防治，沱江流域水环境质量大幅提升。

关于沱江流域水质的研究已有报道[1-5]，氮、磷是沱江流域水体污染的主要污染物[6-8]，沱江的氮、磷污染输入可能直接加重三峡库区乃至长江流域的水体富营养化风险。目前，针对沱江流域的研究主要集中在干流水质类别[1-4]、下游水环境状况[9-11]、氮磷营养规律[6-8,12]、污染负荷特征及规律[13-14]、健康评估[15-16]、治理措施[17-18] 等方面。

尽管关于沱江流域河流水质，氮、磷污染的研究很多，但大部分的研究仅关注沱江干流或部分支流，缺乏重点关注上游的整体评价。因此，本文以 2018—2023 年沱江上游 4 个断面的 21 项地表水水质指标监测结果为样本，开展上游水质时空变化特征、指标浓度时序变化和污染物空间分布特征研究；分析上游近年来地表水水质变迁特征，总结目前存在的主要环境问题，并提出针对性的对策建议，以期为科学认识沱江上游水环境治理成效和制订未来的生态环境保护措施等提供借鉴。

1　材料及方法

1.1　研究范围

沱江发源于四川盆地西北边缘的九顶山南麓，溪流自九顶山的东、中、西三处流出，逐渐汇成湔江、石亭江、绵远河，于广汉易家河坝汇合成为北河，在金堂县赵镇接纳岷江分流——青白江与毗河后成为沱江。沱江干流全长 629 km，金堂县赵镇以上为上游，河长约 127 km，平均比降 19. 1‰，主流为绵远河；赵镇至内江为中游，河长 300 km，平均比降 0. 49‰；内江至河口为下游，河长 202 km，平均比降 0. 33‰。沱江全流域面积 27 860 km^2，涉及川、渝两省（市），包括四川省的成都市、德阳市、绵阳市、资阳市、内江市、自贡市、眉山市、乐山市、宜宾市、泸州市等 10 个市 36 个县（市、区），以及支流濑溪河上游属重庆市的大足区和荣昌区。

作者简介：周琴（1988—），女，高级工程师，主要从事水污染控制与治理工作。

沱江上游主流为绵远河，主要汇流有绵远河、石亭江、湔江、青白江、毗河，呈扇状分布。北河系沱江正源绵远河下段，至赵镇与中河、毗河相汇。本文采用北河 201 医院断面、中河清江桥断面、毗河二桥断面代表 3 个汇流断面水质，采用三皇庙断面代表沱江上游干流水质，各站位置示意图见图 1。

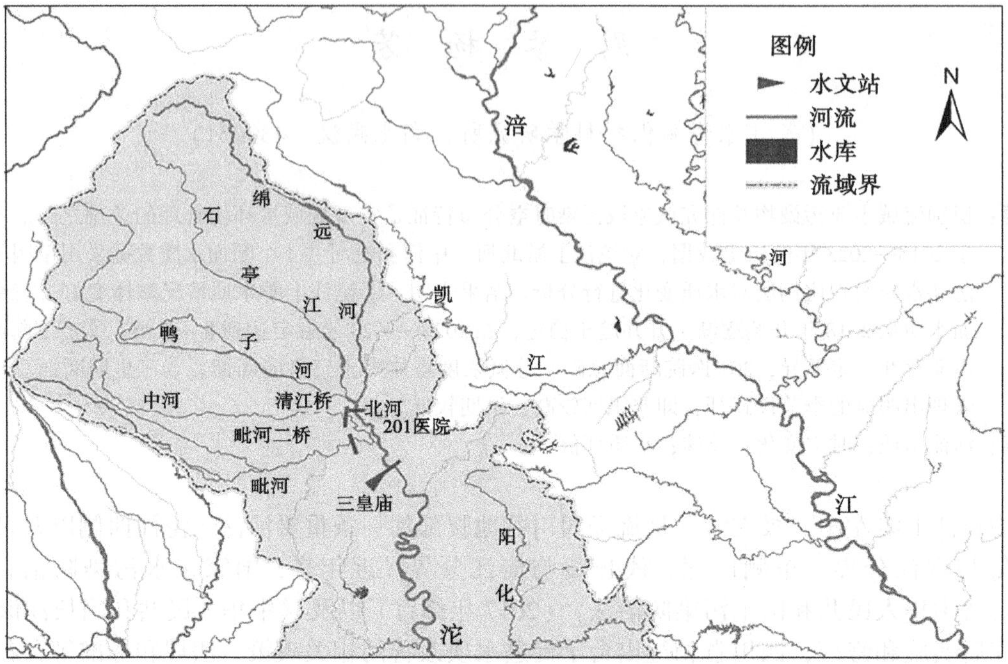

图 1　沱江上游流域水质监测站点分布

1.2　数据来源

研究数据来自四川省生态环境厅网站。

1.3　研究方法

断面水质评价项目为 pH、溶解氧、高锰酸盐指数、五日生化需氧量、氨氮、石油类、挥发酚、汞、铅、化学需氧量、总磷、铜、锌、氟化物、硒、砷、镉、六价铬、氰化物、阴离子表面活性剂和硫化物共 21 项，评价依据为《地表水环境质量标准》（GB 3838—2002），评价结果分为Ⅰ类至劣Ⅴ类共 6 个类别。采用单因子评价法，即根据评价时段内该断面参评的指标中类别最高的一项来确定其水质类别，若某评价指标值超过《地表水环境质量标准》（GB 3838—2002）中Ⅲ类水质标准值，则该评价指标超标。

1.4　研究时段

本文收集了 2018—2023 年北河 201 医院、中河清江桥、毗河二桥 3 个国控断面，沱江干流三皇庙 1 个省控断面逐月水质数据，并重点分析 201 医院断面和三皇庙断面高锰酸盐指数、化学需氧量、氨氮、总磷和总氮逐月浓度特征及变化趋势。

2　结果与讨论

2.1　沱江上游断面水质类别变化趋势

2018—2023 年，沱江上游水域断面水质总体呈好转趋势。北河 201 医院断面水质Ⅱ～Ⅲ类占比 66.7%～91.7%，Ⅳ类水质占比 8.3%～33.3%，主要超标项目为总磷。中河清江桥断面水质Ⅱ～Ⅲ类占比从 58.3%逐年提升至 100%。毗河二桥断面水质Ⅱ～Ⅲ类占比从 33.3%逐年提升至 100%。沱江三皇庙断面水质Ⅱ～Ⅲ类占比从 50%逐年提升至 100%（见图 2～图 5）。2016 年以来，国家提出共抓大保护、不搞大开发及生态优先、绿色发展等战略思想，制定长江保护修复攻坚战行动计划，推进水污染治理、水生态修复、水资源保护“三水共治”，沱江流域整体推进流域综合治理，开展沱江流域水质达标三年专项行动，启动“三磷”排查整治，推动“清废”专项行动，持续实施城市黑臭水体整治，开展省级及以上工业园区污水处理设施整治等一系列专项行动，流域内污染水体水质明显改善，促进了总体水质的进一步提升。

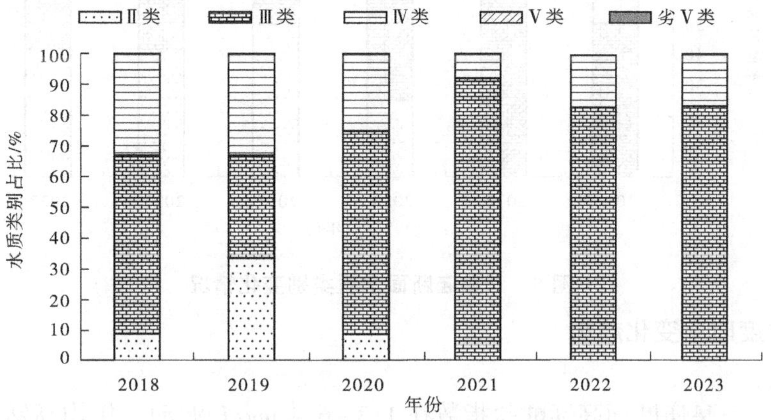

图 2　北河 201 医院断面水质类别变化情况

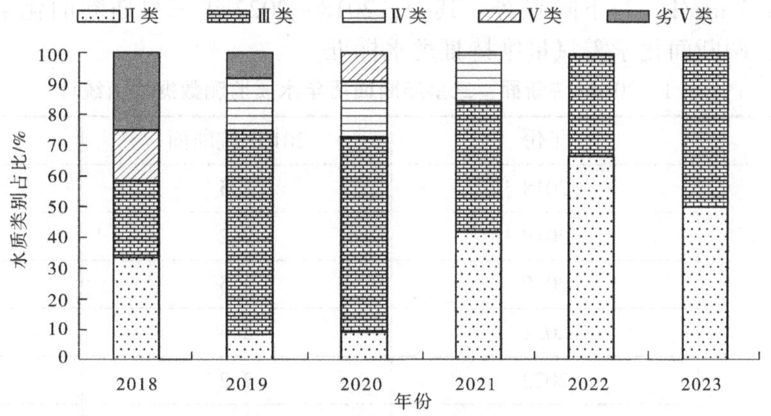

图 3　中河清江桥断面水质类别变化情况

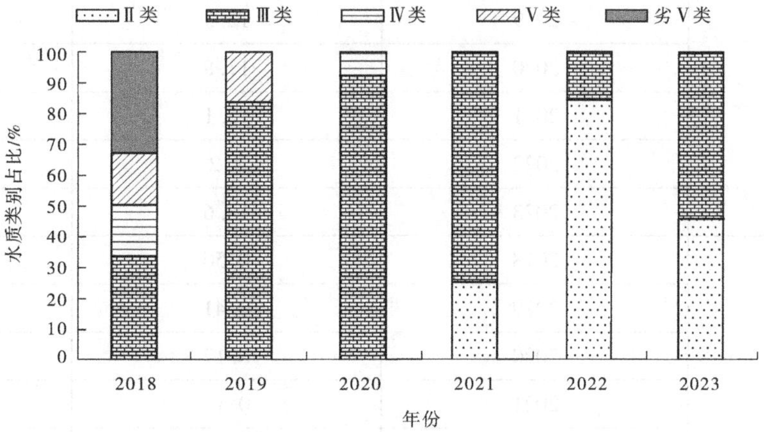

图 4　毗河二桥断面水质类别变化情况

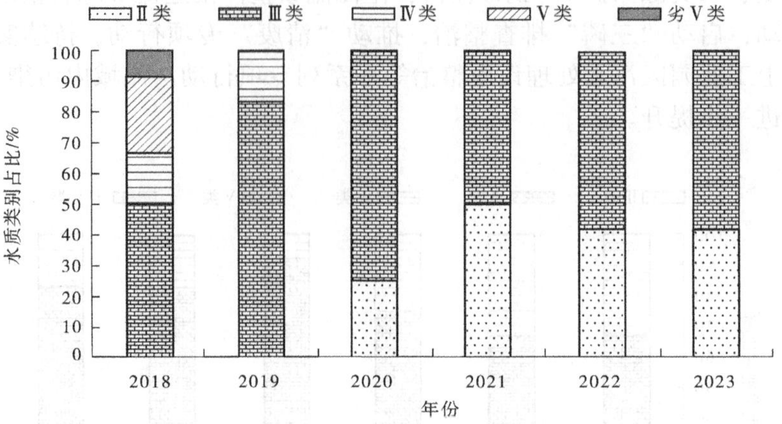

图 5　三皇庙断面水质类别变化情况

2.2　主要污染物浓度时序变化趋势

2.2.1　年际变化

2018—2023 年，三皇庙断面高锰酸盐指数在 1.3~6.4 mg/L 波动，年均高锰酸盐指数介于 1.9~3.2 mg/L，呈下降趋势（见表 1）。201 医院断面高锰酸盐指数与三皇庙断面相近，总体而言，两断面高锰酸盐指数近 5 年维持Ⅱ类水标准。三皇庙断面化学需氧量在 5.0~24.0 mg/L 波动，年均化学需氧量介于 9.8~14.7 mg/L，呈下降趋势。其中，2018—2022 年三皇庙断面化学需氧量整体略高于上游 201 医院断面，两断面化学需氧量维持Ⅲ类水标准。

表 1　201 医院断面、三皇庙断面历年水质监测数据均值统计　　单位：mg/L

项目	年份	201 医院断面	三皇庙断面
高锰酸盐指数	2018	2.5	3.2
	2019	2.2	2.5
	2020	2.5	2.2
	2021	2.4	2.0
	2022	2.2	2.1
	2023	1.9	1.9
化学需氧量	2018	10.9	14.7
	2019	12.3	14.2
	2020	11.8	12.3
	2021	12.1	12.9
	2022	8.2	12.8
	2023	13.6	9.8
氨氮	2018	0.56	0.89
	2019	0.41	0.52
	2020	0.17	0.35
	2021	0.14	0.24
	2022	0.10	0.19
	2023	0.11	0.13

续表 1

项目	年份	201 医院断面	三皇庙断面
总磷	2018	0. 175	0. 242
	2019	0. 174	0. 166
	2020	0. 168	0. 130
	2021	0. 149	0. 109
	2022	0. 159	0. 106
	2023	0. 167	0. 095
总氮	2018	3. 53	3. 95
	2019	3. 28	3. 40
	2020	3. 15	3. 43
	2021	3. 44	2. 76
	2022	3. 33	2. 69
	2023	2. 96	2. 28

三皇庙断面氨氮浓度介于 0. 12～1. 94 mg/L，平均浓度值为 0. 39 mg/L，2018—2023 年氨氮浓度显著降低，2022—2023 年氨氮浓度稳定维持Ⅱ类水标准。201 医院断面氨氮浓度相对较低，浓度在 0. 04～1. 02 mg/L 波动，2020—2023 年氨氮浓度稳定维持Ⅱ类水标准。

总磷是沱江水质分析的重要指标，三皇庙断面总磷浓度在 0. 030～0. 430 mg/L 波动，平均浓度值为 0. 141 mg/L，2018—2023 年总磷浓度显著降低，其中 2018 年总磷大多符合Ⅳ～Ⅴ类水标准，2019 年后，总磷维持在Ⅲ类水标准。201 医院断面年总磷浓度介于 0. 149～0. 175 mg/L，无明显变化趋势，2019—2023 年 201 医院断面总磷浓度高于三皇庙断面，总磷浓度多年为Ⅲ类至Ⅳ类水标准。

三皇庙断面年总氮浓度在 2. 28～3. 95 mg/L 波动，平均浓度值为 3. 08 mg/L，2018—2023 年总氮浓度明显降低。201 医院断面年均总氮浓度介于 2. 96～3. 53 mg/L，无明显变化趋势。2018—2020 年，下游三皇庙断面总氮浓度略高于 201 医院断面；2021—2023 年，三皇庙断面总氮浓度持续下降，明显低于 201 医院断面。

2018—2023 年沱江上游典型断面高锰酸盐指数、化学需氧量、氨氮、总磷和总氮年际变化情况见图 6。

2. 2. 2 月际变化

三皇庙断面高锰酸盐指数整体上随月份呈现先升高后降低的趋势，6 月、7 月、8 月高锰酸盐指数较高。201 医院断面高锰酸盐指数也呈现先升后降的趋势，6 月高锰酸盐指数较高（见图 7）。两个典型断面高锰酸盐指数均表现出较为明显的月际变化特征，即在汛期高锰酸盐指数较高，非汛期高锰酸盐指数较低。

三皇庙断面、201 医院断面化学需氧量浓度随月份无明显变化趋势，1—7 月、12 月浓度较高，9—11 月浓度稍低。

三皇庙断面氨氮浓度 1—7 月浓度较高，8—9 月有所降低，10—12 月有所上升。201 医院断面氨氮浓度在 1—3 月有所上升，4—7 月呈下降趋势，7—9 月浓度较低，10—12 月浓度有所上升。

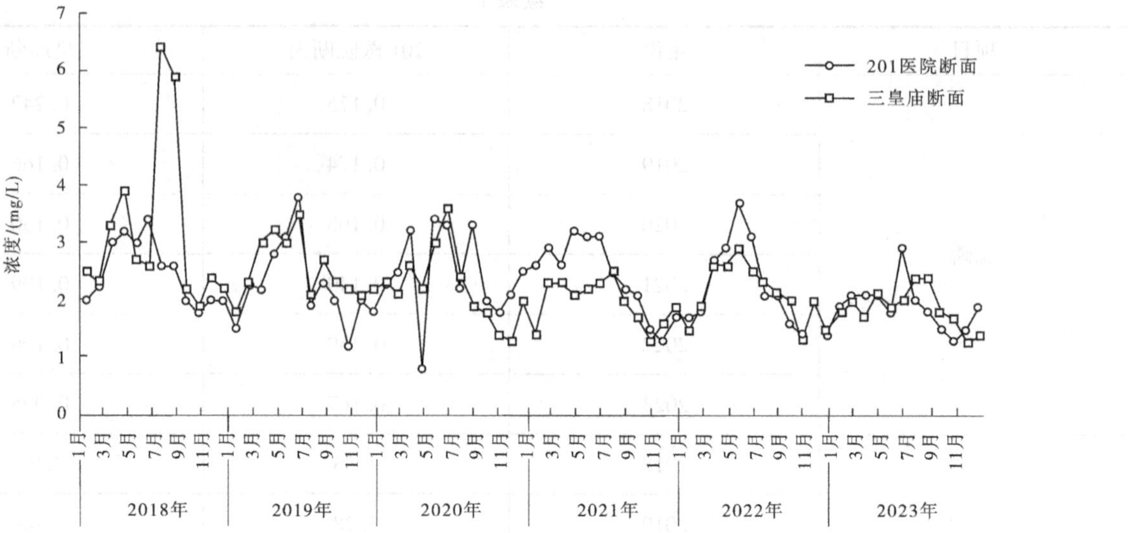

(a)高锰酸盐指数

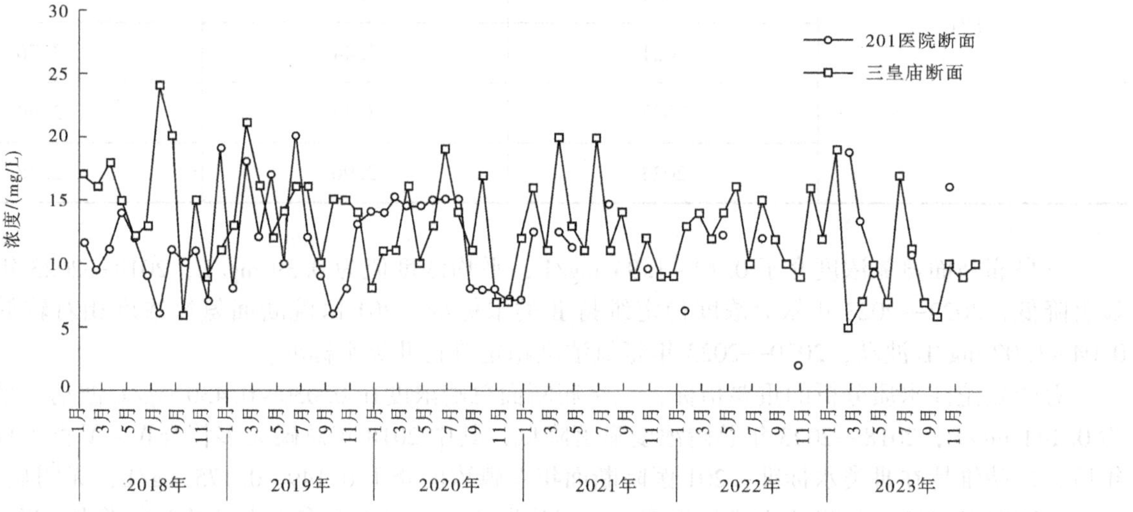

(b)化学需氧量

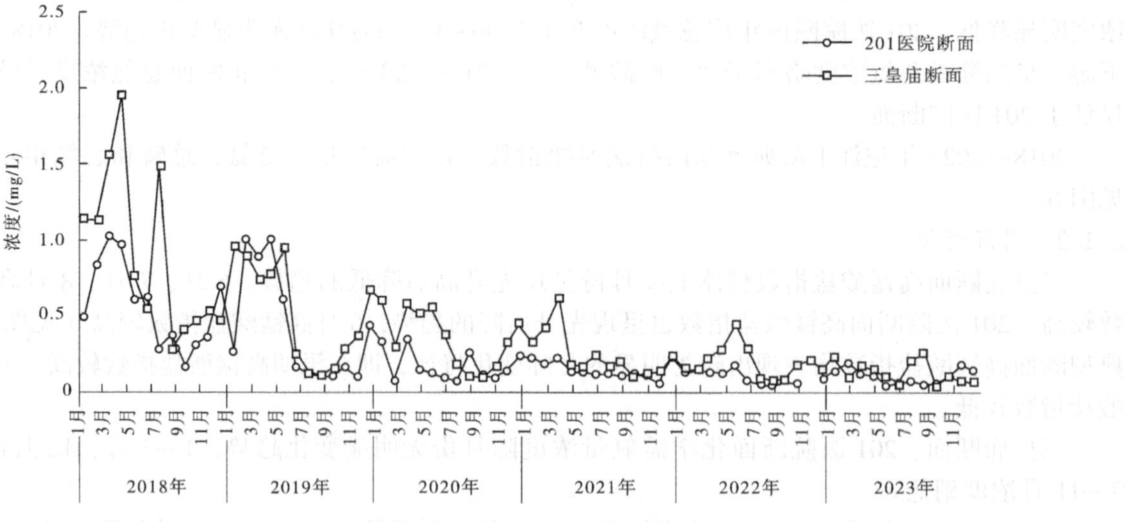

(c)氨氮

图 6　2018—2023 年沱江上游典型断面高锰酸盐指数、化学需氧量、氨氮、总磷和总氮年际变化情况

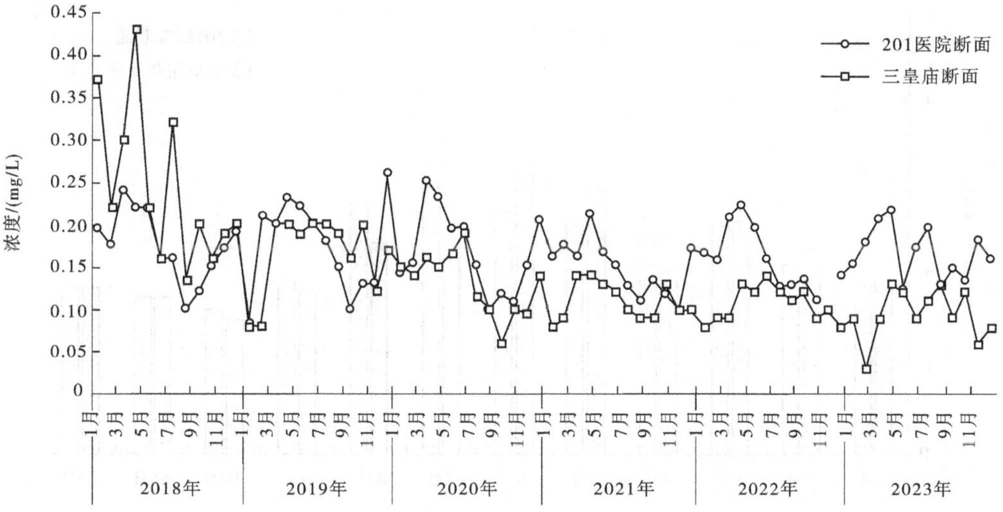

(d)总磷

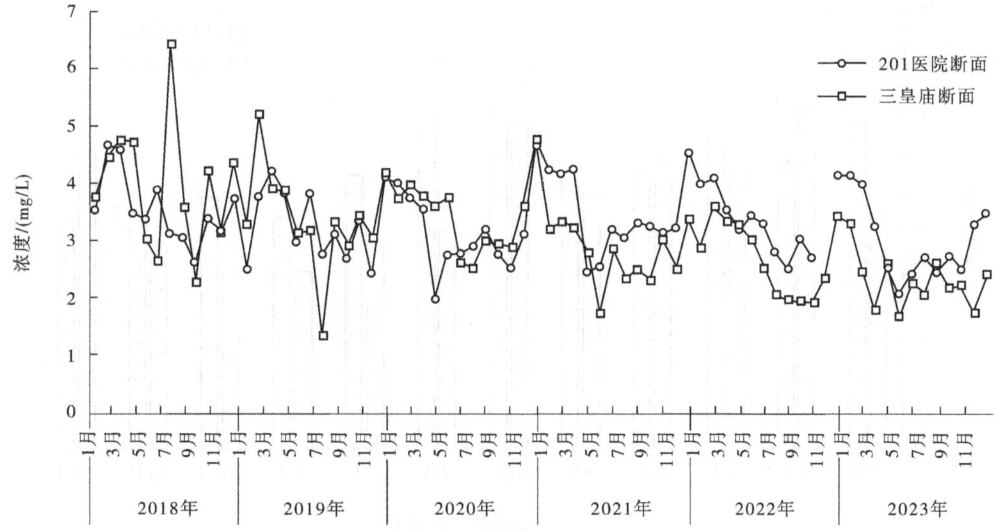

(e)总氮

续图 6

三皇庙断面总磷与氨氮随月份变化的趋势相似，月际区别明显。三皇庙断面总磷浓度 1—4 月较高，8—11 月较低，表现出明显的季节性特征，即非汛期总磷浓度较高，汛期浓度较低。201 医院断面总磷整体上随月份呈现先升后降再升高的趋势，1—4 月总磷浓度逐渐上升，5—8 月呈下降趋势，8—10 月浓度较低，10—12 月浓度有所上升。

三皇庙断面、201 医院断面总氮浓度随月份无明显变化趋势，1—4 月、12 月浓度较高，5—11 月浓度基本无明显变化。

2.3　主要污染物浓度空间分析

201 医院断面位于三皇庙断面上游，月际变化上，1—6 月上游 201 医院断面高锰酸盐指数略高于下游三皇庙断面；7—10 月，201 医院断面高锰酸盐指数明显低于下游三皇庙断面；11—12 月，两断面浓度相近。1 月、3 月、6—11 月，三皇庙断面化学需氧量均高于 201 医院断面。1—12 月氨氮浓度呈现出 201 医院断面均低于三皇庙断面的趋势；而总磷、总氮指标则出现相反情况，201 医院断面整体高于三皇庙断面。沱江上游绵竹、什邡为全国重要磷化工基地，造成下游 201 医院断面总磷浓度整体较下游高。

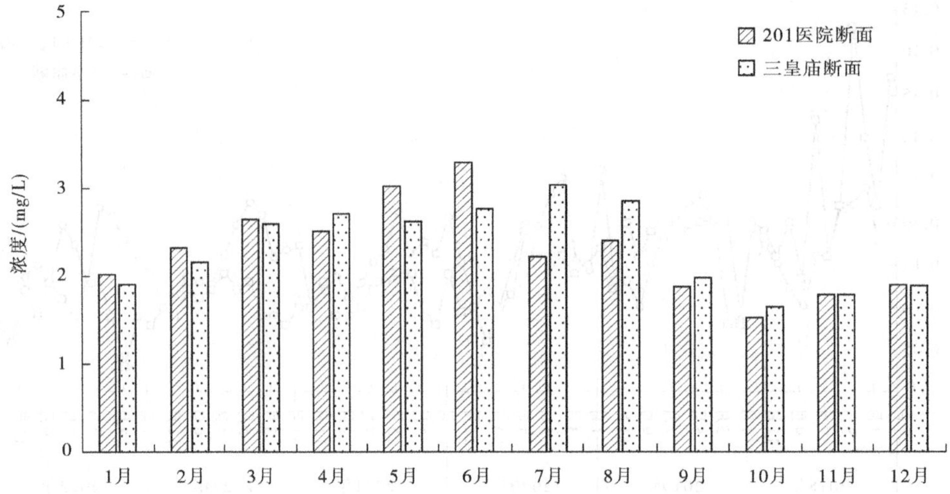

(a)高锰酸盐指数

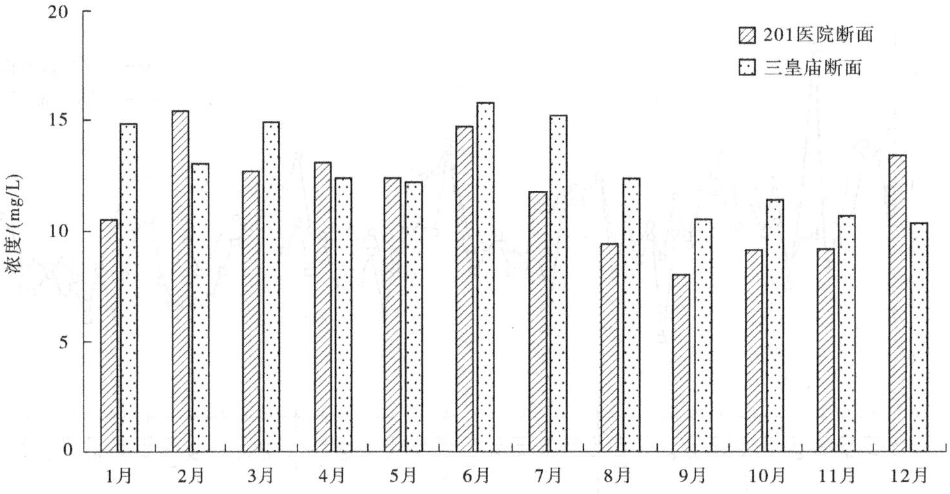

(b)化学需氧量

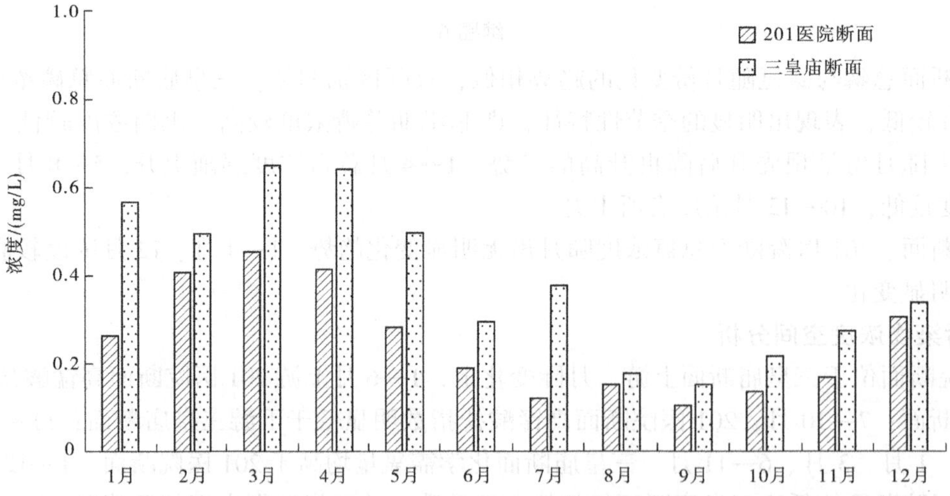

(c)氨氮

图7　2018—2023年沱江上游典型断面高锰酸盐指数、化学需氧量、氨氮、总磷和总氮月度变化情况

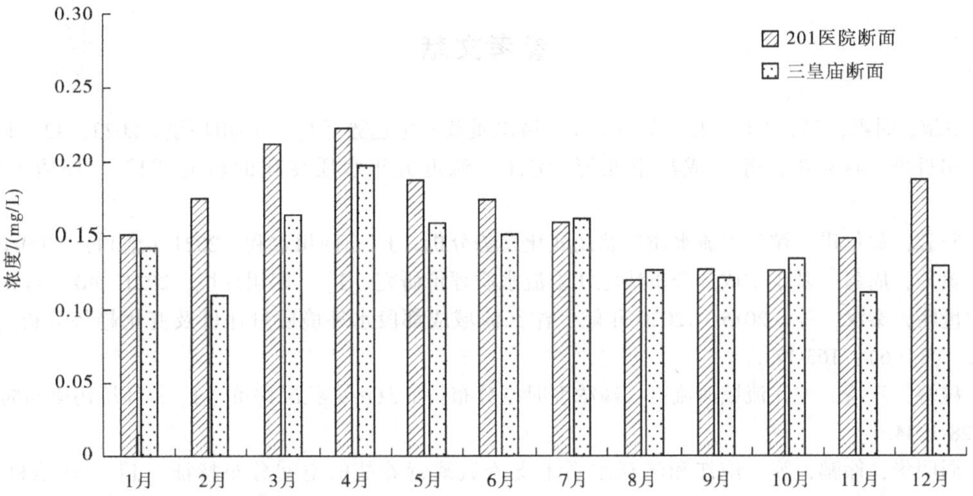

(d)总磷

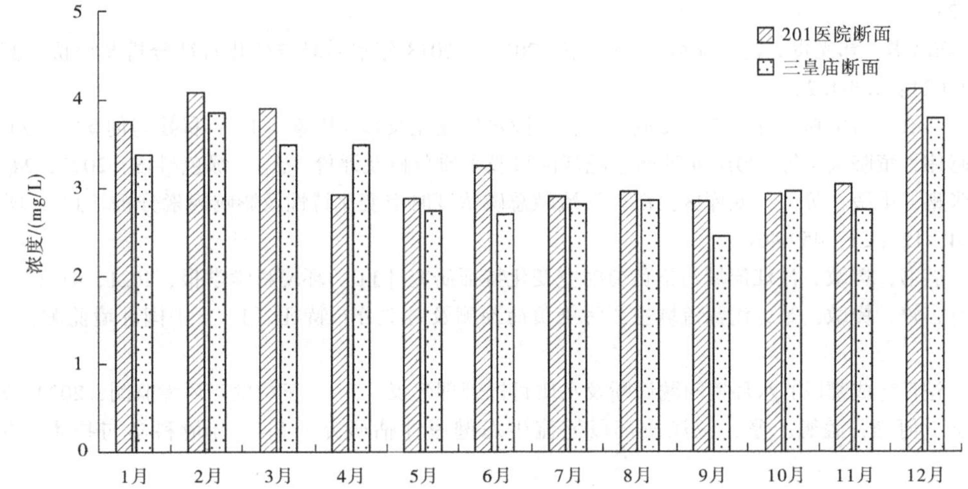

(e)总氮

续图 7

3 结论

本文通过对沱江上游地表河流进行长时间序列的水质评价，可为河流水资源保护及治理提供参考，以期提升上游水环境质量，促进流域的可持续发展。

（1）总体上，2018—2023 年沱江上游水质明显变好，在 2020—2023 年三皇庙断面水质稳定达到Ⅱ~Ⅲ类。

（2）沱江干流三皇庙断面高锰酸盐指数、化学需氧量、氨氮、总磷和总氮浓度从 2018—2023 年逐渐下降，其中降幅较大的是氨氮和总磷。

（3）三皇庙断面总磷浓度均值分别为 2018 年 0.242 mg/L（Ⅳ类）、2019—2022 年 0.106~0.166 mg/L（Ⅲ类），2023 年 0.095 mg/L（Ⅱ类）。

（4）三皇庙上游 201 医院断面高锰酸盐指数、化学需氧量、总磷和总氮浓度年均值变化趋势不明显，仅氨氮下降趋势显著。下游三皇庙断面总磷、总氮浓度整体优于 201 医院断面。

（5）三皇庙总磷浓度表现出明显的季节性特征，即非汛期总磷浓度较高，汛期总磷浓度较低。

参考文献

[1] 陈雨艳，史箴，周淼，等．“十三五”期间沱江流域水质及变化趋势［J］．四川环境，2023，42（1）：62-67.
[2] 邓天英，司丹丹，赵东南，等．成都市北河-沱江干流近五年水质变化的研究［J］．环境工程，2023，1：105-107.
[3] 侯力文，曾骥，郝仁琪．沱江干流水质现状及变化趋势分析［J］．四川水利，2021（增刊）：100-103.
[4] 陈雨艳，黄玲，周淼．基于主成分分析法沱江干流水质评价研究［J］．四川环境，2021，40（4）：133-137.
[5] 胡贺，翟世明，秦汉，等．2015～2020 年岷、沱江流域成都段水环境质量评价及变化趋势分析［J］．四川环境，2022，41（6）：163-171.
[6] 张云霞，魏垚，汪涛．沱江流域河流氮、磷浓度时空分布特征及污染状况评价［J］．环境污染与防治，2021，43（8）：1028-1034.
[7] 李子阳，周明华，徐鹏，等．沱江和涪江水系干支流氮磷营养盐的空间分布特征［J］．环境科学，2023，44（7）：3933-3944.
[8] 秦延文，马迎群，温泉，等．沱江流域总磷污染负荷、成因及控制对策研究［J］．环境科学与管理，2020，45（2）：20-25.
[9] 张明锦，陈昌华，郭光贵．沱江流域（自贡市）2013～2018 年水质时空变化特征分析及评价［J］．四川环境，2020，39（2）：128-132.
[10] 毛志成，江欧，吕敏燕，等．长江支流沱江自贡段水质变化及影响因素［J］．科技与创新，2024，4：153-155.
[11] 李佳，赵伟，董晓庆，等．2018 年泸州市沱江河口段水质分析及评价［J］．绿色科技，2022，24（8）：75-80.
[12] 柳强，张鹏，史箴，等．三峡库区上游沱江流域总磷浓度时空变化特性及影响因素分析［J］．环境工程技术学报，2024，12（2）：459-467.
[13] 肖宇婷，谌书，樊敏．沱江流域污染负荷时空变化特征研究［J］．环境科学学报，2021，41（5）：1081-1995.
[14] 姚婧，肖宇婷，樊敏，等．沱江流域主要污染负荷预测及时空分布特征［J］．中国环境监测，2022，38（3）：105-119.
[15] 刘畅伶．沱江（成都段）水环境问题诊断及水质目标管理建议［J］．三峡生态环境监测，2022，7（1）：34-41.
[16] 欧阳莉莉，何鑫，孟旭，等．沱江成都段河流生态健康评估研究［J］．环境科学与技术，2024，47（5）：200-207.
[17] 付加俊，唐洪松．沱江流域（内江段）水环境综合治理试点政策效果评价［J］．中国资源综合利用，2023，41（11）：166-172.
[18] 钟雨龙，吴勇．沱江流域典型监测断面水质状况分析及治理措施［J］．水利技术监督，2024，3：128-133.

促进三峡库区产黏沉性卵鱼类繁殖的生态调度与综合利用需求协调性探讨

李肖男[1,2]　荆平飞[1]　鲁　军[1]　傅巧萍[1]　郭毅敏[1]

（1. 长江勘测规划设计研究有限责任公司，湖北武汉　430010；
2. 长江水利委员会水旱灾害防御创新团队，湖北武汉　430010）

摘　要： 三峡水库生态调度是落实长江经济带发展战略、改善流域生态环境、发挥工程综合效益的有力措施。本文针对促进三峡库区产黏沉性卵鱼类繁殖的生态调度与综合利用需求协调性开展了探讨，在梳理总结水库生态与发电、供水、航运、减淤、库岸稳定等方面的调度需求与约束条件基础上，重点分析了丰水年三峡水库开展生态调度对后期葛洲坝水电站弃水的影响和枯水年开展生态调度对最小下泄流量保障情况，提出了适宜的三峡水库水位调度条件和联合调度策略，可为拓展三峡水库生态调度效益、更好协调生态调度期间的综合利用需求提供技术支撑。

关键词： 三峡水库；黏沉性卵鱼类；生态调度；综合需求；协调性

1　引言

生态调度的核心内容是将生态因素纳入现行的水利水电工程调度之中，并将其提到相应的高度，根据工程的具体特点制订相应的生态调度方案，以满足流域水资源优化调度和河流生态系统健康完整的目标[1]。随着我国水库大坝由规划建设逐渐转入运行管理阶段，为适应经济社会新发展阶段的需求，生态调度成为提升水利高质量发展的重要抓手。已颁布的《中华人民共和国长江保护法》规定“长江干流、重要支流和重要湖泊上游的水利水电、航运枢纽等工程应当将生态用水调度纳入日常运行调度规程，建立常规生态调度机制”，为流域水库大坝生态调度提供了法律依据；同时，在长江流域年度的水工程联合调度运用计划中，亦从生态水量泄放、促进鱼类繁殖、减缓下泄水流滞温效应、抑制水华等方面对生态调度提出了要求[2]。

三峡库区位于长江流域腹心地带，是我国重点敏感生态区、生态环境保护修复的主控节点和长江上游重要生态屏障[3]。三峡水库试验性蓄水以来，库区河道已由建库前的天然河道逐渐转变为河道型与湖泊型相结合的复杂湖库水力系统。随着库区水域生境的变化，库区水生生物群落结构发生变化，生态系统结构简化，生态系统稳定性和功能总体下降，对三峡库区水生生物多样性和生态环境安全构成了一定程度的威胁[4]。中国工程院完成的《三峡工程建设第三方独立评估综合报告》建议“建立面向生态的三峡水库综合调度体系，将生态的理念贯穿在防洪、发电、航运和水资源的调度运用当中，维持健康长江”。鱼类作为河流生态系统中的重要组成部分，是生物多样性保护、生态系统结构与功能维持中最重要、也是受关注的主要类群之一。三峡库区常见鱼类资源中，按照繁殖习性特征主要分为产漂流性卵鱼类和产黏沉性卵鱼类两大类，本文以适宜静缓流生境江段的产黏沉性卵鱼类为重点研究对象，代表性鱼类包括鲤、鲫等。

基金项目： 国家重点研发计划项目（2021YFC3200302）；中国长江三峡集团有限公司科研项目（0704202）。
作者简介： 李肖男（1989—），男，高级工程师，主要从事水利规划与水库调度工作。

产黏沉性卵鱼类的受精卵大多黏附在浅水砾石滩上，为确保鱼卵的正常繁殖，需控制水位变幅，避免鱼卵暴露在空气中干枯死亡。三峡库区产黏沉性卵鱼类的繁殖期主要集中在3—6月，而三峡水库在每年4月下旬至6月上旬处于快速消落期，由此出现的库区水位持续消落或频繁波动很可能对库区部分黏性或普通沉性鱼卵的附着基质以及筑巢生境造成一定影响[5]。通过三峡水库生态调度为库区产黏沉性卵鱼类繁殖创造有利生态环境是解决上述矛盾的有效措施。但消落期涉及水库发电、防洪、供水、航运、减淤等综合利用任务，合理安排协调生态调度与其他综合利用需求之间的关系，是充分发挥水资源综合利用效益、提升梯级电站整体发电效益的关键措施。

本文针对促进三峡库区产黏沉性卵鱼类繁殖的生态调度需求与综合利用需求协调性开展了探讨，总结了促进三峡库区产黏沉性卵鱼类繁殖的生态调度需求，梳理归纳了消落期水库发电、供水、航运、减淤、库岸稳定等方面的调度需求与约束条件。重点针对发电和供水方面，分析丰水年情况下三峡水库开展生态调度对后期葛洲坝水电站弃水的影响和枯水年情况下对最小下泄流量保障情况，提出了适宜开展促进三峡库区产黏沉性卵鱼类生态调度的三峡水库水位条件和调度策略。

2 促进三峡库区产黏沉性卵鱼类繁殖的生态调度需求

自2020年首次实施针对库区鲤、鲫等产黏沉性卵鱼类的生态调度试验以来，至2023年，三峡水库已经连续4年实施了9次促进库区产黏沉性卵鱼类生态调度试验，其中2020年开展1次、2021年开展3次、2022年开展2次、2023年开展3次。生态调度期间，在磨刀溪、小江和香溪河均出现了较明显的鲤、鲫产卵高峰；同时，鲤、鲫产卵高峰与生态调度期间连续较低的水位下降幅度日期相对应，直接验证了三峡水库稳定水位的生态调度试验对鲤、鲫的产卵孵化具有积极的作用。

三峡库区产黏沉性卵鱼类生态调度主要对象为鲤、鲫等，根据近年的监测结果，4月为鲤、鲫的产卵高峰，其中鲤的孵出时间为50 h、鲫的孵出时间为100 h，适宜产卵水温为17 ℃以上，最大产卵水深为0.8 m，适宜产卵水深为0.5~0.6 m。统计三峡水库2020—2023年开展促进库区产黏沉性卵鱼类生态调度试验期间相应的库水位和出入库流量变化过程发现，生态调度试验时间集中在4月中下旬；水库调度起始坝前水位一般在155.0~165.5 m，均值为159.7 m；库水位日均变幅区间为0.02~0.23 m，均值为0.12 m；调度持续时间一般为3~8 d，均值为4 d。图1为2021年4月22—28日生态调度试验期间的三峡水库调度过程曲线。

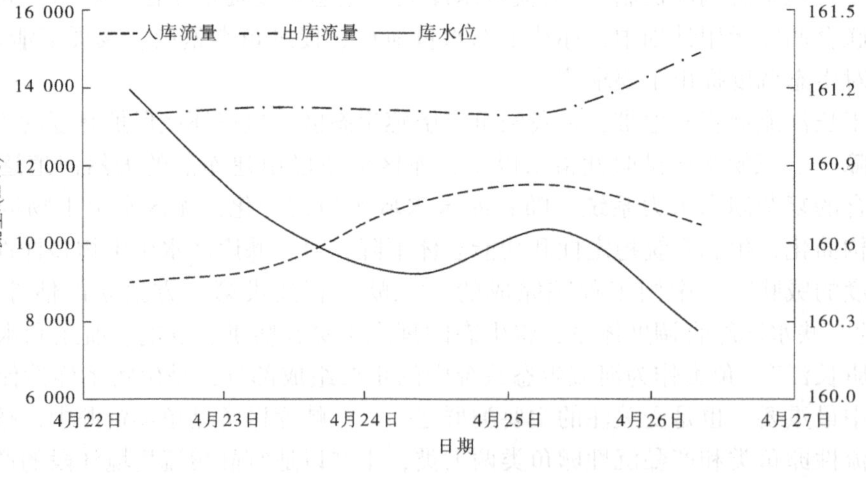

图1 2021年4月22—28日生态调度试验期间的三峡水库调度过程曲线

(图中要素采用每日08：00的报汛数据统计分析)

综合有关研究及历年实际监测分析成果[3,6]，将三峡水库开展促进库区产黏沉性卵鱼类生态调度方式总结如下：每年的4月中下旬，在水温合适的情况下，控制库水位日均降幅不超过0.2 m，持续时间不少于 4 d。

3 消落期三峡水库综合调度需求与约束归纳

除生态调度外，三峡水库消落期综合调度需求与约束涉及发电、防洪、供水、航运、减淤、库岸稳定等方面。其中，防洪调度需求主要体现在消落期末 6 月上旬的运行水位控制，与本研究重点关注的时段不存在重叠。本章归纳总结了发电、供水、航运、减淤、库岸稳定等方面的调度需求与约束条件。

3.1 发电

根据《三峡（正常运行期）—葛洲坝水利枢纽梯级调度规程（2019 年修订版）》[7]（简称《调度规程（2019 年修订版）》），消落期三峡水库发电调度基本按水库调度图运行。一般情况下，1 月至 5 月 25 日，应尽量使发电电量变化较缓，避免库水位下降过于集中。同时，消落期三峡水库根据电网需求开展发电调度时，通常兼顾下游葛洲坝水电站发电调度需求，尽量使葛洲坝水库不弃水（葛洲坝机组满发流量约 18 500 m^3/s）。

3.2 供水

三峡水库的供水调度需求主要为长江中下游干流河段，根据《调度规程（2019 年修订版）》，三峡水库消落期最小下泄流量应按照 6 000 m^3/s 左右控制。由于中下游河道持续冲刷，结合中下游沿江河段的用水特点和近年抗旱补水调度运行实践，实时调度中三峡水库消落期最小下泄流量一般按照 7 000 m^3/s 左右控制[8]。

3.3 航运

三峡水库的航运调度需求包括库区航运和下游航运。对于前者，根据《调度规程（2019 年修订版）》，消落期航运调度要求三峡水库 4 月末库水位不低于枯水期消落低水位 155.0 m。对于后者，主要考虑葛洲坝下游庙嘴站最低通航水位设计值 39.0 m 的需求；按照交通部门要求，随着过闸船舶的大型化，庙嘴站最低通航水位按 39.0 m 控制，相应需要三峡水库下泄流量不小于 5 700 m^3/s。

3.4 减淤

试验性蓄水以来，随着坝前水位的抬高，三峡水库泥沙淤积逐步上移至库尾重庆河段。原型观测成果表明：重庆主城区主要走沙期从投运初期的 9—10 月逐步过渡到次年消落期的 4—6 月。通过近年库尾减淤调度的实践，结合寸滩站水文特性、三峡水库回水特点，消落期促进库尾减淤调度的启动条件为[9]：寸滩站流量 5 000~7 000 m^3/s，并应尽量大于 6 000 m^3/s；坝前水位消落至 160.0~163.0 m。调度持续时间 7~10 d；库水位降幅 0.3~0.6 m/d（累计降幅 4.0~6.0 m）。

3.5 库岸稳定

根据《调度规程（2019 年修订版）》，三峡水库水位日下降幅度一般按不超 0.6 m 控制，5 月 25 日以后至库水位消落到防洪限制水位期间按不超过 1.0 m/d 控制。

4 促进三峡库区产黏沉性卵鱼类繁殖的生态调度协调性分析

综上各调度需求的约束条件可知，供水调度对三峡水库最小下泄流量的要求高于航运调度需求；而减淤调度与促进库区产黏沉性卵鱼类生态调度需求相矛盾，二者应避免在同一时段开展。因此，在三峡水库开展促进库区产黏沉性卵鱼类生态调度期间，重点协调的需求主要是发电和供水方面。为此，本文基于长系列径流，选择不同频率入库流量典型年，一方面分析丰水年情况下三峡水库开展生态调度对后期三峡或葛洲坝弃水的影响，另一方面分析枯水年情况下对最小下泄流量的保障情况。

4.1 计算方案

根据前述三峡水库生态调度总结相关内容，拟定促进三峡库区产黏沉性卵鱼类繁殖生态调度方案见表 1。

表 1　促进三峡库区产黏沉性卵鱼类生态调度计算方案

方案编号	日均水位变幅/m	持续时间/d
计算方案 1	0.2	5
计算方案 2	0.12	8

4.2　典型年选择

当前，长江上游已建成世界上规模最大的水库群组。作为长江干流上最下游一级具有强大调节性能的水库，三峡水库在空间上承接了上游大规模水库群调度运行后的来水，水库来流受上游其他群组调蓄影响明显。采用长江上游水库群联合径流调节模型[10]，计算了上游控制性水工程调蓄影响下的流量过程，分析表明，经上游梯级水库调蓄后，三峡消落期 1—5 月各旬多年平均入库流量增大 1 820~2 890 m^3/s，增幅 16%~69%。为避免上游水库群补水对典型年选取的影响，以 4 月中、下旬来水相对较枯时段为重点研究时段，将天然条件下三峡水库 1959—2014 年长系列径流数据分别按照研究时段来水总量进行排频，选取频率为 90%的年份作为枯水代表年，选取频率为 10%的年份作为丰水代表年，具体见表 2。

表 2　三峡水库 4 月中旬和 4 月下旬不同频率来水典型年

来水频率	典型年	
	4 月中旬	4 月下旬
$P=90\%$	1963 年	1984 年
$P=10\%$	1985 年	1961 年

4.3　协调性分析

水库可用水量是衡量开展生态调度可行性的重要条件，可用水量分为两部分：库存水量及入库水量。需要说明的是，库存水量取决于计算时段的初始库水位，该水位通过水库群联合径流调节模拟计算求得；入库水量为考虑上游水工程调蓄影响后的来流。

4.3.1　枯水年

枯水年景下，重点分析三峡水库开展促进库区产黏沉性卵鱼类生态调度对最小下泄流量 6 000 m^3/s、7 000 m^3/s 的满足情况。不同枯水典型年和不同生态调度方案条件下，4 月中、下旬开展促进库区产黏沉性卵鱼类生态调度的下泄流量结果见表 3。对于 4 月中旬 $P=90\%$频率的 1963 年，径流调节计算的旬初始库水位为 174.5 m；对于 4 月下旬 $P=90\%$频率的 1984 年，径流调节计算的旬初始库水位为 175.0 m；考虑天然来水、上游其他水库群组消落补水、三峡水库开展促进库区产黏沉性卵鱼类生态调度过程中消落补水等因素，无论是方案 1 还是方案 2，两个典型年的三峡水库最小下泄流量均大于 7 000 m^3/s。因此，即使在枯水年 4 月中、下旬开展促进库区产黏沉性卵鱼类生态调度也不会对最小下泄流量的保障带来影响。

表 3　三峡水库 4 月中、下旬不同生态调度方案 $P=90\%$典型年下泄流量结果

研究时段	方案编号	生态调度过程中三峡水库下泄流量/(m^3/s)							
		第 1 天	第 2 天	第 3 天	第 4 天	第 5 天	第 6 天	第 7 天	第 8 天
4 月中旬	方案 1	9 060	9 500	9 810	9 530	9 120	—	—	—
	方案 2	8 150	8 590	8 900	8 620	8 210	7 870	7 700	8 100
4 月下旬	方案 1	10 370	10 510	10 550	10 540	10 500	—	—	—
	方案 2	9 460	9 600	9 640	9 630	9 590	9 640	9 740	10 250

进一步针对1959—2014年长系列中4月中、下旬来流最小的年份，分析其满足三峡水库4月底库水位不低于155.0 m和生态调度期间水库最小下泄流量7 000 m^3/s的双重约束条件下，生态调度初始时段的库水位条件。对于4月中旬，长系列来流（考虑上游水库群调蓄后，下同）最小的年份为1979年，三峡水库旬平均来流为6 350 m^3/s；对于4月下旬，长系列来流最小的年份为1998年，三峡水库旬平均来流为7 270 m^3/s；若对4月中下旬统筹考虑，来流最小年份为1979年，两旬平均来流为7 020 m^3/s。对于1979年典型年，即使三峡水库4月中旬初始库水位为155.0 m，按照出入库平衡开展促进库区产黏沉性卵鱼类生态调度依旧可满足最小下泄流量的要求。若考虑1979年4月中旬来流与1998年4月下旬来流的不利组合，两旬平均来流6 810 m^3/s，如同时满足三峡水库4月底库水位不低于155.0 m和生态调度期间水库最小下泄流量7 000 m^3/s的双重约束条件，计算表明需三峡水库起调水位不低于155.5 m。

4.3.2 丰水年

由于开展促进库区产黏沉性卵鱼类生态调度会限制库水位消落幅度，并一定程度延缓水库的消落进程，为此丰水年景下，重点分析三峡水库开展促进库区产黏沉性卵鱼类生态调度是否会造成水电站产生弃水。鉴于三峡水电站满发流量远大于下游的葛洲坝水电站，且运行以来三峡水电站消落期从未发生过弃水现象，本文以葛洲坝水电站是否产生弃水为重点进行讨论。

不同丰水典型年和不同生态调度方案条件下，4月中、下旬开展促进库区产黏沉性卵鱼类生态调度的下泄流量结果见表4。对于4月中旬$P=10\%$频率的1985年和4月下旬$P=10\%$频率的1961年，旬初始库水位均按照175.0 m考虑（不考虑自身调蓄的裕度）；可以看出，无论是方案1还是方案2，两个典型年的三峡水库最大下泄流量均小于葛洲坝满发流量18 500 m^3/s。因此，三峡水库在4月中、下旬开展促进库区产黏沉性卵鱼类生态调度不会造成葛洲坝水电站弃水。

表4　三峡水库4月中、下旬不同生态调度方案$P=10\%$典型年下泄流量结果

研究时段	方案编号	生态调度过程中三峡水库下泄流量/(m^3/s)							
		第1天	第2天	第3天	第4天	第5天	第6天	第7天	第8天
4月中旬	方案1	12 560	12 490	14 250	14 550	14 750	—	—	—
	方案2	11 650	11 580	13 340	13 640	13 840	14 240	14 240	13 940
4月下旬	方案1	14 110	12 040	12 230	13 560	13 790	—	—	—
	方案2	13 200	11 130	11 320	12 650	12 880	13 050	12 880	13 530

需要说明的是，丰水年景条件下，虽然开展促进库区产黏沉性卵鱼类生态调度过程中不致造成葛洲坝水电站弃水，但由于生态调度一定程度延缓了三峡水库的消落进程，增加了后续消落压力。基于消落期5月25日之前库水位日变幅不超0.6 m和5月25日库水位不高于155.0 m的约束，相应要求4月底三峡水库水位不高于170.0 m。表5为三峡水库4月底不同库水位条件下消落至5月25日的日均库水位降幅和加泄流量。

表5　三峡水库4月底至5月25日不同消落方案的消落指标

4月底库水位/m	5月25日库水位/m	库水位日降幅/m	日均加泄流量/(m^3/s)
170.0	155.0	0.6	4 720
165.0		0.4	3 150
160.0		0.2	1 570

当4月底三峡水库水位为170.0 m、165.0 m、160.0 m时，若4月底至5月25日的平均入库流量分别不超13 800 m^3/s、15 300 m^3/s、16 900 m^3/s，可保证5月25日之前葛洲坝水电站不弃水。统

计表明，三峡水库 5 月上、中、下旬多年平均入库流量分别为 11 600 m^3/s、13 200 m^3/s、15 900 m^3/s；5 月上、中、下旬平均入库流量超 13 800 m^3/s 的年份分别有 7 个、24 个、38 个，平均入库流量超 15 300 m^3/s 的年份分别有 3 个、15 个、29 个，平均入库流量超 15 900 m^3/s 的年份分别有 1 个、7 个、19 个。因此，从减少葛洲坝水电站弃水风险的角度建议三峡水库 4 月中旬在库水位 165.0 m 左右时开展促进库区产黏沉性卵鱼类生态调度、4 月下旬在库水位 160.0 m 左右时开展促进库区产黏沉性卵鱼类生态调度。

此外，对于与库区产黏沉性卵鱼类生态调度需求相矛盾的库尾减淤调度，可在完成库区产黏沉性卵鱼类生态调度之后开展，不仅可适当加大消落幅度，缓解因前期生态调度传递给后期的消落压力；还可提高水库下泄流量，为长江中下游干流补水提供条件。

4.4 联合调度策略探讨

对于促进三峡库区产黏沉性卵鱼类生态调度的需求，鉴于持续时间相对不长，一般情况下三峡水库可适当调控出库流量为其创造适宜的水位条件。若遇来水特丰或特枯，三峡水库单库调度无法对库水位变幅进行有效控制时，可联合金沙江下游梯级水库联合调度。金沙江下游乌东德、白鹤滩、溪洛渡、向家坝梯级水库是长江上游梯级水库联合调度的骨干工程，控制金沙江流域面积的 97%，占长江宜昌以上流域面积近一半，对三峡水库入库流量具有持续、稳定的影响。

具体而言，当开展库区产黏沉性卵鱼类生态调度遭遇枯水年景条件，三峡水库需加大下泄流量以满足中下游的用水需求时，可通过金沙江下游梯级水库持续补水配合三峡水库开展生态调度。当开展库区产黏沉性卵鱼类生态调度时遭遇丰水水文条件时，为避免葛洲坝水电站弃水，可通过金沙江下游梯级水库持续拦蓄基流减少三峡水库入库流量，为生态调度创造有利条件。

5 结论

本文在梳理总结三峡水库库区产黏沉性卵鱼类生态与发电、供水、航运、减淤、库岸稳定等方面的调度需求与约束条件基础上，重点分析了丰水年三峡水库开展生态调度对后期葛洲坝水电站弃水的影响和枯水年开展生态调度对最小下泄流量保障情况，提出了 4 月中、下旬适宜的三峡库水位调度条件和联合调度策略，主要研究结论如下：

（1）在上游水库群联合调蓄背景下，4 月中、下旬三峡水库的来水条件可较好地协调库区产黏沉性卵鱼类生态调度与其他综合利用需求之间的用水矛盾。

（2）为减轻三峡-葛洲坝梯级水电站后期的消落压力，宜在三峡库水位 155.0~165.0 m 时开展三峡库区产黏沉性卵鱼类生态调度。

（3）当遇来水特丰或特枯、三峡水库单库调度无法对库水位变幅进行有效控制时，可联合金沙江下游梯级水库联合调度。

参考文献

[1] 黄艳．面向生态环境保护的三峡水库调度实践与展望［J］．人民长江，2018，49（13）：1-8.

[2] 水利部长江水利委员会．2024 年长江流域水工程联合调度运用计划［R］．武汉：水利部长江水利委员会，2024.

[3] 水利部中国科学院水工程生态研究所．三峡库区鱼类资源保护的生态调度综合技术研究报告（续 2018）［R］．武汉：水利部中国科学院水工程生态研究所，2020.

[4] 杨志．长江上游干流梯级水电开发对鱼类群落的影响研究［D］．武汉：华中农业大学，2022.

[5] 李德旺，杨志，朱其广，等．基于三峡工程运行影响效应的长江鱼类资源保护措施研究与进展［J］．中国水利，2023（19）：40-46.

[6] 中国长江三峡集团有限公司．乌东德、白鹤滩、溪洛渡、向家坝、三峡水库 2023 年生态调度试验总结［R］．武汉：中国长江三峡集团有限公司，2023.

[7] 中国长江三峡集团有限公司．三峡（正常运行期）—葛洲坝水利枢纽梯级调度规程（2019 年修订版）［R］．北

京：中国长江三峡集团有限公司，2020.
[8] 丁胜祥，张俊，牛文静，等．应对2022年枯水的长江上游水库群联合调度方案［J］．人民长江，2023，54（2）：1-6.
[9] 朱玲玲，葛华，董炳江，等．三峡水库175 m蓄水后库尾河段减淤调度控制指标研究［J］．地理学报，2021，76（1）：114-126.
[10] 傅巧萍，张佳梅，曹辉．虎跳峡河段梯级对下游梯级电站水资源利用效益的补偿作用［J］．长江科学院院报，2024，41（11）：15-22.

典型城市内河枢纽工程的生态保护设计

周亚群　葛　耀

（淮河水资源保护科学研究所，安徽蚌埠　233001）

摘　要：龙子河作为蚌埠市的城市内河，也是蚌埠城区的一条重要排涝河道。通过在龙子河口新建闸站一体的综合枢纽，替代龙子河上原有的郑家渡闸、郑家渡站、龙子河站和龙子湖站的防洪、排涝、灌溉功能，使蚌埠市龙子湖区城镇排涝标准达到30年一遇，防洪标准达到100年一遇。龙子河口综合枢纽建设过程中充分考虑了水生生态需水、陆生生态恢复、河道鱼类保护等需求，将生态补水方案、景观绿化和电栅拦鱼设施融入主体工程设计，实现了水利工程建设与生态保护的协调发展，在提高区域防洪排涝标准的同时，为建设美好蚌埠提供有力的水利支撑和保障。

关键词：龙子河；生态补水；景观绿化；拦鱼电栅

根据生态文明建设总体要求，生态保护设计成为解决当前水利工程建设及运行中环境保护制约因素的关键举措，不断凸显水利工程和自然环境的协调性。为了更好地将生态保护理念落实到水利工程建设中，需要考虑设计环节的创新转变，以便增强水利工程的生态价值[1]。龙子河口综合枢纽工程在设计阶段充分考虑生态保护需求，做到工程防洪、排涝、灌溉与生态保护协调发展，致力于打造区域生态水利工程典范。

1　流域概况

龙子河为淮河干流蚌埠闸下右岸的一级支流，位于蚌埠市区东部，蚌埠中心片区和东片地区之间，其水源于东、西芦山，向北经曹山闸、郑家渡闸入淮河，河道长约10 km；曹山闸以上至徐桥段水面开阔，常受淮水倒灌影响，形成湖面，称“龙子湖”。龙子湖集水面积140 km^2，流域形状如扇，辐射形成的河岔伸向东、南、西三面，集高地来水于湖内；湖面南北长6.5 km，宽约1 km；在正常蓄水位17.5 m时，水面面积8.7 km^2，库容1 750万 m^3；20年一遇设计防洪水位为19.0 m，调蓄库容1 500万 m^3。龙子河左岸为蚌埠市城市防洪圈堤，右岸为方邱湖防洪保护区堤防，从上至下建有曹山闸、郑家渡退补水涵、龙子湖排涝站、郑家渡闸、龙子河排涝站、郑家渡站等6处防洪、排涝、补水建筑物。现状龙子湖排涝站设计抽排流量为40 m^3/s，排涝范围为龙子湖流域面积140 km^2；龙子河排涝站是一座城市排涝泵站，排涝能力为18 m^3/s，规划排涝面积为3.37 km^2；郑家渡站主要功能为从淮河向鲍家沟灌溉，还可兼排鲍家沟涝水，设计排涝和灌溉流量均为8 m^3/s。

2　工程背景

2.1　防洪排涝能力不足

蚌埠圈堤及方邱湖堤防主要防御对象为淮河洪水，由于历史原因，龙子河出口段堤防未在出口封闭，反而向内河延伸，同时该段堤防堤顶高程25.0~25.5 m、堤内地面高程在18~20 m，大大增加了该段堤防的防汛风险。龙子河集山丘区来水于河内，源近、流短、峰高，流域内地形高差变化大，汇流快，防洪调节库容小，特别是汛期受淮河高水位顶托，涝水无出路，沿湖地区洪、涝灾害频繁。蚌埠市城区规划排涝标准为30年一遇，现状龙子湖排涝标准为20年一遇，现有排涝泵站排涝能力较

作者简介：周亚群（1988—），女，高工，主要从事水利工程环境影响评价、水资源保护研究等方面工作。

低，不能达到规划标准要求。此外，在龙子河出口段不到 2 km 的河道范围内建有 6 座防洪排涝控制工程，工程多、位置散，工程建设年代较久远，且未考虑各个工程之间的协调配合，无法实施联合控制，导致龙子河片区防洪排涝能力不足。

2.2 生态需水缺乏保障

龙子湖流域面积较小，形如扇状，源近、流短，自身汇流量较小，且多集中在汛期，在非汛期或干旱期缺乏汇流和补给水源，水量更新周期较长，水体自然循环较差，自净能力较低。龙子湖补给水源主要依靠上游河道来水，而来水水量有限，特别是在枯水年份几乎无水补给。加上龙子湖承担了周边农田的灌溉任务，导致龙子湖枯水期生态需水缺乏保障。

2.3 水资源配置不均

龙子湖兼具生态环境、城市景观、农业灌溉等功能，受降雨时空分布不均以及流域地形条件影响，龙子湖干旱年水资源短缺，旱涝不均，汛期易涝，旱涝急转，排不出、蓄不住等问题较为突出；水资源尚需优化配置，“格局合理、功能完备，蓄泄兼筹、引排得当，多源互补、丰枯调剂，水流通畅、环境优美”水网格局尚未形成。

3 工程设计

工程设计拆除郑家渡闸、郑家渡站，替代龙子湖站、龙子河站及郑家渡站的功能，移址新建集抽排与自排于一体、具有排涝和灌溉功能的综合枢纽，其中枢纽排涝功能主要解决龙子湖站、龙子河站和郑家渡站原排区内涝水，枢纽灌溉功能为满足原郑家渡站灌溉提水任务。龙子河口综合枢纽设计抽排流量 80 m^3/s，设计自排流量 80 m^3/s，灌溉流量 8 m^3/s[2]。枢纽依次由进水渠、进水控制闸（排湖拦污检修闸、排圩拦污检修闸及引水涵、排城拦污检修闸及引水涵）、前池及前池分隔墙、泵房（含自排流道）、压力水箱、穿堤箱涵及防洪闸首、出口防护段及出水渠、灌溉站、封闭堤、场区内外交通等附属工程等组成；封闭堤防洪标准采用 100 年一遇，在龙子河河口筑堤，堤线长度 540 m，设计堤顶高程 25.5 m，设计堤顶宽 10.0 m[2]。

龙子湖正常蓄水位为 17.5 m，最高内涝水位为 19.0 m，龙子湖水面面积较大，调蓄能力强，适当降低龙子湖起排水位，充分利用龙子湖调蓄能力能够有效降低泵站装机规模；同时由于龙子湖周边已建成滨水景观，过度消落正常蓄水位将不利于滨水景观亲水性。工程设计中综合考虑龙子湖调蓄和滨水景观亲水性需要，确定近期工况龙子河起排水位 16.5 m，最高内涝水位 17.5 m，龙子湖起排水位 17.3 m，最高内涝水位 19.0 m，总调蓄容积为 1 742 万 m^3；远期工况龙子河、龙子湖起排水位均为 17.3 m，最高内涝水位均为 19.0 m，总调蓄容积为 1 757 万 m^3[2]。

龙子河口综合枢纽集排涝与灌溉、自排与抽排功能于一体，承担龙子河排区、龙子湖和郑家渡站排区的排涝任务和方邱湖片区的灌溉任务，根据不同运行条件，控制枢纽运行调度。排涝工况为当淮河水位低于 16.5 m 时，三个排区均具备自排条件；当淮河水位在 16.5~17.5 m 时，仅龙子湖可以自排；当淮河水位高于 17.5 m 时，三个排区均没有自排机会。灌溉工况为从淮河引水向方邱湖片区灌溉，需要灌溉时打开防洪闸门及 13#闸门，关闭其他闸门，开启灌溉泵站经 13#闸门向方邱湖片区灌溉（见图 1）。

4 生态保护设计

4.1 生态补水设计

龙子河口综合枢纽泵站在满足灌溉任务的同时，兼顾向龙子湖补水的功能，生态补水流量为 8 m^3/s。泵站位于枢纽右侧，由淮河引水经灌溉泵站提水至泵站右侧前池，通过进水闸与龙子河相通，将水补入龙子河，打开曹山闸实现对龙子湖的补水，生态补水路径长 1.68 km。通过本枢纽建设，完善了龙子湖生态补水通道，实现生态水位（16.0 m）满足程度 100%，保障龙子湖周边四季用水需求（见图 2）。

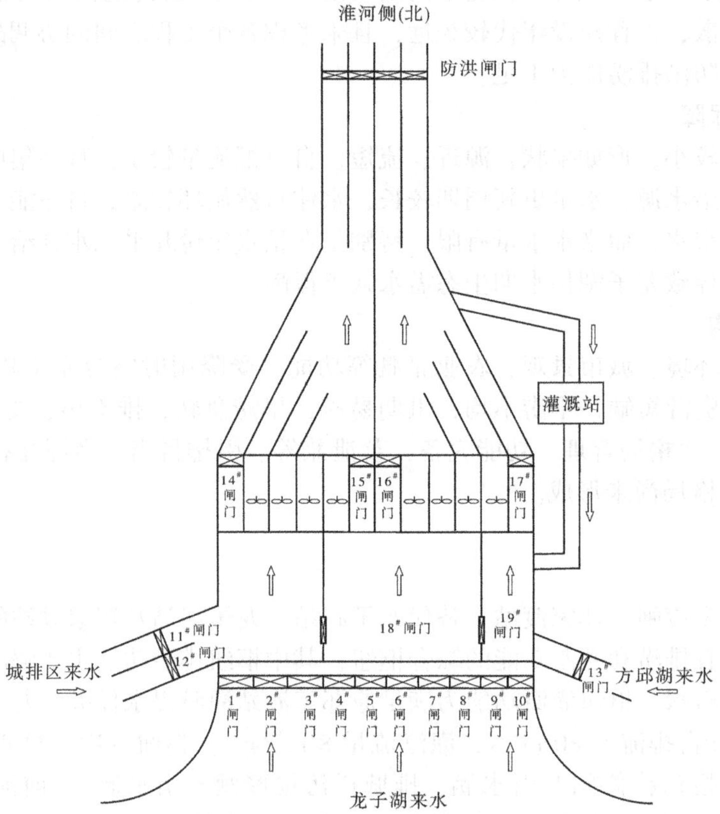

图1　龙子河口综合枢纽工程布置示意图

4.2　景观绿化设计

景观绿化工程是实现生态修复的有效途径之一。设计在主体工程完工后，对龙子河口枢纽场区、管理区及周边临时占地区进行景观绿化，绿化面积共计 52 501 m^2，景观绿化布置见图 3[2]。景观绿化遵循因地制宜原则，选择蚌埠当地长势良好的乡土植物，乔木和灌木、常绿和落叶相结合，充分考虑植物的生态位特征，避免种间直接竞争，形成结构合理、功能健全、种群稳定的复层植物群落结构，保证良好生态效益的同时营造特色植物景观。

龙子河口综合枢纽场区内绿化面积约 13 799 m^2，通过适宜的微地形处理，结合植物配置，创造出多样的景观层次和空间形态，主要植物品种包括香樟、乌桕、榉树、朴树、榔榆、桂花、红枫、垂丝海棠、早樱、红梅、蜡梅、紫薇、毛鹃、花叶络石、金娃娃萱草、常夏石竹、细叶麦冬、玉簪、兰花三七等[2]。龙子河口综合枢纽场区外绿化面积约 22 337 m^2，绿化选用乡土植物，主要植物品种包括雪松、无患子、枫香、苦楝、二乔玉兰、紫叶李、碧桃、红梅、早樱、白兰、兰花三七等[2]。管理区景观绿化面积约 4 933 m^2，设计对管理区植物进行精细配置，以组团式绿化为主，主要植物品种包括香樟、女贞、广玉兰、朴树、乌桕、黄山栾树、紫玉兰、桂花、紫薇、早樱、红梅、紫叶李、碧桃、毛鹃、红叶石楠、花叶络石、常夏石竹、兰花三七、细叶麦冬等[2]。滨河大道（规划）靠近龙子河口综合枢纽场区一侧区域进行临时绿化，面积约 11 432 m^2，通过撒播硫华菊等野花草种进行覆绿[2]。

4.3　电栅拦鱼设计

电栅拦鱼的原理，是利用交流电或一定频率的脉冲电，在特定范围的水体里形成电场，以刺激靠近电场的鱼类，使鱼类产生回避效应，具有阻力小、不怕漂浮物、操作管理方便等优点[3-4]。在水深不能旱地施工的拦鱼断面，宜采用悬挂式或浮筒式拦鱼电栅，拦逆水鱼要求在拦阻断面有足够强的电场区域，迫使鱼类感电后返回；拦顺水鱼时不仅对电场强度有一定的要求，同时在一定流速下还要求电场有比较宽的范围，使鱼在这个区域既感到电刺激又不会丧失自主的活动能力而调头逃离电场，拦鱼断面不宜与水流方向垂直[5]。

图 2　龙子湖生态补水线路示意图

为避免泵机卷载效应对鱼类的伤害，设计在龙子河口枢纽泵站上下游设置电拦鱼设施，在泵站运行时通电，在自流时断电，可实现主泵房控制室内控制。如上游水位超过电拦鱼设施设计水位 15.5 m，下游超过电拦鱼设施设计水位 17.5 m，则设备停止运行。电栅拦鱼由主机和拦鱼电栅组成，拦鱼电栅电极线为柔性线索，上游拦鱼电栅采用两岸桩基悬索架设方式，下游拦鱼电栅采用拦鱼钢缆加拦鱼线缆固定布设方式。电栅拦鱼断面设计最大流速 0.85 m/s，主要拦截龙子湖内常见的鲫鱼、鲤鱼、鲢鱼、草鱼等，可拦截 3 cm 及以下的小型鱼类。拦鱼设施所在龙子河河道断面为底部平整型，岸坡为阶梯式，断面控制区域上游最大水深 6.5 m、下游最大水深 5 m。

5　结论

为提高区域防洪排涝能力，改善区域环境，对龙子河出口段堤防进行封闭，优化龙子河入淮口段现状水工建筑物布局，拆除郑家渡闸、郑家渡站，替代龙子湖站、龙子河站及郑家渡站的功能，移址新建集抽排与自排于一体、具有排涝和灌溉功能的龙子河口综合枢纽，其中枢纽排涝功能主要解决龙子湖站、龙子河站和郑家渡站原排区内涝水，枢纽灌溉功能在满足原郑家渡站灌溉提水任务的同时，结合龙子湖生态需要，适时向龙子湖进行生态补水。工程设计中根据龙子湖调蓄和滨水景观亲水性需要确定起排水位，龙子湖水资源控制仍由龙子河上游的曹山闸承担，不改变龙子湖的调度运行模式。工程实施后，将使龙子湖区城镇排涝标准达到 30 年一遇，防洪标准达到 100 年一遇。

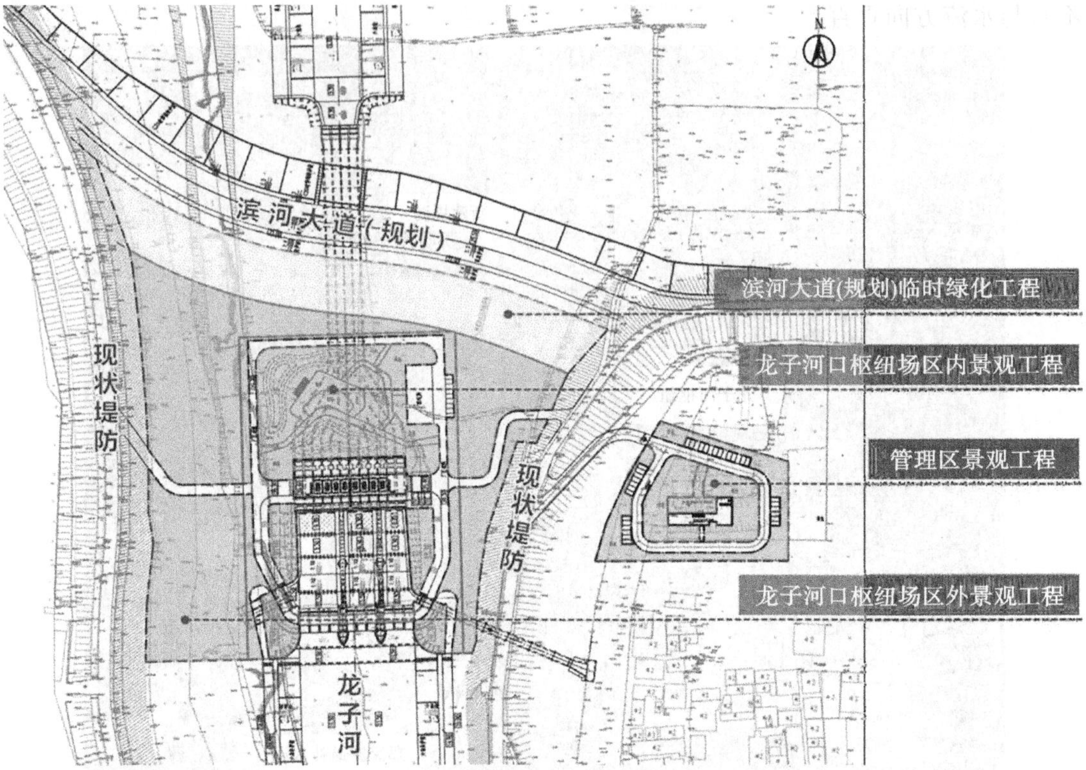

图 3　龙子河口综合枢纽景观绿化布置

在龙子河口综合枢纽工程建设过程中，充分考虑龙子湖生态补水需求、场区内外生态恢复需求和龙子湖水体鱼类保护需求，将生态补水方案与枢纽灌溉泵站运行方案相结合、生态恢复方案与景观绿化工程相结合、电栅拦鱼设施建设与枢纽泵站建设相结合，实现了水利工程建设与生态保护协调发展的目标。工程建成后，不仅提高了城区的水安全保障能力，更有利于龙子湖水生态、水环境、水景观的进一步提升和稳定。

参考文献

[1] 杨雪菲．生态理念在水利工程设计中的应用［J］．河南建材，2023（7）：140-142.

[2] 淮干蚌埠至浮山段行洪区调整和建设工程（蚌埠市境内项目）配套工程—龙子河口综合枢纽布置工程初步设计报告［R］．上海：上海市政工程设计研究总院（集团）有限公司，2022.

[3] 黄尚务，向长富，廖桂心．一种新颖的电、网结合拦鱼设施［J］．水利渔业，1986（6）：35-38.

[4] 姚玉程．新型拦鱼设施在水库放水涵洞中的应用［J］．陕西水利，2015（1）：95-97.

[5] 张小华，包宇海，王军，等．马岭水利枢纽工程电赶拦鱼系统设计与施工技术［J］．云南水力发电，2023，39（2）：40-41.

半干旱地区内陆湖泊岱海湖富营养化状态评价

焦　瑞[1]　张燕飞[1]　梁文涛[1,2]

（1. 水利部牧区水利科学研究所，内蒙古呼和浩特　010021；
2. 草原生态安全省部共建协同创新中心，内蒙古呼和浩特　010021）

摘　要： 随着经济社会发展和人类活动增加，半干旱地区内陆湖泊富营养化问题日益突出，湖泊富营养化程度评价将有助于制订有效的湖泊治理措施。本文采用综合营养状态指数法对岱海湖的富营养化状态进行了评估，并从氮磷比例及叶绿素与营养盐相关性的角度分析了岱海湖营养水平的影响因素。结果表明：岱海湖的综合营养状态指数在30.05~59.30范围内波动，平均值为48.86，表明其处于中营养化状态。全湖氮磷比（N/P）的平均值为51.10，表明岱海湖是磷营养元素限制性水体。其中，N/P值小于10的占18.18%，而N/P值大于25的占81.82%，这表明当前条件不利于藻类的生长。叶绿素a与总氮显著相关，水体中叶绿素a的浓度受总氮的影响最大。

关键词： 富营养化；综合营养状态指数法；氮磷比；岱海湖

1　引言

湖泊在我国干旱和半干旱地区的水资源系统中具有重要地位，不仅为生态环境提供水源，还在调节气候、维持生物多样性方面发挥着重要的作用。然而，近年来受气候变化和人类活动影响，许多湖泊面临富营养化问题，湖泊生态系统的安全性受到了严峻挑战。富营养化主要表现为湖泊中氮、磷等营养元素浓度上升，导致藻类过度生长，水质恶化，生态系统失衡，影响湖泊功能与区域经济的可持续发展。在城镇化和农业活动的影响下，含氮、含磷的污水和农业径流进入湖泊，加剧了富营养化的进程[1]，特别是在水资源短缺的干旱和半干旱地区，湖泊富营养化对水资源管理和生态保护的影响更为突出。精确有效评估湖泊富营养化状态并准确识别其成因，能够为环境治理提供科学依据，从而实施有针对性的治理措施，控制水体富营养化和预防藻华暴发，确保湖泊的生态安全与水质稳定。

湖泊富营养化是指在多种自然与人为因素的共同作用下，大量溶解性有机物质及营养盐（如氮、磷等）持续流入湖泊，使水体由贫营养状态逐渐转变为富营养状态[2]。这一过程通常伴随着湖泊水质的显著变化，如藻类和浮游生物数量的急剧增加，水体透明度降低，溶解氧减少，进而引发一系列生态问题。

湖泊营养状态评价是水环境保护和水质管理中的基础性工作[3]，为防治富营养化和改善水环境质量提供重要依据。湖泊营养状态评价通常会采用多种不同的方法来进行综合分析和评估。这些方法主要包括综合营养状态指数法、物理化学指标法、水质模型法及多指标综合评估法等。这些方法各有特点，能够从不同的角度对湖泊的营养状态进行科学的评价。生态环境部发布的《湖泊（水库）富营养化评价方法及分级技术规定》[4] 建议采用综合营养状态指数法对湖泊的富营养化状态进行评估，该方法能够较为客观、全面地反映湖泊的实际富营养状况。鉴于此，本文选用了该方法评估岱海湖富营养化状态，目的在于为该区域及其他半干旱区湖泊的保护与治理提供理论依据和技术支持。

基金项目： 中国水利水电科学研究院基本科研业务费专项项目（项目编号：MK2019J10）。

作者简介： 焦瑞（1981—），男，高级工程师，主要从事水资源集约节约利用、水环境监测与评价和检验检测机构资质认定等工作。

2 研究区概况

岱海湖位于内蒙古乌兰察布市凉城县境内岱海盆地的中部，是内蒙古自治区第三大内陆湖泊，为椭圆形闭塞式内陆咸水湖。岱海湖地处东经 112°37′38″～112°45′38″，北纬 40°32′36″～40°36′35″。岱海湖区域的面积约为 130 km^2，水域面积目前约为 44 km^2，其主要水源补给源自河流的汇入，共有 22 条大小不等的河流及沟渠直接流入岱海湖，以东西两侧的河流较长且稳定。其中，西部汇入的河流有弓坝河、五号河；南部汇入的河流有天成河、步量河；北侧以间歇性溪流为主，仅在降雨时有径流汇入。

3 材料与方法

3.1 样点设置

研究区域共设置 11 个采样点，其中，湖面设置 6 个采样点（L1～L6），入湖河流设置 5 个采样点（弓坝河 R1、五号河 R2、天成河 R3、步量河 R4 和大河沿河 R5）。岱海湖区采样点位示意图见图 1。

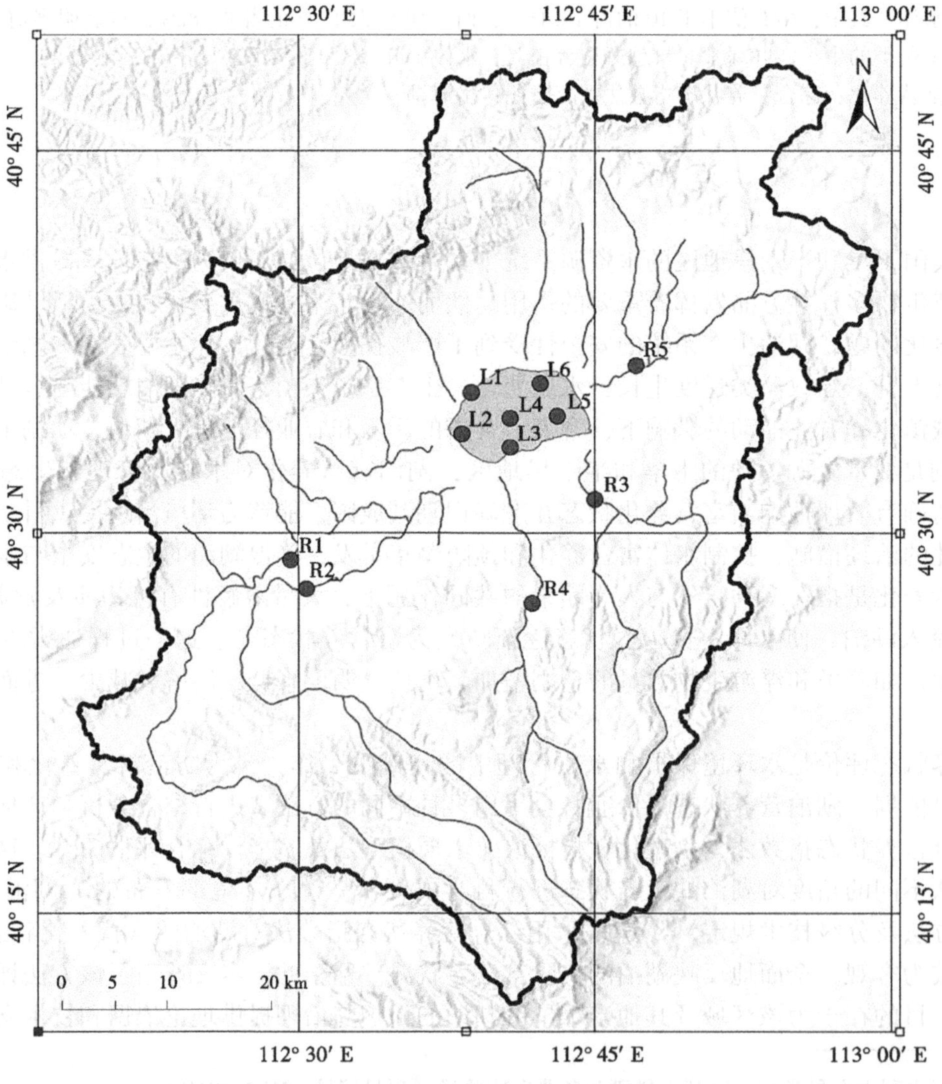

图 1 岱海湖区采样点位示意图

3.2 样品采集与分析

水样采集及指标测试按照《地表水和污水监测技术规范》（HJ/T 91—2002）规定的检测方法进行，水质检测由水利部牧区水利科学研究所实验中心完成。

3.3 综合营养状态指数法

综合营养状态指数法的优势在于考虑了各项指标的权重差异，可以有效地综合各类水质数据，选取叶绿素 a（Chl. a）、总磷（TP）、总氮（TN）、透明度（SD）和高锰酸盐指数（COD_{Mn}）为评价指标，对水体富营养化程度进行全面评估，使其在富营养化状态评价中表现出较高的实用性和准确性[5]。其计算公式[4]为

$$TLI(\sum) = \sum_{j=1}^{m} w_j \cdot TLI(j) \tag{1}$$

式中：TLI（Σ）为综合营养状态指数；TLI（j）为第j种参数的营养状态指数；w_j为第j种参数的营养状态指数的相关权重。

以 Chl. a 作为基准参数，第j种参数归一化的相关权重计算公式[4]为

$$w_j = \frac{r_{ij}^2}{\sum_{j=1}^{m} r_{ij}^2} \tag{2}$$

式中：r_{ij}^2为第j种参数与同基准参数 Chl. a 的相关系数；m为评价参数的个数，见表 1[6]。

表 1 湖泊的 Chl. a 与其他参数之间的相关关系 r_{ij} 及 r_{ij}^2 值

参数	Chl. a	TP	TN	SD	COD_{Mn}
r_{ij}	1	0.84	0.82	−0.83	0.83
r_{ij}^2	1	0.705 6	0.672 4	0.688 9	0.688 9

各项目营养状态指数计算公式[4]为

$$TLI(Chl.a) = 10 \times (2.5 + 1.086\ln Chl.a) \tag{3}$$

$$TLI(TP) = 10 \times (9.436 + 1.624\ln TP) \tag{4}$$

$$TLI(TN) = 10 \times (5.453 + 1.694\ln TN) \tag{5}$$

$$TLI(SD) = 10 \times (5.118 - 1.94\ln SD) \tag{6}$$

$$TLI(COD_{Mn}) = 10 \times (0.109 + 2.661\ln COD_{Mn}) \tag{7}$$

其中，Chl. a 的单位为 mg/m^3；透明度 SD 的单位为 m；其他指标单位均为 mg/L。

3.4 营养状态分级

计算出湖泊营养状态指数后，采用 0～100 的一系列连续数字对湖泊营养状态进行分级：TLI（Σ）<30，贫营养；30≤TLI（Σ）≤50，中营养；TLI（Σ）>50，富营养；50<TLI（Σ）≤60，轻度富营养；60<TLI（Σ）≤70，中度富营养；TLI（Σ）>70，高度富营养。在同一营养状态下，综合营养状态指数越高，富营养状态越重[7]。

4 结果与讨论

4.1 综合富营养化评价

采用综合营养状态指数法，根据 2022 年 7 月岱海湖各采样点的数据计算得到岱海湖营养状态指数以及全湖平均营养状态指数，见表 2。

根据计算结果，不同采样点的水质指标营养状态指数存在明显差异。岱海湖面采样点（L1～L6）综合营养状态指数在 53.50～59.30，平均值为 56.03，表明岱海湖湖面处于轻度富营养状态；入湖河流采样点（R1～R5）综合营养状态指数在 30.05～51.10，平均值为 40.25，表明入湖河流处于中营养

化状态；岱海湖流域综合营养状态指数在30.05~59.30，平均值为48.86，表明岱海湖处于中营养化状态。总体来看，岱海湖流域的营养状态分布呈现一定的空间异质性，这可能与湖水的流动、周边环境以及人类活动等因素有关。

表2　岱海湖流域各采样点营养状态指数成果

位置	采样点	TLI（Chl. a）	TLI（TP）	TLI（TN）	TLI（SD）	TLI（COD_{Mn}）	TLI（Σ）
岱海湖面	L1	19.81	61.23	89.82	39.78	84.53	55.65
	L2	19.81	61.23	89.56	31.21	86.53	54.40
	L3	17.90	62.43	90.44	28.61	84.87	53.50
	L4	18.31	61.23	90.17	49.33	84.06	56.98
	L5	41.83	62.43	90.05	26.33	84.41	59.30
	L6	22.02	61.23	90.62	40.89	83.10	56.33
入湖河流	R1	33.06	45.71	67.02	—	34.43	35.70
	R2	45.66	48.67	78.18	—	62.36	46.74
	R3	29.90	87.11	79.12	—	68.72	51.10
	R4	12.63	69.77	65.58	—	10.04	30.05
	R5	24.67	48.67	78.72	—	42.83	37.66

4.2　限制性营养盐分析

荆红卫等[8]的研究表明，当N/P值低于7时，氮可能成为限制性营养盐，而当N/P值高于7时，磷可能成为限制性营养盐。王明翠等[9]在关于湖泊富营养化评价方法及分级标准的研究中指出，藻类生长的最佳N/P值范围为10~25。

岱海湖流域N/P值范围在6.67~69.5，平均值为51.10，其中天成河（R3）N/P值最小（6.67），大河沿河（R5）N/P值最大（69.5），见表3。岱海湖湖面（L1~L6）N/P值均大于7，表明该水体为磷营养限制性水体；岱海湖湖面（L1~L6）N/P值均>25，表明该水体不适于藻类生长。

表3　岱海湖流域各采样点N/P值

位置	采样点	TN/(mg/L)	TP/(mg/L)	N/P
岱海湖面	L1	8.03	0.13	61.77
	L2	7.91	0.13	60.85
	L3	8.33	0.14	59.50
	L4	8.20	0.13	63.08
	L5	8.14	0.14	58.14
	L6	8.42	0.13	64.77
入湖河流	R1	2.09	0.05	41.80
	R2	4.04	0.06	67.33
	R3	4.27	0.64	6.67
	R4	1.92	0.22	8.73
	R5	4.17	0.06	69.5

4.3 叶绿素 a 与营养盐因子相关性分析

为了解水体营养水平的影响因子，用统计分析软件 SPSS 分析叶绿素 a 与营养盐相关性，分析结果见表 4。

表 4 叶绿素 a 与营养盐相关性分析结果

指标	叶绿素 a	总氮	总磷	透明度	高锰酸盐指数
叶绿素 a	1	−0.582**	0.063	−0.066	0.313*
总氮	−0.582**	1	−0.329*	0.102	−0.082
总磷	0.063	−0.329*	1	−0.022	−0.556**
透明度	−0.066	0.102	−0.022	1	−0.012
高锰酸盐指数	0.313*	−0.082	−0.556**	−0.012	1

注："*"表示在 0.05 水平（双侧）上显著相关，"**"表示在 0.01 水平（双侧）上显著相关。

由表 4 可以看出，叶绿素 a 的浓度与总氮呈负相关；与高锰酸盐指数呈正相关。其相关系数分别为总氮（$r=-0.582$，$p<0.01$）、高锰酸盐指数（$r=0.313$，$p<0.05$）。根据统计学原理，相关系数>0.8 时，定义为高度相关；当 0.5<相关系数<0.8 时，定义为显著相关[10]。由此可见，叶绿素 a 与总氮显著相关，水体中叶绿素 a 的浓度受总氮的影响最大，水体中氮营养盐浓度的高低比总磷、高锰酸盐指数更能够影响叶绿素 a 的浓度。总磷与总氮、高锰酸盐指数呈负相关，总氮与总磷、叶绿素 a 亦呈负相关，说明水体中氮、磷浓度变化趋势不一致。

5 成因分析及应对措施

湖泊富营养化的成因可以归结为自然因素和人为因素。近年来，由于持续干旱，岱海湖面积逐渐缩小，盐分和有机质浓度不断上升，这加速了湖泊的富营养化过程[11]。根据岱海湖限制性营养盐分析，岱海湖属于磷营养限制性水体，其富营养化程度主要受磷含量控制。因此，必须实施一系列针对性措施以应对该问题，包括减少含磷废水排放，控制磷输入量，或通过抑制沉积物中磷的释放、提高磷的利用率来降低湖泊的磷浓度。此外，对岱海湖周边开发活动实施严格监管，特别是限制高耗水和高污染工业项目的扩张，逐步减少高耗水工业的数量，并确保生活和工业废水经过集中处理后符合排放标准。同时，还应有效减少人类活动对岱海湖的负面影响，从而保护湖泊生态系统的稳定性和水质。通过综合治理和科学管理，期望能够有效控制富营养化现象，实现湖泊生态系统的可持续发展。

6 结论与展望

岱海湖富营养化评价指数波动范围为 30.05~59.30，整体处于中营养化状态。各个影响因子对富营养化的贡献程度依次为：总氮（TN）>高锰酸盐指数（COD_{Mn}）>总磷（TP）>叶绿素 a（Chl. a）。岱海湖流域的 N/P 值范围为 6.67~69.5，平均值为 51.10，表明该水体属于磷营养限制性水体。叶绿素 a 与总氮显著相关，水体中叶绿素 a 的浓度受总氮的影响最大。因此，有必要严格控制含磷废水的排放，以防止富营养化的加剧，对维持水质平衡和生态系统的健康至关重要。

综合营养状态指数统一的权重系数并不总是适用的，应根据实际情况对权重系数进行调整。综合营养状态指数所用的指标计算公式是基于经验得出的，在评价工作中应结合多种评价方法，并根据具体情况动态调整权重参数，以确保评估结果的准确性和客观性。联合使用多种方法能够弥补单一方法的局限性，从而为湖泊水质管理提供更全面的参考依据。

在营养化评价的基础上，结合岱海湖的历史监测数据和区域特征，进行长序列的趋势分析和风险评估，可以更全面地了解岱海湖富营养化趋势，并采取相应的保护和治理措施，以维持湖泊的生态平衡和水质健康。

参考文献

[1] 白妙馨，杨芳，冯伟莹，等．典型半干旱区内陆湖泊富营养化特征分析与评价：以岱海为例［C］．环境工程，2019.

[2] Feng Weiying，Liu Shasha，Li Cuicui，et al. Algal uptake of hydrophilic and hydrophobic dissolved organic nitrogen in the eutrophic lakes［J］. 2019.

[3] 税永红，杨景富，蒋悦．景观水体富营养状况及水华防治技术研究［J］．水土保持应用技术，2008（6）：40-43.

[4] 中国环境监测总站．湖泊（水库）富营养化评价方法及分级技术规定［Z］．国家环境保护总局，2001.

[5] 白文辉，王晓昌，王楠，等．北方高盐景观水体氮磷时空分布特征及富营养化评价［J］．环境工程，2017，35（4）：120-124，90.

[6] 金相灿，刘树坤，章宗涉．中国湖泊环境［M］．北京：海洋出版社，1995.

[7] 金相灿，屠清瑛．湖泊富营养化调查规范［M］．北京：中国环境科学出版社，1990.

[8] 荆红卫，华蕾，孙成华，等．北京城市湖泊富营养化评价与分析［J］．湖泊科学，2008（3）：357-363.

[9] 王明翠，刘雪芹，张建辉．湖泊富营养化评价方法及分级标准［J］．中国环境监测，2002（5）：47-49.

[10] 刘秋平，杨桂玲，王苹香．统计学原理［M］．济南：山东大学出版社，2007.

[11] 程玉琴，郑丽娟，付志强．岱海湖泊萎缩原因分析及流域水生态保护建议［J］．内蒙古气象，2017（5）：24-26.

西江干流浮游植物群落结构特征及环境因子分析

熊芳园[1,2,3]　柳志会[1,2,3]　李　淼[1,2,3]　王　丽[1,2,3]　韩耀全[4]

（1. 珠江水资源保护科学研究所，广东广州　510611；
2. 红水河珍稀鱼类保育中心，广西桂平　537200；
3. 水利部珠江水利委员会水文水资源局，广东广州　510611；
4. 广西壮族自治区水产科学研究院，广西南宁　530021）

摘　要：本文基于2022—2023年春、夏、秋、冬四季西江干流浮游植物调查数据，分析该区域浮游植物群落结构特征。结果显示，共鉴定出浮游植物210种，夏、秋、冬和春季分别鉴定出135种、101种、109种和125种，其中硅藻门和绿藻门的物种最多，各季节的第一优势种分别为弯形小尖头藻、尖头席藻、梅尼小环藻和大型柱孢藻。Shannon-Wiener多样性指数（H'）、Pielou均匀度指数（J'）和Margalef丰富度指数（D'）均值分别为2.13、0.67和6.13，整体水质介于清洁至中污染之间，水质仍需治理改善。浮游植物群落的空间分布存在季节差异，温度和水深对不同季节浮游植物群落结构有显著影响。

关键词：西江；浮游植物；群落结构；环境因子

1　引言

河流作为生态系统的重要组成部分，其功能和特征在维持生态平衡和支持生物多样性方面发挥着重要作用[1]。近年来，受水利工程建设、环境污染、过度捕捞、气候变化等自然和人为因素的影响，河流生态系统变得愈加脆弱，影响水生生物的生存和繁衍，危及生态系统的健康与可持续性[2-3]。浮游植物作为水生态系统的组成部分，不仅是水体能量流动的重要环节，也是水生食物网的基础，对水生生物的生长、繁殖及群落结构产生直接影响，决定着食物链的健康与稳定[4-5]。通过综合分析浮游植物的多样性指标，可以直观评估河流的生态状况，揭示潜在的环境问题，为河流管理和保护提供科学依据。

西江干流沿线水域生态环境多样，其地理和地貌特征变化显著。以南盘江雷公滩为界，以上地处云贵高原，喀斯特地貌高度发育，呈现典型的高山峡谷特征。雷公滩至桥巩段为广西喀斯特地貌山区，河道蜿蜒。桥巩以下至大藤峡区域从山区逐渐向丘陵过渡，河谷逐步开阔。大藤峡以下则从丘陵向平原、三角洲发展，河流变宽，水流变缓。西江干流梯级开发及长洲水利枢纽工程的建设改变了库区河段的水文情势，导致水质、流量及栖息环境的变化，从而对西江流域生态系统产生了影响。浮游植物作为水生态健康的重要指示生物，其群落结构和动态变化可以有效反映水质状况的变化趋势和潜在风险。因此，本文通过对西江干流浮游植物进行调查，分析不同季节的浮游植物群落结构特征及其影响因素，评估水质状况，为未来水生态保护工作提供科学依据。

作者简介：熊芳园（1995—），女，工程师，红水河珍稀鱼类保育中心部门负责人，主要从事水生态保护与修复研究工作。
通信作者：李淼（1996—），男，助理工程师，主要从事水生态保护与修复研究工作。

2 材料与方法

2.1 采样点布设和样品采集

本文于 2022 年 8 月、2022 年 11 月、2023 年 2 月和 2023 年 5 月，针对西江干流开展浮游植物调查工作。共设置了 29 个具有水域代表性的河段，涵盖西江干流红水河流域的 10 个梯级电站及长洲水利枢纽等工程建设区域（见图 1）。通过便携式多参数分析仪、全站仪和测深仪等设备在现场测定电导率、溶解氧、水深、透明度、温度、河流宽度、流速和 pH 等理化参数。浮游植物样品的处理与鉴定参照了《水和废水监测分析方法（第四版）（增补版）》《中国淡水藻类—系统、分类及生态》《中国常见淡水浮游藻类图谱》等相关标准和规范[3]。采样过程中，使用 5 L 有机玻璃采水器采集表层和底层的混合水样，充分混合后取 1 L 水样，加入 15 mL 鲁哥氏液。静置 48 h 后，将上清液通过虹吸法浓缩至 30 mL 备用。样品瓶中加入 3%甲醛溶液进行密封保存，避免光照。定量分析前，将样品瓶充分摇匀，样品计数时将样品充分混匀，用移液枪取 0.1 mL 样品加入浮游植物计数框中，静置几分钟让浮游植物沉至框底。每个样品进行两次计数，若两次结果的均值差异在 15%以内，则视为有效数据[2]。

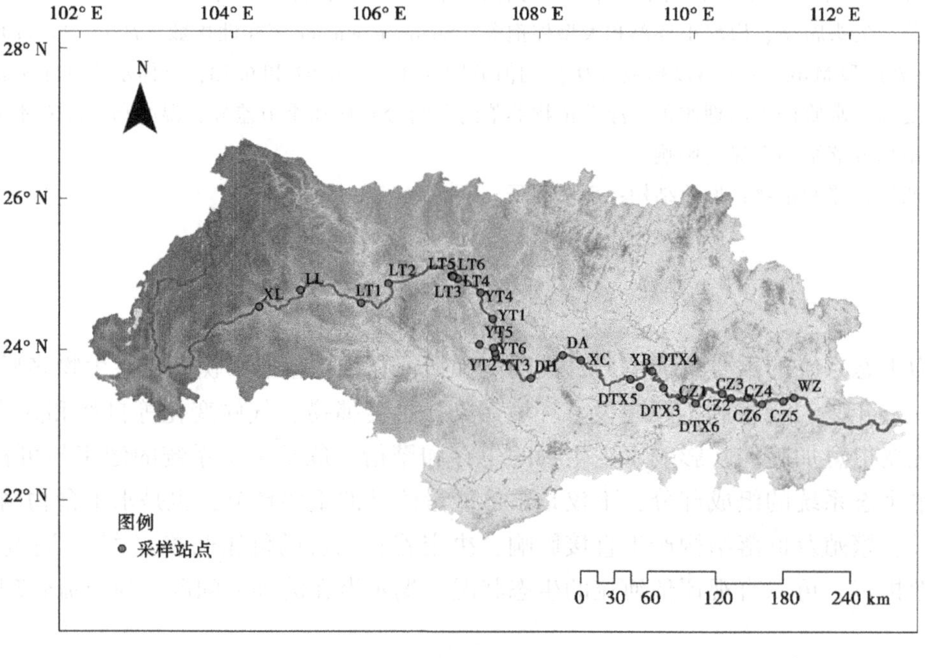

图 1 西江干流浮游植物采样点分布

2.2 生物多样性与优势度的研究方法

本文基于 Shannon-Wiener 多样性指数（H'）、Pielou 均匀度指数（J'）、Margalef 丰富度指数（D'）以及优势度（Y）等指标评价浮游植物的物种多样性和优势度[2]。具体计算公式如下：

$$H' = -\sum_{i=1}^{S} P_i \ln P_i \tag{1}$$

$$J' = H'/\ln S \tag{2}$$

$$D' = (S - 1)/\ln R \tag{3}$$

$$Y = P_i \times f_i \tag{4}$$

式中：P_i 为第 i 种浮游植物的个体比例；S 为样本中的物种总数；R 为个体总量；f_i 为第 i 种出现的频率。

基于多样性指数的水质评价标准为：Shannon-Wiener 多样性指数（H'）大于 4 表示水质良好（清洁），3~4 表示轻度污染，2~3 表示 β-中污染，1~2 表示 α-中污染，小于 1 表示重污染[6]；Pielou

均匀度指数（J'）大于0.8表示水质良好（清洁），0.5~0.8表示轻度污染，0.3~0.5表示β-中污染，0.1~0.3表示α-中污染，小于0.1表示重污染[6]；Margalef丰富度指数（D'）大于5表示水质良好（清洁），4~5表示轻度污染，3~4表示β-中污染，1~3表示α-中污染，小于1表示重污染[6]。

2.3 数据处理

本文对四次调查的原始数据进行标准化校正，并进行平方根转换，构建Bray-Curtis相似性系数矩阵。通过等级聚类分析（cluster analysis）和非线性多维尺度排序（non-metric multi-dimensional scaling，NMDS）研究红水河不同季节浮游植物群落结构变化[7]。通过胁强系数（stress）衡量NMDS的分析结果，stress值小于0.2代表NMDS的二维点图具有一定的解释意义[7]。聚类与NMDS排序分析均使用R 4.4.1中的vegan包进行。环境因子的典范对应分析在Canoco 5软件中进行，分析影响浮游植物群落物种组成的环境因子。采样站点的空间分布用ArcGIS 10.3软件进行绘制。

3 结果与分析

3.1 种类组成和分布特征

四次调查鉴定出浮游植物共210种，隶属8个门类（见图2）。其中，硅藻门和绿藻门占绝对优势，硅藻门包含87种，占41.43%，绿藻门72种，占34.29%。其次是蓝藻门22种，占10.48%；裸藻门11种，占5.23%；其余5个门类共占8.57%，分别为甲藻门7种、隐藻门4种、金藻门6种、黄藻门1种。从季节来看，夏季共鉴定浮游植物7门135种，其中硅藻门55种占40.74%，绿藻门48种占35.56%，蓝藻门15种占11.11%，甲藻门6种占4.44%，其余藻类共占8.15%；秋季共鉴定浮游植物7门101种，其中硅藻门44种占43.56%，绿藻门34种占33.67%，蓝藻门10种占9.90%，其余藻类共占12.87%；冬季共鉴定浮游植物7门109种，其中硅藻门57种占52.29%，绿藻门24种占22.02%，蓝藻门12种占11.01%，其余藻类共占14.68%；春季共鉴定浮游植物8门125种，其中硅藻门59种占47.20%，绿藻门35占28.00%，蓝藻门13种占10.40%，其余藻类共占14.40%。由此可见，夏季的浮游植物总种类数最多，秋季种类最少，但硅藻门、绿藻门的种类在各季节中的占比差距不大。从空间分布上看，西江中游河段浮游植物物种多样性略高于上游和下游河段，但差异不显著（$p>0.05$）。

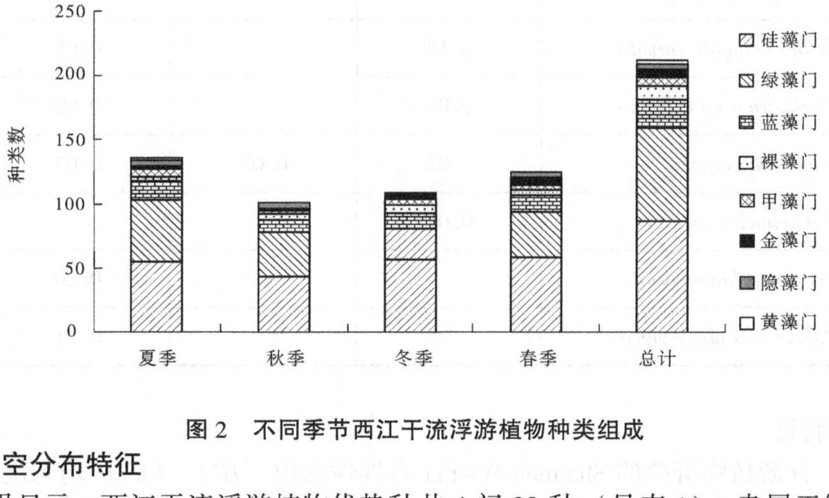

图2 不同季节西江干流浮游植物种类组成

3.2 优势种及时空分布特征

四次调查结果显示，西江干流浮游植物优势种共4门23种（见表1），隶属于绿藻门10种，占优势种类的43.48%，以小球藻为代表优势种；蓝藻门6种，占优势种类的26.09%，以美丽隐球藻为代表优势种；硅藻门4种，占17.39%，以梅尼小环藻为代表优势种；隐藻门3种，占优势种类的13.04%，以尖尾蓝隐藻为代表优势种。夏季、秋季、冬季和春季第一优势种分别为弯形小尖头藻、尖头席藻、游丝藻和大型柱孢藻。其中，秋季尖头席藻占据绝对的优势地位，优势度为0.61，但在其他季节，各优势种的优势度相对均衡，未表现出明显的差异。

表 1　不同季节西江干流浮游植物优势种及优势度

种类	夏季	秋季	冬季	春季
阿氏席藻 *Phormidium allorgei*				0. 05
大型柱孢藻 *Cylindrospermum majus*		0. 04		0. 14
单生卵囊藻 *Oocystis solitaria*				0. 03
纺锤藻 *Elakatothrix gelatinosa*				0. 03
惠氏集胞藻 *Synechocystis willei*	0. 07		0. 02	
尖头席藻 *Phormidium acutissimum*		0. 61		
尖尾蓝隐藻 *Chroomonas acuta*	0. 13		0. 02	
尖针杆藻 *Synedra acus*				0. 04
具尾蓝隐藻 *Chroomonas caudata*	0. 02			
颗粒直链藻 *Melosira granulata*	0. 04	0. 09		
梅尼小环藻 *Cyclotella meneghiniana*	0. 03		0. 19	
美丽隐球藻 *Aphanocapsa pulchra*	0. 10	0. 13	0. 04	0. 04
啮蚀隐藻 *Cryptomonas erosa*	0. 07			
实球藻 *Pandorina morum*	0. 04			
双对栅藻 *Scenedesmus bijuga*	0. 04			0. 08
四角十字藻 *Crucigenia quadrata*				0. 03
四足十字藻 *Crucigenia tetrapedia*			0. 03	
弯形小尖头藻 *Raphidiopsis curvata*	0. 17		0. 05	0. 08
网状空星藻 *Coelastrum reticulatum*	0. 03		0. 09	
小球藻 *Chlorella vulgaris*	0. 03	0. 03	0. 03	0. 06
眼斑小环藻 *Cyclotella ocellata*	0. 02			
游丝藻 *Planctonema lauterbornii*			0. 20	0. 07
锥形胶囊藻 *Gloeocystis planctonica*			0. 11	0. 10

3. 3　多样性指数特征

四次调查中，浮游植物群落的 Shannon-Wiener 多样性指数（H'）、Pielou 均匀度指数（J'）、Margalef 丰富度指数（D'）的变化趋势如图 3 所示。从整体上来看，夏季的 H'、J'、D'均最高，而冬季的 H'和 J'均为最低水平。基于浮游植物多样性指数的水质评价标准，Shannon-Wiener 多样性指数（H'）、Pielou 均匀度指数（J'）和 Margalef 丰富度指数（D'）均值分别为 2. 13、0. 67 和 6. 13，除个别站点外，整体水质介于清洁至中污染之间，水质仍需治理改善（见表 2）。

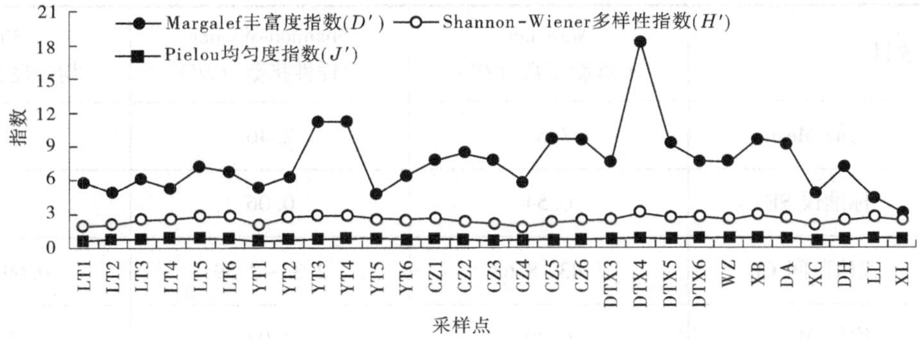

(a)夏季

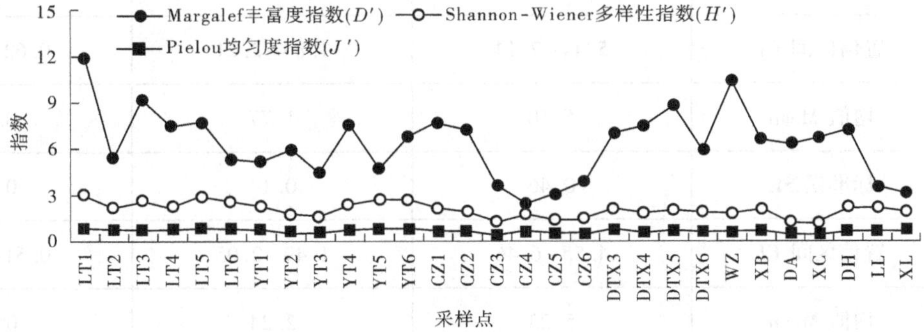

(b)秋季

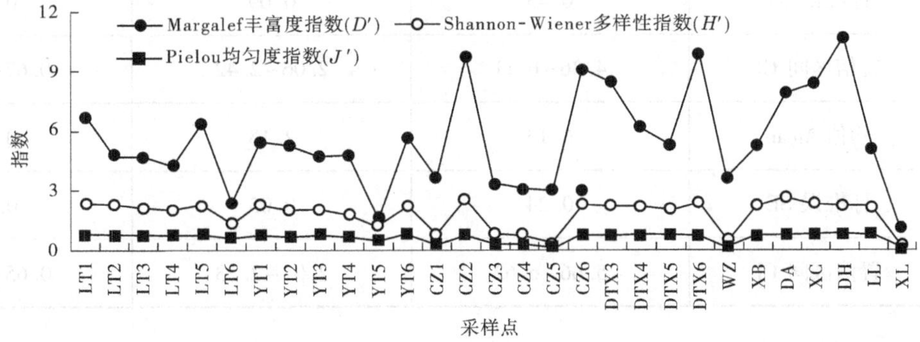

(c)冬季

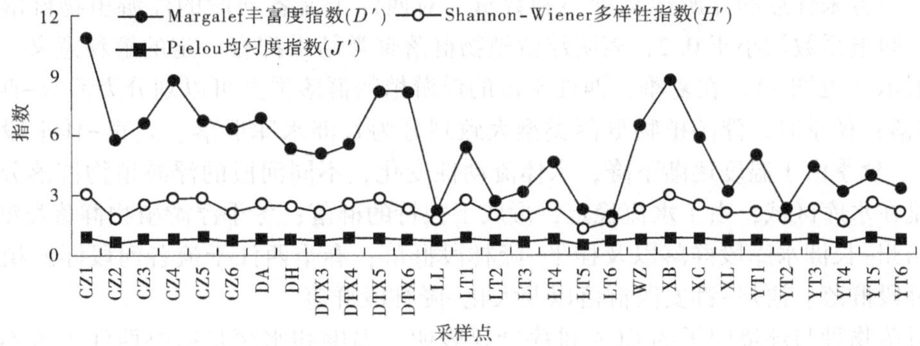

(d)春季

图 3　不同季节西江干流浮游植物多样性指数的变化趋势

表 2　不同季节西江干流浮游植物多样性指数

项目		Margalef 丰富度指数（D'）	Shannon-Wiener 多样性指数（H'）	Pielou 均匀度指数（J'）
夏季	均值 Mean	7. 53	2. 46	0. 72
	标准误 SE	0. 54	0. 06	0. 02
	置信区间 CI	6. 43～8. 63	2. 33～2. 59	0. 69～0. 76
秋季	均值 Mean	6. 29	2. 03	0. 67
	标准误 SE	0. 41	0. 09	0. 02
	置信区间 CI	5. 44～7. 14	1. 84～2. 21	0. 62～0. 72
冬季	均值 Mean	5. 50	1. 77	0. 60
	标准误 SE	0. 46	0. 14	0. 04
	置信区间 CI	4. 55～6. 46	1. 49～2. 05	0. 51～0. 69
春季	均值 Mean	5. 23	2. 24	0. 71
	标准误 SE	0. 43	0. 09	0. 02
	置信区间 CI	4. 36～6. 11	2. 06～2. 42	0. 67～0. 74
四季	均值 Mean	6. 13	2. 13	0. 67
	标准误 SE	0. 24	0. 05	0. 01
	置信区间 CI	5. 66～6. 62	2. 02～2. 23	0. 65～0. 70

3. 4　浮游植物群落结构与环境因子的关系

根据不同季节各采样点的浮游植物种类和数量，对西江干流各河段的浮游植物群落进行聚类分析。结果显示，胁迫系数均小于 0. 2，表明浮游植物群落聚类结果都有一定的解释意义，可以通过二维点阵图直观展示（见图 4）。在夏季，西江干流的浮游植物群落类型可以划分为忻城-西林段群落和兴宾-梧州段群落；秋季时，浮游植物群落类型大致划分为长洲水库群落、兴宾-桂平段群落以及忻城-西林段群落。秋季由于温度逐渐下降，水体流动性变化，不同河段的浮游植物群落分布表现出更加细化，尤其是在水库区域，由于水流稳定，形成了独特的群落；冬季浮游植物群落类型大致划分为西林段群落、梧州-长洲水库段群落以及桂平-隆林段群落；春季西江干流各河段浮游植物群落类型大致划分为西林段群落、梧州-都安段群落以及大化-隆林段群落。

浮游植物群落物种与环境因子的 CCA 排序结果表明，温度和水深是影响西江干流不同季节浮游植物群落结构的关键因素（$p<0.05$）（见图 5）。在夏季，浮游植物群落结构组成的主要环境因素为温度、水深、透明度、酸碱度；秋季则主要受河流宽度、水深、温度、电导率的影响；冬季浮游植物群落结构组成主要与电导率、温度、水深相关；春季水深、温度、透明度成为影响浮游植物群落结构的主要因素。这些环境因子的季节性变化对浮游植物群落结构及其动态变化具有重要作用。

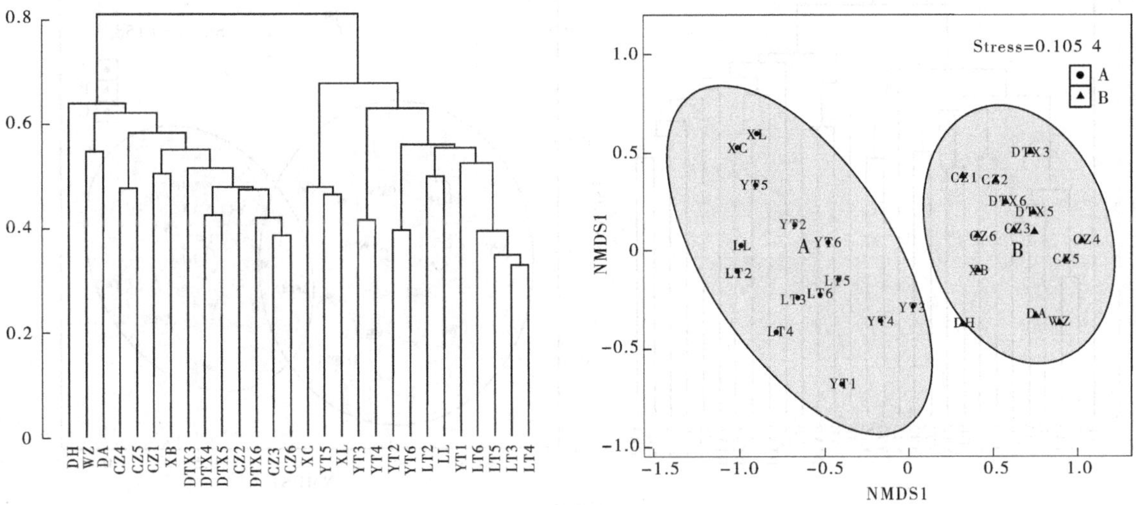

(a)夏季

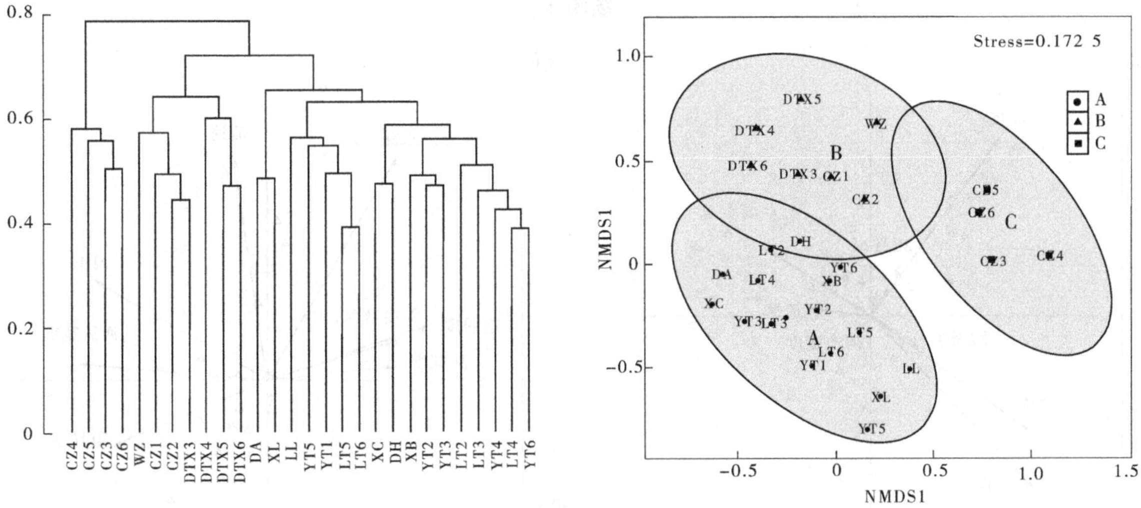

(b)秋季

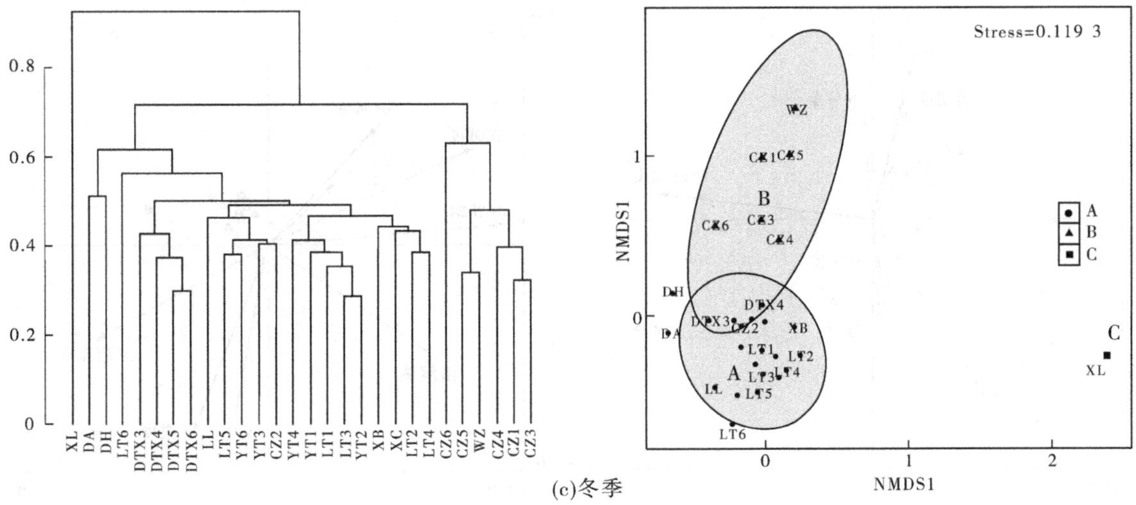

(c)冬季

图 4　不同季节西江干流采样点的聚类图和 NMDS 排序图

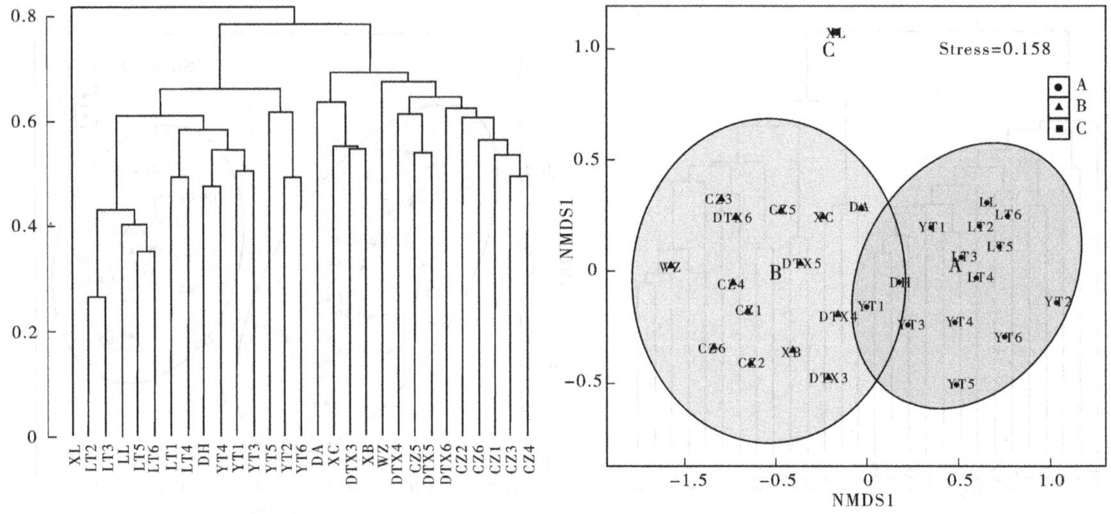

(d)春季

续图 4

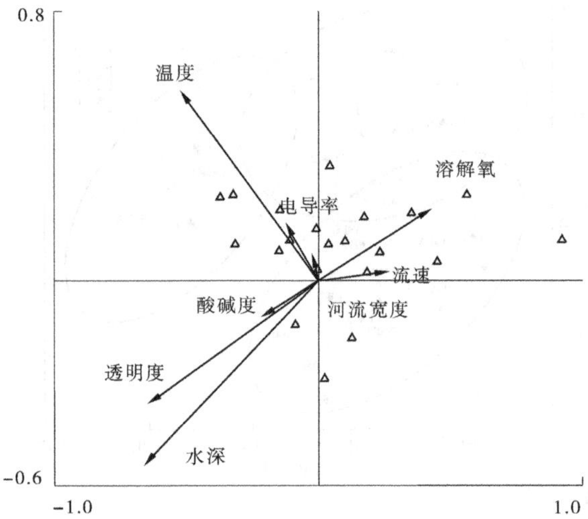

(a)春季

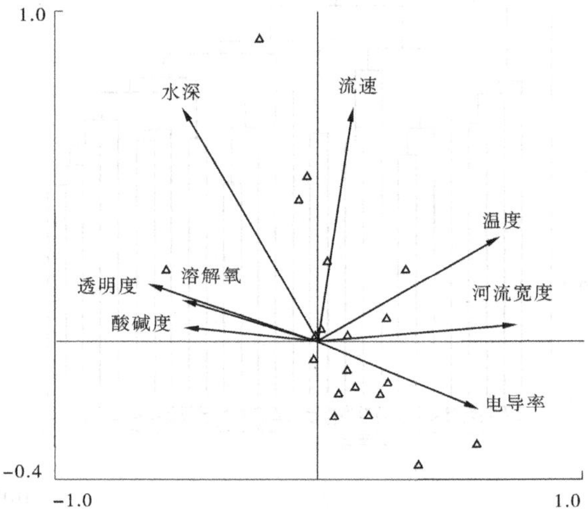

(b)夏季

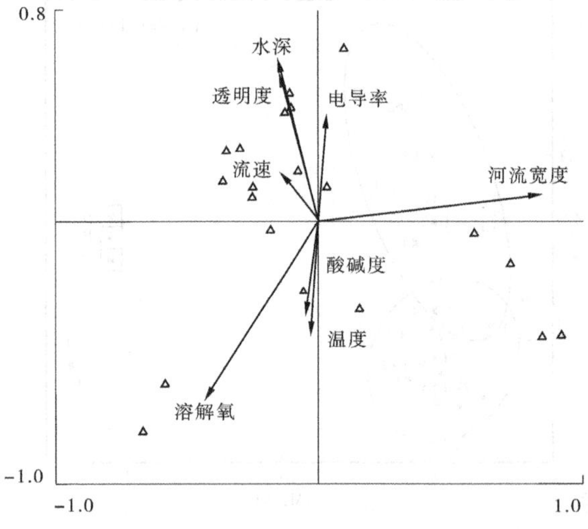

(c)秋季

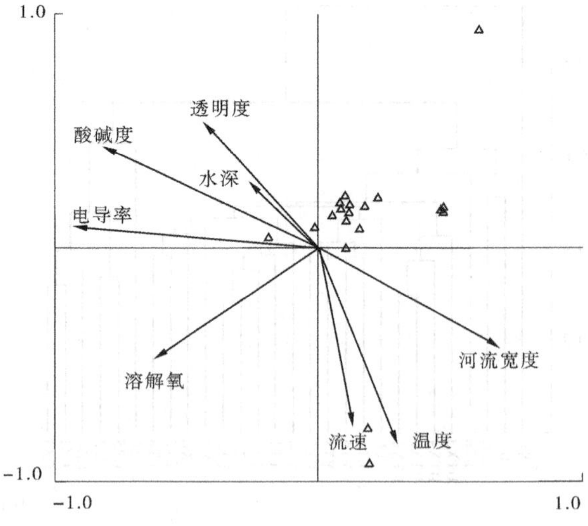

(d)冬季

图 5　不同季节西江干流浮游植物群落物种-环境因子典范对应分析排序图

4 结论

本文探究了西江干流不同季节和不同河段浮游植物群落。研究发现所有季节中，西江干流浮游植物群落中硅藻和绿藻的种类均为最多。Shannon-Wiener 多样性指数（H'）、Pielou 均匀度指数（J'）和 Margalef 丰富度指数（D'）均值分别为 2.13、0.67 和 6.13，整体水质介于清洁至中污染之间，水质仍需治理改善。从季节差异上看，西江干流浮游植物群落结构呈现明显的季节性变化。西江干流浮游植物种类多样性大小整体排序为夏季>春季>冬季>秋季。夏季、秋季、冬季和春季的第一优势种分别为弯形小尖头藻、尖头席藻、游丝藻和大型柱孢藻。夏季和秋季群落结构较为相近，差异主要在长洲水库群落；冬季和春季的群落类型由于温度和水流等条件的变化而逐渐多样化。在秋季，尖头席藻占据绝对的优势地位，其较高的适应性使其在该季节表现出较强的竞争力。然而，在其他季节，西江干流浮游植物优势种差异不显著，群落中的竞争相对均衡。浮游植物群落的物种丰富度、多样性和均匀度随季节波动明显。从空间分布上看，西江中游河段浮游植物物种多样性略高于上游河段和下游河段，但差异不显著。从环境影响因素上看，浮游植物对季节性环境条件变化表现出高度敏感性。西江干流不同季节浮游植物群落之间的差异可能受多个环境因素的影响，如温度、水流速度、光照和营养物质的变化。根据典范对应分析，不同季节浮游植物群落结构受到多种环境因素的影响，其中温度和水深是影响西江干流浮游植物群落最显著的因素。此外，透明度、电导率和酸碱度等环境因素也影响了不同季节的浮游植物群落结构。

参考文献

[1] 胡金，万云，洪涛，等．基于河流物理化学和生物指数的沙颍河流域水生态健康评价［J］．应用与环境生物学报，2015，21（5）：783-790.

[2] 陈亮东，詹建坡，王庆．珠江典型河段浮游植物群落结构特征及其对水质的指示作用［J］．南方水产科学，2023，19（6）：1-10.

[3] 丁一桐．黄河干流浮游植物生物地理格局及其水环境指示作用有效性研究［D］．西安：西安理工大学，2023.

[4] 李莹．济南典型水生态系统浮游生物群落结构及水生态健康评价［D］．大连：大连海洋大学，2022.

[5] 董立新，周绪申．浮游植物多样性指数在内陆水体污染类型评价中的应用简述［J］．海河水利，2017（5）：57-60.

[6] 陈亮东，詹建坡，王庆．珠江典型河段浮游植物群落结构特征及其对水质的指示作用［J］．南方水产科学，2023，19（6）：1-10.

[7] 罗敏纳，孙蓓丽，朱冰川，等．太湖流域浮游植物功能类群分布特征及其与环境因子的关系［J］．湖泊科学，2022，34（5）：1471-1488.

黄河上游特有鱼类生存特性及环境调查研究分析

徐宗超

（黄河勘测规划设计研究院有限公司，河南郑州　450003）

摘　要：黄河干流若尔盖段应急处置工程位于黄河上游特有鱼类国家级水产种质资源保护区，工程实施前对涉及区域的水生生物现状进行了调查并编制了专题论证报告，对渔获物资料进行整理分析，得出调查区段主要捕捞对象及其在渔获物中所占比例，渔获物的长度和重量组成等鱼类资源状况；分析了鱼类栖息特征、食性特点、繁殖习性等生存特性；根据历史资料并结合鱼类生物学特性和水文学特征，分析了鱼类产卵场、索饵场、越冬场“三场”分布情况，可为水利工程建设对河道水生态影响预测与评价提供科学依据。

关键词：黄河上游；特有鱼类；生态；环境；调查

1　保护区概况

黄河上游特有鱼类国家级水产种质资源保护区于 2007 年 12 月 12 日由农业部以第 947 号公告批准建立。黄河上游特有鱼类国家级水产种质资源保护区总面积为 13 289 hm^2，其中核心区面积 7 501 hm^2、实验区面积 5 788 hm^2[1]，核心区特别保护期为 4~8 月。保护区水域包括黄河干流贾曲河口至黑河河口段、支流白河若尔盖县段及黑河若尔盖县段[2]，范围在东经 100°48′34″~103°09′55″，北纬 33°11′14″~34°54′13″。保护区主要保护拟鲇高原鳅、厚唇裸重唇鱼、极边扁咽齿鱼、花斑裸鲤、黄河裸裂尻鱼、骨唇黄河鱼和黄河高原鳅的“三场”（产卵场、索饵场和越冬场）。

2　调查范围

2021 年 5—6 月及 2021 年 9 月，根据控制性、代表性原则，对调查水域进行了两次水生生态调查。结合黄河干流若尔盖段应急处置工程河段的生态环境条件，水生生态调查断面的设置以主要施工作业点为重点，兼顾保护区不同功能类型生境。调查范围为黄河上游洛华村至辖曼牧场的黄河干流，长约 20 km。干流从上至下布设 4 个断面，包括洛华村 1、洛华村 2、辖曼牧场 1、辖曼牧场 2，见图 1。

3　主要渔获物组成

调查江段为黄河干流，河道曲折迂回，多心滩发育，沿岸可见牛轭湖、沼泽、草滩，水流稳定，大部分河段河谷宽阔，河道多呈“U”形，边岸常见被江水冲蚀淘刷，不稳定，底质多为泥沙，部分河段也可见小粒径砾石。因阿坝州、若尔盖县已实施天然水域全年禁渔的政策，当地渔民上岸，相关渔具、渔船上缴，给鱼类调查工作带来了极大的难度。因此，在经过专家论证取得渔业资源专项捕捞许可后，以自主捕捞为主的方式开展江段的鱼类资源调查，本次调查使用渔具多为地笼，同时配合使用三层流刺网等方式。

总体上，调查河段渔获物组成以裂腹鱼亚科鱼类为主，其次是条鳅亚科鱼类，渔获物种类组成较

作者简介：徐宗超（1984—），男，高级工程师，主要从事水利工程总承包项目管理工作。

简单，具有高原山区河流鱼类组成的特点，渔获物组成见表 1。

图 1 水生生物调查断面布置示意图

表 1 干流调查河段渔获物组成合计

种类	体长/cm		体重/g		百分比/%	
	范围	平均	范围	平均	尾数	重量
花斑裸鲤	4.5~44	25.2	2~1 056	269.9	27.38	53.77
黄河高原鳅	9.2~20	15.6	10~114	53.1	15.87	6.13
黄河裸裂尻鱼	7.2~31.5	15.6	3.2~357	65.3	13.88	6.60
拟鲇高原鳅	8.3~32.5	19.8	5~287	87.0	13.10	8.28
骨唇黄河鱼	9.5~27.5	17.6	10~246.8	70.1	11.51	5.86
硬刺高原鳅	3.2~19.5	10.5	0.5~87.5	26.1	6.35	1.20
东方高原鳅	4.3~11.4	8.3	1~17	8.0	5.56	0.32
极边扁咽齿鱼	24~42	30.7	203~1 062	455.3	5.16	17.09
拟硬刺高原鳅	6.6~7.5	7.1	2.5~10.2	6.4	0.79	0.04
厚唇裸重唇鱼	25~29.5	27.5	230~255	245	0.40	0.71
合计					100	100

4 鱼类生态特性

根据鱼类区系研究方法，在不同河段设置站点，对调查范围内的鱼类资源进行全面调查。采用捕捞调查和走访相结合的方法，采集鱼类标本、收集资料、做好记录，标本用福尔马林固定保存；通过对标本的分类鉴定、资料的分析整理，编制出鱼类种类组成名录；鱼类标本采用现场鉴定，并进行生物学基础数据测定，必要时检查性别，取性腺鉴别成熟度。

4.1 栖息特征

调查水域鱼类栖息水域特征，根据流水的依赖程度可分为以下 3 个类群。

4.1.1　流水依赖类群

该类群完全或主要生活在河流的流水环境中，对流水生境的依赖度很高，基本上整个生命史都在流水生境中完成，这些种类一般体长形，体柱状或略侧扁，均呈流线型，游泳能力强，适应于流水生活。该类群种类主要有裂腹鱼亚科的厚唇裸重唇鱼、花斑裸鲤、骨唇黄河鱼、极边扁咽齿鱼等。

4.1.2　半流水依赖类群

该类群既能适应流水生境，又能适应于静缓流水体中。这一类群种类包括对流水生境依赖度不是很高的种类，如拟鲇高原鳅、裂腹鱼亚科中的部分种类（如黄河裸裂尻鱼）等。

4.1.3　非流水依赖类群

该类群种类对流水生境无依赖度，整个生命史都可在静缓流生境中完成，也可在流水生境中完成。这些种类主要包括高原鳅属的大部分种类等。

4.2　食性特点

调查江段鱼类以食性可划分为以下几个类群。

4.2.1　肉食性类群

调查江段肉食性鱼类较少，仅拟鲇高原鳅，为底层鱼类，一般潜伏水底或岸边，以其他鱼类或小型动物为食。

4.2.2　刮食性类群

该类群均为口下位，下唇具有发达锋利的角质，用以刮食着生藻类等，食物中还包括有机碎屑。这一类群有黄河裸裂尻鱼、骨唇黄河鱼、极边扁咽齿鱼等。

4.2.3　底栖动物食性类群

这些鱼类的口部常具有发达的触须或肥厚的唇，用以吸取食物。所摄取的食物，除少部分生长在深潭和缓流河段泥沙底质中的摇蚊科幼虫和寡毛类外，多数是在急流的砾石河滩石缝间生长的毛翅目和蜉游目昆虫的幼虫或稚虫。这一类群有裂腹鱼亚科的厚唇裸重唇鱼等。

4.2.4　杂食性类群

该类群部分种类既摄食水生昆虫、虾类、软体动物等动物性饵料，也摄食藻类及植物的碎片、种子，有时还吞食其他鱼类的鱼卵、鱼苗，随所处水域环境的食物组成不同而有所差异。这一类群有花斑裸鲤、高原鳅属等。

4.3　繁殖习性

根据亲鱼产卵位置的选择及受精卵的性质，参考易伯鲁编著的《鱼类生态学讲义》等，将调查江段分布的鱼类划分为1个繁殖生态类群：产沉性卵类群。

调查江段分布的这一类群包括两类：一类是以流水产黏沉性卵鱼类为主，一般在砂砾底质的缓流水浅滩产卵繁殖，受精卵具弱黏性，黏附于砾石或沉入砾石缝中孵化，有的甚至有在砂石底质上筑巢产卵的习性，受精卵在流水冲刷刺激下孵化，主要包括裂腹鱼亚科种类等；另一类是流水或静水产黏沉性卵鱼类，其对产卵场条件要求不高，如条鳅亚科的一些种类。

5　鱼类重要生存环境

调查河段分布的主要为产黏沉性卵鱼类。产黏沉性卵鱼类鱼卵和仔鱼难以用传统的早期资源调查方法采集，传统的渔获物调查也无法采集到。现场调查中采用抄网采集，但未采集到鱼卵和仔鱼。因此，对调查河段鱼类“三场”的确定主要根据历史资料，同时走访沿江居民和主要捕捞人员，了解不同季节鱼类主要集中地和鱼类群落组成，结合鱼类生物学特性和水文学特征，分析鱼类“三场”分布情况，并通过有经验的捕捞人员进行验证（见图2）。

5.1　产卵场

繁殖是鱼类生活史的重要行为阶段。依据调查河段分布鱼类的生态习性特点，目前分布的鱼类主要以产黏沉性卵类群为主，包括裂腹鱼类、高原鳅类等种类。鱼类产卵场的调查主要是根据鱼类繁殖生物学习性和河势河态、地形地貌等生境现状，结合现场调查，同时走访渔民来确认。一般而言，裂腹鱼类繁殖时虽有一定的集群行为，但亲鱼并不过于集群，不会形成特别集中、规模庞大而稳定的产卵场。它们对产卵环境要求不严苛，其中裂腹鱼类卵多沉性，需要砾石、砂砾底质，多在水深 0.5~1.5 m 的浅水区产卵，鱼类产卵后，受精卵落入石砾缝中，在河流流水的冲动中顺利孵化。该类河滩或形成于开阔河谷间的宽阔河床区段，或形成于 S 形或 Ω 形河道的凸岸，或位于较大支流与干流平浅汇口处。高原鳅等小型鱼类对产卵场的要求更不严格，一般在干支流沿岸水深较浅、水流较缓区域等一些小生境即可完成产卵繁殖，因此其没有固定的、集中的产卵场。

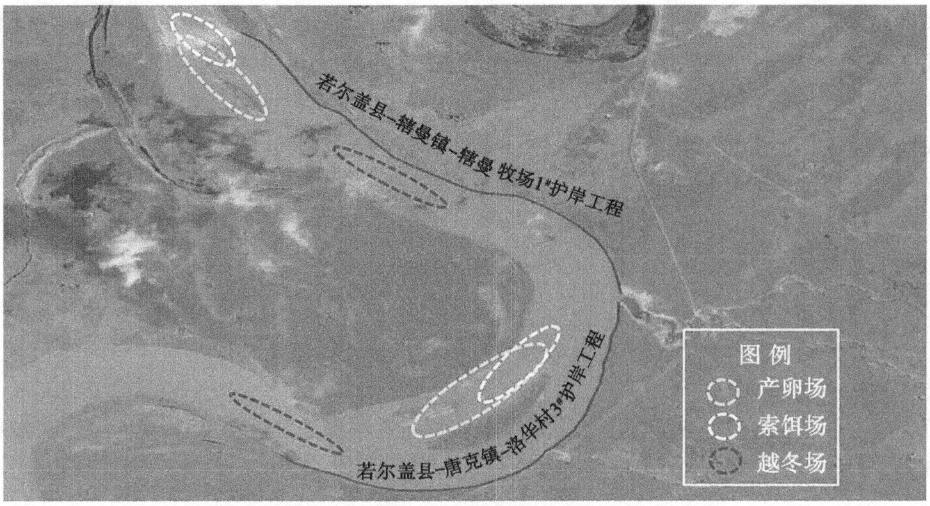

图 2　调查河段鱼类“三场”分布

总体而言，裂腹鱼类、高原鳅等适应高原生活的鱼类，多产黏沉性卵，对产卵环境要求并不严苛，大多需要浅水河滩、颗粒大小不等的砾石河床、适宜的产卵水温。这类产卵水域原本在这些鱼类的生活水域中分布得广泛而零散。

5.2　索饵场

产卵水域因鱼类生活史上最重要阶段繁殖期对水文水势的特殊要求凸显其重要性，而与繁殖期相关、重要性相近的即供繁殖前的亲鱼育肥的索饵水域及繁殖出的鱼苗平安度过幼鱼期的育幼水域。索饵水域对非洄游性鱼类而言常常邻近产卵水域，一般水流深缓，饵料丰富，对于亲鱼而言相对不固定，随产卵水域在不同时期位置有所变化。由于鱼苗摄食能力较弱，抗逆性低，鱼类育幼水域便成为保证幼鱼在适宜环境下生长发育的重要因素。以水文条件分析，育幼水域要求水流平缓，适口饵料丰富，水位相对稳定，这些条件与静缓流黏沉性鱼类产卵场相似，故育幼场一般多位于静水或缓流的河汊、河湾、河流的故道及岸边的缓流河滩，水位较浅，水面开阔，阳光照射升温较快，符合这些条件的育幼水域在调查水域零散分布。

调查河段鱼类多以底栖无脊椎动物、着生藻类和有机碎屑等为主要食物，浅水区光照条件好，礁石或砾石滩适宜着生藻类生长，相应地底栖无脊椎动物也较为丰富，往往成为鱼类重要的索饵场所。调查河段索饵场主要分布在河心滩与左侧河道的边滩浅水区域，临近鱼类产卵场，施工区域边岸多为临河陡坎，少有鱼类索饵场分布。

5.3　越冬场

冬季来临之前，水量减少，水位降低，水温逐渐下降，鱼类的活动力减弱，部分鱼类为了保证在寒冷的季节有适宜的栖息条件，往往由支流及浅水区进入干流或深潭越冬。通常认为鱼类的越冬场主要在急流险滩下水流冲刷形成的深潭、江河的沱、槽、坑凼、回水或微流水或流水、水下岩洞、泉眼、地下河道及巨砾石和砾石间的洞缝隙等水域。这些水域着生藻类、水生昆虫较为丰富，水体宽大而深，一般水深 3~4 m，最大水深 8~20 m，能为越冬鱼类提供极为良好的栖息隐蔽条件。鱼类越冬场常随汛期的砾石堆积、河道改变、泥沙的淤积不同而有所改变。

调查河段以裂腹鱼类和鳅科等高原鱼类为主，这些鱼类为典型的冷水性种类，长期的生态适应和演化，使其具有抵御低温水环境的能力，能在低温环境中顺利越冬，无明显越冬行为，因此也不存在严格意义上的鱼类越冬场。

6 结语

黄河上游（四川段）迂回曲折形成不少牛轭湖，此处亦是一片沼泽地，白河、黑河河床宽阔平坦，河道迂回曲折，河汊发育，适宜一些高原鱼类的栖息，也是众多黄河上游珍稀、特有鱼类的产卵场、索饵场和越冬场，黄河上游（四川段）特殊的生态环境形成黄河上游生境的多样性，为生物多样性奠定了基础。本次调查仅覆盖了工程涉及水域鱼类生物资源、生态特性及生存环境的分布特征，具有一定的代表性，可为水利工程建设对水生生物影响评价及针对性应对保护措施的制订提供依据，对保护鱼类栖息生境及实现水利工程与水生态环境的持续协调发展具有较为显著的意义。

参考文献

[1] 李柯懋，申志新，关弘弢．青海省国家级水产种质资源保护区建设基本情况及应注意的问题［J］．河北渔业，2014（12）：73-75.

[2] 梅燕，陈登，胡杰，等．黄河上游特有鱼类国家级水产种质资源保护区若尔盖段水生生物资源现状研究［J］．四川师范大学学报（自然科学版），2024，47（4）：507-516.

淮河流域水网建设规划中的水生态保护探讨

杨安邦　方　超　徐晶鑫

（中水淮河规划设计研究有限公司，安徽合肥　230601）

摘　要： 淮河流域既是国家水网沟通南北、连接东西的枢纽区，又是豫、皖、苏、鲁省级水网的重要水安全保障区，流域水网对构建国家水网主骨架、畅通省级水网大动脉发挥着重要的支撑作用。本文基于淮河流域水网建设规划成果，从流域水生态现状情况和保护需求出发，研究提出与流域水网总体格局相适应的水生态保护规划布局与关键保护措施，为全面提升淮河流域河湖生态面貌和水生态系统质量提供参考。

关键词： 淮河流域；水网建设规划；水生态保护

淮河流域南倚长江、北靠黄河，地处我国东部，是国家水网“一主四域”主网核心区域，在国家水网建设中具有举足轻重的地位和作用[1]。流域内自然河流和人工河道交织，水库、湖泊、蓄滞洪区众多，淮河黄金水道横贯东西，京杭运河沟通南北，入江水道、入海水道通江达海，具备良好的水网本底条件和工程基础。经过 70 多年的全面、系统、持续治理，淮河流域已初步形成防洪除涝减灾体系和水资源开发利用与配置网络，为流域防洪减灾及经济社会发展做出了巨大贡献。

当前，淮河流域正迎来长江经济带、长三角一体化、中原经济区、大运河文化带等国家重大战略和部署利好叠加的历史机遇，但流域人为挤占河湖空间、过度开发河湖资源等问题仍然存在，与水争地的发展方式尚未根本转变[2]，这对淮河流域水网建设，特别是河湖生态网建设提出了新的更高要求。本文在系统分析淮河流域水生态现状情况的前提下，基于淮河流域水网建设规划成果以及有关规划对流域水生态保护的要求，研究提出流域河湖水生态保护思路与规划布局，制订主要保护措施，以期为淮河流域今后一段时期的河湖水生态高水平保护提供技术参考。

1　流域水生态现状

近年来，淮河、南水北调东线等重要水体生态保护与修复逐步实施，河流水系综合整治、水土保持与水源涵养、生态流量调度、地下水压采等各项工作统筹推进，流域水生态环境状况不断改善。现状河湖水系生态多样性丰富，生态系统较为稳定，但仍面临一些生态问题。

淮河流域河湖生态流量保障程度逐步提升[3]，从保障程度分析，淮河干流、沙颍河及淮河以南支流主要控制断面生态流量保障程度较好；涡河、奎濉河、包浍河、沂河、沭河及山东半岛沿海诸河主要控制断面生态水量虽然可以基本保障，但距离常流水要求还有差距。

淮河流域重要湖库总体上富营养化程度不高，但存在富营养化加剧的风险。南四湖、梅山水库、佛子岭水库、响洪甸水库等湖库为中营养水平；南湾水库、城东湖、城西湖等湖库为轻度富营养化水平；洪泽湖、宿鸭湖水库等湖库为中度富营养化水平。

重要河湖库水域水生生境状况总体较好，部分水域相对较差。南四湖、城东湖、城西湖、女山湖、骆马湖、高邮湖、梅山水库、佛子岭水库、响洪甸水库、南湾水库等大型湖泊和水库以及澧河、淠河六安段和沙河上游等水生生境状况较好；惠济河、颍河、宿鸭湖水库等部分河流和水库水生生境

作者简介： 杨安邦（1979—），男，高级工程师，生态景观院副院长，主要从事水利生态环境保护、水利规划、征地移民等工作。

状况相对较差。

流域内发育的湿地总体较多，部分河湖湿地保留率较低。淮河干流及其以南区域、沂沭河上游区域各河涉及的重要湿地保留率较高；淮北平原的沙颍河、涡河、沱河、包浍河等河流以及南四湖等部分河湖涉及的重要湿地保留率较低。

近年来，淮河流域地表水氨氮、高锰酸盐指数和总磷浓度均有不同程度下降，重度污染水域明显减少，河流水质明显改善，Ⅰ~Ⅲ类水河长比例已超60%，劣Ⅴ类水河长比例不足5%。但淮河以北地区主要支流惠济河、包浍河、浉河、涡河等仍存在Ⅴ类~劣Ⅴ类水质，水污染现象依然存在[4]。

总体上，淮河流域生态较好的河流主要分布在淮河上游、淮南丘陵和沂沭河上中游区域；淮河以北及山东半岛中小河流主要由于水资源短缺和水污染导致水生态系统失衡和功能受损；淮河流域湖泊湿地受水量不足和人类活动干扰不断加剧的影响，存在萎缩退化现象；淮河流域河流湖泊水生态空间管控有待进一步加强。

2 保护思路与规划布局

2.1 有关规划对水生态保护的要求

《淮河生态经济带发展规划（2018—2035年）》提出，要加强淮河干流及沿线地区生态系统保护和修复，提升生态系统质量和稳定性，构筑具有防洪、水土保持、水源涵养等复合功能的沿淮综合植被防护体系；加强洪泽湖、骆马湖、高邮湖、白马湖、南四湖等河湖的生态保护；推进生态保护修复，强化湿地生态系统保护；打造沿海滩涂湿地生态廊道，提升伏牛山-桐柏山-大别山生态保育能力。

《长江三角洲区域一体化发展规划纲要（2019—2025年）》提出，要加快淮河-洪泽湖生态廊道建设，建设淮河、京杭运河等河湖岸防护林体系；加强森林、河湖、湿地等重要生态系统保护，提升生态系统功能；以皖西大别山等为重点，共筑长三角绿色生态屏障。

《大运河文化保护传承利用规划纲要（2018—2035年）》提出，要拓展绿色生态空间，提升植被覆盖水平，建设大运河绿色生态廊道；加快恢复和提升大运河河道和岸线保护、防洪排涝功能，重塑大运河“有水的河”现实载体；加强生态空间管控，推进生态保护修复和水环境污染防治。

2.2 流域水网总体格局

《淮河流域水网建设规划（2020—2035年）》根据国家水网建设总体布局，围绕国家重大战略部署和区域发展规划，基于流域自然水系分布、经济社会发展布局、水资源禀赋、现状水利工程体系等基础条件，以淮河、沂河、沭河骨干河道及其入江入海通道、流域分界河流、重要分洪河道、骨干引调水工程为“纲”，以重要支流、主要跨省河流、主要入海河流以及重要输配水通道为“目”，以重要湖泊、水库、水闸、枢纽、行蓄洪区等蓄水工程为“结”，构建“一轴一脉四廊多支群点”的流域水网总体格局。

其中“一轴”为淮河，“一脉”为京杭运河，“四廊”为南水北调东线、南水北调中线、引江济淮、苏北引江等四条大型引调水工程廊道，“多支”为重要支流、主要跨省河流、主要入海河流和重要输配水通道，“群点”为重要湖泊、水库、闸坝、泵站、行蓄洪区等工程点群。

2.3 水生态保护思路与规划布局

根据淮河流域水生态现状、高水平保护要求和经济社会高质量发展需要，充分结合有关规划，以问题为导向，尊重自然、顺应自然、保护自然，坚持系统观念，从生态系统整体性和流域系统性出发，提出与“一轴一脉四廊多支群点”流域水网总体格局相适应的水生态保护规划布局，即打造以淮河、大运河等骨干河流为绿色廊道，以各区域水网为绿色单元，以主要湖泊为绿色节点，以伏牛山、桐柏山、大别山、沂蒙山及沿海湿地滩涂为绿色屏障的流域河湖生态网。

3 主要保护措施

3.1 强化水生态空间管控

开展河湖水域等涉水空间划定。加快完成河湖管理范围划定，科学开展河湖、岸线、行蓄洪区、饮用水水源地、水源涵养与水土流失防治区等涉水空间划定。对有退田（圩）还湖或建设水利基础设施等需求的，预留必要的空间和廊道。

加强水生态空间协同保护与管控。制定分类、分区差异化的保护目标与管控要求，确保河湖水面率和自然岸线保有率稳中有升。加快流域各省重要河湖岸线保护规划编制，划定水域岸线功能分区，推进岸线合理高效利用，严控淮河干流等重要河湖岸线开发强度。

持续推进山丘区水源涵养与水土保持。以伏牛山、大别山、沂蒙山等山区为重点，强化水源涵养与水土保持。山丘区以封育保护为主，构建以水源涵养林、水土保持林为主的防控体系，推进水土流失综合治理，实施自然保护地建设，保护森林生态系统生物多样性，提升水源涵养与水土保持能力。

强化海岸带综合治理与保护。以射阳河口以北海岸带为重点，探索科学建设芦苇生态湿地，有序建设挡浪潜堤，控制海岸侵蚀。扎实推进沿海防护林和千里滨海生态走廊建设，持续实施海岸线生态化改造与保护，提升海岸带生态质量。

3.2 加快骨干河流生态廊道建设

加快推进淮河干流生态廊道建设。以淮南、蚌埠及息县、淮滨、凤台等沿淮城市河段为重点，依托堤防巩固提升、岸线整治、水域生态保护、行蓄洪区调整和建设，结合现有自然保护地、水利风景区、历史文化资源点和城市发展，因地制宜地分期分批构建统筹安全、生态、景观和休闲功能的复合型绿色生态廊道。

加快打造南水北调东线-大运河沿线绿色生态文化廊道。以扬州、淮安、徐州、济宁等城市河段为重点，突出输水通道水质保护，充分挖掘串联河流沿岸的原生自然要素、文化遗产资源、地域旅游特色，结合基础设施和配套服务优化完善，打造生态、文化、旅游、航运、绿色产业融合发展的廊道示范段。

推进黄河故道、引江济淮输水干线的河流生态廊道建设。黄河故道以商丘段、盐城段等河流为重点，保障生态用水，促进水生态环境质量整体改善，打造水清岸绿的生态廊道；引江济淮输水干线以沙颍河阜阳段、涡河亳州段为重点，推进滨河防护林等生态隔离保护带建设，着力打造输送优质水源的清水生态廊道。

提升骨干河道湿地生态功能。结合河流生态廊道建设，适地适度划定一批滨水湿地生态空间，加强水域岸线管控与保护，突出水域岸线生态功能完善，因地制宜地分段打造生态环境良好宜居、空间集约高效利用、各具特色的淮河流域生态绿廊样板。

3.3 推进重要支流生态修复

推进主要支流生态综合治理与修复。推进沙颍河、涡河等重要支流生态廊道建设，实施沿河城镇段河道湿地公园建设，开展水生态修复治理。以史灌河、池河等支流为重点，通过清淤疏浚、湿地生态修复、河岸带水生态保护与修复、生态岸线改造、生态调度、滨河防护林建设、生态景观节点营造、重要生境保护等措施修复主要支流生态环境。对水环境质量较差的惠济河、包浍河、浉河、涡河等河流，积极推动河流水环境综合整治。

大力改善河网水动力。淮河以北地区依托区域防洪排涝和水资源配置工程体系，推进界宿新河、界南新河、周商永运河等河湖水系连通工程建设，优化闸泵群布局，科学开展水工程联合调度，改善淮北平原河网水动力，提升区域水环境承载能力。优化里下河平原河网地区引排水格局，结合苏北引江工程，优化各级泵站调度，改善水网水动力条件，促进河湖水体有序流动，提高水体自净能力，维护生态健康。

3.4 开展湖泊生态保护治理

开展湖泊生态保护治理。以南四湖、洪泽湖、高邮湖、骆马湖为重点，大力实施入湖河流综合整治，继续推进退圩还湖还湿，因地制宜地通过生态清淤、湖滨带生态修复、湿地植被恢复、水生生物结构完善、河湖水系连通、水量调度、重要生境保护等措施，修复湖泊生态功能。针对南水北调东线和淮河干流沿线具有重要调蓄功能的湖泊，按照“一湖一策”的原则，提高调蓄能力，改善水生态环境，维持并提升湖泊水体及湖周汇水区生态功能。推进瓦埠湖、城西湖、城东湖等沿淮行蓄洪区湖泊综合治理，提升水生态功能。对里下河湖荡等生态系统受损的河湖水域，有序开展退圩还湖还湿、水生态治理、岸边带修复和湿地生态保护，逐步恢复并提升河湖、湿地生态功能。

3.5 加强河湖生态水量调度

科学确定河湖生态流量。按照流域水资源条件和生态保护需求，科学确定流域内重点河湖生态流量目标。推进流域跨省河流生态流量目标确定工作，制订生态流量保障实施方案。

持续加强河湖生态水量统一调度。以水利部淮河水利委员会和各省印发的生态流量保障实施方案为依据，持续强化流域重点河湖生态流量（水位）保障。加强河湖生态流量预警、评估工作，落实河湖生态流量保障措施。针对淮河以北地区、山东半岛生态流量保障程度较低的河流，进一步加强河道外用水管控，强化生态流量调度。统筹生态保护与防洪、供水、发电、航运用水需求，将生态用水调度纳入水利工程日常运行调度规程，优化工程调度方案，建立生态用水常规调度机制，保障河湖生态流量需求。

严格生态流量监管。对已明确生态流量保障目标的重点河湖，实施生态流量清单式管理，加强生态流量监测预警与管控。完善生态流量监测站网体系，完善重点河湖控制断面生态流量泄放设施建设。加强对洪泽湖、南四湖等重要湖泊生态应急调水的统一调度和监督管理，完善应急调度协商协调机制。

4 结语

水网是统筹解决水灾害、水资源、水生态、水环境问题的关键举措。科学谋划淮河流域水网建设规划中的水生态保护总体布局与关键措施，将能更好地服务支撑国家水网主骨架大动脉、协同融合省级水网，实现流域河湖面貌高水平保护，为经济社会高质量发展厚植绿色生态底色。

参考文献

[1] 刘冬顺. 加快构建国家水网（淮河流域）的对策措施［J］. 中国水利，2022（23）：1-4.
[2] 杨锋. 全面夯实强化流域治理管理基础 扎实推动新阶段淮河保护治理高质量发展［J］. 治淮，2024（2）：4-10.
[3] 付小峰，庞兴红，韦翠珍. 淮河流域重要河湖生态流量保障现状与对策研究［J］. 中国水利，2022（7）：67-70.
[4] 韦翠珍，李洪亮，付小峰，等. 淮河流域新时期突出水生态问题探讨［J］. 安徽农业科学，2021，49（15）：55-57.

潍坊市地下水质量现状分析

朱琳琳　史　振

（潍坊市水文中心，山东潍坊　261061）

摘　要：地下水是水资源的重要组成部分，是维系生态系统的重要要素。潍坊属于较为典型的水资源短缺城市，合理有效地开发和利用地下水资源，需要充分了解地下水质量并根据情况加以保护和治理。通过近3年的地下水监测成果，重点评价2024年38处地下水监测井水质状况，分析潍坊市地下水质量现状。

关键词：潍坊；地下水；质量评价

1　区域概况

潍坊市位于山东半岛中部，现辖潍城、坊子（含峡山区）、寒亭（含滨海区）、奎文（含高新区）4区和安丘、诸城、高密、昌邑、青州、寿光6市及昌乐、临朐2县，总人口927.72万人。潍坊市地形自南向北由高逐渐变低，缓缓倾入渤海莱州湾，形成了几个明显的台阶。南部为低山丘陵区，地形起伏变化大，从南向北逐渐由高到低一直延伸到胶济铁路附近。向北至莱州湾依次为冲积平原、洪积平原、渤海海积平原，地形平坦微向北倾斜。西南部属鲁中南低山丘陵一部分，东南部属鲁东低山丘陵。沿海地带形成为向海岸倾斜的海积平原，海滩宽阔，盐碱地普遍发育。地下水主要分为第四系孔隙水、碳酸盐岩类裂隙岩溶水、基岩裂隙水三大类，其中，以松散岩类孔隙水为主，主要分布于南部山前至平原中部[1]。

2　水资源开发利用现状

2022年全市总供水量16.45亿m^3。其中，地表水源供水量8.57亿m^3，占总供水量的52.0%；地下水源供水量6.90亿m^3，占总供水量的42.0%；其他水源供水量0.98亿m^3，占总供水量的6.0%。全市总用水量16.45亿m^3。总耗水量9.91亿m^3，耗水率（耗水量占用水量的百分比）60.2%。

3　地下水质量监测

2024年，潍坊市水文中心对38处地下水监测井开展了水质监测，监测井在区域内均匀分布。监测项目为《地下水质量标准》（GB/T 14848—2017）中“表1 地下水质量常规指标及限值”中38项指标：色、嗅和味、浑浊度、肉眼可见物、pH、总硬度、溶解性总固体、硫酸盐、氯化物、铁、锰、铜、锌、铝、挥发性酚类、阴离子表面活性剂、耗氧量、氨氮、硫化物、钠、菌落总数、亚硝酸盐（以N计）、硝酸盐（以N计）、氰化物、氟化物、碘化物、汞、砷、硒、镉、铬（六价）、铅、三氯甲烷、四氯化碳、苯、甲苯、总α放射性、总β放射性[2]。地下水样品采集工作按照《地下水水质样品采集技术指南》（地下水〔2018〕91号）要求进行。地下水样品的保存按照《地下水质量标准》（GB/T 14848—2017）、《地下水水质样品采集技术指南》（地下水〔2018〕91号）及检测方法的具体

作者简介：朱琳琳（1982—），女，工程师，主要从事水环境监测评价工作。

要求进行保存。

4 地下水质量状况分析

4.1 水质状况评价

按照《地下水质量标准》（GB/T 14848—2017）中地下水质量评价方法，按指标值所在的限值范围确定地下水质量类别，指标限值相同时，按照从优不从劣的原则，对地下水监测的指标进行水质类别评价。单指标评价方法代表了水质最差状况，虽不能综合反映水质整体情况，但简单明了，能反映单指标超标情况，清晰判断主要污染指标及分布区域[3]。

监测的地下水常规指标分为感官性状及一般化学指标、微生物指标、毒理学指标和放射性指标。逐类评价分析如下。

感官性状及一般化学指标评价分析：主要超标物质为浑浊度、总硬度、溶解性总固体、氯化物、硫酸盐，超标率分别为 10.5%、36.8%、26.3%、7.9%、5.3%。微生物指标：菌落总数均未超出Ⅲ类标准。毒理学指标：主要超标物质为硝酸盐、氟化物，超标率分别为 60.5%、10.5%。放射性指标：总 α 放射性和总 β 放射性均未超出Ⅲ类标准。

全市 38 处地下水中监测指标均符合Ⅲ类（含Ⅲ类）水标准的 10 处，占总评价井数的 26.3%；超出Ⅲ类标准的 28 处，占总评价井数的 73.7%，其中符合Ⅳ类和Ⅴ类标准的分别占 31.6%和 42.1%。不同水质类别所占比例见图 1。

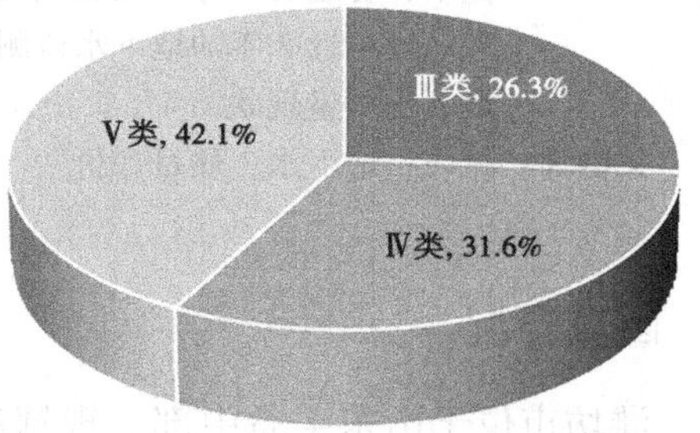

图 1 地下水水质类别比例

潍坊市整体地下水水质状况不理想。各县（市、区）达标率能到 50%以上的只有昌乐县、坊子区、高密市、青州市。各县（市、区）地下水水质类别统计结果见表 1。

表 1 各县（市、区）地下水水质类别统计结果

县（市、区）	监测井总数	Ⅰ类个数	Ⅱ类个数	Ⅲ类个数	Ⅳ类个数	Ⅴ类个数
安丘市	2				1	1
昌乐县	3			2	1	
昌邑市	3				2	1
坊子区	1			1		
高密市	2			1	1	
高新区	1				1	
寒亭区	2				1	1
奎文区	3				3	
临朐县	2					2
青州市	6			3		3
寿光市	7			2		5
潍城区	2					2
诸城市	4			1	2	1
合计	38	0	0	10	12	16

4.2 主要污染物及超标情况

全市监测的38处地下水中，不符合Ⅲ类水质标准的28处。从统计结果来看，影响潍坊市地下水水质类别的主要物质为水体中的离子含量。在28处水质不符合Ⅲ类标准的监测井中，总硬度超出标准的14处，占超标井总数的50.0%；溶解性总固体超出标准的10处，占超标井总数的35.7%；氯化物超出标准的3处，占超标井总数的10.7%；硫酸盐超出标准的2处，占超标井总数的7.1%；浑浊度超出标准的4处，占超标井总数的14.3%。其次为地质原因影响地下水水质类别，表现为地下水氟化物含量较高。其中氟化物超出标准的4处，占超标井总数的14.3%。部分地下水也受到人为因素的影响，主要表现为硝酸盐含量偏高，超出标准的23处，占超标井总数的82.1%。超出Ⅲ类标准的项目统计结果见图2。

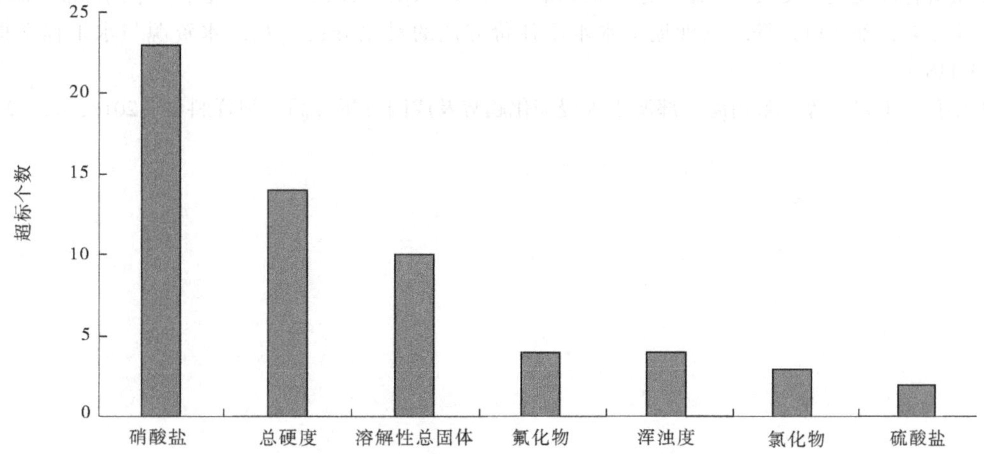

图2 超出Ⅲ类标准项目统计结果

4.3 历年比较

潍坊市近三年地下水水质监测中，38处地下水站点Ⅲ类水质达标率分别在7.9%、13.2%、26.3%，监测指标超标最多的两个项目是总硬度和硝酸盐。但得益于水资源保护、水环境治理以及降水偏多，地下水得到有效补充等因素，水质渐好。总硬度超标情况有所改善，超标率从78.9%降至36.8%；最大超标倍数从2.51降至1.19。硝酸盐最大超标倍数从5.35降至4.25。2022—2024年的地下水水质类别及总硬度、硝酸盐超标情况统计结果见表2。

表2 2022—2024年总硬度和硝酸盐超标情况统计结果

年份	Ⅲ类水达标个数	硝酸盐超标个数	硝酸盐超标比例	总硬度超标个数	总硬度超标比例
2022	3	23	60.5%	30	78.9%
2023	5	23	60.5%	30	78.9%
2024	10	23	60.5%	14	36.8%

5 结论

2024年实施水质监测的38处潍坊市地下水监测井中，水质参数均符合或优于《地下水质量标准》（GB/T 14848—2017）Ⅲ类标准的共10处，占监测井数的26.3%；符合Ⅳ类水标准的共12处，占监测井数的31.6%；Ⅴ类水共16处，占监测井数的42.1%。

地下水含盐量高是影响地下水水质的主要因素，潍坊北部地下水呈现咸水入侵趋势[4]。在28处水质不符合Ⅲ类标准的监测井中，总硬度超出标准的14处，占超标井总数的50.0%；溶解性总固体超出标准的10处，占超标井总数的35.7%；氯化物超出标准的3处，占超标井总数的10.7%；硫酸盐超出标准的 2 处，占超标井总数的 7. 1%；浑浊度超出标准的 4 处，占超标井总数的 14. 3%。

影响地下水水质的另一个原因是地质因素，地下水中氟化物含量偏高。在水质不符合Ⅲ类标准的监测井中，氟化物超出标准的 4 处，占超标井总数的 14. 3%。。

人类的活动已对地下水水质产生了影响，农业生产中粪肥、化肥污染地下水。在水质不符合Ⅲ类标准的监测井中，硝酸盐氮超出Ⅲ类标准的共23 处，占超标井总数的 82. 1%，占监测总数的 60. 5%。

参考文献

[1] 吴新庆，张军，陈方明. 潍坊市地下水水化学特征与水质评价 [J]. 山东煤炭科学，2023 (8)：194-197.

[2] 全国国土资源标准化技术委员会. 地下水质量标准：GB/T 14848—2017 [S] . 北京：中国标准出版社，2017.

[3] 张新珏，辛宝东，刘文臣，等. 三种地下水水质评价方法的对比分析 [J]. 水资源与水工程学报，2011，22 (3)：113-118.

[4] 刘莹，姜锡仁，王兴，等. 莱州湾南部海水入侵变化趋势及成因分析 [J]. 海洋科学，2018，42 (2)：108-117.

大藤峡水利枢纽工程黔江鱼道建设与过鱼效果初评

马海涛[1,2]　罗勇强[2]　周佳伟[3]

（1. 广州珠江水资源保护科技发展有限公司，广东广州　510610；
2. 广西大藤峡水利枢纽开发有限责任公司，广西南宁　530200；
3. 水利部珠江水利委员会水文局，广东广州　510610）

摘　要：为减缓大藤峡水利枢纽工程建设对鱼类洄游通道的阻隔影响，在对鱼类种群及鱼类生活习性调查的基础上，确定主要过鱼对象、过鱼时间和过鱼水位等相关指标，经过优化设计建设完成黔江鱼道。鱼道采用竖缝式结构，设置适应不同库水位、坝下水位的进出鱼口，并设置补水管、观察室等辅助设施。经过初步调查监测，黔江鱼道过鱼种类隶属4目9科30种，以鲤形目种类居多，其次是鲇形目和鲈形目，与坝下江段调查结果基本一致，鱼道具有较好的过鱼效果。

关键词：大藤峡工程；竖缝式鱼道；过鱼效果；黔江

1　概况

西江是中国第三大河流，发源于云南省曲靖市沾益区境内的马雄山，流经贵州、广西，最终在广东省佛山市三水区思贤滘与北江相通并进入珠江三角洲网河区。西江全长约2 214 km，流域面积约35.31万km^2。大藤峡水利枢纽工程是红水河11级规划中的最后一个梯级，位于珠江水系西江流域黔江干流大藤峡出口处，主要开发任务为防洪、航运、发电、补水压咸、灌溉等综合利用。工程所在江段是高原山地急流性鱼类向江河平原鱼类过渡区，是流水性鱼类的重要生境之一，也是珠江洄游鱼类的重要生态廊道。库尾分布有红水河来宾段珍稀鱼类自治区级自然保护区，坝上回水范围内及坝下分布有12处产漂流性卵的鱼类产卵场，其中大藤峡坝址下游10 km处的东塔产卵场为西江流域最大的产卵场[1-4]。广西境内红水河及浔江共分布鱼类192种，属14目31科109属，其中，国家及省级保护种有中华鲟、花鳗鲡、唐鱼、鲥，列入红皮书的种类11种，珠江水系特有种类27种[3]。为减缓工程建设对鱼类及水生生态系统的不利影响，连通上下游的生物多样性，保护珍稀、特有鱼类和经济鱼类资源，在大藤峡工程建设过程中，建设了黔江鱼道工程。

2　鱼道布置及设计参数

2.1　主要过鱼对象及过鱼时间

根据鱼类资源调查，大藤峡水利枢纽影响区分布的鱼类中，有海洋至江河之间的洄游鱼类、江湖洄游鱼类及河口性鱼类。综合考虑鱼类洄游习性、保护级别及其受到的影响程度，确定黔江鱼道主要过鱼对象为花鳗鲡、鳗鲡、鳡、鳤、赤眼鳟及四大家鱼，同时兼顾白肌银鱼、七丝鲚、三角鲂、银鲴、黄尾鲴、翘嘴鲌、蒙古鲌及其他在坝上坝下均有分布的鱼类。

根据鱼类生活习性，花鳗鲡、鳗鲡溯河繁殖期为2—3月，赤眼鳟的繁殖期为5—6月，三角鲂的

基金项目：水利部重大科技项目（SKS-2022063）。

作者简介：马海涛（1979—），男，高级工程师，主要从事水资源保护、水生态环境保护、环境影响评价研究工作。

繁殖期为 6—7 月，鲮和鳡的繁殖期为 5—6 月，鳍的繁殖期为 4—6 月，草鱼、青鱼、鲢、鳙等的繁殖期为 5—7 月。因此，重点过鱼季节为 2—7 月，并考虑兼顾全年过鱼。

2.2 鱼道的选型

过鱼设施是为鱼类通过拦河闸坝抵达产卵或培育场所而设置的构筑物和机械设置，主要的过鱼设施有鱼道、仿自然通道、鱼闸、鱼梯、升鱼机、集运鱼系统以及组合式过鱼设施等[5-8]。鱼闸、鱼梯、升鱼机和集运鱼设施一般适合中、高水头大坝，且具有过鱼不连贯、过鱼不稳定、操作不便、成本高等特点。鱼道过鱼连续稳定，一般适用于中低水头的大坝[4]，在上下游水位差不是特别大的工程实践中普遍采用，可以做到在过流通道较短的长度内，满足特定鱼类的过鱼空间、过鱼流速等[5]。

大藤峡水利枢纽工程设计水头 25 m，属于低水头径流式枢纽工程，宜采用鱼道过鱼方式。综合考虑下游长洲水利枢纽建设经验及过鱼种类，工程采用竖缝式鱼道，并根据库区调度运行及水位变幅，分别设置汛期鱼道和非汛期鱼道，以满足不同水位条件下的过鱼需求。

2.3 鱼道工程布置

黔江鱼道布置在黔江右岸岸坡上，鱼道过坝口位于主坝右岸挡水坝段上。由于本工程的过鱼季节为 2—7 月，结合水库非汛期、汛期运行的特点，在过坝时分设两个出口，因过鱼时期不同，分别称非汛期鱼道与汛期鱼道。非汛期鱼道在坝前向库内延伸，分别在 61.00 m、59.60 m、57.60 m 水位设置 3 个出鱼口，汛期鱼道向库区内延伸，在 47.6 m 水位设置 1 个出鱼口。非汛期鱼道结合地形布置，在坝后伸展迂回与汛期鱼道汇合，并向下游延伸，在右岸厂房厂区挡墙 150 m 范围内设置 4 个鱼道进口。非汛期鱼道总长为 1 279.78 m，汛期鱼道总长为 2 418.42 m。

2.4 鱼道特征参数

2.4.1 鱼道进、出口底高程

根据库区水位变化情况，分别设置非汛期鱼道和汛期鱼道。非汛期鱼道设置 3 个出鱼口，底板高程分别为 58.00 m、56.60 m、54.60 m，分别满足库水位 61.00 m、59.60 m、57.60 m 过鱼要求。汛期鱼道设置 1 个出鱼口，底板高程为 45.40 m，满足库水位 47.60 m 过鱼要求。下游水位布置 4 个进鱼口，进鱼口底板顶高程分别为 20.11 m、21.80 m、23.49 m、25.18 m。

2.4.2 鱼道设计流量及流速

依据《水利水电工程鱼道设计导则》（SL 609—2013），鱼道设计流速取决于过鱼对象的极限流速，同时也要兼顾主要过鱼对象喜好流速。根据主要过鱼对象游泳能力测试研究，确定设计过鱼流速为 1.2 m/s，最小过鱼流速取值为鱼类感应流速中的最大值 0.35 m/s。在满足设计流速的情况下，经过数学模拟计算和水工模型试验，确定鱼道流量为 3.37 m^3/s。

2.4.3 鱼道槽身结构

依据《水利水电工程鱼道设计导则》（SL 609—2013），并结合主要过鱼对象体长等情况，确定鱼道池室净长 6 m，净宽 5.0 m，净高 4.0 m，隔板间竖缝宽度 1.0 m。非汛期鱼道设置池室数量为 176 个、汛期鱼道设置池室数量为 334 个，共计 510 个。每隔 15~20 块隔板设一个平底休息池，休息池长度为 12.0 m。

2.4.4 辅助设施

鱼道在进、出鱼口设置 8 座平板式闸门，过坝段设置 2 座平板式过坝闸门，非汛期鱼道与汛期鱼道交汇口前设置 1 座平板式闸门。同时为满足进鱼口诱鱼要求，设计补水管、补水消能池等设施，通过补水（3.0 m^3/s）加大进鱼口平均流速以保证过鱼效果。

3 过鱼效果监测结果

为评估鱼道过鱼效果，2023 年 9—10 月采用定点捕捞，使用地笼、刺网等方法对鱼道过鱼效果进行了 3 次调查监测，并与坝下江段鱼类组成调查结果进行比较分析。

3.1 鱼道鱼类种类组成

2023 年 9—10 月于黔江鱼道内进行鱼类资源调查，共计 3 次，获得标本 1 072 尾，共计 76.566 kg。经鉴定隶属于 4 目 9 科 30 种，其中渔获物以鲤形目种类居多，为 1 科 18 种，占采集到物种总数的 60%；其次是鲇形目和鲈形目各 4 科 5 种，各占总数的 16.67%（见图 1）。鲤形目均为鲤科鱼类。

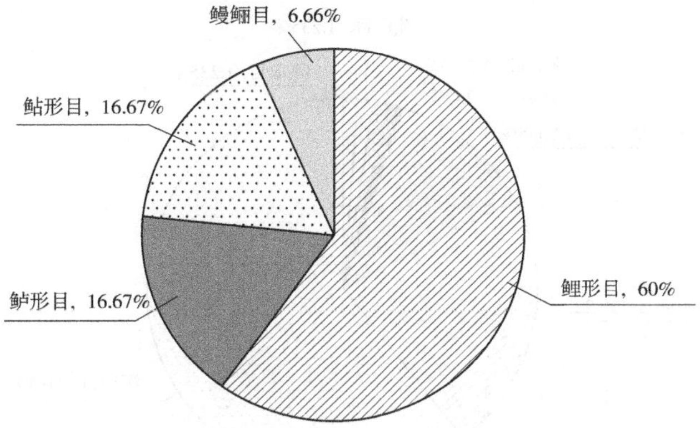

图 1　黔江鱼道鱼类种类组成

通过对黔江鱼道渔获物各种类进行统计，数量最多的前五种鱼类依次为子陵吻鰕虎鱼、齐氏罗非鱼、银飘鱼、海南似鱎、海南鲌，分别占总数量的 29.10%、26.77%、17.07%、10.17%、6.53%，重量最大的前五种鱼类依次为鲢、齐氏罗非鱼、海南鲌、海南似鱎、鳙，分别占总重量的 46.12%、17.31%、8.32%、4.28%、4.08%。

通常采用优势度指数（IRI）表示鱼类种类优势度[9-10]。结合物种的数量占比、重量占比及出现比例，应用优势度指数（IRI）进行分析，黔江鱼道鱼类优势种类（IRI≥1 000）仅 2 种，分别为鲢（3 249.12）及尼罗罗非鱼（1 469.39），常见种（100≤IRI<1 000）9 种，为子陵吻鰕虎鱼（991.35）、银飘鱼（658.32）、海南鲌（494.98）、海南似鱎（481.64）、赤眼鳟（347.60）、尼罗罗非鱼（322.42）、鲤（243.65）、鳙（142.27）和鲮（121.15）。

3.2 坝下江段鱼类种类组成

大藤峡坝下江段鱼类资源调查渔获物共计 79 船次，共计 4 115 尾 835.72 kg。经鉴定隶属于 7 目 16 科 81 种，其中渔获物以鲤形目种类居多，为 2 科 49 种，占采集到物种总数的 60.493%；其次是鲈形目 6 科 18 种，占总数的 22.222%；鲇形目 4 科 10 种，占总数的 12.345%（见图 2）。鲤形目以鲤科鱼类为主，有 47 种，占调查到鱼类物种数的 58.02%。鱼道内渔获物中有 5 种为主要过鱼对象，分别为鲢、鳙、草鱼、赤眼鳟和鳗鲡。

通过对坝下江段渔获物各种类进行统计，渔获物数量最多的前五种鱼类依次为鲮、赤眼鳟、鳘、广东鲂、南方拟鳘，分别占总数量的 14.82%、11.05%、6.56%、5.59%、5.37%。渔获物重量最大的前五种鱼类依次为鲮、赤眼鳟、鲤、广东鲂、草鱼，分别占总重量的 22.73%、11.63%、11.07%、9.05%、8.30%。

应用优势度指数（IRI）进行分析，坝下江段优势种类（IRI≥1 000）有 3 种，分别为鲮（2 872.33）、赤眼鳟（2 135.93）及鲤（1 138.33）；常见种（100≤IRI<1 000）有 14 种，主要包括尼罗罗非鱼（772.12）、广东鲂（706.18）、草鱼（688.41）、鲫（621.3）、鲢（382.61）、大眼鳜（365.03）、海南鲌（345.81）、南方拟鳘（215.36）、瓦氏黄颡鱼（232.79）、齐氏罗非鱼（223.32）、银鮈（163.12）、莫桑比克罗非（149.81）、子陵吻鰕虎鱼（117.86）等。

3.3 鱼道内流速

10 月中旬对鱼道上中下游段的池室及竖缝中心上中下层的流速进行监测，结果显示，出鱼口附近池室水深为 1.5 m，出鱼口附近池室流速为 0.25~0.34 m/s，竖缝流速为 0.81~1.15 m/s；坝下段池室水深 2.0 m，池室流速为 0.57~1.09 m/s，竖缝流速为 1.10~1.49 m/s；下游段池室水深 2.0 m，池室流速为 0.26~0.61 m/s，竖缝流速为 1.39~1.53 m/s。竖缝处流速明显大于池室流速，上中下游竖缝平均流速分别为 0.94 m/s、1.32 m/s、1.45 m/s，与设计过鱼流速 1.2 m/s 相差不大，满足过鱼的需求。

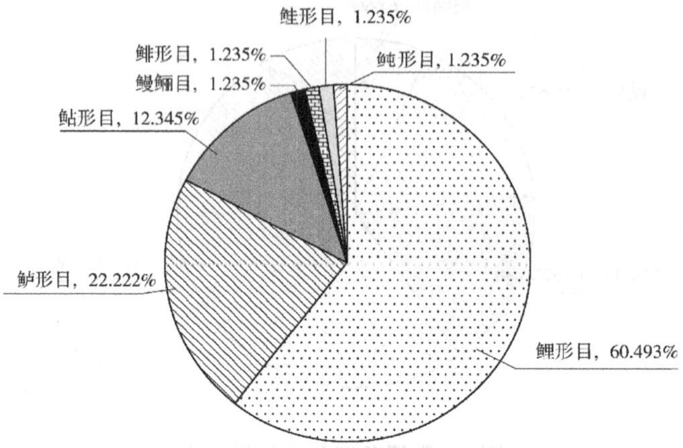

图 2　大藤峡坝下江段鱼类种类组成

4　讨论

4.1　鱼道过鱼种类

2023 年 9—10 月鱼道观测到鱼类 4 目 9 科 30 种，其中包括主要过鱼对象 5 种，分别为鲢、鳙、草鱼、赤眼鳟和鳗鲡。鱼道内鱼类种类占坝下水域鱼类种类数量的 37.0%，证明鱼道具有较好的过鱼效果。调查到的鱼类以子陵吻鰕虎鱼、银飘鱼、海南似鲚、海南鲌等小型鱼类数量居多，说明鱼类上行可以克服鱼道流态和流速等因素影响。黔江鱼道目前处于初期运行期间，并且鱼道调查监测时段为非主要过鱼季节，鱼道内调查到的鱼类种类数量也低于坝下江段鱼类种类数量。因此，需要长期开展调查监测，通过数据积累和分析，才能够全面科学地判断过鱼种类。

4.2　鱼道与坝下江段鱼类组成结构差异

从渔获物种类组成上分析，黔江鱼道及坝下江段鱼类均以鲤形目、鲈形目和鲇形目鱼类居多，三个目的鱼类种类之和均占鱼类总数量的 93%以上。黔江鱼道与坝下江段鱼类种类组成结构上具有一定的相似性。通过优势度指数（IRI）对比分析，黔江鱼道内鱼类优势种为鲢和尼罗罗非鱼，坝下江段优势种为鲮、赤眼鳟和鲤，本次调查监测结果存在一定的差异。这也与鱼道初期运行、调查时段、频次等因素有关，随着长期调查监测及分析，更能科学地反映鱼道与下游江段内鱼类种类的差异。

4.3　科学运行管理及调查监测

大藤峡水利枢纽大坝阻隔了鱼类洄游通道，鱼道作为最重要的水生态保护措施之一，应结合水库调度运行进行科学调度，确保鱼道运行满足各项设计参数。鱼道过鱼效果监测有张网法、堵截法、电捕鱼法、视频监测、水声学监测、遥测法等[11]，调查监测内容主要有鱼类种类、数量，以及鱼道流速、水深等水文参数及环境参数。单一调查监测方法均不能全面反映鱼道的过鱼效果。本文采用地笼、刺网等方法不能全面反映鱼类在鱼道中的洄游轨迹，也不能全面反映鱼类在鱼道中的时间、空间分布。因此，可采用视频实时监控、鱼类自动识别等无伤化、精准化、体系化的监测手段进行持续性监测。另外，鱼道内水文条件、环境因子是影响鱼类通过鱼道最为关键的因素[12-13]，在开展鱼道监测时，应同步对鱼道内水流流态、环境因子以及鱼类生理学因子等进行监测，以掌握鱼类在鱼道内的时空分布规律，以及鱼类洄游与流速流态、环境因子的相关关系，为进一步优化鱼道运行，充分发挥过鱼效果提供基础。

5 结语

大藤峡水利枢纽工程黔江鱼道采取竖缝式鱼道形式，设置适于不同运行水位的进鱼口和出鱼口，可满足不同时期过鱼要求。鱼道池室净宽 5.0 m、净长 6.0 m，隔板竖缝宽度 1.0 m，设计过鱼流速为 1.2 m/s。初步调查监测，黔江鱼道过鱼种类属于 4 目 9 科 30 种，其中有 5 种鱼类为主要过鱼对象。鱼道内鱼类以鲤形目种类居多，其次是鲇形目和鲈形目，与坝下江段调查结果基本一致，鱼道具有较好的过鱼效果。随着鱼道稳定运行，鱼类对鱼道逐步适应，鱼道内鱼类种类和数量会逐步增加，鱼道过鱼效果将会逐步显现。

参考文献

[1] 武智，李跃飞，朱书礼，等. 基于渔业声学调查的珠江东塔产卵场鱼类栖息地适宜性研究［J］. 南方水产科学，2023，19（3）：11-18.

[2] 王丽，朱远生，杨晓灵，等. 大藤峡水利枢纽工程设计中的水生态优化措施［J］. 水资源保护，2016，32（3）：74-78，83.

[3] 朱迪，王崇，杨志，等. 筑坝河流鱼类生物完整性研究：以珠江流域红水河为例［J］. 水生态学杂志，2023，44（4）：92-98.

[4] 杨颖，亢文婷. 绰勒水利枢纽鱼道设施的选择与设计［J］. 内蒙古水利，2023（5）：45-46.

[5] 黄漫丽. 黄溢河出口段治理工程中鱼道设施研究与设计［J］. 山西建筑，2023，49（11）：188-191.

[6] Mao X. Review of fishway research in China［J］. Ecological Engineering，2018，115：91-95.

[7] 杨红玉，李雪凤，刘晶晶. 国内外鱼道及其结构发展状况综述［J］. 红水河，2021，40（1）：5-8.

[8] 曹庆磊，杨文俊，周良景. 国内外过鱼设施研究综述［J］. 长江科学院院报，2010，27（5）：39-43.

[9] 高明慧，何力劲，翁士创，等. 武江乐昌段鱼类组成及物种多样性的年际变化［J］. 水生态学杂志，2024：1-13.

[10] 王佳成，廖传松，连玉喜，等. 三峡水库香溪河鱼类群落结构特征及历史变化［J］. 湖泊科学，2023，35（6）：2082-2094.

[11] 王义川，王煜，林晨宇，等. 鱼道过鱼效果监测方法述评［J］. 生态学杂志，2019，38（2）：586-593.

[12] 李捷，李新辉，朱书礼，等. 连江西牛鱼道过鱼效果及其影响因子研究［J］. 生态与农村环境学报，2019，35（12）：1593-1600.

[13] 谭细畅，陶江平，黄道明，等. 长洲水利枢纽鱼道功能的初步研究［J］. 水生态学杂志，2013，34（4）：58-62.

汉江中下游春季和夏季浮游植物演变特征及驱动机制对比

查悉妮[1,2]　辛小康[1,2]　赵肥西[1,2]　廖沛涵[1,2]　万　安[3]

(1. 长江水资源保护科学研究所，湖北武汉　430051；
2. 长江水利委员会湖库水源地面源污染生态调控重点实验室，湖北武汉　430051；
3. 河海大学水利水电学院，江苏南京　210098)

摘　要：针对不同季节汉江中下游浮游植物异常增殖成因与机制，本文基于偏最小二乘路径模型（partial least squares path modeling，PLS-PM）分析了不同季节各环境因子间的相互作用，量化了各环境因子对汉江中下游浮游植物异常增殖的贡献率。结果表明，河道流量减小是2021年春季汉江中下游水华暴发的诱导因子，河道流量减小延长了有机物和营养盐的传输和滞留时间，为藻类生长提供了稳定的营养条件。气象因素是2022年夏季汉江中下游水华暴发的诱导因子，高温无雨的极端天气导致水温上升，加速了藻类的代谢反应速率。本文旨在为揭示汉江中下游水华暴发成因和优化水华防治措施提供一定理论支撑。

关键词：汉江中下游；浮游植物；成因；偏最小二乘路径

1　引言

浮游植物异常增殖会显著降低水体中的氧气含量，并形成水华，导致水体颜色变化，并伴有异味，这不仅威胁到鱼类等水生生物的生存，还会严重破坏水生态平衡[1-2]。汉江是长江的最大支流，汉江中下游自20世纪90年代首次发生硅藻水华以来，已累计发生10余次水华事件[3]，并且单次水华事件最长持续时间达30余d。针对汉江中下游浮游植物异常增殖成因与机制，国内外学者已开展了大量研究，如窦明等[4] 初步研究了汉江下游水华暴发与水文、水质和温度等特征的作用关系及其演变规律。殷大聪等[5] 研究表明，汉江水华主要受高营养盐负荷、低流速、小流量以及晴好的气候条件影响。吴兴华等[6] 将汉江硅藻水华的原因进一步总结为气候条件、高硅氮比和低流量。然而，上述研究成果主要集中于分析各类驱动因子对汉江浮游植物异常增殖的独立影响，忽视了这些环境因子之间的相互关系。实际上，水华事件通常受到人类活动和气候变化多重影响，是多种复杂要素交互作用下的水生态系统问题[7-9]。因此，本文拟采用结构方程方法分析各环境因子间的相互作用并量化各环境因子对汉江中下游浮游植物异常增殖的贡献率，全面探析水华暴发时期各因素的因果关系链条和影响路径。另外，不同季节的气候和水动力条件导致浮游植物异常增殖成因具有差异性[10]，因此明确汉江中下游不同季节浮游植物异常增殖对水文水动力条件及营养盐等因素的响应机制，对减缓水华危害、保障汉江中下游水生态环境和饮水安全具有重要意义。

基金项目：国家重点研发计划项目（2023YFC3205600）；中国长江三峡集团有限公司科研项目（0711612）；湖北省面上基金项目（2022CFB374）；水资源工程与调度全国重点实验室开放研究基金项目（2023SWG04）。

作者简介：查悉妮（1994—），女，工程师，主要从事生态水文研究工作。
通信作者：辛小康（1985—），男，正高级工程师，主要从事水资源保护研究工作。

2 数据与方法

2.1 研究区概括

汉江是长江的最大支流，汉江干流分上、中、下游三段。丹江口以上河段为上游，河长 925 km，占干流总长的 59%。丹江口至皇庄河段为中游，河长 270 km，占干流总长的 17%。皇庄以下河段为下游，长 382 km，占干流总长的 24%。本文选取汉江中下游为研究区，水系及站点分布情况如图 1 所示。

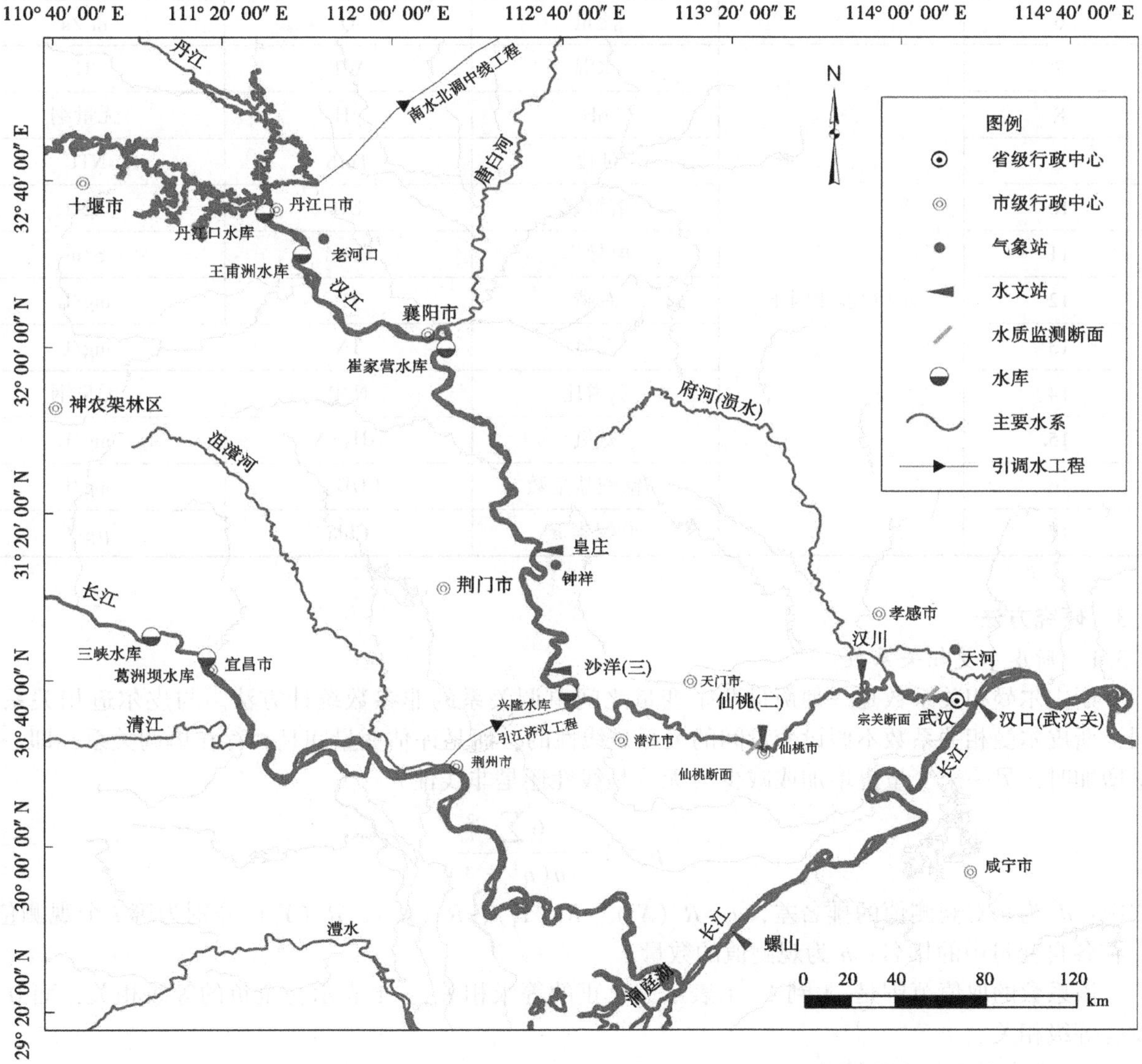

图 1 汉江中下游水系、主要站点分布

2.2 数据来源

本文采用的数据如表 1 所示。其中，气象数据来源于国家气象信息中心。水文水动力数据来源于湖北省水文水资源中心。水质/理化数据来源于国家地表水水质自动监测实时数据发布系统和长江水资源保护科学研究所。

表 1　采用的数据

序号	因子类别	名称	缩写	单位
1	气象因子	降雨量	R	mm
2		气温	T	℃
3		风速	WindS	m/s
4	水文水动力因子	水位	WL	m
5		水位日变幅	WLF	m
6		流量	Q	m^3/s
7	水质/理化因子	水温	WT	℃
8		pH	pH	无量纲
9		浊度	Turb	NTU
10		溶解氧	DO	mg/L
11		电导率	Cond	S/m
12		总磷	TP	mg/L
13		总氮	TN	mg/L
14		氮磷比	N/P	无量纲
15		氨氮	NH_3-N	mg/L
16		高锰酸盐指数	COD_{Mn}	mg/L
17		叶绿素 a	Chla	μg/L

2.3　研究方法

2.3.1　斯皮尔曼相关系数

斯皮尔曼相关系数是一种衡量两个变量之间单调关系的非参数统计方法。与皮尔逊相关系数不同，斯皮尔曼相关系数不假设变量间的关系是线性的，而是评估变量间是否存在单调关系，即一个变量增加时，另一个变量也增加或减少（无论是线性还是非线性）。

$$\rho = 1 - \frac{6\sum d_i^2}{n(n^2 - 1)} \tag{1}$$

式中：d_i 为每对观测值的排名差，$d_i = R(X_i) - R(Y_i)$，$R(X_i)$、$R(Y_i)$ 分别为第 i 个观测值 X_i、Y_i 在各自变量中的排名；n 为观测值的数量。

该系数的取值范围是-1 到 1。1 表示完全正的等级相关，-1 表示完全负的等级相关，而 0 表示没有等级相关。

2.3.2　偏最小二乘路径模型

偏最小二乘路径模型（prtial least squares path modeling，PLS-PM）是一种基于方差的结构方程模型（structural equation modeling，SEM）方法，主要用于处理具有复杂关系和较小样本量的数据，能够同时处理测量模型（外部模型）和结构模型（内部模型），并可以分析潜变量之间的关系[11]。PLS-PM 可用于研究环境因素（如温度、光照、营养物质等）对浮游植物群落结构和生物量的影响，并探索这些因素之间的复杂关系[12]。

PLS-PM 的主要计算步骤如下：

（1）外部模型估计：计算潜变量的权重向量；

（2）内部模型估计：估计潜变量之间的路径系数，通常使用路径加权最小二乘法来计算；

(3) 潜变量得分估计：通过潜变量的外部关系和路径系数，计算潜变量的得分；

(4) 参数估计：利用潜变量得分来估计路径系数、外部载荷、权重等参数。

其中，外部模型计算公式如下：

$$\boldsymbol{y} = \boldsymbol{\Lambda}\xi + \varepsilon \tag{2}$$

式中：y 为自变量；ξ 为自变量的潜变量；$\boldsymbol{\Lambda}$ 为外部荷载矩阵；ε 为误差项。

内部模型计算公式如下：

$$\eta = \boldsymbol{B}\xi + \zeta \tag{3}$$

式中：η 为因变量；$\boldsymbol{B}$ 为路径系数矩阵；ζ 为误差项。

路径系数估计如下：

$$\hat{\boldsymbol{B}} = (\xi'\zeta)^{-1}\xi'\eta \tag{4}$$

式中：$\hat{\boldsymbol{B}}$ 为路径系数的估计矩阵。

3 结果分析

3.1 汉江中下游春季和夏季浮游植物演变特征

图2（a）为2021年1—2月中旬仙桃-宗关断面叶绿素a浓度逐日变化过程。若以叶绿素a浓度达到30 μg/L作为水华发生阈值，2021年1月12日以后叶绿素a浓度迅速升高，1月15日突破30 μg/L警戒值，1月20日达到峰值79.58 μg/L，之后由于兴隆水库和引江济汉工程调节以及降水等影响，叶绿素a浓度下降，但是1月24日有所回升。1月24日丹江口水库开展了抑制水华应急调度，加大下泄流量后，仙桃断面叶绿素a浓度随之下降，1月31日仙桃断面叶绿素a浓度下降至32 μg/L。宗关断面水华暴发时间比仙桃断面滞后2 d，叶绿素a浓度于17日上升至30 μg/L以上，1月22日达到峰值80 μg/L。本次水华事件持续时间约为20 d。

图2（b）为2022年7月上旬至9月下旬仙桃-宗关断面叶绿素a浓度逐日变化过程。从图2（b）中可知，仙桃-宗关断面于7月中旬和7月下旬至8月下旬分别发生了两次明显的水华过程。①7月中旬，仙桃断面叶绿素a浓度于7月11日上升至30 μg/L以上，7月12日达到峰值43 μg/L，7月21日明显降低。宗关断面水华暴发时间比仙桃断面滞后2 d，叶绿素a浓度于13日上升至30 μg/L以上，7月14日达到峰值58 μg/L。②7月下旬至8月下旬（7月27日至8月31日），仙桃断面叶绿素a浓度于7月27日上升至30 μg/L以上，8月2日达到峰值52 μg/L，8月31日明显降低。本次水华事件持续时间约为30 d。

由2021年春季和2022年夏季两次监测调查结果（见图3）可知，2021年春季汉江中下游浮游植物优势种为硅藻门，空间上，仙桃断面藻密度最高，宗关断面次之，兴隆断面最低，浮游植物藻密度在$60\times10^5\sim100\times10^5$ cells/L。2022年夏季汉江中下游浮游植物优势种为硅藻门和蓝藻门。空间上，仙桃断面藻密度最高，兴隆断面次之，宗关断面最低，浮游植物藻密度在$80\times10^5\sim160\times10^5$ cells/L。由此可见，汉江中下游浮游植物藻密度、优势种组成及空间分布在不同季节均有所差异。

3.2 汉江中下游春季和夏季浮游植物与各环境因子相关性分析

2021年春季和2022年夏季仙桃断面叶绿素a浓度与环境因子相关系数矩阵如图4所示。从图4（a）可知，2021年春季仙桃断面叶绿素a浓度（Chla）与河道水位（WL）、流量（Q）、高锰酸盐指数（COD_{Mn}）、氨氮（NH_3-N）、总磷（TP）、pH和溶解氧（DO）均呈现显著的正相关关系，相关系数分别达到0.32、0.39、0.91、0.64、0.60、0.45和0.23。而与总氮（TN）、氮磷比（N/P）、电导率（Cond）和浊度（Turb）呈现显著的负相关关系，相关系数分别为-0.54、-0.68、-0.70和-0.12。由此可见，COD_{Mn}可能是2021年春季汉江中下游水华暴发的主要因素。

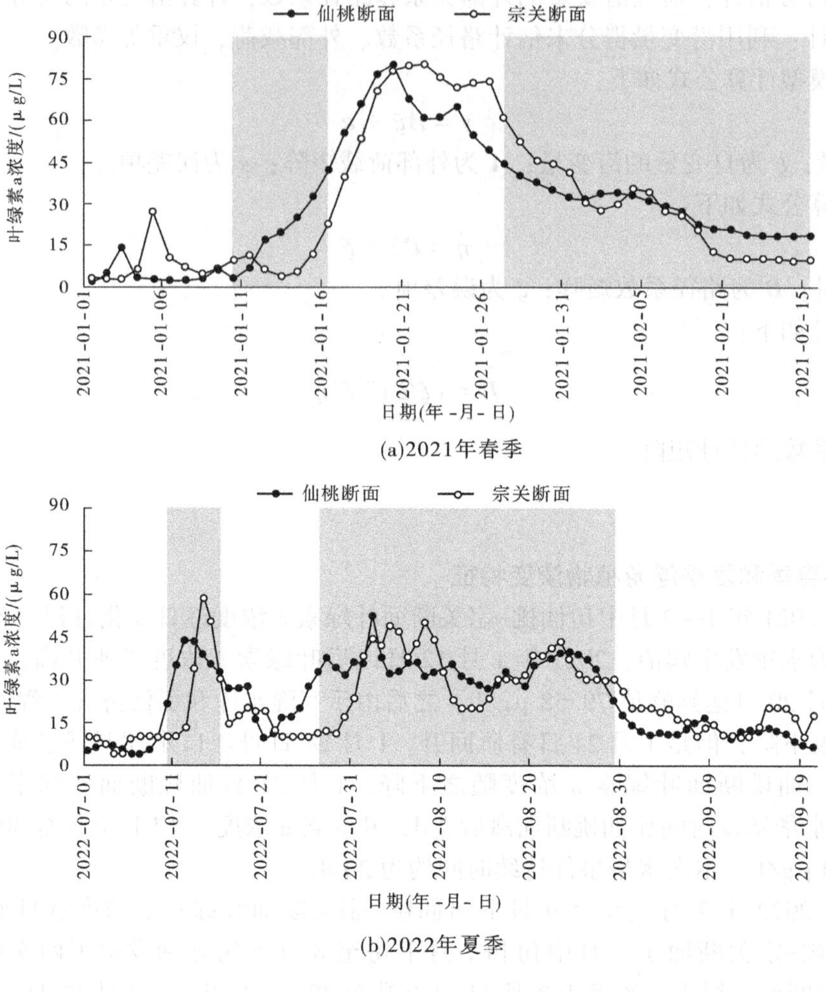

注：图中阴影代表该时段发生水华。

图 2　2021 年春季和 2022 年夏季汉江中下游叶绿素 a 浓度逐日变化过程

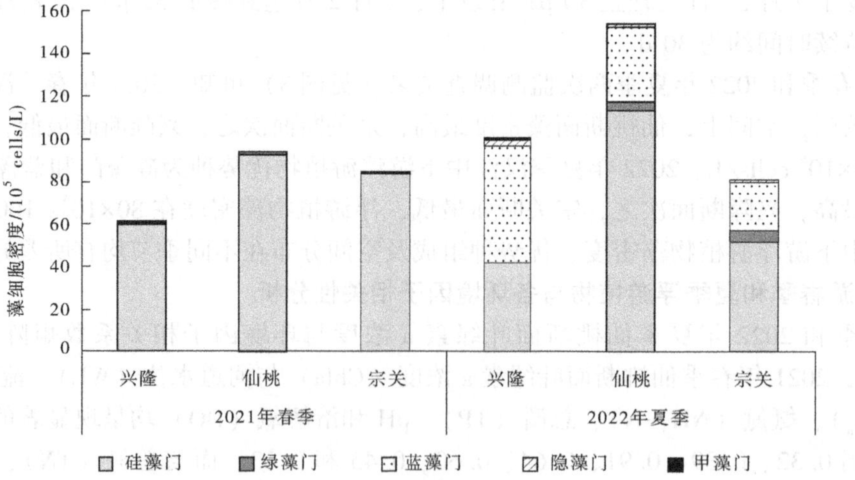

图 3　2021 年春季和 2022 年夏季汉江中下游浮游植物藻细胞密度组成统计

从图 4（b）可知，2022 年夏季仙桃断面叶绿素 a 浓度与气温（T）、风速（WindS）、COD_{Mn}、NH_3-N、TP、水温（WT）、pH 和 DO 均呈现显著的正相关关系，相关系数分别达到 0.48、0.36、0.88、0.56、0.57、0.74、0.85 和 0.87。而与水位日变幅（WLF）和 N/P 呈现显著的负相关关系，相关系数分别为-0.23 和-0.63。由此可见，影响 2022 年夏季汉江中下游水华生消的因素较为复杂，气象条件（如气温）和 COD_{Mn} 均可能为 2022 年夏季汉江中下游水华暴发的主要原因。

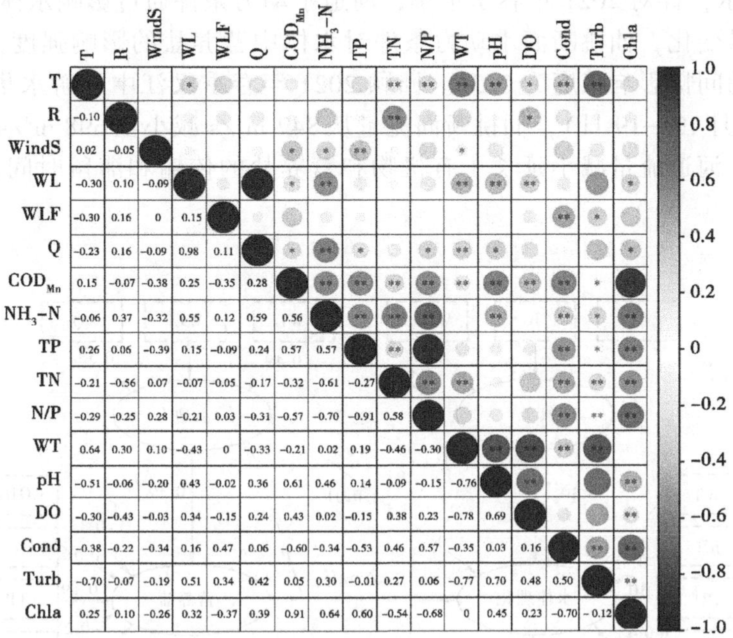

(a)2021年春季

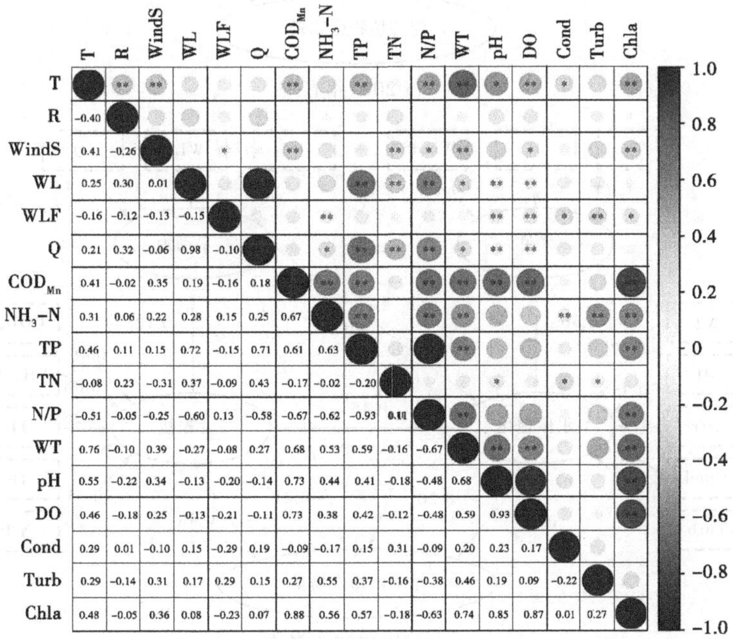

(b)2022年夏季

注：矩阵右上角 * * 代表显著性水平 $p \leqslant 0.01$，* 代表显著性水平 $p \leqslant 0.05$；矩阵左下角数值为相关系数。

图 4　2021 年春季和 2022 年夏季汉江中下游仙桃断面浮游植物生物量与各环境因子相关矩阵

3.3 汉江中下游春季和夏季浮游植物变化驱动机制分析

为了进一步研究各环境因子间的交互作用及对浮游植物生物量变化的直接影响或间接影响，本文采用 PLS-PM 解析了气象条件、水动力条件、营养盐、水体理化因子对汉江中下游浮游植物生物量变化的影响路径。如图 5 所示，单向路径线段上的数值代表 PLS-PM 模型中的路径系数，可反映各因子的影响强度，其中实线代表直接影响，虚线代表间接影响。

如图 5（a）所示，针对 2021 年春季水华，河道水动力条件通过影响水体中的营养盐输移间接影响浮游植物生物量变化，仙桃断面水动力条件对水体中营养盐的影响强度为 0.39，水动力条件对浮游植物生物量的间接影响强度为 0.34。回顾 2021 年春季汉江中下游水华暴发初期流量过程，1 月上旬至中旬（1 月 12—19 日），仙桃断面流量从 847 m^3/s 减小至 698 m^3/s，汉江中下游水华随之暴发。由此可见，河道流量减小延长了有机物和营养盐的传输和滞留时间，为藻类生长提供了稳定的营养条件。

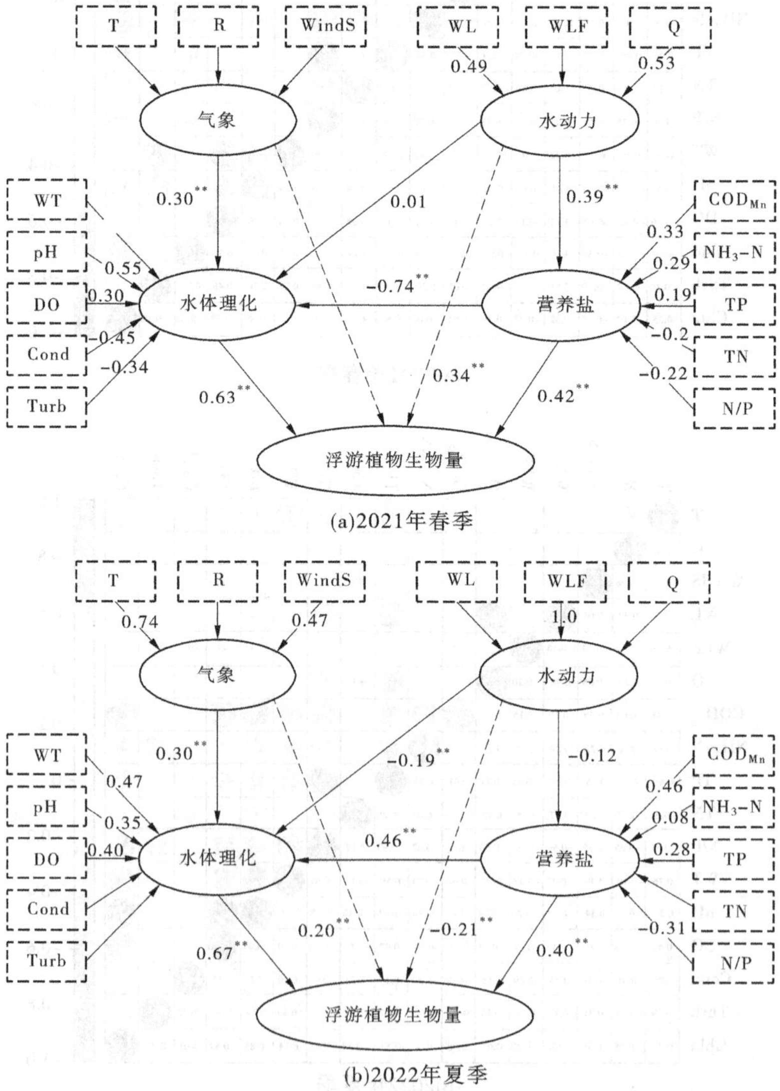

图 5　各环境因子对 2021 年春季和 2022 年夏季汉江中下游仙桃断面浮游植物生物量变化的影响路径

如图5（b）所示，针对2022年夏季水华，气温等气象因子通过影响水温等水体理化特征间接影响浮游植物生物量变化，气象条件对水体理化特征的直接影响强度为0.30，而水体理化特征对浮游植物生物量的直接影响强度为0.67，气象条件对浮游植物生物量的间接影响总体为正，影响强度约为0.20。水动力条件则是通过影响水体中的营养盐输移和水体理化特征间接影响浮游植物生物量。如水动力条件对水温等水体理化特征的直接影响强度为-0.19，说明河道流量减小将导致水体水温、pH等升高，水动力条件对营养盐的直接影响强度为-0.12，营养盐对浮游植物生物量的直接影响强度为0.40，水动力条件对浮游植物生物量的影响为负，影响强度为-0.21。由此来看，气象因素可能是本次蓝藻水华暴发的诱导因子。2022年夏季汉江中下游遭遇高温干旱极端天气，高温无雨的极端天气导致水温上升，加速了藻类的代谢反应速率。同时，长期高温少雨导致河道流量减小，延长了有机物和营养盐的传输和滞留时间，为藻类生长提供了稳定的营养条件。

4 结论

本文以2021年春季和2022年夏季汉江中下游水华事件为例，分析了不同季节水华暴发的成因和驱动机制，主要结论包括：

（1）2021年春季汉江中下游浮游植物优势藻种为硅藻，水华持续时间约为20 d。2022年夏季汉江中下游首次发生蓝藻水华，水华持续时间长达30余d。

（2）水华驱动机制方面，河道流量减小可能是2021年春季汉江中下游水华暴发的诱导因子，河道流量减小延长了有机物和营养盐的传输与滞留时间，为藻类生长提供了稳定的营养条件。气象因素可能是2022年夏季汉江中下游水华暴发的诱导因子。高温无雨的极端天气导致水温上升，加速了藻类的代谢反应速率。

参考文献

[1] 查悉妮，辛小康，付婷，等．2022年夏季汉江中下游水华生消驱动因子及其贡献率量化研究［J］．水生态学杂志，2024，45（1）：143-151.

[2] 尹炜，李建，辛小康．汉江中下游生态复苏面临问题与生态调度研究［J］．中国水利，2022（7）：57-60.

[3] 李建，尹炜，贾海燕，等．汉江中下游水华防控生态调度研究［J］．湖泊科学，2022，34（3）：740-751.

[4] 窦明，谢平，夏军，等．汉江水华问题研究［J］．水科学进展，2002（5）：557-561.

[5] 殷大聪，尹正杰，杨春花，等．控制汉江中下游春季硅藻水华的关键水文阈值及调度策略［J］．中国水利，2017（9）：31-34.

[6] 吴兴华，殷大聪，李翀，等．2015—2016年汉江中下游硅藻水华发生成因分析［J］．水生态学杂志，2017，38（6）：19-26.

[7] 李建，尹炜，贾海燕，等．汉江中下游硅藻水华研究进展与展望［J］．水生态学杂志，2020，41（5）：136-144.

[8] Raimondi P T, Kudela R M. Development of a logistic regression model for the prediction of toxigenic Pseudo-nitzschia blooms in Monterey Bay, California［J］. Marine Ecology Progress Series, 2009, 383（1）: 37-51.

[9] Mitrovic S M, Hardwick L, Dorani F. Use of flow management to mitigate cyanobacterial blooms in the Lower Darling River, Australia［J］. Journal of Plankton Research, 2011, 33（2）: 229-241.

[10] 李楠鑫．库湾水质时空动态变化规律及其关键驱动因子［D］．武汉：华中农业大学，2020.

[11] Hair J F, Hult G T M, Ringle C M, et al. A Primer on Partial Least Squares Structural Equation Modeling（PLS-SEM）［M］. 2nd ed., 2017, Sage Publications.

[12] Tseng Y F, Lee, H Y, Liao C W, et al. Analyzing the influence of environmental factors on the phytoplankton in a subtropical reservoir using the Partial Least Squares Path Modeling approach［J］. Ecological Modelling, 2014, 289, 132-141.

自然保护地内湖泊管理与保护法治建设研究

李俊蓉　吴　比　陈　蕾

（长江水利委员会长江水资源保护科学研究所，湖北武汉　430051）

摘　要： 在水利新质生产力逐渐成为水利行业先进生产力新质态的大背景下，新型生产关系的水利制度创新取得成效、体制机制法治不断强化，对湖泊管理与保护法治建设提出了更高的要求。自然保护地范围内湖泊具有较高的生态价值，其管理与保护必须加强与自然保护地规划、法规政策间的协调与衔接。目前，我国自然保护地内湖泊管理与保护仍存在管理体制规定不明、湖泊岸线划定与管控措施不足、湖泊管理与自然保护目的难以协同等难题，亟待通过完善法律规范、保障法治实施、强化法治监管等途径开展法治建设。

关键词： 水利新质生产力；湖泊管理；湖泊保护；自然保护地；法治建设

2019年6月，中共中央办公厅、国务院办公厅印发《关于建立以国家公园为主体的自然保护地体系的指导意见》，提出按照自然生态系统原真性、整体性、系统性及其内在规律，依据管理目标与效能并借鉴国际经验，将自然保护地按生态价值和保护强度高低依次分为国家公园、自然保护区、自然公园三类。湖泊是江河水系的重要组成部分，是蓄洪储水的重要空间，在防洪、供水、航运、生态等方面具有不可替代的作用。自然保护地内的湖泊作为自然资源资产的类型之一，其管理与保护既要考虑湖泊的个性问题，又需在自然保护地法律规范框架体系内开展实践，涉及多管理部门间的协作分工和管理目标协调问题。强化流域治理管理、以法治保障河湖治理，亦是全面深化改革、形成与水利新质生产力相适应的新型生产关系的题中之义[1]。基于此，本文立足于自然保护地内湖泊管理与保护的实例开展现状分析与难点识别，并就如何强化法治建设以及如何在法治轨道上开展自然保护地内湖泊管理与保护提出对策。

1　自然保护地内湖泊管理与保护现状与问题分析

1.1　“自然保护地内湖泊”概念界定

我国首部流域管理综合性行政法规《太湖流域管理条例》对湖泊保护开展了专门立法，其立足于“湖泊流域”的流域视维，而非针对单个湖泊水体。本文认为，立足于自然保护地保护对象为“自然生态系统”的前提，结合当前河湖水域空间岸线管控的工作需要，“自然保护地内湖泊”中的“湖泊”应理解为占地面积小于自然保护地划定范围的湖泊水体及其水域岸线，而对湖泊水域岸线与自然保护地区域界限存在交叉或部分湖泊水体在自然保护地之外的湖泊暂不作讨论。如根据生态环境部制发的《全国自然保护区名录（2019版）》，青海湖位于青海湖国家级自然保护区内，即符合本文对“自然保护地范围内的湖泊”的定义。

1.2　自然保护地内湖泊管理与保护难点解析

1.2.1　自然保护地建设与湖泊管理保护目标有待协调

尽管在水资源、水生态、水环境“三水统筹”的综合治理新格局下[2]，湖泊作为水资源的重要

作者简介： 李俊蓉（1999—），女，助理工程师，主要从事水资源保护管理和政策法规研究工作。

通信作者： 陈蕾（1969—），女，教授级高级工程师，主要从事水利水电工程环境影响评价及环境保护设计工作。

类型及表现形式之一，其管理与保护和自然保护地建设亦具备思路趋同性。但在自然保护地区域范围大于湖泊水域面积的前提下，自然保护地建设同湖泊管理与保护所欲实现的目标存在差异。非自然保护地内的湖泊在管理与保护目标中实际上并不考虑自然保护的问题，但自然保护地在建设过程中通过分区管控的方式将对湖泊管理与保护产生影响。如在自然保护区核心区、缓冲区内湖泊资源开发利用的行为将受到限制，在保障湖泊生态效益的同时阻碍了湖泊资源属性所带来的经济效益，长远来看与区域、流域社会经济发展存在矛盾。

1.2.2 湖泊管理与保护主体责任有待明晰

根据当前国家部委机构职能分工的相关规定，我国自然保护地体系建设的主体责任归属国家林业和草原局（简称国家林草局），国家林草局由自然资源部直接管理。自然保护区、自然公园两类自然保护地由于不需另行设置管理机构，建设过程中涉及同级人民政府之间林业和草原主管部门、生态环境部门、水行政主管部门之间的分工问题。对于国家公园，按要求需要设置国家公园管理机构，但目前暂不明确是由国家直接管理、抑或由国家与省级地方人民政府共同管理，因此还涉及更为复杂的央地主体责任问题[3]。同时，水行政主管部门原本作为湖泊管理与保护的主导部门，在自然保护地体系内可能因为生态优先的考量而成为配合部门，具体职责如何分配方能实现不重不漏还有待商榷。

1.2.3 湖泊管理与保护划界与分区方式有待明确

自然保护地内开展湖泊管理与保护需要统筹考虑多种划界分区方式如何统一。从国土空间规划体系来看，自然保护地应划入生态保护红线范围内；而从生态环境分区管控角度来看，自然保护地应划入“生态环境优先保护单元”；在自然保护地内部，国家公园划分为核心保护区、一般控制区，而自然保护区则划分为核心区、缓冲区、实验区。根据现有实践，以正在创建的青海湖国家公园为例，除《青海湖国家公园规划》外，还存在《青海湖流域生态保护规划》《青海湖生态规划（2021—2035年）》等青海湖管理与保护相关的专项规划、专业规划，前述规划均由青海湖景区保护利用管理局制定实施，而《青海省“十四五”水安全保障规划》《“中华水塔”水生态保护规划》《青海省水网规划》等涉水相关规划则由青海省水利厅制定实施。因此，自然保护地内湖泊管理保护规划的制定和实施交由自然保护地管理机构牵头制定是否可行，能否确保湖泊管理范围划界和生态环境分区管控与相关法律法规或上位规划有效衔接，尚不明确。

1.3 发展水利新质生产力背景下自然保护地内湖泊管理与保护的路径优化建设

推动政策制度和管理规范革新，健全水法律法规制度和管理体系，建立健全责任体系和工作机制是发展水利新质生产力需要把握的关键内容[4]。自然保护地内的湖泊管理与保护涉及部门协作、系统治理等多方面要素，工作开展过程中涌现出的难点问题，投射出其背后法治建设不完善的困境。

一是在法律规范层面，对单个湖泊开展针对性管理与保护立法的研究不足，普遍适用于湖泊管理保护的法律制度体系不够健全完备，与自然保护地建设的法律法规叠加适用之后更增加了检索与适用规范的难度。

二是在法治实施层面。根据中央第七生态环境保护督察组督察结果，在已有《云南省滇池保护条例》《云南省杞麓湖保护条例》对滇池、杞麓湖展开专门性“一湖一法”规制保护的情况下，在法治实施过程中仍然存在保护治理不力、治理措施推进滞后、水质未得到有效改善等问题。“三水统筹”治理格局下对湖泊管理保护中的部门协同提出了更高要求，而自然保护地建设则立足于生态系统保护的角度，将部门协同从涉水管理领域拓展至全域生态系统领域。主管部门法律主体责任的不明确、协作机制的不完善，均不利于在法治轨道上保障自然保护地内湖泊管理与保护落地。

三是在法治监管层面。我国地域辽阔，地貌复杂，湖泊天然存在类型多样且演变历史复杂等特征。自然保护地内湖泊具有极高的生态价值，与非自然保护地内湖泊相比更需结合湖泊水文水资源禀赋、水生态系统特点等进行分析研判，开展行之有效的动态监管。虽然自然保护地内湖泊因分区管控已大幅减少人为活动频率，但在法治监管层面，还需要进一步从监管部门内部着手、强化自律，如何结合区域特色、把好监管关还需明确。

综上，应从法律规范、法治实施、法治监管层面各自发力、因应施策，形成自然保护地内湖泊管理保护的法治建设系统成果。

2 自然保护地内湖泊管理与保护法律规范体系建设

2.1 以“一湖一法”形式开展湖泊管理与保护专项立法

“一湖一法”的立法体例强调根据每个湖泊的实际情况，开展专门保护和管理，具有精准性、可操作性、实效性的特点[5]。例如，云南省已经完成九大高原湖泊“一湖一条例”第三轮全面修订，涉及《云南省滇池保护条例》《云南省抚仙湖保护条例》《云南省泸沽湖保护条例》等成果。自然保护地内的湖泊“一湖一法”应根据自然保护地级别合理设置立法层级，对于国家级自然保护区及以上级别的自然保护地内湖泊，应由省级人民代表大会常务委员会或省级人民政府牵头立法；其余自然保护地内的湖泊则可根据立法的具体需求，交由自然保护地所在地区人民代表大会常务委员会或人民政府牵头立法，以保障湖泊管理与属地管理的统一。

2.2 强化湖泊管理与保护的法律制度体系建设

立足于“三水统筹”的背景，湖泊管理与保护立法中应对水资源保护、水生态修复、水环境治理等制度均有严密设计。而根据当前已有的湖泊管理与保护立法条例，如程海、滇池、抚仙湖、泸沽湖、杞麓湖等，均采取了“总则”“保护管理职责”“规划与管控”“水污染防治”“资源保护与生态环境修复”“绿色发展”“保障与监管”“法律责任”的篇章结构设置，基本涵摄“三水统筹”之需求。对于自然保护地内湖泊而言，还应重视从如下几个方面完善制度体系建设。

一是在保护管理职责章节中对各部门主体责任明确规定，提升法律条文用语的精准度，辨明在涉及湖泊管理与保护的哪些工作应被整合于自然保护地制度体系内，并由自然保护地管理机构“主导展开”，而哪些工作仍应由具体的业务主管部门保留主导权限。

二是在规划与管控章节当中，应结合前述对保护管理职责的规定，明确自然保护地内湖泊管理与保护应开展规划编制，并明确相关规划之间如何衔接。基于生态保护优先的需求，应明确结合国土空间规划编制实施、生态环境分区管控的需求，优先确定生态环境保护红线的划定与管控，自然保护地内的湖泊保护与利用规划编制、水功能区划定均应根据前述需求，与自然保护地内分区管控保持协调[6]。

三是应符合《水利部关于加强河湖水域岸线空间管控的指导意见》（水河湖〔2022〕216号），强化对湖泊岸线管理与保护制度的规定。目前地方立法中，《山南市羊卓雍错保护条例》第二章专章对水域及岸线保护做出明确规定，可供借鉴。

3 自然保护地内湖泊管理与保护法治实施措施建设

3.1 加强“湖长制”与“林长制”间的协同联动

根据中共中央办公厅、国务院办公厅印发的《关于全面推行林长制的意见》，推进构建以国家公园为主体的自然保护地体系是全面推行林长制的主要任务之一。结合中共中央办公厅、国务院办公厅印发的《关于在湖泊实施湖长制的指导意见》，各省（自治区、直辖市）要将本行政区域内所有湖泊纳入全面推行湖长制工作范围，建立健全以党政领导负责制为核心的责任体系，落实属地管理责任。因此，在自然保护地内湖泊展开管理与保护工作的过程中将涉及“林长”“湖长”的协作问题，尽管二者的工作内容存在侧重差异，但是自然保护地建设作为林业与草原主管部门主导开展的工作事项，需进一步明确“林长”“湖长”如何发挥作用。因此，应由自然保护地管理机构采用召开联席会议、完善协作机制等方式保障“林长”“湖长”之间的工作协同。

3.2 保障自然保护地内涉湖执法职责落实

根据《国家公园管理暂行办法》《国家公园法（草案）》等自然保护地领域最新立法成果，国家公园管理机构负责国家公园的保护和管理工作，并履行相应领域的行政执法职责。然而，国家公园作为级别最高的自然保护地类型，具备集中行使行政执法事权的可行性与可操作性，不宜作为全类别自然保护地的通行做法。2018 年机构改革对水利部门职能进行优化，其中水污染防治和部分生态保护的执法职责和队伍被整合，由生态环境部门统一执法[7]，国家公园以下级别的自然保护地仍应贯彻这一做法，将自然保护地内的执法职责主要交由负有主管责任的生态环境部门统一展开。基于当前对湖泊岸线管理与保护研究不足，湖泊管理普遍存在缺乏具有法律效力的岸线资源利用规划[8]，水行政主管部门除完成由“执法者”向“执法监管者”的转变外，应基于其在水事管理方面的既有经验，保留湖泊水域岸线管理的执法权限。

4 自然保护地内湖泊管理与保护法治监管路径建设

4.1 结合“三水统筹”需求强化目标考核责任制

《2024 年水资源管理工作要点》明确提出“要制订水资源刚性约束考核办法。开展 2024 年度考核……推动水资源刚性约束制度重点任务落实”。目前，我国“三水统筹”的系统治理格局正在建设当中，水环境治理层面基本实现水质理化指标与发达国家相当、水资源保障层面与发达国家尚有差距、水生态保护工作处于初阶起步状态[2]。然而，结合自然保护地建设的需求，自然保护地内湖泊管理与保护目标考核除持续强化运用水资源刚性约束考核相关指标外，更应重视在湖泊水域及岸线生态考核方面强化目标考核责任制的构建。自然保护地内湖泊生态价值较高，水生态考核方面更需发挥好各级湖长制的作用，强化对水生生物多样性保护的重视，将日常监管与动态监管相结合[9]。参考湖北省荆州市洪湖市河湖长制办公室印发的《2023 年度水葫芦水花生春季攻坚战考核验收细则》，结合自然保护地内湖泊水生生物的繁殖与洄游规律，在违法捕捞高发期开展专项整治行动、明确考核细则。

4.2 强化外部监管以提升湖泊保护合力

外部监管的强化可从两个层面着手展开。一是重视自然保护地内湖泊管理与保护主管部门与检察监督领域的衔接；二是发挥自然保护地内公众参与的作用，实现民间治理与政府治理的融合。

就自然保护地内湖泊管理与保护主管部门与检察监督领域的衔接而言，目前全国各地已涌现出积极探索“河湖长+检察长”工作机制的实践案例。根据最高人民检察院发布“高质效办好每一个公益诉讼案件 服务经济社会发展全面绿色转型”检察公益诉讼典型案例中典型案例五“西藏检察机关督促修复黑颈鹤国家级自然保护区土地行政公益诉讼案”，目前已存在检察机关针对在国家级自然保护区违法建设项目造成生态损害的历史遗留问题，依托一体化办案机制，推动不同层级行政机关依法履职的工作实践。立足于自然保护地管护的需求，在强化湖长与检察长联动的过程中需要充分发挥检察公益诉讼的监督作用。

然而，就发挥自然保护地内公众参与的作用，实现民间治理与政府治理的融合而言，自然保护地建设与湖长制的实施均存在充分吸纳社区居民参与的实践需要[10]，如青海省水利厅针对全省河湖管理正在推行“省到村五级河湖长+省市县三级河湖长制办公室+行业部门+公益性河湖管护员+民间河湖长”的新型河湖管理体制机制。对于保护级别较高的自然保护地而言，长期生活于周边区域的社区居民对当地生产、生活、生态环境较为了解，充分调动公众参与的积极性更有利于自然保护地建设目标的实现。

5 结论和展望

本文结合当前我国自然保护地建设及湖泊管理保护实际，针对自然保护地内湖泊管理与保护从法律规范、法治实施与法治监管层面进行了较为简略的探讨与建构，仍有较多未竟问题有待研究。

一是立足于本文语境，重在讨论湖泊水体及其水域岸线的管控问题。对于存在跨行政区域分布的湖泊，涉及跨行政区域地方人民政府及其主管部门参与湖泊管护法治建设的问题，从湖泊立法模式、主体责任分配以及区域协作执法、司法等方面均需考量更多因素，还需再行深入研究。

二是本文仅限于讨论自然保护地内的湖泊，自然保护地的整合优化将对风景名胜区的建设与管理存在影响[11]，亦存在既为自然保护地，又为风景名胜区的自然生态系统区域，如湖南洞庭湖、云南香格里拉普达措、西藏纳木错念青唐古拉山。而自然保护地、风景名胜区内的湖泊均具备较高的生态价值，还需立足平衡生态保护与旅游经济发展的前提落实湖泊管护责任。

三是在水利新质生产力的引领下，湖泊管理与保护还应统筹好水生态环境保护与高水平治理之间的关系，促进绿色转型[12]。目前，作为与自然保护地内湖泊管理保护相关的地方立法成果之一——《云南省泸沽湖保护条例》设置了“绿色发展”章节，相关内容可供借鉴。但还需在推动产业转型升级、促进城乡融合发展、发展绿色经济等制度方面进行深入研究，为水利新质生产力发展提供制度支撑保障。

参考文献

[1] 左其亭，秦西，马军霞．对水利新质生产力的理解及发展思考［J］．中国水利，2024（6）：21-25.

[2] 李加林，田鹏，刘永超，等．水资源、水环境、水生态统筹治理研究进展［J］．宁波大学学报（理工版），2024，37（4）：22-30.

[3] 王伟，高吉喜．我国以国家公园为主体的自然保护地体系建设进展与展望［J］．环境科学研究，2024，31（10）：2100-2109.

[4] 景晓栋，田贵良．面向未来的水利新质生产力：内涵解读、研究框架与关键路径［J］．水资源保护，2024，40（6）：113-120.

[5] 陈海嵩，张高榕．新时代我国流域立法的发展方向与立法重点［J］．河北法学，2024，42（2）：55-78.

[6] 崔宁，于恩逸，李爽，等．基于生态系统敏感性与生态功能重要性的高原湖泊分区保护研究：以达里湖流域为例［J］．生态学报，2021，41（3）：949-958.

[7] 陈真亮，王潋晴．自然保护地综合行政执法的实践样态、困境与优化路径［J］．行政与法，2024（7）：63-78.

[8] 鲁婧，刘春晶，谷蕾蕾．河湖岸线功能评估指标及体系构建探讨［J］．人民黄河，2021，43（7）：51-55，83.

[9] 王东．在长江流域探索建立水生态考核机制，推动构建“三水统筹”治理新格局［J］．中国环境监察，2023（7）：32-34.

[10] 杨显明，张鸽，加壮壮，等．全球气候变化背景下青海湖岸线变化及其对社会经济影响［J］．高原科学研究，2021，5（4）：1-9，15.

[11] 张同升．风景名胜区生态保护红线划定研究［J］．自然保护地，2022，2（1）：1-11.

[12] 唐洪武．以发展新质生产力提升水安全保障能力的逻辑机理与关键路径［J］．中国水利，2024（8）：1-5.

荧光定量法在城市湖泊藻类水华监测预警中的应用研究

范雅伦　魏　秘　赵先富　胡菊香

（水利部中国科学院水工程生态研究所，湖北武汉　430079）

摘　要： 针对我国城市湖泊藻类水华频发且缺乏快速有效监测手段的问题，本文以梅溪湖为研究对象，对比分析了荧光快速定量法和人工检测法在藻类水华预警监测中的应用效果。研究发现，荧光法在叶绿素浓度监测方面具有较高的有效性，与分光光度法结果呈显著相关性（$R^2_{adj}=0.64$，$p<0.001$）。同时还建立了荧光法和人工镜检法所得藻密度的线性回归关系，表明荧光法在藻密度监测方面具有一定的应用潜力。本文为荧光定量法在城市湖泊藻类水华监测预警中的应用提供了依据，对提升我国城市湖泊藻类水华的应急管理能力具有实际意义和应用价值。

关键词： 叶绿素；藻密度；荧光定量；镜检法；城市湖泊；藻类水华；快速测定；监测预警

1　引言

在我国各个城市湖泊，藻类水华常年发生[1]，直接影响水体的生态服务功能，也会让城市居民对我国近年理水治水的成果产生疑虑。城市湖泊通常兼具防汛调蓄等功能，在以高温天气为主的汛期，仍需要频繁地降低湖泊水位以承接降雨径流。而藻类生长受氮、磷、溶解氧含量、水温等多种因素影响[2]，如此频繁迅速的水量变化给城市湖泊浮游植物群落稳定性带来巨大挑战，大大增加了汛期藻类水华的暴发风险，如何实现藻类的快速预警监测成为城市湖泊应对藻类变化的关键。

对藻类水华的监测手段主要有镜检法和色素定量法。根据检测原理的不同，色素定量法还可分为分光光度法和荧光定量法。人工镜检法是最传统的藻类定量方法，结果直接且丰富，但由于过程耗时，且对操作人员业务水平的依赖程度高，难以满足藻类水华应急管理需求。色素定量法由于检测周期短，在结果的时效性上远胜于人工镜检法，尤其是荧光定量法近些年来得到了快速发展，基于该原理开发的快速监测设备已经在世界范围内得到了广泛应用[3]；但由于荧光定量法易受到藻种组成、环境条件等因素的影响[4]，其在实际监测中的应用仍需要持续研究。

人工镜检法和丙酮萃取分光光度法作为标准方法，其操作流程已规范化[5-6]，而基于荧光定量法的快速测定法目前仍无标准可参照。目前，针对藻类定量方法之间的相关性研究多围绕分光光度法测量的叶绿素 a 浓度与藻密度展开[7]，鲜有荧光法快速检测叶绿素 a 浓度、藻密度在藻类监测预警中的应用研究。由于梅溪湖藻类水华监测任务时间紧迫、周期长，因此将快速监测方法与标准监测方法进行比对，以检验其适用性是十分迫切且必要的。本次实验旨在通过对梅溪湖一个汛期的完整监测，对荧光快速测定法、人工镜检法和分光光度法所测叶绿素和藻密度指标进行相关性分析，着重评估基于 EXO2 型双通道荧光传感器的叶绿素 a 浓度及藻密度快速测定法在藻类水华预警监测中的有效性。

2　研究区域

长沙梅溪湖（28°11′52″N～28°11′2″N，112°54′39″E～112°52′48″E），湖体总面积约 165 万 m^2，正

基金项目： 武汉市知识创新专项项目（2023020201010114）。

作者简介： 范雅伦（1992—），男，工程师，主要从事水环境治理与水生态修复工作。

常蓄水位 35 m，总库容 434.1 万 m^3，梅溪湖为人工浅水湖泊，最大水深约 6 m，2 m 以下的浅水区域占总面积的 32.4%。

3 研究方法

3.1 样品采集

根据梅溪湖形态及环境特征，共在湖泊布设 8 个监测点位（见图 1），于 6 月 15 日至 8 月 20 日的夏季内，每两周在监测点位采集一次水样。藻密度样品用采水器采集水下 0.5 m 处水样，取 1 L 水样用鲁哥氏液固定，用量为水样体积的 1.5%，样品带回实验室后静止沉淀 48 h，浓缩至 30 mL。取 500 mL 监测点位的水样，现场用 0.45 μm 醋酸纤维滤膜抽滤。

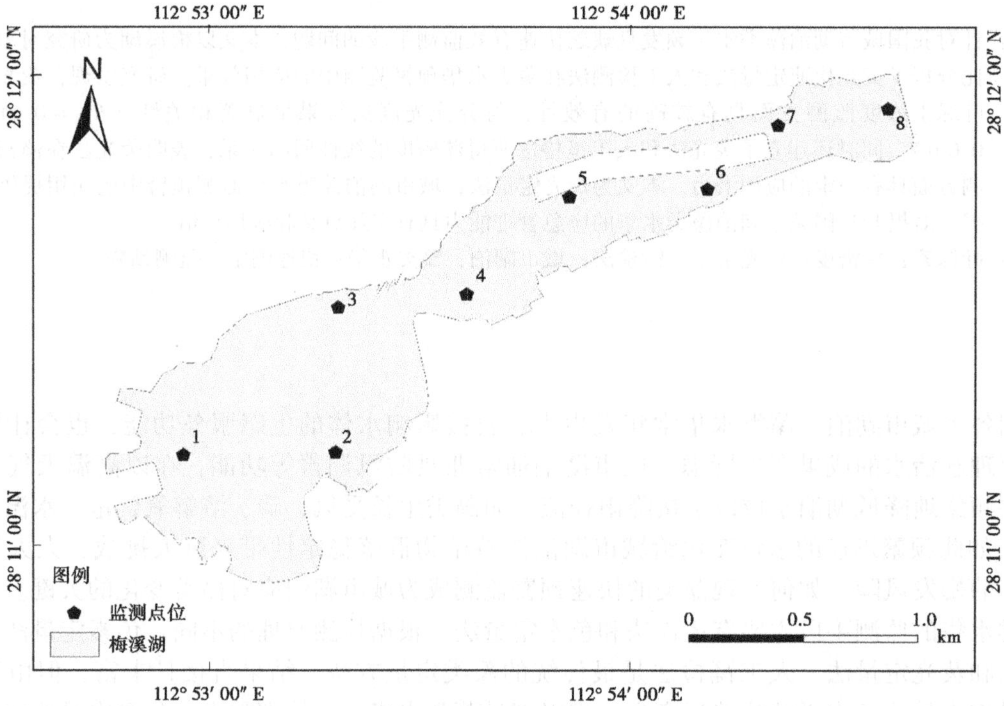

图 1 梅溪湖监测点位分布

3.2 荧光定量法监测

在监测点位采样时，同步使用 599870-01 型双通道荧光传感器的 EXO2 便携式水质监测仪（美国 YSI 公司）原位测定水下 0.5 m 处叶绿素 a 浓度及藻密度。EXO2 便携式水质监测仪（美国 YSI 公司）含有两个荧光传感器，一个传感器对应叶绿素分子在蓝色光束照射下产生的荧光，激发光波长为 470 nm±15 nm，用于叶绿素 a 浓度的测定；另一个传感器对应蓝藻（蓝绿细菌）体内的藻蓝蛋白在橙色光束照射下产生的荧光，激发光波长为 590 nm±15 nm，藻密度的测定则是综合两个荧光传感器进行数据输出。叶绿素 a 浓度及藻密度传感器量程均为 0~100 RFU，分辨率为 0.01 RFU，为尽量避免仪器内置计算公式对结果产生过多影响，同时归一化的荧光强度数据也更易于比对，本次实验采用荧光强度数据，而非设备输出的浓度数据。

3.3 样品分析及数据分析

藻密度分析：通过人工镜检分析，具体方法为吸取 0.1 mL 样品注入 0.1 mL 的计数框中进行视野法鉴定种类并计数[5]。

叶绿素 a 浓度分析：通过分光光度法分析，取 500 mL 监测点位的水样，现场用 0.45 μm 醋酸纤维滤膜抽滤，将滤膜水分吸干后对折，放入离心管通过冷冻保鲜带回实验室，采用丙酮萃取分光光度法测量叶绿素 a 浓度[6]。

数据分析：采用 Excel 2024 进行数据整理及表格绘制，采用 OriginPro 2022 对数据进行统计分析并绘制图表，采用 ArcMap 10.8.1 进行采样点位图绘制。

4 结果与分析

4.1 梅溪湖藻种组成

对汛期梅溪湖共计 40 个样品的藻种组成及藻密度进行统计，结果见表 1。由表 1 可以得出，蓝藻门在夏季汛期梅溪湖水样中为绝对的优势门类，占所有藻种的比例为 72.68%，其次为绿藻门，占比为 24.28%，仅蓝藻、绿藻合计就占所有藻类的 96.96%。蓝藻中又以隐球藻为绝对的优势种，占所有蓝藻的 68.43%，其后依次为微囊藻、细鞘丝藻及细小平裂藻。

表 1 夏季梅溪湖监测点位水样藻种组成

藻种门类	藻密度变动范围/(10^6 cells/L)	平均藻密度/(10^6 cells/L)	比例/%
蓝藻门	2.834~38.228	13.237	72.68
绿藻门	1.437~11.522	4.423	24.28
硅藻门	0~0.802	0.201	1.10
甲藻门	0~0.072	0.012	0.07
隐藻门	0~0.987	0.321	1.76
裸藻门	0~0.025	0.004	0.02
金藻门	0~0.067	0.014	0.08
其他	0~0.08	0.002	0.01

4.2 快速监测方法与标准监测方法结果的相关性分析

EXO 测定的叶绿素 a 浓度荧光强度（Chl_{EXO}）与人工镜检法测定的藻密度（$AD_{镜检}$）结果并无显著的线性相关性，但是 Chl_{EXO} 与丙酮萃取-分光光度法测定的叶绿素 a 浓度（$Chl.\ a_{丙酮}$）呈显著相关性（见图 2），调整后的相关系数（R^2_{adj}）均值为 0.624，斜率回归系数为 4.874 35±0.607 7，浮动较小，相较之下 EXO 中叶绿素 a 浓度（μg/L）与荧光强度默认设定换算系数为 4 较为合理。

如表 2 所示，EXO 测定的藻密度（AD_{EXO}）与 $AD_{镜检}$ 的 R^2_{adj} 均值为 0.295，而 AD_{EXO}—$Chl.\ a_{丙酮}$ 与 $Chl.\ a_{丙酮}$—$AD_{镜检}$ 两组结果的相关性及显著性（R^2_{adj} 均值为 0.213，$p<0.005$；R^2_{adj} 均值为 0.248，$p<0.005$）均弱于 AD_{EXO}—$AD_{镜检}$。由于 AD_{EXO} 与 $AD_{镜检}$ 并未呈现 Chl_{EXO} 与 $Chl.\ a_{丙酮}$ 类似的相关性，考虑是 EXO 藻密度对两个探头强度的归一化处理过多地参考了蓝色激发光的强度数据，而在以蓝藻为绝对优势藻种的水体中这反倒会降低输出数据的有效性，在 AD_{EXO} 与 $BAD_{镜检}$ 的相关性分析中，其 R^2_{adj} 均值为 0.344，展现出高于 AD_{EXO} 与 $AD_{镜检}$ 的相关性（见图 3）。

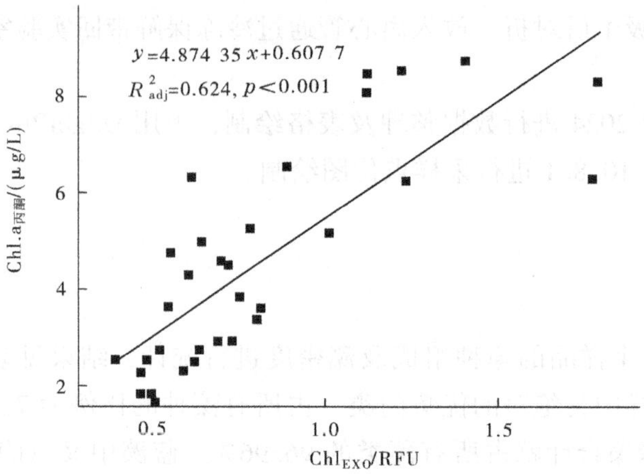

图 2　Chl_{EXO} 与 Chl. $a_{丙酮}$ 的线性回归分析

表 2　各监测方法结果的线性相关性

方法指标	回归系数		R^2_{adj}	n	p
	斜率	截距			
Chl_{EXO}—Chl. $a_{丙酮}$	4. 874 35±0. 607 7	0. 607 7±0. 589 49	0. 624	32	<0. 001
Chl_{EXO}—$AD_{镜检}$	7. 172 06±3. 166 59	11. 274 6 ±2. 792 94	0. 095 8	40	0. 029 3
AD_{EXO}—Chl. $a_{丙酮}$	1. 520 08±1. 035 88	7. 858 35±2. 567 25	0. 213	40	<0. 005
AD_{EXO}—$AD_{镜检}$	24. 579 05±5. 910 35	7. 220 37±2. 556 66	0. 295	40	<0. 001
Chl. $a_{丙酮}$—$AD_{镜检}$	1. 747 99±0. 521 23	9. 972 33±2. 608 41	0. 248	40	<0. 005
AD_{EXO}—$BAD_{镜检}$	20. 277 98±4. 374 63	4. 089 43±1. 892 35	0. 344	40	<0. 001

5　讨论

5.1　叶绿素 a 浓度快速测定结果的有效性

王志刚等[8] 总结了 16 种浮游植物的纯种培养体的最大归一化激发光谱，得到绿藻门的最大荧光激发峰位于 440 nm 左右，次级荧光激发峰位于 470 nm 左右，蓝藻门的最大激发荧光峰位于 620 nm 左右，硅藻门则在 440 nm 和 470 nm 处有两个荧光激发峰。EXO 的两个荧光传感器激发光分别为 470 nm 及 590 nm，其中 470 nm 的蓝光作为激发光测定叶绿素 a 浓度，绿藻、隐藻和硅藻被激发的荧光强度较强且峰值相近，而蓝藻被激发的荧光强度相对于其他藻种极弱（1/10 左右）。在夏季汛期梅溪湖优势藻种为以隐球藻为主的蓝藻，占比高达 72.67%，因此 Chl_{EXO} 无法呈现与 $AD_{镜检}$ 较强的相关性，但与 Chl. $a_{丙酮}$ 有较强的相关性，斜率回归系数与荧光强度-浓度换算系数接近，进一步说明了 EXO 在水体原位快速测定叶绿素 a 浓度的结果中有相当的有效性。值得注意的是，在藻类水华预警监测中水体中藻密度并不太高，叶绿素 a 浓度通常低于丙酮-分光光度法的测定下限（8 μg/L），有研究表明荧光定量法在低浓度水体中的灵敏度要高于分光光度法[9]，因此在城市湖泊水华预警监测叶绿素 a 浓度时，EXO 荧光法快速测定结果的精密性可能会更高。

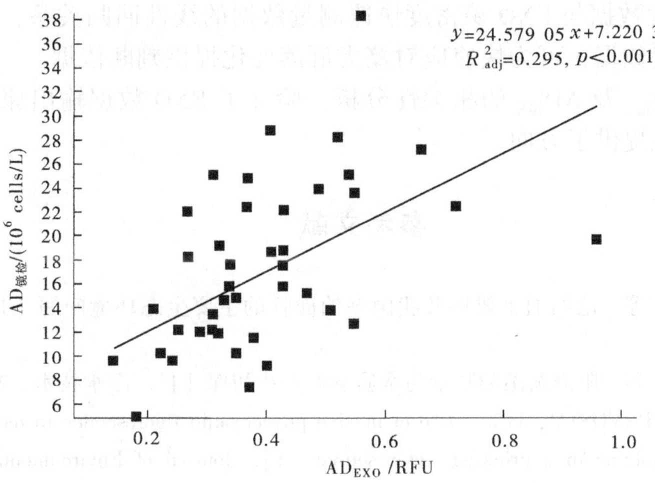

(a)

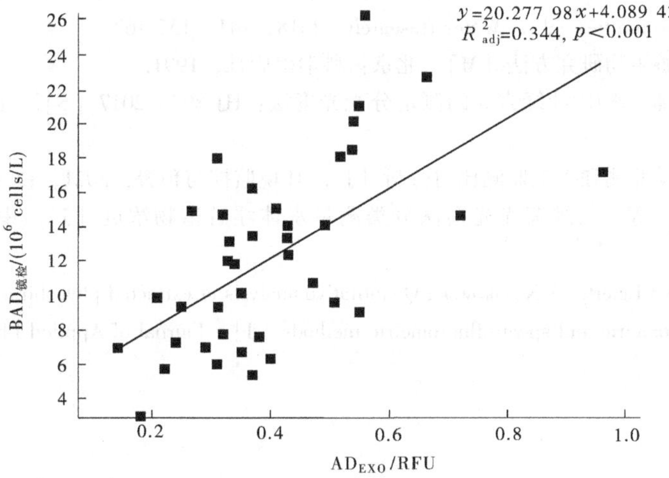

(a)

图 3　$AD_{镜检}$、$BAD_{镜检}$与 AD_{EXO} 的线性回归分析

5.2　藻密度快速测定结果的有效性

EXO 的藻密度传感器是通过两个激发光分别激发叶绿素 a 和藻蓝蛋白来获取的一个归一化荧光强度数据，EXO 内置藻密度-荧光强度线性回归算法是通过梯度罗丹明溶液建立的，无法准确表征所有水体中藻密度和荧光强度的对应关系，使用时需要从采样中收集传感器数据，并通过萃取色素等手段来建立更准确的浓度对应关系。由于梅溪湖夏季普遍以蓝藻作为绝对优势藻种，在这种水体中 EXO 的藻密度传感器对蓝光（470 nm）、橙光（590 nm）的激发荧光强度归一化处理显然高估了绿藻、硅藻等对藻密度的贡献率，最终使 AD_{EXO} 与 $AD_{镜检}$的相关系数低于 AD_{EXO} 与 $BAD_{镜检}$的相关系数。但这并不表示 EXO 藻密度快速测量结果是不可靠的，AD_{EXO} 仍展现出与镜检结果一定的相关性，后续可针对梅溪湖夏季藻种组成，建立 EXO 藻密度的荧光强度与双通道的多元线性回归关系，积累不同条件下藻密度镜检结果数据与 EXO 藻密度荧光强度数据，完善回归方程，逐步强化藻密度快速测定结果的有效性。

6　结论

（1）验证了 Chl_{EXO} 与 Chl. $a_{丙酮}$存在显著相关性，叶绿素 a 浓度快速测定结果可在藻类水华预警监测中作为重要参考。

（2）建立了镜检藻密度数据与 EXO 藻密度快速测量数据的线性回归关系，在水华预警监测时可不通过镜检获取初步藻密度数据，可为快速应对藻类群落变化提供判断依据。

（3）通过 AD_{EXO}、$BAD_{镜检}$及 $AD_{镜检}$的相关性分析，验证了 EXO 数据输出原理，为下一步强化藻密度快速测定结果的有效性提供了方向。

参考文献

[1] 张运林，秦伯强，朱广伟，等．论湖泊重要性及我国湖泊面临的主要生态环境问题［J］．科学通报，2022，67（30）：3503-3519.

[2] 景二丹，阮春蓉，吕弈成，等．阳澄湖藻类数量与水质参数关系初探［J］．净水技术，2018，37（8）：28-33.

[3] MCQUAIDN，ZAMYADIA，PRVOSTM，et al. Use of in vivo phycocyanin fluorescence to monitor potential microcystin-producing cyanobacterial biovolume in a drinking water source［J］. Journal of Environmental Monitoring，2011，13：455-463.

[4] BERTONEE，BURFORDMA，HAMILTONDP. Fluorescence probes for real-time remote cyanobacteria monitoring：A review of challenges and opportunities［J］. Water Research，2018，141：152-162.

[5] 章宗涉，黄祥飞．淡水浮游生物研究方法［M］．北京：科学出版社，1991.

[6] 中华人民共和国环境保护部．水质 叶绿素 a 的测定分光光度法：HJ 897—2017［S］．北京：中国环境科学出版社，2017.

[7] 钟声．太湖蓝藻水华的自动监测和手工监测比对分析［J］．环境监控与预警，2021，13（3）：19-23.

[8] 王志刚，刘文清，张玉钧，等．三维荧光光谱法分类测量水体浮游植物浓度［J］．中国环境科学，2008，28（2）：136-141.

[9] M Sobiechowska Sasim，J Stoń Egiert. A Kosakowska Quantitative analysis of extracted phycobilin pigments in cyanobacteria：an assessment of spectrophotometric and spectrofluorometric methods［J］. Journal of Applied Phycology，2014，26（5）：2065-2074.

里下河地区湖泊生态状况评估体系探讨
——以大纵湖为例

滕祥帅　张明明　刘耿炜　曹　晶　孙一玮　华　勇

（江苏省水文水资源勘测局盐城分局，江苏盐城　224000）

摘　要： 为全面、深入了解里下河地区湖泊的生态状况，进一步加强对里下河地区湖泊的管理与保护能力，本文以里下河地区浅水型湖泊大纵湖为例，构建了一种涵盖水文水资源、自然形态、水体质量、水生态质量、服务功能五个方面的评估指标体系。按照该评估体系对大纵湖生态状况进行了连续3年可量化的综合评价，确定影响大纵湖生态状况的主要问题，并提出针对性的解决对策与保护建议。

关键词： 大纵湖；评估指标体系；生态状况；问题；建议

1　引言

河湖水生态环境质量监测和评价是在生态学原理的基础上，结合专业的监测手段与数学分析法，通过对河流生态系统中不同水生态指标（非生物和生物）的监测[1]，来反映河流生态系统完整性状况的一项综合性技术。河湖水生态环境质量监测和评价是进行水环境管理和保证水环境健康的重要手段。针对河湖生态存在的问题，河湖管理者可以针对性地提出有效的治理措施，促使人类在合理的范围内开发和利用河湖资源，进而实现维护和改善河湖生态质量的目的。

大纵湖是江苏省级规划保护的重点湖泊之一，地处里下河地区洼地中心地带，位于江苏省盐城市盐都区大纵湖镇和泰州市兴化市中堡镇交界处，湖泊保护总面积 36.783 km^2，具有调蓄洪水、行洪和向下游地区供水、渔业养殖、生态环境、旅游等综合功能。

近年来，湖泊生态系统健康评价的科学意义和应用价值已受到国内外学者及湖泊管理部门的关注与认可，诸多研究者构建了基于不同水生态环境监测指标与监测技术方法的评价方法体系，主要分为指示物种法、指标体系法。但是，由于湖泊生态系统健康概念的模糊性、评价对象的差异性及评价方法的多样性等，至今尚未形成广泛适用的、统一的湖泊生态系统健康评价体系[2]。指标体系法不受生态系统数量、类型、数据源的限制，可以从不同角度和尺度描述生态系统的基本特征，并能结合物理、化学和生态病理学等方法，较全面地反映生态系统的结构、功能及恢复能力[3]。因此，本文以里下河地区浅水型湖泊大纵湖为例，在借鉴典型评价体系及现有研究基础上，从大纵湖生态系统特征出发，构建了一种涵盖水文水资源、自然形态、水体质量、水生态质量、服务功能5个方面11个指标的评估指标体系，通过所建立的框架体系对大纵湖生态状况进行可量化的综合评价。本研究对大纵湖生态状况进行了3年的连续评估，根据评价结果为促进湖泊生态系统健康发展、发挥湖泊生态系统的服务功能，提出切实可行的对策与措施。在此必须说明的是，截至监测结束时，水利部制定的《河湖健康评估技术导则》（SL/T 793—2020）已经发布实施，其评估指标体系包含水文、化学完整性、形态结构、生物、功能5个层次22项指标。SL/T 793—2020与本次研究设置的评估指标对比，

基金项目： 江苏水利厅科技项目，水域监测评价规范（110048）。

作者简介： 滕祥帅（1989—），男，高级工程师，监测中心副主任，主要从事水环境、水生态监测与分析工作。

仅有富营养状况水质优劣程度、大型水生植物覆盖度等 5 项指标相同。但笔者认为，本次研究在设置评价指标时充分考虑了基层监测实际，仅就 SL/T 793—2020 中入湖流量变异程度与本次研究选取的湖泊水位变幅程度两项指标而言，江苏省里下河地区水网纵横，监测湖泊水位比监测入湖流量成本更低、结果更准。另外，鉴于本评估体系在 2016—2022 年对大纵湖的健康状况评估中得到了实际应用，因此本次研究构建的评估指标体系可以作为 SL/T 793—2020 要求之外，一种新的了解里下河地区典型湖泊生态状况的技术参考路径。

2 生态状况评估指标体系构建

本文在充分考虑评价体系的科学性、代表性、可操作性与可比性的基础上，根据大纵湖的生态、社会经济特征，从水域生态系统主要组成出发，构建典型湖泊水生态系统健康评价指标体系，并根据各指标之间的相对重要性通过层次分析法对各指标进行赋权，综合评价大纵湖生态系统健康情况。

2.1 构建原则

湖泊生态健康评价指标体系不是一组指标的简单堆砌，而是多方面测度指标组成的有机综合体[4]。指标体系构建需遵循以下原则：

（1）科学性原则：指标体系构建具有科学性与合理性，能够突出反映湖泊生态健康状况及与其息息相关的关键问题，便于掌握这些问题的状态和变化趋势。

（2）系统性原则：充分反映湖泊生态健康的内涵，按照评价基本框架，系统地表征湖泊生态系统中水域结构和功能特征，通过其综合效应来全面刻画湖泊生态健康状况。

（3）简明性原则：指标体系简单、明晰且相互独立，指标数量不宜过多且能涵盖湖泊生态健康的主要方面。

（4）可操作性原则：各项指标应容易测度，计算指标所需数据可靠且可获取性强。

2.2 评估指标

2.2.1 水文水资源

采用水位变幅程度值（HVF）评价，水位变幅状况计算公式参照入湖流量变异程度指标，计算 12 个月的水位变幅累加值。水位变幅程度值（HVF）按照式（1）计算：

$$\mathrm{HVF}=\left[\sum_{m=1}^{12}\left(\frac{h_m-H_m}{\overline{H}_m}\right)^2\right]^{1/2} \tag{1}$$

式中：h_m 为评估年省管湖泊实测月平均水位，m；H_m 为省管湖泊天然月平均水位（采用 1986—2015 年的历年月平均水位），m；$\overline{H}_m$ 为省管湖泊天然月平均水位均值，m。

2.2.2 自然形态

健康的湖泊水面应该是完全通畅的，少有阻断物限制湖泊水流的正常流转，能保证湖泊水文过程的完整性。因此，本部分采用自由水面率评价。自由水面率是湖泊开敞水面面积与总面积的比值。自由水面率计算公式为

$$\text{自由水面率}=[\text{湖泊范围面积}-(\text{圈圩面积}+\text{围网面积}+\text{开发利用面积})]/\text{湖泊范围面积}\times 100\% \tag{2}$$

2.2.3 水体质量

水体质量以水质状况、耗氧有机污染状况、富营养状况进行综合评价。

（1）水质状况：水质优劣程度以水质状况指数来表示，按照双指标（氨氮、高锰酸盐指数）评价水质类别比例赋分，选取氨氮、高锰酸盐指数年均值最差的指标进行评估。

（2）耗氧有机污染状况：耗氧有机物是导致水体中溶解氧大幅度下降的有机污染物，取高锰酸盐指数、化学需氧量、五日生化需氧量、氨氮 4 项对湖泊耗氧污染状况进行评估。按照各项目年均值进行赋分，并将 4 个水质项目赋分的平均值作为耗氧有机污染状况得分。

(3) 富营养状况：湖泊营养状态评价采用指数法，按照《地表水资源质量评价技术规程》（SL 395—2007）中的规定评价。营养状态评价项目包括总磷、总氮、叶绿素 a 浓度、高锰酸盐指数和透明度，评价项目的数据来源于省管湖泊每月 1 次的监测成果。湖泊（水库）营养状态评价标准及分级方法见表 1。营养指数按照式（3）计算：

$$EI = \sum_{n=1}^{N} E_n / N \tag{3}$$

式中：EI 为营养指数；E_n 为评价项目赋分值；N 为评价项目个数。

表 1　湖泊（水库）营养状态评价标准及分级方法

<table>
<tr><th colspan="2">EI 与营养状态分级</th><th>评价项目赋分 E_n</th><th>总磷/(mg/L)</th><th>总氮/(mg/L)</th><th>叶绿素 a 浓度/(mg/L)</th><th>高锰酸盐指数/(mg/L)</th><th>透明度/m</th></tr>
<tr><td colspan="2" rowspan="2">贫营养
(0≤EI≤20)</td><td>10</td><td>0.001</td><td>0.020</td><td>0.000 5</td><td>0.15</td><td>10</td></tr>
<tr><td>20</td><td>0.004</td><td>0.050</td><td>0.001 0</td><td>0.4</td><td>5.0</td></tr>
<tr><td colspan="2" rowspan="3">中营养
(20<EI≤50)</td><td>30</td><td>0.010</td><td>0.10</td><td>0.002 0</td><td>1.0</td><td>3.0</td></tr>
<tr><td>40</td><td>0.025</td><td>0.30</td><td>0.004 0</td><td>2.0</td><td>1.5</td></tr>
<tr><td>50</td><td>0.050</td><td>0.50</td><td>0.010</td><td>4.0</td><td>1.0</td></tr>
<tr><td rowspan="5">富营养</td><td>轻度富营养
(50<EI≤60)</td><td>60</td><td>0.10</td><td>1.0</td><td>0.026</td><td>8.0</td><td>0.5</td></tr>
<tr><td rowspan="2">中度富营养
(60<EI≤80)</td><td>70</td><td>0.20</td><td>2.0</td><td>0.064</td><td>10</td><td>0.4</td></tr>
<tr><td>80</td><td>0.60</td><td>6.0</td><td>0.16</td><td>25</td><td>0.3</td></tr>
<tr><td rowspan="2">重度富营养
(80<EI≤100)</td><td>90</td><td>0.90</td><td>9.0</td><td>0.40</td><td>40</td><td>0.2</td></tr>
<tr><td>100</td><td>1.3</td><td>16.0</td><td>1.0</td><td>60</td><td>0.12</td></tr>
</table>

2.2.4　水生态

2.2.4.1　浮游植物数量

浮游植物数量及群落结构是反映湖泊状况的重要指标，相对于其他水生植物而言，浮游植物生长周期短，对环境变化敏感，其生物数量及种群结构变化能很好地反映湖泊现状与变化。因此，采用藻类密度指标评价湖泊浮游植物状况。

2.2.4.2　浮游动物生物多样性

浮游动物是湖泊水生态系统食物链中将次级生产者藻类的能量传递到大型无脊椎动物及鱼类的重要环节，富营养化和鱼类养殖等环境状况对浮游动物种群结构有直接影响，因此浮游动物群落结构组成、多样性、形体大小等方面的调查评价成果可以反映湖泊水生态系统所受胁迫响应特征。采用浮游动物多样性作为评价指标，按照 Shannon-Wiener 指数进行赋分。

2.2.4.3　大型水生植物覆盖度

大型水生植物是湖泊生态系统结构中的重要组成部分之一，为鱼类及底栖生物提供适宜的物理栖境，同时对湖泊污染物缓冲及水质净化具有重要意义。受到流域和湖区人类扰动、湖泊水质恶化和水体富营养程度提高等的影响，湖泊可能从草型湖泊向藻型湖泊转变，湖泊大型水生植物种类数量、覆盖面积及最大生长水深等均不断减少。因此，采用大型水生植物覆盖度作为评价标准。盖度描述参照 Braun-Blanquet（1964）推荐的五个等级（5，盖度>75%；4，盖度为 50%~75%；3，盖度为 25%~50%；2，盖度为 5%~25%；1，盖度为 1%~5%）。

2.2.4.4　底栖动物生物学指数

底栖动物个体较大，寿命较长，活动范围小，对环境条件改变反应灵敏，能够准确反映水质质量状况，是监测污染、评价水质理想的指示生物。通过对底栖动物群落结构调查研究，可以客观地分析和评价湖泊营养状况。本文选择底栖动物 BPI 生物学指数作为水生态质量的一项评价指标，根据计算出的数值进行赋分。BPI 生物学指数按照式（4）计算：

$$\text{BPI 生物学指数} = \frac{\lg(N_1 + 2)}{\lg(N_2 + 2) + \lg(N_3 + 2)} \tag{4}$$

式中：N_1 为寡毛类、蛭类和摇蚊幼虫个体数，ind./m^2；N_2 为多毛类、甲壳类、除摇蚊幼虫外其他的水生昆虫个体数，ind./m^2；N_3 为软体动物个体数，ind./m^2。

2.2.5 服务功能

2.2.5.1 水功能区水质达标率

水功能区水质达标率指达标水功能区个数占评价水功能区总数的百分比。其中，达标的水功能区为年内水功能区达标次数占评价次数的百分比大于或等于 80%的水功能区。参评指标选取高锰酸盐指数和氨氮两项，监测次数应符合 SL 395—2007 的相关规定。

2.2.5.2 公众满意度

公众满意度反映公众对河湖环境、水质水量、涉水景观、舒适性、美学价值等的满意程度，采用公众调查方法评估，公众调查表包括：调查公众基本信息，公众与评估湖泊的关系，公众对湖泊水量、水质、湖岸状况、鱼类状况、湖泊适宜性的评估，以及公众根据上述方面认识及其对湖泊的预期所给出的湖泊状况总体评估。公众满意度取所有满意度的平均值。

2.3 赋分标准与指标权重

2.3.1 各指标赋分标准

大纵湖各评价指标赋分标准见表 2。

表 2 大纵湖各评价指标赋分标准

入湖流量变异程度	0.05~0.1	0.1~0.3	0.3~1.5	1.5~3.5	3.5~5
赋分	[100，80]	(80，70]	(70，50]	(50，25]	(25，0]
水质类别	Ⅰ~Ⅱ	Ⅲ	Ⅳ	Ⅴ	劣Ⅴ
赋分	(100，80]	(80，60]	(60，40]	(40，20]	0
高锰酸盐指数/(mg/L)	2	4	6	10	15
化学需氧量/(mg/L)	15	17.5	20	30	40
五日生化需氧量/(mg/L)	3	3.5	4	6	10
氨氮/(mg/L)	0.15	0.5	1	1.5	2
赋分	100	80	60	30	0
富营养化指数值	20~40	40~50	50~60	60~65	65~80
赋分	[100，90]	(90，60]	(60，50]	(50，40]	(40，0]
藻类密度/(万个/L)	0~100	100~200	200~1 000	1 000~3 000	3 000~8 000
赋分	[100，90]	(90，80]	(80，70]	(70，50]	(50，0]

续表 2

浮游动物多样性	3.0~4.0	2.0~3.0	1.0~2.0	0~1.0	—
赋分	[80，100]	[60，80)	[40，60)	[0，40)	—
底栖动物生物学指数	0.1~0.5	0.5~1.5	1.5~4	4~5	>5
赋分	[100，80]	(80，60]	[60，40)	[40，20)	0
覆盖度	>75%	75%~50%	50%~25%	25%~5%	<5%
赋分	100	(100，80]	(80，40]	(40，10]	(10，0]

2.3.2 各指标功能层权重

指标权重的确定有很多方法，如熵权法、熵值法、主成分分析法、层次分析法、专家咨询法、博弈论的综合权重法等。本文采用层次分析法[3]（AHP）并结合其他相关研究综合确定目标层、属性层、要素层及指标层各项指标权重。本文构建的评估体系涵盖水文水资源、自然形态、水体质量、水生态质量、服务功能 5 个方面 11 个指标，各层指标要素权重见表 3。

表 3　大纵湖健康评估指标体系构建

目标层	属性层	要素层	指标层		权重	
湖泊健康评估	自然属性	水文水资源	湖泊水位变幅程度	1	0.2	0.7
		自然形态	湖泊自由水面率	1	0.2	
		水体质量	水质状况	0.3	0.2	
			耗氧有机污染状况	0.3		
			富营养状况	0.4		
		水生态	浮游植物数量	0.3	0.4	
			浮游动物多样性	0.2		
			大型水生植物覆盖度	0.2		
			底栖动物生物学指数	0.3		
	社会属性	服务功能	水功能区达标率	0.3	1	0.3
			公众满意度	0.7		

2.3.3 综合评估

湖泊生态状况评价结果分为优（理想状态）、良（健康）、中（亚健康）、差（不健康）、劣（病态）5 种状态，具体分级标准见表 4。

表 4　大纵湖健康评估结果分级标准及阈值

指标	分级标准及阈值				
	优（理想状态）	良（健康）	中（亚健康）	差（不健康）	劣（病态）
评估总分	[80，100]	[60，80)	[40，60)	[20，40)	[0，20)

2.4　评估指标体系监测要求

2.4.1　监测站点设置

根据《水环境监测规范》(SL 219—2013)、《湖泊水生态监测规范》(DB 32/T 3202—2017)，采样点的布设应覆盖湖泊各个典型区域，浮游植物、浮游动物、底栖动物一般与水质监测站点一致，湖泊面积为10~50 km^2，采样点设置≥3个；水生植物应根据水生植物类型与分布特点，设置若干个具有代表性的横断面，采样断面上采样点的距离一般为100~200 m，没有大型水生植物分布的区域不设采样点。另外，根据水文站网分布，选择古殿堡站作为大纵湖代表水位站。

因此，大纵湖共设置1个水位监测站；4个水质监测断面，每个断面设置1个采样点；10个水生植物监测断面，每个断面设置5个采样点，具体见图1。

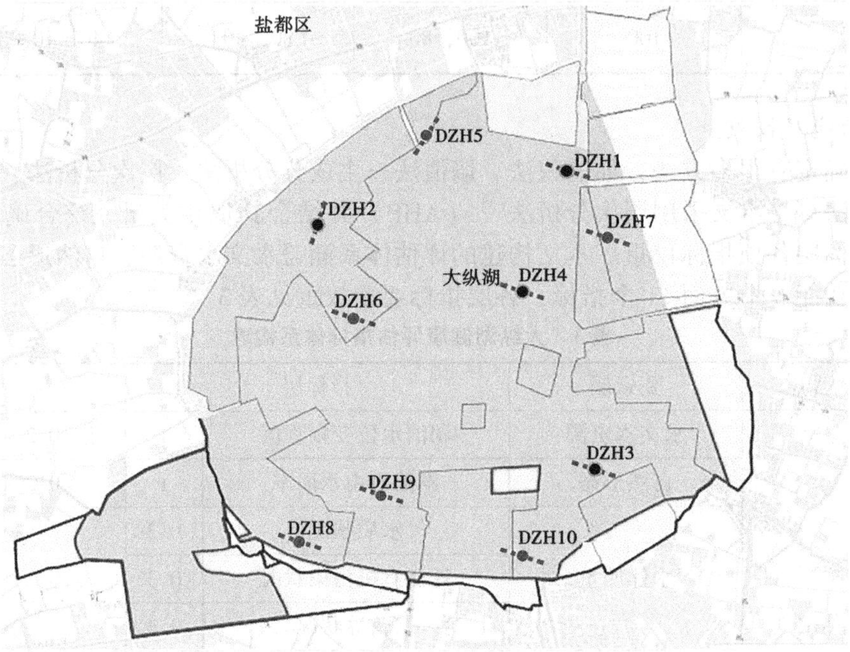

1~4为水质采样点；1~10为水生植物采样断面。

图1　大纵湖水生态采样点位置分布

2.4.2　监测项目及频次

湖泊水位按照《水位观测标准》(GB/T 50138—2010) 每日监测1次；自由水面率利用遥感卫星每年监测1次；湖泊水质状况、耗氧有机污染状况、富营养状况以及水功能区状况按照《水环境监测规范》(SL 219—2013) 以及相关检测标准每月监测1次；按照《湖泊水生态监测规范》(DB 32/T 3202—2017)，浮游植物、浮游动物、底栖动物每月监测1次，大型水生植物覆盖度每年监测2次；每年开展1次公众满意度调查。

3　结果与讨论

3.1　评估结果

2021年大纵湖自然属性综合得分为64.3，评价等级为“良”，社会属性综合得分92.0分，评价等级为“优”。2021年大纵湖健康状况综合得分72.6分，健康状况等级为“健康”，但仍处于轻度-中度污染时期，属于富营养化湖泊，具体评估状况见图2。

本文通过新构建的评估指标体系对2019—2021年大纵湖生态状况进行可量化的综合评价，具体得分见表5。与2019年相比，大纵湖健康等级由亚健康转入健康状态。

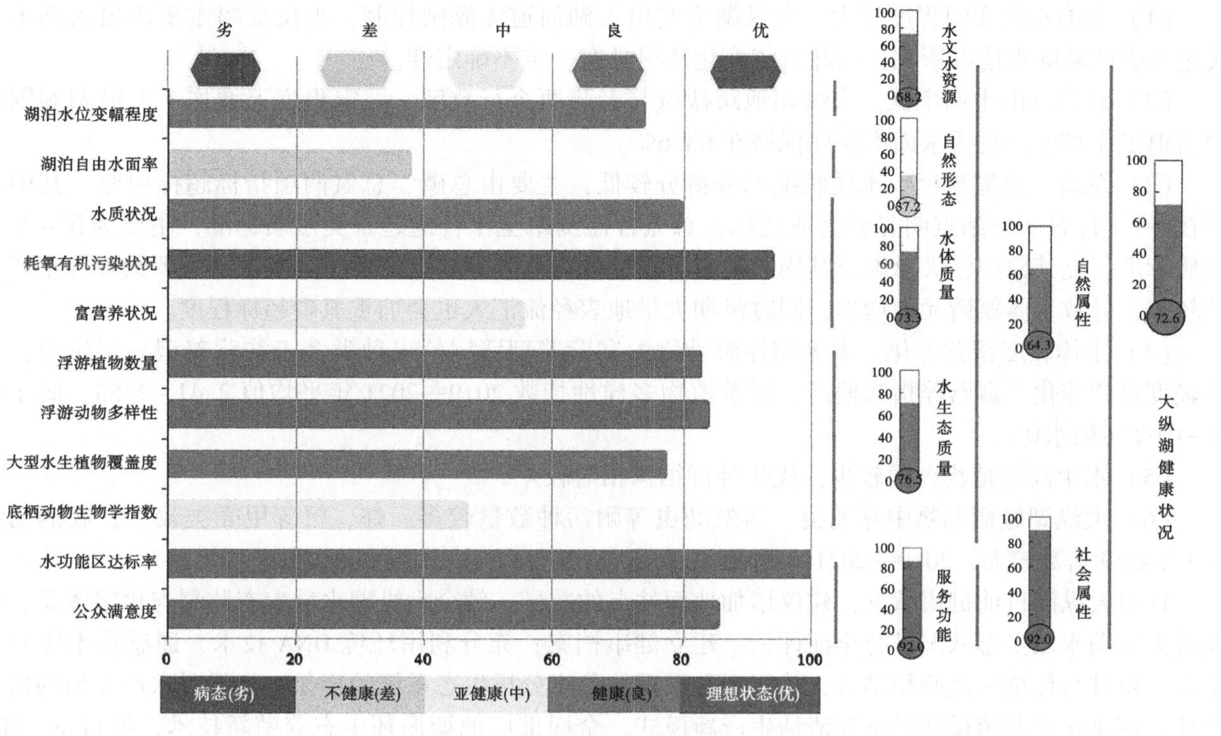

图 2 2021 年大纵湖健康状况评估

表 5 大纵湖生态状况评估得分

评价指标			得分		
属性层	要素层	指标层	2019 年	2020 年	2021 年
自然属性	水文水资源	湖泊水位变幅程度	69.7	73.5	58.2
	自然形态	湖泊自由水面率	37.2	37.2	37.2
	水体质量	水质状况	82.0	79.5	79.0
		耗氧有机污染状况	95.2	93.6	94.3
		富营养状况	54.8	54.9	53.2
	水生态质量	浮游植物数量	74.1	82.4	83.0
		浮游动物多样性	93.4	83.6	99.0
		大型水生植物覆盖度	42.0	77.0	76.5
		底栖动物生物学指数	54.2	46.0	55.0
社会属性	服务功能	水功能区达标率	100	100	100
		公众满意度	80.8	85.2	88.5
评估总分			69.8	72.5	72.6

3.2 讨论

从评估得分分析，大纵湖 2021 年健康状况较 2019 年、2020 年虽有所好转，但健康状态仍然处于等级边缘。本评估体系可以较好地反映大纵湖各项指标的变化程度，确定大纵湖健康状况。大纵湖健康评估得分较低的指标主要为湖泊水位变幅程度、湖泊自由水面率、水质状况、富营养状况、大型水生植物覆盖度、底栖动物生物学指数 6 项。具体表现如下：

（1）湖泊水位变幅程度较大。大纵湖主要出入湖河道无涵闸控制，水位变幅主要由出入湖水量决定并受区域降水情况影响，因此每年变化情况具有一定不确定性。

（2）湖泊自由水面率低。大纵湖地跨盐城与泰州两个行政区，一定程度上增加了大纵湖圈围养殖清退工作难度，自由水面率长期保持在 68.6%。

（3）总磷、总氮超标。水质状况部分得分较低，主要由总磷、总氮两项指标超标引起，其中总磷在 4—7 月有部分站点明显偏高或超标；总氮各监测站全年普遍超Ⅲ类水质标准，主要为Ⅳ～Ⅴ类水质标准。究其原因，大纵湖及其周边地区为重要的渔业养殖基地，蟹、异育银鲫、罗氏虾等水产养殖较多，导致水体氮磷元素增加，同时汛期大量地表径流汇入也会加重氮磷超标程度。

（4）水体轻度富营养化。大纵湖浮游动物中富营养型臂尾轮虫种类多于贫营养型异尾轮虫，水体轻度富营养化、富营养指数偏高。浮游植物多样性指数 2019—2021 年平均值 2.41～2.53，属于轻度-中度污染水体。

（5）水生高等植物种类较少，优势种群结构相对较差。

（6）大纵湖底栖动物中寡毛类、摇蚊幼虫等耐污种数量较多，虾、蟹等甲壳类较少，底栖动物 BPI 生物学指数较大，2019—2021 年平均值 0.75～1.20，属于 β-中污染状态。

针对大纵湖目前健康状况，建议增加地面站点的数量，健全大纵湖水域生态监测与预警体系，定期对大纵湖水域生态状况进行全面评估，建立健康档案；充分利用环境 DNA 技术、遥感技术等专业手段，将其与传统的监测相结合，从宏观和微观的角度分析生态系统的变化；加强对水产养殖的监督管理，探索水产养殖循环经济和清洁生产新模式，全面推广池塘循环生态养殖新技术，推行草、蟹、螺标准化生态养殖模式等[5]；实行环保清淤；适度推广应用水生生物群落镶嵌与捕藻技术、固定化氮循环细菌技术等物理生态工程[6]；在湖区培植沉水植物，恢复沉水植物与藻类的平衡，逐步提升大纵湖生态环境，增强水体自净能力[7]。

4 结语

从评价结果来看，本评估体系涵盖了水文水资源、自然形态、水体质量、水生态质量、服务功能 5 个方面 11 个指标，基本能够反映湖泊年际变化情况，且易于执行，在里下河地区湖泊生态状况评估方面具有一定的推广意义。因本评估体系仅立足于开展湖泊健康状态评价，在河流生态状况评价应用方面尚存在不足，未来可以结合现行的地方标准、水利部出台的河湖健康评估技术导则进行适用性研究。

参考文献

[1] 阴琨，王业耀．水生态环境质量评价体系研究［J］．中国环境监测，2018，34（1）：1-8.

[2] 赵思琪，代嫣然，王飞华，等．湖泊生态系统健康综合评价研究进展［J］．环境科学与技术，2018，41（12）：98-104.

[3] 张淑倩，孔令阳，邓绪伟，等．江汉湖群典型湖泊生态系统健康评价：以梁子湖，洪湖，长湖，斧头湖，武湖为例［J］．环境科学学报，2017，37（9）：3613-3620.

[4] 王文杰．流域生态健康评价框架及其评价方法体系研究（一）：框架和指标体系［J］．环境工程技术学报，2012，2（4）：271-277.

[5] 刘国锋，徐跑，徐刚春，等．池塘工程化循环水养殖对水环境的季节变化影响［J］．环境科学与技术，2019，42（S2）：101-107.

[6] 濮培民，李正魁，成小英，等．优化湖泊流域水环境的对策与关键技术：从物质循环及平衡观点看［J］．生态学报，2009，29（9）：498-507.

[7] 黄小龙，郭艳敏，万斌，等．沉水植物恢复对城市富营养化湖泊生态环境影响［J］．环境工程，2018，36（7）：17-21.

漳卫南运河水质在线监测与预警体系研究

李志林[1]　刘全胜[2]

（1. 水利部海委漳卫南运河管理局水文处，山东德州　253009；
2. 水利部海委漳卫南运河管理局综合事业处，山东德州　253009）

摘　要：水质在线监测是水污染预警、水资源精准开发利用的重要技术手段，对以河系流域为单元的水质监测与评价的实时性具有重要意义。本文系统概括了当前漳卫南运河水系水质在线监测的现状，根据水系水文特性变化，分析了存在的主要问题。从站网布局、监测指标选取、技术要求等方面进行了系统研究，提出了构建河系监测与预警体系的功能需求，为下一步河系系统性水质在线监测提供路线参考。

关键词：水质；在线；监测；评价；预警；水资源

漳卫南运河水系位于太岳山以东，滏阳河、子牙河以南，黄河、马颊河以北，流域范围为东经112°~118°，北纬35°~39°[1]。流域总的地势是西南高、东北低，大致分山地、平原两种地貌。漳卫南运河是京杭运河的重要组成部分，属于海河流域五大水系之一，由漳河、卫河、卫运河、漳卫新河和南运河组成，流经山西、河南、河北、山东四省及天津市入渤海，流域面积3.8万km^2。

1　在线监测现状

截至2024年6月，合漳以上漳河建有水质在线监测系统2套。一是麻田水质自动监测站，位于山西省晋中市左权县麻田镇麻田村桥上游20 m，是清漳河控制站。二是侯壁水质自动监测站，位于山西省长治市平顺县石城镇侯壁水电站下游200 m，是浊漳河控制站。以上2处水质在线监测系统均配备五参数分析仪、全光谱在线分析仪、总磷分析仪等分析仪表，用于实现水温、pH、溶解氧、电导率、浊度、COD（化学需氧量）、总氮、氨氮、亚硝酸盐氮、硝酸盐氮、苯胺、TOC（总有机碳）等12项指标的监测，侯壁另配备总VOC（挥发性有机化合物）分析仪，监测指标为VOC，共计监测13项，麻田另配备重金属在线分析仪，监测指标为铜、铅、锌、镉、汞、砷、镍，共计监测19项。

合漳以下漳河、淇门以下卫河建有水质在线监测系统3套。一是观台水质自动监测站，位于河北省邯郸市磁县观台镇冶子村观台水文站内，是漳河出境和岳城水库入库前的控制站。二是岳城水库坝上水质自动监测站，位于河北省邯郸市磁县岳城水库进水塔处，是岳城水库库区监控站。三是龙王庙水质自动监测站，位于河北省邯郸市大名县龙王庙镇S215卫河桥上游400 m处，是卫河控制站。以上3处水质在线监测系统均配备五参数分析仪、全光谱在线分析仪、总磷分析仪等分析仪表，用于实现水温、pH、溶解氧、电导率、浊度、BOD（生化需氧量）、COD、TOC、硝酸盐氮、亚硝酸盐氮、氨氮、总氮、苯胺、总磷等14项指标的监测，岳城水库坝上另配备叶绿素分析仪，监测指标为叶绿素，共计监测15项。

以上5处水质自动监测站建成时间均为2018年，运行时间超过6年。

2　存在的主要问题

党的十八大以来，水污染防治、河长制工作全面开展[2]，目前漳卫南运河河系水体质量发生了

作者简介：李志林（1989—），男，高级工程师，主要从事流域水资源水环境监测与评价工作。

根本性变化，河系水资源管理的刚性需求日益增强，对水质在线监测系统的任务目标和功能需求已经改变，当前在线监测系统已不能满足实际需要，存在以下 4 方面的问题。

2.1 监测站网

目前，监测站网主要集中在河系上游的漳河、卫河，岳城水库至漳卫新河、南运河尚未建立在线监测系统，站网布局尚未形成有效的监控与预警体系。主要问题为：下游岳城水库入库监测站只有观台站，缺少重要支流，特别是受污染物分布影响较大的、入库水量多的支流监测站，库区库心缺少代表性监测站。岳城水库以下漳河缺少控制性监测站，无法对下游卫运河水体的污染物进行全面溯源。卫河干流重要汇入支流多，重要水利控制性工程发生根本变化，且淇门是卫河重要的控制性断面，缺少重要水利工程和淇门的控制性监测系统。共产主义渠新增盐土庄拦河蓄水闸，尚未建立代表性在线监测站点。漳河、卫河汇合后，卫运河缺少背景控制性监测站，无法实现污染物预警、溯源等水质监控。四女寺枢纽作为南运河、减河、岔河水源控制性工程，缺少水质代表性监测站。南运河第三店既是山东、河北的重要省界断面，也是南水北调东线北延、京杭运河全线贯通补水、引黄调水、引岳调水的重要计量断面，尚未建立在线监测系统。漳卫新河缺少减河、岔河汇合后背景控制站，以及辛集闸入海和海水入侵监控站。

2.2 监测指标

目前，5 处水质在线监测系统的指标基本按照常规五参数、化学需氧量、氮类指标、重金属指标等配备。由于 2013 年浊漳河苯胺泄漏导致的水污染事件发生，仅在漳河上 3 处和岳城水库 1 处水质在线监测系统增加苯胺监测指标，特征污染物的监测指标系统性不强。

2.3 检测方法

当前水质在线监测系统的监测设备以光学法探头、全光谱测量为主，仅总磷选取化学法监测。除沉降池外，没有采取必要的前处理技术手段，导致监测结果准确度不高、可比性差，仅可作为趋势性判断使用，与水资源质量评价的准确度需求差距较大，已不能满足当前河系对在线监测系统的使用需求。

2.4 评价与预警功能

水质在线监测数据主要依靠人工进行评价，关键性指标和涉及污染物指标由技术人员根据历史特征进行判断，从而导致时效性差，尚未构建河系水质预警模型，无法对下游河道进行预见期延长。

3 监测与预警体系构建

3.1 站网与指标

漳卫南运河河系水体质量发生了根本性变化，指标的选取重点应由水污染监控逐步转变为水污染预警和水资源管理并进行精准监测，以实现突发性水污染事件的有效预警、处置，为水资源优化配置、节约集约使用提供动态的数据支撑，这就需要对河系水质在线监测系统的监测指标进行优化，根据河系产业布局和主要污染物来源选取必要的、综合性污染物指标进行宏观预警，同时应根据河系近年来水资源质量关键性约束因素选取重点监测指标[3]。

根据漳卫南运河水系水文特性与产业布局，监测站网应完善岳城水库库心饮用水水源地监控断面，漳河、卫河、共产主义渠上游背景监控断面，汤河、安阳河等重要入域河流及排涝退水河渠的控制断面，老关嘴、南陶、四女寺等重要汇河口控制断面，以及辛集闸至入海口的入海监控断面。指标选取应本着“符合实际、确有必要、适度适用、经济科学”的原则，常规指标应选取常规五参数、氨氮、COD 等污染物重点监测指标，饮用水水源地应根据库区周边及上游企业行业分布，加测部分无机营养物、有机污染物、矿区产业重金属及水生态指标（如总磷、总氮、高锰酸盐指数、总有机碳、挥发酚、汞、砷、重金属类、叶绿素、藻密度、粪大肠菌群、生物毒性等指标），入海监控断面加测盐度、氯化物、硫酸盐等影响入海排放和海水侵袭干扰性等指标。

3.2 技术要求

充分考虑河系自然地理、水文气象等环境要素，同时兼顾河系水环境水生态演变趋势，通用技术要求建议：符合《信息交换用汉字编码字符集　基本集》（GB 2312—1980）的操作语言，供电电压为（220±22）V，交流频率为（50±0.5）Hz，站房内控制温度15～40 ℃，具有RS-232或RS-485标准通信接口；具有异常信息记录及上传、仪器运行周期（连续、间歇、周期、手动）设置、仪器状态显示、断电保护与自动恢复等功能，并能接收远程控制指令，可远程接收零部件故障、超量程报警、超标报警、缺试剂报警等信息；可根据需要任意设定监测频次，具备24 h零点漂移和24 h量程漂移自动核查、零点校准、标样校准、加标收测试、自动标定等质控功能；具备原水物理处理的双通道采水单元，双泵双管路配水及各检测模块独立的预处理单元，自动判断并切换的旁路预处理设备，必要的留样测试系统，配备UPS/稳压电源、废液收集单元及处理、试剂恒温、视频监控、远程门禁及监控等辅助设备，保障数据安全的VPN网络设备，以及满足行业规范及管理需求的在线控制管理系统等。

检测技术指标要求：采用国家、行业等标准检测方法，物理指标准确度、分辨率、重复性应满足检定、校准要求。化学法指标应满足或优于检测方法要求，如量程、检出限、重复性、精密度、零点漂移、线性误差、实际水样比对误差等[4]。水生态指标应满足行业水生态技术导则、规范的相关要求以及水生态评估、河流湖库健康评估的需要。

3.3 评价与预警

开发与漳卫南运河水系水资源、水环境、水生态相适应的评价与预警系统[5]，满足水质量评价、水污染防治、水生态监控、水资源优化配置管理的评价与预警等，其应具备以下基础功能。

3.3.1 水质量、富营养化评价及藻类统计分析与评价

一是统计《地表水环境质量标准》（GB 3838—2002）中检测项目的实时数据，按照单指标法进行评价，提出水资源分类及功能建议；二是对岳城水库库心、坝上透明度、总磷、总氮、高锰酸盐指数、叶绿素进行自动检测，其中不易暴发藻类的月份为1次/月，易暴发月份为1次/周，可视具体情况进行调整，统计检测数据，精准评估库区整体与局部富营养化状况。

3.3.2 岳城水库水华预警

根据蓝藻监测数据、历史灾害状况及蓝藻水华发生的主要环境因子，对岳城水库蓝藻水华灾害发生进行风险评估。综合考虑岳城水库水位（蓄量）、温度、入库水体等因素，设计高光谱扫描数据和卫星图片信息接入以进行宏观趋势判断，利用水质在线监测系统实时数据进行率定和校正，建立基于综合指数的水华风险预警模型，从而构建符合岳城水库实际的水华预警体系。

3.3.3 水污染预警与水资源优化配置

结合漳卫南运河河系水文历史状况、下垫面污染物水体交换、面源及点源污染物分布等情况，运用圣维南方程组和水质反应动力学等理论，计算形成水污染预警、演进与分布模型。以背景断面和上断面在线监测系统数据进行输入，分河段、分区域形成水资源质量分区及功能示意结果，为水污染防治和水资源优化配置提供管理支撑。

4 结语

通过进一步完善漳卫南运河水质在线监测站网，科学选取在线监测指标，采用国家及行业标准方法、适用河道实际和检测需求的前处理技术路线，构建形成满足管理需要的评价与预警体系。进一步完善“全自动、全量程、重点要素”的水文自动监测站网，开展水量水质同步监测；实时对漳卫南运河水系水资源质量状况进行分析评价，分河段、分区域评价水资源质量，为水资源精准调度、水资源效益发挥提供强有力的技术支撑；更加有力地保障岳城水库饮用水水源地水质安全和水生态健康；进一步提升河系水污染监测与预警能力，为水污染应急处置延长预见期，河系水安全保障能力得到提升；检测数据精准、可靠，满足检验检测分析要求，实现数据可比互信，大大降低人员劳动强度，特

别是引调水期间实时监测与评价将很大程度提高水资源的经济效益；形成的大量检测数据，通过实践，积累的检测技术、卫星图片、高光谱扫描以及水资源、富营养化、水生态评价成果将为下一步技术创新及应用打牢基础。

参考文献

[1] 乔家乐，范海燕，黄凯．漳卫南运河水资源承载能力评价［J］．海河水利，2023（12）：1-4.

[2] 刘晓光，谭林山，高园园．漳卫南运河河长制实施现状、问题及建议［J］．水利发展研究，2018，18（3）：6-9.

[3] 彭菲，梁琳，李志文，等．水质自动监测技术在水环境保护中的应用策略研究［J］．东北水利水电，2024，42（6）：32-33，70.

[4] 陈静，刘兴欢，王宜军，等．连云港市多合一在线水质自动监测相关技术指标探讨［J］．水利水电技术，2008（5）：7-9.

[5] 张凯，袁文雪．水质自动监测系统设计及应用［J］．上海化工，2024，49（2）：31-34.

基于层级分析法的淀山湖生态安全评估研究

吴东浩　石亚东

（太湖流域水文水资源监测中心，江苏无锡　214026）

摘　要：为评估淀山湖生态安全状况，识别淀山湖当前存在的生态安全问题，基于 DPSIR（驱动力—压力—状态—影响—响应）框架模型，构建淀山湖安全评价指标体系，评价淀山湖生态安全状况。结果表明，淀山湖生态安全指数为 63 分，生态安全状态为"较安全"。其中，水生态健康方案层得分较低，仅为 40.2 分。淀山湖区域污染负荷强度高、入湖河流水质差、水生态系统明显退化是影响淀山湖生态安全的主要原因。深入实施面源污染治理，降低污染负荷，加强蓝藻防控，开展水生态保护与修复是提高淀山湖生态安全水平的重要措施，也是助推长三角生态绿色一体化发展示范区高质量发展的重要途径。

关键词：DPSIR 模型；指标体系；示范区；淀山湖；生态安全

湖泊作为山水林田湖草系统中的一个重要组成部分，是一种与人类生存和发展密切相关的独特资源[1]，在供水、防洪、航运、养殖、旅游及维系区域生态平衡方面发挥着巨大的作用。经济高速发展与人口增长，以及资源的超强度利用，造成了湖泊水环境恶化、水资源短缺、水生态损害等一系列问题[2]。开展湖泊生态安全调查与评估，识别湖泊主要生态环境问题，可为开展湖泊保护与修复提供参考。

2019 年，国务院印发《长江三角洲区域一体化发展规划纲要》，提出高水平建设长三角生态绿色一体化发展示范区。随后国家发展和改革委员会印发《长三角生态绿色一体化发展示范区总体方案》，明确长三角生态绿色一体化发展示范区（简称"示范区"）率先突破，打造示范引领制高地，并明确以太浦河、淀山湖、元荡、汾湖等"一河三湖"为重点，加强生态环境联保共治。淀山湖不仅是示范区重要的水资源、水生态调节节点，而且是示范区太浦河以北地区主要行洪排涝通道，同时是黄浦江上游的重要来水水源之一和上海市备用饮用水水源地。淀山湖的生态安全状况对示范区的经济高质量发展有着重要作用[3]。

近年来，受入湖污染负荷影响，淀山湖水质及富营养化问题突出[4-6]，湖体总氮与《太湖流域水环境综合治理总体方案（2013 年修编）》确定的 2020 年水质目标仍有明显差距，而且总磷尚未稳定达标，迫切需要开展系统的淀山湖生态安全评估，深入了解其水生态系统变化。同时，国内外已有生态安全评估研究主要关注湖库生态状况和服务功能方面，较少关注区域社会经济[7-8]、生态服务功能[9-10]、调控管理[11-12] 等方面的影响，而相关研究结果表明，湖库状态变化与自然系统、人类活动及调控之间具有密切联系[13-15]。

本文以淀山湖为对象，采用 DPSIR[16]（驱动力—压力—状态—影响—响应）模型建立生态安全评估指标体系，运用层次分析法（analytic hierarchy process，AHP）确定指标权重，客观评估淀山湖生态安全现状，识别淀山湖生态安全存在的问题，提出保护对策措施建议，期望为淀山湖生态安全提升及示范区河湖生态环境保护工作提供科学依据。

基金项目：水利部重大科技项目（编号 SKS-2022065）资助。

作者简介：吴东浩（1987—），男，高级工程师，主要从事水生态监测评价与分析研究工作。

1 材料与方法

1.1 研究区域概况

淀山湖（30°59′N~31°16′N、120°53′E~121°17′E）位于江苏省昆山市、吴江区和上海市青浦区交界处，在长三角生态绿色一体化发展示范区内。淀山湖是天然淡水湖泊，呈葫芦形，总面积 62 km^2，其中上海境内面积 46.7 km^2（约占 75.3%，大部分在上海市青浦区境内），平均水深约 2.1 m，最大水深 3.6 m。湖面最大长度 14.5 km，最大宽度 8.1 km，容积约 1.33 亿 m^3[17-18]。淀山湖的主要入湖河道在湖西部和湖北部，湖西部（青浦区域）有急水港、朱厍港、白石矶等，湖北部（昆山区域）有千灯浦、毛柴泾、中心河、小千灯浦等；主要出湖河道在湖东部和南部（青浦区域），有拦路港、西旺港、石塘港、淀浦河（见图 1）。

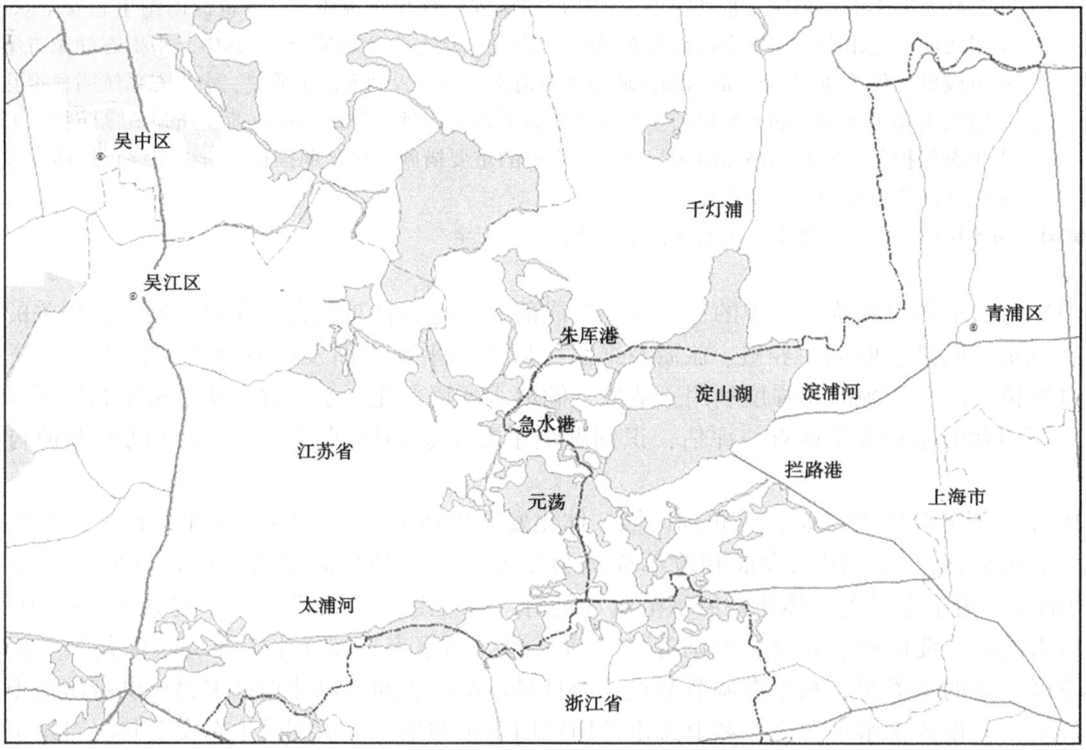

图 1 淀山湖区位图

1.2 数据来源

本文所采用数据来源于现场调查监测、遥感影像解译，以及淀山湖周边省市县相关统计年鉴、环境状况公报和水资源公报。其中，湖泊水质、水生生物等生态系统状况等采用 2020 年现场调查监测成果。

1.3 评估方法

1.3.1 指标体系构建

淀山湖生态安全评估指标体系（见表 1）以驱动力、压力、状态、影响和响应等综合指标作为方案层，以各个具体的指标作为指标层，共包含 34 个指标。

1.3.2 参照标准及指标权重的确定

结合本流域实际，本次淀山湖生态安全调查评估的参照标准主要参考 20 世纪 80 年代调查数据、已有的国家标准、相关规划数值等。对于无法获取参考值的指标，采用相对评估法赋分[19-21]。

淀山湖评估指标体系中社会经济影响及水生态健康方案层指标权重采用层次分析法确定[22-24]。生态服务功能和调控管理方案层中各指标的选取及权重与《湖泊生态安全调查与评估指南》中推荐的指标基本一致。

表 1　淀山湖安全评估指标体系及权重

目标层	方案层及权重		因素层及权重		指标层及权重		最终权重
生态安全	社会经济影响	0.4	人口	0.173	人口密度	1.00	0.173
			经济	0.084	人均 GDP	1.00	0.084
			社会	0.112	人类活动强度指数	1.00	0.111
			流域污染负荷	0.247	单位面积 COD 负荷	0.16	0.040
					单位面积 TP 负荷	0.54	0.133
					单位面积 TN 负荷	0.30	0.073
			入湖河流	0.384	入湖河流平均 COD 浓度	0.16	0.063
					入湖河流平均 TP 浓度	0.54	0.207
					入湖河流平均 TN 浓度	0.30	0.114
	水生态健康	0.3	水文水动力	0.119	换水周期	1.00	0.119
			水质	0.383	溶解氧	0.14	0.054
					透明度	0.12	0.047
					氨氮	0.11	0.041
					总磷	0.39	0.150
					总氮	0.23	0.089
			富营养化	0.141	综合营养指数	1.00	0.141
			沉积物	0.079	沉积物总磷含量	0.60	0.048
					沉积物总氮含量	0.40	0.032
			水生态	0.278	浮游植物密度	0.33	0.091
					浮游动物多样性	0.11	0.031
					底栖动物物种数	0.08	0.022
					鱼类物种数	0.17	0.048
					水生植物覆盖度	0.31	0.086
	生态服务功能	0.15	区域水环境质量	0.264	水功能区达标率	1.00	0.264
			水源涵养功能	0.151	林草覆盖率	1.00	0.151
			栖息地功能	0.200	湿地面积占比	1.00	0.200
			拦截净化功能	0.264	近岸缓冲区状况	1.00	0.264
			人文景观功能	0.122	自然保护区级别	1.00	0.122
	调控管理	0.15	资金投入	—	环保投入指数	—	0.168
			污染治理	—	工业企业废水稳定达标率	—	0.120
				—	城镇生活污水处理率	—	0.220
				—	农村生活污水处理率	—	0.170
			监管能力	—	监管能力指数	—	0.130
			长效机制	—	长效管理机制构建	—	0.192

注： GDP—国内生产总值，COD—化学需氧量，TP—总磷，TN—总氮。

2 结果与分析

2.1 淀山湖地区社会经济情况

淀山湖区域农业基础良好，经济总量处于较高水平[25]，地区生产总值高达952亿元，较2000年增长了8.6倍，但环境压力日趋增大。据调查分析，淀山湖区域总氮、总磷和COD污染负荷处于较高水平，分别为2.06 t/(km^2·a)、0.23 t/(km^2·a) 和8.87 t/(km^2·a)。在各类污染源中，农村生活养殖源和种植业面源的贡献较为突出（见图2）。

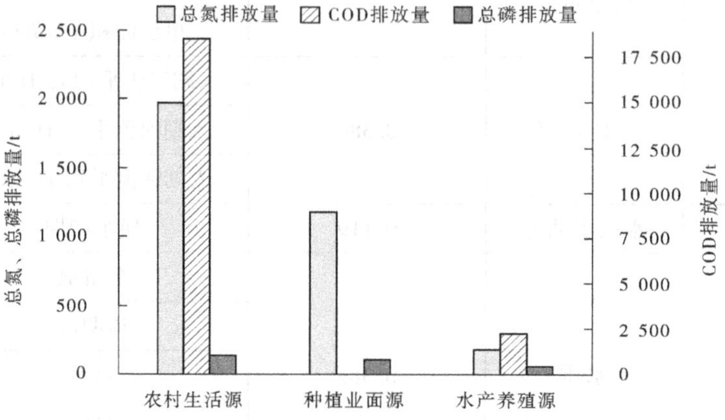

图2 2020年淀山湖区域总氮、总磷和COD排放量

2.2 淀山湖地区生态环境状况

在水质方面，2020年淀山湖主要入湖河道急水港、朱厍港和千灯浦水质总体评价为Ⅳ类、Ⅲ类和Ⅳ类，其中五日生化需氧量为Ⅲ~Ⅳ类，高锰酸盐指数、氨氮和溶解氧为Ⅱ~Ⅲ类，总磷为Ⅱ~Ⅲ类，其余指标评价结果均为Ⅰ类（见表2）。淀山湖总体评价为劣Ⅴ类，其中总氮为劣Ⅴ类，总磷为Ⅳ类，高锰酸盐指数和氨氮为Ⅱ类，其余指标评价结果均为Ⅰ类。综合营养指数为57.4，为轻度富营养。

表2 2020年淀山湖及主要入湖河道部分水质指标年平均浓度 单位：mg/L

名称	五日生化需氧量	高锰酸盐指数	氨氮	总磷	总氮
千灯浦	4.95（Ⅳ）	5.10（Ⅲ）	0.40（Ⅲ）	0.143（Ⅲ）	2.63
朱厍港	3.16（Ⅲ）	3.16（Ⅱ）	0.61（Ⅱ）	0.112（Ⅲ）	2.01
急水港	4.34（Ⅳ）	4.26（Ⅲ）	0.19（Ⅲ）	0.097（Ⅱ）	2.88
淀山湖	2.95（Ⅰ）	2.7（Ⅱ）	0.23（Ⅱ）	0.076（Ⅳ）	2.05（劣Ⅴ）

在水生态方面，2020年浮游植物密度为3 626万个/L，蓝藻平均数量达到了2 980万个/L，占比82.2%，夏季蓝藻数量更是高达6 833万个/L；浮游动物共47种，Shannon-Wiener多样性指数为2.20；底栖动物17种，Shannon-Wiener多样性指数为1.10，主要优势种为铜锈环棱螺、河蚬和拟背尾水虱；鱼类共5目6科22属29种。经人工调查，淀山湖水生植物覆盖面积约2 km^2，覆盖度约3%，优势种为芦苇、马来眼子菜等。

在底泥方面，湖区（0~50 cm）总氮含量平均为1 294 mg/kg，变化范围为572~1 914 mg/kg；总磷含量平均为710 mg/kg，变化范围为453~953 mg/kg。

2.3 淀山湖地区生态服务功能

淀山湖是国家级资源保护区——淀山湖河蚬翘嘴红鲌国家级水产种质资源保护区[26]，地区森林覆盖率为 13.2%。对缓冲区内土地利用类型进行遥感解译，淀山湖 3 km 缓冲区内面积为 155.16 km^2(不包含湖体)，近岸带林地、灌木、草地、湿地的面积总和为 51.85 km^2，占总面积的 33.42%，具有良好的栖息地及拦截净化功能。

2.4 淀山湖地区调控管理情况

为保护淀山湖区域生态环境健康，青浦区、吴江区和嘉善县都投入了大量的人力、物力、财力。统计年鉴资料及环境状况公报显示，淀山湖区域总环保投入指数为 4.5%。在污染治理方面，淀山湖区域城镇生活污水平均处理率为 95.3%。产业结构由“二、三、一”转变为“三、二、一”结构模式，标志着淀山湖区域产业结构在逐步转型。在监管能力方面，淀山湖作为黄浦江上游饮用水水源地的二级保护区，保护区内无新建、违建和扩建排放污染物的建设项目，2 000 m 范围内无规模化的养殖场，环境监测、监察能力较高。

2.5 淀山湖生态安全评估

经计算，淀山湖生态安全指数值为 63 分，生态安全状态为“较安全”。其中，社会经济影响方案层 67.5 分，水生态健康方案层 40.2 分，生态服务功能方案层 68.2 分，调控管理方案层 91.4 分。得分较低的指标有单位面积 COD 负荷、入湖河流平均 TN 浓度、换水周期、总磷、总氮、浮游植物密度、水生植物覆盖度等 7 个指标（见表 3）。

3 讨论

3.1 评估体系适用性

淀山湖区域相关历史资料较少，在系统收集整理已有研究成果的基础上，通过补充开展相关水质水生态调查，初步建立了适用于淀山湖的湖泊安全评估指标体系。基于该评估指标体系，对淀山湖区域的社会经济、湖泊水生态健康、生态服务功能进行了评估。结果表明，四个方案层中，调控管理的得分最高，说明该地区在环保投入、污染治理、监管能力和长效机制四项工作上取得了一定成效；其次为生态服务功能，说明淀山湖对区域内水产品供给、服务区域环境存在较大的贡献；水生态健康得分最低的指标是浮游植物密度，与公众直观感受一致，近年来淀山湖蓝藻过量增殖，影响了浮游植物密度的得分。该指标体系总体可以较为全面、准确地反映淀山湖生态安全方面存在的问题，具有较好的适用性。

3.2 压力层分析

与 20 世纪 80 年代相比，淀山湖区域经济快速发展，工业化水平和城镇化率明显提高。单位面积 COD 负荷和单位面积 TP 负荷分别达到 8.87 t/km^2 和 0.23 t/km^2，其中单位面积 COD 负荷是 20 世纪 80 年代的 13 倍[27]。区域污染物排放强度的增大，严重威胁湖泊的生态安全。同时，淀山湖面临着上游来水水质较差的压力，尤其是入湖河道总氮浓度整体偏高。2020 年，淀山湖入湖河道水量占比最大的急水港总氮年平均浓度为 2.88 mg/L，且急水港的总氮入湖通量常年处于较高水平，是淀山湖总氮仍为劣Ⅴ类的主要原因之一。因此，要深入实施流域面源治理，降低淀山湖区域污染负荷。加快种植业产业化、规模化管理，积极发展生态环境友好型农业，推行节水灌溉，提高污水的管控及回用，加强种植业面源氮、磷拦截工程规划建设，强化工程管理和后期维护，逐步提升种植业化肥减施水平。

3.3 状态层分析

淀山湖水体中营养盐浓度居高不下，导致水体中藻类大量繁殖，2020 年的监测结果显示蓝藻平均密度高达 5 744 万个/L，较 20 世纪 80 年代增加了 96 倍[28-29]，存在较大水生态安全隐患。另外，淀山湖沉水植物面积骤减，由 20 世纪 80 年代的 35.66 km^2 到目前仅维持 2 km^2 左右[30]，淀山湖已由草型湖泊生态系统转变为藻型湖泊生态系统，使得部分耐污能力较弱的沉水植物和鱼类物种消失。因此，要加强蓝藻防控，开展流域水生态保护与修复。建立健全淀山湖蓝藻防控机制，借鉴太湖蓝藻打捞处置经验，降低淀山湖蓝藻水华强度，避免大量蓝藻在沿岸带长期堆积。突出湖泊生态调控的主导作用，积极构建小型浅水湖泊生态修复技术体系，推进淀山湖水生态修复，稳步提升湖泊沉水植物分布面积，恢复湖泊生态系统的结果和功能，提高生物多样性与生态系统稳定性。

表 3　淀山湖安全评估指标体系及得分

目标层	方案层	因素层	指标层	得分
生态安全	社会经济影响	人口	人口密度	85.3
		经济	人均 GDP	88.1
		社会	人类活动强度指数	72.3
		流域污染负荷	单位面积 COD 负荷	37.5
			单位面积 TP 负荷	53.9
			单位面积 TN 负荷	56.9
		入湖河流	入湖河流平均 COD 浓度	75.3
			入湖河流平均 TP 浓度	81.8
			入湖河流平均 TN 浓度	23.3
	水生态健康	水文水动力	换水周期	32.4
		水质	溶解氧	80.6
			透明度	64.6
			氨氮	75.4
			总磷	36.0
			总氮	19.5
		富营养化	综合营养指数	45.3
		沉积物	沉积物总磷含量	49.6
			沉积物总氮含量	63.5
		水生态	浮游植物密度	1.6
			浮游动物多样性	100
			底栖动物物种数	48.6
			鱼类物种数	64.4
			水生植物覆盖度	5.2
	生态服务功能	区域水环境质量	水功能区达标率	60.1
		水源涵养功能	林草覆盖率	66
		栖息地功能	湿地面积占比	96.1
		拦截净化功能	近岸缓冲区状况	51.1
		人文景观功能	自然保护区级别	80
	调控管理	资金投入	环保投入指数	90
		污染治理	工业企业废水稳定达标率	95.3
			城镇生活污水处理率	95.3
			农村生活污水处理率	95.3
		监管能力	监管能力指数	80
		长效机制	长效管理机制构建	90

4 结论

（1）2020 年淀山湖区域生态安全指数为 63 分，生态安全状态为“较安全”。区域污染负荷、入湖河流水质、水生态等指标得分较低。

（2）淀山湖区域单位面积 COD 负荷和单位面积 TP 负荷分别高达 8.87 t/km^2 和 0.23 t/km^2，严重威胁淀山湖的生态安全。另外，淀山湖入湖河道总氮浓度整体偏高。2020 年，急水港总氮年均浓度高达 2.88 mg/L，是淀山湖总氮仍为劣Ⅴ类的主要原因之一。

（3）2020 年淀山湖总氮、总磷浓度分别高达 2.05 mg/L、0.076 mg/L，导致湖区蓝藻水华问题严重，水生态系统脆弱。

（4）深入实施面源污染治理，降低污染负荷，加强蓝藻防控，开展水生态保护与修复是淀山湖生态安全水平提高的重要措施。

参考文献

[1] Tri Retnaningsih Soeprobowati, et al. Paleolimnology Record of Human Impact on a Lake Ecosystem: The Case of Shallow Lakes in CentralJava [J]. IOP Conference Series: Earth and Environmental Science, 2019, 276 (1).

[2] Lucie Guo. Doing Battle With the Green Monster of Taihu Lake [J]. Science, 2007, 317 (5842): 1166-1166.

[3] 季永兴，韩非非，施震余，等．长三角一体化示范区水生态环境治理思考［J］．水资源保护，2021，37（1）：103-109.

[4] Guohua X, Guochen W, Dongqi W, et al. Spatio-Temporal Distribution of Total Nitrogen and Phosphorus in Dianshan Lake, China: The External Loading and Self-Purification Capability [J]. Sustainability, 2017, 9 (4): 500.

[5] Xi Cheng, Xiao ping Li. Long-Term Changes in Nutrients and Phytoplankton Response in Lake Dianshan, a Shallow Temperate Lake in China [J]. Journal of Freshwater Ecology, 2010, 25 (4): 549-554.

[6] Wang S B, Ma X X, Fan Z Q, et al. Impact of nutrient losses from agricultural lands on nutrient stocks in Dianshan Lake in Shanghai, China [J]. Water Science and Engineering, 2014.

[7] 张远，高欣，林佳宁，等．流域水生态安全评估方法［J］．环境科学研究，2016，29（10）：1393-1399.

[8] Ghosh Subrata, Das Chatterjee Nilanjana, Dinda Santanu. Urban ecological security assessment and forecasting using integrated DEMATEL-ANP and CA-Markov models: A case study on Kolkata Metropolitan Area, India [J]. Sustainable Cities and Society, 2021, 68.

[9] Mosaffaie J, Jam A S, Tabatabaei M R, et al. Trend assessment of the watershed health based on DPSIR framework [J]. Land Use Policy, 2021, 100: 104911.

[10] Wen Mingxin, Zhang Ting, Li Cong, et al. Assessment of Land Ecological Security and Analysis of Influencing Factors in Chaohu Lake Basin, China from 1998-2018 [J]. Sustainability, 2021, 13 (1): 358-358.

[11] Yi Yang, Zixuan Cai. Ecological security assessment of the Guanzhong Plain urban agglomeration based on an adapted ecological footprint model [J]. Journal of Cleaner Production, 2020, 260.

[12] 林佳宁，高欣，贾晓波，等．基于 PSFR 评估框架的太子河流域水生态安全评估［J］．环境科学研究，2016，29（10）：1440-1450.

[13] Feng N, Mao F, Li X Y, et al. Research on ecological security assessment of Dianchi Lake [J]. Environmental Science, 2010, 31 (2): 282-286.

[14] Malmir Mahsa, Javadi Saman, Moridi, et al. A new combined framework for sustainable development using the DPSIR approach andnumerical modeling [J]. Geoscience Frontiers, 2021, 12 (4).

[15] 刘丽娜，马春子，张靖天，等．东北湖区典型流域生态安全评估［J］．环境科学研究，2019，32（7）：1108-1116.

[16] Jam A S, Mosaffaie J, Tabatabaei M R. Assessment of comprehensiveness of soil conservation measures using the DPSIR framework [J]. Environmental Monitoring and Assessment, 2021, 193 (1).

[17] 张德林，陆佳麟，张佳婷，等．气象条件对淀山湖水质的影响［J］．湖泊科学，2016，28（6）：1235-1243.

[18] 陈红，韩青，周宏伟．淀山湖水污染状况分析与综合治理对策研究［J］．水资源保护，2011，27（6）：36-40.
[19] Delgado Luisa E, et al. Toward social-ecological coastal zone governance of Chiloé Island（Chile）based on the DPSIR framework［J］. Science of the Total Environment, 2021, 758.
[20] Pagan Janeesa, et al. Sustainable Development Tool Using Meta-Analysis and DPSIR Framework—Application to Savannah River Basin, U.S.［J］. JAWRA Journal of the American Water Resources Association, 2020, 56（6）: 1059-1082.
[21] Yali Zhang, Shouliang Huo, Beidou Xi. Establishing Nutrient Criteria in Nine Typical Lakes in China: A Conceptual Model［J］. CLEAN-Soil, Air, Water, 2016（10）.
[22] AVKS, BDK, CSKS, et al. Development of fuzzy analytic hierarchy process based water quality model of Upper Ganga river basin, India［J］. Journal of Environmental Management, 284.
[23] Arnab Kundu, et al. Evaluation of Socio-Economic Drought Risk over Bundelkhand Region of India using Analytic Hierarchy Process（AHP）and Geo-Spatial Techniques［J］. Journal of the Indian Society of Remote Sensing, 2021: 1-13.
[24] Y Yakubu, J Zhou. Novel approach to quantify municipal solid waste management hierarchy based on analytical hierarchy process［J］. International Journal of Environmental Science and Technology, 2019, 16（4）: 1897-1908.
[25] 王燕飞．湖泊富营养化与经济发展关系研究［D］．南京：南京大学，2012.
[26] 周彦锋，吕大伟，葛优，等．淀山湖河蚬翘嘴红鲌国家级水产种质资源保护区翘嘴鲌产卵场现状［J］．长江流域资源与环境，2018，27（12）：2733-2739.
[27] 阮仁良，王云．淀山湖水环境质量评价及污染防治研究［J］．湖泊科学，1993，5（2）：57-62.
[28] 宋永昌．淀山湖富营养化及其防治研究［M］．上海：华东师范大学出版社，1992.
[29] 程曦，李小平．淀山湖氮磷营养物20年变化及其藻类增长响应［J］．湖泊科学，2008（4）：409-419.
[30] 施文，刘利华，达良俊．上海淀山湖水生高等植物现状及其近30年变化［J］．湖泊科学，2011（3）：417-423.

城市湖泊生态健康评价方法研究

方娟娟[1,2]　王　冬[1]

（1. 长江水利委员会长江科学院，湖北武汉　430010；
2. 水利部长江中下游河湖治理与防洪重点实验室，湖北武汉　430010）

摘　要：城市湖泊是城市水生态网络的重要组成部分，科学开展健康评价，厘清影响城市湖泊生态健康的关键因子，支撑湖泊生态环境保护与治理工作，是保障城市水安全的基础。本文通过分析城市湖泊的水资源、水环境、水生态特征及其社会服务功能，定义湖泊健康内涵，构建健康评价指标体系，量化评价标准，并以安庆市城区长枫港湖为例进行研究。结果表明，长枫港湖生态系统总体为健康状态，但仍有个别指标如湖泊营养状态、水质优劣程度、浮游植物密度等为不健康状态。成果可在类似城市湖泊健康评价中推广借鉴，为湖泊生态系统治理和保护提供参考与决策依据。

关键词：生态健康；城市湖泊；指标体系；长枫港湖

1　引言

世界上许多城市都是在紧邻水资源地区逐步形成和发展成熟的，如覆盖 11 个省市的长江经济带发挥着中枢和协调功能而成为引领全国高质量发展的关键牵引力量[1]，黄浦江和苏州河造就了上海的繁华，琵琶湖和东京湾发展起了东京都和大阪府，塞纳河、泰晤士河孕育了巴黎和伦敦，哈德逊河和莱茵河滋养了纽约和阿姆斯特丹。城市湖泊是自然过程与城市人类活动共同作用的剧烈区域，是城市重要的资源环境载体，是联系自然生态系统与人口–社会系统的重要纽带[2]，为城市提供了丰富的服务功能[3-4]，在城市发展中起着重要的作用[5]。随着对城市湖泊资源需求的增加及人为干扰活动的增强，城市湖泊生态系统服务功能日趋下降，目前城市湖泊保护和修复成为城市水生态领域研究的热点和焦点。本文以安庆市城区长枫港湖为研究对象，在分析城市湖泊的水资源、水环境及水生态特征及其社会服务功能的基础上，提出城市湖泊健康内涵，构建健康评价指标体系，量化评价标准，得出评价结果并提出相应保护修复建议，为城市湖泊生态系统的治理和保护提供参考与决策依据。

2　城市湖泊健康内涵

城市湖泊指位于城市城区或近郊的湖泊。与天然湖泊相比，城市湖泊在自身形态、功能和水循环特性上有很大的差异，具有湖体及湖岸带人工化、湖盆较浅、水体置换周期长、珍稀物种及挺水和浮水植物等水生物缺失等特征，致使城市湖泊水流缓滞且无定向流动、水体自净能力差。相对于自然湖泊，城市湖泊受人类活动的影响更多，人类活动如渔业养殖、航运、污水排放、化肥施用等行为对湖泊的生态系统健康产生了重要的影响；同时，城市湖泊需要承担更多的生态服务，如水文调节能力、娱乐旅游、景观文化等功能，新情势下对城市湖泊提出了更高的要求。

生态系统健康研究是在全球经济高速发展和人口快速增长造成许多自然生态系统（如海洋、湖泊、森林等）的健康状况日益恶化的严峻形势下，于 20 世纪 80 年代中期在北美兴起的[6]，近年来，

基金项目：水利部三峡后续工作项目（CKSG2024272/HL）。
作者简介：方娟娟（1985—），女，高级工程师，主要从事河湖保护治理与生态修复工作。
通信作者：王冬（1986—），男，教授级高级工程师，主要从事河湖保护治理与生态修复工作。

在可持续发展思想的推动下，在森林、草原、湿地、荒漠等领域不断发展。生态系统健康研究已成为国际生态环境领域新的研究热点，并逐渐发展成为联系地球科学、环境科学、生态学、经济学及社会科学等学科的桥梁。学术界在生态系统健康的定义方面尚未取得共识。Aldo、Leopold、Hollong、Kar、Haskell、Page、Ulanowicz、Mageall、Constanza 和 Rapport[7-11] 等都提出了一些健康标准。其中，Constanza 提出的生态系统健康概念得到了广泛认可，其涵盖了 6 个方面，即自我平衡、没有病征、多样性、有恢复力、有活力和能够保持系统组分间的平衡[10-12]。

基于上述湖泊生态系统健康的概念，并结合城市湖泊的特点，从自然-社会二元水循环视角[13]，本文认为城市湖泊生态系统健康的内涵包括：①自然意义上即湖泊自身的健康，湖泊内的关键生态组分和有机组织完整且没有疾病，受自然突发或人为扰动后能保持原有的功能和结构，物质循环、能量和信息流动未受到损害，整体功能表现为多样性、复杂性和活力[14]；②人水关系的健康，生态系统服务功能完善，有能力满足人类社会合理需求[15]。

3　研究区域和研究方法

3.1　研究区域概况

长枫港湖位于长江下游北岸、安庆市城区防洪圈内破罡湖流域新湖长枫港排涝片，隶属安庆市城区水系破罡湖流域，常水位 10 m（吴淞高程，下同），设计洪水位 11 m，水面面积 7.9 km^2。研究区域属亚热带季风气候区，气候温和，雨量适中，光照充足，无霜期长，严寒期短，四季分明。多年平均气温 16.5 ℃，多年平均降雨量 1 375 mm。长枫港湖主要环湖河流有大板桥河、港口沟（均未设立涵闸），长枫港湖通过小金沟闸与破罡湖连通、破罡湖与长江相通（见图 1）。

图 1　安庆长枫港湖地理位置图

3.2 评价指标体系构建

城市湖泊生态系统健康评价的关键是选取合适的指标体系[16]。在前期湖泊健康初步调查、勘察及资料收集整理的基础上，从湖泊生态系统的实际情况出发，基于科学性、实用性、可操作性原则，通过湖泊的物理形态、水文、水环境、水生态、社会功能等方面统筹考虑，分为“盆”（湖、岸）、“水”（水量、水质）、生物、社会服务功能4个准则来进行研究，以综合指标法，采用目标层–准则层–指标层–指标4级体系构建城市湖泊生态健康评价指标体系。

长枫港湖非工矿区域，湖泊底泥受污染胁迫的压力较小，本次评价暂未选择备选指标底泥污染状况和大型底栖无脊椎动物生物完整性指数。长枫港湖入湖支流较小，未监测水文过程，且无集中式饮用水水源地，入湖流量变异程度、湖泊集中式饮用水水源地水质达标率指标未选择。本次安庆市长枫港湖健康状况评价的指标体系包括1个目标层、4个准则层、16个指标层、19个指标，由此构建长枫港湖健康评价指标体系（见表1）。

表1 安庆市长枫港湖健康评价指标体系

<table>
<tr><th>目标层</th><th colspan="2">准则层</th><th colspan="2">指标层</th><th>指标类型</th><th>长枫港湖</th></tr>
<tr><td rowspan="23">湖泊健康</td><td colspan="2" rowspan="7">“盆”</td><td colspan="2">湖泊连通指数</td><td>备选指标</td><td>√</td></tr>
<tr><td colspan="2">湖泊面积萎缩比例</td><td>必选指标</td><td>√</td></tr>
<tr><td rowspan="2">岸线自然状况</td><td>湖岸稳定性</td><td>必选指标</td><td>√</td></tr>
<tr><td>岸线植被覆盖率</td><td>必选指标</td><td>√</td></tr>
<tr><td rowspan="3">违规开发利用水域岸线程度</td><td>入河湖排污口规范化建设率</td><td>必选指标</td><td>√</td></tr>
<tr><td>入河湖排污口布局合理程度</td><td>必选指标</td><td>√</td></tr>
<tr><td>河湖“四乱”状况</td><td>必选指标</td><td>√</td></tr>
<tr><td rowspan="6">“水”</td><td rowspan="2">水量</td><td colspan="2">最低生态水位满足程度</td><td>必选指标</td><td>√</td></tr>
<tr><td colspan="2">入湖流量变异程度</td><td>备选指标</td><td>—</td></tr>
<tr><td rowspan="4">水质</td><td colspan="2">水质优劣程度</td><td>必选指标</td><td>√</td></tr>
<tr><td colspan="2">湖泊营养状态</td><td>必选指标</td><td>√</td></tr>
<tr><td colspan="2">底泥污染状况</td><td>备选指标</td><td>—</td></tr>
<tr><td colspan="2">水体自净能力</td><td>必选指标</td><td>√</td></tr>
<tr><td colspan="2" rowspan="5">生物</td><td colspan="2">大型底栖无脊椎动物生物完整性指数</td><td>备选指标</td><td>—</td></tr>
<tr><td colspan="2">鱼类保有指数</td><td>必选指标</td><td>√</td></tr>
<tr><td colspan="2">水鸟状况</td><td>备选指标</td><td>√</td></tr>
<tr><td colspan="2">浮游植物密度</td><td>必选指标</td><td>√</td></tr>
<tr><td colspan="2">大型水生植物覆盖度</td><td>备选指标</td><td>√</td></tr>
<tr><td colspan="2" rowspan="5">社会服务功能</td><td colspan="2">防洪达标率</td><td>备选指标</td><td>√</td></tr>
<tr><td colspan="2">供水水量保证程度</td><td>备选指标</td><td>√</td></tr>
<tr><td colspan="2">湖泊集中式饮用水水源地水质达标率</td><td>备选指标</td><td>—</td></tr>
<tr><td colspan="2">岸线利用管理指数</td><td>备选指标</td><td>√</td></tr>
<tr><td colspan="2">公众满意度</td><td>必选指标</td><td>√</td></tr>
</table>

3.3 评价等级标准及指标权重

3.3.1 评价等级标准

将城市湖泊健康状况分为五类：一类湖泊（非常健康，［90，100］），二类湖泊（健康，［75，90）），三类湖泊（亚健康，［60，75）），四类湖泊（不健康，［40，60）），五类湖泊（劣态，（0，40））。

3.3.2 评价指标权重

3.3.2.1 准则层

根据专家打分法，准则层“盆”、“水”、生物、社会服务功能权重分别为：0.2、0.3、0.2、0.3（见表2）。

表 2 城市湖泊健康指标赋分权重

目标层	准则层（权重）		指标层（权重）
湖泊健康	“盆”（0.2）		湖泊连通指数（0.142）
			湖泊面积萎缩比例（0.286）
			岸线自然状况（0.286）
			违规开发利用水域岸线程度（0.286）
	“水”（0.3）	水量	最低生态水位满足程度（0.250）
		水质	水质优劣程度（0.250）
			湖泊营养状态（0.250）
			水体自净能力（0.250）
	生物（0.2）		鱼类保有指数（0.333）
			水鸟状况（0.167）
			浮游植物密度（0.333）
			大型水生植物覆盖度（0.167）
	社会服务功能（0.3）		防洪达标率（0.200）
			供水水量保证程度（0.200）
			岸线利用管理指数（0.200）
			公众满意度（0.400）

3.3.2.2 指标层

本次城市湖泊健康评价指标在指标层中的权重按照下式确定：

$$W_n = \frac{R_n}{\sum_{n=1}^{N} R_n} \tag{1}$$

式中：W_n 为第 n 项评价指标权重；R_n 为第 n 项评价指标赋值，必选指标赋值 2，备选指标赋值 1。

3.4 数据来源

本次评价范围为安庆市长枫港湖区及沿湖管理范围。

本次评价基准年为 2020 年。水质等方面评价基于 2017—2021 年监测资料，水生植被覆盖、岸线状况等方面评价数据来源于 2021 年现场实际调查。

通过走访调研、资料收集、现场询问等方式，向安庆市及市属水利、农业、林业、环境等部门收集了与长枫港湖湖泊健康评价相关的国民经济统计数据、河湖岸线数据、水文及水资源数据、水质历史监测数据、水生生物历史调查监测数据等相关资料，并重点收集近 3 年（2019—2021 年）相关的监测资料。

4 评价结果分析

结合安庆市长枫港湖的水情和湖泊管理实际，以 2020 年为评价年，在长枫港湖流域专项勘察和专项调查监测的基础上，基于湖泊生态健康概念从生态系统结构完整性、生态系统抗扰动弹性、社会服务功能可持续性三个方面建立河湖健康评价指标体系与评价方法，从“盆”、“水”、生物、社会服务功能等 4 个准则层，采用 16 个指标层、19 个指标评价结果进行逐级加权、综合评分，计算得到安庆市长枫港湖健康赋分为 82.07 分。根据湖泊健康分级原则，安庆市长枫港湖 2020 年近期健康状况结果为二类湖泊“健康”（见图 2）。

从安庆市长枫港湖 4 个准则层的评价结果来看，目前“盆”、社会服务功能健康等级为“非常健康”，主要是安庆市长枫港湖湖岸带开发利用较少，植被覆盖度相对较好，公众对湖泊健康状况的主观印象较好。“水”（水质）的分数较低，其中水质方面，水质优劣程度较低，湖泊中度富营养；生物层处于“健康”等级，但其中浮游植物密度偏高，主要跟长枫港湖的营养状态及水质优劣密切相关。

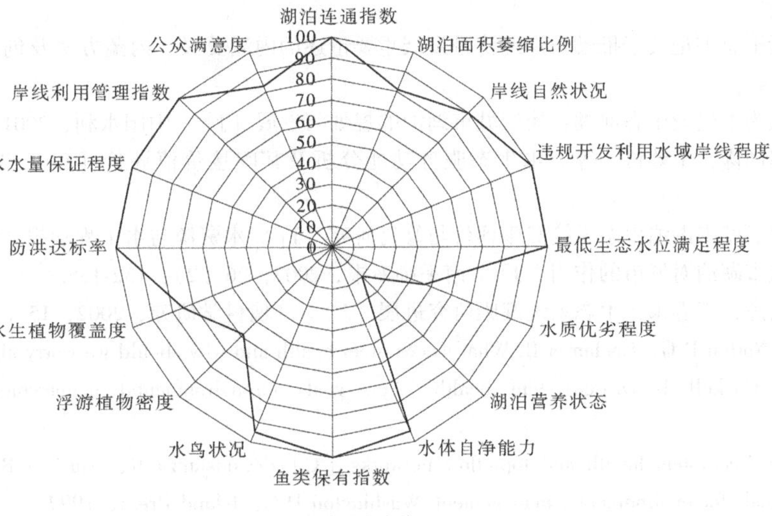

(a)指标层赋分

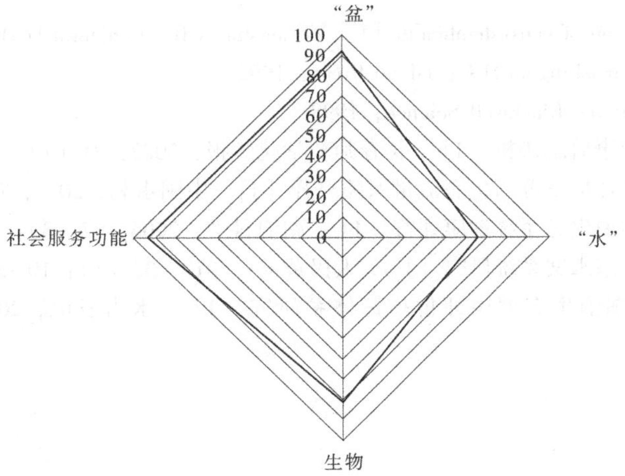

(b)准则层赋分

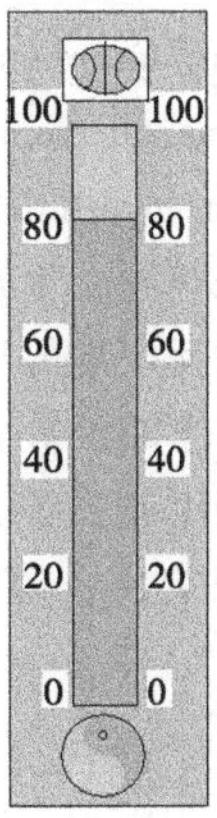

(c)湖泊健康综合赋分

图 2　安庆市长枫港湖健康赋分成果图

5 结论

本文基于自然-社会二元视角，从湖泊的生态系统结构完整性、生态系统抗扰动弹性、社会服务功能可持续性三个方面构建指标体系对湖泊健康进行评价，研究结论如下：

（1）城市湖泊生态系统健康评价指标体系研究结果显示，人-水关系较湖泊的自然状态更为重要，人类活动干扰导致的污染物大量入湖、水环境恶化是城市湖泊生态系统退化的主要原因。

（2）综合评价结果显示，长枫港湖 2020 年生态系统健康状况为二类湖泊（健康），在生态系统结构完整性方面保持非常健康状态，但在生态系统抗扰动弹性、社会服务功能可持续性等方面还存在一定缺陷。

（3）针对长枫港湖湖泊营养状态、水质优劣程度、浮游植物密度等指标评分较低的情况，建议提升长枫港湖生态系统监测评估能力、系统推进湖泊水系综合治理，加强长枫港湖日常维护和监管力度，持续对长枫港湖健康提档升级。

参考文献

[1] 刘嗣方. 习近平总书记关于推动长江经济带发展重要论述的内涵要义、内蕴方法及创新贡献 [J]. 改革，2024，360（2）：1-14.

[2] 白咸勇. 以人为本建设生态河湖：浅谈城市湖泊的规划与发展 [J]. 中国水利，2001，2：45-46.

[3] 欧阳志云，赵同谦，王效科，等. 水生态服务功能分析及其间接价值评价 [J]. 生态学报，2004，24（10）：2091-2099.

[4] 沈颜奕，陈星. 城市湖泊生态系统健康评价与修复研究 [J]. 水资源与水工程学报，2017，28（2）：82-85.

[5] 郑华敏. 论城市湖泊对城市的作用 [J]. 南平师专报，2007，26（2）：132-135.

[6] 刘建军，王文杰，李春来. 生态系统健康研究进展 [J]. 环境科学研究，2002，15（1）：41-44.

[7] Haskell B D，Norton B G，Coelamza R. What isecosystem health and why should we worry abouat it [C] //Constanza R，Norton B C，Haskell B D. Ecosystem health：New goals forenvironmental management. Washingon D C：Island Press，1992.

[8] Ulanowicz R E. Ecosystem health and topicflow networks [C] //Constanza R，Northon B C，Haskell B D. Ecosystem health：New goals for environmental management. Washington D C：Island Press，1992.

[9] Mageall M T，Constanza R，Ulanowicz R E. The development and initial testing of a quantities assessment ecosystem health [J]. Ecosystem health，1995，1（4）.

[10] Constanza R. Toward an operational definition of ecosystemhealth [C] //Constanza R，Benjamin D H. Ecosystem healt：New goals for environmental management. Washington D C：Island Press，1992.

[11] Rapport D J. Ecosystem health [M]. Oxford：Blackwell Science，1998.

[12] 杨华珂，许振文，张林波. 生态系统健康概念辨析 [J]. 长春师范学院学报，2002，21（1）：64-67.

[13] 王浩，胡鹏. 基于二元视角的河湖生态环境复苏与生态流量保障路径 [J]，中国水利，2022，7：11-15.

[14] 胡志新，胡维平，谷孝鸿，等. 太湖湖泊生态系统健康评价 [J]. 湖泊科学，2005，17（3）：256-262.

[15] 席秋义，徐建光，张洪波，等. 河流生态水文系统研究 [J]. 人民黄河，2010，32（8）：10-12.

[16] 吴佳鹏，刘来胜，王启文，等. 城市湖泊生态健康评价指标体系研究 [J]. 水力发电，2020，46（3）：1-3，112.

基于河湖圈的“一河一策”实施方案编制浅析
——以江北大河为例

唐远彬

[浙江省水利河口研究院（浙江省海洋规划设计研究院），浙江杭州　310020]

摘　要：“一河一策”是落实河长制与湖长制的重要工作之一，是推动河湖综合治理的主要抓手。当前编制单元是单条河流或河段，编制内容集中在水资源、水域岸线、水污染、水环境和水生态等领域。人民群众对幸福生活的追求已由“美丽河湖”向“幸福河湖”转变，因此“一河一策”编制内容要与时俱进、动态更新。同时河湖治理是一个系统工程，需要从单一的河道或河段治理转向河湖圈或流域综合治理。本文以宁波市江北大河“一河一策”实施方案为例，分析基于河湖圈与幸福河湖指标的“一河一策”编制工作，为其他河流编制提供参考。

关键词：河湖圈；幸福河湖；“一河一策”

我国江河湖泊众多、水系发达，流域面积 50 km^2 以上的河流共 45 203 条，总长度达 150 万 km，常年水面面积 1.0 km^2 以上的天然湖泊 2 865 个，湖泊水面总面积 7.8 万 km^2。随着我国经济快速发展，河湖水域岸线粗放式利用，水资源无节制开发，乱占、乱采、乱堆、乱建等损害河湖行为时有发生，造成河道阻塞、岸线残缺、河床裸露、水域萎缩、水体黑臭、生物锐减、功能丧失等危害。

为了解决我国复杂水问题、维护河湖健康生命，水利部全面推行河长制与湖长制，强调坚持“节水优先、空间均衡、系统治理、两手发力”的治水思路，以保护水资源、防治水污染、改善水环境、修复水生态为主要任务，构建责任明确、协调有序、监管严格、保护有力的河湖管理保护机制，为维护河湖健康生命、实现河湖功能永续利用提供制度保障[1-2]。水利部办公厅发文各地河湖治理要求编制“一河（湖）一策”[3]。经过多年实施，各地积极开展“一河一策”编制工作并指导河湖综合治理，取得显著成效[4-13]。

当前“一河一策”编制工作主要围绕单条河流或河段为单元编制，编制内容集中在水资源、水域岸线、水污染、水环境和水生态等领域。2023 年随着上一轮“一河一策”河湖治理工作完成，当前人民群众对幸福生活的追求已由“美丽河湖”向“幸福河湖”转变，因此《浙江省“一河（湖）一策”实施方案编制指南》中提出编制内容要与全域幸福河湖建设规划相衔接。宁波市则提出“河湖圈”治理模式，推进河湖长制提档升级，把干支流四级河湖长整合到一个团队，实现综合治理。本文从河湖圈角度出发编制“一河一策”，同时把幸福河湖指标纳入编制工作，以宁波市江北大河为例介绍实施方案编制工作。

1　河湖圈基本情况

1.1　河湖圈概况

江北大河（江北区段）北始于洪塘街道慈江周家闸，南止于孔浦街道甬江（孔浦闸站），全长约 11.95 km，河面平均宽度约 35 m，水域面积约 0.408 km^2，水域容积约 132.47 万 m^3。江北大河流经洪塘街道、庄桥街道、甬江街道、孔浦街道四个街道，属区级骨干河道。河道分农村段和城区段两部

作者简介：唐远彬（1982—），男，高级工程师，主要从事水利数据调查与处理研究工作。

分：农村段北起周家闸，南至北外环高架，总长约 6.5 km；城区段北起北外环，南至孔浦闸站，总长约 5.5 km。

江北大河（江北区段）河湖圈包含 1 条区级河道和 11 条乡镇级河道，河湖圈河流基本信息如表 1 所示，空间分布如图 1 所示。江北大河（江北区段）按照属地管理，根据街道分为 4 段。

表 1　河湖圈河流基本信息

序号	河湖圈码	河湖名称	河流长度/km
1	0501f	江北大河（江北区段）	11.95
2	0501-0202z	张桂家河	1.59
3	0501-0302z	北郊街河	0.99
4	0501-0303z	夏家河	1.50
5	0501-0304z	庄东河	2.33
6	0501-0305z	北郊河	0.61
7	0501-0306z	黄龙港河	0.66
8	0501-0402z	洪家新河	2.50
9	0501-0403z	富利江河	1.17
10	0501-0404z	上邵河	2.15
11	0501-0405z	楼家河	1.79
12	0501-0406z	应家新河	1.75

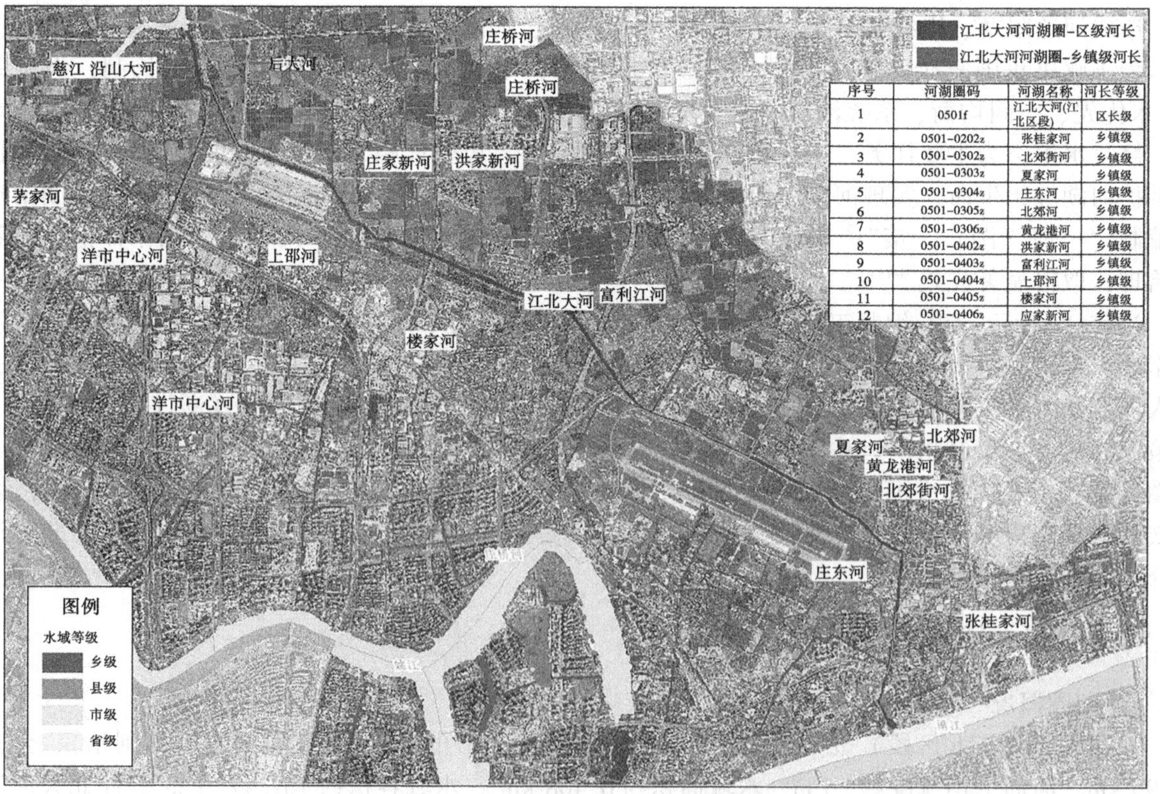

图 1　江北大河（江北区段）河湖圈河流分布

1.2 污染源调查

江北大河（江北区段）河湖圈共有污染源31个，分布在5条河流附近，其中农业农村面源污染源28个，生活污染源3个，无工业污染、河湖内源污染和船舶港口污染等其他污染源。农业农村面源污染，分布在江北大河（江北区段）14个、夏家河2个、庄东河4个、北郊河2个、黄龙港河6个。

河湖圈内农业农村面源污染源主要来自水产养殖和水田农业种植。水产养殖主要分布于洪塘街道，畜禽粪便处理方式为荷花池沉淀，其对江北大河（江北区段）水质无明显不利影响。水田农业种植主要涉及洪塘街道、庄桥街道、甬江街道的28个村，全年实际种植包括油菜、小麦、早稻、再生稻、单季晚稻、连作晚稻，占流域农业用地总面积的27%。2020—2023年通过高标准农田建设、农田氮磷生态拦截沟、度西大河区域生态拦截沟、塘民村农田氮磷生态拦截沟渠系统建设，减少了农业面污染。

河湖圈内生活污染源包括城镇生活污染、农村生活污染，经过江北区2021—2023年高质量“污水零直排区”建设，城镇生活污染源基本已完成整治，江北大河沿线的葛家村、孔家村、河东村3个村的农村生活污染源需要治理。

河湖圈内有工业A区、工业B区、甬江工业园区、原江北工业B区4个工业园区，涉及15个工业企业。目前，4个工业园区及工业企业均已截污纳管，因此工业污染源为0个。

1.3 构筑物调查

1.3.1 排污（水）口

河湖圈共有排污（水）口308个，其中左岸排污（水）口187个；右岸排污（水）口121个。其中江北大河（江北区段）左岸排污（水）口61个，右岸排污（水）口35个。所有排污（水）口均已完成污水零直排（见表2）。

表2 河湖圈构筑物统计

序号	河湖圈码	排污（水）口			水质	水文	桥梁	水闸	泵站	堰坝
		左岸	右岸	小计						
1	0501f	61	35	96	4	5	25	3	3	0
2	0501-0202z	7	2	9	1	0	12	0	0	0
3	0501-0302z	1	2	3	1	1	4	0	0	0
4	0501-0303z	2	1	3	1	0	5	0	0	0
5	0501-0304z	0	1	1	1	0	0	0	0	0
6	0501-0305z	1	0	1	1	0	1	0	0	0
7	0501-0306z	1	0	1	1	0	3	1	1	0
8	0501-0402z	14	11	25	1	0	7	0	0	0
9	0501-0403z	13	9	22	1	0	1	0	0	0
10	0501-0404z	61	40	101	1	0	4	0	0	0

续表 2

序号	河湖圈码	排污（水）口			水质	水文	桥梁	水闸	泵站	堰坝
		左岸	右岸	小计						
11	0501-0405z	21	17	38	1	0	6	0	0	0
12	0501-0406z	5	3	8	1	0	4	0	0	0
合计		187	121	308	15	6	72	4	4	0

1.3.2 水质监测站与水文站

河湖圈共有水质监测断面 15 个，江北大河（江北区段）有 4 个水质监测站，其他 11 条河流每条河流 1 个水质监测站。

河湖圈共有水文站点 6 个，包括水位站点 4 个、流量站点 2 个。江北大河（江北区段）共有水文站点 5 个，其中水位站点 3 个、流量站点 2 个。此外，张桂家河有 1 个水位站。

1.3.3 堤防、桥梁、水闸和泵站

河湖圈河流两岸无标准堤防，大部分区域已建成护岸。河湖圈共有桥梁 72 座，其中江北大河（江北区段）上有 25 座，其他 11 条河道有桥梁 47 座，庄东河上无桥梁；共有水闸 4 个，其中江北大河（江北区段）有 3 个水闸、黄龙港河有 1 个水闸；现有泵站 4 个，其中江北大河（江北区段）3 个提河泵站、黄龙港河 1 个泵站；河湖圈内无堰坝。

1.3.4 生物监测断面

河湖圈内无固定生物监测断面，2023 年在江北大河（江北区段）布设 4 个生物监测点进行调查评价。江北大河干流共鉴定得到 5 目 8 科 25 属 63 种硅藻，主要以圆筛藻目、双壳缝目和管壳缝目为主，平均相对丰度分别为 48.1%、26.7%和 24.2%；监测点富营养化硅藻指数（TDI）分别为 84.6、71.0 和 80.3。

江北大河干流底栖动物参照点鉴定得到 3 门 5 属（种），全河段共鉴定得到 3 门 15 属（种），分别为环节动物门 6 属（种）、节肢动物门 4 属（种）、软体动物门 5 属（种）。基于已有调查结果，分析评价河段底栖动物物种质量比（EQRT）可知，江北大河各点位 EQRT 均大于 1；分析底栖动物敏感性质量比（EQRS）可知，各点位 EQRS 也均大于 1。

江北大河干流土著鱼类调查基于咨询调查和 eDNA 调查结合的形式开展，发现鱼类 35 种，鲤科鱼类共计 20 种，占 57.1%。由于江北大河干流与甬江通过闸门隔断，仍存在一定的水体交换，本次调查在江北大河干流发现河口洄游性鱼类，如鲈、舌鳎、鮻、龙头鱼等。

1.4 水环境质量调查

根据《浙江省水功能区水环境功能区划分方案报告（2015 年）》，河湖圈内只有江北大河（江北区段）划定水功能区、水环境功能区，水功能区属于宁波内河宁波景观娱乐用水区，水环境功能区属于景观娱乐用水区，河湖圈内乡镇级河道未划定水功能区、水环境功能区，参照江北大河（江北区段）目标水质要求执行。

根据 2022 年 1 月至 2023 年 12 月连续 12 个月的水质数据计算分析，采用单因子评价法，河湖圈达到Ⅰ类水质的断面/点位有 0 个、Ⅱ类水质 0 个、Ⅲ类水质 0 个、Ⅳ类水质 4 个、Ⅴ类水质 13 个，河湖圈平均水质类别为Ⅴ类，水质优劣程度得分 20 分。干流江北大河（江北区段）水质监测断面以及检测点位数量总计 6 个，其中达标断面/点位为 4 个，未达标断面/点位为 2 个，达标率为 67%。

2 河湖现状及存在问题

2.1 河湖现状评价

2.1.1 水安全保障

江北大河（江北区段）自2015年以来通过实施江北大河（农村段）整治工程、江北大河整治工程二期庄桥段、江北大河卡口拓宽工程（甬江段和孔浦段）和孔浦闸站整治改造工程等，河道达到了20年一遇的防洪排涝标准。水利工程定期开展安全鉴定，鉴定结果基本满足安全标准。江北大河河道中上游两岸多分布农田，河道下游两岸为居民集中区，所以其对水安全保障能力要求较高。目前，江北大河河湖圈水安全保障能力已达到基本要求，但仍需进一步提升。

2.1.2 水生态健康

随着近年来“海绵城市试点、污水零直排、五水共治、美丽河湖、美丽乡村建设”等工作的持续推进，江北区根据浙江省河长办、宁波市河长办要求，以河长制和“污水零直排区”建设为抓手，通过深化源头治理、流域治理，区域水环境质量得到显著改善。江北大河（江北区段）干流共设置4个水质检测点位，均为自定点位；达标点位有2个，未达标点位有2个，江北大河干流水质监测断面达标率为50%。根据《江北大河河流健康评价报告（2023年）》，江北大河（江北区段）生态流量达标率100%；两岸岸线长度24.127 km，生态岸线长度共计20.507 km，生态岸线占比85.00%。

2.1.3 水环境宜居

随着江北区水生态环境治理工作的持续推进，以及农旅融合的不断发展，江北区河湖滨水空间有序开发，滨水慢行系统陆续贯通，亲水便民设施如垂钓点、休憩亭、滨水公园等设施建设有序建成，水美丽领域取得阶段性进展。河湖圈内沿线亲水节点个数为9个，包括亲水平台、滨水步道、滨水公园等设施设备；沿线载体建设数量为1个，为江北大河（江北区段）宣传片视频；江北大河（江北区段）现已建成江北大河骑行绿道，东起梅竹路旅游码头，西至穆家桥，全长3.2 km，绿道贯通率为13.26%。

2.1.4 水智慧管理

2021年江北区启动信息平台迭代升级。综合利用高空遥感卫星、低空无人机、地面监测点、水下无人船和声呐等设备，构建了面向全区河湖动态监管的“天空地水”一体化协同监测网络。一体化协同监测网络能通过河湖水质健康监测、涉水问题遥感巡检、无人船水下暗管排查、排口污染溯源等智慧化、智能化应用，按照河道—断面—排口—管网的顺序逐项精准定位涉水问题。建立了智慧河长系统平台，形成“问题发现—交办整改—完成销号”的网上闭环管理流程。2022年起采用无人机低空飞行方式对河湖圈河流进行河道巡查。

2.1.5 水经济富民

江北区利用近郊、近山、近水的天然优势，不断探索践行绿色发展理念，走出了一条水经济富民惠民的新路子。河湖圈内有国家农村产业融合发展示范园项目——宁波“城市田园 · 欢乐乡村”，通过“村庄整体治理+土地集中流转+房屋集体回租+项目市场引进+区域辐射带动”的城郊乡村振兴之路，使达人村成为“城郊十园 · 田园北郊”的核心区，整个北郊片也在其带动辐射下，焕发出了新的生机与活力，成了游人如织的休闲游乐地、人才集聚的创业创新园。

2.2 存在问题

2.2.1 污水治理成效不稳固、生态健康有待改善

河湖圈水质监测断面达标率低，水污染防治形势严峻。江北大河与楼家河、李冯河水系连通性不足，局部河段河床底泥淤积，水质有待进一步提升。农村点生活污水收集处理、农业面源污染及初期雨水污染控制仍待进一步加强。

2.2.2 滨水人居建设有待加强

河湖圈江北大河（江北区段）作为江北区重要骨干河道，河湖圈内河流较多，河道亲水节点、

水文化载体建设现状个数较低，应结合地区特色，建设宜居环境，加强滨水人居建设，进一步提高河流民众满意度。

2.2.3 加强水产业富民建设

江北大河（江北区段）贯穿江北城区，其对区域经济发展较为重要，需创建幸福河湖以此带动富民惠民。河道缺少严格的监管手段，河道保洁有待加强，河流整洁面貌需要监管并保持良好形象，对河流水文化宣传展示力度不够。

3 治理目标与主要任务

3.1 治理目标

围绕建设“安全、健康、宜居、智慧、富民”的幸福河湖总目标，以提高水生态环境质量为核心，全面提升水安全保障能力、滨水人居环境、水智慧管护水平，全面推动水产业富民惠民。主要治理指标包括：

（1）根据《浙江省水功能区水环境功能区划分方案》，水质监测断面达标率达到67%，编制期限目标值达到83%；

（2）生态岸线占比达标率为85%，编制期限目标值达到85%；

（3）亲水节点个数编制期限目标值达到11个；

（4）沿线水文化载体建设数量编制期限目标值达到1个；

（5）绿道贯通率为13.26%，编制期限目标值为13.26%；

（6）河湖无人机、视频监控覆盖率保持100%；

（7）滨水旅游收入年均增长率达到6.2%以上。

河湖圈“一河（湖）一策”（2024—2025年）目标指标如表3所示，河湖圈“一河（湖）一策”（2024—2025年）河湖健康指标如表4所示。

表3 河湖圈“一河（湖）一策”（2024—2025年）目标指标

类别	指标名称	单位	县级干流		县级河湖圈	
			现状值	编制期限目标值	现状值	编制期限目标值
安全保障	河道防洪达标率	%	100	100	100	100
	河湖水域面积	km^2	0.41	0.41	0.64	0.64
生态健康	水质监测断面达标率	%	67	83	24	30
	重点河湖生态流量达标率	%	100	100	100	100
	生态岸线占比	%	85	85	22	22
美丽宜居	亲水节点个数	个	9	11	15	18
	沿线水文化载体建设数量	个	1	1	1	1
	绿道贯通率	%	13.26	13.26	17	17
智慧管护	河湖“四乱”问题数量	个	0	0	0	0
	河湖无人机、视频监控覆盖率	%	100	100	100	100
富民惠民	集体经济年经营性收入50万元以上的沿线行政村占比	%	—	100	—	100
	滨水旅游收入年均增长率	%	—	5.6	—	4

表 4 河湖圈“一河（湖）一策”（2024—2025 年）河湖健康指标

指标名称	指标权重	现状/分值	编制期限目标/分值
河（湖）岸稳定性	0.050	75	75
河（湖）自然岸线率	0.075	60	60
河湖“四乱”状况	0.125	100	100
水质优劣程度	0.375	20	40
公众满意度	0.375	80	85
加权得分		58.25	67.63
河湖圈健康等级		亚健康	健康

3.2 主要任务

3.2.1 全面提升水生态环境质量

以水生态环境质量提升为核心，坚持“控源”“增容”两手发力，推进水生态、水资源、水环境“三水统筹”，按照水系不同特点实施分类施策，精准保护，逐步实现水环境由“净”到“美”的提升。实施项目包括实施农业农村水污染防治、外漕未来乡村建设项目（二标段）、崇和庄雨污分流改造与 2023 年江北区庄桥街道高标准农田建设工程项目。

3.2.2 全面提升滨水人居环境

围绕河湖滨水人居环境改善，从美丽河湖、水美乡镇、滨水绿道及亲水节点打造、沿河沿湖名称名镇名村保护等方面，打造畈里塘村、外漕村农耕文化等水文化展示村，进一步增加亲水平台。

3.2.3 全面推动水产业富民惠民

积极拓宽绿水青山就是金山银山转化通道，挖掘河湖生态价值，探索河湖生态产品价值实现机制。加快庄桥和甬江近郊人文休闲区块，建成一批富有产业调性、文化创意、乡愁风情的农文旅融合示范项目。创新“两山”转化机制和生态价值实现路径，加快发展乡村休闲旅游业、文体康养业，提高北郊田园消费热度，以水文化激活水经济，让幸福河湖惠及人民。

4 结论

“一河一策”是落实河长制与湖长制的重要工作之一，是推动河湖综合治理的主要抓手，当前人民群众对幸福生活的追求已由“美丽河湖”向“幸福河湖”转变，因此“一河一策”编制内容要与时俱进、动态更新。同时河湖治理是一个系统工程，需要从单一的河道或河段治理转向河湖圈或流域综合治理。本文以宁波市江北大河“一河一策”实施方案为例，分析基于河湖圈与幸福河湖指标的“一河一策”编制工作，为其他河流编制提供参考。

参考文献

[1] 中共中央办公厅，国务院办公厅．关于全面推行河长制的意见［Z］．北京：中共中央办公厅，国务院办公厅，2016.
[2] 水利部，生态环境部．贯彻落实《关于全面推行河长制的意见》实施方案［Z］．北京：水利部，生态环境部，2016.
[3] 水利部办公厅．“一河（湖）一策”方案编制指南（试行）［Z］．北京：水利部办公厅，2017.
[4] 游胜，韩妮妮，肖许沐，等．浅析鉴江干流高州市段“一河一策”实施方案［J］．水利发展研究，2019（12）：34-37.
[5] 杨斌斌．辽宁省“一河一策”实践与探索：以太子河本溪市段为例［J］．水利发展研究，2020（12）：45-47，74.

[6] 马芳．山西省沁河“一河一策”方案修编浅析［J］．山西水利，2022（5）：39-41.
[7] 常达，肖阳，周静．关于“一河一策”方案编制研究［J］．水利技术监督，2023（9）：46-48，62.
[8] 李庆，蔡育，陈茹．河长制下的“一河一策”实施对策研究：以上海市骨干河道为例［J］．水利水电快报，2023，44（7）：33-38，55.
[9] 马永林，付延东，林峻辉．济南市玉符河“一河一策”治理现状及改进措施［J］．山东水利，2023（6）：66-68.
[10] 何飞，胡正．“一河一策”理念下的南广河宜宾段现存问题及应对措施研究［J］．四川水利，2023，44（6）：157-161.
[11] 郑美扬，张威，吴海港，等．余杭塘河“一河一策”实施方案主要措施与实施效果评估［J］．水上安全，2023（11）：72-74.
[12] 文星媛，苗磊．陕西省渭河“一河一策”方案编制研究与实践［J］．陕西水利，2023（12）：156-157.
[13] 沈洪政，王辉，徐宝同，等．“一河一策”实施效果评价体系构建与应用［J］．水利发展研究，2024：1-7.

强化流域治理管理背景下推进长江水资源保护工作的思考

邓　瑞[1,2]　李亚俊[1,2]　陈云鹏[1,2]　李俊蓉[1,2]　吴贞晖[1,2]　熊斌梅[3]

（1. 长江水资源保护科学研究所，武汉湖北　430051；
2. 长江水利委员会湖库水源地面源污染生态调控重点实验室，湖北武汉　430051；
3. 中南安全环境技术研究院股份有限公司，湖北武汉　430051）

摘　要：强化流域治理管理是实现水利高质量发展的内在要求，也是推进新时期水资源保护工作的重要路径。落实《中华人民共和国长江保护法》和水利部党组关于流域治理管理的部署，分析长江水资源保护工作需要强化流域治理管理的必要性，总结流域水资源保护工作成效及问题，提出流域水资源保护工作贯彻强化流域治理管理的总体思路。从开展长江流域水资源保护成效评估，加强流域水资源保护规划、治理、调度、管理等方面提出下步工作建议。

关键词：长江流域；强化流域治理管理；水资源保护；规划；调度；系统观念

流域性是江河湖泊最根本、最鲜明的特性。习近平总书记强调，要坚持系统观念，从生态系统整体性出发，推进山水林田湖草沙一体化保护和修复，更加注重综合治理、系统治理、源头治理。《中华人民共和国长江保护法》（简称《长江保护法》）明确规定长江保护应当坚持统筹协调、科学规划、创新驱动、系统治理。为强化流域治理管理，水利部印发《关于强化流域治理管理的指导意见》，提出强化流域统一规划、统一治理、统一调度、统一管理，充分发挥流域管理机构的职能作用[1]，全面提升流域水安全保障能力。

水资源保护是国家赋予水行政主管部门的法定职责，也是流域治理管理工作的重要内容。长江水利委员会（简称长江委）作为水利部派出的流域管理机构，积极推进流域水资源保护规划、饮用水水源地保护、生态流量保障、地下水保护等工作，通过实施规划、调度、治理、管理等措施，流域水资源保护工作取得显著成效。水利部强化流域治理管理工作会议和文件要求提出的一系列新思想、新观点、新论断、新举措，符合流域治水规律，高度契合流域管理实际，为水利高质量发展指明了新方向，对流域水资源保护工作提出了新的要求。

1　流域水资源保护工作需要强化流域治理管理的必要性

按照《中华人民共和国水法》流域管理与行政区域管理相结合的管理体制设计，长江委落实流域水资源保护职责职能，从流域层面统筹饮用水水源地保护、生态水量、水资源配置和生态调度、水资源保护监测、水生态保护等方面工作，流域水资源保护取得显著成效。新阶段，加强和深化长江流域治理管理是满足法律要求、管理需求和高质量发展的需要。

1.1　遵循流域治水规律、坚持系统观念的要求

长江流域是我国重要的经济地带和生态屏障，习近平总书记高度重视长江的保护，近年来三次视

基金项目：国家自然科学基金（52109005）；水利部重大科技项目（SKS-2022040）。
作者简介：邓瑞（1991—），男，工程师，主要从事水利政策法规、水资源保护研究工作。

察长江并强调“要把修复长江生态环境摆在压倒性位置，共抓大保护、不搞大开发”“要从生态系统整体性和流域系统性出发，追根溯源、系统治疗”“推进长江上中下游、江河湖库、左右岸、干支流协同治理”。《长江保护法》明确规定长江保护应当坚持统筹协调、科学规划、创新驱动、系统治理，均为推进长江流域性、系统性保护和治理提供了根本遵循。流域性是江河湖泊最根本、最鲜明的特性，决定了治水管水的思维和行为必须以流域为基础单元，坚持流域系统观念。当前，长江已成为我国生态优先绿色发展主战场，“共抓大保护、不搞大开发”也已成为长江经济带发展的总基调、大前提。因此，从遵循治水规律、坚持系统观念的角度，长江大保护必须以流域为基础单元，强化流域治理管理，完善治理管理机制，统筹实施流域治理管理的各项措施，全面推进长江上中下游、江河湖库、左右岸、干支流协同治理。

1.2 贯彻《中华人民共和国水法》《中华人民共和国长江保护法》流域管理的需要

作为水资源利用和保护的基本法，2002 年修订的《中华人民共和国水法》（简称《水法》）改变了原法确立的区域管理体制，规定“流域管理与行政区域管理相结合”，确立了流域管理作为水资源管理体制的一部分的地位。《水法》第十七条、第三十二条、第四十五条一方面规定了中央政府职能部门、地方政府及其水利部门的职权，包括编制重要江河、湖泊的流域综合规划，拟定重要江河、湖泊的水功能区划；另一方面赋予了流域管理机构编制流域综合规划、批准流域水量分配方案和制定年度水量分配方案和调度计划、拟定水功能区划、核定水域的纳污能力、监测水功能区的水质状况等多方面的职权。《水法》在赋予流域管理机构规划职能的同时，明显强化了其水资源管理职能，也是目前关于流域管理机构职权最集中的法律规定。《中华人民共和国水污染防治法》（简称《水污染防治法》）第八条规定，县级以上人民政府环境保护主管部门对水污染防治实施统一监督管理。县级以上人民政府水行政、国土资源、卫生、建设、农业、渔业等部门以及重要江河、湖泊的流域水资源保护机构，在各自的职责范围内，对有关水污染防治实施监督管理。2021 年实施的《长江保护法》，从流域层面设计水资源保护、水环境保护等制度规定，并明确了长江委流域管理的具体事务[2]，进一步夯实了流域管理的基础。

1.3 加强长江流域事务管理、推进长江流域高质量发展的需要

实行流域水资源保护管理具有现实基础和管理依据。长期以来，长江委围绕水功能区、入河排污口、饮用水水源地、生态流量等方面，从流域层面统筹水资源保护规划、水资源保护事务管理，与生态环境部华南督察局、生态环境部长江流域生态环境监督管理局、流域 19 省市、三峡集团等建立流域、区域协作机制，长江流域水资源保护事业稳步推进，水生态环境质量持续改善。未来，更需要从流域层面统筹长江水资源保护事务管理，形成管理有力、协作高效的管理机制。水利部部长李国英指出，推动水利高质量发展以绿色为普遍形态，要以提升水生态系统质量和稳定性为核心，坚持山水林田湖草沙系统治理。这就需要从流域系统性出发，从流域层面统筹推进饮用水水源地保护、生态流量保障、河湖生态保护治理、地下水超采综合治理等重点任务，夯实流域管理的基础，推进长江流域高质量发展。

2 流域水资源保护工作成效与问题

按照水利部关于流域治理管理的指导意见、长江委强化长江流域治理管理工作方案要求，强化流域治理管理的重点任务是强化流域统一规划、统一治理、统一调度、统一管理。其中，明确与水资源保护相关的职责主要包括：推动《长江流域综合规划（2012—2030 年）》评估工作并及时修编，推进已完成的重要支流、湖泊综合规划审批工作。做好河湖管理、水资源管理、节约用水、饮用水水源地安全等领域监督检查、核查、督查等工作。完成跨省重点河湖主要控制断面生态流量目标确定及保障实施方案制定等工作，有序开展已建水利水电工程生态流量复核，将生态水量调度纳入水利水电、

航运等枢纽工程日常运行调度规程，加强生态用水保障的日常监管。完善长江流域生态流量监管平台，加强控制断面生态流量实施监测预警、会商研判和响应处置。持续跟进江河流域水量分配，认真做好饮用水水源地保护，加强饮用水水源地评估管理，开展饮用水水源地安全评估。加强地下水管理保护，配合开展新一轮地下水超采区划定。

加强水资源保护是河湖生态环境复苏、强化流域治理管理的重要内容。长江流域深入开展重点河湖生态流量保障、饮用水水源地保护、地下水保护等重点工作，大力推进流域水资源保护工作，不断提升流域生态保护治理能力，提升流域水安全保障水平。

2.1 流域水资源保护规划体系不断完善

组织编制了《长江流域（片）水资源保护规划（2016—2030年）》《长江流域综合规划（2012—2030年）》《长江经济带水资源保护带、生态隔离带建设规划》以及其他流域综合规划水资源保护规划内容，形成了水质、水量、水生态协同保护流域规划体系[3]，为长江流域与西南诸河水资源保护和水生态保护工作的实施提供了依据。

2.2 生态用水得到有效保障

制定了长江流域共85条跨省河流和重点湖泊、131个主要控制断面生态流量保障目标，并由水利部批复实施，实现了长江流域重点跨省河湖生态流量保障体系全覆盖。强化对已批复生态目标的实时监管，编制《长江流域第一、二批重点河湖生态流量保障实施方案（试行）》《长江水利委员会生态流量监督管理办法（试行）》，规范生态流量管理[4]。建立生态流量监管平台，实时预警与动态监管，对重点河湖生态流量实施在线监测和动态监管。开展生态调度试验，保障鱼类产卵期生态流量，2011年以来，持续开展三峡水库以及溪洛渡、向家坝、三峡水库联合生态调度试验。

2.3 饮用水水源地保护不断加强

流域重要饮用水水源地安全保障水平显著提升，对流域片221个全国重要饮用水水源地开展了饮用水水源地年度达标评估，2020年流域内221个全国重要饮用水水源地95%以上安全保障达标建设整体为优[5]。开展长江流域饮用水水源地信息复核和名录制定，初步形成1 262个饮用水水源地的信息台账。开展重要饮用水水源地监督性监测，20个重要饮用水水源地水质均达到Ⅲ类以上标准，水质合格率100%，强化了流域水质安全保障。

2.4 水生态保护修复不断提升

江河源头水源涵养能力显著提升，岸边带生态修复和湿地保护积极推进。系统开展长江流域水生态监测评价，开展了岷江、汉江等河段生境保护与修复，重点修复和重建鱼类栖息地、产卵场。开展河湖健康评估工作[6]，组织开展了汉江中下游河流、丹江口水库、鄱阳湖、洞庭湖等的评估试点，流域水生态保护状况持续改善。

经过长期的治理和保护，长江流域水生态环境状况明显好转，但经济社会发展给水环境保护带来的压力依然较大，水生态环境改善不平衡、不协调问题依然突出。一是水资源集约节约利用水平有待提高，洞庭湖、鄱阳湖枯水位降低、枯水期提前，地区季节性、水质性缺水问题严重；二是水环境治理能力亟待加强，部分水域保护压力仍然较大，局部水域污染较重；三是水生态保护修复任务依然艰巨，生态系统结构不完整，水生生境萎缩，生物多样性下降，濒危物种增加，水系连通性程度低；四是流域治理管理综合效能亟待提升，跨部门、跨区域的联动协调力度有待加强，流域治理管理能力和水平仍有待提升。

3 在流域水资源保护工作中贯彻强化流域治理管理的总体思路

当前，共抓大保护和长江经济带发展战略正纵深推进。习近平总书记从系统治理的高度，深刻剖析了流域治理管理的要义，多次强调长江保护工作要从生态系统整体性和流域系统性出发，追根溯源、系统治疗。《水法》《水污染防治法》《长江保护法》也明确统筹流域管理和系统治理，赋予了流域机构流域治理管理职责。以往流域保护治理的实践也表明，必须坚持立足流域全局，遵循流域治水规律，坚持流域系统观念，统筹考虑流域内各种要素，协调满足各方需求。因此，对标对表习近平总书记治水兴水和长江保护重要讲话精神，落实法律要求，完整、准确、全面贯彻落实治水思路，就必须促进上下游统筹、左右岸协同、干支流联动，在长江大保护、水资源保护中强化长江流域治理管理工作。

长江流域水资源保护工作，应深入贯彻《长江保护法》要求，立足流域系统性，坚持系统治理理念，落实"强化统一规划、统一调度、统一治理、统一管理"要求，谋划好流域水资源保护顶层设计，加强流域水资源保护规划和水生态空间管控，做好生态流量保障、饮用水水源保护、水系连通、生态修复等重点任务，提升流域生态环境的系统性和稳定性。

一要坚持流域统一规划，强化规划引领，突出空间约束。以规划为引领，做好流域水资源保护的顶层设计，提出新时期水资源保护规划的总体布局和重点任务；应衔接国土空间规划、水利空间规划等有关成果，从水资源保护的角度，复核、细化、调整水生态空间布局，加强水生态空间用途管制。

二要坚持流域统一调度，统筹谋划，重点突破。以生态流量保障和饮用水水源保护[7]为抓手，加强流域水资源和水工程统一调度；以水系连通和生态修复为路径，构建骨干河湖生态廊道和生态水网。

三要坚持流域统一治理，强化系统治理，分区分类管控。针对长江上中下游生态环境特点，提出治理方向和举措。长江上游地区要加强水源涵养和水源保护。长江中游地区要加强武汉等重点城市江段的水质保护，构建以长江、汉江为主体的水生态系统。长江下游地区要加强河口的生态修复，改善干支流及河口地区的水生态环境。

四要强化流域统一管理，强化制度落实，完善管理体系。落实最严格的水资源管理制度，强化水资源承载能力刚性约束，严格考核评估与监督。以河湖长制为抓手，提升监管与执法能力，建立流域执法与区域执法相结合的联合执法机制。加强水资源保护监测监控，并对重要断面、重点区域实施重点监测。

4 在流域水资源保护工作中贯彻强化流域治理管理的工作建议

水资源保护是《水法》《水污染防治法》《长江保护法》法律规制的重要内容。水利部新的"三定"（定职能、定机构、定编制）规定明确"指导水资源保护工作"。水利高质量发展也提出以绿色为普遍形态，要以提升水生态系统质量和稳定性为核心，坚持山水林田湖草沙系统治理。因此，在切实按照《水利部关于流域治理管理的指导意见》《长江委强化长江流域治理管理工作方案》要求的同时，应强化流域水资源保护工作，主要建议如下。

4.1 开展长江水资源保护成效评估，摸清长江保护问题需求

开展长江水资源保护成效评估，重点围绕规划实施执行情况、流域治理管理工作实施情况，识别出长江保护效果、问题和需求，为加强长江水资源保护奠定科学基础。

开展规划实施成效评估。针对长江水资源保护相关规划，以定性与定量评价相结合、全面评估与典型评估相结合、单项评估与综合评估相结合为原则，开展规划目标实现程度分析，重点任务实施进展情况评估，总结规划实施效果和存在问题，提出规划后续实施的对策建议，为全面推动规划后续实施、强化长江水资源保护工作提供技术支撑。

开展保护工作成效评估。制定相关评估办法，对照《长江保护法》《水法》等相关法律以及"三定"规定中各部门的长江保护职责，对各部门实施情况进行量化评估，通过评估成效和问题，全面审视各方共抓水资源保护工作成效。

系统持续开展流域水生态环境健康评估。全面开展水资源环境承载状况评价，建立起生态环境本底评价机制。将水资源环境承载能力作为重要指标，确定不同区域的水生态环境功能的重要性和敏感程度，并采用水资源环境承载状况评价结果作为判断水资源开发利用方式合理与否的依据。

4.2 加强流域规划，统筹长江水资源保护工作

推进流域综合规划、专项规划修编和制定的同时，积极推进完善流域水资源保护规划体系，开展水资源保护规划研究。强化流域规划，统筹长江保护工作，完善流域综合规划内容，科学制定流域治理保护不同区域的约束性指标，合理布局流域保护任务和措施，突出流域综合规划在长江保护工作中的战略性、引领性、约束性，以流域综合规划统领流域保护等工作，构建流域治理保护新的格局。继续加强流域水资源保护规划研究。以国土空间规划为基础，以“保障水安全、改善水环境、修复水生态、强化监督管理”为目标，坚持“以水而定、量水而行”，把水资源作为发展的刚性约束的原则，研究提出涵盖“水质、水量、水生态、水空间”保护的新时期水资源保护规划体系。

4.3 加强流域治理，系统治理长江保护问题

谋划流域水生态修复工程，特别是水系连通工程，重点区域治理等措施，针对长江保护中突出的水资源、水生态、水环境问题，按照统筹治理的要求，合理确定流域上下游、左右岸、干支流河湖保护治理管控规则。推进长江上中下游、江河湖库、左右岸、干支流协同治理，实施流域资源保护、污染治理、生态修复工程措施。

4.4 加强流域调度，保障长江健康生态

特别是针对强化流域生态统一调度，制定重点主要控制断面生态流量目标和保障方案，将生态水量纳入年度水量调度计划，将生态水量调度纳入水利水电、航运等枢纽工程日常运行调度规程[8]。推进生态调度试验，保障生物多样性合理用水需求。以长江流域控制性水工程联合调度决策为核心，为饮用水水源地供水安全、保障生态水量、改善局部水环境承载能力、推进生态廊道建设和生物多样性保护等水生态环境提供基础保障。

4.5 加强流域管理，构建长江保护协同格局

加强《长江保护法》饮用水水源地配套法规建设，完善流域保护法规体系[9]；开展河湖长制作用体制机制研究。认真做好饮用水水源地保护，加强饮用水水源地评估管理，开展饮用水水源地安全评估。加强地下水管理保护，推进新一轮地下水超采区划定。建立长江流域水资源承载能力监测预警机制，定期开展流域水资源承载能力评价。

5 结论

坚持系统观念治水，关键是要以流域为单元，用系统思维统筹水的全过程治理，强化流域治理管理。本文分析强化流域治理管理的必要性，总结梳理流域水资源保护工作成效与问题，提出在流域水资源保护工作中贯彻强化流域治理管理的总体思路，提出重点举措和工作建议。强化流域治理管理是水利部党组做出的重要部署，符合流域治理规律。《长江保护法》将流域治理理念在法律层面进一步明确。未来，需深入贯彻《长江保护法》，进一步推动长江流域水资源保护工作，提升长江流域生态环境治理能力。

参考文献

[1] 李国英．坚持系统观念 强化流域治理管理［J］．水利发展研究，2022，22（11）：1-2.

[2] 刘扬扬，王孟，邓瑞，等．《长江保护法》施行后流域水资源保护的思考［J］．人民长江，2021，52（10）：135-140.

[3] 李斐，翟红娟，刘扬扬．长江流域水资源保护发展历程与思考［J］．水利水电快报，2020，41（2）：60-64.
[4] 邓志民，沈丹丹，陈云鹏，等．长江流域河湖生态流量管理全覆盖的实践与思考［C］//水科学与智慧水务：第十九届中国水论坛论文集，2022.
[5] 刘兆孝．新时期长江流域水资源保护规划及管理工作的思考［J］．长江科学院院报，2024，41（4）：1-7.
[6] 长江治理与保护科技创新联盟．长江治理与保护报告 2021［R］．武汉：长江水利委员会，2021.
[7] 邓瑞，邓志民，王孟，等．长江流域饮用水水源地名录管理的思考和建议［J］．人民长江，2023，54（5）：67-72.
[8] 黄艳，李英，邱凉，等．长江流域河湖生态流量保障管理研究［J］．长江技术经济，2023，7（2）：1-8.
[9] 邓瑞，李亚俊，王孟，等．加强长江流域水资源保护法规体系建设的思考［J］．长江技术经济，2023，7（3）：6-12.

孤山库区浮游植物现状及水华风险分析

赵肥西[1,2]　李　建[1,2]　辛小康[1,2]　贾海燕[1,2]

（1. 长江水资源保护科学研究所，湖北武汉　430000；
2. 长江水利委员会湖库水源地面源污染生态调控重点实验室，湖北武汉　430000）

摘　要： 为识别汉江上游孤山库区成库后水生态系统健康状况，本文于2021—2022年选取孤山水电站至白河水电站汉江干流江段的6个断面开展了3次调查监测。结果表明，孤山库区共采集浮游植物7门53种，优势种主要为谷皮菱形藻（*Nitzchia palea*）、颗粒直链藻（*Melosira granulata*）和蓝隐藻（*Chroomonas* sp.）；浮游植物密度范围在 $3.18\times10^4 \sim 173.4\times10^4$ cells/L，呈现出丰水期>枯水期>平水期的特征，Shannon-Weaver 多样性指数分析表明孤山库区水环境处于中污染；基于对孤山库区叶绿素 a、藻类密度和水动力现状初步分析，库区水华发生风险较小。

关键词： 孤山库区；汉江；浮游植物；水华

1　引言

浮游植物是水生态系统的初级生产者，对维持水生态系统平衡具有重要作用。浮游植物的群落构成与其生存水域的水质条件之间存在着紧密的关联性，不同生境的水体分布着不同的浮游植物群落结构[1]。因此，分析浮游植物的种类构成、时空分布格局、生物量动态变化、优势种群分布特征以及生物多样性状况，对评估水生态系统的健康状况具有重要意义[2]。

孤山航电枢纽工程是汉江干流水电开发规划中的第八级电站，位于十堰市郧阳区、郧西县交界处，上距白河枢纽坝址35.5 km，下距丹江口枢纽坝址177.6 km，坝址控制流域面积60 440 km^2，多年平均径流量247亿 m^3。孤山水电站正常蓄水位177.23 m，正常蓄水位以下库容1.09亿 m^3，水库总库容2.08亿 m^3，电站装机容量为180 MW，多年平均发电量5.90亿 kW·h，规划航道等级为Ⅳ级。汉江孤山水电站建成后，库区坝前水面宽度、深度较原自然河段显著增加，而流速减小，水体流态由急流流态转变为缓流流态[3-4]。当前，孤山库区水生态系统正处于演化的初期状态，浮游植物的现状尚不清晰，相关研究较少。本文选取孤山库区典型点位，分析不同来水期库区浮游植物状况和变化过程，分析其水华发生风险，为汉江水生态系统保护、水生态系统健康评估和指导孤山水电站生产调度实践提供基础资料和数据支撑。

2　材料和方法

2.1　研究区域及采样点

2021—2022年于孤山库区开展3次现场调查，监测时间分别为平水期（2021年11月）、枯水期（2022年3月）和丰水期（2022年6月）。调查范围自孤山水电站至上游白河水电站汉江干流江段，长度约35 km。调查点位兼顾左右岸、上下游、浅滩和深潭，综合考虑距离、河道地形、水深等因素，在目标区间内设置了6个典型采样和监测点位，图1中S1～S6点位分别对应孤山坝前、将军河口、羊尾镇、李家嘴、白河县、大王沟。

作者简介： 赵肥西（1996—），男，工程师，主要从事水生态保护与修复工作。

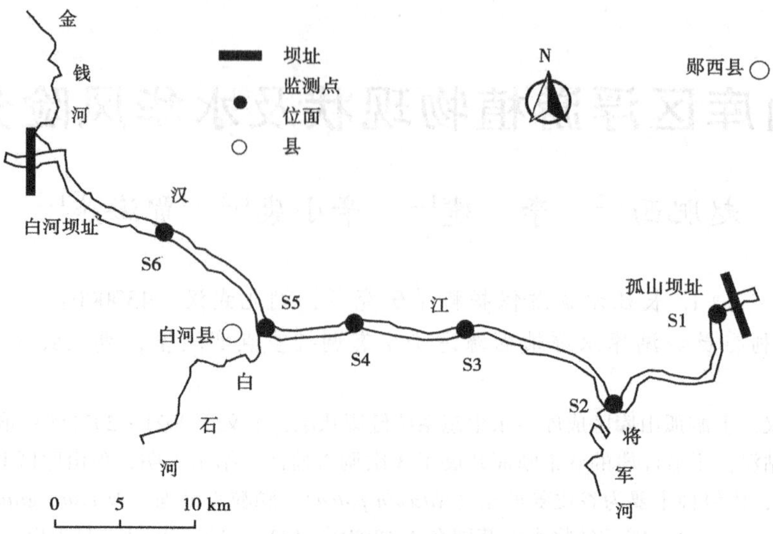

图 1 研究区域及监测点位分布

2.2 样品监测

浮游植物定量样品用 1 L 采水器采集表层水样，现场加入 1%鲁哥氏液，带回实验室后沉淀、浓缩至 30~50 mL，用以定量计数，鉴定和定量分析参照《中国淡水藻类——系统、分类及生态》[5]。流速采用多普勒声学多普勒流速剖面仪（ADCP）进行测定，叶绿素 a 采用多参数水质分析仪（YSI-EXO）现场测定。

2.3 数据处理

研究区域浮游植物 Shannon-Weaver 生物多样性指数（H）、优势度指数（Y）通过式（1）、式（2）进行计算，相关公式如下：

$$H = -\sum_{i=1}^{S}\left(\frac{n_i}{N}\ln\frac{n_i}{N}\right) \tag{1}$$

$$Y = \frac{n_i}{N} \times f_i \tag{2}$$

式中：S 为藻类物种数；n_i 为第 i 种藻类细胞数；N 为藻类总细胞数；f_i 为第 i 种藻类细胞在各监测点位出现的频率。

一般 H 值越大，表明该生态系统的生态结构越好，$0<H\leqslant1$ 表示物种种类贫乏，水体为重污染；$1<H\leqslant2$ 表示物种种类一般，水体为中污染；$2<H\leqslant3$ 表示物种种类较丰富，个体分布比较均匀，水体为轻污染；$H>3$ 表示物种种类丰富，个体分布均匀，水体为清洁状态。当 $Y\geqslant0.02$ 时，表明该物种为优势种。

3 结果与分析

3.1 浮游植物组成

调查期间全年度共采集浮游植物 53 种，隶属于 7 门 37 属，其中硅藻门 26 种、绿藻门 13 种、甲藻门 6 种、隐藻门 4 种、金藻门 2 种、裸藻门 1 种、蓝藻门 1 种（见图 2）。从种类组成上看，硅藻占据绝对优势，其次是绿藻和甲藻，硅藻门和绿藻门共占据孤山库区浮游植物总种类数的 73.6%。从不同水期来看，平水期共采集浮游植物 25 种，其中硅藻门种类数最多，占总种类数的 72%；枯水期共采集浮游植物 15 种，其中硅藻门种类数最多，占总种类数的 66.7%；丰水期共采集浮游植物 28 种，其中绿藻门种类数最多，占总种类数的 42.8%。孤山库区浮游植物种类数量与不同来水期水量、季节（气温）变化有一定的关系，丰水期（夏季）和平水期（秋季）明显高于枯水期（冬季）。

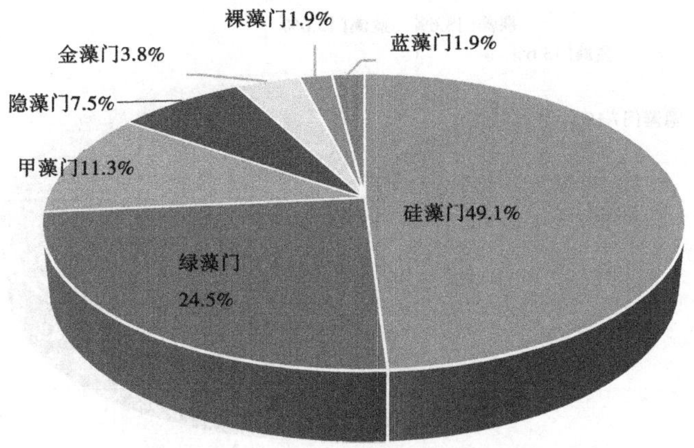

(a)全年度

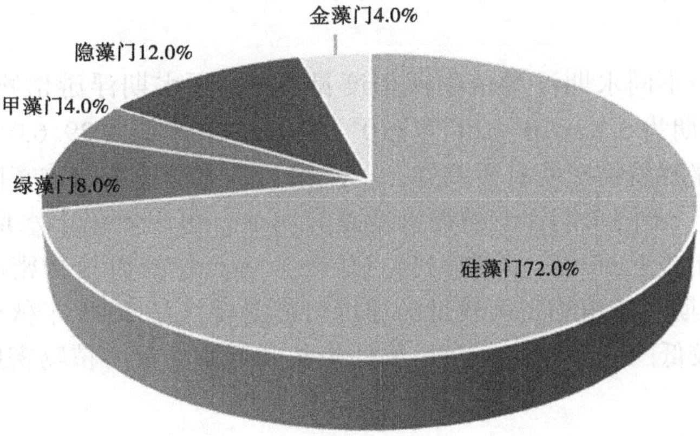

(b)平水期

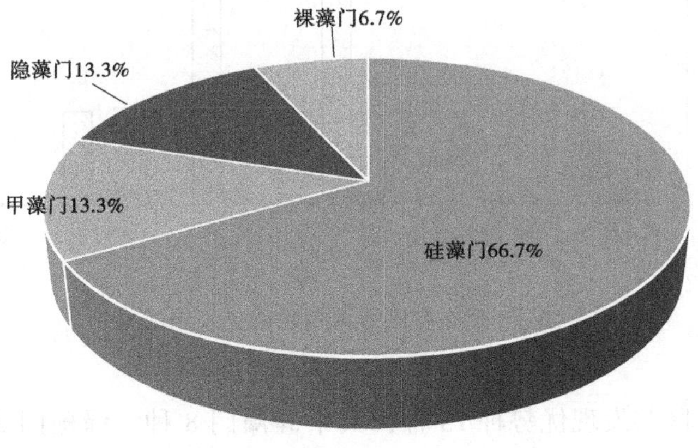

(c)枯水期

图 2　孤山库区浮游植物物种组成

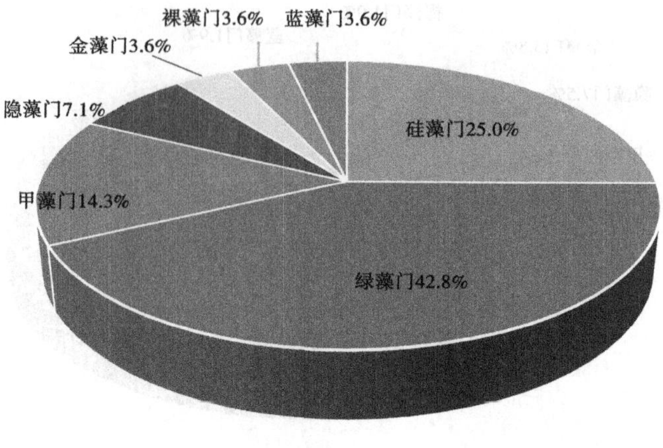

(d)丰水期

续图 2

3.2 浮游植物密度

孤山库区调查范围内不同水期浮游植物藻密度见图 3。平水期浮游植物密度范围为 0.53×10^4～12.93×10^4 cells/L、枯水期为 6.82×10^4～20.77×10^4 cells/L、丰水期为 29.63×10^4～386.46×10^4 cells/L。同一水期不同调查点位浮游植物密度有所差异，羊尾镇及李家嘴浮游植物密度高于其余调查点位，平均密度最大相差 10 余倍。不同水期浮游植物密度差异明显，可以看出丰水期浮游植物密度最大，平水期最小，其平均密度相差近 60 倍，除白河县点位外，各点位浮游植物密度均表现出丰水期>枯水期>平水期的特点。平水期浮游植物密度较低的原因可能是受汉江 2021 年秋季大洪水影响，孤山库区江段浊度较高，透明度较低[6]，不利于浮游植物的生长和繁殖，浮游植物密度降低。

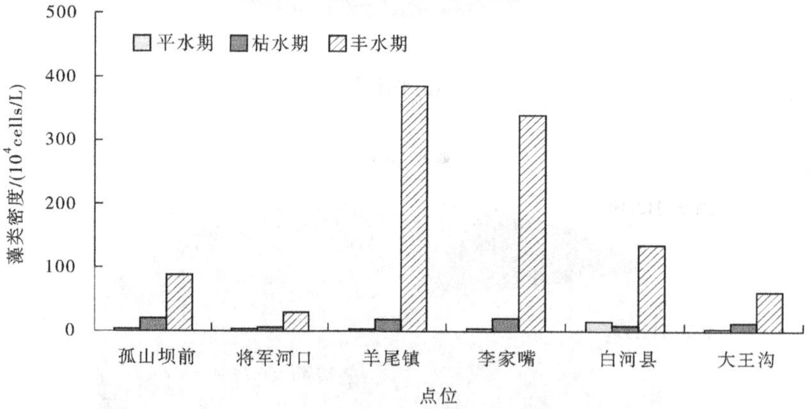

图 3　孤山库区浮游植物密度及组成

3.3 浮游植物优势种

调查周期内，孤山库区共发现优势种 13 种，其中硅藻门 8 种，绿藻门 2 种，裸藻门、甲藻门和隐藻门各 1 种。从物种组成上来看，硅藻门在不同来水周期均为优势种（见表 1）。

平水期孤山库区共记录到浮游植物优势种 4 种，均属于硅藻门，分别为谷皮菱形藻（*Nitzchia palea*）、短小舟形藻（*Navicula exigua*）、小形卵囊藻（*Oocystis parva*）、线形菱形藻（*Nitzschia linearis*），其 Y 值分别为 0.21、0.09、0.02、0.02。枯水期优势种 6 种，甲藻门、硅藻门、裸藻门均有分布，其中以硅藻门为主，硅藻门优势种分别为针杆藻（*Synedra* sp.）、小环藻（*Cyclotella* sp.）、颗粒直链藻（*Melosira granulata*）和脆杆藻（*Fragilaria* sp.），Y 值分别为 0.1、0.09、0.04 和 0.03；此外甲藻门的多甲藻（*Peridinium* sp.）及裸藻门的囊裸藻（*Trachelomonas* sp.）为优势种，Y 值分别为 0.04 和

0.05。丰水期记录到优势种 4 种，绿藻门、隐藻门、硅藻门均有分布，绿藻门优势种为小球藻（*Chlorella* sp.）、丝藻（*Ulothrix* sp.），*Y* 值分别为 0.05、0.04；隐藻门优势种为蓝隐藻（*Chroomonas* sp.），*Y* 值为 0.23；硅藻门优势种为颗粒直链藻（*Melosira granulata*），*Y* 值为 0.21。

表 1　孤山库区不同水期浮游植物优势种

门类	种类	拉丁学名	平水期	枯水期	丰水期
硅藻门	谷皮菱形藻	*Nitzchia palea*	0.21		
	短小舟形藻	*Navicula exigua*	0.09		
	小形卵囊藻	*Oocystis parva*	0.02		
	线形菱形藻	*Nitzschia linearis*	0.02		
	小环藻	*Cyclotella* sp.		0.09	
	颗粒直链藻	*Melosira granulata*		0.04	0.21
	脆杆藻	*Fragilaria* sp.		0.03	
	针杆藻	*Synedra* sp.		0.1	
甲藻门	多甲藻	*Peridinium* sp.		0.04	
裸藻门	囊裸藻	*Trachelomonas* sp.		0.05	
绿藻门	小球藻	*Chlorella* sp.			0.05
	丝藻	*Ulothrix* sp.			0.04
隐藻门	蓝隐藻	*Chroomonas* sp.			0.23

3.4　浮游植物多样性

采用 Shannon-Weaver 多样性指数计算出各点的浮游植物多样性指数见图 4。调查期间，平水期、枯水期和丰水期 Shannon-Weaver 多样性指数均值分别为 1.65、1.41 和 1.67，差异较小。整体呈现出丰水期>平水期>枯水期的特征，浮游植物多样性指数与水质存在一定的关系，Shannon-Weaver 多样性指数评价显示孤山库区水环境处于中污染状态。

平水期调查河段各样点浮游植物 Shannon-Weaver 多样性指数以白河县点位最高，为 2.25，处于轻污染状态，其余点位处于中污染状态。枯水期调查河段多样性指数以羊尾镇浮游植物多样性最低，为 0.8，处于重污染状态，其余点位处于中污染状态。丰水期调查河段中李家嘴多样性指数最高，为 2.27，其次为白河县和大王沟，均为 2.03，均处于轻污染状态，其余 3 个点位处于中污染状态。

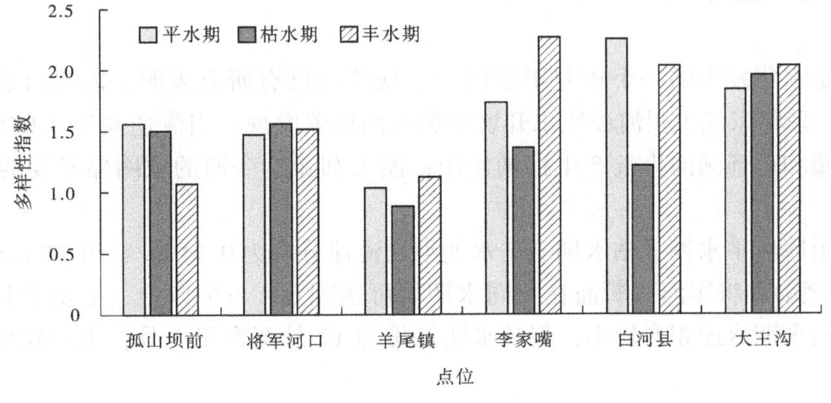

图 4　孤山库区浮游植物多样性指数

3.5 孤山库区水华风险

目前，对于水华生消驱动因素形成了较为统一的认识，其主要影响因子包括营养盐（氮、磷、硅等）、气象条件（风、温度和光照等）、水文条件（流量、流速及其分布）等三大方面[7]，其中营养盐条件是水体富营养化及水华发生的根本原因。在充足的营养盐条件下，遇到合适的温度和光照条件，以及相对滞缓的水流条件就会发生藻类大量繁殖和聚集进而暴发水华。目前汉江水华主要发生在中下游[8]，但孤山库区成库后水华状况应值得警惕。本文基于生态调查结果，从叶绿素 a、藻类密度和水动力条件等方面，分析孤山库区水华发生风险。

3.5.1 叶绿素 a

经济合作与发展组织（OECD）根据叶绿素 a 浓度把水体划分为贫营养（Chl. a<3 μg/L）、中营养型（3 μg/L≤Chl. a<11 μg/L）、富营养型（11 μg/L≤Chl. a<78 μg/L）和重富营养（Chl. a≥78 μg/L）4 个类型[9]。叶绿素 a 浓度的高低反映了水体中藻类生物量的大小，故上述标准实质上是以藻类水华表征的出现与否以及严重程度所建立的标准，孤山库区，平水期、枯水期、丰水期生态调查叶绿素 a 浓度分别为 1.53 μg/L、0.45 μg/L、6.38 μg/L，其中丰水期水体为中营养型，平水期、枯水期水体为贫营养型（见图 5）。

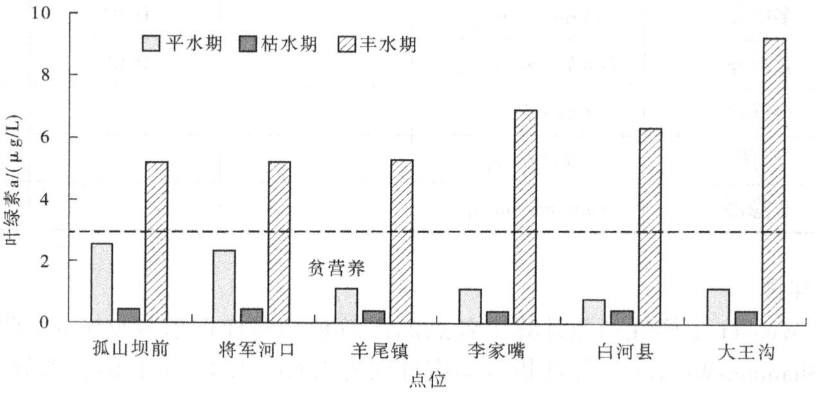

图 5　孤山库区叶绿素 a 分布情况

3.5.2 藻类密度

根据《水华遥感与地面监测评价技术规范（试行）》（HJ 1098—2020）[10] 和李颖等[11] 使用水华程度分级标准，均把水华均分为 5 个级别。孤山库区平水期和枯水期藻密度均值分别为 3.18×10^4 cells/L 和 15.56×10^4 cells/L，丰水期藻密度有一定升高为 173.4×10^4 cells/L，均处于无水华的状态（藻类密度<200×10^4 cells/L）。

3.5.3 水动力

水动力条件是水华发生的一个重要影响因子。现阶段已有研究表明，流速可显著加速水华的消亡，如周静等[12] 采集东江惠州河段原水开展藻类室内培养发现，当流速高于 0.075 m/s 时可对铜绿微囊藻、斜生栅藻和小环藻的生长产生抑制作用；澳大利亚达令河的项圈藻暴发的临界流速为 0.05 m/s[13]。

调查期间孤山库区平水期、枯水期、丰水期平均流速分别为 0.31 m/s、0.07 m/s、0.11 m/s（见图 6），其中孤山坝前和将军河口断面在不同水期均可达到 0.1 m/s 以上，平水期和丰水期具有良好的水动力条件，枯水期流速相对较小，但枯水期月份为 12 月至次年 3 月，水温较低，不具备水华发生的水温条件。

4 结论

（1）孤山库区共采集浮游植物 7 门 53 种，硅藻门和绿藻门共占种类数的 73.6%，其中平水期采集25种、枯水期15种、丰水期28种；平水期、枯水期、丰水期藻密度均值分别为3.18×10^4 cells/L、15.56×10^4 cells/L、173.4×10^4 cells/L，呈现出丰水期>枯水期>平水期的特征。

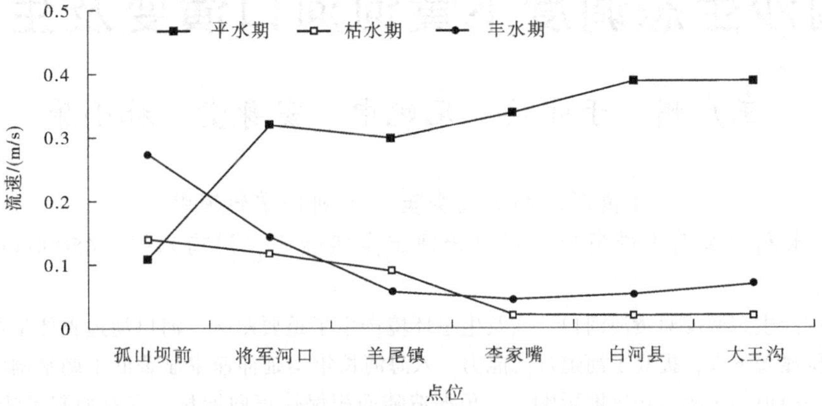

图6 孤山库区不同来水期流速变化

（2）孤山库区共发现优势种13种，其中主要以硅藻门为主，可在不同水期成为优势种；平水期、枯水期和丰水期Shannon-Weaver多样性指数均值分别为1.65、1.41和1.67，不同时期差异较小，表征孤山库区水环境处于中污染。

（3）孤山库区叶绿素a年均浓度为1.39 μg/L、年均藻类密度为64.05×10^4 cells/L，均低于水华标准，年均流速为0.163 m/s，水动力条件较好，分析结果显示库区水华发生风险较小。

参考文献

[1] 胡韧，蓝于倩，肖利娟，等．淡水浮游植物功能群的概念、划分方法和应用［J］．湖泊科学，2015，27（1）：11-23.

[2] 徐沙，郭嘉伟，胡恩，等．汉江上游平水期浮游植物群落特征及水质生物评价［J］．水生态学杂志，2024，45（3）：148-155.

[3] 王中敏，樊皓，刘金珍．孤山电站对库区鱼类产卵场水文情势的影响研究［J］．人民长江，2017，48（1）：20-24.

[4] 刘扬扬，苏新华，蔡洺垚．孤山航电枢纽工程对汉江水环境的影响研究［J］．人民长江，2023，54（5）：73-79.

[5] 胡鸿钧，魏印心．中国淡水藻类：系统、分类及生态［M］．北京：科学出版社，2006.

[6] 冯宝飞，牛文静，许银山．汉江2021年秋汛暴雨洪水分析//［C］水科学与智慧水务：第十九届中国水论坛，中国辽宁大连，2022.

[7] 秦伯强，王小冬，汤祥明，等．太湖富营养化与蓝藻水华引起的饮用水危机：原因与对策［J］．地球科学进展，2007（9）：896-906.

[8] 李建，尹炜，贾海燕，等．汉江中下游硅藻水华研究进展与展望［J］．水生态学杂志，2020，41（5）：136-144.

[9] 李崇明，黄真理，张晟，等．三峡水库藻类“水华”预测［J］．长江流域资源与环境，2007（1）：1-6.

[10] 中华人民共和国生态环境部．水华遥感与地面监测评价技术规范（试行）：HJ 1098—2020［S］．北京：中国环境科学出版社，2020.

[11] 李颖，施择，张榆霞，等．关于用藻密度对蓝藻水华程度进行分级评价的方和运用［J］．环境与可持续发展，2014，39（2）：67-68.

[12] 周静，荀婷，张洛红，等．流速对不同浮游藻类的生长影响研究［J］．生态科学，2018，37（6）：75-82.

[13] Mitrovic S, Oliver R, Rees C, et al. Critical flow velocities for the growth and dominance of Anabaena circinalis in some turbid freshwater rivers［J］. Freshwater Biology, 2003, 48（1）.

调水调沙生态调度下黄河河口演变及生态响应

王广州　于守兵　凡姚申　窦身堂　杜小康

（黄河水利委员会黄河水利科学研究院
水利部黄河下游河道与河口治理重点实验室，河南郑州　450003）

摘　要： 调水调沙生态调度对黄河河口演变及生态环境产生了重要影响。河口河道整体呈冲刷趋势，同流量水位显著下降，提高了河道过流能力。入海河长年均延伸速率显著低于调水调沙前，减轻对黄河下游河道的溯源淤积反馈影响。三角洲造陆面积保持正向增长，有效抑制了海岸侵蚀。此外，调水调沙生态调度有效改善了河口生态，三角洲自然保护区湿地植被种类及面积显著增加，鸟类数量增长，补水影响范围内地下水位显著抬升。近海海域生态系统状况由2006年之前的不健康恢复至亚健康，浮游动物及底栖生物密度、生物量均呈增加趋势。

关键词： 调水调沙；生态调度；黄河河口；生态系统

为修复和保护黄河三角洲生态，黄河水利委员会开展了一系列水资源生态调度措施与实践，极大改变了进入河口地区的水沙分配格局，不仅对遏制和减缓入海尾闾河道的淤积态势、维护和加大其泄洪能力发挥了巨大作用，亦对黄河三角洲当地生态环境的改善以及生物多样性的维护产生了重大积极影响。

1　黄河三角洲区域概况

1855年黄河决铜瓦厢夺大清河入渤海，此后在黄河水少沙多且河口滨海动力弱的客观条件影响下，河口入海流路长期处于淤积-延伸-摆动-改道的不稳定状态[1]，逐步形成以宁海为顶点，北起徒骇河口，南至支脉沟口，总面积约5 450 km^2 的近代黄河河口三角洲（见图1）。黄河河口有着我国暖温带保存最完整的河口湿地生态系统，是黄渤海区域水生生物的重要种质资源库和生命起源地，是东亚-澳大利西亚和环西太平洋两条鸟类迁徙路线上的“中转站”，也是世界范围内河口湿地生态系统形成、发育和演化的“天然记录器”。1992年10月，国务院批准建立“山东黄河三角洲国家级自然保护区”，对新生湿地生态系统和各类珍稀濒危物种实施保护工程。保护区总面积1 530 km^2，分为南北两部分，分别为现行黄河入海口两侧部分和1976年以前黄河刁口河流路入海口部分。2021年10月19日，国家公园管理局批复同意开展黄河口国家公园创建工作，对黄河三角洲自然保护区、地质公园、森林公园、海洋特别保护区、水产种质资源保护区等8处自然保护地进行整合优化，规划总面积3 524 km^2。

2　调水调沙生态调度实施概况

20世纪70年代至90年代末，黄河利津断面频繁出现断流，最严重的1997年断流达226 d。进入黄河三角洲的水量明显减少，严重影响下游人畜生活、工农业生产用水，也使原本脆弱的三角洲地区生态状况遭受了严重损害。为遏制不断恶化的趋势，修复和保护黄河三角洲生态环境，黄河水利委员会先后开展一系列黄河水资源生态调度措施与实践。

基金项目： 河南省杰出青年科学基金项目（232300421017）；国家自然科学基金（U2243207，42406169）。

作者简介： 王广州（1993—），男，工程师，主要从事水生态与水资源研究工作。

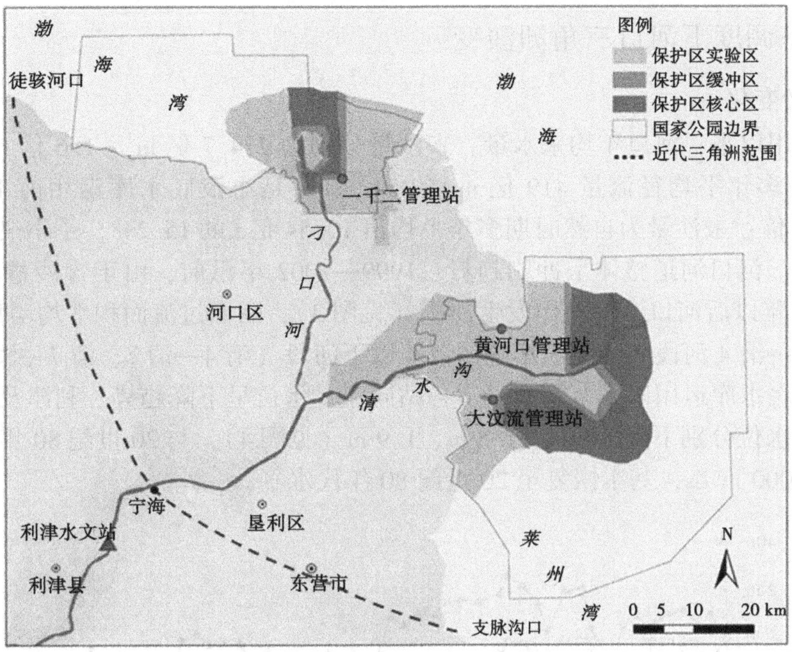

图 1　黄河三角洲区域概况

生态调度可分为四个阶段：水量统一调度、调水调沙、湿地生态补水、春季敏感期调度[2]。自1999年黄河实施全河水量统一调度以来，河口实现连续24年不断流；2002年起利用水库群联合调度开展调水调沙试验和水沙调控；2008年起结合黄河汛前调水调沙对黄河三角洲湿地进行生态补水，总规划补水面积236 km^2，优先保证（现有）补水面积120 km^2（见图2），2008—2023年湿地生态补水量合计12.6亿 m^3，年均补水量0.84亿 m^3；2017年起开展春季敏感期调度，精细设计小浪底水库4—6月泄流过程，形成有利于鱼类等水生生物生长繁殖、洄游的适宜流量过程，并塑造维持河流生态廊道功能的大流量过程。

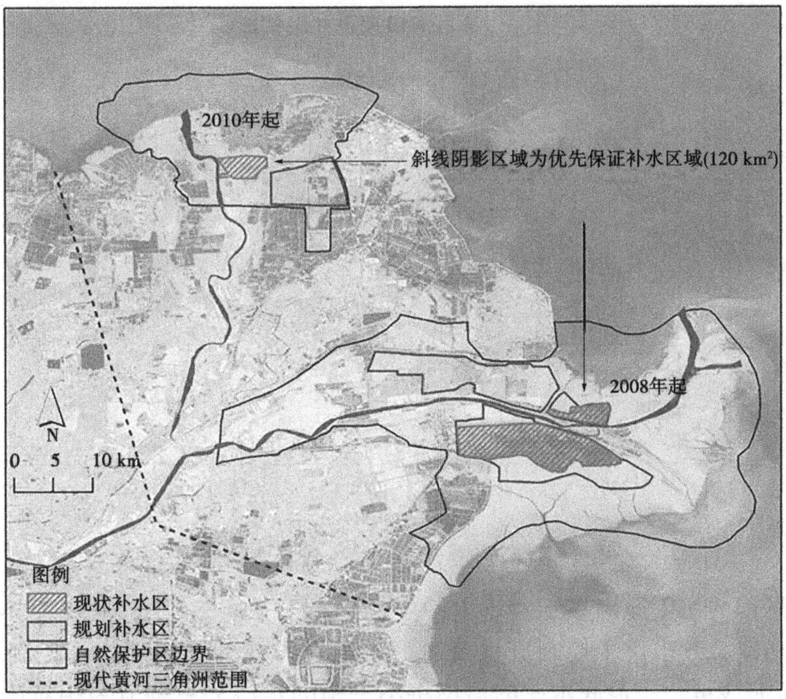

图 2　黄河三角洲自然保护区生态补水区域

3 调水调沙生态调度下河口三角洲演变

3.1 河口河段冲淤变化

小浪底水库运用以来，河口年均来水量、来沙量分别为 214.7 亿 m^3、1.6 亿 t，年来水量为自然时期 1950—1985 年多年平均径流量 419 亿 m^3 的 51.2%，是小浪底水库运用前 1986—2002 年均值 132.9 亿 m^3 的 1.6 倍；来沙量为自然时期多年平均值 10.54 亿 t 的 15.2%，是小浪底运用前多年均值 3.34 亿 t 的 47.9%。河口河道整体呈冲刷趋势。1999—2002 年汛前，由于含沙量较大，河口基本处于冲淤平衡。2002 年以后河口河道整体发生冲刷（见图 3），断面过流面积平均增加 400 m^2 以上。不受潮汐影响的利津—清 4 河段和受潮汐影响的清 4 以下河段（清 4—清 7、清 7—汊 3）基本维持相同的冲刷速率。小浪底水库运用以来，利津以下各站同流量水位呈下降趋势。利津及以下一号坝、西河口 3 000 m^3/s 流量水位分别下降 1.6 m、1.8 m、1.9 m（见图 4），与 20 世纪 80 年代相当。平滩流量显著增加，达到 4 000 m^3/s，基本恢复至 20 世纪 80 年代水平。

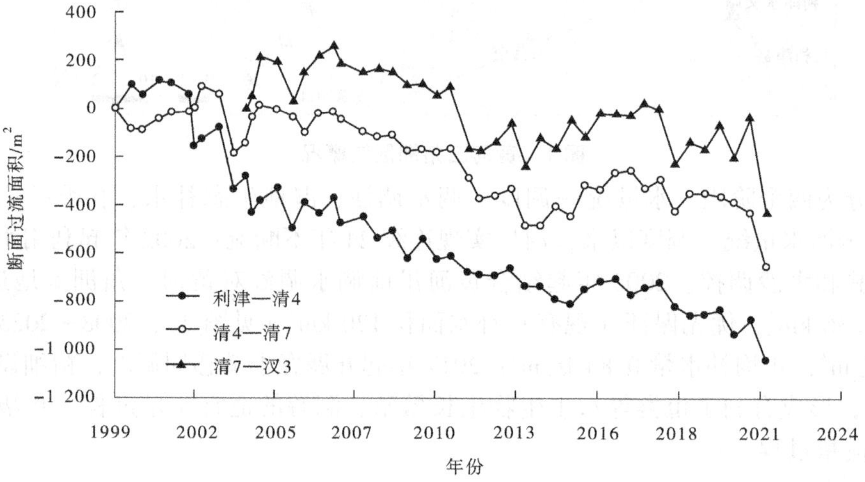

图 3 黄河河口河道冲淤情况

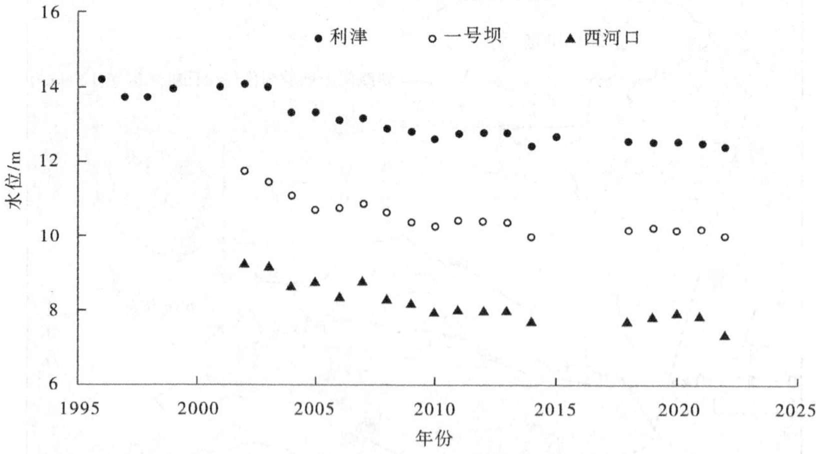

图 4 河口河道 3 000 m^3/s 流量水位变化

黄河河口河道淤积的主要原因在于“水少沙多，水沙不平衡”，小浪底水库具备对不平衡水沙关系进行调节的强大功能，其坐落于控制进入黄河下游河道水沙的关键部位，控制了 91% 的黄河径流量和近 100% 的黄河泥沙量。小浪底水库的运用将不平衡的水沙关系调节为相对协调的水沙关系，保障了下游和河口河道形态由淤积转变为冲刷。

3.2 入海河长与沙嘴演变

1996年清8人工出汊后，水沙沿东北方向入海，形成了目前的清8流路，此后尾闾河道上段部分基本保持稳定，变动集中发生在口门区域。小浪底水库运用以来，入海河长共增加11.4 km，年均延伸速率0.54 km/a，显著低于运用前，有利于减轻对黄河下游河道的溯源淤积反馈影响，保障河道稳定。其中2002—2017年为缓慢增长期，年均增加0.36 km，2018—2023年后来水来沙颇丰，进入相对快速增长期，年均增加0.93 km（见图5）。2013年口门附近向东延伸出一条汊沟，形成目前北汊、东汊双股入海的局面。近年来现行清8汊河流路附近海岸淤积延伸，1996年老汊河流路附近发生侵蚀（见图6），整体呈淤积态势，正向造陆面积合计49 km^2，年均2.3 km^2。其中，现行清8汊河沙嘴淤积92 km^2，年均4.4 km^2；1996年老汊河流路蚀退43 km^2，年均2.1 km^2。调水调沙显著改变了黄河水沙的年内分布格局，水沙入海时间更为集中，大量泥沙在调水调沙期间随径流进入渤海，不仅减少了河道的淤积，沙嘴也在此期间快速淤进，保障岸线的整体正向增长[3]。

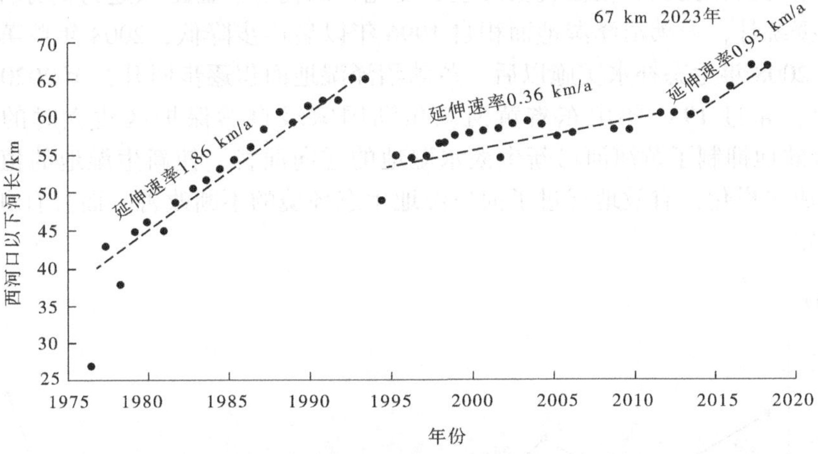

图5 河口河道入海河长变化

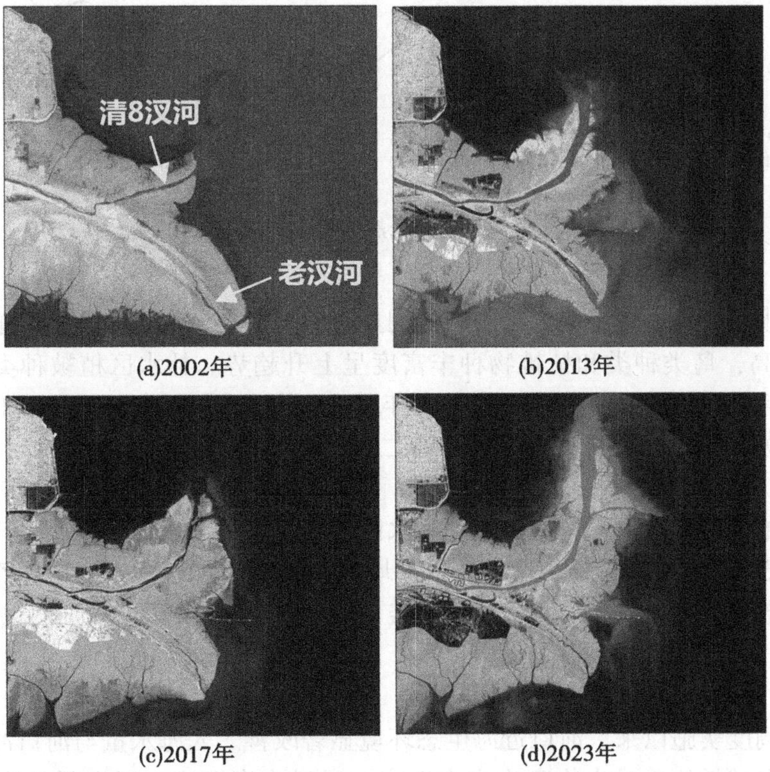

(a)2002年 (b)2013年

(c)2017年 (d)2023年

图6 河口三角洲岸线变化

4 黄河河口生态改善

4.1 三角洲自然保护区湿地生态改善

湿地生态状况受水文条件的显著影响，良好的水文条件可保障湿地功能维持与正向演替，提高生物多样性和生态完整性，大幅提高其生态承载力[4-5]。黄河淡水是三角洲湿地系统所需淡水的主要来源，也是黄河三角洲湿地发育的关键及决定性因素[6]。为修复和保护黄河三角洲生态系统，2008 年起黄河水利委员会结合黄河汛前调水调沙对黄河三角洲湿地进行生态补水，监测分析与效果评估显示调水调沙生态调度对三角洲湿地生态改善有着较好的效果。

4.1.1 淡水湿地面积增加

黄河三角洲湿地面积广阔，自然湿地总体上呈现减少趋势。随着生态调度和湿地生态补水的实施，湿地各生境类型的面积比例和植被类型发生了变化，以柽柳、盐地碱蓬为优势种的植被向淡水植被芦苇正向演替。据统计，芦苇沼泽湿地面积自 1996 年以后逐步降低，2008 年芦苇沼泽面积达到最小值 1.15 万 hm^2。2008 年生态补水实施以后，芦苇沼泽湿地面积逐步回升，至 2020 年芦苇沼泽湿地面积约 1.73 万 hm^2，超过 1992 年山东省黄河三角洲国家级自然保护区建立时的 1.4 万 hm^2（见图 7）。生态调度有效地抑制了黄河河口新生淡水湿地的逆向演替，使新生湿地的植被质量不断得到提高，群落物种组成多样化，有效地促进了河口湿地生态环境的不断改善，而且有利于淡水湿地的恢复和生态系统的稳定。

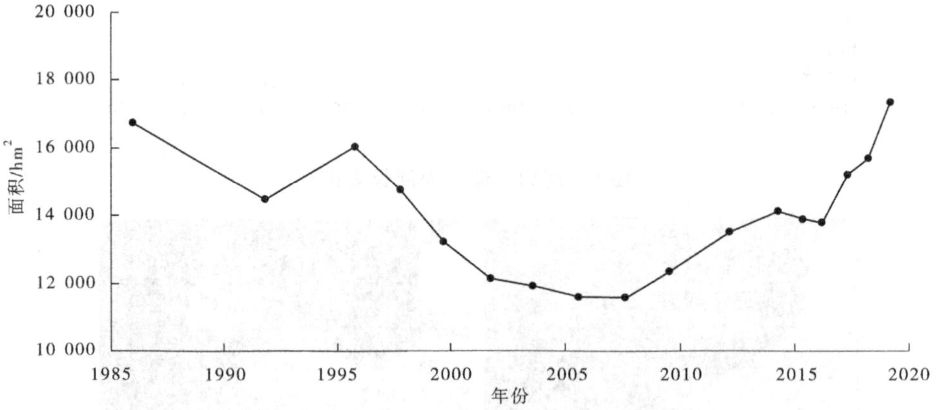

图 7 黄河三角洲天然芦苇湿地面积变化

4.1.2 物种多样性增加

随着淡水湿地水量补给，恢复区的土壤状况明显改善，三角洲湿地鸟类栖息地面积有效恢复，栖息生境质量显著提高，鸟类种类和植被物种丰富度呈上升趋势。补水区植被种类从 2010 年的 10 科 12 种增加至 2020 年的 32 科 76 种。鸟类从 2005 年的 296 种增加到 2021 年的 371 种，数量达 600 多万只，其中国家一级保护鸟类增加到 25 种，国家二级保护鸟类增加到 65 种。

4.1.3 地下水、土壤含盐量改善

生态补水的实施使得现行清水沟流路湿地补水区及影响区地下水位抬升 45~100 cm。湿地土壤含盐量下降，10 cm 层和 30 cm 层湿地土壤含盐量平均下降 55%和 41%。不同植被群落不同深度土壤含盐量除部分柽柳群落外，均呈明显的下降趋势，淡水压盐效果显著，显著促进植被由逆向演替向顺向演替发展，生物多样性增加。

4.2 河口近海海域生态改善

调水调沙生态调度实施以来，河口近海生态环境显著改善。入海水量与河口冲淡水扩散影响着水体盐度分布，河口海域低盐区是生物高生产力区[7]。通过生态调度，近海低盐度海域范围增大，营养盐通量增加，为河口海域生物资源提供了适宜的生存繁殖条件，河口近海海域浮游动物个体数量及

底栖生物栖息密度均有所增加，保护了河口生物多样性，对黄河河口及近海环境生态系统修复起到积极作用，近岸海域生态系统状况由 2006 年之前的不健康恢复至亚健康。

4.2.1　河口海域盐度降低

海水盐度是海洋生态的基础环境因子，对海洋生物生长发育及生理活动有着多方面影响。研究表明，盐度升高会引起浮游植物生物量降低，减少浮游生物种类，降低浮游生物多样性，使浮游生物群落向耐盐类型方向演替。黄河河口及邻近海域浮游动物主要为近岸低盐种类，偏高盐种类很少出现，而夏季中小型浮游动物丰度和种类数均与盐度有显著相关关系，黄河河口及邻近海域盐度的升高会导致浮游动物种类和丰度的改变。入海径流增加对河口近海区域表层盐度影响较大，可使河口近海区域表层盐度降低。盐度平面扩散主要集中在表层，表层>中层>底层，垂向分布主要表现为表层<中层<底层。河口近海表层盐度在 2011—2013 年持续下降，2013—2017 年持续上升，2018 年后又有所降低。整体来看，2011—2021 年河口近海的表层盐度呈波动下降趋势（见图 8）。

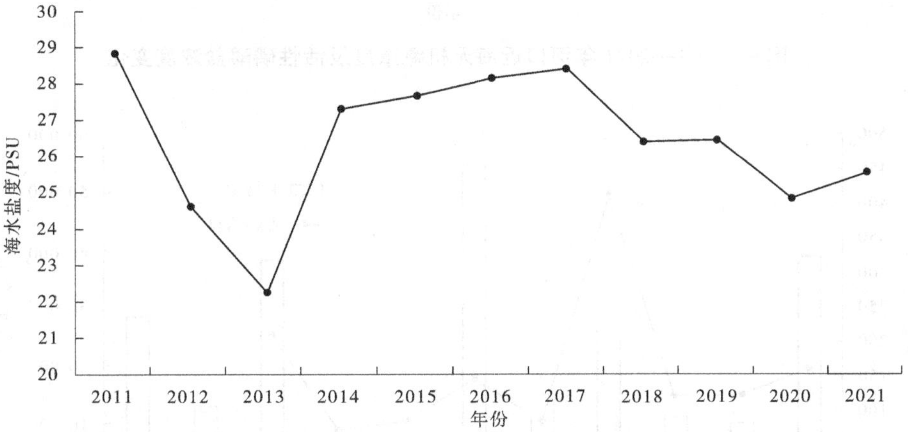

图 8　2011—2021 年河口近海表层盐度变化

4.2.2　河口海域营养盐浓度增加

海水营养盐是海洋生物生长所必需的最重要的元素，也是海洋初级生产过程和食物链的基础。河口区海水营养盐的含量分布，不但受浮游植物生长消亡和季节变化的影响，而且与入海径流变化等水文状况有很大的关系。在调水调沙生态调度影响下，2011—2021 年河口近海无机氮浓度及活性磷酸盐浓度均呈波动升高趋势。其中，无机氮浓度在 2011—2015 年缓慢增长，2016—2019 年略有降低，2019 年后再次较大幅度上升。活性磷酸盐浓度在 2014—2019 年持续增加，近 3 年略有降低，但仍然高于 2011 年（见图 9）。黄河河口及邻近海域氮磷营养盐浓度升高，为浮游植物生长提供了充足的食物，但过高的营养盐浓度也会导致富营养化，影响生态系统健康，因此应密切关注黄河河口及邻近海域氮磷营养盐浓度状况。

4.2.3　河口海域生物资源增加

生态调度增加入海水量的同时，也给河口海域生物带来了巨大的营养物质来源，提高了海洋初级生产力，尤其是对近海浮游动物和底栖生物优势种影响较为显著。2011—2021 年，浮游动物种类数由 2011 年的 9 种增加至 2021 年的 33 种，生物量和生物密度变化不大，群落结构较稳定但多样性指数略低（见图 10）。2011—2020 年浮游动物优势种为强壮箭虫、背针胸刺水蚤和太平洋纺锤水蚤三种，2021 年优势种为强壮箭虫和圆唇角水蚤，与之前略有不同。

底栖生物种类数、栖息密度、生物量总体上呈先增高后降低的趋势，近年来有所回升，整体呈增长趋势。种类数在 2016 年最多，生物密度和生物量在 2015 年最高（见图 11）。调查海域的底栖生物优势种类为对环境变化承受力较强的小个体多毛类和软体动物，生物多样性等级为中。整体而言，河口海域浮游动物个体数量及底栖生物栖息密度呈先增高再降低的趋势，总体上与入海水量呈正相关关系、与近海表层盐度呈负相关关系。

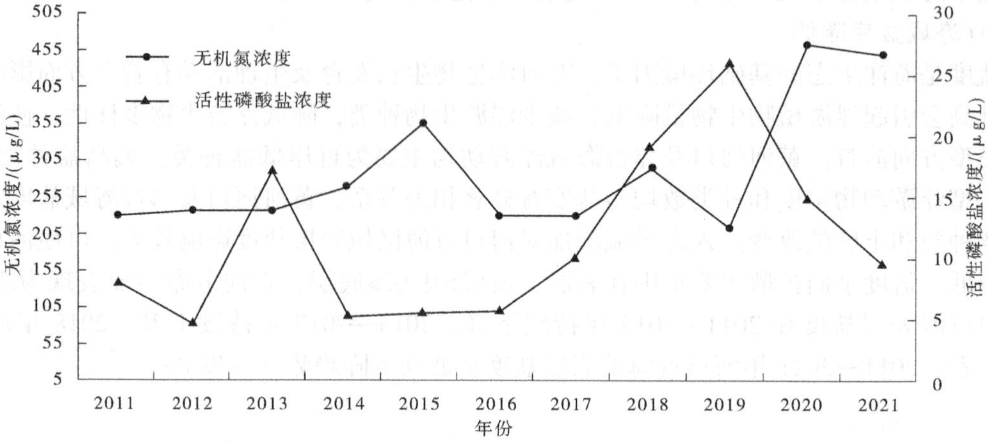

图 9　2011—2021 年河口近海无机氮浓度及活性磷酸盐浓度变化

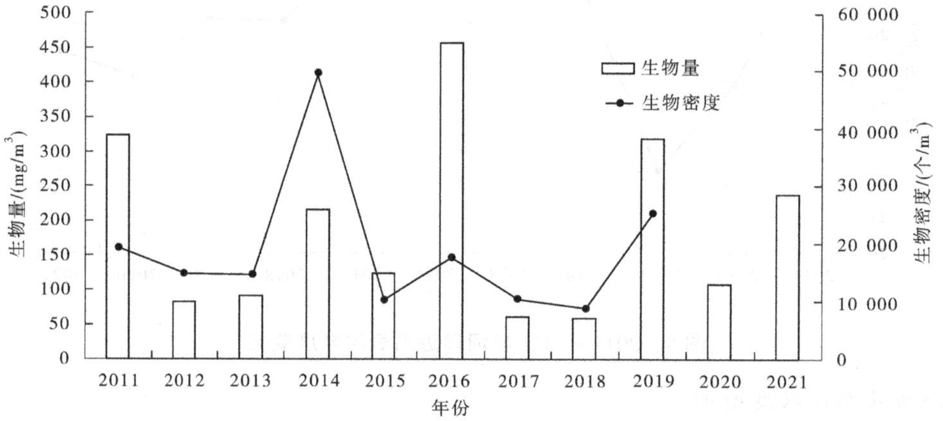

图 10　2011—2021 年河口近海浮游动物生物密度和生物量变化

黄河调水调沙带来的盐度和营养盐变化可能是引起调水调沙前、后生物种类组成和群落结构差异的主要因素[8]。生态调度及河口区域生态修复等实践活动为河口海域生物资源提供了适宜的盐度条件，保障了水生动植物生长期的营养盐供应，河口及近海海域浮游动物个体数量及底栖生物栖息密度均有所增加，近海水域生态环境得到一定程度改善，保护了河口生物多样性，对黄河河口及近海环境生态系统修复起到积极作用。

5　结语

调水调沙生态调度对黄河河口演变与生态改善起到积极作用，提高了河口河道过流能力，打开了防洪空间，抑制了海岸侵蚀。同时有效改善了河口生态，湿地面积得以恢复，动植物数量增长，近海海域生态系统状况显著改善。但要注意到河口三角洲地区仍存在局部湿地连通性差、无法实现常态化补水、生态健康难以维持等问题。为更好地发挥生态调度效益，全面改善河口三角洲生态状况，亟须对湿地生态补水进行优化配置与精细调度。同时要提高生态监测水平，从水域、陆域、近岸海域等多个方面，全面加强生态调度成效监测，支撑黄河河口国家公园和区域生态文明建设，落实《黄河流域生态保护和高质量发展规划纲要》中黄河三角洲生态保护修复任务。

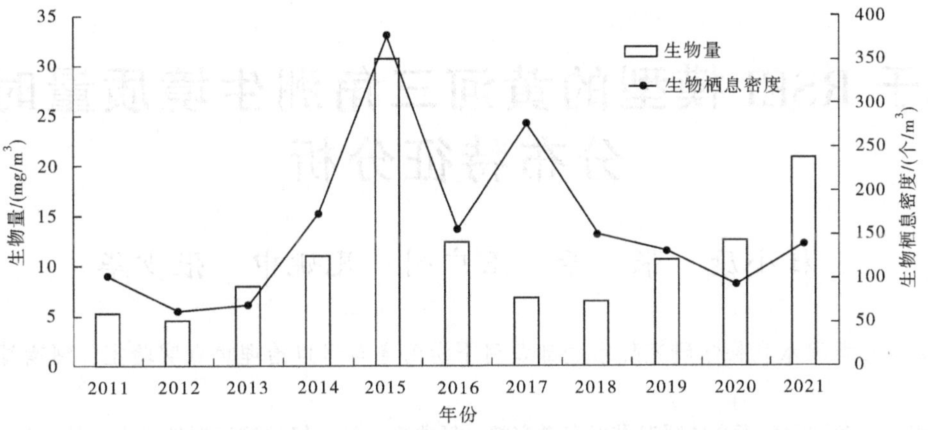

图 11　2011—2021 年河口近海底栖生物栖息密度和生物量变化

参考文献

[1] 凡姚申，窦身堂，王万战，等．新入海水沙情势下的黄河口沙嘴动态响应［J］．水科学进展，2023，34（1）：63-75.

[2] 于守兵，凡姚申，余欣，等．黄河河口生态需水研究进展与展望［J］．水利学报，2020，51（9）：1101-1110.

[3] 刘欣欣，陈沈良，李鹏，等．1996—2020 年黄河口清水沟流路海岸线动态演变及其与水沙量的关系研究［J］．海洋通报，2022，41（4）：436-450.

[4] 连煜，王新功，黄翀，等．基于生态水文学的黄河口湿地生态需水评价［J］．地理学报，2008（5）：424-434.

[5] 周强．挠力河中下游湿地生态需水量研究［D］．大连：大连理工大学，2017.

[6] 卓俊玲，葛磊，史雪廷．黄河河口淡水湿地生态补水研究［J］．水生态学杂志，2013，34（2）：14-21.

[7] 谷源泽，徐丛亮，张朝晖，等．黄河入海淡水对海洋生态调控响应研究［J］．人民黄河，2019，41（8）：68-75.

[8] 秦雪，徐宾铎，杨晓改，等．黄河口及其邻近水域夏季浮游植物群落结构及其与环境因子的关系［J］．水产学报，2016，40（5）：711-720.

基于 RSEI 模型的黄河三角洲生境质量时空分布特征分析

杜小康　张　辛　王广州　凡姚申　张少华

（黄河水利委员会黄河水利科学研究院水利部黄河下游河道与河口治理重点实验室，河南郑州　450003）

摘　要： 黄河三角洲孕育了全球暖温带保存最完整、最典型、最年轻的滨海湿地生态系统。然而，该地区生态环境敏感脆弱，亟须进行生境质量的定量化监测评估。本文利用 GEE 平台，基于 RSEI 模型计算了 1990—2020 年黄河三角洲生境质量的时空分布特征，并利用 Moran's I 指数开展了空间自相关分析。结果表明：1990—2020 年生境质量呈改善趋势，内陆及黄河河道两侧生境质量较好，而易被海水淹没地区生境质量较差。生境质量存在较强的空间正向自相关性和显著的空间集聚性。本文研究成果能为河口三角洲生态环境质量动态监测提供参考。

关键词： RSEI 模型；GEE 平台；生态环境质量；黄河三角洲

1　背景及意义

黄河三角洲孕育了我国乃至全球暖温带保存最完整、最典型、最年轻的滨海湿地生态系统。然而，该地区生态环境敏感且脆弱，受气候变化、人类活动等因素影响显著，如盐碱化加剧、湿地退化、生物多样性下降等现象日益凸显。因此，河口地貌演变与生态系统演化成为近期及未来研究的焦点，被国际“未来地球计划（Future Earth Project）”（2014—2023 年）列为地球科学面临的五大挑战之一，同时相关问题被纳入国家重大科技基础设施建设中长期规划（2012—2030 年）。随着《黄河流域生态保护和高质量发展规划纲要》等政策文件的出台，对黄河三角洲生态环境质量的精细化、定量化管理要求提升。

在此背景下，RSEI 模型（remote sensing-based environmental impact index model）[1] 作为一种依托遥感技术的生态环境质量综合评价工具，发挥着至关重要的作用。RSEI 模型是一种以自然因子为主，能对生态状况进行快速监测与评价的遥感生态指数，主要包括绿度分量（NDVI）、湿度分量（WET）、干度分量（NDSI）和热度分量（LST）。通过主成分分析法进行权重设置，避免因人为因素而造成权重不均，基于生态环境质量空间时空分布图可直观了解评价结果和动态变化。

RSEI 模型将多源遥感数据与环境科学原理相结合，对特定区域的生态环境状况进行量化分析与评估，能够提供时空连续、覆盖广泛的生态环境信息，满足政策实施过程中的监测、评估与决策支持需求。同时，高分辨率遥感卫星的广泛应用，使得获取大范围、高频次、多源遥感数据成为可能。结合 GEE（google earth engine）等先进的遥感数据处理与分析技术，RSEI 模型能够有效提取、融合这些数据，实现对黄河三角洲生态环境要素的精确刻画，为生态环境质量评价提供坚实的数据基础。

2　研究区域及采用数据

现代黄河三角洲（118°20′E ~119°20′E，37°16′N~38°16′N）是 1934 年黄河分流点由垦利县宁

基金项目： 河南省杰出青年科学基金项目（232300421017）；国家自然科学基金（U2243207）。

作者简介： 杜小康（1993—），男，工程师，主要从事河口生态环境保护工作。

海下移至渔洼开始形成的以渔洼为顶点，北起挑河、南至宋春荣沟的扇形区域（见图 1），陆地面积约 2 500 km^2。通过构建 RSEI 指数，以遥感技术为手段，综合评价现代黄河三角洲 1990—2020 年生态环境质量状况及发展趋势。

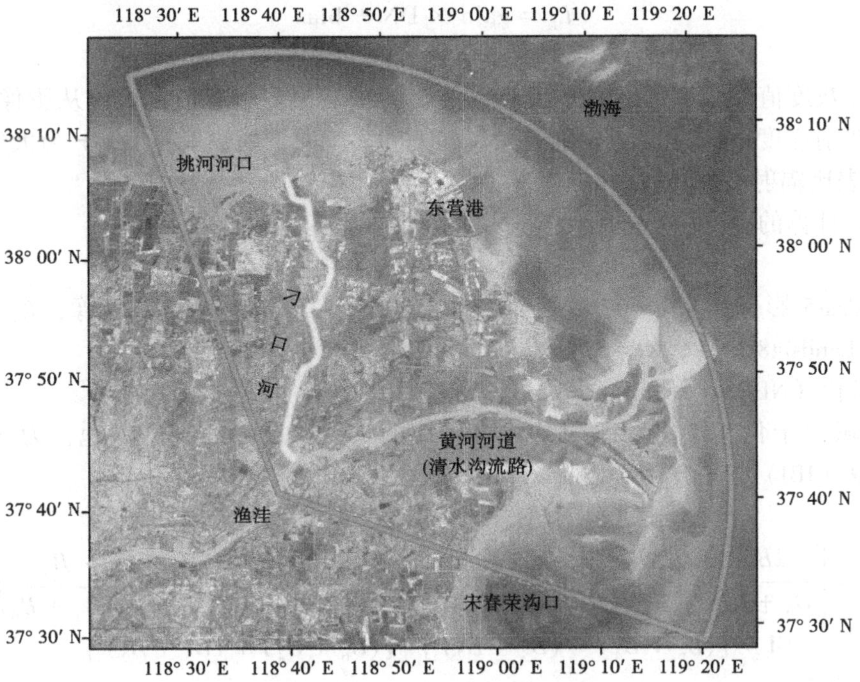

图 1　现代黄河三角洲范围

遥感数据类型选择 Landsat SR 大气校正后的数据。在 GEE 中，提供了包括实时数据（Real Time）级别、大气顶层反射率数据（TOA）级别和地表发射率数据（SR）级别的数据，无须再自行处理。由于后续需要计算 WET、NDVI、LST 和 NDBSI 指数，所以数据要求是经过大气校正的数据(SR)。同时在数据筛选时，选择植被生长季节（6—9 月），因为 6—9 月为植被生长茂盛的季节，这样才能更好地评价遥感生态的脆弱性。

3　生态环境质量计算方法及评价流程

3.1　计算方法

3.1.1　RSEI 遥感生态指数计算方法

RSEI 遥感生态指数可以用这 4 个指标函数表示，即 RSEI=f（NDVI，WET，LST，NDBSI）。

3.1.1.1　绿度指标（NDVI）

绿度指标可以直观反映研究区植被的生长情况与植被叶面积指数和生物量之间的关系。计算公式为

$$NDVI = (B_5 - B_4)/(B_5 + B_4) \tag{1}$$

式中：B_4 和 B_5 分别为遥感数据的红色和近红外波段的反射率。

3.1.1.2　湿度指标（WET）

利用遥感缨帽变换来获取的湿度分量可以反映植被和土壤的湿度状况，湿度指标用 WET 来表示：

$$WET = C_1B_2 + C_2B_3 + C_3B_4 + C_4B_5 + C_5B_6 + C_6B_7 \tag{2}$$

式中：$B_2 \sim B_7$ 分别为遥感数据的蓝、绿、红、近红外、短波红外 1 和短波红外 2 波段的反射率；$C_1 \sim C_6$ 分别为 TM 传感器 0.031 5、0.202 1、0.301 2、0.159 4、−0.680 6 和−0.610 9，OLI 传感器 0.151 1、0.197 3、0.328 3、0.340 7、−0.711 7 和−0.455 9。

3.1.1.3 热度指标（LST）

代表热度指标的地表温度（LST）用经过比辐射率校正的温度来表示，利用 Landsat 数据中的热红外波段，计算亮度温度 L_λ，并进行比辐射率 ε 校正。

$$L_\lambda = gain \times DN + bias \tag{3}$$

$$B(T_s) = [L_\lambda - L\uparrow - \tau(1-\varepsilon)L\downarrow]/\tau\varepsilon \tag{4}$$

式中：DN 为像元灰度值；gain 和 bias 分别为波段 6 的增益值与偏置值，可以从影像的头文件获得；$B(T_s)$ 为黑体辐射亮度；$L\uparrow$ 和 $L\downarrow$ 分别为大气向上和大气向下的辐射亮度；τ 为大气热红外波段的透过率；ε 为地表比辐射率。

经过式（4）计算的温度需要进行比辐射率纠正才能作为地表温度 LST：

$$LST = K_2/\ln[K_1 B(T_s) + 1] \tag{5}$$

其中，对于 Landsat5 影像，$K_1 = 607.76$，$K_2 = 1\ 260.56$；对于 Landsat7 影像，$K_1 = 666.09$，$K_2 = 1\ 282.71$；对于 Landsat8 影像，$K_1 = 774.89$，$K_2 = 1\ 201.14$。

3.1.1.4 干度指标（NDBSI）

造成城市区域“干化”的主要原因是建筑用地的扩展以及大面积的裸地，为此选用裸地指数（SI）和建筑指数（IBI）合成作为干度指标，表示为（NDBSI）。

$$NDBSI = (IBI + SI)/2 \tag{6}$$

$$IBI = \left[\frac{2B_6}{B_6 + B_5} - \left(\frac{B_5}{B_5 + B_4} + \frac{B_3}{B_3 + B_6}\right)\right] \Big/ \left[\frac{2B_6}{B_6 + B_5} + \left(\frac{B_5}{B_5 + B_4} + \frac{B_3}{B_3 + B_6}\right)\right] \tag{7}$$

$$SI = [(B_6 + B_4) - (B_5 + B_2)] / [(B_6 + B_4) + (B_5 + B_2)] \tag{8}$$

3.1.1.5 主成分分析

4 个指标合成一幅新影像，并对其进行主成分分析；结合研究需求，保留特征值贡献率较大的主成分。为了使变化后影像中的数值大小代表生态环境的优劣程度（数值越大，生态环境越好），可以用下式进行转换，获得初始生态指数 RSEI。

$$RSEI = 1 - PC[f(NDVI, WET, NDBSI, LST)] \tag{9}$$

需要注意的是，RSEI 是针对陆地开发的生态模型，其所采用的湿度指标是以能揭示土壤和植被湿度的缨帽变换的湿度分量为代表，而不是以常用的水体指数为代表，因此当研究区有大片水体时，应将水体掩膜，以真实反映研究区的生态状况[2]。

3.1.2 空间自相关分析

3.1.2.1 全局空间自相关

全局空间自相关通过计算全局 Moran's I 指数反映研究区的空间聚集性[3]，表达式为

$$I = \frac{n\sum_{i=1}^{n}\sum_{i=1}^{n} w_{ij}(x_i - \bar{x})(x_j - \bar{x})}{\sum_{i=1}^{n}\sum_{i=1}^{n} w_{ij}(x_i - \bar{x})^2} \tag{10}$$

式中：I 为全局 Moran's I 指数统计量；n 为空间单元个数；w_{ij} 为每个空间单元 i 与空间单元 j 的权重矩阵；x_i，x_j 分别为 i 和 j 处的 RSEI 均值。

3.1.2.2 局部空间自相关

局部空间自相关通过计算局部的 Moran's I 指数反映研究区网格单元生态环境质量变化之间的相关性，表达式为

$$I_i = \frac{n(x_i - \bar{x})\sum_{j=1}^{n} w_{ij}(x_j - \bar{x})}{\sum_{i=1}^{n} w_{ij}(x_i - \bar{x})^2} \tag{11}$$

式中：I_i 为局部 Moran's I 指数统计量；其余变量与全局自相关变量含义相同。

3.2 **RSEI 计算流程**

RSEI 计算主要包括三个步骤（见图 2）：①获取研究区域遥感影像并前处理；②计算陆域部分的 NDVI、WET、LST 和 NDBSI 时空分布特征；③基于主成分分析法，计算 RSEI 指数。计算流程均在 GEE 中 API 编辑界面通过编写 Javascript 代码来实现。操作流程如下：

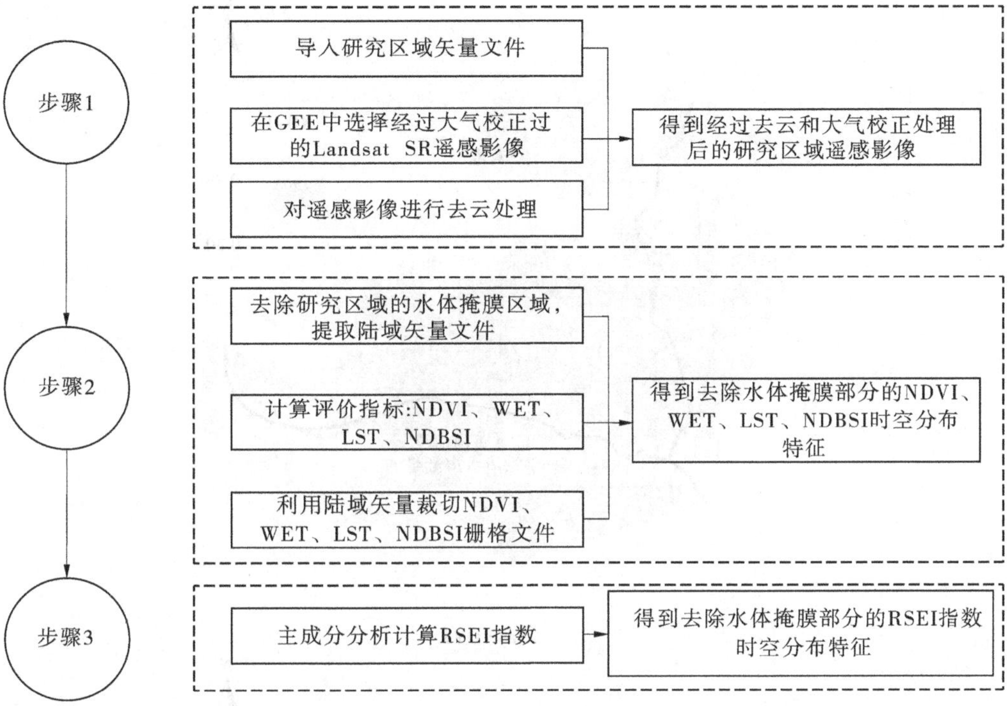

图 2 RSEI 计算流程

（1）在 ArcGIS 中定义 CGCS2000 投影坐标，并结合底图画出现代黄河三角洲的扇形区域；将该扇形的多边形矢量文件上传至 GEE 的数据集中，生成研究区域数据集地址。

（2）定义去云模块，用于处理 LANDSAT 的 SR（表面反射率）图像，通过特定的位掩码去除云和云影。函数首先定义了两个位掩码，然后选择了图像的 pixel_ qa 波段，使用位运算与这两个掩码进行比较，最后返回更新了掩码（去除了云和云影）的图像。

（3）提取出代表年份 6 月 1 日至 9 月 30 日的陆域矢量文件，该时间段能够反映区域最佳生长季节下的生态环境状况，将时段内所有 Landsat 遥感影像的波段取平均值，利用近红外、绿色波段计算归一化水体指数（NDWI）区别水体和陆域，并去除水体掩膜。

（4）输入遥感影像数据，计算 NDVI、WET、LST、SI 指标。利用陆域矢量，对计算的各个栅格文件进行裁切，然后对各个指标进行归一化处理。

（5）进行主成分分析，计算 RSEI 指数。

4 1990—2020 年生态环境质量变化

4.1 **RSEI 适用性验证**

首先，基于 LST、NDBSI、NDVI、WET 的时空分布特征来分析其合理性。按照以上流程计算得到 NDVI 、LST、NDBSI 和 WET 归一化后的时空分布特征。以 2020 年为例（见图 3），绿度 NDVI 较高的区域主要分布在内陆及黄河河道（清水沟流路）两侧，在三角洲东南侧及北部刁口河潮汐经常淹没的区域，NDVI 值较小；热度 LST 较高的区域主要分布在东北部东营港建成区，这里建筑比较集中且地表硬化面积大，LST 较低的区域主要分布在黄河河道（清水沟流路）及入海口，这里距离黄河较近，受河流漫滩、生态补水及海水淹没的影响，LST 相对较低；NDBSI 与 LST 分布特征类似，在东营港附近，建成区面积较大，与此对应 NDBSI 值较大，而在清水沟流路管理范围内黄河两侧，NDBSI 较小；湿度 WET 则与 LST 和 NDBSI 相反，除内陆河流两侧 WET 较大外，东南侧潮汐经常淹没的区域，WET 值较大。总体而言，以上四个指标能够较为准确地反映现代黄河三角洲的绿度、湿度、热度、干度的时空分布趋势。

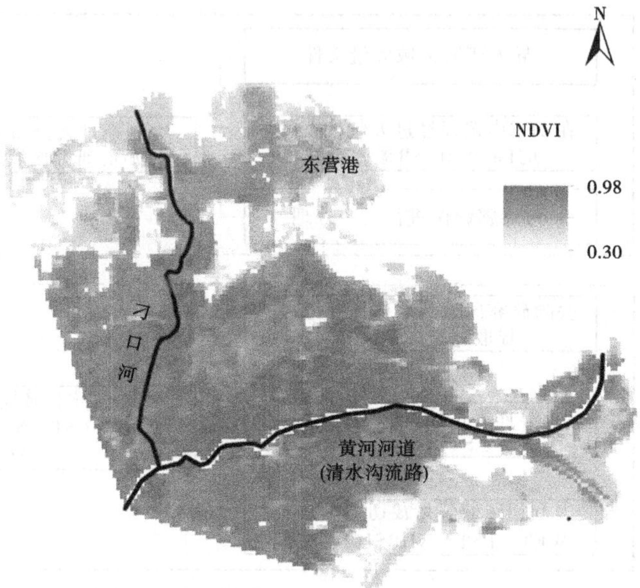

(a)NDVI

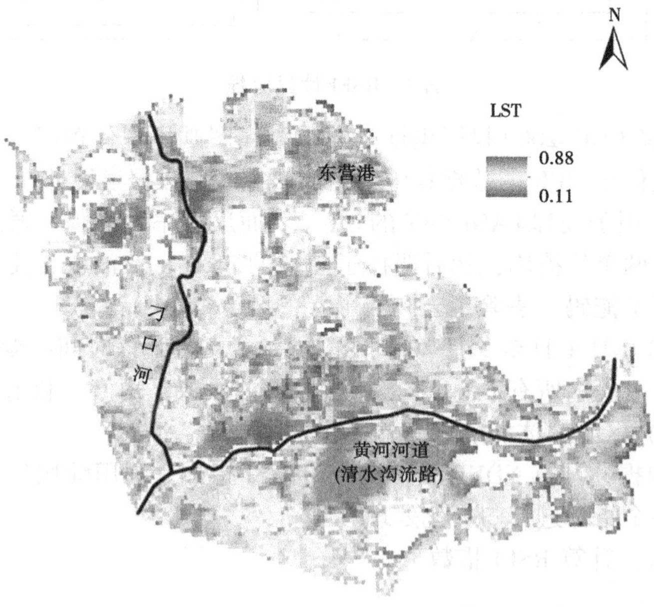

(b)LST

图 3　2020 年 6—9 月 NDVI 、LST、NDBSI 和 WET 时空分布特征

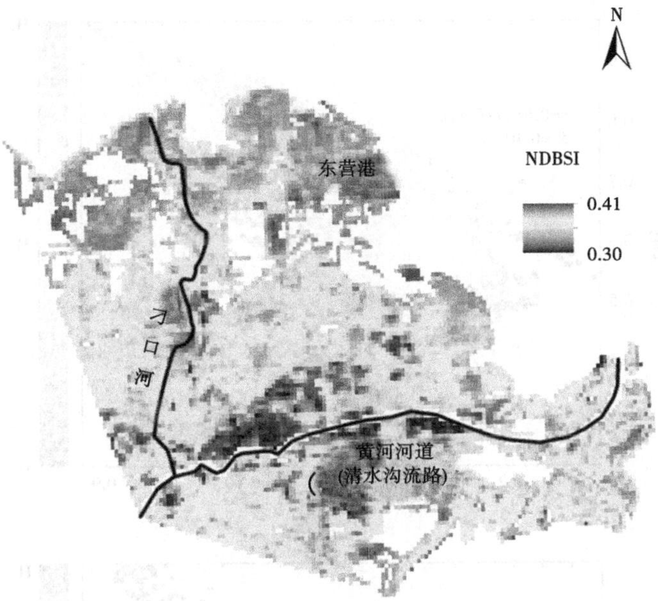

(c)NDBSI

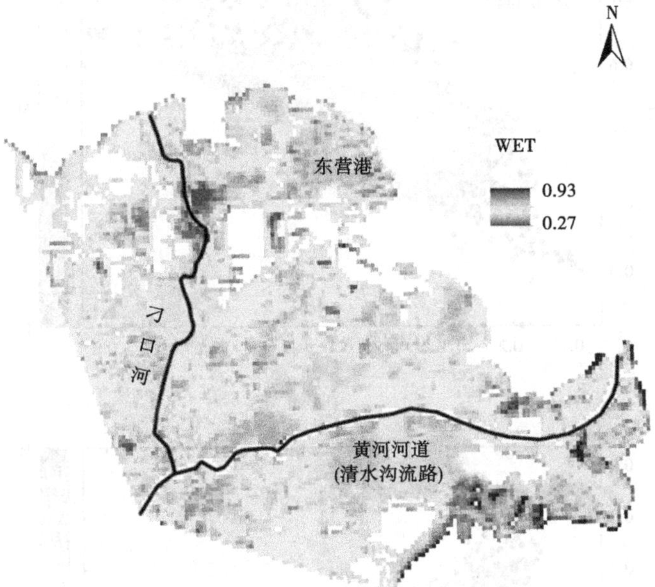

(d)WET

续图 3

其次，通过分析各个指标与 RSEI 的相关关系，来验证 RSEI 计算结果的适用性。将 1990 年、2000 年、2010 年和 2020 年的栅格文件重采样至 500 m×500 m 的网格大小，然后将这四期栅格中的 LST、NDBSI、NDVI 和 WET 全部提取出来后，与 RSEI 建立相关关系（见图 4），结果表明：绿度 NDVI 与 RSEI 成正比，相关系数为 0.40；湿度 WET 与 RSEI 成正比，相关系数为 0.38；地表温度 LST 与 RSEI 成反比，相关系数为 0.53；干度指标 NDBSI 与 RSEI 成反比，相关系数为 0.95。该相关关系分析结果与已有的相关研究基本一致[4-5]，说明 RSEI 模型适用于黄河三角洲。

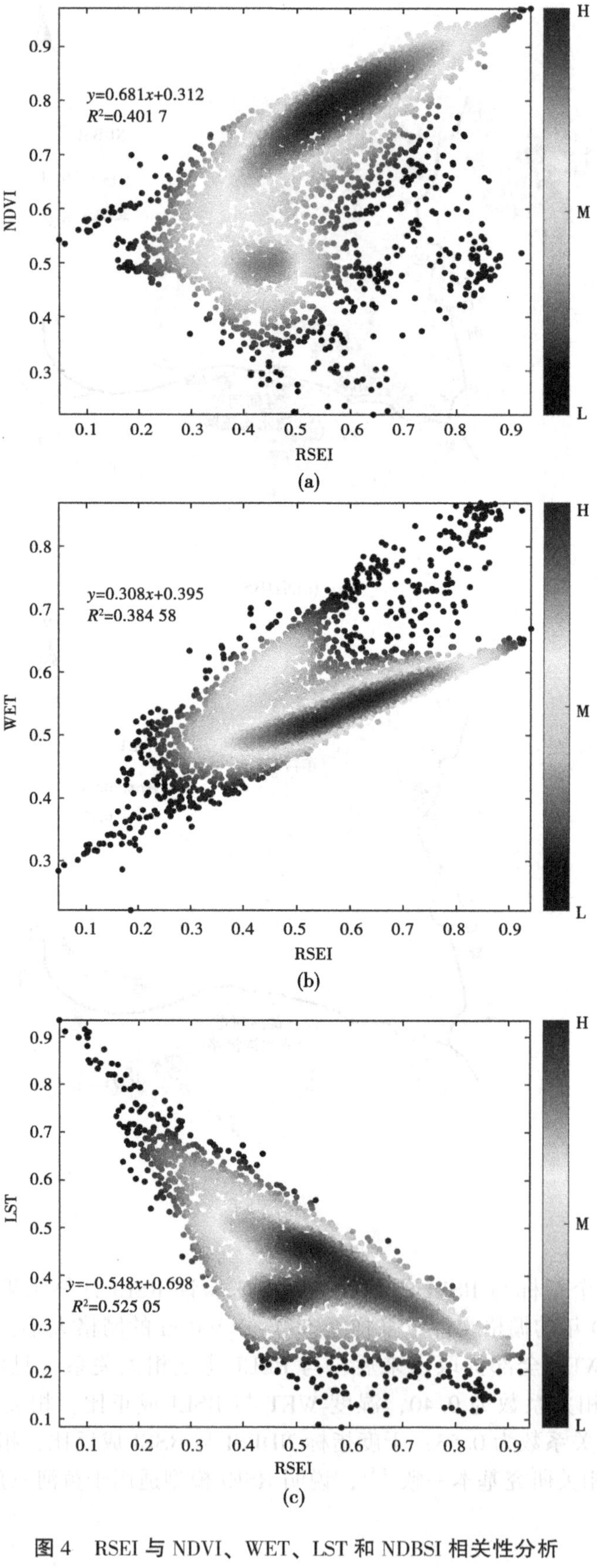

图 4 RSEI 与 NDVI、WET、LST 和 NDBSI 相关性分析

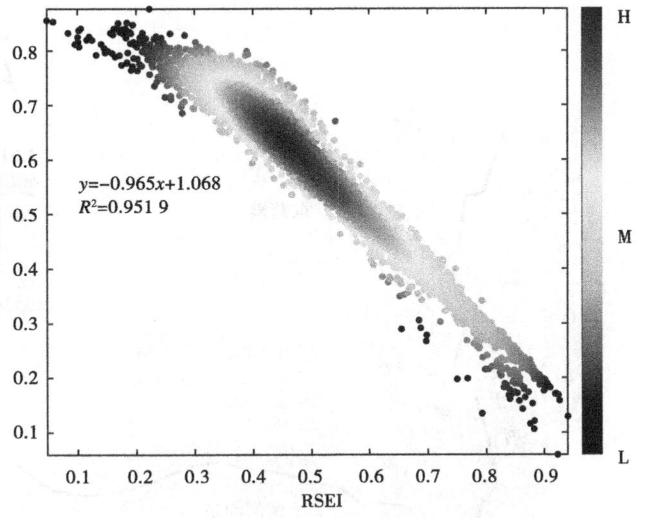

(d)

续图 4

4.2 生境质量变化

基于前述计算方法，计算了 1990 年、2000 年、2010 年和 2020 年的 RSEI 指数，并按照将生态指数以 0.2 为间隔分成差、较差、中、良和优 5 个等级。

从空间上看，靠近内陆及河流两侧是生境质量优、良的主要分布区域，而靠近海域，容易被海水淹没的地区，生境质量为差和较差（见图 5）。从时间上看，1990—2020 年随着时间的推进，生境质量呈逐渐改善的趋势，1990 年 RSEI 指数为 0.57、2000 年 RSEI 指数为 0.71、2010 年 RSEI 指数为 0.65、2020 年 RSEI 指数为 0.75（见图 6）。1990 年优和良所占区域占比为 45.76%，差和较差所占区域占比为 26.67%；2020 年优和良所占区域占比增加至 76.44%，差和较差所占区域占比减小至 1.07%。在靠近海域的区域，生境质量改善尤为显著。

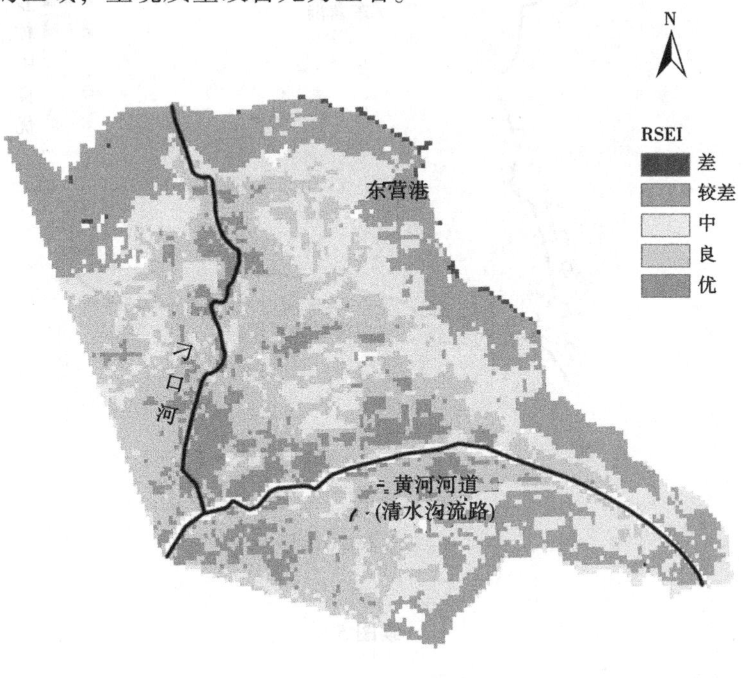

(a)1990年

图 5 黄河三角洲生境质量分级时空分布特征

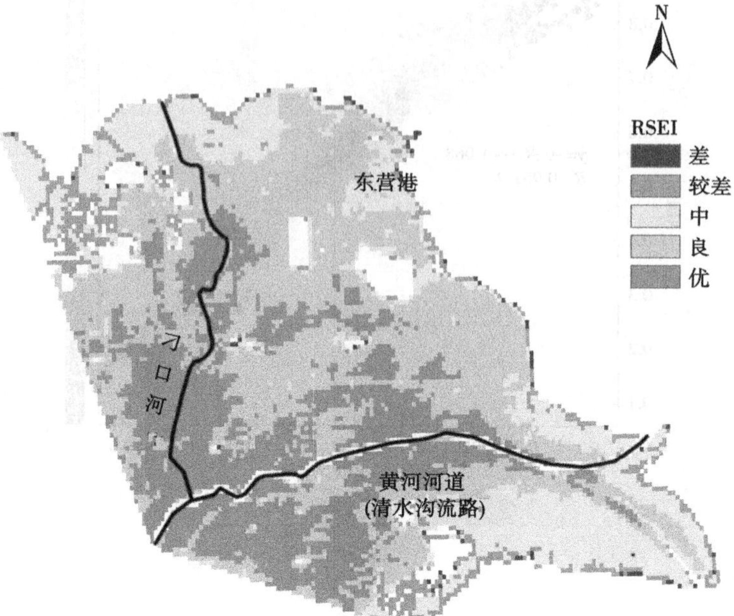

(b)2000年

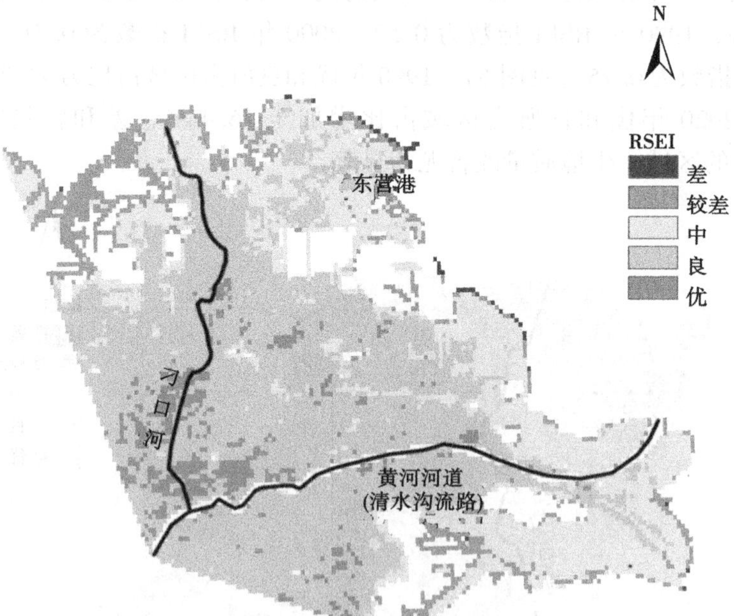

(c)2010年

续图 5

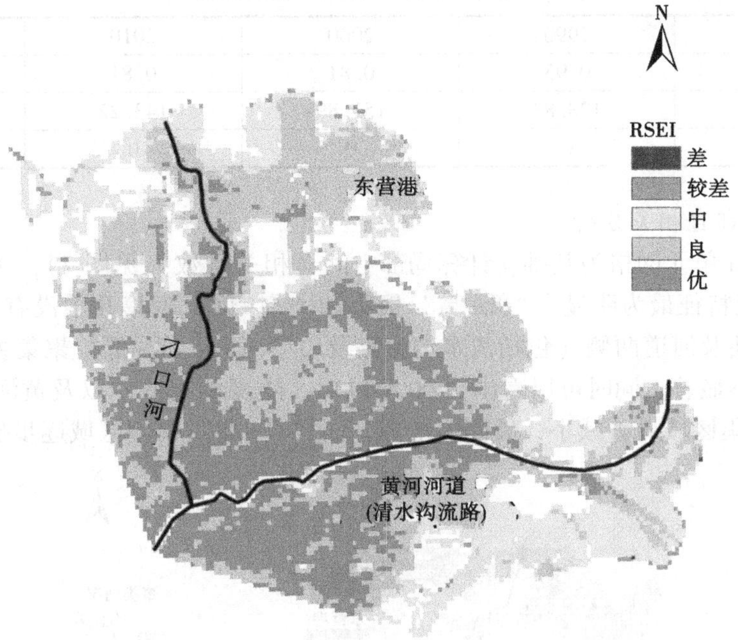

(d)2020年

续图 5

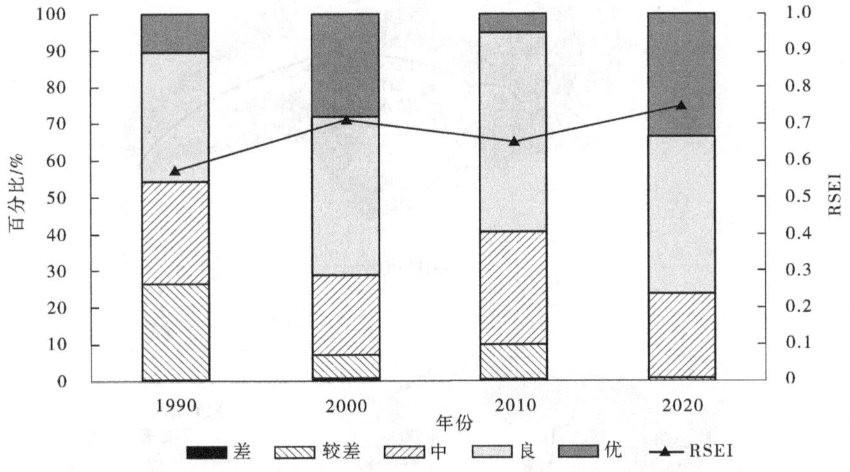

图 6 黄河三角洲不同生境级别类型百分比及平均 RSEI 值

4.3 生境质量空间自相关分析

4.3.1 生境质量全局自相关分析

Moran's I 指数反映土地利用程度在研究区的空间聚集度，Z 用来检验假设（见表 1）。1990—2020 年全局 Moran's I，指数分别为 0.93、0.81、0.81 和 0.78，均为正值且变化不大，P 均为 0，Z 值均远大于 2.58，由此证明 99%置信区间显示黄河三角洲生态环境质量存在较强的空间正向自相关性，具有显著的空间集聚性。全局 Moran's I 指数呈降低趋势说明生态环境质量空间聚集性较强，空间相关性呈降低趋势。

表 1　全局 Moran's I 指数变化

年份	1990	2000	2010	2020
全局 Moran's I	0.93	0.81	0.81	0.78
Z	128.83	151.89	143.22	135.63
P	0	0	0	0

4.3.2　生境质量局部自相关分析

以 500 m×500 m 单元网格为基础，计算局部空间自相关系数（见图 7），可以发现“高-高”聚集和“低-低”聚集特征最为明显，“低-高”聚集和“高-低”聚集几乎没有分布。“高-高”聚集主要分布在靠近内陆及河道两侧（包括清水沟流路及刁口河），“低-低”聚集主要分布在靠近海域的位置，其余部分为不显著。同时可以看出 2000 年以后，随着调水调沙以及黄河河口生态补水等因素影响，“低-低”聚集区域显著减小，破碎度增加，而“高-高”聚集区域逐步扩大。

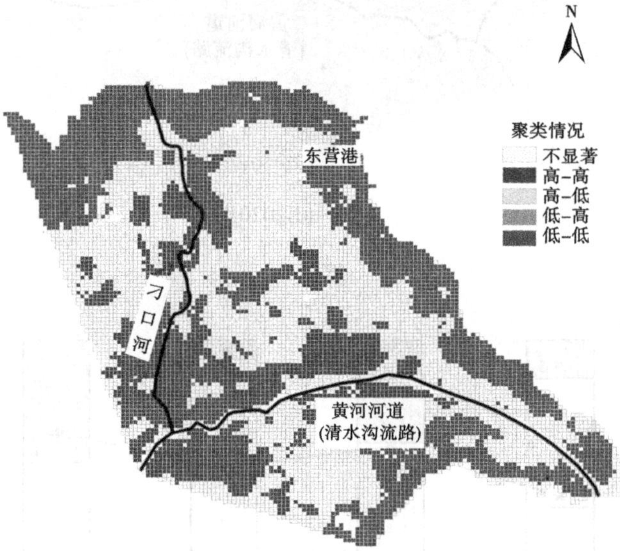

(a)1990年

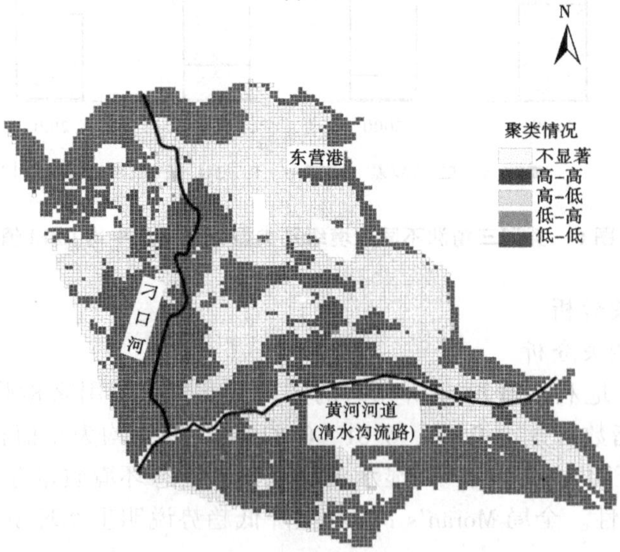

(b)2000年

图 7　1990—2020 年生态环境质量局部自相关分析

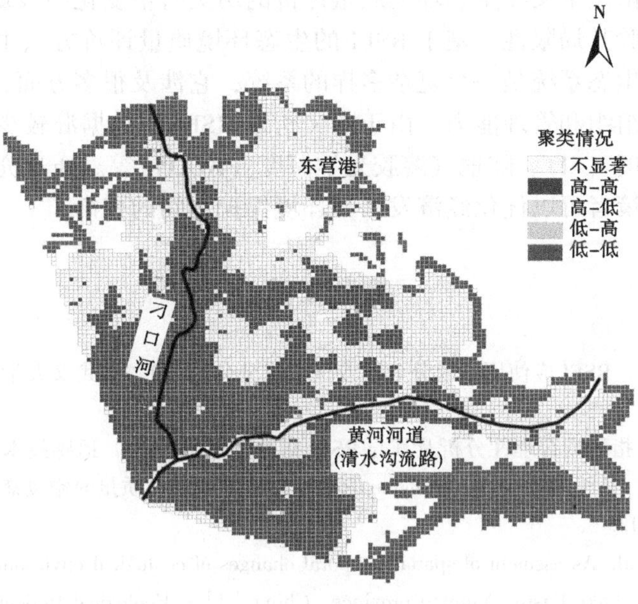

(c)2010年

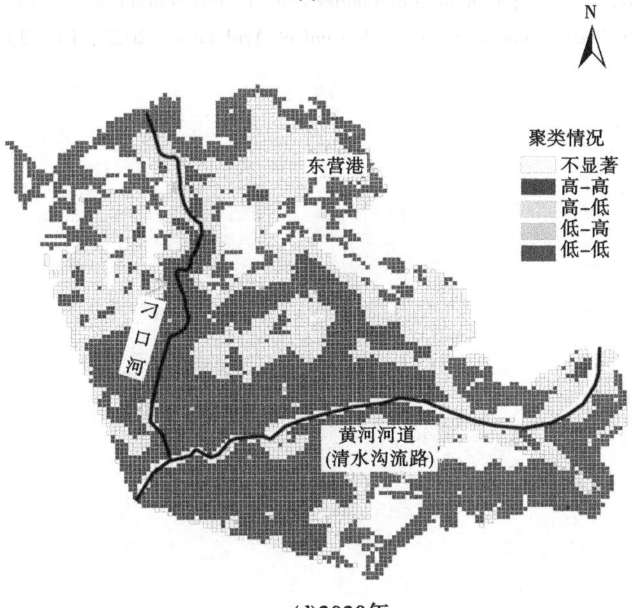

(d)2020年

续图 7

5 结论与展望

本文基于 GEE 平台，采用 RSEI 模型对现代黄河三角洲生态环境质量的时空变化进行了监测与分析。结果表明，1990—2020 年生境质量呈逐渐改善的趋势，靠近内陆及河流两侧是生境质量优、良的主要分布区域，而靠近海域，容易被海水淹没的地区，生境质量为差和较差。黄河三角洲生态环境质量存在较强的空间正向自相关性，具有显著的空间集聚性，但这种相关性呈降低趋势。从空间局部自相关分析结果来看，“高-高”聚集和“低-低”聚集特征最为明显，“低-高”聚集和“高-低”聚集几乎没有分布。“高-高”聚集主要分布在靠近内陆及河流两侧，“低-低”聚集主要分布在靠近海域的位置，其余部分为不显著。

与传统的图像处理工具如 ENVI 相比，GEE 可以快速批量处理大量图像，有效地解决 RSEI 在大面积应用时面临的问题。虽然本文在生态环境质量评价的历史时空变化中表现出了其有效性，但在未来的研究中还将进一步检验其局限性。基于 RSEI 的生态环境质量评价方法主要以绿度、湿度、热度和干度为评价指标。但是生态系统是一个复杂多样的系统，它涉及很多方面，不仅包括自然和社会经济的发展，也涉及政府的组织和管理能力。由于本文构建 RSEI 的数据源较少，未来的研究将采用更多样化的空间数据，如盐度（SI）、陆地气溶胶光学深度（AOD）等。通过充分考虑土地利用变化对生态环境的各种影响，决策者可以优化经济发展与环境保护之间的权衡。

参考文献

[1] 徐涵秋，李春强，林梦婧．RSEI 应使用主成分分析或核主成分分析［J］．武汉大学学报（信息科学版），2023，48（4）：506-513.

[2] 徐涵秋，邓文慧．MRSEI 指数的合理性分析及其与 RSEI 指数的区别［J］．遥感技术与应用，2022，37（1）：1-7.

[3] 王滢，李代伟，张帆，等．基于 Google Earth Engine 的巢湖流域生态环境质量时空动态变化及影响因素分析［J］．测绘通报，2023（7）：7-13.

[4] Xiong Y，Xu W，Lu N，et al. Assessment of spatial-temporal changes of ecological environment quality based on RSEI and GEE：A case study in Erhai Lake Basin，Yunnan province，China［J］．Ecological Indicators，2021，125：107518.

[5] Yao K，Halike A，Chen L，et al. Spatiotemporal changes of eco-environmental quality based on remote sensing-based ecological index in the Hotan Oasis，Xinjiang［J］．Journal of Arid Land，2022，14（3）：262-283.

高原湖泊生态系统主要问题及其生态修复路径探讨

李　丽[1,2,3]　王建国[1,2,3]　陈文龙[1]　李　宁[1,4]　罗　欢[1,4]　唐红亮[1,4]

（1. 珠江水利委员会珠江水利科学研究院，广东广州　510611；
2. 水利部珠江河口治理与保护重点实验室，广东广州　510611；
3. 广东省河湖生命健康工程技术研究中心，广东广州　510611；
4. 水利部粤港澳大湾区水安全保障重点实验室，广东广州　510611）

摘　要：高原湖泊是西江流域生态系统的重要组成部分。近年来，受到人为活动和湖泊自然演化的影响，高原湖泊普遍存在水资源开发程度高、农业面源污染多、入湖河流水质变差、库区水生态受损等问题。本文基于高原湖泊生态系统的主要特点，从外源污染控制、底质生境重构和底栖生物恢复、食物链高营养级的恢复等角度提出高原湖泊生态修复实施路径，以期为湖泊流域“三水统筹”系统治理提供技术支撑。

关键词：高原湖泊；面源污染；污染底泥；以渔净水

1　高原湖泊生态系统的主要特点

在漫长的地质历史时期中，多次造山运动使得云南地区的地壳发生强烈的构造变动，形成了一系列的褶皱、断层和陷落带，使得地表水在低洼处汇聚，逐渐形成了滇池、洱海等九大高原湖泊。其中，有5座属于西江流域，分别是抚仙湖、阳宗海、杞麓湖、异龙湖、星云湖。根据湖泊的形态，可分为深水湖和浅水湖[1]。深水湖有抚仙湖和阳宗海。这两个湖泊由断层褶皱形成，在湖泊的两岸陡坡上还可以看到明显的断层面。其中，抚仙湖面积216 km^2，在九大湖泊里仅次于滇池（约300 km^2）和洱海（约253 km^2）；但抚仙湖最深，在国内仅次于长白山天池，平均水深约90 m，最深处达155 m，成为国内蓄水量最大的湖泊，列入国家水资源战略储备库。阳宗海水面31.7 km^2，平均水深约20 m，最大水深30 m。浅水湖有星云湖、杞麓湖和异龙湖。这三个湖泊由断层冲蚀、沉降、侵蚀等形成，湖床倾斜度较平缓、湖底淤积较厚，水面面积30~40 km^2，平均水深4.0~5.0 m。

云南高原湖泊的水源补给主要来自降雨、河流注入和地下水。由于地处高原地区，降雨相对较少，干旱频发；汇水面积较小，流域产流量有限，且季节性变化明显；河流注入也受到地形和气候的限制，多数湖泊的入湖河流短小，流量不稳定；地下水补给虽然较为稳定，但补给量有限。由于封闭性，与外界的水交换相对较少，高原湖泊具有相对独立的生态环境，为物种的进化和适应提供了特定的压力和选择方向，实现物种区域化，尤其是鱼类的区域化甚为突出。一是湖泊大小和水深差异造成水环境差异。由于褶皱和断层陷落程度不同，湖泊的大小和深度差异很大，因此鱼类种类组成也就有很大的差异。如抚仙湖和星云湖有一天然渠道相通，当地民众相传“两湖相通，鱼不来往”，实际上两湖深度相差极大，水环境差异大，作为鱼类饵料生物亦有很大差异，历史上抚仙湖的主要经济鱼类——鱇浪白鱼（鲤科白鱼属）和特有的湖四须鲃（鲤科四须鲃属）在星云湖没有，而星云湖的柏氏鲤

基金项目：国家重点研发计划（2022YFC3202200）；科技基础资源调查专项（2019FY101900）；长江科学院开放研究基金资助项目（CKWV20221037/KY）；水利部重大科技项目（SKS-2022064）。

作者简介：李丽（1987—），女，高级工程师，室副主任，主要从事水环境治理与水生态修复研究工作。

通信作者：陈文龙（1977—），男，正高级工程师，院长，主要从事流域水安全保障战略研究工作。

（鲤科鲤属）在抚仙湖内亦未发现。二是鱼类在不同的隔离区域长期适应的结果。以鲤属为例，普通鲤鱼在各湖中均有，但各湖有其区域种，如异龙湖有元江鲤、杞麓湖有杞麓鲤、星云湖有柏氏鲤。白鱼属也类似，杞麓湖有银白鱼、星云湖有安氏白鱼、抚仙湖有鱇浪白鱼。这种特化的形成和云南地形的多次变迁有关，造成河流的改道和水体的分隔，鱼类在不同的隔离区域长期适应后进化为地区化的种类[1]。

2 高原湖泊生态系统存在的主要问题

2.1 流域水资源严重短缺，生态水量无法保障

高原湖泊普遍来水量少、水资源相对匮乏，导致湖泊换水周期长，受污染后治理难度大。以杞麓湖流域为例，流域无过境河流，水源全靠降雨补给，无明显出流口，为一封闭型高原浅水湖泊，换水周期长。多年平均降水量为 882.9 mm，小于西江流域多年平均降水量 1 382 mm，且全年 53%的雨量集中在 6—8 月；但多年平均蒸发量 1 150 mm，大于当地降雨量。流域内主要有红旗河、者湾河、大新河和中河等入湖河流，均为季节性河流。核算杞麓湖流域内多年平均产水量为 1.19 亿 m^3/a，包括陆面产流量 8 570 万 m^3/a 和湖面降雨量 3 330 万 m^3/a[2]。

根据《云南省杞麓湖保护条例》法定的最高蓄水位为 1 796.62 m（1985 国家高程基准，相应水深 5.2 m），对应湖容积约 1.828 5 亿 m^3；但杞麓湖工农业取用水量为 5 000 万~7 000 万 m^3/a 且逐年增加，加上湖面蒸发量大、枯季无明显补水，外源补给 1.19 亿 m^3/a 显得远远不足，导致长期处于较低水位运行，2010—2020 年多年平均水位仅 1 794.65 m（接近法定最低蓄水位 1 793.92 m），对应多年平均蓄水量仅 1.10 亿 m^3。持续干旱和人类侵占甚至造成湖泊水面萎缩，杞麓湖面积从 1985 年的 36 km^2 缩减至 2015 年的 22 km^2[3]。

2.2 流域农业面源污染是湖泊的最主要外源污染

九大高原湖泊的开发利用程度比较高，流域面积仅占全省面积的 2%左右，却承载着全省 11%左右人口的生产生活，创造了云南省 20%以上的 GDP。以杞麓湖为例，蔬菜种植面积占到 50%以上，以河流—农田—河流封闭式循环灌溉农田，循环灌溉导致入湖河流水质长期处于 V 类到劣 V 类状态，并在雨季进入杞麓湖。此外，为了保证灌溉和排洪，入湖河流的大部分河道均改建成混凝土或石砌的“三面光”堤岸，河流的自净能力大大降低，不利于水质的改善。杞麓湖是九大高原湖泊中现在唯一一个水质未脱劣的湖泊，中央生态环境保护督察反馈意见指出：农业面源污染是杞麓湖主要的污染负荷，占入湖污染物总量的 85%以上。

2.3 外源长期叠加导致湖泊底泥污染加重

底泥有“汇”的功能，是营养物质的重要储存库，大量微生物对其进行降解净化；当沉淀和吸附的量超过底泥自身净化能力时，便造成污染积累。以杞麓湖为例，多年来，入湖河道挟带大量泥沙及污染物入湖，导致氮磷等污染因子在湖内沉积，污染底泥主要分布在沿湖近岸带，尤其是河流入湖口扇形地区及湖湾区。主要是近二三十年人类活动产物的蓄积，杞麓湖底质动植物死亡残体较多，平均淤积厚度每年 0.014 m，现湖底有 6~7 m 厚的海泥草煤层，严重影响湖泊水质。按污染底泥量为 650 万 m^3 计，杞麓湖底泥中污染物量为 TN 8 227.7 t、TP 1 154.8 t、有机质 177 978.0 t[4]。因此，杞麓湖中污染底泥及其有机物类污染物的浓度及总量均处在对湖泊生态系统的健康较不利的高值水平。

2.4 湖泊间水质差异明显，总体富营养化压力大

根据中国科学院水生生物研究所在 1957 年对西江源头高原湖泊的调查成果，平均水深在 15 m 以内的浅水型湖泊，水体透明度较低，如星云湖水体透明度在 25~80 cm；平均水深在 15 m 以上的深水湖，水体透明度较高，阳宗海为 300~600 cm、抚仙湖为 780~850 cm。总体而言，高原湖泊表层水中的溶解氧含量较高，湖水的氧化力较强，硝酸盐、磷酸盐、有机物等生源元素的含量均较低（见表 1），在 20 世纪 60 年代部分或全部指标还都处于贫营养水平[1]。

表1 西江源头五大高原湖泊水质参数（1957年）[1]

湖泊	透明度/cm	溶解氧/(mg/L)	有机物/(mg/L)	硝酸盐/(mg/L)	H_2S/(mg/L)	磷酸盐/(mg/L)
阳宗海	300~600	0.69~8.46	1.92~8.80	0~0.033	0~0.54	0~0.064
抚仙湖	700~850	2.51~6.92	5.25~12.45	0~0.066	0	0.017~0.041
星云湖	50~60	5.16~6.57	11.60~19.20	微~0.073	0~0.36	0.012~0.024
杞麓湖	120~200	5.99~7.54	13.60~14.80	0.005~0.072	0~1.09	0.040~0.059
异龙湖	90~130	5.35~5.84	12.00~19.44	微~0.01	0	0

注："微"指水中尚有少量。

然而，多年来由于人类活动和湖泊自然演化的影响，杞麓湖、异龙湖等水体富营养化程度日趋加重，目前水质均处于劣Ⅴ类水平。其中，杞麓湖流域农业面源污染严重；流域内30多条入湖河流均为季节性河流，以河流—农田—河流封闭式循环灌溉农田，循环灌溉导致入湖河流水质长期处于Ⅴ类到劣Ⅴ类状态，并在雨季进入杞麓湖，加剧杞麓湖的污染负荷。从2016年至今，三轮中央生态环保督察已四次点名云南杞麓湖污染问题。

尽管抚仙湖目前仍处于贫营养状态，但2000年后，由于人类活动加剧，抚仙湖沉积物中陆源有机质比例明显增大，水土流失加剧；同时，城镇生活污水排放使得抚仙湖氮负荷不断升高，湖泊面临着越来越大的富营养化压力。抚仙湖整体水质能达到Ⅰ类水质标准，但2011—2021年水质有逐步变差的趋势，表现为叶绿素a和综合营养状态指数均呈现明显的上升趋势，透明度有所降低，且出现局部湖区总氮、总磷接近Ⅱ类水质的现象[5]。

2.5 水陆交错带生境遭到破坏，湖泊生态系统脆弱

在湖体氮磷负荷居高不下的现状下，湖体沉水植物、浮游植物、底栖生物和鱼类构成的生态系统不能实现良性的物质-能量循环过程，水生态功能退化。首先，杞麓湖的蓝藻成为优势类群，导致浮游植物群落结构单一化；藻华暴发，引起水体透明度降低，水下光照不足直接抑制底栖藻类和沉水植物的生长繁殖；大量的蓝藻经历生长、衰老、死亡、分解，最终改变了水体溶解氧、pH等指标，大量的营养物质重新释放。其次，枝角类、桡足类等浮游动物、底栖藻类和底栖动物等敏感生物因不适应变化的水环境而消亡；富营养化湖泊沉水植物的退化也显著减少了底栖生物和鱼类的适宜栖息场所。最后，以浮游动物和底栖生物为食的鱼类可能会面临食物短缺的问题，再加上水体污染和引种放养不当引起许多土著鱼种濒临灭绝，如杞麓湖的大头鲤、鲶鱼、杞麓鲤、乌鳢等。食物链的关键环节被破坏，"氮磷—藻类（碎屑）—浮游动物—底栖动物—鱼类"转换系统出现循环短路，物质和能量不能进行有效转化，系统进入愈加脆弱状态。

3 高原湖泊生态修复实施路径探讨

3.1 外源污染的控制

外源污染的控制主要是农业面源污染控制，通过推广生态农业，减少化肥和农药的使用量。采用测土配方施肥、有机肥替代化肥等措施，提高肥料利用率，减少氮、磷等营养物质的流失。建设生态沟渠、湿地等农田生态系统，对农田排水进行净化处理。

3.2 底质生境重构和底栖生物恢复

杞麓湖表层底泥污染程度较高，极易向上覆水体释放，大量胶体细颗粒长期处于悬浮、再悬浮状态，严重影响水体透明度，成为制约底栖藻类、沉水植物等生长的关键因子。底泥中存在着大量微生物，包括细菌、真菌、放线菌等，在底泥的物质循环和能量转换中起着关键作用，它们可以分解有机物质，转化营养盐，参与氮、磷等元素的循环过程。生态调控的首要任务是聚焦提高水体透明度，着力去除底泥有机质和悬浮态胶体颗粒，构建稳定的泥-水界面。比如底泥洗脱技术，实现精准清淤和

表层底泥粒径重构。洗脱，是利用高湍度紊流使泥沙颗粒在一个封闭的负压仓内形成垂向粒度梯度分布，将分布在上层的小粒径悬浮颗粒物随水泵出，其余大粒径颗粒原位沉降覆盖[6]。随着底泥细颗粒的去除，水体透明度将得到提高，随后再通过光合作用“唤醒”底泥中处于休眠状态的“种子”，促进各类原生底栖藻类、沉水植物的复苏、繁殖，继而为底栖生物和鱼类提供栖息场所和饵料资源。

3.3 “以渔净水”，食物链高营养级的恢复

生态调控是杞麓湖生态修复的重要途径，最终目的是将氮、磷等营养物质从水体中带出。鱼类处于食物链的较高营养级，它是富营养化治理中理想的转化载体，因为由水体富营养化衍生的藻类、水草等，以及以藻类为食物的浮游动物、底栖动物等，都能匹配到相应的鱼类来摄食利用。例如，植食性鱼类刮食水底层的藻类和粪便，滤食性鱼类通过滤食藻类减少水体浮游植物数量，肉食性鱼类可以捕食鱼类调节生态系统平衡。另外，根据食物链的金字塔结构，一定数量的顶层鱼类群体可以消耗比鱼类数量更加庞大的基础食物资源。因此，假设渔获物的产出可以与湖泊营养盐含量相抗衡，就可以通过“转化载体”的功能实现富营养化水体的治理[7]。以杞麓湖为例，通过鱼类增殖放流人为调控鱼类种群结构，构建完整的“氮磷→蓝绿藻→浮游动物→鱼或氮磷→蓝绿藻→鱼健康转化”路径，若每年从杞麓湖中捞出 2 000 t 鱼产品，相当于消耗藻类 8 万 t，带出氮（N）32 t、磷（P）10 t。显然，通过恢复或构建完整的食物链，可以实现湖泊生态系统污染物输出。

4 结论与展望

高原湖泊是西江流域生态系统的重要组成部分，也是我国宝贵的淡水资源库，做好高原湖泊保护治理，对筑牢西南生态安全屏障、支撑珠江-西江经济带发展意义重大。高原湖泊的治理不是单一水问题的治理，需要在空间管控范围内对水资源、水环境、水生态三个方面协同治理、统筹推进，把生态用水保障放在更加突出的位置，从一体推进入湖河道整治、农业面源污染防治、底泥内源污染治理、湖泊生态修复及建设、生态补水等方面开展实用技术及其机制研究，为“三水统筹”系统治理提供技术支撑。

参考文献

[1] 黎尚豪，俞敏娟，李光正，等．云南高原湖泊调查［J］．海洋与湖沼，1963，5（2）：87-114.

[2] 付亚丽，许志敏．云南杞麓湖径流还原及一致性订正［J］．人民长江，2011，42（19）：28-30，37.

[3] 肖茜，杨昆，洪亮．近 30 a 云贵高原湖泊表面水体面积变化遥感监测与时空分析［J］．湖泊科学，2018，30（4）：1083-1096.

[4] 和丽萍，陈异晖，赵祥华．杞麓湖“十五”期间污染底泥环境疏浚工程效益评估研究［J］．环境科学导刊，2007，26（5）：31-36.

[5] 杨春艳，李天翠，施艳峰，等．抚仙湖近十年水质变化特征及保护措施初探［J］．人民长江，2021，52（11）：47-55.

[6] 张勇，肖逸凡，李灿，等．底泥洗脱技术对潟湖水体的修复效果［J］．湿地科学与管理，2023，19（3）：24-28.

[7] 蒋发俊，吕军．以渔净水 一举多赢 湖库富营养化水体生态修复理论与方法［M］．北京：化学工业出版社，2023.

适应进口水位变化的复合隔板型鱼道水力特性研究

王　翔[1,2,3]　李国岭[1]　张文传[4]　娄起浩[1]

（1. 长江勘测规划设计研究有限责任公司，湖北武汉　430010；
2. 水利部长江治理与保护重点实验室，湖北武汉　430010；
3. 流域水安全保障湖北省重点实验室，湖北武汉　430010；
4. 中国长江三峡集团有限公司，湖北武汉　430010）

摘　要：我国鱼道建设面临大水位变幅运用条件十分普遍，水位变幅超过鱼道适应能力的现象在我国已建鱼道中均不同程度地存在，对鱼道过鱼效果产生影响。为提高鱼道进口适应水位变化能力，本文提出一种适应进口水位变化的复合隔板型鱼道形式，采用三维仿真计算的方法，研究其流场结构，并通过与垂直竖缝式鱼道对比分析，验证其在水位变化工况下的运行效果。结果表明：复合隔板型鱼道流速呈“上大下小”的分布形式，可满足不同游泳能力鱼类洄游需求；相比于垂直竖缝式鱼道，复合隔板型鱼道在水位变化时，能更好地抑制流速变化幅度，提升鱼道进口适应水位变化的能力，可为鱼道设计提供参考。

关键词：鱼道；复合隔板；进口水位变化；三维流场；水力特性；数值模拟

1　概述

鱼道又称鱼梯、技术型鱼道，是以一定坡度连接阻隔障碍物上下游的水槽式人工水道，内部由一系列隔板分隔成若干连续阶梯状的池室，是最常见的过鱼设施类型之一[1]。鱼道由槽身、隔板、进口、出口等组成，进口位于下游，出口位于上游，槽身呈一定坡度并由设有孔、槽或缝的隔板分隔为若干个梯级池室，在隔板的作用下，水流在池室内消能减速，使得鱼类能够从隔板上的孔、槽或缝自行上溯通过[2]。

根据鱼道隔板形式的不同，鱼道的主要类型有丹尼尔鱼道、池堰式鱼道、潜孔式鱼道、竖缝式鱼道等[3]。其中，竖缝式鱼道由于竖缝上下贯通，且上下宽度均衡，适应水位变化能力最强[4-6]。然而，即便是适应水位变化能力最强的垂直竖缝式鱼道，其在水位变化时，内部水力条件仍会发生较大改变，对鱼类的诱集及进入产生影响[7]。尤其在下游水位下降，鱼道进口水深显著小于鱼道出口水深时，鱼道进口水流大幅增加，甚至出现跌水，影响鱼类通过，对鱼道过鱼效果产生显著影响[8]。

因此，为改善进口水位下降和与鱼道出口水深不匹配现象对鱼道水力条件带来的不利影响，本文提出一种新型的复合隔板结构，以提高鱼道适应水位变化的能力，通过采用三维仿真计算的方法，研究其在水位变化工况下的水力特性参数，并与垂直竖缝式鱼道进行对比，分析验证其对水位变化的适应能力，进而为进口水位变幅较大的鱼道设计提供参考依据。

2　数学模型

2.1　计算区域

复合隔板型鱼道由鱼道槽身和 A 隔板、B 隔板组成，三维结构见图 1，槽身宽 2 m，纵坡为

基金项目：国家重点研发计划课题：2024YFC3210904。
作者简介：王翔（1981—），男，高级工程师，主要从事鱼类行为学及过鱼设施设计工作。

1∶40，A、B 隔板相隔一定具体间隔布置（见图 2），其中 A 隔板由 2 块梯形对称隔板组成，中间形成上窄下宽的倒梯形竖缝结构，上部宽 0.2 m，底部宽 0.8 m，B 隔板是平面上呈“U 形”、立面呈梯形的复合结构，A、B 隔板布置及结构尺寸见图 3 和图 4。

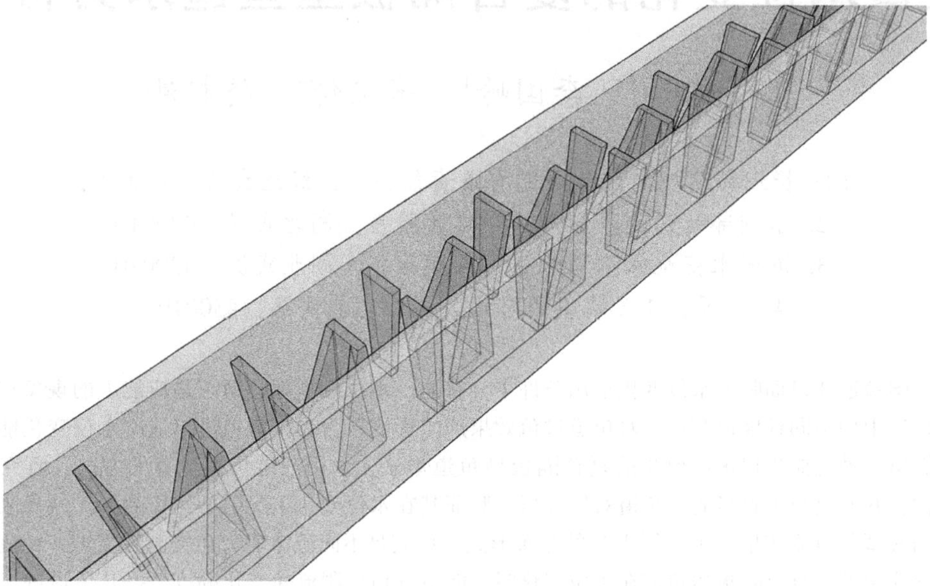

图 1　复合隔板三维结构效果图

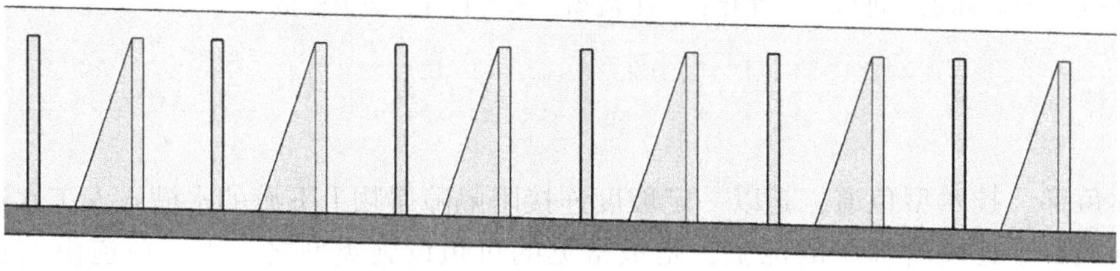

图 2　复合隔板结构纵剖面示意图

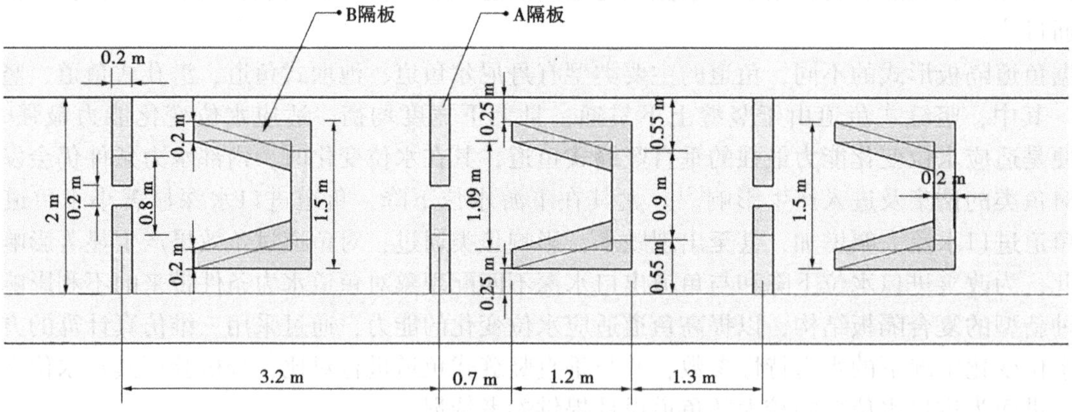

图 3　复合隔板平面尺寸示意图

2.2　模型选取及基本控制方程

（1）数学模型选择 k-ε 模型的 RNG 模式，模型控制方程如下[9]：

连续方程为

$$\frac{\partial \rho}{\partial t} + \frac{\partial}{\partial x}(u\rho) + \frac{\partial}{\partial y}(v\rho) + \frac{\partial}{\partial z}(w\rho) = \mathrm{RSOR} + \mathrm{RDIF} \tag{1}$$

式中：u、v、w 分别为 X、Y、Z 方向的流体速度；ρ 为流体密度；RSOR 为质量源项；RDIF 为紊流扩散项。

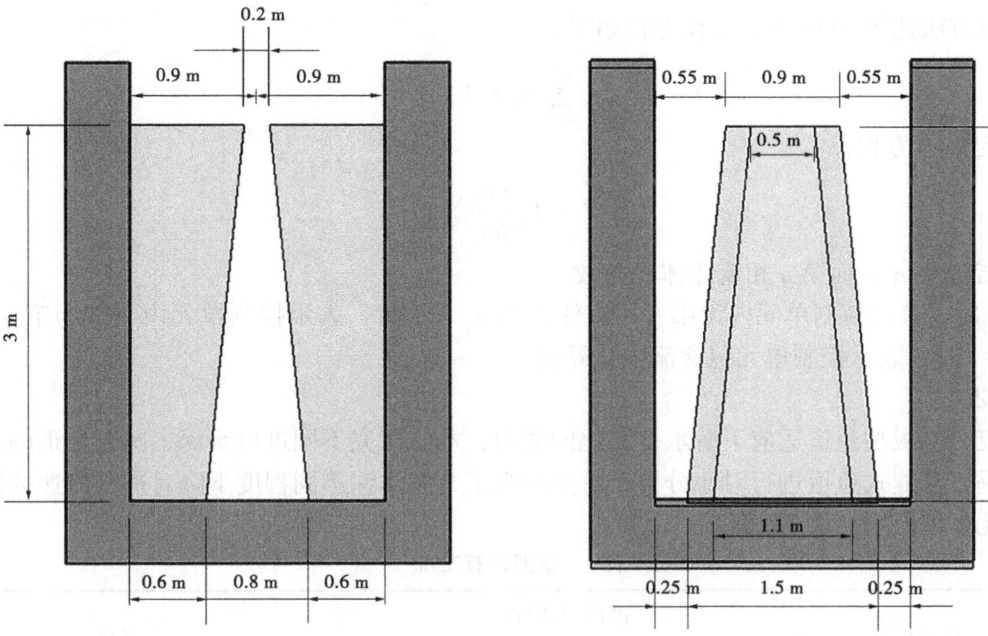

图 4　A、B 隔板结构尺寸示意图

对于不可压缩流，式（1）可表示为

$$\frac{\partial u}{\partial x}+\frac{\partial v}{\partial y}+\frac{\partial w}{\partial z}=\frac{\mathrm{RSOR}}{\rho} \tag{2}$$

动量方程为

$$\frac{\partial u}{\partial t}+\frac{1}{V_{\mathrm{F}}}\left(uA_x\frac{\partial u}{\partial x}+vA_y\frac{\partial u}{\partial y}+wA_z\frac{\partial u}{\partial z}\right)=-\frac{1}{\rho}\frac{\partial P}{\partial x}+G_x-\frac{1}{\rho}\Delta\tau_x-Ku-\frac{\mathrm{RSOR}}{\rho}u-F_x \tag{3}$$

$$\frac{\partial v}{\partial t}+\frac{1}{V_{\mathrm{F}}}\left(uA_x\frac{\partial v}{\partial x}+vA_y\frac{\partial v}{\partial y}+wA_z\frac{\partial v}{\partial z}\right)=-\frac{1}{\rho}\frac{\partial P}{\partial y}+G_y-\frac{1}{\rho}\Delta\tau_y-Kv-\frac{\mathrm{RSOR}}{\rho}v-F_y \tag{4}$$

$$\frac{\partial w}{\partial t}+\frac{1}{V_{\mathrm{F}}}\left(uA_x\frac{\partial w}{\partial x}+vA_y\frac{\partial w}{\partial y}+wA_z\frac{\partial w}{\partial z}\right)=-\frac{1}{\rho}\frac{\partial P}{\partial z}+G_z-\frac{1}{\rho}\Delta\tau_z-Kw-\frac{\mathrm{RSOR}}{\rho}w-F_z \tag{5}$$

式中：V_{F} 为网格中有流体经过时被占据的体积与网格总体积之比；A_x、A_y、A_z 为流体在 X、Y、Z 方向通过网格所占面积与网格总面积之比；$U=(u,\ v,\ w)$ 为流体速度；P 为流体压力，N；G 为流体当地重力，N；τ 为黏滞应力；K 为由挡板或其他障碍所产生的拖拽力；F 为作用在流体上的其他质量力，N。

k 方程为

$$\frac{\partial k}{\partial t}+u_j\frac{\partial k}{\partial x_j}=v_{\mathrm{t}}\left(\frac{\partial u_i}{\partial x_j}+\frac{\partial u_j}{\partial x_i}\right)\frac{\partial u_i}{\partial u_j}+\frac{\partial}{\partial x_j}\left(a_k v_{eff}\frac{\partial k}{\partial x_j}\right)-\varepsilon \tag{6}$$

ε 方程为

$$\frac{\partial \varepsilon}{\partial t}+u_j\frac{\partial \varepsilon}{\partial x_j}=c_{\varepsilon 1}\frac{\varepsilon}{k}v_{\mathrm{t}}\left(\frac{\partial u_i}{\partial x_j}+\frac{\partial u_j}{\partial x_i}\right)\frac{\partial u_i}{\partial x_j}+\frac{\partial}{\partial x_j}\left(a_\varepsilon v_{\varepsilon ff}\frac{\partial \varepsilon}{\partial x_j}\right)-c_{\varepsilon 2}\frac{\varepsilon^2}{k}-R \tag{7}$$

式中：v_{t} 为过流黏滞系数；$R=\dfrac{c_\mu\eta^3\dfrac{\eta}{\eta_0}\varepsilon^2}{(1+c_3\eta^3)\,k}$，$\eta_0=4.38$，$c_\mu=0.085$；$v_{eff}=v_t\left(1+\sqrt{\dfrac{c_\mu k}{\mu\sqrt{\varepsilon}}}\right)^2$；其中 μ 为

动力黏滞系数，$\eta = \sqrt{\left(\frac{\partial u_i}{\partial x_j} + \frac{\partial u_j}{\partial x_i}\right)\frac{\partial u_i}{\partial u_j}}\frac{\kappa}{\varepsilon}$，$c_{\varepsilon 1} = 1.42$，$c_{\varepsilon 2} = 1.68$，$c_3 = 0.012$，$a_\varepsilon = 0.719\,4$。

（2）计算方法选择 VOF 法，计算方程如下：

$$\sum_{q=1}^{n} \alpha_q = 1 \tag{8}$$

α_q 应满足以下方程：

$$\frac{\partial \alpha_q}{\partial t} + U_i \frac{\partial \alpha_q}{\partial X_i} = 0 \tag{9}$$

式中：α_q 为控制单元表面第 q 相流体体积分数。

当 $\alpha_q = 0$ 时，表示控制单元内无第 q 相流体；当 $\alpha_q = 1$ 时，表示控制单元内全部为第 q 相流体；当 $0 < \alpha_q < 1$ 时，表示控制单元包含流体交界面。

2.3 试验工况

为验证复合隔板型鱼道适应下游水位变化的能力，本文研究不同进口水深工况下鱼道的流场变化情况，并与垂直竖缝式鱼道进行对比分析，重点研究了下游水深不同程度下降对进口流速的影响，拟定工况和对比模型分别见表 1、图 5。

表 1 模拟计算工况

工况	鱼道形式	进出口水深		备注
		出口水深/m	进口水深/m	
1	复合隔板型鱼道	3	3	上下游水深相等
2		3	2	模拟下游水位下降 1 m
3		3	1	模拟下游水位下降 2 m
4	垂直竖缝式鱼道	3	3	上下游水深相等
5		3	2	模拟下游水位下降 1 m
6		3	1	模拟下游水位下降 2 m

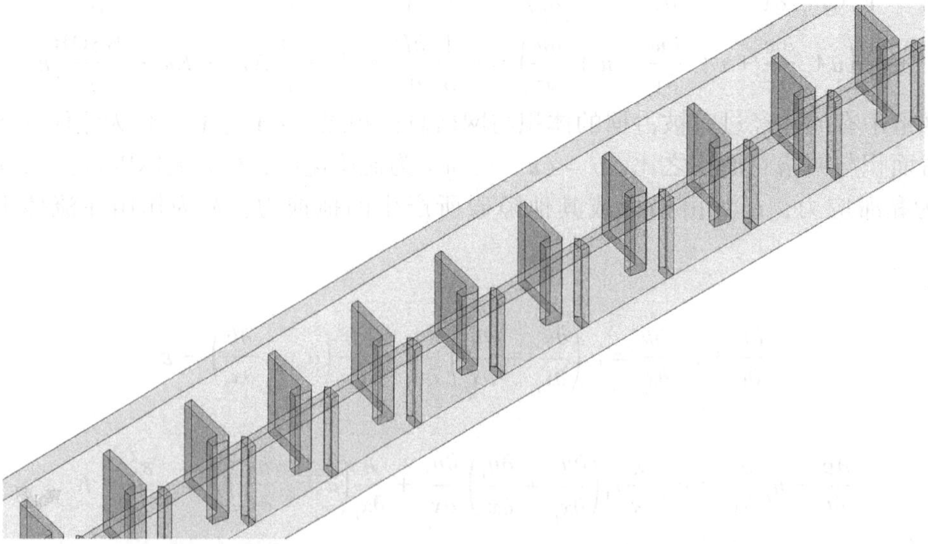

(a)三维结构效果图

图 5 垂直竖缝式鱼道模型示意图

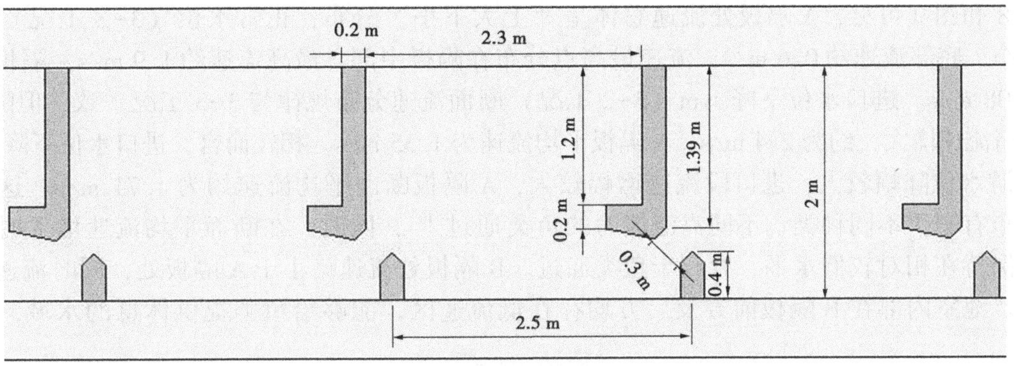

(b)平面尺寸示意图

续图 5

3 验证结果及分析

3.1 池室流态

正常上下游水深均为 3 m 时，鱼道内池室流态见图 6、图 7，其中图 6 为鱼道池室表层流场分布，可见表层 A 隔板处过流宽度较小，B 隔板起到阻流消能作用，但水流回流不显著。图 7 为鱼道池室底层流场分布，可见底层 A 隔板处过流宽度较大，B 隔板起到更为强烈的阻流消能作用，水流回流显著，底层流速得到有效降低。

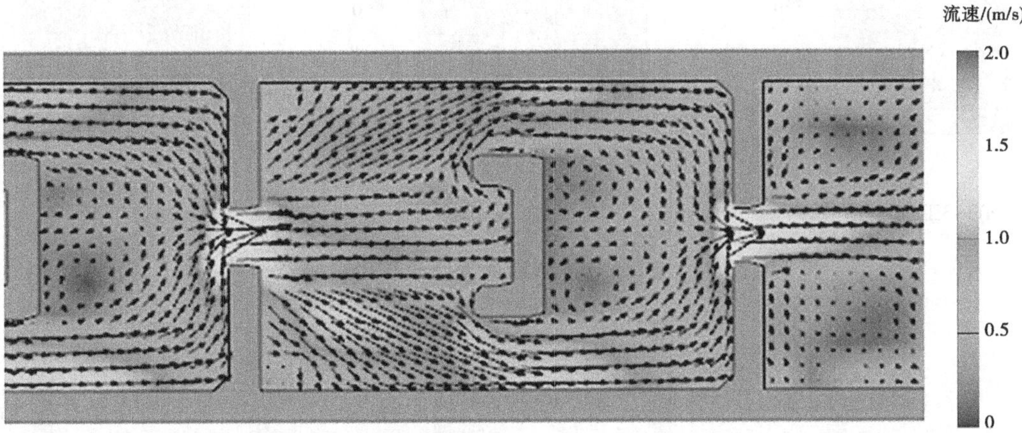

图 6　鱼道池室表层流场分布

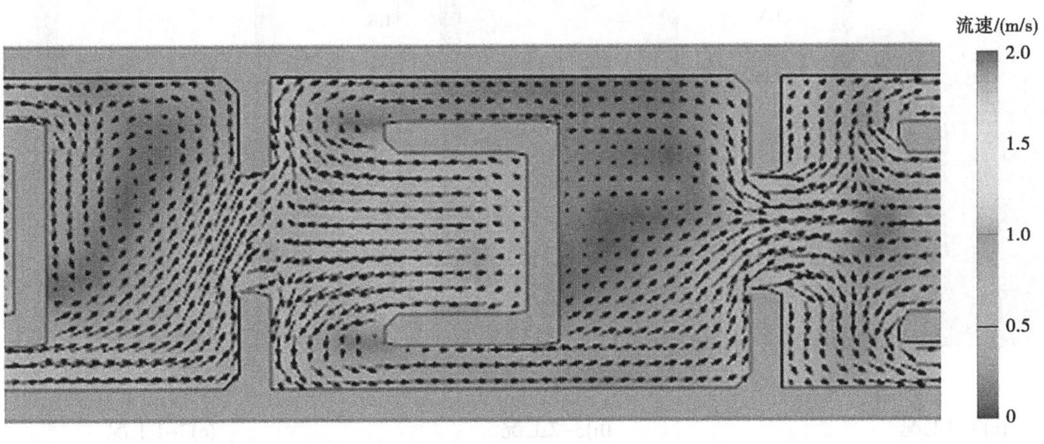

图 7　鱼道池室底层流场分布

由图 8 和图 9 可见，A 隔板处流速总体呈“上大下小”分布，正常水位（3-3 工况）表层流速约 1.5 m/s，底部流速约 0.6 m/s，流速最高点分布在隔板中部，最高流速约 1.9 m/s，隔板断面平均流速为 1.08 m/s。进口水位下降 1 m（3-2 工况）断面流速分布规律与 3-3 工况一致，但随下游水位下降，最高流速增大，约为 2.4 m/s，A 隔板平均流速为 1.35 m/s。相较而言，进口水位下降 2 m（3-1 工况）下游水位降幅较大，进口段流速增幅较大，A 隔板断面平均流速约为 1.71 m/s。这样的非均匀流速分布有利于不同种类、不同克流能力的鱼类通过[10]，同时，在断面平均流速增大时，底部流速仍能够保持在相对较低水平，有利于鱼类通过。B 隔板处流速略小于 A 隔板处，同时流速分布相对更加均匀。池室内部在 B 隔板前方及后方均存在低流速区，能够给鱼类提供休息的水域，有利于鱼类上溯[11]。

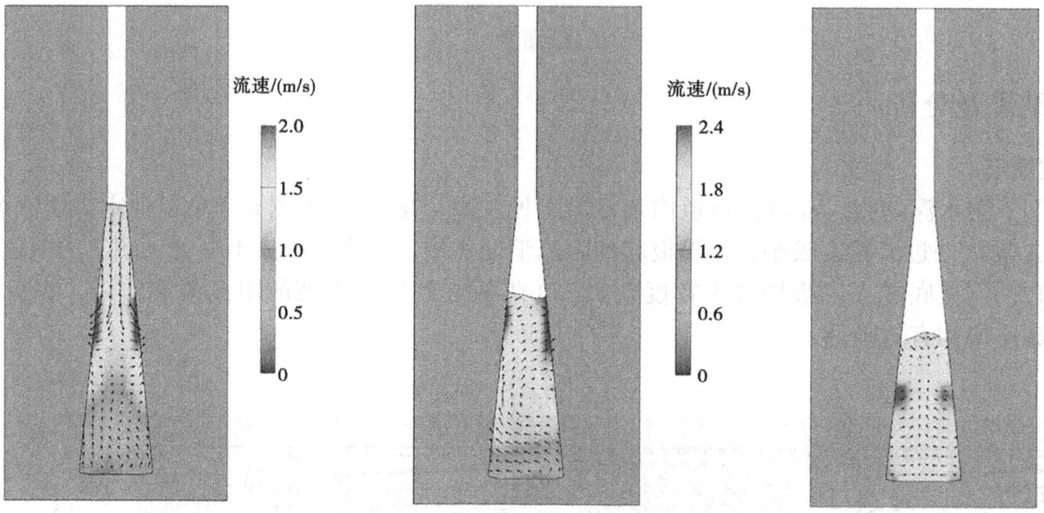

(a)3-3工况 (b)3-2工况 (c)3-1工况

图 8 A 隔板断面流场分布

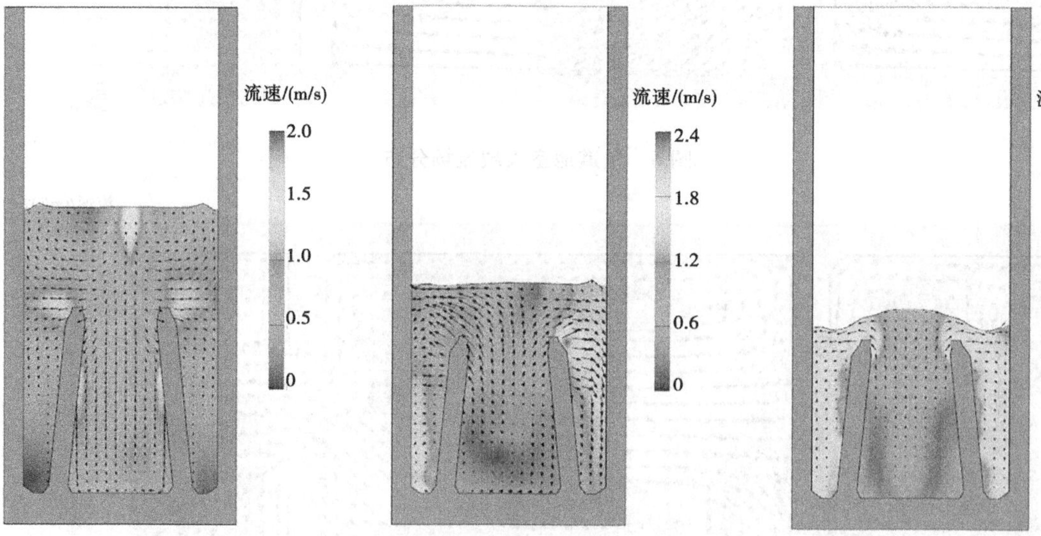

(a)3-3工况 (b)3-2工况 (c)3-1工况

图 9 B 隔板断面流场分布

3.2 沿程水面线

正常水位（3-3 工况），进口水位下降 1 m（3-2 工况）、进口水位下降 2 m（3-1 工况）3 种工况下垂直竖缝式鱼道和复合隔板型鱼道竖缝断面水深的计算结果如图 10 所示，可见 3 种工况下两种鱼道出口段水深均在 3.0 m 附近波动，比较平稳，沿程水深逐步下降，3-2 工况下，整体水面线仍能保持较为平稳，在 3-1 工况下，进口段水面线下降则较为显著。相比于垂直竖缝式鱼道，3 种工况下复合隔板型鱼道进口水面线下降幅度均较为平缓。

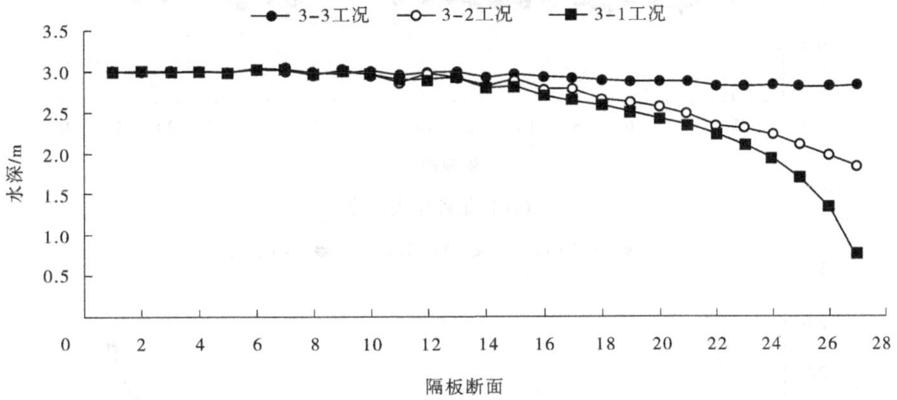

(a)垂直竖缝式鱼道

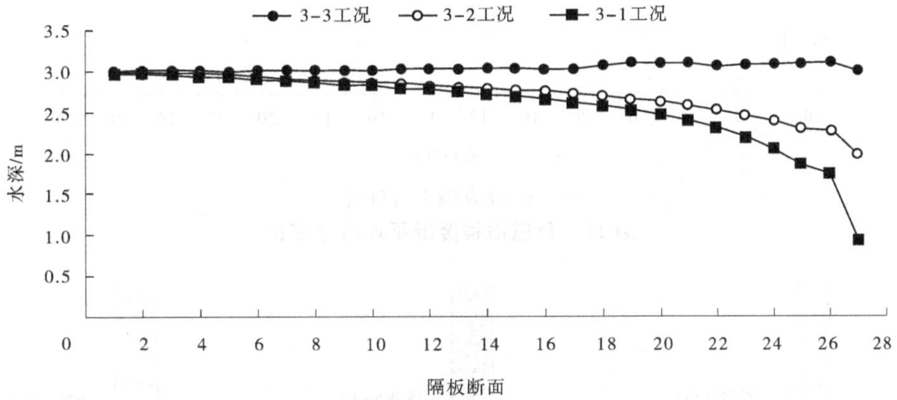

(b)复合隔板型鱼道

图 10 鱼道沿程水深变化

3.3 沿程流速

3-3、3-2、3-1 等 3 种工况下垂直竖缝式鱼道和复合隔板型鱼道竖缝断面流速的计算结果如图 11 所示，可见垂直竖缝式鱼道沿程流速波动变化，呈整体上升趋势；复合隔板型鱼道出口段及中段沿程流速基本较为稳定，流速变化主要发生在进口段。进口段 3-2 工况和 3-1 工况随水位的下降，进口断面平均流速不断增大，其中复合隔板型鱼道断面平均流速分别达到 1.41 m/s 和 2.26 m/s，虽然相比 3-3 工况有所增大，但幅度较垂直竖缝式鱼道的 1.89 m/s 和 2.72 m/s 有所减小。

出口段流速分布云图见图 12，可见出口段水深及流速较为稳定，流速变化较小；进口段流速分布云图见图 13，随着下游水位的下降，进口段水深减小，形成一定程度的水跌，使得流速增加。

各工况鱼道池室左、中、右纵剖面流速分布见图 14～图 16。可见 3-3 工况及 3-2 工况沿程流速基本稳定，流速增加幅度较小。3-1 工况在鱼道进口段流速增加幅度较大。

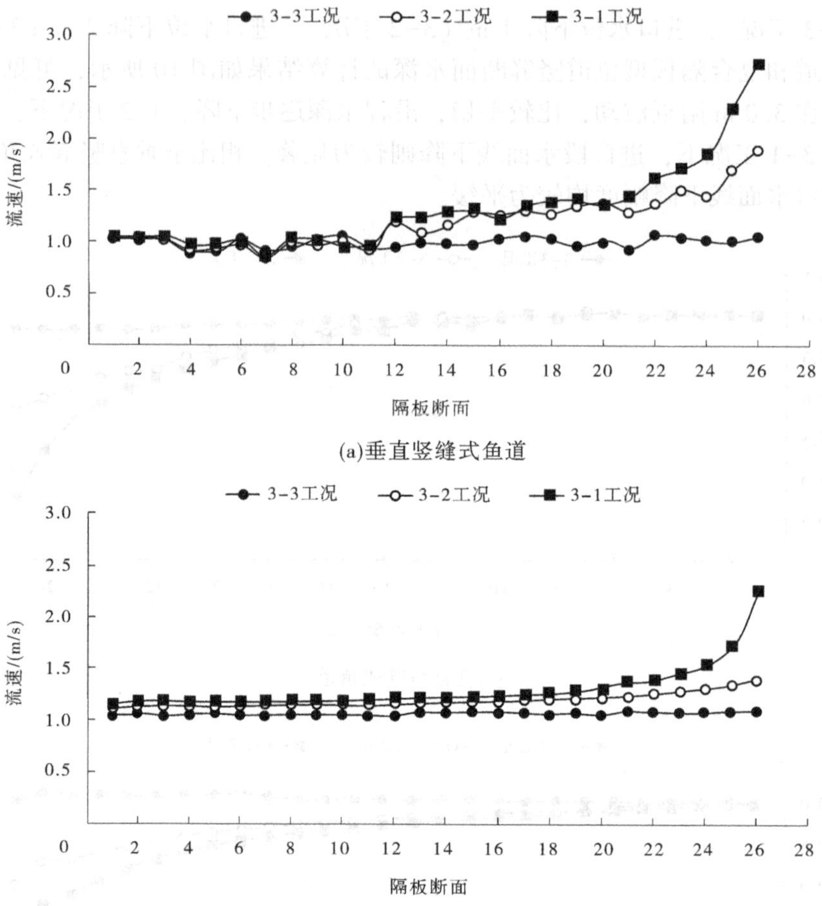

(b)复合隔板型鱼道

图 11　鱼道沿程竖缝平均流速变化

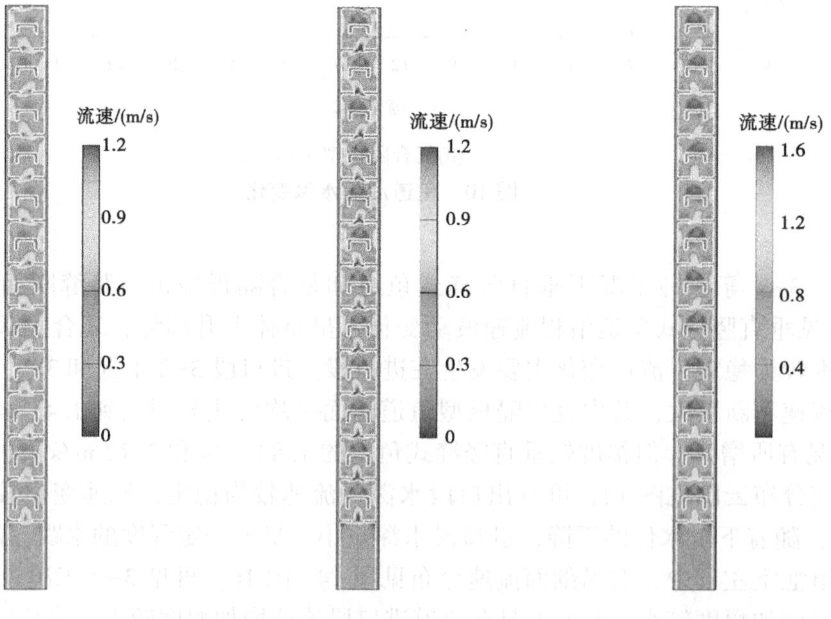

(a)3-3工况　(b)3-2工况　(c)3-1工况

图 12　复合隔板方案出口段沿水深方向平均流速

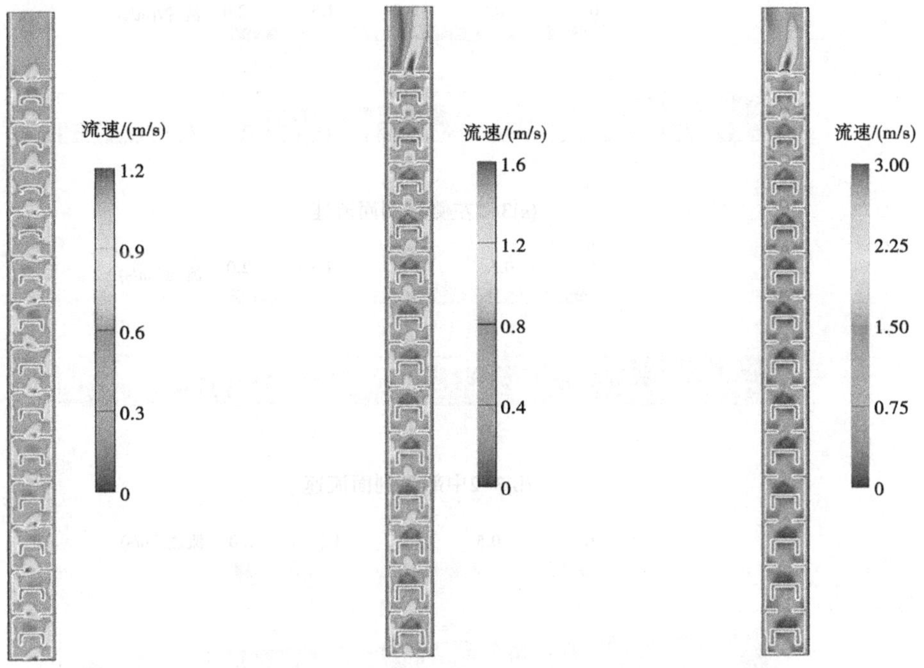

(a)3-3工况　　(b)3-2工况　　(c)3-1工况

图 13　复合隔板方案进口段沿水深方向平均流速

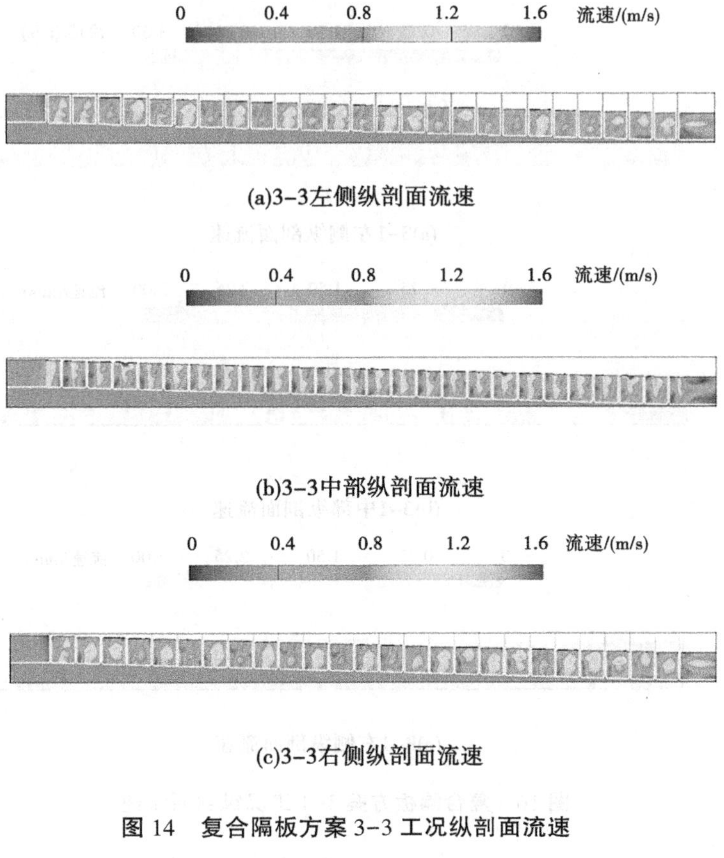

(a)3-3左侧纵剖面流速

(b)3-3中部纵剖面流速

(c)3-3右侧纵剖面流速

图 14　复合隔板方案 3-3 工况纵剖面流速

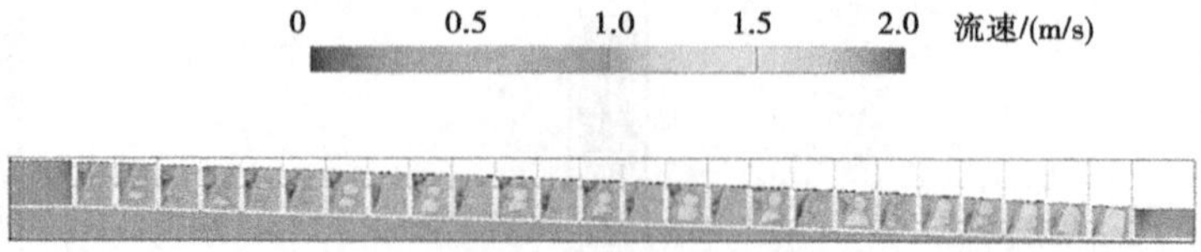

(a)3-2左侧纵剖面流速

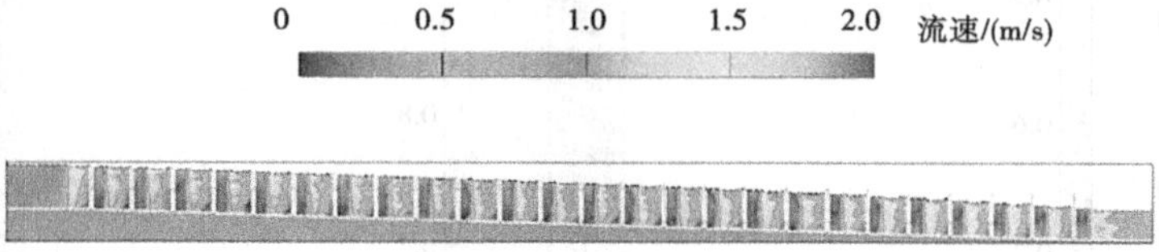

(b)3-2中部纵剖面流速

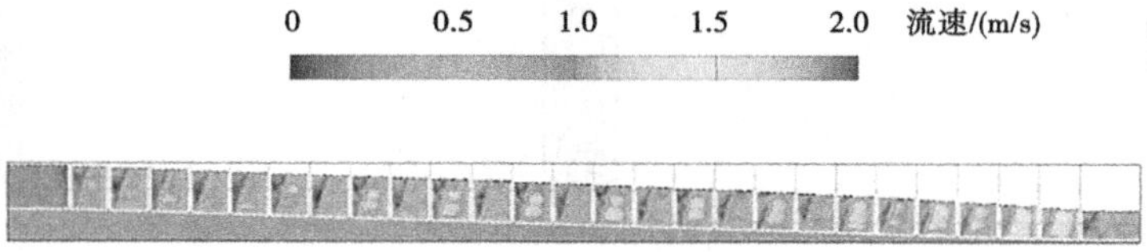

(c)3-2右侧纵剖面流速

图 15　复合隔板方案 3-2 工况纵剖面流速

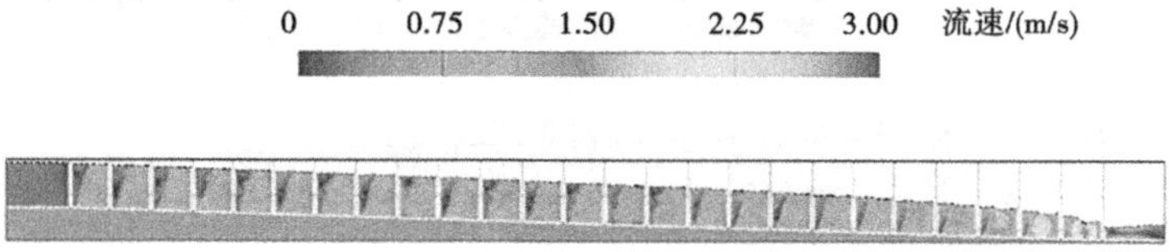

(a)3-1左侧纵剖面流速

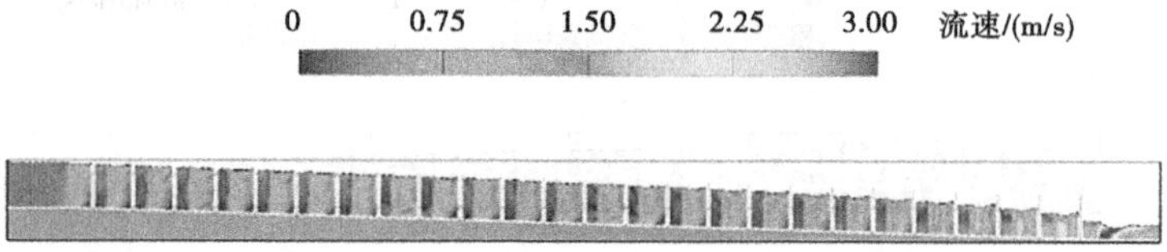

(b)3-1中部纵剖面流速

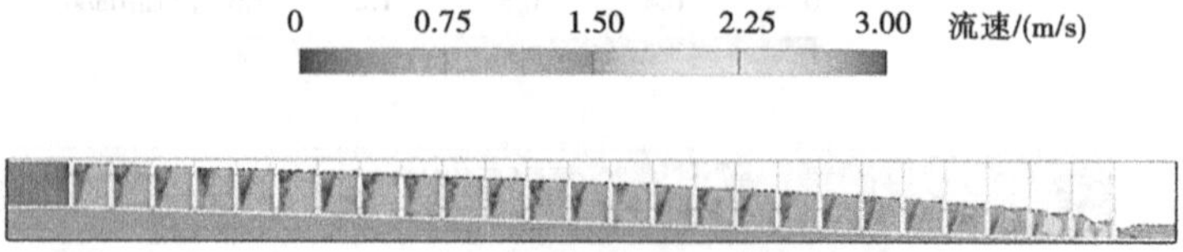

(c)3-1右侧纵剖面流速

图 16　复合隔板方案 3-1 工况纵剖面流速

通过对不同工况进口竖缝断面平均流速计算分析可以看出，复合隔板方案在下游水位下降工况下，进口流速有所上升，下游水位下降 1 m 工况下，3-3 工况鱼道进口流速上升至 1.41 m/s，增幅为 29%，而常规垂直竖缝式鱼道流速增加值应为 78.3%，采用复合隔板对流速的削减幅度为 49.3%。下游水位下降 2 m 工况下，相对 3-3 工况鱼道进口流速上升至 2.26 m/s，增幅为 107.2%，而常规垂直竖缝式鱼道流速增加值应为 156.6%，采用复合隔板对流速的削减幅度为 49.4%（见表 2）。

表 2　复合隔板方案消能效果计算对比

工况	流量/(m^3/s)	水深/m		平均流速/(m/s)		竖缝式鱼道差值	流速计算差值	流速削减幅度
		出口	进口	出口	进口			
3-3	1.59	2.99	3.10	1.06	1.09	—	—	—
3-2	1.69	2.98	2.26	1.13	1.41	78.3%	29.0%	49.3%
3-1	1.72	2.98	1.75	1.15	2.26	156.6%	107.2%	49.4%

4　结论

本文提出了一种适应进口水位变幅的复合隔板型鱼道，通过数值模拟的方法，研究其流场结构，并与垂直竖缝式鱼道对比分析，验证其对水位变化的适应能力，得出以下结论：

（1）复合断面隔板处流速呈“上大下小”的不均匀分布，底部存在一定深度的缓流区，能够满足克流能力相对较弱的鱼类通过需要。

（2）采用复合隔板型鱼道在下游水位下降工况下，能削减进口流速的增加幅度，相比于垂直竖缝式鱼道能够大幅提升鱼道进口适应水位变化能力。

参考文献

[1] 华东水利学院．水工设计手册：第 6 卷 泄水与过坝建筑物［M］．北京：水利电力出版社，1982.

[2] 南京水利科学研究院．鱼道［M］．北京：电力工业出版社，1982.

[3] 陈凯麒，常仲农，曹晓红，等．我国鱼道的建设现状与展望［J］．水利学报，2012，43（2）：182-188，197.

[4] 刘志雄，周赤，黄明海．鱼道应用现状和研究进展［J］．长江科学院院报，2010，27（4）：28-35.

[5] 边永欢，孙双科．竖缝式鱼道的水力特性研究［J］．水利学报，2013，44（12）：1462-1467.

[6] 王猛，史德亮，陈辉，等．竖缝式鱼道池室结构变化对水力特性的影响分析［J］．长江科学院院报，2015，32（1）：79-83.

[7] 李广宁，孙双科，柳海涛，等．鱼道进口体型方案对比研究［C］//中国水利学会．中国水利学会 2018 学术年会论文集（第二册），2018：225-229.

[8] 缪婧娴，王晓刚，辛沛，等．进鱼口水深不足时竖缝式鱼道水力特性及进出口允许最大水深差［J］．河海大学学报（自然科学版），2023，51（2）：99-105.

[9] 吕强，孙双科，边永欢．双侧竖缝式鱼道水力特性研究［J］．水生态学杂志，2016，37（4）：55-62.

[10] 谢春航，安瑞冬，李嘉，等．鱼道进口布置方式对集诱鱼水流水力学特性的影响研究［J］．工程科学与技术，2017（增刊 2）：25-32.

[11] 邢岩，刘志雄，姜伯乐．竖缝式鱼道转弯段休息池三维水力特性模拟研究［C］//第七届全国水力学与水利信息学大会论文集，2015：343-349.

生态水利工程学

利用“三全三可”框架策略提高水环境治理效果的长期性

丁 洋 赵进勇 崔晓宇 王 琦 冯 健 付意成 张 晶

（中国水利水电科学研究院，北京 100038）

摘 要：美丽中国建设，好的生态环境是基础。目前，我国河湖水环境面临的主要问题是城乡水环境质量改善存在不平衡性和不协调性。本文提出了“三全三可”框架策略，以保证水环境治理效果的长期性，并以《四川天府新区鹿溪河全流域水环境治理总体规划》为例，介绍了“三全三可”框架策略在鹿溪河流域水环境治理规划方案设计中的应用。

关键词：水环境治理；“三全三可”框架策略；效果长期性

1 研究背景

二十大报告指出：深入推进环境污染防治。坚持精准治污、科学治污、依法治污，持续深入打好蓝天、碧水、净土保卫战。加强污染物协同控制，基本消除重污染天气。统筹水资源、水环境、水生态治理，推动重要江河湖库生态保护治理，基本消除城市黑臭水体。

目前，我国河湖水环境面临的主要问题是城乡水环境质量改善存在不平衡性和不协调性，主要体现在4个方面，一是措施选择单一，盲目采用某一措施或某类措施来解决城乡水环境问题，导致“治标不治本”，水环境问题反弹。例如盲目提高污水处理厂的工艺，忽略了污染物的溯源；或仅采用引调水进行“稀释”，污染物只是转移而非降解。二是时限要求过快，在水环境治理实践中，存在治理期限短，希望在短时间内实现治理目标的急功近利行为。短期治理行为有可能呈现一定的即时效果，但是治理后水体水质出现反弹，难以稳定保持。三是季节性问题突出，河湖水质河湖季节性污染突出，汛期水质明显差于非汛期水质，返黑复臭问题突出，仍难以达到功能规划目标要求。四是湖库问题突出，由于对排入河湖水体的污染物控制不彻底，入湖入河污染负荷超过水环境承载能力，导致水生态系统和功能退化，全国开展营养状态监测的209个湖泊（水库）中，25%左右处于轻度及中度富营养状态，威胁城市水生态与供水安全。

河湖水环境治理特点包括4个方面，一是遵循浅水湖泊生态系统多稳态理论，即不同稳态间的转化受到诸多胁迫和驱动因素的影响，对于受损水体由浊水稳态向清水稳态转变需要较长的过程[1]；二是影响因子尺度大、多、变，流域最低处、水质断面问题实质是流域面上的问题，污染源类型复杂，包括农田、城市区、排污口、河道内源，固定源、移动源等；三是周期性强，易感水期影响，丰、平和枯水期周期交替变化，直接影响着河湖内水环境容量高低；四是边界模糊，影响某个断面某个指标达标的陆域影响区边界往往较难界定，水质断面–陆域影响区之间响应关系建立需长期观测。

基金项目：中央部门预算项目“三峡工程运行管理多情景强干扰河流生态学方法和复苏河湖生态关键技术研究”（WE0161A042024）；中国水利水电科学研究院“城乡水系生态景观构建理论和技术研究创新团队”项目（WE0145B042021）。

作者简介：丁洋（1993—），男，工程师，主要从事河湖生态保护与修复等研究工作。

2 总体框架与策略体系

2.1 总体框架

遵循流域水文水动力过程、水环境过程与水生态过程基本规律，连接源头控制、过程阻控和末端治理 3 个关键环节，统筹流域山水林田湖草沙生态要素，考虑河湖水系-自然-社会高度耦合特点，水环境治理总体框架可概括为“三全三可”[2]（见图 1）。

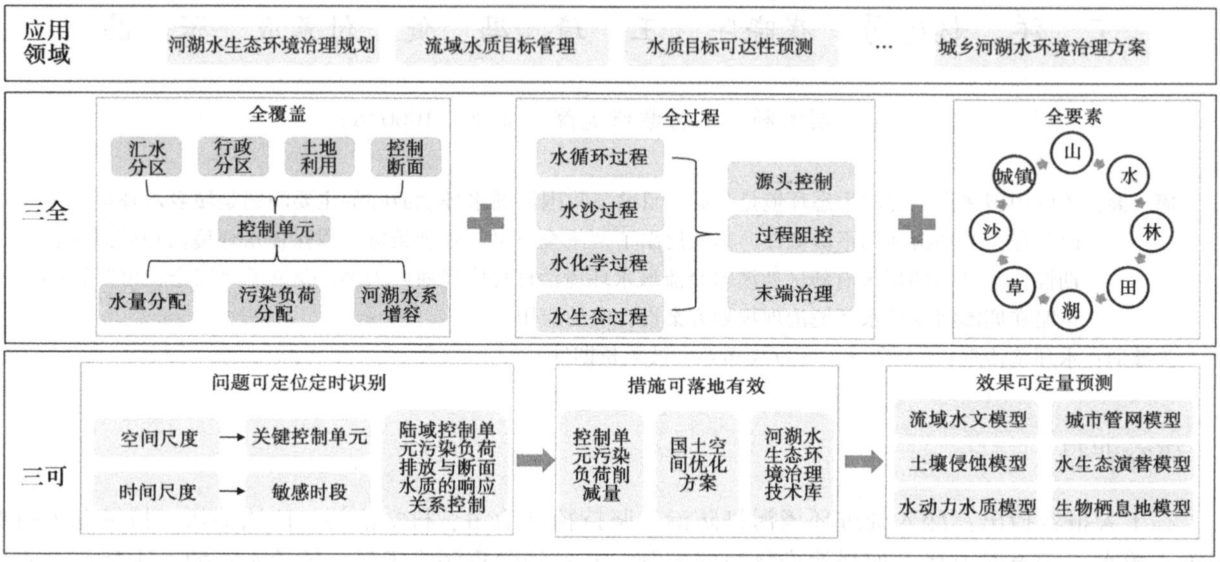

图 1 “三全三可”总体框架图

“三全”指的是全覆盖、全过程、全要素。全覆盖理念为流域统筹、分级落实，考虑自然汇水和排水特征、行政管理需求、断面考核要求，将治理区网格化。全过程即源头控制、过程阻控、末端治理，源头控制是通过点源、面源、内源、移动源等不同类型污染源控制，减少污染负荷产生量。过程阻控是选择合适的坡地、台地、坑塘、建成区、岸滨带等多类型空间区域，构建截留、削减、转化等组合式阻控体系。末端治理是结合闸坝、河道整治工程等，通过具有生态和净水功能的生态水利工程体系建设提高水体自净能力。全要素指的是山水林田湖草沙和城乡建设区等要素，从系统工程和全局角度寻求新的治理之道，统筹兼顾、整体施策、多措并举，科学处理好治水与治山、治林、治田、治草、治湖的协调关系。

“三可”指的是问题可定位定时识别、措施可落地有效、效果可定量预测。问题可定位定时识别指的是既能在空间尺度上识别引起控制断面水质指标超标的关键陆域控制单元，又能在时间尺度上明晰问题突出的敏感时段。措施可落地有效指的是目标明确、可操作、有效果、符合当地实际，体现在国土空间土地类型布局、总体措施体系构建和具体措施选择 3 个方面。效果可定量预测指的是对措施效果进行多个情景下的定量预测，优化总体布局，必要时还应能推演不同分步措施的递进实施效果。

2.2 策略体系

水环境治理策略体系为正向分析—反向设计—正向实施。正向分析是以治理区水环境问题为导向，通过数值模型、实地监测等手段定量计算陆域各个控制单元污染负荷，并结合水域控制断面的水质分析，建立陆域控制单元污染负荷排放与控制断面水质指标之间的定性或定量关系，定位定时分析陆域各控制单元污染负荷输入导致水域控制断面的水质变化。反向设计是根据设计水文条件，选择适宜方法根据水质现状确定河湖水系水环境容量，并基于规划水质管理目标计算水质目标下的河湖水系水域纳污能力，然后按照河湖水系断面—入河排污口—控制单元次序倒推出陆域每个控制单元的污染负荷削减总量，针对各个控制单元待削减污染负荷总量进行不同措施体系构建，使治理措施可以落地有效地到各个控制单元上。正向实施是进行措施总体布局时遵循流域污染物输移的各个过程，并考虑流域山水林田湖草沙及城乡建设区域等全部要素，形成治理区可落地有效的措施清单，根据治理区域现状选择适宜的数值模型定量预测分析措施体系对水域控制断面水质指标的削减效果，判断控制断面水质是否达到规划水质目标管理要求。

3 案例分析

本文以《四川天府新区鹿溪河全流域水环境治理总体规划》为例，介绍“三全三可”框架策略在鹿溪河流域水环境治理规划方案设计中的应用。

3.1 研究背景

2018 年 2 月，习近平总书记视察成都时提出天府新区是“一带一路”建设和长江经济带发展的重要节点，一定要规划好建设好，特别是要突出公园城市特点，把生态价值考虑进去，努力打造新的增长极，建设内陆开放经济高地。公园城市标志城市生态系统面临“美丽、宜居、幸福”的更高功能要求。水生态环境质量实质反映的是流域整体的生态质量，建设高品质生活宜居地和高质量发展新高地，河湖水系是核心要素。

鹿溪河又名泸溪河、黄龙溪，属天然山溪河流，为锦江一级支流、岷江二级支流，发源于成都市龙泉驿区长松山西坡王家湾。全长 74.6 km，流域面积 675 km^2，平均比降 1.2‰。鹿溪河直管区段长 45.54 km，河床最宽 30 m、最窄 4 m。暴雨山洪，汇流较快，陡涨陡落，流量极不稳定。最大洪水流量 1 340 m^3/s，枯水流量仅 0.02 m^3/s，多年平均流量 5.72 m^3/s。多年平均年径流总量 0.62 亿 m^3。鹿溪河干流（直管区段）长 45.54 km，境内流域面积 284.6 km^2，占直管区面积的 50.5%[3]。鹿溪河流域图见图 2。

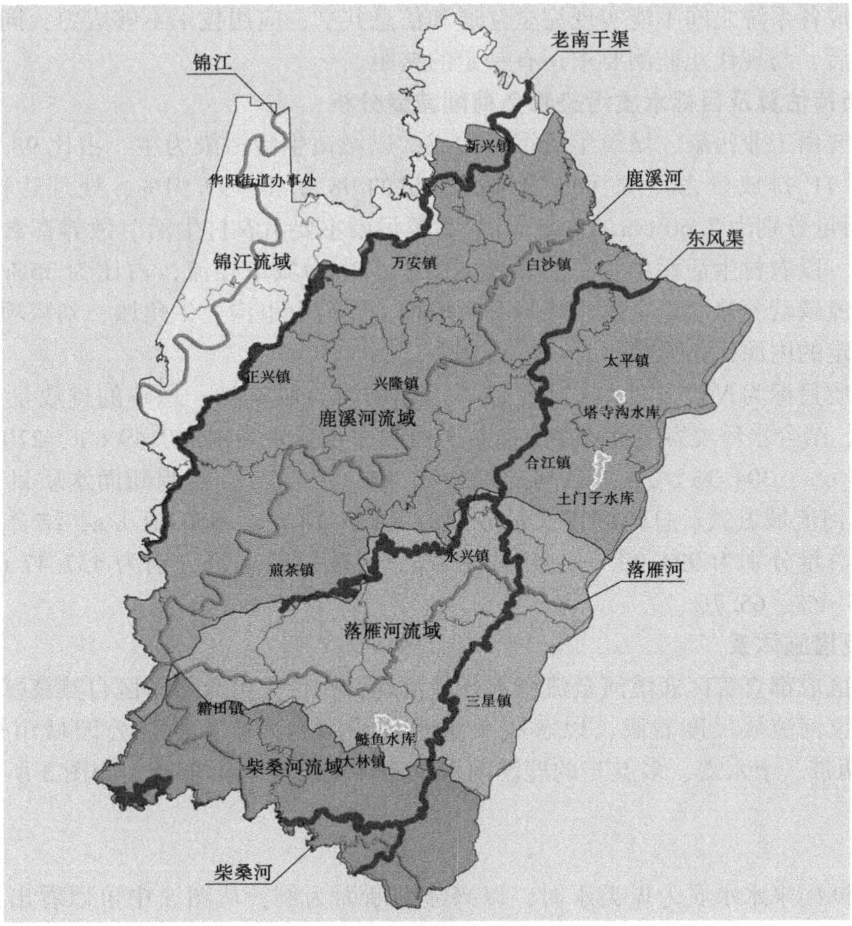

图 2 鹿溪河流域图

3.2 问题诊断

通过资料梳理及现场调研，鹿溪河流域存在 5 大方面的问题，主要包括：

（1）水污染和水体富营养化问题突出，水环境质量总体较差。结合近年来鹿溪河的浮游植物和水环境状况的研究，鹿溪河目前处于中度富营养化状态。鹿溪河下游水体多数受到景观堰坝控制，河流水体的流动性较差，造成了水体中氮、磷的含量较高时，浮游藻类大量繁殖，水体总体呈现浅绿—深绿色，这也是城市河流富营养化的一个重要标志。

（2）污水处理厂排放标准偏低，存在农村生活源污染问题。目前，鹿溪河的大部分干支流河流基流量小，水体自净能力差，若要保证部分河道水质的Ⅲ类标准，污水处理厂排放的尾水必须提高出水水质，加大流量和水体流速，增强水体自净能力，提升水质。

（3）生态需水无法保障，生态系统功能基本丧失。直管区位于岷江中下游地区，属于水资源严重缺乏地区，存在着总水量缺乏，生态水量不足的问题。年际时间分配上极不均匀，年际变化较大，丰水年的年径流量约为枯水年径流量的 2.4 倍。在年内分配上，径流主要集中在 5—10 月，径流量约占全年的 85.0%，枯水期的径流量仅占全年的 11.3%。径流量集中在汛期 5—10 月，不仅难以利用，还常常形成洪涝灾害。

（4）岸线景观特点单一，景观多样性有待提升。自然禀赋利用不足，自然型河道岸线景观特点单一，亲水设施不足，生态景观多样性有待提升；鹿溪河上游段缺乏小型湿地网络体系，未能充分发挥湿地在控制污染、调节径流、蓄水防洪等诸多方面的过滤和调节功能；支流河段存在水质较浑的现象，说明河道有泥沙长期带入，不仅影响河道的感观，还会造成泥沙淤积。

（5）监测能力不足，水管理体系薄弱。监测系统不够完善，缺少综合水文、水质、水土保持监测集成系统；造成各系统之间不能实现完全互通和信息共享，应用技术不够成熟，同时专家决策支持系统建设相对滞后，与现代化监测要求还有一定的差距。

3.3 流域污染负荷估算及目标水质污染物负荷削减量分析

点源污染主要由工业污染、城镇生活污染构成，以城镇生活污染为主，占比 98.46%，城镇生活污染中 NH_3-N、TP 排放量占点源污染物排放总量的 98.27%、99.91%，处理达标排放的废水中 NH_3-N、TP 入河量分别为 7.60 t/a、1.95 t/a。面源污染主要由农村生活、散养畜禽、农田径流、城市径流污染构成，以农村生活污染为主，占比 63%；其次为城市径流，占比为 35%。流域内源污染物的主要类型是氮磷营养盐、重金属和难降解有机物，支流七里沟、牛角堰、刘家坝、斑竹堰、石灰河等沟渠存在一定的内源污染风险。

控制断面水质目标为Ⅳ类条件下（情景一），鹿溪河流域氨氮、总磷的排放量分别为 1 235.14 t/a、560.61 t/a，结合水环境容量计算结果，许可排放总量分别为 1 390.49 t/a、270.20 t/a，削减控制总量为 269.03 t/a、304.36 t/a，削减率分别为 21.8%、54.3%。控制断面水质目标为Ⅲ类条件下（情景二），鹿溪河流域氨氮、总磷的排放量分别为 1 235.14 t/a、560.61 t/a，结合水环境容量计算结果，许可排放总量分别为 994.00 t/a、199.08 t/a，削减控制总量分别为 437.47 t/a、368.67 t/a，削减率分别为 35.4%、65.7%。

3.4 总体布局及措施体系

围绕天府新区成都直管区鹿溪河全流域水环境治理目标，立足天府新区自然禀赋条件和社会经济发展状况，从鹿溪河流域尺度着眼，以解决关键水环境问题入手，衔接公园城市规划理念，构建“一廊、三湖、两带、十六支、多点”的鹿溪河水生态环境治理总体布局，如图 3 所示，措施体系如图 4 所示。

3.5 效果预测

入境川心桥断面来水水质为Ⅳ类水时，以兴隆湖断面为例，从图 5 中可以看出，2020—2030 年执行本规划治理措施后，断面氨氮和 TP 浓度均有好转趋势；2020 年断面水质基本可以达到地表水Ⅳ～Ⅴ类标准；2025 年断面水质基本可以达到地表水Ⅳ类标准，断面除 1 月水质低于地表水Ⅳ类标

图 3　鹿溪河水生态环境治理总体布局

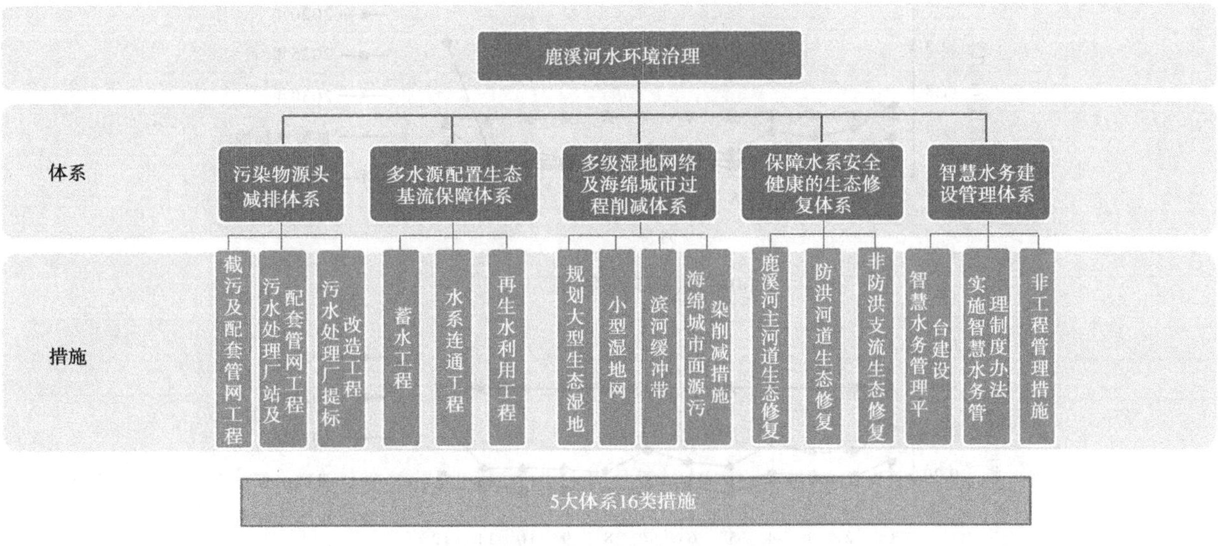

图 4　鹿溪河水生态环境治理措施体系

准，其余月份水质均可达到地表水Ⅳ类标准；2030 年鹿溪河流域断面水质基本可以达到地表水Ⅳ类标准。

入境川心桥断面来水水质为Ⅲ类水时，以兴隆湖断面为例，从图 6 中可以看出，2020—2030 年执行本规划治理措施后，断面氨氮和 TP 浓度均有好转趋势。2020 年断面氨氮浓度大部分达不到地表水Ⅲ类水平；TP 浓度均达不到地表水Ⅲ类标准；2025 年断面氨氮浓度的地表水Ⅲ类标准达标率为 67%以上；TP 浓度除 1 月和 12 月外，均能达到地表水Ⅲ类标准；2030 年考核断面水质基本可以达到地表水Ⅲ类标准。

3.6　规划效果

规划实施后，鹿溪河水质从地表水劣Ⅴ类、Ⅴ类持续提升，鹿溪河鱼剑滩断面 2021—2023 年，

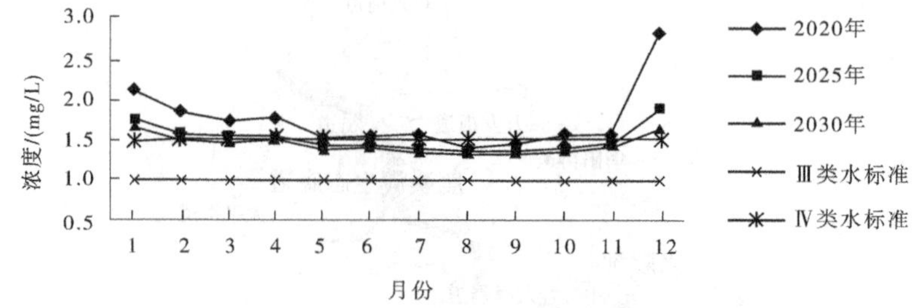

(a)氨氮(兴隆湖断面)

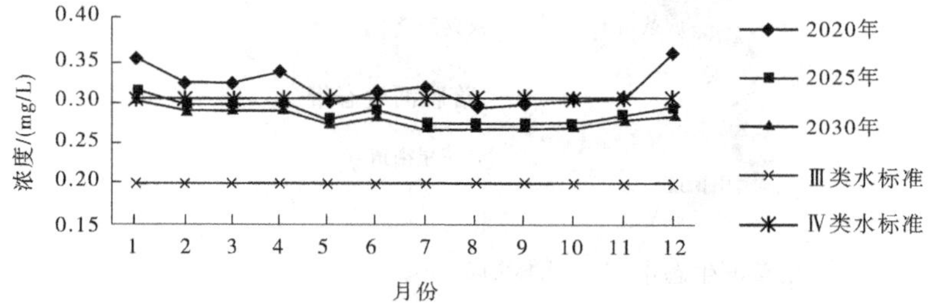

(b)TP(兴隆湖断面)

图 5　来水水质为Ⅳ类水时兴隆湖断面氨氮及 TP 情况

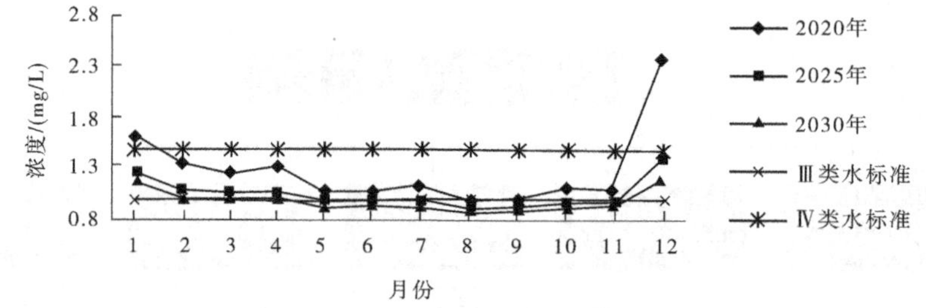

(a)氨氮(兴隆湖断面)

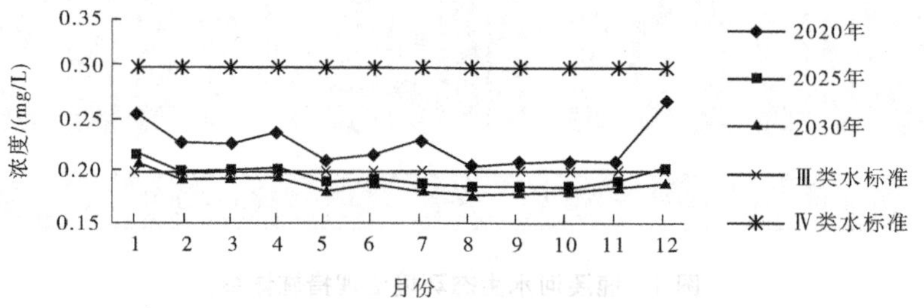

(b)TP(兴隆湖断面)

图 6　来水水质为Ⅲ类水时兴隆湖断面氨氮及 TP 情况

已连续 3 年水质稳定达地表水Ⅲ类标准。上海海洋大学教授、天府新区水生态建设总顾问张饮江教授以“天府新区水生态建设取得了阶段性的成效”为题做了相关报告[4]。

4　结语

城市水环境治理应具备系统性、精准性、自然化、差异化、长效性等要求。系统性：水环境问题实质反映的是流域面上的问题，河湖问题是表象，真正的根子在流域。治理工作需统筹好流域上下游、河流左右岸，实施系统治理和源头治理的综合性治理。精准性：污染需溯源至各个控制单元及各时段，才能精准识别水环境问题，对症下药。自然化：水环境治理措施应遵循流域水生态系统的基本规律，道法自然，通过自然或拟自然的方法解决河湖水环境问题。差异化："三全三可"总体框架及三步走策略，问题有地域性特点，任何技术措施都有其自身特点与适用范围，任何案例都是结合当地特点进行的量身定做。长效性：以上位规划为基础制定科学的水环境治理规划，准确认识水质保障与维持时限的演变关系，以系统治理思路构建治理措施体系，以实现水环境治理长治久清。

参考文献

[1] 胡洪营，孙迎雪，陈卓，等．城市水环境治理面临的课题与长效治理模式［J］．环境工程，2019，37（10）：6-15.

[2] 赵进勇，彭文启，丁洋，等．流域视角下的城乡河湖水环境治理"三全三可"策略及案例分析［J］．中国水利，2020（23）：9-13.

[3] 张世宝，李胜东，冯健，等．基于 HEC-RAS 的鹿溪河流域水质治理效果研究［J］．华北水利水电大学学报（自然科学版），2020，41（4）：67-73.

[4] 王朝，柴夏，万陆军，等．兴隆湖水生态修复工程对水质影响的研究［J］．四川环境，2023，42（5）：128-134.

铜鼓河流域生态-供水-灌溉多目标调度研究

刘　夏[1,2,3]　刘　晋[1,2,3]　郑江丽[1,2,3]

（1. 珠江水利委员会珠江水利科学研究院，广东广州　510611；
2. 水利部珠江河口治理与保护重点实验室，广东广州　510611；
3. 水利部粤港澳大湾区水安全保障重点实验室，广东广州　510611）

摘　要： 水库调度是提高水资源综合利用效率的重要手段之一。本文以台电大坑水库为研究对象，开展长系列生态-供水-灌溉多目标调度研究，结论如下：为统筹考虑多目标需求，在特枯水年需按 50% 对生态、灌溉目标进行供给；采用 $P=90\%$ 最小月流量法计算得到的年生态供水量最小，采用最小月平均流量法得到的年生态供水量稍大，采用多年平均径流量百分比法和 Tennant 法得到的年生态供水量最大；采用 Tennant 法计算生态流量后，生产生活、灌溉水量与水库年供水量及流域降水量年内分配均有密切关系。研究结果能够为台电大坑水库的调度运行提供参考，对于铜鼓河的生态环境改善具有指导意义。

关键词： 台电大坑水库；生态流量；多目标调度

1　引言

水库调度是指人们根据水库的调节能力，提前制订入库径流的蓄泄方案，以综合利用水资源为目标来兴利、防洪，尽可能满足各方的用水需求[1]。自 1946 年美国学者 Masse 提出水库调度概念以来，水库调度先后经历了从单目标调度向多目标调度的转变[2]。

水库多目标调度研究已成为领域当前的热点问题。张召等[3] 在传统发电优化调度模型中引入生态保证率最高的目标函数，提出了兼顾经济效益和生态目标的建议调度方案。杨光等[4] 运用极端随机森林挖掘水库调度信息，考虑各水库相关因子与决策目标的相互关系，提出了梯级水库输入数据选择方法，得到了同时考虑供水和发电的多目标优化调度规则集。牟琳辉等[5] 针对干旱荒漠区水资源匮乏、区域水资源分配不均等问题，建立水库多目标生态调度模型，提出采用融入人工经验的自迭代模拟优化算法求解。田世民等[6] 依据流域系统科学理论和方法，提出了基于多目标协同的黄河干流水库调度约束因子阈值，为黄河流域水库多目标协同调度提供科技支撑。蒋定国等[7] 从生态流量约束的角度出发，建立了考虑下游生态流量约束的三峡水库优化调度模型，重点开展了多目标的水库生态调度模型研究，揭示了典型丰枯水年发电和生态目标的竞争规律。

上述研究已确定十分丰硕的研究成果，但主要针对的是大江大河上的控制型水库，对于中小河流上已建水库的研究较少。为此，本文针对铜鼓河流域上的台电大坑水库开展生态-供水-灌溉多目标调度研究，旨在为该水库的调度运行提供参考。

2　研究区域概况

2.1　流域概况

铜鼓河位于广东省台山市赤溪镇南部，是一山溪小河，发源于大莽顶，自北向南流，穿行于山地

基金项目： 国家重点研发计划项目（2021YFC3001004）；水利部重大科技项目（SKS-2022005）；广东省水利科技创新项目（2023-01）。

作者简介： 刘夏（1996—），男，工程师，主要从事水资源调度和系统工程方面的研究工作。

之间，河床深切，河道比降大，有些地方河床突变，形成跌水。其中，广东国华粤电台山发电有限公司所属的大坑水库坝址以下至入海口河段比降较为平缓，全长 5.75 km，干流坡降 0.063 9。

2.2 工程状况

台电大坑水库位于铜鼓河流域下游，坝址在台山市赤溪镇铜鼓村地域，坝址以上集水面积 12.16 km^2，距入海口约 3.3 km。台电大坑水库是以供水、防洪为主，兼顾灌溉的综合利用水库，肩负着国能粤电台山发电有限公司生产安全以及铜鼓村 2 300 亩土地、6 个自然村 2 200 名居民的生命财产安全，同时承担 1 100 亩农田的灌溉任务。大坑水库的用途是解决电厂工业用水和生活用水。台电大坑水库特征参数见表 1。

表 1　台电大坑水库特征参数

参数	总库容/万 m^3	正常库容/万 m^3	死库容/万 m^3	正常高水位/m	死水位/m	年供水量/m^3	主要功能
特征值	860	748	35	48.5	17	772	防洪、供水、灌溉

2.3 数据处理

2.3.1 降雨

台电大坑水库自 2009 年 1 月开始进行雨量监测，受限于资料收集难度，本文采用台电大坑水库 2009—2018 年降雨量进行分析。

2.3.2 径流

台电大坑水库无实测径流资料，由于所在流域的径流基本由降雨产生，径流特性与降雨特性有很好的相似性，因此本文用降雨推求台电大坑水库径流。

通过查阅《广东省水文图集》径流深及 C_v 等值线图，铜鼓河流域的多年平均径流深为 1 500 mm，$C_v=0.40$，将 61 年的降水系列转换为 1958 年 4 月至 2018 年 3 月共 60 个水文年的径流系列。考虑该流域多为山区，植被情况较好，涵养水源能力强，径流可粗略地分为地表径流与基流两部分。根据广东省水资源综合规划，铜鼓河地处珠江三角洲地区，地表径流一般占到总径流的 90%，基流取总径流的 10%，并平均分配到各月中，得到台电大坑水库坝址处 1958 年 4 月至 2018 年 3 月共 60 年的逐月来水量过程。

2.3.3 用水量

2.3.3.1 生态用水

目前，关于生态环境的需水要求问题，尚未形成统一公认的确定原则，因此本文生态环境用水量计算采用国内目前常用的 4 种水文学方法[8-9]，结合取水口断面处径流情况综合确定。

受限于文章篇幅，本文不再赘述。

2.3.3.2 生产生活用水

生产生活用水均集中在台电大坑水库坝址以下的铜鼓村。铜鼓村现有人口 2 599 人，人均用水量按 0.12 m^3/d 计，则铜鼓村居民生活需水量约为 311.88 m^3/d。

广东国华粤电台山电厂一期工程年淡水用量为 428.5 万 m^3，由于取水计量位于电厂厂区，考虑大坑水库至电厂 1%的输水损失系数，一期从台电大坑水库取水量为 432.8 万 m^3，二期批准的许可取水量为 354 万 m^3（从台电大坑水库取水），则一期、二期合计取水量为 786.8 万 m^3，取用水量根据历年电厂月平均比例进行分配。根据供水规范要求，水库的年供水保证率要求达到 97%。

2.3.3.3 灌溉用水

根据《广东省一年三熟灌溉定额》，台山市一年三熟净灌溉定额均值为 489 m^3/亩，结合皮尔逊Ⅲ型曲线，查出相应频率的模比系数 K_p 值，由此求出水稻一年三熟 10%、20%、50%、75%、90%、95%频率的灌溉净定额分别为 337.41 m^3/亩、381.42 m^3/亩、479.22 m^3/亩、567.24 m^3/亩、655.26

m^3/亩、713.94 m^3/亩（由于铜鼓村以水田为主，因此取一年三熟水稻灌溉定额作为计算依据）。根据台山市水资源公报，台山市农田灌溉水有效利用系数为0.51，按照一年三熟水稻的灌溉用水月分配系数，将铜鼓村灌溉需水量分配到每个月中，即不同频率各月灌溉水量。

2.3.4 水量损失

台电大坑水库的水量损失包括水库渗漏损失与水库蒸发增损两项。

2.3.4.1 水库渗漏损失

按地质条件中等~优良设计，加之台电大坑水库2009年对坝体进行了加固防渗处理，按照月均库容的1%计渗漏损失。

2.3.4.2 水库蒸发增损

按照水库水面面积与水库各月蒸发增损的乘积进行计算。

3 模型建立及求解

3.1 目标函数

本文以铜鼓河上的台电大坑水库为研究对象，以年为调度尺度进行长系列生态-供水-灌溉多目标模拟调度，表达式如下：

$$\sum_{t=1}^{T}[W_{eco}(t)+W_{sup}(t)+W_{irr}(t)]=\sum_{t=1}^{T}[W_{in}(t)-W_{out}(t)] \tag{1}$$

式中：t 为调度尺度，d；T 为调度时段，年；$W_{eco}(t)$ 为 t 时段水库用于生态的补水量，m^3；$W_{sup}(t)$ 为 t 时段水库用于生产生活的供水量，m^3；$W_{irr}(t)$ 为 t 时段水库用于农田灌溉的水量，m^3；$W_{in}(t)$ 为 t 时段水库的蓄水量，m^3；$W_{out}(t)$ 为 t 时段水库的下泄水量，m^3。

3.2 约束条件

（1）水位约束

$$Z_{min}(t)\leqslant Z(t)\leqslant Z_{max}(t) \tag{2}$$

（2）出库流量约束

$$Q_{min}(t)\leqslant Q_{out}(t)\leqslant Q_{max}(t) \tag{3}$$

（3）水量平衡约束

$$V(t+1)=V(t)+[Q_{in}(t)-Q_{out}(t)]\Delta t \tag{4}$$

（4）非负约束

所有变量均为非负值。

式中：$Z_{min}(t)$ 为 t 时段水库水位的下限；$Z(t)$ 为 t 时段水库的实际水位；$Z_{max}(t)$ 为 t 时段水库水位的上限；$Q_{in}(t)$ 为 t 时段水库的实际入库流量；$Q_{min}(t)$ 为 t 时段水库的最小出库流量；$Q_{out}(t)$ 为 t 时段水库的实际出库流量；$Q_{max}(t)$ 为 t 时段水库的最大出库流量；$V(t+1)$ 为 $t+1$ 时段水库的库容；$V(t)$ 为 t 时段水库的库容；Δt 为调度时长。

3.3 调度原则

本文对台电大坑水库进行调度，主要遵循以下原则：①为避免台电大坑水库坝址下游的河段脱水，在调节计算时优先考虑生态基流的泄放，在此基础上以满足台电淡水供应为主，兼顾当地农田灌溉；②在确保水库大坝安全的前提下，统筹兼顾，协调防洪、电厂供水和农田灌溉的关系，充分利用库容与水量，合理地蓄水、泄水和用水，减少无益弃水，发挥水库的最大效益。

4 结果分析

4.1 生态水量分析

本文分别采用多年平均径流量的百分比法、最小月平均流量法、逐月最小生态径流法和Tennant法计算台电大坑水库下游河道的年生态需水过程，结果如图1所示。

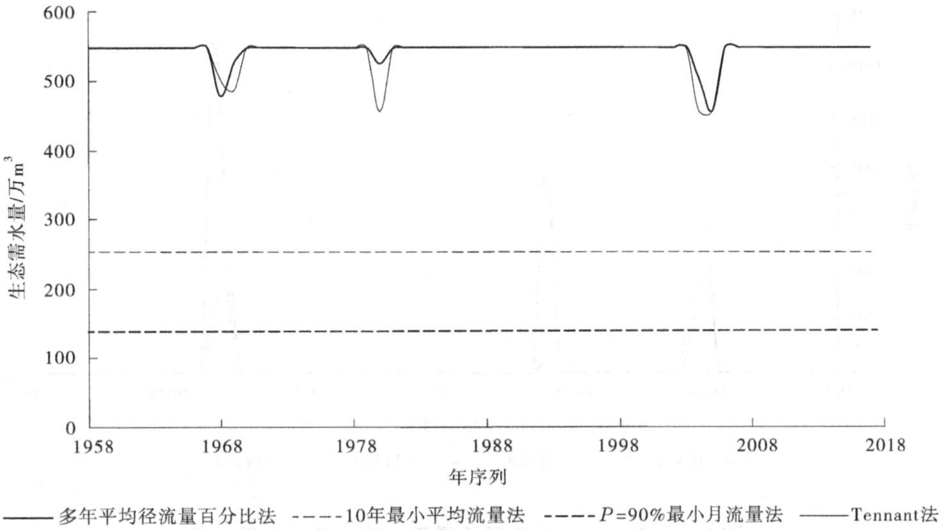

图 1　台电大坑水库下游河道年生态需水过程

由图 1 可以看出：采用 $P=90\%$ 最小月流量法计算得到的年生态需水量最小，为 138.68 万 m³；最小月平均流量法计算得到的年生态供水量稍大，为 252.15 万 m³；多年平均径流量百分比法和 Tennant 法计算得到的年生态供水量大致相等，均为 548.43 万 m³，且两者均在 1968 年、1969 年、1980 年、2004 年和 2005 年出现生态供水量降低的现象，其中前者对应的实际生态需水量分别为 479.87 万 m³、525.57 万 m³、525.57 万 m³、502.72 万 m³ 和 457.02 万 m³，后者对应的实际生态需水量分别为 502.72 万 m³、487.49 万 m³、457.02 万 m³、457.02 万 m³ 和 457.02 万 m³。这是因为在上述年份中，台电大坑水库蓄水量较少，无法满足正常的生态需求，因此本文按 50% 的标准对生态需水进行折算。

多年平均径流量百分比法和 Tennant 法计算得到的年生态需水量降低的程度有差异，这是因为虽然两种方法计算得到的年生态需水量一致，但年内续水过程有区别，其中多年平均径流量百分比法计算得到的各月生态供水量固定为 45.70 万 m³；Tennant 法能够针对丰水期和枯水期计算出不同的生态供水量，分别为 60.94 万 m³ 和 30.47 万 m³，这主要和两种计算方法的侧重点有关。

4.2　供水量分析

为深入探究不同生态流量下，台电大坑水库的生产生活供水程度，将多年平均径流量百分比法、最小月平均流量法、$P=90\%$ 最小月流量法和 Tennant 法计算得到的生态需水过程分别设置为 4 种情景，得到不同情景下的缺水量如图 2 所示。

由图 2 可以看出：4 种情景下的生产生活缺水过程基本一致，情景 1 和情景 4 在少数年份的灌溉用水量略少于其他 2 种情景。其中，情景 1 在 1968 年、1969 年、1980 年、2004 年和 2005 年均出现缺水情况，缺水量分别为 57.77 万 m³、16.78 万 m³、3.96 万 m³、33.55 万 m³ 和 25.91 万 m³；情景 4 在 1968 年、1969 年、1980 年、2004 年和 2005 年均出现缺水情况，缺水量分别为 44.39 万 m³、39.34 万 m³、80.87 万 m³、62.38 万 m³ 和 128.99 万 m³。这是因为受年度来水量和水量损失影响，情景 1 和情景 4 中台电大坑水库上述年份的蓄水量略有不足，在满足河道生态需水后，已无法满足周边居民和电厂正常的生产生活用水需求，因此存在缺水现象。

情景 1 和情景 4 缺水量存在差异，具体表现为：1968 年情景 1 的缺水量大于情景 4 的，1969 年、1980 年、2004 年和 2005 年情景 4 的缺水量大于情景 1 的。这是因为 1968 年、1969 年、1980 年、2004 年和 2005 年的来水量分别为 466.47 万 m³、794.22 万 m³、711.97 万 m³、561.4 万 m³ 和 661.95 万 m³，情景 1 全年生态需水量为固定值，缺水量仅与水库蓄水量有关，情景 2 汛期和枯水期的生态

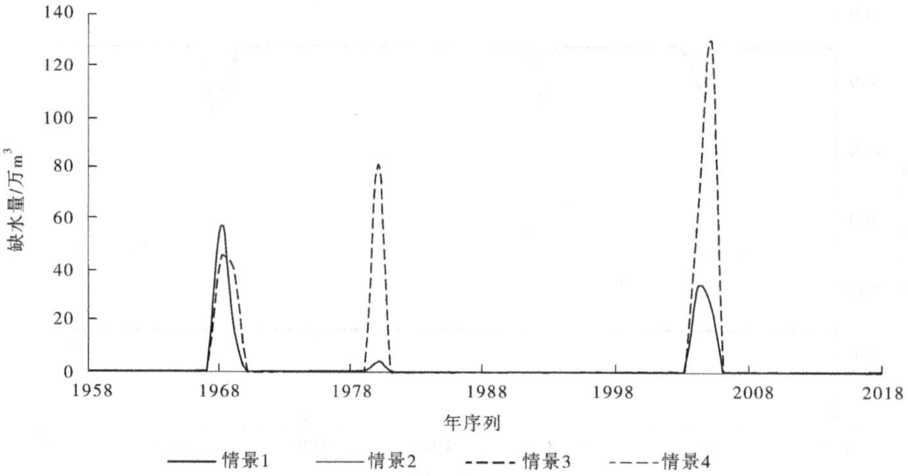

图 2　台电大坑水库不同情景下生产生活缺水量过程

需水量不同，与水库蓄水量和汛期、枯水期的水量分配均有关系，1968 年汛期降雨的占比较 1969 年、1980 年、2004 年和 2005 年更小，枯水期降雨的占比较 1969 年、1980 年、2004 年和 2005 年更大，因此 1968 年情景 1 的缺水量大于情景 4 的，1969 年、1980 年、2004 年和 2005 年情景 4 的缺水量大于情景 1 的。

4.3　灌溉水量分析

本文的灌溉水量按照以下规则进行计算：来水频率在 25%及以下时，灌溉水量选取 25%频率下的需水量；来水频率在 25%~75%（不包括 25%和 75%）时，灌溉水量选取 50%频率的需水量；来水频率在 75%及以上时，灌溉水量选取 75%频率的需水量。在此基础上，设置了 4 种不同的情景，并得到不同情景下的灌溉水量，如图 3 所示。

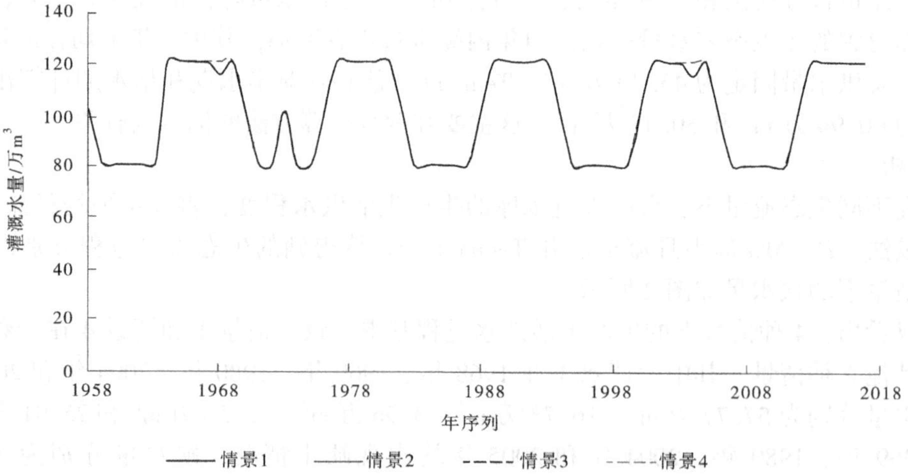

图 3　台电大坑水库不同情景下灌溉水量过程

由图 3 可以看出：4 种情景下的灌溉水量过程基本一致。情景 1 在 1968 年和 2005 年的灌溉水量略少于其他 3 种情景的，均为 117.18 万 m^3，这是因为在情景 1 中，在满足河道生态需水和居民电厂生产生活用水需求后，台电大坑水库的库容无法满足正常的灌溉需求。2005 年的来水量多于 2004 年，但灌溉水量少于 2004 年，这是因为 2004 年底的蓄水量较大，且 2005 年的降雨量集中在年初，导致汛期水库弃水较多；加之枯水期降雨量较少，水库蓄水量不足，因此 2005 年枯水期各月的灌溉需求无法全部满足。

5 结语

本文以铜鼓河流域上的台电大坑水库为研究对象，针对不同生态流量计算方法、不同来水年设置了多种情景，以年为调度尺度开展生态-供水-灌溉多目标模拟调度，得到了不同情景下台电大坑水库的长系列生态需水过程、生活生产缺水过程和灌溉水量变化过程，基本厘清了台电大坑水库在优先泄放生态激流、主要保障生活生产用水、兼顾灌溉用水的原则下各年度的水量保证程度。下一步，将针对生态-供水-灌溉多目标开展长系列和典型年优化调度研究，力争为台电大坑水库的调度运行提供更加科学、合理、高效的决策支撑。

参考文献

[1] 刘夏．基于报童理论的水库群实时风险调度研究［D］．西安：西安理工大学，2021.
[2] 潘理中，芮孝芳．水电站水库优化调度研究的若干进展［J］．水文，1999（6）：37-40.
[3] 张召，张伟，廖卫红，等．基于生态流量区间的多目标水库生态调度模型及应用［J］．南水北调与水利科技，2016，14（5）：96-101，123.
[4] 杨光，郭生练，陈柯兵，等．基于决策因子选择的梯级水库多目标优化调度规则研究［J］．水利学报，2017，48（8）：914-923.
[5] 牟琳辉，白涛，加沙尔·蒙古拜，等．荒漠区平原水库多目标生态调度能力与潜力分析［J］．西安：西安理工大学学报，2023，39（1）：96-104，150.
[6] 田世民，江恩慧，王远见，等．基于黄河流域系统治理的水库多目标调度约束阈值研究［J］．水利学报，2024，55（6）：631-642，665.
[7] 蒋定国，柯云，毛劲乔，等．基于生态流量约束的三峡水库多目标优化研究［J］．水电能源科学，2023，41（12）：53-57.
[8] 魏国，何俊仕，武立强．生态环境需水计算方法研究［J］．安徽农业科学，2006，（17）：4386-4388，4390.
[9] 谷魏鹏，刘晓民，刘廷玺，等．基于模糊数的不确定性河道生态流量研究［J/OL］．水利水运工程学报，1-14［2024-09-10］.

金沙江下游典型产漂流性卵鱼类逐日繁殖水文需求量化分析

刘　瀚[1]　朱其广[2]　林俊强[3]　戴凌全[1]　姜　伟[1]　党莹超[1]　张启凡[1]

（1. 中国长江三峡集团有限公司长江生态环境工程研究中心，湖北武汉　430010；
2. 水利部中国科学院水工程生态研究所，湖北武汉　430079；
3. 中国水利水电科学研究院，北京　100038）

摘　要：为探究金沙江下游典型产漂流性卵鱼类需求环境条件，完善面向鱼类自然繁殖需求的生态调度方案，以向家坝下宜宾断面为例，分析了不同时期铜鱼产卵量的分布规律，提出了一套解释铜鱼逐日产卵规律的单指标判别模型及组合规则优选模型。结果表明，当前的生态调度试验对铜鱼产卵均产生了促进作用，水位、流量、水温、初始水位、水位累积变化量、水位累积变化率、初始流量、流量累积变化量、流量累积变化率和初始水温等10个环境因子与铜鱼日产卵显著相关，以初始流量≥2 455 m^3/s、流量累积变化量≥2 053 m^3/s 的调度条件作为铜鱼日有效繁殖判定标准具备一定参考价值。

关键词：金沙江下游；生态调度；生态水文条件；铜鱼；自然繁殖

1　引言

生态调度是一种通过模拟自然水文变化保持或恢复河流、湖泊、湿地生态健康和生物多样性的水管理策略[1]。在我国生态调度的实施过程中，根据特定的鱼类需求目标制定针对性的调度方案是一直以来人们关注的重点。长江作为世界第三大河流，支撑着长江流域农业用水、工业用水、生活用水等多方面的需求，并在防洪、发电和航运方面发挥着至关重要的作用，自2011年以来，三峡水库积极开展面向四大家鱼自然繁殖的生态调度实践[2]，每年通过营造洪水过程有效解决了四大家鱼繁殖期水流刺激条件减弱的问题，一定程度上改善了长江中游四大家鱼的自然繁殖[3]。在此背景下，将长江中游三峡水库生态调度的成功经验延伸至长江上游，金沙江干流也成为当下水库调度工作的热点[4]。金沙江下游向家坝水库自2017年起开展考虑鱼类繁殖所需的水文及水温的生态调度试验[5]，但考虑到金沙江下游流域典型漂流性鱼类习性各不相同、产漂流性卵鱼类产卵需求水流特性缺失等诸多难题，面向金沙江下游典型鱼类产卵的生态调度方案制订仍需要更多的实践验证与后评价[6]。

本文以向家坝水电站坝下宜宾江段为例，基于生态调度实施后2020—2023年4—7月的铜鱼产卵规模数据与向家坝下水位流量数据，探讨了宜宾江段铜鱼产卵年内与年际的分布规律，并借鉴医学诊断方法及机器学习算法，建立了铜鱼逐日自然繁殖判定的生态水文及水温单指标阈值评价体系与组合规则优选模型，以期为未来金沙江下游的生态调度工作提供参考。

基金项目：中国长江三峡集团重点科研项目：金沙江下游及三峡水库生态调度效果评价（202303296）；国家重点研发计划项目：长江流域大坝生物洄游通道恢复关键技术研发与应用（2022YFC3204200）。

作者简介：刘瀚（1995—），男，工程师，主要从事生态水力学研究工作。

2 研究方法

2.1 研究区域概况

本文研究区域为金沙江下游向家坝下宜宾江段（见图 1）。根据现场工作实际，现有研究资料包括向家坝下 2020 年 4 月 25 日至 6 月 30 日，2021 年 4 月 7 日至 7 月 10 日，2022 年 4 月 7 日至 7 月 8 日，2023 年 4 月 7 日至 7 月 20 日的水位、下泄流量、水温及研究区铜鱼的产卵规模数据。

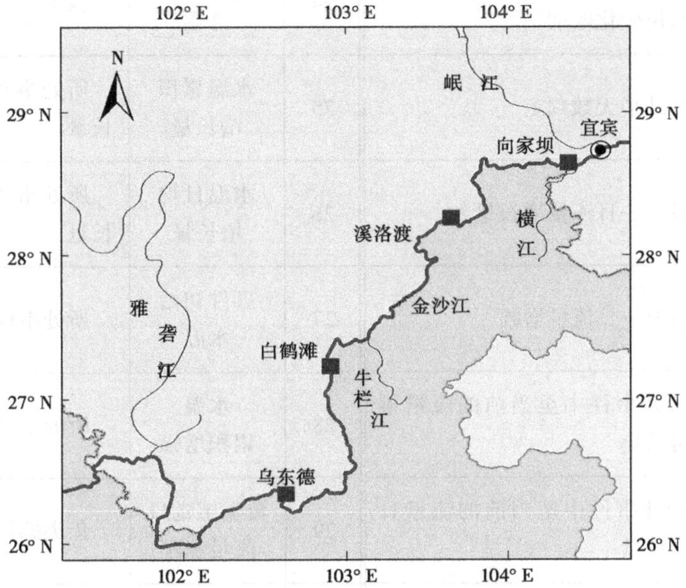

图 1 研究区域位置示意图

2.2 环境指标选取

在影响鱼类产卵的环境因子中，水文及水温均是动态变化因子，仅根据流量、水位和水温几个指标判定鱼类生态需求容易忽略水文及水温的变幅及累积影响。因此，参考前人研究成果[7]，结合研究需求，本文选取表 1 中的 34 个生态指标，充分考虑水文、水温指标阈值及累积变化过程的影响关系。

表 1 指标集

序号	指标	描述	序号	指标	描述
1	水位	当日水面高程	6	水位日涨幅	较上一日水位增幅
2	流量	当日流量大小	7	水位累积增长量	所处事件中至当前的水位累计增长量
3	水温	当日水体温度	8	水位日均增长量	所处事件中至当前的水位日均增长量
4	水位涨跌平判定	涨跌平天数判定	9	水位累积变化量	所处连续涨跌水事件至当前的水位变化和
5	水位增长量	较上一日水位增长量	10	事件初始水位	所处事件中首日水面高程

续表 1

序号	指标	描述	序号	指标	描述
11	水位累积增幅	所处事件中至当前的水位累积增幅	23	水温增长量	较上一日温度增长量
12	水位累积变化率	所处连续涨跌水事件至当前的水位变化幅度	24	水温日涨幅	较上一日温度增幅
13	流量涨跌平判定	涨跌平天数判定	25	水温累积增长量	所处事件中至当前的温度累积增长量
14	流量增长量	较上一日流量增长量	26	水温日均增长量	所处事件中至当前的温度日均增长量
15	流量日涨幅	较上一日流量增幅	27	事件初始水温	所处事件中首日温度大小
16	流量累积增长量	所处事件中至当前的流量累积增长量	28	水温累积增幅	所处事件中至当前的温度累积增幅
17	流量日均增长量	所处事件中至当前的流量日均增长量	29	鱼类感觉日流量涨幅	鱼类感觉日流量变化刺激
18	流量累积变化量	所处连续涨跌水事件至当前的流量变化和	30	鱼类感觉累积流量涨幅	鱼类感觉累积流量变化刺激
19	事件初始流量	所处事件中首日流量大小	31	鱼类感觉日水位涨幅	鱼类感觉日水位变化刺激
20	流量累积增幅	所处事件中至当前的流量累积增幅	32	鱼类感觉水位累积涨幅	鱼类感觉累积水位变化刺激
21	流量累积变化率	所处连续涨跌水事件至当前的流量变化幅度	33	鱼类感觉日水温涨幅	鱼类感觉日水温变化刺激
22	水温升降平判定	涨跌平天数判定	34	鱼类感觉累积水温涨幅	鱼类感觉累积水温变化刺激

2.3 数据分析方法

2.3.1 ROC 法相关性分析及阈值界定

ROC 曲线（受试者特征曲线，receiver operating characteristic curve）是一种用于评估分类模型性能的工具，尤其在医学诊断和机器学习领域广泛应用。ROC 曲线通过描绘真正率（TPR，true positive rate）和假正率（FPR，false positive rate）之间的关系，展示在不同阈值设置下模型的表现[8]。

2.3.2 FP-growth 法方案选取

FP-growth（frequent pattern tree，频繁模式树）是一种用于挖掘频繁项集的算法，该算法通过构建 FP 树（frequent pattern tree）来存储频繁项集，并在此基础上进行频繁项集的挖掘，常用于关联规则学习。在关联规则集 X 和 Y 中，X（antecedents）代表规则的前项（条件部分），Y（consequents）

代表规则的后项（结果部分）。X 是触发规则考虑的项集，Y 指在前项 X 出现时可能伴随出现的项集[9]。

确信度（conviction）和张氏度量（Zhang's metric）是衡量最适宜规则项集的常见评价指标。其中，确信度衡量在 Y 没有出现的情况下，X 出现的频繁程度，确信度的值越大，表明规则 X 指向 Y 的可靠性越高。张氏度量衡量项集之间的相关性强度和方向，范围为［-1，1］，当值接近 1 时，表明前项 X 和后项 Y 之间有很强的正相关性，即 X 的出现倾向于导致 Y 的出现。当接近-1 时，则表明 X 和 Y 之间有很强的负相关性，即 X 的出现倾向于阻止 Y 的出现。

3 结果分析

3.1 产卵规律分析

3.1.1 年内产卵规模分析

2020—2023 年监测期间铜鱼的逐日产卵占比及逐日流量变化曲线（见图 2）表明：铜鱼产卵分布在每年的 4—7 月，以 5—7 月为主，其中，产卵占比超过 10%的大规模产卵事件主要分布于涨跌水过程间，产卵次数在涨水期及跌水期基本保持一致。在 2020 年第一次生态调度及跌水期间铜鱼产卵量达监测期总产卵量的 15.67%，其后的高流量维持期发生了年内单日规模最大的产卵事件，产卵 1 144.27 万粒；2022 年第三次生态调度跌水期间发生年内最大规模产卵事件，产卵占比 25.45%；2023 年第一次生态调度跌水期间发生年内最大规模产卵事件，产卵占比 77.75%。以上结果表明，生态调度引发的涨跌水流量过程在不同年间对铜鱼产卵均产生了促进作用。

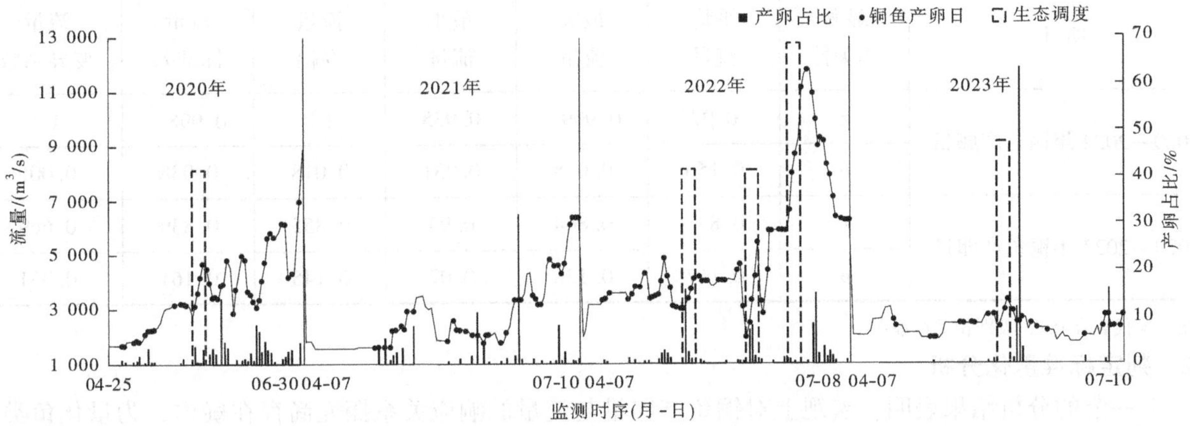

图 2 监测期逐日流量及产卵占比变化

3.1.2 年间产卵规模分析

由于不同年间的水文情势及产卵规模相差较大，不同年间流量条件下的产卵规模呈现较大差异。影响鱼类繁殖产卵的关键环境条件包括：涨跌水的刺激以及水文条件指标阈值的触发，根据鱼类产卵信号需求，以平均流量、最大流量、最小流量表征鱼类产卵期水文条件指标阈值；流量变幅、流量标准差、流量变异系数表征年内涨跌水的幅度及出现频次，分析 2020—2023 年 5—6 月铜鱼产卵量与流量的变化规律（见图 3），结果表明：铜鱼产卵量不同年间的增减趋势与流量的增减趋势相符，来水量大小与铜鱼产卵量间存在响应关系。进一步分析监测年间铜鱼产卵量与各项影响指标的相关关系（见表 2），结果表明：2020—2022 年铜鱼产卵量与最大流量、流量变幅、流量标准差及流量变异系数存在显著的正相关关系。2023 年在来流量及涨跌水幅度总体低于其他年份的条件下，铜鱼产卵量依旧高于 2020 年及 2021 年，原因一方面来自于 2022 年铜鱼产卵量骤增导致的资源量升高，一方面可能来自于其他环境因子的影响。

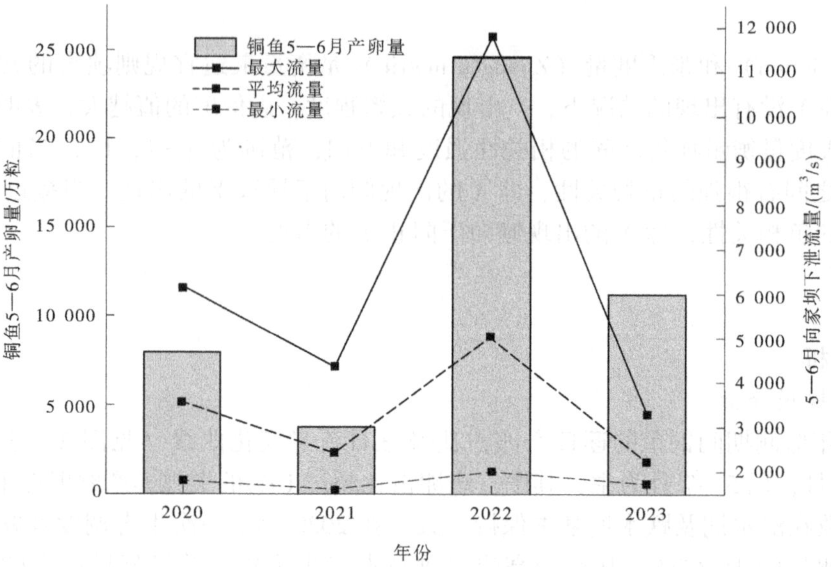

图 3　年间产卵量及流量关系

表 2　年间产卵量与流量指标相关性分析

项目	显著相关性	平均流量	最大流量	最小流量	流量变幅	流量标准差	流量变异系数
2020—2022 年铜鱼产卵量	r	0.97	0.999*	0.935	1*	0.998*	1*
	p	0.156	0.028	0.231	0.018	0.038	0.006
2020—2023 年铜鱼产卵量	r	0.833	0.864	0.93	0.855	0.839	0.669
	p	0.167	0.136	0.07	0.145	0.161	0.331

注： *代表在 0.05 级别相关性显著。

3.2　判定标准量化分析

上一节的分析结果表明，宏观上对铜鱼产卵量与流量的响应关系探究尚存在疑虑，为量化鱼类产卵判别的环境要素，准确判别逐日鱼类产卵与否，本文选取铜鱼产卵期进行逐日产卵-环境因子响应关系分析。

3.2.1　单指标阈值分析

为了定量研究铜鱼产卵事件与环境因子的响应关系，同时排除年际间鱼类资源量差异以及偶发式产卵对建模分析的影响，构建累积频率曲线（见图 4），结果表明，年内产卵占比大于 1%的产卵事件出现频率趋于稳定，年内产卵占比大于 1%的产卵事件约占全部产卵事件的 20%，其产卵量占比却达到全部监测期的 89.6%，可以较好地表征铜鱼的典型自然产卵行为。因此，界定铜鱼有效繁殖响应为一次自然繁殖事件的繁殖规模不少于当年监测期该江段总繁殖规模 1%。

ROC 法单指标阈值分析结果（见图 5）表明，水位（AUC = 0.69）、流量（AUC = 0.68）、水温（AUC = 0.67）、事件初始水位（AUC = 0.68）、水位累积变化量（AUC = 0.72）、水位累积变化率（AUC = 0.72）、事件初始流量（AUC = 0.68）、流量累积变化量（AUC = 0.73）、流量累积变化率（AUC = 0.71）和事件初始水温（AUC = 0.67）10 个环境因子与铜鱼产卵呈现显著正相关关系，采用 Youden 指数法划取 ROC 曲线得出显著相关指标的单指标阈值（见表 3）。

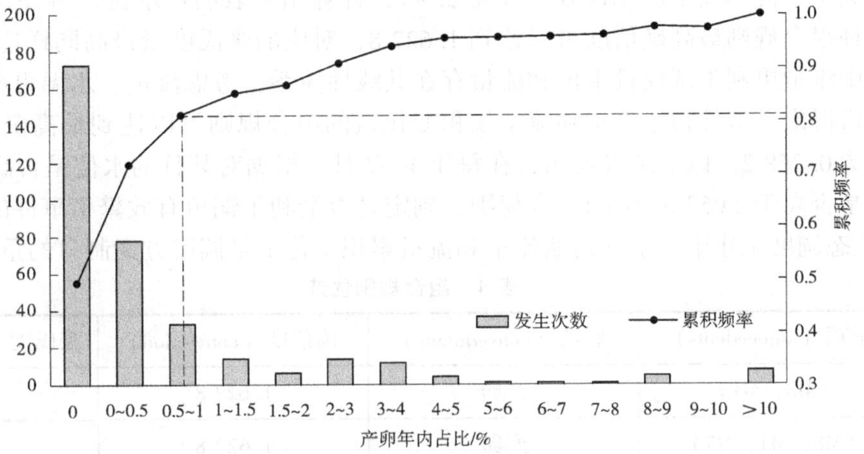

图 4　2020—2023 年监测期铜鱼产卵累积频率曲线

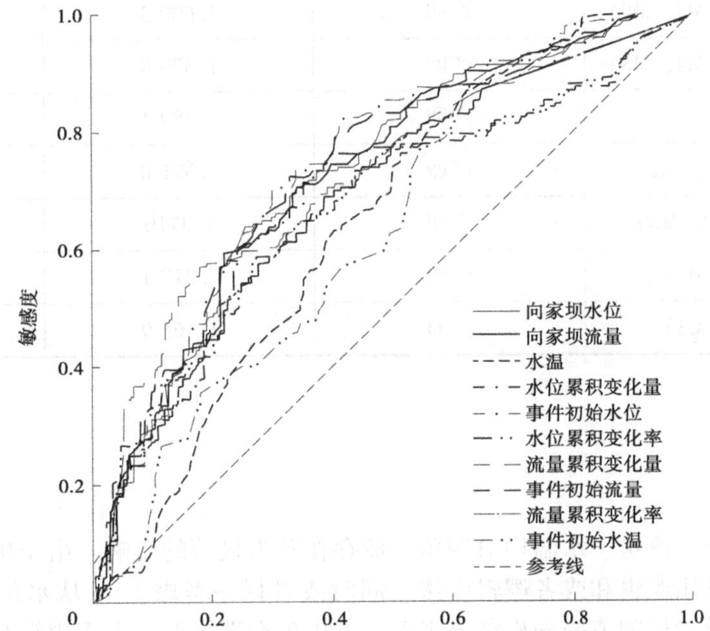

图 5　产卵量与环境因子响应关系 ROC 曲线

表 3　单指标阈值

序号	指标	阈值	序号	指标	阈值
M1	水位	≥268.04 m	M6	水位累积变化率	≥2.03%
M2	流量	≥3 305 m^3/s	M7	事件初始流量	≥2 455 m^3/s
M3	水温	≥21.58 ℃	M8	流量累积变化量	≥2 053 m^3/s
M4	事件初始水位	≥267.15 m	M9	流量累积变化率	≥63.5%
M5	水位累积变化量	≥1.45 m	M10	事件初始水温	≥20.45 ℃

3.2.2　组合规则优选分析

采用 FP-growth 算法组合 10 组单指标阈值判定结果，得出不同指标阈值组合与铜鱼产卵时间发生与否的响应关系，优选其中前 5 种方案（见表 4），计算结果表明：水位、事件初始流量和流量累积变化量的多种组合规则最高确信度可以达到 1.622 8，对应的张氏度量最高同样达到 0.789 9。由于实际调控工作中流量更利于调控且水位和流量存在共线性关系，考虑流量、水温再次进行指标阈值组合规则优选分析得出，事件初始流量和流量累积变化量的组合规则可以达到最高确信度 1.389 1，对应的张氏度量为 0.768 2。以上结果表明，在每年 4—7 月，根据对某日的水位是否高于 268.04 m，流量累积变化量是否高于 2 053 m^3/s 的组合规则，判定是否最利于铜鱼有效繁殖事件的发生；在实际每年 4—7 月的生态调度工作中，事件初始流量和流量累积变化量是调度方案制订的重要标准。

表 4　组合规则优选

项目	前项（antecedents）	后项（consequents）	确信度（conviction）	张氏度量（Zhang's metric）
考虑水位、流量、水温	（M8，M1）	产卵	1.622 8	0.789 9
	（M8，M1，M7）	产卵	1.622 8	0.789 9
	（M8，M1，M2）	产卵	1.600 9	0.780 4
	（M9，M1，M7，M9）	产卵	1.600 3	0.774 6
	（M6，M5，M4，M8）	产卵	1.579 0	0.770 6
考虑流量、水温	（M7，M8）	产卵	1.389 1	0.768 2
	（M7，M8，M2）	产卵	1.371 0	0.747 2
	（M7，M9，M8）	产卵	1.3710	0.742 2
	（M9，M2）	产卵	1.217 1	0.660 8
	（M7，M3）	产卵	1.165 9	0.658 1

4　讨论

4.1　指标阈值规律性

研究结果表明水位、流量、水温均对铜鱼产卵存在较为显著的影响。由于单指标阈值判定模型众多，应根据不同情况采用逻辑和或者逻辑或法，同时或者择一考虑[10]。从水位、流量、事件初始水位和事件初始流量的单指标阈值的分析结果来看，若出现在涨水期，采用逻辑和法同时考虑，初始水位低于水位阈值 0.89 m，初始流量低于流量阈值 850 m^3/s，表明铜鱼产卵日多出现在涨水持续进行一段时间后；若出现在跌水期，采用逻辑或法择一考虑，当满足日水位流量阈值时已满足初始水位流量阈值需求，表明铜鱼跌水期产卵也需要维持一定大小的流量。仅考虑涨水过程的水位和流量累积增长量、增长率与铜鱼产卵不存在显著相关关系，而同时考虑涨跌水过程的累积变化量、变化率均与铜鱼产卵呈现显著正相关，表明铜鱼产卵需要长时间水流刺激，跌水过程产生的流量水位变化同样是开展生态调度工作需要考虑的重要因素。从水温、初始水温的单指标阈值来看，铜鱼产卵多发生在升温过程，在 4—7 月铜鱼适宜温度范围内，温度越高越适宜铜鱼产卵。基于此结果，2023 年在向家坝下游宜宾江段流量及涨跌水幅度较低条件下依旧保持较高铜鱼产卵量的原因一方面在于资源量的升高，另一方面在于同期水温高于其他年份，2023 年 6 月平均水温较前 3 年分别升高了 2.01 ℃、0.63 ℃、0.22 ℃。

4.2　调度方案借鉴性

本文根据实际水文及水温数据及鱼卵监测数据，采用 ROC 法结合 FP-growth 算法，得出流量、水温和流量累积变化量是判定铜鱼日产卵事件的重要指标。若金沙江下游宜宾断面 4—7 月某日初始流量≥2 455 m^3/s，流量累积变化量≥2 053 m^3/s，可认为该日存在较大概率发生铜鱼有效繁殖事件。

将2020—2023年生态调度引发的铜鱼产卵事件综合分析，可发现2020年仅开展一次生态调度，在调度及其退水期间，发生铜鱼有效繁殖时期的初始流量均高于3 130 m^3/s，流量累积变化量高于2 270 m^3/s；2022年效果最好的第3次生态调度跌水期间，发生铜鱼产卵时期的流量均高于8 940 m^3/s，流量累积变化量平均4 529 m^3/s；2023年仅开展一次生态调度，在调度及退水期间，发生铜鱼产卵时期的初始流量均为2 510 m^3/s，流量累积变化量为3 205 m^3/s。由此可见，除枯水年（2023年）初始流量阈值难以达到外，研究成果具备可行性，可为金沙江下游生态调度方案的制订提供借鉴。

5 结论

本文以金沙江下游宜宾江段作为研究区，分析研究区典型鱼类——铜鱼在2020—2023年监测期的年内及年际间的产卵分布规律，采用医学领域诊断方法及机器学习算法，构建了影响铜鱼日产卵事件的环境因子单指标模型及组合规则优选模型，量化了对铜鱼日产卵事件的判定标准，得出具体结论如下：

（1）金沙江下游宜宾江段生态调度引发的涨跌水流量过程在不同年间对铜鱼产卵均产生了促进作用，不同年间铜鱼产卵量大小的变化与流量大小、涨跌水幅度的变化呈现相似的趋势。

（2）在众多环境因子中，水位、流量、水温、事件初始水位、水位累积变化量、水位累积变化率、事件初始流量、流量累积变化量、流量累积变化率和事件初始水温10个指标与铜鱼的日产卵呈现显著正相关关系。

（3）在初始流量≥2 455 m^3/s，流量累积变化量≥2 053 m^3/s 的调度条件下，向家坝下宜宾江段4—7月发生铜鱼有效繁殖事件的可能性较大。

参考文献

[1] Julian D O, Christopher P K, Theodore S M, et al. Are large-scale flow experiments in forming the science and management of freshwater ecosystems [J]. Frontiers in Ecology and the Environment, 2014, 12 (3): 176-185.

[2] 徐薇，金瑶，陈桂亚，等．三峡水库十年生态调度（2011—2020年）期间下游金沙市江段产漂流性卵鱼类自然繁殖变化［J］．湖泊科学，2023，35（5）：1729-1740.

[3] 胡兴娥，曹瑞．三峡工程蓄水运用20年综合效益发挥与展望［J］．长江科学院院报，2024，41（6），1-9.

[4] 朱文丽，曹瑞，邢龙，等．金沙江下游梯级水库人造洪峰生态调度综合效益影响分析［J］．水文，2024，44（1）：84-89.

[5] 戴凌全，戴会超，李玮，等．兼顾四大家鱼产卵需求的梯级水电站生态调度［J］．水力发电学报，2022，41（5）：21-30.

[6] 任玉峰，赵良水，曹辉，等．金沙江下游梯级水库生态调度影响研究［J］．三峡生态环境监测，2020，5（1）：8-13.

[7] 李朝达，林俊强，夏继红，等．三峡水库运行以来四大家鱼产卵的生态水文响应变化．水利水电技术，2021，52（5）：158-166.

[8] 班学君，樊博，刘瀚，等．鱼类产卵行为与生态水文指标响应关系研究：以长江四大家鱼为例［J］．水生态学杂志，2024，45（1）：67-74.

[9] 王新宇，杜孝平，谢昆青．FP-growth算法的实现方法研究［J］．计算机工程与应用，2004，40（9）：174-176.

[10] 刘瀚，林俊强，秦鑫，等．基于生物水文响应模型的刺激四大家鱼繁殖生态调度目标量化方法研究：以三峡水库为例［J］．湖泊科学，2023，35（5）：1741-1751.

钙镁改性秸秆生物炭对水库水体中磷酸盐的吸附去除机制研究

程帅龙[1]　李　丽[1,2,3]　汪义杰[1,3,4]　唐红亮[1,3,4]

（1. 珠江水利委员会珠江水利科学研究院，广东广州　510611；
2. 水利部珠江河口治理与保护重点实验室，广东广州　510611；
3. 广东省河湖生命健康工程技术研究中心，广东广州　510611；
4. 水利部粤港澳大湾区水安全保障重点实验室，广东广州　510611）

摘　要：为解决水体营养化的环境问题，对有效除磷工法的研究具有重大意义。本研究通过利用钙、镁盐溶液浸渍改性秸秆生物质并进行炭化，制备出钙镁改性生物炭，吸附去除水库水体中的磷酸盐。研究表明，钙镁改性秸秆生物炭材料表面形成了稳定的晶相结构，具有更加丰富的吸附活性位点，当投加量为 1 g/L 时，反应 24 h 后，对模拟废水（含 10 mg/L 磷酸盐）和实际水库水体（含 1.01 mg/L 磷酸盐）中磷酸盐的去除率分别为 90.5% 和 73.6%，为去除实际水体中磷酸盐提供了有效参考。

关键词：水体富营养化；水库水体；磷酸盐；钙镁改性秸秆生物炭

1　引言

氮、磷等营养元素在水体中超负荷存留是导致水库水体富营养化的重要原因，其中，磷是目前大多数水生态系统中初级生产者异常生长的关键性限制因子[1]。目前，去除水体中磷酸盐的方法主要有沉淀法、生物法和吸附法等[2]。其中，吸附法由于工艺简单、操作简便、高效低耗、吸附容量大、污染少等优点，被广泛应用于水库水体中磷酸盐的去除[3]。吸附法除磷的效果在很大程度上依赖于吸附剂本身和吸附反应条件，吸附剂是整个吸附工艺的核心，有必要深入靶向改性吸附剂的除磷效果[4]。

生物炭化学稳定性强，吸附污染物后能够长时间保持稳定，在环境领域具有广泛的应用前景。生物炭材料为典型的多重多层次结构吸附剂，比表面积大，且存在着丰富的活性点位，这也决定了生物炭和一般吸附材料的区别[5]。生物炭材料的优势主要体现在两个方面：一方面，可以利用生物炭自身的活性基团，通过改性、掺杂和负载等制成新型材料，强化其催化活性和吸附性能，适用于水环境的磷去除和重金属离子、有机物等的去除[6]。另一方面，可以研发基于改性生物炭的模块化应用工艺，提高工程应用效率并降低成本，为河湖水环境治理提供新技术和新设备[7]。

市面上常见的原始生物炭的矿物含量有限，表面官能团较为复杂，导致对特定污染物的去除差异性较大[8]，因此通过改性的方法进一步增强它的物理特性和化学特性，显得尤为关键。本研究针对水体磷酸盐主要通过吸附、沉淀去除的原理，利用生物炭材料的高比表面积的特点，提出一种钙镁改性生物炭材料的制备方法，对其晶体结构和生长过程进行表征；同时，探讨新型改性生物炭材料对磷

基金项目：国家重点研发计划（2022YFC3202200）；珠江水利科学研究院科技创新自立项目（[2021]ky013）。

作者简介：程帅龙（1995—），男，工程师，主要从事水环境治理与水生态修复工作。
通信作者：汪义杰（1980—），男，正高级工程师，主要从事水环境治理与水生态修复工作。

酸盐的去除率及其影响因素，为水库及水库水体富营养化防治、水环境治理和水生态修复技术提供新材料。

2 试验方法

2.1 制备方法

本研究分别以稻秸和木屑为原料，洗净后置于烘箱烘干，破碎后过40目筛网，得到生物质粉末；将生物质粉末加入1.5 mol/L的氢氧化钾（KOH）溶液中，搅拌5 h后在80 ℃烘箱中烘干，得到一次改性生物质粉末。将一次改性生物质粉末按照固液比1∶10置于钙镁混合盐（分别使用乙酸盐和氯化物进行对比）溶液中充分搅拌和浸渍24 h，110 ℃条件下烘干后，置于600 ℃热解2 h，冷却洗去灰分后得到改性秸秆生物炭和改性木质生物炭[9]。其中钙镁质量分数为5%、10%、20%、30%、40%。

通过以上制备方法，分别使用乙酸钙、乙酸镁混合溶液制备钙镁秸秆生物炭（Ca-Mg/BCJ1）、钙镁改性木屑生物炭（Ca-Mg/BCM1），使用氯化钙、氯化镁混合溶液制备钙镁秸秆生物炭（Ca-Mg/BCJ2）、钙镁改性木屑生物炭（Ca-Mg/BCM2）。

2.2 表征方法

分别使用扫描电子显微电镜（SEM）观察钙镁改性生物炭表面形貌，使用X射线衍射仪（XRD）研究材料晶体结构特征，利用红外光谱（FTIR）判断材料表面官能团种类。

2.3 磷酸盐吸附试验方法

（1）试验水样。本次吸附试验的磷酸盐使用液分别为：①模拟废水，磷酸盐浓度为10 mg/L；②广州某水库实际富营养化水体，磷酸盐浓度为1.01 mg/L。

（2）试验方法。取200 mL磷酸盐使用液至500 mL锥形瓶内，分别按照一定投加量加入吸附材料，室温下以180 r/min分别匀速反应，反应结束后取出上清液，经45 μm滤膜过滤后，使用钼酸铵分光光度法测定剩余水溶液中的磷酸盐含量。其中，设置钙镁投加量梯度为0.2 g/L、0.5 g/L、1 g/L、2 g/L、2.5 g/L；反应时间分别为0.5 h、1 h、2 h、4 h、8 h、12 h、24 h。

3 结果与讨论

3.1 磷酸盐吸附性能

3.1.1 不同生物质的影响

在保证钙镁总质量分数为30%且占比一致的前提下，使用4种制备的钙镁改性生物炭（Ca-Mg/BCJ1、Ca-Mg/BCM1、Ca-Mg/BCJ2、Ca-Mg/BCM2）对模拟废水和实际水库水体中磷酸盐进行吸附试验，材料投加量为1.0 g/L，反应时间为24 h，试验结果如图1所示。根据试验结果，钙镁氯化物的改性方式与乙酸盐改性差异不大，表明在炭化过程中，钙镁化合物阴离子对改性材料吸附磷酸盐的影响不大。另外，木屑生物炭对磷酸盐的吸附去除效果明显低于秸秆生物炭的，可能是由于生物质种类对钙镁元素的结合程度有一定影响，水稻秸秆相比于其他生物质，含蛋白质、纤维素和一定量的钙、镁等矿物质，因此在负载钙、镁类化合物时，化合物与碳结构结合更为紧密，炭化后材料整体结构较为整齐，官能团和活性点位更加丰富，从而增强了生物炭材料的吸附性能。

3.1.2 不同负载比的影响

钙、镁的负载比决定了其与生物炭的结合程度、材料表面官能团、活性点位的种类和数量。本研究保持钙镁比为1∶1，通过调整钙镁氯化物的总添加量，分别制备出负载比为5%、10%、20%、30%、40%的钙镁改性秸秆生物炭，按照1 g/L、吸附时间为24 h开展磷酸盐吸附试验。试验结果如图2所示，当负载比在0~30%时，随着钙镁整体负载比的提高，吸附材料对磷酸盐的去除率有较明显提升，可能原因是随着负载比的增大，材料表面均匀分布的吸附点位和官能团数量持续增加，从而提升材料的吸附性能。当负载比达到30%时，可分别实现模拟废水和实际水库水体中73.6%和

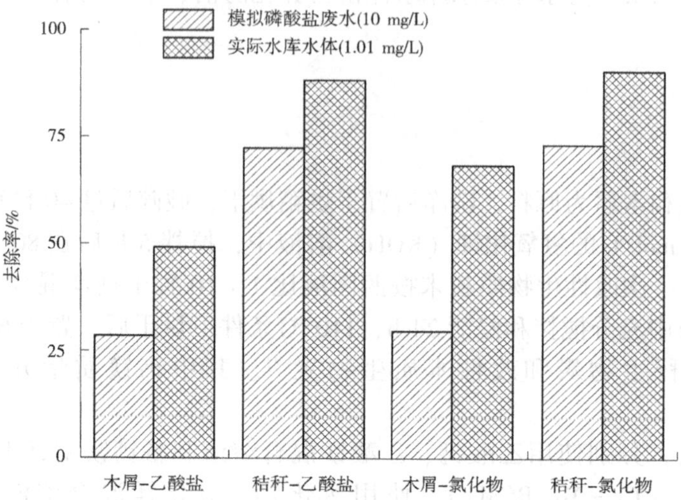

图 1 不同负载方式的吸附试验结果

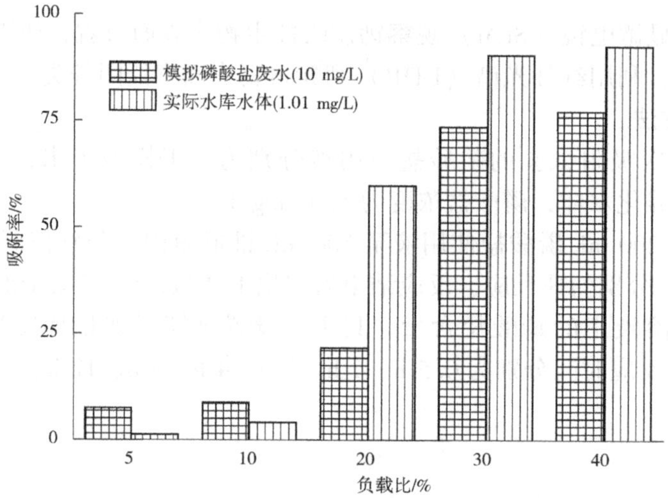

图 2 不同钙镁负载质量的吸附试验结果

90.5%的磷酸盐去除。在此基础上，继续增加负载比，材料对磷酸盐的吸附效率并未出现明显提升，当负载比达到40%时，与30%负载比的吸附率基本保持一致，可能原因是材料表面积是有限的，加入过多的钙、镁化合物，并不会继续提升材料表面的目标负载物质（钙、镁氧化物等），反而会使材料表面的负载物产生层叠和堆聚，从而未达到增加活性点位和官能团的目的，甚至会影响材料的吸附性能。综合考虑吸附性能和材料成本，后期试验材料可按照30%的负载比进行制备。

3.1.3 吸附剂投加量的影响

吸附剂的投加量是影响其吸附性能的一个重要因素，使用负载比为30%的钙镁改性秸秆生物炭（Ca-Mg/BCJ2）探究投加量影响因素，分别按0.25 g/L、0.5 g/L、1 g/L、2 g/L、3 g/L对10 mg/L的模拟废水和1.01 mg/L的实际水库水体进行24 h振荡吸附试验。试验结果如图3所示，当投加量在0~1 g/L时，增加吸附剂用量，水体磷酸盐浓度有明显的降低趋势，当吸附剂投加量为1 g/L时，可对水库水体中磷酸盐实现有效去除（98.8%），而在处理模拟废水时，投加量发挥了更加决定性的作用，实现了76.2%的磷酸盐去除。当吸附剂投加量超过1 g/L时，继续增加吸附剂投加量对模拟废水和实际水库水体磷酸盐去除效率的提升效果均逐渐减弱，当吸附剂投加量从2 g/L增加至3 g/L时，吸附去除率提升仅2%左右。适当增大吸附剂的投加量，有助于增加吸附活性点位，提高吸附效果，但过量地投加吸附剂，在增加处理成本的同时，对吸附性能的提升效果有限，本研究综合考虑吸附性能和材料成本，确定合理的投加量为 1 g/L，以最大限度地发挥吸附剂的吸附性能。

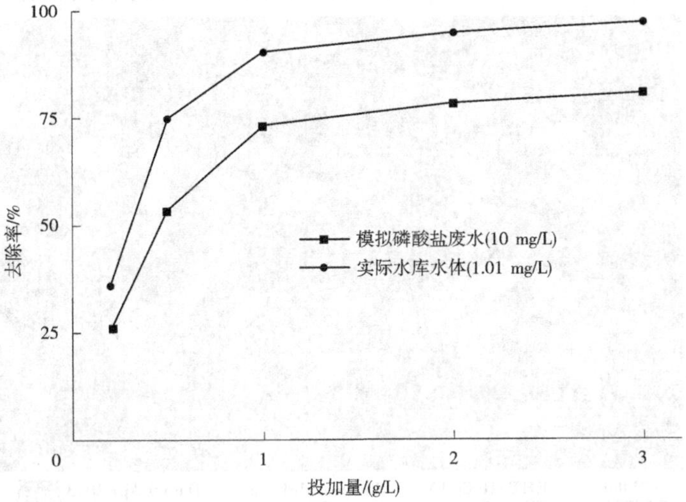

图 3　不同投加量的吸附试验结果

3.1.4　吸附时间的影响

使用负载比为 30%的钙镁改性秸秆生物炭（Ca-Mg/BCJ2），按投加量 1 g/L 进行振荡吸附试验，观察 24 h 内不同时间的吸附情况。试验结果（见图 4）表明，钙镁改性秸秆生物炭对模拟废水和实际水库水体中磷酸盐的吸附能力变化趋势是类似的，反应 0～12 h，磷酸盐被快速吸附去除；反应 12 h 后，对模拟废水和实际水库水体中磷酸盐的吸附去除率分别可达 70.6%和 89.9%，溶液的磷酸盐浓度基本实现稳定，达到解吸平衡；反应 24 h 后，对模拟废水和实际水库水体中磷酸盐的吸附去除率分别可达 73.6%和 90.5%，该反应体系基本达到吸附平衡。

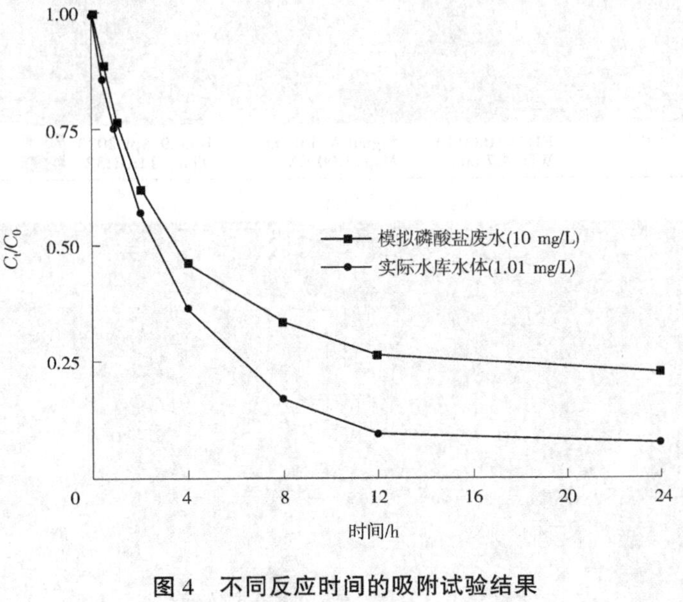

图 4　不同反应时间的吸附试验结果

3.2　吸附机制探索

3.2.1　扫描电子显微镜（SEM）

钙镁改性秸秆生物炭（Ca-Mg/BCJ2）反应前后的 SEM 表征结果见图 5，图 5（a）、（b）为反应前生物炭，表明材料为环状及球状，有典型的生物炭结构，疏松多孔，而上面球形结构可能为 CaO、$CaCO_3$ 和 MgO 的纳米氧化球，且球形结构均匀分布在炭材料表面。图 5（c）、（d）为反应后生物炭，显示反应前后材料结构和表面形貌变化不大，负载物质主要以球形结构为主，说明吸附过程中 Mg、Ca 等元素流失不多，在高温炭化过程中钙镁化合物牢固附着在材料表面，稳定性较好。

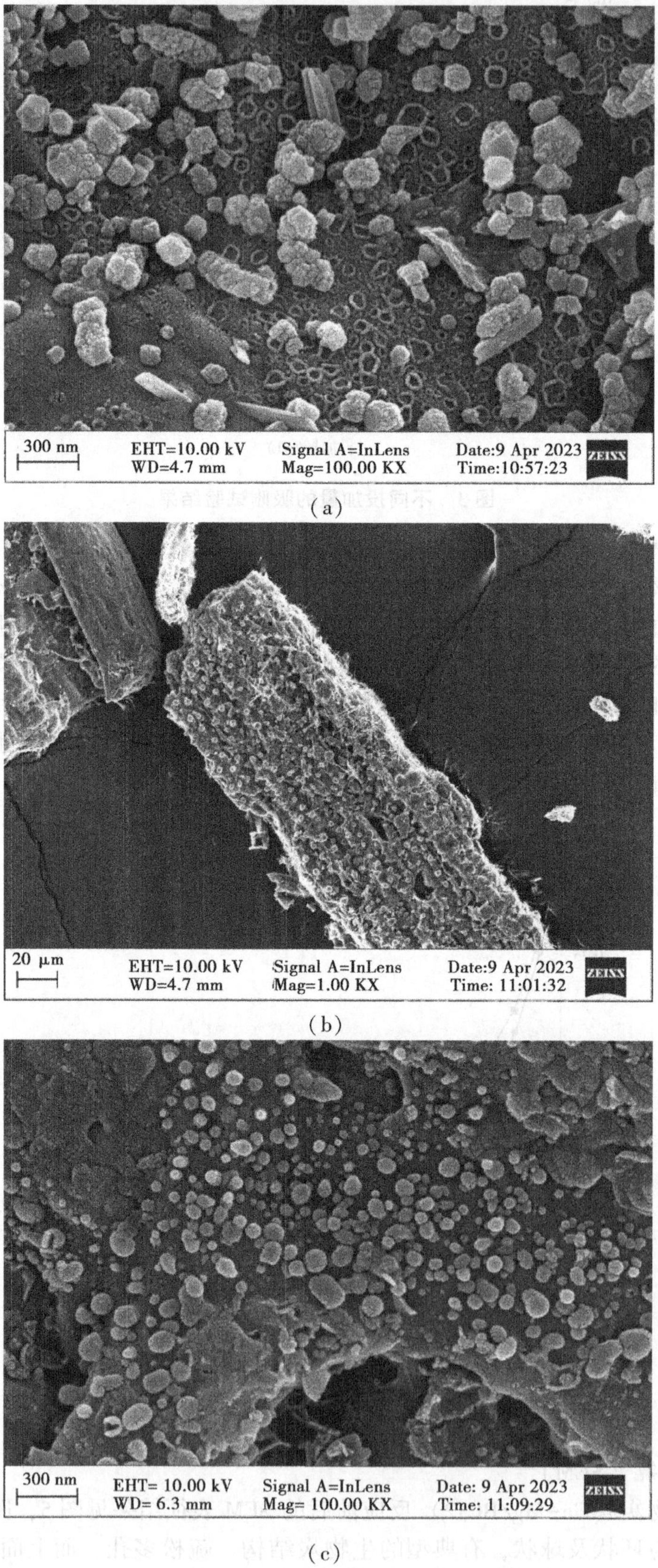

图 5 吸附反应前后材料的 SEM 表征结果

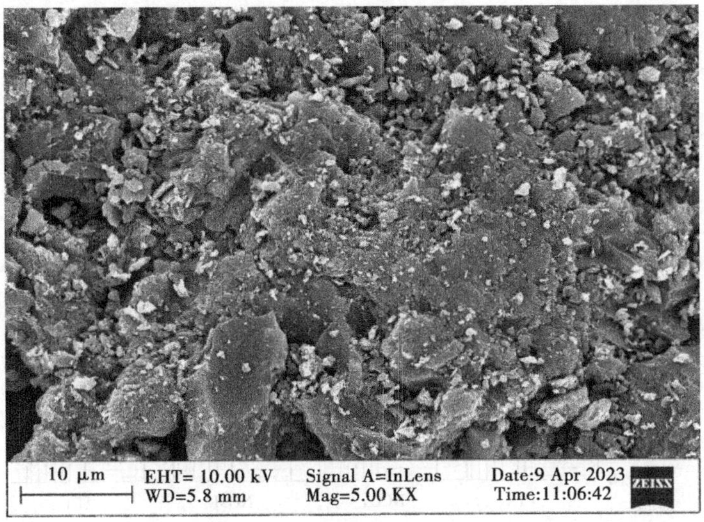

(d)

续图 5

3.2.2 X 射线衍射（XRD）

钙镁改性秸秆生物炭（Ca-Mg/BCJ2）反应前后的 XRD 表征结果见图 6。图谱显示 $CaCO_3$（104）（29.40 处）面有很强的晶体峰，MgO 则是（200）（21.458 处）面有很强的晶体峰，且通过对比反应后材料图谱，发现反应之后材料晶体结构对应的特征峰没有明显的下降，进一步说明材料晶体结构较为稳定。

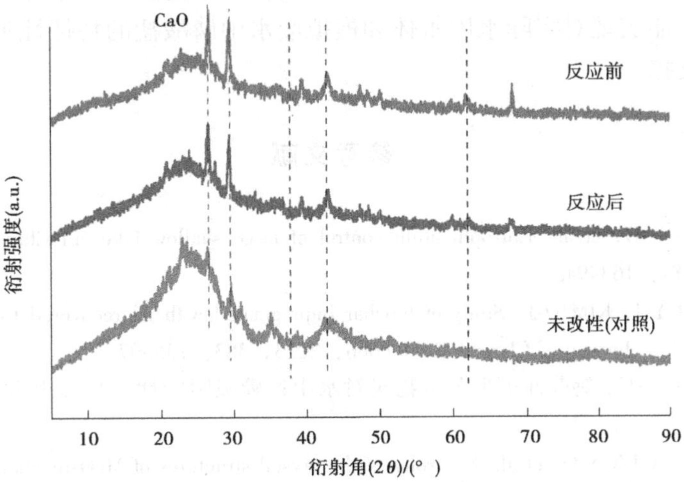

图 6　吸附反应前后材料的 XRD 表征结果

3.2.3 抗干扰能力分析

在实际水环境中，Cl^-、HCO_3^- 和天然有机物（NOM）等，均可能影响磷酸盐的去除，本研究探讨其对生物炭除磷的干扰研究，分别在钙镁改性秸秆生物炭（Ca-Mg/BCJ2）吸附磷酸盐的试验中加入 Cl^-（50 mmol/L）、HCO_3^-（50 mmol/L）和 NOM（10 mg/L），并进行空白对照。结果如图 7 所示：当添加 Cl^- 和 NOM 后，Ca-Mg/BCJ2 对实际水库水体的磷酸盐去除率分别为 88.4%和 86.7%，对模拟废水中磷酸盐的去除率分别为 72.54%和 69.85%，与空白组对比，Cl^- 和 NOM 并未对磷酸盐的吸附产生决定性影响。HCO_3^- 对磷酸盐的吸附稍有影响，可能原因是 Ca-Mg/BCJ2 对磷酸盐和 HCO_3^- 的吸附机制类似，从而产生竞争吸附作用，但整体影响不大。综上，Ca-Mg/BCJ2 可实现对磷酸盐的特征性吸附，在实际水环境中具有出色的抗干扰能力。

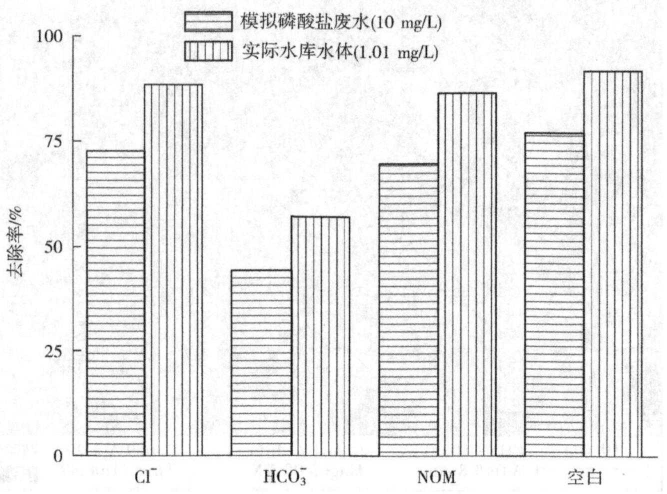

图 7　抗干扰能力分析结果

4　结语

通过本次研究，制备了一种能够有效去除水体中磷酸盐的钙镁改性秸秆生物炭（Ca-Mg/BCJ2），该材料具有较稳定的晶体结构，在投加量为 1 g/L、反应 12 h 后，对模拟废水（含 10 mg/L 磷酸盐）和实际水库水体（含 1.01 mg/L 磷酸盐）中磷酸盐的去除率分别为 73.6%和 90.5%，反应前后的材料结构晶相变化不大，基本无元素流失现象，稳定性高，吸附过程中对水体中阴离子和天然有机物具有较好的抗干扰能力，能实现对实际水库水体和模拟废水中磷酸盐的特征性吸附，为水环境治理提供了坚实的材料和理论支撑。

参考文献

[1] QIN B, ZHANG Y, ZHU G, et al. Eutrophication control of large shallow lakes in China [J] . Science of the Total Environment, 2023, 881: 163494.

[2] VAN TRUONG T. KIM Y-J, KIM D-J. Study of biochar impregmated with Al recovered from water sludge for phosphate adsorption/desorption [J] . Journal of Cleaner Production, 2023, 383: 135507.

[3] 常思露，高茜，魏佳宇，等. 钙改性玉米芯生物炭对水中氮磷吸附特性 [J] . 环境工程学报，2024，18 (2)：481-491.

[4] LUO H Y, WANG Y J, WEN X Q, et al. Key roles of the crystal structures of MgO-biochar nanocomposites for enhancing phosphate adsorption [J] . Science of the Total Environment, 2021, 766: 142618.

[5] 程帅龙，林亲铁，肖荣波，等. 铜基生物炭活化过硫酸钠处理废水中 EDTA-Cu [J] . 环境工程学报，2020，14 (12)：3298-3307.

[6] ZHONG Q F, LIN Q T, HUANG R L, et al. Oxidative degradation of tetracycline using persulfate activated by N and Cu codoped biochar [J] . Chemical Engineering Journal, 2020, 380: 122608.

[7] 林伟雄，周佳丽，孙水裕，等. 污泥生物炭负载镁铁双金属氧化物复合材料对 Pb 和 Cd 的竞争吸附研究 [J] . 环境科学学报，2024，44 (6)：44-50.

[8] FANG L, LI J, DONATELLO S, et al. Use of Mg/Ca modified biochars to take up phosphorus from acid-extract of icierated sewage sludge ash (ISSA) for fertilizer application [J] . Journal of Cleaner Production, 2020, 244: 118853.

[9] 孙媛媛. 芦竹活性炭的制备、表征及吸附性能研究 [D] . 济南：山东大学，2014.

基于植被分布的生态河道水力特性研究进展及思考

张景洲[1,2]　于子钺[1,2]　康鹤川[3]　梁　川[3]

（1. 河北工程大学河北省智慧水利重点实验室，河北邯郸　056038；
2. 河北工程大学水利水电学院，河北邯郸　056038；
3. 河北省水利工程局集团有限公司，河北石家庄　050000）

摘　要： 目前，我国大力推行生态型河道建设，植被在河漫滩甚至主槽的覆盖率大幅度提升，植被不仅是河流生态系统的重要组成部分，更是建设生态型河道的重要标志。植被存在改变了河道水流的水力学特性，影响着河槽蓄泄关系及汇流过程，对河道水流尤其汛期洪水径流的推进具有不容忽视的影响作用。结合目前研究现状，对含植被生态河道水力特性研究提出分析及展望，认为在今后的研究中应结合生态河道现实植被分布特征进行水力建模，并进行野外区域适用性研究，使研究结果更加贴合现代生态河道实况，并进行生态河道植被配置优化体系的建立。

关键词： 生态河道；植被分布；水力特性；配置优化

生态河道不仅包括无生命物质（水流、泥沙），而且包括有生命或生命组成部分，所以应将生态河道视为复杂的动力系统。生长在河道中的植被为河流动力系统的基本要素之一，植被在河道中构成了水中动物的生境，同时也影响了河道中水流形态，增加了水流阻力，改变了其紊动运输特性。含植被河道水流结构及紊动机制不仅与河道的形状、水位及流量等有关，而且与植被的种类、韧性、密度及分布等特性有关。生态植被水流特性的研究不仅为优化河流植被配置、最小化河道侵蚀、生态型河流建设的生态修复规划与运行管理提供科学依据，而且对区域性洪水防治与预测提供重要的理论意义。

当前，世界各国在河流的管理上强调在健康的河流生态系统中实现人与自然的和谐可持续发展理念。如何维持生态健康的河流已成为科学工作者最为关心的课题。近年来，随着山水林田湖草沙一体化保护和系统治理的实施，水资源、水生态、水环境的全球化统筹治理加快了河湖生态环境的复苏，使河道水生植被群落更加丰富立体，在提升河流生态功能的同时也改变了河道水流结构的空间变异性及行洪特征，故诸多学者对河道不同植被配置的水流结构特性进行了大量研究。

1　研究进展

植被覆盖普遍存在于河道及漫滩，这些植被的形状、刚柔性、密度及分布形式等因素在很大程度上影响河道的水动力学特性，同时也改变了其行洪能力。近年来，国内外学者在植被配置对河道水流影响方面的研究主要围绕以下3个热点方向展开。

1.1　植被不同覆盖度的河道水力特性研究

植被覆盖度是反映河道植被群落生长态势的重要基础数据，植被覆盖率的增大对河床及河底稳定

基金项目： 河北省自然科学基金青年科学基金项目（E20244021407）；河北省省级水利科技计划项目（2024-34）；河北工程大学创新基金项目（SJ2401002176）。

作者简介： 张景洲（1991—），男，讲师，主要从事水力学及河流动力学的相关研究工作。

通信作者： 于子钺（1993—），男，讲师，主要从事河湖生态保护与修复的相关研究工作。

性效益有显著作用，是目前生态河道植被配置的研究热点之一。赵冰清等[1] 通过明渠试验系统分析了模拟草被覆盖下水流流型流态与阻力特性，并通过等效粗糙度和水流流动阻力规律推导出等效阻力系数计算公式，公式表明草被覆盖度是影响水流阻力的重要因素。Barcelona 等[2] 选用聚乙烯丝条模拟柔性植被，探究了植被斑块覆盖度对河道水流结构的影响，研究表明，柔性植被的增加会产生更强的涡旋脱落促进尾流数量的增加。柳梦阳等[3] 系统研究了植被斑块覆盖度与其尾流结构的内在关系，表明植被斑内的出流强度与植被密度呈正相关性。Pasha 等[4] 研究认为，植被覆盖度、植被茎秆粗度对植被水流阻力及流态有很大影响。

1.2 植被刚柔性及淹没状态的河道水力特性研究

基于河道植被的生物属性、种类多样性及河水径流时空差异性，植被刚柔性及淹没度对河道水力特性的影响成为目前诸多学者的研究热点。陈月君等[5] 采用声学多普勒测速仪（ADV）测量 3 种淹没度下的流速，研究表明，淹没刚性植被通过改变水流结构，造成时均流速、紊动强度、雷诺应力等水力参数垂线分布不均匀和沿程差异化，植被显著增强了水流紊动，且紊动特性取值与淹没度正相关。Calvani 等[6] 通过水槽试验研究刚性植物 3 种不同空间密度对河道水流的速度分布和流动模式的影响，以及河床侵蚀和沉积过程的影响规律。桂婕等[7] 利用 3 种形态的塑料模拟植被（簇生草状型、分枝带叶型和平面单叶型）开展水槽试验，研究了柔性植被复杂形态对水流结构与阻力特性的作用机制，并总结出三种类型植被阻力大小规律及水流作用下发生弯曲的程度。Shi 等[8] 通过试验研究刚性植被对水流速度的影响规律，并建立可以根据给定的植被条件和水流参数来预测平均速度的计算模型。

1.3 植被类型因子及空间分布模式的河道水力特性研究

由于人类活动的不断加剧，其具有改造原有自然河道地貌特征的能力，如生态河道景观规划等系列人为活动改变了自然河道的空间属性，在特有的地域属性降雨及水分约束下，植被类型因子及空间分布模式影响着河道水流特性，备受诸多学者的关注。梁潇瑜等[9] 通过野外简易径流小区放水冲刷试验对 6 种不同类型植被（取裸地、荆条、胡枝子、茵陈蒿、狗牙根、荆条+茵陈蒿）进行水流动力学特性研究，研究表明，狗牙根比灌木类具有更好的减流减沙效益，低草本高密度根系植物可能有更好的阻流拦沙效果。Okhravi 等[10] 在 4 条低地河流中设置了 45 个断面，研究了一年内的季节性流动阻力值，结果表明，低流期河流边界阻力的主要来源是河床形态和水生植被，且在 7—8 月，流动阻力最大[10]。Ahmed 等[11] 研究表明，植被走向与水流方向的夹角是影响流阻的重要因素之一，即水流夹角与流阻呈负相关性。杨琰青等[12] 在确保覆盖度不变的情况下，研究 3 种不同植被空间分布对水流阻滞作用的影响，其阻滞能力依次为线性、斑块型、交错型。

2 存在问题分析

随着河湖生态保护治理的加强，目前基于生态植被对河道水力特性的影响的研究成果颇丰，但国内外对含植被河道水流影响方面的研究主要围绕植被覆盖度、植被刚柔性、植被淹没状态、植被类型因子及空间分布模式几个热点方向展开。受植被物种多样性、自组织行为及人类活动的影响，植被分布特征对生态河道的影响存在以下 3 点问题有待解决。

2.1 植被简化模拟处理表述生态河道水流物理现实程度问题

为提高试验效率和增强试验效果，多数研究采用植被尺寸均一、概化模拟处理的方法研究植被对河道水流的影响。这种将植被采用均一化处理决定流域栅格单元间植被分布格局的做法，实质上忽略了河道植被的物种多样性、植被生物属性及人为规划性，如自然及人为环境下植被的多重组合性、分布空间变异性、生境破碎性等系列问题，将所有栅格单元间的植被整体格式化。而这种利用植被均一简化模拟处理的研究方法，研究复杂多变的河道植被水流其结果能在多大程度上表述河道水流物理现实，有待进一步研究。基于此，相关研究成果可多大程度应用于现实河道的水文预报、生态修复及规划治理亦有待进一步商榷。

2.2 生态河道植被形态特异性的水力特性问题

柔性植被与水流相互作用时，受动水压力作用向下游倒伏，而且会根据水流力学特性变化不断调整倒伏幅度，并伴随体态振动。目前，对于植被形态变化对河道水流特性如何影响尚不统一，有学者认为在非淹没条件下，植物倒伏不会导致阻水面积变化，认为阻力系数不变[13]，而一些学者认为植被的弯曲变形使植物获得流线型的形状而使阻力减少[14-15]。目前，对植被形态特征与水流动力学要素之间的联系，以及植被不同弯曲倒伏幅度下的水力特性较为系统的研究欠缺，已有的研究集中在倒伏是否使植被的水流阻力发生变化，是淹没状态单一情况下的定性分析，定量研究较少，缺乏对植被倒伏所产生水流阻力变化及流态响应较为系统的机制研究。

2.3 生态河道植被配置优化体系问题

在生态文明思想的引领下，复苏河湖生态环境的理念逐渐转变为要尊重自然，用自然的方法修复自然，导致植被在生态河道的覆盖率大幅提高。然而，植被热潮可能会带来诸多负面影响，这很大程度上取决于如何因地制宜地实现河道植被的优化配置。目前，研究多集中于植被覆盖度方面，未探索相同植被数量配置下的水流阻力及紊动效应综合对比研究，一味增加植被覆盖度会影响植被效应、挑战可持续水资源极限及增加河道土壤及水流承载力负担。虽然有关植被水流特性方面的研究较多，但尚未建立相同配置下的植被分布及形态特征差异下的水流特征影响比较，即针对植被对生态河道水力特性研究尚未构建系统的植被配置优化体系。

3 结论

生态河道植被的典型分布模式及形态特征是影响水流结构和特性的重要因素，对河道植物分布及形态的准确模拟有利于合理解释其水流水力特性，可以实现河道水力参数优化，减小河道径流评估偏差，使模拟更具现实物理意义。虽然目前相关研究成果颇丰，但仍存在植被简化模拟处理表述生态河道水流物理现实程度、生态河道植被形态特异性的水力特性、生态河道植被配置优化体系问题。因此，在今后的生态河道植被水流特性的研究中，应加强以下两个方面的研究，为精确模拟河道汇流过程提供理论支持，为区域灾害性洪水预测防治、生态型河道防洪能力计算、河流生态修复及水利工程建设提供科学依据。

（1）结合生态河道现实植被分布特征揭示水力特性机制。河道水流结构变化受植被多样性、植被生物属性、人为规划等因素影响极其普遍，为使植被对河道水流特性影响作用更为明确，模拟结果可以更好地应用于现实河道，有必要结合现实河道植被的典型分布特征研究揭示现代流域植被分布特点对水流的影响机制。考虑现代流域植被的多样性、人为规划所致的植被混种及套种问题，加强研究植被多重组合分布对生态河道水力特性机制影响。考虑植被的生物属性，加强研究水流作用下植被弯曲倒伏形态变化对生态河道水力特性机制影响。考虑植被分布空间变异性，加强植被分布模式对河道水流影响机制揭示。考虑高度复杂的人类活动及水生植被自组织行为导致的生态河道植被景观异质性及生境破碎化，加强植被斑块变化响应对流域尺度水流结构的影响研究。作者认为在今后的研究中应结合生态河道现实植被分布特征进行水力模型的建立，并进行野外区域适用性研究，使研究结果更加贴合现代生态河道实况。

（2）建立生态河道植被配置优化体系。目前，研究多以增加植被覆盖度以达到减缓河床侵蚀目的，但一味地增加植被覆盖度会影响植被效应、挑战可持续水资源极限、增加河道土壤及水流承载力负担。所以，除增加植被覆盖度外，在特定的植被覆盖前提下，结合不同地区因地制宜地配置最佳植被种类及分布模式，通过植被分布模式及形态变化调节坡面植被水流阻力，减缓坡面水力侵蚀也是一种可行的措施。相同植被密度下，如何优化植被配置以调节水流机制，这一问题的回答对于河道水力侵蚀、河道生态修复、河道暴雨洪水预测等具有重要价值。但目前这方面研究较少，而且有限的研究其结果依然相左。作者认为在今后的研究中应综合对比分析同植被数量配置下其植被分布模式及形态特征的水力特性演变机制，进行影响范围的确定及等级划分，为科学优化河道植被配置、最小化河道侵蚀提供理论参考，从而构建生态河道植被配置优化体系。

参考文献

[1] 赵冰清，陈恬玥，孙晓敏，等．模拟草被覆盖下坡面水流阻力特性试验研究［J］．节水灌溉，2023（3）：106-115.

[2] Barcelona A，Oldham C，Colomer J，et al. Functional dynamics of vegetated model patches：The minimum patch size effect for canopy restoration［J］. Science of the Total Environment，2021，795：148854.

[3] 柳梦阳，槐文信．基于粒子图像测速技术的淹没植被斑时均尾流结构研究［J］．水利学报，2021，52（11）：1324-1331.

[4] Pasha G A，Tanaka N. Critical resistance affecting sub-to super-critical transition flow by vegetation［J］. Journal of Earthquake and Tsunami，2019，13（1）：1950004.

[5] 陈月君，赵连军，王瑶，等．淹没刚性植被明渠紊流沿程流动特性差异［J］．水科学进展，2024（2）：1-8.

[6] Calvani G，Francalanci S，Solari L. Insights into the dynamics of vegetated alternate bars by means of flume experiments［J］. Water Resources Research，2023，59（3）：e2022WR032536.

[7] 桂婕，王平．含复杂形态柔性植被水流水力特性的试验研究［J］．水动力学研究与进展 A 辑，2023（6）：974-986.

[8] Shi H，Liang X，Huai W，et al. Predicting the bulk average velocity of open-channel flow with submerged rigid vegetation［J］. Journal of Hydrology，2019，572：213-225.

[9] 梁潇瑜，信忠保，夏晓平．植被类型对河岸带坡面流水动力特性的影响［J］．水土保持研究，2023，30（1）：113-119.

[10] Okhravi S，Schügerl R，Velísková Y. Flow resistance in lowland rivers impacted by distributed aquatic vegetation［J］. Water Resources Management，2022，（7）：2257-2273.

[11] Ahmed A，Valyrakis M，Ghumman A R，et al. Experimental investigation of flood energy reduction through vegetation at various angles［J］. River Research and Applications，2021，37：644-655.

[12] 杨琰青，王雯，顾中明，等．不同布置形态下刚性淹没植被对水流特性的影响［J］．水资源与水工程学报，2018，29（5）：167-171.

[13] Armanini A，Righetti M，Grisenti P. Direct measurement of vegetation resistance in prototype scale［J］. Journal of Hydraulic Research，2005，43（5）：481-487.

[14] Li G，Wang X，Zhao X，et al. Flexible and rigid vegetation in overland flow resistance［J］. Transactions of the ASABE，2013，56（3）：919-926.

[15] Okamoto T，Nezu I，Sanjou M. Flow-vegetation interactions：length-scale of the “monami” phenomenon［J］. Journal of Hydraulic Research，2016，54（3）：251-262.

东山西埔湾现状水动力与水环境研究分析

张　健[1,2]

（1. 福建省水利水电勘测设计研究院有限公司，福建福州　350001；
2. 福建省水动力与水工程重点实验室，福建福州　350001）

摘　要：东山西埔湾是半封闭式的内湾，由西埔湾围垦工程形成。西埔湾垦区面积广阔，主要承担水产养殖功能。研究分析西埔湾的水动力与水环境状况，对于西埔湾生态建设和环境可持续发展具有重要意义。对西埔湾开展了水动力与水环境现状调查工作，利用水动力以及水质沉积物调查资料分析现状西埔湾水动力与水环境情况，重点了解西埔湾现状存在的主要环境质量问题。立足于西埔湾现状环境存在的水质恶劣、水体富营养化等突出问题，依据西埔湾地形、污染源、水动力等情况，综合研究分析产生问题的原因，并基于现状问题和原因给出相关治理方向建议。

关键词：西埔湾；水体富营养化；水质；沉积物；水动力

1　引言

西埔湾处于漳州东山岛，西侧为诏安湾，东南侧为乌礁湾（西埔湾地理位置如图1所示）。西埔湾围垦工程修建了西埔湾海堤和水闸，围垦使得西埔湾水体成为相对封闭的内湾水体，海堤将西埔湾湾内海域围起进行人为利用，但西埔湾仍保留了纳潮换水的通道，湾内水体可通过西埔湾水闸与外海进行潮汐交换。本文将西埔湾这样的水体称为半封闭式的内湾水体。西埔湾垦区主要进行盐田、水产养殖等生产活动，北侧上方小部分滩涂开发建设为盐田，其余大部分承担水产养殖功能，主要养殖对

图1　西埔湾所处地理位置示意图

作者简介：张健（1997—），男，助理工程师，主要从事河口海岸动力学研究工作。

虾[1]。除盐田、虾池外，还有纳排潮水沟（纳潮沟），通过纳排潮水沟将海水吸纳进入盐田和虾池使用；退潮也可以将排泄废物等排出湾内[2]。

西埔湾围垦工程建成至今，垦区内虾池密布，水动力与水环境问题日渐突出。国内关于西埔湾的研究多数集中于西埔湾水产养殖方面的生物学研究[3-5]。张其永等[3]通过 1981—1989 年西埔湾年渔获量数据的统计比较以及西埔湾生物资源种类特别是鱼类种类的分析，得出当时西埔湾生物资源、年渔获量有减少衰退趋势的结论，并给出了有关恢复增加湾内生物资源的对策。西埔湾水产养殖的生物资源与水动力、水环境是有关联的。水动力弱、水质污染必然会影响西埔湾内的水产养殖产量与质量，而改善湾内的水动力、水环境和限制水质污染则是西埔湾生物资源增殖的有效途径[3-4]。可见开展西埔湾水动力与水环境的研究分析工作对于西埔湾渔业养殖产业意义重大。对于西埔湾区域的水质环境调查分析，有一些学者做了研究。阮金山等[6]根据 1994 年 8—11 月西埔湾垦区内水体的水质环境调查监测资料，分析西埔湾内水体特别是虾池进水沟处的水质环境指标、底泥情况和细菌浮游生物情况，发现有水域已接近或达到赤潮标准。范祥[7]给出了西埔湾内多个测点的海洋水质调查结果，结论为西埔湾水体富营养化严重。西埔湾作为重要的水产养殖基地，水体的水质环境至关重要。由于西埔湾为半封闭式的内湾水体，其水动力条件是与污染废物的排出密切相关的，从而会影响到西埔湾水体的环境质量。目前，针对西埔湾水动力的分析研究较少，而水动力条件与西埔湾整体环境质量息息相关。因此，有必要对西埔湾水动力与水环境条件作分析研究。

本文将水动力与水环境相结合，开展了西埔湾内水动力与水质沉积物的现场调查监测工作，得到了水动力条件要素（水流流速、流向）与水质环境、沉积物环境指标的监测分析结果。研究了西埔湾水体现状的水动力条件以及环境质量状况，发现西埔湾整体水质恶劣、水体呈富营养化、环境质量差。随后重点从水动力的角度进一步研究分析西埔湾现状水质恶劣、水体呈富营养化问题产生的原因，最后给出相关治理方向建议。

2 西埔湾现状水动力与水环境调查分析

开展西埔湾水动力与水环境状况调查有助于了解该水域的环境质量现状，从而进一步指导西埔湾的开发治理工作。本文将水动力与水质沉积物环境质量相联系，重点从水动力的角度分析水质环境问题产生的原因及水环境治理方向建议。因此，开展了西埔湾区域水动力要素（水流流速和流向）、水质与沉积物的调查工作。主要调查站位如图 2 所示。其中：站位 1 位于西埔湾水闸附近，站位 2 位于西埔湾内纯水域，站位 3、站位 4 位于纳潮沟，在这 4 个站位进行了流速、流向、水质、沉积物的调查工作；站位 7 与站位 8 位于西埔湾虾池内，在这 2 个站位仅进行了沉积物的调查工作。

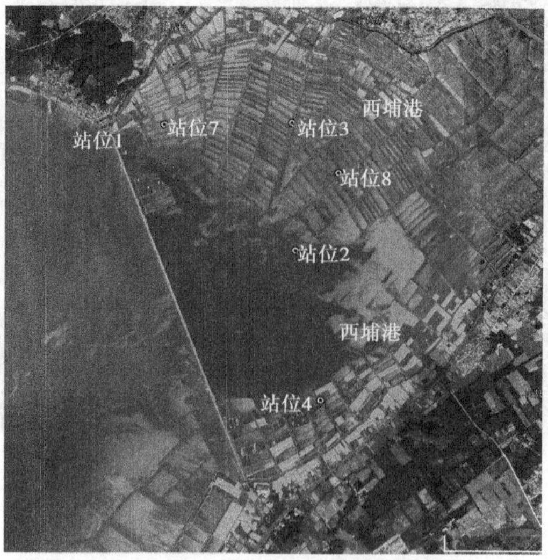

图 2 西埔湾水动力与水环境调查站位

2.1 西埔湾现状水动力调查结果分析

对西埔湾代表站位进行了大小潮期间水动力要素即水流流速和流向的观测工作，观测时间为2023年2月13日16：00至2023年2月14日19：00（小潮），2023年2月20日19：30至2023年2月21日22：30（大潮）。大潮期间，位于站位1附近的水闸有开闸。本次西埔湾流速、流向观测结果见表1。

表1 西埔湾流速、流向观测结果

站位	小潮期间	大潮期间（其间内有开闸）
1	高低平潮时流速基本为0.03~0.06 m/s。涨落潮流速基本为0.12~0.38 m/s。 涨潮流向水闸外，落潮流向水闸内	水闸未开时流速0.01~0.14 m/s。开闸期间流速最大可达0.66~1.26 m/s。 涨落潮流向均向水闸外
2	流速均为0.04~0.08 m/s。 涨落潮流向均为向南	流速为0.01~0.10 m/s，平均流速约为0.05 m/s。 流向东南
3	流速均为0.01~0.05 m/s。 涨潮流向沿河道向陆侧（东北），落潮流向沿河道向海侧（西南）	水闸开启前流速大多为0.01~0.06 m/s。开闸约4 h后流速达0.27 m/s。 涨落潮流向基本为沿河道向海（西南）
4	流速均为0.01~0.04 m/s。 涨潮流向沿河道向陆侧（东南），落潮流向沿河道向海侧（西北）	开闸约8 h后流速达0.27 m/s左右。关闸约7 h后流速下降，至0.10 m/s以下。 涨落潮流向均为沿河道向海（西北）

由表1可知：西埔湾内站位2、3、4观测期间整体流速均较小。站位2位于西埔湾内纯水域，整个观测期间流速基本小于0.10 m/s，很多情况下流速不足0.05 m/s，流速小，且流速、流向基本不受西埔湾水闸开闭影响。站位3、4分别位于西埔湾内北部、南部纳排潮水沟中，西埔湾水闸未开时这2个站位流速均很小（基本在0.05 m/s以内），水闸开启后这2个站位流速会增大。

2.2 西埔湾现状环境质量调查结果分析

为深入了解西埔湾的水质及沉积物环境质量情况，于2023年2月13日和2023年2月22日小潮和大潮期间分别进行了两次海水水质采样，于2023年2月23日进行了沉积物采样。

2.2.1 西埔湾海水水质调查结果分析

西埔湾各调查站位海水水质监测分析结果显示：小潮期间各调查站位pH基本正常；各站位海水中化学需氧量、活性磷酸盐、石油类指标均未达到海水水质标准第四类要求，均为劣四类；溶解氧含量仅有站位2的样本达到海水水质标准第四类要求，其余站位的样本均不符合海水水质标准第四类要求，即为劣四类；无机氮含量未达到海水水质标准第四类要求的样本占比也超过了50%。大潮期间各调查站位pH基本正常；各调查站位活性磷酸盐、石油类均未达到海水水质标准第四类要求，为劣四类；无机氮含量不符合海水水质标准第四类要求，为劣四类的样本占比为50%。

西埔湾海水水质监测分析结果总结见表2、表3。

表2 小潮水质总结

小潮水质	溶解氧	化学需氧量	活性磷酸盐	无机氮	石油类	总磷、总氮
	第四类~劣四类	劣四类	劣四类	第二类~劣四类	劣四类	第一类

表 3　大潮水质总结

大潮水质	溶解氧	化学需氧量	活性磷酸盐	无机氮	石油类	总磷、总氮
	第一类~第二类	第一类~第三类	劣四类	第一类~劣四类	劣四类	第一类

水质调查项目中属营养盐有活性磷酸盐（代表 DIP）以及硝酸盐、亚硝酸盐、铵盐（将三项之和代表无机氮 DIN）。本次西埔湾水质调查的营养盐情况具体见图 3~图 6，其中大小潮期间活性磷酸盐（DIP）调查结果如图 3、图 4 所示，大小潮期间无机氮（DIN）调查结果如图 5、图 6 所示。由图 3、图 4 可以看出，各测站大小潮期间活性磷酸盐含量均未达到海水水质第四类标准（≤0.045），最大值出现在大潮的站位 2，是第四类标准的 6.8 倍。由图 5、图 6 可以看出，大潮期间各调查站位无机氮含量超过海水水质第四类标准的样本占比为 50%，小潮期间各调查站位无机氮含量超过海水水质第四类标准的样本占比超过了 50%，最大值出现在小潮的 3 号站位，是第四类标准的 1.6 倍。

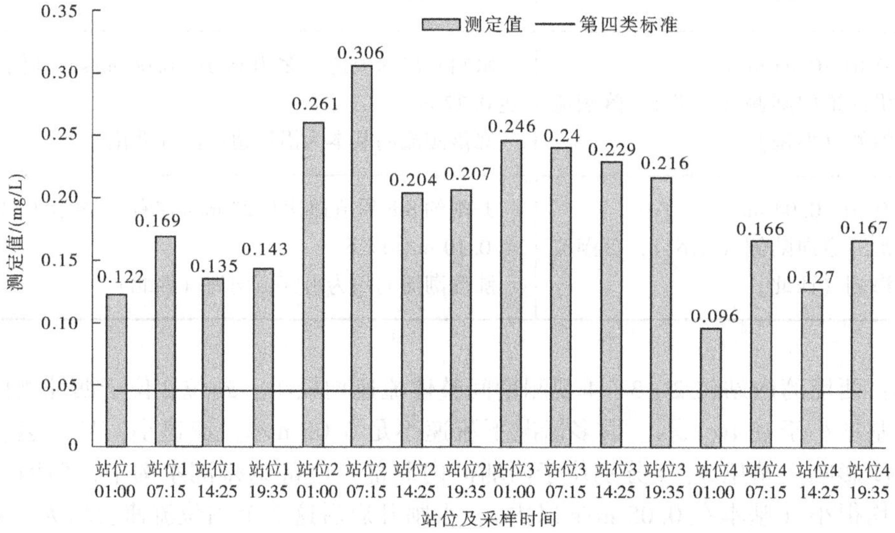

图 3　大潮活性磷酸盐 DIP 调查结果

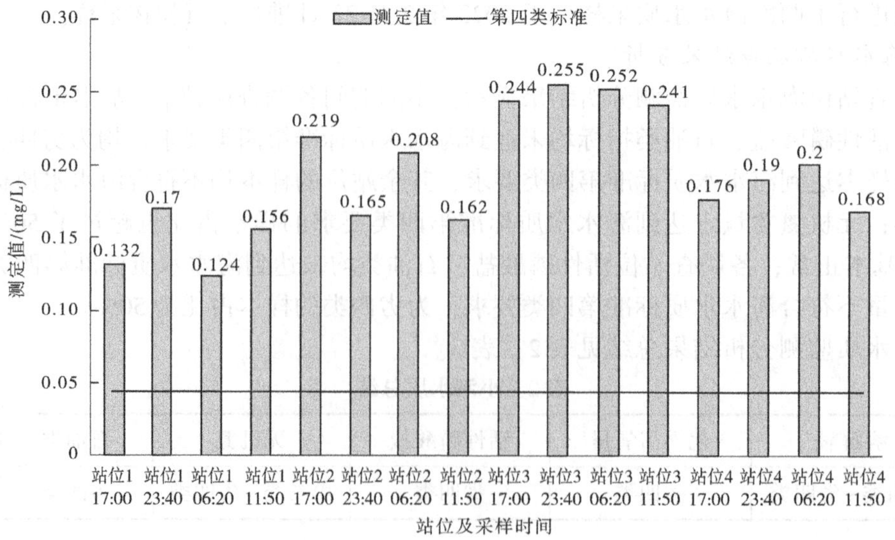

图 4　小潮活性磷酸盐 DIP 调查结果

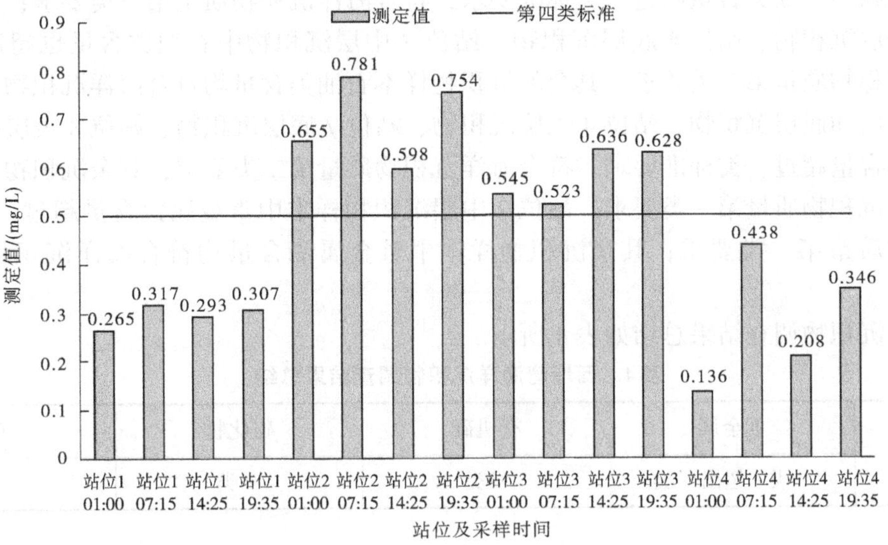

图 5　大潮无机氮 DIN 调查结果

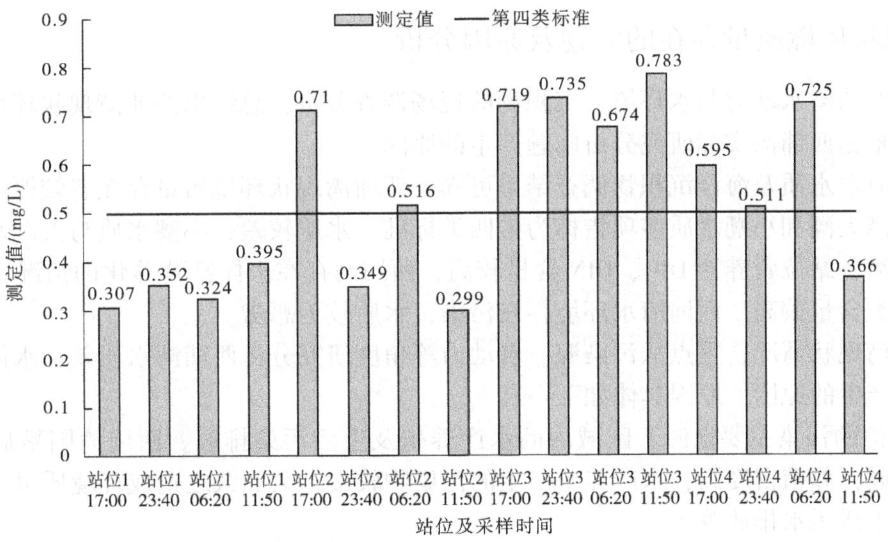

图 6　小潮无机氮 DIN 调查结果

由于水体富营养化主要是指水中的磷、氮等营养盐含量较高，而上述水质调查分析显示西埔湾各站位 DIP、DIN 含量较高，各站位的活性磷酸盐 DIP 含量均超过海水水质第四类标准，无机氮 DIN 超海水水质第四类标准的样本达到总样本的一半以上，因此本次西埔湾水质调查结果表明西埔湾水体呈富营养化。

总体来看，西埔湾大小潮水质中各测验站位活性磷酸盐、石油类指标均为劣四类标准，水质较差，小潮水质更为恶劣。西埔湾各站位 DIP 含量均超过海水水质第四类标准，无机氮 DIN 超海水水质第四类标准的样本数也达到总样本数的一半以上，西埔湾水体呈富营养化。

2.2.2　西埔湾沉积物调查结果分析

本次沉积物调查对每个站位均取表层、中层、底层 3 个样本。

各调查站位沉积物硫化物，有机碳，重金属汞、铅、铬、砷均符合海洋沉积物质量第一类要求。

站位 4 表层沉积物中石油类含量超过一类标准要求，符合海洋沉积物质量第三类要求；站位 2 底层沉积物、站位 3 表层沉积物、站位 4 底层沉积物、站位 7 中层沉积物中石油类含量也超过一类标准要求，符合海洋沉积物质量第二类要求；其余的沉积物样本石油类含量均符合海洋沉积物质量第一类要求。站位 3 的中层和底层沉积物、站位 4 表层沉积物、站位 7 底层沉积物、站位 8 表层中层及底层沉积物中重金属铜含量超过一类标准要求，符合海洋沉积物质量第二类要求；其余沉积物样本中重金属铜含量符合海洋沉积物质量第一类要求。站位 2 中层沉积物样本中重金属镉含量超过一类标准要求，符合海洋沉积物质量第二类要求；其余沉积物样本中重金属镉含量均符合海洋沉积物质量第一类要求。

西埔湾海洋沉积物调查结果总结如表 4 所示。

表 4　西埔湾海洋沉积物调查结果总结

沉积物	重金属	有机碳	硫化物	石油类
	一类~超出一类	一类	一类	一类~三类

综上所述，该调查海域附近海洋沉积物质量多数符合海洋沉积物质量第一类要求。但沉积物（底泥）有超出第一类的，少部分为第三类，存在污染，主要是部分沉积物重金属、石油类含量偏高。

3　西埔湾现状环境质量存在的问题及原因分析

通过前述西埔湾水动力与水环境、沉积物的现场调查分析，总结出西埔湾现状环境质量存在的主要问题，随后根据西埔湾实际研究分析问题产生的原因。

由西埔湾海水水质及海洋沉积物调查结果可知，西埔湾现状环境质量存在着较严峻的问题，主要问题是：西埔湾大潮和小潮水质多项指标为劣四类标准，水质较差，小潮水质与大潮水质相比更为恶劣，同时西埔湾各站位营养盐 DIP、DIN 含量较高，西埔湾存在水体富营养化的情况；部分沉积物中重金属、石油类含量偏高。西埔湾水环境存在污染，水质较为恶劣。

依据西埔湾现状情况，重点从污染源、水动力等角度研究分析西埔湾水质差、水体富营养化、水环境恶劣问题产生的原因。原因具体如下：

（1）西埔湾的污染主要来源于区域内的水产养殖及生活污染排放。西埔湾围垦后，内部的水产养殖业迅猛发展，养殖密度高，水产养殖产生的污染物较多，久而久之造成环境质量下降。同时周边居民也会带来生活污水排放等。

（2）西埔湾水动力不足，水动力条件弱，水质易恶化。西埔湾水动力要素（流速、流向）现场观测结果显示，西埔湾内水域流速较小、水动力弱。为进一步说明西埔湾内水动力条件不足，还进行了西埔湾现状条件下一个纳排潮过程的水动力数模计算分析。根据西埔湾现状条件下水动力环境数学模型计算模拟统计结果：西埔湾垦区主体水域东部大片以及南北纳潮沟的中下游平均流速小于 0.05 m/s，流速很小，水动力极弱，呈死水区。西埔湾现状条件下的平均流速分布及流速不足呈死水区的大致分布情况如图 7 所示。西埔湾水动力不足、水动力弱容易造成水质恶化。

（3）西埔湾局部区域水体交换差，污染物难以排出外海。进行了西埔湾区域现状污染物输移及水体交换数值模拟研究分析，通过数学模型模拟了无径流来水时，经历大潮期纳排潮换水后西埔湾区域内标志物浓度分布情况，并模拟计算水体交换率情况。设定西埔湾区域初始标记物浓度分布如图 8 所示，经历大潮期换水后西埔湾区域内标志物浓度分布情况如图 9 所示（图中黑色椭圆内区域水体基本不交换或水体交换率小）。可以看出：西埔湾现状下经过大潮纳排潮换水后的污染物（标志物）的浓度分布，与初始污染物（标志物）浓度分布相比，部分区域污染物浓度基本没有变化，水体基本不交换或水体交换规模小。水体基本不交换或水体交换规模小的区域集中于西埔湾垦区主体水域的

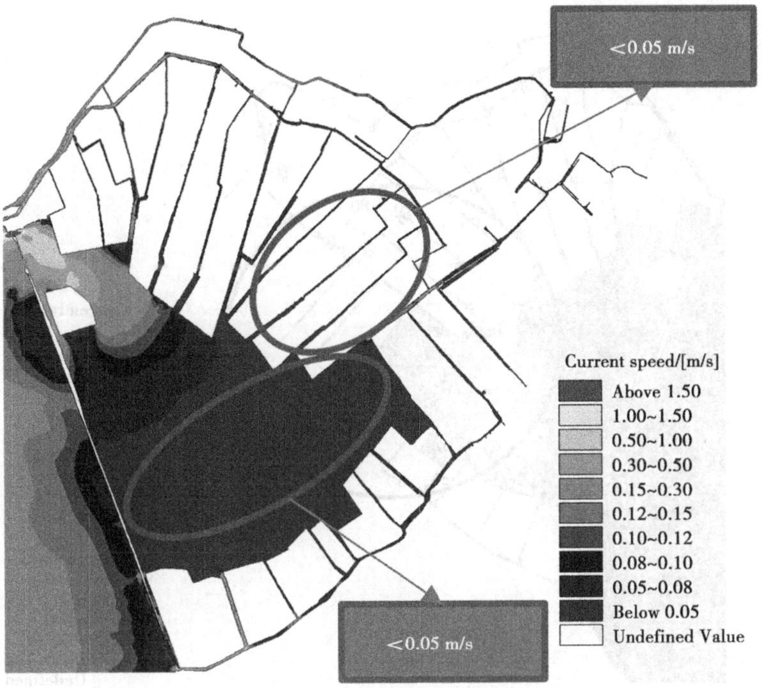

图 7　西埔湾水域现状条件下的平均流速分布

东部以及南北纳潮沟的下游，这部分区域水体交换率都为个位数，小于 10%（西埔湾现状条件下的水体交换率如图 10 所示），水体交换差。西埔湾这部分区域水体交换差，水体交换规模偏小，里面的污染物难以排出外海。从实际情况出发分析，西埔湾水闸是西埔湾围垦区内与外海进行水体交换的主要渠道，由于通过水闸纳潮进入的海水量有限，垦区各处内部沟渠不断分走有限的海水，使得西埔湾垦区主体水域的东部以及南北纳潮沟的下游进水量较少、水体交换差、污染物难以排出，成为水体死角，从而造成水体富营养化、水质不断恶化。

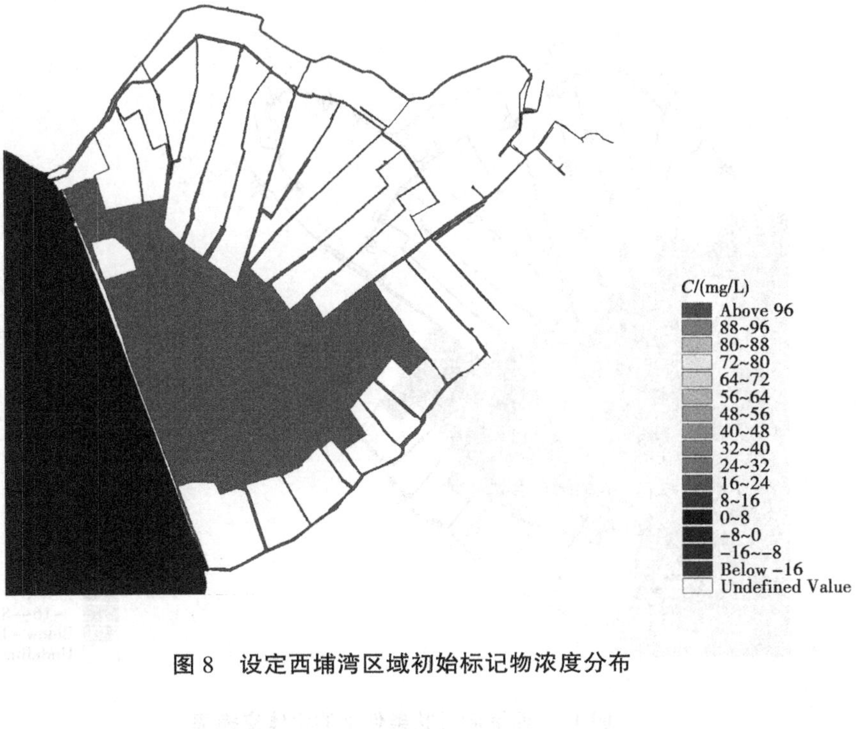

图 8　设定西埔湾区域初始标记物浓度分布

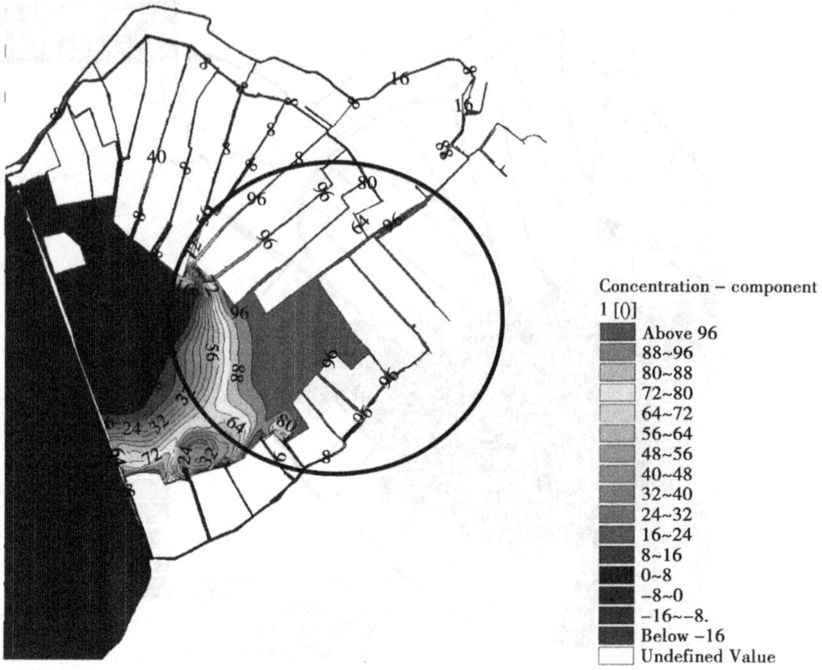

图 9　经历大潮期换水后西埔湾区域内标志物浓度分布

（4）西埔湾垦区淤积严重，纳排潮水沟（纳潮沟）进出水功能弱化。西埔湾纳排潮水沟地形高程较高，大部分在 0 m 以上，有的还超过 1 m，而西埔湾主体水域高程大多都是在 0 m 以下（85 高程基准）。西埔湾区域淤积严重的部分纳排潮水沟地形如图 11 所示（椭圆内纳排潮水沟淤积较为严重）。纳潮沟淤积严重，限制了它们的进出水功能。西埔湾垦区存在淤积问题，纳排潮水沟进出水功能弱化。西埔湾水域自海堤建成围垦之后，未进行过系统的清淤疏浚工作。西埔湾实地淤积照片如图 12 所示。而污泥的淤积还会使得西埔湾围垦水域受到污染，水质恶化。

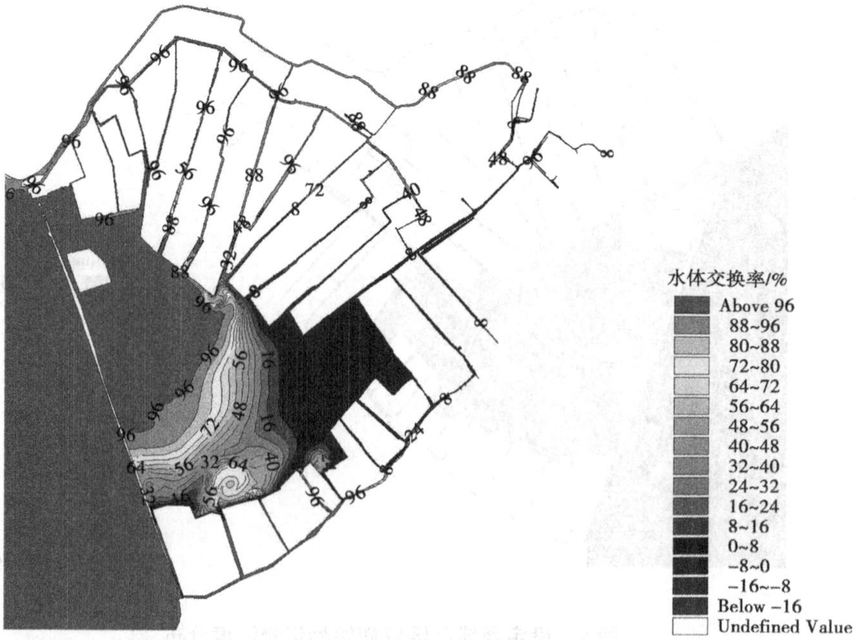

图 10　西埔湾现状条件下的水体交换率

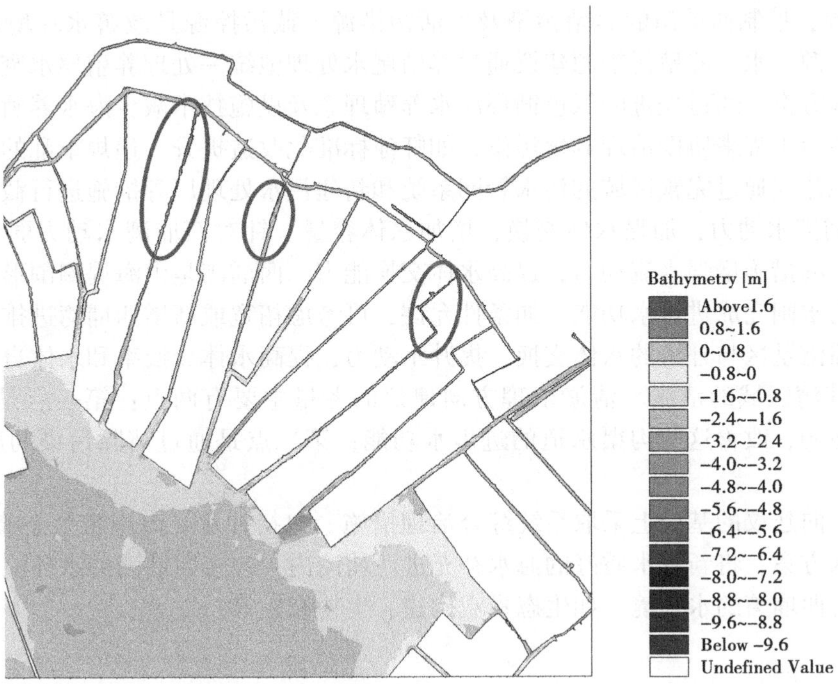

图 11　西埔湾区域部分纳排潮水沟淤积严重

图 12　西埔湾实地淤积照片

4　西埔湾水环境治理方向建议

通过西埔湾水质、沉积物调查分析发现：西埔湾存在污染，一些水质指标为劣四类标准，水质差，环境较恶劣，营养盐含量较高、水体富营养化，部分沉积物样本重金属、石油类含量偏高，整体水环境质量不容乐观。面对这样的环境质量问题，具体从污染源、水动力等角度研究分析了问题产生的原因。原因主要包括西埔湾内水产养殖污染危害环境，还存在周边生活污染；西埔湾水动力条件弱、水质易恶化；西埔湾局部区域水体交换差、污染物难以通过水体交换排出外海；西埔湾垦区纳排潮水沟淤积严重，限制了其进排水功能。立足于上述西埔湾现状环境质量存在的问题及产生问题的原因，给出西埔湾现阶段水环境治理方向建议如下：

（1）截污控源，控制西埔湾的养殖污染及生活污染源。截污控源是改善水环境质量的根本，对西埔湾内两大污染源，水产养殖污染源建议通过养殖尾水处理池统一处理养殖尾水废水，并可进一步实施绿色养殖工程方案，通过先进的绿色循环海水养殖理念及设施技术减少海水养殖污染；同时进行西埔湾区域环境整治工程来协助治理养殖污染，如虾池标准化改造提升、违规杂乱的虾池鱼排取缔清除等。生活污染源建议通过完善区域的污水管网系统和新建污水处理厂等措施进行截污控源。

（2）提升西埔湾水动力，加强水体交换，增加水体容量。针对西埔湾水动力弱、水体交换差的现状，可以采用工程措施增强水流动力，提高水体交换能力。西埔湾是由海堤圈围形成的半封闭式海湾，主要靠西埔湾水闸完成进排水功能。如条件允许，可考虑拓宽或新增西埔湾进排水通道，增强纳潮能力，促进西埔湾垦区与外海的水体交换，提升水动力，提高水体交换率和水体自净能力。

（3）进行西埔湾区域的清淤。清淤治理方向建议的考量主要有两点：第一点是通过清除淤积，保证纳排潮水沟通畅，改善这些沟渠水道的进出水功能；第二点是通过清除污染的底泥来减少内源污染。

在上述治理方向建议的基础上采取系统综合治理措施，包括补水、海岸带生态修复等治理方案。可以考虑生态补水方案，将新鲜水质好的海水补充进西埔湾内，改善西埔湾的水环境。海洋生态修复措施也可协助改善西埔湾的水环境，如生态景观构建、生物修复等。

5 结语

西埔湾是位于福建省漳州市东山岛的重要半封闭式内湾，通过筑堤围垦承担盐场、虾池养殖等功能。西埔湾水质沉积物环境质量现场调查表明，西埔湾现状环境存在污染，水质中多项指标为劣四类标准，水质差，营养盐含量较高、水体富营养化，部分沉积物中重金属、石油类含量超标，水环境较恶劣。针对西埔湾环境质量差的现状问题，研究分析造成问题的原因。主要原因为西埔湾内水产养殖污染危害环境，还存在周边生活污染；西埔湾水动力条件不足、水质易恶化；西埔湾部分区域水体交换差、污染物难以排出外海；西埔湾垦区纳排潮水沟淤积严重，进出水功能弱化。在分析问题及成因的基础上，总结提炼出西埔湾水环境治理的方向建议：一是截污控源，对西埔湾海水养殖污染和周边生活污染进行截污控源。二是提升西埔湾水动力、加强水体置换能力，通过工程措施提升西埔湾水流动力，增强纳潮能力，促进西埔湾内水体与外海的水体交换。三是清淤疏浚，通过西埔湾的清淤清除垦区内纳排潮水沟的淤积，改善其进排水效果；也能清除污染的底泥来减轻内源污染。四是系统综合治理，通过生态补水、海洋生态修复结合以上截污控源、水动力提升、清淤措施进行西埔湾的系统综合治理，改善水环境。

参考文献

[1] 刘修德．福建省海湾数模与环境研究：诏安湾［M］．北京：海洋出版社，2011.

[2] 王奕博．福建东山岛双东湖城市湿地公园规划设计研究［D］．西安：西安建筑科技大学，2020.

[3] 张其永，洪万树，黄振池，等．福建东山岛西埔湾港养生物资源的开发利用［J］．自然资源学报，1992（2）：115-122.

[4] 黄振池，张其永，洪万树．西埔湾港养生物资源增殖措施的探讨［J］．现代渔业信息，1993（3）：8-10.

[5] 张其永，洪万树，胡卫江，等．福建东山岛西埔湾港养斑鲦的年龄、生长和生殖力研究［J］．应用生态学报，1993（4）：410-417.

[6] 阮金山，李秀珠，黄美珍，等．东山西埔湾养殖水域环境监测与研究［J］．福建水产，1995（3）：47-52.

[7] 范祥．富营养化水体的贝-藻生态修复与增汇实验生态研究［D］．厦门：自然资源部第三海洋研究所，2022.

金沙江下游梯级水库消落带生态修复模式探讨

金　可[1]　张文杰[2]　万　丹[1]　胡　月[1]　吴颐杭[1]　于　江[3]

（1. 长江科学院重庆分院，重庆　400026；
2. 长江科学院水土保持研究所，湖北武汉　430010；
3. 中国三峡建工（集团）有限公司环境保护部，四川成都　610023）

摘　要： 金沙江流域是长江上游生态安全屏障，也是我国重要的水能基地。基于金沙江下游梯级水库消落带生境特征、植物自身遗传特性和生态治理技术，探索了适宜库区消落带的生态修复模式。综合消落带坡度、土壤质地和水位涨落节律，系统分析了消落带植物生长影响因素，论述了金沙江下游梯级水库消落带生态修复提升模式，以期为金沙江水库消落带生态治理与环境改善提供技术指引。

关键词： 消落带；金沙江下游；梯级水库；生态修复

金沙江流域水能资源丰富，下游已建成4座世界级水电站，在防洪、发电、航运等方面具有重大社会效益与经济效益。随着电站建成运行，库区沿岸形成了大面积周期性水位涨落的消落带区域，成为制约库岸生态环境健康发展的重要区域。流域沿岸消落带类型多样，植被稀疏，且地处干热河谷气候影响区，生态修复面临巨大挑战[1-2]。本文以乌东德和白鹤滩库区消落带生态修复试验区为例，探讨典型区域生态治理综合模式，为金沙江下游流域梯级水库消落带生态修复提供理论参考。

1　库区消落带植物配置

乌东德和白鹤滩库区消落带修复植物物种面临干旱与水淹双重胁迫，对植物抗逆性要求极高。研究人员通过典型库区消落带修复区考察和试验区植物本底调查，遴选出多种潜在修复植物物种，并根据水位涨落节律、现场试验等，提出了多种适用于金沙江库区消落带生态的技术模式[3-5]。乌东德消落带修复区土壤类型主要包括农田和林地，土壤类型以沙壤土为主，植被覆盖率较低，多以耐旱植物为主，植物群落类型包括车桑子+扭黄茅群落、银合欢+滇刺枣+扭黄茅群落和银合欢纯林群落等[6]。白鹤滩消落带修复区原有地貌为农作物耕地和林地，土壤以壤土为主，植被群落单一，主要为车桑子+扭黄茅干旱灌丛。结合乌东德和白鹤滩库区消落带生境特征，按照水位涨落规律，分为高、中、低3个高程区域，其中，消落带下部配置多年生草本（如狗牙根等），消落带中部配置灌木和草本（如秋华柳、狗牙根等），消落带上部综合搭配乔、灌、草（如池杉、竹柳、小梾木、苍耳等）。

基金项目： 中央级公益性科研院所基本科研业务费项目（CKSF2023299/CQ）；湖北省水利科研项目（HBSLKY202405）；乌东德、白鹤滩水电站消落带修复试验项目（JG/19042B，JG/19043B）。

作者简介： 金可（1990—），男，高级工程师，从事水文地球化学和生态修复方面的研究工作。

2 植物提升模式

根据消落带生境特征、植物自身遗传特性和库水涨落节律，通过不同配置方式，可提高植物适应性，减少植物死亡率，提升消落带植物修复成效。综合库区消落带植物修复效果，本文探讨了几种潜在提高植物整体成活率的修复模式。

2.1 植物高程梯度设置

消落带植被修复物种组成及沿高程梯度设置由水淹深度、水淹持续时间及水位消落后受干旱胁迫程度所决定。消落带中下部配置耐淹能力较强的多年生草本和一年生草本植物，消落带上部则配置兼具耐淹及耐旱能力的灌木和乔木。消落带最下部配置能忍受强水淹胁迫的狗牙根、香附子、扁穗牛鞭草，以及一年生草本植物苘麻、狗尾草、马唐等；消落带上部则主要配置耐淹能力较强的中山杉、水桦、桑树、秋华柳以及耐旱能力较强的银合欢等为主的乔木和灌木。

2.2 消落带高抗逆性植物设置

狗牙根是草本中较为耐淹的物种，自然种群有着致密的根状茎和匍匐茎丛，能够固着在泥沙基质中，通过增加茎生物量和地下生物量的分配适应水陆生境的变化，也可以通过增加酶的活性适应水淹胁迫[7]。桑树在干旱环境下能够调节自身生理代谢来减少水分消耗，提高水分利用率，表现出较强的耐旱性；在水淹情形下，桑树可通过增加侧根数量加强对氧气和其他影响物质的吸收[8]。落羽杉在遭受水淹后，其自我调节能力和光合补偿机制能够帮助植物提高适应性[9]。疏花水柏枝在生长季植株受水淹后光合作用和蒸腾作用受到影响会有所减少，但在长期水淹后植株会形成适应，其光合作用与水分生理又会恢复到正常状态，表现出较强的耐受性[10]。池杉在经历多个生长季后能够保持较高的成活率，对库区冬季蓄水的耐淹胁迫能力较强，植株在部分淹水时总体生长态势较好[11]。综合考虑植物抗逆性生理机制和库区水位涨落节律，库区消落带应优先设置池杉、中山杉、桑树、秋华柳和狗牙根等抗逆性较强的植物。

2.3 保土和重金属修复植物设置

香根草在库区水土保持方面具有较大的优势，在种植过香根草的区域土壤经过大水冲刷后被水带走的泥沙明显减少，并能够保留土壤中粒径较大的土颗粒[12]。狗牙根是草本中较为耐淹的物种，自然种群有着致密的根状茎和匍匐茎丛，能够固着在泥沙基质中。因此，可在库区消落带水土流失较为严重的区域配置香根草和狗牙根，减少水土流失量。在水淹条件下，秋华柳能够显著降低土壤的 pH，有利于提高土壤中镉离子的生物有效性，具备吸收与清除土壤镉离子的潜力[13]。此外，鬼针草、狗尾草、莎草、苘麻和狗牙根等草本植物对重金属 Cr、Cu、Zn、Pb、Cd 和 Ni 等元素具有较强的修复能力，可在库区消落带重金属富集区域重点配置秋华柳、鬼针草、狗尾草、莎草、苘麻和狗牙根等作为修复物种。

2.4 固碳释氧植物设置

植物光合固碳释氧是其重要的生态功能，是反映植物光合作用的重要指标，可为生态环境改善提供重要依据。乔木中竹柳，灌木中牡荆、地桃花，草本中鬼针草、合萌等植物具有较高的日光合净同化量、单位叶面积固碳量以及单位土地面积固碳量，草本中芦苇和辣蓼等单位土地面积的固碳能力较其他植物要高[14]。因此，在充分考虑植物固碳生态效益时，应优先选择竹柳、牡荆、地桃花、芦苇、辣蓼、鬼针草和合萌等高效碳汇植物。

2.5 景观植物设置

消落带生态修复在充分考虑耐水淹植物的同时，应综合搭配多种生活型植物（常绿、落叶；阔叶、针叶），以及花、果、叶等兼有观赏性的植物，重点打造立地条件较好且离居民生活区较近的区域，营造出一个充满生机的、赏心悦目的绿色自然环境。消落带下部可作为观赏植物的有狗牙根、扁穗牛鞭草、双穗雀稗、块茎苔草和香附子；消落带中部可选取火炭母、野青茅、疏花水柏枝作为观赏植物；消落带上部适宜作为观景植物的包括水桦、中山杉、乌桕、枫杨、桑树、秋华柳、小梾木、中华蚊母和香根草等。

3 生态提升模式

库区消落带生态修复重点是选择适宜的两栖植物来实现消落带植被重建、修复以及优化等生态功能。生态修复模式主要有自然保护模式、基塘模式、沧海桑田生态经济工程模式和生态效益林模式。消落带治理多采用植被修复技术，该方向研究主要从稳固消落带边坡、筛选适生植物方面出发，分为生物技术措施和生物结合工程技术措施，主要依靠植物自身生长起到防止水土流失的作用。例如，学者们从理论上探讨了在三峡水库消落带的土质缓坡上构建植被生态工程的可能性[15]。吴江涛等[16]提出了在岩石坡面构造的燕窝式植生穴内和在裸地边坡铺砌的防冲刷生态型护坡构件上，种植耐水淹的灌木和挺水植物的植被恢复技术。依靠钢筋相互串联和构件体自嵌衔接铰链式覆盖消落带坡面，学者们提出了在砖体种植穴中种植耐湿植物的自锁定消浪植生型生态护坡技术和串珠式柔性护岸技术[17]。周明涛等[18] 验证了植物与工程（混凝土菱形框格梁）相结合的治理模式在水库消落带应用的可行性。

生物结合工程技术是利用植物生长和工程改造，在保持水土的同时提高消落带生态功能。现有的工程辅助技术包括混凝土菱形框格梁、串珠式柔性护岸技术、生态袋护坡技术和复合锚垫生态护坡技术。其中，混凝土菱形框格梁技术主要利用混凝土菱形框对边坡进行防护，然后覆盖草皮。串珠式柔性护岸技术从削减波浪冲刷、固持消落带土壤为目的出发，依靠钢筋相互串联和构件体自嵌衔接铰链式覆盖消落带坡面，在砖体种植穴中种植耐湿植物的自锁定消浪植生型生态护坡技术和串珠式柔性护岸技术，通过灌木和草本植被地上茂密茎叶的水文效应和地下根系缠绕对土壤的锚固力学效应来实现固土护坡，既稳定消落带表层，又能恢复遭破坏的自然生态环境。生态袋护坡技术主要是将生态袋堆叠在消落带上，各袋体联结相扣，在袋中种植植被，解决土壤流失问题，生态袋由聚丙烯或聚酯纤维材料构成，该技术受土壤营养成分持久力制约且对植物耐旱耐淹性要求较高。复合锚垫生态护坡技术主要由土壤固化垫、植物海绵、植物保护垫以及锚索组成，通过植物海绵栽培基质，增强植物抗冲刷能力和生长能力。

综合考虑库区消落带立地类型划分和植物与工程措施设置，结合消落带生境特征和库水涨落节律，因地制宜构建消落带生态环境质量提升技术体系，能够为消落带生态治理提供重要参考。库区消落带生态修复提升模式包括：

（1）分区固土护岸技术模式。针对坡度较陡、植被覆盖率较低和土壤侵蚀严重的消落带区域，高程梯度上自低到高依次种植一年生和多年生草本、灌木和乔木（或乔灌草混交），集成防冲刷生态型护坡、柔性串珠式护坡、植生块等半混凝土护坡技术，降低波浪冲刷，维持植物生长必要的土壤基质，形成乔灌草立体修复体系。

（2）植物速生与拓殖技术模式。基于植物抗逆性生理机制和自我繁殖生态特性，合理配置消落带适生植物，建立不同生境植物速生与拓殖技术体系，提高消落带植物成活率。

（3）生态湿地拦沙截污技术模式。该模式适用于坡长较长、植被覆盖率较低的消落带区域，通过遴选耐淹能力较强和减污固污潜力较大的湿地植物，构建乔灌草复合缓冲型拦沙截污湿地生态修复模式。

（4）景观提升技术模式。选取观景效果好的乔灌草植物，在消落带上端建立景观提升缓冲带，建立消落带生态景观模式。

4 结论与展望

本文系统探索了金沙江下游梯级水库消落带生态修复模式，指出通过植物优化配置、植物生长提升和生态提质改善库区消落带生态环境。植物生长提升包括植物高程梯度设置、高抗逆性植物设置、保土和重金属修复植物设置、固碳释氧植物设置和景观植物设置等。生境提质模式可综合考虑固土护岸、植物速生与拓殖、生态湿地拦沙截污和景观提升，构建生态修复技术体系。

目前，针对消落带生态治理研究多集中于生境较好的区域，劣质生境生态修复仍需进一步加强，今后研究方向可重点考虑库区典型消落带生境稳固和劣质消落带生境重建两个方面，以期研发适用于不同生境的消落带生态修复关键技术。

参考文献

[1] 纪中华，潘志贤，沙毓沧，等．金沙江干热河谷生态恢复的典型模式［J］．农业环境科学学报，2006（S2）：716-720.

[2] 孙龙，卢涛，孙涛，等．金沙江下游典型库区消落带植被恢复模式［J］．生态学报，2023，43（2）：826-837.

[3] 王勇，李鹏，穆军，等．金沙江干热河谷水电站库区消落带生态修复对策研究［J］．水土保持研究，2009，16（5）：141-145.

[4] 刘金珍，樊皓，阮娅．乌东德水库坝前段消落带生态类型划分及生态修复模式初探［J］．长江流域资源与环境，2016，25（11）：1767-1773.

[5] 周火明，于江，万丹，等．乌东德库区消落带生态修复植物遴选与配置［J］．长江科学院院报，2022，39（2）：50-55.

[6] 万丹，周火明，金可，等．乌东德库区消落带生态修复试验区植物群落结构与物种多样性研究［J］．三峡生态环境监测，2022，7（4）：1-11.

[7] 李强，丁武泉，王书敏，等．三峡库区多年高水位运行对消落带狗牙根生长恢复的影响［J］．生态学报，2020，40（3）：985-992.

[8] 张猛．三峡库区消落带桑树内生和根际真菌群落结构及其提升桑树抗逆性能的研究［D］．重庆：西南大学，2020.

[9] 杨文航，任庆水，李昌晓，等．三峡库区消落带落羽杉与立柳林土壤微生物生物量碳氮磷动态变化［J］．生态学报，2019，39（5）：1496-1506.

[10] 陈芳清，谢宗强．疏花水柏枝对水淹胁迫的生理生化适应性响应［C］//湖北省植物生理学会．湖北省植物生理学会第十五次学术研讨会论文集．2007：151-163.

[11] 刘明辉，谢婷婷，李瑞，等．三峡库区消落带池杉-土壤碳氮磷生态化学计量特征［J］．生态学报，2020，40（9）：3072-3084.

[12] 聂天南，张龙冲，杜红伟，等．香根草在丹江口库区消落带生态治理的应用研究［J］．长江技术经济，2020，4（3）：5-9.

[13] 陈红纯，曾成城，李瑞，等．水淹条件下秋华柳对Cd污染土壤化学性质的影响［J］．西南大学学报（自然科学版），2019，41（2）：17-26.

[14] 冯晶红，刘德富，吴耕华，等．三峡库区消落带适生植物固碳释氧能力研究［J］．水生态学杂志，2020，41（1）：1-8.
[15] 任雪梅，杨达源，徐永辉，等．三峡库区消落带的植被生态工程［J］．水土保持通报，2006（1）：42-43，49.
[16] 吴江涛，许文年，陈芳清，等．库区消落带植被生境构筑技术初探［J］．中国水土保持，2007（1）：27-30.
[17] 钟荣华，鲍玉海，贺秀斌，等．水库消落带串珠式柔性护岸技术及其应用［J］．世界科技研究与发展，2015，37（1）：1-4.
[18] 周明涛，杨平，许文年，等．三峡库区消落带植物治理措施［J］．中国水土保持科学，2012，10（4）：90-94.

强潮河口鱼道进口方案研究

王乐乐[1,2]　何承农[1,2]　祝　龙[3]　柯明辉[1,2]

（1. 福建省水利水电勘测设计研究院有限公司，福建福州　350001；
2. 福建省水动力与水工程重点实验室，福建福州　350001；
3. 南京水利科学研究院，江苏南京　210000）

摘　要：通过数学模型、物理模型、原型试验等手段，结合闽江大樟溪莒口水闸仿生态鱼道工程开展强潮河口鱼道进口方案研究。论述了鱼道进口设计水位的选取、鱼道进口位置的选择及进口补水方案试验，结合莒口仿生态鱼道过鱼效果，表明莒口水闸鱼道进口方案设置是合理的；针对莒口仿生态鱼道存在的问题，提出了鱼道运行优化建议。

关键词：强潮河口；鱼道进口；设计水位；补水方案

过鱼设施进口运行水位合适与否，直接决定鱼类能否顺利进入过鱼设施，是过鱼设施设计的重要内容。近些年，不少学者开展了鱼道进口相关研究，赵英华[1]依托四川省黑水河松新鱼道监测数据，对鱼道进口段沿程水位变化规律及其与上下游水位的关系进行了分析；黄志文等[2]采用鱼道整体模型，分析鱼道进出口不同水位组合下鱼道内水力特性变化特征；贺新娟等[3]提出一种对鱼道进口结构进行重新设计的简便方法来提高进鱼能力，并采用三维数学模型对鱼道进口流速调节浮箱布置进行优化研究。但是，关于鱼道进口布置方案的系统研究较少，特别是针对强潮河口、水位变幅巨大的鱼道进口方案研究。

1　工程概况

福建省平潭及闽江口水资源配置工程（“一闸三线”）是全国172项节水供水重大水利工程之一，也是福建省有史以来单体投资最大的水利基础设施项目。工程年供水量约8.7亿 m^3，惠及平潭综合实验区及福州仓山、长乐、闽侯、福清等地群众580余万人。莒口水闸位于闽江口附近（见图1）、大樟溪支流，是“一闸三线”分水枢纽工程，控制流域面积4 603 km^2，多年平均径流量36亿 m^3，正常蓄水位9.0 m，死水位7.0 m，调节库容447万 m^3，具有日调节性能。

闽江下游调查到鱼类59种，隶属于11目、27科、50属。大樟溪干流分布鱼类中，花鳗鲡为国家二级保护水生动物，无其他地方特有种及国家级保护鱼类[4]。河海洄游性鱼类有花鳗鲡、日本鳗鲡、花鲈等。为了减缓莒口水闸建设运行对闽江口鱼类资源的影响，水闸下游河道右岸规划建设仿生态鱼道。莒口水闸下游为强潮河段，大樟溪河口白岩潭多年平均年最高潮位为3.65 m，历史最高潮位为4.41 m，历史最低潮位为-2.70 m。

2　鱼道进口设计水位

鱼道进口设计水位决定了鱼道进鱼口数量和布置方案。对于强潮河口，为了适应其巨大的水位变幅，通常需要设置2个甚至多个进鱼口，这就提高了鱼道平面布置方案设计和运行管理难度。如何经济合理地确定强潮河口的鱼道进口设计水位，尚缺乏借鉴经验。

作者简介：王乐乐（1987—），男，高级工程师，主要从事水力学及河流动力学研究工作。

图 1　莒口下游河道分布

2.1　根据导则确定设计水位

《水利水电工程鱼道设计导则》（SL 609—2013）[5] 规定：上下游运用水位变化较大时，下游最高设计水位取主要过鱼季节闸坝下游常见平均高水位，最低水位取主要过鱼季节的常见平均低水位。分析莒口水闸下游 5 个月的实测潮位资料，统计其平均低水位 0.66 m，实测最低约 0 m；平均高水位 2.73 m，最高的非洪水位约 3.6 m。

2.2　考虑过鱼保证率的鱼道进口水位分析

参考港航专业 90%通航保证率的概念，分析考虑过鱼保证率的鱼道进口水位。建立莒口水闸至闽江下游白岩潭水文站的二维水动力数学模型；模型上边界为下泄过鱼期生态流量、多年平均流量等，下边界为白岩潭水文站 90%保证率低潮位对应的潮位过程（见图 2），分析过鱼设施进口水位，见表 1。

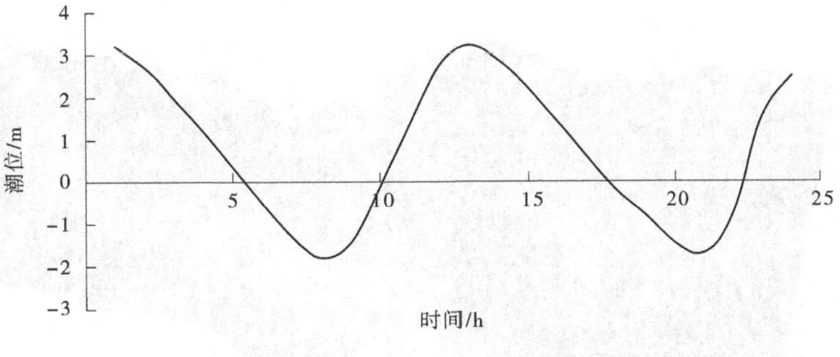

图 2　白岩潭水文站 90%保证率低潮位对应的潮位过程

表 1　闸下不同流量遭遇高低潮位的水位

水闸下泄流量/（m^3/s）	闸下水位/m	
	遭遇高潮位	遭遇低潮位
13.8	3.25	−0.11
219	3.53	1.25

2.3 进口水位分析

综合两种方法确定的设计水位，确定莒口仿自然通道进口设计运行水位为-0.11~3.53 m，水位变幅为3.64 m，设置高、低两个进鱼口，进鱼口底板高程分别为-2.1 m和-0.3 m。当水位在-0.11~1.8 m时，开启低进鱼口；当水位在1.8~3.53 m时，开启高进鱼口。

3 过鱼设施进口位置选择

莒口水闸先启孔及下游河道主河槽靠近左侧，但左岸岩壁陡峭，鱼道布置困难；闸下右岸滩地发育，存在布置过鱼设施空间，但诱鱼困难。结合数学模型计算不同工况闸下河道的流场分布，评价目标鱼类进入过鱼设施的困难程度，推荐合适的水闸运行方式以及仿自然通道进口的合适位置。

目标鱼类的感应流速为0.18~0.25 m/s，由各工况的流态分布可知，分别通过左岸后启孔和中间先启孔泄水，在闸址下游右岸会有大范围的回流区（见图3），不利于鱼类顺利找到并进入鱼道。采用小开度开启右侧后启孔，主流区偏向右岸，遭遇低潮位时，右岸流速均小于0.45 m/s，有利于鱼类顺利进入仿自然通道。推荐鱼道进口布置区域见图4。

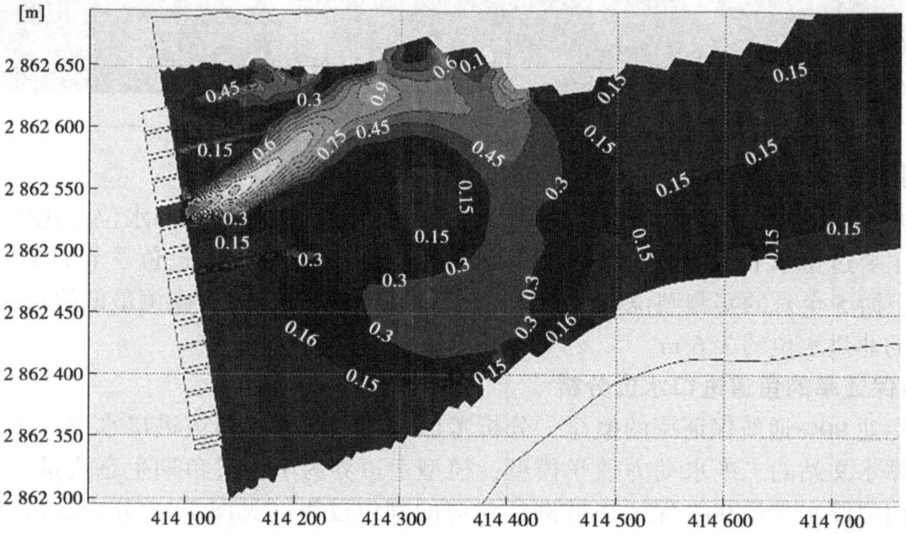

图3 左岸后启孔泄流219 m^3/s流速分布

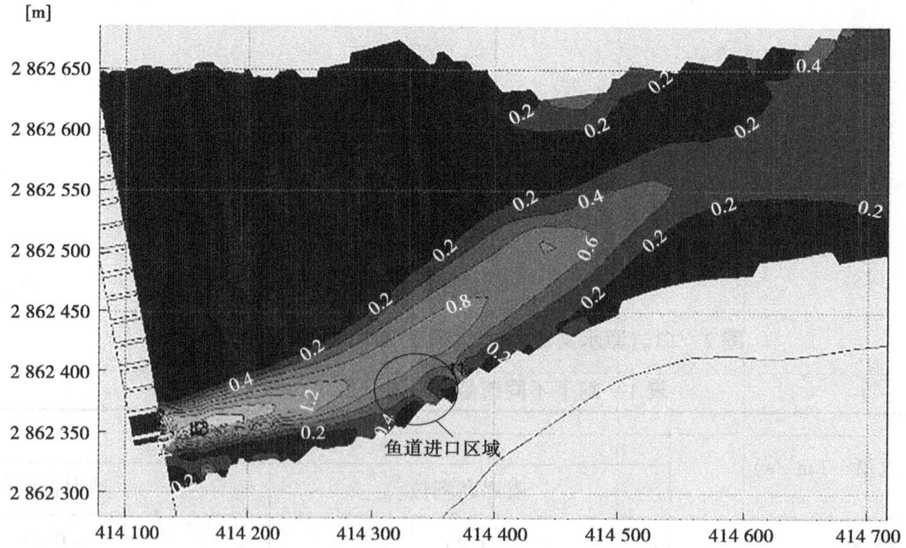

图4 右岸后启孔泄流219 m^3/s流速分布

4 鱼道进口补水试验

通过 1∶12 的莒口水闸仿生态鱼道整体物理模型，研究不同补水方案下鱼道进口补水效果。推荐鱼道进口补水方案，在高、低进口段设置补水设施，补水消能系统采用补水管道直接补水的形式，其补水管道两端封闭，朝地面的半面开孔补水，孔径为 10 cm，在管道上部铺设卵石将补水管埋在补水池内（卵石粒径宜大于 10 cm，避免堵塞管道出口，且能够留有足够出水缝隙），使得补水水流透过卵石缓慢溢出，更贴近自然。分析不同工况的补水试验成果，随着鱼道进口水位的不同，补水量为 0.50~0.83 m^3/s。鱼道高进口补水后流态分布见图 5，鱼道整体物理模型补水效果见图 6。

图 5　鱼道高进口补水后流态分布

图 6　鱼道整体物理模型补水效果

5 莒口水闸鱼道运行效果

为了研究水闸建设运行后，水闸下游河道鱼类资源分布情况，使用鱼探仪走航式方法监测莒口水闸下游河道鱼群密度。2023 年 5 月莒口水闸下游河道鱼类密度分布见图 7。鱼道进口附近鱼群密度较高，说明鱼道进口位置是合理的。根据莒口鱼道内部水闸摄像头的监测数据，当进口附近水位合适时，具有良好的过鱼效果。洄游鱼类通过莒口水闸仿生态鱼道观察室，见图 8。

图 7　2023 年 5 月莒口水闸下游河道鱼类密度分布

图 8　洄游鱼类通过莒口水闸仿生态鱼道观察室

6　结论

通过数学模型、物理模型、原型试验等手段，结合大樟溪莒口水闸仿生态鱼道工程开展强潮河口鱼道进口方案系统研究。论述了鱼道进口设计水位的选取、鱼道进口位置的选择及进口补水方案试验，并根据莒口仿生态鱼道的运行情况，初步评价莒口水闸鱼道的过鱼效果良好。

结合莒口鱼道运行过程中的问题提出如下建议：

（1）强潮河口鱼道进口水位变幅大，建议鱼道设置多个进口。鱼道进口闸门设置自动控制系统，闸门自动根据进口水位变化启闭，降低运行管理难度，保障过鱼效果。

（2）工程建设运行后，泄洪后河道地形的显著变化可能会严重影响过鱼效果。建议水闸泄洪后及时疏浚河道，使鱼类可以顺利到达鱼道进口附近。

参考文献

[1] 赵英华．竖缝式鱼道进口段水位变化规律研究［J］．人民黄河，2024，46（S1）：110-111.
[2] 黄志文，孟锐，周苏芬，等．进鱼口水位变幅条件下鱼道水动力特性试验［J］．水电能源科学，2023，41（11）：108-110，115.
[3] 贺新娟，白冰，银佳男，等．适应高水位变幅的鱼道进口流速调节数值模拟［J］．人民长江，2024，46（S1）：216-222，256.
[4] 福建省平潭及闽江口水资源配置（一闸三线）工程过鱼设施方案设计研究报告［R］．武汉：中国科学院水工程生态研究所，2016.
[5] 中华人民共和国水利部．水利水电工程鱼道设计导则：SL 609—2013［S］．北京：中国水利水电出版社，2013.
[6] 国家能源局．水电工程过鱼设施设计规范：NB/T 35054—2015［S］．北京：中国电力出版社，2015.

梯级电站开发对水生态环境的影响分析

李胜华[1,2,3]　郭星星[1]　刘古月[1]　林　萍[1]　王　珂[1]

（1. 珠江水利委员会珠江水利科学研究院，广东广州　510611；
2. 水利部珠江河口海岸工程技术研究中心，广东广州　510611；
3. 广东省河湖生命健康工程技术研究中心，广东广州　510611）

摘　要：以北江一级支流武江为例，分析武江干流梯级电站开发对武江水质变化趋势和水生态环境变化趋势的影响，研究了梯级电站开发对河流水生态环境的影响，并提出保护措施和建议。研究结果显示，梯级电站的开发实施，改变了河道水文情势，对河流水质产生了一定影响，改变了水生生物的生境，导致浮游生物密度和生物量均明显下降、底栖动物资源受到破坏、鱼类产卵场功能丧失较严重、鱼类数量减少明显。

关键词：武江；梯级电站；水质；水生态；影响分析

水电站可以为经济和社会发展提供充足的电力，还可以解决部分社会就业问题，促进当地社会经济发展。水电是不产生严重污染的清洁性能源，因而受到了大力提倡。

梯级水电开发在防洪、灌溉、供水和发电等方面起着重要作用[1]，其建设和运行对河流生态系统结构和功能、生活在此环境的鱼类产生多种影响。梯级工程蓄水运行后，河段被分割为“河流-水库（大坝）-河流”形式，天然状态河流的连续性受到破坏[2-6]。库区水域生境将由河流型向湖泊型转变，其水文情势将发生很大的变化，主要体现在径流量、水位、流速、水质、泥沙和温度等因素的改变。同样，河段下游的水文情势也将发生很大的变化，也主要体现在径流量、水位、流速、水质、泥沙和温度等因素的改变[7]。

1　武江梯级开发情况

1.1　武江概况

武江是北江的一级支流，位于东经112°23′~113°36′，北纬24°46′~25°41′，发源于湖南省临武县三峰岭，流经湖南省的临武县、宜章县、郴县、桂阳县、汝城县等五县和广东省韶关市的乐昌市、乳源县、曲江县、武江区，于韶关市沙洲尾注入北江。武江全河长260 km，流域面积7 097 km²（其中湖南省境内河长92 km，流域面积3 480 km²），河床平均比降0.906‰，天然落差123 m。由罗家渡至韶关河长74 km，落差94 m。由乐昌峡塘角至韶关汇入口长81.4 km，落差44 m。

武江干流在广东境内比降较陡，平均比降1.27‰，流速大，流域地势高峻，植被较好，河流含沙量较少，是弯曲型山区河流。乐昌峡河段位于武江中游，坪石镇与乐昌市之间。峡谷段自罗家渡至张滩全长41 km，天然落差54 m，平均坡降为1.31‰。乐昌峡河段属V形峡谷河段，河道曲折，河面狭窄，两岸沟壑纵横，且河道切割较深，滩多水急，有“九泷十八滩”之称。乐昌至韶关河段较平缓、开阔，比降0.59‰。

作者简介：李胜华（1982—），男，高级工程师，主要从事水环境治理与水生态修复、水土保持与水利规划、生物多样性保护等研究工作。

1.2 武江干流梯级开发情况

武江干流乐昌峡上游广东省境内已开发有五级电站，从上游往下依次为三溪（1.21 MW）、浪头（1.89 MW）、石村（1.25 MW）、武阳司（1.50 MW）、石灰冲（1.89 MW），总装机8.54 MW，年发电量0.32亿kW·h。根据《韶关市武水梯级开发规划报告》，乐昌市上游规划第一级乐昌峡水库，乐昌峡水库坝址至韶关市河段长81.4 km，落差44 m；此河段规划共分6级开发，从上游起至下游依次是：张滩16 000 kW、昌山12 000 kW、长安12 000 kW、七星墩12 000 kW、厢廊12 000 kW、靖村16 000 kW，总装机容量80 MW，年发电量2.86亿kW·h。武江干流乐昌峡下游梯级建设方案特性见表1。

表1 武江干流乐昌峡下游梯级建设方案特性

项目	单位	张滩	昌山	长安	七星墩	厢廊	靖村
坝址以上流域面积	km^2	5 060	5 265	5 718	6 200	6 400	7 090
多年平均流量	m^3/s	139	145	157	169	174	193
正常蓄水位	m	96.0	86.5	80.0	74.0	68.0	60.5
设计水头	m	7.3	5.5	4.9	5.3	5.3	7.1
装机容量	MW	16	12	12	12	12	16
保证出力	kW	1 395	1 073	990	1 035	1 225	1 680
年发电量	万kW·h	5 085	4 000	3 355	4 760	4 085	7 275

2 梯级电站开发对水生态环境的影响

2.1 水质变化趋势及分析

2.1.1 水质变化趋势分析

选取典型指标［COD、氨氮（NH_3-N）、总氮（TN）、总磷（TP）］，对开展常规监测的昌山变电站和武江桥两个断面近5年的水质变化趋势进行分析，昌山变电站断面COD、氨氮、总磷平均浓度2019—2022年均呈轻微上升趋势，2022—2023年略微下降，总氮平均浓度呈持续下降趋势，下降约0.5 mg/L；武江桥断面COD和总磷平均浓度呈轻微上升趋势，COD平均浓度上升2.0 mg/L左右，总磷平均浓度上升0.01 mg/L左右，氨氮和总氮平均浓度略有下降趋势。可见断面水质变化不大，水质状况基本保持稳定，水质类别未发生改变。

2.1.2 梯级工程建设前后水质变化分析

2.1.2.1 梯级工程建设前地表水环境质量

由2002年韶关市对坪石、昌山水电站、武江桥等监测断面水质监测结果可以看出，3个断面水质良好，均达到Ⅱ类水质标准；十里亭饮用水水源地水质监测结果表明，该段水域水质良好，大多数指标都达到Ⅰ类水质标准，部分达到Ⅱ类水质标准，符合集中饮用水的水源标准，但铅年平均值达到Ⅲ类水质标准，主要是监测频次不足造成的，监测时段内可能有短时间的铅浓度增大，引起平均值的增大。纵观十里亭断面多年对铅含量的监测，铅的年平均浓度都达到Ⅰ类水质标准，某些时段浓度增大原因可能是矿物中铅的溶出在局部时段增多，但从全年时段看，铅仍然达标。

从2005年水质监测结果来看，靖村水电站下游各断面水质良好，监测项目除总磷为Ⅲ类水质标准外，其他项目都基本符合饮用水Ⅱ类以上标准，总体上符合水质保护目标的要求。

2.1.2.2 现状地表水环境质量

根据近 5 年武江水质监测资料，昌山变电站和武江桥两个断面的水质状况良好，监测指标均达到地表水环境Ⅱ~Ⅲ类标准，满足水体的水环境功能要求。

综上所述，各梯级电站建坝前后，库区水体水质总体良好，绝大多数指标能够满足水体功能的要求，梯级工程建设对武江地表水环境影响不大。

2.1.2.3 梯级工程库区富营养化分析

根据在乐昌峡以下已建各梯级坝址上游 500 m 处连续 3 d 的水质监测资料，选择典型指标（TN、TP），参照“中国湖泊富营养度划分标准”及《地表水环境质量标准》（GB 3838—2002），对各梯级工程库区富营养化程度进行分析。

根据监测资料及表 2，张滩库区 TN 浓度 0.062<1.0，TP 浓度 0.037 <0.05，处于中~富营养水平；昌山库区 TP 浓度 0.037<0.05，处于中~富营养水平；长安库区 TN 浓度 0.075<1.0，TP 浓度 0.049<0.05，处于中~富营养水平；七星墩库区 TN 浓度 0.068<1.0，TP 浓度 0.044<0.05，处于中~富营养水平；溢洲库区 TP 浓度 0.049<0.05，处于中~富营养水平。

表 2 氮、磷评价标准

单位：mg/L

中国湖泊富营养度划分标准			地表水环境质量标准（湖泊）		
营养程度	TP	TN	分类	TP	TN
贫营养	<0.01	<0.5	Ⅰ	≤0.01	≤0.2
中营养	<0.03	<0.6	Ⅱ	≤0.025	≤0.5
中~富营养	<0.05	<1.0	Ⅲ	≤0.05	≤1.0
富营养	<0.1	<1.5	Ⅳ	≤0.1	≤1.5
重富营养	>0.1	>1.5	Ⅴ	≤0.2	≤2.0

根据湖泊水库富营养化的一般规律，当 N、P 之比降到 7：1时，N 可能成为浮游植物生长的限制因子，当 N、P 之比大于 7：1时，P 可能成为浮游植物生长的限制因子。根据监测数据，张滩库区、长安库区和七星墩库区 N、P 比值分别为 1.68：1、1.53：1和 1.55：1，因此 N 是浮游植物生长的限制因子，藻类生长将受到 N 的限制。

由于库区周边以农村环境为主，主要为农业面源污染以及生活污水，水库不具有调节功能，在现有情况下，水质不会发生较大的变化。因此，未来一定时期内，库区仍将处于中~富营养水平。

2.2 水生态环境变化趋势及分析

由于水文情势各个方面都发生了变化，梯级水电开发对河段水生生境的影响，可以表现在以下两点：第一，筑坝对河段下游能量、物质输送产生影响；第二，河道结构和河流中各种组成元素成分的影响，如河道形态、泥沙淤积和河床冲刷等，再如河段中的磷含量变化等。这也就导致了河段水生生态环境结构和功能的变化，进而对所在生境中生存的生物造成负面影响，水域将由河流型变为湖泊型，使得水生生物的群落发生变化，库区内水动力减弱、透明度增加，使水生态系统由以底栖附着生物为主的“河流型”异养体系向以浮游生物为主的“湖沼型”自养体系演化。水利水电工程阻隔了洄游性鱼类的通道，影响物种的交流；水库蓄水、泄水淹没、冲毁鱼类原有产卵场地，改变其产卵水文条件；坝前的水位抬高导致上游水文水力学条件和河流地貌地形等发生变化，使得原有的多种河道形态被水淹没，水流流速较建坝前变缓，泥沙将会逐渐淤积在水库内，底质的变化也将影响底栖动物的结构组成。

2.2.1 梯级工程实施对浮游生物的影响

水坝建成后，库区中下游水域水位升高，浮游植物由原来的河流生态将变成河道型缓流水库生态，深度增加、水面扩大、容积增加、透明度扩大，被淹没区域植被、土壤内营养物质渗出，水中有机物质及矿物质将增加，加上水流速度减缓，泥沙沉降，导致营养物质的滞留和积累，这些条件都有利于浮游生物的生长繁殖。电站运行后，坝下近江段的浮游植物受下泄底层水的影响，浮游植物密度较原来会有所减小，但种类组成不会发生太大变化；浮游动物密度同样较原来会有所减小，同时清水下泄会导致坝下江段冲刷下切，浮游动物繁衍空间萎缩，水体总生物量有所下降。如在张滩梯级库区内浮游动植物种类、密度和生物量均较以前有明显下降趋势。

2.2.2 梯级工程实施对底栖动物的影响

在围堰施工时，部分底栖动物由于移动缓慢可能遭受施工伤害，导致施工区域附近水域生物量减少，并且大量鹅卵石和砂石被水利水电工程拦截，使得下游河床底部的无脊椎动物如昆虫、软体动物失去生存环境，同时会影响以底栖动物为食的鱼类，通常底栖动物资源破坏后恢复困难。

2.2.3 梯级工程实施对鱼类产卵场的影响

根据资料，武江梯级开发工程建设后将主要影响产漂流性卵鱼类产卵场，由于拦河坝建设，产卵场区域水文发生变化，致使这类鱼类产卵场功能丧失。受影响的产卵场主要有：三溪产卵场、明月滩产卵场、坪石产卵场、张滩产卵场、安口产卵场、桂头产卵场、东风山产卵场、犁市产卵场、黄田坝产卵场。根据历史数据，影响产卵规模达358 000万粒，其中四大家鱼311 190万粒，占86.92%。影响的这类鱼类还包括大眼鳜、斑鳜、鲮、赤眼鳟、三角鲂、鳡鱼等，同时也加重了阻隔鳗鲡、鲈鱼的洄游通道。

2.2.4 梯级工程实施对鱼类的影响

根据《北江渔业资源调查》，武江乐昌段记录有鱼类79种，与历史资料比较，本次调查未采集到的种类有：半餐 *Hemiculter sauvagei*、线细鳊 *Rasborinus lineatus*、大鳍骨 *Hemibarbus macracanthus*、黑鳍鳈 *Sarcocheilichthys nigripinnis*、乐山棒花鱼 *Abbottina kiatingensis*、片唇鮈 *Platysmacheilus exigums*、大鳍刺鳑鲏 *Rhodeus macropterus*、兴凯刺鳑鲏 *Rhodeus chankacensis*、北江光唇鱼 *Acrossocheilus beijiangensis*、珠江虹彩光唇鱼 *Acrossocheilus zhujiangensis*、细身光唇鱼 *Acrossocheilus elongatus*、长鳍光唇鱼 *Acrossocheilus longipinnis*、白甲鱼 *Varicorhirius sima*、卵形白甲鱼 *Varicorhirius ovalis ovalias*、稀有白甲鱼 *Varicorhirius rarus*、小口白甲鱼 *Varicorhirius lini*、瓣结鱼 *Tor brevifilis brevifilis*、纹唇鱼 *Osteoichilus salsburyi*、桂华鲮 *Sinilabeo decorus*、异华鲮 *Parasinlabos assimilis*、唇鲮 *Semilabeo notabilis*、海南鳅鮀 *Gobiobtia kolleri*、刺臀华吸鳅 *Sinogastromyzon wui* Fang、纵带鮠 *Leiocassis argentivittatus*、青鳉 *Oryzias latipes*、刺鳅 *Mastacembelus aculeatus* 等共26种，鱼类种类减少明显。

工程建设期间破坏了河段生境，大江截流和围堰施工影响了洄游性鱼类的迁徙，甚至直接造成鱼类的伤亡。工程运用后，在库区，栖息地流水条件依赖性鱼类、繁殖流水型环境的鱼类，产漂流性卵的鱼类受的影响大，觅食中、上层浮游动植物的鱼类影响较大，产黏、沉性卵鱼类，喜栖缓静水体生境的鱼类、生境广适应型鱼类、繁殖依赖静水条件的鱼类及繁殖条件广适应型的鱼类、食着生藻类和底栖水生动物的底层鱼类受的影响小。冬季温度较高，有利于鱼类过冬；夏季温度较低，会缩短鱼类产卵及卵发育时间，对产卵期跨度较小的鱼类不利。对需要高氧生境、对水体污染敏感的大部分土著鱼类不利；对适应低溶解氧、耐污力强的鱼类有利；水体生物生产力提高，一定程度上有利于仔幼鱼和浮游生物食性鱼类的生长，若水体富营养化，会影响绝大多数鱼类的正常生长、发育和生殖，甚至直接导致疾病和缺氧死亡。底栖砾石、卵石和岩石的鱼类失去适应的神经，不利影响严重；吸附性鱼类也受到不利影响，产黏、沉性卵鱼类的鱼卵无法孵化；洪、枯季变化敏感、繁殖期短、分布狭窄的特有种最容易受到影响。在坝下河段，电站调峰运行会导致水位和流速反复地、大幅度地变化，对鱼类影响相对较大。低温下泄水使下游江段鱼类生长期缩短、生长速度减缓、个体变小、繁殖季节推迟、繁殖时期缩短，繁殖期跨度较长的鱼类受影响相对较小，跨度短的鱼类受影响较大。栖息地、产卵场或孵化场所为缓静水体型鱼类受严重影响；径流量快速减少时，水位和流速快速下降，使一些鱼类的栖息地和产卵场大量减少，而且还可使一些黏、沉性卵和个体较小的鱼搁浅死亡。此外，底栖水生生物和小型鱼类的减少，也会使大、中型个体鱼类数量也会因为缺乏食物而减少。底栖生境或产卵场、孵化场所为砾石、卵石和岩石的鱼类受影响较小，穴居鱼类喜栖于泥的鱼类受影响较大。电站调峰运行和水库调度的频率越高，对鱼类危害越大。

3 结论与讨论

3.1 结论

经过调查并与历史资料比对研究，武江干流梯级水电站开发的实施，对环境特别是水生态环境造成了一定的影响，主要结论如下。

3.1.1 改变了河道水文情势，但影响较小

由于已实施梯级工程调节库容较小，基本上按径流式电站方式运行，不参与调峰，径流式电站的特点是对河道的调节能力不强，基本不改变河道的水文情况。根据各梯级的运行方式，一般情况下，日均下泄流量与天然来水量相同，洪水来临时河道基本恢复天然流态，对水资源调度影响很小。此外，由于各梯级工程均考虑了最小下泄流量，因此正常情况下，下游河道枯水期径流量不少于建库前水平。

3.1.2 对河流水质的影响不大

从水质监测结果来看，靖村水电站下游各断面水质良好，监测项目除总磷为Ⅲ类外，其他项目都基本符合饮用水水源的Ⅱ类以上标准，总体上符合水质保护目标的要求。根据近5年武江水质监测资料，昌山变电站和武江桥两个断面的水质状况良好，监测指标均达到地表水环境Ⅱ~Ⅲ类标准，满足水体的水环境功能要求。总体来说，小水电建坝前后库区水体水质总体良好，绝大多数指标能够满足水体功能的要求，梯级工程建设对武江地表水环境影响不大。

3.1.3 改变了水生生物的生境

由于水文情况各个方面都发生了变化，梯级水电开发对河段水生生境的影响，可以表现在以下两点：第一，筑坝对河段下游能量、物质输送产生影响；第二，河道结构和河流中各种组成元素成分的影响，如河道形态、泥沙淤积和河床冲刷等，再如河段中的磷含量变化等。这也就导致了河段水生生态环境结构和功能的变化，进而对所在生境中生存的生物造成负面影响，水域将由河流型变为湖泊型，使得水生生物的群落发生变化，库区内水动力减弱、透明度增加，使水生态系统由以底栖附着生物为主的“河流型”异养体系向以浮游生物为主的“湖沼型”自养体系演化。水利水电工程阻隔了洄游性鱼类的通道，影响物种的交流；水库蓄水、泄水淹没、冲毁鱼类原有产卵场地，改变其产卵水文条件；坝前的水位抬高导致上游水文水的水力学条件和河流地貌地形等发生变化，使得原有的多种河道形态被水淹没，水流的流速较坝建成前变缓，泥沙将会逐渐淤积在水库内，底质的变化也将影响底栖动物的结构组成。

3.1.4 浮游生物密度和生物量均有明显下降趋势

水坝建成后，库区中下游水域水位升高，浮游植物有原来的河流生态将变成河道型缓流水库生态，深度增加、水面扩大、容积增加、透明度扩大，被淹没区域植被、土壤内营养物质渗出，水中有机物质及矿物质将增加，加上水流速度减缓，泥沙沉降，导致营养物质的滞留和积累，这些条件都有利于浮游生物的生长繁殖。电站运行后，坝下近江段的浮游植物受下泄底层水的影响，浮游植物密度较原来会有所减少，但种类组成不会发生太大变化；浮游动物密度同样较原来会有所减少，同时清水下泄会导致坝下江段冲刷下切，浮游动物繁衍空间萎缩，水体总生物量有所下降。

3.1.5 底栖动物资源受到破坏

在围堰施工时，部分底栖动物由于移动缓慢可能遭受施工伤害，导致施工区域附近水域生物量减少，并且大量鹅卵石和砂石被水利水电工程拦截，使得下游河床底部的无脊椎动物如昆虫、软体动物

失去生存环境，同时会影响以底栖动物为食的鱼类，通常底栖动物资源破坏后恢复困难。

3.1.6 鱼类产卵场功能丧失较严重

由于水电站拦河坝建设，产卵场区域水文发生变化，致使鱼类产卵场功能丧失。受影响的产卵场主要有三溪产卵场、明月滩产卵场、坪石产卵场、张滩产卵场、安口产卵场、桂头产卵场、东风山产卵场、犁市产卵场、黄田坝产卵场等。根据历史数据，影响产卵规模达358 000万粒，其中四大家鱼311 190万粒，占86.93%。影响的这类鱼类还包括大眼鳜、斑鳜、鲮、赤眼鳟、三角鲂、鳡鱼等，同时也加重了阻隔鳗鲡、鲈鱼的洄游通道。

3.1.7 鱼类数量减少明显

根据《北江渔业资源调查》，武江乐昌段记录有鱼类79种。本次调查与历史资料比较，上述记录的79种鱼中，本次调查未采集的种类有26种之多，鱼类种类减少明显。

3.2 讨论

近年来，梯级电站建设对底栖动物群落结构及凋落物分解速率、鱼类资源、河岸植被和生态需水量等方面的影响有了较多研究。本文侧重于梯级电站的运行对于水文情势、河流水质、河流底质、水生态环境和陆域生态环境的影响，并得出了初步研究结果。但由于梯级电站的建设对河道生境的改变所带来的变化是一个长期和复杂的过程，需要长期的观测研究，因此建议建立长期观察点进行研究。

（1）对梯级电站河道水环境进行长期监测。对梯级电站河道的水温、水深、流速、流量和pH等水质理化状况进行长期监测，为研究水温、水流等对水生生态的生物群落结构及组成的影响范围和影响程度提供依据。

（2）对梯级电站河道底栖动物群落结构进行长期监测。底栖动物不仅是鱼的食物，而且大型底栖动物群落结构特征值（如Shannon-Wiener多样性指数、Pielou均匀度指数和Simpson优势度指数等）可以揭示不同类型的梯级电站对河流生态系统结构的影响，为河流生态系统的管理和可持续发展提供理论依据及对策。

（3）设立鱼类资源长期观测站。查清广东省各大流域现存的鱼类资源的种类，评估其数量状况，并与历史资料对比，提出鱼类资源保护、利用和增殖措施。

（4）对已建和在建的梯级电站进行分类，按生态功能分级计算河道生态需水量。将生态需水量与水电站的指标联系，简化梯级电站的生态环境管理。

（5）深入研究静水域补水机制。结合现有小水电工程实际探究静水域补水的工程措施，补给用水的水体理化要求等具体补水机制，对静水域补水机制的效果进行综合评价，从而完善符合广东山区实际的，能保证脱水河段及周边区域最低生态需水要求的生态补水方法，为河道生态补水方案的规划与设计提供科学依据。

（6）进一步论证过鱼设施的必要性和可行性。由于本次研究的梯级规划开发工程均为低坝式日调节水电站，下泄生态流量足够满足，也不会出现低温水、下游减脱水段等严重影响水生态环境的情况发生。通过对水环境容量、历年水质变化情况、库区富营养化情况、水生态环境变化情况等进行比较研究，本次研究的武江干流尚有环境容量，梯级规划开发建设对水生态环境及水生生物的生境和正常生长、产卵、繁殖、洄游等产生了一定的影响，因此后续需要进一步论证过鱼设施的必要性和可行性，以更好地保护流域鱼类资源和水环境。

参考文献

[1] 张莉媛，宁家贤，马长鹏，等．水利水电工程建设对生态环境影响的利弊分析［J］．人民黄河，2023，45（S1）：64-65.

[2] BHAGABATI S，KAWASAKI A，BABEL M，et al. A cooperative game analysis of transboundary hydropower development in the Lower Mekong：case of the 3S Sub-basins［J］. Water Resources Management，2014，28（11）：3417-3437.

[3] KASPER D, FORSBERG B R, AMARAL J H F, et al. Reservoir stratification affects methylmercury levels in river water, plankton, and fish downstream from Balbina hydroelectric dam, Amazonas, Brazil [J] . Environmental Science & Technology, 2014, 48 (2): 1032-1040.
[4] 方飞，张杰．德宏州水电站建设对生态环境的影响［J］．环境科学导刊，2017，36（S1）：66-68.
[5] 王强．山地河流生境对河流生物多样性的影响研究［D］．重庆：重庆大学，2011.
[6] 郭伟杰，赵伟华，王振华．梯级引水式水电站对底栖动物群落结构的影响［J］．长江科学院院报，2015（6）：87-93.
[7] AGUIAR F C, FERREIRA M T, MOREIRA I. Exotic and native vegetation establishment following channelization of a western Iberian river [J] . River Research & Applications, 2010, 17 (4-5): 509-26.

金沙江旭龙水电站过鱼设施总体方案研究

王　翔[1,2,3]　龚昱田[4]　娄起浩[1]　张文传[5]　李国岭[1]

（1. 长江勘测规划设计研究有限责任公司，湖北武汉　430010；
2. 水利部长江治理与保护重点实验室，湖北武汉　430010；
3. 流域水安全保障湖北省重点实验室，湖北武汉　430010；
4. 水利部中国科学院水工程生态研究所，湖北武汉　430079；
5. 中国长江三峡集团有限公司，湖北武汉　430010）

摘　要：旭龙水电站位于金沙江上游，最大坝高 213 m，是典型的高拱坝，修建过鱼设施难度较大。本文在旭龙水电站江段鱼类资源分析的基础上，对工程过鱼种类进行了筛选及优先级排序，提出了旭龙水电站过鱼对象及过鱼季节。结合过鱼对象生态习性、旭龙水电站工程特点对鱼道和升鱼机两种形式的过鱼设施进行了比选，提出了隧洞式升鱼机的过鱼方案，并对集鱼系统、分拣装载系统、提升过坝系统、码头转运系统、运输放流系统及监控系统进行了初步方案研究。本研究成果可为高坝工程过鱼设施设计提供参考。

关键词：旭龙水电站；过鱼设施；升鱼机

1　引言

大坝建设对河流连通性及鱼类洄游通道造成阻隔影响[1]。过鱼设施作为重要的生态保护措施，为鱼类等水生生物提供了洄游通道和交流路径，被广泛应用于水利水电工程生态保护与修复中[2]。过鱼设施的主要形式包括鱼道、仿自然通道、升鱼机、集运鱼设施和鱼闸等，不同的过鱼设施形式具有不同的特点，适用于不同的过鱼对象及不同的工程[3]。其中，鱼道和仿自然通道主要适用于中低水头大坝，而对于高坝枢纽，由于一般地处河道狭窄、边坡陡峭的高山峡谷地区，过鱼设施建设难度更大，在集鱼、鱼类过坝等方面存在诸多技术挑战[4]。2010 年之前，我国建设的过鱼设施主要位于中低水头大坝，水头 50 m 以上的大坝基本没有修建过鱼建筑物，因此高坝过鱼相关经验十分匮乏。

随着近 20 年来筑坝技术的发展，我国的高坝建设速度均处于世界领先地位。目前，世界上 100 m 以上的高坝约 900 座，其中 1/4 在中国，而且在未来的 15 年内，我国仍将是世界高坝建设的中心，特高坝建设任务超过全球总数的 50%[5]。与此同时，随着我国生态文明建设的逐步深入，河流生态连通性及鱼类洄游通道的保护与修复工作越发受到社会及国家主管部门的关注，高坝枢纽的过鱼设施建设要求不断提高。在今后相当长的一段时期，高坝过鱼将是高坝枢纽设计建设中需要重点关注并开展研究的工作。

本文结合金沙江上游典型高坝工程——旭龙水电站，根据当地鱼类及工程特点，对工程过鱼目标进行了分析，对工程过鱼总体方案进行了比选，在此基础上提出了工程过鱼设施总体方案。本文可为西南地区高坝枢纽过鱼设施的设计及鱼类洄游通道恢复提供参考。

作者简介：王翔（1981—），男，高级工程师，主要从事过鱼建筑物的研究及设计工作。

2 工程概况

旭龙水电站位于云南省德钦县与四川省得荣县交界的金沙江干流上游河段，是金沙江上游河段“一库十三级”梯级开发方案中的第12级，是西电东送骨干电源点之一。旭龙水电站为Ⅰ等大（1）型工程，控制流域面积18.95万km^2，多年平均流量990 m^3/s，径流量313亿m^3。正常蓄水位2 302.00 m，死水位2 294.00 m，设计洪水位2 303.42 m，校核洪水位2 305.89 m，总库容8.47亿m^3，调节库容1.26亿m^3，死库容6.55亿m^3，具有日调节能力。电站装机容量2 400 MW，多年平均发电量105.14亿kW·h。枢纽主体建筑物由挡水建筑物、泄水建筑物、引水发电系统等组成。大坝为混凝土双曲拱坝，最大坝高213 m，坝顶高程2 308.00 m；泄洪设施由坝身3个表孔、4个中孔及1个生态放水孔组成，坝下游采用水垫塘消能；引水发电建筑物布置于右岸，采用引水式地下厂房，安装4台600 MW的立轴混流式水轮发电机组，总体为引水隧洞单机单洞，尾水隧洞二机一洞，主厂房、主变洞、调压室三大洞室相互平行布置。旭龙水电站枢纽总平面布置如图1所示。

3 过鱼目标分析

旭龙水电站地处的金沙江上游，峡谷深切，水流湍急，河流水温低，生境特异性高，孕育了为数不多的特异性鱼类，主要为裂腹鱼亚科、鳅科、平鳍鳅科和鲱科鱼类，属典型的高原鱼类区系。据《四川鱼类志》（1994）、《云南鱼类志》（1989—1990）、《西藏鱼类及其资源》（1995）、《横断山区鱼类》（1998）、《中国动物志·鲤形目（下卷）》（2000）、《中国动物志·鲇形目》（1999）、《中国条鳅志》（1989）记载，金沙江上游水域共有鱼类22种。

为科学选择、确定工程过鱼对象，本文建立了过鱼优先级排序体系，将鱼类过坝考虑因素分为4类：过鱼需求、过鱼有效性、保护价值和资源量，其中过鱼需求又分为洄游习性和产卵场江段重要性两个指标；过鱼有效性具体指工程库区及上游生境适宜度；保护价值分为鱼类保护等级和经济价值两个指标；资源量指鱼类资源量现状。对各个指标制定赋分标准（见表1），根据各考虑因素得分，进行过鱼优先级排序（见表2）。

通过建立的过鱼优先级评价体系，对工程影响江段分布的22种鱼类开展了评估。通过评估，将鱼类过鱼需求分为6个等级：等级Ⅰ包括软刺裸裂尻鱼和硬刺松潘裸鲤，这是过鱼需求等级最高的鱼类。这两种鱼类均为蓄水后能够较好适应库区生境的鱼类。等级Ⅱ包括长丝裂腹鱼、短须裂腹鱼和四川裂腹鱼，这些是繁殖季节具有一定短距离上溯习性的鱼类。等级Ⅲ包括黄石爬鲱、安氏高原鳅、细尾高原鳅、勃氏高原鳅，为主要兼顾过鱼对象。等级Ⅳ为其他鱼类中除中华金沙江鳅以外的鱼类。等级Ⅴ为中华金沙鳅，这种鱼类的过鱼需求最低，同时也难以适应蓄水之后的库区生境。根据评估及排序，确定工程主要过鱼对象为软刺裸裂尻鱼、硬刺松潘裸鲤、短须裂腹鱼、长丝裂腹鱼、四川裂腹鱼5种鱼类，兼顾过鱼对象为细尾高原鳅、勃氏高原鳅、安氏高原鳅和黄石爬鲱4种鱼类。

4 过鱼方案比选

4.1 过鱼设施运行水位

根据旭龙水电站库区及坝下水位频率分析，主要过鱼季节旭龙水电站坝上游过鱼运行水位2 294.00~2 302.00 m，水位变幅8.0 m；下游过鱼运行水位2 145.58~2 153.44 m，下游水位变幅7.86 m。过鱼设施最大工作水头为156.42 m。

4.2 比选方案

过鱼设施主要有鱼道、仿自然通道、升鱼机、鱼闸、集运鱼系统等不同形式，这些形式具有不同的特点，适应不同的过鱼种类及不同的工程。旭龙水电站最大坝高213 m，两岸边坡陡峭，基本不具备建设仿自然通道的条件。鱼闸由于耗水量大，运行效率低，现代已很少采用。旭龙水电站坝下河道狭窄，水流湍急，为不通航河段，也不具备集运鱼船的运行条件。因此，重点对鱼道和升鱼机方案开展比选。

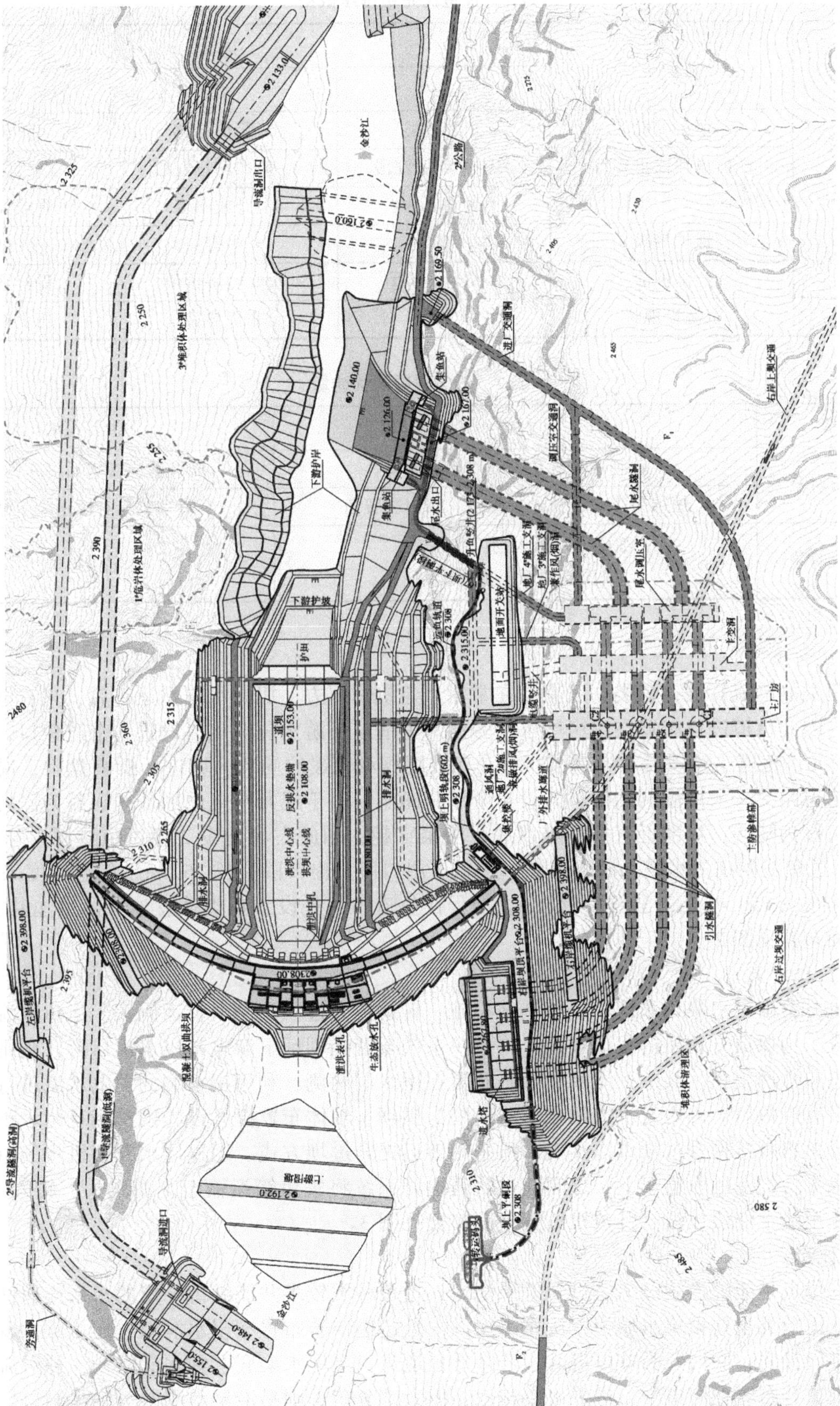

图1　旭龙水电站枢纽总平面布置　（单位:m）

表 1　过鱼优先级排序依据

考虑因素	指标	赋分		
		2	1	0
过鱼需求	洄游习性	洄游鱼类	短距离迁移	定居鱼类
	产卵场江段重要性	关键产卵场江段	一般产卵场江段	非产卵场江段
过鱼有效性	工程库区及上游生境适宜度	明显上升	上升或不变	下降或显著下降
保护价值	保护等级	高	中等	低
	经济价值	主要经济价值	次要经济价值	低经济价值
资源量	资源量现状	优势种	非优势种	历史调查种

表 2　过鱼对象及优先级

优先级	种类	主要原因
主要过鱼对象	软刺裸裂尻鱼、硬刺松潘裸鲤	能够适应蓄水后的库区生境
	短须裂腹鱼、长丝裂腹鱼、四川裂腹鱼	繁殖季节具有短距离上溯习性
兼顾过鱼对象	细尾高原鳅、勃氏高原鳅、安氏高原鳅、黄石爬鮡	定居鱼类

4.2.1　鱼道方案

根据鱼类的趋流特性，鱼类一般聚集在常泄水建筑物下方，旭龙水电站运行后，只有电站具有常下泄水流，因此鱼道进口布置在厂房尾水渠旁侧。为适应下游水位变化，设置 3 个进鱼口，鱼道进口段长约 250 m，鱼道主体段沿右岸岸坡布置，在坡度相对较缓的局部区域进行折叠盘旋，局部采用排架结构，与道路交叉采用涵洞结构，共设 4 个穿路涵洞，由于旭龙水电站坝址区河谷为深切的峡谷地形，右坝肩极为陡峻，局部近直立，难以进行明渠穿越，因此右坝肩设 2 段过鱼隧洞，分别长 60 m 和 775 m，过鱼隧洞在进水塔上游侧出洞，接鱼道出口段，出口段全长 250 m。鱼道坡度采用 1∶50，鱼道总工作水头 156.42 m，全长 8.06 km，沿程在鱼道转角处设置鱼类休息池，休息池共 51 个，鱼道方案平面布置见图 2。

4.2.2　升鱼机方案

升鱼机方案由尾水集鱼系统、分拣装载设施、转运提升过坝设备、转运码头、运鱼放流船及监控设施等组成。为保证升鱼机的集鱼效果，将集鱼系统布置在坝址下游电站尾水出口旁，利用鱼类对发电尾水的趋向性诱集鱼。其中，尾水集鱼站布置在尾水洞两侧，利用尾水洞的发电水流进行诱鱼，在不同朝向设有进鱼口。因旭龙水电站挡水建筑物为拱坝，坝体布置提升设施困难，且尾水距离大坝较远，因此升鱼机直接提升过坝难以实现，可采用转运提升过坝方式。通过尾水升鱼机将集鱼箱提升至停靠在尾水平台的专用轨道车上，之后通过轨道提升系统将集鱼箱运输至上游码头，转入运鱼船中，将鱼类运输至流水江段放流。升鱼机方案平面布置见图 3。

4.3　方案比选

鱼道的优点是能够连续过鱼，过鱼效果稳定，过鱼种类较多并能维持一定的水系连通性。存在的问题如下：①鱼类主要聚集水域为厂房尾水渠内，鱼道进口若布置在尾水洞口，尾水渠水深超 20 m，鱼道进口难以接底，底层鱼类难以进入，若降低鱼道进口至尾水渠底，则水深巨大，补水流量需求巨大；鱼道进口若布置在河道中，进口可以接底，但大部分鱼类则易沿尾水溯游至尾水洞口，易错过进口。因此，鱼道方案想达到较好的诱鱼效果难度较高。②鱼道需要一定的底坡来克服沿程水头（底坡 1∶100~1∶50），旭龙水电站过鱼季节鱼道最大工作水头 156.42 m，采用鱼道的过鱼方式其长度

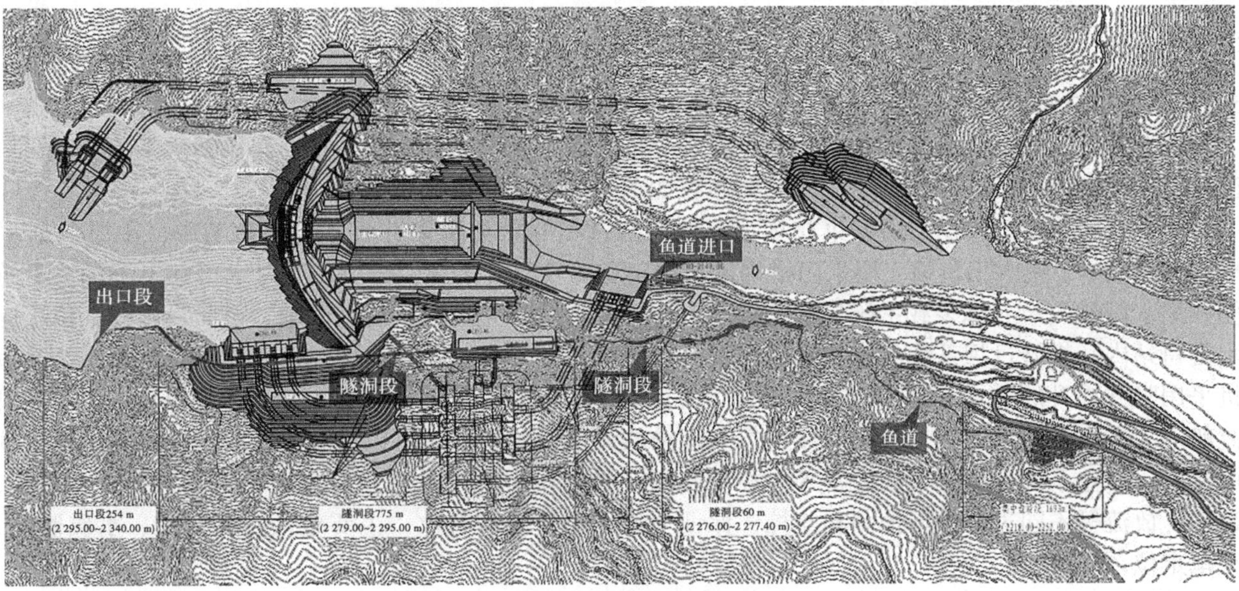

图 2 鱼道方案平面布置

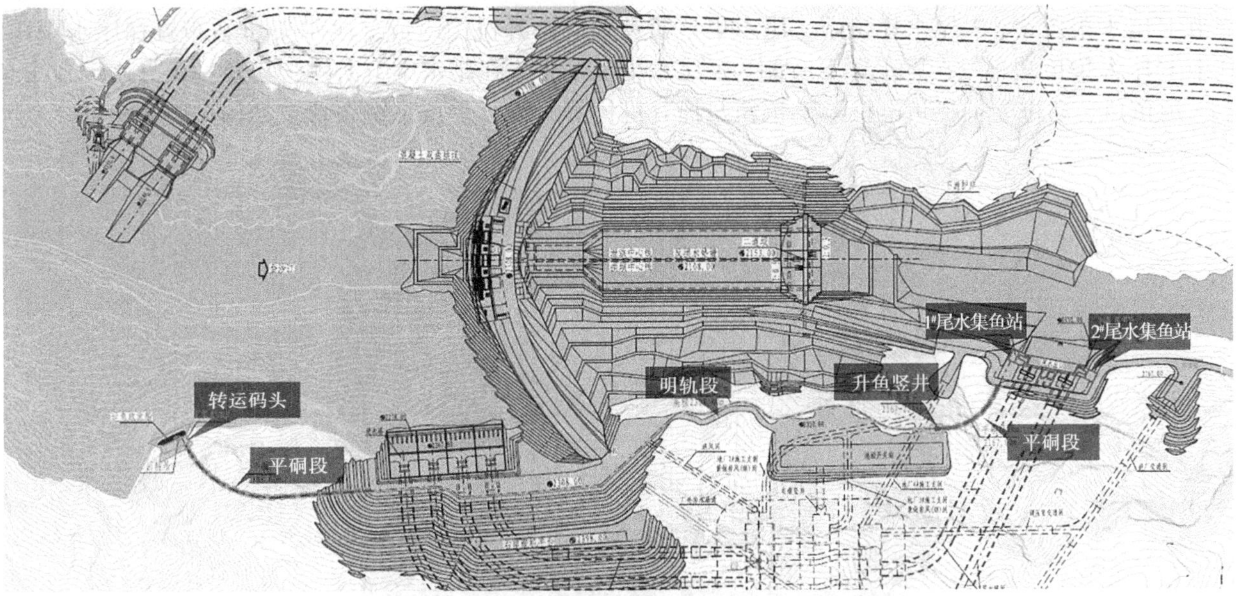

图 3 升鱼机方案平面布置

达 8.55 km，长时间上溯产生的疲劳效应给过鱼效果带来极大的不确定性。③旭龙水电站最大坝高 213 m，属典型的高坝大库，主要过鱼对象基本为底层鱼类，喜欢急流环境。当鱼类通过鱼道上溯到库区后，由于库区基本为静水，鱼类容易迷失洄游方向。④旭龙水电站两岸边坡陡峭，采用鱼道形式，沿程涉及大量隧洞、涵洞、排架、支护工程，不但工程浩大，而且将面临很多的地质及安全风险。综上所述，鱼道方案对旭龙水电站的适用性较差。

升鱼机方案，集鱼设施位于鱼类最易聚集的尾水渠内，并且利用发电尾水进行诱鱼，诱鱼流量大，进鱼口覆盖尾水渠底至水面全高程，利于底层鱼类进入，集鱼效果有保障。同时，通过升鱼机提升，鱼类不必耗费体力便可翻越高坝且过坝速度快，不存在长时间洄游引起的疲劳效应。通过运鱼船可将鱼类运至天然江段环境放流，鱼类可以继续洄游上溯。升鱼机方案的主要缺点为过鱼不连续，机电设备较多，运行、保养、维修等后期费用高。

综合考虑，推荐本工程采用升鱼机方案。

5 升鱼机总体方案

5.1 系统组成及布置

旭龙水电站升鱼机系统由尾水集鱼系统、分拣装载系统、提升过坝系统、码头转运系统、运输放流系统和控制监控设施等部分组成，总体布置如图 3 所示。

尾水集鱼系统的作用是将聚集在坝下需要洄游过坝的鱼类诱集并收集至集鱼箱中，主要包括 1[#]尾水集鱼站、2[#]尾水集鱼站、尾水门槽内的尾水集鱼箱及提升系统，分别位于尾水渠的上游侧、下游侧和尾水门槽内。分拣装载系统包括分拣站、分拣设施、暂养设施、装载设施、试验设施等，位于尾水集鱼站内。提升过坝系统的作用是通过提升设备将鱼类提升、运输过坝并送达指定转运地点，升鱼机采用竖井提升的方式。码头转运系统的作用是满足运鱼放流船停泊需要，并将运鱼箱转运至运输放流船上，主要包括转运码头、装卸设备等。运输放流系统的作用是将鱼类放流至库区，主要包括运输放流船、维生系统、放流辅助设备等。控制监测设施的作用主要是对所有集鱼、提升、分拣、装载、运输、放流等不同过程进行控制和监控，保证全过程的安全和有效，主要包括视频监控、水质监控、跟踪定位系统等。

5.2 尾水集鱼系统

旭龙水电站尾水集鱼系统采用尾水集鱼方法，利用鱼类对发电尾水的趋向性诱集鱼。集鱼系统主要由 1[#]尾水集鱼站、2[#]尾水集鱼站、尾水集鱼箱及相应提升机构组成，尾水集鱼站布置在尾水渠内，其中 1[#]尾水集鱼站布置在尾水渠下游侧，2[#]尾水集鱼站布置在尾水渠上游侧，集鱼站由导水墙、集鱼池、进鱼口、防逃笼、拦鱼电极、集鱼箱及提升机构等组成。集鱼系统布置及结构见图 4。

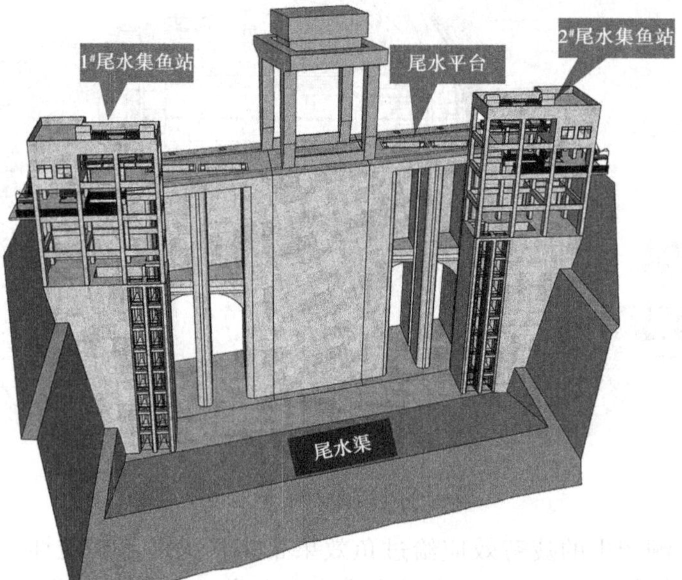

图 4 集鱼系统布置及结构

5.3 分拣装载系统

分拣装载系统由左岸分拣装载站和右岸分拣装载站组成。左、右岸分拣装载站结构相似，分拣及装载系统布置在尾水平台上，主要功能是将收集的鱼类进行分拣、暂养，进行相关统计，并装载进入运鱼车中。分拣系统主要由放鱼滑槽、暂养池、分拣槽、分拣台、放归池、补水管等组成。装载系统主要由软管、补水管、排水管等组成，其能够在装载鱼类时保证带水操作及避免鱼类损伤。

5.4 提升过坝系统

提升过坝系统由轨道运鱼车、坝下明轨段、坝下平硐段、提升竖井、中转站、明轨段及坝上平硐段组成，如图5所示。其运输过程为：将收集到的鱼类通过装载系统转入坝下轨道运鱼小车，小车经过坝下明轨段（总长160 m）、坝下平硐段（90 m）运至提升竖井（141 m）下方，通过竖井上方的提升机构沿竖井将运鱼箱提升至位于2 308 m高程的中转站，并通过台车转入坝上轨道运鱼小车，小车经过坝上明轨段（635.0 m）及坝上平硐段（215.0 m）运至位于坝上约380 m的转运码头。

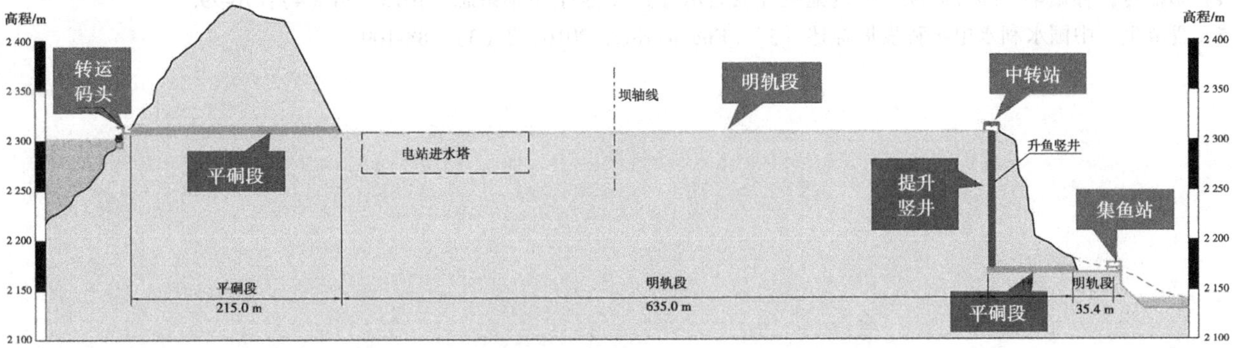

图5　升鱼机隧洞轨道过坝方案（竖井）纵剖面图

5.5　码头转运系统

综合考虑旭龙水电站库区地形、地质等条件，并结合枢纽布置方案及施工总布置方案，将码头布置在坝上约380 m处。此处坡度适宜，与过坝隧洞相连，集疏运条件较好，且成库后形成自然的下河公路，改造为码头较为便利。码头转运系统由转运码头及装卸设备组成，转运码头采用直立岸壁式码头，共布置1个运鱼船泊位，水位在2 294.00~2 302.00 m时，运鱼船均可停泊在码头完成装卸作业。码头上设5 t回转吊1台，可完成鱼箱在运鱼轨道车和运鱼船上的装卸。

5.6　运输放流系统

运输放流系统主要由运鱼放流船及放流辅助设施组成。一般情况下，运鱼箱在转运码头转入运鱼放流船后，船舶行驶至库区具有一定流速的水域时将鱼类放流至江中。运鱼放流船主甲板可放置运鱼箱，船尾放置集鱼箱。船上配置有氧气瓶、循环泵、水质监控设备等鱼类维生设备，可与运鱼箱相应接口进行连接。运鱼放流船安装有GPS定位跟踪系统，能够对车辆的行驶轨迹做到实时跟踪、记录和监控。

在主要过鱼季节3—7月，放流地点应结合该河段的流速情况，选择流速适宜的区段放流，推荐放流区域主要考虑具有一定流速的库尾江段及丹达曲、麦曲河口段等区域。

5.7　控制监控设施

为对整个集鱼、提升、分拣、装载、转运、运输、放流全过程各环节进行监控，集运鱼系统设置有视频监控、水下视频监控、在线水质监控、运鱼船定位跟踪系统及警报系统，能够对集运鱼各关键环节进行无死角监控，切实保障集运鱼的有效运行。

6　结论

（1）通过对金沙江上游及旭龙水电站江段鱼类资源的调查分析，从鱼类过鱼需求、过鱼有效性、保护价值及资源量4个方面对过鱼种类进行筛选及优先级排序，确定了3个不同优先级的过鱼目标及3—7月的主要过鱼季节。

（2）针对旭龙水电站枢纽整体布置、过鱼水头等工程特点，从技术可行性、诱鱼效果、运行安全性等方面对鱼道、升鱼机方案及其过坝方式进行了比选，提出了隧洞轨道升鱼机的过鱼设施方案。

参考文献

[1] 董哲仁，孙东亚，赵进勇，等．生态水工学进展与展望［J］．水利学报，2014，45（12）：1419-1426.

[2] Puth L M, Wilson K A. Boundaries and Corridors as a Continuum of Ecological Flow Control: Lessons from Rivers and Streams [J]. Conservation Biology, 2001, 15 (1): 21-30.
[3] Katopodis C, Williams J G. The development of fish passage research in a historical context [J]. Ecological Engineering, 2012, 48: 8-18.
[4] 郑金秀，韩德举. 国外高坝过鱼设施概况及启示 [J]. 水生态学杂志，2013，34 (4): 76-79.
[5] 贾金生. 中国水利水电工程发展综述 [J]. Engineering, 2016, 2 (3): 88-109.

黄河上游系统治理工程对水生生态影响预测评价

徐宗超

（黄河勘测规划设计研究院有限公司，河南郑州 450003）

摘　要： 本文以黄河干流若尔盖段两处护岸治理工程为例，重点就工程建设对黄河上游特有鱼类国家级水产种质资源保护区水生态影响进行了调查分析，识别了施工期及运行期环境影响因子，重点对可能造成浮游动物、浮游植物、底栖动物、水生生态、水产种质资源及鱼类繁殖场、索饵场、越冬场等影响提出了预测及评价意见，这对于了解保护区种质资源分布及如何采取针对性的控制保护措施具有较强的指导意义。

关键词： 黄河上游；系统治理；水生生态；影响；评价

1　引言

水产种质资源保护区是为保护水产种质资源及其生存环境，在具有较高经济价值和遗传育种价值的水产种质资源的主要生长繁育区域，依法划定并予以特殊保护和管理的水域、滩涂及其毗邻的岛礁、陆域[1]。水产种质资源保护区划分等级有国家级和省级，在国内、国际有重大影响，具有重要经济价值、遗传育种价值或特殊生态保护和科研价值的通常被划为国家级水产种质资源保护区[2]。水产种质资源作为生物多样性的重要组成部分，在维护生态安全以及科学研究方面具有重大作用[3]。

黄河干流若尔盖段应急处置工程为新建护岸工程 5.06 km（其中洛华 3#段防护长 2.82 km，辖曼 1#段防护长 2.24 km），结合现状岸坎地势，布置动物饮水通道 1 处。工程区域分布有黄河上游特有鱼类、保护鱼类等敏感目标，施工期将对水生生物的栖息环境带来一定影响，因此在工程实施前需对黄河上游特有鱼类国家级水产种质资源保护区影响开展专题论证并提出影响评价结论，同时通过分析该区域水生生物资源、区系分布特征，为水产种质资源的保护和可持续发展提供一定的基础数据，这对于黄河上游水生生物资源的科学管理，保护区珍稀水生生物良好栖息、繁衍和生存空间的保持等方面具有较为显著的意义[4]。

2　建设项目与水产种质资源保护区的关系

本工程包括唐克镇洛华村 3#护岸工程（长 2.82 km）、辖曼镇的辖曼牧场 1#护岸工程（长度 2.24 km），布置动物饮水通道一处（洛华 3#护岸段），工程与黄河上游特有鱼类国家级水产种质资源保护区位置关系如图 1、图 2 所示。

3　工程影响概况

3.1　工程环境影响特点分析

本工程的环境影响特点具体如下：

（1）本工程主要是河道改造工程，工程占线较长，施工较为分散。考虑工程结束后，临时用地植被均可恢复，因此工程施工对自然系统稳定性的影响较小。

作者简介： 徐宗超（1984—），男，高级工程师，主要从事水利工程总承包项目管理工作。

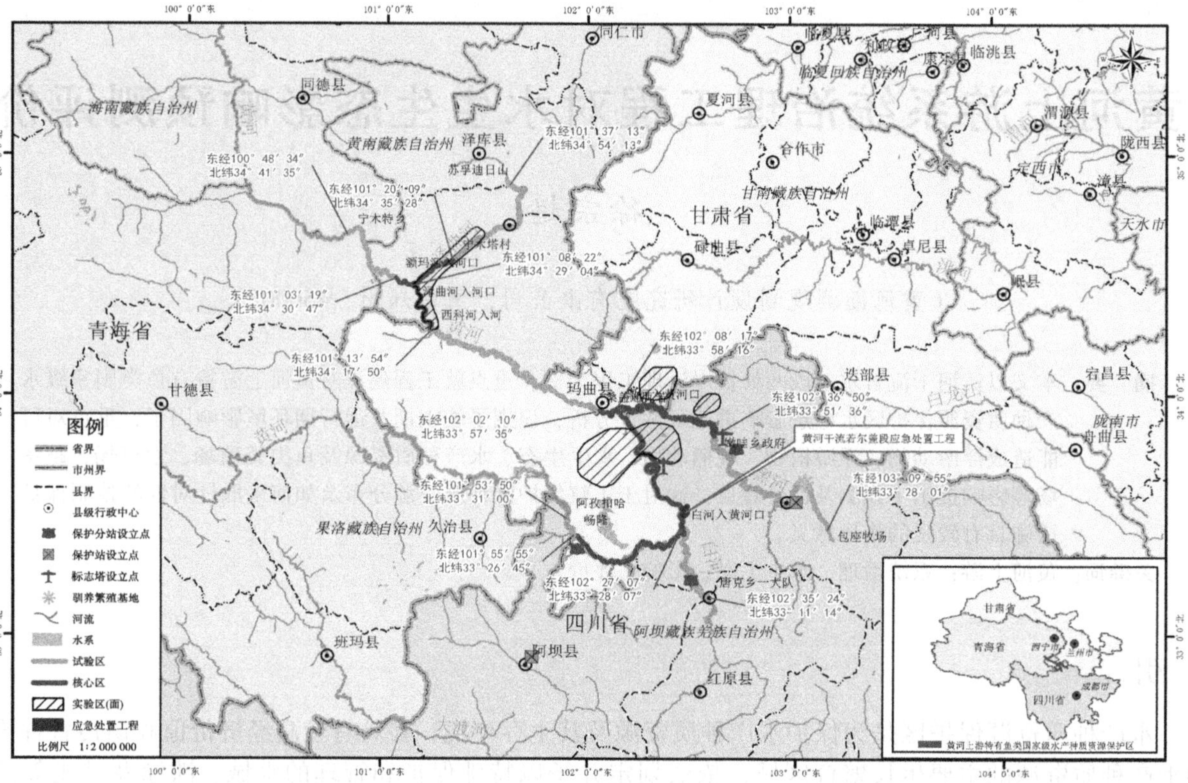

图 1　工程与黄河上游特有鱼类国家级水产种质资源保护区位置关系图

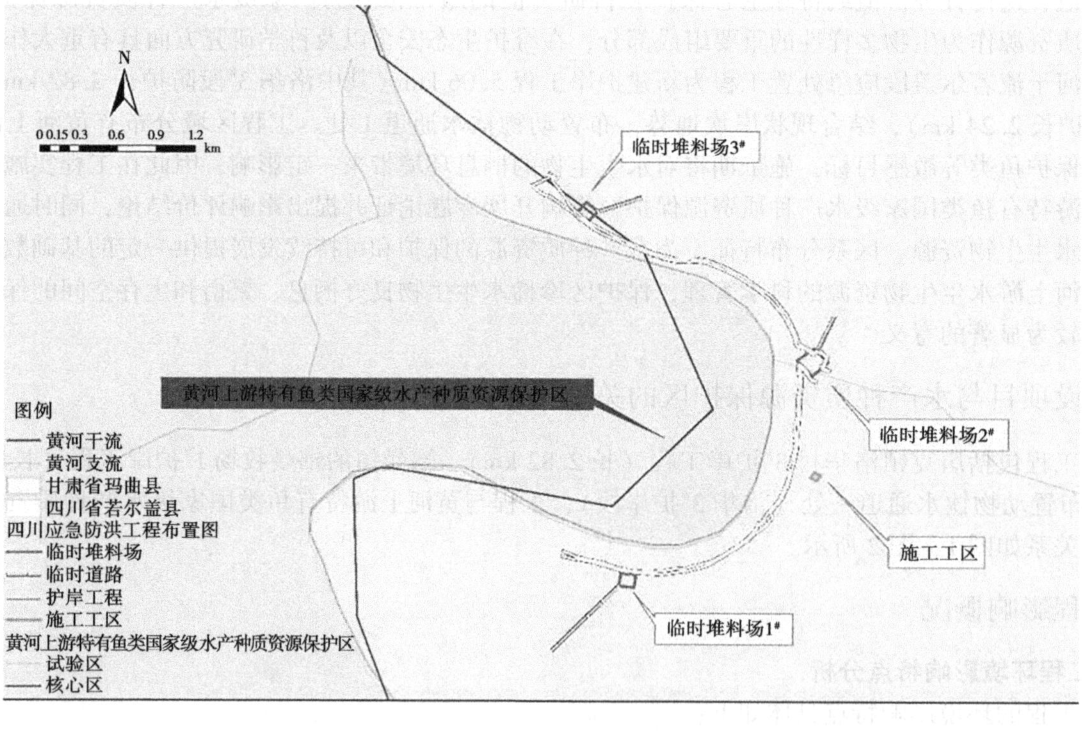

图 2　工程布置位置示意图

（2）工程施工产生的废水、废气、固废、噪声、临时占压对环境的影响是短期可逆的，且在施工期采取相应的保护措施后可以减免。施工期间，自然系统生产力的降低，对该区域的生态完整性会产生一定的负面影响。但完成后的工程本身不产生废水、废气、噪声、弃渣，从环境影响评价项目分类的角度划分，工程属于非污染生态环境建设项目类型。

(3) 项目涉及黄河上游特有鱼类国家级水产种质资源保护区，环境保护问题比较敏感，需要做深入细致的调查与论证，针对黄河上游特有鱼类国家级水产种质资源保护区的影响已经做了专题报告。

(4) 施工期主要是对陆生生态环境、河流水环境、土地资源影响较大；运行期主要对水文情势、水生生态、水环境、流域生态景观等有影响。

3.2 工程环境影响因子识别

项目的环境影响从时段上可分为施工期和运行期两个阶段，影响因子包括污染因子和生态因子，影响方面包含自然环境和生态环境。

3.2.1 施工期的水生态环境影响

河道治理工程对环境的主要不利影响包括工程永久占地造成耕地资源的损失、施工对环境和生态的影响、工程治理对黄河干流的影响等。

3.2.2 运行期的水生态环境影响

工程运行期主要对保护区的陆生、水生生境产生一定的影响，对工程河段鱼类和水生生物的生境将产生一定影响，但在工程完成后不再产生废水和废气等有害物质，水生、陆生动植物及其生境在一定程度上会逐渐恢复。

4 施工期对水生生态的影响预测评价

4.1 环境影响因子预测与评价

4.1.1 损坏土地和植被，影响自然生态系统

工程占压，造成陆生植被生物量损失，降低了自然系统的生产力，对于各个施工区周边地区的恢复稳定性和阻抗稳定性会产生一定影响。由于工程占线长，施工点较为分散，而且由于施工占地主要是草场、河滩地、水面，在一定时段和范围内对生态环境造成一定不利影响，并增加水土流失。但考虑到施工占压区占评价区的面积比例小，生物量损失相对整个评价区而言，损失不大，而且主体工程结束后，临时占地植被均可恢复，因此工程施工对自然系统稳定性的影响有限。

4.1.2 施工期水土流失

本工程的水土流失主要发生在施工期。表现为以下两方面：

(1) 清除河岸草被层。拟治理河道护坡带在水泥混凝土尚未覆盖的区域，草被层良好，具有过滤、渗透和净化雨水作用，具有保持水土的良好功能。在沟河治理过程中，清除这些草被层会导致大量泥土进入河道，加剧河道水质污染；在水泥尚未固化之前，如遇雨水冲击会造成水土流失。

(2) 机械作业与车辆运输。机械作业扰动了原地表的土层，使土层疏松，很容易引发水土流失。车辆运输过程中，地表的植被在碾压过程中很容易被破坏，水土保持作用减小，也容易导致水土流失。在切滩工程需土方填筑过程中，由于土方用量比较大，防护措施还不完善，表面和边坡均有发生水土流失的可能。

4.1.3 施工噪声影响

施工噪声主要有机械噪声等间歇性瞬时噪声及交通噪声。

(1) 机械噪声等间歇性瞬时噪声。包括堤坝施工、施工道路修建、场地平整、渣场堆渣及回采等施工活动产生的噪声，噪声主要来自机械设备运行和基岩开挖等施工活动，如钻孔、铲运、混凝土浇筑等。

(2) 交通噪声。施工机械车辆噪声，如不采取防噪措施，可能造成污染，影响周围敏感目标。

4.1.4 施工废气、扬尘的影响

施工机械车辆产生的废气，以及运输等过程产生的扬尘，如不采取保护措施，将会影响当地环境空气质量和周围敏感目标。工程对环境空气的影响仅限于施工期。工程区内的大气污染物主要来自河

堤基础施工、修整等，这些影响会随着施工结束而逐渐减小、消失。

4.1.5 施工废水、生活污水

砂石料冲洗和混凝土浇筑废水中主要污染物为细砂、泥沙悬浮物等，较易沉淀，为防止施工期生产废水对附近水域水质的影响，在各混凝土浇筑施工区布设一个沉淀池处理砂石料冲洗废水和混凝土浇筑废水。

4.1.6 固体废弃物

固体废弃物包括本工程临时建房产生的建筑垃圾、施工产生的生活垃圾。生活垃圾以有机物为主，易对环境造成污染。

4.2 施工期对水生生态的影响预测与评价

护岸工程采用混凝土预制块形式进行防护处理，护岸水下护脚采用抛石进行防护处理。混凝土块护坡与现浇混凝土面板护坡完全改变了河道两侧滩地的植被，会间接影响产黏性卵鱼类的繁育。但护岸工程是分段进行的，并且所占整个河道的比例较小，所以对水生态环境的影响很小。

4.3 对水产种质资源保护区的影响

本次工程在黄河上游特有鱼类国家级水产种质资源保护区内的工程主要有护岸工程和动物饮水通道。护岸主要施工程序为：开挖→浆砌石基础→回填→砌体护岸、混凝土护岸。护岸工程位置基本处在水产种质资源核心保护区之外，因此虽然护岸工程产生的污染物对河流的影响较大，但对水产种质资源保护区的影响很小，不会对保护区内鱼类资源造成严重破坏。

5 运行期对水生生态的影响评价

由于本工程为非污染水利工程，工程建设内容主要为堤防建设、配套穿堤建筑物建设等，工程建成运行，防洪标准得到提高，混凝土护砌护坡工程拓宽了断面面积，降低了河床断面的糙率，提高了河流水流条件的均一程度，从而增强了河流过流能力和洪水下泄能力。治理工程运行期水文情势变化主要表现为：洪水期河道整个蓄水面加宽，会导致其洪水期的平均水位和流速降低，枯水期水量相比治理前会有一定程度的增加。河道切滩形成的河面加宽，为水生生物扩大了有效生存空间，有利于水生生物的生长繁殖。

5.1 对浮游植物的影响评价

目前，河道中浮游植物主要有各种硅藻和绿藻等藻类，受施工影响，在运行初期，浮游植物种类和丰度呈现较低水平。河流两岸主要为草场，人类活动频繁，有利于河水中有机物聚集。运行期，扩挖河段水面加宽，流速降低，含沙量减少、透明度增大，有利于浮游植物的光合作用，加之被洪水带来的有机碎屑和营养物不断积累，将有利于浮游植物的繁殖和发展。因此，水体中浮游植物种类和丰度会在运行期较快恢复。

5.2 对浮游动物的影响评价

运行期水文情势的变化通过影响浮游植物间接影响浮游动物。在运行初期，浮游动物种类和丰度呈现较低的水平，但随着浮游植物生物量的不断增加，浮游动物的丰度也会逐渐恢复。尤其原生动物数量会显著增长，轮虫、枝角类和桡足类的种类将增加。河道正常运行后，浮游动物将逐渐恢复到原群落特征，浮游动物种类和数量将会恢复到原有水平。

5.3 对底栖动物的影响评价

调查河段底栖动物主要以节肢动物为主，工程将直接导致河岸带一些底栖动物死亡。底质类型能影响底栖动物群落分布和种类组成，工程结束后，河床底质一段时间内还处于不稳定期，这个阶段底栖动物的密度和物种丰度会有所降低。工程前沿岸带常见的螺、蚌等软体动物将减少，同样喜欢生活在浅水淤泥区的摇蚊类的种类和数量会急剧减少。而对生活于深水淤泥区的寡毛类影响较小，其种群结构变化不大。

5.4 对鱼类资源的影响评价

目前，工程水域鱼类主要为裂腹鱼和高原鳅类，是常见的土著鱼类。河道治理增加了施工河段的过水断面，以增加河道过水能力和降低洪水位。每年洪水期，也是鱼类繁殖的高峰期，一定程度上有利于产黏性卵鱼类的繁殖。非汛期和枯水期，由于工程增加了河道的蓄水能力，生存空间增加，饵料生物的资源量会有所增加，有利于鱼类摄食，从而促进其生长发育。

5.5 对鱼类“三场”的影响评价

5.5.1 繁殖场

河流运行后，治理河段将恢复河流生态条件，水流加快，底质将逐渐转化成泥沙。随着河流生态逐渐恢复达到稳定，水生维管束植物、附着物增加，将重新形成新的产黏性卵的繁殖场，原有消失的产沉性卵或需急流条件的繁殖场将再度出现。

5.5.2 索饵场

河流运行稳定后，随着降雨过程河道两岸营养物质的流入，水质将逐渐变得肥沃，鱼类饵料基础也会有较大的改善，饵料生物种类和量都会有所提高，索饵场也将变得更加丰富和多样。

5.5.3 越冬场

河流运行后，河道水面加宽，水深增加，河道蓄水量会明显增多，冬季水温条件有较大改善，可为鱼类安全越冬提供更多的越冬场所。

5.6 对水产种质资源保护的影响评价

根据所采集的渔获物种群数量，保护区鱼类全部为中亚高原山区复合体鱼类，以杂食性鱼类为主，在产卵类型上，以在静水、缓流中产黏性卵的鱼类为主。施工结束后，河流生境没有明显变化，水流速度和蓄水量有一定的增加。因此，对鱼类种群结构的影响主要表现在种群数量上。河流运行后，河流性鱼类仍然会占主要地位，鱼类区系组成仍然是以中亚高原山区复合体为主；河道运行后水生生物的种类变化不大，水生生物种群逐渐恢复，因此鱼类食性仍然以杂食性鱼类为主。河道生境虽然发生了部分改变，但改变的幅度较小，鱼类的繁殖习性仍然以产黏性卵鱼类为主。

6 结语

通过对保护区河段的水生生境和鱼类资源现状调查，结合项目工程与保护区位置关系、保护区主要保护对象及其功能，分析了工程建设与运行对黄河上游特有鱼类国家级水产种质资源保护区可能产生的影响，从保护鱼类种质资源及生物多样性的角度出发，提出相应的保护对策，以减免工程建设对区域水生生态环境和黄河上游特有鱼类种质资源保护区带来的不利影响，为下一步黄河干流四川段的系统治理、生态环境保护提供科学依据。

参考文献

[1] 彭杨靖，樊简，邢韶华，等．中国大陆自然保护地概况及分类体系构想［J］．生物多样性，2018，26（3）：315-325.

[2] 刘晓锋，张建军，李科社．黄河流域水产种质资源保护区建设及管理对策［J］．人民黄河，2011，33（2）：75-77.

[3] 刘英杰，刘永新，方辉，等．我国水产种质资源的研究现状与展望［J］．水产学杂志，2015，28（5）：48-55.

[4] 梅燕，陈登，胡杰，等．黄河上游特有鱼类国家级水产种质资源保护区若尔盖段水生生物资源现状研究［J］．四川师范大学学报（自然科学版），2024，47（4）：507-516.

厚砂土层河道岸坡防护方案设计与现场试验研究

孔 洋 何 斌 梅聚福 刘中仪 张 贤 张桂荣

（南京水利科学研究院，江苏南京 210024）

摘 要：黏土包坡护岸有利于河道与岸坡间的水气交换，相比混凝土等硬质护岸具有生态优良、造价低廉的特点，同时其抗冲刷性优于植草型护岸。但该护坡方案的设计无规范可循，设计厚度通常是按实践经验取值。针对运南河段厚砂土层岸坡运行期抗冲刷能力差等工程特点，提出了砂性土坡采用黏土包坡进行防护，用袋装碎石进行坡脚防护的技术措施。基于长约 100 m 的岸坡开展现场试验，监测了岸坡土体内部深层水平位移、分层沉降和孔隙水压力及岸坡表面变形，一个周期的监测结果表明岸坡水平位移及孔压变化与降雨量的相关性大于河道水位变幅。

关键词：岸坡防护；厚砂土层；现场试验；防护设计；变形机制

1 引言

新孟河延伸拓浚工程位于太湖流域湖西区，北起长江，南入太湖，途经江苏省镇江市、常州市和无锡市，工程河道总长 116.47 km（含枢纽区域河道长度），其中拓浚老河道 79.84 km，新开河道 36.63 km。工程实施将进一步完善引江济太工程布局，有效改善竺山湖等西北部湖区和上游湖西地区河网水环境，提高流域和区域防洪排涝能力和水资源配置能力，对保障流域和区域水环境安全、防洪安全和供水安全，实现流域经济社会可持续发展具有十分重要的作用，实施工程十分必要和迫切[1]。

由于研究区地下水位高，存在承压水，岸坡渗透压力大；水位变幅区及以下土层为沙壤土或砂土，抗冲刷能力较差。在水流与降雨冲刷作用和渗透变形耦合作用下，岸坡容易发生失稳破坏。根据多年来常州地区和太湖流域治理区域河道工程实施的经验教训，在沙壤土或砂土分布区域实施的河道工程中，河道岸坡稳定成为影响此类地质条件下工程施工期、运行期安全及沿岸人民正常生产生活的关键问题，已经引起了各方尤其是地方建设、管理部门的高度重视。

2 河道岸坡防护设计与现场试验段

2.1 岸坡防护方案设计

新孟河延伸拓浚工程作为引江济太主体工程的重要环节，对保障太湖流域和区域水环境、提升防洪排涝能力和水资源配置能力具有显著意义。但该工程一直饱受岸坡滑塌失稳灾害的困扰，主要原因是工程水位变幅区及以下土层分布以壤土、沙壤土或砂土为主，其抗冲刷能力较差。本文综合考虑取材、造价、生态等因素，提出了以黏土为主要材料的包坡护岸处置措施。黏土包坡方案是一种开放式的系统，有利于河道与岸坡间的水气交换，相比混凝土等硬质护岸具有生态优良、造价低廉的特点[2-3]；同时，抗冲刷性能优于植草型护岸。该护坡方案的设计无规范可循，设计厚度也仅是按实践经验取值。

数值计算结果[4] 表明，当黏土包坡层厚度大于或等于 40 cm 时，黏土包坡层平均水力比降小于

基金项目：国家自然科学基金长江水科学研究联合基金（U2240221，U2340227）；中央高校基本科研业务费专项资金资助项目（Y323007）。

作者简介：孔洋（1989—），男，高级工程师，主要从事地基基础工程与岩土工程安全监测方面的科研工作。

黏土层的允许水力比降，但黏土包坡坡脚流速较大，为渗透破坏薄弱点，建议在坡脚设置袋装碎石护脚。设置袋装碎石护脚后，坡脚处的水力比降大大降低，但碎石（护）脚上方一单元的黏土包坡流速相对偏大，略小于黏土包坡层允许水力比降。考虑在坡脚上方设置排水设施更为安全。根据计算分析，当黏土包坡厚度大于 40 cm 时，并在坡脚设置高度为 60 cm 的袋装碎石护脚方案后，岸坡在抗滑稳定性和渗透稳定性方面均满足规范要求。

选择新孟河延伸拓浚工程平地开河工程南延段河道开展示范研究。针对高程 2.4 m 以下的裸土岸坡，目前主要采用的是 60~100 cm 厚的黏土包坡方案（见图 1）。

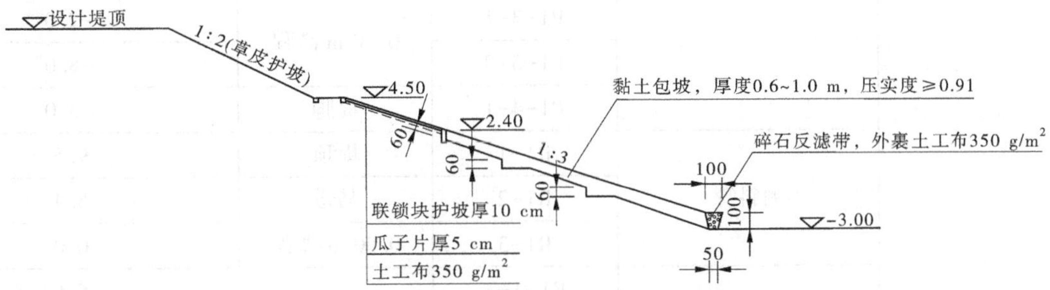

图 1　60 cm 厚黏土包坡+坡面坡脚排水+黏土镇脚防护　（单位：m）

岸坡高程-3.00~2.40 m 的砂性土坡采用黏土包坡进行防护，用袋装碎石进行坡脚防护。袋装碎石的作用体现在以下两个方面：

（1）在施工期，袋装碎石起到排水棱体的作用，有效排除岸坡中的地下水。

（2）在施工期和运行期，袋装碎石对坡脚进行有效防护，防止水流冲刷作用造成坡脚坍塌，提高岸坡稳定性。

2.2　岸坡变形机制现场试验段研究

在岸坡防护示范工程施工和运行中，选择典型断面设置表面沉降及水平位移标点、孔隙水压力计等监测岸坡及地基的变形过程。图 2 为常规监测仪器布置断面图，在试验段中共设计了 3 个典型监测断面，埋设测斜管、沉降磁环、孔隙水压力计并布设表面变形标点，以监测岸坡防护工程设置前后土体内部深层水平位移、分层沉降和孔隙水压力及岸坡表面变形（见表 1）。

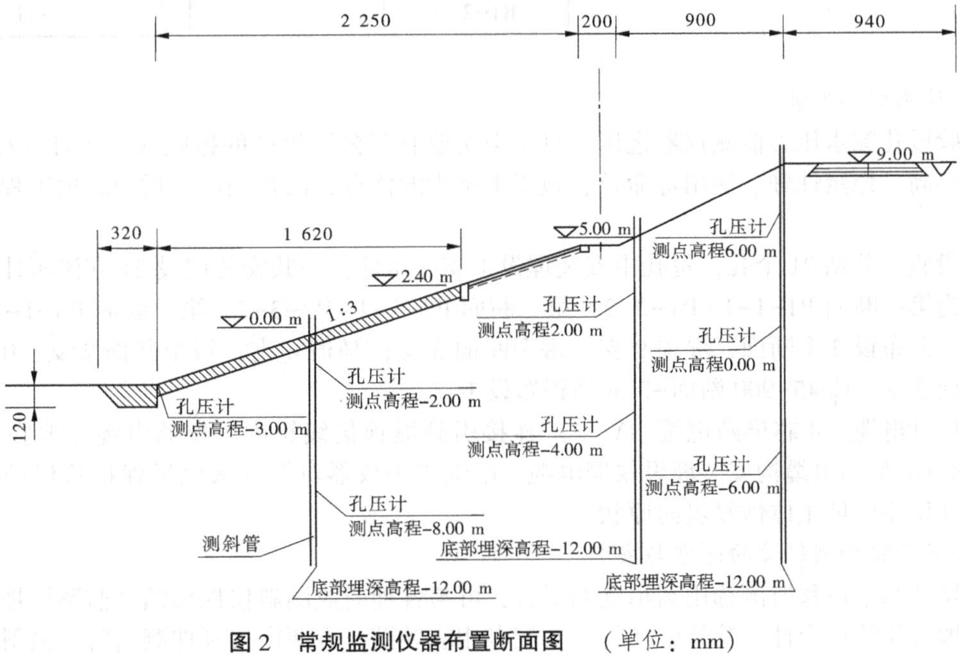

图 2　常规监测仪器布置断面图　（单位：mm）

表 1　现场示范工程 CS45+900 断面仪器安装情况

断面	仪器类型	仪器编号	安装位置	安装高程/m
CS45+900 断面	孔隙水压力计	P1-1-1	堤顶	4.0
		P1-1-2		0.0
		P1-1-3		-6.0
		P1-2-1	马道	2.0
		P1-2-2		-4.0
		P1-3-1	0.00 m 高程	-2.0
		P1-3-2		-8.0
		P1-4-1	堤脚	-3.0
	测斜管	R1-1	堤顶	9.5
		R1-2	马道	5.4
		R1-3	0.00 m 高程	0.0
	分层沉降管	R1-1-1	堤顶	5.6
		R1-1-2		3.4
		R1-1-3		0.5
		R1-1-4		-2.5
		R1-1-5		-5.4
		R1-1-6		-8.5
		R1-1-7		-10.5
		R1-2-1	马道	1.7
		R1-2-2		0.3
		R1-2-3		-2.8
		R1-2-4		-5.7
		R1-2-5		-8.7
		R1-2-6		-11.7

2.2.1　渗压计选型和安装

现场试验段孔隙水压力监测仪器选用南京葛南实业有限公司生产的振弦式渗压计（GKD），该仪器具有准确率高、稳定性好、使用寿命长、施工干扰少的优点，已在国内外近 300 项工程中得到成功运用。

本试验段施工共钻 21 个孔，每孔中安装埋设 1 支渗压计，一共安装埋设 21 支渗压计，渗压计仪器编号分别为第一断面 P1-1-1～P1-3-2，第二断面 P2-1-1～P2-3-2，第三断面 P3-1-1～P3-3-2。渗压计安装：共布设 3 个断面，堤顶 9 支，每个断面 3 支；马道 6 支，每个断面 2 支；0.0 m 高程 6 支，每个断面 2 支；CS45+900 断面-3 m 高程布设 1 支。

所有渗压计电缆（4 芯屏蔽电缆 RVVP）连接引到堤顶集线箱内。仪器电缆需要在堤面下开挖 40 cm 宽、50 cm 深的电缆沟安装埋设仪器电缆，电缆沟中仪器电缆穿入电缆保护管保护好后再回填一层细料，并用原岸坡土体恢复堤面原状。

2.2.2　分层沉降管和测斜管的选型与安装

试验段岸坡水平位移监测选用高精度测斜管，可与各种商业测斜仪探头结合监测堤坝、岸坡、基坑、桩、围堰等建筑稳定性。管外壁和管接头配有相应导槽，方便衔接延伸测斜管，测斜管每根长度为 2 m。与其配套的有顶盖和底盖，每根管子配有接头。分层沉降环选用磁环。

按设计图要求，测斜管安装位置为每断面安装 3 套测斜管，分别为堤顶、马道、0.0 m 高程。测斜管仪器编号分别为第一断面 R1-1、R1-2、R1-3，第二断面 R2-1、R2-2、R2-3，第三断面 R3-1、R3-2、R3-3。测斜管中共埋设了 39 个分层沉降环。

3　试验段现场监测与结果分析

2019 年完成了运南河道岸坡变形机制现场试验研究的监测仪器埋设工作。试验段设置了 3 个监测断面，共计钻孔 500 m；本文开展正常监测工作，监测频次为 1 次/(15~30)d。

3.1　监测数据读取

2019 年 11 月至 2020 年 12 月，共开展了 13 次现场测量（见图 3），其中 2020 年 2—3 月测量工作受疫情影响较为明显，2020 年 7 月测量工作受汛期影响明显。

（a）现场试验段全貌

（b）试验段监测数据读取

图 3　试验段现场照片

3.2　监测数据分析

3.2.1　岸坡水平位移变化规律

图 4 为岸坡 3 个监测断面 9 个测点的水平位移变化曲线。其中，堤顶岸坡表面水平位移最大（R1-1），最大值为 2020 年 9 月的 26 mm；0.0 m 高程处（R3-3），水平位移变化较小，最大值为 2020 年 12 月初的 12 mm。从图 4 中可以看出，2020 年 6—9 月岸坡变形最为显著，2020 年 10 月以后，水平位移逐渐变小。分析原因为：汛期常州地区降雨量较大（降雨主要集中在 6—8 月），岸坡内地下水位抬升，在内外水头差作用下岸坡土体中渗透压力增大，导致岸坡水平位移增幅明显。

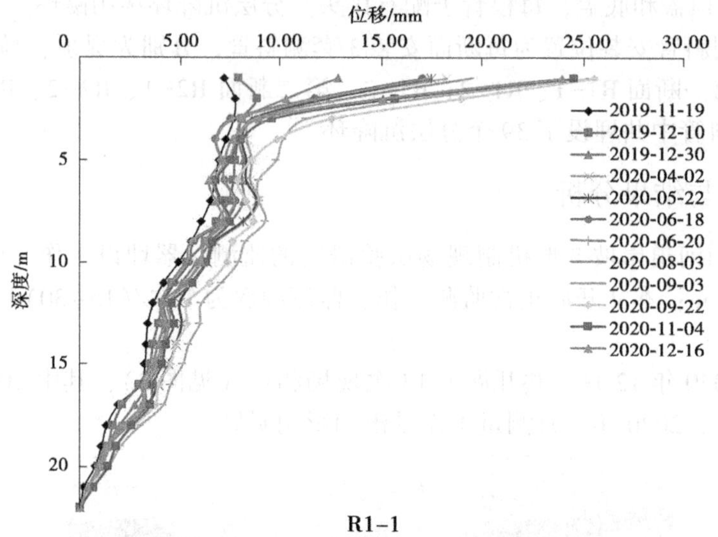

R1-1

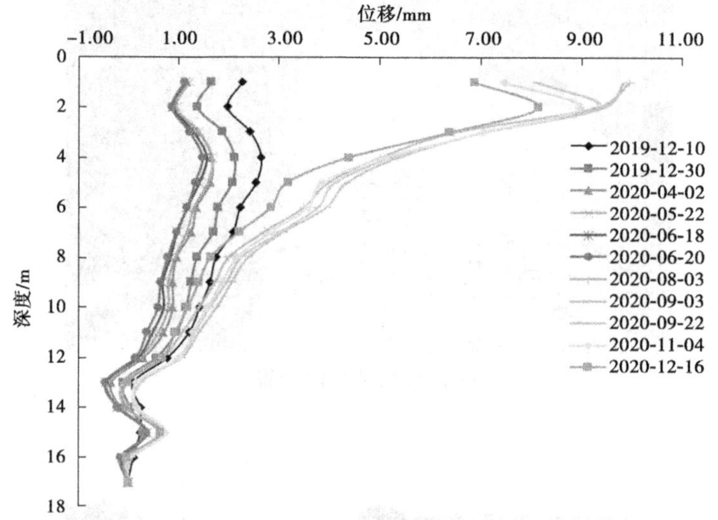

R1-2

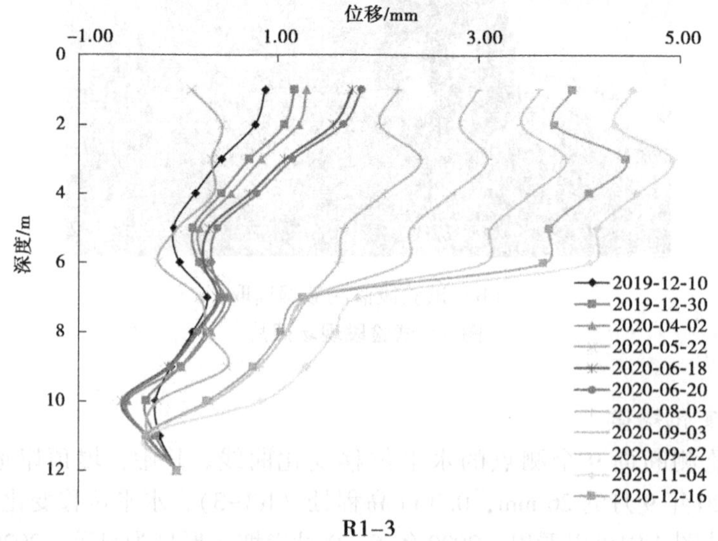

R1-3

(a) R1 监测断面

图 4　岸坡水平位移随深度变化曲线

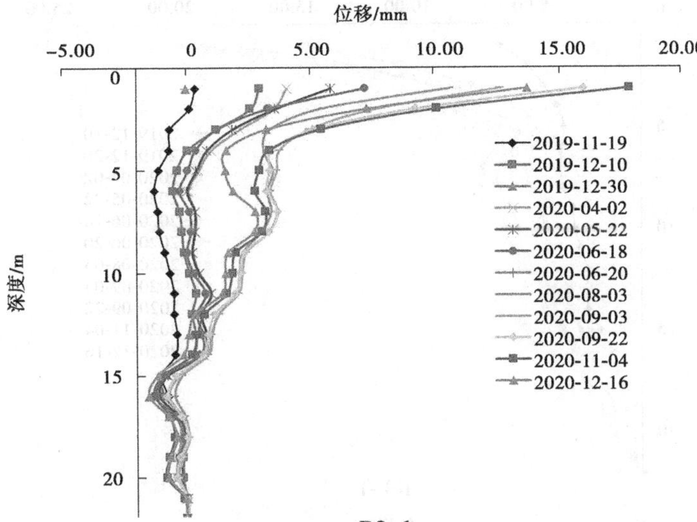

R2-1

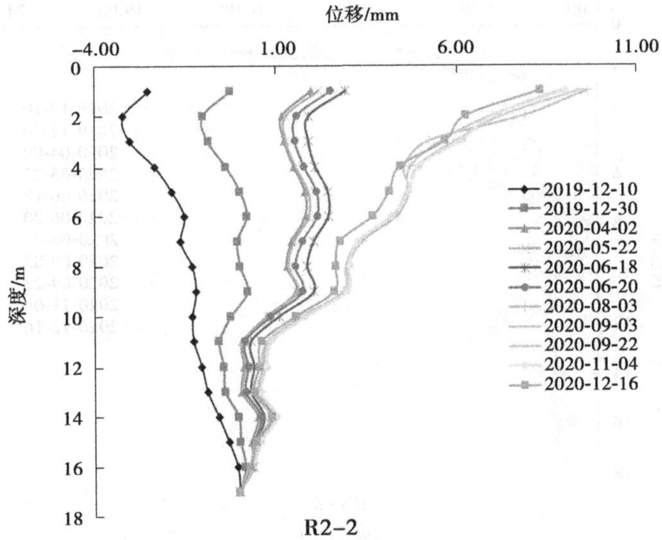

R2-2

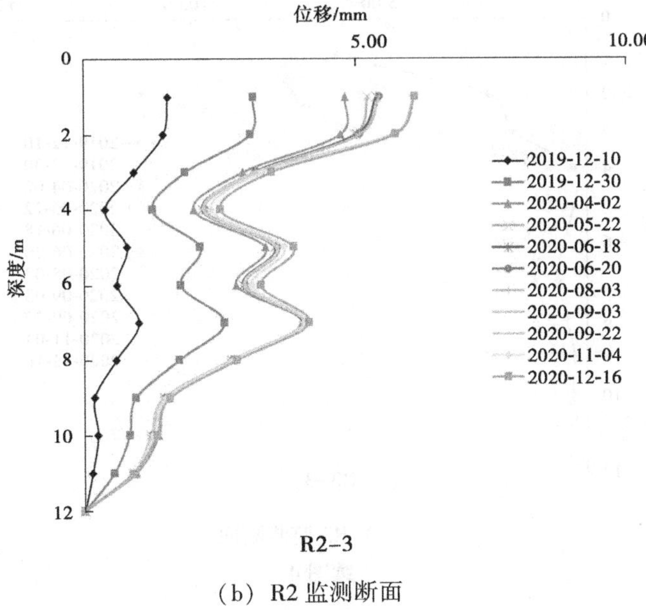

R2-3

（b）R2 监测断面

续图 4

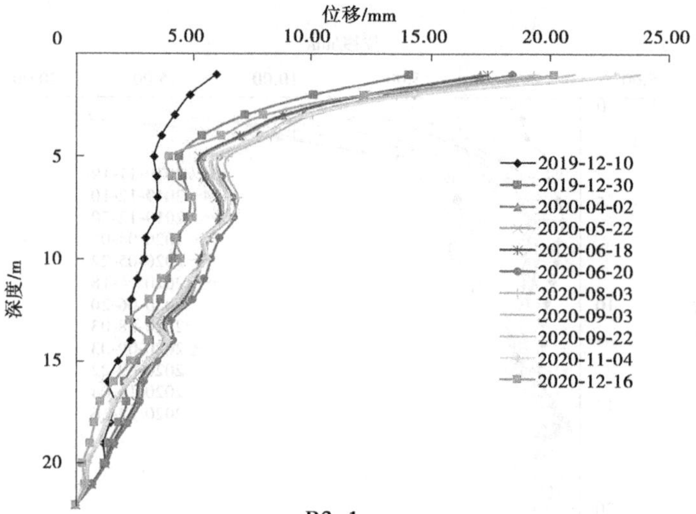

R3-1

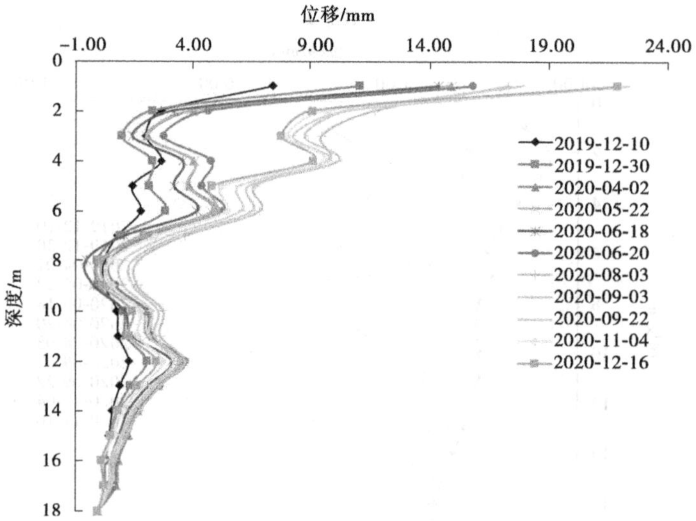

R3-2

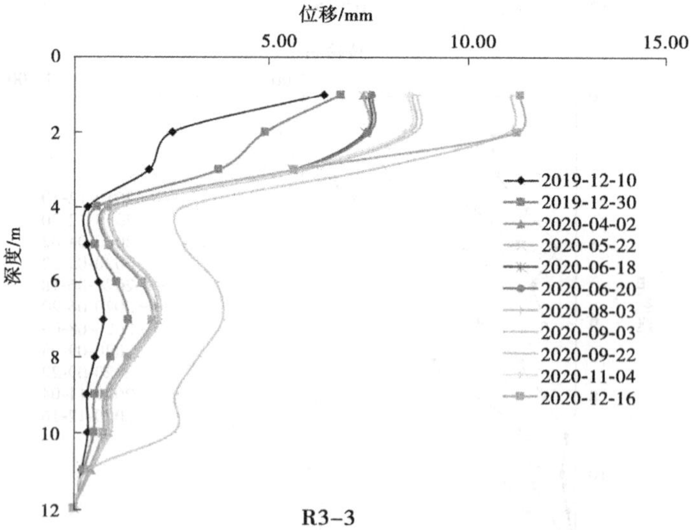

R3-3

（c）R3 监测断面

续图 4

3.2.2　岸坡竖向位移变化规律

图 5 为岸坡竖向位移变化曲线。随着深度的增加，岸坡竖向位移减小；随着时间的增加，沉降值逐渐增大，但增幅较小，沉降最大值 16 mm 位于 R1-2 表层。

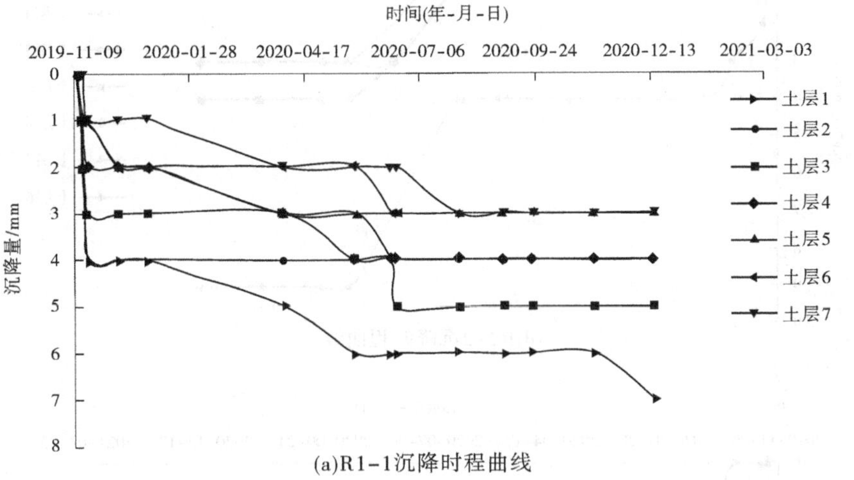

(a)R1-1沉降时程曲线

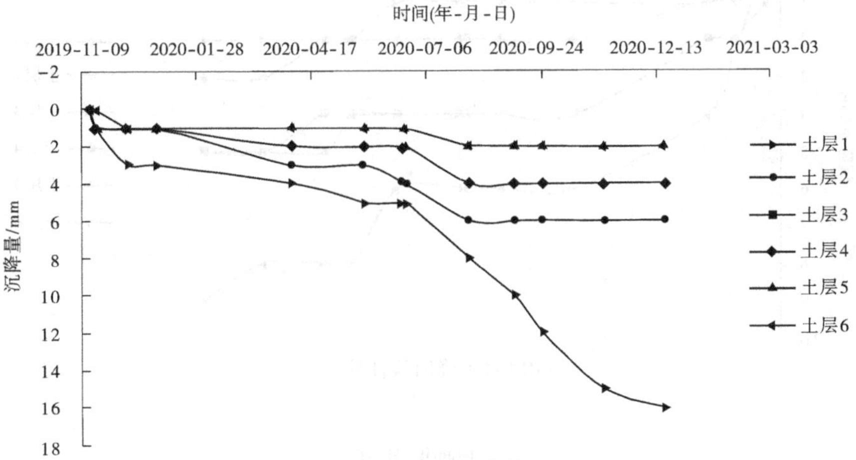

(b)R1-2沉降时程曲线

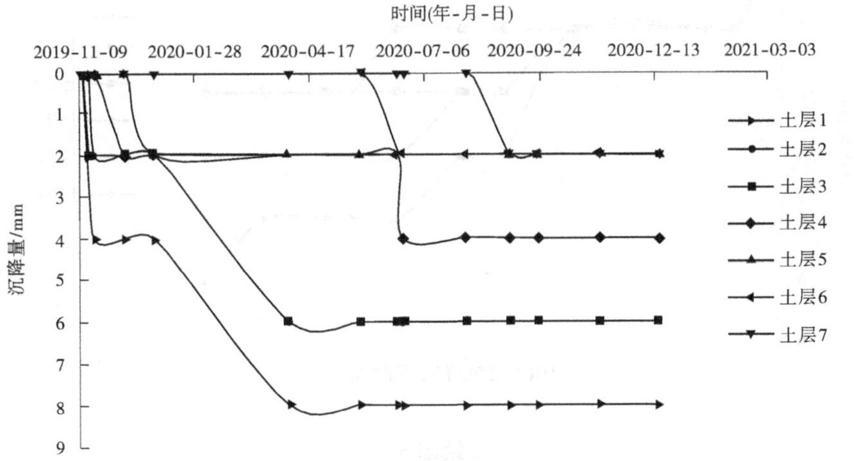

(c)R2-1沉降时程曲线

图 5　岸坡竖向位移时程曲线

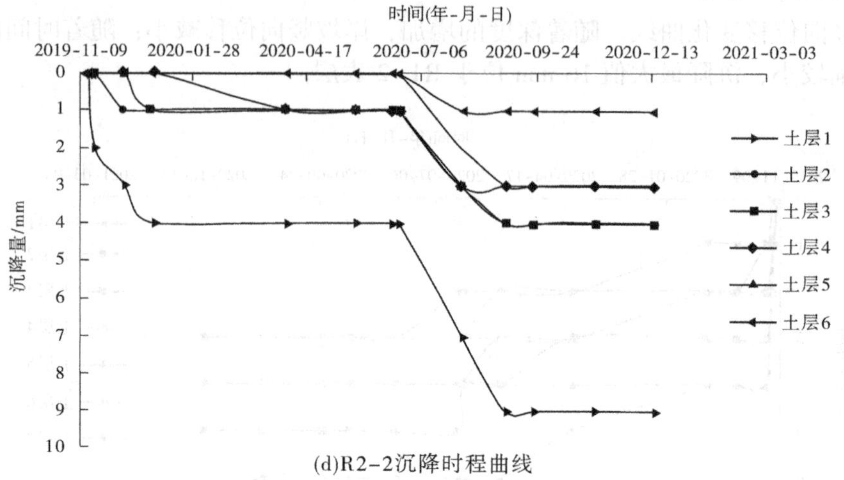

(d)R2-2沉降时程曲线

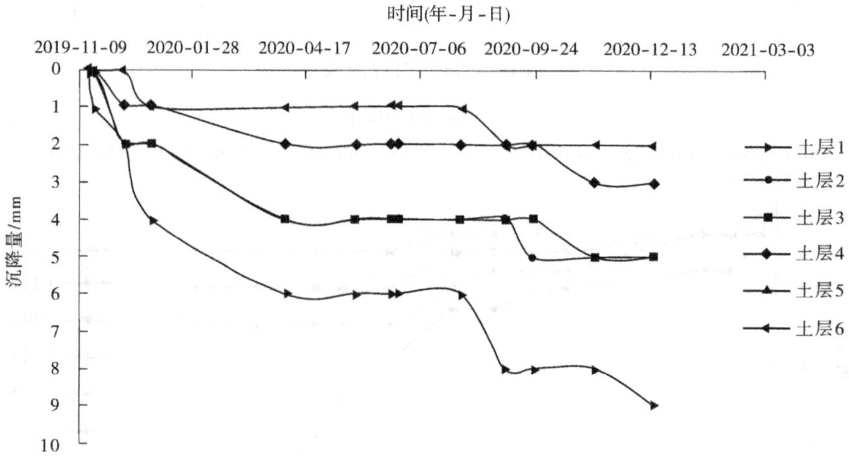

(e)R3-1沉降时程曲线

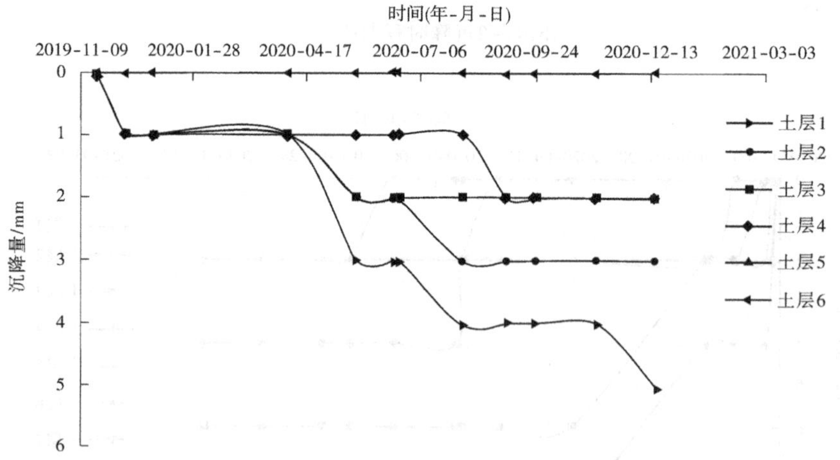

(f)R3-2沉降时程曲线

续图 5

3.2.3 岸坡孔压变化规律

图 6 为岸坡土体孔隙水压力变化规律曲线。2020 年 6—7 月连降暴雨，河道水位随之上升，最高

水位为 4.0 m 高程，岸坡土体中孔压测值明显上升；2020 年 8—9 月，随着雨季结束，河道水位下降，水位高程约为 2.0 m，但各断面测点孔压值基本维持不变。监测结果表明，各断面测点孔压值主要受降雨及地下水位影响，与河道水位相关性较小。

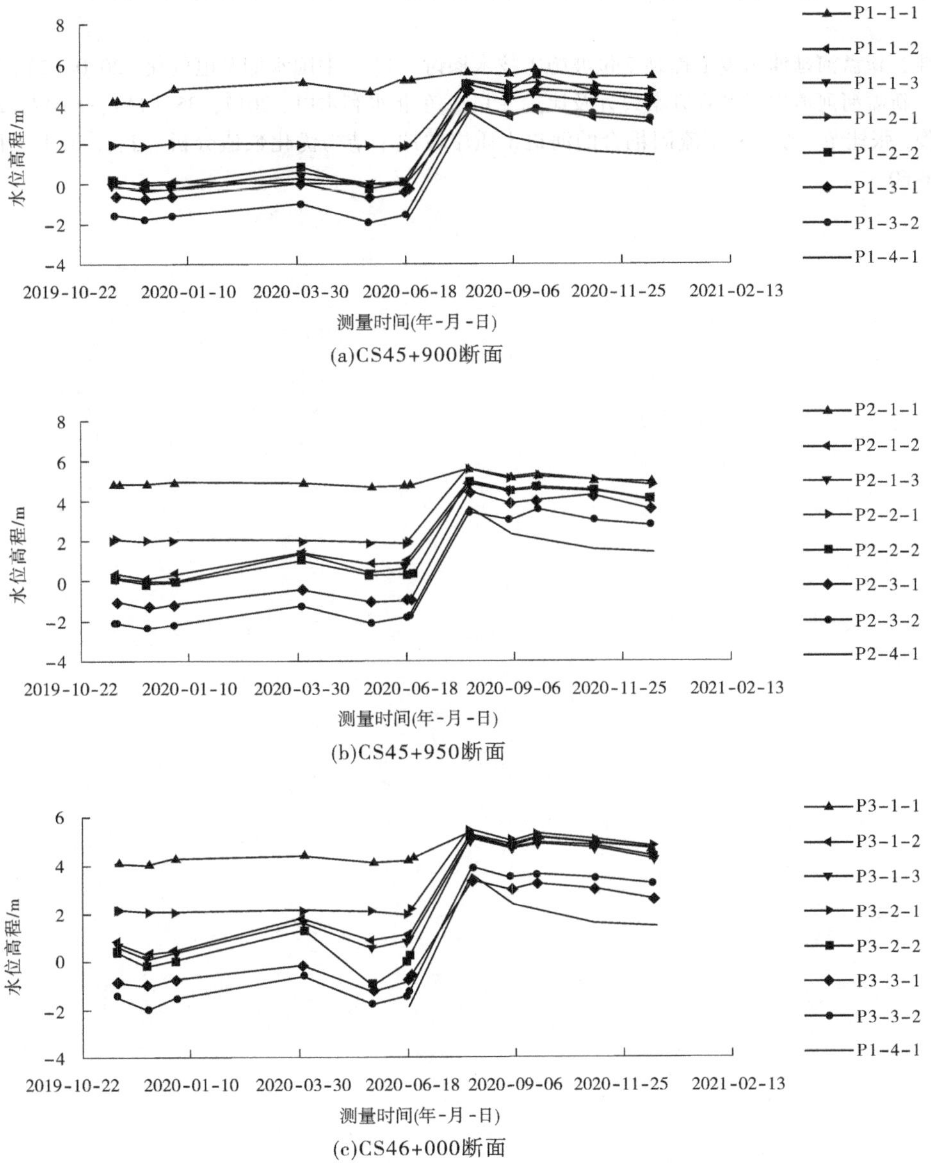

图 6　岸坡孔压测值时程曲线

4　结语

黏土包坡护岸有利于河道与岸坡间的水气交换，相比混凝土等硬质护岸具有生态优良、造价低廉的特点，同时其抗冲刷性能优于植草型护岸的。但该护坡方案的设计无规范可循，设计厚度通常是按实践经验取值。针对运南河段厚砂土层岸坡运行期抗冲刷能力差等工程特点，提出了砂性土坡采用黏土包坡进行防护，用袋装碎石进行坡脚防护的技术措施。基于长约 100 m 岸坡开展现场试验，监测了岸坡土体内部深层水平位移、分层沉降和孔隙水压力及岸坡表面变形。一个周期的监测结果表明，岸坡水平位移及孔压变化与降雨量的相关性大于河道水位变幅。

参考文献

[1] 朱勇．调水引流工程改善太湖流域水环境效果研究：以新孟河延伸拓浚工程为例［J］．人民珠江，2014，35（4）：37-40.

[2] 温洪海，郭淮．新孟河延伸拓浚工程黏土包坡施工技术探讨［J］．中国水能及电气化，2020（2）：39-41，67.

[3] 刘喻，徐燕．新孟河河道护岸型式方案设计及比选［J］．东北水利水电，2017，35（11）：16-17，20.

[4] 张晨，钱亚俊，张桂荣，等．基于流固耦合的河道土质岸坡护岸结构优化数值分析［J］．岩土工程学报，2020，42（S2）：56-60.

清江干流恩施段水电开发对浮游生物的影响研究

潘婷婷 景朝霞

（长江水资源保护科学研究所，湖北武汉 430051）

摘 要：清江为湖北省境内长江右岸的一级支流，干流全长 423 km，其中恩施段全长 273 km。受已建梯级水库蓄水和调节作用影响，清江原峡谷急流的河道生境要素发生变化，使浮游生物的种群结构和资源量随之发生改变。20 世纪 90 年代至今，清江流域浮游植物种类数有所增加，浮游植物以硅藻门、绿藻门、蓝藻门为优势类群的结构未变，平均密度由 10^3 cells/L 增加到 10^5 cells/L；部分干支流河段浮游动物种类数有一定增长，以原生动物、轮虫为主要组成的结构未变，原生动物种类数增加较多，枝角类、桡足类种类数变化较小。

关键词：清江；水电开发；梯级水库；浮游生物

1 引言

清江为湖北省境内长江右岸的一级支流，发源于湖北省利川市西部都亭山西麓，干流全长 423 km，流域面积 1.67 万 km^2，主要流经湖北省西南部的恩施州、宜昌市；清江恩施段干流全长为 273 km，恩施段自上而下流经恩施土家族苗族自治州境内的利川、恩施、咸丰、宣恩、建始、鹤峰、巴东等县（市），河道多位于高山峡谷间，为山溪性河流，河道纵坡陡，水流急，水体清澈[1-2]。目前，清江恩施段干流范围内已建成 8 座梯级水库，自上而下分别为：三渡峡、雪照河、大河片、天楼地枕、龙王塘、大龙潭、红庙、水布垭。

水电能源的开发能够发挥巨大的社会效益和经济效益，但也会带来负面影响。清江流域梯级开发后，大坝的建设使天然河道产生严重隔断与镶嵌效应，破坏了河流的连续性，主要表现在对水环境的径流、水温、水质、泥沙 4 个方面；梯级开发改变了非生物因子，如局地气候的变化、流域水质变化、河流廊道的建设都对动植物的生存环境造成一定的改变，破坏了其原有的连续性和稳定性，使原来稳定的群落结构完整性受到影响[3]。清江流域水电梯级开发及支流水坝造成的阻隔，使库区河段水流变缓，自净能力减弱，旅游污染加剧，加之流域内工业污染、生活污染、农业面源污染、水产养殖污染的加重，使得清江水质总体下降，局部恶化，水环境受到较大威胁[4]。流域水电开发过程中，受已建梯级水库蓄水和调节作用的影响，河道径流过程较天然情况有所改变，河道的水文情势和水域形态也随之发生较大变化，受流域水电开发的影响，清江原为峡谷急流生境的河道流动形态、流速、水位、水深、水面面积、水质等生境要素发生变化，进而对水体中浮游生物的生存环境产生影响，使其种群结构和资源量发生改变。

近年来，在清江干流开展的浮游生物调查研究资料较少，由于缺少对浮游生物的系统性调查，难以整体了解流域浮游生物资源演变情况。本文通过历史资料收集，并结合现状调查结果，对比流域水电开发前后清江恩施段主要水域浮游植物、浮游动物的资源变化，结合流域水电开发进程和水域形态变化情况，分析水电开发前后浮游生物的群落结构和资源的变化幅度和趋势，为流域水体富营养化防控、水质保护、饮用水安全等生态环境保护和水安全管理等方面提供参考。

作者简介：潘婷婷（1991—），女，工程师，主要从事水域生态学和水生态环境保护与修复研究工作。

2 清江干流恩施段水生生境现状

受流域水电开发过程中已建梯级大坝阻隔、水库蓄水的影响，清江干流河道的水文情势和水域形态发生了较大变化。以恩施段为例，目前清江干流恩施段保留的流水河段长约 118. 4 km，占恩施段全长的43. 4%，流水河段多位于高山峡谷间，为山溪性河流，受人为活动影响较小，水质相对较好。

流域梯级开发形成了大小和调节性能不同的多级河道型水库，目前清江干流恩施段形成的库区河段长约 134. 5 km，占恩施段全长的 49. 3%。其中，大龙潭、水布垭水库回水长度较长，分别为13. 4 km、108. 9 km，形成了大面积的库区水域。与建库前自然河流相比，正常蓄水位运行时，大龙潭、水布垭水库水面面积分别为 2. 13 km^2、64. 35 km^2，为枯水期天然河道水面面积的 2. 7 倍、11. 8 倍。从流速变化来看，库区水体流速从库尾至坝前沿程逐渐减缓，坝前河段平均流速为天然时的1/10~1/100，库尾河段的平均流速较天然状态下略有所减小（见表 1）。

表 1 清江干流恩施段已建梯级水位水深变化

梯级名称	开发方式	正常蓄水位/m	回水长度/km	减水长度/m	坝前水深/m	最大水位抬升/m
三渡峡	混合	1 083. 5	1. 7	—	11	10
雪照河	引水	908. 2	2. 8	7. 8	20	19
大河片	引水	785. 6	0. 3	5. 5	5. 4	4. 3
天楼地枕	引水	567	0. 5	6. 3	3. 5	2. 3
龙王塘	引水	478	2. 9	1. 6	17	15
大龙潭	混合	460	13. 4	0. 9	50	48
红庙	引水	425	0. 3	退出运行	9	7
水布垭	坝后	400	108. 9	—	200	198

清江干流恩施段已建成的三渡峡、雪照河、大河片、天楼地枕、龙王塘、红庙 6 个梯级都属于低水头、径流式开发，水位壅高较小，回水距离短，库区范围较小，对河道径流的调节能力较弱，多数仅具备日调节性能，库区流速变化也相对较小。引水发电方式使梯级坝下出现一定距离的减水河段，清江恩施段现存的 5 处减水河段长约 22. 1 km，占恩施段全长的 8. 1%。其中，红庙水电站发电时造成下游恩施州主城区出现严重脱水河段，已于 2018 年正式退出运行。

3 清江干流恩施段浮游生物种群结构变化

3.1 浮游植物

1996 年，水布垭水利枢纽建设前开展的生态调查显示，清江干流中游浮游植物的种类及数量均较少，共检出浮游植物 7 门 48 种，其中绿藻门 19 种、硅藻门 18 种、蓝藻门 7 种；浮游植物密度为 7.5×10^3 ~ 66.0×10^3 cells/L，细胞密度以硅藻门占优，其次是绿藻门、蓝藻门。

2015 年，水布垭水利枢纽竣工验收阶段开展的生态调查显示，清江干流中游共检出浮游植物 5 门 44 种，其中硅藻门 18 种、绿藻门 16 种、蓝藻门 7 种，其他类群较少；浮游植物平均密度为 8.95×10^4 cells/L，细胞密度以硅藻门、蓝藻门占优；平均生物量为 0. 92 mg/L，硅藻门生物量最高。

2020—2021 年，对清江全流域开展的生态调查显示，流域共检出浮游植物 8 门 157 种，以硅藻门 65 种最多，其次为绿藻门 43 种，再次为蓝藻门 19 种，另有裸藻门 13 种、甲藻门 7 种、隐藻门 4 种、金藻门和黄藻门各 3 种。浮游植物密度在 2.35×10^4 ~ 263.65×10^4 cells/L，平均密度为 25.89×10^4 cells/L；浮游植物生物量在 0. 097 ~ 4. 596 mg/L，平均生物量为 0. 854 mg/L。整体上，清江干流浮游植物种类数高于支流的，支流汇口处浮游植物种类较多，各样点均以硅藻门种类为主，硅藻门密度、生物量均为最高；清江中上游浮游植物密度普遍较低，支流汇口处浮游植物密度、生物量高于干流天然流水河段。

3.2 浮游动物

1996 年，水布垭水利枢纽建设前开展的生态调查显示，清江干流中游共检出浮游动物 40 种，其中原生动物 5 种、轮虫 24 种、枝角类 9 种、桡足类 2 种，浮游动物的种类和数量均较少，轮虫种类数量占优。

2015 年，水布垭水利枢纽竣工验收阶段开展的生态调查显示，清江干流中游共检出浮游动物 36 种，其中原生动物 7 种、轮虫 17 种、枝角类 9 种、桡足类 3 种；浮游动物平均密度为 849.67 ind./L，平均生物量为 0.43 mg/L，以原生动物密度最高，其次为轮虫。

2020—2021 年，对清江流域开展的生态调查显示，清江流域共检出浮游动物 80 种，以原生动物 34 种最多，其次为轮虫 25 种，另有枝角类 14 种、桡足类 7 种。浮游动物密度在 0.33~957.13 ind./L，平均密度为 176.21 ind./L，以原生动物密度最高，其次为枝角类，桡足类和轮虫密度较低；浮游动物生物量在 0.001 9~15.30 mg/L，平均生物量为 0.99 mg/L，桡足类生物量最高，其次为枝角类，轮虫和原生动物生物量较低。整体上，清江干流浮游动物种类数高于支流，支流汇口处种类数高于天然流水河段；清江上游以原生动物为主，生物量处于较低水平；中下游的浮游动物密度、生物量相对较高，枝角类、桡足类占比较高。

4 水电开发对浮游生物的影响

4.1 对浮游植物的影响

梯级水库的建设导致清江流域水文情势发生改变，原先低温急流的自然河道水流变缓，库区出现大面积缓流或静水区域，水体透明度增大，水体交换变慢、营养盐滞留时间延长，库区形成的缓流生境有利于浮游植物的生长和繁殖，使水体初级生产力增加，库区河段浮游植物由建库前的急流型种类过渡为适应缓静水生活、耐污的种类。20 世纪 90 年代至今，清江流域调查到的浮游植物种类数有所增加，硅藻门、绿藻门种类增加较多，其他类群种类数变化较小；流域内除梯级水库库区外，各流水生境河段浮游植物种类数和生物量也有所增加；流域仍有较多河段保持良好的流水生境，浮游植物以硅藻门、绿藻门、蓝藻门为主要优势类群；浮游植物平均密度由 10^3 cells/L 增加到 10^5 cells/L，生物量也有所增加。

清江恩施段整体水质较好，近年来均维持在Ⅱ~Ⅲ类，但河流总氮指标存在流域整体偏高的情况，部分断面氨氮也存在超标现象，在流动性较差的支流回水区、库湾出现富营养化的可能性近年来有所增加。每年 3—6 月水温、光照等气候条件适宜水华形成，库区水体流速缓慢，支流库湾等水域需加强预警分析，防范水华发生。以恩施段大龙潭库区为例，自 2006 年起大龙潭库区常发生浮游植物富集现象，2008 年 8 月大龙潭水库坝址至上游鸭松溪桥附近发生水华，长度约 4 km。大龙潭库区浮游植物群落在季节和空间上具有显著性差异，冬季以硅藻门为优势群落，夏季绿藻门、隐藻门密度增加，在 7—8 月逐渐成为优势群落；甲藻在冬季相对较多，夏季略有降低，拟多甲藻的数量最多。为缓解大龙潭水库的水华现象，2009 年鸭松溪藻水分离站建成运行，但由于处理量小，运行效率较低，对水华的处理效果有限。

4.2 对浮游动物的影响

清江原有的急流生境不适宜浮游动物的生长和繁殖，浮游动物整体上种类少、资源量较低。梯级水库建成后，库区原先低温急流的自然河道水流变缓，有利于浮游植物的生长，以浮游植物为食的浮游动物密度和生物量也相应增加。2012 年对清江上游恩施城区的支流龙洞河调查显示，浮游动物多样性较低，主要为典型的适应性强、耐有机污染的广泛分布种类，浮游动物的平均生物量为 1.67 mg/L，平均密度为 104 ind./L，龙洞河上游至进入城区段水环境为中度污染[5]。恩施市污染物的主要受纳水体为清江，随着社会经济发展，工业、生活、农业面源污染的加重，使得清江水质总体下滑，恩施城区段清江水质总体呈Ⅲ类，属于中等程度污染，虽能满足水体功能的需求，但已接近评价上限[6]。随着水环境变化，20 世纪 90 年代至今，清江流域部分干流和支流浮游动物种类数有一定增长，水库周边、库湾、支流汇口处种类数及资源量有所增加，耐污性强的种类数量增多。梯级水库库区浮游动物密度和生物量有一定增长，但增加幅度不大，其中水布垭库区浮游动物种类数变化不大，但密度和生物量水平均相对较高。除梯级水库库区外，各流水生境浮游动物的种类数和现存量变化较小，较建库前略有增加。

5 结论

清江流域已形成大小和调节性能不同的多级水库分布格局，梯级水库建设导致流域内水温、流量、流速和水位等水文情势发生变化，建库前原含氧量高的溪流变成静水和深水水域，水域环境从急流型河道向缓流型转变，库区原有的流水河段变成河道型水库，水生生境的变化进而导致浮游生物种群结构和资源量发生改变[7]。20 世纪 90 年代至今，清江流域调查到的浮游植物种类数有所增加，以硅藻门、绿藻门种类增加较多，组成以硅藻门、绿藻门、蓝藻门为主要优势类群的结构未变，平均密度由 10^3 cells/L 增加到 10^5 cells/L，生物量也有所增加。浮游动物种类数有一定幅度增长，以原生动物、轮虫为主要类群的结构未变，原生动物种类数增加较多，枝角类、桡足类种类数变化较小。

经过多年开发建设，流域内流水生境萎缩、河流阻隔影响加剧、水库下泄水温和水质变化等因素使水生生物栖息环境发生改变，原河流态水生生态系统和浮游生物群落结构发生变化[8]。清江流域保持流水生境的河段浮游生物种数和现存量变化较小，较建库前略有增加；梯级水库形成的回水区，适应静缓流水条件的浮游生物种类和数量增加，而适应流水环境的种类和数量减少或消失；引水式电站坝下至厂房间形成的减水河段，水域空间减小幅度大，浮游生物多样性和资源量均处于较低水平。大中型水库库区调节性能强，对坝下河道水文情势影响较大，受下泄水泥沙含量、水温、水量等因素影响，坝下一定距离河道内浮游生物种类和资源量也较低。

参考文献

[1] 陈桂亚，郭海晋．清江流域水文特性概述［J］．长江职工大学学报，2001（1）：29-31.

[2] 李焰云，徐瑞春，李江风．清江流域的自然地理条件［J］．科技进步与对策，2001（10）：94-96.

[3] 王守文．湖北省清江流域水电梯级开发环境保护对策研究［J］．水力发电，2016，42（11）：4-7，46.

[4] 尤能华，李娟娟，石应，等．清江流域近年水环境质量的变化规律及原因分析［J］．宁夏农林科技，2011，52（8）：47-49，61.

[5] 傅悦，伊剑锋，谢凡，等．恩施市龙洞河浮游动物调查与水环境评价［J］．湖北民族学院学报（自然科学版），2013，31（3）：297-299.

[6] 翟琨，谭建华．恩施城区段清江河水质评价［J］．湖北民族学院学报（自然科学版），2012，30（2）：167-169.

[7] 巴亚东，陈晓娟，柳雅纯．清江水布垭水电站对水温影响回顾评价［J］．环境科学与技术，2017，40（S1）：310-313.

[8] 操文颖，王瑞琳．清江水布垭水利枢纽生态环境影响分析［J］．人民长江，2007（7）：133-134.

基于水工模型试验的溢洪道优化设计研究

史　蝶[1]　马晓波[1]　诸　亮[1]　李鹏峰[1]　荆海晓[2]

（1. 中国电建集团西北勘测设计研究院有限公司，陕西西安　710065；
2. 西安理工大学西北旱区生态水利国家重点实验室，陕西西安　710048）

摘　要：某工程溢洪道轴线与下游河道斜交，挑流鼻坎与所在位置河道右岸岸坡距离较近，挑流水舌沿溢洪道轴线挑入河道时，存在前缘冲砸右岸岸坡的危险，且落水点集中。为解决下游消能问题，本研究建立1∶50动床水工模型，优化溢洪道挑流鼻坎体形，保证泄洪安全，达到消能防冲的目的。研究表明：推荐鼻坎泄洪时，上游库区水面平稳，控制段、泄槽段水流平顺，流态良好，未出现不良流态；落水形态在空间上呈开口朝左的“C”形，落点基本抛落到河道的中心，冲坑不会明显向对岸发展，有效避免对右岸岸坡造成直接冲刷。该研究可为类似工程挑流形式提供参考。

关键词：溢洪道；水工模型；挑流鼻坎；消能防冲

1　引言

溢洪道作为高水头、大流速的常用泄水建筑物，需着重关注下游消能防冲问题。挑流消能是解决该问题的传统方式之一，即在泄水建筑物末端修建不同型式的鼻坎，利用高速下泄水流，将水流挑射至空中，水舌均沿较长的抛物线落入下游河道或水垫塘[1]。根据各工程特点适用于不同消能工形式，如：史蝶等[2]通过模型试验提出适用于泄水建筑物与河道斜交且泄洪口靠近岸坡布置的斜鼻坎。刘双喜等[3]提出了“台阶+消力池+消力坎辅助消能工”的综合消能方案，较好解决了红山水库溢洪道泄洪消能问题，郭红民等[4]采用数值模拟方法研究了在狭窄河道小交角溢洪道条件下燕尾坎的消能效果；朱艳德等[5]对燕尾坎、舌形坎消能工的流态及消能进行研究，并提出了新型扩散式舌形坎，有效解决了出口消能与水舌落点控制问题；翟泽冰等[6]分析研究“差动式鼻坎”存在的问题，提出了舌形鼻坎和扭面扩散鼻坎；邱勇等[7]利用模型试验验证了斜鼻坎可以很好地适应狭窄地形条件，有效降低挑射水流对鼻坎下游的冲刷；陈雪冬[8]总结前人研究成果提出异形斜切鼻坎挑流消能。本文依托新疆某工程，通过物理模型试验，研究溢洪道体型及下游消能工设计，提出适用于本工程特点的挑流鼻坎，可为类似工程的消能体形提供参考。

2　工程概况

新疆某工程是控制性山区综合利用水库，以城乡生活、农业供水为主要任务。水库拦河大坝为混凝土面板堆砂砾石坝，坝顶高程1 167.0 m，最大坝高72.0 m，水库正常蓄水位1 164.0 m，死水位1 124.0 m。水库主要由挡水建筑物、泄水建筑物、输水建筑物组成，主河床右岸布置溢洪道、冲沙放空兼导流洞、输水洞（水库枢纽平面布置见图1）。泄洪采用溢洪道单独泄洪方案，冲沙放空洞兼导流洞施工期导流作用，运行期作为放空、冲沙兼泄洪安全储备使用。工程所需灌溉、供水、生态用

基金项目：国家自然科学基金项目（51909211）；陕西省自然科学基础研究计划项目（2019JQ-744）；西安市科技计划项目（23GXFW0050）资助。

作者简介：史蝶（1995—），女，助理工程师，主要从事水利工程研究工作。

通信作者：李鹏峰（1994—），男，工程师，主要从事水力学及河流动力学研究工作。

水均通过输水洞下泄。

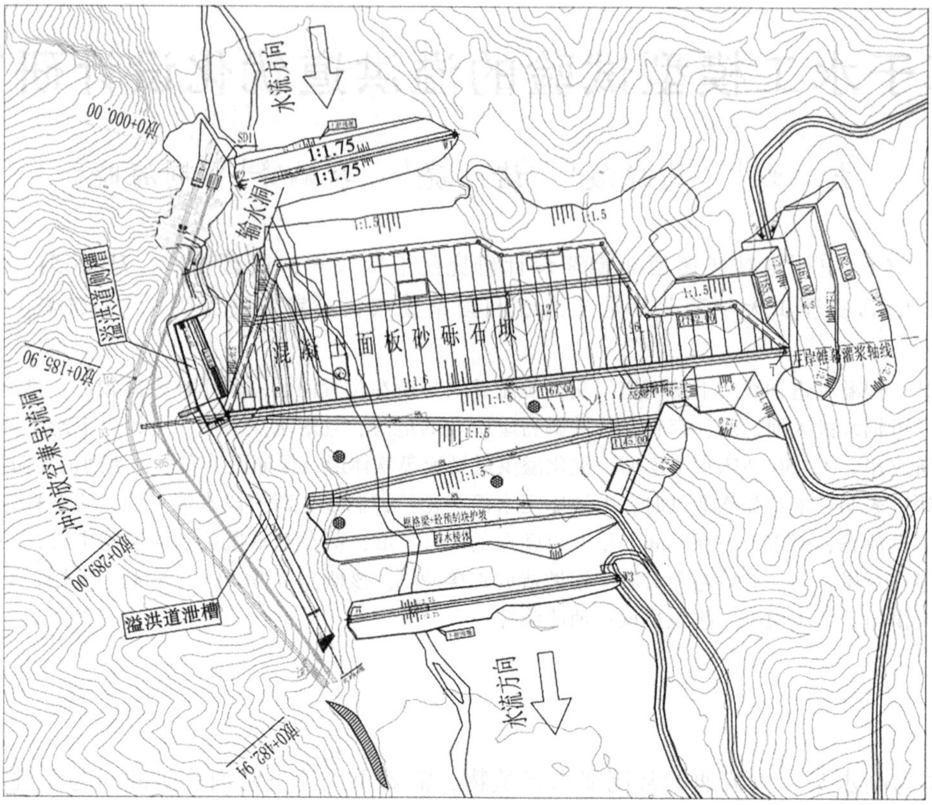

图 1　水库枢纽平面布置

溢洪道的主要任务是宣泄校核标准及以下的洪水，受地形条件的限制，溢洪道轴线与坝轴线呈 69.39°夹角布置。溢洪道由进口引渠段、控制段、泄槽段、挑流鼻坎段组成，为了减少上游山体的开挖，采用开敞式侧堰溢洪道，进口引渠及溢流堰堰体侧向布置，侧槽轴线向河床偏转，与溢洪道泄槽轴线的夹角为 11.07°，全长 286.5 m。溢流堰采用 WES 堰型，曲线为 $y=0.2871x^{1.85}$，堰顶高程 1 164.00 m，堰宽 68 m，溢洪道泄槽段为矩形断面，泄槽全长 176.50 m，出口消能采用挑流消能，下泄水流经挑流鼻坎挑入下游河道内。溢洪道校核洪水频率为 1 000 年一遇（$P=0.1\%$），设计洪水频率为 50 年一遇（$P=2\%$），消能防冲洪水频率为 20 年一遇（$P=5\%$），相应下泄流量分别为 498.48 m^3/s、213.50 m^3/s 及 129.91 m^3/s。

3　研究方法

3.1　模型制作

依据《水电水利工程常规水工模型试验规程》（DL/T 5244—2010），物理模型按重力相似准则设计[9]，根据原型水流特性及建筑物几何尺寸，考虑试验精度并结合试验场地与仪器设备等条件，确定几何比尺为 $\lambda_L=50$，其他参数见表 1。溢洪道上游库区安装模型后按照实际地形放线。池顶高程 1 170.0 m，相较于坝顶高程 1 167.0 m 高 3 m，可以保证溢洪道校核洪水的要求。泄水建筑物下游校核洪水为 1 111.12 m，考虑下游消能区水流翻滚及回流的影响，下游河道地形模拟高程至 1 120.0 m，下游地形模拟范围从坝轴线以下 130 m 开始至坝轴线以下 630 m 结束，河道长度范围可以保证下游河道流态的相似性。模型总长度约 21 m，模型总高度约为 3.0 m。实际地形定床部分用砖、砂浆等砌筑，用水泥砂浆抹面，动床部分模型沙依据河床抗冲流速配置，并按断面板铺设。

表 1　模型试验比尺计算

物理量名称	几何比尺	流速比尺	流量比尺	压强比尺	时间比尺	糙率比尺
比尺关系	λ_L	$\lambda_v = \lambda_L^{0.5}$	$\lambda_Q = \lambda_L^{2.5}$	$\lambda_{P/\gamma} = \lambda_L$	$\lambda_t = \lambda_L^{0.5}$	$\lambda_n = \lambda_L^{1/6}$
比尺数值	50.00	7.07	17 677.67	50.00	7.07	1.92

3.2　模型沙配置

下游覆盖层原型抗冲流速为 $v=1.8\sim2.0$ m/s，根据流速比尺换算成模型的抗冲流速，再按经验公式（1）[6] 计算出模型的泥沙粒径，计算可得模型泥沙粒径在 1.32～3.20 mm，平均粒径为 2.01 mm，模型实际选用粒径为 2.0 mm 的细沙作为动床模型沙。

估算抗冲流速的经验公式如下：

$$v = k\sqrt{D_{50}} \tag{1}$$

式中：v 为抗冲流速，m/s；D_{50} 为中值粒径，m；k 为系数，一般为 5～7。

4　结果分析与讨论

4.1　原方案挑流鼻坎设计

图 2 为溢洪道扩散式斜挑角挑流鼻坎体形图（原方案），挑流鼻坎段长 26 m，槽宽 12 m，长 27.0 m，反弧段半径为 12 m，挑角为 25°，中心线呈 30° 的扭角将水流向河床扩散，底板高程 1 110.00 m，挑坎高程为 1 111.12 m。

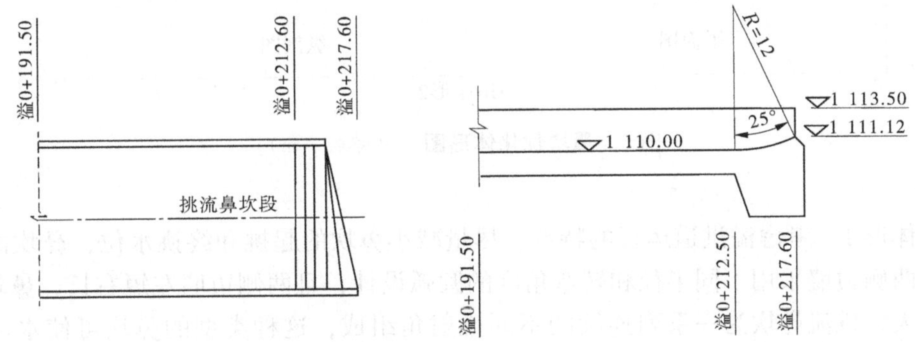

(a)平面图　　(b)纵剖图

图 2　扩散式斜挑角挑流鼻坎体形图　（单位：m）

试验结果表明：原方案鼻坎泄槽内流速大，挑流水舌沿溢洪道轴线径直挑入河道，水舌没有扩散与导向，落水点集中，未达到将水流导向河床的目的，水舌最大挑距为 35.00 m，前缘有冲砸右岸边坡的趋势。

4.2　鼻坎优化设计

4.2.1　优化思路

由于溢洪道鼻坎出口附近的地形、地质及布置条件的限制，溢洪道轴线调整的范围很小，其微调的结果不能满足消能的要求，只能对溢洪道鼻坎体形进行优化，以解决溢洪道出口下游河道消能防冲问题。挑流鼻坎关键是要控制好挑流水舌的落水位置，加大挑流水舌扩散程度，增加空中能量耗散，减轻对下游河床的冲刷。因此，本研究对鼻坎体形优化时主要考虑斜挑鼻坎，迫使鼻坎出流在平面上转向并沿竖向大幅拉开，水舌落点向河床中间，远离右岸岸坡及鼻坎基础。

根据以上思路，试验做了 2 个斜挑鼻坎体形的优化，体形见图 3，为验证各鼻坎体形的合理性，试验对修改鼻坎的水舌形态和下游河道冲淤形态进行观测分析，试验均在消能防冲工况下进行研究。

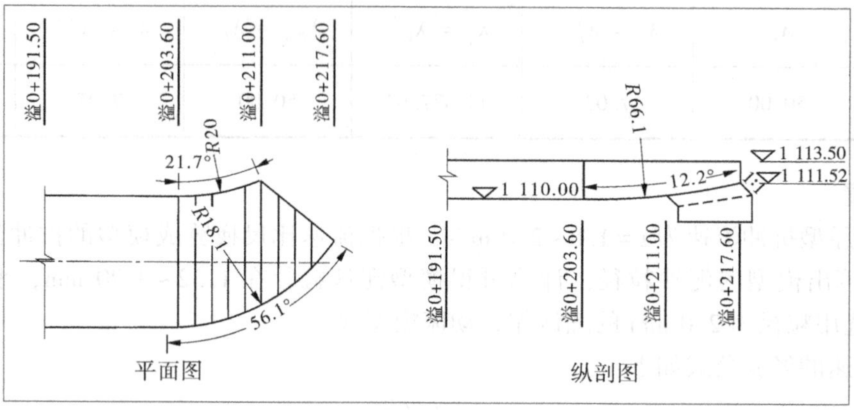

(a)体形1

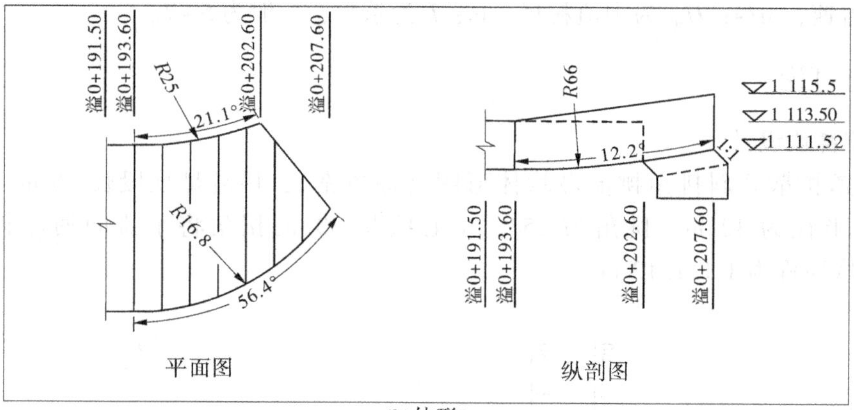

(b)体形2

图 3　鼻坎优化体形图　（单位：m）

4.2.2　体形 1

斜挑鼻坎体形 1，考虑溢洪道运行的特点，尽量减小鼻坎的起挑和终挑水位，鼻坎的挑射角不宜过大，左、右两侧边墙采用不同半径和转弯角度的圆弧设计，且两侧边墙左短右长，鼻坎挑射角度从左至右渐次增大，挑流鼻坎为一系列连续的不同挑射角组成，这种类型的鼻坎可使水流自然导向河床，水舌落点呈散落状落于河道下游。

试验结果表明：左侧水流受边墙导向作用，沿弧线出流，但因左侧边墙转弯曲率大，造成出口左侧水流脱壁；中部水流基本沿轴线方向射出，且挑距最远；右侧表层水流受边墙的约束水深壅高，一部分水流向左翻卷，并越过中部挑射水流，至最高点处后呈散水状于水舌左侧落入河道。由于右边墙半径过大、边墙较低对水舌的侧向作用不足，使右侧水流有一小股水体向右翻卷。挑流水舌前缘落点位于河床，而后缘落水位置靠近岸坡，加上水舌落水处回流翻滚，溢洪道鼻坎基础及右岸边坡遭到水流淘刷。

4.2.3　体形 2

水库 3 个泄水建筑物均布置在右岸岸坡上，输水洞布置在溢洪道与冲沙放空洞之间，其出口影响冲沙放空洞泄水，但 3 个建筑物出口布置空间有限，为给输水洞出口布置预留空间，将溢洪道缩短 10 m，这样可缩短输水洞，使出口与冲沙放空洞鼻坎上下游错开，增大冲沙放空洞鼻坎水流的扩散空间。

体形 2 是在体形 1 的基础上进行修改，泄槽长度不变，将鼻坎平底板段缩短 10 m。为避免左侧边墙末端水流脱壁，将左侧边墙圆弧半径 R 由 20 m 增大至 25 m；为保证右侧水流完全翻转，右边墙转弯半径 R 由 18.1 m 减小至 16.8 m，并将右侧边墙末端加高至 4 m。溢洪道低水位泄流的频次很高，而低水位时，鼻坎出口水流流速较小，出坎水流不能完全挑入河道，落水点距鼻坎基础较近，威胁鼻坎基础的稳定，所以体形 2 在鼻坎下游设置了一个长 2.5 m、宽 12 m 的混凝土护坦，体形 2 鼻坎见图 4（b）。

(a)原方案　(b)体形1　(c)体形2

图 4　各方案挑流水舌形态

试验结果表明：鼻坎段主流位于鼻坎右侧，在惯性作用下高速冲击到右边墙，在空中向左翻卷，形成翻卷水舌，翻卷水流至最高点后呈散水状落于溢洪道出口左侧（河床中）；左侧边墙水流无脱壁现象，鼻坎中主流偏右侧，所以左侧水流较薄，其流向基本沿溢洪道轴线方向射出，挑射角小，和右侧翻卷水流分上下两层，空间呈开口朝左的“C”形，水舌在空中充分扩散（见图 5）。

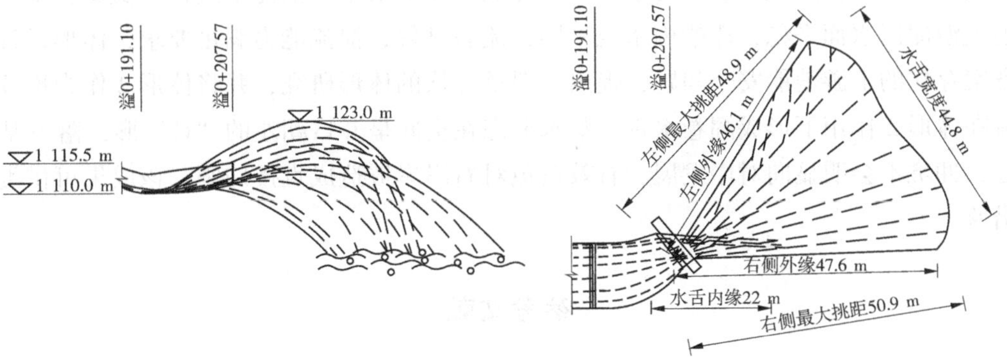

(a)剖面图　(b)平面图

图 5　水舌形态示意图

体形 1、2 水力冲刷参数对比见表 2。

表 2　鼻坎方案下游水力参数表

体形	水舌宽度/m	最大挑高高程/m	左挑距/m	右挑距/m	冲坑最低点高程/m	水舌落点最大回流流速/(m/s)
体形 1	38.3	1 129.9	38.0	40.5	1 088.9	3.0
体形 2	44.8	1 123.0	48.9	50.9	1 093.1	2.2

对比体形 1、2 可知：二者出挑水舌均发生翻卷，能够使水流顺利导向河床中间，避免直接冲砸右岸岸坡。但体形 1 右侧水舌翻卷效果欠佳，有一小股水体沿溢洪道轴线越过右边墙，致使左侧落点回缩，向轴线靠近，水舌入水位置略显集中，且鼻坎出口左侧水流脱壁。体形 2 在体形 1 的基础上进行优化，右边墙半径减小后，出坎水流翻卷能力增强，横向偏转大，水舌左侧落点偏离溢洪道轴线，水舌落水位置接近河床中部，左侧边墙水流无脱壁现象。体形 2 最明显的优势是减轻了下游回流的淘刷，冲刷深度同比体形 1 减小 4.2 m，因此将体形 2 作为鼻坎推荐方案。

4.3 不同洪水期流态分析

本研究为复核体形 2 泄洪消能效果，对校核洪水与设计洪水进行模型试验。表 3 为各工况下游水力冲刷参数，研究结果表明：校核洪水及设计洪水水舌形态均与消能防冲工况相似，水流从不同位置以不同的挑角抛射到下游河道，纵向上拉伸，水舌落水点分散，加之入水长度有较大增加，可减轻对河床的冲刷。相较与消能防冲洪水，冲坑深度有所增大，但水流落水点更偏向河床中间，不会冲击鼻坎基础及右岸岸坡。

表 3 推荐方案各工况下游水力冲刷参数

工况	水舌宽度/m	最大挑高高程/m	左挑距/m	右挑距/m	冲坑高程/m	右侧最大回流流速/(m/s)
校核洪水	50.0	1 139.6	101.9	104.6	1 082.18	6.62
设计洪水	50.0	1 127.7	58.4	65.8	1 088.34	4.74

5 结论

溢洪道作为水利工程泄洪的主要泄水建筑物，其体形及末端消能工的设计决定了下游安全及工程造价。本研究通过水工模型试验从水力学角度对溢洪道体形及下游消能工进行了试验验证，主要结论为：溢洪道上游库区水面平稳，泄槽内水流平顺，流态良好，泄流能力满足要求，体形设计合理。针对原设计方案存在的下游消能安全问题，提出了斜挑鼻坎的体形研究，并将体形 2 作为推荐方案。下泄高速水流在体形 2 作用下形成翻卷水舌，落水形态在空间呈开口朝左的“C”形，落点基本抛落到河道的中心，冲坑不会明显向对岸发展，有效避免对右岸岸坡造成直接冲刷。该成果可供类似工程设计参考和借鉴。

参考文献

[1] 四川大学水力学与山区河流开发保护国家重点实验室. 水力学（下册）[M]. 北京：高等教育出版社，2016.

[2] 史蝶，贺翠玲，刘少斌，等. 泄洪洞挑流鼻坎体型优化及下游冲刷试验 [J]. 西北水电，2024，（3）：61-66，88.

[3] 刘双喜，武彩萍，李百良，等. 金沟河红山水库溢洪道下游消能工优化试验研究 [J]. 人民黄河，2023，45（10）：136-139，145.

[4] 郭红民，康文博，王晓军，等. 狭窄河道小交角溢洪道燕尾坎挑流消能研究 [J/OL]. 水电能源科学，2024，（1）：125-128，124.

[5] 朱艳德，王韦，田忠，等. 排水洞出口斜交河道挑流鼻坎优化研究 [J]. 水电能源科学，2021，39（3）：67-69，144.

[6] 翟泽冰，张根广，李静，等. 三座店水利枢纽泄洪洞消能研究 [J]. 人民黄河，2009，31（1）：81-82.

[7] 邱勇，龚爱民．斜鼻坎挑流消能在黑石罗水库的应用［J］．水电能源科学，2016，34（3）：101-103.
[8] 陈雪冬．异型斜鼻坎挑流消能试验研究［D］．昆明：云南农业大学，2015.
[9] 中华人民共和国水利部．水工（常规）模型试验规程：SL 155—2012［S］．北京：中国水利水电出版社，2012.

澜沧江水体氢氧同位素时空变化及来源分析

包宇飞　李姗泽　王雨春　孙　猛　温　洁

（中国水利水电科学研究院水生态环境研究所，北京　100038）

摘　要：气候变化和梯级水库建设显著影响了澜沧江的水文循环，本研究采用氢氧氧（δD 和 $\delta^{18}O$）和氘过量（d-excess）的稳定同位素技术研究澜沧江水文循环特征。结果表明：①澜沧江水体 $\delta^{18}O$ 和 δD 值在枯水期分别为－18.58‰～－9.61‰与－140.24‰～－72.78‰，在丰水期分别为－16.3‰～－8.98‰与－119.2‰～－66.68‰，存在明显的季节性变化；②空间上，由于受海拔高度及蒸发效应的影响，澜沧江干流 $\delta^{18}O$ 和 δD 值整体上表现为沿流程逐渐偏正的趋势，中游受水库建设影响，呈现一定均质性；③澜沧江水体主要来自大气降水补给，上游同时还受冰雪融水等补给影响。

关键词：稳定氢氧同位素；澜沧江；时空特征；水源

1　引言

气候变化和人类活动深刻影响着自然界的水循环过程，使得降水增加、蒸散发增强、地表水下渗加剧以及地下水消耗等现象频发，进而使得生物地球化学循环发生改变[1]。天然水体中稳定同位素常被应用于多时空尺度复杂的水文过程研究中。河水氢氧同位素的时空变化不仅会受到流域海拔、气候和人为活动的影响，同时也是对流域内降水、冰雪融水、地下水补给、河水蒸发等水循环过程的综合响应。氢氧同位素组成已被广泛用于指示如长江、黄河、淮河、珠江、九龙江等江河的环境变化。水体氢氧同位素作为偏远地区水文循环的天然示踪剂具有重要的研究意义，相关研究为了加深对青藏高原中部地区水文气候的了解，对那曲河流域夏季不同类型的水样同位素进行分析；对泰国东北部门河流域河水、地下水和稻田水的稳定同位素组成进行分析，揭示了自然和人类活动对水循环的影响[2-4]。

青藏高原被誉为“第三极”和“亚洲水塔”，其冰川和湖泊是气候变化的指示器。研究表明，温度变化和人类活动已经对青藏高原的水文循环和当地环境产生显著影响[4]。澜沧江起源于青藏高原，青藏高原的水文变化会进一步影响澜沧江流域水循环过程[5]。有文献显示，与亚洲其他高山区相比，澜沧江高山区的冰川融化面积更大，结合澜沧江梯级水库建设和人类活动的增强，澜沧江水循环过程发生了一系列变化[6]。澜沧江流域在水文、区域地质和气候学方面具有重要的地理意义，但前人对澜沧江的研究主要集中在水电开发、气候变化和降水等方面，对其稳定同位素示踪剂的研究较少[7-10]。因此，对于澜沧江流域水环境氢氧同位素组成及其变化特征亟待深入研究。本研究于丰水期和枯水期在澜沧江主要干流和支流进行系统采样分析，对河水进行氢氧同位素研究，主要包括：①氢氧同位素组成和氘盈余分析；②氢氧同位素的时空变化；③控制不同河段同位素分布的主要因素，以期为更深入地认识澜沧江流域的水文过程及沿程人类活动对江水的影响提供科学依据。

2　材料与方法

2.1　研究区域

澜沧江在云南境内的干流总长度为 1 216 km，流域面积约为 1.42 万 km^2。澜沧江云南段位于东

基金项目：国家自然科学基金（U2040211，52309107）；云南省重点研发计划（202203AA08009）资助。

作者简介：包宇飞（1990—），男，高级工程师，主要从事流域生源要素循环及环境效应研究。

经 98°20′~102°19′，北纬 21°08′~ 29°15′，地处西南纵向岭谷区，主要受西风带环流气候影响，流域干湿分明，一般 5—10 月为丰水期，11 月至翌年 4 月为枯水期，85%以上的降水量集中在丰水期。流域地势呈北高南低趋势，澜沧江云南段上游河谷海拔为 2 000 m 以上，具有典型的干旱河谷气候特征。为分析澜沧江云南段稳定氢氧同位素时空分布特征及天然河道与梯级水库的差异，样本分别于枯水期（2019 年 2 月）和丰水期（2019 年 6 月）在澜沧江云南段采集地表水。

澜沧江云南段自上而下设置了 14 个监测点，主要监测点说明如下：溜筒江（LTJ）和白济讯（BJX）流域内目前没有水库建设，为上游自然河段；而苗尾库区（MV）至景洪库区（JH）已建有功果桥（GGQ）、小湾（XW）、漫湾（MW）、大朝山（DCS）、糯扎渡（NZD）水电站，使该河段形成首尾相连的湖泊型水库，对原有的水生生态系统产生了影响，为中游水库河段；关累（GL）为下游自然河段；在位于支流黑惠江的羊庄坪水文站、沘江的金顶水文站、补远江的曼安水文站、威远江的景谷水文站设置 4 个监测点。

2.2 样品收集和分析

水样在现场进行采集后，不留空气泡地装满 50 mL 聚乙烯瓶，并立即将瓶盖拧紧，随之用 Parafilm 密封膜将瓶口密封，最后在瓶体贴上采样标签，在 3~4 ℃下保存[11]。采用基于离轴积分腔输出光谱（OA-ICOS）的液态水同位素分析仪（Los Gatos Research Ino. USA）测定，选用美国 LGR 公司生产维也纳标准海水（V-SMOW）的 LGA5A（δD =-9.5‰±0.5‰；δ^{18}O =-2.80‰±15‰）、LG4A（δD =-51.0‰±0.5‰；δ^{18}O = -7.69‰ ± 0.15‰）和 LGR3A（δD = -96.4‰ ± 0.5‰；δ^{18}O = -13.10‰±0.15‰）的 3 种样品值作为测量标准，测量结果以相对 V-SMOW 的千分偏差表示。氢氧同位素的计算采用分析仪自带的 LWIA Post Analysis 软件自动处理计算得出，测量精度为 δD <0.6‰、δ^{18}O <0.2‰。计算公式如下：

$$\delta D(‰) = \left[\frac{\left(\frac{D}{H}\right)_{\text{sample}}}{\left(\frac{D}{H}\right)_{\text{V-SMOW}}} - 1 \right] \times 1\,000‰ \tag{1}$$

$$\delta^{18}O(‰) = \left[\frac{\left(\frac{^{18}O}{^{16}O}\right)_{\text{sample}}}{\left(\frac{^{18}O}{^{16}O}\right)_{\text{V-SMOW}}} - 1 \right] \times 1\,000‰ \tag{2}$$

3 结果与分析

3.1 水体氢氧同位素与大气水线关系

图 1 为澜沧江流域水样中氢氧同位素组成的分布及其与全球大气水线和当地大气水线关系的散点图。其中，全球大气降水线（GMWL）采用 IAEA 的全球大气降水同位素方程（δD=8.14δ^{18}O+10.9）建立，区域大气降水线（LMWL）由 GNIP 网站下载的昆明站 1986—2003 年的 153 个数据拟合而成（δD=6.56δ^{18}O-2.96），GMWL 和 LMWL 的差异表明当地水源受到气团和蒸发过程的影响。

从澜沧江水 δD-δ^{18}O 关系（见图 1）可以看出，δ^{18}O 和 δD 存在明显的线性关系，枯水期河水线方程为：δD=7.15δ^{18}O-5.66（R^2=0.98），丰水期河水线方程为：δD=6.85δ^{18}O-9.18（R^2=0.97），均沿大气降水线分布证明澜沧江主要来源于大气降水补给。总体上，斜率从小到大依次为：GMWL、LMWL、枯水期、丰水期。斜率反映了 δD 与 δ^{18}O 分馏速率，截距则表示 δD 对平衡状态的偏离程度。枯水期的斜率（7.15）和截距（-5.66）与丰水期的斜率（6.85）和截距（-9.18）小于 GMWL 的斜率（8.14）和截距（10.9），造成这种差异的原因可能是凝结物在未饱和大气中降落时，受到非平衡蒸发的影响。丰水期的斜率十分接近昆明站的大气降水线斜率（6.56），说明澜沧江从雨水中得到更直接的补给。枯水期和丰水期的斜率与大气降水线相比均偏低，可能与气候和筑坝有关，使得分馏作用加强[13-14]。

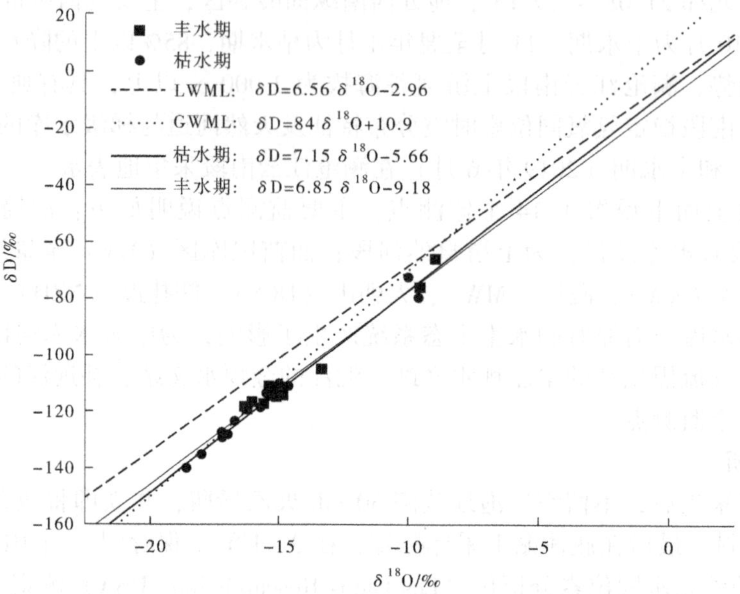

图 1　澜沧江氢氧同位素组成的大气水线关系的散点图

3.2　水体氢氧同位素组成

丰水期 δD 为−119.20‰~−66.68‰，平均值为−108.411‰；枯水期 δD 为−140.24‰~−72.78‰，平均值为−116.653‰；丰水期 δ^{18}O 变化范围为−16.3‰~−8.98‰，平均值为−14.49‰；枯水期 δ^{18}O 为−18.58‰~−9.61‰，平均值为−15.52‰，而全球大气降水 δ^{18}O 和 δD 分别为−50‰~10‰和−350‰~50‰，区域降水（昆明站）δ^{18}O 和 δD 分别为−17.51‰~0.35‰和−114.2‰~7.8‰，可以看出，研究区域河水的氢氧同位素均落在全球大气降水范围内且接近于区域大气降水的范围；同时，枯水期 δ^{18}O、δD 变化范围比丰水期变化范围大，表明枯水期比丰水期具有更明显的时空差异。枯水期和丰水期的方差都呈现出：δD 方差值均大于 δ^{18}O 的，其中，δD 均方差分别为 0.255 和 0.301，δ^{18}O 均方差分别为 0.05 和 0.053。

图 2 显示出澜沧江流域干流和主要支流的 δ^{18}O 和 δD 沿流程方向的变化情况。总体来说，枯水期 δD、δ^{18}O 整体上低于丰水期的，无论是丰水期还是枯水期，澜沧江云南段地表水 δD、δ^{18}O 的变化趋势基本一致，即干流河水的 δ^{18}O 和 δD 组成都从上游到中下游逐渐偏正；水库段 δ^{18}O 和 δD 比较平稳，无明显变化趋势；支流金顶水文站−曼安水文站段 δ^{18}O 和 δD 沿流程逐渐偏正，且较干流水体明显富集。研究区干流地表水体 δD、δ^{18}O 最高值丰水期出现在在功果桥（GGQ）库区，枯水期出现在糯扎渡（NZD）库区，且有支流汇入的糯扎渡库区与功果桥库区 δD、δ^{18}O 均高于其余干流地表水。研究区支流地表水体在丰水期 δD、δ^{18}O 最高值出现在补远江来流的（MA）样点，在枯水期出现在威远江来流的（JG）样点。研究区下游自然河流（GL））地表水 δD 和 δ^{18}O 在枯水期较上游自然河段（LTJ−BJX）明显富集，而在丰水期两者无明显差异。

3.3　澜沧江氢氧同位素氘盈余特征分析

鉴于地表水成因的复杂性，单由地表水的氢氧同位素组成难以反映不同河段水体补给来源的差异性，而河水氘过量参数的变化能够反映水体蒸发、冰雪融水与大气降水形成过程中的同位素分馏效应。通过对水体的氘过量参数特征进行研究，可反映水汽来源及其环境特征，是追踪水汽来源的有效指标。因此，为便于对澜沧江云南段流域水体氘过量参数进行分析，将全球大气降水方程 $\delta D = 8\delta^{18}O+10$（$d$=1%）及当 d 值为 2%、−1%和−2%时绘制于图 3 中。

图 3（a）为枯水期澜沧江云南段地表水 d−exess 值特征。从图 3（a）中看出，绝大部分断面的同位素值位于 d=0~1%，表明这些断面有相似的水汽来源，且与 GMWL 偏离程度小，即该河段主要是受大气降水补给；造成 d−exess 值偏小的原因是在枯水期各水库以蓄水为主，放水量降低，流域面

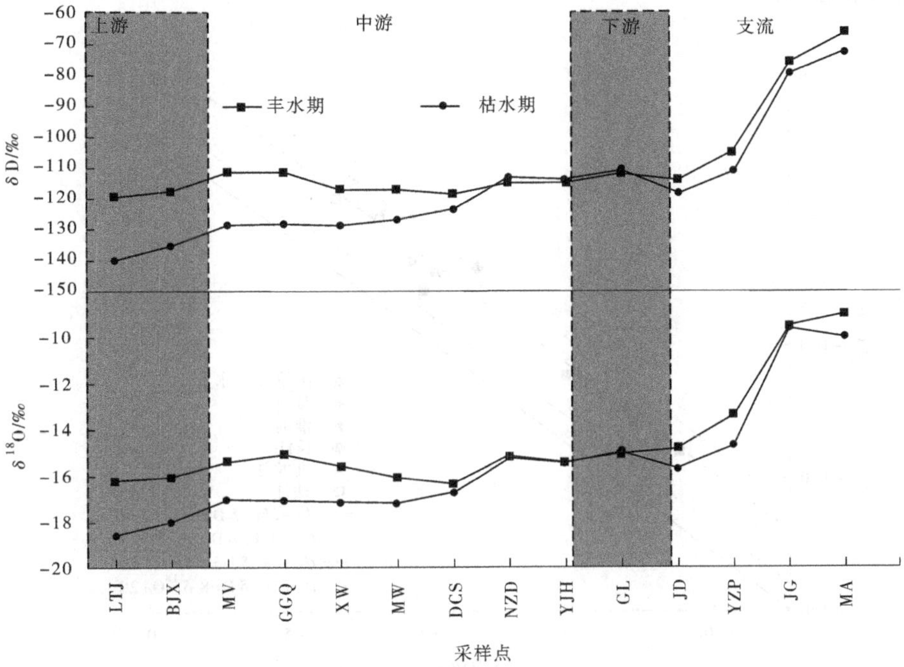

图 2　澜沧江氢氧同位素时空变化特征

积增大，且枯水期降雨量较少，从而导致水体的蒸发分馏作用增强。但是，从图中可以看出，位于威远江支流的景谷断面的同位素值 d 在 0~1%，造成 d-exess 值较低的原因可能是亚热带季风气候使得雪水蒸发与水蒸气发生质量交换，积雪内湿度较大[15]，此外，威远江是澜沧江流域内面积较大的支流，蒸发作用强从而导致 d-exess 值过低[16]。

图 3（b）为澜沧江丰水期地表水 d-excess 参数特征。与枯水期不同，丰水期地表水 d-excess 约为 1.0%，河水线与 GMWL 基本一致，水样点大多位于 GMWL 上。这是因为该地区属于北热带湿润季风气候，年平均降水量超过 1 200 mm，该地区雨量充沛，大气降水是其主要供给来源。由于大气降水补给的影响，干流水体的 δD 和 $\delta^{18}O$ 值位于 GMWL 附近。另外，在中游水库河段 d-excess 值出现一定波动，其主要原因是该流域的中游地区建有一定规模的水库，将河水拦截、蓄积，导致地表水更容易发生同位素分馏效应，从而导致氘过量参数的变化。由于大坝截流、城市污水排放和流域面积的影响，同位素与高程无明显相关性。

此外，还比较了不同气候类型和海拔的河流在枯水期和丰水期的稳定同位素组成，如黄河（温带），淮河（温带-亚热带过渡带），长江、九龙江和珠江（亚热带），不同河流的同位素组成的均值存在明显差异，呈现出海拔效应。澜沧江的低同位素组成可能与高海拔和寒温带气候有关。在丰水期和枯水期，大部分河流位于 0~1%，接近大气降水线，因此降雨是主要补给来源。

4　结语

（1）澜沧江云南段 δD 与 $\delta^{18}O$ 值之间存在明显的线性关系［丰水期 $\delta D = 6.85\delta^{18}O - 9.18$（$R^2 = 0.97$），枯水期 $\delta D = 7.15\delta^{18}O - 5.66$（$R^2 = 0.98$）］。枯水期和丰水期澜沧江水体大部分沿全球大气降水线分布，证明澜沧江水主要来源于大气降水补给。

（2）澜沧江水体 δD 和 $\delta^{18}O$ 值存在明显的季节性变化，丰水期由于夏季温度高，蒸发作用强，重同位素富集使其值高于枯水期的。在枯水期，澜沧江云南段河水线的斜率比丰水期的偏高，造成的原因是冬季河水蒸发较少。

（3）在丰水期，澜沧江云南段地表水主要受大气降水的影响，而水库段受部分支流和人类活动的影响。枯水期，大部分断面的地表水主要受降水影响。上段（溜筒江段）同位素值最低，主要受冰川融雪和强蒸发的影响。

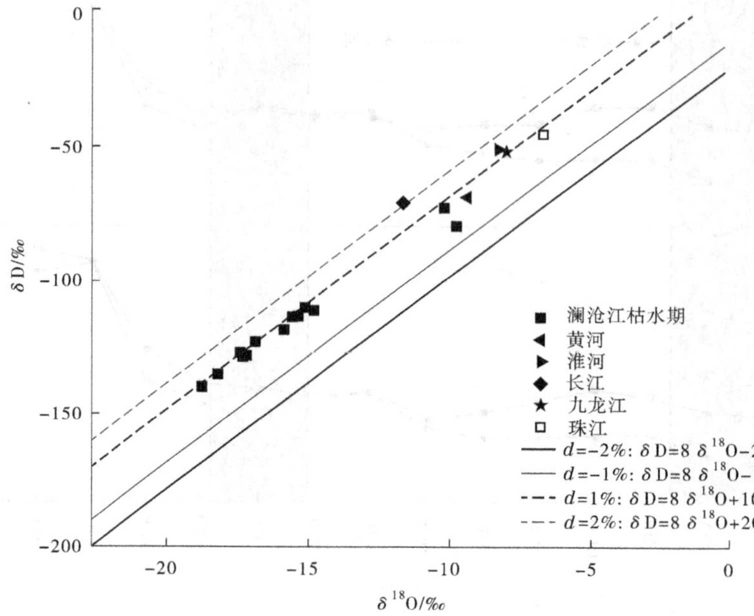

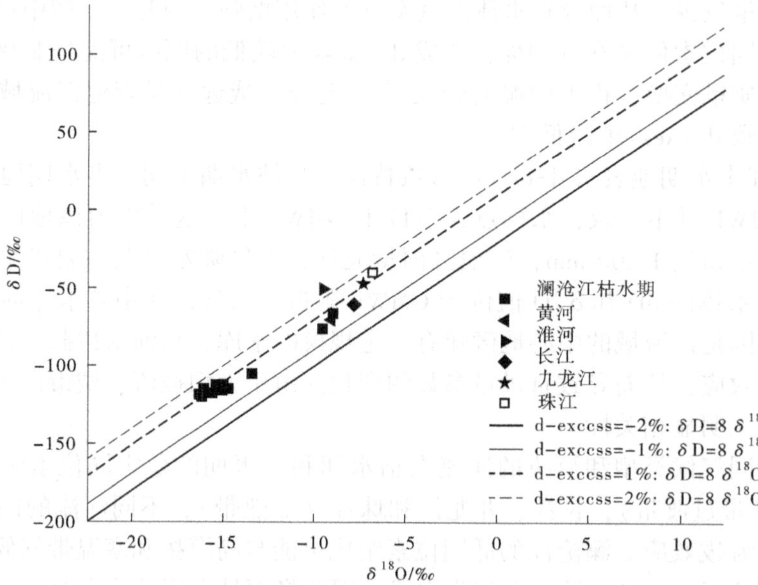

图 3 澜沧江氢氧同位素关系变化图

参考文献

[1] 陆宝宏，孙婷婷，许宝华，等．长江干流径流同位素同步监测［J］．河海大学学报，2009，4（37）：378-381.

[2] 高建飞，丁悌平，罗续荣，等．黄河水氢氧同位素组成的空间变化特征及其环境意义［J］．地质学报，2011，4（85）：592-602.

[3] Dinçer T, Davis G H. Application of environmental isotope tracers to modeling in hydrology［J］. Journal of Hydrology, 1984, 68（1-4）：95-113.

[4] Shi H, Liu S R, Zhao X G. Application of stable hydrogen and oxygen isotope in water circulation［J］. Journal of Soil

Water Conservation, 2003, 17 (2): 163-166.

[5] Lin G H. Stable isotope ecology: A new branch of ecology promoted by advanced technology [J]. Chinese Journal of Plant Ecology, 2010, 34 (2): 119-122.

[6] Dansgaard W. Stable isotopes in precipitation [J]. Tellus, 1964, 16 (4): 436-468.

[7] 姚檀栋，周行，杨晓新．印度季风水汽对青藏高原降水和河水中 $\delta^{18}O$ 高程递减率的影响 [J]．科学通报，2009, 54: 2124-2130.

[8] 丁林，许强，张利云，等．青藏高原河流氧同位素区域变化特征与高度预测模型建立 [J]．第四纪研究，2009, 29: 1-12.

[9] Ran L, Lu X X, Yang H, et al. CO_2 outgassing from the Yellow River network and its implications for riverine carbon cycle [J]. Journal of Geophysical Research Biogeosciences, 2015, 120: 1334-1347.

[10] 姚冠荣，高全洲．河流碳循环对全球变化的响应与反馈 [J]．地理科学进展，2005, 24 (5): 50-60.

[11] Bao Y F, Zhang Dan, Wang Y C, et al. Analysis of nitrogen migration and transformation in the typical deep and large reservoir of the Lancang River: Evidence from nitrogen and oxygen isotopes [J]. Journal of Hydrology, 2024, 131701.

[12] 刘培桐，唐永銮，章申．我国化学地理学的三十年 [J]．地理学报，1979 (3): 200-212.

[13] 刘丛强．生物地球化学过程与地表物质循环—西南喀斯特流域侵蚀与生源要素循环 [M]．北京：科学出版社，2007.

[14] Jiang R, Bao Y F, Shui Y, et al. Spatio-Temporal Variations of the Stable H-O Isotopes and Characterization of Mixing Processes between the Mainstream and Tributary of the Three Gorges Reservoir [J]. Water, 2018, 10: 563.

[15] Bershaw J, Lechler A R. The isotopic composition of meteoric water along altitudinal transects in the Tian Shan of Central Asia [J]. Chemical Geology, 2019, 516: 68-78.

[16] Deng K, Yang S, Lian E, et al. Three Gorges Dam alters the Changjiang (Yangtze) River water cycle in the dry seasons: Evidence from H-O isotopes [J]. Sci. Total Environ, 2016, 562, 89-97.

南宁市邕江滨江公园岸坡生境修复方案研究

邢耀文　时成相

（广西珠委南宁勘测设计院有限公司，广西南宁　530007）

摘　要： 本文针对南宁市邕江滨江公园河岸岸坡坍塌及冲毁现象，确保滨江公园岸坡生境修复，根据工程区勘察资料，对岸坡失稳机制进行分析，通过数值计算现状及远期不同工况下边坡滑裂面的安全系数，找出最小安全系数及相应的滑裂弧位置。在此基础上，对边坡稳定性做出综合性评价，确定边坡加固的部位及加固措施，为岸坡生态及景观修复提供安全保障。

关键词： 数值计算；边坡稳定性；加固

1　工程概况

南宁市邕江滨江公园河岸段位于邕江右岸，长 395 m，呈月牙状，桩号为 0+000～0+395，属河漫滩、Ⅰ级阶地淤积岸，其中河段Ⅰ级阶地地面高程 72～76 m，河漫滩高程 65～67 m，在漫滩至台地间堆积填土至 75～76 m 高程形成坡度为 10°～32°、坡高为 4～6 m 的斜坡。受邕江水流及风浪淘刷，出现岸坡小范围崩塌、护坡被冲毁等现象，现场踏勘发现 69～70 m 的岸坡马道内侧挡墙开裂严重，坡顶出现裂缝，存在岸坡变形。此时邕宁梯级枢纽工程正在建设但尚未建成，岸坡附近邕江水位约 63 m 高程，建成后邕江水位将抬升至 67 m 高程，届时新淹没范围土体将由天然状态变为饱和状态，加剧岸坡的变形和破坏。

2　工程地质条件

据勘察成果，场地地层分布有：近期人工填土层（Q^{ml}），第四系全新统冲积层（Q^{al}）粉质黏土、淤泥、中砂及圆砾，下伏基岩主要为三叠系下统（T_1）灰黄色泥岩及粉砂岩，场地岩土体物理力学指标见表 1。

表 1　边坡主要岩土层物理力学指标建议值

土名	天然重度	饱和重度	总应力指标				有效应力指标			
			天然		饱和		天然		饱和	
			内摩擦角	黏聚力	内摩擦角	黏聚力	内摩擦角	黏聚力	内摩擦角	黏聚力
	γ/(kN/m^3)	γ_{sat}/(kN/m^3)	φ/(°)	c/kPa	φ/(°)	c/kPa	φ/(°)	c/kPa	φ/(°)	c/kPa
素填土	18.0	19.0	17	42	15	35	19	38	16	33
淤泥	18.3	19.0	—	—	3	10	—	—	5	8
黏土	19.0	19.5	18	43	16	38	20	39	18	34
粉质黏土	19.0	19.8	17	37	16	30	18	33	17	28
中砂	18.4	19.0	27	0	25	0	28	0	26	0
圆砾	20.0	21.3	—	—	30	0	—	—	33	0

作者简介： 邢耀文（1985—），男，高级工程师，主要从事水利工程勘察设计、咨询工作。

3 稳定性分析

3.1 边坡变形机制

对边坡变形和破坏的研究，有助于更加深入地了解其力学机制，进而对岩土体失稳进行分析[1-7]。现场勘测边坡失稳特征主要表现为沉降变形和滑移破坏两种。

3.1.1 沉降变形

靠近邕江大桥一端马道下边坡，沉降变形破坏区域长约150 m，变形区域高程65~70 m。变形破坏原因主要为该区域堆积了厚度较大的松散素填土层，素填土松散欠压实且呈中等透水性，降雨时雨水下渗到下伏中砂层中，填土因湿陷产生沉降变形，见图1。另外，由于填土层直接接触中砂层，在长期水流下渗作用下产生接触冲刷或接触流失，从而诱发边坡变形破坏。

图1 边坡沉降变形

3.1.2 滑移破坏

滑移破坏主要位于公园西侧上游端岸坡，该处岸坡（高程69~70 m的马道上边坡）的挡土墙底部发生滑动，最大滑动位移量达50 mm，滑动位移产生裂缝宽为3~10 cm、延伸长达10~15 m，见图2。

图2 边坡滑移破坏

分析挡土墙滑动坡坏原因有：

（1）边坡坡度较陡，其中原地面坡度为40°，填土边坡坡度为25°~35°。

（2）挡土墙未设排水孔，墙后填土层松散，填土下原地面多为不透水黏土、粉质黏土层，降雨时雨水下渗主要聚集在填土层，致使填土层含水量增加，填土抗剪强度降低，水、土压力共同作用增加挡土墙受力。

(3) 边坡上格构下连挡土墙，雨水作用填土下沉、雨水润滑都降低格构与填土坡面摩擦力，格构下推挡土墙。

当邕宁梯级投入使用后，水位抬高长期稳定在67 m左右，填土层饱水后强度下降，暴雨、洪水、库水位变化波动耦合作用下会诱发岸坡渗透变形、冲刷切割，发生沉降、滑动坡坏。

3.2 稳定复核计算

3.2.1 不同水位工况特征

该位置处于梯级上游，待邕宁梯级建成后，相应枯水期、汛期水位均有所提高，因此进行岸坡稳定分析时要充分考虑蓄水前、后各阶段水位变化情况。运行工况主要有5种，见表2。

表2 不同工况水位变化

工况	阶段	水位/m	备注
工况Ⅰ	建成前，枯水期低水位下运行	62.19	
工况Ⅱ	建成前，汛期中、高水位下运行	64.18	
工况Ⅲ	建成前，$P=2\%$洪水下运行	由79.6 m骤降至64.18 m	
工况Ⅳ	建成后，枯水期、汛期下正常运行	67.03	枯水期外江平均水位为67.03 m，汛期外江平均水位为66.99 m，两水位差别不大，统一取67.03 m
工况Ⅴ	建成后，$P=2\%$洪水下运行	由79.6 m骤降至67.03 m	

从表2可知，邕宁梯级蓄水后枯水期和汛期坡外水位（工况Ⅳ、Ⅴ）均高于蓄水前（工况Ⅰ、Ⅱ和Ⅲ），水位抬升将导致土体力学指标降低，岸坡稳定性变差，岸坡稳定分析时应主要考虑Ⅳ、Ⅴ两种工况。

3.2.2 复核计算

对勘察设计阶段、枢纽建成后岸坡进行定量稳定分析，共选择0+050、0+130、0+240、0+320等4个典型断面在Ⅳ、Ⅴ两种工况下进行稳定计算，采用理正岩土系列软件简化Bishop条分法算出滑裂面的安全系数，找出最小安全系数及相应的滑裂弧位置，如图3所示。

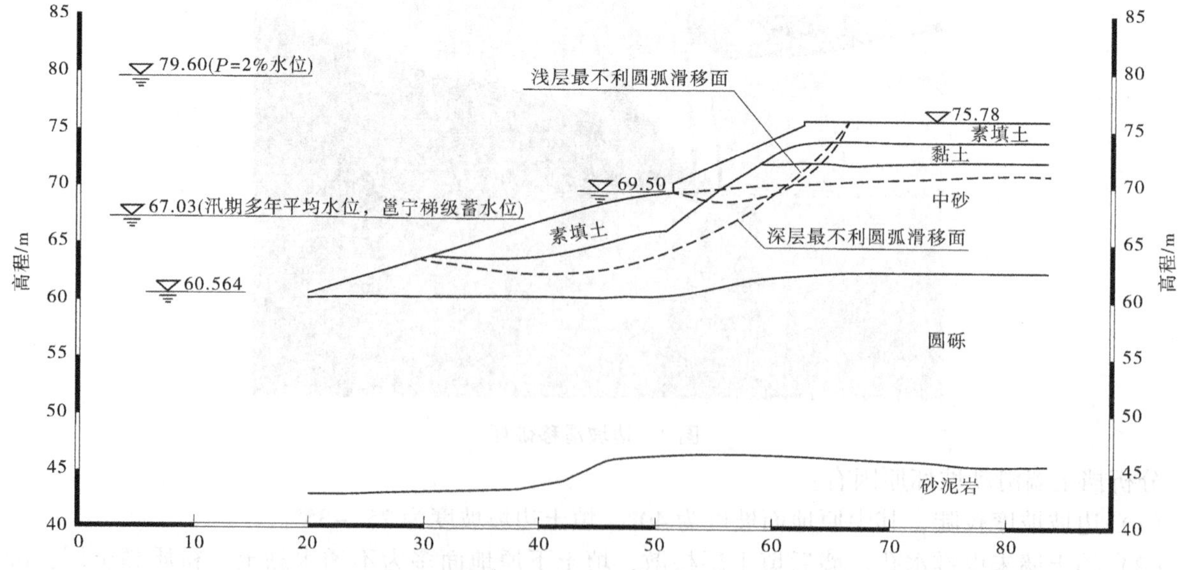

图3 最不利滑动面示意图 （单位：m）

其中，稳定渗流期抗滑采用有效应力法，水位降落期采用总应力法，相应安全系数计算公式为：

（1）稳定渗流期安全系数（有效应力法）按式（1）、式（2）计算：

$$K=\frac{\sum\{C'b\sec\beta+[(W_1+W_2)\cos\beta-(u-Z\gamma_W)b\sec\beta]\tan\varphi'\}}{\sum(W_1+W_2)\sin\beta} \tag{1}$$

$$u=\gamma_W Z' \tag{2}$$

式中：W_1 为堤坡外水位以上条块重力，kN，浸润线以上采用天然重度，浸润线以下采用饱和重度；W_2 为堤坡外水位以下条块重力，kN，采用浮重度计算；Z 为堤坡外水位高出条块底面中点的距离，m；Z' 为浸润线到条块底面中点的距离，m；u 为稳定渗流期堤身或堤基中的孔隙水压力，kPa；C'、φ' 为土体有效应力指标。

（2）水位降落期安全系数（总应力法）按式（3）、式（4）计算：

$$K=\frac{\sum[C_{cu}b\sec\beta+(W\cos\beta-u_i b\sec\beta)\tan\varphi_{cu}]}{\sum W\sin\beta} \tag{3}$$

$$W=W_1+W_2+r_W Zb \tag{4}$$

式中：W 为1条块重，kN；u_i 为水库水位降落前土体中的孔隙压力，kPa；C_{cu}、φ_{cu} 为土体固结快剪指标；其他符号意义同前。

3.2.3　稳定计算结果

各个典型断面在Ⅳ、Ⅴ两种工况下稳定计算结果见表3。根据表3结果，并结合现场勘测情况可知：

表3　边坡稳定计算结果表

断面桩号	最小稳定安全系数 K_{min}				规范允许各级边坡最小安全系数
	稳定渗流工况		骤降工况		
	浅层$Ⅳ_a$	深层$Ⅳ_b$	浅层$Ⅴ_a$	深层$Ⅴ_b$	
0+050	1.301	1.665	1.201	1.597	1.3
0+130	1.308	1.897	1.205	1.637	1.3
0+240	1.501	1.516	1.403	1.208	1.3
0+320	1.408	1.310	1.416	1.306	1.3

（1）0+050及0+130断面边坡坡度较陡且填土层较厚，沿着填土层滑弧即浅层滑弧的抗滑稳定安全系数满足规范要求，在发生水位骤降工况、填土层处于饱和状态土力学参数降低的情况下，沿着填土层滑弧即浅层滑弧的抗滑稳定安全系数不满足规范要求，深层抗滑稳定安全系数满足规范要求。

（2）0+240及0+320断面边坡坡度较缓且填土层较薄，沿着填土层滑弧即浅层滑弧的抗滑稳定安全系数满足规范要求。0+320断面下边坡填土层较厚，在邕宁梯级蓄水后且发生水位骤降的工况下，抗滑稳定安全系数亦满足规范要求。0+240断面马道下边坡中砂层出露，在邕宁梯级蓄水后且发生水位骤降的工况下，抗滑稳定安全系数不满足规范要求。

因此，确定岸坡加固长度268 m，护坡防护及修复长度615 m。

4　加固设计思路

4.1　工程等别及标准

依据《防洪标准》（GB 50201—2014），南宁市防洪标准为200年一遇，为堤库结合，堤防建设标准为50年一遇，堤防等级为2级。本工程位于邕江右岸，属河南东堤范围。涉及邕江行洪安全、需抵御邕江$P=2\%$洪水，保证临河侧河岸岸坡安全。因此，本工程的设计标准及等级参照《堤防工程设计规范》（GB 50286—2013）的规定，应按 50 年一遇洪水标准设计。

4.2 工程总体布置原则

（1）岸坡防护顺河势水流布置，不束窄主河道，保证河道行洪断面；库岸防护高程范围应以库区正常蓄水位 67 m 枯水期回水上包线确定。

（2）库岸在满足堤防规范对岸坡稳定以及岸坡顶现有建筑物的安全要求的条件下，尽可能保持邕宁梯级 67 m 回水位以上的已建公园绿化及设施，既能防止岸坡受冲刷保持岸坡的整体稳定，又减少绿化恢复费用，减少工程投资。

（3）在满足护岸结构稳定条件下，尊重自然坡度、自然曲线，护岸结构设计以生态护岸为主。

4.3 加固处理措施

4.3.1 0+000~0+155 段岸坡加固设计

结合岸坡失稳及挡墙开裂的可能原因，对本段岸坡加固拟采用的削坡处理、充填灌浆、高压旋喷灌注桩等 3 个方案进行方案比较，见表 4。

表 4 三种岸坡加固方案相关比较表

方案	百米投资/万元	优点	缺点	结论
削坡处理	31	工程投资小	对周边环境影响最大，对公园现有设施及绿化破坏最大，公园用地减少了 7.5 m	对于本桩号浅层滑坡加固有效，但对现有公园用地和景观破坏极大，故不推荐
充填灌浆	110	技术成熟，应用广泛，投资较省，施工便捷	施工中会对岸坡植被或硬地铺装有一定的破坏	对于本桩号浅层滑坡加固有效，虽对现状岸坡植被就硬地铺装有一定破坏，但可恢复，故推荐本方案
高压旋喷灌注桩	368	技术成熟，应用广泛，投资大，施工便捷，可靠性高	施工中会对岸坡植被或硬地铺装有一定的破坏，工程投资大	不做推荐

经比较，本桩号段岸坡加固采用充填灌浆加固素填土层方案。设计充填灌浆范围为 69.50 m 马道、69.50 m 马道至滨江公园岸坡，以及坡顶边线以外 10 m 范围，灌浆间距按 1.5 m 设计，灌浆底线按照穿透素填土层 2 m 控制。

4.3.2 0+155~0+268 段岸坡加固设计

由于本段安全系数不满足规范要求的滑弧，为深层滑弧，对本段岸坡加固拟采用的混凝土灌注桩、高压旋喷灌注桩等两种岸坡加固方案进行方案比较，见表 5。

表 5 两种岸坡加固方案相关比较

方案	百米投资/万元	优点	缺点	结论
混凝土灌注桩	158	工程技术成熟，工程可靠性高	施工难度相对较大，工程投资较大	不推荐

续表 5

方案	百米投资/万元	优点	缺点	结论
高压旋喷灌注桩	148	技术成熟，应用广泛，投资较小，施工便捷	不适用地下水流速过大的地层	本工程深层滑坡抗滑稳定安全系数大于1.0而小于规范要求的1.3，采用此方案即可以将安全系数提高至规范要求范围，故推荐本方案

经比较，本桩号段岸坡加固采用高压旋喷灌注桩方案。设计灌浆在69.50 m高程进行，平台布置4排高压旋喷灌注桩，桩间距1.5 m，梅花形布置，桩长穿透中砂层，深入圆砾层1 m，单根桩长11 m。

4.4　岸坡防护设计

本工程对公园西侧现状滑塌的预制生态互锁砖的修复方法为：坡脚框架梁以下增设C15混凝土坡脚挡墙，坡脚挡墙至69.50 m马道之间护坡采用生态格宾石笼对护岸进行护砌。为了维持邕宁梯级蓄水前本段护岸的景观绿化效果及保证市民游泳、钓鱼时走在护岸上不刺脚，生态格宾石笼护岸上再铺设300 mm厚的种植土并植上草皮。

结合岸坡护脚的使用年限，从节省投资及方便市民游泳、钓鱼活动方面出发，邕江大桥下游侧（公园东侧）对互锁砖修复最终为：对于坡脚挡墙施工开挖破坏到的范围，砂砾石回填后采用C15混凝土护坡。而坡脚挡墙施工未开挖到的护坡但原有生态互锁砖护坡又已经被水流冲刷破坏的护坡，则清除表层腐殖土后采用200 mm厚砂砾石垫层，再利用拆除出来的且尚完好的生态互锁砖进行铺设。

5　加固后岸坡稳定复核

为定性分析加固后岸坡是否稳定，采用边坡稳定分析软件对加固后边坡进行稳定计算，结果见表6，表明加固后边坡稳定性均大于规范允许各级边坡最小安全系数1.3，加固措施有效。

表6　加固后边坡稳定计算结果表

断面桩号	最小稳定安全系数 K_{min}		规范允许各级边坡最小安全系数
	稳定渗流工况	骤降工况	
	工况Ⅰ	工况Ⅱ	
0+053	—（浅层）	1.308（浅层）	1.3
0+129	—（浅层）	1.310（浅层）	1.3
0+243	—（浅层）	—（浅层）	1.3
0+320	—（浅层）	—（浅层）	1.3

本工程加固设计方案于2015年9月获得初设批复，2016年6月开工建设，于当年12月25日竣工，消除了安全隐患。2018年10月15日邕宁水利枢纽工程下闸蓄水，邕江水位从63 m提升到67 m，边坡加固完成后至今运行正常（见图4），达到了预期效果。

图 4　加固完成后生态岸坡

6　结语

本文主要结合实际勘察资料，对南宁市滨江公园河岸坡的失稳机制进行分析，并通过数值计算确定加固范围，提出了针对性处理措施，主要结论如下：

（1）对岸坡稳定分析，应考虑建成后最不利工况，即邕宁梯级蓄水后且发生水位骤降的工况，抗滑稳定安全系数是否满足要求。

（2）对不同岸坡段加固设计，应通过多方案比较确定经济、有效的工程措施，如 0+000～0+155 段岸坡失稳及挡墙开裂选取了充填灌浆加固素填土层方案，0+155～0+268 段岸坡除险深层滑动则选取了高压旋喷灌注桩方案。

（3）对设计方案中的加固措施，应进行稳定性复核，以验证方案有效性。

参考文献

[1] 陈祖煜．土质边坡稳定分析：原理方法程序［M］．北京：中国水利水电出版社，2003.

[2] 付伟，张晶，詹永祥．水位升降下库岸土质边坡破坏机理及稳定性研究［J］．路基工程，2021（6）：43-46.

[3] 连继峰，罗强，蒋良潍，等．顺坡渗流条件下土质边坡浅层稳定分析［J］．岩土工程学报，2015，37（8）：1440-1448.

[4] 尚文涛，郭国和，王震．土质高边坡安全监测及稳定性分析［J］．重庆交通大学学报（自然科学版），2008，27（增刊）：956-959.

[5] 吴宏伟，陈守义，庞宇威．雨水入渗对非饱和土坡稳定性影响的参数研究［J］．岩土力学，1999（1）：2-15.

[6] 徐楚，胡新丽，何春灿，等．水库型滑坡模型试验相似材料的研制及应用［J］．岩土力学，2018，39（11）：4287-4293.

[7] 付伟，张晶，詹永祥．水位升降下库岸土质边坡破坏机理及稳定性研究［J］．路基工程，2021（6）：43-46.

三峡水库消落区生态保护研究进展

李姗泽　包宇飞　温　洁　王雨春

（中国水利水电科学研究院，北京　100038）

摘　要：三峡库区是长江上游的重要生态屏障，三峡水库消落带位于水陆交错区，具有特殊性、敏感性和复杂性。在国家及流域机构、地方各级政府的高度重视下，针对三峡水库消落区的生态保护及修复开展了大量探索，发布了一系列管理办法和技术规程，形成了多个消落区生态修复示范区，积累了宝贵经验。但由于水库消落区生态系统的演化过程漫长且复杂，受人为活动扰动强烈，同时三峡库区面对日益增长的区域发展要求，仍需要加强消落区的长期监管和科学研究，从而实现人与自然的和谐共生。

关键词：水库；消落区；生态保护；修复；综合管理

水库消落区是水库人为调度而形成的特殊区域，通常位于干湿交替区域，具有重要的生态屏障作用，同时具有敏感性、脆弱性和复杂性[1]。根据中华人民共和国水利部 2022 年《三峡工程公报》和 2023 年《三峡工程公报》报道，三峡水库消落区总面积约为 284.65 km^2，承载了三峡库区重要的面源污染截留，为多种生物提供了宝贵的栖息场所，也是非常重要的水域和陆域之间的过渡缓冲区，因此三峡水库消落区的生态安全和科学管理是当前水库生态环境保护修复研究与绿色可持续发展的重要关注点。

1　三峡水库消落区所面临的生态问题

三峡水库消落区长时间水位逆自然节律涨落，原有的陆地生态系统被彻底破坏，新形成了特殊的"逆自然水位变动"的水陆交错生态系统。三峡工程自 2003 年建设运行以来，各级领导及管理部门高度重视三峡水库消落区的生态环境保护与管理，开展了大量生态治理与修复工程，但消落区生态系统仍面临诸多问题，主要体现在以下几方面：

一是消落区生态保护修复与环境管理等方面的协同联动机制尚不完善。据 2022 年统计，三峡库区生产总值 12 103.26 亿元，较上年增长 11.53%，库区常住人口 1 543.22 万人，比上年增加 3.74 万人；其中城镇常住人口 988.02 万人，较上年增加 16.45 万人；农村人口 555.20 万人，较上年减少 12.71 万人，城镇化率为 64.02%，比上年末提高 0.91%，城镇化水平不断提升[2-3]。库容占用问题小范围内仍然存在，消落区土地耕种现象基本根除，但呈现出零星散发的态势。消落区库岸城镇密集，人口众多，人地矛盾突出，经济发展与生态保护相制约。消落区综合治理体系有待健全，消落区生态修复与岸线划定及管控、防洪库容管理协调不够充分。此外，三峡水库部分消落区仍存在零星垃圾分布，以建筑垃圾、生活垃圾、畜禽养殖和农业废弃物为主，部分支流新建城区存在"乱占、乱采、乱堆、乱建"现象，清理及整治工作力度亟须进一步加强。

二是消落区拦截流域面源污染的生态屏障功能缺乏稳定性。2022 年，库区 26 个县（区）工业污染源废水排放量 1.28 亿 m^3，重庆库区和湖北库区分别占比 91.6% 和 8.4%，生活污水排放量 12.70

基金项目：国家重点研发计划（2023YFC3205904）；中国科协第八届青托工程项目（2022QNRC001）。

作者简介：李姗泽（1988—），女，高级工程师，主要从事流域水生态保护与修复研究工作。

通信作者：王雨春（1968—），男，正高级工程师，主要从事生物地球化学研究工作。

亿 m^3。对除城区外的 19 个县（区）农药化肥的监测结果表明，施用农药（折纯量）392.60 t、流失量 26.90 t，较 2021 年分别减少 10.00 t 和 3.30 t；施用化肥（折纯量）6.13 万 t、流失量 0.50 万 t，较 2021 年分别减少 0.19 万 t 和 0.10 万 t[2-3]。消落区是陆域污染物迁移入库的最后一道屏障，受水位涨落波动影响，消落区物质循环过程复杂。尤其在城集镇、农村居民点等人口较为密集区域的人工边坡消落区，面源污染较重，这些消落区土壤中的氮磷无法通过植物吸收进入自然循环过程，难以形成有效的生态屏障，不能有效拦截人类活动所形成的污染物。降雨或水位波动冲刷导致这些污染物更易进入库区水体，给水库水质安全带来较大风险。

三是消落区生态保护中植被碳汇管理有待进一步加强。2022 年对三峡水库消落区监测点位的监测结果显示，植物物种数为 40 科 116 属 142 种，较 2021 年减少 24 种，主要减少的是一年生草本植物，这主要与 2022 年高温干旱不利于植物生长有关[2-3]。目前，在推进消落区生态保护修复工程的规划、组织和实践中，多以简单的植被恢复为主，“重修复、轻管护”所积累的矛盾突出，缺乏水库消落区植被碳核算和碳管理，对消落区植被固碳潜力及实现路径缺乏量化认识，消落区碳中和的生态功能发挥不充分。

四是部分消落区存在岸坡稳定风险。2022 年，库区发生地质灾害灾（险）情 8 起，其中湖北省 5 起，重庆市 3 起，转移避险 20 户 49 人[2-3]。消落区人类扰动频繁，加上其水陆交错的特殊环境条件，进一步加剧了消落区的脆弱性和复杂性。2022 年，对库区兴山县、巫山县、涪陵区等 8 个县（区）小流域、径流小区和库区水土流失遥感监测的结果表明，三峡库区水土流失面积 18 259.72 km^2，占土地总面积的 31.65 %。其中，轻度侵蚀面积 13 777.92 km^2，占水土流失面积的 75.46 %；中度侵蚀面积 2 441.22 km^2，占比 13.37 %；强烈侵蚀面积 1 487.77 km^2，占比 8.15 %；极强烈侵蚀面积 519.22 km^2，占比 2.84 %；剧烈侵蚀面积 33.59 km^2，占比 0.18 %[2-3]。三峡库区地质条件较差，在水库水位周期性升降影响下，库岸岩体劣化程度逐年加深。受极端气象事件（如暴雨）的频发影响，库区地质灾害风险将长期并存，对库区人民生命安全形成威胁。

2 三峡水库消落区发布的相关法律法规及标准规范

为了加强三峡水库消落区的保护和管理，重庆市和湖北省分别出台了三峡水库消落区管理办法和相关通知，也有一系列水库消落带生态修复技术规程和生态保护技术导则等可供参考。

《重庆市三峡水库消落区管理办法》自 2023 年 5 月 1 日起施行。本办法所称消落区指三峡水库正常蓄水位 175 m 的库区土地征用线以下、因水库调度运用导致库区临时性出露的陆地。指出水行政主管部门是消落区的主管机关。鼓励高等院校和科研机构开展消落区地质结构、水土保持和生态修复等方面的科学研究。消落区综合治理实施方案应与长江流域生态环境修复规划以及国家、本市相关保护和发展规划相衔接，与库区生态保护红线的划定相协调。

《湖北省人民政府办公厅关于加强三峡水库消落区管理的通知》（鄂政办函〔2019〕1 号），该通知的基本原则为坚持保障水库运行安全、生态环境保护优先，自然保护和生态修复为主、工程治理措施为辅，科学利用岸线资源，综合管理与部门监督指导相结合。主要目标为消落区环境保护措施得到有效落实，水库防洪库容得到严格保护，生态修复取得明显成效，土地和岸线等资源利用规范有序，为水库运行安全和水质安全提供保障。

《三峡库区消落带植被生态修复技术规程》（LY/T 2964—2018），该标准为林业行业标准，规定了三峡库区消落带植被生态修复的原则、技术、整地、栽植技术、管护和档案管理。强调了植被生态修复的基本原则为：生态优先、植物多样、因地制宜、适地适植、乡土植物为主、保障生态安全。植物种类的选择原则为：耐淹能力强、能耐受夏季伏旱，根系发达、固土能力强的多年生植物，耐贫瘠、易成活，具有较强的萌芽更新能力，优先选择实生苗。

3 三峡库区消落带生态保护与修复建议及展望

（1）加强并完善消落区长期综合监测体系。三峡水库消落区生态系统演变是一个长期过程，消落区逆自然水位变动、物质冲淤交换复杂、植物群落结构趋于简单，使得三峡水库消落区生态系统演变过程存在诸多不确定性，十分有必要加强生态环境监测研究及拦污降碳效能评估，建立健全消落区生态系统健康评价技术体系，研究建立“空-地-水”一体化生态环境监测系统，综合运用遥感、无人机航拍、原位观测等手段，对消落区生态系统生境安全和稳定性进行全方位调查评价、预警预测、规范监测指标、监测方法，确保监测数据具有可比性，掌握消落区的生态环境状况，从而更好地发挥消落区的生态功能和作用。

（2）建立健全消落区横向生态保护补偿制度。以往补偿机制主要依靠自主磋商建立，而作为平行主体在磋商过程中所持观点趋于多元化，在区域选取、补偿方式、补偿依据、补偿额度、安排时序等方面存在较多分歧，且因机制本身牵涉利益分配问题，难以达成一致。建议强化中央统筹，改变当前横向补偿以协商为主、落实较难的状况。进一步丰富和健全横向生态补偿机制内容，使重要生态功能地区的支出责任更为合理地在受益地区间分担。

（3）探索消落区“占补平衡”保护与利用动态平衡机制。《中华人民共和国防洪法》（2016 年修订）第二章第十七条规定，在江河、湖泊上建设防洪工程和其他水工程、水电站等，应当符合防洪规划的要求；水库应当按照防洪规划的要求留足防洪库容。第五章第四十四条规定，在汛期，水库不得擅自在汛期限制水位以上蓄水，其汛期限制水位以上的防洪库容的运用，必须服从防汛指挥机构的调度指挥和监督。在不违背《中华人民共和国防洪法》的前提基础上，地方经济要发展，需要一定的土地利用，倘若占用了部分岸段的消落区，同时在本行政区内其他岸段进行相应的库容补偿，可论证该机制是否具有可行性。

（4）坚持部门联动，强化消落区综合监督与智慧化管理。建立健全三峡水库消落区生态环保的政策及法规体系。建立三峡水库消落区保护与管理工作领导小组，负责顶层设计、政策发布、规划计划和专项方案制订，以及督促督办、考核检查等。针对水库消落带的管理，需要统筹上下游各水库管理部门，建立健全三峡水库消落区保护与管理联席会议制度，破除行政壁垒，推动相关省市合作研究并落实有关重要政策、重点任务和重大项目等，实现三峡水库各地区间的高效协作及生态环境联建联防联治。

（5）凝聚力量，深入开展消落区综合保护和治理研究。坚持以问题和需求为导向，实施生态治理，确定系统治理方案和措施，在自然立地条件较好的区域，重点加强管护，减少对植被恢复的人工干预，全面提升消落区植被生态系统的自恢复和自稳态维持机制，加强消落区拦污、固碳的生态功能。统筹各方资源，谨遵专家意见，凝心聚力，潜心开展长期、系统、深入的消落区保护与治理研究，搭建消落区生态保护修复技术应用平台，贡献成功的消落区生态修复经验模式，为大型水库消落区生态环境保护与治理研究提供先行示范。

参考文献

[1] 李姗泽，邓玥，施凤宁，等．水库消落带研究进展［J］．湿地科学，2019，17：689-696.
[2] 中国水利水电科学研究院．三峡工程运行安全综合监测系统 2023 年度技术报告［R］．2023.
[3] 中国水利水电科学研究院．三峡工程运行安全综合监测系统 2022 年度技术报告［R］．2022.

丹江口水库生态调度的多目标优化研究及生态修复实践

蒋　蓉[1]　钱　宝[2,3]　周冰逸[4]

（1. 南水北调中线水源有限责任公司，湖北十堰　442799；
2. 长江水利委员会水文局，湖北武汉　430010；
3. 长江水利委员会流域水环境保护与治理创新团队，湖北武汉　430010；
4. 内蒙古大学生态与环境学院，内蒙古呼和浩特　010010）

摘　要：南水北调工程作为全球规模最大的调水项目，旨在解决我国北方地区的水资源短缺问题。丹江口水库作为南水北调中线工程的水源地，其生态环境稳定性和健康对于保障水质安全和供水持续性具有重要意义。为了平衡经济发展与环境保护之间的关系，本研究通过构建多目标优化调度模型和主从博弈优化调度模型，在满足防洪、供水、发电等功能需求的同时，有效减轻对下游生态系统的影响，实现经济效益与生态效益的最大化。研究成果可为丹江口水库及其周边区域的生态管理和修复提供重要的理论和技术支持，有助于实现经济效益与生态效益的双赢。

关键词：丹江口库区；多目标生态调度；生态调度模型；风险防控；用水安全

1　研究背景

南水北调工程是全球规模最大的调水项目，旨在解决我国北方地区的水资源短缺问题，并优化水资源的配置。丹江口水库作为南水北调中线工程的水源地，其生态环境稳定性和健康对于保障水质安全和供水持续性具有重要意义，确保其水质安全和水资源的可持续利用是该工程成功的关键。随着经济的发展和社会的进步，对水资源的需求日益增长，同时人类活动也加剧了库区生态系统的压力。丹江口水库不仅承担着向京津冀等地区供水的重要任务，还面临维持当地经济社会发展与保护生态环境之间的平衡挑战。因此，开展丹江口水库的多目标生态调度研究，目的是通过科学合理的调度策略，在满足防洪、发电、供水等功能需求的同时，有效减轻对下游生态系统的影响，实现经济效益与生态效益的最大化。

水库的生态调度是指在水库运营过程中，为了保护和改善水生生态系统健康状态，通过科学合理地安排水库的蓄水、放水等活动，以满足下游水生生物生存需求、维持河流生态平衡的一种管理方式。生态调度的目标是尽可能减少人为水利工程对自然环境的负面影响，同时兼顾防洪、供水、发电等多种功能的需求。近年来，由于气候变化以及人为因素导致的环境问题日益突出，如水库蓄水后汉江中下游水文情势变化显著[1]；丹江口水库土壤-底积物镉含量超标现象频发[2]；伊乐藻（Elodea nuttallii）过度生长繁殖影响水体质量[3]；以及丹江口库区湿地面积减少、生物多样性下降等问题逐渐显现。上述情况表明，针对丹江口水库及其周边区域进行系统性的生态管理和修复已成为当务之

基金项目：国家自然科学基金（U2340209）。
作者简介：蒋蓉（1979—），女，高级工程师，主要从事水资源监测规划与保护相关研究工作。
通信作者：钱宝（1985—），男，正高级工程师，主要从事环境水文与生态水利相关研究工作。

急。在此背景下，本研究聚焦于探讨如何通过优化水库调度方案来改善库区及其上下游地区的生态环境状况，并提出相应的管理建议。

2 研究内容

2.1 生态调度模型构建

生态流量的梯级水库优化调度和水生群落系统稳定性相关研究探讨了在满足防洪、供水、发电等社会经济效益的同时，如何保障生态流量和提升水生群落系统的稳定性。研究结果表明，通过多目标优化调度模型和主从博弈优化调度模型，可以有效提高水库的综合效益，并促进生态系统的健康与可持续发展[4]。水库在现代社会中承担着多重任务，然而，传统的集中式调度模式往往忽略了多利益相关主体之间的博弈关系，导致难以全面保障生态流量。因此，需要采用更科学的方法来优化水库调度，以实现经济效益与生态效益的双赢。

水库调度的需求多样，管理难度较高，通过多目标优化调度方案，提升多年平均供水量和发电量，同时提高水生群落系统的稳定性。优化调度方案的多年平均供水量和发电量分别提升了4.32%和0.26%，水库下游多站点的水生群落系统稳定性平均提升了1.58%。优化调度方案在冬、春季的出库流量较小，更好地满足了季节性用水需求。梯级水库共同保障生态流量时，综合效益最优。这表明多方合作能够有效提高系统的整体效益。单库保障生态流量会导致效益显著劣化，说明缺乏合作基础会影响系统的整体性能[5]。

为了保障丹库生态系统的整体效益，基于适应性循环理论框架构建的“潜力-连通度-韧性”三维度综合生态风险评价指标体系及其修正模型，能够全面且动态地评估自然环境和人类活动干扰下库区生态风险的演变规律，填补了库区生态风险量化评价研究的空白。自1990年以来，丹江口库区的整体生态状况经历了重要的转折期，并在之后的一段时间内持续向好发展。然而，近年来生态风险水平有所回升，从1995年开始，丹江口库区的社会-生态系统进入了缓慢发展的选择期，这表明该区域的生态环境正面临内部自发性的潜在风险。如果未来系统资本继续积累，潜力上升，长期的发展可能会导致系统僵化、连通度下降以及韧性减弱，从而增加生态风险。能否成功实现适应性循环中的“反抗”阶段，促使系统跃迁至更高层级的循环，以解决生态风险上升的问题，并防止系统陷入持续僵化的状态，已成为丹江口库区生态风险管理的关键任务。通过有效的管理和干预措施，促进系统的自我调整和优化，是确保库区生态安全和可持续发展的必要步骤[6]。

基于丹江口水库在确保供水量和发电量的同时，最大程度地降低对生态系统负面影响的目标，围绕适应性循环理论框架，结合流量等级指标（WQL）与流量波动指标（HA），构建了一个包含供水量、发电量及两个生态指标在内的四目标函数组合的多目标优化调度模型。丹江口水库不同方案多目标优化调度结果如图1所示，HA（hydrologic alteration）反映了流量的日尺度变化，从水文改变指标IHA（indicator of hydrologic alteration）中的21个日尺度指标中，通过熵值法筛选出信息量较大的几个指标，并赋予相应的权重。具体来说，在第2组中选择两个熵权值最大的指标，第3~5组中各选择1个熵权值最大的指标。该模型以高斯径向基函数拟合水库调度规则为基础，采用高斯径向基函数拟合水库调度规则，考虑到影响水库调度运行的因素包括入库流量、时段信息和水库当前蓄水量，设定径向基函数的决策因子为Q_t、t、V_t。每个径向基函数有5个参数，共4个径向基函数，总计20个参数需要确定[7]。依据丹江口水库多目标生态调度方案（见表1），该模型确保流量等级和流量波动指标接近天然状态，以满足汉江中下游水生物自然繁衍需求。

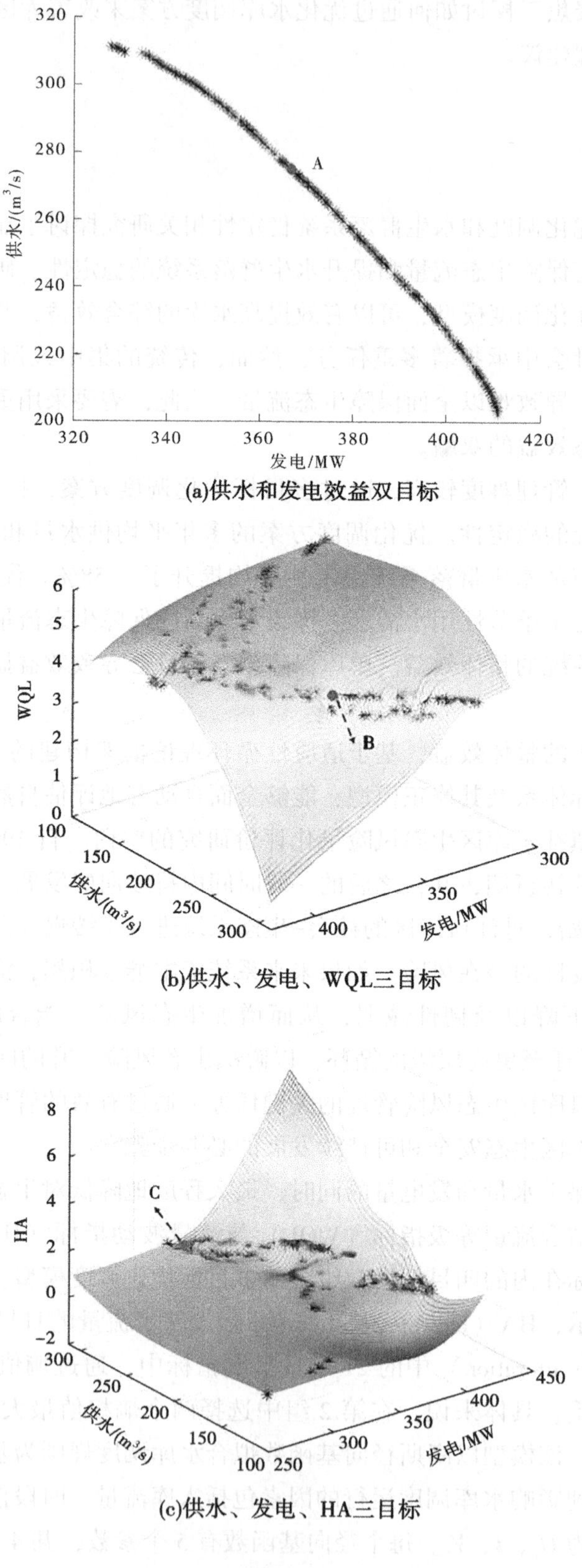

(a)供水和发电效益双目标

(b)供水、发电、WQL三目标

(c)供水、发电、HA三目标

图 1　丹江口水库不同方案多目标优化调度结果

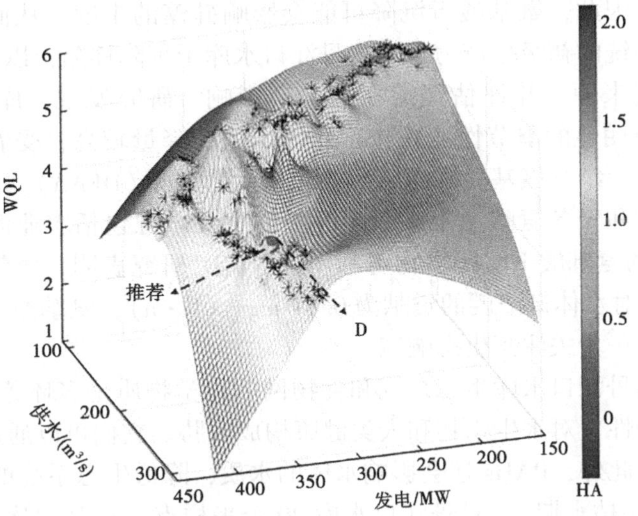

(d)供水、发电、WQL、HA四目标

注：● 优化方案；★ 推荐方案。

续图 1

表 1　丹江口水库多目标生态调度方案

调度方案	目标函数
现有方案 A	丹江口水库优化调度及生态调度方案（供水效益、发电效益较大）
优化方案 B	供水效益、发电效益较大，水文改变生态指标 WQL 较大
优化方案 C	供水效益、发电效益较大，水文改变生态指标 HA 较小
优化方案 D	供水效益、发电效益较大，水文改变生态指标 WQL 较大、HA 较小

2.2　生态系统演变监测与评估

基于 2000 年和 2010 年分辨率为 30 m 的 Landsat TM/ETM 数据，用于生态系统类型分类，构建评估指标体系，并进行解译精度评估。结果发现，丹江口库区主要生态类型基本保持稳定，但森林生态系统面积有所下降，主要是由于房地产开发和交通建设占用了部分绿针叶林；湿地生态系统面积增加了 25.31 km^2，主要归因于水库和坑塘面积的增长。丹江口自然保护区有较大面积的农田转为湿地生态系统，有利于保护区的管护工作[8]。使用植被覆盖度（FVC）、叶面积指数（LAI）和总初级生产力（GPP）等生态系统遥感参量构建生态系统质量评估模型，揭示了不同时间段内库区生态系统质量的变化趋势及其空间分布特征。2001—2020 年，丹江口库区植被生态系统质量逐渐变好，质量指数增加 15 以上的区域占总面积的 81.32%。各县（市、区）生态系统质量有所差异，淅川县和丹江口市的生态系统质量指数低于库区平均水平，但增量较高；森林生态系统质量指数最高，但增量较低。生态系统质量指数随坡度增加而增加，其中 0°~3°区域指数增量最大，3°~15°区域指数增量随着坡度的增加而增大，15°以上区域指数增量逐渐减小[9]。总的来说，植被生态系统质量受降水的影响比受气温的影响更显著。

除了丹江口水库主要生态系统类型的演变，库区地表水的污染来源与生态风险也不容忽视，应列为当地生态系统监测评估的重要对象。如氨基酸是有机氮的一种形式，通过干沉降进入水中会增加水体氮浓度，过量的氮会导致水体富营养化，改变水体的营养平衡，进而影响整个食物网的能量和物质转移。氨基酸作为生物可利用的氮源，可以直接被浮游植物吸收利用，促进其生长和繁殖。尤其是硅藻，它们是丹江口水库浮游植物群落的优势藻类。氨基酸中的丝氨酸和苏氨酸的摩尔百分数之和可以反映水体中硅藻的丰度。因此，氨基酸干沉降可能会影响硅藻的丰度，从而改变浮游植物群落的组成，进而改变水库生态系统的初级生产力。采集丹江口水库干沉降样品，以分析库区氨基酸干沉降的时空特征、主要组分及其来源，并评估其潜在的生态影响。研究发现，库区氨基酸干沉降通量在0.07~0.85 kg/hm^2，具有明显的季节性变化，东北区域的沉降量较高，受农业活动强度、土地利用类型和释放源的影响显著。结合氨基酸（DCAA）是游离氨基酸（DFAA）沉降通量的3.68倍，主要氨基酸为谷氨酸、苏氨酸和天冬氨酸。氨基酸干沉降的主要来源包括农业源、长距离输送源和森林源[10]。中部和北部区域的氨基酸干沉降生物可利用性较高。研究表明，每年通过干沉降进入水库的氨基酸总量为181.27 t，对水体氮浓度的贡献为0.01 mg/（L·a），氨基酸干沉降对水体浮游植物群落会产生一定影响，需进一步关注其生态响应。

另外，同样持续影响丹江口水库生态系统和食物网的化学物质是多环芳烃（PAHs），PAHs具有致癌性、致畸性和致突变性，对水生生物和人类健康构成威胁。它们可以通过食物链传递并累积，导致生物体内的毒性效应。此外，PAHs还会影响水体的水质，降低生态系统的整体健康状况。2020年9月（丰水期）和12月（枯水期），对丹江口水库20个采样点（丹江口库区PAHs监测点位如图2所示）的地表水中16种优先控制的PAHs进行了调查和分析。结果发现，丰水期共检出6种PAHs，质量浓度为64.64~360.21 ng/L，平均值为170.46 ng/L；枯水期共检出9种PAHs，质量浓度为23.05~202.11 ng/L，平均值为74.17 ng/L；丰水期总PAHs质量浓度略高于枯水期。在不同水期，萘（NAP）、芴（FLU）及菲（PHE）是检出率最高的PAHs。丹江口库区库湾各点位PAHs含量最高，丹江口水库、汉库及坝前的PAHs含量显著低于库湾。通过主成分分析法（PCA）解析发现，丹江口库区丰水期及枯水期的PAHs来源相似，主要来源为煤及汽油燃烧或汽车尾气排放。采用熵值法对丹江口水库不同时期的PAHs进行生态风险评价可知，枯水期20个采样点均为低风险，丰水期除S19点位为中风险外，其他采样点均为低风险。总体来看，丹江口水库地表水中PAHs处于较低风险状态[11]。该研究结果为丹江口库区的环境管理和生态保护提供了重要的科学依据，有助于制定更有效的污染防治措施。

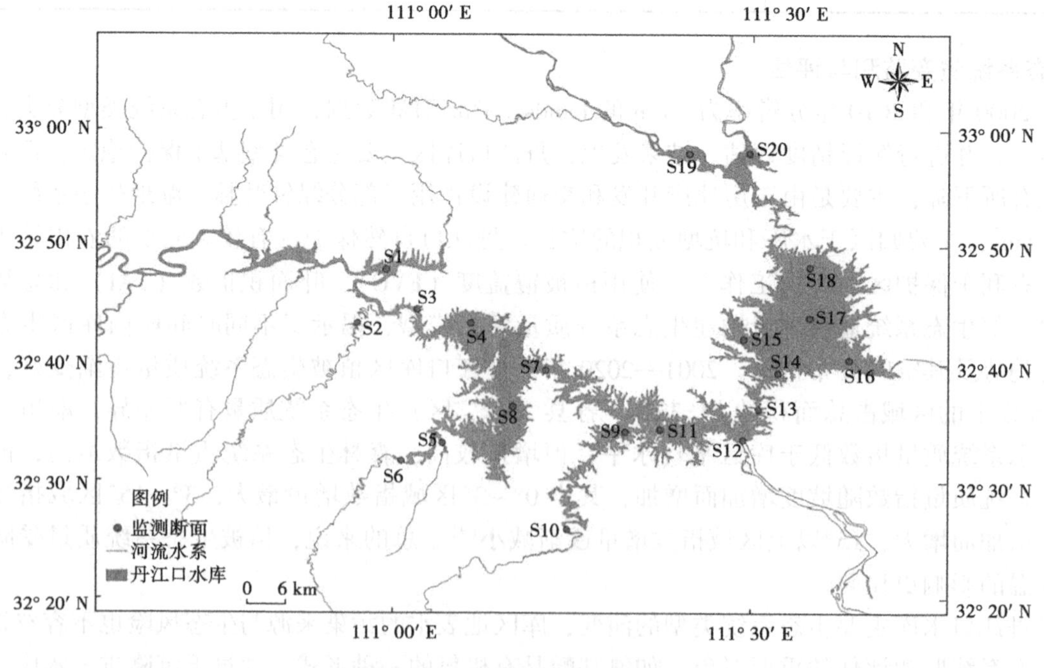

图2 丹江口库区PAHs监测点位

2.3 生态修复实践案例分析

河南省内乡县境内属于丹江口水库水源区，存在水土流失问题。通过近5年的探索和实践，该地区在水土保持生态修复方面取得了实质性的进展。实施封育保护8 614 hm^2，补植疏林6 030 hm^2；改造建设基本农田1 600 hm^2，完成退耕还林和荒山绿化3 000 hm^2，实行保土耕作3 900 hm^2等。这些措施有效地减缓了水土流失，取得了明显的经济效益、社会效益和生态效益[12]。同时，通过生态节地型治理技术，可有效减少工程占地和淹没面积，实现水质净化。内乡县温家堰河内源治理与湿地修复工程就利用一级处理区和二级处理区，成功达成水质改善、节约土地的目标，为丹江口水库及周边地区的水环境治理提供了有益的技术支持[13]。

类似地，淅川县丹江口库区是南水北调中线工程的主要水源地和汇水区，肩负着一库清水永续北送的重任。由于面源污染和水质富营养化，影响丹江口水库整体水质。通过对淅川县主要支流口湿地生态修复项目的实施效果进行评价，总结出了一套适用于丹江口库区消落带区域湿地恢复的技术路线，包括但不限于生态护岸建设、河道生态堰拦蓄河水以及河道湿地修复等措施[14]。这些实践经验不仅有助于提升库区整体生态环境质量，也为其他类似区域开展相关工作提供了有力借鉴。

3 讨论

从多目标优化调度结果来看，虽然供水量与发电量同生态指标之间存在一定矛盾关系，但通过合理调整调度策略仍可使各目标达到相对平衡状态。特别是在保证防洪安全并维持现有供水量不变的前提下，适当增加枯水期下泄流量有利于改善河流生态系统健康状况，促进鱼类等水生生物自然繁衍。然而，值得注意的是，这种调整可能会对水库蓄水量造成一定影响，需综合考虑实际运行条件灵活应用。在生态系统演变方面，尽管过去20年间丹江口库区总体上呈现出植被覆盖率提高、生态系统质量改善的良好态势，但局部区域生态系统退化问题仍亟待解决。例如，部分山区因过度开垦导致水土流失严重，进而影响到整个流域内的水质安全；城市化进程加速则可能进一步压缩野生动植物栖息地范围等。因此，未来需要加强对这些脆弱地带的关注力度，并采取针对性措施加以治理。最后，关于生态修复方面的工作，尽管目前已有不少成功案例可供参考，但在具体执行过程中还需充分考虑到地域差异性以及项目周期较长等因素所带来的不确定性。特别是对于那些涉及跨行政边界的大型生态工程项目而言，如何协调各方利益关系、确保资金投入充足将是决定其能否顺利推进的关键所在。

4 结论与展望

通过对丹江口水库进行多目标生态调度的研究表明，借助先进的数学建模方法和技术手段可以有效地平衡经济发展与环境保护之间的关系。同时，持续开展对库区及其周边地区生态环境状况的监测评估工作，有助于及时发现并解决存在的问题。未来研究方向可以从以下几个方面着手：深入探究不同类型生态因子之间相互作用机制，进一步完善现有生态调度模型；加强与其他相关学科领域之间的交流合作，共同推动形成一套完整的水库生态管理体系；探索建立长效激励机制鼓励社会各界积极参与库区生态保护活动中来；继续关注全球气候变化背景下极端天气事件对水库调度带来的新挑战，并据此适时调整相应对策。依据科学规划和综合治理，实现生态保护与经济社会发展的双赢，为其他地区的生态修复工作提供了有益的经验和借鉴。

参考文献

[1] 柏慕琛，班璇，DIPLAS Ps，等．丹江口水库蓄水后汉江中下游水文时空变化的定量评估及其生态影响［J］．长江流域资源与环境，2017，26（9）：1476-1487.

[2] 徐宏林，李梦茹，姜华，等．丹江口水库土壤-底积物镉生态地球化学风险评价［J］．中国地质，2021，48（4）：1166-1176.

[3] 辛小康，熊斌，颜剑，等．控制汉江丹江口至王甫洲区间伊乐藻的生态调度及其效果评估［J］．水生态学杂志，2024，45（1）：152-159.

[4] 张启凡，胡铁松，戴凌全，等．考虑生态流量的梯级水库主从博弈优化调度研究［J/OL］．水资源保护，2024，1-14.

[5] 王奕博，曾凌，刘攀，等．面向水生群落系统稳定性的水库生态调度［J/OL］．水科学进展，2024，1-13.

[6] 张玉娇，曾杰，陈万旭，等．基于适应性循环的丹江口库区生态风险评价［J］．水土保持研究，2022，29（1）：349-360.

[7] 王何予，田晶，郭生练，等．考虑水文改变生态指标的丹江口水库多目标优化调度［J］．南水北调与水利科技（中英文），2022，20（6）：1041-1051.

[8] 王坎，吴兴华，文威，等．湖北省丹江口库区生态系统格局遥感监测评估［J］．环境科学与技术，2020，43（S2）：250-254.

[9] 路利杰，王立辉，李扬，等．丹江口库区 2001—2020 年植被生态系统质量遥感监测与时空演变分析［J］．长江流域资源与环境，2023，32（6）：1291-1304.

[10] 武俐，李啸林，赵同谦，等．丹江口水库氨基酸干沉降特征及其潜在的生态影响［J］．环境科学学报，2023，43（9）：279-289.

[11] 李书印，郭文思，李瑞雯，等．丹江口库区地表水中多环芳烃的污染特征、来源及生态风险评价［J］．河南师范大学学报（自然科学版），2024，52（4）：36-48.

[12] 王娟．丹江口库区生态修复探索与实践［J］．河南水利与南水北调，2017，46（11）：17-18.

[13] 刘彩红，王翀，曾平，等．丹江口水库水源地生态节地型人工湿地设计：以内乡县温家堰河内源治理与湿地修复工程为例［J］．农业开发与装备，2020，（3）：77-78.

[14] 王瑞超，任泽垠．丹江口水库消落区淅川县主要支流口湿地生态修复建设模式［J］．河南水利与南水北调，2023，52（10）：1-2.

丹江口库区沉积物重金属生态风险防控研究

蒋　蓉[1]　钱　宝[2,3]　程靖华[1]　彭晓然[1]
秦　赫[1]　王文静[2,3]　彭　恋[2]　李晓慧[2]

（1. 南水北调中线水源有限责任公司，湖北十堰　442799；
2. 长江水利委员会水文局，湖北武汉　430010；
3. 长江水利委员会流域水环境保护与治理创新团队，湖北武汉　430010）

摘　要：丹江口库区沉积物重金属生态风险防控研究聚焦于南水北调中线工程水源地的水质安全与可持续利用。本研究通过对库区及其上游老灌河、丹江（湘河）沉积物中重金属含量、赋存形态与稳定性的分析，明确不同区域内的重金属分布特征及其潜在环境健康风险。结果表明，尽管镉、锌的污染水平较低，但汞、砷、铜、铅等元素的污染问题突出。为此，提出了包括环保疏浚与钝化处理、持续开展重金属专项监测、实施严格工业废水排放标准、生态修复项目等综合防控对策，旨在改善库区水质，保障南水北调工程的供水安全与生态环境的可持续发展。

关键词：丹江口库区；尾矿库；沉积物污染；重金属释放；生态风险防控；水质安全

1　研究背景

南水北调工程是迄今为止世界上最大的调水工程，是解决我国北方地区缺水、优化水资源配置的一项重大战略举措[1]。丹江口水库是南水北调中线工程的水源地，保障丹江口水库水质安全与水资源可持续利用，是南水北调中线工程成功的关键[2]。多年来，丹江口库区的尾矿库问题一直是环境保护和水资源管理中的一个重要关注点[3]。早在2012年12月，国家安全生产监督管理总局和国务院南水北调办发布了关于要求加强对丹江口库区及上游尾矿库的安全监管及水污染防治工作，表示对于达不到安全和环保要求的尾矿库，要责令其限期整改和治理。2023年6月水利部党组书记、部长李国英实地调研陕西、河南、湖北等地，并在中线水源公司召开座谈会，为南水北调中线工程水源地水质安全保障工作问诊、把脉、开方，明确提出“要对标‘确保一泓清水永续北上’目标，全面检视和查找丹江口库区及入库河流全流域水质风险隐患，逐项建档立卡、逐项整改落实，严之又严、细之又细、实之又实！”

丹江口水源区三省六市（湖北省十堰市、河南省南阳市与三门峡市、陕西省商洛市、汉中市和安康市）范围内尾矿库共有192座，其中重金属类尾矿占比约为84%，涉及多种重金属元素。大量研究表明，矿物、矿洞、矿渣会因雨水冲刷、浸泡等作用，产生高浓度的重金属淋溶污水，并随雨水径流等方式迁移至库区周边河流等水体和河床沉积物中[4]。而沉积物中的重金属在一定环境条件下仍可能释放到水体中。目前，丹库上游丹江、老鹳河流域内仍有钒矿、铁矿、金矿等矿产开采，加之历史上矿藏开采遗留重金属污染治理、基础设施建设等欠账较多，锑等重金属污染物环境本底值较高，使下游河流及丹江口水库存在污染风险。

水体重金属污染因其多介质交互性和生物累积毒性备受关注。沉积物作为主要蓄积库，研究其重

基金项目：国家自然科学基金（U2340209）。
作者简介：蒋蓉（1979—），女，高级工程师，主要从事水资源监测规划与保护相关研究工作。
通信作者：钱宝（1985—），男，正高级工程师，主要从事环境水文与生态水利相关研究工作。

金属污染状况和内在联系可为污染防治提供依据。水库的水环境生态不同于自然水体，其沉积物组成更为特殊，重金属污染规律需进一步研究。丹江口水库是南水北调中线工程的水源地，供水至黄淮平原缺水地区。尽管水库总体水质良好，但其流域内矿产资源丰富，矿山开采和沿岸工业、生活污水排放增加了水库营养化和重金属污染的风险[5-6]。本研究通过在库区入库口、库周、库心及渠首等处布设的34个监测断面，监测到的12项重金属指标来共同分析沉积物重金属的释放规律和潜在生态风险，对探明水体沉积物中重金属的含量水平、全面保障库区水质安全具有重要意义。

2 生态风险评估内容

2.1 评估区域

本文的研究区域为丹库及发生锑污染事件的两条入库河流老鹳河、丹江（湘河）。其中，老灌河调查范围为西峡县石门湖水库至马蹬，约70 km；丹江（湘河）调查范围为商南县莲花台水电站至马蹬，约80 km；丹库调查范围为马蹬至渠首陶岔，约40 km。研究对象为表层沉积物。丹江（湘河）自莲花台水电站上游2 km至马蹬，共布设12个监测断面，莲花台水电站上游2 km为背景断面；老灌河自石门湖水库上游9 km至马蹬，共布设12个监测断面，石门湖水库上游9 km为背景断面；丹江口水库库区自马蹬至陶岔共布设10个监测断面，具体断面布设见图1。本次研究以老灌河为例，在石门湖水库上游9 km（背景断面）、砚矿大桥（老灌河入库口上游）断面布设2个采样点，采集上层、中层和下层沉积物样品。本次调查共采集沉积物样品42个。其中，表层沉积物38个，中层沉积物2个，底层沉积物2个。

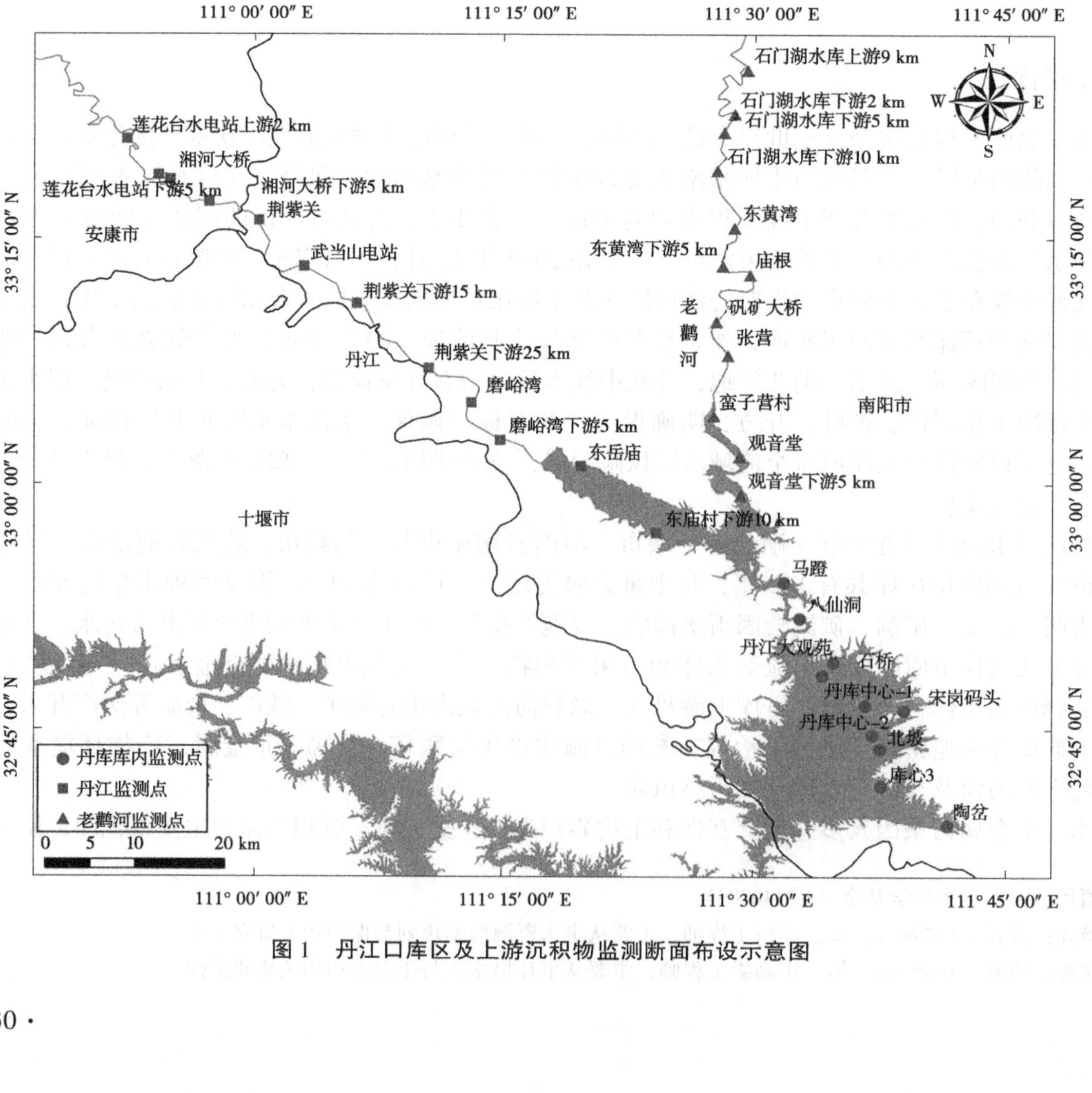

图1 丹江口库区及上游沉积物监测断面布设示意图

2.2 评估指标

2.2.1 重金属总量

根据丹江口水库库区及上游重金属尾矿的主要矿物类型，考虑伴生矿中可能存在铊等毒性较大的重金属元素[7-8]，本研究开展的重金属总量监测指标为铜、铅、锌、镉、砷、汞、铁、锰、锑、铊、钼、钒等12项指标。

2.2.2 重金属赋存形态

在对沉积物中重金属赋存形态进行分析测试前，需使用有效的提取方法将重金属各形态进行提取，然后对浸提液中的重金属形态进行分析测定。目前，比较成熟的提取方法为BCR三步提取法[9]。通过BCR法将重金属形态分为弱酸溶态、可还原态、可氧化态和残渣态[10]，提取详细步骤如图2所示。样品采集时间为2024年3月31日至4月3日，监测1次。本研究采用BCR顺序提取法对沉积物重金属形态进行分析，监测指标为弱酸溶态（F1）、可还原态（F2）、可氧化态（F3）和残渣态（F4）等4项指标[11]。

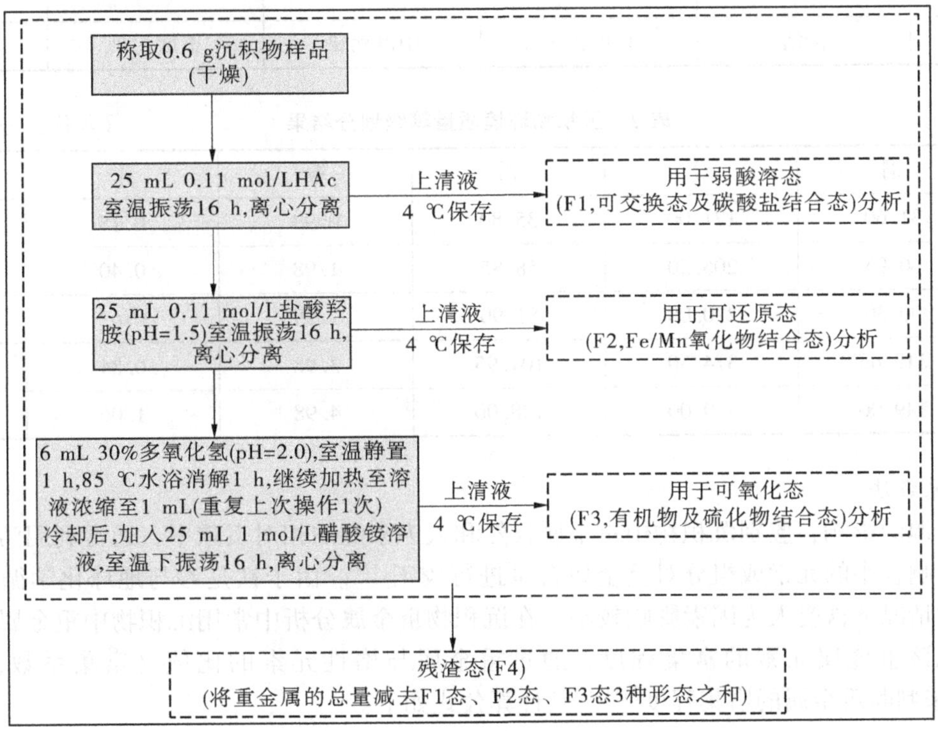

图2 BCR逐级提取法

2.3 评估方法

2.3.1 沉积物质量基准法

沉积物质量基准（sediment quality guidelines，SQG）已成为世界水环境污染研究与治理所关注的焦点之一，SQG评价沉积物中污染物的毒性效应，可以反映污染沉积物的生态风险[12-13]。针对不同的沉积物环境质量基准间存在的差异，以及各基准在应用范围上的局限性，一些研究者尝试对现有基准进行收集、整理，以建立能得到基于多方的基准（consensus-as SQGs，CBSQGs）。MacDonald基于多方的CBSQGs属阈值型基准[14]，即包括一个基准高值和一个基准低值。基准低值为阈值效应含量（thresh fe concentration，TEC），若沉积物某金属元素含量低于TEC，则沉积物中该金属不会对底栖生物产生毒性[15]；基准高值为可能效应含量（probable fe ct concentration，PEC），若沉积物某金属元素含量高于PEC，则沉积物中该金属会产生毒性，如果金属含量在TEC和PEC之间，则属于灰色区域（the Gray Zone），沉积物会产生毒性和不会产生毒性的概率接近，CBSQGs对沉积物是否具有毒性难以做出准确预测，若金属含量接近TEC，则沉积物不会产生毒性的概率大于会产生毒性的概率，反之则相反。

由于 CBSQGs 没有进行沉积物环境质量等级划分，沉积物环境质量等级评价须根据 TEC 和 PEC 值划分沉积物环境质量等级[16]。划分方法为：以 TEC、1/2［TEC+1/2（TEC+PEC）］、1/2（TEC+PEC）、1/2［PEC+1/2（TEC+PEC）］、PEC 为划分指标，参照我国地表水环境质量等级划分方法，把沉积物划分为Ⅰ类、Ⅱ类、Ⅲ类、Ⅳ类、Ⅴ类共 5 个环境质量等级（见表 1），相应质量等级对应的标准值见表 2。

表 1　沉积物环境质量等级划分方法

等级	Ⅰ类	Ⅱ类	Ⅲ类	Ⅳ类	Ⅴ类
分级指标	TEC	1/2［TEC+1/2（TEC+PEC）］	1/2（TEC+PEC）	1/2［PEC+1/2（TEC+PEC）］	PEC
产生毒性概率	不会产生毒性	小于 50%	50%左右	大于 50%	会产生毒性
沉积物质量	清洁	轻度污染	中度污染	重度污染	严重污染

表 2　沉积物环境质量等级划分结果　　（单位：mg/kg，干重）

等级	铜	锌	铅	镉	汞	砷
Ⅰ类	31.60	121.00	35.80	0.99	0.18	9.79
Ⅱ类	60.95	205.50	58.85	1.98	0.40	15.59
Ⅲ类	90.30	290.00	81.90	2.99	0.62	21.40
Ⅳ类	119.65	374.50	104.95	3.98	0.84	27.20
Ⅴ类	149.00	459.00	128.00	4.98	1.06	33.00

2.3.2　富集系数法

为消除物源的影响，鉴别沉积物中重金属自然和人为来源的相对贡献率，通常利用污染物中某种受人为污染影响较小的元素或组分对重金属含量进行校正[17]。由于铁是参与地球化学循环的主要成矿元素，通常情况下铁受人为因素影响较小，在沉积物重金属分析中常用沉积物中重金属元素与铁的比值来标准化该重金属元素的富集程度，通过重金属与惰性元素的比值（富集系数，enrichment factor，EF）来判断重金属的富集程度[18]。其计算公式如下：

$$EF = (C_s^i/B_s) / (C_n^i/B_n) \tag{1}$$

式中：C_s^i/B_s 为样点重金属 i 与铁的含量比；C_n^i/B_n 为地球化学背景中同一元素与铁的含量比。

根据 EF 的大小，将沉积物的富集程度进行分级，根据 Sutherland（2000）的分级标准，按富集因子大小可以将重金属污染分为 5 个级别（见表 3）。

表 3　富集系数分级表

富集系数（EF）	富集水平	富集程度
EF<2	1	EF≤1 为无富集；1<EF<2 为低富集
2≤EF<5	2	中富集
5≤EF<20	3	高富集
20≤EF<40	4	严高富集
EF≥40	5	极度富集

2.3.3 风险评价准则

风险评价准则（risk as sessment code，RAC）将沉积物中重金属的可交换态和碳酸盐结合态（F1，弱酸溶态）视为生物有效性部分，这两种形态迁移性强，易与水体发生交换反应，可直接被生物体吸收[19]。由于F1态重金属容易被生物直接利用，具有较大的危害性，因此基于F1态含量与总含量比值的风险评价准则能够研究沉积物中重金属的潜在生物可利用性及潜在的环境风险，其计算公式为：

$$RAC = (C_e/C_t) \times 100\% \qquad (2)$$

式中：C_e 为重金属F1态的含量；C_t 为重金属的总含量。

RAC评价结果分类见表4。

表4 风险评价准则评价分级表

RAC/%	污染风险
RAC≤1	极稳定
1<RAC≤10	稳定
10<RAC≤30	中等稳定
30<RAC≤50	不稳定
RAC>50	极不稳定

3 讨论

3.1 沉积物质量基准法

丹江口水库库区及上游沉积物镉、锌污染程度较轻，处于清洁—轻度污染状态，不同区域汞、砷、铜、铅4种元素污染程度差异较大，总体呈现丹江（湘河）优于丹江口水库库区及老灌河的趋势。根据各区域金属的污染程度，建议湘河（丹江）重点关注砷、铜2种元素，老灌河重点关注砷、汞、铜3种元素，尤其是东黄湾下游5 km至观音堂下游5 km区域内砷、汞的防控，丹江口水库库区重点关注砷、汞、铜、铅4种元素，尤其是丹江口水库中心处重金属的防控。

3.2 富集系数法

丹江口水库库区表层沉积物中汞、砷为中富集，老灌河表层沉积物中汞为高富集、锑为中富集，丹江（湘河）砷为中富集，其余元素均为无富集或低富集。锰等元素富集程度从高到低依次为汞>砷>锑>铜>铅>钒>镉、锌>钼>铊>锰。对低富集及以上程度的重金属进行重点防控，丹江口水库库区应加强汞、砷、铜、锑、铅、钒的监测与防控，老灌河应加强汞、锑、钼、砷、铜、铅的监测与防控，丹江（湘河）应加强砷、铜、汞、镉、钒等元素的监测与防控，结果如图3所示。

3.3 风险评价准则

丹江口水库库区及上游沉积物中铁等元素的稳定顺序为锰<镉<锌<铜<锑<砷<铅<铁<铊<钒、钼。其中，锰、锌、镉在不同区域沉积物中的稳定度差异较大，其余元素在以上3个区域内基本处于同种级别的稳定度且以稳定或极稳定状态为主，如图4、图5所示。锰、镉在丹江口水库采样点位沉积物中的稳定度低于老灌河及丹江（湘河），锌在老灌河采样点位沉积物中的稳定度低于丹江口水库库区及丹江（湘河），结果如图6所示。

4 结论与展望

4.1 生态风险防控对策

针对湘河加强砷和铜的监测，定期检测水质和沉积物，确保这两种元素的含量不超过安全标准；特别关注老灌河的砷、汞和铜3种元素，尤其是东黄湾下游5 km至观音堂下游5 km区域，应加强该

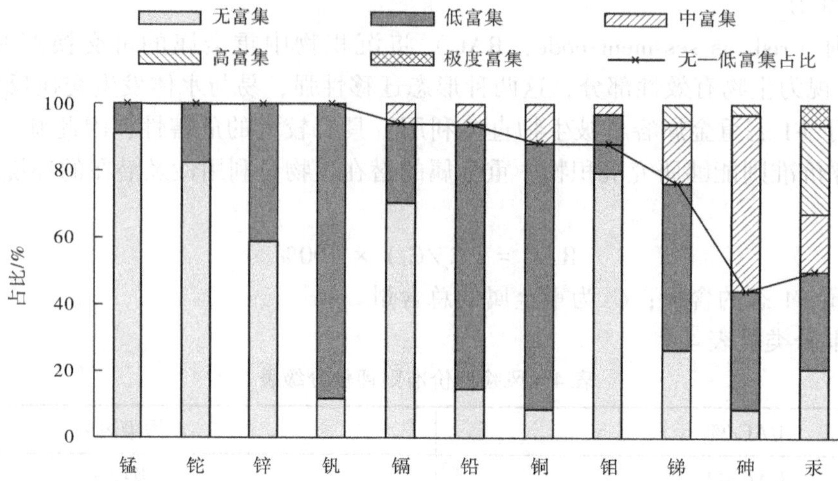

图 3　沉积物中锰等不同富集水平占比分布图

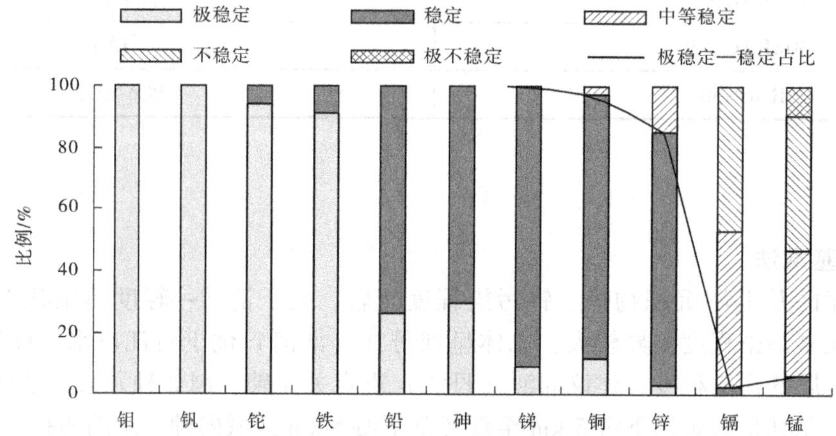

图 4　铁等 RAC 占比分布图

区域的砷和汞的防控措施，包括但不限于水质净化、沉积物治理以及工业排放控制；对丹江口库区的砷、汞、铜和铅 4 种元素进行全面监测和管理，尤其是库区中心位置，应实施更为严格的防控策略，防止重金属污染扩散，确保水源安全。具体措施有：

（1）库区底泥环保疏浚与底泥钝化相结合，从源头上减少或固定沉积物重金属。

库区底泥的环保疏浚可以通过清除沉积物中富集的重金属污染物，减少其在水体中的潜在释放源，从而减轻水体的重金属污染负荷。清除受污染的底泥也可以改善水体的透明度，促进水生植物的生长，有助于恢复水体生态平衡。应用常见的环保疏浚技术，如使用绞吸式挖泥船等设备，可以减少施工过程中悬浮物的扩散，降低对水体的二次污染风险。底泥环保疏浚采用绞吸式挖泥船，其在作业过程中悬浮物扩散面小，环保性能和效率都远高于其他类型的疏浚船，现阶段被广泛应用于环保疏浚工程中。由于疏浚过程会引起悬浮物扩散，还需根据湖区特点布设适宜深度和材质的防污帷幕拦截悬浮物。采用“排水固结一体化”工艺，对疏浚的泥浆进行及时调理和泥水分离，且能按要求对微生物、细菌、重金属等有害物质的消毒、钝化或固化[20]。

底泥钝化是通过化学或生物方法对疏浚上来的底泥进行处理，使重金属转变为难以溶解的状态，减少其向水体中释放的手段。底泥的原位钝化技术是湖泊内源污染控制的一项重要技术，即通过向底泥-水系界面加入钝化剂，在底泥表面形成一个掩蔽层，使底泥中不稳定的营养物质与钝化剂结合或互相吸附，从而抑制底泥营养物质的释放。常用的钝化剂有铁盐、铝盐和钙盐，但应用效果都受到氧化还原电位、pH 等因素不同程度的影响。若能改良现有的钝化剂或者几种钝化剂联合使用，使其发

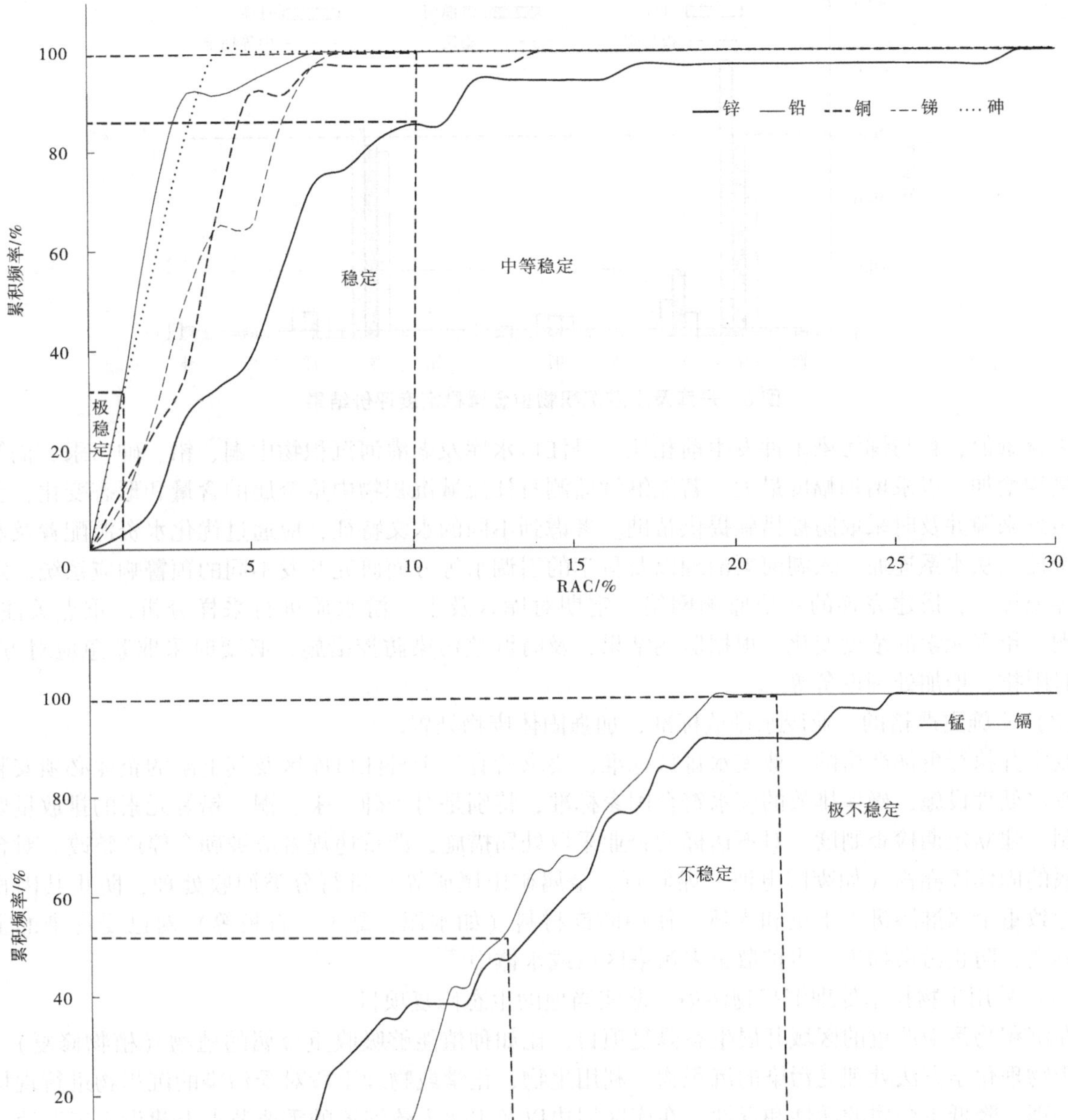

图5　丹库及上游沉积物中铜等重金属RAC累积频率分布图

挥各自优势，会更好地固定污染底泥。钝化处理可以降低重金属在环境中的迁移能力和生物可利用性，减少对生态系统和人类健康的潜在危害。

因此，环保疏浚与钝化处理相结合，不仅能有效移除沉积物中的重金属，还能通过稳定和转化措施降低这些污染物对环境的长远影响，从而达到改善库区水质和保护生态环境的目的。清淤疏浚也应当本着科学论证，采用“分区域、分阶段、先试点”的思路开展，并研究解决后期淤泥的资源化利用与清淤后的水生植被恢复问题[21]。

（2）持续开展丹江流域沉积物重金属专项监测，建立监测与预警系统。

丹库库区沉积物对汞、锑、钼、铜、钒、砷、铊等元素具有一定的富集作用，砷、铜、汞含量明

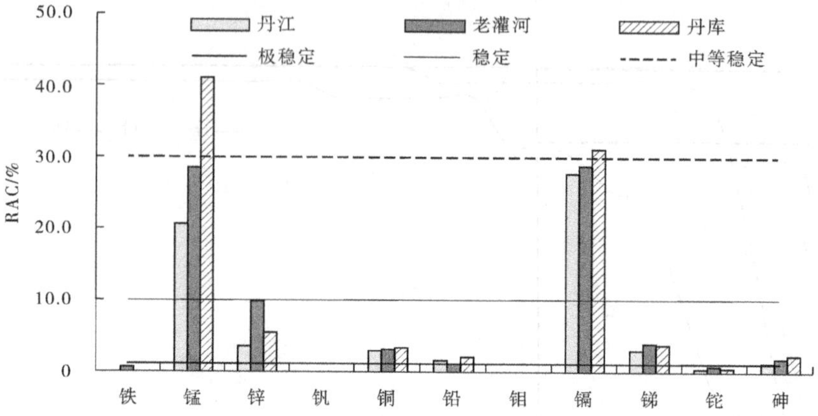

图6　丹库及上游沉积物重金属稳定度评价结果

显高于背景值，且与锑污染事件发生前相比，丹江口水库及老灌河沉积物中铜、铅、砷、汞、镉等元素含量均增加，以汞增加幅度最大。若能继续监测丹江流域沉积物中重金属的含量和形态变化，会对探明污染来源并及时采取防控措施提供帮助。考虑到不同的水文特征，应通过优化水资源配置及水文过程调控，从水系连通、入湖河渠治理以及科学的引调水等方面研究开发不同的预警响应系统。定期进行环境评估，搭建完善的水质监测网络，定期对库区及上下游水质进行采样分析，重点关注砷、汞、铜、铅等元素的浓度变化。根据监测结果，及时调整污染防控措施，必要时采取紧急应对方案，如临时限排、增加处理设备等。

（3）实施更严格的工业废水排放标准，加强固体废物处置。

制定并执行更加严格的工业废水排放标准，要求所有位于丹江口库区及其上游的企业必须安装先进的废水处理设施，确保排放的废水符合国家标准，特别是对于砷、汞、铜、铅等元素的排放量要严格控制。建立定期检查制度，对不达标的企业采取处罚措施，严重违规者应被勒令停产整改。对含有重金属的固体废弃物（如废旧电池、煤矸石、金属矿山尾矿等）进行分类回收处理，防止其因长期暴露导致重金属淋溶进入土壤和水体。使用防渗材料（如水泥、黏土、石板等）对已受污染的土地进行隔离，防止污染物进一步扩散至未污染区域或水体中[22]。

（4）采用生物技术处理沉积物污染，落实当地的生态修复项目。

在沉积物污染严重的区域开展生态修复项目，比如种植能够吸收重金属的植物（植物修复），或者采用物理化学方法处理受污染的沉积物。利用生物、化学或物理手段对受污染的沉积物进行现场或异地处理，降低重金属的活性和毒性。在库区周边以及主要入流河流的重要节点上建设人工湿地，利用植物根系和土壤微生物来降解和吸收水体中的重金属。推动生态护岸工程，恢复天然植被覆盖，减少水土流失，同时提高水体自净能力。目前，植物修复已经成功用于镉污染沉积物的恢复，但生长缓慢和较低的镉积累能力也在很大程度上限制了植物修复的进一步应用。

此外，研究表明，利用微生物，如丝状菌和氧化亚铁硫杆菌混合处理镉污染底泥，4 天后镉去除率可达 92. 5%。湖泊底泥微生物修复技术通过筛选和驯化高效降解镉的特定微生物菌种，规模化培养后投加到受污染底泥中，以改善镉污染，该技术通常吸附效率高、成本低且处理效果优良[23]。然而，微生物修复技术对环境条件要求较高，实际修复效果可能与实验室结果存在差异，工程应用存在一定难度。未来的研究热点在于改良培养条件、提升微生物环境适应能力或筛选适应范围更广的菌种，以发挥最大活性。

4.2　展望

针对中线工程水源地丹江口库区实施尾矿库生态风险评估并提出相应防控对策，一方面，是积极响应国务院关于加强生态环境保护和治理的要求，落实国家对于重点水域环境保护的具体措施；另一方面，则是出于对南水北调中线工程供水水质安全性的长远考虑，确保这一重要水资源调配工程能够持续、稳定地向华北地区输送清洁、安全的水源，进而维护该地区的生态平衡与社会经济发展。本研究揭示了在多重因素影响下，丹江口库区沉积物面临的复杂重金属生态风险防控挑战。通过对库区及其上游老灌河、丹江（湘河）沉积物中重金属含量、赋存形态与稳定性的深入分析，明确了不同区域内的重金属污染特征及其潜在的环境健康风险。

研究指出，虽然丹江口水库库区及上游沉积物中镉、锌污染程度较轻，但汞、砷、铜、铅等元素的污染程度存在显著差异，尤其在丹江口水库中心处，砷、汞、铜、铅的防控亟待加强。此外，锰、镉的可提取态比例较高，意味着其存在一定的潜在风险，需要进一步的监测与管控。因此，未来的工作不仅应持续关注丹江口库区及其上游沉积物中重金属的动态变化，还需探讨污染的源头控制与治理策略。随着经济社会的发展，应不断更新和完善重金属排放标准，推广绿色生产方式，减少工业废水中有害物质的排放。同时，强化对尾矿库的综合治理，推动生态修复项目，构建长效监测与预警体系，确保水源地水质安全。通过科技创新和国际合作，探索更多有效的污染防控技术，以实现丹江口库区乃至整个流域生态环境的可持续发展。

参考文献

[1] 李佳，廉振强，窦明，等．丹江库区水质时空分布特征及影响因素［J］．南水北调与水利科技（中英文），2023，21（1）：181-189.

[2] 岑昭思，许春玲．习近平生态文明思想视域下丹江流域生态修复保障措施研究［J］．四川环境，2023，42（2）：256-261.

[3] 孙福鑫，宋莹．降雨淋溶作用下铜矿尾矿库土壤的重金属迁移规律研究［J］．有色金属（矿山部分），2024，76（4）：142-148.

[4] 李晓刚，白巧慧，庞奖励，等．丹江流域河流表层沉积物粒度分析与重金属污染评价［J］．江西农业学报，2019，31（4）：93-98.

[5] 罗哲，许仕荣，卢少勇．丹江口水库表层沉积物重金属污染特征及风险评价［J］．湖南师范大学自然科学学报，2021，44（3）：1-8，17.

[6] Fan J, Bu C F, Qi Y Z, et al. Biocrusts significantly affect the bioavailability and ecological risk of heavy metals in gold mine tailings［J］. Plant and Soil, 2023, 12（493）: 99-113.

[7] 李丽，赵培，周楠．丹江沉积物重金属的污染特征和潜在生态风险评价［J］．江西农业学报，2018，30（9）：108-111，116.

[8] 李谦友．尾矿库在线监测预警系统防雷技术及应用［J］．福建冶金，2024，53（5）：5-9.

[9] 陈海生，彭渤，方小红，等．湘江下游河床沉积物铅污染特征及铅来源的 Pb 同位素示踪分析［J］．地理研究，2023，42（7）：1985-2003.

[10] 李佳璐，姜霞，王书航，等．丹江口水库沉积物重金属形态分布特征及其迁移能力［J］．中国环境科学，2016，36（4）：1207-1217.

[11] 徐圣友，马明海，程东华，等．新安江（屯溪段）沉积物中重金属的赋存形态研究［J］．环境生态学，2020，2（5）：95-100.

[12] 李国莲，张玉，王洋，等．瓦埠湖水体和沉积物中重金属分布特征、风险评估及来源解析［J/OL］．环境科学，1-20.

[13] 高博，李强，周怀东，等．水体沉积物重金属质量基准研究综述［J］．中国水利水电科学研究院学报，2013，11（2）：99-106.

[14] 吴斌，宋金明，李学刚，等．一致性沉积物质量基准（CBSQGs）及其在近海沉积物环境质量评价中的应用［J］．环境化学，2011，30（11）：1949-1956.

[15] MacDonald D D, Charlish B L, Haines M L, et al. Development and Evaluation of an Approach to the Assessment of Sediment Quality in Florida Coastal Waters: Biological Effects Database for Sediments［R］. Tallaassee: FDEP（Florida Department of Environmental Protection）, 1994.

[16] 李雪梅，包靓文，苏海磊，等．黄河入海口沉积物中硒的质量基准研究及风险评估［J］．矿物岩石地球化学通

报，2024，43（3）：563-569.
[17] 项立辉，王艳芬，姜辞冬，等．江苏中部潮间带表层沉积物重金属分布、来源及污染评价［J］．海洋地质前沿，2024，40（8）：42-52.
[18] 蒋文轩，于培松，张海峰，等．东南极普里兹湾沉积物中重金属的富集特征和来源分析［J］．极地研究，2023，35（3）：352-361.
[19] 王汉卿，宋志鑫，宋刚福，等．自然水体沉积物污染类型及风险评价研究进展［J］．山东化工，2024，53（8）：244-248，251.
[20] 刘伟，胡保安，程瑾，等．草/藻混合分布型湖泊沉积物释放风险与治理对策：以太湖为例［J/OL］．环境工程，1-11.
[21] 肖德强，董磊，潘雄．长江中下游湖泊沉积物氮磷污染现状及治理思路［J/OL］．长江科学院院报，1-9［2024-09-02］.
[22] 常蓉，马海艺．遥感技术在尾矿库环境监测中的应用探析［J/OL］．中国环境监测，1-10.
[23] 朱吉颖，刘军武，方迎春，等．河湖沉积物中重金属镉污染治理技术及应用［J］．净水技术，2024，43（5）：45-52.

太湖水生维管束植物分布特征及对水质与蓝藻水华的影响

吴东浩　徐兆安　李　涛　石亚东

（太湖流域水文水资源监测中心，江苏无锡　214024）

摘　要： 基于2019年春季（5月）和夏季（8月）的太湖全湖调查结果，研究了太湖水生维管束植物分布现状，分析了其群落结构近年来的变化特征及对水质和蓝藻水华的影响。结果显示，太湖水生维管束植物群落结构存在明显季节性演替。春季和夏季太湖全湖水生维管束植物分布面积分别为204 km^2 和271 km^2，夏季面积较2014年同期减少520 km^2，且优势群丛也发生了明显改变。水生维管束植物分布面积大幅减少后，相关湖区的水质明显恶化、蓝藻水华明显加剧。下阶段需强化太湖水生维管束植物日常管控，加快其群落的恢复，促进太湖生态系统良性发展。

关键词： 水生维管束植物；分布面积；变化特征；水质；蓝藻水华；太湖

水生维管束植物，尤其是沉水植物，作为浅水湖泊生态系统的主要初级生产者，在维持水生态健康中起着极其重要的作用[1-2]。浅水湖泊水生维管束植物分布的影响因子众多，包含光照强度、水体营养盐浓度、透明度、底质类型和藻类密度等，其中光照是沉水植物生活所必需的环境条件，也是限制其分布的主要环境因子[3-4]，而湖泊水位的高低与沉水植物所能利用的光照有密切关系。因此，水位与湖泊沉水植物的保护和恢复之间的关系一直是研究热点。

太湖是典型的草藻混合型湖泊，其东部、东北部和南部湖区以草型湖泊为主，分布着大面积水生植物，其他湖区以典型的藻型湖泊为主。近年来，关于太湖全湖的水生维管束植物调查研究较少，赵凯等[5] 于2014年对太湖全湖的水生植物进行了调查，但该调查重点关注夏季，缺少春季数据，未能体现太湖沉水植物组成的季节性差异。此外，2014年以后，太湖水文情势及水生态环境状况发生了较大变化，2016年太湖流域发生了仅次于1999年的历史第二大洪水[6]，太湖总磷浓度和蓝藻水华强度也于2016—2018年达到历史最大[7]，这对水生维管束植物产生了较大影响。因此，迫切需要开展新形势下太湖全湖水生维管束植物调查研究，掌握春季和夏季水生维管束植物分布特征，为太湖沉水植物保护与恢复以及太湖治理提供参考依据。

1　材料与方法

1.1　监测点布设与采样方法

1.1.1　水样的采集

2014年和2019年春季（5月）和夏季（8月），根据太湖水生维管束植物分布特点，分别在水生维管束植物分布丰富的胥湖（东部沿岸区）和东太湖布设水质采样点7个（见图1）。其中胥湖4个，东太湖3个。在水深0.5 m处分别采集水样4.5 L和1 L，用于水质指标和浮游植物检测。总磷的测定采用《水质 总磷的测定 钼酸铵分光光度法》（GB/T 11893—89），浮游植物的检测采用《内陆水域浮游植物监测技术规程》（SL 733—2016），叶绿素a的测定采用《水质 叶绿素的测定 分光光度

基金项目： 水利部重大科技项目（SKS-2022065）。

作者简介： 吴东浩（1987—），男，高级工程师，主要从事流域水生态环境保护研究工作。

法》（SL 88—2012）。

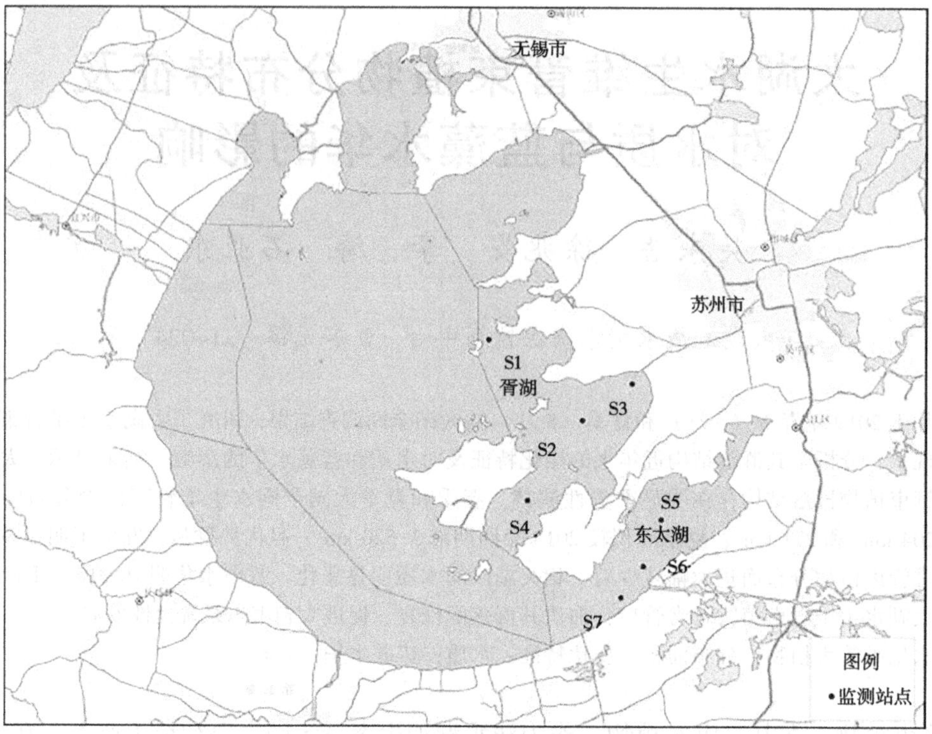

图 1 太湖水质样品采集点位示意图

1.1.2 水生维管束植物的采集

2019 年春季和夏季，采用样线法对太湖全湖水生维管束植物进行调查。样线的一端垂直于湖岸线，另一端延伸至湖湾中心航道无水生维管束植物分布区域。在水生维管束植物密集分布的湖湾各布设 4~8 个样线，稀疏的湖湾各布设 2~3 个样线，每个样线布设 5~7 个采样点，全湖共布设 250 个采样点（见图 2）。采样时借助 GPS 进行卫星定位。

每个样点采样参照标准样方法，即每个样点至少采集 3 个样方。采集水生维管束植物的定量工具为带网铁夹，铁夹为可开合的不锈钢组成的长方形框架，面积为 0.4 m×0.5 m。植物连根洗净后装入网袋，甩动网袋，待长时间无水滴跌落时（5 s），立即称其鲜重，每个样点重复 3 次。

参照 Braun-Blanquet 建立的六级表[8]，现场采用目测法估计视野内水生维管束植物的盖度，并以百分比表示。为降低估算误差，水生维管束植物盖度的现场估算均由一人完成。

1.2 水位数据获取

选取大浦口、望亭（太）、西山、小梅口和夹浦 5 站日均水位的算术平均值作为太湖逐日平均水位。

1.3 数据统计与分析

基础数据统计分析在 Excel 中完成，部分绘图在 Origin 中完成。将 250 个样点的现场调查盖度数据导入 ArcGIS 软件，通过克里金插值，估算太湖水生大型植物盖度分布面积，并计算水生植物分布面积占比。在分布面积估算基础上，结合生物量调查数据估算水生植物生物量指标。

为分析水位对水生维管束植物分布的影响，统计总结了 2014 年以来典型年份的太湖水位变化特征。同时，选取受入湖河流水质影响小且水生维管束植物分布面积较大的东太湖与胥湖，统计并分析其水质与蓝藻密度年际与年内变化情况，以研究水生维管束植物分布面积变化与水质、蓝藻水华之间的关系。采用配对样品 t 检验，统计分析 2014 年和 2019 年太湖不同湖区水质及蓝藻密度差异。

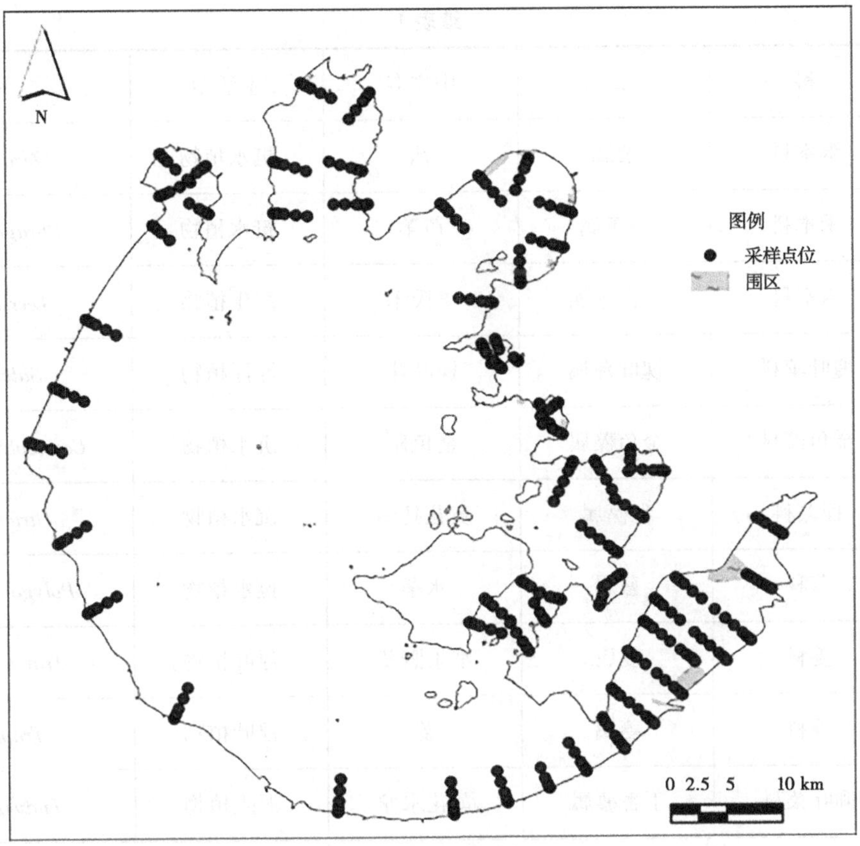

图 2 太湖水生维管束植物调查样点和样线空间分布示意图

2 结果与分析

2.1 水生维管束植物群落结构

2.1.1 物种组成

2019 年春季和夏季在太湖共采集到水生维管束植物 35 种，隶属 21 科 28 属（见表 1）。按植物生活型划分，挺水植物 11 种，占植物总数的 32%；漂浮植物 5 种，占 14%；浮叶植物 5 种，占 14%；沉水植物 14 种，占 40%。

表 1 太湖水生维管束植物名录

序号	科	属	中文名	生活型	拉丁名
1	茨藻科	茨藻属	大茨藻	沉水植物	*Najas marina*
2	茨藻科	茨藻属	小茨藻	沉水植物	*Najas minor*
3	莼菜科	水盾草属	水盾草	沉水植物	*Cabomba caroliniana*
4	浮萍科	浮萍属	浮萍	漂浮植物	*Lemna minor*
5	禾本科	稗属	稗	湿生植物	*Echinochloa crusgalli*
6	禾本科	荻属	荻	挺水植物	*Miscanthus sacchariflorus*

续表 1

序号	科	属	中文名	生活型	拉丁名
7	禾本科	菰属	菰	挺水植物	*Zizania latifolia*
8	禾本科	芦苇属	芦苇	挺水植物	*Phragmitis australis*
9	禾本科	李氏禾属	李氏禾	湿生植物	*Leersia hexandra*
10	槐叶苹科	槐叶萍属	槐叶萍	漂浮植物	*Salvinia natans*
11	金鱼藻科	金鱼藻属	金鱼藻	沉水植物	*Ceratophyllum demersum*
12	狸藻科	狸藻属	黄花狸藻	沉水植物	*Utricularia aurea*
13	蓼科	蓼属	水蓼	挺水植物	*Polygonum hydropiper*
14	菱科	菱属	细果野菱	浮叶植物	*Trapa maximowiczii*
15	菱科	菱属	菱	浮叶植物	*Trapa bispinosa*
16	柳叶菜科	丁香蓼属	黄花水龙	湿生植物	*Ludwigia peploides*
17	龙胆科	荇菜属	荇菜	浮叶植物	*Nymphoides peltata*
18	龙胆科	荇菜属	金银莲花	浮叶植物	*Nymphoides indica*
19	轮藻科	轮藻属	轮藻	沉水植物	*Chara Vaillant*
20	满江红科	满江红属	满江红	漂浮植物	*Azalla imbricata*
21	水鳖科	黑藻属	轮叶黑藻	沉水植物	*Hydrilla verticillata*
22	水鳖科	苦草属	苦草	沉水植物	*Vallisneria natans*
23	水鳖科	伊乐藻属	伊乐藻	沉水植物	*Elodea nuttallii*
24	水鳖科	水鳖属	水鳖	漂浮植物	*Hydrocharis dubia*
25	睡莲科	睡莲属	芡	浮叶植物	*Euryale ferx*
26	睡莲科	莲属	莲	挺水植物	*Nelumbo nucifera*
27	天南星科	菖蒲属	菖蒲	挺水植物	*Acorus calamus*
28	苋科	莲子草属	喜旱莲子草	湿生植物	*Alternanthera philoxeroides*
29	香蒲科	香蒲属	水烛	挺水植物	*Typha angustifolia*

续表 1

序号	科	属	中文名	生活型	拉丁名
30	小二仙草科	狐尾藻属	穗状狐尾藻	沉水植物	*Myriophyllum spicatum*
31	眼子菜科	眼子菜属	菹草	沉水植物	*Potamogeton crispus*
32	眼子菜科	眼子菜属	蓖齿眼子菜	沉水植物	*Stuckenia pectinata*
33	眼子菜科	眼子菜属	竹叶眼子菜	沉水植物	*Potamogeton malaianus*
34	眼子菜科	眼子菜属	微齿眼子菜	沉水植物	*Potamogeton maackianus*
35	雨久花科	凤眼蓝属	凤眼蓝	漂浮植物	*Eichhornia crassipes*

2019 年春季太湖水生维管束植物出现频次较高的种类为穗状狐尾藻（*Myriophyllum spicatum*）、菹草（*Potamogeton crispus*）、金鱼藻（*Ceratophyllum demersum*）、荇菜（*Nymphoide speltata*）和苦草（*Vallisneria natans*）；夏季出现频次较高的种类为穗状狐尾藻、苦草、金鱼藻、菱（*Trapa bispinosa*）和轮叶黑藻（*Hydrilla verticillata*）。

太湖水生维管束植被可划分为浮叶植被亚型、湿生植被亚型和沉水植被亚型 3 个植被亚型，14 个主要植物群丛，其中浮叶植被亚型包括荇菜群丛（Asso. *Nymphoidespeltata*）、菱群丛（Asso. *Traps bispinosa*）、芡群丛（Asso. *Euryale ferx*）、荇菜+菱群丛（Asso. *Nymphoidespeltata*+ Traps bispinosa）和水鳖群丛（Asso. *Hydrocharisdubia*），湿生植被亚型包括喜旱莲子草群丛（Asso. *Alternanthera philoxeroides*），沉水植被亚型包括菹草群丛（Asso. *Potamogeton crispus*）、穗状狐尾藻群丛（Asso. *Myriophyllum spicatum*）、微齿眼子菜群丛（Asso. *Potamogeton maackianus*）、轮叶黑藻群丛（Asso. *Hydrilla verticillata*）、金鱼藻群丛（Asso. *Ceratophyllum demersum*）、苦草群丛（Asso. *Vallisneria natans*）、竹叶眼子菜群丛（Asso. *Potamogeton malaianus*）和竹叶眼子菜+穗状狐尾藻群丛（Asso. *Potamogeton malaianus* +*Myriophyllum spicatum*）

2.1.2 分布及盖度

2019 年春季全湖水生维管束植物分布面积为 204 km^2，主要分布在梅梁湖、贡湖、光福湾、东山湖湾、胥湖和东太湖，东西山之间水域也有少量分布（见图 3）。其中，梅梁湖及贡湖北部水域几乎全部为菹草群丛，东太湖北部水域也有大量菹草群丛分布。

2019 年夏季全湖水生维管束植物分布面积为 271 km^2，分布面积较春季明显上升（见图 3），且水生维管束植物群落结构发生较大变化，其中，菹草群丛在太湖基本消失，贡湖湾南部分布高密度大茨藻种群；东太湖南北两侧临岸水域，尤其是北侧水域菱群丛大量繁殖，大面积水域盖度为 100%，常见的伴生种有水鳖（*Hydrocharis dubia*）、凤眼蓝（*Eichhornia crassipes*）和芡（*Euryale ferx*）。此外，在东西山之间的水域，苦草群丛逐渐形成，部分浅水区的苦草盖度超过 75%。

总体而言，太湖春季与夏季水生维管束植物主要分布在水深较浅（小于 1.5 m）的水域，随着水深的增加，水生维管束植物盖度由湖岸向湖心不断降低。

2.1.3 生物量

2019 年春季和夏季，全湖水生维管束植物总生物量分别约为 6.5 万 t 和 9.8 万 t。两个季节的太湖水生维管束植物群落生物量的分布特征均与盖度分布相似，其中，春季高生物量的群落主要分布在东太湖、光福湾、胥湖、贡湖和梅梁湖，菹草群丛对春季水生植物群落生物量的贡献最大；夏季高生物量的群落主要分布在东太湖、光福湾、胥湖和贡湖，菱群丛对夏季水生维管束植物群落生物量的贡

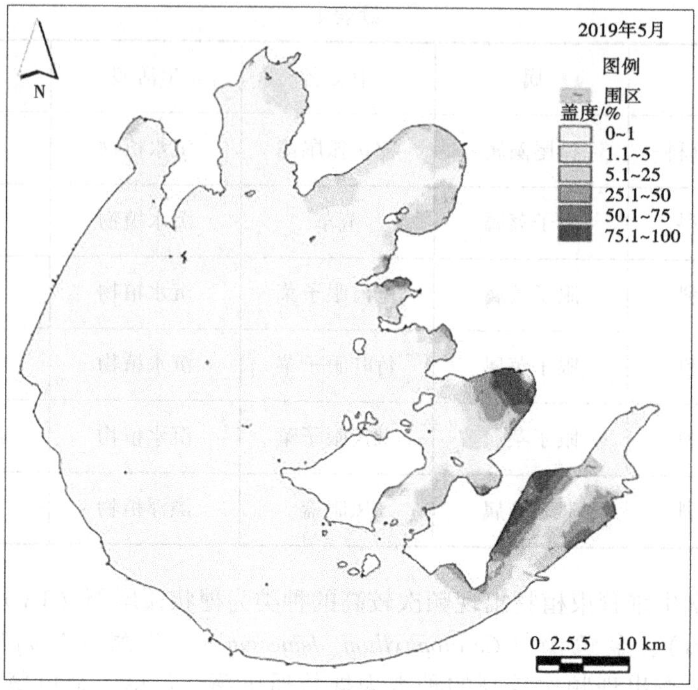

(a)春季

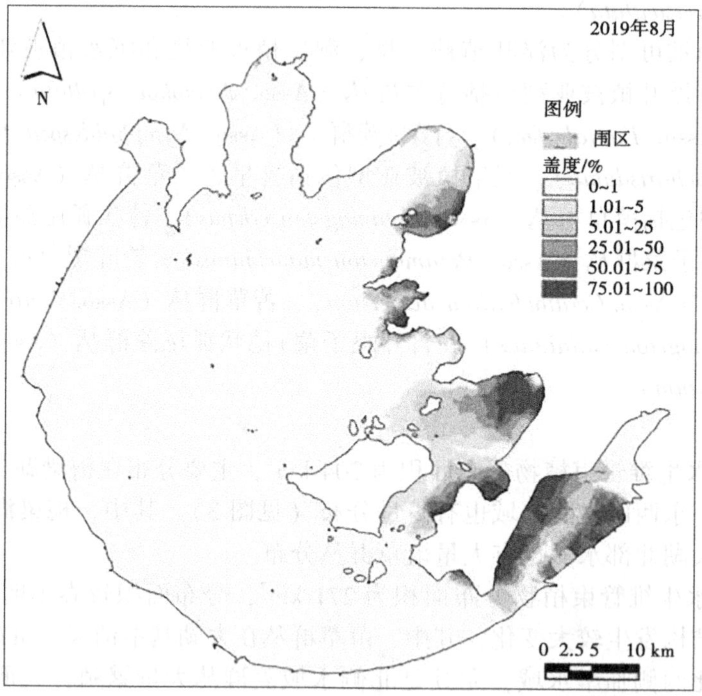

(b)夏季

图 3　2019 年春季和夏季太湖水生维管束植物盖度分布

献最大（见图 4）。

2.2　水位状况

2019 年太湖年平均水位为 3. 31 m，年内最低水位为 3. 01 m，年内最高水位为 3. 83 m。从年内变化来看，水位变化呈现“高—低—高—低”变化特征。受冬汛影响，汛前 1—4 月水位较高，为 3. 33 m；7—9 月受台风及降雨影响，该时段水位处于较高水平，为 3. 49 m。

历史研究表明，1954 年以来，太湖年最低水位和年平均水位均呈现显著上升趋势[9]。2014—2019 年的太湖年平均水位为 3. 36 m，最低水位平均值为 3. 01 m，最高水位平均值为 3. 99 m。通过对

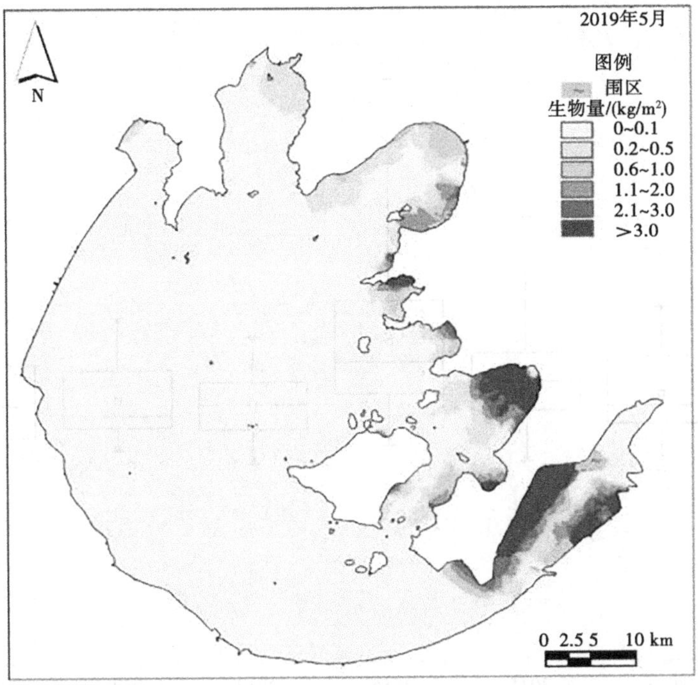

(a)春季

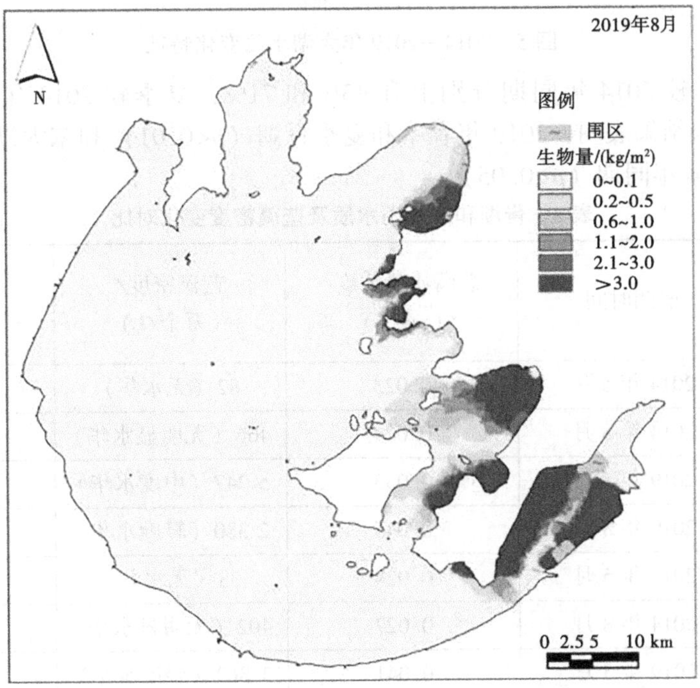

(b)夏季

图 4　2019 年春季和夏季太湖水生植物生物量分布

比可看出，2014—2019 年太湖水位波动特征总体相似，除 2016 年水位较高外，其他年份的水位差异相对较小（见图 5）。

2.3　水质及蓝藻水华状况

2.3.1　水质状况

2019 年春季胥湖和东太湖的总磷质量浓度分别为 0.033 mg/L 和 0.041 mg/L；夏季分别为 0.045 mg/L 和 0.089 mg/L，均明显高于春季。

通过对比可以看出，2019 年春季和夏季，胥湖和东太湖的总磷质量浓度明显高于 2014 年同期

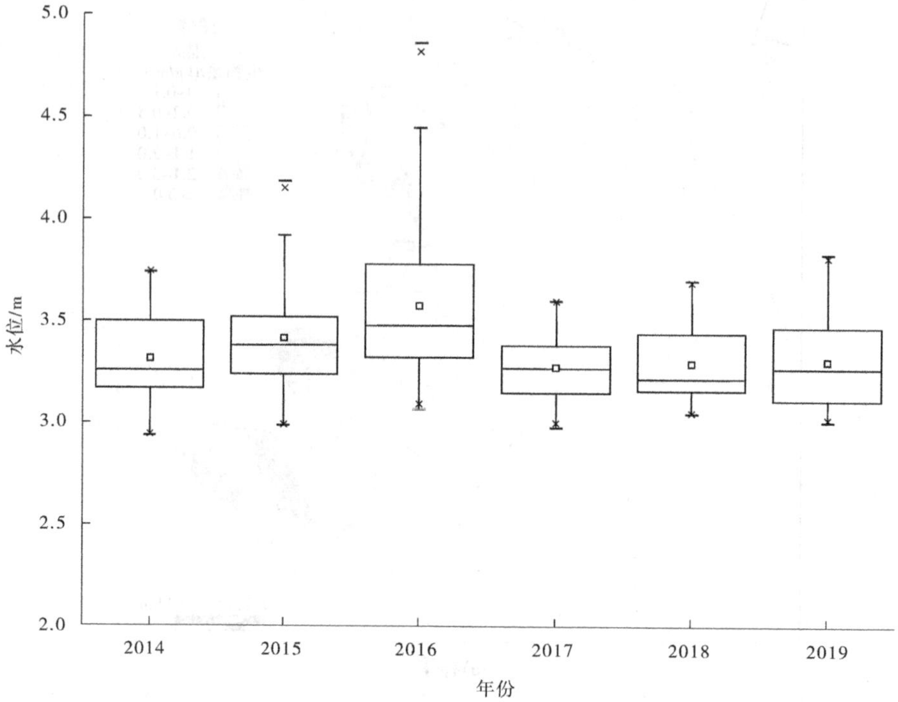

图 5　2014—2019 年太湖水位变化特征

(见表 2)。其中，春季较 2014 年同期分别上升 43%和 71%，夏季较 2014 年同期分别上升 88%和 230%。配对样品 t 检验结果表明，2019 年春季和夏季胥湖（$p<0.01$）和东太湖（$p<0.05$）的总磷质量浓度均显著高于 2014 年同期（$p<0.05$）。

表 2　胥湖和东太湖水质及蓝藻密度变化对比

湖区	监测时间	总磷质量浓度/（mg/L）	蓝藻密度/（万个/L）	叶绿素 a 质量浓度/（μg/L）
胥湖	2014 年 5 月	0.023	82（无水华）	6.03
	2014 年 8 月	0.024	466（无明显水华）	12.28
	2019 年 5 月	0.033	5 247（中度水华）	16.07
	2019 年 8 月	0.045	2 380（轻度水华）	26.08
东太湖	2014 年 5 月	0.024	38（无水华）	9.78
	2014 年 8 月	0.027	402（无明显水华）	10.01
	2019 年 5 月	0.041	1 862（轻度水华）	20.14
	2019 年 8 月	0.089	3 997（轻度水华）	44.11

2.3.2　蓝藻水华状况

2019 年春季胥湖和东太湖的蓝藻密度分别为 5 247 万个/L 和 1 862 万个/L；夏季分别为 2 380 万个/L 和 3 997 万个/L，均处于较高水平。

通过对比得出，2019 年春季和夏季胥湖和东太湖的蓝藻密度明显高于 2014 年同期。根据《水华遥感与地面监测评价技术规范（试行）》（HJ 1098—2020），胥湖和东太湖的蓝藻水华强度由 2014 年的“无水华—无明显水华”转变为 2019 年的“轻度水华—中度水华”，水华强度明显上升，其中 2019 年春季胥湖和东太湖蓝藻密度分别为 2014 年同期的 64.0 倍和 49.0 倍，夏季分别为 2014 年同期的5.1倍和9.9倍。伴随着水质恶化，胥湖和东太湖的蓝藻水华问题明显上升。

3 讨论

3.1 太湖水生维管束植物的分布特征

2019年春季和夏季的调查结果显示，太湖水生维管束植物覆盖率为10%左右，处于较低水平，同时春夏两个季节水生维管束植物群落演替较为明显，春季菹草为优势种，夏季菱为优势种。与2014年调查结果相比，2019年太湖的水生维管束植物分布发生了较大变化。首先，水生维管束植物分布面积骤减，2014年夏季分布面积为791 km^2，而2019年夏季仅为271 km^2，减少520 km^2。减少的区域主要在东西山之间水域以及东太湖以西的东葵嘴附近水域，这两个水域的水生维管束植物盖度2014年为100%，而2019年基本均为0。其次，水生维管束植物的群落结构发生较大改变。2014年竹叶眼子菜分布面积最广，其次为荇菜。2019年竹叶眼子菜群丛和荇菜群丛基本消失，穗状狐尾藻群丛明显增加。最后，物种组成存在差异。2014年太湖沉水植物共有13种，而2019年调查发现14种，增加了轮藻。

3.2 水生维管束植物分布状况与水位的关系

Wang等[10]针对太湖水生维管束植物长期遥感监测结果显示，太湖水生植物分布面积于2015年5月骤降，较2014年5月降低了约90%；2016年和2017年春季其分布面积稳步上升，分别为2015年同期的1.71倍和1.82倍。统计结果显示，2014—2017年1—5月，太湖平均水位分别为3.16 m、3.22 m、3.31 m和3.19 m。2015年5月水位与2014年同期水位基本相当，但水生植物分布面积却明显降低，可见水位并不是导致太湖水生植物分布面积骤降的主要原因；2016年1—5月的水位高出2015年同期近10 cm，但2016年5月水生植物分布面积较2015年同期反而上升，再次验证了该结论。

3.3 水生维管束植物分布对水质及蓝藻水华的影响

底泥再悬浮是浅水湖泊内源磷的重要来源[11]，沉水植物在抑制底泥再悬浮方面具有重要作用[12-15]。太湖2019年水质监测结果表明，太湖藻型湖区的磷再悬浮通量为0.141 $g/(m^2 \cdot d)$，而草型湖区的磷再悬浮通量仅为0.009 $g/(m^2 \cdot d)$。胥湖和东太湖的沉水植物分布面积骤减后，导致这两个湖区的底泥再悬浮强度明显上升，底泥中更多的营养盐进入湖水中，促进了湖体氮、磷浓度的上升以及水体透明度的下降，有利于蓝藻的生长和水华暴发。此外，沉水植物分布面积的骤减也会改变表层沉积物性质，促进沉积物磷的释放[16]，也有利于蓝藻的生长。在本研究中胥湖和东太湖的水质恶化程度明显，存在发生明显蓝藻水华的现象。

3.4 太湖水生维管束植物群落恢复与保护建议

2016年以来，相关部门对水生植物保护的关注逐渐增加，促进了太湖水生维管束植物群落的恢复，其分布面积稳步上升[17]。相关部门需进一步强化对太湖水生维管束植物打捞活动的管控，以维持水生维管束植物分布面积逐渐上升的现象，实现水生维管束植物现存量恢复至2014年之前较高水平的目标，最终促进胥湖和东太湖形成以沉水植物为主导的“清水态”。

本文研究结果表明，近年来的水位波动并非导致2015年5月太湖水生维管束植物面积骤减的主要因素，但水位对湖泊生态系统状态的长期变化，尤其是水生维管束植物的群落演替具有重要影响。与20世纪80年代调查结果相比，太湖沉水植物和浮叶植物分布面积明显上升，水位上升可能是重要的驱动因子[18-19]。因此，需要深入探讨太湖水位显著上升对水生维管束植物种群分布和群落特征的影响，同时结合流域发展对水资源的需求，深入加强水生维管束植物与太湖水位调控定量响应关系的研究，以期推动太湖水生维管束植物群落的恢复。

4 结语

太湖是典型的草藻混合型湖泊，水生维管束植物是太湖重要的生物组成。本研究在太湖共发现

35 种水生维管束植物，其多样性与生物量较高，与 2014 年相比，2019 年太湖水生维管束植物的分布面积存在减少趋势，胥湖和东太湖区域水体的总磷含量与蓝藻密度也存在上升趋势，水质劣化程度较为明显。这几年太湖的水位波动并不明显，水位并不是影响水生维管束植物分布特征的关键环境因子。为保护太湖水生维管束植物群落，充分发挥其在抑制蓝藻水华和净化水质方面的作用，对于影响太湖水生维管束植物分布特征的主要环境因素尚需要进一步研究。

参考文献

[1] CARPENTER S R, LODGE D M. Effects of submersed macrophytes on ecosystem processes [J]. Aquatic Botany, 1986, 26: 341-370.

[2] 高海龙，程寒飞，詹茂华，等．太湖水生植物研究进展［J］．湿地科学，2019，17（1）：9-15.

[3] 刘敬群，陈家长．在太湖中栽种沉水植物能使水变清吗？［J］．生态学报，2009，29（5）：2764-2766.

[4] 王华，逄勇，刘申宝，等．沉水植物生长影响因子研究进展［J］．生态学报，2008，28（8）：3958-3968.

[5] 赵凯，周彦锋，蒋兆林，等．1960 年以来太湖水生植被演变［J］．湖泊科学，2017，29（2）：351-362.

[6] 王磊之，胡庆芳，王银堂，等．太湖流域 2016 年、1991 年大洪水对比分析［J］．河海大学学报（自然科学版），2018，46（6）：5-12.

[7] 王华，陈华鑫，徐兆安，等．2010—2017 年太湖总磷浓度变化趋势分析及成因探讨［J］．湖泊科学，2019，31（4）：919-929.

[8] BRAUN-BLANQUET J, FULLER G D, CONARD H S. Plant sociology: the study of plantcommunities [M]. 1st ed. New York: McGraw-Hill Book Co., Inc., 1932.

[9] 王磊之，胡庆芳，胡艳，等．1954—2013 年太湖水位特征要素变化及成因分析［J］．河海大学学报（自然科学版），2016，44（1）：13-19.

[10] WANG S S, GAO Y N, LI Q, et al. Long-term and inter-monthly dynamics of aquatic vegetation and its relation with environmental factors in Taihu Lake, China [J]. Science of the Total Environment, 2018, 651 (Pt1): 367-380.

[11] WANG M Z, XU XW, Wu Z, et al. Seasonal pattern of nutrient limitation in a eutrophic lake and quantitative analysis of the impacts from internal nutrient cycling [J]. Environmental Science & Technology, 2019, 53: 13675-13686.

[12] BARKO J W, JAMES W F. Effects of submerged aquatic macrophytes on nutrient dynamics, sedimentation, and resuspension [M]. New York: Springer, 1998.

[13] MADSEN J D, CHAMBERS P A, JAMES W F, et al. The interaction between water movement, sediment dynamics and submersed macrophytes [J]. Hydrobiologia., 2001, 444 (1-3): 71-84.

[14] ZHU M, ZHU G, NURMINEN L, et al. The influence of macrophytes on sediment resuspension and the effect of associated nutrients in a shallow and large lake (Lake Taihu, China) [J]. Plos One, 2015, 10 (6): e127915.

[15] HORPPILA J, NURMINEN L. Effects of submerged macrophytes on sediment resuspension and internal phosphorus loading in Lake Hiidenvesi (southern Finland) [J]. 2003, 37 (18): 4468-4474.

[16] 刘正文，张修峰，陈非洲，等．浅水湖泊底栖-敞水生境耦合对富营养化的响应与稳态转换机理：对湖泊修复的启示［J］．湖泊科学，2020，32（1）：1-10.

[17] 水利部太湖流域管理局．太湖健康状况报告（2018）［R］．无锡：太湖流域水文水资源监测中心（太湖流域），2018.

[18] ZHAO D, JIANG H, CAI Y, et al. Artificial regulation of water level and its effect on aquatic macrophyte distribution in Taihu Lake [J]. Plos One, 2012, 7 (9): e44836.

[19] LUO J, LI X, MA R, et al. Applying remote sensing techniques to monitoring seasonal and interannual changes of aquatic vegetation in Taihu Lake, China [J]. Ecological Indicators, 2016, 60: 503-513.

白鹤滩水电站蓄水初期泥沙淤积特性分析

李　俊　平妍容　杜　涛

（长江水利委员会水文局长江上游水文水资源勘测局，重庆　400020）

摘　要：白鹤滩水电站是我国仅次于三峡水电站的第二大水电站工程，金沙江下游4个梯级电站中的第2级，2021年4月6日开始蓄水，2021年最高蓄水位816.61 m，2022年10月24日最高蓄至825.00 m，达到设计正常蓄水位。水库拦蓄的同时，将拦截上游泥沙，减少进入下游溪洛渡、向家坝、三峡等库区的泥沙，且白鹤滩库区拥有金沙江下游产沙强度最大的区间，其泥沙淤积特征极具代表性。本文主要根据白鹤滩水库干支流实测固定断面及水泥成果，分析白鹤滩水库蓄水初期泥沙淤积特性，对白鹤滩水电站及下游梯级电站调度运行具有较大意义。

关键词：白鹤滩水电站；蓄水初期；泥沙淤积；金沙江

1　概况

白鹤滩水电站位于金沙江下游四川省宁南县和云南省巧家县境内，距巧家县县城45 km，是金沙江下游4个梯级电站中的第2级，上接乌东德梯级，距离乌东德水电站约180 km，下邻溪洛渡梯级，距离溪洛渡水电站约200 km，控制流域面积43.03万 km^2。蔺秋生等[1]通过建立一维全沙河床冲淤数学模型，计算了白鹤滩水电站工程建成后不同运行时段水库泥沙淤积情况。袁晶、朱玲玲等[2-7]对金沙江梯级水库拦沙效应、金沙江下游梯级水库淤积及影响、水沙条件变化、泥沙输移特性等开展了相关研究。

白鹤滩水电站2021年4月6日正式开始初期蓄水，2021年8月1日0时，开始执行年度蓄水计划，起蓄水位772.07 m，9月30日坝前水位抬高至816.61 m（见图1）。2022年8月1日0时开始蓄水，起蓄水位775.63 m，10月24日18时最高蓄至825.00 m（见图2），累计蓄水量89.33亿 m^3。水库拦蓄的同时，将拦截上游及区间输送的泥沙，减少进入下游溪洛渡、向家坝、三峡等库区的泥沙，且白鹤滩库区拥有金沙江下游产沙强度最大的区间和支流，其泥沙淤积特征极具代表性。本文主要根据白鹤滩水库干支流2021年蓄水至今实测固定断面及水沙成果，分析白鹤滩水库蓄水初期泥沙淤积特性，对白鹤滩水电站及下游梯级电站调度运行具有较大意义。

2　水沙特性

2.1　白鹤滩库区水系分布

金沙江支流众多、水系发达。白鹤滩库区内500 km^2 以上的一级支流有右岸的普渡河、小江、以礼河，左岸的大桥河和黑水河。各支流基本情况见表1，水系分布见图3。乌东德电站、白鹤滩电站控制流域面积分别为40.62万 km^2、43.03万 km^2，区间流域面积2.42万 km^2，除5大支流外，其余中小支流总汇流面积约0.30万 km^2。

基金项目：长江水利委员会水文局资助项目（SWJ－CJX23Z10）；中国三峡建工（集团）有限公司资助项目（JGAJ0421004）。

作者简介：李俊（1983—），男，高级工程师，主要从事河道演变与泥沙输移研究、水文分析与技术管理工作。

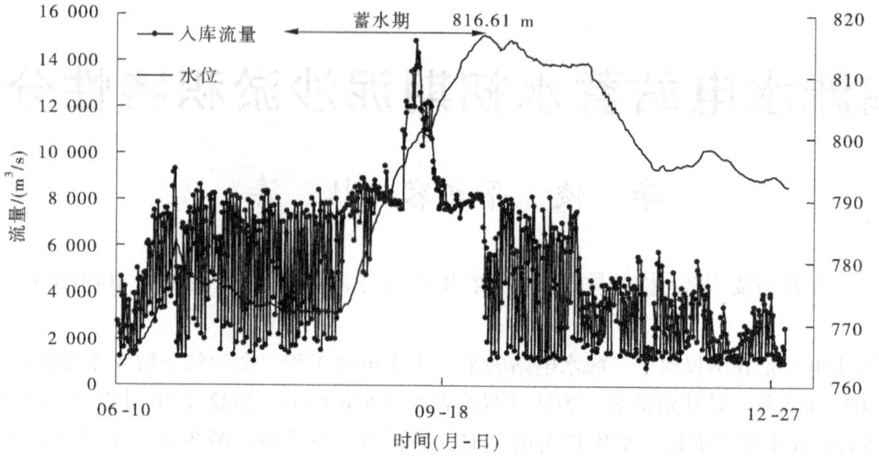

图 1　2021 年白鹤滩水库入库流量及蓄水过程

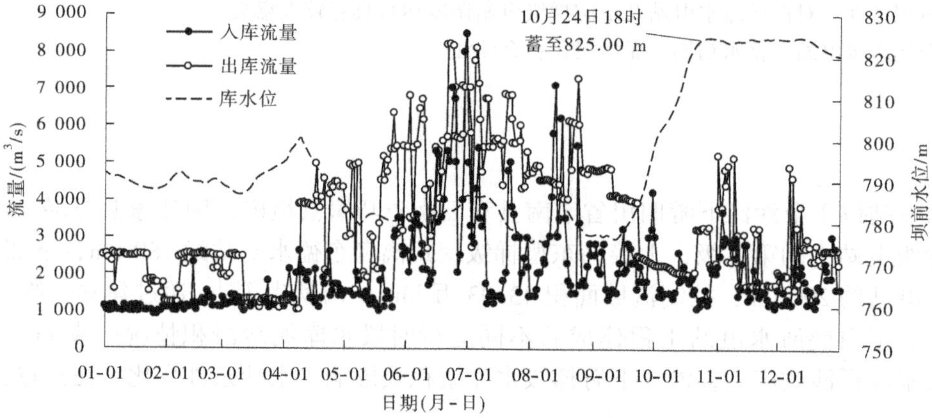

图 2　2022 年白鹤滩水库入库流量及蓄水过程

表 1　白鹤滩库区主要一级支流基本情况

序号	岸别	河名	河长/km	流域面积/km²	天然落差/m
1	右	普渡河	380	11 090	1 850
2	左	大桥河	70	802	2 480
3	右	小江	134	3 120	1 510
4	右	以礼河	121	2 560	2 110
5	左	黑水河	174	3 600	2 460

2.2　白鹤滩库区产沙特性

金沙江攀枝花以下区域内山高谷深，河流下切，地质构造复杂，断裂发育，支流和溪沟大多沟蚀强烈，在重力、水力作用下易于滑坡、形成泥石流。受地质、地貌、降水、人类活动影响，金沙江下游为金沙江泥沙最主要的来源区域，为重点产沙区，也是整个长江流域水土流失最严重的地区和水土保持工作治理的重点区。

根据白鹤滩水电站可行性研究阶段研究成果[8]，库区干流两岸共分布大小泥石流沟 126 条，发育密度为 0.35 条/km，泥石流流域面积约 7 314.19 km²。库区支流小江流域是举世闻名的泥石流频发地区，在小江干流全长 138 km 的两岸，分布有 172 条泥石流沟，产沙量巨大。

此外，根据统计，白鹤滩站 1958—2020 年多年年均输沙模数 343 t/(km² · a)，向家坝站多年平

图 3　白鹤滩库区水系及水文站点分布图

均输沙模数 449 t/(km^2·a)。其中，攀枝花至白鹤滩区间输沙模数为 1 913 t/(km^2·a)（不含雅砻江），白鹤滩至向家坝区间输沙模数约为 1 755 t/(km^2·a)，金沙江下游区间是流域的主要产沙区[9]。

2.3　白鹤滩水库来水来沙条件

白鹤滩库区金沙江干流进出库分别有乌东德水文站和白鹤滩水文站，普渡河、小江、黑水河分别有尼格水文站、小江水文站和宁南水文站（见表 2）。但受白鹤滩蓄水淹没影响，黑水河宁南水文站 2021 年停测，本文分析宁南水文站水沙成果借用该站 2011—2020 年多年平均水沙成果统计值[10]，其年均径流量 415.4 亿 m^3，年均输沙量 21.4 万 t。

蓄水前，白鹤滩水电站坝址多年平均悬移质输沙量为 1.69 亿 t、推移质输沙量估算约为 214 万 t。泥沙年内分配不均，输沙主要集中在 5—10 月。白鹤滩水电站库区支流输沙量总量约为 1 100 万 t，占坝址输沙总量的 6%左右[11]。

2021 年乌东德水文站输沙量为 226 万 t，普渡河、小江输沙量分别为 18.4 万 t、119 万 t。2022 年乌东德水文站输沙量为 438 万 t，普渡河、小江输沙量分别为 21.7 万 t、108 万 t。采用白鹤滩至向家坝区间输沙模数 1 913 t/(km^2·a)，计算以礼河及其余中小支流等未控区 9 059 km^2 范围输沙量为 1 733 万 t。

根据各站实测输沙量及区间估算输沙量计算，2021 年干支流入库输沙总量 2 118 万 t，出库白鹤滩水文站输沙量 438 万 t，库区淤积量 1 680 万 t；2022 年干支流入库输沙总量 2 322 万 t，出库白鹤滩水文站输沙量 438 万 t，库区淤积量 2 039 万 t。

表 2　白鹤滩水电站蓄水后进出库水沙特征值统计表

站名	河流名称	测站控制流域面积/万 km²	年径流量/亿 m³		年输沙量/万 t		备注
			2021 年	2022 年	2021 年	2022 年	
乌东德	金沙江	406 184	1 161	1 055	226	438	入库站
尼格	普渡河	11 634	22. 22	24. 82	18. 4	21. 7	
小江	小江	357	7. 191	8. 798	119	108	
宁南	黑水河	3 074	415. 4		21. 4		
白鹤滩	金沙江	430 308	1 055	1 071	438	283	出库站

注：受白鹤滩蓄水淹没影响，黑水河宁南水文站 2021 年停测，表中数据为该站 2011—2020 年多年均值。

3　蓄水后库区泥沙淤积特征

根据《金沙江白鹤滩水电站可行性研究报告》[8]，白鹤滩水电站建成后，当水库正常蓄水位为 825 m 时，回水长度约 182 km（至乌东德坝址）；当死水位为 765 m 时，回水长度约 147 km（成库后 JC174 断面附近）。

由 2021 年 3 月至 2022 年 10 月实测固定断面资料分析计算，白鹤滩库区干支流 2021 年淤积 5 431 万 m³，2022 年淤积 2 221 万 m³，蓄水后累计淤积泥沙 7 652 万 m³。其中，干流淤积 5 812 万 m³，普渡河、大桥河、小江、以礼河及黑水河河口段累积淤积 1 840 万 m³，干、支流淤积量分别占比 76. 0%和 24. 0%，支流河口段淤积量占比较大。从淤积分布看，常年回水区淤积 7 745 万 m³，变动回水区微冲 94 万 m³；死库容内淤积总量为 8 141 万 m³，占死库容的 0. 95%，调节库容内冲刷泥沙 489 万 m³。

3. 1　库区干流河道

2021 年 3 月至 2022 年 10 月，库区干流河道累计淤积 5 812 万 m³，平均淤积强度为 34. 3 万 m³/km（见表 3、图 4 和图 5），其中沿程分布特征表现为：

表 3　蓄水后白鹤滩水电站库区干流不同计算水位下冲淤量统计表

计算项目	计算范围	河长/km	2021 年 3 月至 2021 年 11 月		2021 年 11 月至 2022 年 10 月		2021 年 3 月至 2022 年 10 月	
			825 m	765 m	825 m	765 m	825 m	765 m
冲淤量/万 m³	JC208～JC174	23. 8	-31	0	-63	-52	-94	-52
	JC174～JC130	29. 2	278	381	111	97	389	478
	JC130～JC097	30. 3	668	940	526	383	1 194	1 323
	JC097～JC066	26. 9	1 385	1 821	262	167	1 647	1 988
	JC066～JC034	27. 5	1 288	1 604	-54	118	1 234	1 722
	JC034～JC002	31. 5	926	1 038	516	422	1 442	1 460
	全河段	169. 2	4 514	5 784	1 298	1 135	5 812	6 919

（1）变动回水区。受上游乌东德电站运行的影响，变动回水区库尾河段微冲 94. 0 万 m³，冲刷强度为 4. 0 万 m³/km，冲刷主要发生在库尾 10 km 左右的河道内，自距坝 160 km 往下，断面间整体以淤积为主。

（2）常年回水区。累积淤积泥沙约 5 276 万 m³，其中小江汇口下游各分段淤积强度较上游偏大，紧邻小江汇口下游的 JC097～JC066 段淤积强度最大，为 61. 2 万 m³/km，接近库区干流平均淤积强度

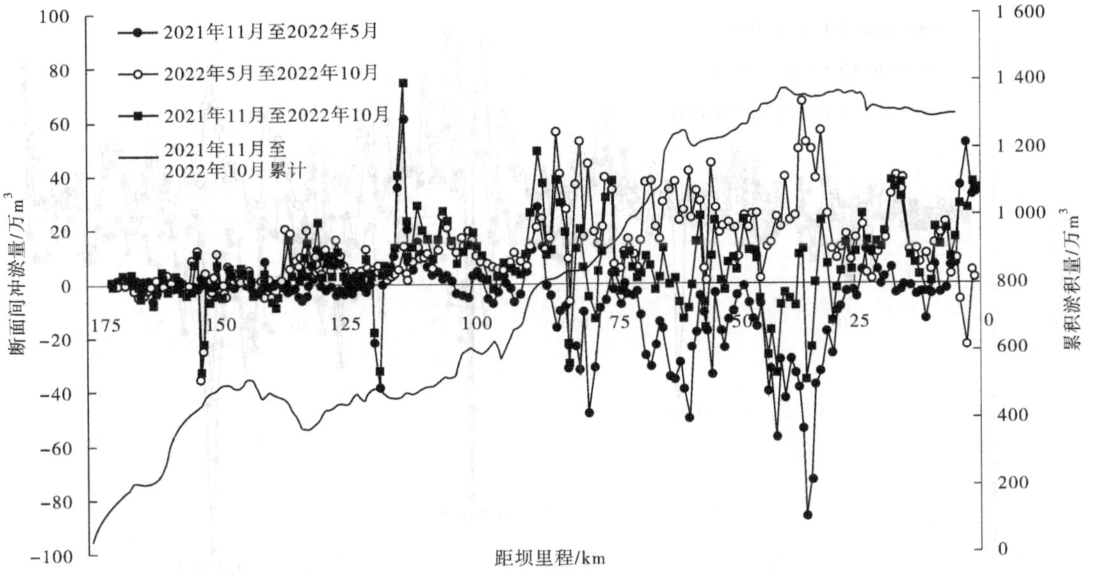

图 4　2021—2022 年白鹤滩库区干流河道断面间冲淤量沿程分布图（825 m 计算水位）

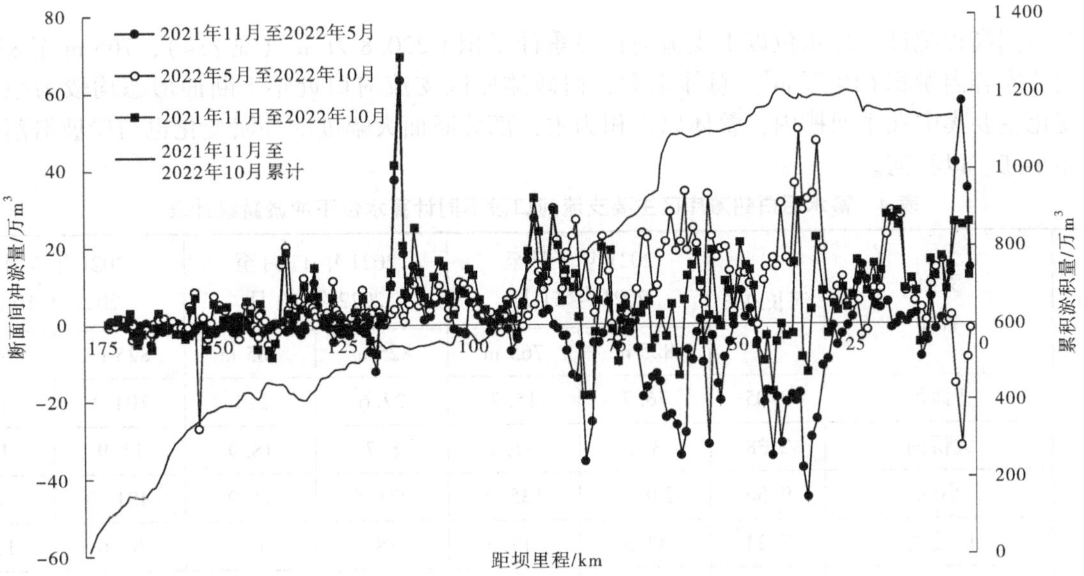

图 5　2021—2022 年白鹤滩库区干流河道断面间冲淤量沿程分布图（765 m 计算水位）

的 1.8 倍，其次是近坝段 JC034～JC002，淤积强度为 45.8 万 m^3/km。

不同高程下的淤积特征表现为：白鹤滩库区干流河道泥沙主要淤积在死库容内，死水位 765 m 以下库区干流河道累积淤积 6 919 万 m^3，占死库容的 0.81%，765 m 死水位至 825 m 正常蓄水位之间冲刷 1 108 万 m^3。765 m 死水位至 825 m 正常蓄水位沿程冲淤量变化如图 6 所示，冲刷较大的断面均发生过库岸滑坡，这类断面调节库容内的冲刷总量为 297 万 m^3，若扣除两岸的滑坡量，库区干流河道调节库容内呈淤积状态。

3.2　库区主要支流

蓄水后库区普渡河、大桥河、小江、以礼河和黑水河各支流河口段均呈淤积状态，淤积量分别为 104.3 万 m^3、11.9 万 m^3、481.7 万 m^3、64.6 万 m^3 和 1 176.9 万 m^3，分别占支流淤积总量的 5.7%、0.65%、26.2%、3.5%和 64.0%。其中，小江、黑水河泥沙淤积强度最大，分别为 50.4 万 m^3/km 和 45.9 万 m^3/km，接近库区干流河道平均淤积强度，其他支流河口段平均淤积强度均明显小于干流

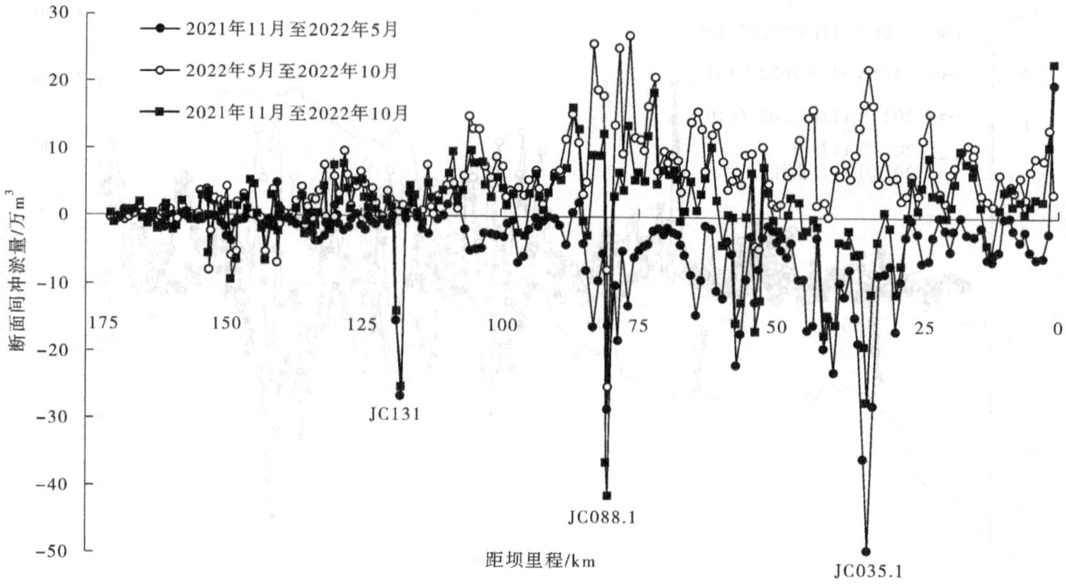

图 6　2021—2022 年白鹤滩库区干流河道 765 m 至 825 m 高程区间冲淤量沿程分布图

河道。

按照不同高程统计，死水位以下支流河口段累计淤积 1 220. 8 万 m^3（见表 4），765 m 至 825 m 高程区间调节库容内淤积 619 万 m^3。总体来看，白鹤滩库区支流河口近年来断面形态均较为稳定，河床冲淤变化主要集中在主河槽内，整体以淤积为主，部分断面大幅度的冲淤变化也与岸坡滑落和坍塌有关，如小江、以礼河。

表 4　蓄水后白鹤滩库区主要支流河口段不同计算水位下冲淤量统计表

计算项目	支流名称	河长/km	2021 年 3 月至 2021 年 11 月		2021 年 11 月至 2022 年 10 月		2021 年 3 月至 2022 年 10 月	
			825 m	765 m	825 m	765 m	825 m	765 m
冲淤量/万 m^3	普渡河	9. 05	76. 7	15. 7	27. 6	2. 1	104. 3	17. 8
	大桥河	2. 38	3. 2	-1. 4	8. 7	18. 9	11. 9	17. 5
	小江	9. 56	248. 2	135. 2	233. 5	91. 9	481. 7	227. 1
	以礼河	7. 24	83. 3	117. 5	-18. 7	4. 7	64. 6	122. 2
	黑水河	25. 63	504. 5	398. 5	672. 4	437. 7	1 176. 9	836. 2
	合计	53. 86	915. 9	665. 5	923. 5	555. 3	1 839. 4	1 220. 8

3. 3　淤积特性分析

由输沙法计算 2021 年白鹤滩库区干支流及区间总入库沙量 1 584 万 t，出库沙量 438 万 t，淤积量为 1 146 万 t，与地形法计算淤积量 5 431 万 m^3 存在一定差异。主要是受小江—黑水河断裂影响，白鹤滩库区干流河段本是金沙江下游滑坡、泥石流分布最集中的区域，蓄水后水位的侵蚀对山体稳定产生进一步影响，致使大量正常蓄水位 825 m 以上滑坡山体进入库区，转为库区淤积物。如白鹤滩坝址上游 26. 3 km 处 JC028 断面，2021 年 3—11 月，断面右岸侧 710～850 m 高程的岸坡发生局部明显滑坡现象，滑落的土体堆积在主河槽内，局部最大堆积幅度达到 35. 3 m。同时，深泓向左岸侧摆动，幅度约 12. 7 m，右岸岸坡趋缓（见图 7、图 8）。

由输沙法计算 2022 年干支流入库输沙总量 2 322 万 t，出库白鹤滩水文站输沙量 438 万 t，库区淤积量 2 039 万 t，与地形法计算淤积量 2 221 万 m^3 差异已较小，反映出白鹤滩库区经两年蓄放水运行

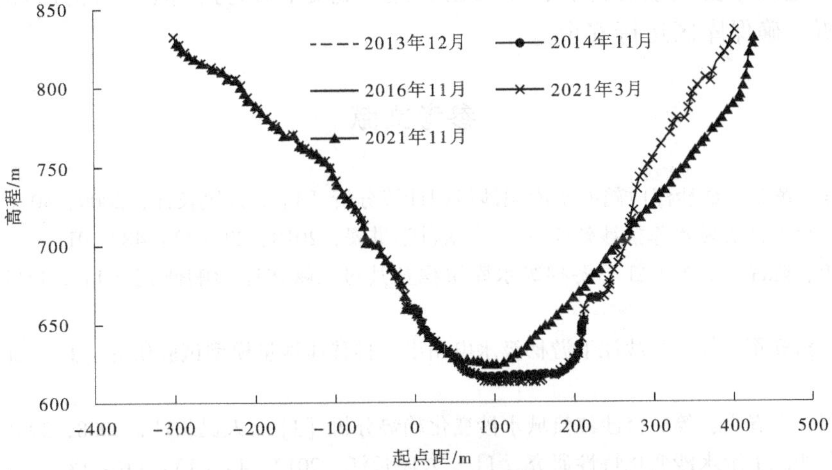

图 7　JC028 断面形态变化图

图 8　JC028（陆上、水下区域滑坡）

后，岸坡已有逐步稳定的趋势，坍塌范围和强度相对第一年已大为减轻。

4　结语

（1）2021 年乌东德水文站输沙量为 226 万 t，普渡河、小江输沙量分别为 18.4 万 t、119 万 t。2022 年乌东德水文站输沙量分别为 438 万 t，普渡河、小江输沙量分别为 21.7 万 t、108 万 t。根据各站实测输沙量及区间估算输沙量计算，2021 年干支流入库输沙总量 2 118 万 t，出库白鹤滩水文站输沙量 438 万 t，库区淤积量 1 680 万 t；2022 年干支流入库输沙总量 2 322 万 t，出库白鹤滩水文站输沙量 438 万 t，库区淤积量 2 039 万 t。

（2）由 2021 年 3 月至 2022 年 10 月实测固定断面资料分析计算，白鹤滩库区干支流 2021 年共淤积 5 431 万 m^3，2022 年淤积 2 221 万 m^3，蓄水后累计淤积泥沙 7 652 万 m^3。其中，干流淤积 5 812 万 m^3，支流河口段淤积 1 840 万 m^3，干、支流淤积量分别占比 76.0%和 24.0%。蓄水初期，水库泥沙淤积强度较大，且主要淤积在小江汇口以下至坝前河段内，淤积集中在死库容内，调节库容内有所冲刷，且多是发生在库岸滑坡、坍塌区域。

（3）由输沙法和地形法计算 2021 年白鹤滩水库淤积量差异较大，主要是受水库蓄水初期水位抬高影响，水库升高-消落过程中岸坡失稳滑落、坍塌、垮塌的现象较多，滑落的土体直接进入库区，对于库区淤积和断面形态造成较大影响；由输沙法和地形法计算 2022 年库区淤积量差异已较小，反映出白鹤滩库区经过两年蓄放水运行后，岸坡已有逐步稳定的趋势，但今后仍需加强库区岸坡观测、巡查和稳定性分析，确保库区运行安全。

参考文献

[1] 蔺秋生，万建蓉，黄莉．金沙江白鹤滩水库泥沙淤积计算分析［J］．人民长江，2009，40（7）：1-3.

[2] 袁晶，许全喜．金沙江流域水库拦沙效应［J］．水科学进展，2018，29（4）：482-491.

[3] 朱玲玲，董先勇，陈泽方．金沙江下游梯级水库淤积及其对三峡水库影响研究［J］．长江科学院院报，2017，34（3）：1-7.

[4] 尹晔，郭庆超，邓安军，等．金沙江下游梯级水电站出口推移质沙量模型试验研究［J］．泥沙研究，2015（6）：34-38.

[5] 王渺林，夏成阳，卢春生，等．金沙江流域水沙变化趋势分析［J］．人民长江，2008，39（19）：15-22.

[6] 童辉，袁晶．金沙江下游水沙变化特性研究［J］．人民长江，2012，43（1）：116-118.

[7] 潘九根．金沙江流域的河流泥沙输移特性［J］．泥沙研究，1999（2）：46-49.

[8] 中国水电顾问集团华东勘测设计研究院．金沙江白鹤滩水电站可行性研究报告［R］．杭州：中国水电顾问集团华东勘测设计研究院，2011.

[9] 李圣伟，陈柯兵，李思璇，等．2021 白鹤滩库区河道冲淤特性分析［R］．武汉：长江水利委员会水文局，2021.

[10] 朱玲玲，陈柯兵，李圣伟，等．2022 白鹤滩库区河道冲淤特性分析［R］．武汉：长江水利委员会水文局，2022.

[11] 曹辉，张继顺，董先勇，等．2018 白鹤滩水电站泥沙特性研究［J］．人民长江，2018，49（23）：16-20.

乌东德水库变动回水区磷迁移转化规律研究

於金浩　樊　皓　吴　比　张登成

（长江水利委员会长江水资源保护科学研究所，湖北武汉　430051）

摘　要：为解决水利工程建设带来的水环境安全风险，服务安澜长江战略目标，开展乌东德水库变动回水区特征污染物磷的迁移转化规律研究。通过室内静态批试验与动态槽试验的耦合，揭示磷在水体及沉积物中迁移转化、吸附解吸机制，识别到吸附、解吸过程均更符合准二级动力学模型，反应速率分别为0.225 g/(mg·min)和0.599 g/(mg·min)，表明沉积物对磷的吸附解吸过程受物理和化学两个过程的调控。pH、温度等环境因素对吸附解吸过程都存在影响。淹没土壤带磷释放的过程是污染物释放曲线叠加的过程，实际工作中重点关注蓄水初期磷的释放。

关键词：乌东德水库；变动回水区；磷；迁移转化

随着我国"依托黄金水道，建设长江经济带"以及"长江大保护"等国家战略方针的深入实施，长江流域在我国的战略地位正日益凸显并持续增强。因此，保障和提升长江流域水环境安全，已成为一项至关重要的任务[1]。随着流域水利工程的建设与完善，居民生活得到了进一步提高，但是由此带来的水环境风险问题亟须得到解决[2]。近年来研究发现，水库大坝破坏了天然河流的连续性，导致水环境的改变，影响了水库中特征污染物的生物地球化学行为[3]。

水库的兴建使得常年变动回水区得以出现，其具有的水库和河道双重属性，导致内部冲刷与淤积构成往复交替的态势[4-5]。回水江段的水环境、水资源具有相对特殊性，而其中污染物的迁移转化规律更为复杂。因此，针对大型水库回水江段特点研究微观上局部污染物迁移转化规律，可以科学定量评估水库电站影响河段水环境变化趋势。其中，吸附与解吸过程对于污染物的迁移转化起着举足轻重的作用，它们影响着污染物在水体中的迁移路径和速度，进而决定了污染的范围和扩散速度[6-7]。此外，接触界面及其引发的界面反应也对污染物的行为有着不可忽视的影响。通过深入探究这些关键环节，能够更全面地把握水体污染问题，从而更有效地保护宝贵的水资源[8-9]。

乌东德库尾攀枝花市是我国钒钛之都，也是西南地区重要的工业基地和能源基地，现已形成以采矿、冶金、能源、建筑建材为主的产业体系[10]。市区内建设有国家级工业园区——攀枝花钒钛产业园区，位于乌东德库尾变动回水区河段。由于园区污水成分组成复杂，水环境问题较为突出，污水进入金沙江后，因江段取水口、排污口交错分布，沿江取水安全难以保障。开展乌东德水库变动回水区特征污染物迁移转化规律的研究，既可为水库变动回水区污染物时空变化规律提供理论依据，也可为降低水库河流水环境风险提供技术支撑。

1　研究区概况及磷的分布

1.1　研究区概况

乌东德水电站是金沙江下游河段（攀枝花市至宜宾市）4个水电梯级——乌东德、白鹤滩、溪洛渡、向家坝中的最上游梯级，坝址所处河段的右岸隶属云南省禄劝县，左岸隶属四川省会东县[11]。研究河段选择乌东德电站975 m蓄水所涉变动回水区，最大回水长度202 km，位于雅砻江汇口上游2 km处。雅砻江河口以上多年平均流量1 870 m^3/s，河口以下多年平均流量达3 730 m^3/s，河段平均

作者简介：於金浩（1995—），男，工程师，主要从事水污染与治理、新型修复材料研发、环境影响评价研究工作。

流速在 2 m/s 左右，水体挟沙能力强。研究区分布主要断面包括倮果大桥、雅砻江河口、巴拉河口、马店河等。

1.2 特征污染物（磷）筛选及分布

根据攀枝花河段水质监测数据，常规水质因子均满足水环境质量Ⅲ类标准。考虑到乌东德水电站建成后 975 m 蓄水位回水到达攀枝花钒钛产业园区所在河段，该河段水质评价标准按照湖库标准评价，而湖库标准中总磷指标值显著小于河流的评价标准，因此常规水质因子中应考虑将总磷选为该河段的特征污染物。

研究河段水体中总磷的监测结果如图 1 所示，丰水期监测范围内各断面总磷的浓度为 0.037~0.098 mg/L，平均值为 0.072 mg/L；平水期监测范围内各断面总磷的含量为 0.010~0.023 mg/L，平均值为 0.012 mg/L；枯水期监测范围内各断面总磷的含量为 0.010~0.023 mg/L，平均值为 0.013 mg/L。在各断面之中，丰水期各监测断面总磷浓度最高，平水期河道各监测断面总磷浓度接近枯水期的。

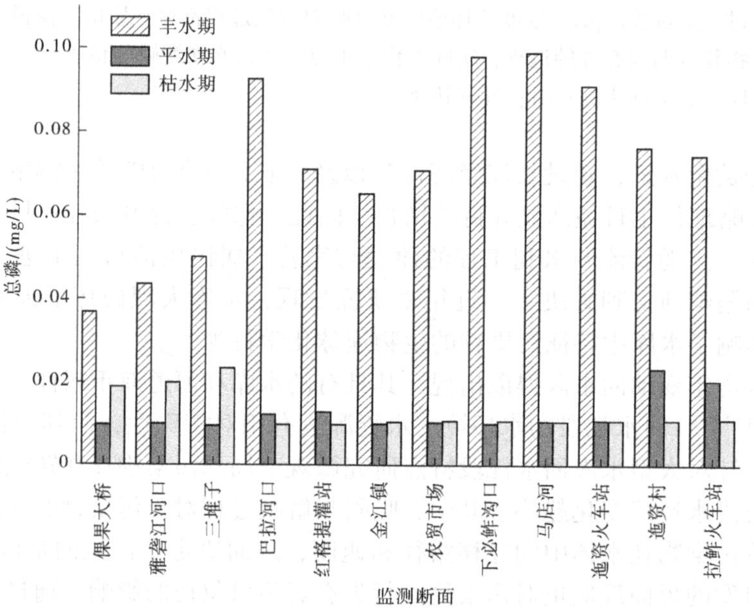

图 1 研究河段河水中总磷监测结果

研究河段底泥中总磷监测结果如图 2 所示，枯水期监测范围内各断面磷的含量为 0.713~1.7 mg/kg，平均值为 1.30 mg/kg，倮果大桥监测断面磷含量最大，三堆子断面磷含量最小，底泥中磷的含量大致呈现由倮果大桥至三堆子段逐渐降低，由三堆子至西拉么逐渐增加的趋势。

岸边消落带总磷监测结果如图 3 所示，平水期监测范围内各断面磷的含量为 0.55~8.08 mg/kg，平均值为 1.90 mg/kg；枯水期监测范围内各断面磷的含量为 0.49~5.37 mg/kg，平均值为 1.66 mg/kg。枯水期和平水期，断面巴拉河口的磷含量显著大于其他监测断面的，这可能是受安宁片区工业废污水的影响，其他监测断面磷含量差异不明显。

2 磷的吸附/解吸行为

2.1 研究方法

2.1.1 磷吸附/解析静态实验

选取拉鲊火车站断面沉积物为研究对象，开展不同温度（15 ℃、20 ℃、25 ℃、30 ℃、35 ℃）、不同粒径（<0.074 mm、0.074~0.15 mm、0.15~0.2 mm、0.2~0.45 mm）、不同转速（0、50 r/min、100 r/min、150 r/min、200 r/min、250 r/min）、不同 pH（6、7、8、9）、不同水土比

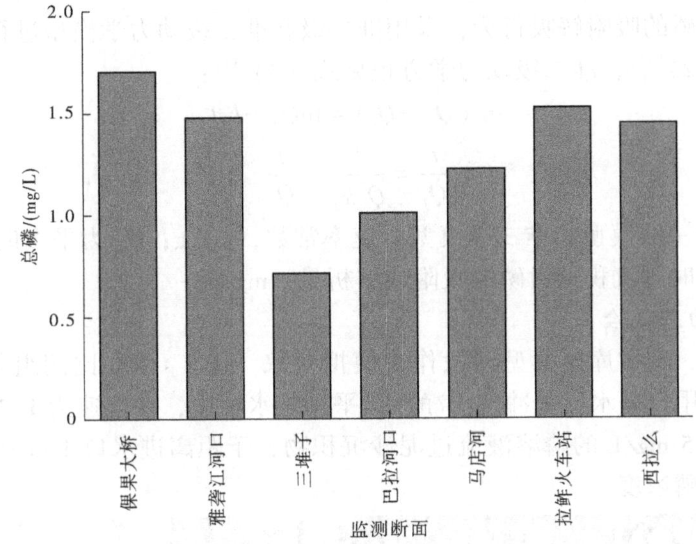

图 2　研究河段底泥中总磷监测结果

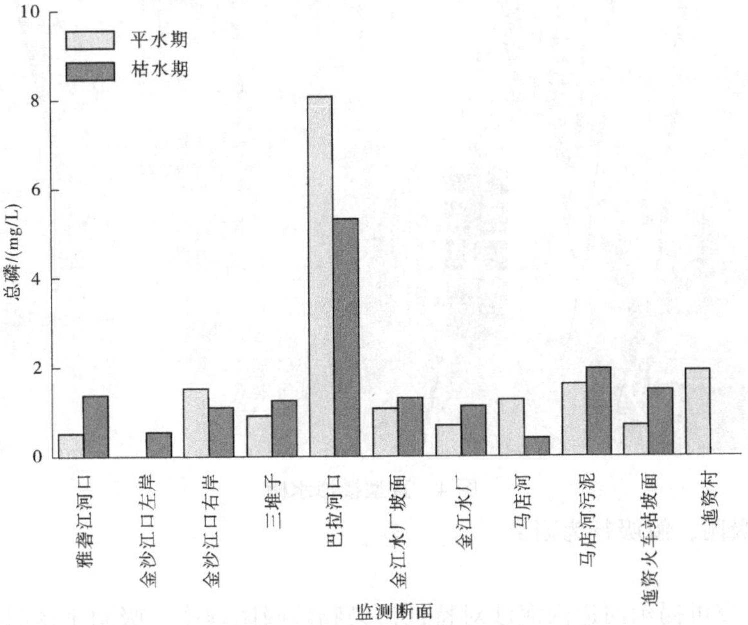

图 3　岸边消落带总磷监测结果

（25：0.01、25：0.02、25：0.04、25：0.08、25：0.16）等条件下沉积物对磷吸附解吸过程的影响研究。

试验中，准确称取不同质量的沉积物置于 100 mL 三角烧瓶中，加入 80 mL 含 2 mg/L 磷的溶液。随后将试样置于恒温振荡器中旋转振荡 90 min，将反应后的样品置于离心机离心，取上清液，采用钼锑抗分光光度法测定反应后样品中磷的浓度。解吸试验用去离子水替代磷酸盐溶液，其余过程与吸附试验相同。

沉积物对磷的平衡吸附或解吸量按式（1）计算：

$$Q_t = (C_0 - C_t) \times \frac{V}{W} \tag{1}$$

式中：Q_t 为 t 时刻的吸附或解吸量，mg/g；C_0 为溶液初始磷的质量浓度，mg/L；C_t 为 t 时刻水体中磷的质量浓度，mg/L；V 为样品中溶液体积，mL；W 为样品干质量，g。

2.1.2 动力学分析试验

为了探究沉积物对磷的吸附解吸行为，采用准一级和准二级动力学模型进行拟合分析，其中，准一级动力学方程见式（2）[12]，准二级动力学方程见式（3）[13]：

$$\ln(Q_e - Q_t) = \ln Q_e - k_1 t \tag{2}$$

$$\frac{t}{Q_t} = \frac{1}{Q_e^2 k_2} + \frac{t}{Q_e} \tag{3}$$

式中：k_1 和 k_2 分别为准一级模型和准二级模型的速率常数，mg/g；Q_e 为平衡时沉积物对磷的吸附或解析量，mg/g；Q_t 为 t 时刻沉积物对磷的吸附或解析量，mg/g。

2.1.3 磷吸附或解析动态试验

根据前述试验结果，选取库尾典型河段作为模拟对象，按 1∶100 比例组装长 10 m 的直型水槽（见图 4）。将所用泥沙用自来水反复冲洗干净后，平铺于水槽中，在流速为 1.2 m/s，水深 9 cm 条件下，将初始浓度约为 0.5 mg/L 的磷溶液流过泥沙沉积物，于距离进水口 1 m 和 8 m 处，在不同时间点取样并分析上覆水中磷浓度。

图 4 直型模拟水槽

2.2 静水条件下磷吸附、解吸行为研究

2.2.1 动力学过程

动力学过程的研究可揭示河道内泥沙对特征污染物磷吸附速率、吸附平衡时间等。沉积物对磷的吸附、解吸量随时间变化曲线见图 5。当水体总磷浓度为 2 mg/L 时，沉积物中磷表现为吸附态，当水体中总磷浓度为 0.04 mg/L 时则为解吸态。吸附过程中，前 30 min 内沉积物对磷的吸附速率较快，随反应的进行，吸附速率逐渐减慢，在吸附时间达到 90 min 后，吸附浓度基本不变化，此时平衡吸附量为 0.41 mg/g。沉积物对磷的解吸过程变化趋势与吸附过程基本一致，随时间呈现“先快后慢最后平衡”的现象。10 min 内，溶液中磷的解吸量从 0.04 mg/L 上升到 0.13 mg/L，达到最大释放量的 50%。当解吸时间为 90 min 时，溶液中磷浓度变化逐渐稳定，其平衡解吸量为 0.24 mg/g。

利用准一级和准二级动力学模型对磷吸附/解吸过程进行拟合，拟合结果见图 6，相关数据见表 1。根据图 6、表 1 可知，准一级动力学拟合结果为：吸附过程的 k_1 为 0.064 min^{-1}，而解吸过程为 0.037 min^{-1}；在准二级动力学模型中，k_2 在吸附和解吸过程中的拟合值分别为 0.225 g/(mg·min) 和 0.599 g/(mg·min)。R^2 表明，磷的吸附过程准一级和准二级相关性均在 0.9 以上，解吸过程中准二级的相关性则显著优于准一级模型的，因此准二级模型更适合用以描述研究区内沉积物对磷的吸附及解吸过程，表明沉积物对磷的吸附、解吸过程受物理和化学两个过程的调控，同时磷在沉积物表面进行扩散和重新排列[14]。

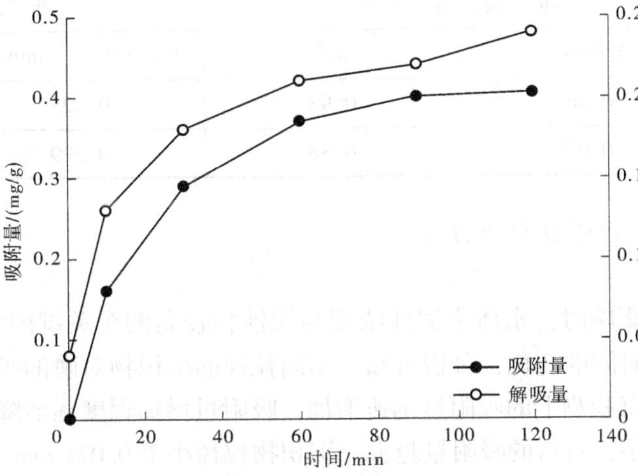

图 5　沉积物对磷的吸附、解吸行为随时间变化过程

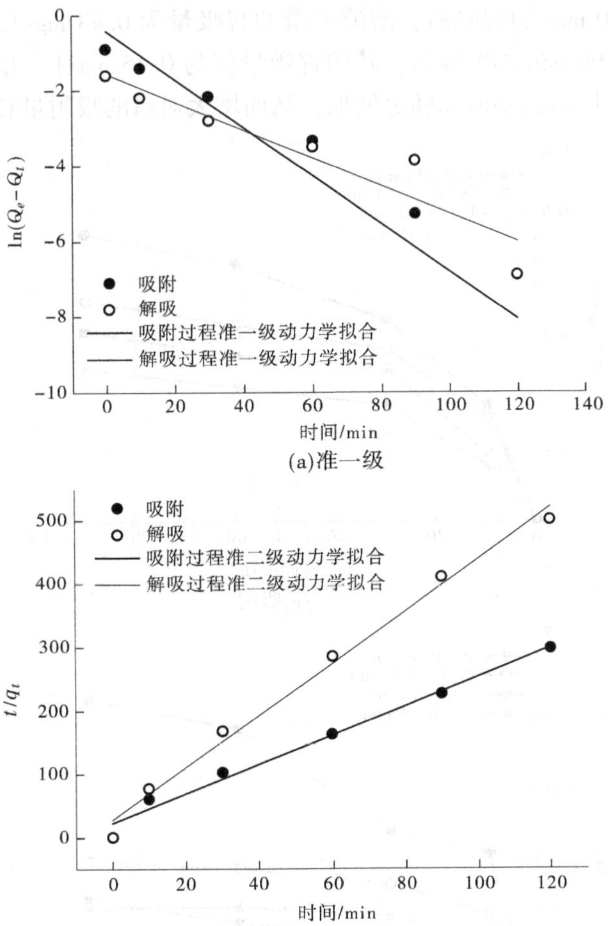

(a)准一级

(b)准二级

图 6　沉积物对磷的吸附、解吸动力学拟合过程

表 1 磷吸附、解吸准一级和准二级模型拟合结果表

反应类型	准一级动力学模型		准二级动力学模型	
	k_1/min^{-1}	R_1^2	k_2/[g/(mg·min)]	R_2^2
吸附过程	0.064	0.93	0.225	0.99
解吸过程	0.037	0.88	0.599	0.99

2.2.2 不同因子对磷吸附、解吸过程的影响

2.2.2.1 沉积物粒径

在研究沉积物对磷吸附影响时，水体中泥沙浓度与泥沙粒径是两个关键因素。图 7（a）为不同粒径的沉积物对磷的吸附量随时间的变化，分析可知，不同粒径的沉积物对磷的吸附过程基本一致，在前 30 min 内，磷在不同粒径的沉积物上的吸附量迅速增加，吸附量增加程度逐渐降低。但沉积物粒径对磷的吸附量影响较大，颗粒越小，对磷的吸附量越大。沉积物粒径小于 0.074 mm 和 0.2~0.45 mm 沉积物上的平衡吸附量分别为 0.47 mg/g 和 0.25 mg/g。图 7（b）为不同粒径的沉积物对磷的解吸量随时间的变化，分析可知，泥沙粒径对磷在沉积物上的解吸过程影响显著。当泥沙粒径小于 0.074 mm 时，泥沙上磷的解吸量最大，经过 90 min 的解吸后，溶液中磷的解吸量为 0.43 mg/L。当泥沙粒径为 0.2~0.45 mm 时，解吸量最小，经过 90 min 的解吸后，磷的解吸量仅为 0.15 mg/L。根据上述试验结果，沉积物颗粒越小，比表面积越大，固液接触面积随之增加，从而增大对磷的吸附量和解吸量。

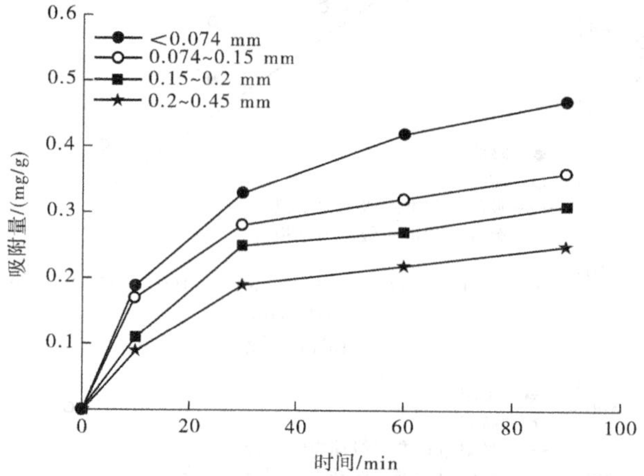

(a)吸附

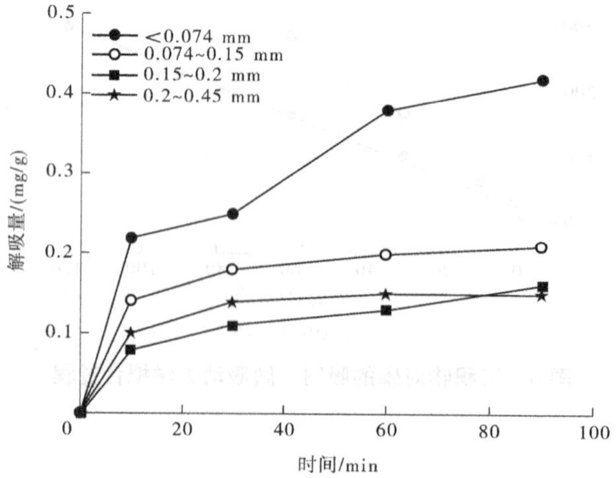

(b)解吸

图 7 沉积物粒径对磷吸附、解吸行为的影响

2.2.2.2 pH

水体 pH 对磷的吸附、解吸量的影响见图 8。在 25 ℃、转速 250 r/min 条件下，溶液 pH 在 6~9 时，沉积物对磷的吸附量基本没有发生改变（<8%），在 0.33~0.36 mg/g 的范围内波动。相同条件下，pH 对磷解吸过程有一定的影响，解吸量为 0.49~0.61 mg/g。特别地，当 pH 为 6~8 时，吸附量基本保持在 0.5 mg/g，而 pH 为 9 时，磷的解吸量则升高到了 0.61 mg/g。因此，当水体处于中性范围时，对磷吸附、解吸过程的影响较小，这与现有研究结论基本一致[15]。

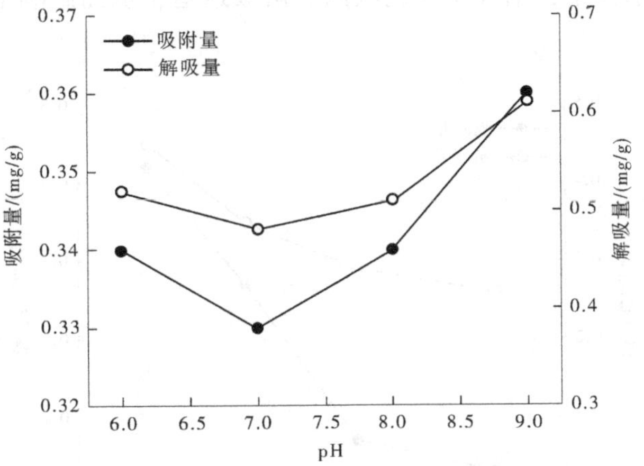

图 8 不同 pH 对磷的吸附量、解吸量变化

2.2.2.3 温度

在不同温度条件下，沉积物中磷的吸附量、解吸量变化如图 9 所示。二者都与温度存在一定的正相关性。当反应温度从 15 ℃上升到 35 ℃时，磷在沉积物上的吸附量由 0.19 mg/g 逐步增加到 0.38 mg/g。在解吸过程中，当温度从 15 ℃增加到 25 ℃时，溶液中磷的解吸量迅速从 0.30 mg/g 上升到 0.50 mg/g，增加比例达到 50%，而当温度进一步升高时，磷的解吸量基本维持在 0.50 mg/g 左右。因此，在高温条件下，有利于沉积物中磷的吸附，但对磷解吸的影响较小；在 15~25 ℃时，沉积物中磷的吸附和解吸量均有所增加。

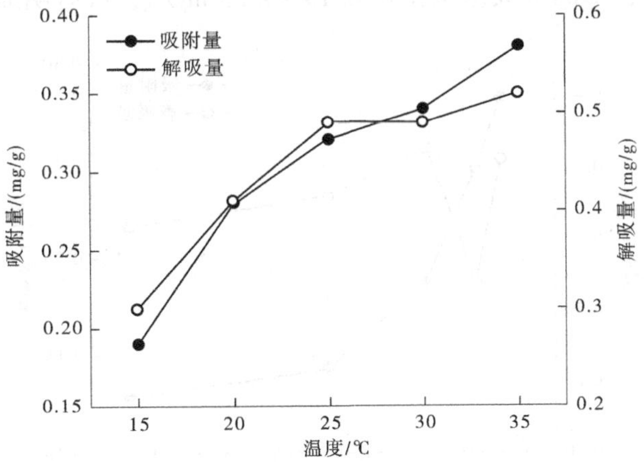

图 9 不同温度对磷的吸附量、解吸量变化

2.2.2.4 扰动

不同转速对磷的吸附量与解吸量影响见图 10。当转速小于 100 r/min 时，沉积物对磷的吸附量随转速增大的幅度并不显著，保持在 0.03~0.07 mg/g；当转速大于 100 r/min 时，吸附量会与转速呈明显的正相关关系；当转速从 100 r/min 增加到 180 r/min 和 250 r/min 时，沉积物对磷的吸附量从 0.07 mg/g 分别增加到了 0.27 mg/g 和 0.42 mg/g，为静态吸附量的 9 倍和 12 倍。磷的解吸过程同样具有

相似的变化趋势，当扰动强度小于 100 r/min 时，磷的解吸量仅从静态状态下的 0. 26 mg/g 增加到 0. 29 mg/g；当扰动强度大于 100 r/min 时，磷的平衡解吸量快速增加；在扰动强度为 250 r/min 时，磷的平衡解吸量上升至 0. 45 mg/g。

根据上述试验结果可知，水体扰动对沉积物中磷的吸附、解吸过程的影响基本一致，随着扰动强度的增大，磷的吸附或解吸量都有所增加，增加幅度明显上升。这是由于在低扰动强度下，沉积物主要集中在水体底部，并未增加固液接触面积，对磷的吸附、解吸过程影响有限；而在高强度扰动下，更多的泥沙沉积物悬浮于水体中，增加了磷的吸附、解吸通道，从而影响了沉积物对磷的吸附量和解吸量。

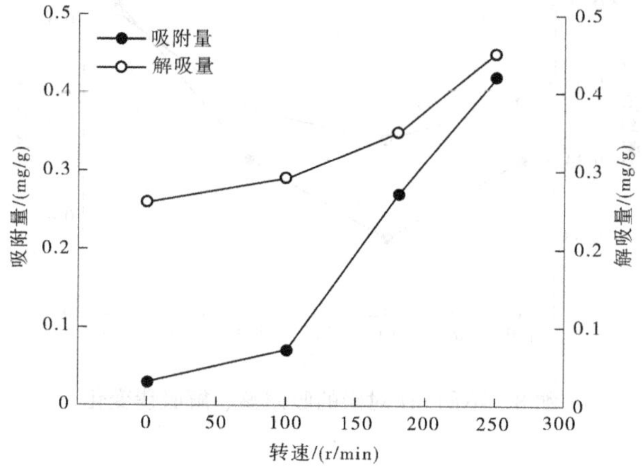

图 10　不同转速对磷的吸附量、解吸量变化

2. 2. 2. 5　泥沙浓度

水土比（泥沙浓度）对磷的吸附量、解吸量的影响见图 11。在磷的吸附过程中，随着溶液泥沙浓度的增加，单位沉积物上磷的吸附量逐渐降低，与水体中泥沙浓度表现为负相关：当沉积物浓度由 0. 4 g/L 增加到 3. 2 g/L 时，磷的吸附量从 0. 45 mg/g 降低到 0. 26 mg/g；当沉积物浓度高于 3. 2 g/L 时，吸附量也有所下降，但下降速率明显放缓。而磷的解吸过程与吸附过程有所不同，当泥沙浓度从 0. 4 g/L 增加到 6. 4 g/L 时，磷的解吸量维持在 0. 19~0. 25 mg/g，没有明显的波动趋势。

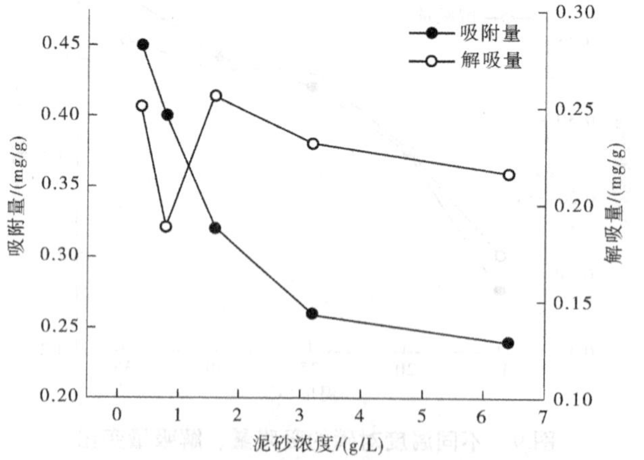

图 11　不同水土比对磷的吸附量、解吸量变化

沉积物对磷的吸附过程影响主要在于：沉积物表面对磷的吸附点位不均匀，反应初期磷迅速吸附占据高活性点位[16]，再逐渐吸附于低活性位点，因此单位质量沉积物上的磷吸附浓度随着沉积物浓度的增加而降低。另外，沉积物颗粒浓度的增加，使得处于吸附态的磷（磷的吸附总量）增加，但由于沉积物主要位于水体底部[17]，单位质量沉积物的固液接触面积有所减少，并不利于单位质量沉积物对磷的吸附，因此单位质量沉积物上的磷吸附量也会随着沉积物浓度的增加而降低。而解吸过程并不受沉积物浓度变化的影响，可能是因为试验中水土比及沉积物浓度过低，导致磷的解吸量的变化不明显。

2.3 动水条件下磷吸附/解吸行为研究

动水条件下上覆水中磷的吸附过程如图 12 所示。当水槽流速在 1.2 m/s 时，进水口下游 1 m 处的总磷浓度并未发生显著降低。而进水口下游 8 m 处，由于上覆水中的磷与沉积物孔隙水中总磷的扩散交换作用，以及沉积物和悬浮泥沙对磷的吸附影响，上覆水中的总磷浓度呈现出指数下降的规律。

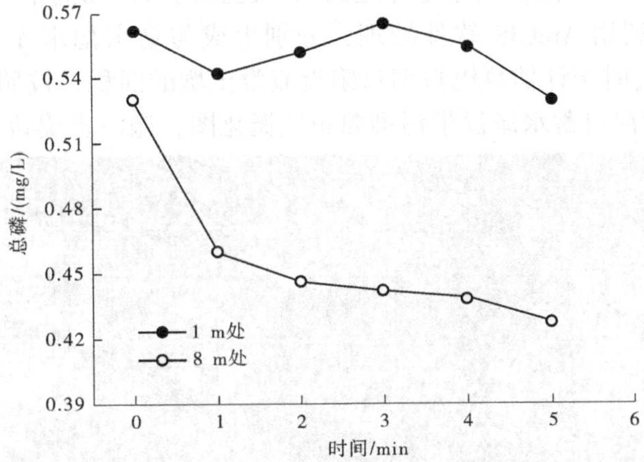

图 12 动水条件下上覆水中磷的吸附过程

相同条件下磷的解吸过程如图 13 所示。可以发现，距离进水口不同距离处的磷浓度存在显著差异。距离越远，接触越充分，溶液中磷浓度越高。在进水口 1 m 处点位，1 min 后，上覆水中磷浓度表现出增加的趋势。而在距离 8 m 处，上覆水中磷浓度在开始的 3 min 内快速增加，然后浓度略微降低。由于沉积物中间隙水磷的释放，导致上覆水磷浓度的快速增加；而缓慢的增加过程则主要是由于沉积物上吸附态磷的解吸。当上覆水中磷浓度增加时，又会在沉积物表面发生再吸附，因此出现浓度降低的现象。

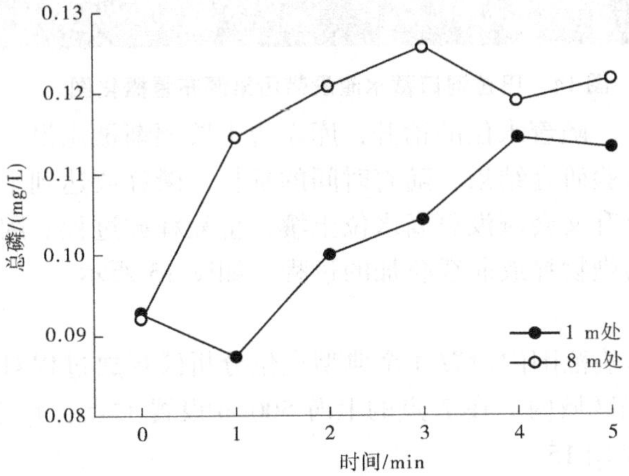

图 13 动水条件下沉积物中磷的解吸过程

3 库尾关键带磷的迁移扩散规律研究

3.1 关键区域土壤中磷的迁移扩散

根据试验结果，在磷的吸附过程中，前 30 min 内吸附速率较快，随反应时间的增加吸附速率逐渐减慢，90 min 后吸附浓度基本不变化，此时平衡吸附量为 0.41 mg/g。同时，根据解吸试验过程，估算出每平方米土壤可解吸出磷总量为 153.8 mg。土壤淹没后磷在短时间内解吸完成，可认为是瞬时面源污染。

根据岸边土壤污染物监测数据，乌东德库尾河段中巴拉河口断面的土壤磷含量最大，因此在其附近设置磷的特征污染带。利用 ArcGIS 软件处理，分别生成与乌东德水库前期和后期蓄水位一致的 965 m 和 975 m 等高线，同时统计估算巴拉河口附近淹没土壤的面积。按照最不利污染物排放进行概化，得到如图 14 所示巴拉河口蓄水淹没带污染源布置概化图，淹没土壤磷污染排放设定为瞬时排放。

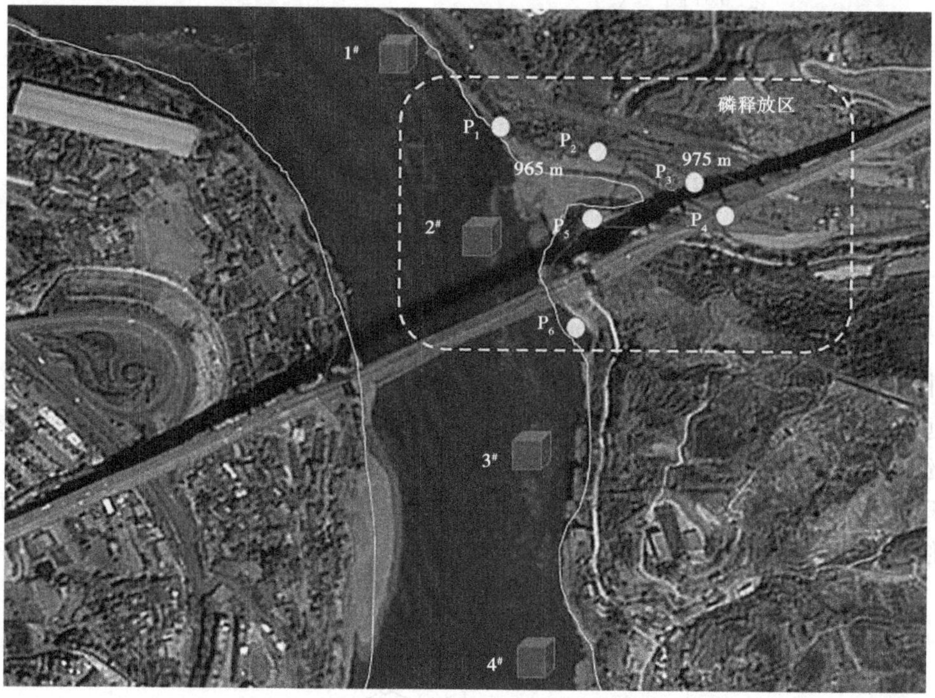

图 14 巴拉河口蓄水淹没带污染源布置概化图

在乌东德水库蓄水过程中，随着水位的抬升，库岸边土壤逐渐被淹没。此时，高程低的土壤先被淹没，土壤磷先释放。根据试验研究结果，随着时间的延长，磷释放达到平衡之后，释放量将会非常小，可以忽略。同时，水位上升又会淹没更高水位土壤，重复释放过程。因此，从整体上看，淹没土壤带磷释放的过程是一个磷污染物释放曲线叠加的过程，如图 15 所示。

3.2 淹没带区域磷的变化

在淹没区磷污染物释放影响范围内设置 4 个典型点位分析磷释放过程对区域水体水质的影响，其中 2#点位于磷污染物释放影响区域内，在 2#点的上游 500 m 设置 1#点，在下游 500 m、1 000 m 处分别设置 3#和 4#点，具体分布见图 15。

各点位磷浓度变化如图 16 所示，1#点处于上游，所在位置的磷浓度与整条河流的背景浓度接近，略有波动；相比于 1#点，2#点的磷污染物浓度发生突变，浓度增加 0.002 mg/L 左右，突变的原因与该区域的土壤磷释放直接相关；3#点和 4#点处于 2#点的下游，随着污染物在沿程上的降解，磷浓度在 3#点和 4#点处有了大幅降低，并且浓度相近，略有差别的是，在 4#点的未知瞬时磷源导致小突变，但是对于曲线的整体走向影响不大。而后随着时间的延续，土壤中磷释放量越来越小，各监测点的磷浓度恢复到水体的背景值。因此，可以初步判断初期蓄水阶段，淹没土壤磷释放对于水体的影响是瞬

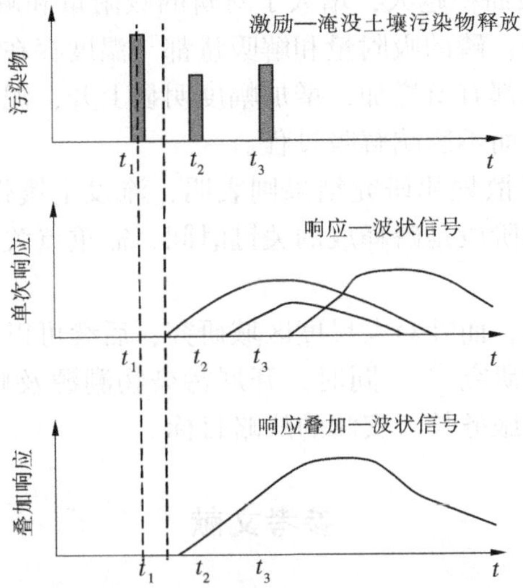

图 15 污染物释放过程动态机制

时的，持续时间很短，在水质防控管理方面只需关注该时间段即可，之后恢复到原来状态，不再受淹没土壤磷污染物释放的影响。

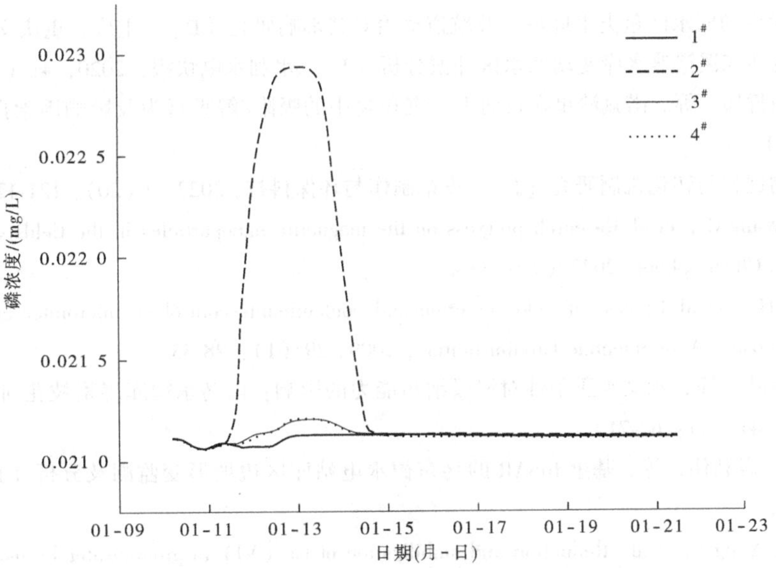

图 16 4 个典型点位磷污染物浓度变化

4 结论与建议

4.1 结论

本文基于室内静态批试验和模拟槽试验，开展了乌东德水库变动回水区磷迁移转化规律的研究，阐明了特征污染物磷在环境中的吸附、解吸过程，揭示了其反应动力学机制，获取了其反应速率、平衡吸附量等关键参数。同时，分析沉积物粒径、pH、温度、扰动情况及泥沙浓度等因子对磷吸附、解吸过程的影响。在此基础上，对库尾河段关键带磷的迁移扩散过程进行了分析，具体结论如下：

（1）吸附过程中，前 30 min 内磷的吸附速率较快，此后速率逐渐减慢，90 min 后吸附量基本不变，为 0.41 mg/g；解吸过程中，10 min 内溶液中磷的解吸量从 0.04 mg/L 上升到 0.13 mg/L，达到最大释放量的 50%。平衡解吸量则为 0.24 mg/g。吸附、解吸过程均更符合准二级动力学模型，表明沉积物对磷的吸附、解吸过程受物理和化学两个过程的调控。

（2）沉积物颗粒越小，比表面积越大，增大了对磷的吸附量和解吸量；当水体处于中性范围时，对磷吸附、解吸过程的影响较小；磷的吸附量和解吸量都与温度存在一定的正相关性；而随着扰动强度的增大，磷的吸附量、解吸量都有所增加，增加幅度明显上升；泥沙浓度则通过占据吸附点位等对磷的吸附过程产生较大的影响，而不影响解吸过程。

（3）库尾关键带磷的迁移扩散规律研究结果则表明，淹没土壤带磷释放的过程是一个磷污染物释放曲线叠加的过程；初期蓄水阶段是磷释放的关键时间，需重点关注。

4.2 建议

本文研究主要基于室内试验，而针对大尺度区域研究，后续可以利用数值模拟技术方法，构建完整的模型，开展更为具体仿真的研究[18]。同时，开展污染物溯源及修复技术研究[19-20]，以期实现科学有效降低水体中污染物浓度，服务长江安澜的战略目标。

参考文献

[1] 长江防汛抗旱总指挥部，2018 年度长江上中游水库群联合调度方案［R］. 2018.

[2] 郑和震. 南水北调中线干渠突发水污染扩散预测与应急调度［D］. 杭州：浙江大学，2018.

[3] 仲志余，邹强，王学敏，等. 长江上游梯级水库群多目标联合调度技术研究［J］. 人民长江，2022，53（2）：12-20.

[4] 徐观兵. 三峡水库变动回水区鱼类生境特征及航道整治对其影响研究［D］. 重庆：重庆交通大学，2023.

[5] 平妍容，徐洁. 金沙江溪洛渡水库变动回水区冲淤分析［J］. 水利水电快报，2020，41（7）：30-34，48.

[6] 张晓珍，何蕊，刘哲炜，等. 诺氟沙星在黄河上游沉积物中的吸附/解吸行为及影响因素探究［J/OL］. 中国环境科学：2024，1-13.

[7] 曾虹. 水体污染物迁移与转化机制研究［J］. 皮革制作与环保科技，2023，4（20）：121-123.

[8] Shi J，Zhang J，Wang C，et al. Research progress on the magnetite nanoparticles in the fields of water pollution control and detection［J］. Chemosphere，2023（9）：336.

[9] HuC，Qu J，Liu H，et al. Process of redox reaction and contaminants control on microinter face at water/solid［J］. Huanjing Kexue Xuebao / Acta Scientiae Circumstantiae，2009，29（1）：28-33.

[10] 吴比，李云成，樊皓，等. 水文水质条件对河段纳污能力的影响：以乌东德库尾攀枝花河段为例［J］. 长江科学院院报：2024，41（7）：64-71.

[11] 毕自航，李素敏，袁利伟，等. 基于 InSAR 的乌东德水电站库区边坡形变监测及分析［J］. 人民长江，2024，55（1）：143-150.

[12] Yu J H，Liu D Q，Yang S，et al. Reduction and stabilization of Cr（VI）in groundwater by using polysulfide-modified nanoscale zero-valent iron［J］. Applied Geochemistry，2022，145：105428.

[13] Hassan A K，Rahman M-M，Chattopadhay G，et al. Kinetic of the degradation of sulfanilic acid azochromotrop（SPADNS）by Fenton process coupled with ultrasonic irradiation or L-cysteine acceleration［J］. Environmental Technology & Innovation，2019，15：100380.

[14] Rong N，Chen C，Ouyang K，et al. Adsorption characteristics of directional cellulose nanofiber/chitosan/montmorillonite biomimetic aerogel as adsorbent for wastewater treatment［J］. Separation and Purification Technology，2021，274：119120.

[15] 杨学子，刘玉忠. 粉煤灰陶粒对水体中磷的吸附性能研究［J］. 环境生态学，2022，4（11）：103-107.

[16] 王哲，王丽玲，王雅娟，等. 受污染城市河道沉积物磷吸附特征及其影响因素［J］. 环境工程学报，2023，17（7）：2412-2423.

[17] 米武娟，张地继，许元钊，等. 向家坝水库沉积物理化特性及其营养释放风险［J］. 河南师范大学学报（自然科学版），2022，50（5）：117-125.

[18] 徐延琦. 基于耦合模型的河网湖泊污染物输移扩散效果分析［J］. 中国市政工程，2021（4）：45-48，108.

[19] Khan J Z , Sun L , Tian Y , et al. Chemical characterization and source apportionment of PM1 and PM2. 5 in Tianjin, China: Impacts of biomass burning and primary biogenic sources [J] . Journal of Environmental Sciences, 2021, 99: 196-209.

[20] Yu J, Yang S, Liu D, et al. Interaction of chromium-sulfur-iron during Cr (VI) stabilization by polysulfide-modified nanoscale zero-valent iron for groundwater remediation: Batch experiments and numerical simulation [J] . Chemical Engineering Journal, 2023, 475: 146233.

佛山某水网片区水动力改善研究与实践

陈德业[1]　吴晟哲[1,2]　郑志勤[1,2]　胡和平[1,2]

（1. 中水珠江规划勘测设计有限公司，广东广州　510610；
2. 水利部珠江水利委员会水生态工程中心，广东广州　510610）

摘　要：水动力改善是提升区域水环境质量的长效保障措施之一。以佛山某水网片区为研究对象，利用 MIKE11 HD 水动力模型对其水动力情况进行模拟计算，在现有水利设施的基础上，分析比选引水方案并设计调度方案。工程实施后，对河涌换水周期和水流速度改善效果显著，证明河网区河道水流速度达到 0.1 m/s 或换水周期达到 5 d 左右时活水效果较好，为河网区河涌水动力改善方案提供参考。

关键词：水网；水动力改善；生态补水；调度

1　引言

为满足城乡居民日益增长的对美好生活的需求，用绿水青山助力金山银山，水环境质量提升工作的深化推进愈发紧迫。水动力改善是提升水环境质量的长效保障措施之一，可通过引济互补、闸泵联调等工程措施实现区域内河涌有序流动和定期更新，改善片区水质。本文以佛山市某水网片区为研究对象，依托现有水利设施，建立 MIKE11 水动力耦合模型，分析比选引水方案并设计调度方案，得到适用于河网区河涌水动力改善的可行工程方案。

2　研究区概况

2.1　水系分布

研究区位于广东省佛山市南海区西部，面积约 70.66 km^2，为网状水系，河涌纵横交错，以吉水主排涌、民乐主排涌、金星主排涌、太平八米大涌、绿舟主排涌等为主涌，与其他支毛涌共同形成四通八达的水系格局（见图 1）。

该片区现状主要通过海舟灌溉泵站（6.0 m^3/s）、河岗灌溉泵站（1.85 m^3/s）、太平灌溉泵站（10.5 m^3/s）以及太平水船闸、海舟水闸引水，主要补充至太平八米大涌、吉水主排涌、民乐主排涌等河涌。同时，该片区与邻镇交界处建有多个节制闸，引邻镇水至该片区南部河涌。

2.2　水动力现状

本研究主要采用一维 MIKE11 模型中的 HD 模块[1-2] 对水动力情况进行模拟，使用控制方程 Saint-Venant［见式（1）、式（2）］，利用 Abbot 六点隐式差分格式求解 Saint-Venant 方程，以网格点为最小单元按顺序交替计算流速。

$$\frac{\partial A}{\partial t} + \frac{\partial Q}{\partial x} = q \tag{1}$$

$$\frac{\partial Q}{\partial t} + \frac{\partial}{\partial x}\left(\frac{aQ^2}{A}\right) + Ag\frac{\partial Z}{\partial x} + g\frac{Q|Q|}{C_k^2 R_h A} = 0 \tag{2}$$

基金项目：中水珠江规划勘测设计有限公司研究项目（201903）。

作者简介：陈德业（1984—），男，高级工程师，主要从事水环境治理、市政工程等方面的工作。

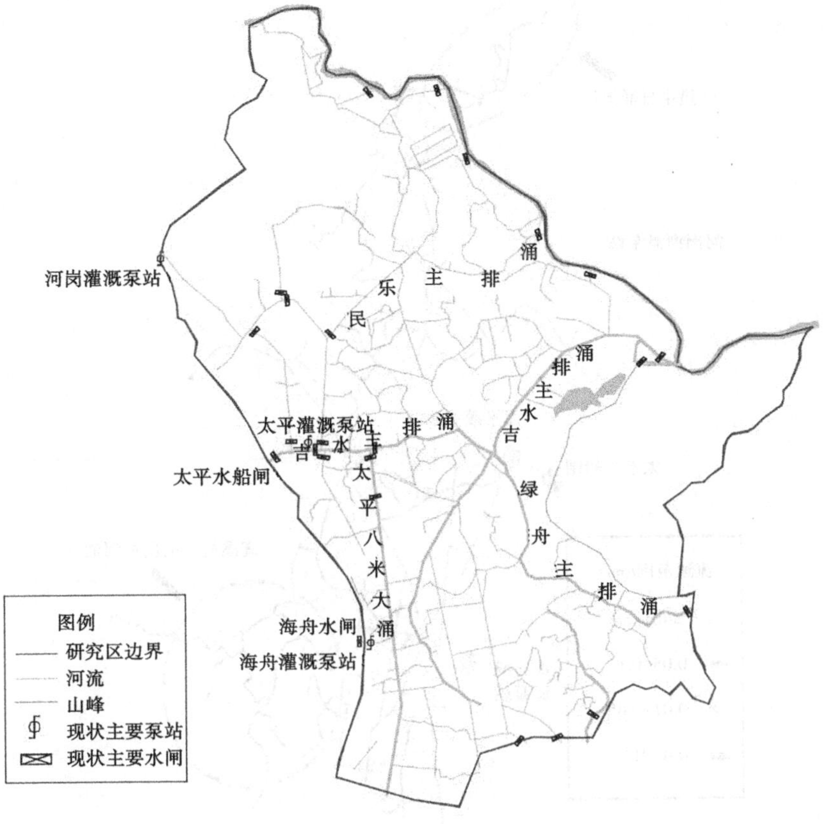

图 1　研究区水利设施分布

式中：A 为断面面积，m^2；Q 为河道内任意断面的流量，m^3/s；q 为旁侧入流，m^3/s；a 为动量校正系数；g 为重力加速度，m/s^2；C_k 为谢才系数，$m^{1/2}/s$；R_h 为水力半径，m；x、t 分别为距离、时间。

工程前研究区水动力情况模拟计算成果见图 2。根据计算成果，该片区现状换水周期为 7.6 d，除直接引水河涌水动力情况较好外，其他河涌水动力情况一般，特别是金星主排涌上游、儒溪村、七星村河涌水动力情况较差。除此之外，该片区主要引排水水闸的设计内外水位差较小，无法实现动水启闭，在内外水位差较大时无法关闭水闸，不利于活水调度。

3　活水水源分析

3.1　外江水源

研究区流域内外江有 3 条，西面为西江干流，东面为北江支流（南沙涌和顺德水道）。

根据外江水文资料，外江多年平均高潮位为 0.96~1.00 m，多年平均低潮位为 0.23~0.61 m，多年平均潮位为 0.60~0.81 m。各引水水闸所在河涌底高程在-1.5~-1.0 m，因此具备从外江引水的可能。同时，流域内现状已建多个引水设施，具备较好的引水条件。此外，根据近年佛山市江河水环境质量月报，西江、北江水质为地表水Ⅱ类，为水质较好的活水水源。

3.2　水库水源

该片区流域内主要水库为赤坎水库，为小（1）型水库，主要功能为防洪和景观。

赤坎水库大坝右端建有放水涵（净宽×净高=1.2 m×1.8 m），放水涵出口位于赤坎涌上游，具备活水条件。但是，赤坎水库集水范围较小（8.59 km^2），主要来水为降雨以及赤坎水库活水工程

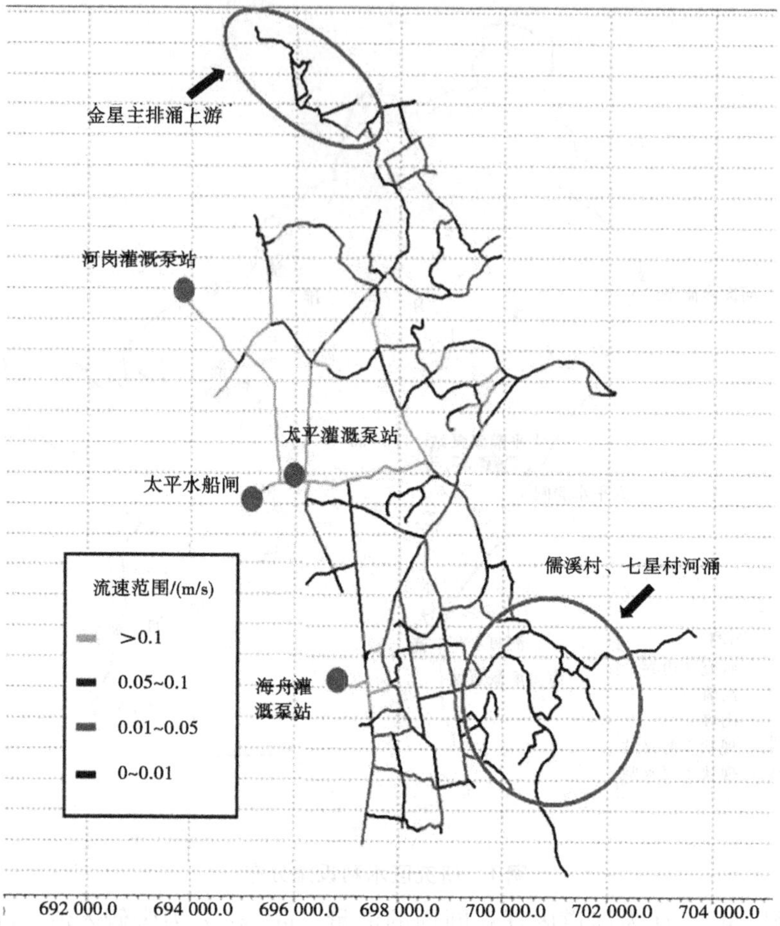

图 2　研究区工程前流速分布

(0.15 m^3/s)，水量较少，根据水库现状调度，为保持一定的景观水位，平时较少下放流量。因此，赤坎水库不宜作为活水水源。

3.3　水源选择

综上，选择西江、南沙涌、顺德水道作为该片区的活水水源。

4　引水方案比选

针对研究区现状直接引水河涌水动力情况较好、其他河涌水动力情况一般的问题，利用 MIKE11 HD 水动力模型，对该片区水动力情况进行模拟计算。拟对海舟灌溉泵站进行扩建，增加引水流量 4.0 m^3/s，改善太平八米大涌、二拱涌、绿舟主排涌片区的水动力条件；新建拖粑基电排站（双向），引水流量 3.0 m^3/s，改善金星主排涌、吉赞涌片区的水动力条件；为改善民乐主排涌、民乐支涌 1 的水动力条件，经计算，需引水流量 2.0 m^3/s，为此拟定 3 个方案进行比选如下。

（1）方案一：鲤鱼岗闸拆除，新建鲤鱼岗引水泵站，引水流量 2.0 m^3/s，活水经稔岗涌、河岗涌补充至民乐主排涌、民乐支涌 1。方案一示意图见图 3。

（2）方案二：拆除太平灌溉泵站（10.5 m^3/s），太平水船闸技改增加挂泵，引水流量（10.5+2.0）m^3/s，通过鲤鱼岗闸、新河闸、凼浪闸等节制闸，可分配 2.0 m^3/s 活水至稔岗涌，经河岗涌补充至民乐主排涌、民乐支涌 1。方案二示意图见图 4。

（3）方案三：拆除重建河岗灌溉泵站，现状引水流量 1.85 m^3/s，重建后增加引水流量 2.0 m^3/s，总引水流量 3.85 m^3/s，活水经河岗涌补充至民乐主排涌、民乐支涌 1。方案三示意图见图 5。

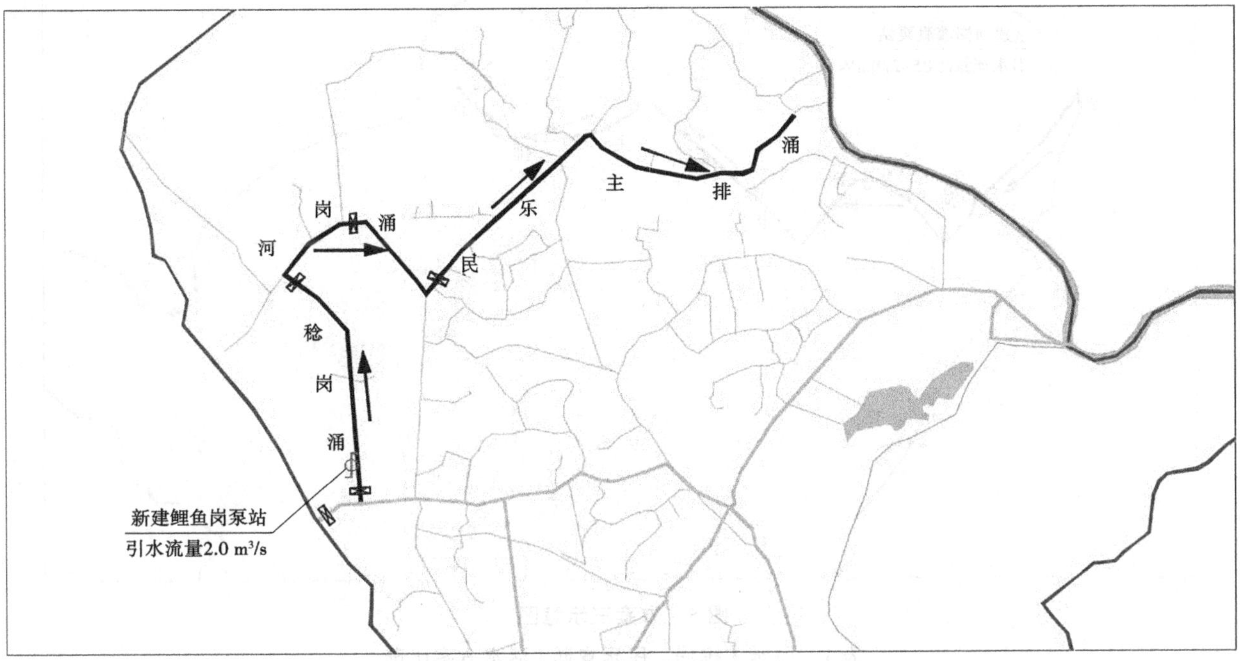

图 3　方案一示意图

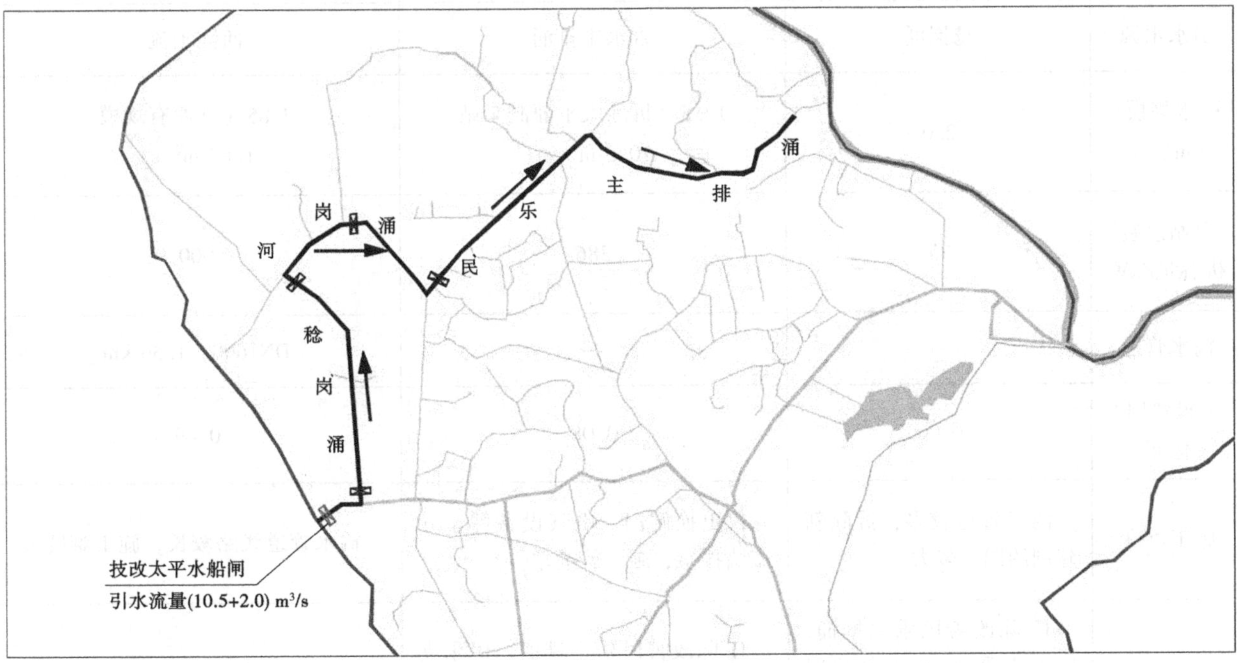

图 4　方案二示意图

综合比选 3 个线路方案，方案一虽安全防护和运行稳定性相对较差，但投资、审批难度、管理维护工作量均较小，且可以改善稔岗涌水动力，因此推荐方案一作为民乐主排涌、民乐支涌 1 的活水方案，即新建鲤鱼岗引水泵站（见表 1）。

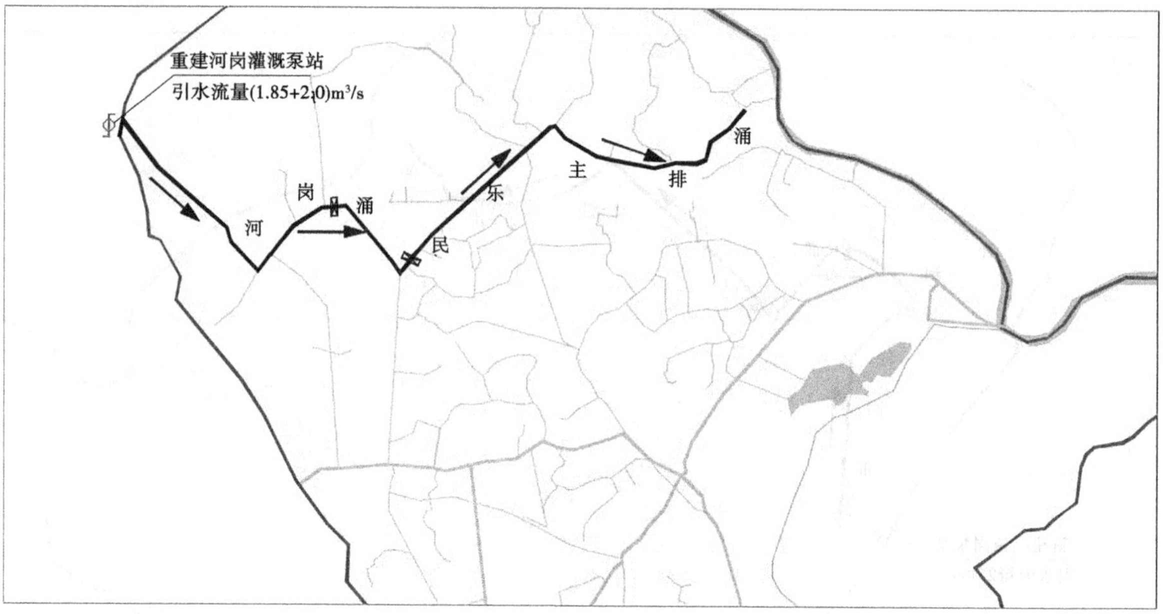

图 5　方案三示意图

表 1　民乐主排涌、民乐支涌 I 活水方案比选

方案	方案一（推荐）（鲤鱼岗引水泵站）	方案二（太平水船闸挂泵）	方案三（河岗灌溉泵站重建）
引水水源	稔岗涌	吉水主排涌	西江干流
引水规模/（m^3/s）	2.0	12.5（拆除太平灌溉泵站 10.5 m^3/s）	3.85（含原有规模 1.85 m^3/s）
泵站总装机容量/kW	75	386	900
输水管道	—	—	DN1600，1.36 km
工程费用/亿元	0.06	0.08	0.49
施工难度	两岸管道较多，拆除新建制约因素较大	仅更换闸门、电气设备并于导流墙挂泵，施工较简单	输水管道线路较长，施工难度大
优点	1. 除改善民乐主排涌、民乐支涌 1 水动力情况外，还可以改善稔岗涌水动力情况； 2. 投资最小； 3. 审批难度较小； 4. 管理维护工作量较小	1. 除改善民乐主排涌、民乐支涌 1 水动力情况外，还可以改善稔岗涌水动力情况； 2. 投资较小； 3. 为拆除太平灌溉泵站创造条件，对排涝有利	设备的安全防护和运行稳定性较好，补水保证率较高。

续表 1

方案	方案一（推荐） （鲤鱼岗引水泵站）	方案二 （太平水船闸挂泵）	方案三 （河岗灌溉泵站重建）
缺点	闸门泵的安全防护和运行稳定性相对较差	1. 闸门泵在低潮位时偏离较优工况点，易产生气蚀、振动等危害，需经常维护； 2. 闸门泵数量较多，检修时活水流量损失较大； 3. 闸门泵改变了现有的船闸功能，影响了船闸的正常运行； 4. 拆除太平灌溉泵站，直接从西江引水，审批难度较大	1. 投资最大； 2. 直接从西江引水，审批难度较大

在实施新建拖耙基电排站（双向）（3.0 m^3/s）、新建鲤鱼岗引水泵站（2.0 m^3/s）、海舟灌溉泵站扩建（4.0 m^3/s）等引水工程，并对主要引排水水闸进行改造、实现动水启闭后，该片区主要河涌水动力情况明显改善。根据 MIKE11 HD 水动力模型模拟计算结果，该片区 7 条主要活水河涌流速可总体达到 0.1 m/s，该片区换水周期可达到 5.7 d，计算成果见图 6。

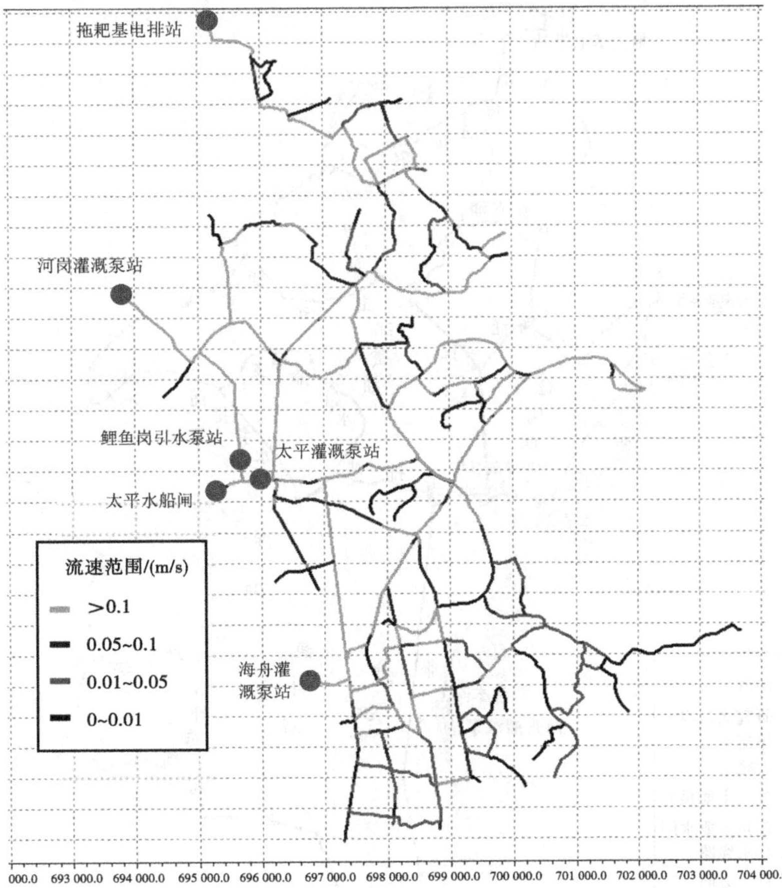

图 6　研究区工程后流速分布

5 调度方案设计

5.1 调度原则

5.1.1 水位控制

根据生态水位、景观水位的需求以及相关规划，各河涌以正常水位进行控制。同时，根据《南海区各水系引水调度闸站运行方案》中对汛期与非汛期最高水位的要求，确定该片区低水位为 0.6 m、汛期最高水位为 0.7 m、非汛期最高水位为 0.8 m。

5.1.2 闸泵联动

利用水闸、引水泵站进行引水[3]，当闸外水位高于闸内水位时，开启水闸进行自流引水；当闸外水位低于闸内水位时，关闭水闸，开启泵站引水。

5.1.3 主涌优先，增补短板

水动力改善以主要河涌流速达到 0.1 m/s 为主要目的[4-5]，对于局部片区支涌及毛涌，通过节制闸调控合理配水，促进水体交换[6-7]，使整个片区总体换水周期达到 5 d 左右。

5.2 调度方案

该片区河涌包括金星主排涌、吉赞涌、河岗涌、民乐主排涌、民乐支涌 1、吉水主排涌、吉水主排涌支 1、太平八米大涌等 8 条主要活水河涌以及多条支毛涌，以西江干流、官山支Ⅱ涌为活水水源，活水线路总体为西东走向，主要引水工程包括拖耙基电排站（双向）、河岗灌溉泵站、太平水船闸挂泵和海舟灌溉泵站，活水线路见图 7。主要活水线路如下。

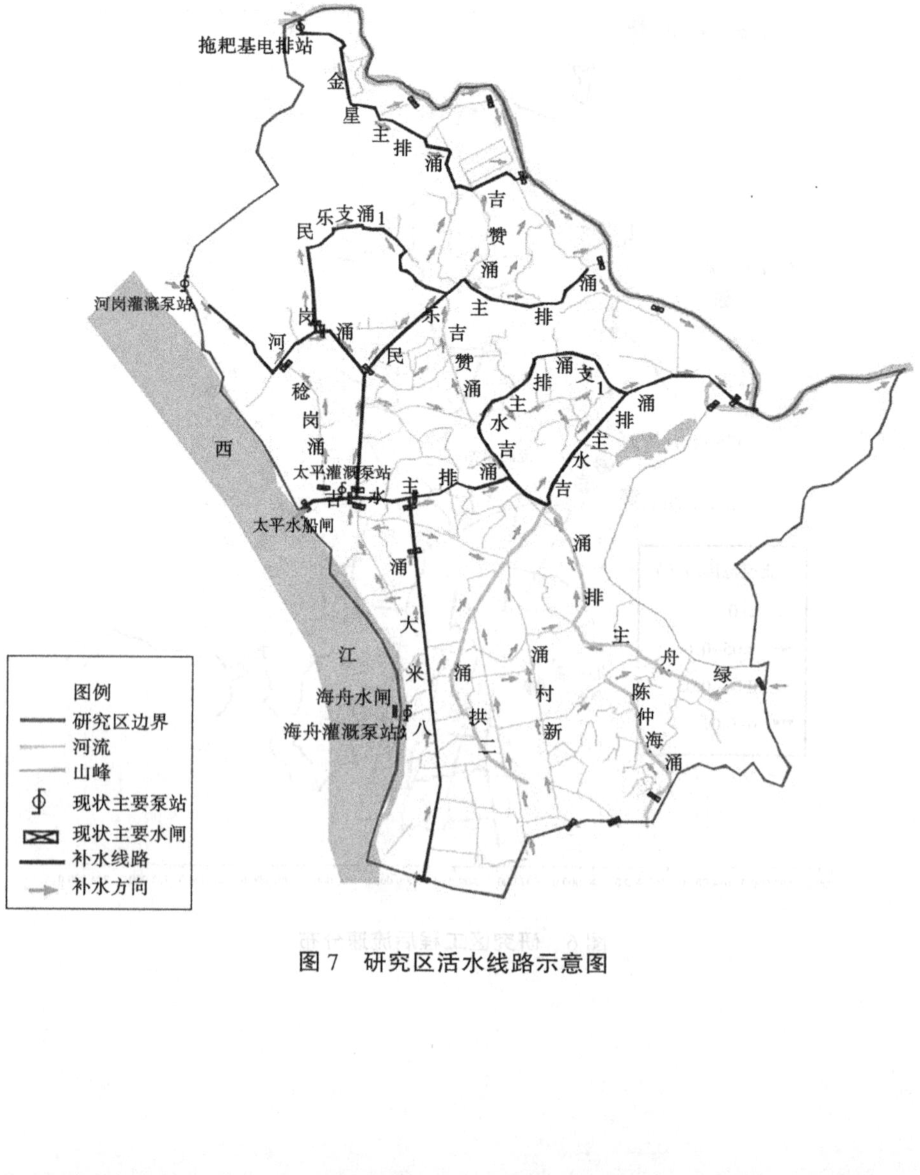

图 7 研究区活水线路示意图

5.2.1 金星主排涌、吉赞涌片区

根据官山支Ⅱ涌和金星主排涌相对水位变化，调度拖耙基电排闸的启闭。通过拖耙基电排站（双向）引入活水后，活水主要流经金星主排涌、吉赞涌，然后排至官山涌。

当渡滘村内河涌活水需求较大时，通过开启杜窖闸，节制吉赞闸，使活水主要流经渡滘村内河涌，然后通过杜窖闸排至官山涌，加快渡滘村内河涌换水频率。

5.2.2 民乐主排涌、吉水主排涌片区

根据外江和河岗涌水位，调度河岗灌溉泵站的启闭。根据外江和内涌相对水位变化，调度太平水船闸、太平灌溉泵站水闸的启闭。通过太平灌溉泵站、水闸引入活水后，活水主要流经吉水主排涌、吉水主排涌支1，然后经一拱水闸排至官山涌。

通过开启鲤鱼岗闸、竹塘闸，使部分活水分流至稔岗涌，然后汇入河岗涌。通过河岗灌溉泵站引入活水与稔岗涌分流活水至河岗涌后，在不进行节制的情况下，活水主要流经河岗涌、民乐主排涌，然后通过民乐水船闸排至官山涌。

当民乐支涌1活水需求较大时，通过开启江边闸1、节制江边闸2，使活水主要分流至民乐支涌1，然后汇入民乐主排涌下游，通过民乐水船闸排至官山涌，加快民乐支涌1换水频率。

当民乐主排涌活水需求较大时，除通过河岗灌溉泵站活水与稔岗涌分流活水补充外，可通过开启新河闸、张家闸，节制氹浪闸，使通过太平闸泵引入的活水分流至民乐主排涌，然后通过民乐水船闸排出至官山涌，加快民乐主排涌换水频率。

5.2.3 八米大涌、二拱涌、绿舟主排涌片区

根据外江和内涌相对水位变化，调度海舟水闸和海舟灌溉泵站的启闭。通过海舟闸站引入活水后，在不进行节制的情况下，活水经海舟站前涌汇入八米大涌，主要流经八米大涌后汇入吉水主排涌。

当二拱涌、新村涌、绿舟涌、绿舟主排涌片区活水需求较大时，通过节制太平渠闸、太平九甲闸，使活水主要分流至二拱涌、新村涌、绿舟涌、绿舟主排涌，并补充片区支涌，然后经绿舟涌、绿舟主排涌汇入吉水主排涌，通过一拱船闸排至官山涌，加快片区河涌换水频率。

5.2.4 吉水南部片区

邻近水系常水位高于该片区常水位且水质较好，开启上述分界水闸引水，可加快片区河涌换水频率。

6 结论和展望

通过本文研究，该河网区河道水流速度达到0.1 m/s或换水周期达到5 d左右时，活水效果较好。该片区河涌水动力改善遵循“自流优先、外引内调、趁潮引排、增补短板、闸泵联动、单向动水”的总体思路，通过闸站建设及合理调度，定向控制河网水流流向，达到较稳定的活水效果。

河网地区水动力条件对维持区域生态平衡和生物多样性具有关键作用，河涌水动力提升目的在于进一步改善流域水生态环境，应采取科学可靠的措施提高河涌水流速度，加快水体循环，达到活水保质、优化生态的目的。

参考文献

[1] 丁钰童，莫李娟，黄冬菁，等．基于MIKE11的引排水改善平原河网水环境质量模拟研究［J］．中国农村水利水电，2023（9）：166-170.

[2] 高华勇，赵璧奎，郭晓娟，等．基于MIKE11的粤港澳大湾区河涌生态补水调度方案评估［J/OL］．人民珠江，1-17［2024-08-06］.

[3] 肖许沐，陈德业，胡和平，等．基于闸、泵联合调度的半封闭水体活水工程［J］．中国给水排水，2022，38

（16）：113-116.
[4] 华祖林，董越洋，褚克坚．高度人工化城市河流生态水位和生态流量计算方法［J］．水资源保护，2021，37（1）：140-144.
[5] 周静，苟婷，张洛红，等．流速对不同浮游藻类的生长影响研究［J］．生态科学，2018，37（6）：75-82.
[6] 夏文文，王晨波，邓宇，等．基于河网水动力模型的水系连通性对水环境质量的影响分析研究［J］．中国农村水利水电，2024（3）：96-104.
[7] 肖许沐，陈浩翔，王丽影，等．城镇感潮河网区河涌活水调度方案研究［C］//水库大坝和水电站建设与运行管理新进展，2022.

不同强度等级自密实混凝土疲劳性能研究

董　芸[1,2]　李沐洋[1]

（1. 长江水利委员会长江科学院，湖北武汉　430010；
2. 国家大坝安全工程技术研究中心，湖北武汉　430010）

摘　要： 针对压气储能衬砌结构在循环荷载下变形大、易开裂、强度削减的问题，开展了适用于此结构的自密实混凝土疲劳性能研究。本文研究不同强度等级（C45、C60 和 C90）和纤维（钢纤维和聚乙烯纤维）对高性能混凝土疲劳性能影响。结果表明，降低水胶比和掺入硅粉可显著提高混凝土强度，并改善混凝土的密实度。本试验配合比下，混凝土疲劳寿命突变的疲劳最大应力较高。不同强度等级的自密实混凝土疲劳性能区别不大。掺入钢纤维后混凝土强度提高，疲劳性能也有所增强。而聚乙烯纤维对强度影响较小，掺入使混凝土密实度降低，疲劳性能减弱。

关键词： 压气储能；衬砌混凝土；自密实混凝土；疲劳性能

1　引言

为实现国家“碳达峰”“碳中和”的战略目标，储能技术已成为能源领域的研究热点，对于提高能源系统的整体效率和稳定性具有重要作用。其中压缩空气储能技术（compressed air energy storage technology，简称 CAES）作为一种新兴高效储能措施，具有大容量、高功率、高稳定性的特点，是一种极具潜力的大规模储能技术[1]。

CAES 储气库服役过程中每 30 年将经历 10 000 次以上充放气过程，高压空气在快速频繁充放气过程中储气库的密封、衬砌、围岩结构将不断承受循环荷载[2]，图 1 是一个典型压气储能充放气循环中衬砌荷载变化。

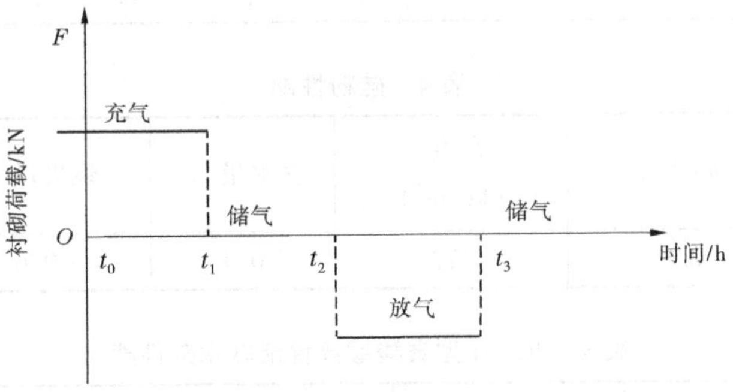

图 1　一个典型压气储能充放气循环中衬砌荷载变化

有学者根据气体状态方程得到洞室内的气体压强 p[2]：

$$p = Z\rho RT \tag{1}$$

式中：Z 为空气压缩因子，按文献［3］计算；ρ 为洞室内空气密度；R 为空气气体常数；T 为洞室内气体温度。

但由于充放气速率以及衬砌位于洞室内位置的不同，衬砌各部位受力情况有很大差异。对于不同储气库，衬砌受气体压强也有很大不同。在循环往复的荷载作用下工作，衬砌结构变形大、易开裂、

作者简介： 董芸（1975—），女，教授级高级工程师，主要从事水工高性能混凝土材料设计与性能研究工作。

强度削减问题凸显，对衬砌混凝土强度、疲劳性能提出了很高的要求。

因此，以工作性能优异、经济、耐疲劳为目标，围绕压气储能衬砌层受力情况，通过降低水胶比和掺硅粉的方式提升强度，制备出 C45、C60、C90 三种不同强度的高性能混凝土，在满足自密实混凝土流动度要求的基础上，研究不同强度等级和纤维对混凝土疲劳性能的影响，对比其疲劳破坏形态，为压气储能衬砌混凝土设计施工提供参考。

2 材料

本文胶凝材料选用池州海螺 P·O 42.5 水泥、盘南 F 类Ⅰ级粉煤灰和埃肯 940 微硅粉；细骨料为细度模数 2.68 的天然河砂，表观密度为 2 620 kg/m^3；粗骨料为 5~10 mm 粒级花岗岩人工砂石骨料；减水剂选用江苏博特 PCA-I 型聚羧酸高性能减水剂；纤维选用长度 14 mm 的上海真强端钩形微丝钢纤维和聚乙烯（PE）纤维，各原材料性能参数见表 1~表 6。自密实混凝土配合比设计参数：体积水粉比 1.0、砂率 53%、粉煤灰质量掺量 10%~20%、硅粉质量掺量 0~10%，混凝土配合比如表 7 所示。

表 1　水泥物理性能

水泥品种	比表面积/（m^2/kg）	密度/（g/cm^3）	细度/%	安定性	凝结时间/min		抗折强度/MPa			抗压强度/MPa		
					初凝	终凝	3 d	7 d	28 d	3 d	7 d	28 d
海螺普硅	267	3.13	1.8	合格	163	207	5.8	7.4	8.9	26.7	36.9	47.8

表 2　水泥化学成分　%

水泥品种	CaO	SiO_2	Al_2O_3	Fe_2O_3	MgO	SO_3	R_2O
海螺普硅	60.56	20.73	3.86	5.00	3.43	2.45	0.60

表 3　粉煤灰性能

粉煤灰品种	细度/%	密度/（g/cm^3）	需水量比/%	烧失量/%	SO_3 质量分数/%	活性指数/%
盘南Ⅰ级灰	7.9	2.4	93	2.92	0.58	72.7

表 4　硅粉性能

硅粉品种	细度/%	密度/（kg/m^3）	含水量/%	烧失量/%	SiO_2 质量分数/%
埃肯 940 微硅粉	0.8	327	0.4	0.6	94

表 5　PCA-I 型聚羧酸高性能减水剂性能

外加剂品种	减水率/%	含气量/%	泌水率比/%	凝结时间差/min		抗压强度比/%			28 d 收缩率比/%
				初凝	终凝	3 d	7 d	28 d	
PCA-I	26.9	3.8	30.0	+52	+32	162	154	144	97

表 6　钢纤维性能

钢纤维品种	长度/mm	直径/mm	长径比	抗拉强度/MPa	每克纤维数量
上海真强端钩形微丝钢纤维	14	0.22	65	≥2 000	230

表 7　混凝土试验配合比

编号	粉煤灰掺量/%	硅粉掺量/%	水胶比	外加剂掺量/%	钢纤维掺量/(kg/m³)	聚乙烯纤维掺量/(kg/m³)	材料用量/（kg/m³）						
							水	水泥	粉煤灰	硅粉	砂	石	减水剂
C45	0.2	0	0.38	0.75	—	—	185	389	97	0	912	810	3.65
S	0.2	0	0.38	0.75	50	—	185	389	97	0	912	810	3.65
PE	0.2	0	0.38	0.75	—	9	185	389	97	0	912	810	3.65
C60	0.2	0	0.32	0.9	—	—	185	463	116	0	912	810	4.34
C90	0.1	0.1	0.22	1.5	—	—	185	673	84	84	912	810	7.15

3　试验方法

混凝土拌和、成型、养护以及流动性试验参照《水工自密实混凝土技术规程》（DL/T 5720—2015）[5] 的有关方法进行，试验试件规格为 100 mm×100 mm×100 mm 立方体试块。聚乙烯纤维需在胶凝材料与骨料干拌过程中缓慢加入并湿拌 3 min，使其均匀分散在试件内部。

混凝土流动性通过坍落扩展度试验测定。将坍落度筒置于刻度板上，不分层填满新拌混凝土试样，并用刮刀刮除桶顶混凝土余料，使其与坍落度桶上缘齐平，垂直提起坍落度桶使混凝土拌和物均匀流出。待混凝土停止流动后，测量展开圆的最大直径，以及与最大直径垂直方向的直径，试样扩展度为二者均值。

对标准养护 28 d 后混凝土立方体试块按照《混凝土物理力学性能试验方法标准》（GB/T 50081—2019）[6] 测试其抗压强度、劈裂抗拉强度。疲劳试验加载曲线见图 2，加载频率 5 Hz，荷载往复循环直至试件破坏，记录破坏经历的循环次数和破坏形态，并在过程中持续记录试件疲劳刚度变化。

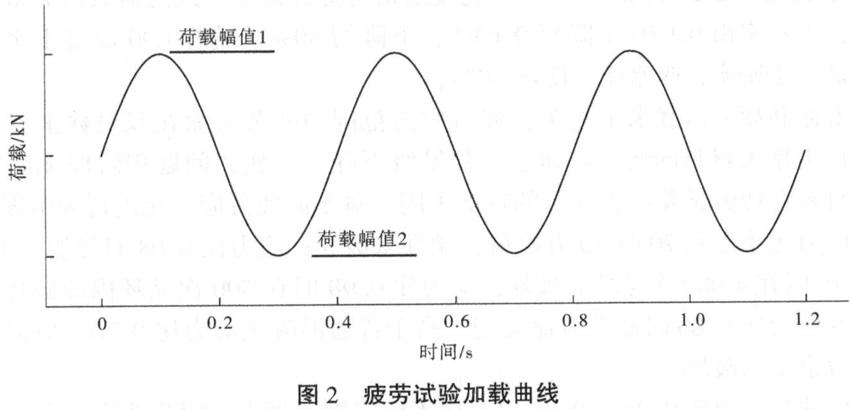

图 2　疲劳试验加载曲线

4 结果分析

4.1 强度等级对压气储能衬砌混凝土疲劳性能影响

本节试验研究不同强度等级压气储能衬砌混凝土流动性以及疲劳性能，其中水胶比分别为 0.38、0.32 和 0.22，外加剂掺量为 0.75%、0.9%和 1.5%，具体混凝土配合比见表 7，试验数据如图 3~图 8 所示。

不同强度等级的混凝土坍落度与扩展度见图 3，各组别均能满足自密实混凝土流动性要求。C60 组相较于 C45 组水胶比降低 0.06，因高效聚羧酸减水剂用量的提高扩展度反升至 750 mm。混凝土掺入硅粉后扩展度下降至 680 mm，硅粉比表面积大，硅粉颗粒在拌和的过程中吸附大量水分，体系内自由水减少，浆体变得更黏稠并与骨料结合得更紧密，降低混凝土的流动性，提高了混凝土的抗离析性[7]。

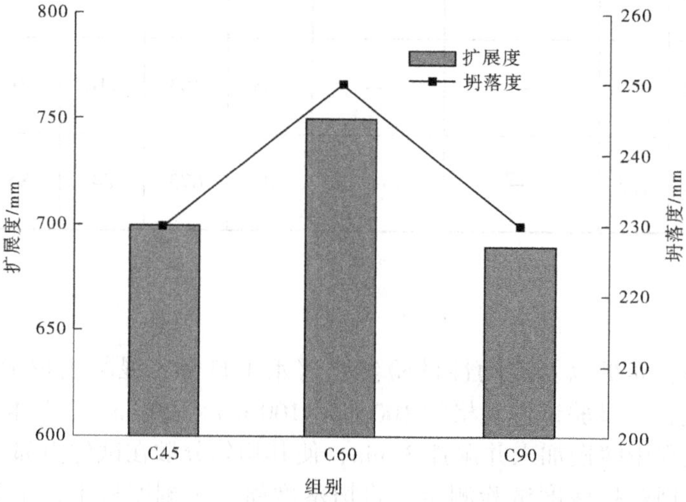

图 3 不同强度的坍落度及扩展度

图 4、图 5 分别为不同强度压气储能衬砌混凝土的 28 d 抗压强度、劈裂抗拉强度。C60 组较 C45 组 28 d 抗压强度由 46.27 MPa 提高至 61.09 MPa，劈裂抗拉强度由 2.4 MPa 提高至 2.9 MPa；随着水胶比进一步降低，C90 组复掺 10%粉煤灰和 10%硅粉后 28 d 抗压强度可达 94.05 MPa，劈裂抗拉强度达 4.55 MPa。

吸水率指的是混凝土在吸收足够水分达到饱和时，吸收水的质量和烘干材料质量的比值。吸水率可以很好地反应混凝土的密实度，不同强度的压气储能衬砌混凝土吸水率测试结果见图 6。C45 混凝土较 C60 混凝土水胶比由 0.38 降低至 0.32，混凝土结构更为密实，抵抗荷载的有效截面变大，抵抗荷载的能力变强，吸水率由 0.93%下降至 0.63%，下降约 30%。随着 C90 混凝土水胶比的进一步降低，混凝土结构进一步密实，吸水率下降约 60%。

材料的疲劳寿命和疲劳荷载水平相关，疲劳应力范围与疲劳寿命在双对数坐标下呈现出线性关系[8]，疲劳最大应力增大材料的疲劳寿命会呈数量级下降[9]。疲劳问题现阶段无法完全被古典强度理论解释，不同材料在疲劳试验中表现出的特征不同。对不同疲劳应力比进行疲劳循环次数测试，试验结果表明：在应力比小于 0.70 时 10 万次荷载循环未破坏；应力比 0.08 时经历 2 万~5 万次循环后破坏；应力比 0.85 时在 4 000 次循环后破坏；应力比 0.90 时在 500 次循环内即破坏。因此，本文所用自密实混凝土在应力比 0.80 时疲劳寿命突变，高于普通混凝土应力比 0.70，应力比低于此值时试件经历高循环次数也难以破坏。

本次疲劳试验选择应力比 0.085~0.85 以对比不同组别混凝土抗疲劳性能。本次试验还对 C45 混凝土以应力比 0.05~0.50 开展 10 万次循环的疲劳试验，记录试验过程中试件疲劳刚度的变化，发现

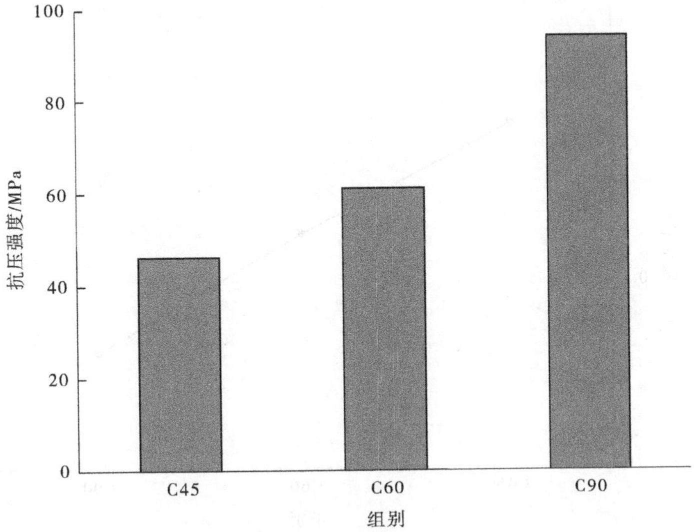

图4　不同强度的28 d抗压强度

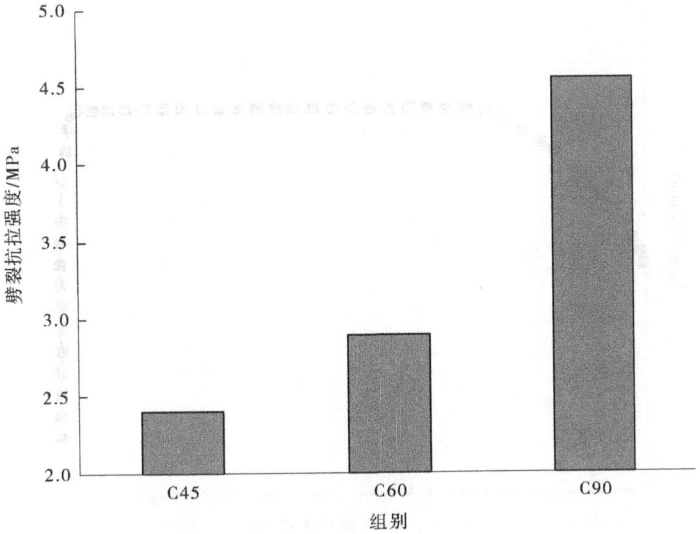

图5　不同强度的28 d劈裂抗拉强度

10万次疲劳循环试件仍处于刚度上升期，能很好地满足压气储能衬砌混凝土的耐疲劳要求，典型刚度变化曲线如图7所示。

表8为不同强度等级衬砌混凝土养护28 d后应力比0.085~0.85疲劳试验压至破坏所经历的循环次数。结果表明，不同强度等级对混凝土疲劳性能几乎无影响。

4.2　纤维对压气储能衬砌混凝土性能影响

本节试验研究纤维对压气储能衬砌混凝土流动性、强度、吸水率以及疲劳性能的影响，其中水胶比为0.38，粉煤灰掺量为20%，外加剂掺量为0.75%，钢纤维掺量为50 kg/m^3、聚乙烯纤维掺量为9 kg/m^3，具体混凝土配比见表7中S、PE所列，试验数据如图8~图12所示。

不同纤维混凝土坍落度与扩展度见图8，各组别均能满足自密实混凝土流动性要求。混凝土流动性与扩展度成正比，掺入聚乙烯纤维和钢纤维后，由于新拌混凝土内部摩擦阻力增大，混凝土扩展度显著降低[6,11]，掺入聚乙烯纤维混凝土扩展度下降大于掺入钢纤维的。

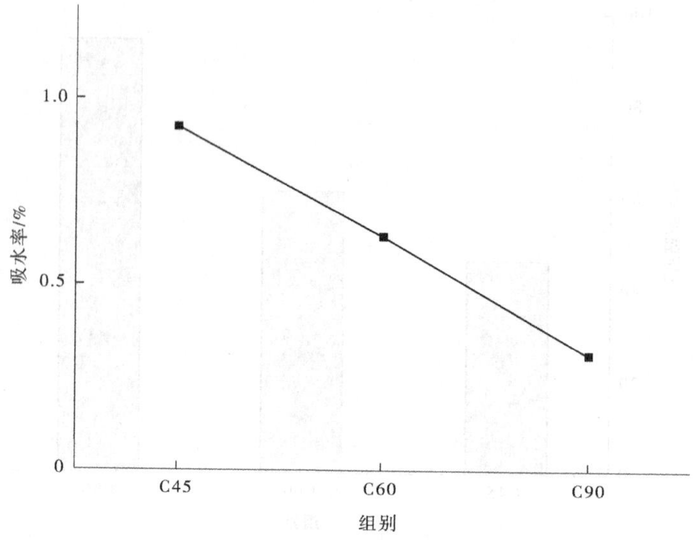

图 6　不同强度的吸水率

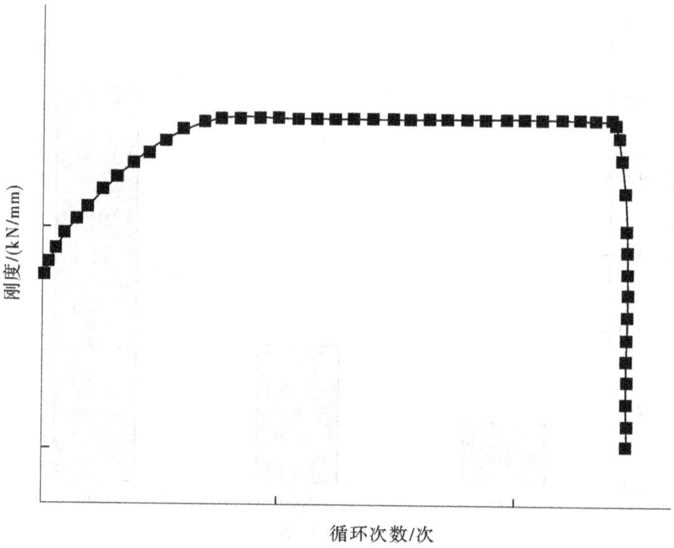

图 7　典型刚度变化曲线

表 8　不同强度混凝土疲劳试验

组别	强度/MPa	应力比	实际荷载幅值 1/kN	实际荷载幅值 2/kN	加载频率/Hz	破坏循环次数/次
C45	46. 27	0. 85	393. 30	39. 33	5	4 128
C60	66. 65	0. 85	566. 53	56. 65	5	4 385
C90	94. 05	0. 85	799. 42	79. 94	5	3 962

图 9、图 10 分别为不同纤维压气储能衬砌混凝土的 28 d 抗压强度、劈裂抗拉强度。钢纤维掺量为 50 kg/m^3 时混凝土强度提高 3. 9%、劈裂抗拉强度提高 13. 3%，聚乙烯纤维掺量为 9 kg/m^3 对混凝土抗压强度几乎无影响，劈裂抗拉强度下降 4. 5%。

掺纤维后混凝土吸水率明显提高，掺入钢纤维后混凝土吸水率由 0. 93%增加至 1. 80%，掺聚乙烯纤维混凝土吸水率增加最大至 2. 01%（见图 11）。这是因为随着纤维的掺入，在混凝土中引入了大

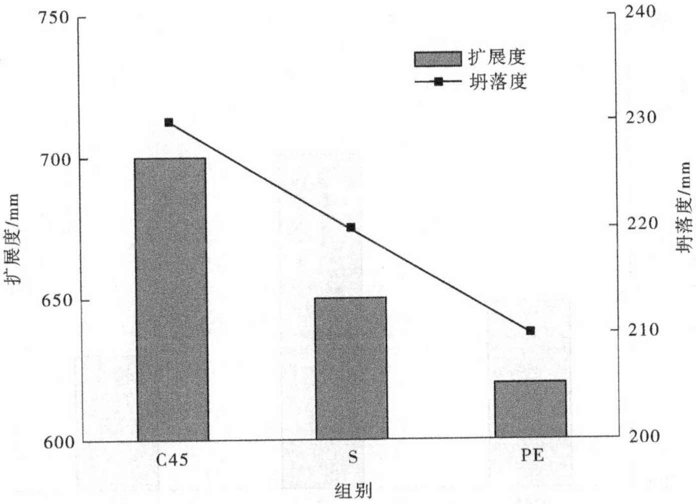

图 8　不同纤维混凝土的坍落度及扩展度

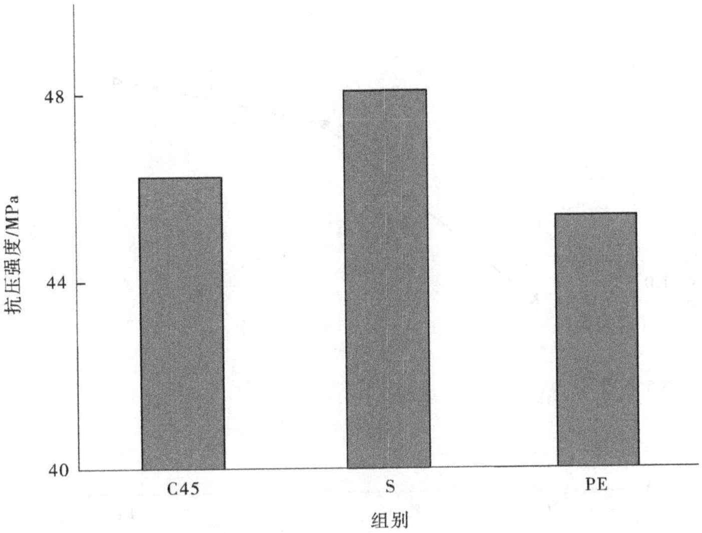

图 9　不同纤维混凝土的 28 d 抗压强度

量的微界面，纤维与浆体界面处形成更多微裂隙。另外，钢纤维优化混凝内部承力支撑结构，增强内部机械摩擦力，提高试件强度[10]。

表 9 为不同纤维衬砌混凝土养护 28 d 后受应力比 0.085~0.85 疲劳试验压至破坏所经历的循环次数。结果表明，掺入聚乙烯纤维后混凝土试块经历更少循环次数即破坏，掺入钢纤维抗疲劳性能明显提高。

在整个疲劳试验破坏过程中，试件边缘部位受整体约束力小，较易形成裂缝并迅速扩展，表现为试件表面不断剥落，同时内部初始缺陷被慢慢放大，各类裂缝在混凝土内部扩散连接，致使试件有效截面减小，试件迅速破坏。纤维混凝土破坏形态较普通自密实混凝土完整，疲劳试验破坏特征对比见图 12。这是由于钢纤维掺入后沿试件受力方向的纤维起到承担荷载的作用，横向分布的纤维则可以扩散能量和维持材料完整性[10]。聚乙烯纤维不能起到辅助承担荷载的作用，反而在胶凝材料中引入更多的内部裂隙，在疲劳试验过程中缺陷在荷载循环的过程中不断放大，造成试件疲劳寿命缩短。

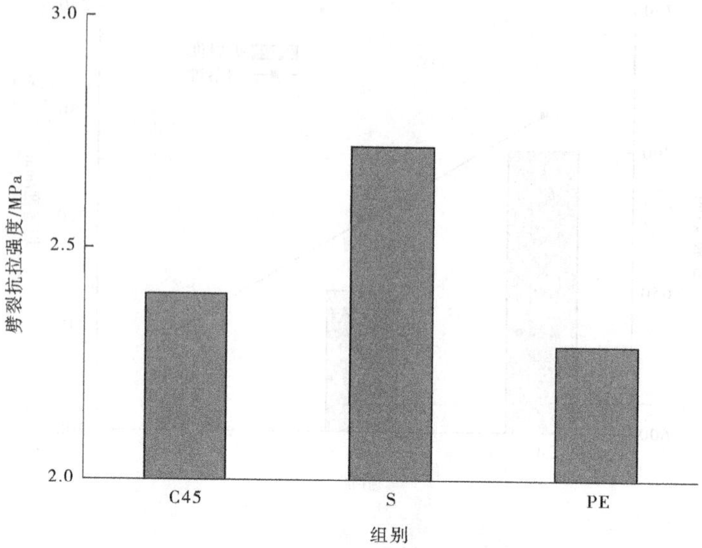

图 10 不同纤维混凝土的 28 d 劈裂抗拉强度

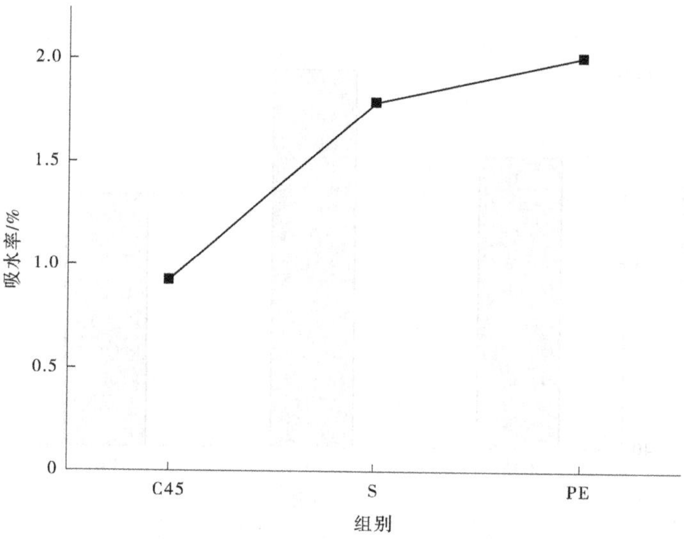

图 11 不同纤维混凝土的吸水率

5 结论

（1）降低水胶比、掺入硅粉后混凝土结构更为致密，抗压强度和劈裂抗拉强度显著提高。水胶比为 0.22、复掺 10%粉煤灰和 10%硅粉的混凝土的 28 d 抗压强度可达 94.05 MPa、劈裂抗拉强度可达 4.55 MPa，相较水胶比 0.38、单掺 20%粉煤灰混凝土抗压强度提高 102.9%，劈裂抗拉强度提高 89.6%。

（2）不同强度等级自密实混凝土抗疲劳性能未表现出差异。

（3）掺入钢纤维混凝土抗压强度及劈裂抗拉强度均有提高，疲劳性能增强；掺入聚乙烯纤维混凝土抗压强度无明显变化，劈裂抗拉强度下降，疲劳性能减弱。

（4）掺纤维后自密实混凝土吸水率增加较大，其中掺入聚乙烯纤维达 2.01%，增加了 116.4%。

（5）纤维自密实混凝土较普通自密实混凝土疲劳试验破坏形态更完整。

(a)

(b)

图 12　混凝土疲劳试验破坏特征对比

表 9　不同纤维混凝土疲劳试验

组别	强度/MPa	应力比	实际荷载幅值 1/kN	实际荷载幅值 2/kN	加载频率/Hz	破坏循环次数/次
C45	46.27	0.85	393.30	39.33	5	4 128
PE	45.39	0.85	385.81	38.58	5	2 303
S	48.07	0.85	408.60	40.86	5	11 346

参考文献

[1] 王者超，李嘉祥，郝薛将，等．压气储能地下内衬洞室建设中若干关键问题研究进展［J］．隧道与地下工程灾害防治，2024，6（1）：1-13.

[2] 周舒威，夏才初，张平阳，等．地下压气储能圆形内衬洞室内压和温度引起应力计算［J］．岩土工程学报，

2014，36（11）：2025-2035.
[3] 陈剑文，蒋卫东，杨春和，等．储气库注、采气过程热工分析研究［J］．岩石力学与工程学报，2007，26（增刊1）：2887-2894.
[4] 张国华，相月，王薪锦，等．压气储能地下内衬储气库结构荷载分担解析解及影响因素分析［J/OL］．岩石力学与工程学报：1-18［2024-06-25］．
[5] 国家能源局．水工自密实混凝土技术规程：DL/T 5720—2015［S］．北京：中国电力出版社，2015.
[6] 混凝土物理力学性能试验方法标准：GB/T 50081—2019［S］．
[7] 吴琼．基于净浆流变性的自密实混凝土配合比设计方法研究［D］．北京：清华大学，2013.
[8] Basquin O H. The exponential law of endurance tests［C］. Proceeding of ASTM，1910，10（2）：625-630.
[9] 张书．材料应力应变疲劳准则及疲劳状态评估方法研究［D］．北京：清华大学，2023.
[10] 王瑞，姚直书，方玉，等．冻结井壁仿钢纤维混凝土动静态力学性能和微观结构研究［J］．硅酸盐通报，2024，43（8）：2835-2847.
[11] 郜景林．高流动性钢纤维混凝土基本性能研究［J］．价值工程，2020，39（16）：139-142.
[12] 寇佳亮，赵坤龙，张浩博．高延性纤维混凝土拉压疲劳性能试验研究［J］．土木工程学报，2018，51（9）：17-25.